1949-2000

中国棉花统计资料汇编

中华全国供销合作总社棉麻局
中国棉麻流通经济研究会 编

中国统计出版社
China Statistics Press

(京)新登字 041 号

图书在版编目(CIP)数据

中国棉花统计资料汇编 1949 - 2000/中华全国供销合作总社棉麻局,中国棉麻流通经济研究会编.
—北京:中国统计出版社,2004.9
ISBN 7 - 5037 - 4511 - 8

Ⅰ. 中…
Ⅱ. ①中…②中…
Ⅲ. 棉花 - 作物经济 - 统计资料 - 汇编 - 中国 - 1949 ~ 2000
Ⅳ. F326.12 - 66

中国版本图书馆 CIP 数据核字(2004)第 091589 号

中国棉花统计资料汇编 1949 - 2000

作　　者/中华全国供销合作总社棉麻局　中国棉麻流通经济研究会
责任编辑/王立群
装帧设计/刘　璐
出版发行/中国统计出版社
通信地址/北京市西城区月坛南街 75 号　邮政编码/100826
办公地址/北京市丰台区西三环南路甲 6 号
电　　话/(010)63459084　63266600 - 22500(发行部)
印　　刷/河北天普润印刷厂
经　　销/新华书店
开　　本/890 × 1240mm　1/16
字　　数/5600 千字
印　　张/182.5
版　　别/2005 年 7 月第 1 版
版　　次/2005 年 7 月第 1 次印刷
书　　号/ISBN 7-5037-4511-8/F · 1957
定　　价/1190.00 元

本书附同版本 CD - ROM 一张,光盘内容以书面文字为准。

《中国棉花统计资料汇编 1949－2000》

编辑委员会

编者说明

一、《中国棉花统计资料汇编1949－2000》是一部全面、系统反映中华人民共和国成立以来棉花生产情况的统计资料。汇编了1949－2000年全国及各省、自治区、直辖市和产棉县（市）棉花生产收购等主要统计指标。后附全国各地区2001－2003年棉花生产收购资料。

二、本书内容有七个部分：（一）综述；（二）全国各地区棉花生产收购；（三）全国各地区产棉县棉花生产收购比重；（四）全国各地区产棉县棉花生产收购；（五）全国各地区产棉县棉花生产收购明细；（六）全国各地区产棉县棉花生产收购分析；（七）世界及主要产棉国棉花生产；附录1：全国各地区2001年棉花生产收购；附录2：全国各地区2002年棉花生产收购；附录3：全国各地区2003年棉花生产收购；附录4：在京涉棉单位通讯录；附录5：全国各省市区及产棉县棉麻公司通讯录。

三、数据来源：全国棉花种植面积、产量根据国家统计局和农业部数据整理。各县棉花种植面积和产量，摘自县统计局。有的年份栏目数据短缺，采用农业局、粮食局等单位的有关数据。棉花收购量采用全国供销合作社及各地棉麻公司数据。

数据说明：收购量为当年9月至翌年8月底。棉田面积合计项，进行了年代累计，以便分析比较。亩产合计项为平均亩产。

四、填报单位：凡种植棉花面积曾达1万亩以上的县（包含历年变化数字）为填报单位。涉及全国20个省、自治区、直辖市，143个地（市），742个县（市、区）。

五、计量单位：采用我国传统计量单位。耕地面积、棉田面积为“万亩”，产量、收购量为“万担”，亩产、人均交售为“市斤”，农业人口为“万人”。数字取舍至小数点后两位，第三位按“四舍五入”进行修约。数据允许小数点后有正负0.01的误差。为了使前后统计数据一致，在全国历年表中分别用国内单位和国际单位表示。

六、凡无任何棉花数据的年份不计耕地面积、农业人口。空格表示无此项数据、数据不详、数据不足最小计量单位数及数据不规范；*表示亩产和商品率偏高。

七、52年间全国各省、市行政区划进行了调整，但对棉花统计数据未调整。如上海市从江苏省划10个县,缺少10个县农业人口数据。北京市从河北省通州地区划入所属各县。天津市从河北省划入部分县等,致使有的栏目空缺。山东、河北两省间也进行过调整,造成有的省产棉县有的栏目相加,大于该省的相关栏目。江苏、陕西省80年代、90年代省辖市、市辖县也进行过调整。

八、这部资料的内容十分丰富,全面系统、真实地反映了我国棉田布局、生产规模、棉田管理技术水平的发展变化。对于规划未来、加强宏观调控、发挥棉花区域生产优势、提高集约化程度、建议低投入、高产出、优质高效棉花产业体系,有重要借鉴作用。

《中国棉花统计资料汇编1949-2000》是一部我国棉花产业发展的重要史料,填充国家档案库的空间。

九、此次产棉县棉花生产收购资料的汇编工作,得到了各省、自治区、直辖市、建设兵团棉麻公司的大力支持,安排了得力的统计人员参与,圆满地完成了任务。全国棉花交易市场、中国储备棉管理总公司、中华全国供销合作总社信息中心等单位,给予了具体帮助,特致谢意。

十、由于编者水平所限,资料差错疏漏之处,恳请批评指正。

2005.2.24.

主要产棉省区市历年棉花产量比重示意图

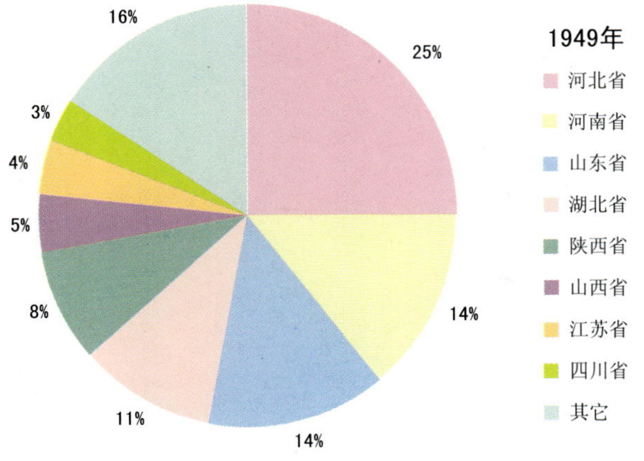

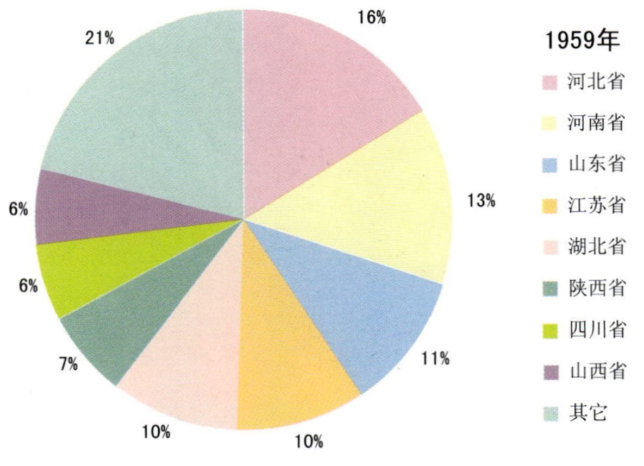

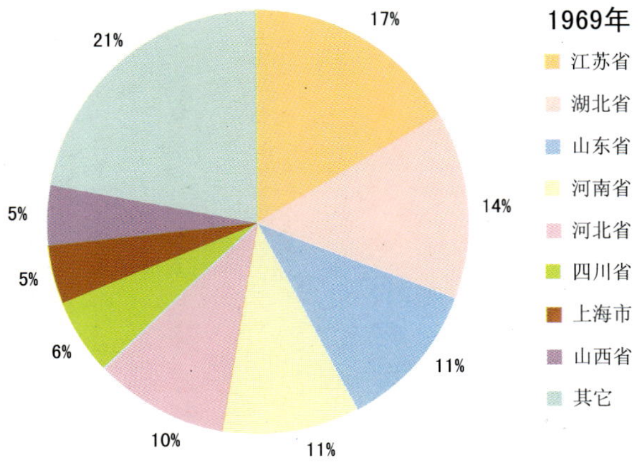

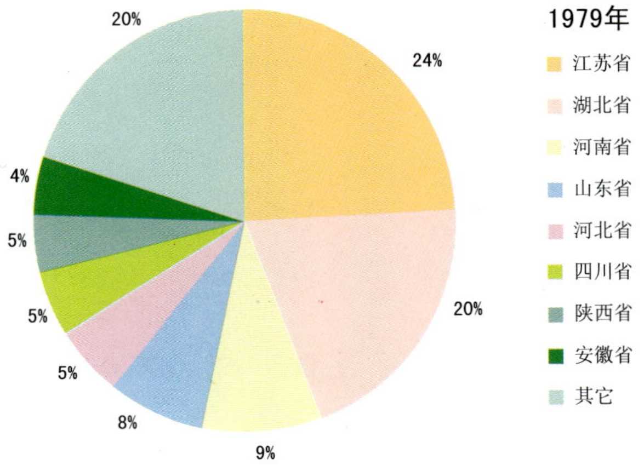

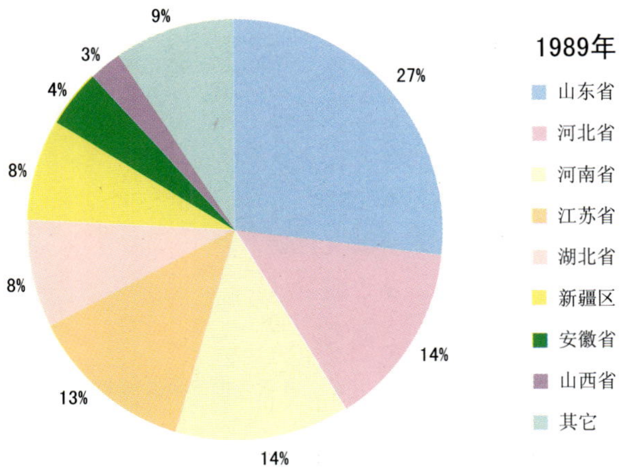

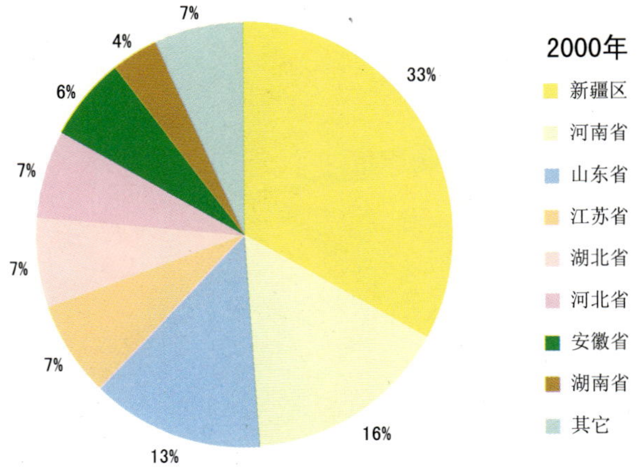

注：“其它”指其余的12个产棉省区市。

全国历年棉花生产趋势示意图

棉花种植面积趋势示意图

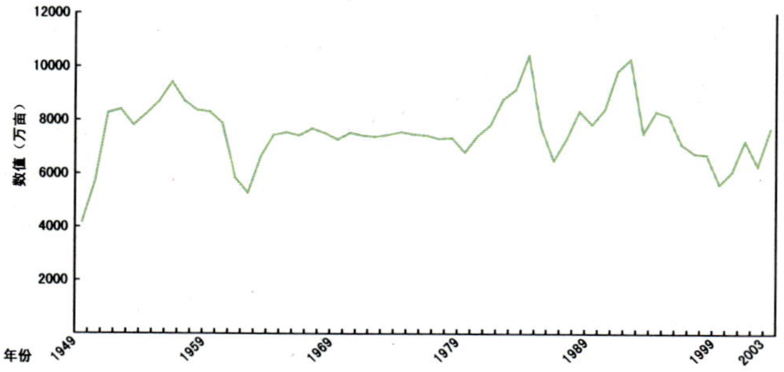

棉花亩产趋势示意图

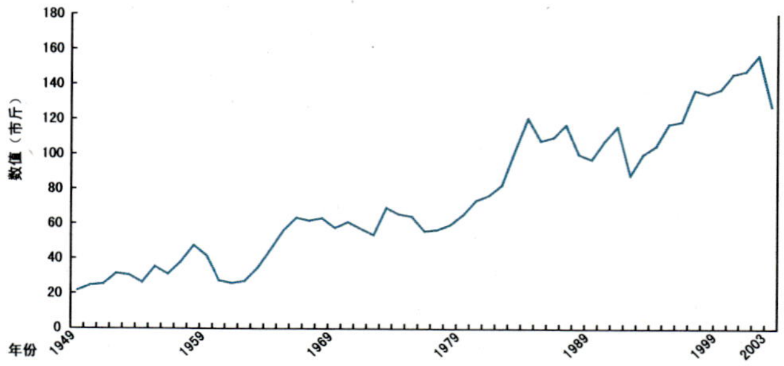

棉花产量、收购量趋势示意图

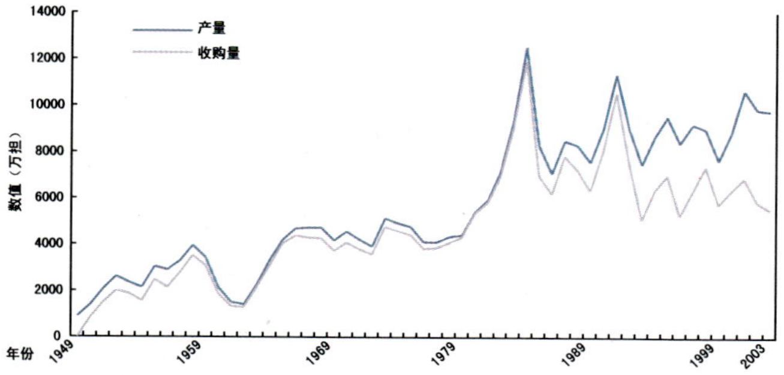

2000年世界主要产棉国产量比重示意图

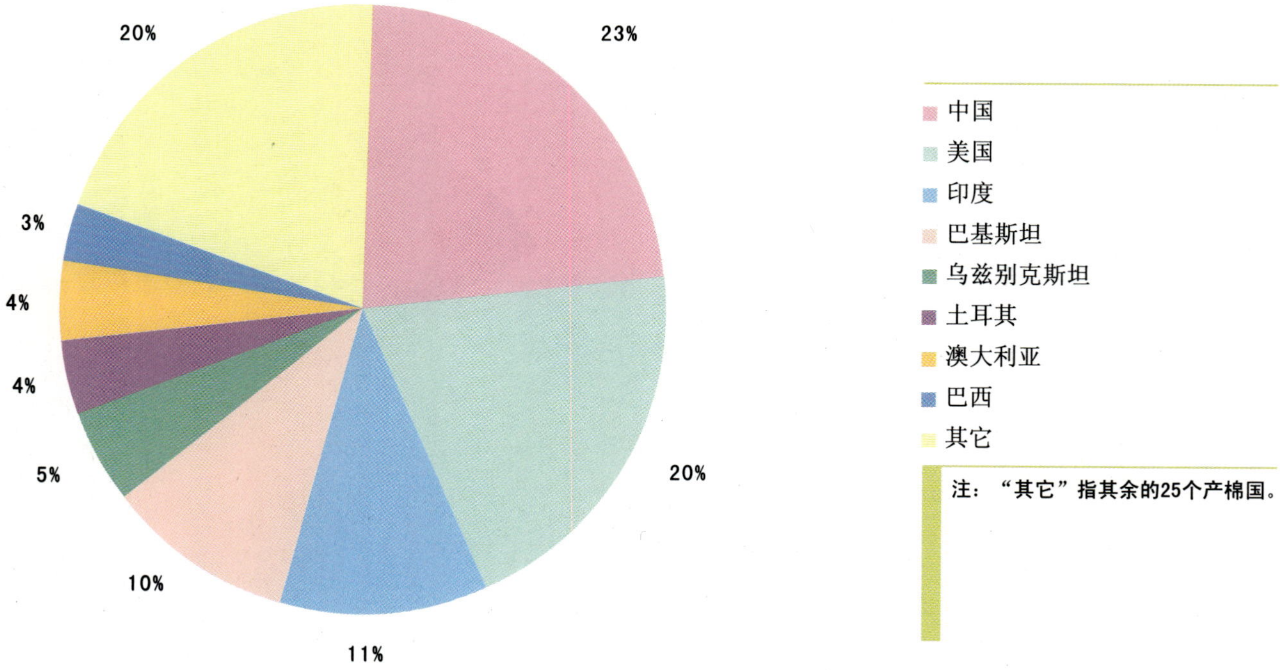

注：“其它”指其余的25个产棉国。

目　录

第一部分

第二部分　全国各地区棉花生产收购

第三部分 全国各地区产棉县棉花生产收购比重

第四部分　全国各地区产棉县棉花生产收购

第五部分　全国各地区产棉县棉花生产收购明细

第六部分　全国各地区产棉县棉花生产收购分析

第七部分　世界及主要产棉国棉花生产

第一部分

综　　述

综　述

新中国成立后，中国共产党和人民政府十分重视棉花工作，把棉花作为稳定社会和恢复发展经济的最重要的农产品之一，作为关系国计民生的最重要的经济作物。棉花是具有战略意义的农产品。毛泽东主席、周恩来总理十分关心棉花工作。上世纪50年代陈云同志主管棉花工作，六七十年代周恩来总理、李先念副总理亲自抓棉花工作，八九十年代党和国家领导人江泽民、李鹏、朱镕基、田纪云、李岚清、陈俊生等同志都在棉花工作上付出了大量心血。50多年来，国家根据各个阶段的实际情况，制订了一系列发展棉花生产的方针政策，使棉花生产获得了大发展，保证了人民生活需要和纺织工业生产以及国防建设的需要，棉花的制成品发展成为我国出口创汇的一大产业。我国棉花产业已经跻身于世界先进植棉大国行列，1982年以来，我国棉花产量跃居世界首位。1949～2000年，累计植棉面积39.46亿亩，棉花总产量28.38亿担，收购24.29亿担。

一、50年代棉花总需求与总供给基本平衡

新中国的建立，为解决中国棉花自给和争取出口的目标奠定了坚实的基础。《中国人民政治协商会议共同纲领》规定：在新民主主义向社会主义过渡时期，在国家统一的经济计划内实行贸易自由政策，多种经济成分并存。建国初期，棉花供求矛盾十分尖锐，资本主义投机势力哄抬物价，囤积居奇，加剧了棉花的供求矛盾。稳定市场，稳定物价，是当时中共中央确定的重大方针，稳定粮食和花纱布等主要物资的价格，又是稳定市场和安定人民生活的关键。因此，国家大力扶持供销社收购棉花。1949年，华北财政部、合作委员会、合作总社及有关部门发出通知，委托供销社为国家征收棉花税、征收良种。1949年8月，陈云同志在上海召开了华东、华北、华中、东北、西北地区财政、金融、贸易部门负责同志参加的财经会议，强调国家掌握粮食和纱布是稳定市场控制物价的主要手段；掌握粮食以稳住城市、掌握纱布以稳住农村，从而遏制投机资本乘机“兴风作浪”。1949年底，陈云同志再次赴上海解决粮食和花纱布煤等问题。1951年3月，全国合作总社发出了大力开展预购合同运动的通知，要求各地通过合作社向社员和棉农大力开展预购棉花的合同运动。1951年6月，政务院《关于购棉、储棉工作的指示》指出，各地棉农存棉在手，但不肯出售，此种情况如不改变，将影响全国军民衣着的供应和物价的稳定，因此，必须在全国农民中开展爱国主义的售棉、储棉运动。1951年12月24日，毛泽东主席在全国合作总社《关于合作社收购棉花的经验总结报告》上批示：棉花**“应全部委托合作社收购，由三个头改为合作社一个头，已为毫无疑义”**。1954年9月，政务院《关于实行棉花计划收购的命令》规定，凡生产棉花的农民，应按照国家规定的收购价格，将所产棉花，除缴纳农业税和必要的自用部分外，全部卖给国家。1955年7月，中共中央《关于加强收购棉花的指示》指出：目前农民手中仍存有部分棉花。中央决定要求尽可能把这部分棉花收购一部分,对农民进行深入动员,说服棉农节约用棉,将存棉售给国家。1955 年 10 月国务院《关于放宽农村市场管理问题的指示》规定:凡属国家统购的粮食、棉花、油料,都必须继续统购。1956 年 11 月,国务院《关于棉花统购工作的指示》决定:1956 年、1957 年全国棉花统购任务必须保证完成,各地要努力争取超额完成。必须切实加强对棉花统购工作的领导,贯彻执行划片定点收购的方法,把全部应该统购的棉花及时收购起来,必须合理设置棉花收购网络,便利农业社和农民出售棉花。1958 年 8 月,国务院《关于加强棉花、烟叶收购工作的指示》要求:棉花的收购工作,必须快收、多收、收好、收足。做到把田间棉花全部拾干拣净,"朵絮还家",必须做好剥棉短绒的工作。1959 年 2 月,国务院批发的《关于商品分级管理办法的报告的通知》规定:国务院认为,把商品分为三类进行管理是适当的。第一类商品是指关系国计民生十分重大的商品,所有收购、销售、调拨、进口、出口、库存等指标均由国务院集中管理。棉花为一类商品(应分别列出棉短绒)。

(一)国家通过计划指导农民种植棉花

50 年代,国家向 20 多个省区市下达棉花种植、产量和收购计划,层层分解到 1000 多个产棉县的村和农户。1949 年底国家召开全国农业生产会议,确定把农业生产的中心放在增产粮食、棉花上,计划 1950 年增产皮棉 477 万担。1951 年在棉区开展棉花预购,使农民按照国家计划进行生产,通过预购把棉花生产和棉花收购纳入国家计划轨道。由合作社在自愿的基础上与农民签订预购合同,以奠定国家通过合作社领导小农经济的良好基础。预购合同是国家通过合作社与农民建立的一种信用关系,通过合同信用,有计划地领导棉花生产和收购农民的棉花,以保障国家计划的需要。政务院《关于 1952 年农业生产的决定》中指出:互助组和生产合作社要订立生产计划,并与供销合作社订立预购合同,使国家的经济计划与农民经济组织结合起来。1955 年 12 月 27 日,毛主席在《中国农村的社会主义高潮》中对"结合合同"作出重要批示:**"本书谈这个问题的只有一篇,值得普遍推荐,文章也写得不坏。供销合作社和农业生产合作社订立结合合同一事,应当普遍推行"**。国务院《关于 1956 年预购棉花的指示》规定:继续贯彻棉花统购政策,通过预购,促进棉花增产,保证国家收购任务的完成。1956 年度生产的棉花,除棉农留用棉和国家应当征收的棉花以外,其余全部统购。1958 年以前,棉花生产收购计划和预购合同的执行情况比较好,互助组和农业生产合作社都能按合同交售棉花。植棉面积是产量的基础,产量是收购的基础。1949 年全国植棉面积只有 4155 万亩,产量 889 万担。因此,50 年代棉花工作的重点主要是扩大植棉面积、增加产量。期间累计植棉面积 85694 万亩,除 1949 年、1950 年、1953 年外其余 8 个年头植棉面积都在 8200 万亩以上,1956 年达到 9383 万亩;累计产量 27984 万担,年均 2544 万担;累计收购 21726 万担,年均 1975 万担,大大增强了国家的实力。

(二)制定棉粮比价关系,提高棉花收购价格

建国初期,为了改变旧社会遗留下来的农产品价格偏低的问题和保障人民基本生活的需要,国家实行棉花等主要经济作物同粮食的合理比价政策,逐步提高棉花收购价格,鼓励农民多种棉。1950 年 4 月,政务院财政经济委员会第一次公布棉粮比价,规定白棉中级 22.2 毫米长度的皮棉,华北地区及山东省主要棉产区每斤皮棉折合小米 8 斤;河南省及陕西省等主要棉产区折合小麦 7 斤;长江流域各主要棉产区折合大米 6.5 斤。1951 年、1952 年每年提高半斤,促进了棉花生产的快速发展。播种面积由 1949 年的 4155 万亩,增加到 1952 年的 8364 万亩;总产量由 889 万担增加到 2607 万担。1953 年为了控制棉田面积过快增加,国家将棉粮比价下调到

1950年的水平，即大多数植棉地区每斤皮棉换粮食7斤左右（北方为小麦，南方为大米，下同）。1954年又提高到1斤皮棉换8斤粮食。这个比价，基本体现了种棉收益略高于种粮收益的原则，成为以后制定和考核棉花收购价格的重要依据。

（三）实行预购合同制度，供应棉农粮食肥料煤炭，发放棉花预购定金

1950年春，东北、华北部分地区供销合作社对棉花实行预购，与棉农签订实物预购合同，供应棉农一定数量的粮食、煤炭等。1951年，各地普遍对棉花进行预购，与棉农签订预购合同，按照规定的价格收购棉花，并供应一定数量的粮食、肥料、煤炭及其他生产和生活资料；对生产上确有困难者预付不超过棉花预购总值10%的定金。1955年3月，国务院决定在发放预购定金的同时，凡预售1担皮棉，国家在粮食、棉布统销定量以外，增供粮食10斤、棉布10尺和饼肥50至100斤，并保证棉农所需的煤炭供应。从1954年到1957年，国家预付给棉农的无息定金7.4亿元，除统销定量以外，供应棉布9.2亿多尺，供应饼肥46亿多斤。这对解决农民生活、生产上的困难，引导农民按照计划种植棉花，保证国家掌握棉花资源，起到了重要作用。

（四）对棉花实行计划收购

为了适应国民经济有计划的发展，保证国家建设和人民生活的基本需要，稳定市场，政务院于1954年9月颁布了《关于实行棉花计划收购的命令》，决定从1954年秋季新棉上市起，在全国范围内实行棉花的计划收购（简称统购）。凡生产棉花的农民，应按国家规定的收购价格，将所生产的棉花除缴纳农业税和必要的自用部分外，全部卖给国家。国家的棉花收购工作，委托供销社收购。私商棉花商贩，一律不得经营籽棉、皮棉的收购和贩运业务。棉农留作自用部分的棉花，如有节余需要出售的，可由供销社继续收购。这是棉花实行“统购”政策的起始。从此，农民交售的商品棉，全部由国家控制。

（五）安排好棉农口粮

棉农口粮得到妥善安排，解除了吃粮的后顾之忧。国家对棉农的口粮标准作了规定，保证不低于邻近产粮区的吃粮水平，并根据亩产高低和贡献大小分别制定口粮标准，自产粮不足部分由国家返销。

（六）推广棉花良种

新中国成立初期，我国棉花种籽混杂，单产低，物理性能差，纤维粗短，效益低，影响纺织工业利用和纺织产品质量。为了改变这种状况，国家引进了优良品种，经培育繁殖筛选出适合各地丰产条件的新品种，在全国推广细绒棉种植。并大力培训技术骨干，传授栽培技术。加上增施肥料、防治病虫害等措施，使单产大幅度提高。1949年全国棉花平均亩产21斤，1958年47斤，比1949年增加了26斤；棉花平均品级由1950年的3级提高到1959年的2.7级，纤维长度由21.9毫米提高到26.8毫米。棉花亩产和质量都有提高，既增加了农民的收入，又适应了纺织工业生产的需要，城乡居民也得到了质量较好的棉纺织品。

（七）加强市场管理，不准棉花进入自由市场

1957年8月，国务院颁布《关于由国家计划收购（统购）和统一收购的农产品和其它物资不准进入自由市场的规定》，凡属国家计划收购的农产品，如粮食、棉花、油料，一律不开放自由市场，全部由国家计划收购。农民自己留用部分，如果要出卖，必须卖给国家，不准在市场上出售。1957年9月，中共中央、国务院《关于本年度棉花统购工作的指示》，要求各棉产区党政领导机关，必须对棉花统购工作做出具体部署，教育棉农树立勤俭建国和勤俭持家的思想，多产多卖，少留节用，晒干拣净，多卖好棉给国家。必须抓紧棉花收购旺季的时机，组织各方面力量，发动群众，全力投入棉花的采摘和收购工作，务必在短期内完成棉花收购任务。适当减少农业和农民的棉花留用量，加强对土纺、土织和棉花、土布市场管理，农民以自留棉织出来的土布，出售时也必须卖给国家指定的商业部门。禁止棉花、土纱、土布进入自由市场。

“爱国发家，多种棉花”。由于政策好，棉花生产得到了较快的发展，棉田面积基本稳定在8300万亩上下，比1949年增加近一倍；1958年总产量达到3937万担，比1949年增加了343%。1950年到1959年十年间共收购棉花21726万担，出口558万担，进口1082万担，进出口相抵净进口棉花524万担，市场供应情况比较好，价格也稳定。

二、国民经济调整后，棉花生产恢复和发展较快，供需基本平衡

1958年的“大跃进”运动，造成了国民经济比例严重失调，农业受到严重削弱，生产大幅度回落。1962年棉花生产跌到了谷底，总产量只有1403万担，相当于1950年的水平，仅为1958年的35.6%，严重影响城乡居民的衣着供应。而且国家还收购了“过头棉”。1960年冬，中央着手纠正农村工作中的错误，决定实施**“调整、巩固、充实、提高”**的八字方针，对国民经济进行调整。各级党委政府和全国人民坚决贯彻执行，工农业比较顺利地得到恢复和发展。在以农业为基础的方针指引下，大办农业，大抓棉花。从1961年起，中央、国务院决定，对棉花收购实行奖售政策，提高棉花收购价格，召开集中产棉区县级干部会议，强化领导，派出工作组分赴产棉省区和集中产棉县协助工作，推进国家棉花政策措施的落实。因而，棉花生产不断回升，连续3年年均增加近1000万担，1965年棉花产量达到4196万担，比1958年增长了6.6%，做到了棉花供求平衡。在此期间，国家采取了如下主要措施：

（一）制订政策，加强领导

1962年11月，国务院召开了第一次全国棉花集中产区县级干部会议，参加会议的有195个产棉县（市）、30个专区、16个省（区、市）、新疆建设兵团、各中央局负责干部、植棉劳动模范、植棉能手等，共548人。周恩来、李先念、李富春、谭震林等党和国家领导同志作了报告。周恩来总理强调，我们一定要瞻前顾后。瞻前，力争完成和超额完成今年的收购任务。顾后，搞好明年的棉花生产，不仅是为了明年，也是为第三、第四个五年计划，切切实实做一个良好的开端。明年要为后年打算，保持棉花增产的经常性和稳定性。要保证产棉区棉农口粮水平不低于邻近产粮区的口粮标准，使得棉农有兴趣增产棉花。棉花是统购物资，不允许上集市。要掌握好政策，中央规定的政策要保证兑现。会议讨论了国内外形势和1963年棉花增产任务，统一了思想认识，制定了棉花生产、收购计划，研究了增产棉花的组织措施、技术措施和棉花收购工作的政策问题。国务院决定派出236个棉花工作组分赴各重点产棉省地县协助工作，成立了由李先念领导的棉花办公室，直接与分赴各地的工作组联系。

从1962年到1966年每年召开的棉花生产会议，都是在党中央和国务院的领导下召开的。1962年12月，中共中央、国务院发出《关于1963年发展棉花生产的决定》，指出，吃饭和穿衣是关系到六亿五千万人民的两件大事。现在吃的问题有所改善，穿的问题越来越突出了。发展棉花生产，解决穿衣问题，已经成为全国人民的迫切要求。发展棉花生产，不仅是棉产区农民的任务，而是全国人民的任务，因此，全国各粮区必须向国家多交售一些粮食，国家才能对粮食困难比较大的棉花集中产区给以适当帮助。对棉区需要的重要生产资料和主要生活资料，应优先供应。对棉农口粮标准和提高棉花收购价格等事项作出了规定，并安排了棉田面积、产量和收购计划。

1965年2月第四次全国棉花生产会议期间，毛主席亲切接见了会议的全体代表。周总理强调要加强领导，各级政府成立专业领导小组，中央各有关部门与各省结合起来，共同组成工作组，深入产区蹲点，帮助解决困难，把棉花生产搞上去。大抓增产措施，重点放在提高单位面积产量上。棉花丰产，棉农口粮反而不如粮产区，吃不饱，棉农就不满意，棉花生产可能下来。既要粮食自给，又要棉花增产。要早抓、抓紧、抓好、抓到底。每次棉花生产会议之后，中共中央、国务院都将会议报告、领导人讲话和商定的政策措施转发各地。

1967 年 9 月，毛主席又发出了**“必须把粮食抓紧，必须把棉花抓紧，必须把布匹抓紧”**的指示，推动各级党政机关加强了对棉花生产的领导，进一步激发了广大棉农的种棉积极性，大大促进了棉花生产的恢复和发展。

（二）实行售棉奖励政策

从 1961 年开始，国家规定对棉农交售棉花实行奖售政策，每担棉花奖售粮食 35 斤、化肥 50 斤和增发布票 5 尺。1962 年由于粮食供应困难，除冀、鲁、豫、晋、京仍奖售粮食外，其它地区改为奖售化肥，斤粮改斤肥。1964 年起取消奖售粮食；棉布由 10 尺减到 5 尺、3 尺，1967 年取消，只保留了 70 斤奖售化肥。

（三）提高棉花收购价格

从 1963 年新棉上市起提高棉花收购价格，每担皮棉由 81.5 元提高到 89.7 元，提高 10%。

（四）提高预购定金比例

1963 年 10 月，中共中央、国务院发布《关于棉花生产工作的决定》，1964 年棉花预购定金提高到占预购总值的 20% ~25%，以鼓励棉农扩大棉花面积增加棉花产量，增加收入。

（五）用棉布或其它工业品换购社员自留棉

1962 年 5 月国务院颁发了《关于用棉布或其它工业品换购社员自留棉办法》，规定，收购社员的自留棉除了按国家收购牌价付给价款外，每斤皮棉发给 5 尺布票或者相当于 5 尺布的工业品购货券，鼓励棉农将自留棉卖给国家。

（六）慎重调整棉花生产布局

1964 年主要植棉省区棉花面积回升，但没有达到 50 年代年均 7790 万亩的水平。1965 年 3 月，国务院转发了《李先念副总理在全国棉花生产会议上的讲话》。李先念副总理提出 1965 年棉花生产的方针：**“加强领导，依靠群众；合理布局，适当集中；总结经验，推广技术；保证面积，提高单产。”**并强调棉花增产的主要途径是提高单位面积产量。棉田过于分散、单位产量很低，需要在合理布局下适当集中。但也必须考虑农业生产劳动力的安排和合理倒茬的需要，必须考虑到农民的口粮和饲料的安排。中央坚持了统筹兼顾的方针，既考虑国家需要，又考虑农民的需要。依据中央精神，辽宁省一直在调减棉花生产，60 年代年均棉花产量 64 万担，比 50 年代的年均 104 万担减少了 40 万担；上海市调减了植棉面积，主攻单产，增加了产量；内蒙古自治区、福建省、广东省、广西自治区、重庆市、贵州省、云南省一般不再提供商品棉。

由于措施得力，棉花生产得到较快恢复，从 1964 年开始，棉田面积基本稳定在 7500 万亩上下；棉花单产提高到 45 斤，恢复到了 50 年代的水平。1968 年亩产棉花达到 63 斤，比 1958 年的 47 斤增加 16 斤。1968 年总产达到 4709 万担，创历史新水平。10 年共收购棉花 30382 万担，比前 10 年多收购 8656 万担；出口 747 万担，进口 2065 万担，进出相抵，净进口 1318 万担。为了保证军需民用，中共中央国务院决定，由国家和供销合作总社共同投资建设一批储备库，为国家储备棉花、棉短绒和麻类。从 1966 年开始国家委托供销合作社储备棉花，1969 年储备量达 850 万担。

三、70 年代，为了稳定发展棉花生产，党和政府在极其困难的环境中继续做出了努力

国务院从 1970 年至 1977 年共召开了 5 次全国棉花生产会议。历次会议都强调要摆正粮棉关系，把棉花生产搞上去；要按照“合理布局，

适当集中”的原则，继续抓紧棉田布局的调整。这一时期棉花政策主要有：保证棉农吃粮水平不低于邻近产粮区农民的口粮标准，继续实行棉花奖售化肥的政策，社员自留棉每人1至2斤，预购定金按预购总额15%发放；化肥奖售按棉花种植计划每亩预拨40斤，年终之后按实际交售每担皮棉70斤结算；自留棉换购，每斤皮棉发3尺布票；地方留成棉花为实际收购量的1.5%。棉花、土纱、土布一律不得进入自由市场。周恩来总理、李先念副总理为棉花工作花费了很大心力，周总理在患病期间，还为棉花生产会议作报告，接见会议代表。各级党委和政府也做了大量艰苦的工作。国家组建了棉花办公室，设在供销合作总社。以供销合作总社为主，商业部、农业部、纺织部积极配合调配了一批干部，与各产棉省区组成国务院棉花工作组，在棉花种植季节和棉花收获季节，到重点产棉县帮助工作，落实棉花政策，促进棉田面积的落实，督促棉花收购工作等。但由于遭到“四人帮”的破坏，棉农口粮难以保障，棉价过低，挫伤了棉农的种棉积极性，致使棉花生产下滑，1977年棉田面积7267万亩，单产56斤，总产4098万担，回落到了1965年的水平。这一时期，进口棉花7050万担，出口1063万担，进出相抵净进口5986万担。

10年内乱结束后，中央、国务院适时地调整棉花政策。1978年在棉花播种之前，国务院发出了《关于棉花生产几项政策规定的通知》，规定要切实解决棉农口粮，实行粮棉“五定”，定棉田面积、定棉花产量、定棉花交售任务、定自产粮、定口粮标准，保证棉农吃到不低于邻近产粮区的口粮标准。自产粮达不到口粮标准的，由县、地、省调剂解决。并且提高了棉花收购价格和棉花奖售化肥的标准，确定植棉10万亩以上的县，作为棉花生产基地，有计划地进行建设，要大搞农田基本建设，尽快改变生产条件，提高抗灾能力。1979年再次提高棉花收购价格，实行棉花超购奖励。1980年，国发[1980]223号文件指出，解放以来，我国棉花生产有较大发展，但速度不够快，甚至徘徊下降，不能满足国需民用，要靠进口一部分来补充。其重要原因之一，是棉产区的粮食问题没有解决好。为了改变这种状况，中央决定多进口一些粮食，在适宜发展棉花的地区，实行棉粮挂钩，安排好生产者的口粮，促进棉花生产的发展，争取5年内做到国内用棉不进口。这是一项使农民富起来，使国民经济活跃起来的重大政策，各省、市、自治区和国务院有关各部委，都要认真研究，切实把这件事办好。这些优厚的棉花政策，为80年代前期的棉花大发展奠定了基础。

四、粉碎“四人帮”以后，国家正确处理了棉花等经济作物同粮食的关系，连续提高棉花收购价格，实行了一系列优惠政策，促使棉花生产高速发展

粉碎“四人帮”以后，党中央决定，必须把农业尽快搞上来，要坚决按经济规律办事，重视价值规律的作用。1978年4月初，国务院发出了《关于棉花生产几项政策规定的通知》，指出棉花是极为重要的战略物资，国家需要棉花，人民需要棉花，棉区各级领导要亲自动手，采取有力措施，迅速把棉花生产搞上去，并就解决棉农口粮的措施、提高棉花收购价格和提高棉花奖售化肥的标准等作出了规定。强调要逐步建设一批棉花生产基地，建立健全以良种场为骨干的良种繁育体系，不断实行良种更换和更新，把提高单产作为主攻方向，实行科学种棉，推广先进技术，坚决完成和超额完成今年的棉花生产和收购任务，力争达到和超过省区市的历史最好水平。国务院继续派出棉花工作组，深入社队，了解有关方针政策和计划的落实情况，协助地方把这项工作做好。这些政策措施大大地促进了棉花生产。80年代前期，各地普遍推行联产承包责任制，实行包产到户。农村的改革，使农业生产力获得了第二次解放，农民的生产积极性充分地迸发出来，进一步激发了棉农的植棉热情，做到了棉花平衡有余。

(一)提高棉花收购价格,实施价外加价,加价款由中央财政负担,不进入纺织工业成本

国家连续3年提高棉花收购价格。1978年标准级棉花收购价格每担由104.2元提高到115.8元,提高10%左右。1979年提高到132.1元,提价15%,北方棉区另加5%的补贴,同时实行超购奖励加价政策,以省区市1976~1978年平均收购量为基数(南方打折90%,北方打折95%),超基数部分加价30%,基数落实到植棉社队,与交售棉花的生产队结算。1979年标准级棉花每担收购价格147.15元(牌价加加价,南北方平均价格,下同),每担平均加价12.2元。1980年提价10%,每担棉花收购价格172.55元,每担平均加价22.08元。1981年每担棉花的收购价格174.26元,每担平均加价23.83元。1982年每担棉花的收购价格179.52元,每担平均加价28.73元。1983年每担棉花的收购价格181.99元,每担棉花平均加价30.8元。

1979年至1983年棉花加价实行基数法,以生产队为单位,确定交售基数。生产队之间的棉花收购价格,基数大的与基数小的不一致,有基数的与无基数的也不同。联产承包以后,基数难以落实,农户之间棉花的收购价格悬殊更大,基数高的农户借用基数低或无基数农户的售棉证交售棉花,大部或全部享受加价政策。1982年全国每担标准级棉花的收购价格179.52元,上海市只有150.75元,湖北省157.79元,山东省192.56元,河北省190.21元,河南省186.0元,辽宁省199.74元。为解决产棉地区之间价格失衡问题,国务院决定,棉花加价由“基数法”改为“比例法”,1983年在山东省按“倒三七比例”加价、湖北省按“正四六比例”加价进行试点。从1984年新棉上市起,棉花收购牌价南北棉区均为145.8元,北方棉区按“倒二八”加价,即20%按牌价收购,80%按加价收购;南方棉区“正四六”,即60%按牌价收购,40%按加价收购。每担标准级棉花南北方棉区平均价格176.25元,每担平均加价30.27元。

(二)提高奖售化肥标准,改进预拨办法

从1978棉花年度起,每交售1担皮辊棉奖售化肥80斤,交售锯齿棉1担,奖售化肥84斤。从1979年度起,由按国家计划面积预拨改为按上年棉花实际交售量在三月底前预拨40%,七月底前再预拨30%,年终结算,以鼓励社队按照国家计划种植棉花,为国家多作贡献。

(三)实行超购奖励

国务院规定,从1979年新棉上市起,实行的超基数收购的棉花加价30%,也可以实行每超购1斤皮棉,奖给1斤商品粮的办法。从1981年新棉上市起,实行在定购基数外,超购1斤皮棉奖售2斤粮食的办法。同时进口100万吨尿素作为口粮肥补助给棉农。

(四)扩大棉田面积,增加棉花生产

1980年9月,国务院决定多进口一些粮食,在适宜发展棉花的地区,实行棉粮挂钩,安排好生产者的口粮,促进棉花生产的发展,争取5年内做到国内用棉不进口。1981年在江苏省、湖北省、上海市、山东省扩大棉田面积200万亩,增加棉花定购基数,相应减少粮食定购基数。为此,国家每年安排13.62亿斤粮食解决棉农的口粮。

上述政策的实施和80年代农村改革的巨大潜力,推动了棉花生产飞速发展,80年代前五年(1980~1984年),成为我国棉花生产发展史上的黄金时代。棉花种植面积增加,单产提高,总产量连续五年迈五大步:1982年起我国棉花总产量跃居世界首位,实现当年供求平衡,并自给有余,由进口国变为出口国;1983年第一次实现全国平均单产皮棉达百斤;1984年总产量达到12516万担,比1979年增加8101万担;收购棉花11929万担,销售棉花6414万担,供大于求5515万担;年末工商库存棉花和国家储备棉达到12000多万担,1983年,国家停止了对城乡居民发放布票、絮棉票的统销政策，纺织品、针织品和絮棉敞开供应。这一政策标志着长达30年的纺织品和民用絮棉短缺的状况已经结束。1982年开始大批量出口棉花。80年代出口棉花6378万担，进口3874万担，净出口2504万担。为了使全国人民享受到改革的成果，国家拿出1000万担优质棉花和13亿多元补贴，供应城乡居民优质优价絮棉；还向边山老少穷地区赊销近500万担絮棉和一大批棉布，这笔价款基本上没有收回来，还是由国家和供销社承担了。

（五）棉花连年大丰收，国内棉花资源充裕，国家采取了调减棉花生产的措施

从1984年起，压缩冀鲁豫棉田面积，超基数收购的棉花，每斤棉花奖售粮食由2斤减到1.5斤。1985年，国家取消棉花统购政策，实行合同定购政策。这项改革是适宜的、正确的。但棉花收购价格和优惠政策变动太大，对棉花生产产生了不利影响。1985年北方棉区加价比例由“倒二八”改为“倒三七”，南方棉区“正四六”加价比例不变；取消超购棉花的奖售粮和扩大棉田补助粮政策；收购棉花的奖售肥包干给省级人民政府掌握。1986年北方棉花收购加价比例由“倒三七”改为“倒四六”，南方棉区加价比例仍不变。有些棉区取消了棉花奖售肥政策，降低了奖售标准的地区对农民兑现普遍较差，加之棉花收获季节阴雨不断，这年棉花收购仅完成了定购任务的82%，供应量小于消费量441万担。

（六）再次调整棉花政策

国务院决定1987年北方棉区收购价格由“倒四六”调整到了“倒三七”，南方棉区棉花收购价格由“正四六”提高到“倒三七”，定购以外的棉花敞开收购，合同内外收购的棉花在政策上同等对待；为保证收棉奖肥政策的兑现，1988年在国家计划中专项安排，由商业部掌握，采取分批分期调拨年终结算的办法。同时又实施了两项政策，一是收购1担棉花奖售柴油5斤，二是产棉省区向外省区市调出1担棉花补贴6.4元。1989年1月，国务院《关于调整棉花收购政策的通知》规定：统一棉花生产扶持费，将1988年度各产棉省级政府规定的棉花生产扶持费，均按每担20元计入供应价格。1989年度统按25元计入收购价，再增加10元价外补贴，调整后的每担棉花收购价格为211.42元。1989年2月，国发〔1989〕18号通知，每担棉花收购价格由211.42元提高到236.42元。国发电［1989］41号通知规定，1990年棉花收购价格提高到每担300元，跨区调拨每担棉花由调入省、区、市奖励调出省区25元。

期间，纺织工业迅速发展，纱锭达到4000万锭，纺织原料短缺，棉产区对棉花收购采取了价外补贴政策，主产棉区每担棉花补贴三四十元。同时实施平价供应棉农口粮、化肥、农药、农膜等。由于国家和棉花产区各级政府高度重视，加大了棉花的投入力度，1991年棉田面积、棉花产量大幅度回升，达到11350万担，成为新中国建立后的第二个棉花丰收年。

（七）扩大棉花良种，实施科技兴棉

50多年来，我国棉花品种进行了5次大规模的更新，每更新一次单产提高10%～15%。这是棉花增产的重要途径。著名的“鲁棉1号”就是一个成功的典型。1980年山东省开始试种，植棉面积1105万亩，比1979年增加291万亩，亩产92斤，增加了51斤，棉花产量1105万担，增加741万担，收购棉花1057万担，增加了741万担；1984年棉田面积达到2569万亩，产量3450万担，收购3357万担。“鲁棉1号”很快普及到黄河流域和苏北、皖北、鄂北地区，农民自发扩种棉花。江苏、湖北、四川等省的农业科研部门、农业院校也培育出了适宜长江流域的新品种。1983年棉花亩产突破了100斤，1984年117斤。棉花生产获得了大发展，5年上了两个台阶。90年代，农业科研、农业院校和一些省区培育了杂交棉、抗虫棉、抗虫杂交棉，使棉花亩产和品质又有了新的突破。20世纪末全国平均亩产棉花146斤,新疆自治区平均亩产棉花192斤,而新疆生产建设兵团棉花亩产则达226斤;甘肃省棉花亩产也提高到了221斤。1980年到2000年,全国棉花平均亩产108斤,比1949年到1979年平均亩产46斤,增加了62斤。从而使植棉面积减少,产量和收购量增加。实践证明我国棉花增产的潜力是很大的,需要继续培育新品种,加快更新换代,大力推进科技兴棉,我国棉花实现当年平衡的目标应是不成问题的。

科技兴棉是棉花生产发展的重要支撑。精耕细作和先进技术结合应用,科技进步为棉花生产可持续发展提供了技术支撑。中国农民发挥聪明才智的优势,在棉花栽培技术上不断创新。具有中国特色的育苗移栽和地膜覆盖,处于国际领先水平。长江流域,河南省和山东省部分棉区施用农膜育苗移栽,新疆自治区植棉全部是农膜覆盖,平均增产14%~30%。这在一定程度上缓解了粮棉争地的矛盾,与气候争来了植棉季节。中国农民在棉花生产投入上精打细算,在管理上精益求精,实施化学调控,合理施肥,科学用药,节约用水等,这些新的栽培模式和生产技术,降低了成本,增加了产量,获得了优质棉花。

五、90年代是棉花政策、布局大调整、棉花流通体制大改革的年代,初步形成了中国特色的社会主义棉花市场体制

(一)棉花收购政策大调整

1992年棉花面积虽比1991年增加445万亩,但因遭受严重的灾害,棉花总产量由上年的11351万担下降到9017万担;收购由10542万担减少到7541万担,当年供需缺口1400万担,工商周转库存压缩到一个多月的用量。因此国家从1993年起又提高棉花收购价格,每担皮棉由300元提高到330元;奖售化肥70斤、柴油5斤的政策改为发放平议差价12元补给农民,由中央财政负担;国家每定购一担棉花发放贴息贷款45元。但由于粮食价格猛涨,棉花待遇相形见绌,致使棉花面积、产量、收购量仍大幅下滑。1994年国务院决定,棉花收购价格由330元提高到500元,奖售化肥、柴油的平议差价提高到14元,连同棉花收购加价款(30元)共44元计入棉花收购价格。这样每担棉花实际收购价格为544元。但棉花回升仍较缓慢。1995年国务院决定,将棉花收购价格提高到每担700元,价外补贴44元计入收购价格,中央财政不再补贴。1996年和1997年棉花收购价格仍维持700元,连续三年棉花产量稳定在9000万担上下,稳住了棉花生产,棉农是满意的。但加工贸易棉花进口大幅增加,导致国内棉花库存量加大。1998年,国务院决定棉花收购价格由700元下调到617.5元,由于农田茬口尚未调整过来,棉花面积、产量、收购量仍保持在前几年的水平。国务院办公厅《关于做好1999年度棉花工作有关问题的通知》规定:从1999棉花年度起,棉花收购价格按照市场形成价格的原则,由购销双方协商确定,国家不再作统一规定。要实行优质优价,扩大品级和等级差价。当年标准级棉花平均价格降至每担396元,比1998年减少221.5元,农民收入明显减少。2000年每担标准级棉花虽上浮到520元,但农民在棉花生产方面的收入不及其他农产品。在此情况下,国家对棉花生产基本没有启动调控手段。90年代末期棉花面积只有6000万亩上下,棉花产量下降过多,致使棉花供求失衡。

(二)稳步推进棉花供应体制改革,改进棉花供应调拨办法

1996年,国务院要求立足稳定棉花生产,稳步改进棉花供应体制。棉花经营企业收购的棉花,继续纳入国家计划,由县级及县级以上供销社按国家计划和国家确定的供应方式进行销售。从1996年度开始,实行在国家计划指导下的供需直接见面,双向选择的棉花供应方式。棉花调出省区在保证完成国家计划调出数量的前提下,自用棉可就地供应。产区要调出的棉花和销区、半产区需从省区外调入的棉花,实行国家计划指导下的交易会方式衔接供需，逐步扩大由县级棉麻公司直接供应棉花的范围。改进棉花供应价格管理形式，棉花供应价格由国家定价改为国家指导价，由国家物价管理部门规定供应价的中准价和浮动幅度，具体成交价格由供需双方在规定的浮动幅度内协商确定。1996年度棉花供应价格的中准价为现行供应价，允许上下浮动4%。国务院批准由国家计委、供销合作总社等13个部门组成协调小组，制订了《全国棉花交易会实施细则》，并于当年11月举行了第一次全国棉花交易会。1997年，棉花供应价格允许上下浮动6%。棉花交易方式由集中交易转为常年交易，把棉花交易会办成全国棉花交易市场，在部分地区设立区域市场，与全国棉花交易市场联网。同时扩大棉花交易市场参加者的范围，县级棉麻公司、所有纺织企业都可以进入棉花交易市场进行交易。从此，废止了50年的年度棉花购销调存计划和年度内分段实施计划的体制。放开棉花市场、放开棉花经营和放开棉花价格以后，棉花销售价格随之放开，棉花销售价格由购销双方协商确定。促使供棉企业和用棉企业主动转换经营机制，改善经营管理，打紧成本，合理地商定价格。从而实现了自主选择货主或客户的权利，增强了企业的诚信度和市场的透明度。

国内市场棉花消费量和外销纱布服装的棉花消费量大致相当。52年间，我国棉花出口共计11816万担，进口棉花22119万担，出进相抵净进口10303万担。80年代以后我国不仅出口棉花，还大量出口纱布和服装。90年代，我国出口纱布和服装进一步加大，20世纪末出口纱布服装消费国产棉花的比重达到了50%以上。

（三）调整棉花生产布局，棉花种植向单产高、效益好的宜棉地区集中

80年代，棉花生产上得猛，下得也快，波动较大。1984年3月国务院《关于控制棉田面积和搞活等外棉经营的通知》指出，我国棉花产销形势发生了重大转折，出现了棉花供过于求的情况，但北方棉田仍是继续扩大的趋势，应当是稳定和控制棉花种植面积，积极鼓励改良品种，提高单产，提高质量。为此，要适当控制冀鲁豫三省棉田面积。山东省棉花实际种植面积要控制在2300万亩，河北省控制在1300万亩，河南省控制在1400万亩。由于南方一些省棉田有所减少，从棉花质量和纺织能力布局等方面考虑，棉田不宜再过多压缩。之后，国务院再次强调，根据当前棉花产需变化情况，近两三年内，要适当控制植棉面积。总产量以不超过9000万担为宜。由于棉花价格下调，优惠政策减少，棉花生产减幅较大。1980年到1984年全国累计棉花面积43401万亩，年均8680万亩，1985年到1989年，全国累计棉花面积37543万亩，年均面积7509万亩，下降1172万亩。

90年代，棉花布局大调整，棉花生产向高产区集中。80年代后期，棉花生产徘徊不前，而纺织工业大发展，棉花消费量急剧增加。1986年1987年用棉量超过1亿担，由于有充裕的储备和工商库存棉花为基础，保障了市场需求。1988年压缩了棉花出口，库存棉花基本消化完，棉花供不应求的状况越来越明显。1989年12月，江泽民总书记在接见全国农业综合开发经验交流会带队同志时指出，近5年来主要农产品粮食、棉花出现了排徊不前的严重局面，全党全国要真正动员起来，齐心协力实现农业发展的新突破，近期内要尽快结束目前的徘徊局面，棉花要达到9000万担到1亿担。现在的问题是要认真总结经验，肯定成绩，吸取教训，提出对策，坚定继续前进的信心。

为了把棉花生产搞上去，90年代，国务院召开全国棉花工作、生产会议9次，电话会议3次。1990年2月，国务院召开全国棉花生产电话会议，国务委员陈俊生同志指出，目前棉花生产和收购形势很严重，要提高对棉花生产和收购迫切性的认识。要加强领导，落实棉花种植计划。各地要想方设法在春白地上多种棉花，有条件的地方要提高复种指数，扩大间作套种面积，扩大夏播棉面积。有条件的地方要努力开荒种棉。新开荒的棉田，3 年内免征农业税。1990 年的棉花面积、产量、收购量均有所上升，但纺纱能力大大超过棉花的供应能力。1991 年秋，国务院总理李鹏同志在全国棉花工作会议上提出，黄河三角州地区，新疆的南疆、北疆，都有很多地方适合种棉花，在今后的 10 年计划中要逐步开发。田纪云副总理强调，我们的目标，是棉田面积稳定在 9000 万亩～9500 万亩。要挖掘棉花生产潜力，大力改造中低产田，开发宜棉荒地，以扩大土地资源。新疆、冀鲁豫苏鄂的一些盐碱地、滩涂地等，可以开发出来种棉花。由于国家和地方采取了鼓励发展棉花生产的政策措施，1991 年棉花生产上了一个大台阶。棉花的供求形势有了很大转变，由供不应求转为供过于求，国家增加了储备。1992 年黄河流域棉区发生了罕见的干旱和病虫害，棉花收购价也偏低，因而棉花生产大幅下跌。为了把棉花生产再促上去，农业部于 1993 年 3 月 5 日通知，安排产棉省、区、市 1993 年棉花面积要达到 8500 万亩～9000 万亩。3 月 8 日，国务院又发明电，要求各地千方百计抓好今年的棉花生产，首先要抓好棉田面积的落实，要动员农民把适宜种棉的春白地种上棉花，并适当增加一些夏播棉面积。国家虽采取了发展棉花的重大政策，但由于粮食价格上涨，棉粮政策不协调，一些棉区又发生了严重的病虫害，导致 1993 年棉花产量再次下滑。国务院于 1994 年 3 月 4 日发出明电指出，近两年棉花连续减产，给国民经济持续快速、健康发展带来不利影响。要求产棉区各级政府和各有关部门对此要引起高度重视。要千方百计落实春播棉面积，确保完成国家下达的植棉任务。黄淮海棉区现有春白地、预留行要优先种棉花；有条件的地区要适当扩大夏播棉，积极安排荒地植棉。山东、河北、河南三省的棉田面积要有大的恢复。南方棉区除落实好春播棉面积外，有条件的地方要增加一些麦后棉和大苗移栽。新疆棉区要稳定发展。1994 年 4 月，中共中央、国务院发出了《关于 1994 年农业和农村工作的意见》，再一次提出，棉花已连续两年减产，供需矛盾突出，今年一定要有较大发展。要下很大的力量落实棉花种植面积，冀鲁豫棉区要尽快恢复，长江流域棉区要稳步发展，西部地区要积极扩大，力争完成 9000 万亩的计划。

1995 年、1996 年，国家领导人在全国棉花工作会议上的讲话和国务院关于棉花工作的通知中，一再强调要千方百计扩大宜棉的土地面积，落实棉花种植计划，增加棉花产量。连续三年大幅度提高棉花价格，促使棉花生产稳定回升，1995 年棉花库存达到了 1800 多万担，国储棉增加了 1529 万担。然而 1996 年来进料加工和一般贸易又进口了 1611 万担，1997 年进口 735 万担，使 1997 年末供销社棉花企业库存棉花和国储棉大幅度增长。加工贸易进口的低价劣质棉冲击了国产棉，有些进口棉花的单位还赔了钱。实际上，进口低价棉的好处抵不上国家储备棉和供销社棉花企业库存棉花的利息和费用，在经济上也不合算。

国务院《关于切实做好 1997 年度棉花工作的通知》提出，要适当调整棉花布局，使棉花植棉面积逐步走上单产高、收益好的宜棉地区转移，为明年棉花增产打好基础。大力发展新疆棉区，基本稳定长江中下游高产棉区，适当调整黄河流域单产低、效益差棉区的种植结构，有计划地逐步减少植棉面积，实现平稳过渡。国务院《关于切实做好 1998 年度棉花工作的通知》指出，这两年全国棉花积压严重，中央、地方和企业都难以承受。因此，要根据市场供求状况，适当调整棉花生产布局。新疆棉花播种面积在 2000 年以前维持现有水平，进一步调减黄河流域植棉面积，适当减少长江流域植棉面积。

棉花生产布局的调整成效显著，效益好的宜棉地区棉花种植扩大了，而农产品效益高于棉花的地区，棉花种植自然减少了。棉花“三足鼎立”的最佳区域布局已经形成，对实现棉花持续发展具有战略意义。棉花生产布局发生了很大变化，50年代植棉20万亩以上的县占产棉县总数48%，90年代20万亩以上的占57%；50年代棉花产量在20万担以上的县占产棉县总数16.3%，90年代棉花产量在20万担以上的占66.7%；50年代棉花收购量在20万担以上的县占产棉县总数17.2%，90年代棉花收购量在20万担以上的占60%。90年代中后期新疆自治区在棉花生产中具有举足轻重的地位。粮棉共生区的冀鲁豫在棉花布局调整中发挥了重要作用，当棉花一时显多的时候，国家要求他们调减棉田面积和产量，在棉花短缺的时候，又要求他们增加植棉面积和棉花产量。山东、河北、河南三省为国家调控棉花生产布局作出了重要贡献。

（四）深化棉花流通体制改革，开放棉花市场

国务院《关于1992年度棉花购销工作有关政策的通知》确定：1992年合同定购9000万担，国家储备1000万担。定购和国家储备棉花继续由供销社按国家规定的价格和奖售政策统一收购、统一经营（良繁区的棉花委托良棉厂收购）。各地在完成定购和国家储备棉花任务后，以省（区、市）为单位，可以开放棉花市场，价格随行就市，放开部分国家不再拨加价款和奖售物资。各省（区、市）可根据市场需求安排最低保护价，最低保护价以国家规定对农民结算的收购价为基础，按下浮不超过10%确定，这部分棉花原则上由各省（区、市）安排储备。1992年8月，国务院《批转国家体改委关于改革棉花流通体制意见的通知》指出，近两年我国棉花产量有较大幅度增长，出现了产需大体平衡，为推进棉花流通体制改革提供了有利条件。改革的最终目标是放开经营，放开市场，放开价格，逐步建立起在国家宏观调控下，以市场调节为重要手段，内外贸相互联结，高效畅通的棉花流通新体制。采取“先行试点、逐步推进”的实施步骤，争取两三年内完成。1993年要积极完善和扩大棉花放开试点，非试点省区市也要划出一块搞市场调节。山东、河南、江苏省作为棉花放开试点省。试点省实行棉花供需直接见面，棉花收购和供应价格由国家定价改为由买卖双方协商议价。改革由供销社统一经营棉花的办法，开放棉花市场，允许棉花上市交易。原有的棉花财政补贴改为价格调节基金，由地方政府掌握用以调控价格，扶植棉花生产，稳定市场。试办棉花交易市场，逐步建立和完善棉花市场体系，建立健全国家和省区市两级棉花储备制度。三省试点方案均经国务院批准。由于1992年、1993年棉花连续减产，纺织业又超计划生产，加剧了供求矛盾，国家不得不动用有限的储备棉和进口棉花来弥补缺口。为此，国务院发出了《关于切实做好1994年度棉花购销工作的通知》指出：从长远看，解决棉花问题的根本出路在于适应社会主义市场经济的要求，逐步建立在国家宏观调控下主要依靠市场机制实现棉花资源合理配置的新型棉花购销体制。但是由于当前棉花供求矛盾突出，国家对棉花的调控体系还不健全，规范化的棉花市场尚未建立，棉花质量保证体系也不完善，放开棉花经营和价格，会引起生产和流通的混乱，会出现价格暴涨暴跌、生产大起大落，农民和纺织企业的利益都得不到保障。鉴于棉花问题的重要性、特殊性和复杂性，棉花购销体制改革必须坚持积极稳妥的方针，决定当前不放开棉花经营，不放开棉花市场，不放开棉花价格，继续实行国家统一定价，由供销社统一经营。1995年，《国务院关于深化粮食棉花化肥购销体制改革的通知》规定，棉花是关系国计民生的重要物资，生产、流通、消费都必须坚持在国家宏观调控的前提下，充分发挥市场机制的作用。改革中要贯彻加强农业的原则，做到促进生产发展，增加有效供给。要贯彻总量平衡的原则，做到总需求与总供给的基本平衡。要贯彻统筹兼顾的原则，处理好粮食、棉花、化肥之间的比价关系，生产者、经营者和消费者之间的利益关系，中央和地方的事权关系，调动各方面的积极性。要继续坚持棉花不放开市场，不放开经营，不放开价格的棉花流通体制，严防棉花流通环节出现混乱。1996 年《国务院关于切实做好 1996 年度棉花工作的通知》再次强调，继续坚持棉花由供销社棉花经营单位统一收购、统一加工、统一经营的政策，农业部门所属的国营农场和良种繁殖区生产的棉花，收购加工后交当地供销社统一经营。取缔非法的棉花收购、加工和经营单位，取缔小轧花机和土打包机，打击非法倒卖棉花的行为。国务院《关于切实做好 1997 年度棉花工作的通知》提出：为了稳定棉花生产，保护农民利益，1997 年度棉花收购政策是，继续坚持不放开市场，不放开经营，不放开价格，坚决做到不停收、不限收、不拒收，不压级压价，不抬级抬价的“七不”政策。继续实行供销社棉花经营企业统一收购、统一加工、统一经营棉花的政策。各地农业部门所属良种棉加工厂和国营农场只允许收购、加工本良种繁殖区和本场内生产的棉花，收购、加工后交当地供销社统一经营。其他任何单位和个人一律不得收购、加工、经营棉花。纺织企业不准到产区收购棉花，也不得通过非棉花经营单位购买棉花。1998 年，国务院《关于切实做好 1998 年度棉花工作的通知》指出：针对棉花生产销售形势的变化和棉花流通中存在的调销不畅、库存积压、亏损增加，纺织品出口受阻等问题，采取降低棉花收购价格，搞好棉花总量平衡，加强棉花市场的宏观调控等措施，发挥棉花储备吞吐和进出口的调节作用，严格控制棉花进口，加工贸易进口棉花的数量要报国务院批准，进口的棉花，其制品必须出口，不得内销。再次提出继续实行由供销社棉花经营企业统一收购、统一加工、统一经营的政策，各级供销社棉花经营企业要严格执行棉花政策，要坚持敞开收购，把棉农愿意交售的棉花全部收购上来，不得因当前库存压力大，销售不畅而停收、限收、拒收。不得压级压价，也不得抬级抬价，以保护农民植棉的积极性。

国务院〔1998〕42 号文件《关于深化棉花流通体制改革的决定》指出：当前我国社会主义市场经济迅速发展，棉花资源充裕，棉花替代品逐步增多，进一步深化棉花流通体制改革的时机已基本成熟。决定从 1999 年度开始进一步改革棉花流通体制。要逐步建立起在国家宏观调控下，主要依靠市场机制实现棉花资源合理配置的新体制。国家在管好棉花储备、进出口管理和强化棉花质量监督的前提下，完善棉花价格形成机制，拓宽棉花经营渠道，建立新型的产销关系。棉花的收购价格、销售价格主要由市场形成，国家不再作统一规定。实行棉花收购、加工资格认定制度。国务院继续委托供销社承担国家储备棉任务，通过招标和签订合同落实国家储备棉的承储单位。规范棉花企业与供销社的关系，深化棉花企业改革。棉花企业要大力发展代理、贸工农一体化等现代流通组织形式和营销方式。供销社棉花企业是棉花流通的主要力量，要千方百计做好棉花购销工作，在保证市场供应、稳定市场棉价中发挥重要作用。对于不欠棉花货款的大型纺织企业，经省级政府按国家规定条件批准，可进入市场收购和经营棉花，未经省级政府批准擅自从事棉花收购、加工、经营的单位和个人，要严肃查处。要加快建立以全国棉花交易市场为中心，以棉花集中产销区为依托，实行计算机网络化管理的全国棉花交易网络，充分发挥其价格形成和信息传递功能，规范交易行为，促进公平竞争。国务院这一重大决策，结束了 45 年的棉花流通计划经济体制，按照社会主义市场经济的要求，建立在宏观调控下主要依靠市场机制实现棉花资源合理配置的新型棉花流通体制。

六、国家建立棉花宏观调控制度是必要的、正确的、成功的，尚需总结完善

国家对棉花的宏观调控在各个年代发挥了重要作用，但也存在一些不可忽视的问题，亟待改进和完善。50年代棉花政策比较稳定，出现的问题解决得也及时。在国民经济恢复期间由于棉田面积扩大过快，棉花生产和收购情况发生了基本变化。于是，政务院财政经济委员会决定，1953年棉花预购合同制度停止执行，并适当调低棉花收购价格。当年，棉田面积、产量和收购量都下降。1954年中财委又决定，棉花生产、收购政策，大致恢复到1952年的水平，当年的棉田面积有了较大幅度的回升。3年困难期间，国家调整棉花政策是适时的，效果也明显。至于60年代、70年代，全国开展了轰轰烈烈的“运动”，抓生产“压革命”的大帽子随时会戴在人们头上，再好的政策也难执行，优惠政策被诬为是搞物质刺激，也被砍掉。打倒“四人帮”和党的十一届三中全会之后，国家适时调整了棉花政策，增加了优惠措施，棉花生产高速发展。但宏观调控制度不完善，调控时机把握得不够好，调控的一些措施也欠实际。如对1985年的棉花政策向下调整采取了过急的行动，不仅调减了棉花收购价格，而且砍掉了优惠政策，加上收获季节阴雨天较多，使当年的棉花生产大幅度下降。1986年再次调减了棉花收购价格，棉花生产再次大幅减少。但当需要发展棉花生产的时候，则行动滞后或迟缓。1987年对棉花收购价格进行了微调，但粮食价格上调，又增加了优惠的奖售政策，棉粮比价不到位，棉花生产的回升仍较缓慢。有关业务部门建议调高1988年的棉花收购价格和实行优惠政策，未被采纳。这年棉花市场混乱，发生了收棉难的问题，各个产棉省区市政府以生产扶持费的形式给棉农加价。1989年，国家认可了各地对棉花的价外补贴，并在此基础上增加了价外补贴。但棉花生产还是继续下滑。1990年初在全国棉花生产电话会议上国务委员陈俊生同志明确地提出，各地可以根据财力、物力的可能，采取一些优惠政策，有些地方采取斤棉斤粮的奖励办法，可以在实行中逐步完善。乡镇企业比较发达的地区，可以实行以工补棉，增强棉花生产发展的后劲，缓解这些地方种棉效益比较低的问题。这项政策很有效，凡是纺织厂发展快的棉花产区都采取了一些辅助措施，促使棉花稳定发展。

90年代，在棉花产业调控上也发生了类似情况。当棉花政策上调时，往往采取分年分次渐调的办法，而棉花政策下调时则采取突调的办法。1993年、1994年连续两年提高棉花收购价格，但都不到位，1995年再次提价，虽有点过头，但对农民有利。棉花政策下调的时候却是一步到位，1999年放开了棉花市场，放开了棉花经营，放开了棉花价格，但对农民种棉花却没有保护政策。国发[1992]55号文件作出将原有的财政对棉花的补贴改为价格调节基金的规定一直没有落实。对棉花年度8月末工商棉花存量和国储棉调节上也存在不得力的问题。为了保证纺织厂配棉，过去规定纺织厂要有3个月的周转量，80年代棉花多的时候增加到4个月，流通环节要保持下个年度的衣絮用棉存量，还要存够1个月的纺棉用量。1997年度末工商库存棉花4533万担，其中棉花企业库存达到4300多万担，1998年度末棉花企业的存棉量达到5900万担，却没有动用调控手段，造成流通环节连续几年全面亏损。在棉花供过于求时，往往发生工业对流通环节压级压价，流通环节对农民压级压价的问题也没有处理好，从而影响党和农民的关系。在棉花产业的宏观调控上，应认认真真地总结经验教训，完善宏观调控制度和保护农民的政策，在棉花政策往上调的时候尽可能一步到位，棉花政策要下调的时候可以逐步到位。要坚持科学决策，规范监管，以促进棉花生产稳定发展，避免大起大落。

第二部分

全国各地区棉花生产收购

2－1－1　全国各地区 1949－2000 年棉花生产收购

地　区	国内单位				国际单位				占全国合计(%)		
	棉田面积（万亩）	亩产（市斤）	产量（万担）	收购量（万担）	棉田面积（千顷）	单产（公斤/公顷）	产量（千吨）	收购量（千吨）	面积	产量	收购量
全国合计	**394630.60**	**71.90**	**283751.59**	**242856.26**	**263087.1**	**539.3**	**141875.8**	**121428.1**	**100.00**	**100.00**	**100.00**
南方产区	**151582.20**	**79.56**	**120604.98**	**107305.79**	**101054.8**	**596.7**	**60302.5**	**53652.9**	**38.41**	**42.50**	**44.18**
上　海	5931.40	86.58	5135.53	4616.59	3954.3	649.4	2567.8	2308.3	1.50	1.81	1.90
浙　江	6389.10	95.07	6074.42	5321.65	4259.4	713.1	3037.2	2660.8	1.62	2.14	2.19
江　苏	41853.70	87.92	36797.62	34594.04	27902.5	659.4	18398.8	17297.0	10.61	12.97	14.24
湖　北	40678.00	84.71	34457.16	31097.95	27118.7	635.3	17228.6	15549.0	10.31	12.14	12.81
安　徽	21900.40	64.20	14059.96	11449.37	14600.3	481.5	7030.0	5724.7	5.55	4.96	4.71
四　川	16855.30	58.98	9940.74	8305.86	11236.9	442.3	4970.4	4152.9	4.27	3.50	3.42
江　西	7127.50	73.47	5236.72	4371.88	4751.7	551.0	2618.4	2185.9	1.81	1.85	1.80
湖　南	10846.80	82.08	8902.83	7548.45	7231.2	615.6	4451.4	3774.2	2.75	3.14	3.11
北方产区	**237821.70**	**67.51**	**160563.51**	**133757.55**	**158547.8**	**506.4**	**80281.8**	**66878.8**	**60.26**	**56.59**	**55.08**
河　北	56492.50	55.00	31068.62	26034.40	37661.7	412.5	15534.3	13017.2	14.32	10.95	10.72
山　东	61599.80	72.53	44676.58	37971.14	41066.5	544.0	22338.3	18985.6	15.61	15.74	15.64
河　南	56800.50	66.70	37888.36	26634.32	37867.0	500.3	18944.2	13317.2	14.39	13.35	10.97
陕　西	16096.30	47.66	7672.01	6480.11	10730.9	357.5	3836.0	3240.1	4.08	2.70	2.67
山　西	15781.50	51.17	8075.41	6697.75	10521.0	383.8	4037.7	3348.9	4.00	2.85	2.76
新　疆	22714.50	123.17	27976.91	27257.99	15143.0	923.8	13988.5	13629.0	5.76	9.86	11.22
#兵团	7766.07	144.07	11188.85	9845.53	5177.4	1080.6	5594.4	4922.8	1.97	3.94	4.05
辽　宁	8336.60	38.45	3205.62	2681.84	5557.7	288.4	1602.8	1340.9	2.11	1.13	1.10
分散产区	**5226.70**	**49.42**	**2583.10**	**1792.92**	**3484.5**	**370.7**	**1291.6**	**896.5**	**1.32**	**0.91**	**0.74**
甘　肃	1218.80	80.05	975.60	767.00	812.5	600.3	487.8	383.5	0.31	0.34	0.32
天　津	693.80	80.64	559.45	372.89	462.5	604.8	279.7	186.4	0.18	0.20	0.15
北　京	1062.70	43.76	465.00	338.23	708.5	328.2	232.5	169.1	0.27	0.16	0.14
云　南	816.83	27.98	228.51	192.76	544.6	209.8	114.3	96.4	0.21	0.08	0.08

注 1:分散产区数内含福建、贵州、内蒙、吉林、重庆等其他省市区,未单独列出具体数据(下同)。

注 2:“#”号表示其中项。

2－1－2　全国各地区1949－1959年棉花生产收购

地区	国内单位				国际单位				占全国合计(%)		
	棉田面积（万亩）	亩产（市斤）	产量（万担）	收购量（万担）	棉田面积（千顷）	单产（公斤/公顷）	产量（千吨）	收购量（千吨）	面积	产量	收购量
合国合计	**85694.30**	**32.66**	**27983.80**	**21726.10**	**57129.5**	**244.9**	**13991.9**	**10863.1**	**100.00**	**100.00**	**100.00**
南方产区	**30125.00**	**31.92**	**9616.70**	**7916.30**	**20083.3**	**239.4**	**4808.4**	**3958.2**	**35.15**	**34.37**	**36.44**
上海	2091.00	41.76	873.20	473.20	1394.0	313.2	436.6	236.6	2.44	3.12	2.18
浙江	1328.90	45.56	605.40	528.40	885.9	341.7	302.7	264.2	1.55	2.16	2.43
江苏	7999.80	32.38	2590.50	2697.30	5333.2	242.9	1295.3	1348.7	9.34	9.26	12.42
湖北	8586.90	34.72	2981.20	2444.20	5724.6	260.4	1490.6	1222.1	10.02	10.65	11.25
安徽	3161.50	21.69	685.70	374.60	2107.7	162.7	342.9	187.3	3.69	2.45	1.72
四川	4336.50	26.92	1167.20	885.10	2891.0	201.9	583.6	442.6	5.06	4.17	4.07
江西	974.20	29.84	290.70	219.00	649.5	223.8	145.4	109.5	1.14	1.04	1.01
湖南	1646.20	25.68	422.80	294.50	1097.5	192.6	211.4	147.3	1.92	1.51	1.36
北方产区	**53660.40**	**33.42**	**17935.10**	**13640.60**	**35773.6**	**250.7**	**8967.6**	**6820.3**	**62.62**	**64.09**	**62.78**
河北	16098.50	34.53	5558.30	4603.00	10732.3	259.0	2779.2	2301.5	18.79	19.86	21.19
山东	11167.10	32.33	3610.10	2408.30	7444.7	242.5	1805.1	1204.2	13.03	12.90	11.08
河南	12045.50	27.59	3323.30	2355.50	8030.3	206.9	1661.7	1177.8	14.06	11.88	10.84
陕西	4668.40	41.38	1932.00	1600.80	3112.3	310.4	966.0	800.4	5.45	6.90	7.37
山西	4283.10	39.99	1712.60	1406.40	2855.4	299.9	856.3	703.2	5.00	6.12	6.47
新疆	1319.20	49.80	656.90	355.70	879.5	373.5	328.5	177.9	1.54	2.35	1.64
#兵团	237.24	50.40	119.58		158.2	378.0	59.8		0.28	0.43	
辽宁	4078.60	28.00	1141.90	910.90	2719.1	210.0	571.0	455.5	4.76	4.08	4.19
分散产区	**1908.90**	**22.63**	**432.00**	**169.20**	**1272.6**	**169.7**	**216.0**	**84.6**	**2.23**	**1.54**	**0.78**
甘肃	380.00	32.55	123.70	55.00	253.3	244.1	61.9	27.5	0.44	0.44	0.25
天津											
北京	457.60	29.57	135.30	41.30	305.1	221.8	67.7	20.7	0.53	0.48	0.19
云南	322.53	22.91	73.88	61.66	215.0	171.8	36.9	30.8	0.38	0.26	0.28

2-1-3 全国各地区1960-1969年棉花生产收购

地区	国内单位				国际单位				占全国合计(%)		
	棉田面积（万亩）	亩产（市斤）	产量（万担）	收购量（万担）	棉田面积（千顷）	单产（公斤/公顷）	产量（千吨）	收购量（千吨）	面积	产量	收购量
合国合计	**70168.10**	**47.13**	**33068.00**	**30381.60**	**46778.7**	**353.5**	**16534.0**	**15190.8**	**100.00**	**100.00**	**100.00**
南方产区	**29610.80**	**62.89**	**18621.80**	**17705.90**	**19740.5**	**471.7**	**9310.9**	**8853.0**	**42.20**	**56.31**	**58.28**
上海	1288.40	105.71	1362.00	1364.60	858.9	792.8	681.0	682.3	1.84	4.12	4.49
浙江	1441.00	99.08	1427.70	1343.40	960.7	743.1	713.9	671.7	2.05	4.32	4.42
江苏	7903.80	67.55	5339.00	5209.20	5269.2	506.6	2669.5	2604.6	11.26	16.15	17.15
湖北	8314.60	67.99	5653.40	5472.50	5543.1	510.0	2826.7	2736.3	11.85	17.10	18.01
安徽	3327.00	42.29	1407.00	1177.10	2218.0	317.2	703.5	588.6	4.74	4.25	3.87
四川	4020.00	47.23	1898.80	1771.20	2680.0	354.3	949.4	885.6	5.73	5.74	5.83
江西	1454.40	45.92	667.80	625.10	969.6	344.4	333.9	312.6	2.07	2.02	2.06
湖南	1861.60	46.52	866.10	742.80	1241.1	348.9	433.1	371.4	2.65	2.62	2.44
北方产区	**39435.20**	**35.80**	**14119.60**	**12359.00**	**26290.1**	**268.5**	**7059.8**	**6179.5**	**56.20**	**42.70**	**40.68**
河北	10507.10	33.30	3499.10	3112.00	7004.7	249.8	1749.6	1556.0	14.97	10.58	10.24
山东	9073.80	31.66	2873.00	2451.80	6049.2	237.5	1436.5	1225.9	12.93	8.69	8.07
河南	8308.80	36.10	2999.80	2429.90	5539.2	270.8	1499.9	1215.0	11.84	9.07	8.00
陕西	3939.00	40.00	1575.60	1465.80	2626.0	300.0	787.8	732.9	5.61	4.76	4.82
山西	3721.30	39.97	1487.50	1403.40	2480.9	299.8	743.8	701.7	5.30	4.50	4.62
新疆	2194.20	47.79	1048.70	915.10	1462.8	358.5	524.4	457.6	3.13	3.17	3.01
#兵团	562.54	56.35	316.97	141.75	375.0	422.6	158.5	70.9	0.80	0.96	0.47
辽宁	1691.00	37.60	635.90	581.00	1127.3	282.0	318.0	290.5	2.41	1.92	1.91
分散产区	**1122.10**	**29.11**	**326.60**	**316.70**	**748.1**	**218.3**	**163.3**	**158.4**	**1.60**	**0.99**	**1.04**
甘肃	215.30	24.94	53.70	47.70	143.5	187.1	26.9	23.9	0.31	0.16	0.16
天津	9.70	47.42	4.60		6.5	355.7	2.3		0.01	0.01	
北京	250.20	45.24	113.20	97.90	166.8	339.3	56.6	49.0	0.36	0.34	0.32
云南	302.22	31.22	94.36	84.43	201.5	234.2	47.2	42.2	0.43	0.29	0.28

2－1－4　全国各地区1970－1979年棉花生产收购

地　区	国内单位				国际单位				占全国合计(%)		
	棉田面积（万亩）	亩产（市斤）	产量（万担）	收购量（万担）	棉田面积（千顷）	单产（公斤/公顷）	产量（千吨）	收购量（千吨）	面积	产量	收购量
合国合计	**73319.50**	**60.62**	**44443.60**	**41315.20**	**48879.7**	**454.6**	**22221.8**	**20657.6**	**100.00**	**100.00**	**100.00**
南方产区	**33695.90**	**78.61**	**26487.30**	**25400.70**	**22463.9**	**589.6**	**13243.7**	**12700.4**	**45.96**	**59.60**	**61.48**
上　海	1432.20	119.05	1705.10	1620.70	954.8	892.9	852.6	810.4	1.95	3.84	3.92
浙　江	1283.70	95.36	1224.20	1170.30	855.8	715.2	612.1	585.2	1.75	2.75	2.83
江　苏	8767.70	93.83	8226.80	8092.10	5845.1	703.7	4113.4	4046.1	11.96	18.51	19.59
湖　北	8861.50	87.21	7727.90	7540.40	5907.7	654.1	3864.0	3770.2	12.09	17.39	18.25
安　徽	4910.90	53.45	2624.90	2348.80	3273.9	400.9	1312.5	1174.4	6.70	5.91	5.69
四　川	4045.60	63.43	2566.30	2433.60	2697.1	475.8	1283.2	1216.8	5.52	5.77	5.89
江　西	1666.90	45.76	762.70	711.70	1111.3	343.2	381.4	355.9	2.27	1.72	1.72
湖　南	2727.40	60.48	1649.40	1483.10	1818.3	453.6	824.7	741.6	3.72	3.71	3.59
北方产区	**38672.20**	**45.47**	**17585.30**	**15614.10**	**25781.5**	**341.0**	**8792.7**	**7807.1**	**52.74**	**39.57**	**37.79**
河　北	8604.30	39.71	3416.70	2987.10	5736.2	297.8	1708.4	1493.6	11.74	7.69	7.23
山　东	9479.60	43.35	4109.40	3613.30	6319.7	325.1	2054.7	1806.7	12.93	9.25	8.75
河　南	9144.50	54.83	5013.80	4337.80	6096.3	411.2	2506.9	2168.9	12.47	11.28	10.50
陕　西	3895.00	49.83	1941.00	1784.70	2596.7	373.7	970.5	892.4	5.31	4.37	4.32
山　西	3659.10	39.03	1428.30	1347.90	2439.4	292.8	714.2	674.0	4.99	3.21	3.26
新　疆	2279.00	49.06	1118.10	1042.00	1519.3	368.0	559.1	521.0	3.11	2.52	2.52
#兵团	612.58	55.32	338.85	273.19	408.4	414.9	169.4	136.6	0.84	0.76	0.66
辽　宁	1610.70	34.64	558.00	501.30	1073.8	259.8	279.0	250.7	2.20	1.26	1.21
分散产区	**951.40**	**39.00**	**371.00**	**300.40**	**634.3**	**292.5**	**185.5**	**150.2**	**1.30**	**0.83**	**0.73**
甘　肃	218.60	33.49	73.20	63.50	145.7	251.1	36.6	31.8	0.30	0.16	0.15
天　津	165.40	35.85	59.30	38.60	110.3	268.9	29.7	19.3	0.23	0.13	0.09
北　京	255.90	58.81	150.50	129.20	170.6	441.1	75.3	64.6	0.35	0.34	0.31
云　南	182.58	30.11	54.97	46.67	121.7	225.8	27.5	23.3	0.25	0.12	0.11

2－1－5　全国各地区1980－1989年棉花生产收购

地　区	国内单位				国际单位				占全国合计(%)		
	棉田面积（万亩）	亩产（市斤）	产量（万担）	收购量（万担）	棉田面积（千顷）	单产（公斤/公顷）	产量（千吨）	收购量（千吨）	面积	产量	收购量
合国合计	**80944.40**	**98.93**	**80074.46**	**73732.76**	**53962.9**	**741.9**	**40037.2**	**36866.4**	**100.00**	**100.00**	**100.00**
南方产区	**28674.30**	**103.01**	**29536.46**	**27359.70**	**19116.2**	**772.6**	**14768.2**	**13679.9**	**35.42**	**36.89**	**37.11**
上　海	1009.10	103.17	1041.06	992.28	672.7	773.8	520.5	496.1	1.25	1.30	1.35
浙　江	1358.70	115.27	1566.14	1451.40	905.8	864.5	783.1	725.7	1.68	1.96	1.97
江　苏	9215.00	114.09	10513.54	9843.54	6143.3	855.7	5256.8	4921.8	11.38	13.13	13.35
湖　北	7525.80	107.53	8092.48	7630.70	5017.2	806.5	4046.2	3815.4	9.30	10.11	10.35
安　徽	4234.40	82.73	3503.32	3139.84	2822.9	620.5	1751.7	1569.9	5.23	4.38	4.26
四　川	2301.60	88.12	2028.26	1757.02	1534.4	660.9	1014.1	878.5	2.84	2.53	2.38
江　西	1198.60	88.63	1062.28	990.68	799.1	664.7	531.1	495.3	1.48	1.33	1.34
湖　南	1831.10	94.44	1729.38	1554.24	1220.7	708.3	864.7	777.1	2.26	2.16	2.11
北方产区	**51747.30**	**96.82**	**50103.76**	**46095.64**	**34498.2**	**726.2**	**25051.9**	**23047.8**	**63.93**	**62.57**	**62.52**
河　北	11760.10	94.11	11067.46	10490.22	7840.1	705.8	5533.7	5245.1	14.53	13.82	14.23
山　东	18531.00	113.67	21063.40	19714.32	12354.0	852.5	10531.7	9857.2	22.89	26.30	26.74
河　南	11822.30	89.16	10540.26	9037.96	7881.5	668.7	5270.1	4519.0	14.61	13.16	12.26
陕　西	2355.30	53.96	1270.84	1065.36	1570.2	404.7	635.4	532.7	2.91	1.59	1.44
山　西	2469.80	72.73	1796.38	1556.42	1646.5	545.5	898.2	778.2	3.05	2.24	2.11
新　疆	4299.00	90.47	3889.26	3794.22	2866.0	678.5	1944.6	1897.1	5.31	4.86	5.15
#兵团	1693.38	99.59	1686.41	1525.65	1128.9	746.9	843.2	762.8	2.09	2.11	2.07
辽　宁	509.80	93.40	476.16	437.14	339.9	700.5	238.1	218.6	0.63	0.59	0.59
分散产区	**522.80**	**83.06**	**434.24**	**277.42**	**348.5**	**623.0**	**217.1**	**138.7**	**0.65**	**0.54**	**0.38**
甘　肃	86.70	115.11	99.80	88.20	57.8	863.3	49.9	44.1	0.11	0.12	0.12
天　津	271.70	90.98	247.18	171.18	181.1	682.3	123.6	85.6	0.34	0.31	0.23
北　京	49.50	3.84	1.90	39.34	33.0	28.8	1.0	19.7	0.06		0.05
云　南											

2－1－6　全国各地区 1990－2000 年棉花生产收购

地区	国内单位				国际单位				占全国合计(%)		
	棉田面积（万亩）	亩产（市斤）	产量（万担）	收购量（万担）	棉田面积（千顷）	单产（公斤/公顷）	产量（千吨）	收购量（千吨）	面积	产量	收购量
合国合计	**84504.30**	**116.19**	**98181.73**	**75700.60**	**56336.2**	**871.4**	**49090.9**	**37850.3**	**100.00**	**100.00**	**100.00**
南方产区	**29476.20**	**123.30**	**36342.72**	**28923.19**	**19650.8**	**924.7**	**18171.4**	**14461.6**	**34.88**	**37.02**	**38.21**
上　海	110.70	139.27	154.17	165.81	73.8	1044.5	77.1	82.9	0.13	0.16	0.22
浙　江	976.80	128.07	1250.98	828.15	651.2	960.5	625.5	414.1	1.16	1.27	1.09
江　苏	7967.40	127.12	10127.78	8751.90	5311.6	953.4	5063.9	4376.0	9.43	10.32	11.56
湖　北	7389.20	135.36	10002.18	8010.15	4926.1	1015.2	5001.1	4005.1	8.74	10.19	10.58
安　徽	6266.60	93.18	5839.04	4409.03	4177.7	698.8	2919.5	2204.5	7.42	5.95	5.82
四　川	2151.60	105.98	2280.18	1458.94	1434.4	794.8	1140.1	729.5	2.55	2.32	1.93
江　西	1833.40	133.81	2453.24	1825.40	1222.3	1003.6	1226.6	912.7	2.17	2.50	2.41
湖　南	2780.50	152.32	4235.15	3473.81	1853.7	1142.4	2117.6	1736.9	3.29	4.31	4.59
北方产区	**54306.60**	**111.99**	**60819.75**	**46048.21**	**36204.4**	**839.9**	**30409.9**	**23024.1**	**64.26**	**61.95**	**60.83**
河　北	9522.50	79.04	7527.06	4842.08	6348.3	592.8	3763.5	2421.0	11.27	7.67	6.40
山　东	13348.30	97.55	13020.68	9783.42	8898.9	731.6	6510.3	4891.7	15.80	13.26	12.92
河　南	15479.40	103.44	16011.20	8473.16	10319.6	775.8	8005.6	4236.6	18.32	16.31	11.19
陕　西	1238.60	76.91	952.57	563.45	825.7	576.8	476.3	281.7	1.47	0.97	0.74
山　西	1648.20	100.15	1650.63	983.63	1098.8	751.1	825.3	491.8	1.95	1.68	1.30
新　疆	12623.10	168.45	21263.95	21150.97	8415.4	1263.4	10632.0	10575.5	14.94	21.66	27.94
#兵团	4660.33	187.26	8727.04	7904.94	3106.9	1404.5	4363.5	3952.5	5.51	8.89	10.44
辽　宁	446.50	88.17	393.66	251.50	297.7	661.2	196.8	125.8	0.53	0.40	0.33
分散产区	**721.50**	**141.27**	**1019.26**	**729.20**	**481.0**	**1059.5**	**509.6**	**364.6**	**0.85**	**1.04**	**0.96**
甘　肃	318.20	196.48	625.19	512.60	212.1	1473.6	312.6	256.3	0.38	0.64	0.68
天　津	247.00	100.55	248.37	163.11	164.7	754.2	124.2	81.6	0.29	0.25	0.22
北　京	49.50	129.49	64.10	30.49	33.0	971.2	32.1	15.2	0.06	0.07	0.04
云　南	9.50	55.79	5.30		6.3	418.4	2.7		0.01	0.01	

2-1-7 全国各地区1949年棉花生产收购

地区	国内单位				国际单位				占全国合计(%)		
	棉田面积(万亩)	亩产(市斤)	产量(万担)	收购量(万担)	棉田面积(千顷)	单产(公斤/公顷)	产量(千吨)	收购量(千吨)	面积	产量	收购量
合国合计	**4155.00**	**21.39**	**888.80**		**2770.0**	**160.4**	**444.4**		**100.00**	**100.00**	**100.00**
南方产区	**1392.70**	**17.76**	**247.40**		**928.5**	**133.2**	**123.7**		**33.52**	**27.84**	
上海	152.00	16.91	25.70		101.3	126.8	12.9		3.66	2.89	
浙江	124.30	14.80	18.40		82.9	111.0	9.2		2.99	2.07	
江苏	258.40	14.82	38.30		172.3	111.2	19.2		6.22	4.31	
湖北	399.40	23.76	94.90		266.3	178.2	47.5		9.61	10.68	
安徽	166.20	15.34	25.50		110.8	115.1	12.8		4.00	2.87	
四川	170.70	16.05	27.40		113.8	120.4	13.7		4.11	3.08	
江西	31.70	10.09	3.20		21.1	75.7	1.6		0.76	0.36	
湖南	90.00	15.56	14.00		60.0	116.7	7.0		2.17	1.58	
北方产区	**2651.70**	**23.60**	**625.70**		**1767.8**	**177.0**	**312.9**		**63.82**	**70.40**	
河北	901.10	24.76	223.10		600.7	185.7	111.6		21.69	25.10	
山东	511.00	24.13	123.30		340.7	181.0	61.7		12.30	13.87	
河南	577.30	21.88	126.30		384.9	164.1	63.2		13.89	14.21	
陕西	287.40	26.06	74.90		191.6	195.5	37.5		6.92	8.43	
山西	144.10	28.04	40.40		96.1	210.3	20.2		3.47	4.55	
新疆	46.60	22.53	10.50		31.1	169.0	5.3		1.12	1.18	
#兵团											
辽宁	184.20	14.77	27.20		122.8	110.7	13.6		4.43	3.06	
分散产区	**110.60**	**14.20**	**15.70**		**73.7**	**106.5**	**7.9**		**2.66**	**1.77**	
甘肃	25.10				16.7		0.0		0.60		
天津											
北京	23.90				15.9				0.58		
云南											

2-1-8　全国各地区1950年棉花生产收购

地　区	国内单位				国际单位				占全国合计(%)		
	棉田面积（万亩）	亩产（市斤）	产量（万担）	收购量（万担）	棉田面积（千顷）	单产（公斤/公顷）	产量（千吨）	收购量（千吨）	面积	产量	收购量
合国合计	**5678.90**	**24.39**	**1384.90**	**837.00**	**3785.9**	**182.9**	**692.5**	**418.5**	**100.00**	**100.00**	**100.00**
南方产区	**1787.20**	**19.94**	**356.30**	**237.10**	**1191.5**	**149.5**	**178.2**	**118.6**	**31.47**	**25.73**	**28.33**
上　海	162.00	25.56	41.40	31.70	108.0	191.7	20.7	15.9	2.85	2.99	3.79
浙　江	115.40	30.85	35.60	30.10	76.9	231.4	17.8	15.1	2.03	2.57	3.60
江　苏	426.50	21.15	90.20	62.60	284.3	158.6	45.1	31.3	7.51	6.51	7.48
湖　北	555.30	20.10	111.60	82.60	370.2	150.7	55.8	41.3	9.78	8.06	9.87
安　徽	153.90	11.76	18.10	4.70	102.6	88.2	9.1	2.4	2.71	1.31	0.56
四　川	229.10	13.31	30.50	10.20	152.7	99.8	15.3	5.1	4.03	2.20	1.22
江　西	34.40	20.64	7.10	0.60	22.9	154.8	3.6	0.3	0.61	0.51	0.07
湖　南	110.60	19.71	21.80	14.60	73.7	147.8	10.9	7.3	1.95	1.57	1.74
北方产区	**3756.30**	**26.54**	**996.80**	**597.20**	**2504.2**	**199.0**	**498.4**	**298.6**	**66.14**	**71.98**	**71.35**
河　北	1204.60	31.05	374.00	248.60	803.1	232.9	187.0	124.3	21.21	27.01	29.70
山　东	799.40	26.47	211.60	88.20	532.9	198.5	105.8	44.1	14.08	15.28	10.54
河　南	758.50	21.45	162.70	82.80	505.7	160.9	81.4	41.4	13.36	11.75	9.89
陕　西	353.70	26.83	94.90	79.00	235.8	201.2	47.5	39.5	6.23	6.85	9.44
山　西	235.80	22.18	52.30	41.80	157.2	166.3	26.2	20.9	4.15	3.78	4.99
新　疆	54.60	23.63	12.90		36.4	177.2	6.5		0.96	0.93	
#兵团	3.66	20.77	0.76		2.4	155.7	0.4		0.06	0.05	
辽　宁	349.70	25.28	88.40	56.80	233.1	189.6	44.2	28.4	6.16	6.38	6.79
分散产区	**135.40**	**23.49**	**31.80**	**2.70**	**90.3**	**176.1**	**15.9**	**1.4**	**2.38**	**2.30**	**0.32**
甘　肃	29.70	24.92	7.40		19.8	186.9	3.7		0.52	0.53	
天　津											
北　京	30.00	53.00	15.90	1.00	20.0	397.5	8.0	0.5	0.53	1.15	0.12
云　南											

2-1-9 全国各地区1951年棉花生产收购

地区	国内单位				国际单位				占全国合计(%)		
	棉田面积（万亩）	亩产（市斤）	产量（万担）	收购量（万担）	棉田面积（千顷）	单产（公斤/公顷）	产量（千吨）	收购量（千吨）	面积	产量	收购量
合国合计	**8226.90**	**25.05**	**2061.10**	**1485.10**	**5484.6**	**187.9**	**1030.6**	**742.6**	**100.00**	**100.00**	**100.00**
南方产区	**2655.20**	**23.45**	**622.70**	**520.00**	**1770.1**	**175.9**	**311.4**	**260.0**	**32.27**	**30.21**	**35.01**
上海	230.50	28.16	64.90	61.40	153.7	211.2	32.5	30.7	2.80	3.15	4.13
浙江	108.70	34.68	37.70	32.80	72.5	260.1	18.9	16.4	1.32	1.83	2.21
江苏	608.20	21.18	128.80	122.60	405.5	158.8	64.4	61.3	7.39	6.25	8.26
湖北	758.90	26.56	201.60	191.20	505.9	199.2	100.8	95.6	9.22	9.78	12.87
安徽	270.40	12.43	33.60	19.10	180.3	93.2	16.8	9.6	3.29	1.63	1.29
四川	371.70	21.95	81.60	51.70	247.8	164.6	40.8	25.9	4.52	3.96	3.48
江西	67.60	23.52	15.90	3.50	45.1	176.4	8.0	1.8	0.82	0.77	0.24
湖南	239.20	24.50	58.60	37.70	159.5	183.7	29.3	18.9	2.91	2.84	2.54
北方产区	**5376.10**	**26.12**	**1404.00**	**959.40**	**3584.1**	**195.9**	**702.0**	**479.7**	**65.35**	**68.12**	**64.60**
河北	1709.70	26.98	461.30	376.10	1139.8	202.4	230.7	188.1	20.78	22.38	25.32
山东	1168.30	22.31	260.70	128.40	778.9	167.4	130.4	64.2	14.20	12.65	8.65
河南	1034.00	23.97	247.90	135.00	689.3	179.8	124.0	67.5	12.57	12.03	9.09
陕西	395.30	41.97	165.90	128.80	263.5	314.8	83.0	64.4	4.80	8.05	8.67
山西	315.20	34.99	110.30	85.10	210.1	262.5	55.2	42.6	3.83	5.35	5.73
新疆	81.90	25.64	21.00		54.6	192.3	10.5		1.00	1.02	
#兵团	6.64	41.11	2.73		4.4	308.4	1.4		0.08	0.13	
辽宁	671.70	20.38	136.90	106.00	447.8	152.9	68.5	53.0	8.16	6.64	7.14
分散产区	**195.60**	**17.59**	**34.40**	**5.70**	**130.4**	**131.9**	**17.2**	**2.9**	**2.38**	**1.67**	**0.38**
甘肃	24.20	36.36	8.80		16.1	272.7	4.4		0.29	0.43	
天津											
北京	34.60	30.92	10.70	2.90	23.1	231.9	5.4	1.5	0.42	0.52	0.20
云南											

2－1－10　全国各地区 1952 年棉花生产收购

地　区	国内单位				国际单位				占全国合计(%)		
	棉田面积（万亩）	亩产（市斤）	产量（万担）	收购量（万担）	棉田面积（千顷）	单产（公斤/公顷）	产量（千吨）	收购量（千吨）	面积	产量	收购量
合国合计	**8363.60**	**31.18**	**2607.40**	**2000.10**	**5575.7**	**233.8**	**1303.7**	**1000.1**	**100.00**	**100.00**	**100.00**
南方产区	**2888.50**	**28.00**	**808.70**	**651.20**	**1925.7**	**210.0**	**404.4**	**325.6**	**34.54**	**31.02**	**32.56**
上　海	238.20	32.16	76.60	58.60	158.8	241.2	38.3	29.3	2.85	2.94	2.93
浙　江	119.30	34.03	40.60	33.10	79.5	255.2	20.3	16.6	1.43	1.56	1.65
江　苏	738.40	27.53	203.30	198.80	492.3	206.5	101.7	99.4	8.83	7.80	9.94
湖　北	840.60	31.87	267.90	250.20	560.4	239.0	134.0	125.1	10.05	10.27	12.51
安　徽	296.40	19.10	56.60	13.20	197.6	143.2	28.3	6.6	3.54	2.17	0.66
四　川	364.50	22.83	83.20	44.50	243.0	171.2	41.6	22.3	4.36	3.19	2.22
江　西	89.10	30.53	27.20	17.90	59.4	229.0	13.6	9.0	1.07	1.04	0.89
湖　南	202.00	26.39	53.30	34.90	134.7	197.9	26.7	17.5	2.42	2.04	1.74
北方产区	**5291.60**	**33.19**	**1756.30**	**1344.80**	**3527.7**	**248.9**	**878.2**	**672.4**	**63.27**	**67.36**	**67.24**
河　北	1500.30	38.57	578.70	517.90	1000.2	289.3	289.4	259.0	17.94	22.19	25.89
山　东	1078.70	32.72	353.00	207.40	719.1	245.4	176.5	103.7	12.90	13.54	10.37
河　南	1130.60	24.69	279.10	196.40	753.7	185.1	139.6	98.2	13.52	10.70	9.82
陕　西	456.30	32.19	146.90	122.00	304.2	241.5	73.5	61.0	5.46	5.63	6.10
山　西	410.40	44.98	184.60	140.50	273.6	337.4	92.3	70.3	4.91	7.08	7.02
新　疆	104.80	29.10	30.50	0.20	69.9	218.3	15.3	0.1	1.25	1.17	0.01
#兵团	20.13	31.59	6.36		13.4	237.0	3.2		0.24	0.24	
辽　宁	610.50	30.06	183.50	160.40	407.0	225.4	91.8	80.2	7.30	7.04	8.02
分散产区	**183.50**	**23.11**	**42.40**	**4.10**	**122.3**	**173.3**	**21.2**	**2.1**	**2.19**	**1.63**	**0.20**
甘　肃	33.00	23.03	7.60		22.0	172.7	3.8		0.39	0.29	
天　津											
北　京	46.60	35.41	16.50	2.90	31.1	265.6	8.3	1.5	0.56	0.63	0.14
云　南	27.66	17.72	4.90	3.35	18.4	11.8	2.5	1.7	0.33	0.19	0.17

2－1－11　全国各地区1953年棉花生产收购

地区	国内单位				国际单位				占全国合计（%）		
	棉田面积（万亩）	亩产（市斤）	产量（万担）	收购量（万担）	棉田面积（千顷）	单产（公斤/公顷）	产量（千吨）	收购量（千吨）	面积	产量	收购量
合国合计	**7770.00**	**30.24**	**2349.50**	**1871.70**	**5180.0**	**226.8**	**1174.8**	**935.9**	**100.00**	**100.00**	**100.00**
南方产区	**2874.20**	**29.96**	**861.10**	**690.50**	**1916.1**	**224.7**	**430.6**	**345.3**	**36.99**	**36.65**	**36.89**
上海	206.20	42.05	86.70	74.70	137.5	315.3	43.4	37.4	2.65	3.69	3.99
浙江	121.80	35.80	43.60	33.10	81.2	268.5	21.8	16.6	1.57	1.86	1.77
江苏	772.50	39.24	303.10	304.70	515.0	294.3	151.6	152.4	9.94	12.90	16.28
湖北	857.90	28.45	244.10	196.00	571.9	213.4	122.1	98.0	11.04	10.39	10.47
安徽	301.50	16.19	48.80	11.00	201.0	121.4	24.4	5.5	3.88	2.08	0.59
四川	355.10	22.59	80.20	39.50	236.7	169.4	40.1	19.8	4.57	3.41	2.11
江西	76.20	22.05	16.80	10.90	50.8	165.4	8.4	5.5	0.98	0.72	0.58
湖南	183.00	20.66	37.80	20.60	122.0	154.9	18.9	10.3	2.36	1.61	1.10
北方产区	**4732.80**	**30.79**	**1457.20**	**1176.60**	**3155.2**	**230.9**	**728.6**	**588.3**	**60.91**	**62.02**	**62.86**
河北	1390.10	32.92	457.60	426.20	926.7	246.9	228.8	213.1	17.89	19.48	22.77
山东	999.90	26.51	265.10	179.00	666.6	198.8	132.6	89.5	12.87	11.28	9.56
河南	1068.10	22.95	245.10	149.60	712.1	172.1	122.6	74.8	13.75	10.43	7.99
陕西	444.90	38.59	171.70	151.20	296.6	289.4	85.9	75.6	5.73	7.31	8.08
山西	337.10	46.40	156.40	137.70	224.7	348.0	78.2	68.9	4.34	6.66	7.36
新疆	87.40	35.81	31.30	9.30	58.3	268.6	15.7	4.7	1.12	1.33	0.50
#兵团	5.77	75.22	4.34		3.8	564.1	2.2		0.07	0.18	
辽宁	405.30	32.08	130.00	123.60	270.2	240.6	65.0	61.8	5.22	5.53	6.60
分散产区	**163.00**	**19.14**	**31.20**	**4.60**	**108.7**	**143.6**	**15.6**	**2.3**	**2.10**	**1.33**	**0.25**
甘肃	26.00	22.31	5.80		17.3	167.3	2.9		0.33	0.25	
天津											
北京	29.30	35.15	10.30	3.90	19.5	263.7	5.2	2.0	0.38	0.44	0.21
云南	30.78	17.84	5.49	2.61	20.5	133.8	2.7	1.3	0.40	0.23	0.14

2-1-12 全国各地区 1954 年棉花生产收购

地区	国内单位				国际单位				占全国合计(%)		
	棉田面积(万亩)	亩产(市斤)	产量(万担)	收购量(万担)	棉田面积(千顷)	单产(公斤/公顷)	产量(千吨)	收购量(千吨)	面积	产量	收购量
合国合计	**8193.00**	**26.00**	**2129.80**	**1564.90**	**5462.0**	**195.0**	**1064.9**	**782.5**	**100.00**	**100.00**	**100.00**
南方产区	**2909.30**	**16.98**	**494.10**	**410.80**	**1939.5**	**127.4**	**247.1**	**205.4**	**35.51**	**23.20**	**26.25**
上　海	205.80	34.84	71.70	10.30	137.2	261.3	35.9	5.2	2.51	3.37	0.66
浙　江	114.80	39.90	45.80	42.00	76.5	299.2	22.9	21.0	1.40	2.15	2.68
江　苏	881.90	18.79	165.70	201.40	587.9	140.9	82.9	100.7	10.76	7.78	12.87
湖　北	824.50	8.84	72.90	51.20	549.7	66.3	36.5	25.6	10.06	3.42	3.27
安　徽	264.50	6.31	16.70	5.10	176.3	47.4	8.4	2.6	3.23	0.78	0.33
四　川	395.40	25.95	102.60	89.10	263.6	194.6	51.3	44.6	4.83	4.82	5.69
江　西	63.00	16.35	10.30	6.10	42.0	122.6	5.2	3.1	0.77	0.48	0.39
湖　南	159.40	5.27	8.40	5.60	106.3	39.5	4.2	2.8	1.95	0.39	0.36
北方产区	**5096.50**	**31.50**	**1605.50**	**1146.00**	**3397.7**	**236.3**	**802.8**	**573.0**	**62.21**	**75.38**	**73.23**
河　北	1660.00	31.89	529.30	405.20	1106.7	239.1	264.7	202.6	20.26	24.85	25.89
山　东	972.30	32.92	320.10	195.80	648.2	246.9	160.1	97.9	11.87	15.03	12.51
河　南	1116.00	25.17	280.90	177.10	744.0	188.8	140.5	88.6	13.62	13.19	11.32
陕　西	429.80	42.42	182.30	165.90	286.5	318.1	91.2	83.0	5.25	8.56	10.60
山　西	424.80	44.68	189.80	132.30	283.2	335.1	94.9	66.2	5.18	8.91	8.45
新　疆	82.70	38.21	31.60	12.10	55.1	286.6	15.8	6.1	1.01	1.48	0.77
#兵团	6.60	55.00	3.63		4.4	412.5	1.8		0.08	0.17	
辽　宁	410.90	17.40	71.50	57.60	273.9	130.5	35.8	28.8	5.02	3.36	3.68
分散产区	**187.20**	**16.13**	**30.20**	**8.10**	**124.8**	**121.0**	**15.1**	**4.1**	**2.28**	**1.42**	**0.52**
甘　肃	23.90	25.52	6.10	3.10	15.9	191.4	3.1	1.6	0.29	0.29	0.20
天　津											
北　京	60.90	19.70	12.00	1.10	40.6	147.8	6.0	0.6	0.74	0.56	0.07
云　南	28.18	14.69	4.14	4.80	18.8	110.2	2.1	2.4	0.34	0.19	0.31

2－1－13　全国各地区1955年棉花生产收购

地　区	国内单位				国际单位				占全国合计(%)		
	棉田面积（万亩）	亩产（市斤）	产量（万担）	收购量（万担）	棉田面积（千顷）	单产（公斤/公顷）	产量（千吨）	收购量（千吨）	面积	产量	收购量
合国合计	**8659.10**	**35.07**	**3036.90**	**2475.10**	**5772.7**	**263.0**	**1518.5**	**1237.6**	**100.00**	**100.00**	**100.00**
南方产区	**3222.30**	**35.06**	**1129.70**	**984.80**	**2148.2**	**262.9**	**564.9**	**492.4**	**37.21**	**37.20**	**39.79**
上　海	217.60	61.40	133.60	17.00	145.1	460.5	66.8	8.5	2.51	4.40	0.69
浙　江	119.60	66.81	79.90	74.50	79.7	501.0	40.0	37.3	1.38	2.63	3.01
江　苏	967.20	39.37	380.80	489.00	644.8	295.3	190.4	244.5	11.17	12.54	19.76
湖　北	906.60	32.19	291.80	215.50	604.4	241.4	145.9	107.8	10.47	9.61	8.71
安　徽	326.30	21.64	70.60	34.80	217.5	162.3	35.3	17.4	3.77	2.32	1.41
四　川	457.10	26.45	120.90	108.20	304.7	198.4	60.5	54.1	5.28	3.98	4.37
江　西	84.30	21.59	18.20	16.10	56.2	161.9	9.1	8.1	0.97	0.60	0.65
湖　南	143.60	23.61	33.90	29.70	95.7	177.1	17.0	14.9	1.66	1.12	1.20
北方产区	**5240.10**	**35.55**	**1862.60**	**1479.50**	**3493.4**	**266.6**	**931.3**	**739.8**	**60.52**	**61.33**	**59.78**
河　北	1674.70	39.87	667.70	592.00	1116.5	299.0	333.9	296.0	19.34	21.99	23.92
山　东	1145.40	36.67	420.00	335.40	763.6	275.0	210.0	167.7	13.23	13.83	13.55
河　南	1215.00	27.84	338.20	228.30	810.0	208.8	169.1	114.2	14.03	11.14	9.22
陕　西	423.10	35.48	150.10	117.90	282.1	266.1	75.1	59.0	4.89	4.94	4.76
山　西	438.10	38.14	167.10	134.50	292.1	286.1	83.6	67.3	5.06	5.50	5.43
新　疆	110.50	48.05	53.10	23.90	73.7	360.4	26.6	12.0	1.28	1.75	0.97
#兵团	13.78	79.83	11.00		9.2	598.7	5.5		0.16	0.36	
辽　宁	233.30	28.46	66.40	47.50	155.5	213.5	33.2	23.8	2.69	2.19	1.92
分散产区	**196.70**	**22.67**	**44.60**	**10.80**	**131.1**	**170.1**	**22.3**	**5.4**	**2.27**	**1.47**	**0.44**
甘　肃	27.30	41.39	11.30	2.20	18.2	310.4	5.7	1.1	0.32	0.37	0.09
天　津											
北　京	63.30	31.28	19.80	3.30	42.2	234.6	9.9	1.7	0.73	0.65	0.13
云　南	36.57	15.86	5.80	4.11	24.4	118.9	2.9	2.1	0.42	0.19	0.17

2－1－14　全国各地区1956年棉花生产收购

地　区	国内单位				国际单位				占全国合计(%)		
	棉田面积（万亩）	亩产（市斤）	产量（万担）	收购量（万担）	棉田面积（千顷）	单产（公斤/公顷）	产量（千吨）	收购量（千吨）	面积	产量	收购量
合国合计	**9383.40**	**30.80**	**2890.30**	**2136.20**	**6255.6**	**231.0**	**1445.2**	**1068.1**	**100.00**	**100.00**	**100.00**
南方产区	**3263.00**	**29.30**	**956.00**	**767.00**	**2175.3**	**219.7**	**478.0**	**383.5**	**34.77**	**33.08**	**35.90**
上　海	204.70	34.05	69.70	5.40	136.5	255.4	34.9	2.7	2.18	2.41	0.25
浙　江	125.50	24.30	30.50	26.60	83.7	182.3	15.3	13.3	1.34	1.06	1.25
江　苏	992.00	20.34	201.80	245.50	661.3	152.6	100.9	122.8	10.57	6.98	11.49
湖　北	897.80	44.55	400.00	310.60	598.5	334.2	200.0	155.3	9.57	13.84	14.54
安　徽	341.50	16.49	56.30	31.50	227.7	123.6	28.2	15.8	3.64	1.95	1.47
四　川	476.90	25.33	120.80	79.90	317.9	190.0	60.4	40.0	5.08	4.18	3.74
江　西	103.60	36.10	37.40	35.80	69.1	270.8	18.7	17.9	1.10	1.29	1.68
湖　南	121.00	32.64	39.50	31.70	80.7	244.8	19.8	15.9	1.29	1.37	1.48
北方产区	**5913.40**	**31.87**	**1884.40**	**1347.00**	**3942.3**	**239.0**	**942.2**	**673.5**	**63.02**	**65.20**	**63.06**
河　北	1773.50	26.07	462.40	379.10	1182.3	195.5	231.2	189.6	18.90	16.00	17.75
山　东	1283.30	34.53	443.10	295.10	855.5	259.0	221.6	147.6	13.68	15.33	13.81
河　南	1332.20	25.54	340.20	188.00	888.1	191.5	170.1	94.0	14.20	11.77	8.80
陕　西	469.90	44.41	208.70	164.10	313.3	333.1	104.4	82.1	5.01	7.22	7.68
山　西	549.70	33.71	185.30	137.50	366.5	252.8	92.7	68.8	5.86	6.41	6.44
新　疆	184.20	59.55	109.70	76.60	122.8	446.7	54.9	38.3	1.96	3.80	3.59
#兵团	34.00	57.94	19.70		22.7	434.6	9.9	0.00	0.36	0.68	
辽　宁	320.60	42.11	135.00	106.60	213.7	315.8	67.5	53.3	3.42	4.67	4.99
分散产区	**207.00**	**24.11**	**49.90**	**22.20**	**138.0**	**180.8**	**25.0**	**11.1**	**2.21**	**1.73**	**1.04**
甘　肃	44.60	42.60	19.00	11.70	29.7	319.5	9.5	5.9	0.48	0.66	0.55
天　津											
北　京	64.40	18.48	11.90	2.60	42.9	138.6	6.0	1.3	0.69	0.41	0.12
云　南	39.24	25.23	9.90	6.61	26.2	189.2	5.0	3.3	0.42	0.34	0.31

2－1－15　全国各地区1957年棉花生产收购

地　区	国内单位				国际单位				占全国合计(%)		
	棉田面积（万亩）	亩产（市斤）	产量（万担）	收购量（万担）	棉田面积（千顷）	单产（公斤/公顷）	产量（千吨）	收购量（千吨）	面积	产量	收购量
合国合计	**8662.90**	**37.86**	**3280.00**	**2766.20**	**5775.3**	**284.0**	**1640.0**	**1383.1**	**100.00**	**100.00**	**100.00**
南方产区	**3104.50**	**41.35**	**1283.60**	**1091.90**	**2069.7**	**310.1**	**641.8**	**546.0**	**35.84**	**39.13**	**39.47**
上　海	197.00	45.18	89.00	7.00	131.3	338.8	44.5	3.5	2.27	2.71	0.25
浙　江	113.00	73.19	82.70	74.30	75.3	548.9	41.4	37.2	1.30	2.52	2.69
江　苏	886.80	36.63	324.80	353.30	591.2	274.7	162.4	176.7	10.24	9.90	12.77
湖　北	874.90	51.99	454.90	397.70	583.3	390.0	227.5	198.9	10.10	13.87	14.38
安　徽	300.80	32.41	97.50	52.30	200.5	243.1	48.8	26.2	3.47	2.97	1.89
四　川	502.00	27.89	140.00	129.00	334.7	209.2	70.0	64.5	5.79	4.27	4.66
江　西	108.90	47.38	51.60	43.20	72.6	355.4	25.8	21.6	1.26	1.57	1.56
湖　南	121.10	35.59	43.10	35.10	80.7	266.9	21.6	17.6	1.40	1.31	1.27
北方产区	**5388.80**	**36.24**	**1952.80**	**1652.00**	**3592.5**	**271.8**	**976.4**	**826.0**	**62.21**	**59.54**	**59.72**
河　北	1432.50	43.43	622.20	538.40	955.0	325.8	311.1	269.2	16.54	18.97	19.46
山　东	1178.80	30.73	362.20	289.00	785.9	230.4	181.1	144.5	13.61	11.04	10.45
河　南	1316.80	27.03	355.90	301.90	877.9	202.7	178.0	151.0	15.20	10.85	10.91
陕　西	482.00	48.22	232.40	218.00	321.3	361.6	116.2	109.0	5.56	7.09	7.88
山　西	514.40	38.34	197.20	184.70	342.9	287.5	98.6	92.4	5.94	6.01	6.68
新　疆	171.50	59.59	102.20	56.10	114.3	446.9	51.1	28.1	1.98	3.12	2.03
#兵团	39.04	51.90	20.26		26.0	389.2	10.1		0.45	0.62	
辽　宁	292.80	27.56	80.70	63.90	195.2	206.7	40.4	32.0	3.38	2.46	2.31
分散产区	**169.60**	**25.71**	**43.60**	**22.30**	**113.1**	**192.8**	**21.8**	**11.2**	**1.96**	**1.33**	**0.81**
甘　肃	36.60	45.90	16.80	10.70	24.4	344.3	8.4	5.4	0.42	0.51	0.39
天　津											
北　京	42.40	30.19	12.80	4.20	28.3	226.4	6.4	2.1	0.49	0.39	0.15
云　南	36.44	19.10	6.96	6.36	24.3	143.2	3.5	3.2	0.42	0.21	0.23

2-1-16 全国各地区1958年棉花生产收购

地区	国内单位				国际单位				占全国合计(%)		
	棉田面积（万亩）	亩产（市斤）	产量（万担）	收购量（万担）	棉田面积（千顷）	单产（公斤/公顷）	产量（千吨）	收购量（千吨）	面积	产量	收购量
合国合计	**8333.60**	**47.25**	**3937.50**	**3513.30**	**5555.7**	**354.4**	**1968.8**	**1756.7**	**100.00**	**100.00**	**100.00**
南方产区	**2986.30**	**51.69**	**1543.60**	**1380.60**	**1990.9**	**387.7**	**771.8**	**690.3**	**35.83**	**39.20**	**39.30**
上海	156.50	76.68	120.00	116.90	104.3	575.1	60.0	58.5	1.88	3.05	3.33
浙江	105.30	87.94	92.60	88.50	70.2	659.5	46.3	44.3	1.26	2.35	2.52
江苏	767.40	53.56	411.00	392.20	511.6	401.7	205.5	196.1	9.21	10.44	11.16
湖北	870.00	58.34	507.60	449.00	580.0	437.6	253.8	224.5	10.44	12.89	12.78
安徽	360.00	36.11	130.00	104.20	240.0	270.8	65.0	52.1	4.32	3.30	2.97
四川	484.00	37.19	180.00	148.00	322.7	278.9	90.0	74.0	5.81	4.57	4.21
江西	132.40	41.54	55.00	45.60	88.3	311.6	27.5	22.8	1.59	1.40	1.30
湖南	110.70	42.82	47.40	36.20	73.8	321.1	23.7	18.1	1.33	1.20	1.03
北方产区	**5170.50**	**45.20**	**2337.30**	**2086.20**	**3447.0**	**339.0**	**1168.7**	**1043.1**	**62.04**	**59.36**	**59.38**
河北	1452.00	42.77	621.00	573.60	968.0	320.8	310.5	286.8	17.42	15.77	16.33
山东	1035.00	47.34	490.00	402.00	690.0	355.1	245.0	201.0	12.42	12.44	11.44
河南	1243.00	39.18	487.00	452.60	828.7	293.8	243.5	226.3	14.92	12.37	12.88
陕西	474.00	56.96	270.00	247.00	316.0	427.2	135.0	123.5	5.69	6.86	7.03
山西	471.80	49.51	233.60	226.00	314.5	371.3	116.8	113.0	5.66	5.93	6.43
新疆	185.00	62.54	115.70	77.50	123.3	469.1	57.9	38.8	2.22	2.94	2.21
#兵团	52.45	46.31	24.29		35.0	347.3	12.1		0.63	0.62	
辽宁	309.70	38.75	120.00	107.50	206.5	290.6	60.0	53.8	3.72	3.05	3.06
分散产区	**176.80**	**32.01**	**56.60**	**46.50**	**117.9**	**240.1**	**28.3**	**23.3**	**2.12**	**1.44**	**1.32**
甘肃	53.40	35.39	18.90	14.40	35.6	265.4	9.5	7.2	0.64	0.48	0.41
天津											
北京	40.00	39.00	15.60	14.60	26.7	292.5	7.8	7.3	0.48	0.40	0.42
云南	47.69	29.57	14.10	10.69	31.8	221.7	7.1	5.3	0.57	0.36	0.30

2-1-17 全国各地区1959年棉花生产收购

地区	国内单位				国际单位				占全国合计(%)		
	棉田面积(万亩)	亩产(市斤)	产量(万担)	收购量(万担)	棉田面积(千顷)	单产(公斤/公顷)	产量(千吨)	收购量(千吨)	面积	产量	收购量
合国合计	**8267.90**	**41.34**	**3417.60**	**3076.50**	**5511.9**	**310.0**	**1708.8**	**1538.3**	**100.00**	**100.00**	**100.00**
南方产区	**3041.80**	**43.18**	**1313.50**	**1182.40**	**2027.9**	**323.9**	**656.8**	**591.2**	**36.79**	**38.43**	**38.43**
上海	120.50	77.93	93.90	90.20	80.3	584.4	47.0	45.1	1.46	2.75	2.93
浙江	161.20	60.79	98.00	93.40	107.5	456.0	49.0	46.7	1.95	2.87	3.04
江苏	700.50	48.92	342.70	327.20	467.0	366.9	171.4	163.6	8.47	10.03	10.64
湖北	801.00	41.69	333.90	300.20	534.0	312.6	167.0	150.1	9.69	9.77	9.76
安徽	380.00	34.74	132.00	98.70	253.3	260.5	66.0	49.4	4.60	3.86	3.21
四川	530.00	37.74	200.00	185.00	353.3	283.0	100.0	92.5	6.41	5.85	6.01
江西	183.00	26.23	48.00	39.30	122.0	196.7	24.0	19.7	2.21	1.40	1.28
湖南	165.60	39.25	65.00	48.40	110.4	294.4	32.5	24.2	2.00	1.90	1.57
北方产区	**5042.60**	**40.70**	**2052.50**	**1851.90**	**3361.7**	**305.3**	**1026.3**	**926.0**	**60.99**	**60.06**	**60.20**
河北	1400.00	40.07	561.00	545.90	933.3	300.5	280.5	273.0	16.93	16.42	17.74
山东	995.00	36.28	361.00	288.00	663.3	272.1	180.5	144.0	12.03	10.56	9.36
河南	1254.00	36.68	460.00	443.80	836.0	275.1	230.0	221.9	15.17	13.46	14.43
陕西	452.00	51.81	234.20	206.90	301.3	388.6	117.1	103.5	5.47	6.85	6.73
山西	441.70	44.28	195.60	186.30	294.5	332.1	97.8	93.2	5.34	5.72	6.06
新疆	210.00	65.90	138.40	100.00	140.0	494.3	69.2	50.0	2.54	4.05	3.25
#兵团	55.17	48.05	26.51		36.8	360.4	13.3		0.67	0.78	
辽宁	289.90	35.29	102.30	81.00	193.3	264.7	51.2	40.5	3.51	2.99	2.63
分散产区	**183.50**	**28.12**	**51.60**	**42.20**	**122.3**	**210.9**	**25.8**	**21.1**	**2.22**	**1.51**	**1.37**
甘肃	56.20	30.25	17.00	12.90	37.5	226.9	8.5	6.5	0.68	0.50	0.42
天津											
北京	22.20	23.42	5.20	4.80	14.8	175.7	2.6	2.4	0.27	0.15	0.16
云南	75.97	29.74	22.59	23.13	50.6	223.0	11.3	11.6	0.92	0.66	0.75

2-1-18 全国各地区1960年棉花生产收购

地区	国内单位				国际单位				占全国合计(%)		
	棉田面积（万亩）	亩产（市斤）	产量（万担）	收购量（万担）	棉田面积（千顷）	单产（公斤/公顷）	产量（千吨）	收购量（千吨）	面积	产量	收购量
合国合计	**7837.30**	**27.12**	**2125.80**	**1865.90**	**5224.9**	**203.4**	**1062.9**	**933.0**	**100.00**	**100.00**	**100.00**
南方产区	**2771.00**	**31.61**	**875.90**	**767.70**	**1847.3**	**237.1**	**438.0**	**383.9**	**35.36**	**41.20**	**41.14**
上海	112.70	66.81	75.30	73.30	75.1	501.1	37.7	36.7	1.44	3.54	3.93
浙江	163.10	64.38	105.00	96.90	108.7	482.8	52.5	48.5	2.08	4.94	5.19
江苏	699.50	35.55	248.70	229.80	466.3	266.7	124.4	114.9	8.93	11.70	12.32
湖北	707.00	29.01	205.10	170.00	471.3	217.6	102.6	85.0	9.02	9.65	9.11
安徽	344.30	20.36	70.10	56.70	229.5	152.7	35.1	28.4	4.39	3.30	3.04
四川	450.00	18.89	85.00	67.00	300.0	141.7	42.5	33.5	5.74	4.00	3.59
江西	163.30	27.37	44.70	37.00	108.9	205.3	22.4	18.5	2.08	2.10	1.98
湖南	131.10	32.04	42.00	37.00	87.4	240.3	21.0	18.5	1.67	1.98	1.98
北方产区	**4905.80**	**24.94**	**1223.40**	**1077.10**	**3270.5**	**187.0**	**611.7**	**538.6**	**62.60**	**57.55**	**57.73**
河北	1409.00	28.74	405.00	352.00	939.3	215.6	202.5	176.0	17.98	19.05	18.86
山东	960.00	16.66	159.90	129.00	640.0	124.9	80.0	64.5	12.25	7.52	6.91
河南	1194.00	27.05	323.00	300.40	796.0	202.9	161.5	150.2	15.23	15.19	16.10
陕西	437.00	30.80	134.60	128.00	291.3	231.0	67.3	64.0	5.58	6.33	6.86
山西	427.00	21.78	93.00	85.60	284.7	163.3	46.5	42.8	5.45	4.37	4.59
新疆	238.00	29.79	70.90	50.00	158.7	223.4	35.5	25.0	3.04	3.34	2.68
#兵团	74.16	23.62	17.52		49.4	177.2	8.8		0.95	0.82	
辽宁	240.80	15.37	37.00	32.10	160.5	115.2	18.5	16.1	3.07	1.74	1.72
分散产区	**160.50**	**16.51**	**26.50**	**21.10**	**107.0**	**123.8**	**13.3**	**10.6**	**2.05**	**1.25**	**1.13**
甘肃	71.60	12.71	9.10	7.50	47.7	95.3	4.6	3.8	0.91	0.43	0.40
天津											
北京	18.20	24.73	4.50	3.50	12.1	185.4	2.3	1.8	0.23	0.21	0.19
云南	57.95	19.31	11.19	11.11	38.6	144.8	5.6	5.6	0.74	0.53	0.60

2－1－19　全国各地区1961年棉花生产收购

地区	国内单位				国际单位				占全国合计(%)		
	棉田面积（万亩）	亩产（市斤）	产量（万担）	收购量（万担）	棉田面积（千顷）	单产（公斤/公顷）	产量（千吨）	收购量（千吨）	面积	产量	收购量
合国合计	**5805.40**	**25.76**	**1495.50**	**1327.20**	**3870.3**	**193.2**	**747.8**	**663.6**	**100.00**	**100.00**	**100.00**
南方产区	**2290.60**	**34.67**	**794.10**	**756.80**	**1527.1**	**260.0**	**397.1**	**378.4**	**39.46**	**53.10**	**57.02**
上海	113.60	62.41	70.90	67.60	75.7	468.1	35.5	33.8	1.96	4.74	5.09
浙江	109.30	70.63	77.20	75.40	72.9	529.7	38.6	37.7	1.88	5.16	5.68
江苏	662.40	42.09	278.80	273.50	441.6	315.7	139.4	136.8	11.41	18.64	20.61
湖北	660.80	33.88	223.90	212.10	440.5	254.1	112.0	106.1	11.38	14.97	15.98
安徽	180.00	21.33	38.40	30.90	120.0	160.0	19.2	15.5	3.10	2.57	2.33
四川	350.00	14.86	52.00	46.30	233.3	111.4	26.0	23.2	6.03	3.48	3.49
江西	100.30	22.53	22.60	20.10	66.9	169.0	11.3	10.1	1.73	1.51	1.51
湖南	114.20	26.53	30.30	30.90	76.1	199.0	15.2	15.5	1.97	2.03	2.33
北方产区	**3446.10**	**20.01**	**689.60**	**560.20**	**2297.4**	**150.1**	**344.8**	**280.1**	**59.36**	**46.11**	**42.21**
河北	1180.30	20.29	239.50	198.50	786.9	152.2	119.8	99.3	20.33	16.01	14.96
山东	603.90	10.60	64.00	34.50	402.6	79.5	32.0	17.3	10.40	4.28	2.60
河南	596.20	16.71	99.60	72.90	397.5	125.3	49.8	36.5	10.27	6.66	5.49
陕西	390.00	25.92	101.10	88.90	260.0	194.4	50.6	44.5	6.72	6.76	6.70
山西	338.30	31.57	106.80	100.00	225.5	236.8	53.4	50.0	5.83	7.14	7.53
新疆	195.80	30.18	59.10	52.10	130.5	226.4	29.6	26.1	3.37	3.95	3.93
#兵团	53.39	30.85	16.47	8.97	35.6	231.4	8.2	4.5	0.92	1.10	0.68
辽宁	141.60	13.77	19.50	13.30	94.4	103.3	9.8	6.7	2.44	1.30	1.00
分散产区	**68.70**	**17.18**	**11.80**	**10.20**	**45.8**	**128.8**	**5.9**	**5.1**	**1.18**	**0.79**	**0.77**
甘肃	15.70	11.46	1.80	1.70	10.5	86.0	0.9	0.9	0.27	0.12	0.13
天津											
北京	17.60	23.86	4.20	3.60	11.7	179.0	2.1	1.8	0.30	0.28	0.27
云南	29.60	17.23	5.10	5.12	19.7	129.2	2.6	2.6	0.51	0.34	0.39

2-1-20 全国各地区1962年棉花生产收购

地区	国内单位				国际单位				占全国合计(%)		
	棉田面积（万亩）	亩产（市斤）	产量（万担）	收购量（万担）	棉田面积（千顷）	单产（公斤/公顷）	产量（千吨）	收购量（千吨）	面积	产量	收购量
合国合计	**5246.20**	**26.74**	**1403.00**	**1280.00**	**3497.5**	**200.6**	**701.5**	**640.0**	**100.00**	**100.00**	**100.00**
南方产区	**2244.70**	**32.20**	**722.80**	**698.20**	**1496.5**	**241.5**	**361.4**	**349.1**	**42.79**	**51.52**	**54.55**
上海	103.80	54.82	56.90	54.70	69.2	411.1	28.5	27.4	1.98	4.06	4.27
浙江	113.70	67.46	76.70	74.10	75.8	505.9	38.4	37.1	2.17	5.47	5.79
江苏	624.80	26.28	164.20	156.60	416.5	197.1	82.1	78.3	11.91	11.70	12.23
湖北	679.50	40.63	276.10	269.40	453.0	304.7	138.1	134.7	12.95	19.68	21.05
安徽	192.40	18.97	36.50	30.50	128.3	142.3	18.3	15.3	3.67	2.60	2.38
四川	330.80	15.84	52.40	53.00	220.5	118.8	26.2	26.5	6.31	3.73	4.14
江西	92.40	24.13	22.30	20.90	61.6	181.0	11.2	10.5	1.76	1.59	1.63
湖南	107.30	35.14	37.70	39.00	71.5	263.5	18.9	19.5	2.05	2.69	3.05
北方产区	**2925.20**	**22.70**	**664.00**	**572.20**	**1950.1**	**170.2**	**332.0**	**286.1**	**55.76**	**47.33**	**44.70**
河北	1011.60	25.79	260.90	241.40	674.4	193.4	130.5	120.7	19.28	18.60	18.86
山东	573.80	13.77	79.00	55.80	382.5	103.3	39.5	27.9	10.94	5.63	4.36
河南	512.40	15.69	80.40	55.60	341.6	117.7	40.2	27.8	9.77	5.73	4.34
陕西	290.00	31.03	90.00	79.70	193.3	232.8	45.0	39.9	5.53	6.41	6.23
山西	275.50	30.20	83.20	78.10	183.7	226.5	41.6	39.1	5.25	5.93	6.10
新疆	156.10	32.16	50.20	43.30	104.1	241.2	25.1	21.7	2.98	3.58	3.38
#兵团	29.69	40.32	11.97	7.59	19.8	302.4	6.0	3.8	0.57	0.85	0.59
辽宁	105.80	19.19	20.30	18.30	70.5	143.9	10.2	9.2	2.02	1.45	1.43
分散产区	**76.30**	**21.23**	**16.20**	**9.60**	**50.9**	**159.2**	**8.1**	**4.8**	**1.45**	**1.15**	**0.75**
甘肃	13.70	9.49	1.30	1.00	9.1	71.2	0.7	0.5	0.26	0.09	0.08
天津											
北京	18.90	30.16	5.70	5.70	12.6	226.2	2.9	2.9	0.36	0.41	0.45
云南	28.75	25.95	7.46	6.48	19.2	194.6	3.7	3.2	0.55	0.53	0.51

2－1－21　全国各地区1963年棉花生产收购

地　区	国内单位				国际单位				占全国合计(%)		
	棉田面积（万亩）	亩产（市斤）	产量（万担）	收购量（万担）	棉田面积（千顷）	单产（公斤/公顷）	产量（千吨）	收购量（千吨）	面积	产量	收购量
合国合计	**6614.20**	**34.38**	**2274.20**	**2144.00**	**4409.5**	**257.9**	**1137.1**	**1072.0**	**100.00**	**100.00**	**100.00**
南方产区	**2713.40**	**51.93**	**1409.20**	**1371.40**	**1808.9**	**389.5**	**704.6**	**685.7**	**41.02**	**61.96**	**63.96**
上海	127.90	81.55	104.30	103.60	85.3	611.6	52.2	51.8	1.93	4.59	4.83
浙江	137.20	93.29	128.00	120.90	91.5	699.7	64.0	60.5	2.07	5.63	5.64
江苏	727.50	50.19	365.10	354.20	485.0	376.4	182.6	177.1	11.00	16.05	16.52
湖北	814.00	62.40	507.90	494.20	542.7	468.0	254.0	247.1	12.31	22.33	23.05
安徽	266.50	24.24	64.60	57.60	177.7	181.8	32.3	28.8	4.03	2.84	2.69
四川	396.60	29.00	115.00	117.00	264.4	217.5	57.5	58.5	6.00	5.06	5.46
江西	117.90	55.73	65.70	64.80	78.6	417.9	32.9	32.4	1.78	2.89	3.02
湖南	125.80	46.58	58.60	59.10	83.9	349.4	29.3	29.6	1.90	2.58	2.76
北方产区	**3789.30**	**22.07**	**836.40**	**750.00**	**2526.2**	**165.5**	**418.2**	**375.0**	**57.29**	**36.78**	**34.98**
河北	1240.80	15.99	198.40	191.60	827.2	119.9	99.2	95.8	18.76	8.72	8.94
山东	795.60	21.28	169.30	147.60	530.4	159.6	84.7	73.8	12.03	7.44	6.88
河南	735.70	13.36	98.30	76.60	490.5	100.2	49.2	38.3	11.12	4.32	3.57
陕西	379.50	34.28	130.10	119.30	253.0	257.1	65.1	59.7	5.74	5.72	5.56
山西	334.20	40.10	134.00	126.60	222.8	300.7	67.0	63.3	5.05	5.89	5.90
新疆	179.00	38.04	68.10	53.60	119.3	285.3	34.1	26.8	2.71	2.99	2.50
#兵团	38.80	51.49	19.98	12.16	25.9	386.2	10.0	6.1	0.59	0.88	0.57
辽宁	124.50	30.68	38.20	34.70	83.0	230.1	19.1	17.4	1.88	1.68	1.62
分散产区	**111.50**	**25.65**	**28.60**	**22.60**	**74.3**	**192.4**	**14.3**	**11.3**	**1.69**	**1.26**	**1.05**
甘肃	15.10	23.84	3.60	2.70	10.1	178.8	1.8	1.4	0.23	0.16	0.13
天津											
北京	22.70	46.26	10.50	9.70	15.1	346.9	5.3	4.9	0.34	0.46	0.45
云南	31.50	28.03	8.83	8.24	21.0	210.2	4.4	4.1	0.48	0.39	0.38

2-1-22 全国各地区1964年棉花生产收购

地区	国内单位				国际单位				占全国合计(%)		
	棉田面积（万亩）	亩产（市斤）	产量（万担）	收购量（万担）	棉田面积（千顷）	单产（公斤/公顷）	产量（千吨）	收购量（千吨）	面积	产量	收购量
合国合计	**7403.00**	**44.92**	**3325.40**	**3078.30**	**4935.3**	**336.9**	**1662.7**	**1539.2**	**100.00**	**100.00**	**100.00**
南方产区	**3076.70**	**65.51**	**2015.40**	**1921.30**	**2051.1**	**491.3**	**1007.7**	**960.7**	**41.56**	**60.61**	**62.41**
上海	133.90	114.19	152.90	152.20	89.3	856.4	76.5	76.1	1.81	4.60	4.94
浙江	166.20	102.95	171.10	158.20	110.8	772.1	85.6	79.1	2.25	5.15	5.14
江苏	802.30	83.22	667.70	651.10	534.9	624.2	333.9	325.6	10.84	20.08	21.15
湖北	919.30	58.48	537.60	519.40	612.9	438.6	268.8	259.7	12.42	16.17	16.87
安徽	287.00	46.79	134.30	111.40	191.3	351.0	67.2	55.7	3.88	4.04	3.62
四川	444.90	48.69	216.60	205.40	296.6	365.1	108.3	102.7	6.01	6.51	6.67
江西	146.50	44.44	65.10	60.00	97.7	333.3	32.6	30.0	1.98	1.96	1.95
湖南	176.60	39.69	70.10	63.60	117.7	297.7	35.1	31.8	2.39	2.11	2.07
北方产区	**4169.90**	**30.40**	**1267.60**	**1118.60**	**2779.9**	**228.0**	**633.8**	**559.3**	**56.33**	**38.12**	**36.34**
河北	1116.70	29.79	332.70	303.80	744.5	223.4	166.4	151.9	15.08	10.00	9.87
山东	1006.80	23.88	240.40	214.10	671.2	179.1	120.2	107.1	13.60	7.23	6.96
河南	850.50	27.49	233.80	174.00	567.0	206.2	116.9	87.0	11.49	7.03	5.65
陕西	426.70	31.17	133.00	120.40	284.5	233.8	66.5	60.2	5.76	4.00	3.91
山西	392.30	45.04	176.70	168.00	261.5	337.8	88.4	84.0	5.30	5.31	5.46
新疆	203.70	43.15	87.90	79.10	135.8	323.6	44.0	39.6	2.75	2.64	2.57
#兵团	48.76	66.12	32.24	26.74	32.5	495.9	16.1	13.4	0.66	0.97	0.87
辽宁	173.20	36.43	63.10	59.20	115.5	273.2	31.6	29.6	2.34	1.90	1.92
分散产区	**156.40**	**27.11**	**42.40**	**38.40**	**104.3**	**203.3**	**21.2**	**19.2**	**2.11**	**1.28**	**1.25**
甘肃	17.20	29.65	5.10	4.10	11.5	222.4	2.6	2.1	0.23	0.15	0.13
天津											
北京	27.10	51.29	13.90	13.10	18.1	384.7	7.0	6.6	0.37	0.42	0.43
云南	29.85	39.50	11.79	11.04	19.9	296.2	5.9	5.5	0.40	0.35	0.36

2－1－23 全国各地区1965年棉花生产收购

地区	国内单位				国际单位				占全国合计(%)		
	棉田面积（万亩）	亩产（市斤）	产量（万担）	收购量（万担）	棉田面积（千顷）	单产（公斤/公顷）	产量（千吨）	收购量（千吨）	面积	产量	收购量
合国合计	**7504.80**	**55.90**	**4195.50**	**4042.50**	**5003.2**	**419.3**	**2097.8**	**2021.3**	**100.00**	**100.00**	**100.00**
南方产区	**3240.00**	**69.97**	**2267.00**	**2260.10**	**2160.0**	**524.8**	**1133.5**	**1130.1**	**43.17**	**54.03**	**55.91**
上海	144.40	117.31	169.40	210.30	96.3	879.8	84.7	105.2	1.92	4.04	5.20
浙江	169.90	118.19	200.80	190.40	113.3	886.4	100.4	95.2	2.26	4.79	4.71
江苏	853.90	61.93	528.80	509.00	569.3	464.5	264.4	254.5	11.38	12.60	12.59
湖北	865.20	86.66	749.80	739.30	576.8	650.0	374.9	369.7	11.53	17.87	18.29
安徽	392.50	51.72	203.00	189.50	261.7	387.9	101.5	94.8	5.23	4.84	4.69
四川	423.70	51.88	219.80	213.70	282.5	389.1	109.9	106.9	5.65	5.24	5.29
江西	164.00	58.17	95.40	102.50	109.3	436.3	47.7	51.3	2.19	2.27	2.54
湖南	226.40	44.17	100.00	105.40	150.9	331.3	50.0	52.7	3.02	2.38	2.61
北方产区	**4138.00**	**45.50**	**1882.90**	**1721.20**	**2758.7**	**341.3**	**941.5**	**860.6**	**55.14**	**44.88**	**42.58**
河北	1093.70	48.43	529.70	499.80	729.1	363.2	264.9	249.9	14.57	12.63	12.36
山东	1022.20	38.76	396.20	363.00	681.5	290.7	198.1	181.5	13.62	9.44	8.98
河南	798.00	33.95	270.90	213.50	532.0	254.6	135.5	106.8	10.63	6.46	5.28
陕西	403.50	56.90	229.60	217.50	269.0	426.8	114.8	108.8	5.38	5.47	5.38
山西	398.00	54.20	215.70	204.70	265.3	406.5	107.9	102.4	5.30	5.14	5.06
新疆	238.50	64.40	153.60	142.00	159.0	483.0	76.8	71.0	3.18	3.66	3.51
#兵团	65.28	86.00	56.14	22.01	43.5	645.0	28.1	11.0	0.87	1.34	0.54
辽宁	184.10	47.37	87.20	80.70	122.7	355.2	43.6	40.4	2.45	2.08	2.00
分散产区	**126.80**	**35.96**	**45.60**	**61.20**	**84.5**	**269.7**	**22.8**	**30.6**	**1.69**	**1.09**	**1.51**
甘肃	17.80	40.45	7.20	5.70	11.9	303.4	3.6	2.9	0.24	0.17	0.14
天津											
北京	28.70	63.41	18.20	15.80	19.1	475.6	9.1	7.9	0.38	0.43	0.39
云南	28.86	39.22	11.32	10.16	19.2	294.2	5.7	5.1	0.38	0.27	0.25

2-1-24 全国各地区1966年棉花生产收购

地区	国内单位				国际单位				占全国合计(%)		
	棉田面积（万亩）	亩产（市斤）	产量（万担）	收购量（万担）	棉田面积（千顷）	单产（公斤/公顷）	产量（千吨）	收购量（千吨）	面积	产量	收购量
合国合计	**7388.30**	**63.26**	**4673.50**	**4377.60**	**4925.5**	**474.4**	**2336.8**	**2188.8**	**100.00**	**100.00**	**100.00**
南方产区	**3377.60**	**82.19**	**2775.90**	**2659.10**	**2251.7**	**616.4**	**1388.0**	**1329.6**	**45.72**	**59.40**	**60.74**
上海	124.30	124.78	155.10	145.00	82.9	935.8	77.6	72.5	1.68	3.32	3.31
浙江	141.90	106.98	151.80	146.00	94.6	802.3	75.9	73.0	1.92	3.25	3.34
江苏	870.00	88.48	769.80	754.00	580.0	663.6	384.9	377.0	11.78	16.47	17.22
湖北	911.00	98.50	897.30	878.10	607.3	738.7	448.7	439.1	12.33	19.20	20.06
安徽	442.60	52.67	233.10	204.70	295.1	395.0	116.6	102.4	5.99	4.99	4.68
四川	416.00	78.70	327.40	317.50	277.3	590.3	163.7	158.8	5.63	7.01	7.25
江西	177.00	53.11	94.00	91.30	118.0	398.3	47.0	45.7	2.40	2.01	2.09
湖南	294.80	50.00	147.40	122.50	196.5	375.0	73.7	61.3	3.99	3.15	2.80
北方产区	**3864.80**	**47.94**	**1852.80**	**1670.40**	**2576.5**	**359.6**	**926.4**	**835.2**	**52.31**	**39.64**	**38.16**
河北	799.00	38.61	308.50	283.20	532.7	289.6	154.3	141.6	10.81	6.60	6.47
山东	995.90	40.62	404.50	360.70	663.9	304.6	202.3	180.4	13.48	8.66	8.24
河南	845.00	57.04	482.00	406.20	563.3	427.8	241.0	203.1	11.44	10.31	9.28
陕西	401.90	55.59	223.40	216.60	267.9	416.9	111.7	108.3	5.44	4.78	4.95
山西	382.00	44.37	169.50	163.00	254.7	332.8	84.8	81.5	5.17	3.63	3.72
新疆	253.00	62.69	158.60	146.20	168.7	470.2	79.3	73.1	3.42	3.39	3.34
#兵团	63.71	78.01	49.70	17.43	42.5	585.1	24.9	8.7	0.86	1.06	0.40
辽宁	188.00	56.54	106.30	94.50	125.3	424.1	53.2	47.3	2.54	2.27	2.16
分散产区	**145.90**	**30.71**	**44.80**	**48.10**	**97.3**	**230.3**	**22.4**	**24.1**	**1.97**	**0.96**	**1.10**
甘肃	16.60	43.37	7.20	6.50	11.1	325.3	3.6	3.3	0.22	0.15	0.15
天津	2.90	41.38	1.20		1.9	27.6	0.6		0.04	0.03	
北京	30.60	46.08	14.10	12.00	20.4	345.6	7.1	6.0	0.41	0.30	0.27
云南	27.31	38.41	10.49	8.88	18.2	288.1	5.2	4.4	0.37	0.22	0.20

2－1－25　全国各地区1967年棉花生产收购

地　区	国内单位				国际单位				占全国合计(%)		
	棉田面积（万亩）	亩产（市斤）	产量（万担）	收购量（万担）	棉田面积（千顷）	单产（公斤/公顷）	产量（千吨）	收购量（千吨）	面积	产量	收购量
合国合计	**7646.60**	**61.57**	**4707.90**	**4282.90**	**5097.7**	**461.8**	**2354.0**	**2141.5**	**100.00**	**100.00**	**100.00**
南方产区	**3442.10**	**79.43**	**2734.00**	**2557.70**	**2294.7**	**595.7**	**1367.0**	**1278.9**	**45.01**	**58.07**	**59.72**
上　海	139.30	113.71	158.40	153.00	92.9	852.8	79.2	76.5	1.82	3.36	3.57
浙　江	143.00	103.99	148.70	136.60	95.3	779.9	74.4	68.3	1.87	3.16	3.19
江　苏	898.50	85.77	770.60	758.00	599.0	643.2	385.3	379.0	11.75	16.37	17.70
湖　北	951.40	93.22	886.90	858.50	634.3	699.2	443.5	429.3	12.44	18.84	20.04
安　徽	450.00	50.27	226.20	171.50	300.0	377.0	113.1	85.8	5.88	4.80	4.00
四　川	421.00	78.72	331.40	309.00	280.7	590.4	165.7	154.5	5.51	7.04	7.21
江　西	171.10	44.42	76.00	70.10	114.1	333.1	38.0	35.1	2.24	1.61	1.64
湖　南	267.80	50.71	135.80	101.00	178.5	380.3	67.9	50.5	3.50	2.88	2.36
北方产区	**4105.40**	**47.15**	**1935.70**	**1690.30**	**2736.9**	**353.6**	**967.9**	**845.2**	**53.69**	**41.12**	**39.47**
河　北	860.00	41.28	355.00	296.60	573.3	309.6	177.5	148.3	11.25	7.54	6.93
山　东	1045.00	41.42	432.80	372.30	696.7	310.6	216.4	186.2	13.67	9.19	8.69
河　南	950.00	54.38	516.60	416.50	633.3	407.8	258.3	208.3	12.42	10.97	9.72
陕　西	411.90	49.28	203.00	193.00	274.6	369.6	101.5	96.5	5.39	4.31	4.51
山　西	402.00	42.69	171.60	170.30	268.0	320.1	85.8	85.2	5.26	3.64	3.98
新　疆	258.50	61.04	157.80	147.60	172.3	457.8	78.9	73.8	3.38	3.35	3.45
#兵团	65.81	73.00	48.04	19.81	43.9	547.5	24.0	9.9	0.86	1.02	0.46
辽　宁	178.00	55.56	98.90	94.00	118.7	416.7	49.5	47.0	2.33	2.10	2.19
分散产区	**99.10**	**38.55**	**38.20**	**34.90**	**66.1**	**289.1**	**19.1**	**17.5**	**1.30**	**0.81**	**0.81**
甘　肃	16.70	41.32	6.90	5.20	11.1	309.9	3.5	2.6	0.22	0.15	0.12
天　津	2.70	59.26	1.60		1.8	39.5	0.8		0.04	0.03	
北　京	28.80	44.44	12.80	10.40	19.2	333.3	6.4	5.2	0.38	0.27	0.24
云　南	24.05	45.57	10.96	9.08	16.0	341.8	5.5	4.5	0.31	0.23	0.21

2－1－26　全国各地区1968年棉花生产收购

地区	国内单位				国际单位				占全国合计(%)		
	棉田面积（万亩）	亩产（市斤）	产量（万担）	收购量（万担）	棉田面积（千顷）	单产（公斤/公顷）	产量（千吨）	收购量（千吨）	面积	产量	收购量
合国合计	**7478.60**	**62.96**	**4708.60**	**4265.00**	**4985.7**	**472.2**	**2354.3**	**2132.5**	**100.00**	**100.00**	**100.00**
南方产区	**3288.50**	**84.87**	**2790.90**	**2630.60**	**2192.3**	**636.5**	**1395.5**	**1315.3**	**43.97**	**59.27**	**61.68**
上海	142.70	158.86	226.70	218.80	95.1	1191.5	113.4	109.4	1.91	4.81	5.13
浙江	150.00	138.00	207.00	191.80	100.0	1035.0	103.5	95.9	2.01	4.40	4.50
江苏	886.90	95.68	848.60	844.00	591.3	717.6	424.3	422.0	11.86	18.02	19.79
湖北	941.80	83.45	785.90	762.50	627.9	625.8	393.0	381.3	12.59	16.69	17.88
安徽	409.40	58.74	240.50	202.20	272.9	440.6	120.3	101.1	5.47	5.11	4.74
四川	399.00	64.24	256.30	223.00	266.0	481.8	128.2	111.5	5.34	5.44	5.23
江西	.150.10	61.29	92.00	85.40	100.1	459.7	46.0	42.7	2.01	1.95	2.00
湖南	208.60	64.19	133.90	102.90	139.1	481.4	67.0	51.5	2.79	2.84	2.41
北方产区	**4103.00**	**45.83**	**1880.30**	**1593.40**	**2735.3**	**343.7**	**940.2**	**796.7**	**54.86**	**39.93**	**37.36**
河北	905.00	49.66	449.40	388.70	603.3	372.4	224.7	194.4	12.10	9.54	9.11
山东	1043.80	43.26	451.50	381.30	695.9	324.4	225.8	190.7	13.96	9.59	8.94
河南	930.00	48.54	451.40	358.60	620.0	364.0	225.7	179.3	12.44	9.59	8.41
陕西	408.50	35.67	145.70	135.40	272.3	267.5	72.9	67.7	5.46	3.09	3.17
山西	389.00	38.20	148.60	129.90	259.3	286.5	74.3	65.0	5.20	3.16	3.05
新疆	241.40	56.75	137.00	108.40	160.9	425.6	68.5	54.2	3.23	2.91	2.54
#兵团	60.95	55.37	33.75	12.40	40.6	415.3	16.9	6.2	0.81	0.72	0.29
辽宁	185.30	52.19	96.70	91.10	123.5	391.4	48.4	45.6	2.48	2.05	2.14
分散产区	**87.10**	**42.94**	**37.40**	**41.00**	**58.1**	**322.0**	**18.7**	**20.5**	**1.16**	**0.79**	**0.96**
甘肃	15.40	34.42	5.30	7.70	10.3	258.1	2.7	3.9	0.21	0.11	0.18
天津	2.00	65.00	1.30		1.3	43.3	0.7		0.03	0.03	
北京	27.70	63.54	17.60	14.60	18.5	476.5	8.8	7.3	0.37	0.37	0.34
云南	21.82	36.94	8.06	6.46	14.5	277.0	4.0	3.2	0.29	0.17	0.15

2－1－27　全国各地区1969年棉花生产收购

地区	国内单位				国际单位				占全国合计(%)		
	棉田面积（万亩）	亩产（市斤）	产量（万担）	收购量（万担）	棉田面积（千顷）	单产（公斤/公顷）	产量（千吨）	收购量（千吨）	面积	产量	收购量
合国合计	**7243.70**	**57.41**	**4158.60**	**3718.20**	**4829.1**	**430.6**	**2079.3**	**1859.1**	**100.00**	**100.00**	**100.00**
南方产区	**3166.20**	**70.64**	**2236.60**	**2083.00**	**2110.8**	**529.8**	**1118.3**	**1041.5**	**43.71**	**53.78**	**56.02**
上海	145.80	131.76	192.10	186.10	97.2	988.2	96.1	93.1	2.01	4.62	5.01
浙江	146.70	110.02	161.40	153.10	97.8	825.2	80.7	76.6	2.03	3.88	4.12
江苏	878.00	79.35	696.70	679.00	585.3	595.1	348.4	339.5	12.12	16.75	18.26
湖北	864.60	67.42	582.90	569.00	576.4	505.6	291.5	284.5	11.94	14.02	15.30
安徽	362.30	44.25	160.30	122.10	241.5	331.8	80.2	61.1	5.00	3.85	3.28
四川	388.00	62.60	242.90	219.30	258.7	469.5	121.5	109.7	5.36	5.84	5.90
江西	171.80	52.39	90.00	73.00	114.5	392.9	45.0	36.5	2.37	2.16	1.96
湖南	209.00	52.78	110.30	81.40	139.3	395.8	55.2	40.7	2.89	2.65	2.19
北方产区	**3987.70**	**47.32**	**1886.90**	**1605.60**	**2658.5**	**354.9**	**943.5**	**802.8**	**55.05**	**45.37**	**43.18**
河北	891.00	47.14	420.00	356.40	594.0	353.5	210.0	178.2	12.30	10.10	9.59
山东	1026.80	46.30	475.40	393.50	684.5	347.2	237.7	196.8	14.18	11.43	10.58
河南	897.00	49.48	443.80	355.60	598.0	371.1	221.9	177.8	12.38	10.67	9.56
陕西	390.00	47.46	185.10	167.00	260.0	356.0	92.6	83.5	5.38	4.45	4.49
山西	383.00	49.19	188.40	177.20	255.3	368.9	94.2	88.6	5.29	4.53	4.77
新疆	230.20	45.83	105.50	92.80	153.5	343.7	52.8	46.4	3.18	2.54	2.50
#兵团	61.99	50.27	31.16	14.64	41.3	377.0	15.6	7.3	0.86	0.75	0.39
辽宁	169.70	40.48	68.70	63.10	113.1	303.6	34.4	31.6	2.34	1.65	1.70
分散产区	**89.80**	**39.09**	**35.10**	**29.60**	**59.9**	**293.2**	**17.6**	**14.8**	**1.24**	**0.84**	**0.80**
甘肃	15.50	40.00	6.20	5.60	10.3	300.0	3.1	2.8	0.21	0.15	0.15
天津	2.10	23.81	0.50		1.4	15.9	0.3		0.03	0.01	
北京	29.90	39.13	11.70	9.50	19.9	293.5	5.9	4.8	0.41	0.28	0.26
云南	22.53	40.66	9.16	7.86	15.0	304.9	4.6	3.9	0.31	0.22	0.21

2-1-28 全国各地区1970年棉花生产收购

地区	国内单位				国际单位				占全国合计(%)		
	棉田面积(万亩)	亩产(市斤)	产量(万担)	收购量(万担)	棉田面积(千顷)	单产(公斤/公顷)	产量(千吨)	收购量(千吨)	面积	产量	收购量
合国合计	**7495.00**	**60.76**	**4554.00**	**4084.20**	**4996.7**	**455.7**	**2277.0**	**2042.1**	**100.00**	**100.00**	**100.00**
南方产区	**3379.60**	**68.53**	**2316.10**	**2104.00**	**2253.1**	**514.0**	**1158.1**	**1052.0**	**45.09**	**50.86**	**51.52**
上海	149.10	119.11	177.60	163.50	99.4	893.4	88.8	81.8	1.99	3.90	4.00
浙江	129.90	117.32	152.40	142.20	86.6	879.9	76.2	71.1	1.73	3.35	3.48
江苏	888.20	73.90	656.40	634.00	592.1	554.3	328.2	317.0	11.85	14.41	15.52
湖北	873.00	67.93	593.00	568.30	582.0	509.5	296.5	284.2	11.65	13.02	13.91
安徽	471.20	50.98	240.20	187.00	314.1	382.3	120.1	93.5	6.29	5.27	4.58
四川	412.30	63.42	261.50	233.00	274.9	475.7	130.8	116.5	5.50	5.74	5.70
江西	183.90	46.22	85.00	69.60	122.6	346.7	42.5	34.8	2.45	1.87	1.70
湖南	272.00	55.15	150.00	106.40	181.3	413.6	75.0	53.2	3.63	3.29	2.61
北方产区	**4005.10**	**54.59**	**2186.30**	**1933.60**	**2670.1**	**409.4**	**1093.2**	**966.8**	**53.44**	**48.01**	**47.34**
河北	891.00	57.86	515.50	462.10	594.0	433.9	257.8	231.1	11.89	11.32	11.31
山东	1025.50	53.09	544.40	473.70	683.7	398.1	272.2	236.9	13.68	11.95	11.60
河南	897.00	63.10	566.00	483.10	598.0	473.2	283.0	241.6	11.97	12.43	11.83
陕西	399.20	45.62	182.10	165.20	266.1	342.1	91.1	82.6	5.33	4.00	4.04
山西	396.60	43.39	172.10	162.40	264.4	325.5	86.1	81.2	5.29	3.78	3.98
新疆	232.80	55.50	129.20	118.10	155.2	416.2	64.6	59.1	3.11	2.84	2.89
#兵团	66.72	66.70	44.50	39.19	44.5	500.2	22.3	19.6	0.89	0.98	0.96
辽宁	163.00	47.24	77.00	69.00	108.7	354.3	38.5	34.5	2.17	1.69	1.69
分散产区	**110.30**	**46.78**	**51.60**	**46.60**	**73.5**	**350.9**	**25.8**	**23.3**	**1.47**	**1.13**	**1.14**
甘肃	25.90	35.14	9.10	6.40	17.3	263.5	4.6	3.2	0.35	0.20	0.16
天津	2.40	41.67	1.00		1.6	312.5	0.5		0.03	0.02	
北京	30.70	75.24	23.10	20.60	20.5	564.3	11.6	10.3	0.41	0.51	0.50
云南	27.09	39.76	10.77	9.01	18.1	298.2	5.4	4.5	0.36	0.24	0.22

2-1-29 全国各地区1971年棉花生产收购

地区	国内单位				国际单位				占全国合计(%)		
	棉田面积(万亩)	亩产(市斤)	产量(万担)	收购量(万担)	棉田面积(千顷)	单产(公斤/公顷)	产量(千吨)	收购量(千吨)	面积	产量	收购量
合国合计	**7385.30**	**57.00**	**4209.50**	**3797.90**	**4923.5**	**427.5**	**2104.8**	**1899.0**	**100.00**	**100.00**	**100.00**
南方产区	**3311.10**	**63.34**	**2097.20**	**1973.30**	**2207.4**	**475.0**	**1048.6**	**986.7**	**44.83**	**49.82**	**51.96**
上海	142.70	98.39	140.40	129.70	95.1	737.9	70.2	64.9	1.93	3.34	3.42
浙江	126.60	71.33	90.30	83.60	84.4	535.0	45.2	41.8	1.71	2.15	2.20
江苏	852.30	76.98	656.10	646.00	568.2	577.3	328.1	323.0	11.54	15.59	17.01
湖北	895.90	63.81	571.70	548.50	597.3	478.6	285.9	274.3	12.13	13.58	14.44
安徽	467.00	40.92	191.10	160.40	311.3	306.9	95.6	80.2	6.32	4.54	4.22
四川	406.00	73.89	300.00	287.80	270.7	554.2	150.0	143.9	5.50	7.13	7.58
江西	161.80	26.39	42.70	36.00	107.9	197.9	21.4	18.0	2.19	1.01	0.95
湖南	258.80	40.53	104.90	81.30	172.5	304.0	52.5	40.7	3.50	2.49	2.14
北方产区	**3961.50**	**52.00**	**2059.80**	**1777.90**	**2641.0**	**390.0**	**1029.9**	**889.0**	**53.64**	**48.93**	**46.81**
河北	879.00	56.31	495.00	434.70	586.0	422.4	247.5	217.4	11.90	11.76	11.45
山东	984.90	53.68	528.70	427.60	656.6	402.6	264.4	213.8	13.34	12.56	11.26
河南	926.60	51.63	478.40	402.40	617.7	387.2	239.2	201.2	12.55	11.36	10.60
陕西	394.40	55.78	220.00	199.50	262.9	418.4	110.0	99.8	5.34	5.23	5.25
山西	366.80	37.65	138.10	127.80	244.5	282.4	69.1	63.9	4.97	3.28	3.37
新疆	234.20	52.99	124.10	118.30	156.1	397.4	62.1	59.2	3.17	2.95	3.11
#兵团	62.46	69.68	43.52	41.41	41.6	522.6	21.8	20.7	0.85	1.03	1.09
辽宁	175.60	43.00	75.50	67.60	117.1	322.5	37.8	33.8	2.38	1.79	1.78
分散产区	**112.70**	**46.58**	**52.50**	**46.70**	**75.1**	**349.4**	**26.3**	**23.4**	**1.53**	**1.25**	**1.23**
甘肃	25.00	30.80	7.70	6.60	16.7	231.0	3.9	3.3	0.34	0.18	0.17
天津	1.50	40.00	0.60		1.0	300.0	0.3		0.02	0.01	
北京	30.80	80.52	24.80	22.60	20.5	603.9	12.4	11.3	0.42	0.59	0.60
云南	33.12	26.69	8.84	7.83	22.1	200.2	4.4	3.9	0.45	0.21	0.21

2－1－30　全国各地区 1972 年棉花生产收购

地　区	国内单位				国际单位				占全国合计(%)		
	棉田面积（万亩）	亩产（市斤）	产量（万担）	收购量（万担）	棉田面积（千顷）	单产（公斤/公顷）	产量（千吨）	收购量（千吨）	面积	产量	收购量
合国合计	**7344.20**	**53.33**	**3916.30**	**3578.20**	**4896.1**	**399.9**	**1958.2**	**1789.1**	**100.00**	**100.00**	**100.00**
南方产区	**3349.60**	**68.27**	**2286.90**	**2160.80**	**2233.1**	**512.1**	**1143.5**	**1080.4**	**45.61**	**58.39**	**60.39**
上　海	142.60	117.11	167.00	152.00	95.1	878.3	83.5	76.0	1.94	4.26	4.25
浙　江	126.30	89.87	113.50	107.60	84.2	674.0	56.8	53.8	1.72	2.90	3.01
江　苏	855.10	81.34	695.50	688.00	570.1	610.0	347.8	344.0	11.64	17.76	19.23
湖　北	888.50	62.95	559.30	536.60	592.3	472.1	279.7	268.3	12.10	14.28	15.00
安　徽	487.70	55.61	271.20	233.50	325.1	417.1	135.6	116.8	6.64	6.92	6.53
四　川	403.00	63.67	256.60	244.00	268.7	477.5	128.3	122.0	5.49	6.55	6.82
江　西	169.70	57.75	98.00	93.00	113.1	433.1	49.0	46.5	2.31	2.50	2.60
湖　南	276.70	45.46	125.80	106.10	184.5	341.0	62.9	53.1	3.77	3.21	2.97
北方产区	**3886.10**	**41.03**	**1594.30**	**1385.40**	**2590.7**	**307.7**	**797.2**	**692.7**	**52.91**	**40.71**	**38.72**
河　北	873.00	36.66	320.00	263.10	582.0	274.9	160.0	131.6	11.89	8.17	7.35
山　东	914.50	42.89	392.20	347.40	609.7	321.7	196.1	173.7	12.45	10.01	9.71
河　南	927.30	50.72	470.30	392.60	618.2	380.4	235.2	196.3	12.63	12.01	10.97
陕　西	394.40	39.98	157.70	146.70	262.9	299.9	78.9	73.4	5.37	4.03	4.10
山　西	356.60	27.06	96.50	88.90	237.7	203.0	48.3	44.5	4.86	2.46	2.48
新　疆	238.50	44.40	105.90	99.60	159.0	333.0	53.0	49.8	3.25	2.70	2.78
#兵团	76.01	60.82	46.23	44.40	50.7	456.2	23.1	22.2	1.03	1.18	1.24
辽　宁	181.80	28.44	51.70	47.10	121.2	213.3	25.9	23.6	2.48	1.32	1.32
分散产区	**108.50**	**32.35**	**35.10**	**32.00**	**72.3**	**242.6**	**17.6**	**16.0**	**1.48**	**0.90**	**0.89**
甘　肃	29.90	31.10	9.30	8.10	19.9	233.3	4.7	4.1	0.41	0.24	0.23
天　津	1.00	30.00	0.30	5.20	0.7	225.0	0.2	2.6	0.01	0.01	0.15
北　京	30.10	46.51	14.00	11.60	20.1	348.8	7.0	5.8	0.41	0.36	0.32
云　南	27.49	23.46	6.45	5.60	18.3	176.0	3.2	2.8	0.37	0.16	0.16

2-1-31 全国各地区1973年棉花生产收购

地区	国内单位				国际单位				占全国合计(%)		
	棉田面积(万亩)	亩产(市斤)	产量(万担)	收购量(万担)	棉田面积(千顷)	单产(公斤/公顷)	产量(千吨)	收购量(千吨)	面积	产量	收购量
合国合计	**7413.20**	**69.12**	**5123.70**	**4757.60**	**4942.1**	**518.4**	**2561.9**	**2378.8**	**100.00**	**100.00**	**100.00**
南方产区	**3422.20**	**83.25**	**2849.10**	**2723.50**	**2281.5**	**624.4**	**1424.6**	**1361.8**	**46.16**	**55.61**	**57.25**
上海	142.80	127.73	182.40	173.30	95.2	958.0	91.2	86.7	1.93	3.56	3.64
浙江	126.60	89.18	112.90	107.90	84.4	668.8	56.5	54.0	1.71	2.20	2.27
江苏	872.60	102.09	890.80	876.50	581.7	765.6	445.4	438.3	11.77	17.39	18.42
湖北	891.30	90.28	804.70	786.00	594.2	677.1	402.4	393.0	12.02	15.71	16.52
安徽	516.60	63.55	328.30	284.20	344.4	476.6	164.2	142.1	6.97	6.41	5.97
四川	411.00	74.18	304.90	292.00	274.0	556.4	152.5	146.0	5.54	5.95	6.14
江西	176.80	36.71	64.90	61.20	117.9	275.3	32.5	30.6	2.38	1.27	1.29
湖南	284.50	56.31	160.20	142.40	189.7	422.3	80.1	71.2	3.84	3.13	2.99
北方产区	**3899.30**	**57.07**	**2225.30**	**1993.20**	**2599.5**	**428.0**	**1112.7**	**996.6**	**52.60**	**43.43**	**41.90**
河北	846.00	46.10	390.00	339.30	564.0	345.7	195.0	169.7	11.41	7.61	7.13
山东	982.00	53.53	525.70	473.10	654.7	401.5	262.9	236.6	13.25	10.26	9.94
河南	925.40	71.71	663.60	582.30	616.9	537.8	331.8	291.2	12.48	12.95	12.24
陕西	390.30	68.18	266.10	242.50	260.2	511.3	133.1	121.3	5.26	5.19	5.10
山西	341.90	51.21	175.10	164.00	227.9	384.1	87.6	82.0	4.61	3.42	3.45
新疆	228.40	58.80	134.30	126.80	152.3	441.0	67.2	63.4	3.08	2.62	2.67
#兵团	63.20	64.29	40.63	38.17	42.1	482.2	20.3	19.1	0.85	0.79	0.80
辽宁	185.30	38.05	70.50	65.20	123.5	285.3	35.3	32.6	2.50	1.38	1.37
分散产区	**91.70**	**53.76**	**49.30**	**40.90**	**61.1**	**403.2**	**24.7**	**20.5**	**1.24**	**0.96**	**0.86**
甘肃	24.40	33.20	8.10	7.20	16.3	249.0	4.1	3.6	0.33	0.16	0.15
天津	0.70	*	10.20	9.30	0.5	*	5.1	4.7	0.01	0.20	0.20
北京	30.80	66.88	20.60	18.30	20.5	501.6	10.3	9.2	0.42	0.40	0.38
云南	22.48	27.27	6.13	5.18	15.0	204.5	3.1	2.6	0.30	0.12	0.11

注:天津市棉花面积不实或估产过高,造成亩产有误,已改用*表示。

2-1-32　全国各地区1974年棉花生产收购

地区	国内单位				国际单位				占全国合计(%)		
	棉田面积（万亩）	亩产（市斤）	产量（万担）	收购量（万担）	棉田面积（千顷）	单产（公斤/公顷）	产量（千吨）	收购量（千吨）	面积	产量	收购量
合国合计	**7520.40**	**65.44**	**4921.30**	**4586.50**	**5013.6**	**490.8**	**2460.7**	**2293.3**	**100.00**	**100.00**	**100.00**
南方产区	**3431.80**	**85.77**	**2943.50**	**2846.50**	**2287.9**	**643.3**	**1471.8**	**1423.3**	**45.63**	**59.81**	**62.06**
上海	141.70	118.84	168.40	160.00	94.5	891.3	84.2	80.0	1.88	3.42	3.49
浙江	128.10	99.92	128.00	123.20	85.4	749.4	64.0	61.6	1.70	2.60	2.69
江苏	889.00	93.24	828.90	812.00	592.7	699.3	414.5	406.0	11.82	16.84	17.70
湖北	893.40	107.41	959.60	938.90	595.6	805.6	479.8	469.5	11.88	19.50	20.47
安徽	523.20	65.71	343.80	313.30	348.8	492.8	171.9	156.7	6.96	6.99	6.83
四川	409.00	58.46	239.10	227.10	272.7	438.4	119.6	113.6	5.44	4.86	4.95
江西	163.00	52.58	85.70	82.10	108.7	394.3	42.9	41.1	2.17	1.74	1.79
湖南	284.40	66.81	190.00	189.90	189.6	501.1	95.0	95.0	3.78	3.86	4.14
北方产区	**3975.50**	**48.50**	**1928.30**	**1700.00**	**2650.3**	**363.8**	**964.2**	**850.0**	**52.86**	**39.18**	**37.07**
河北	862.00	49.18	423.90	371.80	574.7	368.8	212.0	185.9	11.46	8.61	8.11
山东	970.50	39.11	379.60	334.60	647.0	293.4	189.8	167.3	12.90	7.71	7.30
河南	967.20	62.15	601.10	511.30	644.8	466.1	300.6	255.7	12.86	12.21	11.15
陕西	387.20	48.61	188.20	170.90	258.1	364.5	94.1	85.5	5.15	3.82	3.73
山西	370.00	39.95	147.80	138.10	246.7	299.6	73.9	69.1	4.92	3.00	3.01
新疆	228.40	50.61	115.60	107.00	152.3	379.6	57.8	53.5	3.04	2.35	2.33
#兵团	62.33	48.56	30.27	30.72	41.6	364.2	15.1	15.4	0.83	0.62	0.67
辽宁	190.20	37.91	72.10	66.30	126.8	284.3	36.1	33.2	2.53	1.47	1.45
分散产区	**113.10**	**43.77**	**49.50**	**40.00**	**75.4**	**328.2**	**24.8**	**20.0**	**1.50**	**1.01**	**0.87**
甘肃	23.20	33.62	7.80	6.90	15.5	252.2	3.9	3.5	0.31	0.16	0.15
天津	26.90	37.17	10.00	8.20	17.9	278.8	5.0	4.1	0.36	0.20	0.18
北京	30.30	74.26	22.50	19.80	20.2	556.9	11.3	9.9	0.40	0.46	0.43
云南	21.65	24.48	5.30	5.10	14.4	183.6	2.7	2.6	0.29	0.11	0.11

2-1-33 全国各地区1975年棉花生产收购

地区	国内单位				国际单位				占全国合计(%)		
	棉田面积(万亩)	亩产(市斤)	产量(万担)	收购量(万担)	棉田面积(千顷)	单产(公斤/公顷)	产量(千吨)	收购量(千吨)	面积	产量	收购量
合国合计	**7433.30**	**64.06**	**4761.60**	**4419.50**	**4955.5**	**480.4**	**2380.8**	**2209.8**	**100.00**	**100.00**	**100.00**
南方产区	**3399.30**	**83.57**	**2840.90**	**2735.60**	**2266.2**	**626.8**	**1420.5**	**1367.8**	**45.73**	**59.66**	**61.90**
上海	148.00	126.96	187.90	176.60	98.7	952.2	94.0	88.3	1.99	3.95	4.00
浙江	139.10	93.03	129.40	124.20	92.7	697.7	64.7	62.1	1.87	2.72	2.81
江苏	880.50	102.95	906.50	896.10	587.0	772.1	453.3	448.1	11.85	19.04	20.28
湖北	894.80	90.77	812.20	793.60	596.5	680.8	406.1	396.8	12.04	17.06	17.96
安徽	498.30	57.44	286.20	256.90	332.2	430.8	143.1	128.5	6.70	6.01	5.81
四川	403.00	62.38	251.40	240.70	268.7	467.9	125.7	120.4	5.42	5.28	5.45
江西	157.40	49.11	77.30	73.60	104.9	368.3	38.7	36.8	2.12	1.62	1.67
湖南	278.20	68.30	190.00	173.90	185.5	512.2	95.0	87.0	3.74	3.99	3.93
北方产区	**3926.90**	**47.79**	**1876.80**	**1650.10**	**2617.9**	**358.5**	**938.4**	**825.1**	**52.83**	**39.42**	**37.34**
河北	874.00	43.48	380.00	313.50	582.7	326.1	190.0	156.8	11.76	7.98	7.09
山东	944.90	51.10	482.80	432.00	629.9	383.2	241.4	216.0	12.71	10.14	9.77
河南	920.70	57.05	525.30	459.10	613.8	427.9	262.7	229.6	12.39	11.03	10.39
陕西	394.00	43.15	170.00	151.90	262.7	323.6	85.0	76.0	5.30	3.57	3.44
山西	387.30	39.48	152.90	142.70	258.2	296.1	76.5	71.4	5.21	3.21	3.23
新疆	221.50	42.17	93.40	84.40	147.7	316.3	46.7	42.2	2.98	1.96	1.91
#兵团	41.34	37.64	15.56	11.48	27.6	282.3	7.8	5.7	0.56	0.33	0.26
辽宁	184.50	39.24	72.40	66.50	123.0	294.3	36.2	33.3	2.48	1.52	1.50
分散产区	**107.10**	**40.99**	**43.90**	**33.80**	**71.4**	**307.4**	**22.0**	**16.9**	**1.44**	**0.92**	**0.76**
甘肃	22.80	27.63	6.30	5.70	15.2	207.2	3.2	2.9	0.31	0.13	0.13
天津	31.00	35.16	10.90	8.30	20.7	263.7	5.5	4.2	0.42	0.23	0.19
北京	30.10	63.12	19.00	16.40	20.1	473.4	9.5	8.2	0.40	0.40	0.37
云南	13.07	30.91	4.04	3.14	8.7	231.8	2.0	1.6	0.18	0.08	0.07

2－1－34　全国各地区1976年棉花生产收购

地　区	国内单位				国际单位				占全国合计(%)		
	棉田面积（万亩）	亩产（市斤）	产量（万担）	收购量（万担）	棉田面积（千顷）	单产（公斤/公顷）	产量（千吨）	收购量（千吨）	面积	产量	收购量
合国合计	**7393.80**	**55.60**	**4110.90**	**3833.20**	**4929.2**	**417.0**	**2055.5**	**1916.6**	**100.00**	**100.00**	**100.00**
南方产区	**3384.10**	**80.15**	**2712.30**	**2608.00**	**2256.1**	**601.1**	**1356.2**	**1304.0**	**45.77**	**65.98**	**68.04**
上　海	142.20	95.57	135.90	128.50	94.8	716.8	68.0	64.3	1.92	3.31	3.35
浙　江	127.00	85.12	108.10	103.70	84.7	638.4	54.1	51.9	1.72	2.63	2.71
江　苏	881.20	93.13	820.70	808.30	587.5	698.5	410.4	404.2	11.92	19.96	21.09
湖　北	884.10	103.80	917.70	897.40	589.4	778.5	458.9	448.7	11.96	22.32	23.41
安　徽	499.80	57.20	285.90	256.90	333.2	429.0	143.0	128.5	6.76	6.95	6.70
四　川	406.90	41.53	169.00	158.90	271.3	311.5	84.5	79.5	5.50	4.11	4.15
江　西	167.60	47.73	80.00	74.20	111.7	358.0	40.0	37.1	2.27	1.95	1.94
湖　南	275.30	70.83	195.00	180.10	183.5	531.2	97.5	90.1	3.72	4.74	4.70
北方产区	**3907.20**	**35.15**	**1373.40**	**1207.90**	**2604.8**	**263.6**	**686.7**	**604.0**	**52.84**	**33.41**	**31.51**
河　北	855.30	26.89	230.00	194.30	570.2	201.7	115.0	97.2	11.57	5.59	5.07
山　东	962.80	32.89	316.70	277.70	641.9	246.7	158.4	138.9	13.02	7.70	7.24
河　南	912.10	47.34	431.80	371.60	608.1	355.1	215.9	185.8	12.34	10.50	9.69
陕　西	394.30	35.63	140.50	127.80	262.9	267.2	70.3	63.9	5.33	3.42	3.33
山　西	381.70	34.03	129.90	121.80	254.5	255.2	65.0	60.9	5.16	3.16	3.18
新　疆	212.30	48.14	102.20	95.40	141.5	361.0	51.1	47.7	2.87	2.49	2.49
#兵团	40.07	47.27	18.94		26.7	354.5	9.5		0.54	0.46	
辽　宁	188.70	11.82	22.30	19.30	125.8	88.6	11.2	9.7	2.55	0.54	0.50
分散产区	**102.50**	**24.59**	**25.20**	**17.30**	**68.3**	**184.4**	**12.6**	**8.7**	**1.39**	**0.61**	**0.45**
甘　肃	22.70	29.96	6.80	6.20	15.1	224.7	3.4	3.1	0.31	0.17	0.16
天　津	29.50	14.24	4.20	2.40	19.7	106.8	2.1	1.2	0.40	0.10	0.06
北　京	29.70	25.59	7.60	5.50	19.8	191.9	3.8	2.8	0.40	0.18	0.14
云　南	11.69	30.71	3.59	3.03	7.8	230.3	1.8	1.5	0.16	0.09	0.08

2－1－35 全国各地区1977年棉花生产收购

地区	国内单位				国际单位				占全国合计(%)		
	棉田面积(万亩)	亩产(市斤)	产量(万担)	收购量(万担)	棉田面积(千顷)	单产(公斤/公顷)	产量(千吨)	收购量(千吨)	面积	产量	收购量
合国合计	**7267.00**	**56.39**	**4097.60**	**3853.40**	**4844.7**	**422.9**	**2048.8**	**1926.7**	**100.00**	**100.00**	**100.00**
南方产区	**3396.30**	**78.36**	**2661.40**	**2576.60**	**2264.2**	**587.7**	**1330.7**	**1288.3**	**46.74**	**64.95**	**66.87**
上海	142.00	91.13	129.40	126.50	94.7	683.5	64.7	63.3	1.95	3.16	3.28
浙江	126.10	83.58	105.40	100.70	84.1	626.9	52.7	50.4	1.74	2.57	2.61
江苏	881.20	86.19	759.50	746.30	587.5	646.4	379.8	373.2	12.13	18.54	19.37
湖北	883.30	99.75	881.10	861.70	588.9	748.1	440.6	430.9	12.15	21.50	22.36
安徽	508.00	49.94	253.70	242.70	338.7	374.6	126.9	121.4	6.99	6.19	6.30
四川	406.00	65.25	264.90	251.20	270.7	489.3	132.5	125.6	5.59	6.46	6.52
江西	166.90	43.38	72.40	68.70	111.3	325.3	36.2	34.4	2.30	1.77	1.78
湖南	282.80	68.95	195.00	178.80	188.5	517.1	97.5	89.4	3.89	4.76	4.64
北方产区	**3787.10**	**37.20**	**1408.90**	**1257.70**	**2524.7**	**279.0**	**704.5**	**628.9**	**52.11**	**34.38**	**32.64**
河北	823.00	23.92	196.90	175.00	548.7	179.4	98.5	87.5	11.33	4.81	4.54
山东	938.90	31.69	297.50	261.30	625.9	237.6	148.8	130.7	12.92	7.26	6.78
河南	917.30	47.11	432.10	377.80	611.5	353.3	216.1	188.9	12.62	10.55	9.80
陕西	386.90	51.85	200.60	184.90	257.9	388.9	100.3	92.5	5.32	4.90	4.80
山西	371.00	39.65	147.10	137.50	247.3	297.4	73.6	68.8	5.11	3.59	3.57
新疆	215.10	45.33	97.50	89.90	143.4	340.0	48.8	45.0	2.96	2.38	2.33
#兵团	41.59	47.37	19.70		27.7	355.3	9.9		0.57	0.48	
辽宁	134.90	27.58	37.20	31.30	89.9	206.8	18.6	15.7	1.86	0.91	0.81
分散产区	**83.60**	**32.66**	**27.30**	**19.10**	**55.7**	**244.9**	**13.7**	**9.6**	**1.15**	**0.67**	**0.50**
甘肃	18.20	40.11	7.30	6.60	12.1	300.8	3.7	3.3	0.25	0.18	0.17
天津	28.80	11.81	3.40	1.70	19.2	88.5	1.7	0.9	0.40	0.08	0.04
北京	19.70	54.31	10.70	8.50	13.1	407.4	5.4	4.3	0.27	0.26	0.22
云南	9.53	31.37	2.99	2.17	6.4	235.3	1.5	1.1	0.13	0.07	0.06

2－1－36　全国各地区1978年棉花生产收购

地区	国内单位				国际单位				占全国合计(%)		
	棉田面积（万亩）	亩产（市斤）	产量（万担）	收购量（万担）	棉田面积（千顷）	单产（公斤/公顷）	产量（千吨）	收购量（千吨）	面积	产量	收购量
合国合计	**7299.60**	**59.37**	**4334.00**	**4086.10**	**4866.4**	**445.3**	**2167.0**	**2043.1**	**100.00**	**100.00**	**100.00**
南方产区	**3383.30**	**83.11**	**2811.80**	**2736.00**	**2255.5**	**623.3**	**1405.9**	**1368.0**	**46.35**	**64.88**	**66.96**
上海	140.40	169.02	237.30	233.10	93.6	1267.6	118.7	116.6	1.92	5.48	5.70
浙江	124.40	116.56	145.00	140.60	82.9	874.2	72.5	70.3	1.70	3.35	3.44
江苏	885.00	107.23	949.00	933.10	590.0	804.2	474.5	466.6	12.12	21.90	22.84
湖北	889.80	82.43	733.50	718.20	593.2	618.3	366.8	359.1	12.19	16.92	17.58
安徽	490.40	46.88	229.90	221.70	326.9	351.6	115.0	110.9	6.72	5.30	5.43
四川	408.40	72.58	296.40	283.30	272.3	544.3	148.2	141.7	5.59	6.84	6.93
江西	171.40	40.61	69.60	66.50	114.3	304.6	34.8	33.3	2.35	1.61	1.63
湖南	273.50	55.25	151.10	139.50	182.3	414.4	75.6	69.8	3.75	3.49	3.41
北方产区	**3837.10**	**39.04**	**1498.10**	**1333.60**	**2558.1**	**292.8**	**749.1**	**666.8**	**52.57**	**34.57**	**32.64**
河北	864.90	27.08	234.20	206.10	576.6	203.1	117.1	103.1	11.85	5.40	5.04
山东	941.20	32.75	308.20	269.80	627.5	245.6	154.1	134.9	12.89	7.11	6.60
河南	918.20	48.85	448.50	388.90	612.1	366.3	224.3	194.5	12.58	10.35	9.52
陕西	378.70	55.69	210.90	195.00	252.5	417.7	105.5	97.5	5.19	4.87	4.77
山西	356.30	38.98	138.90	131.20	237.5	292.4	69.5	65.6	4.88	3.20	3.21
新疆	225.60	48.71	109.90	102.00	150.4	365.4	55.0	51.0	3.09	2.54	2.50
#兵团	72.63	53.42	38.80	32.53	48.4	400.7	19.4	16.3	0.99	0.90	0.80
辽宁	152.20	31.21	47.50	40.60	101.5	234.1	23.8	20.3	2.09	1.10	0.99
分散产区	**79.20**	**30.43**	**24.10**	**16.50**	**52.8**	**228.2**	**12.1**	**8.3**	**1.08**	**0.56**	**0.40**
甘肃	16.00	42.50	6.80	6.00	10.7	318.8	3.4	3.0	0.22	0.16	0.15
天津	28.40	58.10	16.50	2.60	18.9	435.7	8.3	1.3	0.39	0.38	0.06
北京	20.00	34.50	6.90	4.90	13.3	258.8	3.5	2.5	0.27	0.16	0.12
云南	8.55	41.87	3.58	2.90	5.7	314.0	1.8	1.5	0.12	0.08	0.07

2-1-37 全国各地区1979年棉花生产收购

地区	国内单位				国际单位				占全国合计(%)		
	棉田面积（万亩）	亩产（市斤）	产量（万担）	收购量（万担）	棉田面积（千顷）	单产（公斤/公顷）	产量（千吨）	收购量（千吨）	面积	产量	收购量
合国合计	**6767.70**	**65.23**	**4414.70**	**4318.60**	**4511.8**	**489.2**	**2207.4**	**2159.3**	**100.00**	**100.00**	**100.00**
南方产区	**3238.60**	**91.65**	**2968.10**	**2936.40**	**2159.1**	**687.4**	**1484.1**	**1468.2**	**47.85**	**67.23**	**67.99**
上海	140.70	127.08	178.80	177.50	93.8	953.1	89.4	88.8	2.08	4.05	4.11
浙江	129.60	107.41	139.20	136.60	86.4	805.6	69.6	68.3	1.91	3.15	3.16
江苏	882.60	120.48	1063.40	1051.80	588.4	903.6	531.7	525.9	13.04	24.09	24.36
湖北	867.40	103.19	895.10	891.20	578.3	774.0	447.6	445.6	12.82	20.28	20.64
安徽	448.70	43.37	194.60	192.20	299.1	325.3	97.3	96.1	6.63	4.41	4.45
四川	380.00	58.55	222.50	215.60	253.3	439.1	111.3	107.8	5.61	5.04	4.99
江西	148.40	58.69	87.10	86.80	98.9	440.2	43.6	43.4	2.19	1.97	2.01
湖南	241.20	77.69	187.40	184.70	160.8	582.7	93.7	92.4	3.56	4.24	4.28
北方产区	**3486.40**	**41.13**	**1434.10**	**1374.70**	**2324.3**	**308.5**	**717.1**	**687.4**	**51.52**	**32.48**	**31.83**
河北	836.10	27.65	231.20	227.20	557.4	207.4	115.6	113.6	12.35	5.24	5.26
山东	814.40	40.96	333.60	316.10	542.9	307.2	166.8	158.1	12.03	7.56	7.32
河南	832.70	47.64	396.70	368.70	555.1	357.3	198.4	184.4	12.30	8.99	8.54
陕西	375.60	54.55	204.90	200.30	250.4	409.1	102.5	100.2	5.55	4.64	4.64
山西	330.90	39.26	129.90	133.50	220.6	294.4	65.0	66.8	4.89	2.94	3.09
新疆	242.20	43.77	106.00	100.50	161.5	328.2	53.0	50.3	3.58	2.40	2.33
#兵团	86.23	47.20	40.70	35.29	57.5	354.0	20.4	17.6	1.27	0.92	0.82
辽宁	54.50	58.35	31.80	28.40	36.3	437.6	15.9	14.2	0.81	0.72	0.66
分散产区	**42.70**	**29.27**	**12.50**	**7.50**	**28.5**	**219.6**	**6.3**	**3.8**	**0.63**	**0.28**	**0.17**
甘肃	10.50	38.10	4.00	3.80	7.0	285.7	2.0	1.9	0.16	0.09	0.09
天津	15.20	14.47	2.20	0.90	10.1	108.6	1.1	0.5	0.22	0.05	0.02
北京	3.70	35.14	1.30	1.00	2.5	263.5	0.7	0.5	0.05	0.03	0.02
云南	7.91	41.47	3.28	2.71	5.3	311.0	1.6	1.4	0.12	0.07	0.06

2－1－38　全国各地区1980年棉花生产收购

地区	国内单位				国际单位				占全国合计(%)		
	棉田面积（万亩）	亩产（市斤）	产量（万担）	收购量（万担）	棉田面积（千顷）	单产（公斤/公顷）	产量（千吨）	收购量（千吨）	面积	产量	收购量
合国合计	**7380.50**	**73.35**	**5413.40**	**5362.50**	**4920.3**	**550.1**	**2706.7**	**2681.3**	**100.00**	**100.00**	**100.00**
南方产区	**3444.90**	**72.54**	**2498.90**	**2502.40**	**2296.6**	**544.0**	**1249.5**	**1251.2**	**46.68**	**46.16**	**46.66**
上海	155.60	98.01	152.50	147.20	103.7	735.1	76.3	73.6	2.11	2.82	2.74
浙江	160.70	103.17	165.80	163.30	107.1	773.8	82.9	81.7	2.18	3.06	3.05
江苏	946.00	88.39	836.20	828.20	630.7	662.9	418.1	414.1	12.82	15.45	15.44
湖北	887.50	71.27	632.50	643.10	591.7	534.5	316.3	321.6	12.02	11.68	11.99
安徽	485.20	50.31	244.10	251.50	323.5	377.3	122.1	125.8	6.57	4.51	4.69
四川	377.80	50.08	189.20	184.60	251.9	375.6	94.6	92.3	5.12	3.50	3.44
江西	162.70	52.92	86.10	86.70	108.5	396.9	43.1	43.4	2.20	1.59	1.62
湖南	269.40	71.46	192.50	197.80	179.6	535.9	96.3	98.9	3.65	3.56	3.69
北方产区	**3897.20**	**74.39**	**2899.20**	**2851.70**	**2598.1**	**557.9**	**1449.6**	**1425.9**	**52.80**	**53.56**	**53.18**
河北	823.10	60.07	494.40	497.40	548.7	450.5	247.2	248.7	11.15	9.13	9.28
山东	1105.40	97.21	1074.60	1056.50	736.9	729.1	537.3	528.3	14.98	19.85	19.70
河南	940.00	86.43	812.40	790.10	626.7	648.2	406.2	395.1	12.74	15.01	14.73
陕西	362.70	44.58	161.70	154.60	241.8	334.4	80.9	77.3	4.91	2.99	2.88
山西	336.50	46.06	155.00	154.50	224.3	345.5	77.5	77.3	4.56	2.86	2.88
新疆	271.80	58.28	158.40	159.20	181.2	437.1	79.2	79.6	3.68	2.93	2.97
#兵团	97.11	71.37	69.31	64.57	64.7	535.3	34.7	32.3	1.32	1.28	1.20
辽宁	57.70	74.00	42.70	39.40	38.5	555.0	21.4	19.7	0.78	0.79	0.73
分散产区	**38.40**	**39.84**	**15.30**	**8.40**	**25.6**	**298.8**	**7.7**	**4.2**	**0.52**	**0.28**	**0.16**
甘肃	8.40	64.29	5.40	5.00	5.6	482.1	2.7	2.5	0.11	0.10	0.09
天津	12.50	25.60	3.20	1.60	8.3	192.0	1.6	0.8	0.17	0.06	0.03
北京	3.20	59.38	1.90	1.50	2.1	445.3	1.0	0.8	0.04	0.04	0.03
云南											

2-1-39 全国各地区1981年棉花生产收购

地区	国内单位				国际单位				占全国合计(%)		
	棉田面积（万亩）	亩产（市斤）	产量（万担）	收购量（万担）	棉田面积（千顷）	单产（公斤/公顷）	产量（千吨）	收购量（千吨）	面积	产量	收购量
合国合计	**7777.60**	**76.31**	**5935.30**	**5820.60**	**5185.1**	**572.3**	**2967.7**	**2910.3**	**100.00**	**100.00**	**100.00**
南方产区	**3469.20**	**83.16**	**2884.90**	**2839.70**	**2312.8**	**623.7**	**1442.5**	**1419.9**	**44.61**	**48.61**	**48.79**
上海	176.70	84.15	148.70	143.80	117.8	631.2	74.4	71.9	2.27	2.51	2.47
浙江	161.90	84.19	136.30	133.90	107.9	631.4	68.2	67.0	2.08	2.30	2.30
江苏	994.10	113.36	1126.90	1116.10	662.7	850.2	563.5	558.1	12.78	18.99	19.17
湖北	869.70	81.11	705.40	720.90	579.8	608.3	352.7	360.5	11.18	11.88	12.39
安徽	493.60	63.37	312.80	288.20	329.1	475.3	156.4	144.1	6.35	5.27	4.95
四川	359.50	48.23	173.40	167.00	239.7	361.8	86.7	83.5	4.62	2.92	2.87
江西	157.00	59.75	93.80	90.80	104.7	448.1	46.9	45.4	2.02	1.58	1.56
湖南	256.70	73.08	187.60	179.00	171.1	548.1	93.8	89.5	3.30	3.16	3.08
北方产区	**4266.70**	**71.05**	**3031.60**	**2968.60**	**2844.5**	**532.9**	**1515.8**	**1484.3**	**54.86**	**51.08**	**51.00**
河北	795.70	55.71	443.30	458.20	530.5	417.8	221.7	229.1	10.23	7.47	7.87
山东	1406.40	95.99	1350.00	1315.00	937.6	719.9	675.0	657.5	18.08	22.75	22.59
河南	962.40	73.78	710.10	681.40	641.6	553.4	355.1	340.7	12.37	11.96	11.71
陕西	390.30	32.03	125.00	112.60	260.2	240.2	62.5	56.3	5.02	2.11	1.93
山西	305.30	43.24	132.00	125.50	203.5	324.3	66.0	62.8	3.93	2.22	2.16
新疆	347.90	65.31	227.20	233.10	231.9	489.8	113.6	116.6	4.47	3.83	4.00
#兵团	121.97	85.49	104.27	86.54	81.3	641.2	52.1	43.3	1.57	1.76	1.49
辽宁	58.70	74.96	44.00	42.80	39.1	562.2	22.0	21.4	0.75	0.74	0.74
分散产区	**41.70**	**45.08**	**18.80**	**12.30**	**27.8**	**338.1**	**9.4**	**6.2**	**0.54**	**0.32**	**0.21**
甘肃	8.40	95.24	8.00	7.90	5.6	714.3	4.0	4.0	0.11	0.13	0.14
天津	14.80	30.41	4.50	2.50	9.9	228.0	2.3	1.3	0.19	0.08	0.04
北京	3.20	43.75	1.40	1.10	2.1	328.1	0.7	0.6	0.04	0.02	0.02
云南											

2－1－40　全国各地区1982年棉花生产收购

地区	国内单位				国际单位				占全国合计(%)		
	棉田面积(万亩)	亩产(市斤)	产量(万担)	收购量(万担)	棉田面积(千顷)	单产(公斤/公顷)	产量(千吨)	收购量(千吨)	面积	产量	收购量
合国合计	**8742.60**	**82.32**	**7196.90**	**6993.20**	**5828.4**	**617.4**	**3598.5**	**3496.6**	**100.00**	**100.00**	**100.00**
南方产区	**3303.40**	**90.70**	**2996.30**	**2937.10**	**2202.3**	**680.3**	**1498.2**	**1468.6**	**37.79**	**41.63**	**42.00**
上海	162.00	99.44	161.10	159.50	108.0	745.8	80.6	79.8	1.85	2.24	2.28
浙江	160.10	121.92	195.20	188.90	106.7	914.4	97.6	94.5	1.83	2.71	2.70
江苏	1020.30	112.80	1150.90	1137.10	680.2	846.0	575.5	568.6	11.67	15.99	16.26
湖北	860.60	79.25	682.00	671.30	573.7	594.4	341.0	335.7	9.84	9.48	9.60
安徽	491.80	64.11	315.30	311.10	327.9	480.8	157.7	155.6	5.63	4.38	4.45
四川	205.30	80.13	164.50	153.90	136.9	600.9	82.3	77.0	2.35	2.29	2.20
江西	151.40	86.66	131.20	127.70	100.9	649.9	65.6	63.9	1.73	1.82	1.83
湖南	251.90	77.85	196.10	187.60	167.9	583.9	98.1	93.8	2.88	2.72	2.68
北方产区	**5395.70**	**77.39**	**4175.50**	**4038.80**	**3597.1**	**580.4**	**2087.8**	**2019.4**	**61.72**	**58.02**	**57.75**
河北	1048.20	73.61	771.60	737.00	698.8	552.1	385.8	368.5	11.99	10.72	10.54
山东	2008.60	95.59	1920.00	1873.00	1339.1	716.9	960.0	936.5	22.97	26.68	26.78
河南	1130.50	57.72	652.50	619.80	753.7	432.9	326.3	309.9	12.93	9.07	8.86
陕西	377.40	66.51	251.00	240.10	251.6	498.8	125.5	120.1	4.32	3.49	3.43
山西	333.60	72.42	241.60	235.90	222.4	543.2	120.8	118.0	3.82	3.36	3.37
新疆	427.70	68.32	292.20	287.70	285.1	512.4	146.1	143.9	4.89	4.06	4.11
#兵团	172.53	82.12	141.69	104.96	115.0	615.9	70.8	52.5	1.97	1.97	1.50
辽宁	69.70	66.86	46.60	45.30	46.5	501.4	23.3	22.7	0.80	0.65	0.65
分散产区	**43.50**	**57.70**	**25.10**	**17.30**	**29.0**	**432.8**	**12.6**	**8.7**	**0.50**	**0.35**	**0.25**
甘肃	9.50	98.95	9.40	9.20	6.3	742.1	4.7	4.6	0.11	0.13	0.13
天津	15.70	57.32	9.00	7.20	10.5	429.9	4.5	3.6	0.18	0.13	0.10
北京	3.00	70.00	2.10	2.00	2.0	525.0	1.1	1.0	0.03	0.03	0.03
云南											

2-1-41 全国各地区1983年棉花生产收购

地区	国内单位				国际单位				占全国合计(%)		
	棉田面积（万亩）	亩产（市斤）	产量（万担）	收购量（万担）	棉田面积（千顷）	单产（公斤/公顷）	产量（千吨）	收购量（千吨）	面积	产量	收购量
合国合计	**9115.90**	**101.74**	**9274.20**	**9004.70**	**6077.3**	**763.0**	**4637.1**	**4502.4**	**100.00**	**100.00**	**100.00**
南方产区	**3162.60**	**105.05**	**3322.30**	**3214.90**	**2108.4**	**787.9**	**1661.2**	**1607.5**	**34.69**	**35.82**	**35.70**
上海	146.60	104.37	153.00	151.10	97.7	782.7	76.5	75.6	1.61	1.65	1.68
浙江	158.20	118.46	187.40	182.00	105.5	888.4	93.7	91.0	1.74	2.02	2.02
江苏	1016.20	130.46	1325.70	1313.40	677.5	978.4	662.9	656.7	11.15	14.29	14.59
湖北	837.60	91.87	769.50	744.70	558.4	689.0	384.8	372.4	9.19	8.30	8.27
安徽	482.00	78.82	379.90	340.90	321.3	591.1	190.0	170.5	5.29	4.10	3.79
四川	201.10	107.01	215.20	202.00	134.1	802.6	107.6	101.0	2.21	2.32	2.24
江西	123.90	77.40	95.90	92.70	82.6	580.5	48.0	46.4	1.36	1.03	1.03
湖南	197.00	99.34	195.70	188.10	131.3	745.1	97.9	94.1	2.16	2.11	2.09
北方产区	**5895.50**	**100.21**	**5907.90**	**5755.10**	**3930.3**	**751.6**	**2954.0**	**2877.6**	**64.67**	**63.70**	**63.91**
河北	1239.10	121.06	1500.00	1511.50	826.1	907.9	750.0	755.8	13.59	16.17	16.79
山东	2250.30	108.87	2450.00	2400.50	1500.2	816.6	1225.0	1200.3	24.69	26.42	26.66
河南	1190.70	106.42	1267.10	1182.20	793.8	798.1	633.6	591.1	13.06	13.66	13.13
陕西	376.80	21.31	80.30	64.30	251.2	159.8	40.2	32.2	4.13	0.87	0.71
山西	341.60	56.32	192.40	182.70	227.7	422.4	96.2	91.4	3.75	2.07	2.03
新疆	415.00	75.69	314.10	312.80	276.7	567.7	157.1	156.4	4.55	3.39	3.47
#兵团	170.74	87.84	149.98	129.60	113.8	658.8	75.0	64.8	1.87	1.62	1.44
辽宁	82.00	126.83	104.00	101.10	54.7	951.2	52.0	50.6	0.90	1.12	1.12
分散产区	**57.80**	**76.12**	**44.00**	**34.70**	**38.5**	**570.9**	**22.0**	**17.4**	**0.63**	**0.47**	**0.39**
甘肃	11.00	120.00	13.20	12.60	7.3	900.0	6.6	6.3	0.12	0.14	0.14
天津	27.20	83.46	22.70	21.40	18.1	625.9	11.4	10.7	0.30	0.24	0.24
北京	5.10	80.39	4.10	3.50	3.4	602.9	2.1	1.8	0.06	0.04	0.04
云南											

2－1－42　全国各地区1984年棉花生产收购

地　区	国内单位				国际单位				占全国合计(%)		
	棉田面积（万亩）	亩产（市斤）	产量（万担）	收购量（万担）	棉田面积（千顷）	单产（公斤/公顷）	产量（千吨）	收购量（千吨）	面积	产量	收购量
合国合计	**10384.70**	**120.53**	**12516.80**	**11929.10**	**6923.1**	**904.0**	**6258.4**	**5964.6**	**100.00**	**100.00**	**100.00**
南方产区	**3257.10**	**129.00**	**4201.60**	**3955.00**	**2171.4**	**967.5**	**2100.8**	**1977.5**	**31.36**	**33.57**	**33.15**
上　海	141.20	150.64	212.70	202.30	94.1	1129.8	106.4	101.2	1.36	1.70	1.70
浙　江	157.20	169.02	265.70	258.90	104.8	1267.7	132.9	129.5	1.51	2.12	2.17
江　苏	1082.00	123.09	1331.80	1237.30	721.3	923.2	665.9	618.7	10.42	10.64	10.37
湖　北	808.80	149.98	1213.00	1192.60	539.2	1124.8	606.5	596.3	7.79	9.69	10.00
安　徽	500.60	93.47	467.90	403.00	333.7	701.0	234.0	201.5	4.82	3.74	3.38
四　川	246.70	128.21	316.30	286.10	164.5	961.6	158.2	143.1	2.38	2.53	2.40
江　西	121.70	113.64	138.30	130.00	81.1	852.3	69.2	65.0	1.17	1.10	1.09
湖　南	198.90	128.66	255.90	244.80	132.6	964.9	128.0	122.4	1.92	2.04	2.05
北方产区	**7035.10**	**116.82**	**8218.40**	**7898.00**	**4690.1**	**876.1**	**4109.2**	**3949.0**	**67.74**	**65.66**	**66.21**
河　北	1570.30	133.73	2100.00	2132.30	1046.9	1003.0	1050.0	1066.2	15.12	16.78	17.87
山　东	2568.60	134.31	3450.00	3356.50	1712.4	1007.4	1725.0	1678.3	24.73	27.56	28.14
河　南	1743.40	99.67	1737.70	1592.60	1162.3	747.5	868.9	796.3	16.79	13.88	13.35
陕　西	292.90	50.43	147.70	108.00	195.3	378.2	73.9	54.0	2.82	1.18	0.91
山　西	328.30	81.08	266.20	191.60	218.9	608.1	133.1	95.8	3.16	2.13	1.61
新　疆	422.20	91.09	384.60	389.40	281.5	683.2	192.3	194.7	4.07	3.07	3.26
#兵团	176.39	100.66	177.55	151.33	117.6	754.9	88.8	75.7	1.70	1.42	1.27
辽　宁	109.40	120.84	132.20	127.60	72.9	906.3	66.1	63.8	1.05	1.06	1.07
分散产区	**92.50**	**104.65**	**96.80**	**76.10**	**61.7**	**784.9**	**48.4**	**38.1**	**0.89**	**0.77**	**0.64**
甘　肃	11.90	130.25	15.50	14.60	7.9	976.9	7.8	7.3	0.11	0.12	0.12
天　津	57.30	114.83	65.80	57.00	38.2	861.3	32.9	28.5	0.55	0.53	0.48
北　京	9.50	120.00	11.40	9.00	6.3	900.0	5.7	4.5	0.09	0.09	0.08
云　南											

2-1-43 全国各地区1985年棉花生产收购

地区	国内单位				国际单位				占全国合计(%)		
	棉田面积(万亩)	亩产(市斤)	产量(万担)	收购量(万担)	棉田面积(千顷)	单产(公斤/公顷)	产量(千吨)	收购量(千吨)	面积	产量	收购量
合国合计	**7710.50**	**107.56**	**8293.60**	**6993.80**	**5140.3**	**806.7**	**4146.8**	**3496.9**	**100.00**	**100.00**	**100.00**
南方产区	**2626.70**	**117.62**	**3089.50**	**2740.70**	**1751.1**	**882.1**	**1544.8**	**1370.4**	**34.07**	**37.25**	**39.19**
上海	106.60	91.56	97.60	85.70	71.1	686.7	48.8	42.9	1.38	1.18	1.23
浙江	139.60	116.48	162.60	146.60	93.1	873.6	81.3	73.3	1.81	1.96	2.10
江苏	888.40	107.85	958.10	843.80	592.3	808.8	479.1	421.9	11.52	11.55	12.06
湖北	697.50	141.13	984.40	904.00	465.0	1058.5	492.2	452.0	9.05	11.87	12.93
安徽	352.60	94.55	333.40	301.40	235.1	709.2	166.7	150.7	4.57	4.02	4.31
四川	189.70	119.56	226.80	185.50	126.5	896.7	113.4	92.8	2.46	2.73	2.65
江西	99.50	125.03	124.40	108.70	66.3	937.7	62.2	54.4	1.29	1.50	1.55
湖南	152.80	132.33	202.20	165.00	101.9	992.5	101.1	82.5	1.98	2.44	2.36
北方产区	**5014.10**	**102.38**	**5133.40**	**4217.80**	**3342.7**	**767.8**	**2566.7**	**2108.9**	**65.03**	**61.90**	**60.31**
河北	1275.40	98.57	1257.10	1041.60	850.3	739.2	628.6	520.8	16.54	15.16	14.89
山东	1754.60	121.09	2124.70	1774.00	1169.7	908.2	1062.4	887.0	22.76	25.62	25.37
河南	1221.50	89.62	1094.70	825.90	814.3	672.1	547.4	413.0	15.84	13.20	11.81
陕西	141.90	60.61	86.00	81.00	94.6	454.5	43.0	40.5	1.84	1.04	1.16
山西	181.70	80.85	146.90	102.90	121.1	606.4	73.5	51.5	2.36	1.77	1.47
新疆	380.30	98.79	375.70	353.90	253.5	740.9	187.9	177.0	4.93	4.53	5.06
#兵团	162.40	100.42	163.09	164.10	108.3	753.2	81.5	82.1	2.11	1.97	2.35
辽宁	58.70	82.28	48.30	38.50	39.1	617.1	24.2	19.3	0.76	0.58	0.55
分散产区	**69.70**	**101.43**	**70.70**	**35.30**	**46.5**	**760.8**	**35.4**	**17.7**	**0.90**	**0.85**	**0.50**
甘肃	8.70	118.39	10.30	8.10	5.8	887.9	5.2	4.1	0.11	0.12	0.12
天津	43.10	110.44	47.60	26.10	28.7	828.3	23.8	13.1	0.56	0.57	0.37
北京	7.60	114.47	8.70	7.00	5.1	858.6	4.4	3.5	0.10	0.10	0.10
云南											

2-1-44　全国各地区1986年棉花生产收购

地　区	国内单位				国际单位				占全国合计(%)		
	棉田面积（万亩）	亩产（市斤）	产量（万担）	收购量（万担）	棉田面积（千顷）	单产（公斤/公顷）	产量（千吨）	收购量（千吨）	面积	产量	收购量
合国合计	**6459.20**	**109.62**	**7080.70**	**6208.90**	**4306.1**	**822.2**	**3540.4**	**3104.5**	**100.00**	**100.00**	**100.00**
南方产区	**2240.90**	**119.19**	**2670.90**	**2328.30**	**1493.9**	**893.9**	**1335.5**	**1164.2**	**34.69**	**37.72**	**37.50**
上　海	48.50	88.66	43.00	38.60	32.3	664.9	21.5	19.3	0.75	0.61	0.62
浙　江	120.80	125.08	151.10	133.60	80.5	938.1	75.6	66.8	1.87	2.13	2.15
江　苏	745.00	107.69	802.30	683.00	496.7	807.7	401.2	341.5	11.53	11.33	11.00
湖　北	619.90	141.68	878.30	782.60	413.3	1062.6	439.2	391.3	9.60	12.40	12.60
安　徽	308.80	105.38	325.40	294.60	205.9	790.3	162.7	147.3	4.78	4.60	4.74
四　川	176.60	110.42	195.00	167.80	117.7	828.1	97.5	83.9	2.73	2.75	2.70
江　西	92.20	118.33	109.10	97.70	61.5	887.5	54.6	48.9	1.43	1.54	1.57
湖　南	129.10	129.12	166.70	130.40	86.1	968.4	83.4	65.2	2.00	2.35	2.10
北方产区	**4169.30**	**104.79**	**4369.10**	**3857.60**	**2779.5**	**785.9**	**2184.6**	**1928.8**	**64.55**	**61.70**	**62.13**
河　北	1061.20	96.40	1023.00	932.50	707.5	723.0	511.5	466.3	16.43	14.45	15.02
山　东	1515.00	124.18	1881.40	1606.30	1010.0	931.4	940.7	803.2	23.45	26.57	25.87
河　南	929.40	85.78	797.20	716.60	619.6	643.3	398.6	358.3	14.39	11.26	11.54
陕　西	81.40	102.33	83.30	74.70	54.3	767.5	41.7	37.4	1.26	1.18	1.20
山　西	140.90	91.34	128.70	109.00	93.9	685.1	64.4	54.5	2.18	1.82	1.76
新　疆	414.50	104.27	432.20	402.50	276.3	782.0	216.1	201.3	6.42	6.10	6.48
#兵团	180.96	109.63	198.38	180.06	120.6	822.2	99.2	90.0	2.80	2.80	2.90
辽　宁	26.90	86.62	23.30	16.00	17.9	649.6	11.7	8.0	0.42	0.33	0.26
分散产区	**49.00**	**83.06**	**40.70**	**23.00**	**32.7**	**623.0**	**20.4**	**11.5**	**0.76**	**0.57**	**0.37**
甘　肃	7.70	93.51	7.20	6.30	5.1	701.3	3.6	3.2	0.12	0.10	0.10
天　津	27.60	96.74	26.70	16.70	18.4	725.5	13.4	8.4	0.43	0.38	0.27
北　京	4.40	97.73	4.30	3.50	2.9	733.0	2.2	1.8	0.07	0.06	0.06
云　南											

2-1-45 全国各地区1987年棉花生产收购

地区	国内单位				国际单位				占全国合计(%)		
	棉田面积(万亩)	亩产(市斤)	产量(万担)	收购量(万担)	棉田面积(千顷)	单产(公斤/公顷)	产量(千吨)	收购量(千吨)	面积	产量	收购量
合国合计	**7266.30**	**116.84**	**8490.30**	**7839.60**	**4844.2**	**876.3**	**4245.2**	**3919.8**	**100.00**	**100.00**	**100.00**
南方产区	**2298.20**	**118.87**	**2731.90**	**2455.60**	**1532.1**	**891.5**	**1366.0**	**1227.8**	**31.63**	**32.18**	**31.32**
上海	31.20	97.44	30.40	27.60	20.8	730.8	15.2	13.8	0.43	0.36	0.35
浙江	106.10	123.28	130.80	114.20	70.7	924.6	65.4	57.1	1.46	1.54	1.46
江苏	816.70	108.69	887.70	794.90	544.5	815.2	443.9	397.5	11.24	10.46	10.14
湖北	645.30	136.06	878.00	816.10	430.2	1020.5	439.0	408.1	8.88	10.34	10.41
安徽	336.30	110.76	372.50	343.90	224.2	830.7	186.3	172.0	4.63	4.39	4.39
四川	172.70	117.60	203.10	160.90	115.1	882.0	101.6	80.5	2.38	2.39	2.05
江西	93.30	126.90	118.40	110.80	62.2	951.8	59.2	55.4	1.28	1.39	1.41
湖南	96.60	114.91	111.00	87.20	64.4	861.8	55.5	43.6	1.33	1.31	1.11
北方产区	**4925.20**	**116.04**	**5715.40**	**5359.50**	**3283.5**	**870.3**	**2857.7**	**2679.8**	**67.78**	**67.32**	**68.36**
河北	1237.30	101.22	1252.40	1251.70	824.9	759.2	626.2	625.9	17.03	14.75	15.97
山东	1833.30	135.75	2488.70	2339.00	1222.2	1018.1	1244.4	1169.5	25.23	29.31	29.84
河南	1076.20	105.94	1140.10	990.90	717.5	794.5	570.1	495.5	14.81	13.43	12.64
陕西	88.60	126.86	112.40	89.40	59.1	951.5	56.2	44.7	1.22	1.32	1.14
山西	148.40	104.92	155.70	147.00	98.9	786.9	77.9	73.5	2.04	1.83	1.88
新疆	534.50	104.66	559.40	535.10	356.3	784.9	279.7	267.6	7.36	6.59	6.83
#兵团	210.57	113.18	238.32	217.37	140.4	848.8	119.2	108.7	2.90	2.81	2.77
辽宁	6.90	97.10	6.70	6.40	4.6	728.3	3.4	3.2	0.09	0.08	0.08
分散产区	**42.90**	**100.23**	**43.00**	**24.50**	**28.6**	**751.7**	**21.5**	**12.3**	**0.59**	**0.51**	**0.31**
甘肃	7.20	138.89	10.00	8.40	4.8	1041.7	5.0	4.2	0.10	0.12	0.11
天津	24.00	106.67	25.60	16.10	16.0	800.0	12.8	8.1	0.33	0.30	0.21
北京	4.30	123.26	5.30	4.60	2.9	924.4	2.7	2.3	0.06	0.06	0.06
云南											

2-1-46　全国各地区1988年棉花生产收购

地　区	国内单位				国际单位				占全国合计(%)		
	棉田面积(万亩)	亩产(市斤)	产量(万担)	收购量(万担)	棉田面积(千顷)	单产(公斤/公顷)	产量(千吨)	收购量(千吨)	面积	产量	收购量
合国合计	**8302.10**	**99.94**	**8297.36**	**7235.88**	**5534.7**	**749.6**	**4148.7**	**3617.9**	**100.00**	**100.00**	**100.00**
南方产区	**2540.60**	**106.40**	**2703.16**	**2360.84**	**1693.7**	**798.0**	**1351.6**	**1180.4**	**30.60**	**32.58**	**32.63**
上　海	24.70	107.94	26.66	23.38	16.5	809.5	13.3	11.7	0.30	0.32	0.32
浙　江	103.50	84.39	87.34	62.32	69.0	632.9	43.7	31.2	1.25	1.05	0.86
江　苏	903.50	124.45	1124.44	1018.12	602.3	933.4	562.2	509.1	10.88	13.55	14.07
湖　北	671.20	107.85	723.88	644.28	447.5	808.9	361.9	322.1	8.08	8.72	8.90
安　徽	405.10	101.86	412.62	352.22	270.1	763.9	206.3	176.1	4.88	4.97	4.87
四　川	197.70	88.75	175.46	132.74	131.8	665.6	87.7	66.4	2.38	2.11	1.83
江　西	97.80	66.44	64.98	58.50	65.2	498.3	32.5	29.3	1.18	0.78	0.81
湖　南	137.10	64.03	87.78	69.28	91.4	480.2	43.9	34.6	1.65	1.06	0.96
北方产区	**5715.00**	**97.20**	**5554.96**	**4852.06**	**3810.0**	**729.0**	**2777.5**	**2426.0**	**68.84**	**66.95**	**67.06**
河　北	1392.60	82.84	1153.66	1023.92	928.4	621.3	576.8	512.0	16.77	13.90	14.15
山　东	2103.90	108.08	2274.00	2119.62	1402.6	810.6	1137.0	1059.8	25.34	27.41	29.29
河　南	1374.00	92.73	1274.16	934.34	916.0	695.5	637.1	467.2	16.55	15.36	12.91
陕　西	120.30	91.97	110.64	71.80	80.2	689.8	55.3	35.9	1.45	1.33	0.99
山　西	174.30	99.59	173.58	149.52	116.2	746.9	86.8	74.8	2.10	2.09	2.07
新　疆	534.40	104.07	556.16	544.56	356.3	780.5	278.1	272.3	6.44	6.70	7.53
#兵团	197.62	105.47	208.43	197.79	131.7	791.0	104.2	98.9	2.38	2.51	2.73
辽　宁	15.50	82.32	12.76	8.30	10.3	617.4	6.4	4.2	0.19	0.15	0.11
分散产区	**46.50**	**84.39**	**39.24**	**22.98**	**31.0**	**632.9**	**19.6**	**11.5**	**0.56**	**0.47**	**0.32**
甘　肃	7.10	143.66	10.20	8.20	4.7	1077.5	5.1	4.1	0.09	0.12	0.11
天　津	27.20	74.19	20.18	11.30	18.1	556.4	10.1	5.7	0.33	0.24	0.16
北　京	5.10	107.45	5.48	3.48	3.4	805.9	2.7	1.7	0.06	0.07	0.05
云　南											

2－1－47　全国各地区1989年棉花生产收购

地区	国内单位				国际单位				占全国合计(%)		
	棉田面积(万亩)	亩产(市斤)	产量(万担)	收购量(万担)	棉田面积(千顷)	单产(公斤/公顷)	产量(千吨)	收购量(千吨)	面积	产量	收购量
合国合计	**7805.00**	**97.06**	**7575.90**	**6344.48**	**5203.3**	**728.0**	**3788.0**	**3172.2**	**100.00**	**100.00**	**100.00**
南方产区	**2330.70**	**104.56**	**2437.00**	**2025.16**	**1553.8**	**784.2**	**1218.5**	**1012.6**	**29.86**	**32.17**	**31.92**
上海	16.00	96.25	15.40	13.10	10.7	721.9	7.7	6.6	0.20	0.20	0.21
浙江	90.60	92.60	83.90	67.68	60.4	694.5	42.0	33.8	1.16	1.11	1.07
江苏	802.80	120.76	969.50	871.62	535.2	905.7	484.8	435.8	10.29	12.80	13.74
湖北	627.70	99.65	625.50	511.12	418.5	747.4	312.8	255.6	8.04	8.26	8.06
安徽	378.40	89.69	339.40	253.02	252.3	672.7	169.7	126.5	4.85	4.48	3.99
四川	174.50	97.02	169.30	116.48	116.3	727.7	84.7	58.2	2.24	2.23	1.84
江西	99.10	101.01	100.10	87.08	66.1	757.6	50.1	43.5	1.27	1.32	1.37
湖南	141.60	94.56	133.90	105.06	94.4	709.2	67.0	52.5	1.81	1.77	1.66
北方产区	**5433.50**	**93.83**	**5098.30**	**4296.48**	**3622.3**	**703.7**	**2549.2**	**2148.2**	**69.62**	**67.30**	**67.72**
河北	1317.20	81.38	1072.00	904.10	878.1	610.4	536.0	452.1	16.88	14.15	14.25
山东	1984.90	103.28	2050.00	1873.90	1323.3	774.6	1025.0	937.0	25.43	27.06	29.54
河南	1254.20	84.06	1054.30	704.12	836.1	630.5	527.2	352.1	16.07	13.92	11.10
陕西	123.00	91.71	112.80	68.86	82.0	687.8	56.4	34.4	1.58	1.49	1.09
山西	179.20	114.01	204.30	157.80	119.5	855.1	102.2	78.9	2.30	2.70	2.49
新疆	550.70	107.01	589.30	575.96	367.1	802.6	294.7	288.0	7.06	7.78	9.08
#兵团	203.09	115.90	235.39	229.33	135.4	869.3	117.7	114.7	2.60	3.11	3.61
辽宁	24.30	64.20	15.60	11.74	16.2	481.5	7.8	5.9	0.31	0.21	0.19
分散产区	**40.80**	**99.51**	**40.60**	**22.84**	**27.2**	**746.3**	**20.3**	**11.4**	**0.52**	**0.54**	**0.36**
甘肃	6.80	155.88	10.60	7.90	4.5	1169.1	5.3	4.0	0.09	0.14	0.12
天津	22.30	98.21	21.90	11.28	14.9	736.5	11.0	5.6	0.29	0.29	0.18
北京	4.10	126.83	5.20	3.66	2.7	951.2	2.6	1.8	0.05	0.07	0.06
云南											

2－1－48　全国各地区 1990 年棉花生产收购

地　区	国内单位				国际单位				占全国合计(%)		
	棉田面积（万亩）	亩产（市斤）	产量（万担）	收购量（万担）	棉田面积（千顷）	单产（公斤/公顷）	产量（千吨）	收购量（千吨）	面积	产量	收购量
合国合计	**8382.20**	**107.56**	**9015.50**	**8084.14**	**5588.1**	**806.7**	**4507.8**	**4042.1**	**100.00**	**100.00**	**100.00**
南方产区	**2573.70**	**123.26**	**3172.30**	**2905.60**	**1715.8**	**924.4**	**1586.2**	**1452.8**	**30.70**	**35.19**	**35.94**
上　海	19.40	125.26	24.30	23.40	12.9	939.4	12.2	11.7	0.23	0.27	0.29
浙　江	103.00	124.76	128.50	117.10	68.7	935.7	64.3	58.6	1.23	1.43	1.45
江　苏	858.20	108.18	928.40	867.78	572.1	811.3	464.2	433.9	10.24	10.30	10.73
湖　北	683.90	151.26	1034.50	983.54	455.9	1134.5	517.3	491.8	8.16	11.47	12.17
安　徽	439.70	107.35	472.00	381.86	293.1	805.1	236.0	190.9	5.25	5.24	4.72
四　川	186.30	123.62	230.30	198.60	124.2	927.1	115.2	99.3	2.22	2.55	2.46
江　西	105.40	108.16	114.00	112.90	70.3	811.2	57.0	56.5	1.26	1.26	1.40
湖　南	177.80	135.15	240.30	220.42	118.5	1013.6	120.2	110.2	2.12	2.67	2.73
北方产区	**5760.20**	**100.47**	**5787.20**	**5133.04**	**3840.1**	**753.5**	**2893.6**	**2566.5**	**68.72**	**64.19**	**63.50**
河　北	1366.40	83.55	1141.60	958.80	910.9	626.6	570.8	479.4	16.30	12.66	11.86
山　东	2113.80	92.25	1950.00	1832.00	1409.2	691.9	975.0	916.0	25.22	21.63	22.66
河　南	1234.50	109.53	1352.20	1004.40	823.0	821.5	676.1	502.2	14.73	15.00	12.42
陕　西	168.60	92.23	155.50	106.18	112.4	691.7	77.8	53.1	2.01	1.72	1.31
山　西	195.50	114.12	223.10	173.24	130.3	855.9	111.6	86.6	2.33	2.47	2.14
新　疆	652.80	143.63	937.60	1035.18	435.2	1077.2	468.8	517.6	7.79	10.40	12.81
#兵团	255.00	152.80	389.65	455.46	170.0	1146.0	194.8	227.7	3.04	4.32	5.63
辽　宁	28.60	95.10	27.20	23.24	19.1	713.3	13.6	11.6	0.34	0.30	0.29
分散产区	**48.30**	**115.94**	**56.00**	**45.50**	**32.2**	**869.6**	**28.0**	**22.8**	**0.58**	**0.62**	**0.56**
甘　肃	8.90	178.65	15.90	15.40	5.9	1339.9	8.0	7.7	0.11	0.18	0.19
天　津	26.70	114.61	30.60	25.10	17.8	859.6	15.3	12.6	0.32	0.34	0.31
北　京	5.10	135.29	6.90	5.00	3.4	1014.7	3.5	2.5	0.06	0.08	0.06
云　南											

2－1－49　全国各地区 1991 年棉花生产收购

地　区	国内单位				国际单位				占全国合计(%)		
	棉田面积（万亩）	亩产（市斤）	产量（万担）	收购量（万担）	棉田面积（千顷）	单产（公斤/公顷）	产量（千吨）	收购量（千吨）	面积	产量	收购量
合国合计	**9807.70**	**115.73**	**11350.05**	**10542.40**	**6538.5**	**867.9**	**5675.0**	**5271.2**	**100.00**	**100.00**	**100.00**
南方产区	**2842.60**	**127.69**	**3629.65**	**3438.27**	**1895.1**	**957.7**	**1814.8**	**1719.1**	**28.98**	**31.98**	**32.61**
上　海	20.90	154.55	32.30	32.14	13.9	1159.1	16.2	16.1	0.21	0.28	0.30
浙　江	102.30	147.12	150.50	134.96	68.2	1103.4	75.3	67.5	1.04	1.33	1.28
江　苏	825.90	134.92	1114.30	1091.70	550.6	1011.9	557.2	545.9	8.42	9.82	10.36
湖　北	692.30	141.88	982.25	948.70	461.5	1064.1	491.1	474.4	7.06	8.65	9.00
安　徽	608.20	89.26	542.90	471.96	405.5	669.5	271.5	236.0	6.20	4.78	4.48
四　川	221.10	131.84	291.50	259.14	147.4	988.8	145.8	129.6	2.25	2.57	2.46
江　西	171.90	126.82	218.00	204.67	114.6	951.1	109.0	102.3	1.75	1.92	1.94
湖　南	200.00	148.95	297.90	295.00	133.3	1117.1	149.0	147.5	2.04	2.62	2.80
北方产区	**6892.10**	**110.74**	**7631.97**	**7033.67**	**4594.7**	**830.5**	**3816.0**	**3516.8**	**70.27**	**67.24**	**66.72**
河　北	1432.80	88.54	1268.60	1208.07	955.2	664.0	634.3	604.0	14.61	11.18	11.46
山　东	2343.80	115.26	2701.50	2508.25	1562.5	864.5	1350.8	1254.1	23.90	23.80	23.79
河　南	1789.80	105.90	1895.40	1607.42	1193.2	794.3	947.7	803.7	18.25	16.70	15.25
陕　西	202.10	89.02	179.90	127.00	134.7	667.6	90.0	63.5	2.06	1.59	1.20
山　西	220.20	101.59	223.70	182.91	146.8	761.9	111.9	91.5	2.25	1.97	1.73
新　疆	820.40	155.89	1278.90	1334.40	546.9	1169.2	639.5	667.2	8.36	11.27	12.66
#兵团	318.30	146.83	467.35	456.99	212.2	1101.2	233.7	228.5	3.25	4.12	4.33
辽　宁	83.00	101.17	83.97	65.62	55.3	758.8	42.0	32.8	0.85	0.74	0.62
分散产区	**73.00**	**121.14**	**88.43**	**70.46**	**48.7**	**908.5**	**44.2**	**35.2**	**0.74**	**0.78**	**0.67**
甘　肃	11.90	206.97	24.63	22.74	7.9	1552.3	12.3	11.4	0.12	0.22	0.22
天　津	44.80	113.75	50.96	40.65	29.9	853.1	25.5	20.3	0.46	0.45	0.39
北　京	5.80	118.97	6.90	7.07	3.9	892.2	3.5	3.5	0.06	0.06	0.07
云　南											

2-1-50 全国各地区1992年棉花生产收购

地区	国内单位				国际单位				占全国合计(%)		
	棉田面积（万亩）	亩产（市斤）	产量（万担）	收购量（万担）	棉田面积（千顷）	单产（公斤/公顷）	产量（千吨）	收购量（千吨）	面积	产量	收购量
合国合计	**10252.50**	**87.95**	**9016.78**	**7541.01**	**6835.0**	**659.6**	**4508.4**	**3770.5**	**100.00**	**100.00**	**100.00**
南方产区	**3226.30**	**122.58**	**3954.87**	**3529.58**	**2150.9**	**919.4**	**1977.4**	**1764.8**	**31.47**	**43.86**	**46.81**
上海	22.40	137.81	30.87	36.00	14.9	1033.6	15.4	18.0	0.22	0.34	0.48
浙江	106.60	111.89	119.28	108.00	71.1	839.2	59.6	54.0	1.04	1.32	1.43
江苏	1010.10	104.42	1054.78	971.00	673.4	783.2	527.4	485.5	9.85	11.70	12.88
湖北	760.80	160.34	1219.83	1127.00	507.2	1202.5	609.9	563.5	7.42	13.53	14.94
安徽	630.00	83.39	525.34	416.00	420.0	625.4	262.7	208.0	6.14	5.83	5.52
四川	242.40	124.50	301.78	226.98	161.6	933.7	150.9	113.5	2.36	3.35	3.01
江西	202.60	146.47	296.74	231.00	135.1	1098.5	148.4	115.5	1.98	3.29	3.06
湖南	251.40	161.60	406.25	413.60	167.6	1212.0	203.1	206.8	2.45	4.51	5.48
北方产区	**6938.70**	**71.68**	**4973.78**	**3962.86**	**4625.8**	**537.6**	**2486.9**	**1981.4**	**67.68**	**55.16**	**52.55**
河北	1323.20	46.25	611.96	375.00	882.1	346.9	306.0	187.5	12.91	6.79	4.97
山东	2233.20	60.62	1353.68	971.86	1488.8	454.6	676.8	485.9	21.78	15.01	12.89
河南	1871.90	70.36	1317.00	1004.00	1247.9	527.7	658.5	502.0	18.26	14.61	13.31
陕西	207.30	53.29	110.47	71.00	138.2	399.7	55.2	35.5	2.02	1.23	0.94
山西	225.80	83.94	189.53	96.00	150.5	629.5	94.8	48.0	2.20	2.10	1.27
新疆	964.90	138.38	1335.25	1403.00	643.3	1037.9	667.6	701.5	9.41	14.81	18.60
#兵团	334.40	141.61	473.54	461.67	222.9	1062.1	236.8	230.8	3.26	5.25	6.12
辽宁	112.40	49.72	55.89	42.00	74.9	372.9	27.9	21.0	1.10	0.62	0.56
分散产区	**87.50**	**100.72**	**88.13**	**48.57**	**58.3**	**755.4**	**44.1**	**24.3**	**0.85**	**0.98**	**0.64**
甘肃	18.90	185.50	35.06	30.69	12.6	1391.3	17.5	15.3	0.18	0.39	0.41
天津	43.20	75.49	32.61	15.00	28.8	566.1	16.3	7.5	0.42	0.36	0.20
北京	6.90	139.13	9.60	2.88	4.6	1043.5	4.8	1.4	0.07	0.11	0.04
云南											

2-1-51　全国各地区1993年棉花生产收购

地区	国内单位				国际单位				占全国合计(%)		
	棉田面积（万亩）	亩产（市斤）	产量（万担）	收购量（万担）	棉田面积（千顷）	单产（公斤/公顷）	产量（千吨）	收购量（千吨）	面积	产量	收购量
合国合计	**7478.00**	**100.00**	**7478.00**	**5077.20**	**4985.3**	**750.0**	**3739.0**	**2538.6**	**100.00**	**100.00**	**100.00**
南方产区	**2822.40**	**115.50**	**3260.00**	**2509.40**	**1881.6**	**866.3**	**1630.0**	**1254.7**	**37.74**	**43.59**	**49.42**
上海	14.40	125.00	18.00	19.20	9.6	937.5	9.0	9.6	0.19	0.24	0.38
浙江	91.00	127.47	116.00	89.70	60.7	956.0	58.0	44.9	1.22	1.55	1.77
江苏	776.00	110.57	858.00	666.20	517.3	829.3	429.0	333.1	10.38	11.47	13.12
湖北	729.00	116.60	850.00	746.90	486.0	874.5	425.0	373.5	9.75	11.37	14.71
安徽	529.00	98.30	520.00	360.50	352.7	737.2	260.0	180.3	7.07	6.95	7.10
四川	198.00	82.83	164.00	87.80	132.0	621.2	82.0	43.9	2.65	2.19	1.73
江西	227.00	137.44	312.00	207.50	151.3	1030.8	156.0	103.8	3.04	4.17	4.09
湖南	258.00	163.57	422.00	331.60	172.0	1226.7	211.0	165.8	3.45	5.64	6.53
北方产区	**4602.50**	**90.43**	**4162.00**	**2536.60**	**3068.3**	**678.2**	**2081.0**	**1268.3**	**61.55**	**55.66**	**49.96**
河北	780.00	49.23	384.00	184.10	520.0	369.2	192.0	92.1	10.43	5.14	3.63
山东	1140.00	71.93	820.00	436.10	760.0	539.5	410.0	218.1	15.24	10.97	8.59
河南	1461.00	90.35	1320.00	601.80	974.0	677.6	660.0	300.9	19.54	17.65	11.85
陕西	135.00	74.07	100.00	21.70	90.0	555.6	50.0	10.9	1.81	1.34	0.43
山西	140.00	100.00	140.00	51.60	93.3	750.0	70.0	25.8	1.87	1.87	1.02
新疆	909.60	149.52	1360.00	1219.70	606.4	1121.4	680.0	609.9	12.16	18.19	24.02
#兵团	323.88	151.81	491.67	491.68	215.9	1138.5	245.8	245.8	4.33	6.57	9.68
辽宁	36.90	102.98	38.00	21.60	24.6	772.4	19.0	10.8	0.49	0.51	0.43
分散产区	**53.10**	**105.46**	**56.00**	**31.20**	**35.4**	**791.0**	**28.0**	**15.6**	**0.71**	**0.75**	**0.61**
甘肃	18.10	143.65	26.00	21.90	12.1	1077.3	13.0	11.0	0.24	0.35	0.43
天津	14.70	108.84	16.00	8.30	9.8	816.3	8.0	4.2	0.20	0.21	0.16
北京	6.20	129.03	8.00	0.90	4.1	967.7	4.0	0.5	0.08	0.11	0.02
云南											

2－1－52　全国各地区 1994 年棉花生产收购

地区	国内单位				国际单位				占全国合计(%)		
	棉田面积（万亩）	亩产（市斤）	产量（万担）	收购量（万担）	棉田面积（千顷）	单产（公斤/公顷）	产量（千吨）	收购量（千吨）	面积	产量	收购量
合国合计	**8292.00**	**104.68**	**8680.00**	**6361.13**	**5528.0**	**785.1**	**4340.0**	**3180.6**	**100.00**	**100.00**	**100.00**
南方产区	**3069.00**	**111.12**	**3410.30**	**2705.90**	**2046.0**	**833.4**	**1705.2**	**1353.0**	**37.01**	**39.29**	**42.54**
上海	7.50	124.00	9.30	10.40	5.0	930.0	4.7	5.2	0.09	0.11	0.16
浙江	93.00	119.03	110.70	56.76	62.0	892.7	55.4	28.4	1.12	1.28	0.89
江苏	802.50	113.92	914.20	795.95	535.0	854.4	457.1	398.0	9.68	10.53	12.51
湖北	747.00	120.48	900.00	710.35	498.0	903.6	450.0	355.2	9.01	10.37	11.17
安徽	664.50	77.70	516.30	432.36	443.0	582.7	258.2	216.2	8.01	5.95	6.80
四川	196.50	68.30	134.20	74.43	131.0	512.2	67.1	37.2	2.37	1.55	1.17
江西	244.50	142.90	349.40	251.23	163.0	1071.8	174.7	125.6	2.95	4.03	3.95
湖南	313.50	151.90	476.20	374.42	209.0	1139.2	238.1	187.2	3.78	5.49	5.89
北方产区	**5152.50**	**101.03**	**5205.80**	**3608.55**	**3435.0**	**757.8**	**2602.9**	**1804.3**	**62.14**	**59.97**	**56.73**
河北	1027.50	75.91	780.00	405.43	685.0	569.3	390.0	202.7	12.39	8.99	6.37
山东	1189.50	94.04	1118.60	795.20	793.0	705.3	559.3	397.6	14.35	12.89	12.50
河南	1450.50	86.60	1256.20	609.63	967.0	649.5	628.1	304.8	17.49	14.47	9.58
陕西	127.50	65.80	83.90	17.21	85.0	493.5	42.0	8.6	1.54	0.97	0.27
山西	193.50	87.65	169.60	82.62	129.0	657.4	84.8	41.3	2.33	1.95	1.30
新疆	1125.00	156.80	1764.00	1686.30	750.0	1176.0	882.0	843.2	13.57	20.32	26.51
#兵团	405.53	164.19	665.83	642.58	270.4	1231.4	332.9	321.3	4.89	7.67	10.10
辽宁	39.00	85.90	33.50	12.16	26.0	644.2	16.8	6.1	0.47	0.39	0.19
分散产区	**70.50**	**90.64**	**63.90**	**46.68**	**47.0**	**679.8**	**32.0**	**23.3**	**0.85**	**0.74**	**0.73**
甘肃	22.50	157.78	35.50	31.48	15.0	1183.3	17.8	15.7	0.27	0.41	0.49
天津	34.50	53.91	18.60	14.36	23.0	404.3	9.3	7.2	0.42	0.21	0.23
北京	6.00	123.33	7.40	0.84	4.0	925.0	3.7	0.4	0.07	0.09	0.01
云南											

2－1－53　全国各地区1995年棉花生产收购

地　区	国内单位				国际单位				占全国合计(%)		
	棉田面积(万亩)	亩产(市斤)	产量(万担)	收购量(万担)	棉田面积(千顷)	单产(公斤/公顷)	产量(千吨)	收购量(千吨)	面积	产量	收购量
合国合计	**8132.40**	**117.25**	**9535.00**	**7019.90**	**5421.6**	**879.4**	**4767.5**	**3510.0**	**100.00**	**100.00**	**100.00**
南方产区	**3075.80**	**128.04**	**3938.30**	**3254.70**	**2050.5**	**960.3**	**1969.2**	**1627.4**	**37.82**	**41.30**	**46.36**
上　海	5.00	144.00	7.20	9.00	3.3	1080.0	3.6	4.5	0.06	0.08	0.13
浙　江	96.80	129.13	125.00	71.10	64.5	968.5	62.5	35.6	1.19	1.31	1.01
江　苏	847.40	132.56	1123.30	955.60	564.9	994.2	561.7	477.8	10.42	11.78	13.61
湖　北	753.00	155.64	1172.00	998.00	502.0	1167.3	586.0	499.0	9.26	12.29	14.22
安　徽	664.80	90.61	602.40	520.00	443.2	679.6	301.2	260.0	8.17	6.32	7.41
四　川	211.10	106.25	224.30	141.00	140.7	796.9	112.2	70.5	2.60	2.35	2.01
江　西	197.70	119.93	237.10	213.00	131.8	899.5	118.6	106.5	2.43	2.49	3.03
湖　南	300.00	149.00	447.00	347.00	200.0	1117.5	223.5	173.5	3.69	4.69	4.94
北方产区	**5010.90**	**110.13**	**5518.50**	**3717.70**	**3340.6**	**826.0**	**2759.3**	**1858.9**	**61.62**	**57.88**	**52.96**
河　北	1050.90	70.50	740.90	315.00	700.6	528.8	370.5	157.5	12.92	7.77	4.49
山　东	999.50	94.21	941.60	657.00	666.3	706.6	470.8	328.5	12.29	9.88	9.36
河　南	1500.20	102.65	1540.00	686.00	1000.1	769.9	770.0	343.0	18.45	16.15	9.77
陕　西	109.20	72.99	79.70	50.00	72.8	547.4	39.9	25.0	1.34	0.84	0.71
山　西	190.20	95.48	181.60	100.00	126.8	716.1	90.8	50.0	2.34	1.90	1.42
新　疆	1114.40	178.34	1987.40	1893.00	742.9	1337.5	993.7	946.5	13.70	20.84	26.97
#兵团	399.05	191.39	763.76	689.01	266.0	1435.5	381.9	344.5	4.91	8.01	9.82
辽　宁	46.50	101.72	47.30	16.70	31.0	762.9	23.7	8.4	0.57	0.50	0.24
分散产区	**45.70**	**171.12**	**78.20**	**47.50**	**30.5**	**1283.4**	**39.1**	**23.8**	**0.56**	**0.82**	**0.68**
甘　肃	27.00	169.63	45.80	42.00	18.0	1272.2	22.9	21.0	0.33	0.48	0.60
天　津	25.80	86.82	22.40	4.50	17.2	651.2	11.2	2.3	0.32	0.23	0.06
北　京	5.00	104.00	5.20	3.10	3.3	780.0	2.6	1.6	0.06	0.05	0.04
云　南											

2-1-54 全国各地区1996年棉花生产收购

地区	国内单位				国际单位				占全国合计(%)		
	棉田面积（万亩）	亩产（市斤）	产量（万担）	收购量（万担）	棉田面积（千顷）	单产（公斤/公顷）	产量（千吨）	收购量（千吨）	面积	产量	收购量
合国合计	**7083.30**	**118.68**	**8406.50**	**5266.32**	**4722.2**	**890.1**	**4203.3**	**2633.2**	**100.00**	**100.00**	**100.00**
南方产区	**2819.80**	**123.86**	**3492.60**	**2524.74**	**1879.9**	**928.9**	**1746.3**	**1262.4**	**39.81**	**41.55**	**47.94**
上海	4.70	180.85	8.50	9.77	3.1	1356.4	4.3	4.9	0.07	0.10	0.19
浙江	100.10	136.66	136.80	92.43	66.7	1025.0	68.4	46.2	1.41	1.63	1.76
江苏	728.90	147.48	1075.00	853.77	485.9	1106.1	537.5	426.9	10.29	12.79	16.21
湖北	711.60	120.88	860.20	657.66	474.4	906.6	430.1	328.8	10.05	10.23	12.49
安徽	620.60	87.01	540.00	345.55	413.7	652.6	270.0	172.8	8.76	6.42	6.56
四川	231.60	106.52	246.70	142.59	154.4	798.9	123.4	71.3	3.27	2.93	2.71
江西	161.10	152.76	246.10	191.00	107.4	1145.7	123.1	95.5	2.27	2.93	3.63
湖南	261.20	145.21	379.30	231.97	174.1	1089.1	189.7	116.0	3.69	4.51	4.40
北方产区	**4210.20**	**115.02**	**4842.50**	**2694.79**	**2806.8**	**862.6**	**2421.3**	**1347.4**	**59.44**	**57.60**	**51.17**
河北	641.40	80.56	516.70	150.68	427.6	604.2	258.4	75.3	9.06	6.15	2.86
山东	722.90	103.02	744.70	378.41	481.9	772.6	372.4	189.2	10.21	8.86	7.19
河南	1400.00	105.10	1471.40	512.81	933.3	788.3	735.7	256.4	19.76	17.50	9.74
陕西	89.40	69.91	62.50	24.36	59.6	524.3	31.3	12.2	1.26	0.74	0.46
山西	138.90	104.25	144.80	50.26	92.6	781.9	72.4	25.1	1.96	1.72	0.95
新疆	1199.00	156.86	1880.80	1571.59	799.3	1176.5	940.4	785.8	16.93	22.37	29.84
#兵团	426.36	173.10	738.04	518.85	284.2	1298.3	369.0	259.4	6.02	8.78	9.85
辽宁	18.60	116.13	21.60	6.68	12.4	871.0	10.8	3.3	0.26	0.26	0.13
分散产区	**53.30**	**133.96**	**71.40**	**46.79**	**35.5**	**1004.7**	**35.7**	**23.4**	**0.75**	**0.85**	**0.89**
甘肃	29.90	171.91	51.40	42.00	19.9	1289.3	25.7	21.0	0.42	0.61	0.80
天津	9.80	104.08	10.20	3.20	6.5	780.6	5.1	1.6	0.14	0.12	0.06
北京	2.70	188.89	5.10	1.60	1.8	1416.7	2.6	0.8	0.04	0.06	0.03
云南											

2－1－55　全国各地区1997年棉花生产收购

地　区	国内单位				国际单位				占全国合计(%)		
	棉田面积（万亩）	亩产（市斤）	产量（万担）	收购量（万担）	棉田面积（千顷）	单产（公斤/公顷）	产量（千吨）	收购量（千吨）	面积	产量	收购量
合国合计	**6737.10**	**136.64**	**9205.40**	**6320.80**	**4491.4**	**1024.8**	**4602.7**	**3160.4**	**100.00**	**100.00**	**100.00**
南方产区	**2703.10**	**143.26**	**3872.40**	**2764.60**	**1802.1**	**1074.4**	**1936.2**	**1382.3**	**40.12**	**42.07**	**43.74**
上　海	5.10	149.02	7.60	10.90	3.4	1117.6	3.8	5.5	0.08	0.08	0.17
浙　江	93.00	102.26	95.10	52.10	62.0	766.9	47.6	26.1	1.38	1.03	0.82
江　苏	658.10	154.23	1015.00	805.80	438.7	1156.7	507.5	402.9	9.77	11.03	12.75
湖　北	720.90	161.16	1161.80	737.80	480.6	1208.7	580.9	368.9	10.70	12.62	11.67
安　徽	599.10	100.48	602.00	422.00	399.4	753.6	301.0	211.0	8.89	6.54	6.68
四　川	208.80	102.83	214.70	131.60	139.2	771.2	107.4	65.8	3.10	2.33	2.08
江　西	153.30	172.73	264.80	203.40	102.2	1295.5	132.4	101.7	2.28	2.88	3.22
湖　南	264.80	193.13	511.40	401.00	176.5	1448.5	255.7	200.5	3.93	5.56	6.34
北方产区	**3979.50**	**131.81**	**5245.30**	**3481.70**	**2653.0**	**988.6**	**2622.7**	**1740.9**	**59.07**	**56.98**	**55.08**
河　北	565.70	87.94	497.50	181.00	377.1	659.6	248.8	90.5	8.40	5.40	2.86
山　东	593.90	119.18	707.80	369.60	395.9	893.8	353.9	184.8	8.82	7.69	5.85
河　南	1302.50	121.31	1580.00	650.60	868.3	909.8	790.0	325.3	19.33	17.16	10.29
陕　西	59.90	68.61	41.10	34.50	39.9	514.6	20.6	17.3	0.89	0.45	0.55
山　西	102.60	86.55	88.80	40.80	68.4	649.1	44.4	20.4	1.52	0.96	0.65
新　疆	1325.60	173.51	2300.00	2188.40	883.7	1301.3	1150.0	1094.2	19.68	24.99	34.62
#兵团	474.16	199.68	946.78	833.91	316.1	1497.6	473.4	417.0	7.04	10.29	13.19
辽　宁	29.30	102.73	30.10	16.80	19.5	770.5	15.1	8.4	0.43	0.33	0.27
分散产区	**54.50**	**160.92**	**87.70**	**74.50**	**36.3**	**1206.9**	**43.9**	**37.3**	**0.81**	**0.95**	**1.18**
甘　肃	32.10	210.59	67.60	65.90	21.4	1579.4	33.8	33.0	0.48	0.73	1.04
天　津	6.60	119.70	7.90	1.60	4.4	897.7	4.0	0.8	0.10	0.09	0.03
北　京	3.30	136.36	4.50	2.50	2.2	1022.7	2.3	1.3	0.05	0.05	0.04
云　南	2.60	53.85	1.40		1.7	403.8	0.7		0.04	0.02	

2－1－56　全国各地区1998年棉花生产收购

地　区	国内单位				国际单位				占全国合计(%)		
	棉田面积（万亩）	亩产（市斤）	产量（万担）	收购量（万担）	棉田面积（千顷）	单产（公斤/公顷）	产量（千吨）	收购量（千吨）	面积	产量	收购量
合国合计	**6689.10**	**134.58**	**9002.10**	**7387.00**	**4459.4**	**1009.3**	**4501.1**	**3693.5**	**100.00**	**100.00**	**100.00**
南方产区	**2636.10**	**115.08**	**3033.50**	**2324.50**	**1757.4**	**863.1**	**1516.8**	**1162.3**	**39.41**	**33.70**	**31.47**
上　海	6.80	138.24	9.40	14.10	4.5	1036.8	4.7	7.1	0.10	0.10	0.19
浙　江	94.20	137.79	129.80	78.00	62.8	1033.4	64.9	39.0	1.41	1.44	1.06
江　苏	624.30	147.99	923.90	810.10	416.2	1109.9	462.0	405.1	9.33	10.26	10.97
湖　北	647.40	100.40	650.00	454.20	431.6	753.0	325.0	227.1	9.68	7.22	6.15
安　徽	593.30	97.78	580.10	425.80	395.5	733.3	290.1	212.9	8.87	6.44	5.76
四　川	209.40	97.04	203.20	109.80	139.6	727.8	101.6	54.9	3.13	2.26	1.49
江　西	162.60	93.60	152.20	107.90	108.4	702.0	76.1	54.0	2.43	1.69	1.46
湖　南	298.10	129.12	384.90	324.60	198.7	968.4	192.5	162.3	4.46	4.28	4.39
北方产区	**3975.30**	**146.29**	**5815.50**	**4952.80**	**2650.2**	**1097.2**	**2907.8**	**2476.4**	**59.43**	**64.60**	**67.05**
河　北	473.60	114.08	540.30	341.00	315.7	855.6	270.2	170.5	7.08	6.00	4.62
山　东	621.00	132.85	825.00	605.00	414.0	996.4	412.5	302.5	9.28	9.16	8.19
河　南	1200.00	121.40	1456.80	855.80	800.0	910.5	728.4	427.9	17.94	16.18	11.59
陕　西	52.80	86.55	45.70	34.30	35.2	649.1	22.9	17.2	0.79	0.51	0.46
山　西	98.10	114.07	111.90	78.60	65.4	855.5	56.0	39.3	1.47	1.24	1.06
新　疆	1499.00	186.79	2800.00	3011.40	999.3	1400.9	1400.0	1505.7	22.41	31.10	40.77
# 兵团	543.84	219.55	1194.02	1168.14	362.6	1646.7	597.0	584.1	8.13	13.26	15.81
辽　宁	30.80	116.23	35.80	26.70	20.5	871.8	17.9	13.4	0.46	0.40	0.36
分散产区	**77.70**	**197.04**	**153.10**	**109.70**	**51.8**	**1477.8**	**76.6**	**54.9**	**1.16**	**1.70**	**1.49**
甘　肃	50.30	242.54	122.00	76.30	33.5	1819.1	61.0	38.2	0.75	1.36	1.03
天　津	9.20	136.96	12.60	10.40	6.1	1027.2	6.3	5.2	0.14	0.14	0.14
北　京	3.20	112.50	3.60	2.50	2.1	843.8	1.8	1.3	0.05	0.04	0.03
云　南	2.70	55.56	1.50		1.8	416.7	0.8		0.04	0.02	

2－1－57　全国各地区1999年棉花生产收购

地　区	国内单位				国际单位				占全国合计(%)		
	棉田面积（万亩）	亩产（市斤）	产量（万担）	收购量（万担）	棉田面积（千顷）	单产（公斤/公顷）	产量（千吨）	收购量（千吨）	面积	产量	收购量
合国合计	**5588.30**	**137.03**	**7657.70**	**5756.10**	**3725.5**	**1027.7**	**3828.9**	**2878.1**	**100.00**	**100.00**	**100.00**
南方产区	**1855.50**	**116.56**	**2162.70**	**1401.70**	**1237.0**	**874.2**	**1081.4**	**700.9**	**33.20**	**28.24**	**24.35**
上　海	3.00	146.67	4.40	0.90	2.0	1100.0	2.2	0.5	0.05	0.06	0.02
浙　江	56.90	142.00	80.80	14.00	37.9	1065.0	40.4	7.0	1.02	1.06	0.24
江　苏	393.00	125.19	492.00	369.00	262.0	938.9	246.0	184.5	7.03	6.42	6.41
湖　北	466.10	120.79	563.00	320.00	310.7	905.9	281.5	160.0	8.34	7.35	5.56
安　徽	454.80	85.75	390.00	313.00	303.2	643.1	195.0	156.5	8.14	5.09	5.44
四　川	141.20	107.51	151.80	53.00	94.1	806.3	75.9	26.5	2.53	1.98	0.92
江　西	103.80	122.16	126.80	51.80	69.2	916.2	63.4	25.9	1.86	1.66	0.90
湖　南	236.70	149.51	353.90	280.00	157.8	1121.4	177.0	140.0	4.24	4.62	4.86
北方产区	**3662.30**	**146.95**	**5381.90**	**4286.10**	**2441.5**	**1102.2**	**2691.0**	**2143.1**	**65.54**	**70.28**	**74.46**
河　北	399.90	111.33	445.20	341.00	266.6	835.0	222.6	170.5	7.16	5.81	5.92
山　东	537.60	126.12	678.00	600.00	358.4	945.9	339.0	300.0	9.62	8.85	10.42
河　南	1100.00	128.60	1414.60	520.70	733.3	964.5	707.3	260.4	19.68	18.47	9.05
陕　西	41.60	93.75	39.00	37.20	27.7	703.1	19.5	18.6	0.74	0.51	0.65
山　西	78.90	111.53	88.00	53.20	52.6	836.5	44.0	26.6	1.41	1.15	0.92
新　疆	1493.90	181.27	2708.00	2722.00	995.9	1359.5	1354.0	1361.0	26.73	35.36	47.29
#兵团	572.07	214.08	1224.69	1210.80	381.4	1605.6	612.3	605.4	10.24	15.99	21.04
辽　宁	10.40	87.50	9.10	12.00	6.9	656.3	4.6	6.0	0.19	0.12	0.21
分散产区	**70.50**	**160.43**	**113.10**	**68.30**	**47.0**	**1203.2**	**56.6**	**34.2**	**1.26**	**1.48**	**1.19**
甘　肃	46.50	185.59	86.30	46.20	31.0	1391.9	43.2	23.1	0.83	1.13	0.80
天　津	9.00	126.67	11.40	20.00	6.0	950.0	5.7	10.0	0.16	0.15	0.35
北　京	2.90	131.03	3.80	2.10	1.9	982.8	1.9	1.1	0.05	0.05	0.04
云　南	2.40	54.17	1.30		1.6	466.3	0.7		0.04	0.02	

2-1-58　全国各地区2000年棉花生产收购

地　区	国内单位				国际单位				占全国合计(%)		
	棉田面积（万亩）	亩产（市斤）	产量（万担）	收购量（万担）	棉田面积（千顷）	单产（公斤/公顷）	产量（千吨）	收购量（千吨）	面积	产量	收购量
合国合计	**6061.70**	**145.75**	**8834.70**	**6344.60**	**4041.1**	**1093.1**	**4417.4**	**3172.3**	**100.00**	**100.00**	**100.00**
南方产区	**1851.90**	**130.47**	**2416.10**	**1564.20**	**1234.6**	**978.5**	**1208.1**	**782.1**	**30.55**	**27.35**	**24.65**
上海	1.50	153.33	2.30		1.0	1150.0	1.2		0.02	0.03	
浙江	39.90	146.62	58.50	14.00	26.6	1099.6	29.3	7.0	0.66	0.66	0.22
江苏	443.00	141.96	628.90	565.00	295.3	1064.7	314.5	282.5	7.31	7.12	8.91
湖北	477.20	127.54	608.60	326.00	318.1	956.5	304.3	163.0	7.87	6.89	5.14
安徽	462.60	118.46	548.00	320.00	308.4	888.5	274.0	160.0	7.63	6.20	5.04
四川	105.20	111.88	117.70	34.00	70.1	839.1	58.9	17.0	1.74	1.33	0.54
江西	103.50	131.50	136.10	51.00	69.0	986.2	68.1	25.5	1.71	1.54	0.80
湖南	219.00	144.29	316.00	254.20	146.0	1082.2	158.0	127.1	3.61	3.58	4.01
北方产区	**4122.40**	**151.74**	**6255.30**	**4640.40**	**2748.3**	**1138.0**	**3127.7**	**2320.2**	**68.01**	**70.80**	**73.14**
河北	461.10	130.19	600.30	382.00	307.4	976.4	300.2	191.0	7.61	6.79	6.02
山东	853.10	138.30	1179.80	630.00	568.7	1037.2	589.9	315.0	14.07	13.35	9.93
河南	1169.00	120.41	1407.60	420.00	779.3	903.1	703.8	210.0	19.29	15.93	6.62
陕西	45.20	121.24	54.80	40.00	30.1	909.3	27.4	20.0	0.75	0.62	0.63
山西	64.50	138.91	89.60	74.40	43.0	1041.9	44.8	37.2	1.06	1.01	1.17
新疆	1518.50	191.77	2912.00	3086.00	1012.3	1438.3	1456.0	1543.0	25.05	32.96	48.64
#兵团	607.74	225.71	1371.71	975.85	405.2	1692.8	685.9	487.9	10.03	15.53	15.38
辽宁	11.00	101.82	11.20	8.00	7.3	763.6	5.6	4.0	0.18	0.13	0.13
分散产区	**87.40**	**186.84**	**163.30**	**140.00**	**58.3**	**1401.3**	**81.7**	**70.0**	**1.44**	**1.85**	**2.21**
甘肃	52.10	220.73	115.00	118.00	34.7	1655.5	57.5	59.0	0.86	1.30	1.86
天津	22.70	154.63	35.10	20.00	15.1	1159.7	17.6	10.0	0.37	0.40	0.32
北京	2.40	129.17	3.10	2.00	1.6	968.8	1.6	1.0	0.04	0.04	0.03
云南	1.80	61.11	1.10		1.2	458.3			0.03	0.01	

2-2-1 全国历年棉花生产收购

年　度	国内单位				国际单位			
	棉田面积（万亩）	亩　产（市斤）	产　量（万担）	收购量（万担）	棉田面积（千顷）	单　产（公斤/公顷）	产　量（千吨）	收购量（千吨）
52年合计	**394630.60**	**71.90**	**283751.59**	**242856.26**	**263087.1**	**539.3**	**141875.8**	**121428.1**
11年小计	**85694.30**	**32.66**	**27983.80**	**21726.10**	**57129.5**	**244.9**	**13991.9**	**10863.1**
占合计%	**21.72**		**9.86**	**8.95**				
1949	4155.00	21.39	888.80		2770.0	160.4	444.4	
1950	5678.90	24.39	1384.90	837.00	3785.9	182.9	692.5	418.5
1951	8226.90	25.05	2061.10	1485.10	5484.6	187.9	1030.6	742.6
1952	8363.60	31.18	2607.40	2000.10	5575.7	233.8	1303.7	1000.1
1953	7770.00	30.24	2349.50	1871.70	5180.0	226.8	1174.8	935.9
1954	8193.00	26.00	2129.80	1564.90	5462.0	195.0	1064.9	782.5
1955	8659.10	35.07	3036.90	2475.10	5772.7	263.0	1518.5	1237.6
1956	9383.40	30.80	2890.30	2136.20	6255.6	231.0	1445.2	1068.1
1957	8662.90	37.86	3280.00	2766.20	5775.3	284.0	1640.0	1383.1
1958	8333.60	47.25	3937.50	3513.30	5555.7	354.4	1968.8	1756.7
1959	8267.90	41.34	3417.60	3076.50	5511.9	310.0	1708.8	1538.3
10年小计	**70168.10**	**47.13**	**33068.00**	**30381.60**	**46778.7**	**353.5**	**16534.0**	**15190.8**
占合计%	**17.78**		**11.65**	**12.51**				
1960	7837.30	27.12	2125.80	1865.90	5224.9	203.4	1062.9	933.0
1961	5805.40	25.76	1495.50	1327.20	3870.3	193.2	747.8	663.6
1962	5246.20	26.74	1403.00	1280.00	3497.5	200.6	701.5	640.0
1963	6614.20	34.38	2274.20	2144.00	4409.5	257.9	1137.1	1072.0
1964	7403.00	44.92	3325.40	3078.30	4935.3	336.9	1662.7	1539.2
1965	7504.80	55.90	4195.50	4042.50	5003.2	419.3	2097.8	2021.3
1966	7388.30	63.26	4673.50	4377.60	4925.5	474.4	2336.8	2188.8
1967	7646.60	61.57	4707.90	4282.90	5097.7	461.8	2354.0	2141.5
1968	7478.60	62.96	4708.60	4265.00	4985.7	472.2	2354.3	2132.5
1969	7243.70	57.41	4158.60	3718.20	4829.1	430.6	2079.3	1859.1
10年小计	**73319.50**	**60.62**	**44443.60**	**41315.20**	**48879.7**	**454.6**	**22221.8**	**20657.6**
占合计%	**18.58**		**15.66**	**17.01**				
1970	7495.00	60.76	4554.00	4084.20	4996.7	455.7	2277.0	2042.1
1971	7385.30	57.00	4209.50	3797.90	4923.5	427.5	2104.8	1899.0
1972	7344.20	53.33	3916.30	3578.20	4896.1	399.9	1958.2	1789.1
1973	7413.20	69.12	5123.70	4757.60	4942.1	518.4	2561.9	2378.8
1974	7520.40	65.44	4921.30	4586.50	5013.6	490.8	2460.7	2293.3
1975	7433.30	64.06	4761.60	4419.50	4955.5	480.4	2380.8	2209.8
1976	7393.80	55.60	4110.90	3833.20	4929.2	417.0	2055.5	1916.6
1977	7267.00	56.39	4097.60	3853.40	4844.7	422.9	2048.8	1926.7
1978	7299.60	59.37	4334.00	4086.10	4866.4	445.3	2167.0	2043.1
1979	6767.70	65.23	4414.70	4318.60	4511.8	489.2	2207.4	2159.3
10年小计	**80944.40**	**98.93**	**80074.46**	**73732.76**	**53962.9**	**741.9**	**40037.2**	**36866.4**
占合计%	**20.51**		**28.22**	**30.36**				
1980	7380.50	73.35	5413.40	5362.50	4920.3	550.1	2706.7	2681.3
1981	7777.60	76.31	5935.30	5820.60	5185.1	572.3	2967.7	2910.3
1982	8742.60	82.32	7196.90	6993.20	5828.4	617.4	3598.5	3496.6
1983	9115.90	101.74	9274.20	9004.70	6077.3	763.0	4637.1	4502.4
1984	10384.70	120.53	12516.80	11929.10	6923.1	904.0	6258.4	5964.6
1985	7710.50	107.56	8293.60	6993.80	5140.3	806.7	4146.8	3496.9
1986	6459.20	109.62	7080.70	6208.90	4306.1	822.2	3540.4	3104.5
1987	7266.30	116.84	8490.30	7839.60	4844.2	876.3	4245.2	3919.8
1988	8302.10	99.94	8297.36	7235.88	5534.7	749.6	4148.7	3617.9
1989	7805.00	97.06	7575.90	6344.48	5203.3	728.0	3788.0	3172.2
11年小计	**84504.30**	**116.19**	**98181.73**	**75700.60**	**56336.2**	**871.4**	**49090.9**	**37850.3**
占合计%	**21.41**		**34.60**	**31.17**				
1990	8382.20	107.56	9015.50	8084.14	5588.1	806.7	4507.8	4042.1
1991	9807.70	115.73	11350.05	10542.40	6538.5	867.9	5675.0	5271.2
1992	10252.50	87.95	9016.78	7541.01	6835.0	659.6	4508.4	3770.5
1993	7478.00	100.00	7478.00	5077.20	4985.3	750.0	3739.0	2538.6
1994	8292.00	104.68	8680.00	6361.13	5528.0	785.1	4340.0	3180.6
1995	8132.40	117.25	9535.00	7019.90	5421.6	879.4	4767.5	3510.0
1996	7083.30	118.68	8406.50	5266.32	4722.2	890.1	4203.3	2633.2
1997	6737.10	136.64	9205.40	6320.80	4491.4	1024.8	4602.7	3160.4
1998	6689.10	134.58	9002.10	7387.00	4459.4	1009.3	4501.1	3693.5
1999	5588.30	137.03	7657.70	5756.10	3725.5	1027.7	3828.9	2878.1
2000	6061.70	145.75	8834.70	6344.60	4041.1	1093.1	4417.4	3172.3

2-2-2 上海市历年棉花生产收购

年 度	国 内 单 位				国 际 单 位			
	棉田面积（万亩）	亩 产（市斤）	产 量（万担）	收购量（万担）	棉田面积（千顷）	单 产（公斤/公顷）	产 量（千吨）	收购量（千吨）
52 年合计	**5931.40**	**86.58**	**5135.53**	**4616.59**	**3954.3**	**649.4**	**2567.8**	**2308.3**
11 年小计	**2091.00**	**41.76**	**873.20**	**473.20**	**1045.5**	**417.6**	**436.6**	**236.6**
占合计%	**35.25**		**17.00**	**10.25**				
1949	152.00	16.91	25.70		76.0	169.1	12.9	
1950	162.00	25.56	41.40	31.70	81.0	255.6	20.7	15.9
1951	230.50	28.16	64.90	61.40	115.3	281.6	32.5	30.7
1952	238.20	32.16	76.60	58.60	119.1	321.6	38.3	29.3
1953	206.20	42.05	86.70	74.70	103.1	420.5	43.4	37.4
1954	205.80	34.84	71.70	10.30	102.9	348.4	35.9	5.2
1955	217.60	61.40	133.60	17.00	108.8	614.0	66.8	8.5
1956	204.70	34.05	69.70	5.40	102.4	340.5	34.9	2.7
1957	197.00	45.18	89.00	7.00	98.5	451.8	44.5	3.5
1958	156.50	76.68	120.00	116.90	78.3	766.8	60.0	58.5
1959	120.50	77.93	93.90	90.20	60.3	779.3	47.0	45.1
10 年小计	**1288.40**	**105.71**	**1362.00**	**1364.60**	**644.2**	**1057.1**	**681.0**	**682.3**
占合计%	**21.72**		**26.52**	**29.56**				
1960	112.70	66.81	75.30	73.30	56.4	668.1	37.7	36.7
1961	113.60	62.41	70.90	67.60	56.8	624.1	35.5	33.8
1962	103.80	54.82	56.90	54.70	51.9	548.2	28.5	27.4
1963	127.90	81.55	104.30	103.60	64.0	815.5	52.2	51.8
1964	133.90	114.19	152.90	152.20	67.0	1141.9	76.5	76.1
1965	144.40	117.31	169.40	210.30	72.2	1173.1	84.7	105.2
1966	124.30	124.78	155.10	145.00	62.2	1247.8	77.6	72.5
1967	139.30	113.71	158.40	153.00	69.7	1137.1	79.2	76.5
1968	142.70	158.86	226.70	218.80	71.4	1588.6	113.4	109.4
1969	145.80	131.76	192.10	186.10	72.9	1317.6	96.1	93.1
10 年小计	**1432.20**	**119.05**	**1705.10**	**1620.70**	**716.1**	**1190.5**	**852.6**	**810.4**
占合计%	**24.15**		**33.20**	**35.11**				
1970	149.10	119.11	177.60	163.50	74.6	1191.1	88.8	81.8
1971	142.70	98.39	140.40	129.70	71.4	983.9	70.2	64.9
1972	142.60	117.11	167.00	152.00	71.3	1171.1	83.5	76.0
1973	142.80	127.73	182.40	173.30	71.4	1277.3	91.2	86.7
1974	141.70	118.84	168.40	160.00	70.9	1188.4	84.2	80.0
1975	148.00	126.96	187.90	176.60	74.0	1269.6	94.0	88.3
1976	142.20	95.57	135.90	128.50	71.1	955.7	68.0	64.3
1977	142.00	91.13	129.40	126.50	71.0	911.3	64.7	63.3
1978	140.40	169.02	237.30	233.10	70.2	1690.2	118.7	116.6
1979	140.70	127.08	178.80	177.50	70.4	1270.8	89.4	88.8
10 年小计	**1009.10**	**103.17**	**1041.06**	**992.28**	**504.6**	**1031.7**	**520.5**	**496.1**
占合计%	**17.01**		**20.27**	**21.49**				
1980	155.60	98.01	152.50	147.20	77.8	980.1	76.3	73.6
1981	176.70	84.15	148.70	143.80	88.4	841.5	74.4	71.9
1982	162.00	99.44	161.10	159.50	81.0	994.4	80.6	79.8
1983	146.60	104.37	153.00	151.10	73.3	1043.7	76.5	75.6
1984	141.20	150.64	212.70	202.30	70.6	1506.4	106.4	101.2
1985	106.60	91.56	97.60	85.70	53.3	915.6	48.8	42.9
1986	48.50	88.66	43.00	38.60	24.3	886.6	21.5	19.3
1987	31.20	97.44	30.40	27.60	15.6	974.4	15.2	13.8
1988	24.70	107.94	26.66	23.38	12.4	1079.4	13.3	11.7
1989	16.00	96.25	15.40	13.10	8.0	962.5	7.7	6.6
11 年小计	**110.70**	**139.27**	**154.17**	**165.81**	**55.4**	**1392.7**	**77.1**	**82.9**
占合计%	**1.87**		**3.00**	**3.59**				
1990	19.40	125.26	24.30	23.40	9.7	1252.6	12.2	11.7
1991	20.90	154.55	32.30	32.14	10.5	1545.5	16.2	16.1
1992	22.40	137.81	30.87	36.00	11.2	1378.1	15.4	18.0
1993	14.40	125.00	18.00	19.20	7.2	1250.0	9.0	9.6
1994	7.50	124.00	9.30	10.40	3.8	1240.0	4.7	5.2
1995	5.00	144.00	7.20	9.00	2.5	1440.0	3.6	4.5
1996	4.70	180.85	8.50	9.77	2.4	1808.5	4.3	4.9
1997	5.10	149.02	7.60	10.90	2.6	1490.2	3.8	5.5
1998	6.80	138.24	9.40	14.10	3.4	1382.4	4.7	7.1
1999	3.00	146.67	4.40	0.90	1.5	1466.7	2.2	0.5
2000	1.50	153.33	2.30		0.8	1533.3	1.2	

2-2-3 浙江省历年棉花生产收购

年　度	国内单位				国际单位			
	棉田面积（万亩）	亩　产（市斤）	产　量（万担）	收购量（万担）	棉田面积（千顷）	单　产（公斤/公顷）	产　量（千吨）	收购量（千吨）
52 年合计	**6389.10**	**95.07**	**6074.42**	**5321.65**	**4259.4**	**713.1**	**3037.2**	**2660.8**
11 年小计	**1328.90**	**45.56**	**605.40**	**528.40**	**885.9**	**341.7**	**302.7**	**264.2**
占合计 %	**20.80**		**9.97**	**9.93**				
1949	124.30	14.80	18.40		82.9	111.0	9.2	
1950	115.40	30.85	35.60	30.10	76.9	231.4	17.8	15.1
1951	108.70	34.68	37.70	32.80	72.5	260.1	18.9	16.4
1952	119.30	34.03	40.60	33.10	79.5	255.2	20.3	16.6
1953	121.80	35.80	43.60	33.10	81.2	268.5	21.8	16.6
1954	114.80	39.90	45.80	42.00	76.5	299.2	22.9	21.0
1955	119.60	66.81	79.90	74.50	79.7	501.0	40.0	37.3
1956	125.50	24.30	30.50	26.60	83.7	182.3	15.3	13.3
1957	113.00	73.19	82.70	74.30	75.3	548.9	41.4	37.2
1958	105.30	87.94	92.60	88.50	70.2	659.5	46.3	44.3
1959	161.20	60.79	98.00	93.40	107.5	456.0	49.0	46.7
10 年小计	**1441.00**	**99.08**	**1427.70**	**1343.40**	**960.7**	**743.1**	**713.9**	**671.7**
占合计 %	**22.55**	**104.21**	**23.50**	**25.24**				
1960	163.10	64.38	105.00	96.90	108.7	482.8	52.5	48.5
1961	109.30	70.63	77.20	75.40	72.9	529.7	38.6	37.7
1962	113.70	67.46	76.70	74.10	75.8	505.9	38.4	37.1
1963	137.20	93.29	128.00	120.90	91.5	699.7	64.0	60.5
1964	166.20	102.95	171.10	158.20	110.8	772.1	85.6	79.1
1965	169.90	118.19	200.80	190.40	113.3	886.4	100.4	95.2
1966	141.90	106.98	151.80	146.00	94.6	802.3	75.9	73.0
1967	143.00	103.99	148.70	136.60	95.3	779.9	74.4	68.3
1968	150.00	138.00	207.00	191.80	100.0	1035.0	103.5	95.9
1969	146.70	110.02	161.40	153.10	97.8	825.2	80.7	76.6
10 年小计	**1283.70**	**95.36**	**1224.20**	**1170.30**	**855.8**	**715.2**	**612.1**	**585.2**
占合计 %	**20.09**	**100.31**	**20.15**	**21.99**				
1970	129.90	117.32	152.40	142.20	86.6	879.9	76.2	71.1
1971	126.60	71.33	90.30	83.60	84.4	535.0	45.2	41.8
1972	126.30	89.87	113.50	107.60	84.2	674.0	56.8	53.8
1973	126.60	89.18	112.90	107.90	84.4	668.8	56.5	54.0
1974	128.10	99.92	128.00	123.20	85.4	749.4	64.0	61.6
1975	139.10	93.03	129.40	124.20	92.7	697.7	64.7	62.1
1976	127.00	85.12	108.10	103.70	84.7	638.4	54.1	51.9
1977	126.10	83.58	105.40	100.70	84.1	626.9	52.7	50.4
1978	124.40	116.56	145.00	140.60	82.9	874.2	72.5	70.3
1979	129.60	107.41	139.20	136.60	86.4	805.6	69.6	68.3
10 年小计	**1358.70**	**115.27**	**1566.14**	**1451.40**	**905.8**	**864.5**	**783.1**	**725.7**
占合计 %	**21.27**	**121.24**	**25.78**	**27.27**				
1980	160.70	103.17	165.80	163.30	107.1	773.8	82.9	81.7
1981	161.90	84.19	136.30	133.90	107.9	631.4	68.2	67.0
1982	160.10	121.92	195.20	188.90	106.7	914.4	97.6	94.5
1983	158.20	118.46	187.40	182.00	105.5	888.4	93.7	91.0
1984	157.20	169.02	265.70	258.90	104.8	1267.7	132.9	129.5
1985	139.60	116.48	162.60	146.60	93.1	873.6	81.3	73.3
1986	120.80	125.08	151.10	133.60	80.5	938.1	75.6	66.8
1987	106.10	123.28	130.80	114.20	70.7	924.6	65.4	57.1
1988	103.50	84.39	87.34	62.32	69.0	632.9	43.7	31.2
1989	90.60	92.60	83.90	67.68	60.4	694.5	42.0	33.8
11 年小计	**976.80**	**128.07**	**1250.98**	**828.15**	**651.2**	**960.5**	**625.5**	**414.1**
占合计 %	**15.29**		**20.59**	**15.56**				
1990	103.00	124.76	128.50	117.10	68.7	935.7	64.3	58.6
1991	102.30	147.12	150.50	134.96	68.2	1103.4	75.3	67.5
1992	106.60	111.89	119.28	108.00	71.1	839.2	59.6	54.0
1993	91.00	127.47	116.00	89.70	60.7	956.0	58.0	44.9
1994	93.00	119.03	110.70	56.76	62.0	892.7	55.4	28.4
1995	96.80	129.13	125.00	71.10	64.5	968.5	62.5	35.6
1996	100.10	136.66	136.80	92.43	66.7	1025.0	68.4	46.2
1997	93.00	102.26	95.10	52.10	62.0	766.9	47.6	26.1
1998	94.20	137.79	129.80	78.00	62.8	1033.4	64.9	39.0
1999	56.90	142.00	80.80	14.00	37.9	1065.0	40.4	7.0
2000	39.90	146.62	58.50	14.00	26.6	1099.6	29.3	7.0

2-2-4 江苏省历年棉花生产收购

年度	国内单位				国际单位			
	棉田面积（万亩）	亩产（市斤）	产量（万担）	收购量（万担）	棉田面积（千顷）	单产（公斤/公顷）	产量（千吨）	收购量（千吨）
52年合计	**41853.70**	**87.92**	**36797.62**	**34594.04**	**27902.5**	**659.4**	**18398.8**	**17297.0**
11年小计	**7999.80**	**32.38**	**2590.50**	**2697.30**	**5333.2**	**242.9**	**1295.3**	**1348.7**
占合计%	**19.11**		**7.04**	**7.80**				
1949	258.40	14.82	38.30		172.3	111.2	19.2	
1950	426.50	21.15	90.20	62.60	284.3	158.6	45.1	31.3
1951	608.20	21.18	128.80	122.60	405.5	158.8	64.4	61.3
1952	738.40	27.53	203.30	198.80	492.3	206.5	101.7	99.4
1953	772.50	39.24	303.10	304.70	515.0	294.3	151.6	152.4
1954	881.90	18.79	165.70	201.40	587.9	140.9	82.9	100.7
1955	967.20	39.37	380.80	489.00	644.8	295.3	190.4	244.5
1956	992.00	20.34	201.80	245.50	661.3	152.6	100.9	122.8
1957	886.80	36.63	324.80	353.30	591.2	274.7	162.4	176.7
1958	767.40	53.56	411.00	392.20	511.6	401.7	205.5	196.1
1959	700.50	48.92	342.70	327.20	467.0	366.9	171.4	163.6
10年小计	**7903.80**	**67.55**	**5339.00**	**5209.20**	**5269.2**	**506.6**	**2669.5**	**2604.6**
占合计%	**18.88**		**14.51**	**15.06**				
1960	699.50	35.55	248.70	229.80	466.3	266.7	124.4	114.9
1961	662.40	42.09	278.80	273.50	441.6	315.7	139.4	136.8
1962	624.80	26.28	164.20	156.60	416.5	197.1	82.1	78.3
1963	727.50	50.19	365.10	354.20	485.0	376.4	182.6	177.1
1964	802.30	83.22	667.70	651.10	534.9	624.2	333.9	325.6
1965	853.90	61.93	528.80	509.00	569.3	464.5	264.4	254.5
1966	870.00	88.48	769.80	754.00	580.0	663.6	384.9	377.0
1967	898.50	85.77	770.60	758.00	599.0	643.2	385.3	379.0
1968	886.90	95.68	848.60	844.00	591.3	717.6	424.3	422.0
1969	878.00	79.35	696.70	679.00	585.3	595.1	348.4	339.5
10年小计	**8767.70**	**93.83**	**8226.80**	**8092.10**	**5845.1**	**703.7**	**4113.4**	**4046.1**
占合计%	**20.95**		**22.36**	**23.39**				
1970	888.20	73.90	656.40	634.00	592.1	554.3	328.2	317.0
1971	852.30	76.98	656.10	646.00	568.2	577.3	328.1	323.0
1972	855.10	81.34	695.50	688.00	570.1	610.0	347.8	344.0
1973	872.60	102.09	890.80	876.50	581.7	765.6	445.4	438.3
1974	889.00	93.24	828.90	812.00	592.7	699.3	414.5	406.0
1975	880.50	102.95	906.50	896.10	587.0	772.1	453.3	448.1
1976	881.20	93.13	820.70	808.30	587.5	698.5	410.4	404.2
1977	881.20	86.19	759.50	746.30	587.5	646.4	379.8	373.2
1978	885.00	107.23	949.00	933.10	590.0	804.2	474.5	466.6
1979	882.60	120.48	1063.40	1051.80	588.4	903.6	531.7	525.9
10年小计	**9215.00**	**114.09**	**10513.54**	**9843.54**	**6143.3**	**855.7**	**5256.8**	**4921.8**
占合计%	**22.02**		**28.57**	**28.45**				
1980	946.00	88.39	836.20	828.20	630.7	662.9	418.1	414.1
1981	994.10	113.36	1126.90	1116.10	662.7	850.2	563.5	558.1
1982	1020.30	112.80	1150.90	1137.10	680.2	846.0	575.5	568.6
1983	1016.20	130.46	1325.70	1313.40	677.5	978.4	662.9	656.7
1984	1082.00	123.09	1331.80	1237.30	721.3	923.2	665.9	618.7
1985	888.40	107.85	958.10	843.80	592.3	808.8	479.1	421.9
1986	745.00	107.69	802.30	683.00	496.7	807.7	401.2	341.5
1987	816.70	108.69	887.70	794.90	544.5	815.2	443.9	397.5
1988	903.50	124.45	1124.44	1018.12	602.3	933.4	562.2	509.1
1989	802.80	120.76	969.50	871.62	535.2	905.7	484.8	435.8
11年小计	**7967.40**	**127.12**	**10127.78**	**8751.90**	**5311.6**	**953.4**	**5063.9**	**4376.0**
占合计%	**19.04**		**27.52**	**25.30**				
1990	858.20	108.18	928.40	867.78	572.1	811.3	464.2	433.9
1991	825.90	134.92	1114.30	1091.70	550.6	1011.9	557.2	545.9
1992	1010.10	104.42	1054.78	971.00	673.4	783.2	527.4	485.5
1993	776.00	110.57	858.00	666.20	517.3	829.3	429.0	333.1
1994	802.50	113.92	914.20	795.95	535.0	854.4	457.1	398.0
1995	847.40	132.56	1123.30	955.60	564.9	994.2	561.7	477.8
1996	728.90	147.48	1075.00	853.77	485.9	1106.1	537.5	426.9
1997	658.10	154.23	1015.00	805.80	438.7	1156.7	507.5	402.9
1998	624.30	147.99	923.90	810.10	416.2	1109.9	462.0	405.1
1999	393.00	125.19	492.00	369.00	262.0	938.9	246.0	184.5
2000	443.00	141.96	628.90	565.00	295.3	1064.7	314.5	282.5

2-2-5 湖北省历年棉花生产收购

年　度	国内单位				国际单位			
	棉田面积（万亩）	亩产（市斤）	产量（万担）	收购量（万担）	棉田面积（千顷）	单产（公斤/公顷）	产量（千吨）	收购量（千吨）
52年合计	**40678.00**	**84.71**	**34457.16**	**31097.95**	**27118.7**	**635.3**	**17228.6**	**15549.0**
11年小计	**8586.90**	**34.72**	**2981.20**	**2444.20**	**5724.6**	**260.4**	**1490.6**	**1222.1**
占合计 %	**21.11**		**8.65**	**7.86**				
1949	399.40	23.76	94.90		266.3	178.2	47.5	
1950	555.30	20.10	111.60	82.60	370.2	150.7	55.8	41.3
1951	758.90	26.56	201.60	191.20	505.9	199.2	100.8	95.6
1952	840.60	31.87	267.90	250.20	560.4	239.0	134.0	125.1
1953	857.90	28.45	244.10	196.00	571.9	213.4	122.1	98.0
1954	824.50	8.84	72.90	51.20	549.7	66.3	36.5	25.6
1955	906.60	32.19	291.80	215.50	604.4	241.4	145.9	107.8
1956	897.80	44.55	400.00	310.60	598.5	334.2	200.0	155.3
1957	874.90	51.99	454.90	397.70	583.3	390.0	227.5	198.9
1958	870.00	58.34	507.60	449.00	580.0	437.6	253.8	224.5
1959	801.00	41.69	333.90	300.20	534.0	312.6	167.0	150.1
10年小计	**8314.60**	**67.99**	**5653.40**	**5472.50**	**5543.1**	**510.0**	**2826.7**	**2736.3**
占合计 %	**20.44**		**16.41**	**17.60**				
1960	707.00	29.01	205.10	170.00	471.3	217.6	102.6	85.0
1961	660.80	33.88	223.90	212.10	440.5	254.1	112.0	106.1
1962	679.50	40.63	276.10	269.40	453.0	304.7	138.1	134.7
1963	814.00	62.40	507.90	494.20	542.7	468.0	254.0	247.1
1964	919.30	58.48	537.60	519.40	612.9	438.6	268.8	259.7
1965	865.20	86.66	749.80	739.30	576.8	650.0	374.9	369.7
1966	911.00	98.50	897.30	878.10	607.3	738.7	448.7	439.1
1967	951.40	93.22	886.90	858.50	634.3	699.2	443.5	429.3
1968	941.80	83.45	785.90	762.50	627.9	625.8	393.0	381.3
1969	864.60	67.42	582.90	569.00	576.4	505.6	291.5	284.5
10年小计	**8861.50**	**87.21**	**7727.90**	**7540.40**	**5907.7**	**654.1**	**3864.0**	**3770.2**
占合计 %	**21.78**		**22.43**	**24.25**	**14.5**	**772.1**	**11.2**	**12.1**
1970	873.00	67.93	593.00	568.30				
1971	895.90	63.81	571.70	548.50	597.3	478.6	285.9	274.3
1972	888.50	62.95	559.30	536.60	592.3	472.1	279.7	268.3
1973	891.30	90.28	804.70	786.00	594.2	677.1	402.4	393.0
1974	893.40	107.41	959.60	938.90	595.6	805.6	479.8	469.5
1975	894.80	90.77	812.20	793.60	596.5	680.8	406.1	396.8
1976	884.10	103.80	917.70	897.40	589.4	778.5	458.9	448.7
1977	883.30	99.75	881.10	861.70	588.9	748.1	440.6	430.9
1978	889.80	82.43	733.50	718.20	593.2	618.3	366.8	359.1
1979	867.40	103.19	895.10	891.20	578.3	774.0	447.6	445.6
10年小计	**7525.80**	**107.53**	**8092.48**	**7630.70**	**5017.2**	**806.5**	**4046.2**	**3815.4**
占合计 %	**18.50**		**23.49**	**24.54**				
1980	887.50	71.27	632.50	643.10	591.7	534.5	316.3	321.6
1981	869.70	81.11	705.40	720.90	579.8	608.3	352.7	360.5
1982	860.60	79.25	682.00	671.30	573.7	594.4	341.0	335.7
1983	837.60	91.87	769.50	744.70	558.4	689.0	384.8	372.4
1984	808.80	149.98	1213.00	1192.60	539.2	1124.8	606.5	596.3
1985	697.50	141.13	984.40	904.00	465.0	1058.5	492.2	452.0
1986	619.90	141.68	878.30	782.60	413.3	1062.6	439.2	391.3
1987	645.30	136.06	878.00	816.10	430.2	1020.5	439.0	408.1
1988	671.20	107.85	723.88	644.28	447.5	808.9	361.9	322.1
1989	627.70	99.65	625.50	511.12	418.5	747.4	312.8	255.6
11年小计	**7389.20**	**135.36**	**10002.18**	**8010.15**	**4926.1**	**1015.2**	**5001.1**	**4005.1**
占合计 %	**18.17**		**29.03**	**25.76**				
1990	683.90	151.26	1034.50	983.54	455.9	1134.5	517.3	491.8
1991	692.30	141.88	982.25	948.70	461.5	1064.1	491.1	474.4
1992	760.80	160.34	1219.83	1127.00	507.2	1202.5	609.9	563.5
1993	729.00	116.60	850.00	746.90	486.0	874.5	425.0	373.5
1994	747.00	120.48	900.00	710.35	498.0	903.6	450.0	355.2
1995	753.00	155.64	1172.00	998.00	502.0	1167.3	586.0	499.0
1996	711.60	120.88	860.20	657.66	474.4	906.6	430.1	328.8
1997	720.90	161.16	1161.80	737.80	480.6	1208.7	580.9	368.9
1998	647.40	100.40	650.00	454.20	431.6	753.0	325.0	227.1
1999	466.10	120.79	563.00	320.00	310.7	905.9	281.5	160.0
2000	477.20	127.54	608.60	326.00	318.1	956.5	304.3	163.0

2-2-6 安徽省历年棉花生产收购

年度	国内单位				国际单位			
	棉田面积（万亩）	亩产（市斤）	产量（万担）	收购量（万担）	棉田面积（千顷）	单产（公斤/公顷）	产量（千吨）	收购量（千吨）
52 年合计	**21900.40**	**64.20**	**14059.96**	**11449.37**	**14600.3**	**481.5**	**7030.0**	**5724.7**
11 年小计	**3161.50**	**21.69**	**685.70**	**374.60**	**2107.7**	**162.7**	**342.9**	**187.3**
占合计 %	**14.44**		**4.88**	**3.27**				
1949	166.20	15.34	25.50		110.8	115.1	12.8	
1950	153.90	11.76	18.10	4.70	102.6	88.2	9.1	2.4
1951	270.40	12.43	33.60	19.10	180.3	93.2	16.8	9.6
1952	296.40	19.10	56.60	13.20	197.6	143.2	28.3	6.6
1953	301.50	16.19	48.80	11.00	201.0	121.4	24.4	5.5
1954	264.50	6.31	16.70	5.10	176.3	47.4	8.4	2.6
1955	326.30	21.64	70.60	34.80	217.5	162.3	35.3	17.4
1956	341.50	16.49	56.30	31.50	227.7	123.6	28.2	15.8
1957	300.80	32.41	97.50	52.30	200.5	243.1	48.8	26.2
1958	360.00	36.11	130.00	104.20	240.0	270.8	65.0	52.1
1959	380.00	34.74	132.00	98.70	253.3	260.5	66.0	49.4
10 年小计	**3327.00**	**42.29**	**1407.00**	**1177.10**	**2218.0**	**317.2**	**703.5**	**588.6**
占合计 %	**15.19**		**10.01**	**10.28**				
1960	344.30	20.36	70.10	56.70	229.5	152.7	35.1	28.4
1961	180.00	21.33	38.40	30.90	120.0	160.0	19.2	15.5
1962	192.40	18.97	36.50	30.50	128.3	142.3	18.3	15.3
1963	266.50	24.24	64.60	57.60	177.7	181.8	32.3	28.8
1964	287.00	46.79	134.30	111.40	191.3	351.0	67.2	55.7
1965	392.50	51.72	203.00	189.50	261.7	387.9	101.5	94.8
1966	442.60	52.67	233.10	204.70	295.1	395.0	116.6	102.4
1967	450.00	50.27	226.20	171.50	300.0	377.0	113.1	85.8
1968	409.40	58.74	240.50	202.20	272.9	440.6	120.3	101.1
1969	362.30	44.25	160.30	122.10	241.5	331.8	80.2	61.1
10 年小计	**4910.90**	**53.45**	**2624.90**	**2348.80**	**3273.9**	**400.9**	**1312.5**	**1174.4**
占合计 %	**22.42**		**18.67**	**20.51**				
1970	471.20	50.98	240.20	187.00	314.1	382.3	120.1	93.5
1971	467.00	40.92	191.10	160.40	311.3	306.9	95.6	80.2
1972	487.70	55.61	271.20	233.50	325.1	417.1	135.6	116.8
1973	516.60	63.55	328.30	284.20	344.4	476.6	164.2	142.1
1974	523.20	65.71	343.80	313.30	348.8	492.8	171.9	156.7
1975	498.30	57.44	286.20	256.90	332.2	430.8	143.1	128.5
1976	499.80	57.20	285.90	256.90	333.2	429.0	143.0	128.5
1977	508.00	49.94	253.70	242.70	338.7	374.6	126.9	121.4
1978	490.40	46.88	229.90	221.70	326.9	351.6	115.0	110.9
1979	448.70	43.37	194.60	192.20	299.1	325.3	97.3	96.1
10 年小计	**4234.40**	**82.73**	**3503.32**	**3139.84**	**2822.9**	**620.5**	**1751.7**	**1569.9**
占合计 %	**19.33**		**24.92**	**27.42**				
1980	485.20	50.31	244.10	251.50	323.5	377.3	122.1	125.8
1981	493.60	63.37	312.80	288.20	329.1	475.3	156.4	144.1
1982	491.80	64.11	315.30	311.10	327.9	480.8	157.7	155.6
1983	482.00	78.82	379.90	340.90	321.3	591.1	190.0	170.5
1984	500.60	93.47	467.90	403.00	333.7	701.0	234.0	201.5
1985	352.60	94.55	333.40	301.40	235.1	709.2	166.7	150.7
1986	308.80	105.38	325.40	294.60	205.9	790.3	162.7	147.3
1987	336.30	110.76	372.50	343.90	224.2	830.7	186.3	172.0
1988	405.10	101.86	412.62	352.22	270.1	763.9	206.3	176.1
1989	378.40	89.69	339.40	253.02	252.3	672.7	169.7	126.5
11 年小计	**6266.60**	**93.18**	**5839.04**	**4409.03**	**4177.7**	**698.8**	**2919.5**	**2204.5**
占合计 %	**28.61**		**41.53**	**38.51**				
1990	439.70	107.35	472.00	381.86	293.1	805.1	236.0	190.9
1991	608.20	89.26	542.90	471.96	405.5	669.5	271.5	236.0
1992	630.00	83.39	525.34	416.00	420.0	625.4	262.7	208.0
1993	529.00	98.30	520.00	360.50	352.7	737.2	260.0	180.3
1994	664.50	77.70	516.30	432.36	443.0	582.7	258.2	216.2
1995	664.80	90.61	602.40	520.00	443.2	679.6	301.2	260.0
1996	620.60	87.01	540.00	345.55	413.7	652.6	270.0	172.8
1997	599.10	100.48	602.00	422.00	399.4	753.6	301.0	211.0
1998	593.30	97.78	580.10	425.80	395.5	733.3	290.1	212.9
1999	454.80	85.75	390.00	313.00	303.2	643.1	195.0	156.5
2000	462.60	118.46	548.00	320.00	308.4	888.5	274.0	160.0

2-2-7 四川省历年棉花生产收购

年度	国内单位				国际单位			
	棉田面积（万亩）	亩产（市斤）	产量（万担）	收购量（万担）	棉田面积（千顷）	单产（公斤/公顷）	产量（千吨）	收购量（千吨）
52 年合计	**16855.30**	**58.98**	**9940.74**	**8305.86**	**11236.9**	**442.3**	**4970.4**	**4152.9**
11 年小计	**4336.50**	**26.92**	**1167.20**	**885.10**	**2891.0**	**201.9**	**583.6**	**442.6**
占合计 %	**25.73**		**11.74**	**10.66**				
1949	170.70	16.05	27.40		113.8	120.4	13.7	
1950	229.10	13.31	30.50	10.20	152.7	99.8	15.3	5.1
1951	371.70	21.95	81.60	51.70	247.8	164.6	40.8	25.9
1952	364.50	22.83	83.20	44.50	243.0	171.2	41.6	22.3
1953	355.10	22.59	80.20	39.50	236.7	169.4	40.1	19.8
1954	395.40	25.95	102.60	89.10	263.6	194.6	51.3	44.6
1955	457.10	26.45	120.90	108.20	304.7	198.4	60.5	54.1
1956	476.90	25.33	120.80	79.90	317.9	190.0	60.4	40.0
1957	502.00	27.89	140.00	129.00	334.7	209.2	70.0	64.5
1958	484.00	37.19	180.00	148.00	322.7	278.9	90.0	74.0
1959	530.00	37.74	200.00	185.00	353.3	283.0	100.0	92.5
10 年小计	**4020.00**	**47.23**	**1898.80**	**1771.20**	**2680.0**	**354.3**	**949.4**	**885.6**
占合计 %	**23.85**		**19.10**	**21.32**				
1960	450.00	18.89	85.00	67.00	300.0	141.7	42.5	33.5
1961	350.00	14.86	52.00	46.30	233.3	111.4	26.0	23.2
1962	330.80	15.84	52.40	53.00	220.5	118.8	26.2	26.5
1963	396.60	29.00	115.00	117.00	264.4	217.5	57.5	58.5
1964	444.90	48.69	216.60	205.40	296.6	365.1	108.3	102.7
1965	423.70	51.88	219.80	213.70	282.5	389.1	109.9	106.9
1966	416.00	78.70	327.40	317.50	277.3	590.3	163.7	158.8
1967	421.00	78.72	331.40	309.00	280.7	590.4	165.7	154.5
1968	399.00	64.24	256.30	223.00	266.0	481.8	128.2	111.5
1969	388.00	62.60	242.90	219.30	258.7	469.5	121.5	109.7
10 年小计	**4045.60**	**63.43**	**2566.30**	**2433.60**	**2697.1**	**475.8**	**1283.2**	**1216.8**
占合计 %	**24.00**		**25.82**	**29.30**				
1970	412.30	63.42	261.50	233.00	274.9	475.7	130.8	116.5
1971	406.00	73.89	300.00	287.80	270.7	554.2	150.0	143.9
1972	403.00	63.67	256.60	244.00	268.7	477.5	128.3	122.0
1973	411.00	74.18	304.90	292.00	274.0	556.4	152.5	146.0
1974	409.00	58.46	239.10	227.10	272.7	438.4	119.6	113.6
1975	403.00	62.38	251.40	240.70	268.7	467.9	125.7	120.4
1976	406.90	41.53	169.00	158.90	271.3	311.5	84.5	79.5
1977	406.00	65.25	264.90	251.20	270.7	489.3	132.5	125.6
1978	408.40	72.58	296.40	283.30	272.3	544.3	148.2	141.7
1979	380.00	58.55	222.50	215.60	253.3	439.1	111.3	107.8
10 年小计	**2301.60**	**88.12**	**2028.26**	**1757.02**	**1534.4**	**660.9**	**1014.1**	**878.5**
占合计 %	**13.66**		**20.40**	**21.15**				
1980	377.80	50.08	189.20	184.60	251.9	375.6	94.6	92.3
1981	359.50	48.23	173.40	167.00	239.7	361.8	86.7	83.5
1982	205.30	80.13	164.50	153.90	136.9	600.9	82.3	77.0
1983	201.10	107.01	215.20	202.00	134.1	802.6	107.6	101.0
1984	246.70	128.21	316.30	286.10	164.5	961.6	158.2	143.1
1985	189.70	119.56	226.80	185.50	126.5	896.7	113.4	92.8
1986	176.60	110.42	195.00	167.80	117.7	828.1	97.5	83.9
1987	172.70	117.60	203.10	160.90	115.1	882.0	101.6	80.5
1988	197.70	88.75	175.46	132.74	131.8	665.6	87.7	66.4
1989	174.50	97.02	169.30	116.48	116.3	727.7	84.7	58.2
11 年小计	**2151.60**	**105.98**	**2280.18**	**1458.94**	**1434.4**	**794.8**	**1140.1**	**729.5**
占合计 %	**12.77**		**22.94**	**17.57**				
1990	186.30	123.62	230.30	198.60	124.2	927.1	115.2	99.3
1991	221.10	131.84	291.50	259.14	147.4	988.8	145.8	129.6
1992	242.40	124.50	301.78	226.98	161.6	933.7	150.9	113.5
1993	198.00	82.83	164.00	87.80	132.0	621.2	82.0	43.9
1994	196.50	68.30	134.20	74.43	131.0	512.2	67.1	37.2
1995	211.10	106.25	224.30	141.00	140.7	796.9	112.2	70.5
1996	231.60	106.52	246.70	142.59	154.4	798.9	123.4	71.3
1997	208.80	102.83	214.70	131.60	139.2	771.2	107.4	65.8
1998	209.40	97.04	203.20	109.80	139.6	727.8	101.6	54.9
1999	141.20	107.51	151.80	53.00	94.1	806.3	75.9	26.5
2000	105.20	111.88	117.70	34.00	70.1	839.1	58.9	17.0

2-2-8 江西省历年棉花生产收购

年度	国内单位				国际单位			
	棉田面积（万亩）	亩产（市斤）	产量（万担）	收购量（万担）	棉田面积（千顷）	单产（公斤/公顷）	产量（千吨）	收购量（千吨）
52 年合计	**7127.50**	**73.47**	**5236.72**	**4371.88**	**4751.7**	**551.0**	**2618.4**	**2185.9**
11 年小计	**974.20**	**29.84**	**290.70**	**219.00**	**649.5**	**223.8**	**145.4**	**109.5**
占合计 %	**13.67**		**5.55**	**5.01**				
1949	31.70	10.09	3.20		21.1	75.7	1.6	
1950	34.40	20.64	7.10	0.60	22.9	154.8	3.6	0.3
1951	67.60	23.52	15.90	3.50	45.1	176.4	8.0	1.8
1952	89.10	30.53	27.20	17.90	59.4	229.0	13.6	9.0
1953	76.20	22.05	16.80	10.90	50.8	165.4	8.4	5.5
1954	63.00	16.35	10.30	6.10	42.0	122.6	5.2	3.1
1955	84.30	21.59	18.20	16.10	56.2	161.9	9.1	8.1
1956	103.60	36.10	37.40	35.80	69.1	270.8	18.7	17.9
1957	108.90	47.38	51.60	43.20	72.6	355.4	25.8	21.6
1958	132.40	41.54	55.00	45.60	88.3	311.6	27.5	22.8
1959	183.00	26.23	48.00	39.30	122.0	196.7	24.0	19.7
10 年小计	**1454.40**	**45.92**	**667.80**	**625.10**	**969.6**	**344.4**	**333.9**	**312.6**
占合计 %	**20.41**		**12.75**	**14.30**				
1960	163.30	27.37	44.70	37.00	108.9	205.3	22.4	18.5
1961	100.30	22.53	22.60	20.10	66.9	169.0	11.3	10.1
1962	92.40	24.13	22.30	20.90	61.6	181.0	11.2	10.5
1963	117.90	55.73	65.70	64.80	78.6	417.9	32.9	32.4
1964	146.50	44.44	65.10	60.00	97.7	333.3	32.6	30.0
1965	164.00	58.17	95.40	102.50	109.3	436.3	47.7	51.3
1966	177.00	53.11	94.00	91.30	118.0	398.3	47.0	45.7
1967	171.10	44.42	76.00	70.10	114.1	333.1	38.0	35.1
1968	150.10	61.29	92.00	85.40	100.1	459.7	46.0	42.7
1969	171.80	52.39	90.00	73.00	114.5	392.9	45.0	36.5
10 年小计	**1666.90**	**45.76**	**762.70**	**711.70**	**1111.3**	**343.2**	**381.4**	**355.9**
占合计 %	**23.39**		**14.56**	**16.28**				
1970	183.90	46.22	85.00	69.60	122.6	346.7	42.5	34.8
1971	161.80	26.39	42.70	36.00	107.9	197.9	21.4	18.0
1972	169.70	57.75	98.00	93.00	113.1	433.1	49.0	46.5
1973	176.80	36.71	64.90	61.20	117.9	275.3	32.5	30.6
1974	163.00	52.58	85.70	82.10	108.7	394.3	42.9	41.1
1975	157.40	49.11	77.30	73.60	104.9	368.3	38.7	36.8
1976	167.60	47.73	80.00	74.20	111.7	358.0	40.0	37.1
1977	166.90	43.38	72.40	68.70	111.3	325.3	36.2	34.4
1978	171.40	40.61	69.60	66.50	114.3	304.6	34.8	33.3
1979	148.40	58.69	87.10	86.80	98.9	440.2	43.6	43.4
10 年小计	**1198.60**	**88.63**	**1062.28**	**990.68**	**799.1**	**664.7**	**531.1**	**495.3**
占合计 %	**16.82**		**20.29**	**22.66**				
1980	162.70	52.92	86.10	86.70	108.5	396.9	43.1	43.4
1981	157.00	59.75	93.80	90.80	104.7	448.1	46.9	45.4
1982	151.40	86.66	131.20	127.70	100.9	649.9	65.6	63.9
1983	123.90	77.40	95.90	92.70	82.6	580.5	48.0	46.4
1984	121.70	113.64	138.30	130.00	81.1	852.3	69.2	65.0
1985	99.50	125.03	124.40	108.70	66.3	937.7	62.2	54.4
1986	92.20	118.33	109.10	97.70	61.5	887.5	54.6	48.9
1987	93.30	126.90	118.40	110.80	62.2	951.8	59.2	55.4
1988	97.80	66.44	64.98	58.50	65.2	498.3	32.5	29.3
1989	99.10	101.01	100.10	87.08	66.1	757.6	50.1	43.5
11 年小计	**1833.40**	**133.81**	**2453.24**	**1825.40**	**1222.3**	**1003.6**	**1226.6**	**912.7**
占合计 %	**25.72**		**46.85**	**41.75**				
1990	105.40	108.16	114.00	112.90	70.3	811.2	57.0	56.5
1991	171.90	126.82	218.00	204.67	114.6	951.1	109.0	102.3
1992	202.60	146.47	296.74	231.00	135.1	1098.5	148.4	115.5
1993	227.00	137.44	312.00	207.50	151.3	1030.8	156.0	103.8
1994	244.50	142.90	349.40	251.23	163.0	1071.8	174.7	125.6
1995	197.70	119.93	237.10	213.00	131.8	899.5	118.6	106.5
1996	161.10	152.76	246.10	191.00	107.4	1145.7	123.1	95.5
1997	153.30	172.73	264.80	203.40	102.2	1295.5	132.4	101.7
1998	162.60	93.60	152.20	107.90	108.4	702.0	76.1	54.0
1999	103.80	122.16	126.80	51.80	69.2	916.2	63.4	25.9
2000	103.50	131.50	136.10	51.00	69.0	986.2	68.1	25.5

2-2-9 湖南省历年棉花生产收购

年　度	国内单位				国际单位			
	棉田面积（万亩）	亩产（市斤）	产量（万担）	收购量（万担）	棉田面积（千顷）	单产（公斤/公顷）	产量（千吨）	收购量（千吨）
52 年合计	**10846.80**	**82.08**	**8902.83**	**7548.45**	**7231.2**	**615.6**	**4451.4**	**3774.2**
11 年小计	**1646.20**	**25.68**	**422.80**	**294.50**	**1097.5**	**192.6**	**211.4**	**147.3**
占合计 %	**15.18**		**4.75**	**3.90**				
1949	90.00	15.56	14.00		60.0	116.7	7.0	
1950	110.60	19.71	21.80	14.60	73.7	147.8	10.9	7.3
1951	239.20	24.50	58.60	37.70	159.5	183.7	29.3	18.9
1952	202.00	26.39	53.30	34.90	134.7	197.9	26.7	17.5
1953	183.00	20.66	37.80	20.60	122.0	154.9	18.9	10.3
1954	159.40	5.27	8.40	5.60	106.3	39.5	4.2	2.8
1955	143.60	23.61	33.90	29.70	95.7	177.1	17.0	14.9
1956	121.00	32.64	39.50	31.70	80.7	244.8	19.8	15.9
1957	121.10	35.59	43.10	35.10	80.7	266.9	21.6	17.6
1958	110.70	42.82	47.40	36.20	73.8	321.1	23.7	18.1
1959	165.60	39.25	65.00	48.40	110.4	294.4	32.5	24.2
10 年小计	**1861.60**	**46.52**	**866.10**	**742.80**	**1241.1**	**348.9**	**433.1**	**371.4**
占合计 %	**17.16**		**9.73**	**9.84**				
1960	131.10	32.04	42.00	37.00	87.4	240.3	21.0	18.5
1961	114.20	26.53	30.30	30.90	76.1	199.0	15.2	15.5
1962	107.30	35.14	37.70	39.00	71.5	263.5	18.9	19.5
1963	125.80	46.58	58.60	59.10	83.9	349.4	29.3	29.6
1964	176.60	39.69	70.10	63.60	117.7	297.7	35.1	31.8
1965	226.40	44.17	100.00	105.40	150.9	331.3	50.0	52.7
1966	294.80	50.00	147.40	122.50	196.5	375.0	73.7	61.3
1967	267.80	50.71	135.80	101.00	178.5	380.3	67.9	50.5
1968	208.60	64.19	133.90	102.90	139.1	481.4	67.0	51.5
1969	209.00	52.78	110.30	81.40	139.3	395.8	55.2	40.7
10 年小计	**2727.40**	**60.48**	**1649.40**	**1483.10**	**1818.3**	**453.6**	**824.7**	**741.6**
占合计 %	**25.14**		**18.53**	**19.65**				
1970	272.00	55.15	150.00	106.40	181.3	413.6	75.0	53.2
1971	258.80	40.53	104.90	81.30	172.5	304.0	52.5	40.7
1972	276.70	45.46	125.80	106.10	184.5	341.0	62.9	53.1
1973	284.50	56.31	160.20	142.40	189.7	422.3	80.1	71.2
1974	284.40	66.81	190.00	189.90	189.6	501.1	95.0	95.0
1975	278.20	68.30	190.00	173.90	185.5	512.2	95.0	87.0
1976	275.30	70.83	195.00	180.10	183.5	531.2	97.5	90.1
1977	282.80	68.95	195.00	178.80	188.5	517.1	97.5	89.4
1978	273.50	55.25	151.10	139.50	182.3	414.4	75.6	69.8
1979	241.20	77.69	187.40	184.70	160.8	582.7	93.7	92.4
10 年小计	**1831.10**	**94.44**	**1729.38**	**1554.24**	**1220.7**	**708.3**	**864.7**	**777.1**
占合计 %	**16.88**		**19.43**	**20.59**				
1980	269.40	71.46	192.50	197.80	179.6	535.9	96.3	98.9
1981	256.70	73.08	187.60	179.00	171.1	548.1	93.8	89.5
1982	251.90	77.85	196.10	187.60	167.9	583.9	98.1	93.8
1983	197.00	99.34	195.70	188.10	131.3	745.1	97.9	94.1
1984	198.90	128.66	255.90	244.80	132.6	964.9	128.0	122.4
1985	152.80	132.33	202.20	165.00	101.9	992.5	101.1	82.5
1986	129.10	129.12	166.70	130.40	86.1	968.4	83.4	65.2
1987	96.60	114.91	111.00	87.20	64.4	861.8	55.5	43.6
1988	137.10	64.03	87.78	69.28	91.4	480.2	43.9	34.6
1989	141.60	94.56	133.90	105.06	94.4	709.2	67.0	52.5
11 年小计	**2780.50**	**152.32**	**4235.15**	**3473.81**	**1853.7**	**1142.4**	**2117.6**	**1736.9**
占合计 %	**25.63**		**47.57**	**46.02**				
1990	177.80	135.15	240.30	220.42	118.5	1013.6	120.2	110.2
1991	200.00	148.95	297.90	295.00	133.3	1117.1	149.0	147.5
1992	251.40	161.60	406.25	413.60	167.6	1212.0	203.1	206.8
1993	258.00	163.57	422.00	331.60	172.0	1226.7	211.0	165.8
1994	313.50	151.90	476.20	374.42	209.0	1139.2	238.1	187.2
1995	300.00	149.00	447.00	347.00	200.0	1117.5	223.5	173.5
1996	261.20	145.21	379.30	231.97	174.1	1089.1	189.7	116.0
1997	264.80	193.13	511.40	401.00	176.5	1448.5	255.7	200.5
1998	298.10	129.12	384.90	324.60	198.7	968.4	192.5	162.3
1999	236.70	149.51	353.90	280.00	157.8	1121.4	177.0	140.0
2000	219.00	144.29	316.00	254.20	146.0	1082.2	158.0	127.1

2-2-10 河北省历年棉花生产收购

年度	国内单位				国际单位			
	棉田面积（万亩）	亩产（市斤）	产量（万担）	收购量（万担）	棉田面积（千顷）	单产（公斤/公顷）	产量（千吨）	收购量（千吨）
52年合计	**56492.50**	**55.00**	**31068.62**	**26034.40**	**37661.7**	**412.5**	**15534.3**	**13017.2**
11年小计	**16098.50**	**34.53**	**5558.30**	**4603.00**	**10732.3**	**259.0**	**2779.2**	**2301.5**
占合计 %	**28.50**		**17.89**	**17.68**				
1949	901.10	24.76	223.10		600.7	185.7	111.6	
1950	1204.60	31.05	374.00	248.60	803.1	232.9	187.0	124.3
1951	1709.70	26.98	461.30	376.10	1139.8	202.4	230.7	188.1
1952	1500.30	38.57	578.70	517.90	1000.2	289.3	289.4	259.0
1953	1390.10	32.92	457.60	426.20	926.7	246.9	228.8	213.1
1954	1660.00	31.89	529.30	405.20	1106.7	239.1	264.7	202.6
1955	1674.70	39.87	667.70	592.00	1116.5	299.0	333.9	296.0
1956	1773.50	26.07	462.40	379.10	1182.3	195.5	231.2	189.6
1957	1432.50	43.43	622.20	538.40	955.0	325.8	311.1	269.2
1958	1452.00	42.77	621.00	573.60	968.0	320.8	310.5	286.8
1959	1400.00	40.07	561.00	545.90	933.3	300.5	280.5	273.0
10年小计	**10507.10**	**33.30**	**3499.10**	**3112.00**	**7004.7**	**249.8**	**1749.6**	**1556.0**
占合计 %	**18.60**		**11.26**	**11.95**				
1960	1409.00	28.74	405.00	352.00	939.3	215.6	202.5	176.0
1961	1180.30	20.29	239.50	198.50	786.9	152.2	119.8	99.3
1962	1011.60	25.79	260.90	241.40	674.4	193.4	130.5	120.7
1963	1240.80	15.99	198.40	191.60	827.2	119.9	99.2	95.8
1964	1116.70	29.79	332.70	303.80	744.5	223.4	166.4	151.9
1965	1093.70	48.43	529.70	499.80	729.1	363.2	264.9	249.9
1966	799.00	38.61	308.50	283.20	532.7	289.6	154.3	141.6
1967	860.00	41.28	355.00	296.60	573.3	309.6	177.5	148.3
1968	905.00	49.66	449.40	388.70	603.3	372.4	224.7	194.4
1969	891.00	47.14	420.00	356.40	594.0	353.5	210.0	178.2
10年小计	**8604.30**	**39.71**	**3416.70**	**2987.10**	**5736.2**	**297.8**	**1708.4**	**1493.6**
占合计 %	**15.23**		**11.00**	**11.47**				
1970	891.00	57.86	515.50	462.10	594.0	433.9	257.8	231.1
1971	879.00	56.31	495.00	434.70	586.0	422.4	247.5	217.4
1972	873.00	36.66	320.00	263.10	582.0	274.9	160.0	131.6
1973	846.00	46.10	390.00	339.30	564.0	345.7	195.0	169.7
1974	862.00	49.18	423.90	371.80	574.7	368.8	212.0	185.9
1975	874.00	43.48	380.00	313.50	582.7	326.1	190.0	156.8
1976	855.30	26.89	230.00	194.30	570.2	201.7	115.0	97.2
1977	823.00	23.92	196.90	175.00	548.7	179.4	98.5	87.5
1978	864.90	27.08	234.20	206.10	576.6	203.1	117.1	103.1
1979	836.10	27.65	231.20	227.20	557.4	207.4	115.6	113.6
10年小计	**11760.10**	**94.11**	**11067.46**	**10490.22**	**7840.1**	**705.8**	**5533.7**	**5245.1**
占合计 %	**20.82**		**35.62**	**40.29**				
1980	823.10	60.07	494.40	497.40	548.7	450.5	247.2	248.7
1981	795.70	55.71	443.30	458.20	530.5	417.8	221.7	229.1
1982	1048.20	73.61	771.60	737.00	698.8	552.1	385.8	368.5
1983	1239.10	121.06	1500.00	1511.50	826.1	907.9	750.0	755.8
1984	1570.30	133.73	2100.00	2132.30	1046.9	1003.0	1050.0	1066.2
1985	1275.40	98.57	1257.10	1041.60	850.3	739.2	628.6	520.8
1986	1061.20	96.40	1023.00	932.50	707.5	723.0	511.5	466.3
1987	1237.30	101.22	1252.40	1251.70	824.9	759.2	626.2	625.9
1988	1392.60	82.84	1153.66	1023.92	928.4	621.3	576.8	512.0
1989	1317.20	81.38	1072.00	904.10	878.1	610.4	536.0	452.1
11年小计	**9522.50**	**79.04**	**7527.06**	**4842.08**	**6348.3**	**592.8**	**3763.5**	**2421.0**
占合计 %	**16.86**		**24.23**	**18.60**				
1990	1366.40	83.55	1141.60	958.80	910.9	626.6	570.8	479.4
1991	1432.80	88.54	1268.60	1208.07	955.2	664.0	634.3	604.0
1992	1323.20	46.25	611.96	375.00	882.1	346.9	306.0	187.5
1993	780.00	49.23	384.00	184.10	520.0	369.2	192.0	92.1
1994	1027.50	75.91	780.00	405.43	685.0	569.3	390.0	202.7
1995	1050.90	70.50	740.90	315.00	700.6	528.8	370.5	157.5
1996	641.40	80.56	516.70	150.68	427.6	604.2	258.4	75.3
1997	565.70	87.94	497.50	181.00	377.1	659.6	248.8	90.5
1998	473.60	114.08	540.30	341.00	315.7	855.6	270.2	170.5
1999	399.90	111.33	445.20	341.00	266.6	835.0	222.6	170.5
2000	461.10	130.19	600.30	382.00	307.4	976.4	300.2	191.0

2-2-11 山东省历年棉花生产收购

年 度	国内单位				国际单位			
	棉田面积（万亩）	亩 产（市斤）	产 量（万担）	收购量（万担）	棉田面积（千顷）	单 产（公斤/公顷）	产 量（千吨）	收购量（千吨）
52年合计	**61599.80**	**72.53**	**44676.58**	**37971.14**	**41066.5**	**544.0**	**22338.3**	**18985.6**
11年小计	**11167.10**	**32.33**	**3610.10**	**2408.30**	**7444.7**	**242.5**	**1805.1**	**1204.2**
占合计 %	**18.13**		**8.08**	**6.34**				
1949	511.00	24.13	123.30		340.7	181.0	61.7	
1950	799.40	26.47	211.60	88.20	532.9	198.5	105.8	44.1
1951	1168.30	22.31	260.70	128.40	778.9	167.4	130.4	64.2
1952	1078.70	32.72	353.00	207.40	719.1	245.4	176.5	103.7
1953	999.90	26.51	265.10	179.00	666.6	198.8	132.6	89.5
1954	972.30	32.92	320.10	195.80	648.2	246.9	160.1	97.9
1955	1145.40	36.67	420.00	335.40	763.6	275.0	210.0	167.7
1956	1283.30	34.53	443.10	295.10	855.5	259.0	221.6	147.6
1957	1178.80	30.73	362.20	289.00	785.9	230.4	181.1	144.5
1958	1035.00	47.34	490.00	402.00	690.0	355.1	245.0	201.0
1959	995.00	36.28	361.00	288.00	663.3	272.1	180.5	144.0
10年小计	**9073.80**	**31.66**	**2873.00**	**2451.80**	**6049.2**	**237.5**	**1436.5**	**1225.9**
占合计 %	**14.73**		**6.43**	**6.46**				
1960	960.00	16.66	159.90	129.00	640.0	124.9	80.0	64.5
1961	603.90	10.60	64.00	34.50	402.6	79.5	32.0	17.3
1962	573.80	13.77	79.00	55.80	382.5	103.3	39.5	27.9
1963	795.60	21.28	169.30	147.60	530.4	159.6	84.7	73.8
1964	1006.80	23.88	240.40	214.10	671.2	179.1	120.2	107.1
1965	1022.20	38.76	396.20	363.00	681.5	290.7	198.1	181.5
1966	995.90	40.62	404.50	360.70	663.9	304.6	202.3	180.4
1967	1045.00	41.42	432.80	372.30	696.7	310.6	216.4	186.2
1968	1043.80	43.26	451.50	381.30	695.9	324.4	225.8	190.7
1969	1026.80	46.30	475.40	393.50	684.5	347.2	237.7	196.8
10年小计	**9479.60**	**43.35**	**4109.40**	**3613.30**	**6319.7**	**325.1**	**2054.7**	**1806.7**
占合计 %	**15.39**		**9.20**	**9.52**				
1970	1025.50	53.09	544.40	473.70	683.7	398.1	272.2	236.9
1971	984.90	53.68	528.70	427.60	656.6	402.6	264.4	213.8
1972	914.50	42.89	392.20	347.40	609.7	321.7	196.1	173.7
1973	982.00	53.53	525.70	473.10	654.7	401.5	262.9	236.6
1974	970.50	39.11	379.60	334.60	647.0	293.4	189.8	167.3
1975	944.90	51.10	482.80	432.00	629.9	383.2	241.4	216.0
1976	962.80	32.89	316.70	277.70	641.9	246.7	158.4	138.9
1977	938.90	31.69	297.50	261.30	625.9	237.6	148.8	130.7
1978	941.20	32.75	308.20	269.80	627.5	245.6	154.1	134.9
1979	814.40	40.96	333.60	316.10	542.9	307.2	166.8	158.1
10年小计	**18531.00**	**113.67**	**21063.40**	**19714.32**	**12354.0**	**852.5**	**10531.7**	**9857.2**
占合计 %	**30.08**		**47.15**	**51.92**				
1980	1105.40	97.21	1074.60	1056.50	736.9	729.1	537.3	528.3
1981	1406.40	95.99	1350.00	1315.00	937.6	719.9	675.0	657.5
1982	2008.60	95.59	1920.00	1873.00	1339.1	716.9	960.0	936.5
1983	2250.30	108.87	2450.00	2400.50	1500.2	816.6	1225.0	1200.3
1984	2568.60	134.31	3450.00	3356.50	1712.4	1007.4	1725.0	1678.3
1985	1754.60	121.09	2124.70	1774.00	1169.7	908.2	1062.4	887.0
1986	1515.00	124.18	1881.40	1606.30	1010.0	931.4	940.7	803.2
1987	1833.30	135.75	2488.70	2339.00	1222.2	1018.1	1244.4	1169.5
1988	2103.90	108.08	2274.00	2119.62	1402.6	810.6	1137.0	1059.8
1989	1984.90	103.28	2050.00	1873.90	1323.3	774.6	1025.0	937.0
11年小计	**13348.30**	**97.55**	**13020.68**	**9783.42**	**8898.9**	**731.6**	**6510.3**	**4891.7**
占合计 %	**21.67**		**29.14**	**25.77**				
1990	2113.80	92.25	1950.00	1832.00	1409.2	691.9	975.0	916.0
1991	2343.80	115.26	2701.50	2508.25	1562.5	864.5	1350.8	1254.1
1992	2233.20	60.62	1353.68	971.86	1488.8	454.6	676.8	485.9
1993	1140.00	71.93	820.00	436.10	760.0	539.5	410.0	218.1
1994	1189.50	94.04	1118.60	795.20	793.0	705.3	559.3	397.6
1995	999.50	94.21	941.60	657.00	666.3	706.6	470.8	328.5
1996	722.90	103.02	744.70	378.41	481.9	772.6	372.4	189.2
1997	593.90	119.18	707.80	369.60	395.9	893.8	353.9	184.8
1998	621.00	132.85	825.00	605.00	414.0	996.4	412.5	302.5
1999	537.60	126.12	678.00	600.00	358.4	945.9	339.0	300.0
2000	853.10	138.30	1179.80	630.00	568.7	1037.2	589.9	315.0

2-2-12 河南省历年棉花生产收购

年度	国内单位				国际单位			
	棉田面积（万亩）	亩产（市斤）	产量（万担）	收购量（万担）	棉田面积（千顷）	单产（公斤/公顷）	产量（千吨）	收购量（千吨）
52年合计	**56800.50**	**66.70**	**37888.36**	**26634.32**	**37867.0**	**500.3**	**18944.2**	**13317.2**
11年小计	**12045.50**	**27.59**	**3323.30**	**2355.50**	**8030.3**	**206.9**	**1661.7**	**1177.8**
占合计%	**21.21**		**8.77**	**8.84**				
1949	577.30	21.88	126.30		384.9	164.1	63.2	
1950	758.50	21.45	162.70	82.80	505.7	160.9	81.4	41.4
1951	1034.00	23.97	247.90	135.00	689.3	179.8	124.0	67.5
1952	1130.60	24.69	279.10	196.40	753.7	185.1	139.6	98.2
1953	1068.10	22.95	245.10	149.60	712.1	172.1	122.6	74.8
1954	1116.00	25.17	280.90	177.10	744.0	188.8	140.5	88.6
1955	1215.00	27.84	338.20	228.30	810.0	208.8	169.1	114.2
1956	1332.20	25.54	340.20	188.00	888.1	191.5	170.1	94.0
1957	1316.80	27.03	355.90	301.90	877.9	202.7	178.0	151.0
1958	1243.00	39.18	487.00	452.60	828.7	293.8	243.5	226.3
1959	1254.00	36.68	460.00	443.80	836.0	275.1	230.0	221.9
10年小计	**8308.80**	**36.10**	**2999.80**	**2429.90**	**5539.2**	**270.8**	**1499.9**	**1215.0**
占合计%	**14.63**		**7.92**	**9.12**				
1960	1194.00	27.05	323.00	300.40	796.0	202.9	161.5	150.2
1961	596.20	16.71	99.60	72.90	397.5	125.3	49.8	36.5
1962	512.40	15.69	80.40	55.60	341.6	117.7	40.2	27.8
1963	735.70	13.36	98.30	76.60	490.5	100.2	49.2	38.3
1964	850.50	27.49	233.80	174.00	567.0	206.2	116.9	87.0
1965	798.00	33.95	270.90	213.50	532.0	254.6	135.5	106.8
1966	845.00	57.04	482.00	406.20	563.3	427.8	241.0	203.1
1967	950.00	54.38	516.60	416.50	633.3	407.8	258.3	208.3
1968	930.00	48.54	451.40	358.60	620.0	364.0	225.7	179.3
1969	897.00	49.48	443.80	355.60	598.0	371.1	221.9	177.8
10年小计	**9144.50**	**54.83**	**5013.80**	**4337.80**	**6096.3**	**411.2**	**2506.9**	**2168.9**
占合计%	**16.10**		**13.23**	**16.29**				
1970	897.00	63.10	566.00	483.10	598.0	473.2	283.0	241.6
1971	926.60	51.63	478.40	402.40	617.7	387.2	239.2	201.2
1972	927.30	50.72	470.30	392.60	618.2	380.4	235.2	196.3
1973	925.40	71.71	663.60	582.30	616.9	537.8	331.8	291.2
1974	967.20	62.15	601.10	511.30	644.8	466.1	300.6	255.7
1975	920.70	57.05	525.30	459.10	613.8	427.9	262.7	229.6
1976	912.10	47.34	431.80	371.60	608.1	355.1	215.9	185.8
1977	917.30	47.11	432.10	377.80	611.5	353.3	216.1	188.9
1978	918.20	48.85	448.50	388.90	612.1	366.3	224.3	194.5
1979	832.70	47.64	396.70	368.70	555.1	357.3	198.4	184.4
10年小计	**11822.30**	**89.16**	**10540.26**	**9037.96**	**7881.5**	**668.7**	**5270.1**	**4519.0**
占合计%	**20.81**		**27.82**	**33.93**				
1980	940.00	86.43	812.40	790.10	626.7	648.2	406.2	395.1
1981	962.40	73.78	710.10	681.40	641.6	553.4	355.1	340.7
1982	1130.50	57.72	652.50	619.80	753.7	432.9	326.3	309.9
1983	1190.70	106.42	1267.10	1182.20	793.8	798.1	633.6	591.1
1984	1743.40	99.67	1737.70	1592.60	1162.3	747.5	868.9	796.3
1985	1221.50	89.62	1094.70	825.90	814.3	672.1	547.4	413.0
1986	929.40	85.78	797.20	716.60	619.6	643.3	398.6	358.3
1987	1076.20	105.94	1140.10	990.90	717.5	794.5	570.1	495.5
1988	1374.00	92.73	1274.16	934.34	916.0	695.5	637.1	467.2
1989	1254.20	84.06	1054.30	704.12	836.1	630.5	527.2	352.1
11年小计	**15479.40**	**103.44**	**16011.20**	**8473.16**	**10319.6**	**775.8**	**8005.6**	**4236.6**
占合计%	**27.25**		**42.26**	**31.81**				
1990	1234.50	109.53	1352.20	1004.40	823.0	821.5	676.1	502.2
1991	1789.80	105.90	1895.40	1607.42	1193.2	794.3	947.7	803.7
1992	1871.90	70.36	1317.00	1004.00	1247.9	527.7	658.5	502.0
1993	1461.00	90.35	1320.00	601.80	974.0	677.6	660.0	300.9
1994	1450.50	86.60	1256.20	609.63	967.0	649.5	628.1	304.8
1995	1500.20	102.65	1540.00	686.00	1000.1	769.9	770.0	343.0
1996	1400.00	105.10	1471.40	512.81	933.3	788.3	735.7	256.4
1997	1302.50	121.31	1580.00	650.60	868.3	909.8	790.0	325.3
1998	1200.00	121.40	1456.80	855.80	800.0	910.5	728.4	427.9
1999	1100.00	128.60	1414.60	520.70	733.3	964.5	707.3	260.4
2000	1169.00	120.41	1407.60	420.00	779.3	903.1	703.8	210.0

2-2-13 陕西省历年棉花生产收购

年　度	国内单位				国际单位			
	棉田面积（万亩）	亩产（市斤）	产量（万担）	收购量（万担）	棉田面积（千顷）	单产（公斤/公顷）	产量（千吨）	收购量（千吨）
52年合计	**16096.30**	**47.66**	**7672.01**	**6480.11**	**10730.9**	**357.5**	**3836.0**	**3240.1**
11年小计	**4668.40**	**41.38**	**1932.00**	**1600.80**	**3112.3**	**310.4**	**966.0**	**800.4**
占合计%	**29.00**		**25.18**	**24.70**				
1949	287.40	26.06	74.90		191.6	195.5	37.5	
1950	353.70	26.83	94.90	79.00	235.8	201.2	47.5	39.5
1951	395.30	41.97	165.90	128.80	263.5	314.8	83.0	64.4
1952	456.30	32.19	146.90	122.00	304.2	241.5	73.5	61.0
1953	444.90	38.59	171.70	151.20	296.6	289.4	85.9	75.6
1954	429.80	42.42	182.30	165.90	286.5	318.1	91.2	83.0
1955	423.10	35.48	150.10	117.90	282.1	266.1	75.1	59.0
1956	469.90	44.41	208.70	164.10	313.3	333.1	104.4	82.1
1957	482.00	48.22	232.40	218.00	321.3	361.6	116.2	109.0
1958	474.00	56.96	270.00	247.00	316.0	427.2	135.0	123.5
1959	452.00	51.81	234.20	206.90	301.3	388.6	117.1	103.5
10年小计	**3939.00**	**40.00**	**1575.60**	**1465.80**	**2626.0**	**300.0**	**787.8**	**732.9**
占合计%	**24.47**		**20.54**	**22.62**				
1960	437.00	30.80	134.60	128.00	291.3	231.0	67.3	64.0
1961	390.00	25.92	101.10	88.90	260.0	194.4	50.6	44.5
1962	290.00	31.03	90.00	79.70	193.3	232.8	45.0	39.9
1963	379.50	34.28	130.10	119.30	253.0	257.1	65.1	59.7
1964	426.70	31.17	133.00	120.40	284.5	233.8	66.5	60.2
1965	403.50	56.90	229.60	217.50	269.0	426.8	114.8	108.8
1966	401.90	55.59	223.40	216.60	267.9	416.9	111.7	108.3
1967	411.90	49.28	203.00	193.00	274.6	369.6	101.5	96.5
1968	408.50	35.67	145.70	135.40	272.3	267.5	72.9	67.7
1969	390.00	47.46	185.10	167.00	260.0	356.0	92.6	83.5
10年小计	**3895.00**	**49.83**	**1941.00**	**1784.70**	**2596.7**	**373.7**	**970.5**	**892.4**
占合计%	**24.20**		**25.30**	**27.54**				
1970	399.20	45.62	182.10	165.20	266.1	342.1	91.1	82.6
1971	394.40	55.78	220.00	199.50	262.9	418.4	110.0	99.8
1972	394.40	39.98	157.70	146.70	262.9	299.9	78.9	73.4
1973	390.30	68.18	266.10	242.50	260.2	511.3	133.1	121.3
1974	387.20	48.61	188.20	170.90	258.1	364.5	94.1	85.5
1975	394.00	43.15	170.00	151.90	262.7	323.6	85.0	76.0
1976	394.30	35.63	140.50	127.80	262.9	267.2	70.3	63.9
1977	386.90	51.85	200.60	184.90	257.9	388.9	100.3	92.5
1978	378.70	55.69	210.90	195.00	252.5	417.7	105.5	97.5
1979	375.60	54.55	204.90	200.30	250.4	409.1	102.5	100.2
10年小计	**2355.30**	**53.96**	**1270.84**	**1065.36**	**1570.2**	**404.7**	**635.4**	**532.7**
占合计%	**14.63**		**16.56**	**16.44**				
1980	362.70	44.58	161.70	154.60	241.8	334.4	80.9	77.3
1981	390.30	32.03	125.00	112.60	260.2	240.2	62.5	56.3
1982	377.40	66.51	251.00	240.10	251.6	498.8	125.5	120.1
1983	376.80	21.31	80.30	64.30	251.2	159.8	40.2	32.2
1984	292.90	50.43	147.70	108.00	195.3	378.2	73.9	54.0
1985	141.90	60.61	86.00	81.00	94.6	454.5	43.0	40.5
1986	81.40	102.33	83.30	74.70	54.3	767.5	41.7	37.4
1987	88.60	126.86	112.40	89.40	59.1	951.5	56.2	44.7
1988	120.30	91.97	110.64	71.80	80.2	689.8	55.3	35.9
1989	123.00	91.71	112.80	68.86	82.0	687.8	56.4	34.4
11年小计	**1238.60**	**76.91**	**952.57**	**563.45**	**825.7**	**576.8**	**476.3**	**281.7**
占合计%	**7.69**		**12.42**	**8.70**				
1990	168.60	92.23	155.50	106.18	112.4	691.7	77.8	53.1
1991	202.10	89.02	179.90	127.00	134.7	667.6	90.0	63.5
1992	207.30	53.29	110.47	71.00	138.2	399.7	55.2	35.5
1993	135.00	74.07	100.00	21.70	90.0	555.6	50.0	10.9
1994	127.50	65.80	83.90	17.21	85.0	493.5	42.0	8.6
1995	109.20	72.99	79.70	50.00	72.8	547.4	39.9	25.0
1996	89.40	69.91	62.50	24.36	59.6	524.3	31.3	12.2
1997	59.90	68.61	41.10	34.50	39.9	514.6	20.6	17.3
1998	52.80	86.55	45.70	34.30	35.2	649.1	22.9	17.2
1999	41.60	93.75	39.00	37.20	27.7	703.1	19.5	18.6
2000	45.20	121.24	54.80	40.00	30.1	909.3	27.4	20.0

2－2－14 山西省历年棉花生产收购

年度	国内单位				国际单位			
	棉田面积（万亩）	亩产（市斤）	产量（万担）	收购量（万担）	棉田面积（千顷）	单产（公斤/公顷）	产量（千吨）	收购量（千吨）
52年合计	**15781.50**	**51.17**	**8075.41**	**6697.75**	**10521.0**	**383.8**	**4037.7**	**3348.9**
11年小计	**4283.10**	**39.99**	**1712.60**	**1406.40**	**2855.4**	**299.9**	**856.3**	**703.2**
占合计 %	**27.14**		**21.21**	**21.00**				
1949	144.10	28.04	40.40		96.1	210.3	20.2	
1950	235.80	22.18	52.30	41.80	157.2	166.3	26.2	20.9
1951	315.20	34.99	110.30	85.10	210.1	262.5	55.2	42.6
1952	410.40	44.98	184.60	140.50	273.6	337.4	92.3	70.3
1953	337.10	46.40	156.40	137.70	224.7	348.0	78.2	68.9
1954	424.80	44.68	189.80	132.30	283.2	335.1	94.9	66.2
1955	438.10	38.14	167.10	134.50	292.1	286.1	83.6	67.3
1956	549.70	33.71	185.30	137.50	366.5	252.8	92.7	68.8
1957	514.40	38.34	197.20	184.70	342.9	287.5	98.6	92.4
1958	471.80	49.51	233.60	226.00	314.5	371.3	116.8	113.0
1959	441.70	44.28	195.60	186.30	294.5	332.1	97.8	93.2
10年小计	**3721.30**	**39.97**	**1487.50**	**1403.40**	**2480.9**	**299.8**	**743.8**	**701.7**
占合计 %	**23.58**		**18.42**	**20.95**				
1960	427.00	21.78	93.00	85.60	284.7	163.3	46.5	42.8
1961	338.30	31.57	106.80	100.00	225.5	236.8	53.4	50.0
1962	275.50	30.20	83.20	78.10	183.7	226.5	41.6	39.1
1963	334.20	40.10	134.00	126.60	222.8	300.7	67.0	63.3
1964	392.30	45.04	176.70	168.00	261.5	337.8	88.4	84.0
1965	398.00	54.20	215.70	204.70	265.3	406.5	107.9	102.4
1966	382.00	44.37	169.50	163.00	254.7	332.8	84.8	81.5
1967	402.00	42.69	171.60	170.30	268.0	320.1	85.8	85.2
1968	389.00	38.20	148.60	129.90	259.3	286.5	74.3	65.0
1969	383.00	49.19	188.40	177.20	255.3	368.9	94.2	88.6
10年小计	**3659.10**	**39.03**	**1428.30**	**1347.90**	**2439.4**	**292.8**	**714.2**	**674.0**
占合计 %	**23.19**		**17.69**	**20.12**				
1970	396.60	43.39	172.10	162.40	264.4	325.5	86.1	81.2
1971	366.80	37.65	138.10	127.80	244.5	282.4	69.1	63.9
1972	356.60	27.06	96.50	88.90	237.7	203.0	48.3	44.5
1973	341.90	51.21	175.10	164.00	227.9	384.1	87.6	82.0
1974	370.00	39.95	147.80	138.10	246.7	299.6	73.9	69.1
1975	387.30	39.48	152.90	142.70	258.2	296.1	76.5	71.4
1976	381.70	34.03	129.90	121.80	254.5	255.2	65.0	60.9
1977	371.00	39.65	147.10	137.50	247.3	297.4	73.6	68.8
1978	356.30	38.98	138.90	131.20	237.5	292.4	69.5	65.6
1979	330.90	39.26	129.90	133.50	220.6	294.4	65.0	66.8
10年小计	**2469.80**	**72.73**	**1796.38**	**1556.42**	**1646.5**	**545.5**	**898.2**	**778.2**
占合计 %	**15.65**		**22.25**	**23.24**				
1980	336.50	46.06	155.00	154.50	224.3	345.5	77.5	77.3
1981	305.30	43.24	132.00	125.50	203.5	324.3	66.0	62.8
1982	333.60	72.42	241.60	235.90	222.4	543.2	120.8	118.0
1983	341.60	56.32	192.40	182.70	227.7	422.4	96.2	91.4
1984	328.30	81.08	266.20	191.60	218.9	608.1	133.1	95.8
1985	181.70	80.85	146.90	102.90	121.1	606.4	73.5	51.5
1986	140.90	91.34	128.70	109.00	93.9	685.1	64.4	54.5
1987	148.40	104.92	155.70	147.00	98.9	786.9	77.9	73.5
1988	174.30	99.59	173.58	149.52	116.2	746.9	86.8	74.8
1989	179.20	114.01	204.30	157.80	119.5	855.1	102.2	78.9
11年小计	**1648.20**	**100.15**	**1650.63**	**983.63**	**1098.8**	**751.1**	**825.3**	**491.8**
占合计 %	**10.44**		**20.44**	**14.69**				
1990	195.50	114.12	223.10	173.24	130.3	855.9	111.6	86.6
1991	220.20	101.59	223.70	182.91	146.8	761.9	111.9	91.5
1992	225.80	83.94	189.53	96.00	150.5	629.5	94.8	48.0
1993	140.00	100.00	140.00	51.60	93.3	750.0	70.0	25.8
1994	193.50	87.65	169.60	82.62	129.0	657.4	84.8	41.3
1995	190.20	95.48	181.60	100.00	126.8	716.1	90.8	50.0
1996	138.90	104.25	144.80	50.26	92.6	781.9	72.4	25.1
1997	102.60	86.55	88.80	40.80	68.4	649.1	44.4	20.4
1998	98.10	114.07	111.90	78.60	65.4	855.5	56.0	39.3
1999	78.90	111.53	88.00	53.20	52.6	836.5	44.0	26.6
2000	64.50	138.91	89.60	74.40	43.0	1041.9	44.8	37.2

2-2-15 新疆自治区历年棉花生产收购

年 度	国内单位				国际单位			
	棉田面积（万亩）	亩产（市斤）	产量（万担）	收购量（万担）	棉田面积（千顷）	单产（公斤/公顷）	产量（千吨）	收购量（千吨）
52 年合计	**22714.50**	**123.17**	**27976.91**	**27257.99**	**15143.0**	**923.8**	**13988.5**	**13629.0**
11 年小计	**1319.20**	**49.80**	**656.90**	**355.70**	**879.5**	**373.5**	**328.5**	**177.9**
占合计 %	**5.81**		**2.35**	**1.30**				
1949	46.60	22.53	10.50		31.1	169.0	5.3	
1950	54.60	23.63	12.90		36.4	177.2	6.5	
1951	81.90	25.64	21.00		54.6	192.3	10.5	
1952	104.80	29.10	30.50	0.20	69.9	218.3	15.3	0.1
1953	87.40	35.81	31.30	9.30	58.3	268.6	15.7	4.7
1954	82.70	38.21	31.60	12.10	55.1	286.6	15.8	6.1
1955	110.50	48.05	53.10	23.90	73.7	360.4	26.6	12.0
1956	184.20	59.55	109.70	76.60	122.8	446.7	54.9	38.3
1957	171.50	59.59	102.20	56.10	114.3	446.9	51.1	28.1
1958	185.00	62.54	115.70	77.50	123.3	469.1	57.9	38.8
1959	210.00	65.90	138.40	100.00	140.0	494.3	69.2	50.0
10 年小计	**2194.20**	**47.79**	**1048.70**	**915.10**	**1462.8**	**358.5**	**524.4**	**457.6**
占合计 %	**9.66**		**3.75**	**3.36**				
1960	238.00	29.79	70.90	50.00	158.7	223.4	35.5	25.0
1961	195.80	30.18	59.10	52.10	130.5	226.4	29.6	26.1
1962	156.10	32.16	50.20	43.30	104.1	241.2	25.1	21.7
1963	179.00	38.04	68.10	53.60	119.3	285.3	34.1	26.8
1964	203.70	43.15	87.90	79.10	135.8	323.6	44.0	39.6
1965	238.50	64.40	153.60	142.00	159.0	483.0	76.8	71.0
1966	253.00	62.69	158.60	146.20	168.7	470.2	79.3	73.1
1967	258.50	61.04	157.80	147.60	172.3	457.8	78.9	73.8
1968	241.40	56.75	137.00	108.40	160.9	425.6	68.5	54.2
1969	230.20	45.83	105.50	92.80	153.5	343.7	52.8	46.4
10 年小计	**2279.00**	**49.06**	**1118.10**	**1042.00**	**1519.3**	**368.0**	**559.1**	**521.0**
占合计 %	**10.03**		**4.00**	**3.82**				
1970	232.80	55.50	129.20	118.10	155.2	416.2	64.6	59.1
1971	234.20	52.99	124.10	118.30	156.1	397.4	62.1	59.2
1972	238.50	44.40	105.90	99.60	159.0	333.0	53.0	49.8
1973	228.40	58.80	134.30	126.80	152.3	441.0	67.2	63.4
1974	228.40	50.61	115.60	107.00	152.3	379.6	57.8	53.5
1975	221.50	42.17	93.40	84.40	147.7	316.3	46.7	42.2
1976	212.30	48.14	102.20	95.40	141.5	361.0	51.1	47.7
1977	215.10	45.33	97.50	89.90	143.4	340.0	48.8	45.0
1978	225.60	48.71	109.90	102.00	150.4	365.4	55.0	51.0
1979	242.20	43.77	106.00	100.50	161.5	328.2	53.0	50.3
10 年小计	**4299.00**	**90.47**	**3889.26**	**3794.22**	**2866.0**	**678.5**	**1944.6**	**1897.1**
占合计 %	**18.93**		**13.90**	**13.92**				
1980	271.80	58.28	158.40	159.20	181.2	437.1	79.2	79.6
1981	347.90	65.31	227.20	233.10	231.9	489.8	113.6	116.6
1982	427.70	68.32	292.20	287.70	285.1	512.4	146.1	143.9
1983	415.00	75.69	314.10	312.80	276.7	567.7	157.1	156.4
1984	422.20	91.09	384.60	389.40	281.5	683.2	192.3	194.7
1985	380.30	98.79	375.70	353.90	253.5	740.9	187.9	177.0
1986	414.50	104.27	432.20	402.50	276.3	782.0	216.1	201.3
1987	534.50	104.66	559.40	535.10	356.3	784.9	279.7	267.6
1988	534.40	104.07	556.16	544.56	356.3	780.5	278.1	272.3
1989	550.70	107.01	589.30	575.96	367.1	802.6	294.7	288.0
11 年小计	**12623.10**	**168.45**	**21263.95**	**21150.97**	**8415.4**	**1263.4**	**10632.0**	**10575.5**
占合计 %	**55.57**		**76.01**	**77.60**				
1990	652.80	143.63	937.60	1035.18	435.2	1077.2	468.8	517.6
1991	820.40	155.89	1278.90	1334.40	546.9	1169.2	639.5	667.2
1992	964.90	138.38	1335.25	1403.00	643.3	1037.9	667.6	701.5
1993	909.60	149.52	1360.00	1219.70	606.4	1121.4	680.0	609.9
1994	1125.00	156.80	1764.00	1686.30	750.0	1176.0	882.0	843.2
1995	1114.40	178.34	1987.40	1893.00	742.9	1337.5	993.7	946.5
1996	1199.00	156.86	1880.80	1571.59	799.3	1176.5	940.4	785.8
1997	1325.60	173.51	2300.00	2188.40	883.7	1301.3	1150.0	1094.2
1998	1499.00	186.79	2800.00	3011.40	999.3	1400.9	1400.0	1505.7
1999	1493.90	181.27	2708.00	2722.00	995.9	1359.5	1354.0	1361.0
2000	1518.50	191.77	2912.00	3086.00	1012.3	1438.3	1456.0	1543.0

2－2－16　新疆兵团历年棉花生产收购

年　度	国　内　单　位				国　际　单　位			
	棉田面积（万亩）	亩　产（市斤）	产　量（万担）	收购量（万担）	棉田面积（千顷）	单　产（公斤/公顷）	产　量（千吨）	收购量（千吨）
52年合计	**7766.07**	**144.07**	**11188.85**	**9845.53**	**5177.4**	**1080.6**	**5594.4**	**4922.8**
11年小计	**237.24**	**50.40**	**119.58**		**158.2**	**378.0**	**59.8**	
占合计％	**3.05**		**1.07**					
1949								
1950	3.66	20.77	0.76		2.4	155.7	0.4	
1951	6.64	41.11	2.73		4.4	308.4	1.4	
1952	20.13	31.59	6.36		13.4	237.0	3.2	
1953	5.77	75.22	4.34		3.8	564.1	2.2	
1954	6.60	55.00	3.63		4.4	412.5	1.8	
1955	13.78	79.83	11.00		9.2	598.7	5.5	
1956	34.00	57.94	19.70		22.7	434.6	9.9	
1957	39.04	51.90	20.26		26.0	389.2	10.1	
1958	52.45	46.31	24.29		35.0	347.3	12.1	
1959	55.17	48.05	26.51		36.8	360.4	13.3	
10年小计	**562.54**	**56.35**	**316.97**	**141.75**	**375.0**	**422.6**	**158.5**	**70.9**
占合计％	**7.24**		**2.83**	**1.44**				
1960	74.16	23.62	17.52		49.4	177.2	8.8	
1961	53.39	30.85	16.47	8.97	35.6	231.4	8.2	4.5
1962	29.69	40.32	11.97	7.59	19.8	302.4	6.0	3.8
1963	38.80	51.49	19.98	12.16	25.9	386.2	10.0	6.1
1964	48.76	66.12	32.24	26.74	32.5	495.9	16.1	13.4
1965	65.28	86.00	56.14	22.01	43.5	645.0	28.1	11.0
1966	63.71	78.01	49.70	17.43	42.5	585.1	24.9	8.7
1967	65.81	73.00	48.04	19.81	43.9	547.5	24.0	9.9
1968	60.95	55.37	33.75	12.40	40.6	415.3	16.9	6.2
1969	61.99	50.27	31.16	14.64	41.3	377.0	15.6	7.3
10年小计	**612.58**	**55.32**	**338.85**	**273.19**	**408.4**	**414.9**	**169.4**	**136.6**
占合计％	**7.89**		**3.03**	**2.77**				
1970	66.72	66.70	44.50	39.19	44.5	500.2	22.3	19.6
1971	62.46	69.68	43.52	41.41	41.6	522.6	21.8	20.7
1972	76.01	60.82	46.23	44.40	50.7	456.2	23.1	22.2
1973	63.20	64.29	40.63	38.17	42.1	482.2	20.3	19.1
1974	62.33	48.56	30.27	30.72	41.6	364.2	15.1	15.4
1975	41.34	37.64	15.56	11.48	27.6	282.3	7.8	5.7
1976	40.07	47.27	18.94		26.7	354.5	9.5	
1977	41.59	47.37	19.70		27.7	355.3	9.9	
1978	72.63	53.42	38.80	32.53	48.4	400.7	19.4	16.3
1979	86.23	47.20	40.70	35.29	57.5	354.0	20.4	17.6
10年小计	**1693.38**	**99.59**	**1686.41**	**1525.65**	**1128.9**	**746.9**	**843.2**	**762.8**
占合计％	**21.80**		**15.07**	**15.50**				
1980	97.11	71.37	69.31	64.57	64.7	535.3	34.7	32.3
1981	121.97	85.49	104.27	86.54	81.3	641.2	52.1	43.3
1982	172.53	82.12	141.69	104.96	115.0	615.9	70.8	52.5
1983	170.74	87.84	149.98	129.60	113.8	658.8	75.0	64.8
1984	176.39	100.66	177.55	151.33	117.6	754.9	88.8	75.7
1985	162.40	100.42	163.09	164.10	108.3	753.2	81.5	82.1
1986	180.96	109.63	198.38	180.06	120.6	822.2	99.2	90.0
1987	210.57	113.18	238.32	217.37	140.4	848.8	119.2	108.7
1988	197.62	105.47	208.43	197.79	131.7	791.0	104.2	98.9
1989	203.09	115.90	235.39	229.33	135.4	869.3	117.7	114.7
11年小计	**4660.33**	**187.26**	**8727.04**	**7904.94**	**3106.9**	**1404.5**	**4363.5**	**3952.5**
占合计％	**60.01**		**78.00**	**80.29**				
1990	255.00	152.80	389.65	455.46	170.0	1146.0	194.8	227.7
1991	318.30	146.83	467.35	456.99	212.2	1101.2	233.7	228.5
1992	334.40	141.61	473.54	461.67	222.9	1062.1	236.8	230.8
1993	323.88	151.81	491.67	491.68	215.9	1138.5	245.8	245.8
1994	405.53	164.19	665.83	642.58	270.4	1231.4	332.9	321.3
1995	399.05	191.39	763.76	689.01	266.0	1435.5	381.9	344.5
1996	426.36	173.10	738.04	518.85	284.2	1298.3	369.0	259.4
1997	474.16	199.68	946.78	833.91	316.1	1497.6	473.4	417.0
1998	543.84	219.55	1194.02	1168.14	362.6	1646.7	597.0	584.1
1999	572.07	214.08	1224.69	1210.80	381.4	1605.6	612.3	605.4
2000	607.74	225.71	1371.71	975.85	405.2	1692.8	685.9	487.9

2-2-17 辽宁省历年棉花生产收购

年 度	国内单位				国际单位			
	棉田面积（万亩）	亩产（市斤）	产量（万担）	收购量（万担）	棉田面积（千顷）	单产（公斤/公顷）	产量（千吨）	收购量（千吨）
52 年合计	**8336.60**	**38.45**	**3205.62**	**2681.84**	**5557.7**	**288.4**	**1602.8**	**1340.9**
11 年小计	**4078.60**	**28.00**	**1141.90**	**910.90**	**2719.1**	**210.0**	**571.0**	**455.5**
占合计 %	**48.92**		**35.62**	**33.97**				
1949	184.20	14.77	27.20		122.8	110.7	13.6	
1950	349.70	25.28	88.40	56.80	233.1	189.6	44.2	28.4
1951	671.70	20.38	136.90	106.00	447.8	152.9	68.5	53.0
1952	610.50	30.06	183.50	160.40	407.0	225.4	91.8	80.2
1953	405.30	32.08	130.00	123.60	270.2	240.6	65.0	61.8
1954	410.90	17.40	71.50	57.60	273.9	130.5	35.8	28.8
1955	233.30	28.46	66.40	47.50	155.5	213.5	33.2	23.8
1956	320.60	42.11	135.00	106.60	213.7	315.8	67.5	53.3
1957	292.80	27.56	80.70	63.90	195.2	206.7	40.4	32.0
1958	309.70	38.75	120.00	107.50	206.5	290.6	60.0	53.8
1959	289.90	35.29	102.30	81.00	193.3	264.7	51.2	40.5
10 年小计	**1691.00**	**37.60**	**635.90**	**581.00**	**1127.3**	**282.0**	**318.0**	**290.5**
占合计 %	**20.28**		**19.84**	**21.66**				
1960	240.80	15.37	37.00	32.10	160.5	115.2	18.5	16.1
1961	141.60	13.77	19.50	13.30	94.4	103.3	9.8	6.7
1962	105.80	19.19	20.30	18.30	70.5	143.9	10.2	9.2
1963	124.50	30.68	38.20	34.70	83.0	230.1	19.1	17.4
1964	173.20	36.43	63.10	59.20	115.5	273.2	31.6	29.6
1965	184.10	47.37	87.20	80.70	122.7	355.2	43.6	40.4
1966	188.00	56.54	106.30	94.50	125.3	424.1	53.2	47.3
1967	178.00	55.56	98.90	94.00	118.7	416.7	49.5	47.0
1968	185.30	52.19	96.70	91.10	123.5	391.4	48.4	45.6
1969	169.70	40.48	68.70	63.10	113.1	303.6	34.4	31.6
10 年小计	**1610.70**	**34.64**	**558.00**	**501.30**	**1073.8**	**259.8**	**279.0**	**250.7**
占合计 %	**19.32**		**17.41**	**18.69**				
1970	163.00	47.24	77.00	69.00	108.7	354.3	38.5	34.5
1971	175.60	43.00	75.50	67.60	117.1	322.5	37.8	33.8
1972	181.80	28.44	51.70	47.10	121.2	213.3	25.9	23.6
1973	185.30	38.05	70.50	65.20	123.5	285.3	35.3	32.6
1974	190.20	37.91	72.10	66.30	126.8	284.3	36.1	33.2
1975	184.50	39.24	72.40	66.50	123.0	294.3	36.2	33.3
1976	188.70	11.82	22.30	19.30	125.8	88.6	11.2	9.7
1977	134.90	27.58	37.20	31.30	89.9	206.8	18.6	15.7
1978	152.20	31.21	47.50	40.60	101.5	234.1	23.8	20.3
1979	54.50	58.35	31.80	28.40	36.3	437.6	15.9	14.2
10 年小计	**509.80**	**93.40**	**476.16**	**437.14**	**339.9**	**700.5**	**238.1**	**218.6**
占合计 %	**6.12**		**14.85**	**16.30**				
1980	57.70	74.00	42.70	39.40	38.5	555.0	21.4	19.7
1981	58.70	74.96	44.00	42.80	39.1	562.2	22.0	21.4
1982	69.70	66.86	46.60	45.30	46.5	501.4	23.3	22.7
1983	82.00	126.83	104.00	101.10	54.7	951.2	52.0	50.6
1984	109.40	120.84	132.20	127.60	72.9	906.3	66.1	63.8
1985	58.70	82.28	48.30	38.50	39.1	617.1	24.2	19.3
1986	26.90	86.62	23.30	16.00	17.9	649.6	11.7	8.0
1987	6.90	97.10	6.70	6.40	4.6	728.3	3.4	3.2
1988	15.50	82.32	12.76	8.30	10.3	617.4	6.4	4.2
1989	24.30	64.20	15.60	11.74	16.2	481.5	7.8	5.9
11 年小计	**446.50**	**88.17**	**393.66**	**251.50**	**297.7**	**661.2**	**196.8**	**125.8**
占合计 %	**5.36**		**12.28**	**9.38**				
1990	28.60	95.10	27.20	23.24	19.1	713.3	13.6	11.6
1991	83.00	101.17	83.97	65.62	55.3	758.8	42.0	32.8
1992	112.40	49.72	55.89	42.00	74.9	372.9	27.9	21.0
1993	36.90	102.98	38.00	21.60	24.6	772.4	19.0	10.8
1994	39.00	85.90	33.50	12.16	26.0	644.2	16.8	6.1
1995	46.50	101.72	47.30	16.70	31.0	762.9	23.7	8.4
1996	18.60	116.13	21.60	6.68	12.4	871.0	10.8	3.3
1997	29.30	102.73	30.10	16.80	19.5	770.5	15.1	8.4
1998	30.80	116.23	35.80	26.70	20.5	871.8	17.9	13.4
1999	10.40	87.50	9.10	12.00	6.9	656.3	4.6	6.0
2000	11.00	101.82	11.20	8.00	7.3	763.6	5.6	4.0

2－2－18　甘肃省历年棉花生产收购

年　度	国　内　单　位				国　际　单　位			
	棉田面积（万亩）	亩　产（市斤）	产　量（万担）	收购量（万担）	棉田面积（千顷）	单　产（公斤/公顷）	产　量（千吨）	收购量（千吨）
52 年合计	**1218.80**	**80.05**	**975.60**	**767.00**	**812.5**	**600.3**	**487.8**	**383.5**
11 年小计	**380.00**	**32.55**	**123.70**	**55.00**	**253.3**	**244.1**	**61.9**	**27.5**
占合计 %	**31.18**		**12.68**	**7.17**				
1949	25.10	19.92	5.00		16.7	149.4	2.5	
1950	29.70	24.92	7.40		19.8	186.9	3.7	
1951	24.20	36.36	8.80		16.1	272.7	4.4	
1952	33.00	23.03	7.60		22.0	172.7	3.8	
1953	26.00	22.31	5.80		17.3	167.3	2.9	
1954	23.90	25.52	6.10	3.10	15.9	191.4	3.1	1.6
1955	27.30	41.39	11.30	2.20	18.2	310.4	5.7	1.1
1956	44.60	42.60	19.00	11.70	29.7	319.5	9.5	5.9
1957	36.60	45.90	16.80	10.70	24.4	344.3	8.4	5.4
1958	53.40	35.39	18.90	14.40	35.6	265.4	9.5	7.2
1959	56.20	30.25	17.00	12.90	37.5	226.9	8.5	6.5
10 年小计	**215.30**	**24.94**	**53.70**	**47.70**	**143.5**	**187.1**	**26.9**	**23.9**
占合计 %	**17.66**		**5.50**	**6.22**				
1960	71.60	12.71	9.10	7.50	47.7	95.3	4.6	3.8
1961	15.70	11.46	1.80	1.70	10.5	86.0	0.9	0.9
1962	13.70	9.49	1.30	1.00	9.1	71.2	0.7	0.5
1963	15.10	23.84	3.60	2.70	10.1	178.8	1.8	1.4
1964	17.20	29.65	5.10	4.10	11.5	222.4	2.6	2.1
1965	17.80	40.45	7.20	5.70	11.9	303.4	3.6	2.9
1966	16.60	43.37	7.20	6.50	11.1	325.3	3.6	3.3
1967	16.70	41.32	6.90	5.20	11.1	309.9	3.5	2.6
1968	15.40	34.42	5.30	7.70	10.3	258.1	2.7	3.9
1969	15.50	40.00	6.20	5.60	10.3	300.0	3.1	2.8
10 年小计	**218.60**	**33.49**	**73.20**	**63.50**	**145.7**	**251.1**	**36.6**	**31.8**
占合计 %	**17.94**		**7.50**	**8.28**				
1970	25.90	35.14	9.10	6.40	17.3	263.5	4.6	3.2
1971	25.00	30.80	7.70	6.60	16.7	231.0	3.9	3.3
1972	29.90	31.10	9.30	8.10	19.9	233.3	4.7	4.1
1973	24.40	33.20	8.10	7.20	16.3	249.0	4.1	3.6
1974	23.20	33.62	7.80	6.90	15.5	252.2	3.9	3.5
1975	22.80	27.63	6.30	5.70	15.2	207.2	3.2	2.9
1976	22.70	29.96	6.80	6.20	15.1	224.7	3.4	3.1
1977	18.20	40.11	7.30	6.60	12.1	300.8	3.7	3.3
1978	16.00	42.50	6.80	6.00	10.7	318.8	3.4	3.0
1979	10.50	38.10	4.00	3.80	7.0	285.7	2.0	1.9
10 年小计	**86.70**	**115.11**	**99.80**	**88.20**	**57.8**	**863.3**	**49.9**	**44.1**
占合计 %	**7.11**		**10.23**	**11.50**				
1980	8.40	64.29	5.40	5.00	5.6	482.1	2.7	2.5
1981	8.40	95.24	8.00	7.90	5.6	714.3	4.0	4.0
1982	9.50	98.95	9.40	9.20	6.3	742.1	4.7	4.6
1983	11.00	120.00	13.20	12.60	7.3	900.0	6.6	6.3
1984	11.90	130.25	15.50	14.60	7.9	976.9	7.8	7.3
1985	8.70	118.39	10.30	8.10	5.8	887.9	5.2	4.1
1986	7.70	93.51	7.20	6.30	5.1	701.3	3.6	3.2
1987	7.20	138.89	10.00	8.40	4.8	1041.7	5.0	4.2
1988	7.10	143.66	10.20	8.20	4.7	1077.5	5.1	4.1
1989	6.80	155.88	10.60	7.90	4.5	1169.1	5.3	4.0
11 年小计	**318.20**	**196.48**	**625.20**	**512.60**	**212.1**	**1473.6**	**312.6**	**256.3**
占合计 %	**26.11**		**64.08**	**66.83**				
1990	8.90	178.65	15.90	15.40	5.9	1339.9	8.0	7.7
1991	11.90	206.72	24.60	22.70	7.9	1550.4	12.3	11.4
1992	18.90	185.71	35.10	30.70	12.6	1392.9	17.6	15.4
1993	18.10	143.65	26.00	21.90	12.1	1077.3	13.0	11.0
1994	22.50	157.78	35.50	31.50	15.0	1183.3	17.8	15.8
1995	27.00	169.63	45.80	42.00	18.0	1272.2	22.9	21.0
1996	29.90	171.91	51.40	42.00	19.9	1289.3	25.7	21.0
1997	32.10	210.59	67.60	65.90	21.4	1579.4	33.8	33.0
1998	50.30	242.54	122.00	76.30	33.5	1819.1	61.0	38.2
1999	46.50	185.59	86.30	46.20	31.0	1391.9	43.2	23.1
2000	52.10	220.73	115.00	118.00	34.7	1655.5	57.5	59.0

2-2-19 天津市历年棉花生产收购

年　度	国内单位				国际单位			
	棉田面积（万亩）	亩　产（市斤）	产　量（万担）	收购量（万担）	棉田面积（千顷）	单　产（公斤/公顷）	产　量（千吨）	收购量（千吨）
52 年合计	**693.80**	**80.64**	**559.45**	**372.89**	**462.5**	**604.8**	**279.7**	**186.4**
11 年小计								
占合计 %								
1949								
1950								
1951								
1952								
1953								
1954								
1955								
1956								
1957								
1958								
1959								
10 年小计	**9.70**	**47.42**	**4.60**		**6.5**	**31.6**	**2.3**	
占合计 %	**1.40**		**0.82**					
1960								
1961								
1962								
1963								
1964								
1965								
1966	2.90	41.38	1.20		1.9	27.6	0.6	
1967	2.70	59.26	1.60		1.8	39.5	0.8	
1968	2.00	65.00	1.30		1.3	43.3	0.7	
1969	2.10	23.81	0.50		1.4	15.9	0.3	
10 年小计	**165.40**	**35.85**	**59.30**	**38.60**	**110.3**	**23.9**	**29.7**	**19.3**
占合计 %	**23.84**		**10.60**	**9.67**				
1970	2.40	41.67	1.00		1.6	27.8	0.5	
1971	1.50	40.00	0.60		1.0	26.7	0.3	
1972	1.00	30.00	0.30	5.20	0.7	20.0	0.2	2.6
1973	0.70	1457.14	10.20	9.30	0.5	971.4	5.1	4.7
1974	26.90	37.17	10.00	8.20	17.9	24.8	5.0	4.1
1975	31.00	35.16	10.90	8.30	20.7	23.4	5.5	4.2
1976	29.50	14.24	4.20	2.40	19.7	9.5	2.1	1.2
1977	28.80	11.81	3.40	1.70	19.2	7.9	1.7	0.9
1978	28.40	58.10	16.50	2.60	18.9	38.7	8.3	1.3
1979	15.20	14.47	2.20	0.90	10.1	9.6	1.1	0.5
10 年小计	**271.70**	**90.98**	**247.18**	**171.18**	**181.1**	**60.7**	**123.6**	**85.6**
占合计 %	**39.16**		**44.18**	**42.89**				
1980	12.50	25.60	3.20	1.60	8.3	17.1	1.6	0.8
1981	14.80	30.41	4.50	2.50	9.9	20.3	2.3	1.3
1982	15.70	57.32	9.00	7.20	10.5	38.2	4.5	3.6
1983	27.20	83.46	22.70	21.40	18.1	55.6	11.4	10.7
1984	57.30	114.83	65.80	57.00	38.2	76.6	32.9	28.5
1985	43.10	110.44	47.60	26.10	28.7	73.6	23.8	13.1
1986	27.60	96.74	26.70	16.70	18.4	64.5	13.4	8.4
1987	24.00	106.67	25.60	16.10	16.0	71.1	12.8	8.1
1988	27.20	74.19	20.18	11.30	18.1	49.5	10.1	5.7
1989	22.30	98.21	21.90	11.28	14.9	65.5	11.0	5.6
11 年小计	**247.00**	**100.58**	**248.37**	**163.11**	**164.7**	**67.1**	**124.2**	**81.6**
占合计 %	**35.60**		**44.40**	**47.44**				
1990	26.70	114.61	30.60	25.10	17.8	76.4	15.3	12.6
1991	44.80	113.75	50.96	40.65	29.9	75.8	25.5	20.3
1992	43.20	75.49	32.61	15.00	28.8	50.3	16.3	7.5
1993	14.70	108.84	16.00	8.30	9.8	72.6	8.0	4.2
1994	34.50	53.91	18.60	14.36	23.0	35.9	9.3	7.2
1995	25.80	86.82	22.40	4.50	17.2	57.9	11.2	2.3
1996	9.80	104.08	10.20	3.20	6.5	69.4	5.1	1.6
1997	6.60	119.70	7.90	1.60	4.4	79.8	4.0	0.8
1998	9.20	136.96	12.60	10.40	6.1	91.3	6.3	5.2
1999	9.00	126.67	11.40	20.00	6.0	84.4	5.7	10.0
2000	22.70	154.97	35.10	20.00	15.1	103.3	17.6	10.0

2－2－20 北京市历年棉花生产收购

年　度	国内单位				国际单位			
	棉田面积（万亩）	亩　产（市斤）	产　量（万担）	收购量（万担）	棉田面积（千顷）	单　产（公斤/公顷）	产　量（千吨）	收购量（千吨）
52 年合计	**1062.70**	**52.25**	**513.01**	**338.23**	**708.5**	**362.0**	**256.5**	**169.1**
11 年小计	**457.60**	**29.57**	**135.30**	**41.30**	**305.1**	**221.8**	**67.7**	**20.7**
占合计 %	**43.06**		**26.37**	**12.21**				
1949	23.90		4.60		15.9	144.4	2.3	
1950	30.00	53.00	15.90	1.00	20.0	397.5	8.0	0.5
1951	34.60	30.92	10.70	2.90	23.1	231.9	5.4	1.5
1952	46.60	35.41	16.50	2.90	31.1	265.6	8.3	1.5
1953	29.30	35.15	10.30	3.90	19.5	263.7	5.2	2.0
1954	60.90	19.70	12.00	1.10	40.6	147.8	6.0	0.6
1955	63.30	31.28	19.80	3.30	42.2	234.6	9.9	1.7
1956	64.40	18.48	11.90	2.60	42.9	138.6	6.0	1.3
1957	42.40	30.19	12.80	4.20	28.3	226.4	6.4	2.1
1958	40.00	39.00	15.60	14.60	26.7	292.5	7.8	7.3
1959	22.20	23.42	5.20	4.80	14.8	175.7	2.6	2.4
10 年小计	**250.20**	**45.24**	**113.20**	**97.90**	**166.8**	**339.3**	**56.6**	**49.0**
占合计 %	**23.54**		**22.07**	**28.94**				
1960	18.20	24.73	4.50	3.50	12.1	185.4	2.3	1.8
1961	17.60	23.86	4.20	3.60	11.7	179.0	2.1	1.8
1962	18.90	30.16	5.70	5.70	12.6	226.2	2.9	2.9
1963	22.70	46.26	10.50	9.70	15.1	346.9	5.3	4.9
1964	27.10	51.29	13.90	13.10	18.1	384.7	7.0	6.6
1965	28.70	63.41	18.20	15.80	19.1	475.6	9.1	7.9
1966	30.60	46.08	14.10	12.00	20.4	345.6	7.1	6.0
1967	28.80	44.44	12.80	10.40	19.2	333.3	6.4	5.2
1968	27.70	63.54	17.60	14.60	18.5	476.5	8.8	7.3
1969	29.90	39.13	11.70	9.50	19.9	293.5	5.9	4.8
10 年小计	**255.90**	**58.81**	**150.50**	**129.20**	**170.6**	**441.1**	**75.3**	**64.6**
占合计 %	**24.08**		**29.34**	**38.20**				
1970	30.70	75.24	23.10	20.60	20.5	564.3	11.6	10.3
1971	30.80	80.52	24.80	22.60	20.5	603.9	12.4	11.3
1972	30.10	46.51	14.00	11.60	20.1	348.8	7.0	5.8
1973	30.80	66.88	20.60	18.30	20.5	501.6	10.3	9.2
1974	30.30	74.26	22.50	19.80	20.2	556.9	11.3	9.9
1975	30.10	63.12	19.00	16.40	20.1	473.4	9.5	8.2
1976	29.70	25.59	7.60	5.50	19.8	191.9	3.8	2.8
1977	19.70	54.31	10.70	8.50	13.1	407.4	5.4	4.3
1978	20.00	34.50	6.90	4.90	13.3	258.8	3.5	2.5
1979	3.70	35.14	1.30	1.00	2.5	263.5	0.7	0.5
10 年小计	**49.50**	**3.84**	**49.88**	**39.34**	**33.0**	**755.8**	**24.9**	**19.7**
占合计 %	**4.66**		**9.72**	**11.63**				
1980	3.20	59.38	1.90	1.50	2.1	445.3	1.0	0.8
1981	3.20	43.75	1.40	1.10	2.1	328.1	0.7	0.6
1982	3.00	70.00	2.10	2.00	2.0	525.0	1.1	1.0
1983	5.10	80.39	4.10	3.50	3.4	602.9	2.1	1.8
1984	9.50	120.00	11.40	9.00	6.3	900.0	5.7	4.5
1985	7.60	114.47	8.70	7.00	5.1	858.6	4.4	3.5
1986	4.40	97.73	4.30	3.50	2.9	733.0	2.2	1.8
1987	4.30	123.26	5.30	4.60	2.9	924.4	2.7	2.3
1988	5.10	107.45	5.48	3.48	3.4	805.9	2.7	1.7
1989	4.10	126.83	5.20	3.66	2.7	951.2	2.6	1.8
11 年小计	**49.50**	**129.49**	**64.13**	**30.49**	**33.0**	**971.2**	**32.1**	**15.2**
占合计 %	**4.66**		**12.50**	**9.01**				
1990	5.10	135.29	6.90	5.00	3.4	1014.7	3.5	2.5
1991	5.80	118.97	6.90	7.07	3.9	892.2	3.5	3.5
1992	6.90	139.13	9.60	2.88	4.6	1043.5	4.8	1.4
1993	6.20	129.03	8.00	0.90	4.1	967.7	4.0	0.5
1994	6.00	123.33	7.40	0.84	4.0	925.0	3.7	0.4
1995	5.00	104.00	5.20	3.10	3.3	780.0	2.6	1.6
1996	2.70	188.89	5.10	1.60	1.8	1416.7	2.6	0.8
1997	3.30	136.36	4.50	2.50	2.2	1022.7	2.3	1.3
1998	3.20	112.50	3.60	2.50	2.1	843.8	1.8	1.3
1999	2.90	131.03	3.80	2.10	1.9	982.8	1.9	1.1
2000	2.40	129.17	3.10	2.00	1.6	968.8	1.6	1.0

2-2-21 云南省历年棉花生产收购

年 度	国内单位				国际单位			
	棉田面积（万亩）	亩 产（市斤）	产 量（万担）	收购量（万担）	棉田面积（千顷）	单 产（公斤/公顷）	产 量（千吨）	收购量（千吨）
52年合计	**816.83**	**27.98**	**228.51**	**192.76**	**544.6**	**209.8**	**114.3**	**96.4**
11年小计	**322.53**	**22.91**	**73.88**	**61.66**	**215.0**	**171.8**	**36.9**	**30.8**
占合计%	**39.49**		**33.33**	**31.99**				
1949								
1950								
1951								
1952	27.66	17.72	4.90	3.35	18.4	132.9	2.5	1.7
1953	30.78	17.84	5.49	2.61	20.5	133.8	2.7	1.3
1954	28.18	14.69	4.14	4.80	18.8	110.2	2.1	2.4
1955	36.57	15.86	5.80	4.11	24.4	118.9	2.9	2.1
1956	39.24	25.23	9.90	6.61	26.2	189.2	5.0	3.3
1957	36.44	19.10	6.96	6.36	24.3	143.2	3.5	3.2
1958	47.69	29.57	14.10	10.69	31.8	221.7	7.1	5.3
1959	75.97	29.74	22.59	23.13	50.6	223.0	11.3	11.6
10年小计	**302.22**	**31.22**	**94.36**	**84.43**	**201.5**	**234.2**	**47.2**	**42.2**
占合计%	**37.00**		**41.29**	**43.80**				
1960	57.95	19.31	11.19	11.11	38.6	144.8	5.6	5.6
1961	29.60	17.23	5.10	5.12	19.7	129.2	2.6	2.6
1962	28.75	25.95	7.46	6.48	19.2	194.6	3.7	3.2
1963	31.50	28.03	8.83	8.24	21.0	210.2	4.4	4.1
1964	29.85	39.50	11.79	11.04	19.9	296.2	5.9	5.5
1965	28.86	39.22	11.32	10.16	19.2	294.2	5.7	5.1
1966	27.31	38.41	10.49	8.88	18.2	288.1	5.2	4.4
1967	24.05	45.57	10.96	9.08	16.0	341.8	5.5	4.5
1968	21.82	36.94	8.06	6.46	14.5	277.0	4.0	3.2
1969	22.53	40.66	9.16	7.86	15.0	304.9	4.6	3.9
10年小计	**182.58**	**30.11**	**54.97**	**46.67**	**121.7**	**225.8**	**27.5**	**23.3**
占合计%	**22.35**		**24.06**	**24.21**				
1970	27.09	39.76	10.77	9.01	18.1	298.2	5.4	4.5
1971	33.12	26.69	8.84	7.83	22.1	200.2	4.4	3.9
1972	27.49	23.46	6.45	5.60	18.3	176.0	3.2	2.8
1973	22.48	27.27	6.13	5.18	15.0	204.5	3.1	2.6
1974	21.65	24.48	5.30	5.10	14.4	183.6	2.7	2.6
1975	13.07	30.91	4.04	3.14	8.7	231.8	2.0	1.6
1976	11.69	30.71	3.59	3.03	7.8	230.3	1.8	1.5
1977	9.53	31.37	2.99	2.17	6.4	235.3	1.5	1.1
1978	8.55	41.87	3.58	2.90	5.7	314.0	1.8	1.5
1979	7.91	41.47	3.28	2.71	5.3	311.0	1.6	1.4
10年小计								
占合计%								
1980								
1981								
1982								
1983								
1984								
1985								
1986								
1987								
1988								
1989								
11年小计	**9.50**	**55.79**	**5.30**		**6.3**	**418.4**	**2.7**	
占合计%	**1.16**		**2.32**					
1990								
1991								
1992								
1993								
1994								
1995								
1996								
1997	2.60	53.85	1.40		1.7	403.8	0.7	
1998	2.70	55.56	1.50		1.8	416.7	0.8	
1999	2.40	54.17	1.30		1.6	406.3	0.7	
2000	1.80	61.11	1.10		1.2	458.3	0.6	

第三部分

全国各地区产棉县棉花生产收购比重

3－1－1　全国各地区1949－2000年产棉县棉花

地　　区	全　国　统　计				产棉县（个）
	棉田面积（万亩）	亩　产（市斤）	产　量（万担）	收购量（万担）	
全国合计	**394630.60**	**71.90**	**283751.59**	**242856.26**	**742**
南方产区	**151582.20**	**79.56**	**120604.98**	**107305.79**	**274**
占合计%	**38.42**		**42.50**	**44.18**	
上　海	5931.40	86.58	5135.53	4616.59	11
浙　江	6389.10	95.07	6074.42	5321.65	12
江　苏	41853.70	87.92	36797.62	34594.04	67
湖　北	40678.00	84.71	34457.16	31097.95	55
安　徽	21900.40	64.20	14059.96	11449.37	44
四　川	16855.30	58.98	9940.74	8305.86	20
江　西	7127.50	73.47	5236.72	4371.88	25
湖　南	10846.80	82.08	8902.83	7548.45	40
北方产区	**237821.70**	**67.51**	**160563.51**	**133757.55**	**443**
占合计%	**60.26**		**56.59**	**55.08**	
河　北	56492.50	55.00	31068.62	26034.40	116
山　东	61599.80	72.53	44676.58	37971.14	98
河　南	56800.50	66.70	37888.36	26634.32	89
陕　西	16096.30	47.66	7672.01	6480.11	27
山　西	15781.50	51.17	8075.41	6697.75	35
新　疆	22714.50	123.17	27976.91	27257.99	54
#兵团	7766.07	144.07	11188.85	9845.53	11
辽　宁	8336.60	38.45	3205.62	2681.84	13
分散产区	**5226.70**	**49.42**	**2583.10**	**1792.92**	**25**
占合计%	**1.32**		**0.91**	**0.74**	
甘　肃	1218.80	80.05	975.59	767.01	8
天　津	693.80	80.64	559.45	372.89	5
北　京	1063.00	48.26	513.01	338.23	6
云　南	816.83	27.98	228.51	192.76	6

注：1. 全国统计中新疆自治区数内含新疆兵团。

2. 产棉县市统计中新疆自治区数内不含新疆兵团。（下表同）

3. 全国统计分散产区内含福建、内蒙、贵州、吉林、重庆等省市区未单独列出。

生产收购比重

产棉县统计							
棉田面积（万亩）	占比例（%）	亩产（市斤）	增减比较（±市斤）	产量（万担）	占比例（%）	收购量（万担）	占比例（%）
365016.90	**92.50**	**75.68**	**3.77**	**276231.10**	**97.35**	**229843.65**	**94.64**
136602.01	**90.12**	**83.91**	**4.34**	**114616.85**	**95.03**	**99942.79**	**93.14**
37.43				**41.49**		**43.48**	
5766.50	97.22	88.80	2.22	5120.75	99.71	4457.02	96.54
5011.53	78.44	96.46	1.39	4834.12	79.58	4358.43	81.90
41191.11	98.42	88.49	0.57	36448.06	99.05	33298.50	96.26
37647.43	92.55	88.61	3.90	33359.41	96.81	29610.82	95.22
19153.23	87.46	70.05	5.85	13417.39	95.43	10360.72	90.49
13166.01	78.11	66.42	7.44	8744.51	87.97	7181.87	86.47
5921.12	83.07	81.62	8.14	4832.59	92.28	3909.42	89.42
8745.08	80.62	89.88	7.80	7860.02	88.29	6766.00	89.63
225008.85	**94.61**	**70.91**	**3.39**	**159547.01**	**99.37**	**128263.37**	**95.89**
61.64				**57.76**		**55.80**	
55444.78	98.15	55.09	0.10	30546.65	98.32	24855.28	95.47
62217.11	101.00	73.32	0.79	45616.12	102.10	37348.06	98.36
52659.17	92.71	72.39	5.69	38121.86	100.62	25930.24	97.36
13875.51	86.20	51.35	3.69	7125.26	92.87	5726.46	88.37
14972.34	94.87	53.28	2.11	7977.67	98.79	6350.45	94.81
15116.80	66.55	116.50	-6.67	17610.98	62.95	17395.34	63.82
7742.21	99.69	143.99	-0.08	11147.98	99.63	9531.10	96.81
2980.92	35.76	46.98	8.53	1400.48	43.69	1126.43	42.00
3406.04	**65.17**	**60.69**	**11.27**	**2067.23**	**80.03**	**1637.48**	**91.33**
0.93				**0.75**		**0.72**	
767.73	62.99	102.53	22.49	787.16	80.69	645.80	84.20
1210.20	174.43	54.66	-25.98	661.49	118.24	460.86	123.59
994.73	93.58	45.90	-2.37	456.53	88.99	379.05	112.07
433.38	53.06	37.39	9.42	162.05	70.92	151.77	78.74

3-1-2　全国各地区1949-1959年产棉县棉花

地　区	全　国　统　计				产棉县（个）
	棉田面积（万亩）	亩　产（市斤）	产　量（万担）	收购量（万担）	
全国合计	**85694.30**	**32.66**	**27983.80**	**21726.10**	**742**
南方产区	**30125.00**	**31.92**	**9616.70**	**7916.30**	**274**
占合计%	**35.15**		**34.37**	**36.44**	
上　海	2091.00	41.76	873.20	473.20	11
浙　江	1328.90	45.56	605.40	528.40	12
江　苏	7999.80	32.38	2590.50	2697.30	67
湖　北	8586.90	34.72	2981.20	2444.20	55
安　徽	3161.50	21.69	685.70	374.60	44
四　川	4336.50	26.92	1167.20	885.10	20
江　西	974.20	29.84	290.70	219.00	25
湖　南	1646.20	25.68	422.80	294.50	40
北方产区	**53660.40**	**33.42**	**17935.10**	**13640.60**	**443**
占合计%	**62.62**		**64.09**	**62.78**	**60**
河　北	16098.50	34.53	5558.30	4603.00	116
山　东	11167.10	32.33	3610.10	2408.30	98
河　南	12045.50	27.59	3323.30	2355.50	89
陕　西	4668.40	41.38	1932.00	1600.80	27
山　西	4283.10	39.99	1712.60	1406.40	35
新　疆	1319.20	49.80	656.90	355.70	54
#兵团	237.24	50.40	119.58		11
辽　宁	4078.60	28.00	1141.90	910.90	13
分散产区	**1908.90**	**22.63**	**432.00**	**169.20**	**25**
占合计%	**2.23**		**1.54**	**0.78**	
甘　肃	380.00	32.55	123.70	55.00	8
天　津					5
北　京	457.60	29.57	135.30	41.30	6
云　南	322.53	22.91	73.88	61.66	6

生产收购比重

产棉县统计							
棉田面积（万亩）	占比例（%）	亩产（市斤）	增减比较（±市斤）	产量（万担）	占比例（%）	收购量（万担）	占比例（%）
73308.51	**85.55**	**33.92**	**1.26**	**24865.81**	**88.86**	**18043.61**	**83.05**
26029.36	**86.40**	**34.13**	**2.21**	**8884.35**	**92.38**	**6901.67**	**87.18**
35.50				**35.73**		**38.25**	
1925.02	92.06	46.24	4.48	890.11	101.94	341.24	72.11
1052.22	79.18	51.04	5.48	537.00	88.70	492.89	93.28
7885.75	98.57	33.03	0.64	2604.38	100.54	2319.48	85.99
7719.61	89.90	37.05	2.33	2860.02	95.94	2297.81	94.01
2721.86	86.09	22.13	0.44	602.40	87.85	371.76	99.24
2827.53	65.20	30.05	3.13	849.53	72.78	679.70	76.79
701.87	72.05	30.92	1.08	217.03	74.66	157.44	71.89
1195.49	72.62	27.09	1.41	323.88	76.60	241.35	81.95
46350.32	**86.38**	**33.95**	**0.53**	**15737.47**	**87.75**	**10935.32**	**80.17**
63.23				**63.29**		**60.60**	
15481.97	96.17	33.77	-0.76	5227.89	94.06	3694.01	80.25
11149.08	99.84	31.95	-0.38	3562.20	98.67	2351.24	97.63
9842.64	81.71	27.77	0.18	2733.12	82.24	1931.44	82.00
3554.28	76.13	46.44	5.06	1650.73	85.44	1250.02	78.09
3872.60	90.42	42.39	2.40	1641.41	95.84	1198.92	85.25
1045.11	79.22	40.19	-9.60	420.05	63.94	231.58	65.11
237.24	100.00	50.43	0.03	119.65	100.06		
1167.39	28.62	32.76	4.76	382.42	33.49	278.11	30.53
928.83	**48.66**	**26.27**	**3.64**	**243.99**	**56.48**	**206.62**	**122.12**
1.27				**0.98**		**1.15**	
143.87	37.86	30.03	-2.52	43.21	34.93	39.53	71.87
274.13		21.12	21.12	57.90		45.37	
382.34	83.55	26.89	-2.68	102.80	75.98	86.61	209.71
128.49	39.84	31.19	8.29	40.08	54.25	35.11	56.94

3-1-3 全国各地区1960-1969年产棉县棉花

地区	全国统计				产棉县（个）
	棉田面积（万亩）	亩产（市斤）	产量（万担）	收购量（万担）	
全国合计	**70168.10**	**47.13**	**33068.00**	**30381.60**	**742**
南方产区	**29610.80**	**62.89**	**18621.80**	**17705.90**	**274**
占合计%	**42.20**		**56.31**	**58.28**	
上海	1288.40	105.71	1362.00	1364.60	11
浙江	1441.00	99.08	1427.70	1343.40	12
江苏	7903.80	67.55	5339.00	5209.20	67
湖北	8314.60	67.99	5653.40	5472.50	55
安徽	3327.00	42.29	1407.00	1177.10	44
四川	4020.00	47.23	1898.80	1771.20	20
江西	1454.40	45.92	667.80	625.10	25
湖南	1861.60	46.52	866.10	742.80	40
北方产区	**39435.20**	**35.80**	**14119.60**	**12359.00**	**443**
占合计%	**56.20**		**42.70**	**40.68**	**60**
河北	10507.10	33.30	3499.10	3112.00	116
山东	9073.80	31.66	2873.00	2451.80	98
河南	8308.80	36.10	2999.80	2429.90	89
陕西	3939.00	40.00	1575.60	1465.80	27
山西	3721.30	39.97	1487.50	1403.40	35
新疆	2194.20	47.79	1048.70	915.10	54
#兵团	562.54	56.35	316.97	141.75	11
辽宁	1691.00	37.60	635.90	581.00	13
分散产区	**1122.10**	**29.11**	**326.60**	**316.70**	**25**
占合计%	**1.60**		**0.99**	**1.04**	
甘肃	215.30	24.94	53.70	47.70	8
天津	9.70	47.42	4.60		5
北京	250.20	45.24	113.20	97.90	6
云南	302.22	31.22	94.36	84.43	6

生产收购比重

产棉县统计							
棉田面积（万亩）	占比例（%）	亩产（市斤）	增减比较（±市斤）	产量（万担）	占比例（%）	收购量（万担）	占比例（%）
62035.64	**88.41**	**49.19**	**2.06**	**30512.69**	**92.27**	**27805.02**	**91.52**
25462.24	**85.99**	**66.85**	**3.96**	**17020.56**	**91.40**	**16060.04**	**90.70**
41.04				**55.78**		**57.76**	
1289.85	100.11	104.86	-0.85	1352.56	99.31	1324.02	97.03
1049.39	72.82	104.09	5.01	1092.29	76.51	1069.58	79.62
7803.38	98.73	67.74	0.19	5286.16	99.01	5132.02	98.52
7400.91	89.01	72.12	4.13	5337.63	94.41	5111.82	93.41
2451.47	73.68	45.35	3.06	1111.74	79.02	927.48	78.79
3057.43	76.06	52.17	4.94	1595.08	84.00	1440.85	81.35
1061.98	73.02	50.85	4.94	540.06	80.87	448.01	71.67
1347.82	72.40	52.31	5.79	705.04	81.40	606.25	81.62
35841.38	**90.89**	**36.80**	**0.99**	**13188.84**	**93.41**	**11472.84**	**92.83**
57.78				**43.23**		**41.26**	
10265.53	97.70	32.48	-0.83	3333.74	95.27	3016.19	96.92
8906.28	98.15	31.88	0.22	2839.72	98.84	2379.13	97.04
7084.64	85.27	39.40	3.30	2791.31	93.05	2311.96	95.15
3435.85	87.23	43.37	3.37	1490.02	94.57	1340.40	91.45
3486.08	93.68	42.75	2.78	1490.30	100.19	1353.55	96.45
1587.73	72.36	43.59	-4.21	692.08	65.99	731.37	79.92
562.54	100.00	56.35		316.97	100.00	141.75	100.00
512.73	30.32	45.77	8.17	234.70	36.91	198.48	34.16
732.02	**65.24**	**41.43**	**12.32**	**303.28**	**92.86**	**272.14**	**85.93**
1.18				**0.99**		**0.98**	
101.37	47.08	29.06	4.12	29.46	54.86	27.52	57.69
180.43	1860.10	33.79	-13.63	60.97	1325.43	52.81	
275.22	110.00	49.26	4.01	135.57	119.76	117.00	119.51
175.00	57.90	44.16	12.94	77.28	81.90	74.81	88.61

地　　区	全　国　统　计				产棉县（个）
	棉田面积（万亩）	亩　产（市斤）	产　量（万担）	收购量（万担）	
全国合计	**73319.50**	**60.62**	**44443.60**	**41315.20**	**742**
南方产区	**33695.90**	**78.61**	**26487.30**	**25400.70**	**274**
占合计%	**45.96**		**59.60**	**61.48**	
上　海	1432.20	119.05	1705.10	1620.70	11
浙　江	1283.70	95.36	1224.20	1170.30	12
江　苏	8767.70	93.83	8226.80	8092.10	67
湖　北	8861.50	87.21	7727.90	7540.40	55
安　徽	4910.90	53.45	2624.90	2348.80	44
四　川	4045.60	63.43	2566.30	2433.60	20
江　西	1666.90	45.76	762.70	711.70	25
湖　南	2727.40	60.48	1649.40	1483.10	40
北方产区	**38672.20**	**45.47**	**17585.30**	**15614.10**	**443**
占合计%	**52.74**		**39.57**	**37.79**	
河　北	8604.30	39.71	3416.70	2987.10	116
山　东	9479.60	43.35	4109.40	3613.30	98
河　南	9144.50	54.83	5013.80	4337.80	89
陕　西	3895.00	49.83	1941.00	1784.70	27
山　西	3659.10	39.03	1428.30	1347.90	35
新　疆	2279.00	49.06	1118.10	1042.00	54
#兵团	612.58	55.32	338.85	273.19	11
辽　宁	1610.70	34.64	558.00	501.30	13
分散产区	**951.40**	**39.00**	**371.00**	**300.40**	**25**
占合计%	**1.30**		**0.83**	**0.73**	
甘　肃	218.60	33.49	73.20	63.50	8
天　津	165.40	35.85	59.30	38.60	5
北　京	255.90	58.81	150.50	129.20	6
云　南	182.58	30.11	54.97	46.67	6

生产收购比重

产棉县统计							
棉田面积（万亩）	占比例（%）	亩产（市斤）	增减比较（±市斤）	产量（万担）	占比例（%）	收购量（万担）	占比例（%）
67184.54	**91.63**	**62.00**	**1.38**	**41655.31**	**93.73**	**38784.98**	**93.88**
29979.81	**88.97**	**82.17**	**3.57**	**24635.42**	**93.01**	**23603.25**	**92.92**
44.62				**59.14**		**60.86**	
1418.22	99.02	118.42	−0.63	1679.47	98.50	1645.02	101.50
1057.22	82.36	92.23	−3.13	975.10	79.65	946.91	80.91
8536.61	97.36	95.10	1.27	8118.23	98.68	7981.54	98.63
8268.79	93.31	89.24	2.04	7379.30	95.49	7160.68	94.96
4322.54	88.02	54.90	1.45	2372.89	90.40	2154.15	91.71
3131.61	77.41	69.69	6.26	2182.49	85.04	1997.00	82.06
1304.26	78.24	49.37	3.62	643.96	84.43	553.50	77.77
1940.56	71.15	66.17	5.69	1283.98	77.85	1164.45	78.51
36485.24	**94.34**	**45.83**	**0.36**	**16721.17**	**95.09**	**14924.57**	**95.58**
54.31				**40.14**		**38.48**	
8447.38	98.18	39.07	−0.64	3300.25	96.59	2960.81	99.12
9486.60	100.07	42.98	−0.37	4076.96	99.21	3565.34	98.67
8525.66	93.23	55.39	0.56	4722.11	94.18	4069.16	93.81
3460.63	88.85	52.25	2.42	1808.31	93.16	1592.41	89.23
3500.06	95.65	40.09	1.06	1403.24	98.25	1324.87	98.29
1754.98	77.01	46.41	−2.65	814.47	72.84	911.04	87.43
612.58	100.00	55.32		338.85	100.00	273.19	100.00
697.35	43.29	36.85	2.21	256.98	46.05	227.75	45.43
719.50	**75.63**	**41.52**	**2.52**	**298.71**	**80.52**	**257.16**	**85.61**
1.07				**0.72**		**0.66**	
106.72	48.82	52.08	18.59	55.58	75.93	56.79	89.43
244.80	148.00	28.00	−7.85	68.54	115.58	51.82	134.25
238.09	93.04	54.56	−4.25	129.90	86.31	106.70	82.59
129.89	71.14	34.41	4.30	44.69	81.30	41.85	89.67

3－1－5　全国各地区1980－1989年产棉县棉花

地　区	全国统计				产棉县（个）
	棉田面积（万亩）	亩　产（市斤）	产　量（万担）	收购量（万担）	
全国合计	**80944.40**	**98.93**	**80074.46**	**73732.76**	**736**
南方产区	**28674.30**	**103.01**	**29536.46**	**27359.70**	**274**
占合计%	**35.42**		**36.89**	**37.11**	
上　海	1009.10	103.17	1041.06	992.28	11
浙　江	1358.70	115.27	1566.14	1451.40	12
江　苏	9215.00	114.09	10513.54	9843.54	67
湖　北	7525.80	107.53	8092.48	7630.70	55
安　徽	4234.40	82.73	3503.32	3139.84	44
四　川	2301.60	88.12	2028.26	1757.02	20
江　西	1198.60	88.63	1062.28	990.68	25
湖　南	1831.10	94.44	1729.38	1554.24	40
北方产区	**51747.30**	**96.82**	**50103.76**	**46095.64**	**443**
占合计%	**63.93**		**62.57**	**62.52**	
河　北	11760.10	94.11	11067.46	10490.22	116
山　东	18531.00	113.67	21063.40	19714.32	98
河　南	11822.30	89.16	10540.26	9037.96	89
陕　西	2355.30	53.96	1270.84	1065.36	27
山　西	2469.80	72.73	1796.38	1556.42	35
新　疆	4299.00	90.47	3889.26	3794.22	54
#兵团	1693.38	99.59	1686.41	1525.65	11
辽　宁	509.80	93.40	476.16	437.14	13
分散产区	**522.80**	**83.06**	**434.24**	**277.42**	**19**
占合计%	**0.65**		**0.54**	**0.38**	
甘　肃	86.70	115.11	99.80	88.20	8
天　津	271.70	90.98	247.18	171.18	5
北　京	49.50	100.77	49.88	39.44	6
云　南					

生产收购比重

产棉县统计							
棉田面积（万亩）	占比例（%）	亩产（市斤）	增减比较（±市斤）	产量（万担）	占比例（%）	收购量（万担）	占比例（%）
79214.56	**97.86**	**100.34**	**1.41**	**79483.50**	**99.26**	**72421.93**	**98.22**
27474.83	**95.82**	**103.46**	**0.45**	**28424.33**	**96.23**	**26283.68**	**96.07**
34.68				**35.76**		**36.29**	
988.81	97.99	103.60	0.43	1024.39	98.40	978.98	98.66
1078.68	79.39	115.56	0.30	1246.56	79.59	1162.94	80.13
9147.28	99.27	113.79	−0.30	10408.88	99.00	9661.84	98.15
7344.36	97.59	106.75	−0.78	7839.75	96.88	7377.57	96.68
3914.16	92.44	83.62	0.89	3273.09	93.43	2978.82	94.87
2183.53	94.87	90.98	2.86	1986.61	97.95	1695.32	96.49
1104.44	92.14	92.51	3.89	1021.75	96.18	943.86	95.27
1713.57	93.58	94.73	0.29	1623.30	93.87	1484.35	95.50
51345.14	**99.22**	**98.71**	**1.88**	**50680.40**	**101.15**	**45861.19**	**99.49**
64.82				**63.76**		**63.33**	
11685.63	99.37	93.85	−0.26	10967.19	99.09	10436.97	99.49
18495.34	99.81	118.02	4.36	21828.91	103.63	19476.96	98.80
11455.25	96.90	89.80	0.65	10287.35	97.60	9051.97	100.16
2229.14	94.64	55.24	1.29	1231.44	96.90	1028.52	96.54
2466.50	99.87	71.72	−1.01	1769.01	98.48	1553.82	99.83
2986.85	69.48	87.13	−3.34	2602.40	66.91	2508.58	66.12
1693.38	100.00	99.59		1686.41	100.00	1525.65	100.00
333.04	65.33	92.39	−1.01	307.69	64.62	278.72	63.76
394.59	**75.48**	**95.99**	**12.93**	**378.77**	**87.23**	**277.05**	**99.87**
0.50				**0.48**		**0.38**	
85.17	98.24	118.57	3.47	100.99	101.19	86.12	97.64
260.01	95.70	92.98	2.01	241.77	97.81	162.90	95.16
49.41	99.82	72.88	−27.89	36.01	72.19	28.03	71.07

3－1－6　全国各地区1990－2000年产棉县棉花

地　区	全国统计				产棉县（个）
	棉田面积（万亩）	亩　产（市斤）	产　量（万担）	收购量（万担）	
全国合计	**84504.30**	**116.19**	**98181.73**	**75700.60**	**736**
南方产区	**29476.20**	**123.30**	**36342.72**	**28923.19**	**274**
占合计%	**34.88**		**37.02**	**38.21**	
上　海	110.70	139.27	154.17	165.81	11
浙　江	976.80	128.07	1250.98	828.15	12
江　苏	7967.40	127.12	10127.78	8751.90	67
湖　北	7389.20	135.36	10002.18	8010.15	55
安　徽	6266.60	93.18	5839.04	4409.03	44
四　川	2151.60	105.98	2280.18	1458.94	20
江　西	1833.40	133.81	2453.24	1825.40	25
湖　南	2780.50	152.32	4235.15	3473.81	40
北方产区	**54306.60**	**111.99**	**60819.75**	**46048.21**	**443**
占合计%	**64.26**		**61.95**	**60.83**	**60**
河　北	9522.50	79.04	7527.06	4842.08	116
山　东	13348.30	97.55	13020.68	9783.42	98
河　南	15479.40	103.44	16011.20	8473.16	89
陕　西	1238.60	76.91	952.57	563.45	27
山　西	1648.20	100.15	1650.63	983.63	35
新　疆	12623.10	168.45	21263.95	21150.97	54
#兵团	4660.33	187.26	8727.04	7904.94	11
辽　宁	446.50	88.17	393.66	251.50	13
分散产区	**721.50**	**141.27**	**1019.26**	**729.20**	**19**
占合计%	**0.85**		**1.04**	**0.96**	
甘　肃	318.20	196.48	625.19	512.61	8
天　津	247.00	100.55	248.37	163.11	5
北　京	49.80	128.78	64.13	30.49	6
云　南	9.15	55.79	2.30		

产棉县统计							
棉田面积（万亩）	占比例（%）	亩产（市斤）	增减比较（±市斤）	产量（万担）	占比例（%）	收购量（万担）	占比例（%）
83273.65	**98.54**	**119.74**	**3.56**	**99713.79**	**101.56**	**72788.11**	**96.15**
27655.77	**93.82**	**128.91**	**5.62**	**35652.19**	**98.10**	**27094.15**	**93.68**
33.21					**35.75**	**37.22**	
144.60	130.62	120.48	-18.78	174.22	113.01	167.76	101.18
774.02	79.24	127.02	-1.05	983.17	78.59	686.11	82.85
7818.09	98.13	128.30	1.18	10030.41	99.04	8203.62	93.74
6913.76	93.57	143.81	8.45	9942.71	99.41	7662.94	95.67
5743.20	91.65	105.47	12.29	6057.27	103.74	3928.51	89.10
1965.89	91.37	108.39	2.41	2130.80	93.45	1369.00	93.84
1748.57	95.37	137.81	4.01	2409.79	98.23	1806.61	98.97
2547.64	91.63	154.02	1.70	3923.82	92.65	3269.60	94.12
54986.78	**101.25**	**114.97**	**2.98**	**63219.12**	**103.95**	**45069.45**	**97.87**
66.03					**63.40**	**61.92**	
9564.27	100.44	80.69	1.65	7717.58	102.53	4747.30	98.04
14179.81	106.23	93.85	-3.69	13308.33	102.21	9575.39	97.87
15750.98	101.75	111.66	8.23	17587.97	109.85	8565.71	101.09
1195.61	96.53	79.02	2.11	944.76	99.18	515.11	91.42
1647.10	99.93	101.62	1.47	1673.71	101.40	919.29	93.46
7742.13	61.33	168.97	0.52	13081.98	61.52	13012.77	61.52
4636.47	99.49	187.34	0.08	8686.10	99.53	7590.51	96.02
270.41	60.56	80.87	-7.29	218.69	55.55	143.37	57.01
631.10	**87.47**	**133.49**	**-7.78**	**842.48**	**82.66**	**624.51**	**85.64**
0.76				**0.84**		**0.86**	
330.60	103.90	168.76	-27.72	557.92	89.24	435.84	85.02
250.83	101.55	92.62	-7.94	232.31	93.53	147.96	90.71
49.67	99.74	105.19	-23.58	52.25	81.48	40.71	133.52

3-1-7　全国各地区1949年产棉县棉花

地　区	全国统计				产棉县（个）
	棉田面积（万亩）	亩产（市斤）	产量（万担）	收购量（万担）	
全国合计	**4155.00**	**21.39**	**888.80**		**742**
南方产区	**1392.70**	**17.76**	**247.40**		**274**
占合计%	**33.52**		**27.84**		
上　海	152.00	16.91	25.70		11
浙　江	124.30	14.80	18.40		12
江　苏	258.40	14.82	38.30		67
湖　北	399.40	23.76	94.90		55
安　徽	166.20	15.34	25.50		44
四　川	170.70	16.05	27.40		20
江　西	31.70	10.09	3.20		25
湖　南	90.00	15.56	14.00		40
北方产区	**2651.70**	**23.60**	**625.70**		**443**
占合计%	**63.82**		**70.40**		
河　北	901.10	24.76	223.10		116
山　东	511.00	24.13	123.30		98
河　南	577.30	21.88	126.30		89
陕　西	287.40	26.06	74.90		27
山　西	144.10	28.04	40.40		35
新　疆	46.60	22.53	10.50		54
#兵团					11
辽　宁	184.20	14.77	27.20		13
分散产区	**110.60**	**14.20**	**15.70**		**25**
占合计%	**2.66**		**1.77**		
甘　肃	25.10	19.92	5.00		8
天　津					5
北　京	23.90	19.25	4.60		6
云　南					6

注：1949年全国无收购数量。

生产收购比重

产棉县统计							
棉田面积（万亩）	占比例（%）	亩产（市斤）	增减比较（±市斤）	产量（万担）	占比例（%）	收购量（万担）	占比例（%）
4100.36	**98.69**	**21.26**	**-0.13**	**871.67**	**98.07**	**263.35**	
1624.62	**116.65**	**17.21**	**-0.56**	**279.56**	**113.00**	**153.40**	
39.62				**32.07**		**58.25**	
140.66	92.54	19.65	2.74	27.64	107.55	8.57	
103.76	83.48	18.57	3.77	19.27	104.73	17.24	
405.51	156.93	13.97	-0.86	56.63	147.87	37.26	
569.65	142.63	20.25	-3.51	115.37	121.57	65.83	
188.64	113.50	14.74	-0.60	27.81	109.06	8.07	
135.05	79.12	15.22	-0.83	20.56	75.04	9.57	
20.97	66.15	14.88	4.78	3.12	97.50	0.51	
60.38	67.09	15.17	-0.39	9.16	65.43	6.35	
2437.17	**91.91**	**24.08**	**9.35**	**586.92**	**93.80**	**107.80**	
59.44				**67.33**		**40.94**	
923.06	102.44	23.09	-1.67	213.09	95.51	39.56	
676.59	132.41	24.45	0.32	165.44	134.18	32.10	
349.72	60.58	19.89	-1.99	69.54	55.06	1.11	
198.78	69.16	29.32	3.26	58.28	77.81	27.06	
183.78	127.54	31.37	3.34	57.66	142.72	0.33	
50.18	107.68	20.19	-2.34	10.13	96.48	2.36	
55.06	29.89	23.21	8.44	12.78	46.99	5.28	
38.57	**34.87**	**13.43**	**-0.77**	**5.18**	**32.99**	**2.14**	
0.94				**0.59**		**0.81**	
4.98	19.84	17.87	-2.05	0.89	17.80	0.64	
22.84		11.08	11.08	2.53			
10.75	44.98	16.37	-2.87	1.76	38.26	1.50	

3-1-8　全国各地区1950年产棉县棉花

地　区	全国统计				产棉县（个）
	棉田面积（万亩）	亩　产（市斤）	产　量（万担）	收购量（万担）	
全国合计	**5678.90**	**24.39**	**1384.90**	**837.00**	**742**
南方产区	**1787.20**	**19.94**	**356.30**	**237.10**	**274**
占合计%	**31.47**		**25.73**	**28.33**	
上　海	162.00	25.56	41.40	31.70	11
浙　江	115.40	30.85	35.60	30.10	12
江　苏	426.50	21.15	90.20	62.60	67
湖　北	555.30	20.10	111.60	82.60	55
安　徽	153.90	11.76	18.10	4.70	44
四　川	229.10	13.31	30.50	10.20	20
江　西	34.40	20.64	7.10	0.60	25
湖　南	110.60	19.71	21.80	14.60	40
北方产区	**3756.30**	**26.54**	**996.80**	**597.20**	**443**
占合计%	**66.14**		**71.98**	**71.35**	
河　北	1204.60	31.05	374.00	248.60	116
山　东	799.40	26.47	211.60	88.20	98
河　南	758.50	21.45	162.70	82.80	89
陕　西	353.70	26.83	94.90	79.00	27
山　西	235.80	22.18	52.30	41.80	35
新　疆	54.60	23.63	12.90		54
#兵团	3.66	20.77	0.76		11
辽　宁	349.70	25.28	88.40	56.80	13
分散产区	**135.40**	**23.49**	**31.80**	**2.70**	**25**
占合计%	**2.38**		**2.30**	**0.32**	
甘　肃	29.70	24.92	7.40		8
天　津					5
北　京	30.00	53.00	15.90	1.00	6
云　南					6

生产收购比重

产棉县统计							
棉田面积（万亩）	占比例（%）	亩产（市斤）	增减比较（±市斤）	产量（万担）	占比例（%）	收购量（万担）	占比例（%）
5034.60	**88.65**	**25.87**	**1.48**	**1302.43**	**94.05**	**448.37**	**53.57**
1788.71	**100.08**	**23.45**	**3.52**	**419.53**	**117.75**	**225.51**	**95.11**
35.53				**32.21**		**50.30**	
146.38	90.36	29.23	3.67	42.78	103.33	14.58	45.99
108.01	93.60	32.35	1.50	34.94	98.15	30.59	101.63
423.73	99.35	22.71	1.57	96.25	106.71	70.70	112.94
651.54	117.33	25.04	4.94	163.14	146.18	76.78	92.95
189.44	123.09	14.48	2.72	27.44	151.60	7.87	167.45
145.31	63.43	19.42	6.11	28.22	92.52	13.93	136.60
31.36	91.16	18.49	-2.14	5.80	81.69	2.66	443.33
92.94	84.03	22.55	2.84	20.96	96.15	8.40	57.53
3190.05	**84.93**	**27.28**	**0.74**	**870.23**	**87.30**	**215.78**	**36.13**
63.36				**66.82**		**48.12**	
1217.87	101.10	29.09	-1.96	354.24	94.72	66.52	26.76
767.35	95.99	26.99	0.52	207.07	97.86	50.11	56.81
631.05	83.20	22.34	0.89	140.97	86.64	54.84	66.23
212.47	60.07	29.55	2.72	62.78	66.15	26.28	33.27
209.31	88.77	32.88	10.70	68.82	131.59	0.36	0.85
54.58	99.96	22.04	-1.59	12.03	93.26	2.95	
3.66	100.00	20.77		0.76	100.00		
93.76	26.81	25.13	-0.15	23.56	26.65	14.72	25.92
55.84	**41.24**	**22.69**	**-0.80**	**12.67**	**39.84**	**7.08**	**262.22**
1.11				**0.97**		**1.58**	
6.14	20.67	18.89	-6.02	1.16	15.68	0.77	
22.44		18.05	18.05	4.05			
27.26	90.87	27.37	-25.63	7.46	46.92	6.31	631.00

3－1－9　全国各地区1951年产棉县棉花

地　　区	全国统计				产棉县（个）
	棉田面积（万亩）	亩　产（市斤）	产　量（万担）	收购量（万担）	
全国合计	**8226.90**	**25.05**	**2061.10**	**1485.10**	**742**
南方产区	**2655.20**	**23.45**	**622.70**	**520.00**	**274**
占合计%	**32.27**		**30.21**	**35.01**	
上　海	230.50	28.16	64.90	61.40	11
浙　江	108.70	34.68	37.70	32.80	12
江　苏	608.20	21.18	128.80	122.60	67
湖　北	758.90	26.56	201.60	191.20	55
安　徽	270.40	12.43	33.60	19.10	44
四　川	371.70	21.95	81.60	51.70	20
江　西	67.60	23.52	15.90	3.50	25
湖　南	239.20	24.50	58.60	37.70	40
北方产区	**5376.10**	**26.12**	**1404.00**	**959.40**	**443**
占合计%	**65.35**		**68.12**	**64.60**	
河　北	1709.70	26.98	461.30	376.10	116
山　东	1168.30	22.31	260.70	128.40	98
河　南	1034.00	23.97	247.90	135.00	89
陕　西	395.30	41.97	165.90	128.80	27
山　西	315.20	34.99	110.30	85.10	35
新　疆	81.90	25.64	21.00		54
#兵团	6.64	41.11	2.73		11
辽　宁	671.70	20.38	136.90	106.00	13
分散产区	**195.60**	**17.59**	**34.40**	**5.70**	**25**
占合计%	**2.38**		**1.67**	**0.38**	
甘　肃	24.20	36.36	8.80		8
天　津					5
北　京	34.60	30.92	10.70	2.90	6
云　南					6

生产收购比重

产棉县统计							
棉田面积（万亩）	占比例（%）	亩产（市斤）	增减比较（±市斤）	产量（万担）	占比例（%）	收购量（万担）	占比例（%）
6385.38	**77.62**	**27.34**	**2.28**	**1745.55**	**84.69**	**661.70**	**44.56**
2203.22	**82.98**	**25.84**	**2.39**	**569.35**	**91.43**	**328.75**	**63.22**
34.50				**32.62**		**49.68**	
208.65	90.52	33.58	5.43	70.07	107.97	24.66	40.16
97.15	89.37	37.27	2.58	36.20	96.03	31.88	97.20
575.30	94.59	22.77	1.60	131.02	101.72	88.29	72.01
702.63	92.59	27.61	1.04	193.98	96.22	117.77	61.60
212.70	78.66	18.84	6.42	40.08	119.29	16.41	85.92
221.29	59.53	23.33	1.37	51.62	63.26	30.27	58.55
43.80	64.79	22.05	-1.47	9.66	60.75	4.66	133.14
141.70	59.24	25.91	1.41	36.71	62.65	14.81	39.28
4119.14	**76.62**	**28.18**	**2.06**	**1160.77**	**82.68**	**320.62**	**33.42**
64.51				**66.50**		**48.45**	
1487.91	87.03	30.08	3.10	447.55	97.02	95.67	25.44
1049.16	89.80	23.27	0.96	244.19	93.67	54.39	42.36
835.42	80.79	23.30	-0.67	194.67	78.53	107.64	79.73
231.39	58.54	46.25	4.28	107.02	64.51	34.33	26.65
270.15	85.71	38.97	3.98	105.29	95.46	0.82	0.96
65.75	80.28	25.13	-0.52	16.52	78.67	3.35	
6.64	100.00	41.11		2.73	100.00		
172.72	25.71	24.78	4.40	42.80	31.26	24.42	23.04
63.02	**32.22**	**24.48**	**6.90**	**15.43**	**44.85**	**12.33**	**216.32**
0.99				**0.88**		**1.86**	
6.65	27.48	20.60	-15.76	1.37	15.57	1.01	
25.29		21.67	21.67	5.48		3.82	
31.08	89.84	27.60	-3.32	8.58	80.19	7.50	258.62

3-1-10 全国各地区1952年产棉县棉花

地　区	全国统计				产棉县（个）
	棉田面积（万亩）	亩　产（市斤）	产　量（万担）	收购量（万担）	
全国合计	**8363.60**	**31.18**	**2607.40**	**2000.10**	**742**
南方产区	**2888.50**	**28.00**	**808.70**	**651.20**	**274**
占合计%	**34.54**		**31.02**	**32.56**	
上　海	238.20	32.16	76.60	58.60	11
浙　江	119.30	34.03	40.60	33.10	12
江　苏	738.40	27.53	203.30	198.80	67
湖　北	840.60	31.87	267.90	250.20	55
安　徽	296.40	19.10	56.60	13.20	44
四　川	364.50	22.83	83.20	44.50	20
江　西	89.10	30.53	27.20	17.90	25
湖　南	202.00	26.39	53.30	34.90	40
北方产区	**5291.60**	**33.19**	**1756.30**	**1344.80**	**443**
占合计%	**63.27**		**67.36**	**67.24**	
河　北	1500.30	38.57	578.70	517.90	116
山　东	1078.70	32.72	353.00	207.40	98
河　南	1130.60	24.69	279.10	196.40	89
陕　西	456.30	32.19	146.90	122.00	27
山　西	410.40	44.98	184.60	140.50	35
新　疆	104.80	29.10	30.50	0.20	54
#兵团	20.13	31.59	6.36		11
辽　宁	610.50	30.06	183.50	160.40	13
分散产区	**183.50**	**23.11**	**42.40**	**4.10**	**25**
占合计%	**2.19**		**1.63**	**0.20**	
甘　肃	33.00	23.03	7.60		8
天　津					5
北　京	46.60	35.41	16.50	2.90	6
云　南	27.66	17.72	4.90	3.35	6

生产收购比重

产棉县统计							
棉田面积（万亩）	占比例（%）	亩产（市斤）	增减比较（±市斤）	产量（万担）	占比例（%）	收购量（万担）	占比例（%）
6713.64	**80.27**	**32.55**	**1.37**	**2185.27**	**83.81**	**1350.79**	**67.54**
2397.09	**82.99**	**29.12**	**1.12**	**698.03**	**86.32**	**502.19**	**77.12**
35.70				**31.94**		**37.18**	
215.06	90.29	38.09	5.93	81.92	106.95	31.34	53.48
88.61	74.27	40.53	6.49	35.91	88.45	30.81	93.08
664.64	90.01	27.80	0.26	184.74	90.87	158.95	79.95
707.91	84.21	31.99	0.12	226.47	84.54	178.29	71.26
265.13	89.45	22.11	3.01	58.61	103.56	26.12	197.88
243.43	66.78	23.18	0.36	56.43	67.82	38.16	85.75
65.83	73.88	30.32	-0.21	19.96	73.38	13.37	74.69
146.48	72.51	23.20	-3.18	33.99	63.77	25.15	72.06
4241.63	**80.16**	**34.55**	**1.36**	**1465.31**	**83.43**	**830.15**	**61.73**
63.18				**67.05**		**61.46**	
1437.90	95.84	38.09	-0.49	547.65	94.63	298.80	57.69
1042.90	96.68	32.80	0.08	342.07	96.90	194.46	93.76
876.07	77.49	26.01	1.33	227.90	81.66	144.11	73.38
271.08	59.41	36.00	3.81	97.59	66.43	34.90	28.61
343.45	83.69	48.16	3.18	165.42	89.61	109.18	77.71
75.05	71.61	26.04	-3.07	19.54	64.07	3.60	1800.00
20.13	100.00	31.59		6.36	100.00		
175.05	28.67	33.58	3.52	58.78	32.03	45.10	28.12
74.92	**40.83**	**29.27**	**6.16**	**21.93**	**51.72**	**18.45**	**450.00**
1.12				**1.00**		**1.37**	
4.93	14.94	24.34	1.31	1.20	15.79	0.69	
24.53		30.78	30.78	7.55		7.08	
36.83	79.03	30.55	-4.86	11.25	68.18	10.00	344.83
8.63	31.20	22.36	4.65	1.93	39.39	0.68	20.30

3-1-11 全国各地区1953年产棉县棉花

地区	全国统计				产棉县（个）
	棉田面积（万亩）	亩产（市斤）	产量（万担）	收购量（万担）	
全国合计	**7770.00**	**30.24**	**2349.50**	**1871.70**	**742**
南方产区	**2874.20**	**29.96**	**861.10**	**690.50**	**274**
占合计%	**36.99**		**36.65**	**36.89**	
上海	206.20	42.05	86.70	74.70	11
浙江	121.80	35.80	43.60	33.10	12
江苏	772.50	39.24	303.10	304.70	67
湖北	857.90	28.45	244.10	196.00	55
安徽	301.50	16.19	48.80	11.00	44
四川	355.10	22.59	80.20	39.50	20
江西	76.20	22.05	16.80	10.90	25
湖南	183.00	20.66	37.80	20.60	40
北方产区	**4732.80**	**30.79**	**1457.20**	**1176.60**	**443**
占合计%	**60.91**		**62.02**	**62.86**	
河北	1390.10	32.92	457.60	426.20	116
山东	999.90	26.51	265.10	179.00	98
河南	1068.10	22.95	245.10	149.60	89
陕西	444.90	38.59	171.70	151.20	27
山西	337.10	46.40	156.40	137.70	35
新疆	87.40	35.81	31.30	9.30	54
#兵团	5.77	75.22	4.34		11
辽宁	405.30	32.08	130.00	123.60	13
分散产区	**163.00**	**19.14**	**31.20**	**4.60**	**25**
占合计%	**2.10**		**1.33**	**0.25**	
甘肃	26.00	22.31	5.80		8
天津					5
北京	29.30	35.15	10.30	3.90	6
云南	30.78	17.84	5.49	2.61	6

生产收购比重

产棉县统计							
棉田面积（万亩）	占比例（%）	亩 产（市斤）	增减比较（±市斤）	产 量（万担）	占比例（%）	收购量（万担）	占比例（%）
6544.09	**84.22**	**32.13**	**1.89**	**2102.68**	**89.49**	**1552.74**	**82.96**
2473.88	**86.07**	**33.35**	**3.39**	**824.94**	**95.80**	**610.68**	**88.44**
37.80		**103.78**	**103.78**	**39.23**		**39.33**	
186.75	90.57	47.53	5.49	88.77	102.39	26.61	35.62
88.33	72.52	45.30	9.50	40.01	91.77	32.42	97.95
726.63	94.06	42.88	3.65	311.60	102.80	271.88	89.23
760.79	88.68	30.60	2.15	232.80	95.37	189.77	96.82
269.66	89.44	18.51	2.32	49.91	102.27	22.23	202.09
240.35	67.69	24.96	2.38	59.99	74.80	40.63	102.87
56.14	73.67	25.15	3.10	14.12	84.05	8.05	73.85
145.23	79.36	19.10	-1.56	27.74	73.39	19.09	92.67
4001.19	**84.54**	**31.47**	**0.68**	**1259.30**	**86.42**	**926.36**	**78.73**
61.14		**97.95**	**97.95**	**59.89**		**59.66**	
1326.63	95.43	31.53	-1.39	418.24	91.40	377.46	88.56
958.34	95.84	28.33	1.82	271.52	102.42	185.03	103.37
881.40	82.52	23.60	0.65	208.02	84.87	128.40	85.83
337.75	75.92	44.33	5.74	149.73	87.20	84.63	55.97
304.96	90.47	47.02	0.62	143.38	91.68	113.28	82.27
77.64	88.83	29.03	-6.78	22.54	72.01	4.33	46.56
5.77	100.00	75.22		4.34	100.00		
108.70	26.82	38.21	6.13	41.53	31.95	33.23	26.89
69.01	**42.34**	**26.72**	**7.58**	**18.44**	**59.10**	**15.70**	**341.30**
1.05		**83.16**	**83.16**	**0.88**		**1.01**	
4.95	19.04	21.62	-0.69	1.07	18.45	0.66	
25.11		22.66	22.66	5.69		5.72	
30.60	104.44	32.42	-2.74	9.92	96.31	8.40	215.38
8.35	27.13	21.08	3.24	1.76	32.06	0.92	35.25

3－1－12　全国各地区1954年产棉县棉花

地　区	全国统计				产棉县（个）
	棉田面积（万亩）	亩　产（市斤）	产　量（万担）	收购量（万担）	
全国合计	**8193.00**	**26.00**	**2129.80**	**1564.90**	**742**
南方产区	**2909.30**	**16.98**	**494.10**	**410.80**	**274**
占合计%	**35.51**		**23.20**	**26.25**	
上　海	205.80	34.84	71.70	10.30	11
浙　江	114.80	39.90	45.80	42.00	12
江　苏	881.90	18.79	165.70	201.40	67
湖　北	824.50	8.84	72.90	51.20	55
安　徽	264.50	6.31	16.70	5.10	44
四　川	395.40	25.95	102.60	89.10	20
江　西	63.00	16.35	10.30	6.10	25
湖　南	159.40	5.27	8.40	5.60	40
北方产区	**5096.50**	**31.50**	**1605.50**	**1146.00**	**443**
占合计%	**62.21**		**75.38**	**73.23**	
河　北	1660.00	31.89	529.30	405.20	116
山　东	972.30	32.92	320.10	195.80	98
河　南	1116.00	25.17	280.90	177.10	89
陕　西	429.80	42.42	182.30	165.90	27
山　西	424.80	44.68	189.80	132.30	35
新　疆	82.70	38.21	31.60	12.10	54
#兵团	6.60	55.00	3.63		11
辽　宁	410.90	17.40	71.50	57.60	13
分散产区	**187.20**	**16.13**	**30.20**	**8.10**	**25**
占合计%	**2.28**		**1.42**	**0.52**	
甘　肃	23.90	25.52	6.10	3.10	8
天　津					5
北　京	60.90	19.70	12.00	1.10	6
云　南	28.18	14.69	4.14	4.80	6

产棉县统计							
棉田面积（万亩）	占比例（%）	亩产（市斤）	增减比较（±市斤）	产量（万担）	占比例（%）	收购量（万担）	占比例（%）
6630.31	**80.93**	**28.83**	**2.83**	**1911.20**	**89.74**	**1399.33**	**89.42**
2198.14	**75.56**	**20.64**	**3.65**	**453.61**	**91.81**	**337.04**	**82.04**
33.15				**23.73**		**24.09**	
185.59	90.18	40.30	5.46	74.80	104.32	23.09	224.17
81.80	71.25	47.73	7.83	39.04	85.24	34.74	82.71
792.15	89.82	19.33	0.54	153.12	92.41	131.88	65.48
533.70	64.73	13.84	4.99	73.84	101.29	58.32	113.91
201.88	76.33	10.38	4.07	20.96	125.51	10.21	200.20
269.85	68.25	28.70	2.75	77.44	75.48	65.80	73.85
46.89	74.43	15.63	-0.72	7.33	71.17	5.46	89.51
86.28	54.13	8.21	2.94	7.08	84.29	7.54	134.64
4338.58	**85.13**	**33.25**	**1.75**	**1442.47**	**89.85**	**1048.46**	**91.49**
65.44				**75.47**		**74.93**	
1592.60	95.94	31.38	-0.51	499.75	94.42	375.59	92.69
940.04	96.68	33.78	0.86	317.59	99.22	210.79	107.66
929.95	83.33	25.50	0.33	237.17	84.43	151.93	85.79
323.91	75.36	48.21	5.79	156.15	85.66	148.66	89.61
356.97	84.03	50.27	5.59	179.45	94.55	135.76	102.62
76.55	92.56	34.25	-3.96	26.22	82.97	7.94	65.62
6.60	100.00	55.00		3.63	100.00		
111.96	27.25	20.11	2.70	22.51	31.48	17.79	30.89
93.59	**49.99**	**16.16**	**0.02**	**15.12**	**50.07**	**13.83**	**170.74**
1.41				**0.79**		**0.99**	
4.83	20.21	24.84	-0.68	1.20	19.67	0.96	30.97
33.46		10.79	10.79	3.61		4.33	
47.87	78.61	17.61	-2.10	8.43	70.25	6.70	609.09
7.43	26.37	25.30	10.61	1.88	45.41	1.84	38.33

3－1－13　全国各地区1955年产棉县棉花

地　区	全　国　统　计				产棉县（个）
	棉田面积（万亩）	亩　产（市斤）	产　量（万担）	收购量（万担）	
全国合计	**8659.10**	**35.07**	**3036.90**	**2475.10**	**742**
南方产区	**3222.30**	**35.06**	**1129.70**	**984.80**	**274**
占合计%	**37.21**		**37.20**	**39.79**	
上　海	217.60	61.40	133.60	17.00	11
浙　江	119.60	66.81	79.90	74.50	12
江　苏	967.20	39.37	380.80	489.00	67
湖　北	906.60	32.19	291.80	215.50	55
安　徽	326.30	21.64	70.60	34.80	44
四　川	457.10	26.45	120.90	108.20	20
江　西	84.30	21.59	18.20	16.10	25
湖　南	143.60	23.61	33.90	29.70	40
北方产区	**5240.10**	**35.55**	**1862.60**	**1479.50**	**443**
占合计%	**60.52**		**61.33**	**59.78**	
河　北	1674.70	39.87	667.70	592.00	116
山　东	1145.40	36.67	420.00	335.40	98
河　南	1215.00	27.84	338.20	228.30	89
陕　西	423.10	35.48	150.10	117.90	27
山　西	438.10	38.14	167.10	134.50	35
新　疆	110.50	48.05	53.10	23.90	54
#兵团	13.78	79.83	11.00		11
辽　宁	233.30	28.46	66.40	47.50	13
分散产区	**196.70**	**22.67**	**44.60**	**10.80**	**25**
占合计%	**2.27**		**1.47**	**0.44**	
甘　肃	27.30	41.39	11.30	2.20	8
天　津					5
北　京	63.30	31.28	19.80	3.30	6
云　南	36.57	15.86	5.80	4.11	6

生产收购比重

产棉县统计							
棉田面积（万亩）	占比例（%）	亩产（市斤）	增减比较（±市斤）	产量（万担）	占比例（%）	收购量（万担）	占比例（%）
7611.62	**87.90**	**37.33**	**2.26**	**2841.38**	**93.56**	**2223.82**	**89.85**
2772.68	**86.05**	**39.27**	**4.21**	**1088.87**	**96.39**	**839.99**	**85.30**
36.43				**38.32**		**37.77**	
197.58	90.80	69.09	7.69	136.50	102.17	38.93	229.00
87.73	73.35	76.10	9.29	66.76	83.55	63.14	84.75
988.57	102.21	42.13	2.76	416.45	109.36	372.70	76.22
775.50	85.54	34.55	2.37	267.95	91.83	216.45	100.44
248.22	76.07	23.27	1.64	57.77	81.83	31.04	89.20
293.90	64.30	32.93	6.48	96.77	80.04	81.55	75.37
66.24	78.58	24.98	3.40	16.55	90.93	12.58	78.14
114.94	80.04	26.20	2.60	30.12	88.85	23.60	79.46
4744.02	**90.53**	**36.39**	**0.84**	**1726.15**	**92.67**	**1361.39**	**92.02**
62.33				**60.75**		**61.22**	
1623.34	96.93	39.01	-0.86	633.20	94.83	539.45	91.12
1148.60	100.28	37.14	0.47	426.61	101.57	335.37	99.99
1035.87	85.26	28.34	0.50	293.54	86.79	188.67	82.64
344.62	81.45	40.01	4.53	137.88	91.86	121.77	103.28
410.97	93.81	40.03	1.89	164.53	98.46	136.16	101.24
94.93	85.91	41.68	-6.37	39.57	74.52	26.73	111.84
13.78	100.00	79.83		11.00	100.00		
71.91	30.82	27.56	-0.90	19.82	29.85	13.24	27.87
94.92	**48.26**	**27.77**	**5.10**	**26.36**	**59.10**	**22.43**	**207.69**
1.25				**0.93**		**1.01**	
8.17	29.93	39.90	-1.49	3.26	28.85	2.97	135.00
27.39		24.94	24.94	6.83		6.35	
47.42	74.91	28.47	-2.81	13.50	68.18	10.70	324.24
11.94	32.65	23.20	7.34	2.77	47.76	2.41	58.64

3－1－14　全国各地区 1956 年产棉县棉花

地区	全国统计				产棉县（个）
	棉田面积（万亩）	亩产（市斤）	产量（万担）	收购量（万担）	
全国合计	**9383.40**	**30.80**	**2890.30**	**2136.20**	**742**
南方产区	**3263.00**	**29.30**	**956.00**	**767.00**	**274**
占合计%	**34.77**		**33.08**	**35.90**	
上　海	204.70	34.05	69.70	5.40	11
浙　江	125.50	24.30	30.50	26.60	12
江　苏	992.00	20.34	201.80	245.50	67
湖　北	897.80	44.55	400.00	310.60	55
安　徽	341.50	16.49	56.30	31.50	44
四　川	476.90	25.33	120.80	79.90	20
江　西	103.60	36.10	37.40	35.80	25
湖　南	121.00	32.64	39.50	31.70	40
北方产区	**5913.40**	**31.87**	**1884.40**	**1347.00**	**443**
占合计%	**63.02**		**65.20**	**63.06**	
河　北	1773.50	26.07	462.40	379.10	116
山　东	1283.30	34.53	443.10	295.10	98
河　南	1332.20	25.54	340.20	188.00	89
陕　西	469.90	44.41	208.70	164.10	27
山　西	549.70	33.71	185.30	137.50	35
新　疆	184.20	59.55	109.70	76.60	54
#兵团	34.00	57.94	19.70		11
辽　宁	320.60	42.11	135.00	106.60	13
分散产区	**207.00**	**24.11**	**49.90**	**22.20**	**25**
占合计%	**2.21**		**1.73**	**1.04**	
甘　肃	44.60	42.60	19.00	11.70	8
天　津					5
北　京	64.40	18.48	11.90	2.60	6
云　南	39.24	25.23	9.90	6.61	6

生产收购比重

产棉县统计							
棉田面积（万亩）	占比例（%）	亩产（市斤）	增减比较（±市斤）	产量（万担）	占比例（%）	收购量（万担）	占比例（%）
8128.10	**86.62**	**30.33**	**-0.47**	**2465.20**	**85.29**	**1925.84**	**90.15**
2783.14	**85.26**	**30.65**	**1.35**	**852.79**	**89.20**	**681.57**	**88.86**
34.23				**34.59**		**35.39**	
186.62	91.17	35.54	1.49	66.33	95.16	19.83	367.22
96.13	76.60	26.77	2.47	25.74	84.39	23.03	86.58
969.00	97.68	21.33	0.99	206.73	102.45	187.47	76.36
770.58	85.83	46.94	2.39	361.72	90.43	301.30	97.01
279.29	81.78	17.05	0.56	47.62	84.58	31.50	100.00
296.52	62.17	26.67	1.34	79.09	65.47	61.20	76.60
87.40	84.36	35.66	-0.44	31.17	83.34	25.60	71.51
96.60	79.83	35.60	2.96	34.39	87.06	31.64	99.81
5228.85	**88.42**	**30.26**	**-1.61**	**1582.14**	**83.96**	**1220.40**	**90.60**
64.33				**64.18**	**63.37**		
1695.27	95.59	24.31	-1.76	412.19	89.14	381.94	100.75
1262.18	98.35	35.39	0.86	446.66	100.80	313.63	106.28
1116.27	83.79	22.41	-3.13	250.12	73.52	171.83	91.40
392.66	83.56	48.87	4.46	191.90	91.95	161.29	98.29
485.35	88.29	31.35	-2.36	152.17	82.12	133.27	96.93
143.47	77.89	47.86	-11.69	68.67	62.60	29.53	38.55
34.00	100.00	58.15	0.21	19.77	100.36		
99.65	31.08	40.80	-1.31	40.66	30.12	28.91	27.12
117.11	**56.57**	**25.85**	**1.74**	**30.27**	**60.66**	**23.86**	**107.48**
1.44				**1.23**		**1.24**	
22.38	50.18	31.01	-11.59	6.94	36.53	6.75	57.69
31.62		21.35	21.35	6.75		5.46	
47.16	73.23	22.24	3.77	10.49	88.15	8.10	311.54
15.95	40.65	38.18	12.95	6.09	61.52	3.55	53.71

3－1－15　全国各地区1957年产棉县棉花

地　区	全国统计				产棉县（个）
	棉田面积（万亩）	亩　产（市斤）	产　量（万担）	收购量（万担）	
全国合计	**8662.90**	**37.86**	**3280.00**	**2766.20**	**742**
南方产区	**3104.50**	**41.35**	**1283.60**	**1091.90**	**274**
占合计%	**35.84**		**39.13**	**39.47**	
上　海	197.00	45.18	89.00	7.00	11
浙　江	113.00	73.19	82.70	74.30	12
江　苏	886.80	36.63	324.80	353.30	67
湖　北	874.90	51.99	454.90	397.70	55
安　徽	300.80	32.41	97.50	52.30	44
四　川	502.00	27.89	140.00	129.00	20
江　西	108.90	47.38	51.60	43.20	25
湖　南	121.10	35.59	43.10	35.10	40
北方产区	**5388.80**	**36.24**	**1952.80**	**1652.00**	**443**
占合计%	**62.21**		**59.54**	**59.72**	
河　北	1432.50	43.43	622.20	538.40	116
山　东	1178.80	30.73	362.20	289.00	98
河　南	1316.80	27.03	355.90	301.90	89
陕　西	482.00	48.22	232.40	218.00	27
山　西	514.40	38.34	197.20	184.70	35
新　疆	171.50	59.59	102.20	56.10	54
#兵团	39.04	51.90	20.26		11
辽　宁	292.80	27.56	80.70	63.90	13
分散产区	**169.60**	**25.71**	**43.60**	**22.30**	**25**
占合计%	**1.96**		**1.33**	**0.81**	
甘　肃	36.60	45.90	16.80	10.70	8
天　津					5
北　京	42.40	30.19	12.80	4.20	6
云　南	36.44	19.10	6.96	6.36	6

生产收购比重

产棉县统计							
棉田面积（万亩）	占比例（%）	亩产（市斤）	增减比较（±市斤）	产量（万担）	占比例（%）	收购量（万担）	占比例（%）
7494.53	**86.51**	**38.81**	**0.95**	**2908.79**	**88.68**	**2472.33**	**89.38**
2638.42	**84.99**	**42.07**	**0.73**	**1110.10**	**86.48**	**945.97**	**86.63**
35.20				**38.16**		**38.26**	
180.37	91.56	48.99	3.81	88.36	99.28	27.73	396.14
85.68	75.82	83.59	10.40	71.62	86.60	67.50	90.85
868.69	97.96	34.40	-2.22	298.86	92.01	268.40	75.97
763.41	87.26	52.44	0.45	400.34	88.01	376.11	94.57
239.65	79.67	31.07	-1.34	74.47	76.38	52.06	99.54
314.27	62.60	32.57	4.68	102.35	73.11	91.08	70.60
92.05	84.53	41.72	-5.67	38.40	74.42	31.38	72.64
94.30	77.87	37.86	2.27	35.70	82.83	31.71	90.34
4761.28	**88.36**	**37.16**	**0.93**	**1769.51**	**90.61**	**1500.23**	**90.81**
63.53				**60.83**		**60.68**	
1387.67	96.87	42.56	-0.88	590.57	94.92	512.76	95.24
1183.88	100.43	30.75	0.02	363.99	100.49	285.77	98.88
1045.74	79.42	28.57	1.54	298.73	83.94	271.21	89.83
417.75	86.67	53.25	5.04	222.46	95.72	188.86	86.63
469.02	91.18	41.36	3.02	193.97	98.36	179.90	97.40
124.56	72.63	39.70	-19.89	49.45	48.39	36.87	65.72
39.04	100.00	51.90		20.26	100.00		
93.62	31.97	32.13	4.57	30.08	37.27	24.86	38.90
94.83	**55.91**	**30.77**	**5.06**	**29.18**	**66.93**	**26.14**	**117.22**
1.27				**1.00**		**1.06**	
19.22	52.51	38.45	-7.45	7.39	43.99	7.23	67.57
22.04		28.27	28.27	6.23		4.42	
38.63	91.11	31.40	1.21	12.13	94.77	10.00	238.10
14.94	41.00	22.96	3.86	3.43	49.28	4.49	70.60

3－1－16　全国各地区1958年产棉县棉花

地　区	全　国　统　计				产棉县（个）
	棉田面积（万亩）	亩　产（市斤）	产　量（万担）	收购量（万担）	
全国合计	**8333.60**	**47.25**	**3937.50**	**3513.30**	**742**
南方产区	**2986.30**	**51.69**	**1543.60**	**1380.60**	**274**
占合计%	**35.83**		**39.20**	**39.30**	
上　海	156.50	76.68	120.00	116.90	11
浙　江	105.30	87.94	92.60	88.50	12
江　苏	767.40	53.56	411.00	392.20	67
湖　北	870.00	58.34	507.60	449.00	55
安　徽	360.00	36.11	130.00	104.20	44
四　川	484.00	37.19	180.00	148.00	20
江　西	132.40	41.54	55.00	45.60	25
湖　南	110.70	42.82	47.40	36.20	40
北方产区	**5170.50**	**45.20**	**2337.30**	**2086.20**	**443**
占合计%	**62.04**		**59.36**	**59.38**	
河　北	1452.00	42.77	621.00	573.60	116
山　东	1035.00	47.34	490.00	402.00	98
河　南	1243.00	39.18	487.00	452.60	89
陕　西	474.00	56.96	270.00	247.00	27
山　西	471.80	49.51	233.60	226.00	35
新　疆	185.00	62.54	115.70	77.50	54
#兵团	52.45	46.31	24.29		11
辽　宁	309.70	38.75	120.00	107.50	13
分散产区	**176.80**	**32.01**	**56.60**	**46.50**	**25**
占合计%	**2.12**		**1.44**	**1.32**	
甘　肃	53.40	35.39	18.90	14.40	8
天　津					5
北　京	40.00	39.00	15.60	14.60	6
云　南	47.69	29.57	14.10	10.69	6

生产收购比重

产棉县统计							
棉田面积（万亩）	占比例（%）	亩产（市斤）	增减比较（±市斤）	产量（万担）	占比例（%）	收购量（万担）	占比例（%）
7363.08	**88.35**	**47.29**	**30.80**	**3482.27**	**88.44**	**2986.45**	**85.00**
2576.17	**86.27**	**53.60**	**29.30**	**1380.84**	**89.46**	**1190.66**	**86.24**
34.99				**39.65**		**39.87**	
158.26	101.12	76.02	34.05	120.31	100.26	35.61	30.46
95.57	90.76	88.32	24.30	84.41	91.16	81.27	91.83
768.84	100.19	52.93	20.34	406.95	99.02	392.07	99.97
760.56	87.42	62.52	44.55	475.53	93.68	431.95	96.20
297.13	82.54	32.91	16.49	97.78	75.22	81.83	78.53
314.86	65.05	39.35	25.33	123.90	68.83	111.57	75.39
95.18	71.89	37.13	36.10	35.34	64.25	27.88	61.14
85.77	77.48	42.70	32.64	36.62	77.26	28.48	78.67
4678.12	**90.48**	**44.13**	**31.87**	**2064.26**	**88.32**	**1765.59**	**84.63**
63.53				**59.28**	**59.12**		
1421.04	97.87	40.83	26.07	580.28	93.44	498.42	86.89
1082.82	104.62	40.46	34.53	438.07	89.40	391.70	97.44
1054.42	84.83	40.31	25.54	425.06	87.28	356.78	78.83
412.56	87.04	61.86	44.41	255.20	94.52	228.40	92.47
429.07	90.94	51.89	33.71	222.63	95.30	210.02	92.93
130.13	70.34	52.41	59.55	68.20	58.95	39.54	51.02
52.45	100.00	46.31	57.94	24.29	100.00		
95.63	30.88	52.84	42.11	50.53	42.11	40.73	37.89
108.79	**61.53**	**34.17**	**24.11**	**37.17**	**65.67**	**30.21**	**64.97**
1.48				**1.07**		**1.01**	
29.51	55.26	36.19	42.60	10.68	56.51	10.13	70.35
21.29		27.52		5.86		3.97	
36.73	91.83	30.19	18.48	11.09	71.09	9.90	67.81
21.26	44.58	44.87	25.23	9.54	67.66	6.21	58.09

3－1－17　全国各地区1959年产棉县棉花

地　区	全国统计				产棉县（个）
	棉田面积（万亩）	亩　产（市斤）	产　量（万担）	收购量（万担）	
全国合计	**8267.90**	**41.34**	**3417.60**	**3076.50**	**742**
南方产区	**3041.80**	**43.18**	**1313.50**	**1182.40**	**274**
占合计%	**36.79**		**38.43**	**38.43**	
上　海	120.50	77.93	93.90	90.20	11
浙　江	161.20	60.79	98.00	93.40	12
江　苏	700.50	48.92	342.70	327.20	67
湖　北	801.00	41.69	333.90	300.20	55
安　徽	380.00	34.74	132.00	98.70	44
四　川	530.00	37.74	200.00	185.00	20
江　西	183.00	26.23	48.00	39.30	25
湖　南	165.60	39.25	65.00	48.40	40
北方产区	**5042.60**	**40.70**	**2052.50**	**1851.90**	**443**
占合计%	**60.99**		**60.06**	**60.20**	
河　北	1400.00	40.07	561.00	545.90	116
山　东	995.00	36.28	361.00	288.00	98
河　南	1254.00	36.68	460.00	443.80	89
陕　西	452.00	51.81	234.20	206.90	27
山　西	441.70	44.28	195.60	186.30	35
新　疆	210.00	65.90	138.40	100.00	54
#兵团	55.17	48.05	26.51		11
辽　宁	289.90	35.29	102.30	81.00	13
分散产区	**183.50**	**28.12**	**51.60**	**42.20**	**25**
占合计%	**2.22**		**1.51**	**1.37**	
甘　肃	56.20	30.25	17.00	12.90	8
天　津					5
北　京	22.20	23.42	5.20	4.80	6
云　南	75.97	29.74	22.59	23.13	6

生产收购比重

产棉县统计							
棉田面积（万亩）	占比例（%）	亩产（市斤）	增减比较（±市斤）	产量（万担）	占比例（%）	收购量（万担）	占比例（%）
7302.81	**88.33**	**41.76**	**0.42**	**3049.37**	**89.23**	**2758.89**	**89.68**
2574.30	**84.63**	**46.88**	**3.69**	**1206.72**	**91.87**	**1085.90**	**91.84**
35.25				**39.57**		**39.36**	
119.10	98.84	77.77	-0.15	92.63	98.65	90.29	100.10
119.45	74.10	69.57	8.77	83.10	84.80	80.27	85.94
702.69	100.31	48.67	-0.25	342.02	99.80	339.88	103.87
723.34	90.30	48.23	6.55	348.88	104.49	285.24	95.02
330.12	86.87	30.27	-4.46	99.94	75.71	84.42	85.53
352.72	66.55	43.42	5.69	153.16	76.58	135.93	73.48
96.01	52.46	37.06	10.83	35.58	74.13	25.29	64.35
130.87	79.03	39.28	0.03	51.41	79.09	44.58	92.11
4610.28	**91.43**	**39.27**	**-1.43**	**1810.41**	**88.21**	**1638.54**	**88.48**
63.13				**59.37**		**59.39**	
1368.68	97.76	38.81	-1.27	531.13	94.68	507.84	93.03
1037.22	104.24	32.68	-3.60	338.99	93.90	297.89	103.43
1086.73	86.66	35.65	-1.03	387.40	84.22	354.92	79.97
411.31	91.00	51.48	-0.33	211.74	90.41	193.84	93.69
409.57	92.73	45.92	1.64	188.09	96.16	179.84	96.53
152.27	72.51	57.25	-8.65	87.18	62.99	74.38	74.38
55.17	100.00	48.05		26.51	100.00		
89.33	30.81	44.07	8.78	39.37	38.48	29.83	36.83
118.23	**64.43**	**27.27**	**-0.85**	**32.24**	**62.48**	**34.45**	**81.64**
1.62				**1.06**		**1.25**	
32.11	57.14	25.07	-5.18	8.05	47.35	7.72	59.84
18.12		18.32	18.32	3.32		4.22	
28.01	126.17	29.24	5.82	8.19	157.50	7.50	156.25
39.99	52.64	31.71	1.97	12.68	56.13	15.01	64.89

3-1-18　全国各地区1960年产棉县棉花

地　区	全国统计				产棉县（个）
	棉田面积（万亩）	亩产（市斤）	产量（万担）	收购量（万担）	
全国合计	**7837.30**	**27.12**	**2125.80**	**1865.90**	**742**
南方产区	**2771.00**	**31.61**	**875.90**	**767.70**	**274**
占合计%	**35.36**		**41.20**	**41.14**	
上　海	112.70	66.81	75.30	73.30	11
浙　江	163.10	64.38	105.00	96.90	12
江　苏	699.50	35.55	248.70	229.80	67
湖　北	707.00	29.01	205.10	170.00	55
安　徽	344.30	20.36	70.10	56.70	44
四　川	450.00	18.89	85.00	67.00	20
江　西	163.30	27.37	44.70	37.00	25
湖　南	131.10	32.04	42.00	37.00	40
北方产区	**4905.80**	**24.94**	**1223.40**	**1077.10**	**443**
占合计%	**62.60**		**57.55**	**57.73**	**60**
河　北	1409.00	28.74	405.00	352.00	116
山　东	960.00	16.66	159.90	129.00	98
河　南	1194.00	27.05	323.00	300.40	89
陕　西	437.00	30.80	134.60	128.00	27
山　西	427.00	21.78	93.00	85.60	35
新　疆	238.00	29.79	70.90	50.00	54
#兵团	74.16	23.62	17.52		11
辽　宁	240.80	15.37	37.00	32.10	13
分散产区	**160.50**	**16.51**	**26.50**	**21.10**	**25**
占合计%	**2.05**		**1.25**	**1.13**	
甘　肃	71.60	12.71	9.10	7.50	8
天　津					5
北　京	18.20	24.73	4.50	3.50	6
云　南	57.95	19.31	11.19	11.11	6

生产收购比重

产棉县统计							
棉田面积（万亩）	占比例（%）	亩产（市斤）	增减比较（±市斤）	产量（万担）	占比例（%）	收购量（万担）	占比例（%）
6874.63	**87.72**	**29.11**	**1.98**	**2000.92**	**94.13**	**1793.97**	**96.14**
2366.92	**85.42**	**34.37**	**2.76**	**813.60**	**92.89**	**739.24**	**96.29**
34.43				**40.66**		**41.21**	
112.14	99.50	66.47	-0.34	74.54	98.99	74.04	101.01
120.05	73.61	75.27	10.89	90.36	86.06	83.53	86.20
718.63	102.73	34.85	-0.70	250.46	100.71	239.33	104.15
611.20	86.45	32.17	3.16	196.60	95.86	176.90	104.06
268.58	78.01	22.97	2.61	61.69	88.00	45.94	81.02
314.43	69.87	20.03	1.14	62.98	74.09	55.74	83.19
108.63	66.52	30.09	2.72	32.69	73.13	25.82	69.78
113.26	86.39	39.10	7.06	44.28	105.44	37.94	102.54
4386.06	**89.41**	**26.46**	**1.52**	**1160.59**	**94.87**	**1029.45**	**95.58**
63.80				**58.00**		**57.38**	
1381.00	98.01	27.50	-1.24	379.84	93.79	358.08	101.73
926.73	96.53	17.02	0.37	157.75	98.66	128.55	99.65
1006.63	84.31	31.00	3.95	312.08	96.62	276.89	92.17
371.31	84.97	37.20	6.40	138.12	102.62	126.01	98.45
389.07	91.12	24.06	2.28	93.62	100.67	85.85	100.29
161.44	67.83	27.85	-1.94	44.96	63.41	41.94	83.88
74.16	100.00	23.62		17.52	100.00		
75.72	31.45	22.05	6.69	16.70	45.14	12.13	37.79
121.65	**75.79**	**21.97**	**5.46**	**26.73**	**100.87**	**25.27**	**119.76**
1.77				**1.34**		**1.41**	
41.79	58.37	12.13	-0.58	5.07	55.71	4.84	64.53
19.25		19.38	19.38	3.73		3.73	
25.21	138.52	35.78	11.05	9.02	200.44	8.10	231.43
35.40	61.09	25.17	5.86	8.91	79.62	8.60	77.41

3－1－19　全国各地区1961年产棉县棉花

地　区	全国统计				产棉县（个）
	棉田面积（万亩）	亩　产（市斤）	产　量（万担）	收购量（万担）	
全国合计	**5805.40**	**25.76**	**1495.50**	**1327.20**	**742**
南方产区	**2290.60**	**34.67**	**794.10**	**756.80**	**274**
占合计%	**39.46**		**53.10**	**57.02**	
上　海	113.60	62.41	70.90	67.60	11
浙　江	109.30	70.63	77.20	75.40	12
江　苏	662.40	42.09	278.80	273.50	67
湖　北	660.80	33.88	223.90	212.10	55
安　徽	180.00	21.33	38.40	30.90	44
四　川	350.00	14.86	52.00	46.30	20
江　西	100.30	22.53	22.60	20.10	25
湖　南	114.20	26.53	30.30	30.90	40
北方产区	**3446.10**	**20.01**	**689.60**	**560.20**	**443**
占合计%	**59.36**		**46.11**	**42.21**	**60**
河　北	1180.30	20.29	239.50	198.50	116
山　东	603.90	10.60	64.00	34.50	98
河　南	596.20	16.71	99.60	72.90	89
陕　西	390.00	25.92	101.10	88.90	27
山　西	338.30	31.57	106.80	100.00	35
新　疆	195.80	30.18	59.10	52.10	54
#兵团	53.39	30.85	16.47	8.97	11
辽　宁	141.60	13.77	19.50	13.30	13
分散产区	**68.70**	**17.18**	**11.80**	**10.20**	**25**
占合计%	**1.18**		**0.79**	**0.77**	
甘　肃	15.70	11.46	1.80	1.70	8
天　津					5
北　京	17.60	23.86	4.20	3.60	6
云　南	29.60	17.23	5.10	5.12	6

生产收购比重

产棉县统计							
棉田面积（万亩）	占比例（%）	亩产（市斤）	增减比较（±市斤）	产量（万担）	占比例（%）	收购量（万担）	占比例（%）
5270.30	90.78	27.43	1.67	1445.68	96.67	1233.27	92.92
2051.32	89.55	37.16	2.50	762.36	96.00	697.42	92.15
38.92				52.73		56.55	
112.99	99.46	63.03	0.62	71.22	100.45	70.15	103.77
90.39	82.70	72.69	2.05	65.70	85.10	63.82	84.64
659.06	99.50	42.86	0.77	282.47	101.32	267.55	97.82
585.12	88.55	37.29	3.40	218.17	97.44	193.25	91.11
143.70	79.83	24.22	2.88	34.80	90.63	26.75	86.57
282.41	80.69	14.72	-0.14	41.57	79.94	35.72	77.15
76.52	76.29	23.60	1.07	18.06	79.91	12.67	63.03
101.13	88.56	30.03	3.50	30.37	100.24	27.51	89.03
3154.01	91.52	21.10	1.09	665.55	96.51	520.90	92.98
59.84				46.04		42.24	
1147.46	97.22	19.77	-0.52	226.84	94.71	193.05	97.25
585.94	97.03	12.12	1.52	71.01	110.96	40.54	117.51
529.10	88.75	18.30	1.59	96.81	97.20	54.53	74.80
337.00	86.41	28.52	2.60	96.12	95.07	82.29	92.56
314.63	93.00	33.72	2.15	106.10	99.34	96.38	96.38
139.91	71.46	32.35	2.17	45.26	76.58	39.98	76.74
53.39	100.00	30.85		16.47	100.00	8.97	100.00
46.58	32.90	14.90	1.13	6.94	35.59	5.16	38.80
64.97	94.57	27.34	10.16	17.76	150.51	14.95	146.57
1.23				1.23		1.21	
7.06	44.97	11.19	-0.28	0.79	43.89	0.69	40.59
14.19		20.79	20.79	2.95		1.68	
25.11	142.67	38.55	14.69	9.68	230.48	8.20	227.78
18.61	62.87	23.32	6.09	4.34	85.10	4.38	85.55

3－1－20 全国各地区1962年产棉县棉花

地　区	全国统计				产棉县（个）
	棉田面积（万亩）	亩　产（市斤）	产　量（万担）	收购量（万担）	
全国合计	**5246.20**	**26.74**	**1403.00**	**1280.00**	**742**
南方产区	**2244.70**	**32.20**	**722.80**	**698.20**	**274**
占合计%	**42.79**		**51.52**	**54.55**	
上　海	103.80	54.82	56.90	54.70	11
浙　江	113.70	67.46	76.70	74.10	12
江　苏	624.80	26.28	164.20	156.60	67
湖　北	679.50	40.63	276.10	269.40	55
安　徽	192.40	18.97	36.50	30.50	44
四　川	330.80	15.84	52.40	53.00	20
江　西	92.40	24.13	22.30	20.90	25
湖　南	107.30	35.14	37.70	39.00	40
北方产区	**2925.20**	**22.70**	**664.00**	**572.20**	**443**
占合计%	**55.76**		**47.33**	**44.70**	**60**
河　北	1011.60	25.79	260.90	241.40	116
山　东	573.80	13.77	79.00	55.80	98
河　南	512.40	15.69	80.40	55.60	89
陕　西	290.00	31.03	90.00	79.70	27
山　西	275.50	30.20	83.20	78.10	35
新　疆	156.10	32.16	50.20	43.30	54
#兵团	29.69	40.32	11.97	7.59	11
辽　宁	105.80	19.19	20.30	18.30	13
分散产区	**76.30**	**21.23**	**16.20**	**9.60**	**25**
占合计%	**1.45**		**1.15**	**0.75**	
甘　肃	13.70	9.49	1.30	1.00	8
天　津					5
北　京	18.90	30.16	5.70	5.70	6
云　南	28.75	25.95	7.46	6.48	6

生产收购比重

产棉县统计							
棉田面积（万亩）	占比例（%）	亩产（市斤）	增减比较（±市斤）	产量（万担）	占比例（%）	收购量（万担）	占比例（%）
4754.15	**90.62**	**28.13**	**1.39**	**1337.31**	**95.32**	**1183.66**	**92.47**
1975.74	**88.02**	**34.20**	**2.00**	**675.74**	**93.49**	**621.46**	**89.01**
41.56				**50.53**		**52.50**	
101.97	98.24	55.62	0.81	56.72	99.68	53.53	97.86
90.93	79.97	68.33	0.87	62.13	81.00	60.32	81.40
615.31	98.48	26.56	0.28	163.45	99.54	155.60	99.36
600.66	88.40	44.42	3.79	266.84	96.65	240.65	89.33
144.86	75.29	19.11	0.14	27.68	75.84	22.76	74.62
266.47	80.55	16.87	1.03	44.96	85.80	40.31	76.06
64.31	69.60	28.14	4.01	18.10	81.17	13.57	64.93
91.23	85.02	39.31	4.17	35.86	95.12	34.71	89.01
2715.71	**92.84**	**23.68**	**0.98**	**643.16**	**96.86**	**546.60**	**95.53**
57.12				**48.09**		**46.18**	
994.32	98.29	25.87	0.08	257.23	98.59	236.75	98.07
560.25	97.64	15.01	1.25	84.11	106.47	59.70	106.99
439.76	85.82	16.97	1.28	74.62	92.81	50.40	90.65
264.29	91.13	32.88	1.84	86.89	96.54	75.90	95.23
268.08	97.31	31.25	1.05	83.78	100.70	77.64	99.41
125.11	80.15	30.25	-1.91	37.84	75.38	34.27	79.15
29.69	100.00	40.32		11.97	100.00	7.59	100.00
34.21	32.33	19.64	0.46	6.72	33.10	4.35	23.77
62.70	**82.18**	**29.36**	**8.13**	**18.41**	**113.64**	**15.60**	**162.50**
1.32				**1.38**		**1.32**	
6.44	47.01	3.57	-5.92	0.23	17.69	0.17	17.00
15.90		13.08	13.08	2.08		1.29	
24.20	128.04	41.07	10.92	9.94	174.39	8.30	145.61
16.16	56.21	38.12	12.17	6.16	82.57	5.84	90.12

3-1-21 全国各地区1963年产棉县棉花

地区	全国统计				产棉县（个）
	棉田面积（万亩）	亩产（市斤）	产量（万担）	收购量（万担）	
全国合计	**6614.20**	**34.38**	**2274.20**	**2144.00**	**742**
南方产区	**2713.40**	**51.93**	**1409.20**	**1371.40**	**274**
占合计%	**41.02**		**61.96**	**63.96**	
上海	127.90	81.55	104.30	103.60	11
浙江	137.20	93.29	128.00	120.90	12
江苏	727.50	50.19	365.10	354.20	67
湖北	814.00	62.40	507.90	494.20	55
安徽	266.50	24.24	64.60	57.60	44
四川	396.60	29.00	115.00	117.00	20
江西	117.90	55.73	65.70	64.80	25
湖南	125.80	46.58	58.60	59.10	40
北方产区	**3789.30**	**22.07**	**836.40**	**750.00**	**443**
占合计%	**57.29**		**36.78**	**34.98**	**60**
河北	1240.80	15.99	198.40	191.60	116
山东	795.60	21.28	169.30	147.60	98
河南	735.70	13.36	98.30	76.60	89
陕西	379.50	34.28	130.10	119.30	27
山西	334.20	40.10	134.00	126.60	35
新疆	179.00	38.04	68.10	53.60	54
#兵团	38.80	51.49	19.98	12.16	11
辽宁	124.50	30.68	38.20	34.70	13
分散产区	**111.50**	**25.65**	**28.60**	**22.60**	**25**
占合计%	**1.69**		**1.26**	**1.05**	
甘肃	15.10	23.84	3.60	2.70	8
天津					5
北京	22.70	46.26	10.50	9.70	6
云南	31.50	28.03	8.83	8.24	6

生产收购比重

产棉县统计							
棉田面积（万亩）	占比例（%）	亩　产（市斤）	增减比较（±市斤）	产　量（万担）	占比例（%）	收购量（万担）	占比例（%）
5847.82	**88.41**	**36.19**	**1.81**	**2116.44**	**93.06**	**1940.06**	**90.49**
2353.23	**86.73**	**55.42**	**3.49**	**1304.18**	**92.55**	**1227.28**	**89.49**
40.24				**61.62**		**63.26**	
127.47	99.66	81.60	0.05	104.01	99.72	100.13	96.65
108.26	78.91	94.24	0.94	102.02	79.70	96.91	80.16
724.35	99.57	49.89	-0.30	361.37	98.98	344.05	97.13
705.12	86.62	67.55	5.15	476.29	93.78	459.48	92.97
193.44	72.59	26.42	2.18	51.11	79.12	42.09	73.07
303.15	76.44	33.74	4.75	102.29	88.95	89.03	76.09
89.29	75.73	60.22	4.49	53.77	81.84	42.73	65.94
102.15	81.20	52.20	5.62	53.32	90.99	52.86	89.44
3428.44	**90.48**	**22.89**	**0.82**	**784.90**	**93.84**	**689.25**	**91.90**
58.63				**37.09**		**35.53**	
1227.59	98.94	15.18	-0.81	186.33	93.92	171.08	89.29
764.06	96.04	22.96	1.68	175.41	103.61	149.31	101.16
577.63	78.51	14.21	0.85	82.07	83.49	62.48	81.57
329.30	86.77	37.84	3.56	124.60	95.77	112.27	94.11
311.35	93.16	43.91	3.81	136.70	102.01	124.89	98.65
137.88	77.03	33.99	-4.05	46.87	68.82	46.88	87.46
38.80	100.00	51.49		19.98	100.00	12.16	100.00
41.83	33.60	30.93	0.25	12.94	33.87	10.18	29.34
66.15	**59.33**	**41.36**	**15.71**	**27.36**	**95.66**	**23.53**	**104.12**
1.13				**1.29**		**1.21**	
5.89	39.01	27.84	4.00	1.64	45.56	1.52	56.30
17.56		27.90	27.90	4.90		3.35	
26.74	117.80	50.75	4.49	13.57	129.24	11.70	120.62
15.96	50.67	45.43	17.39	7.25	82.11	6.96	84.47

3－1－22　全国各地区1964年产棉县棉花

地　区	全国统计				产棉县（个）
	棉田面积（万亩）	亩　产（市斤）	产　量（万担）	收购量（万担）	
全国合计	**7403.00**	**44.92**	**3325.40**	**3078.30**	**742**
南方产区	**3076.70**	**65.51**	**2015.40**	**1921.30**	**274**
占合计%	**41.56**		**60.61**	**62.41**	
上　海	133.90	114.19	152.90	152.20	11
浙　江	166.20	102.95	171.10	158.20	12
江　苏	802.30	83.22	667.70	651.10	67
湖　北	919.30	58.48	537.60	519.40	55
安　徽	287.00	46.79	134.30	111.40	44
四　川	444.90	48.69	216.60	205.40	20
江　西	146.50	44.44	65.10	60.00	25
湖　南	176.60	39.69	70.10	63.60	40
北方产区	**4169.90**	**30.40**	**1267.60**	**1118.60**	**443**
占合计%	**56.33**		**38.12**	**36.34**	**60**
河　北	1116.70	29.79	332.70	303.80	116
山　东	1006.80	23.88	240.40	214.10	98
河　南	850.50	27.49	233.80	174.00	89
陕　西	426.70	31.17	133.00	120.40	27
山　西	392.30	45.04	176.70	168.00	35
新　疆	203.70	43.15	87.90	79.10	54
#兵团	48.76	66.12	32.24	26.74	11
辽　宁	173.20	36.43	63.10	59.20	13
分散产区	**156.40**	**27.11**	**42.40**	**38.40**	**25**
占合计%	**2.11**		**1.28**	**1.25**	
甘　肃	17.20	29.65	5.10	4.10	8
天　津					5
北　京	27.10	51.29	13.90	13.10	6
云　南	29.85	39.50	11.79	11.04	6

生产收购比重

产棉县统计							
棉田面积（万亩）	占比例（%）	亩　产（市斤）	增减比较（±市斤）	产　量（万担）	占比例（%）	收购量（万担）	占比例（%）
6436.40	**86.94**	**47.53**	**2.61**	**3059.17**	**91.99**	**2815.96**	**91.48**
2598.86	**84.47**	**70.08**	**4.58**	**1821.30**	**90.37**	**1726.89**	**89.88**
40.38				**59.54**		**61.33**	
131.82	98.45	114.91	0.72	151.47	99.06	148.36	97.48
112.50	67.69	111.11	8.16	125.00	73.06	124.47	78.68
794.77	99.06	83.02	-0.20	659.82	98.82	636.68	97.78
796.94	86.69	62.46	3.98	497.80	92.60	484.99	93.38
213.61	74.43	49.09	2.30	104.86	78.08	75.01	67.33
323.97	72.82	54.05	5.37	175.11	80.84	163.66	79.68
106.18	72.48	46.50	2.06	49.37	75.84	40.65	67.75
119.07	67.42	48.60	8.91	57.87	82.55	53.07	83.44
3774.82	**90.53**	**31.90**	**1.50**	**1204.24**	**95.00**	**1058.85**	**94.66**
58.65				**39.36**		**37.60**	
1083.33	97.01	29.44	-0.35	318.96	95.87	296.87	97.72
991.38	98.47	24.77	0.89	245.59	102.16	213.32	99.64
721.58	84.84	30.69	3.20	221.48	94.73	173.38	99.64
362.42	84.94	35.37	4.20	128.18	96.38	113.81	94.53
365.32	93.12	48.86	3.82	178.49	101.01	162.44	96.69
152.14	74.69	36.60	-6.55	55.68	63.34	51.31	64.87
48.76	100.00	66.12		32.24	100.00	26.74	100.00
49.89	28.80	47.34	10.91	23.62	37.43	20.98	35.44
62.72	**40.10**	**53.62**	**26.51**	**33.63**	**79.32**	**30.22**	**78.70**
0.97				**1.10**		**1.07**	
6.45	37.50	37.98	8.33	2.45	48.04	2.24	54.63
19.30		33.78	33.78	6.52		5.55	
22.32	82.36	66.44	15.15	14.83	106.69	12.70	96.95
14.65	49.08	67.10	27.60	9.83	83.38	9.73	88.13

3－1－23　全国各地区1965年产棉县棉花

地　区	全　国　统　计				产棉县（个）
	棉田面积（万亩）	亩　产（市斤）	产　量（万担）	收购量（万担）	
全国合计	**7504.80**	**55.90**	**4195.50**	**4042.50**	**742**
南方产区	**3240.00**	**69.97**	**2267.00**	**2260.10**	**274**
占合计%	**43.17**		**54.03**	**55.91**	
上　海	144.40	117.31	169.40	210.30	11
浙　江	169.90	118.19	200.80	190.40	12
江　苏	853.90	61.93	528.80	509.00	67
湖　北	865.20	86.66	749.80	739.30	55
安　徽	392.50	51.72	203.00	189.50	44
四　川	423.70	51.88	219.80	213.70	20
江　西	164.00	58.17	95.40	102.50	25
湖　南	226.40	44.17	100.00	105.40	40
北方产区	**4138.00**	**45.50**	**1882.90**	**1721.20**	**443**
占合计%	**55.14**		**44.88**	**42.58**	**60**
河　北	1093.70	48.43	529.70	499.80	116
山　东	1022.20	38.76	396.20	363.00	98
河　南	798.00	33.95	270.90	213.50	89
陕　西	403.50	56.90	229.60	217.50	27
山　西	398.00	54.20	215.70	204.70	35
新　疆	238.50	64.40	153.60	142.00	54
#兵团	65.28	86.00	56.14	22.01	11
辽　宁	184.10	47.37	87.20	80.70	13
分散产区	**126.80**	**35.96**	**45.60**	**61.20**	**25**
占合计%	**1.69**		**1.09**	**1.51**	
甘　肃	17.80	40.45	7.20	5.70	8
天　津					5
北　京	28.70	63.41	18.20	15.80	6
云　南	28.86	39.22	11.32	10.16	6

生产收购比重

产棉县统计							
棉田面积（万亩）	占比例（%）	亩产（市斤）	增减比较（±市斤）	产量（万担）	占比例（%）	收购量（万担）	占比例（%）
6557.71	**87.38**	**59.19**	**3.28**	**3881.36**	**92.51**	**3559.70**	**88.06**
2730.68	**84.28**	**75.54**	**5.57**	**2062.69**	**90.99**	**1966.95**	**87.03**
41.64				**53.14**		**55.26**	
141.65	98.10	117.47	0.16	166.40	98.23	163.31	77.66
111.59	65.68	131.98	13.80	147.28	73.35	147.15	77.28
813.35	95.25	63.30	1.37	514.85	97.36	504.29	99.07
780.78	90.24	91.03	4.37	710.75	94.79	687.02	92.93
285.11	72.64	55.57	3.85	158.43	78.04	139.30	73.51
325.74	76.88	56.36	4.48	183.59	83.53	171.29	80.16
124.02	75.62	70.11	11.94	86.95	91.14	75.71	73.86
148.44	65.57	63.62	19.45	94.44	94.44	78.88	74.84
3758.33	**90.82**	**47.40**	**1.90**	**1781.47**	**94.61**	**1558.36**	**90.54**
57.31				**45.90**		**43.78**	
1062.49	97.15	48.28	-0.15	513.00	96.85	478.72	95.78
1012.22	99.02	38.55	-0.21	390.19	98.48	321.46	88.56
668.29	83.75	40.00	6.05	267.32	98.68	207.33	97.11
356.95	88.46	58.86	1.96	210.11	91.51	201.28	92.54
367.48	92.33	58.42	4.22	214.67	99.52	197.91	96.68
171.04	71.72	55.58	-8.82	95.07	61.89	98.30	69.23
65.28	100.00	86.00		56.14	100.00	22.01	100.00
54.58	29.65	64.07	16.71	34.97	40.11	31.35	38.85
68.70	**54.18**	**54.15**	**18.19**	**37.20**	**81.58**	**34.39**	**56.19**
1.05				**0.96**		**0.97**	
6.65	37.36	50.53	10.08	3.36	46.67	3.13	54.91
17.29		44.94	44.94	7.77		7.91	
30.32	105.64	56.40	-7.02	17.10	93.96	14.60	92.41
14.44	50.03	62.12	22.90	8.97	79.24	8.75	86.12

3-1-24 全国各地区1966年产棉县棉花

地区	全国统计				产棉县（个）
	棉田面积（万亩）	亩产（市斤）	产量（万担）	收购量（万担）	
全国合计	**7388.30**	**63.26**	**4673.50**	**4377.60**	**742**
南方产区	**3377.60**	**82.19**	**2775.90**	**2659.10**	**274**
占合计%	**45.72**		**59.40**	**60.74**	
上海	124.30	124.78	155.10	145.00	11
浙江	141.90	106.98	151.80	146.00	12
江苏	870.00	88.48	769.80	754.00	67
湖北	911.00	98.50	897.30	878.10	55
安徽	442.60	52.67	233.10	204.70	44
四川	416.00	78.70	327.40	317.50	20
江西	177.00	53.11	94.00	91.30	25
湖南	294.80	50.00	147.40	122.50	40
北方产区	**3864.80**	**47.94**	**1852.80**	**1670.40**	**443**
占合计%	**52.31**		**39.64**	**38.16**	**60**
河北	799.00	38.61	308.50	283.20	116
山东	995.90	40.62	404.50	360.70	98
河南	845.00	57.04	482.00	406.20	89
陕西	401.90	55.59	223.40	216.60	27
山西	382.00	44.37	169.50	163.00	35
新疆	253.00	62.69	158.60	146.20	54
#兵团	63.71	78.01	49.70	17.43	11
辽宁	188.00	56.54	106.30	94.50	13
分散产区	**145.90**	**30.71**	**44.80**	**48.10**	**25**
占合计%	**1.97**		**0.96**	**1.10**	
甘肃	16.60	43.37	7.20	6.50	8
天津	2.90	41.38	1.20		5
北京	30.60	46.08	14.10	12.00	6
云南	27.31	38.41	10.49	8.88	6

生产收购比重

产棉县统计							
棉田面积（万亩）	占比例（%）	亩　产（市斤）	增减比较（±市斤）	产　量（万担）	占比例（%）	收购量（万担）	占比例（%）
6483.43	**87.75**	**65.59**	**2.33**	**4252.46**	**90.99**	**3941.72**	**90.04**
2887.54	**85.49**	**87.42**	**5.24**	**2524.39**	**90.94**	**2408.37**	**90.57**
44.54				**59.36**		**61.10**	
141.35	113.72	107.21	-17.57	151.54	97.70	148.81	102.63
104.15	73.40	111.36	4.38	115.98	76.40	114.58	78.48
859.11	98.75	88.63	0.14	761.39	98.91	743.51	98.61
838.66	92.06	101.42	2.93	850.58	94.79	817.25	93.07
322.09	72.77	57.99	5.32	186.77	80.13	166.37	81.28
314.04	75.49	89.35	10.65	280.60	85.71	264.62	83.34
129.95	73.42	58.64	5.53	76.20	81.06	65.35	71.58
178.19	60.44	56.87	6.87	101.33	68.74	87.88	71.74
3523.96	**91.18**	**48.03**	**0.09**	**1692.63**	**91.36**	**1501.18**	**89.87**
54.35				**39.80**		**38.08**	
773.82	96.85	38.33	-0.28	296.63	96.15	268.94	94.96
996.99	100.11	38.02	-2.60	379.05	93.71	327.42	90.77
740.84	87.67	60.45	3.41	447.84	92.91	384.80	94.73
354.39	88.18	58.46	2.88	207.18	92.74	189.48	87.48
362.30	94.84	46.82	2.45	169.62	100.07	155.14	95.18
177.43	70.13	58.83	-3.85	104.39	65.82	124.88	85.42
63.71	100.00	78.01		49.70	100.00	17.43	100.00
54.48	28.98	70.15	13.61	38.22	35.95	33.09	35.02
71.93	**49.30**	**49.27**	**18.56**	**35.44**	**79.11**	**32.17**	**66.88**
1.11				**0.83**		**0.82**	
6.29	37.89	72.18	28.80	4.54	63.06	4.31	66.31
19.05	656.90	38.90	-2.48	7.41	617.50	6.13	
31.65	103.43	47.20	1.13	14.94	105.96	13.20	110.00
14.94	54.71	57.23	18.82	8.55	81.51	8.53	96.06

3－1－25　全国各地区 1967 年产棉县棉花

地　区	全　国　统　计				产棉县（个）
	棉田面积（万亩）	亩　产（市斤）	产　量（万担）	收购量（万担）	
全国合计	**7646.60**	**61.57**	**4707.90**	**4282.90**	**742**
南方产区	**3442.10**	**79.43**	**2734.00**	**2557.70**	**274**
占合计%	**45.01**		**58.07**	**59.72**	
上　海	139.30	113.71	158.40	153.00	11
浙　江	143.00	103.99	148.70	136.60	12
江　苏	898.50	85.77	770.60	758.00	67
湖　北	951.40	93.22	886.90	858.50	55
安　徽	450.00	50.27	226.20	171.50	44
四　川	421.00	78.72	331.40	309.00	20
江　西	171.10	44.42	76.00	70.10	25
湖　南	267.80	50.71	135.80	101.00	40
北方产区	**4105.40**	**47.15**	**1935.70**	**1690.30**	**443**
占合计%	**53.69**		**41.12**	**39.47**	**60**
河　北	860.00	41.28	355.00	296.60	116
山　东	1045.00	41.42	432.80	372.30	98
河　南	950.00	54.38	516.60	416.50	89
陕　西	411.90	49.28	203.00	193.00	27
山　西	402.00	42.69	171.60	170.30	35
新　疆	258.50	61.04	157.80	147.60	54
#兵团	65.81	73.00	48.04	19.81	11
辽　宁	178.00	55.56	98.90	94.00	13
分散产区	**99.10**	**38.55**	**38.20**	**34.90**	**25**
占合计%	**1.30**		**0.81**	**0.81**	
甘　肃	16.70	41.32	6.90	5.20	8
天　津	2.70	59.26	1.60		5
北　京	28.80	44.44	12.80	10.40	6
云　南	24.05	45.57	10.96	9.08	6

生产收购比重

产棉县统计							
棉田面积（万亩）	占比例（%）	亩产（市斤）	增减比较（±市斤）	产量（万担）	占比例（%）	收购量（万担）	占比例（%）
6726.80	**87.97**	**63.97**	**2.40**	**4303.21**	**91.40**	**3930.48**	**91.77**
2926.72	**85.03**	**84.82**	**5.39**	**2482.52**	**90.80**	**2332.84**	**91.21**
43.51				**57.69**		**59.35**	
138.45	99.39	114.37	0.66	158.35	99.97	155.39	101.56
102.12	71.41	108.23	4.24	110.52	74.32	108.75	79.61
884.96	98.49	85.79	0.02	759.19	98.52	736.62	97.18
863.77	90.79	96.30	3.08	831.81	93.79	800.58	93.25
319.15	70.92	55.06	4.80	175.73	77.69	149.08	86.93
316.40	75.15	90.63	11.91	286.76	86.53	257.27	83.26
123.77	72.34	49.18	4.76	60.87	80.09	47.57	67.86
178.10	66.50	55.75	5.04	99.29	73.11	77.58	76.81
3728.35	**90.82**	**47.88**	**0.73**	**1784.97**	**92.21**	**1564.66**	**92.57**
55.43				**41.48**		**39.81**	
828.93	96.39	39.90	-1.38	330.74	93.17	291.39	98.24
1034.26	98.97	41.21	-0.21	426.19	98.47	366.87	98.54
826.60	87.01	57.59	3.22	476.08	92.16	403.89	96.97
360.41	87.50	52.22	2.93	188.20	92.71	168.77	87.45
377.04	93.79	45.59	2.91	171.90	100.18	155.14	91.10
181.37	70.16	59.07	-1.98	107.13	67.89	127.30	86.25
65.81	100.00	73.00		48.04	100.00	19.81	100.00
53.93	30.30	68.03	12.47	36.69	37.10	31.49	33.50
71.73	**72.38**	**49.80**	**11.25**	**35.72**	**93.51**	**32.98**	**94.50**
1.07				**0.83**		**0.84**	
6.88	41.20	61.77	20.46	4.25	61.59	4.00	76.92
19.51	722.59	40.65	-18.61	7.93	495.63	7.18	
30.19	104.83	49.29	4.84	14.88	116.25	13.20	126.92
15.15	62.99	57.16	11.59	8.66	79.01	8.60	94.71

3－1－26　全国各地区1968年产棉县棉花

地　区	全　国　统　计				产棉县（个）
	棉田面积（万亩）	亩　产（市斤）	产　量（万担）	收购量（万担）	
全国合计	**7478.60**	**62.96**	**4708.60**	**4265.00**	**742**
南方产区	**3288.50**	**84.87**	**2790.90**	**2630.60**	**274**
占合计%	**43.97**		**59.27**	**61.68**	
上　海	142.70	158.86	226.70	218.80	11
浙　江	150.00	138.00	207.00	191.80	12
江　苏	886.90	95.68	848.60	844.00	67
湖　北	941.80	83.45	785.90	762.50	55
安　徽	409.40	58.74	240.50	202.20	44
四　川	399.00	64.24	256.30	223.00	20
江　西	150.10	61.29	92.00	85.40	25
湖　南	208.60	64.19	133.90	102.90	40
北方产区	**4103.00**	**45.83**	**1880.30**	**1593.40**	**443**
占合计%	**54.86**		**39.93**	**37.36**	**60**
河　北	905.00	49.66	449.40	388.70	116
山　东	1043.80	43.26	451.50	381.30	98
河　南	930.00	48.54	451.40	358.60	89
陕　西	408.50	35.67	145.70	135.40	27
山　西	389.00	38.20	148.60	129.90	35
新　疆	241.40	56.75	137.00	108.40	54
#兵团	60.95	55.37	33.75	12.40	11
辽　宁	185.30	52.19	96.70	91.10	13
分散产区	**87.10**	**42.94**	**37.40**	**41.00**	**25**
占合计%	**1.16**		**0.79**	**0.96**	
甘　肃	15.40	34.42	5.30	7.70	8
天　津	2.00	65.00	1.30		5
北　京	27.70	63.54	17.60	14.60	6
云　南	21.82	36.94	8.06	6.46	6

生产收购比重

产棉县统计							
棉田面积（万亩）	占比例（%）	亩产（市斤）	增减比较（±市斤）	产量（万担）	占比例（%）	收购量（万担）	占比例（%）
6633.58	**88.70**	**64.69**	**1.73**	**4291.26**	**91.14**	**3938.23**	**92.34**
2835.67	**86.23**	**89.68**	**4.81**	**2543.04**	**91.12**	**2422.48**	**92.09**
42.75				**59.26**		**61.51**	
139.10	97.48	162.85	3.99	226.53	99.93	222.95	101.90
104.63	69.75	144.97	6.97	151.68	73.28	150.55	78.49
875.81	98.75	96.18	0.50	842.35	99.26	831.35	98.50
830.89	88.22	88.78	5.34	737.70	93.87	715.83	93.88
298.00	72.79	63.13	4.38	188.12	78.22	158.75	78.51
310.92	77.92	68.63	4.39	213.38	83.25	184.10	82.56
116.13	77.37	68.67	7.38	79.75	86.68	68.86	80.63
160.19	76.79	64.63	0.44	103.53	77.32	90.09	87.55
3729.21	**90.89**	**45.84**	**0.01**	**1709.50**	**90.92**	**1481.15**	**92.96**
56.22				**39.84**		**37.61**	
884.42	97.73	48.35	-1.31	427.63	95.16	373.34	96.05
1026.32	98.33	43.16	-0.10	442.91	98.10	373.76	98.02
803.37	86.38	50.69	2.15	407.21	90.21	355.07	99.02
354.43	86.76	37.55	1.88	133.09	91.35	116.80	86.26
369.55	95.00	40.15	1.95	148.37	99.85	131.14	100.95
177.01	73.33	46.99	-9.77	83.17	60.71	89.63	82.68
60.95	100.00	55.37		33.75	100.00	12.40	100.00
53.16	28.69	62.77	10.59	33.37	34.51	29.01	31.84
68.70	**78.87**	**56.36**	**13.42**	**38.72**	**103.53**	**34.60**	**84.39**
1.04				**0.90**		**0.88**	
6.86	44.55	51.02	16.60	3.50	66.04	3.28	42.60
18.71	935.50	59.54	-5.46	11.14	856.92	10.29	
29.02	104.77	60.89	-2.65	17.67	100.40	14.80	101.37
14.11	64.67	45.43	8.49	6.41	79.53	6.23	96.44

3－1－27　全国各地区1969年产棉县棉花

地　区	全　国　统　计				产棉县（个）
	棉田面积（万亩）	亩　产（市斤）	产　量（万担）	收购量（万担）	
全国合计	**7243.70**	**57.41**	**4158.60**	**3718.20**	**742**
南方产区	**3166.20**	**70.64**	**2236.60**	**2083.00**	**274**
占合计%	**43.71**		**53.78**	**56.02**	
上　海	145.80	131.76	192.10	186.10	11
浙　江	146.70	110.02	161.40	153.10	12
江　苏	878.00	79.35	696.70	679.00	67
湖　北	864.60	67.42	582.90	569.00	55
安　徽	362.30	44.25	160.30	122.10	44
四　川	388.00	62.60	242.90	219.30	20
江　西	171.80	52.39	90.00	73.00	25
湖　南	209.00	52.78	110.30	81.40	40
北方产区	**3987.70**	**47.32**	**1886.90**	**1605.60**	**443**
占合计%	**55.05**		**45.37**	**43.18**	
河　北	891.00	47.14	420.00	356.40	116
山　东	1026.80	46.30	475.40	393.50	98
河　南	897.00	49.48	443.80	355.60	89
陕　西	390.00	47.46	185.10	167.00	27
山　西	383.00	49.19	188.40	177.20	35
新　疆	230.20	45.83	105.50	92.80	54
#兵团	61.99	50.27	31.16	14.64	11
辽　宁	169.70	40.48	68.70	63.10	13
分散产区	**89.80**	**39.09**	**35.10**	**29.60**	**25**
占合计%	**1.24**		**0.84**	**0.80**	
甘　肃	15.50	40.00	6.20	5.60	8
天　津	2.10	23.81	0.50		5
北　京	29.90	39.13	11.70	9.50	6
云　南	22.53	40.66	9.16	7.86	6

注：表示天津市产棉县相加大于全市数据或亩产偏高。

生产收购比重

产棉县统计							
棉田面积（万亩）	占比例（%）	亩产（市斤）	增减比较（±市斤）	产量（万担）	占比例（%）	收购量（万担）	占比例（%）
6450.81	**89.05**	**59.29**	**1.88**	**3824.88**	**91.98**	**3467.97**	**93.27**
2735.55	**86.40**	**74.24**	**3.60**	**2030.74**	**90.80**	**1917.11**	**92.04**
42.41				**53.09**		**55.28**	
142.91	98.02	134.20	2.44	191.78	99.83	187.35	100.67
104.77	71.42	116.08	6.06	121.62	75.35	119.50	78.05
858.03	97.73	80.51	1.16	690.81	99.15	673.04	99.12
787.77	91.11	69.96	2.54	551.09	94.54	535.87	94.18
262.93	72.57	46.61	2.36	122.55	76.45	101.43	83.07
299.90	77.29	67.97	5.37	203.84	83.92	179.11	81.67
123.18	71.70	52.20	-0.19	64.30	71.44	55.08	75.45
156.06	74.67	54.31	1.53	84.75	76.84	65.73	80.75
3642.49	**91.34**	**48.37**	**1.05**	**1761.83**	**93.37**	**1522.43**	**94.82**
56.47				**46.06**		**43.90**	
882.17	99.01	44.95	-2.19	396.54	94.41	347.97	97.63
1008.13	98.18	46.37	0.07	467.51	98.34	398.20	101.19
770.84	85.94	52.64	3.17	405.80	91.44	343.19	96.51
345.35	88.55	51.41	3.94	177.53	95.91	153.79	92.09
361.26	94.32	51.78	2.59	187.05	99.28	167.02	94.26
164.40	71.42	43.62	-2.21	71.71	67.97	76.88	82.84
61.99	100.00	50.27		31.16	100.00	14.64	100.00
48.35	28.49	50.73	10.25	24.53	35.71	20.74	32.87
72.77	**81.04**	**44.40**	**5.31**	**32.31**	**92.05**	**28.43**	**96.05**
1.13				**0.84**	**100.08**	**0.82**	**102.98**
7.06	45.55	51.42	11.42	3.63	58.55	3.34	59.64
19.67	*	33.25	9.44	6.54	*	5.70	
30.46	101.87	45.76	6.63	13.94	119.15	12.20	128.42
15.58	69.15	52.63	11.97	8.20	89.52	7.19	91.48

3－1－28　全国各地区1970年产棉县棉花

地　区	全　国　统　计				产棉县（个）
	棉田面积（万亩）	亩　产（市斤）	产　量（万担）	收购量（万担）	
全国合计	**7495.00**	**60.76**	**4554.00**	**4084.20**	**742**
南方产区	**3379.60**	**68.53**	**2316.10**	**2104.00**	**274**
占合计%	**45.09**		**50.86**	**51.52**	
上　海	149.10	119.11	177.60	163.50	11
浙　江	129.90	117.32	152.40	142.20	12
江　苏	888.20	73.90	656.40	634.00	67
湖　北	873.00	67.93	593.00	568.30	55
安　徽	471.20	50.98	240.20	187.00	44
四　川	412.30	63.42	261.50	233.00	20
江　西	183.90	46.22	85.00	69.60	25
湖　南	272.00	55.15	150.00	106.40	40
北方产区	**4005.10**	**54.59**	**2186.30**	**1933.60**	**443**
占合计%	**53.44**		**48.01**	**47.34**	
河　北	891.00	57.86	515.50	462.10	116
山　东	1025.50	53.09	544.40	473.70	98
河　南	897.00	63.10	566.00	483.10	89
陕　西	399.20	45.62	182.10	165.20	27
山　西	396.60	43.39	172.10	162.40	35
新　疆	232.80	55.50	129.20	118.10	54
#兵团	66.72	66.70	44.50	39.19	11
辽　宁	163.00	47.24	77.00	69.00	13
分散产区	**110.30**	**46.78**	**51.60**	**46.60**	**25**
占合计%	**1.47**		**1.13**	**1.14**	
甘　肃	25.90	35.14	9.10	6.40	8
天　津	2.40	41.67	1.00		5
北　京	30.70	75.24	23.10	20.60	6
云　南	27.09	39.76	10.77	9.01	6

生产收购比重

产棉县统计							
棉田面积（万亩）	占比例（%）	亩产（市斤）	增减比较（±市斤）	产量（万担）	占比例（%）	收购量（万担）	占比例（%）
6720.22	**89.66**	**61.83**	**1.06**	**4154.79**	**91.23**	**3784.21**	**92.65**
2924.02	**86.52**	**70.55**	**2.02**	**2062.87**	**89.07**	**1938.64**	**92.14**
43.51				**49.65**		**51.23**	
141.85	95.14	119.64	0.53	169.71	95.56	164.56	100.65
106.77	82.19	114.06	-3.26	121.78	79.91	119.15	83.79
851.37	95.85	74.51	0.61	634.35	96.64	626.04	98.74
785.29	89.95	70.15	2.22	550.89	92.90	535.94	94.31
407.91	86.57	49.85	-1.13	203.34	84.65	160.77	85.97
310.71	75.36	70.15	6.72	217.96	83.35	194.12	83.31
132.85	72.24	47.67	1.45	63.33	74.51	53.74	77.22
187.27	68.85	54.21	-0.94	101.51	67.67	84.32	79.25
3716.52	**92.79**	**55.09**	**0.50**	**2047.51**	**93.65**	**1808.25**	**93.52**
55.30				**49.28**		**47.78**	
864.00	96.97	57.76	-0.09	499.06	96.81	449.19	97.21
1030.37	100.47	52.17	-0.91	537.56	98.74	445.19	93.98
816.78	91.06	63.38	0.29	517.71	91.47	443.45	91.79
352.65	88.34	47.28	1.67	166.75	91.57	148.13	89.67
374.96	94.54	45.08	1.68	169.02	98.21	155.53	95.77
160.89	69.11	50.67	-4.83	81.52	63.10	101.26	85.74
66.72	100.00	66.70		44.50	100.00	39.19	100.00
50.15	30.77	62.59	15.35	31.39	40.77	26.31	38.13
79.68	**72.24**	**55.74**	**8.95**	**44.41**	**86.07**	**37.32**	**80.09**
1.19				**1.07**		**0.99**	
11.38	43.94	47.72	12.58	5.43	59.67	4.47	69.84
20.09	*	48.33	6.67	9.71	*	8.42	
29.08	94.72	68.54	-6.71	19.93	86.28	16.20	78.64
19.13	70.62	48.82	9.07	9.34	86.72	8.23	91.34

3－1－29　全国各地区1971年产棉县棉花

地　区	全　国　统　计				产棉县（个）
	棉田面积（万亩）	亩　产（市斤）	产　量（万担）	收购量（万担）	
全国合计	**7385.30**	**57.00**	**4209.50**	**3797.90**	**742**
南方产区	**3311.10**	**63.34**	**2097.20**	**1973.30**	**274**
占合计%	**44.83**		**49.82**	**51.96**	
上　海	142.70	98.39	140.40	129.70	11
浙　江	126.60	71.33	90.30	83.60	12
江　苏	852.30	76.98	656.10	646.00	67
湖　北	895.90	63.81	571.70	548.50	55
安　徽	467.00	40.92	191.10	160.40	44
四　川	406.00	73.89	300.00	287.80	20
江　西	161.80	26.39	42.70	36.00	25
湖　南	258.80	40.53	104.90	81.30	40
北方产区	**3961.50**	**52.00**	**2059.80**	**1777.90**	**443**
占合计%	**53.64**		**48.93**	**46.81**	
河　北	879.00	56.31	495.00	434.70	116
山　东	984.90	53.68	528.70	427.60	98
河　南	926.60	51.63	478.40	402.40	89
陕　西	394.40	55.78	220.00	199.50	27
山　西	366.80	37.65	138.10	127.80	35
新　疆	234.20	52.99	124.10	118.30	54
#兵团	62.46	69.68	43.52	41.41	11
辽　宁	175.60	43.00	75.50	67.60	13
分散产区	**112.70**	**46.58**	**52.50**	**46.70**	**25**
占合计%	**1.53**		**1.25**	**1.23**	
甘　肃	25.00	30.80	7.70	6.60	8
天　津	1.50	40.00	0.60		5
北　京	30.80	80.52	24.80	22.60	6
云　南	33.12	26.69	8.84	7.83	6

生产收购比重

产棉县统计							
棉田面积（万亩）	占比例（%）	亩产（市斤）	增减比较（±市斤）	产量（万担）	占比例（%）	收购量（万担）	占比例（%）
6637.87	**89.88**	**58.57**	**1.57**	**3887.79**	**92.36**	**3572.06**	**94.05**
2911.96	**87.95**	**67.51**	**4.17**	**1965.74**	**93.73**	**1851.17**	**93.81**
43.87				**50.56**		**51.82**	
142.19	99.64	95.15	-3.23	135.30	96.37	131.71	101.55
104.61	82.63	70.42	-0.90	73.67	81.58	69.88	83.59
826.15	96.93	78.63	1.65	649.63	99.01	640.17	99.10
823.05	91.87	65.56	1.75	539.60	94.39	522.03	95.17
400.15	85.69	45.94	5.02	183.82	96.19	147.75	92.11
308.79	76.06	86.74	12.84	267.83	89.28	243.97	84.77
127.44	78.76	27.01	0.62	34.42	80.61	27.10	75.28
179.58	69.39	45.37	4.83	81.47	77.66	68.56	84.33
3645.30	**92.02**	**51.60**	**-0.40**	**1880.99**	**91.32**	**1685.80**	**94.82**
54.92				**48.38**		**47.19**	
851.67	96.89	56.13	-0.19	478.03	96.57	431.47	99.26
976.10	99.11	49.51	-4.17	483.25	91.40	424.10	99.18
841.79	90.85	51.37	-0.26	432.39	90.38	366.93	91.19
352.87	89.47	56.92	1.14	200.87	91.30	169.45	84.94
346.44	94.45	38.85	1.20	134.58	97.45	130.53	102.14
161.00	68.74	48.54	-4.45	78.15	62.97	95.03	80.33
62.46	100.00	69.68		43.52	100.00	41.41	100.00
52.97	30.17	57.01	14.02	30.20	40.00	26.88	39.76
80.61	**71.53**	**50.94**	**4.35**	**41.06**	**78.21**	**35.09**	**75.14**
1.21				**1.06**		**0.98**	
10.04	40.16	48.61	17.81	4.88	63.38	4.77	72.27
21.04	*	53.85	13.85	11.33	*	8.43	*
27.39	88.93	65.06	-15.46	17.82	71.85	15.00	66.37
22.14	66.85	31.75	5.06	7.03	79.52	6.89	87.99

3-1-30 全国各地区1972年产棉县棉花

地　区	全国统计				产棉县（个）
	棉田面积（万亩）	亩　产（市斤）	产　量（万担）	收购量（万担）	
全国合计	**7344.20**	**53.33**	**3916.30**	**3578.20**	**742**
南方产区	**3349.60**	**68.27**	**2286.90**	**2160.80**	**274**
占合计%	**45.61**		**58.39**	**60.39**	
上　海	142.60	117.11	167.00	152.00	11
浙　江	126.30	89.87	113.50	107.60	12
江　苏	855.10	81.34	695.50	688.00	67
湖　北	888.50	62.95	559.30	536.60	55
安　徽	487.70	55.61	271.20	233.50	44
四　川	403.00	63.67	256.60	244.00	20
江　西	169.70	53.33	98.00	93.00	25
湖　南	276.70	45.46	125.80	106.10	40
北方产区	**3886.10**	**270.15**	**1594.30**	**1385.40**	**443**
占合计%	**52.91**	**506.60**	**40.71**	**38.72**	
河　北	873.00	36.66	320.00	263.10	116
山　东	914.50	42.89	392.20	347.40	98
河　南	927.30	50.72	470.30	392.60	89
陕　西	394.40	39.98	157.70	146.70	27
山　西	356.60	27.06	96.50	88.90	35
新　疆	238.50	44.40	105.90	99.60	54
#兵团	76.01	60.82	46.23	44.40	11
辽　宁	181.80	28.44	51.70	47.10	13
分散产区	**108.50**	**32.35**	**35.10**	**32.00**	**25**
占合计%	**1.48**	**60.67**	**0.90**	**0.89**	**3**
甘　肃	29.90	31.10	9.30	8.10	8
天　津	1.00	30.00	0.30	5.20	5
北　京	30.10	46.51	14.00	11.60	6
云　南	27.49	23.46	6.45	5.60	6

生产收购比重

产棉县统计							
棉田面积（万亩）	占比例（%）	亩 产（市斤）	增减比较（±市斤）	产 量（万担）	占比例（%）	收购量（万担）	占比例（%）
6607.99	**89.98**	**54.71**	**1.39**	**3615.56**	**92.32**	**3342.80**	**93.42**
2954.06	**88.19**	**71.46**	**3.18**	**2110.92**	**92.30**	**1996.97**	**92.42**
44.70				**58.38**		**59.74**	
141.61	99.31	114.52	-2.59	162.17	97.11	158.76	104.45
104.57	82.79	85.66	-4.21	89.57	78.92	84.05	78.11
832.33	97.34	83.26	1.93	693.03	99.64	682.22	99.16
823.21	92.65	64.27	1.32	529.10	94.60	505.69	94.24
422.63	86.66	57.20	1.59	241.73	89.13	212.33	90.93
307.13	76.21	70.87	7.20	217.66	84.82	200.97	82.36
132.84	78.28	63.52	63.52	84.38	86.10	72.35	77.80
189.74	68.57	49.16	3.70	93.28	74.15	80.60	75.97
3571.52	**91.90**	**41.20**	**-1.72**	**1471.41**	**92.29**	**1318.56**	**95.18**
54.05				**40.70**		**39.44**	
841.83	96.43	34.23	-2.43	288.13	90.04	254.43	96.70
907.07	99.19	43.50	0.61	394.55	100.60	345.60	99.48
845.86	91.22	50.56	-0.16	427.65	90.93	363.68	92.63
348.02	88.24	41.24	1.25	143.51	91.00	124.98	85.19
336.29	94.30	28.05	0.99	94.32	97.74	89.40	100.56
162.25	68.03	35.74	-8.66	57.99	54.76	78.03	78.34
76.01	100.00	60.82		46.23	100.00	44.40	100.00
54.19	29.81	35.12	6.68	19.03	36.81	18.04	38.30
82.41	**76.15**	**35.62**	**3.27**	**33.23**	**83.85**	**27.27**	**69.78**
1.25				**0.92**		**0.82**	
11.77	39.36	49.19	18.09	5.79	62.26	4.89	60.37
22.63	*	27.97	-2.03	6.33	*	4.94	95.00
27.11	90.07	58.98	12.47	15.99	114.21	12.70	109.48
20.90	76.03	24.50	1.03	5.12	79.38	4.74	84.64

3－1－31　全国各地区1973年产棉县棉花

地　区	全国统计				产棉县（个）
	棉田面积（万亩）	亩产（市斤）	产量（万担）	收购量（万担）	
全国合计	**7413.20**	**69.12**	**5123.70**	**4757.60**	**742**
南方产区	**3422.20**	**83.25**	**2849.10**	**2723.50**	**274**
占合计%	**46.16**		**55.61**	**57.25**	
上　海	142.80	127.73	182.40	173.30	11
浙　江	126.60	89.18	112.90	107.90	12
江　苏	872.60	102.09	890.80	876.50	67
湖　北	891.30	90.28	804.70	786.00	55
安　徽	516.60	63.55	328.30	284.20	44
四　川	411.00	74.18	304.90	292.00	20
江　西	176.80	36.71	64.90	61.20	25
湖　南	284.50	56.31	160.20	142.40	40
北方产区	**3899.30**	**57.07**	**2225.30**	**1993.20**	**443**
占合计%	**52.60**		**43.43**	**41.90**	
河　北	846.00	46.10	390.00	339.30	116
山　东	982.00	53.53	525.70	473.10	98
河　南	925.40	71.71	663.60	582.30	89
陕　西	390.30	68.18	266.10	242.50	27
山　西	341.90	51.21	175.10	164.00	35
新　疆	228.40	58.80	134.30	126.80	54
#兵团	63.20	64.29	40.63	38.17	11
辽　宁	185.30	38.05	70.50	65.20	13
分散产区	**91.70**	**53.76**	**49.30**	**40.90**	**25**
占合计%	**1.24**		**0.96**	**0.86**	
甘　肃	24.40	33.20	8.10	7.20	8
天　津	0.70	*	10.20	9.30	5
北　京	30.80	66.88	20.60	18.30	6
云　南	22.48	27.27	6.13	5.18	6

生产收购比重

产棉县统计							
棉田面积（万亩）	占比例（%）	亩产（市斤）	增减比较（±市斤）	产量（万担）	占比例（%）	收购量（万担）	占比例（%）
6706.65	**90.47**	**70.99**	**1.87**	**4760.73**	**92.92**	**4454.27**	**93.62**
3006.15	**87.84**	**87.60**	**4.34**	**2633.28**	**92.42**	**2522.84**	**92.63**
44.82				**55.31**		**56.64**	
142.86	100.04	127.67	−0.06	182.39	99.99	179.10	103.35
104.21	82.31	84.74	−4.44	88.31	78.22	86.41	80.08
851.59	97.59	102.95	0.86	876.70	98.42	865.46	98.74
826.25	92.70	92.04	1.75	760.44	94.50	740.18	94.17
450.91	87.28	64.96	1.41	292.91	89.22	260.80	91.77
311.14	75.70	83.48	9.30	259.75	85.19	236.16	80.88
127.60	72.17	42.89	6.18	54.73	84.33	49.27	80.51
191.59	67.34	61.62	5.31	118.05	73.69	105.46	74.06
3620.82	**92.86**	**57.75**	**0.68**	**2091.09**	**93.97**	**1901.16**	**95.38**
53.99				**43.92**		**42.68**	
815.95	96.45	46.00	−0.10	375.37	96.25	335.01	98.74
979.44	99.74	53.15	−0.39	520.55	99.02	471.80	99.73
849.89	91.84	72.02	0.31	612.12	92.24	534.78	91.84
348.49	89.29	70.38	2.20	245.27	92.17	220.73	91.02
325.17	95.11	52.87	1.66	171.92	98.18	159.80	97.44
162.04	70.95	55.91	−2.89	90.60	67.46	108.73	85.75
63.20	100.00	64.29		40.63	100.00	38.17	100.00
76.64	41.36	45.19	7.14	34.63	49.12	32.14	49.29
79.68	**86.89**	**45.63**	**−8.13**	**36.36**	**73.75**	**30.27**	**74.01**
1.19				**0.76**		**0.68**	
9.74	39.92	59.65	26.45	5.81	71.73	4.81	66.81
25.63	*	29.85	*	7.65	75.00	6.18	66.45
27.32	88.70	65.48	−1.40	17.89	86.84	14.70	80.33
16.99	75.58	29.49	2.22	5.01	81.73	4.58	88.42

3-1-32　全国各地区1974年产棉县棉

地　区	全国统计				产棉县（个）
	棉田面积（万亩）	亩　产（市斤）	产　量（万担）	收购量（万担）	
全国合计	**7520.40**	**65.44**	**4921.30**	**4586.50**	**742**
南方产区	**3431.80**	**85.77**	**2943.50**	**2846.50**	**274**
占合计%	**45.63**		**59.81**	**62.06**	**37**
上　海	141.70	118.84	168.40	160.00	11
浙　江	128.10	99.92	128.00	123.20	12
江　苏	889.00	93.24	828.90	812.00	67
湖　北	893.40	107.41	959.60	938.90	55
安　徽	523.20	65.71	343.80	313.30	44
四　川	409.00	58.46	239.10	227.10	20
江　西	163.00	52.58	85.70	82.10	25
湖　南	284.40	66.81	190.00	189.90	40
北方产区	**3975.50**	**48.50**	**1928.30**	**1700.00**	**443**
占合计%	**52.86**		**39.18**	**37.07**	
河　北	862.00	49.18	423.90	371.80	116
山　东	970.50	39.11	379.60	334.60	98
河　南	967.20	62.15	601.10	511.30	89
陕　西	387.20	48.61	188.20	170.90	27
山　西	370.00	39.95	147.80	138.10	35
新　疆	228.40	50.61	115.60	107.00	54
#兵团	62.33	48.56	30.27	30.72	11
辽　宁	190.20	37.91	72.10	66.30	13
分散产区	**113.10**	**43.77**	**49.50**	**40.00**	**25**
占合计%	**1.50**		**1.01**	**0.87**	
甘　肃	23.20	33.62	7.80	6.90	8
天　津	26.90	37.17	10.00	8.20	5
北　京	30.30	74.26	22.50	19.80	6
云　南	21.65	24.48	5.30	5.10	6

花生产收购比重

产棉县统计							
棉田面积（万亩）	占比例（%）	亩产（市斤）	增减比较（±市斤）	产量（万担）	占比例（%）	收购量（万担）	占比例（%）
6850.57	**91.09**	**67.50**	**2.06**	**4624.32**	**93.97**	**4299.71**	**93.75**
3049.15	**88.85**	**90.34**	**4.57**	**2754.49**	**93.58**	**2632.82**	**92.49**
44.51				**59.57**		**61.23**	
142.11	100.29	118.50	-0.34	168.40	100.00	165.04	103.15
104.68	81.72	95.12	-4.80	99.57	77.79	97.89	79.46
867.21	97.55	94.97	1.73	823.62	99.36	798.99	98.40
833.98	93.35	110.13	2.72	918.45	95.71	889.31	94.72
461.43	88.19	67.04	1.33	309.33	89.97	287.55	91.78
313.13	76.56	64.15	5.69	200.86	84.01	184.72	81.34
129.33	79.34	56.92	4.34	73.61	85.89	63.29	77.09
197.28	69.37	81.43	14.63	160.65	84.55	146.03	76.90
3721.10	**93.60**	**49.25**	**0.74**	**1832.49**	**95.03**	**1635.61**	**96.21**
54.32				**39.63**		**38.04**	
855.99	99.30	49.10	-0.08	420.30	99.15	377.25	101.47
964.60	99.39	39.45	0.34	380.54	100.25	336.37	100.53
895.15	92.55	62.59	0.44	560.29	93.21	479.70	93.82
344.23	88.90	51.64	3.03	177.75	94.45	156.13	91.36
352.87	95.37	40.92	0.97	144.38	97.69	132.71	96.10
163.93	71.77	50.96	0.35	83.54	72.27	91.01	85.06
62.33	100.00	48.56		30.27	100.00	30.72	100.00
82.00	43.11	43.20	5.29	35.42	49.13	31.72	47.84
80.32	**71.02**	**46.49**	**2.72**	**37.34**	**85.32**	**31.28**	**78.20**
1.17				**0.80**		**0.73**	
10.89	46.94	58.31	24.69	6.35	81.41	4.95	71.74
25.66	95.39	37.69	0.51	9.67	96.70	7.99	97.44
27.11	89.47	62.60	-11.66	16.97	75.42	14.20	71.72
16.66	76.95	26.11	1.63	4.35	82.08	4.14	81.18

3－1－33　全国各地区1975年产棉县棉花

地　区	全　国　统　计				产棉县（个）
	棉田面积（万亩）	亩　产（市斤）	产　量（万担）	收购量（万担）	
全国合计	**7433.30**	**64.06**	**4761.60**	**4419.50**	**742**
南方产区	**3399.30**	**83.57**	**2840.90**	**2735.60**	**274**
占合计%	**45.73**		**59.66**	**61.90**	
上　海	148.00	126.96	187.90	176.60	11
浙　江	139.10	93.03	129.40	124.20	12
江　苏	880.50	102.95	906.50	896.10	67
湖　北	894.80	90.77	812.20	793.60	55
安　徽	498.30	57.44	286.20	256.90	44
四　川	403.00	62.38	251.40	240.70	20
江　西	157.40	49.11	77.30	73.60	25
湖　南	278.20	68.30	190.00	173.90	40
北方产区	**3926.90**	**47.79**	**1876.80**	**1650.10**	**443**
占合计%	**52.83**		**39.42**	**37.34**	
河　北	874.00	43.48	380.00	313.50	116
山　东	944.90	51.10	482.80	432.00	98
河　南	920.70	57.05	525.30	459.10	89
陕　西	394.00	43.15	170.00	151.90	27
山　西	387.30	39.48	152.90	142.70	35
新　疆	221.50	42.17	93.40	84.40	54
#兵团	41.34	37.64	15.56	11.48	11
辽　宁	184.50	39.24	72.40	66.50	13
分散产区	**107.10**	**40.99**	**43.90**	**33.80**	**25**
占合计%	**1.44**		**0.92**	**0.76**	
甘　肃	22.80	27.63	6.30	5.70	8
天　津	31.00	35.16	10.90	8.30	5
北　京	30.10	63.12	19.00	16.40	6
云　南	13.07	30.91	4.04	3.14	6

生产收购比重

产棉县统计							
棉田面积（万亩）	占比例（%）	亩产（市斤）	增减比较（±市斤）	产量（万担）	占比例（%）	收购量（万担）	占比例（%）
6760.09	**90.94**	**66.13**	**2.07**	**4470.34**	**93.88**	**4181.11**	**94.61**
3016.03	**88.73**	**88.37**	**4.80**	**2665.26**	**93.82**	**2555.07**	**93.40**
44.62				**59.62**		**61.11**	
142.36	96.19	128.73	1.77	183.26	97.53	179.95	101.90
108.03	77.66	94.38	1.35	101.96	78.79	98.90	79.63
859.40	97.60	104.03	1.08	894.03	98.62	882.05	98.43
829.42	92.69	95.16	4.39	789.27	97.18	756.53	95.33
442.31	88.76	58.46	1.03	258.58	90.35	239.42	93.20
312.34	77.50	69.72	7.34	217.76	86.62	201.97	83.91
124.14	78.87	54.09	4.98	67.15	86.87	57.92	78.70
198.03	71.18	77.39	9.09	153.25	80.66	138.33	79.55
3666.06	**93.36**	**48.28**	**0.49**	**1770.06**	**94.31**	**1593.00**	**96.54**
54.23				**39.60**		**38.10**	
864.77	98.94	41.92	-1.56	362.52	95.40	324.65	103.56
941.41	99.63	51.59	0.49	485.65	100.59	433.84	100.43
863.62	93.80	56.96	-0.09	491.92	93.65	437.50	95.30
347.62	88.23	46.16	3.02	160.47	94.39	139.08	91.56
368.63	95.18	40.36	0.88	148.79	97.31	139.81	97.97
184.84	83.45	43.49	1.32	80.39	86.07	83.70	99.17
41.34	100.00	37.64		15.56	100.00	11.48	100.00
53.83	29.18	46.00	6.76	24.76	34.20	22.94	34.50
78.00	**72.83**	**44.90**	**3.91**	**35.02**	**79.77**	**33.04**	**97.75**
1.15				**0.78**		**0.79**	
10.81	47.41	45.61	17.97	4.93	78.25	6.95	121.93
29.22	94.26	35.35	0.19	10.33	94.77	8.31	100.12
28.46	94.55	58.40	-4.73	16.62	87.47	14.80	90.24
9.51	72.76	33.02	2.11	3.14	77.72	2.98	94.90

3－1－34　全国各地区1976年产棉县棉花

地　区	全　国　统　计				产棉县（个）
	棉田面积（万亩）	亩　产（市斤）	产　量（万担）	收购量（万担）	
全国合计	**7393.80**	**55.60**	**4110.90**	**3833.20**	**742**
南方产区	**3384.10**	**80.15**	**2712.30**	**2608.00**	**274**
占合计%	**45.77**		**65.98**	**68.04**	
上　海	142.20	95.57	135.90	128.50	11
浙　江	127.00	85.12	108.10	103.70	12
江　苏	881.20	93.13	820.70	808.30	67
湖　北	884.10	103.80	917.70	897.40	55
安　徽	499.80	57.20	285.90	256.90	44
四　川	406.90	41.53	169.00	158.90	20
江　西	167.60	47.73	80.00	74.20	25
湖　南	275.30	70.83	195.00	180.10	40
北方产区	**3907.20**	**35.15**	**1373.40**	**1207.90**	**443**
占合计%	**52.84**		**33.41**	**31.51**	
河　北	855.30	26.89	230.00	194.30	116
山　东	962.80	32.89	316.70	277.70	98
河　南	912.10	47.34	431.80	371.60	89
陕　西	394.30	35.63	140.50	127.80	27
山　西	381.70	34.03	129.90	121.80	35
新　疆	212.30	48.14	102.20	95.40	54
#兵团	40.07	47.27	18.94		11
辽　宁	188.70	11.82	22.30	19.30	13
分散产区	**102.50**	**24.59**	**25.20**	**17.30**	**25**
占合计%	**1.39**		**0.61**	**0.45**	
甘　肃	22.70	29.96	6.80	6.20	8
天　津	29.50	14.24	4.20	2.40	5
北　京	29.70	25.59	7.60	5.50	6
云　南	11.69	30.71	3.59	3.03	6

生产收购比重

产棉县统计							
棉田面积（万亩）	占比例（%）	亩 产（市斤）	增减比较（±市斤）	产 量（万担）	占比例（%）	收购量（万担）	占比例（%）
6827.19	**92.34**	**57.04**	**1.45**	**3894.55**	**94.74**	**3615.58**	**94.32**
3041.80	**89.88**	**83.45**	**3.30**	**2538.31**	**93.59**	**2431.12**	**93.22**
44.55				**65.18**		**67.24**	
142.10	99.93	93.11	-2.46	132.31	97.36	128.75	100.19
105.38	82.98	80.25	-4.87	84.57	78.23	82.10	79.17
860.60	97.66	94.18	1.04	810.49	98.76	793.34	98.15
836.48	94.61	105.79	1.99	884.88	96.42	859.76	95.81
442.60	88.55	58.40	1.20	258.48	90.41	239.10	93.07
323.03	79.39	44.00	2.47	142.14	84.11	128.10	80.62
133.58	79.70	49.84	2.10	66.57	83.21	56.14	75.66
198.03	71.93	80.23	9.39	158.87	81.47	143.83	79.86
3708.83	**94.92**	**36.04**	**0.89**	**1336.61**	**97.32**	**1167.62**	**96.67**
54.32				**34.32**		**32.29**	
849.81	99.36	25.67	-1.22	218.14	94.84	192.16	98.90
954.41	99.13	33.79	0.90	322.49	101.83	272.90	98.27
865.57	94.90	47.87	0.53	414.34	95.96	354.82	95.48
347.25	88.07	38.60	2.97	134.04	95.40	119.27	93.33
364.18	95.41	35.00	0.97	127.46	98.12	122.93	100.93
180.07	84.82	48.08	-0.06	86.57	84.71	93.48	97.99
40.07	100.00	47.27		18.94	100.00		
107.47	56.95	13.61	1.80	14.63	65.61	12.06	62.49
76.56	**74.69**	**25.64**	**1.05**	**19.63**	**77.90**	**16.84**	**97.34**
1.12				**0.50**		**0.47**	
11.87	52.29	51.73	21.77	6.14	90.29	6.27	101.13
28.24	95.73	13.46	-0.78	3.80	90.48	2.40	100.00
28.19	94.92	24.12	-1.47	6.80	89.47	5.31	96.55
8.26	70.66	34.99	4.28	2.89	80.50	2.86	94.39

3－1－35　全国各地区 1977 年产棉县棉花

地　区	全国统计				产棉县（个）
	棉田面积（万亩）	亩　产（市斤）	产　量（万担）	收购量（万担）	
全国合计	**7267.00**	**56.39**	**4097.60**	**3853.40**	**742**
南方产区	**3396.30**	**78.36**	**2661.40**	**2576.60**	**274**
占合计%	**46.74**		**64.95**	**66.87**	
上　海	142.00	91.13	129.40	126.50	11
浙　江	126.10	83.58	105.40	100.70	12
江　苏	881.20	86.19	759.50	746.30	67
湖　北	883.30	99.75	881.10	861.70	55
安　徽	508.00	49.94	253.70	242.70	44
四　川	406.00	65.25	264.90	251.20	20
江　西	166.90	43.38	72.40	68.70	25
湖　南	282.80	68.95	195.00	178.80	40
北方产区	**3787.10**	**37.20**	**1408.90**	**1257.70**	**443**
占合计%	**52.11**		**34.38**	**32.64**	
河　北	823.00	23.92	196.90	175.00	116
山　东	938.90	31.69	297.50	261.30	98
河　南	917.30	47.11	432.10	377.80	89
陕　西	386.90	51.85	200.60	184.90	27
山　西	371.00	39.65	147.10	137.50	35
新　疆	215.10	45.33	97.50	89.90	54
#兵团	41.59	47.37	19.70		11
辽　宁	134.90	27.58	37.20	31.30	13
分散产区	**83.60**	**32.66**	**27.30**	**19.10**	**25**
占合计%	**1.15**		**0.67**	**0.50**	
甘　肃	18.20	40.11	7.30	6.60	8
天　津	28.80	11.81	3.40	1.70	5
北　京	19.70	54.31	10.70	8.50	6
云　南	9.53	31.37	2.99	2.17	6

生产收购比重

产棉县统计							
棉田面积（万亩）	占比例（%）	亩产（市斤）	增减比较（±市斤）	产量（万担）	占比例（%）	收购量（万担）	占比例（%）
6774.41	**93.22**	**57.51**	**1.12**	**3895.91**	**95.08**	**3609.84**	**93.68**
3052.31	**89.87**	**81.30**	**2.94**	**2481.60**	**93.24**	**2399.70**	**93.13**
45.06				**63.70**		**66.48**	
141.89	99.92	91.15	0.02	129.33	99.95	126.50	100.00
104.21	82.64	79.26	-4.32	82.60	78.37	79.64	79.09
859.42	97.53	87.26	1.07	749.92	98.74	739.42	99.08
835.36	94.57	101.65	1.90	849.14	96.37	827.91	96.08
449.95	88.57	51.71	1.77	232.66	91.71	221.73	91.36
321.78	79.26	70.65	5.40	227.34	85.82	209.45	83.38
131.47	78.77	47.58	4.20	62.55	86.40	54.17	78.85
208.23	73.63	71.10	2.15	148.06	75.93	140.88	78.79
3658.39	**96.60**	**38.06**	**0.86**	**1392.35**	**98.83**	**1192.48**	**94.81**
54.00				**35.74**		**33.03**	
809.44	98.35	24.26	0.33	196.34	99.72	172.56	98.61
980.70	104.45	30.95	-0.74	303.50	102.02	260.94	99.86
869.12	94.75	50.13	3.03	435.71	100.84	355.31	94.05
344.24	88.97	55.34	3.49	190.49	94.96	169.06	91.43
356.36	96.05	40.68	1.03	144.98	98.56	130.47	94.89
179.34	83.37	44.95	-0.37	80.62	82.69	86.36	96.06
41.59	100.00	47.37		19.70	100.00		
77.61	57.53	27.07	-0.50	21.01	56.48	17.78	56.81
63.70	**76.20**	**34.47**	**1.82**	**21.96**	**80.44**	**17.66**	**92.46**
0.94				**0.56**		**0.49**	
10.31	56.65	60.72	20.61	6.26	85.75	5.90	89.39
27.66	96.04	12.04	0.23	3.33	97.94	1.70	100.00
19.71	100.05	51.75	-2.56	10.20	95.33	8.14	95.76
6.02	63.17	36.05	4.67	2.17	72.58	1.92	88.48

3-1-36 全国各地区1978年产棉县棉花

地　区	全　国　统　计				产棉县（个）
	棉田面积（万亩）	亩　产（市斤）	产　量（万担）	收购量（万担）	
全国合计	**7299.60**	**59.37**	**4334.00**	**4086.10**	**742**
南方产区	**3383.30**	**83.11**	**2811.80**	**2736.00**	**274**
占合计%	**46.35**		**64.88**	**66.96**	
上　海	140.40	169.02	237.30	233.10	11
浙　江	124.40	116.56	145.00	140.60	12
江　苏	885.00	107.23	949.00	933.10	67
湖　北	889.80	82.43	733.50	718.20	55
安　徽	490.40	46.88	229.90	221.70	44
四　川	408.40	72.58	296.40	283.30	20
江　西	171.40	40.61	69.60	66.50	25
湖　南	273.50	55.25	151.10	139.50	40
北方产区	**3837.10**	**39.04**	**1498.10**	**1333.60**	**443**
占合计%	**52.57**		**34.57**	**32.64**	
河　北	864.90	27.08	234.20	206.10	116
山　东	941.20	32.75	308.20	269.80	98
河　南	918.20	48.85	448.50	388.90	89
陕　西	378.70	55.69	210.90	195.00	27
山　西	356.30	38.98	138.90	131.20	35
新　疆	225.60	48.71	109.90	102.00	54
#兵团	72.63	53.42	38.80	32.53	11
辽　宁	152.20	31.21	47.50	40.60	13
分散产区	**79.20**	**30.43**	**24.10**	**16.50**	**25**
占合计%	**1.08**		**0.56**	**0.40**	
甘　肃	16.00	42.50	6.80	6.00	8
天　津	28.40	58.10	16.50	2.60	5
北　京	20.00	34.50	6.90	4.90	6
云　南	8.55	41.87	3.58	2.90	6

生产收购比重

产棉县统计							
棉田面积（万亩）	占比例（%）	亩产（市斤）	增减比较（±市斤）	产量（万担）	占比例（%）	收购量（万担）	占比例（%）
6837.24	**93.67**	**60.37**	**1.00**	**4127.91**	**95.24**	**3875.84**	**94.85**
3045.53	**90.02**	**86.19**	**3.09**	**2625.08**	**93.36**	**2550.00**	**93.20**
44.54				**63.59**		**65.79**	
140.45	100.04	168.94	-0.08	237.27	99.99	233.14	100.02
102.22	82.17	115.47	-1.09	118.03	81.40	115.41	82.08
865.02	97.74	108.15	0.92	935.49	98.58	922.76	98.89
849.42	95.46	82.63	0.20	701.91	95.69	682.56	95.04
437.51	89.21	48.28	1.40	211.21	91.87	207.59	93.64
312.38	76.49	78.75	6.17	245.99	82.99	225.93	79.75
136.32	79.53	43.54	2.94	59.36	85.29	51.25	77.07
202.21	73.93	57.28	2.03	115.82	76.65	111.36	79.83
3728.08	**97.16**	**39.79**	**0.75**	**1483.35**	**99.02**	**1307.21**	**98.02**
54.53				**35.93**		**33.73**	
862.77	99.75	27.05	-0.03	233.36	99.64	205.58	99.75
937.00	99.55	33.33	0.58	312.27	101.32	267.40	99.11
879.31	95.76	50.17	1.32	441.13	98.36	380.34	97.80
337.89	89.22	58.46	2.77	197.53	93.66	174.92	89.70
347.19	97.44	39.88	0.89	138.45	99.68	133.36	101.65
195.62	86.71	47.71	-1.00	93.33	84.92	88.85	87.11
72.63	100.00	53.42		38.80	100.00	32.53	100.00
95.67	62.86	29.77	-1.44	28.48	59.96	24.23	59.68
63.63	**80.34**	**30.61**	**0.19**	**19.48**	**80.83**	**18.63**	**112.91**
0.93				**0.47**		**0.48**	
10.87	67.94	55.47	12.97	6.03	88.68	8.24	137.33
27.25	95.95	15.08	-43.02	4.11	24.91	2.57	98.85
20.05	100.25	32.12	-2.38	6.44	93.33	5.00	102.04
5.46	63.86	53.11	11.24	2.90	81.01	2.82	97.24

3－1－37　全国各地区 1979 年产棉县棉花

地　区	全　国　统　计				产棉县（个）
	棉田面积（万亩）	亩　产（市斤）	产　量（万担）	收购量（万担）	
全国合计	**6767.70**	**65.23**	**4414.70**	**4318.60**	**742**
南方产区	**3238.60**	**91.65**	**2968.10**	**2936.40**	**274**
占合计%	**47.85**		**67.23**	**67.99**	
上　海	140.70	127.08	178.80	177.50	11
浙　江	129.60	107.41	139.20	136.60	12
江　苏	882.60	120.48	1063.40	1051.80	67
湖　北	867.40	103.19	895.10	891.20	55
安　徽	448.70	43.37	194.60	192.20	44
四　川	380.00	58.55	222.50	215.60	20
江　西	148.40	58.69	87.10	86.80	25
湖　南	241.20	77.69	187.40	184.70	40
北方产区	**3486.40**	**41.13**	**1434.10**	**1374.70**	**443**
占合计%	**51.52**		**32.48**	**31.83**	
河　北	836.10	27.65	231.20	227.20	116
山　东	814.40	40.96	333.60	316.10	98
河　南	832.70	47.64	396.70	368.70	89
陕　西	375.60	54.55	204.90	200.30	27
山　西	330.90	39.26	129.90	133.50	35
新　疆	242.20	43.77	106.00	100.50	54
#兵团	86.23	47.20	40.70	35.29	11
辽　宁	54.50	58.35	31.80	28.40	13
分散产区	**42.70**	**29.27**	**12.50**	**7.50**	**25**
占合计%	**0.63**		**0.28**	**0.17**	
甘　肃	10.50	38.10	4.00	3.80	8
天　津	15.20	14.47	2.20	0.90	5
北　京	3.70	35.14	1.30	1.00	6
云　南	7.91	41.47	3.28	2.71	6

生产收购比重

产棉县统计							
棉田面积（万亩）	占比例（%）	亩产（市斤）	增减比较（±市斤）	产量（万担）	占比例（%）	收购量（万担）	占比例（%）
6462.32	**95.49**	**65.35**	**0.12**	**4223.40**	**95.67**	**4049.56**	**93.77**
2978.80	**91.98**	**93.93**	**2.28**	**2797.87**	**94.26**	**2724.92**	**92.80**
46.09				**66.25**		**67.29**	
140.80	100.07	127.37	0.29	179.33	100.30	177.51	100.01
112.54	86.84	102.22	−5.19	115.04	82.64	113.48	83.07
863.52	97.84	121.71	1.22	1050.97	98.83	1031.10	98.03
826.33	95.27	103.54	0.35	855.62	95.59	840.77	94.34
407.14	90.74	44.41	1.04	180.83	92.92	177.10	92.14
311.18	81.89	59.52	0.96	185.20	83.24	171.61	79.60
128.69	86.72	60.50	1.81	77.86	89.39	68.27	78.65
188.60	78.19	81.13	3.44	153.02	81.65	145.08	78.55
3448.61	**98.92**	**41.04**	**−0.09**	**1415.31**	**98.69**	**1314.88**	**95.65**
53.36				**33.51**		**32.47**	
831.15	99.41	27.55	−0.10	229.00	99.05	218.51	96.18
815.50	100.14	41.28	0.31	336.60	100.90	307.20	97.18
798.57	95.90	48.69	1.05	388.85	98.02	352.65	95.65
337.37	89.82	56.80	2.25	191.63	93.52	170.66	85.20
327.97	99.11	39.44	0.18	129.34	99.57	130.33	97.63
205.00	84.64	39.88	−3.88	81.76	77.13	84.59	84.17
86.23	100.00	47.20		40.70	100.00	35.29	100.00
46.82	85.91	37.23	−21.12	17.43	54.81	15.65	55.11
34.91	**81.76**	**29.28**		**10.22**	**81.76**	**9.76**	**130.13**
0.54				**0.24**		**0.24**	
9.04	86.10	43.81	5.71	3.96	99.00	5.54	145.79
17.38	114.34	13.12	−1.36	2.28	103.64	0.88	97.78
3.67	99.19	33.87	−1.27	1.24	95.62	0.65	
4.82	60.94	56.85	15.38	2.74	83.54	2.69	99.26

3－1－38　全国各地区1980年产棉县棉花

地　区	全　国　统　计				产棉县（个）
	棉田面积（万亩）	亩　产（市斤）	产　量（万担）	收购量（万担）	
全国合计	**7380.50**	**73.35**	**5413.40**	**5362.50**	**736**
南方产区	**3444.90**	**72.54**	**2498.90**	**2502.40**	**274**
占合计%	**46.68**		**46.16**	**46.66**	
上　海	155.60	98.01	152.50	147.20	11
浙　江	160.70	103.17	165.80	163.30	12
江　苏	946.00	88.39	836.20	828.20	67
湖　北	887.50	71.27	632.50	643.10	55
安　徽	485.20	50.31	244.10	251.50	44
四　川	377.80	50.08	189.20	184.60	20
江　西	162.70	52.92	86.10	86.70	25
湖　南	269.40	71.46	192.50	197.80	40
北方产区	**3897.20**	**74.39**	**2899.20**	**2851.70**	**443**
占合计%	**52.80**		**53.56**	**53.18**	
河　北	823.10	60.07	494.40	497.40	116
山　东	1105.40	97.21	1074.60	1056.50	98
河　南	940.00	86.43	812.40	790.10	89
陕　西	362.70	44.58	161.70	154.60	27
山　西	336.50	46.06	155.00	154.50	35
新　疆	271.80	58.28	158.40	159.20	54
#兵团	97.11	71.37	69.31	64.57	11
辽　宁	57.70	74.00	42.70	39.40	13
分散产区	**38.40**	**39.84**	**15.30**	**8.40**	**19**
占合计%	**0.52**		**0.28**	**0.16**	
甘　肃	8.40	64.29	5.40	5.00	8
天　津	12.50	25.60	3.20	1.60	5
北　京	3.20	59.38	1.90	1.50	6
云　南					

生产收购比重

产棉县统计							
棉田面积（万亩）	占比例（%）	亩　产（市斤）	增减比较（±市斤）	产　量（万担）	占比例（%）	收购量（万担）	占比例（%）
7073.28	**95.84**	**74.00**	**0.66**	**5234.42**	**96.69**	**5134.06**	**95.74**
3198.10	**92.84**	**73.51**	**0.97**	**2351.04**	**94.08**	**2323.42**	**92.85**
45.21				**44.91**		**45.26**	
151.44	97.33	98.53	0.53	149.22	97.85	147.60	100.27
121.91	75.86	105.02	1.85	128.03	77.22	126.45	77.43
933.64	98.69	88.24	-0.15	823.86	98.52	805.50	97.26
848.75	95.63	71.43	0.16	606.22	95.85	613.56	95.41
441.25	90.94	52.02	1.71	229.53	94.03	235.74	93.73
313.25	82.91	52.07	1.99	163.10	86.20	148.65	80.53
140.78	86.53	56.12	3.20	79.01	91.77	78.14	90.13
247.08	91.71	69.64	-1.81	172.07	89.39	167.78	84.82
3852.01	**98.84**	**74.61**	**0.22**	**2873.87**	**99.13**	**2803.32**	**98.30**
54.46				**54.90**		**54.60**	
816.52	99.20	60.18	0.12	491.42	99.40	495.88	99.69
1104.13	99.89	96.76	-0.45	1068.40	99.42	1041.86	98.61
909.45	96.75	86.97	0.54	790.91	97.35	748.93	94.79
325.75	89.81	47.86	3.28	155.91	96.42	144.91	93.73
334.58	99.43	41.67	-4.39	139.42	89.95	150.39	97.34
227.22	83.60	58.27	-0.01	132.40	83.59	134.12	84.25
97.11	100.00	71.37		69.31	100.00	64.57	100.00
37.25	64.56	70.07	-3.94	26.10	61.12	22.66	57.51
23.17	**60.34**	**41.04**	**1.20**	**9.51**	**62.16**	**7.32**	**87.14**
0.33				**0.18**		**0.14**	
7.82	93.10	68.29	4.00	5.34	98.89	5.10	102.00
12.04	96.32	24.58	-1.02	2.96	92.50	1.62	101.25
3.31	103.44	36.56	-22.82	1.21	63.68	0.60	

3－1－39　全国各地区1981年产棉县棉花

地　区	全国统计				产棉县（个）
	棉田面积（万亩）	亩产（市斤）	产量（万担）	收购量（万担）	
全国合计	**7777.60**	**76.31**	**5935.30**	**5820.60**	**736**
南方产区	**3469.20**	**83.16**	**2884.90**	**2839.70**	**274**
占合计%	**44.61**		**48.61**	**48.79**	
上　海	176.70	84.15	148.70	143.80	11
浙　江	161.90	84.19	136.30	133.90	12
江　苏	994.10	113.36	1126.90	1116.10	67
湖　北	869.70	81.11	705.40	720.90	55
安　徽	493.60	63.37	312.80	288.20	44
四　川	359.50	48.23	173.40	167.00	20
江　西	157.00	59.75	93.80	90.80	25
湖　南	256.70	73.08	187.60	179.00	40
北方产区	**4266.70**	**71.05**	**3031.60**	**2968.60**	**443**
占合计%	**54.86**		**51.08**	**51.00**	
河　北	795.70	55.71	443.30	458.20	116
山　东	1406.40	95.99	1350.00	1315.00	98
河　南	962.40	73.78	710.10	681.40	89
陕　西	390.30	32.03	125.00	112.60	27
山　西	305.30	43.24	132.00	125.50	35
新　疆	347.90	65.31	227.20	233.10	54
#兵团	121.97	85.49	104.27	86.54	11
辽　宁	58.70	74.96	44.00	42.80	13
分散产区	**41.70**	**45.08**	**18.80**	**12.30**	**19**
占合计%	**0.54**		**0.32**	**0.21**	
甘　肃	8.40	95.24	8.00	7.90	8
天　津	14.80	30.41	4.50	2.50	5
北　京	3.20	43.75	1.40	1.10	6
云　南					

生产收购比重

产棉县统计							
棉田面积（万亩）	占比例（%）	亩产（市斤）	增减比较（±市斤）	产量（万担）	占比例（%）	收购量（万担）	占比例（%）
7512.59	**96.59**	**78.31**	**1.99**	**5882.83**	**99.12**	**5673.53**	**97.47**
3254.83	**93.82**	**84.78**	**1.62**	**2759.51**	**95.65**	**2689.51**	**94.71**
43.32				**46.91**		**47.40**	
170.02	96.22	84.48	0.32	143.63	96.59	141.10	98.12
124.40	76.84	82.76	-1.43	102.95	75.53	101.21	75.59
986.55	99.24	113.83	0.47	1122.96	99.65	1088.29	97.51
841.11	96.71	81.17	0.06	682.74	96.79	690.55	95.79
452.25	91.62	64.72	1.35	292.70	93.57	275.18	95.48
298.46	83.02	51.61	3.38	154.04	88.84	140.25	83.98
140.78	89.67	63.33	3.59	89.16	95.05	82.37	90.72
241.26	93.99	71.01	-2.07	171.33	91.33	170.56	95.28
4234.32	**99.24**	**73.44**	**2.39**	**3109.87**	**102.58**	**2973.17**	**100.15**
56.36				**52.86**		**52.40**	
790.55	99.35	55.83	0.12	441.36	99.56	455.70	99.45
1404.77	99.88	99.53	3.54	1398.12	103.56	1297.06	98.64
918.59	95.45	76.50	2.71	702.69	98.96	675.91	99.19
366.59	93.93	32.08	0.06	117.62	94.10	105.17	93.40
304.65	99.79	40.46	-2.77	123.27	93.39	126.33	100.66
287.28	82.58	67.70	2.39	194.49	85.60	199.85	85.74
121.97	100.00	85.49		104.27	100.00	86.54	100.00
39.92	68.01	70.27	-4.69	28.05	63.75	26.61	62.17
23.44	**56.21**	**57.38**	**12.30**	**13.45**	**71.54**	**10.85**	**88.21**
0.31				**0.23**		**0.19**	
8.03	95.60	99.00	3.77	7.95	99.38	7.81	98.86
12.25	82.77	36.65	6.25	4.49	99.78	2.60	104.00
3.16	98.75	31.96	-11.79	1.01	72.14	0.44	40.09

地　区	全　国　统　计				产棉县（个）
	棉田面积（万亩）	亩　产（市斤）	产　量（万担）	收购量（万担）	
全国合计	**8742.60**	**82.32**	**7196.90**	**6993.20**	**736**
南方产区	**3303.40**	**90.70**	**2996.30**	**2937.10**	**274**
占合计%	**37.79**		**41.63**	**42.00**	
上　海	162.00	99.44	161.10	159.50	11
浙　江	160.10	121.92	195.20	188.90	12
江　苏	1020.30	112.80	1150.90	1137.10	67
湖　北	860.60	79.25	682.00	671.30	55
安　徽	491.80	64.11	315.30	311.10	44
四　川	205.30	80.13	164.50	153.90	20
江　西	151.40	86.66	131.20	127.70	25
湖　南	251.90	77.85	196.10	187.60	40
北方产区	**5395.70**	**77.39**	**4175.50**	**4038.80**	**443**
占合计%	**61.72**		**58.02**	**57.75**	
河　北	1048.20	73.61	771.60	737.00	116
山　东	2008.60	95.59	1920.00	1873.00	98
河　南	1130.50	57.72	652.50	619.80	89
陕　西	377.40	66.51	251.00	240.10	27
山　西	333.60	72.42	241.60	235.90	35
新　疆	427.70	68.32	292.20	287.70	54
#兵团	172.53	82.12	141.69	104.96	11
辽　宁	69.70	66.86	46.60	45.30	13
分散产区	**43.50**	**57.70**	**25.10**	**17.30**	**19**
占合计%	**0.50**		**0.35**	**0.25**	
甘　肃	9.50	98.95	9.40	9.20	8
天　津	15.70	57.32	9.00	7.20	5
北　京	3.00	70.00	2.10		6
云　南					

生产收购比重

产棉县统计							
棉田面积（万亩）	占比例（%）	亩产（市斤）	增减比较（±市斤）	产量（万担）	占比例（%）	收购量（万担）	占比例（%）
8560.21	**97.91**	**84.93**	**2.61**	**7269.89**	**101.01**	**6802.28**	**97.27**
3153.41	**95.46**	**91.58**	**0.87**	**2887.84**	**96.38**	**2792.35**	**95.07**
36.84				**39.72**		**41.05**	
157.04	96.94	99.87	0.43	156.84	97.36	153.75	96.39
124.27	77.62	126.03	4.11	156.62	80.24	153.69	81.36
1014.92	99.47	112.97	0.17	1146.55	99.62	1105.49	97.22
829.07	96.34	80.28	1.03	665.57	97.59	651.28	97.02
454.73	92.46	65.08	0.97	295.92	93.85	290.92	93.51
204.58	99.65	78.71	-1.41	161.03	97.89	151.27	98.29
135.32	89.38	90.86	4.20	122.95	93.71	116.54	91.26
233.48	92.69	78.11	0.26	182.36	92.99	169.41	90.30
5380.37	**99.72**	**81.05**	**3.67**	**4360.97**	**104.44**	**3993.15**	**98.87**
62.85				**59.99**		**58.70**	
1034.88	98.73	73.95	0.34	765.28	99.18	735.72	99.83
2006.29	99.88	103.21	7.62	2070.72	107.85	1839.04	98.19
1090.05	96.42	57.67	-0.05	628.66	96.35	597.62	96.42
360.36	95.48	68.93	2.43	248.41	98.97	225.52	93.93
332.68	99.72	72.57	0.15	241.44	99.93	234.47	99.39
335.24	78.38	69.44	1.12	232.80	79.67	224.75	78.12
172.53	100.00	82.12		141.69	100.00	104.96	100.00
48.34	69.35	66.14	-0.72	31.97	68.61	31.07	68.59
26.43	**60.76**	**79.76**	**22.06**	**21.08**	**83.98**	**16.78**	**96.99**
0.31				**0.29**		**0.25**	
9.10	95.79	101.87	2.92	9.27	98.62	8.78	95.43
14.23	90.64	72.10	14.78	10.26	114.00	7.22	100.28
3.10	103.33	50.00	-20.00	1.55	73.81	0.78	

3－1－41　全国各地区1983年产棉县棉花

地　区	全　国　统　计				产棉县（个）
	棉田面积（万亩）	亩　产（市斤）	产　量（万担）	收购量（万担）	
全国合计	**9115.90**	**101.74**	**9274.20**	**9004.70**	**736**
南方产区	**3162.60**	**105.05**	**3322.30**	**3214.90**	**274**
占合计%	**34.69**		**35.82**	**35.70**	
上　海	146.60	104.37	153.00	151.10	11
浙　江	158.20	118.46	187.40	182.00	12
江　苏	1016.20	130.46	1325.70	1313.40	67
湖　北	837.60	91.87	769.50	744.70	55
安　徽	482.00	78.82	379.90	340.90	44
四　川	201.10	107.01	215.20	202.00	20
江　西	123.90	77.40	95.90	92.70	25
湖　南	197.00	99.34	195.70	188.10	40
北方产区	**5895.50**	**100.21**	**5907.90**	**5755.10**	**443**
占合计%	**64.67**		**63.70**	**63.91**	
河　北	1239.10	121.06	1500.00	1511.50	116
山　东	2250.30	108.87	2450.00	2400.50	98
河　南	1190.70	106.42	1267.10	1182.20	89
陕　西	376.80	21.31	80.30	64.30	27
山　西	341.60	56.32	192.40	182.70	35
新　疆	415.00	75.69	314.10	312.80	54
#兵团	170.74	87.84	149.98	129.60	11
辽　宁	82.00	126.83	104.00	101.10	13
分散产区	**57.80**	**76.12**	**44.00**	**34.70**	**19**
占合计%	**0.63**		**0.47**	**0.39**	
甘　肃	11.00	120.00	13.20	12.60	8
天　津	27.20	83.46	22.70	21.40	5
北　京	5.10	80.39	4.10		6
云　南					

生产收购比重

产棉县统计							
棉田面积（万亩）	占比例（%）	亩　产（市斤）	增减比较（±市斤）	产　量（万担）	占比例（%）	收购量（万担）	占比例（%）
8904.55	**97.68**	**105.50**	**3.77**	**9394.49**	**101.30**	**8768.40**	**97.38**
3029.35	**95.79**	**105.75**	**0.70**	**3203.46**	**96.42**	**3062.50**	**95.26**
34.02				**34.10**		**34.93**	
143.19	97.67	104.69	0.32	149.90	97.97	146.15	96.72
128.03	80.93	120.65	2.19	154.47	82.43	149.99	82.41
1012.12	99.60	129.91	-0.54	1314.89	99.18	1279.59	97.43
807.99	96.46	91.84	-0.03	742.02	96.43	689.50	92.59
442.43	91.79	80.68	1.87	356.97	93.96	325.09	95.36
203.52	101.20	103.02	-3.99	209.67	97.43	198.11	98.07
108.79	87.80	84.25	6.85	91.66	95.58	92.89	100.20
183.28	93.04	100.33	0.99	183.88	93.96	181.18	96.32
5833.74	**98.95**	**105.48**	**5.27**	**6153.68**	**104.16**	**5671.06**	**98.54**
65.51				**65.50**		**64.68**	
1235.10	99.68	122.95	1.90	1518.57	101.24	1510.07	99.91
2235.79	99.36	120.21	11.34	2687.75	109.70	2326.50	96.92
1150.73	96.64	108.41	1.99	1247.52	98.45	1183.66	100.12
348.70	92.54	21.69	0.38	75.64	94.20	61.11	95.04
340.47	99.67	56.36	0.04	191.90	99.74	181.85	99.53
296.20	71.37	71.79	-3.89	212.65	67.70	211.15	67.50
170.74	100.00	87.84		149.98	100.00	129.60	100.00
56.01	68.30	124.39	-2.44	69.67	66.99	67.12	66.39
41.46	**71.73**	**90.09**	**13.96**	**37.35**	**84.89**	**34.84**	**100.40**
0.47				**0.40**		**0.40**	
10.46	95.09	123.71	3.71	12.94	98.03	12.66	100.48
25.97	95.48	82.90	-0.55	21.53	94.85	20.37	95.19
5.03	98.63	57.26	-23.14	2.88	70.24	1.81	

3-1-42　全国各地区1984年产棉县棉花

地　区	全　国　统　计				产棉县（个）
	棉田面积（万亩）	亩　产（市斤）	产　量（万担）	收购量（万担）	
全国合计	**10384.70**	**120.53**	**12516.80**	**11929.10**	**736**
南方产区	**3257.10**	**129.00**	**4201.60**	**3955.00**	**274**
占合计%	**31.36**		**33.57**	**33.15**	
上　海	141.20	150.64	212.70	202.30	11
浙　江	157.20	169.02	265.70	258.90	12
江　苏	1082.00	123.09	1331.80	1237.30	67
湖　北	808.80	149.98	1213.00	1192.60	55
安　徽	500.60	93.47	467.90	403.00	44
四　川	246.70	128.21	316.30	286.10	20
江　西	121.70	113.64	138.30	130.00	25
湖　南	198.90	128.66	255.90	244.80	40
北方产区	**7035.10**	**116.82**	**8218.40**	**7898.00**	**443**
占合计%	**67.74**		**65.66**	**66.21**	
河　北	1570.30	133.73	2100.00	2132.30	116
山　东	2568.60	134.31	3450.00	3356.50	98
河　南	1743.40	99.67	1737.70	1592.60	89
陕　西	292.90	50.43	147.70	108.00	27
山　西	328.30	81.08	266.20	191.60	35
新　疆	422.20	91.09	384.60	389.40	54
#兵团	176.39	100.66	177.55	151.33	11
辽　宁	109.40	120.84	132.20	127.60	13
分散产区	**92.50**	**104.65**	**96.80**	**76.10**	**19**
占合计%	**0.89**		**0.77**	**0.64**	
甘　肃	11.90	130.25	15.50	14.60	8
天　津	57.30	114.83	65.80	57.00	5
北　京	9.50	120.00	11.40		6
云　南					

生产收购比重

产棉县统计							
棉田面积（万亩）	占比例（%）	亩产（市斤）	增减比较（±市斤）	产量（万担）	占比例（%）	收购量（万担）	占比例（%）
10106.74	**97.32**	**121.29**	**0.76**	**12258.22**	**97.93**	**11483.21**	**96.26**
3109.73	**95.48**	**129.57**	**0.57**	**4029.25**	**95.90**	**3729.97**	**94.31**
30.77				**32.87**		**32.48**	
141.14	99.96	150.72	0.08	212.72	100.01	202.23	99.97
125.59	79.89	175.73	6.71	220.70	83.06	215.50	83.24
1055.77	97.58	123.63	0.55	1305.29	98.01	1194.78	96.56
791.35	97.84	148.38	-1.60	1174.19	96.80	1138.11	95.43
460.10	91.91	94.82	1.35	436.26	93.24	375.73	93.23
239.08	96.91	129.32	1.11	309.19	97.75	270.39	94.51
113.72	93.44	116.85	3.21	132.88	96.08	113.71	87.47
182.98	92.00	130.08	1.42	238.02	93.01	219.52	89.67
6922.42	**98.40**	**117.63**	**0.81**	**8143.11**	**99.08**	**7678.06**	**97.22**
68.49				**66.43**		**66.86**	
1560.91	99.40	127.62	-6.11	1992.01	94.86	2108.68	98.89
2544.69	99.07	139.83	5.52	3558.34	103.14	3283.17	97.82
1682.04	96.48	99.14	-0.53	1667.59	95.97	1499.47	94.15
268.10	91.53	53.85	3.43	144.38	97.75	108.14	100.13
326.44	99.43	81.23	0.15	265.18	99.62	189.97	99.15
292.17	69.20	87.00	-4.10	254.18	66.09	256.33	65.83
176.39	100.00	100.66		177.55	100.00	151.33	100.00
71.68	65.52	117.02	-3.82	83.88	63.45	80.97	63.46
74.59	**80.64**	**115.11**	**10.46**	**85.86**	**88.70**	**75.18**	**98.79**
0.74				**0.70**		**0.65**	
11.12	93.45	135.43	5.18	15.06	97.16	13.76	94.25
53.97	94.19	115.60	0.77	62.39	94.82	54.32	95.30
9.50	100.00	88.53	-31.47	8.41	73.77	7.10	

3－1－43　全国各地区1985年产棉县棉花

地　区	全　国　统　计				产棉县（个）
	棉田面积（万亩）	亩　产（市斤）	产　量（万担）	收购量（万担）	
全国合计	**7710.50**	**107.56**	**8293.60**	**6993.80**	**736**
南方产区	**2626.70**	**117.62**	**3089.50**	**2740.70**	**274**
占合计%	**34.07**		**37.25**	**39.19**	
上　海	106.60	91.56	97.60	85.70	11
浙　江	139.60	116.48	162.60	146.60	12
江　苏	888.40	107.85	958.10	843.80	67
湖　北	697.50	141.13	984.40	904.00	55
安　徽	352.60	94.55	333.40	301.40	44
四　川	189.70	119.56	226.80	185.50	20
江　西	99.50	125.03	124.40	108.70	25
湖　南	152.80	132.33	202.20	165.00	40
北方产区	**5014.10**	**102.38**	**5133.40**	**4217.80**	**443**
占合计%	**65.03**		**61.90**	**60.31**	
河　北	1275.40	98.57	1257.10	1041.60	116
山　东	1754.60	121.09	2124.70	1774.00	98
河　南	1221.50	89.62	1094.70	825.90	89
陕　西	141.90	60.61	86.00	81.00	27
山　西	181.70	80.85	146.90	102.90	35
新　疆	380.30	98.79	375.70	353.90	54
#兵团	162.40	100.42	163.09	164.10	11
辽　宁	58.70	82.28	48.30	38.50	13
分散产区	**69.70**	**101.43**	**70.70**	**35.30**	**19**
占合计%	**0.90**		**0.85**	**0.50**	**3**
甘　肃	8.70	118.39	10.30	8.10	8
天　津	43.10	110.44	47.60	26.10	5
北　京	7.60	114.47	8.70		6
云　南			0		

生产收购比重

产棉县统计							
棉田面积（万亩）	占比例（%）	亩产（市斤）	增减比较（±市斤）	产量（万担）	占比例（%）	收购量（万担）	占比例（%）
7539.27	**97.78**	**107.34**	**-0.22**	**8092.90**	**97.58**	**7057.31**	**100.91**
2551.41	**97.13**	**116.28**	**-1.34**	**2966.82**	**96.03**	**2682.95**	**97.89**
33.84				**36.66**		**38.02**	
105.60	99.06	91.56	0.01	96.69	99.07	85.73	100.04
109.69	78.57	114.94	-1.53	126.08	77.54	113.74	77.59
882.44	99.33	107.12	-0.73	945.23	98.66	850.48	100.79
693.36	99.41	137.13	-4.00	950.79	96.59	867.67	95.98
325.79	92.40	94.85	0.29	309.00	92.68	294.55	97.73
193.23	101.86	118.38	-1.17	228.75	100.86	191.18	103.06
98.45	98.94	123.67	-1.36	121.75	97.87	109.76	100.98
142.85	93.49	131.98	-0.35	188.53	93.24	169.84	102.93
4930.49	**98.33**	**102.71**	**0.33**	**5064.25**	**98.65**	**4339.20**	**102.88**
65.40				**62.58**		**61.49**	
1261.34	98.90	99.20	0.64	1251.29	99.54	1023.25	98.24
1725.88	98.36	121.73	0.64	2100.92	98.88	1818.99	102.54
1171.17	95.88	89.23	-0.39	1045.05	95.46	902.24	109.24
146.31	103.11	57.90	-2.70	84.72	98.51	79.36	97.98
180.90	99.56	81.00	0.15	146.52	99.74	102.50	99.61
254.05	66.80	97.22	-1.57	246.99	65.74	227.26	64.22
162.40	100.00	100.42		163.09	100.00	164.10	100.00
28.44	48.45	90.26	7.98	25.67	53.15	21.50	55.84
57.37	**82.31**	**107.77**	**6.34**	**61.83**	**87.45**	**35.16**	**99.60**
0.76				**0.76**		**0.50**	
8.29	95.29	115.92	-2.47	9.61	93.30	8.25	101.85
41.50	96.29	111.28	0.84	46.18	97.02	21.61	82.80
7.58	99.74	79.68	-34.79	6.04	69.43	5.30	

3－1－44　全国各地区1986年产棉县棉花

地　区	全国统计				产棉县（个）
	棉田面积（万亩）	亩　产（市斤）	产　量（万担）	收购量（万担）	
全国合计	**6459.20**	**109.62**	**7080.70**	**6208.90**	**736**
南方产区	**2240.90**	**119.19**	**2670.90**	**2328.30**	**274**
占合计%	**34.69**		**37.72**	**37.50**	
上　海	48.50	88.66	43.00	38.60	11
浙　江	120.80	125.08	151.10	133.60	12
江　苏	745.00	107.69	802.30	683.00	67
湖　北	619.90	141.68	878.30	782.60	55
安　徽	308.80	105.38	325.40	294.60	44
四　川	176.60	110.42	195.00	167.80	20
江　西	92.20	118.33	109.10	97.70	25
湖　南	129.10	129.12	166.70	130.40	40
北方产区	**4169.30**	**104.79**	**4369.10**	**3857.60**	**443**
占合计%	**64.55**		**61.70**	**62.13**	
河　北	1061.20	96.40	1023.00	932.50	116
山　东	1515.00	124.18	1881.40	1606.30	98
河　南	929.40	85.78	797.20	716.60	89
陕　西	81.40	102.33	83.30	74.70	27
山　西	140.90	91.34	128.70	109.00	35
新　疆	414.50	104.27	432.20	402.50	54
#兵团	180.96	109.63	198.38	180.06	11
辽　宁	26.90	86.62	23.30	16.00	13
分散产区	**49.00**	**83.06**	**40.70**	**23.00**	**19**
占合计%	**0.76**		**0.57**	**0.37**	
甘　肃	7.70	93.51	7.20	6.30	8
天　津	27.60	96.74	26.70	16.70	5
北　京	4.40	97.73	4.30		6
云　南					

生产收购比重

产棉县统计							
棉田面积（万亩）	占比例（%）	亩产（市斤）	增减比较（±市斤）	产量（万担）	占比例（%）	收购量（万担）	占比例（%）
6394.86	**99.00**	**109.35**	**-0.28**	**6992.47**	**98.75**	**6201.75**	**99.88**
2187.28	**97.61**	**117.35**	**-1.84**	**2566.73**	**96.10**	**2290.08**	**98.36**
34.20				**36.71**		**36.93**	
48.45	99.90	88.73	0.07	42.99	99.98	38.33	99.30
96.86	80.18	123.10	-1.99	119.23	78.91	104.84	78.47
743.17	99.75	106.72	-0.97	793.12	98.86	687.23	100.62
617.84	99.67	138.10	-3.58	853.25	97.15	774.17	98.92
287.70	93.17	105.30	-0.08	302.95	93.10	286.97	97.41
180.46	102.19	110.86	0.44	200.05	102.59	169.46	100.99
89.55	97.13	122.52	4.19	109.72	100.57	97.91	100.21
123.25	95.47	117.99	-11.14	145.42	87.23	131.17	100.59
4166.30	**99.93**	**105.35**	**0.56**	**4389.23**	**100.46**	**3886.75**	**100.76**
65.15				**62.77**		**62.67**	
1055.13	99.43	96.90	0.50	1022.46	99.95	927.93	99.51
1512.62	99.84	123.35	-0.84	1865.78	99.17	1586.53	98.77
894.18	96.21	88.26	2.48	789.18	98.99	738.49	103.05
86.65	106.45	95.18	-7.16	82.47	99.00	70.74	94.70
140.45	99.68	91.55	0.21	128.58	99.91	109.33	100.30
279.17	67.35	102.69	-1.58	286.67	66.33	264.78	65.78
180.96	100.00	109.63		198.38	100.00	180.06	100.00
17.14	63.72	91.66	5.04	15.71	67.42	8.89	55.56
41.28	**84.24**	**88.44**	**5.38**	**36.51**	**89.71**	**24.92**	**108.35**
0.65				**0.52**		**0.40**	
7.60	98.70	91.71	-1.80	6.97	96.81	6.20	98.41
29.39	106.49	90.23	-6.50	26.52	99.33	16.42	98.32
4.29	97.50	70.40	-27.33	3.02	70.23	2.30	

3－1－45　全国各地区1987年产棉县棉花

地　区	全国统计				产棉县（个）
	棉田面积（万亩）	亩　产（市斤）	产　量（万担）	收购量（万担）	
全国合计	**7266.30**	**116.84**	**8490.30**	**7839.60**	**736**
南方产区	**2298.20**	**118.87**	**2731.90**	**2455.60**	**274**
占合计%	**31.63**		**32.18**	**31.32**	
上　海	31.20	97.44	30.40	27.60	11
浙　江	106.10	123.28	130.80	114.20	12
江　苏	816.70	108.69	887.70	794.90	67
湖　北	645.30	136.06	878.00	816.10	55
安　徽	336.30	110.76	372.50	343.90	44
四　川	172.70	117.60	203.10	160.90	20
江　西	93.30	126.90	118.40	110.80	25
湖　南	96.60	114.91	111.00	87.20	40
北方产区	**4925.20**	**116.04**	**5715.40**	**5359.50**	**443**
占合计%	**67.78**		**67.32**	**68.36**	
河　北	1237.30	101.22	1252.40	1251.70	116
山　东	1833.30	135.75	2488.70	2339.00	98
河　南	1076.20	105.94	1140.10	990.90	89
陕　西	88.60	126.86	112.40	89.40	27
山　西	148.40	104.92	155.70	147.00	35
新　疆	534.50	104.66	559.40	535.10	54
#兵团	210.57	113.18	238.32	217.37	11
辽　宁	6.90	97.10	6.70	6.40	13
分散产区	**42.90**	**100.23**	**43.00**	**24.50**	**19**
占合计%	**0.59**		**0.51**	**0.31**	
甘　肃	7.20	138.89	10.00	8.40	8
天　津	24.00	106.67	25.60	16.10	5
北　京	4.30	123.26	5.30		6
云　南					

生产收购比重

产棉县统计							
棉田面积（万亩）	占比例（%）	亩产（市斤）	增减比较（±市斤）	产量（万担）	占比例（%）	收购量（万担）	占比例（%）
7251.47	**99.80**	**116.59**	**-0.25**	**8454.57**	**99.58**	**7752.81**	**98.89**
2261.32	**98.40**	**117.92**	**-0.95**	**2666.57**	**97.61**	**2397.14**	**97.62**
31.18				**31.54**		**30.92**	
31.16	99.87	97.63	0.19	30.42	100.07	27.63	100.11
85.19	80.29	119.49	-3.79	101.79	77.82	88.63	77.61
823.03	100.78	107.26	-1.43	882.80	99.45	784.23	98.66
639.54	99.11	135.80	-0.26	868.50	98.92	798.81	97.88
318.05	94.57	107.79	-2.98	342.82	92.03	325.36	94.61
177.47	102.76	118.21	0.61	209.79	103.29	167.53	104.12
90.13	96.60	125.12	-1.78	112.77	95.24	109.91	99.20
96.75	100.16	121.63	6.73	117.68	106.02	95.04	108.99
4953.81	**100.58**	**116.02**	**-0.02**	**5747.62**	**100.56**	**5328.49**	**99.42**
68.31				**67.98**		**68.73**	
1231.99	99.57	102.15	0.93	1258.49	100.49	1242.10	99.23
1849.42	100.88	134.99	-0.76	2496.58	100.32	2304.41	98.52
1039.05	96.55	106.31	0.38	1104.65	96.89	977.37	98.63
91.03	102.74	119.02	-7.85	108.34	96.39	88.02	98.46
154.01	103.78	101.02	-3.90	155.58	99.92	145.95	99.29
372.66	69.72	101.92	-2.73	379.83	67.90	349.31	65.28
210.57	100.00	113.18		238.32	100.00	217.37	100.00
5.08	73.62	114.76	17.66	5.83	87.01	3.96	61.88
36.34	**84.71**	**111.12**	**10.88**	**40.38**	**93.91**	**27.18**	**110.94**
0.50				**0.48**		**0.35**	
8.10	112.50	135.93	-2.96	11.01	110.10	7.95	94.64
23.92	99.67	106.69	0.02	25.52	99.69	16.13	100.19
4.32	100.47	89.12	-34.14	3.85	72.64	3.10	

3-1-46　全国各地区1988年产棉县棉花

地　区	全国统计				产棉县（个）
	棉田面积（万亩）	亩产（市斤）	产量（万担）	收购量（万担）	
全国合计	**8302.10**	**99.94**	**8297.36**	**7235.88**	**736**
南方产区	**2540.60**	**106.40**	**2703.16**	**2360.84**	**274**
占合计%	**30.60**		**32.58**	**32.63**	
上　海	24.70	107.94	26.66	23.38	11
浙　江	103.50	84.39	87.34	62.32	12
江　苏	903.50	124.45	1124.44	1018.12	67
湖　北	671.20	107.85	723.88	644.28	55
安　徽	405.10	101.86	412.62	352.22	44
四　川	197.70	88.75	175.46	132.74	20
江　西	97.80	66.44	64.98	58.50	25
湖　南	137.10	64.03	87.78	69.28	40
北方产区	**5715.00**	**97.20**	**5554.96**	**4852.06**	**443**
占合计%	**68.84**		**66.95**	**67.06**	
河　北	1392.60	82.84	1153.66	1023.92	116
山　东	2103.90	108.08	2274.00	2119.62	98
河　南	1374.00	92.73	1274.16	934.34	89
陕　西	120.30	91.97	110.64	71.80	27
山　西	174.30	99.59	173.58	149.52	35
新　疆	534.40	104.07	556.16	544.56	54
#兵团	197.62	105.47	208.43	197.79	11
辽　宁	15.50	82.32	12.76	8.30	13
分散产区	**46.50**	**84.39**	**39.24**	**22.98**	**19**
占合计%	**0.56**		**0.47**	**0.32**	
甘　肃	7.10	143.66	10.20	8.20	8
天　津	27.20	74.19	20.18	11.30	5
北　京	5.10	107.45	5.48	3.48	6
云　南					

生产收购比重

产棉县统计							
棉田面积（万亩）	占比例（%）	亩产（市斤）	增减比较（±市斤）	产量（万担）	占比例（%）	收购量（万担）	占比例（%）
8228.02	**99.11**	**101.20**	**1.25**	**8326.44**	**100.35**	**7292.74**	**100.79**
2473.75	**97.37**	**106.84**	**0.44**	**2642.99**	**97.77**	**2322.67**	**98.38**
30.06				**31.74**		**31.85**	
24.70	100.00	107.45	-0.49	26.54	99.55	23.37	99.96
85.87	82.97	77.45	-6.93	66.51	76.15	50.88	81.64
898.58	99.46	124.00	-0.45	1114.28	99.10	1005.94	98.80
662.41	98.69	105.42	-2.43	698.31	96.47	633.38	98.31
378.66	93.47	103.27	1.41	391.04	94.77	329.66	93.59
201.31	101.83	90.98	2.23	183.15	104.38	136.80	103.06
92.61	94.69	69.06	2.62	63.96	98.43	58.99	100.84
129.61	94.54	76.54	12.51	99.20	113.01	83.65	120.74
5717.08	**100.04**	**98.78**	**1.58**	**5647.50**	**101.67**	**4947.41**	**101.97**
69.48				**67.83**		**67.84**	
1386.40	99.55	83.44	0.59	1156.76	100.27	1025.55	100.16
2117.47	100.64	111.86	3.77	2368.55	104.16	2123.73	100.19
1343.73	97.80	92.62	-0.11	1244.58	97.68	993.23	106.30
118.11	98.18	87.59	-4.38	103.45	93.50	72.53	101.02
173.64	99.62	99.71	0.12	173.13	99.74	155.64	104.09
368.19	68.90	103.96	-0.11	382.76	68.82	371.90	68.29
197.62	100.00	105.47		208.43	100.00	197.79	100.00
11.92	76.90	82.55	0.23	9.84	77.12	7.04	84.82
37.19	**79.98**	**96.67**	**12.28**	**35.95**	**91.62**	**22.66**	**98.61**
0.45				**0.43**		**0.31**	
7.62	107.32	154.20	10.54	11.75	115.20	7.94	96.83
24.54	90.22	81.66	7.47	20.04	99.31	11.32	100.18
5.03	98.63	82.70	-24.75	4.16	75.91	3.40	97.70

3－1－47 全国各地区1989年产棉县棉花

地区	全国统计				产棉县（个）
	棉田面积（万亩）	亩产（市斤）	产量（万担）	收购量（万担）	
全国合计	**7805.00**	**97.06**	**7575.90**	**6344.48**	**736**
南方产区	**2330.70**	**104.56**	**2437.00**	**2025.16**	**274**
占合计%	**29.86**		**32.17**	**31.92**	
上海	16.00	96.25	15.40	13.10	11
浙江	90.60	92.60	83.90	67.68	12
江苏	802.80	120.76	969.50	871.62	67
湖北	627.70	99.65	625.50	511.12	55
安徽	378.40	89.69	339.40	253.02	44
四川	174.50	97.02	169.30	116.48	20
江西	99.10	101.01	100.10	87.08	25
湖南	141.60	94.56	133.90	105.06	40
北方产区	**5433.50**	**93.83**	**5098.30**	**4296.48**	**443**
占合计%	**69.62**		**67.30**	**67.72**	
河北	1317.20	81.38	1072.00	904.10	116
山东	1984.90	103.28	2050.00	1873.90	98
河南	1254.20	84.06	1054.30	704.12	89
陕西	123.00	91.71	112.80	68.86	27
山西	179.20	114.01	204.30	157.80	35
新疆	550.70	107.01	589.30	575.96	54
#兵团	203.09	115.90	235.39	229.33	11
辽宁	24.30	64.20	15.60	11.74	13
分散产区	**40.80**	**99.51**	**40.60**	**22.84**	**19**
占合计%	**0.52**		**0.54**	**0.36**	
甘肃	6.80	155.88	10.60	7.90	8
天津	22.30	98.21	21.90	11.28	5
北京	4.10	126.83	5.20	3.66	6
云南					

生产收购比重

产棉县统计							
棉田面积（万亩）	占比例（%）	亩产（市斤）	增减比较（±市斤）	产量（万担）	占比例（%）	收购量（万担）	占比例（%）
7643.56	**97.93**	**99.13**	**2.07**	**7577.26**	**100.02**	**6255.83**	**98.60**
2255.65	**96.78**	**104.19**	**-0.37**	**2350.11**	**96.43**	**1993.09**	**98.42**
29.51				**31.02**		**31.86**	
16.07	100.44	96.08	-0.17	15.44	100.26	13.09	99.92
76.87	84.85	91.30	-1.31	70.18	83.65	58.01	85.71
797.06	99.29	120.43	-0.33	959.90	99.01	860.31	98.70
612.94	97.65	97.59	-2.06	598.16	95.63	520.54	101.84
353.20	93.34	89.44	-0.26	315.89	93.07	239.62	94.70
172.17	98.66	97.49	0.46	167.84	99.14	121.68	104.46
94.31	95.17	103.80	2.79	97.89	97.79	83.64	96.05
133.03	93.95	93.82	-0.74	124.81	93.21	96.20	91.57
5354.59	**98.55**	**96.93**	**3.10**	**5190.30**	**101.80**	**4240.58**	**98.70**
70.05				**68.50**		**67.79**	
1312.81	99.67	81.47	0.09	1069.55	99.77	912.09	100.88
1994.28	100.47	111.00	7.73	2213.75	107.99	1855.67	99.03
1256.26	100.16	84.90	0.83	1066.52	101.16	735.05	104.39
117.54	95.56	94.01	2.30	110.50	97.96	73.02	106.04
178.68	99.71	114.16	0.16	203.99	99.85	157.39	99.74
274.67	49.88	101.81	-5.20	279.63	47.45	269.13	46.73
203.09	100.00	115.90		235.39	100.00	229.33	100.00
17.26	71.03	63.56	-0.64	10.97	70.32	8.90	75.81
33.32	**81.67**	**110.59**	**11.08**	**36.85**	**90.76**	**22.16**	**97.02**
0.44				**0.49**		**0.35**	
7.03	103.38	157.75	1.87	11.09	104.62	7.67	97.09
22.20	99.55	98.56	0.35	21.88	99.91	11.29	100.09
4.09	99.76	94.87	-31.96	3.88	74.62	3.20	87.43

3-1-48 全国各地区1990年产棉县棉花

地 区	全国统计				产棉县（个）
	棉田面积（万亩）	亩 产（市斤）	产 量（万担）	收购量（万担）	
全国合计	**8382.20**	**107.56**	**9015.50**	**8084.14**	**736**
南方产区	**2573.70**	**123.26**	**3172.30**	**2905.60**	**274**
占合计%	**30.70**		**35.19**	**35.94**	
上 海	19.40	125.26	24.30	23.40	11
浙 江	103.00	124.76	128.50	117.10	12
江 苏	858.20	108.18	928.40	867.78	67
湖 北	683.90	151.26	1034.50	983.54	55
安 徽	439.70	107.35	472.00	381.86	44
四 川	186.30	123.62	230.30	198.60	20
江 西	105.40	108.16	114.00	112.90	25
湖 南	177.80	135.15	240.30	220.42	40
北方产区	**5760.20**	**100.47**	**5787.20**	**5133.04**	**443**
占合计%	**68.72**		**64.19**	**63.50**	
河 北	1366.40	83.55	1141.60	958.80	116
山 东	2113.80	92.25	1950.00	1832.00	98
河 南	1234.50	109.53	1352.20	1004.40	89
陕 西	168.60	92.23	155.50	106.18	27
山西	195.50	114.12	223.10	173.24	35
新 疆	652.80	143.63	937.60	1035.18	54
其中兵团	255.00	152.80	389.65	455.46	11
辽 宁	28.60	95.10	27.20	23.24	13
分散产区	**48.30**	**115.94**	**56.00**	**45.50**	**19**
占合计%	**0.58**		**0.62**	**0.56**	
甘 肃	8.90	178.65	15.90	15.40	8
天 津	26.70	114.61	30.60	25.10	5
北 京	5.10	135.29	6.90	5.00	6
云 南					

产棉县统计							
棉田面积（万亩）	占比例（%）	亩产（市斤）	增减比较（±市斤）	产量（万担）	占比例（%）	收购量（万担）	占比例（%）
8229.45	**98.18**	**110.93**	**3.38**	**9129.22**	**101.26**	**7892.62**	**97.63**
2497.82	**97.05**	**123.25**	**-0.01**	**3078.46**	**97.04**	**2808.97**	**96.67**
30.35				**33.72**		**35.59**	
20.39	105.10	121.04	-4.22	24.68	101.56	23.39	99.96
87.11	84.57	129.09	4.33	112.45	87.51	103.71	88.57
853.87	99.50	107.98	-0.20	922.01	99.31	854.20	98.44
659.74	96.47	150.15	-1.11	990.61	95.76	939.44	95.52
418.48	95.17	108.41	1.07	453.68	96.12	381.67	99.95
182.99	98.22	125.07	1.45	228.86	99.37	192.02	96.69
103.85	98.53	111.07	2.91	115.35	101.18	103.08	91.30
171.39	96.39	134.68	-0.48	230.82	96.05	211.46	95.94
5691.44	**98.81**	**105.44**	**4.97**	**6001.00**	**103.69**	**5038.51**	**98.16**
69.16				**65.73**		**63.84**	
1365.34	99.92	83.37	-0.17	1138.34	99.71	973.83	101.57
2127.54	100.65	100.04	7.79	2128.32	109.14	1803.63	98.45
1267.37	102.66	119.72	10.19	1517.30	112.21	1058.56	105.39
157.73	93.55	95.07	2.84	149.96	96.44	74.93	70.57
194.84	99.66	114.20	0.08	222.50	99.73	173.33	100.05
309.27	47.38	143.91	0.29	445.08	47.47	470.37	45.44
249.30	97.76	152.92	0.12	381.24	97.84	466.77	102.48
20.05	70.10	91.07	-4.03	18.26	67.13	17.09	73.54
40.19	**83.21**	**123.81**	**7.87**	**49.76**	**88.86**	**45.13**	**99.19**
0.49				**0.55**		**0.57**	
8.29	93.15	166.22	-12.43	13.78	86.67	14.71	95.52
26.61	99.66	113.90	-0.70	30.31	99.05	25.12	100.08
5.29	103.73	107.18	-28.11	5.67	82.17	5.30	106.00

3-1-49　全国各地区1991年产棉县棉花

地　区	全国统计				产棉县（个）
	棉田面积（万亩）	亩产（市斤）	产量（万担）	收购量（万担）	
全国合计	**9807.70**	**115.73**	**11350.05**	**10542.40**	**736**
南方产区	**2842.60**	**127.69**	**3629.65**	**3438.27**	**274**
占合计%	**28.98**		**31.98**	**32.61**	
上　海	20.90	154.55	32.30	32.14	11
浙　江	102.30	147.12	150.50	134.96	12
江　苏	825.90	134.92	1114.30	1091.70	67
湖　北	692.30	141.88	982.25	948.70	55
安　徽	608.20	89.26	542.90	471.96	44
四　川	221.10	131.84	291.50	259.14	20
江　西	171.90	126.82	218.00	204.67	25
湖　南	200.00	148.95	297.90	295.00	40
北方产区	**6892.10**	**110.74**	**7631.97**	**7033.67**	**443**
占合计%	**70.27**		**67.24**	**66.72**	
河　北	1432.80	88.54	1268.60	1208.07	116
山　东	2343.80	115.26	2701.50	2508.25	98
河　南	1789.80	105.90	1895.40	1607.42	89
陕　西	202.10	89.02	179.90	127.00	27
山　西	220.20	101.59	223.70	182.91	35
新　疆	820.40	155.89	1278.90	1334.40	54
#兵团	318.30	146.83	467.35	456.99	11
辽　宁	83.00	101.17	83.97	65.62	13
分散产区	**73.00**	**121.14**	**88.43**	**70.46**	**19**
占合计%	**0.74**		**0.78**	**0.67**	
甘　肃	11.90	206.97	24.63	22.74	8
天　津	44.80	113.75	50.96	40.65	5
北　京	5.80	118.97	6.90	7.07	6
云　南					

生产收购比重

产棉县统计							
棉田面积（万亩）	占比例（%）	亩产（市斤）	增减比较（±市斤）	产量（万担）	占比例（%）	收购量（万担）	占比例（%）
9508.66	**96.95**	**118.10**	**2.38**	**11230.17**	**98.94**	**10178.38**	**96.55**
2715.81	**95.54**	**127.91**	**0.22**	**3473.76**	**95.70**	**3264.05**	**94.93**
28.56				**30.93**		**32.07**	
22.04	105.45	152.13	-2.41	33.53	103.81	32.14	100.00
86.45	84.51	148.03	0.91	127.97	85.03	116.71	86.48
821.04	99.41	133.37	-1.55	1095.01	98.27	1059.10	97.01
651.30	94.08	143.13	1.24	932.18	94.90	912.61	96.20
567.79	93.36	88.61	-0.65	503.14	92.68	435.80	92.34
212.78	96.24	131.49	-0.35	279.78	95.98	248.67	95.96
163.03	94.84	129.21	2.39	210.65	96.63	183.18	89.50
191.38	95.69	152.31	3.36	291.50	97.85	275.84	93.51
6730.61	**97.66**	**114.29**	**3.55**	**7692.31**	**100.79**	**6848.18**	**97.36**
70.78				**68.50**		**67.28**	
1415.77	98.81	90.06	1.52	1275.00	100.50	1202.58	99.55
2341.63	99.91	117.46	2.20	2750.53	101.81	2449.42	97.65
1705.04	95.26	113.54	7.64	1935.87	102.14	1543.77	96.04
195.92	96.94	90.42	1.41	177.16	98.48	130.98	103.14
217.85	98.93	102.18	0.59	222.60	99.51	181.42	99.19
489.73	59.69	167.55	11.66	820.52	64.16	833.26	62.44
315.75	99.20	147.17	0.35	464.70	99.43	472.25	103.34
48.92	58.94	93.89	-7.28	45.93	54.70	34.50	52.58
62.24	**85.26**	**102.99**	**-18.15**	**64.10**	**72.49**	**66.15**	**93.88**
0.65				**0.57**		**0.65**	
11.87	99.75	177.00	-29.97	21.01	85.30	22.15	97.41
45.30	101.12	84.46	-29.29	38.26	75.08	40.49	99.61
5.07	87.41	95.27	-23.70	4.83	70.00	3.51	49.65

3－1－50 全国各地区 1992 年产棉县棉花

地 区	全国统计				产棉县（个）
	棉田面积（万亩）	亩 产（市斤）	产 量（万担）	收购量（万担）	
全国合计	**10252.50**	**87.95**	**9016.78**	**7541.01**	**736**
南方产区	**3226.30**	**122.58**	**3954.87**	**3529.58**	**274**
占合计%	**31.47**		**43.86**	**46.81**	
上 海	22.40	137.81	30.87	36.00	11
浙 江	106.60	111.89	119.28	108.00	12
江 苏	1010.10	104.42	1054.78	971.00	67
湖 北	760.80	160.34	1219.83	1127.00	55
安 徽	630.00	83.39	525.34	416.00	44
四 川	242.40	124.50	301.78	226.98	20
江 西	202.60	146.47	296.74	231.00	25
湖 南	251.40	161.60	406.25	413.60	40
北方产区	**6938.70**	**71.68**	**4973.78**	**3962.86**	**443**
占合计%	**67.68**		**55.16**	**52.55**	
河 北	1323.20	46.25	611.96	375.00	116
山 东	2233.20	60.62	1353.68	971.86	98
河 南	1871.90	70.36	1317.00	1004.00	89
陕 西	207.30	53.29	110.47	71.00	27
山 西	225.80	83.94	189.53	96.00	35
新 疆	964.90	138.38	1335.25	1403.00	54
#兵团	334.40	141.61	473.54	461.67	11
辽 宁	112.40	49.72	55.89	42.00	13
分散产区	**87.50**	**100.72**	**88.13**	**48.57**	**19**
占合计%	**0.85**		**0.98**	**0.64**	
甘 肃	18.90	185.50	35.06	30.69	8
天 津	43.20	75.49	32.61	15.00	5
北 京	6.90	139.57	9.63	2.88	6
云 南					

生产收购比重

产棉县统计							
棉田面积（万亩）	占比例（%）	亩　产（市斤）	增减比较（±市斤）	产　量（万担）	占比例（%）	收购量（万担）	占比例（%）
9928.93	**96.84**	**88.59**	**0.64**	**8796.21**	**97.55**	**7309.26**	**96.93**
3047.14	**94.45**	**122.38**	**-0.20**	**3729.09**	**94.29**	**3360.51**	**95.21**
30.69				**42.39**		**45.98**	
27.03	120.67	133.96	-3.85	36.21	117.30	34.58	96.06
88.52	83.04	110.51	-1.39	97.82	82.01	82.45	76.34
996.61	98.66	104.78	0.35	1044.23	99.00	955.73	98.43
714.63	93.93	158.76	-1.58	1134.52	93.01	1081.29	95.94
583.31	92.59	83.71	0.32	488.26	92.94	396.46	95.30
224.05	92.43	126.58	2.09	283.61	93.98	220.23	97.03
189.90	93.73	144.70	-1.76	274.79	92.60	223.18	96.61
223.09	88.74	165.70	4.10	369.65	90.99	366.59	88.63
6813.55	**98.20**	**73.33**	**1.64**	**4996.12**	**100.45**	**3896.80**	**98.33**
68.62				**56.80**		**53.31**	
1316.07	99.46	45.09	-1.16	593.43	96.97	384.85	102.63
2215.28	99.20	61.22	0.60	1356.16	100.18	1021.84	105.14
1843.93	98.51	75.12	4.76	1385.16	105.18	977.23	97.33
212.70	102.60	51.80	-1.49	110.17	99.73	75.50	106.34
220.45	97.63	84.83	0.89	187.00	98.67	95.28	99.25
607.95	63.01	141.73	3.34	861.62	64.53	859.00	61.23
340.05	101.69	138.23	-3.38	470.05	99.26	459.16	99.46
57.12	50.82	56.95	7.23	32.53	58.20	23.94	57.00
68.24	**77.99**	**104.04**	**3.32**	**71.00**	**80.56**	**51.95**	**106.96**
0.69				**0.81**		**0.71**	
19.10	101.06	163.46	-22.05	31.22	89.05	30.65	99.87
43.05	99.65	75.26	-0.22	32.40	99.36	15.20	101.33
6.09	88.26	121.18	-18.38	7.38	76.64	6.10	211.81

3－1－51　全国各地区1993年产棉县棉花

地　区	全　国　统　计				产棉县（个）
	棉田面积（万亩）	亩　产（市斤）	产　量（万担）	收购量（万担）	
全国合计	**7478.00**	**100.00**	**7478.00**	**5077.20**	**736**
南方产区	**2822.40**	**115.50**	**3260.00**	**2509.40**	**274**
占合计%	**37.74**		**43.59**	**49.42**	
上　海	14.40	125.00	18.00	19.20	11
浙　江	91.00	127.47	116.00	89.70	12
江　苏	776.00	110.57	858.00	666.20	67
湖　北	729.00	116.60	850.00	746.90	55
安　徽	529.00	98.30	520.00	360.50	44
四　川	198.00	82.83	164.00	87.80	20
江　西	227.00	137.44	312.00	207.50	25
湖　南	258.00	163.57	422.00	331.60	40
北方产区	**4602.50**	**90.43**	**4162.00**	**2536.60**	**443**
占合计%	**61.55**		**55.66**	**49.96**	
河　北	780.00	49.23	384.00	184.10	116
山　东	1140.00	71.93	820.00	436.10	98
河　南	1461.00	90.35	1320.00	601.80	89
陕　西	135.00	74.07	100.00	21.70	27
山　西	140.00	100.00	140.00	51.60	35
新　疆	909.60	149.52	1360.00	1219.70	54
#兵团	323.88	151.81	491.67	491.68	11
辽　宁	36.90	102.98	38.00	21.60	13
分散产区	**53.10**	**105.46**	**56.00**	**31.20**	**19**
占合计%	**0.71**		**0.75**	**0.61**	
甘　肃	18.10	143.65	26.00	21.90	8
天　津	14.70	108.84	16.00	8.30	5
北　京	6.50	123.08	8.00	0.90	6
云　南					

生产收购比重

产棉县统计							
棉田面积（万亩）	占比例（%）	亩产（市斤）	增减比较（±市斤）	产量（万担）	占比例（%）	收购量（万担）	占比例（%）
7760.99	**103.78**	**96.32**	**-3.68**	**7475.02**	**99.96**	**4978.22**	**98.05**
2668.14	**94.53**	**121.08**	**5.57**	**3230.47**	**99.09**	**2448.69**	**97.58**
34.38				**43.22**		**49.19**	
20.65	143.40	100.87	-24.13	20.83	115.72	19.17	99.84
74.15	81.48	123.37	-4.10	91.48	78.86	71.00	79.15
770.79	99.33	107.64	-2.93	829.67	96.70	657.29	98.66
684.35	93.88	142.12	25.53	972.62	114.43	724.04	96.94
488.96	92.43	98.80	0.50	483.10	92.90	331.82	92.05
186.61	94.25	87.06	4.24	162.47	99.07	86.36	98.36
208.51	91.85	136.57	-0.87	284.77	91.27	219.50	105.78
234.12	90.74	164.67	1.11	385.53	91.36	339.51	102.39
5043.48	**109.58**	**83.11**	**-7.32**	**4191.59**	**100.71**	**2493.32**	**98.29**
64.99				**56.07**		**50.08**	
770.52	98.78	48.62	-0.61	374.64	97.56	180.62	98.11
1628.33	142.84	55.83	-16.10	909.12	110.87	425.56	97.58
1407.27	96.32	92.57	2.22	1302.73	98.69	580.50	96.46
135.62	100.46	74.69	0.62	101.30	101.30	27.35	126.06
176.82	126.30	101.81	1.81	180.02	128.59	51.57	99.94
578.40	63.59	140.34	-9.18	811.70	59.68	791.93	64.93
320.65	99.00	152.71	0.90	489.66	99.59	425.06	86.45
25.87	70.11	86.66	-16.32	22.42	59.00	10.73	49.68
49.37	**92.98**	**107.25**	**1.79**	**52.95**	**94.55**	**36.20**	**116.03**
0.64				**0.71**		**0.73**	
19.42	107.29	148.51	4.86	28.84	110.92	22.00	100.46
23.83	162.11	71.34	-37.50	17.00	106.25	8.30	100.00
6.12	94.15	116.18	-6.90	7.11	88.88	5.90	655.56

3-1-52 全国各地区1994年产棉县棉花

地 区	全国统计				产棉县（个）
	棉田面积（万亩）	亩 产（市斤）	产 量（万担）	收购量（万担）	
全国合计	**8292.00**	**104.68**	**8680.00**	**6361.13**	**736**
南方产区	**3069.00**	**111.12**	**3410.30**	**2705.90**	**274**
占合计%	**37.01**		**39.29**	**42.54**	
上 海	7.50	124.00	9.30	10.40	11
浙 江	93.00	119.03	110.70	56.76	12
江 苏	802.50	113.92	914.20	795.95	67
湖 北	747.00	120.48	900.00	710.35	55
安 徽	664.50	77.70	516.30	432.36	44
四 川	196.50	68.30	134.20	74.43	20
江 西	244.50	142.90	349.40	251.23	25
湖 南	313.50	151.90	476.20	374.42	40
北方产区	**5152.50**	**101.03**	**5205.80**	**3608.55**	**443**
占合计%	**62.14**		**59.97**	**56.73**	
河 北	1027.50	75.91	780.00	405.43	116
山 东	1189.50	94.04	1118.60	795.20	98
河 南	1450.50	86.60	1256.20	609.63	89
陕 西	127.50	65.80	83.90	17.21	27
山 西	193.50	87.65	169.60	82.62	35
新 疆	1125.00	156.80	1764.00	1686.30	54
#兵团	405.53	164.19	665.83	642.58	11
辽 宁	39.00	85.90	33.50	12.16	13
分散产区	**70.50**	**90.64**	**63.90**	**46.68**	**19**
占合计%	**0.85**		**0.74**	**0.73**	
甘 肃	22.50	157.78	35.50	31.48	8
天 津	34.50	53.91	18.60	14.36	5
北 京	6.00	123.33	7.40	0.84	6
云 南					

生产收购比重

产棉县统计							
棉田面积（万亩）	占比例（%）	亩产（市斤）	增减比较（±市斤）	产量（万担）	占比例（%）	收购量（万担）	占比例（%）
8239.78	**99.37**	**104.18**	**-0.49**	**8584.61**	**98.90**	**6218.37**	**97.76**
2862.97	**93.29**	**119.46**	**8.34**	**3420.12**	**100.29**	**2575.43**	**95.18**
34.73				**39.84**		**41.42**	
9.23	123.07	126.11	2.11	11.64	125.16	10.42	100.19
74.47	80.08	117.55	-1.48	87.54	79.08	48.54	85.52
781.93	97.44	114.63	0.71	896.32	98.04	746.60	93.80
694.50	92.97	139.00	18.52	965.36	107.26	693.24	97.59
598.18	90.02	88.26	10.56	527.96	102.26	402.94	93.20
182.72	92.99	74.76	6.46	136.60	101.79	70.01	94.06
229.61	93.91	149.15	6.25	342.47	98.02	256.11	101.94
292.33	93.25	154.70	2.80	452.23	94.97	347.57	92.83
5314.92	**103.15**	**96.08**	**-4.95**	**5106.75**	**98.10**	**3593.26**	**99.58**
64.52				**59.49**		**57.78**	
1021.10	99.38	71.81	-4.10	733.27	94.01	404.71	99.82
1395.28	117.30	78.27	-15.77	1092.03	97.62	764.32	96.12
1457.06	100.45	84.38	-2.23	1229.43	97.87	582.65	95.57
124.53	97.67	67.12	1.31	83.58	99.62	22.26	129.34
188.66	97.50	89.66	2.01	169.15	99.73	82.11	99.38
701.69	62.37	159.52	2.72	1119.37	63.46	1091.36	64.72
402.79	99.32	164.61	0.42	663.04	99.58	638.89	99.43
23.81	61.05	70.89	-15.00	16.88	50.39	6.96	57.24
61.89	**87.79**	**93.28**	**2.64**	**57.73**	**90.34**	**49.68**	**106.43**
0.75				**0.67**		**0.80**	
22.00	97.78	153.00	-4.78	33.66	94.82	31.13	98.89
33.79	97.94	53.71	-0.20	18.15	97.58	14.25	99.23
6.10	101.67	97.05	-26.28	5.92	80.00	4.30	511.90

3-1-53 全国各地区1995年产棉县棉花

地　区	全国统计				产棉县（个）
	棉田面积（万亩）	亩　产（市斤）	产　量（万担）	收购量（万担）	
全国合计	**8132.40**	**117.25**	**9535.00**	**7019.90**	**736**
南方产区	**3075.80**	**128.04**	**3938.30**	**3254.70**	**274**
占合计%	**37.82**		**41.30**	**46.36**	
上　海	5.00	144.00	7.20	9.00	11
浙　江	96.80	129.13	125.00	71.10	12
江　苏	847.40	132.56	1123.30	955.60	67
湖　北	753.00	155.64	1172.00	998.00	55
安　徽	664.80	90.61	602.40	520.00	44
四　川	211.10	106.25	224.30	141.00	20
江　西	197.70	119.93	237.10	213.00	25
湖　南	300.00	149.00	447.00	347.00	40
北方产区	**5010.90**	**110.13**	**5518.50**	**3717.70**	**443**
占合计%	**61.62**		**57.88**	**52.96**	
河　北	1050.90	70.50	740.90	315.00	116
山　东	999.50	94.21	941.60	657.00	98
河　南	1500.20	102.65	1540.00	686.00	89
陕　西	109.20	72.99	79.70	50.00	27
山　西	190.20	95.48	181.60	100.00	35
新　疆	1114.40	178.34	1987.40	1893.00	54
#兵团	399.05	191.39	763.76	689.01	11
辽　宁	46.50	101.72	47.30	16.70	13
分散产区	**45.70**	**171.12**	**78.20**	**47.50**	**19**
占合计%	**0.56**		**0.82**	**0.68**	
甘　肃	27.00	169.63	45.80	42.00	8
天　津	25.80	86.82	22.40	4.50	5
北　京	5.00	104.00	5.20	3.10	6
云　南					

生产收购比重

产棉县统计							
棉田面积（万亩）	占比例（%）	亩产（市斤）	增减比较（±市斤）	产量（万担）	占比例（%）	收购量（万担）	占比例（%）
7986.62	**98.21**	**120.14**	**2.90**	**9595.38**	**100.63**	**6933.09**	**98.76**
2913.15	**94.71**	**135.98**	**7.94**	**3961.37**	**100.59**	**3053.16**	**93.81**
36.48				**41.28**		**44.04**	
8.02	160.40	126.81	-17.19	10.17	141.25	9.06	100.67
77.38	79.94	126.17	-2.96	97.63	78.10	60.24	84.73
835.72	98.62	132.31	-0.25	1105.71	98.43	940.09	98.38
690.78	91.74	162.73	7.09	1124.14	95.92	920.48	92.23
642.12	96.59	114.12	23.50	732.76	121.64	450.73	86.68
201.02	95.23	109.28	3.02	219.67	97.94	139.29	98.79
188.61	95.40	128.90	8.97	243.11	102.53	218.35	102.51
269.50	89.83	158.88	9.88	428.18	95.79	314.92	90.76
5015.80	**100.10**	**110.88**	**0.75**	**5561.48**	**100.78**	**3830.46**	**103.03**
62.80				**57.96**		**55.25**	
1025.34	97.57	69.60	-0.90	713.64	96.32	326.64	103.70
1016.19	101.67	90.02	-4.19	914.78	97.15	668.35	101.73
1544.48	102.95	107.38	4.73	1658.44	107.69	766.29	111.70
106.55	97.57	73.83	0.84	78.67	98.70	47.98	95.96
185.03	97.28	97.11	1.64	179.69	98.95	94.70	94.70
713.88	64.06	172.68	-5.66	1232.75	62.03	1228.76	64.91
396.77	99.43	191.57	0.17	760.09	99.52	686.51	99.64
27.56	59.27	84.98	-16.74	23.42	49.51	11.23	67.25
57.67	**126.19**	**125.77**	**-45.35**	**72.53**	**92.75**	**49.47**	**104.15**
0.72				**0.76**		**0.71**	
26.97	99.89	169.86	0.23	45.81	100.02	41.85	99.64
25.36	98.29	87.50	0.68	22.19	99.06	4.42	98.22
5.34	106.80	84.83	-19.17	4.53	87.12	3.20	103.23

3-1-54 全国各地区1996年产棉县棉花

地　区	全　国　统　计				产棉县 (个)
	棉田面积 (万亩)	亩　产 (市斤)	产　量 (万担)	收购量 (万担)	
全国合计	**7083.30**	**118.68**	**8406.50**	**5266.32**	**736**
南方产区	**2819.80**	**123.86**	**3492.60**	**2524.74**	**274**
占合计%	**39.81**		**41.55**	**47.94**	
上　海	4.70	180.85	8.50	9.77	11
浙　江	100.10	136.66	136.80	92.43	12
江　苏	728.90	147.48	1075.00	853.77	67
湖　北	711.60	120.88	860.20	657.66	55
安　徽	620.60	87.01	540.00	345.55	44
四　川	231.60	106.52	246.70	142.59	20
江　西	161.10	152.76	246.10	191.00	25
湖　南	261.20	145.21	379.30	231.97	40
北方产区	**4210.20**	**115.02**	**4842.50**	**2694.79**	**443**
占合计%	**59.44**		**57.60**	**51.17**	
河　北	641.40	80.56	516.70	150.68	116
山　东	722.90	103.02	744.70	378.41	98
河　南	1400.00	105.10	1471.40	512.81	89
陕　西	89.40	69.91	62.50	24.36	27
山　西	138.90	104.25	144.80	50.26	35
新　疆	1199.00	156.86	1880.80	1571.59	54
#兵团	426.36	173.10	738.04	518.85	11
辽　宁	18.60	116.13	21.60	6.68	13
分散产区	**53.30**	**133.96**	**71.40**	**46.79**	**19**
占合计%	**0.75**		**0.85**	**0.89**	
甘　肃	29.90	171.91	51.40	42.00	8
天　津	9.80	104.08	10.20	3.20	5
北　京	2.70	188.89	5.10	1.60	6
云　南					

生产收购比重

产棉县统计							
棉田面积（万亩）	占比例（%）	亩产（市斤）	增减比较（±市斤）	产量（万担）	占比例（%）	收购量（万担）	占比例（%）
6842.91	**96.61**	**121.91**	**3.23**	**8341.97**	**99.23**	**5431.06**	**103.13**
2571.75	**91.20**	**132.46**	**8.60**	**3406.66**	**97.54**	**2454.42**	**97.21**
37.58				**40.84**		**45.19**	
6.76	143.83	161.24	−19.61	10.90	128.24	9.77	100.00
75.57	75.49	134.91	−1.76	101.95	74.52	73.81	79.86
709.58	97.35	147.30	−0.19	1045.18	97.23	830.75	97.30
660.95	92.88	129.74	8.86	857.52	99.69	655.00	99.60
536.58	86.46	107.24	20.22	575.41	106.56	310.26	89.79
208.97	90.23	110.19	3.67	230.26	93.34	136.04	95.41
162.94	101.14	153.13	0.37	249.51	101.39	201.77	105.64
210.40	80.55	159.66	14.45	335.93	88.57	237.02	102.18
4225.87	**100.37**	**115.30**	**0.28**	**4872.44**	**100.62**	**2928.41**	**108.67**
61.76				**58.41**		**53.92**	
629.66	98.17	76.73	−3.82	483.16	93.51	152.16	100.98
762.77	105.52	88.60	−14.42	675.78	90.75	400.89	105.94
1431.06	102.22	112.01	6.91	1602.89	108.94	645.88	125.95
74.92	83.80	74.72	4.81	55.98	89.57	31.46	129.13
132.55	95.43	107.45	3.20	142.42	98.36	50.00	99.48
758.30	63.24	153.93	−2.94	1167.23	62.06	1130.63	71.94
423.95	99.43	173.24	0.14	734.45	99.51	512.76	98.83
12.66	68.06	83.18	−32.95	10.53	48.75	4.63	69.31
45.29	**84.97**	**138.82**	**4.86**	**62.87**	**88.05**	**48.23**	**103.08**
0.66				**0.75**		**0.89**	
31.49	105.32	156.75	−15.16	49.36	96.03	42.52	101.24
9.69	98.88	103.20	−0.88	10.00	98.04	3.11	97.19
4.11	152.22	85.40	−103.49	3.51	68.82	2.60	162.50

3－1－55　全国各地区1997年产棉县棉花

地　区	全　国　统　计				产棉县（个）
	棉田面积（万亩）	亩　产（市斤）	产　量（万担）	收购量（万担）	
全国合计	**6737.10**	**136.64**	**9205.40**	**6320.80**	**736**
南方产区	**2703.10**	**143.26**	**3872.40**	**2764.60**	**274**
占合计%	**40.12**		**42.07**	**43.74**	
上　海	5.10	149.02	7.60	10.90	11
浙　江	93.00	102.26	95.10	52.10	12
江　苏	658.10	154.23	1015.00	805.80	67
湖　北	720.90	161.16	1161.80	737.80	55
安　徽	599.10	100.48	602.00	422.00	44
四　川	208.80	102.83	214.70	131.60	20
江　西	153.30	172.73	264.80	203.40	25
湖　南	264.80	193.13	511.40	401.00	40
北方产区	**3979.50**	**131.81**	**5245.30**	**3481.70**	**443**
占合计%	**59.06**		**56.98**	**55.08**	
河　北	565.70	87.94	497.50	181.00	116
山　东	593.90	119.18	707.80	369.60	98
河　南	1302.50	121.31	1580.00	650.60	89
陕　西	59.90	68.61	41.10	34.50	27
山　西	102.60	86.55	88.80	40.80	35
新　疆	1325.60	173.51	2300.00	2188.40	54
#兵团	474.16	199.68	946.78	833.91	11
辽　宁	29.30	102.73	30.10	16.80	13
分散产区	**54.50**	**160.92**	**87.70**	**74.50**	**19**
占合计%	**0.82**		**0.95**	**1.18**	
甘　肃	32.10	210.59	67.60	65.90	8
天　津	6.60	119.70	7.90	1.60	5
北　京	3.30	136.36	4.50	2.50	6
云　南	2.60	53.85	1.40		

生产收购比重

产棉县统计							
棉田面积（万亩）	占比例（%）	亩产（市斤）	增减比较（±市斤）	产量（万担）	占比例（%）	收购量（万担）	占比例（%）
6685.99	**99.24**	**141.20**	**4.56**	**9440.49**	**102.55**	**6077.55**	**96.15**
2465.49	**91.21**	**148.21**	**4.96**	**3654.20**	**94.37**	**2558.38**	**92.54**
36.88				**38.71**		**42.10**	
9.60	188.24	120.21	-28.81	11.54	151.84	10.90	100.00
69.26	74.47	99.61	-2.65	68.99	72.54	39.45	75.72
638.85	97.07	154.28	0.05	985.64	97.11	778.35	96.59
654.77	90.83	156.24	-4.92	1023.00	88.05	694.14	94.08
509.79	85.09	125.66	25.18	640.62	106.42	349.85	82.90
193.06	92.46	109.75	6.92	211.88	98.69	121.76	92.52
152.04	99.18	166.98	-5.76	253.87	95.87	200.19	98.42
238.12	89.92	192.62	-0.51	458.66	89.69	363.74	90.71
4173.90	**104.89**	**136.86**	**5.05**	**5712.47**	**108.91**	**3458.67**	**99.34**
62.43				**60.51**		**56.91**	
560.70	99.12	88.32	0.37	495.19	99.54	173.74	95.99
727.87	122.56	101.40	-17.78	738.05	104.27	316.34	85.59
1407.38	108.05	136.46	15.16	1920.53	121.55	601.48	92.45
51.67	86.26	72.52	3.90	37.47	91.17	20.37	59.03
97.45	94.98	89.54	2.99	87.26	98.27	35.11	86.05
840.24	63.39	175.84	2.34	1477.51	64.24	1469.87	67.17
470.33	99.19	200.29	0.61	942.01	99.50	833.13	99.91
18.26	62.32	79.13	-23.60	14.45	48.01	8.63	51.37
46.60	**85.50**	**158.41**	**2.51**	**73.82**	**84.17**	**60.50**	**81.21**
0.70				**0.78**		**1.00**	
36.10	112.46	172.33	-38.27	62.21	92.03	56.80	86.19
7.32	110.91	105.33	-14.37	7.71	97.59	1.50	93.75
3.18	96.36	122.64	-13.72	3.90	86.67	2.20	88.00

地　区	全国统计				产棉县（个）
	棉田面积（万亩）	亩　产（市斤）	产　量（万担）	收购量（万担）	
全国合计	**6689.10**	**134.58**	**9002.10**	**7387.00**	**736**
南方产区	**2636.10**	**115.08**	**3033.50**	**2324.50**	**274**
占合计%	**39.41**		**33.70**	**31.47**	
上　海	6.80	138.24	9.40	14.10	11
浙　江	94.20	137.79	129.80	78.00	12
江　苏	624.30	147.99	923.90	810.10	67
湖　北	647.40	100.40	650.00	454.20	55
安　徽	593.30	97.78	580.10	425.80	44
四　川	209.40	97.04	203.20	109.80	20
江　西	162.60	93.60	152.20	107.90	25
湖　南	298.10	129.12	384.90	324.60	40
北方产区	**3975.30**	**146.29**	**5815.50**	**4952.80**	**443**
占合计%	**59.43**		**64.60**	**67.05**	
河　北	473.60	114.08	540.30	341.00	116
山　东	621.00	132.85	825.00	605.00	98
河　南	1200.00	121.40	1456.80	855.80	89
陕　西	52.80	86.55	45.70	34.30	27
山　西	98.10	114.07	111.90	78.60	35
新　疆	1499.00	186.79	2800.00	3011.40	54
#兵团	543.84	219.55	1194.02	1168.14	11
辽　宁	30.80	116.23	35.80	26.70	13
分散产区	**77.70**	**197.04**	**153.10**	**109.70**	**19**
占合计%	**1.16**		**1.70**	**1.49**	
甘　肃	50.30	242.54	122.00	76.30	8
天　津	9.20	136.96	12.60	10.40	5
北　京	3.20	112.50	3.60	2.50	6
云　南	2.70	55.56	1.50		

生产收购比重

产棉县统计							
棉田面积（万亩）	占比例（%）	亩产（市斤）	增减比较（±市斤）	产量（万担）	占比例（%）	收购量（万担）	占比例（%）
6453.27	**96.47**	**146.11**	**11.53**	**9429.03**	**104.74**	**6977.02**	**94.45**
2379.79	**90.28**	**125.77**	**10.69**	**2993.05**	**98.67**	**2145.95**	**92.32**
36.88				**31.74**		**30.76**	
13.43	197.50	109.61	-28.63	14.72	156.60	14.14	100.28
70.15	74.47	138.13	0.34	96.90	74.65	60.29	77.29
608.07	97.40	153.01	5.02	930.40	100.70	764.08	94.32
588.60	90.92	110.21	9.81	648.70	99.80	422.90	93.11
516.67	87.08	116.01	18.23	599.37	103.32	377.28	88.60
171.09	81.70	107.44	10.40	183.82	90.46	84.60	77.05
144.41	88.81	122.76	29.16	177.28	116.48	102.34	94.85
267.37	89.69	127.86	-1.26	341.86	88.82	320.32	98.68
4014.88	**101.00**	**157.53**	**11.24**	**6324.57**	**108.75**	**4741.02**	**95.72**
62.21				**67.08**		**67.95**	
515.84	108.92	125.14	11.05	645.51	119.47	333.16	97.70
606.99	97.74	117.26	-15.59	711.77	86.28	586.15	96.88
1252.67	104.39	142.56	21.16	1785.84	122.59	716.72	83.75
48.49	91.84	90.49	3.94	43.88	96.02	33.12	96.57
93.30	95.11	116.93	2.87	109.10	97.50	76.01	96.70
940.46	62.74	194.32	7.53	1827.54	65.27	1829.16	60.74
538.99	99.11	219.82	0.27	1184.83	99.23	1155.04	98.88
18.14	58.90	88.75	-27.48	16.10	44.97	11.66	43.67
58.60	**75.42**	**190.12**	**-6.92**	**111.41**	**72.77**	**90.05**	**82.09**
0.91				**1.18**		**1.29**	
50.42	100.24	189.94	-52.60	95.77	78.50	77.66	101.78
5.15	55.98	243.88	106.93	12.56	99.68	9.99	96.06
3.03	94.69	101.65	-10.85	3.08	85.56	2.40	96.00

3－1－57　全国各地区1999年产棉县棉花

地　区	全国统计				产棉县（个）
	棉田面积（万亩）	亩　产（市斤）	产　量（万担）	收购量（万担）	
全国合计	**5588.70**	**137.02**	**7657.70**	**5756.10**	**736**
南方产区	**1855.50**	**116.56**	**2162.70**	**1401.70**	**274**
占合计%	**33.20**		**28.24**	**24.35**	
上　海	3.00	146.67	4.40	0.90	11
浙　江	56.90	142.00	80.80	14.00	12
江　苏	393.00	125.19	492.00	369.00	67
湖　北	466.10	120.79	563.00	320.00	55
安　徽	454.80	85.75	390.00	313.00	44
四　川	141.20	107.51	151.80	53.00	20
江　西	103.80	122.16	126.80	51.80	25
湖　南	236.70	149.51	353.90	280.00	40
北方产区	**3662.30**	**146.95**	**5381.90**	**4286.10**	**443**
占合计%	**65.53**		**70.28**	**74.46**	
河　北	399.90	111.33	445.20	341.00	116
山　东	537.60	126.12	678.00	600.00	98
河　南	1100.00	128.60	1414.60	520.70	89
陕　西	41.60	93.75	39.00	37.20	27
山　西	78.90	111.53	88.00	53.20	35
新　疆	1493.90	181.27	2708.00	2722.00	54
#兵团	572.07	214.08	1224.69	1210.80	11
辽　宁	10.40	87.50	9.10	12.00	13
分散产区	**70.90**	**159.52**	**113.10**	**68.30**	**19**
占合计%	**1.27**		**1.48**	**1.19**	
甘　肃	46.50	185.59	86.30	46.20	8
天　津	9.00	126.67	11.40	20.00	5
北　京	2.90	131.03	3.80	2.10	6
云　南	2.40	54.17	1.30		

生产收购比重

产棉县统计							
棉田面积（万亩）	占比例（%）	亩产（市斤）	增减比较（±市斤）	产量（万担）	占比例（%）	收购量（万担）	占比例（%）
5643.63	**100.98**	**146.94**	**9.91**	**8292.98**	**108.30**	**5220.41**	**90.69**
1741.06	**93.83**	**125.84**	**9.28**	**2190.94**	**101.31**	**1141.44**	**81.43**
30.85				**26.42**		**21.86**	
4.75	158.33		－146.67			2.28	253.33
41.98	73.78	138.28	－3.72	58.05	71.84	17.67	126.21
380.85	96.91	135.94	10.75	517.73	105.23	267.22	72.42
451.60	96.89	135.91	15.12	613.77	109.02	292.93	91.54
416.33	91.54	109.32	23.57	455.14	116.70	224.40	71.69
123.30	87.32	89.34	－18.16	110.16	72.57	38.17	72.02
101.63	97.91	120.07	－2.09	122.03	96.24	49.00	94.59
220.62	93.21	142.35	－7.16	314.06	88.74	249.77	89.20
3848.31	**105.08**	**156.35**	**9.40**	**6016.91**	**111.80**	**4021.10**	**93.82**
68.19				**72.55**		**77.03**	
449.14	112.31	125.96	14.63	565.73	127.07	310.47	91.05
546.55	101.66	143.20	17.09	782.68	115.44	465.76	77.63
1248.80	113.53	138.73	10.13	1732.42	122.47	649.98	124.83
39.75	95.55	110.44	16.69	43.90	112.56	23.33	62.72
75.72	95.97	114.63	3.10	86.80	98.64	34.68	65.19
915.46	61.28	172.82	－8.45	1582.08	58.42	1571.85	57.75
566.38	99.01	214.75	0.67	1216.30	99.31	959.81	79.27
6.51	62.60	107.53	20.03	7.00	76.92	5.22	43.50
54.26	**76.53**	**156.89**	**－2.63**	**85.13**	**75.27**	**57.87**	**84.73**
0.96				**1.03**		**1.11**	
42.67	91.76	165.36	－20.23	70.56	81.76	48.77	105.56
8.85	98.33	127.68	1.02	11.30	99.12	6.60	33.00
2.74	94.48	119.34	－11.69	3.27	86.05	2.50	119.05

3－1－58　全国各地区2000年产棉县棉花

地　区	全国统计				产棉县（个）
	棉田面积（万亩）	亩　产（市斤）	产　量（万担）	收购量（万担）	
全国合计	**6061.70**	**145.75**	**8834.70**	**6344.60**	**736**
南方产区	**1851.90**	**130.47**	**2416.10**	**1564.20**	**274**
占合计%	**30.55**		**27.35**	**24.65**	
上　海	1.50	153.33	2.30		11
浙　江	39.90	146.62	58.50	14.00	12
江　苏	443.00	141.96	628.90	565.00	67
湖　北	477.20	127.54	608.60	326.00	55
安　徽	462.60	118.46	548.00	320.00	44
四　川	105.20	111.88	117.70	34.00	20
江　西	103.50	131.50	136.10	51.00	25
湖　南	219.00	144.29	316.00	254.20	40
北方产区	**4122.40**	**151.74**	**6255.30**	**4640.40**	**443**
占合计%	**68.01**		**70.80**	**73.14**	
河　北	461.10	130.19	600.30	382.00	116
山　东	853.10	138.30	1179.80	630.00	98
河　南	1169.00	120.41	1407.60	420.00	89
陕　西	45.20	121.24	54.80	40.00	27
山　西	64.50	138.91	89.60	74.40	35
新　疆	1518.50	191.77	2912.00	3086.00	54
#兵团	607.74	225.71	1371.71	975.85	11
辽　宁	11.00	101.82	11.20	8.00	13
分散产区	**87.40**	**186.84**	**163.30**	**140.00**	**19**
占合计%	**1.44**		**1.85**	**2.21**	
甘　肃	52.10	220.73	115.00	118.00	8
天　津	22.70	154.63	35.10	20.00	5
北　京	2.40	129.17	3.10	2.00	6
云　南	1.80	61.11	1.10		

生产收购比重

产棉县统计							
棉田面积（万亩）	占比例（%）	亩产（市斤）	增减比较（±市斤）	产量（万担）	占比例（%）	收购量（万担）	占比例（%）
5993.42	**98.87**	**156.82**	**11.07**	**9398.73**	**106.38**	**5572.13**	**87.82**
1792.65	**96.80**	**140.24**	**9.78**	**2514.07**	**104.05**	**1283.14**	**82.03**
29.91				**26.75**		**23.03**	
2.70	180.00		-153.33			1.91	
28.98	72.63	146.27	-0.34	42.39	72.46	12.24	87.43
420.78	94.98	156.50	14.53	658.51	104.71	350.21	61.98
462.54	96.93	147.08	19.54	680.29	111.78	326.87	100.27
464.99	100.52	128.57	10.11	597.83	109.09	267.29	83.53
79.30	75.38	105.54	-6.35	83.69	71.10	31.85	93.68
104.04	100.52	130.68	-0.82	135.96	99.90	49.91	97.86
229.32	104.71	137.54	-6.76	315.40	99.81	242.86	95.54
4114.02	**99.80**	**163.91**	**12.18**	**6743.48**	**107.80**	**4219.71**	**90.93**
68.64				**71.75**		**75.73**	
494.79	107.31	141.41	11.22	699.67	116.55	304.54	79.72
811.38	95.11	153.95	15.65	1249.11	105.87	673.13	106.85
1185.92	101.45	127.95	7.54	1517.36	107.80	442.65	105.39
47.73	105.60	131.34	10.10	62.69	114.40	27.82	69.55
64.43	99.89	135.29	-3.62	87.17	97.29	45.08	60.59
886.75	58.40	195.84	4.07	1736.58	59.64	1736.58	56.27
611.51	100.62	225.63	-0.08	1379.73	100.58	981.13	100.54
11.51	104.64	97.05	-4.77	11.17	99.73	8.78	109.75
86.75	**99.26**	**162.74**	**-24.10**	**141.18**	**86.45**	**69.28**	**49.49**
1.45				**1.50**		**1.24**	
62.27	119.52	169.74	-50.98	105.70	91.91	47.60	40.34
21.88	96.39	148.22	-6.41	32.43	92.39	18.98	94.90
2.60	108.33	117.31	-11.86	3.05	98.39	2.70	135.00

3－2－1　全国各地区产棉县历年棉花

年　度	全国统计				产棉县（个）
	棉田面积（万亩）	亩产（市斤）	产量（万担）	收购量（万担）	
52 年合计	**394630.60**	**71.90**	**283751.59**	**242856.26**	**742**
11 年小计	**85694.30**	**32.66**	**27983.80**	**21726.10**	**742**
占合计%	**21.72**		**9.86**	**8.95**	
1949	4155.00	11.34	888.80		742
1950	5678.90	24.39	1384.90	837.00	742
1951	8226.90	25.05	2061.10	1485.10	742
1952	8363.60	31.18	2607.40	2000.10	742
1953	7770.00	30.24	2349.50	1871.70	742
1954	8193.00	26.00	2129.80	1564.90	742
1955	8659.10	35.07	3036.90	2475.10	742
1956	9383.40	30.80	2890.30	2136.20	742
1957	8662.90	37.86	3280.00	2766.20	742
1958	8333.60	47.25	3937.50	3513.30	742
1959	8267.90	41.34	3417.60	3076.50	742
10 年小计	**70168.10**	**47.13**	**33068.00**	**30381.60**	**742**
占合计%	**17.78**		**11.65**	**12.51**	
1960	7837.30	27.12	2125.80	1865.90	742
1961	5805.40	25.76	1495.50	1327.20	742
1962	5246.20	26.74	1403.00	1280.00	742
1963	6614.20	34.39	2274.20	2144.00	742
1964	7403.00	44.92	3325.40	3078.30	742
1965	7504.80	55.90	4195.50	4042.50	742
1966	7388.30	63.26	4673.50	4377.60	742
1967	7646.60	61.57	4707.90	4282.90	742
1968	7478.60	62.96	4708.60	4265.00	742
1969	7243.70	57.41	4158.60	3718.20	742
10 年小计	**73319.50**	**60.62**	**44443.60**	**41315.20**	**742**
占合计%	**18.58**		**15.66**	**17.01**	
1970	7495.00	60.76	4554.00	4084.20	742
1971	7385.30	57.00	4209.50	3797.90	742
1972	7344.20	53.33	3916.30	3578.20	742
1973	7413.20	69.12	5123.70	4757.60	742
1974	7520.40	65.44	4921.30	4586.50	742
1975	7433.30	64.06	4761.60	4419.50	742
1976	7393.80	55.60	4110.90	3833.20	742
1977	7267.00	56.39	4097.60	3853.40	742
1978	7299.60	59.37	4334.00	4086.10	742
1979	6767.70	65.23	4414.70	4318.60	742
10 年小计	**80944.40**	**98.93**	**80074.46**	**73732.76**	**736**
占合计%	**20.51**		**28.22**	**30.36**	
1980	7380.50	73.35	5413.40	5362.50	736
1981	7777.60	76.31	5935.30	5820.60	736
1982	8742.60	82.32	7196.90	6993.20	736
1983	9115.90	101.74	9274.20	9004.70	736
1984	10384.70	120.53	12516.80	11929.10	736
1985	7710.50	107.56	8293.60	6993.80	736
1986	6459.20	109.62	7080.70	6208.90	736
1987	7266.30	116.84	8490.30	7839.60	736
1988	8302.10	99.94	8297.36	7235.88	736
1989	7805.00	97.06	7575.90	6344.48	736
11 年小计	**84504.30**	**116.19**	**98181.73**	**75700.60**	**736**
占合计%	**21.41**		**34.60**	**31.17**	
1990	8382.20	107.56	9015.50	8084.14	736
1991	9807.70	115.73	11350.05	10542.40	736
1992	10252.50	87.95	9016.78	7541.01	736
1993	7478.00	100.00	7478.00	5077.20	736
1994	8292.00	104.68	8680.00	6361.13	736
1995	8132.40	117.25	9535.00	7019.90	736
1996	7083.30	118.68	8406.50	5266.32	736
1997	6737.10	136.64	9205.40	6320.80	736
1998	6689.10	134.58	9002.10	7387.00	736
1999	5588.30	136.17	7657.70	5756.10	736
2000	6061.70	145.75	8834.70	6344.60	736

生产收购比重

产 棉 县 统 计

棉田面积（万亩）	占全国（%）	亩 产（市斤）	比全国（±市斤）	产 量（万担）	占全国（%）	收购量（万担）	占全国（%）
365016.90	**92.50**	**75.68**	**3.77**	**276231.10**	**97.35**	**229843.65**	**94.64**
73308.51	**85.55**	**33.92**	**1.26**	**24865.81**	**88.86**	**18043.61**	**83.05**
20.08				**9.00**		**7.85**	
4100.36	98.69	21.26	-0.13	871.67	98.07	263.35	
5034.60	88.65	25.87	1.48	1302.43	94.05	448.37	53.57
6385.38	77.62	27.34	2.28	1745.55	84.69	661.70	44.56
6713.64	80.27	32.55	1.37	2185.27	83.81	1350.79	67.54
6544.09	84.22	32.13	1.89	2102.68	89.49	1552.74	82.96
6630.31	80.93	28.83	2.83	1911.20	89.74	1399.33	89.42
7611.62	87.90	37.33	2.26	2841.38	93.56	2223.82	89.85
8128.10	86.62	30.33	-0.47	2465.20	85.29	1925.84	90.15
7494.53	86.51	38.81	0.95	2908.79	88.68	2472.33	89.38
7363.08	88.35	47.29	0.05	3482.27	88.44	2986.45	85.00
7302.81	88.33	41.76	0.42	3049.37	89.23	2758.89	89.68
62035.64	**88.41**	**49.19**	**2.06**	**30512.69**	**92.27**	**27805.02**	**91.52**
17.00				**11.05**		**12.10**	
6874.63	87.72	29.11	1.98	2000.92	94.13	1793.97	96.14
5270.30	90.78	27.43	1.67	1445.68	96.67	1233.27	92.92
4754.15	90.62	28.13	1.39	1337.31	95.32	1183.66	92.47
5847.82	88.41	36.19	1.81	2116.44	93.06	1940.06	90.49
6436.40	86.94	47.53	2.61	3059.17	91.99	2815.96	91.48
6557.71	87.38	59.19	3.28	3881.36	92.51	3559.70	88.06
6483.43	87.75	65.59	2.33	4252.46	90.99	3941.72	90.04
6726.80	87.97	63.97	2.40	4303.21	91.40	3930.48	91.77
6633.58	88.70	64.69	1.73	4291.26	91.14	3938.23	92.34
6450.81	89.05	59.29	1.88	3824.88	91.98	3467.97	93.27
67184.54	**91.63**	**62.00**	**1.38**	**41655.31**	**93.73**	**38784.98**	**93.88**
18.41				**15.08**		**16.87**	
6720.22	89.66	61.83	1.06	4154.79	91.23	3784.21	92.65
6637.87	89.88	58.57	1.57	3887.79	92.36	3572.06	94.05
6607.99	89.98	54.71	1.33	3615.56	92.22	3342.80	93.28
6706.65	90.47	70.99	1.87	4760.73	92.92	4454.27	93.62
6850.57	91.09	67.50	2.06	4624.32	93.97	4299.71	93.75
6760.09	90.94	66.13	2.07	4470.34	93.88	4181.11	94.61
6827.19	92.34	57.04	1.45	3894.55	94.74	3615.58	94.32
6774.41	93.22	57.51	1.12	3895.91	95.08	3609.84	93.68
6837.24	93.67	60.37	1.00	4127.91	95.24	3875.84	94.85
6462.32	95.49	65.35	0.12	4223.40	95.67	4049.56	93.77
79214.56	**97.86**	**100.34**	**1.41**	**79483.50**	**99.26**	**72421.93**	**98.22**
21.70				**28.77**		**31.51**	
7073.28	95.84	74.00	0.65	5234.42	96.69	5134.06	95.74
7512.59	96.59	78.31	2.09	5882.83	99.12	5673.53	97.47
8560.21	97.91	84.93	2.61	7269.89	101.01	6802.28	97.27
8904.55	97.68	105.50	3.77	9394.49	101.30	8768.40	97.38
10106.74	97.32	121.29	0.76	12258.22	97.93	11483.21	96.26
7539.27	97.78	107.34	-0.22	8092.90	97.58	7057.31	100.91
6394.86	99.00	109.34	-0.24	6992.46	98.75	6201.75	99.88
7251.47	99.80	116.59	-0.25	8454.57	99.58	7752.81	98.89
8228.02	99.11	101.20	1.25	8326.44	100.35	7292.74	100.79
7643.56	97.93	99.13	2.19	7577.27	100.02	6255.83	98.60
83273.65	**98.54**	**119.74**	**3.56**	**99713.79**	**101.56**	**72788.11**	**96.15**
22.81				**36.10**		**31.67**	
8229.45	98.18	110.93	3.38	9129.22	101.26	7892.62	97.63
9508.66	96.95	118.10	2.38	11230.17	98.94	10178.38	96.55
9928.93	96.84	88.59	0.64	8796.21	97.55	7309.26	96.93
7760.99	103.78	96.32	-3.68	7475.01	99.96	4978.22	98.05
8239.78	99.37	104.18	-0.29	8584.60	98.90	6218.37	97.76
7986.62	98.21	120.14	2.90	9595.38	100.63	6933.09	98.76
6842.91	96.61	121.91	3.23	8341.97	99.23	5431.06	103.13
6685.99	99.24	141.20	4.52	9440.49	102.53	6077.55	96.15
6453.27	96.47	146.11	11.53	9429.03	104.74	6977.03	94.62
5643.63	100.99	146.94	10.79	8292.98	108.32	5220.41	86.82
5993.42	98.87	156.82	11.07	9398.73	106.38	5572.13	87.82

3-2-2 上海市产棉县历年棉花

年　度	全市统计				产棉县（个）
	棉田面积（万亩）	亩产（市斤）	产量（万担）	收购量（万担）	
52 年合计	**5931.40**	**86.58**	**5135.53**	**4616.59**	**11**
11 年小计	**2091.00**	**41.76**	**873.20**	**473.20**	**11**
占合计%	**35.25**		**17.00**	**10.25**	
1949	152.00	16.91	25.70		11
1950	162.00	25.56	41.40	31.70	11
1951	230.50	28.16	64.90	61.40	11
1952	238.20	32.16	76.60	58.60	11
1953	206.20	42.05	86.70	74.70	11
1954	205.80	34.84	71.70	10.30	11
1955	217.60	61.40	133.60	17.00	11
1956	204.70	34.05	69.70	5.40	11
1957	197.00	45.18	89.00	7.00	11
1958	156.50	76.68	120.00	116.90	11
1959	120.50		93.90	90.20	11
10 年小计	**1288.40**	**105.71**	**1362.00**	**1364.60**	**11**
占合计%	**21.72**		**26.52**	**29.56**	
1960	112.70	66.81	75.30	73.30	11
1961	113.60	62.41	70.90	67.60	11
1962	103.80	54.82	56.90	54.70	11
1963	127.90	81.55	104.30	103.60	11
1964	133.90	114.19	152.90	152.20	11
1965	144.40	117.31	169.40	210.30	11
1966	124.30	124.78	155.10	145.00	11
1967	139.30	113.71	158.40	153.00	11
1968	142.70	158.86	226.70	218.80	11
1969	145.80	131.76	192.10	186.10	11
10 年小计	**1432.20**	**119.05**	**1705.10**	**1620.70**	**11**
占合计%	**24.15**		**33.20**	**35.11**	
1970	149.10	119.11	177.60	163.50	11
1971	142.70	98.39	140.40	129.70	11
1972	142.60	117.11	167.00	152.00	11
1973	142.80	127.73	182.40	173.30	11
1974	141.70	118.84	168.40	160.00	11
1975	148.00	126.96	187.90	176.60	11
1976	142.20	95.57	135.90	128.50	11
1977	142.00	91.13	129.40	126.50	11
1978	140.40	169.02	237.30	233.10	11
1979	140.70	127.08	178.80	177.50	11
10 年小计	**1009.10**	**103.17**	**1041.06**	**992.28**	**11**
占合计%	**17.01**		**20.27**	**21.49**	
1980	155.60	98.01	152.50	147.20	11
1981	176.70	84.15	148.70	143.80	11
1982	162.00	99.44	161.10	159.50	11
1983	146.60	104.37	153.00	151.10	11
1984	141.20	150.64	212.70	202.30	11
1985	106.60	91.56	97.60	85.70	11
1986	48.50	88.66	43.00	38.60	11
1987	31.20	97.44	30.40	27.60	11
1988	24.70	107.94	26.66	23.38	11
1989	16.00	96.25	15.40	13.10	11
11 年小计	**110.70**	**139.27**	**154.17**	**165.81**	**11**
占合计%	**1.87**		**3.00**	**3.59**	
1990	19.40	125.26	24.30	23.40	11
1991	20.90	154.55	32.30	32.14	11
1992	22.40	137.81	30.87	36.00	11
1993	14.40	125.00	18.00	19.20	11
1994	7.50	124.00	9.30	10.40	11
1995	5.00	144.00	7.20	9.00	11
1996	4.70	180.85	8.50	9.77	11
1997	5.10	149.02	7.60	10.90	11
1998	6.80	138.24	9.40	14.10	11
1999	3.00	146.67	4.40	0.90	11
2000	1.50	153.33	2.30		11

生产收购比重

产棉县统计							
棉田面积（万亩）	占全市（%）	亩产（市斤）	比全市（±市斤）	产量（万担）	占全市（%）	收购量（万担）	占全市（%）
5766.50	**97.22**	**88.80**	**2.22**	**5120.75**	**99.71**	**4457.02**	**96.54**
1925.02	**92.06**	**46.24**	**4.48**	**890.11**	**101.94**	**341.24**	**72.11**
33.38				**17.38**		**7.66**	**74.70**
140.66	92.54	19.65	2.74	27.64	107.55	8.57	
146.38	90.36	29.23	3.67	42.78	103.33	14.58	45.99
208.65	90.52	33.58	5.43	70.07	107.97	24.66	40.16
215.06	90.29	38.09	5.93	81.92	106.95	31.34	53.48
186.75	90.57	47.53	5.49	88.77	102.39	26.61	35.62
185.59	90.18	40.30	5.46	74.80	104.32	23.09	224.17
197.58	90.80	69.09	7.69	136.50	102.17	38.93	229.00
186.62	91.17	35.54	1.49	66.33	95.16	19.83	367.22
180.37	91.56	48.99	3.81	88.36	99.28	27.73	396.14
158.26	101.12	76.02	−0.66	120.31	100.26	35.61	30.46
119.10	98.84	77.77	77.77	92.63	98.65	90.29	100.10
1289.85	**100.11**	**104.86**	**−0.85**	**1352.56**	**99.31**	**1324.02**	**97.03**
22.37				**26.41**		**29.71**	
112.14	99.50	66.47	−0.34	74.54	98.99	74.04	101.01
112.99	99.46	63.03	0.62	71.22	100.45	70.15	103.77
101.97	98.24	55.62	0.81	56.72	99.68	53.53	97.86
127.47	99.66	81.60	0.05	104.01	99.72	100.13	96.65
131.82	98.45	114.91	0.72	151.47	99.06	148.36	97.48
141.65	98.10	117.47	0.16	166.40	98.23	163.31	77.66
141.35	113.72	107.21	−17.57	151.54	97.70	148.81	102.63
138.45	99.39	114.37	0.66	158.35	99.97	155.39	101.56
139.10	97.48	162.85	3.99	226.53	99.93	222.95	101.90
142.91	98.02	134.20	2.44	191.78	99.83	187.35	100.67
1418.22	**99.02**	**118.42**	**−0.63**	**1679.47**	**98.50**	**1645.02**	**101.50**
24.59				**32.80**		**36.91**	
141.85	95.14	119.64	0.53	169.71	95.56	164.56	100.65
142.19	99.64	95.15	−3.23	135.30	96.37	131.71	101.55
141.61	99.31	114.52	−2.59	162.17	97.11	158.76	104.45
142.86	100.04	127.67	−0.06	182.39	99.99	179.10	103.35
142.11	100.29	118.50	−0.34	168.40	100.00	165.04	103.15
142.36	96.19	128.73	1.77	183.26	97.53	179.95	101.90
142.10	99.93	93.11	−2.46	132.31	97.36	128.75	100.19
141.89	99.92	91.15	0.02	129.33	99.95	126.50	100.00
140.45	100.04	168.94	−0.08	237.27	99.99	233.14	100.02
140.80	100.07	127.37	0.29	179.33	100.30	177.51	100.01
988.81	**97.99**	**103.60**	**0.43**	**1024.39**	**98.40**	**978.98**	**98.66**
17.15				**20.00**		**21.96**	
151.44	97.33	98.53	0.53	149.22	97.85	147.60	100.27
170.02	96.22	84.48	0.32	143.63	96.59	141.10	98.12
157.04	96.94	99.87	0.43	156.84	97.36	153.75	96.39
143.19	97.67	104.69	0.32	149.90	97.97	146.15	96.72
141.14	99.96	150.72	0.08	212.72	100.01	202.23	99.97
105.60	99.06	91.56	0.01	96.69	99.07	85.73	100.04
48.45	99.90	88.73	0.07	42.99	99.98	38.33	99.30
31.16	99.87	97.63	0.19	30.42	100.07	27.63	100.11
24.70	100.00	107.45	−0.49	26.54	99.55	23.37	99.96
16.07	100.44	96.08	−0.17	15.44	100.26	13.09	99.92
144.60	**130.62**	**120.48**	**−18.78**	**174.22**	**113.01**	**167.76**	**101.18**
2.51				**3.40**		**3.76**	
20.39	105.10	121.04	−4.22	24.68	101.56	23.39	99.96
22.04	105.45	152.13	−2.41	33.53	103.81	32.14	100.00
27.03	120.67	133.96	−3.85	36.21	117.30	34.58	96.06
20.65	143.40	100.87	−24.13	20.83	115.72	19.17	99.84
9.23	123.07	126.11	2.11	11.64	125.16	10.42	100.19
8.02	160.40	126.81	−17.19	10.17	141.25	9.06	100.67
6.76	143.83	161.24	−19.61	10.90	128.24	9.77	100.00
9.60	188.24	120.21	−28.81	11.54	151.84	10.90	100.00
13.43	197.50	109.61	−28.63	14.72	156.60	14.14	100.28
4.75	158.33		−146.67			2.28	253.33
2.70	180.00		−153.33			1.91	

3－2－3　浙江省产棉县历年棉花

年　度	全　省　统　计				产棉县（个）
	棉田面积（万亩）	亩　产（市斤）	产　量（万担）	收购量（万担）	
52 年合计	**6389.10**	**95.07**	**6074.42**	**5321.65**	**12**
11 年小计	**1328.90**	**45.56**	**605.40**	**528.40**	**12**
占合计%	**20.80**		**9.97**	**9.93**	
1949	124.30	14.80	18.40		12
1950	115.40	30.85	35.60	30.10	12
1951	108.70	34.68	37.70	32.80	12
1952	119.30	34.03	40.60	33.10	12
1953	121.80	35.80	43.60	33.10	12
1954	114.80	39.90	45.80	42.00	12
1955	119.60	66.81	79.90	74.50	12
1956	125.50	24.30	30.50	26.60	12
1957	113.00	73.19	82.70	74.30	12
1958	105.30	87.94	92.60	88.50	12
1959	161.20	60.79	98.00	93.40	12
10 年小计	**1441.00**	**99.08**	**1427.70**	**1343.40**	**12**
占合计%	**22.55**		**23.50**	**25.24**	
1960	163.10	64.38	105.00	96.90	12
1961	109.30	70.63	77.20	75.40	12
1962	113.70	67.46	76.70	74.10	12
1963	137.20	93.29	128.00	120.90	12
1964	166.20	102.95	171.10	158.20	12
1965	169.90	118.19	200.80	190.40	12
1966	141.90	106.98	151.80	146.00	12
1967	143.00	103.99	148.70	136.60	12
1968	150.00	138.00	207.00	191.80	12
1969	146.70	110.02	161.40	153.10	12
10 年小计	**1283.70**	**95.36**	**1224.20**	**1170.30**	**12**
占合计%	**20.09**		**20.15**	**21.99**	
1970	129.90	117.32	152.40	142.20	12
1971	126.60	71.33	90.30	83.60	12
1972	126.30	89.87	113.50	107.60	12
1973	126.60	89.18	112.90	107.90	12
1974	128.10	99.92	128.00	123.20	12
1975	139.10	93.03	129.40	124.20	12
1976	127.00	85.12	108.10	103.70	12
1977	126.10	83.58	105.40	100.70	12
1978	124.40	116.56	145.00	140.60	12
1979	129.60	107.41	139.20	136.60	12
10 年小计	**1358.70**	**115.27**	**1566.14**	**1451.40**	**12**
占合计%	**21.27**		**25.78**	**27.27**	
1980	160.70	103.17	165.80	163.30	12
1981	161.90	84.19	136.30	133.90	12
1982	160.10	121.92	195.20	188.90	12
1983	158.20	118.46	187.40	182.00	12
1984	157.20	169.02	265.70	258.90	12
1985	139.60	116.48	162.60	146.60	12
1986	120.80	125.08	151.10	133.60	12
1987	106.10	123.28	130.80	114.20	12
1988	103.50	84.39	87.34	62.32	12
1989	90.60	92.60	83.90	67.68	12
11 年小计	**976.80**	**128.07**	**1250.98**	**828.15**	**12**
占合计%	**15.29**		**20.59**	**15.56**	**12**
1990	103.00	124.76	128.50	117.10	12
1991	102.30	147.12	150.50	134.96	12
1992	106.60	111.89	119.28	108.00	12
1993	91.00	127.47	116.00	89.70	12
1994	93.00	119.03	110.70	56.76	12
1995	96.80	129.13	125.00	71.10	12
1996	100.10	136.66	136.80	92.43	12
1997	93.00	102.26	95.10	52.10	12
1998	94.20	137.79	129.80	78.00	12
1999	56.90	142.00	80.80	14.00	12
2000	39.90	146.62	58.50	14.00	12

生产收购比重

产棉县统计							
棉田面积（万亩）	占全省（%）	亩产（市斤）	比全省（±市斤）	产量（万担）	占全省（%）	收购量（万担）	占全省（%）
5011.53	**78.44**	**96.46**	**1.39**	**4834.12**	**79.58**	**4358.43**	**81.90**
1052.22	**79.18**	**51.04**	**5.48**	**537.00**	**88.70**	**492.89**	**93.28**
21.00				**11.11**		**11.31**	
103.76	83.48	18.57	3.77	19.27	104.73	17.24	
108.01	93.60	32.35	1.50	34.94	98.15	30.59	101.63
97.15	89.37	37.27	2.58	36.20	96.03	31.88	97.20
88.61	74.27	40.53	6.49	35.91	88.45	30.81	93.08
88.33	72.52	45.30	9.50	40.01	91.77	32.42	97.95
81.80	71.25	47.73	7.83	39.04	85.24	34.74	82.71
87.73	73.35	76.10	9.29	66.76	83.55	63.14	84.75
96.13	76.60	26.77	2.47	25.74	84.39	23.03	86.58
85.68	75.82	83.59	10.40	71.62	86.60	67.50	90.85
95.57	90.76	88.32	0.38	84.41	91.16	81.27	91.83
119.45	74.10	69.57	8.77	83.10	84.80	80.27	85.94
1049.39	**72.82**	**104.09**	**5.01**	**1092.29**	**76.51**	**1069.58**	**79.62**
20.94				**22.60**		**24.54**	
120.05	73.61	75.27	10.89	90.36	86.06	83.53	86.20
90.39	82.70	72.69	2.05	65.70	85.10	63.82	84.64
90.93	79.97	68.33	0.87	62.13	81.00	60.32	81.40
108.26	78.91	94.24	0.94	102.02	79.70	96.91	80.16
112.50	67.69	111.11	8.16	125.00	73.06	124.47	78.68
111.59	65.68	131.98	13.80	147.28	73.35	147.15	77.28
104.15	73.40	111.36	4.38	115.98	76.40	114.58	78.48
102.12	71.41	108.23	4.24	110.52	74.32	108.75	79.61
104.63	69.75	144.97	6.97	151.68	73.28	150.55	78.49
104.77	71.42	116.08	6.06	121.62	75.35	119.50	78.05
1057.22	**82.36**	**92.23**	**-3.13**	**975.10**	**79.65**	**946.91**	**80.91**
21.10				**20.17**		**21.73**	
106.77	82.19	114.06	-3.26	121.78	79.91	119.15	83.79
104.61	82.63	70.42	-0.90	73.67	81.58	69.88	83.59
104.57	82.79	85.66	-4.21	89.57	78.92	84.05	78.11
104.21	82.31	84.74	-4.44	88.31	78.22	86.41	80.08
104.68	81.72	95.12	-4.80	99.57	77.79	97.89	79.46
108.03	77.66	94.38	1.35	101.96	78.79	98.90	79.63
105.38	82.98	80.25	-4.87	84.57	78.23	82.10	79.17
104.21	82.64	79.26	-4.32	82.60	78.37	79.64	79.09
102.22	82.17	115.47	-1.09	118.03	81.40	115.41	82.08
112.54	86.84	102.22	-5.19	115.04	82.64	113.48	83.07
1078.68	**79.39**	**115.56**	**0.30**	**1246.56**	**79.59**	**1162.94**	**80.13**
21.52				**25.79**		**26.68**	
121.91	75.86	105.02	1.85	128.03	77.22	126.45	77.43
124.40	76.84	82.76	-1.43	102.95	75.53	101.21	75.59
124.27	77.62	126.03	4.11	156.62	80.24	153.69	81.36
128.03	80.93	120.65	2.19	154.47	82.43	149.99	82.41
125.59	79.89	175.73	6.71	220.70	83.06	215.50	83.24
109.69	78.57	114.94	-1.53	126.08	77.54	113.74	77.59
96.86	80.18	123.10	-1.99	119.23	78.91	104.84	78.47
85.19	80.29	119.49	-3.79	101.79	77.82	88.63	77.61
85.87	82.97	77.45	-6.93	66.51	76.15	50.88	81.64
76.87	84.85	91.30	-1.31	70.18	83.65	58.01	85.71
774.02	**79.24**	**127.02**	**-1.05**	**983.17**	**78.59**	**686.11**	**82.85**
15.44				**20.34**		**15.74**	
87.11	84.57	129.09	4.33	112.45	87.51	103.71	88.57
86.45	84.51	148.03	0.91	127.97	85.03	116.71	86.48
88.52	83.04	110.51	-1.39	97.82	82.01	82.45	76.34
74.15	81.48	123.37	-4.10	91.48	78.86	71.00	79.15
74.47	80.08	117.55	-1.48	87.54	79.08	48.54	85.52
77.38	79.94	126.17	-2.96	97.63	78.10	60.24	84.73
75.57	75.49	134.91	-1.76	101.95	74.52	73.81	79.86
69.26	74.47	99.61	-2.65	68.99	72.54	39.45	75.72
70.15	74.47	138.13	0.34	96.90	74.65	60.29	77.29
41.98	73.78	138.28	-3.72	58.05	71.84	17.67	126.21
28.98	72.63	146.27	-0.34	42.39	72.46	12.24	87.43

3－2－4　江苏省产棉县历年棉花

年　度	全省统计				产棉县
	棉田面积（万亩）	亩　产（市斤）	产　量（万担）	收购量（万担）	（个）
52年合计	**41853.70**	**87.92**	**36797.62**	**34594.04**	**67**
11年小计	**7999.80**	**32.38**	**2590.50**	**2697.30**	**67**
占合计%	**19.11**		**7.04**	**7.80**	
1949	258.40	14.82	38.30		67
1950	426.50	21.15	90.20	62.60	67
1951	608.20	21.18	128.80	122.60	67
1952	738.40	27.53	203.30	198.80	67
1953	772.50	39.24	303.10	304.70	67
1954	881.90	18.79	165.70	201.40	67
1955	967.20	39.37	380.80	489.00	67
1956	992.00	20.34	201.80	245.50	67
1957	886.80	36.63	324.80	353.30	67
1958	767.40	53.56	411.00	392.20	67
1959	700.50	48.92	342.70	327.20	67
10年小计	**7903.80**	**67.55**	**5339.00**	**5209.20**	**67**
占合计%	**18.88**		**14.51**	**15.06**	
1960	699.50	35.55	248.70	229.80	67
1961	662.40	42.09	278.80	273.50	67
1962	624.80	26.28	164.20	156.60	67
1963	727.50	50.19	365.10	354.20	67
1964	802.30	83.22	667.70	651.10	67
1965	853.90	61.93	528.80	509.00	67
1966	870.00	88.48	769.80	754.00	67
1967	898.50	85.77	770.60	758.00	67
1968	886.90	95.68	848.60	844.00	67
1969	878.00	79.35	696.70	679.00	67
10年小计	**8767.70**	**93.83**	**8226.80**	**8092.10**	**67**
占合计%	**20.95**		**22.36**	**23.39**	
1970	888.20	73.90	656.40	634.00	67
1971	852.30	76.98	656.10	646.00	67
1972	855.10	81.34	695.50	688.00	67
1973	872.60	102.09	890.80	876.50	67
1974	889.00	93.24	828.90	812.00	67
1975	880.50	102.95	906.50	896.10	67
1976	881.20	93.13	820.70	808.30	67
1977	881.20	86.19	759.50	746.30	67
1978	885.00	107.23	949.00	933.10	67
1979	882.60	120.48	1063.40	1051.80	67
10年小计	**9215.00**	**114.09**	**10513.54**	**9843.54**	**67**
占合计%	**22.02**		**28.57**	**28.45**	
1980	946.00	88.39	836.20	828.20	67
1981	994.10	113.36	1126.90	1116.10	67
1982	1020.30	112.80	1150.90	1137.10	67
1983	1016.20	130.46	1325.70	1313.40	67
1984	1082.00	123.09	1331.80	1237.30	67
1985	888.40	107.85	958.10	843.80	67
1986	745.00	107.69	802.30	683.00	67
1987	816.70	108.69	887.70	794.90	67
1988	903.50	124.45	1124.44	1018.12	67
1989	802.80	120.76	969.50	871.62	67
11年小计	**7967.40**	**127.12**	**10127.78**	**8751.90**	**67**
占合计%	**19.04**		**27.52**	**25.30**	
1990	858.20	108.18	928.40	867.78	67
1991	825.90	134.92	1114.30	1091.70	67
1992	1010.10	104.42	1054.78	971.00	67
1993	776.00	110.57	858.00	666.20	67
1994	802.50	113.92	914.20	795.95	67
1995	847.40	132.56	1123.30	955.60	67
1996	728.90	147.48	1075.00	853.77	67
1997	658.10	154.23	1015.00	805.80	67
1998	624.30	147.99	923.90	810.10	67
1999	393.00	125.19	492.00	369.00	67
2000	443.00	141.96	628.90	565.00	67

产棉县统计							
棉田面积（万亩）	占全省（%）	亩　产（市斤）	比全省（±市斤）	产　量（万担）	占全省（%）	收购量（万担）	占全省（%）
41191.11	**98.42**	**88.49**	**0.57**	**36448.06**	**99.05**	**33298.50**	**96.26**
7885.75	**98.57**	**33.03**	**0.64**	**2604.38**	**100.54**	**2319.48**	**85.99**
19.14				**7.15**		**6.97**	
405.51	156.93	13.97	-0.86	56.63	147.87	37.26	
423.73	99.35	22.71	1.57	96.25	106.71	70.70	112.94
575.30	94.59	22.77	1.60	131.02	101.72	88.29	72.01
664.64	90.01	27.80	0.26	184.74	90.87	158.95	79.95
726.63	94.06	42.88	3.65	311.60	102.80	271.88	89.23
792.15	89.82	19.33	0.54	153.12	92.41	131.88	65.48
988.57	102.21	42.13	2.76	416.45	109.36	372.70	76.22
969.00	97.68	21.33	0.99	206.73	102.45	187.47	76.36
868.69	97.96	34.40	-2.22	298.86	92.01	268.40	75.97
768.84	100.19	52.93	-0.63	406.95	99.02	392.07	99.97
702.69	100.31	48.67	-0.25	342.02	99.80	339.88	103.87
7803.38	**98.73**	**67.74**	**0.19**	**5286.16**	**99.01**	**5132.02**	**98.52**
18.94				**14.50**		**15.41**	
718.63	102.73	34.85	-0.70	250.46	100.71	239.33	104.15
659.06	99.50	42.86	0.77	282.47	101.32	267.55	97.82
615.31	98.48	26.56	0.28	163.45	99.54	155.60	99.36
724.35	99.57	49.89	-0.30	361.37	98.98	344.05	97.13
794.77	99.06	83.02	-0.20	659.82	98.82	636.68	97.78
813.35	95.25	63.30	1.37	514.85	97.36	504.29	99.07
859.11	98.75	88.63	0.14	761.39	98.91	743.51	98.61
884.96	98.49	85.79	0.02	759.19	98.52	736.62	97.18
875.81	98.75	96.18	0.50	842.35	99.26	831.35	98.50
858.03	97.73	80.51	1.16	690.81	99.15	673.04	99.12
8536.61	**97.36**	**95.10**	**1.27**	**8118.23**	**98.68**	**7981.54**	**98.63**
20.72				**22.27**		**23.97**	
851.37	95.85	74.51	0.61	634.35	96.64	626.04	98.74
826.15	96.93	78.63	1.65	649.63	99.01	640.17	99.10
832.33	97.34	83.26	1.93	693.03	99.64	682.22	99.16
851.59	97.59	102.95	0.86	876.70	98.42	865.46	98.74
867.21	97.55	94.97	1.73	823.62	99.36	798.99	98.40
859.40	97.60	104.03	1.08	894.03	98.62	882.05	98.43
860.60	97.66	94.18	1.04	810.49	98.76	793.34	98.15
859.42	97.53	87.26	1.07	749.92	98.74	739.42	99.08
865.02	97.74	108.15	0.92	935.49	98.58	922.76	98.89
863.52	97.84	121.71	1.22	1050.97	98.83	1031.10	98.03
9147.28	**99.27**	**113.79**	**-0.30**	**10408.88**	**99.00**	**9661.84**	**98.15**
22.21				**28.56**		**29.02**	
933.64	98.69	88.24	-0.15	823.86	98.52	805.50	97.26
986.55	99.24	113.83	0.47	1122.96	99.65	1088.29	97.51
1014.92	99.47	112.97	0.17	1146.55	99.62	1105.49	97.22
1012.12	99.60	129.91	-0.54	1314.89	99.18	1279.59	97.43
1055.77	97.58	123.63	0.55	1305.29	98.01	1194.78	96.56
882.44	99.33	107.12	-0.73	945.23	98.66	850.48	100.79
743.17	99.75	106.72	-0.97	793.12	98.86	687.23	100.62
823.03	100.78	107.26	-1.43	882.80	99.45	784.23	98.66
898.58	99.46	124.00	-0.45	1114.28	99.10	1005.94	98.80
797.06	99.29	120.43	-0.33	959.90	99.01	860.31	98.70
7818.09	**98.13**	**128.30**	**1.18**	**10030.41**	**99.04**	**8203.62**	**93.74**
18.98				**27.52**		**24.64**	
853.87	99.50	107.98	-0.20	922.01	99.31	854.20	98.44
821.04	99.41	133.37	-1.55	1095.01	98.27	1059.10	97.01
996.61	98.66	104.78	0.35	1044.23	99.00	955.73	98.43
770.79	99.33	107.64	-2.93	829.67	96.70	657.29	98.66
781.93	97.44	114.63	0.71	896.32	98.04	746.60	93.80
835.72	98.62	132.31	-0.25	1105.71	98.43	940.09	98.38
709.58	97.35	147.30	-0.19	1045.18	97.23	830.75	97.30
638.85	97.07	154.28	0.05	985.64	97.11	778.35	96.59
608.07	97.40	153.01	5.02	930.40	100.70	764.08	94.32
380.85	96.91	135.94	10.75	517.73	105.23	267.22	72.42
420.78	94.98	156.50	14.53	658.51	104.71	350.21	61.98

3－2－5　湖北省产棉县历年棉花

年　度	全　省　统　计				产棉县（个）
	棉田面积（万亩）	亩　产（市斤）	产　量（万担）	收购量（万担）	
52 年合计	**40678.00**	**84.71**	**34457.16**	**31097.95**	**55**
11 年小计	**8586.90**	**34.72**	**2981.20**	**2444.20**	**55**
占合计%	**21.11**		**8.65**	**7.86**	
1949	399.40	23.76	94.90		55
1950	555.30	20.10	111.60	82.60	55
1951	758.90	26.56	201.60	191.20	55
1952	840.60	31.87	267.90	250.20	55
1953	857.90	28.45	244.10	196.00	55
1954	824.50	8.84	72.90	51.20	55
1955	906.60	32.19	291.80	215.50	55
1956	897.80	44.55	400.00	310.60	55
1957	874.90	51.99	454.90	397.70	55
1958	870.00	58.34	507.60	449.00	55
1959	801.00	41.69	333.90	300.20	55
10 年小计	**8314.60**	**67.99**	**5653.40**	**5472.50**	**55**
占合计%	**20.44**		**16.41**	**17.60**	
1960	707.00	29.01	205.10	170.00	55
1961	660.80	33.88	223.90	212.10	55
1962	679.50	40.63	276.10	269.40	55
1963	814.00	62.40	507.90	494.20	55
1964	919.30	58.48	537.60	519.40	55
1965	865.20	86.66	749.80	739.30	55
1966	911.00	98.50	897.30	878.10	55
1967	951.40	93.22	886.90	858.50	55
1968	941.80	83.45	785.90	762.50	55
1969	864.60	67.42	582.90	569.00	55
10 年小计	**8861.50**	**87.21**	**7727.90**	**7540.40**	**55**
占合计%	**21.78**		**22.43**	**24.25**	
1970	873.00	67.93	593.00	568.30	55
1971	895.90	63.81	571.70	548.50	55
1972	888.50	62.95	559.30	536.60	55
1973	891.30	90.28	804.70	786.00	55
1974	893.40	107.41	959.60	938.90	55
1975	894.80	90.77	812.20	793.60	55
1976	884.10	103.80	917.70	897.40	55
1977	883.30	99.75	881.10	861.70	55
1978	889.80	82.43	733.50	718.20	55
1979	867.40	103.19	895.10	891.20	55
10 年小计	**7525.80**	**107.53**	**8092.48**	**7630.70**	**55**
占合计%	**18.50**		**23.49**	**24.54**	
1980	887.50	71.27	632.50	643.10	55
1981	869.70	81.11	705.40	720.90	55
1982	860.60	79.25	682.00	671.30	55
1983	837.60	91.87	769.50	744.70	55
1984	808.80	149.98	1213.00	1192.60	55
1985	697.50	141.13	984.40	904.00	55
1986	619.90	141.68	878.30	782.60	55
1987	645.30	136.06	878.00	816.10	55
1988	671.20	107.85	723.88	644.28	55
1989	627.70	99.65	625.50	511.12	55
11 年小计	**7389.20**	**135.36**	**10002.18**	**8010.15**	**55**
占合计%	**18.17**		**29.03**	**25.76**	
1990	683.90	151.26	1034.50	983.54	55
1991	692.30	141.88	982.25	948.70	55
1992	760.80	160.34	1219.83	1127.00	55
1993	729.00	116.60	850.00	746.90	55
1994	747.00	120.48	900.00	710.35	55
1995	753.00	155.64	1172.00	998.00	55
1996	711.60	120.88	860.20	657.66	55
1997	720.90	161.16	1161.80	737.80	55
1998	647.40	100.40	650.00	454.20	55
1999	466.10	120.79	563.00	320.00	55
2000	477.20	127.54	608.60	326.00	55

生产收购比重

产棉县统计							
棉田面积（万亩）	占全省（%）	亩　产（市斤）	比全省（±市斤）	产　量（万担）	占全省（%）	收购量（万担）	占全省（%）
37647.43	**92.55**	**88.61**	**3.90**	**33359.41**	**96.81**	**29610.82**	**95.22**
7719.61	**89.90**	**37.05**	**2.33**	**2860.02**	**95.94**	**2297.81**	**94.01**
20.51				**8.57**		**7.76**	
569.65	142.63	20.25	−3.51	115.37	121.57	65.83	
651.54	117.33	25.04	4.94	163.14	146.18	76.78	92.95
702.63	92.59	27.61	1.04	193.98	96.22	117.77	61.60
707.91	84.21	31.99	0.12	226.47	84.54	178.29	71.26
760.79	88.68	30.60	2.15	232.80	95.37	189.77	96.82
533.70	64.73	13.84	4.99	73.84	101.29	58.32	113.91
775.50	85.54	34.55	2.37	267.95	91.83	216.45	100.44
770.58	85.83	46.94	2.39	361.72	90.43	301.30	97.01
763.41	87.26	52.44	0.45	400.34	88.01	376.11	94.57
760.56	87.42	62.52	4.18	475.53	93.68	431.95	96.20
723.34	90.30	48.23	6.55	348.88	104.49	285.24	95.02
7400.91	**89.01**	**72.12**	**4.13**	**5337.63**	**94.41**	**5111.82**	**93.41**
19.66				**16.00**		**17.26**	
611.20	86.45	32.17	3.16	196.60	95.86	176.90	104.06
585.12	88.55	37.29	3.40	218.17	97.44	193.25	91.11
600.66	88.40	44.42	3.79	266.84	96.65	240.65	89.33
705.12	86.62	67.55	5.15	476.29	93.78	459.48	92.97
796.94	86.69	62.46	3.98	497.80	92.60	484.99	93.38
780.78	90.24	91.03	4.37	710.75	94.79	687.02	92.93
838.66	92.06	101.42	2.93	850.58	94.79	817.25	93.07
863.77	90.79	96.30	3.08	831.81	93.79	800.58	93.25
830.89	88.22	88.78	5.34	737.70	93.87	715.83	93.88
787.77	91.11	69.96	2.54	551.09	94.54	535.87	94.18
8268.79	**93.31**	**89.24**	**2.04**	**7379.30**	**95.49**	**7160.68**	**94.96**
21.96				**22.12**		**24.18**	
785.29	89.95	70.15	2.22	550.89	92.90	535.94	94.31
823.05	91.87	65.56	1.75	539.60	94.39	522.03	95.17
823.21	92.65	64.27	1.32	529.10	94.60	505.69	94.24
826.25	92.70	92.04	1.75	760.44	94.50	740.18	94.17
833.98	93.35	110.13	2.72	918.45	95.71	889.31	94.72
829.42	92.69	95.16	4.39	789.27	97.18	756.53	95.33
836.48	94.61	105.79	1.99	884.88	96.42	859.76	95.81
835.36	94.57	101.65	1.90	849.14	96.37	827.91	96.08
849.42	95.46	82.63	0.20	701.91	95.69	682.56	95.04
826.33	95.27	103.54	0.35	855.62	95.59	840.77	94.34
7344.36	**97.59**	**106.75**	**−0.78**	**7839.75**	**96.88**	**7377.57**	**96.68**
19.51				**23.50**		**24.92**	
848.75	95.63	71.43	0.16	606.22	95.85	613.56	95.41
841.11	96.71	81.17	0.06	682.74	96.79	690.55	95.79
829.07	96.34	80.28	1.03	665.57	97.59	651.28	97.02
807.99	96.46	91.84	−0.03	742.02	96.43	689.50	92.59
791.35	97.84	148.38	−1.60	1174.19	96.80	1138.11	95.43
693.36	99.41	137.13	−4.00	950.79	96.59	867.67	95.98
617.84	99.67	138.10	−3.58	853.25	97.15	774.17	98.92
639.54	99.11	135.80	−0.26	868.50	98.92	798.81	97.88
662.41	98.69	105.42	−2.43	698.31	96.47	633.38	98.31
612.94	97.65	97.59	−2.06	598.16	95.63	520.54	101.84
6913.76	**93.57**	**143.81**	**8.45**	**9942.71**	**99.41**	**7662.94**	**95.67**
18.36				**29.80**		**25.88**	
659.74	96.47	150.15	−1.11	990.61	95.76	939.44	95.52
651.30	94.08	143.13	1.24	932.18	94.90	912.61	96.20
714.63	93.93	158.76	−1.58	1134.52	93.01	1081.29	95.94
684.35	93.88	142.12	25.53	972.62	114.43	724.04	96.94
694.50	92.97	139.00	18.52	965.36	107.26	693.24	97.59
690.78	91.74	162.73	7.09	1124.14	95.92	920.48	92.23
660.95	92.88	129.74	8.86	857.52	99.69	655.00	99.60
654.77	90.83	156.24	−4.92	1023.00	88.05	694.14	94.08
588.60	90.92	110.21	9.81	648.70	99.80	422.90	93.11
451.60	96.89	135.91	15.12	613.77	109.02	292.93	91.54
462.54	96.93	147.08	19.54	680.29	111.78	326.87	100.27

3－2－6 安徽省产棉县历年棉花

年　　度	全省统计				产棉县（个）
	棉田面积（万亩）	亩产（市斤）	产量（万担）	收购量（万担）	
52 年合计	**21900.40**	**64.20**	**14059.96**	**11449.37**	**44**
11 年小计	**3161.50**	**21.69**	**685.70**	**374.60**	**44**
占合计%	**14.44**		**4.88**	**3.27**	
1949	166.20	15.34	25.50		44
1950	153.90	11.76	18.10	4.70	44
1951	270.40	12.43	33.60	19.10	44
1952	296.40	19.10	56.60	13.20	44
1953	301.50	16.19	48.80	11.00	44
1954	264.50	6.31	16.70	5.10	44
1955	326.30	21.64	70.60	34.80	44
1956	341.50	16.49	56.30	31.50	44
1957	300.80	32.41	97.50	52.30	44
1958	360.00	36.11	130.00	104.20	44
1959	380.00	34.74	132.00	98.70	44
10 年小计	**3327.00**	**42.29**	**1407.00**	**1177.10**	**44**
占合计%	**15.19**		**10.01**	**10.28**	
1960	344.30	20.36	70.10	56.70	44
1961	180.00	21.33	38.40	30.90	44
1962	192.40	18.97	36.50	30.50	44
1963	266.50	24.24	64.60	57.60	44
1964	287.00	46.79	134.30	111.40	44
1965	392.50	51.72	203.00	189.50	44
1966	442.60	52.67	233.10	204.70	44
1967	450.00	50.27	226.20	171.50	44
1968	409.40	58.74	240.50	202.20	44
1969	362.30	44.25	160.30	122.10	44
10 年小计	**4910.90**	**53.45**	**2624.90**	**2348.80**	**44**
占合计%	**22.42**		**18.67**	**20.51**	
1970	471.20	50.98	240.20	187.00	44
1971	467.00	40.92	191.10	160.40	44
1972	487.70	55.61	271.20	233.50	44
1973	516.60	63.55	328.30	284.20	44
1974	523.20	65.71	343.80	313.30	44
1975	498.30	57.44	286.20	256.90	44
1976	499.80	57.20	285.90	256.90	44
1977	508.00	49.94	253.70	242.70	44
1978	490.40	46.88	229.90	221.70	44
1979	448.70	43.37	194.60	192.20	44
10 年小计	**4234.40**	**82.73**	**3503.32**	**3139.84**	**44**
占合计%	**19.33**		**24.92**	**27.42**	
1980	485.20	50.31	244.10	251.50	44
1981	493.60	63.37	312.80	288.20	44
1982	491.80	64.11	315.30	311.10	44
1983	482.00	78.82	379.90	340.90	44
1984	500.60	93.47	467.90	403.00	44
1985	352.60	94.55	333.40	301.40	44
1986	308.80	105.38	325.40	294.60	44
1987	336.30	110.76	372.50	343.90	44
1988	405.10	101.86	412.62	352.22	44
1989	378.40	89.69	339.40	253.02	44
11 年小计	**6266.60**	**93.18**	**5839.04**	**4409.03**	**44**
占合计%	**28.61**		**41.53**	**38.51**	
1990	439.70	107.35	472.00	381.86	44
1991	608.20	89.26	542.90	471.96	44
1992	630.00	83.39	525.34	416.00	44
1993	529.00	98.30	520.00	360.50	44
1994	664.50	77.70	516.30	432.36	44
1995	664.80	90.61	602.40	520.00	44
1996	620.60	87.01	540.00	345.55	44
1997	599.10	100.48	602.00	422.00	44
1998	593.30	97.78	580.10	425.80	44
1999	454.80	85.75	390.00	313.00	44
2000	462.60	118.46	548.00	320.00	44

生产收购比重

产棉县统计							
棉田面积（万亩）	占全省（%）	亩产（市斤）	比全省（±市斤）	产量（万担）	占全省（%）	收购量（万担）	占全省（%）
19153.23	**87.46**	**70.05**	**5.85**	**13417.39**	**95.43**	**10360.72**	**90.49**
2721.86	**86.09**	**22.13**	**0.44**	**602.40**	**87.85**	**371.76**	**99.24**
14.21				**4.49**		**3.59**	
188.64	113.50	14.74	-0.60	27.81	109.06	8.07	
189.44	123.09	14.48	2.72	27.44	151.60	7.87	167.45
212.70	78.66	18.84	6.42	40.08	119.29	16.41	85.92
265.13	89.45	22.11	3.01	58.61	103.56	26.12	197.88
269.66	89.44	18.51	2.32	49.91	102.27	22.23	202.09
201.88	76.33	10.38	4.07	20.96	125.51	10.21	200.20
248.22	76.07	23.27	1.64	57.77	81.83	31.04	89.20
279.29	81.78	17.05	0.56	47.62	84.58	31.50	100.00
239.65	79.67	31.07	-1.34	74.47	76.38	52.06	99.54
297.13	82.54	32.91	-3.20	97.78	75.22	81.83	78.53
330.12	86.87	30.27	-4.46	99.94	75.71	84.42	85.53
2451.47	**73.68**	**45.35**	**3.06**	**1111.74**	**79.02**	**927.48**	**78.79**
12.80				**8.29**		**8.95**	
268.58	78.01	22.97	2.61	61.69	88.00	45.94	81.02
143.70	79.83	24.22	2.89	34.80	90.63	26.75	86.57
144.86	75.29	19.11	0.14	27.68	75.84	22.76	74.62
193.44	72.59	26.43	2.19	51.11	79.12	42.09	73.07
213.61	74.43	49.09	2.30	104.86	78.08	75.01	67.33
285.11	72.64	55.57	3.85	158.43	78.04	139.30	73.51
322.09	72.77	57.99	5.32	186.77	80.13	166.37	81.28
319.15	70.92	55.06	4.80	175.73	77.69	149.08	86.93
298.00	72.79	63.13	4.38	188.12	78.22	158.75	78.51
262.93	72.57	46.61	2.36	122.55	76.45	101.43	83.07
4322.54	**88.02**	**54.90**	**1.45**	**2372.89**	**90.40**	**2154.15**	**91.71**
22.57				**17.69**		**20.79**	
407.91	86.57	49.85	-1.13	203.34	84.65	160.77	85.97
400.15	85.69	45.94	5.02	183.82	96.19	147.75	92.11
422.63	86.66	57.20	1.59	241.73	89.13	212.33	90.93
450.91	87.28	64.96	1.41	292.91	89.22	260.80	91.77
461.43	88.19	67.04	1.33	309.33	89.97	287.55	91.78
442.31	88.76	58.46	1.03	258.58	90.35	239.42	93.20
442.60	88.55	58.40	1.20	258.48	90.41	239.10	93.07
449.95	88.57	51.71	1.77	232.66	91.71	221.73	91.36
437.51	89.21	48.28	1.40	211.21	91.87	207.59	93.64
407.14	90.74	44.41	1.04	180.83	92.92	177.10	92.14
3914.16	**92.44**	**83.62**	**0.89**	**3273.09**	**93.43**	**2978.82**	**94.87**
20.44				**24.39**		**28.75**	
441.25	90.94	52.02	1.71	229.53	94.03	235.74	93.73
452.25	91.62	64.72	1.35	292.70	93.57	275.18	95.48
454.73	92.46	65.08	0.97	295.92	93.85	290.92	93.51
442.43	91.79	80.68	1.87	356.97	93.96	325.09	95.36
460.10	91.91	94.82	1.35	436.26	93.24	375.73	93.23
325.79	92.40	94.85	0.29	309.00	92.68	294.55	97.73
287.70	93.17	105.30	-0.08	302.95	93.10	286.97	97.41
318.05	94.57	107.79	-2.98	342.82	92.03	325.36	94.61
378.66	93.47	103.27	1.41	391.04	94.77	329.66	93.59
353.20	93.34	89.44	-0.26	315.89	93.07	239.62	94.70
5743.20	**91.65**	**105.47**	**12.29**	**6057.27**	**103.74**	**3928.51**	**89.10**
29.99				**45.14**		**37.92**	
418.48	95.17	108.41	1.07	453.68	96.12	381.67	99.95
567.79	93.36	88.61	-0.65	503.14	92.68	435.80	92.34
583.31	92.59	83.71	0.32	488.26	92.94	396.46	95.30
488.96	92.43	98.80	0.50	483.10	92.90	331.82	92.05
598.18	90.02	90.40	12.70	527.96	102.26	402.94	93.20
642.12	96.59	114.12	23.50	732.76	121.64	450.73	86.68
536.58	86.46	107.24	20.22	575.41	106.56	310.26	89.79
509.79	85.09	125.66	25.18	640.62	106.42	349.85	82.90
516.67	87.08	116.01	18.23	599.37	103.32	377.28	88.60
416.33	91.54	109.32	23.57	455.14	116.70	224.40	71.69
464.99	100.52	128.57	10.11	597.83	109.09	267.29	83.53

3－2－7 四川省产棉县历年棉花

年　度	全　省　统　计				产棉县（个）
	棉田面积（万亩）	亩　产（市斤）	产　量（万担）	收购量（万担）	
52 年合计	**16855.30**	**58.98**	**9940.74**	**8305.86**	**20**
11 年小计	**4336.50**	**26.92**	**1167.20**	**885.10**	**20**
占合计%	**25.73**		**11.74**	**10.66**	
1949	170.70	16.05	27.40		20
1950	229.10	13.31	30.50	10.20	20
1951	371.70	21.95	81.60	51.70	20
1952	364.50	22.83	83.20	44.50	20
1953	355.10	22.59	80.20	39.50	20
1954	395.40	25.95	102.60	89.10	20
1955	457.10	26.45	120.90	108.20	20
1956	476.90	25.33	120.80	79.90	20
1957	502.00	27.89	140.00	129.00	20
1958	484.00	37.19	180.00	148.00	20
1959	530.00	37.74	200.00	185.00	20
10 年小计	**4020.00**	**47.23**	**1898.80**	**1771.20**	**20**
占合计%	**23.85**		**19.10**	**21.32**	
1960	450.00	18.89	85.00	67.00	20
1961	350.00	14.86	52.00	46.30	20
1962	330.80	15.84	52.40	53.00	20
1963	396.60	29.00	115.00	117.00	20
1964	444.90	48.69	216.60	205.40	20
1965	423.70	51.88	219.80	213.70	20
1966	416.00	78.70	327.40	317.50	20
1967	421.00	78.72	331.40	309.00	20
1968	399.00	64.24	256.30	223.00	20
1969	388.00	62.60	242.90	219.30	20
10 年小计	**4045.60**	**63.43**	**2566.30**	**2433.60**	**20**
占合计%	**24.00**		**25.82**	**29.30**	
1970	412.30	63.42	261.50	233.00	20
1971	406.00	73.89	300.00	287.80	20
1972	403.00	63.67	256.60	244.00	20
1973	411.00	74.18	304.90	292.00	20
1974	409.00	58.46	239.10	227.10	20
1975	403.00	62.38	251.40	240.70	20
1976	406.90	41.53	169.00	158.90	20
1977	406.00	65.25	264.90	251.20	20
1978	408.40	72.58	296.40	283.30	20
1979	380.00	58.55	222.50	215.60	20
10 年小计	**2301.60**	**88.12**	**2028.26**	**1757.02**	**20**
占合计%	**13.66**		**20.40**	**21.15**	
1980	377.80	50.08	189.20	184.60	20
1981	359.50	48.23	173.40	167.00	20
1982	205.30	80.13	164.50	153.90	20
1983	201.10	107.01	215.20	202.00	20
1984	246.70	128.21	316.30	286.10	20
1985	189.70	119.56	226.80	185.50	20
1986	176.60	110.42	195.00	167.80	20
1987	172.70	117.60	203.10	160.90	20
1988	197.70	88.75	175.46	132.74	20
1989	174.50	97.02	169.30	116.48	20
11 年小计	**2151.60**	**105.98**	**2280.18**	**1458.94**	**20**
占合计%	**12.77**		**22.94**	**17.57**	
1990	186.30	123.62	230.30	198.60	20
1991	221.10	131.84	291.50	259.14	20
1992	242.40	124.50	301.78	226.98	20
1993	198.00	82.83	164.00	87.80	20
1994	196.50	68.30	134.20	74.43	20
1995	211.10	106.25	224.30	141.00	20
1996	231.60	106.52	246.70	142.59	20
1997	208.80	102.83	214.70	131.60	20
1998	209.40	97.04	203.20	109.80	20
1999	141.20	107.51	151.80	53.00	20
2000	105.20	111.88	117.70	34.00	20

生产收购比重

产棉县统计							
棉田面积（万亩）	占全省（%）	亩　产（市斤）	比全省（±市斤）	产　量（万担）	占全省（%）	收购量（万担）	占全省（%）
13166.01	**78.11**	**66.42**	**7.44**	**8744.51**	**87.97**	**7181.87**	**86.47**
2827.55	**65.20**	**30.05**	**3.13**	**849.53**	**72.78**	**679.70**	**76.79**
21.48				**9.72**		**9.46**	
135.05	79.12	15.22	－0.83	20.56	75.04	9.57	
145.31	63.43	19.42	6.11	28.22	92.52	13.93	136.60
221.29	59.53	23.33	1.37	51.62	63.26	30.27	58.55
243.43	66.78	23.18	0.36	56.43	67.82	38.16	85.75
240.35	67.69	24.96	2.38	59.99	74.80	40.63	102.87
269.85	68.25	28.70	2.75	77.44	75.48	65.80	73.85
293.90	64.30	32.93	6.48	96.77	80.04	81.55	75.37
296.52	62.18	26.67	1.34	79.09	65.47	61.20	76.60
314.27	62.60	32.57	4.68	102.35	73.11	91.08	70.60
314.86	65.05	39.35	2.16	123.90	68.83	111.57	75.39
352.72	66.55	43.42	5.69	153.16	76.58	135.93	73.48
3057.43	**76.06**	**52.17**	**4.94**	**1595.08**	**84.00**	**1440.85**	**81.35**
23.22				**18.24**		**20.06**	
314.43	69.87	20.03	1.14	62.98	74.09	55.74	83.19
282.41	80.69	14.72	－0.14	41.57	79.94	35.72	77.15
266.47	80.55	16.87	1.03	44.96	85.80	40.31	76.06
303.15	76.44	33.74	4.75	102.29	88.95	89.03	76.09
323.97	72.82	54.05	5.37	175.11	80.84	163.66	79.68
325.74	76.88	56.36	4.48	183.59	83.53	171.29	80.16
314.04	75.49	89.35	10.65	280.60	85.71	264.62	83.34
316.40	75.15	90.63	11.91	286.76	86.53	257.27	83.26
310.92	77.92	68.63	4.39	213.38	83.25	184.10	82.56
299.90	77.29	67.97	5.37	203.84	83.92	179.11	81.67
3131.61	**77.41**	**69.69**	**6.26**	**2182.49**	**85.04**	**1997.00**	**82.06**
23.79				**24.96**		**27.81**	
310.71	75.36	70.15	6.72	217.96	83.35	194.12	83.31
308.79	76.06	86.74	12.84	267.83	89.28	243.97	84.77
307.13	76.21	70.87	7.20	217.66	84.82	200.97	82.36
311.14	75.70	83.48	9.30	259.75	85.19	236.16	80.88
313.13	76.56	64.15	5.69	200.86	84.01	184.72	81.34
312.34	77.50	69.72	7.34	217.76	86.62	201.97	83.91
323.03	79.39	44.00	2.47	142.14	84.11	128.10	80.62
321.78	79.26	70.65	5.40	227.34	85.82	209.45	83.38
312.38	76.49	78.75	6.17	245.99	82.99	225.93	79.75
311.18	81.89	59.52	0.96	185.20	83.24	171.61	79.60
2183.53	**94.87**	**90.98**	**2.86**	**1986.61**	**97.95**	**1695.32**	**96.49**
16.58				**22.72**		**23.61**	
313.25	82.91	52.07	1.99	163.10	86.20	148.65	80.53
298.46	83.02	51.61	3.38	154.04	88.84	140.25	83.98
204.58	99.65	78.71	－1.41	161.03	97.89	151.27	98.29
203.52	101.20	103.02	－3.99	209.67	97.43	198.11	98.07
239.08	96.91	129.32	1.11	309.19	97.75	270.39	94.51
193.23	101.86	118.38	－1.17	228.75	100.86	191.18	103.06
180.46	102.19	110.86	0.44	200.05	102.59	169.46	100.99
177.47	102.76	118.21	0.61	209.79	103.29	167.53	104.12
201.31	101.83	90.98	2.23	183.15	104.38	136.80	103.06
172.17	98.66	97.49	0.46	167.84	99.14	121.68	104.46
1965.89	**91.37**	**108.39**	**2.41**	**2130.80**	**93.45**	**1369.00**	**93.84**
14.93				**24.37**		**19.06**	
182.99	98.22	125.07	1.45	228.86	99.37	192.02	96.69
212.78	96.24	131.49	－0.35	279.78	95.98	248.67	95.96
224.05	92.43	126.58	2.09	283.61	93.98	220.23	97.03
186.61	94.25	87.06	4.24	162.47	99.07	86.36	98.36
182.72	92.99	74.76	6.46	136.60	101.79	70.01	94.06
201.02	95.23	109.28	3.02	219.67	97.94	139.29	98.79
208.97	90.23	110.19	3.67	230.26	93.34	136.04	95.41
193.06	92.46	109.75	6.92	211.88	98.69	121.76	92.52
171.09	81.70	107.44	10.40	183.82	90.46	84.60	77.05
123.30	87.32	89.34	－18.16	110.16	72.57	38.17	72.02
79.30	75.38	105.54	－6.35	83.69	71.10	31.85	93.68

3－2－8　江西省产棉县历年棉花

年　度	全　省　统　计				产棉县（个）
	棉田面积（万亩）	亩　产（市斤）	产　量（万担）	收购量（万担）	
52年合计	**7127.50**	**73.47**	**5236.72**	**4371.88**	**25**
11年小计	**974.20**	**29.84**	**290.70**	**219.00**	**25**
占合计%	**13.67**		**5.55**	**5.01**	
1949	31.70	10.09	3.20		25
1950	34.40	20.64	7.10	0.60	25
1951	67.60	23.52	15.90	3.50	25
1952	89.10	30.53	27.20	17.90	25
1953	76.20	22.05	16.80	10.90	25
1954	63.00	16.35	10.30	6.10	25
1955	84.30	21.59	18.20	16.10	25
1956	103.60	36.10	37.40	35.80	25
1957	108.90	47.38	51.60	43.20	25
1958	132.40	41.54	55.00	45.60	25
1959	183.00	26.23	48.00	39.30	25
10年小计	**1454.40**	**45.92**	**667.80**	**625.10**	**25**
占合计%	**20.41**		**12.75**	**14.30**	
1960	163.30	27.37	44.70	37.00	25
1961	100.30	22.53	22.60	20.10	25
1962	92.40	24.13	22.30	20.90	25
1963	117.90	55.73	65.70	64.80	25
1964	146.50	44.44	65.10	60.00	25
1965	164.00	58.17	95.40	102.50	25
1966	177.00	53.11	94.00	91.30	25
1967	171.10	44.42	76.00	70.10	25
1968	150.10	61.29	92.00	85.40	25
1969	171.80	52.39	90.00	73.00	25
10年小计	**1666.90**	**45.76**	**762.70**	**711.70**	**25**
占合计%	**23.39**		**14.56**	**16.28**	
1970	183.90	46.22	85.00	69.60	25
1971	161.80	26.39	42.70	36.00	25
1972	169.70		98.00	93.00	25
1973	176.80	36.71	64.90	61.20	25
1974	163.00	52.58	85.70	82.10	25
1975	157.40	49.11	77.30	73.60	25
1976	167.60	47.73	80.00	74.20	25
1977	166.90	43.38	72.40	68.70	25
1978	171.40	40.61	69.60	66.50	25
1979	148.40	58.69	87.10	86.80	25
10年小计	**1198.60**	**88.63**	**1062.28**	**990.68**	**25**
占合计%	**16.82**		**20.29**	**22.66**	
1980	162.70	52.92	86.10	86.70	25
1981	157.00	59.75	93.80	90.80	25
1982	151.40	86.66	131.20	127.70	25
1983	123.90	77.40	95.90	92.70	25
1984	121.70	113.64	138.30	130.00	25
1985	99.50	125.03	124.40	108.70	25
1986	92.20	118.33	109.10	97.70	25
1987	93.30	126.90	118.40	110.80	25
1988	97.80	66.44	64.98	58.50	25
1989	99.10	101.01	100.10	87.08	25
11年小计	**1833.40**	**133.81**	**2453.24**	**1825.40**	**25**
占合计%	**25.72**		**46.85**	**41.75**	
1990	105.40	108.16	114.00	112.90	25
1991	171.90	126.82	218.00	204.67	25
1992	202.60	146.47	296.74	231.00	25
1993	227.00	137.44	312.00	207.50	25
1994	244.50	142.90	349.40	251.23	25
1995	197.70	119.93	237.10	213.00	25
1996	161.10	152.76	246.10	191.00	25
1997	153.30	172.73	264.80	203.40	25
1998	162.60	93.60	152.20	107.90	25
1999	103.80	122.16	126.80	51.80	25
2000	103.50	131.50	136.10	51.00	25

生产收购比重

产棉县统计							
棉田面积（万亩）	占全省（%）	亩产（市斤）	比全省（±市斤）	产量（万担）	占全省（%）	收购量（万担）	占全省（%）
5921.13	**83.05**	**81.64**	**8.17**	**4832.59**	**92.28**	**3909.42**	**89.42**
701.87	**72.05**	**30.92**	**1.08**	**217.03**	**74.66**	**157.44**	**71.89**
11.85				**4.49**		**4.03**	
20.97	66.15	14.88	4.78	3.12	97.50	0.51	
31.36	91.16	18.49	-2.14	5.80	81.69	2.66	443.33
43.80	64.79	22.05	-1.47	9.66	60.75	4.66	133.14
65.83	73.88	30.32	-0.21	19.96	73.38	13.37	74.69
56.14	73.67	25.15	3.10	14.12	84.05	8.05	73.85
46.89	74.43	15.63	-0.72	7.33	71.17	5.46	89.51
66.24	78.58	24.98	3.40	16.55	90.93	12.58	78.14
87.40	84.36	35.67	-0.43	31.17	83.34	25.60	71.51
92.05	84.53	41.72	-5.67	38.40	74.42	31.38	72.64
95.18	71.89	37.13	-4.41	35.34	64.25	27.88	61.14
96.01	52.46	37.06	10.83	35.58	74.13	25.29	64.35
1061.98	**73.02**	**50.85**	**4.94**	**540.06**	**80.87**	**448.01**	**71.67**
17.94				**11.18**		**11.46**	
108.63	66.52	30.09	2.72	32.69	73.13	25.82	69.78
76.52	76.29	23.60	1.07	18.06	79.91	12.67	63.03
64.31	69.60	28.14	4.01	18.10	81.17	13.57	64.93
89.29	75.73	60.22	4.49	53.77	81.84	42.73	65.94
106.18	72.48	46.50	2.06	49.37	75.84	40.65	67.75
124.02	75.62	70.11	11.94	86.95	91.14	75.71	73.86
129.95	73.42	58.64	5.53	76.20	81.06	65.35	71.58
123.77	72.34	49.18	4.76	60.87	80.09	47.57	67.86
116.13	77.37	68.67	7.38	79.75	86.68	68.86	80.63
123.18	71.70	52.20	-0.19	64.30	71.44	55.08	75.45
1304.26	**78.24**	**49.37**	**3.62**	**643.96**	**84.43**	**553.50**	**77.77**
22.03				**13.33**		**14.16**	
132.85	72.24	47.67	1.45	63.33	74.51	53.74	77.22
127.44	78.76	27.01	0.62	34.42	80.61	27.10	75.28
132.84	78.28	63.52	63.52	84.38	86.10	72.35	77.80
127.60	72.17	42.89	6.18	54.73	84.33	49.27	80.51
129.33	79.34	56.92	4.34	73.61	85.89	63.29	77.09
124.14	78.87	54.09	4.98	67.15	86.87	57.92	78.70
133.58	79.70	49.84	2.10	66.57	83.21	56.14	75.66
131.47	78.77	47.58	4.20	62.55	86.40	54.17	78.85
136.32	79.53	43.54	2.94	59.36	85.29	51.25	77.07
128.69	86.72	60.50	1.81	77.86	89.39	68.27	78.65
1104.44	**92.14**	**92.51**	**3.89**	**1021.75**	**96.18**	**943.86**	**95.27**
18.65				**21.14**		**24.14**	
140.78	86.53	56.12	3.20	79.01	91.77	78.14	90.13
140.78	89.67	63.33	3.59	89.16	95.05	82.37	90.72
135.32	89.38	90.86	4.20	122.95	93.71	116.54	91.26
108.79	87.80	84.25	6.85	91.66	95.58	92.89	100.20
113.72	93.44	116.85	3.21	132.88	96.08	113.71	87.47
98.45	98.94	123.67	-1.36	121.75	97.87	109.76	100.98
89.55	97.13	122.52	4.19	109.72	100.57	97.91	100.21
90.13	96.60	125.12	-1.78	112.77	95.24	109.91	99.20
92.61	94.69	69.06	2.62	63.96	98.43	58.99	100.84
94.31	95.17	103.80	2.79	97.89	97.79	83.64	96.05
1748.57	**95.28**	**137.94**	**4.13**	**2409.79**	**98.23**	**1806.61**	**98.97**
29.53				**49.87**		**46.21**	
103.85	98.53	111.07	2.91	115.35	101.18	103.08	91.30
163.03	94.84	129.21	2.39	210.65	96.63	183.18	89.50
189.90	93.73	144.70	-1.76	274.79	92.60	223.18	96.61
208.51	91.85	136.57	-0.87	284.77	91.27	219.50	105.78
229.61	93.25	150.21	7.31	342.47	98.02	256.11	101.94
188.61	95.40	128.90	8.97	243.11	102.53	218.35	102.51
162.94	101.14	153.13	0.37	249.51	101.39	201.77	105.64
152.04	99.18	166.98	-5.76	253.87	95.87	200.19	98.42
144.41	88.81	122.76	29.16	177.28	116.48	102.34	94.85
101.63	97.91	120.07	-2.09	122.03	96.24	49.00	94.59
104.04	100.52	130.68	-0.82	135.96	99.90	49.91	97.86

3-2-9 湖南省产棉县历年棉花

年　度	全省统计				产棉县（个）
	棉田面积（万亩）	亩产（市斤）	产量（万担）	收购量（万担）	
52年合计	**10846.80**	**82.08**	**8902.83**	**7548.45**	**40**
11年小计	**1646.20**	**25.68**	**422.80**	**294.50**	**40**
占合计%	**15.18**		**4.75**	**3.90**	
1949	90.00	15.56	14.00		40
1950	110.60	19.71	21.80	14.60	40
1951	239.20	24.50	58.60	37.70	40
1952	202.00	26.39	53.30	34.90	40
1953	183.00	20.66	37.80	20.60	40
1954	159.40	5.27	8.40	5.60	40
1955	143.60	23.61	33.90	29.70	40
1956	121.00	32.64	39.50	31.70	40
1957	121.10	35.59	43.10	35.10	40
1958	110.70	42.82	47.40	36.20	40
1959	165.60	39.25	65.00	48.40	40
10年小计	**1861.60**	**46.52**	**866.10**	**742.80**	**40**
占合计%	**17.16**		**9.73**	**9.84**	
1960	131.10	32.04	42.00	37.00	40
1961	114.20	26.53	30.30	30.90	40
1962	107.30	35.14	37.70	39.00	40
1963	125.80	46.58	58.60	59.10	40
1964	176.60	39.69	70.10	63.60	40
1965	226.40	44.17	100.00	105.40	40
1966	294.80	50.00	147.40	122.50	40
1967	267.80	50.71	135.80	101.00	40
1968	208.60	64.19	133.90	102.90	40
1969	209.00	52.78	110.30	81.40	40
10年小计	**2727.40**	**60.48**	**1649.40**	**1483.10**	**40**
占合计%	**25.14**		**18.53**	**19.65**	
1970	272.00	55.15	150.00	106.40	40
1971	258.80	40.53	104.90	81.30	40
1972	276.70	45.46	125.80	106.10	40
1973	284.50	56.31	160.20	142.40	40
1974	284.40	66.81	190.00	189.90	40
1975	278.20	68.30	190.00	173.90	40
1976	275.30	70.83	195.00	180.10	40
1977	282.80	68.95	195.00	178.80	40
1978	273.50	55.25	151.10	139.50	40
1979	241.20	77.69	187.40	184.70	40
10年小计	**1831.10**	**94.44**	**1729.38**	**1554.24**	**40**
占合计%	**16.88**		**19.43**	**20.59**	
1980	269.40	71.46	192.50	197.80	40
1981	256.70	73.08	187.60	179.00	40
1982	251.90	77.85	196.10	187.60	40
1983	197.00	99.34	195.70	188.10	40
1984	198.90	128.66	255.90	244.80	40
1985	152.80	132.33	202.20	165.00	40
1986	129.10	129.12	166.70	130.40	40
1987	96.60	114.91	111.00	87.20	40
1988	137.10	64.03	87.78	69.28	40
1989	141.60	94.56	133.90	105.06	40
11年小计	**2780.50**	**152.32**	**4235.15**	**3473.81**	**40**
占合计%	**25.63**		**47.57**	**46.02**	
1990	177.80	135.15	240.30	220.42	40
1991	200.00	148.95	297.90	295.00	40
1992	251.40	161.60	406.25	413.60	40
1993	258.00	163.57	422.00	331.60	40
1994	313.50	151.90	476.20	374.42	40
1995	300.00	149.00	447.00	347.00	40
1996	261.20	145.21	379.30	231.97	40
1997	264.80	193.13	511.40	401.00	40
1998	298.10	129.12	384.90	324.60	40
1999	236.70	149.51	353.90	280.00	40
2000	219.00	144.29	316.00	254.20	40

生产收购比重

产棉县统计							
棉田面积（万亩）	占全省（%）	亩产（市斤）	比全省（±市斤）	产量（万担）	占全省（%）	收购量（万担）	占全省（%）
8745.08	**80.62**	**89.88**	**7.80**	**7860.02**	**88.29**	**6766.00**	**89.63**
1195.49	**72.62**	**27.09**	**1.41**	**323.88**	**76.60**	**241.35**	**81.95**
13.67				**4.12**		**3.57**	
60.38	67.09	15.17	-0.39	9.16	65.43	6.35	
92.94	84.03	22.55	2.84	20.96	96.15	8.40	57.53
141.70	59.24	25.91	1.41	36.71	62.65	14.81	39.28
146.48	72.51	23.20	-3.18	33.99	63.77	25.15	72.06
145.23	79.36	19.10	-1.56	27.74	73.39	19.09	92.67
86.28	54.13	8.21	2.94	7.08	84.29	7.54	134.64
114.94	80.04	26.20	2.60	30.12	88.85	23.60	79.46
96.60	79.83	35.60	2.96	34.39	87.06	31.64	99.81
94.30	77.87	37.86	2.27	35.70	82.83	31.71	90.34
85.77	77.48	42.70	-0.12	36.62	77.26	28.48	78.67
130.87	79.03	39.28	0.03	51.41	79.09	44.58	92.11
1347.82	**72.40**	**52.31**	**5.79**	**705.04**	**81.40**	**606.25**	**81.62**
15.41				**8.97**		**8.96**	
113.26	86.39	39.10	7.06	44.28	105.44	37.94	102.54
101.13	88.56	30.03	3.50	30.37	100.24	27.51	89.03
91.23	85.02	39.31	4.17	35.86	95.12	34.71	89.01
102.15	81.20	52.20	5.62	53.32	90.99	52.86	89.44
119.07	67.42	48.60	8.91	57.87	82.55	53.07	83.44
148.44	65.57	63.62	19.45	94.44	94.44	78.88	74.84
178.19	60.44	56.87	6.87	101.33	68.74	87.88	71.74
178.10	66.50	55.75	5.04	99.29	73.11	77.58	76.81
160.19	76.79	64.63	0.44	103.53	77.32	90.09	87.55
156.06	74.67	54.31	1.53	84.75	76.84	65.73	80.75
1940.56	**71.15**	**66.17**	**5.69**	**1283.98**	**77.85**	**1164.45**	**78.51**
22.19				**16.34**		**17.21**	
187.27	68.85	54.21	-0.94	101.51	67.67	84.32	79.25
179.58	69.39	45.37	4.83	81.47	77.66	68.56	84.33
189.74	68.57	49.16	3.70	93.28	74.15	80.60	75.97
191.59	67.34	61.62	5.31	118.05	73.69	105.46	74.06
197.28	69.37	81.43	14.63	160.65	84.55	146.03	76.90
198.03	71.18	77.39	9.09	153.25	80.66	138.33	79.55
198.03	71.93	80.23	9.39	158.87	81.47	143.83	79.86
208.23	73.63	71.10	2.15	148.06	75.93	140.88	78.79
202.21	73.93	57.28	2.03	115.82	76.65	111.36	79.83
188.60	78.19	81.13	3.44	153.02	81.65	145.08	78.55
1713.57	**93.58**	**94.73**	**0.29**	**1623.30**	**93.87**	**1484.35**	**95.50**
19.59				**20.65**		**21.94**	
247.08	91.71	69.64	-1.81	172.07	89.39	167.78	84.82
241.26	93.99	71.01	-2.07	171.33	91.33	170.56	95.28
233.48	92.69	78.11	0.26	182.36	92.99	169.41	90.30
183.28	93.04	100.33	0.99	183.88	93.96	181.18	96.32
182.98	92.00	130.08	1.42	238.02	93.01	219.52	89.67
142.85	93.49	131.98	-0.35	188.53	93.24	169.84	102.93
123.25	95.47	117.99	-11.14	145.42	87.23	131.17	100.59
96.75	100.16	121.63	6.73	117.68	106.02	95.04	108.99
129.61	94.54	76.54	12.51	99.20	113.01	83.65	120.74
133.03	93.95	93.82	-0.74	124.81	93.21	96.20	91.57
2547.64	**91.63**	**154.02**	**1.70**	**3923.82**	**92.65**	**3269.60**	**94.12**
29.13				**49.92**		**48.32**	
171.39	96.39	134.68	-0.48	230.82	96.05	211.46	95.94
191.38	95.69	152.31	3.36	291.50	97.85	275.84	93.51
223.09	88.74	165.70	4.10	369.65	90.99	366.59	88.63
234.12	90.74	164.67	1.11	385.53	91.36	339.51	102.39
292.33	93.25	154.70	2.80	452.23	94.97	347.57	92.83
269.50	89.83	158.88	9.88	428.18	95.79	314.92	90.76
210.40	80.55	159.66	14.45	335.93	88.57	237.02	102.18
238.12	89.92	192.62	-0.51	458.66	89.69	363.74	90.71
267.37	89.69	127.86	-1.26	341.86	88.82	320.32	98.68
220.62	93.21	142.35	-7.16	314.06	88.74	249.77	89.20
229.32	104.71	137.54	-6.76	315.40	99.81	242.86	95.54

3－2－10 河北省产棉县历年棉花

年　度	全省统计				产棉县（个）
	棉田面积（万亩）	亩产（市斤）	产量（万担）	收购量（万担）	
52年合计	**56492.50**	**55.00**	**31068.62**	**26034.40**	**116**
11年小计	**16098.50**	**34.53**	**5558.30**	**4603.00**	**116**
占合计%	**28.50**		**17.89**	**17.68**	
1949	901.10	24.76	223.10		116
1950	1204.60	31.05	374.00	248.60	116
1951	1709.70	26.98	461.30	376.10	116
1952	1500.30	38.57	578.70	517.90	116
1953	1390.10	32.92	457.60	426.20	116
1954	1660.00	31.89	529.30	405.20	116
1955	1674.70	39.87	667.70	592.00	116
1956	1773.50	26.07	462.40	379.10	116
1957	1432.50	43.43	622.20	538.40	116
1958	1452.00	42.77	621.00	573.60	116
1959	1400.00	40.07	561.00	545.90	116
10年小计	**10507.10**	**33.30**	**3499.10**	**3112.00**	**116**
占合计%	**18.60**		**11.26**	**11.95**	
1960	1409.00	28.74	405.00	352.00	116
1961	1180.30	20.29	239.50	198.50	116
1962	1011.60	25.79	260.90	241.40	116
1963	1240.80	15.99	198.40	191.60	116
1964	1116.70	29.79	332.70	303.80	116
1965	1093.70	48.43	529.70	499.80	116
1966	799.00	38.61	308.50	283.20	116
1967	860.00	41.28	355.00	296.60	116
1968	905.00	49.66	449.40	388.70	116
1969	891.00	47.14	420.00	356.40	116
10年小计	**8604.30**	**39.71**	**3416.70**	**2987.10**	**116**
占合计%	**15.23**		**11.00**	**11.47**	
1970	891.00	57.86	515.50	462.10	116
1971	879.00	56.31	495.00	434.70	116
1972	873.00	36.66	320.00	263.10	116
1973	846.00	46.10	390.00	339.30	116
1974	862.00	49.18	423.90	371.80	116
1975	874.00	43.48	380.00	313.50	116
1976	855.30	26.89	230.00	194.30	116
1977	823.00	23.92	196.90	175.00	116
1978	864.90	27.08	234.20	206.10	116
1979	836.10	27.65	231.20	227.20	116
10年小计	**11760.10**	**94.11**	**11067.46**	**10490.22**	**116**
占合计%	**20.82**		**35.62**	**40.29**	
1980	823.10	60.07	494.40	497.40	116
1981	795.70	55.71	443.30	458.20	116
1982	1048.20	73.61	771.60	737.00	116
1983	1239.10	121.06	1500.00	1511.50	116
1984	1570.30	133.73	2100.00	2132.30	116
1985	1275.40	98.57	1257.10	1041.60	116
1986	1061.20	96.40	1023.00	932.50	116
1987	1237.30	101.22	1252.40	1251.70	116
1988	1392.60	82.84	1153.66	1023.92	116
1989	1317.20	81.38	1072.00	904.10	116
11年小计	**9522.50**	**79.04**	**7527.06**	**4842.08**	**116**
占合计%	**16.86**		**24.23**	**18.60**	
1990	1366.40	83.55	1141.60	958.80	116
1991	1432.80	88.54	1268.60	1208.07	116
1992	1323.20	46.25	611.96	375.00	116
1993	780.00	49.23	384.00	184.10	116
1994	1027.50	75.91	780.00	405.43	116
1995	1050.90	70.50	740.90	315.00	116
1996	641.40	80.56	516.70	150.68	116
1997	565.70	87.94	497.50	181.00	116
1998	473.60	114.08	540.30	341.00	116
1999	399.90	111.33	445.20	341.00	116
2000	461.10	130.19	600.30	382.00	116

生产收购比重

产棉县统计							
棉田面积（万亩）	占全省（%）	亩产（市斤）	比全省（±市斤）	产量（万担）	占全省（%）	收购量（万担）	占全省（%）
55444.78	**98.15**	**55.09**	**0.10**	**30546.65**	**98.32**	**24855.28**	**95.47**
15481.97	**96.17**	**33.77**	**-0.76**	**5227.89**	**94.06**	**3694.01**	**80.25**
27.92				**17.11**		**14.86**	
923.06	102.44	23.09	-1.67	213.09	95.51	39.56	
1217.87	101.10	29.09	-1.96	354.24	94.72	66.52	26.76
1487.91	87.03	30.08	3.10	447.55	97.02	95.67	25.44
1437.90	95.84	38.09	-0.49	547.65	94.63	298.80	57.69
1326.63	95.43	31.53	-1.39	418.24	91.40	377.46	88.56
1592.60	95.94	31.38	-0.51	499.75	94.42	375.59	92.69
1623.34	96.93	39.01	-0.86	633.20	94.83	539.45	91.12
1695.27	95.59	24.31	-1.76	412.19	89.14	381.94	100.75
1387.67	96.87	42.56	-0.88	590.57	94.92	512.76	95.24
1421.04	97.87	40.83	-1.93	580.28	93.44	498.42	86.89
1368.68	97.76	38.81	-1.27	531.13	94.68	507.84	93.03
10265.53	**97.70**	**32.48**	**-0.83**	**3333.74**	**95.27**	**3016.19**	**96.92**
18.51				**10.91**		**12.14**	
1381.00	98.01	27.50	-1.24	379.84	93.79	358.08	101.73
1147.46	97.22	19.77	-0.52	226.84	94.71	193.05	97.25
994.32	98.29	25.87	0.08	257.23	98.59	236.75	98.07
1227.59	98.94	15.18	-0.81	186.33	93.92	171.08	89.29
1083.33	97.01	29.44	-0.35	318.96	95.87	296.87	97.72
1062.49	97.15	48.28	-0.15	513.00	96.85	478.72	95.78
773.82	96.85	38.33	-0.28	296.63	96.15	268.94	94.96
828.93	96.39	39.90	-1.38	330.74	93.17	291.39	98.24
884.42	97.73	48.35	-1.31	427.63	95.16	373.34	96.05
882.17	99.01	44.95	-2.19	396.54	94.41	347.97	97.63
8447.38	**98.18**	**39.07**	**-0.64**	**3300.25**	**96.59**	**2960.81**	**99.12**
15.24				**10.80**		**11.91**	
864.00	96.97	57.76	-0.09	499.06	96.81	449.19	97.21
851.67	96.89	56.13	-0.19	478.03	96.57	431.47	99.26
841.83	96.43	34.23	-2.43	288.13	90.04	254.43	96.70
815.95	96.45	46.00	-0.10	375.37	96.25	335.01	98.74
855.99	99.30	49.10	-0.08	420.30	99.15	377.25	101.47
864.77	98.94	41.92	-1.56	362.52	95.40	324.65	103.56
849.81	99.36	25.67	-1.22	218.14	94.84	192.16	98.90
809.44	98.35	24.26	0.33	196.34	99.72	172.56	98.61
862.77	99.75	27.05	-0.03	233.36	99.64	205.58	99.75
831.15	99.41	27.55	-0.10	229.00	99.05	218.51	96.18
11685.63	**99.37**	**93.85**	**-0.26**	**10967.19**	**99.09**	**10436.97**	**99.49**
21.08				**35.90**		**41.99**	
816.52	99.20	60.18	0.12	491.42	99.40	495.88	99.69
790.55	99.35	55.83	0.12	441.36	99.56	455.70	99.45
1034.88	98.73	73.95	0.34	765.28	99.18	735.72	99.83
1235.10	99.68	122.95	1.90	1518.57	101.24	1510.07	99.91
1560.91	99.40	127.62	-6.11	1992.01	94.86	2108.68	98.89
1261.34	98.90	99.20	0.64	1251.29	99.54	1023.25	98.24
1055.13	99.43	96.90	0.50	1022.46	99.95	927.93	99.51
1231.99	99.57	102.15	0.93	1258.49	100.49	1242.10	99.23
1386.40	99.55	83.44	0.59	1156.76	100.27	1025.55	100.16
1312.81	99.67	81.47	0.09	1069.55	99.77	912.09	100.88
9564.27	**100.44**	**80.69**	**1.65**	**7717.58**	**102.53**	**4747.30**	**98.04**
17.25				**25.26**		**19.10**	
1365.34	99.92	83.37	-0.17	1138.34	99.71	973.83	101.57
1415.77	98.81	90.06	1.52	1275.00	100.50	1202.58	99.55
1316.07	99.46	45.09	-1.16	593.43	96.97	384.85	102.63
770.52	98.78	48.62	-0.61	374.64	97.56	180.62	98.11
1021.10	99.38	71.81	-4.10	733.27	94.01	404.71	99.82
1025.34	97.57	69.60	-0.90	713.64	96.32	326.64	103.70
629.66	98.17	76.73	-3.82	483.16	93.51	152.16	100.98
560.70	99.12	88.32	0.37	495.19	99.54	173.74	95.99
515.84	108.92	125.14	11.05	645.51	119.47	333.16	97.70
449.14	112.31	125.96	14.63	565.73	127.07	310.47	91.05
494.79	107.31	141.41	11.22	699.67	116.55	304.54	79.72

3－2－11 山东省产棉县历年棉花

年 度	全 省 统 计				产棉县（个）
	棉田面积（万亩）	亩 产（市斤）	产 量（万担）	收购量（万担）	
52 年合计	**61599.80**	**72.53**	**44676.58**	**37971.14**	**98**
11 年小计	**11167.10**	**32.33**	**3610.10**	**2408.30**	**98**
占合计%	**18.13**		**8.08**	**6.34**	
1949	511.00	24.13	123.30		98
1950	799.40	26.47	211.60	88.20	98
1951	1168.30	22.31	260.70	128.40	98
1952	1078.70	32.72	353.00	207.40	98
1953	999.90	26.51	265.10	179.00	98
1954	972.30	32.92	320.10	195.80	98
1955	1145.40	36.67	420.00	335.40	98
1956	1283.30	34.53	443.10	295.10	98
1957	1178.80	30.73	362.20	289.00	98
1958	1035.00	47.34	490.00	402.00	98
1959	995.00	36.28	361.00	288.00	98
10 年小计	**9073.80**	**31.66**	**2873.00**	**2451.80**	**98**
占合计%	**14.73**		**6.43**	**6.46**	
1960	960.00	16.66	159.90	129.00	98
1961	603.90	10.60	64.00	34.50	98
1962	573.80	13.77	79.00	55.80	98
1963	795.60	21.28	169.30	147.60	98
1964	1006.80	23.88	240.40	214.10	98
1965	1022.20	38.76	396.20	363.00	98
1966	995.90	40.62	404.50	360.70	98
1967	1045.00	41.42	432.80	372.30	98
1968	1043.80	43.26	451.50	381.30	98
1969	1026.80	46.30	475.40	393.50	98
10 年小计	**9479.60**	**43.35**	**4109.40**	**3613.30**	**98**
占合计%	**15.39**		**9.20**	**9.52**	
1970	1025.50	53.09	544.40	473.70	98
1971	984.90	53.68	528.70	427.60	98
1972	914.50	42.89	392.20	347.40	98
1973	982.00	53.53	525.70	473.10	98
1974	970.50	39.11	379.60	334.60	98
1975	944.90	51.10	482.80	432.00	98
1976	962.80	32.89	316.70	277.70	98
1977	938.90	31.69	297.50	261.30	98
1978	941.20	32.75	308.20	269.80	98
1979	814.40	40.96	333.60	316.10	98
10 年小计	**18531.00**	**113.67**	**21063.40**	**19714.32**	**98**
占合计%	**30.08**		**47.15**	**51.92**	
1980	1105.40	97.21	1074.60	1056.50	98
1981	1406.40	95.99	1350.00	1315.00	98
1982	2008.60	95.59	1920.00	1873.00	98
1983	2250.30	108.87	2450.00	2400.50	98
1984	2568.60	134.31	3450.00	3356.50	98
1985	1754.60	121.09	2124.70	1774.00	98
1986	1515.00	124.18	1881.40	1606.30	98
1987	1833.30	135.75	2488.70	2339.00	98
1988	2103.90	108.08	2274.00	2119.62	98
1989	1984.90	103.28	2050.00	1873.90	98
11 年小计	**13348.30**	**97.55**	**13020.68**	**9783.42**	**98**
占合计%	**21.67**		**29.14**	**25.77**	
1990	2113.80	92.25	1950.00	1832.00	98
1991	2343.80	115.26	2701.50	2508.25	98
1992	2233.20	60.62	1353.68	971.86	98
1993	1140.00	71.93	820.00	436.10	98
1994	1189.50	94.04	1118.60	795.20	98
1995	999.50	94.21	941.60	657.00	98
1996	722.90	103.02	744.70	378.41	98
1997	593.90	119.18	707.80	369.60	98
1998	621.00	132.85	825.00	605.00	98
1999	537.60	126.12	678.00	600.00	98
2000	853.10	138.30	1179.80	630.00	98

生产收购比重

产 棉 县 统 计

棉田面积（万亩）	占全省（%）	亩 产（市斤）	比全省（±市斤）	产 量（万担）	占全省（%）	收购量（万担）	占全省（%）
62217.11	**101.00**	**73.32**	**0.79**	**45616.12**	**102.10**	**37348.06**	**98.36**
11149.08	**99.84**	**31.95**	**-0.38**	**3562.20**	**98.67**	**2351.24**	**97.63**
17.92				**7.81**		**6.30**	
676.59	132.41	24.45	0.32	165.44	134.18	32.10	
767.35	95.99	26.99	0.52	207.07	97.86	50.11	56.81
1049.16	89.80	23.27	0.96	244.19	93.67	54.39	42.36
1042.90	96.68	32.80	0.08	342.07	96.90	194.46	93.76
958.34	95.84	28.33	1.82	271.52	102.42	185.03	103.37
940.04	96.68	33.78	0.86	317.59	99.22	210.79	107.66
1148.60	100.28	37.14	0.47	426.61	101.57	335.37	99.99
1262.18	98.35	35.39	0.86	446.66	100.80	313.63	106.28
1183.88	100.43	30.75	0.02	363.99	100.49	285.77	98.88
1082.82	104.62	40.46	-6.89	438.07	89.40	391.70	97.44
1037.22	104.24	32.68	-3.60	338.99	93.90	297.89	103.43
8906.28	**98.15**	**31.88**	**0.22**	**2839.72**	**98.84**	**2379.13**	**97.04**
14.31				**6.23**		**6.37**	
926.73	96.53	17.02	0.37	157.75	98.66	128.55	99.65
585.94	97.03	12.12	1.52	71.01	110.96	40.54	117.51
560.25	97.64	15.01	1.25	84.11	106.47	59.70	106.99
764.06	96.04	22.96	1.68	175.41	103.61	149.31	101.16
991.38	98.47	24.77	0.89	245.59	102.16	213.32	99.64
1012.22	99.02	38.55	-0.21	390.19	98.48	321.46	88.56
996.99	100.11	38.02	-2.60	379.05	93.71	327.42	90.77
1034.26	98.97	41.21	-0.21	426.19	98.47	366.87	98.54
1026.32	98.33	43.16	-0.10	442.91	98.10	373.76	98.02
1008.13	98.18	46.37	0.07	467.51	98.34	398.20	101.19
9486.60	**100.07**	**42.98**	**-0.37**	**4076.96**	**99.21**	**3565.34**	**98.67**
15.25				**8.94**		**9.55**	
1030.37	100.47	52.17	-0.91	537.56	98.74	445.19	93.98
976.10	99.11	49.51	-4.17	483.25	91.40	424.10	99.18
907.07	99.19	43.50	0.61	394.55	100.60	345.60	99.48
979.44	99.74	53.15	-0.39	520.55	99.02	471.80	99.73
964.60	99.39	39.45	0.34	380.54	100.25	336.37	100.53
941.41	99.63	51.59	0.49	485.65	100.59	433.84	100.43
954.41	99.13	33.79	0.90	322.49	101.83	272.90	98.27
980.70	104.45	30.95	-0.74	303.50	102.02	260.94	99.86
937.00	99.55	33.33	0.58	312.27	101.32	267.40	99.11
815.50	100.14	41.28	0.31	336.60	100.90	307.20	97.18
18495.34	**99.81**	**118.02**	**4.36**	**21828.91**	**103.63**	**19476.96**	**98.80**
29.73				**47.85**		**52.15**	
1104.13	99.89	96.76	-0.45	1068.40	99.42	1041.86	98.61
1404.77	99.88	99.53	3.54	1398.12	103.56	1297.06	98.64
2006.29	99.88	103.21	7.62	2070.72	107.85	1839.04	98.19
2235.79	99.36	120.21	11.34	2687.75	109.70	2326.50	96.92
2544.69	99.07	139.83	5.52	3558.34	103.14	3283.17	97.82
1725.88	98.36	121.73	0.64	2100.92	98.88	1818.99	102.54
1512.62	99.84	123.35	-0.84	1865.78	99.17	1586.53	98.77
1849.42	100.88	134.99	-0.76	2496.58	100.32	2304.41	98.52
2117.47	100.64	111.86	3.77	2368.55	104.16	2123.73	100.19
1994.28	100.47	111.00	7.73	2213.75	107.99	1855.67	99.03
14179.81	**106.23**	**93.85**	**-3.69**	**13308.33**	**102.21**	**9575.39**	**97.87**
22.79				**29.17**		**25.64**	
2127.54	100.65	100.04	7.79	2128.32	109.14	1803.63	98.45
2341.63	99.91	117.46	2.20	2750.53	101.81	2449.42	97.65
2215.28	99.20	61.22	0.60	1356.16	100.18	1021.84	105.14
1628.33	142.84	55.83	-16.10	909.12	110.87	425.56	97.58
1395.28	117.30	78.27	-15.77	1092.03	97.62	764.32	96.12
1016.19	101.67	90.02	-4.19	914.78	97.15	668.35	101.73
762.77	105.52	88.60	-14.42	675.78	90.75	400.89	105.94
727.87	122.56	101.40	-17.78	738.05	104.27	316.34	85.59
606.99	97.74	117.26	-15.59	711.77	86.28	586.15	96.88
546.55	101.66	143.20	17.09	782.68	115.44	465.76	77.63
811.38	95.11	153.95	15.65	1249.11	105.87	673.13	106.85

3－2－12　河南省产棉县历年棉花

年　度	全省统计				产棉县（个）
	棉田面积（万亩）	亩　产（市斤）	产　量（万担）	收购量（万担）	
52 年合计	**56800.50**	**66.70**	**37888.36**	**26634.32**	**89**
11 年小计	**12045.50**	**27.59**	**3323.30**	**2355.50**	**89**
占合计%	**21.21**		**8.77**	**8.84**	
1949	577.30	21.88	126.30		89
1950	758.50	21.45	162.70	82.80	89
1951	1034.00	23.97	247.90	135.00	89
1952	1130.60	24.69	279.10	196.40	89
1953	1068.10	22.95	245.10	149.60	89
1954	1116.00	25.17	280.90	177.10	89
1955	1215.00	27.84	338.20	228.30	89
1956	1332.20	25.54	340.20	188.00	89
1957	1316.80	27.03	355.90	301.90	89
1958	1243.00	39.18	487.00	452.60	89
1959	1254.00	36.68	460.00	443.80	89
10 年小计	**8308.80**	**36.10**	**2999.80**	**2429.90**	**89**
占合计%	**14.63**		**7.92**	**9.12**	
1960	1194.00	27.05	323.00	300.40	89
1961	596.20	16.71	99.60	72.90	89
1962	512.40	15.69	80.40	55.60	89
1963	735.70	13.36	98.30	76.60	89
1964	850.50	27.49	233.80	174.00	89
1965	798.00	33.95	270.90	213.50	89
1966	845.00	57.04	482.00	406.20	89
1967	950.00	54.38	516.60	416.50	89
1968	930.00	48.54	451.40	358.60	89
1969	897.00	49.48	443.80	355.60	89
10 年小计	**9144.50**	**54.83**	**5013.80**	**4337.80**	**89**
占合计%	**16.10**		**13.23**	**16.29**	
1970	897.00	63.10	566.00	483.10	89
1971	926.60	51.63	478.40	402.40	89
1972	927.30	50,72	470.30	392.60	89
1973	925.40	71.71	663.60	582.30	89
1974	967.20	62.15	601.10	511.30	89
1975	920.70	57.05	525.30	459.10	89
1976	912.10	47.34	431.80	371.60	89
1977	917.30	47.11	432.10	377.80	89
1978	918.20	48.85	448.50	388.90	89
1979	832.70	47.64	396.70	368.70	89
10 年小计	**11822.30**	**89.16**	**10540.26**	**9037.96**	**89**
占合计%	**20.81**		**27.82**	**33.93**	
1980	940.00	86.43	812.40	790.10	89
1981	962.40	73.78	710.10	681.40	89
1982	1130.50	57.72	652.50	619.80	89
1983	1190.70	106.42	1267.10	1182.20	89
1984	1743.40	99.67	1737.70	1592.60	89
1985	1221.50	89.62	1094.70	825.90	89
1986	929.40	85.78	797.20	716.60	89
1987	1076.20	105.94	1140.10	990.90	89
1988	1374.00	92.73	1274.16	934.34	89
1989	1254.20	84.06	1054.30	704.12	89
11 年小计	**15479.40**	**103.44**	**16011.20**	**8473.16**	**89**
占合计%	**27.25**		**42.26**	**31.81**	
1990	1234.50	109.53	1352.20	1004.40	89
1991	1789.80	105.90	1895.40	1607.42	89
1992	1871.90	70.36	1317.00	1004.00	89
1993	1461.00	90.35	1320.00	601.80	89
1994	1450.50	86.60	1256.20	609.63	89
1995	1500.20	102.65	1540.00	686.00	89
1996	1400.00	105.10	1471.40	512.81	89
1997	1302.50	121.31	1580.00	650.60	89
1998	1200.00	121.40	1456.80	855.80	89
1999	1100.00	128.60	1414.60	520.70	89
2000	1169.00	120.41	1407.60	420.00	89

生产收购比重

产棉县统计							
棉田面积（万亩）	占全省（%）	亩产（市斤）	比全省（±市斤）	产量（万担）	占全省（%）	收购量（万担）	占全省（%）
52659.17	**92.71**	**72.39**	**5.69**	**38121.86**	**100.62**	**25930.24**	**97.36**
9842.64	**81.71**	**27.77**	**0.18**	**2733.12**	**82.24**	**1931.44**	**82.00**
18.69				**7.17**		**7.45**	
349.72	60.58	19.89	-1.99	69.54	55.06	1.11	
631.05	83.20	22.34	0.89	140.97	86.64	54.84	66.23
835.42	80.79	23.30	-0.67	194.67	78.53	107.64	79.73
876.07	77.49	26.01	1.33	227.90	81.66	144.11	73.38
881.40	82.52	23.60	0.65	208.02	84.87	128.40	85.83
929.95	83.33	25.50	0.33	237.17	84.43	151.93	85.79
1035.87	85.26	28.34	0.50	293.54	86.79	188.67	82.64
1116.27	83.79	22.41	-3.13	250.12	73.52	171.83	91.40
1045.74	79.42	28.57	1.54	298.73	83.94	271.21	89.83
1054.42	84.83	40.31	1.13	425.06	87.28	356.78	78.83
1086.73	86.66	35.65	-1.03	387.40	84.22	354.92	79.97
7084.64	**85.27**	**39.40**	**3.30**	**2791.31**	**93.05**	**2311.96**	**95.15**
13.45				**7.32**		**8.92**	
1006.63	84.31	31.00	3.95	312.08	96.62	276.89	92.17
529.10	88.75	18.30	1.59	96.81	97.20	54.53	74.80
439.76	85.82	16.97	1.28	74.62	92.81	50.40	90.65
577.63	78.51	14.21	0.85	82.07	83.49	62.48	81.57
721.58	84.84	30.69	3.20	221.48	94.73	173.38	99.64
668.29	83.75	40.00	6.05	267.32	98.68	207.33	97.11
740.84	87.67	60.45	3.41	447.84	92.91	384.80	94.73
826.60	87.01	57.59	3.22	476.08	92.16	403.89	96.97
803.37	86.38	50.69	2.15	407.21	90.21	355.07	99.02
770.84	85.94	52.64	3.17	405.80	91.44	343.19	96.51
8525.66	**93.23**	**55.39**	**0.56**	**4722.11**	**94.18**	**4069.16**	**93.81**
16.19				**12.39**		**15.69**	
816.78	91.06	63.38	0.29	517.71	91.47	443.45	91.79
841.79	90.85	51.37	-0.26	432.39	90.38	366.93	91.19
845.86	91.22	50.56	-0.16	427.65	90.93	363.68	92.63
849.89	91.84	72.02	0.31	612.12	92.24	534.78	91.84
895.15	92.55	62.59	0.44	560.29	93.21	479.70	93.82
863.62	93.80	56.96	-0.09	491.92	93.65	437.50	95.30
865.57	94.90	47.87	0.53	414.34	95.96	354.82	95.48
869.12	94.75	50.13	3.03	435.71	100.84	355.31	94.05
879.31	95.76	50.17	1.32	441.13	98.36	380.34	97.80
798.57	95.90	48.69	1.05	388.85	98.02	352.65	95.65
11455.25	**96.90**	**89.80**	**0.65**	**10287.35**	**97.60**	**9051.97**	**100.16**
21.75				**26.99**		**34.91**	
909.45	96.75	86.97	0.54	790.91	97.35	748.93	94.79
918.59	95.45	76.50	2.71	702.69	98.96	675.91	99.19
1090.05	96.42	57.67	-0.05	628.66	96.35	597.62	96.42
1150.73	96.64	108.41	1.99	1247.52	98.45	1183.66	100.12
1682.04	96.48	99.14	-0.53	1667.59	95.97	1499.47	94.15
1171.17	95.88	89.23	-0.39	1045.05	95.46	902.24	109.24
894.18	96.21	88.26	2.48	789.18	98.99	738.49	103.05
1039.05	96.55	106.31	0.38	1104.65	96.89	977.37	98.63
1343.73	97.80	92.62	-0.11	1244.58	97.68	993.23	106.30
1256.26	100.16	84.90	0.83	1066.52	101.16	735.05	104.39
15750.98	**101.75**	**111.66**	**8.23**	**17587.97**	**109.85**	**8565.71**	**101.09**
29.91				**46.14**		**33.03**	
1267.37	102.66	119.72	10.19	1517.30	112.21	1058.56	105.39
1705.04	95.26	113.54	7.64	1935.87	102.14	1543.77	96.04
1843.93	98.51	75.12	4.76	1385.16	105.18	977.23	97.33
1407.27	96.32	92.57	2.22	1302.73	98.69	580.50	96.46
1457.06	100.45	84.38	-2.23	1229.43	97.87	582.65	95.57
1544.48	102.95	107.38	4.73	1658.44	107.69	766.29	111.70
1431.06	102.22	112.01	6.91	1602.89	108.94	645.88	125.95
1407.38	108.05	136.46	15.16	1920.53	121.55	601.48	92.45
1252.67	104.39	142.56	21.16	1785.84	122.59	716.72	83.75
1248.80	113.53	138.73	10.13	1732.42	122.47	649.98	124.83
1185.92	101.45	127.95	7.54	1517.36	107.80	442.65	105.39

3－2－13　陕西省产棉县历年棉花

年　度	全省统计				产棉县（个）
	棉田面积（万亩）	亩　产（市斤）	产　量（万担）	收购量（万担）	
52 年合计	**16096.30**	**47.66**	**7672.01**	**6480.11**	**27**
11 年小计	**4668.40**	**41.38**	**1932.00**	**1600.80**	**27**
占合计%	**29.00**		**25.18**	**24.70**	
1949	287.40	26.06	74.90		27
1950	353.70	26.83	94.90	79.00	27
1951	395.30	41.97	165.90	128.80	27
1952	456.30	32.19	146.90	122.00	27
1953	444.90	38.59	171.70	151.20	27
1954	429.80	42.42	182.30	165.90	27
1955	423.10	35.48	150.10	117.90	27
1956	469.90	44.41	208.70	164.10	27
1957	482.00	48.22	232.40	218.00	27
1958	474.00	56.96	270.00	247.00	27
1959	452.00	51.81	234.20	206.90	27
10 年小计	**3939.00**	**40.00**	**1575.60**	**1465.80**	**27**
占合计%	**24.47**		**20.54**	**22.62**	
1960	437.00	30.80	134.60	128.00	27
1961	390.00	25.92	101.10	88.90	27
1962	290.00	31.03	90.00	79.70	27
1963	379.50	34.28	130.10	119.30	27
1964	426.70	31.17	133.00	120.40	27
1965	403.50	56.90	229.60	217.50	27
1966	401.90	55.59	223.40	216.60	27
1967	411.90	49.28	203.00	193.00	27
1968	408.50	35.67	145.70	135.40	27
1969	390.00	47.46	185.10	167.00	27
10 年小计	**3895.00**	**49.83**	**1941.00**	**1784.70**	**27**
占合计%	**24.20**		**25.30**	**27.54**	
1970	399.20	45.62	182.10	165.20	27
1971	394.40	55.78	220.00	199.50	27
1972	394.40	39.98	157.70	146.70	27
1973	390.30	68.18	266.10	242.50	27
1974	387.20	48.61	188.20	170.90	27
1975	394.00	43.15	170.00	151.90	27
1976	394.30	35.63	140.50	127.80	27
1977	386.90	51.85	200.60	184.90	27
1978	378.70	55.69	210.90	195.00	27
1979	375.60	54.55	204.90	200.30	27
10 年小计	**2355.30**	**53.96**	**1270.84**	**1065.36**	**27**
占合计%	**14.63**		**16.56**	**16.44**	
1980	362.70	44.58	161.70	154.60	27
1981	390.30	32.03	125.00	112.60	27
1982	377.40	66.51	251.00	240.10	27
1983	376.80	21.31	80.30	64.30	27
1984	292.90	50.43	147.70	108.00	27
1985	141.90	60.61	86.00	81.00	27
1986	81.40	102.33	83.30	74.70	27
1987	88.60	126.86	112.40	89.40	27
1988	120.30	91.97	110.64	71.80	27
1989	123.00	91.71	112.80	68.86	27
11 年小计	**1238.60**	**76.91**	**952.57**	**563.45**	**27**
占合计%	**7.69**		**12.42**	**8.70**	
1990	168.60	92.23	155.50	106.18	27
1991	202.10	89.02	179.90	127.00	27
1992	207.30	53.29	110.47	71.00	27
1993	135.00	74.07	100.00	21.70	27
1994	127.50	65.80	83.90	17.21	27
1995	109.20	72.99	79.70	50.00	27
1996	89.40	69.91	62.50	24.36	27
1997	59.90	68.61	41.10	34.50	27
1998	52.80	86.55	45.70	34.30	27
1999	41.60	93.75	39.00	37.20	27
2000	45.20	121.24	54.80	40.00	27

生产收购比重

产棉县统计							
棉田面积（万亩）	占全省（%）	亩产（市斤）	比全省（±市斤）	产量（万担）	占全省（%）	收购量（万担）	占全省（%）
13875.51	**86.20**	**51.35**	**3.69**	**7125.26**	**92.87**	**5726.46**	**88.37**
3554.28	**76.13**	**46.44**	**5.06**	**1650.73**	**85.44**	**1250.02**	**78.09**
25.62				**23.17**		**21.83**	
198.78	69.16	29.32	3.26	58.28	77.81	27.06	
212.47	60.07	29.55	2.72	62.78	66.15	26.28	33.27
231.39	58.54	46.25	4.28	107.02	64.51	34.33	26.65
271.08	59.41	36.00	3.81	97.59	66.43	34.90	28.61
337.75	75.92	44.33	5.74	149.73	87.20	84.63	55.97
323.91	75.36	48.21	5.79	156.15	85.66	148.66	89.61
344.62	81.45	40.01	4.53	137.88	91.86	121.77	103.28
392.66	83.56	48.87	4.46	191.90	91.95	161.29	98.29
417.75	86.67	53.25	5.04	222.46	95.72	188.86	86.63
412.56	87.04	61.86	4.90	255.20	94.52	228.40	92.47
411.31	91.00	51.48	-0.33	211.74	90.41	193.84	93.69
3435.85	**87.23**	**43.37**	**3.37**	**1490.02**	**94.57**	**1340.40**	**91.45**
24.76				**20.91**		**23.41**	
371.31	84.97	37.20	6.40	138.12	102.62	126.01	98.45
337.00	86.41	28.52	2.60	96.12	95.07	82.29	92.56
264.29	91.13	32.88	1.84	86.89	96.54	75.90	95.23
329.30	86.77	37.84	3.56	124.60	95.77	112.27	94.11
362.42	84.94	35.37	4.20	128.18	96.38	113.81	94.53
356.95	88.46	58.86	1.96	210.11	91.51	201.28	92.54
354.39	88.18	58.46	2.88	207.18	92.74	189.48	87.48
360.41	87.50	52.22	2.93	188.20	92.71	168.77	87.45
354.43	86.76	37.55	1.88	133.09	91.35	116.80	86.26
345.35	88.55	51.41	3.94	177.53	95.91	153.79	92.09
3460.63	**88.85**	**52.25**	**2.42**	**1808.31**	**93.16**	**1592.41**	**89.23**
24.94				**25.38**		**27.81**	
352.65	88.34	47.28	1.67	166.75	91.57	148.13	89.67
352.87	89.47	56.92	1.14	200.87	91.30	169.45	84.94
348.02	88.24	41.24	1.25	143.51	91.00	124.98	85.19
348.49	89.29	70.38	2.20	245.27	92.17	220.73	91.02
344.23	88.90	51.64	3.03	177.75	94.45	156.13	91.36
347.62	88.23	46.16	3.02	160.47	94.39	139.08	91.56
347.25	88.07	38.60	2.97	134.04	95.40	119.27	93.33
344.24	88.97	55.34	3.49	190.49	94.96	169.06	91.43
337.89	89.22	58.46	2.77	197.53	93.66	174.92	89.70
337.37	89.82	56.80	2.25	191.63	93.52	170.66	85.20
2229.14	**94.64**	**55.24**	**1.29**	**1231.44**	**96.90**	**1028.52**	**96.54**
16.07				**17.28**		**17.96**	
325.75	89.81	47.86	3.28	155.91	96.42	144.91	93.73
366.59	93.93	32.08	0.06	117.62	94.10	105.17	93.40
360.36	95.48	68.93	2.43	248.41	98.97	225.52	93.93
348.70	92.54	21.69	0.38	75.64	94.20	61.11	95.04
268.10	91.53	53.85	3.43	144.38	97.75	108.14	100.13
146.31	103.11	57.90	-2.70	84.72	98.51	79.36	97.98
86.65	106.45	95.18	-7.16	82.47	99.00	70.74	94.70
91.03	102.74	119.02	-7.85	108.34	96.39	88.02	98.46
118.11	98.18	87.59	-4.38	103.45	93.50	72.53	101.02
117.54	95.56	94.01	2.30	110.50	97.96	73.02	106.04
1195.61	**96.53**	**79.02**	**2.11**	**944.76**	**99.18**	**515.11**	**91.42**
8.62				**13.26**		**9.00**	
157.73	93.55	95.07	2.84	149.96	96.44	74.93	70.57
195.92	96.94	90.42	1.41	177.16	98.48	130.98	103.14
212.70	102.60	51.80	-1.49	110.17	99.73	75.50	106.34
135.62	100.46	74.69	0.62	101.30	101.30	27.35	126.06
124.53	97.67	67.12	1.31	83.58	99.62	22.26	129.34
106.55	97.57	73.83	0.84	78.67	98.70	47.98	95.96
74.92	83.80	74.72	4.81	55.98	89.57	31.46	129.13
51.67	86.26	72.52	3.90	37.47	91.17	20.37	59.03
48.49	91.84	90.49	3.94	43.88	96.02	33.12	96.57
39.75	95.55	110.44	16.69	43.90	112.56	23.33	62.72
47.73	105.60	131.34	10.10	62.69	114.40	27.82	69.55

3－2－14　山西省产棉县历年棉花

年　度	全　省　统　计				产棉县（个）
	棉田面积（万亩）	亩产（市斤）	产量（万担）	收购量（万担）	
52 年合计	**15781.50**	**51.17**	**8075.41**	**6697.75**	**35**
11 年小计	**4283.10**	**39.99**	**1712.60**	**1406.40**	**35**
占合计%	**27.14**		**21.21**	**21.00**	
1949	144.10	28.04	40.40		35
1950	235.80	22.18	52.30	41.80	35
1951	315.20	34.99	110.30	85.10	35
1952	410.40	44.98	184.60	140.50	35
1953	337.10	46.40	156.40	137.70	35
1954	424.80	44.68	189.80	132.30	35
1955	438.10	38.14	167.10	134.50	35
1956	549.70	33.71	185.30	137.50	35
1957	514.40	38.34	197.20	184.70	35
1958	471.80	49.51	233.60	226.00	35
1959	441.70	44.28	195.60	186.30	35
10 年小计	**3721.30**	**39.97**	**1487.50**	**1403.40**	**35**
占合计%	**23.58**		**18.42**	**20.95**	
1960	427.00	21.78	93.00	85.60	35
1961	338.30	31.57	106.80	100.00	35
1962	275.50	30.20	83.20	78.10	35
1963	334.20	40.10	134.00	126.60	35
1964	392.30	45.04	176.70	168.00	35
1965	398.00	54.20	215.70	204.70	35
1966	382.00	44.37	169.50	163.00	35
1967	402.00	42.69	171.60	170.30	35
1968	389.00	38.20	148.60	129.90	35
1969	383.00	49.19	188.40	177.20	35
10 年小计	**3659.10**	**39.03**	**1428.30**	**1347.90**	**35**
占合计%	**23.19**		**17.69**	**20.12**	
1970	396.60	43.39	172.10	162.40	35
1971	366.80	37.65	138.10	127.80	35
1972	356.60	27.06	96.50	88.90	35
1973	341.90	51.21	175.10	164.00	35
1974	370.00	39.95	147.80	138.10	35
1975	387.30	39.48	152.90	142.70	35
1976	381.70	34.03	129.90	121.80	35
1977	371.00	39.65	147.10	137.50	35
1978	356.30	38.98	138.90	131.20	35
1979	330.90	39.26	129.90	133.50	35
10 年小计	**2469.80**	**72.73**	**1796.38**	**1556.42**	**35**
占合计%	**15.65**		**22.25**	**23.24**	
1980	336.50	46.06	155.00	154.50	35
1981	305.30	43.24	132.00	125.50	35
1982	333.60	72.42	241.60	235.90	35
1983	341.60	56.32	192.40	182.70	35
1984	328.30	81.08	266.20	191.60	35
1985	181.70	80.85	146.90	102.90	35
1986	140.90	91.34	128.70	109.00	35
1987	148.40	104.92	155.70	147.00	35
1988	174.30	99.59	173.58	149.52	35
1989	179.20	114.01	204.30	157.80	35
11 年小计	**1648.20**	**100.15**	**1650.63**	**983.63**	**35**
占合计%	**10.44**		**20.44**	**14.69**	
1990	195.50	114.12	223.10	173.24	35
1991	220.20	101.59	223.70	182.91	35
1992	225.80	83.94	189.53	96.00	35
1993	140.00	100.00	140.00	51.60	35
1994	193.50	87.65	169.60	82.62	35
1995	190.20	95.48	181.60	100.00	35
1996	138.90	104.25	144.80	50.26	35
1997	102.60	86.55	88.80	40.80	35
1998	98.10	114.07	111.90	78.60	35
1999	78.90	111.53	88.00	53.20	35
2000	64.50	138.91	89.60	74.40	35

产棉县统计							
棉田面积（万亩）	占全省（%）	亩产（市斤）	比全省（±市斤）	产量（万担）	占全省（%）	收购量（万担）	占全省（%）
14972.34	**94.87**	**53.28**	**2.11**	**7977.67**	**98.79**	**6350.45**	**94.81**
3872.60	**90.42**	**42.39**	**2.40**	**1641.41**	**95.84**	**1198.92**	**85.25**
25.87				**20.58**		**18.88**	
183.78	127.54	31.37	3.34	57.66	142.72	0.33	
209.31	88.77	32.88	10.70	68.82	131.59	0.36	0.85
270.15	85.71	38.97	3.98	105.29	95.46	0.82	0.96
343.45	83.69	48.16	3.18	165.42	89.61	109.18	77.71
304.96	90.47	47.02	0.62	143.38	91.68	113.28	82.27
356.97	84.03	50.27	5.59	179.45	94.55	135.76	102.62
410.97	93.81	40.03	1.89	164.53	98.46	136.16	101.24
485.35	88.29	31.35	−2.36	152.17	82.12	133.27	96.93
469.02	91.18	41.36	3.02	193.97	98.36	179.90	97.40
429.07	90.94	51.89	2.37	222.63	95.30	210.02	92.93
409.57	92.73	45.92	1.64	188.09	96.16	179.84	96.53
3486.08	**93.68**	**42.75**	**2.78**	**1490.30**	**100.19**	**1353.55**	**96.45**
23.28				**18.68**		**21.31**	
389.07	91.12	24.06	2.28	93.62	100.67	85.85	100.29
314.63	93.00	33.72	2.15	106.10	99.34	96.38	96.38
268.08	97.31	31.25	1.05	83.78	100.70	77.64	99.41
311.35	93.16	43.91	3.81	136.70	102.01	124.89	98.65
365.32	93.12	48.86	3.82	178.49	101.01	162.44	96.69
367.48	92.33	58.42	4.22	214.67	99.52	197.91	96.68
362.30	94.84	46.82	2.45	169.62	100.07	155.14	95.18
377.04	93.79	45.59	2.91	171.90	100.18	155.14	91.10
369.55	95.00	40.15	1.95	148.37	99.85	131.14	100.95
361.26	94.32	51.78	2.59	187.05	99.28	167.02	94.26
3500.06	**95.65**	**40.09**	**1.06**	**1403.24**	**98.25**	**1324.87**	**98.29**
23.38				**17.59**		**20.86**	
374.96	94.54	45.08	1.68	169.02	98.21	155.53	95.77
346.44	94.45	38.85	1.20	134.58	97.45	130.53	102.14
336.29	94.30	28.05	0.99	94.32	97.74	89.40	100.56
325.17	95.11	52.87	1.66	171.92	98.18	159.80	97.44
352.87	95.37	40.92	0.97	144.38	97.69	132.71	96.10
368.63	95.18	40.36	0.89	148.79	97.31	139.81	97.97
364.18	95.41	35.00	0.97	127.46	98.12	122.93	100.93
356.36	96.05	40.68	1.03	144.98	98.56	130.47	94.89
347.19	97.44	39.88	0.89	138.45	99.68	133.36	101.65
327.97	99.11	39.44	0.18	129.34	99.57	130.33	97.63
2466.50	**99.87**	**71.72**	**−1.01**	**1769.01**	**98.48**	**1553.82**	**99.83**
16.47				**22.17**		**24.47**	
334.58	99.43	41.67	−4.39	139.42	89.95	150.39	97.34
304.65	99.79	40.46	−2.77	123.27	93.39	126.33	100.66
332.68	99.72	72.57	0.15	241.44	99.93	234.47	99.39
340.47	99.67	56.36	0.04	191.90	99.74	181.85	99.53
326.44	99.43	81.23	0.15	265.18	99.62	189.97	99.15
180.90	99.56	81.00	0.15	146.52	99.74	102.50	99.61
140.45	99.68	91.55	0.21	128.58	99.91	109.33	100.30
154.01	103.78	101.02	−3.90	155.58	99.92	145.95	99.29
173.64	99.62	99.71	0.12	173.13	99.74	155.64	104.09
178.68	99.71	114.16	0.16	2003.99	99.85	157.39	99.74
1647.10	**99.93**	**101.62**	**1.47**	**1673.71**	**101.40**	**919.29**	**93.46**
11.00				**20.98**		**14.48**	
194.84	99.66	114.20	0.08	222.50	99.73	173.33	100.05
217.85	98.93	102.18	0.59	222.60	99.51	181.42	99.19
220.45	97.63	84.83	0.89	187.00	98.67	95.28	99.25
176.82	126.30	101.81	1.81	180.02	128.59	51.57	99.94
188.66	97.50	89.66	2.01	169.15	99.73	82.11	99.38
185.03	97.28	97.11	1.64	179.69	98.95	94.70	94.70
132.55	95.43	107.45	3.20	142.42	98.36	50.00	99.48
97.45	94.98	89.54	2.99	87.26	98.27	35.11	86.05
93.30	95.11	116.93	2.87	109.10	97.50	76.01	96.70
75.72	95.97	114.63	3.10	86.80	98.64	34.68	65.19
64.43	99.89	135.29	−3.62	87.17	97.29	45.08	60.59

3－2－15　新疆自治区产棉县历年棉花

年　度	全区统计				产棉县（个）
	棉田面积（万亩）	亩　产（市斤）	产　量（万担）	收购量（万担）	
52年合计	**22714.50**	**123.17**	**27976.91**	**27257.99**	**54**
11年小计	**1319.20**	**49.80**	**656.90**	**355.70**	**54**
占合计%	**5.81**		**2.35**	**1.30**	
1949	46.60	22.53	10.50		54
1950	54.60	23.63	12.90		54
1951	81.90	25.64	21.00		54
1952	104.80	29.10	30.50	0.20	54
1953	87.40	35.81	31.30	9.30	54
1954	82.70	38.21	31.60	12.10	54
1955	110.50	48.05	53.10	23.90	54
1956	184.20	59.55	109.70	76.60	54
1957	171.50	59.59	102.20	56.10	54
1958	185.00	62.54	115.70	77.50	54
1959	210.00	65.90	138.40	100.00	54
10年小计	**2194.20**	**47.79**	**1048.70**	**915.10**	**54**
占合计%	**9.66**		**3.75**	**3.36**	
1960	238.00	29.79	70.90	50.00	54
1961	195.80	30.18	59.10	52.10	54
1962	156.10	32.16	50.20	43.30	54
1963	179.00	38.04	68.10	53.60	54
1964	203.70	43.15	87.90	79.10	54
1965	238.50	64.40	153.60	142.00	54
1966	253.00	62.69	158.60	146.20	54
1967	258.50	61.04	157.80	147.60	54
1968	241.40	56.75	137.00	108.40	54
1969	230.20	45.83	105.50	92.80	54
10年小计	**2279.00**	**49.06**	**1118.10**	**1042.00**	**54**
占合计%	**10.03**		**4.00**	**3.82**	
1970	232.80	55.50	129.20	118.10	54
1971	234.20	52.99	124.10	118.30	54
1972	238.50	44.40	105.90	99.60	54
1973	228.40	58.80	134.30	126.80	54
1974	228.40	50.61	115.60	107.00	54
1975	221.50	42.17	93.40	84.40	54
1976	212.30	48.14	102.20	95.40	54
1977	215.10	45.33	97.50	89.90	54
1978	225.60	48.71	109.90	102.00	54
1979	242.20	43.77	106.00	100.50	54
10年小计	**4299.00**	**90.47**	**3889.26**	**3794.22**	**54**
占合计%	**18.93**		**13.90**	**13.92**	
1980	271.80	58.28	158.40	159.20	54
1981	347.90	65.31	227.20	233.10	54
1982	427.70	68.32	292.20	287.70	54
1983	415.00	75.69	314.10	312.80	54
1984	422.20	91.09	384.60	389.40	54
1985	380.30	98.79	375.70	353.90	54
1986	414.50	104.27	432.20	402.50	54
1987	534.50	104.66	559.40	535.10	54
1988	534.40	104.07	556.16	544.56	54
1989	550.70	107.01	589.30	575.96	54
11年小计	**12623.10**	**168.45**	**21263.95**	**21150.97**	**54**
占合计%	**55.57**		**76.01**	**77.60**	
1990	652.80	143.63	937.60	1035.18	54
1991	820.40	155.89	1278.90	1334.40	54
1992	964.90	138.38	1335.25	1403.00	54
1993	909.60	149.52	1360.00	1219.70	54
1994	1125.00	156.80	1764.00	1686.30	54
1995	1114.40	178.34	1987.40	1893.00	54
1996	1199.00	156.86	1880.80	1571.59	54
1997	1325.60	173.51	2300.00	2188.40	54
1998	1499.00	186.79	2800.00	3011.40	54
1999	1493.90	181.27	2708.00	2722.00	54
2000	1518.50	191.77	2912.00	3086.00	54

注：新疆自治区全区统计中包括了新疆兵团数，产棉县统计中不含兵团，因此在产棉县统计中占全区比重中偏低。平均亩产也受到影响。

生产收购比重

产棉县统计							
棉田面积（万亩）	占全区（%）	亩产（市斤）	比全区（±市斤）	产量（万担）	占全区（%）	收购量（万担）	占全区（%）
15116.80	**66.55**	**116.50**	**-6.67**	**17610.98**	**62.95**	**17395.34**	**63.82**
1045.11	**79.22**	**40.19**	**-9.60**	**420.05**	**63.94**	**231.58**	**65.11**
6.91				**2.39**		**1.33**	
50.18	107.68	20.19	-2.34	10.13	96.48	2.36	
54.58	99.96	22.04	-1.59	12.03	93.26	2.95	
65.75	80.28	25.13	-0.52	16.52	78.67	3.35	
75.05	71.61	26.04	-3.07	19.54	64.07	3.60	*
77.64	88.83	29.03	-6.78	22.54	72.01	4.33	46.56
76.55	92.56	34.25	-3.96	26.22	82.97	7.94	65.62
94.93	85.91	41.68	-6.37	39.57	74.52	26.73	111.84
143.47	77.89	47.86	-11.69	68.67	62.60	29.53	38.55
124.56	72.63	39.70	-19.89	49.45	48.39	36.87	65.72
130.13	70.34	52.41	-10.13	68.20	58.95	39.54	51.02
152.27	72.51	57.25	-8.65	87.18	62.99	74.38	74.38
1587.73	**72.36**	**43.59**	**-4.21**	**692.08**	**65.99**	**731.37**	**79.92**
10.50				**3.93**		**4.20**	
161.44	67.83	27.85	-1.94	44.96	63.41	41.94	83.88
139.91	71.46	32.35	2.17	45.26	76.58	39.98	76.74
125.11	80.15	30.25	-1.91	37.84	75.38	34.27	79.15
137.88	77.03	33.99	-4.05	46.87	68.82	46.88	87.46
152.14	74.69	36.60	-6.55	55.68	63.34	51.31	64.87
171.04	71.72	55.58	-8.82	95.07	61.89	98.30	69.23
177.43	70.13	58.83	-3.85	104.39	65.82	124.88	85.42
181.37	70.16	59.07	-1.98	107.13	67.89	127.30	86.25
177.01	73.33	46.99	-9.77	83.17	60.71	89.63	82.68
164.40	71.42	43.62	-2.21	71.71	67.97	76.8800	82.84
1754.98	**77.01**	**46.41**	**-2.65**	**814.47**	**72.84**	**911.04**	**87.43**
11.61				**4.62**		**5.24**	
160.89	69.11	50.67	-4.83	81.52	63.10	101.26	85.74
161.00	68.74	48.54	-4.45	78.15	62.97	95.03	80.33
162.25	68.03	35.74	-8.66	57.99	54.76	78.03	78.34
162.04	70.95	55.91	-2.89	90.60	67.46	108.73	85.75
163.93	71.77	50.96	0.35	83.54	72.27	91.01	85.06
184.84	83.45	43.49	1.32	80.39	86.07	83.70	99.17
180.07	84.82	48.08	-0.06	86.57	84.71	93.48	97.99
179.34	83.37	44.95	-0.37	80.62	82.69	86.36	96.06
195.62	86.71	47.71	-1.00	93.33	84.92	88.85	87.11
205.00	84.64	39.88	-3.88	81.76	77.13	84.59	84.17
2986.85	**69.48**	**87.13**	**-3.34**	**2602.40**	**66.91**	**2508.58**	**66.12**
19.76				**14.78**		**14.42**	
227.22	83.60	58.27	-0.01	132.40	83.59	134.12	84.25
287.28	82.58	67.70	2.39	194.49	85.60	199.85	85.74
335.24	78.38	69.44	1.12	232.80	79.67	224.75	78.12
296.20	71.37	71.79	-3.89	212.65	67.70	211.15	67.50
292.17	69.20	87.00	-4.10	254.18	66.09	256.33	65.83
254.05	66.80	97.22	-1.57	246.99	65.74	227.26	64.22
279.17	67.35	102.69	-1.58	286.67	66.33	264.78	65.78
372.66	69.72	101.92	-2.73	379.83	67.90	349.31	65.28
368.19	68.90	103.96	-0.11	382.76	68.82	371.90	68.29
274.67	49.88	101.81	-5.20	279.63	47.45	269.13	46.73
7742.13	**61.33**	**168.97**	**0.52**	**13081.98**	**61.52**	**13012.77**	**61.52**
51.22				**74.28**		**74.81**	
309.27	47.38	143.91	0.29	445.08	47.47	470.37	45.44
489.73	59.69	167.55	11.66	820.52	64.16	833.26	62.44
607.95	63.01	141.73	3.34	861.62	64.53	859.00	61.23
578.40	63.59	140.34	-9.18	811.70	59.68	791.93	64.93
701.69	62.37	159.52	2.72	1119.37	63.46	1091.36	64.72
713.88	64.06	172.68	-5.66	1232.75	62.03	1228.76	64.91
758.30	63.24	153.93	-2.94	1167.23	62.06	1130.63	71.94
840.24	63.39	175.84	2.34	1477.51	64.24	1469.87	67.17
940.46	62.74	194.32	7.53	1827.54	65.27	1829.16	60.74
915.46	61.28	172.82	-8.45	1582.08	58.42	1571.85	57.75
886.75	58.40	195.84	4.07	1736.58	59.64	1736.58	56.27

3-2-16 新疆兵团产棉师团历年棉花

年度	全兵团统计				产棉师团（个）
	棉田面积（万亩）	亩产（市斤）	产量（万担）	收购量（万担）	
52 年合计	**7766.07**	**144.07**	**11188.85**	**9845.53**	**11**
11 年小计	**237.24**	**50.40**	**119.58**		**11**
占合计%	**3.05**		**1.07**		
1949					11
1950	3.66	20.77	0.76		11
1951	6.64	41.11	2.73		11
1952	20.13	31.59	6.36		11
1953	5.77	75.22	4.34		11
1954	6.60	55.00	3.63		11
1955	13.78	79.83	11.00		11
1956	34.00	57.94	19.70		11
1957	39.04	51.90	20.26		11
1958	52.45	46.31	24.29		11
1959	55.17	48.05	26.51		11
10 年小计	**562.54**	**56.35**	**316.97**	**141.75**	**11**
占合计%	**7.24**		**2.83**	**1.44**	
1960	74.16	23.62	17.52		11
1961	53.39	30.85	16.47	8.97	11
1962	29.69	40.32	11.97	7.59	11
1963	38.80	51.49	19.98	12.16	11
1964	48.76	66.12	32.24	26.74	11
1965	65.28	86.00	56.14	22.01	11
1966	63.71	78.01	49.70	17.43	11
1967	65.81	73.00	48.04	19.81	11
1968	60.95	51.12	33.75	12.40	11
1969	61.99	50.27	31.16	14.64	11
10 年小计	**612.58**	**55.32**	**338.85**	**273.19**	**11**
占合计%	**7.89**		**3.03**	**2.77**	
1970	66.72	65.23	44.50	39.19	11
1971	62.46	69.68	43.52	41.41	11
1972	76.01	60.82	46.23	44.40	11
1973	63.20	64.29	40.63	38.17	11
1974	62.33	48.56	30.27	30.72	11
1975	41.34	37.64	15.56	11.48	11
1976	40.07	47.27	18.94		11
1977	41.59	47.37	19.70		11
1978	72.63	53.42	38.80	32.53	11
1979	86.23	47.20	40.70	35.29	11
10 年小计	**1693.38**	**99.59**	**1686.41**	**1525.65**	**11**
占合计%	**21.80**		**15.07**	**15.50**	
1980	97.11	71.37	69.31	64.57	11
1981	121.97	85.49	104.27	86.54	11
1982	172.53	82.12	141.69	104.96	11
1983	170.74	87.84	149.98	129.60	11
1984	176.39	100.66	177.55	151.33	11
1985	162.40	100.42	163.09	164.10	11
1986	180.96	109.63	198.38	180.06	11
1987	210.57	113.18	238.32	217.37	11
1988	197.62	105.47	208.43	197.79	11
1989	203.09	115.90	235.39	229.33	11
11 年小计	**4660.33**	**187.26**	**8727.04**	**7904.94**	**11**
占合计%	**60.01**		**78.00**	**80.29**	
1990	255.00	152.80	389.65	455.46	11
1991	318.30	146.83	467.35	456.99	11
1992	334.40	141.61	473.54	461.67	11
1993	323.88	151.81	491.67	491.68	11
1994	405.53	164.19	665.83	642.58	11
1995	399.05	191.39	763.76	689.01	11
1996	426.36	173.10	738.04	518.85	11
1997	474.16	199.68	946.78	833.91	11
1998	543.84	219.55	1194.02	1168.14	11
1999	572.07	214.08	1224.69	1210.80	11
2000	607.74	225.71	1371.71	975.85	11

生产收购比重

产棉师团统计							
棉田面积（万亩）	占兵团（%）	亩产（市斤）	比兵团（±市斤）	产量（万担）	占兵团（%）	收购量（万担）	占兵团（%）
7742.21	**99.69**	**143.99**	**-0.08**	**11147.98**	**99.63**	**9531.10**	**96.81**
237.24	**100.00**	**50.43**	**0.03**	**119.65**	**100.06**		
3.06				**1.07**			
3.66	100.00	20.77		0.76	100.00		
6.64	100.00	41.11		2.73	100.00		
20.13	100.00	31.59		6.36	100.00		
5.77	100.00	75.22		4.34	100.00		
6.60	100.00	55.00		3.63	100.00		
13.78	100.00	79.83		11.00	100.00		
34.00	100.00	58.15	0.21	19.77	100.36		
39.04	100.00	51.90		20.26	100.00		
52.45	100.00	46.31		24.29	100.00		
55.17	100.00	48.05		26.51	100.00		
562.54	**100.00**	**56.35**		**316.97**	**100.00**	**141.75**	**100.00**
7.27				**2.84**		**1.49**	
74.16	100.00	23.62		17.52	100.00		
53.39	100.00	30.85		16.47	100.00	8.97	100.00
29.69	100.00	40.32		11.97	100.00	7.59	100.00
38.80	100.00	51.49		19.98	100.00	12.16	100.00
48.76	100.00	66.12		32.24	100.00	26.74	100.00
65.28	100.00	86.00		56.14	100.00	22.01	100.00
63.71	100.00	78.01		49.70	100.00	17.43	100.00
65.81	100.00	73.00		48.04	100.00	19.81	100.00
60.95	100.00	55.37	4.25	33.75	100.00	12.40	100.00
61.99	100.00	50.27		31.16	100.00	14.64	100.00
612.58	**100.00**	**55.32**		**338.85**	**100.00**	**273.19**	**100.00**
7.91				**3.04**		**2.87**	
66.72	100.00	66.70	1.47	44.50	100.00	39.19	100.00
62.46	100.00	69.68		43.52	100.00	41.41	100.00
76.01	100.00	60.82		46.23	100.00	44.40	100.00
63.20	100.00	64.29		40.63	100.00	38.17	100.00
62.33	100.00	48.56		30.27	100.00	30.72	100.00
41.34	100.00	37.64		15.56	100.00	11.48	100.00
40.07	100.00	47.27		18.94	100.00		
41.59	100.00	47.37		19.70	100.00		
72.63	100.00	53.42		38.80	100.00	32.53	100.00
86.23	100.00	47.20		40.70	100.00	35.29	100.00
1693.38	**100.00**	**99.59**		**1686.41**	**100.00**	**1525.65**	**100.00**
21.87				**15.13**		**16.01**	
97.11	100.00	71.37		69.31	100.00	64.57	100.00
121.97	100.00	85.49		104.27	100.00	86.54	100.00
172.53	100.00	82.12		141.69	100.00	104.96	100.00
170.74	100.00	87.84		149.98	100.00	129.60	100.00
176.39	100.00	100.66		177.55	100.00	151.33	100.00
162.40	100.00	100.42		163.09	100.00	164.10	100.00
180.96	100.00	109.63		198.38	100.00	180.06	100.00
210.57	100.00	113.18		238.32	100.00	217.37	100.00
197.62	100.00	105.47		208.43	100.00	197.79	100.00
203.09	100.00	115.90		235.39	100.00	229.33	100.00
4636.47	**99.49**	**187.34**	**0.08**	**8686.10**	**99.53**	**7590.51**	**96.02**
59.89				**77.92**		**79.64**	
249.30	97.76	152.92	0.12	381.24	97.84	466.77	102.48
315.75	99.20	147.17	0.35	464.70	99.43	472.25	103.34
340.05	101.69	138.23	-3.38	470.05	99.26	459.16	99.46
320.65	99.00	152.71	0.90	489.66	99.59	425.06	86.45
402.79	99.32	164.61	0.42	663.04	99.58	638.89	99.43
396.77	99.43	191.57	0.17	760.09	99.52	686.51	99.64
423.95	99.43	173.24	0.14	734.45	99.51	512.76	98.83
470.33	99.19	200.29	0.61	942.01	99.50	833.13	99.91
538.99	99.11	219.82	0.27	1184.83	99.23	1155.04	98.88
566.38	99.01	214.75	0.67	1216.30	99.31	959.81	79.27
611.51	100.62	225.63	-0.08	1379.73	100.58	981.13	100.54

3-2-17 辽宁省产棉县历年棉花

年 度	全 省 统 计				产棉县（个）
	棉田面积（万亩）	亩 产（市斤）	产 量（万担）	收购量（万担）	
52 年合计	**8336.60**	**38.45**	**3205.62**	**2681.84**	**13**
11 年小计	**4078.60**	**28.00**	**1141.90**	**910.90**	**13**
占合计%	**48.92**		**35.62**	**33.97**	
1949	184.20	14.77	27.20		13
1950	349.70	25.28	88.40	56.80	13
1951	671.70	20.38	136.90	106.00	13
1952	610.50	30.06	183.50	160.40	13
1953	405.30	32.08	130.00	123.60	13
1954	410.90	17.40	71.50	57.60	13
1955	233.30	28.46	66.40	47.50	13
1956	320.60	42.11	135.00	106.60	13
1957	292.80	27.56	80.70	63.90	13
1958	309.70	38.75	120.00	107.50	13
1959	289.90	35.29	102.30	81.00	13
10 年小计	**1691.00**	**37.60**	**635.90**	**581.00**	**13**
占合计%	**20.28**		**19.84**	**21.66**	
1960	240.80	15.37	37.00	32.10	13
1961	141.60	13.77	19.50	13.30	13
1962	105.80	19.19	20.30	18.30	13
1963	124.50	30.68	38.20	34.70	13
1964	173.20	36.43	63.10	59.20	13
1965	184.10	47.37	87.20	80.70	13
1966	188.00	56.54	106.30	94.50	13
1967	178.00	55.56	98.90	94.00	13
1968	185.30	37.08	96.70	91.10	13
1969	169.70	40.48	68.70	63.10	13
10 年小计	**1610.70**	**34.64**	**558.00**	**501.30**	**13**
占合计%	**19.32**		**17.41**	**18.69**	
1970	163.00	46.32	77.00	69.00	13
1971	175.60	43.00	75.50	67.60	13
1972	181.80	28.44	51.70	47.10	13
1973	185.30	38.05	70.50	65.20	13
1974	190.20	37.91	72.10	66.30	13
1975	184.50	39.24	72.40	66.50	13
1976	188.70	11.82	22.30	19.30	13
1977	134.90	27.58	37.20	31.30	13
1978	152.20	31.21	47.50	40.60	13
1979	54.50	58.35	31.80	28.40	13
10 年小计	**509.80**	**93.40**	**476.16**	**437.14**	**13**
占合计%	**6.12**		**14.85**	**16.30**	
1980	57.70	74.00	42.70	39.40	13
1981	58.70	74.96	44.00	42.80	13
1982	69.70	66.86	46.60	45.30	13
1983	82.00	126.83	104.00	101.10	13
1984	109.40	120.84	132.20	127.60	13
1985	58.70	82.28	48.30	38.50	13
1986	26.90	86.62	23.30	16.00	13
1987	6.90	97.10	6.70	6.40	13
1988	15.50	82.32	12.76	8.30	13
1989	24.30	64.20	15.60	11.74	13
11 年小计	**446.50**	**88.17**	**393.66**	**251.50**	**13**
占合计%	**5.36**		**12.28**	**9.38**	
1990	28.60	95.10	27.20	23.24	13
1991	83.00	101.17	83.97	65.62	13
1992	112.40	49.72	55.89	42.00	13
1993	36.90	102.98	38.00	21.60	13
1994	39.00	85.90	33.50	12.16	13
1995	46.50	101.72	47.30	16.70	13
1996	18.60	116.13	21.60	6.68	13
1997	29.30	102.73	30.10	16.80	13
1998	30.80	116.23	35.80	26.70	13
1999	10.40	87.50	9.10	12.00	13
2000	11.00	101.82	11.20	8.00	13

生产收购比重

产棉县统计							
棉田面积（万亩）	占全省（%）	亩　产（市斤）	比全省（±市斤）	产　量（万担）	占全省（%）	收购量（万担）	占全省（%）
2980.92	**35.76**	**46.98**	**8.53**	**1400.48**	**43.69**	**1126.43**	**42.00**
1167.39	**28.62**	**32.76**	**4.76**	**382.42**	**33.49**	**278.11**	**30.53**
39.16				**27.31**		**24.69**	
55.06	29.89	23.21	8.44	12.78	46.99	5.28	
93.76	26.81	25.13	−0.15	23.56	26.65	14.72	25.92
172.72	25.71	24.78	4.40	42.80	31.26	24.42	23.04
175.05	28.67	33.58	3.52	58.78	32.03	45.10	28.12
108.70	26.82	38.21	6.13	41.53	31.95	33.23	26.89
111.96	27.25	20.11	2.70	22.51	31.48	17.79	30.89
71.91	30.82	27.56	−0.90	19.82	29.85	13.24	27.87
99.65	31.08	40.80	−1.31	40.66	30.12	28.91	27.12
93.62	31.97	32.13	4.57	30.08	37.27	24.86	38.90
95.63	30.88	52.84	14.09	50.53	42.11	40.73	37.89
89.33	30.81	44.07	8.78	39.37	38.48	29.83	36.83
512.73	**30.32**	**45.77**	**8.17**	**234.70**	**36.91**	**198.48**	**34.16**
17.20				**16.76**		**17.62**	
75.72	31.45	22.05	6.69	16.70	45.14	12.13	37.79
46.58	32.90	14.90	1.13	6.94	35.59	5.16	38.80
34.21	32.33	19.64	0.46	6.72	33.10	4.35	23.77
41.83	33.60	30.93	0.25	12.94	33.87	10.18	29.34
49.89	28.80	47.34	10.91	23.62	37.43	20.98	35.44
54.58	29.65	64.07	16.71	34.97	40.11	31.35	38.85
54.48	28.98	70.15	13.61	38.22	35.95	33.09	35.02
53.93	30.30	68.03	12.47	36.69	37.10	31.49	33.50
53.16	28.69	62.77	25.70	33.37	34.51	29.01	31.84
48.35	28.49	50.73	10.25	24.53	35.71	20.74	32.87
697.35	**43.29**	**36.85**	**2.21**	**256.98**	**46.05**	**227.75**	**45.43**
23.39				**18.35**		**20.22**	
50.15	30.77	62.59	16.27	31.39	40.77	26.31	38.13
52.97	30.17	57.01	14.02	30.20	40.00	26.88	39.76
54.19	29.81	35.12	6.68	19.03	36.81	18.04	38.30
76.64	41.36	45.19	7.14	34.63	49.12	32.14	49.29
82.00	43.11	43.20	5.29	35.42	49.13	31.72	47.84
53.83	29.18	46.00	6.76	24.76	34.20	22.94	34.50
107.47	56.95	13.61	1.80	14.63	65.61	12.06	62.49
77.61	57.53	27.07	−0.50	21.01	56.48	17.78	56.81
95.67	62.86	29.77	−1.44	28.48	59.96	24.23	59.68
46.82	85.91	37.23	−21.12	17.43	54.81	15.65	55.11
333.04	**65.33**	**92.39**	**−1.01**	**307.69**	**64.62**	**278.72**	**63.76**
11.17				**21.97**		**24.74**	
37.25	64.56	70.07	−3.94	26.10	61.12	22.66	57.51
39.92	68.01	70.27	−4.69	28.05	63.75	26.61	62.17
48.34	69.35	66.14	−0.72	31.97	68.61	31.07	68.59
56.01	68.30	124.39	−2.44	69.67	66.99	67.12	66.39
71.68	65.52	117.02	−3.82	83.88	63.45	80.97	63.46
28.44	48.45	90.26	7.98	25.67	53.15	21.50	55.84
17.14	63.72	91.66	5.04	15.71	67.42	8.89	55.56
5.08	73.62	114.76	17.66	5.83	87.01	3.96	61.88
11.92	76.90	82.55	0.23	9.84	77.12	7.04	84.82
17.26	71.03	63.56	−0.64	10.97	70.32	8.90	75.81
270.41	**60.56**	**80.87**	**−7.29**	**218.69**	**55.55**	**143.37**	**57.01**
9.07				**15.62**		**12.73**	
20.05	70.10	91.07	−4.03	18.26	67.13	17.09	73.54
48.92	58.94	93.89	−7.28	45.93	54.70	34.50	52.58
57.12	50.82	56.95	7.23	32.53	58.20	23.94	57.00
25.87	70.11	86.66	−16.32	22.42	59.00	10.73	49.68
23.81	61.05	70.89	−15.00	16.88	50.39	6.96	57.24
27.56	59.27	84.98	−16.74	23.42	49.51	11.23	67.25
12.66	68.06	83.18	−32.95	10.53	48.75	4.63	69.31
18.26	62.32	79.13	−23.60	14.45	48.01	8.63	51.37
18.14	58.90	88.75	−27.48	16.10	44.97	11.66	43.67
6.51	62.60	107.53	20.03	7.00	76.92	5.22	43.50
11.51	104.64	97.05	−4.77	11.17	99.73	8.78	109.75

3-2-18 甘肃省产棉县历年棉花

年度	全省统计				产棉县（个）
	棉田面积（万亩）	亩产（市斤）	产量（万担）	收购量（万担）	
52年合计	**1218.80**	**80.05**	**975.59**	**767.01**	**8**
11年小计	**380.00**	**32.55**	**123.70**	**55.00**	**8**
占合计%	**31.18**		**12.68**	**7.17**	
1949	25.10	19.92	5.00		8
1950	29.70	24.92	7.40		8
1951	24.20	36.36	8.80		8
1952	33.00	23.03	7.60		8
1953	26.00	22.31	5.80		8
1954	23.90	25.52	6.10	3.10	8
1955	27.30	41.39	11.30	2.20	8
1956	44.60	42.60	19.00	11.70	8
1957	36.60	45.90	16.80	10.70	8
1958	53.40	35.39	18.90	14.40	8
1959	56.20	30.25	17.00	12.90	8
10年小计	**215.30**	**24.94**	**53.70**	**47.70**	**8**
占合计%	**17.66**		**5.50**	**6.22**	
1960	71.60	12.71	9.10	7.50	8
1961	15.70	11.46	1.80	1.70	8
1962	13.70	9.49	1.30	1.00	8
1963	15.10	23.84	3.60	2.70	8
1964	17.20	29.65	5.10	4.10	8
1965	17.80	40.45	7.20	5.70	8
1966	16.60	43.37	7.20	6.50	8
1967	16.70	41.32	6.90	5.20	8
1968	15.40	34.42	5.30	7.70	8
1969	15.50	40.00	6.20	5.60	8
10年小计	**218.60**	**33.49**	**73.20**	**63.50**	**8**
占合计%	**17.94**		**7.50**	**8.28**	
1970	25.90	35.14	9.10	6.40	8
1971	25.00	30.80	7.70	6.60	8
1972	29.90	31.10	9.30	8.10	8
1973	24.40	33.20	8.10	7.20	8
1974	23.20	33.62	7.80	6.90	8
1975	22.80	27.63	6.30	5.70	8
1976	22.70	29.96	6.80	6.20	8
1977	18.20	40.11	7.30	6.60	8
1978	16.00	42.50	6.80	6.00	8
1979	10.50	38.10	4.00	3.80	8
10年小计	**86.70**	**115.11**	**99.80**	**88.20**	**8**
占合计%	**7.11**		**10.23**	**11.50**	
1980	8.40	64.29	5.40	5.00	8
1981	8.40	95.24	8.00	7.90	8
1982	9.50	98.95	9.40	9.20	8
1983	11.00	120.00	13.20	12.60	8
1984	11.90	130.25	15.50	14.60	8
1985	8.70	118.39	10.30	8.10	8
1986	7.70	93.51	7.20	6.30	8
1987	7.20	138.89	10.00	8.40	8
1988	7.10	143.66	10.20	8.20	8
1989	6.80	155.88	10.60	7.90	8
11年小计	**318.20**	**196.48**	**625.19**	**512.61**	**8**
占合计%	**26.11**		**64.08**	**66.83**	
1990	8.90	178.65	15.90	15.40	8
1991	11.90	206.97	24.63	22.74	8
1992	18.90	185.50	35.06	30.69	8
1993	18.10	143.65	26.00	21.90	8
1994	22.50	157.78	35.50	31.48	8
1995	27.00	169.63	45.80	42.00	8
1996	29.90	171.91	51.40	42.00	8
1997	32.10	210.59	67.60	65.90	8
1998	50.30	242.54	122.00	76.30	8
1999	46.50	185.59	86.30	46.20	8
2000	52.10	220.73	115.00	118.00	8

生产收购比重

产棉县统计							
棉田面积（万亩）	占全省（%）	亩产（市斤）	比全省（±市斤）	产量（万担）	占全省（%）	收购量（万担）	占全省（%）
767.73	**62.99**	**102.53**	**22.49**	**787.16**	**80.69**	**645.80**	**84.20**
143.87	**37.86**	**30.03**	**-2.52**	**43.21**	**34.93**	**39.53**	**71.87**
18.74				**5.49**		**6.12**	
4.98	19.84	17.87	-2.05	0.89	17.80	0.64	
6.14	20.67	18.89	-6.02	1.16	15.68	0.77	
6.65	27.48	20.60	-15.76	1.37	15.57	1.01	
4.93	14.94	24.34	1.31	1.20	15.79	0.69	
4.95	19.04	21.62	-0.69	1.07	18.45	0.66	
4.83	20.21	24.84	-0.68	1.20	19.67	0.96	30.97
8.17	29.93	39.90	-1.49	3.26	28.85	2.97	135.00
22.38	50.18	31.01	-11.59	6.94	36.53	6.75	57.69
19.22	52.51	38.45	-7.45	7.39	43.99	7.23	67.57
29.51	55.26	36.19	0.80	10.68	56.51	10.13	70.35
32.11	57.14	25.07	-5.18	8.05	47.35	7.72	59.84
101.37	**47.08**	**29.06**	**4.12**	**29.46**	**54.86**	**27.52**	**57.69**
13.20				**3.74**		**4.26**	
41.79	58.37	12.13	-0.58	5.07	55.71	4.84	64.53
7.06	44.97	11.19	-0.28	0.79	43.89	0.69	40.59
6.44	47.01	3.57	-5.92	0.23	17.69	0.17	17.00
5.89	39.01	27.84	4.00	1.64	45.56	1.52	56.30
6.45	37.50	37.98	8.33	2.45	48.04	2.24	54.63
6.65	37.36	50.53	10.08	3.36	46.67	3.13	54.91
6.29	37.89	72.18	28.80	4.54	63.06	4.31	66.31
6.88	41.20	61.77	20.46	4.25	61.59	4.00	76.92
6.86	44.55	51.02	16.60	3.50	66.04	3.28	42.60
7.06	45.55	51.42	11.42	3.63	58.55	3.34	59.64
106.72	**48.82**	**52.08**	**18.59**	**55.58**	**75.93**	**56.79**	**89.43**
13.90				**7.06**		**8.79**	
11.38	43.94	47.72	12.58	5.43	59.67	4.47	69.84
10.04	40.16	48.61	17.81	4.88	63.38	4.77	72.27
11.77	39.36	49.19	18.09	5.79	62.26	4.89	60.37
9.74	39.92	59.65	26.45	5.81	71.73	4.81	66.81
10.89	46.94	58.31	24.69	6.35	81.41	4.95	71.74
10.81	47.41	45.61	17.97	4.93	78.25	6.95	121.93
11.87	52.29	51.73	21.77	6.14	90.29	6.27	101.13
10.31	56.65	60.72	20.61	6.26	85.75	5.90	89.39
10.87	67.94	55.47	12.97	6.03	88.68	8.24	137.33
9.04	86.10	43.81	5.71	3.96	99.00	5.54	145.79
85.17	**98.24**	**118.57**	**3.47**	**100.99**	**101.19**	**86.12**	**97.64**
11.09				**12.83**		**13.34**	
7.82	93.10	68.29	4.00	5.34	98.89	5.10	102.00
8.03	95.60	99.00	3.77	7.95	99.38	7.81	98.86
9.10	95.79	101.87	2.92	9.27	98.62	8.78	95.43
10.46	95.09	123.71	3.71	12.94	98.03	12.66	100.48
11.12	93.45	135.43	5.18	15.06	97.16	13.76	94.25
8.29	95.29	115.92	-2.47	9.61	93.30	8.25	101.85
7.60	98.70	91.71	-1.80	6.97	96.81	6.20	98.41
8.10	112.50	135.93	-2.96	11.01	110.10	7.95	94.64
7.62	107.32	154.20	10.54	11.75	115.20	7.94	96.83
7.03	103.38	157.75	1.87	11.09	104.62	7.67	97.09
330.60	**103.90**	**168.76**	**-27.72**	**557.92**	**89.24**	**435.84**	**85.02**
43.06				**70.88**		**67.49**	
8.29	93.15	166.22	-12.43	13.78	86.67	14.71	95.52
11.87	99.75	177.00	-29.97	21.01	85.30	22.15	97.41
19.10	101.06	163.46	-22.05	31.22	89.05	30.65	99.87
19.42	107.29	148.51	4.86	28.84	110.92	22.00	100.46
22.00	97.78	153.00	-4.78	33.66	94.82	31.13	98.89
26.97	99.89	169.86	0.23	45.81	100.02	41.85	99.64
31.49	105.32	156.75	-15.16	49.36	96.03	42.52	101.24
36.10	112.46	172.33	-38.27	62.21	92.03	56.80	86.19
50.42	100.24	189.94	-52.60	95.77	78.50	77.66	101.78
42.67	91.76	165.36	-20.23	70.56	81.76	48.77	105.56
62.27	119.52	169.74	-50.98	105.70	91.91	47.60	40.34

3－2－19　天津市产棉县历年棉花

年　度	全市统计				产棉县（个）
	棉田面积（万亩）	亩　产（市斤）	产　量（万担）	收购量（万担）	
52 年合计	**693.80**	**80.64**	**559.45**	**372.89**	**5**
11 年小计					**5**
占合计%					
1949					5
1950					5
1951					5
1952					5
1953					5
1954					5
1955					5
1956					5
1957					5
1958					5
1959					5
10 年小计	**9.70**	**47.42**	**4.60**		**5**
占合计%	**1.40**		**0.82**		
1960					5
1961					5
1962					5
1963					5
1964					5
1965					5
1966	2.90	41.38	1.20		5
1967	2.70	59.26	1.60		5
1968	2.00	65.00	1.30		5
1969	2.10	23.81	0.50		5
10 年小计	**165.40**	**35.85**	**59.30**	**38.60**	**5**
占合计%	**23.84**		**10.60**	**10.35**	
1970	2.40	41.67	1.00		5
1971	1.50	40.00	0.60		5
1972	1.00	30.00	0.30	5.20	5
1973	0.70	*	10.20	9.30	5
1974	26.90	37.17	10.00	8.20	5
1975	31.00	35.16	10.90	8.30	5
1976	29.50	14.24	4.20	2.40	5
1977	28.80	11.81	3.40	1.70	5
1978	28.40	58.10	16.50	2.60	5
1979	15.20	14.47	2.20	0.90	5
10 年小计	**271.70**	**90.98**	**247.18**	**171.18**	**5**
占合计%	**39.16**		**44.18**	**45.91**	
1980	12.50	25.60	3.20	1.60	5
1981	14.80	30.41	4.50	2.50	5
1982	15.70	57.32	9.00	7.20	5
1983	27.20	83.46	22.70	21.40	5
1984	57.30	114.83	65.80	57.00	5
1985	43.10	110.44	47.60	26.10	5
1986	27.60	96.74	26.70	16.70	5
1987	24.00	106.67	25.60	16.10	5
1988	27.20	74.19	20.18	11.30	5
1989	22.30	98.21	21.90	11.28	5
11 年小计	**247.00**	**100.55**	**248.37**	**163.11**	**5**
占合计%	**35.60**		**44.40**	**43.74**	
1990	26.70	114.61	30.60	25.10	5
1991	44.80	113.75	50.96	40.65	5
1992	43.20	75.49	32.61	15.00	5
1993	14.70	108.84	16.00	8.30	5
1994	34.50	53.91	18.60	14.36	5
1995	25.80	86.82	22.40	4.50	5
1996	9.80	104.08	10.20	3.20	5
1997	6.60	119.70	7.90	1.60	5
1998	9.20	136.96	12.60	10.40	5
1999	9.00	126.67	11.40	20.00	5
2000	22.70	154.63	35.10	20.00	5

生产收购比重

产棉县统计							
棉田面积（万亩）	占全市（%）	亩产（市斤）	比全市（±市斤）	产量（万担）	占全市（%）	收购量（万担）	占全市（%）
1210.20	**174.43**	**54.66**	**-25.98**	**661.49**	**118.24**	**460.86**	**123.59**
274.13		**21.12**	**21.12**	**57.90**		**45.37**	
22.65				**8.75**		**9.84**	
22.84		11.08	11.08	2.53			
22.44		18.05	18.05	4.05			
25.29		21.67	21.67	5.48		3.82	
24.53		30.78	30.78	7.55		7.08	
25.11		22.66	22.66	5.69		5.72	
33.46		10.79	10.79	3.61		4.33	
27.39		24.94	24.94	6.83		6.35	
31.62		21.35	21.35	6.75		5.46	
22.04		28.27	28.27	6.23		4.42	
21.29		27.52	27.52	5.86		3.97	
18.12		18.32	18.32	3.32		4.22	
180.43	*	**33.79**	**-13.63**	**60.97**	**1325.43**	**52.81**	
14.91				**9.22**		**11.46**	
19.25		19.38	19.38	3.73		3.73	
14.19		20.79	20.79	2.95		1.68	
15.90		13.08	13.08	2.08		1.29	
17.56		27.90	27.90	4.90		3.35	
19.30		33.78	33.78	6.52		5.55	
17.29		44.94	44.94	7.77		7.91	
19.05	*	38.90	-2.48	7.41	*	6.13	
19.51	*	40.65	-18.61	7.93	*	7.18	
18.71	*	59.54	-5.46	11.14	*	10.29	
19.67	*	33.25	9.44	6.54	*	5.70	
244.80	**148.00**	**28.00**	**-7.85**	**68.54**	**115.58**	**51.82**	**134.25**
20.23				**10.36**		**11.24**	
20.09	*	48.33	6.67	9.71	*	8.42	
21.04	*	53.85	13.85	11.33	*	8.43	
22.63	*	27.97	-2.03	6.33	*	4.94	95.00
25.63	*	29.85	29.85	7.65	75.00	6.18	66.45
25.66	95.39	37.69	0.51	9.67	96.70	7.99	97.44
29.22	94.26	35.35	0.19	10.33	94.77	8.31	100.12
28.24	95.73	13.46	-0.78	3.80	90.48	2.40	100.00
27.66	96.04	12.04	0.23	3.33	97.94	1.70	100.00
27.25	95.95	15.08	-43.02	4.11	24.91	2.57	98.85
17.38	114.34	13.12	-1.36	2.28	103.64	0.88	97.78
260.01	**95.70**	**92.98**	**2.01**	**241.77**	**97.81**	**162.90**	**95.16**
21.48				**36.55**		**35.35**	
12.04	96.32	24.58	-1.02	2.96	92.50	1.62	101.25
12.25	82.77	36.65	-6.25	4.49	99.78	2.60	104.00
14.23	90.64	72.10	14.78	10.26	114.00	7.22	100.28
25.97	95.48	82.90	-0.55	21.53	94.85	20.37	95.19
53.97	94.19	115.60	0.77	62.39	94.82	54.32	95.30
41.50	96.29	111.28	0.84	46.18	97.02	21.61	82.80
29.39	106.49	90.23	-6.50	26.52	99.33	16.42	98.32
23.92	99.67	106.69	0.02	25.52	99.69	16.13	100.19
24.54	90.22	81.66	7.47	20.04	99.31	11.32	100.18
22.20	99.55	98.56	0.35	21.88	99.91	11.29	100.09
250.83	**101.55**	**92.62**	**-7.94**	**232.31**	**93.53**	**147.96**	**90.71**
20.73				**35.12**		**32.11**	
26.61	99.66	113.90	-0.70	30.31	99.05	25.12	100.08
45.30	101.12	84.46	-29.29	38.26	75.08	40.49	99.61
43.05	99.65	75.26	-0.22	32.40	99.36	15.20	101.33
23.83	162.11	71.34	-37.50	17.00	106.25	8.30	100.00
33.79	97.94	53.71	-0.20	18.15	97.58	14.25	99.23
25.36	98.29	87.50	0.68	22.19	99.06	4.42	98.22
9.69	98.88	103.20	-0.88	10.00	98.04	3.11	97.19
7.32	110.91	105.33	-14.37	7.71	97.59	1.50	93.75
5.15	55.98	243.88	106.93	12.56	99.68	9.99	96.06
8.85	98.33	127.68	1.02	11.30	99.12	6.60	33.00
21.88	96.39	148.22	-6.41	32.43	92.39	18.98	94.90

3－2－20　北京市产棉县历年棉花

年　度	全市统计				产棉县（个）
	棉田面积（万亩）	亩　产（市斤）	产　量（万担）	收购量（万担）	
52年合计	**1063.00**	**48.26**	**513.01**	**338.33**	**6**
11年小计	**457.60**	**29.57**	**135.30**	**41.30**	**6**
占合计%	**43.05**		**26.37**	**12.21**	
1949	23.90	19.25	4.60		6
1950	30.00	53.00	15.90	1.00	6
1951	34.60	30.92	10.70	2.90	6
1952	46.60	35.41	16.50	2.90	6
1953	29.30	35.15	10.30	3.90	6
1954	60.90	19.70	12.00	1.10	6
1955	63.30	31.28	19.80	3.30	6
1956	64.40	18.48	11.90	2.60	6
1957	42.40	30.19	12.80	4.20	6
1958	40.00	39.00	15.60	14.60	6
1959	22.20	23.42	5.20	4.80	6
10年小计	**250.20**	**45.24**	**113.20**	**97.90**	**6**
占合计%	**23.54**		**22.07**	**28.94**	
1960	18.20	24.73	4.50	3.50	6
1961	17.60	23.86	4.20	3.60	6
1962	18.90	30.16	5.70	5.70	6
1963	22.70	46.26	10.50	9.70	6
1964	27.10	51.29	13.90	13.10	6
1965	28.70	63.41	18.20	15.80	6
1966	30.60	46.08	14.10	12.00	6
1967	28.80	44.44	12.80	10.40	6
1968	27.70	63.54	17.60	14.60	6
1969	29.90	39.13	11.70	9.50	6
10年小计	**255.90**	**58.81**	**150.50**	**129.20**	**6**
占合计%	**24.07**		**29.34**	**38.19**	
1970	30.70	75.24	23.10	20.60	6
1971	30.80	80.52	24.80	22.60	6
1972	30.10	46.51	14.00	11.60	6
1973	30.80	66.88	20.60	18.30	6
1974	30.30	74.26	22.50	19.80	6
1975	30.10	63.12	19.00	16.40	6
1976	29.70	25.59	7.60	5.50	6
1977	19.70	54.31	10.70	8.50	6
1978	20.00	34.50	6.90	4.90	6
1979	3.70	35.14	1.30	1.00	6
10年小计	**49.50**	**100.77**	**49.88**	**39.44**	**6**
占合计%	**4.66**		**9.72**	**11.66**	
1980	3.20	59.38	1.90	1.50	6
1981	3.20	43.75	1.40	1.10	6
1982	3.00	70.00	2.10	2.10	6
1983	5.10	80.39	4.10	3.50	6
1984	9.50	120.00	11.40	9.00	6
1985	7.60	114.47	8.70	7.00	6
1986	4.40	97.73	4.30	3.50	6
1987	4.30	123.26	5.30	4.60	6
1988	5.10	107.45	5.48	3.48	6
1989	4.10	126.83	5.20	3.66	6
11年小计	**49.80**	**128.78**	**64.13**	**30.49**	**6**
占合计%	**4.68**		**12.50**	**9.01**	
1990	5.10	135.29	6.90	5.00	6
1991	5.80	118.97	6.90	7.07	6
1992	6.90	139.57	9.63	2.88	6
1993	6.50	123.08	8.00	0.90	6
1994	6.00	123.33	7.40	0.84	6
1995	5.00	104.00	5.20	3.10	6
1996	2.70	188.89	5.10	1.60	6
1997	3.30	136.36	4.50	2.50	6
1998	3.20	112.50	3.60	2.50	6
1999	2.90	131.03	3.80	2.10	6
2000	2.40	129.17	3.10	2.00	6

生产收购比重

产棉县统计							
棉田面积（万亩）	占全市（%）	亩产（市斤）	比全市（±市斤）	产量（万担）	占全市（%）	收购量（万担）	占全市（%）
994.73	**93.58**	**45.90**	**－2.37**	**456.53**	**88.99**	**379.05**	**112.04**
382.34	**83.55**	**26.89**	**－2.68**	**102.80**	**75.98**	**86.61**	**209.71**
38.44				**22.52**		**22.85**	
10.75	44.98	16.37	－2.87	1.76	38.26	1.50	
27.26	90.87	27.37	－25.63	7.46	46.92	6.31	631.00
31.08	89.84	27.60	－3.32	8.58	80.19	7.50	258.62
36.83	79.03	30.55	－4.86	11.25	68.18	10.00	344.83
30.60	104.44	32.42	－2.74	9.92	96.31	8.40	215.38
47.87	78.61	17.61	－2.10	8.43	70.25	6.70	609.09
47.42	74.91	28.47	－2.81	13.50	68.18	10.70	324.24
47.16	73.23	22.24	3.77	10.49	88.15	8.10	311.54
38.63	91.11	31.40	1.21	12.13	94.77	10.00	238.10
36.73	91.83	30.19	－8.81	11.09	71.09	9.90	67.81
28.01	126.17	29.24	5.82	8.19	157.50	7.50	156.25
275.22	**110.00**	**49.26**	**4.01**	**135.57**	**119.76**	**117.00**	**119.51**
27.67				**29.70**		**30.87**	
25.21	138.52	35.78	11.05	9.02	200.44	8.10	231.43
25.11	142.67	38.55	14.69	9.68	230.48	8.20	227.78
24.20	128.04	41.07	10.92	9.94	174.39	8.30	145.61
26.74	117.80	50.75	4.49	13.57	129.24	11.70	120.62
22.32	82.36	66.44	15.15	14.83	106.69	12.70	96.95
30.32	105.64	56.40	－7.02	17.10	93.96	14.60	92.41
31.65	103.43	47.20	1.13	14.94	105.96	13.20	110.00
30.19	104.83	49.29	4.84	14.88	116.25	13.20	126.92
29.02	104.77	60.89	－2.65	17.67	100.40	14.80	101.37
30.46	101.87	45.76	6.63	13.94	119.15	12.20	128.42
238.09	**93.04**	**54.56**	**－4.25**	**129.90**	**86.31**	**106.70**	**82.59**
23.94				**28.45**		**28.15**	
29.08	94.72	68.54	－6.71	19.93	86.28	16.20	78.64
27.39	88.93	65.06	－15.46	17.82	71.85	15.00	66.37
27.11	90.07	58.98	12.47	15.99	114.21	12.70	109.48
27.32	88.70	65.48	－1.40	17.89	86.84	14.70	80.33
27.11	89.47	62.60	－11.66	16.97	75.42	14.20	71.72
28.46	94.55	58.40	－4.73	16.62	87.47	14.80	90.24
28.19	94.92	24.12	－1.47	6.80	89.47	5.31	96.55
19.71	100.05	51.75	－2.56	10.20	95.33	8.14	95.76
20.05	100.25	32.12	－2.38	6.44	93.33	5.00	102.04
3.67	99.19	33.87	－1.27	1.24	95.62	0.65	
49.41	**99.82**	**72.88**	**－27.89**	**36.01**	**72.19**	**28.03**	**71.07**
4.97				**7.89**		**7.40**	
3.31	103.44	36.56	－22.82	1.21	63.68	0.60	40.09
3.16	98.75	31.96	－11.79	1.01	72.14	0.44	37.14
3.10	103.33	50.00	－20.00	1.55	73.81	0.78	51.71
5.03	98.63	57.26	－23.14	2.88	70.24	1.81	78.89
9.50	100.00	88.53	－31.47	8.41	73.77	7.10	75.71
7.58	99.74	79.68	－34.79	6.04	69.43	5.30	65.71
4.29	97.50	70.40	－27.33	3.02	70.23	2.30	67.39
4.32	100.47	89.12	－34.14	3.85	72.64	3.10	
5.03	98.63	82.70	－24.75	4.16	75.91	3.40	97.70
4.09	99.76	94.87	－31.96	3.88	74.62	3.20	87.43
49.67	**99.74**	**105.19**	**－23.56**	**52.25**	**81.48**	**40.71**	**133.52**
4.99				**11.44**		**10.74**	**106.00**
5.29	103.73	107.18	－28.11	5.67	82.17	5.30	
5.07	87.41	95.27	－23.70	4.83	70.00	3.51	49.65
6.09	88.26	121.18	－18.38	7.38	76.64	6.10	211.81
6.12	94.15	116.18	－6.90	7.11	88.88	5.90	655.56
6.10	101.67	97.05	－26.28	5.92	80.00	4.30	511.90
5.34	106.80	84.83	－19.17	4.53	87.12	3.20	103.23
4.11	152.22	85.40	－103.49	3.51	68.82	2.60	162.50
3.18	96.36	122.64	－13.72	3.90	86.67	2.20	88.00
3.03	94.69	101.65	－10.85	3.08	85.56	2.40	96.00
2.74	94.48	119.34	－11.69	3.27	86.05	2.50	119.05
2.60	108.33	117.31	－11.86	3.05	98.39	2.70	135.00

年　度	全省统计				产棉县（个）
	棉田面积（万亩）	亩产（市斤）	产量（万担）	收购量（万担）	
52年合计	**816.83**	**27.98**	**228.51**	**192.76**	**6**
11年小计	**322.53**	**22.91**	**73.88**	**61.66**	**6**
占合计%	**39.49**		**32.33**	**31.99**	
1949					6
1950					6
1951					6
1952	27.66	17.72	4.90	3.35	6
1953	30.78	17.84	5.49	2.61	6
1954	28.18	14.69	4.14	4.80	6
1955	36.57	15.86	5.80	4.11	6
1956	39.24	25.23	9.90	6.61	6
1957	36.44	19.10	6.96	6.36	6
1958	47.69	29.57	14.10	10.69	6
1959	75.97	29.74	22.59	23.13	6
10年小计	**302.22**	**31.22**	**94.36**	**84.43**	**6**
占合计%	**37.00**		**41.29**	**43.80**	
1960	57.95	19.31	11.19	11.11	6
1961	29.60	17.23	5.10	5.12	6
1962	28.75	25.95	7.46	6.48	6
1963	31.50	28.03	8.83	8.24	6
1964	29.85	39.50	11.79	11.04	6
1965	28.86	39.22	11.32	10.16	6
1966	27.31	38.41	10.49	8.88	6
1967	24.05	45.57	10.96	9.08	6
1968	21.82	36.94	8.06	6.46	6
1969	22.53	40.66	9.16	7.86	6
10年小计	**182.58**	**30.11**	**54.97**	**46.67**	**6**
占合计%	**22.35**		**24.06**	**24.21**	
1970	27.09	39.76	10.77	9.01	6
1971	33.12	26.69	8.84	7.83	6
1972	27.49	23.46	6.45	5.60	6
1973	22.48	27.27	6.13	5.18	6
1974	21.65	24.48	5.30	5.10	6
1975	13.07	30.91	4.04	3.14	6
1976	11.69	30.71	3.59	3.03	6
1977	9.53	31.37	2.99	2.17	6
1978	8.55	41.87	3.58	2.90	6
1979	7.91	41.47	3.28	2.71	6
10年小计					**0**
占合计%					
1980					0
1981					0
1982					0
1983					0
1984					0
1985					0
1986					0
1987					0
1988					0
1989					0
11年小计	**9.50**	**55.79**	**5.30**		**0**
占合计%	**1.16**		**2.32**		
1990					0
1991					0
1992					0
1993					0
1994					0
1995					0
1996					0
1997	2.60	53.85	1.40		0
1998	2.70	55.56	1.50		0
1999	2.40	54.17	1.30		0
2000	1.80	61.11	1.10		0

生产收购比重

产棉县统计

棉田面积（万亩）	占全省（%）	亩产（市斤）	占全省（±市斤）	产量（万担）	占全省（%）	收购量（万担）	占全省（%）
433.38	**53.06**	**37.39**	**9.41**	**162.05**	**70.92**	**151.77**	**78.74**
128.49	**39.84**	**31.19**	**8.29**	**40.08**	**54.25**	**35.11**	**56.94**
29.65				**24.73**		**23.13**	
8.63	31.20	22.36	4.65	1.93	39.39	0.68	20.30
8.35	27.13	21.08	3.24	1.76	32.06	0.92	35.25
7.43	26.37	25.30	10.61	1.88	45.41	1.84	38.33
11.94	32.65	23.20	7.34	2.77	47.76	2.41	58.64
15.95	40.65	38.18	12.95	6.09	61.52	3.55	53.71
14.94	41.00	22.96	3.86	3.43	49.28	4.49	70.60
21.26	44.58	44.87	15.31	9.54	67.66	6.21	58.09
39.99	52.64	31.71	1.97	12.68	56.13	15.01	64.89
175.00	**57.90**	**44.16**	**12.94**	**77.28**	**81.90**	**74.81**	**88.61**
40.38				**47.69**		**49.29**	
35.40	61.09	25.17	5.86	8.91	79.62	8.60	77.41
18.61	62.87	23.32	6.09	4.34	85.10	4.38	85.55
16.16	56.21	38.12	12.17	6.16	82.57	5.84	90.12
15.96	50.67	45.43	17.39	7.25	82.11	6.96	84.47
14.65	49.08	67.10	27.60	9.83	83.38	9.73	88.13
14.44	50.03	62.12	22.90	8.97	79.24	8.75	86.12
14.94	54.71	57.23	18.82	8.55	81.51	8.53	96.06
15.15	62.99	57.16	11.59	8.66	79.01	8.60	94.71
14.11	64.67	45.43	8.49	6.41	79.53	6.23	96.44
15.58	69.15	52.63	11.97	8.20	89.52	7.19	91.48
129.89	**71.14**	**34.41**	**4.30**	**44.69**	**81.30**	**41.85**	**89.67**
29.97				**27.58**		**27.57**	
19.13	70.62	48.82	9.07	9.34	86.72	8.23	91.34
22.14	66.85	31.75	5.06	7.03	79.52	6.89	87.99
20.90	76.03	24.50	1.03	5.12	79.38	4.74	84.64
16.99	75.58	29.49	2.22	5.01	81.73	4.58	88.42
16.66	76.95	26.11	1.63	4.35	82.08	4.14	81.18
9.51	72.76	33.02	2.11	3.14	77.72	2.98	94.90
8.26	70.66	34.99	4.28	2.89	80.50	2.86	94.39
6.02	63.17	36.05	4.67	2.17	72.58	1.92	88.48
5.46	63.86	53.11	11.24	2.90	81.01	2.82	97.24
4.82	60.94	56.85	15.38	2.74	83.54	2.69	99.26

第四部分

全国各地区产棉县棉花生产收购

4－1－1　全国各地区1949－2000年产棉县棉花生产收购

地　区	耕地面积（万亩）	农业人口（万人）	棉田面积（万亩）	占耕地（%）	亩　产（市斤）	产　量（万担）	收购量（万担）	商品率（%）	人均交售（市斤）
全国合计			**365016.90**	**12.27**	**75.68**	**276231.10**	**229843.65**	**83.21**	**15.09**
南方产区			**136602.02**	**11.85**	**83.91**	**114616.85**	**99942.79**	**87.20**	**13.95**
占合计%			**37.42**			**41.49**	**43.48**		
上　海			5766.50	21.90	88.80	5120.75	4457.02	87.04	27.67
浙　江			5011.53	16.09	96.46	4834.12	4358.43	90.16	14.20
江　苏			41191.11	11.99	88.49	36448.06	33298.50	91.36	16.14
湖　北			37647.43	17.72	88.61	33359.41	29610.82	88.76	23.33
安　徽			19153.23	7.38	70.05	13417.39	10360.72	77.22	7.73
四　川			13166.01	13.39	66.42	8744.51	7181.87	82.13	8.99
江　西			5921.12	8.79	81.62	4832.59	3909.42	80.90	9.93
湖　南			8745.08	7.69	89.88	7860.02	6766.00	86.08	8.17
北方产区			**225008.84**	**12.80**	**70.91**	**159547.01**	**128263.37**	**80.39**	**16.46**
占合计%			**61.64**			**57.76**	**55.80**		
河　北			55444.78	13.74	55.09	30546.65	24855.28	81.37	14.22
山　东			62217.11	12.74	73.32	45616.12	37348.06	81.87	15.34
河　南			52659.17	11.00	72.39	38121.86	25930.24	68.02	10.71
陕　西			13875.51	14.87	51.35	7125.26	5726.46	80.37	15.38
山　西			14972.34	13.38	53.28	7977.67	6350.46	79.60	15.85
新　疆			15116.80	16.87	116.50	17610.98	17395.34	98.78	70.41
#兵团			7742.21	17.31	143.99	11147.98	9531.10	85.50	522.22
辽　宁			2980.92	6.32	46.98	1400.48	1126.43	80.43	7.39
分散产区			**3406.04**	**5.32**	**60.69**	**2067.23**	**1637.48**	**79.21**	**5.98**
占合计%			**0.93**			**0.75**	**0.71**		
甘　肃			767.73	8.29	102.53	787.16	645.80	82.04	24.34
天　津			1210.20	4.28	54.66	661.49	460.86	69.67	4.05
北　京			994.73	4.94	45.90	456.53	379.05	83.03	3.99
云　南			433.38	6.78	37.39	162.05	151.77	93.66	3.95

4-1-2 全国各地区1949-1959年产棉县产棉县棉花生产收购

地　区	耕地面积（万亩）	农业人口（万人）	棉田面积（万亩）	占耕地（%）	亩　产（市斤）	产　量（万担）	收购量（万担）	商品率（%）	人均交售（市斤）
全国合计			**73308.51**	**10.68**	**33.92**	**24865.81**	**18043.61**	**72.56**	**7.79**
南方产区			**26029.36**	**9.91**	**34.13**	**8884.35**	**6901.67**	**77.68**	**6.57**
占合计%			**35.51**			**35.73**	**38.25**		
上　海			1925.02	30.58	46.24	890.11	341.24	38.34	51.56
浙　江			1052.22	15.26	51.04	537.00	492.89	91.79	10.85
江　苏			7885.75	9.37	33.03	2604.38	2319.48	89.06	7.06
湖　北			7719.61	16.80	37.05	2860.02	2297.81	80.34	12.47
安　徽			2721.86	4.59	22.13	602.40	371.76	61.71	1.98
四　川			2827.54	13.12	30.04	849.53	679.70	80.01	5.43
江　西			701.87	4.66	30.92	217.03	157.44	72.54	3.26
湖　南			1195.49	5.08	27.09	323.88	241.35	74.52	1.95
北方产区			**46350.32**	**11.35**	**33.95**	**15737.47**	**10935.32**	**69.49**	**8.99**
占合计%			**63.23**			**63.29**	**60.60**		
河　北			15481.97	15.89	33.77	5227.89	3694.01	70.66	12.90
山　东			11149.08	8.98	31.95	3562.20	2351.24	66.01	5.67
河　南			9842.64	8.83	27.77	2733.12	1931.44	70.67	5.55
陕　西			3554.28	16.80	46.44	1650.73	1250.02	75.73	24.16
山　西			3872.60	15.13	42.39	1641.41	1198.92	73.04	21.56
新　疆			1045.11	7.23	40.19	420.05	231.58	55.13	6.89
#兵团			237.24	10.92	50.43	119.65			
辽　宁			1167.39	9.83	32.76	382.42	278.11	72.72	10.84
分散产区			**928.83**	**6.05**	**26.27**	**243.99**	**206.62**	**84.68**	**4.13**
占合计%			**1.27**			**0.98**	**1.15**		
甘　肃			143.87	8.20	30.03	43.21	39.53	91.48	9.73
天　津			274.13	4.06	21.12	57.90	45.37	78.36	2.63
北　京			382.34	7.68	26.89	102.80	86.61	84.25	4.44
云　南			128.49	6.87	31.19	40.08	35.11	87.60	3.84

4－1－3　全国各地区1960－1969年产棉县棉花生产收购

地　区	耕地面积（万亩）	农业人口（万人）	棉田面积（万亩）	占耕地（%）	亩　产（市斤）	产　量（万担）	收购量（万担）	商品率（%）	人均交售（市斤）
全国合计			**62035.64**	**10.54**	**49.19**	**30512.69**	**27805.02**	**91.13**	**11.09**
南方产区			**25462.24**	**11.37**	**66.85**	**17020.56**	**16060.04**	**94.36**	**13.89**
占合计%			**41.04**			**55.78**	**57.76**		
上　海			1289.85	23.71	104.86	1352.56	1324.02	97.89	35.92
浙　江			1049.39	17.15	104.09	1092.29	1069.58	97.92	19.89
江　苏			7803.38	11.41	67.74	5286.16	5132.02	97.08	13.88
湖　北			7400.91	17.41	72.12	5337.63	5111.82	95.77	24.98
安　徽			2451.47	5.40	45.35	1111.74	927.48	83.43	5.45
四　川			3057.43	15.26	52.17	1595.08	1440.85	90.33	11.61
江　西			1061.98	8.00	50.85	540.06	448.01	82.96	7.70
湖　南			1347.82	5.91	52.31	705.04	606.25	85.99	4.36
北方产区			**35841.38**	**10.21**	**36.80**	**13188.84**	**11472.84**	**86.99**	**8.86**
占合计%			**57.78**			**43.22**	**41.26**		
河　北			10265.53	12.81	32.48	3333.74	3016.19	90.47	9.93
山　东			8906.28	9.02	31.88	2839.72	2379.13	83.78	5.67
河　南			7084.64	7.58	39.40	2791.31	2311.96	82.83	6.16
陕　西			3435.85	16.77	43.37	1490.02	1340.40	89.96	18.74
山　西			3486.08	16.00	42.75	1490.30	1353.55	90.82	20.70
新　疆			1587.73	9.24	43.59	692.08	731.38	105.68	21.00
#兵团			562.54	5.57	56.35	316.97	141.75	44.72	
辽　宁			512.73	5.65	45.77	234.70	198.48	84.57	7.88
分散产区			**732.02**	**5.37**	**41.43**	**303.28**	**272.14**	**89.73**	**4.88**
占合计%			**1.18**			**0.99**	**0.98**		
甘　肃			101.37	6.84	29.06	29.46	27.52	93.41	7.65
天　津			180.43	3.32	33.79	60.97	52.81	86.62	2.75
北　京			275.22	6.19	49.26	135.57	117.00	86.30	5.82
云　南			175.00	7.70	44.16	77.28	74.81	96.80	5.81

4-1-4　全国各地区 1970-1979 年产棉县棉花生产收购

地　区	耕地面积（万亩）	农业人口（万人）	棉田面积（万亩）	占耕地（%）	亩　产（市斤）	产　量（万担）	收购量（万担）	商品率（%）	人均交售（市斤）
全国合计			**67184.54**	**11.71**	**62.00**	**41655.31**	**38784.98**	**93.11**	**12.31**
南方产区			**29979.81**	**13.55**	**82.17**	**24635.42**	**23603.25**	**95.81**	**15.78**
占合计%			**44.62**			**59.14**	**60.86**		
上　海			1418.22	26.03	118.42	1679.47	1645.02	97.95	39.20
浙　江			1057.22	17.02	92.23	975.10	946.91	97.11	14.36
江　苏			8536.61	13.60	95.10	8118.23	7981.54	98.32	18.77
湖　北			8268.79	19.85	89.24	7379.30	7160.68	97.04	26.81
安　徽			4322.54	8.45	54.90	2372.89	2154.15	90.78	7.68
四　川			3131.61	16.57	69.69	2182.49	1997.00	91.50	12.51
江　西			1304.26	10.59	49.37	643.96	553.50	85.95	7.02
湖　南			1940.56	8.53	66.17	1283.98	1164.45	90.69	6.59
北方产区			**36485.24**	**10.77**	**45.83**	**16721.17**	**14924.57**	**89.26**	**9.40**
占合计%			**54.31**			**40.14**	**38.48**		
河　北			8447.38	10.92	39.07	3300.25	2960.81	89.71	8.34
山　东			9486.60	10.29	42.98	4076.96	3565.34	87.45	7.14
河　南			8525.66	9.33	55.39	4722.11	4069.16	86.17	8.41
陕　西			3460.63	17.48	52.25	1808.31	1592.41	88.06	18.53
山　西			3500.06	16.43	40.09	1403.24	1324.87	94.42	16.21
新　疆			1754.98	10.11	46.41	814.47	911.04	111.86	20.74
#兵团			612.58	6.40	55.32	338.85	273.19	80.62	
辽　宁			697.35	7.01	36.85	256.98	227.75	88.63	5.94
分散产区			**719.50**	**5.28**	**41.52**	**298.71**	**257.16**	**86.09**	**3.90**
占合计%			**1.07**			**0.72**	**0.66**		
甘　肃			106.72	6.97	52.08	55.58	56.79	102.18	12.74
天　津			244.80	4.47	28.00	68.54	51.82	75.61	2.22
北　京			238.09	5.44	54.56	129.90	106.70	82.14	4.91
云　南			129.89	5.77	34.41	44.69	41.85	93.65	2.55

4-1-5 全国各地区1980-1989年产棉县棉花生产收购

地区	耕地面积（万亩）	农业人口（万人）	棉田面积（万亩）	占耕地（%）	亩产（市斤）	产量（万担）	收购量（万担）	商品率（%）	人均交售（市斤）
全国合计			**79214.56**	**14.50**	**100.34**	**79483.50**	**72421.93**	**91.12**	**21.61**
南方产区			**27474.83**	**12.64**	**103.46**	**28424.33**	**26283.68**	**92.47**	**16.17**
占合计%			**34.68**			**35.76**	**36.29**		
上海			988.81	19.44	103.60	1024.39	978.98	95.57	22.85
浙江			1078.68	17.89	115.56	1246.56	1162.94	93.29	17.13
江苏			9147.28	14.63	113.79	10408.88	9661.84	92.82	21.24
湖北			7344.36	18.08	106.75	7839.75	7377.57	94.10	25.93
安徽			3914.16	7.81	83.62	3273.09	2978.82	91.01	9.43
四川			2183.53	12.13	90.98	1986.61	1695.32	85.34	9.73
江西			1104.44	8.88	92.51	1021.75	943.86	92.38	10.24
湖南			1713.57	7.60	94.73	1623.30	1484.35	91.44	7.71
北方产区			**51345.14**	**16.09**	**98.71**	**50680.40**	**45861.19**	**90.49**	**27.32**
占合计%			**64.82**			**63.76**	**63.33**		
河北			11685.63	16.42	93.85	10967.19	10436.97	95.17	29.15
山东			18495.34	21.85	118.02	21828.91	19476.96	89.23	38.00
河南			11455.25	13.03	89.80	10287.35	9051.97	87.99	16.72
陕西			2229.14	12.98	55.24	1231.44	1028.52	83.52	12.21
山西			2466.50	11.84	71.72	1769.01	1553.82	87.84	17.40
新疆			2986.86	16.63	87.13	2602.40	2508.58	96.39	45.18
#兵团			1693.38	15.31	99.59	1686.41	1525.65	90.47	258.58
辽宁			333.04	4.14	92.39	307.69	278.72	90.58	8.78
分散产区			**394.59**	**3.86**	**95.99**	**378.77**	**277.05**	**73.14**	**5.87**
占合计%			**0.50**			**0.48**	**0.38**		
甘肃			85.17	5.25	118.57	100.99	86.12	85.28	18.36
天津			260.01	5.08	92.98	241.77	162.90	67.38	6.63
北京			49.41	1.42	72.88	36.01	28.03	77.84	1.56
云南									

4－1－6　全国各地区1990－2000年产棉县棉花生产收购

地　　区	耕地面积（万亩）	农业人口（万人）	棉田面积（万亩）	占耕地（%）	亩　产（市斤）	产　量（万担）	收购量（万担）	商品率（%）	人均交售（市斤）
全国合计			**83273.65**	**14.38**	**119.74**	**99713.79**	**72788.11**	**73.00**	**18.64**
南方产区			**27655.77**	**12.17**	**128.91**	**35652.19**	**27094.16**	**76.00**	**14.77**
占合计%			**33.21**			**35.75**	**37.22**		
上　海			144.60	3.56	120.48	174.22	167.76	96.29	5.12
浙　江			774.02	13.13	127.02	983.17	686.11	69.79	9.28
江　苏			7818.09	11.87	128.30	10030.41	8203.62	81.79	16.92
湖　北			6913.76	16.56	143.81	9942.71	7662.94	77.07	23.32
安　徽			5743.20	10.71	105.47	6057.27	3928.51	64.86	10.18
四　川			1965.89	9.90	108.39	2130.80	1369.00	64.25	6.33
江　西			1748.57	12.27	137.81	2409.79	1806.61	74.97	15.57
湖　南			2547.64	11.56	154.02	3923.82	3269.60	83.33	16.67
北方产区			**54986.78**	**16.15**	**114.97**	**63219.12**	**45069.45**	**71.29**	**22.35**
占合计%			**66.03**			**63.40**	**61.92**		
河　北			9564.27	12.33	80.69	7717.58	4747.30	61.51	10.69
山　东			14179.81	16.02	93.85	13308.33	9575.39	71.95	16.26
河　南			15750.98	16.69	111.66	17587.97	8565.71	48.70	12.74
陕　西			1195.61	8.12	79.02	944.76	515.11	54.52	6.52
山　西			1647.10	7.36	101.62	1673.71	919.29	54.93	8.46
新　疆			7742.13	33.70	168.97	13081.98	13012.77	99.47	164.39
#兵团			4636.47	39.22	187.34	8686.10	7590.51	87.39	614.57
辽　宁			270.41	3.29	80.87	218.69	143.37	65.56	4.55
分散产区			**631.10**	**5.63**	**133.49**	**842.48**	**624.51**	**74.13**	**11.39**
占合计%			**0.76**			**0.84**	**0.86**		
甘　肃			330.60	11.54	168.76	557.92	435.84	78.12	44.78
天　津			250.83	4.56	92.62	232.31	147.96	63.69	5.04
北　京			49.67	1.75	105.19	52.25	40.71	77.91	2.59
云　南									

4-1-7 全国各地区1949年产棉县棉花生产收购

地 区	耕地面积（万亩）	农业人口（万人）	棉田面积（万亩）	占耕地（%）	亩 产（市斤）	产 量（万担）	收购量（万担）	商品率（%）	人均交售（市斤）
全国合计	**53019.19**	**16991.19**	**4100.36**	**7.73**	**21.26**	**871.67**	**263.35**	**30.21**	**1.55**
南方产区	**20859.16**	**7919.77**	**1624.62**	**7.79**	**17.21**	**279.56**	**153.40**	**54.87**	**1.94**
占合计%			**39.62**			**32.07**	**58.25**		
上 海	562.50		140.66	25.01	19.65	27.64	8.57	31.01	
浙 江	595.31	353.31	103.76	17.43	18.57	19.27	17.24	89.47	4.88
江 苏	6982.65	2653.04	405.51	5.81	13.97	56.63	37.26	65.80	1.40
湖 北	3669.09	1467.61	569.65	15.53	20.25	115.37	65.83	57.06	4.49
安 徽	4916.95	1539.77	188.64	3.84	14.74	27.81	8.07	29.02	0.52
四 川	1789.01	983.48	135.05	7.55	15.22	20.56	9.57	46.54	0.97
江 西	1257.52	372.89	20.97	1.67	14.88	3.12	0.51	16.35	0.14
湖 南	1086.13	549.67	60.38	5.56	15.17	9.16	6.35	69.32	1.16
北方产区	**31211.79**	**8856.30**	**2437.17**	**7.81**	**24.08**	**586.92**	**107.80**	**18.37**	**1.22**
占合计%			**59.44**			**67.33**	**40.94**		
河 北	8835.79	2432.53	923.06	10.45	23.09	213.09	39.56	18.56	1.63
山 东	10756.19	3422.99	676.59	6.29	24.45	165.44	32.10	19.40	0.94
河 南	5900.95	1762.01	349.72	5.93	19.89	69.54	1.11	1.60	0.06
陕 西	1502.65	284.39	198.78	13.23	29.32	58.28	27.06	46.43	9.52
山 西	2207.92	449.92	183.78	8.32	31.37	57.66	0.33	0.58	0.07
新 疆	1013.07	284.18	50.18	4.95	20.19	10.13	2.36	23.30	0.83
#兵团									
辽 宁	995.22	220.28	55.06	5.53	23.21	12.78	5.28	41.31	2.40
分散产区	**948.24**	**215.12**	**38.57**	**4.07**	**13.43**	**5.18**	**2.14**	**41.31**	**0.99**
占合计%			**0.94**			**0.59**	**0.81**		
甘 肃	147.69	30.76	4.98	3.37	17.87	0.89	0.64	71.91	2.08
天 津	568.40	132.55	22.84	4.02	11.08	2.53			
北 京	232.15	51.81	10.75	4.63	16.37	1.76	1.50	85.23	2.90
云 南									

4-1-8　全国各地区产棉县1950年棉花生产收购

地　区	耕地面积（万亩）	农业人口（万人）	棉田面积（万亩）	占耕地（%）	亩　产（市斤）	产　量（万担）	收购量（万担）	商品率（%）	人均交售（市斤）
全国合计	**59841.81**	**19523.45**	**5034.60**	**8.41**	**25.87**	**1302.43**	**448.37**	**34.43**	**2.30**
南方产区	**22783.17**	**8685.59**	**1788.71**	**7.85**	**23.45**	**419.53**	**225.51**	**53.75**	**2.60**
占合计%			**35.53**			**32.21**	**50.30**		
上　海	570.45		146.38	25.66	29.23	42.78	14.58	34.08	
浙　江	602.55	360.19	108.01	17.93	32.35	34.94	30.59	87.55	8.49
江　苏	7476.20	2764.09	423.73	5.67	22.71	96.25	70.70	73.45	2.56
湖　北	3861.24	1524.70	651.54	16.87	25.04	163.14	76.78	47.06	5.04
安　徽	5117.08	1565.17	189.44	3.70	14.48	27.44	7.87	28.68	0.50
四　川	1856.20	1018.98	145.31	7.83	19.42	28.22	13.93	49.37	1.37
江　西	1309.98	396.24	31.36	2.39	18.49	5.80	2.66	45.86	0.67
湖　南	1989.47	1056.22	92.94	4.67	22.55	20.96	8.40	40.08	0.80
北方产区	**35807.32**	**10469.12**	**3190.05**	**8.91**	**27.28**	**870.23**	**215.78**	**24.80**	**2.06**
占合计%			**63.36**			**66.82**	**48.12**		
河　北	8900.76	2468.85	1217.87	13.68	29.09	354.24	66.52	18.78	2.69
山　东	11120.30	3564.42	767.35	6.90	26.99	207.07	50.11	24.20	1.41
河　南	9891.89	3167.41	631.05	6.38	22.34	140.97	54.84	38.90	1.73
陕　西	1535.75	292.60	212.47	13.83	29.55	62.78	26.28	41.86	8.98
山　西	2263.71	463.40	209.31	9.25	32.88	68.82	0.36	0.52	0.08
新　疆	1063.80	286.00	54.58	5.13	22.04	12.03	2.95	24.52	1.03
#兵团			3.66		20.77	0.76			
辽　宁	1031.11	226.44	93.76	9.09	25.13	23.56	14.72	62.48	6.50
分散产区	**1251.32**	**368.74**	**55.84**	**4.46**	**22.69**	**12.67**	**7.08**	**55.88**	**1.92**
占合计%			**1.11**			**0.97**	**1.58**		
甘　肃	147.07	33.18	6.14	4.17	18.89	1.16	0.77	66.38	2.32
天　津	619.00	148.29	22.44	3.63	18.05	4.05			
北　京	485.25	187.27	27.26	5.62	27.37	7.46	6.31	84.58	3.37
云　南									

4-1-9 全国各地区产棉县1951年棉花生产收购

地　　区	耕地面积（万亩）	农业人口（万人）	棉田面积（万亩）	占耕地（%）	亩　产（市斤）	产　量（万担）	收购量（万担）	商品率（%）	人均交售（市斤）
全国合计	**61897.95**	**19867.95**	**6385.38**	**10.32**	**27.34**	**1745.55**	**661.70**	**37.91**	**3.33**
南方产区	**23757.14**	**9017.16**	**2203.22**	**9.27**	**25.84**	**569.35**	**328.75**	**57.74**	**3.65**
占合计%			**34.50**			**32.62**	**49.68**		
上　海	579.00		208.65	36.04	33.58	70.07	24.66	35.19	
浙　江	613.55	377.72	97.15	15.83	37.27	36.20	31.88	88.06	8.44
江　苏	7867.59	2874.82	575.30	7.31	22.77	131.02	88.29	67.39	3.07
湖　北	3971.41	1555.17	702.63	17.69	27.61	193.98	117.77	60.71	7.57
安　徽	5343.26	1632.02	212.70	3.98	18.84	40.08	16.41	40.94	1.01
四　川	1866.78	1036.93	221.29	11.85	23.33	51.62	30.27	58.64	2.92
江　西	1347.34	405.62	43.80	3.25	22.05	9.66	4.66	48.24	1.15
湖　南	2168.21	1134.88	141.70	6.54	25.91	36.71	14.81	40.34	1.30
北方产区	**36853.50**	**10479.75**	**4119.14**	**11.18**	**28.18**	**1160.77**	**320.62**	**27.62**	**3.06**
占合计%			**64.51**			**66.50**	**48.45**		
河　北	8964.56	2501.84	1487.91	16.60	30.08	447.55	95.67	21.38	3.82
山　东	11405.14	3626.68	1049.16	9.20	23.27	244.19	54.39	22.27	1.50
河　南	10377.89	3055.58	835.42	8.05	23.30	194.67	107.64	55.29	3.52
陕　西	1567.81	300.58	231.39	14.76	46.25	107.02	34.33	32.08	11.42
山　西	2320.60	473.94	270.15	11.64	38.97	105.29	0.82	0.77	0.17
新　疆	1163.22	296.91	65.75	5.65	25.13	16.52	3.35	20.28	1.13
#兵团			6.64		41.11	2.73			
辽　宁	1054.28	224.22	172.72	16.38	24.78	42.80	24.42	57.06	10.89
分散产区	**1287.31**	**371.03**	**63.02**	**4.90**	**24.48**	**15.43**	**12.33**	**79.91**	**3.32**
占合计%			**0.99**			**0.88**	**1.86**		
甘　肃	159.00	34.01	6.65	4.18	20.60	1.37	1.01	73.72	2.97
天　津	643.00	149.91	25.29	3.93	21.67	5.48	3.82	69.71	2.55
北　京	485.31	187.11	31.08	6.40	27.60	8.58	7.50	87.41	4.01
云　南									

4－1－10　全国产棉县1952年棉花生产收购

地　区	耕地面积（万亩）	农业人口（万人）	棉田面积（万亩）	占耕地（%）	亩　产（市斤）	产　量（万担）	收购量（万担）	商品率（%）	人均交售（市斤）
全国合计	**63539.81**	**20306.17**	**6713.64**	**10.57**	**32.55**	**2185.27**	**1350.79**	**61.81**	**6.65**
南方产区	**24371.85**	**9190.25**	**2397.09**	**9.84**	**29.12**	**698.03**	**502.19**	**71.94**	**5.46**
占合计%			**35.70**			**31.94**	**37.18**		
上　海	580.95		215.06	37.02	38.09	81.92	31.34	38.26	
浙　江	627.26	393.31	88.61	14.13	40.53	35.91	30.81	85.80	7.83
江　苏	7779.77	2817.11	664.64	8.54	27.80	184.74	158.95	86.04	5.64
湖　北	4129.36	1590.43	707.91	17.14	31.99	226.47	178.29	78.73	11.21
安　徽	5599.95	1686.21	265.13	4.73	22.11	58.61	26.12	44.56	1.55
四　川	1991.64	1131.65	243.43	12.22	23.18	56.43	38.16	67.62	3.37
江　西	1386.91	414.89	65.83	4.75	30.32	19.96	13.37	66.98	3.22
湖　南	2276.01	1156.65	146.48	6.44	23.20	33.99	25.15	73.99	2.17
北方产区	**37660.63**	**10631.62**	**4241.63**	**11.26**	**34.55**	**1465.31**	**830.15**	**56.65**	**7.81**
占合计%			**63.18**			**67.05**	**61.46**		
河　北	9101.03	2534.41	1437.90	15.80	38.09	547.65	298.80	54.56	11.79
山　东	11579.64	3677.44	1042.90	9.01	32.80	342.07	194.46	56.85	5.29
河　南	10619.68	3100.30	876.07	8.25	26.01	227.90	144.11	63.23	4.65
陕　西	1589.05	308.30	271.08	17.06	36.00	97.59	34.90	35.76	11.32
山　西	2362.99	486.52	343.45	14.53	48.16	165.42	109.18	66.00	22.44
新　疆	1205.15	298.75	75.05	6.23	26.04	19.54	3.60	18.42	1.21
#兵团			20.13		31.59	6.36			
辽　宁	1203.09	225.90	175.05	14.55	33.58	58.78	45.10	76.73	19.96
分散产区	**1507.33**	**484.30**	**74.92**	**4.97**	**29.27**	**21.93**	**18.45**	**84.13**	**3.81**
占合计%			**1.12**			**1.00**	**1.37**		
甘　肃	155.40	35.43	4.93	3.17	24.34	1.20	0.69	57.50	1.95
天　津	646.60	154.12	24.53	3.79	30.78	7.55	7.08	93.77	4.59
北　京	483.26	188.61	36.83	7.62	30.55	11.25	10.00	88.89	5.30
云　南	222.07	106.14	8.63	3.89	22.36	1.93	0.68	35.23	0.64

4－1－11　全国各地区产棉县1953年棉花生产收购

地　区	耕地面积（万亩）	农业人口（万人）	棉田面积（万亩）	占耕地（%）	亩　产（市斤）	产　量（万担）	收购量（万担）	商品率（%）	人均交售（市斤）
全国合计	**65106.05**	**21036.27**	**6544.09**	**10.05**	**32.13**	**2102.68**	**1552.74**	**73.85**	**7.38**
南方产区	**24869.12**	**9518.31**	**2473.88**	**9.95**	**33.35**	**824.94**	**610.68**	**74.03**	**6.42**
占合计%			**37.80**			**39.23**	**39.33**		
上　海	581.55		186.75	32.11	47.53	88.77	26.61	29.98	
浙　江	644.47	408.00	88.33	13.71	45.30	40.01	32.42	81.03	7.95
江　苏	7974.69	2975.67	726.63	9.11	42.88	311.60	271.88	87.25	9.14
湖　北	4380.53	1680.59	760.79	17.37	30.60	232.80	189.77	81.52	11.29
安　徽	5588.01	1707.95	269.66	4.83	18.51	49.91	22.23	44.54	1.30
四　川	2020.64	1154.04	240.35	11.89	24.96	59.99	40.63	67.73	3.52
江　西	1394.19	418.37	56.14	4.03	25.15	14.12	8.05	57.01	1.92
湖　南	2285.04	1173.69	145.23	6.36	19.10	27.74	19.09	68.82	1.63
北方产区	**38739.12**	**11023.98**	**4001.19**	**10.33**	**31.47**	**1259.30**	**926.36**	**73.56**	**8.40**
占合计%			**61.14**			**59.89**	**59.66**		
河　北	9036.62	2551.29	1326.63	14.68	31.53	418.24	377.46	90.25	14.79
山　东	11698.43	3744.47	958.34	8.19	28.33	271.52	185.03	68.15	4.94
河　南	11000.47	3201.76	881.40	8.01	23.60	208.02	128.40	61.72	4.01
陕　西	2129.52	493.78	337.75	15.86	44.33	149.73	84.63	56.52	17.14
山　西	2391.32	496.58	304.96	12.75	47.02	143.38	113.28	79.01	22.81
新　疆	1281.30	307.37	77.64	6.06	29.03	22.54	4.33	19.21	1.41
#兵团			5.77		75.22	4.34			
辽　宁	1201.46	228.73	108.70	9.05	38.21	41.53	33.23	80.01	14.53
分散产区	**1497.81**	**493.98**	**69.01**	**4.61**	**26.72**	**18.44**	**15.70**	**85.14**	**3.18**
占合计%			**1.05**			**0.88**	**1.01**		
甘　肃	157.21	36.34	4.95	3.15	21.62	1.07	0.66	61.68	1.82
天　津	653.70	157.40	25.11	3.84	22.66	5.69	5.72	100.53	3.63
北　京	482.07	190.57	30.60	6.35	32.42	9.92	8.40	84.68	4.41
云　南	204.83	109.67	8.35	4.08	21.08	1.76	0.92	52.27	0.84

4-1-12 全国各地区产棉县1954年棉花生产收购统计表

地区	耕地面积（万亩）	农业人口（万人）	棉田面积（万亩）	占耕地（%）	亩产（市斤）	产量（万担）	收购量（万担）	商品率（%）	人均交售（市斤）
全国合计	**65110.69**	**21431.72**	**6630.31**	**10.18**	**28.83**	**1911.20**	**1399.33**	**73.22**	**6.53**
南方产区	**24863.83**	**9676.11**	**2198.14**	**8.84**	**20.64**	**453.61**	**337.04**	**74.30**	**3.48**
占合计%			**33.15**			**23.73**	**24.09**		
上海	579.90		185.59	32.00	40.30	74.80	23.09	30.87	
浙江	640.09	417.94	81.80	12.78	47.73	39.04	34.74	88.99	8.31
江苏	8059.56	3028.47	792.15	9.83	19.33	153.12	131.88	86.13	4.35
湖北	4252.45	1701.00	533.70	12.55	13.84	73.84	58.32	78.98	3.43
安徽	5624.47	1734.20	201.88	3.59	10.38	20.96	10.21	48.71	0.59
四川	2021.51	1182.00	269.85	13.35	28.70	77.44	65.80	84.97	5.57
江西	1402.77	423.83	46.89	3.34	15.63	7.33	5.46	74.49	1.29
湖南	2283.08	1188.67	86.28	3.78	8.21	7.08	7.54	106.50	0.63
北方产区	**38717.46**	**11268.17**	**4338.58**	**11.21**	**33.25**	**1442.47**	**1048.46**	**72.69**	**9.30**
占合计%			**65.44**			**75.47**	**74.93**		
河北	9010.49	2602.19	1592.60	17.67	31.38	499.75	375.59	75.16	14.43
山东	11687.80	3818.60	940.04	8.04	33.78	317.59	210.79	66.37	5.52
河南	11073.05	3301.33	929.95	8.40	25.50	237.17	151.93	64.06	4.60
陕西	2123.40	504.04	323.91	15.25	48.21	156.15	148.66	95.20	29.49
山西	2397.63	505.04	356.97	14.89	50.27	179.45	135.76	75.66	26.88
新疆	1242.50	303.61	76.55	6.16	34.25	26.22	7.94	30.28	2.62
#兵团	89.25		6.60	7.39	55.00	3.63			
辽宁	1093.34	233.36	111.96	10.24	20.11	22.51	17.79	79.03	7.62
分散产区	**1529.40**	**487.44**	**93.59**	**6.12**	**16.16**	**15.12**	**13.83**	**91.47**	**2.84**
占合计%			**1.41**			**0.79**	**0.99**		
甘肃	156.69	36.77	4.83	3.08	24.84	1.20	0.96	80.00	2.61
天津	658.30	155.13	33.46	5.08	10.79	3.61	4.33	119.94	2.79
北京	482.56	187.55	47.87	9.92	17.61	8.43	6.70	79.48	3.57
云南	231.85	107.99	7.43	3.20	25.30	1.88	1.84	97.87	1.70

4－1－13　全国各地区产棉县1955年棉花生产收购

地　区	耕地面积（万亩）	农业人口（万人）	棉田面积（万亩）	占耕地（%）	亩　产（市斤）	产　量（万担）	收购量（万担）	商品率（%）	人均交售（市斤）
全国合计	**65284.56**	**21864.08**	**7611.62**	**11.66**	**37.33**	**2841.38**	**2223.82**	**78.27**	**10.17**
南方产区	**24818.60**	**9781.39**	**2772.68**	**11.17**	**39.27**	**1088.87**	**839.99**	**77.14**	**8.59**
占合计%			**36.43**			**38.32**	**37.77**		
上　海	582.90		197.58	33.90	69.09	136.50	38.93	28.52	
浙　江	642.90	430.26	87.73	13.65	76.10	66.76	63.14	94.58	14.67
江　苏	7833.65	2996.82	988.57	12.62	42.13	416.45	372.70	89.49	12.44
湖　北	4328.12	1723.71	775.50	17.92	34.55	267.95	216.45	80.78	12.56
安　徽	5714.11	1797.80	248.22	4.34	23.27	57.77	31.04	53.74	1.73
四　川	2021.00	1205.45	293.90	14.54	32.93	96.77	81.55	84.27	6.77
江　西	1404.04	428.32	66.24	4.72	24.98	16.55	12.58	76.01	2.94
湖　南	2291.88	1199.03	114.94	5.02	26.20	30.12	23.60	78.35	1.97
北方产区	**38951.07**	**11579.16**	**4744.02**	**12.18**	**36.39**	**1726.15**	**1361.39**	**78.87**	**11.76**
占合计%			**62.33**			**60.75**	**61.22**		
河　北	8980.86	2662.53	1623.34	18.08	39.01	633.20	539.45	85.19	20.26
山　东	11691.51	3905.97	1148.60	9.82	37.14	426.61	335.37	78.61	8.59
河　南	11038.54	3375.61	1035.87	9.38	28.34	293.54	188.67	64.27	5.59
陕　西	2175.74	565.02	344.62	15.84	40.01	137.88	121.77	88.32	21.55
山　西	2394.41	518.49	410.97	17.16	40.03	164.53	136.16	82.76	26.26
新　疆	1441.01	313.45	94.93	6.59	41.68	39.57	26.73	67.55	8.53
#兵团	156.53		13.78	8.80	79.83	11.00			
辽　宁	1072.47	238.09	71.91	6.71	27.56	19.82	13.24	66.80	5.56
分散产区	**1514.89**	**503.53**	**94.92**	**6.27**	**27.77**	**26.36**	**22.43**	**85.09**	**4.45**
占合计%			**1.25**			**0.93**	**1.01**		
甘　肃	156.95	37.50	8.17	5.21	39.90	3.26	2.97	91.10	7.92
天　津	642.60	163.53	27.39	4.26	24.94	6.83	6.35	92.97	3.88
北　京	481.38	189.20	47.42	9.85	28.47	13.50	10.70	79.26	5.66
云　南	233.96	113.30	11.94	5.10	23.20	2.77	2.41	87.00	2.13

4-1-14　全国产棉县1956年棉花生产收购

地　区	耕地面积（万亩）	农业人口（万人）	棉田面积（万亩）	占耕地（%）	亩　产（市斤）	产　量（万担）	收购量（万担）	商品率（%）	人均交售（市斤）
全国合计	**65692.87**	**22495.96**	**8128.08**	**12.37**	**30.33**	**2465.20**	**1925.84**	**78.12**	**8.56**
南方产区	**25318.57**	**10207.47**	**2782.12**	**10.99**	**30.65**	**852.79**	**681.57**	**79.92**	**6.68**
占合计%			**34.23**			**34.59**	**35.39**		
上　海	580.65		186.62	32.14	35.54	66.33	19.83	29.90	
浙　江	643.14	443.77	96.13	14.95	26.77	25.74	23.03	89.48	5.19
江　苏	8302.49	3281.13	969.00	11.67	21.33	206.73	187.47	90.68	5.71
湖　北	4386.41	1753.71	770.58	17.57	46.94	361.72	301.30	83.30	17.18
安　徽	5629.40	1809.41	279.29	4.96	17.05	47.62	31.50	66.15	1.74
四　川	2022.27	1226.66	296.50	14.66	26.67	79.09	61.20	77.38	4.99
江　西	1436.05	478.90	87.40	6.09	35.67	31.17	25.60	82.12	5.35
湖　南	2318.16	1213.89	96.60	4.17	35.60	34.39	31.64	92.00	2.61
北方产区	**38871.32**	**11779.61**	**5228.85**	**13.45**	**30.26**	**1582.14**	**1220.40**	**77.14**	**10.36**
占合计%			**64.33**			**64.18**	**63.37**		
河　北	8918.74	2695.37	1695.27	19.01	24.31	412.19	381.94	92.66	14.17
山　东	11666.09	3971.08	1262.18	10.82	35.39	446.66	313.63	70.22	7.90
河　南	10960.90	3417.69	1116.27	10.18	22.41	250.12	171.83	68.70	5.03
陕　西	2167.12	600.34	392.66	18.12	48.87	191.90	161.29	84.05	26.87
山　西	2384.81	527.42	485.35	20.35	31.35	152.17	133.27	87.58	25.27
新　疆	1459.02	316.11	143.47	9.83	47.86	68.67	29.53	43.00	9.34
#兵团	217.48		34.00	15.63	58.15	19.77			
辽　宁	1097.16	251.60	99.65	9.08	40.80	40.66	28.91	71.10	11.49
分散产区	**1502.98**	**508.88**	**117.11**	**7.79**	**25.85**	**30.27**	**23.86**	**78.82**	**4.69**
占合计%			**1.44**			**1.23**	**1.24**		
甘　肃	168.13	40.08	22.38	13.31	31.01	6.94	6.75	97.26	16.84
天　津	609.20	165.68	31.62	5.19	21.35	6.75	5.46	80.89	3.30
北　京	480.47	192.17	47.16	9.82	22.24	10.49	8.10	77.22	4.22
云　南	245.18	110.95	15.95	6.51	38.18	6.09	3.55	58.29	3.20

4-1-15　全国各地区产棉县1957年棉花生产收购

地　区	耕地面积（万亩）	农业人口（万人）	棉田面积（万亩）	占耕地（%）	亩　产（市斤）	产　量（万担）	收购量（万担）	商品率（%）	人均交售（市斤）
全国合计	**64946.80**	**22687.75**	**7494.53**	**11.54**	**38.81**	**2908.79**	**2472.33**	**85.00**	**10.90**
南方产区	**24817.11**	**10226.26**	**2638.42**	**10.63**	**42.07**	**1110.10**	**945.97**	**85.21**	**9.25**
占合计%			**35.20**			**38.16**	**38.26**		
上　海	573.75		180.37	31.44	48.99	88.36	27.73	31.38	
浙　江	636.97	421.18	85.68	13.45	83.59	71.62	67.50	94.25	16.03
江　苏	7950.13	3198.54	868.69	10.93	34.40	298.86	268.40	89.81	8.39
湖　北	4373.64	1797.30	763.41	17.45	52.44	400.34	376.11	93.95	20.93
安　徽	5514.00	1842.95	239.65	4.35	31.07	74.47	52.06	69.91	2.82
四　川	2026.12	1235.29	314.27	15.51	32.57	102.35	91.08	88.99	7.37
江　西	1415.47	493.16	92.05	6.50	41.72	38.40	31.38	81.72	6.36
湖　南	2327.03	1237.84	94.30	4.05	37.86	35.70	31.71	88.82	2.56
北方产区	**38630.86**	**11938.01**	**4761.28**	**12.33**	**37.16**	**1769.51**	**1500.23**	**84.78**	**12.57**
占合计%			**63.53**			**60.83**	**60.68**		
河　北	8831.64	2729.75	1387.67	15.71	42.56	590.57	512.76	86.82	18.78
山　东	11572.66	4030.06	1183.88	10.23	30.75	363.99	285.77	78.51	7.09
河　南	10815.77	3484.31	1045.74	9.67	28.57	298.73	271.21	90.79	7.78
陕　西	2151.62	595.02	417.75	19.42	53.25	222.46	188.86	84.90	31.74
山　西	2369.28	541.39	469.02	19.80	41.36	193.97	179.90	92.74	33.23
新　疆	1502.75	317.52	124.56	8.29	39.70	49.45	36.87	74.56	11.61
#兵团	313.23		39.04	12.46	51.90	20.26			
辽　宁	1073.91	239.96	93.62	8.72	32.13	30.08	24.86	82.65	10.36
分散产区	**1498.83**	**523.48**	**94.83**	**6.33**	**30.77**	**29.18**	**26.14**	**89.58**	**4.99**
占合计%			**1.27**			**1.00**	**1.06**		
甘　肃	168.00	40.55	19.22	11.44	38.45	7.39	7.23	97.83	17.83
天　津	605.60	166.24	22.04	3.64	28.27	6.23	4.42	70.95	2.66
北　京	469.65	192.48	38.63	8.23	31.40	12.13	10.00	82.44	5.20
云　南	255.58	124.21	14.94	5.85	22.96	3.43	4.49	130.90	3.61

4-1-16 全国各地区产棉县1958年棉花生产收购

地　区	耕地面积（万亩）	农业人口（万人）	棉田面积（万亩）	占耕地（%）	亩　产（市斤）	产　量（万担）	收购量（万担）	商品率（%）	人均交售（市斤）
全国合计	**61821.19**	**22881.92**	**7363.08**	**11.91**	**47.29**	**3482.27**	**2986.45**	**85.76**	**13.05**
南方产区	**23475.07**	**10547.40**	**2576.17**	**10.97**	**53.60**	**1380.84**	**1190.66**	**86.23**	**11.29**
占合计%			**34.99**			**39.65**	**39.87**		
上　海	559.50	330.22	158.26	28.29	76.02	120.31	35.61	29.60	10.78
浙　江	627.20	462.72	95.57	15.24	88.32	84.41	81.27	96.28	17.56
江　苏	7180.05	3191.80	768.84	10.71	52.93	406.95	392.07	96.34	12.28
湖　北	4291.70	1832.83	760.56	17.72	62.52	475.53	431.95	90.84	23.57
安　徽	5194.03	1798.41	297.13	5.72	32.91	97.78	81.83	83.69	4.55
四　川	1986.40	1197.10	314.86	15.85	39.35	123.90	111.57	90.05	9.32
江　西	1368.91	499.51	95.18	6.95	37.13	35.34	27.88	78.89	5.58
湖　南	2267.28	1234.81	85.77	3.78	42.70	36.62	28.48	77.77	2.31
北方产区	**36908.87**	**11810.96**	**4678.12**	**12.67**	**44.13**	**2064.26**	**1765.59**	**85.53**	**14.95**
占合计%			**63.53**			**59.28**	**59.12**		
河　北	8526.47	2717.29	1421.04	16.67	40.83	580.28	498.42	85.89	18.34
山　东	10747.38	3890.46	1082.82	10.08	40.46	438.07	391.70	89.41	10.07
河　南	9988.86	3482.93	1054.42	10.56	40.31	425.06	356.78	83.94	10.24
陕　西	2128.72	608.02	412.56	19.38	61.86	255.20	228.40	89.50	37.56
山　西	2286.26	547.18	429.07	18.77	51.89	222.63	210.02	94.33	38.38
新　疆	1553.01	320.96	130.13	8.38	52.41	68.20	39.54	57.98	12.32
#兵团	613.14		52.45	8.55	46.31	24.29			
辽　宁	1065.03	244.12	95.63	8.98	52.84	50.53	40.73	80.61	16.68
分散产区	**1437.25**	**523.56**	**108.79**	**7.57**	**34.17**	**37.17**	**30.21**	**81.28**	**5.77**
占合计%			**1.48**			**1.07**	**1.01**		
甘　肃	170.17	41.66	29.51	17.34	36.19	10.68	10.13	94.85	24.32
天　津	572.20	166.67	21.29	3.72	27.52	5.86	3.97	67.75	2.38
北　京	455.33	192.25	36.73	8.07	30.19	11.09	9.90	89.27	5.15
云　南	239.55	122.98	21.26	8.87	44.87	9.54	6.21	65.09	5.05

4-1-17 全国各地区产棉县1959年棉花生产收购

地　　区	耕地面积（万亩）	农业人口（万人）	棉田面积（万亩）	占耕地（%）	亩　产（市斤）	产　量（万担）	收购量（万担）	商品率（%）	人均交售（市斤）
全国合计	**60024.24**	**22558.68**	**7302.81**	**12.17**	**41.76**	**3049.37**	**2758.89**	**90.47**	**12.23**
南方产区	**22709.71**	**10292.97**	**2574.30**	**11.34**	**46.88**	**1206.72**	**1085.90**	**89.99**	**10.55**
占合计%			**35.25**			**39.57**	**39.36**		
上　海	543.75	331.58	119.10	21.90	77.77	92.63	90.29	97.47	27.23
浙　江	620.59	472.42	119.45	19.25	69.57	83.10	80.27	96.59	16.99
江　苏	6724.84	3082.70	702.69	10.45	48.67	342.02	339.88	99.37	11.03
湖　北	4314.52	1804.87	723.34	16.77	48.23	348.88	285.24	81.76	15.80
安　徽	4997.31	1708.00	330.12	6.61	30.27	99.94	84.42	84.47	4.94
四　川	1956.26	1149.16	352.72	18.03	43.42	153.16	135.93	88.75	11.83
江　西	1323.24	504.65	96.01	7.26	37.06	35.58	25.29	71.08	5.01
湖　南	2229.20	1239.59	130.87	5.87	39.28	51.41	44.58	86.71	3.60
北方产区	**35939.98**	**11748.84**	**4610.28**	**12.83**	**39.27**	**1810.41**	**1638.54**	**90.51**	**13.95**
占合计%			**63.13**			**59.37**	**59.39**		
河　北	8336.43	2750.49	1368.68	16.42	38.81	531.13	507.84	95.62	18.46
山　东	10234.27	3821.70	1037.22	10.13	32.68	338.99	297.89	87.88	7.79
河　南	9770.48	3454.29	1086.73	11.12	35.65	387.40	354.92	91.62	10.27
陕　西	2085.97	621.63	411.31	19.72	51.48	211.74	193.84	91.55	31.18
山　西	2212.35	550.07	409.57	18.51	45.92	188.09	179.84	95.62	32.69
新　疆	1532.43	318.17	152.27	9.94	57.25	87.18	74.38	85.32	23.38
#兵团	783.57		55.17	7.04	48.05	26.51			
辽　宁	984.48	232.49	89.33	9.07	44.07	39.37	29.83	75.77	12.83
分散产区	**1374.55**	**516.87**	**118.23**	**8.60**	**27.27**	**32.24**	**34.45**	**106.85**	**6.67**
占合计%			**1.62**			**1.06**	**1.25**		
甘　肃	168.63	39.82	32.11	19.04	25.07	8.05	7.72	95.90	19.39
天　津	529.30	166.03	18.12	3.42	18.32	3.32	4.22	127.11	2.54
北　京	440.58	191.91	28.01	6.36	29.24	8.19	7.50	91.58	3.91
云　南	236.04	119.11	39.99	16.94	31.71	12.68	15.01	118.38	12.60

4-1-18 全国各地区产棉县1960年棉花生产收购

地　区	耕地面积（万亩）	农业人口（万人）	棉田面积（万亩）	占耕地（%）	亩　产（市斤）	产　量（万担）	收购量（万担）	商品率（%）	人均交售（市斤）
全国合计	**59219.73**	**21997.34**	**6874.63**	**11.61**	**29.11**	**2000.92**	**1793.97**	**89.66**	**8.16**
南方产区	**22478.58**	**9959.88**	**2366.92**	**10.53**	**34.37**	**813.60**	**739.24**	**90.86**	**7.42**
占合计%			**34.43**			**40.66**	**41.21**		
上　海	541.35	318.58	112.14	20.71	66.47	74.54	74.04	99.33	23.24
浙　江	612.99	487.93	120.05	19.58	75.27	90.36	83.53	92.44	17.12
江　苏	6505.54	2996.04	718.63	11.05	34.85	250.46	239.33	95.56	7.99
湖　北	4383.45	1803.41	611.20	13.94	32.17	196.60	176.90	89.98	9.81
安　徽	4911.74	1527.50	268.58	5.47	22.97	61.69	45.94	74.47	3.01
四　川	1934.85	1099.80	314.43	16.25	20.03	62.98	55.74	88.50	5.07
江　西	1340.52	506.23	108.63	8.10	30.09	32.69	25.82	78.98	5.10
湖　南	2248.14	1220.39	113.26	5.04	39.10	44.28	37.94	85.68	3.11
北方产区	**35392.51**	**11519.08**	**4386.06**	**12.39**	**26.46**	**1160.59**	**1029.45**	**88.70**	**8.94**
占合计%			**63.80**			**58.00**	**57.38**		
河　北	8115.17	2767.48	1381.00	17.02	27.50	379.84	358.08	94.27	12.94
山　东	9731.07	3620.89	926.73	9.52	17.02	157.75	128.55	81.49	3.55
河　南	9586.14	3372.90	1006.63	10.50	31.00	312.08	276.89	88.72	8.21
陕　西	2073.36	636.84	371.31	17.91	37.20	138.12	126.01	91.23	19.79
山　西	2184.04	566.92	389.07	17.81	24.06	93.62	85.85	91.70	15.14
新　疆	1751.95	324.43	161.44	9.21	27.85	44.96	41.94	93.28	12.93
#兵团	975.25		74.16	7.60	23.62	17.52			
辽　宁	975.53	229.62	75.72	7.76	22.05	16.70	12.13	72.63	5.28
分散产区	**1348.64**	**518.38**	**121.65**	**9.02**	**21.97**	**26.73**	**25.27**	**94.54**	**4.87**
占合计%			**1.77**			**1.34**	**1.41**		
甘　肃	156.62	35.83	41.79	26.68	12.13	5.07	4.84	95.46	13.51
天　津	515.10	168.44	19.25	3.74	19.38	3.73	3.73	100.00	2.21
北　京	438.85	191.33	25.21	5.74	35.78	9.02	8.10	89.80	4.23
云　南	238.07	122.78	35.40	14.87	25.17	8.91	8.60	96.52	7.00

4-1-19 全国各地区产棉县1961年棉花生产收购

地　区	耕地面积（万亩）	农业人口（万人）	棉田面积（万亩）	占耕地（%）	亩产（市斤）	产量（万担）	收购量（万担）	商品率（%）	人均交售（市斤）
全国合计	**58548.61**	**22382.10**	**5270.30**	**8.90**	**27.43**	**1445.68**	**1233.27**	**85.31**	**5.51**
南方产区	**22108.91**	**10056.51**	**2051.32**	**9.13**	**37.16**	**762.36**	**697.42**	**91.48**	**6.94**
占合计%			**38.92**			**52.73**	**56.55**		
上　海	532.50	331.61	112.99	20.87	63.03	71.22	70.15	98.50	21.15
浙　江	606.47	500.92	90.39	14.75	72.69	65.70	63.82	97.14	12.74
江　苏	6384.07	2983.25	659.06	10.13	42.86	282.47	267.55	94.72	8.97
湖　北	4328.36	1859.77	585.12	13.35	37.29	218.17	193.25	88.58	10.39
安　徽	4780.23	1543.43	143.70	2.93	24.22	34.80	26.75	76.87	1.73
四　川	1920.74	1088.40	282.41	14.60	14.72	41.57	35.72	85.93	3.28
江　西	1335.61	521.25	76.52	5.71	23.60	18.06	12.67	70.16	2.43
湖　南	2220.93	1227.88	101.13	4.50	30.03	30.37	27.51	90.57	2.24
北方产区	**35123.23**	**11803.74**	**3154.01**	**8.91**	**21.10**	**665.55**	**520.90**	**78.27**	**4.41**
占合计%			**59.84**			**46.04**	**42.24**		
河　北	8035.59	2790.53	1147.46	14.14	19.77	226.84	193.05	85.10	6.92
山　东	9836.27	3812.16	585.94	6.02	12.12	71.01	40.54	57.09	1.06
河　南	9435.68	3393.89	529.10	5.52	18.30	96.81	54.53	56.33	1.61
陕　西	2059.95	659.34	337.00	16.25	28.52	96.12	82.29	85.61	12.48
山　西	2137.65	584.11	314.63	14.41	33.72	106.10	96.38	90.84	16.50
新　疆	1739.91	331.56	139.91	7.99	32.35	45.26	39.98	88.34	12.06
#兵团	944.27		53.39	5.47	30.85	16.47	8.97	54.46	
辽　宁	933.91	232.15	46.58	4.77	14.90	6.94	5.16	74.35	2.22
分散产区	**1316.47**	**521.85**	**64.97**	**4.82**	**27.34**	**17.76**	**14.95**	**84.18**	**2.86**
占合计%			**1.23**			**1.23**	**1.21**		
甘　肃	152.10	32.49	7.06	4.51	11.19	0.79	0.69	87.34	2.12
天　津	500.00	170.71	14.19	2.75	20.79	2.95	1.68	56.95	0.98
北　京	443.76	193.04	25.11	5.72	38.55	9.68	8.20	84.71	4.25
云　南	220.61	125.61	18.61	7.82	23.32	4.34	4.38	100.92	3.49

4－1－20　全国各地区产棉县1962年棉花生产收购

地　区	耕地面积（万亩）	农业人口（万人）	棉田面积（万亩）	占耕地（%）	亩　产（市斤）	产　量（万担）	收购量（万担）	商品率（%）	人均交售（市斤）
全国合计	**58924.16**	**23569.80**	**4754.15**	**8.07**	**28.13**	**1337.31**	**1183.66**	**88.51**	**5.02**
南方产区	**22617.45**	**10749.75**	**1975.74**	**8.74**	**34.20**	**675.74**	**621.46**	**91.97**	**5.78**
占合计%			**41.56**			**50.53**	**52.50**		
上　海	520.20	348.74	101.97	19.60	55.62	56.72	53.53	94.38	15.35
浙　江	608.74	513.82	90.93	14.94	68.33	62.13	60.32	97.09	11.74
江　苏	7006.46	3409.44	615.31	8.78	26.56	163.45	155.60	95.20	4.56
湖　北	4307.05	1938.19	600.66	13.95	44.42	266.84	240.65	90.19	12.42
安　徽	4693.84	1613.63	144.86	3.09	19.11	27.68	22.76	82.23	1.41
四　川	1922.29	1117.67	266.47	13.86	16.87	44.96	40.31	89.66	3.61
江　西	1336.44	540.17	64.31	4.81	28.14	18.10	13.57	74.97	2.51
湖　南	2222.43	1268.09	91.23	4.10	39.31	35.86	34.71	96.80	2.74
北方产区	**34974.57**	**12279.72**	**2715.71**	**7.76**	**23.68**	**643.16**	**546.60**	**84.99**	**4.45**
占合计%			**57.12**			**48.09**	**46.18**		
河　北	8004.00	2917.72	994.32	12.42	25.87	257.23	236.75	92.04	8.11
山　东	9868.74	3983.82	560.25	5.68	15.01	84.11	59.70	70.98	1.50
河　南	9388.31	3517.10	439.76	4.68	16.97	74.62	50.40	67.54	1.43
陕　西	2033.11	680.89	264.29	13.00	32.88	86.89	75.90	87.35	11.15
山　西	2188.80	618.19	268.08	12.25	31.25	83.78	77.64	92.67	12.56
新　疆	1626.55	326.95	125.11	7.69	30.25	37.84	34.27	90.57	10.48
#兵团	942.79		29.69	3.15	40.32	11.97	7.59	63.41	
辽　宁	922.27	235.05	34.21	3.71	19.64	6.72	4.35	64.73	1.85
分散产区	**1332.14**	**540.33**	**62.70**	**4.71**	**29.36**	**18.41**	**15.60**	**84.74**	**2.89**
占合计%			**1.32**			**1.38**	**1.32**		
甘　肃	147.05	33.85	6.44	4.38	3.57	0.23	0.17	73.91	0.50
天　津	510.70	179.99	15.90	3.11	13.08	2.08	1.29	62.02	0.72
北　京	445.56	196.15	24.20	5.43	41.07	9.94	8.30	83.50	4.23
云　南	228.83	130.34	16.16	7.06	38.12	6.16	5.84	94.81	4.48

4-1-21 全国各地区产棉县1963年棉花生产收购

地　区	耕地面积（万亩）	农业人口（万人）	棉田面积（万亩）	占耕地（%）	亩　产（市斤）	产　量（万担）	收购量（万担）	商品率（%）	人均交售（市斤）
全国合计	**59009.58**	**24243.38**	**5847.82**	**9.91**	**36.19**	**2116.44**	**1940.06**	**91.67**	**8.00**
南方产区	**22655.90**	**11040.11**	**2353.23**	**10.39**	**55.42**	**1304.18**	**1227.28**	**94.10**	**11.12**
占合计%			**40.24**			**61.62**	**63.26**		
上　海	545.70	359.60	127.47	23.36	81.60	104.01	100.13	96.27	27.84
浙　江	607.31	526.75	108.26	17.83	94.24	102.02	96.91	94.99	18.40
江　苏	7008.06	3516.19	724.35	10.34	49.89	361.37	344.05	95.21	9.78
湖　北	4312.55	1983.12	705.12	16.35	67.55	476.29	459.48	96.47	23.17
安　徽	4671.88	1663.66	193.44	4.14	26.42	51.11	42.09	82.35	2.53
四　川	1934.21	1141.64	303.15	15.67	33.74	102.29	89.03	87.04	7.80
江　西	1342.08	553.94	89.29	6.65	60.22	53.77	42.73	79.47	7.71
湖　南	2234.11	1295.21	102.15	4.57	52.20	53.32	52.86	99.13	4.08
北方产区	**35005.08**	**12668.17**	**3428.44**	**9.79**	**22.89**	**784.90**	**689.25**	**87.81**	**5.44**
占合计%			**58.63**			**37.09**	**35.53**		
河　北	7980.71	2946.51	1227.59	15.38	15.18	186.33	171.08	91.82	5.81
山　东	10052.20	4124.68	764.06	7.60	22.96	175.41	149.31	85.12	3.62
河　南	9198.76	3673.47	577.63	6.28	14.21	82.07	62.48	76.13	1.70
陕　西	2041.63	701.06	329.30	16.13	37.84	124.60	112.27	90.10	16.01
山　西	2189.84	638.35	311.35	14.22	43.91	136.70	124.89	91.36	19.56
新　疆	1632.38	331.00	137.88	8.45	33.99	46.87	46.88	100.03	14.16
#兵团	1000.04		38.80	3.88	51.49	19.98	12.16	60.86	
辽　宁	909.52	253.10	41.83	4.60	30.93	12.94	10.18	78.67	4.02
分散产区	**1348.60**	**535.10**	**66.15**	**4.91**	**41.36**	**27.36**	**23.53**	**86.00**	**4.40**
占合计%			**1.13**			**1.29**	**1.21**		
甘　肃	148.85	33.39	5.89	3.96	27.84	1.64	1.52	92.68	4.55
天　津	525.00	185.48	17.56	3.34	27.90	4.90	3.35	68.37	1.81
北　京	446.53	198.45	26.74	5.99	50.75	13.57	11.70	86.22	5.90
云　南	228.22	117.78	15.96	6.99	45.43	7.25	6.96	96.00	5.91

4－1－22　全国各地区产棉县1964年棉花生产收购

地　区	耕地面积（万亩）	农业人口（万人）	棉田面积（万亩）	占耕地（%）	亩　产（市斤）	产　量（万担）	收购量（万担）	商品率（%）	人均交售（市斤）
全国合计	**59021.02**	**24453.62**	**6436.40**	**10.91**	**47.53**	**3059.17**	**2815.96**	**92.05**	**11.52**
南方产区	**22398.74**	**11097.71**	**2598.86**	**11.60**	**70.08**	**1821.30**	**1726.89**	**94.82**	**15.56**
占合计%			**40.38**			**59.54**	**61.33**		
上　海	546.45	367.33	131.82	24.12	114.91	151.47	148.36	97.95	40.39
浙　江	610.67	535.18	112.50	18.42	111.11	125.00	124.47	99.58	23.26
江　苏	6837.01	3491.43	794.77	11.62	83.02	659.82	636.68	96.49	18.24
湖　北	4215.97	1981.10	796.94	18.90	62.46	497.80	484.99	97.43	24.48
安　徽	4671.64	1668.31	213.61	4.57	49.09	104.86	75.01	71.53	4.50
四　川	1942.49	1165.58	323.97	16.68	54.05	175.11	163.66	93.46	14.04
江　西	1344.31	570.51	106.18	7.90	46.50	49.37	40.65	82.34	7.13
湖　南	2230.20	1318.27	119.07	5.34	48.60	57.87	53.07	91.71	4.03
北方产区	**35266.70**	**12808.11**	**3774.82**	**10.70**	**31.90**	**1204.24**	**1058.85**	**87.93**	**8.27**
占合计%			**58.65**			**39.36**	**37.60**		
河　北	8014.02	2982.92	1083.33	13.52	29.44	318.96	296.87	93.07	9.95
山　东	10076.30	4152.08	991.38	9.84	24.77	245.59	213.32	86.86	5.14
河　南	9346.53	3723.78	721.58	7.72	30.69	221.48	173.38	78.28	4.66
陕　西	2062.00	713.05	362.42	17.58	35.37	128.18	113.81	88.79	15.96
山　西	2192.42	648.31	365.32	16.66	48.86	178.49	162.44	91.01	25.06
新　疆	1645.22	339.12	152.14	9.25	36.60	55.68	51.31	92.15	15.13
#兵团	1020.08		48.76	4.78	66.12	32.24	26.74	82.94	
辽　宁	910.13	248.85	49.89	5.48	47.34	23.62	20.98	88.82	8.43
分散产区	**1355.58**	**547.80**	**62.72**	**4.63**	**53.62**	**33.63**	**30.22**	**89.86**	**5.52**
占合计%			**0.97**			**1.10**	**1.07**		
甘　肃	147.34	34.99	6.45	4.38	37.98	2.45	2.24	91.43	6.40
天　津	531.30	190.75	19.30	3.63	33.78	6.52	5.55	85.12	2.91
北　京	446.03	200.53	22.32	5.00	66.44	14.83	12.70	85.64	6.33
云　南	230.91	121.53	14.65	6.34	67.10	9.83	9.73	98.98	8.01

4-1-23　全国各地区产棉县1965年棉花生产收购

地　区	耕地面积（万亩）	农业人口（万人）	棉田面积（万亩）	占耕地（%）	亩　产（市斤）	产　量（万担）	收购量（万担）	商品率（%）	人均交售（市斤）
全国合计	**59291.11**	**25222.34**	**6557.71**	**11.06**	**59.19**	**3881.36**	**3559.70**	**91.71**	**14.11**
南方产区	**22657.97**	**11668.46**	**2730.68**	**12.05**	**75.54**	**2062.69**	**1966.95**	**95.36**	**16.86**
占合计%			**41.64**			**53.14**	**55.26**		
上　海	551.55	371.79	141.65	25.68	117.47	166.40	163.31	98.14	43.93
浙　江	615.09	538.71	111.59	18.14	131.98	147.28	147.15	99.91	27.32
江　苏	7087.86	3769.26	813.35	11.48	63.30	514.85	504.29	97.95	13.38
湖　北	4245.36	2032.28	780.78	18.39	91.03	710.75	687.02	96.66	33.81
安　徽	4418.08	1664.75	285.11	6.45	55.57	158.43	139.30	87.93	8.37
四　川	2087.87	1289.72	325.74	15.60	56.36	183.59	171.29	93.30	13.28
江　西	1336.97	582.53	124.02	9.28	70.11	86.95	75.71	87.07	13.00
湖　南	2315.19	1419.42	148.44	6.41	63.62	94.44	78.88	83.52	5.56
北方产区	**35269.37**	**12996.12**	**3758.33**	**10.66**	**47.40**	**1781.47**	**1558.36**	**87.48**	**11.99**
占合计%			**57.31**			**45.90**	**43.78**		
河　北	7998.00	3046.91	1062.49	13.28	48.28	513.00	478.72	93.32	15.71
山　东	10014.05	4224.93	1012.22	10.11	38.55	390.19	321.46	82.39	7.61
河　南	9325.59	3741.74	668.29	7.17	40.00	267.32	207.33	77.56	5.54
陕　西	2062.40	724.53	356.95	17.31	58.86	210.11	201.28	95.80	27.78
山　西	2194.32	663.49	367.48	16.75	58.42	214.67	197.91	92.19	29.83
新　疆	1742.48	349.38	171.04	9.82	55.58	95.07	98.30	103.40	28.14
#兵团	1037.40		65.28	6.29	86.00	56.14	22.01	39.21	
辽　宁	895.13	245.14	54.58	6.10	64.07	34.97	31.35	89.64	12.79
分散产区	**1363.77**	**557.76**	**68.70**	**5.04**	**54.15**	**37.20**	**34.39**	**92.45**	**6.17**
占合计%			**1.05**			**0.96**	**0.97**		
甘　肃	148.04	35.79	6.65	4.49	50.53	3.36	3.13	93.15	8.75
天　津	542.60	195.05	17.29	3.19	44.94	7.77	7.91	101.80	4.06
北　京	446.05	202.19	30.32	6.80	56.40	17.10	14.60	85.38	7.22
云　南	227.08	124.73	14.44	6.36	62.12	8.97	8.75	97.55	7.02

4-1-24 全国各地区产棉县1966年棉花生产收购

地　区	耕地面积（万亩）	农业人口（万人）	棉田面积（万亩）	占耕地（%）	亩　产（市斤）	产　量（万担）	收购量（万担）	商品率（%）	人均交售（市斤）
全国合计	**59252.77**	**26337.22**	**6483.43**	**10.94**	**65.59**	**4252.46**	**3941.72**	**92.69**	**14.97**
南方产区	**22656.47**	**12392.91**	**2887.54**	**12.74**	**87.42**	**2524.39**	**2408.37**	**95.40**	**19.43**
占合计%			**44.54**			**59.36**	**61.10**		
上　海	551.40	404.25	141.35	25.63	107.21	151.54	148.81	98.20	36.81
浙　江	615.08	552.96	104.15	16.93	111.36	115.98	114.58	98.79	20.72
江　苏	7140.40	4177.06	859.11	12.03	88.63	761.39	743.51	97.65	17.80
湖　北	4263.89	2117.50	838.66	19.67	101.42	850.58	817.25	96.08	38.60
安　徽	4332.88	1723.18	322.09	7.43	57.99	186.77	166.37	89.08	9.65
四　川	2081.79	1320.78	314.04	15.09	89.35	280.60	264.62	94.31	20.04
江　西	1325.87	602.00	129.95	9.80	58.64	76.20	65.35	85.76	10.86
湖　南	2345.16	1495.18	178.19	7.60	56.87	101.33	87.88	86.73	5.88
北方产区	**35213.15**	**13371.87**	**3523.96**	**10.01**	**48.03**	**1692.63**	**1501.18**	**88.69**	**11.23**
占合计%			**54.35**			**39.80**	**38.08**		
河　北	8020.75	3139.33	773.82	9.65	38.33	296.63	268.94	90.67	8.57
山　东	9908.02	4349.58	996.99	10.06	38.02	379.05	327.42	86.38	7.53
河　南	9311.96	3851.42	740.84	7.96	60.45	447.84	384.80	85.92	9.99
陕　西	2058.56	738.70	354.39	17.22	58.46	207.18	189.48	91.46	25.65
山　西	2185.37	676.32	362.30	16.58	46.82	169.62	155.14	91.46	22.94
新　疆	1758.04	356.87	177.43	10.09	58.83	104.39	124.88	119.63	34.99
#兵团	1084.09		63.71	5.88	78.01	49.70	17.43	35.07	
辽　宁	886.36	259.65	54.48	6.15	70.15	38.22	33.09	86.58	12.74
分散产区	**1383.15**	**572.44**	**71.93**	**5.20**	**49.27**	**35.44**	**32.17**	**90.77**	**5.62**
占合计%			**1.11**			**0.83**	**0.82**		
甘　肃	146.98	36.55	6.29	4.28	72.18	4.54	4.31	94.93	11.79
天　津	564.00	201.68	19.05	3.38	38.90	7.41	6.13	82.73	3.04
北　京	444.70	204.30	31.65	7.12	47.20	14.94	13.20	88.35	6.46
云　南	227.47	129.91	14.94	6.57	57.23	8.55	8.53	99.77	6.57

4－1－25　全国各地区产棉县1967年棉花生产收购

地　区	耕地面积（万亩）	农业人口（万人）	棉田面积（万亩）	占耕地（%）	亩　产（市斤）	产　量（万担）	收购量（万担）	商品率（%）	人均交售（市斤）
全国合计	**58650.05**	**26694.57**	**6726.80**	**11.47**	**63.97**	**4303.21**	**3930.48**	**91.34**	**14.72**
南方产区	**22123.53**	**12480.70**	**2926.72**	**13.23**	**84.82**	**2482.52**	**2332.84**	**93.97**	**18.69**
占合计%			**43.51**			**57.69**	**59.35**		
上　海	550.50	383.55	138.45	25.15	114.37	158.35	155.39	98.13	40.51
浙　江	612.88	561.54	102.12	16.66	108.23	110.52	108.75	98.40	19.37
江　苏	6737.53	4110.28	884.96	13.13	85.79	759.19	736.62	97.03	17.92
湖　北	4157.09	2151.34	863.77	20.78	96.30	831.81	800.58	96.25	37.21
安　徽	4315.79	1784.24	319.15	7.39	55.06	175.73	149.08	84.83	8.36
四　川	2074.17	1354.48	316.40	15.25	90.63	286.76	257.27	89.72	18.99
江　西	1330.05	616.73	123.77	9.31	49.18	60.87	47.57	78.15	7.71
湖　南	2345.52	1518.54	178.10	7.59	55.75	99.29	77.58	78.13	5.11
北方产区	**35132.11**	**13635.88**	**3728.35**	**10.61**	**47.88**	**1784.97**	**1564.66**	**87.66**	**11.47**
占合计%			**55.43**			**41.48**	**39.81**		
河　北	7995.62	3187.67	828.93	10.37	39.90	330.74	291.39	88.10	9.14
山　东	9810.62	4431.41	1034.26	10.54	41.21	426.19	366.87	86.08	8.28
河　南	9353.34	3941.54	826.60	8.84	57.59	476.08	403.89	84.84	10.25
陕　西	2037.25	750.35	360.41	17.69	52.22	188.20	168.77	89.68	22.49
山　西	2175.27	691.73	377.04	17.33	45.59	171.90	155.14	90.25	22.43
新　疆	1783.26	364.87	181.37	10.17	59.07	107.13	127.30	118.83	34.89
#兵团	1095.79		65.81	6.01	73.00	48.04	19.81	41.24	
辽　宁	880.96	268.31	53.93	6.12	68.03	36.69	31.49	85.83	11.74
分散产区	**1394.41**	**577.99**	**71.73**	**5.14**	**49.80**	**35.72**	**32.98**	**92.33**	**5.71**
占合计%			**1.07**			**0.83**	**0.84**		
甘　肃	146.28	37.26	6.88	4.70	61.77	4.25	4.00	94.12	10.74
天　津	579.10	204.60	19.51	3.37	40.65	7.93	7.18	90.54	3.51
北　京	444.16	205.63	30.19	6.80	49.29	14.88	13.20	88.71	6.42
云　南	224.87	130.50	15.15	6.74	57.16	8.66	8.60	99.31	6.59

4－1－26 全国各地区产棉县1968年棉花生产收购

地区	耕地面积（万亩）	农业人口（万人）	棉田面积（万亩）	占耕地（%）	亩产（市斤）	产量（万担）	收购量（万担）	商品率（%）	人均交售（市斤）
全国合计	**58445.80**	**27482.10**	**6633.58**	**11.35**	**64.69**	**4291.26**	**3938.23**	**91.77**	**14.33**
南方产区	**22127.43**	**12881.69**	**2835.67**	**12.82**	**89.68**	**2543.04**	**2422.48**	**95.26**	**18.81**
占合计%			**42.75**			**59.26**	**61.51**		
上海	550.95	399.64	139.10	25.25	162.85	226.53	222.95	98.42	55.79
浙江	615.64	569.89	104.63	17.00	144.97	151.68	150.55	99.26	26.42
江苏	6805.95	4204.44	875.81	12.87	96.18	842.35	831.35	98.69	19.77
湖北	4138.37	2237.25	830.89	20.08	88.78	737.70	715.83	97.04	32.00
安徽	4310.92	1871.36	298.00	6.91	63.13	188.12	158.75	84.39	8.48
四川	2070.47	1392.52	310.92	15.02	68.63	213.38	184.10	86.28	13.22
江西	1301.75	654.71	116.13	8.92	68.67	79.75	68.86	86.34	10.52
湖南	2333.38	1551.88	160.19	6.87	64.63	103.53	90.09	87.02	5.81
北方产区	**34924.76**	**14002.71**	**3729.21**	**10.68**	**45.84**	**1709.50**	**1481.15**	**86.64**	**10.58**
占合计%			**56.22**			**39.84**	**37.61**		
河北	7977.11	3256.61	884.42	11.09	48.35	427.63	373.34	87.30	11.46
山东	9759.92	4551.93	1026.32	10.52	43.16	442.91	373.76	84.39	8.21
河南	9313.83	4070.06	803.37	8.63	50.69	407.21	355.07	87.20	8.72
陕西	2028.66	765.60	354.43	17.47	37.55	133.09	116.80	87.76	15.26
山西	2170.81	714.55	369.55	17.02	40.15	148.37	131.14	88.39	18.35
新疆	1757.46	376.10	177.01	10.07	46.99	83.17	89.63	107.77	23.83
#兵团	1037.46		60.95	5.87	55.37	33.75	12.40	36.74	
辽宁	879.51	267.86	53.16	6.04	62.77	33.37	29.01	86.93	10.83
分散产区	**1393.61**	**597.70**	**68.70**	**4.93**	**56.36**	**38.72**	**34.60**	**89.36**	**5.79**
占合计%			**1.04**			**0.90**	**0.88**		
甘肃	143.97	38.91	6.86	4.76	51.02	3.50	3.28	93.71	8.43
天津	580.30	209.88	18.71	3.22	59.54	11.14	10.29	92.37	4.90
北京	444.19	207.76	29.02	6.53	60.89	17.67	14.80	83.76	7.12
云南	225.15	141.15	14.11	6.27	45.43	6.41	6.23	97.19	4.41

4－1－27　全国各地区产棉县1969年棉花生产收购

地　　区	耕地面积（万亩）	农业人口（万人）	棉田面积（万亩）	占耕地（%）	亩　产（市斤）	产　量（万担）	收购量（万担）	商品率（%）	人均交售（市斤）
全国合计	**58180.55**	**28364.39**	**6450.81**	**11.09**	**59.29**	**3824.88**	**3467.97**	**90.67**	**12.23**
南方产区	**22120.38**	**13331.77**	**2735.55**	**12.37**	**74.24**	**2030.74**	**1917.11**	**94.40**	**14.38**
占合计%			**42.41**			**53.09**	**55.28**		
上　海	549.15	401.41	142.91	26.02	134.20	191.78	187.35	97.69	46.67
浙　江	614.30	590.78	104.77	17.06	116.08	121.62	119.50	98.26	20.23
江　苏	6866.05	4310.90	858.03	12.50	80.51	690.81	673.04	97.43	15.61
湖　北	4166.62	2359.71	787.77	18.91	69.96	551.09	535.87	97.24	22.71
安　徽	4250.35	1956.60	262.93	6.19	46.61	122.55	101.43	82.77	5.18
四　川	2063.17	1437.49	299.90	14.54	67.97	203.84	179.11	87.87	12.46
江　西	1288.35	673.93	123.18	9.56	52.20	64.30	55.08	85.66	8.17
湖　南	2322.39	1600.95	156.06	6.72	54.31	84.75	65.73	77.56	4.11
北方产区	**34665.87**	**14421.71**	**3642.49**	**10.51**	**48.37**	**1761.83**	**1522.43**	**86.41**	**10.56**
占合计%			**56.47**			**46.06**	**43.90**		
河　北	7975.34	3327.05	882.17	11.06	44.95	396.54	347.97	87.75	10.46
山　东	9680.47	4692.49	1008.13	10.41	46.37	467.51	398.20	85.17	8.49
河　南	9230.24	4220.51	770.84	8.35	52.64	405.80	343.19	84.57	8.13
陕　西	2027.33	782.93	345.35	17.03	51.41	177.53	153.79	86.63	19.64
山　西	2164.45	737.28	361.26	16.69	51.78	187.05	167.02	89.29	22.65
新　疆	1748.90	382.25	164.40	9.40	43.62	71.71	76.88	107.21	20.11
#兵团	965.02		61.99	6.42	50.27	31.16	14.64	46.98	
辽　宁	874.12	279.20	48.35	5.53	50.73	24.53	20.74	84.55	7.43
分散产区	**1394.30**	**610.91**	**72.77**	**5.22**	**44.40**	**32.31**	**28.43**	**87.99**	**4.65**
占合计%			**1.13**			**0.84**	**0.82**		
甘　肃	145.12	40.57	7.06	4.86	51.42	3.63	3.34	92.01	8.23
天　津	582.40	216.52	19.67	3.38	33.25	6.54	5.70	87.16	2.63
北　京	444.06	210.70	30.46	6.86	45.76	13.94	12.20	87.52	5.79
云　南	222.72	143.12	15.58	7.00	52.63	8.20	7.19	87.68	5.02

4－1－28　全国各地区产棉县1970年棉花生产收购

地　区	耕地面积（万亩）	农业人口（万人）	棉田面积（万亩）	占耕地（%）	亩　产（市斤）	产　量（万担）	收购量（万担）	商品率（%）	人均交售（市斤）
全国合计	**58774.33**	**29589.38**	**6720.22**	**11.43**	**61.83**	**4154.79**	**3784.21**	**91.08**	**12.79**
南方产区	**22805.23**	**14067.80**	**2924.02**	**12.82**	**70.55**	**2062.87**	**1938.64**	**93.98**	**13.78**
占合计%			**43.51**			**49.65**	**51.23**		
上　海	547.20	407.29	141.85	25.92	119.64	169.71	164.56	96.97	40.40
浙　江	607.34	611.54	106.77	17.58	114.06	121.78	119.15	97.84	19.48
江　苏	6783.92	4295.82	851.37	12.55	74.51	634.35	626.04	98.69	14.57
湖　北	4161.86	2433.66	785.29	18.87	70.15	550.89	535.94	97.29	22.02
安　徽	5196.20	2516.79	407.91	7.85	49.85	203.34	160.77	79.06	6.39
四　川	1935.12	1447.92	310.71	16.06	70.15	217.96	194.12	89.06	13.41
江　西	1268.01	706.47	132.85	10.48	47.67	63.33	53.74	84.86	7.61
湖　南	2305.58	1648.31	187.27	8.12	54.21	101.51	84.32	83.07	5.12
北方产区	**34570.60**	**14896.05**	**3716.52**	**10.75**	**55.09**	**2047.51**	**1808.25**	**88.31**	**12.14**
占合计%			**55.30**			**49.28**	**47.78**		
河　北	7927.81	3424.32	864.00	10.90	57.76	499.06	449.19	90.01	13.12
山　东	9621.71	4830.45	1030.37	10.71	52.17	537.56	445.19	82.82	9.22
河　南	9351.11	4404.04	816.78	8.73	63.38	517.71	443.45	85.66	10.07
陕　西	2016.99	797.79	352.65	17.48	47.28	166.75	148.13	88.83	18.57
山　西	2158.51	757.52	374.96	17.37	45.08	169.02	155.53	92.02	20.53
新　疆	1698.40	397.94	160.89	9.47	50.67	81.52	101.26	124.21	25.45
#兵团	929.55		66.72	7.18	66.70	44.50	39.19	88.07	
辽　宁	866.52	283.99	50.15	5.79	62.59	31.39	26.31	83.82	9.26
分散产区	**1398.50**	**625.53**	**79.68**	**5.70**	**55.74**	**44.41**	**37.32**	**84.04**	**5.97**
占合计%			**1.19**			**1.07**	**0.99**		
甘　肃	149.75	42.18	11.38	7.60	47.72	5.43	4.47	82.32	10.60
天　津	579.50	222.30	20.09	3.47	48.33	9.71	8.42	86.71	3.79
北　京	442.01	212.05	29.08	6.58	68.54	19.93	16.20	81.28	7.64
云　南	227.24	149.00	19.13	8.42	48.82	9.34	8.23	88.12	5.52

4-1-29 全国各地区产棉县1971年棉花生产收购

地　区	耕地面积（万亩）	农业人口（万人）	棉田面积（万亩）	占耕地（%）	亩　产（市斤）	产　量（万担）	收购量（万担）	商品率（%）	人均交售（市斤）
全国合计	**58182.23**	**29844.35**	**6637.87**	**11.41**	**58.57**	**3887.79**	**3572.06**	**91.88**	**11.97**
南方产区	**22343.13**	**14113.64**	**2911.96**	**13.03**	**67.51**	**1965.74**	**1851.17**	**94.17**	**13.12**
占合计%			**43.87**			**50.56**	**51.82**		
上　海	548.70	412.89	142.19	25.91	95.15	135.30	131.71	97.35	31.90
浙　江	611.82	624.58	104.61	17.10	70.42	73.67	69.88	94.86	11.19
江　苏	6420.11	4129.18	826.15	12.87	78.63	649.63	640.17	98.54	15.50
湖　北	4153.64	2477.68	823.05	19.82	65.56	539.60	522.03	96.74	21.07
安　徽	5149.52	2583.76	400.15	7.77	45.94	183.82	147.75	80.38	5.72
四　川	1923.71	1492.81	308.79	16.05	86.74	267.83	243.97	91.09	16.34
江　西	1241.60	716.22	127.44	10.26	27.01	34.42	27.10	78.73	3.78
湖　南	2294.03	1676.52	179.58	7.83	45.37	81.47	68.56	84.15	4.09
北方产区	**34458.48**	**15095.86**	**3645.30**	**10.58**	**51.60**	**1880.99**	**1685.80**	**89.62**	**11.17**
占合计%			**54.92**			**48.38**	**47.19**		
河　北	7913.06	3480.42	851.67	10.76	56.13	478.03	431.47	90.26	12.40
山　东	9519.67	4813.66	976.10	10.25	49.51	483.25	424.10	87.76	8.81
河　南	9347.42	4506.70	841.79	9.01	51.37	432.39	366.93	84.86	8.14
陕　西	2010.97	810.50	352.87	17.55	56.92	200.87	169.45	84.36	20.91
山　西	2144.14	771.08	346.44	16.16	38.85	134.58	130.53	96.99	16.93
新　疆	1715.69	404.00	161.00	9.38	48.54	78.15	95.03	121.60	23.52
#兵团	944.02		62.46	6.62	69.68	43.52	41.41	95.15	
辽　宁	863.51	309.50	52.97	6.13	57.01	30.20	26.88	89.01	8.68
分散产区	**1380.62**	**634.85**	**80.61**	**5.84**	**50.94**	**41.06**	**35.09**	**85.46**	**5.53**
占合计%			**1.21**			**1.06**	**0.98**		
甘　肃	150.16	42.78	10.04	6.69	48.61	4.88	4.77	97.75	11.15
天　津	561.50	225.81	21.04	3.75	53.85	11.33	8.43	74.40	3.73
北　京	440.85	213.38	27.39	6.21	65.06	17.82	15.00	84.18	7.03
云　南	228.11	152.88	22.14	9.71	31.75	7.03	6.89	98.01	4.51

4－1－30　全国各地区产棉县1972年棉花生产收购

地　区	耕地面积（万亩）	农业人口（万人）	棉田面积（万亩）	占耕地（%）	亩　产（市斤）	产　量（万担）	收购量（万担）	商品率（%）	人均交售（市斤）
全国合计	**58198.88**	**30607.84**	**6607.99**	**11.35**	**54.71**	**3615.56**	**3342.80**	**92.46**	**10.92**
南方产区	**22484.92**	**14581.90**	**2954.06**	**13.14**	**71.46**	**2110.92**	**1996.97**	**94.60**	**13.69**
占合计%			**44.70**			**58.38**	**59.74**		
上　海	548.70	413.07	141.61	25.81	114.52	162.17	158.76	97.90	38.43
浙　江	617.67	641.50	104.57	16.93	85.66	89.57	84.05	93.84	13.10
江　苏	6475.88	4294.13	832.33	12.85	83.26	693.03	682.22	98.44	15.89
湖　北	4264.03	2606.29	823.21	19.31	64.27	529.10	505.69	95.58	19.40
安　徽	5151.05	2659.65	422.63	8.20	57.20	241.73	212.33	87.84	7.98
四　川	1912.81	1525.37	307.13	16.06	70.87	217.66	200.97	92.33	13.18
江　西	1234.88	731.93	132.84	10.76	63.52	84.38	72.35	85.74	9.88
湖　南	2279.90	1709.96	189.74	8.32	49.16	93.28	80.60	86.41	4.71
北方产区	**34338.94**	**15384.33**	**3571.52**	**10.40**	**41.20**	**1471.41**	**1318.56**	**89.61**	**8.57**
占合计%			**54.05**			**40.70**	**39.44**		
河　北	7893.30	3522.80	841.83	10.67	34.23	288.13	254.43	88.30	7.22
山　东	9455.01	4911.65	907.07	9.59	43.50	394.55	345.60	87.59	7.04
河　南	9327.12	4616.85	845.86	9.07	50.56	427.65	363.68	85.04	7.88
陕　西	2003.29	826.83	348.02	17.37	41.24	143.51	124.98	87.09	15.12
山　西	2139.04	786.31	336.29	15.72	28.05	94.32	89.40	94.78	11.37
新　疆	1701.00	411.26	162.25	9.54	35.74	57.99	78.03	134.56	18.97
#兵团	964.79		76.01	7.88	60.82	46.23	44.40	96.04	
辽　宁	855.39	308.63	54.19	6.34	35.12	19.03	18.04	94.80	5.85
分散产区	**1375.02**	**641.61**	**82.41**	**5.99**	**40.32**	**33.23**	**27.27**	**82.06**	**4.25**
占合计%			**1.25**			**0.92**	**0.82**		
甘　肃	150.69	43.25	11.77	7.81	49.19	5.79	4.89	84.46	11.31
天　津	556.30	227.82	22.63	4.07	27.97	6.33	4.94	78.04	2.17
北　京	440.11	214.49	27.11	6.16	58.98	15.99	12.70	79.42	5.92
云　南	227.92	156.05	20.90	9.17	24.50	5.12	4.74	92.58	3.04

4-1-31 全国各地区产棉县1973年棉花生产收购

地　区	耕地面积（万亩）	农业人口（万人）	棉田面积（万亩）	占耕地（%）	亩　产（市斤）	产　量（万担）	收购量（万担）	商品率（%）	人均交售（市斤）
全国合计	**57919.79**	**31100.23**	**6706.65**	**11.58**	**70.99**	**4760.73**	**4454.27**	**93.56**	**14.32**
南方产区	**22145.67**	**14659.04**	**3006.15**	**13.57**	**87.60**	**2633.28**	**2522.84**	**95.81**	**17.21**
占合计%			**44.82**			**55.31**	**56.64**		
上　海	547.05	415.49	142.86	26.11	127.67	182.39	179.10	98.20	43.11
浙　江	619.07	663.11	104.21	16.83	84.74	88.31	86.41	97.85	13.03
江　苏	6262.97	4143.41	851.59	13.60	102.95	876.70	865.46	98.72	20.89
湖　北	4174.52	2633.75	826.25	19.79	92.04	760.44	740.18	97.34	28.10
安　徽	5133.94	2739.95	450.91	8.78	64.96	292.91	260.80	89.04	9.52
四　川	1902.10	1566.09	311.14	16.36	83.48	259.75	236.16	90.92	15.08
江　西	1227.40	755.84	127.60	10.40	42.89	54.73	49.27	90.02	6.52
湖　南	2278.62	1741.40	191.59	8.41	61.62	118.05	105.46	89.34	6.06
北方产区	**34404.61**	**15786.67**	**3620.82**	**10.52**	**57.75**	**2091.09**	**1901.16**	**90.92**	**12.04**
占合计%			**53.99**			**43.92**	**42.68**		
河　北	7843.73	3554.79	815.95	10.40	46.00	375.37	335.01	89.25	9.42
山　东	9417.04	4989.76	979.44	10.40	53.15	520.55	471.80	90.63	9.46
河　南	9241.97	4738.75	849.89	9.20	72.02	612.12	534.78	87.37	11.29
陕　西	1999.76	844.08	348.49	17.43	70.38	245.27	220.73	89.99	26.15
山　西	2134.31	801.40	325.17	15.24	52.87	171.92	159.80	92.95	19.94
新　疆	1697.28	416.03	162.04	9.55	55.91	90.60	108.73	120.01	26.14
#兵团	944.57		63.20	6.69	64.29	40.63	38.17	93.95	
辽　宁	1125.95	441.86	76.64	6.81	45.19	34.63	32.14	92.81	7.27
分散产区	**1369.51**	**654.52**	**79.68**	**5.82**	**45.63**	**36.36**	**30.27**	**83.25**	**4.62**
占合计%			**1.19**			**0.76**	**0.68**		
甘　肃	150.87	43.89	9.74	6.46	59.65	5.81	4.81	82.79	10.96
天　津	551.82	231.99	25.63	4.64	29.85	7.65	6.18	80.78	2.66
北　京	439.14	217.04	27.32	6.22	65.48	17.89	14.70	82.17	6.77
云　南	227.68	161.60	16.99	7.46	29.49	5.01	4.58	91.42	2.83

4-1-32 全国各地区产棉县1974年棉花生产收购

地　区	耕地面积（万亩）	农业人口（万人）	棉田面积（万亩）	占耕地（%）	亩　产（市斤）	产　量（万担）	收购量（万担）	商品率（%）	人均交售（市斤）
全国合计	**57739.46**	**31585.76**	**6850.57**	**11.86**	**67.50**	**4624.32**	**4299.71**	**92.98**	**13.61**
南方产区	**22109.78**	**14910.39**	**3049.15**	**13.79**	**90.34**	**2754.49**	**2632.82**	**95.58**	**17.66**
占合计%			**44.51**			**59.57**	**61.23**		
上　海	548.70	418.05	142.11	25.90	118.50	168.40	165.04	98.00	39.48
浙　江	619.66	658.73	104.68	16.89	95.12	99.57	97.89	98.31	14.86
江　苏	6238.97	4212.61	867.21	13.90	94.97	823.62	798.99	97.01	18.97
湖　北	4176.77	2673.95	833.98	19.97	110.13	918.45	889.31	96.83	33.26
安　徽	5121.48	2789.20	461.43	9.01	67.04	309.33	287.55	92.96	10.31
四　川	1901.28	1609.63	313.13	16.47	64.15	200.86	184.72	91.96	11.48
江　西	1228.03	780.67	129.33	10.53	56.92	73.61	63.29	85.98	8.11
湖　南	2274.89	1767.55	197.28	8.67	81.43	160.65	146.03	90.90	8.26
北方产区	**34262.34**	**16010.19**	**3721.10**	**10.86**	**49.25**	**1832.49**	**1635.61**	**89.26**	**10.22**
占合计%			**54.32**			**39.63**	**38.04**		
河　北	7823.12	3592.82	855.99	10.94	49.10	420.30	377.25	89.76	10.50
山　东	9364.86	5053.50	964.60	10.30	39.45	380.54	336.37	88.39	6.66
河　南	9204.61	4821.56	895.15	9.73	62.59	560.29	479.70	85.62	9.95
陕　西	1981.83	856.27	344.23	17.37	51.64	177.75	156.13	87.84	18.23
山　西	2131.17	817.98	352.87	16.56	40.92	144.38	132.71	91.92	16.22
新　疆	1702.44	421.48	163.93	9.63	50.96	83.54	91.01	108.94	21.59
#兵团	932.82		62.33	6.68	48.56	30.27	30.72	101.49	
辽　宁	1121.49	446.58	82.00	7.31	43.20	35.42	31.72	89.55	7.10
分散产区	**1367.34**	**665.18**	**80.32**	**5.87**	**46.49**	**37.34**	**31.28**	**83.77**	**4.70**
占合计%			**1.17**			**0.81**	**0.73**		
甘　肃	152.30	44.54	10.89	7.15	58.31	6.35	4.95	77.95	11.11
天　津	546.90	236.25	25.66	4.69	37.69	9.67	7.99	82.63	3.38
北　京	440.88	219.11	27.11	6.15	62.60	16.97	14.20	83.68	6.48
云　南	227.26	165.28	16.66	7.33	26.11	4.35	4.14	95.17	2.50

4-1-33 全国各地区产棉县1975年棉花生产收购

地　　区	耕地面积（万亩）	农业人口（万人）	棉田面积（万亩）	占耕地（%）	亩　产（市斤）	产　量（万担）	收购量（万担）	商品率（%）	人均交售（市斤）
全国合计	**57171.15**	**31971.15**	**6760.09**	**11.82**	**66.13**	**4470.34**	**4181.11**	**93.53**	**13.08**
南方产区	**22107.73**	**15193.93**	**3016.03**	**13.64**	**88.37**	**2665.26**	**2555.07**	**95.87**	**16.82**
占合计%			**44.62**			**59.62**	**61.11**		
上　海	547.05	420.98	142.36	26.02	128.73	183.26	179.95	98.19	42.75
浙　江	623.69	666.48	108.03	17.32	94.38	101.96	98.90	97.00	14.84
江　苏	6229.23	4268.75	859.40	13.80	104.03	894.03	882.05	98.66	20.66
湖　北	4213.79	2731.35	829.42	19.68	95.16	789.27	756.53	95.85	27.70
安　徽	5106.02	2872.44	442.31	8.66	58.46	258.58	239.42	92.59	8.34
四　川	1890.76	1644.28	312.34	16.52	69.72	217.76	201.97	92.75	12.28
江　西	1226.06	802.61	124.14	10.13	54.09	67.15	57.92	86.25	7.22
湖　南	2271.13	1787.04	198.03	8.72	77.39	153.25	138.33	90.26	7.74
北方产区	**33701.93**	**16104.92**	**3666.06**	**10.88**	**48.28**	**1770.06**	**1593.00**	**90.00**	**9.89**
占合计%			**54.23**			**39.60**	**38.10**		
河　北	7793.56	3622.96	864.77	11.10	41.92	362.52	324.65	89.55	8.96
山　东	9305.45	5117.41	941.41	10.12	51.59	485.65	433.84	89.33	8.48
河　南	9057.82	4927.48	863.62	9.53	56.96	491.92	437.50	88.94	8.88
陕　西	1977.38	869.83	347.62	17.58	46.16	160.47	139.08	86.67	15.99
山　西	2128.74	830.15	368.63	17.32	40.36	148.79	139.81	93.96	16.84
新　疆	1714.02	422.88	184.84	10.78	43.49	80.39	83.70	104.12	19.79
#兵团	891.80		41.34	4.64	37.64	15.56	11.48	73.78	
辽　宁	833.16	314.21	53.83	6.46	46.00	24.76	22.94	92.65	7.30
分散产区	**1361.49**	**672.30**	**78.00**	**5.73**	**44.90**	**35.02**	**33.04**	**94.35**	**4.91**
占合计%			**1.15**			**0.78**	**0.79**		
甘　肃	152.56	45.29	10.81	7.09	45.61	4.93	6.95	140.97	15.35
天　津	544.80	237.61	29.22	5.36	35.35	10.33	8.31	80.45	3.50
北　京	437.56	219.94	28.46	6.50	58.40	16.62	14.80	89.05	6.73
云　南	226.57	169.46	9.51	4.20	33.02	3.14	2.98	94.90	1.76

4-1-34 全国各地区产棉县1976年棉花生产收购

地　区	耕地面积（万亩）	农业人口（万人）	棉田面积（万亩）	占耕地（%）	亩　产（市斤）	产　量（万担）	收购量（万担）	商品率（%）	人均交售（市斤）
全国合计	**56812.18**	**32311.23**	**6827.19**	**12.02**	**57.04**	**3894.55**	**3615.58**	**92.84**	**11.19**
南方产区	**21972.49**	**15354.95**	**3041.80**	**13.84**	**83.45**	**2538.31**	**2431.12**	**95.78**	**15.83**
占合计%			**44.55**			**65.18**	**67.24**		
上　海	543.15	423.81	142.10	26.16	93.11	132.31	128.75	97.31	30.38
浙　江	626.40	674.10	105.38	16.82	80.25	84.57	82.10	97.08	12.18
江　苏	6140.47	4284.43	860.60	14.02	94.18	810.49	793.34	97.88	18.52
湖　北	4208.20	2775.51	836.48	19.88	105.79	884.88	859.76	97.16	30.98
安　徽	5089.70	2905.62	442.60	8.70	58.40	258.48	239.10	92.50	8.23
四　川	1876.51	1659.20	323.03	17.21	44.00	142.14	128.10	90.12	7.72
江　西	1224.17	823.65	133.58	10.91	49.84	66.57	56.14	84.33	6.82
湖　南	2263.89	1808.63	198.03	8.75	80.23	158.87	143.83	90.53	7.95
北方产区	**33480.72**	**16279.00**	**3708.83**	**11.08**	**36.04**	**1336.61**	**1167.62**	**87.36**	**7.17**
占合计%			**54.32**			**34.32**	**32.29**		
河　北	7633.93	3596.11	849.81	11.13	25.67	218.14	192.16	88.09	5.34
山　东	9038.66	5089.11	954.41	10.56	33.79	322.49	272.90	84.62	5.36
河　南	9007.39	4991.08	865.57	9.61	47.87	414.34	354.82	85.63	7.11
陕　西	1964.14	881.99	347.25	17.68	38.60	134.04	119.27	88.98	13.52
山　西	2123.43	839.30	364.18	17.15	35.00	127.46	122.93	96.45	14.65
新　疆	1722.35	423.09	180.07	10.45	48.08	86.57	93.48	107.98	22.09
#兵团	886.14		40.07	4.52	47.27	18.94			
辽　宁	1104.68	458.32	107.47	9.73	13.61	14.63	12.06	82.43	2.63
分散产区	**1358.97**	**677.28**	**76.56**	**5.63**	**25.64**	**19.63**	**16.84**	**85.79**	**2.49**
占合计%			**1.12**			**0.50**	**0.47**		
甘　肃	153.47	45.68	11.87	7.73	51.73	6.14	6.27	102.12	13.73
天　津	543.40	237.86	28.24	5.20	13.46	3.80	2.40	63.16	1.01
北　京	436.28	220.85	28.19	6.46	24.12	6.80	5.31	78.09	2.40
云　南	225.82	172.89	8.26	3.66	34.99	2.89	2.86	98.96	1.65

4-1-35 全国各地区产棉县1977年棉花生产收购

地　　区	耕地面积（万亩）	农业人口（万人）	棉田面积（万亩）	占耕地（%）	亩　产（市斤）	产　量（万担）	收购量（万担）	商品率（%）	人均交售（市斤）
全国合计	**56445.59**	**32464.39**	**6774.41**	**12.00**	**57.51**	**3895.91**	**3609.84**	**92.66**	**11.12**
南方产区	**21792.78**	**15417.90**	**3052.31**	**14.01**	**81.30**	**2481.60**	**2399.70**	**96.70**	**15.56**
占合计%			**45.06**			**63.70**	**66.48**		
上　海	544.65	427.37	141.89	26.05	91.15	129.33	126.50	97.81	29.60
浙　江	626.86	681.37	104.21	16.62	79.26	82.60	79.64	96.42	11.69
江　苏	6008.84	4225.10	859.42	14.30	87.26	749.92	739.42	98.60	17.50
湖　北	4190.89	2789.87	835.36	19.93	101.65	849.14	827.91	97.50	29.68
安　徽	5078.46	2950.21	449.95	8.86	51.71	232.66	221.73	95.30	7.52
四　川	1867.75	1671.46	321.78	17.23	70.65	227.34	209.45	92.13	12.53
江　西	1220.33	842.05	131.47	10.77	47.58	62.55	54.17	86.60	6.43
湖　南	2255.00	1830.47	208.23	9.23	71.10	148.06	140.88	95.15	7.70
北方产区	**33299.06**	**16361.82**	**3658.39**	**10.99**	**38.06**	**1392.35**	**1192.48**	**85.65**	**7.29**
占合计%			**54.00**			**35.74**	**33.03**		
河　北	7625.23	3621.31	809.44	10.62	24.26	196.34	172.56	87.89	4.77
山　东	8911.60	5047.66	980.70	11.00	30.95	303.50	260.94	85.98	5.17
河　南	8968.29	5063.90	869.12	9.69	50.13	435.71	355.31	81.55	7.02
陕　西	1956.23	891.13	344.24	17.60	55.34	190.49	169.06	88.75	18.97
山　西	2118.58	848.34	356.36	16.82	40.68	144.98	130.47	89.99	15.38
新　疆	1724.76	427.48	179.34	10.40	44.95	80.62	86.36	107.12	20.20
#兵团	874.54		41.59	4.76	47.37	19.70			
辽　宁	1119.83	462.00	77.61	6.93	27.07	21.01	17.78	84.63	3.85
分散产区	**1353.75**	**684.67**	**63.70**	**4.71**	**34.47**	**21.96**	**17.66**	**80.42**	**2.58**
占合计%			**0.94**			**0.56**	**0.49**		
甘　肃	155.49	45.81	10.31	6.63	60.72	6.26	5.90	94.25	12.88
天　津	536.30	240.24	27.66	5.16	12.04	3.33	1.70	51.05	0.71
北　京	435.11	221.78	19.71	4.53	51.75	10.20	8.14	79.80	3.67
云　南	226.85	176.84	6.02	2.65	36.05	2.17	1.92	88.48	1.09

4－1－36　全国各地区产棉县1978年棉花生产收购

地　区	耕地面积（万亩）	农业人口（万人）	棉田面积（万亩）	占耕地（%）	亩　产（市斤）	产　量（万担）	收购量（万担）	商品率（%）	人均交售（市斤）
全国合计	**56522.50**	**32843.19**	**6837.24**	**12.10**	**60.37**	**4127.91**	**3875.84**	**93.89**	**11.80**
南方产区	**21789.15**	**15630.78**	**3045.53**	**13.98**	**86.19**	**2625.08**	**2550.00**	**97.14**	**16.31**
占合计%			**44.54**			**63.59**	**65.79**		
上　海	540.15	429.56	140.45	26.00	168.94	237.27	233.14	98.26	54.27
浙　江	628.00	686.36	102.22	16.28	115.47	118.03	115.41	97.78	16.81
江　苏	6136.54	4351.82	865.02	14.10	108.15	935.49	922.76	98.64	21.20
湖　北	4069.35	2796.19	849.42	20.87	82.63	701.91	682.56	97.24	24.41
安　徽	5080.05	2994.33	437.51	8.61	48.28	211.21	207.59	98.29	6.93
四　川	1850.82	1671.66	312.38	16.88	78.75	245.99	225.93	91.85	13.52
江　西	1220.88	858.75	136.32	11.17	43.54	59.36	51.25	86.34	5.97
湖　南	2263.36	1842.11	202.21	8.93	57.28	115.82	111.36	96.15	6.05
北方产区	**33387.84**	**16524.15**	**3728.08**	**11.17**	**39.79**	**1483.35**	**1307.21**	**88.13**	**7.91**
占合计%			**54.53**			**35.93**	**33.73**		
河　北	7602.62	3631.10	862.77	11.35	27.05	233.36	205.58	88.10	5.66
山　东	8753.74	5008.73	937.00	10.70	33.33	312.27	267.40	85.63	5.34
河　南	8953.34	5135.72	879.31	9.82	50.17	441.13	380.34	86.22	7.41
陕　西	1948.27	903.61	337.89	17.34	58.46	197.53	174.92	88.55	19.36
山　西	2115.89	858.21	347.19	16.41	39.88	138.45	133.36	96.32	15.54
新　疆	1842.75	534.18	195.62	10.62	47.71	93.33	88.85	95.20	16.63
#兵团	1090.92		72.63	6.66	53.42	38.80	32.53	83.84	
辽　宁	1080.31	452.60	95.67	8.86	29.77	28.48	24.23	85.08	5.35
分散产区	**1345.51**	**688.26**	**63.63**	**4.73**	**30.61**	**19.48**	**18.63**	**95.64**	**2.71**
占合计%			**0.93**			**0.47**	**0.48**		
甘　肃	156.96	46.23	10.87	6.93	55.47	6.03	8.24	136.65	17.82
天　津	530.00	240.94	27.25	5.14	15.08	4.11	2.57	62.53	1.07
北　京	431.52	220.81	20.05	4.65	32.12	6.44	5.00	77.64	2.26
云　南	227.03	180.28	5.46	2.40	53.11	2.90	2.82	97.24	1.56

4－1－37　全国各地区产棉县1979年棉花生产收购

地　区	耕地面积（万亩）	农业人口（万人）	棉田面积（万亩）	占耕地（%）	亩　产（市斤）	产　量（万担）	收购量（万担）	商品率（%）	人均交售（市斤）
全国合计	**55955.18**	**32692.29**	**6462.32**	**11.55**	**65.35**	**4223.40**	**4049.56**	**95.88**	**12.39**
南方产区	**21684.02**	**15662.67**	**2978.80**	**13.74**	**93.93**	**2797.87**	**2724.92**	**97.39**	**17.40**
占合计%			**46.09**			**66.25**	**67.29**		
上　海	533.70	428.31	140.80	26.38	127.37	179.33	177.51	98.99	41.44
浙　江	630.24	686.73	112.54	17.86	102.22	115.04	113.48	98.64	16.52
江　苏	6093.48	4324.25	863.52	14.17	121.71	1050.97	1031.10	98.11	23.84
湖　北	4034.51	2792.59	826.33	20.48	103.54	855.62	840.77	98.26	30.11
安　徽	5061.73	3040.53	407.14	8.04	44.41	180.83	177.10	97.94	5.82
四　川	1839.02	1674.93	311.18	16.92	59.52	185.20	171.61	92.66	10.25
江　西	1222.40	868.53	128.69	10.53	60.50	77.86	68.27	87.68	7.86
湖　南	2268.94	1846.80	188.60	8.31	81.13	153.02	145.08	94.81	7.86
北方产区	**32946.33**	**16375.08**	**3448.61**	**10.47**	**41.04**	**1415.31**	**1314.88**	**92.90**	**8.03**
占合计%			**53.36**			**33.51**	**32.47**		
河　北	7301.77	3444.69	831.15	11.38	27.55	229.00	218.51	95.42	6.34
山　东	8775.71	5092.04	815.50	9.29	41.28	336.60	307.20	91.27	6.03
河　南	8914.41	5178.96	798.57	8.96	48.69	388.85	352.65	90.69	6.81
陕　西	1940.43	910.89	337.37	17.39	56.80	191.63	170.66	89.06	18.74
山　西	2111.87	861.13	327.97	15.53	39.44	129.34	130.33	100.77	15.13
新　疆	1823.87	531.57	205.00	11.24	39.88	81.76	84.59	103.46	15.91
#兵团	1105.81		86.23	7.80	47.20	40.70	35.29	86.71	
辽　宁	972.46	355.80	46.82	4.81	37.23	17.43	15.65	89.79	4.40
分散产区	**1324.83**	**654.54**	**34.91**	**2.64**	**29.28**	**10.22**	**9.76**	**95.47**	**1.49**
占合计%			**0.54**			**0.24**	**0.24**		
甘　肃	158.59	46.00	9.04	5.70	43.81	3.96	5.54	139.90	12.04
天　津	530.35	238.51	17.38	3.28	13.12	2.28	0.88	38.60	0.37
北　京	429.81	213.37	3.67	0.85	33.87	1.24	0.65	52.29	0.30
云　南	206.08	156.66	4.82	2.34	56.85	2.74	2.69	98.18	1.72

4-1-38 全国各地区产棉县1980年棉花生产收购

地　区	耕地面积（万亩）	农业人口（万人）	棉田面积（万亩）	占耕地（%）	亩　产（市斤）	产　量（万担）	收购量（万担）	商品率（%）	人均交售（市斤）
全国合计	**55682.42**	**32899.79**	**7073.28**	**12.70**	**74.00**	**5234.42**	**5134.06**	**98.08**	**15.61**
南方产区	**21806.12**	**15924.42**	**3198.10**	**14.67**	**73.51**	**2351.04**	**2323.42**	**98.83**	**14.59**
占合计%			**45.21**			**44.91**	**45.26**		
上　海	531.15	428.98	151.44	28.51	98.53	149.22	147.60	98.91	34.41
浙　江	628.20	686.14	121.91	19.41	105.02	128.03	126.45	98.77	18.43
江　苏	6241.84	4428.25	933.64	14.96	88.24	823.86	805.50	97.77	18.19
湖　北	3999.48	2825.62	848.75	21.22	71.43	606.22	613.56	101.21	21.71
安　徽	5027.84	3081.84	441.25	8.78	52.02	229.53	235.74	102.71	7.65
四　川	1830.76	1702.16	313.25	17.11	52.07	163.10	148.65	91.14	8.73
江　西	1252.44	890.98	140.78	11.24	56.12	79.01	78.14	98.90	8.77
湖　南	2294.41	1880.45	247.08	10.77	69.64	172.07	167.78	97.51	8.92
北方产区	**32771.99**	**16471.97**	**3852.01**	**11.75**	**74.61**	**2873.87**	**2803.32**	**97.55**	**17.02**
占合计%			**54.46**			**54.90**	**54.60**		
河　北	7186.78	3437.94	816.52	11.36	60.18	491.42	495.88	100.91	14.42
山　东	8855.70	5196.88	1104.13	12.47	96.76	1068.40	1041.86	97.52	20.05
河　南	8913.56	5182.31	909.45	10.20	86.97	790.91	748.93	94.69	14.45
陕　西	1927.74	920.75	325.75	16.90	47.86	155.91	144.91	92.94	15.74
山　西	2107.90	862.05	334.58	15.87	41.67	139.42	150.39	107.87	17.45
新　疆	1789.02	526.51	227.22	12.70	58.27	132.40	134.12	101.30	25.47
#兵团	1100.62		97.11	8.82	71.37	69.31	64.57	93.16	
辽　宁	890.67	345.53	37.25	4.18	70.07	26.10	22.66	86.82	6.56
分散产区	**1104.31**	**503.40**	**23.17**	**2.10**	**41.04**	**9.51**	**7.32**	**76.97**	**1.45**
占合计%			**0.33**			**0.18**	**0.14**		
甘　肃	158.94	46.34	7.82	4.92	68.29	5.34	5.10	95.51	11.01
天　津	521.06	238.09	12.04	2.31	24.58	2.96	1.62	54.73	0.68
北　京	424.31	218.97	3.31	0.78	36.56	1.21	0.60	49.59	0.27
云　南									

4－1－39　全国各地区产棉县1981棉花生产收购

地　　区	耕地面积（万亩）	农业人口（万人）	棉田面积（万亩）	占耕地（%）	亩　产（市斤）	产　量（万担）	收购量（万担）	商品率（%）	人均交售（市斤）
全国合计	**55882.60**	**33510.62**	**7512.59**	**13.44**	**78.31**	**5882.83**	**5673.53**	**96.44**	**16.93**
南方产区	**22091.15**	**16317.16**	**3254.83**	**14.73**	**84.78**	**2759.51**	**2689.51**	**97.46**	**16.48**
占合计%			**43.32**			**46.91**	**47.40**		
上　海	529.05	433.96	170.02	32.14	84.48	143.63	141.10	98.24	32.51
浙　江	627.90	688.78	124.40	19.81	82.76	102.95	101.21	98.31	14.69
江　苏	6512.70	4738.56	986.55	15.15	113.83	1122.96	1088.29	96.91	22.97
湖　北	4007.66	2854.02	841.11	20.99	81.17	682.74	690.55	101.14	24.20
安　徽	5048.55	3091.90	452.25	8.96	64.72	292.70	275.18	94.01	8.90
四　川	1820.29	1709.23	298.46	16.40	51.61	154.04	140.25	91.05	8.21
江　西	1252.40	897.88	140.78	11.24	63.33	89.16	82.37	92.38	9.17
湖　南	2292.60	1902.83	241.26	10.52	71.01	171.33	170.56	99.55	8.96
北方产区	**32740.48**	**16713.22**	**4234.32**	**12.93**	**73.44**	**3109.87**	**2973.17**	**95.60**	**17.79**
占合计%			**56.36**			**52.86**	**52.40**		
河　北	7230.31	3507.56	790.55	10.93	55.83	441.36	455.70	103.25	12.99
山　东	8744.99	5207.15	1404.77	16.06	99.53	1398.12	1297.06	92.77	24.91
河　南	8907.05	5302.63	918.59	10.31	76.50	702.69	675.91	96.19	12.75
陕　西	1918.59	926.89	366.59	19.11	32.08	117.62	105.17	89.42	11.35
山　西	2105.13	867.73	304.65	14.47	40.46	123.27	126.33	102.48	14.56
新　疆	1849.42	555.31	287.28	15.53	67.70	194.49	199.85	102.76	35.99
#兵团	1097.53		121.97	11.11	85.49	104.27	86.54	83.00	
辽　宁	887.46	345.95	39.92	4.50	70.27	28.05	26.61	94.87	7.69
分散产区	**1050.97**	**480.24**	**23.44**	**2.23**	**57.38**	**13.45**	**10.85**	**80.68**	**2.26**
占合计%			**0.31**			**0.23**	**0.19**		
甘　肃	159.59	46.14	8.03	5.03	99.00	7.95	7.81	98.24	16.93
天　津	517.56	240.53	12.25	2.37	36.65	4.49	2.60	57.91	1.08
北　京	373.82	193.57	3.16	0.85	31.96	1.01	0.44	43.66	0.23
云　南									

4－1－40　全国各地区产棉县1982年棉花生产收购

地　区	耕地面积（万亩）	农业人口（万人）	棉田面积（万亩）	占耕地（%）	亩　产（市斤）	产　量（万担）	收购量（万担）	商品率（%）	人均交售（市斤）
全国合计	**55622.15**	**33567.60**	**8560.21**	**15.39**	**84.93**	**7269.89**	**6802.28**	**93.57**	**20.26**
南方产区	**22096.54**	**16348.41**	**3153.41**	**14.27**	**91.58**	**2887.84**	**2792.35**	**96.69**	**17.08**
占合计%			**36.84**			**39.72**	**41.05**		
上　海	527.55	435.90	157.04	29.77	99.87	156.84	153.75	98.03	35.27
浙　江	628.64	684.64	124.27	19.77	126.03	156.62	153.69	98.13	22.45
江　苏	6474.79	4694.12	1014.92	15.67	112.97	1146.55	1105.49	96.42	23.55
湖　北	4052.21	2866.27	829.07	20.46	80.28	665.57	651.28	97.85	22.72
安　徽	5045.63	3122.25	454.73	9.01	65.08	295.92	290.92	98.31	9.32
四　川	1817.81	1715.61	204.58	11.25	78.71	161.03	151.27	93.94	8.82
江　西	1249.88	906.77	135.32	10.83	90.86	122.95	116.54	94.79	12.85
湖　南	2300.03	1922.85	233.48	10.15	78.11	182.36	169.41	92.90	8.81
北方产区	**32477.35**	**16732.35**	**5380.37**	**16.57**	**81.05**	**4360.97**	**3993.15**	**91.57**	**23.86**
占合计%			**62.85**			**59.99**	**58.70**		
河　北	7091.08	3484.73	1034.88	14.59	73.95	765.28	735.72	96.14	21.11
山　东	8697.36	5172.66	2006.29	23.07	103.21	2070.72	1839.04	88.81	35.55
河　南	8893.55	5379.41	1090.05	12.26	57.67	628.66	597.62	95.06	11.11
陕　西	1910.64	935.40	360.36	18.86	68.93	248.41	225.52	90.79	24.11
山　西	2100.60	875.31	332.68	15.84	72.57	241.44	234.47	97.11	26.79
新　疆	1795.50	539.99	335.24	18.67	69.44	232.80	224.75	96.54	41.62
#兵团	1106.66		172.53	15.59	82.12	141.69	104.96	74.08	
辽　宁	881.96	344.85	48.34	5.48	66.14	31.97	31.07	97.18	9.01
分散产区	**1048.26**	**486.84**	**26.43**	**2.52**	**79.76**	**21.08**	**16.78**	**79.60**	**3.45**
占合计%			**0.31**			**0.29**	**0.25**		
甘　肃	160.39	46.68	9.10	5.67	101.87	9.27	8.78	94.71	18.81
天　津	514.26	243.75	14.23	2.77	72.10	10.26	7.22	70.37	2.96
北　京	373.61	196.41	3.10	0.83	50.00	1.55	0.78	50.32	0.40
云　南									

4－1－41　全国各地区产棉县1983年棉花生产收购

地　区	耕地面积（万亩）	农业人口（万人）	棉田面积（万亩）	占耕地（%）	亩　产（市斤）	产　量（万担）	收购量（万担）	商品率（%）	人均交售（市斤）
全国合计	**55925.38**	**33818.88**	**8904.55**	**15.92**	**105.50**	**9394.49**	**8768.40**	**93.34**	**25.93**
南方产区	**21994.39**	**16302.99**	**3029.35**	**13.77**	**105.75**	**3203.46**	**3062.50**	**95.60**	**18.78**
占合计%			**34.02**			**34.10**	**34.93**		
上　海	524.85	435.25	143.19	27.28	104.69	149.90	146.15	97.50	33.58
浙　江	619.53	689.62	128.03	20.67	120.65	154.47	149.99	97.10	21.75
江　苏	6338.53	4619.09	1012.12	15.97	129.91	1314.89	1279.59	97.32	27.70
湖　北	4127.73	2882.98	807.99	19.57	91.84	742.02	689.50	92.92	23.92
安　徽	5034.34	3126.81	442.43	8.79	80.68	356.97	325.09	91.07	10.40
四　川	1814.00	1716.90	203.52	11.22	103.02	209.67	198.11	94.49	11.54
江　西	1241.62	914.04	108.79	8.76	84.25	91.66	92.89	101.34	10.16
湖　南	2293.79	1918.30	183.28	7.99	100.33	183.88	181.18	98.53	9.44
北方产区	**32882.92**	**17027.14**	**5833.74**	**17.74**	**105.48**	**6153.68**	**5671.06**	**92.16**	**33.31**
占合计%			**65.51**			**65.50**	**64.68**		
河　北	7299.12	3628.33	1235.10	16.92	122.95	1518.57	1510.07	99.44	41.62
山　东	8756.80	5252.11	2235.79	25.53	120.21	2687.75	2326.50	86.56	44.30
河　南	8895.05	5413.49	1150.73	12.94	108.41	1247.52	1183.66	94.88	21.87
陕　西	1849.82	913.89	348.70	18.85	21.69	75.64	61.11	80.79	6.69
山　西	2092.99	881.06	340.47	16.27	56.36	191.90	181.85	94.76	20.64
新　疆	1996.73	592.33	296.20	14.83	71.79	212.65	211.15	99.30	35.65
#兵团	1113.93		170.74	15.33	87.84	149.98	129.60	86.41	
辽　宁	878.48	345.93	56.01	6.38	124.39	69.67	67.12	96.34	19.40
分散产区	**1048.07**	**488.75**	**41.46**	**3.96**	**90.09**	**37.35**	**34.84**	**93.28**	**7.13**
占合计%			**0.47**			**0.40**	**0.40**		
甘　肃	162.28	46.47	10.46	6.45	123.71	12.94	12.66	97.84	27.24
天　津	512.58	244.85	25.97	5.07	82.90	21.53	20.37	94.61	8.32
北　京	373.21	197.43	5.03	1.35	57.26	2.88	1.81	62.85	0.92
云　南									

4－1－42　全国各地区产棉县1984年棉花生产收购

地　区	耕地面积（万亩）	农业人口（万人）	棉田面积（万亩）	占耕地（%）	亩　产（市斤）	产　量（万担）	收购量（万担）	商品率（%）	人均交售（市斤）
全国合计	**55517.30**	**33771.57**	**10106.74**	**18.20**	**121.29**	**12258.22**	**11483.21**	**93.68**	**34.00**
南方产区	**21926.98**	**16195.81**	**3109.73**	**14.18**	**129.57**	**4029.25**	**3729.97**	**92.57**	**23.03**
占合计%			**30.77**			**32.87**	**32.48**		
上　海	518.70	432.88	141.14	27.21	150.72	212.72	202.23	95.07	46.72
浙　江	611.97	686.86	125.59	20.52	175.73	220.70	215.50	97.64	31.37
江　苏	6321.80	4553.75	1055.77	16.70	123.63	1305.29	1194.78	91.53	26.24
湖　北	4155.23	2837.32	791.35	19.04	148.38	1174.19	1138.11	96.93	40.11
安　徽	5001.92	3138.10	460.10	9.20	94.82	436.26	375.73	86.13	11.97
四　川	1799.89	1711.62	239.08	13.28	129.32	309.19	270.39	87.45	15.80
江　西	1239.13	916.82	113.72	9.18	116.85	132.88	113.71	85.57	12.40
湖　南	2278.34	1918.46	182.98	8.03	130.08	238.02	219.52	92.23	11.44
北方产区	**32532.31**	**17089.36**	**6922.42**	**21.28**	**117.63**	**8143.11**	**7678.06**	**94.29**	**44.93**
占合计%			**68.49**			**66.43**	**66.86**		
河　北	7159.51	3600.87	1560.91	21.80	127.62	1992.01	2108.68	105.86	58.56
山　东	8595.08	5196.62	2544.69	29.61	139.83	3558.34	3283.17	92.27	63.18
河　南	8893.18	5451.76	1682.04	18.91	99.14	1667.59	1499.47	89.92	27.50
陕　西	1835.06	919.78	268.10	14.61	53.85	144.38	108.14	74.90	11.76
山　西	2096.34	888.85	326.44	15.57	81.23	265.18	189.97	71.64	21.37
新　疆	1976.64	593.58	292.17	14.78	87.00	254.18	256.33	100.85	43.18
#兵团	1119.09	106.30	176.39	15.76	100.66	177.55	151.33	85.23	142.36
辽　宁	857.41	331.60	71.68	8.36	117.02	83.88	80.97	96.53	24.42
分散产区	**1058.01**	**486.40**	**74.59**	**7.05**	**115.11**	**85.86**	**75.18**	**87.56**	**15.46**
占合计%			**0.74**			**0.70**	**0.65**		
甘　肃	161.75	46.96	11.12	6.87	135.43	15.06	13.76	91.37	29.30
天　津	514.34	240.67	53.97	10.49	115.60	62.39	54.32	87.07	22.57
北　京	381.92	198.77	9.50	2.49	88.53	8.41	7.10	84.42	3.57
云　南									

4-1-43 全国各地区产棉县1985年棉花生产收购

地区	耕地面积（万亩）	农业人口（万人）	棉田面积（万亩）	占耕地（%）	亩产（市斤）	产量（万担）	收购量（万担）	商品率（%）	人均交售（市斤）
全国合计	**54185.80**	**33077.67**	**7539.27**	**13.91**	**107.34**	**8092.90**	**7057.31**	**87.20**	**21.34**
南方产区	**21765.04**	**16022.20**	**2551.41**	**11.72**	**116.28**	**2966.82**	**2682.95**	**90.43**	**16.75**
占合计%			**33.84**			**36.66**	**38.02**		
上海	509.40	429.23	105.60	20.73	91.56	96.69	85.73	88.66	19.97
浙江	588.05	643.38	109.69	18.65	114.94	126.08	113.74	90.21	17.68
江苏	6292.06	4506.18	882.44	14.02	107.12	945.23	850.48	89.98	18.87
湖北	4122.48	2803.79	693.36	16.82	137.13	950.79	867.67	91.26	30.95
安徽	4996.39	3145.83	325.79	6.52	94.85	309.00	294.55	95.32	9.36
四川	1795.11	1709.46	193.23	10.76	118.38	228.75	191.18	83.58	11.18
江西	1235.96	919.39	98.45	7.97	123.67	121.75	109.76	90.15	11.94
湖南	2225.59	1864.94	142.85	6.42	131.98	188.53	169.84	90.09	9.11
北方产区	**31423.60**	**16612.10**	**4930.49**	**15.69**	**102.71**	**5064.25**	**4339.20**	**85.68**	**26.12**
占合计%			**65.40**			**62.58**	**61.49**		
河北	6961.13	3506.43	1261.34	18.12	99.20	1251.29	1023.25	81.78	29.18
山东	8320.63	5042.65	1725.88	20.74	121.73	2100.92	1818.99	86.58	36.07
河南	8672.58	5358.00	1171.17	13.50	89.23	1045.05	902.24	86.33	16.84
陕西	1717.67	846.71	146.31	8.52	57.90	84.72	79.36	93.67	9.37
山西	2080.96	894.18	180.90	8.69	81.00	146.52	102.50	69.96	11.46
新疆	1831.41	574.55	254.05	13.87	97.22	246.99	227.26	92.01	39.55
#兵团	1098.96	101.08	162.40	14.78	100.42	163.09	164.10	100.62	162.35
辽宁	749.26	288.50	28.44	3.80	90.26	25.67	21.50	83.76	7.45
分散产区	**988.16**	**443.37**	**57.37**	**5.81**	**107.77**	**61.83**	**35.16**	**56.87**	**7.93**
占合计%			**0.76**			**0.76**	**0.50**		
甘肃	164.10	46.62	8.29	5.05	115.92	9.61	8.25	85.85	17.70
天津	512.01	241.65	41.50	8.11	111.28	46.18	21.61	46.80	8.94
北京	312.05	155.10	7.58	2.43	79.68	6.04	5.30	87.75	3.42
云南									

4－1－44 全国产棉县1986年棉花生产收购

地　区	耕地面积（万亩）	农业人口（万人）	棉田面积（万亩）	占耕地（%）	亩　产（市斤）	产　量（万担）	收购量（万担）	商品率（%）	人均交售（市斤）
全国合计	**53670.97**	**33113.34**	**6394.86**	**11.91**	**109.34**	**6992.46**	**6201.75**	**88.69**	**18.73**
南方产区	**21399.19**	**16038.44**	**2187.28**	**10.22**	**117.35**	**2566.72**	**2290.08**	**89.22**	**14.28**
占合计%			**34.20**			**36.71**	**36.93**		
上　海	499.50	426.06	48.45	9.70	88.72	42.99	38.33	89.16	9.00
浙　江	583.37	684.09	96.86	16.60	123.10	119.23	104.84	87.93	15.33
江　苏	6006.47	4384.42	743.17	12.37	106.72	793.12	687.23	86.65	15.67
湖　北	4080.23	2815.71	617.84	15.14	138.10	853.25	774.17	90.73	27.49
安　徽	4990.96	3182.31	287.70	5.76	105.30	302.95	286.97	94.73	9.02
四　川	1783.92	1722.91	180.46	10.12	110.86	200.05	169.46	84.71	9.84
江　西	1231.62	927.94	89.55	7.27	122.52	109.72	97.91	89.24	10.55
湖　南	2223.12	1895.00	123.25	5.54	117.99	145.42	131.17	90.20	6.92
北方产区	**31288.92**	**16625.37**	**4166.30**	**13.32**	**105.35**	**4389.23**	**3886.75**	**88.55**	**23.38**
占合计%			**65.15**			**62.77**	**62.67**		
河　北	7086.08	3599.13	1055.13	14.89	96.90	1022.46	927.93	90.75	25.78
山　东	8186.07	4979.41	1512.62	18.48	123.35	1865.78	1586.53	85.03	31.86
河　南	8636.29	5376.63	894.18	10.35	88.26	789.18	738.49	93.58	13.74
陕　西	1616.65	793.39	86.65	5.36	95.18	82.47	70.74	85.78	8.92
山　西	2071.05	899.97	140.45	6.78	91.55	128.58	109.33	85.03	12.15
新　疆	1862.70	589.81	279.17	14.99	102.69	286.67	264.78	92.36	44.89
#兵团	1096.72	96.39	180.96	16.50	109.63	198.38	180.06	90.77	186.80
辽　宁	733.36	290.64	17.14	2.34	91.66	15.71	8.89	56.59	3.06
分散产区	**982.86**	**449.52**	**41.28**	**4.20**	**88.44**	**36.51**	**24.92**	**68.26**	**5.54**
占合计%			**0.65**			**0.52**	**0.40**		
甘　肃	163.12	46.70	7.60	4.66	91.71	6.97	6.20	88.95	13.28
天　津	508.13	246.85	29.39	5.78	90.23	26.52	16.42	61.92	6.65
北　京	311.61	155.97	4.29	1.38	70.40	3.02	2.30	76.16	1.47
云　南									

4－1－45　全国各地区产棉县1987年棉花生产收购

地　区	耕地面积（万亩）	农业人口（万人）	棉田面积（万亩）	占耕地（%）	亩　产（市斤）	产　量（万担）	收购量（万担）	商品率（%）	人均交售（市斤）
全国合计	**53409.74**	**33358.20**	**7251.47**	**13.58**	**116.59**	**8454.57**	**7752.81**	**91.70**	**23.24**
南方产区	**21367.95**	**16184.15**	**2261.32**	**10.58**	**117.92**	**2666.57**	**2397.14**	**89.90**	**14.81**
占合计%			**31.18**			**31.54**	**30.92**		
上　海	496.35	423.24	31.16	6.28	97.62	30.42	27.63	90.84	6.53
浙　江	585.23	670.34	85.19	14.56	119.49	101.79	88.63	87.07	13.22
江　苏	5986.02	4412.36	823.03	13.75	107.26	882.80	784.23	88.83	17.77
湖　北	4060.15	2842.35	639.54	15.75	135.80	868.50	798.81	91.98	28.10
安　徽	5004.80	3189.11	318.05	6.35	107.79	342.82	325.36	94.91	10.20
四　川	1781.21	1767.76	177.47	9.96	118.21	209.79	167.53	79.86	9.48
江　西	1233.55	933.17	90.13	7.31	125.12	112.77	109.91	97.46	11.78
湖　南	2220.64	1945.82	96.75	4.36	121.63	117.68	95.04	80.76	4.88
北方产区	**31058.50**	**16717.20**	**4953.81**	**15.95**	**116.02**	**5747.62**	**5328.49**	**92.71**	**31.87**
占合计%			**68.31**			**67.98**	**68.73**		
河　北	7079.24	3637.64	1231.99	17.40	102.15	1258.49	1242.10	98.70	34.15
山　东	8159.01	5025.38	1849.42	22.67	134.99	2496.58	2304.41	92.30	45.86
河　南	8549.55	5412.63	1039.05	12.15	106.31	1104.65	977.37	88.48	18.06
陕　西	1512.56	749.22	91.03	6.02	119.02	108.34	88.02	81.24	11.75
山　西	2065.71	907.63	154.01	7.46	101.02	155.58	145.95	93.81	16.08
新　疆	1865.03	596.40	372.66	19.98	101.92	379.83	349.31	91.96	58.57
#兵团	1102.67	96.41	210.57	19.10	113.18	238.32	217.37	91.21	225.46
辽　宁	724.73	291.89	5.08	0.70	114.76	5.83	3.96	67.92	1.36
分散产区	**983.28**	**456.85**	**36.34**	**3.70**	**111.12**	**40.38**	**27.18**	**67.31**	**5.95**
占合计%			**0.50**			**0.48**	**0.35**		
甘　肃	164.10	47.31	8.10	4.94	135.93	11.01	7.95	72.21	16.80
天　津	507.73	251.62	23.92	4.71	106.69	25.52	16.13	63.21	6.41
北　京	311.45	157.92	4.32	1.39	89.12	3.85	3.10	80.52	1.96
云　南									

4－1－46　全国各地区产棉县1988年棉花生产收购

地　区	耕地面积（万亩）	农业人口（万人）	棉田面积（万亩）	占耕地（%）	亩　产（市斤）	产　量（万担）	收购量（万担）	商品率（%）	人均交售（市斤）
全国合计	**53604.33**	**33935.46**	**8228.02**	**15.35**	**101.20**	**8326.44**	**7292.74**	**87.59**	**21.49**
南方产区	**21479.55**	**16517.73**	**2473.75**	**11.52**	**106.84**	**2642.99**	**2322.67**	**87.88**	**14.06**
占合计%			**30.06**			**31.74**	**31.85**		
上　海	464.55	421.20	24.70	5.32	107.45	26.54	23.37	88.07	5.55
浙　江	578.13	675.48	85.87	14.85	77.45	66.51	50.88	76.50	7.53
江　苏	6191.34	4572.91	898.58	14.51	124.00	1114.28	1005.94	90.28	22.00
湖　北	4028.60	2854.77	662.41	16.44	105.42	698.31	633.38	90.70	22.19
安　徽	4986.39	3239.38	378.66	7.59	103.27	391.04	329.66	84.30	10.18
四　川	1778.24	1811.01	201.31	11.32	90.98	183.15	136.80	74.69	7.55
江　西	1238.99	952.43	92.61	7.47	69.06	63.96	58.99	92.23	6.19
湖　南	2213.31	1990.55	129.61	5.86	76.54	99.20	83.65	84.32	4.20
北方产区	**31143.84**	**16959.15**	**5717.08**	**18.36**	**98.78**	**5647.50**	**4947.41**	**87.60**	**29.17**
占合计%			**69.48**			**67.83**	**67.84**		
河　北	7025.58	3669.89	1386.40	19.73	83.44	1156.76	1025.55	88.66	27.94
山　东	8161.30	5065.32	2117.47	25.95	111.86	2368.55	2123.73	89.66	41.93
河　南	8830.82	5618.43	1343.73	15.22	92.62	1244.58	993.23	79.80	17.68
陕　西	1436.61	703.31	118.11	8.22	87.59	103.45	72.53	70.11	10.31
山　西	2059.85	918.99	173.64	8.43	99.71	173.13	155.64	89.90	16.94
新　疆	1804.04	595.88	368.19	20.41	103.96	382.76	371.90	97.16	62.41
#兵团	1107.37	93.62	197.62	17.85	105.47	208.43	197.79	94.90	211.27
辽　宁	718.27	293.71	11.92	1.66	82.55	9.84	7.04	71.54	2.40
分散产区	**980.93**	**458.58**	**37.19**	**3.79**	**96.67**	**35.95**	**22.66**	**63.03**	**4.94**
占合计%			**0.45**			**0.43**	**0.31**		
甘　肃	163.90	47.67	7.62	4.65	154.20	11.75	7.94	67.57	16.66
天　津	506.14	252.07	24.54	4.85	81.66	20.04	11.32	56.49	4.49
北　京	310.89	158.84	5.03	1.62	82.70	4.16	3.40	81.73	2.14
云　南									

4-1-47　全国各地区产棉县1989年棉花生产收购

地　区	耕地面积（万亩）	农业人口（万人）	棉田面积（万亩）	占耕地（%）	亩　产（市斤）	产　量（万担）	收购量（万担）	商品率（%）	人均交售（市斤）
全国合计	**52910.52**	**34066.43**	**7643.56**	**14.45**	**99.13**	**7577.27**	**6255.83**	**82.56**	**18.36**
南方产区	**21439.58**	**16679.05**	**2255.65**	**10.52**	**104.19**	**2350.12**	**1993.09**	**84.81**	**11.95**
占合计%			**29.51**			**31.02**	**31.86**		
上　海	486.00	417.67	16.07	3.31	96.09	15.44	13.09	84.76	3.13
浙　江	577.81	680.39	76.87	13.30	91.30	70.18	58.01	82.66	8.53
江　苏	6169.00	4587.69	797.06	12.92	120.43	959.90	860.31	89.62	18.75
湖　北	3979.67	2868.30	612.94	15.40	97.59	598.16	520.54	87.02	18.15
安　徽	4975.59	3287.69	353.20	7.10	89.44	315.89	239.62	75.86	7.29
四　川	1778.63	1852.49	172.17	9.68	97.49	167.84	121.68	72.50	6.57
江　西	1261.95	960.27	94.31	7.47	103.80	97.89	83.64	85.44	8.71
湖　南	2210.93	2024.55	133.03	6.02	93.82	124.81	96.20	77.08	4.75
北方产区	**30491.80**	**16921.04**	**5354.59**	**17.56**	**96.93**	**5190.30**	**4240.58**	**81.70**	**25.06**
占合计%			**70.05**			**68.50**	**67.79**		
河　北	7063.68	3736.53	1312.81	18.59	81.47	1069.55	912.09	85.28	24.41
山　东	8180.25	5120.15	1994.28	24.38	111.00	2213.75	1855.67	83.82	36.24
河　南	8709.68	5639.42	1256.26	14.42	84.90	1066.52	735.05	68.92	13.03
陕　西	1445.77	713.44	117.54	8.13	94.01	110.50	73.02	66.08	10.23
山　西	2058.05	931.68	178.68	8.68	114.16	203.99	157.39	77.16	16.89
新　疆	1188.17	388.52	274.67	23.12	101.81	279.63	269.13	96.25	69.27
#兵团	1116.24	96.22	203.09	18.19	115.90	235.39	229.33	97.43	238.34
辽　宁	729.96	295.08	17.26	2.36	63.56	10.97	8.90	81.13	3.02
分散产区	**979.14**	**466.34**	**33.32**	**3.40**	**110.59**	**36.85**	**22.16**	**60.14**	**4.75**
占合计%			**0.44**			**0.49**	**0.35**		
甘　肃	163.90	48.18	7.03	4.29	157.75	11.09	7.67	69.16	15.92
天　津	504.90	256.50	22.20	4.40	98.56	21.88	11.29	51.60	4.40
北　京	310.34	161.66	4.09	1.32	94.87	3.88	3.20	82.47	1.98
云　南									

4－1－48 全国各地区产棉县1990年棉花生产收购

地　区	耕地面积（万亩）	农业人口（万人）	棉田面积（万亩）	占耕地（%）	亩　产（市斤）	产　量（万担）	收购量（万担）	商品率（%）	人均交售（市斤）
全国合计	**52659.90**	**35052.55**	**8229.45**	**15.63**	**110.93**	**9129.22**	**7892.62**	**86.45**	**22.52**
南方产区	**21301.18**	**17048.71**	**2497.82**	**11.73**	**123.25**	**3078.46**	**2808.97**	**91.25**	**16.48**
占合计%			**30.35**			**33.72**	**35.59**		
上　海	484.80	417.56	20.39	4.21	121.04	24.68	23.39	94.77	5.60
浙　江	575.79	684.15	87.11	15.13	129.09	112.45	103.71	92.23	15.16
江　苏	6004.29	4572.71	853.87	14.22	107.98	922.01	854.20	92.65	18.68
湖　北	3941.73	2901.48	659.74	16.74	150.15	990.61	939.44	94.83	32.38
安　徽	4969.51	3416.40	418.48	8.42	108.41	453.68	381.67	84.13	11.17
四　川	1867.56	2023.61	182.99	9.80	125.07	228.86	192.02	83.90	9.49
江　西	1255.58	978.78	103.85	8.27	111.07	115.35	103.08	89.36	10.53
湖　南	2201.92	2054.02	171.39	7.78	134.68	230.82	211.46	91.61	10.29
北方产区	**30380.30**	**17531.06**	**5691.44**	**18.73**	**105.44**	**6001.00**	**5038.51**	**83.96**	**28.74**
占合计%			**69.16**			**65.73**	**63.84**		
河　北	7059.08	3924.48	1365.34	19.34	83.37	1138.34	973.83	85.55	24.81
山　东	8118.88	5234.17	2127.54	26.20	100.04	2128.32	1803.63	84.74	34.46
河　南	8689.35	5894.92	1267.37	14.59	119.72	1517.30	1058.56	69.77	17.96
陕　西	1423.60	728.19	157.73	11.08	95.07	149.96	74.93	49.97	10.29
山　西	2052.78	957.66	194.84	9.49	114.20	222.50	173.33	77.90	18.10
新　疆	1190.75	403.78	309.27	25.97	143.91	445.08	470.37	105.68	116.49
#兵团	1129.40	95.77	249.30	22.07	152.92	381.24	466.77	122.43	487.39
辽　宁	716.46	292.09	20.05	2.80	91.07	18.26	17.09	93.59	5.85
分散产区	**978.42**	**472.78**	**40.19**	**4.11**	**123.81**	**49.76**	**45.13**	**90.70**	**9.55**
占合计%			**0.49**			**0.55**	**0.57**		
甘　肃	164.75	49.03	8.29	5.03	166.22	13.78	14.71	106.75	30.00
天　津	504.49	261.73	26.61	5.27	113.90	30.31	25.12	82.88	9.60
北　京	309.18	162.02	5.29	1.71	107.18	5.67	5.30	93.47	3.27
云　南									

4－1－49　全国各地区产棉县1991年棉花生产收购

地　区	耕地面积（万亩）	农业人口（万人）	棉田面积（万亩）	占耕地（%）	亩　产（市斤）	产　量（万担）	收购量（万担）	商品率（%）	人均交售（市斤）
全国合计	**53653.09**	**35950.23**	**9508.66**	**17.72**	**118.10**	**11230.17**	**10178.38**	**90.63**	**28.31**
南方产区	**21390.63**	**17278.65**	**2715.81**	**12.70**	**127.91**	**3473.76**	**3264.05**	**93.96**	**18.89**
占合计%			**28.56**			**30.93**	**32.07**		
上　海	481.50	416.11	22.04	4.58	152.13	33.53	32.14	95.87	7.73
浙　江	570.25	687.70	86.45	15.16	148.03	127.97	116.71	91.20	16.97
江　苏	6058.90	4615.04	821.04	13.55	133.37	1095.01	1059.10	96.72	22.95
湖　北	3910.83	2933.35	651.30	16.65	143.13	932.18	912.61	97.90	31.11
安　徽	4956.45	3456.10	567.79	11.46	88.61	503.14	435.80	86.62	12.61
四　川	1866.60	2022.37	212.78	11.40	131.49	279.78	248.67	88.88	12.30
江　西	1281.49	1011.21	163.03	12.72	129.21	210.65	183.18	86.96	18.11
湖　南	2264.61	2136.77	191.38	8.45	152.31	291.50	275.84	94.63	12.91
北方产区	**31258.63**	**18185.80**	**6730.61**	**21.53**	**114.29**	**7692.31**	**6848.18**	**89.03**	**37.66**
占合计%			**70.78**			**68.50**	**67.28**		
河　北	7095.64	3970.69	1415.77	19.95	90.06	1275.00	1202.58	94.32	30.29
山　东	8138.95	5396.04	2341.63	28.77	117.46	2750.53	2449.42	89.05	45.39
河　南	8674.33	5998.25	1705.04	19.66	113.54	1935.87	1543.77	79.75	25.74
陕　西	1418.02	733.20	195.92	13.82	90.42	177.16	130.98	73.93	17.86
山　西	2049.50	966.90	217.85	10.63	102.18	222.60	181.42	81.50	18.76
新　疆	2129.51	719.93	489.73	23.00	167.55	820.52	833.26	101.55	115.74
#兵团	1025.00	104.89	315.75	30.80	147.17	464.70	472.25	101.62	450.23
辽　宁	727.68	295.90	48.92	6.72	93.89	45.93	34.50	75.11	11.66
分散产区	**1003.83**	**485.78**	**62.24**	**6.20**	**102.99**	**64.10**	**66.15**	**103.20**	**13.62**
占合计%			**0.65**			**0.57**	**0.65**		
甘　肃	191.38	58.36	11.87	6.20	177.00	21.01	22.15	105.43	37.95
天　津	504.30	263.20	45.30	8.98	84.46	38.26	40.49	105.83	15.38
北　京	308.15	164.22	5.07	1.65	95.27	4.83	3.51	72.67	2.14
云　南									

4-1-50 全国各地区产棉县1992年棉花生产收购

地　区	耕地面积（万亩）	农业人口（万人）	棉田面积（万亩）	占耕地（%）	亩　产（市斤）	产　量（万担）	收购量（万担）	商品率（%）	人均交售（市斤）
全国合计	**53936.86**	**36456.63**	**9928.93**	**18.41**	**88.59**	**8796.21**	**7309.26**	**83.10**	**20.05**
南方产区	**21545.48**	**17517.51**	**3047.14**	**14.14**	**122.38**	**3729.09**	**3360.51**	**90.12**	**19.18**
占合计%			**30.69**			**42.39**	**45.98**		
上　海	476.70	412.90	27.03	5.67	133.96	36.21	34.58	95.50	8.37
浙　江	563.99	688.20	88.52	15.70	110.51	97.82	82.45	84.29	11.98
江　苏	6278.99	4807.98	996.61	15.87	104.78	1044.23	955.73	91.52	19.88
湖　北	3864.34	2956.07	714.63	18.49	158.76	1134.52	1081.29	95.31	36.58
安　徽	4935.78	3451.28	583.31	11.82	83.71	488.26	396.46	81.20	11.49
四　川	1859.94	2025.62	224.05	12.05	126.58	283.61	220.23	77.65	10.87
江　西	1322.21	1038.23	189.90	14.36	144.70	274.79	223.18	81.22	21.50
湖　南	2243.53	2137.23	223.09	9.94	165.70	369.65	366.59	99.17	17.15
北方产区	**31334.17**	**18426.93**	**6813.55**	**21.74**	**73.33**	**4996.12**	**3896.80**	**78.00**	**21.15**
占合计%			**68.62**			**56.80**	**53.31**		
河　北	7176.80	4090.70	1316.07	18.34	45.09	593.43	384.85	64.85	9.41
山　东	8157.06	5433.70	2215.28	27.16	61.22	1356.16	1021.84	75.35	18.81
河　南	8651.59	6056.99	1843.93	21.31	75.12	1385.16	977.23	70.55	16.13
陕　西	1407.84	738.54	212.70	15.11	51.80	110.17	75.50	68.53	10.22
山　西	2044.40	978.59	220.45	10.78	84.83	187.00	95.28	50.95	9.74
新　疆	2152.92	728.42	607.95	28.24	141.73	861.62	859.00	99.70	117.93
#兵团	1025.81	105.81	340.05	33.15	138.23	470.05	459.16	97.68	433.95
辽　宁	717.75	294.18	57.12	7.96	56.95	32.53	23.94	73.59	8.14
分散产区	**1057.21**	**512.19**	**68.24**	**6.45**	**104.04**	**71.00**	**51.95**	**73.17**	**10.14**
占合计%			**0.69**			**0.81**	**0.71**		
甘　肃	246.11	84.29	19.10	7.76	163.46	31.22	30.65	98.17	36.36
天　津	502.65	264.58	43.05	8.56	75.26	32.40	15.20	46.91	5.74
北　京	308.45	163.32	6.09	1.97	121.18	7.38	6.10	82.66	3.73
云　南									

4－1－51　全国各地区产棉县1993年棉花生产收购

地　区	耕地面积（万亩）	农业人口（万人）	棉田面积（万亩）	占耕地（%）	亩　产（市斤）	产　量（万担）	收购量（万担）	商品率（%）	人均交售（市斤）
全国合计	**53386.18**	**36271.04**	**7760.99**	**14.54**	**96.32**	**7475.01**	**4978.22**	**66.60**	**13.73**
南方产区	**21223.29**	**17352.80**	**2668.14**	**12.57**	**121.08**	**3230.47**	**2448.69**	**75.80**	**14.11**
占合计%			**34.38**			**43.22**	**49.19**		
上　海	359.85	288.87	20.65	5.74	100.87	20.83	19.17	92.02	6.64
浙　江	551.57	689.05	74.15	13.44	123.37	91.48	71.00	77.61	10.30
江　苏	6060.04	4610.33	770.79	12.72	107.64	829.67	657.29	79.22	14.26
湖　北	3872.99	3002.85	684.35	17.67	142.12	972.62	724.04	74.44	24.11
安　徽	4893.47	3475.58	488.96	9.99	98.80	483.10	331.82	68.69	9.55
四　川	1855.32	2014.53	186.61	10.06	87.06	162.47	86.36	53.15	4.29
江　西	1305.49	1043.63	208.51	15.97	136.57	284.77	219.50	77.08	21.03
湖　南	2324.56	2227.96	234.12	10.07	164.67	385.53	339.51	88.06	15.24
北方产区	**31106.64**	**18404.49**	**5043.48**	**16.21**	**83.11**	**4191.59**	**2493.32**	**59.48**	**13.55**
占合计%			**64.99**			**56.07**	**50.08**		
河　北	7044.33	4014.76	770.52	10.94	48.62	374.64	180.62	48.21	4.50
山　东	8122.22	5441.75	1628.33	20.05	55.83	909.12	425.56	46.81	7.82
河　南	8684.22	6093.15	1407.27	16.20	92.57	1302.73	580.50	44.56	9.53
陕　西	1392.71	741.34	135.62	9.74	74.69	101.30	27.35	27.00	3.69
山　西	2038.00	987.02	176.82	8.68	101.81	180.02	51.57	28.65	5.22
新　疆	2121.06	733.14	578.40	27.27	140.34	811.70	791.93	97.56	108.02
#兵团	991.40	103.15	320.65	32.34	152.71	489.66	425.06	86.81	412.08
辽　宁	712.70	290.18	25.87	3.63	86.66	22.42	10.73	47.86	3.70
分散产区	**1056.25**	**513.75**	**49.37**	**4.67**	**107.25**	**52.95**	**36.20**	**68.37**	**7.05**
占合计%			**0.64**			**0.71**	**0.73**		
甘　肃	246.47	85.18	19.42	7.88	148.51	28.84	22.00	76.28	25.83
天　津	502.20	266.01	23.83	4.75	71.34	17.00	8.30	48.82	3.12
北　京	307.58	162.56	6.12	1.99	116.18	7.11	5.90	82.98	3.63
云　南									

4-1-52　全国各地区产棉县1994年棉花生产收购

地　区	耕地面积（万亩）	农业人口（万人）	棉田面积（万亩）	占耕地（%）	亩　产（市斤）	产　量（万担）	收购量（万担）	商品率（%）	人均交售（市斤）
全国合计	**52397.77**	**35562.70**	**8239.78**	**15.73**	**104.18**	**8584.60**	**6218.37**	**72.44**	**17.49**
南方产区	**20424.96**	**16585.84**	**2862.97**	**14.02**	**119.46**	**3420.12**	**2575.43**	**75.30**	**15.53**
占合计%			**34.75**			**39.84**	**41.42**		
上　海	351.15	291.40	9.23	2.63	126.11	11.64	10.42	89.52	3.58
浙　江	542.83	686.73	74.47	13.72	117.55	87.54	48.54	55.45	7.07
江　苏	5735.53	4350.79	781.93	13.63	114.63	896.32	746.60	83.30	17.16
湖　北	3860.15	3003.82	694.50	17.99	139.00	965.36	693.24	71.81	23.08
安　徽	4900.19	3491.28	598.18	12.21	88.26	527.96	402.94	76.32	11.54
四　川	1848.57	1974.34	182.72	9.88	74.76	136.60	70.01	51.25	3.55
江　西	1303.08	1057.83	229.61	17.62	149.15	342.47	256.11	74.78	24.21
湖　南	1883.46	1729.65	292.33	15.52	154.70	452.23	347.57	76.86	20.09
北方产区	**30920.34**	**18463.33**	**5314.92**	**17.19**	**96.08**	**5106.75**	**3593.26**	**70.36**	**19.46**
占合计%			**64.50**			**59.49**	**57.78**		
河　北	7027.83	4027.07	1021.10	14.53	71.81	733.27	404.71	55.19	10.05
山　东	8085.02	5429.80	1395.28	17.26	78.27	1092.03	764.32	69.99	14.08
河　南	8570.18	6117.01	1457.06	17.00	84.38	1229.43	582.65	47.39	9.53
陕　西	1387.08	746.76	124.53	8.98	67.12	83.58	22.26	26.63	2.98
山　西	2029.56	993.25	188.66	9.30	89.66	169.15	82.11	48.54	8.27
新　疆	2165.93	752.52	701.69	32.40	159.52	1119.37	1091.36	97.50	145.03
#兵团	947.83	107.28	402.79	42.50	164.61	663.04	638.89	96.36	595.54
辽　宁	706.91	289.64	23.81	3.37	70.89	16.88	6.96	41.23	2.40
分散产区	**1052.47**	**513.53**	**61.89**	**5.88**	**93.28**	**57.73**	**49.68**	**86.06**	**9.67**
占合计%			**0.75**			**0.67**	**0.80**		
甘　肃	246.52	85.64	22.00	8.92	153.00	33.66	31.13	92.48	36.35
天　津	500.51	266.83	33.79	6.75	53.71	18.15	14.25	78.51	5.34
北　京	305.44	161.06	6.10	2.00	97.05	5.92	4.30	72.64	2.67
云　南									

4-1-53 全国各地区产棉县1995年棉花生产收购

地　区	耕地面积（万亩）	农业人口（万人）	棉田面积（万亩）	占耕地（%）	亩　产（市斤）	产　量（万担）	收购量（万担）	商品率（%）	人均交售（市斤）
全国合计	**52385.25**	**35548.82**	**7986.62**	**15.25**	**120.14**	**9595.38**	**6933.09**	**72.25**	**19.50**
南方产区	**20377.09**	**16517.92**	**2913.15**	**14.30**	**135.98**	**3961.37**	**3053.16**	**77.07**	**18.48**
占合计%			**36.48**			**41.28**	**44.04**		
上　海	347.40	284.74	8.02	2.31	126.77	10.17	9.06	89.06	3.18
浙　江	533.61	686.78	77.38	14.50	126.17	97.63	60.24	61.70	8.77
江　苏	5803.59	4396.08	835.72	14.40	132.31	1105.71	940.09	85.02	21.38
湖　北	3804.38	3029.03	690.78	18.16	162.73	1124.14	920.48	81.88	30.39
安　徽	4889.72	3544.47	642.12	13.13	114.12	732.76	450.73	61.51	12.72
四　川	1841.28	2007.68	201.02	10.92	109.28	219.67	139.29	63.41	6.94
江　西	1300.86	1067.55	188.61	14.50	128.90	243.11	218.35	89.82	20.45
湖　南	1856.25	1501.59	269.50	14.52	158.88	428.18	314.92	73.55	20.97
北方产区	**30970.54**	**18509.37**	**5015.80**	**16.20**	**110.88**	**5561.48**	**3830.46**	**68.87**	**20.69**
占合计%			**62.80**			**57.96**	**55.25**		
河　北	7028.00	4030.47	1025.34	14.59	69.60	713.64	326.64	45.77	8.10
山　东	8121.71	5420.73	1016.19	12.51	90.02	914.78	668.35	73.06	12.33
河　南	8509.35	6132.49	1544.48	18.15	107.38	1658.44	766.29	46.21	12.50
陕　西	1368.76	746.02	106.55	7.78	73.83	78.67	47.98	60.99	6.43
山　西	2020.72	1000.83	185.03	9.16	97.11	179.69	94.70	52.70	9.46
新　疆	2189.05	777.36	713.88	32.61	172.68	1232.75	1228.76	99.68	158.07
#兵团	1030.99	112.21	396.77	38.48	191.57	760.09	686.51	90.32	611.79
辽　宁	701.97	289.26	27.56	3.93	84.98	23.42	11.23	47.95	3.88
分散产区	**1037.62**	**521.53**	**57.67**	**5.56**	**125.77**	**72.53**	**49.47**	**68.21**	**9.49**
占合计%			**0.72**			**0.76**	**0.71**		
甘　肃	247.32	86.17	26.97	10.90	169.86	45.81	41.85	91.36	48.57
天　津	499.50	276.42	25.36	5.08	87.50	22.19	4.42	19.92	1.60
北　京	290.80	158.94	5.34	1.84	84.83	4.53	3.20	70.64	2.01
云　南									

4－1－54　全国各地区产棉县1996年棉花生产收购

地　区	耕地面积（万亩）	农业人口（万人）	棉田面积（万亩）	占耕地（%）	亩　产（市斤）	产　量（万担）	收购量（万担）	商品率（%）	人均交售（市斤）
全国合计	**51981.76**	**35338.09**	**6842.91**	**13.16**	**121.91**	**8341.97**	**5431.06**	**65.11**	**15.37**
南方产区	**20125.92**	**16381.91**	**2571.75**	**12.78**	**132.46**	**3406.66**	**2454.42**	**72.05**	**14.98**
占合计%			**37.58**			**40.84**	**45.19**		
上　海	319.80	246.24	6.76	2.11	161.24	10.90	9.77	89.63	3.97
浙　江	509.73	659.83	75.57	14.83	134.91	101.95	73.81	72.40	11.19
江　苏	5716.74	4264.45	709.58	12.41	147.30	1045.18	830.75	79.48	19.48
湖　北	3704.79	3055.12	660.95	17.84	129.74	857.52	655.00	76.38	21.44
安　徽	4883.30	3552.06	536.58	10.99	107.24	575.41	310.26	53.92	8.73
四　川	1834.14	2010.93	208.97	11.39	110.19	230.26	136.04	59.08	6.77
江　西	1315.57	1076.20	162.94	12.39	153.13	249.51	201.77	80.87	18.75
湖　南	1841.85	1517.08	210.40	11.42	159.66	335.93	237.02	70.56	15.62
北方产区	**30828.94**	**18444.00**	**4225.87**	**13.71**	**115.30**	**4872.44**	**2928.41**	**60.10**	**15.88**
占合计%			**61.76**			**58.41**	**53.92**		
河　北	6945.80	3972.14	629.66	9.07	76.73	483.16	152.16	31.49	3.83
山　东	8142.75	5418.43	762.77	9.37	88.60	675.78	400.89	59.32	7.40
河　南	8480.37	6167.70	1431.06	16.87	112.01	1602.89	645.88	40.29	10.47
陕　西	1323.28	702.45	74.92	5.66	74.72	55.98	31.46	56.19	4.48
山　西	2007.44	1011.45	132.55	6.60	107.45	142.42	50.00	35.11	4.94
新　疆	2118.51	765.50	758.30	35.79	153.93	1167.23	1130.63	96.86	147.70
#兵团	1061.41	117.46	423.95	39.94	173.24	734.45	512.76	69.82	436.53
辽　宁	749.38	288.87	12.66	1.69	83.18	10.53	4.63	43.97	1.60
分散产区	**1026.90**	**512.18**	**45.29**	**4.41**	**138.82**	**62.87**	**48.23**	**76.71**	**9.42**
占合计%			**0.66**			**0.75**	**0.89**		
甘　肃	248.43	86.53	31.49	12.68	156.75	49.36	42.52	86.14	49.14
天　津	499.03	267.54	9.69	1.94	103.20	10.00	3.11	31.10	1.16
北　京	279.44	158.11	4.11	1.47	85.40	3.51	2.60	74.07	1.64
云　南									

4-1-55 全国各地区产棉县1997年棉花生产收购

地 区	耕地面积（万亩）	农业人口（万人）	棉田面积（万亩）	占耕地（%）	亩 产（市斤）	产 量（万担）	收购量（万担）	商品率（%）	人均交售（市斤）
全国合计	**51848.26**	**35198.64**	**6685.99**	**12.90**	**141.20**	**9440.49**	**6077.55**	**64.38**	**17.27**
南方产区	**20036.89**	**16320.15**	**2465.49**	**12.30**	**148.21**	**3654.20**	**2558.38**	**70.01**	**15.68**
占合计%			**36.88**			**38.71**	**42.10**		
上 海	318.45	240.26	9.60	3.01	120.21	11.54	10.90	94.46	4.54
浙 江	509.61	658.84	69.26	13.59	99.61	68.99	39.45	57.18	5.99
江 苏	5620.98	4171.22	638.85	11.37	154.28	985.64	778.35	78.97	18.66
湖 北	3739.44	3038.27	654.77	17.51	156.24	1023.00	694.14	67.85	22.85
安 徽	4859.00	3562.24	509.79	10.49	125.66	640.62	349.85	54.61	9.82
四 川	1817.66	1991.73	193.06	10.62	109.75	211.88	121.76	57.47	6.11
江 西	1315.06	1080.53	152.04	11.56	166.98	253.87	200.19	78.86	18.53
湖 南	1856.69	1577.06	238.12	12.82	192.62	458.66	363.74	79.30	23.06
北方产区	**30815.20**	**18389.65**	**4173.90**	**13.54**	**136.86**	**5712.47**	**3458.67**	**60.55**	**18.81**
占合计%			**62.43**			**60.51**	**56.91**		
河 北	6870.56	3946.58	560.70	8.16	88.32	495.19	173.74	35.09	4.40
山 东	8043.80	5394.70	727.87	9.05	101.40	738.05	316.34	42.86	5.86
河 南	8477.34	6145.42	1407.38	16.60	136.46	1920.53	601.48	31.32	9.79
陕 西	1313.42	705.77	51.67	3.93	72.52	37.47	20.37	54.35	2.89
山 西	2088.25	1011.73	97.45	4.67	89.54	87.26	35.11	40.24	3.47
新 疆	2165.05	779.73	840.24	38.81	175.84	1477.51	1469.87	99.48	188.51
#兵团	1098.47	117.06	470.33	42.82	200.29	942.01	833.13	88.44	711.71
辽 宁	758.32	288.66	18.26	2.41	79.13	14.45	8.63	59.72	2.99
分散产区	**996.17**	**488.84**	**46.60**	**4.68**	**158.41**	**73.82**	**60.50**	**81.96**	**12.38**
占合计%			**0.70**			**0.78**	**1.00**		
甘 肃	313.56	109.07	36.10	11.51	172.33	62.21	56.80	91.30	52.08
天 津	498.21	267.61	7.32	1.47	105.33	7.71	1.50	19.46	0.56
北 京	184.40	112.16	3.18	1.72	122.64	3.90	2.20	56.41	1.96
云 南									

4-1-56 全国各地区产棉县1998年棉花生产收购

地 区	耕地面积（万亩）	农业人口（万人）	棉田面积（万亩）	占耕地（%）	亩 产（市斤）	产 量（万担）	收购量（万担）	商品率（%）	人均交售（市斤）
全国合计	**52087.06**	**35334.00**	**6453.27**	**12.39**	**146.11**	**9429.03**	**6977.03**	**74.00**	**19.75**
南方产区	**19988.51**	**16398.07**	**2379.79**	**11.91**	**125.77**	**2993.05**	**2145.95**	**71.70**	**13.09**
占合计%			**36.88**			**31.74**	**30.76**		
上 海	337.50	250.18	13.43	3.98	109.61	14.72	14.14	96.08	5.65
浙 江	510.80	654.08	70.15	13.73	138.13	96.90	60.29	62.22	9.22
江 苏	5716.74	4274.83	608.07	10.64	153.01	930.40	764.08	82.12	17.87
湖 北	3700.38	3100.61	588.60	15.91	110.21	648.70	422.90	65.19	13.64
安 徽	4850.56	3562.37	516.67	10.65	116.01	599.37	377.28	62.95	10.59
四 川	1752.60	1896.90	171.09	9.76	107.44	183.82	84.60	46.02	4.46
江 西	1279.28	1081.05	144.41	11.29	122.76	177.28	102.34	57.73	9.47
湖 南	1840.65	1578.05	267.37	14.53	127.86	341.86	320.32	93.70	20.30
北方产区	**31100.10**	**18448.17**	**4014.88**	**12.91**	**157.53**	**6324.57**	**4741.02**	**74.96**	**25.70**
占合计%			**62.21**			**67.08**	**67.95**		
河 北	7028.55	4092.02	515.84	7.34	125.14	645.51	333.16	51.61	8.14
山 东	8019.44	5327.79	606.99	7.57	117.26	711.77	586.15	82.35	11.00
河 南	8539.29	6152.28	1252.67	14.67	142.56	1785.84	716.72	40.13	11.65
陕 西	1297.26	707.90	48.49	3.74	90.49	43.88	33.12	75.49	4.68
山 西	2021.57	984.93	93.30	4.62	116.93	109.10	76.01	69.67	7.72
新 疆	2214.58	776.38	940.46	42.47	194.32	1827.54	1829.16	100.09	235.60
#兵团	1146.54	119.15	538.99	47.01	219.82	1184.83	1155.04	97.49	969.40
辽 宁	832.87	287.72	18.14	2.18	88.75	16.10	11.66	72.42	4.05
分散产区	**998.45**	**487.76**	**58.60**	**5.87**	**190.12**	**111.41**	**90.05**	**80.83**	**18.46**
占合计%			**0.91**			**1.18**	**1.29**		
甘 肃	316.80	109.29	50.42	15.92	189.94	95.77	77.66	81.09	71.06
天 津	497.89	267.78	5.15	1.03	243.88	12.56	9.99	79.54	3.73
北 京	183.76	110.69	3.03	1.65	101.65	3.08	2.40	77.92	2.17
云 南									

4-1-57　全国各地区产棉县1999年棉花生产收购

地　区	耕地面积（万亩）	农业人口（万人）	棉田面积（万亩）	占耕地（%）	亩　产（市斤）	产　量（万担）	收购量（万担）	商品率（%）	人均交售（市斤）
全国合计	**52719.63**	**35290.31**	**5643.63**	**10.70**	**146.94**	**8292.98**	**5220.41**	**62.95**	**14.79**
南方产区	**20495.00**	**16061.08**	**1741.06**	**8.50**	**125.84**	**2190.94**	**1141.44**	**52.10**	**7.11**
占合计%			**30.85**			**26.42**	**21.86**		
上　海	291.30	215.24	4.75	1.63			2.28		1.06
浙　江	512.91	650.03	41.98	8.18	138.28	58.05	17.67	30.44	2.72
江　苏	6381.16	4182.92	380.85	5.97	135.94	517.73	267.22	51.61	6.39
湖　北	3679.16	2915.78	451.60	12.27	135.91	613.77	292.93	47.73	10.05
安　徽	4835.38	3581.46	416.33	8.61	109.32	455.14	224.40	49.30	6.27
四　川	1657.87	1830.53	123.30	7.44	89.34	110.16	38.17	34.65	2.09
江　西	1278.31	1087.83	101.63	7.95	120.07	122.03	49.00	40.15	4.50
湖　南	1858.91	1597.29	220.62	11.87	142.35	314.06	249.77	79.53	15.64
北方产区	**31224.12**	**18742.20**	**3848.31**	**12.32**	**156.35**	**6016.91**	**4021.10**	**66.83**	**21.45**
占合计%			**68.19**			**72.55**	**77.03**		
河　北	7150.00	4192.90	449.14	6.28	125.96	565.73	310.47	54.88	7.40
山　东	8041.40	5427.54	546.55	6.80	143.20	782.68	465.76	59.51	8.58
河　南	8522.58	6230.17	1248.80	14.65	138.73	1732.42	649.98	37.52	10.43
陕　西	1221.40	690.03	39.75	3.25	110.44	43.90	23.33	53.14	3.38
山　西	2014.01	989.62	75.72	3.76	114.63	86.80	34.68	39.95	3.50
新　疆	2267.78	799.86	915.46	40.37	172.82	1582.08	1571.85	99.35	196.52
#兵团	1177.08	125.40	566.38	48.12	214.75	1216.30	959.81	78.91	765.40
辽　宁	829.87	286.68	6.51	0.78	107.53	7.00	5.22	74.57	1.82
分散产区	**1000.51**	**487.03**	**54.26**	**5.42**	**156.89**	**85.13**	**57.87**	**67.98**	**11.88**
占合计%			**0.96**			**1.03**	**1.11**		
甘　肃	320.81	109.54	42.67	13.30	165.36	70.56	48.77	69.12	44.52
天　津	497.75	267.37	8.85	1.78	127.68	11.30	6.60	58.41	2.47
北　京	181.95	110.12	2.74	1.51	119.34	3.27	2.50	76.45	2.27
云　南									

4-1-58 全国各地区产棉县2000年棉花生产收购

地　区	耕地面积（万亩）	农业人口（万人）	棉田面积（万亩）	占耕地（%）	亩　产（市斤）	产　量（万担）	收购量（万担）	商品率（%）	人均交售（市斤）
全国合计	**52029.53**	**34541.86**	**5993.42**	**11.52**	**156.82**	**9398.73**	**5572.13**	**59.29**	**16.13**
南方产区	**20422.25**	**15960.33**	**1792.65**	**8.78**	**140.24**	**2514.07**	**1283.14**	**51.04**	**8.04**
占合计%			**29.91**			**26.75**	**23.03**		
上　海	291.30	215.24	2.70	0.93			1.91		0.89
浙　江	514.78	647.65	28.98	5.63	146.27	42.39	12.24	28.87	1.89
江　苏	6465.01	4240.85	420.78	6.51	156.50	658.51	350.21	53.18	8.26
湖　北	3679.50	2918.62	462.54	12.57	147.08	680.29	326.87	48.05	11.20
安　徽	4660.61	3482.00	464.99	9.98	128.57	597.83	267.29	44.71	7.68
四　川	1651.30	1815.70	79.30	4.80	105.54	83.69	31.85	38.06	1.75
江　西	1288.51	1082.50	104.04	8.07	130.68	135.96	49.91	36.71	4.61
湖　南	1871.24	1557.77	229.32	12.25	137.54	315.40	242.86	77.00	15.59
北方产区	**30604.85**	**18094.67**	**4114.02**	**13.44**	**163.91**	**6743.48**	**4219.71**	**62.57**	**23.32**
占合计%			**68.64**			**71.75**	**75.73**		
河　北	7122.40	4165.91	494.79	6.95	141.41	699.67	304.54	43.53	7.31
山　东	7497.78	4964.86	811.38	10.82	153.95	1249.11	673.13	53.89	13.56
河　南	8594.69	6262.04	1185.92	13.80	127.95	1517.36	442.65	29.17	7.07
陕　西	1164.52	661.03	47.73	4.10	131.34	62.69	27.82	44.38	4.21
山　西	2014.01	989.62	64.43	3.20	135.29	87.17	45.08	51.72	4.56
新　疆	2261.64	679.23	886.75	39.21	195.84	1736.58	1736.58	100.00	255.67
#兵团	1187.55	126.91	611.51	51.49	225.63	1379.73	981.13	71.11	773.09
辽　宁	762.26	245.07	11.51	1.51	97.05	11.17	8.78	78.60	3.58
分散产区	**1002.43**	**486.86**	**86.75**	**8.65**	**162.74**	**141.18**	**69.28**	**49.07**	**14.23**
占合计%			**1.45**			**1.50**	**1.24**		
甘　肃	323.45	110.09	62.27	19.25	169.74	105.70	47.60	45.03	43.24
天　津	497.48	266.57	21.88	4.40	148.22	32.43	18.98	58.53	7.12
北　京	181.50	110.20	2.60	1.43	117.31	3.05	2.70	88.52	2.45
云　南									

4－2－1 全国产棉县历年棉花生产收购

年 度	耕地面积（万亩）	农业人口（万人）	棉田面积（万亩）	占耕地（%）	亩 产（市斤）	产 量（万担）	收购量（万担）	商品率（%）	人均交售（市斤）
52 年合计			**365016.90**	**12.27**	**75.68**	**276231.10**	**229843.65**	**83.21**	**15.09**
11 年小计			**73308.51**	**10.68**	**33.92**	**24865.81**	**18043.61**	**72.56**	**7.79**
占合计%			**20.08**			**9.00**	**7.85**		
1949	53019.19	16991.19	4100.36	7.73	21.26	871.67	263.35	30.21	1.55
1950	59841.81	19523.45	5034.60	8.41	25.87	1302.43	448.37	34.43	2.30
1951	61897.95	19867.95	6385.38	10.32	27.34	1745.55	661.70	37.91	3.33
1952	63539.81	20306.17	6713.64	10.57	32.55	2185.27	1350.79	61.81	6.65
1953	65106.05	21036.27	6544.09	10.05	32.13	2102.68	1552.74	73.85	7.38
1954	65110.69	21431.72	6630.31	10.18	28.83	1911.20	1399.33	73.22	6.53
1955	65284.56	21864.08	7611.62	11.66	37.33	2841.38	2223.82	78.27	10.17
1956	65692.87	22495.96	8128.08	12.37	30.33	2465.20	1925.84	78.12	8.56
1957	64946.80	22687.75	7494.53	11.54	38.81	2908.79	2472.33	85.00	10.90
1958	61821.19	22881.92	7363.08	11.91	47.29	3482.27	2986.45	85.76	13.05
1959	60024.24	22558.68	7302.81	12.17	41.76	3049.37	2758.89	90.47	12.23
10 年小计			**62035.64**	**10.54**	**49.19**	**30512.69**	**27805.02**	**91.13**	**11.09**
占合计%			**17.00**			**11.05**	**12.10**		
1960	59219.73	21997.34	6874.63	11.61	29.11	2000.92	1793.97	89.66	8.16
1961	58548.61	22382.10	5270.30	8.90	27.43	1445.68	1233.27	85.31	5.51
1962	58924.16	23569.80	4754.15	8.07	28.13	1337.31	1183.66	88.51	5.02
1963	59009.58	24243.38	5847.82	9.91	36.19	2116.44	1940.06	91.67	8.00
1964	59021.02	24453.62	6436.40	10.91	47.53	3059.17	2815.96	92.05	11.52
1965	59291.11	25222.34	6557.71	11.06	59.19	3881.36	3559.70	91.71	14.11
1966	59252.77	26337.22	6483.43	10.94	65.59	4252.46	3941.72	92.69	14.97
1967	58650.05	26694.57	6726.80	11.47	63.97	4303.21	3930.48	91.34	14.72
1968	58445.80	27482.10	6633.58	11.35	64.69	4291.26	3938.23	91.77	14.33
1969	58180.55	28364.39	6450.81	11.09	59.29	3824.88	3467.97	90.67	12.23
10 年小计			**67184.54**	**11.71**	**62.00**	**41655.31**	**38784.98**	**93.11**	**12.31**
占合计%			**18.41**			**15.08**	**16.87**		
1970	58774.33	29589.38	6720.22	11.43	61.83	4154.79	3784.21	91.08	12.79
1971	58182.23	29844.35	6637.87	11.41	58.57	3887.79	3572.06	91.88	11.97
1972	58198.88	30607.84	6607.99	11.35	54.71	3615.56	3342.80	92.46	10.92
1973	57919.79	31100.23	6706.65	11.58	70.99	4760.73	4454.27	93.56	14.32
1974	57739.46	31585.76	6850.57	11.86	67.50	4624.32	4299.71	92.98	13.61
1975	57171.15	31971.15	6760.09	11.82	66.13	4470.34	4181.11	93.53	13.08
1976	56812.18	32311.23	6827.19	12.02	57.04	3894.55	3615.58	92.84	11.19
1977	56445.59	32464.39	6774.41	12.00	57.51	3895.91	3609.84	92.66	11.12
1978	56522.50	32843.19	6837.24	12.10	60.37	4127.91	3875.84	93.89	11.80
1979	55955.18	32692.29	6462.32	11.55	65.35	4223.40	4049.56	95.88	12.39
10 年小计			**79214.56**	**14.49**	**100.34**	**79483.50**	**72421.93**	**91.12**	**21.61**
占合计%			**21.70**			**28.77**	**31.51**		
1980	55682.42	32899.79	7073.28	12.70	74.00	5234.42	5134.06	98.08	15.61
1981	55882.60	33510.62	7512.59	13.44	78.31	5882.83	5673.53	96.44	16.93
1982	55622.15	33567.60	8560.21	15.39	84.93	7269.89	6802.28	93.57	20.26
1983	55925.38	33818.88	8904.55	15.92	105.50	9394.49	8768.40	93.34	25.93
1984	55517.30	33771.57	10106.74	18.20	121.29	12258.22	11483.21	93.68	34.00
1985	54185.80	33077.67	7539.27	13.91	107.34	8092.90	7057.31	87.20	21.34
1986	53670.97	33113.34	6394.86	11.91	109.34	6992.46	6201.75	88.69	18.73
1987	53409.74	33358.20	7251.47	13.58	116.59	8454.57	7752.81	91.70	23.24
1988	53604.33	33935.46	8228.02	15.35	101.20	8326.44	7292.74	87.59	21.49
1989	52910.52	34066.43	7643.56	14.45	99.13	7577.27	6255.83	82.56	18.36
11 年小计			**83273.65**	**14.38**	**119.74**	**99713.79**	**72788.11**	**73.00**	**18.64**
占合计%			**22.81**			**36.10**	**31.67**		
1990	52659.90	35052.55	8229.45	15.63	110.93	9129.22	7892.62	86.45	22.52
1991	53653.09	35950.23	9508.66	17.72	118.10	11230.17	10178.38	90.63	28.31
1992	53936.86	36456.63	9928.93	18.41	88.59	8796.21	7309.26	83.10	20.05
1993	53386.18	36271.04	7760.99	14.54	96.32	7475.01	4978.22	66.60	13.73
1994	52397.77	35562.70	8239.78	15.72	104.18	8584.60	6218.37	72.44	17.49
1995	52385.25	35548.82	7986.62	15.25	120.14	9595.38	6933.09	72.25	19.50
1996	51981.76	35338.09	6842.91	13.16	121.91	8341.97	5431.06	65.11	15.37
1997	51848.26	35198.64	6685.99	12.90	141.20	9440.49	6077.55	64.38	17.27
1998	52087.06	35334.00	6453.27	12.39	146.11	9429.03	6977.03	74.00	19.75
1999	52719.63	35290.31	5643.63	10.70	146.94	8292.98	5220.41	62.95	14.79
2000	52029.53	34541.86	5993.42	11.52	156.82	9398.73	5572.13	59.29	16.13

4-2-2 上海市产棉县历年棉花生产收购

年　度	耕地面积（万亩）	农业人口（万人）	棉田面积（万亩）	占耕地（%）	亩　产（市斤）	产　量（万担）	收购量（万担）	商品率（%）	人均交售（市斤）
52年合计			**5766.50**	**21.90**	**88.8**	**5120.75**	**4457.02**	**87.04**	**27.67**
11年小计			**1925.02**	**30.58**	**46.24**	**890.11**	**341.24**	**38.34**	**51.56**
占合计%			**33.38**			**17.38**	**7.66**		
1949	562.50		140.66	25.01	19.65	27.64	8.57	31.01	
1950	570.45		146.38	25.66	29.23	42.78	14.58	34.08	
1951	579.00		208.65	36.04	33.58	70.07	24.66	35.19	
1952	580.95		215.06	37.02	38.09	81.92	31.34	38.26	
1953	581.55		186.75	32.11	47.53	88.77	26.61	29.98	
1954	579.90		185.59	32.00	40.30	74.80	23.09	30.87	
1955	582.90		197.58	33.90	69.09	136.50	38.93	28.52	
1956	580.65		186.62	32.14	35.54	66.33	19.83	29.90	
1957	573.75		180.37	31.44	48.99	88.36	27.73	31.38	
1958	559.50	330.22	158.26	28.29	76.02	120.31	35.61	29.60	10.78
1959	543.75	331.58	119.10	21.90	77.77	92.63	90.29	97.47	27.23
10年小计			**1289.85**	**23.71**	**104.86**	**1352.56**	**1324.02**	**97.89**	**35.92**
占合计%			**22.37**			**26.41**	**29.71**		
1960	541.35	318.58	112.14	20.71	66.47	74.54	74.04	99.33	23.24
1961	532.50	331.61	112.99	21.22	63.03	71.22	70.15	98.50	21.15
1962	520.20	348.74	101.97	19.60	55.62	56.72	53.53	94.38	15.35
1963	545.70	359.60	127.47	23.36	81.60	104.01	100.13	96.27	27.84
1964	546.45	367.33	131.82	24.12	114.91	151.47	148.36	97.95	40.39
1965	551.55	371.79	141.65	25.68	117.47	166.40	163.31	98.14	43.93
1966	551.40	404.25	141.35	25.63	107.21	151.54	148.81	98.20	36.81
1967	550.50	383.55	138.45	25.15	114.37	158.35	155.39	98.13	40.51
1968	550.95	399.64	139.10	25.25	162.85	226.53	222.95	98.42	55.79
1969	549.15	401.41	142.91	26.02	134.20	191.78	187.35	97.69	46.67
10年小计			**1418.22**	**26.03**	**118.42**	**1679.47**	**1645.02**	**97.95**	**39.20**
占合计%			**24.59**			**32.80**	**36.91**		
1970	547.20	407.29	141.85	25.92	119.64	169.71	164.56	96.97	40.40
1971	548.70	412.89	142.19	25.91	95.15	135.30	131.71	97.35	31.90
1972	548.70	413.07	141.61	25.81	114.52	162.17	158.76	97.90	38.43
1973	547.05	415.49	142.86	26.11	127.67	182.39	179.10	98.20	43.11
1974	548.70	418.05	142.11	25.90	118.50	168.40	165.04	98.00	39.48
1975	547.05	420.98	142.36	26.02	128.73	183.26	179.95	98.19	42.75
1976	543.15	423.81	142.10	26.16	93.11	132.31	128.75	97.31	30.38
1977	544.65	427.37	141.89	26.05	91.15	129.33	126.50	97.81	29.60
1978	540.15	429.56	140.45	26.00	168.94	237.27	233.14	98.26	54.27
1979	533.70	428.31	140.80	26.38	127.37	179.33	177.51	98.99	41.44
10年小计			**988.81**	**19.44**	**103.60**	**1024.39**	**978.98**	**95.57**	**22.85**
占合计%			**17.15**			**20.00**	**21.96**		
1980	531.15	428.98	151.44	28.51	98.53	149.22	147.60	98.91	34.41
1981	529.05	433.96	170.02	32.14	84.48	143.63	141.10	98.24	32.51
1982	527.55	435.90	157.04	29.77	99.87	156.84	153.75	98.03	35.27
1983	524.85	435.25	143.19	27.28	104.69	149.90	146.15	97.50	33.58
1984	518.70	432.88	141.14	27.21	150.72	212.72	202.23	95.07	46.72
1985	509.40	429.23	105.60	20.73	91.56	96.69	85.73	88.66	19.97
1986	499.50	426.06	48.45	9.70	88.72	42.99	38.33	89.16	9.00
1987	496.35	423.24	31.16	6.28	97.62	30.42	27.63	90.84	6.53
1988	464.55	421.20	24.70	5.32	107.45	26.54	23.37	88.07	5.55
1989	486.00	417.67	16.07	3.31	96.09	15.44	13.09	84.76	3.13
11年小计			**144.60**	**3.56**	**120.48**	**174.22**	**167.76**	**96.29**	**5.12**
占合计%			**2.51**			**3.40**	**3.76**		
1990	484.80	417.56	20.39	4.21	121.06	24.68	23.39	94.75	5.60
1991	481.50	416.11	22.04	4.58	152.13	33.53	32.14	95.87	7.73
1992	476.70	412.90	27.03	5.67	133.96	36.21	34.58	95.50	1.81
1993	359.85	288.87	20.65	5.74	100.87	20.83	19.17	92.02	6.64
1994	351.15	291.40	9.23	2.63	126.09	11.64	10.42	89.53	3.57
1995	347.40	284.74	8.02	2.31	126.79	10.17	9.06	89.05	3.18
1996	319.80	246.24	6.76	2.11	161.26	10.90	9.77	89.62	3.97
1997	318.45	240.26	9.60	3.01	120.25	11.54	10.90	94.43	4.54
1998	337.50	250.18	13.43	3.98	109.61	14.72	14.14	96.08	5.65
1999	291.30	215.24	4.75	1.63			2.28		1.06
2000	291.30	215.24	2.70	0.93			1.91		0.89

4-2-3 浙江省产棉县历年棉花生产收购

年度	耕地面积（万亩）	农业人口（万人）	棉田面积（万亩）	占耕地（%）	亩产（市斤）	产量（万担）	收购量（万担）	商品率（%）	人均交售（市斤）
52年合计			**5011.53**	**16.09**	**96.46**	**4834.12**	**4358.43**	**90.16**	**14.20**
11年小计			**1052.22**	**15.26**	**51.04**	**537.00**	**492.89**	**91.79**	**10.85**
占合计%			**21.00**			**11.11**	**11.31**		
1949	595.31	353.31	103.76	17.43	18.57	19.27	17.24	89.47	4.88
1950	602.55	360.19	108.01	17.93	32.35	34.94	30.59	87.55	8.49
1951	613.55	377.72	97.15	15.83	37.27	36.20	31.88	88.06	8.44
1952	627.26	393.31	88.61	14.13	40.53	35.91	30.81	85.80	7.83
1953	644.47	408.00	88.33	13.71	45.30	40.01	32.42	81.03	7.95
1954	640.09	417.94	81.80	12.78	47.73	39.04	34.74	88.99	8.31
1955	642.90	430.26	87.73	13.65	76.10	66.76	63.14	94.58	14.67
1956	643.14	443.77	96.13	14.95	26.77	25.74	23.03	89.48	5.19
1957	636.97	421.18	85.68	13.45	83.59	71.62	67.50	94.25	16.03
1958	627.20	462.72	95.57	15.24	88.32	84.41	81.27	96.28	17.56
1959	620.59	472.42	119.45	19.25	69.57	83.10	80.27	96.59	16.99
10年小计			**1049.39**	**17.15**	**104.09**	**1092.29**	**1069.58**	**97.92**	**19.89**
占合计%			**20.94**			**22.60**	**24.54**		
1960	612.99	487.93	120.05	19.58	75.27	90.36	83.53	92.44	17.12
1961	606.47	500.92	90.39	14.90	72.69	65.70	63.82	97.14	12.74
1962	608.74	513.82	90.93	14.94	68.33	62.13	60.32	97.09	11.74
1963	607.31	526.75	108.26	17.83	94.24	102.02	96.91	94.99	18.40
1964	610.67	535.18	112.50	18.42	111.11	125.00	124.47	99.58	23.26
1965	615.09	538.71	111.59	18.14	131.98	147.28	147.15	99.91	27.32
1966	615.08	552.96	104.15	16.93	111.36	115.98	114.58	98.79	20.72
1967	612.88	561.54	102.12	16.66	108.23	110.52	108.75	98.40	19.37
1968	615.64	569.89	104.63	17.00	144.97	151.68	150.55	99.26	26.42
1969	614.30	590.78	104.77	17.06	116.08	121.62	119.50	98.26	20.23
10年小计			**1057.22**	**17.02**	**92.23**	**975.10**	**946.91**	**97.11**	**14.36**
占合计%			**21.10**			**20.17**	**21.73**		
1970	607.34	611.54	106.77	17.58	114.06	121.78	119.15	97.84	19.48
1971	611.82	624.58	104.61	17.10	70.42	73.67	69.88	94.86	11.19
1972	617.67	641.50	104.57	16.93	85.66	89.57	84.05	93.84	13.10
1973	619.07	663.11	104.21	16.83	84.74	88.31	86.41	97.85	13.03
1974	619.66	658.73	104.68	16.89	95.12	99.57	97.89	98.31	14.86
1975	623.69	666.48	108.03	17.32	94.38	101.96	98.90	97.00	14.84
1976	626.40	674.10	105.38	16.82	80.25	84.57	82.10	97.08	12.18
1977	626.86	681.37	104.21	16.62	79.26	82.60	79.64	96.42	11.69
1978	628.00	686.36	102.22	16.28	115.47	118.03	115.41	97.78	16.81
1979	630.24	686.73	112.54	17.86	102.22	115.04	113.48	98.64	16.52
10年小计			**1078.68**	**17.89**	**115.56**	**1246.56**	**1162.94**	**93.29**	**17.13**
占合计%			**21.52**			**25.79**	**26.68**		
1980	628.20	686.14	121.91	19.41	105.02	128.03	126.45	98.77	18.43
1981	627.90	688.78	124.40	19.81	82.76	102.95	101.21	98.31	14.69
1982	628.64	684.64	124.27	19.77	126.03	156.62	153.69	98.13	22.45
1983	619.53	689.62	128.03	20.67	120.65	154.47	149.99	97.10	21.75
1984	611.97	686.86	125.59	20.52	175.73	220.70	215.50	97.64	31.37
1985	588.05	643.38	109.69	18.65	114.94	126.08	113.74	90.21	17.68
1986	583.37	684.09	96.86	16.60	123.10	119.23	104.84	87.93	15.33
1987	585.23	670.34	85.19	14.56	119.49	101.79	88.63	87.07	13.22
1988	578.13	675.48	85.87	14.85	77.45	66.51	50.88	76.50	7.53
1989	577.81	680.39	76.87	13.30	91.30	70.18	58.01	82.66	8.53
11年小计			**774.02**	**13.13**	**127.02**	**983.17**	**686.11**	**69.79**	**9.28**
占合计%			**15.44**			**20.34**	**15.74**		
1990	575.79	684.15	87.11	15.13	129.09	112.45	103.71	92.23	15.16
1991	570.25	687.70	86.45	15.16	148.03	127.97	116.71	91.20	16.97
1992	563.99	688.20	88.52	15.70	110.51	97.82	82.45	84.29	11.98
1993	551.57	689.05	74.15	13.44	123.37	91.48	71.00	77.61	10.30
1994	542.83	686.73	74.47	13.72	117.55	87.54	48.54	55.45	7.07
1995	533.61	686.78	77.38	14.50	126.17	97.63	60.24	61.70	8.77
1996	509.73	659.83	75.57	14.83	134.91	101.95	73.81	72.40	11.19
1997	509.61	658.84	69.26	13.59	99.61	68.99	39.45	57.18	5.99
1998	510.80	654.08	70.15	13.73	138.13	96.90	60.29	62.22	9.22
1999	512.91	650.03	41.98	8.18	138.28	58.05	17.67	30.44	2.72
2000	514.78	647.65	28.98	5.63	146.27	42.39	12.24	28.87	1.89

4-2-4 江苏省产棉县历年棉花生产收购

年 度	耕地面积（万亩）	农业人口（万人）	棉田面积（万亩）	占耕地（%）	亩 产（市斤）	产 量（万担）	收购量（万担）	商品率（%）	人均交售（市斤）
52年合计			**41191.11**	**11.99**	**88.49**	**36448.06**	**33298.50**	**91.36**	**16.14**
11年小计			**7885.75**	**9.37**	**33.03**	**2604.38**	**2319.48**	**89.06**	**7.06**
占合计%			**19.144**			**7.15**	**6.97**		
1949	6982.65	2653.04	405.51	5.81	13.97	56.63	37.26	65.80	1.40
1950	7476.20	2764.09	423.73	5.67	22.71	96.25	70.70	73.45	2.56
1951	7867.59	2874.82	575.30	7.31	22.77	131.02	88.29	67.39	3.07
1952	7779.77	2817.11	664.64	8.54	27.80	184.74	158.95	86.04	5.64
1953	7974.69	2975.67	726.63	9.11	42.88	311.60	271.88	87.25	9.14
1954	8059.56	3028.47	792.15	9.83	19.33	153.12	131.88	86.13	4.35
1955	7833.65	2996.82	988.57	12.62	42.13	416.45	372.70	89.49	12.44
1956	8302.49	3281.13	969.00	11.67	21.33	206.73	187.47	90.68	5.71
1957	7950.13	3198.54	868.69	10.93	34.40	298.86	268.40	89.81	8.39
1958	7180.05	3191.80	768.84	10.71	52.93	406.95	392.07	96.34	12.28
1959	6724.84	3082.70	702.69	10.45	48.67	342.02	339.88	99.37	11.03
10年小计			**7803.38**	**11.41**	**67.74**	**5286.16**	**5132.02**	**97.08**	**13.88**
占合计%			**18.944**			**14.50**	**15.41**		
1960	6505.54	2996.04	718.63	11.05	34.85	250.46	239.33	95.56	7.99
1961	6384.07	2983.25	659.06	10.32	42.86	282.47	267.55	94.72	8.97
1962	7006.46	3409.44	615.31	8.78	26.56	163.45	155.60	95.20	4.56
1963	7008.06	3516.19	724.35	10.34	49.89	361.37	344.05	95.21	9.78
1964	6837.01	3491.43	794.77	11.62	83.02	659.82	636.68	96.49	18.24
1965	7087.86	3769.26	813.35	11.48	63.30	514.85	504.29	97.95	13.38
1966	7140.40	4177.06	859.11	12.03	88.63	761.39	743.51	97.65	17.80
1967	6737.53	4110.28	884.96	13.13	85.79	759.19	736.62	97.03	17.92
1968	6805.95	4204.44	875.81	12.87	96.18	842.35	831.35	98.69	19.77
1969	6866.05	4310.90	858.03	12.50	80.51	690.81	673.04	97.43	15.61
10年小计			**8536.61**	**13.60**	**95.10**	**8118.23**	**7981.54**	**98.32**	**18.77**
占合计%			**20.724**			**22.27**	**23.97**		
1970	6783.92	4295.82	851.37	12.55	74.51	634.35	626.04	98.69	14.57
1971	6420.11	4129.18	826.15	12.87	78.63	649.63	640.17	98.54	15.50
1972	6475.88	4294.13	832.33	12.85	83.26	693.03	682.22	98.44	15.89
1973	6262.97	4143.41	851.59	13.60	102.95	876.70	865.46	98.72	20.89
1974	6238.97	4212.61	867.21	13.90	94.97	823.62	798.99	97.01	18.97
1975	6229.23	4268.75	859.40	13.80	104.03	894.03	882.05	98.66	20.66
1976	6140.47	4284.43	860.60	14.02	94.18	810.49	793.34	97.88	18.52
1977	6008.84	4225.10	859.42	14.30	87.26	749.92	739.42	98.60	17.50
1978	6136.54	4351.82	865.02	14.10	108.15	935.49	922.76	98.64	21.20
1979	6093.48	4324.25	863.52	14.17	121.71	1050.97	1031.10	98.11	23.84
10年小计			**9147.28**	**14.63**	**113.79**	**10408.88**	**9661.84**	**92.82**	**21.24**
占合计%			**22.207**			**28.56**	**29.02**		
1980	6241.84	4428.25	933.64	14.96	88.24	823.86	805.50	97.77	18.19
1981	6512.70	4738.56	986.55	15.15	113.83	1122.96	1088.29	96.91	22.97
1982	6474.79	4694.12	1014.92	15.67	112.97	1146.55	1105.49	96.42	23.55
1983	6338.53	4619.09	1012.12	15.97	129.91	1314.89	1279.59	97.32	27.70
1984	6321.80	4553.75	1055.77	16.70	123.63	1305.29	1194.78	91.53	26.24
1985	6292.06	4506.18	882.44	14.02	107.12	945.23	850.48	89.98	18.87
1986	6006.47	4384.42	743.17	12.37	106.72	793.12	687.23	86.65	15.67
1987	5986.02	4412.36	823.03	13.75	107.26	882.80	784.23	88.83	17.77
1988	6191.34	4572.91	898.58	14.51	124.00	1114.28	1005.94	90.28	22.00
1989	6169.00	4587.69	797.06	12.92	120.43	959.90	860.31	89.62	18.75
11年小计			**7818.09**	**11.87**	**128.30**	**10030.41**	**8203.62**	**81.79**	**16.92**
占合计%			**18.980**			**27.52**	**24.64**		
1990	6004.29	4572.71	853.87	14.22	107.98	922.01	854.20	92.65	18.68
1991	6058.90	4615.04	821.04	13.55	133.37	1095.01	1059.10	96.72	22.95
1992	6278.99	4807.98	996.61	15.87	104.78	1044.23	955.73	91.52	19.88
1993	6060.04	4610.33	770.79	12.72	107.64	829.67	657.29	79.22	14.26
1994	5735.53	4350.79	781.93	13.63	114.63	896.32	746.60	83.30	17.16
1995	5803.59	4396.08	835.72	14.40	132.31	1105.71	940.09	85.02	21.38
1996	5716.74	4264.45	709.58	12.41	147.30	1045.18	830.75	79.48	19.48
1997	5620.98	4171.22	638.85	11.37	154.28	985.64	778.35	78.97	18.66
1998	5716.74	4274.83	608.07	10.64	153.01	930.40	764.08	82.12	17.87
1999	6381.16	4182.92	380.85	5.97	135.94	517.73	267.22	51.61	6.39
2000	6465.01	4240.85	420.78	6.51	156.50	658.51	350.21	53.18	8.26

4-2-5 湖北省产棉县历年棉花生产收购

年　　度	耕地面积（万亩）	农业人口（万人）	棉田面积（万亩）	占耕地（%）	亩　产（市斤）	产　量（万担）	收购量（万担）	商品率（%）	人均交售（市斤）
52年合计			37647.43	17.72	88.61	33359.41	29610.82	88.76	23.33
11年小计			**7719.61**	**16.80**	**37.05**	**2860.02**	**2297.81**	**80.34**	**12.47**
占合计%			**20.51**			**8.57**	**7.76**		
1949	3669.09	1467.61	569.65	15.53	20.25	115.37	65.83	57.06	4.49
1950	3861.24	1524.70	651.54	16.87	25.04	163.14	76.78	47.06	5.04
1951	3971.41	1555.17	702.63	17.69	27.61	193.98	117.77	60.71	7.57
1952	4129.36	1590.43	707.91	17.14	31.99	226.47	178.29	78.73	11.21
1953	4380.53	1680.59	760.79	17.37	30.60	232.80	189.77	81.52	11.29
1954	4252.45	1701.00	533.70	12.55	13.84	73.84	58.32	78.98	3.43
1955	4328.12	1723.71	775.50	17.92	34.55	267.95	216.45	80.78	12.56
1956	4386.41	1753.71	770.58	17.57	46.94	361.72	301.30	83.30	17.18
1957	4373.64	1797.30	763.41	17.45	52.44	400.34	376.11	93.95	20.93
1958	4291.70	1832.83	760.56	17.72	62.52	475.53	431.95	90.84	23.57
1959	4314.52	1804.87	723.34	16.77	48.23	348.88	285.24	81.76	15.80
10年小计			**7400.91**	**17.41**	**72.12**	**5337.63**	**5111.82**	**95.77**	**24.98**
占合计%			**19.66**			**16.00**	**17.26**		
1960	4383.45	1803.41	611.20	13.94	32.17	196.60	176.90	89.98	9.81
1962	4328.36	1859.77	585.12	13.52	37.29	218.17	193.25	88.58	10.39
1962	4307.05	1938.19	600.66	13.95	44.42	266.84	240.65	90.19	12.42
1963	4312.55	1983.12	705.12	16.35	67.55	476.29	459.48	96.47	23.17
1964	4215.97	1981.10	796.94	18.90	62.46	497.80	484.99	97.43	24.48
1965	4245.36	2032.28	780.78	18.39	91.03	710.75	687.02	96.66	33.81
1966	4263.89	2117.50	838.66	19.67	101.42	850.58	817.25	96.08	38.60
1967	4157.09	2151.34	863.77	20.78	96.30	831.81	800.58	96.25	37.21
1968	4138.37	2237.25	830.89	20.08	88.78	737.70	715.83	97.04	32.00
1969	4166.62	2359.71	787.77	18.91	69.96	551.09	535.87	97.24	22.71
10年小计			**8268.79**	**19.85**	**89.24**	**7379.30**	**7160.68**	**97.04**	**26.81**
占合计%			**21.96**			**22.12**	**24.18**		
1970	4161.86	2433.66	785.29	18.87	70.15	550.89	535.94	97.29	22.02
1971	4153.64	2477.68	823.05	19.82	65.56	539.60	522.03	96.74	21.07
1972	4264.03	2606.29	823.21	19.31	64.27	529.10	505.69	95.58	19.40
1973	4174.52	2633.75	826.25	19.79	92.04	760.44	740.18	97.34	28.10
1974	4176.77	2673.95	833.98	19.97	110.13	918.45	889.31	96.83	33.26
1975	4213.79	2731.35	829.42	19.68	95.16	789.27	756.53	95.85	27.70
1976	4208.20	2775.51	836.48	19.88	105.79	884.88	859.76	97.16	30.98
1977	4190.89	2789.87	835.36	19.93	101.65	849.14	827.91	97.50	29.68
1978	4069.35	2796.19	849.42	20.87	82.63	701.91	682.56	97.24	24.41
1979	4034.51	2792.59	826.33	20.48	103.54	855.62	840.77	98.26	30.11
10年小计			**7344.36**	**18.08**	**106.75**	**7839.75**	**7377.57**	**94.10**	**25.93**
占合计%			**19.51**			**23.50**	**24.92**		
1980	3999.48	2825.62	848.75	21.22	71.43	606.22	613.56	101.21	21.71
1981	4007.66	2854.02	841.11	20.99	81.17	682.74	690.55	101.14	24.20
1982	4052.21	2866.27	829.07	20.46	80.28	665.57	651.28	97.85	22.72
1983	4127.73	2882.98	807.99	19.57	91.84	742.02	689.50	92.92	23.92
1984	4155.23	2837.32	791.35	19.04	148.38	1174.19	1138.11	96.93	40.11
1985	4122.48	2803.79	693.36	16.82	137.13	950.79	867.67	91.26	30.95
1986	4080.23	2815.71	617.84	15.14	138.10	853.25	774.17	90.73	27.49
1987	4060.15	2842.35	639.54	15.75	135.80	868.50	798.81	91.98	28.10
1988	4028.60	2854.77	662.41	16.44	105.42	698.31	633.38	90.70	22.19
1989	3979.67	2868.30	612.94	15.40	97.59	598.16	520.54	87.02	18.15
11年小计			**6913.76**	**16.56**	**143.81**	**9942.71**	**7662.94**	**77.07**	**23.32**
占合计%			**18.36**			**29.80**	**25.88**		
1990	3941.73	2901.48	659.74	16.74	150.15	990.61	939.44	94.83	32.38
1991	3910.83	2933.35	651.30	16.65	143.13	932.18	912.61	97.90	31.11
1992	3864.34	2956.07	714.63	18.49	158.76	1134.52	1081.29	95.31	36.58
1993	3872.99	3002.85	684.35	17.67	142.12	972.62	724.04	74.44	24.11
1994	3860.15	3003.82	694.50	17.99	139.00	965.36	693.24	71.81	23.08
1995	3804.38	3029.03	690.78	18.16	162.73	1124.14	920.48	81.88	30.39
1996	3704.79	3055.12	660.95	17.84	129.74	857.52	655.00	76.38	21:44
1997	3739.44	3038.27	654.77	16.88	156.24	1023.00	694.14	67.85	22.03
1998	3700.38	3100.61	588.60	15.91	110.21	648.70	422.90	65.19	13.64
1999	3679.16	2915.78	451.60	12.27	135.91	613.77	292.93	47.73	10.05
2000	3679.50	2918.62	462.54	12.57	147.08	680.29	326.87	48.05	11.20

4-2-6 安徽省产棉县历年棉花生产收购

年度	耕地面积（万亩）	农业人口（万人）	棉田面积（万亩）	占耕地（%）	亩产（市斤）	产量（万担）	收购量（万担）	商品率（%）	人均交售（市斤）
52年合计			**19153.23**	**7.38**	**70.05**	**13417.39**	**10360.72**	**77.22**	**7.73**
11年小计			**2721.86**	**4.59**	**22.13**	**602.40**	**371.76**	**61.71**	**1.98**
占合计%			**14.21**			**4.49**	**3.59**		
1949	4916.95	1539.77	188.64	3.84	14.74	27.81	8.07	29.02	0.52
1950	5117.08	1565.17	189.44	3.70	14.48	27.44	7.87	28.68	0.50
1951	5343.26	1632.02	212.70	3.98	18.84	40.08	16.41	40.94	1.01
1952	5599.95	1686.21	265.13	4.73	22.11	58.61	26.12	44.56	1.55
1953	5588.01	1707.95	269.66	4.83	18.51	49.91	22.23	44.54	1.30
1954	5624.47	1734.20	201.88	3.59	10.38	20.96	10.21	48.71	0.59
1955	5714.11	1797.80	248.22	4.34	23.27	57.77	31.04	53.74	1.73
1956	5629.40	1809.41	279.29	4.96	17.05	47.62	31.50	66.15	1.74
1957	5514.00	1842.95	239.65	4.35	31.07	74.47	52.06	69.91	2.82
1958	5194.03	1798.41	297.13	5.72	32.91	97.78	81.83	83.69	4.55
1959	4997.31	1708.00	330.12	6.61	30.27	99.94	84.42	84.47	4.94
10年小计			**2451.47**	**5.40**	**45.35**	**1111.74**	**927.48**	**83.43**	**5.45**
占合计%			**12.80**			**8.29**	**8.95**		
1960	4911.74	1527.50	268.58	5.47	22.97	61.69	45.94	74.47	3.01
1961	4780.23	1543.43	143.70	3.01	24.22	34.80	26.75	76.87	1.73
1962	4693.84	1613.63	144.86	3.09	19.11	27.68	22.76	82.23	1.41
1963	4671.88	1663.66	193.44	4.14	26.43	51.11	42.09	82.35	2.53
1964	4671.64	1668.31	213.61	4.57	49.09	104.86	75.01	71.53	4.50
1965	4418.08	1664.75	285.11	6.45	55.57	158.43	139.30	87.93	8.37
1966	4332.88	1723.18	322.09	7.43	57.99	186.77	166.37	89.08	9.65
1967	4315.79	1784.24	319.15	7.39	55.06	175.73	149.08	84.83	8.36
1968	4310.92	1871.36	298.00	6.91	63.13	188.12	158.75	84.39	8.48
1969	4250.35	1956.60	262.93	6.19	46.61	122.55	101.43	82.77	5.18
10年小计			**4322.54**	**8.45**	**54.90**	**2372.89**	**2154.15**	**90.78**	**7.68**
占合计%			**22.57**			**17.69**	**20.79**		
1970	5196.20	2516.79	407.91	7.85	49.85	203.34	160.77	79.06	6.39
1971	5149.52	2583.76	400.15	7.77	45.94	183.82	147.75	80.38	5.72
1972	5151.05	2659.65	422.63	8.20	57.20	241.73	212.33	87.84	7.98
1973	5133.94	2739.95	450.91	8.78	64.96	292.91	260.80	89.04	9.52
1974	5121.48	2789.20	461.43	9.01	67.04	309.33	287.55	92.96	10.31
1975	5106.02	2872.44	442.31	8.66	58.46	258.58	239.42	92.59	8.34
1976	5089.70	2905.62	442.60	8.70	58.40	258.48	239.10	92.50	8.23
1977	5078.46	2950.21	449.95	8.86	51.71	232.66	221.73	95.30	7.52
1978	5080.05	2994.33	437.51	8.61	48.28	211.21	207.59	98.29	6.93
1979	5061.73	3040.53	407.14	8.04	44.41	180.83	177.10	97.94	5.82
10年小计			**3914.16**	**7.81**	**83.62**	**3273.09**	**2978.82**	**91.01**	**9.43**
占合计%			**20.44**			**24.39**	**28.75**		
1980	5027.84	3081.84	441.25	8.78	52.02	229.53	235.74	102.71	7.65
1981	5048.55	3091.90	452.25	8.96	64.72	292.70	275.18	94.01	8.90
1982	5045.63	3122.25	454.73	9.01	65.08	295.92	290.92	98.31	9.32
1983	5034.34	3126.81	442.43	8.79	80.68	356.97	325.09	91.07	10.40
1984	5001.92	3138.10	460.10	9.20	94.82	436.26	375.73	86.13	11.97
1985	4996.39	3145.83	325.79	6.52	94.85	309.00	294.55	95.32	9.36
1986	4990.96	3182.31	287.70	5.76	105.30	302.95	286.97	94.73	9.02
1987	5004.80	3189.11	318.05	6.35	107.79	342.82	325.36	94.91	10.20
1988	4986.39	3239.38	378.66	7.59	103.27	391.04	329.66	84.30	10.18
1989	4975.59	3287.69	353.20	7.10	89.44	315.89	239.62	75.86	7.29
11年小计			**5743.20**	**10.71**	**105.47**	**6057.27**	**3928.51**	**64.86**	**10.18**
占合计%			**29.99**			**45.14**	**37.92**		
1990	4969.51	3416.40	418.48	8.42	108.41	453.68	381.67	84.13	11.17
1991	4956.45	3456.10	567.79	11.46	88.61	503.14	435.80	86.62	12.61
1992	4935.78	3451.28	583.31	11.82	83.71	488.26	396.46	81.20	11.49
1993	4893.47	3475.58	488.96	9.99	98.80	483.10	331.82	68.69	9.55
1994	4900.19	3491.28	598.18	12.21	90.40	527.96	402.94	76.32	11.54
1995	4889.72	3544.47	642.12	13.13	114.12	732.76	450.73	61.51	12.72
1996	4883.30	3552.06	536.58	10.99	107.24	575.41	310.26	53.92	8.73
1997	4859.00	3562.24	509.79	10.49	125.66	640.62	349.85	54.61	9.82
1998	4850.56	3562.37	516.67	10.65	116.01	599.37	377.28	62.95	10.59
1999	4835.38	3581.46	416.33	8.61	109.32	455.14	224.40	49.30	6.27
2000	4660.61	3482.00	464.99	9.98	128.57	597.83	267.29	44.71	7.68

4－2－7　四川省产棉县历年棉花生产收购

年　　度	耕地面积（万亩）	农业人口（万人）	棉田面积（万亩）	占耕地（%）	亩　产（市斤）	产　量（万担）	收购量（万担）	商品率（%）	人均交售（市斤）
52 年合计			**13166.01**	**13.39**	**66.42**	**8744.51**	**7181.87**	**82.13**	**8.99**
11 年小计			**2827.55**	**13.12**	**30.04**	**849.53**	**679.70**	**80.01**	**5.43**
占合计%			**21.48**			**9.72**	**9.46**		
1949	1789.01	983.48	135.05	7.55	15.22	20.56	9.57	46.54	0.97
1950	1856.20	1018.98	145.31	7.83	19.42	28.22	13.93	49.37	1.37
1951	1866.78	1036.93	221.29	11.85	23.33	51.62	30.27	58.64	2.92
1952	1991.64	1131.65	243.43	12.22	23.18	56.43	38.16	67.62	3.37
1953	2020.64	1154.04	240.35	11.89	24.96	59.99	40.63	67.73	3.52
1954	2021.51	1182.00	269.85	13.35	28.70	77.44	65.80	84.97	5.57
1955	2021.00	1205.45	293.90	14.54	32.93	96.77	81.55	84.27	6.77
1956	2022.27	1226.66	296.52	14.66	26.67	79.09	61.20	77.38	4.99
1957	2026.12	1235.29	314.27	15.51	32.57	102.35	91.08	88.99	7.37
1958	1986.40	1197.10	314.86	15.85	39.35	123.90	111.57	90.05	9.32
1959	1956.26	1149.16	352.72	18.03	43.42	153.16	135.93	88.75	11.83
10 年小计			**3057.43**	**15.26**	**52.17**	**1595.08**	**1440.85**	**90.33**	**11.61**
占合计%			**23.22**			**18.24**	**20.06**		
1960	1934.85	1099.80	314.43	16.25	20.03	62.98	55.74	88.50	5.07
1961	1920.74	1088.40	282.41	14.70	14.72	41.57	35.72	85.93	3.28
1962	1922.29	1117.67	266.47	13.86	16.87	44.96	40.31	89.66	3.61
1963	1934.21	1141.64	303.15	15.67	33.74	102.29	89.03	87.04	7.80
1964	1942.49	1165.58	323.97	16.68	54.05	175.11	163.66	93.46	14.04
1965	2087.87	1289.72	325.74	15.60	56.36	183.59	171.29	93.30	13.28
1966	2081.79	1320.78	314.04	15.09	89.35	280.60	264.62	94.31	20.04
1967	2074.17	1354.48	316.40	15.25	90.63	286.76	257.27	89.72	18.99
1968	2070.47	1392.52	310.92	15.02	68.63	213.38	184.10	86.28	13.22
1969	2063.17	1437.49	299.90	14.54	67.97	203.84	179.11	87.87	12.46
10 年小计			**3131.61**	**16.57**	**69.69**	**2182.49**	**1997.00**	**91.50**	**12.51**
占合计%			**23.79**			**24.96**	**27.81**		
1970	1935.12	1447.92	310.71	16.06	70.15	217.96	194.12	89.06	13.41
1971	1923.71	1492.81	308.79	16.05	86.74	267.83	243.97	91.09	16.34
1972	1912.81	1525.37	307.13	16.06	70.87	217.66	200.97	92.33	13.18
1973	1902.10	1566.09	311.14	16.36	83.48	259.75	236.16	90.92	15.08
1974	1901.28	1609.63	313.13	16.47	64.15	200.86	184.72	91.96	11.48
1975	1890.76	1644.28	312.34	16.52	69.72	217.76	201.97	92.75	12.28
1976	1876.51	1659.20	323.03	17.21	44.00	142.14	128.10	90.12	7.72
1977	1867.75	1671.46	321.78	17.23	70.65	227.34	209.45	92.13	12.53
1978	1850.82	1671.66	312.38	16.88	78.75	245.99	225.93	91.85	13.52
1979	1839.02	1674.93	311.18	16.92	59.52	185.20	171.61	92.66	10.25
10 年小计			**2183.53**	**12.13**	**90.98**	**1986.61**	**1695.32**	**85.34**	**9.73**
占合计%			**16.58**			**22.72**	**23.61**		
1980	1830.76	1702.16	313.25	17.11	52.07	163.10	148.65	91.14	8.73
1981	1820.29	1709.23	298.46	16.40	51.61	154.04	140.25	91.05	8.21
1982	1817.81	1715.61	204.58	11.25	78.71	161.03	151.27	93.94	8.82
1983	1814.00	1716.90	203.52	11.22	103.02	209.67	198.11	94.49	11.54
1984	1799.89	1711.62	239.08	13.28	129.32	309.19	270.39	87.45	15.80
1985	1795.11	1709.46	193.23	10.76	118.38	228.75	191.18	83.58	11.18
1986	1783.92	1722.91	180.46	10.12	110.86	200.05	169.46	84.71	9.84
1987	1781.21	1767.76	177.47	9.96	118.21	209.79	167.53	79.86	9.48
1988	1778.24	1811.01	201.31	11.32	90.98	183.15	136.80	74.69	7.55
1989	1778.63	1852.49	172.17	9.68	97.49	167.84	121.68	72.50	6.57
11 年小计			**1965.89**	**9.90**	**108.39**	**2130.80**	**1369.00**	**64.25**	**6.33**
占合计%			**14.93**			**24.37**	**19.06**		
1990	1867.56	2023.61	182.99	9.80	125.07	228.86	192.02	83.90	9.49
1991	1866.60	2022.37	212.78	11.40	131.49	279.78	248.67	88.88	12.30
1992	1859.94	2025.62	224.05	12.05	126.58	283.61	220.23	77.65	10.87
1993	1855.32	2014.53	186.61	10.06	87.06	162.47	86.36	53.15	4.29
1994	1848.57	1974.34	182.72	9.88	74.76	136.60	70.01	51.25	3.55
1995	1841.28	2007.68	201.02	10.92	109.28	219.67	139.29	63.41	6.94
1996	1834.14	2010.93	208.97	11.39	110.19	230.26	136.04	59.08	6.77
1997	1817.66	1991.73	193.06	10.62	109.75	211.88	121.76	57.47	6.11
1998	1752.60	1896.90	171.09	9.76	107.44	183.82	84.60	46.02	4.46
1999	1657.87	1830.53	123.30	7.44	89.34	110.16	38.17	34.65	2.09
2000	1651.30	1815.70	79.30	4.80	105.54	83.69	31.85	38.06	1.75

4-2-8　江西省产棉县历年棉花生产收购

年　度	耕地面积（万亩）	农业人口（万人）	棉田面积（万亩）	占耕地（%）	亩　产（市斤）	产　量（万担）	收购量（万担）	商品率（%）	人均交售（市斤）
52年合计			**5921.12**	**8.79**	**81.62**	**4832.59**	**3909.42**	**80.90**	**9.93**
11年小计			**701.87**	**4.66**	**30.92**	**217.03**	**157.44**	**72.54**	**3.26**
占合计%			**11.85**			**4.49**	**4.03**		
1949	1257.52	372.89	20.97	1.67	14.88	3.12	0.51	16.35	0.14
1950	1309.98	396.24	31.36	2.39	18.49	5.80	2.66	45.86	0.67
1951	1347.34	405.62	43.80	3.25	22.05	9.66	4.66	48.24	1.15
1952	1386.91	414.89	65.83	4.75	30.32	19.96	13.37	66.98	3.22
1953	1394.19	418.37	56.14	4.03	25.15	14.12	8.05	57.01	1.92
1954	1402.77	423.83	46.89	3.34	15.63	7.33	5.46	74.49	1.29
1955	1404.04	428.32	66.24	4.72	24.98	16.55	12.58	76.01	2.94
1956	1436.05	478.90	87.40	6.09	35.67	31.17	25.60	82.12	5.35
1957	1415.47	493.16	92.05	6.50	41.72	38.40	31.38	81.72	6.36
1958	1368.91	499.51	95.18	6.95	37.13	35.34	27.88	78.89	5.58
1959	1323.24	504.65	96.01	7.26	37.06	35.58	25.29	71.08	5.01
10年小计			**1061.98**	**8.00**	**50.85**	**540.06**	**448.01**	**82.96**	**7.70**
占合计%			**17.94**			**11.18**	**11.46**		
1960	1340.52	506.23	108.63	8.10	30.09	32.69	25.82	78.98	5.10
1961	1335.61	521.25	76.52	5.73	23.60	18.06	12.67	70.16	2.43
1962	1336.44	540.17	64.31	4.81	28.14	18.10	13.57	74.97	2.51
1963	1342.08	553.94	89.29	6.65	60.22	53.77	42.73	79.47	7.71
1964	1344.31	570.51	106.18	7.90	46.50	49.37	40.65	82.34	7.13
1965	1336.97	582.53	124.02	9.28	70.11	86.95	75.71	87.07	13.00
1966	1325.87	602.00	129.95	9.80	58.64	76.20	65.35	85.76	10.86
1967	1330.05	616.73	123.77	9.31	49.18	60.87	47.57	78.15	7.71
1968	1301.75	654.71	116.13	8.92	68.67	79.75	68.86	86.34	10.52
1969	1288.35	673.93	123.18	9.56	52.20	64.30	55.08	85.66	8.17
10年小计			**1304.26**	**10.59**	**49.37**	**643.96**	**553.50**	**85.95**	**7.02**
占合计%			**22.03**			**13.33**	**14.16**		
1970	1268.01	706.47	132.85	10.48	47.67	63.33	53.74	84.86	7.61
1971	1241.60	716.22	127.44	10.26	27.01	34.42	27.10	78.73	3.78
1972	1234.88	731.93	132.84	10.76	63.52	84.38	72.35	85.74	9.88
1973	1227.40	755.84	127.60	10.40	42.89	54.73	49.27	90.02	6.52
1974	1228.03	780.67	129.33	10.53	56.92	73.61	63.29	85.98	8.11
1975	1226.06	802.61	124.14	10.13	54.09	67.15	57.92	86.25	7.22
1976	1224.17	823.65	133.58	10.91	49.84	66.57	56.14	84.33	6.82
1977	1220.33	842.05	131.47	10.77	47.58	62.55	54.17	86.60	6.43
1978	1220.88	858.75	136.32	11.17	43.54	59.36	51.25	86.34	5.97
1979	1222.40	868.53	128.69	10.53	60.50	77.86	68.27	87.68	7.86
10年小计			**1104.44**	**8.88**	**92.51**	**1021.75**	**943.86**	**92.38**	**10.24**
占合计%			**18.65**			**21.14**	**24.14**		
1980	1252.44	890.98	140.78	11.24	56.12	79.01	78.14	98.90	8.77
1981	1252.40	897.88	140.78	11.24	63.33	89.16	82.37	92.38	9.17
1982	1249.88	906.77	135.32	10.83	90.86	122.95	116.54	94.79	12.85
1983	1241.62	914.04	108.79	8.76	84.25	91.66	92.89	101.34	10.16
1984	1239.13	916.82	113.72	9.18	116.85	132.88	113.71	85.57	12.40
1985	1235.96	919.39	98.45	7.97	123.67	121.75	109.76	90.15	11.94
1986	1231.62	927.94	89.55	7.27	122.52	109.72	97.91	89.24	10.55
1987	1233.55	933.17	90.13	7.31	125.12	112.77	109.91	97.46	11.78
1988	1238.99	952.43	92.61	7.47	69.06	63.96	58.99	92.23	6.19
1989	1261.95	960.27	94.31	7.47	103.80	97.89	83.64	85.44	8.71
11年小计			**1748.57**	**12.27**	**137.82**	**2409.79**	**1806.61**	**74.97**	**15.57**
占合计%			**29.53**			**49.87**	**46.21**		
1990	1255.58	978.78	103.85	8.27	111.07	115.35	103.08	89.36	10.53
1991	1281.49	1011.21	163.03	12.72	129.21	210.65	183.18	86.96	18.11
1992	1322.21	1038.23	189.90	14.36	144.70	274.79	223.18	81.22	21.50
1993	1305.49	1043.63	208.51	15.97	136.57	284.77	219.50	77.08	21.03
1994	1303.08	1057.83	229.61	17.62	149.15	342.47	256.11	74.78	24.21
1995	1300.86	1067.55	188.61	14.50	128.90	243.11	218.35	89.82	20.45
1996	1315.57	1076.20	162.94	12.39	153.13	249.51	201.77	80.87	18.75
1997	1315.06	1080.53	152.04	11.56	166.98	253.87	200.19	78.86	18.53
1998	1279.28	1081.05	144.41	11.29	122.76	177.28	102.34	57.73	9.47
1999	1278.31	1087.83	101.63	7.95	120.07	122.03	49.00	40.15	4.50
2000	1288.51	1082.50	104.04	8.07	130.68	135.96	49.91	36.71	4.61

4-2-9 湖南省产棉县历年棉花生产收购

年 度	耕地面积（万亩）	农业人口（万人）	棉田面积（万亩）	占耕地（%）	亩 产（市斤）	产 量（万担）	收购量（万担）	商品率（%）	人均交售（市斤）
52 年合计			**8745.08**	**7.69**	**89.88**	**7860.02**	**6766.00**	**86.08**	**8.17**
11 年小计			**1195.49**	**5.08**	**27.09**	**323.88**	**241.35**	**74.52**	**1.95**
占合计%			**13.67**			**4.12**	**3.57**		
1949	1086.13	549.67	60.38	5.56	15.17	9.16	6.35	69.32	1.16
1950	1989.47	1056.22	92.94	4.67	22.55	20.96	8.40	40.08	0.80
1951	2168.21	1134.88	141.70	6.54	25.91	36.71	14.81	40.34	1.30
1952	2276.01	1156.65	146.48	6.44	23.20	33.99	25.15	73.99	2.17
1953	2285.04	1173.69	145.23	6.36	19.10	27.74	19.09	68.82	1.63
1954	2283.08	1188.67	86.28	3.78	8.21	7.08	7.54	106.50	0.63
1955	2291.88	1199.03	114.94	5.02	26.20	30.12	23.60	78.35	1.97
1956	2318.16	1213.89	96.60	4.17	35.60	34.39	31.64	92.00	2.61
1957	2327.03	1237.84	94.30	4.05	37.86	35.70	31.71	88.82	2.56
1958	2267.28	1234.81	85.77	3.78	42.70	36.62	28.48	77.77	2.31
1959	2229.20	1239.59	130.87	5.87	39.28	51.41	44.58	86.71	3.60
10 年小计			**1347.82**	**5.91**	**52.31**	**705.04**	**606.25**	**85.99**	**4.36**
占合计%			**15.41**			**8.97**	**8.96**		
1960	2248.14	1220.39	113.26	5.04	39.10	44.28	37.94	85.68	3.11
1961	2220.93	1227.88	101.13	4.55	30.03	30.37	27.51	90.57	2.24
1962	2222.43	1268.09	91.23	4.10	39.31	35.86	34.71	96.80	2.74
1963	2234.11	1295.21	102.15	4.57	52.20	53.32	52.86	99.13	4.08
1964	2230.20	1318.27	119.07	5.34	48.60	57.87	53.07	91.71	4.03
1965	2315.19	1419.42	148.44	6.41	63.62	94.44	78.88	83.52	5.56
1966	2345.16	1495.18	178.19	7.60	56.87	101.33	87.88	86.73	5.88
1967	2345.52	1518.54	178.10	7.59	55.75	99.29	77.58	78.13	5.11
1968	2333.38	1551.88	160.19	6.87	64.63	103.53	90.09	87.02	5.81
1969	2322.39	1600.95	156.06	6.72	54.31	84.75	65.73	77.56	4.11
10 年小计			**1940.56**	**8.53**	**66.17**	**1283.98**	**1164.45**	**90.69**	**6.59**
占合计%			**22.19**			**16.34**	**17.21**		
1970	2305.58	1648.31	187.27	8.12	54.21	101.51	84.32	83.07	5.12
1971	2294.03	1676.52	179.58	7.83	45.37	81.47	68.56	84.15	4.09
972	2279.90	1709.96	189.74	8.32	49.16	93.28	80.60	86.41	4.71
1973	2278.62	1741.40	191.59	8.41	61.62	118.05	105.46	89.34	6.06
1974	2274.89	1767.55	197.28	8.67	81.43	160.65	146.03	90.90	8.26
1975	2271.13	1787.04	198.03	8.72	77.39	153.25	138.33	90.26	7.74
1976	2263.89	1808.63	198.03	8.75	80.23	158.87	143.83	90.53	7.95
1977	2255.00	1830.47	208.23	9.23	71.10	148.06	140.88	95.15	7.70
1978	2263.36	1842.11	202.21	8.93	57.28	115.82	111.36	96.15	6.05
1979	2268.94	1846.80	188.60	8.31	81.13	153.02	145.08	94.81	7.86
10 年小计			**1713.57**	**7.60**	**94.73**	**1623.30**	**1484.35**	**91.44**	**7.71**
占合计%			**19.59**			**20.65**	**21.94**		
1980	2294.41	1880.45	247.08	10.77	69.64	172.07	167.78	97.51	8.92
1981	2292.60	1902.83	241.26	10.52	71.01	171.33	170.56	99.55	8.96
1982	2300.03	1922.85	233.48	10.15	78.11	182.36	169.41	92.90	8.81
1983	2293.79	1918.30	183.28	7.99	100.33	183.88	181.18	98.53	9.44
1984	2278.34	1918.46	182.98	8.03	130.08	238.02	219.52	92.23	11.44
1985	2225.59	1864.94	142.85	6.42	131.98	188.53	169.84	90.09	9.11
1986	2223.12	1895.00	123.25	5.54	117.99	145.42	131.17	90.20	6.92
1987	2220.64	1945.82	96.75	4.36	121.63	117.68	95.04	80.76	4.88
1988	2213.31	1990.55	129.61	5.86	76.54	99.20	83.65	84.32	4.20
1989	2210.93	2024.55	133.03	6.02	93.82	124.81	96.20	77.08	4.75
11 年小计			**2547.64**	**11.56**	**154.02**	**3923.82**	**3269.60**	**83.33**	**16.67**
占合计%			**29.13**			**49.92**	**48.32**		
1990	2201.92	2054.02	171.39	7.78	134.68	230.82	211.46	91.61	10.29
1991	2264.61	2136.77	191.38	8.45	152.31	291.50	275.84	94.63	12.91
1992	2243.53	2137.23	223.09	9.94	165.70	369.65	366.59	99.17	17.15
1993	2324.56	2227.96	234.12	10.07	164.67	385.53	339.51	88.06	15.24
1994	1883.46	1729.65	292.33	15.52	154.70	452.23	347.57	76.86	20.09
1995	1856.25	1501.59	269.50	14.52	158.88	428.18	314.92	73.55	20.97
1996	1841.85	1517.08	210.40	11.42	159.66	335.93	237.02	70.56	15.62
1997	1856.69	1577.06	238.12	12.82	192.62	458.66	363.74	79.30	23.06
1998	1840.65	1578.05	267.37	14.53	127.86	341.86	320.32	93.70	20.30
1999	1858.91	1597.29	220.62	11.87	142.35	314.06	249.77	79.53	15.64
2000	1871.24	1557.77	229.32	12.25	137.54	315.40	242.86	77.00	15.59

4-2-10 河北省产棉县历年棉花生产收购

年 度	耕地面积（万亩）	农业人口（万人）	棉田面积（万亩）	占耕地（%）	亩 产（市斤）	产 量（万担）	收购量（万担）	商品率（%）	人均交售（市斤）
52 年合计			**55444.78**	**13.74**	**55.09**	**30546.65**	**24855.28**	**81.37**	**14.22**
11 年小计			**15481.97**	**15.89**	**33.77**	**5227.89**	**3694.01**	**70.66**	**12.90**
占合计%			**27.92**			**17.11**	**14.86**		
1949	8835.79	2432.53	923.06	10.45	23.09	213.09	39.56	18.56	1.63
1950	8900.76	2468.85	1217.87	13.68	29.09	354.24	66.52	18.78	2.69
1951	8964.56	2501.84	1487.91	16.60	30.08	447.55	95.67	21.38	3.82
1952	9101.03	2534.41	1437.90	15.80	38.09	547.65	298.80	54.56	11.79
1953	9036.62	2551.29	1326.63	14.68	31.53	418.24	377.46	90.25	14.79
1954	9010.49	2602.19	1592.60	17.67	31.38	499.75	375.59	75.16	14.43
1955	8980.86	2662.53	1623.34	18.08	39.01	633.20	539.45	85.19	20.26
1956	8918.74	2695.37	1695.27	19.01	24.31	412.19	381.94	92.66	14.17
1957	8831.64	2729.75	1387.67	15.71	42.56	590.57	512.76	86.82	18.78
1958	8526.47	2717.29	1421.04	16.67	40.83	580.28	498.42	85.89	18.34
1959	8336.43	2750.49	1368.68	16.42	38.81	531.13	507.84	95.62	18.46
10 年小计			**10265.53**	**12.81**	**32.48**	**3333.74**	**3016.19**	**90.47**	**9.93**
占合计%			**18.51**			**10.91**	**12.14**		
1960	8115.17	2767.48	1381.00	17.02	27.50	379.84	358.08	94.27	12.94
1961	8035.59	2790.53	1147.46	14.28	19.77	226.84	193.05	85.10	6.92
1962	8004.00	2917.72	994.32	12.42	25.87	257.23	236.75	92.04	8.11
1963	7980.71	2946.51	1227.59	15.38	15.18	186.33	171.08	91.82	5.81
1964	8014.02	2982.92	1083.33	13.52	29.44	318.96	296.87	93.07	9.95
1965	7998.00	3046.91	1062.49	13.28	48.28	513.00	478.72	93.32	15.71
1966	8020.75	3139.33	773.82	9.65	38.33	296.63	268.94	90.67	8.57
1967	7995.62	3187.67	828.93	10.37	39.90	330.74	291.39	88.10	9.14
1968	7977.11	3256.61	884.42	11.09	48.35	427.63	373.34	87.30	11.46
1969	7975.34	3327.05	882.17	11.06	44.95	396.54	347.97	87.75	10.46
10 年小计			**8447.38**	**10.92**	**39.07**	**3300.25**	**2960.81**	**89.71**	**8.34**
占合计%			**15.24**			**10.80**	**11.91**		
1970	7927.81	3424.32	864.00	10.90	57.76	499.06	449.19	90.01	13.12
1971	7913.06	3480.42	851.67	10.76	56.13	478.03	431.47	90.26	12.40
1972	7893.30	3522.80	841.83	10.67	34.23	288.13	254.43	88.30	7.22
1973	7843.73	3554.79	815.95	10.40	46.00	375.37	335.01	89.25	9.42
1974	7823.12	3592.82	855.99	10.94	49.10	420.30	377.25	89.76	10.50
1975	7793.56	3622.96	864.77	11.10	41.92	362.52	324.65	89.55	8.96
1976	7633.93	3596.11	849.81	11.13	25.67	218.14	192.16	88.09	5.34
1977	7625.23	3621.31	809.44	10.62	24.26	196.34	172.56	87.89	4.77
1978	7602.62	3631.10	862.77	11.35	27.05	233.36	205.58	88.10	5.66
1979	7301.77	3444.69	831.15	11.38	27.55	229.00	218.51	95.42	6.34
10 年小计			**11685.63**	**16.42**	**93.85**	**10967.19**	**10436.97**	**95.17**	**29.15**
占合计%			**21.08**			**35.90**	**41.99**		
1980	7186.78	3437.94	816.52	11.36	60.18	491.42	495.88	100.91	14.42
1981	7230.31	3507.56	790.55	10.93	55.83	441.36	455.70	103.25	12.99
1982	7091.08	3484.73	1034.88	14.59	73.95	765.28	735.72	96.14	21.11
1983	7299.12	3628.33	1235.10	16.92	122.95	1518.57	1510.07	99.44	41.62
1984	7159.51	3600.87	1560.91	21.80	127.62	1992.01	2108.68	105.86	58.56
1985	6961.13	3506.43	1261.34	18.12	99.20	1251.29	1023.25	81.78	29.18
1986	7086.08	3599.13	1055.13	14.89	96.90	1022.46	927.93	90.75	25.78
1987	7079.24	3637.64	1231.99	17.40	102.15	1258.49	1242.10	98.70	34.15
1988	7025.58	3669.89	1386.40	19.73	83.44	1156.76	1025.55	88.66	27.94
1989	7063.68	3736.53	1312.81	18.59	81.47	1069.55	912.09	85.28	24.41
11 年小计			**9564.27**	**12.33**	**80.69**	**7717.58**	**4747.30**	**61.51**	**10.69**
占合计%			**17.25**			**25.26**	**19.10**		
1990	7059.08	3924.48	1365.34	19.34	83.37	1138.34	973.83	85.55	24.81
1991	7095.64	3970.69	1415.77	19.95	90.06	1275.00	1202.58	94.32	30.29
1992	7176.80	4090.70	1316.07	18.34	45.09	593.43	384.85	64.85	9.41
1993	7044.33	4014.76	770.52	10.94	48.62	374.64	180.62	48.21	4.50
1994	7027.83	4027.07	1021.10	14.53	71.81	733.27	404.71	55.19	10.05
1995	7028.00	4030.47	1025.34	14.59	69.60	713.64	326.64	45.77	8.10
1996	6945.80	3972.14	629.66	9.07	76.73	483.16	152.16	31.49	3.83
1997	6870.56	3946.58	560.70	8.16	88.32	495.19	173.74	35.09	4.40
1998	7028.55	4092.02	515.84	7.34	125.14	645.51	333.16	51.61	8.14
1999	7150.00	4192.90	449.14	6.28	125.96	565.73	310.47	54.88	7.40
2000	7122.40	4165.91	494.79	6.95	141.41	699.67	304.54	43.53	7.31

4-2-11 山东省产棉县历年棉花生产收购

年　度	耕地面积（万亩）	农业人口（万人）	棉田面积（万亩）	占耕地（%）	亩产（市斤）	产量（万担）	收购量（万担）	商品率（%）	人均交售（市斤）
52年合计			**62217.11**	**12.74**	**73.32**	**45616.12**	**37348.06**	**81.87**	**15.34**
11年小计			**11149.08**	**8.98**	**31.95**	**3562.20**	**2351.24**	**66.01**	**5.67**
占合计%			**17.92**			**7.81**	**6.30**		
1949	10756.19	3422.99	676.59	6.29	24.45	165.44	32.10	19.40	0.94
1950	11120.30	3564.42	767.35	6.90	26.99	207.07	50.11	24.20	1.41
1951	11405.14	3626.68	1049.16	9.20	23.27	244.19	54.39	22.27	1.50
1952	11579.64	3677.44	1042.90	9.01	32.80	342.07	194.46	56.85	5.29
1953	11698.43	3744.47	958.34	8.19	28.33	271.52	185.03	68.15	4.94
1954	11687.80	3818.60	940.04	8.04	33.78	317.59	210.79		
1955	11691.51	3905.97	1148.60	9.82	37.14	426.61	335.37	78.61	8.59
1956	11666.09	3971.08	1262.18	10.82	35.39	446.66	313.63		
1957	11572.66	4030.06	1183.88	10.23	30.75	363.99	285.77		
1958	10747.38	3890.46	1082.82	10.08	40.46	438.07	391.70		
1959	10234.27	3821.70	1037.22	10.13	32.68	338.99	297.89	87.88	7.79
10年小计			**8906.28**	**9.02**	**31.88**	**2839.72**	**2379.13**	**83.78**	**5.67**
占合计%			**14.31**			**6.23**	**6.37**		
1960	9731.07	3620.89	926.73	9.52	17.02	157.75	128.55	81.49	3.55
1961	9836.27	3812.16	585.94	5.96	12.12	71.01	40.54	57.09	1.06
1962	9868.74	3983.82	560.25	5.68	15.01	84.11	59.70	70.98	1.50
1963	10052.20	4124.68	764.06	7.60	22.96	175.41	149.31	85.12	3.62
1964	10076.30	4152.08	991.38	9.84	24.77	245.59	213.32	86.86	5.14
1965	10014.05	4224.93	1012.22	10.11	38.55	390.19	321.46	82.39	7.61
1966	9908.02	4349.58	996.99	10.06	38.02	379.05	327.42	86.38	7.53
1967	9810.62	4431.41	1034.26	10.54	41.21	426.19	366.87	86.08	8.28
1968	9759.92	4551.93	1026.32	10.52	43.16	442.91	373.76	84.39	8.21
1969	9680.47	4692.49	1008.13	10.41	46.37	467.51	398.20	85.17	8.49
10年小计			**9486.60**	**10.29**	**42.98**	**4076.96**	**3565.34**	**87.45**	**7.14**
占合计%			**15.25**			**8.94**	**9.55**		
1970	9621.71	4830.45	1030.37	10.71	52.17	537.56	445.19	82.82	9.22
1971	9519.67	4813.66	976.10	10.25	49.51	483.25	424.10	87.76	8.81
1972	9455.01	4911.65	907.07	9.59	43.50	394.55	345.60	87.59	7.04
1973	9417.04	4989.76	979.44	10.40	53.15	520.55	471.80	90.63	9.46
1974	9364.86	5053.50	964.60	10.30	39.45	380.54	336.37	88.39	6.66
1975	9305.45	5117.41	941.41	10.12	51.59	485.65	433.84	89.33	8.48
1976	9038.66	5089.11	954.41	10.56	33.79	322.49	272.90	84.62	5.36
1977	8911.60	5047.66	980.70	11.00	30.95	303.50	260.94	85.98	5.17
1978	8753.74	5008.73	937.00	10.70	33.33	312.27	267.40	85.63	5.34
1979	8775.71	5092.04	815.50	9.29	41.28	336.60	307.20	91.27	6.03
10年小计			**18495.34**	**21.85**	**118.02**	**21828.91**	**19476.96**		
占合计%			**29.73**			**47.85**	**52.15**		
1980	8855.70	5196.88	1104.13	12.47	96.76	1068.40	1041.86	97.52	20.05
1981	8744.99	5207.15	1404.77	16.06	99.53	1398.12	1297.06	92.77	24.91
1982	8697.36	5172.66	2006.29	22.84	103.21	2070.72	1839.04	88.81	35.07
1983	8756.80	5252.11	2235.79	25.53	120.21	2687.75	2326.50	86.56	44.30
1984	8595.08	5196.62	2544.69	29.33	139.83	3558.34	3283.17	92.27	62.27
1985	8320.63	5042.65	1725.88	20.74	121.73	2100.92	1818.99	86.58	36.07
1986	8186.07	4979.41	1512.62	18.30	123.35	1865.78	1586.53	85.03	31.39
1987	8159.01	5025.38	1849.42	22.67	134.99	2496.58	2304.41	92.30	45.86
1988	8161.30	5065.32	2117.47	25.95	111.86	2368.55	2123.73	89.66	41.93
1989	8180.25	5120.15	1994.28	24.38	111.00	2213.75	1855.67	83.82	36.24
11年小计			**14179.81**	**16.02**	**93.85**	**13308.33**	**9575.39**	**71.95**	**16.26**
占合计%			**22.79**			**29.17**	**25.64**		
1990	8118.88	5234.17	2127.54	26.20	100.04	2128.32	1803.63	84.74	34.46
1991	8138.95	5396.04	2341.63	28.77	117.46	2750.53	2449.42	89.05	45.39
1992	8157.06	5433.70	2215.28	27.16	61.22	1356.16	1021.84	75.35	18.81
1993	8122.22	5441.75	1628.33	20.05	55.83	909.12	425.56	46.81	7.82
1994	8085.02	5429.80	1395.28	17.26	78.27	1092.03	764.32	69.99	14.08
1995	8121.71	5420.73	1016.19	12.51	90.02	914.78	668.35	73.06	12.33
1996	8142.75	5418.43	762.77	9.37	88.60	675.78	400.89	59.32	7.40
1997	8043.80	5394.70	727.87	9.05	101.40	738.05	316.34	42.86	5.86
1998	8019.44	5327.79	606.99	7.57	117.26	711.77	586.15	82.35	11.00
1999	8041.40	5427.54	546.55	6.80	143.20	782.68	465.76	59.51	8.58
2000	7497.78	4964.86	811.38	10.82	153.95	1249.11	673.13	53.89	13.56

4-2-12 河南省产棉县历年棉花生产收购

年度	耕地面积（万亩）	农业人口（万人）	棉田面积（万亩）	占耕地（%）	亩产（市斤）	产量（万担）	收购量（万担）	商品率（%）	人均交售（市斤）
52年合计			**52659.17**	**11.00**	**72.39**	**38121.86**	**25930.24**	**68.02**	**10.71**
11年小计			**9842.64**	**8.83**	**27.77**	**2733.12**	**1931.44**	**70.67**	**5.55**
占合计%			**18.69**			**7.17**	**7.45**		
1949	5900.95	1762.01	349.72	5.93	19.89	69.54	1.11	1.60	0.06
1950	9891.89	3167.41	631.05	6.38	22.34	140.97	54.84	38.90	1.73
1951	10377.89	3055.58	835.42	8.05	23.30	194.67	107.64	55.29	3.52
1952	10619.68	3100.30	876.07	8.25	26.01	227.90	144.11	63.23	4.65
1953	11000.47	3201.76	881.40	8.01	23.60	208.02	128.40	61.72	4.01
1954	11073.05	3301.33	929.95	8.40	25.50	237.17	151.93	64.06	4.60
1955	11038.54	3375.61	1035.87	9.38	28.34	293.54	188.67	64.27	5.59
1956	10960.90	3417.69	1116.27	10.18	22.41	250.12	171.83	68.70	5.03
1957	10815.77	3484.31	1045.74	9.67	28.57	298.73	271.21	90.79	7.78
1958	9988.86	3482.93	1054.42	10.56	40.31	425.06	356.78	83.94	10.24
1959	9770.48	3454.29	1086.73	11.12	35.65	387.40	354.92	91.62	10.27
10年小计			**7084.64**	**7.58**	**39.40**	**2791.31**	**2311.96**	**82.83**	**6.16**
占合计%			**13.45**			**7.32**	**8.92**		
1960	9586.14	3372.90	1006.63	10.50	31.00	312.08	276.89	88.72	8.21
1961	9435.68	3393.89	529.10	5.61	18.30	96.81	54.53	56.33	1.61
1962	9388.31	3517.10	439.76	4.68	16.97	74.62	50.40	67.54	1.43
1963	9198.76	3673.47	577.63	6.28	14.21	82.07	62.48	76.13	1.70
1964	9346.53	3723.78	721.58	7.72	30.69	221.48	173.38	78.28	4.66
1965	9325.59	3741.74	668.29	7.17	40.00	267.32	207.33	77.56	5.54
1966	9311.96	3851.42	740.84	7.96	60.45	447.84	384.80	85.92	9.99
1967	9353.34	3941.54	826.60	8.84	57.59	476.08	403.89	84.84	10.25
1968	9313.83	4070.06	803.37	8.63	50.69	407.21	355.07	87.20	8.72
1969	9230.24	4220.51	770.84	8.35	52.64	405.80	343.19	84.57	8.13
10年小计			**8525.66**	**9.33**	**55.39**	**4722.11**	**4069.16**	**86.17**	**8.41**
占合计%			**16.19**			**12.39**	**15.69**		
1970	9351.11	4404.04	816.78	8.73	63.38	517.71	443.45	85.66	10.07
1971	9347.42	4506.70	841.79	9.01	51.37	432.39	366.93	84.86	8.14
1972	9327.12	4616.85	845.86	9.07	50.56	427.65	363.68	85.04	7.88
1973	9241.97	4738.75	849.89	9.20	72.02	612.12	534.78	87.37	11.29
1974	9204.61	4821.56	895.15	9.73	62.59	560.29	479.70	85.62	9.95
1975	9057.82	4927.48	863.62	9.53	56.96	491.92	437.50	88.94	8.88
1976	9007.39	4991.08	865.57	9.61	47.87	414.34	354.82	85.63	7.11
1977	8968.29	5063.90	869.12	9.69	50.13	435.71	355.31	81.55	7.02
1978	8953.34	5135.72	879.31	9.82	50.17	441.13	380.34	86.22	7.41
1979	8914.41	5178.96	798.57	8.96	48.69	388.85	352.65	90.69	6.81
10年小计			**11455.25**	**13.03**	**89.80**	**10287.35**	**9051.97**	**87.99**	**16.72**
占合计%			**21.75**			**26.99**	**34.91**		
1980	8913.56	5182.31	909.45	10.20	86.97	790.91	748.93	94.69	14.45
1981	8907.05	5302.63	918.59	10.31	76.50	702.69	675.91	96.19	12.75
1982	8893.55	5379.41	1090.05	12.26	57.67	628.66	597.62	95.06	11.11
1983	8895.05	5413.49	1150.73	12.94	108.41	1247.52	1183.66	94.88	21.87
1984	8893.18	5451.76	1682.04	18.91	99.14	1667.59	1499.47	89.92	27.50
1985	8672.58	5358.00	1171.17	13.50	89.23	1045.05	902.24	86.33	16.84
1986	8636.29	5376.63	894.18	10.35	88.26	789.18	738.49	93.58	13.74
1987	8549.55	5412.63	1039.05	12.15	106.31	1104.65	977.37	88.48	18.06
1988	8830.82	5618.43	1343.73	15.22	92.62	1244.58	993.23	79.80	17.68
1989	8709.68	5639.42	1256.26	14.42	84.90	1066.52	735.05	68.92	13.03
11年小计			**15750.98**	**16.69**	**111.66**	**17587.97**	**8565.71**	**48.70**	**12.74**
占合计%			**29.91**			**46.14**	**33.03**		
1990	8689.35	5894.92	1267.37	14.59	119.72	1517.30	1058.56	69.77	17.96
1991	8674.33	5998.25	1705.04	19.66	113.54	1935.87	1543.77	79.75	25.74
1992	8651.59	6056.99	1843.93	21.31	75.12	1385.16	977.23	70.55	16.13
1993	8684.22	6093.15	1407.27	16.20	92.57	1302.73	580.50	44.56	9.53
1994	8570.18	6117.01	1457.06	17.00	84.38	1229.43	582.65	47.39	9.53
1995	8509.35	6132.49	1544.48	18.15	107.38	1658.44	766.29	46.21	12.50
1996	8480.37	6167.70	1431.06	16.87	112.01	1602.89	645.88	40.29	10.47
1997	8477.34	6145.42	1407.38	16.60	136.46	1920.53	601.48	31.32	9.79
1998	8539.29	6152.28	1252.67	14.67	142.56	1785.84	716.72	40.13	11.65
1999	8522.58	6230.17	1248.80	14.65	138.73	1732.42	649.98	37.52	10.43
2000	8594.69	6262.04	1185.92	13.80	127.95	1517.36	442.65	29.17	7.07

4－2－13 陕西省产棉县历年棉花生产收购

年度	耕地面积（万亩）	农业人口（万人）	棉田面积（万亩）	占耕地（%）	亩产（市斤）	产量（万担）	收购量（万担）	商品率（%）	人均交售（市斤）
52年合计			**13875.51**	**14.87**	**51.35**	**7125.26**	**5726.46**	**80.37**	**15.38**
11年小计			**3554.28**	**16.80**	**46.44**	**1650.73**	**1250.02**	**75.73**	**24.16**
占合计%			**25.62**			**23.17**	**21.83**		
1949	1502.65	284.39	198.78	13.23	29.32	58.28	27.06	46.43	9.52
1950	1535.75	292.60	212.47	13.83	29.55	62.78	26.28	41.86	8.98
1951	1567.81	300.58	231.39	14.76	46.25	107.02	34.33	32.08	11.42
1952	1589.05	308.30	271.08	17.06	36.00	97.59	34.90	35.76	11.32
1953	2129.52	493.78	337.75	15.86	44.33	149.73	84.63	56.52	17.14
1954	2123.40	504.04	323.91	15.25	48.21	156.15	148.66	95.20	29.49
1955	2175.74	565.02	344.62	15.84	40.01	137.88	121.77	88.32	21.55
1956	2167.12	600.34	392.66	18.12	48.87	191.90	161.29	84.05	26.87
1957	2151.62	595.02	417.75	19.42	53.25	222.46	188.86	84.90	31.74
1958	2128.72	608.02	412.56	19.38	61.86	255.20	228.40	89.50	37.56
1959	2085.97	621.63	411.31	19.72	51.48	211.74	193.84	91.55	31.18
10年小计			**3435.85**	**16.77**	**43.37**	**1490.02**	**1340.40**	**89.96**	**18.74**
占合计%			**24.76**			**20.91**	**23.41**		
1960	2073.36	636.84	371.31	17.91	37.20	138.12	126.01	91.23	19.79
1961	2059.95	659.34	337.00	16.36	28.52	96.12	82.29	85.61	12.48
1962	2033.11	680.89	264.29	13.00	32.88	86.89	75.90	87.35	11.15
1963	2041.63	701.06	329.30	16.13	37.84	124.60	112.27	90.10	16.01
1964	2062.00	713.05	362.42	17.58	35.37	128.18	113.81	88.79	15.96
1965	2062.40	724.53	356.95	17.31	58.86	210.11	201.28	95.80	27.78
1966	2058.56	738.70	354.39	17.22	58.46	207.18	189.48	91.46	25.65
1967	2037.25	750.35	360.41	17.69	52.22	188.20	168.77	89.68	22.49
1968	2028.66	765.60	354.43	17.47	37.55	133.09	116.80	87.76	15.26
1969	2027.33	782.93	345.35	17.03	51.41	177.53	153.79	86.63	19.64
10年小计			**3460.63**	**17.48**	**52.25**	**1808.31**	**1592.41**	**88.06**	**18.53**
占合计%			**24.94**			**25.38**	**27.81**		
1970	2016.99	797.79	352.65	17.48	47.28	166.75	148.13	88.83	18.57
1971	2010.97	810.50	352.87	17.55	56.92	200.87	169.45	84.36	20.91
1972	2003.29	826.83	348.02	17.37	41.24	143.51	124.98	87.09	15.12
1973	1999.76	844.08	348.49	17.43	70.38	245.27	220.73	89.99	26.15
1974	1981.83	856.27	344.23	17.37	51.64	177.75	156.13	87.84	18.23
1975	1977.38	869.83	347.62	17.58	46.16	160.47	139.08	86.67	15.99
1976	1964.14	881.99	347.25	17.68	38.60	134.04	119.27	88.98	13.52
1977	1956.23	891.13	344.24	17.60	55.34	190.49	169.06	88.75	18.97
1978	1948.27	903.61	337.89	17.34	58.46	197.53	174.92	88.55	19.36
1979	1940.43	910.89	337.37	17.39	56.80	191.63	170.66	89.06	18.74
10年小计			**2229.14**	**12.98**	**55.24**	**1231.44**	**1028.52**	**83.52**	**12.21**
占合计%			**16.07**			**17.28**	**17.96**		
1980	1927.74	920.75	325.75	16.90	47.86	155.91	144.91	92.94	15.74
1981	1918.59	926.89	366.59	19.11	32.08	117.62	105.17	89.42	11.35
1982	1910.64	935.40	360.36	18.86	68.93	248.41	225.52	90.79	24.11
1983	1849.82	913.89	348.70	18.85	21.69	75.64	61.11	80.79	6.69
1984	1835.06	919.78	268.10	14.61	53.85	144.38	108.14	74.90	11.76
1985	1717.67	846.71	146.31	8.52	57.90	84.72	79.36	93.67	9.37
1986	1616.65	793.39	86.65	5.36	95.18	82.47	70.74	85.78	8.92
1987	1512.56	749.22	91.03	6.02	119.02	108.34	88.02	81.24	11.75
1988	1436.61	703.31	118.11	8.22	87.59	103.45	72.53	70.11	10.31
1989	1445.77	713.44	117.54	8.13	94.01	110.50	73.02	66.08	10.23
11年小计			**1195.61**	**8.12**	**79.02**	**944.76**	**515.11**	**54.52**	**6.52**
占合计%			**8.62**			**13.26**	**9.00**		
1990	1423.60	728.19	157.73	11.08	95.07	149.96	74.93	49.97	10.29
1991	1418.02	733.20	195.92	13.82	90.42	177.16	130.98	73.93	17.86
1992	1407.84	738.54	212.70	15.11	51.80	110.17	75.50	68.53	10.22
1993	1392.71	741.34	135.62	9.74	74.69	101.30	27.35	27.00	3.69
1994	1387.08	746.76	124.53	8.98	67.12	83.58	22.26	26.63	2.98
1995	1368.76	746.02	106.55	7.78	73.83	78.67	47.98	60.99	6.43
1996	1323.28	702.45	74.92	5.66	74.72	55.98	31.46	56.19	4.48
1997	1313.42	705.77	51.67	3.93	72.52	37.47	20.37	54.35	2.89
1998	1297.26	707.90	48.49	3.74	90.49	43.88	33.12	75.49	4.68
1999	1221.40	690.03	39.75	3.25	110.44	43.90	23.33	53.14	3.38
2000	1164.52	661.03	47.73	4.10	131.34	62.69	27.82	44.38	4.21

4－2－14　山西省产棉县历年棉花生产收购

年　度	耕地面积（万亩）	农业人口（万人）	棉田面积（万亩）	占耕地（%）	亩　产（市斤）	产　量（万担）	收购量（万担）	商品率（%）	人均交售（市斤）
52 年合计			**14972.34**	**13.38**	**53.28**	**7977.67**	**6350.45**	**79.60**	**15.85**
11 年小计			**3872.60**	**15.13**	**42.39**	**1641.41**	**1198.92**	**73.04**	**21.56**
占合计%			**25.87**			**20.58**	**18.88**		
1949	2207.92	449.92	183.78	8.32	31.37	57.66	0.33	0.58	0.07
1950	2263.71	463.40	209.31	9.25	32.88	68.82	0.36	0.52	0.08
1951	2320.60	473.94	270.15	11.64	38.97	105.29	0.82	0.77	0.17
1952	2362.99	486.52	343.45	14.53	48.16	165.42	109.18	66.00	22.44
1953	2391.32	496.58	304.96	12.75	47.02	143.38	113.28	79.01	22.81
1954	2397.63	505.04	356.97	14.89	50.27	179.45	135.76	75.66	26.88
1955	2394.41	518.49	410.97	17.16	40.03	164.53	136.16	82.76	26.26
1956	2384.81	527.42	485.35	20.35	31.35	152.17	133.27	87.58	25.27
1957	2369.28	541.39	469.02	19.80	41.36	193.97	179.90	92.74	33.23
1958	2286.26	547.18	429.07	18.77	51.89	222.63	210.02	94.33	38.38
1959	2212.35	550.07	409.57	18.51	45.92	188.09	179.84	95.62	32.69
10 年小计			**3486.08**	**16.00**	**42.75**	**1490.30**	**1353.55**	**90.82**	**20.70**
占合计%			**23.28**			**18.68**	**21.31**		
1960	2184.04	566.92	389.07	17.81	24.06	93.62	85.85	91.70	15.14
1961	2137.65	584.11	314.63	14.72	33.72	106.10	96.38	90.84	16.50
1962	2188.80	618.19	268.08	12.25	31.25	83.78	77.64	92.67	12.56
1963	2189.84	638.35	311.35	14.22	43.91	136.70	124.89	91.36	19.56
1964	2192.42	648.31	365.32	16.66	48.86	178.49	162.44	91.01	25.06
1965	2194.32	663.49	367.48	16.75	58.42	214.67	197.91	92.19	29.83
1966	2185.37	676.32	362.30	16.58	46.82	169.62	155.14	91.46	22.94
1967	2175.27	691.73	377.04	17.33	45.59	171.90	155.14	90.25	22.43
1968	2170.81	714.55	369.55	17.02	40.15	148.37	131.14	88.39	18.35
1969	2164.45	737.28	361.26	16.69	51.78	187.05	167.02	89.29	22.65
10 年小计			**3500.06**	**16.43**	**40.09**	**1403.24**	**1324.87**	**94.42**	**16.21**
占合计%			**23.38**			**17.59**	**20.86**		
1970	2158.51	757.52	374.96	17.37	45.08	169.02	155.53	92.02	20.53
1971	2144.14	771.08	346.44	16.16	38.85	134.58	130.53	96.99	16.93
1972	2139.04	786.31	336.29	15.72	28.05	94.32	89.40	94.78	11.37
1973	2134.31	801.40	325.17	15.24	52.87	171.92	159.80	92.95	19.94
1974	2131.17	817.98	352.87	16.56	40.92	144.38	132.71	91.92	16.22
1975	2128.74	830.15	368.63	17.32	40.36	148.79	139.81	93.96	16.84
1976	2123.43	839.30	364.18	17.15	35.00	127.46	122.93	96.45	14.65
1977	2118.58	848.34	356.36	16.82	40.68	144.98	130.47	89.99	15.38
1978	2115.89	858.21	347.19	16.41	39.88	138.45	133.36	96.32	15.54
1979	2111.87	861.13	327.97	15.53	39.44	129.34	130.33	100.77	15.13
10 年小计			**2466.50**	**11.84**	**71.72**	**1769.01**	**1553.82**	**87.84**	**17.40**
占合计%			**16.47**			**22.17**	**24.47**		
1980	2107.90	862.05	334.58	15.87	41.67	139.42	150.39	107.87	17.45
1981	2105.13	867.73	304.65	14.47	40.46	123.27	126.33	102.48	14.56
1982	2100.60	875.31	332.68	15.84	72.57	241.44	234.47	97.11	26.79
1983	2092.99	881.06	340.47	16.27	56.36	191.90	181.85	94.76	20.64
1984	2096.34	888.85	326.44	15.57	81.23	265.18	189.97	71.64	21.37
1985	2080.96	894.18	180.90	8.69	81.00	146.52	102.50	69.96	11.46
1986	2071.05	899.97	140.45	6.78	91.55	128.58	109.33	85.03	12.15
1987	2065.71	907.63	154.01	7.46	101.02	155.58	145.95	93.81	16.08
1988	2059.85	918.99	173.64	8.43	99.71	173.13	155.64	89.90	16.94
1989	2058.05	931.68	178.68	8.68	114.16	203.99	157.39	77.16	16.89
11 年小计			**1647.10**	**7.36**	**101.62**	**1673.71**	**919.29**	**54.93**	**8.46**
占合计%			**11.00**			**20.98**	**14.48**		
1990	2052.78	957.66	194.84	9.49	114.20	222.50	173.33	77.90	18.10
1991	2049.50	966.90	217.85	10.63	102.18	222.60	181.42	81.50	18.76
1992	2044.40	978.59	220.45	10.78	84.83	187.00	95.28	50.95	9.74
1993	2038.00	987.02	176.82	8.68	101.81	180.02	51.57	28.65	5.22
1994	2029.56	993.25	188.66	9.30	89.66	169.15	82.11	48.54	8.27
1995	2020.72	1000.83	185.03	9.16	97.11	179.69	94.70	52.70	9.46
1996	2007.44	1011.45	132.55	6.60	107.45	142.42	50.00	35.11	4.94
1997	2088.25	1011.73	97.45	4.67	89.54	87.26	35.11	40.24	3.47
1998	2021.57	984.93	93.30	4.62	116.93	109.10	76.01	69.67	7.72
1999	2014.01	989.62	75.72	3.76	114.63	86.80	34.68	39.95	3.50
2000	2014.01	989.62	64.43	3.20	135.29	87.17	45.08	51.72	4.56

4－2－15 新疆自治区产棉县历年棉花生产收购

年 度	耕地面积（万亩）	农业人口（万人）	棉田面积（万亩）	占耕地（%）	亩 产（市斤）	产 量（万担）	收购量（万担）	商品率（%）	人均交售（市斤）
52 年合计			**15116.81**	**16.87**	**116.50**	**17610.98**	**17395.35**	**98.78**	**70.41**
11 年小计			**1045.11**	**7.23**	**40.19**	**420.05**	**231.58**	**55.13**	**6.89**
占合计%			**6.91**			**2.39**	**1.33**		
1949	1013.07	284.18	50.18	4.95	20.19	10.13	2.36	23.30	0.83
1950	1063.80	286.00	54.58	5.13	22.04	12.03	2.95	24.52	1.03
1951	1163.22	296.91	65.75	5.65	25.13	16.52	3.35	20.28	1.13
1952	1205.15	298.75	75.05	6.23	26.04	19.54	3.60	18.42	1.21
1953	1281.30	307.37	77.64	6.06	29.03	22.54	4.33	19.21	1.41
1954	1242.50	303.61	76.55	6.16	34.25	26.22	7.94	30.28	2.62
1955	1441.01	313.45	94.93	6.59	41.68	39.57	26.73	67.55	8.53
1956	1459.02	316.11	143.47	9.83	47.86	68.67	29.53	43.00	9.34
1957	1502.75	317.52	124.56	8.29	39.70	49.45	36.87	74.56	11.61
1958	1553.01	320.96	130.13	8.38	52.41	68.20	39.54	57.98	12.32
1959	1532.43	318.17	152.27	9.94	57.25	87.18	74.38	85.32	23.38
10 年小计			**1587.73**	**9.24**	**43.59**	**692.08**	**731.38**	**105.68**	**21.00**
占合计%			**10.50**			**3.93**	**4.20**		
1960	1751.95	324.43	161.44	9.21	27.85	44.96	41.94	93.28	12.93
1961	1739.91	331.56	139.91	8.04	32.35	45.26	39.98	88.34	12.06
1962	1626.55	326.95	125.11	7.69	30.25	37.84	34.27	90.57	10.48
1963	1632.38	331.00	137.88	8.45	33.99	46.87	46.88	100.03	14.16
1964	1645.22	339.12	152.14	9.25	36.60	55.68	51.31	92.15	15.13
1965	1742.48	349.38	171.04	9.82	55.58	95.07	98.30	103.40	28.14
1966	1758.04	356.87	177.43	10.09	58.83	104.39	124.88	119.63	34.99
1967	1783.26	364.87	181.37	10.17	59.07	107.13	127.30	118.83	34.89
1968	1757.46	376.10	177.01	10.07	46.99	83.17	89.63	107.77	23.83
1969	1748.90	382.25	164.40	9.40	43.62	71.71	76.88	107.21	20.11
10 年小计			**1754.98**	**10.12**	**46.41**	**814.47**	**911.04**	**111.86**	**20.75**
占合计%			**11.61**			**4.62**	**5.24**		
1970	1698.40	397.94	160.89	9.47	50.67	81.52	101.26	124.21	25.45
1971	1715.69	404.00	161.00	9.38	48.54	78.15	95.03	121.60	23.52
1972	1701.00	411.26	162.25	9.54	35.74	57.99	78.03	134.56	18.97
1973	1697.28	416.03	162.04	9.55	55.91	90.60	108.73	120.01	26.14
1974	1702.44	421.48	163.93	9.63	50.96	83.54	91.01	108.94	21.59
1975	1714.02	422.88	184.84	10.78	43.49	80.39	83.70	104.12	19.79
1976	1722.35	423.09	180.07	10.45	48.08	86.57	93.48	107.98	22.09
1977	1724.76	427.48	179.34	10.40	44.95	80.62	86.36	107.12	20.20
1978	1842.75	534.18	195.62	10.62	47.71	93.33	88.85	95.20	16.63
1979	1823.87	531.57	205.00	11.24	39.88	81.76	84.59	103.46	15.91
10 年小计			**2986.86**	**16.63**	**87.13**	**2602.40**	**2508.58**	**96.39**	**45.18**
占合计%			**19.76**			**14.78**	**14.42**		
1980	1789.02	526.51	227.22	12.70	58.27	132.40	134.12	101.30	25.47
1981	1849.42	555.31	287.28	15.53	67.70	194.49	199.85	102.76	35.99
1982	1795.50	539.99	335.24	18.67	69.44	232.80	224.75	96.54	41.62
1983	1996.73	592.33	296.20	14.83	71.79	212.65	211.15	99.30	35.65
1984	1796.64	593.58	292.17	14.78	87.00	254.18	256.33	100.85	43.18
1985	1831.41	574.55	254.05	13.87	97.22	246.99	227.26	92.01	39.55
1986	1862.70	589.81	279.17	14.99	102.69	286.67	264.78	92.36	44.89
1987	1865.03	596.40	372.66	19.98	101.92	379.83	349.31	91.96	58.57
1988	1804.04	595.88	368.19	20.41	103.96	382.76	371.90	97.16	62.41
1989	1188.17	388.52	274.67	23.12	101.81	279.63	269.13	96.25	69.27
11 年小计			**7742.13**	**33.70**	**168.97**	**13081.98**	**13012.77**	**99.47**	**164.39**
占合计%			**51.22**			**74.28**	**74.81**		
1990	1190.75	403.78	309.27	25.97	143.91	445.08	470.37	105.68	116.49
1991	2129.51	719.93	489.73	23.00	167.55	820.52	833.26	101.55	115.74
1992	2152.92	728.42	607.95	28.24	141.73	861.62	859.00	99.70	117.93
1993	2121.06	733.14	578.40	27.27	140.34	811.70	791.93	97.56	108.02
1994	2165.93	752.52	701.69	32.40	159.52	1119.37	1091.36	97.50	145.03
1995	2189.05	777.36	713.88	32.61	172.68	1232.75	1228.76	99.68	158.07
1996	2118.51	765.50	758.30	35.79	153.93	1167.23	1130.63	96.86	147.70
1997	2165.05	779.73	840.24	38.81	175.84	1477.51	1469.87	99.48	188.51
1998	2214.58	776.38	940.46	42.47	194.32	1827.54	1829.16	100.09	235.60
1999	2267.78	799.86	915.46	40.37	172.82	1582.08	1571.85	99.35	196.52
2000	2261.64	679.23	886.75	39.21	195.84	1736.58	1736.58	100.00	255.67

4－2－16　新疆兵团产棉师团历年棉花生产收购

年　度	耕地面积（万亩）	农业人口（万人）	棉田面积（万亩）	占耕地（%）	亩　产（市斤）	产　量（万担）	收购量（万担）	商品率（%）	人均交售（市斤）
52 年合计			**7742.21**	**17.31**	**143.99**	**11147.98**	**9531.10**	**85.50**	**522.22**
11 年小计			**237.24**	**10.92**	**50.43**	**119.65**			
占合计%			**3.06**			**1.07**			
1949									
1950			3.66		20.77	0.76			
1951			6.64		41.11	2.73			
1952			20.13		31.59	6.36			
1953			5.77		75.22	4.34			
1954	89.25		6.60	6.40	55.00	3.63			
1955	156.53		13.78	8.80	79.83	11.00			
1956	217.48		34.00	15.63	58.15	19.77			
1957	313.23		39.04	12.46	51.90	20.26			
1958	613.14		52.45	8.55	46.31	24.29			
1959	783.57		55.17	7.04	48.05	26.51			0.00
10 年小计			**562.54**	**5.57**	**56.35**	**316.97**	**141.75**	**44.72**	
占合计%			**7.27**			**2.84**	**1.49**		
1960	975.25		74.16	7.60	23.62	17.52			
1961	944.27		53.39	5.65	30.85	16.47	8.97	54.46	
1962	942.79		29.69	3.15	40.32	11.97	7.59	63.41	
1963	1000.04		38.80	3.88	51.49	19.98	12.16	60.86	
1964	1020.08		48.76	4.78	66.12	32.24	26.74	82.94	
1965	1037.40		65.28	6.29	86.00	56.14	22.01	39.21	
1966	1084.09		63.71	5.88	78.01	49.70	17.43	35.07	
1967	1095.79		65.81	6.01	73.00	48.04	19.81	41.24	
1968	1037.46		60.95	5.87	55.37	33.75	12.40	36.74	
1969	965.02		61.99	6.42	50.27	31.16	14.64	46.98	0.00
10 年小计			**612.58**	**6.40**	**55.32**	**338.85**	**273.19**	**80.62**	
占合计%			**7.91**			**3.04**	**2.87**		
1970	929.55		66.72	7.18	66.70	44.50	39.19	88.07	
1971	944.02		62.46	6.62	69.68	43.52	41.41	95.15	
1972	964.79		76.01	7.88	60.82	46.23	44.40	96.04	
1973	944.57		63.20	6.69	64.29	40.63	38.17	93.95	
1974	932.82		62.33	6.68	48.56	30.27	30.72	101.49	
1975	891.80		41.34	4.64	37.64	15.56	11.48	73.78	
1976	886.14		40.07	4.52	47.27	18.94			
1977	874.54		41.59	4.76	47.37	19.70			
1978	1090.92		72.63	6.66	53.42	38.80	32.53	83.84	
1979	1105.81		86.23	7.80	47.20	40.70	35.29	86.71	0.00
10 年小计			**1693.38**	**15.31**	**99.59**	**1686.41**	**1525.65**	**90.47**	**258.58**
占合计%			**21.87**			**15.13**	**16.01**		
1980	1100.62		97.11	8.82	71.37	69.31	64.57	93.16	
1981	1097.53		121.97	11.11	85.49	104.27	86.54	83.00	
1982	1106.66		172.53	15.59	82.12	141.69	104.96	74.08	
1983	1113.93		170.74	15.33	87.84	149.98	129.60	86.41	
1984	1119.09	106.30	176.39	15.76	100.66	177.55	151.33	85.23	142.36
1985	1098.96	101.08	162.40	14.78	100.42	163.09	164.10	100.62	162.35
1986	1096.72	96.39	180.96	16.50	109.63	198.38	180.06	90.77	186.80
1987	1102.67	96.41	210.57	19.10	113.18	238.32	217.37	91.21	225.46
1988	1107.37	93.62	197.62	17.85	105.47	208.43	197.79	94.90	211.27
1989	1116.24	96.22	203.09	18.19	115.90	235.39	229.33	97.43	238.34
11 年小计			**4636.47**	**39.22**	**187.34**	**8686.10**	**7590.51**	**87.39**	**614.57**
占合计%			**59.89**			**77.92**	**79.64**		
1990	1129.40	95.77	249.30	22.07	152.92	381.24	466.77	122.43	487.39
1991	1025.00	104.89	315.75	30.80	147.17	464.70	472.25	101.62	450.23
1992	1025.81	105.81	340.05	33.15	138.23	470.05	459.16	97.68	433.95
1993	991.40	103.15	320.65	32.34	152.71	489.66	425.06	86.81	412.08
1994	947.83	107.28	402.79	42.50	164.61	663.04	638.89	96.36	595.54
1995	1030.99	112.21	396.77	38.48	191.57	760.09	686.51	90.32	611.79
1996	1061.41	117.46	423.95	39.94	173.24	734.45	512.76	69.82	436.53
1997	1098.47	117.06	470.33	42.82	200.29	942.01	833.13	88.44	711.71
1998	1146.54	119.15	538.99	47.01	219.82	1184.83	1155.04	97.49	969.40
1999	1177.08	125.40	566.38	48.12	214.75	1216.30	959.81	78.91	765.40
2000	1187.55	126.91	611.51	51.49	225.63	1379.73	981.13	71.11	773.09

4－2－17 辽宁省产棉县历年棉花生产收购

年 度	耕地面积（万亩）	农业人口（万人）	棉田面积（万亩）	占耕地（%）	亩 产（市斤）	产 量（万担）	收购量（万担）	商品率（%）	人均交售（市斤）
52 年合计			**2980.92**	**6.32**	**46.98**	**1400.48**	**1126.43**	**80.43**	**7.39**
11 年小计			**1167.39**	**9.83**	**32.76**	**382.42**	**278.11**	**72.72**	**10.84**
占合计%			**39.16**			**27.31**	**24.69**		
1949	995.22	220.28	55.06	5.53	23.21	12.78	5.28	41.31	2.40
1950	1031.11	226.44	93.76	9.09	25.13	23.56	14.72	62.48	6.50
1951	1054.28	224.22	172.72	16.38	24.78	42.80	24.42	57.06	10.89
1952	1203.09	225.90	175.05	14.55	33.58	58.78	45.10	76.73	19.96
1953	1201.46	228.73	108.70	9.05	38.21	41.53	33.23	80.01	14.53
1954	1093.34	233.36	111.96	10.24	20.11	22.51	17.79	79.03	7.62
1955	1072.47	238.09	71.91	6.71	27.56	19.82	13.24	66.80	5.56
1956	1097.16	251.60	99.65	9.08	40.80	40.66	28.91	71.10	11.49
1957	1073.91	239.96	93.62	8.72	32.13	30.08	24.86	82.65	10.36
1958	1065.03	244.12	95.63	8.98	52.84	50.53	40.73	80.61	16.68
1959	984.48	232.49	89.33	9.07	44.07	39.37	29.83	75.77	12.83
10 年小计			**512.73**	**5.65**	**45.77**	**234.70**	**198.48**	**84.57**	**7.88**
占合计%			**17.20**			**16.76**	**17.62**		
1960	975.53	229.62	75.72	7.76	22.05	16.70	12.13	72.63	5.28
1961	933.91	232.15	46.58	4.99	14.90	6.94	5.16	74.35	2.22
1962	922.27	235.05	34.21	3.71	19.64	6.72	4.35	64.73	1.85
1963	909.52	253.10	41.83	4.60	30.93	12.94	10.18	78.67	4.02
1964	910.13	248.85	49.89	5.48	47.34	23.62	20.98	88.82	8.43
1965	895.13	245.14	54.58	6.10	64.07	34.97	31.35	89.64	12.79
1966	886.36	259.65	54.48	6.15	70.15	38.22	33.09	86.58	12.74
1967	880.96	268.31	53.93	6.12	68.03	36.69	31.49	85.83	11.74
1968	879.51	267.86	53.16	6.04	62.77	33.37	29.01	86.93	10.83
1969	874.12	279.20	48.35	5.53	50.73	24.53	20.74	84.55	7.43
10 年小计			**697.35**	**7.01**	**36.85**	**256.98**	**227.75**	**88.63**	**5.94**
占合计%			**23.39**			**18.35**	**20.22**		
1970	866.52	283.99	50.15	5.79	62.59	31.39	26.31	83.82	9.26
1971	863.51	309.50	52.97	6.13	57.01	30.20	26.88	89.01	8.68
1972	855.39	308.63	54.19	6.34	35.12	19.03	18.04	94.80	5.85
1973	1125.95	441.86	76.64	6.81	45.19	34.63	32.14	92.81	7.27
1974	1121.49	446.58	82.00	7.31	43.20	35.42	31.72	89.55	7.10
1975	833.16	314.21	53.83	6.46	46.00	24.76	22.94	92.65	7.30
1976	1104.68	458.32	107.47	9.73	13.61	14.63	12.06	82.43	2.63
1977	1119.83	462.00	77.61	6.93	27.07	21.01	17.78	84.63	3.85
1978	1080.31	452.60	95.67	8.86	29.77	28.48	24.23	85.08	5.35
1979	972.46	355.80	46.82	4.81	37.23	17.43	15.65	89.79	4.40
10 年小计			**333.04**	**4.14**	**92.39**	**307.69**	**278.72**	**90.58**	**8.78**
占合计%			**11.17**			**21.97**	**24.74**		
1980	890.67	345.53	37.25	4.18	70.07	26.10	22.66		
1981	887.46	345.95	39.92	4.50	70.27	28.05	26.61	94.87	7.69
1982	881.96	344.85	48.34	5.48	66.14	31.97	31.07	97.18	9.01
1983	878.48	345.93	56.01	6.38	124.39	69.67	67.12	96.34	19.40
1984	857.41	331.60	71.68	8.36	117.02	83.88	80.97	96.53	24.42
1985	749.26	288.50	28.44	3.80	90.26	25.67	21.50	83.76	7.45
1986	733.36	290.64	17.14	2.34	91.66	15.71	8.89	56.59	3.06
1987	724.73	291.89	5.08	0.70	114.76	5.83	3.96	67.92	1.36
1988	718.27	293.71	11.92	1.66	82.55	9.84	7.04	71.54	2.40
1989	729.96	295.08	17.26	2.36	63.56	10.97	8.90	81.13	3.02
11 年小计			**270.41**	**3.29**	**80.87**	**218.69**	**143.37**	**65.56**	**4.55**
占合计%			**9.07**			**15.62**	**12.73**		
1990	716.46	292.09	20.05	2.80	91.07	18.26	17.09	93.59	5.85
1991	727.68	295.90	48.92	6.72	93.89	45.93	34.50	75.11	11.66
1992	717.75	294.18	57.12	7.96	56.95	32.53	23.94	73.59	8.14
1993	712.70	290.18	25.87	3.63	86.66	22.42	10.73	47.86	3.70
1994	706.91	289.64	23.81	3.37	70.89	16.88	6.96	41.23	2.40
1995	701.97	289.26	27.56	3.93	84.98	23.42	11.23	47.95	3.88
1996	749.38	288.87	12.66	1.69	83.18	10.53	4.63	43.97	1.60
1997	758.32	288.66	18.26	2.41	79.13	14.45	8.63	59.72	2.99
1998	832.87	287.72	18.14	2.18	88.75	16.10	11.66	72.42	4.05
1999	829.87	286.68	6.51	0.78	107.53	7.00	5.22	74.57	1.82
2000	762.26	245.07	11.51	1.51	97.05	11.17	8.78	78.60	3.58

4－2－18　甘肃省产棉县历年棉花生产收购

年　度	耕地面积（万亩）	农业人口（万人）	棉田面积（万亩）	占耕地（%）	亩　产（市斤）	产　量（万担）	收购量（万担）	商品率（%）	人均交售（市斤）
52 年合计			**767.73**	**8.29**	**102.53**	**787.16**	**645.80**	**82.04**	**24.34**
11 年小计			**143.87**	**8.20**	**30.03**	**43.21**	**39.53**	**91.48**	**9.73**
占合计%			**18.74**			**5.49**	**6.12**		
1949	147.69	30.76	4.98	3.37	17.87	0.89	0.64	71.91	2.08
1950	147.07	33.18	6.14	4.17	18.89	1.16	0.77	66.38	2.32
1951	159.00	34.01	6.65	4.18	20.60	1.37	1.01	73.72	2.97
1952	155.40	35.43	4.93	3.17	24.34	1.20	0.69	57.50	1.95
1953	157.21	36.34	4.95	3.15	21.62	1.07	0.66	61.68	1.82
1954	156.69	36.77	4.83	3.08	24.84	1.20	0.96	80.00	2.61
1955	156.95	37.50	8.17	5.21	39.90	3.26	2.97	91.10	7.92
1956	168.13	40.08	22.38	13.31	31.01	6.94	6.75	97.26	16.84
1957	168.00	40.55	19.22	11.44	38.45	7.39	7.23	97.83	17.83
1958	170.17	41.66	29.51	17.34	36.19	10.68	10.13	94.85	24.32
1959	168.63	39.82	32.11	19.04	25.07	8.05	7.72	95.90	19.39
10 年小计			**101.37**	**6.84**	**29.06**	**29.46**	**27.52**	**93.41**	**7.65**
占合计%			**13.20**			**3.74**	**4.26**		
1960	156.62	35.83	41.79	26.68	12.13	5.07	4.84	95.46	13.51
1961	152.10	32.49	7.06	4.64	11.19	0.79	0.69	87.34	2.12
1962	147.05	33.85	6.44	4.38	3.57	0.23	0.17	73.91	0.50
1963	148.85	33.39	5.89	3.96	27.84	1.64	1.52	92.68	4.55
1964	147.34	34.99	6.45	4.38	37.98	2.45	2.24	91.43	6.40
1965	148.04	35.79	6.65	4.49	50.53	3.36	3.13	93.15	8.75
1966	146.98	36.55	6.29	4.28	72.18	4.54	4.31	94.93	11.79
1967	146.28	37.26	6.88	4.70	61.77	4.25	4.00	94.12	10.74
1968	143.97	38.91	6.86	4.76	51.02	3.50	3.28	93.71	8.43
1969	145.12	40.57	7.06	4.86	51.42	3.63	3.34	92.01	8.23
10 年小计			**106.72**	**6.97**	**52.08**	**55.58**	**56.79**	**102.18**	**12.74**
占合计%			**13.90**			**7.06**	**8.79**		
1970	149.75	42.18	11.38	7.60	47.72	5.43	4.47	82.32	10.60
1971	150.16	42.78	10.04	6.69	48.61	4.88	4.77	97.75	11.15
1972	150.69	43.25	11.77	7.81	49.19	5.79	4.89	84.46	11.31
1973	150.87	43.89	9.74	6.46	59.65	5.81	4.81	82.79	10.96
1974	152.30	44.54	10.89	7.15	58.31	6.35	4.95	77.95	11.11
1975	152.56	45.29	10.81	7.09	45.61	4.93	6.95	140.97	15.35
1976	153.47	45.68	11.87	7.73	51.73	6.14	6.27	102.12	13.73
1977	155.49	45.81	10.31	6.63	60.72	6.26	5.90	94.25	12.88
1978	156.96	46.23	10.87	6.93	55.47	6.03	8.24	136.65	17.82
1979	158.59	46.00	9.04	5.70	43.81	3.96	5.54	139.90	12.04
10 年小计			**85.17**	**5.25**	**118.57**	**100.99**	**86.12**	**85.28**	**18.36**
占合计%			**11.09**			**12.83**	**13.34**		
1980	158.94	46.34	7.82	4.92	68.29	5.34	5.10	95.51	11.01
1981	159.59	46.14	8.03	5.03	99.00	7.95	7.81	98.24	16.93
1982	160.39	46.68	9.10	5.67	101.87	9.27	8.78	94.71	18.81
1983	162.28	46.47	10.46	6.45	123.71	12.94	12.66	97.84	27.24
1984	161.75	46.96	11.12	6.87	135.43	15.06	13.76	91.37	29.30
1985	164.10	46.62	8.29	5.05	115.92	9.61	8.25	85.85	17.70
1986	163.12	46.70	7.60	4.66	91.71	6.97	6.20	88.95	13.28
1987	164.10	47.31	8.10	4.94	135.93	11.01	7.95	72.21	16.80
1988	163.90	47.67	7.62	4.65	154.20	11.75	7.94	67.57	16.66
1989	163.90	48.18	7.03	4.29	157.75	11.09	7.67	69.16	15.92
11 年小计			**330.60**	**11.54**	**168.76**	**557.92**	**435.84**	**78.12**	**44.78**
占合计%			**43.06**			**70.88**	**67.49**		
1990	164.75	49.03	8.29	5.03	166.22	13.78	14.71	106.75	30.00
1991	191.38	58.36	11.87	6.20	177.00	21.01	22.15	105.43	37.95
1992	246.11	84.29	19.10	7.76	163.46	31.22	30.65	98.17	36.36
1993	246.47	85.18	19.42	7.88	148.51	28.84	22.00	76.28	25.83
1994	246.52	85.64	22.00	8.92	153.00	33.66	31.13	92.48	36.35
1995	247.32	86.17	26.97	10.90	169.86	45.81	41.85	91.36	48.57
1996	248.43	86.53	31.49	12.68	156.75	49.36	42.52	86.14	49.14
1997	313.56	109.07	36.10	11.51	172.33	62.21	56.80	91.30	52.08
1998	316.80	109.29	50.42	15.92	189.94	95.77	77.66	81.09	71.06
1999	320.81	109.54	42.67	13.30	165.36	70.56	48.77	69.12	44.52
2000	323.45	110.09	62.27	19.25	169.74	105.70	47.60	45.03	43.24

4－2－19　天津市产棉县历年棉花生产收购

年　　度	耕地面积（万亩）	农业人口（万人）	棉田面积（万亩）	占耕地（%）	亩　产（市斤）	产　量（万担）	收购量（万担）	商品率（%）	人均交售（市斤）
52 年合计			**1210.20**	**4.28**	**54.66**	**661.49**	**460.86**	**69.67**	**4.05**
11 年小计			**274.13**	**4.06**	**21.12**	**57.90**	**45.37**	**78.36**	**2.63**
占合计%			**22.65**			**8.75**	**9.84**		
1949	568.40	132.55	22.84	4.02	11.08	2.53			
1950	619.00	148.29	22.44	3.63	18.05	4.05			
1951	643.00	149.91	25.29	3.93	21.67	5.48	3.82	69.71	2.55
1952	646.60	154.12	24.53	3.79	30.78	7.55	7.08	93.77	4.59
1953	653.70	157.40	25.11	3.84	22.66	5.69	5.72	100.53	3.63
1954	658.30	155.13	33.46	5.08	10.79	3.61	4.33	119.94	2.79
1955	642.60	163.53	27.39	4.26	24.94	6.83	6.35	92.97	3.88
1956	609.20	165.68	31.62	5.19	21.35	6.75	5.46	80.89	3.30
1957	605.60	166.24	22.04	3.64	28.27	6.23	4.42	70.95	2.66
1958	572.20	166.67	21.29	3.72	27.52	5.86	3.97	67.75	2.38
1959	529.30	166.03	18.12	3.42	18.32	3.32	4.22	127.11	2.54
10 年小计			**180.43**	**3.32**	**33.79**	**60.97**	**52.81**	**86.62**	**2.75**
占合计%			**14.91**			**9.22**	**11.46**		
1960	515.10	168.44	19.25	3.74	19.38	3.73	3.73	100.00	2.21
1961	500.00	170.71	14.19	2.84	20.79	2.95	1.68	56.95	0.98
1962	510.70	179.99	15.90	3.11	13.08	2.08	1.29	62.02	0.72
1963	525.00	185.48	17.56	3.34	27.90	4.90	3.35	68.37	1.81
1964	531.30	190.75	19.30	3.63	33.78	6.52	5.55	85.12	2.91
1965	542.60	195.05	17.29	3.19	44.94	7.77	7.91	101.80	4.06
1966	564.00	201.68	19.05	3.38	38.90	7.41	6.13	82.73	3.04
1967	579.10	204.60	19.51	3.37	40.65	7.93	7.18	90.54	3.51
1968	580.30	209.88	18.71	3.22	59.54	11.14	10.29	92.37	4.90
1969	582.40	216.52	19.67	3.38	33.25	6.54	5.70	87.16	2.63
10 年小计			**244.80**	**4.47**	**28.00**	**68.54**	**51.82**	**75.61**	**2.22**
占合计%			**20.23**			**10.36**	**11.24**		
1970	579.50	222.30	20.09	3.47	48.33	9.71	8.42	86.71	3.79
1971	561.50	225.81	21.04	3.75	53.85	11.33	8.43	74.40	3.73
1972	556.30	227.82	22.63	4.07	27.97	6.33	4.94	78.04	2.17
1973	551.82	231.99	25.63	4.64	29.85	7.65	6.18	80.78	2.66
1974	546.90	236.25	25.66	4.69	37.69	9.67	7.99	82.63	3.38
1975	544.80	237.61	29.22	5.36	35.35	10.33	8.31	80.45	3.50
1976	543.40	237.86	28.24	5.20	13.46	3.80	2.40	63.16	1.01
1977	536.30	240.24	27.66	5.16	12.04	3.33	1.70	51.05	0.71
1978	530.00	240.94	27.25	5.14	15.08	4.11	2.57	62.53	1.07
1979	530.35	238.51	17.38	3.28	13.12	2.28	0.88	38.60	0.37
10 年小计			**260.01**	**5.08**	**92.98**	**241.77**	**162.90**	**67.38**	**6.63**
占合计%			**21.48**			**36.55**	**35.35**		
1980	521.06	238.09	12.04	2.31	24.58	2.96	1.62	54.73	0.68
1981	517.56	240.53	12.25	2.37	36.65	4.49	2.60	57.91	1.08
1982	514.26	243.75	14.23	2.77	72.10	10.26	7.22	70.37	2.96
1983	512.58	244.85	25.97	5.07	82.90	21.53	20.37	94.61	8.32
1984	514.34	240.67	53.97	10.49	115.60	62.39	54.32	87.07	22.57
1985	512.01	241.65	41.50	8.11	111.28	46.18	21.61	46.80	8.94
1986	508.13	246.85	29.39	5.78	90.23	26.52	16.42	61.92	6.65
1987	507.73	251.62	23.92	4.71	106.69	25.52	16.13	63.21	6.41
1988	506.14	252.07	24.54	4.85	81.66	20.04	11.32	56.49	4.49
1989	504.90	256.50	22.20	4.40	98.56	21.88	11.29	51.60	4.40
11 年小计			**250.83**	**4.56**	**92.62**	**232.31**	**147.96**	**63.69**	**5.04**
占合计%			**20.73**			**35.12**	**32.11**		
1990	504.49	261.73	26.61	5.27	113.90	30.31	25.12	82.88	9.60
1991	504.30	263.20	45.30	8.98	84.46	38.26	40.49	105.83	15.38
1992	502.65	264.58	43.05	8.56	75.26	32.40	15.20	46.91	5.74
1993	502.20	266.01	23.83	4.75	71.34	17.00	8.30	48.82	3.12
1994	500.51	266.83	33.79	6.75	53.71	18.15	14.25	78.51	5.34
1995	499.50	276.42	25.36	5.08	87.50	22.19	4.42	19.92	1.60
1996	499.03	267.54	9.69	1.94	103.20	10.00	3.11	31.10	1.16
1997	498.21	267.61	7.32	1.47	105.33	7.71	1.50	19.46	0.56
1998	497.89	267.78	5.15	1.03	243.88	12.56	9.99	79.54	3.73
1999	497.75	267.37	8.85	1.78	127.68	11.30	6.60	58.41	2.47
2000	497.48	266.57	21.88	4.40	148.22	32.43	18.98	58.53	7.12

4-2-20 北京市产棉县历年棉花生产收购

年　度	耕地面积（万亩）	农业人口（万人）	棉田面积（万亩）	占耕地（%）	亩　产（市斤）	产　量（万担）	收购量（万担）	商品率（%）	人均交售（市斤）
52年合计			**994.73**	**4.94**	**45.90**	**456.53**	**379.05**	**83.03**	**3.99**
11年小计			**382.34**	**7.68**	**26.89**	**102.80**	**86.61**	**84.25**	**4.44**
占合计%			**38.44**			**22.52**	**22.85**		
1949	232.15	51.81	10.75	4.63	16.37	1.76	1.50	85.23	2.90
1950	485.25	187.27	27.26	5.62	27.37	7.46	6.31	84.58	3.37
1951	485.31	187.11	31.08	6.40	27.60	8.58	7.50	87.41	4.01
1952	483.26	188.61	36.83	7.62	30.55	11.25	10.00	88.89	5.30
1953	482.07	190.57	30.60	6.35	32.42	9.92	8.40	84.68	4.41
1954	482.56	187.55	47.87	9.92	17.61	8.43	6.70	79.48	3.57
1955	481.38	189.20	47.42	9.85	28.47	13.50	10.70	79.26	5.66
1956	480.47	192.17	47.16	9.82	22.24	10.49	8.10	77.22	4.22
1957	469.65	192.48	38.63	8.23	31.40	12.13	10.00	82.44	5.20
1958	455.33	192.25	36.73	8.07	30.19	11.09	9.90	89.27	5.15
1959	440.58	191.91	28.01	6.36	29.24	8.19	7.50	91.58	3.91
10年小计			**275.22**	**6.19**	**49.26**	**135.57**	**117.00**	**86.30**	**5.82**
占合计%			**27.67**			**29.70**	**30.87**		
1960	438.85	191.33	25.21	5.74	35.78	9.02	8.10	89.80	4.23
1961	443.76	193.04	25.11	5.66	38.55	9.68	8.20	84.71	4.25
1962	445.56	196.15	24.20	5.43	41.07	9.94	8.30	83.50	4.23
1963	446.53	198.45	26.74	5.99	50.75	13.57	11.70	86.22	5.90
1964	446.03	200.53	22.32	5.00	66.44	14.83	12.70	85.64	6.33
1965	446.05	202.19	30.32	6.80	56.40	17.10	14.60	85.38	7.22
1966	444.70	204.30	31.65	7.12	47.20	14.94	13.20	88.35	6.46
1967	444.16	205.63	30.19	6.80	49.29	14.88	13.20	88.71	6.42
1968	444.19	207.76	29.02	6.53	60.89	17.67	14.80	83.76	7.12
1969	444.06	210.70	30.46	6.86	45.76	13.94	12.20	87.52	5.79
10年小计			**238.09**	**5.44**	**54.56**	**129.90**	**106.70**	**82.14**	**4.91**
占合计%			**23.94**			**28.45**	**28.15**		
1970	442.01	212.05	29.08	6.58	68.54	19.93	16.20	81.28	7.64
1971	440.85	213.38	27.39	6.21	65.06	17.82	15.00	84.18	7.03
1972	440.11	214.49	27.11	6.16	58.98	15.99	12.70	79.42	5.92
1973	439.14	217.04	27.32	6.22	65.48	17.89	14.70	82.17	6.77
1974	440.88	219.11	27.11	6.15	62.60	16.97	14.20	83.68	6.48
1975	437.56	219.94	28.46	6.50	58.40	16.62	14.80	89.05	6.73
1976	436.28	220.85	28.19	6.46	24.12	6.80	5.31	78.09	2.40
1977	435.11	221.78	19.71	4.53	51.75	10.20	8.14	79.80	3.67
1978	431.52	220.81	20.05	4.65	32.12	6.44	5.00	77.64	2.26
1979	429.81	213.37	3.67	0.85	33.87	1.24	0.65	52.29	0.30
10年小计			**49.41**	**1.42**	**72.88**	**36.01**	**28.03**	**77.84**	**1.56**
占合计%			**4.97**			**7.89**	**7.40**		
1980	424.31	218.97	3.31	0.78	36.56	1.21	0.60	49.59	0.27
1981	373.82	193.57	3.16	0.85	31.96	1.01	0.44	43.66	0.23
1982	373.61	196.41	3.10	0.83	50.00	1.55	0.78	50.32	0.40
1983	373.21	197.43	5.03	1.35	57.26	2.88	1.81	62.85	0.92
1984	381.92	198.77	9.50	2.49	88.53	8.41	7.10	84.42	3.57
1985	312.05	155.10	7.58	2.43	79.68	6.04	5.30	87.75	3.42
1986	311.61	155.97	4.29	1.38	70.40	3.02	2.30	76.16	1.47
1987	311.45	157.92	4.32	1.39	89.12	3.85	3.10	80.52	1.96
1988	310.89	158.84	5.03	1.62	82.70	4.16	3.40	81.73	2.14
1989	310.34	161.66	4.09	1.32	94.87	3.88	3.20	82.47	1.98
11年小计			**49.67**	**1.75**	**105.19**	**52.25**	**40.71**	**77.91**	**2.59**
占合计%			**4.99**			**11.44**	**10.74**		
1990	309.18	162.02	5.29	1.71	107.18	5.67	5.30	93.47	3.27
1991	308.15	164.22	5.07	1.65	95.27	4.83	3.51	72.67	2.14
1992	308.45	163.32	6.09	1.97	121.18	7.38	6.10	82.66	3.73
1993	307.58	162.56	6.12	1.99	116.18	7.11	5.90	82.98	3.63
1994	305.44	161.06	6.10	2.00	97.05	5.92	4.30	72.64	2.67
1995	290.80	158.94	5.34	1.84	84.83	4.53	3.20	70.64	2.01
1996	279.44	158.11	4.11	1.47	85.40	3.51	2.60	74.07	1.64
1997	184.40	112.16	3.18	1.72	122.64	3.90	2.20	56.41	1.96
1998	183.76	110.69	3.03	1.65	101.65	3.08	2.40	77.92	2.17
1999	181.95	110.12	2.74	1.51	119.34	3.27	2.50	76.45	2.27
2000	181.50	110.20	2.60	1.43	117.31	3.05	2.70	88.52	2.45

4-2-21 云南省产棉县历年棉花生产收购

年 度	耕地面积（万亩）	农业人口（万人）	棉田面积（万亩）	占耕地（%）	亩 产（市斤）	产 量（万担）	收购量（万担）	商品率（%）	人均交售（市斤）
52 年合计			**433.38**	**6.78**	**37.39**	**162.05**	**151.77**	**93.66**	**3.95**
11 年小计			**128.49**	**6.87**	**31.19**	**40.08**	**35.11**	**87.60**	**3.84**
占合计%			**29.65**			**24.73**	**23.13**		
1949									
1950									
1951									
1952	222.07	106.14	8.63	3.89	22.36	1.93	0.68	35.23	0.64
1953	204.83	109.67	8.35	4.08	21.08	1.76	0.92	52.27	0.84
1954	231.85	107.99	7.43	3.20	25.30	1.88	1.84	97.87	1.70
1955	233.96	113.30	11.94	5.10	23.20	2.77	2.41	87.00	2.13
1956	245.18	110.95	15.95	6.51	38.18	6.09	3.55	58.29	3.20
1957	255.58	124.21	14.94	5.85	22.96	3.43	4.49	130.90	3.61
1958	239.55	122.98	21.26	8.87	44.87	9.54	6.21	65.09	5.05
1959	236.04	119.11	39.99	16.94	31.71	12.68	15.01	118.38	12.60
10 年小计			**175.00**	**7.70**	**44.16**	**77.28**	**74.81**	**96.80**	**5.81**
占合计%			**40.38**			**47.69**	**49.29**		
1960	238.07	122.78	35.40	14.87	25.17	8.91	8.60	96.52	7.00
1961	220.61	125.61	18.61	8.44	23.32	4.34	4.38	100.92	3.49
1962	228.83	130.34	16.16	7.06	38.12	6.16	5.84	94.81	4.48
1963	228.22	117.78	15.96	6.99	45.43	7.25	6.96	96.00	5.91
1964	230.91	121.53	14.65	6.34	67.10	9.83	9.73	98.98	8.01
1965	227.08	124.73	14.44	6.36	62.12	8.97	8.75	97.55	7.02
1966	227.47	129.91	14.94	6.57	57.23	8.55	8.53	99.77	6.57
1967	224.87	130.50	15.15	6.74	57.16	8.66	8.60	99.31	6.59
1968	225.15	141.15	14.11	6.27	45.43	6.41	6.23	97.19	4.41
1969	222.72	143.12	15.58	7.00	52.63	8.20	7.19	87.68	5.02
11 年小计			**129.89**	**5.77**	**34.41**	**44.69**	**41.85**	**93.65**	**2.55**
占合计%			**29.97**			**27.58**	**27.57**		
1970	227.24	149.00	19.13	8.42	48.82	9.34	8.23	88.12	5.52
1971	228.11	152.88	22.14	9.71	31.75	7.03	6.89	98.01	4.51
1972	227.92	156.05	20.90	9.17	24.50	5.12	4.74	92.58	3.04
1973	227.68	161.60	16.99	7.46	29.49	5.01	4.58	91.42	2.83
1974	227.26	165.28	16.66	7.33	26.11	4.35	4.14	95.17	2.50
1975	226.57	169.46	9.51	4.20	33.02	3.14	2.98	94.90	1.76
1976	225.82	172.89	8.26	3.66	34.99	2.89	2.86	98.96	1.65
1977	226.85	176.84	6.02	2.65	36.05	2.17	1.92	88.48	1.09
1978	227.03	180.28	5.46	2.40	53.11	2.90	2.82	97.24	1.56
1979	206.08	156.66	4.82	2.34	56.85	2.74	2.69	98.18	1.72

注：1980 年以后云南省发展特色农业，棉花未上报任何数据。

第五部分

全国各地区产棉县棉花生产收购明细

5－1－1　上海市1949－2000年产棉县棉花生产收购明细

县市名	耕地面积（万亩）	农业人口（万人）	棉田面积（万亩）	占耕地（%）	亩产（市斤）	总产量（万担）	收购量（万担）	商品率（%）	人均交售（市斤）
全市合计			**5766.50**	**21.90**	**88.80**	**5120.75**	**4457.02**	**87.04**	**27.67**
上海县			558.52	30.20	84.35	471.09	353.80	75.10	26.92
嘉定区			605.23	24.21	76.64	463.82	367.55	79.24	23.78
宝山区			586.77	32.48	75.89	445.31	339.37	76.21	28.71
川沙县			484.73	28.79	86.09	417.29	408.69	97.94	24.06
南汇县			966.25	34.91	98.30	949.81	775.32	81.63	34.39
奉贤县			934.59	34.07	93.33	872.25	850.88	97.55	50.54
松江县			244.09	7.62	109.20	266.55	256.31	96.16	17.63
金山区			215.81	8.43	114.11	246.26	232.46	94.39	15.52
青浦县			166.76	6.62	93.99	156.73	149.92	95.66	12.66
崇明县			820.45	22.81	80.67	661.84	551.82	83.38	24.05
农场			183.30	16.69	92.64	169.81	170.91	100.65	

5－1－2　上海市1949－1959年产棉县棉花生产收购明细

县市名	耕地面积（万亩）	农业人口（万人）	棉田面积（万亩）	占耕地（%）	亩产（市斤）	总产量（万担）	收购量（万担）	商品率（%）	人均交售（市斤）
全市合计			**1925.02**	**30.58**	**46.24**	**890.11**	**341.24**	**38.34**	**51.56**
上海县			229.38	42.23	52.55	120.54	11.26	9.34	18.37
嘉定区			232.70	40.07	40.47	94.18	8.80	9.34	14.72
宝山区			248.31	52.40	44.20	109.76	9.12	8.31	17.10
川沙县			189.72	39.49	51.69	98.07	98.07	100.00	109.53
南汇县			363.44	52.59	48.80	177.37	19.85	11.19	25.52
奉贤县			332.73	51.24	51.91	172.72	165.68	95.92	269.14
松江县			48.04	5.07	25.40	12.20	12.20	100.00	16.74
金山区			12.52	2.90	25.48	3.19	0.43	13.48	1.09
青浦县			21.14	2.96	24.88	5.26	5.26	100.00	8.75
崇明县			247.04	31.48	39.19	96.82	10.57	10.92	12.27
农场									

5-1-3 上海市1960-1969年产棉县棉花生产收购明细

县市名	耕地面积（万亩）	农业人口（万人）	棉田面积（万亩）	占耕地（%）	亩产（市斤）	总产量（万担）	收购量（万担）	商品率（%）	人均交售（市斤）
全市合计			**1289.85**	**23.71**	**104.86**	**1352.56**	**1324.02**	**97.89**	**35.92**
上海县			127.11	30.02	109.53	139.22	137.09	98.47	37.91
嘉定区			133.94	26.07	101.77	136.31	133.28	97.78	39.10
宝山区			127.34	32.98	102.91	131.05	129.74	99.00	44.21
川沙县			119.27	30.90	100.03	119.31	116.83	97.92	25.02
南汇县			229.00	41.75	112.82	258.36	253.24	98.02	56.32
奉贤县			230.09	41.92	110.73	254.79	248.95	97.71	73.27
松江县			24.87	3.34	110.01	27.36	25.93	94.77	6.93
金山区			28.26	6.13	119.29	33.71	32.14	95.34	12.37
青浦县			15.12	2.65	96.69	14.62	13.76	94.12	4.57
崇明县			202.58	30.43	98.80	200.14	195.37	97.62	39.10
农场			27.22	72.11	37.69	37.69	100.00		

5-1-4 上海市1970-1979年产棉县棉花生产收购明细

省市名	耕地面积（万亩）	农业人口（万人）	棉田面积（万亩）	占耕地（%）	亩产（市斤）	总产量（万担）	收购量（万担）	商品率（%）	人均交售（市斤）
全市合计			**1418.22**	**26.03**	**118.42**	**1679.47**	**1645.02**	**97.95**	**39.20**
上海县			133.60	31.87	114.20	152.57	149.92	98.26	37.39
嘉定区			137.50	27.38	101.16	139.10	136.24	97.94	35.71
宝山区			134.60	35.11	102.91	138.52	137.36	99.16	40.90
川沙县			113.07	29.72	121.26	137.11	134.34	97.98	26.67
南汇县			218.49	40.30	141.97	310.18	305.40	98.46	57.90
奉贤县			206.31	38.56	121.69	251.06	247.95	98.76	61.83
松江县			66.63	11.21	132.97	88.60	85.13	96.08	23.63
金山区			72.44	12.50	133.81	96.93	92.02	94.93	24.41
青浦县			59.42	10.44	113.35	67.35	63.64	94.49	18.25
崇明县			205.97	29.96	110.50	227.60	222.57	97.79	39.71
农场			70.19	27.36	100.37	70.45	70.45	100.00	

5－1－5　上海市1980－1989年产棉县棉花生产收购明细

县市名	耕地面积（万亩）	农业人口（万人）	棉田面积（万亩）	占耕地（%）	亩产（市斤）	总产量（万担）	收购量（万担）	商品率（%）	人均交售（市斤）
全市合计			**988.81**	**19.44**	**103.60**	**1024.39**	**978.98**	**95.57**	**22.85**
上海县			66.94	18.19	85.23	57.05	53.98	94.62	13.97
嘉定区			88.00	18.77	89.22	78.51	74.49	94.88	19.04
宝山区			73.83	21.90	83.92	61.96	59.32	95.74	19.64
川沙县			62.36	17.83	100.13	62.44	59.13	94.70	11.86
南汇县			137.60	27.62	129.94	178.80	174.01	97.32	30.79
奉贤县			134.68	27.13	108.29	145.85	142.80	97.91	33.38
松江县			89.73	15.95	132.15	118.58	114.04	96.17	29.59
金山区			92.65	16.84	113.15	104.83	100.95	96.30	25.34
青浦县			68.60	13.09	97.42	66.83	64.65	96.74	17.72
崇明县			139.60	20.09	82.45	115.10	102.69	89.22	18.20
农　场			34.82	14.69	98.91	34.44	32.92	95.59	

5－1－6　上海市1990－2000年产棉县棉花生产收购明细

县市名	耕地面积（万亩）	农业人口（万人）	棉田面积（万亩）	占耕地（%）	亩产（市斤）	总产量（万担）	收购量（万担）	商品率（%）	人均交售（市斤）
全市合计			**144.60**	**3.56**	**120.48**	**174.22**	**167.76**	**96.29**	**5.12**
上海县			1.49	1.56	115.13	1.72	1.55	90.12	1.49
嘉定区			13.09	3.01	120.08	15.72	14.74	93.75	3.96
宝山区			2.69	1.19	149.26	4.02	3.83	95.31	1.94
川沙县			0.31	0.36	115.74	0.36	0.32	89.19	0.23
南汇县			17.72	3.63	141.65	25.10	22.82	90.91	3.60
奉贤县			30.78	6.00	155.39	47.83	45.50	95.14	10.03
松江县			14.82	4.16	133.64	19.81	19.01	95.98	7.27
金山区			9.94	1.85	76.47	7.60	6.92	91.00	1.64
青浦县			2.48	1.72	107.77	2.67	2.61	97.79	2.39
崇明县			25.26	3.30	87.79	22.18	20.62	92.96	3.53
农　场			26.02	6.31	104.66	27.23	29.85	109.62	

5－1－7　上海市1949年产棉县棉花生产收购明细

县市名	耕地面积（万亩）	农业人口（万人）	棉田面积（万亩）	占耕地（%）	亩产（市斤）	总产量（万担）	收购量（万担）	商品率（%）	人均交售（市斤）
全市合计	**562.50**		**140.66**	**25.01**	**19.65**	**27.64**	**8.57**	**31.01**	
上海县	44.40		18.84	42.43	19.59	3.69			
嘉定区	54.30		18.73	34.49	20.13	3.77			
宝山区	44.10		14.85	33.67	23.84	3.54			
川沙县	43.65		7.56	17.32	15.48	1.17	1.17	100.00	
南汇县	65.10		30.08	46.21	23.54	7.08			
奉贤县	60.45		31.04	51.35	20.30	6.30	6.30	100.00	
松江县	79.95		7.70	9.63	8.83	0.68	0.68	100.00	
金山区	39.45		1.61	4.08	6.83	0.11			
青浦县	63.90		2.90	4.54	14.48	0.42	0.42	100.00	
崇明县	67.20		7.35	10.94	11.97	0.88			
农场									

5－1－8　上海市1950年产棉县棉花生产收购明细

县市名	耕地面积（万亩）	农业人口（万人）	棉田面积（万亩）	占耕地（%）	亩产（市斤）	总产量（万担）	收购量（万担）	商品率（%）	人均交售（市斤）
全市合计	**570.45**		**146.38**	**25.66**	**29.23**	**42.78**	**14.58**	**34.08**	
上海县	51.15		19.48	38.08	28.75	5.60			
嘉定区	52.50		17.14	32.65	29.81	5.11			
宝山区	42.15		17.91	42.49	36.35	6.51			
川沙县	43.65		14.07	32.23	27.43	3.86	3.86	100.00	
南汇县	66.60		31.35	47.07	27.18	8.52			
奉贤县	58.95		24.34	41.29	32.46	7.90	7.90	100.00	
松江县	84.30		6.77	8.03	29.84	2.02	2.02	100.00	
金山区	39.45		1.87	4.74	24.60	0.46			
青浦县	64.50		2.95	4.57	27.12	0.80	0.80	100.00	
崇明县	67.20		10.50	15.63	19.05	2.00			
农场									

5-1-9 上海市1951年产棉县棉花生产收购明细

县市名	耕地面积（万亩）	农业人口（万人）	棉田面积（万亩）	占耕地（%）	亩产（市斤）	总产量（万担）	收购量（万担）	商品率（%）	人均交售（市斤）
全市合计	**579.00**		**208.65**	**36.04**	**33.58**	**70.07**	**24.66**	**35.19**	
上海县	51.15		24.44	47.78	38.83	9.49			
嘉定区	52.50		28.65	54.57	36.54	10.47			
宝山区	42.60		28.95	67.96	36.03	10.43			
川沙县	43.50		18.67	42.92	34.39	6.42	6.42	100.00	
南汇县	64.05		40.61	63.40	28.96	11.76			
奉贤县	59.70		38.26	64.09	40.90	15.65	15.65	100.00	
松江县	85.35		7.76	9.09	22.04	1.71	1.71	100.00	
金山区	39.30		2.33	5.93	19.74	0.46			
青浦县	66.75		3.10	4.64	28.39	0.88	0.88	100.00	
崇明县	74.10		15.88	21.43	17.63	2.80			
农场									

5-1-10 上海市1952年产棉县棉花生产收购明细

县市名	耕地面积（万亩）	农业人口（万人）	棉田面积（万亩）	占耕地（%）	亩产（市斤）	总产量（万担）	收购量（万担）	商品率（%）	人均交售（市斤）
全市合计	**580.95**		**215.06**	**37.02**	**38.09**	**81.92**	**31.34**	**38.26**	
上海县	51.45		24.35	47.33	43.12	10.50			
嘉定区	52.80		28.55	54.07	34.99	9.99			
宝山区	44.10		30.56	69.30	26.70	8.16			
川沙县	43.80		19.97	45.59	43.52	8.69	8.69	100.00	
南汇县	63.75		38.97	61.13	42.47	16.55			
奉贤县	59.85		38.71	64.68	51.80	20.05	20.05	100.00	
松江县	85.20		8.08	9.48	23.64	1.91	1.91	100.00	
金山区	39.30		1.65	4.20	18.79	0.31			
青浦县	66.60		3.21	4.82	21.50	0.69	0.69	100.00	
崇明县	74.10		21.01	28.35	24.13	5.07			
农场									

5－1－11　上海市1953年产棉县棉花生产收购明细

县市名	耕地面积（万亩）	农业人口（万人）	棉田面积（万亩）	占耕地（%）	亩产（市斤）	总产量（万担）	收购量（万担）	商品率（%）	人均交售（市斤）
全市合计	**581.55**		**186.75**	**32.11**	**47.53**	**88.77**	**26.61**	**29.98**	
上海县	52.65		22.01	41.80	50.93	11.21			
嘉定区	52.80		23.79	45.06	37.79	8.99			
宝山区	44.40		26.17	58.94	52.96	13.86			
川沙县	44.40		18.20	40.99	60.16	10.95	10.95	100.00	
南汇县	63.60		32.44	51.01	49.88	16.18			
奉贤县	59.25		32.28	54.48	50.43	16.28	13.76	84.52	
松江县	84.90		4.61	5.43	25.81	1.19	1.19	100.00	
金山区	39.15		1.15	2.94	22.61	0.26			
青浦县	66.15		2.75	4.16	25.82	0.71	0.71	100.00	
崇明县	74.25		23.35	31.45	39.14	9.14			
农场									

5－1－12　上海市1954年产棉县棉花生产收购明细

县市名	耕地面积（万亩）	农业人口（万人）	棉田面积（万亩）	占耕地（%）	亩产（市斤）	总产量（万担）	收购量（万担）	商品率（%）	人均交售（市斤）
全市合计	**579.90**		**185.59**	**32.00**	**40.30**	**74.80**	**23.09**	**30.87**	
上海县	52.65		22.68	43.08	48.72	11.05			
嘉定区	50.70		21.54	42.49	29.53	6.36			
宝山区	44.40		26.51	59.71	35.35	9.37			
川沙县	44.40		20.57	46.33	46.28	9.52	9.52	100.00	
南汇县	63.90		33.04	51.71	45.34	14.98			
奉贤县	58.65		28.91	49.29	47.91	13.85	12.33	89.03	
松江县	85.50		4.42	5.17	21.04	0.93	0.93	100.00	
金山区	39.15		1.14	2.91	23.68	0.27			
青浦县	65.85		1.73	2.63	17.92	0.31	0.31	100.00	
崇明县	74.70		25.05	33.53	32.57	8.16			
农场									

5－1－13　上海市1955年产棉县棉花生产收购明细

县市名	耕地面积（万亩）	农业人口（万人）	棉田面积（万亩）	占耕地（%）	亩产（市斤）	总产量（万担）	收购量（万担）	商品率（%）	人均交售（市斤）
全市合计	**582.90**		**197.58**	**33.90**	**69.09**	**136.50**	**38.93**	**28.52**	
上海县	52.20		22.50	43.10	82.53	18.57			
嘉定区	50.70		21.84	43.08	53.34	11.65			
宝山区	44.85		25.98	57.93	70.94	18.43			
川沙县	44.25		20.62	46.60	78.90	16.27	16.27	100.00	
南汇县	63.90		35.48	55.52	73.00	25.90			
奉贤县	58.65		29.04	49.51	73.90	21.46	20.64	96.18	
松江县	89.25		2.77	3.10	47.29	1.31	1.31	100.00	
金山区	39.30		1.02	2.60	55.88	0.57			
青浦县	65.10		1.66	2.55	42.77	0.71	0.71	100.00	
崇明县	74.70		36.67	49.09	58.99	21.63			
农场									

5－1－14　上海市1956年产棉县棉花生产收购明细

县市名	耕地面积（万亩）	农业人口（万人）	棉田面积（万亩）	占耕地（%）	亩产（市斤）	总产量（万担）	收购量（万担）	商品率（%）	人均交售（市斤）
全市合计	**580.65**		**186.62**	**32.14**	**35.54**	**66.33**	**19.83**	**29.90**	
上海县	51.75		23.18	44.79	43.62	10.11			
嘉定区	50.40		20.46	40.60	28.15	5.76			
宝山区	44.70		24.16	54.05	29.10	7.03			
川沙县	43.80		20.50	46.80	35.90	7.36	7.36	100.00	
南汇县	63.30		32.86	51.91	41.87	13.76			
奉贤县	58.35		28.84	49.43	43.10	12.43	11.78	94.77	
松江县	89.55		1.93	2.16	25.91	0.50	0.50	100.00	
金山区	39.15		0.57	1.46	15.79	0.09			
青浦县	65.10		1.03	1.58	18.45	0.19	0.19	100.00	
崇明县	74.55		33.09	44.39	27.50	9.10			
农场									

5－1－15　上海市1957年产棉县棉花生产收购明细

县市名	耕地面积（万亩）	农业人口（万人）	棉田面积（万亩）	占耕地（%）	亩产（市斤）	总产量（万担）	收购量（万担）	商品率（%）	人均交售（市斤）
全市合计	**573.75**		**180.37**	**31.44**	**48.99**	**88.36**	**27.73**	**31.38**	
上海县	46.65		22.79	48.85	54.59	12.44			
嘉定区	56.10		21.50	38.32	43.12	9.27			
宝山区	42.15		22.73	53.93	40.17	9.13			
川沙县	44.40		19.76	44.50	46.26	9.14	9.14	100.00	
南汇县	59.85		32.50	54.30	58.22	18.92			
奉贤县	59.85		28.65	47.87	64.29	18.42	17.74	96.31	
松江县	88.95		1.48	1.66	38.51	0.57	0.57	100.00	
金山区	39.15		0.37	0.95	32.43	0.12			
青浦县	66.15		1.17	1.77	23.93	0.28	0.28	100.00	
崇明县	70.50		29.42	41.73	34.23	10.07			
农　场									

5－1－16　上海市1958年产棉县棉花生产收购明细

县市名	耕地面积（万亩）	农业人口（万人）	棉田面积（万亩）	占耕地（%）	亩产（市斤）	总产量（万担）	收购量（万担）	商品率（%）	人均交售（市斤）
全市合计	**559.50**	**330.22**	**158.26**	**28.29**	**76.02**	**120.31**	**35.61**	**29.60**	**10.78**
上海县	45.15	30.65	17.08	37.83	92.33	15.77			
嘉定区	54.45	29.89	19.00	34.89	69.79	13.26			
宝山区	40.50	26.66	19.26	47.56	73.62	14.18			
川沙县	43.50	44.77	17.65	40.57	82.95	14.64	14.64	100.00	32.70
南汇县	58.65	38.21	30.50	52.00	78.20	23.85			
奉贤县	57.90	30.78	27.29	47.13	75.08	20.49	20.09	98.05	65.27
松江县	87.60	36.43	1.39	1.59	49.64	0.69	0.69	100.00	1.89
金山区	39.15	19.70	0.18	0.46	61.11	0.11			
青浦县	63.30	30.05	0.46	0.73	41.30	0.19	0.19	100.00	0.63
崇明县	69.30	43.08	25.45	36.72	67.31	17.13			
农　场									

5-1-17　上海市1959年产棉县棉花生产收购明细

县市名	耕地面积（万亩）	农业人口（万人）	棉田面积（万亩）	占耕地（%）	亩产（市斤）	总产量（万担）	收购量（万担）	商品率（%）	人均交售（市斤）
全市合计	**543.75**	**331.58**	**119.10**	**21.90**	**77.77**	**92.63**	**90.29**	**97.47**	**27.23**
上海县	43.95	30.65	12.03	27.37	100.67	12.11	11.26	92.98	36.74
嘉定区	53.55	29.89	11.50	21.48	83.04	9.55	8.80	92.15	29.44
宝山区	39.90	26.66	11.23	28.15	81.21	9.12	9.12	100.00	34.21
川沙县	41.10	44.77	12.15	29.56	82.72	10.05	10.05	100.00	22.45
南汇县	58.35	39.57	25.61	43.89	77.59	19.87	19.85	99.90	50.16
奉贤县	57.75	30.78	25.37	43.93	78.40	19.89	19.44	97.74	63.16
松江县	86.10	36.43	1.13	1.31	61.06	0.69	0.69	100.00	1.89
金山区	38.85	19.70	0.63	1.62	68.25	0.43	0.43	100.00	2.18
青浦县	60.00	30.05	0.18	0.30	44.44	0.08	0.08	100.00	0.27
崇明县	64.20	43.08	19.27	30.02	56.25	10.84	10.57	97.51	24.54
农场									

5-1-18　上海市1960年产棉县棉花生产收购明细

县市名	耕地面积（万亩）	农业人口（万人）	棉田面积（万亩）	占耕地（%）	亩产（市斤）	总产量（万担）	收购量（万担）	商品率（%）	人均交售（市斤）
全市合计	**541.35**	**318.58**	**112.14**	**20.71**	**66.47**	**74.54**	**74.04**	**99.33**	**23.24**
上海县	42.00	31.96	11.68	27.81	80.82	9.44	9.44	100.00	29.54
嘉定区	51.90	30.45	11.58	22.31	61.23	7.09	6.89	97.18	22.63
宝山区	38.70	21.54	9.89	25.56	58.85	5.82	5.82	100.00	27.02
川沙县	39.30	39.52	12.32	31.35	68.51	8.44	8.44	100.00	21.36
南汇县	57.45	36.72	21.88	38.09	77.24	16.90	16.90	100.00	46.02
奉贤县	57.15	30.09	25.25	44.18	78.77	19.89	19.59	98.49	65.10
松江县	84.90	37.94	0.97	1.14	63.92	0.62	0.62	100.00	1.63
金山区	38.10	19.97	0.68	1.78	41.18	0.28	0.28	100.00	1.40
青浦县	58.05	26.73	0.03	0.05	66.67	0.02	0.02	100.00	0.07
崇明县	73.80	43.66	17.86	24.20	33.82	6.04	6.04	100.00	13.83
农场									

5－1－19 上海市1961年产棉县棉花生产收购明细

县市名	耕地面积（万亩）	农业人口（万人）	棉田面积（万亩）	占耕地（%）	亩产（市斤）	总产量（万担）	收购量（万担）	商品率（%）	人均交售（市斤）
全市合计	**532.50**	**331.61**	**112.99**	**21.22**	**63.03**	**71.22**	**70.15**	**98.50**	**21.15**
上海县	41.85	32.70	9.91	23.68	68.31	6.77	6.77	100.00	20.70
嘉定区	51.00	31.40	11.28	22.12	68.79	7.76	7.76	100.00	24.71
宝山区	38.10	27.41	10.15	26.64	65.71	6.67	6.66	99.85	24.30
川沙县	38.55	42.29	12.28	31.85	61.07	7.50	7.50	100.00	17.73
南汇县	54.75	39.56	23.11	42.21	60.36	13.95	13.95	100.00	35.26
奉贤县	56.40	30.27	25.38	45.00	60.40	15.33	14.88	97.06	49.16
松江县	83.25	38.08	1.54	1.85	61.69	0.95	0.84	88.42	2.21
金山区	37.50	18.55	0.65	1.73	43.08	0.28	0.28	100.00	1.51
青浦县	57.15	26.56	0.03	0.05	33.33	0.01	0.01	100.00	0.04
崇明县	73.95	44.79	18.66	25.23	64.31	12.00	11.50	95.83	25.68
农　场									

5－1－20 上海市1962年产棉县棉花生产收购明细

县市名	耕地面积（万亩）	农业人口（万人）	棉田面积（万亩）	占耕地（%）	亩产（市斤）	总产量（万担）	收购量（万担）	商品率（%）	人均交售（市斤）
全市合计	**520.20**	**348.74**	**101.97**	**19.60**	**55.62**	**56.72**	**53.53**	**94.38**	**15.35**
上海县	42.00	33.96	8.46	20.14	57.21	4.84	4.57	94.42	13.46
嘉定区	51.00	32.84	10.24	20.08	63.87	6.54	6.15	94.04	18.73
宝山区	37.95	28.94	9.02	23.77	47.89	4.32	4.09	94.68	14.13
川沙县	38.70	45.04	9.93	25.66	54.38	5.40	5.00	92.59	11.10
南汇县	53.70	42.82	19.90	37.06	60.10	11.96	11.33	94.73	26.46
奉贤县	54.30	32.12	22.16	40.81	66.83	14.81	14.16	95.61	44.08
松江县	83.25	38.78	1.48	1.78	42.57	0.63	0.58	92.06	1.50
金山区	37.65	19.34	1.00	2.66	43.00	0.43	0.39	90.70	2.02
青浦县	57.30	27.54	0.77	1.34	36.36	0.28	0.26	92.86	0.94
崇明县	64.35	47.36	19.01	29.54	39.51	7.51	7.00	93.21	14.78
农　场									

5－1－21 上海市1963年产棉县棉花生产收购明细

县市名	耕地面积（万亩）	农业人口（万人）	棉田面积（万亩）	占耕地（%）	亩产（市斤）	总产量（万担）	收购量（万担）	商品率（%）	人均交售（市斤）
全市合计	**545.70**	**359.60**	**127.47**	**23.36**	**81.60**	**104.01**	**100.13**	**96.27**	**27.84**
上海县	42.45	34.88	12.83	30.22	85.27	10.94	10.72	97.99	30.73
嘉定区	51.60	33.82	13.91	26.96	82.60	11.49	11.22	97.65	33.18
宝山区	38.40	29.67	13.06	34.01	74.27	9.70	9.45	97.42	31.85
川沙县	38.55	46.39	11.16	28.95	73.21	8.17	7.93	97.06	17.09
南汇县	54.60	43.89	23.68	43.37	86.15	20.40	19.95	97.79	45.45
奉贤县	54.30	33.35	22.58	41.58	89.81	20.28	18.56	91.52	55.65
松江县	83.10	40.10	1.51	1.82	89.40	1.35	1.28	94.81	3.19
金山区	37.65	20.16	1.04	2.76	85.58	0.89	0.83	93.26	4.12
青浦县	57.60	28.60	1.17	2.03	58.12	0.68	0.63	92.65	2.20
崇明县	64.35	48.74	21.13	32.84	82.82	17.50	16.95	96.86	34.78
农　场	23.10		5.40	23.38	48.33	2.61	2.61	100.00	

5－1－22 上海市1964年产棉县棉花生产收购明细

县市名	耕地面积（万亩）	农业人口（万人）	棉田面积（万亩）	占耕地（%）	亩产（市斤）	总产量（万担）	收购量（万担）	商品率（%）	人均交售（市斤）
全市合计	**546.45**	**367.33**	**131.82**	**24.12**	**114.91**	**151.47**	**148.36**	**97.95**	**40.39**
上海县	42.60	35.69	13.60	31.92	114.49	15.57	15.28	98.14	42.81
嘉定区	51.60	34.67	14.23	27.58	108.71	15.47	15.08	97.48	43.50
宝山区	38.70	30.53	13.30	34.37	111.28	14.80	14.58	98.51	47.76
川沙县	38.40	46.60	12.40	32.29	119.60	14.83	14.54	98.04	31.20
南汇县	54.75	44.84	23.21	42.39	129.69	30.10	29.45	97.84	65.68
奉贤县	54.15	33.97	22.49	41.53	119.34	26.84	26.35	98.17	77.57
松江县	83.10	41.41	2.00	2.41	107.50	2.15	2.06	95.81	4.97
金山区	37.65	20.68	0.94	2.50	112.77	1.06	1.02	96.23	4.93
青浦县	54.60	29.47	1.64	3.00	82.93	1.36	1.29	94.85	4.38
崇明县	64.35	49.47	21.73	33.77	113.53	24.67	24.09	97.65	48.70
农　场	26.55		6.28	23.65	73.57	4.62	4.62	100.00	

5-1-23　上海市1965年产棉县棉花生产收购明细

县市名	耕地面积（万亩）	农业人口（万人）	棉田面积（万亩）	占耕地（%）	亩产（市斤）	总产量（万担）	收购量（万担）	商品率（%）	人均交售（市斤）
全市合计	**551.55**	**371.79**	**141.65**	**25.68**	**117.47**	**166.40**	**163.31**	**98.14**	**43.93**
上海县	42.45	36.10	14.23	33.52	121.64	17.31	17.07	98.61	47.29
嘉定区	51.60	34.72	14.49	28.08	114.22	16.55	16.24	98.13	46.77
宝山区	38.70	30.60	14.46	37.36	104.08	15.05	14.88	98.87	48.63
川沙县	38.55	46.45	12.80	33.20	104.77	13.41	13.08	97.54	28.16
南汇县	54.75	45.64	23.23	42.43	141.11	32.78	32.14	98.05	70.42
奉贤县	54.00	34.67	22.41	41.50	128.96	28.90	28.47	98.51	82.12
松江县	83.10	42.26	5.83	7.02	115.78	6.75	6.52	96.59	15.43
金山区	37.65	21.18	2.46	6.53	123.98	3.05	2.88	94.43	13.60
青浦县	54.60	29.96	1.88	3.44	88.83	1.67	1.58	94.61	5.27
崇明县	65.10	50.21	21.70	33.33	112.67	24.45	23.97	98.04	47.74
农　场	31.05		8.16	26.28	79.41	6.48	6.48	100.00	

5-1-24　上海市1966年产棉县棉花生产收购明细

县市名	耕地面积（万亩）	农业人口（万人）	棉田面积（万亩）	占耕地（%）	亩产（市斤）	总产量（万担）	收购量（万担）	商品率（%）	人均交售（市斤）
全市合计	**551.40**	**404.25**	**141.35**	**25.63**	**107.21**	**151.54**	**148.81**	**98.20**	**36.81**
上海县	42.45	41.97	14.14	33.31	108.91	15.40	15.22	98.83	36.26
嘉定区	51.60	35.67	14.56	28.22	109.48	15.94	15.68	98.37	43.96
宝山区	38.70	29.74	14.46	37.36	111.89	16.18	16.13	99.69	54.24
川沙县	38.55	52.73	12.31	31.93	105.36	12.97	12.68	97.76	24.05
南汇县	54.60	48.03	23.23	42.55	118.17	27.45	26.81	97.67	55.82
奉贤县	54.60	38.22	22.57	41.34	110.41	24.92	24.55	98.52	64.23
松江县	61.05	33.58	2.75	4.50	95.64	2.63	2.50	95.06	7.44
金山区	58.80	34.90	5.42	9.22	96.13	5.21	4.91	94.24	14.07
青浦县	57.60	32.55	1.90	3.30	83.16	1.58	1.50	94.94	4.61
崇明县	65.55	56.86	21.00	32.04	110.10	23.12	22.69	98.14	39.91
农　场	27.90		9.01	32.29	68.15	6.14	6.14	100.00	

5-1-25 上海市1967年产棉县棉花生产收购明细

县市名	耕地面积（万亩）	农业人口（万人）	棉田面积（万亩）	占耕地（%）	亩产（市斤）	总产量（万担）	收购量（万担）	商品率（%）	人均交售（市斤）
全市合计	**550.50**	**383.55**	**138.45**	**25.15**	**114.37**	**158.35**	**155.39**	**98.13**	**40.51**
上海县	42.45	36.89	14.06	33.12	112.66	15.84	15.60	98.48	42.29
嘉定区	51.15	35.09	14.46	28.27	113.00	16.34	16.05	98.23	45.74
宝山区	38.70	30.79	14.33	37.03	124.56	17.85	17.73	99.33	57.58
川沙县	38.40	49.07	12.07	31.43	102.32	12.35	12.00	97.17	24.45
南汇县	54.60	47.51	23.68	43.37	105.36	24.95	24.27	97.27	51.08
奉贤县	54.60	32.22	22.48	41.17	134.12	30.15	29.73	98.61	92.27
松江县	61.20	33.67	2.18	3.56	111.47	2.43	2.29	94.24	6.80
金山区	58.80	33.45	5.29	9.00	113.61	6.01	5.78	96.17	17.28
青浦县	57.60	33.17	1.85	3.21	89.19	1.65	1.56	94.55	4.70
崇明县	64.95	51.69	20.35	31.33	122.36	24.90	24.50	98.39	47.40
农　场	28.05		7.70	27.45	76.36	5.88	5.88	100.00	

5-1-26 上海市1968年产棉县棉花生产收购明细

县市名	耕地面积（万亩）	农业人口（万人）	棉田面积（万亩）	占耕地（%）	亩产（市斤）	总产量（万担）	收购量（万担）	商品率（%）	人均交售（市斤）
全市合计	**550.95**	**399.64**	**139.10**	**25.25**	**162.85**	**226.53**	**222.95**	**98.42**	**55.79**
上海县	42.60	38.18	14.07	33.03	162.33	22.84	22.57	98.82	59.11
嘉定区	51.15	35.75	14.61	28.56	148.60	21.71	21.25	97.88	59.44
宝山区	38.70	31.69	14.33	37.03	161.48	23.14	23.04	99.57	72.70
川沙县	38.55	49.97	11.96	31.02	167.31	20.01	19.76	98.75	39.54
南汇县	54.90	50.70	23.79	43.33	180.37	42.91	42.21	98.37	83.25
奉贤县	54.75	37.11	22.45	41.00	180.27	40.47	39.98	98.79	107.73
松江县	61.05	34.78	2.39	3.91	160.67	3.84	3.64	94.79	10.47
金山区	58.80	34.51	5.40	9.18	162.04	8.75	8.39	95.89	24.31
青浦县	57.60	33.98	1.87	3.25	123.53	2.31	2.19	94.81	6.44
崇明县	64.95	52.97	20.57	31.67	162.18	33.36	32.73	98.11	61.79
农　场	27.90		7.66	27.46	93.86	7.19	7.19	100.00	

5－1－27　上海市1969年产棉县棉花生产收购明细

县市名	耕地面积（万亩）	农业人口（万人）	棉田面积（万亩）	占耕地（%）	亩产（市斤）	总产量（万担）	收购量（万担）	商品率（%）	人均交售（市斤）
全市合计	**549.15**	**401.41**	**142.91**	**26.02**	**134.20**	**191.78**	**187.35**	**97.69**	**46.67**
上海县	42.60	39.25	14.13	33.17	143.45	20.27	19.85	97.93	50.57
嘉定区	51.15	36.47	14.58	28.50	119.48	17.42	16.96	97.36	46.50
宝山区	39.45	32.58	14.34	36.35	122.18	17.52	17.36	99.09	53.28
川沙县	38.40	48.88	12.04	31.35	134.80	16.23	15.90	97.97	32.53
南汇县	54.45	49.91	23.29	42.77	158.69	36.96	36.23	98.02	72.59
奉贤县	54.60	37.74	22.32	40.88	148.75	33.20	32.68	98.43	86.59
松江县	60.60	33.35	4.22	6.96	142.42	6.01	5.60	93.18	16.79
金山区	58.65	37.07	5.38	9.17	144.05	7.75	7.38	95.23	19.91
青浦县	57.45	32.30	3.98	6.93	127.14	5.06	4.72	93.28	14.61
崇明县	64.35	53.86	20.57	31.97	129.27	26.59	25.90	97.41	48.09
农场	27.45		8.06	29.36	59.18	4.77	4.77	100.00	

5－1－28　上海市1970年产棉县棉花生产收购明细

县市名	耕地面积（万亩）	农业人口（万人）	棉田面积（万亩）	占耕地（%）	亩产（市斤）	总产量（万担）	收购量（万担）	商品率（%）	人均交售（市斤）
全市合计	**547.20**	**407.29**	**141.85**	**25.92**	**119.64**	**169.71**	**164.56**	**96.97**	**40.40**
上海县	42.45	39.56	14.14	33.31	120.79	17.08	16.66	97.54	42.11
嘉定区	51.00	37.31	14.60	28.63	106.16	15.50	15.04	97.03	40.31
宝山区	38.70	33.20	13.96	36.07	118.34	16.52	16.26	98.43	48.98
川沙县	38.70	49.26	11.85	30.62	125.65	14.89	14.46	97.11	29.35
南汇县	55.35	50.75	22.45	40.56	143.88	32.30	31.54	97.65	62.15
奉贤县	54.15	38.60	22.29	41.16	118.93	26.51	25.95	97.89	67.23
松江县	60.30	34.03	4.67	7.74	111.99	5.23	4.75	90.82	13.96
金山区	58.50	36.22	5.70	9.74	118.95	6.78	6.25	92.18	17.26
青浦县	57.75	33.47	4.41	7.64	103.40	4.56	4.09	89.69	12.22
崇明县	64.50	54.89	20.32	31.50	123.57	25.11	24.33	96.89	44.33
农场	25.80		7.46	28.91	70.11	5.23	5.23	100.00	

5-1-29 上海市1971年产棉县棉花生产收购明细

县市名	耕地面积（万亩）	农业人口（万人）	棉田面积（万亩）	占耕地（%）	亩产（市斤）	总产量（万担）	收购量（万担）	商品率（%）	人均交售（市斤）
全市合计	**548.70**	**412.89**	**142.19**	**25.91**	**95.15**	**135.30**	**131.71**	**97.35**	**31.90**
上海县	42.45	39.68	14.04	33.07	92.81	13.03	12.74	97.77	32.11
嘉定区	51.15	37.34	14.34	28.04	64.37	9.23	8.91	96.53	23.86
宝山区	39.45	33.99	13.94	35.34	77.19	10.76	10.72	99.63	31.54
川沙县	38.70	50.31	11.68	30.18	109.76	12.82	12.58	98.13	25.00
南汇县	54.45	51.32	22.30	40.96	114.44	25.52	24.96	97.81	48.64
奉贤县	54.15	39.31	21.68	40.04	100.37	21.76	21.46	98.62	54.59
松江县	60.00	34.87	5.97	9.95	84.92	5.07	4.69	92.50	13.45
金山区	58.50	36.96	6.49	11.09	97.53	6.33	5.87	92.73	15.88
青浦县	57.60	33.94	5.62	9.76	74.38	4.18	3.78	90.43	11.14
崇明县	65.85	55.17	19.45	29.54	116.81	22.72	22.12	97.36	40.09
农　场	26.40		6.68	25.30	58.08	3.88	3.88	100.00	

5-1-30 上海市1972年产棉县棉花生产收购明细

县市名	耕地面积（万亩）	农业人口（万人）	棉田面积（万亩）	占耕地（%）	亩产（市斤）	总产量（万担）	收购量（万担）	商品率（%）	人均交售（市斤）
全市合计	**548.70**	**413.07**	**141.61**	**25.81**	**114.52**	**162.17**	**158.76**	**97.90**	**38.43**
上海县	42.45	39.56	13.98	32.93	107.08	14.97	14.66	97.93	37.06
嘉定区	51.15	37.46	14.00	27.37	99.00	13.86	13.48	97.26	35.99
宝山区	39.45	33.15	14.01	35.51	104.85	14.69	14.55	99.05	43.89
川沙县	38.70	49.61	11.64	30.08	121.56	14.15	13.85	97.88	27.92
南汇县	54.45	52.14	22.30	40.96	130.45	29.09	28.72	98.73	55.08
奉贤县	54.15	39.77	21.63	39.94	104.35	22.57	22.30	98.80	56.07
松江县	60.00	35.10	5.82	9.70	129.73	7.55	7.21	95.50	20.54
金山区	58.50	37.02	6.49	11.09	121.73	7.90	7.44	94.18	20.10
青浦县	57.60	34.19	5.50	9.55	106.73	5.87	5.50	93.70	16.09
崇明县	65.85	55.07	19.40	29.46	135.00	26.19	25.72	98.21	46.70
农　场	26.40		6.84	25.91	77.92	5.33	5.33	100.00	

5－1－31　上海市1973年产棉县棉花生产收购明细

县 市 名	耕地面积（万亩）	农业人口（万人）	棉田面积（万亩）	占耕地（%）	亩　产（市斤）	总产量（万担）	收购量（万担）	商品率（%）	人均交售（市斤）
全市合计	**547.05**	**415.49**	**142.86**	**26.11**	**127.67**	**182.39**	**179.10**	**98.20**	**43.11**
上海县	42.30	39.77	13.95	32.98	122.22	17.05	16.76	98.30	42.14
嘉定区	51.00	37.73	14.00	27.45	109.43	15.32	14.97	97.72	39.68
宝山区	39.75	33.44	14.05	35.35	117.94	16.57	16.44	99.22	49.16
川沙县	38.25	50.05	11.60	30.33	138.97	16.12	16.01	99.32	31.99
南汇县	54.45	52.50	22.30	40.96	166.37	37.10	36.74	99.03	69.98
奉贤县	54.15	39.45	21.63	39.94	111.42	24.10	23.82	98.84	60.38
松江县	59.85	35.49	5.82	9.72	136.43	7.94	7.57	95.34	21.33
金山区	58.05	37.26	6.48	11.16	129.17	8.37	7.84	93.67	21.04
青浦县	57.30	34.43	5.62	9.81	112.10	6.30	5.89	93.49	17.11
崇明县	66.60	55.37	20.57	30.89	129.56	26.65	26.19	98.27	47.30
农　场	25.35		6.84	26.98	100.44	6.87	6.87	100.00	

5－1－32　上海市1974年产棉县棉花生产收购明细

县 市 名	耕地面积（万亩）	农业人口（万人）	棉田面积（万亩）	占耕地（%）	亩　产（市斤）	总产量（万担）	收购量（万担）	商品率（%）	人均交售（市斤）
全市合计	**548.70**	**418.05**	**142.11**	**25.90**	**118.50**	**168.40**	**165.04**	**98.00**	**39.48**
上海县	42.15	39.92	13.90	32.98	118.99	16.54	16.27	98.37	40.76
嘉定区	51.00	38.00	14.00	27.45	89.50	12.53	12.24	97.69	32.21
宝山区	36.30	33.64	13.39	36.89	95.89	12.84	12.83	99.92	38.14
川沙县	38.10	50.26	11.60	30.45	117.33	13.61	13.36	98.16	26.58
南汇县	54.45	52.35	22.30	40.96	148.48	33.11	32.75	98.91	62.56
奉贤县	54.15	39.48	21.63	39.94	123.16	26.64	26.37	98.99	66.79
松江县	59.70	35.77	5.82	9.75	131.79	7.67	7.29	95.05	20.38
金山区	57.90	37.67	6.36	10.98	140.88	8.96	8.41	93.86	22.33
青浦县	57.30	34.58	5.61	9.79	114.80	6.44	6.01	93.32	17.38
崇明县	70.05	56.38	20.60	29.41	111.65	23.00	22.45	97.61	39.82
农　场	27.60		6.90	25.00	102.32	7.06	7.06	100.00	

5－1－33　上海市1975年产棉县棉花生产收购明细

县市名	耕地面积（万亩）	农业人口（万人）	棉田面积（万亩）	占耕地（%）	亩产（市斤）	总产量（万担）	收购量（万担）	商品率（%）	人均交售（市斤）
全市合计	**547.05**	**420.98**	**142.36**	**26.02**	**128.73**	**183.26**	**179.95**	**98.19**	**42.75**
上海县	42.00	40.04	13.83	32.93	123.36	17.06	16.83	98.65	42.03
嘉定区	50.85	38.24	14.00	27.53	110.57	15.48	15.22	98.32	39.80
宝山区	39.15	34.12	13.87	35.43	110.17	15.28	15.17	99.28	44.46
川沙县	38.10	50.35	11.60	30.45	123.28	14.30	14.04	98.18	27.88
南汇县	54.30	52.82	22.30	41.07	163.41	36.44	36.09	99.04	68.33
奉贤县	54.15	39.77	21.44	39.59	142.16	30.48	30.22	99.15	75.99
松江县	59.25	36.17	5.82	9.82	135.91	7.91	7.52	95.07	20.79
金山区	57.75	37.88	6.37	11.03	133.44	8.50	7.95	93.53	20.99
青浦县	57.30	35.14	5.57	9.72	108.62	6.05	5.63	93.06	16.02
崇明县	69.75	56.45	20.60	29.53	116.26	23.95	23.47	98.00	41.58
农　场	24.45		6.96	28.47	112.21	7.81	7.81	100.00	

5－1－34　上海市1976年产棉县棉花生产收购明细

县市名	耕地面积（万亩）	农业人口（万人）	棉田面积（万亩）	占耕地（%）	亩产（市斤）	总产量（万担）	收购量（万担）	商品率（%）	人均交售（市斤）
全市合计	**543.15**	**423.81**	**142.10**	**26.16**	**93.11**	**132.31**	**128.75**	**97.31**	**30.38**
上海县	41.85	41.16	13.27	31.71	94.27	12.51	12.25	97.92	29.76
嘉定区	49.35	38.35	13.53	27.42	100.44	13.59	13.32	98.01	34.73
宝山区	38.85	33.95	13.55	34.88	80.44	10.90	10.68	97.98	31.46
川沙县	37.80	50.57	11.23	29.71	91.54	10.28	10.03	97.57	19.83
南汇县	54.30	53.16	22.14	40.77	96.03	21.26	20.91	98.35	39.33
奉贤县	53.40	40.17	19.91	37.28	91.71	18.26	17.99	98.52	44.78
松江县	59.10	36.38	6.82	11.54	127.27	8.68	8.33	95.97	22.90
金山区	57.75	38.05	7.36	12.74	120.24	8.85	8.28	93.56	21.76
青浦县	56.70	35.18	5.61	9.89	110.16	6.18	5.75	93.04	16.34
崇明县	69.60	56.84	21.73	31.22	70.32	15.28	14.69	96.14	25.84
农　场	24.45		6.95	28.43	93.81	6.52	6.52	100.00	

5－1－35　上海市1977年产棉县棉花生产收购明细

县市名	耕地面积（万亩）	农业人口（万人）	棉田面积（万亩）	占耕地（%）	亩产（市斤）	总产量（万担）	收购量（万担）	商品率（%）	人均交售（市斤）
全市合计	**544.65**	**427.37**	**141.89**	**26.05**	**91.15**	**129.33**	**126.50**	**97.81**	**29.60**
上海县	41.70	40.53	12.37	29.66	89.09	11.02	10.80	98.00	26.65
嘉定区	49.35	38.78	13.00	26.34	78.69	10.23	10.04	98.14	25.89
宝山区	38.70	34.14	13.00	33.59	71.54	9.30	9.13	98.17	26.74
川沙县	37.80	50.88	10.64	28.15	82.80	8.81	8.55	97.05	16.80
南汇县	54.30	53.80	20.80	38.31	115.96	24.12	23.76	98.51	44.16
奉贤县	53.25	41.19	19.03	35.74	104.89	19.96	19.68	98.60	47.78
松江县	58.95	37.28	8.63	14.64	113.90	9.83	9.59	97.56	25.72
金山区	57.60	38.31	9.14	15.87	123.85	11.32	10.97	96.91	28.63
青浦县	56.40	35.69	7.17	12.71	95.40	6.84	6.59	96.35	18.46
崇明县	72.60	56.77	21.10	29.06	55.36	11.68	11.17	95.63	19.68
农　场	24.00		7.01	29.21	88.73	6.22	6.22	100.00	

5－1－36　上海市1978年产棉县棉花生产收购明细

县市名	耕地面积（万亩）	农业人口（万人）	棉田面积（万亩）	占耕地（%）	亩产（市斤）	总产量（万担）	收购量（万担）	商品率（%）	人均交售（市斤）
全市合计	**540.15**	**429.56**	**140.45**	**26.00**	**168.94**	**237.27**	**233.14**	**98.26**	**54.27**
上海县	41.25	40.64	12.17	29.50	156.78	19.08	18.85	98.79	46.38
嘉定区	48.75	39.44	12.93	26.52	144.32	18.66	18.42	98.71	46.70
宝山区	36.75	33.48	12.15	33.06	152.18	18.49	18.41	99.57	54.99
川沙县	37.20	51.20	10.66	28.66	180.96	19.29	18.92	98.08	36.95
南汇县	54.00	54.22	20.80	38.52	198.22	41.23	40.61	98.50	74.90
奉贤县	52.35	41.47	18.60	35.53	189.09	35.17	34.73	98.75	83.75
松江县	58.80	37.45	8.63	14.68	190.50	16.44	15.98	97.20	42.67
金山区	57.45	38.68	8.99	15.65	185.54	16.68	15.97	95.74	41.29
青浦县	55.80	36.09	7.12	12.76	166.29	11.84	11.45	96.71	31.73
崇明县	71.40	56.89	21.10	29.55	131.23	27.69	27.10	97.87	47.64
农　场	26.40		7.30	27.65	173.97	12.70	12.70	100.00	

5－1－37　上海市1979年产棉县棉花生产收购明细

县市名	耕地面积（万亩）	农业人口（万人）	棉田面积（万亩）	占耕地（%）	亩产（市斤）	总产量（万担）	收购量（万担）	商品率（%）	人均交售（市斤）
全市合计	**533.70**	**428.31**	**140.80**	**26.38**	**127.37**	**179.33**	**177.51**	**98.99**	**41.44**
上海县	40.65	40.14	11.95	29.40	119.08	14.23	14.10	99.09	35.13
嘉定区	48.60	38.86	13.10	26.95	112.21	14.70	14.60	99.32	37.57
宝山区	36.30	32.74	12.68	34.93	103.86	13.17	13.17	100.00	40.23
川沙县	37.05	51.23	10.57	28.53	121.48	12.84	12.54	97.66	24.48
南汇县	52.05	54.41	20.80	39.96	144.28	30.01	29.32	97.70	53.89
奉贤县	51.15	41.79	18.47	36.11	138.66	25.61	25.43	99.30	60.85
松江县	58.35	37.66	8.63	14.79	142.29	12.28	12.20	99.35	32.40
金山区	57.30	38.89	9.06	15.81	146.14	13.24	13.04	98.49	33.53
青浦县	55.35	35.98	7.19	12.99	126.43	9.09	8.95	98.46	24.87
崇明县	71.25	56.61	21.10	29.61	120.05	25.33	25.33	100.00	44.74
农　场	25.65		7.25	28.27	121.79	8.83	8.83	100.00	

5－1－38　上海市1980年产棉县棉花生产收购明细

县市名	耕地面积（万亩）	农业人口（万人）	棉田面积（万亩）	占耕地（%）	亩产（市斤）	总产量（万担）	收购量（万担）	商品率（%）	人均交售（市斤）
全市合计	**531.15**	**428.98**	**151.44**	**28.51**	**98.53**	**149.22**	**147.60**	**98.91**	**34.41**
上海县	40.20	39.98	11.95	29.73	87.70	10.48	10.32	98.47	25.81
嘉定区	48.30	39.54	12.90	26.71	85.12	10.98	10.75	97.91	27.19
宝山区	35.70	32.37	12.52	35.07	87.62	10.97	10.97	100.00	33.89
川沙县	36.75	51.37	10.58	28.79	100.09	10.59	10.21	96.41	19.88
南汇县	51.60	54.41	20.45	39.63	127.43	26.06	25.63	98.35	47.11
奉贤县	51.00	41.81	18.82	36.90	93.46	17.59	17.59	100.00	42.07
松江县	58.20	37.77	12.43	21.36	116.73	14.51	14.42	99.38	38.18
金山区	56.55	38.88	13.03	23.04	124.10	16.17	16.09	99.51	41.38
青浦县	54.90	35.89	11.23	20.46	86.11	9.67	9.42	97.41	26.25
崇明县	71.10	56.96	20.59	28.96	78.19	16.10	16.10	100.00	28.27
农　场	26.85		6.94	25.85	87.90	6.10	6.10	100.00	

5－1－39　上海市1981年产棉县棉花生产收购明细

县市名	耕地面积（万亩）	农业人口（万人）	棉田面积（万亩）	占耕地（%）	亩产（市斤）	总产量（万担）	收购量（万担）	商品率（%）	人均交售（市斤）
全市合计	**529.05**	**433.96**	**170.02**	**32.14**	**84.48**	**143.63**	**141.10**	**98.24**	**32.51**
上海县	39.75	41.02	12.28	30.89	73.78	9.06	8.78	96.91	21.40
嘉定区	48.15	39.60	13.90	28.87	69.06	9.60	9.32	97.08	23.54
宝山区	35.25	32.11	12.23	34.70	71.95	8.80	8.61	97.84	26.81
川沙县	36.60	51.86	11.57	31.61	77.53	8.97	8.58	95.65	16.54
南汇县	51.45	55.56	22.94	44.59	111.12	25.49	25.21	98.90	45.37
奉贤县	50.55	42.44	21.40	42.33	86.40	18.49	18.49	100.00	43.57
松江县	58.20	38.33	14.93	25.65	99.67	14.88	14.86	99.87	38.77
金山区	56.40	39.42	15.79	28.00	89.87	14.19	13.60	95.84	34.50
青浦县	54.75	36.32	13.72	25.06	65.31	8.96	8.75	97.66	24.09
崇明县	70.50	57.30	24.39	34.60	78.68	19.19	18.90	98.49	32.98
农　场	27.45		6.87	25.03	87.34	6.00	6.00	100.00	

5－1－40　上海市1982年产棉县棉花生产收购明细

县市名	耕地面积（万亩）	农业人口（万人）	棉田面积（万亩）	占耕地（%）	亩产（市斤）	总产量（万担）	收购量（万担）	商品率（%）	人均交售（市斤）
全市合计	**527.55**	**435.90**	**157.04**	**29.77**	**99.87**	**156.84**	**153.75**	**98.03**	**35.27**
上海县	39.30	40.36	11.57	29.44	76.66	8.87	8.57	96.62	21.23
嘉定区	48.00	39.74	12.90	26.88	75.35	9.72	9.41	96.81	23.68
宝山区	34.80	32.14	12.03	34.57	75.56	9.09	8.78	96.59	27.32
川沙县	36.30	52.02	10.57	29.12	91.11	9.63	9.20	95.53	17.69
南汇县	51.45	56.28	18.53	36.02	146.41	27.13	26.95	99.34	47.89
奉贤县	50.55	42.99	18.69	36.97	87.11	16.28	16.28	100.00	37.87
松江县	58.05	38.44	14.53	25.03	135.86	19.74	19.64	99.49	51.09
金山区	56.40	39.93	14.52	25.74	119.28	17.32	16.48	95.15	41.27
青浦县	54.75	36.76	12.81	23.40	95.94	12.29	12.03	97.88	32.73
崇明县	70.20	57.24	24.39	34.74	79.54	19.40	19.04	98.14	33.26
农　场	27.75		6.50	23.42	113.38	7.37	7.37	100.00	

5－1－41　上海市1983年产棉县棉花生产收购明细

县市名	耕地面积（万亩）	农业人口（万人）	棉田面积（万亩）	占耕地（%）	亩产（市斤）	总产量（万担）	收购量（万担）	商品率（%）	人均交售（市斤）
全市合计	**524.85**	**435.25**	**143.19**	**27.28**	**104.69**	**149.90**	**146.15**	**97.50**	**33.58**
上海县	38.70	40.21	10.65	27.52	82.25	8.76	8.49	96.92	21.11
嘉定区	47.85	39.58	12.79	26.73	84.36	10.79	10.36	96.01	26.17
宝山区	34.35	31.83	11.96	34.82	76.51	9.15	8.76	95.74	27.52
川沙县	36.00	51.45	10.54	29.28	102.18	10.77	10.38	96.38	20.17
南汇县	51.15	56.53	18.52	36.21	122.03	22.60	22.20	98.23	39.27
奉贤县	50.40	43.16	17.15	34.03	104.90	17.99	17.99	100.00	41.68
松江县	57.90	38.49	11.99	20.71	141.03	16.91	16.70	98.76	43.39
金山区	56.25	39.94	11.35	20.18	116.48	13.22	12.62	95.46	31.60
青浦县	54.60	36.81	10.56	19.34	107.29	11.33	11.09	97.88	30.13
崇明县	69.90	57.25	21.29	30.46	101.55	21.62	20.80	96.21	36.33
农　场	27.75		6.39	23.03	105.79	6.76	6.76	100.00	

5－1－42　上海市1984年产棉县棉花生产收购明细

县市名	耕地面积（万亩）	农业人口（万人）	棉田面积（万亩）	占耕地（%）	亩产（市斤）	总产量（万担）	收购量（万担）	商品率（%）	人均交售（市斤）
全市合计	**518.70**	**432.88**	**141.14**	**27.21**	**150.72**	**212.72**	**202.23**	**95.07**	**46.72**
上海县	37.95	39.61	10.10	26.61	120.40	12.16	11.73	96.46	29.61
嘉定区	47.55	39.46	12.31	25.89	132.98	16.37	16.21	99.02	41.08
宝山区	33.90	30.82	12.18	35.93	117.41	14.30	13.83	96.71	44.87
川沙县	35.55	50.61	10.34	29.09	146.62	15.16	14.71	97.03	29.07
南汇县	51.00	56.76	18.63	36.53	179.87	33.51	33.21	99.10	58.51
奉贤县	50.10	43.15	17.71	35.35	184.19	32.62	31.98	98.04	74.11
松江县	57.75	38.47	12.20	21.13	196.23	23.94	23.68	98.91	61.55
金山区	55.80	40.06	11.21	20.09	176.36	19.77	19.77	100.00	49.35
青浦县	53.55	36.82	10.65	19.89	148.73	15.84	15.48	97.73	42.04
崇明县	69.60	57.12	21.39	30.73	108.88	23.29	16.31	70.03	28.55
农　场	25.95		4.42	17.03	130.32	5.76	5.32	92.36	

5-1-43 上海市1985年产棉县棉花生产收购明细

县市名	耕地面积（万亩）	农业人口（万人）	棉田面积（万亩）	占耕地（%）	亩产（市斤）	总产量（万担）	收购量（万担）	商品率（%）	人均交售（市斤）
全市合计	**509.40**	**429.23**	**105.60**	**20.73**	**91.56**	**96.69**	**85.73**	**88.66**	**19.97**
上海县	36.15	37.76	6.89	19.06	76.92	5.30	4.20	79.25	11.12
嘉定区	46.95	39.14	8.13	17.32	87.58	7.12	6.44	90.45	16.45
宝山区	33.00	30.28	7.16	21.70	78.77	5.64	4.82	85.46	15.92
川沙县	34.95	49.56	6.59	18.86	90.29	5.95	5.01	84.20	10.11
南汇县	50.70	56.78	14.70	28.99	130.61	19.20	17.38	90.52	30.61
奉贤县	49.05	43.01	16.64	33.92	103.31	17.19	16.42	95.52	38.18
松江县	57.00	39.22	9.02	15.82	108.65	9.80	8.56	87.35	21.83
金山区	54.90	39.91	10.50	19.13	101.14	10.62	10.62	100.00	26.61
青浦县	51.60	36.68	7.56	14.65	83.99	6.35	5.89	92.76	16.06
崇明县	69.30	56.89	15.35	22.15	49.32	7.57	5.16	68.16	9.07
农场	25.80		3.06	11.86	63.73	1.95	1.23	63.08	

5-1-44 上海市1986年产棉县棉花生产收购明细

县市名	耕地面积（万亩）	农业人口（万人）	棉田面积（万亩）	占耕地（%）	亩产（市斤）	总产量（万担）	收购量（万担）	商品率（%）	人均交售（市斤）
全市合计	**499.50**	**426.06**	**48.45**	**9.70**	**88.72**	**42.99**	**38.33**	**89.16**	**9.00**
上海县	34.95	38.49	1.93	5.52	66.11	1.28	1.15	89.86	2.98
嘉定区	46.35	38.78	5.53	11.93	91.50	5.06	4.66	92.09	12.02
宝山区	31.95	29.20	2.65	8.29	74.34	1.97	1.80	91.37	6.16
川沙县	34.35	48.52	1.64	4.77	55.49	0.91	0.72	79.12	1.48
南汇县	48.00	56.88	9.77	20.35	84.65	8.27	7.70	93.11	13.54
奉贤县	49.35	42.86	10.40	21.07	87.88	9.14	8.78	96.06	20.49
松江县	55.05	38.72	4.23	7.68	141.13	5.97	5.07	84.92	13.09
金山区	54.15	40.03	6.41	11.84	102.18	6.55	5.74	87.63	14.34
青浦县	51.00	36.51	1.08	2.12	113.89	1.23	1.18	95.93	3.23
崇明县	69.00	56.07	4.33	6.28	52.66	2.28	1.53	67.11	2.73
农场	25.35		0.48	1.89	68.75	0.33			

5-1-45 上海市1987年产棉县棉花生产收购明细

县市名	耕地面积（万亩）	农业人口（万人）	棉田面积（万亩）	占耕地（%）	亩产（市斤）	总产量（万担）	收购量（万担）	商品率（%）	人均交售（市斤）
全市合计	**496.35**	**423.24**	**31.16**	**6.28**	**97.62**	**30.42**	**27.63**	**90.84**	**6.53**
上海县	34.20	37.63	1.04	3.04	61.35	0.64	0.56	88.12	1.49
嘉定区	45.75	38.43	4.49	9.81	83.74	3.76	3.02	80.32	7.86
宝山区	33.60	28.28	1.95	5.80	58.46	1.14	0.96	84.21	3.39
川沙县	33.75	48.40	0.40	1.19	82.50	0.33	0.25	75.76	0.52
南汇县	47.85	56.94	7.48	15.63	118.18	8.84	8.52	96.38	14.96
奉贤县	48.75	42.88	5.65	11.59	108.32	6.12	5.83	95.26	13.60
松江县	54.15	39.31	3.13	5.78	131.31	4.11	3.82	92.94	9.72
金山区	53.85	40.02	4.20	7.80	83.10	3.49	3.10	88.83	7.75
青浦县	50.55	36.47	0.70	1.38	111.43	0.78	0.61	78.21	1.67
崇明县	68.70	54.88	2.03	2.95	55.17	1.12	0.87	77.68	1.59
农场	25.20		0.09	0.36	100.00	0.09	0.09	100.00	

5-1-46 上海市1988年产棉县棉花生产收购明细

县市名	耕地面积（万亩）	农业人口（万人）	棉田面积（万亩）	占耕地（%）	亩产（市斤）	总产量（万担）	收购量（万担）	商品率（%）	人均交售（市斤）
全市合计	**464.55**	**421.20**	**24.70**	**5.32**	**107.45**	**26.54**	**23.37**	**88.07**	**5.55**
上海县	33.60	36.03	0.41	1.22	97.56	0.40	0.14	35.62	0.40
嘉定区	45.15	38.88	2.95	6.53	110.85	3.27	2.72	83.18	7.00
宝山区	32.55	27.71	0.82	2.52	91.46	0.75	0.69	92.00	2.49
川沙县	33.30	47.95	0.10	0.30	100.00	0.10	0.06	60.00	0.13
南汇县	47.55	57.21	4.59	9.65	120.70	5.54	5.32	96.03	9.30
奉贤县	48.45	42.95	4.08	8.42	126.47	5.16	4.87	94.38	11.34
松江县	52.80	38.57	4.96	9.39	128.63	6.38	5.27	82.60	13.66
金山区	53.25	40.14	3.52	6.61	68.18	2.40	2.13	88.75	5.31
青浦县	49.50	36.32	0.27	0.55	133.33	0.36	0.20	55.56	0.55
崇明县	68.40	55.44	3.00	4.39	72.67	2.18	1.97	90.37	3.55
农场									

5－1－47　上海市1989年产棉县棉花生产收购明细

县市名	耕地面积（万亩）	农业人口（万人）	棉田面积（万亩）	占耕地（%）	亩产（市斤）	总产量（万担）	收购量（万担）	商品率（%）	人均交售（市斤）
全市合计	**486.00**	**417.67**	**16.07**	**3.31**	**96.09**	**15.44**	**13.09**	**84.76**	**3.13**
上海县	33.15	35.27	0.12	0.36	85.00	0.10	0.04	37.22	0.11
嘉定区	44.85	38.09	2.10	4.68	87.62	1.84	1.60	86.96	4.20
宝山区	32.10	27.28	0.33	1.03	45.45	0.15	0.10	66.67	0.37
川沙县	32.10	46.99	0.03	0.09	100.00	0.03	0.01	33.33	0.02
南汇县	47.40	57.86	1.99	4.20	108.54	2.16	1.89	87.50	3.27
奉贤县	48.30	42.60	4.14	8.57	127.29	5.27	4.57	86.72	10.73
松江县	53.40	38.04	2.31	4.33	101.30	2.34	2.02	86.32	5.31
金山区	52.50	40.07	2.12	4.04	51.89	1.10	0.80	72.73	2.00
青浦县	49.05	36.34	0.02	0.04	100.00	0.02		1.50	
崇明县	68.25	55.13	2.84	4.16	82.75	2.35	2.01	85.53	3.65
农　场	24.90		0.07	0.28	114.29	0.08	0.05	62.50	

5－1－48　上海市1990年产棉县棉花生产收购明细

县市名	耕地面积（万亩）	农业人口（万人）	棉田面积（万亩）	占耕地（%）	亩产（市斤）	总产量（万担）	收购量（万担）	商品率（%）	人均交售（市斤）
全市合计	**484.80**	**417.56**	**20.39**	**4.21**	**121.06**	**24.68**	**23.39**	**94.75**	**5.60**
上海县	33.00	34.85	0.49	1.48	125.31	0.61	0.57	92.69	1.63
嘉定区	44.70	38.08	2.83	6.33	113.07	3.20	3.04	95.00	7.98
宝山区	31.65	26.86	0.86	2.72	130.23	1.12	1.07	95.54	3.98
川沙县	31.95	47.00	0.17	0.53	111.76	0.19	0.17	89.47	0.36
南汇县	47.25	58.30	2.62	5.54	139.31	3.65	3.52	96.44	6.04
奉贤县	48.45	42.73	3.23	6.67	170.28	5.50	5.35	97.27	12.52
松江县	53.40	38.28	3.40	6.37	143.53	4.88	4.63	94.88	12.10
金山区	52.35	39.72	1.97	3.76	81.73	1.61	1.44	89.44	3.63
青浦县	48.75	36.64	1.00	2.05	113.00	1.13	1.11	98.23	3.03
崇明县	68.25	55.10	2.87	4.21	84.32	2.42	2.13	88.02	3.87
农　场	25.05		0.95	3.79	38.95	0.37	0.36	97.30	

5－1－49 上海市1991年产棉县棉花生产收购明细

县市名	耕地面积（万亩）	农业人口（万人）	棉田面积（万亩）	占耕地（%）	亩产（市斤）	总产量（万担）	收购量（万担）	商品率（%）	人均交售（市斤）
全市合计	**481.50**	**416.11**	**22.04**	**4.58**	**152.13**	**33.53**	**32.14**	**95.87**	**7.73**
上海县	32.40	34.84	0.50	1.54	139.60	0.70	0.63	90.46	1.81
嘉定区	44.40	37.75	2.84	6.40	162.62	4.62	4.44	96.04	11.75
宝山区	31.50	26.42	0.85	2.70	179.91	1.53	1.51	98.88	5.72
川沙县	30.75	46.60	0.10	0.33	110.00	0.11	0.11	100.00	0.24
南汇县	47.10	58.65	2.87	6.09	163.41	4.69	4.51	96.13	7.69
奉贤县	48.30	42.82	4.00	8.28	227.62	9.10	8.95	98.34	20.91
松江县	52.95	38.08	3.51	6.63	168.49	5.91	5.70	96.31	14.96
金山区	52.05	39.54	1.79	3.44	93.03	1.67	1.43	85.97	3.62
青浦县	48.45	36.45	1.02	2.11	121.57	1.24	1.20	96.85	3.29
崇明县	68.55	54.96	3.26	4.76	85.43	2.79	2.49	89.39	4.53
农场	25.05		1.30	5.19	90.45	1.18	1.18	99.99	

5－1－50 上海市1992年产棉县棉花生产收购明细

县市名	耕地面积（万亩）	农业人口（万人）	棉田面积（万亩）	占耕地（%）	亩产（市斤）	总产量（万担）	收购量（万担）	商品率（%）	人均交售（市斤）
全市合计	**476.70**	**412.90**	**27.03**	**5.67**	**133.96**	**36.21**	**34.58**	**95.50**	**8.37**
上海县	30.30	34.36	0.50	1.65	80.68	0.40	0.35	85.59	1.00
嘉定区	43.35	37.38	3.34	7.70	113.08	3.78	3.48	92.18	9.31
宝山区	30.45	26.26	0.91	2.99	128.86	1.17	1.07	91.36	4.08
川沙县	24.30	45.87	0.04	0.16	147.00	0.06	0.04	68.03	0.09
南汇县	46.20	58.12	3.15	6.82	159.37	5.02	4.98	99.17	8.57
奉贤县	48.00	42.83	7.20	15.00	137.35	9.89	9.55	96.58	22.30
松江县	52.50	37.71	4.16	7.92	131.97	5.49	5.28	96.21	14.01
金山区	51.75	39.22	1.50	2.90	118.28	1.77	1.77	100.00	4.52
青浦县	47.25	36.34	0.46	0.97	65.78	0.30	0.30	100.00	0.83
崇明县	71.25	54.81	3.37	4.73	91.42	3.08	2.58	83.83	4.71
农场	31.35		2.40	7.66	218.33	5.24	5.17	98.68	

5－1－51　上海市1993年产棉县棉花生产收购明细

县市名	耕地面积（万亩）	农业人口（万人）	棉田面积（万亩）	占耕地（%）	亩　产（市斤）	总产量（万担）	收购量（万担）	商品率（%）	人均交售（市斤）
全市合计	**359.85**	**288.87**	**20.65**	**5.74**	**100.86**	**20.83**	**19.17**	**92.03**	**6.64**
上海县									
嘉定区	40.35	33.59	1.63	4.04	79.75	1.30	1.25	96.01	3.72
宝山区	28.80	23.86	0.07	0.24	71.43	0.05	0.03	60.00	0.13
川沙县									
南汇县	45.60	58.51	2.47	5.42	123.89	3.06	2.83	92.48	4.84
奉贤县	47.70	42.21	5.60	11.74	112.27	6.29	6.01	95.59	14.24
松江县	51.45	37.53	2.95	5.73	94.24	2.78	2.66	95.68	7.09
金山区	48.75	38.79	1.19	2.44	69.75	0.83	0.72	86.75	1.86
青浦县									
崇明县	69.75	54.38	1.74	2.49	63.22	1.10	0.69	62.73	1.27
农　场	27.45		5.00	18.21	108.40	5.42	4.98	91.88	

5－1－52　上海市1994年产棉县棉花生产收购明细

县市名	耕地面积（万亩）	农业人口（万人）	棉田面积（万亩）	占耕地（%）	亩　产（市斤）	总产量（万担）	收购量（万担）	商品率（%）	人均交售（市斤）
全市合计	**351.15**	**291.40**	**9.23**	**2.63**	**126.09**	**11.64**	**10.41**	**89.48**	**3.57**
上海县									
嘉定区	38.70	32.82	0.81	2.09	101.23	0.82	0.74	90.24	2.25
宝山区	26.85	23.47				0.01	0.01	100.00	0.02
川沙县									
南汇县	44.70	58.43	1.64	3.67	140.24	2.30	1.78	77.39	3.05
奉贤县	47.10	42.42	2.82	5.99	160.99	4.54	4.34	95.59	10.23
松江县	50.40	37.52	0.30	0.60	125.02	0.38	0.38	100.00	1.00
金山区	46.65	42.66	0.41	0.88	68.15	0.28	0.24	84.70	0.55
青浦县									
崇明县	69.75	54.08	0.89	1.28	83.15	0.74	0.36	48.49	0.66
农　场	27.00		2.36	8.74	109.25	2.58	2.58	100.00	

5－1－53　上海市1995年产棉县棉花生产收购明细

县市名	耕地面积（万亩）	农业人口（万人）	棉田面积（万亩）	占耕地（%）	亩产（市斤）	总产量（万担）	收购量（万担）	商品率（%）	人均交售（市斤）
全市合计	**347.40**	**284.74**	**8.02**	**2.31**	**126.79**	**10.17**	**9.06**	**89.05**	**3.18**
上海县									
嘉定区	37.80	32.50	0.44	1.16	141.77	0.62	0.48	76.53	1.47
宝山区	25.95	22.54				0.07	0.07	100.00	0.30
川沙县									
南汇县	44.10	58.18	1.08	2.45	160.19	1.73	1.16	67.04	1.99
奉贤县	46.50	41.86	1.84	3.96	177.92	3.27	3.03	92.46	7.23
松江县	49.35	37.41	0.10	0.20	66.80	0.07	0.07	100.00	0.18
金山区	46.95	38.76	0.43	0.92	48.42	0.21	0.16	77.14	0.41
青浦县									
崇明县	69.75	53.49	0.93	1.34	99.75	0.93	0.83	88.92	1.55
农　场	27.00		3.20	11.85	102.24	3.27	3.27	100.00	

5－1－54　上海市1996年产棉县棉花生产收购明细

县市名	耕地面积（万亩）	农业人口（万人）	棉田面积（万亩）	占耕地（%）	亩产（市斤）	总产量（万担）	收购量（万担）	商品率（%）	人均交售（市斤）
全市合计	**319.80**	**246.24**	**6.76**	**2.11**	**161.26**	**10.90**	**9.77**	**89.62**	**3.97**
上海县									
嘉定区	37.80	34.32	0.30	0.79	160.00	0.48	0.48	100.00	1.40
宝山区	25.65	26.13				0.06	0.06	100.00	0.23
川沙县									
南汇县	43.50	55.35	0.92	2.11	200.00	1.84	1.60	86.97	2.89
奉贤县	45.75	39.83	1.51	3.30	247.40	3.74	3.22	86.19	8.08
松江县									
金山区	48.00	38.51	0.59	1.23	77.73	0.46	0.33	71.61	0.85
青浦县									
崇明县	69.60	52.10	0.96	1.38	185.85	1.78	1.57	88.07	3.02
农　场	49.50		2.48	5.01	102.53	2.54	2.51	98.71	

5-1-55　上海市1997年产棉县棉花生产收购明细

县市名	耕地面积（万亩）	农业人口（万人）	棉田面积（万亩）	占耕地（%）	亩产（市斤）	总产量（万担）	收购量（万担）	商品率（%）	人均交售（市斤）
全市合计	**318.45**	**240.26**	**9.60**	**3.01**	**120.25**	**11.54**	**10.90**	**94.43**	**4.54**
上海县									
嘉定区	37.35	31.34	0.35	0.94	137.14	0.48	0.48	100.00	1.53
宝山区	25.20	21.91				0.01	0.01	100.00	0.05
川沙县									
南汇县	43.20	57.69	0.91	2.11	184.62	1.68	1.46	86.77	2.53
奉贤县	45.45	40.52	1.56	3.43	174.17	2.72	2.40	88.47	5.93
松江县									
金山区	48.00	36.72	0.52	1.08	72.50	0.38	0.38	100.00	1.03
青浦县									
崇明县	69.45	52.08	3.51	5.05	86.97	3.05	3.05	100.00	5.86
农　场	49.80		2.75	5.52	117.35	3.23	3.12	96.67	

5-1-56　上海市1998年产棉县棉花生产收购明细

县市名	耕地面积（万亩）	农业人口（万人）	棉田面积（万亩）	占耕地（%）	亩产（市斤）	总产量（万担）	收购量（万担）	商品率（%）	人均交售（市斤）
全市合计	**337.50**	**250.18**	**13.43**	**3.98**	**109.61**	**14.72**	**14.14**	**96.08**	**5.65**
上海县									
嘉定区	36.60	31.49	0.32	0.87	130.94	0.42	0.32	77.09	1.03
宝山区									
川沙县									
南汇县	42.00	57.00	0.90	2.14	125.56	1.13	0.98	86.99	1.72
奉贤县	45.30	39.44	1.85	4.08	150.34	2.78	2.45	88.01	6.21
松江县	46.20	34.94	0.40	0.87	74.87	0.30	0.30	100.00	0.86
金山区	47.85	36.36	0.88	1.84	45.25	0.40	0.40	100.00	1.10
青浦县									
崇明县	69.45	50.95	6.50	9.36	96.71	6.29	6.29	100.00	12.34
农　场	50.10		2.58	5.15	132.02	3.41	3.41	100.00	

5－1－57　上海市1999年产棉县棉花生产收购明细

县市名	耕地面积（万亩）	农业人口（万人）	棉田面积（万亩）	占耕地（%）	亩产（市斤）	总产量（万担）	收购量（万担）	商品率（%）	人均交售（市斤）
全市合计	**291.30**	**215.24**	**4.75**	**1.63**			**2.28**		**1.06**
上海县									
嘉定区	36.60	31.49	0.13	0.36			0.02		0.06
宝山区									
川沙县									
南汇县	42.00	57.00	0.86	2.05					
奉贤县	45.30	39.44	0.87	1.92			0.15		0.38
松江县									
金山区	47.85	36.36	0.36	0.75			0.04		0.11
青浦县									
崇明县	69.45	50.95	1.03	1.48			0.62		1.22
农场	50.10		1.50	2.99			1.45		

5－1－58　上海市2000年产棉县棉花生产收购明细

县市名	耕地面积（万亩）	农业人口（万人）	棉田面积（万亩）	占耕地（%）	亩产（市斤）	总产量（万担）	收购量（万担）	商品率（%）	人均交售（市斤）
全市合计	**291.30**	**215.24**	**2.70**	**0.93**			**1.91**		**0.89**
上海县									
嘉定区	36.60	31.49	0.10	0.27			0.01		0.03
宝山区									
川沙县									
南汇县	42.00	57.00	0.30	0.71					
奉贤县	45.30	39.44	0.30	0.66			0.05		0.13
松江县									
金山区	47.85	36.36	0.30	0.63			0.01		0.03
青浦县									
崇明县	69.45	50.95	0.20	0.29			0.01		0.02
农场	50.10		1.50	2.99			1.83		

5－2－1 上海市上海县历年棉花生产收购

年度	耕地面积（万亩）	农业人口（万人）	棉田面积（万亩）	占耕地（%）	亩产（市斤）	产量（万担）	收购量（万担）	商品率（%）	人均交售（市斤）
52 年合计			**558.52**	**30.20**	**84.35**	**471.09**	**353.80**	**75.10**	**26.92**
11 年小计			**229.38**	**42.23**	**52.55**	**120.54**	**11.26**	**9.34**	**18.37**
占合计%			**41.07**			**25.59**	**3.18**		
1949	44.40		18.84	42.43	19.59	3.69			
1950	51.15		19.48	38.08	28.75	5.60			
1951	51.15		24.44	47.78	38.83	9.49			
1952	51.45		24.35	47.33	43.12	10.50			
1953	52.65		22.01	41.80	50.93	11.21			
1954	52.65		22.68	43.08	48.72	11.05			
1955	52.20		22.50	43.10	82.53	18.57			
1956	51.75		23.18	44.79	43.62	10.11			
1957	46.65		22.79	48.85	54.59	12.44			
1958	45.15	30.65	17.08	37.83	92.33	15.77			
1959	43.95	30.65	12.03	27.37	100.67	12.11	11.26	92.98	36.74
10 年小计			**127.11**	**30.02**	**109.53**	**139.22**	**137.09**	**98.47**	**37.91**
占合计%			**22.76**			**29.55**	**38.75**		
1960	42.00	31.96	11.68	27.81	80.82	9.44	9.44	100.00	29.54
1961	41.85	32.70	9.91	23.68	68.31	6.77	6.77	100.00	20.70
1962	42.00	33.96	8.46	20.14	57.21	4.84	4.57	94.42	13.46
1963	42.45	34.88	12.83	30.22	85.27	10.94	10.72	97.99	30.73
1964	42.60	35.69	13.60	31.92	114.49	15.57	15.28	98.14	42.81
1965	42.45	36.10	14.23	33.52	121.64	17.31	17.07	98.61	47.29
1966	42.45	41.97	14.14	33.31	108.91	15.40	15.22	98.83	36.26
1967	42.45	36.89	14.06	33.12	112.66	15.84	15.60	98.48	42.29
1968	42.60	38.18	14.07	33.03	162.33	22.84	22.57	98.82	59.11
1969	42.60	39.25	14.13	33.17	143.45	20.27	19.85	97.93	50.57
10 年小计			**133.60**	**31.87**	**114.20**	**152.57**	**149.92**	**98.26**	**37.39**
占合计%			**23.92**			**32.39**	**42.37**		
1970	42.45	39.56	14.14	33.31	120.79	17.08	16.66	97.54	42.11
1971	42.45	39.68	14.04	33.07	92.81	13.03	12.74	97.77	32.11
1972	42.45	39.56	13.98	32.93	107.08	14.97	14.66	97.93	37.06
1973	42.30	39.77	13.95	32.98	122.22	17.05	16.76	98.30	42.14
1974	42.15	39.92	13.90	32.98	118.99	16.54	16.27	98.37	40.76
1975	42.00	40.04	13.83	32.93	123.36	17.06	16.83	98.65	42.03
1976	41.85	41.16	13.27	31.71	94.27	12.51	12.25	97.92	29.76
1977	41.70	40.53	12.37	29.66	89.09	11.02	10.80	98.00	26.65
1978	41.25	40.64	12.17	29.50	156.78	19.08	18.85	98.79	46.38
1979	40.65	40.14	11.95	29.40	119.08	14.23	14.10	99.09	35.13
10 年小计			**66.94**	**18.19**	**85.22**	**57.05**	**53.98**	**94.62**	**13.97**
占合计%			**11.99**			**12.11**	**15.26**		
1980	40.20	39.98	11.95	29.73	87.70	10.48	10.32	98.47	25.81
1981	39.75	41.02	12.28	30.89	73.78	9.06	8.78	96.91	21.40
1982	39.30	40.36	11.57	29.44	76.66	8.87	8.57	96.62	21.23
1983	38.70	40.21	10.65	27.52	82.25	8.76	8.49	96.92	21.11
1984	37.95	39.61	10.10	26.61	120.40	12.16	11.73	96.46	29.61
1985	36.15	37.76	6.89	19.06	76.92	5.30	4.20	79.25	11.12
1986	34.95	38.49	1.93	5.52	66.11	1.28	1.15	89.86	2.98
1987	34.20	37.63	1.04	3.04	61.35	0.64	0.56	88.12	1.49
1988	33.60	36.03	0.41	1.22	97.56	0.40	0.14	35.62	0.40
1989	33.15	35.27	0.12	0.36	85.00	0.10	0.04	37.22	0.11
11 年小计			**1.49**	**1.56**	**115.13**	**1.72**	**1.55**	**90.12**	**1.49**
占合计%			**0.27**			**0.36**	**0.44**		
1990	33.00	34.85	0.49	1.48	125.31	0.61	0.57	92.69	1.63
1991	32.40	34.84	0.50	1.54	139.60	0.70	0.63	90.46	1.81
1992	30.30	34.36	0.50	1.65	80.68	0.40	0.35	85.59	1.00
1993									
1994									
1995									
1996									
1997									
1998									
1999									
2000									

5-2-2 上海市嘉定区历年棉花生产收购

年　度	耕地面积（万亩）	农业人口（万人）	棉田面积（万亩）	占耕地（%）	亩　产（市斤）	产　量（万担）	收购量（万担）	商品率（%）	人均交售（市斤）
52年合计			**605.23**	**24.21**	**76.64**	**463.82**	**367.55**	**79.24**	**23.78**
11年小计			**232.70**	**40.07**	**40.47**	**94.18**	**8.80**	**9.34**	**14.72**
占合计%			**38.45**			**20.31**	**2.39**		
1949	54.30		18.73	34.49	20.13	3.77			
1950	52.50		17.14	32.65	29.81	5.11			
1951	52.50		28.65	54.57	36.54	10.47			
1952	52.80		28.55	54.07	34.99	9.99			
1953	52.80		23.79	45.06	37.79	8.99			
1954	50.70		21.54	42.49	29.53	6.36			
1955	50.70		21.84	43.08	53.34	11.65			
1956	50.40		20.46	40.60	28.15	5.76			
1957	56.10		21.50	38.32	43.12	9.27			
1958	54.45	29.89	19.00	34.89	69.79	13.26			
1959	53.55	29.89	11.50	21.48	83.04	9.55	8.80	92.15	29.44
10年小计			**133.94**	**26.07**	**101.77**	**136.31**	**133.28**	**97.78**	**39.10**
占合计%			**22.13**			**29.39**	**36.26**		
1960	51.90	30.45	11.58	22.31	61.23	7.09	6.89	97.18	22.63
1961	51.00	31.40	11.28	22.12	68.79	7.76	7.76	100.00	24.71
1962	51.00	32.84	10.24	20.08	63.87	6.54	6.15	94.04	18.73
1963	51.60	33.82	13.91	26.96	82.60	11.49	11.22	97.65	33.18
1964	51.60	34.67	14.23	27.58	108.71	15.47	15.08	97.48	43.50
1965	51.60	34.72	14.49	28.08	114.22	16.55	16.24	98.13	46.77
1966	51.60	35.67	14.56	28.22	109.48	15.94	15.68	98.37	43.96
1967	51.15	35.09	14.46	28.27	113.00	16.34	16.05	98.23	45.74
1968	51.15	35.75	14.61	28.56	148.60	21.71	21.25	97.88	59.44
1969	51.15	36.47	14.58	28.50	119.48	17.42	16.96	97.36	46.50
10年小计			**137.50**	**27.38**	**101.16**	**139.10**	**136.24**	**97.94**	**35.71**
占合计%			**22.72**			**29.99**	**37.07**		
1970	51.00	37.31	14.60	28.63	106.16	15.50	15.04	97.03	40.31
1971	51.15	37.34	14.34	28.04	64.37	9.23	8.91	96.53	23.86
1972	51.15	37.46	14.00	27.37	99.00	13.86	13.48	97.26	35.99
1973	51.00	37.73	14.00	27.45	109.43	15.32	14.97	97.72	39.68
1974	51.00	38.00	14.00	27.45	89.50	12.53	12.24	97.69	32.21
1975	50.85	38.24	14.00	27.53	110.57	15.48	15.22	98.32	39.80
1976	49.35	38.35	13.53	27.42	100.44	13.59	13.32	98.01	34.73
1977	49.35	38.78	13.00	26.34	78.69	10.23	10.04	98.14	25.89
1978	48.75	39.44	12.93	26.52	144.32	18.66	18.42	98.71	46.70
1979	48.60	38.86	13.10	26.95	112.21	14.70	14.60	99.32	37.57
10年小计			**88.00**	**18.77**	**89.22**	**78.51**	**74.49**	**94.88**	**19.04**
占合计%			**14.54**			**16.93**	**20.27**		
1980	48.30	39.54	12.90	26.71	85.12	10.98	10.75	97.91	27.19
1981	48.15	39.60	13.90	28.87	69.06	9.60	9.32	97.08	23.54
1982	48.00	39.74	12.90	26.88	75.35	9.72	9.41	96.81	23.68
1983	47.85	39.58	12.79	26.73	84.36	10.79	10.36	96.01	26.17
1984	47.55	39.46	12.31	25.89	132.98	16.37	16.21	99.02	41.08
1985	46.95	39.14	8.13	17.32	87.58	7.12	6.44	90.45	16.45
1986	46.35	38.78	5.53	11.93	91.50	5.06	4.66	92.09	12.02
1987	45.75	38.43	4.49	9.81	83.74	3.76	3.02	80.32	7.86
1988	45.15	38.88	2.95	6.53	110.85	3.27	2.72	83.18	7.00
1989	44.85	38.09	2.10	4.68	87.62	1.84	1.60	86.96	4.20
11年小计			**13.09**	**3.01**	**120.08**	**15.72**	**14.74**	**93.75**	**3.96**
占合计%			**2.16**			**3.39**	**4.01**		
1990	44.70	38.08	2.83	6.33	113.07	3.20	3.04	95.00	7.98
1991	44.40	37.75	2.84	6.40	162.62	4.62	4.44	96.04	11.75
1992	43.35	37.38	3.34	7.70	113.08	3.78	3.48	92.18	9.31
1993	40.35	33.59	1.63	4.04	79.75	1.30	1.25	96.01	3.72
1994	38.70	32.82	0.81	2.09	101.23	0.82	0.74	90.24	2.25
1995	37.80	32.50	0.44	1.16	141.77	0.62	0.48	76.53	1.47
1996	37.80	34.32	0.30	0.79	160.00	0.48	0.48	100.00	1.40
1997	37.35	31.34	0.35	0.94	137.14	0.48	0.48	100.00	1.53
1998	36.60	31.49	0.32	0.87	130.94	0.42	0.32	77.09	1.03
1999	36.60	31.49	0.13	0.36			0.02		0.06
2000	36.60	31.49	0.10	0.27			0.01		0.03

5-2-3 上海市宝山区历年棉花生产收购

年　　度	耕地面积（万亩）	农业人口（万人）	棉田面积（万亩）	占耕地（%）	亩　产（市斤）	产　量（万担）	收购量（万担）	商品率（%）	人均交售（市斤）
52年合计			**586.77**	**32.48**	**75.89**	**445.31**	**339.37**	**76.21**	**28.71**
11年小计			**248.31**	**52.40**	**44.20**	**109.76**	**9.12**	**8.31**	**17.10**
占合计%			**42.32**			**24.65**	**2.69**		
1949	44.10		14.85	33.67	23.84	3.54			
1950	42.15		17.91	42.49	36.35	6.51			
1951	42.60		28.95	67.96	36.03	10.43			
1952	44.10		30.56	69.30	26.70	8.16			
1953	44.40		26.17	58.94	52.96	13.86			
1954	44.40		26.51	59.71	35.35	9.37			
1955	44.85		25.98	57.93	70.94	18.43			
1956	44.70		24.16	54.05	29.10	7.03			
1957	42.15		22.73	53.93	40.17	9.13			
1958	40.50	26.66	19.26	47.56	73.62	14.18			
1959	39.90	26.66	11.23	28.15	81.21	9.12	9.12	100.00	34.21
10年小计			**127.34**	**32.98**	**102.91**	**131.05**	**129.74**	**99.00**	**44.21**
占合计%			**21.70**			**29.43**	**38.23**		
1960	38.70	21.54	9.89	25.56	58.85	5.82	5.82	100.00	27.02
1961	38.10	27.41	10.15	26.64	65.71	6.67	6.66	99.85	24.30
1962	37.95	28.94	9.02	23.77	47.89	4.32	4.09	94.68	14.13
1963	38.40	29.67	13.06	34.01	74.27	9.70	9.45	97.42	31.85
1964	38.70	30.53	13.30	34.37	111.28	14.80	14.58	98.51	47.76
1965	38.70	30.60	14.46	37.36	104.08	15.05	14.88	98.87	48.63
1966	38.70	29.74	14.46	37.36	111.89	16.18	16.13	99.69	54.24
1967	38.70	30.79	14.33	37.03	124.56	17.85	17.73	99.33	57.58
1968	38.70	31.69	14.33	37.03	161.48	23.14	23.04	99.57	72.70
1969	39.45	32.58	14.34	36.35	122.18	17.52	17.36	99.09	53.28
10年小计			**134.60**	**35.11**	**102.91**	**138.52**	**137.36**	**99.16**	**40.90**
占合计%			**22.94**			**31.11**	**40.48**		
1970	38.70	33.20	13.96	36.07	118.34	16.52	16.26	98.43	48.98
1971	39.45	33.99	13.94	35.34	77.19	10.76	10.72	99.63	31.54
1972	39.45	33.15	14.01	35.51	104.85	14.69	14.55	99.05	43.89
1973	39.75	33.44	14.05	35.35	117.94	16.57	16.44	99.22	49.16
1974	36.30	33.64	13.39	36.89	95.89	12.84	12.83	99.92	38.14
1975	39.15	34.12	13.87	35.43	110.17	15.28	15.17	99.28	44.46
1976	38.85	33.95	13.55	34.88	80.44	10.90	10.68	97.98	31.46
1977	38.70	34.14	13.00	33.59	71.54	9.30	9.13	98.17	26.74
1978	36.75	33.48	12.15	33.06	152.18	18.49	18.41	99.57	54.99
1979	36.30	32.74	12.68	34.93	103.86	13.17	13.17	100.00	40.23
10年小计			**73.83**	**21.90**	**83.92**	**61.96**	**59.32**	**95.74**	**19.64**
占合计%			**12.58**			**13.91**	**17.48**		
1980	35.70	32.37	12.52	35.07	87.62	10.97	10.97	100.00	33.89
1981	35.25	32.11	12.23	34.70	71.95	8.80	8.61	97.84	26.81
1982	34.80	32.14	12.03	34.57	75.56	9.09	8.78	96.59	27.32
1983	34.35	31.83	11.96	34.82	76.51	9.15	8.76	95.74	27.52
1984	33.90	30.82	12.18	35.93	117.41	14.30	13.83	96.71	44.87
1985	33.00	30.28	7.16	21.70	78.77	5.64	4.82	85.46	15.92
1986	31.95	29.20	2.65	8.29	74.34	1.97	1.80	91.37	6.16
1987	33.60	28.28	1.95	5.80	58.46	1.14	0.96	84.21	3.39
1988	32.55	27.71	0.82	2.52	91.46	0.75	0.69	92.00	2.49
1989	32.10	27.28	0.33	1.03	45.45	0.15	0.10	66.67	0.37
11年小计			**2.69**	**1.19**	**149.26**	**4.02**	**3.83**	**95.31**	**1.94**
占合计%			**0.46**			**0.90**	**1.13**		
1990	31.65	26.86	0.86	2.72	130.23	1.12	1.07	95.54	3.98
1991	31.50	26.42	0.85	2.70	179.91	1.53	1.51	98.88	5.72
1992	30.45	26.26	0.91	2.99	128.86	1.17	1.07	91.36	4.08
1993	28.80	23.86	0.07	0.24	71.43	0.05	0.03	60.00	0.13
1994	26.85	23.47				0.01	0.01	100.00	0.02
1995	25.95	22.54				0.07	0.07	100.00	0.30
1996	25.65	26.13				0.06	0.06	100.00	0.23
1997	25.20	21.91				0.01	0.01	100.00	0.05
1998									
1999									
2000									

5-2-4 上海市川沙县历年棉花生产收购

年度	耕地面积（万亩）	农业人口（万人）	棉田面积（万亩）	占耕地（%）	亩产（市斤）	产量（万担）	收购量（万担）	商品率（%）	人均交售（市斤）
52 年合计			**484.73**	**28.79**	**86.09**	**417.29**	**408.69**	**97.94**	**24.06**
11 年小计			**189.72**	**39.49**	**51.69**	**98.07**	**98.07**	**100.00**	**109.53**
占合计%			**39.14**			**23.50**	**24.00**		
1949	43.65		7.56	17.32	15.48	1.17	1.17	100.00	
1950	43.65		14.07	32.23	27.43	3.86	3.86	100.00	
1951	43.50		18.67	42.92	34.39	6.42	6.42	100.00	
1952	43.80		19.97	45.59	43.52	8.69	8.69	100.00	
1953	44.40		18.20	40.99	60.16	10.95	10.95	100.00	
1954	44.40		20.57	46.33	46.28	9.52	9.52	100.00	
1955	44.25		20.62	46.60	78.90	16.27	16.27	100.00	
1956	43.80		20.50	46.80	35.90	7.36	7.36	100.00	
1957	44.40		19.76	44.50	46.26	9.14	9.14	100.00	
1958	43.50	44.77	17.65	40.57	82.95	14.64	14.64	100.00	32.70
1959	41.10	44.77	12.15	29.56	82.72	10.05	10.05	100.00	22.45
10 年小计			**119.27**	**30.90**	**100.03**	**119.31**	**116.83**	**97.92**	**25.02**
占合计%			**24.61**			**28.59**	**28.59**		
1960	39.30	39.52	12.32	31.35	68.51	8.44	8.44	100.00	21.36
1961	38.55	42.29	12.28	31.85	61.07	7.50	7.50	100.00	17.73
1962	38.70	45.04	9.93	25.66	54.38	5.40	5.00	92.59	11.10
1963	38.55	46.39	11.16	28.95	73.21	8.17	7.93	97.06	17.09
1964	38.40	46.60	12.40	32.29	119.60	14.83	14.54	98.04	31.20
1965	38.55	46.45	12.80	33.20	104.77	13.41	13.08	97.54	28.16
1966	38.55	52.73	12.31	31.93	105.36	12.97	12.68	97.76	24.05
1967	38.40	49.07	12.07	31.43	102.32	12.35	12.00	97.17	24.45
1968	38.55	49.97	11.96	31.02	167.31	20.01	19.76	98.75	39.54
1969	38.40	48.88	12.04	31.35	134.80	16.23	15.90	97.97	32.53
10 年小计			**113.07**	**29.72**	**121.26**	**137.11**	**134.34**	**97.98**	**26.67**
占合计%			**23.33**			**32.86**	**32.87**		
1970	38.70	49.26	11.85	30.62	125.65	14.89	14.46	97.11	29.35
1971	38.70	50.31	11.68	30.18	109.76	12.82	12.58	98.13	25.00
1972	38.70	49.61	11.64	30.08	121.56	14.15	13.85	97.88	27.92
1973	38.25	50.05	11.60	30.33	138.97	16.12	16.01	99.32	31.99
1974	38.10	50.26	11.60	30.45	117.33	13.61	13.36	98.16	26.58
1975	38.10	50.35	11.60	30.45	123.28	14.30	14.04	98.18	27.88
1976	37.80	50.57	11.23	29.71	91.54	10.28	10.03	97.57	19.83
1977	37.80	50.88	10.64	28.15	82.80	8.81	8.55	97.05	16.80
1978	37.20	51.20	10.66	28.66	180.96	19.29	18.92	98.08	36.95
1979	37.05	51.23	10.57	28.53	121.48	12.84	12.54	97.66	24.48
10 年小计			**62.36**	**17.83**	**100.13**	**62.44**	**59.13**	**94.70**	**11.86**
占合计%			**12.86**			**14.96**	**14.47**		
1980	36.75	51.37	10.58	28.79	100.09	10.59	10.21	96.41	19.88
1981	36.60	51.86	11.57	31.61	77.53	8.97	8.58	95.65	16.54
1982	36.30	52.02	10.57	29.12	91.11	9.63	9.20	95.53	17.69
1983	36.00	51.45	10.54	29.28	102.18	10.77	10.38	96.38	20.17
1984	35.55	50.61	10.34	29.09	146.62	15.16	14.71	97.03	29.07
1985	34.95	49.56	6.59	18.86	90.29	5.95	5.01	84.20	10.11
1986	34.35	48.52	1.64	4.77	55.49	0.91	0.72	79.12	1.48
1987	33.75	48.40	0.40	1.19	82.50	0.33	0.25	75.76	0.52
1988	33.30	47.95	0.10	0.30	100.00	0.10	0.06	60.00	0.13
1989	32.10	46.99	0.03	0.09	100.00	0.03	0.01	33.33	0.02
11 年小计			**0.31**	**0.36**	**115.74**	**0.36**	**0.32**	**89.19**	**0.23**
占合计%			**0.06**			**0.09**	**0.08**		
1990	31.95	47.00	0.17	0.53	111.76	0.19	0.17	89.47	0.36
1991	30.75	46.60	0.10	0.33	110.00	0.11	0.11	100.00	0.24
1992	24.30	45.87	0.04	0.16	147.00	0.06	0.04	68.03	0.09
1993									
1994									
1995									
1996									
1997									
1998									
1999									
2000									

5－2－5 上海市南汇县历年棉花生产收购

年　度	耕地面积（万亩）	农业人口（万人）	棉田面积（万亩）	占耕地（%）	亩　产（市斤）	产　量（万担）	收购量（万担）	商品率（%）	人均交售（市斤）
52年合计			**966.25**	**34.91**	**98.30**	**949.81**	**775.32**	**81.63**	**34.39**
11年小计			**363.44**	**52.59**	**48.80**	**177.37**	**19.85**	**11.19**	**25.52**
占合计%			**37.61**			**18.67**	**2.56**		
1949	65.10		30.08	46.21	23.54	7.08			
1950	66.60		31.35	47.07	27.18	8.52			
1951	64.05		40.61	63.40	28.96	11.76			
1952	63.75		38.97	61.13	42.47	16.55			
1953	63.60		32.44	51.01	49.88	16.18			
1954	63.90		33.04	51.71	45.34	14.98			
1955	63.90		35.48	55.52	73.00	25.90			
1956	63.30		32.86	51.91	41.87	13.76			
1957	59.85		32.50	54.30	58.22	18.92			
1958	58.65	38.21	30.50	52.00	78.20	23.85			
1959	58.35	39.57	25.61	43.89	77.59	19.87	19.85	99.90	50.16
10年小计			**229.00**	**41.75**	**112.82**	**258.36**	**253.24**	**98.02**	**56.32**
占合计%			**23.70**			**27.20**	**32.66**		
1960	57.45	36.72	21.88	38.09	77.24	16.90	16.90	100.00	46.02
1961	54.75	39.56	23.11	42.21	60.36	13.95	13.95	100.00	35.26
1962	53.70	42.82	19.90	37.06	60.10	11.96	11.33	94.73	26.46
1963	54.60	43.89	23.68	43.37	86.15	20.40	19.95	97.79	45.45
1964	54.75	44.84	23.21	42.39	129.69	30.10	29.45	97.84	65.68
1965	54.75	45.64	23.23	42.43	141.11	32.78	32.14	98.05	70.42
1966	54.60	48.03	23.23	42.55	118.17	27.45	26.81	97.67	55.82
1967	54.60	47.51	23.68	43.37	105.36	24.95	24.27	97.27	51.08
1968	54.90	50.70	23.79	43.33	180.37	42.91	42.21	98.37	83.25
1969	54.45	49.91	23.29	42.77	158.69	36.96	36.23	98.02	72.59
10年小计			**218.49**	**40.30**	**141.97**	**310.18**	**305.40**	**98.46**	**57.90**
占合计%			**22.61**			**32.66**	**39.39**		
1970	55.35	50.75	22.45	40.56	143.88	32.30	31.54	97.65	62.15
1971	54.45	51.32	22.30	40.96	114.44	25.52	24.96	97.81	48.64
1972	54.45	52.14	22.30	40.96	130.45	29.09	28.72	98.73	55.08
1973	54.45	52.50	22.30	40.96	166.37	37.10	36.74	99.03	69.98
1974	54.45	52.35	22.30	40.96	148.48	33.11	32.75	98.91	62.56
1975	54.30	52.82	22.30	41.07	163.41	36.44	36.09	99.04	68.33
1976	54.30	53.16	22.14	40.77	96.03	21.26	20.91	98.35	39.33
1977	54.30	53.80	20.80	38.31	115.96	24.12	23.76	98.51	44.16
1978	54.00	54.22	20.80	38.52	198.22	41.23	40.61	98.50	74.90
1979	52.05	54.41	20.80	39.96	144.28	30.01	29.32	97.70	53.89
10年小计			**137.60**	**27.62**	**129.94**	**178.80**	**174.01**	**97.32**	**30.79**
占合计%			**14.24**			**18.82**	**22.44**		
1980	51.60	54.41	20.45	39.63	127.43	26.06	25.63	98.35	47.11
1981	51.45	55.56	22.94	44.59	111.12	25.49	25.21	98.90	45.37
1982	51.45	56.28	18.53	36.02	146.41	27.13	26.95	99.34	47.89
1983	51.15	56.53	18.52	36.21	122.03	22.60	22.20	98.23	39.27
1984	51.00	56.76	18.63	36.53	179.87	33.51	33.21	99.10	58.51
1985	50.70	56.78	14.70	28.99	130.61	19.20	17.38	90.52	30.61
1986	48.00	56.88	9.77	20.35	84.65	8.27	7.70	93.11	13.54
1987	47.85	56.94	7.48	15.63	118.18	8.84	8.52	96.38	14.96
1988	47.55	57.21	4.59	9.65	120.70	5.54	5.32	96.03	9.30
1989	47.40	57.86	1.99	4.20	108.54	2.16	1.89	87.50	3.27
11年小计			**17.72**	**3.63**	**141.65**	**25.10**	**22.82**	**90.91**	**3.60**
占合计%			**1.83**			**2.64**	**2.94**		
1990	47.25	58.30	2.62	5.54	139.31	3.65	3.52	96.44	6.04
1991	47.10	58.65	2.87	6.09	163.41	4.69	4.51	96.13	7.69
1992	46.20	58.12	3.15	6.82	159.37	5.02	4.98	99.17	8.57
1993	45.60	58.51	2.47	5.42	123.89	3.06	2.83	92.48	4.84
1994	44.70	58.43	1.64	3.67	140.24	2.30	1.78	77.39	3.05
1995	44.10	58.18	1.08	2.45	160.19	1.73	1.16	67.04	1.99
1996	43.50	55.35	0.92	2.11	200.00	1.84	1.60	86.97	2.89
1997	43.20	57.69	0.91	2.11	184.62	1.68	1.46	86.77	2.53
1998	42.00	57.00	0.90	2.14	125.56	1.13	0.98	86.99	1.72
1999	42.00	57.00	0.86	2.05					
2000	42.00	57.00	0.30	0.71					

5-2-6 上海市奉贤县历年棉花生产收购

年　度	耕地面积（万亩）	农业人口（万人）	棉田面积（万亩）	占耕地（%）	亩产（市斤）	产量（万担）	收购量（万担）	商品率（%）	人均交售（市斤）
52 年合计			**934.59**	**34.07**	**93.33**	**872.25**	**850.88**	**97.55**	**50.54**
11 年小计			**332.73**	**51.24**	**51.91**	**172.72**	**165.68**	**95.92**	**269.14**
占合计%			**35.60**			**19.80**	**19.47**		
1949	60.45		31.04	51.35	20.30	6.30	6.30	100.00	
1950	58.95		24.34	41.29	32.46	7.90	7.90	100.00	
1951	59.70		38.26	64.09	40.90	15.65	15.65	100.00	
1952	59.85		38.71	64.68	51.80	20.05	20.05	100.00	
1953	59.25		32.28	54.48	50.43	16.28	13.76	84.52	
1954	58.65		28.91	49.29	47.91	13.85	12.33	89.03	
1955	58.65		29.04	49.51	73.90	21.46	20.64	96.18	
1956	58.35		28.84	49.43	43.10	12.43	11.78	94.77	
1957	59.85		28.65	47.87	64.29	18.42	17.74	96.31	
1958	57.90	30.78	27.29	47.13	75.08	20.49	20.09	98.05	65.27
1959	57.75	30.78	25.37	43.93	78.40	19.89	19.44	97.74	63.16
10 年小计			**230.09**	**41.92**	**110.73**	**254.79**	**248.95**	**97.71**	**73.27**
占合计%			**24.62**			**29.21**	**29.26**		
1960	57.15	30.09	25.25	44.18	78.77	19.89	19.59	98.49	65.10
1961	56.40	30.27	25.38	45.00	60.40	15.33	14.88	97.06	49.16
1962	54.30	32.12	22.16	40.81	66.83	14.81	14.16	95.61	44.08
1963	54.30	33.35	22.58	41.58	89.81	20.28	18.56	91.52	55.65
1964	54.15	33.97	22.49	41.53	119.34	26.84	26.35	98.17	77.57
1965	54.00	34.67	22.41	41.50	128.96	28.90	28.47	98.51	82.12
1966	54.60	38.22	22.57	41.34	110.41	24.92	24.55	98.52	64.23
1967	54.60	32.22	22.48	41.17	134.12	30.15	29.73	98.61	92.27
1968	54.75	37.11	22.45	41.00	180.27	40.47	39.98	98.79	107.73
1969	54.60	37.74	22.32	40.88	148.75	33.20	32.68	98.43	86.59
10 年小计			**206.31**	**38.56**	**121.69**	**251.06**	**247.95**	**98.76**	**61.83**
占合计%			**22.07**			**28.78**	**29.14**		
1970	54.15	38.60	22.29	41.16	118.93	26.51	25.95	97.89	67.23
1971	54.15	39.31	21.68	40.04	100.37	21.76	21.46	98.62	54.59
1972	54.15	39.77	21.63	39.94	104.35	22.57	22.30	98.80	56.07
1973	54.15	39.45	21.63	39.94	111.42	24.10	23.82	98.84	60.38
1974	54.15	39.48	21.63	39.94	123.16	26.64	26.37	98.99	66.79
1975	54.15	39.77	21.44	39.59	142.16	30.48	30.22	99.15	75.99
1976	53.40	40.17	19.91	37.28	91.71	18.26	17.99	98.52	44.78
1977	53.25	41.19	19.03	35.74	104.89	19.96	19.68	98.60	47.78
1978	52.35	41.47	18.60	35.53	189.09	35.17	34.73	98.75	83.75
1979	51.15	41.79	18.47	36.11	138.66	25.61	25.43	99.30	60.85
10 年小计			**134.68**	**27.13**	**108.29**	**145.85**	**142.80**	**97.91**	**33.38**
占合计%			**14.41**			**16.72**	**16.78**		
1980	51.00	41.81	18.82	36.90	93.46	17.59	17.59	100.00	42.07
1981	50.55	42.44	21.40	42.33	86.40	18.49	18.49	100.00	43.57
1982	50.55	42.99	18.69	36.97	87.11	16.28	16.28	100.00	37.87
1983	50.40	43.16	17.15	34.03	104.90	17.99	17.99	100.00	41.68
1984	50.10	43.15	17.71	35.35	184.19	32.62	31.98	98.04	74.11
1985	49.05	43.01	16.64	33.92	103.31	17.19	16.42	95.52	38.18
1986	49.35	42.86	10.40	21.07	87.88	9.14	8.78	96.06	20.49
1987	48.75	42.88	5.65	11.59	108.32	6.12	5.83	95.26	13.60
1988	48.45	42.95	4.08	8.42	126.47	5.16	4.87	94.38	11.34
1989	48.30	42.60	4.14	8.57	127.29	5.27	4.57	86.72	10.73
11 年小计			**30.78**	**6.00**	**155.39**	**47.83**	**45.50**	**95.14**	**10.03**
占合计%			**3.29**			**5.48**	**5.35**		
1990	48.45	42.73	3.23	6.67	170.28	5.50	5.35	97.27	12.52
1991	48.30	42.82	4.00	8.28	227.62	9.10	8.95	98.34	20.91
1992	48.00	42.83	7.20	15.00	137.35	9.89	9.55	96.58	22.30
1993	47.70	42.21	5.60	11.74	112.27	6.29	6.01	95.59	14.24
1994	47.10	42.42	2.82	5.99	160.99	4.54	4.34	95.59	10.23
1995	46.50	41.86	1.84	3.96	177.92	3.27	3.03	92.46	7.23
1996	45.75	39.83	1.51	3.30	247.40	3.74	3.22	86.19	8.08
1997	45.45	40.52	1.56	3.43	174.17	2.72	2.40	88.47	5.93
1998	45.30	39.44	1.85	4.08	150.34	2.78	2.45	88.01	6.21
1999	45.30	39.44	0.87	1.92			0.15		0.38
2000	45.30	39.44	0.30	0.66			0.05		0.13

5－2－7 上海市松江县历年棉花生产收购

年　度	耕地面积（万亩）	农业人口（万人）	棉田面积（万亩）	占耕地（%）	亩　产（市斤）	产　量（万担）	收购量（万担）	商品率（%）	人均交售（市斤）
52年合计			**244.09**	**7.62**	**109.20**	**266.55**	**256.31**	**96.16**	**17.63**
11年小计			**48.04**	**5.07**	**25.40**	**12.20**	**12.20**	**100.00**	**16.74**
占合计%			**19.68**			**4.58**	**4.76**		
1949	79.95		7.70	9.63	8.83	0.68	0.68	100.00	
1950	84.30		6.77	8.03	29.84	2.02	2.02	100.00	
1951	85.35		7.76	9.09	22.04	1.71	1.71	100.00	
1952	85.20		8.08	9.48	23.64	1.91	1.91	100.00	
1953	84.90		4.61	5.43	25.81	1.19	1.19	100.00	
1954	85.50		4.42	5.17	21.04	0.93	0.93	100.00	
1955	89.25		2.77	3.10	47.29	1.31	1.31	100.00	
1956	89.55		1.93	2.16	25.91	0.50	0.50	100.00	
1957	88.95		1.48	1.66	38.51	0.57	0.57	100.00	
1958	87.60	36.43	1.39	1.59	49.64	0.69	0.69	100.00	1.89
1959	86.10	36.43	1.13	1.31	61.06	0.69	0.69	100.00	1.89
10年小计			**24.87**	**3.34**	**110.01**	**27.36**	**25.93**	**94.77**	**6.93**
占合计%			**10.19**			**10.26**	**10.12**		
1960	84.90	37.94	0.97	1.14	63.92	0.62	0.62	100.00	1.63
1961	83.25	38.08	1.54	1.85	61.69	0.95	0.84	88.42	2.21
1962	83.25	38.78	1.48	1.78	42.57	0.63	0.58	92.06	1.50
1963	83.10	40.10	1.51	1.82	89.40	1.35	1.28	94.81	3.19
1964	83.10	41.41	2.00	2.41	107.50	2.15	2.06	95.81	4.97
1965	83.10	42.26	5.83	7.02	115.78	6.75	6.52	96.59	15.43
1966	61.05	33.58	2.75	4.50	95.64	2.63	2.50	95.06	7.44
1967	61.20	33.67	2.18	3.56	111.47	2.43	2.29	94.24	6.80
1968	61.05	34.78	2.39	3.91	160.67	3.84	3.64	94.79	10.47
1969	60.60	33.35	4.22	6.96	142.42	6.01	5.60	93.18	16.79
10年小计			**66.63**	**11.21**	**132.97**	**88.60**	**85.13**	**96.08**	**23.63**
占合计%			**27.30**			**33.24**	**33.21**		
1970	60.30	34.03	4.67	7.74	111.99	5.23	4.75	90.82	13.96
1971	60.00	34.87	5.97	9.95	84.92	5.07	4.69	92.50	13.45
1972	60.00	35.10	5.82	9.70	129.73	7.55	7.21	95.50	20.54
1973	59.85	35.49	5.82	9.72	136.43	7.94	7.57	95.34	21.33
1974	59.70	35.77	5.82	9.75	131.79	7.67	7.29	95.05	20.38
1975	59.25	36.17	5.82	9.82	135.91	7.91	7.52	95.07	20.79
1976	59.10	36.38	6.82	11.54	127.27	8.68	8.33	95.97	22.90
1977	58.95	37.28	8.63	14.64	113.90	9.83	9.59	97.56	25.72
1978	58.80	37.45	8.63	14.68	190.50	16.44	15.98	97.20	42.67
1979	58.35	37.66	8.63	14.79	142.29	12.28	12.20	99.35	32.40
10年小计			**89.73**	**15.95**	**132.15**	**118.58**	**114.04**	**96.17**	**29.59**
占合计%			**36.76**			**44.49**	**44.49**		
1980	58.20	37.77	12.43	21.36	116.73	14.51	14.42	99.38	38.18
1981	58.20	38.33	14.93	25.65	99.67	14.88	14.86	99.87	38.77
1982	58.05	38.44	14.53	25.03	135.86	19.74	19.64	99.49	51.09
1983	57.90	38.49	11.99	20.71	141.03	16.91	16.70	98.76	43.39
1984	57.75	38.47	12.20	21.13	196.23	23.94	23.68	98.91	61.55
1985	57.00	39.22	9.02	15.82	108.65	9.80	8.56	87.35	21.83
1986	55.05	38.72	4.23	7.68	141.13	5.97	5.07	84.92	13.09
1987	54.15	39.31	3.13	5.78	131.31	4.11	3.82	92.94	9.72
1988	52.80	38.57	4.96	9.39	128.63	6.38	5.27	82.60	13.66
1989	53.40	38.04	2.31	4.33	101.30	2.34	2.02	86.32	5.31
11年小计			**14.82**	**4.16**	**133.64**	**19.81**	**19.01**	**95.98**	**7.27**
占合计%			**6.07**			**7.43**	**7.42**		
1990	53.40	38.28	3.40	6.37	143.53	4.88	4.63	94.88	12.10
1991	52.95	38.08	3.51	6.63	168.49	5.91	5.70	96.31	14.96
1992	52.50	37.71	4.16	7.92	131.97	5.49	5.28	96.21	14.01
1993	51.45	37.53	2.95	5.73	94.24	2.78	2.66	95.68	7.09
1994	50.40	37.52	0.30	0.60	125.02	0.38	0.38	100.00	1.00
1995	49.35	37.41	0.10	0.20	66.80	0.07	0.07	100.00	0.18
1996									
1997									
1998	46.20	34.94	0.40	0.87	74.87	0.30	0.30	100.00	0.86
1999									
2000									

5-2-8 上海市金山区历年棉花生产收购

年度	耕地面积（万亩）	农业人口（万人）	棉田面积（万亩）	占耕地（%）	亩产（市斤）	产量（万担）	收购量（万担）	商品率（%）	人均交售（市斤）
52年合计			**215.81**	**8.43**	**114.11**	**246.26**	**232.46**	**94.39**	**15.52**
11年小计			**12.52**	**2.90**	**25.48**	**3.19**	**0.43**	**13.48**	**1.09**
占合计%			**5.80**			**1.30**	**0.18**		
1949	39.45		1.61	4.08	6.83	0.11			
1950	39.45		1.87	4.74	24.60	0.46			
1951	39.30		2.33	5.93	19.74	0.46			
1952	39.30		1.65	4.20	18.79	0.31			
1953	39.15		1.15	2.94	22.61	0.26			
1954	39.15		1.14	2.91	23.68	0.27			
1955	39.30		1.02	2.60	55.88	0.57			
1956	39.15		0.57	1.46	15.79	0.09			
1957	39.15		0.37	0.95	32.43	0.12			
1958	39.15	19.70	0.18	0.46	61.11	0.11			
1959	38.85	19.70	0.63	1.62	68.25	0.43	0.43	100.00	2.18
10年小计			**28.26**	**6.13**	**119.29**	**33.71**	**32.14**	**95.34**	**12.37**
占合计%			**13.09**			**13.69**	**13.83**		
1960	38.10	19.97	0.68	1.78	41.18	0.28	0.28	100.00	1.40
1961	37.50	18.55	0.65	1.73	43.08	0.28	0.28	100.00	1.51
1962	37.65	19.34	1.00	2.66	43.00	0.43	0.39	90.70	2.02
1963	37.65	20.16	1.04	2.76	85.58	0.89	0.83	93.26	4.12
1964	37.65	20.68	0.94	2.50	112.77	1.06	1.02	96.23	4.93
1965	37.65	21.18	2.46	6.53	123.98	3.05	2.88	94.43	13.60
1966	58.80	34.90	5.42	9.22	96.13	5.21	4.91	94.24	14.07
1967	58.80	33.45	5.29	9.00	113.61	6.01	5.78	96.17	17.28
1968	58.80	34.51	5.40	9.18	162.04	8.75	8.39	95.89	24.31
1969	58.65	37.07	5.38	9.17	144.05	7.75	7.38	95.23	19.91
10年小计			**72.44**	**12.50**	**133.81**	**96.93**	**92.02**	**94.93**	**24.41**
占合计%			**33.57**			**39.36**	**39.59**		
1970	58.50	36.22	5.70	9.74	118.95	6.78	6.25	92.18	17.26
1971	58.50	36.96	6.49	11.09	97.53	6.33	5.87	92.73	15.88
1972	58.50	37.02	6.49	11.09	121.73	7.90	7.44	94.18	20.10
1973	58.05	37.26	6.48	11.16	129.17	8.37	7.84	93.67	21.04
1974	57.90	37.67	6.36	10.98	140.88	8.96	8.41	93.86	22.33
1975	57.75	37.88	6.37	11.03	133.44	8.50	7.95	93.53	20.99
1976	57.75	38.05	7.36	12.74	120.24	8.85	8.28	93.56	21.76
1977	57.60	38.31	9.14	15.87	123.85	11.32	10.97	96.91	28.63
1978	57.45	38.68	8.99	15.65	185.54	16.68	15.97	95.74	41.29
1979	57.30	38.89	9.06	15.81	146.14	13.24	13.04	98.49	33.53
10年小计			**92.65**	**16.84**	**113.15**	**104.83**	**100.95**	**96.30**	**25.34**
占合计%			**42.93**			**42.57**	**43.43**		
1980	56.55	38.88	13.03	23.04	124.10	16.17	16.09	99.51	41.38
1981	56.40	39.42	15.79	28.00	89.87	14.19	13.60	95.84	34.50
1982	56.40	39.93	14.52	25.74	119.28	17.32	16.48	95.15	41.27
1983	56.25	39.94	11.35	20.18	116.48	13.22	12.62	95.46	31.60
1984	55.80	40.06	11.21	20.09	176.36	19.77	19.77	100.00	49.35
1985	54.90	39.91	10.50	19.13	101.14	10.62	10.62	100.00	26.61
1986	54.15	40.03	6.41	11.84	102.18	6.55	5.74	87.63	14.34
1987	53.85	40.02	4.20	7.80	83.10	3.49	3.10	88.83	7.75
1988	53.25	40.14	3.52	6.61	68.18	2.40	2.13	88.75	5.31
1989	52.50	40.07	2.12	4.04	51.89	1.10	0.80	72.73	2.00
11年小计			**9.94**	**1.85**	**76.47**	**7.60**	**6.92**	**91.00**	**1.64**
占合计%			**4.61**			**3.09**	**2.98**		
1990	52.35	39.72	1.97	3.76	81.73	1.61	1.44	89.44	3.63
1991	52.05	39.54	1.79	3.44	93.03	1.67	1.43	85.97	3.62
1992	51.75	39.22	1.50	2.90	118.28	1.77	1.77	100.00	4.52
1993	48.75	38.79	1.19	2.44	69.75	0.83	0.72	86.75	1.86
1994	46.65	42.66	0.41	0.88	68.15	0.28	0.24	84.70	0.55
1995	46.95	38.76	0.43	0.92	48.42	0.21	0.16	77.14	0.41
1996	48.00	38.51	0.59	1.23	77.73	0.46	0.33	71.61	0.85
1997	48.00	36.72	0.52	1.08	72.50	0.38	0.38	100.00	1.03
1998	47.85	36.36	0.88	1.84	45.25	0.40	0.40	100.00	1.10
1999	47.85	36.36	0.36	0.99			0.04		0.11
2000	47.85	36.36	0.30	0.63			0.01		0.03

5-2-9 上海市青浦县历年棉花生产收购

年度	耕地面积 （万亩）	农业人口 （万人）	棉田面积 （万亩）	占耕地 （%）	亩产 （市斤）	产量 （万担）	收购量 （万担）	商品率 （%）	人均交售 （市斤）
52 年合计			**166.76**	**6.62**	**93.99**	**156.73**	**149.92**	**95.66**	**12.66**
11 年小计			**21.14**	**31.48**	**39.19**	**5.26**	**5.26**	**10.92**	**12.27**
占合计%			**12.68**			**3.36**	**3.51**		
1949	63.90		2.90	4.54	14.48	0.42	0.42	100.00	
1950	64.50		2.95	4.57	27.12	0.80	0.80	100.00	
1951	66.75		3.10	4.64	28.39	0.88	0.88	100.00	
1952	66.60		3.21	4.82	21.50	0.69	0.69	100.00	
1953	66.15		2.75	4.16	25.82	0.71	0.71	100.00	
1954	65.85		1.73	2.63	17.92	0.31	0.31	100.00	
1955	65.10		1.66	2.55	42.77	0.71	0.71	100.00	
1956	65.10		1.03	1.58	18.45	0.19	0.19	100.00	
1957	66.15		1.17	1.77	23.93	0.28	0.28	100.00	
1958	63.30	30.05	0.46	0.73	41.30	0.19	0.19	100.00	0.63
1959	60.00	30.05	0.18	0.30	44.44	0.08	0.08	100.00	0.27
10 年小计			**15.12**	**2.65**	**96.69**	**14.62**	**13.76**	**94.12**	**4.57**
占合计%			**9.07**			**9.33**	**9.18**		
1960	58.05	26.73	0.03	0.05	66.67	0.02	0.02	100.00	0.07
1961	57.15	26.56	0.03	0.05	33.33	0.01	0.01	100.00	0.04
1962	57.30	27.54	0.77	1.34	36.36	0.28	0.26	92.86	0.94
1963	57.60	28.60	1.17	2.03	58.12	0.68	0.63	92.65	2.20
1964	54.60	29.47	1.64	3.00	82.93	1.36	1.29	94.85	4.38
1965	54.60	29.96	1.88	3.44	88.83	1.67	1.58	94.61	5.27
1966	57.60	32.55	1.90	3.30	83.16	1.58	1.50	94.94	4.61
1967	57.60	33.17	1.85	3.21	89.19	1.65	1.56	94.55	4.70
1968	57.60	33.98	1.87	3.25	123.53	2.31	2.19	94.81	6.44
1969	57.45	32.30	3.98	6.93	127.14	5.06	4.72	93.28	14.61
10 年小计			**59.42**	**10.44**	**113.35**	**67.35**	**63.64**	**94.49**	**18.25**
占合计%			**35.63**			**42.97**	**42.45**		
1970	57.75	33.47	4.41	7.64	103.40	4.56	4.09	89.69	12.22
1971	57.60	33.94	5.62	9.76	74.38	4.18	3.78	90.43	11.14
1972	57.60	34.19	5.50	9.55	106.73	5.87	5.50	93.70	16.09
1973	57.30	34.43	5.62	9.81	112.10	6.30	5.89	93.49	17.11
1974	57.30	34.58	5.61	9.79	114.80	6.44	6.01	93.32	17.38
1975	57.30	35.14	5.57	9.72	108.62	6.05	5.63	93.06	16.02
1976	56.70	35.18	5.61	9.89	110.16	6.18	5.75	93.04	16.34
1977	56.40	35.69	7.17	12.71	95.40	6.84	6.59	96.35	18.46
1978	55.80	36.09	7.12	12.76	166.29	11.84	11.45	96.71	31.73
1979	55.35	35.98	7.19	12.99	126.43	9.09	8.95	98.46	24.87
10 年小计			**68.60**	**13.09**	**97.42**	**66.83**	**64.65**	**96.74**	**17.72**
占合计%			**41.14**			**42.64**	**43.12**		
1980	54.90	35.89	11.23	20.46	86.11	9.67	9.42	97.41	26.25
1981	54.75	36.32	13.72	25.06	65.31	8.96	8.75	97.66	24.09
1982	54.75	36.76	12.81	23.40	95.94	12.29	12.03	97.88	32.73
1983	54.60	36.81	10.56	19.34	107.29	11.33	11.09	97.88	30.13
1984	53.55	36.82	10.65	19.89	148.73	15.84	15.48	97.73	42.04
1985	51.60	36.68	7.56	14.65	83.99	6.35	5.89	92.76	16.06
1986	51.00	36.51	1.08	2.12	113.89	1.23	1.18	95.93	3.23
1987	50.55	36.47	0.70	1.38	111.43	0.78	0.61	78.21	1.67
1988	49.50	36.32	0.27	0.55	133.33	0.36	0.20	55.56	0.55
1989	49.05	36.34	0.02	0.04	100.00	0.02		1.50	
11 年小计			**2.48**	**1.72**	**107.77**	**2.67**	**2.61**	**97.79**	**2.39**
占合计%			**1.49**			**1.71**	**1.74**		
1990	48.75	36.64	1.00	2.05	113.00	1.13	1.11	98.23	3.03
1991	48.45	36.45	1.02	2.11	121.57	1.24	1.20	96.85	3.29
1992	47.25	36.34	0.46	0.97	65.78	0.30	0.30	99.98	0.83
1993									
1994									
1995									
1996									
1997									
1998									
1999									
2000									

5-2-10 上海市崇明县历年棉花生产收购

年 度	耕地面积（万亩）	农业人口（万人）	棉田面积（万亩）	占耕地（%）	亩 产（市斤）	产 量（万担）	收购量（万担）	商品率（%）	人均交售（市斤）
52 年合计			**820.45**	**22.81**	**80.67**	**661.84**	**551.82**	**83.38**	**24.05**
11 年小计			**247.04**	**31.48**	**39.19**	**96.82**	**10.57**	**10.92**	**12.27**
占合计%			**30.11**			**14.63**	**1.92**		
1949	67.20		7.35	10.94	11.97	0.88			
1950	67.20		10.50	15.63	19.05	2.00			
1951	74.10		15.88	21.43	17.63	2.80			
1952	74.10		21.01	28.35	24.13	5.07			
1953	74.25		23.35	31.45	39.14	9.14			
1954	74.70		25.05	33.53	32.57	8.16			
1955	74.70		36.67	49.09	58.99	21.63			
1956	74.55		33.09	44.39	27.50	9.10			
1957	70.50		29.42	41.73	34.23	10.07			
1958	69.30	43.08	25.45	36.72	67.31	17.13			
1959	64.20	43.08	19.27	30.02	56.25	10.84	10.57	97.51	24.54
10 年小计			**202.58**	**30.43**	**98.80**	**200.14**	**195.37**	**97.62**	**39.10**
占合计%			**24.69**			**30.24**	**35.40**		
1960	73.80	43.66	17.86	24.20	33.82	6.04	6.04	100.00	13.83
1961	73.95	44.79	18.66	25.23	64.31	12.00	11.50	95.83	25.68
1962	64.35	47.36	19.01	29.54	39.51	7.51	7.00	93.21	14.78
1963	64.35	48.74	21.13	32.84	82.82	17.50	16.95	96.86	34.78
1964	64.35	49.47	21.73	33.77	113.53	24.67	24.09	97.65	48.70
1965	65.10	50.21	21.70	33.33	112.67	24.45	23.97	98.04	47.74
1966	65.55	56.86	21.00	32.04	110.10	23.12	22.69	98.14	39.91
1967	64.95	51.69	20.35	31.33	122.36	24.90	24.50	98.39	47.40
1968	64.95	52.97	20.57	31.67	162.18	33.36	32.73	98.11	61.79
1969	64.35	53.86	20.57	31.97	129.27	26.59	25.90	97.41	48.09
10 年小计			**205.97**	**29.96**	**110.50**	**227.60**	**222.57**	**97.79**	**39.71**
占合计%			**25.10**			**34.39**	**40.33**		
1970	64.50	54.89	20.32	31.50	123.57	25.11	24.33	96.89	44.33
1971	65.85	55.17	19.45	29.54	116.81	22.72	22.12	97.36	40.09
1972	65.85	55.07	19.40	29.46	135.00	26.19	25.72	98.21	46.70
1973	66.60	55.37	20.57	30.89	129.56	26.65	26.19	98.27	47.30
1974	70.05	56.38	20.60	29.41	111.65	23.00	22.45	97.61	39.82
1975	69.75	56.45	20.60	29.53	116.26	23.95	23.47	98.00	41.58
1976	69.60	56.84	21.73	31.22	70.32	15.28	14.69	96.14	25.84
1977	72.60	56.77	21.10	29.06	55.36	11.68	11.17	95.63	19.68
1978	71.40	56.89	21.10	29.55	131.23	27.69	27.10	97.87	47.64
1979	71.25	56.61	21.10	29.61	120.05	25.33	25.33	100.00	44.74
10 年小计			**139.60**	**20.09**	**82.45**	**115.10**	**102.69**	**89.22**	**18.20**
占合计%			**17.02**			**17.39**	**18.61**		
1980	71.10	56.96	20.59	28.96	78.19	16.10	16.10	100.00	28.27
1981	70.50	57.30	24.39	34.60	78.68	19.19	18.90	98.49	32.98
1982	70.20	57.24	24.39	34.74	79.54	19.40	19.04	98.14	33.26
1983	69.90	57.25	21.29	30.46	101.55	21.62	20.80	96.21	36.33
1984	69.60	57.12	21.39	30.73	108.88	23.29	16.31	70.03	28.55
1985	69.30	56.89	15.35	22.15	49.32	7.57	5.16	68.16	9.07
1986	69.00	56.07	4.33	6.28	52.66	2.28	1.53	67.11	2.73
1987	68.70	54.88	2.03	2.95	55.17	1.12	0.87	77.68	1.59
1988	68.40	55.44	3.00	4.39	72.67	2.18	1.97	90.37	3.55
1989	68.25	55.13	2.84	4.16	82.75	2.35	2.01	85.53	3.65
11 年小计			**25.26**	**3.30**	**87.79**	**22.18**	**20.62**	**92.96**	**3.53**
占合计%			**3.08**			**3.35**	**3.74**		
1990	68.25	55.10	2.87	4.21	84.32	2.42	2.13	88.02	3.87
1991	68.55	54.96	3.26	4.76	85.43	2.79	2.49	89.39	4.53
1992	71.25	54.81	3.37	4.73	91.42	3.08	2.58	83.83	4.71
1993	69.75	54.38	1.74	2.49	63.22	1.10	0.69	62.73	1.27
1994	69.75	54.08	0.89	1.28	83.15	0.74	0.36	48.49	0.66
1995	69.75	53.49	0.93	1.34	99.75	0.93	0.83	88.92	1.55
1996	69.60	52.10	0.96	1.38	185.85	1.78	1.57	88.07	3.02
1997	69.45	52.08	3.51	5.05	86.97	3.05	3.05	100.00	5.86
1998	69.45	50.95	6.50	9.36	96.71	6.29	6.29	100.00	12.34
1999	69.45	50.95	1.03	1.48			0.62		1.22
2000	69.45	50.95	0.20	0.29			0.01		0.02

5－2－11 上海市农场历年棉花生产收购

年　　度	耕地面积（万亩）	农业人口（万人）	棉田面积（万亩）	占耕地（%）	亩　产（市斤）	产　量（万担）	收购量（万担）	商品率（%）	人均交售（市斤）
52 年合计			**183.30**	**16.69**	**92.64**	**169.81**	**170.91**	**100.65**	
11 年小计									
占合计%									
1949									
1950									
1951									
1952									
1953									
1954									
1955									
1956									
1957									
1958									
1959									
10 年小计			**52.27**	**27.22**	**72.11**	**37.69**	**37.69**	**100.00**	
占合计%			**28.52**			**22.20**	**22.05**		
1960									
1961									
1962									
1963	23.10		5.40	23.38	48.33	2.61	2.61	100.00	
1964	26.55		6.28	23.65	73.57	4.62	4.62	100.00	
1965	31.05		8.16	26.28	79.41	6.48	6.48	100.00	
1966	27.90		9.01	32.29	68.15	6.14	6.14	100.00	
1967	28.05		7.70	27.45	76.36	5.88	5.88	100.00	
1968	27.90		7.66	27.46	93.86	7.19	7.19	100.00	
1969	27.45		8.06	29.36	59.18	4.77	4.77	100.00	
10 年小计			**70.19**	**27.36**	**100.37**	**70.45**	**70.45**	**100.00**	
占合计%			**38.29**			**41.49**	**41.22**		
1970	25.80		7.46	28.91	70.11	5.23	5.23	100.00	
1971	26.40		6.68	25.30	58.08	3.88	3.88	100.00	
1972	26.40		6.84	25.91	77.92	5.33	5.33	100.00	
1973	25.35		6.84	26.98	100.44	6.87	6.87	100.00	
1974	27.60		6.90	25.00	102.32	7.06	7.06	100.00	
1975	24.45		6.96	28.47	112.21	7.81	7.81	100.00	
1976	24.45		6.95	28.43	93.81	6.52	6.52	100.00	
1977	24.00		7.01	29.21	88.73	6.22	6.22	100.00	
1978	26.40		7.30	27.65	173.97	12.70	12.70	100.00	
1979	25.65		7.25	28.27	121.79	8.83	8.83	100.00	
10 年小计			**34.82**	**14.69**	**98.91**	**34.44**	**32.92**	**95.59**	
占合计%			**19.00**			**20.28**	**19.26**		
1980	26.85		6.94	25.85	87.90	6.10	6.10	100.00	
1981	27.45		6.87	25.03	87.34	6.00	6.00	100.00	
1982	27.75		6.50	23.42	113.38	7.37	7.37	100.00	
1983	27.75		6.39	23.03	105.79	6.76	6.76	100.00	
1984	25.95		4.42	17.03	130.32	5.76	5.32	92.36	
1985	25.80		3.06	11.86	63.73	1.95	1.23	63.08	
1986	25.35		0.48	1.89	68.75	0.33			
1987	25.20		0.09	0.36	100.00	0.09	0.09	100.00	
1988									
1989	24.90		0.07	0.28	114.29	0.08	0.05	62.50	
11 年小计			**26.02**	**6.31**	**104.66**	**27.23**	**29.85**	**109.62**	
占合计%			**14.20**			**16.04**	**17.47**		
1990	25.05		0.95	3.79	38.95	0.37	0.36	97.30	
1991	25.05		1.30	5.19	90.45	1.18	1.18	99.99	
1992	31.35		2.40	7.66	218.33	5.24	5.17	98.68	
1993	27.45		5.00	18.21	108.40	5.42	4.98	91.88	
1994	27.00		2.36	8.74	109.25	2.58	2.58	100.00	
1995	27.00		3.20	11.85	102.24	3.27	3.27	100.00	
1996	49.50		2.48	5.01	102.53	2.54	2.51	98.71	
1997	49.80		2.75	5.52	117.35	3.23	3.12	96.67	
1998	50.10		2.58	5.15	132.02	3.41	3.41	100.00	
1999	50.10		1.50	2.99			1.45		
2000	50.10		1.50	2.99			1.83		

5-3-1　浙江省1949-2000年产棉县棉花生产收购明细

县市名	耕地面积（万亩）	农业人口（万人）	棉田面积（万亩）	占耕地（%）	亩产（市斤）	产量（万担）	收购量（万担）	商品率（%）	人均交售（市斤）
全省合计			**5011.53**	**16.09**	**96.46**	**4834.12**	**4358.43**	**90.16**	**14.20**
杭州市			**588.42**	**14.11**	**92.89**	**546.61**	**464.93**	**85.06**	**10.70**
萧山县			588.42	14.11	92.89	546.61	464.93	85.06	10.70
宁波市			**2932.10**	**26.29**	**95.70**	**2805.96**	**2562.74**	**91.33**	**24.05**
慈溪县			1885.33	54.54	97.25	1833.44	1673.88	91.30	45.67
余姚县			570.41	16.84	89.21	508.87	456.34	89.68	14.61
宁海县			237.97	10.84	102.40	243.68	222.61	91.35	10.27
镇海县			238.39	11.29	92.27	219.97	209.91	95.43	12.35
嘉兴市			**564.43**	**11.25**	**102.04**	**575.92**	**549.38**	**95.39**	**16.87**
平湖县			333.61	11.76	96.79	322.89	304.56	94.32	16.24
海盐县			230.82	10.58	109.62	253.03	244.82	96.76	17.71
绍兴市			**456.32**	**15.19**	**106.20**	**484.63**	**421.79**	**87.03**	**14.24**
上虞县			456.32	15.19	106.20	484.63	421.79	87.03	14.24
金华市			**140.64**	**4.17**	**117.16**	**164.78**	**134.87**	**81.85**	**4.88**
金华县			140.64	4.17	117.16	164.78	134.87	81.85	4.88
台洲市			**222.64**	**5.73**	**70.51**	**156.99**	**132.15**	**84.18**	**2.37**
临海县			121.65	4.38	64.08	77.95	71.54	91.78	1.72
三门县			100.99	9.10	78.27	79.04	60.61	76.68	4.27
舟山市			**106.98**	**19.49**	**92.76**	**99.23**	**92.57**	**93.29**	**8.13**
普陀县			106.98	19.49	92.76	99.23	92.57	93.29	8.13

5-3-2　浙江省1949-1959年产棉县棉花生产收购明细

县市名	耕地面积（万亩）	农业人口（万人）	棉田面积（万亩）	占耕地（%）	亩产（市斤）	产量（万担）	收购量（万担）	商品率（%）	人均交售（市斤）
全省合计			**1052.22**	**15.26**	**51.03**	**537.00**	**492.89**	**91.79**	**10.85**
杭州市			**191.29**	**22.07**	**40.06**	**76.63**	**64.51**	**84.18**	**9.99**
萧山县			**191.29**	**22.07**	**40.06**	**76.63**	**64.51**	**84.18**	**9.99**
宁波市			**627.03**	**24.91**	**57.16**	**358.41**	**339.23**	**94.65**	**21.63**
慈溪县			420.97	55.90	64.22	270.33	261.18	96.62	57.18
余姚县			143.46	18.96	42.12	60.42	52.87	87.50	10.84
宁海县			15.46	3.15	34.02	5.26	4.73	89.92	1.66
镇海县			47.14	9.13	47.52	22.40	20.45	91.29	6.05
嘉兴市			**111.42**	**9.69**	**38.73**	**43.15**	**38.03**	**88.13**	**7.01**
平湖县			79.84	12.65	35.52	28.36	25.38	89.49	7.85
海盐县			31.58	6.08	46.83	14.79	12.65	85.53	5.77
绍兴市			**46.58**	**7.58**	**50.82**	**23.67**	**21.39**	**90.37**	**4.75**
上虞县			46.58	7.58	50.82	23.67	21.39	90.37	4.75
金华市			**9.13**	**1.18**	**38.34**	**3.50**	**3.06**	**87.43**	**0.79**
金华县			9.13	1.18	38.34	3.50	3.06	87.43	0.79
台洲市			**51.03**	**6.03**	**41.49**	**21.17**	**18.40**	**86.92**	**2.46**
临海县			38.02	6.17	37.06	14.09	12.44	88.29	2.17
三门县			13.01	5.67	54.44	7.08	5.96	84.16	3.39
舟山市			**15.74**	**12.64**	**66.52**	**10.47**	**8.27**	**78.99**	**4.13**
普陀县			15.74	12.64	66.52	10.47	8.27	78.99	4.13

5－3－3 浙江省1960－1969年产棉县棉花生产收购明细

县 市 名	耕地面积（万亩）	农业人口（万人）	棉田面积（万亩）	占耕地（%）	亩 产（市斤）	产 量（万担）	收购量（万担）	商品率（%）	人均交售（市斤）
全省合计			**1049.39**	**17.15**	**104.09**	**1092.29**	**1069.58**	**97.92**	**19.89**
杭州市			**111.79**	**16.55**	**104.42**	**116.73**	**113.74**	**97.44**	**14.61**
萧山县			111.79	16.55	104.42	116.73	113.74	97.44	14.61
宁波市			**627.96**	**28.39**	**108.40**	**680.68**	**667.24**	**98.03**	**34.99**
慈溪县			435.22	66.16	114.82	499.73	486.96	97.44	76.23
余姚县			93.99	14.27	89.94	84.53	86.05	101.80	15.55
宁海县			36.14	8.05	81.43	29.43	28.20	95.82	7.99
镇海县			62.61	14.03	107.00	66.99	66.03	98.57	18.24
嘉兴市			**136.54**	**13.30**	**101.02**	**137.93**	**136.20**	**98.75**	**23.88**
平湖县			74.52	12.87	96.79	72.13	70.72	98.05	21.10
海盐县			62.02	13.85	106.09	65.80	65.48	99.51	27.84
绍兴市			**74.51**	**13.19**	**114.16**	**85.06**	**82.96**	**97.53**	**16.18**
上虞县			74.51	13.19	114.16	85.06	82.96	97.53	16.18
金华市			**25.10**	**3.40**	**65.58**	**16.46**	**15.65**	**95.08**	**2.95**
金华县			25.10	3.40	65.58	16.46	15.65	95.08	2.95
台洲市			**47.71**	**6.07**	**65.19**	**31.10**	**29.68**	**95.43**	**3.34**
临海县			32.71	5.68	60.50	19.79	18.61	94.04	2.76
三门县			15.00	7.14	75.40	11.31	11.07	97.88	5.20
舟山市			**25.78**	**22.08**	**94.38**	**24.33**	**24.11**	**99.10**	**12.54**
普陀县			25.78	22.08	94.38	24.33	24.11	99.10	12.54

5－3－4 浙江省1970－1979年产棉县棉花生产收购明细

县 市 名	耕地面积（万亩）	农业人口（万人）	棉田面积（万亩）	占耕地（%）	亩 产（市斤）	产 量（万担）	收购量（万担）	商品率（%）	人均交售（市斤）
全省合计			**1057.22**	**17.02**	**92.23**	**975.10**	**946.91**	**97.11**	**14.36**
杭州市			**103.34**	**12.65**	**97.99**	**101.26**	**102.51**	**101.23**	**11.14**
萧山县			103.34	12.65	97.99	101.26	102.51	101.23	11.14
宁波市			**644.39**	**29.09**	**86.92**	**560.09**	**536.75**	**95.83**	**23.51**
慈溪县			409.42	61.15	84.62	346.45	330.72	95.46	42.02
余姚县			100.96	15.42	85.83	86.65	80.64	93.06	12.37
宁海县			60.36	13.47	91.77	55.39	54.28	98.00	11.93
镇海县			73.65	16.64	97.22	71.60	71.11	99.32	18.27
嘉兴市			**130.75**	**13.40**	**115.52**	**151.04**	**146.45**	**96.96**	**21.63**
平湖县			73.35	13.08	113.42	83.19	80.36	96.60	20.52
海盐县			57.40	13.83	118.21	67.85	66.09	97.41	23.15
绍兴市			**84.66**	**14.88**	**100.28**	**84.90**	**84.89**	**99.99**	**13.64**
上虞县			84.66	14.88	100.28	84.90	84.89	99.99	13.64
金华市			**17.84**	**2.44**	**113.68**	**20.28**	**20.03**	**98.77**	**2.98**
金华县			17.84	2.44	113.68	20.28	20.03	98.77	2.98
台洲市			**46.14**	**5.84**	**64.80**	**29.90**	**28.22**	**94.38**	**2.37**
临海县			25.77	4.47	72.60	18.71	17.72	94.71	1.97
三门县			20.37	9.53	54.93	11.19	10.50	93.83	3.64
舟山市			**30.10**	**27.03**	**91.79**	**27.63**	**28.06**	**101.56**	**12.15**
普陀县			30.10	27.03	91.79	27.63	28.06	101.56	12.15

5－3－5 浙江省1980－1989年产棉县棉花生产收购明细

县市名	耕地面积（万亩）	农业人口（万人）	棉田面积（万亩）	占耕地（%）	亩产（市斤）	产量（万担）	收购量（万担）	商品率（%）	人均交售（市斤）
全省合计			**1078.68**	**17.89**	**115.56**	**1246.56**	**1162.94**	**93.29**	**17.13**
杭州市			**97.63**	**10.86**	**139.56**	**136.25**	**120.24**	**88.25**	**12.77**
萧山县			97.63	10.86	139.56	136.25	120.24	88.25	12.77
宁波市			**629.01**	**29.31**	**112.76**	**709.29**	**660.41**	**93.11**	**28.03**
慈溪县			367.36	55.65	112.59	413.60	381.68	92.28	46.14
余姚县			135.24	55.65	112.59	153.06	143.25	92.28	46.14
宁海县			80.87	19.44	117.57	95.08	90.25	94.92	17.97
镇海县			45.54	10.93	104.41	47.55	45.23	95.12	12.59
嘉兴市			**114.00**	**12.23**	**125.16**	**142.68**	**138.29**	**96.92**	**19.62**
平湖县			64.91	12.13	127.47	82.74	78.82	95.26	20.21
海盐县			49.09	12.37	122.10	59.94	59.47	99.22	18.90
绍兴市			**123.49**	**20.24**	**106.67**	**131.73**	**121.61**	**92.32**	**18.83**
上虞县			123.49	20.24	106.67	131.73	121.61	92.32	18.83
金华市			**50.26**	**8.36**	**128.61**	**64.64**	**63.12**	**97.65**	**10.53**
金华县			50.26	8.36	128.61	64.64	63.12	97.65	10.53
台洲市			**40.63**	**5.47**	**92.71**	**37.67**	**36.10**	**95.83**	**2.78**
临海县			16.85	3.22	105.82	17.83	17.58	98.60	1.84
三门县			23.78	10.86	83.43	19.84	18.52	93.35	5.41
舟山市			**23.66**	**24.19**	**102.70**	**24.30**	**23.17**	**95.35**	**9.47**
普陀县			23.66	24.19	102.70	24.30	23.17	95.35	9.47

5－3－6 浙江省1990－2000年产棉县棉花生产收购明细

县市名	耕地面积（万亩）	农业人口（万人）	棉田面积（万亩）	占耕地（%）	亩产（市斤）	产量（万担）	收购量（万担）	商品率（%）	人均交售（市斤）
全省合计			**774.02**	**13.13**	**127.02**	**983.17**	**686.11**	**69.79**	**9.28**
杭州市			**84.37**	**9.24**	**137.18**	**115.74**	**63.93**	**55.24**	**6.04**
萧山县			84.37	9.24	137.18	115.74	63.93	55.24	6.04
宁波市			**403.71**	**19.58**	**123.23**	**497.49**	**359.11**	**72.18**	**14.13**
慈溪县			252.36	35.23	120.20	303.33	213.34	70.33	22.33
余姚县			96.76	14.59	128.37	124.21	93.53	75.30	12.26
宁海县			45.14	11.53	129.64	58.52	45.15	77.15	7.89
镇海县			9.45	3.25	120.95	11.43	7.09	62.03	2.82
嘉兴市			**71.72**	**7.70**	**140.99**	**101.12**	**90.41**	**89.41**	**11.85**
平湖县			40.99	7.74	137.77	56.47	49.28	87.27	11.32
海盐县			30.73	7.64	145.30	44.65	41.13	92.12	12.54
绍兴市			**127.08**	**19.70**	**125.33**	**159.27**	**110.94**	**69.66**	**15.18**
上虞县			127.08	19.70	125.33	159.27	110.94	69.66	15.18
金华市			**38.31**	**7.32**	**156.36**	**59.90**	**33.01**	**55.11**	**5.74**
金华县			38.31	7.32	156.36	59.90	33.01	55.11	5.74
台洲市			**37.13**	**5.14**	**100.05**	**37.15**	**19.75**	**53.16**	**1.36**
临海县			8.30	1.71	90.72	7.53	5.19	68.92	0.49
三门县			28.83	12.15	102.74	29.62	14.56	49.16	3.64
舟山市			**11.70**	**11.88**	**106.84**	**12.50**	**8.96**	**71.68**	**3.30**
普陀县			11.70	11.88	106.84	12.50	8.96	71.68	3.30

5-3-7 浙江省1949年产棉县棉花生产收购明细

县市名	耕地面积（万亩）	农业人口（万人）	棉田面积（万亩）	占耕地（%）	亩产（市斤）	产量（万担）	收购量（万担）	商品率（%）	人均交售（市斤）
全省合计	**595.31**	**353.31**	**103.76**	**17.43**	**18.57**	**19.27**	**17.24**	**89.47**	**4.88**
杭州市	**79.44**	**45.21**	**25.40**	**31.97**	**11.02**	**2.80**	**2.50**	**89.29**	**5.53**
萧山县	79.44	45.21	25.40	31.97	11.02	2.80	2.50	89.29	5.53
宁波市	**228.39**	**125.65**	**62.89**	**27.54**	**22.72**	**14.29**	**13.07**	**91.46**	**10.40**
慈溪县	69.04	35.34	33.41	48.39	21.88	7.31	6.60	90.29	18.68
余姚县	65.00	37.20	23.80	36.62	23.53	5.60	5.20	92.86	13.98
宁海县	43.65	22.21	0.15	0.34	120.00	0.18	0.15	83.33	0.68
镇海县	50.70	30.90	5.53	10.91	21.70	1.20	1.12	93.33	3.62
嘉兴市	**95.70**	**44.40**	**4.80**	**5.02**	**7.08**	**0.34**	**0.23**	**67.65**	**0.52**
平湖县	50.70	26.10	4.50	8.88	6.67	0.30	0.20	66.67	0.77
海盐县	45.00	18.30	0.30	0.67	13.33	0.04	0.03	75.00	0.16
绍兴市	**40.00**	**30.20**	**6.67**	**16.68**	**11.69**	**0.78**	**0.65**	**83.33**	**2.15**
上虞县	40.00	30.20	6.67	16.68	11.69	0.78	0.65	83.33	2.15
金华市	**68.20**	**24.10**	**0.15**	**0.22**	**53.33**	**0.08**	**0.06**	**75.00**	**0.25**
金华县	68.20	24.10	0.15	0.22	53.33	0.08	0.06	75.00	0.25
台洲市	**73.46**	**67.23**	**2.75**	**3.74**	**12.00**	**0.33**	**0.23**	**69.70**	**0.34**
临海县	53.46	51.88	2.00	3.74	12.00	0.24	0.18	75.00	0.35
三门县	20.00	15.35	0.75	3.75	12.00	0.09	0.05	55.56	0.33
舟山市	**10.12**	**16.52**	**1.10**	**10.87**	**59.09**	**0.65**	**0.50**	**76.92**	**3.03**
普陀县	10.12	16.52	1.10	10.87	59.09	0.65	0.50	76.92	3.03

5-3-8 浙江省1950年产棉县棉花生产收购明细

县市名	耕地面积（万亩）	农业人口（万人）	棉田面积（万亩）	占耕地 %	亩产（市斤）	产量（万担）	收购量（万担）	商品率 %	人均交售（市斤）
全省合计	**602.55**	**360.19**	**108.01**	**17.93**	**32.35**	**34.94**	**30.59**	**87.55**	**8.49**
杭州市	**78.65**	**46.80**	**27.99**	**35.59**	**26.44**	**7.40**	**5.60**	**75.68**	**11.97**
萧山县	78.65	46.80	27.99	35.59	26.44	7.40	5.60	75.68	11.97
宁波市	**228.23**	**125.77**	**67.03**	**29.37**	**36.34**	**24.36**	**22.43**	**92.08**	**17.83**
慈溪县	68.96	35.97	34.89	50.59	45.54	15.89	15.17	95.47	42.17
余姚县	66.50	36.70	25.15	37.82	28.63	7.20	6.10	84.72	16.62
宁海县	43.21	23.10	0.50	1.16	14.00	0.07	0.06	85.71	0.26
镇海县	49.56	30.00	6.49	13.10	18.49	1.20	1.10	91.67	3.67
嘉兴市	**97.44**	**45.50**	**6.22**	**6.38**	**20.10**	**1.25**	**1.08**	**86.40**	**2.37**
平湖县	51.23	26.10	5.52	10.77	19.93	1.10	0.98	89.09	3.75
海盐县	46.21	19.40	0.70	1.51	21.43	0.15	0.10	66.67	0.52
绍兴市	**42.22**	**30.70**	**2.03**	**4.81**	**27.09**	**0.55**	**0.45**	**81.82**	**1.47**
上虞县	42.22	30.70	2.03	4.81	27.09	0.55	0.45	81.82	1.47
金华市	**69.12**	**27.60**	**0.21**	**0.30**	**71.43**	**0.15**	**0.12**	**80.00**	**0.43**
金华县	69.12	27.60	0.21	0.30	71.43	0.15	0.12	80.00	0.43
台洲市	**76.64**	**66.70**	**3.52**	**4.59**	**13.64**	**0.48**	**0.31**	**64.58**	**0.46**
临海县	55.32	51.20	2.02	3.65	13.86	0.28	0.21	75.00	0.41
三门县	21.32	15.50	1.50	7.04	13.33	0.20	0.10	50.00	0.65
舟山市	**10.25**	**17.12**	**1.01**	**9.85**	**74.26**	**0.75**	**0.60**	**80.00**	**3.50**
普陀县	10.25	17.12	1.01	9.85	74.26	0.75	0.60	80.00	3.50

5－3－9　浙江省1951年产棉县棉花生产收购明细

县 市 名	耕地面积（万亩）	农业人口（万人）	棉田面积（万亩）	占耕地（%）	亩　产（市斤）	产　量（万担）	收购量（万担）	商品率（%）	人均交售（市斤）
全省合计	**613.55**	**377.72**	**97.15**	**15.83**	**37.27**	**36.20**	**31.88**	**88.06**	**8.44**
杭州市	**77.86**	**48.60**	**17.87**	**22.95**	**43.09**	**7.70**	**7.00**	**90.91**	**14.40**
萧山县	77.86	48.60	17.87	22.95	43.09	7.70	7.00	90.91	14.40
宁波市	**229.94**	**131.75**	**63.78**	**27.74**	**37.05**	**23.63**	**21.20**	**89.72**	**16.09**
慈溪县	69.14	36.82	35.49	51.33	39.34	13.96	13.22	94.70	35.90
余姚县	67.80	39.60	22.05	32.52	34.92	7.70	6.40	83.12	16.16
宁海县	44.65	24.12	0.94	2.11	25.53	0.24	0.18	75.00	0.75
镇海县	48.35	31.21	5.30	10.96	32.64	1.73	1.40	80.92	4.49
嘉兴市	**99.71**	**47.57**	**8.45**	**8.47**	**27.81**	**2.35**	**1.95**	**82.98**	**4.10**
平湖县	53.21	28.32	7.64	14.36	26.70	2.04	1.75	85.78	6.18
海盐县	46.50	19.25	0.81	1.74	38.27	0.31	0.20	64.52	1.04
绍兴市	**45.69**	**35.60**	**2.66**	**5.82**	**41.35**	**1.10**	**0.65**	**59.09**	**1.83**
上虞县	45.69	35.60	2.66	5.82	41.35	1.10	0.65	59.09	1.83
金华市	**70.23**	**29.65**	**0.23**	**0.33**	**30.00**	**0.07**	**0.05**	**72.46**	**0.17**
金华县	70.23	29.65	0.23	0.33	30.00	0.07	0.05	72.46	0.17
台洲市	**78.77**	**66.90**	**3.01**	**3.82**	**16.74**	**0.50**	**0.28**	**55.56**	**0.42**
临海县	57.65	51.30	2.63	4.56	16.73	0.44	0.23	52.27	0.45
三门县	21.12	15.60	0.38	1.80	16.84	0.06	0.05	78.13	0.32
舟山市	**11.35**	**17.65**	**1.15**	**10.13**	**73.91**	**0.85**	**0.75**	**88.24**	**4.25**
普陀县	11.35	17.65	1.15	10.13	73.91	0.85	0.75	88.24	4.25

5－3－10　浙江省1952年产棉县棉花生产收购明细

县 市 名	耕地面积（万亩）	农业人口（万人）	棉田面积（万亩）	占耕地（%）	亩　产（市斤）	产　量（万担）	收购量（万担）	商品率（%）	人均交售（市斤）
全省合计	**627.26**	**393.31**	**88.61**	**14.13**	**40.53**	**35.91**	**30.81**	**85.80**	**7.83**
杭州市	**79.60**	**52.69**	**15.30**	**19.22**	**28.76**	**4.40**	**3.50**	**79.55**	**6.64**
萧山县	79.60	52.69	15.30	19.22	28.76	4.40	3.50	79.55	6.64
宁波市	**231.52**	**134.76**	**54.05**	**23.35**	**46.22**	**24.98**	**22.71**	**90.91**	**16.85**
慈溪县	69.82	37.45	35.35	50.63	50.86	17.98	17.23	95.83	46.01
余姚县	68.20	42.50	12.00	17.60	42.50	5.10	4.10	80.39	9.65
宁海县	45.98	24.69	0.90	1.96	21.11	0.19	0.11	57.89	0.45
镇海县	47.52	30.12	5.80	12.21	29.48	1.71	1.27	74.27	4.22
嘉兴市	**103.25**	**48.85**	**9.08**	**8.79**	**34.25**	**3.11**	**2.44**	**78.46**	**4.99**
平湖县	56.23	28.98	7.47	13.28	33.87	2.53	2.03	80.24	7.00
海盐县	47.02	19.87	1.61	3.42	36.02	0.58	0.41	70.69	2.06
绍兴市	**52.65**	**40.23**	**3.63**	**6.89**	**41.32**	**1.50**	**1.05**	**70.00**	**2.61**
上虞县	52.65	40.23	3.63	6.89	41.32	1.50	1.05	70.00	2.61
金华市	**71.56**	**30.12**	**0.66**	**0.92**	**27.27**	**0.18**	**0.10**	**55.56**	**0.33**
金华县	71.56	30.12	0.66	0.92	27.27	0.18	0.10	55.56	0.33
台洲市	**76.84**	**68.54**	**4.68**	**6.09**	**17.95**	**0.84**	**0.51**	**60.71**	**0.74**
临海县	56.32	52.65	3.80	6.75	17.89	0.68	0.41	60.29	0.78
三门县	20.52	15.89	0.88	4.29	18.18	0.16	0.10	62.50	0.63
舟山市	**11.84**	**18.12**	**1.21**	**10.22**	**74.38**	**0.90**	**0.50**	**55.56**	**2.76**
普陀县	11.84	18.12	1.21	10.22	74.38	0.90	0.50	55.56	2.76

5-3-11 浙江省1953年产棉县棉花生产收购明细

县市名	耕地面积（万亩）	农业人口（万人）	棉田面积（万亩）	占耕地（%）	亩产（市斤）	产量（万担）	收购量（万担）	商品率（%）	人均交售（市斤）
全省合计	**644.47**	**408.00**	**88.33**	**13.71**	**45.30**	**40.01**	**32.42**	**81.03**	**7.95**
杭州市	**82.52**	**60.53**	**19.76**	**23.95**	**42.71**	**8.44**	**5.62**	**66.59**	**9.28**
萧山县	82.52	60.53	19.76	23.95	42.71	8.44	5.62	66.59	9.28
宁波市	**230.41**	**138.92**	**50.10**	**21.74**	**52.34**	**26.22**	**23.25**	**88.67**	**16.74**
慈溪县	68.91	38.54	36.24	52.59	56.84	20.60	19.84	96.31	51.48
余姚县	70.41	45.04	9.80	13.92	44.90	4.40	2.59	58.86	5.75
宁海县	44.98	25.68	1.02	2.27	15.69	0.16	0.10	62.50	0.39
镇海县	46.11	29.66	3.04	6.59	34.87	1.06	0.72	67.92	2.43
嘉兴市	**107.89**	**48.78**	**8.70**	**8.06**	**32.41**	**2.82**	**1.66**	**58.87**	**3.40**
平湖县	60.46	29.27	6.41	10.60	29.80	1.91	1.13	59.16	3.86
海盐县	47.43	19.51	2.29	4.83	39.74	0.91	0.53	58.24	2.72
绍兴市	**64.83**	**42.58**	**3.33**	**5.14**	**42.04**	**1.40**	**1.05**	**75.00**	**2.47**
上虞县	64.83	42.58	3.33	5.14	42.04	1.40	1.05	75.00	2.47
金华市	**71.23**	**32.45**	**0.81**	**1.14**	**17.28**	**0.14**	**0.09**	**64.29**	**0.28**
金华县	71.23	32.45	0.81	1.14	17.28	0.14	0.09	64.29	0.28
台洲市	**75.94**	**66.42**	**4.37**	**5.75**	**10.76**	**0.47**	**0.34**	**72.34**	**0.51**
临海县	55.62	50.21	3.60	6.47	10.28	0.37	0.28	75.68	0.56
三门县	20.32	16.21	0.77	3.79	12.99	0.10	0.06	60.00	0.37
舟山市	**11.65**	**18.32**	**1.26**	**10.82**	**41.27**	**0.52**	**0.41**	**78.85**	**2.24**
普陀县	11.65	18.32	1.26	10.82	41.27	0.52	0.41	78.85	2.24

5-3-12 浙江省1954年产棉县棉花生产收购明细

县市名	耕地面积（万亩）	农业人口（万人）	棉田面积（万亩）	占耕地（%）	亩产（市斤）	产量（万担）	收购量（万担）	商品率（%）	人均交售（市斤）
全省合计	**640.09**	**417.94**	**81.80**	**12.78**	**47.73**	**39.04**	**34.74**	**88.99**	**8.31**
杭州市	**82.46**	**62.07**	**16.86**	**20.45**	**40.04**	**6.75**	**4.67**	**69.19**	**7.52**
萧山县	82.46	62.07	16.86	20.45	40.04	6.75	4.67	69.19	7.52
宁波市	**229.10**	**142.77**	**46.73**	**20.40**	**57.22**	**26.74**	**25.64**	**95.89**	**17.96**
慈溪县	68.74	39.65	36.15	52.59	62.96	22.76	21.97	96.53	55.41
余姚县	70.74	46.15	7.30	10.32	36.58	2.67	2.43	91.01	5.27
宁海县	44.12	26.12	0.86	1.95	23.26	0.20	0.16	80.00	0.61
镇海县	45.50	30.85	2.42	5.32	45.87	1.11	1.08	97.30	3.50
嘉兴市	**108.15**	**49.65**	**8.72**	**8.06**	**30.50**	**2.66**	**1.79**	**67.29**	**3.61**
平湖县	60.29	29.72	6.62	10.98	28.10	1.86	1.35	72.58	4.54
海盐县	47.86	19.93	2.10	4.39	38.10	0.80	0.44	55.00	2.21
绍兴市	**63.98**	**43.59**	**3.69**	**5.77**	**40.65**	**1.50**	**1.38**	**92.00**	**3.17**
上虞县	63.98	43.59	3.69	5.77	40.65	1.50	1.38	92.00	3.17
金华市	**70.98**	**33.84**	**0.50**	**0.70**	**20.00**	**0.10**	**0.09**	**90.00**	**0.27**
金华县	70.98	33.84	0.50	0.70	20.00	0.10	0.09	90.00	0.27
台洲市	**75.10**	**67.07**	**4.06**	**5.41**	**21.67**	**0.88**	**0.78**	**88.64**	**1.16**
临海县	53.65	51.62	3.30	6.15	21.82	0.72	0.68	94.44	1.32
三门县	21.45	15.45	0.76	3.54	21.05	0.16	0.10	62.50	0.65
舟山市	**10.32**	**18.95**	**1.24**	**12.02**	**33.06**	**0.41**	**0.39**	**95.12**	**2.06**
普陀县	10.32	18.95	1.24	12.02	33.06	0.41	0.39	95.12	2.06

5－3－13　浙江省1955年产棉县棉花生产收购明细

县 市 名	耕地面积（万亩）	农业人口（万人）	棉田面积（万亩）	占耕地（%）	亩　产（市斤）	产　量（万担）	收购量（万担）	商品率（%）	人均交售（市斤）
全省合计	**642.90**	**430.26**	**87.73**	**13.65**	**76.10**	**66.76**	**63.14**	**94.58**	**14.67**
杭州市	**82.05**	**63.78**	**17.01**	**20.73**	**57.91**	**9.85**	**8.00**	**81.22**	**12.54**
萧山县	82.05	63.78	17.01	20.73	57.91	9.85	8.00	81.22	12.54
宁波市	**230.98**	**146.88**	**50.57**	**21.89**	**92.23**	**46.64**	**45.38**	**97.30**	**30.90**
慈溪县	68.80	40.76	40.21	58.44	95.95	38.58	37.76	97.87	92.64
余姚县	71.58	47.28	6.90	9.64	77.97	5.38	5.05	93.87	10.68
宁海县	45.02	26.87	0.88	1.95	56.82	0.50	0.45	90.00	1.67
镇海县	45.58	31.97	2.58	5.66	84.50	2.18	2.12	97.25	6.63
嘉兴市	**108.23**	**51.57**	**10.70**	**9.89**	**48.13**	**5.15**	**5.01**	**97.28**	**9.71**
平湖县	60.27	31.15	7.17	11.90	46.72	3.35	3.29	98.21	10.56
海盐县	47.96	20.42	3.53	7.36	50.99	1.80	1.72	95.56	8.42
绍兴市	**62.75**	**44.84**	**4.21**	**6.71**	**78.38**	**3.30**	**3.00**	**90.91**	**6.69**
上虞县	62.75	44.84	4.21	6.71	78.38	3.30	3.00	90.91	6.69
金华市	**71.84**	**36.54**	**0.25**	**0.35**	**20.00**	**0.05**	**0.05**	**100.00**	**0.14**
金华县	71.84	36.54	0.25	0.35	20.00	0.05	0.05	100.00	0.14
台洲市	**75.82**	**67.44**	**3.77**	**4.97**	**29.97**	**1.13**	**1.10**	**97.35**	**1.63**
临海县	54.98	51.12	3.00	5.46	30.67	0.92	0.90	97.83	1.76
三门县	20.84	16.32	0.77	3.69	27.27	0.21	0.20	95.24	1.23
舟山市	**11.23**	**19.21**	**1.22**	**10.86**	**52.46**	**0.64**	**0.60**	**93.75**	**3.12**
普陀县	11.23	19.21	1.22	10.86	52.46	0.64	0.60	93.75	3.12

5－3－14　浙江省1956年产棉县棉花生产收购明细

县 市 名	耕地面积（万亩）	农业人口（万人）	棉田面积（万亩）	占耕地（%）	亩　产（市斤）	产　量（万担）	收购量（万担）	商品率（%）	人均交售（市斤）
全省合计	**643.14**	**443.77**	**96.13**	**14.95**	**26.77**	**25.74**	**23.03**	**89.48**	**5.19**
杭州市	**81.43**	**65.20**	**16.30**	**20.02**	**21.96**	**3.58**	**3.02**	**84.36**	**4.63**
萧山县	81.43	65.20	16.30	20.02	21.96	3.58	3.02	84.36	4.63
宁波市	**230.60**	**154.06**	**56.40**	**24.46**	**27.54**	**15.53**	**14.09**	**90.73**	**9.15**
慈溪县	68.46	46.08	43.88	64.10	29.38	12.89	11.96	92.79	25.95
余姚县	71.44	48.44	8.41	11.77	18.67	1.57	1.24	78.98	2.56
宁海县	44.65	27.21	0.69	1.55	28.99	0.20	0.15	75.00	0.55
镇海县	46.05	32.33	3.42	7.43	25.44	0.87	0.74	85.06	2.29
嘉兴市	**108.15**	**52.84**	**14.27**	**13.19**	**26.63**	**3.80**	**3.30**	**86.84**	**6.25**
平湖县	60.14	31.61	9.25	15.38	27.03	2.50	2.25	90.00	7.12
海盐县	48.01	21.23	5.02	10.46	25.90	1.30	1.05	80.77	4.95
绍兴市	**62.65**	**46.37**	**4.53**	**7.23**	**26.49**	**1.20**	**1.14**	**95.00**	**2.46**
上虞县	62.65	46.37	4.53	7.23	26.49	1.20	1.14	95.00	2.46
金华市	**70.98**	**38.12**	**0.08**	**0.11**	**25.00**	**0.02**	**0.02**	**100.00**	**0.05**
金华县	70.98	38.12	0.08	0.11	25.00	0.02	0.02	100.00	0.05
台洲市	**77.32**	**67.73**	**3.30**	**4.27**	**27.21**	**0.90**	**0.86**	**95.77**	**1.27**
临海县	55.98	51.98	2.70	4.82	31.48	0.85	0.82	96.47	1.58
三门县	21.34	15.75	0.60	2.81	8.00	0.05	0.04	83.33	0.25
舟山市	**12.01**	**19.45**	**1.25**	**10.41**	**56.80**	**0.71**	**0.60**	**84.51**	**3.08**
普陀县	12.01	19.45	1.25	10.41	56.80	0.71	0.60	84.51	3.08

5－3－15　浙江省1957年产棉县棉花生产收购明细

县市名	耕地面积（万亩）	农业人口（万人）	棉田面积（万亩）	占耕地（%）	亩产（市斤）	产量（万担）	收购量（万担）	商品率（%）	人均交售（市斤）
全省合计	**636.97**	**421.18**	**85.68**	**13.45**	**83.59**	**71.62**	**67.50**	**94.25**	**16.03**
杭州市	**78.97**	**60.46**	**11.80**	**14.94**	**67.88**	**8.01**	**7.20**	**89.89**	**11.91**
萧山县	78.97	60.46	11.80	14.94	67.88	8.01	7.20	89.89	11.91
宁波市	**228.30**	**143.07**	**52.83**	**23.14**	**94.74**	**50.05**	**48.55**	**97.00**	**33.93**
慈溪县	67.96	47.76	40.43	59.49	98.96	40.01	39.05	97.60	81.76
余姚县	70.56	43.14	7.94	11.25	81.61	6.48	6.30	97.22	14.60
宁海县	43.21	27.78	1.22	2.82	56.56	0.69	0.65	94.20	2.34
镇海县	46.57	24.39	3.24	6.96	88.58	2.87	2.55	88.85	10.46
嘉兴市	**109.71**	**46.95**	**11.40**	**10.39**	**50.44**	**5.75**	**5.07**	**88.17**	**10.80**
平湖县	60.07	27.66	7.30	12.15	47.26	3.45	3.11	90.14	11.24
海盐县	49.64	19.29	4.10	8.26	56.10	2.30	1.96	85.22	10.16
绍兴市	**61.62**	**40.99**	**4.06**	**6.59**	**83.74**	**3.40**	**3.17**	**93.24**	**7.73**
上虞县	61.62	40.99	4.06	6.59	83.74	3.40	3.17	93.24	7.73
金华市	**69.25**	**43.36**	**0.04**	**0.06**	**75.00**	**0.03**	**0.02**	**66.67**	**0.05**
金华县	69.25	43.36	0.04	0.06	75.00	0.03	0.02	66.67	0.05
台洲市	**77.27**	**68.03**	**4.19**	**5.42**	**80.19**	**3.36**	**2.48**	**73.81**	**3.65**
临海县	56.82	52.32	3.52	6.20	50.85	1.79	1.24	69.27	2.37
三门县	20.45	15.71	0.67	3.28	234.33	1.57	1.24	78.98	7.89
舟山市	**11.85**	**18.32**	**1.36**	**11.48**	**75.00**	**1.02**	**1.01**	**99.02**	**5.51**
普陀县	11.85	18.32	1.36	11.48	75.00	1.02	1.01	99.02	5.51

5－3－16　浙江省1958年产棉县棉花生产收购明细

县市名	耕地面积（万亩）	农业人口（万人）	棉田面积（万亩）	占耕地（%）	亩产（市斤）	产量（万担）	收购量（万担）	商品率（%）	人均交售（市斤）
全省合计	**627.20**	**462.72**	**95.57**	**15.24**	**88.32**	**84.41**	**81.27**	**96.28**	**17.56**
杭州市	**72.91**	**69.17**	**11.80**	**16.18**	**79.66**	**9.40**	**9.20**	**97.87**	**13.30**
萧山县	72.91	69.17	11.80	16.18	79.66	9.40	9.20	97.87	13.30
宁波市	**226.41**	**159.76**	**57.55**	**25.42**	**98.97**	**56.96**	**55.20**	**96.91**	**34.55**
慈溪县	66.99	47.97	41.95	62.62	106.05	44.49	43.53	97.84	90.74
余姚县	67.53	50.45	8.61	12.75	86.53	7.45	6.75	90.60	13.38
宁海县	46.32	28.65	3.20	6.91	41.56	1.33	1.32	99.25	4.61
镇海县	45.57	32.69	3.79	8.32	97.36	3.69	3.60	97.56	11.01
嘉兴市	**106.82**	**53.64**	**13.43**	**12.57**	**57.63**	**7.74**	**7.33**	**94.70**	**13.67**
平湖县	59.81	32.17	8.82	14.75	52.72	4.65	4.62	99.35	14.36
海盐县	47.01	21.47	4.61	9.81	67.03	3.09	2.71	87.70	12.62
绍兴市	**59.31**	**47.04**	**4.36**	**7.35**	**76.38**	**3.33**	**3.31**	**99.40**	**7.04**
上虞县	59.31	47.04	4.36	7.35	76.38	3.33	3.31	99.40	7.04
金华市	**70.64**	**44.23**	**0.04**	**0.06**	**225.00**	**0.09**	**0.06**	**66.67**	**0.14**
金华县	70.64	44.23	0.04	0.06	225.00	0.09	0.06	66.67	0.14
台洲市	**79.08**	**70.43**	**6.62**	**8.37**	**78.70**	**5.21**	**4.81**	**92.32**	**6.83**
临海县	57.43	53.65	3.81	6.63	76.90	2.93	2.89	98.63	5.39
三门县	21.65	16.78	2.81	12.98	81.14	2.28	1.92	84.21	11.44
舟山市	**12.03**	**18.45**	**1.77**	**14.71**	**94.92**	**1.68**	**1.36**	**80.95**	**7.37**
普陀县	12.03	18.45	1.77	14.71	94.92	1.68	1.36	80.95	7.37

5-3-17 浙江省1959年产棉县棉花生产收购明细

县市名	耕地面积（万亩）	农业人口（万人）	棉田面积（万亩）	占耕地（%）	亩产（市斤）	产量（万担）	收购量（万担）	商品率（%）	人均交售（市斤）
全省合计	**620.59**	**472.42**	**119.45**	**19.25**	**69.57**	**83.10**	**80.27**	**96.59**	**16.99**
杭州市	**71.03**	**71.36**	**11.20**	**15.77**	**74.11**	**8.30**	**8.20**	**98.80**	**11.49**
萧山县	71.03	71.36	11.20	15.77	74.11	8.30	8.20	98.80	11.49
宁波市	**223.27**	**164.96**	**65.10**	**29.16**	**75.28**	**49.01**	**47.71**	**97.35**	**28.92**
慈溪县	66.23	50.46	42.97	64.88	83.45	35.86	34.85	97.18	69.06
余姚县	66.85	51.45	11.50	17.20	59.74	6.87	6.71	97.67	13.04
宁海县	45.65	29.12	5.10	11.17	29.41	1.50	1.40	93.33	4.81
镇海县	44.54	33.93	5.53	12.42	86.44	4.78	4.75	99.37	14.00
嘉兴市	**104.99**	**52.49**	**15.65**	**14.91**	**52.27**	**8.18**	**8.17**	**99.88**	**15.56**
平湖县	58.57	32.05	9.14	15.61	51.09	4.67	4.67	100.00	14.57
海盐县	46.42	20.44	6.51	14.02	53.92	3.51	3.50	99.72	17.12
绍兴市	**58.71**	**47.77**	**7.41**	**12.62**	**75.71**	**5.61**	**5.54**	**98.75**	**11.60**
上虞县	58.71	47.77	7.41	12.62	75.71	5.61	5.54	98.75	11.60
金华市	**71.36**	**45.87**	**6.16**	**8.63**	**42.05**	**2.59**	**2.40**	**92.66**	**5.23**
金华县	71.36	45.87	6.16	8.63	42.05	2.59	2.40	92.66	5.23
台洲市	**79.37**	**71.99**	**10.76**	**13.56**	**65.71**	**7.07**	**6.70**	**94.77**	**9.31**
临海县	58.95	54.87	7.64	12.96	63.74	4.87	4.60	94.46	8.38
三门县	20.42	17.12	3.12	15.28	70.51	2.20	2.10	95.45	12.27
舟山市	**11.86**	**17.98**	**3.17**	**26.73**	**73.82**	**2.34**	**1.55**	**66.24**	**8.62**
普陀县	11.86	17.98	3.17	26.73	73.82	2.34	1.55	66.24	8.62

5-3-18 浙江省1960年产棉县棉花生产收购明细

县市名	耕地面积（万亩）	农业人口（万人）	棉田面积（万亩）	占耕地（%）	亩产（市斤）	产量（万担）	收购量（万担）	商品率（%）	人均交售（市斤）
全省合计	**612.99**	**487.93**	**120.05**	**19.58**	**75.27**	**90.36**	**83.53**	**92.44**	**17.12**
杭州市	**69.49**	**73.16**	**12.21**	**17.57**	**90.17**	**11.01**	**9.86**	**89.55**	**13.48**
萧山县	69.49	73.16	12.21	17.57	90.17	11.01	9.86	89.55	13.48
宁波市	**220.45**	**174.37**	**64.70**	**29.35**	**89.44**	**57.87**	**55.04**	**95.11**	**31.57**
慈溪县	65.93	56.09	43.59	66.12	103.23	45.00	43.88	97.51	78.23
余姚县	66.04	52.45	10.31	15.61	66.54	6.86	6.20	90.38	11.82
宁海县	44.30	31.25	5.21	11.76	35.32	1.84	1.40	76.09	4.48
镇海县	44.18	34.58	5.59	12.65	74.60	4.17	3.56	85.37	10.29
嘉兴市	**103.36**	**52.83**	**16.83**	**16.28**	**46.52**	**7.83**	**6.96**	**88.89**	**13.17**
平湖县	58.09	32.11	9.30	16.01	46.02	4.28	3.86	90.19	12.02
海盐县	45.27	20.72	7.53	16.63	47.14	3.55	3.10	87.32	14.96
绍兴市	**57.27**	**48.21**	**7.23**	**12.62**	**79.53**	**5.75**	**4.89**	**85.04**	**10.14**
上虞县	57.27	48.21	7.23	12.62	79.53	5.75	4.89	85.04	10.14
金华市	**72.45**	**46.82**	**6.57**	**9.07**	**39.73**	**2.61**	**1.98**	**75.86**	**4.23**
金华县	72.45	46.82	6.57	9.07	39.73	2.61	1.98	75.86	4.23
台洲市	**78.99**	**74.30**	**9.60**	**12.15**	**39.17**	**3.76**	**3.45**	**91.76**	**4.64**
临海县	57.21	56.98	6.95	12.15	27.19	1.89	1.75	92.59	3.07
三门县	21.78	17.32	2.65	12.17	70.57	1.87	1.70	90.91	9.82
舟山市	**10.98**	**18.24**	**2.91**	**26.50**	**52.58**	**1.53**	**1.35**	**88.24**	**7.40**
普陀县	10.98	18.24	2.91	26.50	52.58	1.53	1.35	88.24	7.40

5-3-19 浙江省1961年产棉县棉花生产收购明细

县市名	耕地面积（万亩）	农业人口（万人）	棉田面积（万亩）	占耕地（%）	亩产（市斤）	产量（万担）	收购量（万担）	商品率（%）	人均交售（市斤）
全省合计	**606.47**	**500.92**	**90.39**	**14.90**	**72.69**	**65.70**	**63.82**	**97.14**	**12.74**
杭州市	**63.69**	**74.76**	**10.61**	**16.66**	**76.34**	**8.10**	**8.00**	**98.77**	**10.70**
萧山县	63.69	74.76	10.61	16.66	76.34	8.10	8.00	98.77	10.70
宁波市	**220.30**	**176.94**	**54.55**	**24.76**	**81.41**	**44.41**	**43.10**	**97.05**	**24.36**
慈溪县	65.04	56.51	40.66	62.52	90.83	36.93	35.80	96.94	63.35
余姚县	65.65	53.05	7.33	11.17	64.80	4.75	4.65	97.89	8.77
宁海县	45.12	32.45	2.29	5.08	41.48	0.95	0.90	94.74	2.77
镇海县	44.49	34.93	4.27	9.60	41.69	1.78	1.75	98.31	5.01
嘉兴市	**102.62**	**54.76**	**11.40**	**11.11**	**45.70**	**5.21**	**5.18**	**99.42**	**9.46**
平湖县	57.61	32.63	6.04	10.48	50.99	3.08	3.08	100.00	9.44
海盐县	45.01	22.13	5.36	11.91	39.74	2.13	2.10	98.59	9.49
绍兴市	**57.09**	**48.99**	**4.90**	**8.58**	**89.18**	**4.37**	**4.30**	**98.40**	**8.78**
上虞县	57.09	48.99	4.90	8.58	89.18	4.37	4.30	98.40	8.78
金华市	**72.89**	**47.52**	**1.53**	**2.10**	**35.29**	**0.54**	**0.48**	**88.89**	**1.01**
金华县	72.89	47.52	1.53	2.10	35.29	0.54	0.48	88.89	1.01
台洲市	**78.43**	**78.30**	**5.12**	**6.53**	**48.44**	**2.48**	**2.30**	**92.74**	**2.94**
临海县	58.01	59.65	3.47	5.98	29.68	1.03	1.00	97.09	1.68
三门县	20.42	18.65	1.65	8.08	87.88	1.45	1.30	89.66	6.97
舟山市	**11.45**	**19.65**	**2.28**	**19.91**	**25.88**	**0.59**	**0.46**	**77.97**	**2.34**
普陀县	11.45	19.65	2.28	19.91	25.88	0.59	0.46	77.97	2.34

5-3-20 浙江省1962年产棉县棉花生产收购明细

县市名	耕地面积（万亩）	农业人口（万人）	棉田面积（万亩）	占耕地（%）	亩产（市斤）	产量（万担）	收购量（万担）	商品率（%）	人均交售（市斤）
全省合计	**608.74**	**513.82**	**90.93**	**14.94**	**68.33**	**62.13**	**60.32**	**97.09**	**11.74**
杭州市	**63.42**	**78.24**	**10.83**	**17.08**	**82.18**	**8.90**	**8.70**	**97.75**	**11.12**
萧山县	63.42	78.24	10.83	17.08	82.18	8.90	8.70	97.75	11.12
宁波市	**221.02**	**182.33**	**56.57**	**25.59**	**72.19**	**40.84**	**39.49**	**96.69**	**21.66**
慈溪县	65.71	57.79	41.55	63.23	85.05	35.34	34.18	96.72	59.15
余姚县	65.24	55.48	7.84	12.02	41.84	3.28	3.20	97.56	5.77
宁海县	45.20	32.90	2.35	5.20	16.60	0.39	0.31	79.49	0.94
镇海县	44.87	36.16	4.83	10.76	37.89	1.83	1.80	98.36	4.98
嘉兴市	**102.54**	**56.83**	**12.28**	**11.98**	**54.80**	**6.73**	**6.71**	**99.70**	**11.81**
平湖县	57.58	33.70	6.66	11.57	52.70	3.51	3.51	100.00	10.42
海盐县	44.96	23.13	5.62	12.50	57.30	3.22	3.20	99.38	13.83
绍兴市	**56.49**	**50.73**	**5.60**	**9.91**	**70.00**	**3.92**	**3.87**	**98.72**	**7.63**
上虞县	56.49	50.73	5.60	9.91	70.00	3.92	3.87	98.72	7.63
金华市	**73.52**	**48.12**	**1.41**	**1.92**	**29.08**	**0.41**	**0.40**	**97.56**	**0.83**
金华县	73.52	48.12	1.41	1.92	29.08	0.41	0.40	97.56	0.83
台洲市	**79.30**	**80.25**	**3.85**	**4.85**	**30.65**	**1.18**	**1.02**	**86.44**	**1.27**
临海县	57.65	61.23	2.75	4.77	32.36	0.89	0.80	89.89	1.31
三门县	21.65	19.02	1.10	5.08	26.36	0.29	0.22	75.86	1.16
舟山市	**12.45**	**17.32**	**0.39**	**3.13**	**38.46**	**0.15**	**0.13**	**86.67**	**0.75**
普陀县	12.45	17.32	0.39	3.13	38.46	0.15	0.13	86.67	0.75

5-3-21 浙江省1963年产棉县棉花生产收购明细

县市名	耕地面积（万亩）	农业人口（万人）	棉田面积（万亩）	占耕地（%）	亩产（市斤）	产量（万担）	收购量（万担）	商品率（%）	人均交售（市斤）
全省合计	**607.31**	**526.75**	**108.26**	**17.83**	**94.24**	**102.02**	**96.91**	**94.99**	**18.40**
杭州市	**63.42**	**79.60**	**12.62**	**19.90**	**97.94**	**12.36**	**11.64**	**94.17**	**14.62**
萧山县	63.42	79.60	12.62	19.90	97.94	12.36	11.64	94.17	14.62
宁波市	**220.98**	**187.24**	**63.90**	**28.92**	**96.04**	**61.37**	**59.38**	**96.76**	**31.71**
慈溪县	65.93	61.32	45.17	68.51	100.97	45.61	44.38	97.30	72.37
余姚县	65.56	55.56	10.01	15.27	82.92	8.30	7.91	95.30	14.24
宁海县	44.62	33.65	2.65	5.94	75.47	2.00	1.78	89.00	5.29
镇海县	44.87	36.71	6.07	13.53	89.95	5.46	5.31	97.25	14.46
嘉兴市	**102.37**	**57.40**	**14.41**	**14.08**	**84.11**	**12.12**	**11.80**	**97.36**	**20.56**
平湖县	57.50	33.70	7.82	13.60	82.23	6.43	6.21	96.58	18.43
海盐县	44.87	23.70	6.59	14.69	86.34	5.69	5.59	98.24	23.59
绍兴市	**56.49**	**51.22**	**8.12**	**14.37**	**115.02**	**9.34**	**8.89**	**95.18**	**17.36**
上虞县	56.49	51.22	8.12	14.37	115.02	9.34	8.89	95.18	17.36
金华市	**73.98**	**49.63**	**1.97**	**2.66**	**68.53**	**1.35**	**1.30**	**96.30**	**2.62**
金华县	73.98	49.63	1.97	2.66	68.53	1.35	1.30	96.30	2.62
台洲市	**78.43**	**83.34**	**4.49**	**5.72**	**71.71**	**3.22**	**1.79**	**55.59**	**2.15**
临海县	58.12	63.21	3.21	5.52	76.95	2.47	1.31	53.04	2.07
三门县	20.31	20.13	1.28	6.30	58.59	0.75	0.48	64.00	2.38
舟山市	**11.64**	**18.32**	**2.75**	**23.63**	**82.18**	**2.26**	**2.11**	**93.36**	**11.52**
普陀县	11.64	18.32	2.75	23.63	82.18	2.26	2.11	93.36	11.52

5-3-22 浙江省1964年产棉县棉花生产收购明细

县市名	耕地面积（万亩）	农业人口（万人）	棉田面积（万亩）	占耕地（%）	亩产（市斤）	产量（万担）	收购量（万担）	商品率（%）	人均交售（市斤）
全省合计	**610.67**	**535.18**	**112.50**	**18.42**	**111.11**	**125.00**	**124.47**	**99.58**	**23.26**
杭州市	**66.42**	**77.69**	**12.94**	**19.48**	**98.84**	**12.79**	**12.62**	**98.67**	**16.24**
萧山县	66.42	77.69	12.94	19.48	98.84	12.79	12.62	98.67	16.24
宁波市	**220.49**	**191.66**	**66.47**	**30.15**	**118.64**	**78.86**	**78.15**	**99.10**	**40.78**
慈溪县	65.79	64.63	46.52	70.71	125.73	58.49	57.20	97.79	88.50
余姚县	65.80	55.70	10.08	15.32	101.49	10.23	10.91	106.65	19.59
宁海县	44.25	34.12	3.43	7.75	82.80	2.84	2.78	97.89	8.15
镇海县	44.65	37.21	6.44	14.42	113.35	7.30	7.26	99.45	19.51
嘉兴市	**102.34**	**56.76**	**14.49**	**14.16**	**100.28**	**14.53**	**14.49**	**99.72**	**25.53**
平湖县	57.32	32.89	7.72	13.47	91.58	7.07	6.96	98.44	21.16
海盐县	45.02	23.87	6.77	15.04	110.19	7.46	7.53	100.94	31.55
绍兴市	**56.12**	**51.10**	**8.05**	**14.34**	**120.99**	**9.74**	**9.72**	**99.79**	**19.02**
上虞县	56.12	51.10	8.05	14.34	120.99	9.74	9.72	99.79	19.02
金华市	**74.65**	**52.65**	**2.73**	**3.66**	**80.95**	**2.21**	**2.20**	**99.55**	**4.18**
金华县	74.65	52.65	2.73	3.66	80.95	2.21	2.20	99.55	4.18
台洲市	**78.81**	**86.30**	**4.50**	**5.71**	**72.22**	**3.25**	**3.59**	**110.46**	**4.16**
临海县	57.36	65.45	3.16	5.51	75.00	2.37	2.58	108.86	3.94
三门县	21.45	20.85	1.34	6.25	65.67	0.88	1.01	114.77	4.84
舟山市	**11.84**	**19.02**	**3.32**	**28.04**	**109.04**	**3.62**	**3.70**	**102.21**	**19.45**
普陀县	11.84	19.02	3.32	28.04	109.04	3.62	3.70	102.21	19.45

5－3－23　浙江省1965年产棉县棉花生产收购明细

县市名	耕地面积（万亩）	农业人口（万人）	棉田面积（万亩）	占耕地（%）	亩产（市斤）	产量（万担）	收购量（万担）	商品率（%）	人均交售（市斤）
全省合计	**615.09**	**538.71**	**111.59**	**18.14**	**131.98**	**147.28**	**147.15**	**99.91**	**27.32**
杭州市	**69.70**	**76.30**	**12.70**	**18.22**	**113.39**	**14.40**	**14.30**	**99.31**	**18.74**
萧山县	69.70	76.30	12.70	18.22	113.39	14.40	14.30	99.31	18.74
宁波市	**221.09**	**191.50**	**66.18**	**29.93**	**141.02**	**93.33**	**92.51**	**99.12**	**48.31**
慈溪县	65.49	65.72	45.56	69.57	151.36	68.96	67.65	98.10	102.94
余姚县	65.90	53.79	10.25	15.55	113.07	11.59	12.26	105.78	22.79
宁海县	44.90	35.76	3.87	8.62	92.51	3.58	3.45	96.37	9.65
镇海县	44.80	36.23	6.50	14.51	141.54	9.20	9.15	99.46	25.26
嘉兴市	**101.40**	**56.46**	**14.44**	**14.24**	**130.47**	**18.84**	**19.11**	**101.43**	**33.85**
平湖县	57.30	32.64	7.74	13.51	119.64	9.26	9.25	99.89	28.34
海盐县	44.10	23.82	6.70	15.19	142.99	9.58	9.86	102.92	41.39
绍兴市	**56.70**	**51.11**	**8.10**	**14.29**	**135.56**	**10.98**	**10.90**	**99.27**	**21.33**
上虞县	56.70	51.11	8.10	14.29	135.56	10.98	10.90	99.27	21.33
金华市	**75.60**	**53.65**	**2.29**	**3.03**	**86.46**	**1.98**	**1.98**	**100.00**	**3.69**
金华县	75.60	53.65	2.29	3.03	86.46	1.98	1.98	100.00	3.69
台洲市	**78.60**	**90.58**	**4.48**	**5.70**	**88.84**	**3.98**	**4.41**	**110.80**	**4.87**
临海县	57.80	68.99	3.12	5.40	95.19	2.97	3.24	109.09	4.70
三门县	20.80	21.59	1.36	6.54	74.26	1.01	1.17	115.84	5.42
舟山市	**12.00**	**19.11**	**3.40**	**28.33**	**110.88**	**3.77**	**3.94**	**104.51**	**20.62**
普陀县	12.00	19.11	3.40	28.33	110.88	3.77	3.94	104.51	20.62

5－3－24　浙江省1966年产棉县棉花生产收购明细

县市名	耕地面积（万亩）	农业人口（万人）	棉田面积（万亩）	占耕地（%）	亩产（市斤）	产量（万担）	收购量（万担）	商品率（%）	人均交售（市斤）
全省合计	**615.08**	**552.96**	**104.15**	**16.93**	**111.36**	**115.98**	**114.58**	**98.79**	**20.72**
杭州市	**70.21**	**77.69**	**10.41**	**14.83**	**123.54**	**12.86**	**12.83**	**99.77**	**16.51**
萧山县	70.21	77.69	10.41	14.83	123.54	12.86	12.83	99.77	16.51
宁波市	**220.91**	**196.24**	**63.25**	**28.63**	**111.67**	**70.63**	**69.31**	**98.13**	**35.32**
慈溪县	65.69	67.71	43.58	66.34	117.07	51.02	49.67	97.35	73.36
余姚县	66.20	55.30	9.53	14.40	90.14	8.59	8.67	100.93	15.68
宁海县	44.01	36.98	3.53	8.02	96.88	3.42	3.38	98.83	9.14
镇海县	45.01	36.25	6.61	14.69	114.98	7.60	7.59	99.87	20.94
嘉兴市	**102.21**	**57.88**	**13.29**	**13.00**	**111.36**	**14.80**	**14.75**	**99.66**	**25.48**
平湖县	57.32	33.65	7.35	12.82	98.64	7.25	7.15	98.62	21.25
海盐县	44.89	24.23	5.94	13.23	127.10	7.55	7.60	100.66	31.37
绍兴市	**56.84**	**51.20**	**7.98**	**14.04**	**110.90**	**8.85**	**8.84**	**99.89**	**17.27**
上虞县	56.84	51.20	7.98	14.04	110.90	8.85	8.84	99.89	17.27
金华市	**74.58**	**55.65**	**2.22**	**2.98**	**79.73**	**1.77**	**1.75**	**98.87**	**3.14**
金华县	74.58	55.65	2.22	2.98	79.73	1.77	1.75	98.87	3.14
台洲市	**78.77**	**94.44**	**4.24**	**5.38**	**87.74**	**3.72**	**3.68**	**98.92**	**3.90**
临海县	57.65	72.12	2.93	5.08	91.13	2.67	2.65	99.25	3.67
三门县	21.12	22.32	1.31	6.20	80.15	1.05	1.03	98.10	4.61
舟山市	**11.56**	**19.86**	**2.76**	**23.88**	**121.38**	**3.35**	**3.42**	**102.09**	**17.22**
普陀县	11.56	19.86	2.76	23.88	121.38	3.35	3.42	102.09	17.22

5-3-25 浙江省1967年产棉县棉花生产收购明细

县市名	耕地面积（万亩）	农业人口（万人）	棉田面积（万亩）	占耕地（%）	亩产（市斤）	产量（万担）	收购量（万担）	商品率（%）	人均交售（市斤）
全省合计	**612.88**	**561.54**	**102.12**	**16.66**	**108.23**	**110.52**	**108.75**	**98.40**	**19.37**
杭州市	**69.32**	**78.65**	**9.74**	**14.05**	**110.78**	**10.79**	**10.62**	**98.42**	**13.50**
萧山县	69.32	78.65	9.74	14.05	110.78	10.79	10.62	98.42	13.50
宁波市	**221.90**	**199.14**	**62.83**	**28.31**	**106.30**	**66.79**	**65.44**	**97.98**	**32.86**
慈溪县	65.66	69.13	42.29	64.41	106.79	45.16	43.78	96.94	63.33
余姚县	66.35	56.20	9.50	14.32	93.58	8.89	8.99	101.12	16.00
宁海县	45.02	37.89	3.85	8.55	109.87	4.23	4.18	98.82	11.03
镇海县	44.87	35.92	7.19	16.02	118.36	8.51	8.49	99.76	23.64
嘉兴市	**103.13**	**58.67**	**13.09**	**12.69**	**123.15**	**16.12**	**15.95**	**98.95**	**27.19**
平湖县	58.12	34.02	7.28	12.53	116.90	8.51	8.31	97.65	24.43
海盐县	45.01	24.65	5.81	12.91	130.98	7.61	7.64	100.39	30.99
绍兴市	**55.89**	**51.63**	**7.90**	**14.13**	**116.84**	**9.23**	**9.13**	**98.92**	**17.68**
上虞县	55.89	51.63	7.90	14.13	116.84	9.23	9.13	98.92	17.68
金华市	**74.12**	**57.21**	**1.92**	**2.59**	**88.54**	**1.70**	**1.69**	**99.41**	**2.95**
金华县	74.12	57.21	1.92	2.59	88.54	1.70	1.69	99.41	2.95
台洲市	**77.10**	**96.59**	**4.07**	**5.28**	**75.43**	**3.07**	**3.14**	**102.28**	**3.25**
临海县	56.32	73.14	2.76	4.90	68.48	1.89	1.85	97.88	2.53
三门县	20.78	23.45	1.31	6.30	90.08	1.18	1.29	109.32	5.50
舟山市	**11.42**	**19.65**	**2.57**	**22.50**	**109.73**	**2.82**	**2.78**	**98.58**	**14.15**
普陀县	11.42	19.65	2.57	22.50	109.73	2.82	2.78	98.58	14.15

5-3-26 浙江省1968年产棉县棉花生产收购明细

县市名	耕地面积（万亩）	农业人口（万人）	棉田面积（万亩）	占耕地（%）	亩产（市斤）	产量（万担）	收购量（万担）	商品率（%）	人均交售（市斤）
全省合计	**615.64**	**569.89**	**104.63**	**17.00**	**144.97**	**151.68**	**150.55**	**99.26**	**26.42**
杭州市	**69.52**	**79.85**	**9.70**	**13.95**	**141.75**	**13.75**	**13.69**	**99.56**	**17.14**
萧山县	69.52	79.85	9.70	13.95	141.75	13.75	13.69	99.56	17.14
宁波市	**221.32**	**201.83**	**64.75**	**29.26**	**145.25**	**94.05**	**93.18**	**99.07**	**46.17**
慈溪县	65.76	69.40	43.17	65.65	148.18	63.97	62.58	97.83	90.17
余姚县	65.12	56.80	9.56	14.68	129.71	12.40	13.01	104.92	22.90
宁海县	46.32	38.65	4.52	9.76	122.79	5.55	5.46	98.38	14.13
镇海县	44.12	36.98	7.50	17.00	161.73	12.13	12.13	100.00	32.80
嘉兴市	**104.10**	**57.57**	**13.11**	**12.59**	**167.12**	**21.91**	**21.98**	**100.32**	**38.18**
平湖县	59.45	34.12	7.29	12.26	161.04	11.74	11.59	98.72	33.97
海盐县	44.65	23.45	5.82	13.03	174.74	10.17	10.39	102.16	44.31
绍兴市	**56.01**	**52.23**	**7.93**	**14.16**	**169.99**	**13.48**	**13.21**	**98.00**	**25.29**
上虞县	56.01	52.23	7.93	14.16	169.99	13.48	13.21	98.00	25.29
金华市	**73.45**	**58.32**	**2.33**	**3.17**	**87.12**	**2.03**	**2.02**	**99.51**	**3.46**
金华县	73.45	58.32	2.33	3.17	87.12	2.03	2.02	99.51	3.46
台洲市	**79.23**	**99.97**	**4.24**	**5.35**	**85.85**	**3.64**	**3.66**	**100.55**	**3.66**
临海县	57.89	75.65	2.80	4.84	78.93	2.21	2.11	95.48	2.79
三门县	21.34	24.32	1.44	6.75	99.31	1.43	1.55	108.39	6.37
舟山市	**12.01**	**20.12**	**2.57**	**21.40**	**109.73**	**2.82**	**2.81**	**99.65**	**13.97**
普陀县	12.01	20.12	2.57	21.40	109.73	2.82	2.81	99.65	13.97

5－3－27　浙江省1969年产棉县棉花生产收购明细

县市名	耕地面积（万亩）	农业人口（万人）	棉田面积（万亩）	占耕地（%）	亩产（市斤）	产量（万担）	收购量（万担）	商品率（%）	人均交售（市斤）
全省合计	**614.30**	**590.78**	**104.77**	**17.06**	**116.08**	**121.62**	**119.50**	**98.26**	**20.23**
杭州市	**70.23**	**82.65**	**10.03**	**14.28**	**117.35**	**11.77**	**11.48**	**97.54**	**13.89**
萧山县	70.23	82.65	10.03	14.28	117.35	11.77	11.48	97.54	13.89
宁波市	**223.21**	**205.66**	**64.76**	**29.01**	**112.00**	**72.53**	**71.64**	**98.77**	**34.83**
慈溪县	66.82	70.52	43.13	64.55	114.19	49.25	47.84	97.14	67.84
余姚县	66.80	58.90	9.58	14.34	100.63	9.64	10.25	106.33	17.40
宁海县	45.23	39.12	4.44	9.82	104.28	4.63	4.56	98.49	11.66
镇海县	44.36	37.12	7.61	17.16	118.40	9.01	8.99	99.78	24.22
嘉兴市	**102.54**	**61.22**	**13.20**	**12.87**	**150.30**	**19.84**	**19.27**	**97.13**	**31.48**
平湖县	58.65	35.69	7.32	12.48	150.27	11.00	10.80	98.18	30.26
海盐县	43.89	25.53	5.88	13.40	150.34	8.84	8.47	95.81	33.18
绍兴市	**56.21**	**56.23**	**8.70**	**15.48**	**108.05**	**9.40**	**9.21**	**97.98**	**16.38**
上虞县	56.21	56.23	8.70	15.48	108.05	9.40	9.21	97.98	16.38
金华市	**72.65**	**60.42**	**2.13**	**2.93**	**87.32**	**1.86**	**1.85**	**99.46**	**3.06**
金华县	72.65	60.42	2.13	2.93	87.32	1.86	1.85	99.46	3.06
台洲市	**78.06**	**103.57**	**3.12**	**4.00**	**89.74**	**2.80**	**2.64**	**94.29**	**2.55**
临海县	57.61	78.45	1.56	2.71	89.74	1.40	1.32	94.29	1.68
三门县	20.45	25.12	1.56	7.63	89.74	1.40	1.32	94.29	5.25
舟山市	**11.40**	**21.03**	**2.83**	**24.82**	**120.85**	**3.42**	**3.41**	**99.71**	**16.21**
普陀县	11.40	21.03	2.83	24.82	120.85	3.42	3.41	99.71	16.21

5－3－28　浙江省1970年产棉县棉花生产收购明细

县市名	耕地面积（万亩）	农业人口（万人）	棉田面积（万亩）	占耕地（%）	亩产（市斤）	产量（万担）	收购量（万担）	商品率（%）	人均交售（市斤）
全省合计	**607.34**	**611.54**	**106.77**	**17.58**	**114.06**	**121.78**	**119.15**	**97.84**	**19.48**
杭州市	**69.89**	**86.65**	**9.88**	**14.14**	**120.65**	**11.92**	**11.62**	**97.48**	**13.41**
萧山县	69.89	86.65	9.88	14.14	120.65	11.92	11.62	97.48	13.41
宁波市	**220.86**	**213.36**	**65.89**	**29.83**	**113.13**	**74.54**	**72.69**	**97.52**	**34.07**
慈溪县	66.82	74.65	43.93	65.74	122.31	53.73	52.24	97.23	69.98
余姚县	65.38	60.69	9.71	14.85	80.43	7.81	7.61	97.44	12.54
宁海县	44.15	40.64	4.53	10.26	94.04	4.26	4.18	98.12	10.29
镇海县	44.51	37.38	7.72	17.34	113.21	8.74	8.66	99.08	23.17
嘉兴市	**98.80**	**64.45**	**13.27**	**13.43**	**133.01**	**17.65**	**17.27**	**97.85**	**26.80**
平湖县	56.20	37.28	7.49	13.33	133.51	10.00	9.62	96.20	25.80
海盐县	42.60	27.17	5.78	13.57	132.35	7.65	7.65	100.00	28.16
绍兴市	**55.60**	**58.38**	**8.55**	**15.38**	**106.43**	**9.10**	**9.10**	**100.00**	**15.59**
上虞县	55.60	58.38	8.55	15.38	106.43	9.10	9.10	100.00	15.59
金华市	**73.01**	**61.75**	**1.82**	**2.49**	**94.51**	**1.72**	**1.71**	**99.42**	**2.77**
金华县	73.01	61.75	1.82	2.49	94.51	1.72	1.71	99.42	2.77
台洲市	**78.16**	**105.73**	**4.53**	**5.80**	**78.59**	**3.56**	**3.35**	**94.10**	**3.17**
临海县	57.37	80.08	2.79	4.86	83.51	2.33	2.13	91.42	2.66
三门县	20.79	25.65	1.74	8.37	70.69	1.23	1.22	99.19	4.76
舟山市	**11.02**	**21.22**	**2.83**	**25.68**	**116.25**	**3.29**	**3.41**	**103.65**	**16.07**
普陀县	11.02	21.22	2.83	25.68	116.25	3.29	3.41	103.65	16.07

5－3－29　浙江省1971年产棉县棉花生产收购明细

县市名	耕地面积（万亩）	农业人口（万人）	棉田面积（万亩）	占耕地（%）	亩产（市斤）	产量（万担）	收购量（万担）	商品率（%）	人均交售（市斤）
全省合计	**611.82**	**624.58**	**104.61**	**17.10**	**70.42**	**73.67**	**69.88**	**94.86**	**11.19**
杭州市	**72.65**	**87.69**	**9.52**	**13.10**	**98.95**	**9.42**	**10.18**	**108.07**	**11.61**
萧山县	72.65	87.69	9.52	13.10	98.95	9.42	10.18	108.07	11.61
宁波市	**221.55**	**216.65**	**64.37**	**29.05**	**57.59**	**37.07**	**34.22**	**92.31**	**15.80**
慈溪县	66.66	76.26	42.44	63.67	49.72	21.10	19.57	92.75	25.66
余姚县	66.12	61.20	9.62	14.55	54.47	5.24	4.53	86.45	7.40
宁海县	44.65	42.32	4.74	10.62	89.87	4.26	3.90	91.55	9.22
镇海县	44.12	36.87	7.57	17.16	85.47	6.47	6.22	96.14	16.87
嘉兴市	**99.35**	**65.14**	**13.31**	**13.40**	**102.55**	**13.65**	**12.55**	**91.94**	**19.27**
平湖县	57.23	38.12	7.49	13.09	76.90	5.76	5.05	87.67	13.25
海盐县	42.12	27.02	5.82	13.82	135.57	7.89	7.50	95.06	27.76
绍兴市	**55.65**	**59.32**	**8.35**	**15.00**	**66.71**	**5.57**	**5.56**	**99.82**	**9.37**
上虞县	55.65	59.32	8.35	15.00	66.71	5.57	5.56	99.82	9.37
金华市	**72.98**	**63.45**	**1.46**	**2.00**	**91.10**	**1.33**	**1.27**	**95.49**	**2.00**
金华县	72.98	63.45	1.46	2.00	91.10	1.33	1.27	95.49	2.00
台洲市	**78.44**	**110.01**	**4.59**	**5.85**	**86.49**	**3.97**	**3.49**	**87.91**	**3.17**
临海县	57.42	83.12	2.69	4.68	92.94	2.50	2.18	87.20	2.62
三门县	21.02	26.89	1.90	9.04	77.37	1.47	1.31	89.12	4.87
舟山市	**11.20**	**22.32**	**3.01**	**26.88**	**88.37**	**2.66**	**2.61**	**98.12**	**11.69**
普陀县	11.20	22.32	3.01	26.88	88.37	2.66	2.61	98.12	11.69

5－3－30　浙江省1972年产棉县棉花生产收购明细

县市名	耕地面积（万亩）	农业人口（万人）	棉田面积（万亩）	占耕地（%）	亩产（市斤）	产量（万担）	收购量（万担）	商品率（%）	人均交售（市斤）
全省合计	**617.67**	**641.50**	**104.57**	**16.93**	**85.66**	**89.57**	**84.05**	**93.84**	**13.10**
杭州市	**75.69**	**89.32**	**9.52**	**12.58**	**85.92**	**8.18**	**8.98**	**109.78**	**10.05**
萧山县	75.69	89.32	9.52	12.58	85.92	8.18	8.98	109.78	10.05
宁波市	**223.01**	**221.77**	**64.19**	**28.78**	**79.09**	**50.77**	**45.05**	**88.73**	**20.31**
慈溪县	67.14	76.69	42.43	63.20	72.78	30.88	29.35	95.05	38.27
余姚县	66.53	63.52	9.56	14.37	92.99	8.89	4.77	53.66	7.51
宁海县	44.82	43.98	4.97	11.09	94.16	4.68	4.60	98.29	10.46
镇海县	44.52	37.58	7.23	16.24	87.41	6.32	6.33	100.16	16.84
嘉兴市	**98.44**	**67.15**	**13.05**	**13.26**	**111.49**	**14.55**	**13.90**	**95.53**	**20.70**
平湖县	58.32	39.12	7.26	12.45	105.79	7.68	7.67	99.87	19.61
海盐县	40.12	28.03	5.79	14.43	118.65	6.87	6.23	90.68	22.23
绍兴市	**56.42**	**61.23**	**8.32**	**14.75**	**96.15**	**8.00**	**8.00**	**100.00**	**13.07**
上虞县	56.42	61.23	8.32	14.75	96.15	8.00	8.00	100.00	13.07
金华市	**73.12**	**65.82**	**1.46**	**2.00**	**132.19**	**1.93**	**1.92**	**99.48**	**2.92**
金华县	73.12	65.82	1.46	2.00	132.19	1.93	1.92	99.48	2.92
台洲市	**79.57**	**113.19**	**4.96**	**6.23**	**64.52**	**3.20**	**3.12**	**97.50**	**2.76**
临海县	57.92	85.65	2.63	4.54	77.19	2.03	1.98	97.54	2.31
三门县	21.65	27.54	2.33	10.76	50.21	1.17	1.14	97.44	4.14
舟山市	**11.42**	**23.02**	**3.07**	**26.88**	**95.77**	**2.94**	**3.08**	**104.76**	**13.38**
普陀县	11.42	23.02	3.07	26.88	95.77	2.94	3.08	104.76	13.38

5－3－31　浙江省1973年产棉县棉花生产收购明细

县市名	耕地面积（万亩）	农业人口（万人）	棉田面积（万亩）	占耕地（%）	亩产（市斤）	产量（万担）	收购量（万担）	商品率（%）	人均交售（市斤）
全省合计	**619.07**	**663.11**	**104.21**	**16.83**	**84.74**	**88.31**	**86.41**	**97.85**	**13.03**
杭州市	**79.66**	**93.31**	**9.65**	**12.11**	**80.62**	**7.78**	**8.72**	**112.08**	**9.35**
萧山县	79.66	93.31	9.65	12.11	80.62	7.78	8.72	112.08	9.35
宁波市	**222.17**	**230.19**	**63.57**	**28.61**	**80.18**	**50.97**	**49.12**	**96.37**	**21.34**
慈溪县	67.59	77.18	41.45	61.33	77.20	32.00	30.46	95.19	39.47
余姚县	65.20	66.82	9.53	14.62	83.11	7.92	7.67	96.84	11.48
宁海县	44.91	45.14	5.15	11.47	80.39	4.14	4.10	99.03	9.08
镇海县	44.47	41.05	7.44	16.73	92.88	6.91	6.89	99.71	16.78
嘉兴市	**98.10**	**69.01**	**13.06**	**13.31**	**106.13**	**13.86**	**13.04**	**94.08**	**18.90**
平湖县	56.26	40.01	7.28	12.94	112.50	8.19	7.92	96.70	19.80
海盐县	41.84	29.00	5.78	13.81	98.10	5.67	5.12	90.30	17.66
绍兴市	**55.80**	**62.50**	**8.35**	**14.96**	**95.45**	**7.97**	**7.96**	**99.87**	**12.74**
上虞县	55.80	62.50	8.35	14.96	95.45	7.97	7.96	99.87	12.74
金华市	**73.22**	**67.69**	**1.58**	**2.16**	**132.28**	**2.09**	**2.08**	**99.52**	**3.07**
金华县	73.22	67.69	1.58	2.16	132.28	2.09	2.08	99.52	3.07
台洲市	**78.89**	**117.13**	**5.08**	**6.44**	**54.92**	**2.79**	**2.56**	**91.76**	**2.19**
临海县	57.58	89.13	2.64	4.58	67.05	1.77	1.64	92.66	1.84
三门县	21.31	28.00	2.44	11.45	41.80	1.02	0.92	90.20	3.29
舟山市	**11.23**	**23.28**	**2.92**	**26.00**	**97.60**	**2.85**	**2.93**	**102.81**	**12.59**
普陀县	11.23	23.28	2.92	26.00	97.60	2.85	2.93	102.81	12.59

5－3－32　浙江省1974年产棉县棉花生产收购明细

县市名	耕地面积（万亩）	农业人口（万人）	棉田面积（万亩）	占耕地（%）	亩产（市斤）	产量（万担）	收购量（万担）	商品率（%）	人均交售（市斤）
全省合计	**619.66**	**658.73**	**104.68**	**16.89**	**95.12**	**99.57**	**97.89**	**98.31**	**14.86**
杭州市	**81.04**	**92.64**	**9.72**	**11.99**	**88.58**	**8.61**	**9.31**	**108.13**	**10.05**
萧山县	81.04	92.64	9.72	11.99	88.58	8.61	9.31	108.13	10.05
宁波市	**221.89**	**228.14**	**63.39**	**28.57**	**93.74**	**59.42**	**57.46**	**96.70**	**25.19**
慈溪县	67.08	78.23	41.30	61.57	92.42	38.17	36.61	95.91	46.80
余姚县	65.09	65.18	9.54	14.66	96.75	9.23	8.93	96.75	13.70
宁海县	45.14	45.93	5.24	11.61	77.67	4.07	3.98	97.79	8.67
镇海县	44.58	38.80	7.31	16.40	108.76	7.95	7.94	99.87	20.46
嘉兴市	**97.37**	**67.82**	**13.09**	**13.44**	**115.74**	**15.15**	**14.63**	**96.57**	**21.57**
平湖县	55.65	39.18	7.32	13.15	123.63	9.05	8.74	96.57	22.31
海盐县	41.72	28.64	5.77	13.83	105.72	6.10	5.89	96.56	20.57
绍兴市	**55.85**	**62.15**	**8.32**	**14.90**	**91.83**	**7.64**	**7.61**	**99.61**	**12.24**
上虞县	55.85	62.15	8.32	14.90	91.83	7.64	7.61	99.61	12.24
金华市	**73.33**	**66.40**	**2.04**	**2.78**	**125.00**	**2.55**	**2.56**	**100.39**	**3.86**
金华县	73.33	66.40	2.04	2.78	125.00	2.55	2.56	100.39	3.86
台洲市	**78.98**	**118.72**	**5.09**	**6.44**	**58.55**	**2.98**	**2.95**	**98.99**	**2.48**
临海县	57.57	90.02	2.66	4.62	75.19	2.00	1.98	99.00	2.20
三门县	21.41	28.70	2.43	11.35	40.33	0.98	0.97	98.98	3.38
舟山市	**11.20**	**22.86**	**3.03**	**27.05**	**106.27**	**3.22**	**3.37**	**104.66**	**14.74**
普陀县	11.20	22.86	3.03	27.05	106.27	3.22	3.37	104.66	14.74

5-3-33　浙江省1975年产棉县棉花生产收购明细

县市名	耕地面积（万亩）	农业人口（万人）	棉田面积（万亩）	占耕地（%）	亩产（市斤）	产量（万担）	收购量（万担）	商品率（%）	人均交售（市斤）
全省合计	**623.69**	**666.48**	**108.03**	**17.32**	**94.38**	**101.96**	**98.90**	**97.00**	**14.84**
杭州市	**85.89**	**92.86**	**12.19**	**14.19**	**86.30**	**10.52**	**9.90**	**94.11**	**10.66**
萧山县	85.89	92.86	12.19	14.19	86.30	10.52	9.90	94.11	10.66
宁波市	**221.49**	**230.54**	**64.22**	**28.99**	**89.60**	**57.54**	**55.57**	**96.58**	**24.10**
慈溪县	66.92	79.65	39.97	59.73	87.69	35.05	33.46	95.46	42.01
余姚县	65.04	65.94	9.56	14.70	87.97	8.41	8.27	98.34	12.54
宁海县	45.13	45.89	7.23	16.02	77.32	5.59	5.40	96.60	11.77
镇海县	44.40	39.06	7.46	16.80	113.81	8.49	8.44	99.41	21.61
嘉兴市	**97.20**	**68.37**	**13.07**	**13.45**	**130.53**	**17.06**	**16.81**	**98.53**	**24.59**
平湖县	55.53	39.51	7.30	13.15	140.41	10.25	10.00	97.56	25.31
海盐县	41.67	28.86	5.77	13.85	118.02	6.81	6.81	100.00	23.60
绍兴市	**55.99**	**62.81**	**8.34**	**14.90**	**105.28**	**8.78**	**8.75**	**99.66**	**13.93**
上虞县	55.99	62.81	8.34	14.90	105.28	8.78	8.75	99.66	13.93
金华市	**73.09**	**67.57**	**2.33**	**3.19**	**118.03**	**2.75**	**2.74**	**99.64**	**4.06**
金华县	73.09	67.57	2.33	3.19	118.03	2.75	2.74	99.64	4.06
台洲市	**78.88**	**121.04**	**4.85**	**6.15**	**42.89**	**2.08**	**1.82**	**87.50**	**1.50**
临海县	57.47	91.78	2.60	4.52	43.46	1.13	1.04	92.04	1.13
三门县	21.41	29.26	2.25	10.51	42.22	0.95	0.78	82.11	2.67
舟山市	**11.15**	**23.29**	**3.03**	**27.17**	**106.60**	**3.23**	**3.31**	**102.48**	**14.21**
普陀县	11.15	23.29	3.03	27.17	106.60	3.23	3.31	102.48	14.21

5-3-34　浙江省1976年产棉县棉花生产收购明细

县市名	耕地面积（万亩）	农业人口（万人）	棉田面积（万亩）	占耕地（%）	亩产（市斤）	产量（万担）	收购量（万担）	商品率（%）	人均交售（市斤）
全省合计	**626.40**	**674.10**	**105.38**	**16.82**	**80.25**	**84.57**	**82.10**	**97.08**	**12.18**
杭州市	**87.34**	**93.79**	**10.95**	**12.54**	**82.92**	**9.08**	**8.70**	**95.81**	**9.28**
萧山县	87.34	93.79	10.95	12.54	82.92	9.08	8.70	95.81	9.28
宁波市	**221.50**	**233.11**	**63.80**	**28.80**	**76.77**	**48.98**	**47.04**	**96.04**	**20.18**
慈溪县	67.08	80.39	39.63	59.08	76.56	30.34	28.73	94.69	35.74
余姚县	65.00	66.47	9.52	14.65	70.48	6.71	6.47	96.42	9.73
宁海县	45.14	46.72	7.32	16.22	81.97	6.00	5.96	99.33	12.76
镇海县	44.28	39.53	7.33	16.55	80.90	5.93	5.88	99.16	14.87
嘉兴市	**97.06**	**68.59**	**13.02**	**13.41**	**97.77**	**12.73**	**12.55**	**98.59**	**18.30**
平湖县	55.48	39.58	7.29	13.14	94.51	6.89	6.74	97.82	17.03
海盐县	41.58	29.01	5.73	13.78	101.92	5.84	5.81	99.49	20.03
绍兴市	**57.19**	**63.37**	**8.34**	**14.58**	**90.89**	**7.58**	**7.63**	**100.66**	**12.04**
上虞县	57.19	63.37	8.34	14.58	90.89	7.58	7.63	100.66	12.04
金华市	**73.27**	**68.68**	**2.08**	**2.84**	**100.48**	**2.09**	**2.05**	**98.09**	**2.98**
金华县	73.27	68.68	2.08	2.84	100.48	2.09	2.05	98.09	2.98
台洲市	**78.94**	**123.16**	**4.32**	**5.47**	**47.92**	**2.07**	**1.97**	**95.17**	**1.60**
临海县	57.47	93.31	2.34	4.07	49.15	1.15	1.10	95.65	1.18
三门县	21.47	29.85	1.98	9.22	46.46	0.92	0.87	94.57	2.91
舟山市	**11.10**	**23.40**	**2.87**	**25.86**	**71.08**	**2.04**	**2.16**	**105.88**	**9.23**
普陀县	11.10	23.40	2.87	25.86	71.08	2.04	2.16	105.88	9.23

5－3－35　浙江省1977年产棉县棉花生产收购明细

县 市 名	耕地面积（万亩）	农业人口（万人）	棉田面积（万亩）	占耕地（%）	亩　产（市斤）	产　量（万担）	收购量（万担）	商品率（%）	人均交售（市斤）
全省合计	**626.86**	**681.37**	**104.21**	**16.62**	**79.26**	**82.60**	**79.64**	**96.42**	**11.69**
杭州市	**87.21**	**94.48**	**10.58**	**12.13**	**87.24**	**9.23**	**8.90**	**96.42**	**9.42**
萧山县	87.21	94.48	10.58	12.13	87.24	9.23	8.90	96.42	9.42
宁波市	**220.99**	**235.46**	**63.04**	**28.53**	**69.59**	**43.87**	**41.86**	**95.42**	**17.78**
慈溪县	66.88	80.99	38.93	58.21	69.18	26.93	25.31	93.98	31.25
余姚县	64.91	67.28	9.52	14.67	65.23	6.21	5.97	96.14	8.87
宁海县	45.04	47.51	7.37	16.36	80.05	5.90	5.80	98.31	12.21
镇海县	44.16	39.68	7.22	16.35	66.90	4.83	4.78	98.96	12.05
嘉兴市	**96.95**	**68.95**	**13.04**	**13.45**	**109.97**	**14.34**	**14.00**	**97.63**	**20.30**
平湖县	55.39	39.72	7.32	13.22	108.61	7.95	7.66	96.35	19.28
海盐县	41.56	29.23	5.72	13.76	111.71	6.39	6.34	99.22	21.69
绍兴市	**57.77**	**63.95**	**8.38**	**14.51**	**106.56**	**8.93**	**8.90**	**99.66**	**13.92**
上虞县	57.77	63.95	8.38	14.51	106.56	8.93	8.90	99.66	13.92
金华市	**73.39**	**69.66**	**1.62**	**2.21**	**104.94**	**1.70**	**1.62**	**95.29**	**2.33**
金华县	73.39	69.66	1.62	2.21	104.94	1.70	1.62	95.29	2.33
台洲市	**79.41**	**125.17**	**4.45**	**5.60**	**61.57**	**2.74**	**2.59**	**94.53**	**2.07**
临海县	57.75	94.80	2.51	4.35	68.13	1.71	1.63	95.32	1.72
三门县	21.66	30.37	1.94	8.96	53.09	1.03	0.96	93.20	3.16
舟山市	**11.14**	**23.70**	**3.10**	**27.83**	**57.74**	**1.79**	**1.77**	**98.88**	**7.47**
普陀县	11.14	23.70	3.10	27.83	57.74	1.79	1.77	98.88	7.47

5－3－36　浙江省1978年产棉县棉花生产收购明细

县 市 名	耕地面积（万亩）	农业人口（万人）	棉田面积（万亩）	占耕地（%）	亩　产（市斤）	产　量（万担）	收购量（万担）	商品率（%）	人均交售（市斤）
全省合计	**628.00**	**686.36**	**102.22**	**16.28**	**115.47**	**118.03**	**115.41**	**97.78**	**16.81**
杭州市	**87.97**	**94.86**	**10.65**	**12.11**	**112.39**	**11.97**	**11.70**	**97.74**	**12.33**
萧山县	87.97	94.86	10.65	12.11	112.39	11.97	11.70	97.74	12.33
宁波市	**220.24**	**237.02**	**61.65**	**27.99**	**115.02**	**70.91**	**69.02**	**97.33**	**29.12**
慈溪县	66.68	81.46	38.42	57.62	115.83	44.50	42.87	96.34	52.63
余姚县	64.72	67.58	9.53	14.72	107.24	10.22	9.99	97.75	14.78
宁海县	44.89	48.20	6.66	14.84	109.61	7.30	7.26	99.45	15.06
镇海县	43.95	39.78	7.04	16.02	126.28	8.89	8.90	100.11	22.37
嘉兴市	**96.73**	**68.91**	**12.91**	**13.35**	**133.77**	**17.27**	**16.96**	**98.20**	**24.61**
平湖县	55.68	39.67	7.28	13.07	125.96	9.17	8.89	96.95	22.41
海盐县	41.05	29.24	5.63	13.71	143.87	8.10	8.07	99.63	27.60
绍兴市	**59.08**	**64.23**	**8.39**	**14.20**	**119.43**	**10.02**	**9.99**	**99.70**	**15.55**
上虞县	59.08	64.23	8.39	14.20	119.43	10.02	9.99	99.70	15.55
金华市	**73.54**	**70.63**	**1.42**	**1.93**	**117.61**	**1.67**	**1.68**	**100.60**	**2.38**
金华县	73.54	70.63	1.42	1.93	117.61	1.67	1.68	100.60	2.38
台洲市	**79.42**	**126.83**	**4.16**	**5.24**	**69.23**	**2.88**	**2.75**	**95.49**	**2.17**
临海县	57.77	96.03	2.47	4.28	74.09	1.83	1.76	96.17	1.83
三门县	21.65	30.80	1.69	7.81	62.13	1.05	0.99	94.29	3.21
舟山市	**11.02**	**23.88**	**3.04**	**27.59**	**108.88**	**3.31**	**3.31**	**100.00**	**13.86**
普陀县	11.02	23.88	3.04	27.59	108.88	3.31	3.31	100.00	13.86

5-3-37 浙江省1979年产棉县棉花生产收购明细

县市名	耕地面积（万亩）	农业人口（万人）	棉田面积（万亩）	占耕地（%）	亩产（市斤）	产量（万担）	收购量（万担）	商品率（%）	人均交售（市斤）
全省合计	**630.24**	**686.73**	**112.54**	**17.86**	**102.22**	**115.04**	**113.48**	**98.64**	**16.52**
杭州市	**89.66**	**94.50**	**10.68**	**11.91**	**136.24**	**14.55**	**14.50**	**99.66**	**15.34**
萧山县	89.66	94.50	10.68	11.91	136.24	14.55	14.50	99.66	15.34
宁波市	**221.52**	**236.81**	**70.27**	**31.72**	**93.95**	**66.02**	**64.72**	**98.03**	**27.33**
慈溪县	66.67	81.51	40.92	61.38	82.48	33.75	32.12	95.17	39.41
余姚县	66.90	67.08	14.87	22.23	107.67	16.01	16.43	102.62	24.49
宁海县	44.33	48.66	7.15	16.13	128.53	9.19	9.10	99.02	18.70
镇海县	43.62	39.56	7.33	16.80	96.45	7.07	7.07	100.00	17.87
嘉兴市	**96.04**	**68.66**	**12.93**	**13.46**	**114.31**	**14.78**	**14.74**	**99.73**	**21.47**
平湖县	55.23	39.38	7.32	13.25	112.70	8.25	8.07	97.82	20.49
海盐县	40.81	29.28	5.61	13.75	116.40	6.53	6.67	102.14	22.78
绍兴市	**59.51**	**64.37**	**9.32**	**15.66**	**121.35**	**11.31**	**11.39**	**100.71**	**17.69**
上虞县	59.51	64.37	9.32	15.66	121.35	11.31	11.39	100.71	17.69
金华市	**73.52**	**70.75**	**2.03**	**2.76**	**120.69**	**2.45**	**2.40**	**97.96**	**3.39**
金华县	73.52	70.75	2.03	2.76	120.69	2.45	2.40	97.96	3.39
台洲市	**79.13**	**127.68**	**4.11**	**5.19**	**88.32**	**3.63**	**3.62**	**99.72**	**2.84**
临海县	57.66	96.61	2.44	4.23	92.62	2.26	2.28	100.88	2.36
三门县	21.47	31.07	1.67	7.78	82.04	1.37	1.34	97.81	4.31
舟山市	**10.86**	**23.96**	**3.20**	**29.47**	**71.88**	**2.30**	**2.11**	**91.74**	**8.81**
普陀县	10.86	23.96	3.20	29.47	71.88	2.30	2.11	91.74	8.81

5-3-38 浙江省1980年产棉县棉花生产收购明细

县市名	耕地面积（万亩）	农业人口（万人）	棉田面积（万亩）	占耕地（%）	亩产（市斤）	产量（万担）	收购量（万担）	商品率（%）	人均交售（市斤）
全省合计	**628.20**	**686.14**	**121.91**	**19.41**	**105.02**	**128.03**	**126.45**	**98.77**	**18.43**
杭州市	**90.05**	**94.31**	**11.00**	**12.22**	**118.73**	**13.06**	**13.10**	**100.31**	**13.89**
萧山县	90.05	94.31	11.00	12.22	118.73	13.06	13.10	100.31	13.89
宁波市	**220.20**	**236.33**	**72.80**	**33.06**	**102.07**	**74.31**	**72.61**	**97.71**	**30.72**
慈溪县	66.67	81.13	40.72	61.08	97.94	39.88	38.26	95.94	47.16
余姚县	66.05	66.91	15.71	23.79	104.52	16.42	16.43	100.06	24.56
宁海县	44.05	49.15	8.94	20.30	112.86	10.09	10.00	99.11	20.35
镇海县	43.43	39.14	7.43	17.11	106.59	7.92	7.92	100.00	20.24
嘉兴市	**95.46**	**68.67**	**12.94**	**13.56**	**113.21**	**14.65**	**14.66**	**100.07**	**21.35**
平湖县	54.97	39.38	7.35	13.37	105.17	7.73	7.63	98.71	19.38
海盐县	40.49	29.29	5.59	13.81	123.79	6.92	7.03	101.59	24.00
绍兴市	**60.15**	**64.35**	**11.34**	**18.85**	**111.29**	**12.62**	**12.60**	**99.84**	**19.58**
上虞县	60.15	64.35	11.34	18.85	111.29	12.62	12.60	99.84	19.58
金华市	**73.36**	**71.17**	**6.10**	**8.32**	**95.57**	**5.83**	**5.81**	**99.66**	**8.16**
金华县	73.36	71.17	6.10	8.32	95.57	5.83	5.81	99.66	8.16
台洲市	**78.51**	**127.38**	**4.18**	**5.32**	**83.49**	**3.49**	**3.62**	**103.72**	**2.84**
临海县	56.99	96.13	2.33	4.09	85.41	1.99	2.08	104.52	2.16
三门县	21.52	31.25	1.85	8.60	81.08	1.50	1.54	102.67	4.93
舟山市	**10.47**	**23.93**	**3.55**	**33.91**	**114.65**	**4.07**	**4.05**	**99.51**	**16.92**
普陀县	10.47	23.93	3.55	33.91	114.65	4.07	4.05	99.51	16.92

5-3-39 浙江省1981年产棉县棉花生产收购明细

县市名	耕地面积（万亩）	农业人口（万人）	棉田面积（万亩）	占耕地（%）	亩产（市斤）	产量（万担）	收购量（万担）	商品率（%）	人均交售（市斤）
全省合计	627.90	688.78	124.40	19.81	82.76	102.95	101.21	98.31	14.69
杭州市	90.04	93.74	11.97	13.29	115.46	13.82	14.03	101.52	14.97
萧山县	90.04	93.74	11.97	13.29	115.46	13.82	14.03	101.52	14.97
宁波市	219.87	237.34	73.40	33.38	71.53	52.50	50.86	96.88	21.43
慈溪县	66.63	81.36	41.36	62.07	67.89	28.08	26.45	94.20	32.51
余姚县	66.04	67.27	15.69	23.76	82.79	12.99	13.10	100.85	19.47
宁海县	43.79	49.62	8.78	20.05	73.01	6.41	6.30	98.28	12.70
镇海县	43.41	39.09	7.57	17.44	66.31	5.02	5.01	99.80	12.82
嘉兴市	95.29	68.93	12.89	13.53	91.62	11.81	11.56	97.88	16.77
平湖县	54.89	39.48	7.32	13.34	94.13	6.89	6.65	96.52	16.84
海盐县	40.40	29.45	5.57	13.79	88.33	4.92	4.91	99.80	16.67
绍兴市	60.58	64.19	12.27	20.25	96.50	11.84	11.81	99.75	18.40
上虞县	60.58	64.19	12.27	20.25	96.50	11.84	11.81	99.75	18.40
金华市	73.17	71.81	5.79	7.91	100.00	5.79	5.71	98.62	7.95
金华县	73.17	71.81	5.79	7.91	100.00	5.79	5.71	98.62	7.95
台洲市	78.54	128.78	4.37	5.56	73.91	3.23	3.29	101.86	2.55
临海县	56.96	97.06	2.33	4.09	89.70	2.09	2.20	105.26	2.27
三门县	21.58	31.72	2.04	9.45	55.88	1.14	1.09	95.61	3.44
舟山市	10.41	23.99	3.71	35.64	106.74	3.96	3.95	99.75	16.47
普陀县	10.41	23.99	3.71	35.64	106.74	3.96	3.95	99.75	16.47

5-3-40 浙江省1982年产棉县棉花生产收购明细

县市名	耕地面积（万亩）	农业人口（万人）	棉田面积（万亩）	占耕地（%）	亩产（市斤）	产量（万担）	收购量（万担）	商品率（%）	人均交售（市斤）
全省合计	628.64	684.64	124.27	19.77	126.03	156.62	153.69	98.13	22.45
杭州市	90.06	93.92	12.12	13.46	171.12	20.74	20.60	99.32	21.93
萧山县	90.06	93.92	12.12	13.46	171.12	20.74	20.60	99.32	21.93
宁波市	219.95	238.59	72.74	33.07	124.58	90.62	88.42	97.57	37.06
慈溪县	66.60	81.62	41.23	61.91	130.49	53.80	52.17	96.97	63.92
余姚县	66.04	67.54	15.08	22.83	124.54	18.78	18.55	98.78	27.47
宁海县	43.90	50.18	8.90	20.27	100.67	8.96	8.80	98.21	17.54
镇海县	43.41	39.25	7.53	17.35	120.58	9.08	8.90	98.02	22.68
嘉兴市	95.29	68.97	12.84	13.47	115.81	14.87	14.83	99.73	21.50
平湖县	54.89	39.39	7.28	13.26	117.31	8.54	8.46	99.06	21.48
海盐县	40.40	29.58	5.56	13.76	113.85	6.33	6.37	100.63	21.53
绍兴市	61.11	64.51	12.73	20.83	125.14	15.93	15.60	97.93	24.18
上虞县	61.11	64.51	12.73	20.83	125.14	15.93	15.60	97.93	24.18
金华市	73.18	65.70	5.76	7.87	128.99	7.43	7.03	94.62	10.70
金华县	73.18	65.70	5.76	7.87	128.99	7.43	7.03	94.62	10.70
台洲市	78.63	128.78	4.44	5.65	69.82	3.10	3.36	108.39	2.61
临海县	57.02	96.53	1.91	3.35	93.72	1.79	2.16	120.67	2.24
三门县	21.61	32.25	2.53	11.71	51.78	1.31	1.20	91.60	3.72
舟山市	10.42	24.17	3.64	34.93	107.97	3.93	3.85	97.96	15.93
普陀县	10.42	24.17	3.64	34.93	107.97	3.93	3.85	97.96	15.93

5-3-41 浙江省1983年产棉县棉花生产收购明细

县市名	耕地面积（万亩）	农业人口（万人）	棉田面积（万亩）	占耕地（%）	亩产（市斤）	产量（万担）	收购量（万担）	商品率（%）	人均交售（市斤）
全省合计	**619.53**	**689.62**	**128.03**	**20.67**	**120.65**	**154.47**	**149.99**	**97.10**	**21.75**
杭州市	**90.15**	**94.38**	**12.33**	**13.68**	**142.66**	**17.59**	**18.10**	**102.90**	**19.18**
萧山县	90.15	94.38	12.33	13.68	142.66	17.59	18.10	102.90	19.18
宁波市	**220.01**	**238.93**	**73.43**	**33.38**	**124.59**	**91.49**	**87.91**	**96.09**	**36.79**
慈溪县	66.67	82.28	41.80	62.70	128.80	53.84	52.19	96.94	63.43
余姚县	65.93	67.79	14.55	22.07	123.57	17.98	17.10	95.11	25.22
宁海县	43.97	49.52	9.51	21.63	132.60	12.61	11.81	93.66	23.85
镇海县	43.44	39.34	7.57	17.43	93.26	7.06	6.81	96.46	17.31
嘉兴市	**94.98**	**69.01**	**13.70**	**14.42**	**125.04**	**17.13**	**16.45**	**96.03**	**23.84**
平湖县	54.70	39.40	7.66	14.00	122.98	9.42	9.06	96.18	22.99
海盐县	40.28	29.61	6.04	15.00	127.65	7.71	7.39	95.85	24.96
绍兴市	**61.34**	**64.73**	**14.40**	**23.48**	**90.42**	**13.02**	**12.67**	**97.31**	**19.57**
上虞县	61.34	64.73	14.40	23.48	90.42	13.02	12.67	97.31	19.57
金华市	**65.72**	**66.48**	**6.30**	**9.59**	**120.00**	**7.56**	**7.51**	**99.34**	**11.30**
金华县	65.72	66.48	6.30	9.59	120.00	7.56	7.51	99.34	11.30
台洲市	**77.00**	**131.69**	**4.20**	**5.45**	**95.24**	**4.00**	**3.79**	**94.75**	**2.88**
临海县	55.40	97.74	1.97	3.56	124.87	2.46	2.28	92.68	2.33
三门县	21.60	33.95	2.23	10.32	69.06	1.54	1.51	98.05	4.45
舟山市	**10.33**	**24.40**	**3.67**	**35.53**	**100.27**	**3.68**	**3.56**	**96.74**	**14.59**
普陀县	10.33	24.40	3.67	35.53	100.27	3.68	3.56	96.74	14.59

5-3-42 浙江省1984年产棉县棉花生产收购明细

县市名	耕地面积（万亩）	农业人口（万人）	棉田面积（万亩）	占耕地（%）	亩产（市斤）	产量（万担）	收购量（万担）	商品率（%）	人均交售（市斤）
全省合计	**611.97**	**686.86**	**125.59**	**20.52**	**175.73**	**220.70**	**215.50**	**97.64**	**31.37**
杭州市	**89.50**	**94.67**	**12.93**	**14.45**	**196.75**	**25.44**	**24.84**	**97.64**	**26.24**
萧山县	89.50	94.67	12.93	14.45	196.75	25.44	24.84	97.64	26.24
宁波市	**213.80**	**234.76**	**70.93**	**33.18**	**185.99**	**131.92**	**129.47**	**98.14**	**55.15**
慈溪县	66.76	82.46	42.56	63.75	185.15	78.80	77.15	97.91	93.56
余姚县	65.85	67.69	13.36	20.29	194.31	25.96	25.24	97.23	37.29
宁海县	43.00	50.03	9.06	21.07	179.36	16.25	16.25	100.00	32.48
镇海县	38.19	34.58	5.95	15.58	183.36	10.91	10.83	99.27	31.32
嘉兴市	**94.15**	**68.84**	**13.21**	**14.03**	**196.14**	**25.91**	**25.51**	**98.46**	**37.06**
平湖县	54.07	39.33	7.43	13.74	193.27	14.36	14.16	98.61	36.00
海盐县	40.08	29.51	5.78	14.42	199.83	11.55	11.35	98.27	38.46
绍兴市	**61.55**	**64.57**	**14.03**	**22.79**	**127.44**	**17.88**	**16.70**	**93.40**	**25.86**
上虞县	61.55	64.57	14.03	22.79	127.44	17.88	16.70	93.40	25.86
金华市	**65.52**	**66.35**	**6.00**	**9.16**	**151.67**	**9.10**	**9.03**	**99.23**	**13.61**
金华县	65.52	66.35	6.00	9.16	151.67	9.10	9.03	99.23	13.61
台洲市	**77.19**	**133.04**	**4.85**	**6.28**	**118.56**	**5.75**	**5.45**	**94.78**	**4.10**
临海县	54.84	98.57	2.11	3.85	137.44	2.90	2.75	94.83	2.79
三门县	22.35	34.47	2.74	12.26	104.01	2.85	2.70	94.74	7.83
舟山市	**10.26**	**24.63**	**3.64**	**35.48**	**129.12**	**4.70**	**4.50**	**95.74**	**18.27**
普陀县	10.26	24.63	3.64	35.48	129.12	4.70	4.50	95.74	18.27

5－3－43　浙江省1985年产棉县棉花生产收购明细

县市名	耕地面积（万亩）	农业人口（万人）	棉田面积（万亩）	占耕地（%）	亩产（市斤）	产量（万担）	收购量（万担）	商品率（%）	人均交售（市斤）
全省合计	**588.05**	**643.38**	**109.69**	**18.65**	**114.94**	**126.08**	**113.74**	**90.21**	**17.68**
杭州市	**89.83**	**85.01**	**8.61**	**9.58**	**125.32**	**10.79**	**8.30**	**76.92**	**9.76**
萧山县	89.83	85.01	8.61	9.58	125.32	10.79	8.30	76.92	9.76
宁波市	**212.61**	**229.13**	**65.25**	**30.69**	**108.66**	**70.90**	**64.47**	**90.93**	**28.14**
慈溪县	66.13	83.08	40.05	60.56	106.54	42.67	37.96	88.96	45.69
余姚县	65.31	60.29	13.46	20.61	122.44	16.48	14.82	89.93	24.58
宁海县	41.05	48.88	8.42	20.51	106.29	8.95	8.91	99.55	18.23
镇海县	40.12	36.88	3.32	8.28	84.34	2.80	2.78	99.29	7.54
嘉兴市	**92.06**	**65.37**	**12.44**	**13.51**	**141.40**	**17.59**	**16.39**	**93.18**	**25.07**
平湖县	52.60	37.10	6.97	13.25	151.36	10.55	9.62	91.18	25.93
海盐县	39.46	28.27	5.47	13.86	128.70	7.04	6.77	96.16	23.95
绍兴市	**61.42**	**63.28**	**11.88**	**19.34**	**114.23**	**13.57**	**11.97**	**88.21**	**18.92**
上虞县	61.42	63.28	11.88	19.34	114.23	13.57	11.97	88.21	18.92
金华市	**50.44**	**50.80**	**4.97**	**9.85**	**146.68**	**7.29**	**7.20**	**98.77**	**14.17**
金华县	50.44	50.80	4.97	9.85	146.68	7.29	7.20	98.77	14.17
台洲市	**71.81**	**126.13**	**3.82**	**5.32**	**100.79**	**3.85**	**3.58**	**92.99**	**2.84**
临海县	49.14	91.41	1.45	2.95	106.90	1.55	1.43	92.26	1.56
三门县	22.67	34.72	2.37	10.45	97.05	2.30	2.15	93.48	6.19
舟山市	**9.88**	**23.66**	**2.72**	**27.53**	**76.84**	**2.09**	**1.83**	**87.56**	**7.73**
普陀县	9.88	23.66	2.72	27.53	76.84	2.09	1.83	87.56	7.73

5－3－44　浙江省1986年产棉县棉花生产收购明细

县市名	耕地面积（万亩）	农业人口（万人）	棉田面积（万亩）	占耕地（%）	亩产（市斤）	产量（万担）	收购量（万担）	商品率（%）	人均交售（市斤）
全省合计	**583.37**	**684.09**	**96.86**	**16.60**	**123.10**	**119.23**	**104.84**	**87.93**	**15.33**
杭州市	**89.00**	**94.63**	**8.10**	**9.10**	**142.72**	**11.56**	**9.44**	**81.66**	**9.98**
萧山县	89.00	94.63	8.10	9.10	142.72	11.56	9.44	81.66	9.98
宁波市	**212.08**	**231.80**	**57.31**	**27.02**	**118.37**	**67.84**	**59.70**	**88.00**	**25.75**
慈溪县	65.55	82.81	35.07	53.50	117.88	41.34	36.03	87.16	43.51
余姚县	64.75	66.03	12.59	19.44	111.36	14.02	12.64	90.16	19.14
宁海县	40.06	50.44	7.46	18.62	146.11	10.90	9.73	89.27	19.29
镇海县	41.72	32.52	2.19	5.25	72.15	1.58	1.30	82.28	4.00
嘉兴市	**91.45**	**89.32**	**10.60**	**11.59**	**127.26**	**13.49**	**12.15**	**90.07**	**13.60**
平湖县	52.41	38.42	6.07	11.58	138.71	8.42	7.32	86.94	19.05
海盐县	39.04	50.90	4.53	11.60	111.92	5.07	4.83	95.27	9.49
绍兴市	**61.18**	**63.95**	**11.27**	**18.42**	**124.22**	**14.00**	**11.77**	**84.07**	**18.41**
上虞县	61.18	63.95	11.27	18.42	124.22	14.00	11.77	84.07	18.41
金华市	**50.18**	**51.17**	**4.28**	**8.53**	**155.14**	**6.64**	**6.61**	**99.55**	**12.92**
金华县	50.18	51.17	4.28	8.53	155.14	6.64	6.61	99.55	12.92
台洲市	**70.30**	**128.39**	**3.82**	**5.43**	**121.47**	**4.64**	**4.33**	**93.32**	**3.37**
临海县	48.43	93.20	1.31	2.70	132.82	1.74	1.68	96.55	1.80
三门县	21.87	35.19	2.51	11.48	115.54	2.90	2.65	91.38	7.53
舟山市	**9.18**	**24.83**	**1.48**	**16.12**	**71.62**	**1.06**	**0.84**	**79.25**	**3.38**
普陀县	9.18	24.83	1.48	16.12	71.62	1.06	0.84	79.25	3.38

5-3-45　浙江省1987年产棉县棉花生产收购明细

县市名	耕地面积（万亩）	农业人口（万人）	棉田面积（万亩）	占耕地（%）	亩产（市斤）	产量（万担）	收购量（万担）	商品率（%）	人均交售（市斤）
全省合计	**585.23**	**670.34**	**85.19**	**14.56**	**119.49**	**101.79**	**88.63**	**87.07**	**13.22**
杭州市	**90.38**	**95.82**	**6.72**	**7.44**	**126.19**	**8.48**	**5.00**	**58.96**	**5.22**
萧山县	90.38	95.82	6.72	7.44	126.19	8.48	5.00	58.96	5.22
宁波市	**211.94**	**234.64**	**48.00**	**22.65**	**115.10**	**55.25**	**47.74**	**86.41**	**20.35**
慈溪县	65.19	83.62	28.14	43.17	109.17	30.72	25.37	82.58	30.34
余姚县	64.75	67.20	11.64	17.98	111.25	12.95	11.52	88.96	17.14
宁海县	40.25	51.01	7.16	17.79	145.25	10.40	9.90	95.19	19.41
镇海县	41.75	32.81	1.06	2.54	111.32	1.18	0.95	80.51	2.90
嘉兴市	**91.71**	**68.25**	**9.60**	**10.47**	**122.60**	**11.77**	**11.15**	**94.73**	**16.34**
平湖县	52.63	38.93	5.68	10.79	123.42	7.01	6.68	95.29	17.16
海盐县	39.08	29.32	3.92	10.03	121.43	4.76	4.47	93.91	15.25
绍兴市	**61.25**	**64.85**	**12.20**	**19.92**	**121.39**	**14.81**	**13.29**	**89.74**	**20.49**
上虞县	61.25	64.85	12.20	19.92	121.39	14.81	13.29	89.74	20.49
金华市	**50.24**	**51.59**	**4.47**	**8.90**	**148.10**	**6.62**	**6.67**	**100.76**	**12.93**
金华县	50.24	51.59	4.47	8.90	148.10	6.62	6.67	100.76	12.93
台洲市	**70.52**	**130.28**	**3.76**	**5.33**	**118.35**	**4.45**	**4.40**	**98.88**	**3.38**
临海县	48.62	94.34	1.29	2.65	136.43	1.76	1.73	98.30	1.83
三门县	21.90	35.94	2.47	11.28	108.91	2.69	2.67	99.26	7.43
舟山市	**9.19**	**24.91**	**0.44**	**4.79**	**93.18**	**0.41**	**0.38**	**92.68**	**1.53**
普陀县	9.19	24.91	0.44	4.79	93.18	0.41	0.38	92.68	1.53

5-3-46　浙江省1988年产棉县棉花生产收购明细

县市名	耕地面积（万亩）	农业人口（万人）	棉田面积（万亩）	占耕地（%）	亩产（市斤）	产量（万担）	收购量（万担）	商品率（%）	人均交售（市斤）
全省合计	**578.13**	**675.48**	**85.87**	**14.85**	**77.45**	**66.51**	**50.88**	**76.50**	**7.53**
杭州市	**89.82**	**96.87**	**7.51**	**8.36**	**97.74**	**7.34**	**2.81**	**38.28**	**2.90**
萧山县	89.82	96.87	7.51	8.36	97.74	7.34	2.81	38.28	2.90
宁波市	**208.03**	**236.18**	**49.82**	**23.95**	**68.85**	**34.30**	**25.18**	**73.41**	**10.66**
慈溪县	65.00	84.15	29.63	45.58	68.58	20.32	15.34	75.49	18.23
余姚县	64.35	67.84	11.73	18.23	63.17	7.41	4.97	67.07	7.33
宁海县	37.62	51.51	6.65	17.68	81.65	5.43	4.55	83.79	8.83
镇海县	41.06	32.68	1.81	4.41	62.98	1.14	0.32	28.07	0.98
嘉兴市	**90.79**	**68.43**	**8.72**	**9.60**	**96.90**	**8.45**	**9.01**	**106.63**	**13.17**
平湖县	52.04	39.10	5.06	9.72	118.58	6.00	5.71	95.17	14.60
海盐县	38.75	29.33	3.66	9.45	66.94	2.45	3.30	134.69	11.25
绍兴市	**60.76**	**65.39**	**11.61**	**19.11**	**65.12**	**7.56**	**5.73**	**75.79**	**8.76**
上虞县	60.76	65.39	11.61	19.11	65.12	7.56	5.73	75.79	8.76
金华市	**49.75**	**51.98**	**4.04**	**8.12**	**137.13**	**5.54**	**5.37**	**96.93**	**10.33**
金华县	49.75	51.98	4.04	8.12	137.13	5.54	5.37	96.93	10.33
台洲市	**70.15**	**131.56**	**3.68**	**5.25**	**84.51**	**3.11**	**2.72**	**87.46**	**2.07**
临海县	48.23	95.13	1.16	2.41	86.21	1.00	0.91	91.00	0.96
三门县	21.92	36.43	2.52	11.50	83.73	2.11	1.81	85.78	4.97
舟山市	**8.83**	**25.07**	**0.49**	**5.55**	**42.86**	**0.21**	**0.06**	**28.57**	**0.24**
普陀县	8.83	25.07	0.49	5.55	42.86	0.21	0.06	28.57	0.24

5－3－47　浙江省1989年产棉县棉花生产收购明细

县 市 名	耕地面积（万亩）	农业人口（万人）	棉田面积（万亩）	占耕地（%）	亩　产（市斤）	产　量（万担）	收购量（万担）	商品率（%）	人均交售（市斤）
全省合计	**577.81**	**680.39**	**76.87**	**13.30**	**91.30**	**70.18**	**58.01**	**82.66**	**8.53**
杭州市	**89.92**	**98.14**	**6.34**	**7.05**	**117.19**	**7.43**	**4.02**	**54.10**	**4.10**
萧山县	89.92	98.14	6.34	7.05	117.19	7.43	4.02	54.10	4.10
宁波市	**207.66**	**238.31**	**45.33**	**21.83**	**88.59**	**40.16**	**34.05**	**84.79**	**14.29**
慈溪县	64.92	84.77	26.80	41.28	90.11	24.15	20.76	85.96	24.49
余姚县	64.35	68.56	11.43	17.76	88.10	10.07	8.88	88.18	12.95
宁海县	38.33	52.01	5.99	15.63	84.81	5.08	4.00	78.74	7.69
镇海县	40.06	32.97	1.11	2.77	77.48	0.86	0.41	47.67	1.24
嘉兴市	**90.87**	**68.88**	**7.06**	**7.77**	**99.29**	**7.01**	**6.58**	**93.87**	**9.55**
平湖县	52.09	39.46	4.09	7.85	93.40	3.82	3.53	92.41	8.95
海盐县	38.78	29.42	2.97	7.66	107.41	3.19	3.05	95.61	10.37
绍兴市	**60.88**	**65.96**	**11.76**	**19.32**	**89.29**	**10.50**	**9.47**	**90.19**	**14.36**
上虞县	60.88	65.96	11.76	19.32	89.29	10.50	9.47	90.19	14.36
金华市	**49.83**	**52.33**	**2.55**	**5.12**	**111.37**	**2.84**	**2.18**	**76.76**	**4.17**
金华县	49.83	52.33	2.55	5.12	111.37	2.84	2.18	76.76	4.17
台洲市	**69.81**	**131.72**	**3.51**	**5.03**	**58.40**	**2.05**	**1.56**	**76.10**	**1.18**
临海县	47.80	95.24	0.99	2.07	55.56	0.55	0.36	65.45	0.38
三门县	22.01	36.48	2.52	11.45	59.52	1.50	1.20	80.00	3.29
舟山市	**8.84**	**25.05**	**0.32**	**3.62**	**59.38**	**0.19**	**0.15**	**78.95**	**0.60**
普陀县	8.84	25.05	0.32	3.62	59.38	0.19	0.15	78.95	0.60

5－3－48　浙江省1990年产棉县棉花生产收购明细

县 市 名	耕地面积（万亩）	农业人口（万人）	棉田面积（万亩）	占耕地（%）	亩　产（市斤）	产　量（万担）	收购量（万担）	商品率（%）	人均交售（市斤）
全省合计	**575.79**	**684.15**	**87.11**	**15.13**	**129.09**	**112.45**	**103.71**	**92.23**	**15.16**
杭州市	**88.70**	**98.99**	**8.43**	**9.50**	**139.98**	**11.80**	**9.49**	**80.42**	**9.59**
萧山县	88.70	98.99	8.43	9.50	139.98	11.80	9.49	80.42	9.59
宁波市	**206.74**	**239.66**	**50.01**	**24.19**	**130.65**	**65.34**	**61.35**	**93.89**	**25.60**
慈溪县	64.65	85.37	31.40	48.57	140.10	43.99	41.85	95.14	49.02
余姚县	63.76	69.04	11.50	18.04	126.35	14.53	13.50	92.91	19.55
宁海县	37.70	51.97	5.55	14.72	93.69	5.20	5.05	97.12	9.72
镇海县	40.63	33.28	1.56	3.84	103.85	1.62	0.95	58.64	2.85
嘉兴市	**89.83**	**69.99**	**8.07**	**8.98**	**150.56**	**12.15**	**11.78**	**96.95**	**16.83**
平湖县	51.23	39.90	4.87	9.51	145.59	7.09	6.85	96.61	17.17
海盐县	38.60	30.09	3.20	8.29	158.13	5.06	4.93	97.43	16.38
绍兴市	**60.55**	**66.37**	**12.45**	**20.56**	**128.43**	**15.99**	**15.16**	**94.81**	**22.84**
上虞县	60.55	66.37	12.45	20.56	128.43	15.99	15.16	94.81	22.84
金华市	**49.28**	**52.70**	**3.02**	**6.13**	**131.79**	**3.98**	**3.31**	**83.17**	**6.28**
金华县	49.28	52.70	3.02	6.13	131.79	3.98	3.31	83.17	6.28
台洲市	**68.75**	**131.34**	**3.87**	**5.63**	**58.14**	**2.25**	**1.97**	**87.56**	**1.50**
临海县	47.11	95.11	1.18	2.50	61.86	0.73	0.65	89.04	0.68
三门县	21.64	36.23	2.69	12.43	56.51	1.52	1.32	86.84	3.64
舟山市	**11.94**	**25.10**	**1.26**	**10.55**	**74.60**	**0.94**	**0.65**	**69.15**	**2.59**
普陀县	11.94	25.10	1.26	10.55	74.60	0.94	0.65	69.15	2.59

5－3－49 浙江省1991年产棉县棉花生产收购明细

县市名	耕地面积（万亩）	农业人口（万人）	棉田面积（万亩）	占耕地（%）	亩产（市斤）	产量（万担）	收购量（万担）	商品率（%）	人均交售（市斤）
全省合计	**570.25**	**687.70**	**86.45**	**15.16**	**148.03**	**127.97**	**116.71**	**91.20**	**16.97**
杭州市	**87.70**	**99.94**	**8.44**	**9.62**	**158.77**	**13.40**	**9.76**	**72.84**	**9.77**
萧山县	87.70	99.94	8.44	9.62	158.77	13.40	9.76	72.84	9.77
宁波市	**205.26**	**240.77**	**48.97**	**23.86**	**152.07**	**74.47**	**70.17**	**94.23**	**29.14**
慈溪县	64.53	86.06	30.60	47.42	154.41	47.25	45.00	95.24	52.29
余姚县	63.13	69.52	11.37	18.01	153.91	17.50	16.58	94.74	23.85
宁海县	37.25	51.89	5.57	14.95	138.96	7.74	7.54	97.42	14.53
镇海县	40.35	33.30	1.43	3.54	138.46	1.98	1.05	53.03	3.15
嘉兴市	**89.21**	**70.33**	**8.44**	**9.46**	**163.15**	**13.77**	**13.15**	**95.50**	**18.70**
平湖县	50.75	40.09	4.86	9.58	159.88	7.77	7.48	96.27	18.66
海盐县	38.46	30.24	3.58	9.31	167.60	6.00	5.67	94.50	18.75
绍兴市	**60.27**	**67.00**	**12.48**	**20.71**	**133.17**	**16.62**	**15.51**	**93.32**	**23.15**
上虞县	60.27	67.00	12.48	20.71	133.17	16.62	15.51	93.32	23.15
金华市	**49.09**	**52.81**	**2.93**	**5.97**	**158.70**	**4.65**	**3.93**	**84.52**	**7.44**
金华县	49.09	52.81	2.93	5.97	158.70	4.65	3.93	84.52	7.44
台洲市	**68.70**	**131.69**	**3.92**	**5.71**	**95.66**	**3.75**	**3.28**	**87.47**	**2.49**
临海县	46.90	95.28	1.01	2.15	94.06	0.95	1.14	120.00	1.20
三门县	21.80	36.41	2.91	13.35	96.22	2.80	2.14	76.43	5.88
舟山市	**10.02**	**25.16**	**1.27**	**12.67**	**103.15**	**1.31**	**0.91**	**69.47**	**3.62**
普陀县	10.02	25.16	1.27	12.67	103.15	1.31	0.91	69.47	3.62

5－3－50 浙江省1992年产棉县棉花生产收购明细

县市名	耕地面积（万亩）	农业人口（万人）	棉田面积（万亩）	占耕地（%）	亩产（市斤）	产量（万担）	收购量（万担）	商品率（%）	人均交售（市斤）
全省合计	**563.99**	**688.20**	**88.52**	**15.70**	**110.51**	**97.82**	**82.45**	**84.29**	**11.98**
杭州市	**86.88**	**100.52**	**10.10**	**11.63**	**125.35**	**12.66**	**7.25**	**57.27**	**7.21**
萧山县	86.88	100.52	10.10	11.63	125.35	12.66	7.25	57.27	7.21
宁波市	**202.14**	**240.86**	**48.06**	**23.78**	**103.29**	**49.64**	**43.56**	**87.75**	**18.09**
慈溪县	64.55	86.31	30.10	46.63	103.75	31.23	28.35	90.78	32.85
余姚县	62.34	69.43	10.96	17.58	101.55	11.13	9.77	87.78	14.07
宁海县	36.49	52.00	5.59	15.32	92.67	5.18	4.37	84.36	8.40
镇海县	38.76	33.12	1.41	3.64	148.94	2.10	1.07	50.95	3.23
嘉兴市	**87.32**	**70.09**	**9.04**	**10.35**	**135.62**	**12.26**	**11.63**	**94.86**	**16.59**
平湖县	49.38	39.99	5.50	11.14	128.18	7.05	6.62	93.90	16.55
海盐县	37.94	30.10	3.54	9.33	147.18	5.21	5.01	96.16	16.64
绍兴市	**59.91**	**67.11**	**12.73**	**21.25**	**110.53**	**14.07**	**12.79**	**90.90**	**19.06**
上虞县	59.91	67.11	12.73	21.25	110.53	14.07	12.79	90.90	19.06
金华市	**48.68**	**52.59**	**3.29**	**6.76**	**131.91**	**4.34**	**4.34**	**100.00**	**8.25**
金华县	48.68	52.59	3.29	6.76	131.91	4.34	4.34	100.00	8.25
台洲市	**67.54**	**131.86**	**3.90**	**5.77**	**93.08**	**3.63**	**2.06**	**56.75**	**1.56**
临海县	45.87	95.44	0.98	2.14	98.98	0.97	0.59	60.82	0.62
三门县	21.67	36.42	2.92	13.47	91.10	2.66	1.47	55.26	4.04
舟山市	**11.52**	**25.17**	**1.40**	**12.15**	**87.14**	**1.22**	**0.82**	**67.21**	**3.26**
普陀县	11.52	25.17	1.40	12.15	87.14	1.22	0.82	67.21	3.26

5－3－51　浙江省1993年产棉县棉花生产收购明细

县市名	耕地面积（万亩）	农业人口（万人）	棉田面积（万亩）	占耕地（%）	亩产（市斤）	产量（万担）	收购量（万担）	商品率（%）	人均交售（市斤）
全省合计	**551.57**	**689.05**	**74.15**	**13.44**	**123.37**	**91.48**	**71.00**	**77.61**	**10.30**
杭州市	**85.71**	**101.10**	**7.98**	**9.31**	**132.46**	**10.57**	**5.40**	**51.09**	**5.34**
萧山县	85.71	101.10	7.98	9.31	132.46	10.57	5.40	51.09	5.34
宁波市	**197.78**	**241.00**	**38.95**	**19.69**	**113.89**	**44.36**	**35.83**	**80.77**	**14.87**
慈溪县	64.25	86.65	23.80	37.04	107.35	25.55	21.18	82.90	24.44
余姚县	61.26	69.72	9.38	15.31	111.41	10.45	8.63	82.58	12.38
宁海县	35.88	52.08	4.30	11.98	150.00	6.45	5.37	83.26	10.31
镇海县	36.39	32.55	1.47	4.04	129.93	1.91	0.65	34.03	2.00
嘉兴市	**85.25**	**69.88**	**7.52**	**8.82**	**136.57**	**10.27**	**9.35**	**91.04**	**13.38**
平湖县	48.48	39.88	4.46	9.20	128.03	5.71	4.94	86.51	12.39
海盐县	36.77	30.00	3.06	8.32	149.02	4.56	4.41	96.71	14.70
绍兴市	**58.80**	**67.35**	**12.35**	**21.00**	**131.58**	**16.25**	**14.04**	**86.40**	**20.85**
上虞县	58.80	67.35	12.35	21.00	131.58	16.25	14.04	86.40	20.85
金华市	**47.49**	**52.49**	**3.00**	**6.32**	**164.33**	**4.93**	**3.11**	**63.08**	**5.92**
金华县	47.49	52.49	3.00	6.32	164.33	4.93	3.11	63.08	5.92
台洲市	**66.33**	**132.03**	**3.31**	**4.99**	**120.24**	**3.98**	**2.42**	**60.80**	**1.83**
临海县	44.91	95.52	0.92	2.05	111.96	1.03	0.76	73.79	0.80
三门县	21.42	36.51	2.39	11.16	123.43	2.95	1.66	56.27	4.55
舟山市	**10.21**	**25.20**	**1.04**	**10.19**	**107.69**	**1.12**	**0.85**	**75.89**	**3.37**
普陀县	10.21	25.20	1.04	10.19	107.69	1.12	0.85	75.89	3.37

5－3－52　浙江省1994年产棉县棉花生产收购明细

县市名	耕地面积（万亩）	农业人口（万人）	棉田面积（万亩）	占耕地（%）	亩产（市斤）	产量（万担）	收购量（万担）	商品率（%）	人均交售（市斤）
全省合计	**542.83**	**686.73**	**74.47**	**13.72**	**117.55**	**87.54**	**48.54**	**55.45**	**7.07**
杭州市	**84.51**	**99.69**	**8.93**	**10.57**	**140.54**	**12.55**	**4.47**	**35.62**	**4.48**
萧山县	84.51	99.69	8.93	10.57	140.54	12.55	4.47	35.62	4.48
宁波市	**195.79**	**240.66**	**38.19**	**19.51**	**101.26**	**38.67**	**19.27**	**49.83**	**8.01**
慈溪县	65.72	86.95	23.42	35.64	85.53	20.03	9.57	47.78	11.01
余姚县	60.00	69.63	8.93	14.88	129.12	11.53	5.53	47.96	7.94
宁海县	35.43	52.12	4.67	13.18	125.05	5.84	3.89	66.61	7.46
镇海县	34.64	31.96	1.17	3.38	108.55	1.27	0.28	22.05	0.88
嘉兴市	**83.56**	**69.83**	**6.66**	**7.97**	**137.39**	**9.15**	**8.61**	**94.10**	**12.33**
平湖县	47.59	39.75	3.84	8.07	133.33	5.12	4.42	86.33	11.12
海盐县	35.97	30.08	2.82	7.84	142.91	4.03	4.19	103.97	13.93
绍兴市	**57.42**	**67.18**	**12.81**	**22.31**	**129.04**	**16.53**	**10.41**	**62.98**	**15.50**
上虞县	57.42	67.18	12.81	22.31	129.04	16.53	10.41	62.98	15.50
金华市	**46.79**	**52.42**	**3.22**	**6.88**	**178.88**	**5.76**	**3.75**	**65.10**	**7.15**
金华县	46.79	52.42	3.22	6.88	178.88	5.76	3.75	65.10	7.15
台洲市	**65.08**	**131.91**	**3.53**	**5.42**	**106.23**	**3.75**	**1.40**	**37.33**	**1.06**
临海县	43.65	95.45	0.83	1.90	90.36	0.75	0.37	49.33	0.39
三门县	21.43	36.46	2.70	12.60	111.11	3.00	1.03	34.33	2.83
舟山市	**9.68**	**25.04**	**1.13**	**11.67**	**100.00**	**1.13**	**0.63**	**55.75**	**2.52**
普陀县	9.68	25.04	1.13	11.67	100.00	1.13	0.63	55.75	2.52

5-3-53 浙江省1995年产棉县棉花生产收购明细

县市名	耕地面积（万亩）	农业人口（万人）	棉田面积（万亩）	占耕地（%）	亩产（市斤）	产量（万担）	收购量（万担）	商品率（%）	人均交售（市斤）
全省合计	**533.61**	**686.78**	**77.38**	**14.50**	**126.17**	**97.63**	**60.24**	**61.70**	**8.77**
杭州市	**83.58**	**99.92**	**10.95**	**13.10**	**135.98**	**14.89**	**9.22**	**61.92**	**9.23**
萧山县	83.58	99.92	10.95	13.10	135.98	14.89	9.22	61.92	9.23
宁波市	**190.89**	**240.74**	**39.05**	**20.46**	**119.74**	**46.76**	**26.90**	**57.53**	**11.17**
慈溪县	64.40	87.38	24.51	38.06	118.36	29.01	15.73	54.22	18.00
余姚县	58.97	70.07	9.03	15.31	126.80	11.45	7.31	63.84	10.43
宁海县	34.95	52.26	4.49	12.85	118.26	5.31	3.51	66.10	6.72
镇海县	32.57	31.03	1.02	3.13	97.06	0.99	0.35	35.35	1.13
嘉兴市	**82.74**	**69.65**	**6.44**	**7.78**	**132.92**	**8.56**	**7.36**	**85.98**	**10.57**
平湖县	47.04	39.66	3.59	7.63	131.75	4.73	3.73	78.86	9.40
海盐县	35.70	29.99	2.85	7.98	134.39	3.83	3.63	94.78	12.10
绍兴市	**57.12**	**67.07**	**12.80**	**22.41**	**121.95**	**15.61**	**11.34**	**72.65**	**16.91**
上虞县	57.12	67.07	12.80	22.41	121.95	15.61	11.34	72.65	16.91
金华市	**46.50**	**52.40**	**3.18**	**6.84**	**193.08**	**6.14**	**3.07**	**50.00**	**5.86**
金华县	46.50	52.40	3.18	6.84	193.08	6.14	3.07	50.00	5.86
台洲市	**64.13**	**132.12**	**3.64**	**5.68**	**118.41**	**4.31**	**1.66**	**38.52**	**1.26**
临海县	42.87	95.75	0.83	1.94	90.36	0.75	0.31	41.33	0.32
三门县	21.26	36.37	2.81	13.22	126.69	3.56	1.35	37.92	3.71
舟山市	**8.65**	**24.88**	**1.32**	**15.26**	**103.03**	**1.36**	**0.69**	**50.74**	**2.77**
普陀县	8.65	24.88	1.32	15.26	103.03	1.36	0.69	50.74	2.77

5-3-54 浙江省1996年产棉县棉花生产收购明细

县市名	耕地面积（万亩）	农业人口（万人）	棉田面积（万亩）	占耕地（%）	亩产（市斤）	产量（万担）	收购量（万担）	商品率（%）	人均交售（市斤）
全省合计	**509.73**	**659.83**	**75.57**	**14.83**	**134.91**	**101.95**	**73.81**	**72.40**	**11.19**
杭州市	**79.59**	**92.53**	**8.69**	**10.92**	**128.08**	**11.13**	**6.94**	**62.35**	**7.50**
萧山县	79.59	92.53	8.69	10.92	128.08	11.13	6.94	62.35	7.50
宁波市	**172.23**	**221.52**	**37.82**	**21.96**	**133.32**	**50.42**	**35.67**	**70.75**	**16.10**
慈溪县	64.95	87.89	23.94	36.86	126.73	30.34	18.39	60.61	20.92
余姚县	58.82	69.61	9.03	15.35	146.84	13.26	11.15	84.09	16.02
宁海县	34.91	52.36	4.50	12.89	142.00	6.39	5.70	89.20	10.89
镇海县	13.55	11.66	0.35	2.58	122.86	0.43	0.43	100.00	3.69
嘉兴市	**82.63**	**69.66**	**6.26**	**7.58**	**150.80**	**9.44**	**8.70**	**92.16**	**12.49**
平湖县	46.97	39.65	3.48	7.41	142.82	4.97	4.49	90.34	11.32
海盐县	35.66	30.01	2.78	7.80	160.79	4.47	4.21	94.18	14.03
绍兴市	**57.61**	**66.78**	**12.75**	**22.13**	**132.78**	**16.93**	**14.45**	**85.35**	**21.64**
上虞县	57.61	66.78	12.75	22.13	132.78	16.93	14.45	85.35	21.64
金华市	**46.56**	**52.36**	**5.46**	**11.73**	**144.69**	**7.90**	**3.82**	**48.35**	**7.30**
金华县	46.56	52.36	5.46	11.73	144.69	7.90	3.82	48.35	7.30
台洲市	**63.64**	**132.22**	**3.63**	**5.70**	**125.90**	**4.57**	**2.72**	**59.52**	**2.06**
临海县	42.41	95.90	0.81	1.91	106.17	0.86	0.38	44.19	0.40
三门县	21.23	36.32	2.82	13.28	131.56	3.71	2.34	63.07	6.44
舟山市	**7.47**	**24.76**	**0.96**	**12.85**	**162.50**	**1.56**	**1.51**	**96.79**	**6.10**
普陀县	7.47	24.76	0.96	12.85	162.50	1.56	1.51	96.79	6.10

5－3－55　浙江省1997年产棉县棉花生产收购明细

县市名	耕地面积（万亩）	农业人口（万人）	棉田面积（万亩）	占耕地（%）	亩产（市斤）	产量（万担）	收购量（万担）	商品率（%）	人均交售（市斤）
全省合计	**509.61**	**658.84**	**69.26**	**13.59**	**99.61**	**68.99**	**39.45**	**57.18**	**5.99**
杭州市	**78.74**	**92.15**	**7.38**	**9.37**	**132.79**	**9.80**	**3.64**	**37.14**	**3.95**
萧山县	78.74	92.15	7.38	9.37	132.79	9.80	3.64	37.14	3.95
宁波市	**172.39**	**221.35**	**33.44**	**19.40**	**87.71**	**29.33**	**15.70**	**53.53**	**7.09**
慈溪县	65.53	88.09	23.72	36.20	87.98	20.87	9.63	46.14	10.93
余姚县	58.70	69.63	9.07	15.45	83.79	7.60	5.37	70.66	7.71
宁海县	34.70	52.00	0.26	0.75	200.00	0.52	0.39	75.00	0.75
镇海县	13.46	11.63	0.39	2.90	87.18	0.34	0.31	91.18	2.67
嘉兴市	**82.65**	**69.48**	**6.22**	**7.53**	**147.27**	**9.16**	**8.35**	**91.16**	**12.02**
平湖县	46.97	39.56	3.44	7.32	154.94	5.33	4.64	87.05	11.73
海盐县	35.68	29.92	2.78	7.79	137.77	3.83	3.71	96.87	12.40
绍兴市	**57.58**	**66.62**	**13.05**	**22.66**	**95.02**	**12.40**	**7.92**	**63.87**	**11.89**
上虞县	57.58	66.62	13.05	22.66	95.02	12.40	7.92	63.87	11.89
金华市	**47.04**	**52.25**	**4.82**	**10.25**	**148.34**	**7.15**	**2.83**	**39.58**	**5.42**
金华县	47.04	52.25	4.82	10.25	148.34	7.15	2.83	39.58	5.42
台洲市	**63.93**	**132.34**	**3.37**	**5.27**	**5.93**	**0.20**	**0.10**	**50.00**	**0.08**
临海县	42.51	95.99	0.71	1.67	28.17	0.20	0.10	50.00	0.10
三门县	21.42	36.35	2.66	12.42					
舟山市	**7.28**	**24.65**	**0.98**	**13.46**	**96.94**	**0.95**	**0.91**	**95.79**	**3.69**
普陀县	7.28	24.65	0.98	13.46	96.94	0.95	0.91	95.79	3.69

5－3－56　浙江省1998年产棉县棉花生产收购明细

县市名	耕地面积（万亩）	农业人口（万人）	棉田面积（万亩）	占耕地（%）	亩产（市斤）	产量（万担）	收购量（万担）	商品率（%）	人均交售（市斤）
全省合计	**510.80**	**654.08**	**70.15**	**13.73**	**138.13**	**96.90**	**60.29**	**62.22**	**9.22**
杭州市	**78.89**	**91.33**	**7.42**	**9.41**	**137.47**	**10.20**	**5.16**	**50.59**	**5.65**
萧山县	78.89	91.33	7.42	9.41	137.47	10.20	5.16	50.59	5.65
宁波市	**172.69**	**219.80**	**34.96**	**20.24**	**140.10**	**48.98**	**35.45**	**72.38**	**16.13**
慈溪县	65.78	87.09	21.43	32.58	133.08	28.52	19.61	68.76	22.52
余姚县	58.69	69.40	8.61	14.67	147.39	12.69	8.66	68.24	12.48
宁海县	34.74	51.73	4.56	13.13	159.65	7.28	6.71	92.17	12.97
镇海县	13.48	11.58	0.36	2.67	136.11	0.49	0.47	95.92	4.06
嘉兴市	**82.75**	**68.63**	**6.11**	**7.38**	**130.61**	**7.98**	**7.05**	**88.35**	**10.27**
平湖县	47.05	39.25	3.43	7.29	128.28	4.40	3.74	85.00	9.53
海盐县	35.70	29.38	2.68	7.51	133.58	3.58	3.31	92.46	11.27
绍兴市	**57.73**	**65.80**	**12.81**	**22.19**	**131.38**	**16.83**	**5.10**	**30.30**	**7.75**
上虞县	57.73	65.80	12.81	22.19	131.38	16.83	5.10	30.30	7.75
金华市	**47.07**	**52.14**	**4.04**	**8.58**	**161.88**	**6.54**	**3.14**	**48.01**	**6.02**
金华县	47.07	52.14	4.04	8.58	161.88	6.54	3.14	48.01	6.02
台洲市	**64.36**	**131.98**	**3.80**	**5.90**	**131.32**	**4.99**	**3.18**	**63.73**	**2.41**
临海县	42.62	95.65	0.48	1.13	154.17	0.74	0.84	113.51	0.88
三门县	21.74	36.33	3.32	15.27	128.01	4.25	2.34	55.06	6.44
舟山市	**7.31**	**24.40**	**1.01**	**13.82**	**136.63**	**1.38**	**1.21**	**87.68**	**4.96**
普陀县	7.31	24.40	1.01	13.82	136.63	1.38	1.21	87.68	4.96

5－3－57 浙江省1999年产棉县棉花生产收购明细

县市名	耕地面积（万亩）	农业人口（万人）	棉田面积（万亩）	占耕地（%）	亩产（市斤）	产量（万担）	收购量（万担）	商品率（%）	人均交售（市斤）
全省合计	**512.91**	**650.03**	**41.98**	**8.18**	**138.28**	**58.05**	**17.67**	**30.44**	**2.72**
杭州市	**79.23**	**90.99**	**3.73**	**4.71**	**142.09**	**5.30**	**1.04**	**19.62**	**1.14**
萧山县	79.23	90.99	3.73	4.71	142.09	5.30	1.04	19.62	1.14
宁波市	**173.00**	**218.18**	**20.46**	**11.83**	**144.13**	**29.49**	**9.50**	**32.21**	**4.35**
慈溪县	65.96	86.91	11.70	17.74	134.19	15.70	2.80	17.83	3.22
余姚县	58.81	68.74	5.25	8.93	155.62	8.17	2.63	32.19	3.83
宁海县	34.72	51.79	3.30	9.50	163.64	5.40	2.62	48.52	5.06
镇海县	13.51	10.74	0.21	1.55	104.76	0.22	1.45	*	13.50
嘉兴市	**82.81**	**68.01**	**4.13**	**4.99**	**101.21**	**4.18**	**2.34**	**55.98**	**3.44**
平湖县	47.07	38.85	2.07	4.40	113.04	2.34	1.33	56.84	3.42
海盐县	35.74	29.16	2.06	5.76	89.32	1.84	1.01	54.89	3.46
绍兴市	**58.73**	**65.13**	**7.24**	**12.33**	**132.46**	**9.59**	**2.58**	**26.90**	**3.96**
上虞县	58.73	65.13	7.24	12.33	132.46	9.59	2.58	26.90	3.96
金华市	**47.32**	**51.90**	**3.00**	**6.34**	**156.67**	**4.70**	**0.66**	**14.04**	**1.27**
金华县	47.32	51.90	3.00	6.34	156.67	4.70	0.66	14.04	1.27
台洲市	**64.53**	**132.11**	**2.58**	**4.00**	**143.41**	**3.70**	**0.96**	**25.95**	**0.73**
临海县	42.83	95.95	0.43	1.00	93.02	0.40	0.05	12.50	0.05
三门县	21.70	36.16	2.15	9.91	153.49	3.30	0.91	27.58	2.52
舟山市	**7.29**	**23.71**	**0.84**	**11.52**	**129.76**	**1.09**	**0.59**	**54.13**	**2.49**
普陀县	7.29	23.71	0.84	11.52	129.76	1.09	0.59	54.13	2.49

5－3－58 浙江省2000年产棉县棉花生产收购明细

县市名	耕地面积（万亩）	农业人口（万人）	棉田面积（万亩）	占耕地（%）	亩产（市斤）	产量（万担）	收购量（万担）	商品率（%）	人均交售（市斤）
全省合计	**514.78**	**647.65**	**28.98**	**0.06**	**146.27**	**42.39**	**12.24**	**28.87**	**1.89**
杭州市	**79.53**	**91.11**	**2.32**	**0.03**	**148.28**	**3.44**	**1.56**	**45.35**	**1.71**
萧山县	79.53	91.11	2.32	0.03	148.28	3.44	1.56	45.35	1.71
宁波市	**172.98**	**217.45**	**13.80**	**0.08**	**145.14**	**20.03**	**5.71**	**28.51**	**2.63**
慈溪县	65.97	86.66	7.74	0.12	140.05	10.84	1.23	11.35	1.42
余姚县	58.74	68.22	3.63	0.06	162.53	5.90	4.40	74.58	6.45
宁海县	34.72	51.95	2.35	0.07	136.60	3.21			
镇海县	13.55	10.62	0.08	0.01	100.00	0.08	0.08	100.00	0.75
嘉兴市	**83.15**	**67.50**	**2.83**	**0.03**	**148.41**	**4.20**	**2.09**	**49.76**	**3.10**
平湖县	47.09	38.59	1.45	0.03	135.17	1.96	1.04	53.06	2.69
海盐县	36.06	28.91	1.38	0.04	162.32	2.24	1.05	46.88	3.63
绍兴市	**59.46**	**64.40**	**5.61**	**0.09**	**150.62**	**8.45**	**1.64**	**19.41**	**2.55**
上虞县	59.46	64.40	5.61	0.09	150.62	8.45	1.64	19.41	2.55
金华市	**47.40**	**51.32**	**2.35**	**0.05**	**162.13**	**3.81**	**1.05**	**27.56**	**2.05**
金华县	47.40	51.32	2.35	0.05	162.13	3.81	1.05	27.56	2.05
台洲市	**65.15**	**132.72**	**1.58**	**0.02**	**127.85**	**2.02**			
临海县	43.23	96.50	0.12		125.00	0.15			
三门县	21.92	36.22	1.46	0.07	128.08	1.87			
舟山市	**7.11**	**23.15**	**0.49**	**0.07**	**89.80**	**0.44**	**0.19**	**43.18**	**0.82**
普陀县	7.11	23.15	0.49	0.07	89.80	0.44	0.19	43.18	0.82

5-4-1 浙江省萧山县历年棉花生产收购

年度	耕地面积（万亩）	农业人口（万人）	棉田面积（万亩）	占耕地（%）	亩产（市斤）	产量（万担）	收购量（万担）	商品率（%）	人均交售（市斤）
52 年合计			**588.42**	**14.11**	**92.89**	**546.61**	**464.93**	**85.06**	**10.70**
11 年小计			**191.29**	**22.07**	**40.06**	**76.63**	**64.51**	**84.18**	**9.99**
占合计%			**32.51**			**14.02**	**13.88**		
1949	79.44	45.21	25.40	31.97	11.02	2.80	2.50	89.29	5.53
1950	78.65	46.80	27.99	35.59	26.44	7.40	5.60	75.68	11.97
1951	77.86	48.60	17.87	22.95	43.09	7.70	7.00	90.91	14.40
1952	79.60	52.69	15.30	19.22	28.76	4.40	3.50	79.55	6.64
1953	82.52	60.53	19.76	23.95	42.71	8.44	5.62	66.59	9.28
1954	82.46	62.07	16.86	20.45	40.04	6.75	4.67	69.19	7.52
1955	82.05	63.78	17.01	20.73	57.91	9.85	8.00	81.22	12.54
1956	81.43	65.20	16.30	20.02	21.96	3.58	3.02	84.36	4.63
1957	78.97	60.46	11.80	14.94	67.88	8.01	7.20	89.89	11.91
1958	72.91	69.17	11.80	16.18	79.66	9.40	9.20	97.87	13.30
1959	71.03	71.36	11.20	15.77	74.11	8.30	8.20	98.80	11.49
10 年小计			**111.79**	**16.55**	**104.42**	**116.73**	**113.74**	**97.44**	**14.61**
占合计%			**19.00**			**21.36**	**24.46**		
1960	69.49	73.16	12.21	17.57	90.17	11.01	9.86	89.55	13.48
1961	63.69	74.76	10.61	16.66	76.34	8.10	8.00	98.77	10.70
1962	63.42	78.24	10.83	17.08	82.18	8.90	8.70	97.75	11.12
1963	63.42	79.6	12.62	19.90	97.94	12.36	11.64	94.17	14.62
1964	66.42	77.69	12.94	19.48	98.84	12.79	12.62	98.67	16.24
1965	69.70	76.30	12.70	18.22	113.39	14.40	14.30	99.31	18.74
1966	70.21	77.69	10.41	14.83	123.54	12.86	12.83	99.77	16.51
1967	69.32	78.65	9.74	14.05	110.78	10.79	10.62	98.42	13.50
1968	69.52	79.85	9.70	13.95	141.75	13.75	13.69	99.56	17.14
1969	70.23	82.65	10.03	14.28	117.35	11.77	11.48	97.54	13.89
10 年小计			**103.34**	**12.65**	**97.99**	**101.26**	**102.51**	**101.23**	**11.14**
占合计%			**17.56**			**18.53**	**22.05**		
1970	69.89	86.65	9.88	14.14	120.65	11.92	11.62	97.48	13.41
1971	72.65	87.69	9.52	13.10	98.95	9.42	10.18	108.07	11.61
1972	75.69	89.32	9.52	12.58	85.92	8.18	8.98	109.78	10.05
1973	79.66	93.31	9.65	12.11	80.62	7.78	8.72	112.08	9.35
1974	81.04	92.64	9.72	11.99	88.58	8.61	9.31	108.13	10.05
1975	85.89	92.86	12.19	14.19	86.30	10.52	9.90	94.11	10.66
1976	87.34	93.79	10.95	12.54	82.92	9.08	8.70	95.81	9.28
1977	87.21	94.48	10.58	12.13	87.24	9.23	8.90	96.42	9.42
1978	87.97	94.86	10.65	12.11	112.39	11.97	11.70	97.74	12.33
1979	89.66	94.50	10.68	11.91	136.24	14.55	14.50	99.66	15.34
10 年小计			**97.63**	**10.86**	**139.56**	**136.25**	**120.24**	**88.25**	**12.77**
占合计%			**16.59**			**24.93**	**25.86**		
1980	90.05	94.31	11.00	12.22	118.73	13.06	13.10	100.31	13.89
1981	90.04	93.74	11.97	13.29	115.46	13.82	14.03	101.52	14.97
1982	90.06	93.92	12.12	13.46	171.12	20.74	20.60	99.32	21.93
1983	90.15	94.38	12.33	13.68	142.66	17.59	18.10	102.90	19.18
1984	89.50	94.67	12.93	14.45	196.75	25.44	24.84	97.64	26.24
1985	89.83	85.01	8.61	9.58	125.32	10.79	8.30	76.92	9.76
1986	89.00	94.63	8.10	9.10	142.72	11.56	9.44	81.66	9.98
1987	90.38	95.82	6.72	7.44	126.19	8.48	5.00	58.96	5.22
1988	89.82	96.87	7.51	8.36	97.74	7.34	2.81	38.28	2.90
1989	89.92	98.14	6.34	7.05	117.19	7.43	4.02	54.10	4.10
11 年小计			**84.37**	**9.24**	**137.18**	**115.74**	**63.93**	**55.24**	**6.04**
占合计%			**14.34**			**21.17**	**13.75**		
1990	88.70	98.99	8.43	9.50	139.98	11.80	9.49	80.42	9.59
1991	87.70	99.94	8.44	9.62	158.77	13.40	9.76	72.84	9.77
1992	86.88	100.52	10.10	11.63	125.35	12.66	7.25	57.27	7.21
1993	85.71	101.10	7.98	9.31	132.46	10.57	5.40	51.09	5.34
1994	84.51	99.69	8.93	10.57	140.54	12.55	4.47	35.62	4.48
1995	83.58	99.92	10.95	13.10	135.98	14.89	9.22	61.92	9.23
1996	79.59	92.53	8.69	10.92	128.08	11.13	6.94	62.35	7.50
1997	78.74	92.15	7.38	9.37	132.79	9.80	3.64	37.14	3.95
1998	78.89	91.33	7.42	9.41	137.47	10.20	5.16	50.59	5.65
1999	79.23	90.99	3.73	4.71	142.09	5.30	1.04	19.62	1.14
2000	79.53	91.11	2.32	2.92	148.28	3.44	1.56	45.35	1.71

5-4-2 浙江省慈溪县历年棉花生产收购明细

年　度	耕地面积（万亩）	农业人口（万人）	棉田面积（万亩）	占耕地（%）	亩　产（市斤）	产　量（万担）	收购量（万担）	商品率（%）	人均交售（市斤）
52 年合计			**1885.33**	**54.54**	**97.25**	**1833.44**	**1673.88**	**91.30**	**45.67**
11 年小计			**420.97**	**55.90**	**64.22**	**270.33**	**261.18**	**96.62**	**57.18**
占合计%			**22.33**			**14.74**	**15.60**		
1949	69.04	35.34	33.41	48.39	21.88	7.31	6.60	90.29	18.68
1950	68.96	35.97	34.89	50.59	45.54	15.89	15.17	95.47	42.17
1951	69.14	36.82	35.49	51.33	39.34	13.96	13.22	94.70	35.90
1952	69.82	37.45	35.35	50.63	50.86	17.98	17.23	95.83	46.01
1953	68.91	38.54	36.24	52.59	56.84	20.60	19.84	96.31	51.48
1954	68.74	39.65	36.15	52.59	62.96	22.76	21.97	96.53	55.41
1955	68.80	40.76	40.21	58.44	95.95	38.58	37.76	97.87	92.64
1956	68.46	46.08	43.88	64.10	29.38	12.89	11.96	92.79	25.95
1957	67.96	47.76	40.43	59.49	98.96	40.01	39.05	97.60	81.76
1958	66.99	47.97	41.95	62.62	106.05	44.49	43.53	97.84	90.74
1959	66.23	50.46	42.97	64.88	83.45	35.86	34.85	97.18	69.06
10 年小计			**435.22**	**66.16**	**114.82**	**499.73**	**486.96**	**97.44**	**76.23**
占合计%			**23.08**			**27.26**	**29.09**		
1960	65.93	56.09	43.59	66.12	103.23	45.00	43.88	97.51	78.23
1961	65.04	56.51	40.66	62.52	90.83	36.93	35.80	96.94	63.35
1962	65.71	57.79	41.55	63.23	85.05	35.34	34.18	96.72	59.15
1963	65.93	61.32	45.17	68.51	100.97	45.61	44.38	97.30	72.37
1964	65.79	64.63	46.52	70.71	125.73	58.49	57.20	97.79	88.50
1965	65.49	65.72	45.56	69.57	151.36	68.96	67.65	98.10	102.94
1966	65.69	67.71	43.58	66.34	117.07	51.02	49.67	97.35	73.36
1967	65.66	69.13	42.29	64.41	106.79	45.16	43.78	96.94	63.33
1968	65.76	69.40	43.17	65.65	148.18	63.97	62.58	97.83	90.17
1969	66.82	70.52	43.13	64.55	114.19	49.25	47.84	97.14	67.84
10 年小计			**409.42**	**61.15**	**84.62**	**346.45**	**330.72**	**95.46**	**42.02**
占合计%			**21.72**			**18.90**	**19.76**		
1970	66.82	74.65	43.93	65.74	122.31	53.73	52.24	97.23	69.98
1971	66.66	76.26	42.44	63.67	49.72	21.10	19.57	92.75	25.66
1972	67.14	76.69	42.43	63.20	72.78	30.88	29.35	95.05	38.27
1973	67.59	77.18	41.45	61.33	77.20	32.00	30.46	95.19	39.47
1974	67.08	78.23	41.30	61.57	92.42	38.17	36.61	95.91	46.80
1975	66.92	79.65	39.97	59.73	87.69	35.05	33.46	95.46	42.01
1976	67.08	80.39	39.63	59.08	76.56	30.34	28.73	94.69	35.74
1977	66.88	80.99	38.93	58.21	69.18	26.93	25.31	93.98	31.25
1978	66.68	81.46	38.42	57.62	115.83	44.50	42.87	96.34	52.63
1979	66.67	81.51	40.92	61.38	82.48	33.75	32.12	95.17	39.41
10 年小计			**367.36**	**55.65**	**112.59**	**413.60**	**381.68**	**92.28**	**46.14**
占合计%			**19.49**			**22.56**	**22.80**		
1980	66.67	81.13	40.72	61.08	97.94	39.88	38.26	95.94	47.16
1981	66.63	81.36	41.36	62.07	67.89	28.08	26.45	94.20	32.51
1982	66.60	81.62	41.23	61.91	130.49	53.80	52.17	96.97	63.92
1983	66.67	82.28	41.80	62.70	128.80	53.84	52.19	96.94	63.43
1984	66.76	82.46	42.56	63.75	185.15	78.80	77.15	97.91	93.56
1985	66.13	83.08	40.05	60.56	106.54	42.67	37.96	88.96	45.69
1986	65.55	82.81	35.07	53.50	117.88	41.34	36.03	87.16	43.51
1987	65.19	83.62	28.14	43.17	109.17	30.72	25.37	82.58	30.34
1988	65.00	84.15	29.63	45.58	68.58	20.32	15.34	75.49	18.23
1989	64.92	84.77	26.80	41.28	90.11	24.15	20.76	85.96	24.49
11 年小计			**252.36**	**35.23**	**120.20**	**303.33**	**213.34**	**70.33**	**22.33**
占合计%			**13.39**			**16.54**	**12.75**		
1990	64.65	85.37	31.40	48.57	140.10	43.99	41.85	95.14	49.02
1991	64.53	86.06	30.60	47.42	154.41	47.25	45.00	95.24	52.29
1992	64.55	86.31	30.10	46.63	103.75	31.23	28.35	90.78	32.85
1993	64.25	86.65	23.80	37.04	107.35	25.55	21.18	82.90	24.44
1994	65.72	86.95	23.42	35.64	85.53	20.03	9.57	47.78	11.01
1995	64.40	87.38	24.51	38.06	118.36	29.01	15.73	54.22	18.00
1996	64.95	87.89	23.94	36.86	126.73	30.34	18.39	60.61	20.92
1997	65.53	88.09	23.72	36.20	87.98	20.87	9.63	46.14	10.93
1998	65.78	87.09	21.43	32.58	133.08	28.52	19.61	68.76	22.52
1999	65.96	86.91	11.70	17.74	134.19	15.70	2.80	17.83	3.22
2000	65.97	86.66	7.74	11.73	140.05	10.84	1.23	11.35	1.42

5－4－3 浙江省余姚县历年棉花生产收购明细

年度	耕地面积（万亩）	农业人口（万人）	棉田面积（万亩）	占耕地（%）	亩产（市斤）	产量（万担）	收购量（万担）	商品率（%）	人均交售（市斤）
52年合计			**570.41**	**16.84**	**89.21**	**508.87**	**456.34**	**89.68**	**14.61**
11年小计			**143.46**	**18.96**	**42.12**	**60.42**	**52.87**	**87.50**	**10.84**
占合计%			**25.15**			**11.87**	**11.59**		
1949	65.00	37.20	23.80	36.62	23.53	5.60	5.20	92.86	13.98
1950	66.50	36.70	25.15	37.82	28.63	7.20	6.10	84.72	16.62
1951	67.80	39.60	22.05	32.52	34.92	7.70	6.40	83.12	16.16
1952	68.20	42.50	12.00	17.60	42.50	5.10	4.10	80.39	9.65
1953	70.41	45.04	9.80	13.92	44.90	4.40	2.59	58.86	5.75
1954	70.74	46.15	7.30	10.32	36.58	2.67	2.43	91.01	5.27
1955	71.58	47.28	6.90	9.64	77.97	5.38	5.05	93.87	10.68
1956	71.44	48.44	8.41	11.77	18.67	1.57	1.24	78.98	2.56
1957	70.56	43.14	7.94	11.25	81.61	6.48	6.30	97.22	14.60
1958	67.53	50.45	8.61	12.75	86.53	7.45	6.75	90.60	13.38
1959	66.85	51.45	11.50	17.20	59.74	6.87	6.71	97.67	13.04
10年小计			**93.99**	**14.27**	**89.94**	**84.53**	**86.05**	**101.80**	**15.55**
占合计%			**16.48**			**16.61**	**18.86**		
1960	66.04	52.45	10.31	15.61	66.54	6.86	6.20	90.38	11.82
1961	65.65	53.05	7.33	11.17	64.80	4.75	4.65	97.89	8.77
1962	65.24	55.48	7.84	12.02	41.84	3.28	3.20	97.56	5.77
1963	65.56	55.56	10.01	15.27	82.92	8.30	7.91	95.30	14.24
1964	65.8	55.7	10.08	15.32	101.49	10.23	10.91	106.65	19.59
1965	65.90	53.79	10.25	15.55	113.07	11.59	12.26	105.78	22.79
1966	66.2	55.3	9.53	14.40	90.14	8.59	8.67	100.93	15.68
1967	66.35	56.2	9.5	14.32	93.58	8.89	8.99	101.12	16.00
1968	65.12	56.8	9.56	14.68	129.71	12.40	13.01	104.92	22.90
1969	66.8	58.9	9.58	14.34	100.63	9.64	10.25	106.33	17.40
10年小计			**100.96**	**15.42**	**85.83**	**86.65**	**80.64**	**93.06**	**12.37**
占合计%			**17.70**			**17.03**	**17.67**		
1970	65.38	60.69	9.71	14.85	80.43	7.81	7.61	97.44	12.54
1971	66.12	61.20	9.62	14.55	54.47	5.24	4.53	86.45	7.40
1972	66.53	63.52	9.56	14.37	92.99	8.89	4.77	53.66	7.51
1973	65.20	66.82	9.53	14.62	83.11	7.92	7.67	96.84	11.48
1974	65.09	65.18	9.54	14.66	96.75	9.23	8.93	96.75	13.70
1975	65.04	65.94	9.56	14.70	87.97	8.41	8.27	98.34	12.54
1976	65.00	66.47	9.52	14.65	70.48	6.71	6.47	96.42	9.73
1977	64.91	67.28	9.52	14.67	65.23	6.21	5.97	96.14	8.87
1978	64.72	67.58	9.53	14.72	107.24	10.22	9.99	97.75	14.78
1979	66.90	67.08	14.87	22.23	107.67	16.01	16.43	102.62	24.49
10年小计			**135.24**	**20.70**	**112.59**	**153.06**	**143.25**	**93.59**	**21.47**
占合计%			**23.71**			**30.08**	**31.39**		
1980	66.05	66.91	15.71	23.79	104.52	16.42	16.43	100.06	24.56
1981	66.04	67.27	15.69	23.76	82.79	12.99	13.10	100.85	19.47
1982	66.04	67.54	15.08	22.83	124.54	18.78	18.55	98.78	27.47
1983	65.93	67.79	14.55	22.07	123.57	17.98	17.10	95.11	25.22
1984	65.85	67.69	13.36	20.29	194.31	25.96	25.24	97.23	37.29
1985	65.31	60.29	13.46	20.61	122.44	16.48	14.82	89.93	24.58
1986	64.75	66.03	12.59	19.44	111.36	14.02	12.64	90.16	19.14
1987	64.75	67.20	11.64	17.98	111.25	12.95	11.52	88.96	17.14
1988	64.35	67.84	11.73	18.23	63.17	7.41	4.97	67.07	7.33
1989	64.35	68.56	11.43	17.76	88.10	10.07	8.88	88.18	12.95
11年小计			**96.76**	**14.59**	**128.37**	**124.21**	**93.53**	**75.30**	**12.26**
占合计%			**16.96**			**24.41**	**20.50**		
1990	63.76	69.04	11.50	18.04	126.35	14.53	13.5	92.91	19.55
1991	63.13	69.52	11.37	18.01	153.91	17.50	16.58	94.74	23.85
1992	62.34	69.43	10.96	17.58	101.55	11.13	9.77	87.78	14.07
1993	61.26	69.72	9.38	15.31	111.41	10.45	8.63	82.58	12.38
1994	60.00	69.63	8.93	14.88	129.12	11.53	5.53	47.96	7.94
1995	58.97	70.07	9.03	15.31	126.80	11.45	7.31	63.84	10.43
1996	58.82	69.61	9.03	15.35	146.84	13.26	11.15	84.09	16.02
1997	58.70	69.63	9.07	15.45	83.79	7.60	5.37	70.66	7.71
1998	58.69	69.40	8.61	14.67	147.39	12.69	8.66	68.24	12.48
1999	58.81	68.74	5.25	8.93	155.62	8.17	2.63	32.19	3.83
2000	58.74	68.22	3.63	6.18	162.53	5.90	4.40	74.58	6.45

5-4-4 浙江省宁海县历年棉花生产收购明细

年　　度	耕地面积（万亩）	农业人口（万人）	棉田面积（万亩）	占耕地（%）	亩　产（市斤）	产　量（万担）	收购量（万担）	商品率（%）	人均交售（市斤）
52 年合计			**237.97**	**10.84**	**102.40**	**243.68**	**222.61**	**91.35**	**10.27**
11 年小计			**15.46**	**3.15**	**34.02**	**5.26**	**4.73**	**89.92**	**1.66**
占合计%			**6.50**			**2.16**	**2.12**		
1949	43.65	22.21	0.15	0.34	120.00	0.18	0.15	83.33	0.68
1950	43.21	23.10	0.50	1.16	14.00	0.07	0.06	85.71	0.26
1951	44.65	24.12	0.94	2.11	25.53	0.24	0.18	75.00	0.75
1952	45.98	24.69	0.90	1.96	21.11	0.19	0.11	57.89	0.45
1953	44.98	25.68	1.02	2.27	15.69	0.16	0.10	62.50	0.39
1954	44.12	26.12	0.86	1.95	23.26	0.20	0.16	80.00	0.61
1955	45.02	26.87	0.88	1.95	56.82	0.50	0.45	90.00	1.67
1956	44.65	27.21	0.69	1.55	28.99	0.20	0.15	75.00	0.55
1957	43.21	27.78	1.22	2.82	56.56	0.69	0.65	94.20	2.34
1958	46.32	28.65	3.20	6.91	41.56	1.33	1.32	99.25	4.61
1959	45.65	29.12	5.10	11.17	29.41	1.50	1.40	93.33	4.81
10 年小计			**36.14**	**8.05**	**81.43**	**29.43**	**28.20**	**95.82**	**7.99**
占合计%			**15.19**			**12.08**	**12.67**		
1960	44.30	31.25	5.21	11.76	35.32	1.84	1.40	76.09	4.48
1961	45.12	32.45	2.29	5.08	41.48	0.95	0.90	94.74	2.77
1962	45.20	32.90	2.35	5.20	16.60	0.39	0.31	79.49	0.94
1963	44.62	33.65	2.65	5.94	75.47	2.00	1.78	89.00	5.29
1964	44.25	34.12	3.43	7.75	82.80	2.84	2.78	97.89	8.15
1965	44.90	35.76	3.87	8.62	92.51	3.58	3.45	96.37	9.65
1966	44.01	36.98	3.53	8.02	96.88	3.42	3.38	98.83	9.14
1967	45.02	37.89	3.85	8.55	109.87	4.23	4.18	98.82	11.03
1968	46.32	38.65	4.52	9.76	122.79	5.55	5.46	98.38	14.13
1969	45.23	39.12	4.44	9.82	104.28	4.63	4.56	98.49	11.66
10 年小计			**60.36**	**13.47**	**91.77**	**55.39**	**54.28**	**98.00**	**11.93**
占合计%			**25.36**			**22.73**	**24.38**		
1970	44.15	40.64	4.53	10.26	94.04	4.26	4.18	98.12	10.29
1971	44.65	42.32	4.74	10.62	89.87	4.26	3.90	91.55	9.22
1972	44.82	43.98	4.97	11.09	94.16	4.68	4.60	98.29	10.46
1973	44.91	45.14	5.15	11.47	80.39	4.14	4.10	99.03	9.08
1974	45.14	45.93	5.24	11.61	77.67	4.07	3.98	97.79	8.67
1975	45.13	45.89	7.23	16.02	77.32	5.59	5.40	96.60	11.77
1976	45.14	46.72	7.32	16.22	81.97	6.00	5.96	99.33	12.76
1977	45.04	47.51	7.37	16.36	80.05	5.90	5.8	98.31	12.21
1978	44.89	48.20	6.66	14.84	109.61	7.30	7.26	99.45	15.06
1979	44.33	48.66	7.15	16.13	128.53	9.19	9.10	99.02	18.70
10 年小计			**80.87**	**19.44**	**117.57**	**95.08**	**90.25**	**94.92**	**17.97**
占合计%			**33.98**			**39.02**	**40.54**		
1980	44.05	49.15	8.94	20.30	112.86	10.09	10.00	99.11	20.35
1981	43.79	49.62	8.78	20.05	73.01	6.41	6.30	98.28	12.70
1982	43.90	50.18	8.90	20.27	100.67	8.96	8.80	98.21	17.54
1983	43.97	49.52	9.51	21.63	132.60	12.61	11.81	93.66	23.85
1984	43.00	50.03	9.06	21.07	179.36	16.25	16.25	100.00	32.48
1985	41.05	48.88	8.42	20.51	106.29	8.95	8.91	99.55	18.23
1986	40.06	50.44	7.46	18.62	146.11	10.90	9.73	89.27	19.29
1987	40.25	51.01	7.16	17.79	145.25	10.40	9.90	95.19	19.41
1988	37.62	51.51	6.65	17.68	81.65	5.43	4.55	83.79	8.83
1989	38.33	52.01	5.99	15.63	84.81	5.08	4.00	78.74	7.69
11 年小计			**45.14**	**11.53**	**129.64**	**58.52**	**45.15**	**77.15**	**7.89**
占合计%			**18.97**			**24.02**	**20.28**		
1990	37.70	51.97	5.55	14.72	93.69	5.20	5.05	97.12	9.72
1991	37.25	51.89	5.57	14.95	138.96	7.74	7.54	97.42	14.53
1992	36.49	52.00	5.59	15.32	92.67	5.18	4.37	84.36	8.40
1993	35.88	52.08	4.30	11.98	150.00	6.45	5.37	83.26	10.31
1994	35.43	52.12	4.67	13.18	125.05	5.84	3.89	66.61	7.46
1995	34.95	52.26	4.49	12.85	118.26	5.31	3.51	66.10	6.72
1996	34.91	52.36	4.50	12.89	142.00	6.39	5.70	89.20	10.89
1997	34.70	52.00	0.26	0.75	200.00	0.52	0.39	75.00	0.75
1998	34.74	51.73	4.56	13.13	159.65	7.28	6.71	92.17	12.97
1999	34.72	51.79	3.30	9.50	163.64	5.40	2.62	48.52	5.06
2000	34.72	51.95	2.35	6.77	136.60	3.21			

5-4-5 浙江省镇海县历年棉花生产收购明细

年　度	耕地面积（万亩）	农业人口（万人）	棉田面积（万亩）	占耕地（%）	亩　产（市斤）	产　量（万担）	收购量（万担）	商品率（%）	人均交售（市斤）
52 年合计			**238.39**	**11.29**	**92.27**	**219.97**	**209.91**	**95.43**	**12.35**
11 年小计			**47.14**	**9.13**	**47.52**	**22.40**	**20.45**	**91.29**	**6.05**
占合计%			**19.77**			**10.18**	**9.74**		
1949	50.70	30.90	5.53	10.91	21.70	1.20	1.12	93.33	3.62
1950	49.56	30.00	6.49	13.10	18.49	1.20	1.10	91.67	3.67
1951	48.35	31.21	5.30	10.96	32.64	1.73	1.40	80.92	4.49
1952	47.52	30.12	5.80	12.21	29.48	1.71	1.27	74.27	4.22
1953	46.11	29.66	3.04	6.59	34.87	1.06	0.72	67.92	2.43
1954	45.50	30.85	2.42	5.32	45.87	1.11	1.08	97.30	3.50
1955	45.58	31.97	2.58	5.66	84.50	2.18	2.12	97.25	6.63
1956	46.05	32.33	3.42	7.43	25.44	0.87	0.74	85.06	2.29
1957	46.57	24.39	3.24	6.96	88.58	2.87	2.55	88.85	10.46
1958	45.57	32.69	3.79	8.32	97.36	3.69	3.60	97.56	11.01
1959	44.54	33.93	5.53	12.42	86.44	4.78	4.75	99.37	14.00
10 年小计			**62.61**	**14.03**	**107.00**	**66.99**	**66.03**	**98.57**	**18.24**
占合计%			**26.26**			**30.45**	**31.46**		
1960	44.18	34.58	5.59	12.65	74.60	4.17	3.56	85.37	10.29
1961	44.49	34.93	4.27	9.60	41.69	1.78	1.75	98.31	5.01
1962	44.87	36.16	4.83	10.76	37.89	1.83	1.80	98.36	4.98
1963	44.87	36.71	6.07	13.53	89.95	5.46	5.31	97.25	14.46
1964	44.65	37.21	6.44	14.42	113.35	7.30	7.26	99.45	19.51
1965	44.80	36.23	6.50	14.51	141.54	9.20	9.15	99.46	25.26
1966	45.01	36.25	6.61	14.69	114.98	7.60	7.59	99.87	20.94
1967	44.87	35.92	7.19	16.02	118.36	8.51	8.49	99.76	23.64
1968	44.12	36.98	7.50	17.00	161.73	12.13	12.13	100.00	32.80
1969	44.36	37.12	7.61	17.16	118.40	9.01	8.99	99.78	24.22
10 年小计			**73.65**	**16.64**	**97.22**	**71.6**	**71.11**	**99.32**	**18.27**
占合计%			**30.89**			**32.55**	**33.88**		
1970	44.51	37.38	7.72	17.34	113.21	8.74	8.66	99.08	23.17
1971	44.12	36.87	7.57	17.16	85.47	6.47	6.22	96.14	16.87
1972	44.52	37.58	7.23	16.24	87.41	6.32	6.33	100.16	16.84
1973	44.47	41.05	7.44	16.73	92.88	6.91	6.89	99.71	16.78
1974	44.58	38.80	7.31	16.40	108.76	7.95	7.94	99.87	20.46
1975	44.40	39.06	7.46	16.80	113.81	8.49	8.44	99.41	21.61
1976	44.28	39.53	7.33	16.55	80.90	5.93	5.88	99.16	14.87
1977	44.16	39.68	7.22	16.35	66.90	4.83	4.78	98.96	12.05
1978	43.95	39.78	7.04	16.02	126.28	8.89	8.90	100.11	22.37
1979	43.62	39.56	7.33	16.80	96.45	7.07	7.07	100.00	17.87
10 年小计			**45.54**	**10.93**	**104.41**	**47.55**	**45.23**	**95.12**	**12.59**
占合计%			**19.10**			**21.62**	**21.55**		
1980	43.43	39.14	7.43	17.11	106.59	7.92	7.92	100.00	20.24
1981	43.41	39.09	7.57	17.44	66.31	5.02	5.01	99.80	12.82
1982	43.41	39.25	7.53	17.35	120.58	9.08	8.90	98.02	22.68
1983	43.44	39.34	7.57	17.43	93.26	7.06	6.81	96.46	17.31
1984	38.19	34.58	5.95	15.58	183.36	10.91	10.83	99.27	31.32
1985	40.12	36.88	3.32	8.28	84.34	2.80	2.78	99.29	7.54
1986	41.72	32.52	2.19	5.25	72.15	1.58	1.30	82.28	4.00
1987	41.75	32.81	1.06	2.54	111.32	1.18	0.95	80.51	2.90
1988	41.06	32.68	1.81	4.41	62.98	1.14	0.32	28.07	0.98
1989	40.06	32.97	1.11	2.77	77.48	0.86	0.41	47.67	1.24
11 年小计			**9.45**	**3.25**	**120.95**	**11.43**	**7.09**	**62.03**	**2.82**
占合计%			**3.96**			**5.20**	**3.38**		
1990	40.63	33.28	1.56	3.84	103.85	1.62	0.95	58.64	2.85
1991	40.35	33.30	1.43	3.54	138.46	1.98	1.05	53.03	3.15
1992	38.76	33.12	1.41	3.64	148.94	2.10	1.07	50.95	3.23
1993	36.39	32.55	1.47	4.04	129.93	1.91	0.65	34.03	2.00
1994	34.64	31.96	1.17	3.38	108.55	1.27	0.28	22.05	0.88
1995	32.57	31.03	1.02	3.13	97.06	0.99	0.35	35.35	1.13
1996	13.55	11.66	0.35	2.58	122.86	0.43	0.43	100.00	3.69
1997	13.46	11.63	0.39	2.90	87.18	0.34	0.31	91.18	2.67
1998	13.48	11.58	0.36	2.67	136.11	0.49	0.47	95.92	4.06
1999	13.51	10.74	0.21	1.55	104.76	0.22	1.45	*	13.50
2000	13.55	10.62	0.08	0.59	100.00	0.08	0.08	100.00	0.75

5-4-6 浙江省平湖县历年棉花生产收购明细

年　度	耕地面积（万亩）	农业人口（万人）	棉田面积（万亩）	占耕地（%）	亩　产（市斤）	产　量（万担）	收购量（万担）	商品率（%）	人均交售（市斤）
52 年合计			**333.61**	**11.76**	**96.79**	**322.89**	**304.56**	**94.32**	**16.24**
11 年小计			**79.84**	**12.65**	**35.52**	**28.36**	**25.38**	**89.49**	**7.85**
占合计%			**23.93**			**8.78**	**8.33**		
1949	50.70	26.10	4.50	8.88	6.67	0.30	0.20	66.67	0.77
1950	51.23	26.10	5.52	10.77	19.93	1.10	0.98	89.09	3.75
1951	53.21	28.32	7.64	14.36	26.70	2.04	1.75	85.78	6.18
1952	56.23	28.98	7.47	13.28	33.87	2.53	2.03	80.24	7.00
1953	60.46	29.27	6.41	10.60	29.80	1.91	1.13	59.16	3.86
1954	60.29	29.72	6.62	10.98	28.10	1.86	1.35	72.58	4.54
1955	60.27	31.15	7.17	11.90	46.72	3.35	3.29	98.21	10.56
1956	60.14	31.61	9.25	15.38	27.03	2.50	2.25	90.00	7.12
1957	60.07	27.66	7.30	12.15	47.26	3.45	3.11	90.14	11.24
1958	59.81	32.17	8.82	14.75	52.72	4.65	4.62	99.35	14.36
1959	58.57	32.05	9.14	15.61	51.09	4.67	4.67	100.00	14.57
10 年小计			**74.52**	**12.87**	**96.79**	**72.13**	**70.72**	**98.05**	**21.10**
占合计%			**22.34**			**22.34**	**23.22**		
1960	58.09	32.11	9.3	16.01	46.02	4.28	3.86	90.19	12.02
1961	57.61	32.63	6.04	10.48	50.99	3.08	3.08	100.00	9.44
1962	57.58	33.70	6.66	11.57	52.70	3.51	3.51	100.00	10.42
1963	57.50	33.70	7.82	13.60	82.23	6.43	6.21	96.58	18.43
1964	57.32	32.89	7.72	13.47	91.58	7.07	6.96	98.44	21.16
1965	57.30	32.64	7.74	13.51	119.64	9.26	9.25	99.89	28.34
1966	57.32	33.65	7.35	12.82	98.64	7.25	7.15	98.62	21.25
1967	58.12	34.02	7.28	12.53	116.90	8.51	8.31	97.65	24.43
1968	59.45	34.12	7.29	12.26	161.04	11.74	11.59	98.72	33.97
1969	58.65	35.69	7.32	12.48	150.27	11.00	10.80	98.18	30.26
10 年小计			**73.35**	**13.08**	**113.42**	**83.19**	**80.36**	**96.60**	**20.52**
占合计%			**21.99**			**25.76**	**26.39**		
1970	56.20	37.28	7.49	13.33	133.51	10.00	9.62	96.20	25.80
1971	57.23	38.12	7.49	13.09	76.90	5.76	5.05	87.67	13.25
1972	58.32	39.12	7.26	12.45	105.79	7.68	7.67	99.87	19.61
1973	56.26	40.01	7.28	12.94	112.50	8.19	7.92	96.70	19.80
1974	55.65	39.18	7.32	13.15	123.63	9.05	8.74	96.57	22.31
1975	55.53	39.51	7.30	13.15	140.41	10.25	10.00	97.56	25.31
1976	55.48	39.58	7.29	13.14	94.51	6.89	6.74	97.82	17.03
1977	55.39	39.72	7.32	13.22	108.61	7.95	7.66	96.35	19.28
1978	55.68	39.67	7.28	13.07	125.96	9.17	8.89	96.95	22.41
1979	55.23	39.38	7.32	13.25	112.70	8.25	8.07	97.82	20.49
10 年小计			**64.91**	**12.13**	**127.47**	**82.74**	**78.82**	**95.26**	**20.21**
占合计%			**19.46**			**25.62**	**25.88**		
1980	54.97	39.38	7.35	13.37	105.17	7.73	7.63	98.71	19.38
1981	54.89	39.48	7.32	13.34	94.13	6.89	6.65	96.52	16.84
1982	54.89	39.39	7.28	13.26	117.31	8.54	8.46	99.06	21.48
1983	54.70	39.40	7.66	14.00	122.98	9.42	9.06	96.18	22.99
1984	54.07	39.33	7.43	13.74	193.27	14.36	14.16	98.61	36.00
1985	52.60	37.10	6.97	13.25	151.36	10.55	9.62	91.18	25.93
1986	52.41	38.42	6.07	11.58	138.71	8.42	7.32	86.94	19.05
1987	52.63	38.93	5.68	10.79	123.42	7.01	6.68	95.29	17.16
1988	52.04	39.10	5.06	9.72	118.58	6.00	5.71	95.17	14.60
1989	52.09	39.46	4.09	7.85	93.40	3.82	3.53	92.41	8.95
11 年小计			**40.99**	**7.74**	**137.77**	**56.47**	**49.28**	**87.27**	**11.32**
占合计%			**12.29**			**17.49**	**16.18**		
1990	51.23	39.90	4.87	9.51	145.59	7.09	6.85	96.61	17.17
1991	50.75	40.09	4.86	9.58	159.88	7.77	7.48	96.27	18.66
1992	49.38	39.99	5.50	11.14	128.18	7.05	6.62	93.90	16.55
1993	48.48	39.88	4.46	9.20	128.03	5.71	4.94	86.51	12.39
1994	47.59	39.75	3.84	8.07	133.33	5.12	4.42	86.33	11.12
1995	47.04	39.66	3.59	7.63	131.75	4.73	3.73	78.86	9.40
1996	46.97	39.65	3.48	7.41	142.82	4.97	4.49	90.34	11.32
1997	46.97	39.56	3.44	7.32	154.94	5.33	4.64	87.05	11.73
1998	47.05	39.25	3.43	7.29	128.28	4.40	3.74	85.00	9.53
1999	47.07	38.85	2.07	4.40	113.04	2.34	1.33	56.84	3.42
2000	47.09	38.59	1.45	3.08	135.17	1.96	1.04	53.06	2.69

5－4－7　浙江省海盐县历年棉花生产收购明细

年　度	耕地面积（万亩）	农业人口（万人）	棉田面积（万亩）	占耕地（%）	亩　产（市斤）	产　量（万担）	收购量（万担）	商品率（%）	人均交售（市斤）
52 年合计			**230.82**	**10.58**	**109.62**	**253.03**	**244.82**	**96.76**	**17.71**
11 年小计			**31.58**	**6.08**	**46.83**	**14.79**	**12.65**	**85.53**	**5.77**
占合计%			**13.68**			**5.85**	**5.17**		
1949	45.00	18.30	0.30	0.67	13.33	0.04	0.03	75.00	0.16
1950	46.21	19.40	0.70	1.51	21.43	0.15	0.10	66.67	0.52
1951	46.50	19.25	0.81	1.74	38.27	0.31	0.20	64.52	1.04
1952	47.02	19.87	1.61	3.42	36.02	0.58	0.41	70.69	2.06
1953	47.43	19.51	2.29	4.83	39.74	0.91	0.53	58.24	2.72
1954	47.86	19.93	2.10	4.39	38.10	0.80	0.44	55.00	2.21
1955	47.96	20.42	3.53	7.36	50.99	1.80	1.72	95.56	8.42
1956	48.01	21.23	5.02	10.46	25.90	1.30	1.05	80.77	4.95
1957	49.64	19.29	4.10	8.26	56.10	2.30	1.96	85.22	10.16
1958	47.01	21.47	4.61	9.81	67.03	3.09	2.71	87.70	12.62
1959	46.42	20.44	6.51	14.02	53.92	3.51	3.50	99.72	17.12
10 年小计			**62.02**	**13.85**	**106.09**	**65.80**	**65.48**	**99.51**	**27.84**
占合计%			**26.87**			**26.00**	**26.75**		
1960	45.27	20.72	7.53	16.63	47.14	3.55	3.10	87.32	14.96
1961	45.01	22.13	5.36	11.91	39.74	2.13	2.10	98.59	9.49
1962	44.96	23.13	5.62	12.50	57.30	3.22	3.20	99.38	13.83
1963	44.87	23.70	6.59	14.69	86.34	5.69	5.59	98.24	23.59
1964	45.02	23.87	6.77	15.04	110.19	7.46	7.53	100.94	31.55
1965	44.10	23.82	6.70	15.19	142.99	9.58	9.86	102.92	41.39
1966	44.89	24.23	5.94	13.23	127.10	7.55	7.60	100.66	31.37
1967	45.01	24.65	5.81	12.91	130.98	7.61	7.64	100.39	30.99
1968	44.65	23.45	5.82	13.03	174.74	10.17	10.39	102.16	44.31
1969	43.89	25.53	5.88	13.40	150.34	8.84	8.47	95.81	33.18
10 年小计			**57.40**	**13.83**	**118.21**	**67.85**	**66.09**	**97.41**	**23.15**
占合计%			**24.87**			**26.82**	**27.00**		
1970	42.60	27.17	5.78	13.57	132.35	7.65	7.65	100.00	28.16
1971	42.12	27.02	5.82	13.82	135.57	7.89	7.50	95.06	27.76
1972	40.12	28.03	5.79	14.43	118.65	6.87	6.23	90.68	22.23
1973	41.84	29.00	5.78	13.81	98.10	5.67	5.12	90.30	17.66
1974	41.72	28.64	5.77	13.83	105.72	6.10	5.89	96.56	20.57
1975	41.67	28.86	5.77	13.85	118.02	6.81	6.81	100.00	23.60
1976	41.58	29.01	5.73	13.78	101.92	5.84	5.81	99.49	20.03
1977	41.56	29.23	5.72	13.76	111.71	6.39	6.34	99.22	21.69
1978	41.05	29.24	5.63	13.71	143.87	8.10	8.07	99.63	27.60
1979	40.81	29.28	5.61	13.75	116.40	6.53	6.67	102.14	22.78
10 年小计			**49.09**	**12.37**	**122.10**	**59.94**	**59.47**	**99.22**	**18.90**
占合计%			**21.27**			**23.69**	**24.29**		
1980	40.49	29.29	5.59	13.81	123.79	6.92	7.03	101.59	24.00
1981	40.4	29.45	5.57	13.79	88.33	4.92	4.91	99.80	16.67
1982	40.40	29.58	5.56	13.76	113.85	6.33	6.37	100.63	21.53
1983	40.28	29.61	6.04	15.00	127.65	7.71	7.39	95.85	24.96
1984	40.08	29.51	5.78	14.42	199.83	11.55	11.35	98.27	38.46
1985	39.46	28.27	5.47	13.86	128.70	7.04	6.77	96.16	23.95
1986	39.04	50.90	4.53	11.60	111.92	5.07	4.83	95.27	9.49
1987	39.08	29.32	3.92	10.03	121.43	4.76	4.47	93.91	15.25
1988	38.75	29.33	3.66	9.45	66.94	2.45	3.30	134.69	11.25
1989	38.78	29.42	2.97	7.66	107.41	3.19	3.05	95.61	10.37
11 年小计			**30.73**	**7.64**	**145.30**	**44.65**	**41.13**	**92.12**	**12.54**
占合计%			**13.31**			**17.65**	**16.80**		
1990	38.60	30.09	3.20	8.29	158.13	5.06	4.93	97.43	16.38
1991	38.46	30.24	3.58	9.31	167.60	6.00	5.67	94.50	18.75
1992	37.94	30.10	3.54	9.33	147.18	5.21	5.01	96.16	16.64
1993	36.77	30.00	3.06	8.32	149.02	4.56	4.41	96.71	14.70
1994	35.97	30.08	2.82	7.84	142.91	4.03	4.19	103.97	13.93
1995	35.70	29.99	2.85	7.98	134.39	3.83	3.63	94.78	12.10
1996	35.66	30.01	2.78	7.80	160.79	4.47	4.21	94.18	14.03
1997	35.68	29.92	2.78	7.79	137.77	3.83	3.71	96.87	12.40
1998	35.70	29.38	2.68	7.51	133.58	3.58	3.31	92.46	11.27
1999	35.74	29.16	2.06	5.76	89.32	1.84	1.01	54.89	3.46
2000	36.06	28.91	1.38	3.83	162.32	2.24	1.05	46.88	3.63

5-4-8 浙江省上虞县历年棉花生产收购明细

年　度	耕地面积（万亩）	农业人口（万人）	棉田面积（万亩）	占耕地（%）	亩　产（市斤）	产　量（万担）	收购量（万担）	商品率（%）	人均交售（市斤）
52年合计			**456.32**	**15.19**	**106.20**	**484.63**	**421.79**	**87.03**	**14.24**
11年小计			**46.58**	**7.58**	**50.82**	**23.67**	**21.39**	**90.37**	**4.75**
占合计%			**10.21**			**4.88**	**5.07**		
1949	40.00	30.20	6.67	16.68	11.69	0.78	0.65	83.33	2.15
1950	42.22	30.70	2.03	4.81	27.09	0.55	0.45	81.82	1.47
1951	45.69	35.60	2.66	5.82	41.35	1.10	0.65	59.09	1.83
1952	52.65	40.23	3.63	6.89	41.32	1.50	1.05	70.00	2.61
1953	64.83	42.58	3.33	5.14	42.04	1.40	1.05	75.00	2.47
1954	63.98	43.59	3.69	5.77	40.65	1.50	1.38	92.00	3.17
1955	62.75	44.84	4.21	6.71	78.38	3.30	3.00	90.91	6.69
1956	62.65	46.37	4.53	7.23	26.49	1.20	1.14	95.00	2.46
1957	61.62	40.99	4.06	6.59	83.74	3.40	3.17	93.24	7.73
1958	59.31	47.04	4.36	7.35	76.38	3.33	3.31	99.40	7.04
1959	58.71	47.77	7.41	12.62	75.71	5.61	5.54	98.75	11.60
10年小计			**74.51**	**13.19**	**114.16**	**85.06**	**82.96**	**97.53**	**16.18**
占合计%			**16.33**			**17.55**	**19.67**		
1960	57.27	48.21	7.23	12.62	79.53	5.75	4.89	85.04	10.14
1961	57.09	48.99	4.9	8.58	89.18	4.37	4.30	98.40	8.78
1962	56.49	50.73	5.6	9.91	70.00	3.92	3.87	98.72	7.63
1963	56.49	51.22	8.12	14.37	115.02	9.34	8.89	95.18	17.36
1964	56.12	51.1	8.05	14.34	120.99	9.74	9.72	99.79	19.02
1965	56.70	51.11	8.10	14.29	135.56	10.98	10.90	99.27	21.33
1966	56.84	51.2	7.98	14.04	110.90	8.85	8.84	99.89	17.27
1967	55.89	51.63	7.9	14.13	116.84	9.23	9.13	98.92	17.68
1968	56.01	52.23	7.93	14.16	169.99	13.48	13.21	98.00	25.29
1969	56.21	56.23	8.7	15.48	108.05	9.40	9.21	97.98	16.38
10年小计			**84.66**	**14.88**	**100.28**	**84.90**	**84.89**	**99.99**	**13.64**
占合计%			**18.55**			**17.52**	**20.13**		
1970	55.60	58.38	8.55	15.38	106.43	9.10	9.10	100.00	15.59
1971	55.65	59.32	8.35	15.00	66.71	5.57	5.56	99.82	9.37
1972	56.42	61.23	8.32	14.75	96.15	8.00	8.00	100.00	13.07
1973	55.80	62.50	8.35	14.96	95.45	7.97	7.96	99.87	12.74
1974	55.85	62.15	8.32	14.90	91.83	7.64	7.61	99.61	12.24
1975	55.99	62.81	8.34	14.90	105.28	8.78	8.75	99.66	13.93
1976	57.19	63.37	8.34	14.58	90.89	7.58	7.63	100.66	12.04
1977	57.77	63.95	8.38	14.51	106.56	8.93	8.90	99.66	13.92
1978	59.08	64.23	8.39	14.20	119.43	10.02	9.99	99.70	15.55
1979	59.51	64.37	9.32	15.66	121.35	11.31	11.39	100.71	17.69
10年小计			**123.49**	**20.24**	**106.67**	**131.73**	**121.61**	**92.32**	**18.83**
占合计%			**27.06**			**27.18**	**28.83**		
1980	60.15	64.35	11.34	18.85	111.29	12.62	12.60	99.84	19.58
1981	60.58	64.19	12.27	20.25	96.50	11.84	11.81	99.75	18.40
1982	61.11	64.51	12.73	20.83	125.14	15.93	15.60	97.93	24.18
1983	61.34	64.73	14.40	23.48	90.42	13.02	12.67	97.31	19.57
1984	61.55	64.57	14.03	22.79	127.44	17.88	16.70	93.40	25.86
1985	61.42	63.28	11.88	19.34	114.23	13.57	11.97	88.21	18.92
1986	61.18	63.95	11.27	18.42	124.22	14.00	11.77	84.07	18.41
1987	61.25	64.85	12.2	19.92	121.39	14.81	13.29	89.74	20.49
1988	60.76	65.39	11.61	19.11	65.12	7.56	5.73	75.79	8.76
1989	60.88	65.96	11.76	19.32	89.29	10.50	9.47	90.19	14.36
11年小计			**127.08**	**19.70**	**125.33**	**159.27**	**110.94**	**69.66**	**15.18**
占合计%			**27.85**			**32.86**	**26.30**		
1990	60.55	66.37	12.45	20.56	128.43	15.99	15.16	94.81	22.84
1991	60.27	67.00	12.48	20.71	133.17	16.62	15.51	93.32	23.15
1992	59.91	67.11	12.73	21.25	110.53	14.07	12.79	90.90	19.06
1993	58.80	67.35	12.35	21.00	131.58	16.25	14.04	86.40	20.85
1994	57.42	67.18	12.81	22.31	129.04	16.53	10.41	62.98	15.50
1995	57.12	67.07	12.80	22.41	121.95	15.61	11.34	72.65	16.91
1996	57.61	66.78	12.75	22.13	132.78	16.93	14.45	85.35	21.64
1997	57.58	66.62	13.05	22.66	95.02	12.40	7.92	63.87	11.89
1998	57.73	65.80	12.81	22.19	131.38	16.83	5.10	30.30	7.75
1999	58.73	65.13	7.24	12.33	132.46	9.59	2.58	26.90	3.96
2000	59.46	64.40	5.61	9.43	150.62	8.45	1.64	19.41	2.55

5-4-9 浙江省金华县历年棉花生产收购明细

年　度	耕地面积（万亩）	农业人口（万人）	棉田面积（万亩）	占耕地（%）	亩　产（市斤）	产　量（万担）	收购量（万担）	商品率（%）	人均交售（市斤）
52年合计			**140.64**	**4.17**	**117.16**	**164.779**	**134.87**	**81.85**	**4.88**
11年小计			**9.13**	**1.18**	**38.32**	**3.50**	**3.06**	**87.45**	**0.79**
占合计%			**6.49**			**2.12**	**2.27**		
1949	68.20	24.10	0.15	0.22	53.33	0.08	0.06	75.00	0.25
1950	69.12	27.60	0.21	0.30	71.43	0.15	0.12	80.00	0.43
1951	70.23	29.65	0.23	0.33	30.00	0.07	0.05	72.46	0.17
1952	71.56	30.12	0.66	0.92	27.27	0.18	0.10	55.56	0.33
1953	71.23	32.45	0.81	1.14	17.28	0.14	0.09	64.29	0.28
1954	70.98	33.84	0.50	0.70	20.00	0.10	0.09	90.00	0.27
1955	71.84	36.54	0.25	0.35	20.00	0.05	0.05	100.00	0.14
1956	70.98	38.12	0.08	0.11	25.00	0.02	0.02	100.00	0.05
1957	69.25	43.36	0.04	0.06	75.00	0.03	0.02	66.67	0.05
1958	70.64	44.23	0.04	0.06	225.00	0.09	0.06	66.67	0.14
1959	71.36	45.87	6.16	8.63	42.05	2.59	2.40	92.66	5.23
10年小计			**25.10**	**3.40**	**65.58**	**16.46**	**15.65**	**95.08**	**2.95**
占合计%			**17.85**			**9.99**	**11.60**		
1960	72.45	46.82	6.57	9.07	39.73	2.61	1.98	75.86	4.23
1961	72.89	47.52	1.53	2.10	35.29	0.54	0.48	88.89	1.01
1962	73.52	48.12	1.41	1.92	29.08	0.41	0.40	97.56	0.83
1963	73.98	49.63	1.97	2.66	68.53	1.35	1.30	96.30	2.62
1964	74.65	52.65	2.73	3.66	80.95	2.21	2.20	99.55	4.18
1965	75.60	53.65	2.29	3.03	86.46	1.98	1.98	100.00	3.69
1966	74.58	55.65	2.22	2.98	79.73	1.77	1.75	98.87	3.14
1967	74.12	57.21	1.92	2.59	88.54	1.70	1.69	99.41	2.95
1968	73.45	58.32	2.33	3.17	87.12	2.03	2.02	99.51	3.46
1969	72.65	60.42	2.13	2.93	87.32	1.86	1.85	99.46	3.06
10年小计			**17.84**	**2.44**	**113.68**	**20.28**	**20.03**	**98.77**	**2.98**
占合计%			**12.68**			**12.31**	**14.85**		
1970	73.01	61.75	1.82	2.49	94.51	1.72	1.71	99.42	2.77
1971	72.98	63.45	1.46	2.00	91.10	1.33	1.27	95.49	2.00
1972	73.12	65.82	1.46	2.00	132.19	1.93	1.92	99.48	2.92
1973	73.22	67.69	1.58	2.16	132.28	2.09	2.08	99.52	3.07
1974	73.33	66.40	2.04	2.78	125.00	2.55	2.56	100.39	3.86
1975	73.09	67.57	2.33	3.19	118.03	2.75	2.74	99.64	4.06
1976	73.27	68.68	2.08	2.84	100.48	2.09	2.05	98.09	2.98
1977	73.39	69.66	1.62	2.21	104.94	1.70	1.62	95.29	2.33
1978	73.54	70.63	1.42	1.93	117.61	1.67	1.68	100.60	2.38
1979	73.52	70.75	2.03	2.76	120.69	2.45	2.40	97.96	3.39
10年小计			**50.26**	**8.36**	**128.61**	**64.64**	**63.12**	**97.65**	**10.53**
占合计%			**35.74**			**39.23**	**46.80**		
1980	73.36	71.17	6.1	8.32	95.57	5.83	5.81	99.66	8.16
1981	73.17	71.81	5.79	7.91	100.00	5.79	5.71	98.62	7.95
1982	73.18	65.7	5.76	7.87	128.99	7.43	7.03	94.62	10.70
1983	65.72	66.48	6.30	9.59	120.00	7.56	7.51	99.34	11.30
1984	65.52	66.35	6.00	9.16	151.67	9.10	9.03	99.23	13.61
1985	50.44	50.8	4.97	9.85	146.68	7.29	7.20	98.77	14.17
1986	50.18	51.17	4.28	8.53	155.14	6.64	6.61	99.55	12.92
1987	50.24	51.59	4.47	8.90	148.10	6.62	6.67	100.76	12.93
1988	49.75	51.98	4.04	8.12	137.13	5.54	5.37	96.93	10.33
1989	49.83	52.33	2.55	5.12	111.37	2.84	2.18	76.76	4.17
11年小计			**38.31**	**7.32**	**156.36**	**59.90**	**33.01**	**55.11**	**5.74**
占合计%			**27.24**			**36.35**	**24.48**		
1990	49.28	52.70	3.02	6.13	131.79	3.98	3.31	83.17	6.28
1991	49.09	52.81	2.93	5.97	158.70	4.65	3.93	84.52	7.44
1992	48.68	52.59	3.29	6.76	131.91	4.34	4.34	100.00	8.25
1993	47.49	52.49	3.00	6.32	164.33	4.93	3.11	63.08	5.92
1994	46.79	52.42	3.22	6.88	178.88	5.76	3.75	65.10	7.15
1995	46.50	52.40	3.18	6.84	193.08	6.14	3.07	50.00	5.86
1996	46.56	52.36	5.46	11.73	144.69	7.90	3.82	48.35	7.30
1997	47.04	52.25	4.82	10.25	148.34	7.15	2.83	39.58	5.42
1998	47.07	52.14	4.04	8.58	161.88	6.54	3.14	48.01	6.02
1999	47.32	51.90	3.00	6.34	156.67	4.70	0.66	14.04	1.27
2000	47.40	51.32	2.35	4.96	162.13	3.81	1.05	27.56	2.05

5-4-10 浙江省临海县历年棉花生产收购明细

年　度	耕地面积（万亩）	农业人口（万人）	棉田面积（万亩）	占耕地（%）	亩　产（市斤）	产　量（万担）	收购量（万担）	商品率（%）	人均交售（市斤）
52 年合计			**121.65**	**4.38**	**64.08**	**77.95**	**71.54**	**91.78**	**1.72**
11 年小计			**38.02**	**6.17**	**37.06**	**14.09**	**12.44**	**88.29**	**2.17**
占合计%			**31.25**			**18.08**	**17.39**		
1949	53.46	51.88	2.00	3.74	12.00	0.24	0.18	75.00	0.35
1950	55.32	51.20	2.02	3.65	13.86	0.28	0.21	75.00	0.41
1951	57.65	51.30	2.63	4.56	16.73	0.44	0.23	52.27	0.45
1952	56.32	52.65	3.80	6.75	17.89	0.68	0.41	60.29	0.78
1953	55.62	50.21	3.60	6.47	10.28	0.37	0.28	75.68	0.56
1954	53.65	51.62	3.30	6.15	21.82	0.72	0.68	94.44	1.32
1955	54.98	51.12	3.00	5.46	30.67	0.92	0.90	97.83	1.76
1956	55.98	51.98	2.70	4.82	31.48	0.85	0.82	96.47	1.58
1957	56.82	52.32	3.52	6.20	50.85	1.79	1.24	69.27	2.37
1958	57.43	53.65	3.81	6.63	76.90	2.93	2.89	98.63	5.39
1959	58.95	54.87	7.64	12.96	63.74	4.87	4.60	94.46	8.38
10 年小计			**32.71**	**5.68**	**60.50**	**19.79**	**18.61**	**94.04**	**2.76**
占合计%			**26.89**			**25.39**	**26.01**		
1960	57.21	56.98	6.95	12.15	27.19	1.89	1.75	92.59	3.07
1961	58.01	59.65	3.47	5.98	29.68	1.03	1.00	97.09	1.68
1962	57.65	61.23	2.75	4.77	32.36	0.89	0.80	89.89	1.31
1963	58.12	63.21	3.21	5.52	76.95	2.47	1.31	53.04	2.07
1964	57.36	65.45	3.16	5.51	75.00	2.37	2.58	108.86	3.94
1965	57.80	68.99	3.12	5.40	95.19	2.97	3.24	109.09	4.70
1966	57.65	72.12	2.93	5.08	91.13	2.67	2.65	99.25	3.67
1967	56.32	73.14	2.76	4.90	68.48	1.89	1.85	97.88	2.53
1968	57.89	75.65	2.80	4.84	78.93	2.21	2.11	95.48	2.79
1969	57.61	78.45	1.56	2.71	89.74	1.40	1.32	94.29	1.68
10 年小计			**25.77**	**4.47**	**72.60**	**18.71**	**17.72**	**94.71**	**1.97**
占合计%			**21.18**			**24.00**	**24.77**		
1970	57.37	80.08	2.79	4.86	83.51	2.33	2.13	91.42	2.66
1971	57.42	83.12	2.69	4.68	92.94	2.5	2.18	87.20	2.62
1972	57.92	85.65	2.63	4.54	77.19	2.03	1.98	97.54	2.31
1973	57.58	89.13	2.64	4.58	67.05	1.77	1.64	92.66	1.84
1974	57.57	90.02	2.66	4.62	75.19	2.00	1.98	99.00	2.20
1975	57.47	91.78	2.60	4.52	43.46	1.13	1.04	92.04	1.13
1976	57.47	93.31	2.34	4.07	49.15	1.15	1.10	95.65	1.18
1977	57.75	94.80	2.51	4.35	68.13	1.71	1.63	95.32	1.72
1978	57.77	96.03	2.47	4.28	74.09	1.83	1.76	96.17	1.83
1979	57.66	96.61	2.44	4.23	92.62	2.26	2.28	100.88	2.36
10 年小计			**16.85**	**3.22**	**105.82**	**17.83**	**17.58**	**98.60**	**1.84**
占合计%			**13.85**			**22.87**	**24.57**		
1980	56.99	96.13	2.33	4.09	85.41	1.99	2.08	104.52	2.16
1981	56.96	97.06	2.33	4.09	89.70	2.09	2.20	105.26	2.27
1982	57.02	96.53	1.91	3.35	93.72	1.79	2.16	120.67	2.24
1983	55.4	97.74	1.97	3.56	124.87	2.46	2.28	92.68	2.33
1984	54.84	98.57	2.11	3.85	137.44	2.90	2.75	94.83	2.79
1985	49.14	91.41	1.45	2.95	106.90	1.55	1.43	92.26	1.56
1986	48.43	93.2	1.31	2.70	132.82	1.74	1.68	96.55	1.80
1987	48.62	94.34	1.29	2.65	136.43	1.76	1.73	98.30	1.83
1988	48.23	95.13	1.16	2.41	86.21	1.00	0.91	91.00	0.96
1989	47.8	95.24	0.99	2.07	55.56	0.55	0.36	65.45	0.38
11 年小计			**8.30**	**1.71**	**90.72**	**7.53**	**5.19**	**68.92**	**0.49**
占合计%			**6.82**			**9.66**	**7.25**		
1990	47.11	95.11	1.18	2.50	61.86	0.73	0.65	89.04	0.68
1991	46.90	95.28	1.01	2.15	94.06	0.95	1.14	120.00	1.20
1992	45.87	95.44	0.98	2.14	98.98	0.97	0.59	60.82	0.62
1993	44.91	95.52	0.92	2.05	111.96	1.03	0.76	73.79	0.80
1994	43.65	95.45	0.83	1.90	90.36	0.75	0.37	49.33	0.39
1995	42.87	95.75	0.83	1.94	90.36	0.75	0.31	41.33	0.32
1996	42.41	95.90	0.81	1.91	106.17	0.86	0.38	44.19	0.40
1997	42.51	95.99	0.71	1.67	28.17	0.20	0.10	50.00	0.10
1998	42.62	95.65	0.48	1.13	154.17	0.74	0.84	113.51	0.88
1999	42.83	95.95	0.43	1.00	93.02	0.40	0.05	12.50	0.05
2000	43.23	96.50	0.12	0.28	125.00	0.15			

5－4－11 浙江省三门县历年棉花生产收购明细

年　度	耕地面积（万亩）	农业人口（万人）	棉田面积（万亩）	占耕地（%）	亩　产（市斤）	产　量（万担）	收购量（万担）	商品率（%）	人均交售（市斤）
52年合计			**100.99**	**9.10**	**78.27**	**79.04**	**60.61**	**76.68**	**4.27**
11年小计			**13.01**	**5.67**	**54.44**	**7.08**	**5.96**	**84.16**	**3.39**
占合计%			**12.88**			**8.96**	**9.83**		
1949	20.00	15.35	0.75	3.75	12.00	0.09	0.05	55.56	0.33
1950	21.32	15.50	1.50	7.04	13.33	0.20	0.10	50.00	0.65
1951	21.12	15.60	0.38	1.80	16.84	0.06	0.05	78.13	0.32
1952	20.52	15.89	0.88	4.29	18.18	0.16	0.10	62.50	0.63
1953	20.32	16.21	0.77	3.79	12.99	0.10	0.06	60.00	0.37
1954	21.45	15.45	0.76	3.54	21.05	0.16	0.10	62.50	0.65
1955	20.84	16.32	0.77	3.69	27.27	0.21	0.20	95.24	1.23
1956	21.34	15.75	0.60	2.81	8.00	0.05	0.04	83.33	0.25
1957	20.45	15.71	0.67	3.28	234.33	1.57	1.24	78.98	7.89
1958	21.65	16.78	2.81	12.98	81.14	2.28	1.92	84.21	11.44
1959	20.42	17.12	3.12	15.28	70.51	2.20	2.10	95.45	12.27
10年小计			**15.00**	**7.14**	**75.40**	**11.31**	**11.07**	**97.88**	**5.20**
占合计%			**14.85**			**14.31**	**18.26**		
1960	21.78	17.32	2.65	12.17	70.57	1.87	1.70	90.91	9.82
1961	20.42	18.65	1.65	8.08	87.88	1.45	1.30	89.66	6.97
1962	21.65	19.02	1.1	5.08	26.36	0.29	0.22	75.86	1.16
1963	20.31	20.13	1.28	6.30	58.59	0.75	0.48	64.00	2.38
1964	21.45	20.85	1.34	6.25	65.67	0.88	1.01	114.77	4.84
1965	20.80	21.59	1.36	6.54	74.26	1.01	1.17	115.84	5.42
1966	21.12	22.32	1.31	6.20	80.15	1.05	1.03	98.10	4.61
1967	20.78	23.45	1.31	6.30	90.08	1.18	1.29	109.32	5.50
1968	21.34	24.32	1.44	6.75	99.31	1.43	1.55	108.39	6.37
1969	20.45	25.12	1.56	7.63	89.74	1.40	1.32	94.29	5.25
10年小计			**20.37**	**9.53**	**54.93**	**11.19**	**10.50**	**93.83**	**3.64**
占合计%			**20.17**			**14.16**	**17.32**		
1970	20.79	25.65	1.74	8.37	70.69	1.23	1.22	99.19	4.76
1971	21.02	26.89	1.90	9.04	77.37	1.47	1.31	89.12	4.87
1972	21.65	27.54	2.33	10.76	50.21	1.17	1.14	97.44	4.14
1973	21.31	28.00	2.44	11.45	41.80	1.02	0.92	90.20	3.29
1974	21.41	28.70	2.43	11.35	40.33	0.98	0.97	98.98	3.38
1975	21.41	29.26	2.25	10.51	42.22	0.95	0.78	82.11	2.67
1976	21.47	29.85	1.98	9.22	46.46	0.92	0.87	94.57	2.91
1977	21.66	30.37	1.94	8.96	53.09	1.03	0.96	93.20	3.16
1978	21.65	30.80	1.69	7.81	62.13	1.05	0.99	94.29	3.21
1979	21.47	31.07	1.67	7.78	82.04	1.37	1.34	97.81	4.31
10年小计			**23.78**	**10.86**	**83.43**	**19.84**	**18.52**	**93.35**	**5.41**
占合计%			**23.55**			**25.10**	**30.56**		
1980	21.52	31.25	1.85	8.60	81.08	1.50	1.54	102.67	4.93
1981	21.58	31.72	2.04	9.45	55.88	1.14	1.09	95.61	3.44
1982	21.61	32.25	2.53	11.71	51.78	1.31	1.20	91.60	3.72
1983	21.6	33.95	2.23	10.32	69.06	1.54	1.51	98.05	4.45
1984	22.35	34.47	2.74	12.26	104.01	2.85	2.70	94.74	7.83
1985	22.67	34.72	2.37	10.45	97.05	2.30	2.15	93.48	6.19
1986	21.87	35.19	2.51	11.48	115.54	2.90	2.65	91.38	7.53
1987	21.9	35.94	2.47	11.28	108.91	2.69	2.67	99.26	7.43
1988	21.92	36.43	2.52	11.50	83.73	2.11	1.81	85.78	4.97
1989	22.01	36.48	2.52	11.45	59.52	1.50	1.20	80.00	3.29
11年小计			**28.83**	**12.15**	**102.74**	**29.62**	**14.56**	**49.16**	**3.64**
占合计%			**28.55**			**37.47**	**24.02**		
1990	21.64	36.23	2.69	12.43	56.51	1.52	1.32	86.84	3.64
1991	21.80	36.41	2.91	13.35	96.22	2.80	2.14	76.43	5.88
1992	21.67	36.42	2.92	13.47	91.10	2.66	1.47	55.26	4.04
1993	21.42	36.51	2.39	11.16	123.43	2.95	1.66	56.27	4.55
1994	21.43	36.46	2.70	12.60	111.11	3.00	1.03	34.33	2.83
1995	21.26	36.37	2.81	13.22	126.69	3.56	1.35	37.92	3.71
1996	21.23	36.32	2.82	13.28	131.56	3.71	2.34	63.07	6.44
1997	21.42	36.35	2.66	12.42					
1998	21.74	36.33	3.32	15.27	128.01	4.25	2.34	55.06	6.44
1999	21.70	36.16	2.15	9.91	153.49	3.30	0.91	27.58	2.52
2000	21.92	36.22	1.46	6.66	128.08	1.87			

5－4－12 浙江省普陀县历年棉花生产收购明细

年 度	耕地面积（万亩）	农业人口（万人）	棉田面积（万亩）	占耕地（%）	亩 产（市斤）	产 量（万担）	收购量（万担）	商品率（%）	人均交售（市斤）
52 年合计			**106.98**	**19.49**	**92.76**	**99.23**	**92.57**	**93.29**	**8.13**
11 年小计			**15.74**	**12.64**	**66.52**	**10.47**	**8.27**	**78.99**	**4.13**
占合计%			**14.71**			**10.55**	**8.93**		
1949	10.12	16.52	1.10	10.87	59.09	0.65	0.50	76.92	3.03
1950	10.25	17.12	1.01	9.85	74.26	0.75	0.60	80.00	3.50
1951	11.35	17.65	1.15	10.13	73.91	0.85	0.75	88.24	4.25
1952	11.84	18.12	1.21	10.22	74.38	0.90	0.50	55.56	2.76
1953	11.65	18.32	1.26	10.82	41.27	0.52	0.41	78.85	2.24
1954	10.32	18.95	1.24	12.02	33.06	0.41	0.39	95.12	2.06
1955	11.23	19.21	1.22	10.86	52.46	0.64	0.60	93.75	3.12
1956	12.01	19.45	1.25	10.41	56.80	0.71	0.60	84.51	3.08
1957	11.85	18.32	1.36	11.48	75.00	1.02	1.01	99.02	5.51
1958	12.03	18.45	1.77	14.71	94.92	1.68	1.36	80.95	7.37
1959	11.86	17.98	3.17	26.73	73.82	2.34	1.55	66.24	8.62
10 年小计			**25.78**	**22.08**	**94.38**	**24.33**	**24.11**	**99.10**	**12.54**
占合计%			**24.10**			**24.52**	**26.05**		
1960	10.98	18.24	2.91	26.50	52.58	1.53	1.35	88.24	7.40
1961	11.45	19.65	2.28	19.91	25.88	0.59	0.46	77.97	2.34
1962	12.45	17.32	0.39	3.13	38.46	0.15	0.13	86.67	0.75
1963	11.64	18.32	2.75	23.63	82.18	2.26	2.11	93.36	11.52
1964	11.84	19.02	3.32	28.04	109.04	3.62	3.70	102.21	19.45
1965	12.00	19.11	3.40	28.33	110.88	3.77	3.94	104.51	20.62
1966	11.56	19.86	2.76	23.88	121.38	3.35	3.42	102.09	17.22
1967	11.42	19.65	2.57	22.50	109.73	2.82	2.78	98.58	14.15
1968	12.01	20.12	2.57	21.40	109.73	2.82	2.81	99.65	13.97
1969	11.4	21.03	2.83	24.82	120.85	3.42	3.41	99.71	16.21
10 年小计			**30.10**	**27.03**	**91.79**	**27.63**	**28.06**	**101.56**	**12.15**
占合计%			**28.14**			**27.84**	**30.31**		
1970	11.02	21.22	2.83	25.68	116.25	3.29	3.41	103.65	16.07
1971	11.20	22.32	3.01	26.88	88.37	2.66	2.61	98.12	11.69
1972	11.42	23.02	3.07	26.88	95.77	2.94	3.08	104.76	13.38
1973	11.23	23.28	2.92	26.00	97.60	2.85	2.93	102.81	12.59
1974	11.20	22.86	3.03	27.05	106.27	3.22	3.37	104.66	14.74
1975	11.15	23.29	3.03	27.17	106.60	3.23	3.31	102.48	14.21
1976	11.10	23.40	2.87	25.86	71.08	2.04	2.16	105.88	9.23
1977	11.14	23.70	3.10	27.83	57.74	1.79	1.77	98.88	7.47
1978	11.02	23.88	3.04	27.59	108.88	3.31	3.31	100.00	13.86
1979	10.86	23.96	3.20	29.47	71.88	2.30	2.11	91.74	8.81
10 年小计			**23.66**	**24.19**	**102.70**	**24.30**	**23.17**	**95.35**	**9.47**
占合计%			**22.12**			**24.49**	**25.03**		
1980	10.47	23.93	3.55	33.91	114.65	4.07	4.05	99.51	16.92
1981	10.41	23.99	3.71	35.64	106.74	3.96	3.95	99.75	16.47
1982	10.42	24.17	3.64	34.93	107.97	3.93	3.85	97.96	15.93
1983	10.33	24.4	3.67	35.53	100.27	3.68	3.56	96.74	14.59
1984	10.26	24.63	3.64	35.48	129.12	4.70	4.50	95.74	18.27
1985	9.88	23.66	2.72	27.53	76.84	2.09	1.83	87.56	7.73
1986	9.18	24.83	1.48	16.12	71.62	1.06	0.84	79.25	3.38
1987	9.19	24.91	0.44	4.79	93.18	0.41	0.38	92.68	1.53
1988	8.83	25.07	0.49	5.55	42.86	0.21	0.06	28.57	0.24
1989	8.84	25.05	0.32	3.62	59.38	0.19	0.15	78.95	0.60
11 年小计			**11.70**	**11.88**	**106.84**	**12.50**	**8.96**	**71.68**	**3.30**
占合计%			**10.94**			**12.60**	**9.68**		
1990	11.94	25.10	1.26	10.55	74.60	0.94	0.65	69.15	2.59
1991	10.02	25.16	1.27	12.67	103.15	1.31	0.91	69.47	3.62
1992	11.52	25.17	1.40	12.15	87.14	1.22	0.82	67.21	3.26
1993	10.21	25.20	1.04	10.19	107.69	1.12	0.85	75.89	3.37
1994	9.68	25.04	1.13	11.67	100.00	1.13	0.63	55.75	2.52
1995	8.65	24.88	1.32	15.26	103.03	1.36	0.69	50.74	2.77
1996	7.47	24.76	0.96	12.85	162.50	1.56	1.51	96.79	6.10
1997	7.28	24.65	0.98	13.46	96.94	0.95	0.91	95.79	3.69
1998	7.31	24.40	1.01	13.82	136.63	1.38	1.21	87.68	4.96
1999	7.29	23.71	0.84	11.52	129.76	1.09	0.59	54.13	2.49
2000	7.11	23.15	0.49	6.89	89.80	0.44	0.19	43.18	0.82

5-5-1 江苏省1949-2000年产棉县棉花生产收购明细

县市名	耕地面积（万亩）	农业人口（万人）	棉田面积（万亩）	占耕地（%）	亩产（市斤）	产量（万担）	收购量（万担）	商品率（%）	人均交售（市斤）
全省合计			**41191.11**	**11.99**	**88.49**	**36448.06**	**33298.50**	**91.36**	**16.14**
徐州市			**3782.96**	**7.47**	**87.32**	**3303.10**	**2721.95**	**82.41**	**10.54**
丰县			927.82	12.83	78.10	724.60	607.49	83.84	16.24
沛县			547.69	8.27	83.61	457.92	407.79	89.05	10.94
铜山县			845.92	6.65	106.37	899.79	751.47	83.52	12.36
睢宁县			822.18	9.50	72.11	592.85	497.00	83.83	11.06
邳州市			577.58	5.79	105.49	609.29	442.06	72.55	8.22
新沂市			61.77	1.14	30.19	18.65	16.14	86.53	0.67
连云港市			**1149.44**	**4.84**	**115.03**	**1322.23**	**997.44**	**75.44**	**8.73**
赣榆县			13.24	0.42	87.55	11.59	4.78	41.25	0.22
东海县			84.64	0.94	63.57	53.80	38.88	72.27	1.07
灌云县			725.48	9.45	129.85	942.03	706.18	74.96	21.12
灌南县			326.08	8.42	96.54	314.80	247.59	78.65	10.83
淮阴市			**990.83**	**3.37**	**53.82**	**533.27**	**451.63**	**84.69**	**3.01**
淮安市			121.14	2.01	54.61	66.15	71.06	107.42	1.72
淮阴县			192.92	3.00	25.68	49.53	45.74	92.34	1.43
涟水县			438.00	5.53	59.78	261.82	209.66	80.08	5.57
洪泽县			5.38	0.41	49.13	2.64	1.34	50.55	0.17
盱眙县			112.02	2.12	39.96	44.77	38.58	86.19	1.88
金湖县			121.37	5.10	89.28	108.36	85.25	78.67	7.79
宿迁市			**1879.73**	**5.31**	**71.34**	**1341.02**	**1115.08**	**83.15**	**6.41**
宿豫市			365.37	5.25	63.35	231.47	185.41	80.10	4.59
沭阳县			450.35	3.87	71.19	320.60	281.21	87.71	4.98
泗阳县			816.36	11.98	74.62	609.14	532.97	87.50	13.26
泗洪县			247.65	2.48	72.61	179.81	115.49	64.23	3.13
盐城市			**13175.77**	**26.60**	**88.57**	**11669.73**	**10683.39**	**91.55**	**38.06**
响水县			450.11	19.99	101.35	456.19	389.98	85.49	27.21
滨海县			873.86	14.40	72.73	635.60	586.56	92.28	15.22
阜宁县			677.66	10.84	72.82	493.47	453.27	91.85	11.50
射阳县			3416.99	42.16	81.82	2795.76	2493.75	89.20	66.38
建湖县			528.30	11.21	98.75	521.72	486.11	93.17	16.47
盐都县			1343.03	18.15	105.61	1418.40	1341.28	94.56	28.88
大丰市			3213.38	48.71	85.73	2754.87	2541.81	92.27	89.69
东台市			2672.44	32.80	97.05	2593.72	2390.63	92.17	51.34
南通市			**12341.03**	**32.17**	**89.40**	**11033.38**	**10565.78**	**95.76**	**34.35**
南通市郊			8.67	1.89	118.22	10.25	83.52	*	11.96
海安县			1066.88	20.07	89.35	953.28	946.30	99.27	23.25
如皋县			1409.18	20.03	78.78	1110.13	1026.71	92.49	16.64
如东县			2913.51	37.10	96.92	2823.81	2714.15	96.12	57.45

5－5－1 续表

县 市 名	耕地面积（万亩）	农业人口（万人）	棉田面积（万亩）	占耕地（%）	亩 产（市斤）	产 量（万担）	收购量（万担）	商品率（%）	人均交售（市斤）
通州市			2710.04	36.37	80.16	2172.38	2055.71	94.63	32.56
海门市			1633.82	38.39	84.71	1384.08	1290.00	93.20	31.48
启东市			2598.93	43.39	99.25	2579.45	2449.39	94.96	52.29
扬州市			**989.33**	**4.27**	**103.93**	**1028.23**	**934.31**	**90.87**	**6.01**
扬州市郊			1.00	0.26	19.12	0.19	3.04	*	0.84
高邮市			373.45	6.20	121.79	454.84	402.44	88.48	12.59
宝应县			286.65	5.90	104.94	300.80	276.10	91.79	8.16
仪征市			118.61	3.45	54.72	64.90	65.95	101.61	3.20
江都市			163.71	2.68	104.90	171.73	152.67	88.90	3.48
邗江县			45.91	1.97	77.91	35.77	34.12	95.39	1.57
泰州市			**2211.90**	**9.96**	**97.91**	**2165.77**	**2011.97**	**92.90**	**12.67**
兴化市			1301.16	12.74	104.87	1364.55	1266.19	92.79	21.32
靖江市			556.84	20.79	84.92	472.87	450.63	95.30	17.63
泰兴市			19.88	0.63	26.31	5.23	1.41	26.98	0.06
泰 县			312.92	5.76	95.29	298.19	266.86	89.49	5.91
姜堰区			21.10	2.84	118.14	24.93	26.88	107.82	6.32
镇江市			**645.20**	**5.10**	**65.28**	**421.17**	**357.76**	**84.94**	**4.46**
镇江市郊			15.56	3.27	53.01	8.25	8.47	102.69	3.37
丹徒县			120.63	4.21	66.86	80.64	70.35	87.23	3.61
丹阳市			270.36	5.41	62.21	168.18	137.72	81.89	4.32
句容市			230.13	5.76	70.69	162.67	140.13	86.15	6.07
扬中市			8.52	2.68	16.73	1.43	1.08	75.93	0.33
常州市			**237.12**	**1.92**	**84.45**	**200.24**	**186.79**	**93.28**	**2.40**
武进市			23.57	0.49	53.31	12.56	12.10	96.34	0.36
金坛市			106.02	3.27	105.80	112.17	107.22	95.58	5.30
溧阳县			107.53	2.47	70.22	75.51	67.47	89.35	2.85
无锡市			**94.77**	**1.56**	**53.10**	**50.32**	**59.62**	**118.49**	**1.23**
宜兴市			5.92	0.26	24.27	1.44	0.78	54.44	0.06
江阴市			88.85	2.32	55.02	48.88	58.84	120.37	1.64
苏州市			**3202.27**	**14.78**	**96.10**	**3077.33**	**2942.63**	**95.62**	**20.30**
张家港市			1251.83	32.60	96.47	1207.63	1154.95	95.64	35.15
常熟市			981.15	17.50	108.31	1062.67	1010.64	95.10	24.93
太仓市			954.97	26.38	83.89	801.17	774.03	96.61	43.40
吴 县			4.35	0.09	60.94	2.65	1.74	65.76	0.05
昆山市			9.97	0.27	32.16	3.21	1.27	39.58	0.08
南京市			**490.78**	**2.65**	**61.59**	**302.27**	**270.15**	**89.37**	**2.40**
江宁县			61.15	1.25	66.22	40.49	34.00	83.97	1.13
江浦县			147.13	7.61	45.67	67.19	65.51	97.50	6.41
六合县			145.11	3.06	85.91	124.66	108.90	87.36	4.24
高淳县			60.27	2.38	33.61	20.25	18.41	90.89	1.09
溧水县			52.79	2.26	53.13	28.04	30.00	106.99	2.23
南京市郊			24.34	1.19	88.88	21.63	13.33	61.61	0.81

5-5-2　江苏省1949-1959年产棉县棉花生产收购明细

县市名	耕地面积（万亩）	农业人口（万人）	棉田面积（万亩）	占耕地（%）	亩产（市斤）	产量（万担）	收购量（万担）	商品率（%）	人均交售（市斤）
全省合计			**7885.75**	**9.37**	**33.03**	**2604.38**	**2319.48**	**89.06**	**7.06**
徐州市			**569.36**	**4.46**	**22.36**	**127.29**	**84.35**	**66.27**	**2.15**
丰　县			211.48	11.94	24.58	51.99	35.44	68.17	6.13
沛　县			102.12	6.79	24.53	25.05	17.17	68.56	2.96
铜山县			70.08	2.12	24.57	17.22	8.95	51.97	0.91
睢宁县			155.65	6.84	18.52	28.82	20.96	72.73	2.97
邳州市			22.20	0.86	15.45	3.43	1.72	50.15	0.22
新沂市			7.83	0.59	9.96	0.78	0.11	14.10	0.04
连云港市			**52.36**	**0.92**	**22.33**	**11.69**	**8.64**	**73.94**	**0.61**
赣榆县			2.91	0.38	37.11	1.08	0.22	20.37	0.08
东海县			5.99	0.25	13.52	0.81	0.23	27.98	0.04
灌云县			32.24	1.62	22.52	7.26	6.37	87.74	1.45
灌南县			11.22	2.02	22.64	2.54	1.83	71.93	0.99
淮阴市			**226.87**	**3.51**	**16.83**	**38.18**	**32.57**	**85.30**	**1.87**
淮安市			12.36	2.15	28.56	3.53	3.55	100.57	1.50
淮阴县			98.61	4.54	15.74	15.52	16.03	103.25	2.70
涟水县			102.88	4.43	16.12	16.58	12.36	74.55	1.95
洪泽县			0.56	0.44	21.43	0.12	0.08	66.67	0.18
盱眙县			12.12	1.06	19.80	2.40	0.55	22.97	0.26
金湖县			0.34	0.28	8.82	0.03			
宿迁市			**279.67**	**2.92**	**28.34**	**79.25**	**62.67**	**79.07**	**2.51**
宿豫市			107.15	5.24	23.57	25.26	17.54	69.43	2.76
沭阳县			30.00	0.99	20.00	6.00	4.93	82.08	0.68
泗阳县			121.83	6.43	36.25	44.16	38.60	87.41	6.61
泗洪县			20.69	0.80	18.51	3.83	1.60	41.75	0.29
盐城市			**2149.31**	**22.12**	**30.04**	**645.68**	**576.51**	**89.29**	**15.59**
响水县									
滨海县			126.55	9.39	12.64	16.00	23.30	145.63	4.34
阜宁县			5.22	0.43	28.54	1.49	0.92	61.95	0.20
射阳县			845.50	52.21	30.44	257.34	226.49	88.01	49.48
建湖县			20.76	2.39	34.78	7.22	6.82	94.52	1.80
盐都县			69.25	3.93	30.58	21.18	19.45	91.83	2.64
大丰市			685.53	50.94	27.94	191.52	157.98	82.49	40.52
东台市			396.50	25.24	38.07	150.93	141.54	93.78	19.45
南通市			**2975.94**	**33.36**	**38.99**	**1160.20**	**1075.50**	**92.70**	**20.55**
南通市郊						0.43	12.78	*	14.90
海安县			163.45	13.18	34.37	56.18	58.64	104.38	8.52
如皋县			292.79	16.46	34.75	101.75	90.38	88.83	8.23
如东县			603.13	32.61	32.34	195.05	197.99	101.51	24.54

5－5－2续表

县 市 名	耕地面积（万亩）	农业人口（万人）	棉田面积（万亩）	占耕地（%）	亩 产（市斤）	产 量（万担）	收购量（万担）	商品率（%）	人均交售（市斤）
通州市			842.46	47.57	38.46	324.04	265.80	82.03	23.66
海门市			401.73	51.80	40.82	164.00	148.54	90.57	21.01
启东市			672.38	47.11	47.41	318.75	301.37	94.55	41.58
扬州市			**27.04**	**0.47**	**19.27**	**5.21**	**4.95**	**95.02**	**0.19**
扬州市郊			0.60	0.27	13.33	0.08	3.00	*	1.33
高邮市			2.76	0.19	27.54	0.76	0.76	100.00	0.15
宝应县			1.29	0.11	19.38	0.25	0.07	28.76	0.01
仪征市			4.51	0.50	16.41	0.74	0.12	16.45	0.04
江都市			15.82	0.92	18.84	2.98	0.74	24.77	0.09
邗江县			2.06	0.73	19.42	0.40	0.26	65.00	0.15
泰州市			**395.54**	**6.07**	**29.53**	**116.79**	**109.95**	**94.14**	**3.30**
兴化市			212.35	8.69	26.73	56.76	59.96	105.64	6.07
靖江市			124.74	18.65	36.48	45.51	41.97	92.22	9.83
泰兴市			15.63	0.99	18.62	2.91	0.54	18.51	0.05
泰 县			39.29	2.73	24.66	9.69	0.33	3.41	0.04
姜堰区			3.53	0.91	54.41	1.92	7.15	*	36.13
镇江市			**153.81**	**4.86**	**24.35**	**37.46**	**26.08**	**69.62**	**1.98**
镇江市郊			7.22	2.80	26.32	1.90	4.95	*	7.45
丹徒县			26.58	4.47	19.15	5.09	0.45	8.84	0.18
丹阳市			87.92	7.23	29.07	25.56	17.74	69.41	3.43
句容市			24.08	2.58	16.94	4.08	2.64	64.66	0.74
扬中市			8.01	4.90	10.36	0.83	0.30	36.72	0.25
常州市			**34.08**	**0.95**	**20.10**	**6.85**	**3.70**	**53.95**	**0.23**
武进市			14.19	0.78	23.54	3.34	1.58	47.25	0.16
金坛市			6.24	0.83	19.07	1.19	0.42	35.70	0.14
溧阳县			13.65	1.35	17.00	2.32	1.69	72.98	0.51
无锡市			**63.04**	**2.72**	**39.32**	**24.79**	**35.50**	**143.20**	**2.71**
宜兴市			4.50	0.43	19.56	0.88	0.19	21.59	0.04
江阴市			58.54	4.66	40.84	23.91	35.31	147.68	4.10
苏州市			**821.81**	**15.89**	**39.14**	**321.64**	**276.68**	**86.02**	**11.19**
张家港市			294.67	33.68	47.20	139.09	123.10	88.50	22.32
常熟市			234.20	18.13	42.44	99.40	77.32	77.79	11.09
太仓市			283.58	33.75	28.47	80.74	75.57	93.60	23.48
吴 县			1.03	0.09	50.49	0.52	0.09	17.77	0.02
昆山市			8.33	0.82	22.69	1.89	0.59	31.39	0.19
南京市			**136.92**	**3.03**	**21.43**	**29.34**	**22.39**	**76.30**	**1.28**
江宁县			21.24	1.75	18.69	3.97	2.70	67.92	0.56
江浦县			59.51	12.91	29.64	17.64	15.75	89.29	10.56
六合县			13.69	1.05	17.17	2.35	0.94	39.90	0.23
高淳县			24.20	4.19	12.23	2.96	1.57	52.90	0.56
溧水县			16.47	2.78	10.26	1.69	1.03	60.73	0.48
南京市郊			1.81	0.49	40.33	0.73	0.41	55.96	0.19

5－5－3　江苏省1960－1969年产棉县棉花生产收购明细

县市名	耕地面积（万亩）	农业人口（万人）	棉田面积（万亩）	占耕地（%）	亩产（市斤）	产量（万担）	收购量（万担）	商品率（%）	人均交售（市斤）
全省合计			**7803.38**	**11.41**	**67.74**	**5286.16**	**5132.02**	**97.08**	**13.88**
徐州市			**636.62**	**6.34**	**43.09**	**274.33**	**255.29**	**93.06**	**5.98**
丰　县			145.85	10.47	39.83	58.09	49.30	84.86	8.18
沛　县			113.27	8.61	42.69	48.35	44.41	91.85	7.50
铜山县			134.65	5.29	46.15	62.14	60.05	96.64	6.00
睢宁县			157.78	9.71	45.27	71.43	71.06	99.48	9.58
邳州市			64.80	3.32	44.72	28.98	25.33	87.41	2.95
新沂市			20.27	1.68	26.34	5.34	5.14	96.26	1.09
连云港市			**103.41**	**2.09**	**40.28**	**41.65**	**41.31**	**99.17**	**2.05**
赣榆县			4.01	0.42	42.39	1.70	0.98	57.59	0.17
东海县			19.32	1.22	34.78	6.72	6.02	89.57	1.16
灌云县			48.63	3.15	48.41	23.54	23.50	99.83	4.57
灌南县			31.45	3.60	30.81	9.69	10.81	111.53	2.68
淮阴市			**174.50**	**2.96**	**27.62**	**48.20**	**45.44**	**94.28**	**1.72**
淮安市			17.27	1.16	24.20	4.18	3.63	86.84	0.44
淮阴县			55.16	4.50	23.62	13.03	11.62	89.20	2.01
涟水县			72.91	5.16	31.09	22.67	23.00	101.47	3.82
洪泽县			1.22	0.52	50.00	0.61	0.19	31.08	0.16
盱眙县			22.62	2.36	25.11	5.68	5.01	88.24	1.58
金湖县			5.32	0.93	38.16	2.03	1.99	97.84	0.93
宿迁市			**378.19**	**5.57**	**49.40**	**186.81**	**182.68**	**97.79**	**6.40**
宿豫市			68.97	5.40	34.75	23.97	23.88	99.64	3.49
沭阳县			76.38	3.40	39.32	30.03	28.14	93.72	3.10
泗阳县			199.58	15.58	59.79	119.33	117.82	98.74	18.17
泗洪县			33.26	1.68	40.53	13.48	12.83	95.20	2.09
盐城市			**2528.73**	**26.53**	**53.43**	**1351.17**	**1288.60**	**95.37**	**27.32**
响水县			31.02	11.13	40.65	12.61	13.42	106.42	7.91
滨海县			115.78	10.00	31.69	36.69	35.01	95.42	5.68
阜宁县			141.47	11.42	34.28	48.50	49.21	101.47	7.32
射阳县			660.57	41.73	46.62	307.93	282.41	91.71	44.97
建湖县			93.39	9.52	45.67	42.65	42.82	100.40	8.37
盐都县			276.53	18.65	50.33	139.19	134.34	96.52	16.87
大丰市			646.43	51.27	56.26	363.65	332.31	91.38	67.26
东台市			563.54	36.37	70.97	399.95	399.08	99.78	48.17
南通市			**2673.48**	**35.97**	**88.01**	**2352.94**	**2310.21**	**98.18**	**41.06**
南通市郊							29.44		20.04
海安县			263.01	24.65	78.46	206.36	204.13	98.92	28.03
如皋县			339.43	24.40	69.75	236.76	225.08	95.07	20.40
如东县			595.96	39.91	82.96	494.43	480.42	97.17	55.93

5-5-3续表

县 市 名	耕地面积（万亩）	农业人口（万人）	棉田面积（万亩）	占耕地（%）	亩 产（市斤）	产 量（万担）	收购量（万担）	商品率（%）	人均交售（市斤）
通州市			555.66	39.14	82.17	456.58	468.92	102.70	40.12
海门市			364.67	43.41	91.06	332.07	295.43	88.97	38.53
启东市			554.75	49.10	112.98	626.74	606.79	96.82	71.16
扬州市			**63.85**	**1.46**	**51.56**	**32.92**	**33.35**	**101.32**	**1.30**
扬州市郊			0.36	0.25	19.44	0.07	0.04	57.14	0.04
高邮市			10.79	0.88	41.71	4.50	4.47	99.33	0.83
宝应县			11.83	1.49	70.84	8.38	9.23	110.09	1.92
仪征市			19.89	3.01	35.60	7.08	7.91	111.69	2.26
江都市			16.22	1.45	56.78	9.21	7.83	85.00	1.06
邗江县			4.76	1.14	77.31	3.68	3.88	105.50	1.13
泰州市			**397.11**	**8.05**	**63.91**	**253.81**	**256.05**	**100.88**	**7.70**
兴化市			200.14	9.84	50.57	101.22	105.08	103.81	11.06
靖江市			131.57	25.91	91.26	120.07	117.20	97.61	26.08
泰兴市			3.71	0.31	54.45	2.02	0.61	30.43	0.06
泰 县			58.70	6.10	50.56	29.68	31.66	106.66	4.03
姜堰区			2.99	1.34	27.42	0.82	1.50	182.44	1.38
镇江市			**86.01**	**3.54**	**39.62**	**34.08**	**28.21**	**82.78**	**1.88**
镇江市郊			4.27	2.79	41.69	1.78	0.58	32.64	0.60
丹徒县			16.62	3.24	50.60	8.41	8.03	95.48	2.42
丹阳市			53.15	5.67	39.85	21.18	16.93	79.92	2.97
句容市			11.88	1.61	22.56	2.68	2.48	92.36	0.63
扬中市			0.09	0.10	33.33	0.03	0.20	*	0.19
常州市			**3.89**	**0.15**	**39.33**	**1.53**	**1.67**	**108.86**	**0.10**
武进市			0.55	0.05	52.73	0.29	0.47	162.59	0.06
金坛市			1.32	0.25	51.52	0.68	0.46	67.13	0.14
溧阳县			2.02	0.22	27.73	0.56	0.74	131.71	0.16
无锡市			**10.26**	**0.70**	**73.10**	**7.50**	**8.90**	**118.70**	**0.79**
宜兴市			1.07	0.15	37.38	0.40	0.47	118.05	0.10
江阴市			9.19	1.22	77.26	7.10	8.43	118.73	1.25
苏州市			**669.90**	**15.06**	**99.09**	**663.82**	**645.15**	**97.19**	**23.28**
张家港市			272.95	36.69	96.75	264.08	254.29	96.29	42.95
常熟市			198.39	18.34	113.02	224.22	219.90	98.07	30.92
太仓市			196.64	27.10	88.65	174.33	169.82	97.41	50.83
吴 县			1.32	0.11	54.55	0.72	0.60	83.71	0.07
昆山市			0.60	0.09	78.33	0.47	0.53	113.81	0.17
南京市			**77.43**	**2.19**	**48.30**	**37.40**	**35.16**	**94.02**	**1.83**
江宁县			6.27	0.65	56.78	3.56	3.06	85.85	0.60
江浦县			40.00	10.58	55.98	22.39	21.77	97.22	12.46
六合县			17.08	1.85	39.46	6.74	5.86	86.94	1.36
高淳县			9.96	2.18	28.82	2.87	2.57	89.42	0.91
溧水县			2.76	0.60	32.61	0.90	0.73	81.54	0.31
南京市郊			1.36	0.38	69.12	0.94	1.18	125.53	0.42

5-5-4 江苏省1970-1979年产棉县棉花生产收购明细

县市名	耕地面积（万亩）	农业人口（万人）	棉田面积（万亩）	占耕地（%）	亩产（市斤）	产量（万担）	收购量（万担）	商品率（%）	人均交售（市斤）
全省合计			**8536.61**	**13.60**	**95.10**	**8118.23**	**7981.54**	**98.32**	**18.77**
徐州市			**729.67**	**7.50**	**72.87**	**531.74**	**517.92**	**97.40**	**9.71**
丰　县			129.76	9.60	64.69	83.94	83.69	99.70	11.28
沛　县			111.86	8.79	89.25	99.83	94.36	94.52	13.00
铜山县			178.32	7.30	78.91	140.72	134.50	95.58	10.62
睢宁县			170.00	10.86	73.88	125.60	126.47	100.69	14.22
邳州市			109.00	6.06	65.66	71.57	69.81	97.54	6.58
新沂市			30.73	2.38	32.80	10.08	9.09	90.15	1.40
连云港市			**125.15**	**2.83**	**58.85**	**73.65**	**87.71**	**119.10**	**3.61**
赣榆县			1.05	0.16	42.86	0.45	0.20	45.18	0.04
东海县			39.49	2.42	46.64	18.42	16.39	88.98	2.27
灌云县			50.48	3.71	74.86	37.79	55.00	145.54	7.47
灌南县			34.13	4.30	49.78	16.99	16.12	94.88	3.37
淮阴市			**194.13**	**3.38**	**48.95**	**95.03**	**89.84**	**94.54**	**2.63**
淮安市			18.65	1.40	45.63	8.51	8.70	102.24	0.89
淮阴县			18.32	1.64	36.57	6.70	4.21	62.86	0.61
涟水县			65.77	4.83	55.68	36.62	32.95	89.98	4.40
洪泽县			0.68	0.13	66.18	0.45	0.09	19.93	0.03
盱眙县			45.94	5.26	37.77	17.35	16.82	96.92	4.34
金湖县			44.77	8.17	56.73	25.40	27.07	106.57	9.83
宿迁市			**367.65**	**5.83**	**62.35**	**229.24**	**218.85**	**95.47**	**6.18**
宿豫市			51.01	4.25	64.44	32.87	30.66	93.28	3.80
沭阳县			91.67	4.41	52.87	48.47	42.14	86.94	3.66
泗阳县			173.95	14.62	71.56	124.48	123.06	98.86	15.17
泗洪县			51.02	2.77	45.90	23.42	22.99	98.18	2.97
盐城市			**2636.69**	**27.55**	**94.61**	**2494.54**	**2428.72**	**97.36**	**39.68**
响水县			59.73	11.20	53.42	31.91	44.74	140.21	12.24
滨海县			147.85	12.98	61.40	90.78	84.65	93.25	10.63
阜宁县			185.72	15.01	60.53	112.42	111.99	99.62	13.47
射阳县			555.72	36.00	91.77	509.97	488.02	95.70	57.57
建湖县			137.86	14.72	100.58	138.66	137.80	99.38	21.93
盐都县			340.22	24.76	99.80	339.54	338.58	99.72	34.59
大丰市			625.71	50.93	99.33	621.50	603.51	97.11	92.35
东台市			583.88	37.02	111.28	649.76	619.43	95.33	60.76
南通市			**2899.08**	**40.20**	**114.11**	**3308.15**	**3270.13**	**98.85**	**49.59**
南通市郊							30.68		18.98
海安县			317.21	31.07	109.32	346.78	346.70	99.98	40.73
如皋县			370.33	28.63	99.67	369.12	357.96	96.98	28.28
如东县			647.80	44.71	119.21	772.27	739.41	95.75	73.32

5－5－4续表

县市名	耕地面积（万亩）	农业人口（万人）	棉田面积（万亩）	占耕地（%）	亩产（市斤）	产量（万担）	收购量（万担）	商品率（%）	人均交售（市斤）
通州市			592.90	42.03	102.48	607.59	618.02	101.72	44.84
海门市			390.72	47.82	113.29	442.63	425.95	96.23	47.10
启东市			580.12	51.91	132.69	769.76	751.41	97.62	73.35
扬州市			**267.69**	**6.08**	**80.13**	**214.51**	**216.90**	**101.11**	**6.43**
扬州市郊						0.02			
高邮市			56.39	4.91	95.57	53.89	52.83	98.03	7.66
宝应县			84.85	8.79	88.40	75.01	76.63	102.16	10.31
仪征市			64.34	10.19	55.74	35.86	37.88	105.63	8.74
江都市			37.06	3.44	87.40	32.39	31.78	98.10	3.41
邗江县			25.05	4.36	69.22	17.34	17.78	102.54	3.14
泰州市			**372.02**	**10.02**	**89.14**	**331.61**	**331.26**	**99.89**	**11.13**
兴化市			172.47	9.02	84.71	146.10	146.61	100.35	12.01
靖江市			119.67	23.71	100.28	120.01	118.49	98.73	22.27
泰兴市			0.07	0.03	57.14	0.04			
泰　县			79.42	7.54	82.28	65.35	66.15	101.22	6.78
姜堰区			0.39	5.22	28.21	0.11	0.01	5.45	0.06
镇江市			**113.72**	**4.96**	**61.82**	**70.30**	**68.85**	**97.93**	**4.08**
镇江市郊			2.46	7.36	83.74	2.06	2.00	97.27	4.40
丹徒县			32.42	5.28	77.70	25.19	25.06	99.49	5.25
丹阳市			48.55	5.22	50.50	24.52	22.97	93.68	3.37
句容市			30.29	4.22	61.18	18.53	18.81	101.51	3.89
扬中市									
常州市			**21.65**	**2.21**	**77.51**	**16.78**	**16.71**	**99.60**	**2.53**
武进市									
金坛市			18.28	3.11	82.22	15.03	15.04	100.09	3.61
溧阳县			3.37	0.86	51.93	1.75	1.67	95.39	0.68
无锡市			**5.15**	**0.55**	**74.37**	**3.83**	**3.29**	**85.96**	**0.35**
宜兴市			0.05	0.04	40.00	0.02			
江阴市			5.10	0.63	74.71	3.81	3.29	86.41	0.38
苏州市			**705.33**	**16.48**	**97.99**	**691.18**	**671.08**	**97.09**	**21.03**
张家港市			295.37	39.31	96.64	285.45	275.95	96.67	40.53
常熟市			204.10	18.86	105.12	214.54	209.54	97.67	24.81
太仓市			203.97	28.87	93.17	190.03	184.75	97.22	48.78
吴　县			1.11	0.09	66.67	0.74	0.69	93.82	0.07
昆山市			0.78	0.15	53.85	0.42	0.14	33.57	0.05
南京市			**98.68**	**3.08**	**58.44**	**57.67**	**60.29**	**104.54**	**2.67**
江宁县			9.66	1.10	79.40	7.67	7.88	102.71	1.21
江浦县			33.79	9.54	51.76	17.49	21.51	122.98	9.95
六合县			45.53	5.38	60.18	27.40	27.98	102.11	5.18
高淳县			5.79	1.21	44.39	2.57	1.67	65.04	0.47
溧水县			2.06	0.85	57.77	1.19	1.12	94.37	0.70
南京市郊			1.85	0.46	72.97	1.35	0.13	9.63	0.04

5-5-5 江苏省1980-1989年产棉县棉花生产收购明细

县市名	耕地面积（万亩）	农业人口（万人）	棉田面积（万亩）	占耕地（%）	亩产（市斤）	产量（万担）	收购量（万担）	商品率（%）	人均交售（市斤）
全省合计			**9147.29**	**14.63**	**113.79**	**10408.88**	**9661.85**	**92.82**	**21.24**
徐州市			**1007.91**	**11.03**	**129.75**	**1307.81**	**1188.49**	**90.88**	**20.72**
丰　县			240.43	18.24	122.27	293.98	277.36	94.35	34.22
沛　县			133.98	10.91	142.50	190.92	188.65	98.81	23.55
铜山县			249.00	10.77	148.00	368.52	337.53	91.59	23.94
睢宁县			186.45	12.18	111.15	207.23	186.86	90.17	19.42
邳州市			195.40	11.15	125.47	245.17	196.84	80.29	16.61
新沂市			2.65	0.27	75.09	1.99	1.25	62.77	0.22
连云港市			**336.75**	**9.07**	**128.11**	**431.42**	**357.07**	**82.77**	**16.83**
赣榆县									
东海县			1.18	0.07	101.95	1.20	1.56	129.56	0.19
灌云县			222.14	16.94	137.12	304.60	245.04	80.45	32.19
灌南县			113.43	14.67	110.75	125.62	110.47	87.94	20.57
淮阴市			**210.04**	**4.05**	**82.70**	**173.71**	**151.65**	**87.30**	**4.60**
淮安市			45.70	3.67	69.30	31.67	29.77	94.00	3.02
淮阴县			7.05	0.86	40.82	2.88	2.27	78.76	0.41
涟水县			104.97	7.89	100.43	105.42	85.32	80.93	10.80
洪泽县			2.88	0.90	49.55	1.43	0.98	68.44	0.48
盱眙县			24.21	2.55	49.79	12.06	13.27	110.08	2.73
金湖县			25.23	4.82	80.31	20.26	20.05	98.95	7.11
宿迁市			**436.49**	**7.16**	**96.37**	**420.65**	**362.44**	**86.16**	**9.43**
宿豫市			67.30	5.72	102.21	68.79	65.21	94.80	7.37
沭阳县			144.93	7.10	84.72	122.79	105.29	85.75	8.36
泗阳县			168.26	14.55	101.55	170.87	149.20	87.32	16.79
泗洪县			56.00	3.25	103.93	58.20	42.74	73.44	5.28
盐城市			**2942.38**	**30.44**	**116.37**	**3424.10**	**3214.87**	**93.89**	**49.92**
响水县			143.93	21.81	103.99	149.68	136.36	91.10	33.67
滨海县			209.23	18.55	112.82	236.05	217.73	92.24	24.57
阜宁县			171.37	14.04	94.12	161.29	153.99	95.47	16.63
射阳县			648.31	42.12	109.67	710.99	677.23	95.25	78.41
建湖县			143.06	15.63	128.24	183.46	166.51	90.76	24.64
盐都县			352.06	26.20	142.48	501.61	476.44	94.98	44.55
大丰市			666.26	53.96	107.83	718.40	674.39	93.87	108.19
东台市			608.16	37.47	125.40	762.62	712.22	93.39	71.86
南通市			**2278.69**	**32.36**	**102.27**	**2330.47**	**2167.84**	**93.02**	**33.66**
南通市郊			6.15	11.67	106.50	6.55	6.67	101.83	6.41
海安县			222.42	23.08	98.12	218.23	211.10	96.73	24.08
如皋县			257.42	20.94	95.83	246.68	214.74	87.05	16.61
如东县			588.66	40.88	119.01	700.54	672.53	96.00	68.76

5-5-5续表

县市名	耕地面积（万亩）	农业人口（万人）	棉田面积（万亩）	占耕地（%）	亩产（市斤）	产量（万担）	收购量（万担）	商品率（%）	人均交售（市斤）
通州市			432.40	30.81	99.77	431.40	387.94	89.93	29.72
海门市			298.98	35.34	82.60	246.96	238.16	96.44	27.07
启东市			472.66	42.69	101.58	480.11	436.70	90.96	43.56
扬州市			**306.41**	**7.31**	**114.71**	**351.48**	**339.24**	**96.52**	**9.78**
扬州市郊			0.04	0.51	50.00	0.02			
高邮市			134.30	12.18	130.57	175.35	169.91	96.90	23.67
宝应县			79.45	8.62	99.53	79.08	76.35	96.55	9.67
仪征市			28.11	4.74	71.02	19.96	19.29	96.61	4.08
江都市			51.39	4.87	125.26	64.37	61.81	96.02	6.58
邗江县			13.12	2.56	96.77	12.70	11.89	93.62	2.21
泰州市			**521.83**	**14.65**	**141.62**	**739.03**	**709.97**	**96.07**	**23.44**
兴化市			331.66	17.34	156.63	519.46	503.48	96.92	38.70
靖江市			111.09	22.73	99.11	110.10	100.68	91.44	18.09
泰兴市			0.47	0.41	55.32	0.26	0.26	99.23	0.20
泰　县			77.71	7.69	139.22	108.19	104.47	96.56	10.48
姜堰区			0.90	2.45	112.89	1.02	1.08	106.36	2.29
镇江市			**204.94**	**8.85**	**101.19**	**207.38**	**181.16**	**87.36**	**10.12**
镇江市郊			1.61	5.15	155.65	2.51	0.94	37.50	2.20
丹徒县			40.89	7.29	95.78	39.17	34.82	88.89	7.69
丹阳市			59.54	6.41	125.71	74.85	62.74	83.82	9.15
句容市			102.48	14.12	88.10	90.29	82.09	90.92	16.05
扬中市			0.42	0.62	134.64	0.57	0.58	102.56	0.59
常州市			**141.02**	**4.88**	**101.73**	**143.45**	**137.41**	**95.79**	**6.27**
武进市			8.29	0.66	101.38	8.40	9.87	117.46	0.90
金坛市			71.67	10.99	121.50	87.08	82.29	94.50	17.56
溧阳县			61.06	6.28	78.56	47.97	45.25	94.33	7.15
无锡市			**15.40**	**1.35**	**86.95**	**13.39**	**11.60**	**86.62**	**0.99**
宜兴市			0.30	0.08	45.57	0.14	0.12	87.78	0.05
江阴市			15.10	1.92	87.77	13.25	11.48	86.61	1.26
苏州市			**633.57**	**14.73**	**121.76**	**771.43**	**751.60**	**97.43**	**21.93**
张家港市			246.09	35.11	112.32	276.42	272.31	98.51	38.47
常熟市			206.43	19.54	144.45	298.18	289.74	97.17	33.57
太仓市			180.07	26.95	108.94	196.16	189.20	96.45	50.52
吴　县			0.84	0.07	64.17	0.54	0.35	65.66	0.03
昆山市			0.14	0.02	94.64	0.13			
南京市			**111.85**	**3.40**	**84.54**	**94.55**	**88.49**	**93.59**	**3.49**
江宁县			16.07	1.81	93.15	14.97	14.08	94.04	2.08
江浦县			11.05	3.25	60.96	6.74	5.85	86.79	2.61
六合县			35.90	4.66	114.40	41.07	39.05	95.08	7.10
高淳县			18.90	4.00	54.76	10.35	9.82	94.92	2.69
溧水县			25.24	5.37	69.79	17.62	16.77	95.17	4.86
南京市郊			4.69	1.33	81.30	3.81	2.93	76.85	0.78

5－5－6　江苏省1990－2000年产棉县棉花生产收购明细

县市名	耕地面积（万亩）	农业人口（万人）	棉田面积（万亩）	占耕地（%）	亩产（市斤）	产量（万担）	收购量（万担）	商品率（%）	人均交售（市斤）
全省合计			**7818.08**	**11.87**	**128.30**	**10030.41**	**8203.61**	**81.79**	**16.92**
徐州市			**839.40**	**9.35**	**126.51**	**1061.93**	**675.90**	**63.65**	**10.31**
丰　县			200.30	14.35	118.12	236.60	161.70	68.34	16.04
沛　县			86.46	6.64	108.46	93.77	63.20	67.40	6.14
铜山县			213.87	10.13	145.50	311.19	210.44	67.62	14.83
睢宁县			152.30	9.19	104.90	159.77	91.65	57.36	7.68
邳州市			186.18	9.86	139.72	260.14	148.36	57.03	9.88
新沂市			0.29	0.05	157.93	0.46	0.55	119.96	0.14
连云港市			**531.77**	**10.67**	**143.64**	**763.81**	**502.71**	**65.82**	**14.67**
赣榆县			5.27	0.65	158.67	8.36	3.38	40.41	0.42
东海县			18.66	1.02	142.82	26.65	14.69	55.11	1.39
灌云县			371.99	25.37	152.92	568.84	376.27	66.15	42.14
灌南县			135.85	15.55	117.75	159.96	108.37	67.75	15.87
淮阴市			**185.29**	**3.05**	**96.15**	**178.15**	**132.13**	**74.17**	**3.37**
淮安市			27.16	1.97	67.23	18.26	25.41	139.16	2.29
淮阴县			13.78	1.25	82.77	11.41	11.61	101.81	1.49
涟水县			91.47	6.13	88.04	80.53	56.03	69.58	5.66
洪泽县			0.04	0.03	90.00	0.04			
盱眙县			7.13	0.53	102.18	7.28	2.93	40.30	0.45
金湖县			45.71	7.42	132.66	60.64	36.14	59.60	11.86
宿迁市			**417.73**	**6.30**	**101.76**	**425.07**	**288.44**	**67.86**	**6.19**
宿豫市			70.94	5.60	113.59	80.58	48.12	59.72	4.68
沭阳县			107.37	4.80	105.53	113.31	100.71	88.88	6.29
泗阳县			152.74	11.82	98.40	150.30	104.29	69.39	9.60
泗洪县			86.68	4.73	93.31	80.88	35.32	43.67	3.76
盐城市			**2918.66**	**26.41**	**128.63**	**3754.24**	**3174.69**	**84.56**	**44.74**
响水县			215.43	27.62	121.62	261.99	195.46	74.61	39.64
滨海县			274.45	21.14	93.31	256.08	225.87	88.20	22.16
阜宁县			173.88	12.85	97.64	169.77	137.16	80.79	13.19
射阳县			706.89	38.83	142.81	1009.53	819.60	81.19	85.40
建湖县			133.23	13.16	112.38	149.73	132.15	88.26	17.47
盐都县			304.97	21.23	136.70	416.88	372.47	89.35	35.00
大丰市			589.45	38.61	145.86	859.80	773.62	89.98	114.94
东台市			520.36	28.49	121.16	630.46	518.36	82.22	47.58
南通市			**1513.84**	**19.53**	**124.29**	**1881.62**	**1742.10**	**92.59**	**25.37**
南通市郊			2.52	1.89	129.76	3.27	3.95	120.80	1.98
海安县			100.79	9.85	124.74	125.73	125.73	100.00	13.58
如皋县			149.21	11.10	104.43	155.82	138.55	88.92	9.81
如东县			477.96	29.48	138.40	661.52	623.80	94.30	58.19

5-5-6续表

县市名	耕地面积（万亩）	农业人口（万人）	棉田面积（万亩）	占耕地（%）	亩产（市斤）	产量（万担）	收购量（万担）	商品率（%）	人均交售（市斤）
通州市			286.62	19.81	123.08	352.77	315.03	89.30	23.54
海门市			177.72	18.19	111.65	198.42	181.92	91.68	21.64
启东市			319.02	26.41	120.40	384.09	353.12	91.94	32.70
扬州市			**324.34**	**7.23**	**130.76**	**424.11**	**339.87**	**80.14**	**9.43**
扬州市郊									
高邮市			169.21	15.01	130.22	220.34	174.47	79.18	23.32
宝应县			109.23	10.75	126.41	138.08	113.82	82.43	13.21
仪征市			1.76	0.27	71.57	1.26	0.75	59.82	0.16
江都市			43.22	3.76	145.26	62.78	50.52	80.47	5.14
邗江县			0.92	0.17	179.57	1.65	0.31	18.77	0.06
泰州市			**525.40**	**15.13**	**137.90**	**724.53**	**604.74**	**83.47**	**18.83**
兴化市			384.54	20.10	140.69	541.01	451.06	83.37	30.51
靖江市			69.77	13.75	110.62	77.18	72.29	93.66	12.23
泰兴市									
泰县			57.80	6.00	147.54	85.28	64.25	75.34	7.11
姜堰区			13.29	14.98	158.47	21.06	17.14	81.39	7.17
镇江市			**86.72**	**3.54**	**82.97**	**71.95**	**53.46**	**74.30**	**3.08**
镇江市郊									
丹徒县			4.12	0.70	67.75	2.79	1.99	71.46	0.45
丹阳市			21.20	2.15	104.10	22.07	17.34	78.59	2.36
句容市			61.40	6.96	76.69	47.09	34.12	72.46	6.09
扬中市									
常州市			**36.48**	**1.57**	**86.71**	**31.63**	**27.31**	**86.33**	**1.63**
武进市			0.54	0.10	98.15	0.53	0.18	34.68	0.04
金坛市			8.51	1.19	96.24	8.19	9.00	109.91	1.79
溧阳县			27.43	2.56	83.52	22.91	18.12	79.09	2.57
无锡市			**0.92**	**0.40**	**87.83**	**0.81**	**0.33**	**40.50**	**0.12**
宜兴市									
江阴市			0.92	0.40	87.83	0.81	0.33	40.50	0.12
苏州市			**371.66**	**10.73**	**169.31**	**629.26**	**598.13**	**95.05**	**22.68**
张家港市			142.75	18.58	169.94	242.59	229.30	94.52	30.43
常熟市			138.03	12.63	163.97	226.33	214.14	94.61	22.85
太仓市			90.71	13.34	176.29	159.91	154.69	96.74	41.30
吴县			0.05	0.03	264.20	0.13			
昆山市			0.12	0.02	245.00	0.29			
南京市			**65.90**	**1.67**	**126.41**	**83.30**	**63.82**	**76.61**	**2.27**
江宁县			7.91	0.82	130.52	10.32	6.30	60.99	0.90
江浦县			2.78	0.70	105.47	2.93	0.63	21.60	0.24
六合县			32.91	3.64	143.12	47.10	35.08	74.47	5.56
高淳县			1.42	0.26	106.29	1.50	2.78	184.87	0.67
溧水县			6.26	1.09	106.22	6.64	10.35	155.84	2.66
南京市郊			14.63	2.60	101.16	14.80	8.68	58.65	2.05

5-5-7 江苏省1949年产棉县棉花生产收购明细

县市名	耕地面积（万亩）	农业人口（万人）	棉田面积（万亩）	占耕地（%）	亩产（市斤）	产量（万担）	收购量（万担）	商品率（%）	人均交售（市斤）
全省合计	**6982.65**	**2653.04**	**405.51**	**5.81**	**13.97**	**56.63**	**37.26**	**65.80**	**1.40**
徐州市	**1238.85**	**337.08**	**32.14**	**2.59**	**12.76**	**4.10**	**3.23**	**78.78**	**0.96**
丰县	160.60	48.00	11.09	6.91	12.98	1.44	1.44	100.00	3.00
沛县	137.60	47.90	4.65	3.38	15.91	0.74	0.74	100.00	1.54
铜山县	308.75	79.57	4.10	1.33	18.29	0.75			
睢宁县	204.90	58.30	9.77	4.77	10.13	0.99	0.99	100.00	1.70
邳州市	246.00	62.91	2.10	0.85	6.19	0.13	0.01	7.69	0.02
新沂市	181.00	40.40	0.43	0.24	11.63	0.05	0.05	100.00	0.12
连云港市	**213.40**	**74.00**	**1.61**	**0.75**	**20.50**	**0.33**	**0.33**	**100.00**	**0.45**
赣榆县									
东海县	120.40	43.20	0.66	0.55	9.09	0.06	0.06	100.00	0.14
灌云县									
灌南县	93.00	30.80	0.95	1.02	28.42	0.27	0.27	100.00	0.88
淮阴市	**525.00**	**124.10**	**3.39**	**0.65**	**15.63**	**0.53**	**0.53**	**100.00**	**0.43**
淮安市									
淮阴县	209.40	51.40	1.17	0.56	13.68	0.16	0.16	100.00	0.31
涟水县	213.80	53.60	1.31	0.61	18.32	0.24	0.24	100.00	0.45
洪泽县	5.40	2.50	0.20	3.70	20.00	0.04	0.04	100.00	1.60
盱眙县	96.40	16.60	0.71	0.74	12.68	0.09	0.09	100.00	0.54
金湖县									
宿迁市	**845.80**	**204.60**	**7.93**	**0.94**	**15.13**	**1.20**	**1.20**	**100.00**	**0.59**
宿豫市	180.60	52.30	4.67	2.59	16.49	0.77	0.77	100.00	1.47
沭阳县	268.70	58.90	0.62	0.23	11.29	0.07	0.07	100.00	0.12
泗阳县	168.40	48.10	1.14	0.68	12.28	0.14	0.14	100.00	0.29
泗洪县	228.10	45.30	1.50	0.66	14.67	0.22	0.22	100.00	0.49
盐城市	**841.20**	**300.84**	**103.30**	**12.28**	**13.90**	**14.36**	**11.77**	**81.96**	**3.91**
响水县									
滨海县	113.58	43.01	6.09	5.36	13.14	0.80	1.13	141.25	2.63
阜宁县	126.50	43.40	0.10	0.08	10.00	0.01	0.01	100.00	0.02
射阳县	118.11	32.02	51.29	43.43	23.01	11.80	8.98	76.10	28.04
建湖县	110.50	42.90	0.82	0.74	23.17	0.19	0.19	100.00	0.44
盐都县	145.95	49.69	0.58	0.40	17.24	0.10			
大丰市	101.50	28.59	31.65	31.18	1.07	0.34	0.34	100.00	1.19
东台市	125.06	61.23	12.77	10.21	8.77	1.12	1.12	100.00	1.83
南通市	**767.04**	**417.16**	**156.21**	**20.37**	**13.27**	**20.73**	**7.34**	**35.41**	**1.76**
南通市郊									
海安县	110.00	56.30	1.64	1.49	4.88	0.08	0.08	100.00	0.14
如皋县	164.20	88.50	12.53	7.63	17.64	2.21	2.21	100.00	2.50
如东县	161.84	66.65	35.06	21.66	9.01	3.16	2.21	69.94	3.32

5－5－7 续表

县市名	耕地面积（万亩）	农业人口（万人）	棉田面积（万亩）	占耕地（%）	亩产（市斤）	产量（万担）	收购量（万担）	商品率（%）	人均交售（市斤）
通州市	164.10	89.85	58.87	35.87	18.01	10.60			
海门市	30.00	58.70	20.24	67.47	15.02	3.04	1.46	48.03	2.49
启东市	136.90	57.16	27.87	20.36	5.88	1.64	1.38	84.15	2.41
扬州市	**287.30**	**178.24**	**1.95**	**0.68**	**14.42**	**0.28**	**0.28**	**100.00**	**0.16**
扬州市郊	6.00	39.80	0.07	1.17	16.00	0.01	0.01	100.00	0.03
高邮市									
宝应县									
仪征市	81.00	27.60	0.21	0.26	14.29	0.03	0.03	100.00	0.11
江都市	128.10	66.20	1.03	0.80	13.59	0.14	0.14	100.00	0.21
邗江县	72.20	44.64	0.64	0.89	15.63	0.10	0.10	100.00	0.22
泰州市	**539.87**	**277.66**	**3.24**	**0.60**	**15.75**	**0.51**	**0.73**	**143.11**	**0.26**
兴化市	212.27	83.96					0.22		0.26
靖江市	59.20	35.20	2.14	3.61	14.95	0.32	0.32	100.00	0.91
泰兴市	141.00	86.90	0.28	0.20	14.29	0.04	0.04	100.00	0.05
泰　县	125.10	69.80	0.79	0.63	18.99	0.15	0.15	100.00	0.21
姜堰区	2.30	1.80	0.03	1.30	1.20			100.00	0.02
镇江市	**266.70**	**105.00**	**11.11**	**4.17**	**17.48**	**1.94**	**1.94**	**100.00**	**1.85**
镇江市郊	4.70	3.10	0.02	0.43	11.00			100.00	0.07
丹徒县	70.10	28.80	1.96	2.80	10.20	0.20	0.20	100.00	0.69
丹阳市	108.20	43.00	4.39	4.06	18.00	0.79	0.79	100.00	1.84
句容市	83.70	30.10	4.74	5.66	20.04	0.95	0.95	100.00	3.16
扬中市									
常州市	**344.60**	**144.50**	**4.10**	**1.19**	**17.07**	**0.70**	**0.70**	**100.00**	**0.48**
武进市	165.80	83.50	1.80	1.09	21.67	0.39	0.39	100.00	0.47
金坛市	72.20	26.60	1.10	1.52	11.82	0.13	0.13	100.00	0.49
溧阳县	106.60	34.40	1.20	1.13	15.00	0.18	0.18	100.00	0.52
无锡市	**238.40**	**126.20**	**1.99**	**0.83**	**19.60**	**0.39**	**0.39**	**100.00**	**0.31**
宜兴市	126.60	52.40	0.50	0.39	14.00	0.07	0.07	100.00	0.13
江阴市	111.80	73.80	1.49	1.33	21.48	0.32	0.32	100.00	0.43
苏州市	**469.99**	**216.16**	**66.91**	**14.24**	**14.77**	**9.88**	**7.14**	**72.27**	**3.30**
张家港市	81.53	45.19	19.60	24.04	25.46	4.99	3.99	79.96	8.83
常熟市	119.14	62.34	17.42	14.62	9.99	1.74			
太仓市	76.72	27.43	28.76	37.49	10.29	2.96	2.96	100.00	10.79
吴　县	95.00	53.20	0.04	0.04	25.00	0.01	0.01	100.00	0.02
昆山市	97.60	28.00	1.09	1.12	16.51	0.18	0.18	100.00	0.64
南京市	**404.50**	**147.50**	**11.63**	**2.88**	**14.45**	**1.68**	**1.68**	**100.00**	**1.14**
江宁县	103.50	40.40	2.68	2.59	7.09	0.19	0.19	100.00	0.47
江浦县	39.70	12.30	3.85	9.70	26.49	1.02	1.02	100.00	8.29
六合县	114.10	34.40	0.92	0.81	13.04	0.12	0.12	100.00	0.35
高淳县	50.30	23.60	1.73	3.44	5.20	0.09	0.09	100.00	0.38
溧水县	56.60	19.40	2.21	3.90	9.05	0.20	0.20	100.00	1.03
南京市郊	40.30	17.40	0.24	0.60	25.00	0.06	0.06	100.00	0.34

5-5-8 江苏省1950年产棉县棉花生产收购明细

县市名	耕地面积（万亩）	农业人口（万人）	棉田面积（万亩）	占耕地（%）	亩产（市斤）	产量（万担）	收购量（万担）	商品率（%）	人均交售（市斤）
全省合计	**7476.20**	**2764.09**	**423.73**	**5.67**	**22.71**	**96.25**	**70.70**	**73.45**	**2.56**
徐州市	**1253.85**	**344.76**	**33.22**	**2.65**	**17.64**	**5.86**	**4.85**	**82.76**	**1.41**
丰县	163.90	49.00	12.28	7.49	24.02	2.95	2.95	100.00	6.02
沛县	140.40	48.90	4.69	3.34	22.60	1.06	1.06	100.00	2.17
铜山县	308.75	81.40	3.85	1.25	23.12	0.89			
睢宁县	209.10	59.50	9.77	4.67	7.88	0.77	0.77	100.00	1.29
邳州市	247.00	64.76	2.10	0.85	6.19	0.13	0.01	7.69	0.02
新沂市	184.70	41.20	0.53	0.29	11.32	0.06	0.06	100.00	0.15
连云港市	**431.10**	**116.60**	**2.07**	**0.48**	**23.19**	**0.48**	**0.48**	**100.00**	**0.41**
赣榆县	122.90	41.70	0.34	0.28	64.71	0.22	0.22	100.00	0.53
东海县	215.20	44.10	0.69	0.32	8.70	0.06	0.06	100.00	0.14
灌云县									
灌南县	93.00	30.80	1.04	1.12	19.23	0.20	0.20	100.00	0.65
淮阴市	**535.80**	**126.50**	**6.59**	**1.23**	**7.74**	**0.51**	**0.51**	**100.00**	**0.40**
淮安市									
淮阴县	213.70	52.40	4.29	2.01	2.56	0.11	0.11	100.00	0.21
涟水县	218.20	54.70	1.38	0.63	18.12	0.25	0.25	100.00	0.46
洪泽县	5.50	2.50	0.17	3.09	23.53	0.04	0.04	100.00	1.60
盱眙县	98.40	16.90	0.75	0.76	14.67	0.11	0.11	100.00	0.65
金湖县									
宿迁市	**863.10**	**208.80**	**9.13**	**1.06**	**9.20**	**0.84**	**0.84**	**100.00**	**0.40**
宿豫市	184.30	53.40	4.59	2.49	8.93	0.41	0.41	100.00	0.77
沭阳县	274.20	60.10	0.73	0.27	9.59	0.07	0.07	100.00	0.12
泗阳县	171.80	49.10	2.21	1.29	4.07	0.09	0.09	100.00	0.18
泗洪县	232.80	46.20	1.60	0.69	16.88	0.27	0.27	100.00	0.58
盐城市	**867.76**	**306.25**	**102.93**	**11.86**	**18.94**	**19.50**	**16.97**	**87.03**	**5.54**
响水县									
滨海县	114.72	43.88	6.38	5.56	13.48	0.86	1.28	148.84	2.92
阜宁县	129.10	44.30	0.12	0.09	16.67	0.02	0.02	100.00	0.05
射阳县	120.31	33.77	53.29	44.29	25.99	13.85	11.03	79.64	32.66
建湖县	112.80	43.80	0.92	0.82	26.09	0.24	0.24	100.00	0.55
盐都县	157.46	49.69	0.58	0.37	17.24	0.10			
大丰市	104.35	29.03	32.34	30.99	9.40	3.04	3.01	99.01	10.37
东台市	129.02	61.78	9.30	7.21	14.95	1.39	1.39	100.00	2.25
南通市	**785.93**	**437.68**	**169.38**	**21.55**	**27.91**	**47.28**	**29.25**	**61.87**	**6.68**
南通市郊	11.20	12.10				0.43	0.43	100.00	3.55
海安县	112.20	57.40	1.79	1.60	175.98	3.15	3.15	100.00	5.49
如皋县	164.30	90.10	13.30	8.09	26.02	3.46	3.46	100.00	3.84
如东县	167.87	68.56	36.88	21.97	25.11	9.26	7.32	79.05	10.68

5－5－8续表

县市名	耕地面积（万亩）	农业人口（万人）	棉田面积（万亩）	占耕地（%）	亩产（市斤）	产量（万担）	收购量（万担）	商品率（%）	人均交售（市斤）
通州市	164.10	91.29	50.97	31.06	26.66	13.59			
海门市	30.00	59.80	21.42	71.40	23.02	4.93	3.31	67.14	5.54
启东市	136.26	58.43	45.02	33.04	27.68	12.46	11.58	92.94	19.82
扬州市	**430.50**	**187.47**	**2.17**	**0.50**	**18.43**	**0.40**	**0.40**	**100.00**	**0.21**
扬州市郊									
高邮市	143.40	47.03	0.06	0.04	50.00	0.03	0.03	100.00	0.06
宝应县									
仪征市	82.70	28.20	0.19	0.23	15.79	0.03	0.03	100.00	0.11
江都市	130.70	67.60	1.22	0.93	14.75	0.18	0.18	100.00	0.27
邗江县	73.70	44.64	0.70	0.95	22.86	0.16	0.16	100.00	0.36
泰州市	**555.51**	**283.09**	**6.74**	**1.21**	**18.99**	**1.28**	**1.28**	**100.00**	**0.45**
兴化市	221.21	85.39	2.40	1.08	20.00	0.48	0.48	100.00	0.56
靖江市	60.40	35.90	2.38	3.94	17.23	0.41	0.41	100.00	1.14
泰兴市	143.90	88.70	1.25	0.87					
泰　县	127.60	71.20	0.71	0.56	25.35	0.18	0.18	100.00	0.25
姜堰区	2.40	1.90				0.21	0.21	100.00	11.05
镇江市	**272.10**	**107.20**	**9.99**	**3.67**	**18.52**	**1.85**	**1.85**	**100.00**	**1.73**
镇江市郊	4.80	3.20	0.02	0.42					
丹徒县	71.50	29.40	1.92	2.69	13.02	0.25	0.25	100.00	0.85
丹阳市	110.40	43.90	5.65	5.12	25.84	1.46	1.46	100.00	3.33
句容市	85.40	30.70	2.40	2.81	5.83	0.14	0.14	100.00	0.46
扬中市									
常州市	**351.70**	**147.40**	**4.52**	**1.29**	**34.96**	**1.58**	**1.58**	**100.00**	**1.07**
武进市	169.20	85.20	1.80	1.06	23.33	0.42	0.42	100.00	0.49
金坛市	73.70	27.10	0.99	1.34	12.12	0.12	0.12	100.00	0.44
溧阳县	108.80	35.10	1.73	1.59	60.12	1.04	1.04	100.00	2.96
无锡市	**243.30**	**128.80**	**2.23**	**0.92**	**19.73**	**0.44**	**0.44**	**100.00**	**0.34**
宜兴市	129.20	53.50	0.74	0.57	16.22	0.12	0.12	100.00	0.22
江阴市	114.10	75.30	1.49	1.31	21.48	0.32	0.32	100.00	0.42
苏州市	**472.85**	**219.04**	**62.83**	**13.29**	**22.98**	**14.44**	**10.46**	**72.44**	**4.78**
张家港市	81.29	45.52	19.40	23.87	31.19	6.05	5.16	85.29	11.34
常熟市	118.60	62.91	17.18	14.49	17.99	3.09			
太仓市	76.46	27.71	25.07	32.79	20.30	5.09	5.09	100.00	18.37
吴　县	96.90	54.30	0.04	0.04	25.00	0.01	0.01	100.00	0.02
昆山市	99.60	28.60	1.14	1.14	17.54	0.20	0.20	100.00	0.70
南京市	**412.70**	**150.50**	**11.93**	**2.89**	**15.00**	**1.79**	**1.79**	**100.00**	**1.19**
江宁县	105.60	41.20	2.21	2.09	9.95	0.22	0.22	100.00	0.53
江浦县	40.50	12.50	3.98	9.83	24.37	0.97	0.97	100.00	7.76
六合县	116.40	35.10	1.02	0.88	12.75	0.13	0.13	100.00	0.37
高淳县	51.30	24.10	2.43	4.74	8.64	0.21	0.21	100.00	0.87
溧水县	57.80	19.80	2.05	3.55	9.76	0.20	0.20	100.00	1.01
南京市郊	41.10	17.80	0.24	0.58	25.00	0.06	0.06	100.00	0.34

5－5－9　江苏省1951年产棉县棉花生产收购明细

县市名	耕地面积（万亩）	农业人口（万人）	棉田面积（万亩）	占耕地（%）	亩产（市斤）	产量（万担）	收购量（万担）	商品率（%）	人均交售（市斤）
全省合计	**7867.59**	**2874.82**	**575.30**	**7.31**	**22.77**	**131.02**	**88.29**	**67.39**	**3.07**
徐州市	**1268.44**	**351.72**	**34.53**	**2.72**	**18.36**	**6.34**	**0.10**	**1.58**	**0.03**
丰县	167.20	50.00	11.34	6.78	26.37	2.99			
沛县	143.30	49.90	5.87	4.10	17.72	1.04			
铜山县	309.04	82.44	4.05	1.31	24.20	0.98	0.08	8.16	0.10
睢宁县	213.40	60.70	10.00	4.69	10.00	1.00			
邳州市	247.00	66.68	1.40	0.57	4.29	0.06	0.02	33.33	0.03
新沂市	188.50	42.00	1.87	0.99	14.44	0.27			
连云港市	**674.80**	**165.90**	**3.67**	**0.54**	**28.88**	**1.06**			
赣榆县	125.40	42.50	0.87	0.69	75.86	0.66			
东海县	219.60	45.00	0.79	0.36	8.86	0.07			
灌云县	236.80	47.60	0.82	0.35	8.54	0.07			
灌南县	93.00	30.80	1.19	1.28	21.85	0.26			
淮阴市	**546.70**	**129.00**	**18.61**	**3.40**	**10.32**	**1.92**			
淮安市									
淮阴县	218.10	53.50	9.63	4.42	6.75	0.65			
涟水县	222.60	55.80	7.00	3.14	15.00	1.05			
洪泽县	5.60	2.50	0.19	3.39	21.05	0.04			
盱眙县	100.40	17.20	1.79	1.78	10.06	0.18			
金湖县									
宿迁市	**880.70**	**213.00**	**28.04**	**3.18**	**15.55**	**4.36**			
宿豫市	188.10	54.50	12.86	6.84	15.01	1.93			
沭阳县	279.80	61.30	4.49	1.60	14.25	0.64			
泗阳县	175.30	50.10	7.10	4.05	10.00	0.71			
泗洪县	237.50	47.10	3.59	1.51	30.08	1.08			
盐城市	**894.04**	**315.87**	**121.47**	**13.59**	**24.34**	**29.57**	**26.08**	**88.20**	**8.26**
响水县									
滨海县	117.07	46.26	6.53	5.58	16.23	1.06	1.49	140.57	3.22
阜宁县	131.70	45.20	0.16	0.12	12.50	0.02			
射阳县	123.31	35.73	56.29	45.65	32.00	18.01	15.30	84.95	42.82
建湖县	115.10	44.70	1.31	1.14	23.66	0.31			
盐都县	165.76	52.29	0.79	0.48	17.72	0.14			
大丰市	105.47	29.68	35.43	33.59	16.88	5.98	5.24	87.63	17.65
东台市	135.63	62.01	20.96	15.45	19.32	4.05	4.05	100.00	6.53
南通市	**814.93**	**436.63**	**217.12**	**26.64**	**22.09**	**47.96**	**45.06**	**93.95**	**10.32**
南通市郊									
海安县	114.50	58.60	4.49	3.92	22.72	1.02			
如皋县	164.50	91.90	18.54	11.27	24.00	4.45			
如东县	167.04	69.78	49.16	29.43	19.71	9.69	14.16	146.13	20.29

5-5-9续表

县市名	耕地面积（万亩）	农业人口（万人）	棉田面积（万亩）	占耕地（%）	亩产（市斤）	产量（万担）	收购量（万担）	商品率（%）	人均交售（市斤）
通州市	163.77	93.77	66.54	40.63	25.64	17.06	17.17	100.64	18.31
海门市	71.00	60.90	26.89	37.87	23.47	6.31	5.53	87.64	9.08
启东市	134.12	61.68	51.50	38.40	18.31	9.43	8.20	86.96	13.29
扬州市	**437.10**	**190.23**	**3.36**	**0.77**	**18.15**	**0.61**	**0.01**	**1.64**	**0.01**
扬州市郊									
高邮市	144.10	47.79	0.06	0.04	16.67	0.01	0.01	100.00	0.02
宝应县									
仪征市	84.40	28.80	0.52	0.62	17.31	0.09			
江都市	133.40	69.00	2.16	1.62	17.13	0.37			
邗江县	75.20	44.64	0.62	0.82	22.58	0.14			
泰州市	**567.12**	**288.55**	**26.62**	**4.69**	**27.87**	**7.42**	**1.74**	**23.45**	**0.60**
兴化市	226.12	86.85	11.28	4.99	25.00	2.82	1.74	61.70	2.00
靖江市	61.60	36.60	10.50	17.05	35.05	3.68			
泰兴市	146.80	90.50	2.12	1.44	14.62	0.31			
泰县	130.20	72.70	2.71	2.08	22.51	0.61			
姜堰区	2.40	1.90	0.01	0.38					
镇江市	**277.70**	**109.40**	**14.44**	**5.20**	**24.58**	**3.55**			
镇江市郊	4.90	3.30	0.04	0.82	25.00	0.01			
丹徒县	73.00	30.00	4.10	5.62	18.05	0.74			
丹阳市	112.70	44.80	7.14	6.34	35.29	2.52			
句容市	87.10	31.30	3.16	3.63	8.86	0.28			
扬中市									
常州市	**358.90**	**167.50**	**6.77**	**1.89**	**13.74**	**0.93**			
武进市	172.70	86.90	2.03	1.18	25.12	0.51			
金坛市	75.20	44.80	1.59	2.11	14.47	0.23			
溧阳县	111.00	35.80	3.15	2.84	6.03	0.19			
无锡市	**248.20**	**131.40**	**3.07**	**1.24**	**28.01**	**0.86**			
宜兴市	131.80	54.60	1.63	1.24	30.06	0.49			
江阴市	116.40	76.80	1.44	1.24	25.69	0.37			
苏州市	**477.86**	**222.02**	**81.33**	**17.02**	**29.25**	**23.79**	**15.30**	**64.31**	**6.89**
张家港市	81.23	45.91	25.69	31.63	35.07	9.01	6.25	69.37	13.61
常熟市	118.61	62.97	21.60	18.21	21.99	4.75			
太仓市	77.52	28.54	32.75	42.25	29.83	9.77	9.05	92.63	31.71
吴县	98.90	55.40	0.04	0.04	25.00	0.01			
昆山市	101.60	29.20	1.25	1.23	20.00	0.25			
南京市	**421.10**	**153.60**	**16.27**	**3.86**	**16.29**	**2.65**			
江宁县	107.80	42.00	3.00	2.78	11.33	0.34			
江浦县	41.30	12.80	5.26	12.74	22.81	1.20			
六合县	118.80	35.80	2.22	1.87	18.02	0.40			
高淳县	52.30	24.60	3.43	6.56	12.24	0.42			
溧水县	59.00	20.20	2.11	3.58	10.43	0.22			
南京市郊	41.90	18.20	0.25	0.60	28.00	0.07			

5-5-10　江苏省1952年产棉县棉花生产收购明细

县市名	耕地面积（万亩）	农业人口（万人）	棉田面积（万亩）	占耕地（%）	亩产（市斤）	产量（万担）	收购量（万担）	商品率（%）	人均交售（市斤）
全省合计	**7779.77**	**2817.11**	**664.64**	**8.54**	**27.80**	**184.74**	**158.95**	**86.04**	**5.64**
徐州市	**1277.40**	**358.54**	**41.86**	**3.28**	**14.91**	**6.24**	**2.04**	**32.69**	**0.57**
丰　县	170.60	51.00	9.20	5.39	26.09	2.40	0.98	40.83	1.92
沛　县	146.20	50.90	3.30	2.26	24.24	0.80	0.05	6.25	0.10
铜山县	309.60	84.12	5.06	1.63	25.30	1.28	0.49	38.28	0.58
睢宁县	217.80	61.90	18.80	8.63	7.98	1.50	0.47	31.33	0.76
邳州市	240.90	67.72	2.60	1.08	6.15	0.16	0.05	31.25	0.07
新沂市	192.30	42.90	2.90	1.51	3.45	0.10			
连云港市	**593.70**	**138.04**	**2.50**	**0.42**	**22.00**	**0.55**	**0.01**	**1.82**	**0.01**
赣榆县	128.00	43.40	1.00	0.78	20.00	0.20			
东海县	224.10	45.90	0.70	0.31	14.29	0.10			
灌云县	241.60	48.74	0.80	0.33	31.25	0.25	0.01	4.00	0.02
灌南县									
淮阴市	**552.00**	**129.10**	**18.20**	**3.30**	**14.29**	**2.60**	**0.74**	**28.46**	**0.57**
淮安市									
淮阴县	222.50	54.60	7.60	3.42	10.53	0.80	0.34	42.50	0.62
涟水县	227.10	56.90	9.10	4.01	15.38	1.40	0.40	28.57	0.70
洪泽县									
盱眙县	102.40	17.60	1.50	1.46	26.67	0.40			
金湖县									
宿迁市	**898.60**	**217.20**	**27.90**	**3.10**	**9.68**	**2.70**	**1.54**	**57.04**	**0.71**
宿豫市	191.90	55.60	17.30	9.02	6.94	1.20	1.04	86.67	1.87
沭阳县	285.50	62.50	1.80	0.63	22.22	0.40			
泗阳县	178.90	51.10	6.40	3.58	12.50	0.80	0.50	62.50	0.98
泗洪县	242.30	48.00	2.40	0.99	12.50	0.30			
盐城市	**797.40**	**286.32**	**145.63**	**18.26**	**22.98**	**33.46**	**31.23**	**93.34**	**10.91**
响水县									
滨海县	120.69	46.63	6.74	5.58	20.47	1.38	1.96	142.03	4.20
阜宁县									
射阳县	128.07	38.19	62.13	48.51	29.29	18.20	16.06	88.24	42.05
建湖县	117.40	45.60					0.11		0.24
盐都县	165.45	60.64	0.55	0.33	18.18	0.10			
大丰市	120.25	33.12	44.21	36.77	29.29	12.95	12.27	94.75	37.05
东台市	145.54	62.14	32.00	21.99	2.59	0.83	0.83	100.00	1.34
南通市	**821.55**	**449.16**	**244.34**	**29.74**	**33.86**	**82.73**	**81.06**	**97.98**	**18.05**
南通市郊									
海安县	116.80	59.80	7.80	6.68	28.21	2.20	2.64	120.00	4.41
如皋县	164.50	93.00	20.20	12.28	33.96	6.86	8.64	125.95	9.29
如东县	172.36	70.97	48.20	27.96	32.90	15.86	18.87	118.98	26.59

5－5－10 续表

县市名	耕地面积（万亩）	农业人口（万人）	棉田面积（万亩）	占耕地（%）	亩产（市斤）	产量（万担）	收购量（万担）	商品率（%）	人均交售（市斤）
通州市	163.56	99.81	81.66	49.93	35.02	28.60	23.89	83.53	23.94
海门市	73.00	62.10	34.92	47.84	31.96	11.16	10.78	96.59	17.36
启东市	131.33	63.48	51.56	39.26	35.01	18.05	16.24	89.97	25.58
扬州市	**524.64**	**204.78**	**2.43**	**0.46**	**22.63**	**0.55**	**0.10**	**18.18**	**0.05**
扬州市郊									
高邮市	145.24	48.58	0.23	0.16	21.74	0.05	0.05	100.00	0.10
宝应县	157.20	56.40	0.30	0.19	33.33	0.10	0.01	10.00	0.02
仪征市	86.10	29.40	0.60	0.70	16.67	0.10			
江都市	136.10	70.40	1.30	0.96	23.08	0.30	0.04	13.33	0.06
邗江县									
泰州市	**574.30**	**293.73**	**37.82**	**6.59**	**28.34**	**10.72**	**11.19**	**104.38**	**3.81**
兴化市	226.30	88.03	22.62	10.00	25.29	5.72	6.05	105.77	6.87
靖江市	62.90	37.30	9.90	15.74	39.39	3.90	5.13	131.54	13.75
泰兴市	149.80	92.30	1.60	1.07	25.00	0.40	0.01	2.50	0.01
泰　县	132.90	74.20	3.50	2.63	20.00	0.70			
姜堰区	2.40	1.90	0.20	8.33					
镇江市	**309.70**	**129.10**	**18.00**	**5.81**	**32.78**	**5.90**	**3.68**	**62.37**	**2.85**
镇江市郊	5.00	3.40	0.10	2.00			0.72		21.18
丹徒县	74.50	30.60	4.00	5.37	30.00	1.20			
丹阳市	115.00	45.70	8.90	7.74	41.57	3.70	2.50	67.57	5.47
句容市	88.90	31.90	3.20	3.60	21.88	0.70	0.40	57.14	1.25
扬中市	26.30	17.50	1.80	6.84	16.67	0.30	0.06	20.00	0.34
常州市	**366.20**	**153.40**	**5.80**	**1.58**	**22.41**	**1.30**	**0.34**	**26.15**	**0.22**
武进市	176.20	88.70	2.10	1.19	33.33	0.70	0.17	24.29	0.19
金坛市	76.70	28.20	0.70	0.91	28.57	0.20	0.06	30.00	0.21
溧阳县	113.30	36.50	3.00	2.65	13.33	0.40	0.11	27.50	0.30
无锡市	**253.30**	**134.10**	**9.60**	**3.79**	**39.58**	**3.80**	**3.98**	**104.74**	**2.97**
宜兴市	134.50	55.70	0.50	0.37	20.00	0.10			
江阴市	118.80	78.40	9.10	7.66	40.66	3.70	3.98	107.57	5.08
苏州市	**381.28**	**166.84**	**92.56**	**24.28**	**31.64**	**29.29**	**19.94**	**68.08**	**11.95**
张家港市	81.11	45.81	29.80	36.74	45.00	13.41	11.32	84.41	24.71
常熟市	118.64	62.99	23.71	19.98	25.98	6.16			
太仓市	77.83	28.24	37.25	47.86	24.75	9.22	8.50	92.19	30.10
吴　县									
昆山市	103.70	29.80	1.80	1.74	27.78	0.50	0.12	24.00	0.40
南京市	**429.70**	**156.80**	**18.00**	**4.19**	**27.22**	**4.90**	**3.10**	**63.27**	**1.98**
江宁县	110.00	42.90	3.50	3.18	31.43	1.10	0.63	57.27	1.47
江浦县	42.10	13.10	6.20	14.73	35.48	2.20	1.82	82.73	13.89
六合县	121.20	36.50	2.00	1.65	20.00	0.40	0.08	20.00	0.22
高淳县	53.40	25.10	3.10	5.81	22.58	0.70	0.29	41.43	1.16
溧水县	60.20	20.60	3.10	5.15	16.13	0.50	0.27	54.00	1.31
南京市郊	42.80	18.60	0.10	0.23			0.01		0.05

5－5－11　江苏省1953年产棉县棉花生产收购明细

县市名	耕地面积（万亩）	农业人口（万人）	棉田面积（万亩）	占耕地（%）	亩产（市斤）	产量（万担）	收购量（万担）	商品率（%）	人均交售（市斤）
全省合计	**7974.69**	**2975.67**	**726.63**	**9.11**	**42.88**	**311.60**	**271.88**	**87.25**	**9.14**
徐州市	**1226.86**	**384.36**	**33.26**	**2.71**	**27.81**	**9.25**	**3.39**	**36.66**	**0.88**
丰　县	150.00	52.40	9.30	6.20	32.26	3.00	1.15	38.17	2.19
沛　县	110.10	52.20	4.10	3.72	29.27	1.20	0.08	6.33	0.15
铜山县	309.56	105.97	5.36	1.73	27.05	1.45	0.25	17.24	0.24
睢宁县	223.70	61.80	11.00	4.92	25.45	2.80	1.42	50.71	2.30
邳州市	241.00	68.29	2.60	1.08	19.23	0.50	0.50	100.00	0.73
新沂市	192.50	43.70	0.90	0.47	33.33	0.30			
连云港市	**642.00**	**145.36**	**2.90**	**0.45**	**16.21**	**0.47**			
赣榆县	130.30	46.90	0.30	0.23					
东海县	268.80	47.80	0.60	0.22	16.67	0.10			
灌云县	242.90	50.66	2.00	0.82	18.50	0.37			
灌南县									
淮阴市	**559.90**	**129.90**	**15.50**	**2.77**	**23.87**	**3.70**	**2.63**	**71.08**	**2.02**
淮安市									
淮阴县	229.80	55.60	5.80	2.52	25.86	1.50	1.00	66.67	1.80
涟水县	226.10	56.70	8.30	3.67	22.89	1.90	1.63	85.79	2.87
洪泽县									
盱眙县	104.00	17.60	1.40	1.35	21.43	0.30			
金湖县									
宿迁市	**926.00**	**221.40**	**16.00**	**1.73**	**22.50**	**3.60**	**2.63**	**73.06**	**1.19**
宿豫市	198.30	54.60	8.30	4.19	25.30	2.10	1.78	84.76	3.26
沭阳县	288.10	63.90	1.00	0.35	20.00	0.20			
泗阳县	180.00	51.80	6.10	3.39	19.67	1.20	0.85	70.83	1.64
泗洪县	259.60	51.10	0.60	0.23	16.67	0.10			
盐城市	**703.82**	**251.83**	**184.88**	**26.27**	**54.96**	**101.62**	**93.51**	**92.02**	**37.13**
响水县									
滨海县	127.13	47.04	8.35	6.57	39.75	3.32	4.83	145.48	10.27
阜宁县									
射阳县	139.16	40.55	73.09	52.52	67.23	49.14	47.10	95.85	116.15
建湖县									
盐都县	165.45	67.73	5.62	3.40	38.26	2.15	2.14	99.53	3.16
大丰市	125.82	33.34	57.92	46.03	52.23	30.25	27.48	90.84	82.42
东台市	146.26	63.17	39.90	27.28	42.01	16.76	11.96	71.36	18.93
南通市	**834.88**	**476.50**	**273.36**	**32.74**	**46.12**	**126.08**	**116.44**	**92.35**	**24.44**
南通市郊	12.50	12.70					2.69		21.18
海安县	115.10	61.00	15.60	13.55	33.97	5.30	7.59	143.21	12.44
如皋县	164.55	100.52	26.82	16.30	63.50	17.03	10.79	63.36	10.73
如东县	175.15	72.54	60.81	34.72	37.71	22.93	23.27	101.48	32.08

5－5－11 续表

县 市 名	耕地面积（万亩）	农业人口（万人）	棉田面积（万亩）	占耕地（%）	亩 产（市斤）	产 量（万担）	收购量（万担）	商品率（%）	人均交售（市斤）
通州市	163.29	102.35	77.28	47.33	46.66	36.06	30.14	83.58	29.45
海门市	73.20	63.00	35.24	48.14	43.64	15.38	14.94	97.14	23.71
启东市	131.09	64.39	57.61	43.95	51.00	29.38	27.02	91.97	41.96
扬州市	**613.20**	**253.20**	**5.93**	**0.97**	**22.09**	**1.31**	**3.34**	*	**1.32**
扬州市郊	4.50	42.80					2.93		6.85
高邮市	145.80	49.50	1.33	0.91	30.83	0.41	0.41	100.00	0.83
宝应县	156.10	58.50	0.30	0.19	33.33	0.10			
仪征市	85.70	30.30	0.70	0.82	14.29	0.10			
江都市	221.10	72.10	3.60	1.63	19.44	0.70			
邗江县									
泰州市	**575.60**	**301.23**	**55.17**	**9.58**	**40.17**	**22.16**	**16.51**	**74.50**	**5.48**
兴化市	226.30	89.63	33.37	14.75	39.44	13.16	9.65	73.33	10.77
靖江市	65.50	38.90	12.50	19.08	52.00	6.50	6.22	95.69	15.99
泰兴市	149.80	94.70	2.60	1.74	19.23	0.50			
泰 县	131.60	76.00	6.50	4.94	30.77	2.00			
姜堰区	2.40	2.00	0.20	8.33			0.64		32.00
镇江市	**314.90**	**131.50**	**17.60**	**5.59**	**24.43**	**4.30**	**0.78**	**18.18**	**0.59**
镇江市郊	4.90	3.40	0.10	2.04			0.45		13.24
丹徒县	78.20	31.90	4.00	5.12	30.00	1.20			
丹阳市	116.80	46.10	9.00	7.71	25.56	2.30	0.18	7.83	0.39
句容市	88.60	32.60	2.60	2.93	19.23	0.50	0.13	26.50	0.41
扬中市	26.40	17.50	1.90	7.20	15.79	0.30	0.02	6.43	0.11
常州市	**359.30**	**154.80**	**5.10**	**1.42**	**23.53**	**1.20**	**0.28**	**23.32**	**0.18**
武进市	165.20	90.10	2.30	1.39	26.09	0.60	0.21	35.00	0.23
金坛市	77.20	28.30	0.90	1.17	33.33	0.30	0.04	13.13	0.14
溧阳县	116.90	36.40	1.90	1.63	15.79	0.30	0.03	10.13	0.08
无锡市	**256.20**	**135.70**	**11.50**	**4.49**	**43.48**	**5.00**	**5.16**	**103.20**	**3.80**
宜兴市	136.40	57.20	0.50	0.37	20.00	0.10			
江阴市	119.80	78.50	11.00	9.18	44.55	4.90	5.16	105.31	6.57
苏州市	**529.73**	**230.19**	**88.03**	**16.62**	**33.41**	**29.41**	**24.78**	**84.26**	**10.77**
张家港市	80.65	50.58	31.57	39.14	48.02	15.16	12.59	83.05	24.89
常熟市	118.72	63.00	22.30	18.78	33.41	7.45	6.44	86.44	10.22
太仓市	77.66	28.61	32.56	41.93	19.66	6.40	5.67	88.59	19.82
吴 县	147.80	57.80	0.10	0.07					
昆山市	104.90	30.20	1.50	1.43	26.67	0.40	0.08	20.10	0.27
南京市	**432.30**	**159.70**	**17.40**	**4.02**	**20.11**	**3.50**	**2.43**	**69.33**	**1.52**
江宁县	126.00	43.60	3.00	2.38	16.67	0.50	0.28	56.00	0.64
江浦县	43.30	13.30	7.00	16.17	31.43	2.20	1.99	90.45	14.96
六合县	130.10	36.90	1.80	1.38	11.11	0.20			
高淳县	53.60	25.90	2.70	5.04	11.11	0.30	0.02	5.87	0.07
溧水县	61.00	21.00	2.60	4.26	7.69	0.20	0.07	34.50	0.33
南京市郊	18.30	19.00	0.30	1.64	33.33	0.10	0.07	70.00	0.37

5－5－12　江苏省1954年产棉县棉花生产收购明细

县市名	耕地面积（万亩）	农业人口（万人）	棉田面积（万亩）	占耕地（%）	亩产（市斤）	产量（万担）	收购量（万担）	商品率（%）	人均交售（市斤）
全省合计	**8059.56**	**3028.47**	**792.15**	**9.83**	**19.33**	**153.12**	**131.88**	**86.13**	**4.35**
徐州市	**1221.34**	**376.41**	**29.15**	**2.39**	**22.30**	**6.50**	**2.58**	**39.69**	**0.69**
丰　县	150.40	53.60	9.60	6.38	34.38	3.30	1.36	41.21	2.54
沛　县	109.40	53.70	3.70	3.38	29.73	1.10	0.57	51.82	1.06
铜山县	310.24	90.00	4.05	1.31	27.90	1.13	0.27	23.89	0.30
睢宁县	217.80	63.60	9.70	4.45	7.22	0.70	0.37	52.86	0.58
邳州市	242.00	70.41	1.90	0.79	14.21	0.27	0.01	3.70	0.01
新沂市	191.50	45.10	0.20	0.10					
连云港市	**624.03**	**149.95**	**1.50**	**0.24**	**25.33**	**0.38**	**0.01**	**2.63**	**0.01**
赣榆县	131.50	48.40	0.30	0.23					
东海县	241.10	48.60	0.30	0.12	33.33	0.10	0.01	10.00	0.02
灌云县	251.43	52.95	0.90	0.36	31.11	0.28			
灌南县									
淮阴市	**555.00**	**132.30**	**14.50**	**2.61**	**8.97**	**1.30**	**0.70**	**54.00**	**0.53**
淮安市									
淮阴县	222.00	56.40	5.30	2.39	7.55	0.40	0.25	62.50	0.44
涟水县	226.80	57.80	8.00	3.53	7.50	0.60	0.45	75.33	0.78
洪泽县									
盱眙县	106.20	18.10	1.20	1.13	25.00	0.30			
金湖县									
宿迁市	**948.90**	**227.50**	**15.60**	**1.64**	**7.69**	**1.20**	**0.56**	**46.75**	**0.25**
宿豫市	179.90	56.60	8.20	4.56	7.32	0.60	0.38	63.17	0.67
沭阳县	290.60	65.70	0.50	0.17	20.00	0.10			
泗阳县	213.50	53.80	5.70	2.67	7.02	0.40	0.18	45.50	0.34
泗洪县	264.90	51.40	1.20	0.45	8.33	0.10			
盐城市	**866.89**	**312.93**	**238.88**	**27.56**	**12.76**	**30.48**	**21.65**	**71.03**	**6.92**
响水县									
滨海县	127.39	49.06	20.98	16.47	4.96	1.04	1.92	184.62	3.91
阜宁县	136.60	48.60	0.60	0.44	16.67	0.10			
射阳县	154.93	44.11	103.69	66.93	19.44	20.16	13.38	66.37	30.33
建湖县									
盐都县	165.54	69.99	6.43	3.88	10.89	0.70	0.70	100.00	1.00
大丰市	134.18	36.13	86.22	64.26	7.28	6.28	3.45	54.94	9.55
东台市	148.25	65.04	20.96	14.14	10.50	2.20	2.20	100.00	3.38
南通市	**819.29**	**487.42**	**307.82**	**37.57**	**24.77**	**76.24**	**74.33**	**97.49**	**15.25**
南通市郊	12.50	12.70					1.73		13.62
海安县	114.90	62.80	22.10	19.23	4.98	1.10	1.86	169.09	2.96
如皋县	164.49	102.06	29.87	18.16	19.45	5.81	5.93	102.07	5.81
如东县	176.65	72.27	47.07	26.65	13.89	6.54	6.42	98.17	8.88

5－5－12 续表

县市名	耕地面积（万亩）	农业人口（万人）	棉田面积（万亩）	占耕地（%）	亩产（市斤）	产量（万担）	收购量（万担）	商品率（%）	人均交售（市斤）
通州市	163.64	107.14	97.11	59.34	23.06	22.39	21.44	95.76	20.01
海门市	56.40	64.20	42.17	74.77	28.57	12.05	10.69	88.71	16.65
启东市	130.71	66.25	69.50	53.17	40.79	28.35	26.26	92.63	39.64
扬州市	**593.57**	**215.58**	**3.39**	**0.57**	**10.03**	**0.34**	**0.07**	**21.06**	**0.03**
扬州市郊									
高邮市	144.57	49.98	0.29	0.20	13.79	0.04	0.04	100.00	0.08
宝应县	145.00	61.20	0.20	0.14			0.02		0.03
仪征市	85.40	31.50	0.50	0.59	20.00	0.10		1.70	0.01
江都市	218.60	72.90	2.40	1.10	8.33	0.20	0.01	5.55	0.02
邗江县									
泰州市	**578.74**	**302.70**	**61.84**	**10.69**	**8.36**	**5.17**	**9.04**	**174.85**	**2.99**
兴化市	229.64	87.20	35.64	15.52	8.33	2.97	6.41	*	7.35
靖江市	65.40	38.30	16.50	25.23	9.70	1.60	2.31	144.38	6.03
泰兴市	149.00	96.90	2.40	1.61	8.33	0.20			
泰　县	132.30	78.30	7.30	5.52	5.48	0.40			
姜堰区	2.40	2.00					0.32		16.00
镇江市	**311.70**	**132.80**	**16.00**	**5.13**	**17.50**	**2.80**	**1.33**	**47.44**	**1.00**
镇江市郊	4.90	3.30	0.10	2.04			0.22		6.67
丹徒县	77.20	32.60	3.80	4.92	7.89	0.30			
丹阳市	115.90	47.60	7.60	6.56	28.95	2.20	0.88	40.01	1.85
句容市	88.20	31.80	1.90	2.15	15.79	0.30	0.23	76.00	0.72
扬中市	25.50	17.50	2.60	10.20					
常州市	**357.80**	**156.90**	**3.40**	**0.95**	**11.76**	**0.40**	**0.15**	**38.00**	**0.10**
武进市	167.10	90.60	1.70	1.02	11.76	0.20	0.06	28.20	0.06
金坛市	75.60	29.70	0.40	0.53	25.00	0.10	0.03	31.10	0.10
溧阳县	115.10	36.60	1.30	1.13	7.69	0.10	0.06	64.50	0.18
无锡市	**249.40**	**137.30**	**9.50**	**3.81**	**35.79**	**3.40**	**3.18**	**93.53**	**2.32**
宜兴市	132.80	58.80	0.30	0.23					
江阴市	116.60	78.50	9.20	7.89	36.96	3.40	3.18	93.53	4.05
苏州市	**497.70**	**233.08**	**77.87**	**15.65**	**30.06**	**23.41**	**17.01**	**72.66**	**7.30**
张家港市	80.45	51.37	28.91	35.94	37.43	10.82	7.34	67.84	14.29
常熟市	118.79	63.30	22.07	18.58	35.48	7.83	5.74	73.31	9.07
太仓市	76.96	29.01	25.99	33.77	17.93	4.66	3.93	84.33	13.55
吴　县	117.60	58.40	0.10	0.09					
昆山市	103.90	31.00	0.80	0.77	12.50	0.10			
南京市	**435.20**	**163.60**	**12.70**	**2.92**	**11.81**	**1.50**	**1.26**	**84.26**	**0.77**
江宁县	124.10	44.60	1.70	1.37	11.76	0.20	0.20	100.00	0.45
江浦县	46.60	13.80	5.60	12.02	16.07	0.90	0.91	101.11	6.59
六合县	130.10	38.30	1.30	1.00	7.69	0.10		2.70	0.01
高淳县	53.70	26.10	2.10	3.91	4.76	0.10	0.06	60.00	0.23
溧水县	60.80	21.60	1.90	3.13	5.26	0.10	0.09	91.20	0.42
南京市郊	19.90	19.20	0.10	0.50	100.00	0.10			

5-5-13 江苏省1955年产棉县棉花生产收购明细

县市名	耕地面积（万亩）	农业人口（万人）	棉田面积（万亩）	占耕地（%）	亩产（市斤）	产量（万担）	收购量（万担）	商品率（%）	人均交售（市斤）
全省合计	**7833.65**	**2996.82**	**988.57**	**12.62**	**42.13**	**416.45**	**372.70**	**89.49**	**12.44**
徐州市	**1091.41**	**337.66**	**44.29**	**4.06**	**25.54**	**11.31**	**3.42**	**30.22**	**1.01**
丰县	170.60	54.50	18.70	10.96	26.74	5.00	2.35	47.00	4.31
沛县	146.10	55.20	10.50	7.19	30.48	3.20	0.50	15.56	0.90
铜山县	312.91	90.63	5.39	1.72	23.56	1.27	0.56	44.09	0.62
睢宁县	217.80	65.70	8.10	3.72	19.75	1.60			
邳州市	244.00	71.63	1.60	0.66	15.00	0.24	0.01	4.17	0.01
新沂市									
连云港市	**500.08**	**103.79**	**2.50**	**0.50**	**36.40**	**0.91**	**0.02**	**2.20**	**0.02**
赣榆县									
东海县	241.50	49.90	0.20	0.08	50.00	0.10			
灌云县	258.58	53.89	2.30	0.89	35.22	0.81	0.02	2.47	0.04
灌南县									
淮阴市	**553.10**	**136.70**	**17.00**	**3.07**	**12.94**	**2.20**	**1.29**	**58.64**	**0.94**
淮安市									
淮阴县	213.90	57.20	6.50	3.04	20.00	1.30	0.87	66.92	1.52
涟水县	226.90	59.80	9.20	4.05	6.52	0.60	0.42	70.00	0.70
洪泽县									
盱眙县	112.30	19.70	1.30	1.16	23.08	0.30			
金湖县									
宿迁市	**945.50**	**234.30**	**17.50**	**1.85**	**19.43**	**3.40**	**1.41**	**41.47**	**0.60**
宿豫市	213.50	59.30	8.20	3.84	19.51	1.60	0.81	50.63	1.37
沭阳县	293.60	67.80	0.50	0.17	20.00	0.10			
泗阳县	175.90	54.90	7.20	4.09	20.83	1.50	0.60	40.00	1.09
泗洪县	262.50	52.30	1.60	0.61	12.50	0.20			
盐城市	**894.20**	**324.96**	**325.26**	**36.37**	**34.51**	**112.25**	**97.57**	**86.92**	**30.03**
响水县									
滨海县	133.78	50.43	28.91	21.61	8.37	2.42	4.09	169.01	8.11
阜宁县	136.40	51.20	0.70	0.51	28.57	0.20	0.12	60.00	0.23
射阳县	169.80	45.33	120.59	71.02	33.58	40.49	35.07	86.61	77.37
建湖县									
盐都县	165.47	73.62	12.64	7.64	26.66	3.37	3.10	91.99	4.21
大丰市	139.02	37.37	98.71	71.00	34.66	34.21	28.76	84.07	76.96
东台市	149.73	67.01	63.71	42.55	49.54	31.56	26.43	83.75	39.44
南通市	**822.87**	**496.32**	**404.82**	**49.20**	**52.10**	**210.90**	**197.58**	**93.68**	**39.81**
南通市郊	12.50	13.00					2.33		17.92
海安县	114.60	64.80	25.80	22.51	41.86	10.80	11.90	110.19	18.36
如皋县	164.25	103.23	37.80	23.01	43.99	16.63	15.97	96.03	15.47
如东县	176.21	76.79	83.89	47.61	40.60	34.06	31.77	93.28	41.37

5－5－13 续表

县 市 名	耕地面积（万亩）	农业人口（万人）	棉田面积（万亩）	占耕地（%）	亩 产（市斤）	产 量（万担）	收购量（万担）	商品率（%）	人均交售（市斤）
通州市	163.89	104.83	100.76	61.48	51.93	52.32	44.60	85.24	42.55
海门市	61.40	66.10	55.74	90.78	53.00	29.54	26.28	88.96	39.76
启东市	130.02	67.57	100.83	77.55	66.99	67.55	64.73	95.83	95.80
扬州市	**607.12**	**213.73**	**3.61**	**0.59**	**25.48**	**0.92**	**0.16**	**17.23**	**0.07**
扬州市郊									
高邮市	143.42	43.03	0.41	0.29	29.27	0.12	0.12	100.00	0.28
宝应县	161.40	63.90	0.20	0.12					
仪征市	85.00	32.20	0.80	0.94	25.00	0.20		0.85	0.01
江都市	217.30	74.60	2.20	1.01	27.27	0.60	0.04	6.13	0.05
邗江县									
泰州市	**574.54**	**309.69**	**48.35**	**8.42**	**39.44**	**19.07**	**20.01**	**104.95**	**6.46**
兴化市	229.64	87.69	23.45	10.21	37.83	8.87	10.51	118.49	11.99
靖江市	61.70	40.10	15.70	25.45	41.40	6.50	6.43	98.92	16.03
泰兴市	148.40	99.40	2.90	1.95	24.14	0.70	0.02	3.39	0.02
泰 县	132.40	80.50	5.80	4.38	48.28	2.80			
姜堰区	2.40	2.00	0.50	20.83	40.00	0.20	3.05	*	152.50
镇江市	**307.20**	**135.90**	**18.80**	**6.12**	**29.26**	**5.50**	**4.51**	**81.97**	**3.32**
镇江市郊	4.10	3.30	0.10	2.44			0.63		19.09
丹徒县	75.90	33.60	3.60	4.74	19.44	0.70			
丹阳市	115.30	48.00	11.80	10.23	35.59	4.20	3.48	82.86	7.25
句容市	88.20	33.40	2.10	2.38	19.05	0.40	0.31	77.50	0.93
扬中市	23.70	17.60	1.20	5.06	16.67	0.20	0.09	44.25	0.50
常州市	**357.40**	**159.90**	**2.60**	**0.73**	**19.23**	**0.50**	**0.31**	**61.06**	**0.19**
武进市	167.00	91.40	1.30	0.78	23.08	0.30	0.18	60.00	0.20
金坛市	75.10	30.80	0.40	0.53	25.00	0.10	0.04	44.30	0.14
溧阳县	115.30	37.70	0.90	0.78	11.11	0.10	0.08	81.00	0.21
无锡市	**248.80**	**139.90**	**9.90**	**3.98**	**52.53**	**5.20**	**5.56**	**106.92**	**3.97**
宜兴市	132.90	59.80	0.30	0.23					
江阴市	115.90	80.10	9.60	8.28	54.17	5.20	5.56	106.92	6.94
苏州市	**498.73**	**237.37**	**79.34**	**15.91**	**50.53**	**40.09**	**37.37**	**93.22**	**15.74**
张家港市	80.57	51.88	31.93	39.63	57.50	18.36	17.39	94.72	33.52
常熟市	118.86	64.99	22.74	19.13	59.76	13.59	12.89	94.85	19.83
太仓市	77.10	30.10	24.07	31.22	32.57	7.84	7.09	90.43	23.55
吴 县	118.50	58.90	0.10	0.08	100.00	0.10			
昆山市	103.70	31.50	0.50	0.48	40.00	0.20			
南京市	**432.70**	**166.60**	**14.60**	**3.37**	**28.77**	**4.20**	**3.50**	**83.27**	**2.10**
江宁县	124.20	45.30	1.90	1.53	21.05	0.40	0.32	79.25	0.70
江浦县	46.20	14.10	6.50	14.07	43.08	2.80	2.60	92.86	18.44
六合县	129.40	38.90	1.40	1.08	21.43	0.30	0.05	18.10	0.14
高淳县	53.90	26.20	2.70	5.01	14.81	0.40	0.35	87.50	1.34
溧水县	60.80	22.30	2.00	3.29	10.00	0.20	0.18	88.00	0.79
南京市郊	18.20	19.80	0.10	0.55	100.00	0.10			

5-5-14 江苏省1956年产棉县棉花生产收购明细

县市名	耕地面积（万亩）	农业人口（万人）	棉田面积（万亩）	占耕地（%）	亩产（市斤）	产量（万担）	收购量（万担）	商品率（%）	人均交售（市斤）
全省合计	**8302.49**	**3281.13**	**969.00**	**11.67**	**21.33**	**206.73**	**187.47**	**90.68**	**5.71**
徐州市	**1273.30**	**389.06**	**92.13**	**7.24**	**25.85**	**23.82**	**18.30**	**76.83**	**4.70**
丰县	170.60	55.00	38.70	22.68	30.23	11.70	9.47	80.94	17.22
沛县	151.50	55.70	21.20	13.99	29.25	6.20	5.36	86.45	9.62
铜山县	305.00	91.16	8.23	2.70	24.54	2.02	1.51	74.75	1.66
睢宁县	211.80	66.70	20.50	9.68	17.56	3.60	1.95	54.17	2.92
邳州市	244.00	74.10	2.50	1.02	12.00	0.30	0.01	3.33	0.01
新沂市	190.40	46.40	1.00	0.53					
连云港市	**633.50**	**162.40**	**8.70**	**1.37**	**12.64**	**1.10**	**0.83**	**75.45**	**0.51**
赣榆县	131.40	51.50	0.10	0.08					
东海县	241.10	50.60	1.00	0.41					
灌云县	261.00	60.30	7.60	2.91	14.47	1.10	0.83	75.45	1.38
灌南县									
淮阴市	**765.40**	**221.40**	**38.90**	**5.08**	**3.08**	**1.20**	**0.41**	**34.53**	**0.19**
淮安市	207.10	77.30	0.60	0.29					
淮阴县	208.90	60.20	16.10	7.71	3.11	0.50	0.26	51.00	0.42
涟水县	222.90	60.60	20.90	9.38	2.87	0.60	0.15	24.83	0.25
洪泽县	6.50	2.00							
盱眙县	120.00	21.30	1.30	1.08	7.69	0.10	0.01	10.30	0.05
金湖县									
宿迁市	**919.20**	**239.10**	**38.60**	**4.20**	**8.29**	**3.20**	**2.08**	**65.00**	**0.87**
宿豫市	210.40	60.90	11.40	5.42	16.67	1.90	1.13	59.47	1.86
沭阳县	288.80	69.90	0.20	0.07					
泗阳县	169.90	55.30	25.00	14.71	4.40	1.10	0.95	86.36	1.72
泗洪县	250.10	53.00	2.00	0.80	10.00	0.20			
盐城市	**1015.83**	**392.42**	**275.96**	**27.17**	**13.96**	**38.52**	**39.97**	**103.77**	**10.19**
响水县									
滨海县	132.91	51.12	15.38	11.57	9.62	1.48	2.96	*	5.79
阜宁县	143.10	58.50	0.80	0.56	25.00	0.20	0.08	40.00	0.14
射阳县	175.76	45.54	115.93	65.96	15.60	18.08	16.70	92.37	36.67
建湖县	106.10	50.50	4.10	3.86	24.39	1.00	0.94	94.40	1.87
盐都县	166.47	76.94	7.12	4.28	10.96	0.78	0.75	96.15	0.97
大丰市	137.01	39.82	93.83	68.48	12.80	12.01	9.62	80.10	24.16
东台市	154.48	70.00	38.80	25.12	12.81	4.97	8.92	179.48	12.74
南通市	**846.03**	**492.00**	**366.82**	**43.36**	**27.14**	**99.56**	**90.52**	**90.92**	**18.40**
南通市郊									
海安县	115.50	65.70	23.50	20.35	15.32	3.60	3.51	97.50	5.34
如皋县	163.76	104.43	36.85	22.50	20.41	7.52	6.70	89.10	6.42
如东县	176.63	77.26	75.12	42.53	18.14	13.63	13.35	97.95	17.28

5－5－1 续表

县市名	耕地面积（万亩）	农业人口（万人）	棉田面积（万亩）	占耕地（%）	亩产（市斤）	产量（万担）	收购量（万担）	商品率（%）	人均交售（市斤）
通州市	163.84	108.11	94.39	57.61	28.84	27.22	23.59	86.66	21.82
海门市	97.90	67.20	53.29	54.43	31.99	17.05	14.71	86.28	21.89
启东市	128.40	69.30	83.67	65.16	36.50	30.54	28.66	93.84	41.36
扬州市	**591.36**	**279.48**	**1.17**	**0.20**	**10.40**	**0.12**	**0.02**	**20.21**	**0.01**
扬州市郊									
高邮市	143.66	54.54	0.07	0.05	28.57	0.02	0.02	100.00	0.04
宝应县	164.50	70.40	0.10	0.06					
仪征市	83.90	33.10	0.30	0.36	0.57			100.00	0.01
江都市	136.50	76.80	0.60	0.44	16.67	0.10		2.90	
邗江县	62.80	44.64	0.10	0.16					
泰州市	**564.38**	**315.36**	**40.83**	**7.23**	**17.54**	**7.16**	**7.03**	**98.18**	**2.23**
兴化市	222.18	92.76	20.83	9.38	15.65	3.26	3.53	108.28	3.81
靖江市	62.80	41.10	15.90	25.32	19.50	3.10	3.21	103.55	7.81
泰兴市	147.00	98.70	1.00	0.68	40.00	0.40	0.29	72.50	0.29
泰　县	132.40	82.80	3.10	2.34	12.90	0.40			
姜堰区									
镇江市	**298.40**	**138.20**	**13.40**	**4.49**	**11.94**	**1.60**	**1.11**	**69.19**	**0.80**
镇江市郊	4.70	3.20	0.10	2.13			0.23		7.18
丹徒县	74.80	32.90	3.20	4.28	15.63	0.50			
丹阳市	111.70	49.00	8.80	7.88	12.50	1.10	0.67	61.01	1.37
句容市	86.70	35.40	1.00	1.15			0.07		0.20
扬中市	20.50	17.70	0.30	1.46			0.14		0.77
常州市	**356.40**	**161.30**	**1.20**	**0.34**	**8.33**	**0.10**	**0.21**	**208.00**	**0.13**
武进市	167.50	90.80	0.70	0.42	14.29	0.10	0.03	29.00	0.03
金坛市	77.70	31.20	0.10	0.13					
溧阳县	111.20	39.30	0.40	0.36			0.18		0.46
无锡市	**116.30**	**79.10**	**8.70**	**7.48**	**31.03**	**2.70**	**2.97**	**110.00**	**3.75**
宜兴市									
江阴市	116.30	79.10	8.70	7.48	31.03	2.70	2.97	110.00	3.75
苏州市	**496.69**	**243.51**	**71.69**	**14.43**	**36.20**	**25.95**	**22.82**	**87.94**	**9.37**
张家港市	79.95	53.00	29.43	36.81	38.77	11.41	9.94	87.12	18.75
常熟市	118.93	66.19	22.66	19.05	41.39	9.38	8.35	89.02	12.62
太仓市	76.51	30.52	19.40	25.36	26.08	5.06	4.53	89.53	14.84
吴　县	118.60	60.50	0.10	0.08	100.00	0.10			
昆山市	102.70	33.30	0.10	0.10					
南京市	**425.70**	**167.80**	**10.90**	**2.56**	**15.62**	**1.70**	**1.20**	**70.28**	**0.71**
江宁县	108.70	44.90	1.40	1.29	14.29	0.20	0.14	69.00	0.31
江浦县	42.70	14.00	6.40	14.99	17.19	1.10	1.05	95.45	7.50
六合县	120.60	39.30	0.70	0.58	14.29	0.10	0.01	5.90	0.02
高淳县	52.70	25.80	2.00	3.80	10.00	0.20			
溧水县	60.10	22.60	0.30	0.50	0.90			100.00	0.01
南京市郊	40.90	21.20	0.10	0.24	100.00	0.10			

5－5－15　江苏省1957年产棉县棉花生产收购明细

县市名	耕地面积（万亩）	农业人口（万人）	棉田面积（万亩）	占耕地（%）	亩产（市斤）	产量（万担）	收购量（万担）	商品率（%）	人均交售（市斤）
全省合计	**7950.13**	**3198.54**	**868.69**	**10.93**	**34.40**	**298.86**	**268.40**	**89.81**	**8.39**
徐州市	**1060.10**	**351.07**	**80.49**	**7.59**	**18.44**	**14.84**	**14.07**	**94.78**	**4.01**
丰　县	166.40	55.60	39.28	23.61	13.75	5.40	5.00	92.50	8.98
沛　县	151.20	56.20	13.88	9.18	15.85	2.20	2.12	96.36	3.77
铜山县	301.00	94.16	8.46	2.81	21.04	1.78	1.27	71.35	1.35
睢宁县	205.50	69.70	17.97	8.74	30.16	5.42	5.67	104.61	8.13
邳州市	236.00	75.41	0.90	0.38	4.44	0.04	0.01	25.00	0.01
新沂市									
连云港市	**505.41**	**123.66**	**6.92**	**1.37**	**28.47**	**1.97**	**1.71**	**86.80**	**1.38**
赣榆县									
东海县	234.90	52.30	0.01		100.00	0.01			
灌云县	177.51	40.56	5.40	3.04	32.96	1.78	1.71	96.07	4.22
灌南县	93.00	30.80	1.51	1.62	11.92	0.18			
淮阴市	**545.40**	**148.30**	**25.45**	**4.67**	**21.61**	**5.50**	**5.61**	**101.94**	**3.78**
淮安市									
淮阴县	170.70	52.80	16.02	9.38	18.04	2.89	3.42	118.34	6.48
涟水县	218.50	62.10	9.12	4.17	27.74	2.53	2.17	85.77	3.49
洪泽县	41.00	11.10							
盱眙县	115.20	22.30	0.31	0.27	25.81	0.08	0.02	20.88	0.07
金湖县									
宿迁市	**899.60**	**242.30**	**39.64**	**4.41**	**34.71**	**13.76**	**11.44**	**83.10**	**4.72**
宿豫市	208.40	61.70	11.14	5.35	31.78	3.54	3.27	92.37	5.30
沭阳县	282.30	71.60	6.50	2.30	24.92	1.62	0.30	18.21	0.41
泗阳县	167.00	56.20	21.28	12.74	40.04	8.52	7.87	92.37	14.00
泗洪县	241.90	52.80	0.72	0.30	11.11	0.08			
盐城市	**978.23**	**396.84**	**251.87**	**25.75**	**29.96**	**75.47**	**64.76**	**85.81**	**16.32**
响水县									
滨海县	123.50	52.26	10.75	8.70	13.12	1.41	1.41	100.00	2.70
阜宁县	135.30	59.70	0.55	0.41	27.27	0.15	0.11	73.33	0.18
射阳县	175.50	46.96	91.52	52.15	27.28	24.97	24.47	98.00	52.11
建湖县	105.40	50.60	3.74	3.55	41.18	1.54	1.38	89.61	2.73
盐都县	158.36	77.16	5.70	3.60	24.74	1.41	1.03	73.05	1.33
大丰市	136.62	39.03	86.61	63.39	26.94	23.33	16.28	69.78	41.71
东台市	143.55	71.13	53.00	36.92	42.75	22.66	20.08	88.61	28.23
南通市	**840.11**	**513.36**	**324.31**	**38.60**	**40.15**	**130.20**	**115.24**	**88.51**	**22.45**
南通市郊	11.00	12.40					1.29		10.40
海安县	115.00	66.80	20.89	18.17	40.98	8.56	7.67	89.60	11.48
如皋县	160.97	107.21	34.89	21.67	29.64	10.34	9.09	87.91	8.48
如东县	162.87	78.25	66.52	40.84	35.45	23.58	23.63	100.21	30.20

5－5－15 续表

县市名	耕地面积（万亩）	农业人口（万人）	棉田面积（万亩）	占耕地（%）	亩产（市斤）	产量（万担）	收购量（万担）	商品率（%）	人均交售（市斤）
通州市	164.70	108.38	85.51	51.92	44.02	37.64	28.12	74.71	25.95
海门市	97.90	68.10	46.99	48.00	40.01	18.80	15.49	82.39	22.75
启东市	127.67	72.22	69.51	54.45	45.00	31.28	29.95	95.75	41.47
扬州市	**619.35**	**284.41**	**0.50**	**0.08**	**25.00**	**0.13**	**0.06**	**46.40**	**0.02**
扬州市郊	79.20	48.50	0.05	0.06	20.00	0.01			
高邮市	142.25	55.41	0.06	0.04	33.33	0.02	0.02	100.00	0.04
宝应县	171.10	71.90	0.02	0.01	25.00	0.01	0.01	158.00	0.01
仪征市	80.50	33.40	0.22	0.27	18.18	0.04	0.01	25.25	0.03
江都市	146.30	75.20	0.15	0.10	33.33	0.05	0.02	40.00	0.03
邗江县									
泰州市	**696.77**	**322.60**	**42.50**	**6.10**	**36.05**	**15.32**	**14.74**	**96.23**	**4.57**
兴化市	222.17	96.00	22.33	10.05	38.83	8.67	9.06	104.50	9.44
靖江市	62.10	41.50	15.69	25.27	35.05	5.50	4.81	87.45	11.59
泰兴市	146.30	99.50	0.69	0.47	24.64	0.17			
泰　县	132.40	83.50	3.35	2.53	25.97	0.87			
姜堰区	133.80	2.10	0.44	0.33	25.00	0.11	0.87	*	41.57
镇江市	**296.10**	**104.60**	**11.87**	**4.01**	**25.11**	**2.98**	**3.03**	**101.77**	**2.90**
镇江市郊	77.20	3.20	2.53	3.28	22.92	0.58	0.83	143.57	26.02
丹徒县									
丹阳市	112.10	50.00	8.28	7.39	26.21	2.17	2.05	94.47	4.10
句容市	86.30	33.50	0.86	1.00	23.26	0.20	0.15	75.00	0.45
扬中市	20.50	17.90	0.20	0.98	15.00	0.03			
常州市	**355.20**	**164.20**	**0.46**	**0.13**	**23.91**	**0.11**	**0.07**	**63.82**	**0.04**
武进市	167.90	92.70	0.34	0.20	26.47	0.09	0.06	68.89	0.07
金坛市	74.40	31.70	0.05	0.07	20.00	0.01			
溧阳县	112.90	39.80	0.07	0.06	14.29	0.01	0.01	82.00	0.02
无锡市	**246.80**	**136.10**	**6.53**	**2.65**	**45.94**	**3.00**	**3.62**	**120.67**	**2.66**
宜兴市	133.80	54.80	0.03	0.02					
江阴市	113.00	81.30	6.50	5.75	46.15	3.00	3.62	120.67	4.45
苏州市	**488.86**	**242.30**	**69.23**	**14.16**	**47.77**	**33.07**	**31.60**	**95.55**	**13.04**
张家港市	78.35	53.83	26.63	33.99	46.75	12.45	12.22	98.15	22.70
常熟市	118.94	64.20	22.35	18.79	56.73	12.68	12.09	95.35	18.83
太仓市	76.17	30.27	19.98	26.23	39.14	7.82	7.29	93.22	24.08
吴　县	116.00	61.60	0.16	0.14	50.00	0.08			
昆山市	99.40	32.40	0.11	0.11	36.36	0.04			
南京市	**418.20**	**168.80**	**8.92**	**2.13**	**28.14**	**2.51**	**2.45**	**97.80**	**1.45**
江宁县	106.60	45.10	0.90	0.84	33.33	0.30	0.30	100.53	0.67
江浦县	42.70	14.20	5.57	13.04	31.42	1.75	1.81	103.43	12.75
六合县	117.00	39.80	0.26	0.22	30.77	0.08	0.04	44.63	0.09
高淳县	52.70	26.30	1.89	3.59	14.81	0.28	0.26	92.86	0.99
溧水县	59.40	23.20	0.18	0.30	38.89	0.07	0.02	25.00	0.08
南京市郊	39.80	20.20	0.12	0.30	25.00	0.03	0.03	100.00	0.15

5－5－16　江苏省1958年产棉县棉花生产收购明细

县市名	耕地面积（万亩）	农业人口（万人）	棉田面积（万亩）	占耕地（%）	亩产（市斤）	产量（万担）	收购量（万担）	商品率（%）	人均交售（市斤）
全省合计	**7180.05**	**3191.80**	**768.84**	**10.71**	**52.93**	**406.95**	**392.07**	**96.34**	**12.28**
徐州市	**945.90**	**352.43**	**78.97**	**8.35**	**24.72**	**19.52**	**15.19**	**77.82**	**4.31**
丰　县	152.90	55.60	29.26	19.14	28.88	8.45	5.62	66.51	10.11
沛　县	135.00	56.20	15.14	11.21	17.37	2.63	2.64	100.38	4.70
铜山县	271.00	94.43	10.34	3.82	27.66	2.86	1.68	58.74	1.78
睢宁县	182.00	69.70	22.93	12.60	22.81	5.23	4.99	95.41	7.16
邳州市	205.00	76.50	1.30	0.63	26.92	0.35	0.26	74.29	0.34
新沂市									
连云港市	**451.20**	**123.66**	**10.93**	**2.42**	**19.40**	**2.12**	**2.50**	**117.92**	**2.02**
赣榆县									
东海县	191.10	52.30				0.01			
灌云县	167.10	40.56	7.58	4.54	19.00	1.44	1.79	124.31	4.41
灌南县	93.00	30.80	3.35	3.60	20.00	0.67	0.71	105.97	2.31
淮阴市	**680.10**	**226.60**	**39.82**	**5.86**	**29.36**	**11.69**	**12.89**	**110.28**	**5.69**
淮安市	188.90	78.30	5.88	3.11	37.93	2.23	1.93	86.55	2.46
淮阴县	136.00	52.80	15.30	11.25	30.33	4.64	6.58	141.81	12.46
涟水县	163.40	62.10	18.18	11.13	25.58	4.65	4.34	93.33	6.99
洪泽县	33.70	11.10							
盱眙县	95.50	22.30	0.36	0.38	44.44	0.16	0.04	25.75	0.18
金湖县	62.60		0.10	0.16	10.00	0.01			
宿迁市	**723.70**	**242.30**	**44.75**	**6.18**	**63.73**	**28.52**	**24.68**	**86.54**	**10.19**
宿豫市	150.10	61.70	15.05	10.03	59.87	9.01	6.08	67.48	9.85
沭阳县	247.50	71.60	6.92	2.80	19.65	1.36	2.64	194.12	3.69
泗阳县	148.50	56.20	20.08	13.52	88.25	17.72	15.48	87.36	27.54
泗洪县	177.60	52.80	2.70	1.52	15.93	0.43	0.48	111.86	0.91
盐城市	**934.49**	**402.91**	**197.30**	**21.11**	**49.72**	**98.10**	**87.30**	**88.99**	**21.67**
响水县									
滨海县	119.89	53.17	7.28	6.07	8.93	0.65	0.65	100.00	1.22
阜宁县	133.50	59.70	1.08	0.81	31.48	0.34	0.18	52.94	0.30
射阳县	158.72	47.94	64.00	40.32	37.80	24.19	22.50	93.01	46.93
建湖县	99.50	50.60				1.67	1.85	110.78	3.66
盐都县	154.14	78.74	8.94	5.80	35.57	3.18	2.77	87.11	3.52
大丰市	119.99	40.65	65.40	54.50	55.02	35.98	27.65	76.85	68.02
东台市	148.75	72.11	50.60	34.02	63.42	32.09	31.70	98.78	43.96
南通市	**803.23**	**517.03**	**273.35**	**34.03**	**65.11**	**177.97**	**176.30**	**99.06**	**34.10**
南通市郊	9.80	12.40					2.62		21.13
海安县	106.90	66.80	18.46	17.27	54.71	10.10	9.83	97.33	14.72
如皋县	156.15	109.62	31.40	20.11	45.99	14.44	13.79	95.50	12.58
如东县	157.14	78.47	51.37	32.69	59.39	30.51	30.81	100.98	39.26

5－5－16续表

县 市 名	耕地面积（万亩）	农业人口（万人）	棉田面积（万亩）	占耕地（%）	亩　产（市斤）	产　量（万担）	收购量（万担）	商品率（%）	人均交售（市斤）
通州市	149.63	109.62	71.94	48.08	62.54	44.99	43.29	96.22	39.49
海门市	97.20	68.40	36.34	37.39	73.45	26.69	26.00	97.41	38.01
启东市	126.41	71.72	63.84	50.50	80.26	51.24	49.96	97.50	69.66
扬州市	**511.36**	**283.41**	**0.72**	**0.14**	**22.64**	**0.16**	**0.12**	**74.29**	**0.04**
扬州市郊	70.00	48.50	0.13	0.19	15.38	0.02	0.01	35.00	0.01
高邮市	134.46	54.41	0.05	0.04	40.00	0.02	0.02	100.00	0.04
宝应县	107.30	71.90	0.01	0.01	30.00			123.33	0.01
仪征市	74.80	33.40	0.21	0.28	9.52	0.02	0.02	91.00	0.05
江都市	124.80	75.20	0.32	0.26	31.25	0.10	0.07	72.20	0.10
邗江县									
泰州市	**656.17**	**322.96**	**36.65**	**5.59**	**38.31**	**14.04**	**13.35**	**95.06**	**4.13**
兴化市	217.17	96.36	21.53	9.91	25.55	5.50	6.15	111.82	6.38
靖江市	54.60	41.50	11.00	20.15	61.82	6.80	6.33	93.09	15.25
泰兴市	130.80	99.50	0.25	0.19	24.00	0.06	0.05	76.33	0.05
泰　县	132.40	83.50	2.64	1.99	28.79	0.76			
姜堰区	121.20	2.10	1.23	1.01	74.80	0.92	0.82	89.13	39.05
镇江市	**269.10**	**104.60**	**10.12**	**3.76**	**31.92**	**3.23**	**4.05**	**125.37**	**3.87**
镇江市郊	72.50	3.20	2.23	3.08	30.04	0.67	1.21	180.60	37.81
丹徒县									
丹阳市	99.00	50.00	7.00	7.07	33.00	2.31	2.72	117.75	5.44
句容市	77.00	33.50	0.88	1.14	28.41	0.25	0.12	47.80	0.36
扬中市	20.60	17.90	0.01	0.05					
常州市	**227.80**	**124.40**	**0.08**	**0.04**	**25.00**	**0.02**	**0.04**	**218.50**	**0.04**
武进市	156.00	92.70	0.07	0.04	28.57	0.02	0.04	218.50	0.05
金坛市	71.80	31.70	0.01	0.01					
溧阳县									
无锡市	**107.90**	**81.30**	**0.02**	**0.02**			**5.28**		**6.49**
宜兴市									
江阴市	107.90	81.30	0.02	0.02			5.28		6.49
苏州市	**481.40**	**241.40**	**68.17**	**14.16**	**71.06**	**48.44**	**47.20**	**97.43**	**19.55**
张家港市	76.40	54.40	26.62	34.84	73.33	19.52	19.04	97.54	35.00
常熟市	112.93	62.33	22.02	19.50	77.06	16.97	16.48	97.11	26.44
太仓市	74.67	30.67	19.34	25.90	61.22	11.84	11.59	97.89	37.79
吴　县	124.00	61.60	0.15	0.12	60.00	0.09	0.07	80.44	0.12
昆山市	93.40	32.40	0.04	0.04	50.00	0.02	0.01	64.00	0.04
南京市	**387.70**	**168.80**	**7.96**	**2.05**	**39.45**	**3.14**	**3.17**	**100.94**	**1.88**
江宁县	101.90	45.10	0.60	0.59	50.00	0.30	0.25	83.33	0.55
江浦县	38.80	14.20	4.60	11.86	50.00	2.30	2.26	98.26	15.92
六合县	102.50	39.80	1.40	1.37	19.29	0.27	0.30	111.48	0.76
高淳县	52.20	26.30	1.17	2.24	17.95	0.21	0.24	114.29	0.91
溧水县	56.60	23.20	0.02	0.04					
南京市郊	35.70	20.20	0.17	0.48	35.29	0.06	0.12	197.50	0.59

5－5－17　江苏省1959年产棉县棉花生产收购明细

县市名	耕地面积（万亩）	农业人口（万人）	棉田面积（万亩）	占耕地（%）	亩产（市斤）	产量（万担）	收购量（万担）	商品率（%）	人均交售（市斤）
全省合计	**6724.84**	**3082.70**	**702.69**	**10.45**	**48.67**	**342.02**	**339.88**	**99.37**	**11.03**
徐州市	**909.30**	**338.76**	**69.32**	**7.62**	**28.14**	**19.51**	**17.19**	**88.11**	**5.07**
丰　县	147.90	53.80	22.73	15.37	23.58	5.36	5.13	95.71	9.54
沛　县	132.10	52.80	15.09	11.42	32.34	4.88	4.06	83.20	7.69
铜山县	256.00	88.45	11.19	4.37	25.11	2.81	2.84	101.07	3.21
睢宁县	173.30	68.40	17.11	9.87	30.45	5.21	4.33	83.11	6.33
邳州市	200.00	75.31	3.20	1.60	39.06	1.25	0.83	66.40	1.10
新沂市									
连云港市	**432.91**	**125.23**	**9.06**	**2.09**	**25.61**	**2.32**	**2.75**	**118.69**	**2.20**
赣榆县									
东海县	182.40	50.70	1.04	0.57	19.23	0.20	0.10	48.30	0.19
灌云县	158.71	43.73	4.84	3.05	23.97	1.16	2.01	173.28	4.60
灌南县	91.80	30.80	3.18	3.46	30.19	0.96	0.65	67.40	2.10
淮阴市	**647.70**	**233.20**	**28.91**	**4.46**	**24.32**	**7.03**	**7.25**	**103.17**	**3.11**
淮安市	180.20	80.30	5.88	3.26	22.11	1.30	1.62	124.62	2.02
淮阴县	126.90	46.40	10.90	8.59	23.58	2.57	3.04	118.29	6.55
涟水县	157.40	52.70	10.39	6.60	26.56	2.76	2.31	83.70	4.38
洪泽县	30.00	11.60							
盱眙县	92.70	24.20	1.50	1.62	25.33	0.38	0.28	74.47	1.17
金湖县	60.50	18.00	0.24	0.40	8.33	0.02			
宿迁市	**723.90**	**248.40**	**34.58**	**4.78**	**47.63**	**16.47**	**16.29**	**98.89**	**6.56**
宿豫市	138.10	63.80	5.44	3.94	40.44	2.20	1.87	85.00	2.93
沭阳县	241.10	74.20	6.74	2.80	21.36	1.44	1.85	128.47	2.49
泗阳县	144.50	57.80	19.62	13.58	61.06	11.98	11.94	99.67	20.66
泗洪县	200.20	52.60	2.78	1.39	30.58	0.85	0.63	73.88	1.19
盐城市	**921.31**	**406.14**	**201.83**	**21.91**	**45.76**	**92.35**	**85.69**	**92.79**	**21.10**
响水县									
滨海县	116.45	54.48	9.16	7.87	17.25	1.58	1.58	100.00	2.90
阜宁县	130.70	59.00	1.11	0.85	40.54	0.45	0.40	89.56	0.68
射阳县	155.80	47.63	53.68	34.45	34.37	18.45	15.90	86.18	33.38
建湖县	100.80	50.50	9.87	9.79	23.00	2.27	2.11	92.95	4.18
盐都县	151.52	79.41	20.30	13.40	45.07	9.15	8.96	97.92	11.28
大丰市	121.64	43.12	53.21	43.74	51.02	27.15	23.88	87.96	55.38
东台市	144.40	72.00	54.50	37.74	61.10	33.30	32.86	98.68	45.64
南通市	**764.22**	**510.98**	**238.41**	**31.20**	**58.95**	**140.55**	**142.38**	**101.30**	**27.86**
南通市郊	9.20	10.50					1.69		16.10
海安县	104.40	68.40	21.38	20.48	48.04	10.27	10.41	101.36	15.22
如皋县	146.59	107.18	30.59	20.87	42.50	13.00	13.80	106.15	12.88
如东县	155.55	75.33	49.05	31.53	52.66	25.83	26.18	101.36	34.75

5－5－17续表

县 市 名	耕地面积（万亩）	农业人口（万人）	棉田面积（万亩）	占耕地（%）	亩 产（市斤）	产 量（万担）	收购量（万担）	商品率（%）	人均交售（市斤）
通州市	146.52	108.41	57.43	39.20	58.45	33.57	33.56	99.97	30.96
海门市	87.60	68.50	28.49	32.52	66.87	19.05	19.35	101.57	28.25
启东市	114.36	72.66	51.47	45.01	75.44	38.83	37.39	96.29	51.46
扬州市	**491.81**	**262.16**	**1.81**	**0.37**	**21.55**	**0.39**	**0.39**	**99.10**	**0.15**
扬州市郊	66.50	46.60	0.35	0.53	11.43	0.04	0.05	129.25	0.11
高邮市	132.21	53.16	0.20	0.15	20.00	0.04	0.04	100.00	0.08
宝应县	104.70	56.90	0.16	0.15	25.00	0.04	0.03	78.75	0.06
仪征市	69.50	33.10	0.26	0.37	11.54	0.03	0.03	94.33	0.09
江都市	118.90	72.40	0.84	0.71	28.57	0.24	0.24	97.92	0.32
邗江县									
泰州市	**637.20**	**318.89**	**35.78**	**5.62**	**38.96**	**13.94**	**14.33**	**102.79**	**4.49**
兴化市	209.40	93.39	18.90	9.03	28.10	5.31	6.16	116.01	6.60
靖江市	52.80	40.70	12.53	23.73	57.46	7.20	6.80	94.44	16.71
泰兴市	125.70	99.00	0.54	0.43	24.07	0.13	0.13	99.23	0.13
泰 县	132.40	83.70	2.89	2.18	28.37	0.82			
姜堰区	116.90	2.10	0.92	0.79	52.17	0.48	1.24	*	59.05
镇江市	**243.90**	**116.50**	**12.48**	**5.12**	**30.53**	**3.81**	**3.80**	**99.74**	**3.26**
镇江市郊	70.10	33.80	1.88	2.68	34.04	0.64	0.65	101.72	1.93
丹徒县									
丹阳市	99.10	48.80	9.36	9.45	30.02	2.81	3.01	107.12	6.17
句容市	74.70	33.90	1.24	1.66	29.03	0.36	0.14	38.61	0.41
扬中市									
常州市	**151.00**	**82.00**	**0.05**	**0.03**	**20.00**	**0.01**	**0.02**	**169.00**	**0.02**
武进市	151.00	82.00	0.05	0.03	20.00	0.01	0.02	169.00	0.02
金坛市									
溧阳县									
无锡市	**106.60**	**78.90**					**4.92**		**6.24**
宜兴市									
江阴市	106.60	78.90					4.92		6.24
苏州市	**378.29**	**220.04**	**63.85**	**16.88**	**68.71**	**43.87**	**43.06**	**98.15**	**19.57**
张家港市	73.27	53.93	25.09	34.24	71.38	17.91	17.86	99.72	33.12
常熟市	109.68	62.26	20.15	18.37	78.21	15.76	15.33	97.27	24.62
太仓市	72.54	30.75	18.41	25.38	54.75	10.08	9.87	97.92	32.10
吴 县	122.80	73.10	0.20	0.16	60.00	0.12			
昆山市									
南京市	**316.70**	**141.50**	**6.61**	**2.09**	**26.78**	**1.77**	**1.81**	**102.05**	**1.28**
江宁县	98.20	43.50	0.35	0.36	62.86	0.22	0.17	77.27	0.39
江浦县	37.10	14.90	4.55	12.26	26.37	1.20	1.32	110.00	8.86
六合县	99.40	39.40	0.67	0.67	37.31	0.25	0.21	83.20	0.53
高淳县	50.90	24.20	0.95	1.87	5.26	0.05	0.05	96.60	0.20
溧水县									
南京市郊	31.10	19.50	0.09	0.29	55.56	0.05	0.06	120.00	0.31

5－5－18　江苏省1960年产棉县棉花生产收购明细

县市名	耕地面积（万亩）	农业人口（万人）	棉田面积（万亩）	占耕地（%）	亩产（市斤）	产量（万担）	收购量（万担）	商品率（%）	人均交售（市斤）
全省合计	**6505.54**	**2996.04**	**718.63**	**11.05**	**34.85**	**250.46**	**239.33**	**95.56**	**7.99**
徐州市	**896.10**	**335.42**	**68.21**	**7.61**	**24.20**	**16.51**	**15.06**	**91.22**	**4.49**
丰　县	147.70	53.20	21.18	14.34	22.10	4.68	4.89	104.49	9.19
沛　县	134.10	50.20	16.97	12.65	25.10	4.26	4.18	98.12	8.33
铜山县	249.00	88.26	9.02	3.62	21.62	1.95	0.75	38.46	0.85
睢宁县	166.30	68.40	16.94	10.19	28.87	4.89	4.21	86.09	6.15
邳州市	199.00	75.36	4.10	2.06	17.80	0.73	1.03	141.10	1.37
新沂市									
连云港市	**353.99**	**134.59**	**11.24**	**3.18**	**20.91**	**2.35**	**2.11**	**89.79**	**1.57**
赣榆县	97.80	54.80							
东海县									
灌云县	158.99	44.09	5.83	3.67	27.10	1.58	1.31	82.91	2.97
灌南县	97.20	35.70	5.41	5.57	14.23	0.77	0.80	103.90	2.24
淮阴市	**604.00**	**206.10**	**27.61**	**4.57**	**23.11**	**6.38**	**5.36**	**83.97**	**2.60**
淮安市	170.40	76.50	8.09	4.75	23.86	1.93	1.56	80.83	2.04
淮阴县	125.30	33.10	10.00	7.98	21.30	2.13	1.85	86.85	5.59
涟水县	150.00	52.60	8.65	5.77	26.01	2.25	1.92	85.33	3.65
洪泽县									
盱眙县	100.50	25.30	0.44	0.44	13.64	0.06	0.02	31.67	0.08
金湖县	57.80	18.60	0.43	0.74	2.33	0.01	0.01	82.00	0.04
宿迁市	**717.00**	**240.80**	**47.69**	**6.65**	**44.50**	**21.22**	**19.85**	**93.54**	**8.24**
宿豫市	137.50	60.30	6.48	4.71	35.65	2.31	2.18	94.37	3.62
沭阳县	233.80	74.10	7.80	3.34	27.05	2.11	1.37	64.93	1.85
泗阳县	140.00	55.50	31.52	22.51	51.94	16.37	15.86	96.88	28.58
泗洪县	205.70	50.90	1.89	0.92	22.75	0.43	0.44	102.33	0.86
盐城市	**929.47**	**410.39**	**236.46**	**25.44**	**29.78**	**70.42**	**66.74**	**94.78**	**16.26**
响水县									
滨海县	112.95	56.07	15.27	13.52	7.14	1.09	1.09	100.00	1.94
阜宁县	130.20	61.10	15.01	11.53	29.98	4.50	4.66	103.56	7.63
射阳县	160.54	50.77	53.37	33.24	24.30	12.97	11.62	89.59	22.89
建湖县	101.30	45.20	13.86	13.68	24.46	3.39	3.25	95.87	7.19
盐都县	150.99	80.04	31.38	20.78	36.46	11.44	10.12	88.47	12.64
大丰市	122.94	42.37	54.59	44.40	28.39	15.50	14.77	95.29	34.86
东台市	150.55	74.84	52.98	35.19	40.64	21.53	21.23	98.61	28.37
南通市	**758.68**	**499.20**	**203.11**	**26.77**	**36.14**	**73.40**	**71.59**	**97.53**	**14.34**
南通市郊	8.70	12.70					0.28		2.20
海安县	109.20	61.80	19.73	18.07	31.88	6.29	5.51	87.60	8.92
如皋县	143.47	105.71	29.93	20.86	26.70	7.99	7.62	95.37	7.21
如东县	152.66	76.33	37.75	24.73	28.74	10.85	10.15	93.55	13.30

5－5－18 续表

县市名	耕地面积（万亩）	农业人口（万人）	棉田面积（万亩）	占耕地（%）	亩产（市斤）	产量（万担）	收购量（万担）	商品率（%）	人均交售（市斤）
通州市	143.76	103.09	41.53	28.89	24.66	10.24	10.75	104.98	10.43
海门市	87.80	67.30	27.92	31.80	41.33	11.54	11.29	97.83	16.78
启东市	113.09	72.27	46.25	40.90	57.28	26.49	25.99	98.11	35.96
扬州市	**484.70**	**242.68**	**4.19**	**0.86**	**6.92**	**0.29**	**0.26**	**89.17**	**0.11**
扬州市郊	65.90	44.40	0.31	0.47	12.90	0.04	0.04	100.00	0.09
高邮市	128.80	50.68	2.78	2.16	1.80	0.05	0.05	100.00	0.10
宝应县	103.90	48.90	0.18	0.17	16.67	0.03	0.02	75.33	0.05
仪征市	68.70	30.50	0.14	0.20	7.14	0.01			
江都市	117.40	68.20	0.78	0.66	20.51	0.16	0.15	91.25	0.21
邗江县									
泰州市	**576.60**	**317.99**	**31.45**	**5.45**	**36.92**	**11.61**	**12.47**	**107.41**	**3.92**
兴化市	206.70	85.59	17.25	8.35	30.20	5.21	6.31	121.11	7.37
靖江市	50.90	40.30	10.25	20.14	52.68	5.40	5.19	96.11	12.88
泰兴市	123.40	89.10	0.77	0.62	23.38	0.18	0.18	100.00	0.20
泰　县	81.40	79.60	2.30	2.83	23.04	0.53			
姜堰区	114.20	23.40	0.88	0.77	32.95	0.29	0.79	272.41	3.38
镇江市	**230.60**	**107.40**	**12.81**	**5.56**	**23.03**	**2.95**	**1.76**	**59.49**	**1.63**
镇江市郊	58.50	28.20	1.65	2.82	26.67	0.44	0.37	82.95	1.29
丹徒县									
丹阳市	97.80	47.40	6.51	6.66	29.49	1.92	1.15	59.90	2.43
句容市	74.30	31.80	4.65	6.26	12.69	0.59	0.24	40.68	0.75
扬中市									
常州市	**102.00**	**39.40**					**0.07**		**0.19**
武进市									
金坛市									
溧阳县	102.00	39.40					0.07		0.19
无锡市	**106.00**	**80.40**	**5.50**	**5.19**	**72.73**	**4.00**	**4.90**	**122.50**	**6.09**
宜兴市									
江阴市	106.00	80.40	5.50	5.19	72.73	4.00	4.90	122.50	6.09
苏州市	**375.10**	**218.87**	**63.52**	**16.93**	**62.88**	**39.94**	**37.92**	**94.95**	**17.33**
张家港市	73.02	53.83	25.06	34.32	58.30	14.61	13.17	90.14	24.47
常熟市	108.29	62.48	19.92	18.40	82.73	16.48	16.16	98.06	25.86
太仓市	72.49	30.46	18.37	25.34	47.80	8.78	8.59	97.84	28.20
吴　县	121.30	72.10	0.17	0.14	41.18	0.07		3.86	
昆山市									
南京市	**371.30**	**162.80**	**6.84**	**1.84**	**20.32**	**1.39**	**1.25**	**89.65**	**0.77**
江宁县	98.50	41.20	0.27	0.27	51.85	0.14	0.16	111.43	0.38
江浦县	38.80	15.60	3.43	8.84	27.11	0.93	0.83	89.25	5.32
六合县	98.10	36.30	0.45	0.46	20.00	0.09	0.05	58.67	0.15
高淳县	47.60	24.10	2.49	5.23	7.23	0.18	0.16	88.33	0.66
溧水县	53.20	21.10	0.20	0.38	25.00	0.05	0.01	16.80	0.04
南京市郊	35.10	24.50					0.04		0.16

5－5－19　江苏省1961年产棉县棉花生产收购明细

县市名	耕地面积（万亩）	农业人口（万人）	棉田面积（万亩）	占耕地（%）	亩产（市斤）	产量（万担）	收购量（万担）	商品率（%）	人均交售（市斤）
全省合计	**6384.07**	**2983.25**	**659.06**	**10.32**	**42.86**	**282.47**	**267.55**	**94.72**	**8.97**
徐州市	**1031.10**	**384.93**	**54.71**	**5.31**	**20.31**	**11.11**	**10.28**	**92.53**	**2.67**
丰　县	145.70	54.60	15.09	10.36	21.34	3.22	2.74	85.09	5.02
沛　县	133.90	52.50	11.41	8.52	21.65	2.47	2.26	91.50	4.30
铜山县	248.00	88.68	9.82	3.96	19.55	1.92	1.61	83.85	1.82
睢宁县	168.20	67.40	13.80	8.20	20.43	2.82	3.28	116.31	4.87
邳州市	201.00	76.35	3.80	1.89	17.89	0.68	0.39	57.35	0.51
新沂市	134.30	45.40	0.79	0.59					
连云港市	**540.43**	**185.34**	**6.68**	**1.24**	**27.54**	**1.84**	**1.46**	**79.37**	**0.79**
赣榆县	98.10	51.80	0.06	0.06	33.33	0.02			
东海县	190.80	50.50					0.02		0.04
灌云县	156.83	46.04	3.84	2.45	46.09	1.77	0.96	54.24	2.09
灌南县	94.70	37.00	2.78	2.94	1.80	0.05	0.48	*	1.30
淮阴市	**594.30**	**232.70**	**14.50**	**2.44**	**22.14**	**3.21**	**2.92**	**91.04**	**1.26**
淮安市	169.60	77.70	1.09	0.64	17.43	0.19	0.27	141.58	0.35
淮阴县	124.60	54.90	5.38	4.32	14.50	0.78	0.93	119.10	1.69
涟水县	142.00	52.90	6.92	4.87	28.03	1.94	1.71	88.14	3.23
洪泽县									
盱眙县	99.90	27.80	1.08	1.08	26.85	0.29	0.01	2.10	0.02
金湖县	58.20	19.40	0.03	0.05	33.33	0.01	0.01	82.00	0.04
宿迁市	**704.50**	**249.50**	**36.33**	**5.16**	**39.99**	**14.53**	**13.85**	**95.32**	**5.55**
宿豫市	133.40	62.60	6.08	4.56	29.44	1.79	1.84	102.79	2.94
沭阳县	232.70	77.50	6.35	2.73	17.17	1.09	1.29	118.35	1.66
泗阳县	135.40	57.50	22.00	16.25	50.00	11.00	10.23	93.00	17.79
泗洪县	203.00	51.90	1.90	0.94	34.21	0.65	0.49	75.38	0.94
盐城市	**926.79**	**413.82**	**206.33**	**22.26**	**38.53**	**79.49**	**77.72**	**97.77**	**18.78**
响水县									
滨海县	112.16	57.67	7.71	6.87	8.04	0.62	0.62	100.00	1.08
阜宁县	126.20	60.10	9.43	7.47	27.25	2.57	2.67	103.89	4.44
射阳县	160.57	52.40	49.57	30.87	30.14	14.94	14.93	99.93	28.49
建湖县	100.60	45.80	9.72	9.66	30.56	2.97	3.10	104.38	6.77
盐都县	150.00	80.17	24.14	16.09	48.63	11.74	10.37	88.33	12.94
大丰市	125.12	43.51	51.94	41.51	40.20	20.88	20.64	98.85	47.44
东台市	152.14	74.17	53.82	35.38	47.88	25.77	25.39	98.53	34.23
南通市	**751.49**	**511.38**	**233.42**	**31.06**	**50.69**	**118.31**	**111.78**	**94.48**	**21.86**
南通市郊	9.20	13.10					0.25		1.91
海安县	108.60	66.10	20.10	18.51	36.37	7.31	7.21	98.63	10.91
如皋县	141.41	105.67	30.32	21.44	34.93	10.59	9.83	92.82	9.30
如东县	151.50	77.73	53.97	35.62	48.84	26.36	25.62	97.19	32.96

5-5-19 续表

县市名	耕地面积（万亩）	农业人口（万人）	棉田面积（万亩）	占耕地（%）	亩产（市斤）	产量（万担）	收购量（万担）	商品率（%）	人均交售（市斤）
通州市	141.52	104.72	51.40	36.32	44.59	22.92	22.07	96.29	21.08
海门市	85.10	68.80	27.13	31.88	53.48	14.51	13.58	93.59	19.74
启东市	114.16	75.26	50.50	44.24	72.51	36.62	33.22	90.72	44.14
扬州市	**412.19**	**199.05**	**0.65**	**0.16**	**16.92**	**0.11**	**0.08**	**72.55**	**0.04**
扬州市郊									
高邮市	126.69	50.35	0.03	0.02	33.33	0.01	0.01	100.00	0.02
宝应县	101.70	52.00	0.02	0.02					
仪征市	66.80	30.50	0.17	0.25	5.88	0.01	0.01	63.00	0.02
江都市	117.00	66.20	0.43	0.37	20.93	0.09	0.06	70.56	0.10
邗江县									
泰州市	**495.29**	**324.37**	**32.51**	**6.56**	**37.34**	**12.14**	**11.56**	**95.22**	**3.56**
兴化市	207.49	88.87	19.15	9.23	35.87	6.87	6.30	91.70	7.09
靖江市	50.50	39.80	9.88	19.56	43.52	4.30	4.18	97.21	10.50
泰兴市	123.50	95.10	0.04	0.03	25.00	0.01	0.01	94.00	0.01
泰　县	81.40	77.20	2.85	3.50	28.77	0.82	0.89	108.54	1.15
姜堰区	32.40	23.40	0.59	1.82	23.73	0.14	0.18	128.57	0.77
镇江市	**243.80**	**118.90**	**7.80**	**3.20**	**25.77**	**2.01**	**1.55**	**76.92**	**1.30**
镇江市郊	69.30	36.50	1.10	1.59	27.27	0.30	0.22	72.00	0.59
丹徒县									
丹阳市	97.40	49.20	6.30	6.47	25.40	1.60	1.33	83.13	2.70
句容市	77.10	33.20	0.40	0.52	27.50	0.11			
扬中市									
常州市									
武进市									
金坛市									
溧阳县									
无锡市									
宜兴市									
江阴市									
苏州市	**369.18**	**219.66**	**60.80**	**16.47**	**63.16**	**38.40**	**36.32**	**94.58**	**16.53**
张家港市	72.69	54.50	23.33	32.10	59.49	13.88	12.34	88.90	22.64
常熟市	107.25	63.97	18.92	17.64	77.27	14.62	14.47	98.97	22.62
太仓市	72.44	30.49	18.35	25.33	53.73	9.86	9.47	96.04	31.06
吴　县	116.80	70.70	0.20	0.17	20.00	0.04	0.04	100.00	0.06
昆山市									
南京市	**315.00**	**143.60**	**5.33**	**1.69**	**24.77**	**1.32**	**0.03**	**2.49**	**0.02**
江宁县	97.30	42.60	0.26	0.27	34.62	0.09			
江浦县	38.60	14.80	3.63	9.40	26.72	0.97			
六合县	97.00	37.00	0.90	0.93	23.33	0.21			
高淳县	47.10	24.20	0.50	1.06	8.00	0.04	0.03	82.25	0.14
溧水县									
南京市郊	35.00	25.00	0.04	0.11	25.00	0.01			

5－5－20　江苏省1962年产棉县棉花生产收购明细

县市名	耕地面积（万亩）	农业人口（万人）	棉田面积（万亩）	占耕地（%）	亩产（市斤）	产量（万担）	收购量（万担）	商品率（%）	人均交售（市斤）
全省合计	**7006.46**	**3409.44**	**615.31**	**8.78**	**26.56**	**163.45**	**155.60**	**95.20**	**4.56**
徐州市	**1041.00**	**402.07**	**47.36**	**4.55**	**16.58**	**7.85**	**6.38**	**81.24**	**1.59**
丰　县	146.90	56.40	11.75	8.00	22.30	2.62	1.89	72.14	3.35
沛　县	136.60	55.30	9.20	6.73	19.78	1.82	1.39	76.37	2.51
铜山县	252.00	93.23	9.26	3.67	10.69	0.99	1.01	102.02	1.08
睢宁县	168.20	69.60	13.11	7.79	15.48	2.03	1.80	88.67	2.59
邳州市	200.00	80.94	2.90	1.45	8.62	0.25	0.23	92.00	0.28
新沂市	137.30	46.60	1.14	0.83	12.28	0.14	0.06	40.71	0.12
连云港市	**539.11**	**191.42**	**6.44**	**1.19**	**14.13**	**0.91**	**0.80**	**88.23**	**0.42**
赣榆县	99.00	52.30	0.12	0.12	33.33	0.04			
东海县	187.80	51.80	0.72	0.38	15.28	0.11	0.04	40.82	0.09
灌云县	158.21	48.32	3.73	2.36	17.16	0.64	0.62	96.88	1.28
灌南县	94.10	39.00	1.87	1.99	6.42	0.12	0.14	115.00	0.35
淮阴市	**604.20**	**240.10**	**13.35**	**2.21**	**5.17**	**0.69**	**0.66**	**96.09**	**0.28**
淮安市	170.90	81.40	0.34	0.20	2.94	0.01	0.04	*	0.04
淮阴县	129.90	57.10	5.27	4.06	5.69	0.30	0.22	73.33	0.39
涟水县	142.50	53.90	6.91	4.85	4.05	0.28	0.35	125.00	0.65
洪泽县									
盱眙县	100.30	28.60	0.71	0.71	14.08	0.10	0.06	57.00	0.20
金湖县	60.60	19.10	0.12	0.20					
宿迁市	**708.10**	**261.40**	**32.50**	**4.59**	**19.91**	**6.47**	**6.19**	**95.64**	**2.37**
宿豫市	131.50	64.70	5.40	4.11	11.48	0.62	0.65	104.03	1.00
沭阳县	233.40	81.50	6.80	2.91	8.09	0.55	0.27	48.55	0.33
泗阳县	137.30	59.70	18.82	13.71	27.10	5.10	5.09	99.80	8.53
泗洪县	205.90	55.50	1.48	0.72	13.51	0.20	0.19	93.00	0.34
盐城市	**933.28**	**428.94**	**184.57**	**19.78**	**14.69**	**27.12**	**25.95**	**95.67**	**6.05**
响水县									
滨海县	114.31	59.18	6.15	5.38	5.85	0.36	0.36	100.00	0.61
阜宁县	126.00	61.80	8.93	7.09	3.58	0.32	0.50	157.50	0.82
射阳县	161.04	57.18	45.14	28.03	5.74	2.59	1.92	74.13	3.36
建湖县	100.80	47.70	9.20	9.13	9.13	0.84	0.90	107.38	1.89
盐都县	150.13	81.91	19.71	13.13	15.07	2.97	2.31	77.78	2.82
大丰市	126.27	44.62	44.36	35.13	11.43	5.07	5.07	100.00	11.36
东台市	154.73	76.55	51.08	33.01	29.31	14.97	14.88	99.40	19.44
南通市	**748.75**	**528.51**	**227.83**	**30.43**	**36.01**	**82.04**	**79.04**	**96.34**	**14.96**
南通市郊	9.20	13.90					0.16		1.15
海安县	109.00	68.40	19.97	18.32	22.58	4.51	4.51	100.00	6.59
如皋县	141.42	107.51	30.44	21.52	28.84	8.78	8.15	92.82	7.58
如东县	150.47	80.11	52.45	34.86	38.47	20.18	20.03	99.26	25.00

5-5-20 续表

县市名	耕地面积（万亩）	农业人口（万人）	棉田面积（万亩）	占耕地（%）	亩产（市斤）	产量（万担）	收购量（万担）	商品率（%）	人均交售（市斤）
通州市	140.69	109.35	46.49	33.04	36.65	17.04	17.13	100.53	15.67
海门市	84.40	71.90	28.13	33.33	35.48	9.98	8.80	88.18	12.24
启东市	113.57	77.34	50.35	44.33	42.80	21.55	20.26	94.01	26.20
扬州市	**474.33**	**254.75**	**0.39**	**0.08**	**7.69**	**0.03**			
扬州市郊	65.40	48.40	0.01	0.02					
高邮市	124.93	51.35	0.02	0.02					
宝应县	102.00	54.50	0.01	0.01					
仪征市	66.20	31.60	0.02	0.03					
江都市	115.80	68.90	0.33	0.28	9.09	0.03			
邗江县									
泰州市	**495.27**	**307.99**	**28.17**	**5.69**	**24.25**	**6.83**	**7.21**	**105.60**	**2.34**
兴化市	206.27	88.89	14.83	7.19	17.73	2.63	3.19	121.29	3.59
靖江市	51.50	42.20	9.18	17.83	42.70	3.92	3.64	92.86	8.63
泰兴市	123.80	97.80	0.05	0.04	20.00	0.01	0.02	*	0.02
泰　县	81.20	55.70	3.41	4.20	4.40	0.15	0.21	138.67	0.37
姜堰区	32.50	23.40	0.70	2.15	17.14	0.12	0.15	125.00	0.64
镇江市	**237.30**	**123.10**	**7.40**	**3.12**	**15.54**	**1.15**	**0.88**	**76.17**	**0.71**
镇江市郊									
丹徒县	66.50	36.70	1.09	1.64	20.18	0.22	0.14	63.64	0.38
丹阳市	95.80	51.80	6.06	6.33	14.69	0.89	0.73	81.57	1.40
句容市	75.00	34.60	0.25	0.33	16.00	0.04	0.01	25.00	0.03
扬中市									
常州市	**312.40**	**169.30**	**0.11**	**0.04**	**18.18**	**0.02**	**0.01**	**43.00**	**0.01**
武进市	141.40	90.00	0.09	0.06	22.22	0.02	0.01	43.00	0.01
金坛市	69.10	35.20	0.01	0.01					
溧阳县	101.90	44.10	0.01	0.01					
无锡市	**82.80**	**66.40**	**0.28**	**0.34**	**35.71**	**0.10**	**0.08**	**80.00**	**0.12**
宜兴市									
江阴市	82.80	66.40	0.28	0.34	35.71	0.10	0.08	80.00	0.12
苏州市	**461.22**	**262.36**	**62.30**	**13.51**	**46.77**	**29.14**	**27.59**	**94.68**	**10.52**
张家港市	73.65	56.94	25.21	34.23	37.05	9.34	8.61	92.18	15.12
常熟市	107.87	67.52	18.62	17.26	66.86	12.45	12.10	97.19	17.92
太仓市	73.10	31.50	18.24	24.95	39.80	7.26	6.87	94.63	21.81
吴　县	117.10	72.90	0.13	0.11	30.77	0.04	0.01	25.00	0.01
昆山市	89.50	33.50	0.10	0.11	50.00	0.05			
南京市	**368.70**	**173.10**	**4.61**	**1.25**	**23.86**	**1.10**	**0.82**	**74.49**	**0.47**
江宁县	97.70	44.60	0.21	0.21	23.81	0.05	0.05	108.80	0.12
江浦县	39.00	15.50	3.00	7.69	26.67	0.80	0.59	73.38	3.79
六合县	96.50	38.70	0.72	0.75	13.89	0.10	0.12	118.00	0.30
高淳县	46.50	25.30	0.56	1.20	21.43	0.12	0.04	33.33	0.16
溧水县	52.50	22.60	0.08	0.15	12.50	0.01			
南京市郊	36.50	26.40	0.04	0.11	50.00	0.02	0.02	100.00	0.08

5-5-21 江苏省1963年产棉县棉花生产收购明细

县市名	耕地面积（万亩）	农业人口（万人）	棉田面积（万亩）	占耕地（%）	亩产（市斤）	产量（万担）	收购量（万担）	商品率（%）	人均交售（市斤）
全省合计	**7008.06**	**3516.19**	**724.35**	**10.34**	**49.89**	**361.37**	**344.05**	**95.21**	**9.78**
徐州市	**1031.70**	**416.87**	**50.34**	**4.88**	**3.95**	**1.99**	**1.46**	**73.33**	**0.35**
丰县	145.10	58.00	13.66	9.41	8.57	1.17	0.70	59.57	1.20
沛县	136.50	57.10	9.37	6.86	1.81	0.17	0.08	47.41	0.14
铜山县	252.00	96.70	9.08	3.60	1.32	0.12	0.18	150.00	0.19
睢宁县	168.50	72.10	14.46	8.58	2.77	0.40	0.38	95.05	0.53
邳州市	198.00	84.17	3.00	1.52	2.67	0.08	0.07	87.50	0.08
新沂市	131.60	48.80	0.77	0.59	6.49	0.05	0.05	103.00	0.11
连云港市	**535.52**	**194.91**	**6.32**	**1.18**	**10.92**	**0.69**	**0.64**	**92.81**	**0.33**
赣榆县	98.50	53.60	0.11	0.11	18.18	0.02			
东海县	183.80	53.90	0.29	0.16	10.34	0.03		3.67	
灌云县	159.52	47.21	3.15	1.97	18.73	0.59	0.58	98.31	1.23
灌南县	93.70	40.20	2.77	2.96	1.81	0.05	0.06	118.60	0.15
淮阴市	**576.00**	**238.50**	**9.56**	**1.66**	**3.35**	**0.32**	**0.46**	**143.72**	**0.19**
淮安市	146.70	74.40	0.42	0.29	2.38	0.01	0.01	91.00	0.01
淮阴县	127.90	58.60	3.07	2.40	1.63	0.05	0.08	154.60	0.13
涟水县	141.20	56.00	5.68	4.02	4.23	0.24	0.36	151.38	0.65
洪泽县									
盱眙县	100.00	30.10	0.35	0.35	5.71	0.02	0.01	51.00	0.03
金湖县	60.20	19.40	0.04	0.07					
宿迁市	**702.80**	**270.80**	**28.72**	**4.09**	**9.47**	**2.72**	**2.75**	**101.12**	**1.02**
宿豫市	133.00	66.70	5.43	4.08	2.21	0.12	0.17	140.42	0.25
沭阳县	232.30	85.30	3.84	1.65	2.60	0.10	0.11	107.20	0.13
泗阳县	133.40	61.50	18.48	13.85	13.42	2.48	2.45	98.82	3.98
泗洪县	204.10	57.30	0.97	0.48	2.06	0.02	0.02	120.00	0.04
盐城市	**934.39**	**429.40**	**249.13**	**26.66**	**38.47**	**95.83**	**90.67**	**94.61**	**21.11**
响水县									
滨海县	115.51	59.98	6.13	5.31	3.59	0.22	0.21	95.45	0.35
阜宁县	126.00	62.90	8.70	6.90	4.37	0.38	0.47	122.89	0.74
射阳县	158.38	59.48	77.86	49.16	30.84	24.01	22.42	93.38	37.69
建湖县	100.80	48.20	6.18	6.13	28.48	1.76	1.73	98.30	3.59
盐都县	151.18	73.16	24.50	16.21	31.14	7.63	7.59	99.48	10.37
大丰市	126.78	46.52	72.29	57.02	46.02	33.27	29.69	89.24	63.82
东台市	155.74	79.16	53.47	34.33	53.41	28.56	28.56	100.00	36.08
南通市	**748.12**	**544.97**	**268.21**	**35.85**	**69.30**	**185.86**	**176.81**	**95.13**	**32.44**
南通市郊	9.30	13.90					1.80		12.95
海安县	109.30	69.20	22.87	20.92	55.71	12.74	12.59	98.82	18.19
如皋县	141.42	109.21	30.89	21.84	60.18	18.59	16.93	91.07	15.50
如东县	150.22	82.67	62.15	41.37	67.14	41.73	40.04	95.95	48.43

5－5－21 续表

县 市 名	耕地面积（万亩）	农业人口（万人）	棉田面积（万亩）	占耕地（%）	亩 产（市斤）	产 量（万担）	收购量（万担）	商品率（%）	人均交售（市斤）
通州市	140.54	112.61	59.05	42.02	71.45	42.19	41.67	98.77	37.00
海门市	83.70	74.00	38.90	46.48	69.92	27.20	21.89	80.48	29.58
启东市	113.64	83.38	54.35	47.83	79.87	43.41	41.89	96.50	50.24
扬州市	**367.54**	**195.28**	**0.21**	**0.06**	**38.10**	**0.08**	**0.07**	**83.75**	**0.03**
扬州市郊									
高邮市	125.04	50.44	0.03	0.02	33.33	0.01	0.01	100.00	0.02
宝应县									
仪征市	68.10	32.20	0.03	0.04	33.33	0.01			
江都市	113.90	68.00	0.09	0.08	22.22	0.02		14.00	
邗江县	60.50	44.64	0.06	0.10	66.67	0.04	0.05	135.50	0.12
泰州市	**495.13**	**310.17**	**36.14**	**7.30**	**54.23**	**19.60**	**19.41**	**99.06**	**6.26**
兴化市	206.23	89.07	19.75	9.58	41.77	8.25	8.31	100.73	9.33
靖江市	52.00	42.50	12.79	24.60	77.56	9.92	9.67	97.48	22.75
泰兴市	123.90	98.70	0.08	0.06	37.50	0.03	0.01	46.00	0.01
泰 县	80.60	56.10	3.07	3.81	41.69	1.28	1.27	99.22	2.26
姜堰区	32.40	23.80	0.45	1.39	26.67	0.12	0.15	125.83	0.63
镇江市	**260.30**	**151.20**	**7.06**	**2.71**	**35.27**	**2.49**	**1.98**	**79.52**	**1.31**
镇江市郊	3.70	3.40	0.01	0.27					
丹徒县	66.70	38.30	1.18	1.77	37.29	0.44	0.31	70.45	0.81
丹阳市	96.60	54.00	5.36	5.55	36.19	1.94	1.63	84.02	3.02
句容市	75.10	36.00	0.45	0.60	20.00	0.09	0.04	44.44	0.11
扬中市	18.20	19.50	0.06	0.33	33.33	0.02			
常州市	**313.00**	**177.00**	**0.14**	**0.04**	**35.71**	**0.05**	**0.01**	**25.60**	**0.01**
武进市	141.60	94.00	0.06	0.04	33.33	0.02	0.01	63.50	0.01
金坛市	69.30	36.90	0.06	0.09	33.33	0.02			
溧阳县	102.10	46.10	0.02	0.02	50.00	0.01		1.00	
无锡市	**203.90**	**134.80**	**0.41**	**0.20**	**78.05**	**0.32**	**0.31**	**96.88**	**0.23**
宜兴市	121.00	66.00	0.01	0.01					
江阴市	82.90	68.80	0.40	0.48	80.00	0.32	0.31	96.88	0.45
苏州市	**468.16**	**272.89**	**63.13**	**13.48**	**78.98**	**49.86**	**48.18**	**96.64**	**17.66**
张家港市	74.09	57.76	25.52	34.44	76.72	19.58	18.85	96.27	32.64
常熟市	108.46	69.51	19.27	17.77	97.41	18.77	18.27	97.34	26.28
太仓市	73.31	32.52	18.15	24.76	62.92	11.42	11.02	96.50	33.89
吴 县	122.40	78.20	0.09	0.07	44.44	0.04	0.04	100.00	0.05
昆山市	89.90	34.90	0.10	0.11	50.00	0.05		9.80	0.01
南京市	**371.50**	**179.40**	**4.98**	**1.34**	**31.33**	**1.56**	**1.29**	**82.80**	**0.72**
江宁县	99.10	46.60	0.24	0.24	37.50	0.09	0.07	75.56	0.15
江浦县	39.60	16.00	3.28	8.28	31.10	1.02	1.07	104.90	6.69
六合县	96.50	39.70	0.43	0.45	18.60	0.08	0.03	37.13	0.07
高淳县	46.50	26.00	0.90	1.94	35.56	0.32	0.12	38.75	0.48
溧水县	52.50	23.60	0.08	0.15	37.50	0.03			
南京市郊	37.30	27.50	0.05	0.13	40.00	0.02			

5-5-22 江苏省1964年产棉县棉花生产收购明细

县市名	耕地面积（万亩）	农业人口（万人）	棉田面积（万亩）	占耕地（%）	亩产（市斤）	产量（万担）	收购量（万担）	商品率（%）	人均交售（市斤）
全省合计	**6837.01**	**3491.43**	**794.77**	**11.62**	**83.02**	**659.82**	**636.68**	**96.49**	**18.24**
徐州市	**1017.91**	**417.27**	**56.06**	**5.51**	**42.69**	**23.93**	**23.04**	**96.29**	**5.52**
丰县	139.60	57.66	13.84	9.91	42.63	5.90	5.56	94.24	9.64
沛县	134.51	55.98	11.04	8.21	44.29	4.89	4.53	92.64	8.09
铜山县	251.00	98.57	12.29	4.90	42.55	5.23	5.16	98.66	5.23
睢宁县	167.40	71.18	13.53	8.08	44.86	6.07	6.00	98.85	8.43
邳州市	195.00	84.32	5.00	2.56	34.00	1.70	1.67	98.24	1.98
新沂市	130.40	49.56	0.36	0.28	38.89	0.14	0.12	87.00	0.25
连云港市	**526.63**	**204.32**	**6.60**	**1.25**	**44.85**	**2.96**	**2.62**	**88.45**	**1.28**
赣榆县	96.40	55.94	0.11	0.11	18.18	0.02			
东海县	179.10	54.57	0.05	0.03	40.00	0.02	0.02	85.00	0.03
灌云县	157.93	52.63	4.42	2.80	53.17	2.35	2.03	86.38	3.86
灌南县	93.20	41.18	2.02	2.17	28.22	0.57	0.57	100.18	1.39
淮阴市	**574.80**	**235.69**	**10.35**	**1.80**	**27.63**	**2.86**	**2.67**	**93.36**	**1.13**
淮安市	145.90	75.10	1.15	0.79	26.96	0.31	0.29	92.42	0.38
淮阴县	124.30	53.74	3.78	3.04	26.46	1.00	0.94	94.35	1.76
涟水县	145.20	56.28	4.89	3.37	27.40	1.34	1.32	98.51	2.35
洪泽县									
盱眙县	98.50	30.79	0.52	0.53	40.38	0.21	0.12	57.14	0.39
金湖县	60.90	19.78	0.01	0.02					
宿迁市	**693.50**	**271.62**	**35.84**	**5.17**	**53.21**	**19.07**	**18.78**	**98.48**	**6.91**
宿豫市	132.10	66.21	6.97	5.28	40.60	2.83	2.80	98.94	4.23
沭阳县	228.80	86.32	7.45	3.26	46.17	3.44	3.02	87.79	3.50
泗阳县	128.90	61.05	19.94	15.47	61.94	12.35	12.52	101.38	20.51
泗洪县	203.70	58.04	1.48	0.73	30.41	0.45	0.44	97.78	0.76
盐城市	**932.23**	**437.88**	**278.50**	**29.87**	**76.65**	**213.46**	**200.11**	**93.75**	**45.70**
响水县									
滨海县	115.28	58.84	15.22	13.20	27.40	4.17	3.64	87.29	6.19
阜宁县	125.40	63.39	13.10	10.45	45.80	6.00	6.01	100.17	9.48
射阳县	156.58	61.80	80.49	51.41	76.78	61.80	56.12	90.81	90.81
建湖县	100.80	48.06	7.18	7.12	68.52	4.92	4.99	101.42	10.38
盐都县	150.22	74.89	28.44	18.93	71.38	20.30	20.09	98.97	26.83
大丰市	127.87	48.81	76.07	59.49	83.24	63.32	56.31	88.93	115.37
东台市	156.08	82.09	58.00	37.16	91.29	52.95	52.95	100.00	64.50
南通市	**745.52**	**553.19**	**286.59**	**38.44**	**98.69**	**282.84**	**276.84**	**97.88**	**50.04**
南通市郊	9.40	14.31					3.86		26.97
海安县	108.80	70.75	27.71	25.47	92.46	25.62	25.46	99.38	35.99
如皋县	140.40	105.80	35.22	25.09	78.79	27.75	26.74	96.36	25.27
如东县	149.53	84.89	62.57	41.84	86.27	53.98	50.96	94.41	60.03

5－5－22 续表

县市名	耕地面积（万亩）	农业人口（万人）	棉田面积（万亩）	占耕地（%）	亩产（市斤）	产量（万担）	收购量（万担）	商品率（%）	人均交售（市斤）
通州市	140.43	115.57	60.91	43.37	94.11	57.32	59.62	104.01	51.59
海门市	83.70	76.20	40.50	48.39	97.65	39.55	33.22	83.99	43.60
启东市	113.26	85.67	59.68	52.69	131.74	78.62	76.98	97.91	89.86
扬州市	**366.32**	**196.85**	**0.65**	**0.18**	**60.00**	**0.39**	**0.32**	**81.79**	**0.16**
扬州市郊									
高邮市	123.82	50.73	0.07	0.06	57.14	0.04	0.04	100.00	0.08
宝应县									
仪征市	68.10	32.89	0.11	0.16	36.36	0.04	0.03	69.00	0.08
江都市	113.90	68.59	0.21	0.18	33.33	0.07	0.02	32.86	0.03
邗江县	60.50	44.64	0.26	0.43	92.31	0.24	0.23	95.17	0.51
泰州市	**492.50**	**312.77**	**41.03**	**8.33**	**88.81**	**36.44**	**36.92**	**101.31**	**11.80**
兴化市	206.50	91.76	21.21	10.27	76.10	16.14	16.66	103.22	18.16
靖江市	52.10	43.36	14.59	28.00	111.72	16.30	16.03	98.34	36.97
泰兴市	123.50	99.13	0.08	0.06	50.00	0.04	0.02	45.25	0.02
泰　县	110.40	78.52	5.15	4.66	76.89	3.96	4.21	106.31	5.36
姜堰区									
镇江市	**242.10**	**136.96**	**7.17**	**2.96**	**45.33**	**3.25**	**2.71**	**83.38**	**1.98**
镇江市郊	3.70	3.79	0.07	1.89	57.14	0.04			
丹徒县	66.60	39.74	1.38	2.07	47.83	0.66	0.62	93.94	1.56
丹阳市	96.70	55.93	5.16	5.34	46.71	2.41	1.96	81.33	3.50
句容市	75.10	37.50	0.56	0.75	25.00	0.14	0.13	92.86	0.35
扬中市									
常州市	**322.60**	**189.73**	**0.16**	**0.05**	**31.31**	**0.05**	**0.01**	**26.55**	**0.01**
武进市	149.90	103.39	0.08	0.05	37.50	0.03	0.01	44.00	0.01
金坛市	69.30	38.39	0.05	0.07	40.00	0.02			
溧阳县	103.40	47.95	0.03	0.03	0.33			100.00	
无锡市	**82.90**	**70.51**	**0.46**	**0.55**	**89.13**	**0.41**	**0.39**	**95.12**	**0.55**
宜兴市									
江阴市	82.90	70.51	0.46	0.55	89.13	0.41	0.39	95.12	0.55
苏州市	**468.90**	**278.99**	**65.95**	**14.06**	**108.64**	**71.65**	**69.94**	**97.61**	**25.07**
张家港市	74.85	57.89	27.40	36.61	111.09	30.44	29.67	97.47	51.25
常熟市	108.31	70.98	20.05	18.51	127.28	25.52	25.02	98.04	35.25
太仓市	73.34	33.13	18.34	25.01	85.06	15.60	15.18	97.31	45.82
吴　县	122.60	80.83	0.11	0.09	54.55	0.06	0.06	100.00	0.07
昆山市	89.80	36.16	0.05	0.06	60.00	0.03	0.01	33.33	0.03
南京市	**371.10**	**185.65**	**5.41**	**1.46**	**46.40**	**2.51**	**2.32**	**92.62**	**1.25**
江宁县	98.90	48.27	0.38	0.38	36.84	0.14	0.11	77.14	0.22
江浦县	39.40	16.47	3.54	8.98	49.72	1.76	1.73	98.30	10.50
六合县	95.70	41.02	0.47	0.49	27.66	0.13	0.11	80.77	0.26
高淳县	46.50	26.73	0.75	1.61	48.00	0.36	0.24	67.17	0.90
溧水县	52.60	24.53	0.06	0.11	33.33	0.02			
南京市郊	38.00	28.63	0.21	0.55	47.62	0.10	0.14	140.00	0.49

5-5-23 江苏省1965年产棉县棉花生产收购明细

县市名	耕地面积（万亩）	农业人口（万人）	棉田面积（万亩）	占耕地（%）	亩产（市斤）	产量（万担）	收购量（万担）	商品率（%）	人均交售（市斤）
全省合计	**7087.86**	**3769.26**	**813.35**	**11.48**	**63.30**	**514.85**	**504.29**	**97.95**	**13.38**
徐州市	**1008.90**	**426.98**	**64.83**	**6.43**	**29.26**	**18.97**	**18.01**	**94.92**	**4.22**
丰县	133.80	58.81	14.75	11.02	35.39	5.22	4.66	89.27	7.92
沛县	131.40	57.48	11.04	8.40	42.03	4.64	4.25	91.59	7.39
铜山县	246.00	100.85	14.40	5.85	23.96	3.45	3.41	98.84	3.38
睢宁县	165.40	72.82	15.59	9.43	25.98	4.05	4.16	102.72	5.71
邳州市	189.00	86.27	7.00	3.70	15.14	1.06	1.03	97.17	1.19
新沂市	143.30	50.75	2.05	1.43	26.83	0.55	0.50	90.18	0.98
连云港市	**510.77**	**203.60**	**10.37**	**2.03**	**31.15**	**3.23**	**3.37**	**104.18**	**1.65**
赣榆县	94.80	57.72	0.39	0.41	28.21	0.11			
东海县	175.60	55.13	1.71	0.97	26.90	0.46	0.26	55.65	0.46
灌云县	156.27	53.86	5.75	3.68	39.30	2.26	2.65	117.26	4.92
灌南县	84.10	36.89	2.52	3.00	15.87	0.40	0.46	114.75	1.24
淮阴市	**567.90**	**245.04**	**13.99**	**2.46**	**13.22**	**1.85**	**1.95**	**105.66**	**0.80**
淮安市	144.30	77.20	0.84	0.58	5.95	0.05	0.05	97.60	0.06
淮阴县	122.10	57.80	4.65	3.81	11.83	0.55	0.56	102.36	0.97
涟水县	144.20	58.06	6.71	4.65	13.56	0.91	1.07	117.58	1.84
洪泽县									
盱眙县	97.20	31.58	1.65	1.70	20.61	0.34	0.27	80.29	0.86
金湖县	60.10	20.40	0.14	0.23					
宿迁市	**681.00**	**278.03**	**37.33**	**5.48**	**43.74**	**16.33**	**16.43**	**100.63**	**5.91**
宿豫市	128.30	66.83	7.72	6.02	24.87	1.92	2.02	105.21	3.02
沭阳县	226.90	88.46	9.03	3.98	35.88	3.24	3.22	99.38	3.64
泗阳县	126.80	62.37	17.60	13.88	60.23	10.60	10.64	100.38	17.06
泗洪县	199.00	60.37	2.98	1.50	19.13	0.57	0.55	96.95	0.92
盐城市	**993.01**	**483.72**	**267.36**	**26.92**	**25.63**	**68.53**	**64.60**	**94.27**	**13.35**
响水县	63.00	34.36	6.23	9.89	13.96	0.87			
滨海县	117.35	60.70	8.12	6.92	12.19	0.99	0.95	95.96	1.57
阜宁县	124.20	64.91	13.81	11.12	25.34	3.50	3.43	98.00	5.28
射阳县	156.39	64.33	80.74	51.63	16.14	13.03	12.99	99.69	20.19
建湖县	98.40	49.37	7.66	7.78	13.32	1.02	1.06	103.92	2.15
盐都县	147.39	76.03	13.98	9.49	17.95	2.51	2.39	95.22	3.14
大丰市	129.46	50.04	78.33	60.51	20.86	16.34	13.51	82.68	27.00
东台市	156.82	83.98	58.49	37.30	51.75	30.27	30.27	100.00	36.04
南通市	**743.25**	**567.40**	**288.83**	**38.86**	**102.39**	**295.74**	**293.09**	**99.10**	**51.65**
南通市郊	9.10	14.19					4.55		32.06
海安县	108.20	72.44	28.74	26.56	71.75	20.62	20.35	98.69	28.09
如皋县	139.00	108.60	35.10	25.25	82.82	29.07	27.28	93.84	25.12
如东县	147.82	87.07	65.03	43.99	93.13	60.56	57.94	95.67	66.54

5－5－23 续表

县市名	耕地面积（万亩）	农业人口（万人）	棉田面积（万亩）	占耕地（%）	亩产（市斤）	产量（万担）	收购量（万担）	商品率（%）	人均交售（市斤）
通州市	143.16	118.91	59.42	41.51	110.06	65.40	69.15	105.73	58.15
海门市	83.00	78.20	40.46	48.75	112.58	45.55	41.81	91.79	53.47
启东市	112.97	87.99	60.08	53.18	124.07	74.54	72.01	96.61	81.84
扬州市	**467.75**	**266.55**	**3.12**	**0.67**	**42.63**	**1.33**	**0.97**	**72.75**	**0.36**
扬州市郊	3.90	4.80	0.01	0.26	100.00	0.01			
高邮市	122.45	52.73	0.32	0.26	21.88	0.07	0.07	100.00	0.13
宝应县	98.70	57.00	0.43	0.44	13.95	0.06	0.06	104.67	0.11
仪征市	67.50	33.83	0.41	0.61	19.51	0.08	0.07	92.25	0.22
江都市	113.30	70.74	1.51	1.33	49.01	0.74	0.42	56.49	0.59
邗江县	61.90	47.45	0.44	0.71	84.09	0.37	0.34	92.70	0.72
泰州市	**490.66**	**323.02**	**42.57**	**8.68**	**49.00**	**20.86**	**20.49**	**98.21**	**6.34**
兴化市	204.06	94.14	19.38	9.50	10.42	2.02	2.04	100.99	2.17
靖江市	51.80	44.44	15.16	29.27	110.75	16.79	16.41	97.74	36.93
泰兴市	123.00	101.43	0.22	0.18	59.09	0.13	0.01	4.31	0.01
泰　县	109.50	80.38	7.80	7.12	24.62	1.92	2.03	105.73	2.53
姜堰区	2.30	2.63	0.01	0.43					
镇江市	**260.90**	**161.09**	**7.42**	**2.84**	**42.18**	**3.13**	**2.76**	**88.15**	**1.71**
镇江市郊	3.60	3.83	0.15	4.17	40.00	0.06			
丹徒县	66.60	40.71	1.54	2.31	40.91	0.63	0.62	98.41	1.52
丹阳市	95.50	57.34	5.05	5.29	43.96	2.22	1.92	86.49	3.35
句容市	77.30	38.98	0.67	0.87	31.34	0.21	0.18	85.71	0.46
扬中市	17.90	20.23	0.01	0.06	100.00	0.01	0.04	*	0.19
常州市	**322.30**	**194.46**	**0.30**	**0.09**	**60.00**	**0.18**	**0.17**	**97.00**	**0.09**
武进市	149.90	105.56	0.12	0.08	66.67	0.08	0.09	106.25	0.08
金坛市	69.10	39.43	0.08	0.12	75.00	0.06	0.01	17.67	0.03
溧阳县	103.30	49.47	0.10	0.10	40.00	0.04	0.08	197.50	0.16
无锡市	**204.90**	**142.23**	**0.52**	**0.25**	**78.85**	**0.41**	**0.40**	**98.66**	**0.28**
宜兴市	122.30	70.44	0.02	0.02	100.00	0.02	0.01	72.50	0.02
江阴市	82.60	71.79	0.50	0.61	78.00	0.39	0.39	100.00	0.54
苏州市	**467.82**	**285.44**	**70.40**	**15.05**	**114.73**	**80.77**	**78.65**	**97.38**	**27.55**
张家港市	74.83	59.15	29.00	38.75	103.86	30.12	29.08	96.55	49.16
常熟市	107.98	72.25	20.21	18.72	137.21	27.73	27.23	98.20	37.69
太仓市	73.01	33.52	21.00	28.76	108.57	22.80	22.18	97.28	66.17
吴　县	122.40	83.25	0.13	0.11	61.54	0.08	0.09	112.50	0.11
昆山市	89.60	37.27	0.06	0.07	66.67	0.04	0.07	175.00	0.19
南京市	**368.70**	**191.70**	**6.31**	**1.71**	**55.78**	**3.52**	**3.40**	**96.63**	**1.77**
江宁县	98.90	50.08	0.51	0.52	54.90	0.28			
江浦县	39.20	16.98	4.01	10.23	62.84	2.52	2.57	101.98	15.14
六合县	94.00	42.45	0.65	0.69	32.31	0.21	0.16	78.10	0.39
高淳县	46.20	27.43	0.78	1.69	44.87	0.35	0.43	122.86	1.57
溧水县	52.70	25.46	0.12	0.23	25.00	0.03	0.08	*	0.30
南京市郊	37.70	29.30	0.24	0.64	54.17	0.13	0.16	123.08	0.55

5－5－24　江苏省1966年产棉县棉花生产收购明细

县 市 名	耕地面积（万亩）	农业人口（万人）	棉田面积（万亩）	占耕地（%）	亩 产（市斤）	产 量（万担）	收购量（万担）	商品率（%）	人均交售（市斤）
全省合计	**7140.40**	**4177.06**	**859.11**	**12.03**	**88.63**	**761.39**	**743.51**	**97.65**	**17.80**
徐州市	**1038.10**	**458.43**	**69.59**	**6.70**	**62.72**	**43.65**	**41.79**	**95.74**	**9.12**
丰　县	137.10	65.03	14.28	10.42	74.86	10.69	10.08	94.29	15.50
沛　县	132.80	64.96	10.71	8.06	72.46	7.76	7.32	94.33	11.27
铜山县	268.00	104.04	15.37	5.74	62.39	9.59	9.44	98.44	9.07
睢宁县	162.50	78.82	17.88	11.00	60.12	10.75	10.63	98.88	13.49
邳州市	198.00	88.75	7.00	3.54	51.00	3.57	3.23	90.48	3.64
新沂市	139.70	56.83	4.35	3.11	29.66	1.29	1.09	84.50	1.92
连云港市	**504.92**	**220.66**	**14.51**	**2.87**	**45.69**	**6.63**	**5.67**	**85.51**	**2.57**
赣榆县	94.00	63.15	0.67	0.71	49.25	0.33	0.15	45.15	0.24
东海县	173.10	61.89	4.66	2.69	36.48	1.70	1.41	82.94	2.28
灌云县	154.62	51.76	6.44	4.17	50.78	3.27	2.71	82.87	5.24
灌南县	83.20	43.86	2.74	3.29	48.54	1.33	1.40	105.26	3.19
淮阴市	**621.10**	**315.48**	**16.00**	**2.58**	**43.31**	**6.93**	**6.29**	**90.74**	**1.99**
淮安市	142.80	90.88	0.84	0.59	27.38	0.23	0.19	82.17	0.21
淮阴县	120.10	64.47	6.03	5.02	39.30	2.37	2.20	92.83	3.41
涟水县	143.40	69.01	6.91	4.82	44.43	3.07	2.95	96.09	4.27
洪泽县	60.70	29.78	0.11	0.18	27.27	0.03			
盱眙县	95.60	36.52	1.89	1.98	60.32	1.14	0.85	74.12	2.31
金湖县	58.50	24.82	0.22	0.38	40.91	0.09	0.10	115.56	0.42
宿迁市	**676.50**	**325.80**	**37.32**	**5.52**	**68.09**	**25.41**	**25.67**	**101.02**	**7.88**
宿豫市	126.70	75.45	7.05	5.56	48.23	3.40	3.53	103.82	4.68
沭阳县	225.00	105.40	8.92	3.96	52.47	4.68	4.71	100.64	4.47
泗阳县	126.30	73.80	17.54	13.89	87.57	15.36	15.37	100.07	20.83
泗洪县	198.50	71.15	3.81	1.92	51.71	1.97	2.06	104.57	2.90
盐城市	**993.84**	**512.88**	**279.32**	**28.11**	**69.99**	**195.50**	**182.96**	**93.59**	**35.67**
响水县	65.30	34.36	5.76	8.82	49.13	2.83	3.02	106.71	8.79
滨海县	118.65	62.26	11.91	10.04	54.16	6.45	6.13	95.04	9.85
阜宁县	123.90	75.75	16.77	13.54	42.70	7.16	7.39	103.21	9.76
射阳县	157.88	66.62	74.86	47.42	69.52	52.04	45.65	87.72	68.52
建湖县	98.00	57.61	8.53	8.70	60.02	5.12	4.98	97.27	8.64
盐都县	147.13	78.09	32.32	21.97	54.21	17.52	17.31	98.80	22.17
大丰市	126.85	51.74	70.14	55.29	74.45	52.22	46.32	88.70	89.52
东台市	156.13	86.45	59.03	37.81	88.36	52.16	52.16	100.00	60.34
南通市	**739.71**	**590.71**	**290.99**	**39.34**	**117.27**	**341.25**	**340.28**	**99.72**	**57.61**
南通市郊	9.00	16.21					5.32		32.82
海安县	107.10	81.10	30.36	28.35	99.84	30.31	30.17	99.54	37.20
如皋县	137.80	111.50	36.93	26.80	82.29	30.39	29.39	96.71	26.36
如东县	147.90	89.41	65.57	44.33	124.66	81.74	80.76	98.80	90.33

5-5-24 续表

县市名	耕地面积（万亩）	农业人口（万人）	棉田面积（万亩）	占耕地（%）	亩产（市斤）	产量（万担）	收购量（万担）	商品率（%）	人均交售（市斤）
通州市	143.00	122.28	59.28	41.45	108.13	64.10	66.85	104.29	54.67
海门市	82.20	80.00	40.55	49.33	118.96	48.24	43.97	91.15	54.96
启东市	112.71	90.21	58.30	51.73	148.32	86.47	83.82	96.94	92.92
扬州市	**462.56**	**303.37**	**10.64**	**2.30**	**65.04**	**6.92**	**6.70**	**96.81**	**2.21**
扬州市郊	3.90	5.53	0.01	0.26					
高邮市	121.16	54.15	1.48	1.22	64.19	0.95	0.94	98.95	1.74
宝应县	98.30	67.93	2.08	2.12	81.73	1.70	1.65	97.06	2.43
仪征市	66.70	40.12	2.56	3.84	42.19	1.08	1.04	96.30	2.59
江都市	111.30	82.83	3.51	3.15	66.67	2.34	2.23	95.30	2.69
邗江县	61.20	52.81	1.00	1.63	85.00	0.85	0.84	98.71	1.59
泰州市	**485.86**	**355.23**	**49.89**	**10.27**	**79.09**	**39.46**	**39.18**	**99.29**	**11.03**
兴化市	200.46	96.84	23.83	11.89	62.86	14.98	14.40	96.13	14.87
靖江市	51.90	49.95	16.10	31.02	116.83	18.81	18.98	100.90	38.00
泰兴市	122.20	114.29	0.29	0.24	37.93	0.11			
泰　县	109.00	91.07	9.55	8.76	57.70	5.51	5.74	104.17	6.30
姜堰区	2.30	3.08	0.12	5.22	41.67	0.05	0.06	117.40	1.91
镇江市	**259.20**	**183.56**	**9.30**	**3.59**	**48.82**	**4.54**	**4.26**	**93.78**	**2.32**
镇江市郊	3.70	5.29	0.38	10.27	60.53	0.23			
丹徒县	65.70	44.82	2.87	4.37	48.78	1.40	1.57	112.14	3.50
丹阳市	94.70	64.74	4.99	5.27	49.90	2.49	2.34	93.98	3.61
句容市	77.30	46.21	1.06	1.37	39.62	0.42	0.26	61.90	0.56
扬中市	17.80	22.50					0.09		0.39
常州市	**320.90**	**218.35**	**0.96**	**0.30**	**26.04**	**0.25**	**0.36**	**142.56**	**0.16**
武进市	149.40	116.04	0.08	0.05	50.00	0.04	0.13	*	0.11
金坛市	69.10	44.46	0.30	0.43	36.67	0.11	0.06	58.55	0.14
溧阳县	102.40	57.85	0.58	0.57	17.24	0.10	0.16	160.00	0.28
无锡市	**204.80**	**164.91**	**1.03**	**0.50**	**65.05**	**0.67**	**1.01**	**150.30**	**0.61**
宜兴市	122.40	84.89	0.53	0.43	32.08	0.17	0.18	104.12	0.21
江阴市	82.40	80.02	0.50	0.61	100.00	0.50	0.83	166.00	1.04
苏州市	**467.81**	**304.18**	**70.69**	**15.11**	**121.04**	**85.56**	**83.79**	**97.93**	**27.55**
张家港市	75.08	60.71	29.00	38.63	118.97	34.50	33.64	97.51	55.41
常熟市	108.17	73.94	20.42	18.88	141.92	28.98	28.48	98.27	38.52
太仓市	72.46	33.94	21.04	29.04	104.09	21.90	21.41	97.76	63.08
吴　县	122.50	93.10	0.12	0.10	75.00	0.09	0.09	100.00	0.10
昆山市	89.60	42.49	0.11	0.12	81.82	0.09	0.17	188.89	0.40
南京市	**365.10**	**223.50**	**8.87**	**2.43**	**52.09**	**4.62**	**5.56**	**120.42**	**2.49**
江宁县	97.90	59.55	0.73	0.75	46.58	0.34	0.88	*	1.48
江浦县	39.10	20.13	4.65	11.89	67.74	3.15	3.38	107.30	16.79
六合县	91.90	49.92	1.85	2.01	38.38	0.71	0.82	115.49	1.64
高淳县	46.10	32.84	1.02	2.21	27.45	0.28	0.32	114.29	0.97
溧水县	52.70	29.98	0.54	1.02	16.67	0.09	0.08	92.78	0.28
南京市郊	37.40	31.08	0.08	0.21	62.50	0.05	0.08	160.00	0.26

5-5-25 江苏省1967年产棉县棉花生产收购明细

县市名	耕地面积（万亩）	农业人口（万人）	棉田面积（万亩）	占耕地（%）	亩产（市斤）	产量（万担）	收购量（万担）	商品率（%）	人均交售（市斤）
全省合计	**6737.53**	**4110.28**	**884.96**	**13.13**	**85.79**	**759.19**	**736.62**	**97.03**	**17.92**
徐州市	**986.34**	**463.35**	**71.53**	**7.25**	**62.69**	**44.84**	**44.00**	**98.13**	**9.50**
丰县	129.51	65.03	14.00	10.81	64.93	9.09	8.81	96.92	13.55
沛县	122.87	64.96	11.70	9.52	66.15	7.74	7.15	92.38	11.01
铜山县	262.00	106.56	15.83	6.04	54.83	8.68	9.78	112.67	9.18
睢宁县	149.82	78.82	17.30	11.55	72.14	12.48	12.49	100.08	15.85
邳州市	195.00	91.15	9.00	4.62	63.78	5.74	4.59	79.97	5.04
新沂市	127.14	56.83	3.70	2.91	30.00	1.11	1.18	106.31	2.08
连云港市	**475.63**	**220.20**	**14.35**	**3.02**	**54.63**	**7.84**	**7.81**	**99.62**	**3.55**
赣榆县	87.94	63.15	0.70	0.80	100.00	0.70	0.35	50.00	0.55
东海县	160.71	61.89	4.60	2.86	37.39	1.72	1.63	94.77	2.63
灌云县	150.55	53.04	5.17	3.43	58.99	3.05	3.44	112.79	6.49
灌南县	76.43	42.12	3.88	5.08	61.08	2.37	2.39	100.84	5.67
淮阴市	**570.02**	**305.53**	**23.77**	**4.17**	**43.54**	**10.35**	**10.25**	**98.99**	**3.35**
淮安市	128.96	87.28	1.49	1.16	36.24	0.54	0.51	94.44	0.58
淮阴县	114.45	64.47	6.30	5.50	46.03	2.90	2.02	69.66	3.13
涟水县	132.31	66.28	8.46	6.39	54.02	4.57	4.84	105.91	7.30
洪泽县	56.91	28.60	0.32	0.56	87.50	0.28	0.10	36.36	0.36
盱眙县	87.34	35.07	6.05	6.93	26.45	1.60	2.11	131.88	6.02
金湖县	50.05	23.83	1.15	2.30	40.00	0.46	0.66	144.30	2.79
宿迁市	**620.94**	**312.89**	**41.66**	**6.71**	**70.36**	**29.31**	**27.10**	**92.46**	**8.66**
宿豫市	115.77	72.46	7.66	6.62	49.35	3.78	3.36	88.89	4.64
沭阳县	207.69	101.22	9.18	4.42	65.47	6.01	5.05	84.03	4.99
泗阳县	115.27	70.87	18.72	16.24	88.41	16.55	16.06	97.04	22.66
泗洪县	182.21	68.34	6.10	3.35	48.69	2.97	2.63	88.55	3.85
盐城市	**960.33**	**512.50**	**286.51**	**29.83**	**78.81**	**225.79**	**212.43**	**94.08**	**41.45**
响水县	49.17	32.99	7.15	14.54	49.37	3.53	3.57	101.13	10.82
滨海县	117.42	64.47	15.26	13.00	57.60	8.79	8.52	96.93	13.22
阜宁县	116.74	72.76	18.40	15.76	49.84	9.17	9.41	102.62	12.93
射阳县	157.65	67.64	71.75	45.51	79.09	56.75	50.47	88.93	74.62
建湖县	91.46	55.33	9.79	10.70	67.42	6.60	6.70	101.52	12.11
盐都县	146.49	80.19	34.16	23.32	65.13	22.25	22.01	98.92	27.45
大丰市	125.84	53.09	71.01	56.43	86.69	61.56	54.61	88.71	102.86
东台市	155.56	86.03	58.99	37.92	96.86	57.14	57.14	100.00	66.42
南通市	**729.89**	**593.93**	**291.54**	**39.94**	**103.50**	**301.75**	**295.65**	**97.98**	**49.78**
南通市郊	9.00	16.21					4.30		26.53
海安县	100.26	77.89	31.31	31.23	101.72	31.85	31.69	99.50	40.69
如皋县	137.00	113.70	36.80	26.86	75.46	27.77	26.53	95.53	23.33
如东县	146.67	90.93	65.40	44.59	98.12	64.17	63.06	98.27	69.35

5-5-25 续表

县市名	耕地面积（万亩）	农业人口（万人）	棉田面积（万亩）	占耕地（%）	亩产（市斤）	产量（万担）	收购量（万担）	商品率（%）	人均交售（市斤）
通州市	142.37	123.42	59.28	41.64	91.03	53.96	56.17	104.10	45.51
海门市	82.20	81.40	40.35	49.09	102.30	41.28	33.87	82.05	41.61
启东市	112.39	90.38	58.40	51.96	141.64	82.72	80.03	96.75	88.55
扬州市	**438.52**	**295.51**	**14.58**	**3.32**	**63.65**	**9.28**	**9.33**	**100.54**	**3.16**
扬州市郊	3.71	5.31	0.01	0.27	100.00	0.01			
高邮市	120.36	56.15	2.08	1.73	71.15	1.48	1.47	99.32	2.62
宝应县	93.91	65.24	2.47	2.63	85.02	2.10	2.16	102.86	3.31
仪征市	61.32	38.53	4.79	7.81	41.34	1.98	2.30	116.16	5.97
江都市	103.12	79.56	3.74	3.63	70.59	2.64	2.34	88.64	2.94
邗江县	56.10	50.72	1.49	2.66	71.81	1.07	1.06	99.07	2.09
泰州市	**462.29**	**348.25**	**46.75**	**10.11**	**70.93**	**33.16**	**35.00**	**105.54**	**10.05**
兴化市	199.37	100.09	23.30	11.69	63.78	14.86	16.69	112.31	16.67
靖江市	48.03	47.97	14.54	30.27	90.58	13.17	12.90	97.95	26.89
泰兴市	111.96	109.76	0.31	0.28	48.39	0.15	0.01	8.87	0.01
泰　县	100.85	87.47	8.49	8.42	58.19	4.94	5.33	107.89	6.09
姜堰区	2.08	2.96	0.11	5.29	36.36	0.04	0.06	157.00	2.12
镇江市	**232.51**	**176.29**	**9.56**	**4.11**	**57.43**	**5.49**	**5.09**	**92.70**	**2.89**
镇江市郊	3.51	5.08	0.34	9.69	61.76	0.21			
丹徒县	58.94	43.04	3.17	5.38	51.42	1.63	1.95	119.63	4.53
丹阳市	86.01	62.18	4.75	5.52	64.00	3.04	2.46	80.92	3.96
句容市	67.63	44.38	1.29	1.91	47.29	0.61	0.62	101.64	1.40
扬中市	16.42	21.61	0.01	0.06			0.06		0.27
常州市	**291.32**	**209.71**	**0.95**	**0.33**	**41.05**	**0.39**	**0.59**	**150.26**	**0.28**
武进市	137.87	111.45	0.05	0.04	60.00	0.03	0.22	*	0.20
金坛市	60.82	42.70	0.34	0.56	73.53	0.25	0.15	58.40	0.34
溧阳县	92.63	55.56	0.56	0.60	19.64	0.11	0.22	*	0.40
无锡市	**188.46**	**154.53**	**0.77**	**0.41**	**63.64**	**0.49**	**0.83**	**169.59**	**0.54**
宜兴市	111.83	77.68	0.27	0.24	29.63	0.08	0.13	163.75	0.17
江阴市	76.63	76.85	0.50	0.65	82.00	0.41	0.70	170.73	0.91
苏州市	**452.71**	**302.94**	**70.82**	**15.64**	**117.42**	**83.16**	**81.20**	**97.64**	**26.80**
张家港市	75.06	61.97	29.27	39.00	117.42	34.37	33.49	97.44	54.04
常熟市	108.31	75.00	20.30	18.74	128.28	26.04	25.54	98.08	34.05
太仓市	72.01	35.74	21.06	29.25	107.36	22.61	21.95	97.08	61.42
吴　县	113.89	89.42	0.12	0.11	66.67	0.08	0.10	125.00	0.11
昆山市	83.44	40.81	0.07	0.08	85.71	0.06	0.12	*	0.29
南京市	**328.57**	**214.65**	**12.17**	**3.70**	**60.31**	**7.34**	**7.35**	**100.18**	**3.43**
江宁县	88.95	57.19	1.08	1.21	53.70	0.58			
江浦县	34.12	19.34	5.16	15.12	80.43	4.15	4.45	107.23	23.01
六合县	82.16	47.94	4.12	5.01	44.90	1.85	2.06	111.35	4.30
高淳县	42.51	31.54	1.03	2.42	27.18	0.28	0.35	123.57	1.10
溧水县	47.16	28.79	0.58	1.23	31.03	0.18	0.21	115.00	0.72
南京市郊	33.67	29.85	0.20	0.59	150.00	0.30	0.29	96.67	0.97

5-5-26 江苏省1968年产棉县棉花生产收购明细

县市名	耕地面积（万亩）	农业人口（万人）	棉田面积（万亩）	占耕地（%）	亩产（市斤）	产量（万担）	收购量（万担）	商品率（%）	人均交售（市斤）
全省合计	**6805.95**	**4204.44**	**875.81**	**12.87**	**96.18**	**842.35**	**831.35**	**98.69**	**19.77**
徐州市	**988.14**	**473.97**	**73.26**	**7.41**	**69.59**	**50.98**	**47.95**	**94.06**	**10.12**
丰县	132.15	66.36	13.30	10.06	53.38	7.10	5.78	81.41	8.71
沛县	125.38	66.29	10.90	8.69	66.33	7.23	6.04	83.54	9.11
铜山县	259.00	109.55	18.06	6.97	75.58	13.65	12.88	94.36	11.76
睢宁县	152.88	80.43	17.40	11.38	86.32	15.02	15.15	100.87	18.84
邳州市	189.00	93.35	10.00	5.29	68.90	6.89	6.89	100.00	7.38
新沂市	129.73	57.99	3.60	2.77	30.28	1.09	1.21	111.01	2.09
连云港市	**480.38**	**225.87**	**13.62**	**2.84**	**60.65**	**8.26**	**9.31**	**112.71**	**4.12**
赣榆县	89.73	64.44	0.90	1.00	50.00	0.45	0.35	77.78	0.54
东海县	163.99	63.15	3.80	2.32	39.21	1.49	1.54	103.36	2.44
灌云县	148.67	55.30	5.02	3.38	82.07	4.12	4.58	111.17	8.28
灌南县	77.99	42.98	3.90	5.00	56.41	2.20	2.84	129.09	6.61
淮阴市	**581.65**	**311.77**	**24.04**	**4.13**	**38.94**	**9.36**	**8.98**	**95.89**	**2.88**
淮安市	131.59	89.06	2.00	1.52	31.00	0.62	0.55	89.13	0.62
淮阴县	116.79	65.79	5.70	4.88	30.88	1.76	1.71	97.16	2.60
涟水县	135.01	67.63	9.20	6.81	51.52	4.74	4.89	103.16	7.23
洪泽县	58.07	29.18	0.54	0.93	40.74	0.22	0.08	36.18	0.27
盱眙县	89.12	35.79	4.72	5.30	18.43	0.87	0.90	103.22	2.51
金湖县	51.07	24.32	1.88	3.68	61.17	1.15	0.85	73.48	3.47
宿迁市	**633.61**	**319.28**	**40.72**	**6.43**	**69.50**	**28.30**	**28.06**	**99.15**	**8.79**
宿豫市	118.13	73.94	8.19	6.93	48.84	4.00	3.97	99.25	5.37
沭阳县	211.93	103.29	8.47	4.00	53.36	4.52	4.48	99.12	4.34
泗阳县	117.62	72.32	17.56	14.93	92.65	16.27	16.17	99.39	22.36
泗洪县	185.93	69.73	6.50	3.50	54.00	3.51	3.44	98.01	4.93
盐城市	**962.83**	**529.12**	**278.22**	**28.90**	**76.53**	**212.91**	**207.95**	**97.67**	**39.30**
响水县	50.17	33.67	7.23	14.41	47.58	3.44	3.56	103.49	10.57
滨海县	117.45	66.95	15.07	12.83	44.19	6.66	6.38	95.80	9.53
阜宁县	119.12	74.24	19.34	16.24	46.69	9.03	8.93	98.89	12.03
射阳县	157.07	70.16	67.75	43.13	50.91	34.49	32.80	95.10	46.75
建湖县	93.33	56.46	10.77	11.54	71.68	7.72	7.83	101.42	13.87
盐都县	144.84	83.36	34.40	23.75	65.99	22.70	22.15	97.58	26.57
大丰市	125.33	55.11	64.62	51.56	89.20	57.64	55.17	95.71	100.11
东台市	155.52	89.17	59.04	37.96	120.65	71.23	71.13	99.86	79.77
南通市	**733.40**	**609.17**	**291.56**	**39.75**	**125.60**	**366.20**	**364.08**	**99.42**	**59.77**
南通市郊	9.00	16.21					5.22		32.20
海安县	102.31	79.48	31.37	30.66	117.50	36.86	36.60	99.29	46.05
如皋县	135.90	115.80	36.80	27.08	110.49	40.66	39.23	96.48	33.88
如东县	147.27	93.39	65.51	44.48	116.01	76.00	74.35	97.83	79.61

5-5-26 续表

县市名	耕地面积（万亩）	农业人口（万人）	棉田面积（万亩）	占耕地（%）	亩产（市斤）	产量（万担）	收购量（万担）	商品率（%）	人均交售（市斤）
通州市	142.37	127.27	59.20	41.58	116.88	69.19	71.40	103.19	56.10
海门市	84.30	83.20	40.24	47.73	120.83	48.62	44.19	90.89	53.11
启东市	112.25	93.82	58.44	52.06	162.34	94.87	93.09	98.12	99.22
扬州市	**440.24**	**296.96**	**13.21**	**3.00**	**52.61**	**6.95**	**7.77**	**111.83**	**2.62**
扬州市郊									
高邮市	119.39	58.14	2.09	1.75	50.72	1.06	1.05	99.06	1.81
宝应县	95.82	66.57	3.15	3.29	67.30	2.12	2.55	120.28	3.83
仪征市	62.57	39.32	3.89	6.22	29.31	1.14	1.66	145.61	4.22
江都市	105.22	81.18	3.18	3.02	58.18	1.85	1.63	88.11	2.01
邗江县	57.24	51.75	0.90	1.57	86.67	0.78	0.88	113.08	1.70
泰州市	**466.92**	**358.41**	**46.21**	**9.90**	**90.48**	**41.81**	**42.62**	**101.95**	**11.89**
兴化市	198.64	105.19	22.78	11.47	82.97	18.90	18.78	99.37	17.85
靖江市	49.01	48.95	14.54	29.67	114.99	16.72	16.09	96.23	32.87
泰兴市	114.24	112.00	0.45	0.39	2.22	0.01	0.01	100.00	0.01
泰　县	102.91	89.25	8.36	8.12	73.44	6.14	7.68	125.08	8.61
姜堰区	2.12	3.02	0.08	3.77	50.00	0.04	0.06	161.00	2.13
镇江市	**237.25**	**179.89**	**9.31**	**3.92**	**51.24**	**4.77**	**4.62**	**96.85**	**2.57**
镇江市郊	3.58	5.18	0.29	8.10	106.90	0.31			
丹徒县	60.14	43.92	2.82	4.69	68.44	1.93	1.75	90.67	3.98
丹阳市	87.77	63.45	4.80	5.47	51.46	2.47	2.18	88.26	3.44
句容市	69.01	45.29	1.39	2.01	4.32	0.06	0.68	*	1.51
扬中市	16.75	22.05	0.01	0.06			0.01		0.03
常州市	**297.26**	**213.98**	**0.82**	**0.28**	**51.22**	**0.42**	**0.36**	**86.19**	**0.17**
武进市	140.68	113.72	0.06	0.04	100.00	0.06			
金坛市	62.06	43.57	0.37	0.60	48.65	0.18	0.21	113.89	0.47
溧阳县	94.52	56.69	0.39	0.41	46.15	0.18	0.16	87.22	0.28
无锡市	**192.30**	**157.69**	**0.73**	**0.38**	**100.00**	**0.73**	**0.65**	**89.59**	**0.41**
宜兴市	114.11	79.27	0.15	0.13	60.00	0.09	0.11	126.67	0.14
江阴市	78.19	78.42	0.58	0.74	110.34	0.64	0.54	84.38	0.69
苏州市	**456.69**	**309.30**	**71.11**	**15.57**	**143.65**	**102.15**	**100.37**	**98.26**	**32.45**
张家港市	75.06	63.77	29.26	38.98	144.05	42.15	41.28	97.94	64.73
常熟市	108.45	76.06	20.58	18.98	148.54	30.57	30.07	98.36	39.53
太仓市	71.83	36.59	21.05	29.31	138.62	29.18	28.72	98.42	78.49
吴　县	116.21	91.24	0.13	0.11	92.31	0.12	0.17	141.67	0.19
昆山市	85.14	41.64	0.09	0.11	144.44	0.13	0.13	100.00	0.31
南京市	**335.28**	**219.03**	**13.00**	**3.88**	**73.15**	**9.51**	**8.62**	**90.66**	**3.94**
江宁县	90.77	58.36	1.56	1.72	73.08	1.14	1.09	95.61	1.87
江浦县	34.82	19.73	5.18	14.88	93.05	4.82	4.76	98.76	24.13
六合县	83.84	48.92	4.30	5.13	55.81	2.40	1.59	66.25	3.25
高淳县	43.37	32.18	0.94	2.17	58.51	0.55	0.50	90.55	1.55
溧水县	48.12	29.38	0.66	1.37	54.55	0.36	0.34	95.56	1.17
南京市郊	34.36	30.46	0.36	1.05	66.67	0.24	0.34	141.67	1.12

5-5-27 江苏省1969年产棉县棉花生产收购明细

县市名	耕地面积（万亩）	农业人口（万人）	棉田面积（万亩）	占耕地（%）	亩产（市斤）	产量（万担）	收购量（万担）	商品率（%）	人均交售（市斤）
全省合计	**6866.05**	**4310.90**	**858.03**	**12.50**	**80.51**	**690.81**	**673.04**	**97.43**	**15.61**
徐州市	**996.17**	**487.62**	**80.73**	**8.10**	**67.51**	**54.50**	**47.32**	**86.83**	**9.71**
丰县	134.85	67.71	14.00	10.38	60.00	8.40	4.19	49.88	6.19
沛县	127.94	67.04	10.93	8.54	67.43	7.37	7.21	97.83	10.75
铜山县	259.00	114.57	21.52	8.31	76.95	16.56	15.83	95.59	13.82
睢宁县	156.00	82.07	17.77	11.39	72.71	12.92	12.96	100.31	15.79
邳州市	186.00	97.05	13.00	6.99	63.69	8.28	6.20	74.88	6.39
新沂市	132.38	59.18	3.51	2.65	27.64	0.97	0.93	96.29	1.58
连云港市	**481.48**	**235.94**	**13.28**	**2.76**	**52.26**	**6.94**	**7.52**	**108.36**	**3.19**
赣榆县	91.56	65.75	0.95	1.04	1.05	0.01	0.13	*	0.20
东海县	167.34	64.44	3.49	2.09	34.10	1.19	1.10	92.44	1.71
灌云县	142.99	61.89	5.28	3.69	74.05	3.91	4.62	118.16	7.46
灌南县	79.59	43.86	3.56	4.47	51.40	1.83	1.67	91.26	3.81
淮阴市	**593.53**	**318.14**	**21.33**	**3.59**	**29.30**	**6.25**	**5.91**	**94.53**	**1.86**
淮安市	134.28	90.88	1.01	0.75	28.71	0.29	0.17	58.28	0.19
淮阴县	119.17	67.13	4.98	4.18	23.90	1.19	1.11	93.28	1.65
涟水县	137.77	69.01	8.58	6.23	38.81	3.33	3.59	107.81	5.20
洪泽县	59.26	29.78	0.25	0.42	32.00	0.08	0.01	10.25	0.03
盱眙县	90.94	36.52	5.21	5.73	20.15	1.05	0.67	64.19	1.85
金湖县	52.11	24.82	1.30	2.49	23.85	0.31	0.36	115.16	1.44
宿迁市	**646.53**	**325.80**	**40.08**	**6.20**	**58.51**	**23.45**	**24.00**	**102.35**	**7.37**
宿豫市	120.54	75.45	7.99	6.63	40.05	3.20	3.37	105.31	4.47
沭阳县	216.25	105.40	8.54	3.95	50.23	4.29	4.63	107.93	4.39
泗阳县	120.02	73.80	17.40	14.50	76.15	13.25	13.43	101.36	18.20
泗洪县	189.72	71.15	6.15	3.24	44.07	2.71	2.57	94.83	3.61
盐城市	**966.08**	**558.09**	**262.33**	**27.15**	**61.80**	**162.12**	**159.48**	**98.37**	**28.58**
响水县	51.19	34.36	4.65	9.08	41.72	1.94	3.27	168.56	9.52
滨海县	116.68	70.08	14.94	12.80	49.13	7.34	7.11	96.87	10.15
阜宁县	121.55	75.75	17.98	14.79	32.65	5.87	5.74	97.79	7.58
射阳县	156.69	77.65	59.04	37.68	59.81	35.31	33.49	94.85	43.13
建湖县	95.23	57.61	10.50	11.03	79.14	8.31	8.28	99.64	14.37
盐都县	144.28	88.26	33.50	23.22	60.09	20.13	20.00	99.35	22.66
大丰市	124.40	58.27	63.08	50.71	60.00	37.85	36.22	95.69	62.16
东台市	156.06	96.11	58.64	37.58	77.37	45.37	45.37	100.00	47.21
南通市	**733.45**	**627.42**	**291.40**	**39.73**	**104.86**	**305.55**	**301.05**	**98.53**	**47.98**
南通市郊	9.00	16.21					3.70		22.83
海安县	104.40	81.10	30.85	29.55	98.06	30.25	30.04	99.31	37.04
如皋县	133.50	119.80	37.00	27.72	95.05	35.17	33.38	94.91	27.86
如东县	149.13	96.51	65.56	43.96	89.78	58.86	57.51	97.71	59.59

5－5－27 续表

县市名	耕地面积（万亩）	农业人口（万人）	棉田面积（万亩）	占耕地（%）	亩产（市斤）	产量（万担）	收购量（万担）	商品率（%）	人均交售（市斤）
通州市	141.83	131.56	59.10	41.67	91.74	54.22	54.11	99.80	41.13
海门市	83.70	85.80	40.49	48.38	112.62	45.60	42.81	93.88	49.90
启东市	111.89	96.44	58.40	52.19	139.47	81.45	79.50	97.61	82.43
扬州市	**449.72**	**308.92**	**16.21**	**3.60**	**46.51**	**7.54**	**7.86**	**104.25**	**2.54**
扬州市郊	3.86	3.53	0.01	0.26	100.00	0.01			
高邮市	118.45	61.70	1.89	1.60	43.92	0.83	0.83	100.00	1.35
宝应县	97.78	67.93	3.49	3.57	67.91	2.37	2.78	117.30	4.09
仪征市	63.85	40.12	7.77	12.17	35.14	2.73	2.80	102.56	6.98
江都市	107.37	82.83	2.44	2.27	52.05	1.27	0.98	76.77	1.18
邗江县	58.41	52.81	0.61	1.04	54.10	0.33	0.48	144.18	0.90
泰州市	**471.13**	**368.41**	**42.39**	**9.00**	**75.25**	**31.90**	**31.19**	**97.77**	**8.47**
兴化市	197.38	110.02	18.66	9.45	60.88	11.36	12.40	109.15	11.27
靖江市	50.01	49.95	14.54	29.07	101.38	14.74	14.11	95.73	28.25
泰兴市	116.57	114.29	1.42	1.22	95.07	1.35	0.34	25.19	0.30
泰　县	105.01	91.07	7.72	7.35	57.38	4.43	4.30	97.07	4.72
姜堰区	2.16	3.08	0.05	2.31	40.00	0.02	0.04	195.50	1.27
镇江市	**225.00**	**161.06**	**8.18**	**3.64**	**52.57**	**4.30**	**2.62**	**60.86**	**1.62**
镇江市郊	3.65	5.29	0.28	7.67	67.86	0.19			
丹徒县	61.37	44.82	2.57	4.19	58.37	1.50	1.07	71.33	2.39
丹阳市	89.56	64.74	4.17	4.66	52.76	2.20	1.23	55.91	1.90
句容市	70.42	46.21	1.16	1.65	35.34	0.41	0.31	75.90	0.67
扬中市							0.01		
常州市	**303.33**	**218.35**	**0.45**	**0.15**	**37.78**	**0.17**	**0.08**	**46.47**	**0.04**
武进市	143.55	116.04	0.01	0.01	100.00	0.01			
金坛市	63.33	44.46	0.11	0.17	36.36	0.04	0.03	76.25	0.07
溧阳县	96.45	57.85	0.33	0.34	36.36	0.12	0.05	40.42	0.08
无锡市	**196.23**	**160.91**	**0.56**	**0.29**	**66.07**	**0.37**	**0.33**	**88.03**	**0.20**
宜兴市	116.44	80.89	0.09	0.08	44.44	0.04	0.04	89.25	0.04
江阴市	79.79	80.02	0.47	0.59	70.21	0.33	0.29	87.88	0.36
苏州市	**461.28**	**316.74**	**71.18**	**15.43**	**116.87**	**83.19**	**81.18**	**97.58**	**25.63**
张家港市	75.69	65.55	29.90	39.50	117.36	35.09	34.16	97.35	52.11
常熟市	108.59	79.38	20.10	18.51	114.73	23.06	22.56	97.83	28.42
太仓市	71.54	36.22	21.04	29.41	118.44	24.92	24.43	98.03	67.45
吴　县	118.58	93.10	0.12	0.10	83.33	0.10			
昆山市	86.88	42.49	0.02	0.02	100.00	0.02	0.03	150.00	0.07
南京市	**342.12**	**223.50**	**9.91**	**2.90**	**45.71**	**4.53**	**4.51**	**99.52**	**2.02**
江宁县	92.62	59.55	1.03	1.11	68.93	0.71	0.70	98.59	1.18
江浦县	35.53	20.13	4.12	11.60	55.10	2.27	2.39	105.29	11.87
六合县	85.55	49.92	3.19	3.73	30.09	0.96	0.92	95.83	1.84
高淳县	44.26	32.84	0.99	2.24	39.39	0.39	0.37	96.08	1.14
溧水县	49.10	29.98	0.44	0.90	29.55	0.13	0.01	10.54	0.05
南京市郊	35.06	31.08	0.14	0.40	50.00	0.07	0.11	157.14	0.35

5－5－28　江苏省1970年产棉县棉花生产收购明细

县市名	耕地面积（万亩）	农业人口（万人）	棉田面积（万亩）	占耕地（%）	亩产（市斤）	产量（万担）	收购量（万担）	商品率（%）	人均交售（市斤）
全省合计	**6783.92**	**4295.82**	**851.37**	**12.55**	**74.51**	**634.35**	**626.04**	**98.69**	**14.57**
徐州市	**1000.42**	**499.51**	**77.87**	**7.78**	**69.68**	**54.26**	**56.81**	**104.70**	**11.37**
丰县	137.60	69.09	14.30	10.39	31.40	4.49	9.20	*	13.32
沛县	130.55	68.41	11.28	8.64	90.25	10.18	10.17	99.90	14.87
铜山县	255.00	118.08	19.66	7.71	82.76	16.27	15.50	95.27	13.13
睢宁县	159.18	83.74	17.56	11.03	77.51	13.61	13.56	99.63	16.19
邳州市	183.00	99.80	11.00	6.01	75.27	8.28	7.29	88.04	7.30
新沂市	135.09	60.39	4.07	3.01	35.14	1.43	1.09	76.22	1.80
连云港市	**486.12**	**242.81**	**13.58**	**2.79**	**52.65**	**7.15**	**7.20**	**100.65**	**2.96**
赣榆县	93.43	67.09	0.63	0.67	42.86	0.27	0.09	32.11	0.13
东海县	170.80	65.76	4.72	2.76	33.26	1.57	1.16	73.89	1.76
灌云县	140.68	65.20	4.98	3.54	70.08	3.49	3.97	113.75	6.09
灌南县	81.21	44.76	3.25	4.00	56.00	1.82	1.98	108.79	4.42
淮阴市	**605.64**	**324.64**	**21.64**	**3.57**	**38.08**	**8.24**	**7.59**	**92.08**	**2.34**
淮安市	137.02	92.73	1.02	0.74	36.27	0.37	0.20	52.97	0.21
淮阴县	121.60	68.50	4.25	3.50	27.29	1.16	0.97	83.45	1.41
涟水县	140.58	70.42	7.30	5.19	50.14	3.66	3.45	94.26	4.90
洪泽县	60.47	30.39	0.15	0.25	60.00	0.09		3.33	0.01
盱眙县	92.80	37.27	5.20	5.60	30.77	1.60	1.45	90.63	3.89
金湖县	53.17	25.33	3.72	7.00	36.56	1.36	1.52	111.76	6.00
宿迁市	**659.72**	**332.45**	**38.50**	**5.84**	**58.81**	**22.64**	**22.62**	**99.91**	**6.80**
宿豫市	123.00	76.99	6.00	4.88	51.50	3.09	3.01	97.41	3.91
沭阳县	220.66	107.55	8.39	3.80	49.23	4.13	3.89	94.19	3.62
泗阳县	122.47	75.31	17.33	14.15	69.53	12.05	12.23	101.49	16.24
泗洪县	193.59	72.60	6.78	3.50	49.71	3.37	3.49	103.56	4.81
盐城市	**965.96**	**576.63**	**259.61**	**26.88**	**66.36**	**172.28**	**169.97**	**98.66**	**29.48**
响水县	52.23	35.06	5.95	11.39	36.64	2.18	3.04	139.45	8.67
滨海县	116.29	73.43	13.32	11.45	46.85	6.24	5.97	95.67	8.13
阜宁县	124.03	77.30	18.35	14.79	50.52	9.27	9.24	99.68	11.95
射阳县	155.33	80.17	56.03	36.07	61.36	34.38	32.98	95.93	41.14
建湖县	97.17	58.79	12.95	13.33	87.64	11.35	11.03	97.18	18.76
盐都县	141.88	91.07	33.86	23.87	72.56	24.57	24.20	98.49	26.57
大丰市	123.52	61.53	60.98	49.37	60.00	36.59	35.64	97.40	57.92
东台市	155.51	99.28	58.17	37.41	82.00	47.70	47.87	100.36	48.22
南通市	**730.49**	**641.41**	**290.51**	**39.77**	**88.02**	**255.71**	**248.35**	**97.12**	**38.72**
南通市郊	8.60	16.21					2.53		15.61
海安县	106.53	82.76	31.59	29.65	86.01	27.17	26.77	98.53	32.35
如皋县	132.90	123.30	37.28	28.05	84.47	31.49	29.75	94.47	24.13
如东县	145.60	98.76	65.40	44.92	84.39	55.19	50.90	92.23	51.54

5－5－28 续表

县市名	耕地面积（万亩）	农业人口（万人）	棉田面积（万亩）	占耕地（%）	亩产（市斤）	产量（万担）	收购量（万担）	商品率（%）	人均交售（市斤）
通州市	141.80	134.17	59.04	41.64	70.39	41.56	40.24	96.82	29.99
海门市	83.20	87.60	39.21	47.13	83.91	32.90	31.37	95.35	35.81
启东市	111.86	98.61	57.99	51.84	116.23	67.40	66.79	99.09	67.73
扬州市	**453.85**	**318.53**	**25.73**	**5.67**	**45.39**	**11.68**	**11.94**	**102.18**	**3.75**
扬州市郊	3.94	5.64				0.01			
高邮市	116.84	64.22	5.03	4.31	48.31	2.43	2.38	97.94	3.71
宝应县	98.76	69.32	8.07	8.17	58.98	4.76	5.08	106.72	7.33
仪征市	65.15	40.94	7.52	11.54	26.73	2.01	2.18	108.46	5.32
江都市	109.56	84.52	2.87	2.62	43.90	1.26	0.90	71.03	1.06
邗江县	59.60	53.89	2.24	3.76	54.02	1.21	1.40	115.70	2.60
泰州市	**474.43**	**376.74**	**36.90**	**7.78**	**61.17**	**22.57**	**24.96**	**110.59**	**6.63**
兴化市	195.10	113.08	17.31	8.87	72.15	12.49	12.49	100.00	11.05
靖江市	51.03	50.97	12.04	23.59	55.56	6.69	9.12	136.32	17.89
泰兴市	118.95	116.62	0.06	0.05	50.00	0.03			
泰　县	107.15	92.93	7.48	6.98	44.92	3.36	3.35	99.70	3.60
姜堰区	2.20	3.14	0.01	0.45					
镇江市	**229.59**	**164.34**	**7.58**	**3.30**	**39.05**	**2.96**	**2.06**	**69.50**	**1.25**
镇江市郊	3.72	5.40	0.23	6.18	91.30	0.21	0.14	66.67	2.59
丹徒县	62.62	45.73	2.31	3.69	42.86	0.99	0.88	88.48	1.92
丹阳市	91.39	66.06	4.08	4.46	35.78	1.46	0.90	61.66	1.36
句容市	71.86	47.15	0.96	1.34	31.25	0.30	0.14	47.00	0.30
扬中市									
常州市	**163.04**	**104.40**	**0.24**	**0.15**	**25.00**	**0.06**	**0.01**	**17.17**	**0.01**
武进市									
金坛市	64.62	45.37	0.04	0.06	25.00	0.01		38.00	0.01
溧阳县	98.42	59.03	0.20	0.20	25.00	0.05	0.01	13.00	0.01
无锡市	**200.24**	**164.19**	**1.28**	**0.64**	**54.69**	**0.70**	**0.25**	**36.14**	**0.15**
宜兴市	118.82	82.54	0.05	0.04	40.00	0.02			
江阴市	81.42	81.65	1.23	1.51	55.28	0.68	0.25	37.21	0.31
苏州市	**465.48**	**322.10**	**65.99**	**14.18**	**108.61**	**71.67**	**69.69**	**97.23**	**21.63**
张家港市	75.65	65.65	25.46	33.65	104.08	26.50	25.59	96.57	38.98
常熟市	108.79	81.19	19.68	18.09	113.01	22.24	21.74	97.75	26.78
太仓市	71.39	36.90	20.52	28.74	110.77	22.73	22.23	97.80	60.24
吴　县	121.00	95.00	0.14	0.12	57.14	0.08	0.11	141.25	0.12
昆山市	88.65	43.36	0.19	0.21	63.16	0.12	0.01	10.17	0.03
南京市	**348.94**	**228.07**	**11.94**	**3.42**	**37.10**	**4.43**	**4.60**	**103.85**	**2.02**
江宁县	94.51	60.77	0.94	0.99	59.57	0.56	0.46	82.50	0.76
江浦县	36.26	20.54	5.14	14.18	42.80	2.20	2.55	115.91	12.41
六合县	87.13	50.94	4.52	5.19	29.20	1.32	1.40	106.06	2.75
高淳县	45.16	33.51	0.93	2.06	22.58	0.21	0.14	67.62	0.42
溧水县	50.10	30.60	0.34	0.68	29.41	0.10	0.01	6.50	0.02
南京市郊	35.78	31.71	0.07	0.20	57.14	0.04	0.04	100.00	0.13

5－5－29　江苏省1971年产棉县棉花生产收购明细

县市名	耕地面积（万亩）	农业人口（万人）	棉田面积（万亩）	占耕地（%）	亩产（市斤）	产量（万担）	收购量（万担）	商品率（%）	人均交售（市斤）
全省合计	**6420.11**	**4129.18**	**826.15**	**12.87**	**78.63**	**649.63**	**640.17**	**98.54**	**15.50**
徐州市	**986.24**	**509.92**	**66.91**	**6.78**	**51.68**	**34.58**	**32.94**	**95.26**	**6.46**
丰　县	136.07	70.75	13.20	9.70	65.61	8.66	8.20	94.69	11.59
沛　县	129.39	69.94	10.10	7.81	74.36	7.51	7.08	94.27	10.12
铜山县	249.00	120.48	17.43	7.00	47.16	8.22	7.39	89.90	6.13
睢宁县	158.09	85.39	15.22	9.63	37.71	5.74	6.13	106.79	7.18
邳州市	182.00	101.45	9.00	4.95	46.11	4.15	4.00	96.39	3.94
新沂市	131.69	61.91	1.96	1.49	15.31	0.30	0.14	47.00	0.23
连云港市	**478.77**	**255.27**	**10.24**	**2.14**	**41.99**	**4.30**	**4.20**	**97.73**	**1.65**
赣榆县	92.71	69.04	0.27	0.29	40.74	0.11	0.08	76.36	0.12
东海县	166.21	68.91	2.72	1.64	22.79	0.62	0.29	46.52	0.42
灌云县	139.44	71.19	4.44	3.18	54.05	2.40	2.76	115.00	3.88
灌南县	80.41	46.13	2.81	3.49	41.64	1.17	1.07	91.45	2.32
淮阴市	**595.46**	**333.50**	**15.67**	**2.63**	**35.67**	**5.59**	**4.64**	**83.03**	**1.39**
淮安市	135.87	94.90	0.68	0.50	32.35	0.22	0.19	85.91	0.20
淮阴县	117.57	70.25	2.25	1.91	32.44	0.73	0.34	47.14	0.49
涟水县	139.00	72.30	6.50	4.68	40.15	2.61	2.24	85.82	3.10
洪泽县	57.89	31.79	0.04	0.07	50.00	0.02		15.00	0.01
盱眙县	91.73	38.30	2.66	2.90	34.59	0.92	0.67	72.28	1.74
金湖县	53.40	25.96	3.54	6.63	30.79	1.09	1.20	110.09	4.62
宿迁市	**642.00**	**339.72**	**35.09**	**5.47**	**43.77**	**15.36**	**14.67**	**95.51**	**4.32**
宿豫市	120.66	78.17	4.05	3.36	36.30	1.47	1.22	82.99	1.56
沭阳县	213.18	109.88	7.60	3.57	36.05	2.74	2.48	90.51	2.26
泗阳县	122.16	77.44	17.26	14.13	51.10	8.82	8.74	99.09	11.29
泗洪县	186.00	74.23	6.18	3.32	37.70	2.33	2.23	95.71	3.00
盐城市	**959.39**	**589.24**	**259.28**	**27.03**	**70.65**	**183.19**	**180.78**	**98.68**	**30.68**
响水县	54.85	36.76	4.73	8.62	25.16	1.19	1.76	147.90	4.79
滨海县	114.36	74.94	12.77	11.17	35.47	4.53	4.19	92.49	5.59
阜宁县	124.03	78.62	18.51	14.92	36.74	6.80	6.81	100.15	8.66
射阳县	154.56	82.81	55.57	35.95	57.24	31.81	29.52	92.80	35.65
建湖县	94.72	60.00	13.14	13.87	67.58	8.88	8.79	98.99	14.65
盐都县	137.86	93.22	33.94	24.62	75.72	25.70	26.30	102.33	28.21
大丰市	123.45	62.54	62.49	50.62	72.00	44.99	43.94	97.67	70.26
东台市	155.56	100.35	58.13	37.37	102.00	59.29	59.47	100.30	59.26
南通市	**723.76**	**648.76**	**291.07**	**40.22**	**105.01**	**305.66**	**304.26**	**99.54**	**46.90**
南通市郊	8.60	16.37					3.22		19.67
海安县	101.70	83.72	31.50	30.97	107.40	33.83	33.43	98.82	39.93
如皋县	131.80	124.80	37.27	28.28	100.38	37.41	36.13	96.58	28.95
如东县	145.23	99.35	65.60	45.17	110.37	72.40	71.60	98.90	72.07

5-5-29 续表

县 市 名	耕地面积（万亩）	农业人口（万人）	棉田面积（万亩）	占耕地（%）	亩 产（市斤）	产 量（万担）	收购量（万担）	商品率（%）	人均交售（市斤）
通州市	141.80	135.67	59.46	41.93	91.00	54.11	54.14	100.06	39.91
海门市	82.80	88.50	39.30	47.46	100.03	39.31	37.75	96.03	42.66
启东市	111.83	100.35	57.94	51.81	118.40	68.60	67.99	99.11	67.75
扬州市	**449.47**	**318.94**	**25.06**	**5.58**	**50.56**	**12.67**	**12.92**	**101.97**	**4.05**
扬州市郊									
高邮市	117.09	65.74	4.87	4.16	55.03	2.68	2.65	98.88	4.03
宝应县	99.10	70.39	8.20	8.27	58.66	4.81	5.13	106.65	7.29
仪征市	64.49	41.64	6.72	10.42	31.25	2.10	2.43	115.71	5.84
江都市	109.12	86.18	2.96	2.71	57.09	1.69	1.38	81.66	1.60
邗江县	59.67	54.99	2.31	3.87	60.17	1.39	1.33	95.68	2.42
泰州市	**353.42**	**265.64**	**37.06**	**10.49**	**77.04**	**28.55**	**27.61**	**96.69**	**10.39**
兴化市	193.77	116.21	17.29	8.92	80.39	13.90	13.08	94.10	11.26
靖江市	50.94	51.61	12.04	23.64	80.90	9.74	9.40	96.51	18.21
泰兴市									
泰 县	106.54	94.64	7.73	7.26	63.52	4.91	5.12	104.28	5.41
姜堰区	2.17	3.18					0.01		0.19
镇江市	**230.90**	**166.05**	**6.39**	**2.77**	**33.96**	**2.17**	**2.09**	**96.35**	**1.26**
镇江市郊	3.44	5.00	0.08	2.33	150.00	0.12	0.12	98.33	2.36
丹徒县	62.83	46.72	1.70	2.71	40.59	0.69	0.78	112.46	1.66
丹阳市	92.13	67.07	4.12	4.47	31.07	1.28	1.11	86.72	1.65
句容市	72.50	47.26	0.49	0.68	16.33	0.08	0.09	108.63	0.18
扬中市									
常州市	**98.74**	**60.47**	**0.05**	**0.05**	**20.00**	**0.01**		**28.00**	
武进市									
金坛市									
溧阳县	98.74	60.47	0.05	0.05	20.00	0.01		28.00	
无锡市	**83.03**	**83.20**	**0.45**	**0.54**	**64.44**	**0.29**	**0.29**	**98.97**	**0.34**
宜兴市									
江阴市	83.03	83.20	0.45	0.54	64.44	0.29	0.29	98.97	0.34
苏州市	**465.98**	**326.82**	**70.20**	**15.07**	**77.05**	**54.09**	**51.92**	**95.99**	**15.89**
张家港市	75.79	66.40	29.49	38.91	71.69	21.14	20.16	95.36	30.36
常熟市	108.71	82.30	19.59	18.02	90.40	17.71	17.21	97.18	20.91
太仓市	71.43	37.28	20.52	28.73	72.86	14.95	14.46	96.72	38.79
吴 县	121.63	96.63	0.11	0.09	36.36	0.04			
昆山市	88.42	44.21	0.49	0.55	51.02	0.25	0.09	35.92	0.20
南京市	**352.95**	**231.65**	**8.68**	**2.46**	**36.52**	**3.17**	**3.85**	**121.33**	**1.66**
江宁县	94.92	61.89	0.63	0.66	61.90	0.39	0.46	116.67	0.74
江浦县	36.25	20.64	4.64	12.80	40.52	1.88	2.47	131.38	11.97
六合县	90.01	51.93	2.57	2.86	28.02	0.72	0.78	108.47	1.50
高淳县	47.90	34.22	0.78	1.63	20.51	0.16	0.10	64.25	0.30
溧水县	48.83	31.45	0.05	0.10	20.00	0.01	0.02	173.00	0.06
南京市郊	35.04	31.52	0.01	0.03	100.00	0.01	0.02	*	0.06

5-5-30 江苏省1972年产棉县棉花生产收购明细

县市名	耕地面积（万亩）	农业人口（万人）	棉田面积（万亩）	占耕地（%）	亩产（市斤）	产量（万担）	收购量（万担）	商品率（%）	人均交售（市斤）
全省合计	**6475.88**	**4294.13**	**832.33**	**12.85**	**83.26**	**693.03**	**682.22**	**98.44**	**15.89**
徐州市	**982.19**	**518.66**	**68.29**	**6.95**	**74.84**	**51.11**	**48.67**	**95.23**	**9.38**
丰县	135.90	72.24	12.70	9.35	88.27	11.21	10.69	95.36	14.80
沛县	128.49	70.86	10.80	8.41	107.96	11.66	11.21	96.14	15.82
铜山县	248.00	122.65	16.45	6.63	71.49	11.76	11.05	93.96	9.01
睢宁县	157.75	87.13	15.54	9.85	64.67	10.05	9.66	96.12	11.09
邳州市	181.00	102.71	10.00	5.52	56.90	5.69	5.43	95.43	5.29
新沂市	131.05	63.07	2.80	2.14	26.43	0.74	0.63	85.27	1.00
连云港市	**476.05**	**259.64**	**10.79**	**2.27**	**48.93**	**5.28**	**8.32**	**157.63**	**3.21**
赣榆县	92.30	70.42	0.07	0.08	57.14	0.04	0.02	57.75	0.03
东海县	164.72	70.40	4.03	2.45	35.24	1.42	1.24	87.32	1.76
灌云县	138.68	71.94	4.11	2.96	63.99	2.63	5.95	226.24	8.27
灌南县	80.35	46.88	2.58	3.21	46.12	1.19	1.11	93.28	2.37
淮阴市	**577.94**	**336.55**	**16.37**	**2.83**	**38.36**	**6.28**	**6.11**	**97.32**	**1.82**
淮安市	134.95	96.27	0.54	0.40	42.59	0.23	0.19	83.26	0.20
淮阴县	112.78	67.52	2.10	1.86	34.29	0.72	0.44	60.69	0.65
涟水县	137.60	73.37	6.10	4.43	42.62	2.60	2.61	100.38	3.56
洪泽县	50.12	33.21	0.10	0.20	50.00	0.05		6.20	0.01
盱眙县	89.21	39.03	3.86	4.33	30.31	1.17	1.11	94.87	2.84
金湖县	53.28	27.15	3.67	6.89	41.14	1.51	1.76	116.56	6.48
宿迁市	**632.30**	**346.87**	**35.50**	**5.61**	**59.35**	**21.07**	**20.11**	**95.44**	**5.80**
宿豫市	120.64	78.98	4.15	3.44	67.95	2.82	2.21	78.37	2.80
沭阳县	206.60	112.53	8.56	4.14	46.14	3.95	3.73	94.43	3.31
泗阳县	119.47	79.09	17.40	14.56	68.39	11.90	11.77	98.91	14.88
泗洪县	185.59	76.27	5.39	2.90	44.53	2.40	2.40	100.00	3.15
盐城市	**960.95**	**599.07**	**262.51**	**27.32**	**64.02**	**168.07**	**160.85**	**95.70**	**26.85**
响水县	55.31	36.54	5.49	9.93	33.70	1.85	2.79	150.81	7.64
滨海县	114.34	77.06	14.06	12.30	31.22	4.39	3.98	90.66	5.16
阜宁县	124.03	79.90	18.31	14.76	33.15	6.07	5.71	94.07	7.15
射阳县	154.67	83.76	55.55	35.92	58.13	32.29	29.27	90.65	34.95
建湖县	93.85	60.91	13.56	14.45	71.24	9.66	9.37	97.00	15.38
盐都县	137.55	95.77	34.06	24.76	78.10	26.60	26.54	99.77	27.71
大丰市	123.43	64.24	62.31	50.48	64.00	39.88	38.37	96.21	59.73
东台市	157.77	100.89	59.17	37.50	79.99	47.33	44.82	94.70	44.42
南通市	**732.42**	**652.44**	**288.53**	**39.39**	**114.37**	**329.99**	**327.78**	**99.33**	**50.24**
南通市郊	17.70	16.18					3.77		23.30
海安县	104.10	84.31	30.80	29.59	103.05	31.74	31.74	100.00	37.65
如皋县	130.00	125.60	36.85	28.35	100.30	36.96	35.95	97.27	28.62
如东县	144.92	99.94	64.60	44.58	112.29	72.54	69.80	96.22	69.84

5-5-30续表

县市名	耕地面积（万亩）	农业人口（万人）	棉田面积（万亩）	占耕地（%）	亩产（市斤）	产量（万担）	收购量（万担）	商品率（%）	人均交售（市斤）
通州市	141.70	136.34	59.28	41.83	115.96	68.74	70.02	101.86	51.36
海门市	82.40	89.50	39.00	47.33	113.46	44.25	42.69	96.47	47.70
启东市	111.60	100.57	58.00	51.97	130.62	75.76	73.81	97.43	73.39
扬州市	**452.03**	**329.41**	**25.65**	**5.67**	**55.32**	**14.19**	**14.63**	**103.10**	**4.44**
扬州市郊	3.78	5.61				0.01			
高邮市	117.48	66.96	4.99	4.25	64.73	3.23	3.23	100.00	4.82
宝应县	98.70	71.60	8.00	8.11	63.88	5.11	5.30	103.72	7.40
仪征市	64.11	42.06	6.40	9.98	38.75	2.48	2.85	114.92	6.78
江都市	108.94	87.28	3.68	3.38	54.89	2.02	1.98	98.02	2.27
邗江县	59.02	55.90	2.58	4.37	51.94	1.34	1.27	94.78	2.27
泰州市	**467.15**	**386.65**	**37.01**	**7.92**	**73.63**	**27.25**	**27.43**	**100.66**	**7.09**
兴化市	192.79	118.79	17.15	8.90	70.55	12.10	12.41	102.56	10.45
靖江市	50.82	51.94	12.04	23.69	83.55	10.06	9.75	96.92	18.77
泰兴市	117.57	120.18	0.01	0.01	100.00	0.01			
泰　县	105.97	95.74	7.81	7.37	65.04	5.08	5.27	103.74	5.50
姜堰区									
镇江市	**230.16**	**168.32**	**9.67**	**4.20**	**37.23**	**3.60**	**3.49**	**96.98**	**2.07**
镇江市郊	3.40	5.25	0.27	7.94	77.78	0.21	0.20	94.86	3.79
丹徒县	62.29	47.27	2.63	4.22	39.92	1.05	1.04	99.05	2.20
丹阳市	91.74	67.81	4.87	5.31	34.09	1.66	1.56	93.98	2.30
句容市	72.73	47.99	1.90	2.61	35.79	0.68	0.69	101.76	1.44
扬中市									
常州市	**65.75**	**46.62**	**1.00**	**1.52**	**44.00**	**0.44**	**0.49**	**111.36**	**1.05**
武进市									
金坛市	65.75	46.62	1.00	1.52	44.00	0.44	0.49	111.36	1.05
溧阳县									
无锡市	**82.09**	**84.02**	**0.42**	**0.51**	**61.90**	**0.26**	**0.25**	**94.23**	**0.29**
宜兴市									
江阴市	82.09	84.02	0.42	0.51	61.90	0.26	0.25	94.23	0.29
苏州市	**465.70**	**329.34**	**69.98**	**15.03**	**90.27**	**63.17**	**61.20**	**96.88**	**18.58**
张家港市	75.89	67.02	29.54	38.92	91.20	26.94	25.97	96.40	38.75
常熟市	108.66	83.01	19.76	18.19	92.51	18.28	17.78	97.26	21.42
太仓市	71.28	37.31	20.52	28.79	86.89	17.83	17.33	97.20	46.45
吴　县	121.47	97.55	0.10	0.08	80.00	0.08	0.08	101.88	0.08
昆山市	88.40	44.45	0.06	0.07	66.67	0.04	0.04	97.50	0.09
南京市	**351.15**	**236.54**	**6.61**	**1.88**	**35.10**	**2.32**	**2.88**	**124.30**	**1.22**
江宁县	94.53	62.79	0.69	0.73	69.57	0.48	0.55	114.93	0.88
江浦县	35.96	21.29	2.77	7.70	40.43	1.12	1.43	127.68	6.72
六合县	88.98	52.88	2.67	3.00	20.97	0.56	0.74	131.43	1.39
高淳县	48.20	34.74	0.45	0.93	31.11	0.14	0.13	95.57	0.39
溧水县	48.64	32.18	0.01	0.02	100.00	0.01	0.01	122.00	0.04
南京市郊	34.84	32.66	0.02	0.06	50.00	0.01	0.02	*	0.06

5-5-31 江苏省1973年产棉县棉花生产收购明细

县市名	耕地面积（万亩）	农业人口（万人）	棉田面积（万亩）	占耕地（%）	亩产（市斤）	产量（万担）	收购量（万担）	商品率（%）	人均交售（市斤）
全省合计	**6262.97**	**4143.41**	**851.59**	**13.60**	**102.95**	**876.70**	**865.46**	**98.72**	**20.89**
徐州市	**976.73**	**522.38**	**74.94**	**7.67**	**88.48**	**66.31**	**65.54**	**98.84**	**12.55**
丰县	135.44	72.82	13.70	10.12	100.88	13.82	13.30	96.24	18.26
沛县	127.60	71.17	11.05	8.66	120.54	13.32	12.82	96.25	18.01
铜山县	246.00	123.72	17.87	7.26	85.00	15.19	15.58	102.57	12.59
睢宁县	157.21	87.66	17.08	10.86	87.12	14.88	14.84	99.73	16.93
邳州市	181.00	103.42	11.00	6.08	71.36	7.85	7.82	99.62	7.56
新沂市	129.48	63.59	4.24	3.27	29.48	1.25	1.18	94.40	1.86
连云港市	**470.43**	**260.73**	**12.67**	**2.69**	**69.06**	**8.75**	**10.51**	**120.11**	**4.03**
赣榆县	91.23	70.21	0.03	0.03	66.67	0.02	0.01	47.50	0.01
东海县	163.30	70.72	4.90	3.00	56.12	2.75	1.98	72.00	2.80
灌云县	136.67	72.59	4.73	3.46	89.01	4.21	6.81	161.76	9.38
灌南县	79.23	47.21	3.01	3.80	58.80	1.77	1.71	96.61	3.62
淮阴市	**570.83**	**337.22**	**17.55**	**3.07**	**57.21**	**10.04**	**9.65**	**96.15**	**2.86**
淮安市	134.36	96.89	0.71	0.53	64.79	0.46	0.38	83.48	0.40
淮阴县	110.34	67.41	2.03	1.84	45.32	0.92	0.65	71.09	0.97
涟水县	136.00	73.83	6.36	4.68	60.85	3.87	3.57	92.25	4.84
洪泽县	49.76	32.73	0.10	0.20	60.00	0.06	0.04	59.33	0.11
盱眙县	89.18	39.09	4.01	4.50	37.91	1.52	1.58	103.95	4.04
金湖县	51.19	27.27	4.34	8.48	73.96	3.21	3.43	106.85	12.58
宿迁市	**629.67**	**349.66**	**37.65**	**5.98**	**75.38**	**28.38**	**27.30**	**96.19**	**7.81**
宿豫市	119.90	78.69	5.61	4.68	74.87	4.20	4.00	95.24	5.08
沭阳县	206.39	113.85	8.89	4.31	61.98	5.51	4.76	86.39	4.18
泗阳县	118.98	80.03	18.12	15.23	88.13	15.97	15.86	99.31	19.82
泗洪县	184.40	77.09	5.03	2.73	53.68	2.70	2.68	99.26	3.48
盐城市	**958.06**	**599.10**	**264.16**	**27.57**	**97.54**	**257.65**	**247.65**	**96.12**	**41.34**
响水县	52.99	36.37	5.63	10.62	50.98	2.87	4.15	144.60	11.41
滨海县	114.27	77.15	14.78	12.93	51.35	7.59	7.08	93.28	9.18
阜宁县	124.04	81.03	18.54	14.95	57.82	10.72	10.66	99.44	13.16
射阳县	154.58	83.15	55.49	35.90	102.50	56.88	52.33	92.00	62.93
建湖县	93.68	61.58	13.35	14.25	105.39	14.07	14.09	100.14	22.88
盐都县	137.51	95.90	34.00	24.73	109.53	37.24	37.08	99.57	38.67
大丰市	123.28	62.87	63.30	51.35	100.00	63.30	61.05	96.45	97.11
东台市	157.71	101.05	59.07	37.45	110.01	64.98	61.21	94.20	60.57
南通市	**722.33**	**650.06**	**289.96**	**40.14**	**119.89**	**347.64**	**346.59**	**99.70**	**53.32**
南通市郊	8.62	14.52					4.45		30.65
海安县	103.57	84.28	31.90	30.80	119.72	38.19	38.35	100.42	45.50
如皋县	129.80	125.60	37.01	28.51	106.97	39.59	38.22	96.54	30.43
如东县	145.10	100.31	64.60	44.52	122.07	78.86	76.70	97.26	76.46

5-5-31 续表

县市名	耕地面积（万亩）	农业人口（万人）	棉田面积（万亩）	占耕地（%）	亩产（市斤）	产量（万担）	收购量（万担）	商品率（%）	人均交售（市斤）
通州市	141.30	134.98	59.20	41.90	123.11	72.88	74.43	102.13	55.14
海门市	82.40	89.70	39.25	47.63	112.38	44.11	42.53	96.42	47.41
启东市	111.54	100.67	58.00	52.00	127.60	74.01	71.91	97.16	71.43
扬州市	**443.97**	**325.14**	**26.22**	**5.91**	**92.45**	**24.24**	**24.87**	**102.60**	**7.65**
扬州市郊									
高邮市	116.25	68.07	5.17	4.45	115.67	5.98	5.95	99.50	8.74
宝应县	97.82	72.50	8.20	8.38	106.95	8.77	8.96	102.17	12.36
仪征市	63.80	42.09	6.47	10.14	61.98	4.01	4.33	107.98	10.29
江都市	108.08	87.85	3.81	3.53	90.03	3.43	3.47	101.17	3.95
邗江县	58.02	54.63	2.57	4.43	79.77	2.05	2.16	105.37	3.95
泰州市	**348.35**	**266.90**	**37.14**	**10.66**	**111.44**	**41.39**	**42.15**	**101.84**	**15.79**
兴化市	191.48	119.80	17.07	8.91	102.93	17.57	18.70	106.43	15.61
靖江市	50.99	51.42	12.00	23.53	130.92	15.71	15.31	97.45	29.77
泰兴市									
泰　县	105.88	95.68	8.07	7.62	100.50	8.11	8.14	100.37	8.51
姜堰区									
镇江市	**229.69**	**164.31**	**9.42**	**4.10**	**57.43**	**5.41**	**5.28**	**97.60**	**3.21**
镇江市郊	3.49	5.03	0.31	8.88	103.23	0.32	0.32	100.00	6.36
丹徒县	62.09	46.22	2.51	4.04	63.35	1.59	1.58	99.37	3.42
丹阳市	93.23	66.43	4.57	4.90	47.70	2.18	2.06	94.50	3.10
句容市	70.88	46.63	2.03	2.86	65.02	1.32	1.32	100.00	2.83
扬中市									
常州市	**65.03**	**45.42**	**0.98**	**1.51**	**77.55**	**0.76**	**0.76**	**100.00**	**1.67**
武进市									
金坛市	65.03	45.42	0.98	1.51	77.55	0.76	0.76	100.00	1.67
溧阳县									
无锡市	**81.93**	**84.80**	**0.45**	**0.55**	**102.22**	**0.46**	**0.46**	**99.35**	**0.54**
宜兴市									
江阴市	81.93	84.80	0.45	0.55	102.22	0.46	0.46	99.35	0.54
苏州市	**465.38**	**331.35**	**72.22**	**15.52**	**112.20**	**81.03**	**79.66**	**98.31**	**24.04**
张家港市	75.94	66.95	30.29	39.89	122.25	37.03	36.68	99.05	54.79
常熟市	108.55	83.38	21.30	19.62	116.81	24.88	24.38	97.99	29.24
太仓市	71.21	37.56	20.50	28.79	92.73	19.01	18.51	97.37	49.28
吴　县	121.30	98.65	0.11	0.09	90.91	0.10	0.09	94.00	0.10
昆山市	88.38	44.81	0.02	0.02	50.00	0.01			
南京市	**300.57**	**206.34**	**8.23**	**2.74**	**56.38**	**4.64**	**5.03**	**108.45**	**2.44**
江宁县	35.81	63.68	0.77	2.15	77.92	0.60	0.63	105.33	0.99
江浦县	35.82	21.54	2.89	8.07	46.37	1.34	1.92	143.28	8.91
六合县	85.97	53.10	3.66	4.26	60.93	2.23	2.36	105.83	4.44
高淳县	48.54	35.11	0.49	1.01	24.49	0.12	0.11	91.67	0.31
溧水县									
南京市郊	94.43	32.91	0.42	0.44	83.33	0.35	0.01	2.86	0.03

5－5－32 江苏省1974年产棉县棉花生产收购明细

县 市 名	耕地面积（万亩）	农业人口（万人）	棉田面积（万亩）	占耕地（%）	亩 产（市斤）	产 量（万担）	收购量（万担）	商品率（%）	人均交售（市斤）
全省合计	**6238.97**	**4212.61**	**867.21**	**13.90**	**94.97**	**823.62**	**798.99**	**97.01**	**18.97**
徐州市	**972.28**	**531.23**	**76.18**	**7.84**	**76.37**	**58.18**	**54.96**	**94.46**	**10.35**
丰 县	135.33	73.89	13.83	10.22	79.97	11.06	10.39	93.94	14.06
沛 县	127.14	72.41	11.00	8.65	119.64	13.16	12.02	91.34	16.60
铜山县	244.00	126.11	18.56	7.61	76.62	14.22	13.24	93.11	10.50
睢宁县	156.85	88.88	17.10	10.90	68.89	11.78	11.87	100.76	13.36
邳州市	180.00	105.06	12.00	6.67	59.17	7.10	6.67	93.94	6.35
新沂市	128.96	64.88	3.69	2.86	23.31	0.86	0.77	89.07	1.18
连云港市	**467.75**	**264.79**	**14.59**	**3.12**	**51.82**	**7.56**	**8.14**	**107.67**	**3.07**
赣榆县	90.46	71.08	0.03	0.03	33.33	0.01			
东海县	162.68	72.56	5.49	3.37	33.88	1.86	1.74	93.55	2.40
灌云县	135.66	73.39	5.44	4.01	75.00	4.08	4.95	121.32	6.74
灌南县	78.95	47.76	3.63	4.60	44.35	1.61	1.45	90.06	3.04
淮阴市	**567.70**	**341.87**	**21.54**	**3.79**	**48.79**	**10.51**	**10.32**	**98.21**	**3.02**
淮安市	133.65	98.28	1.09	0.82	53.21	0.58	0.54	93.10	0.55
淮阴县	109.93	68.18	2.54	2.31	36.61	0.93	0.61	65.14	0.89
涟水县	135.91	74.66	7.81	5.75	49.94	3.90	3.43	87.95	4.59
洪泽县	49.76	33.30	0.13	0.26	76.92	0.10	0.03	25.90	0.08
盱眙县	87.58	39.68	4.90	5.59	38.98	1.91	2.29	119.90	5.77
金湖县	50.87	27.77	5.07	9.97	60.95	3.09	3.43	111.00	12.35
宿迁市	**626.59**	**354.47**	**39.01**	**6.23**	**56.19**	**21.92**	**20.96**	**95.62**	**5.91**
宿豫市	119.77	79.83	4.11	3.43	80.29	3.30	3.24	98.18	4.06
沭阳县	205.86	115.29	10.24	4.97	39.55	4.05	3.51	86.67	3.04
泗阳县	118.31	81.08	17.98	15.20	67.58	12.15	11.95	98.35	14.74
泗洪县	182.65	78.27	6.68	3.66	36.23	2.42	2.26	93.39	2.89
盐城市	**955.96**	**610.80**	**268.06**	**28.04**	**84.56**	**226.66**	**216.49**	**95.51**	**35.44**
响水县	52.99	37.03	6.42	12.12	42.99	2.76	3.46	125.36	9.34
滨海县	113.76	79.23	16.16	14.21	45.98	7.43	6.45	86.81	8.14
阜宁县	123.96	82.59	18.78	15.15	51.12	9.60	9.41	98.02	11.39
射阳县	154.33	84.46	55.57	36.01	82.81	46.02	43.20	93.87	51.15
建湖县	93.39	62.60	14.52	15.55	102.82	14.93	14.70	98.46	23.48
盐都县	137.11	97.89	34.07	24.85	97.39	33.18	32.92	99.22	33.63
大丰市	122.83	64.96	63.67	51.84	92.01	58.58	56.10	95.77	86.36
东台市	157.59	102.04	58.87	37.36	92.00	54.16	50.25	92.78	49.25
南通市	**720.09**	**659.33**	**289.60**	**40.22**	**125.23**	**362.66**	**354.30**	**97.69**	**53.74**
南通市郊	8.62	16.55					3.75		22.66
海安县	102.40	84.94	31.90	31.15	109.84	35.04	35.13	100.26	41.36
如皋县	129.40	126.40	37.10	28.67	101.81	37.77	36.56	96.80	28.92
如东县	144.96	100.80	64.60	44.56	139.24	89.95	81.88	91.03	81.23

5-5-32 续表

县市名	耕地面积（万亩）	农业人口（万人）	棉田面积（万亩）	占耕地（%）	亩产（市斤）	产量（万担）	收购量（万担）	商品率（%）	人均交售（市斤）
通州市	140.93	138.25	58.79	41.72	112.71	66.26	66.88	100.94	48.38
海门市	82.30	90.00	39.21	47.64	122.95	48.21	46.61	96.68	51.79
启东市	111.48	102.39	58.00	52.03	147.29	85.43	83.49	97.73	81.54
扬州市	**440.81**	**331.67**	**26.95**	**6.11**	**90.32**	**24.34**	**24.30**	**99.84**	**7.33**
扬州市郊									
高邮市	115.97	69.02	5.40	4.66	110.74	5.98	5.76	96.32	8.35
宝应县	96.32	73.69	8.90	9.24	98.88	8.80	8.80	100.00	11.94
仪征市	63.35	42.92	6.44	10.17	69.41	4.47	4.68	104.70	10.90
江都市	108.01	89.64	3.72	3.44	83.06	3.09	3.02	97.73	3.37
邗江县	57.16	56.40	2.49	4.36	80.32	2.00	2.04	102.00	3.62
泰州市	**347.15**	**271.50**	**37.04**	**10.67**	**87.39**	**32.37**	**31.84**	**98.36**	**11.73**
兴化市	190.91	121.22	17.05	8.93	72.14	12.30	12.20	99.19	10.06
靖江市	50.76	53.08	11.88	23.40	113.30	13.46	13.00	96.58	24.49
泰兴市									
泰　县	105.48	97.20	8.11	7.69	81.50	6.61	6.64	100.45	6.83
姜堰区									
镇江市	**230.31**	**169.61**	**10.54**	**4.58**	**51.71**	**5.45**	**5.29**	**97.06**	**3.12**
镇江市郊	4.21	5.57	0.60	14.25	71.67	0.43	0.43	100.00	7.72
丹徒县	61.75	47.58	2.74	4.44	71.17	1.95	1.92	98.46	4.04
丹阳市	93.53	68.54	4.59	4.91	35.73	1.64	1.53	93.29	2.23
句容市	70.82	47.92	2.61	3.69	54.79	1.43	1.41	98.60	2.94
扬中市									
常州市	**65.07**	**46.32**	**1.29**	**1.98**	**64.34**	**0.83**	**0.81**	**97.59**	**1.75**
武进市									
金坛市	65.07	46.32	1.29	1.98	64.34	0.83	0.81	97.59	1.75
溧阳县									
无锡市	**81.23**	**85.82**	**0.48**	**0.59**	**72.92**	**0.35**	**0.33**	**95.54**	**0.39**
宜兴市									
江阴市	81.23	85.82	0.48	0.59	72.92	0.35	0.33	95.54	0.39
苏州市	**465.03**	**334.21**	**71.50**	**15.38**	**91.66**	**65.54**	**63.53**	**96.93**	**19.01**
张家港市	75.81	67.69	30.04	39.63	91.54	27.50	26.50	96.36	39.15
常熟市	108.47	84.15	20.83	19.20	94.82	19.75	19.25	97.47	22.88
太仓市	71.12	37.91	20.50	28.82	88.78	18.20	17.70	97.25	46.69
吴　县	121.27	99.36	0.12	0.10	75.00	0.09	0.08	84.78	0.08
昆山市	88.36	45.10	0.01	0.01					
南京市	**299.00**	**210.99**	**10.43**	**3.49**	**69.51**	**7.25**	**7.72**	**106.50**	**3.66**
江宁县	94.01	65.14	0.80	0.85	95.00	0.76	0.75	98.82	1.15
江浦县	35.72	22.20	3.17	8.87	71.61	2.27	3.06	134.80	13.78
六合县	85.20	53.93	6.03	7.08	64.51	3.89	3.89	100.00	7.21
高淳县	48.54	35.57	0.02	0.04	50.00	0.01	0.01	100.00	0.03
溧水县									
南京市郊	35.53	34.15	0.41	1.15	78.05	0.32	0.01	3.13	0.03

5-5-33 江苏省1975年产棉县棉花生产收购明细

县市名	耕地面积（万亩）	农业人口（万人）	棉田面积（万亩）	占耕地（%）	亩产（市斤）	产量（万担）	收购量（万担）	商品率（%）	人均交售（市斤）
全省合计	**6229.23**	**4268.75**	**859.40**	**13.80**	**104.03**	**894.03**	**882.05**	**98.66**	**20.66**
徐州市	**969.61**	**539.23**	**74.51**	**7.68**	**91.42**	**68.12**	**66.54**	**97.68**	**12.34**
丰　县	135.00	75.03	12.80	9.48	83.20	10.65	10.20	95.77	13.59
沛　县	126.95	73.41	11.89	9.37	107.32	12.76	12.10	94.83	16.48
铜山县	243.00	128.29	18.19	7.49	93.84	17.07	16.89	98.95	13.17
睢宁县	156.59	89.76	17.58	11.23	100.46	17.66	17.88	101.25	19.92
邳州市	180.00	106.94	11.00	6.11	82.64	9.09	8.63	94.94	8.07
新沂市	128.07	65.80	3.05	2.38	29.18	0.89	0.84	94.27	1.28
连云港市	**465.24**	**269.26**	**13.17**	**2.83**	**63.25**	**8.33**	**11.06**	**132.77**	**4.11**
赣榆县	89.23	72.47	0.01	0.01					
东海县	162.62	74.00	4.19	2.58	47.26	1.98	1.94	97.98	2.62
灌云县	134.44	74.33	5.35	3.98	83.93	4.49	7.41	165.03	9.97
灌南县	78.95	48.46	3.62	4.59	51.38	1.86	1.71	91.94	3.53
淮阴市	**566.22**	**346.64**	**20.43**	**3.61**	**52.42**	**10.71**	**10.44**	**97.49**	**3.01**
淮安市	133.38	99.77	2.93	2.20	39.93	1.17	1.25	106.84	1.25
淮阴县	109.26	68.91	1.79	1.64	42.46	0.76	0.46	60.26	0.66
涟水县	135.52	76.01	6.71	4.95	58.27	3.91	3.59	91.82	4.72
洪泽县	50.22	33.71	0.06	0.12	83.33	0.05	0.01	26.00	0.04
盱眙县	86.50	40.07	4.27	4.94	43.33	1.85	1.79	96.76	4.47
金湖县	51.34	28.17	4.67	9.10	63.60	2.97	3.34	112.46	11.86
宿迁市	**625.87**	**358.93**	**37.94**	**6.06**	**75.59**	**28.68**	**27.67**	**96.48**	**7.71**
宿豫市	119.41	80.99	5.34	4.47	90.82	4.85	4.60	94.85	5.68
沭阳县	205.64	117.00	9.42	4.58	56.26	5.30	4.68	88.30	4.00
泗阳县	118.24	82.45	17.24	14.58	88.11	15.19	15.21	100.13	18.45
泗洪县	182.58	78.49	5.94	3.25	56.23	3.34	3.18	95.21	4.05
盐城市	**955.46**	**620.35**	**265.53**	**27.79**	**105.20**	**279.33**	**271.34**	**97.14**	**43.74**
响水县	52.99	37.64	6.09	11.49	56.49	3.44	5.27	153.20	14.00
滨海县	113.84	80.72	15.38	13.51	62.09	9.55	9.18	96.13	11.37
阜宁县	123.85	84.14	18.77	15.16	61.59	11.56	11.64	100.69	13.83
射阳县	154.33	85.57	55.50	35.96	110.45	61.30	58.02	94.65	67.80
建湖县	93.24	63.74	14.32	15.36	118.51	16.97	17.26	101.71	27.08
盐都县	137.00	99.35	33.97	24.80	111.57	37.90	37.78	99.68	38.03
大丰市	122.76	66.22	63.10	51.40	116.01	73.20	71.30	97.40	107.67
东台市	157.45	102.97	58.40	37.09	112.00	65.41	60.89	93.09	59.13
南通市	**727.87**	**664.61**	**290.01**	**39.84**	**124.09**	**359.88**	**357.26**	**99.27**	**53.75**
南通市郊	18.38	16.55					3.72		22.48
海安县	101.90	85.57	31.64	31.05	114.98	36.38	36.48	100.27	42.63
如皋县	128.60	127.20	37.20	28.93	95.94	35.69	34.78	97.45	27.34
如东县	144.84	101.30	64.60	44.60	113.99	73.64	70.60	95.87	69.69

5-5-33续表

县市名	耕地面积（万亩）	农业人口（万人）	棉田面积（万亩）	占耕地（%）	亩产（市斤）	产量（万担）	收购量（万担）	商品率（%）	人均交售（市斤）
通州市	140.83	138.99	59.20	42.04	114.05	67.52	68.62	101.63	49.37
海门市	82.00	91.30	39.12	47.71	136.68	53.47	51.87	97.01	56.81
启东市	111.32	103.70	58.25	52.33	159.97	93.18	91.19	97.86	87.94
扬州市	**437.79**	**336.16**	**27.44**	**6.27**	**76.20**	**20.91**	**21.75**	**104.02**	**6.47**
扬州市郊									
高邮市	114.65	69.91	5.45	4.75	99.45	5.42	5.35	98.71	7.65
宝应县	95.47	74.66	8.90	9.32	95.73	8.52	9.09	106.69	12.18
仪征市	62.97	43.49	6.57	10.43	42.16	2.77	3.03	109.39	6.97
江都市	107.78	90.87	3.68	3.41	72.83	2.68	2.73	101.87	3.00
邗江县	56.92	57.23	2.84	4.99	53.52	1.52	1.55	101.97	2.71
泰州市	**344.94**	**276.03**	**36.80**	**10.67**	**88.80**	**32.68**	**32.50**	**99.45**	**11.77**
兴化市	189.27	123.79	17.01	8.99	77.90	13.25	13.55	102.26	10.95
靖江市	50.49	53.80	11.72	23.21	108.02	12.66	12.19	96.29	22.66
泰兴市									
泰　县	105.18	98.44	8.07	7.67	83.89	6.77	6.76	99.85	6.87
姜堰区									
镇江市	**229.72**	**171.89**	**10.15**	**4.42**	**46.70**	**4.74**	**4.73**	**99.73**	**2.75**
镇江市郊	4.10	5.87	0.43	10.49	67.44	0.29	0.30	102.41	5.06
丹徒县	61.27	48.37	2.67	4.36	58.43	1.56	1.54	98.72	3.18
丹阳市	93.51	69.20	4.99	5.34	34.47	1.72	1.63	94.77	2.36
句容市	70.84	48.45	2.06	2.91	56.80	1.17	1.26	107.69	2.60
扬中市									
常州市	**65.04**	**46.60**	**1.49**	**2.29**	**67.11**	**1.00**	**1.00**	**100.00**	**2.15**
武进市									
金坛市	65.04	46.60	1.49	2.29	67.11	1.00	1.00	100.00	2.15
溧阳县									
无锡市	**81.10**	**87.12**	**0.43**	**0.53**	**86.05**	**0.37**	**0.37**	**98.65**	**0.42**
宜兴市									
江阴市	81.10	87.12	0.43	0.53	86.05	0.37	0.37	98.65	0.42
苏州市	**464.21**	**337.81**	**71.49**	**15.40**	**103.39**	**73.91**	**71.89**	**97.26**	**21.28**
张家港市	75.67	68.47	30.28	40.02	106.27	32.18	31.17	96.86	45.52
常熟市	108.25	85.09	20.59	19.02	105.73	21.77	21.27	97.70	25.00
太仓市	70.84	38.28	20.50	28.94	96.98	19.88	19.38	97.48	50.63
吴　县	121.16	100.30	0.11	0.09	72.73	0.08	0.07	81.25	0.06
昆山市	88.29	45.67	0.01	0.01					
南京市	**296.16**	**214.12**	**10.01**	**3.38**	**53.65**	**5.37**	**5.52**	**102.72**	**2.58**
江宁县	93.45	65.78	0.78	0.83	82.05	0.64	0.67	104.06	1.01
江浦县	35.48	22.53	3.02	8.51	40.40	1.22	1.55	127.05	6.88
六合县	83.91	54.72	6.00	7.15	55.83	3.35	3.29	98.21	6.01
高淳县	48.52	35.88	0.01	0.02	100.00	0.01			
溧水县									
南京市郊	34.80	35.21	0.20	0.57	75.00	0.15	0.01	6.67	0.03

5－5－34　江苏省1976年产棉县棉花生产收购明细

县市名	耕地面积（万亩）	农业人口（万人）	棉田面积（万亩）	占耕地（%）	亩产（市斤）	产量（万担）	收购量（万担）	商品率（%）	人均交售（市斤）
全省合计	**6140.47**	**4284.43**	**860.60**	**14.02**	**94.18**	**810.49**	**793.34**	**97.88**	**18.52**
徐州市	**966.18**	**544.53**	**76.17**	**7.88**	**70.85**	**53.97**	**51.00**	**94.50**	**9.37**
丰县	134.89	75.70	12.97	9.62	45.10	5.85	5.27	90.09	6.96
沛县	126.54	72.87	11.85	9.36	72.15	8.55	8.03	93.92	11.02
铜山县	242.00	129.89	18.17	7.51	85.25	15.49	12.17	78.57	9.37
睢宁县	155.98	90.95	17.50	11.22	92.86	16.25	16.62	102.28	18.27
邳州市	179.00	108.80	12.00	6.70	54.83	6.58	7.64	116.11	7.02
新沂市	127.77	66.32	3.68	2.88	33.97	1.25	1.27	101.60	1.91
连云港市	**463.24**	**270.31**	**13.26**	**2.86**	**54.37**	**7.21**	**8.71**	**120.80**	**3.22**
赣榆县	88.82	73.10	0.01	0.01					
东海县	162.06	73.06	4.26	2.63	44.60	1.90	1.93	101.58	2.64
灌云县	133.65	75.46	5.44	4.07	69.85	3.80	5.54	145.79	7.34
灌南县	78.71	48.69	3.55	4.51	42.54	1.51	1.24	82.12	2.55
淮阴市	**593.13**	**344.67**	**21.58**	**3.64**	**53.71**	**11.59**	**10.72**	**92.52**	**3.11**
淮安市	132.71	98.64	2.70	2.03	48.89	1.32	1.27	96.21	1.29
淮阴县	109.33	69.44	1.07	0.98	41.12	0.44	0.25	56.14	0.36
涟水县	135.22	76.24	6.15	4.55	57.56	3.54	2.98	84.18	3.91
洪泽县	49.55	33.27	0.04	0.08	75.00	0.03	0.01	20.33	0.02
盱眙县	85.15	38.33	6.75	7.93	44.74	3.02	2.77	91.72	7.23
金湖县	81.17	28.75	4.87	6.00	66.53	3.24	3.45	106.48	12.00
宿迁市	**625.91**	**359.16**	**37.90**	**6.06**	**71.16**	**26.97**	**25.61**	**94.96**	**7.13**
宿豫市	119.32	81.85	5.00	4.19	75.20	3.76	3.74	99.47	4.57
沭阳县	205.63	117.48	10.84	5.27	56.00	6.07	4.83	79.57	4.11
泗阳县	117.82	82.30	17.00	14.43	85.24	14.49	14.28	98.55	17.35
泗洪县	183.14	77.53	5.06	2.76	52.37	2.65	2.76	104.15	3.56
盐城市	**955.59**	**625.37**	**264.84**	**27.71**	**104.21**	**276.00**	**269.96**	**97.81**	**43.17**
响水县	53.00	35.98	6.42	12.11	60.12	3.86	5.37	139.12	14.92
滨海县	113.51	82.21	15.64	13.78	66.05	10.33	9.27	89.74	11.28
阜宁县	123.84	85.35	18.77	15.16	76.72	14.40	14.43	100.21	16.91
射阳县	154.43	86.48	55.51	35.95	108.61	60.29	59.21	98.21	68.47
建湖县	93.14	64.25	14.00	15.03	114.93	16.09	16.10	100.06	25.06
盐都县	136.66	100.27	34.01	24.89	106.09	36.08	36.00	99.78	35.90
大丰市	122.58	67.44	62.49	50.98	112.00	69.99	68.37	97.69	101.38
东台市	158.43	103.39	58.00	36.61	112.00	64.96	61.21	94.23	59.20
南通市	**715.02**	**667.46**	**290.04**	**40.56**	**100.16**	**290.49**	**286.46**	**98.61**	**42.92**
南通市郊	8.34	16.60					2.11		12.71
海安县	101.22	85.95	31.90	31.52	122.19	38.98	39.02	100.10	45.40
如皋县	128.20	127.40	37.23	29.04	101.40	37.75	36.61	96.98	28.74
如东县	144.70	101.68	64.60	44.64	107.20	69.25	66.80	96.46	65.70

5－5－34 续表

县市名	耕地面积（万亩）	农业人口（万人）	棉田面积（万亩）	占耕地（%）	亩产（市斤）	产量（万担）	收购量（万担）	商品率（%）	人均交售（市斤）
通州市	140.58	139.62	59.20	42.11	86.25	51.06	52.11	102.06	37.32
海门市	81.00	91.60	39.05	48.21	92.24	36.02	34.41	95.53	37.57
启东市	110.98	104.61	58.06	52.32	98.91	57.43	55.40	96.47	52.96
扬州市	**434.36**	**374.60**	**26.70**	**6.15**	**100.79**	**26.91**	**26.83**	**99.70**	**7.16**
扬州市郊									
高邮市	113.33	70.74	5.42	4.78	120.11	6.51	6.34	97.39	8.96
宝应县	95.41	76.80	8.90	9.33	106.85	9.51	9.56	100.53	12.45
仪征市	62.22	44.09	6.27	10.08	81.82	5.13	5.12	99.81	11.61
江都市	107.30	125.27	3.61	3.36	101.11	3.65	3.65	100.00	2.91
邗江县	56.10	57.70	2.50	4.46	84.40	2.11	2.16	102.37	3.74
泰州市	**343.68**	**278.87**	**37.17**	**10.82**	**103.74**	**38.56**	**38.01**	**98.57**	**13.63**
兴化市	189.05	125.63	17.08	9.03	89.70	15.32	15.12	98.69	12.04
靖江市	50.19	54.00	11.99	23.89	128.94	15.46	15.01	97.09	27.80
泰兴市									
泰　县	104.44	99.24	8.10	7.76	96.05	7.78	7.88	101.29	7.94
姜堰区									
镇江市	**228.61**	**171.36**	**9.76**	**4.27**	**73.57**	**7.18**	**7.10**	**98.90**	**4.14**
镇江市郊	3.81	5.51	0.28	7.35	92.86	0.26	0.26	100.38	4.74
丹徒县	60.48	48.70	2.91	4.81	73.54	2.14	2.15	100.47	4.41
丹阳市	93.43	68.73	4.51	4.83	70.07	3.16	2.93	92.72	4.26
句容市	70.89	48.42	2.06	2.91	78.64	1.62	1.76	108.64	3.63
扬中市									
常州市	**65.02**	**46.42**	**1.50**	**2.31**	**100.00**	**1.50**	**1.51**	**100.67**	**3.25**
武进市									
金坛市	65.02	46.42	1.50	2.31	100.00	1.50	1.51	100.67	3.25
溧阳县									
无锡市	**80.67**	**87.75**	**0.41**	**0.51**	**107.32**	**0.44**	**0.42**	**95.45**	**0.48**
宜兴市									
江阴市	80.67	87.75	0.41	0.51	107.32	0.44	0.42	95.45	0.48
苏州市	**375.38**	**300.10**	**71.95**	**19.17**	**86.42**	**62.18**	**60.15**	**96.73**	**20.04**
张家港市	75.49	69.15	30.78	40.77	86.16	26.52	25.50	96.15	36.88
常熟市	108.09	85.78	20.75	19.20	98.41	20.42	19.92	97.55	23.22
太仓市	70.65	38.32	20.31	28.75	74.59	15.15	14.65	96.70	38.23
吴　县	121.15	106.85	0.11	0.09	81.82	0.09	0.08	86.67	0.07
昆山市									
南京市	**293.68**	**213.83**	**9.32**	**3.17**	**80.36**	**7.49**	**6.86**	**91.58**	**3.21**
江宁县	93.16	66.26	0.80	0.86	97.50	0.78	0.80	102.44	1.21
江浦县	35.13	21.49	3.12	8.88	56.41	1.76	2.16	122.73	10.05
六合县	82.46	54.95	5.06	6.14	78.85	3.99	3.89	97.49	7.08
高淳县	48.47	35.91	0.02	0.04	*	0.76			
溧水县									
南京市郊	34.46	35.22	0.32	0.93	62.50	0.20	0.01	5.00	0.03

5-5-35　江苏省1977年产棉县棉花生产收购明细

县市名	耕地面积（万亩）	农业人口（万人）	棉田面积（万亩）	占耕地（%）	亩产（市斤）	产量（万担）	收购量（万担）	商品率（%）	人均交售（市斤）
全省合计	**6008.84**	**4225.10**	**859.42**	**14.30**	**87.26**	**749.92**	**739.42**	**98.60**	**17.50**
徐州市	**960.92**	**552.89**	**75.56**	**7.86**	**74.09**	**55.98**	**56.95**	**101.73**	**10.30**
丰　县	134.45	76.55	12.61	9.38	53.53	6.75	6.22	92.15	8.13
沛　县	126.27	75.89	12.03	9.53	77.89	9.37	8.76	93.49	11.54
铜山县	240.00	131.44	17.76	7.40	89.75	15.94	17.88	112.17	13.60
睢宁县	155.11	91.71	18.03	11.62	80.59	14.53	14.76	101.58	16.09
邳州市	178.00	110.08	11.00	6.18	69.55	7.65	7.60	99.35	6.90
新沂市	127.09	67.22	4.13	3.25	42.13	1.74	1.73	99.43	2.57
连云港市	**374.49**	**200.28**	**13.55**	**3.62**	**65.46**	**8.87**	**11.88**	**133.93**	**5.93**
赣榆县									
东海县	161.67	74.19	4.28	2.65	61.92	2.65	2.64	99.62	3.56
灌云县	134.25	76.82	5.45	4.06	80.00	4.36	7.49	171.79	9.75
灌南县	78.57	49.27	3.82	4.86	48.69	1.86	1.75	94.09	3.55
淮阴市	**561.74**	**349.01**	**22.41**	**3.99**	**50.38**	**11.29**	**10.62**	**94.07**	**3.04**
淮安市	132.08	99.88	3.17	2.40	52.68	1.67	1.65	98.80	1.65
淮阴县	108.80	70.19	1.04	0.96	44.23	0.46	0.25	54.35	0.36
涟水县	134.66	76.89	5.78	4.29	64.88	3.75	3.49	93.07	4.54
洪泽县	49.02	34.46	0.02	0.04	100.00	0.02			
盱眙县	86.04	38.42	7.25	8.43	34.21	2.48	2.19	88.31	5.70
金湖县	51.14	29.17	5.15	10.07	56.50	2.91	3.04	104.47	10.42
宿迁市	**624.40**	**364.99**	**36.31**	**5.82**	**67.01**	**24.33**	**22.35**	**91.86**	**6.12**
宿豫市	118.87	82.89	5.38	4.53	59.29	3.19	2.81	88.09	3.39
沭阳县	205.57	118.84	9.95	4.84	61.51	6.12	5.07	82.84	4.27
泗阳县	117.72	84.57	17.00	14.44	78.71	13.38	12.91	96.49	15.27
泗洪县	182.24	78.69	3.98	2.18	41.21	1.64	1.56	95.12	1.98
盐城市	**954.03**	**633.57**	**264.02**	**27.67**	**105.51**	**278.58**	**272.50**	**97.82**	**43.01**
响水县	53.00	36.51	6.52	12.30	65.18	4.25	5.82	136.94	15.94
滨海县	113.40	83.27	15.24	13.44	79.46	12.11	11.24	92.82	13.50
阜宁县	123.63	86.95	18.80	15.21	74.68	14.04	14.03	99.93	16.14
射阳县	154.24	87.38	55.45	35.95	108.62	60.23	59.10	98.12	67.64
建湖县	92.95	65.17	14.00	15.06	103.79	14.53	14.39	99.04	22.08
盐都县	136.26	101.63	34.00	24.95	123.97	42.15	42.09	99.86	41.41
大丰市	122.33	68.66	62.08	50.75	120.01	74.50	72.85	97.79	106.10
东台市	158.22	104.00	57.93	36.61	98.00	56.77	52.98	93.32	50.94
南通市	**715.65**	**669.76**	**289.47**	**40.45**	**84.48**	**244.55**	**240.73**	**98.44**	**35.94**
南通市郊	8.27	16.49					1.91		11.58
海安县	99.76	86.27	31.90	31.98	92.51	29.51	29.40	99.63	34.08
如皋县	127.80	128.30	37.19	29.10	81.61	30.35	29.22	96.28	22.77
如东县	144.80	102.10	64.60	44.61	82.82	53.50	51.80	96.82	50.73

5－5－35 续表

县市名	耕地面积（万亩）	农业人口（万人）	棉田面积（万亩）	占耕地（%）	亩产（市斤）	产量（万担）	收购量（万担）	商品率（%）	人均交售（市斤）
通州市	140.34	140.16	59.20	42.18	68.72	40.68	41.53	102.09	29.63
海门市	81.00	92.20	38.58	47.63	91.71	35.38	33.77	95.45	36.63
启东市	113.68	104.24	58.00	51.02	95.05	55.13	53.10	96.32	50.94
扬州市	**431.99**	**345.13**	**27.70**	**6.41**	**79.39**	**21.99**	**22.03**	**100.18**	**6.38**
扬州市郊									
高邮市	112.64	71.62	6.27	5.57	96.17	6.03	5.93	98.34	8.28
宝应县	94.71	77.66	8.74	9.23	92.11	8.05	8.11	100.75	10.44
仪征市	62.17	44.83	6.55	10.54	55.88	3.66	3.72	101.64	8.30
江都市	106.67	92.74	3.60	3.37	76.11	2.74	2.71	98.91	2.92
邗江县	55.80	58.28	2.54	4.55	59.45	1.51	1.56	103.31	2.68
泰州市	**346.43**	**286.28**	**37.86**	**10.93**	**83.31**	**31.54**	**31.42**	**99.62**	**10.98**
兴化市	189.06	127.36	17.50	9.26	88.17	15.43	15.61	101.17	12.26
靖江市	50.06	54.72	11.98	23.93	86.56	10.37	9.91	95.56	18.11
泰兴市									
泰　县	104.21	100.25	8.00	7.68	70.38	5.63	5.90	104.80	5.89
姜堰区	3.10	3.95	0.38	12.26	28.95	0.11			
镇江市	**228.36**	**169.26**	**9.69**	**4.24**	**58.10**	**5.63**	**5.63**	**99.95**	**3.32**
镇江市郊	3.67	2.23	0.19	5.18	89.47	0.17	0.19	110.00	8.39
丹徒县	60.23	49.09	2.71	4.50	85.98	2.33	2.30	98.71	4.69
丹阳市	93.59	69.12	4.77	5.10	35.85	1.71	1.67	97.66	2.42
句容市	70.87	48.82	2.02	2.85	70.30	1.42	1.47	103.52	3.01
扬中市									
常州市	**65.05**	**46.51**	**1.77**	**2.72**	**87.57**	**1.55**	**1.56**	**100.65**	**3.35**
武进市									
金坛市	65.05	46.51	1.77	2.72	87.57	1.55	1.56	100.65	3.35
溧阳县									
无锡市	**80.09**	**88.83**	**0.40**	**0.50**	**72.50**	**0.29**	**0.28**	**95.86**	**0.31**
宜兴市									
江阴市	80.09	88.83	0.40	0.50	72.50	0.29	0.28	95.86	0.31
苏州市	**374.38**	**302.11**	**71.08**	**18.99**	**82.85**	**58.89**	**56.85**	**96.53**	**18.82**
张家港市	75.25	69.56	30.04	39.92	85.52	25.69	24.65	95.95	35.44
常熟市	107.81	86.58	20.62	19.13	90.69	18.70	18.20	97.33	21.02
太仓市	70.53	38.50	20.31	28.80	71.15	14.45	13.95	96.54	36.23
吴　县	120.79	107.47	0.11	0.09	45.45	0.05	0.05	98.00	0.05
昆山市									
南京市	**291.31**	**216.48**	**9.60**	**3.30**	**66.98**	**6.43**	**6.62**	**102.97**	**3.06**
江宁县	92.74	67.12	0.78	0.84	102.56	0.80	0.82	102.63	1.22
江浦县	34.73	21.86	3.26	9.39	63.80	2.08	2.44	117.31	11.16
六合县	81.73	55.63	5.29	6.47	63.52	3.36	3.35	99.70	6.02
高淳县	48.34	35.97	0.01	0.02					
溧水县									
南京市郊	33.77	35.90	0.26	0.77	73.08	0.19	0.01	5.26	0.03

5－5－36　江苏省1978年产棉县棉花生产收购明细

县 市 名	耕地面积（万亩）	农业人口（万人）	棉田面积（万亩）	占耕地（%）	亩　产（市斤）	产　量（万担）	收购量（万担）	商品率（%）	人均交售（市斤）
全省合计	**6136.54**	**4351.82**	**865.02**	**14.10**	**108.15**	**935.49**	**922.76**	**98.64**	**21.20**
徐州市	**956.39**	**556.25**	**72.82**	**7.61**	**67.63**	**49.25**	**47.78**	**97.02**	**8.59**
丰　县	133.93	77.63	12.50	9.33	40.56	5.07	4.35	85.80	5.60
沛　县	125.72	75.25	11.94	9.50	60.64	7.24	6.59	91.02	8.76
铜山县	239.00	132.81	17.26	7.22	84.13	14.52	14.33	98.69	10.79
睢宁县	154.56	91.71	17.50	11.32	73.49	12.86	12.95	100.70	14.12
邳州市	177.00	111.00	11.00	6.21	74.27	8.17	8.29	101.47	7.47
新沂市	126.18	67.85	2.62	2.08	53.05	1.39	1.27	91.37	1.87
连云港市	**372.45**	**203.03**	**12.49**	**3.35**	**72.78**	**9.09**	**12.17**	**133.88**	**5.99**
赣榆县									
东海县	161.16	75.22	3.91	2.43	77.24	3.02	2.97	98.34	3.95
灌云县	132.94	77.70	5.09	3.83	78.00	3.97	7.19	181.11	9.25
灌南县	78.35	50.11	3.49	4.45	60.17	2.10	2.01	95.71	4.01
淮阴市	**561.83**	**350.10**	**19.94**	**3.55**	**58.43**	**11.65**	**10.89**	**93.45**	**3.11**
淮安市	131.45	100.94	3.83	2.91	45.17	1.73	1.69	97.69	1.67
淮阴县	108.80	70.88	0.83	0.76	50.60	0.42	0.21	49.17	0.29
涟水县	134.43	77.73	5.70	4.24	74.56	4.25	3.77	88.71	4.85
洪泽县	50.38	33.82	0.02	0.04	100.00	0.02			
盱眙县	85.45	38.76	4.49	5.25	46.33	2.08	2.01	96.63	5.19
金湖县	51.32	27.97	5.07	9.88	62.13	3.15	3.21	101.90	11.48
宿迁市	**623.01**	**369.20**	**35.41**	**5.68**	**65.12**	**23.06**	**22.01**	**95.45**	**5.96**
宿豫市	118.77	84.10	5.86	4.93	67.58	3.96	3.82	96.46	4.54
沭阳县	205.02	120.09	9.11	4.44	69.15	6.30	5.56	88.25	4.63
泗阳县	117.67	84.39	17.35	14.74	63.92	11.09	10.99	99.10	13.02
泗洪县	181.55	80.62	3.09	1.70	55.34	1.71	1.64	95.91	2.03
盐城市	**952.25**	**637.39**	**264.97**	**27.83**	**109.46**	**290.04**	**283.99**	**97.91**	**44.56**
响水县	53.00	36.91	6.47	12.21	72.49	4.69	6.63	141.36	17.96
滨海县	113.05	84.22	15.26	13.50	97.90	14.94	14.26	95.45	16.93
阜宁县	123.06	87.90	18.83	15.30	74.67	14.06	14.04	99.86	15.97
射阳县	153.21	87.81	55.54	36.25	92.26	51.24	50.04	97.66	56.99
建湖县	92.79	65.86	14.00	15.09	100.14	14.02	14.01	99.93	21.27
盐都县	136.08	101.48	34.16	25.10	108.69	37.13	36.92	99.43	36.38
大丰市	122.22	69.21	62.30	50.97	114.00	71.02	68.88	96.99	99.52
东台市	158.84	104.00	58.41	36.77	142.00	82.94	79.21	95.50	76.16
南通市	**714.27**	**671.90**	**289.97**	**40.60**	**137.26**	**398.00**	**393.62**	**98.90**	**58.58**
南通市郊	8.18	16.48					2.76		16.75
海安县	99.73	86.70	32.05	32.14	113.54	36.39	36.53	100.38	42.13
如皋县	127.40	128.60	37.15	29.16	102.83	38.20	36.95	96.73	28.73
如东县	144.41	102.43	64.60	44.73	157.72	101.89	98.13	96.31	95.80

5-5-36 续表

县市名	耕地面积（万亩）	农业人口（万人）	棉田面积（万亩）	占耕地（%）	亩产（市斤）	产量（万担）	收购量（万担）	商品率（%）	人均交售（市斤）
通州市	140.40	140.40	59.59	42.44	110.64	65.93	68.17	103.40	48.55
海门市	81.00	92.30	38.70	47.78	131.14	50.75	48.79	96.14	52.86
启东市	113.15	104.99	57.88	51.15	181.13	104.84	102.29	97.57	97.43
扬州市	**430.71**	**348.52**	**27.07**	**6.28**	**97.97**	**26.52**	**26.69**	**100.64**	**7.66**
扬州市郊									
高邮市	112.00	71.92	6.15	5.49	110.24	6.78	6.65	98.08	9.25
宝应县	94.47	78.92	8.61	9.11	103.02	8.87	8.80	99.21	11.15
仪征市	61.76	45.39	6.28	10.17	73.57	4.62	4.93	106.71	10.86
江都市	106.41	93.48	3.57	3.35	120.73	4.31	4.34	100.70	4.64
邗江县	56.07	58.81	2.46	4.39	78.86	1.94	1.97	101.55	3.35
泰州市	**343.48**	**283.13**	**37.55**	**10.93**	**81.84**	**30.73**	**30.37**	**98.83**	**10.73**
兴化市	189.64	126.73	17.54	9.25	80.22	14.07	14.18	100.78	11.19
靖江市	49.78	55.46	11.98	24.07	83.14	9.96	9.49	95.28	17.11
泰兴市									
泰　县	104.06	100.94	8.03	7.72	83.44	6.70	6.70	100.00	6.64
姜堰区									
镇江市	**230.26**	**175.07**	**17.16**	**7.45**	**79.49**	**13.64**	**13.78**	**101.04**	**7.87**
镇江市郊	3.57	5.67	0.07	1.96	71.43	0.05	0.05	103.00	0.91
丹徒县	60.17	49.32	4.50	7.48	114.22	5.14	5.22	101.56	10.58
丹阳市	93.57	69.46	6.45	6.89	79.38	5.12	5.04	98.44	7.26
句容市	72.95	50.62	6.14	8.42	54.23	3.33	3.47	104.20	6.85
扬中市									
常州市	**163.97**	**109.97**	**6.17**	**3.76**	**66.29**	**4.09**	**4.10**	**100.24**	**3.73**
武进市									
金坛市	65.94	47.04	4.99	7.57	67.33	3.36	3.36	100.00	7.14
溧阳县	98.03	62.93	1.18	1.20	61.86	0.73	0.74	101.37	1.18
无锡市	**79.72**	**90.15**	**0.42**	**0.53**	**83.33**	**0.35**	**0.34**	**96.29**	**0.37**
宜兴市									
江阴市	79.72	90.15	0.42	0.53	83.33	0.35	0.34	96.29	0.37
苏州市	**371.95**	**303.94**	**70.87**	**19.05**	**101.47**	**71.91**	**69.68**	**96.89**	**22.92**
张家港市	75.28	69.92	29.95	39.78	87.61	26.24	25.15	95.85	35.97
常熟市	107.70	87.10	20.53	19.06	105.65	21.69	21.19	97.69	24.33
太仓市	69.22	38.64	20.29	29.31	117.84	23.91	23.26	97.28	60.20
吴　县	119.75	108.28	0.10	0.08	70.00	0.07	0.08	109.43	0.07
昆山市									
南京市	**336.25**	**253.17**	**10.18**	**3.03**	**70.33**	**7.16**	**7.35**	**102.68**	**2.90**
江宁县	92.24	68.34	1.07	1.16	73.83	0.79	0.83	105.06	1.21
江浦县	34.55	22.24	3.28	9.49	57.01	1.87	2.05	109.63	9.22
六合县	80.31	56.41	4.97	6.19	81.89	4.07	4.09	100.49	7.25
高淳县	48.30	36.11	0.31	0.64	29.03	0.09	0.07	81.11	0.20
溧水县	47.42	33.79	0.48	1.01	62.50	0.30	0.31	103.00	0.91
南京市郊	33.43	36.28	0.07	0.21	57.14	0.04			

5－5－37　江苏省1979年产棉县棉花生产收购明细

县市名	耕地面积（万亩）	农业人口（万人）	棉田面积（万亩）	占耕地（%）	亩产（市斤）	产量（万担）	收购量（万担）	商品率（%）	人均交售（市斤）
全省合计	**6093.48**	**4324.25**	**863.52**	**14.17**	**121.71**	**1050.97**	**1031.10**	**98.11**	**23.84**
徐州市	**951.73**	**558.36**	**66.42**	**6.98**	**60.19**	**39.98**	**36.73**	**91.87**	**6.58**
丰　县	133.60	78.27	11.15	8.35	57.22	6.38	5.87	92.01	7.50
沛　县	123.21	75.64	9.92	8.05	61.29	6.08	5.58	91.78	7.38
铜山县	238.15	133.36	16.97	7.13	70.95	12.04	10.47	86.96	7.85
睢宁县	153.71	92.19	16.89	10.99	48.79	8.24	8.20	99.51	8.89
邳州市	177.00	111.22	11.00	6.21	63.73	7.01	6.44	91.87	5.79
新沂市	126.06	67.68	0.49	0.39	46.94	0.23	0.17	73.91	0.25
连云港市	**365.58**	**202.55**	**10.81**	**2.96**	**65.77**	**7.11**	**5.52**	**77.67**	**2.73**
赣榆县									
东海县	154.69	75.72	0.99	0.64	65.66	0.65	0.50	77.23	0.66
灌云县	132.77	77.20	5.45	4.10	80.00	4.36	2.93	67.20	3.80
灌南县	78.12	49.63	4.37	5.59	48.05	2.10	2.09	99.52	4.21
淮阴市	**551.13**	**348.68**	**17.00**	**3.08**	**53.71**	**9.13**	**8.85**	**96.96**	**2.54**
淮安市	127.44	100.47	1.98	1.55	38.38	0.76	1.34	176.32	1.33
淮阴县	108.55	70.75	0.42	0.39	38.10	0.16	0.04	25.94	0.06
涟水县	134.18	77.16	7.36	5.49	61.55	4.53	3.82	84.33	4.95
洪泽县	50.36	33.55	0.02	0.04	50.00	0.01			
盱眙县	79.20	38.85	2.55	3.22	31.37	0.80	0.96	120.13	2.47
金湖县	51.40	27.90	4.67	9.09	61.46	2.87	2.69	93.73	9.64
宿迁市	**618.81**	**368.01**	**34.34**	**5.55**	**49.01**	**16.83**	**15.55**	**92.42**	**4.23**
宿豫市	118.71	83.77	5.51	4.64	40.47	2.23	2.01	90.13	2.40
沭阳县	202.64	119.11	8.67	4.28	49.60	4.30	3.63	84.42	3.05
泗阳县	117.20	84.59	17.27	14.74	54.66	9.44	9.12	96.61	10.78
泗洪县	180.26	80.54	2.89	1.60	29.76	0.86	0.79	92.42	0.99
盐城市	**952.66**	**629.86**	**263.71**	**27.68**	**137.55**	**362.74**	**355.19**	**97.92**	**56.39**
响水县	53.00	36.84	6.01	11.34	80.20	4.82	6.45	133.82	17.51
滨海县	112.55	84.03	15.24	13.54	89.70	13.67	13.03	95.32	15.51
阜宁县	122.87	87.69	18.06	14.70	88.04	15.90	16.02	100.75	18.27
射阳县	154.11	86.06	55.51	36.02	136.07	75.53	74.35	98.44	86.39
建湖县	91.91	65.45	14.02	15.25	129.53	18.16	18.06	99.45	27.59
盐都县	135.92	102.35	34.15	25.13	114.17	38.99	38.75	99.38	37.86
大丰市	122.21	65.86	62.99	51.54	142.01	89.45	87.01	97.27	132.11
东台市	160.09	101.58	57.73	36.06	183.99	106.22	101.52	95.58	99.94
南通市	**709.77**	**668.23**	**289.92**	**40.85**	**142.65**	**413.57**	**410.78**	**99.33**	**61.47**
南通市郊	7.97	15.73					2.46		15.64
海安县	100.01	86.70	32.03	32.03	123.48	39.55	39.85	100.76	45.96
如皋县	127.40	128.60	36.05	28.30	121.80	43.91	43.79	99.73	34.05
如东县	144.36	101.79	64.60	44.75	162.62	105.05	101.20	96.34	99.42

5－5－37续表

县市名	耕地面积（万亩）	农业人口（万人）	棉田面积（万亩）	占耕地（%）	亩产（市斤）	产量（万担）	收购量（万担）	商品率（%）	人均交售（市斤）
通州市	140.93	139.58	59.94	42.53	131.55	78.85	81.88	103.84	58.66
海门市	79.00	91.60	39.30	49.75	148.17	58.23	56.16	96.45	61.31
启东市	110.10	104.23	58.00	52.68	151.69	87.98	85.44	97.11	81.97
扬州市	**429.51**	**345.88**	**29.17**	**6.79**	**106.48**	**31.06**	**30.94**	**99.61**	**8.95**
扬州市郊									
高邮市	112.01	71.55	7.64	6.82	115.84	8.85	8.59	97.06	12.01
宝应县	94.04	77.36	8.33	8.86	93.76	7.81	7.80	99.87	10.08
仪征市	61.40	45.92	5.12	8.34	90.04	4.61	4.61	100.00	10.04
江都市	106.30	92.93	5.56	5.23	135.25	7.52	7.60	101.06	8.18
邗江县	55.76	58.12	2.52	4.52	90.08	2.27	2.34	103.08	4.03
泰州市	**343.88**	**284.07**	**37.49**	**10.90**	**122.62**	**45.97**	**44.97**	**97.82**	**15.83**
兴化市	190.01	128.14	17.47	9.19	112.59	19.67	19.27	97.97	15.04
靖江市	49.67	55.18	12.00	24.16	132.50	15.90	15.31	96.29	27.75
泰兴市									
泰　县	104.20	100.75	8.02	7.70	129.68	10.40	10.39	99.90	10.31
姜堰区									
镇江市	**226.23**	**167.34**	**23.36**	**10.33**	**83.56**	**19.52**	**19.40**	**99.39**	**11.59**
镇江市郊									
丹徒县	59.83	48.65	7.74	12.94	100.13	7.75	7.66	98.84	15.75
丹阳市	93.46	68.56	5.60	5.99	81.96	4.59	4.54	98.91	6.62
句容市	72.94	50.13	10.02	13.74	71.66	7.18	7.20	100.28	14.36
扬中市									
常州市	**163.81**	**108.74**	**7.16**	**4.37**	**91.34**	**6.54**	**6.47**	**98.93**	**5.95**
武进市									
金坛市	65.88	46.50	5.22	7.92	106.90	5.58	5.55	99.46	11.94
溧阳县	97.93	62.24	1.94	1.98	49.48	0.96	0.92	95.83	1.48
无锡市	**79.66**	**90.07**	**0.41**	**0.51**	**78.05**	**0.32**	**0.32**	**98.75**	**0.35**
宜兴市									
江阴市	79.66	90.07	0.41	0.51	78.05	0.32	0.32	98.75	0.35
苏州市	**366.43**	**302.80**	**70.05**	**19.12**	**126.75**	**88.79**	**86.52**	**97.44**	**28.57**
张家港市	70.67	70.08	29.50	41.74	121.05	35.71	34.58	96.84	49.34
常熟市	107.28	86.08	20.45	19.06	142.30	29.10	28.60	98.28	33.22
太仓市	68.91	38.03	20.00	29.02	119.60	23.92	23.28	97.32	61.21
吴　县	119.57	108.61	0.10	0.08	60.00	0.06	0.06	101.50	0.06
昆山市									
南京市	**334.28**	**249.66**	**13.68**	**4.09**	**68.79**	**9.41**	**9.86**	**104.76**	**3.95**
江宁县	91.73	66.81	2.40	2.62	77.92	1.87	1.91	102.14	2.86
江浦县	34.39	21.90	2.50	7.27	70.00	1.75	1.88	107.43	8.58
六合县	80.09	55.95	4.76	5.94	82.14	3.91	4.19	107.16	7.49
高淳县	48.29	36.00	2.77	5.74	38.63	1.07	1.10	102.80	3.06
溧水县	47.26	33.38	1.18	2.50	65.25	0.77	0.78	101.04	2.33
南京市郊	32.52	35.62	0.07	0.22	57.14	0.04			

5－5－38　江苏省1980年产棉县棉花生产收购明细

县市名	耕地面积（万亩）	农业人口（万人）	棉田面积（万亩）	占耕地（%）	亩产（市斤）	产量（万担）	收购量（万担）	商品率（%）	人均交售（市斤）
全省合计	**6241.84**	**4428.25**	**933.64**	**14.96**	**88.24**	**823.86**	**805.50**	**97.77**	**18.19**
徐州市	**949.13**	**562.08**	**72.40**	**7.63**	**123.14**	**89.15**	**89.04**	**99.88**	**15.84**
丰县	132.45	78.62	11.88	8.97	120.29	14.29	14.82	103.71	18.85
沛县	124.54	76.31	10.95	8.79	133.06	14.57	14.31	98.22	18.75
铜山县	236.85	134.30	18.30	7.73	133.72	24.47	23.67	96.73	17.62
睢宁县	153.65	92.58	18.07	11.76	110.24	19.92	20.53	103.06	22.18
邳州市	176.00	112.02	13.00	7.39	121.08	15.74	15.53	98.67	13.86
新沂市	125.64	68.25	0.20	0.16	80.00	0.16	0.18	113.75	0.27
连云港市	**373.22**	**198.32**	**16.80**	**4.50**	**120.71**	**20.28**	**21.24**	**104.73**	**10.71**
赣榆县									
东海县	162.83	76.14	0.25	0.15	96.00	0.24	0.15	62.50	0.20
灌云县	132.79	72.17	11.05	8.32	137.01	15.14	15.78	104.23	21.87
灌南县	77.60	50.01	5.50	7.09	89.09	4.90	5.31	108.37	10.62
淮阴市	**559.76**	**351.08**	**33.05**	**5.90**	**52.83**	**17.46**	**17.17**	**98.34**	**4.89**
淮安市	131.19	100.63	8.52	6.49	36.50	3.11	3.09	99.36	3.07
淮阴县	108.30	71.02	4.27	3.94	33.49	1.43	1.16	81.12	1.63
涟水县	133.98	78.16	9.83	7.34	91.35	8.98	8.73	97.22	11.17
洪泽县	50.81	34.43	1.44	2.83	44.44	0.64	0.46	71.88	1.34
盱眙县	83.18	38.91	4.42	5.31	23.53	1.04	1.38	132.69	3.55
金湖县	52.30	27.93	4.57	8.74	49.45	2.26	2.35	103.98	8.41
宿迁市	**621.95**	**372.40**	**48.16**	**7.74**	**79.80**	**38.43**	**37.85**	**98.49**	**10.16**
宿豫市	118.60	84.45	7.31	6.16	82.63	6.04	6.05	100.17	7.16
沭阳县	204.43	120.37	16.04	7.85	74.50	11.95	11.53	96.49	9.58
泗阳县	116.64	85.55	18.61	15.96	94.41	17.57	17.63	100.34	20.61
泗洪县	182.28	82.03	6.20	3.40	46.29	2.87	2.64	91.99	3.22
盐城市	**963.95**	**631.05**	**273.54**	**28.38**	**84.16**	**230.20**	**223.54**	**97.11**	**35.42**
响水县	65.30	37.22	8.95	13.71	121.79	10.90	11.10	101.83	29.82
滨海县	112.37	84.86	16.43	14.62	105.96	17.41	16.23	93.22	19.13
阜宁县	122.70	88.39	18.09	14.74	66.11	11.96	11.96	100.00	13.53
射阳县	153.41	86.22	59.86	39.02	70.97	42.48	39.76	93.60	46.11
建湖县	91.59	65.66	14.15	15.45	110.46	15.63	15.51	99.23	23.62
盐都县	135.83	102.60	34.10	25.10	92.35	31.49	31.35	99.56	30.56
大丰市	122.19	64.70	64.24	52.57	69.30	44.52	43.65	98.05	67.47
东台市	160.56	101.40	57.72	35.95	96.69	55.81	53.98	96.72	53.23
南通市	**711.53**	**669.12**	**293.20**	**41.21**	**87.80**	**257.43**	**249.49**	**96.92**	**37.29**
南通市郊	7.84	15.38					1.02		6.63
海安县	99.95	87.19	31.00	31.02	61.55	19.08	19.22	100.73	22.04
如皋县	126.60	128.80	36.28	28.66	70.20	25.47	25.26	99.18	19.61
如东县	144.28	101.82	65.76	45.58	111.51	73.33	72.32	98.62	71.03

5-5-38续表

县市名	耕地面积（万亩）	农业人口（万人）	棉田面积（万亩）	占耕地（%）	亩产（市斤）	产量（万担）	收购量（万担）	商品率（%）	人均交售（市斤）
通州市	140.81	139.81	62.52	44.40	69.69	43.57	40.15	92.15	28.72
海门市	81.20	91.70	39.30	48.40	79.90	31.40	29.63	94.36	32.31
启东市	110.85	104.42	58.34	52.63	110.70	64.58	61.89	95.83	59.27
扬州市	**428.07**	**346.29**	**33.54**	**7.84**	**80.11**	**26.87**	**26.82**	**99.81**	**7.74**
扬州市郊									
高邮市	111.84	71.70	10.10	9.03	94.16	9.51	9.12	95.90	12.72
宝应县	93.80	77.16	9.95	10.61	70.75	7.04	7.17	101.85	9.29
仪征市	60.63	46.03	5.17	8.53	63.06	3.26	3.34	102.45	7.26
江都市	106.14	93.35	5.63	5.30	93.25	5.25	5.33	101.52	5.71
邗江县	55.66	58.05	2.69	4.83	67.29	1.81	1.86	102.76	3.20
泰州市	**344.37**	**285.17**	**37.22**	**10.81**	**104.11**	**38.75**	**37.05**	**95.61**	**12.99**
兴化市	190.55	128.51	17.19	9.02	108.14	18.59	17.48	94.03	13.60
靖江市	49.55	55.40	12.00	24.22	101.17	12.14	11.58	95.39	20.90
泰兴市									
泰县	104.27	101.26	8.03	7.70	99.88	8.02	7.99	99.63	7.89
姜堰区									
镇江市	**229.21**	**172.04**	**24.85**	**10.84**	**65.43**	**16.26**	**16.17**	**99.46**	**9.40**
镇江市郊	3.42	4.79	0.06	1.75	66.67	0.04	0.02	54.50	0.46
丹徒县	59.60	48.62	6.75	11.33	73.78	4.98	4.90	98.39	10.08
丹阳市	93.45	68.46	6.06	6.48	63.86	3.87	3.81	98.45	5.57
句容市	72.74	50.17	11.98	16.47	61.52	7.37	7.44	100.95	14.83
扬中市									
常州市	**163.32**	**109.28**	**14.35**	**8.79**	**76.79**	**11.02**	**11.09**	**100.64**	**10.15**
武进市									
金坛市	65.49	46.47	7.13	10.89	103.23	7.36	7.38	100.27	15.88
溧阳县	97.83	62.81	7.22	7.38	50.69	3.66	3.71	101.37	5.91
无锡市	**198.30**	**178.50**	**0.44**	**0.22**	**63.64**	**0.28**	**0.24**	**86.79**	**0.14**
宜兴市	118.78	87.93	0.03	0.03	66.67	0.02			
江阴市	79.52	90.57	0.41	0.52	63.41	0.26	0.24	93.46	0.27
苏州市	**365.88**	**303.75**	**67.71**	**18.51**	**98.63**	**66.78**	**64.73**	**96.93**	**21.31**
张家港市	70.68	70.26	27.30	38.62	96.59	26.37	25.23	95.68	35.91
常熟市	106.79	86.49	20.31	19.02	110.29	22.40	22.08	98.57	25.53
太仓市	68.71	37.86	20.00	29.11	89.80	17.96	17.37	96.71	45.88
吴县	119.70	109.14	0.10	0.08	50.00	0.05	0.05	105.20	0.05
昆山市									
南京市	**333.15**	**249.17**	**18.38**	**5.52**	**59.58**	**10.95**	**11.06**	**101.00**	**4.44**
江宁县	91.52	66.96	2.40	2.62	67.92	1.63	1.60	98.16	2.39
江浦县	34.29	21.72	2.73	7.96	54.58	1.49	1.46	97.99	6.72
六合县	77.24	53.49	5.05	6.54	73.27	3.70	3.97	107.30	7.42
高淳县	48.19	35.79	4.35	9.03	48.51	2.11	2.09	99.05	5.84
溧水县	47.15	33.56	3.55	7.53	54.08	1.92	1.93	100.52	5.75
南京市郊	34.76	37.65	0.30	0.86	33.33	0.10	0.01	10.00	0.03

5-5-39 江苏省1981年产棉县棉花生产收购明细

县市名	耕地面积（万亩）	农业人口（万人）	棉田面积（万亩）	占耕地（%）	亩产（市斤）	产量（万担）	收购量（万担）	商品率（%）	人均交售（市斤）
全省合计	**6512.70**	**4738.56**	**986.55**	**15.15**	**113.83**	**1122.96**	**1088.29**	**96.91**	**22.97**
徐州市	**946.99**	**570.57**	**76.45**	**8.07**	**112.15**	**85.74**	**83.70**	**97.62**	**14.67**
丰县	131.70	79.64	12.28	9.32	100.81	12.38	12.53	101.21	15.73
沛县	124.34	78.20	11.66	9.38	124.70	14.54	14.66	100.83	18.75
铜山县	235.60	136.72	19.50	8.28	129.03	25.16	25.01	99.40	18.29
睢宁县	153.36	93.56	18.80	12.26	98.78	18.57	18.45	99.35	19.72
邳州市	176.42	113.56	14.00	7.94	106.71	14.94	12.89	86.28	11.35
新沂市	125.57	68.89	0.21	0.17	71.43	0.15	0.16	107.40	0.23
连云港市	**373.41**	**203.83**	**26.01**	**6.97**	**121.18**	**31.52**	**26.26**	**83.30**	**12.88**
赣榆县									
东海县	162.89	79.46	0.23	0.14	82.61	0.19	0.18	93.05	0.22
灌云县	133.04	73.59	18.07	13.58	129.05	23.32	18.50	79.33	25.14
灌南县	77.48	50.78	7.71	9.95	103.89	8.01	7.58	94.63	14.93
淮阴市	**561.84**	**353.47**	**29.94**	**5.33**	**85.94**	**25.73**	**26.76**	**104.01**	**7.57**
淮安市	131.21	101.58	6.18	4.71	78.16	4.83	5.19	107.45	5.11
淮阴县	108.00	71.80	2.13	1.97	48.36	1.03	0.88	84.95	1.22
涟水县	133.98	78.18	10.82	8.08	121.44	13.14	13.46	102.44	17.22
洪泽县	53.37	34.75	0.72	1.35	48.61	0.35	0.32	90.57	0.91
盱眙县	82.92	39.04	5.67	6.84	51.68	2.93	3.30	112.63	8.45
金湖县	52.36	28.12	4.42	8.44	78.05	3.45	3.62	104.93	12.87
宿迁市	**621.59**	**375.95**	**46.26**	**7.44**	**89.69**	**41.49**	**41.21**	**99.33**	**10.96**
宿豫市	118.43	85.11	7.57	6.39	102.38	7.75	7.84	101.16	9.21
沭阳县	204.46	121.65	16.67	8.15	67.49	11.25	11.03	98.04	9.07
泗阳县	116.59	86.73	17.65	15.14	111.44	19.67	19.73	100.31	22.75
泗洪县	182.11	82.46	4.37	2.40	64.53	2.82	2.61	92.55	3.17
盐城市	**966.32**	**634.23**	**289.87**	**30.00**	**142.95**	**414.38**	**402.18**	**97.06**	**63.41**
响水县	65.30	37.88	16.02	24.53	107.05	17.15	17.36	101.22	45.83
滨海县	112.36	86.09	17.78	15.82	153.99	27.38	25.98	94.89	30.18
阜宁县	122.55	89.27	23.10	18.85	106.06	24.50	24.62	100.49	27.58
射阳县	154.09	87.03	61.05	39.62	130.58	79.72	77.15	96.78	88.65
建湖县	91.64	66.69	15.18	16.56	141.04	21.41	21.40	99.95	32.09
盐都县	135.80	103.86	34.10	25.11	137.48	46.88	46.78	99.79	45.04
大丰市	122.24	61.48	64.84	53.04	140.41	91.04	87.70	96.33	142.65
东台市	162.34	101.93	57.80	35.60	183.91	106.30	101.19	95.19	99.27
南通市	**707.82**	**671.37**	**299.35**	**42.29**	**100.41**	**300.58**	**290.33**	**96.59**	**43.24**
南通市郊	7.71	15.03	1.86	24.12	86.02	1.60	1.44	90.00	9.58
海安县	100.35	87.70	35.30	35.18	98.47	34.76	34.68	99.77	39.54
如皋县	122.99	129.30	36.24	29.47	107.53	38.97	37.69	96.72	29.15
如东县	144.24	102.10	65.80	45.62	129.98	85.53	84.29	98.55	82.56

5－5－39 续表

县市名	耕地面积（万亩）	农业人口（万人）	棉田面积（万亩）	占耕地（%）	亩产（市斤）	产量（万担）	收购量（万担）	商品率（%）	人均交售（市斤）
通州市	140.67	140.37	62.50	44.43	86.51	54.07	50.68	93.73	36.10
海门市	81.10	92.10	39.21	48.35	80.72	31.65	29.87	94.38	32.43
启东市	110.76	104.77	58.44	52.77	92.40	54.00	51.68	95.70	49.33
扬州市	**426.66**	**348.22**	**37.88**	**8.88**	**114.57**	**43.40**	**43.09**	**99.29**	**12.37**
扬州市郊									
高邮市	111.50	71.94	13.80	12.38	120.58	16.64	16.09	96.69	22.37
宝应县	93.33	77.85	9.73	10.43	103.80	10.10	10.16	100.59	13.05
仪征市	60.26	46.57	5.01	8.31	101.80	5.10	5.16	101.18	11.08
江都市	106.09	93.68	6.76	6.37	134.62	9.10	9.16	100.66	9.78
邗江县	55.48	58.18	2.58	4.65	95.35	2.46	2.52	102.44	4.33
泰州市	**453.37**	**414.17**	**41.23**	**8.99**	**124.64**	**51.39**	**51.28**	**99.78**	**12.38**
兴化市	190.76	129.38	20.38	10.68	140.68	28.67	29.14	101.64	22.52
靖江市	49.41	55.35	12.01	24.31	100.17	12.03	11.41	94.85	20.61
泰兴市	114.22	127.68	0.47	0.41	55.32	0.26	0.26	99.23	0.20
泰　县	103.98	101.76	8.37	8.05	124.61	10.43	10.47	100.38	10.29
姜堰区									
镇江市	**245.94**	**197.02**	**26.38**	**10.73**	**111.41**	**29.39**	**26.42**	**89.89**	**13.41**
镇江市郊	3.41	4.82	0.04	1.17	50.00	0.02	0.04	190.00	0.79
丹徒县	59.52	48.81	6.68	11.22	144.01	9.62	6.62	68.81	13.56
丹阳市	93.43	68.47	6.75	7.22	107.11	7.23	7.13	98.62	10.41
句容市	72.72	50.54	12.85	17.67	96.96	12.46	12.57	100.88	24.87
扬中市	16.86	24.38	0.06	0.36	100.00	0.06	0.06	100.00	0.25
常州市	**308.39**	**233.33**	**20.23**	**6.56**	**103.76**	**20.99**	**20.91**	**99.62**	**8.96**
武进市	145.23	124.04	0.30	0.21	70.00	0.21	0.20	95.71	0.16
金坛市	65.42	46.55	11.06	16.91	127.03	14.05	14.06	100.07	30.20
溧阳县	97.74	62.74	8.87	9.08	75.87	6.73	6.65	98.81	10.60
无锡市	**197.50**	**179.01**	**3.07**	**1.55**	**64.82**	**1.99**	**1.90**	**95.48**	**1.06**
宜兴市	118.03	88.12	0.18	0.15	61.11	0.11	0.11	100.00	0.12
江阴市	79.47	90.89	2.89	3.64	65.05	1.88	1.79	95.21	1.97
苏州市	**365.34**	**306.31**	**71.64**	**19.61**	**86.29**	**61.82**	**59.57**	**96.37**	**19.45**
张家港市	70.62	70.63	27.30	38.66	84.25	23.00	21.93	95.35	31.05
常熟市	106.64	87.13	22.28	20.89	100.76	22.45	21.84	97.28	25.07
太仓市	68.43	38.02	21.96	32.09	74.36	16.33	15.76	96.51	41.45
吴　县	119.65	110.53	0.10	0.08	40.00	0.04	0.04	111.75	0.04
昆山市									
南京市	**332.53**	**251.08**	**18.24**	**5.49**	**79.71**	**14.54**	**14.68**	**100.96**	**5.85**
江宁县	91.33	67.60	2.33	2.55	73.39	1.71	1.77	103.51	2.62
江浦县	34.28	21.93	2.44	7.12	65.57	1.60	1.54	96.25	7.02
六合县	77.29	53.87	5.04	6.52	112.90	5.69	5.85	102.81	10.86
高淳县	48.12	36.03	3.72	7.73	56.45	2.10	2.12	100.95	5.88
溧水县	47.11	33.93	4.60	9.76	73.48	3.38	3.39	100.30	9.99
南京市郊	34.40	37.72	0.11	0.32	54.55	0.06	0.01	16.67	0.03

5-5-40 江苏省1982年产棉县棉花生产收购明细

县市名	耕地面积（万亩）	农业人口（万人）	棉田面积（万亩）	占耕地（%）	亩产（市斤）	产量（万担）	收购量（万担）	商品率（%）	人均交售（市斤）
全省合计	**6474.79**	**4694.12**	**1014.92**	**15.67**	**112.97**	**1146.55**	**1105.49**	**96.42**	**23.55**
徐州市	**944.78**	**579.48**	**89.62**	**9.49**	**127.09**	**113.90**	**111.16**	**97.59**	**19.18**
丰县	131.64	80.77	17.28	13.13	132.58	22.91	22.97	100.26	28.44
沛县	124.09	79.52	12.75	10.27	168.31	21.46	21.55	100.42	27.10
铜山县	234.40	139.37	23.70	10.11	146.20	34.65	31.59	91.17	22.67
睢宁县	153.33	94.81	18.74	12.22	100.21	18.78	18.68	99.47	19.70
邳州市	176.00	115.28	17.00	9.66	94.18	16.01	16.17	101.00	14.03
新沂市	125.32	69.73	0.15	0.12	60.00	0.09	0.20	*	0.28
连云港市	**373.58**	**206.37**	**33.35**	**8.93**	**118.57**	**39.54**	**33.08**	**83.67**	**16.03**
赣榆县									
东海县	163.07	79.97	0.33	0.20	100.92	0.33	0.21	64.25	0.27
灌云县	133.04	74.93	20.45	15.37	124.99	25.56	20.58	80.52	27.47
灌南县	77.47	51.47	12.57	16.23	108.59	13.65	12.29	90.04	23.88
淮阴市	**561.58**	**355.79**	**27.94**	**4.98**	**80.32**	**22.44**	**21.76**	**96.97**	**6.12**
淮安市	131.18	102.20	7.01	5.34	70.04	4.91	5.06	103.05	4.95
淮阴县	108.13	71.91	0.33	0.31	82.73	0.27	0.15	56.41	0.21
涟水县	133.42	79.24	11.32	8.48	107.42	12.16	11.76	96.71	14.84
洪泽县	53.52	34.83	0.65	1.21	52.02	0.34	0.17	49.39	0.48
盱眙县	82.88	39.32	5.16	6.23	43.39	2.24	2.11	94.24	5.37
金湖县	52.45	28.29	3.47	6.62	72.68	2.52	2.51	99.52	8.87
宿迁市	**621.30**	**379.84**	**46.56**	**7.49**	**95.92**	**44.66**	**43.13**	**96.57**	**11.35**
宿豫市	118.36	85.36	7.10	6.00	126.06	8.95	9.06	101.23	10.61
沭阳县	204.38	123.23	16.92	8.28	63.30	10.71	9.34	87.21	7.58
泗阳县	116.45	87.23	17.75	15.24	111.66	19.82	19.32	97.48	22.15
泗洪县	182.11	84.02	4.79	2.63	108.14	5.18	5.41	104.44	6.44
盐城市	**968.29**	**641.53**	**298.04**	**30.78**	**118.05**	**351.83**	**340.25**	**96.71**	**53.04**
响水县	66.03	38.74	21.20	32.11	73.96	15.68	14.60	93.11	37.69
滨海县	112.37	87.59	20.43	18.18	122.96	25.12	23.78	94.67	27.15
阜宁县	122.53	90.16	22.85	18.65	108.05	24.69	25.07	101.54	27.81
射阳县	155.01	88.27	61.07	39.40	104.65	63.91	61.86	96.79	70.08
建湖县	91.63	67.57	15.14	16.52	137.52	20.82	20.94	100.58	30.99
盐都县	135.80	104.81	34.20	25.19	124.55	42.60	42.48	99.72	40.53
大丰市	122.62	62.02	64.75	52.81	109.56	70.94	67.49	95.14	108.82
东台市	162.30	102.37	58.40	35.98	150.80	88.07	84.03	95.41	82.08
南通市	**701.43**	**673.16**	**292.51**	**41.70**	**115.73**	**338.51**	**327.40**	**96.72**	**48.64**
南通市郊	7.60	14.90	1.42	18.68	105.63	1.50	1.32	88.00	8.86
海安县	95.69	88.35	31.33	32.74	108.81	34.09	34.17	100.23	38.68
如皋县	122.65	130.14	36.23	29.54	114.82	41.60	40.57	97.52	31.17
如东县	144.12	102.30	65.90	45.73	146.83	96.76	95.40	98.59	93.26

5－5－40 续表

县市名	耕地面积（万亩）	农业人口（万人）	棉田面积（万亩）	占耕地（%）	亩产（市斤）	产量（万担）	收购量（万担）	商品率（%）	人均交售（市斤）
通州市	140.63	140.86	60.43	42.97	110.41	66.72	62.57	93.78	44.42
海门市	79.50	91.70	39.20	49.31	92.78	36.37	34.47	94.78	37.59
启东市	111.24	104.91	58.00	52.14	105.98	61.47	58.90	95.82	56.14
扬州市	**426.56**	**349.85**	**38.73**	**9.08**	**95.71**	**37.07**	**36.92**	**99.60**	**10.55**
扬州市郊									
高邮市	111.60	72.14	13.20	11.83	111.36	14.70	14.24	96.87	19.74
宝应县	93.44	78.19	9.67	10.35	86.04	8.32	8.40	100.96	10.74
仪征市	60.14	46.89	6.92	11.51	61.71	4.27	4.32	101.17	9.21
江都市	105.97	94.35	6.46	6.10	119.04	7.69	7.90	102.73	8.37
邗江县	55.41	58.28	2.48	4.48	84.27	2.09	2.06	98.56	3.53
泰州市	**344.95**	**288.40**	**42.77**	**12.40**	**119.83**	**51.25**	**48.16**	**93.97**	**16.70**
兴化市	191.37	130.31	22.08	11.54	133.61	29.50	27.19	92.17	20.87
靖江市	49.59	55.52	12.00	24.20	93.17	11.18	10.42	93.20	18.77
泰兴市									
泰县	103.99	102.57	8.69	8.36	121.63	10.57	10.55	99.81	10.29
姜堰区									
镇江市	**245.53**	**198.49**	**27.84**	**11.34**	**93.40**	**26.00**	**25.68**	**98.76**	**12.94**
镇江市郊	3.52	5.35	0.11	3.13	169.09	0.19			
丹徒县	59.03	48.69	7.21	12.21	88.35	6.37	6.55	102.83	13.45
丹阳市	93.41	68.78	7.21	7.72	112.48	8.11	7.94	97.90	11.54
句容市	72.72	51.16	13.12	18.04	84.68	11.11	10.95	98.56	21.40
扬中市	16.85	24.51	0.19	1.13	118.68	0.23	0.24	106.43	0.98
常州市	**305.19**	**233.77**	**23.40**	**7.67**	**99.57**	**23.30**	**23.14**	**99.31**	**9.90**
武进市	142.24	123.69	1.64	1.15	73.17	1.20	1.21	100.83	0.98
金坛市	65.36	46.84	12.38	18.94	122.21	15.13	14.98	99.01	31.98
溧阳县	97.59	63.24	9.38	9.61	74.31	6.97	6.95	99.71	10.99
无锡市	**197.43**	**179.67**	**3.17**	**1.61**	**79.71**	**2.53**	**2.38**	**94.19**	**1.32**
宜兴市	118.06	88.51	0.09	0.08	7.44	0.01	0.01	149.25	0.01
江阴市	79.37	91.16	3.08	3.88	81.82	2.52	2.37	94.05	2.60
苏州市	**452.30**	**354.93**	**71.75**	**15.86**	**113.97**	**81.77**	**79.06**	**96.68**	**22.27**
张家港市	70.47	70.95	27.30	38.74	106.08	28.96	27.99	96.65	39.45
常熟市	106.55	87.45	22.31	20.94	144.55	32.25	31.23	96.84	35.71
太仓市	68.20	38.14	21.96	32.20	93.21	20.47	19.80	96.73	51.91
吴县	119.69	111.97	0.10	0.08	39.00	0.04	0.04	98.46	0.03
昆山市	87.39	46.42	0.08	0.09	68.75	0.06			
南京市	**331.87**	**252.84**	**19.24**	**5.80**	**71.43**	**13.74**	**13.37**	**97.29**	**5.29**
江宁县	91.13	68.37	2.43	2.67	77.78	1.89	1.89	100.00	2.76
江浦县	34.28	22.16	2.52	7.35	52.78	1.33	1.22	91.73	5.51
六合县	77.14	54.09	5.16	6.69	93.02	4.80	4.73	98.54	8.74
高淳县	48.08	36.32	3.72	7.74	58.06	2.16	2.13	98.61	5.86
溧水县	47.08	34.31	5.26	11.17	66.54	3.50	3.39	96.86	9.88
南京市郊	34.16	37.59	0.15	0.44	41.87	0.06	0.01	15.92	0.03

5－5－41　江苏省1983年产棉县棉花生产收购明细

县市名	耕地面积（万亩）	农业人口（万人）	棉田面积（万亩）	占耕地（%）	亩产（市斤）	产量（万担）	收购量（万担）	商品率（%）	人均交售（市斤）
全省合计	**6338.53**	**4619.09**	**1012.12**	**15.97**	**129.91**	**1314.89**	**1279.59**	**97.32**	**27.70**
徐州市	**943.70**	**584.05**	**104.21**	**11.04**	**140.52**	**146.44**	**142.57**	**97.36**	**24.41**
丰　县	131.57	80.75	22.81	17.34	125.25	28.57	29.52	103.33	36.56
沛　县	123.84	80.00	14.36	11.60	173.47	24.91	24.51	98.39	30.64
铜山县	233.92	140.97	28.50	12.18	163.16	46.50	42.31	90.99	30.01
睢宁县	153.19	96.20	20.48	13.37	124.95	25.59	24.91	97.34	25.89
邳州市	176.00	116.55	18.00	10.23	115.44	20.78	21.26	102.31	18.24
新沂市	125.18	69.58	0.06	0.05	150.00	0.09	0.06	66.67	0.09
连云港市	**373.19**	**210.25**	**34.99**	**9.38**	**138.27**	**48.38**	**41.49**	**85.76**	**19.73**
赣榆县									
东海县	162.89	83.00	0.08	0.05	115.00	0.09	0.08	86.96	0.10
灌云县	132.86	75.17	21.72	16.35	153.96	33.44	26.60	79.55	35.39
灌南县	77.44	52.08	13.19	17.03	112.59	14.85	14.81	99.73	28.44
淮阴市	**544.69**	**344.68**	**22.52**	**4.13**	**90.50**	**20.38**	**19.22**	**94.30**	**5.58**
淮安市	121.90	95.76	5.00	4.10	95.20	4.76	4.96	104.20	5.18
淮阴县	99.79	66.42	0.11	0.11	84.27	0.09	0.08	83.50	0.12
涟水县	133.49	79.78	10.29	7.71	105.83	10.89	9.80	89.99	12.28
洪泽县	54.35	35.11	0.05	0.09	118.00	0.06	0.03	55.42	0.09
盱眙县	82.76	39.51	4.31	5.21	55.45	2.39	2.21	92.47	5.59
金湖县	52.40	28.10	2.76	5.27	79.35	2.19	2.14	97.72	7.62
宿迁市	**620.50**	**383.09**	**46.50**	**7.49**	**115.61**	**53.76**	**52.59**	**97.82**	**13.73**
宿豫市	118.26	85.93	9.78	8.27	103.99	10.17	10.05	98.82	11.70
沭阳县	204.29	125.62	14.34	7.02	93.03	13.34	12.34	92.50	9.82
泗阳县	116.27	87.42	17.00	14.62	139.94	23.79	23.75	99.83	27.17
泗洪县	181.68	84.12	5.38	2.96	120.07	6.46	6.45	99.85	7.67
盐城市	**967.84**	**647.75**	**300.33**	**31.03**	**138.15**	**414.92**	**405.24**	**97.67**	**62.56**
响水县	66.61	39.42	19.41	29.14	97.01	18.83	19.07	101.27	48.38
滨海县	112.83	88.90	21.64	19.18	139.97	30.29	27.51	90.82	30.94
阜宁县	122.45	91.29	20.56	16.79	120.87	24.85	25.15	101.21	27.55
射阳县	154.53	89.04	61.55	39.83	127.08	78.22	74.24	94.91	83.38
建湖县	91.62	67.87	18.31	19.98	143.69	26.31	25.74	97.83	37.93
盐都县	134.74	106.80	33.87	25.14	162.74	55.12	54.92	99.64	51.42
大丰市	122.64	62.04	65.11	53.09	141.13	91.89	89.20	97.07	143.78
东台市	162.42	102.39	59.88	36.87	149.32	89.41	89.41	100.00	87.33
南通市	**701.36**	**670.77**	**285.48**	**40.70**	**122.04**	**348.41**	**335.83**	**96.39**	**50.07**
南通市郊	7.49	14.60	1.38	18.43	131.88	1.82	1.76	96.70	12.05
海安县	95.65	87.90	28.43	29.72	107.70	30.62	30.24	98.76	34.40
如皋县	122.51	129.25	36.18	29.53	130.49	47.21	45.42	96.21	35.14
如东县	144.50	102.10	64.60	44.71	163.44	105.58	103.36	97.90	101.23

5－5－41 续表

县市名	耕地面积（万亩）	农业人口（万人）	棉田面积（万亩）	占耕地（%）	亩产（市斤）	产量（万担）	收购量（万担）	商品率（%）	人均交售（市斤）
通州市	140.60	140.38	57.71	41.05	112.81	65.10	60.51	92.95	43.10
海门市	79.40	91.60	39.18	49.35	111.41	43.65	42.04	96.31	45.90
启东市	111.21	104.94	58.00	52.15	93.84	54.43	52.50	96.45	50.03
扬州市	**428.49**	**357.93**	**34.03**	**7.94**	**121.83**	**41.46**	**41.70**	**100.58**	**11.65**
扬州市郊	7.86	12.82	0.04	0.51	50.00	0.02			
高邮市	111.42	72.22	12.44	11.16	135.61	16.87	16.55	98.10	22.92
宝应县	93.33	80.37	8.42	9.02	103.44	8.71	8.80	101.03	10.95
仪征市	59.99	46.85	5.43	9.05	64.27	3.49	3.44	98.57	7.34
江都市	105.69	93.95	5.98	5.66	168.39	10.07	10.50	104.27	11.18
邗江县	50.20	51.72	1.72	3.43	133.72	2.30	2.41	104.78	4.66
泰州市	**345.45**	**288.96**	**45.49**	**13.17**	**154.65**	**70.35**	**72.01**	**102.36**	**24.92**
兴化市	192.23	130.62	25.31	13.17	167.44	42.38	44.71	105.50	34.23
靖江市	49.33	55.65	11.87	24.06	123.76	14.69	14.07	95.78	25.28
泰兴市									
泰　县	103.89	102.69	8.31	8.00	159.81	13.28	13.23	99.62	12.88
姜堰区									
镇江市	**245.15**	**198.43**	**26.14**	**10.66**	**121.96**	**31.88**	**31.05**	**97.40**	**15.65**
镇江市郊	7.01	9.46	0.72	10.27	165.28	1.19			
丹徒县	55.25	44.45	5.87	10.62	107.84	6.33	7.51	118.64	16.90
丹阳市	93.39	68.84	6.75	7.23	178.22	12.03	11.73	97.51	17.04
句容市	72.69	51.10	12.70	17.47	95.75	12.16	11.64	95.72	22.78
扬中市	16.81	24.58	0.10	0.59	170.00	0.17	0.17	100.00	0.69
常州市	**305.94**	**234.16**	**21.84**	**7.14**	**109.62**	**23.94**	**23.77**	**99.29**	**10.15**
武进市	143.15	123.97	1.58	1.10	115.82	1.83	1.77	96.72	1.43
金坛市	65.31	46.86	11.67	17.87	139.16	16.24	16.14	99.38	34.44
溧阳县	97.48	63.33	8.59	8.81	68.34	5.87	5.86	99.83	9.25
无锡市	**79.34**	**91.16**	**2.73**	**3.44**	**119.05**	**3.25**	**3.17**	**97.54**	**3.48**
宜兴市									
江阴市	79.34	91.16	2.73	3.44	119.05	3.25	3.17	97.54	3.48
苏州市	**451.78**	**354.33**	**71.35**	**15.79**	**137.24**	**97.92**	**97.32**	**99.39**	**27.47**
张家港市	70.44	71.01	27.30	38.76	144.21	39.37	39.37	100.00	55.44
常熟市	106.44	87.14	22.06	20.73	169.99	37.50	37.20	99.20	42.69
太仓市	67.98	37.86	21.92	32.24	95.80	21.00	20.71	98.62	54.70
吴　县	119.66	112.00	0.07	0.06	57.14	0.04	0.04	100.00	0.04
昆山市	87.26	46.32				0.01			
南京市	**331.10**	**253.53**	**16.51**	**4.99**	**83.59**	**13.80**	**13.63**	**98.77**	**5.38**
江宁县	91.10	68.63	2.34	2.57	112.39	2.63	2.63	100.00	3.83
江浦县	34.20	22.23	2.43	7.11	63.37	1.54	1.40	90.91	6.30
六合县	77.13	54.93	4.67	6.05	116.70	5.45	5.49	100.73	9.99
高淳县	48.07	36.38	2.94	6.12	49.66	1.46	1.48	101.37	4.07
溧水县	47.07	34.26	4.06	8.63	66.01	2.68	2.62	97.76	7.65
南京市郊	33.53	37.10	0.07	0.21	57.14	0.04	0.01	25.00	0.03

5－5－42 江苏省1984年产棉县棉花生产收购明细

县市名	耕地面积（万亩）	农业人口（万人）	棉田面积（万亩）	占耕地（%）	亩产（市斤）	产量（万担）	收购量（万担）	商品率（%）	人均交售（市斤）
全省合计	**6321.80**	**4553.75**	**1055.77**	**16.70**	**123.63**	**1305.29**	**1194.78**	**91.53**	**26.24**
徐州市	**942.83**	**585.21**	**125.90**	**13.35**	**148.11**	**186.47**	**179.14**	**96.07**	**30.61**
丰县	132.05	81.01	32.64	24.72	142.80	46.61	43.43	93.18	53.61
沛县	123.69	80.83	17.48	14.13	159.78	27.93	28.82	103.19	35.66
铜山县	232.73	137.47	31.70	13.62	161.45	51.18	48.61	94.98	35.36
睢宁县	153.12	96.82	24.03	15.69	139.66	33.56	31.87	94.96	32.92
邳州市	176.00	118.44	20.00	11.36	135.70	27.14	26.36	97.13	22.26
新沂市	125.24	70.64	0.05	0.04	100.00	0.05	0.05	100.00	0.07
连云港市	**370.77**	**209.96**	**41.15**	**11.10**	**130.61**	**53.75**	**43.60**	**81.12**	**20.77**
赣榆县									
东海县	162.98	81.33	0.02	0.01	140.00	0.03	0.07	*	0.09
灌云县	130.38	75.40	25.90	19.87	145.98	37.81	28.40	75.11	37.67
灌南县	77.41	53.23	15.23	19.67	104.46	15.91	15.13	95.10	28.42
淮阴市	**542.93**	**346.00**	**20.45**	**3.77**	**99.12**	**20.27**	**18.85**	**92.99**	**5.45**
淮安市	121.98	96.40	5.11	4.19	69.67	3.56	3.88	108.99	4.02
淮阴县	99.47	66.73	0.02	0.02	80.00	0.02			
涟水县	132.84	79.26	11.18	8.42	119.32	13.34	12.01	90.03	15.15
洪泽县	53.57	35.27	0.01	0.02	240.00	0.02			
盱眙县	82.68	40.02	2.67	3.23	67.42	1.80	1.50	83.33	3.75
金湖县	52.39	28.32	1.46	2.79	104.79	1.53	1.46	95.42	5.16
宿迁市	**620.05**	**387.86**	**50.37**	**8.12**	**119.91**	**60.40**	**53.32**	**88.28**	**13.75**
宿豫市	117.50	87.05	8.71	7.41	126.64	11.03	11.67	105.80	13.41
沭阳县	204.24	125.79	17.89	8.76	99.89	17.87	15.47	86.57	12.30
泗阳县	115.69	88.21	17.56	15.18	132.06	23.19	19.13	82.49	21.69
泗洪县	182.62	86.81	6.21	3.40	133.82	8.31	7.05	84.84	8.12
盐城市	**969.93**	**642.46**	**324.60**	**33.47**	**115.01**	**373.32**	**336.72**	**90.20**	**52.41**
响水县	68.42	41.56	18.64	27.24	93.67	17.46	15.45	88.49	37.18
滨海县	112.53	87.67	26.64	23.67	120.01	31.97	30.15	94.31	34.39
阜宁县	122.40	92.30	20.55	16.79	107.88	22.17	19.55	88.18	21.18
射阳县	153.79	86.24	71.03	46.19	111.02	78.86	72.06	91.38	83.56
建湖县	91.58	67.99	18.30	19.98	130.05	23.80	21.32	89.58	31.36
盐都县	134.57	107.44	33.99	25.26	166.87	56.72	45.39	80.02	42.25
大丰市	124.28	61.87	75.49	60.74	97.93	73.93	64.37	87.07	104.04
东台市	162.36	97.39	59.96	36.93	114.09	68.41	68.43	100.03	70.26
南通市	**700.36**	**623.99**	**278.34**	**39.74**	**109.04**	**303.50**	**265.49**	**87.48**	**42.55**
南通市郊	7.41	14.59	1.20	16.19	117.50	1.41	1.05	74.47	7.20
海安县	95.60	87.73	27.78	29.06	95.00	26.39	21.88	82.91	24.94
如皋县	122.46	128.97	36.41	29.73	100.08	36.44	32.33	88.72	25.07
如东县	143.99	95.31	64.60	44.86	123.22	79.60	75.30	94.60	79.01

5－5－42 续表

县市名	耕地面积（万亩）	农业人口（万人）	棉田面积（万亩）	占耕地（%）	亩产（市斤）	产量（万担）	收购量（万担）	商品率（%）	人均交售（市斤）
通州市	140.53	122.89	51.66	36.76	107.49	55.53	43.79	78.86	35.63
海门市	79.10	82.40	39.17	49.52	91.63	35.89	34.15	95.15	41.44
启东市	111.27	92.10	57.52	51.69	118.64	68.24	56.99	83.51	61.88
扬州市	**418.36**	**342.38**	**32.95**	**7.88**	**122.46**	**40.35**	**39.70**	**98.39**	**11.60**
扬州市郊									
高邮市	111.04	69.58	13.36	12.03	145.21	19.40	18.97	97.78	27.26
宝应县	92.25	80.42	8.04	8.72	110.45	8.88	8.91	100.34	11.08
仪征市	59.82	46.92	4.20	7.02	63.33	2.66	2.22	83.46	4.73
江都市	105.59	93.77	5.81	5.50	126.51	7.35	7.51	102.18	8.01
邗江县	49.66	51.69	1.54	3.10	133.77	2.06	2.09	101.46	4.04
泰州市	**347.71**	**287.51**	**50.04**	**14.39**	**155.86**	**77.99**	**75.03**	**96.20**	**26.10**
兴化市	193.19	126.00	29.55	15.30	164.67	48.66	46.22	94.99	36.68
靖江市	48.95	55.65	11.99	24.49	142.87	17.13	16.44	95.97	29.54
泰兴市									
泰　县	103.85	102.43	8.47	8.16	144.04	12.20	12.37	101.39	12.08
姜堰区	1.72	3.43	0.03	1.74					
镇江市	**244.56**	**197.96**	**24.54**	**10.03**	**128.97**	**31.65**	**29.67**	**93.74**	**14.99**
镇江市郊	7.06	9.46	0.67	9.49	158.21	1.06	0.88	83.02	9.30
丹徒县	54.80	43.89	4.99	9.11	113.63	5.67	5.25	92.59	11.96
丹阳市	93.33	68.83	6.77	7.25	190.69	12.91	12.54	97.13	18.22
句容市	72.63	51.23	12.04	16.58	98.84	11.90	10.89	91.51	21.26
扬中市	16.74	24.55	0.07	0.42	157.14	0.11	0.11	100.00	0.45
常州市	**305.60**	**233.68**	**21.01**	**6.88**	**122.42**	**25.72**	**24.35**	**94.67**	**10.42**
武进市	142.98	123.67	1.85	1.29	129.73	2.40	2.38	99.17	1.92
金坛市	65.23	46.74	11.11	17.03	142.84	15.87	14.85	93.57	31.77
溧阳县	97.39	63.27	8.05	8.27	92.55	7.45	7.12	95.57	11.25
无锡市	**79.30**	**91.54**	**2.77**	**3.49**	**97.47**	**2.70**	**2.70**	**100.00**	**2.95**
宜兴市									
江阴市	79.30	91.54	2.77	3.49	97.47	2.70	2.70	100.00	2.95
苏州市	**450.31**	**352.16**	**71.47**	**15.87**	**163.29**	**116.70**	**114.47**	**98.09**	**32.51**
张家港市	70.29	70.70	27.26	38.78	152.86	41.67	40.74	97.77	57.62
常熟市	106.26	86.60	22.21	20.90	189.37	42.06	41.56	98.81	47.99
太仓市	67.28	37.60	21.89	32.54	150.11	32.86	32.09	97.66	85.35
吴　县	119.42	111.55	0.10	0.08	100.00	0.10	0.08	80.00	0.07
昆山市	87.06	45.71	0.01	0.01	115.00	0.01			
南京市	**329.09**	**253.04**	**12.18**	**3.70**	**102.38**	**12.47**	**11.74**	**94.15**	**4.64**
江宁县	90.84	68.77	2.08	2.29	126.92	2.64	2.61	98.86	3.80
江浦县	34.10	22.04	0.52	1.52	82.69	0.43	0.22	51.16	1.00
六合县	77.14	54.94	4.55	5.90	124.84	5.68	5.54	97.54	10.08
高淳县	46.74	36.21	2.05	4.39	58.54	1.20	1.10	91.67	3.04
溧水县	47.06	34.37	2.96	6.29	84.46	2.50	2.26	90.40	6.58
南京市郊	33.21	36.71	0.02	0.06	100.00	0.02	0.01	50.00	0.03

5－5－43 江苏省1985年产棉县棉花生产收购明细

县市名	耕地面积（万亩）	农业人口（万人）	棉田面积（万亩）	占耕地（%）	亩产（市斤）	产量（万担）	收购量（万担）	商品率（%）	人均交售（市斤）
全省合计	**6292.06**	**4506.18**	**882.44**	**14.02**	**107.12**	**945.23**	**850.48**	**89.98**	**18.87**
徐州市	**940.17**	**584.49**	**115.68**	**12.30**	**121.91**	**141.02**	**134.50**	**95.38**	**23.01**
丰县	132.02	81.16	27.95	21.17	103.86	29.03	30.74	105.89	37.88
沛县	121.79	79.12	16.69	13.70	124.15	20.72	24.61	118.77	31.10
铜山县	232.10	137.70	27.70	11.93	142.31	39.42	34.56	87.67	25.10
睢宁县	153.04	96.38	20.34	13.29	104.33	21.22	19.04	89.73	19.76
邳州市	176.00	119.02	23.00	13.07	133.13	30.62	25.55	83.44	21.47
新沂市	125.22	71.11				0.01			
连云港市	**370.48**	**212.29**	**38.85**	**10.49**	**122.87**	**47.73**	**40.51**	**84.87**	**19.08**
赣榆县									
东海县	162.82	82.26	0.03	0.02	113.33	0.03	0.04	125.88	0.05
灌云县	130.32	76.13	26.77	20.54	132.01	35.34	28.90	81.78	37.96
灌南县	77.34	53.90	12.05	15.58	102.57	12.36	11.57	93.61	21.47
淮阴市	**541.88**	**355.73**	**16.30**	**3.01**	**97.80**	**15.94**	**12.82**	**80.40**	**3.60**
淮安市	121.92	96.43	3.13	2.57	76.36	2.39	2.05	85.77	2.13
淮阴县	99.44	66.49	0.03	0.03	120.00	0.04			
涟水县	132.70	78.86	11.09	8.36	103.97	11.53	9.01	78.14	11.43
洪泽县	52.82	28.74	0.01	0.02	160.00	0.02			
盱眙县	82.67	57.05	0.67	0.81	70.15	0.47	0.31	65.32	0.54
金湖县	52.33	28.16	1.37	2.62	109.49	1.50	1.45	96.67	5.15
宿迁市	**619.36**	**378.73**	**43.45**	**7.02**	**103.13**	**44.81**	**34.24**	**76.41**	**9.04**
宿豫市	117.44	87.95	8.27	7.04	92.14	7.62	5.88	77.17	6.69
沭阳县	204.09	126.11	13.32	6.53	108.78	14.49	11.21	77.36	8.89
泗阳县	115.51	88.42	15.40	13.33	102.27	15.75	12.82	81.40	14.50
泗洪县	182.32	76.25	6.46	3.54	107.59	6.95	4.33	62.30	5.68
盐城市	**968.92**	**637.71**	**290.24**	**29.96**	**106.25**	**308.37**	**267.11**	**86.62**	**41.89**
响水县	67.41	42.08	11.24	16.67	99.02	11.13	9.34	83.92	22.20
滨海县	112.42	86.87	18.85	16.77	103.98	19.60	19.01	96.99	21.88
阜宁县	122.26	92.80	16.54	13.53	85.67	14.17	11.75	82.92	12.66
射阳县	153.79	83.52	66.90	43.50	91.72	61.36	56.85	92.65	68.07
建湖县	91.52	68.04	12.61	13.78	124.03	15.64	12.34	78.90	18.14
盐都县	134.48	107.80	37.10	27.59	136.36	50.59	46.79	92.49	43.40
大丰市	124.12	61.54	66.10	53.25	101.23	66.91	58.45	87.36	94.98
东台市	162.92	95.06	60.90	37.38	113.25	68.97	52.58	76.24	55.31
南通市	**708.06**	**616.22**	**179.21**	**25.31**	**74.13**	**132.84**	**122.67**	**92.34**	**19.91**
南通市郊	7.26	15.12	0.28	3.86	75.00	0.21	0.08	38.10	0.53
海安县	95.50	87.29	15.02	15.73	96.94	14.56	18.90	129.81	21.65
如皋县	122.41	128.52	17.27	14.11	80.37	13.88	9.98	71.90	7.77
如东县	143.93	94.39	53.20	36.96	83.70	44.53	41.30	92.75	43.75

5－5－43 续表

县市名	耕地面积（万亩）	农业人口（万人）	棉田面积（万亩）	占耕地（%）	亩产（市斤）	产量（万担）	收购量（万担）	商品率（%）	人均交售（市斤）
通州市	140.47	120.15	30.04	21.39	91.68	27.54	23.08	83.81	19.21
海门市	89.10	80.60	24.44	27.43	36.33	8.88	8.88	100.00	11.02
启东市	109.39	90.15	38.96	35.62	59.65	23.24	20.45	87.99	22.68
扬州市	**415.51**	**343.62**	**27.57**	**6.64**	**120.81**	**33.31**	**30.77**	**92.39**	**8.96**
扬州市郊									
高邮市	110.31	72.10	13.60	12.33	134.93	18.35	17.36	94.60	24.08
宝应县	91.60	78.18	7.54	8.23	99.60	7.51	6.75	89.88	8.63
仪征市	58.90	47.20	0.70	1.19	83.71	0.59	0.49	83.43	1.04
江都市	105.26	94.51	4.91	4.66	126.07	6.19	5.62	90.79	5.95
邗江县	49.44	51.63	0.82	1.66	81.95	0.67	0.55	82.44	1.07
泰州市	**347.56**	**286.83**	**62.78**	**18.06**	**151.47**	**95.09**	**88.18**	**92.73**	**30.74**
兴化市	193.24	125.54	43.16	22.33	164.14	70.84	66.37	93.69	52.87
靖江市	48.87	55.51	11.77	24.08	102.55	12.07	10.28	85.17	18.52
泰兴市									
泰　县	99.11	97.87	7.64	7.71	156.28	11.94	11.26	94.30	11.51
姜堰区	6.34	7.91	0.21	3.31	114.29	0.24	0.27	111.17	3.37
镇江市	**220.46**	**163.27**	**20.37**	**9.24**	**102.95**	**20.97**	**18.31**	**87.32**	**11.21**
镇江市郊									
丹徒县	54.68	43.75	3.94	7.21	72.59	2.86	2.22	77.62	5.07
丹阳市	93.19	68.26	6.35	6.81	140.63	8.93	7.56	84.66	11.08
句容市	72.59	51.26	10.08	13.89	91.07	9.18	8.53	92.92	16.64
扬中市									
常州市	**305.41**	**233.10**	**13.49**	**4.42**	**107.34**	**14.48**	**14.41**	**99.50**	**6.18**
武进市	142.93	123.26	1.26	0.88	88.89	1.12	0.82	73.04	0.66
金坛市	65.18	46.69	7.55	11.58	112.19	8.47	6.87	81.11	14.71
溧阳县	97.30	63.15	4.68	4.81	104.49	4.89	6.72	137.42	10.64
无锡市	**78.26**	**91.53**	**1.50**	**1.92**	**82.00**	**1.23**	**0.64**	**52.28**	**0.70**
宜兴市									
江阴市	78.26	91.53	1.50	1.92	82.00	1.23	0.64	52.28	0.70
苏州市	**447.72**	**350.57**	**64.64**	**14.44**	**124.94**	**80.76**	**78.40**	**97.08**	**22.36**
张家港市	70.11	70.37	23.14	33.01	113.14	26.18	26.18	100.00	37.20
常熟市	105.19	85.70	21.27	20.22	152.28	32.39	31.06	95.89	36.24
太仓市	66.40	37.40	20.12	30.30	109.94	22.12	21.10	95.39	56.42
吴　县	119.24	111.35	0.10	0.08	60.00	0.06	0.06	100.00	0.05
昆山市	86.78	45.75	0.01	0.01	80.00	0.01			
南京市	**328.27**	**252.09**	**8.36**	**2.55**	**103.73**	**8.67**	**7.92**	**91.37**	**3.14**
江宁县	90.79	68.76	2.13	2.35	84.51	1.80	1.68	93.33	2.44
江浦县	33.94	22.12	0.16	0.47	100.00	0.16			
六合县	77.08	54.46	3.36	4.36	140.48	4.72	4.35	92.16	7.99
高淳县	46.69	36.39	0.87	1.86	72.64	0.63	0.53	84.41	1.47
溧水县	47.05	34.43	1.82	3.87	74.73	1.36	1.36	100.00	3.95
南京市郊	32.72	35.93	0.02	0.06					

5－5－44 江苏省1986年产棉县棉花生产收购明细

县市名	耕地面积（万亩）	农业人口（万人）	棉田面积（万亩）	占耕地（%）	亩产（市斤）	产量（万担）	收购量（万担）	商品率（%）	人均交售（市斤）
全省合计	**6006.47**	**4384.42**	**743.17**	**12.37**	**106.72**	**793.12**	**687.23**	**86.65**	**15.67**
徐州市	**809.55**	**522.08**	**87.18**	**10.77**	**143.18**	**124.82**	**98.74**	**79.11**	**18.91**
丰县	132.01	81.46	25.11	19.02	141.22	35.46	26.75	75.44	32.84
沛县	121.68	79.45	10.14	8.33	151.78	15.39	15.15	98.44	19.07
铜山县	227.82	143.88	19.20	8.43	169.69	32.58	31.80	97.61	22.10
睢宁县	153.04	96.92	13.73	8.97	110.49	15.17	8.89	58.60	9.17
邳州市	175.00	120.37	19.00	10.86	138.00	26.22	16.15	61.59	13.42
新沂市									
连云港市	**369.84**	**214.77**	**30.82**	**8.33**	**122.94**	**37.89**	**29.94**	**79.03**	**13.94**
赣榆县									
东海县	162.56	83.05	0.02	0.01	100.00	0.02	0.05	*	0.06
灌云县	130.03	76.99	21.00	16.15	132.00	27.72	22.10	79.73	28.71
灌南县	77.25	54.73	9.80	12.69	103.57	10.15	7.79	76.75	14.23
淮阴市	**419.76**	**260.29**	**10.30**	**2.45**	**82.58**	**8.51**	**8.17**	**96.05**	**3.14**
淮安市	121.82	97.66	1.36	1.12	75.74	1.03	1.50	145.63	1.54
淮阴县									
涟水县	132.62	76.59	7.72	5.82	80.70	6.23	3.98	63.88	5.20
洪泽县									
盱眙县	113.01	57.83	0.20	0.18	118.00	0.24	1.62	*	2.80
金湖县	52.31	28.21	1.02	1.95	99.02	1.01	1.07	105.94	3.79
宿迁市	**593.22**	**384.44**	**26.01**	**4.38**	**95.89**	**24.94**	**18.22**	**73.06**	**4.74**
宿豫市	117.22	89.72	3.01	2.57	91.36	2.75	2.58	93.82	2.88
沭阳县	203.97	128.37	6.85	3.36	103.07	7.06	6.96	98.58	5.42
泗阳县	115.04	89.88	11.36	9.87	89.08	10.12	6.23	61.56	6.93
泗洪县	156.99	76.47	4.79	3.05	104.59	5.01	2.45	48.90	3.20
盐城市	**966.08**	**643.55**	**272.78**	**28.24**	**91.82**	**250.47**	**220.87**	**88.18**	**34.32**
响水县	65.04	40.56	9.50	14.61	103.68	9.85	8.33	84.57	20.54
滨海县	113.59	90.23	19.97	17.58	84.08	16.79	16.33	97.26	18.10
阜宁县	122.03	93.43	10.70	8.77	46.64	4.99	4.17	83.57	4.46
射阳县	153.73	84.59	64.57	42.00	70.13	45.28	43.37	95.78	51.27
建湖县	91.48	67.95	9.31	10.18	103.76	9.66	6.92	71.64	10.18
盐都县	133.44	106.87	34.70	26.00	129.37	44.89	42.60	94.90	39.86
大丰市	124.11	61.92	64.73	52.16	88.52	57.30	45.37	79.18	73.27
东台市	162.66	98.00	59.30	36.46	104.06	61.71	53.78	87.15	54.88
南通市	**709.24**	**630.47**	**152.56**	**21.51**	**87.72**	**133.83**	**118.00**	**88.17**	**18.72**
南通市郊	7.37	14.46	0.01	0.14	100.00	0.01			
海安县	95.38	87.26	10.60	11.11	113.11	11.99	12.01	100.17	13.76
如皋县	122.54	128.73	12.29	10.03	81.04	9.96	5.57	55.92	4.33
如东县	143.85	94.57	51.50	35.80	94.08	48.45	45.18	93.25	47.77

5－5－44 续表

县市名	耕地面积（万亩）	农业人口（万人）	棉田面积（万亩）	占耕地（%）	亩产（市斤）	产量（万担）	收购量（万担）	商品率（%）	人均交售（市斤）
通州市	140.09	120.82	24.00	17.13	99.33	23.84	21.68	90.94	17.94
海门市	89.30	90.80	17.16	19.22	52.62	9.03	9.03	100.00	9.94
启东市	110.71	93.83	37.00	33.42	82.57	30.55	24.53	80.29	26.14
扬州市	**414.28**	**344.31**	**20.49**	**4.95**	**111.89**	**22.93**	**20.39**	**88.93**	**5.92**
扬州市郊									
高邮市	109.59	72.07	12.30	11.22	114.63	14.10	13.79	97.80	19.13
宝应县	91.45	78.85	4.30	4.70	96.98	4.17	3.33	79.86	4.22
仪征市	58.75	47.82	0.31	0.53	89.03	0.28	0.16	59.06	0.34
江都市	105.19	93.79	3.19	3.03	122.26	3.90	2.91	74.62	3.10
邗江县	49.30	51.78	0.39	0.79	123.08	0.48	0.20	40.83	0.38
泰州市	**347.39**	**292.44**	**59.79**	**17.21**	**141.38**	**84.53**	**77.52**	**91.71**	**26.51**
兴化市	193.47	131.10	43.66	22.57	153.07	66.83	62.32	93.25	47.54
靖江市	48.70	55.61	9.63	19.77	83.49	8.04	6.52	81.09	11.72
泰兴市									
泰县	98.93	97.76	6.35	6.42	149.13	9.47	8.46	89.33	8.65
姜堰区	6.29	7.97	0.15	2.38	126.67	0.19	0.22	116.74	2.78
镇江市	**220.25**	**163.23**	**14.23**	**6.46**	**110.82**	**15.77**	**11.65**	**73.89**	**7.14**
镇江市郊									
丹徒县	54.59	43.74	1.82	3.33	75.82	1.38	0.93	67.61	2.13
丹阳市	93.14	68.26	4.35	4.67	144.37	6.28	4.41	70.22	6.46
句容市	72.52	51.23	8.06	11.11	100.62	8.11	6.31	77.81	12.32
扬中市									
常州市	**304.88**	**233.55**	**6.62**	**2.17**	**104.59**	**6.92**	**5.59**	**80.72**	**2.39**
武进市	142.76	123.44	0.51	0.36	89.02	0.45	2.53	*	2.05
金坛市	65.10	46.78	2.87	4.41	114.63	3.29	2.76	83.89	5.90
溧阳县	97.02	63.33	3.24	3.34	98.15	3.18	0.30	9.40	0.47
无锡市	**77.99**	**90.63**	**0.60**	**0.77**	**80.00**	**0.48**	**0.21**	**43.75**	**0.23**
宜兴市									
江阴市	77.99	90.63	0.60	0.77	80.00	0.48	0.21	43.75	0.23
苏州市	**446.34**	**351.74**	**57.09**	**12.79**	**132.99**	**75.92**	**72.95**	**96.09**	**20.74**
张家港市	69.96	70.60	22.19	31.72	121.95	27.06	27.06	100.00	38.33
常熟市	105.07	85.98	20.12	19.15	153.48	30.88	29.18	94.49	33.94
太仓市	66.08	37.18	14.67	22.20	121.81	17.87	16.69	93.40	44.89
吴县	118.90	112.03	0.10	0.08	96.00	0.10	0.02	23.96	0.02
昆山市	86.33	45.95	0.01	0.01	160.00	0.02			
南京市	**327.65**	**252.92**	**4.70**	**1.43**	**129.96**	**6.11**	**4.97**	**81.30**	**1.96**
江宁县	90.75	69.09	1.62	1.79	122.84	1.99	1.62	81.41	2.34
江浦县	33.87	22.28	0.08	0.24	80.00	0.06			
六合县	76.99	54.93	2.00	2.60	159.50	3.19	2.91	91.22	5.30
高淳县	46.77	36.49	0.32	0.68	68.75	0.22	0.15	66.36	0.40
溧水县	47.03	34.66	0.68	1.45	94.71	0.64	0.28	43.48	0.81
南京市郊	32.24	35.47					0.01		0.03

5－5－45　江苏省1987年产棉县棉花生产收购明细

县市名	耕地面积（万亩）	农业人口（万人）	棉田面积（万亩）	占耕地（%）	亩产（市斤）	产量（万担）	收购量（万担）	商品率（%）	人均交售（市斤）
全省合计	**5986.02**	**4412.36**	**823.03**	**13.75**	**107.26**	**882.80**	**784.23**	**88.83**	**17.77**
徐州市	**807.08**	**527.45**	**103.52**	**12.83**	**144.54**	**149.63**	**133.80**	**89.42**	**25.37**
丰　县	131.89	81.80	28.65	21.72	143.07	40.99	38.08	92.90	46.55
沛　县	121.29	80.38	15.52	12.80	139.82	21.70	22.33	102.90	27.78
铜山县	226.98	145.43	24.00	10.57	161.75	38.82	35.38	91.14	24.33
睢宁县	152.92	97.83	14.35	9.38	118.19	16.96	14.52	85.61	14.84
邳州市	174.00	122.01	21.00	12.07	148.38	31.16	23.49	75.39	19.25
新沂市									
连云港市	**369.45**	**217.81**	**34.69**	**9.39**	**132.80**	**46.07**	**38.49**	**83.54**	**17.67**
赣榆县									
东海县	162.55	84.87	0.02	0.01	150.00	0.03	0.13	*	0.15
灌云县	129.78	77.29	23.02	17.74	138.01	31.77	26.90	84.67	34.80
灌南县	77.12	55.65	11.65	15.11	122.49	14.27	11.46	80.31	20.59
淮阴市	**419.39**	**261.69**	**12.31**	**2.94**	**91.71**	**11.29**	**7.80**	**69.10**	**2.98**
淮安市	121.70	97.86	2.09	1.72	86.12	1.80	0.92	51.11	0.94
淮阴县									
涟水县	132.59	77.66	8.41	6.34	94.53	7.95	5.38	67.67	6.93
洪泽县									
盱眙县	112.83	57.95	0.46	0.41	80.43	0.37	0.39	105.68	0.67
金湖县	52.27	28.22	1.35	2.58	86.67	1.17	1.11	94.87	3.93
宿迁市	**592.66**	**389.32**	**40.70**	**6.87**	**92.19**	**37.52**	**30.65**	**81.69**	**7.87**
宿豫市	117.12	92.00	5.69	4.86	97.54	5.55	5.18	93.33	5.63
沭阳县	203.83	128.71	13.87	6.80	88.18	12.23	10.22	83.57	7.94
泗阳县	114.98	90.92	16.02	13.93	84.02	13.46	11.04	82.02	12.14
泗洪县	156.73	77.69	5.12	3.27	122.66	6.28	4.21	67.04	5.42
盐城市	**965.37**	**648.21**	**292.67**	**30.32**	**101.94**	**298.34**	**273.22**	**91.58**	**42.15**
响水县	65.22	41.31	10.60	16.25	115.94	12.29	11.02	89.67	26.68
滨海县	113.56	90.70	26.00	22.90	84.00	21.84	16.62	76.10	18.32
阜宁县	121.77	94.45	10.90	8.95	79.45	8.66	8.26	95.38	8.75
射阳县	153.53	85.80	66.43	43.27	107.72	71.56	68.27	95.40	79.57
建湖县	91.41	67.23	12.13	13.27	114.43	13.88	10.58	76.22	15.74
盐都县	133.26	108.41	36.00	27.01	140.03	50.41	48.34	95.89	44.59
大丰市	124.02	62.35	67.61	54.52	90.59	61.25	58.19	95.00	93.33
东台市	162.60	97.96	63.00	38.75	92.78	58.45	51.94	88.86	53.02
南通市	**701.35**	**628.31**	**166.56**	**23.75**	**78.87**	**131.36**	**108.36**	**82.49**	**17.25**
南通市郊									
海安县	95.27	87.59	13.74	14.42	92.87	12.76	10.59	82.99	12.09
如皋县	122.45	128.55	15.21	12.42	63.12	9.60	5.00	52.08	3.89
如东县	143.75	95.02	54.00	37.57	80.11	43.26	38.27	88.47	40.28

5－5－45 续表

县市名	耕地面积（万亩）	农业人口（万人）	棉田面积（万亩）	占耕地（%）	亩产（市斤）	产量（万担）	收购量（万担）	商品率（%）	人均交售（市斤）
通州市	140.06	124.66	27.29	19.48	95.75	26.13	21.43	82.01	17.19
海门市	89.20	89.70	21.32	23.90	39.87	8.50	8.50	100.00	9.48
启东市	110.62	102.79	35.00	31.64	88.89	31.11	24.57	78.98	23.90
扬州市	**412.95**	**345.64**	**27.14**	**6.57**	**128.33**	**34.83**	**32.49**	**93.29**	**9.40**
扬州市郊									
高邮市	103.90	72.17	16.00	14.69	140.44	22.47	21.58	96.04	29.90
宝应县	91.12	79.32	6.20	6.80	105.16	6.52	6.05	92.79	7.63
仪征市	58.42	48.04	0.21	0.36	85.71	0.18	0.08	42.67	0.16
江都市	105.23	93.99	4.41	4.19	122.00	5.38	4.71	87.55	5.01
邗江县	49.28	52.12	0.32	0.65	87.50	0.28	0.08	27.43	0.15
泰州市	**346.20**	**294.37**	**62.65**	**18.10**	**139.57**	**87.44**	**83.62**	**95.63**	**28.41**
兴化市	192.70	132.41	44.63	23.16	154.65	69.02	66.79	96.77	50.44
靖江市	48.49	55.78	10.47	21.59	72.40	7.58	6.62	87.34	11.87
泰兴市									
泰　县	98.81	98.03	7.37	7.46	143.96	10.61	9.96	93.87	10.16
姜堰区	6.20	8.15	0.18	2.90	127.78	0.23	0.25	108.70	3.07
镇江市	**226.00**	**172.55**	**15.16**	**6.71**	**104.53**	**15.85**	**9.38**	**59.21**	**5.44**
镇江市郊	6.83	8.80	0.01	0.15	100.00	0.01			
丹徒县	54.42	43.86	1.40	2.57	64.00	0.90	0.45	50.45	1.03
丹阳市	92.33	68.41	5.45	5.90	141.10	7.69	3.48	45.25	5.09
句容市	72.42	51.48	8.30	11.46	87.35	7.25	5.45	75.17	10.59
扬中市									
常州市	**296.86**	**227.04**	**6.84**	**2.30**	**86.40**	**5.91**	**4.87**	**82.40**	**2.14**
武进市	134.85	116.39	0.51	0.38	98.04	0.50	0.51	102.00	0.44
金坛市	65.04	47.01	2.88	4.43	82.29	2.37	1.69	71.31	3.59
溧阳县	96.97	63.64	3.45	3.56	88.12	3.04	2.67	87.83	4.20
无锡市	**77.53**	**91.79**	**0.44**	**0.57**	**79.55**	**0.35**	**0.13**	**38.00**	**0.14**
宜兴市									
江阴市	77.53	91.79	0.44	0.57	79.55	0.35	0.13	38.00	0.14
苏州市	**444.00**	**352.00**	**55.63**	**12.53**	**106.35**	**59.16**	**57.32**	**96.89**	**16.28**
张家港市	69.73	70.90	22.66	32.50	84.42	19.13	19.13	100.00	26.98
常熟市	104.85	86.28	19.31	18.42	128.69	24.85	23.69	95.33	27.46
太仓市	65.43	37.18	13.58	20.76	111.41	15.13	14.49	95.77	38.97
吴　县	117.97	111.46	0.07	0.06	54.29	0.04	0.01	19.47	0.01
昆山市	86.02	46.18	0.01	0.01	120.00	0.01			
南京市	**327.18**	**256.18**	**4.72**	**1.44**	**107.12**	**5.06**	**4.10**	**81.06**	**1.60**
江宁县	83.36	65.51	0.23	0.28	91.30	0.21	0.08	37.14	0.12
江浦县	33.83	22.71	0.07	0.21	85.71	0.06		2.67	0.01
六合县	76.98	55.50	1.99	2.59	138.19	2.75	2.14	77.82	3.86
高淳县	46.73	36.92	0.25	0.53	80.00	0.20	0.11	55.00	0.30
溧水县	46.98	35.17	0.77	1.64	81.30	0.63	0.67	106.87	1.90
南京市郊	39.30	40.37	1.41	3.59	85.82	1.21	1.10	90.91	2.72

5-5-46 江苏省1988年产棉县棉花生产收购明细

县市名	耕地面积（万亩）	农业人口（万人）	棉田面积（万亩）	占耕地（%）	亩产（市斤）	产量（万担）	收购量（万担）	商品率（%）	人均交售（市斤）
全省合计	**6191.34**	**4572.91**	**898.58**	**14.51**	**124.00**	**1114.28**	**1005.94**	**90.28**	**22.00**
徐州市	**929.48**	**606.72**	**135.74**	**14.60**	**130.20**	**176.73**	**142.14**	**80.43**	**23.43**
丰县	131.71	82.26	32.07	24.35	120.80	38.74	38.18	98.55	46.41
沛县	121.16	83.15	18.27	15.08	129.28	23.62	15.04	63.67	18.09
铜山县	225.94	145.78	34.40	15.23	148.55	51.10	42.42	83.01	29.10
睢宁县	152.86	97.98	20.90	13.67	110.48	23.09	20.68	89.56	21.11
邳州市	174.00	123.42	29.00	16.67	135.86	39.40	25.43	64.54	20.60
新沂市	123.81	74.13	1.10	0.89	70.91	0.78	0.39	49.74	0.52
连云港市	**369.25**	**221.94**	**44.56**	**12.07**	**133.01**	**59.27**	**49.90**	**84.20**	**22.48**
赣榆县									
东海县	162.51	85.91	0.19	0.12	114.74	0.22	0.63	*	0.74
灌云县	129.63	78.46	30.26	23.34	138.00	41.76	35.60	85.25	45.37
灌南县	77.11	57.57	14.11	18.30	122.54	17.29	13.67	79.06	23.75
淮阴市	**517.46**	**333.10**	**19.97**	**3.86**	**85.78**	**17.13**	**10.91**	**63.67**	**3.27**
淮安市	121.61	98.45	4.49	3.69	73.50	3.30	2.03	61.52	2.06
淮阴县	98.72	67.28	0.02	0.02					
涟水县	132.45	81.02	11.77	8.89	89.63	10.55	6.01	56.97	7.42
洪泽县									
盱眙县	112.46	58.12	0.47	0.42	87.23	0.41	0.31	74.63	0.53
金湖县	52.22	28.23	3.22	6.17	89.13	2.87	2.56	89.20	9.07
宿迁市	**592.68**	**392.43**	**52.59**	**8.87**	**88.02**	**46.29**	**31.10**	**67.19**	**7.92**
宿豫市	117.16	93.28	6.66	5.68	97.45	6.49	4.77	73.50	5.11
沭阳县	203.58	128.96	19.72	9.69	85.09	16.78	11.04	65.79	8.56
泗阳县	114.87	91.78	18.98	16.52	77.34	14.68	10.19	69.41	11.10
泗洪县	157.07	78.41	7.23	4.60	115.35	8.34	5.10	61.15	6.50
盐城市	**964.35**	**654.98**	**302.67**	**31.39**	**129.65**	**392.40**	**380.00**	**96.84**	**58.02**
响水县	64.93	42.64	14.04	21.62	127.85	17.95	17.18	95.71	40.29
滨海县	113.53	91.49	20.90	18.41	115.98	24.24	22.57	93.11	24.67
阜宁县	121.20	96.46	12.63	10.42	84.24	10.64	9.37	88.06	9.71
射阳县	153.82	86.45	69.17	44.97	145.01	100.30	97.98	97.69	113.34
建湖县	91.36	68.30	13.65	14.94	126.74	17.30	15.31	88.50	22.42
盐都县	133.12	109.70	37.50	28.17	162.80	61.05	60.35	98.85	55.01
大丰市	123.95	62.62	68.08	54.93	114.85	78.19	77.88	99.60	124.37
东台市	162.44	97.32	66.70	41.06	124.03	82.73	79.36	95.93	81.55
南通市	**700.82**	**631.18**	**169.40**	**24.17**	**116.38**	**197.15**	**180.16**	**91.38**	**28.54**
南通市郊									
海安县	95.20	87.83	14.96	15.71	112.77	16.87	15.37	91.11	17.50
如皋县	122.36	129.90	16.50	13.48	74.42	12.28	6.82	55.56	5.25
如东县	143.71	95.09	54.00	37.58	122.94	66.39	62.19	93.67	65.40

5-5-46 续表

县市名	耕地面积（万亩）	农业人口（万人）	棉田面积（万亩）	占耕地（%）	亩产（市斤）	产量（万担）	收购量（万担）	商品率（%）	人均交售（市斤）
通州市	139.80	126.71	28.60	20.46	131.01	37.47	35.07	93.59	27.68
海门市	89.20	89.70	20.00	22.42	99.05	19.81	19.81	100.00	22.08
启东市	110.55	101.95	35.34	31.97	125.44	44.33	40.90	92.26	40.12
扬州市	**411.17**	**345.68**	**28.83**	**7.01**	**127.92**	**36.88**	**34.46**	**93.44**	**9.97**
扬州市郊									
高邮市	108.30	72.21	16.00	14.77	140.94	22.55	21.90	97.12	30.33
宝应县	90.56	79.22	8.00	8.83	111.50	8.92	8.13	91.14	10.26
仪征市	58.05	48.40	0.11	0.19	85.45	0.09	0.07	72.98	0.14
江都市	105.11	93.99	4.35	4.14	115.86	5.04	4.27	84.72	4.54
邗江县	49.15	51.86	0.37	0.75	74.59	0.28	0.09	33.33	0.18
泰州市	**345.00**	**295.42**	**63.31**	**18.35**	**147.69**	**93.50**	**91.93**	**98.32**	**31.12**
兴化市	191.91	133.22	45.26	23.58	162.99	73.77	74.10	100.45	55.62
靖江市	48.21	55.99	10.30	21.36	79.42	8.18	6.98	85.33	12.47
泰兴市									
泰　县	96.75	96.36	7.57	7.82	150.33	11.38	10.64	93.50	11.04
姜堰区	8.13	9.85	0.18	2.21	94.44	0.17	0.21	121.76	2.10
镇江市	**219.00**	**163.86**	**15.08**	**6.89**	**92.44**	**13.94**	**8.15**	**58.49**	**4.98**
镇江市郊									
丹徒县	54.34	43.44	1.33	2.45	68.42	0.91	0.26	29.01	0.61
丹阳市	92.27	68.75	5.77	6.25	101.21	5.84	2.52	43.15	3.67
句容市	72.39	51.67	7.98	11.02	90.10	7.19	5.37	74.69	10.39
扬中市									
常州市	**296.55**	**227.18**	**7.21**	**2.43**	**92.23**	**6.65**	**5.69**	**85.56**	**2.50**
武进市	134.65	116.39	0.39	0.29	112.82	0.44	0.34	77.27	0.29
金坛市	64.96	47.19	2.95	4.54	87.46	2.58	2.11	81.78	4.47
溧阳县	96.94	63.60	3.87	3.99	93.80	3.63	3.24	89.26	5.09
无锡市	**77.23**	**90.31**	**0.35**	**0.45**	**87.43**	**0.31**	**0.13**	**43.20**	**0.15**
宜兴市									
江阴市	77.23	90.31	0.35	0.45	87.43	0.31	0.13	43.20	0.15
苏州市	**441.93**	**352.73**	**53.53**	**12.11**	**128.00**	**68.52**	**66.76**	**97.43**	**18.93**
张家港市	69.39	70.97	21.35	30.77	112.74	24.07	24.07	100.00	33.92
常熟市	104.52	85.36	18.71	17.90	138.80	25.97	25.11	96.69	29.42
太仓市	64.86	36.66	13.41	20.68	137.43	18.43	17.57	95.33	47.93
吴　县	117.31	113.61	0.05	0.04	100.00	0.05	0.01	15.60	0.01
昆山市	85.85	46.13	0.01	0.01					
南京市	**326.42**	**257.38**	**5.34**	**1.64**	**103.37**	**5.52**	**4.61**	**83.58**	**1.79**
江宁县	83.23	65.69	0.28	0.34	92.86	0.26	0.13	51.54	0.20
江浦县	33.75	23.18	0.04	0.12	55.00	0.02		12.73	0.01
六合县	76.96	56.35	2.26	2.94	133.63	3.02	2.53	83.77	4.49
高淳县	46.70	37.07	0.45	0.96	39.56	0.18	0.09	52.25	0.25
溧水县	46.94	35.02	0.88	1.87	71.59	0.63	0.69	110.16	1.98
南京市郊	38.84	40.07	1.43	3.68	98.60	1.41	1.16	82.27	2.89

5-5-47 江苏省1989年产棉县棉花生产收购明细

县市名	耕地面积（万亩）	农业人口（万人）	棉田面积（万亩）	占耕地（%）	亩产（市斤）	产量（万担）	收购量（万担）	商品率（%）	人均交售（市斤）
全省合计	**6169.00**	**4587.69**	**797.06**	**12.92**	**120.43**	**959.90**	**860.31**	**89.62**	**18.75**
徐州市	**927.36**	**613.87**	**97.21**	**10.48**	**96.61**	**93.91**	**73.70**	**78.48**	**12.01**
丰县	131.44	83.07	29.76	22.64	84.01	25.00	20.34	81.36	24.49
沛县	121.10	84.15	6.16	5.09	98.70	6.08	7.67	126.15	9.11
铜山县	224.91	148.35	22.00	9.78	112.00	24.64	22.18	90.02	14.95
睢宁县	152.83	99.36	17.01	11.13	84.48	14.37	9.29	64.65	9.35
邳州市	173.60	124.39	21.40	12.33	108.22	23.16	14.01	60.49	11.26
新沂市	123.48	74.55	0.88	0.71	75.00	0.66	0.21	31.82	0.28
连云港市	**369.09**	**226.26**	**35.53**	**9.63**	**132.25**	**46.99**	**32.55**	**69.28**	**14.39**
赣榆县									
东海县	162.46	87.63	0.01	0.01	180.00	0.02	0.01	77.22	0.02
灌云县	129.59	81.04	23.90	18.44	136.99	32.74	21.68	66.22	26.75
灌南县	77.04	57.59	11.62	15.08	122.46	14.23	10.86	76.32	18.86
淮阴市	**516.47**	**334.20**	**17.26**	**3.34**	**84.36**	**14.56**	**8.20**	**56.29**	**2.45**
淮安市	121.34	98.57	2.81	2.32	70.46	1.98	1.09	55.05	1.11
淮阴县	98.59	67.39	0.14	0.14					
涟水县	131.92	81.26	12.54	9.51	84.93	10.65	5.18	48.64	6.37
洪泽县									
盱眙县	112.42	58.51	0.18	0.16	94.44	0.17	0.15	85.88	0.25
金湖县	52.20	28.47	1.59	3.05	110.69	1.76	1.78	101.14	6.25
宿迁市	**592.26**	**398.18**	**35.89**	**6.06**	**78.99**	**28.35**	**20.13**	**71.01**	**5.06**
宿豫市	117.10	94.47	3.20	2.73	76.25	2.44	2.13	87.30	2.25
沭阳县	203.25	130.85	9.31	4.58	76.37	7.11	6.15	86.50	4.70
泗阳县	114.59	92.23	17.93	15.65	71.50	12.82	9.36	73.01	10.15
泗洪县	157.32	80.63	5.45	3.46	109.72	5.98	2.49	41.64	3.09
盐城市	**963.87**	**659.14**	**297.64**	**30.88**	**130.99**	**389.87**	**365.74**	**93.81**	**55.49**
响水县	65.72	43.52	14.33	21.80	128.68	18.44	12.91	70.01	29.66
滨海县	112.34	91.68	20.59	18.33	103.98	21.41	19.55	91.31	21.32
阜宁县	121.11	97.62	15.45	12.76	94.89	14.66	14.09	96.11	14.43
射阳县	153.47	86.54	66.68	43.45	133.92	89.30	85.69	95.96	99.02
建湖县	91.23	68.59	14.28	15.65	133.12	19.01	16.45	86.53	23.98
盐都县	132.80	111.08	36.50	27.48	169.48	61.86	57.44	92.85	51.71
大丰市	124.66	62.79	65.31	52.39	126.21	82.43	82.09	99.59	130.74
东台市	162.54	97.32	64.50	39.68	128.31	82.76	77.52	93.67	79.65
南通市	**700.30**	**624.91**	**162.08**	**23.14**	**115.29**	**186.86**	**170.11**	**91.04**	**27.22**
南通市郊									
海安县	95.02	87.81	14.26	15.01	119.99	17.11	14.04	82.06	15.99
如皋县	122.52	130.86	14.81	12.09	76.10	11.27	6.10	54.13	4.66
如东县	143.66	95.42	49.30	34.32	115.84	57.11	54.92	96.17	57.56

5－5－47 续表

县 市 名	耕地面积（万亩）	农业人口（万人）	棉田面积（万亩）	占耕地（%）	亩　产（市斤）	产　量（万担）	收购量（万担）	商品率（%）	人均交售（市斤）
通州市	139.61	128.56	27.65	19.81	113.67	31.43	28.98	92.20	22.54
海门市	89.00	79.50	20.00	22.47	108.90	21.78	21.78	100.00	27.40
启东市	110.49	102.76	36.06	32.64	133.56	48.16	44.29	91.96	43.10
扬州市	**410.22**	**345.22**	**25.25**	**6.16**	**136.18**	**34.39**	**32.90**	**95.67**	**9.53**
扬州市郊									
高邮市	108.20	71.76	13.50	12.48	153.78	20.76	20.31	97.83	28.30
宝应县	90.43	79.91	7.60	8.40	117.24	8.91	8.65	97.08	10.82
仪征市	57.55	48.34	0.05	0.09	96.00	0.05	0.01	20.00	0.02
江都市	105.04	93.29	3.89	3.70	113.11	4.40	3.90	88.64	4.18
邗江县	49.00	51.92	0.21	0.43	127.62	0.27	0.03	10.07	0.05
泰州市	**335.92**	**295.42**	**56.55**	**16.83**	**156.92**	**88.74**	**85.20**	**96.01**	**28.84**
兴化市	183.44	133.92	40.44	22.05	176.06	71.20	69.16	97.13	51.64
靖江市	47.72	56.00	9.05	18.96	78.01	7.06	6.36	90.08	11.36
泰兴市									
泰　县	96.66	95.65	6.91	7.15	148.91	10.29	9.54	92.71	9.97
姜堰区	8.10	9.85	0.15	1.85	124.00	0.19	0.14	72.58	1.37
镇江市	**218.30**	**164.18**	**10.35**	**4.74**	**54.78**	**5.67**	**4.68**	**82.47**	**2.85**
镇江市郊									
丹徒县	54.32	43.43	0.90	1.66	16.67	0.15	0.12	77.33	0.27
丹阳市	91.63	68.99	4.08	4.45	48.04	1.96	1.62	82.65	2.35
句容市	72.35	51.76	5.37	7.42	66.29	3.56	2.94	82.58	5.68
扬中市									
常州市	**296.21**	**227.68**	**6.03**	**2.04**	**74.96**	**4.52**	**3.59**	**79.47**	**1.58**
武进市	134.54	116.37	0.25	0.19	100.00	0.25	0.11	44.80	0.10
金坛市	64.92	47.54	2.07	3.19	83.09	1.72	1.45	84.30	3.05
溧阳县	96.75	63.77	3.71	3.83	68.73	2.55	2.03	79.61	3.18
无锡市	**77.02**	**92.14**	**0.33**	**0.43**	**84.24**	**0.28**	**0.09**	**31.76**	**0.10**
宜兴市									
江阴市	77.02	92.14	0.33	0.43	84.24	0.28	0.09	31.76	0.10
苏州市	**436.29**	**348.37**	**48.76**	**11.18**	**127.31**	**62.08**	**61.02**	**98.30**	**17.52**
张家港市	69.26	71.38	20.29	29.30	101.58	20.61	20.61	100.00	28.87
常熟市	104.26	85.09	17.85	17.12	153.67	27.43	26.79	97.67	31.48
太仓市	64.82	36.58	10.56	16.29	132.48	13.99	13.62	97.36	37.23
吴　县	112.28	109.43	0.05	0.04	52.00	0.03			
昆山市	85.67	45.89	0.01	0.01	220.00	0.02			
南京市	**325.69**	**258.12**	**4.18**	**1.28**	**88.42**	**3.70**	**2.41**	**65.27**	**0.93**
江宁县	83.15	65.92	0.23	0.28	91.30	0.21	0.07	31.19	0.10
江浦县	33.67	23.31	0.06	0.18	66.67	0.04		5.25	0.01
六合县	76.95	57.14	1.82	2.37	113.74	2.07	1.54	74.40	2.70
高淳县	46.57	37.50	0.23	0.49	39.13	0.09	0.02	24.33	0.06
溧水县	46.93	35.16	0.66	1.41	56.97	0.38	0.17	46.01	0.49
南京市郊	38.42	39.09	1.18	3.07	77.12	0.91	0.61	67.03	1.56

5－5－48　江苏省1990年产棉县棉花生产收购明细

县市名	耕地面积（万亩）	农业人口（万人）	棉田面积（万亩）	占耕地（%）	亩产（市斤）	产量（万担）	收购量（万担）	商品率（%）	人均交售（市斤）
全省合计	**6004.29**	**4572.71**	**853.87**	**14.22**	**107.98**	**922.01**	**854.20**	**92.65**	**18.68**
徐州市	**923.89**	**652.94**	**92.52**	**10.01**	**120.43**	**111.42**	**94.08**	**84.43**	**14.41**
丰　县	131.41	88.22	24.84	18.90	130.35	32.38	28.10	86.78	31.85
沛　县	120.93	89.38	11.93	9.87	70.91	8.46	8.16	96.45	9.13
铜山县	223.34	156.86	22.40	10.03	134.55	30.14	26.62	88.32	16.97
睢宁县	152.73	105.67	13.20	8.64	126.52	16.70	12.63	75.63	11.95
邳州市	172.25	132.65	20.00	11.61	117.50	23.50	18.47	78.60	13.92
新沂市	123.23	80.16	0.15	0.12	160.00	0.24	0.10	39.58	0.12
连云港市	**369.64**	**233.38**	**40.24**	**10.89**	**105.22**	**42.34**	**28.58**	**67.49**	**12.24**
赣榆县									
东海县	162.45	92.00	0.01	0.01	100.00	0.01	0.05	*	0.05
灌云县	129.49	81.62	26.06	20.13	116.00	30.23	18.12	59.94	22.20
灌南县	77.70	59.76	14.17	18.24	85.39	12.10	10.41	86.03	17.42
淮阴市	**517.08**	**344.56**	**20.28**	**3.92**	**78.05**	**15.83**	**12.59**	**79.54**	**3.65**
淮安市	121.25	99.35	5.52	4.55	55.25	3.05	2.11	69.18	2.12
淮阴县	98.54	69.10	0.89	0.90	60.67	0.54	0.43	80.19	0.63
涟水县	131.81	87.72	11.03	8.37	84.41	9.31	7.60	81.63	8.66
洪泽县									
盱眙县	113.31	59.79	0.36	0.32	132.78	0.48	0.24	49.37	0.39
金湖县	52.17	28.60	2.48	4.75	98.79	2.45	2.21	90.20	7.73
宿迁市	**591.30**	**413.27**	**47.48**	**8.03**	**79.44**	**37.72**	**33.44**	**88.65**	**8.09**
宿豫市	116.90	95.92	7.67	6.56	92.96	7.13	6.80	95.37	7.09
沭阳县	202.60	138.92	15.13	7.47	77.99	11.80	10.00	84.75	7.20
泗阳县	114.53	95.56	18.34	16.01	76.77	14.08	13.04	92.61	13.65
泗洪县	157.27	82.87	6.34	4.03	74.29	4.71	3.60	76.43	4.34
盐城市	**965.40**	**668.35**	**316.34**	**32.77**	**99.50**	**314.76**	**303.35**	**96.38**	**45.39**
响水县	66.65	44.74	16.40	24.61	91.46	15.00	11.51	76.73	25.73
滨海县	112.32	94.59	25.57	22.77	70.00	17.90	15.82	88.38	16.72
阜宁县	121.06	97.78	17.38	14.36	84.41	14.67	13.83	94.27	14.14
射阳县	154.46	87.26	72.38	46.86	97.68	70.70	70.65	99.93	80.96
建湖县	91.18	69.31	14.33	15.72	112.49	16.12	15.37	95.35	22.18
盐都县	132.34	112.71	37.30	28.18	117.02	43.65	42.59	97.57	37.79
大丰市	124.79	62.75	66.58	53.35	103.09	68.64	66.13	96.34	105.39
东台市	162.60	99.21	66.40	40.84	102.53	68.08	67.45	99.07	67.99
南通市	**700.03**	**628.53**	**177.93**	**25.42**	**102.98**	**183.23**	**172.69**	**94.25**	**27.48**
南通市郊									
海安县	94.88	87.72	15.56	16.40	110.67	17.22	14.58	84.67	16.62
如皋县	122.43	131.40	19.43	15.87	77.10	14.98	12.72	84.91	9.68
如东县	143.57	96.19	53.20	37.06	119.23	63.43	61.84	97.49	64.29

5-5-48 续表

县市名	耕地面积（万亩）	农业人口（万人）	棉田面积（万亩）	占耕地（%）	亩产（市斤）	产量（万担）	收购量（万担）	商品率（%）	人均交售（市斤）
通州市	139.46	130.75	31.55	22.62	122.69	38.71	37.26	96.25	28.50
海门市	89.00	79.30	22.40	25.17	87.50	19.60	18.78	95.82	23.68
启东市	110.69	103.17	35.79	32.33	81.84	29.29	27.51	93.92	26.66
扬州市	**409.64**	**346.43**	**26.79**	**6.54**	**135.45**	**36.29**	**35.71**	**98.41**	**10.31**
扬州市郊									
高邮市	107.89	72.03	14.30	13.25	156.57	22.39	22.19	99.11	30.81
宝应县	90.43	80.17	8.17	9.03	111.63	9.12	9.10	99.78	11.35
仪征市	57.38	48.38	0.16	0.28	66.25	0.11	0.10	94.15	0.21
江都市	104.98	93.69	4.04	3.85	112.38	4.54	4.30	94.71	4.59
邗江县	48.96	52.16	0.12	0.25	108.33	0.13	0.02	15.38	0.04
泰州市	**287.56**	**297.18**	**60.39**	**21.00**	**148.07**	**89.42**	**87.61**	**97.98**	**29.48**
兴化市	135.40	135.35	43.50	32.13	154.53	67.22	66.30	98.63	48.98
靖江市	47.47	56.28	9.16	19.30	115.83	10.61	9.92	93.50	17.63
泰兴市									
泰县	96.60	95.71	7.56	7.83	150.53	11.38	11.14	97.89	11.64
姜堰区	8.09	9.84	0.17	2.10	123.53	0.21	0.25	119.05	2.54
镇江市	**218.27**	**164.76**	**12.16**	**5.57**	**85.00**	**10.34**	**9.05**	**87.54**	**5.49**
镇江市郊									
丹徒县	54.23	43.50	0.91	1.68	34.73	0.32	0.23	72.15	0.52
丹阳市	91.56	69.16	3.98	4.35	101.01	4.02	3.64	90.55	5.26
句容市	72.48	52.10	7.27	10.03	82.53	6.00	5.18	86.33	9.94
扬中市									
常州市	**295.69**	**228.49**	**6.13**	**2.07**	**73.51**	**4.51**	**3.64**	**80.76**	**1.59**
武进市	134.40	116.57	0.18	0.13	86.67	0.16	0.07	44.23	0.06
金坛市	64.78	47.75	2.11	3.26	93.36	1.97	1.58	80.20	3.31
溧阳县	96.51	64.17	3.84	3.98	61.98	2.38	1.99	83.61	3.10
无锡市	**76.86**	**93.06**	**0.33**	**0.43**	**80.00**	**0.26**	**0.09**	**33.33**	**0.09**
宜兴市									
江阴市	76.86	93.06	0.33	0.43	80.00	0.26	0.09	33.33	0.09
苏州市	**323.62**	**239.78**	**48.68**	**15.04**	**146.10**	**71.12**	**70.19**	**98.69**	**29.27**
张家港市	69.16	72.02	20.11	29.08	125.66	25.27	25.27	100.00	35.09
常熟市	104.13	85.11	16.83	16.16	163.87	27.58	26.99	97.86	31.71
太仓市	64.78	36.56	11.72	18.09	155.63	18.24	17.93	98.30	49.04
吴县									
昆山市	85.55	46.09	0.02	0.02	150.00	0.03			
南京市	**325.31**	**261.98**	**4.60**	**1.41**	**103.96**	**4.78**	**3.19**	**66.79**	**1.22**
江宁县	83.15	66.19	0.28	0.34	110.00	0.31	0.09	30.52	0.14
江浦县	33.61	23.43	0.06	0.18	160.00	0.10	0.01	9.58	0.04
六合县	76.90	57.83	2.06	2.68	126.70	2.61	1.92	73.56	3.32
高淳县	46.55	37.95	0.27	0.58	55.56	0.15	0.05	31.87	0.13
溧水县	46.91	35.60	0.50	1.07	71.60	0.36	0.10	28.77	0.29
南京市郊	38.19	40.98	1.43	3.74	88.11	1.26	1.02	80.95	2.49

5－5－49　江苏省1991年产棉县棉花生产收购明细

县市名	耕地面积（万亩）	农业人口（万人）	棉田面积（万亩）	占耕地（％）	亩产（市斤）	产量（万担）	收购量（万担）	商品率（％）	人均交售（市斤）
全省合计	**6058.90**	**4615.04**	**821.04**	**13.55**	**133.37**	**1095.01**	**1059.10**	**96.72**	**22.95**
徐州市	**925.94**	**661.14**	**116.72**	**12.61**	**136.33**	**159.13**	**149.87**	**94.19**	**22.67**
丰　县	131.26	89.51	31.17	23.75	127.24	39.66	40.72	102.67	45.49
沛　县	120.68	91.32	12.62	10.46	135.74	17.13	15.59	91.01	17.07
铜山县	226.98	156.98	30.50	13.44	154.92	47.25	46.05	97.46	29.33
睢宁县	151.87	107.58	19.89	13.10	105.88	21.06	19.98	94.87	18.57
邳州市	172.00	134.63	22.50	13.08	150.98	33.97	27.50	80.95	20.43
新沂市	123.15	81.12	0.04	0.03	140.00	0.06	0.03	61.43	0.04
连云港市	**369.49**	**237.28**	**45.70**	**12.37**	**133.04**	**60.80**	**57.40**	**94.41**	**24.19**
赣榆县									
东海县	162.42	94.36	0.96	0.59	120.83	1.16	1.28	110.34	1.36
灌云县	129.37	82.31	29.70	22.96	135.99	40.39	38.69	95.79	47.01
灌南县	77.70	60.61	15.04	19.36	127.99	19.25	17.43	90.55	28.76
淮阴市	**516.43**	**347.01**	**29.01**	**5.62**	**74.03**	**21.48**	**18.42**	**85.78**	**5.31**
淮安市	121.23	100.57	6.21	5.12	49.28	3.06	2.65	86.60	2.63
淮阴县	98.46	69.71	3.19	3.24	60.82	1.94	1.19	61.34	1.71
涟水县	131.80	88.10	16.20	12.29	81.85	13.26	11.32	85.37	12.85
洪泽县									
盱眙县	112.87	59.96	0.28	0.25	87.86	0.25	0.14	58.13	0.24
金湖县	52.07	28.67	3.13	6.01	94.89	2.97	3.12	105.05	10.88
宿迁市	**591.22**	**419.77**	**61.38**	**10.38**	**90.47**	**55.53**	**50.82**	**91.52**	**12.11**
宿豫市	116.89	97.44	10.11	8.65	120.47	12.18	11.71	96.14	12.02
沭阳县	202.57	141.50	21.51	10.62	73.92	15.90	15.03	94.53	10.62
泗阳县	114.49	97.44	18.13	15.84	103.14	18.70	17.56	93.90	18.02
泗洪县	157.27	83.39	11.63	7.39	75.24	8.75	6.52	74.51	7.82
盐城市	**970.33**	**669.34**	**260.77**	**26.87**	**157.20**	**409.94**	**402.04**	**98.07**	**60.07**
响水县	66.46	45.20	21.60	32.50	122.78	26.52	26.87	101.32	59.45
滨海县	112.31	95.38	28.87	25.71	123.97	35.79	37.00	103.38	38.79
阜宁县	120.92	97.53	17.22	14.24	90.07	15.51	15.07	97.16	15.45
射阳县	157.26	87.53	65.40	41.59	194.28	127.06	119.82	94.30	136.89
建湖县	91.10	69.56	12.35	13.56	156.03	19.27	18.83	97.72	27.07
盐都县	135.04	113.41	32.00	23.70	162.38	51.96	50.71	97.59	44.71
大丰市	124.64	62.71	44.83	35.97	169.19	75.85	75.75	99.87	120.79
东台市	162.60	98.02	38.50	23.68	150.60	57.98	57.99	100.02	59.16
南通市	**706.64**	**643.92**	**185.15**	**26.20**	**118.82**	**220.00**	**212.21**	**96.46**	**32.96**
南通市郊	16.06	23.42	0.62	3.86	93.55	0.58	0.52	89.66	2.22
海安县	94.86	88.14	15.40	16.23	98.31	15.14	13.93	92.01	15.80
如皋县	122.32	131.41	21.36	17.46	85.30	18.22	16.54	90.78	12.59
如东县	143.53	96.99	55.00	38.32	141.89	78.04	76.10	97.51	78.46

5-5-49 续表

县 市 名	耕地面积（万亩）	农业人口（万人）	棉田面积（万亩）	占耕地（%）	亩　产（市斤）	产　量（万担）	收购量（万担）	商品率（%）	人均交售（市斤）
通州市	129.58	121.91	32.20	24.85	144.81	46.63	44.54	95.52	36.54
海门市	88.90	78.50	23.20	26.10	90.47	20.99	20.46	97.47	26.06
启东市	111.39	103.55	37.37	33.55	108.11	40.40	40.12	99.31	38.74
扬州市	**408.96**	**345.17**	**23.45**	**5.73**	**123.15**	**28.88**	**28.56**	**98.88**	**8.27**
扬州市郊									
高邮市	108.87	72.21	9.30	8.54	123.44	11.48	11.47	99.91	15.88
宝应县	89.34	80.42	10.22	11.44	129.65	13.25	13.16	99.32	16.36
仪征市	57.04	46.54	0.82	1.44	50.73	0.42	0.43	102.40	0.92
江都市	104.83	93.82	3.05	2.91	121.64	3.71	3.50	94.34	3.73
邗江县	48.88	52.18	0.06	0.12	36.67	0.02			
泰州市	**334.12**	**298.71**	**29.75**	**8.90**	**122.29**	**36.38**	**39.73**	**109.21**	**13.30**
兴化市	182.63	136.50	17.46	9.56	111.68	19.50	23.53	120.67	17.24
靖江市	46.94	56.51	9.29	19.79	133.26	12.38	11.53	93.13	20.40
泰兴市									
泰　县	96.49	95.76	2.92	3.03	150.34	4.39	4.52	102.96	4.72
姜堰区	8.06	9.94	0.08	0.99	137.50	0.11	0.15	136.36	1.51
镇江市	**213.40**	**164.71**	**12.40**	**5.68**	**81.94**	**10.16**	**9.32**	**91.73**	**5.66**
镇江市郊									
丹徒县	54.21	43.52	0.80	1.48	42.50	0.34	0.26	76.47	0.60
丹阳市	91.46	68.98	4.58	5.01	105.02	4.81	4.34	90.23	6.29
句容市	72.73	52.21	7.02	9.65	71.37	5.01	4.72	94.21	9.04
扬中市									
常州市	**295.42**	**230.24**	**4.73**	**1.60**	**82.71**	**3.91**	**3.49**	**89.33**	**1.52**
武进市	134.31	117.83	0.14	0.10	122.86	0.17	0.09	55.00	0.08
金坛市	64.72	47.80	1.70	2.63	82.35	1.40	1.11	79.29	2.32
溧阳县	96.39	64.61	2.89	3.00	80.97	2.34	2.29	97.86	3.54
无锡市	**76.73**	**94.21**	**0.29**	**0.38**	**90.34**	**0.26**	**0.11**	**40.46**	**0.11**
宜兴市									
江阴市	76.73	94.21	0.29	0.38	90.34	0.26	0.11	40.46	0.11
苏州市	**320.59**	**240.14**	**45.21**	**14.10**	**180.22**	**81.48**	**81.23**	**99.70**	**33.83**
张家港市	68.86	72.19	18.18	26.40	151.16	27.48	27.48	100.00	38.07
常熟市	103.36	85.12	15.39	14.89	190.38	29.30	29.25	99.83	34.36
太仓市	63.07	36.53	11.62	18.42	212.22	24.66	24.50	99.35	67.07
吴　县									
昆山市	85.30	46.30	0.02	0.02	180.00	0.04			
南京市	**324.63**	**263.40**	**6.48**	**2.00**	**109.04**	**7.07**	**5.89**	**83.38**	**2.24**
江宁县	83.02	66.46	0.39	0.47	73.85	0.29	0.12	40.63	0.18
江浦县	33.61	23.51	0.12	0.36	63.33	0.08	0.05	67.89	0.22
六合县	76.89	58.46	2.97	3.86	143.43	4.26	3.58	84.04	6.12
高淳县	46.50	38.09	0.22	0.47	67.27	0.15	0.10	66.08	0.26
溧水县	46.90	36.04	0.52	1.11	50.77	0.26	0.11	39.77	0.29
南京市郊	37.71	40.84	2.26	5.99	89.82	2.03	1.94	95.57	4.75

5-5-50　江苏省1992年产棉县棉花生产收购明细

县市名	耕地面积（万亩）	农业人口（万人）	棉田面积（万亩）	占耕地（%）	亩　产（市斤）	产　量（万担）	收购量（万担）	商品率（%）	人均交售（市斤）
全省合计	**6278.99**	**4807.98**	**996.61**	**15.87**	**104.78**	**1044.23**	**955.73**	**91.52**	**19.88**
徐州市	**925.94**	**660.86**	**116.29**	**12.56**	**93.74**	**109.01**	**78.16**	**71.70**	**11.83**
丰　县	131.26	89.51	30.37	23.14	65.85	20.00	16.14	80.70	18.03
沛　县	120.68	91.32	13.08	10.84	62.00	8.11	5.33	65.72	5.84
铜山县	226.98	155.94	29.64	13.06	121.93	36.14	32.60	90.20	20.91
睢宁县	151.87	107.58	21.83	14.37	89.56	19.55	13.46	68.85	12.51
邳州市	172.00	135.39	21.34	12.41	117.99	25.18	10.63	42.22	7.85
新沂市	123.15	81.12	0.03	0.02	113.33	0.03			
连云港市	**456.02**	**325.61**	**53.24**	**11.67**	**108.98**	**58.02**	**40.80**	**70.32**	**12.53**
赣榆县	86.69	87.95	0.18	0.21	212.22	0.38	0.07	19.11	0.08
东海县	162.42	94.36	3.70	2.28	126.49	4.68	2.71	57.91	2.87
灌云县	129.21	82.69	32.50	25.15	122.34	39.76	24.52	61.67	29.65
灌南县	77.70	60.61	16.86	21.70	78.29	13.20	13.50	102.27	22.27
淮阴市	**560.45**	**376.86**	**35.00**	**6.24**	**57.58**	**20.15**	**18.41**	**91.35**	**4.88**
淮安市	121.23	100.57	6.01	4.96	52.58	3.16	2.58	81.65	2.57
淮阴县	98.46	69.71	3.43	3.48	78.13	2.68	2.40	89.55	3.44
涟水县	131.80	88.10	18.93	14.36	44.64	8.45	8.92	105.56	10.12
洪泽县	44.02	29.85	0.02	0.05	60.00	0.01			
盱眙县	112.87	59.96	2.17	1.92	91.71	1.99	0.73	36.63	1.22
金湖县	52.07	28.67	4.44	8.53	86.94	3.86	3.78	97.93	13.18
宿迁市	**591.22**	**419.77**	**56.51**	**9.56**	**81.38**	**45.99**	**38.63**	**84.00**	**9.20**
宿豫市	116.89	97.44	10.03	8.58	78.66	7.89	6.36	80.61	6.53
沭阳县	202.57	141.50	12.95	6.39	68.49	8.87	9.24	104.17	6.53
泗阳县	114.49	97.44	20.30	17.73	95.27	19.34	16.69	86.30	17.13
泗洪县	157.27	83.39	13.23	8.41	74.75	9.89	6.34	64.11	7.60
盐城市	**970.31**	**667.80**	**354.68**	**36.55**	**97.15**	**344.56**	**330.74**	**95.99**	**49.53**
响水县	66.46	45.20	22.95	34.53	96.69	22.19	19.83	89.36	43.87
滨海县	112.30	95.58	39.58	35.24	52.00	20.58	23.83	115.79	24.93
阜宁县	120.92	97.53	19.97	16.52	83.17	16.61	15.16	91.27	15.54
射阳县	157.39	87.37	79.20	50.32	103.93	82.31	76.79	93.29	87.89
建湖县	91.10	69.56	16.04	17.61	96.95	15.55	13.72	88.23	19.72
盐都县	135.04	113.32	37.00	27.40	120.00	44.40	42.59	95.92	37.58
大丰市	124.50	62.24	67.40	54.14	109.70	73.94	71.95	97.31	115.60
东台市	162.60	97.00	72.54	44.61	95.09	68.98	66.87	96.94	68.94
南通市	**690.21**	**611.97**	**188.00**	**27.24**	**128.98**	**242.48**	**236.40**	**97.49**	**38.63**
南通市郊									
海安县	94.86	88.14	17.15	18.08	110.26	18.91	20.16	106.61	22.87
如皋县	122.25	131.54	21.36	17.47	92.70	19.80	18.00	90.91	13.68
如东县	143.53	96.58	57.29	39.92	147.46	84.48	82.86	98.08	85.79

5－5－50 续表

县 市 名	耕地面积（万亩）	农业人口（万人）	棉田面积（万亩）	占耕地（%）	亩 产（市斤）	产 量（万担）	收购量（万担）	商品率（%）	人均交售（市斤）
通州市	129.52	121.68	33.20	25.63	137.08	45.51	42.88	94.22	35.24
海门市	88.80	70.90	22.67	25.53	106.66	24.18	24.07	99.55	33.95
启东市	111.25	103.13	36.33	32.66	136.53	49.60	48.43	97.64	46.96
扬州市	**408.96**	**344.45**	**45.21**	**11.05**	**86.84**	**39.26**	**40.90**	**104.18**	**11.87**
扬州市郊									
高邮市	108.87	71.49	24.10	22.14	84.44	20.35	19.32	94.94	27.02
宝应县	89.34	80.42	15.48	17.33	83.98	13.00	13.92	107.08	17.31
仪征市	57.04	46.54	0.43	0.75	64.65	0.28	0.13	46.76	0.28
江都市	104.83	93.82	5.15	4.91	108.74	5.60	7.53	134.46	8.03
邗江县	48.88	52.18	0.05	0.10	64.00	0.03			
泰州市	**328.92**	**298.63**	**73.95**	**22.48**	**121.18**	**89.61**	**82.10**	**91.62**	**27.49**
兴化市	177.43	136.42	55.90	31.51	118.50	66.24	59.67	90.08	43.74
靖江市	46.94	56.51	9.46	20.15	118.29	11.19	10.13	90.53	17.93
泰兴市									
泰 县	96.49	95.76	8.37	8.67	142.77	11.95	11.98	100.25	12.51
姜堰区	8.06	9.94	0.22	2.73	104.55	0.23	0.32	139.13	3.22
镇江市	**218.40**	**164.71**	**13.51**	**6.19**	**87.21**	**11.78**	**10.33**	**87.63**	**6.27**
镇江市郊									
丹徒县	54.21	43.52	1.06	1.96	72.83	0.77	0.21	26.55	0.47
丹阳市	91.46	68.98	4.40	4.81	109.32	4.81	4.81	100.00	6.97
句容市	72.73	52.21	8.05	11.07	77.02	6.20	5.31	85.65	10.17
扬中市									
常州市	**295.42**	**230.24**	**5.99**	**2.03**	**94.79**	**5.68**	**5.16**	**90.88**	**2.24**
武进市	134.31	117.83	0.17	0.13	87.06	0.15	0.02	13.65	0.02
金坛市	64.72	47.80	1.76	2.72	83.52	1.47	1.17	79.59	2.45
溧阳县	96.39	64.61	4.06	4.21	100.00	4.06	3.97	97.78	6.14
无锡市	**76.73**	**94.21**	**0.30**	**0.39**	**94.00**	**0.28**	**0.13**	**47.23**	**0.14**
宜兴市									
江阴市	76.73	94.21	0.30	0.39	94.00	0.28	0.13	47.23	0.14
苏州市	**431.78**	**349.47**	**44.87**	**10.39**	**151.86**	**68.14**	**67.39**	**98.90**	**19.28**
张家港市	68.86	71.88	20.11	29.20	115.27	23.18	23.18	100.00	32.25
常熟市	102.32	84.55	13.58	13.27	173.71	23.59	23.14	98.09	27.37
太仓市	63.29	36.08	11.16	17.63	191.04	21.32	21.07	98.83	58.40
吴 县	112.01	110.66	0.02	0.02	250.00	0.05			
昆山市	85.30	46.30							
南京市	**324.63**	**263.40**	**9.06**	**2.79**	**102.19**	**9.26**	**6.58**	**71.02**	**2.50**
江宁县	83.02	66.46	0.51	0.61	101.18	0.52	0.30	58.14	0.45
江浦县	33.61	23.51	0.46	1.37	80.00	0.37	0.15	40.22	0.63
六合县	76.89	58.46	4.16	5.41	125.24	5.21	4.20	80.61	7.18
高淳县	46.50	38.09	0.19	0.41	58.95	0.11	0.20	179.46	0.53
溧水县	46.90	36.04	0.59	1.26	107.12	0.63	0.32	50.00	0.88
南京市郊	37.71	40.84	3.15	8.35	76.83	2.42	1.41	58.26	3.45

5－5－51　江苏省1993年产棉县棉花生产收购明细

县市名	耕地面积（万亩）	农业人口（万人）	棉田面积（万亩）	占耕地（%）	亩产（市斤）	产量（万担）	收购量（万担）	商品率（%）	人均交售（市斤）
全省合计	**6060.04**	**4610.33**	**770.79**	**12.72**	**107.64**	**829.67**	**657.29**	**79.22**	**14.26**
徐州市	**912.71**	**663.56**	**86.52**	**9.48**	**112.92**	**97.70**	**42.68**	**43.69**	**6.43**
丰　县	129.00	90.37	21.99	17.05	101.46	22.31	8.48	38.01	9.38
沛　县	120.30	92.36	10.74	8.93	103.26	11.09	2.14	19.30	2.32
铜山县	220.19	155.16	24.51	11.13	149.20	36.57	20.08	54.91	12.94
睢宁县	150.78	107.79	15.17	10.06	79.56	12.07	4.35	36.04	4.04
邳州市	169.29	136.11	14.07	8.31	110.87	15.60	7.21	46.22	5.30
新沂市	123.15	81.77	0.04	0.03	145.00	0.06	0.42	*	0.51
连云港市	**443.48**	**330.50**	**37.96**	**8.56**	**117.49**	**44.60**	**23.22**	**52.06**	**7.03**
赣榆县	86.69	87.95	0.35	0.40	125.71	0.44			
东海县	150.65	95.69	2.82	1.87	130.14	3.67	1.25	34.06	1.31
灌云县	128.84	83.59	22.13	17.18	116.00	25.67	17.67	68.84	21.14
灌南县	77.30	63.27	12.66	16.38	117.06	14.82	4.30	29.01	6.80
淮阴市	**555.56**	**378.56**	**14.64**	**2.64**	**91.48**	**13.39**	**7.91**	**59.07**	**2.09**
淮安市	121.16	100.85	1.77	1.46	77.40	1.37	2.30	167.88	2.28
淮阴县	97.56	70.39	0.98	1.00	86.33	0.85	1.08	127.66	1.53
涟水县	130.70	89.97	7.13	5.46	75.88	5.41	2.83	52.31	3.15
洪泽县	42.57	29.53	0.02	0.05	80.00	0.02			
盱眙县	111.56	59.46	1.07	0.96	106.54	1.14	0.15	13.16	0.25
金湖县	52.01	28.36	3.67	7.06	125.61	4.61	1.55	33.62	5.47
宿迁市	**588.78**	**426.98**	**34.24**	**5.82**	**92.93**	**31.82**	**12.76**	**40.10**	**2.99**
宿豫市	116.54	97.89	6.53	5.60	103.37	6.75	1.63	24.15	1.67
沭阳县	202.01	144.83	4.82	2.39	114.73	5.53	2.24	40.51	1.55
泗阳县	114.30	98.40	15.32	13.40	84.53	12.95	7.49	57.84	7.61
泗洪县	155.93	85.86	7.57	4.85	87.05	6.59	1.40	21.24	1.63
盐城市	**977.54**	**665.03**	**292.30**	**29.90**	**104.76**	**306.22**	**265.97**	**86.86**	**39.99**
响水县	65.36	45.29	19.59	29.97	117.82	23.08	14.60	63.26	32.24
滨海县	111.59	95.13	26.97	24.17	59.99	16.18	13.09	80.90	13.76
阜宁县	120.87	96.75	15.85	13.11	79.37	12.58	9.79	77.82	10.12
射阳县	157.20	87.19	68.47	43.56	128.49	87.98	75.32	85.61	86.39
建湖县	90.93	69.12	12.27	13.49	103.42	12.69	9.91	78.09	14.34
盐都县	132.56	113.74	34.00	25.65	117.65	40.00	35.00	87.50	30.77
大丰市	137.09	61.81	61.33	44.74	106.75	65.47	60.02	91.68	97.10
东台市	161.94	96.00	53.82	33.23	89.63	48.24	48.24	100.00	50.25
南通市	**704.09**	**622.04**	**152.71**	**21.69**	**107.34**	**163.92**	**153.28**	**93.51**	**24.64**
南通市郊	15.12	22.89	0.36	2.38	100.00	0.36	0.23	63.89	1.00
海安县	94.61	84.81	9.79	10.35	117.16	11.47	10.11	88.14	11.92
如皋县	122.09	129.65	13.09	10.72	85.40	11.31	10.50	92.84	8.10
如东县	143.40	96.14	52.70	36.75	116.38	61.33	58.86	95.97	61.22

5-5-51 续表

县市名	耕地面积（万亩）	农业人口（万人）	棉田面积（万亩）	占耕地（%）	亩产（市斤）	产量（万担）	收购量（万担）	商品率（%）	人均交售（市斤）
通州市	129.47	120.62	30.03	23.19	107.13	32.17	29.83	92.73	24.73
海门市	88.50	71.90	16.10	18.19	88.32	14.22	13.22	92.97	18.39
启东市	110.90	96.03	30.64	27.63	107.90	33.06	30.53	92.35	31.79
扬州市	**395.76**	**342.05**	**35.45**	**8.96**	**103.41**	**36.66**	**29.23**	**79.73**	**8.54**
扬州市郊									
高邮市	99.44	71.31	21.62	21.74	94.54	20.44	14.70	71.92	20.61
宝应县	87.74	80.52	9.92	11.31	110.89	11.00	9.48	86.18	11.77
仪征市	55.49	47.22	0.09	0.16	135.56	0.12	0.07	55.41	0.14
江都市	104.61	91.71	3.79	3.62	132.98	5.04	4.98	98.81	5.43
邗江县	48.48	51.29	0.03	0.06	193.33	0.06			
泰州市	**332.19**	**296.38**	**57.27**	**12.42**	**127.17**	**72.83**	**64.54**	**88.62**	**21.78**
兴化市	181.22	136.85	42.24	23.31	132.58	56.00	50.58	90.32	36.96
靖江市	46.70	55.78	8.33	17.84	90.52	7.54	6.46	85.68	11.58
泰兴市									
泰县	96.21	94.08	6.64	6.90	138.86	9.22	7.20	78.09	7.65
姜堰区	8.06	9.67	0.06	0.74	116.67	0.07	0.30	*	3.10
镇江市	**215.37**	**159.36**	**9.22**	**4.28**	**67.66**	**6.24**	**4.21**	**67.44**	**2.64**
镇江市郊									
丹徒县	51.29	39.76	0.30	0.58	66.00	0.20	0.10	48.79	0.24
丹阳市	91.07	67.88	2.68	2.94	66.04	1.77	1.62	91.53	2.39
句容市	73.01	51.72	6.24	8.55	68.43	4.27	2.49	58.31	4.81
扬中市									
常州市	**294.10**	**228.81**	**4.16**	**1.41**	**88.08**	**3.66**	**2.45**	**66.92**	**1.07**
武进市	133.88	117.83	0.05	0.04	108.00	0.05			
金坛市	64.52	46.53	0.71	1.10	87.32	0.62	0.23	37.42	0.50
溧阳县	95.70	64.45	3.40	3.55	87.94	2.99	2.22	74.25	3.44
无锡市									
宜兴市									
江阴市									
苏州市	**318.66**	**236.03**	**40.88**	**12.83**	**115.71**	**47.30**	**46.77**	**98.88**	**19.82**
张家港市	72.11	70.57	17.00	23.58	110.00	18.70	18.70	100.00	26.50
常熟市	100.01	84.27	14.11	14.11	117.72	16.61	16.11	96.99	19.12
太仓市	63.59	35.62	9.76	15.35	122.54	11.96	11.96	100.00	33.58
吴县									
昆山市	82.95	45.57	0.01	0.01	300.00	0.03			
南京市	**321.80**	**261.03**	**5.44**	**1.69**	**97.90**	**5.33**	**4.27**	**80.22**	**1.64**
江宁县	82.65	66.05	0.60	0.73	98.67	0.59	0.26	43.24	0.39
江浦县	33.57	23.50	0.33	0.98	121.82	0.40	0.02	6.12	0.10
六合县	76.50	58.94	2.91	3.80	128.87	3.75	2.63	70.13	4.46
高淳县	46.35	38.10	0.08	0.16	112.00	0.08	0.08	97.38	0.21
溧水县	46.56	35.98	0.53	1.13	94.86	0.50	1.28	*	3.56
南京市郊	36.17	38.46	1.00	2.76					

5-5-52 江苏省1994年产棉县棉花生产收购明细

县市名	耕地面积（万亩）	农业人口（万人）	棉田面积（万亩）	占耕地（%）	亩产（市斤）	产量（万担）	收购量（万担）	商品率（%）	人均交售（市斤）
全省合计	**5735.53**	**4350.79**	**781.93**	**13.63**	**114.63**	**896.32**	**746.60**	**83.30**	**17.16**
徐州市	**742.84**	**542.98**	**85.54**	**11.52**	**103.18**	**88.26**	**57.96**	**65.67**	**10.67**
丰县	128.78	90.99	22.04	17.11	72.64	16.01	14.98	93.57	16.46
沛县	119.96	93.56	6.45	5.38	100.00	6.45	3.18	49.30	3.40
铜山县	175.28	113.23	20.00	11.41	142.50	28.50	16.32	57.26	14.41
睢宁县	150.14	108.51	16.99	11.32	84.05	14.28	7.28	50.98	6.71
邳州市	168.68	136.69	20.06	11.89	114.66	23.00	16.20	70.43	11.85
新沂市						0.02			
连云港市	**454.83**	**330.44**	**46.99**	**10.33**	**137.63**	**64.67**	**38.84**	**60.06**	**11.75**
赣榆县	86.54	88.22	0.25	0.29	164.00	0.41	0.50	121.95	0.57
东海县	162.35	95.88	2.47	1.52	136.84	3.38	2.43	71.89	2.53
灌云县	128.88	83.97	30.65	23.78	146.00	44.75	28.81	64.38	34.31
灌南县	77.06	62.37	13.62	17.67	118.43	16.13	7.10	44.02	11.38
淮阴市	**553.69**	**377.92**	**12.79**	**2.31**	**102.92**	**13.16**	**7.24**	**55.00**	**1.92**
淮安市	121.14	100.33	2.01	1.66	73.13	1.47	1.45	98.64	1.45
淮阴县	97.11	70.90	0.78	0.80	106.41	0.83	0.60	72.29	0.85
涟水县	130.35	90.54	5.50	4.22	92.73	5.10	1.91	37.45	2.11
洪泽县	41.79	29.61				0.01			
盱眙县	111.59	58.69	0.42	0.38	80.00	0.34	0.15	44.64	0.26
金湖县	51.71	27.85	4.08	7.89	132.84	5.42	3.13	57.75	11.24
宿迁市	**587.91**	**432.69**	**35.96**	**6.12**	**74.67**	**26.85**	**16.14**	**60.11**	**3.73**
宿豫市	116.43	97.25	6.08	5.22	80.76	4.91	2.92	59.47	3.00
沭阳县	201.87	146.50	5.81	2.88	71.94	4.18	4.57	109.33	3.12
泗阳县	113.94	102.05	15.01	13.17	82.01	12.31	6.97	56.62	6.83
泗洪县	155.67	86.89	9.06	5.82	60.15	5.45	1.68	30.83	1.93
盐城市	**975.63**	**663.34**	**307.40**	**31.51**	**98.66**	**303.27**	**267.84**	**88.32**	**40.38**
响水县	64.37	46.01	21.50	33.40	102.65	22.07	20.46	92.71	44.47
滨海县	111.98	94.45	30.34	27.09	71.98	21.84	14.83	67.90	15.70
阜宁县	120.29	96.42	19.40	16.13	85.82	16.65	13.61	81.74	14.12
射阳县	156.98	88.03	70.83	45.12	116.55	82.55	67.80	82.13	77.02
建湖县	90.89	69.43	15.23	16.76	84.50	12.87	11.94	92.77	17.20
盐都县	132.41	113.80	34.26	25.87	116.75	40.00	35.10	87.75	30.84
大丰市	136.95	59.72	63.54	46.40	101.54	64.52	61.33	95.06	102.70
东台市	161.76	95.48	52.30	32.33	81.78	42.77	42.77	100.00	44.79
南通市	**703.02**	**612.36**	**145.63**	**20.71**	**122.15**	**177.89**	**161.50**	**90.79**	**26.37**
南通市郊	14.82	22.70	0.32	2.16	115.63	0.37	0.32	86.49	1.41
海安县	94.43	84.01	8.21	8.69	138.61	11.38	7.96	69.95	9.48
如皋县	122.03	128.09	13.00	10.65	112.69	14.65	12.69	86.62	9.91
如东县	143.34	95.53	50.50	35.23	137.25	69.31	65.70	94.79	68.77

5－5－52 续表

县市名	耕地面积（万亩）	农业人口（万人）	棉田面积（万亩）	占耕地（%）	亩产（市斤）	产量（万担）	收购量（万担）	商品率（%）	人均交售（市斤）
通州市	129.36	114.95	28.50	22.03	113.51	32.35	28.60	88.41	24.88
海门市	88.26	71.90	15.08	17.09	104.77	15.80	14.70	93.04	20.45
启东市	110.78	95.18	30.02	27.10	113.36	34.03	31.53	92.65	33.13
扬州市	**388.24**	**336.20**	**32.97**	**8.49**	**131.90**	**43.49**	**38.61**	**88.78**	**11.48**
扬州市郊									
高邮市	94.10	69.50	17.40	18.49	133.16	23.17	18.78	81.05	27.02
宝应县	86.45	79.56	11.61	13.43	124.98	14.51	12.65	87.18	15.90
仪征市	55.19	46.82	0.03	0.05	53.33	0.02	0.03	175.00	0.06
江都市	104.33	90.35	3.89	3.73	146.53	5.70	6.88	120.70	7.61
邗江县	48.17	49.97	0.04	0.08	225.00	0.09	0.27	*	0.54
泰州市	**320.23**	**292.69**	**62.88**	**14.00**	**148.66**	**93.48**	**76.70**	**82.05**	**26.21**
兴化市	169.77	135.01	46.61	27.45	154.22	71.88	60.76	84.53	45.00
靖江市	46.32	54.66	8.07	17.42	118.59	9.57	8.67	90.60	15.86
泰兴市									
泰　县	96.08	93.07	8.15	8.48	146.75	11.96	7.16	59.87	7.69
姜堰区	8.06	9.95	0.05	0.62	140.00	0.07	0.11	157.14	1.11
镇江市	**214.18**	**158.51**	**5.33**	**2.49**	**95.72**	**5.10**	**3.03**	**59.39**	**1.91**
镇江市郊									
丹徒县	51.24	39.71	0.06	0.12	70.00	0.04	0.60	*	1.51
丹阳市	90.29	67.28	1.91	2.12	132.46	2.53	0.99	39.13	1.47
句容市	72.65	51.52	3.36	4.62	75.30	2.53	1.44	56.92	2.80
扬中市									
常州市	**159.92**	**110.63**	**2.42**	**0.83**	**86.78**	**2.10**	**1.58**	**75.24**	**1.43**
武进市									
金坛市	64.40	46.39	0.27	0.42	100.00	0.27	0.15	55.56	0.32
溧阳县	95.52	64.24	2.15	2.25	85.12	1.83	1.43	78.14	2.23
无锡市									
宜兴市									
江阴市									
苏州市	**315.82**	**232.90**	**38.77**	**12.28**	**184.29**	**71.45**	**70.91**	**99.25**	**30.45**
张家港市	71.73	69.94	16.00	22.31	195.81	31.33	31.33	100.00	44.80
常熟市	99.66	82.85	13.53	13.58	167.63	22.68	22.18	97.80	26.77
太仓市	63.11	35.11	9.23	14.63	188.52	17.40	17.40	100.00	49.56
吴　县									
昆山市	81.32	45.00	0.01	0.01	380.00	0.04			
南京市	**319.22**	**260.13**	**5.25**	**1.64**	**125.75**	**6.60**	**6.25**	**94.67**	**2.40**
江宁县	81.77	65.20	0.63	0.77	98.41	0.62	0.55	88.71	0.84
江浦县	32.96	23.54	0.19	0.58			0.18		0.76
六合县	76.23	58.28	2.43	3.19	151.85	3.69	2.62	71.00	4.50
高淳县	46.04	38.13	0.04	0.09	425.00	0.17	0.50	*	1.31
溧水县	46.46	35.94	0.57	1.23	105.61	0.60	1.75	*	4.87
南京市郊	35.76	39.04	1.39	3.89	109.35	1.52	0.65	42.76	1.66

5-5-53 江苏省1995年产棉县棉花生产收购明细

县市名	耕地面积（万亩）	农业人口（万人）	棉田面积（万亩）	占耕地（%）	亩产（市斤）	产量（万担）	收购量（万担）	商品率（%）	人均交售（市斤）
全省合计	**5803.59**	**4396.08**	**835.72**	**14.40**	**132.31**	**1105.71**	**940.09**	**85.02**	**21.38**
徐州市	**865.69**	**627.36**	**88.58**	**10.23**	**127.17**	**112.65**	**80.97**	**71.88**	**12.91**
丰　县	128.78	91.20	18.00	13.98	112.00	20.16	15.39	76.34	16.88
沛　县	116.96	93.92	10.00	8.55	109.40	10.94	10.02	91.59	10.67
铜山县	173.47	114.23	21.42	12.35	143.84	30.81	25.55	82.93	22.37
睢宁县	149.88	108.40	17.00	11.34	99.94	16.99	9.37	55.15	8.64
邳州市	167.82	138.66	22.13	13.19	152.28	33.70	20.64	61.25	14.89
新沂市	128.78	80.95	0.03	0.02	166.67	0.05			
连云港市	**453.74**	**326.02**	**56.80**	**12.52**	**161.88**	**91.95**	**73.62**	**80.07**	**22.58**
赣榆县	86.42	88.53	0.33	0.38	184.85	0.61	0.50	81.97	0.56
东海县	161.81	96.20	2.14	1.32	131.78	2.82	2.62	92.91	2.72
灌云县	128.69	78.68	40.64	31.58	173.40	70.47	60.30	85.57	76.64
灌南县	76.82	62.61	13.69	17.82	131.85	18.05	10.20	56.51	16.29
淮阴市	**511.69**	**349.84**	**19.34**	**3.78**	**115.10**	**22.26**	**13.62**	**61.19**	**3.89**
淮安市	121.13	100.81	2.04	1.68	109.80	2.24	2.51	112.05	2.49
淮阴县	96.95	71.26	1.55	1.60	98.06	1.52	1.01	66.45	1.42
涟水县	130.13	91.14	9.64	7.41	111.41	10.74	4.50	41.90	4.94
洪泽县									
盱眙县	111.89	58.99	1.02	0.91	85.29	0.87	0.26	29.89	0.44
金湖县	51.59	27.64	5.09	9.87	135.36	6.89	5.34	77.50	19.32
宿迁市	**586.49**	**428.83**	**47.22**	**8.05**	**104.28**	**49.24**	**33.23**	**67.49**	**7.75**
宿豫市	116.00	97.11	7.88	6.79	122.08	9.62	5.46	56.76	5.62
沭阳县	201.84	146.81	10.07	4.99	109.24	11.00	8.50	77.27	5.79
泗阳县	113.10	98.00	19.68	17.40	95.63	18.82	13.66	72.58	13.94
泗洪县	155.55	86.91	9.59	6.17	102.19	9.80	5.61	57.24	6.45
盐城市	**977.15**	**662.54**	**310.00**	**31.72**	**126.02**	**390.65**	**339.86**	**87.00**	**51.30**
响水县	64.17	44.99	21.57	33.61	132.22	28.52	23.03	80.75	51.19
滨海县	111.56	90.95	29.28	26.25	102.90	30.13	26.67	88.52	29.32
阜宁县	120.24	96.34	19.01	15.81	111.31	21.16	18.63	88.04	19.34
射阳县	156.68	87.55	68.61	43.79	140.20	96.19	84.20	87.54	96.17
建湖县	90.81	69.41	15.66	17.24	101.09	15.83	14.29	90.27	20.59
盐都县	130.76	110.76	35.15	26.88	141.99	49.91	42.96	86.07	38.79
大丰市	141.29	61.34	64.95	45.97	127.51	82.82	78.89	95.25	128.61
东台市	161.64	101.20	55.77	34.50	118.50	66.09	51.19	77.45	50.58
南通市	**701.00**	**620.83**	**155.12**	**22.13**	**132.54**	**205.60**	**188.85**	**91.85**	**30.42**
南通市郊	14.63	22.22	0.26	1.78	123.08	0.32	0.35	109.38	1.58
海安县	94.16	83.35	10.52	11.17	140.49	14.78	10.97	74.22	13.16
如皋县	121.49	127.89	13.80	11.36	131.09	18.09	15.48	85.57	12.10
如东县	143.27	100.07	48.63	33.94	157.31	76.50	73.39	95.93	73.34

5－5－53 续表

县 市 名	耕地面积（万亩）	农业人口（万人）	棉田面积（万亩）	占耕地（%）	亩 产（市斤）	产 量（万担）	收购量（万担）	商品率（%）	人均交售（市斤）
通州市	129.20	120.00	28.85	22.33	122.98	35.48	31.88	89.85	26.57
海门市	87.71	72.93	20.25	23.09	111.95	22.67	20.91	92.24	28.67
启东市	110.54	94.37	32.81	29.68	115.09	37.76	35.87	94.99	38.01
扬州市	**384.30**	**330.90**	**37.09**	**9.65**	**143.84**	**53.35**	**45.34**	**84.99**	**13.70**
扬州市郊									
高邮市	93.17	67.40	18.39	19.74	142.25	26.16	21.76	83.18	32.28
宝应县	85.85	78.40	13.91	16.20	137.02	19.06	16.57	86.94	21.14
仪征市	55.05	46.78	0.05	0.09	140.00	0.07			
江都市	104.09	89.37	4.68	4.50	170.51	7.98	7.01	87.84	7.84
邗江县	46.14	48.95	0.06	0.13	133.33	0.08			
泰州市	**320.07**	**291.47**	**66.70**	**20.84**	**124.69**	**83.17**	**69.65**	**83.74**	**23.90**
兴化市	169.94	134.82	49.13	28.91	126.22	62.01	53.10	85.63	39.39
靖江市	46.14	54.27	8.46	18.34	97.28	8.23	7.15	86.88	13.17
泰兴市									
泰 县	95.93	92.61	9.06	9.44	142.05	12.87	7.52	58.43	8.12
姜堰区	8.06	9.77	0.05	0.62	120.00	0.06	1.88	*	19.24
镇江市	**213.83**	**157.18**	**8.03**	**3.76**	**85.06**	**6.83**	**5.64**	**82.58**	**3.59**
镇江市郊									
丹徒县	51.18	39.68	0.17	0.33	100.00	0.17	0.05	29.41	0.13
丹阳市	90.03	66.73	1.68	1.87	101.79	1.71	1.04	60.82	1.56
句容市	72.62	50.77	6.18	8.51	80.10	4.95	4.55	91.92	8.96
扬中市									
常州市	**159.12**	**110.29**	**3.32**	**2.09**	**76.81**	**2.55**	**1.82**	**71.37**	**1.65**
武进市	124.40								
金坛市	63.96	45.97	0.32	0.50	118.75	0.38	0.12	31.58	0.26
溧阳县	95.16	64.32	3.00	3.15	72.33	2.17	1.70	78.34	2.64
无锡市									
宜兴市									
江阴市									
苏州市	**313.13**	**232.99**	**38.10**	**12.17**	**211.10**	**80.42**	**79.68**	**99.08**	**34.20**
张家港市	71.42	68.50	15.38	21.53	215.60	33.16	33.15	99.97	48.39
常熟市	98.91	85.78	13.34	13.49	211.09	28.16	27.54	97.80	32.11
太仓市	62.70	34.53	9.36	14.93	203.85	19.08	18.99	99.53	55.00
吴 县									
昆山市	80.10	44.18	0.02	0.02	133.33	0.02			
南京市	**317.38**	**257.83**	**5.42**	**1.71**	**129.89**	**7.04**	**7.81**	**111.00**	**3.03**
江宁县	80.15	63.29	0.66	0.82	131.82	0.87	0.87	99.95	1.37
江浦县	32.88	23.66	0.16	0.49	81.25	0.13	0.10	76.92	0.42
六合县	76.16	57.98	2.46	3.23	150.41	3.70	3.94	106.35	6.79
高淳县	45.81	38.11	0.06	0.13	150.00	0.09	0.52	*	1.36
溧水县	46.38	35.82	0.68	1.47	98.53	0.67	1.46	*	4.08
南京市郊	36.00	38.97	1.40	3.89	112.86	1.58	0.93	58.86	2.39

5-5-54 江苏省1996年产棉县棉花生产收购明细

县市名	耕地面积（万亩）	农业人口（万人）	棉田面积（万亩）	占耕地（%）	亩产（市斤）	产量（万担）	收购量（万担）	商品率（%）	人均交售（市斤）
全省合计	**5716.74**	**4264.45**	**709.58**	**13.41**	**147.30**	**1045.18**	**830.75**	**79.48**	**19.48**
徐州市	**734.71**	**548.74**	**61.21**	**8.33**	**151.07**	**92.46**	**44.90**	**48.56**	**8.18**
丰县	128.52	92.96	12.00	9.34	150.00	18.00	9.20	51.11	9.90
沛县	116.87	94.75	8.00	6.84	153.10	12.24	4.52	36.93	4.77
铜山县	172.73	113.46	16.10	9.32	155.65	25.06	13.60	54.27	11.99
睢宁县	149.43	108.60	11.16	7.47	122.49	13.67	5.40	39.50	4.97
邳州市	167.16	138.97	13.95	8.35	168.39	23.49	12.18	51.85	8.76
新沂市									
连云港市	**453.67**	**326.84**	**51.78**	**11.41**	**177.09**	**91.69**	**58.90**	**64.24**	**18.02**
赣榆县	86.40	88.76	0.26	0.30	173.08	0.45	0.10	22.22	0.11
东海县	161.97	96.62	1.65	1.02	130.30	2.15	2.19	101.86	2.27
灌云县	128.57	78.94	37.52	29.18	190.64	71.53	46.60	65.15	59.03
灌南县	76.73	62.52	12.35	16.09	142.24	17.56	10.01	57.00	16.01
淮阴市	**511.51**	**351.37**	**17.14**	**3.35**	**114.06**	**19.55**	**11.40**	**58.31**	**3.24**
淮安市	121.11	102.31	2.13	1.76	108.92	2.32	2.08	89.66	2.03
淮阴县	96.54	71.44	2.05	2.12	95.61	1.96	0.50	25.51	0.70
涟水县	130.10	91.21	6.33	4.87	111.53	7.06	4.88	69.12	5.35
洪泽县									
盱眙县	112.19	59.04	0.86	0.77	116.28	1.00	0.20	20.00	0.34
金湖县	51.57	27.37	5.77	11.19	124.96	7.21	3.74	51.87	13.66
宿迁市	**586.38**	**421.11**	**34.18**	**5.83**	**120.98**	**41.35**	**19.49**	**47.13**	**4.63**
宿豫市	116.13	87.08	5.47	4.71	128.70	7.04	2.30	32.67	2.64
沭阳县	201.84	147.52	6.63	3.28	139.97	9.28	8.30	89.44	5.63
泗阳县	112.92	99.15	12.51	11.08	120.22	15.04	6.09	40.49	6.14
泗洪县	155.49	87.36	9.57	6.15	104.39	9.99	2.80	28.03	3.21
盐城市	**977.08**	**629.23**	**259.69**	**26.58**	**138.51**	**359.69**	**293.86**	**81.70**	**46.70**
响水县	64.65	44.84	20.15	31.16	126.48	25.48	18.80	73.78	41.93
滨海县	111.54	91.17	21.24	19.04	108.33	23.01	16.60	72.14	18.21
阜宁县	120.21	94.99	20.34	16.92	89.48	18.20	11.80	64.84	12.42
射阳县	156.62	87.41	60.15	38.41	151.84	91.33	75.00	82.12	85.80
建湖县	90.72	68.68	13.90	15.32	85.97	11.95	7.66	64.10	11.15
盐都县	130.68	79.13	25.87	19.80	134.91	34.90	26.40	75.64	33.36
大丰市	141.17	61.75	52.03	36.86	182.14	94.77	90.80	95.81	147.04
东台市	161.49	101.26	46.01	28.49	130.52	60.05	46.80	77.94	46.22
南通市	**699.62**	**618.10**	**147.11**	**21.03**	**156.52**	**230.26**	**217.49**	**94.45**	**35.19**
南通市郊	14.34	21.70	0.27	1.88	325.93	0.88	0.44	50.00	2.03
海安县	94.01	82.50	8.88	9.45	140.77	12.50	8.17	65.36	9.90
如皋县	121.35	127.35	14.16	11.67	129.10	18.28	16.48	90.15	12.94
如东县	143.13	98.47	47.57	33.24	163.42	77.74	75.40	96.99	76.57

5-5-54续表

县市名	耕地面积（万亩）	农业人口（万人）	棉田面积（万亩）	占耕地（%）	亩产（市斤）	产量（万担）	收购量（万担）	商品率（%）	人均交售（市斤）
通州市	129.03	120.00	28.28	21.92	135.93	38.44	35.80	93.13	29.83
海门市	87.45	73.78	16.40	18.75	158.72	26.03	25.00	96.04	33.88
启东市	110.31	94.30	31.55	28.60	178.73	56.39	56.20	99.66	59.60
扬州市	**384.72**	**326.32**	**36.18**	**9.40**	**144.74**	**52.37**	**43.10**	**82.30**	**13.21**
扬州市郊									
高邮市	92.96	66.31	17.91	19.27	146.29	26.20	20.90	79.77	31.52
宝应县	85.47	78.36	13.32	15.58	135.29	18.02	15.20	84.35	19.40
仪征市	55.01	45.12	0.06	0.11	96.67	0.06			
江都市	103.50	88.44	4.83	4.67	165.01	7.97	7.00	87.83	7.91
邗江县	47.78	48.09	0.06	0.13	200.00	0.12			
泰州市	**319.78**	**288.35**	**54.97**	**12.26**	**127.89**	**70.30**	**57.04**	**81.14**	**19.78**
兴化市	170.03	133.20	40.04	23.55	130.04	52.07	44.00	84.50	33.03
靖江市	45.93	53.57	8.31	18.09	102.17	8.49	7.82	92.11	14.60
泰兴市									
泰县	95.76	91.81	6.59	6.88	147.19	9.70	5.22	53.81	5.69
姜堰区	8.06	9.77	0.03	0.37	133.33	0.04			
镇江市	**213.39**	**156.29**	**7.32**	**3.43**	**68.22**	**4.99**	**3.47**	**69.54**	**2.22**
镇江市郊									
丹徒县	51.00	39.10	0.17	0.32	96.97	0.16	0.24	150.00	0.61
丹阳市	89.82	66.42	1.17	1.30	106.84	1.25	0.63	50.40	0.95
句容市	72.57	50.77	5.98	8.24	59.87	3.58	2.60	72.63	5.12
扬中市									
常州市	**158.75**	**109.45**	**2.67**	**0.94**	**70.41**	**1.88**	**1.42**	**75.53**	**1.30**
武进市	123.87								
金坛市	63.89	45.45	0.30	0.47	120.00	0.36	0.19	52.78	0.42
溧阳县	94.86	64.00	2.37	2.50	64.14	1.52	1.23	80.92	1.92
无锡市									
宜兴市									
江阴市									
苏州市	**310.80**	**233.25**	**31.60**	**10.17**	**231.65**	**73.19**	**72.39**	**98.91**	**31.04**
张家港市	71.37	67.66	10.02	14.04	279.34	27.99	27.99	100.00	41.37
常熟市	98.04	88.08	12.63	12.88	206.18	26.04	25.40	97.54	28.84
太仓市	62.46	33.85	8.93	14.30	214.11	19.12	19.00	99.37	56.13
吴县									
昆山市	78.93	43.66	0.02	0.02	266.67	0.04			
南京市	**366.33**	**255.40**	**5.75**	**1.57**	**129.57**	**7.45**	**7.29**	**97.85**	**2.85**
江宁县	79.44	62.28	0.75	0.94	126.67	0.95	0.93	97.89	1.49
江浦县	32.96	23.77	0.30	0.91	100.00	0.30	0.12	40.00	0.50
六合县	76.11	57.21	2.55	3.35	150.59	3.84	3.04	79.17	5.31
高淳县	45.48	37.94	0.12	0.26	108.33	0.13	0.54	*	1.42
溧水县	46.34	35.51	0.60	1.29	110.00	0.66	1.22	184.85	3.44
南京市郊	86.00	38.69	1.43	1.66	109.79	1.57	1.44	91.72	3.72

5－5－55　江苏省1997年产棉县棉花生产收购明细

县市名	耕地面积（万亩）	农业人口（万人）	棉田面积（万亩）	占耕地（%）	亩产（市斤）	产量（万担）	收购量（万担）	商品率（%）	人均交售（市斤）
全省合计	**5620.98**	**4171.22**	**638.85**	**11.37**	**154.28**	**985.64**	**778.35**	**78.97**	**18.66**
徐州市	**734.71**	**548.79**	**51.84**	**7.06**	**152.14**	**78.87**	**31.31**	**39.70**	**5.71**
丰　县	128.52	92.96	10.71	8.33	149.39	16.00	6.69	41.81	7.20
沛　县	116.87	94.75	5.13	4.39	154.00	7.90	2.46	31.14	2.60
铜山县	172.73	116.70	10.61	6.14	163.05	17.30	6.57	37.98	5.63
睢宁县	149.43	108.60	10.39	6.95	131.57	13.67	5.19	37.97	4.78
邳州市	167.16	135.78	15.00	8.97	160.00	24.00	10.40	43.33	7.66
新沂市									
连云港市	**453.67**	**326.84**	**49.35**	**10.88**	**184.03**	**90.82**	**59.56**	**65.58**	**18.22**
赣榆县	86.40	88.76	0.60	0.69	166.67	1.00	0.10	10.00	0.11
东海县	161.97	96.62	1.23	0.76	177.24	2.18	2.16	99.08	2.24
灌云县	128.57	78.94	37.49	29.16	194.19	72.80	48.00	65.93	60.81
灌南县	76.73	62.52	10.03	13.07	147.96	14.84	9.30	62.67	14.88
淮阴市	**511.51**	**351.37**	**12.21**	**2.39**	**131.50**	**16.05**	**9.13**	**56.88**	**2.60**
淮安市	121.11	102.31	1.11	0.92	116.22	1.29	1.62	125.58	1.58
淮阴县	96.54	71.44	0.72	0.75	118.06	0.85	0.80	94.12	1.12
涟水县	130.10	91.21	6.42	4.93	126.17	8.10	3.85	47.53	4.22
洪泽县									
盱眙县	112.19	59.04	0.32	0.28	79.37	0.25	0.06	24.00	0.10
金湖县	51.57	27.37	3.64	7.06	152.75	5.56	2.80	50.36	10.23
宿迁市	**586.38**	**421.11**	**28.47**	**4.86**	**124.20**	**35.36**	**14.17**	**40.07**	**3.36**
宿豫市	116.13	87.08	5.01	4.31	117.96	5.91	2.54	42.98	2.92
沭阳县	201.84	147.52	6.61	3.27	145.23	9.60	6.00	62.50	4.07
泗阳县	112.92	99.15	11.75	10.41	116.77	13.72	3.98	29.01	4.01
泗洪县	155.49	87.36	5.10	3.28	120.20	6.13	1.65	26.92	1.89
盐城市	**977.08**	**629.23**	**244.72**	**25.05**	**162.88**	**398.60**	**347.62**	**87.21**	**55.25**
响水县	64.65	44.84	21.39	33.09	148.67	31.80	27.00	84.91	60.21
滨海县	111.54	91.17	22.01	19.73	129.03	28.40	30.00	105.63	32.91
阜宁县	120.21	94.99	16.95	14.10	123.89	21.00	18.26	86.95	19.22
射阳县	156.62	87.41	57.84	36.93	164.25	95.00	82.80	87.16	94.73
建湖县	90.72	68.68	12.36	13.62	122.98	15.20	7.96	52.37	11.59
盐都县	130.68	79.13	22.34	17.10	159.36	35.60	26.60	74.72	33.62
大丰市	141.17	61.75	49.19	34.84	209.39	103.00	104.20	101.17	168.74
东台市	161.49	101.26	42.64	26.40	160.88	68.60	50.80	74.05	50.17
南通市	**699.62**	**617.68**	**141.57**	**20.24**	**134.62**	**190.58**	**176.60**	**92.66**	**28.59**
南通市郊	14.34	21.70	0.26	1.81	107.69	0.28	0.42	150.00	1.94
海安县	94.01	82.50	7.05	7.50	150.07	10.58	7.68	72.59	9.31
如皋县	121.35	127.35	13.95	11.50	133.91	18.68	16.67	89.24	13.09
如东县	143.13	98.47	46.53	32.51	144.68	67.32	64.65	96.03	65.65

5－5－55 续表

县 市 名	耕地面积（万亩）	农业人口（万人）	棉田面积（万亩）	占耕地（%）	亩 产（市斤）	产 量（万担）	收购量（万担）	商品率（%）	人均交售（市斤）
通州市	129.03	120.00	26.52	20.55	116.89	31.00	28.00	90.32	23.33
海门市	87.45	73.78	16.05	18.35	135.64	21.77	20.76	95.36	28.14
启东市	110.31	93.88	31.21	28.29	131.21	40.95	38.42	93.82	40.92
扬州市	**384.72**	**326.32**	**30.11**	**7.83**	**154.26**	**46.44**	**32.88**	**70.80**	**10.08**
扬州市郊									
高邮市	92.96	66.31	15.02	16.16	154.46	23.20	16.77	72.28	25.29
宝应县	85.47	78.36	10.44	12.21	152.68	15.94	12.07	75.72	15.40
仪征市	55.01	45.12	0.05	0.08	133.33	0.06			
江都市	103.50	88.44	4.54	4.39	155.07	7.04	4.04	57.39	4.57
邗江县	47.78	48.09	0.06	0.13	333.33	0.20			
泰州市	**224.02**	**197.63**	**44.09**	**19.68**	**153.46**	**67.66**	**49.14**	**72.63**	**24.86**
兴化市	170.03	134.29	34.83	20.48	159.06	55.40	39.40	71.12	29.34
靖江市	45.93	53.57	5.14	11.19	112.84	5.80	5.12	88.28	9.56
泰兴市									
泰 县									
姜堰区	8.06	9.77	4.12	51.12	156.80	6.46	4.62	71.52	47.29
镇江市	**213.39**	**156.29**	**5.72**	**2.68**	**80.07**	**4.58**	**3.40**	**74.24**	**2.18**
镇江市郊									
丹徒县	51.00	39.10	0.14	0.27	92.86	0.13	0.20	153.85	0.51
丹阳市	89.82	66.42	0.25	0.28	140.00	0.35			
句容市	72.57	50.77	5.33	7.34	76.92	4.10	3.20	78.05	6.30
扬中市									
常州市	**158.75**	**109.45**	**2.29**	**1.44**	**97.38**	**2.23**	**1.95**	**87.44**	**1.78**
武进市									
金坛市	63.89	45.45	0.30	0.47	126.67	0.38	0.39	102.63	0.86
溧阳县	94.86	64.00	1.99	2.10	92.96	1.85	1.56	84.32	2.44
无锡市									
宜兴市									
江阴市									
苏州市	**310.80**	**231.11**	**22.31**	**7.18**	**203.72**	**45.45**	**44.94**	**98.88**	**19.45**
张家港市	71.37	68.26	5.38	7.54	288.29	15.51	15.50	99.94	22.71
常熟市	98.04	85.34	10.01	10.21	182.82	18.30	18.10	98.91	21.21
太仓市	62.46	33.85	6.89	11.03	168.36	11.60	11.34	97.76	33.50
吴 县									
昆山市	78.93	43.66	0.03	0.04	133.33	0.04			
南京市	**366.33**	**255.40**	**6.18**	**1.69**	**145.63**	**9.00**	**7.65**	**85.00**	**3.00**
江宁县	79.44	62.28	0.78	0.98	148.72	1.16	1.05	90.52	1.69
江浦县	32.96	23.77	0.33	1.00	115.15	0.38			
六合县	76.11	57.21	2.91	3.82	159.11	4.63	3.69	79.70	6.45
高淳县	45.48	37.94	0.13	0.29	138.46	0.18	0.52	*	1.37
溧水县	46.34	35.51	0.60	1.29	131.67	0.79	1.39	175.95	3.91
南京市郊	86.00	38.69	1.43	1.66	130.07	1.86	1.00	53.76	2.58

5-5-56 江苏省1998年产棉县棉花生产收购明细

县市名	耕地面积（万亩）	农业人口（万人）	棉田面积（万亩）	占耕地（%）	亩产（市斤）	产量（万担）	收购量（万担）	商品率（%）	人均交售（市斤）
全省合计	**5716.74**	**4274.83**	**608.07**	**10.64**	**153.01**	**930.40**	**764.08**	**82.12**	**17.87**
徐州市	**734.71**	**548.79**	**49.09**	**6.68**	**147.16**	**72.24**	**36.14**	**50.03**	**6.59**
丰县	128.52	92.96	9.52	7.41	150.11	14.29	7.84	54.86	8.43
沛县	116.87	94.75	3.50	2.99	129.71	4.54	3.22	70.93	3.40
铜山县	172.73	116.70	12.79	7.40	160.13	20.48	9.46	46.19	8.11
睢宁县	149.43	108.60	9.87	6.61	116.21	11.47	5.58	48.65	5.14
邳州市	167.16	135.78	13.41	8.02	160.03	21.46	10.04	46.78	7.39
新沂市									
连云港市	**453.67**	**326.84**	**56.12**	**12.37**	**178.17**	**99.99**	**88.54**	**88.54**	**27.09**
赣榆县	86.40	88.76	0.73	0.84	175.34	1.28	0.92	71.56	1.03
东海县	161.97	96.62	1.83	1.13	186.89	3.42			
灌云县	128.57	78.94	42.48	33.04	188.42	80.04	70.95	88.64	89.88
灌南县	76.73	62.52	11.08	14.44	137.64	15.25	16.67	109.31	26.66
淮阴市	**511.51**	**351.37**	**12.44**	**2.43**	**143.81**	**17.89**	**16.29**	**91.03**	**4.63**
淮安市	121.11	102.31	0.36	0.30	83.33	0.30	1.91	*	1.87
淮阴县	96.54	71.44	0.08	0.08	150.00	0.12	2.03	*	2.84
涟水县	130.10	91.21	7.15	5.50	124.20	8.88	7.01	78.94	7.69
洪泽县									
盱眙县	112.19	59.04	0.17	0.15	152.94	0.26	0.01	2.23	0.01
金湖县	51.57	27.37	4.68	9.08	177.99	8.33	5.33	63.99	19.47
宿迁市	**586.38**	**431.14**	**27.89**	**4.76**	**146.50**	**40.86**	**26.13**	**63.95**	**6.06**
宿豫市	116.13	97.11	3.75	3.23	151.47	5.68	3.63	63.91	3.74
沭阳县	201.84	147.52	10.75	5.33	170.14	18.29	11.13	60.85	7.54
泗阳县	112.92	99.15	8.55	7.57	126.43	10.81	9.97	92.23	10.06
泗洪县	155.49	87.36	4.84	3.11	125.62	6.08	1.40	23.03	1.60
盐城市	**977.08**	**629.23**	**231.51**	**23.69**	**160.30**	**371.10**	**318.79**	**85.90**	**50.66**
响水县	64.65	44.84	25.45	39.37	132.81	33.80	25.93	76.72	57.83
滨海县	111.54	91.17	23.92	21.45	121.07	28.96	30.25	104.45	33.18
阜宁县	120.21	94.99	12.29	10.22	120.42	14.80	11.93	80.61	12.56
射阳县	156.62	87.41	62.86	40.14	162.41	102.09	92.71	90.81	106.06
建湖县	90.72	68.68	9.81	10.81	144.04	14.13	9.99	70.70	14.55
盐都县	130.68	79.13	20.37	15.59	159.70	32.53	25.98	79.86	32.83
大丰市	141.17	61.75	40.39	28.61	204.11	82.44	80.08	97.14	129.68
东台市	161.49	101.26	36.42	22.55	171.20	62.35	41.92	67.23	41.40
南通市	**699.62**	**617.18**	**122.02**	**17.44**	**121.23**	**147.93**	**132.47**	**89.55**	**21.46**
南通市郊	14.34	21.70	0.26	1.81	119.23	0.31			
海安县	94.01	82.50	5.25	5.58	167.05	8.77	11.05	126.00	13.39
如皋县	121.35	127.35	12.84	10.58	115.58	14.84	11.39	76.75	8.94
如东县	143.13	98.47	36.05	25.19	131.73	47.49	42.58	89.66	43.24

5－5－56 续表

县市名	耕地面积（万亩）	农业人口（万人）	棉田面积（万亩）	占耕地（%）	亩产（市斤）	产量（万担）	收购量（万担）	商品率（%）	人均交售（市斤）
通州市	129.03	120.00	23.43	18.16	106.19	24.88	21.95	88.22	18.29
海门市	87.45	73.78	16.11	18.42	123.77	19.94	17.69	88.72	23.98
启东市	110.31	93.38	28.08	25.46	112.89	31.70	27.81	87.73	29.78
扬州市	**384.72**	**326.32**	**31.38**	**8.16**	**157.30**	**49.36**	**34.30**	**69.49**	**10.51**
扬州市郊									
高邮市	92.96	66.31	15.02	16.16	156.13	23.45	19.63	83.71	29.60
宝应县	85.47	78.36	11.28	13.20	154.88	17.47	10.66	61.02	13.60
仪征市	55.01	45.12	0.03	0.05	233.33	0.07			
江都市	103.50	88.44	4.84	4.68	165.08	7.99	3.99	49.94	4.51
邗江县	47.78	48.09	0.21	0.44	180.95	0.38	0.02	5.26	0.04
泰州市	**319.78**	**291.71**	**37.63**	**11.77**	**170.40**	**64.12**	**49.95**	**77.90**	**17.12**
兴化市	170.03	134.29	26.22	15.42	179.86	47.16	35.84	76.00	26.69
靖江市	45.93	53.57	3.53	7.69	95.18	3.36	2.41	71.73	4.50
泰兴市									
泰　县	95.76	94.08	3.94	4.11	172.59	6.80	5.85	86.03	6.22
姜堰区	8.06	9.77	3.94	48.88	172.59	6.80	5.85	86.03	59.88
镇江市	**213.39**	**156.29**	**6.08**	**2.85**	**103.13**	**6.27**	**3.60**	**57.36**	**2.30**
镇江市郊									
丹徒县	51.00	39.10	0.20	0.39	125.00	0.25	0.07	29.04	0.19
丹阳市	89.82	66.42	0.30	0.33	146.67	0.44	0.27	62.27	0.41
句容市	72.57	50.77	5.58	7.69	100.00	5.58	3.25	58.24	6.40
扬中市									
常州市	**158.75**	**109.45**	**2.33**	**1.47**	**102.58**	**2.39**	**2.45**	**102.51**	**2.24**
武进市									
金坛市	63.89	45.45	0.41	0.64	119.51	0.49	1.02	*	2.24
溧阳县	94.86	64.00	1.92	2.02	98.96	1.90	1.43	75.26	2.23
无锡市									
宜兴市									
江阴市									
苏州市	**310.80**	**231.11**	**24.31**	**7.82**	**199.80**	**48.57**	**46.52**	**95.78**	**20.13**
张家港市	71.37	68.26	7.46	10.45	290.21	21.65	21.66	100.05	31.73
常熟市	98.04	85.34	10.50	10.71	159.05	16.70	14.94	89.46	17.51
太仓市	62.46	33.85	6.35	10.17	160.00	10.16	9.92	97.64	29.31
吴　县									
昆山市	78.93	43.66				0.06			
南京市	**366.33**	**255.40**	**7.27**	**1.98**	**133.15**	**9.68**	**8.91**	**92.07**	**3.49**
江宁县	79.44	62.28	0.95	1.20	150.53	1.43	1.59	111.19	2.55
江浦县	32.96	23.77	0.30	0.91	150.00	0.45			
六合县	76.11	57.21	4.41	5.79	127.44	5.62	5.13	91.28	8.97
高淳县	45.48	37.94	0.12	0.26	141.67	0.17	0.27	160.00	0.72
溧水县	46.34	35.51	0.60	1.29	131.67	0.79	1.63	*	4.59
南京市郊	86.00	38.69	0.89	1.03	137.08	1.22	0.29	23.77	0.75

5－5－57　江苏省1999年产棉县棉花生产收购明细

县市名	耕地面积（万亩）	农业人口（万人）	棉田面积（万亩）	占耕地（%）	亩产（市斤）	产量（万担）	收购量（万担）	商品率（%）	人均交售（市斤）
全省合计	**6381.16**	**4182.92**	**380.85**	**5.97**	**135.94**	**517.73**	**267.22**	**51.61**	**6.39**
徐州市	**737.53**	**550.66**	**31.08**	**4.21**	**144.66**	**44.96**	**28.38**	**63.12**	**5.15**
丰　县	114.96	94.40	4.52	3.93	159.73	7.22	8.31	115.10	8.80
沛　县	115.58	94.32	1.38	1.19	129.71	1.79	4.13	*	4.38
铜山县	173.80	112.21	9.74	5.60	145.79	14.20	5.22	36.76	4.65
睢宁县	150.95	109.67	6.42	4.25	122.27	7.85	4.73	60.25	4.31
邳州市	182.24	140.06	9.02	4.95	154.10	13.90	5.99	43.09	4.28
新沂市									
连云港市	**537.89**	**330.62**	**44.11**	**8.20**	**160.03**	**70.59**	**25.71**	**36.42**	**7.78**
赣榆县	104.51	89.20	0.62	0.59	177.42	1.10	0.73	66.36	0.82
东海县	190.74	97.99	1.08	0.57	188.89	2.04			
灌云县	153.08	80.54	34.91	22.81	163.99	57.25	17.74	30.99	22.03
灌南县	89.56	62.89	7.50	8.37	136.00	10.20	7.24	70.98	11.51
淮阴市	**660.00**	**347.21**	**6.52**	**0.99**	**138.96**	**9.06**	**12.04**	**132.89**	**3.47**
淮安市	142.65	100.78					3.10		3.08
淮阴县	114.68	71.93	0.09	0.08	122.22	0.11	0.43	*	0.60
涟水县	157.72	90.42	2.00	1.27	134.50	2.69	2.91	108.18	3.22
洪泽县									
盱眙县	169.99	57.63	0.29	0.17	155.17	0.45	1.00	222.22	1.74
金湖县	74.96	26.45	4.14	5.52	140.34	5.81	4.60	79.17	17.39
宿迁市	**666.42**	**420.48**	**19.71**	**2.96**	**135.01**	**26.61**	**14.02**	**52.69**	**3.33**
宿豫市	109.66	87.61	3.20	2.92	147.81	4.73	2.90	61.31	3.31
沭阳县	209.42	149.24	6.17	2.95	159.97	9.87	5.32	53.90	3.56
泗阳县	134.59	99.84	6.17	4.58	104.38	6.44	3.39	52.64	3.40
泗洪县	212.75	83.79	4.17	1.96	133.57	5.57	2.41	43.27	2.88
盐城市	**1143.75**	**612.39**	**163.94**	**14.33**	**146.96**	**240.93**	**107.06**	**44.44**	**17.48**
响水县	96.05	43.84	15.14	15.76	148.61	22.50	5.00	22.22	11.41
滨海县	145.86	90.13	13.92	9.54	127.23	17.71	7.07	39.92	7.84
阜宁县	134.88	90.63	8.82	6.54	112.02	9.88	2.54	25.71	2.80
射阳县	205.33	86.65	46.62	22.70	148.24	69.11	27.29	39.49	31.49
建湖县	97.02	67.79	5.16	5.32	130.62	6.74	7.70	114.24	11.36
盐都县	123.03	74.25	13.13	10.67	136.33	17.90	11.22	62.68	15.11
大丰市	156.95	58.96	36.11	23.01	169.70	61.28	28.91	47.18	49.03
东台市	184.63	100.14	25.04	13.56	143.01	35.81	17.33	48.39	17.31
南通市	**724.91**	**641.27**	**53.38**	**7.36**	**102.55**	**54.74**	**50.49**	**92.24**	**7.87**
南通市郊	14.89	22.50	0.12	0.81	91.67	0.11	1.05	*	4.67
海安县	86.74	81.60	1.40	1.61	149.29	2.09	10.43	*	12.78
如皋县	123.69	125.48	3.83	3.10	99.48	3.81	4.41	115.75	3.51
如东县	165.68	97.82	15.20	9.17	85.33	12.97	17.10	131.84	17.48

5－5－57 续表

县市名	耕地面积（万亩）	农业人口（万人）	棉田面积（万亩）	占耕地（%）	亩产（市斤）	产量（万担）	收购量（万担）	商品率（%）	人均交售（市斤）
通州市	136.55	124.99	12.87	9.43	95.96	12.35	5.94	48.10	4.75
海门市	91.66	87.21	5.42	5.91	132.10	7.16	2.82	39.39	3.23
启东市	105.70	101.67	14.54	13.76	111.76	16.25	8.74	53.78	8.60
扬州市	**469.87**	**270.06**	**13.71**	**2.92**	**125.89**	**17.26**	**3.95**	**22.89**	**1.46**
扬州市郊									
高邮市	118.09	63.08	7.82	6.62	118.29	9.25	2.55	27.57	4.04
宝应县	115.85	73.97	2.99	2.58	118.73	3.55	0.61	17.18	0.82
仪征市	75.39								
江都市	105.45	83.25	2.79	2.65	150.90	4.21	0.79	18.76	0.95
邗江县	55.09	49.76	0.11	0.20	227.27	0.25			
泰州市	**342.89**	**332.78**	**18.15**	**5.29**	**131.52**	**23.87**	**8.07**	**33.81**	**2.43**
兴化市	193.43	131.54	14.25	7.37	129.82	18.50	4.60	24.86	3.50
靖江市	44.57	48.98	0.02	0.04	50.00	0.01	0.71	*	1.45
泰兴市									
泰　县	96.83	76.13	1.94	2.00	138.14	2.68	1.38	51.49	1.81
姜堰区	8.06	76.13	1.94	24.07	138.14	2.68	1.38	51.49	1.81
镇江市	**245.33**	**147.96**	**3.28**	**1.34**	**74.39**	**2.44**	**0.45**	**18.44**	**0.30**
镇江市郊									
丹徒县	57.44	35.98	0.17	0.30	129.41	0.22	0.04	18.18	0.11
丹阳市	84.52	63.31	0.11	0.13	145.45	0.16			
句容市	103.37	48.67	3.00	2.90	68.67	2.06	0.41	19.90	0.84
扬中市									
常州市	**175.83**	**105.34**	**1.25**	**0.71**	**95.20**	**1.19**	**1.35**	**113.45**	**1.28**
武进市									
金坛市	69.64	42.88	0.33	0.47	124.24	0.41	1.32	*	3.08
溧阳县	106.19	62.46	0.92	0.87	84.78	0.78	0.03	3.85	0.05
无锡市									
宜兴市									
江阴市									
苏州市	**217.60**	**179.91**	**20.00**	**9.19**	**93.50**	**18.70**	**13.48**	**72.08**	**7.49**
张家港市	66.26	63.68	6.63	10.01	127.30	8.44	4.63	54.86	7.27
常熟市	95.24	85.70	9.80	10.29	67.04	6.57	6.27	95.43	7.32
太仓市	56.10	30.53	3.57	6.36	103.36	3.69	2.58	69.92	8.45
吴　县									
昆山市									
南京市	**459.14**	**244.24**	**5.72**	**1.25**	**129.02**	**7.38**	**2.22**	**30.08**	**0.91**
江宁县	115.69	59.88	1.08	0.93	152.78	1.65	0.14	8.48	0.23
江浦县	51.84	23.64	0.29	0.56	127.59	0.37			
六合县	108.66	55.18	3.45	3.18	116.81	4.03	1.73	42.93	3.14
高淳县	63.74	36.78	0.10	0.16	110.00	0.11			
溧水县	77.40	34.56	0.60	0.78	130.00	0.78	0.35	44.87	1.01
南京市郊	41.81	34.20	0.20	0.48	220.00	0.44			

5－5－58　江苏省2000年产棉县棉花生产收购明细

县 市 名	耕地面积（万亩）	农业人口（万人）	棉田面积（万亩）	占耕地（%）	亩　产（市斤）	产　量（万担）	收购量（万担）	商品率（%）	人均交售（市斤）
全省合计	**6465.01**	**4240.85**	**420.78**	**6.51**	**156.50**	**658.51**	**350.21**	**53.18**	**8.26**
徐州市	**737.86**	**551.49**	**60.01**	**8.13**	**158.69**	**95.23**	**31.45**	**33.03**	**5.70**
丰　县	115.05	94.87	15.14	13.16	201.92	30.57	5.85	19.14	6.17
沛　县	115.83	99.41	3.63	3.13	141.05	5.12	4.45	86.91	4.48
铜山县	173.99	107.82	16.16	9.29	153.09	24.74	8.37	33.83	7.76
睢宁县	150.95	112.39	10.38	6.88	120.04	12.46	3.68	29.53	3.27
邳州市	182.04	137.00	14.70	8.08	151.97	22.34	9.10	40.73	6.64
新沂市									
连云港市	**536.70**	**333.44**	**49.48**	**9.22**	**97.70**	**48.34**	**7.54**	**15.60**	**2.26**
赣榆县	103.76	89.23	1.95	1.88	137.95	2.69	0.46	17.10	0.52
东海县	190.70	98.50	0.77	0.40	148.05	1.14			
灌云县	152.78	82.64	37.91	24.81	94.83	35.95	4.87	13.55	5.89
灌南县	89.46	63.07	8.85	9.89	96.72	8.56	2.21	25.82	3.50
淮阴市	**659.75**	**346.78**	**5.92**	**0.90**	**157.60**	**9.33**	**5.08**	**54.45**	**1.46**
淮安市	142.47	100.82					3.10		3.07
淮阴县	114.59	71.33	0.02	0.02	50.00	0.01	1.14	*	1.60
涟水县	157.83	90.70	1.14	0.72	134.21	1.53	0.30	19.61	0.33
洪泽县									
盱眙县	169.95	57.49	0.17	0.10	152.94	0.26			
金湖县	74.91	26.44	4.59	6.13	164.05	7.53	0.54	7.17	2.04
宿迁市	**665.82**	**421.31**	**24.69**	**3.71**	**136.65**	**33.74**	**29.61**	**87.76**	**7.03**
宿豫市	109.10	87.34	5.21	4.78	167.75	8.74	1.87	21.40	2.14
沭阳县	209.47	149.59	6.92	3.30	129.91	8.99	20.38	*	13.62
泗阳县	134.40	100.30	6.98	5.19	115.90	8.09	5.45	67.37	5.43
泗洪县	212.85	84.08	5.58	2.62	141.94	7.92	1.91	24.12	2.27
盐城市	**1141.76**	**598.80**	**177.31**	**15.53**	**177.38**	**314.52**	**197.56**	**62.81**	**32.99**
响水县	96.57	43.28	9.69	10.03	113.83	11.03	2.43	22.03	5.61
滨海县	145.70	89.45	12.75	8.75	122.20	15.58	10.71	68.74	11.97
阜宁县	133.06	82.13	6.65	5.00	130.98	8.71	6.54	75.09	7.96
射阳县	205.21	85.94	54.53	26.57	192.94	105.21	47.22	44.88	54.95
建湖县	97.01	66.43	6.12	6.31	153.27	9.38	14.78	157.57	22.25
盐都县	123.02	74.67	13.55	11.01	192.10	26.03	33.32	128.01	44.62
大丰市	156.86	58.27	43.10	27.48	202.02	87.07	55.56	63.81	95.35
东台市	184.33	98.63	30.92	16.77	166.59	51.51	27.00	52.42	27.38
南通市	**724.28**	**634.06**	**45.22**	**6.24**	**143.72**	**64.99**	**40.12**	**61.73**	**6.33**
南通市郊	14.72	21.01	0.05	0.34	120.00	0.06	0.62	*	2.95
海安县	86.63	80.69	61.58	1.82	182.91	2.89	10.69	*	13.25
如皋县	123.51	124.11	2.39	1.94	132.22	3.16	3.67	116.14	2.96
如东县	165.66	97.27	15.29	9.23	149.84	22.91	5.32	23.22	5.47

5－5－58 续表

县 市 名	耕地面积（万亩）	农业人口（万人）	棉田面积（万亩）	占耕地（%）	亩 产（市斤）	产 量（万担）	收购量（万担）	商品率（%）	人均交售（市斤）
通州市	136.52	123.25	11.19	8.20	136.28	15.25	8.35	54.75	6.77
海门市	91.61	86.59	4.04	4.41	150.00	6.06	3.51	57.92	4.05
启东市	105.63	101.14	10.68	10.11	137.27	14.66	7.96	54.30	7.87
扬州市	**467.69**	**308.48**	**12.00**	**2.57**	**173.00**	**20.76**	**7.30**	**35.16**	**2.37**
扬州市郊									
高邮市	117.66	62.29	8.33	7.08	171.07	14.25	6.40	44.91	10.27
宝应县	115.13	72.81	1.89	1.64	167.20	3.16	0.40	12.66	0.55
仪征市	75.32	43.13	0.04	0.05	150.00	0.06			
江都市	104.61	81.40	1.62	1.55	185.19	3.00	0.50	16.67	0.61
邗江县	54.97	48.85	0.12	0.22	241.67	0.29			
泰州市	**342.65**	**326.43**	**19.62**	**5.73**	**171.71**	**33.69**	**20.21**	**59.99**	**6.19**
兴化市	193.26	130.37	14.36	7.43	174.30	25.03	13.28	53.06	10.19
靖江市	44.64	47.24					2.37		5.02
泰兴市									
泰 县	96.69	74.41	2.63	2.72	164.64	4.33	2.28	52.66	3.06
姜堰区	8.06	74.41	2.63	32.63	164.64	4.33	2.28	52.66	3.06
镇江市	**266.66**	**147.02**	**3.67**	**1.38**	**87.74**	**3.22**	**0.97**	**30.12**	**0.66**
镇江市郊									
丹徒县	57.34	35.72	0.14	0.24	135.71	0.19			
丹阳市	84.47	62.86	0.14	0.17	157.14	0.22			
句容市	124.85	48.44	3.39	2.72	82.89	2.81	0.97	34.52	2.00
扬中市									
常州市	**75.83**	**104.52**	**1.19**	**0.68**	**128.57**	**1.53**	**1.99**	**130.07**	**1.90**
武进市									
金坛市	69.69	41.66	0.30	0.43	146.67	0.44	1.72	*	4.13
溧阳县	106.14	62.86	0.89	0.84	122.47	1.09	0.27	24.77	0.43
无锡市									
宜兴市									
江阴市									
苏州市	**291.73**	**230.28**	**16.94**	**5.81**	**138.37**	**23.44**	**4.63**	**19.75**	**2.01**
张家港市	65.78	60.61	6.48	9.85	152.47	9.88	0.41	4.15	0.68
常熟市	95.13	85.15	8.31	8.74	129.96	10.80	4.22	39.07	4.96
太仓市	55.88	28.00	2.12	3.79	126.42	2.68			
吴 县	74.94	56.52	0.03	0.04	266.67	0.08			
昆山市									
南京市	**454.28**	**238.24**	**4.73**	**1.04**	**205.50**	**9.72**	**3.75**	**38.58**	**1.57**
江宁县	115.41	58.30	1.28	1.11	151.56	1.94	0.40	20.62	0.69
江浦县	48.15	22.50	0.24	0.50	150.00	0.36			
六合县	108.29	53.96	2.60	2.40	221.54	5.76	2.60	45.14	4.82
高淳县	63.66	36.71	0.09	0.14	177.78	0.16			
溧水县	77.19	33.03	0.47	0.61	127.66	0.60	0.75	125.00	2.27
南京市郊	41.58	33.74	0.05	0.12	*	0.90			

5-6-1 江苏省丰县历年棉花生产收购

年　度	耕地面积（万亩）	农业人口（万人）	棉田面积（万亩）	占耕地（%）	亩　产（市斤）	产　量（万担）	收购量（万担）	商品率（%）	人均交售（市斤）
52 年合计			**927.82**	**12.83**	**78.10**	**724.60**	**607.49**	**83.84**	**16.24**
11 年小计			**211.48**	**11.94**	**24.58**	**51.99**	**35.44**	**68.17**	**6.13**
占合计%			**22.79**			**7.17**	**5.83**		
1949	160.60	48.00	11.09	6.91	12.98	1.44	1.44	100.00	3.00
1950	163.90	49.00	12.28	7.49	24.02	2.95	2.95	100.00	6.02
1951	167.20	50.00	11.34	6.78	26.37	2.99			
1952	170.60	51.00	9.20	5.39	26.09	2.40	0.98	40.83	1.92
1953	150.00	52.40	9.30	6.20	32.26	3.00	1.15	38.17	2.19
1954	150.40	53.60	9.60	6.38	34.38	3.30	1.36	41.21	2.54
1955	170.60	54.50	18.70	10.96	26.74	5.00	2.35	47.00	4.31
1956	170.60	55.00	38.70	22.68	30.23	11.70	9.47	80.94	17.22
1957	166.40	55.60	39.28	23.61	13.75	5.40	5.00	92.50	8.98
1958	152.90	55.60	29.26	19.14	28.88	8.45	5.62	66.51	10.11
1959	147.90	53.80	22.73	15.37	23.58	5.36	5.13	95.71	9.54
10 年小计			**145.85**	**10.47**	**39.83**	**58.09**	**49.30**	**84.86**	**8.18**
占合计%			**15.72**			**8.02**	**8.11**		
1960	147.70	53.20	21.18	14.34	22.10	4.68	4.89	104.49	9.19
1961	145.70	54.60	15.09	10.36	21.34	3.22	2.74	85.09	5.02
1962	146.90	56.40	11.75	8.00	22.30	2.62	1.89	72.14	3.35
1963	145.10	58.00	13.66	9.41	8.57	1.17	0.70	59.57	1.20
1964	139.60	57.66	13.84	9.91	42.63	5.90	5.56	94.24	9.64
1965	133.80	58.81	14.75	11.02	35.39	5.22	4.66	89.27	7.92
1966	137.10	65.03	14.28	10.42	74.86	10.69	10.08	94.29	15.50
1967	129.51	65.03	14.00	10.81	64.93	9.09	8.81	96.92	13.55
1968	132.15	66.36	13.30	10.06	53.38	7.10	5.78	81.41	8.71
1969	134.85	67.71	14.00	10.38	60.00	8.40	4.19	49.88	6.19
10 年小计			**129.76**	**9.60**	**64.69**	**83.94**	**83.69**	**99.70**	**11.28**
占合计%			**13.99**			**11.58**	**13.78**		
1970	137.60	69.09	14.30	10.39	31.40	4.49	9.20	*	13.32
1971	136.07	70.75	13.20	9.70	65.61	8.66	8.20	94.69	11.59
1972	135.90	72.24	12.70	9.35	88.27	11.21	10.69	95.36	14.80
1973	135.44	72.82	13.70	10.12	100.88	13.82	13.30	96.24	18.26
1974	135.33	73.89	13.83	10.22	79.97	11.06	10.39	93.94	14.06
1975	135.00	75.03	12.80	9.48	83.20	10.65	10.20	95.77	13.59
1976	134.89	75.70	12.97	9.62	45.10	5.85	5.27	90.09	6.96
1977	134.45	76.55	12.61	9.38	53.53	6.75	6.22	92.15	8.13
1978	133.93	77.63	12.50	9.33	40.56	5.07	4.35	85.80	5.60
1979	133.60	78.27	11.15	8.35	57.22	6.38	5.87	92.01	7.50
10 年小计			**240.43**	**18.24**	**122.27**	**293.98**	**277.36**	**94.35**	**34.22**
占合计%			**25.91**			**40.57**	**45.66**		
1980	132.45	78.62	11.88	8.97	120.29	14.29	14.82	103.71	18.85
1981	131.70	79.64	12.28	9.32	100.81	12.38	12.53	101.21	15.73
1982	131.64	80.77	17.28	13.13	132.58	22.91	22.97	100.26	28.44
1983	131.57	80.75	22.81	17.34	125.25	28.57	29.52	103.33	36.56
1984	132.05	81.01	32.64	24.72	142.80	46.61	43.43	93.18	53.61
1985	132.02	81.16	27.95	21.17	103.86	29.03	30.74	105.89	37.88
1986	132.01	81.46	25.11	19.02	141.22	35.46	26.75	75.44	32.84
1987	131.89	81.80	28.65	21.72	143.07	40.99	38.08	92.90	46.55
1988	131.71	82.26	32.07	24.35	120.80	38.74	38.18	98.55	46.41
1989	131.44	83.07	29.76	22.64	84.01	25.00	20.34	81.36	24.49
11 年小计			**200.30**	**14.35**	**118.12**	**236.60**	**161.70**	**68.34**	**16.04**
占合计%			**21.59**			**32.65**	**26.62**		
1990	131.41	88.22	24.84	18.90	130.35	32.38	28.10	86.78	31.85
1991	131.26	89.51	31.17	23.75	127.24	39.66	40.72	102.67	45.49
1992	131.26	89.51	30.37	23.14	65.85	20.00	16.14	80.70	18.03
1993	129.00	90.37	21.99	17.05	101.46	22.31	8.48	38.01	9.38
1994	128.78	90.99	22.04	17.11	72.64	16.01	14.98	93.57	16.46
1995	128.78	91.20	18.00	13.98	112.00	20.16	15.39	76.34	16.88
1996	128.52	92.96	12.00	9.34	150.00	18.00	9.20	51.11	9.90
1997	128.52	92.96	10.71	8.33	149.39	16.00	6.69	41.81	7.20
1998	128.52	92.96	9.52	7.41	150.11	14.29	7.84	54.86	8.43
1999	114.96	94.40	4.52	3.93	159.73	7.22	8.31	115.10	8.80
2000	115.05	94.87	15.14	13.16	201.92	30.57	5.85	19.14	6.17

5-6-2 江苏省沛县历年棉花生产收购

年　度	耕地面积（万亩）	农业人口（万人）	棉田面积（万亩）	占耕地（%）	亩　产（市斤）	产　量（万担）	收购量（万担）	商品率（%）	人均交售（市斤）
52 年合计			**547.69**	**8.27**	**83.61**	**457.92**	**407.79**	**89.05**	**10.94**
11 年小计			**102.12**	**6.79**	**24.53**	**25.05**	**17.17**	**68.56**	**2.96**
占合计%			**18.65**			**5.47**	**4.21**		
1949	137.60	47.90	4.65	3.38	15.91	0.74	0.74	100.00	1.54
1950	140.40	48.90	4.69	3.34	22.60	1.06	1.06	100.00	2.17
1951	143.30	49.90	5.87	4.10	17.72	1.04			
1952	146.20	50.90	3.30	2.26	24.24	0.80	0.05	6.25	0.10
1953	110.10	52.20	4.10	3.72	29.27	1.20	0.08	6.33	0.15
1954	109.40	53.70	3.70	3.38	29.73	1.10	0.57	51.82	1.06
1955	146.10	55.20	10.50	7.19	30.48	3.20	0.50	15.56	0.90
1956	151.50	55.70	21.20	13.99	29.25	6.20	5.36	86.45	9.62
1957	151.20	56.20	13.88	9.18	15.85	2.20	2.12	96.36	3.77
1958	135.00	56.20	15.14	11.21	17.37	2.63	2.64	100.38	4.70
1959	132.10	52.80	15.09	11.42	32.34	4.88	4.06	83.20	7.69
10 年小计			**113.27**	**8.61**	**42.69**	**48.35**	**44.41**	**91.85**	**7.50**
占合计%			**20.68**			**10.56**	**10.89**		
1960	134.10	50.20	16.97	12.65	25.10	4.26	4.18	98.12	8.33
1961	133.90	52.50	11.41	8.52	21.65	2.47	2.26	91.50	4.30
1962	136.60	55.30	9.20	6.73	19.78	1.82	1.39	76.37	2.51
1963	136.50	57.10	9.37	6.86	1.81	0.17	0.08	47.41	0.14
1964	134.51	55.98	11.04	8.21	44.29	4.89	4.53	92.64	8.09
1965	131.40	57.48	11.04	8.40	42.03	4.64	4.25	91.59	7.39
1966	132.80	64.96	10.71	8.06	72.46	7.76	7.32	94.33	11.27
1967	122.87	64.96	11.70	9.52	66.15	7.74	7.15	92.38	11.01
1968	125.38	66.29	10.90	8.69	66.33	7.23	6.04	83.54	9.11
1969	127.94	67.04	10.93	8.54	67.43	7.37	7.21	97.83	10.75
10 年小计			**111.86**	**8.79**	**89.25**	**99.83**	**94.36**	**94.52**	**13.00**
占合计%			**20.42**			**21.80**	**23.14**		
1970	130.55	68.41	11.28	8.64	90.25	10.18	10.17	99.90	14.87
1971	129.39	69.94	10.10	7.81	74.36	7.51	7.08	94.27	10.12
1972	128.49	70.86	10.80	8.41	107.96	11.66	11.21	96.14	15.82
1973	127.60	71.17	11.05	8.66	120.54	13.32	12.82	96.25	18.01
1974	127.14	72.41	11.00	8.65	119.64	13.16	12.02	91.34	16.60
1975	126.95	73.41	11.89	9.37	107.32	12.76	12.10	94.83	16.48
1976	126.54	72.87	11.85	9.36	72.15	8.55	8.03	93.92	11.02
1977	126.27	75.89	12.03	9.53	77.89	9.37	8.76	93.49	11.54
1978	125.72	75.25	11.94	9.50	60.64	7.24	6.59	91.02	8.76
1979	123.21	75.64	9.92	8.05	61.29	6.08	5.58	91.78	7.38
10 年小计			**133.98**	**10.91**	**142.50**	**190.92**	**188.65**	**98.81**	**23.55**
占合计%			**24.46**			**41.69**	**46.26**		
1980	124.54	76.31	10.95	8.79	133.06	14.57	14.31	98.22	18.75
1981	124.34	78.20	11.66	9.38	124.70	14.54	14.66	100.83	18.75
1982	124.09	79.52	12.75	10.27	168.31	21.46	21.55	100.42	27.10
1983	123.84	80.00	14.36	11.60	173.47	24.91	24.51	98.39	30.64
1984	123.69	80.83	17.48	14.13	159.78	27.93	28.82	103.19	35.66
1985	121.79	79.12	16.69	13.70	124.15	20.72	24.61	118.77	31.10
1986	121.68	79.45	10.14	8.33	151.78	15.39	15.15	98.44	19.07
1987	121.29	80.38	15.52	12.80	139.82	21.70	22.33	102.90	27.78
1988	121.16	83.15	18.27	15.08	129.28	23.62	15.04	63.67	18.09
1989	121.10	84.15	6.16	5.09	98.70	6.08	7.67	126.15	9.11
11 年小计			**86.46**	**6.64**	**108.45**	**93.77**	**63.20**	**67.40**	**6.14**
占合计%			**15.79**			**20.48**	**15.50**		
1990	120.93	89.38	11.93	9.87	70.91	8.46	8.16	96.45	9.13
1991	120.68	91.32	12.62	10.46	135.74	17.13	15.59	91.01	17.07
1992	120.68	91.32	13.08	10.84	62.00	8.11	5.33	65.72	5.84
1993	120.30	92.36	10.74	8.93	103.26	11.09	2.14	19.30	2.32
1994	119.96	93.56	6.45	5.38	100.00	6.45	3.18	49.30	3.40
1995	116.96	93.92	10.00	8.55	109.40	10.94	10.02	91.59	10.67
1996	116.87	94.75	8.00	6.85	153.00	12.24	4.52	36.93	4.77
1997	116.87	94.75	5.13	4.39	154.00	7.90	2.46	31.14	2.60
1998	116.87	94.75	3.50	2.99	129.71	4.54	3.22	70.93	3.40
1999	115.58	94.32	1.38	1.19	129.71	1.79	4.13	*	4.38
2000	115.83	99.41	3.63	3.13	141.05	5.12	4.45	86.91	4.48

5－6－3　江苏省铜山县历年棉花生产收购

年　度	耕地面积（万亩）	农业人口（万人）	棉田面积（万亩）	占耕地（%）	亩　产（市斤）	产　量（万担）	收购量（万担）	商品率（%）	人均交售（市斤）
52 年合计			**845.92**	**6.65**	**106.37**	**899.79**	**751.47**	**83.52**	**12.36**
11 年小计			**70.08**	**2.12**	**24.57**	**17.22**	**8.95**	**51.97**	**0.91**
占合计%			**8.28**			**1.91**	**1.19**		
1949	308.75	79.57	4.10	1.33	18.29	0.75			
1950	308.75	81.40	3.85	1.25	23.12	0.89			
1951	309.04	82.44	4.05	1.31	24.20	0.98	0.08	8.16	0.10
1952	309.60	84.12	5.06		25.30	1.28	0.49	38.28	0.58
1953	309.56	105.97	5.36	1.73	27.05	1.45	0.25	17.24	0.24
1954	310.24	90.00	4.05	1.31	27.90	1.13	0.27	23.89	0.30
1955	312.91	90.63	5.39	1.72	23.56	1.27	0.56	44.09	0.62
1956	305.00	91.16	8.23	2.70	24.54	2.02	1.51	74.75	1.66
1957	301.00	94.16	8.46	2.81	21.04	1.78	1.27	71.35	1.35
1958	271.00	94.43	10.34	3.82	27.66	2.86	1.68	58.74	1.78
1959	256.00	88.45	11.19	4.37	25.11	2.81	2.84	101.07	3.21
10 年小计			**134.65**	**5.29**	**46.15**	**62.14**	**60.05**	**96.64**	**6.00**
占合计%			**15.92**			**6.91**	**7.99**		
1960	249.00	88.26	9.02	3.62	21.62	1.95	0.75	38.46	0.85
1961	248.00	88.68	9.82	3.96	19.55	1.92	1.61	83.85	1.82
1962	252.00	93.23	9.26	3.67	10.69	0.99	1.01	102.02	1.08
1963	252.00	96.70	9.08	3.60	1.32	0.12	0.18	150.00	0.19
1964	251.00	98.57	12.29	4.90	42.55	5.23	5.16	98.66	5.23
1965	246.00	100.85	14.40	5.85	23.96	3.45	3.41	98.84	3.38
1966	268.00	104.04	15.37	5.74	62.39	9.59	9.44	98.44	9.07
1967	262.00	106.56	15.83	6.04	54.83	8.68	9.78	112.67	9.18
1968	259.00	109.55	18.06	6.97	75.58	13.65	12.88	94.36	11.76
1969	259.00	114.57	21.52	8.31	76.95	16.56	15.83	95.59	13.82
10 年小计			**178.32**	**7.30**	**78.91**	**140.72**	**134.50**	**95.58**	**10.62**
占合计%			**21.08**			**15.64**	**17.90**		
1970	255.00	118.08	19.66	7.71	82.76	16.27	15.50	95.27	13.13
1971	249.00	120.48	17.43	7.00	47.16	8.22	7.39	89.90	6.13
1972	248.00	122.65	16.45	6.63	71.49	11.76	11.05	93.96	9.01
1973	246.00	123.72	17.87	7.26	85.00	15.19	15.58	102.57	12.59
1974	244.00	126.11	18.56	7.61	76.62	14.22	13.24	93.11	10.50
1975	243.00	128.29	18.19	7.49	93.84	17.07	16.89	98.95	13.17
1976	242.00	129.89	18.17	7.51	85.25	15.49	12.17	78.57	9.37
1977	240.00	131.44	17.76	7.40	89.75	15.94	17.88	112.17	13.60
1978	239.00	132.81	17.26	7.22	84.13	14.52	14.33	98.69	10.79
1979	238.15	133.36	16.97	7.13	70.95	12.04	10.47	86.96	7.85
10 年小计			**249.00**	**10.77**	**148.00**	**368.52**	**337.53**	**91.59**	**23.94**
占合计%			**29.44**			**40.96**	**44.92**		
1980	236.85	134.30	18.30	7.73	133.72	24.47	23.67	96.73	17.62
1981	235.60	136.72	19.50	8.28	129.03	25.16	25.01	99.40	18.29
1982	234.40	139.37	23.70	10.11	146.20	34.65	31.59	91.17	22.67
1983	233.92	140.97	28.50	12.18	163.16	46.50	42.31	90.99	30.01
1984	232.73	137.47	31.70	13.62	161.45	51.18	48.61	94.98	35.36
1985	232.10	137.70	27.70	11.93	142.31	39.42	34.56	87.67	25.10
1986	227.82	143.88	19.20	8.43	169.69	32.58	31.80	97.61	22.10
1987	226.98	145.43	24.00	10.57	161.75	38.82	35.38	91.14	24.33
1988	225.94	145.78	34.40	15.23	148.55	51.10	42.42	83.01	29.10
1989	224.91	148.35	22.00	9.78	112.00	24.64	22.18	90.02	14.95
11 年小计			**213.87**	**10.13**	**145.50**	**311.19**	**210.44**	**67.62**	**14.83**
占合计%			**25.28**			**34.58**	**28.00**		
1990	223.34	156.86	22.40	10.03	134.55	30.14	26.62	88.32	16.97
1991	226.98	156.98	30.50	13.44	154.92	47.25	46.05	97.46	29.33
1992	226.98	155.94	29.64	13.06	121.93	36.14	32.60	90.20	20.91
1993	220.19	155.16	24.51	11.13	149.20	36.57	20.08	54.91	12.94
1994	175.28	113.23	20.00	11.41	142.50	28.50	16.32	57.26	14.41
1995	173.47	114.23	21.42	12.35	143.84	30.81	25.55	82.93	22.37
1996	172.73	113.46	16.10	9.32	155.65	25.06	13.60	54.27	11.99
1997	172.73	116.70	10.61	6.14	163.05	17.30	6.57	37.98	5.63
1998	172.73	116.70	12.79	7.40	160.13	20.48	9.46	46.19	8.11
1999	173.80	112.21	9.74	5.60	145.79	14.20	5.22	36.76	4.65
2000	173.99	107.82	16.16	9.29	153.09	24.74	8.37	33.83	7.76

5-6-4 江苏省睢宁县历年棉花生产收购

年 度	耕地面积（万亩）	农业人口（万人）	棉田面积（万亩）	占耕地（%）	亩 产（市斤）	产 量（万担）	收购量（万担）	商品率（%）	人均交售（市斤）
52年合计			**822.18**	**9.50**	**72.11**	**592.85**	**497.0002**	**83.83**	**11.06**
11年小计			**155.65**	**6.84**	**18.52**	**28.82**	**20.96**	**72.73**	**2.97**
占合计%			**18.93**			**4.86**	**4.22**		
1949	204.90	58.30	9.77	4.77	10.13	0.99	0.99	100.00	1.70
1950	209.10	59.50	9.77	4.67	7.88	0.77	0.77	100.00	1.29
1951	213.40	60.70	10.00	4.69	10.00	1.00			
1952	217.80	61.90	18.80	8.63	7.98	1.50	0.47	31.33	0.76
1953	223.70	61.80	11.00	4.92	25.45	2.80	1.42	50.71	2.30
1954	217.80	63.60	9.70	4.45	7.22	0.70	0.37	52.86	0.58
1955	217.80	65.70	8.10	3.72	19.75	1.60			
1956	211.80	66.70	20.50	9.68	17.56	3.60	1.95	54.17	2.92
1957	205.50	69.70	17.97	8.74	30.16	5.42	5.67	104.61	8.13
1958	182.00	69.70	22.93	12.60	22.81	5.23	4.99	95.41	7.16
1959	173.30	68.40	17.11	9.87	30.45	5.21	4.33	83.11	6.33
10年小计			**157.78**	**9.71**	**45.27**	**71.43**	**71.06**	**99.48**	**9.58**
占合计%			**19.19**			**12.05**	**14.30**		
1960	166.30	68.40	16.94	10.19	28.87	4.89	4.21	86.09	6.15
1961	168.20	67.40	13.80	8.20	20.43	2.82	3.28	116.31	4.87
1962	168.20	69.60	13.11	7.79	15.48	2.03	1.80	88.67	2.59
1963	168.50	72.10	14.46	8.58	2.77	0.40	0.38	95.05	0.53
1964	167.40	71.18	13.53	8.08	44.86	6.07	6.00	98.85	8.43
1965	165.40	72.82	15.59	9.43	25.98	4.05	4.16	102.72	5.71
1966	162.50	78.82	17.88	11.00	60.12	10.75	10.63	98.88	13.49
1967	149.82	78.82	17.30	11.55	72.14	12.48	12.49	100.08	15.85
1968	152.88	80.43	17.40	11.38	86.32	15.02	15.15	100.87	18.84
1969	156.00	82.07	17.77	11.39	72.71	12.92	12.96	100.31	15.79
10年小计			**170.00**	**10.86**	**73.88**	**125.60**	**126.47**	**100.69**	**14.22**
占合计%			**20.68**			**21.19**	**25.45**		
1970	159.18	83.74	17.56	11.03	77.51	13.61	13.56	99.63	16.19
1971	158.09	85.39	15.22	9.63	37.71	5.74	6.13	106.79	7.18
1972	157.75	87.13	15.54	9.85	64.67	10.05	9.66	96.12	11.09
1973	157.21	87.66	17.08	10.86	87.12	14.88	14.84	99.73	16.93
1974	156.85	88.88	17.10	10.90	68.89	11.78	11.87	100.76	13.36
1975	156.59	89.76	17.58	11.23	100.46	17.66	17.88	101.25	19.92
1976	155.98	90.95	17.50	11.22	92.86	16.25	16.62	102.28	18.27
1977	155.11	91.71	18.03	11.62	80.59	14.53	14.76	101.58	16.09
1978	154.56	91.71	17.50	11.32	73.49	12.86	12.95	100.70	14.12
1979	153.71	92.19	16.89	10.99	48.79	8.24	8.20	99.51	8.89
10年小计			**186.45**	**12.18**	**111.15**	**207.23**	**186.86**	**90.17**	**19.42**
占合计%			**22.68**			**34.95**	**37.60**		
1980	153.65	92.58	18.07	11.76	110.24	19.92	20.53	103.06	22.18
1981	153.36	93.56	18.80	12.26	98.78	18.57	18.45	99.35	19.72
1982	153.33	94.81	18.74	12.22	100.21	18.78	18.68	99.47	19.70
1983	153.19	96.20	20.48	13.37	124.95	25.59	24.91	97.34	25.89
1984	153.12	96.82	24.03	15.69	139.66	33.56	31.87	94.96	32.92
1985	153.04	96.38	20.34	13.29	104.33	21.22	19.04	89.73	19.76
1986	153.04	96.92	13.73	8.97	110.49	15.17	8.89	58.60	9.17
1987	152.92	97.83	14.35	9.38	118.19	16.96	14.52	85.61	14.84
1988	152.86	97.98	20.90	13.67	110.48	23.09	20.68	89.56	21.11
1989	152.83	99.36	17.01	11.13	84.48	14.37	9.29	64.65	9.35
11年小计			**152.30**	**9.19**	**104.90**	**159.77**	**91.65**	**57.36**	**7.68**
占合计%			**18.52**			**26.95**	**18.44**		
1990	152.73	105.67	13.20	8.64	126.52	16.70	12.63	75.63	11.95
1991	151.87	107.58	19.89	13.10	105.88	21.06	19.98	94.87	18.57
1992	151.87	107.58	21.83	14.37	89.56	19.55	13.46	68.85	12.51
1993	150.78	107.79	15.17	10.06	79.56	12.07	4.35	36.04	4.04
1994	150.14	108.51	16.99	11.32	84.05	14.28	7.28	50.98	6.71
1995	149.88	108.40	17.00	11.34	99.94	16.99	9.37	55.15	8.64
1996	149.43	108.60	11.16	7.47	122.49	13.67	5.40	39.50	4.97
1997	149.43	108.60	10.39	6.95	131.57	13.67	5.19	37.97	4.78
1998	149.43	108.60	9.87	6.61	116.21	11.47	5.58	48.65	5.14
1999	150.95	109.67	6.42	4.25	122.27	7.85	4.73	60.25	4.31
2000	150.95	112.39	10.38	6.88	120.04	12.46	3.68	29.53	3.27

5-6-5 江苏省邳州市历年棉花生产收购

年　度	耕地面积（万亩）	农业人口（万人）	棉田面积（万亩）	占耕地（%）	亩　产（市斤）	产　量（万担）	收购量（万担）	商品率（%）	人均交售（市斤）
52年合计			**577.58**	**5.79**	**105.49**	**609.29**	**442.06**	**72.55**	**8.22**
11年小计			**22.20**	**0.86**	**15.45**	**3.43**	**1.72**	**50.15**	**0.22**
占合计%			**3.84**			**0.56**	**0.39**		
1949	246.00	62.91	2.10	0.85	6.19	0.13	0.01	7.69	0.02
1950	247.00	64.76	2.10	0.85	6.19	0.13	0.01	7.69	0.02
1951	247.00	66.68	1.40	0.57	4.29	0.06	0.02	33.33	0.03
1952	240.90	67.72	2.60	1.08	6.15	0.16	0.05	31.25	0.07
1953	241.00	68.29	2.60	1.08	19.23	0.50	0.50	100.00	0.73
1954	242.00	70.41	1.90	0.79	14.21	0.27	0.01	3.70	0.01
1955	244.00	71.63	1.60	0.66	15.00	0.24	0.01	4.17	0.01
1956	244.00	74.10	2.50	1.02	12.00	0.30	0.01	3.33	0.01
1957	236.00	75.41	0.90	0.38	4.44	0.04	0.01	25.00	0.01
1958	205.00	76.50	1.30	0.63	26.92	0.35	0.26	74.29	0.34
1959	200.00	75.31	3.20	1.60	39.06	1.25	0.83	66.40	1.10
10年小计			**64.80**	**3.32**	**44.72**	**28.98**	**25.33**	**87.41**	**2.95**
占合计%			**11.22**			**4.76**	**5.73**		
1960	199.00	75.36	4.10	2.06	17.80	0.73	1.03	141.10	1.37
1961	201.00	76.35	3.80	1.89	17.89	0.68	0.39	57.35	0.51
1962	200.00	80.94	2.90	1.45	8.62	0.25	0.23	92.00	0.28
1963	198.00	84.17	3.00	1.52	2.67	0.08	0.07	87.50	0.08
1964	195.00	84.32	5.00	2.56	34.00	1.70	1.67	98.24	1.98
1965	189.00	86.27	7.00	3.70	15.14	1.06	1.03	97.17	1.19
1966	198.00	88.75	7.00	3.54	51.00	3.57	3.23	90.48	3.64
1967	195.00	91.15	9.00	4.62	63.78	5.74	4.59	79.97	5.04
1968	189.00	93.35	10.00	5.29	68.90	6.89	6.89	100.00	7.38
1969	186.00	97.05	13.00	6.99	63.69	8.28	6.20	74.88	6.39
10年小计			**109.00**	**6.06**	**65.66**	**71.57**	**69.81**	**97.54**	**6.58**
占合计%			**18.87**			**11.75**	**15.79**		
1970	183.00	99.80	11.00	6.01	75.27	8.28	7.29	88.04	7.30
1971	182.00	101.45	9.00	4.95	46.11	4.15	4.00	96.39	3.94
1972	181.00	102.71	10.00	5.52	56.90	5.69	5.43	95.43	5.29
1973	181.00	103.42	11.00	6.08	71.36	7.85	7.82	99.62	7.56
1974	180.00	105.06	12.00	6.67	59.17	7.10	6.67	93.94	6.35
1975	180.00	106.94	11.00	6.11	82.64	9.09	8.63	94.94	8.07
1976	179.00	108.80	12.00	6.70	54.83	6.58	7.64	116.11	7.02
1977	178.00	110.08	11.00	6.18	69.55	7.65	7.60	99.35	6.90
1978	177.00	111.00	11.00	6.21	74.27	8.17	8.29	101.47	7.47
1979	177.00	111.22	11.00	6.21	63.73	7.01	6.44	91.87	5.79
10年小计			**195.40**	**11.15**	**125.47**	**245.17**	**196.84**	**80.29**	**16.61**
占合计%			**33.83**			**40.24**	**44.53**		
1980	176.00	112.02	13.00	7.39	121.08	15.74	15.53	98.67	13.86
1981	176.42	113.56	14.00	7.94	106.71	14.94	12.89	86.28	11.35
1982	176.00	115.28	17.00	9.66	94.18	16.01	16.17	101.00	14.03
1983	176.00	116.55	18.00	10.23	115.44	20.78	21.26	102.31	18.24
1984	176.00	118.44	20.00	11.36	135.70	27.14	26.36	97.13	22.26
1985	176.00	119.02	23.00	13.07	133.13	30.62	25.55	83.44	21.47
1986	175.00	120.37	19.00	10.86	138.00	26.22	16.15	61.59	13.42
1987	174.00	122.01	21.00	12.07	148.38	31.16	23.49	75.39	19.25
1988	174.00	123.42	29.00	16.67	135.86	39.40	25.43	64.54	20.60
1989	173.60	124.39	21.40	12.33	108.22	23.16	14.01	60.49	11.26
11年小计			**186.18**	**9.86**	**139.72**	**260.14**	**148.36**	**57.03**	**9.88**
占合计%			**32.23**			**42.70**	**33.56**		
1990	172.25	132.65	20.00	11.61	117.50	23.50	18.47	78.60	13.92
1991	172.00	134.63	22.50	13.08	150.98	33.97	27.50	80.95	20.43
1992	172.00	135.39	21.34	12.41	117.99	25.18	10.63	42.22	7.85
1993	169.29	136.11	14.07	8.31	110.87	15.60	7.21	46.22	5.30
1994	168.68	136.69	20.06	11.89	114.66	23.00	16.20	70.43	11.85
1995	167.82	138.66	22.13	13.19	152.28	33.70	20.64	61.25	14.89
1996	167.16	138.97	13.95	8.35	168.39	23.49	12.18	51.85	8.76
1997	167.16	135.78	15.00	8.97	160.00	24.00	10.40	43.33	7.66
1998	167.16	135.78	13.41	8.02	160.03	21.46	10.04	46.78	7.39
1999	182.24	140.06	9.02	4.95	154.10	13.90	5.99	43.09	4.28
2000	182.04	137.00	14.70	8.08	151.97	22.34	9.10	40.73	6.64

5－6－6　江苏省新沂市历年棉花生产收购

年　度	耕地面积（万亩）	农业人口（万人）	棉田面积（万亩）	占耕地（%）	亩　产（市斤）	产　量（万担）	收购量（万担）	商品率（%）	人均交售（市斤）
52 年合计			**61.77**	**1.14**	**30.19**	**18.65**	**16.14**	**86.53**	**0.67**
11 年小计			**7.83**	**0.59**	**9.96**	**0.78**	**0.11**	**14.10**	**0.04**
占合计%			**12.68**			**4.18**	**0.68**		
1949	181.00	40.40	0.43	0.24	11.63	0.05	0.05	100.00	0.12
1950	184.70	41.20	0.53	0.29	11.32	0.06	0.06	100.00	0.15
1951	188.50	42.00	1.87	0.99	14.44	0.27			
1952	192.30	42.90	2.90	1.51	3.45	0.10			
1953	192.50	43.70	0.90	0.47	33.33	0.30			
1954	191.50	45.10	0.20	0.10					
1955									
1956	190.40	46.40	1.00	0.53					
1957									
1958									
1959									
10 年小计			**20.27**	**1.68**	**26.34**	**5.34**	**5.14**	**96.26**	**1.09**
占合计%			**32.82**			**28.64**	**31.86**		
1960									
1961	134.30	45.40	0.79	0.59					
1962	137.30	46.60	1.14	0.83	12.28	0.14	0.06	40.71	0.12
1963	131.60	48.80	0.77	0.59	6.49	0.05	0.05	103.00	0.11
1964	130.40	49.56	0.36	0.28	38.89	0.14	0.12	87.00	0.25
1965	143.30	50.75	2.05	1.43	26.83	0.55	0.50	90.18	0.98
1966	139.70	56.83	4.35	3.11	29.66	1.29	1.09	84.50	1.92
1967	127.14	56.83	3.70	2.91	30.00	1.11	1.18	106.31	2.08
1968	129.73	57.99	3.60	2.77	30.28	1.09	1.21	111.01	2.09
1959	132.38	59.18	3.51	2.65	27.64	0.97	0.93	96.29	1.58
10 年小计			**30.73**	**2.38**	**32.80**	**10.08**	**9.09**	**90.15**	**1.40**
占合计%			**49.75**			**54.05**	**56.32**		
1970	135.09	60.39	4.07	3.01	35.14	1.43	1.09	76.22	1.80
1971	131.69	61.91	1.96	1.49	15.31	0.30	0.14	47.00	0.23
1972	131.05	63.07	2.80	2.14	26.43	0.74	0.63	85.27	1.00
1973	129.48	63.59	4.24	3.27	29.48	1.25	1.18	94.40	1.86
1974	128.96	64.88	3.69	2.86	23.31	0.86	0.77	89.07	1.18
1975	128.07	65.80	3.05	2.38	29.18	0.89	0.84	94.27	1.28
1976	127.77	66.32	3.68	2.88	33.97	1.25	1.27	101.60	1.91
1977	127.09	67.22	4.13	3.25	42.13	1.74	1.73	99.43	2.57
1978	126.18	67.85	2.62	2.08	53.05	1.39	1.27	91.37	1.87
1979	126.06	67.68	0.49	0.39	46.94	0.23	0.17	73.91	0.25
10 年小计			**2.65**	**0.27**	**75.09**	**1.99**	**1.25**	**62.77**	**0.22**
占合计%			**4.29**			**10.67**	**7.74**		
1980	125.64	68.25	0.20	0.16	80.00	0.16	0.18	113.75	0.27
1981	125.57	68.89	0.21	0.17	71.43	0.15	0.16	107.40	0.23
1982	125.32	69.73	0.15	0.12	60.00	0.09	0.20	*	0.28
1983	125.18	69.58	0.06	0.05	150.00	0.09	0.06	66.67	0.09
1984	125.24	70.64	0.05	0.04	100.00	0.05	0.05	100.00	0.07
1985	125.22	71.11				0.01			
1986									
1987									
1988	123.81	74.13	1.10	0.89	70.91	0.78	0.39	49.74	0.52
1989	123.48	74.55	0.88	0.71	75.00	0.66	0.21	31.82	0.28
11 年小计			**0.29**	**0.05**	**157.93**	**0.46**	**0.55**	**119.96**	**0.14**
占合计%			**0.47**			**2.46**	**3.40**		
1990	123.23	80.16	0.15	0.12	160.00	0.24	0.10	39.58	0.12
1991	123.15	81.12	0.04	0.03	140.00	0.06	0.03	61.43	0.04
1992	123.15	81.12	0.03	0.02	113.33	0.03			
1993	123.15	81.77	0.04	0.03	145.00	0.06	0.42	*	0.51
1994						0.02			
1995	128.78	80.95	0.03	0.02	166.67	0.05			
1996									
1997									
1998									
1999									
2000									

5-6-7　江苏省赣榆县历年棉花生产收购

年　　度	耕地面积（万亩）	农业人口（万人）	棉田面积（万亩）	占耕地（%）	亩　产（市斤）	产　量（万担）	收购量（万担）	商品率（%）	人均交售（市斤）
52年合计			**13.24**	**0.42**	**87.55**	**11.59**	**4.78**	**41.25**	**0.22**
11年小计			**2.91**	**0.38**	**37.11**	**1.08**	**0.22**	**20.37**	**0.08**
占合计%			**21.98**			**9.32**	**4.60**		
1949									
1950	122.90	41.70	0.34	0.28	64.71	0.22	0.22	100.00	0.53
1951	125.40	42.50	0.87	0.69	75.86	0.66			
1952	128.00	43.40	1.00	0.78	20.00	0.20			
1953	130.30	46.90	0.30	0.23					
1954	131.50	48.40	0.30	0.23					
1955									
1956	131.40	51.50	0.10	0.08					
1957									
1958									
1959									
10年小计			**4.01**	**0.42**	**42.39**	**1.70**	**0.98**	**57.59**	**0.17**
占合计%			**30.29**			**14.67**	**20.48**		
1960	97.80	54.80							
1961	98.10	51.80	0.06	0.06	33.33	0.02			
1962	99.00	52.30	0.12	0.12	33.33	0.04			
1963	98.50	53.60	0.11	0.11	18.18	0.02			
1964	96.40	55.94	0.11	0.11	18.18	0.02			
1965	94.80	57.72	0.39	0.41	28.21	0.11			
1966	94.00	63.15	0.67	0.71	49.25	0.33	0.15	45.15	0.24
1967	87.94	63.15	0.70	0.80	100.00	0.70	0.35	50.00	0.55
1968	89.73	64.44	0.90	1.00	50.00	0.45	0.35	77.78	0.54
1969	91.56	65.75	0.95	1.04	1.05	0.01	0.13	*	0.20
10年小计			**1.05**	**0.16**	**42.86**	**0.45**	**0.20**	**45.18**	**0.04**
占合计%			**7.93**			**3.88**	**4.25**		
1970	93.43	67.09	0.63	0.67	42.86	0.27	0.09	32.11	0.13
1971	92.71	69.04	0.27	0.29	40.74	0.11	0.08	76.36	0.12
1972	92.30	70.42	0.07	0.08	57.14	0.04	0.02	57.75	0.03
1973	91.23	70.21	0.03	0.03	66.67	0.02	0.01	47.50	0.01
1974	90.46	71.08	0.03	0.03	33.33	0.01			
1975	89.23	72.47	0.01	0.01					
1976	88.82	73.10	0.01	0.01					
1977									
1978									
1979									
10年小计									
占合计%									
1980									
1981									
1982									
1983									
1984									
1985									
1986									
1987									
1988									
1989									
11年小计			**5.27**	**0.65**	**158.67**	**8.36**	**3.38**	**40.41**	**0.42**
占合计%			**39.80**			**72.14**	**70.67**		
1990									
1991									
1992	86.69	87.95	0.18	0.21	212.22	0.38	0.07	19.11	0.08
1993	86.69	87.95	0.35	0.40	125.71	0.44			
1994	86.54	88.22	0.25	0.29	164.00	0.41	0.50	121.95	0.57
1995	86.42	88.53	0.33	0.38	184.85	0.61	0.50	81.97	0.56
1996	86.40	88.76	0.26	0.30	173.08	0.45	0.10	22.22	0.11
1997	86.40	88.76	0.60	0.69	166.67	1.00	0.10	10.00	0.11
1998	86.40	88.76	0.73	0.84	175.34	1.28	0.92	71.56	1.03
1999	104.51	89.20	0.62	0.59	177.42	1.10	0.73	66.36	0.82
2000	103.76	89.23	1.95	1.88	137.95	2.69	0.46	17.10	0.52

5-6-10 江苏省灌南县历年棉花生产收购

年 度	耕地面积（万亩）	农业人口（万人）	棉田面积（万亩）	占耕地（%）	亩 产（市斤）	产 量（万担）	收购量（万担）	商品率（%）	人均交售（市斤）
52年合计			**326.08**	**8.42**	**96.54**	**314.80**	**247.59**	**78.65**	**10.83**
11年小计			**11.22**	**2.02**	**22.64**	**2.54**	**1.83**	**71.93**	**0.99**
占合计%			**3.44**			**0.81**	**0.74**		
1949	93.00	30.80	0.95	1.02	28.42	0.27	0.27	100.00	0.88
1950	93.00	30.80	1.04	1.12	19.23	0.20	0.20	100.00	0.65
1951	93.00	30.80	1.19	1.28	21.85	0.26			
1952									
1953									
1954									
1955									
1956									
1957	93.00	30.80	1.51	1.62	11.92	0.18			
1958	93.00	30.80	3.35	3.60	20.00	0.67	0.71	105.97	2.31
1959	91.80	30.80	3.18	3.46	30.19	0.96	0.65	67.40	2.10
10年小计			**31.45**	**3.60**	**30.81**	**9.69**	**10.81**	**111.53**	**2.68**
占合计%			**9.65**			**3.08**	**4.36**		
1960	97.20	35.70	5.41	5.57	14.23	0.77	0.80	103.90	2.24
1961	94.70	37.00	2.78	2.94	1.80	0.05	0.48	*	1.30
1962	94.10	39.00	1.87	1.99	6.42	0.12	0.14	115.00	0.35
1963	93.70	40.20	2.77	2.96	1.81	0.05	0.06	118.60	0.15
1964	93.20	41.18	2.02	2.17	28.22	0.57	0.57	100.18	1.39
1965	84.10	36.89	2.52	3.00	15.87	0.40	0.46	114.75	1.24
1966	83.20	43.86	2.74	3.29	48.54	1.33	1.40	105.26	3.19
1967	76.43	42.12	3.88	5.08	61.08	2.37	2.39	100.84	5.67
1968	77.99	42.98	3.90	5.00	56.41	2.20	2.84	129.09	6.61
1969	79.59	43.86	3.56	4.47	51.40	1.83	1.67	91.26	3.81
10年小计			**34.13**	**4.30**	**49.78**	**16.99**	**16.12**	**94.88**	**3.37**
占合计%			**10.47**			**5.40**	**6.51**		
1970	81.21	44.76	3.25	4.00	56.00	1.82	1.98	108.79	4.42
1971	80.41	46.13	2.81	3.49	41.64	1.17	1.07	91.45	2.32
1972	80.35	46.88	2.58	3.21	46.12	1.19	1.11	93.28	2.37
1973	79.23	47.21	3.01	3.80	58.80	1.77	1.71	96.61	3.62
1974	78.95	47.76	3.63	4.60	44.35	1.61	1.45	90.06	3.04
1975	78.95	48.46	3.62	4.59	51.38	1.86	1.71	91.94	3.53
1976	78.71	48.69	3.55	4.51	42.54	1.51	1.24	82.12	2.55
1977	78.57	49.27	3.82	4.86	48.69	1.86	1.75	94.09	3.55
1978	78.35	50.11	3.49	4.45	60.17	2.10	2.01	95.71	4.01
1979	78.12	49.63	4.37	5.59	48.05	2.10	2.09	99.52	4.21
10年小计			**113.43**	**14.67**	**110.75**	**125.62**	**110.47**	**87.94**	**20.57**
占合计%			**34.79**			**39.90**	**44.62**		
1980	77.60	50.01	5.50	7.09	89.09	4.90	5.31	108.37	10.62
1981	77.48	50.78	7.71	9.95	103.89	8.01	7.58	94.63	14.93
1982	77.47	51.47	12.57	16.23	108.59	13.65	12.29	90.04	23.88
1983	77.44	52.08	13.19	17.03	112.59	14.85	14.81	99.73	28.44
1984	77.41	53.23	15.23	19.67	104.46	15.91	15.13	95.10	28.42
1985	77.34	53.90	12.05	15.58	102.57	12.36	11.57	93.61	21.47
1986	77.25	54.73	9.80	12.69	103.57	10.15	7.79	76.75	14.23
1987	77.12	55.65	11.65	15.11	122.49	14.27	11.46	80.31	20.59
1988	77.11	57.57	14.11	18.30	122.54	17.29	13.67	79.06	23.75
1989	77.04	57.59	11.62	15.08	122.46	14.23	10.86	76.32	18.86
11年小计			**135.85**	**15.55**	**117.75**	**159.96**	**108.37**	**67.75**	**15.87**
占合计%			**41.66**			**50.81**	**43.77**		
1990	77.70	59.76	14.17	18.24	85.39	12.10	10.41	86.03	17.42
1991	77.70	60.61	15.04	19.36	127.99	19.25	17.43	90.55	28.76
1992	77.70	60.61	16.86	21.70	78.29	13.20	13.50	102.27	22.27
1993	77.30	63.27	12.66	16.38	117.06	14.82	4.30	29.01	6.80
1994	77.06	62.37	13.62	17.67	118.43	16.13	7.10	44.02	11.38
1995	76.82	62.61	13.69	17.82	131.85	18.05	10.20	56.51	16.29
1996	76.73	62.52	12.35	16.09	142.24	17.56	10.01	57.00	16.01
1997	76.73	62.52	10.03	13.07	147.96	14.84	9.30	62.67	14.88
1998	76.73	62.52	11.08	14.44	137.64	15.25	16.67	109.31	26.66
1999	89.56	62.89	7.50	8.37	136.00	10.20	7.24	70.98	11.51
2000	89.46	63.07	8.85	9.89	96.72	8.56	2.21	25.82	3.50

5－6－11　江苏省淮安市历年历年棉花生产收购

年　度	耕地面积（万亩）	农业人口（万人）	棉田面积（万亩）	占耕地（%）	亩　产（市斤）	产　量（万担）	收购量（万担）	商品率（%）	人均交售（市斤）
52 年合计			**121.14**	**2.01**	**54.61**	**66.15**	**71.06**	**107.42**	**1.72**
11 年小计			**12.36**	**2.15**	**28.56**	**3.53**	**3.55**	**100.57**	**1.50**
占合计%			**10.20**			**5.34**	**5.00**		
1949									
1950									
1951									
1952									
1953									
1954									
1955									
1956	207.10	77.30	0.60	0.29					
1957									
1958	188.90	78.30	5.88	3.11	37.93	2.23	1.93	86.55	2.46
1959	180.20	80.30	5.88	3.26	22.11	1.30	1.62	124.62	2.02
10 年小计			**17.27**	**1.16**	**24.20**	**4.18**	**3.63**	**86.84**	**0.44**
占合计%			**14.26**			**6.32**	**5.11**		
1960	170.40	76.50	8.09	4.75	23.86	1.93	1.56	80.83	2.04
1961	169.60	77.70	1.09	0.64	17.43	0.19	0.27	141.58	0.35
1962	170.90	81.40	0.34	0.20	2.94	0.01	0.04	*	0.04
1963	146.70	74.40	0.42	0.29	2.38	0.01	0.01	91.00	0.01
1964	145.90	75.10	1.15	0.79	26.96	0.31	0.29	92.42	0.38
1965	144.30	77.20	0.84	0.58	5.95	0.05	0.05	97.60	0.06
1966	142.80	90.88	0.84	0.59	27.38	0.23	0.19	82.17	0.21
1967	128.96	87.28	1.49	1.16	36.24	0.54	0.51	94.44	0.58
1968	131.59	89.06	2.00	1.52	31.00	0.62	0.55	89.13	0.62
1969	134.28	90.88	1.01	0.75	28.71	0.29	0.17	58.28	0.19
10 年小计			**18.65**	**1.40**	**45.63**	**8.51**	**8.70**	**102.24**	**0.89**
占合计%			**15.40**			**12.86**	**12.24**		
1970	137.02	92.73	1.02	0.74	36.27	0.37	0.20	52.97	0.21
1971	135.87	94.90	0.68	0.50	32.35	0.22	0.19	85.91	0.20
1972	134.95	96.27	0.54	0.40	42.59	0.23	0.19	83.26	0.20
1973	134.36	96.89	0.71	0.53	64.79	0.46	0.38	83.48	0.40
1974	133.65	98.28	1.09	0.82	53.21	0.58	0.54	93.10	0.55
1975	133.38	99.77	2.93	2.20	39.93	1.17	1.25	106.84	1.25
1976	132.71	98.64	2.70	2.03	48.89	1.32	1.27	96.21	1.29
1977	132.08	99.88	3.17	2.40	52.68	1.67	1.65	98.80	1.65
1978	131.45	100.94	3.83	2.91	45.17	1.73	1.69	97.69	1.67
1979	127.44	100.47	1.98	1.55	38.38	0.76	1.34	176.32	1.33
10 年小计			**45.70**	**3.67**	**69.30**	**31.67**	**29.77**	**94.00**	**3.02**
占合计%			**37.72**			**47.88**	**41.89**		
1980	131.19	100.63	8.52	6.49	36.50	3.11	3.09	99.36	3.07
1981	131.21	101.58	6.18	4.71	78.16	4.83	5.19	107.45	5.11
1982	131.18	102.20	7.01	5.34	70.04	4.91	5.06	103.05	4.95
1983	121.90	95.76	5.00	4.10	95.20	4.76	4.96	104.20	5.18
1984	121.98	96.40	5.11	4.19	69.67	3.56	3.88	108.99	4.02
1985	121.92	96.43	3.13	2.57	76.36	2.39	2.05	85.77	2.13
1986	121.82	97.66	1.36	1.12	75.74	1.03	1.50	145.63	1.54
1987	121.70	97.86	2.09	1.72	86.12	1.80	0.92	51.11	0.94
1988	121.61	98.45	4.49	3.69	73.50	3.30	2.03	61.52	2.06
1989	121.34	98.57	2.81	2.32	70.46	1.98	1.09	55.05	1.11
11 年小计			**27.16**	**1.97**	**67.23**	**18.26**	**25.41**	**139.16**	**2.29**
占合计%			**22.42**			**27.60**	**35.76**		
1990	121.25	99.35	5.52	4.55	55.25	3.05	2.11	69.18	2.12
1991	121.23	100.57	6.21	5.12	49.28	3.06	2.65	86.60	2.63
1992	121.23	100.57	6.01	4.96	52.58	3.16	2.58	81.65	2.57
1993	121.16	100.85	1.77	1.46	77.40	1.37	2.30	167.88	2.28
1994	121.14	100.33	2.01	1.66	73.13	1.47	1.45	98.64	1.45
1995	121.13	100.81	2.04	1.68	109.80	2.24	2.51	112.05	2.49
1996	121.11	102.31	2.13	1.76	108.92	2.32	2.08	89.66	2.03
1997	121.11	102.31	1.11	0.92	116.22	1.29	1.62	125.58	1.58
1998	121.11	102.31	0.36	0.30	83.33	0.30	1.91	*	1.87
1999	142.65	100.78					3.10		3.08
2000	142.47	100.82					3.10		3.07

5-6-12 江苏省淮阴县历年棉花生产收购

年　度	耕地面积（万亩）	农业人口（万人）	棉田面积（万亩）	占耕地（%）	亩　产（市斤）	产　量（万担）	收购量（万担）	商品率（%）	人均交售（市斤）
52 年合计			**192.92**	**3.00**	**25.68**	**49.53**	**45.74**	**92.34**	**1.43**
11 年小计			**98.61**	**4.54**	**15.74**	**15.52**	**16.03**	**103.25**	**2.70**
占合计%			**51.11**			**31.33**	**35.04**		
1949	209.40	51.40	1.17	0.56	13.68	0.16	0.16	100.00	0.31
1950	213.70	52.40	4.29	2.01	2.56	0.11	0.11	100.00	0.21
1951	218.10	53.50	9.63	4.42	6.75	0.65			
1952	222.50	54.60	7.60	3.42	10.53	0.80	0.34	42.50	0.62
1953	229.80	55.60	5.80	2.52	25.86	1.50	1.00	66.67	1.80
1954	222.00	56.40	5.30	2.39	7.55	0.40	0.25	62.50	0.44
1955	213.90	57.20	6.50	3.04	20.00	1.30	0.87	66.92	1.52
1956	208.90	60.20	16.10	7.71	3.11	0.50	0.26	51.00	0.42
1957	170.70	52.80	16.02	9.38	18.04	2.89	3.42	118.34	6.48
1958	136.00	52.80	15.30	11.25	30.33	4.64	6.58	141.81	12.46
1959	126.90	46.40	10.90	8.59	23.58	2.57	3.04	118.29	6.55
10 年小计			**55.16**	**4.50**	**23.62**	**13.03**	**11.62**	**89.20**	**2.01**
占合计%			**28.59**			**26.31**	**25.41**		
1960	125.30	33.10	10.00	7.98	21.30	2.13	1.85	86.85	5.59
1961	124.60	54.90	5.38	4.32	14.50	0.78	0.93	119.10	1.69
1962	129.90	57.10	5.27	4.06	5.69	0.30	0.22	73.33	0.39
1963	127.90	58.60	3.07	2.40	1.63	0.05	0.08	154.60	0.13
1964	124.30	53.74	3.78	3.04	26.46	1.00	0.94	94.35	1.76
1965	122.10	57.80	4.65	3.81	11.83	0.55	0.56	102.36	0.97
1966	120.10	64.47	6.03	5.02	39.30	2.37	2.20	92.83	3.41
1967	114.45	64.47	6.30	5.50	46.03	2.90	2.02	69.66	3.13
1968	116.79	65.79	5.70	4.88	30.88	1.76	1.71	97.16	2.60
1969	119.17	67.13	4.98	4.18	23.90	1.19	1.11	93.28	1.65
10 年小计			**18.32**	**1.64**	**36.57**	**6.70**	**4.21**	**62.86**	**0.61**
占合计%			**9.50**			**13.53**	**9.21**		
1970	121.60	68.50	4.25	3.50	27.29	1.16	0.97	83.45	1.41
1971	117.57	70.25	2.25	1.91	32.44	0.73	0.34	47.14	0.49
1972	112.78	67.52	2.10	1.86	34.29	0.72	0.44	60.69	0.65
1973	110.34	67.41	2.03	1.84	45.32	0.92	0.65	71.09	0.97
1974	109.93	68.18	2.54	2.31	36.61	0.93	0.61	65.14	0.89
1975	109.26	68.91	1.79	1.64	42.46	0.76	0.46	60.26	0.66
1976	109.33	69.44	1.07	0.98	41.12	0.44	0.25	56.14	0.36
1977	108.80	70.19	1.04	0.96	44.23	0.46	0.25	54.35	0.36
1978	108.80	70.88	0.83	0.76	50.60	0.42	0.21	49.17	0.29
1979	108.55	70.75	0.42	0.39	38.10	0.16	0.04	25.94	0.06
10 年小计			**7.05**	**0.86**	**40.82**	**2.88**	**2.27**	**78.76**	**0.41**
占合计%			**3.65**			**5.81**	**4.96**		
1980	108.30	71.02	4.27	3.94	33.49	1.43	1.16	81.12	1.63
1981	108.00	71.80	2.13	1.97	48.36	1.03	0.88	84.95	1.22
1982	108.13	71.91	0.33	0.31	82.73	0.27	0.15	56.41	0.21
1983	99.79	66.42	0.11	0.11	84.27	0.09	0.08	83.50	0.12
1984	99.47	66.73	0.02	0.02	80.00	0.02			
1985	99.44	66.49	0.03	0.03	120.00	0.04			
1986									
1987									
1988	98.72	67.28	0.02	0.02					
1989	98.59	67.39	0.14	0.14					
11 年小计			**13.78**	**1.25**	**82.77**	**11.41**	**11.61**	**101.81**	**1.49**
占合计%			**7.14**			**23.03**	**25.39**		
1990	98.54	69.10	0.89	0.90	60.67	0.54	0.43	80.19	0.63
1991	98.46	69.71	3.19	3.24	60.82	1.94	1.19	61.34	1.71
1992	98.46	69.71	3.43	3.48	78.13	2.68	2.40	89.55	3.44
1993	97.56	70.39	0.98	1.00	86.33	0.85	1.08	127.66	1.53
1994	97.11	70.90	0.78	0.80	106.41	0.83	0.60	72.29	0.85
1995	96.95	71.26	1.55	1.60	98.06	1.52	1.01	66.45	1.42
1996	96.54	71.44	2.05	2.12	95.61	1.96	0.50	25.51	0.70
1997	96.54	71.44	0.72	0.75	118.06	0.85	0.80	94.12	1.12
1998	96.54	71.44	0.08	0.08	150.00	0.12	2.03	*	2.84
1999	114.68	71.93	0.09	0.08	122.22	0.11	0.43	*	0.60
2000	114.59	71.33	0.02	0.02	50.00	0.01	1.14	*	1.60

5-6-13　江苏省涟水县历年棉花生产收购

年　度	耕地面积（万亩）	农业人口（万人）	棉田面积（万亩）	占耕地（%）	亩　产（市斤）	产　量（万担）	收购量（万担）	商品率（%）	人均交售（市斤）
52年合计			**438.00**	**5.53**	**59.78**	**261.82**	**209.66**	**80.08**	**5.57**
11年小计			**102.88**	**4.43**	**16.12**	**16.58**	**12.36**	**74.55**	**1.95**
占合计%			**23.49**			**6.33**	**5.90**		
1949	213.80	53.60	1.31	0.61	18.32	0.24	0.24	100.00	0.45
1950	218.20	54.70	1.38	0.63	18.12	0.25	0.25	100.00	0.46
1951	222.60	55.80	7.00	3.14	15.00	1.05			
1952	227.10	56.90	9.10	4.01	15.38	1.40	0.40	28.57	0.70
1953	226.10	56.70	8.30	3.67	22.89	1.90	1.63	85.79	2.87
1954	226.80	57.80	8.00	3.53	7.50	0.60	0.45	75.33	0.78
1955	226.90	59.80	9.20	4.05	6.52	0.60	0.42	70.00	0.70
1956	222.90	60.60	20.90	9.38	2.87	0.60	0.15	24.83	0.25
1957	218.50	62.10	9.12	4.17	27.74	2.53	2.17	85.77	3.49
1958	163.40	62.10	18.18	11.13	25.58	4.65	4.34	93.33	6.99
1959	157.40	52.70	10.39	6.60	26.56	2.76	2.31	83.70	4.38
10年小计			**72.91**	**5.16**	**31.09**	**22.67**	**23.00**	**101.47**	**3.82**
占合计%			**16.65**			**8.66**	**10.97**		
1960	150.00	52.60	8.65	5.77	26.01	2.25	1.92	85.33	3.65
1961	142.00	52.90	6.92	4.87	28.03	1.94	1.71	88.14	3.23
1962	142.50	53.90	6.91	4.85	4.05	0.28	0.35	125.00	0.65
1963	141.20	56.00	5.68	4.02	4.23	0.24	0.36	151.38	0.65
1964	145.20	56.28	4.89	3.37	27.40	1.34	1.32	98.51	2.35
1965	144.20	58.06	6.71	4.65	13.56	0.91	1.07	117.58	1.84
1966	143.40	69.01	6.91	4.82	44.43	3.07	2.95	96.09	4.27
1967	132.31	66.28	8.46	6.39	54.02	4.57	4.84	105.91	7.30
1968	135.01	67.63	9.20	6.81	51.52	4.74	4.89	103.16	7.23
1969	137.77	69.01	8.58	6.23	38.81	3.33	3.59	107.81	5.20
10年小计			**65.77**	**4.83**	**55.68**	**36.62**	**32.95**	**89.98**	**4.40**
占合计%			**15.02**			**13.99**	**15.72**		
1970	140.58	70.42	7.30	5.19	50.14	3.66	3.45	94.26	4.90
1971	139.00	72.30	6.50	4.68	40.15	2.61	2.24	85.82	3.10
1972	137.60	73.37	6.10	4.43	42.62	2.60	2.61	100.38	3.56
1973	136.00	73.83	6.36	4.68	60.85	3.87	3.57	92.25	4.84
1974	135.91	74.66	7.81	5.75	49.94	3.90	3.43	87.95	4.59
1975	135.52	76.01	6.71	4.95	58.27	3.91	3.59	91.82	4.72
1976	135.22	76.24	6.15	4.55	57.56	3.54	2.98	84.18	3.91
1977	134.66	76.89	5.78	4.29	64.88	3.75	3.49	93.07	4.54
1978	134.43	77.73	5.70	4.24	74.56	4.25	3.77	88.71	4.85
1979	134.18	77.16	7.36	5.49	61.55	4.53	3.82	84.33	4.95
10年小计			**104.97**	**7.89**	**100.43**	**105.42**	**85.32**	**80.93**	**10.80**
占合计%			**23.97**			**40.26**	**40.69**		
1980	133.98	78.16	9.83	7.34	91.35	8.98	8.73	97.22	11.17
1981	133.98	78.18	10.82	8.08	121.44	13.14	13.46	102.44	17.22
1982	133.42	79.24	11.32	8.48	107.42	12.16	11.76	96.71	14.84
1983	133.49	79.78	10.29	7.71	105.83	10.89	9.80	89.99	12.28
1984	132.84	79.26	11.18	8.42	119.32	13.34	12.01	90.03	15.15
1985	132.70	78.86	11.09	8.36	103.97	11.53	9.01	78.14	11.43
1986	132.62	76.59	7.72	5.82	80.70	6.23	3.98	63.88	5.20
1987	132.59	77.66	8.41	6.34	94.53	7.95	5.38	67.67	6.93
1988	132.45	81.02	11.77	8.89	89.63	10.55	6.01	56.97	7.42
1989	131.92	81.26	12.54	9.51	84.93	10.65	5.18	48.64	6.37
11年小计			**91.47**	**6.13**	**88.04**	**80.53**	**56.03**	**69.58**	**5.66**
占合计%			**20.88**			**30.76**	**26.72**		
1990	131.81	87.72	11.03	8.37	84.41	9.31	7.60	81.63	8.66
1991	131.80	88.10	16.20	12.29	81.85	13.26	11.32	85.37	12.85
1992	131.80	88.10	18.93	14.36	44.64	8.45	8.92	105.56	10.12
1993	130.70	89.97	7.13	5.46	75.88	5.41	2.83	52.31	3.15
1994	130.35	90.54	5.50	4.22	92.73	5.10	1.91	37.45	2.11
1995	130.13	91.14	9.64	7.41	111.41	10.74	4.50	41.90	4.94
1996	130.10	91.21	6.33	4.87	111.53	7.06	4.88	69.12	5.35
1997	130.10	91.21	6.42	4.93	126.17	8.10	3.85	47.53	4.22
1998	130.10	91.21	7.15	5.50	124.20	8.88	7.01	78.94	7.69
1999	157.72	90.42	2.00	1.27	134.50	2.69	2.91	108.18	3.22
2000	157.83	90.70	1.14	0.72	134.21	1.53	0.30	19.61	0.33

5-6-14 江苏省洪泽县历年棉花生产收购

年度	耕地面积（万亩）	农业人口（万人）	棉田面积（万亩）	占耕地（%）	亩产（市斤）	产量（万担）	收购量（万担）	商品率（%）	人均交售（市斤）
52年合计			**5.38**	**0.41**	**49.13**	**2.64**	**1.34**	**50.55**	**0.17**
11年小计			**0.56**	**0.44**	**21.43**	**0.12**	**0.08**	**66.67**	**0.18**
占合计%			**10.41**			**4.54**	**5.99**		
1949	5.40	2.50	0.20	3.70	20.00	0.04	0.04	100.00	1.60
1950	5.50	2.50	0.17	3.09	23.53	0.04	0.04	100.00	1.60
1951	5.60	2.50	0.19	3.39	21.05	0.04			
1952									
1953									
1954									
1955									
1956	6.50	2.00							
1957	41.00	11.10							
1958	33.70	11.10							
1959	30.00	11.60							
10年小计			**1.22**	**0.52**	**50.00**	**0.61**	**0.19**	**31.08**	**0.16**
占合计%			**22.68**			**23.08**	**14.19**		
1960									
1961									
1962									
1963									
1964									
1965									
1966	60.70	29.78	0.11	0.18	27.27	0.03			
1967	56.91	28.60	0.32	0.56	87.50	0.28	0.10	36.36	0.36
1968	58.07	29.18	0.54	0.93	40.74	0.22	0.08	36.18	0.27
1969	59.26	29.78	0.25	0.42	32.00	0.08	0.01	10.25	0.03
10年小计			**0.68**	**0.13**	**66.18**	**0.45**	**0.09**	**19.93**	**0.03**
占合计%			**12.64**			**17.03**	**6.71**		
1970	60.47	30.39	0.15	0.25	60.00	0.09		3.33	0.01
1971	57.89	31.79	0.04	0.07	50.00	0.02		15.00	0.01
1972	50.12	33.21	0.10	0.20	50.00	0.05		6.20	0.01
1973	49.76	32.73	0.10	0.20	60.00	0.06	0.04	59.33	0.11
1974	49.76	33.30	0.13	0.26	76.92	0.10	0.03	25.90	0.08
1975	50.22	33.71	0.06	0.12	83.33	0.05	0.01	26.00	0.04
1976	49.55	33.27	0.04	0.08	75.00	0.03	0.01	20.33	0.02
1977	49.02	34.46	0.02	0.04	100.00	0.02			
1978	50.38	33.82	0.02	0.04	100.00	0.02			
1979	50.36	33.55	0.02	0.04	50.00	0.01			
10年小计			**2.88**	**0.90**	**49.55**	**1.43**	**0.98**	**68.44**	**0.48**
占合计%			**53.53**			**53.99**	**73.11**		
1980	50.81	34.43	1.44	2.83	44.44	0.64	0.46	71.88	1.34
1981	53.37	34.75	0.72	1.35	48.61	0.35	0.32	90.57	0.91
1982	53.52	34.83	0.65	1.21	52.02	0.34	0.17	49.39	0.48
1983	54.35	35.11	0.05	0.09	118.00	0.06	0.03	55.42	0.09
1984	53.57	35.27	0.01	0.02	240.00	0.02			
1985	52.82	28.74	0.01	0.02	160.00	0.02			
1986									
1987									
1988									
1989									
11年小计			**0.04**	**0.03**	**90.00**	**0.04**			
占合计%			**0.74**			**1.36**			
1990									
1991									
1992	44.02	29.85	0.02	0.05	60.00	0.01			
1993	42.57	29.53	0.02	0.05	80.00	0.02			
1994	41.79	29.61				0.01			
1995									
1996									
1997									
1998									
1999									
2000									

5-6-15 江苏省盱眙县历年棉花生产收购

年度	耕地面积（万亩）	农业人口（万人）	棉田面积（万亩）	占耕地（%）	亩产（市斤）	产量（万担）	收购量（万担）	商品率（%）	人均交售（市斤）
52年合计			**112.02**	**2.12**	**39.96**	**44.77**	**38.58**	**86.19**	**1.88**
11年小计			**12.12**	**1.06**	**19.80**	**2.40**	**0.55**	**22.97**	**0.26**
占合计%			**10.82**			**5.36**	**1.43**		
1949	96.40	16.60	0.71	0.74	12.68	0.09	0.09	100.00	0.54
1950	98.40	16.90	0.75	0.76	14.67	0.11	0.11	100.00	0.65
1951	100.40	17.20	1.79	1.78	10.06	0.18			
1952	102.40	17.60	1.50	1.46	26.67	0.40			
1953	104.00	17.60	1.40	1.35	21.43	0.30			
1954	106.20	18.10	1.20	1.13	25.00	0.30			
1955	112.30	19.70	1.30	1.16	23.08	0.30			
1956	120.00	21.30	1.30	1.08	7.69	0.10	0.01	10.30	0.05
1957	115.20	22.30	0.31	0.27	25.81	0.08	0.02	20.88	0.07
1958	95.50	22.30	0.36	0.38	44.44	0.16	0.04	25.75	0.18
1959	92.70	24.20	1.50	1.62	25.33	0.38	0.28	74.47	1.17
10年小计			**22.62**	**2.36**	**25.11**	**5.68**	**5.01**	**88.24**	**1.58**
占合计%			**20.19**			**12.69**	**12.99**		
1960	100.50	25.30	0.44	0.44	13.64	0.06	0.02	31.67	0.08
1961	99.90	27.80	1.08	1.08	26.85	0.29	0.01	2.10	0.02
1962	100.30	28.60	0.71	0.71	14.08	0.10	0.06	57.00	0.20
1963	100.00	30.10	0.35	0.35	5.71	0.02	0.01	51.00	0.03
1964	98.50	30.79	0.52	0.53	40.38	0.21	0.12	57.14	0.39
1965	97.20	31.58	1.65	1.70	20.61	0.34	0.27	80.29	0.86
1966	95.60	36.52	1.89	1.98	60.32	1.14	0.85	74.12	2.31
1967	87.34	35.07	6.05	6.93	26.45	1.60	2.11	131.88	6.02
1968	89.12	35.79	4.72	5.30	18.43	0.87	0.90	103.22	2.51
1969	90.94	36.52	5.21	5.73	20.15	1.05	0.67	64.19	1.85
10年小计			**45.94**	**5.26**	**37.77**	**17.35**	**16.82**	**96.92**	**4.34**
占合计%			**41.01**			**38.76**	**43.58**		
1970	92.80	37.27	5.20	5.60	30.77	1.60	1.45	90.63	3.89
1971	91.73	38.30	2.66	2.90	34.59	0.92	0.67	72.28	1.74
1972	89.21	39.03	3.86	4.33	30.31	1.17	1.11	94.87	2.84
1973	89.18	39.09	4.01	4.50	37.91	1.52	1.58	103.95	4.04
1974	87.58	39.68	4.90	5.59	38.98	1.91	2.29	119.90	5.77
1975	86.50	40.07	4.27	4.94	43.33	1.85	1.79	96.76	4.47
1976	85.15	38.33	6.75	7.93	44.74	3.02	2.77	91.72	7.23
1977	86.04	38.42	7.25	8.43	34.21	2.48	2.19	88.31	5.70
1978	85.45	38.76	4.49	5.25	46.33	2.08	2.01	96.63	5.19
1979	79.20	38.85	2.55	3.22	31.37	0.80	0.96	120.13	2.47
10年小计			**24.21**	**2.55**	**49.79**	**12.06**	**13.27**	**110.08**	**2.73**
占合计%			**21.61**			**26.93**	**34.39**		
1980	83.18	38.91	4.42	5.31	23.53	1.04	1.38	132.69	3.55
1981	82.92	39.04	5.67	6.84	51.68	2.93	3.30	112.63	8.45
1982	82.88	39.32	5.16	6.23	43.39	2.24	2.11	94.24	5.37
1983	82.76	39.51	4.31	5.21	55.45	2.39	2.21	92.47	5.59
1984	82.68	40.02	2.67	3.23	67.42	1.80	1.50	83.33	3.75
1985	82.67	57.05	0.67	0.81	70.15	0.47	0.31	65.32	0.54
1986	113.01	57.83	0.20	0.18	118.00	0.24	1.62	*	2.80
1987	112.83	57.95	0.46	0.41	80.43	0.37	0.39	105.68	0.67
1988	112.46	58.12	0.47	0.42	87.23	0.41	0.31	74.63	0.53
1989	112.42	58.51	0.18	0.16	94.44	0.17	0.15	85.88	0.25
11年小计			**7.13**	**0.53**	**102.18**	**7.28**	**2.93**	**40.30**	**0.45**
占合计%			**6.36**			**16.26**	**7.60**		
1990	113.31	59.79	0.36	0.32	132.78	0.48	0.24	49.37	0.39
1991	112.87	59.96	0.28	0.25	87.86	0.25	0.14	58.13	0.24
1992	112.87	59.96	2.17	1.92	91.71	1.99	0.73	36.63	1.22
1993	111.56	59.46	1.07	0.96	106.54	1.14	0.15	13.16	0.25
1994	111.59	58.69	0.42	0.38	80.00	0.34	0.15	44.64	0.26
1995	111.89	58.99	1.02	0.91	85.29	0.87	0.26	29.89	0.44
1996	112.19	59.04	0.86	0.77	116.28	1.00	0.20	20.00	0.34
1997	112.19	59.04	0.32	0.28	79.37	0.25	0.06	24.00	0.10
1998	112.19	59.04	0.17	0.15	152.94	0.26	0.01	2.23	0.01
1999	169.99	57.63	0.29	0.17	155.17	0.45	1.00	*	1.74
2000	169.95	57.49	0.17	0.10	152.94	0.26			

5-6-16 江苏省金湖县历年棉花生产收购

年　　度	耕地面积（万亩）	农业人口（万人）	棉田面积（万亩）	占耕地（%）	亩　产（市斤）	产　量（万担）	收购量（万担）	商品率（%）	人均交售（市斤）
52 年合计			**121.37**	**5.10**	**89.28**	**108.36**	**85.25**	**78.67**	**7.79**
11 年小计			**0.34**	**0.28**	**8.82**	**0.03**			
占合计%			**0.28**			**0.03**			
1949									
1950									
1951									
1952									
1953									
1954									
1955									
1956									
1957									
1958	62.60		0.10	0.16	10.00	0.01			
1959	60.50	18.00	0.24	0.40	8.33	0.02			
10 年小计			**5.32**	**0.93**	**38.16**	**2.03**	**1.99**	**97.84**	**0.93**
占合计%			**4.38**			**1.87**	**2.33**		
1960	57.80	18.60	0.43	0.74	2.33	0.01	0.01	100.00	0.04
1961	58.20	19.40	0.03	0.05	33.33	0.01	0.01	100.00	0.04
1962	60.60	19.10	0.12	0.20					
1963	60.20	19.40	0.04	0.07					
1964	60.90	19.78	0.01	0.02					
1965	60.10	20.40	0.14	0.23					
1966	58.50	24.82	0.22	0.38	40.91	0.09	0.10	115.56	0.42
1967	50.05	23.83	1.15	2.30	40.00	0.46	0.66	144.30	2.79
1968	51.07	24.32	1.88	3.68	61.17	1.15	0.85	73.48	3.47
1969	52.11	24.82	1.30	2.49	23.85	0.31	0.36	115.16	1.44
10 年小计			**44.77**	**8.17**	**56.73**	**25.40**	**27.07**	**106.57**	**9.83**
占合计%			**36.89**			**23.44**	**31.76**		
1970	53.17	25.33	3.72	7.00	36.56	1.36	1.52	111.76	6.00
1971	53.40	25.96	3.54	6.63	30.79	1.09	1.20	110.09	4.62
1972	53.28	27.15	3.67	6.89	41.14	1.51	1.76	116.56	6.48
1973	51.19	27.27	4.34	8.48	73.96	3.21	3.43	106.85	12.58
1974	50.87	27.77	5.07	9.97	60.95	3.09	3.43	111.00	12.35
1975	51.34	28.17	4.67	9.10	63.60	2.97	3.34	112.46	11.86
1976	81.17	28.75	4.87	6.00	66.53	3.24	3.45	106.48	12.00
1977	51.14	29.17	5.15	10.07	56.50	2.91	3.04	104.47	10.42
1978	51.32	27.97	5.07	9.88	62.13	3.15	3.21	101.90	11.48
1979	51.40	27.90	4.67	9.09	61.46	2.87	2.69	93.73	9.64
10 年小计			**25.23**	**4.82**	**80.31**	**20.26**	**20.05**	**98.95**	**7.11**
占合计%			**20.79**			**18.70**	**23.52**		
1980	52.30	27.93	4.57	8.74	49.45	2.26	2.35	103.98	8.41
1981	52.36	28.12	4.42	8.44	78.05	3.45	3.62	104.93	12.87
1982	52.45	28.29	3.47	6.62	72.68	2.52	2.51	99.52	8.87
1983	52.40	28.10	2.76	5.27	79.35	2.19	2.14	97.72	7.62
1984	52.39	28.32	1.46	2.79	104.79	1.53	1.46	95.42	5.16
1985	52.33	28.16	1.37	2.62	109.49	1.50	1.45	96.67	5.15
1986	52.31	28.21	1.02	1.95	99.02	1.01	1.07	105.94	3.79
1987	52.27	28.22	1.35	2.58	86.67	1.17	1.11	94.87	3.93
1988	52.22	28.23	3.22	6.17	89.13	2.87	2.56	89.20	9.07
1989	52.20	28.47	1.59	3.05	110.69	1.76	1.78	101.14	6.25
11 年小计			**45.71**	**7.42**	**132.66**	**60.64**	**36.14**	**59.60**	**11.86**
占合计%			**37.66**			**55.96**	**42.39**		
1990	52.17	28.60	2.48	4.75	98.79	2.45	2.21	90.20	7.73
1991	52.07	28.67	3.13	6.01	94.89	2.97	3.12	105.05	10.88
1992	52.07	28.67	4.44	8.53	86.94	3.86	3.78	97.93	13.18
1993	52.01	28.36	3.67	7.06	125.61	4.61	1.55	33.62	5.47
1994	51.71	27.85	4.08	7.89	132.84	5.42	3.13	57.75	11.24
1995	51.59	27.64	5.09	9.87	135.36	6.89	5.34	77.50	19.32
1996	51.57	27.37	5.77	11.19	124.96	7.21	3.74	51.87	13.66
1997	51.57	27.37	3.64	7.06	152.75	5.56	2.80	50.36	10.23
1998	51.57	27.37	4.68	9.08	177.99	8.33	5.33	63.99	19.47
1999	74.96	26.45	4.14	5.52	140.34	5.81	4.60	79.17	17.39
2000	74.91	26.44	4.59	6.13	164.05	7.53	0.54	7.17	2.04

5－6－17　江苏省宿豫市历年棉花生产收购

年　度	耕地面积（万亩）	农业人口（万人）	棉田面积（万亩）	占耕地（%）	亩　产（市斤）	产　量（万担）	收购量（万担）	商品率（%）	人均交售（市斤）
52 年合计			**365.37**	**5.25**	**63.35**	**231.47**	**185.41**	**80.10**	**4.59**
11 年小计			**107.15**	**5.24**	**23.57**	**25.26**	**17.54**	**69.43**	**2.76**
占合计%			**29.33**			**10.91**	**9.46**		
1949	180.60	52.30	4.67	2.59	16.49	0.77	0.77	100.00	1.47
1950	184.30	53.40	4.59	2.49	8.93	0.41	0.41	100.00	0.77
1951	188.10	54.50	12.86	6.84	15.01	1.93			
1952	191.90	55.60	17.30	9.02	6.94	1.20	1.04	86.67	1.87
1953	198.30	54.60	8.30	4.19	25.30	2.10	1.78	84.76	3.26
1954	179.90	56.60	8.20	4.56	7.32	0.60	0.38	63.17	0.67
1955	213.50	59.30	8.20	3.84	19.51	1.60	0.81	50.63	1.37
1956	210.40	60.90	11.40	5.42	16.67	1.90	1.13	59.47	1.86
1957	208.40	61.70	11.14	5.35	31.78	3.54	3.27	92.37	5.30
1958	150.10	61.70	15.05	10.03	59.87	9.01	6.08	67.48	9.85
1959	138.10	63.80	5.44	3.94	40.44	2.20	1.87	85.00	2.93
10 年小计			**68.97**	**5.40**	**34.75**	**23.97**	**23.88**	**99.64**	**3.49**
占合计%			**18.88**			**10.36**	**12.88**		
1960	137.50	60.30	6.48	4.71	35.65	2.31	2.18	94.37	3.62
1961	133.40	62.60	6.08	4.56	29.44	1.79	1.84	102.79	2.94
1962	131.50	64.70	5.40	4.11	11.48	0.62	0.65	104.03	1.00
1963	133.00	66.70	5.43	4.08	2.21	0.12	0.17	140.42	0.25
1964	132.10	66.21	6.97	5.28	40.60	2.83	2.80	98.94	4.23
1965	128.30	66.83	7.72	6.02	24.87	1.92	2.02	105.21	3.02
1966	126.70	75.45	7.05	5.56	48.23	3.40	3.53	103.82	4.68
1967	115.77	72.46	7.66	6.62	49.35	3.78	3.36	88.89	4.64
1968	118.13	73.94	8.19	6.93	48.84	4.00	3.97	99.25	5.37
1969	120.54	75.45	7.99	6.63	40.05	3.20	3.37	105.31	4.47
10 年小计			**51.01**	**4.25**	**64.44**	**32.87**	**30.66**	**93.28**	**3.80**
占合计%			**13.96**			**14.20**	**16.54**		
1970	123.00	76.99	6.00	4.88	51.50	3.09	3.01	97.41	3.91
1971	120.66	78.17	4.05	3.36	36.30	1.47	1.22	82.99	1.56
1972	120.64	78.98	4.15	3.44	67.95	2.82	2.21	78.37	2.80
1973	119.90	78.69	5.61	4.68	74.87	4.20	4.00	95.24	5.08
1974	119.77	79.83	4.11	3.43	80.29	3.30	3.24	98.18	4.06
1975	119.41	80.99	5.34	4.47	90.82	4.85	4.60	94.85	5.68
1976	119.32	81.85	5.00	4.19	75.20	3.76	3.74	99.47	4.57
1977	118.87	82.89	5.38	4.53	59.29	3.19	2.81	88.09	3.39
1978	118.77	84.10	5.86	4.93	67.58	3.96	3.82	96.46	4.54
1979	118.71	83.77	5.51	4.64	40.47	2.23	2.01	90.13	2.40
10 年小计			**67.30**	**5.72**	**102.21**	**68.79**	**65.21**	**94.80**	**7.37**
占合计%			**18.42**			**29.72**	**35.17**		
1980	118.60	84.45	7.31	6.16	82.63	6.04	6.05	100.17	7.16
1981	118.43	85.11	7.57	6.39	102.38	7.75	7.84	101.16	9.21
1982	118.36	85.36	7.10	6.00	126.06	8.95	9.06	101.23	10.61
1983	118.26	85.93	9.78	8.27	103.99	10.17	10.05	98.82	11.70
1984	117.50	87.05	8.71	7.41	126.64	11.03	11.67	105.80	13.41
1985	117.44	87.95	8.27	7.04	92.14	7.62	5.88	77.17	6.69
1986	117.22	89.72	3.01	2.57	91.36	2.75	2.58	93.82	2.88
1987	117.12	92.00	5.69	4.86	97.54	5.55	5.18	93.33	5.63
1988	117.16	93.28	6.66	5.68	97.45	6.49	4.77	73.50	5.11
1989	117.10	94.47	3.20	2.73	76.25	2.44	2.13	87.30	2.25
11 年小计			**70.94**	**5.60**	**113.59**	**80.58**	**48.12**	**59.72**	**4.68**
占合计%			**19.42**			**34.81**	**25.95**		
1990	116.90	95.92	7.67	6.56	92.96	7.13	6.80	95.37	7.09
1991	116.89	97.44	10.11	8.65	120.47	12.18	11.71	96.14	12.02
1992	116.89	97.44	10.03	8.58	78.66	7.89	6.36	80.61	6.53
1993	116.54	97.89	6.53	5.60	103.37	6.75	1.63	24.15	1.67
1994	116.43	97.25	6.08	5.22	80.76	4.91	2.92	59.47	3.00
1995	116.00	97.11	7.88	6.79	122.08	9.62	5.46	56.76	5.62
1996	116.13	87.08	5.47	4.71	128.70	7.04	2.30	32.67	2.64
1997	116.13	87.08	5.01	4.31	117.96	5.91	2.54	42.98	2.92
1998	116.13	97.11	3.75	3.23	151.47	5.68	3.63	63.91	3.74
1999	109.66	87.61	3.20	2.92	147.81	4.73	2.90	61.31	3.31
2000	109.10	87.34	5.21	4.78	167.75	8.74	1.87	21.40	2.14

5－6－18　江苏省沭阳县历年棉花生产收购

年　　度	耕地面积（万亩）	农业人口（万人）	棉田面积（万亩）	占耕地（%）	亩　产（市斤）	产　量（万担）	收购量（万担）	商品率（%）	人均交售（市斤）
52年合计			**450.35**	**3.87**	**71.19**	**320.60**	**281.21**	**87.71**	**4.98**
11年小计			**30.00**	**0.99**	**20.00**	**6.00**	**4.93**	**82.08**	**0.68**
占合计%			**6.66**			**1.87**	**1.75**		
1949	268.70	58.90	0.62	0.23	11.29	0.07	0.07	100.00	0.12
1950	274.20	60.10	0.73	0.27	9.59	0.07	0.07	100.00	0.12
1951	279.80	61.30	4.49	1.60	14.25	0.64			
1952	285.50	62.50	1.80	0.63	22.22	0.40			
1953	288.10	63.90	1.00	0.35	20.00	0.20			
1954	290.60	65.70	0.50	0.17	20.00	0.10			
1955	293.60	67.80	0.50	0.17	20.00	0.10			
1956	288.80	69.90	0.20	0.07					
1957	282.30	71.60	6.50	2.30	24.92	1.62	0.30	18.21	0.41
1958	247.50	71.60	6.92	2.80	19.65	1.36	2.64	194.12	3.69
1959	241.10	74.20	6.74	2.80	21.36	1.44	1.85	128.47	2.49
10年小计			**76.38**	**3.40**	**39.32**	**30.03**	**28.14**	**93.72**	**3.10**
占合计%			**16.96**			**9.37**	**10.01**		
1960	233.80	74.10	7.80	3.34	27.05	2.11	1.37	64.93	1.85
1961	232.70	77.50	6.35	2.73	17.17	1.09	1.29	118.35	1.66
1962	233.40	81.50	6.80	2.91	8.09	0.55	0.27	48.55	0.33
1963	232.30	85.30	3.84	1.65	2.60	0.10	0.11	107.20	0.13
1964	228.80	86.32	7.45	3.26	46.17	3.44	3.02	87.79	3.50
1965	226.90	88.46	9.03	3.98	35.88	3.24	3.22	99.38	3.64
1966	225.00	105.40	8.92	3.96	52.47	4.68	4.71	100.64	4.47
1967	207.69	101.22	9.18	4.42	65.47	6.01	5.05	84.03	4.99
1968	211.93	103.29	8.47	4.00	53.36	4.52	4.48	99.12	4.34
1969	216.25	105.40	8.54	3.95	50.23	4.29	4.63	107.93	4.39
10年小计			**91.67**	**4.41**	**52.87**	**48.47**	**42.14**	**86.94**	**3.66**
占合计%			**20.36**			**15.12**	**14.99**		
1970	220.66	107.55	8.39	3.80	49.23	4.13	3.89	94.19	3.62
1971	213.18	109.88	7.60	3.57	36.05	2.74	2.48	90.51	2.26
1972	206.60	112.53	8.56	4.14	46.14	3.95	3.73	94.43	3.31
1973	206.39	113.85	8.89	4.31	61.98	5.51	4.76	86.39	4.18
1974	205.86	115.29	10.24	4.97	39.55	4.05	3.51	86.67	3.04
1975	205.64	117.00	9.42	4.58	56.26	5.30	4.68	88.30	4.00
1976	205.63	117.48	10.84	5.27	56.00	6.07	4.83	79.57	4.11
1977	205.57	118.84	9.95	4.84	61.51	6.12	5.07	82.84	4.27
1978	205.02	120.09	9.11	4.44	69.15	6.30	5.56	88.25	4.63
1979	202.64	119.11	8.67	4.28	49.60	4.30	3.63	84.42	3.05
10年小计			**144.93**	**7.10**	**84.72**	**122.79**	**105.29**	**85.75**	**8.36**
占合计%			**32.18**			**38.30**	**37.44**		
1980	204.43	120.37	16.04	7.85	74.50	11.95	11.53	96.49	9.58
1981	204.46	121.65	16.67	8.15	67.49	11.25	11.03	98.04	9.07
1982	204.38	123.23	16.92	8.28	63.30	10.71	9.34	87.21	7.58
1983	204.29	125.62	14.34	7.02	93.03	13.34	12.34	92.50	9.82
1984	204.24	125.79	17.89	8.76	99.89	17.87	15.47	86.57	12.30
1985	204.09	126.11	13.32	6.53	108.78	14.49	11.21	77.36	8.89
1986	203.97	128.37	6.85	3.36	103.07	7.06	6.96	98.58	5.42
1987	203.83	128.71	13.87	6.80	88.18	12.23	10.22	83.57	7.94
1988	203.58	128.96	19.72	9.69	85.09	16.78	11.04	65.79	8.56
1989	203.25	130.85	9.31	4.58	76.37	7.11	6.15	86.50	4.70
11年小计			**107.37**	**4.80**	**105.53**	**113.31**	**100.71**	**88.88**	**6.29**
占合计%			**23.84**			**35.34**	**35.81**		
1990	202.60	138.92	15.13	7.47	77.99	11.80	10.00	84.75	7.20
1991	202.57	141.50	21.51	10.62	73.92	15.90	15.03	94.53	10.62
1992	202.57	141.50	12.95	6.39	68.49	8.87	9.24	104.17	6.53
1993	202.01	144.83	4.82	2.39	114.73	5.53	2.24	40.51	1.55
1994	201.87	146.50	5.81	2.88	71.94	4.18	4.57	109.33	3.12
1995	201.84	146.81	10.07	4.99	109.24	11.00	8.50	77.27	5.79
1996	201.84	147.52	6.63	3.28	139.97	9.28	8.30	89.44	5.63
1997	201.84	147.52	6.61	3.27	145.23	9.60	6.00	62.50	4.07
1998	201.84	147.52	10.75	5.33	170.14	18.29	11.13	60.85	7.54
1999	209.42	149.24	6.17	2.95	159.97	9.87	5.32	53.90	3.56
2000	209.47	149.59	6.92	3.30	129.91	8.99	20.38	*	13.62

5-6-19 江苏省泗阳县历年棉花生产收购

年　度	耕地面积（万亩）	农业人口（万人）	棉田面积（万亩）	占耕地（%）	亩　产（市斤）	产　量（万担）	收购量（万担）	商品率（%）	人均交售（市斤）
52年合计			**816.36**	**11.98**	**74.62**	**609.14**	**532.97**	**87.50**	**13.26**
11年小计			**121.83**	**6.43**	**36.25**	**44.16**	**38.60**	**87.41**	**6.61**
占合计%			**14.92**			**7.25**	**7.24**		
1949	168.40	48.10	1.14	0.68	12.28	0.14	0.14	100.00	0.29
1950	171.80	49.10	2.21	1.29	4.07	0.09	0.09	100.00	0.18
1951	175.30	50.10	7.10	4.05	10.00	0.71			
1952	178.90	51.10	6.40		12.50	0.80	0.50	62.50	0.98
1953	180.00	51.80	6.10	3.39	19.67	1.20	0.85	70.83	1.64
1954	213.50	53.80	5.70	2.67	7.02	0.40	0.18	45.50	0.34
1955	175.90	54.90	7.20	4.09	20.83	1.50	0.60	40.00	1.09
1956	169.90	55.30	25.00	14.71	4.40	1.10	0.95	86.36	1.72
1957	167.00	56.20	21.28	12.74	40.04	8.52	7.87	92.37	14.00
1958	148.50	56.20	20.08	13.52	88.25	17.72	15.48	87.36	27.54
1959	144.50	57.80	19.62	13.58	61.06	11.98	11.94	99.67	20.66
10年小计			**199.58**	**15.58**	**59.79**	**119.33**	**117.82**	**98.74**	**18.17**
占合计%			**24.45**			**19.59**	**22.11**		
1960	140.00	55.50	31.52	22.51	51.94	16.37	15.86	96.88	28.58
1961	135.40	57.50	22.00	16.25	50.00	11.00	10.23	93.00	17.79
1962	137.30	59.70	18.82	13.71	27.10	5.10	5.09	99.80	8.53
1963	133.40	61.50	18.48	13.85	13.42	2.48	2.45	98.82	3.98
1964	128.90	61.05	19.94	15.47	61.94	12.35	12.52	101.38	20.51
1965	126.80	62.37	17.60	13.88	60.23	10.60	10.64	100.38	17.06
1966	126.30	73.80	17.54	13.89	87.57	15.36	15.37	100.07	20.83
1967	115.27	70.87	18.72	16.24	88.41	16.55	16.06	97.04	22.66
1968	117.62	72.32	17.56	14.93	92.65	16.27	16.17	99.39	22.36
1969	120.02	73.80	17.40	14.50	76.15	13.25	13.43	101.36	18.20
10年小计			**173.95**	**14.62**	**71.56**	**124.48**	**123.06**	**98.86**	**15.17**
占合计%			**21.31**			**20.44**	**23.09**		
1970	122.47	75.31	17.33	14.15	69.53	12.05	12.23	101.49	16.24
1971	122.16	77.44	17.26	14.13	51.10	8.82	8.74	99.09	11.29
1972	119.47	79.09	17.40	14.56	68.39	11.90	11.77	98.91	14.88
1973	118.98	80.03	18.12	15.23	88.13	15.97	15.86	99.31	19.82
1974	118.31	81.08	17.98	15.20	67.58	12.15	11.95	98.35	14.74
1975	118.24	82.45	17.24	14.58	88.11	15.19	15.21	100.13	18.45
1976	117.82	82.30	17.00	14.43	85.24	14.49	14.28	98.55	17.35
1977	117.72	84.57	17.00	14.44	78.71	13.38	12.91	96.49	15.27
1978	117.67	84.39	17.35	14.74	63.92	11.09	10.99	99.10	13.02
1979	117.20	84.59	17.27	14.74	54.66	9.44	9.12	96.61	10.78
10年小计			**168.26**	**14.55**	**101.55**	**170.87**	**149.20**	**87.32**	**16.79**
占合计%			**20.61**			**28.05**	**27.99**		
1980	116.64	85.55	18.61	15.96	94.41	17.57	17.63	100.34	20.61
1981	116.59	86.73	17.65	15.14	111.44	19.67	19.73	100.31	22.75
1982	116.45	87.23	17.75	15.24	111.66	19.82	19.32	97.48	22.15
1983	116.27	87.42	17.00	14.62	139.94	23.79	23.75	99.83	27.17
1984	115.69	88.21	17.56	15.18	132.06	23.19	19.13	82.49	21.69
1985	115.51	88.42	15.40	13.33	102.27	15.75	12.82	81.40	14.50
1986	115.04	89.88	11.36	9.87	89.08	10.12	6.23	61.56	6.93
1987	114.98	90.92	16.02	13.93	84.02	13.46	11.04	82.02	12.14
1988	114.87	91.78	18.98	16.52	77.34	14.68	10.19	69.41	11.10
1989	114.59	92.23	17.93	15.65	71.50	12.82	9.36	73.01	10.15
11年小计			**152.74**	**11.82**	**98.40**	**150.30**	**104.29**	**69.39**	**9.60**
占合计%			**18.71**			**24.67**	**19.57**		
1990	114.53	95.56	18.34	16.01	76.77	14.08	13.04	92.61	13.65
1991	114.49	97.44	18.13	15.84	103.14	18.70	17.56	93.90	18.02
1992	114.49	97.44	20.30	17.73	95.27	19.34	16.69	86.30	17.13
1993	114.30	98.40	15.32	13.40	84.53	12.95	7.49	57.84	7.61
1994	113.94	102.05	15.01	13.17	82.01	12.31	6.97	56.62	6.83
1995	113.10	98.00	19.68	17.40	95.63	18.82	13.66	72.58	13.94
1996	112.92	99.15	12.51	11.08	120.22	15.04	6.09	40.49	6.14
1997	112.92	99.15	11.75	10.41	116.77	13.72	3.98	29.01	4.01
1998	112.92	99.15	8.55	7.57	126.43	10.81	9.97	92.23	10.06
1999	134.59	99.84	6.17	4.58	104.38	6.44	3.39	52.64	3.40
2000	134.40	100.30	6.98	5.19	115.90	8.09	5.45	67.37	5.43

5-6-20 江苏省泗洪县历年棉花生产收购

年　度	耕地面积（万亩）	农业人口（万人）	棉田面积（万亩）	占耕地（%）	亩　产（市斤）	产　量（万担）	收购量（万担）	商品率（%）	人均交售（市斤）
52年合计			**247.65**	**2.48**	**72.61**	**179.81**	**115.49**	**64.23**	**3.13**
11年小计			**20.69**	**0.80**	**18.51**	**3.83**	**1.60**	**41.75**	**0.29**
占合计%			**8.35**			**2.13**	**1.38**		
1949	228.10	45.30	1.50	0.66	14.67	0.22	0.22	100.00	0.49
1950	232.80	46.20	1.60	0.69	16.88	0.27	0.27	100.00	0.58
1951	237.50	47.10	3.59	1.51	30.08	1.08			
1952	242.30	48.00	2.40	0.99	12.50	0.30			
1953	259.60	51.10	0.60	0.23	16.67	0.10			
1954	264.90	51.40	1.20	0.45	8.33	0.10			
1955	262.50	52.30	1.60	0.61	12.50	0.20			
1956	250.10	53.00	2.00	0.80	10.00	0.20			
1957	241.90	52.80	0.72	0.30	11.11	0.08			
1958	177.60	52.80	2.70	1.52	15.93	0.43	0.48	111.86	0.91
1959	200.20	52.60	2.78	1.39	30.58	0.85	0.63	73.88	1.19
10年小计			**33.26**	**1.68**	**40.53**	**13.48**	**12.83**	**95.20**	**2.09**
占合计%			**13.43**			**7.50**	**11.11**		
1960	205.70	50.90	1.89	0.92	22.75	0.43	0.44	102.33	0.86
1961	203.00	51.90	1.90	0.94	34.21	0.65	0.49	75.38	0.94
1962	205.90	55.50	1.48	0.72	13.51	0.20	0.19	93.00	0.34
1963	204.10	57.30	0.97	0.48	2.06	0.02	0.02	120.00	0.04
1964	203.70	58.04	1.48	0.73	30.41	0.45	0.44	97.78	0.76
1965	199.00	60.37	2.98	1.50	19.13	0.57	0.55	96.95	0.92
1966	198.50	71.15	3.81	1.92	51.71	1.97	2.06	104.57	2.90
1967	182.21	68.34	6.10	3.35	48.69	2.97	2.63	88.55	3.85
1968	185.93	69.73	6.50	3.50	54.00	3.51	3.44	98.01	4.93
1969	189.72	71.15	6.15	3.24	44.07	2.71	2.57	94.83	3.61
10年小计			**51.02**	**2.77**	**45.90**	**23.42**	**22.99**	**98.18**	**2.97**
占合计%			**20.60**			**13.02**	**19.91**		
1970	193.59	72.60	6.78	3.50	49.71	3.37	3.49	103.56	4.81
1971	186.00	74.23	6.18	3.32	37.70	2.33	2.23	95.71	3.00
1972	185.59	76.27	5.39	2.90	44.53	2.40	2.40	100.00	3.15
1973	184.40	77.09	5.03	2.73	53.68	2.70	2.68	99.26	3.48
1974	182.65	78.27	6.68	3.66	36.23	2.42	2.26	93.39	2.89
1975	182.58	78.49	5.94	3.25	56.23	3.34	3.18	95.21	4.05
1976	183.14	77.53	5.06	2.76	52.37	2.65	2.76	104.15	3.56
1977	182.24	78.69	3.98	2.18	41.21	1.64	1.56	95.12	1.98
1978	181.55	80.62	3.09	1.70	55.34	1.71	1.64	95.91	2.03
1979	180.26	80.54	2.89	1.60	29.76	0.86	0.79	92.42	0.99
10年小计			**56.00**	**3.25**	**103.93**	**58.20**	**42.74**	**73.44**	**5.28**
占合计%			**22.61**			**32.37**	**37.01**		
1980	182.28	82.03	6.20	3.40	46.29	2.87	2.64	91.99	3.22
1981	182.11	82.46	4.37	2.40	64.53	2.82	2.61	92.55	3.17
1982	182.11	84.02	4.79	2.63	108.14	5.18	5.41	104.44	6.44
1983	181.68	84.12	5.38	2.96	120.07	6.46	6.45	99.85	7.67
1984	182.62	86.81	6.21	3.40	133.82	8.31	7.05	84.84	8.12
1985	182.32	76.25	6.46	3.54	107.59	6.95	4.33	62.30	5.68
1986	156.99	76.47	4.79	3.05	104.59	5.01	2.45	48.90	3.20
1987	156.73	77.69	5.12	3.27	122.66	6.28	4.21	67.04	5.42
1988	157.07	78.41	7.23	4.60	115.35	8.34	5.10	61.15	6.50
1989	157.32	80.63	5.45	3.46	109.72	5.98	2.49	41.64	3.09
11年小计			**86.68**	**4.73**	**93.31**	**80.88**	**35.32**	**43.67**	**3.76**
占合计%			**35.00**			**44.98**	**30.58**		
1990	157.27	82.87	6.34	4.03	74.29	4.71	3.60	76.43	4.34
1991	157.27	83.39	11.63	7.39	75.24	8.75	6.52	74.51	7.82
1992	157.27	83.39	13.23	8.41	74.75	9.89	6.34	64.11	7.60
1993	155.93	85.86	7.57	4.85	87.05	6.59	1.40	21.24	1.63
1994	155.67	86.89	9.06	5.82	60.15	5.45	1.68	30.83	1.93
1995	155.55	86.91	9.59	6.17	102.19	9.80	5.61	57.24	6.45
1996	155.49	87.36	9.57	6.15	104.39	9.99	2.80	28.03	3.21
1997	155.49	87.36	5.10	3.28	120.20	6.13	1.65	26.92	1.89
1998	155.49	87.36	4.84	3.11	125.62	6.08	1.40	23.03	1.60
1999	212.75	83.79	4.17	1.96	133.57	5.57	2.41	43.27	2.88
2000	212.85	84.08	5.58	2.62	141.94	7.92	1.91	24.12	2.27

5-6-21 江苏省响水县历年棉花生产收购

年 度	耕地面积（万亩）	农业人口（万人）	棉田面积（万亩）	占耕地（%）	亩 产（市斤）	产 量（万担）	收购量（万担）	商品率（%）	人均交售（市斤）
52 年合计			**450.11**	**19.99**	**101.35**	**456.19**	**389.98**	**85.49**	**27.21**
11 年小计									
占合计%									
1949									
1950									
1951									
1952									
1953									
1954									
1955									
1956									
1957									
1958									
1959									
10 年小计			**31.02**	**11.13**	**40.65**	**12.61**	**13.42**	**106.42**	**7.91**
占合计%			**6.89**			**2.76**	**3.44**		
1960									
1961									
1962									
1963									
1964									
1965	63.00	34.36	6.23	9.89	13.96	0.87			
1966	65.30	34.36	5.76	8.82	49.13	2.83	3.02	106.71	8.79
1967	49.17	32.99	7.15	14.54	49.37	3.53	3.57	101.13	10.82
1968	50.17	33.67	7.23	14.41	47.58	3.44	3.56	103.49	10.57
1969	51.19	34.36	4.65	9.08	41.72	1.94	3.27	168.56	9.52
10 年小计			**59.73**	**11.20**	**53.42**	**31.91**	**44.74**	**140.21**	**12.24**
占合计%			**13.27**			**6.99**	**11.47**		
1970	52.23	35.06	5.95	11.39	36.64	2.18	3.04	139.45	8.67
1971	54.85	36.76	4.73	8.62	25.16	1.19	1.76	147.90	4.79
1972	55.31	36.54	5.49	9.93	33.70	1.85	2.79	150.81	7.64
1973	52.99	36.37	5.63	10.62	50.98	2.87	4.15	144.60	11.41
1974	52.99	37.03	6.42	12.12	42.99	2.76	3.46	125.36	9.34
1975	52.99	37.64	6.09	11.49	56.49	3.44	5.27	153.20	14.00
1976	53.00	35.98	6.42	12.11	60.12	3.86	5.37	139.12	14.92
1977	53.00	36.51	6.52	12.30	65.18	4.25	5.82	136.94	15.94
1978	53.00	36.91	6.47	12.21	72.49	4.69	6.63	141.36	17.96
1979	53.00	36.84	6.01	11.34	80.20	4.82	6.45	133.82	17.51
10 年小计			**143.93**	**21.81**	**103.99**	**149.68**	**136.36**	**91.10**	**33.67**
占合计%			**31.98**			**32.81**	**34.97**		
1980	65.30	37.22	8.95	13.71	121.79	10.90	11.10	101.83	29.82
1981	65.30	37.88	16.02	24.53	107.05	17.15	17.36	101.22	45.83
1982	66.03	38.74	21.20	32.11	73.96	15.68	14.60	93.11	37.69
1983	66.61	39.42	19.41	29.14	97.01	18.83	19.07	101.27	48.38
1984	68.42	41.56	18.64	27.24	93.67	17.46	15.45	88.49	37.18
1985	67.41	42.08	11.24	16.67	99.02	11.13	9.34	83.92	22.20
1986	65.04	40.56	9.50	14.61	103.68	9.85	8.33	84.57	20.54
1987	65.22	41.31	10.60	16.25	115.94	12.29	11.02	89.67	26.68
1988	64.93	42.64	14.04	21.62	127.85	17.95	17.18	95.71	40.29
1989	65.72	43.52	14.33	21.80	128.68	18.44	12.91	70.01	29.66
11 年小计			**215.43**	**27.62**	**121.62**	**261.99**	**195.46**	**74.61**	**39.64**
占合计%			**47.86**			**57.43**	**50.12**		
1990	66.65	44.74	16.40	24.61	91.46	15.00	11.51	76.73	25.73
1991	66.46	45.20	21.60	32.50	122.78	26.52	26.87	101.32	59.45
1992	66.46	45.20	22.95	34.53	96.69	22.19	19.83	89.36	43.87
1993	65.36	45.29	19.59	29.97	117.82	23.08	14.60	63.26	32.24
1994	64.37	46.01	21.50	33.40	102.65	22.07	20.46	92.71	44.47
1995	64.17	44.99	21.57	33.61	132.22	28.52	23.03	80.75	51.19
1996	64.65	44.84	20.15	31.16	126.48	25.48	18.80	73.78	41.93
1997	64.65	44.84	21.39	33.09	148.67	31.80	27.00	84.91	60.21
1998	64.65	44.84	25.45	39.37	132.81	33.80	25.93	76.72	57.83
1999	96.05	43.84	15.14	15.76	148.61	22.50	5.00	22.22	11.41
2000	96.57	43.28	9.69	10.03	113.83	11.03	2.43	22.03	5.61

5-6-22 江苏省滨海县历年棉花生产收购

年度	耕地面积（万亩）	农业人口（万人）	棉田面积（万亩）	占耕地（%）	亩产（市斤）	产量（万担）	收购量（万担）	商品率（%）	人均交售（市斤）
52年合计			**873.86**	**14.40**	**72.73**	**635.60**	**586.56**	**92.28**	**15.22**
11年小计			**126.55**	**9.39**	**12.64**	**16.00**	**23.30**	**145.63**	**4.34**
占合计%			**14.48**			**2.52**	**3.97**		
1949	113.58	43.01	6.09	5.36	13.14	0.80	1.13	141.25	2.63
1950	114.72	43.88	6.38	5.56	13.48	0.86	1.28	148.84	2.92
1951	117.07	46.26	6.53	5.58	16.23	1.06	1.49	140.57	3.22
1952	120.69	46.63	6.74	5.58	20.47	1.38	1.96	142.03	4.20
1953	127.13	47.04	8.35	6.57	39.75	3.32	4.83	145.48	10.27
1954	127.39	49.06	20.98	16.47	4.96	1.04	1.92	184.62	3.91
1955	133.78	50.43	28.91	21.61	8.37	2.42	4.09	169.01	8.11
1956	132.91	51.12	15.38	11.57	9.62	1.48	2.96	*	5.79
1957	123.50	52.26	10.75	8.70	13.12	1.41	1.41	100.00	2.70
1958	119.89	53.17	7.28	6.07	8.93	0.65	0.65	100.00	1.22
1959	116.45	54.48	9.16	7.87	17.25	1.58	1.58	100.00	2.90
10年小计			**115.78**	**10.00**	**31.69**	**36.69**	**35.01**	**95.42**	**5.68**
占合计%			**13.25**			**5.77**	**5.97**		
1960	112.95	56.07	15.27	13.52	7.14	1.09	1.09	100.00	1.94
1961	112.16	57.67	7.71	6.87	8.04	0.62	0.62	100.00	1.08
1962	114.31	59.18	6.15	5.38	5.85	0.36	0.36	100.00	0.61
1963	115.51	59.98	6.13	5.31	3.59	0.22	0.21	95.45	0.35
1964	115.28	58.84	15.22	13.20	27.40	4.17	3.64	87.29	6.19
1965	117.35	60.70	8.12	6.92	12.19	0.99	0.95	95.96	1.57
1966	118.65	62.26	11.91	10.04	54.16	6.45	6.13	95.04	9.85
1967	117.42	64.47	15.26	13.00	57.60	8.79	8.52	96.93	13.22
1968	117.45	66.95	15.07	12.83	44.19	6.66	6.38	95.80	9.53
1969	116.68	70.08	14.94	12.80	49.13	7.34	7.11	96.87	10.15
10年小计			**147.85**	**12.98**	**61.40**	**90.78**	**84.65**	**93.25**	**10.63**
占合计%			**16.92**			**14.28**	**14.43**		
1970	116.29	73.43	13.32	11.45	46.85	6.24	5.97	95.67	8.13
1971	114.36	74.94	12.77	11.17	35.47	4.53	4.19	92.49	5.59
1972	114.34	77.06	14.06	12.30	31.22	4.39	3.98	90.66	5.16
1973	114.27	77.15	14.78	12.93	51.35	7.59	7.08	93.28	9.18
1974	113.76	79.23	16.16	14.21	45.98	7.43	6.45	86.81	8.14
1975	113.84	80.72	15.38	13.51	62.09	9.55	9.18	96.13	11.37
1976	113.51	82.21	15.64	13.78	66.05	10.33	9.27	89.74	11.28
1977	113.40	83.27	15.24	13.44	79.46	12.11	11.24	92.82	13.50
1978	113.05	84.22	15.26	13.50	97.90	14.94	14.26	95.45	16.93
1979	112.55	84.03	15.24	13.54	89.70	13.67	13.03	95.32	15.51
10年小计			**209.23**	**18.55**	**112.82**	**236.05**	**217.73**	**92.24**	**24.57**
占合计%			**23.94**			**37.14**	**37.12**		
1980	112.37	84.86	16.43	14.62	105.96	17.41	16.23	93.22	19.13
1981	112.36	86.09	17.78	15.82	153.99	27.38	25.98	94.89	30.18
1982	112.37	87.59	20.43	18.18	122.96	25.12	23.78	94.67	27.15
1983	112.83	88.90	21.64	19.18	139.97	30.29	27.51	90.82	30.94
1984	112.53	87.67	26.64	23.67	120.01	31.97	30.15	94.31	34.39
1985	112.42	86.87	18.85	16.77	103.98	19.60	19.01	96.99	21.88
1986	113.59	90.23	19.97	17.58	84.08	16.79	16.33	97.26	18.10
1987	113.56	90.70	26.00	22.90	84.00	21.84	16.62	76.10	18.32
1988	113.53	91.49	20.90	18.41	115.98	24.24	22.57	93.11	24.67
1989	112.34	91.68	20.59	18.33	103.98	21.41	19.55	91.31	21.32
11年小计			**274.45**	**21.14**	**93.31**	**256.08**	**225.87**	**88.20**	**22.16**
占合计%			**31.41**			**40.29**	**38.51**		
1990	112.32	94.59	25.57	22.77	70.00	17.90	15.82	88.38	16.72
1991	112.31	95.38	28.87	25.71	123.97	35.79	37.00	103.38	38.79
1992	112.30	95.58	39.58	35.24	52.00	20.58	23.83	115.79	24.93
1993	111.59	95.13	26.97	24.17	59.99	16.18	13.09	80.90	13.76
1994	111.98	94.45	30.34	27.09	71.98	21.84	14.83	67.90	15.70
1995	111.56	90.95	29.28	26.25	102.90	30.13	26.67	88.52	29.32
1996	111.54	91.17	21.24	19.04	108.33	23.01	16.60	72.14	18.21
1997	111.54	91.17	22.01	19.73	129.03	28.40	30.00	105.63	32.91
1998	111.54	91.17	23.92	21.45	121.07	28.96	30.25	104.45	33.18
1999	145.86	90.13	13.92	9.54	127.23	17.71	7.07	39.92	7.84
2000	145.70	89.45	12.75	8.75	122.20	15.58	10.71	68.74	11.97

5-6-23 江苏省阜宁县历年棉花生产收购

年度	耕地面积（万亩）	农业人口（万人）	棉田面积（万亩）	占耕地（%）	亩产（市斤）	产量（万担）	收购量（万担）	商品率（%）	人均交售（市斤）
52 年合计			**677.66**	**10.84**	**72.82**	**493.47**	**453.27**	**91.85**	**11.50**
11 年小计			**5.22**	**0.43**	**28.54**	**1.49**	**0.92**	**61.95**	**0.20**
占合计%			**0.77**			**0.30**	**0.20**		
1949	126.50	43.40	0.10	0.08	10.00	0.01	0.01	100.00	0.02
1950	129.10	44.30	0.12	0.09	16.67	0.02	0.02	100.00	0.05
1951	131.70	45.20	0.16	0.12	12.50	0.02			
1952									
1953									
1954	136.60	48.60	0.60	0.44	16.67	0.10			
1955	136.40	51.20	0.70	0.51	28.57	0.20	0.12	60.00	0.23
1956	143.10	58.50	0.80	0.56	25.00	0.20	0.08	40.00	0.14
1957	135.30	59.70	0.55	0.41	27.27	0.15	0.11	73.33	0.18
1958	133.50	59.70	1.08	0.81	31.48	0.34	0.18	52.94	0.30
1959	130.70	59.00	1.11	0.85	40.54	0.45	0.40	89.56	0.68
10 年小计			**141.47**	**11.42**	**34.28**	**48.50**	**49.21**	**101.47**	**7.32**
占合计%			**20.88**			**9.83**	**10.86**		
1960	130.20	61.10	15.01	11.53	29.98	4.50	4.66	103.56	7.63
1961	126.20	60.10	9.43	7.47	27.25	2.57	2.67	103.89	4.44
1962	126.00	61.80	8.93	7.09	3.58	0.32	0.50	157.50	0.82
1963	126.00	62.90	8.70	6.90	4.37	0.38	0.47	122.89	0.74
1964	125.40	63.39	13.10	10.45	45.80	6.00	6.01	100.17	9.48
1965	124.20	64.91	13.81	11.12	25.34	3.50	3.43	98.00	5.28
1966	123.90	75.75	16.77	13.54	42.70	7.16	7.39	103.21	9.76
1967	116.74	72.76	18.40	15.76	49.84	9.17	9.41	102.62	12.93
1968	119.12	74.24	19.34	16.24	46.69	9.03	8.93	98.89	12.03
1969	121.55	75.75	17.98	14.79	32.65	5.87	5.74	97.79	7.58
10 年小计			**185.72**	**15.01**	**60.53**	**112.42**	**111.99**	**99.62**	**13.47**
占合计%			**27.41**			**22.78**	**24.71**		
1970	124.03	77.30	18.35	14.79	50.52	9.27	9.24	99.68	11.95
1971	124.03	78.62	18.51	14.92	36.74	6.80	6.81	100.15	8.66
1972	124.03	79.90	18.31	14.76	33.15	6.07	5.71	94.07	7.15
1973	124.04	81.03	18.54	14.95	57.82	10.72	10.66	99.44	13.16
1974	123.96	82.59	18.78	15.15	51.12	9.60	9.41	98.02	11.39
1975	123.85	84.14	18.77	15.16	61.59	11.56	11.64	100.69	13.83
1976	123.84	85.35	18.77	15.16	76.72	14.40	14.43	100.21	16.91
1977	123.63	86.95	18.80	15.21	74.68	14.04	14.03	99.93	16.14
1978	123.06	87.90	18.83	15.30	74.67	14.06	14.04	99.86	15.97
1979	122.87	87.69	18.06	14.70	88.04	15.90	16.02	100.75	18.27
10 年小计			**171.37**	**14.04**	**94.12**	**161.29**	**153.99**	**95.47**	**16.63**
占合计%			**25.29**			**32.68**	**33.97**		
1980	122.70	88.39	18.09	14.74	66.11	11.96	11.96	100.00	13.53
1981	122.55	89.27	23.10	18.85	106.06	24.50	24.62	100.49	27.58
1982	122.53	90.16	22.85	18.65	108.05	24.69	25.07	101.54	27.81
1983	122.45	91.29	20.56	16.79	120.87	24.85	25.15	101.21	27.55
1984	122.40	92.30	20.55	16.79	107.88	22.17	19.55	88.18	21.18
1985	122.26	92.80	16.54	13.53	85.67	14.17	11.75	82.92	12.66
1986	122.03	93.43	10.70	8.77	46.64	4.99	4.17	83.57	4.46
1987	121.77	94.45	10.90	8.95	79.45	8.66	8.26	95.38	8.75
1988	121.20	96.46	12.63	10.42	84.24	10.64	9.37	88.06	9.71
1989	121.11	97.62	15.45	12.76	94.89	14.66	14.09	96.11	14.43
11 年小计			**173.88**	**12.85**	**97.64**	**169.77**	**137.16**	**80.79**	**13.19**
占合计%			**25.66**			**34.40**	**30.26**		
1990	121.06	97.78	17.38	14.36	84.41	14.67	13.83	94.27	14.14
1991	120.92	97.53	17.22	14.24	90.07	15.51	15.07	97.16	15.45
1992	120.92	97.53	19.97	16.52	83.17	16.61	15.16	91.27	15.54
1993	120.87	96.75	15.85	13.11	79.37	12.58	9.79	77.82	10.12
1994	120.29	96.42	19.40	16.13	85.82	16.65	13.61	81.74	14.12
1995	120.24	96.34	19.01	15.81	111.31	21.16	18.63	88.04	19.34
1996	120.21	94.99	20.34	16.92	89.48	18.20	11.80	64.84	12.42
1997	120.21	94.99	16.95	14.10	123.89	21.00	18.26	86.95	19.22
1998	120.21	94.99	12.29	10.22	120.42	14.80	11.93	80.61	12.56
1999	134.88	90.63	8.82	6.54	112.02	9.88	2.54	25.71	2.80
2000	133.06	82.13	6.65	5.00	130.98	8.71	6.54	75.09	7.96

5-6-24 江苏省射阳县历年棉花生产收购

年　度	耕地面积（万亩）	农业人口（万人）	棉田面积（万亩）	占耕地（%）	亩　产（市斤）	产　量（万担）	收购量（万担）	商品率（%）	人均交售（市斤）
52 年合计			**3416.99**	**42.16**	**81.82**	**2795.76**	**2493.75**	**89.20**	**66.38**
11 年小计			**845.50**	**52.21**	**30.44**	**257.34**	**226.49**	**88.01**	**49.48**
占合计%			**24.74**			**9.20**	**9.08**		
1949	118.11	32.02	51.29	43.43	23.01	11.80	8.98	76.10	28.04
1950	120.31	33.77	53.29	44.29	25.99	13.85	11.03	79.64	32.66
1951	123.31	35.73	56.29	45.65	32.00	18.01	15.30	84.95	42.82
1952	128.07	38.19	62.13	48.51	29.29	18.20	16.06	88.24	42.05
1953	139.16	40.55	73.09	52.52	67.23	49.14	47.10	95.85	116.15
1954	154.93	44.11	103.69	66.93	19.44	20.16	13.38	66.37	30.33
1955	169.80	45.33	120.59	71.02	33.58	40.49	35.07	86.61	77.37
1956	175.76	45.54	115.93	65.96	15.60	18.08	16.70	92.37	36.67
1957	175.50	46.96	91.52	52.15	27.28	24.97	24.47	98.00	52.11
1958	158.72	47.94	64.00	40.32	37.80	24.19	22.50	93.01	46.93
1959	155.80	47.63	53.68	34.45	34.37	18.45	15.90	86.18	33.38
10 年小计			**660.57**	**41.73**	**46.62**	**307.93**	**282.41**	**91.71**	**44.97**
占合计%			**19.33**			**11.01**	**11.32**		
1960	160.54	50.77	53.37	33.24	24.30	12.97	11.62	89.59	22.89
1961	160.57	52.40	49.57	30.87	30.14	14.94	14.93	99.93	28.49
1962	161.04	57.18	45.14	28.03	5.74	2.59	1.92	74.13	3.36
1963	158.38	59.48	77.86	49.16	30.84	24.01	22.42	93.38	37.69
1964	156.58	61.80	80.49	51.41	76.78	61.80	56.12	90.81	90.81
1965	156.39	64.33	80.74	51.63	16.14	13.03	12.99	99.69	20.19
1966	157.88	66.62	74.86	47.42	69.52	52.04	45.65	87.72	68.52
1967	157.65	67.64	71.75	45.51	79.09	56.75	50.47	88.93	74.62
1968	157.07	70.16	67.75	43.13	50.91	34.49	32.80	95.10	46.75
1969	156.69	77.65	59.04	37.68	59.81	35.31	33.49	94.85	43.13
10 年小计			**555.72**	**36.00**	**91.77**	**509.97**	**488.02**	**95.70**	**57.57**
占合计%			**16.26**			**18.24**	**19.57**		
1970	155.33	80.17	56.03	36.07	61.36	34.38	32.98	95.93	41.14
1971	154.56	82.81	55.57	35.95	57.24	31.81	29.52	92.80	35.65
1972	154.67	83.76	55.55	35.92	58.13	32.29	29.27	90.65	34.95
1973	154.58	83.15	55.49	35.90	102.50	56.88	52.33	92.00	62.93
1974	154.33	84.46	55.57	36.01	82.81	46.02	43.20	93.87	51.15
1975	154.33	85.57	55.50	35.96	110.45	61.30	58.02	94.65	67.80
1976	154.43	86.48	55.51	35.95	108.61	60.29	59.21	98.21	68.47
1977	154.24	87.38	55.45	35.95	108.62	60.23	59.10	98.12	67.64
1978	153.21	87.81	55.54	36.25	92.26	51.24	50.04	97.66	56.99
1979	154.11	86.06	55.51	36.02	136.07	75.53	74.35	98.44	86.39
10 年小计			**648.31**	**42.12**	**109.67**	**710.99**	**677.23**	**95.25**	**78.41**
占合计%			**18.97**			**25.43**	**27.16**		
1980	153.41	86.22	59.86	39.02	70.97	42.48	39.76	93.60	46.11
1981	154.09	87.03	61.05	39.62	130.58	79.72	77.15	96.78	88.65
1982	155.01	88.27	61.07	39.40	104.65	63.91	61.86	96.79	70.08
1983	154.53	89.04	61.55	39.83	127.08	78.22	74.24	94.91	83.38
1984	153.79	86.24	71.03	46.19	111.02	78.86	72.06	91.38	83.56
1985	153.79	83.52	66.90	43.50	91.72	61.36	56.85	92.65	68.07
1986	153.73	84.59	64.57	42.00	70.13	45.28	43.37	95.78	51.27
1987	153.53	85.80	66.43	43.27	107.72	71.56	68.27	95.40	79.57
1988	153.82	86.45	69.17	44.97	145.01	100.30	97.98	97.69	113.34
1989	153.47	86.54	66.68	43.45	133.92	89.30	85.69	95.96	99.02
11 年小计			**706.89**	**38.83**	**142.81**	**1009.53**	**819.60**	**81.19**	**85.40**
占合计%			**20.69**			**36.11**	**32.87**		
1990	154.46	87.26	72.38	46.86	97.68	70.70	70.65	99.93	80.96
1991	157.26	87.53	65.40	41.59	194.28	127.06	119.82	94.30	136.89
1992	157.39	87.37	79.20	50.32	103.93	82.31	76.79	93.29	87.89
1993	157.20	87.19	68.47	43.56	128.49	87.98	75.32	85.61	86.39
1994	156.98	88.03	70.83	45.12	116.55	82.55	67.80	82.13	77.02
1995	156.68	87.55	68.61	43.79	140.20	96.19	84.20	87.54	96.17
1996	156.62	87.41	60.15	38.41	151.84	91.33	75.00	82.12	85.80
1997	156.62	87.41	57.84	36.93	164.25	95.00	82.80	87.16	94.73
1998	156.62	87.41	62.86	40.14	162.41	102.09	92.71	90.81	106.06
1999	205.33	86.65	46.62	22.70	148.24	69.11	27.29	39.49	31.49
2000	205.21	85.94	54.53	26.57	192.94	105.21	47.22	44.88	54.95

5-6-25 江苏省建湖县历年棉花生产收购

年度	耕地面积（万亩）	农业人口（万人）	棉田面积（万亩）	占耕地（%）	亩产（市斤）	产量（万担）	收购量（万担）	商品率（%）	人均交售（市斤）
52年合计			**528.30**	**11.21**	**98.75**	**521.72**	**486.11**	**93.17**	**16.47**
11年小计			**20.76**	**2.39**	**34.78**	**7.22**	**6.82**	**94.52**	**1.80**
占合计%			**3.93**			**1.38**	**1.40**		
1949	110.50	42.90	0.82	0.74	23.17	0.19	0.19	100.00	0.44
1950	112.80	43.80	0.92	0.82	26.09	0.24	0.24	100.00	0.55
1951	115.10	44.70	1.31	1.14	23.66	0.31			
1952	117.40	45.60					0.11		0.24
1953									
1954									
1955									
1956	106.10	50.50	4.10	3.86	24.39	1.00	0.94	94.40	1.87
1957	105.40	50.60	3.74	3.55	41.18	1.54	1.38	89.61	2.73
1958	99.50	50.60				1.67	1.85	110.78	3.66
1959	100.80	50.50	9.87	9.79	23.00	2.27	2.11	92.95	4.18
10年小计			**93.39**	**9.52**	**45.67**	**42.65**	**42.82**	**100.40**	**8.37**
占合计%			**17.68**			**8.17**	**8.81**		
1960	101.30	45.20	13.86	13.68	24.46	3.39	3.25	95.87	7.19
1961	100.60	45.80	9.72	9.66	30.56	2.97	3.10	104.38	6.77
1962	100.80	47.70	9.20	9.13	9.13	0.84	0.90	107.38	1.89
1963	100.80	48.20	6.18	6.13	28.48	1.76	1.73	98.30	3.59
1964	100.80	48.06	7.18	7.12	68.52	4.92	4.99	101.42	10.38
1965	98.40	49.37	7.66	7.78	13.32	1.02	1.06	103.92	2.15
1966	98.00	57.61	8.53	8.70	60.02	5.12	4.98	97.27	8.64
1967	91.46	55.33	9.79	10.70	67.42	6.60	6.70	101.52	12.11
1968	93.33	56.46	10.77	11.54	71.68	7.72	7.83	101.42	13.87
1969	95.23	57.61	10.50	11.03	79.14	8.31	8.28	99.64	14.37
10年小计			**137.86**	**14.72**	**100.58**	**138.66**	**137.80**	**99.38**	**21.93**
占合计%			**26.10**			**26.58**	**28.35**		
1970	97.17	58.79	12.95	13.33	87.64	11.35	11.03	97.18	18.76
1971	94.72	60.00	13.14	13.87	67.58	8.88	8.79	98.99	14.65
1972	93.85	60.91	13.56	14.45	71.24	9.66	9.37	97.00	15.38
1973	93.68	61.58	13.35	14.25	105.39	14.07	14.09	100.14	22.88
1974	93.39	62.60	14.52	15.55	102.82	14.93	14.70	98.46	23.48
1975	93.24	63.74	14.32	15.36	118.51	16.97	17.26	101.71	27.08
1976	93.14	64.25	14.00	15.03	114.93	16.09	16.10	100.06	25.06
1977	92.95	65.17	14.00	15.06	103.79	14.53	14.39	99.04	22.08
1978	92.79	65.86	14.00	15.09	100.14	14.02	14.01	99.93	21.27
1979	91.91	65.45	14.02	15.25	129.53	18.16	18.06	99.45	27.59
10年小计			**143.06**	**15.63**	**128.24**	**183.46**	**166.51**	**90.76**	**24.64**
占合计%			**27.08**			**35.16**	**34.25**		
1980	91.59	65.66	14.15	15.45	110.46	15.63	15.51	99.23	23.62
1981	91.64	66.69	15.18	16.56	141.04	21.41	21.40	99.95	32.09
1982	91.63	67.57	15.14	16.52	137.52	20.82	20.94	100.58	30.99
1983	91.62	67.87	18.31	19.98	143.69	26.31	25.74	97.83	37.93
1984	91.58	67.99	18.30	19.98	130.05	23.80	21.32	89.58	31.36
1985	91.52	68.04	12.61	13.78	124.03	15.64	12.34	78.90	18.14
1986	91.48	67.95	9.31	10.18	103.76	9.66	6.92	71.64	10.18
1987	91.41	67.23	12.13	13.27	114.43	13.88	10.58	76.22	15.74
1988	91.36	68.30	13.65	14.94	126.74	17.30	15.31	88.50	22.42
1989	91.23	68.59	14.28	15.65	133.12	19.01	16.45	86.53	23.98
11年小计			**133.23**	**13.16**	**112.38**	**149.73**	**132.15**	**88.26**	**17.47**
占合计%			**25.22**			**28.70**	**27.19**		
1990	91.18	69.31	14.33	15.72	112.49	16.12	15.37	95.35	22.18
1991	91.10	69.56	12.35	13.56	156.03	19.27	18.83	97.72	27.07
1992	91.10	69.56	16.04	17.61	96.95	15.55	13.72	88.23	19.72
1993	90.93	69.12	12.27	13.49	103.42	12.69	9.91	78.09	14.34
1994	90.89	69.43	15.23	16.76	84.50	12.87	11.94	92.77	17.20
1995	90.81	69.41	15.66	17.24	101.09	15.83	14.29	90.27	20.59
1996	90.72	68.68	13.90	15.32	85.97	11.95	7.66	64.10	11.15
1997	90.72	68.68	12.36	13.62	122.98	15.20	7.96	52.37	11.59
1998	90.72	68.68	9.81	10.81	144.04	14.13	9.99	70.70	14.55
1999	97.02	67.79	5.16	5.32	130.62	6.74	7.70	114.24	11.36
2000	97.01	66.43	6.12	6.31	153.27	9.38	14.78	157.57	22.25

5－6－26 江苏省盐都县历年棉花生产收购

年 度	耕地面积（万亩）	农业人口（万人）	棉田面积（万亩）	占耕地（%）	亩 产（市斤）	产 量（万担）	收购量（万担）	商品率（%）	人均交售（市斤）
52 年合计			**1343.03**	**18.15**	**105.61**	**1418.40**	**1341.28**	**94.56**	**28.88**
11 年小计			**69.25**	**3.93**	**30.58**	**21.18**	**19.45**	**91.83**	**2.64**
占合计%			**5.16**			**1.49**	**1.45**		
1949	145.95	49.69	0.58	0.40	17.24	0.10			
1950	157.46	49.69	0.58	0.37	17.24	0.10			
1951	165.76	52.29	0.79	0.48	17.72	0.14			
1952	165.45	60.64	0.55	0.33	18.18	0.10			
1953	165.45	67.73	5.62	3.40	38.26	2.15	2.14	99.53	3.16
1954	165.54	69.99	6.43	3.88	10.89	0.70	0.70	100.00	1.00
1955	165.47	73.62	12.64	7.64	26.66	3.37	3.10	91.99	4.21
1956	166.47	76.94	7.12	4.28	10.96	0.78	0.75	96.15	0.97
1957	158.36	77.16	5.70	3.60	24.74	1.41	1.03	73.05	1.33
1958	154.14	78.74	8.94	5.80	35.57	3.18	2.77	87.11	3.52
1959	151.52	79.41	20.30	13.40	45.07	9.15	8.96	97.92	11.28
10 年小计			**276.53**	**18.65**	**50.33**	**139.19**	**134.34**	**96.52**	**16.87**
占合计%			**20.59**			**9.81**	**10.02**		
1960	150.99	80.04	31.38	20.78	36.46	11.44	10.12	88.47	12.64
1961	150.00	80.17	24.14	16.09	48.63	11.74	10.37	88.33	12.94
1962	150.13	81.91	19.71	13.13	15.07	2.97	2.31	77.78	2.82
1963	151.18	73.16	24.50	16.21	31.14	7.63	7.59	99.48	10.37
1964	150.22	74.89	28.44	18.93	71.38	20.30	20.09	98.97	26.83
1965	147.39	76.03	13.98	9.49	17.95	2.51	2.39	95.22	3.14
1966	147.13	78.09	32.32	21.97	54.21	17.52	17.31	98.80	22.17
1967	146.49	80.19	34.16	23.32	65.13	22.25	22.01	98.92	27.45
1968	144.84	83.36	34.40	23.75	65.99	22.70	22.15	97.58	26.57
1969	144.28	88.26	33.50	23.22	60.09	20.13	20.00	99.35	22.66
10 年小计			**340.22**	**24.76**	**99.80**	**339.54**	**338.58**	**99.72**	**34.59**
占合计%			**25.33**			**23.94**	**25.24**		
1970	141.88	91.07	33.86	23.87	72.56	24.57	24.20	98.49	26.57
1971	137.86	93.22	33.94	24.62	75.72	25.70	26.30	102.33	28.21
1972	137.55	95.77	34.06	24.76	78.10	26.60	26.54	99.77	27.71
1973	137.51	95.90	34.00	24.73	109.53	37.24	37.08	99.57	38.67
1974	137.11	97.89	34.07	24.85	97.39	33.18	32.92	99.22	33.63
1975	137.00	99.35	33.97	24.80	111.57	37.90	37.78	99.68	38.03
1976	136.66	100.27	34.01	24.89	106.09	36.08	36.00	99.78	35.90
1977	136.26	101.63	34.00	24.95	123.97	42.15	42.09	99.86	41.41
1978	136.08	101.48	34.16	25.10	108.69	37.13	36.92	99.43	36.38
1979	135.92	102.35	34.15	25.13	114.17	38.99	38.75	99.38	37.86
10 年小计			**352.06**	**26.20**	**142.48**	**501.61**	**476.44**	**94.98**	**44.55**
占合计%			**26.21**			**35.36**	**35.52**		
1980	135.83	102.60	34.10	25.10	92.35	31.49	31.35	99.56	30.56
1981	135.80	103.86	34.10	25.11	137.48	46.88	46.78	99.79	45.04
1982	135.80	104.81	34.20	25.19	124.55	42.60	42.48	99.72	40.53
1983	134.74	106.80	33.87	25.14	162.74	55.12	54.92	99.64	51.42
1984	134.57	107.44	33.99	25.26	166.87	56.72	45.39	80.02	42.25
1985	134.48	107.80	37.10	27.59	136.36	50.59	46.79	92.49	43.40
1986	133.44	106.87	34.70	26.00	129.37	44.89	42.60	94.90	39.86
1987	133.26	108.41	36.00	27.01	140.03	50.41	48.34	95.89	44.59
1988	133.12	109.70	37.50	28.17	162.80	61.05	60.35	98.85	55.01
1989	132.80	111.08	36.50	27.48	169.48	61.86	57.44	92.85	51.71
11 年小计			**304.97**	**21.23**	**136.70**	**416.88**	**372.47**	**89.35**	**35.00**
占合计%			**22.71**			**29.39**	**27.77**		
1990	132.34	112.71	37.30	28.18	117.02	43.65	42.59	97.57	37.79
1991	135.04	113.41	32.00	23.70	162.38	51.96	50.71	97.59	44.71
1992	135.04	113.32	37.00	27.40	120.00	44.40	42.59	95.92	37.58
1993	132.56	113.74	34.00	25.65	117.65	40.00	35.00	87.50	30.77
1994	132.41	113.80	34.26	25.87	116.75	40.00	35.10	87.75	30.84
1995	130.76	110.76	35.15	26.88	141.99	49.91	42.96	86.07	38.79
1996	130.68	79.13	25.87	19.80	134.91	34.90	26.40	75.64	33.36
1997	130.68	79.13	22.34	17.10	159.36	35.60	26.60	74.72	33.62
1998	130.68	79.13	20.37	15.59	159.70	32.53	25.98	79.86	32.83
1999	123.03	74.25	13.13	10.67	136.33	17.90	11.22	62.68	15.11
2000	123.02	74.67	13.55	11.01	192.10	26.03	33.32	128.01	44.62

5-6-27 江苏省大丰市历年棉花生产收购

年　度	耕地面积（万亩）	农业人口（万人）	棉田面积（万亩）	占耕地（%）	亩　产（市斤）	产　量（万担）	收购量（万担）	商品率（%）	人均交售（市斤）
52年合计			**3213.38**	**48.71**	**85.73**	**2754.87**	**2541.81**	**92.27**	**89.69**
11年小计			**685.53**	**50.94**	**27.94**	**191.52**	**157.98**	**82.49**	**40.52**
占合计%			**21.33**			**6.95**	**6.22**		
1949	101.50	28.59	31.65	31.18	1.07	0.34	0.34	100.00	1.19
1950	104.35	29.03	32.34	30.99	9.40	3.04	3.01	99.01	10.37
1951	105.47	29.68	35.43	33.59	16.88	5.98	5.24	87.63	17.65
1952	120.25	33.12	44.21	36.77	29.29	12.95	12.27	94.75	37.05
1953	125.82	33.34	57.92	46.03	52.23	30.25	27.48	90.84	82.42
1954	134.18	36.13	86.22	64.26	7.28	6.28	3.45	54.94	9.55
1955	139.02	37.37	98.71	71.00	34.66	34.21	28.76	84.07	76.96
1956	137.01	39.82	93.83	68.48	12.80	12.01	9.62	80.10	24.16
1957	136.62	39.03	86.61	63.39	26.94	23.33	16.28	69.78	41.71
1958	119.99	40.65	65.40	54.50	55.02	35.98	27.65	76.85	68.02
1959	121.64	43.12	53.21	43.74	51.02	27.15	23.88	87.96	55.38
10年小计			**646.43**	**51.27**	**56.26**	**363.65**	**332.31**	**91.38**	**67.26**
占合计%			**20.12**			**13.20**	**13.07**		
1960	122.94	42.37	54.59	44.40	28.39	15.50	14.77	95.29	34.86
1961	125.12	43.51	51.94	41.51	40.20	20.88	20.64	98.85	47.44
1962	126.27	44.62	44.36	35.13	11.43	5.07	5.07	100.00	11.36
1963	126.78	46.52	72.29	57.02	46.02	33.27	29.69	89.24	63.82
1964	127.87	48.81	76.07	59.49	83.24	63.32	56.31	88.93	115.37
1965	129.46	50.04	78.33	60.51	20.86	16.34	13.51	82.68	27.00
1966	126.85	51.74	70.14	55.29	74.45	52.22	46.32	88.70	89.52
1967	125.84	53.09	71.01	56.43	86.69	61.56	54.61	88.71	102.86
1968	125.33	55.11	64.62	51.56	89.20	57.64	55.17	95.71	100.11
1969	124.40	58.27	63.08	50.71	60.00	37.85	36.22	95.69	62.16
10年小计			**625.71**	**50.93**	**99.33**	**621.50**	**603.51**	**97.11**	**92.35**
占合计%			**19.47**			**22.56**	**23.74**		
1970	123.52	61.53	60.98	49.37	60.00	36.59	35.64	97.40	57.92
1971	123.45	62.54	62.49	50.62	72.00	44.99	43.94	97.67	70.26
1972	123.43	64.24	62.31	50.48	64.00	39.88	38.37	96.21	59.73
1973	123.28	62.87	63.30	51.35	100.00	63.30	61.05	96.45	97.11
1974	122.83	64.96	63.67	51.84	92.01	58.58	56.10	95.77	86.36
1975	122.76	66.22	63.10	51.40	116.01	73.20	71.30	97.40	107.67
1976	122.58	67.44	62.49	50.98	112.00	69.99	68.37	97.69	101.38
1977	122.33	68.66	62.08	50.75	120.01	74.50	72.85	97.79	106.10
1978	122.22	69.21	62.30	50.97	114.00	71.02	68.88	96.99	99.52
1979	122.21	65.86	62.99	51.54	142.01	89.45	87.01	97.27	132.11
10年小计			**666.26**	**53.96**	**107.83**	**718.40**	**674.39**	**93.87**	**108.19**
占合计%			**20.73**			**26.08**	**26.53**		
1980	122.19	64.70	64.24	52.57	69.30	44.52	43.65	98.05	67.47
1981	122.24	61.48	64.84	53.04	140.41	91.04	87.70	96.33	142.65
1982	122.62	62.02	64.75	52.81	109.56	70.94	67.49	95.14	108.82
1983	122.64	62.04	65.11	53.09	141.13	91.89	89.20	97.07	143.78
1984	124.28	61.87	75.49	60.74	97.93	73.93	64.37	87.07	104.04
1985	124.12	61.54	66.10	53.25	101.23	66.91	58.45	87.36	94.98
1986	124.11	61.92	64.73	52.16	88.52	57.30	45.37	79.18	73.27
1987	124.02	62.35	67.61	54.52	90.59	61.25	58.19	95.00	93.33
1988	123.95	62.62	68.08	54.93	114.85	78.19	77.88	99.60	124.37
1989	124.66	62.79	65.31	52.39	126.21	82.43	82.09	99.59	130.74
11年小计			**589.45**	**38.61**	**145.86**	**859.80**	**773.62**	**89.98**	**114.94**
占合计%			**18.34**			**31.21**	**30.44**		
1990	124.79	62.75	66.58	53.35	103.09	68.64	66.13	96.34	105.39
1991	124.64	62.71	44.83	35.97	169.19	75.85	75.75	99.87	120.79
1992	124.50	62.24	67.40	54.14	109.70	73.94	71.95	97.31	115.60
1993	137.09	61.81	61.33	44.74	106.75	65.47	60.02	91.68	97.10
1994	136.95	59.72	63.54	46.40	101.54	64.52	61.33	95.06	102.70
1995	141.29	61.34	64.95	45.97	127.51	82.82	78.89	95.25	128.61
1996	141.17	61.75	52.03	36.86	182.14	94.77	90.80	95.81	147.04
1997	141.17	61.75	49.19	34.84	209.39	103.00	104.20	101.17	168.74
1998	141.17	61.75	40.39	28.61	204.11	82.44	80.08	97.14	129.68
1999	156.95	58.96	36.11	23.01	169.70	61.28	28.91	47.18	49.03
2000	156.86	58.27	43.10	27.48	202.02	87.07	55.56	63.81	95.35

5-6-28 江苏省东台市历年棉花生产收购

年度	耕地面积（万亩）	农业人口（万人）	棉田面积（万亩）	占耕地（%）	亩产（市斤）	产量（万担）	收购量（万担）	商品率（%）	人均交售（市斤）
52年合计			**2672.44**	**32.80**	**97.05**	**2593.72**	**2390.63**	**92.17**	**51.34**
11年小计			**396.50**	**25.24**	**38.07**	**150.93**	**141.54**	**93.78**	**19.45**
占合计%			**14.84**			**5.82**	**5.92**		
1949	125.06	61.23	12.77	10.21	8.77	1.12	1.12	100.00	1.83
1950	129.02	61.78	9.30	7.21	14.95	1.39	1.39	100.00	2.25
1951	135.63	62.01	20.96	15.45	19.32	4.05	4.05	100.00	6.53
1952	145.54	62.14	32.00	21.99	2.59	0.83	0.83	100.00	1.34
1953	146.26	63.17	39.90	27.28	42.01	16.76	11.96	71.36	18.93
1954	148.25	65.04	20.96	14.14	10.50	2.20	2.20	100.00	3.38
1955	149.73	67.01	63.71	42.55	49.54	31.56	26.43	83.75	39.44
1956	154.48	70.00	38.80	25.12	12.81	4.97	8.92	179.48	12.74
1957	143.55	71.13	53.00	36.92	42.75	22.66	20.08	88.61	28.23
1958	148.75	72.11	50.60	34.02	63.42	32.09	31.70	98.78	43.96
1959	144.40	72.00	54.50	37.74	61.10	33.30	32.86	98.68	45.64
10年小计			**563.54**	**36.37**	**70.97**	**399.95**	**399.08**	**99.78**	**48.17**
占合计%			**21.09**			**15.42**	**16.69**		
1960	150.55	74.84	52.98	35.19	40.64	21.53	21.23	98.61	28.37
1961	152.14	74.17	53.82	35.38	47.88	25.77	25.39	98.53	34.23
1962	154.73	76.55	51.08	33.01	29.31	14.97	14.88	99.40	19.44
1963	155.74	79.16	53.47	34.33	53.41	28.56	28.56	100.00	36.08
1964	156.08	82.09	58.00	37.16	91.29	52.95	52.95	100.00	64.50
1965	156.82	83.98	58.49	37.30	51.75	30.27	30.27	100.00	36.04
1966	156.13	86.45	59.03	37.81	88.36	52.16	52.16	100.00	60.34
1967	155.56	86.03	58.99	37.92	96.86	57.14	57.14	100.00	66.42
1968	155.52	89.17	59.04	37.96	120.65	71.23	71.13	99.86	79.77
1969	156.06	96.11	58.64	37.58	77.37	45.37	45.37	100.00	47.21
10年小计			**583.88**	**37.02**	**111.28**	**649.76**	**619.43**	**95.33**	**60.76**
占合计%			**21.85**			**25.05**	**25.91**		
1970	155.51	99.28	58.17	37.41	82.00	47.70	47.87	100.36	48.22
1971	155.56	100.35	58.13	37.37	102.00	59.29	59.47	100.30	59.26
1972	157.77	100.89	59.17	37.50	79.99	47.33	44.82	94.70	44.42
1973	157.71	101.05	59.07	37.45	110.01	64.98	61.21	94.20	60.57
1974	157.59	102.04	58.87	37.36	92.00	54.16	50.25	92.78	49.25
1975	157.45	102.97	58.40	37.09	112.00	65.41	60.89	93.09	59.13
1976	158.43	103.39	58.00	36.61	112.00	64.96	61.21	94.23	59.20
1977	158.22	104.00	57.93	36.61	98.00	56.77	52.98	93.32	50.94
1978	158.84	104.00	58.41	36.77	142.00	82.94	79.21	95.50	76.16
1979	160.09	101.58	57.73	36.06	183.99	106.22	101.52	95.58	99.94
10年小计			**608.16**	**37.47**	**125.40**	**762.62**	**712.22**	**93.39**	**71.86**
占合计%			**22.76**			**29.40**	**29.79**		
1980	160.56	101.40	57.72	35.95	96.69	55.81	53.98	96.72	53.23
1981	162.34	101.93	57.80	35.60	183.91	106.30	101.19	95.19	99.27
1982	162.30	102.37	58.40	35.98	150.80	88.07	84.03	95.41	82.08
1983	162.42	102.39	59.88	36.87	149.32	89.41	89.41	100.00	87.33
1984	162.36	97.39	59.96	36.93	114.09	68.41	68.43	100.03	70.26
1985	162.92	95.06	60.90	37.38	113.25	68.97	52.58	76.24	55.31
1986	162.66	98.00	59.30	36.46	104.06	61.71	53.78	87.15	54.88
1987	162.60	97.96	63.00	38.75	92.78	58.45	51.94	88.86	53.02
1988	162.44	97.32	66.70	41.06	124.03	82.73	79.36	95.93	81.55
1989	162.54	97.32	64.50	39.68	128.31	82.76	77.52	93.67	79.65
11年小计			**520.36**	**28.49**	**121.16**	**630.46**	**518.36**	**82.22**	**47.58**
占合计%			**19.47**			**24.31**	**21.68**		
1990	162.60	99.21	66.40	40.84	102.53	68.08	67.45	99.07	67.99
1991	162.60	98.02	38.50	23.68	150.60	57.98	57.99	100.02	59.16
1992	162.60	97.00	72.54	44.61	95.09	68.98	66.87	96.94	68.94
1993	161.94	96.00	53.82	33.23	89.63	48.24	48.24	100.00	50.25
1994	161.76	95.48	52.30	32.33	81.78	42.77	42.77	100.00	44.79
1995	161.64	101.20	55.77	34.50	118.50	66.09	51.19	77.45	50.58
1996	161.49	101.26	46.01	28.49	130.52	60.05	46.80	77.94	46.22
1997	161.49	101.26	42.64	26.40	160.88	68.60	50.80	74.05	50.17
1998	161.49	101.26	36.42	22.55	171.20	62.35	41.92	67.23	41.40
1999	184.63	100.14	25.04	13.56	143.01	35.81	17.33	48.39	17.31
2000	184.33	98.63	30.92	16.77	166.59	51.51	27.00	52.42	27.38

5-6-29　江苏省南通市郊历年棉花生产收购

年　　度	耕地面积（万亩）	农业人口（万人）	棉田面积（万亩）	占耕地（%）	亩　产（市斤）	产　量（万担）	收购量（万担）	商品率（%）	人均交售（市斤）
52年合计			**8.67**	**1.89**	**118.22**	**10.25**	**83.52**	*	**11.96**
11年小计						**0.43**	**12.78**	*	**14.90**
占合计%						**4.20**	**15.30**		
1949									
1950	11.20	12.10				0.43	0.43	100.00	3.55
1951									
1952									
1953	12.50	12.70					2.69		21.18
1954	12.50	12.70					1.73		13.62
1955	12.50	13.00					2.33		17.92
1956									
1957	11.00	12.40					1.29		10.40
1958	9.80	12.40					2.62		21.13
1959	9.20	10.50					1.69		16.10
10年小计							**29.44**		**20.04**
占合计%							**35.25**		
1960	8.70	12.70					0.28		2.20
1961	9.20	13.10					0.25		1.91
1962	9.20	13.90					0.16		1.15
1963	9.30	13.90					1.80		12.95
1964	9.40	14.31					3.86		26.97
1965	9.10	14.19					4.55		32.06
1966	9.00	16.21					5.32		32.82
1967	9.00	16.21					4.30		26.53
1968	9.00	16.21					5.22		32.20
1969	9.00	16.21					3.70		22.83
10年小计							**30.68**		**18.98**
占合计%							**36.73**		
1970	8.60	16.21					2.53		15.61
1971	8.60	16.37					3.22		19.67
1972	17.70	16.18					3.77		23.30
1973	8.62	14.52					4.45		30.65
1974	8.62	16.55					3.75		22.66
1975	18.38	16.55					3.72		22.48
1976	8.34	16.60					2.11		12.71
1977	8.27	16.49					1.91		11.58
1978	8.18	16.48					2.76		16.75
1979	7.97	15.73					2.46		15.64
10年小计			**6.15**	**11.67**	**106.50**	**6.55**	**6.67**	**101.83**	**6.41**
占合计%			**70.93**			**63.90**	**7.99**		
1980	7.84	15.38					1.02		6.63
1981	7.71	15.03	1.86	24.12	86.02	1.60	1.44	90.00	9.58
1982	7.60	14.90	1.42	18.68	105.63	1.50	1.32	88.00	8.86
1983	7.49	14.60	1.38	18.43	131.88	1.82	1.76	96.70	12.05
1984	7.41	14.59	1.20	16.19	117.50	1.41	1.05	74.47	7.20
1985	7.26	15.12	0.28	3.86	75.00	0.21	0.08	38.10	0.53
1986	7.37	14.46	0.01	0.14	100.00	0.01			
1987									
1988									
1989									
11年小计			**2.52**	**1.89**	**129.76**	**3.27**	**3.95**	**120.80**	**1.98**
占合计%			**29.07**			**31.90**	**4.73**		
1990									
1991	16.06	23.42	0.62	3.86	93.55	0.58	0.52	89.66	2.22
1992									
1993	15.12	22.89	0.36	2.38	100.00	0.36	0.23	63.89	1.00
1994	14.82	22.70	0.32	2.16	115.63	0.37	0.32	86.49	1.41
1995	14.63	22.22	0.26	1.78	123.08	0.32	0.35	109.38	1.58
1996	14.34	21.70	0.27	1.88	*	0.88	0.44	50.00	2.03
1997	14.34	21.70	0.26	1.81	107.69	0.28	0.42	150.00	1.94
1998	14.34	21.70	0.26	1.81	119.23	0.31			
1999	14.89	22.50	0.12	0.81	91.67	0.11	1.05	*	4.67
2000	14.72	21.01	0.05	0.34	120.00	0.06	0.62	*	2.95

5－6－30　江苏省海安县历年棉花生产收购

年　度	耕地面积（万亩）	农业人口（万人）	棉田面积（万亩）	占耕地（%）	亩　产（市斤）	产　量（万担）	收购量（万担）	商品率（%）	人均交售（市斤）
52 年合计			**1066.88**	**20.07**	**89.35**	**953.28**	**946.30**	**99.27**	**23.25**
11 年小计			**163.45**	**13.18**	**34.37**	**56.18**	**58.64**	**104.38**	**8.52**
占合计%			**15.32**			**5.89**	**6.20**		
1949	110.00	56.30	1.64	1.54	4.88	0.08	0.08	100.00	0.14
1950	112.20	57.40	1.79	1.60	175.98	3.15	3.15	100.00	5.49
1951	114.50	58.60	4.49	3.92	22.72	1.02			
1952	116.80	59.80	7.80	6.68	28.21	2.20	2.64	120.00	4.41
1953	115.10	61.00	15.60	13.55	33.97	5.30	7.59	143.21	12.44
1954	114.90	62.80	22.10	19.23	4.98	1.10	1.86	169.09	2.96
1955	114.60	64.80	25.80	22.51	41.86	10.80	11.90	110.19	18.36
1956	115.50	65.70	23.50	20.35	15.32	3.60	3.51	97.50	5.34
1957	115.00	66.80	20.89	18.17	40.98	8.56	7.67	89.60	11.48
1958	106.90	66.80	18.46	17.27	54.71	10.10	9.83	97.33	14.72
1959	104.40	68.40	21.38	20.48	48.04	10.27	10.41	101.36	15.22
10 年小计			**263.01**	**24.65**	**78.46**	**206.36**	**204.13**	**98.92**	**28.03**
占合计%			**24.65**			**21.65**	**21.57**		
1960	109.20	61.80	19.73	18.07	31.88	6.29	5.51	87.60	8.92
1961	108.60	66.10	20.10	18.51	36.37	7.31	7.21	98.63	10.91
1962	109.00	68.40	19.97	18.32	22.58	4.51	4.51	100.00	6.59
1963	109.30	69.20	22.87	20.92	55.71	12.74	12.59	98.82	18.19
1964	108.80	70.75	27.71	25.47	92.46	25.62	25.46	99.38	35.99
1965	108.20	72.44	28.74	26.56	71.75	20.62	20.35	98.69	28.09
1966	107.10	81.10	30.36	28.35	99.84	30.31	30.17	99.54	37.20
1967	100.26	77.89	31.31	31.23	101.72	31.85	31.69	99.50	40.69
1968	102.31	79.48	31.37	30.66	117.50	36.86	36.60	99.29	46.05
1969	104.40	81.10	30.85	29.55	98.06	30.25	30.04	99.31	37.04
10 年小计			**317.21**	**31.07**	**109.32**	**346.78**	**346.70**	**99.98**	**40.73**
占合计%			**29.73**			**36.38**	**36.64**		
1970	106.53	82.76	31.59	29.65	86.01	27.17	26.77	98.53	32.35
1971	101.70	83.72	31.50	30.97	107.40	33.83	33.43	98.82	39.93
1972	104.10	84.31	30.80	29.59	103.05	31.74	31.74	100.00	37.65
1973	103.57	84.28	31.90	30.80	119.72	38.19	38.35	100.42	45.50
1974	102.40	84.94	31.90	31.15	109.84	35.04	35.13	100.26	41.36
1975	101.90	85.57	31.64	31.05	114.98	36.38	36.48	100.27	42.63
1976	101.22	85.95	31.90	31.52	122.19	38.98	39.02	100.10	45.40
1977	99.76	86.27	31.90	31.98	92.51	29.51	29.40	99.63	34.08
1978	99.73	86.70	32.05	32.14	113.54	36.39	36.53	100.38	42.13
1979	100.01	86.70	32.03	32.03	123.48	39.55	39.85	100.76	45.96
10 年小计			**222.42**	**23.08**	**98.12**	**218.23**	**211.10**	**96.73**	**24.08**
占合计%			**20.85**			**22.89**	**22.31**		
1980	99.95	87.19	31.00	31.02	61.55	19.08	19.22	100.73	22.04
1981	100.35	87.70	35.30	35.18	98.47	34.76	34.68	99.77	39.54
1982	95.69	88.35	31.33	32.74	108.81	34.09	34.17	100.23	38.68
1983	95.65	87.90	28.43	29.72	107.70	30.62	30.24	98.76	34.40
1984	95.60	87.73	27.78	29.06	95.00	26.39	21.88	82.91	24.94
1985	95.50	87.29	15.02	15.73	96.94	14.56	18.90	129.81	21.65
1986	95.38	87.26	10.60	11.11	113.11	11.99	12.01	100.17	13.76
1987	95.27	87.59	13.74	14.42	92.87	12.76	10.59	82.99	12.09
1988	95.20	87.83	14.96	15.71	112.77	16.87	15.37	91.11	17.50
1989	95.02	87.81	14.26	15.01	119.99	17.11	14.04	82.06	15.99
11 年小计			**100.79**	**9.85**	**124.74**	**125.73**	**125.73**	**100.00**	**13.58**
占合计%			**9.45**			**13.19**	**13.29**		
1990	94.88	87.72	15.56	16.40	110.67	17.22	14.58	84.67	16.62
1991	94.86	88.14	15.40	16.23	98.31	15.14	13.93	92.01	15.80
1992	94.86	88.14	17.15	18.08	110.26	18.91	20.16	106.61	22.87
1993	94.61	84.81	9.79	10.35	117.16	11.47	10.11	88.14	11.92
1994	94.43	84.01	8.21	8.69	138.61	11.38	7.96	69.95	9.48
1995	94.16	83.35	10.52	11.17	140.49	14.78	10.97	74.22	13.16
1996	94.01	82.50	8.88	9.45	140.77	12.50	8.17	65.36	9.90
1997	94.01	82.50	7.05	7.50	150.07	10.58	7.68	72.59	9.31
1998	94.01	82.50	5.25	5.58	167.05	8.77	11.05	126.00	13.39
1999	86.74	81.60	1.40	1.61	149.29	2.09	10.43	*	12.78
2000	86.63	80.69	1.58	1.82	182.91	2.89	10.69	*	13.25

5－6－31 江苏省如皋县历年棉花生产收购

年 度	耕地面积（万亩）	农业人口（万人）	棉田面积（万亩）	占耕地（%）	亩 产（市斤）	产 量（万担）	收购量（万担）	商品率（%）	人均交售（市斤）
52年合计			**1409.18**	**20.03**	**78.78**	**1110.13**	**1026.71**	**92.49**	**16.64**
11年小计			**292.79**	**16.46**	**34.75**	**101.75**	**90.38**	**88.83**	**8.23**
占合计%			**20.78**			**9.17**	**8.80**		
1949	164.20	88.50	12.53	7.63	17.64	2.21	2.21	100.00	2.50
1950	164.30	90.10	13.30	8.09	26.02	3.46	3.46	100.00	3.84
1951	164.50	91.90	18.54	11.27	24.00	4.45			
1952	164.50	93.00	20.20	12.28	33.96	6.86	8.64	125.95	9.29
1953	164.55	100.52	26.82	16.30	63.50	17.03	10.79	63.36	10.73
1954	164.49	102.06	29.87	18.16	19.45	5.81	5.93	102.07	5.81
1955	164.25	103.23	37.80	23.01	43.99	16.63	15.97	96.03	15.47
1956	163.76	104.43	36.85	22.50	20.41	7.52	6.70	89.10	6.42
1957	160.97	107.21	34.89	21.67	29.64	10.34	9.09	87.91	8.48
1958	156.15	109.62	31.40	20.11	45.99	14.44	13.79	95.50	12.58
1959	146.59	107.18	30.59	20.87	42.50	13.00	13.80	106.15	12.88
10年小计			**339.43**	**24.40**	**69.75**	**236.76**	**225.08**	**95.07**	**20.40**
占合计%			**24.09**			**21.33**	**21.92**		
1960	143.47	105.71	29.93	20.86	26.70	7.99	7.62	95.37	7.21
1961	141.41	105.67	30.32	21.44	34.93	10.59	9.83	92.82	9.30
1962	141.42	107.51	30.44	21.52	28.84	8.78	8.15	92.82	7.58
1963	141.42	109.21	30.89	21.84	60.18	18.59	16.93	91.07	15.50
1964	140.40	105.80	35.22	25.09	78.79	27.75	26.74	96.36	25.27
1965	139.00	108.60	35.10	25.25	82.82	29.07	27.28	93.84	25.12
1966	137.80	111.50	36.93	26.80	82.29	30.39	29.39	96.71	26.36
1967	137.00	113.70	36.80	26.86	75.46	27.77	26.53	95.53	23.33
1968	135.90	115.80	36.80	27.08	110.49	40.66	39.23	96.48	33.88
1969	133.50	119.80	37.00	27.72	95.05	35.17	33.38	94.91	27.86
10年小计			**370.33**	**28.63**	**99.67**	**369.12**	**357.96**	**96.98**	**28.28**
占合计%			**26.28**			**33.25**	**34.86**		
1970	132.90	123.30	37.28	28.05	84.47	31.49	29.75	94.47	24.13
1971	131.80	124.80	37.27	28.28	100.38	37.41	36.13	96.58	28.95
1972	130.00	125.60	36.85	28.35	100.30	36.96	35.95	97.27	28.62
1973	129.80	125.60	37.01	28.51	106.97	39.59	38.22	96.54	30.43
1974	129.40	126.40	37.10	28.67	101.81	37.77	36.56	96.80	28.92
1975	128.60	127.20	37.20	28.93	95.94	35.69	34.78	97.45	27.34
1976	128.20	127.40	37.23	29.04	101.40	37.75	36.61	96.98	28.74
1977	127.80	128.30	37.19	29.10	81.61	30.35	29.22	96.28	22.77
1978	127.40	128.60	37.15	29.16	102.83	38.20	36.95	96.73	28.73
1979	127.40	128.60	36.05	28.30	121.80	43.91	43.79	99.73	34.05
10年小计			**257.42**	**20.94**	**95.83**	**246.68**	**214.74**	**87.05**	**16.61**
占合计%			**18.27**			**22.22**	**20.92**		
1980	126.60	128.80	36.28	28.66	70.20	25.47	25.26	99.18	19.61
1981	122.99	129.30	36.24	29.47	107.53	38.97	37.69	96.72	29.15
1982	122.65	130.14	36.23	29.54	114.82	41.60	40.57	97.52	31.17
1983	122.51	129.25	36.18	29.53	130.49	47.21	45.42	96.21	35.14
1984	122.46	128.97	36.41	29.73	100.08	36.44	32.33	88.72	25.07
1985	122.41	128.52	17.27	14.11	80.37	13.88	9.98	71.90	7.77
1986	122.54	128.73	12.29	10.03	81.04	9.96	5.57	55.92	4.33
1987	122.45	128.55	15.21	12.42	63.12	9.60	5.00	52.08	3.89
1988	122.36	129.90	16.50	13.48	74.42	12.28	6.82	55.56	5.25
1989	122.52	130.86	14.81	12.09	76.10	11.27	6.10	54.13	4.66
11年小计			**149.21**	**11.10**	**104.43**	**155.82**	**138.55**	**88.92**	**9.81**
占合计%			**10.59**			**14.04**	**13.49**		
1990	122.43	131.40	19.43	15.87	77.10	14.98	12.72	84.91	9.68
1991	122.32	131.41	21.36	17.46	85.30	18.22	16.54	90.78	12.59
1992	122.25	131.54	21.36	17.47	92.70	19.80	18.00	90.91	13.68
1993	122.09	129.65	13.09	10.72	86.40	11.31	10.50	92.84	8.10
1994	122.03	128.09	13.00	10.65	112.69	14.65	12.69	86.62	9.91
1995	121.49	127.89	13.80	11.36	131.09	18.09	15.48	85.57	12.10
1996	121.35	127.35	14.16	11.67	129.10	18.28	16.48	90.15	12.94
1997	121.35	127.35	13.95	11.50	133.91	18.68	16.67	89.24	13.09
1998	121.35	127.35	12.84	10.58	115.58	14.84	11.39	76.75	8.94
1999	123.69	125.48	3.83	3.10	99.48	3.81	4.41	115.75	3.51
2000	123.51	124.11	2.39	1.94	132.22	3.16	3.67	116.14	2.96

5－6－32　江苏省如东县历年棉花生产收购

年　度	耕地面积（万亩）	农业人口（万人）	棉田面积（万亩）	占耕地（%）	亩　产（市斤）	产　量（万担）	收购量（万担）	商品率（%）	人均交售（市斤）
52 年合计			**2913.51**	**37.10**	**96.92**	**2823.81**	**2714.15**	**96.12**	**57.45**
11 年小计			**603.13**	**32.61**	**32.34**	**195.05**	**197.99**	**101.51**	**24.54**
占合计%			**20.70**			**6.91**	**7.29**		
1949	161.84	66.65	35.06	21.66	9.01	3.16	2.21	69.94	3.32
1950	167.87	68.56	36.88	21.97	25.11	9.26	7.32	79.05	10.68
1951	167.04	69.78	49.16	29.43	19.71	9.69	14.16	146.13	20.29
1952	172.36	70.97	48.20	27.96	32.90	15.86	18.87	118.98	26.59
1953	175.15	72.54	60.81	34.72	37.71	22.93	23.27	101.48	32.08
1954	176.65	72.27	47.07	26.65	13.89	6.54	6.42	98.17	8.88
1955	176.21	76.79	83.89	47.61	40.60	34.06	31.77	93.28	41.37
1956	176.63	77.26	75.12	42.53	18.14	13.63	13.35	97.95	17.28
1957	162.87	78.25	66.52	40.84	35.45	23.58	23.63	100.21	30.20
1958	157.14	78.47	51.37	32.69	59.39	30.51	30.81	100.98	39.26
1959	155.55	75.33	49.05	31.53	52.66	25.83	26.18	101.36	34.75
10 年小计			**595.96**	**39.91**	**82.96**	**494.43**	**480.42**	**97.17**	**55.93**
占合计%			**20.46**			**17.51**	**17.70**		
1960	152.66	76.33	37.75	24.73	28.74	10.85	10.15	93.55	13.30
1961	151.50	77.73	53.97	35.62	48.84	26.36	25.62	97.19	32.96
1962	150.47	80.11	52.45	34.86	38.47	20.18	20.03	99.26	25.00
1963	150.22	82.67	62.15	41.37	67.14	41.73	40.04	95.95	48.43
1964	149.53	84.89	62.57	41.84	86.27	53.98	50.96	94.41	60.03
1965	147.82	87.07	65.03	43.99	93.13	60.56	57.94	95.67	66.54
1966	147.90	89.41	65.57	44.33	124.66	81.74	80.76	98.80	90.33
1967	146.67	90.93	65.40	44.59	98.12	64.17	63.06	98.27	69.35
1968	147.27	93.39	65.51	44.48	116.01	76.00	74.35	97.83	79.61
1969	149.13	96.51	65.56	43.96	89.78	58.86	57.51	97.71	59.59
10 年小计			**647.80**	**44.71**	**119.21**	**772.27**	**739.41**	**95.75**	**73.32**
占合计%			**22.23**			**27.35**	**27.24**		
1970	145.60	98.76	65.40	44.92	84.39	55.19	50.90	92.23	51.54
1971	145.23	99.35	65.60	45.17	110.37	72.40	71.60	98.90	72.07
1972	144.92	99.94	64.60	44.58	112.29	72.54	69.80	96.22	69.84
1973	145.10	100.31	64.60	44.52	122.07	78.86	76.70	97.26	76.46
1974	144.96	100.80	64.60	44.56	139.24	89.95	81.88	91.03	81.23
1975	144.84	101.30	64.60	44.60	113.99	73.64	70.60	95.87	69.69
1976	144.70	101.68	64.60	44.64	107.20	69.25	66.80	96.46	65.70
1977	144.80	102.10	64.60	44.61	82.82	53.50	51.80	96.82	50.73
1978	144.41	102.43	64.60	44.73	157.72	101.89	98.13	96.31	95.80
1979	144.36	101.79	64.60	44.75	162.62	105.05	101.20	96.34	99.42
10 年小计			**588.66**	**40.88**	**119.01**	**700.54**	**672.53**	**96.00**	**68.76**
占合计%			**20.20**			**24.81**	**24.78**		
1980	144.28	101.82	65.76	45.58	111.51	73.33	72.32	98.62	71.03
1981	144.24	102.10	65.80	45.62	129.98	85.53	84.29	98.55	82.56
1982	144.12	102.30	65.90	45.73	146.83	96.76	95.40	98.59	93.26
1983	144.50	102.10	64.60	44.71	163.44	105.58	103.36	97.90	101.23
1984	143.99	95.31	64.60	44.86	123.22	79.60	75.30	94.60	79.01
1985	143.93	94.39	53.20	36.96	83.70	44.53	41.30	92.75	43.75
1986	143.85	94.57	51.50	35.80	94.08	48.45	45.18	93.25	47.77
1987	143.75	95.02	54.00	37.57	80.11	43.26	38.27	88.47	40.28
1988	143.71	95.09	54.00	37.58	122.94	66.39	62.19	93.67	65.40
1989	143.66	95.42	49.30	34.32	115.84	57.11	54.92	96.17	57.56
11 年小计			**477.96**	**29.48**	**138.40**	**661.52**	**623.80**	**94.30**	**58.19**
占合计%			**16.40**			**23.43**	**22.98**		
1990	143.57	96.19	53.20	37.06	119.23	63.43	61.84	97.49	64.29
1991	143.53	96.99	55.00	38.32	141.89	78.04	76.10	97.51	78.46
1992	143.53	96.58	57.29	39.92	147.46	84.48	82.86	98.08	85.79
1993	143.40	96.14	52.70	36.75	116.38	61.33	58.86	95.97	61.22
1994	143.34	95.53	50.50	35.23	137.25	69.31	65.70	94.79	68.77
1995	143.27	100.07	48.63	33.94	157.31	76.50	73.39	95.93	73.34
1996	143.13	98.47	47.57	33.24	163.42	77.74	75.40	96.99	76.57
1997	143.13	98.47	46.53	32.51	144.68	67.32	64.65	96.03	65.65
1998	143.13	98.47	36.05	25.19	131.73	47.49	42.58	89.66	43.24
1999	165.68	97.82	15.20	9.17	85.33	12.97	17.10	131.84	17.48
2000	165.66	97.27	15.29	9.23	149.84	22.91	5.32	23.22	5.47

5-6-33 江苏省通州市历年棉花生产收购

年　度	耕地面积（万亩）	农业人口（万人）	棉田面积（万亩）	占耕地（%）	亩　产（市斤）	产　量（万担）	收购量（万担）	商品率（%）	人均交售（市斤）
52 年合计			**2710.04**	**36.37**	**80.16**	**2172.38**	**2055.71**	**94.63**	**32.56**
11 年小计			**842.46**	**47.57**	**38.46**	**324.04**	**265.80**	**82.03**	**23.66**
占合计%			**31.09**			**14.92**	**12.93**		
1949	164.10	89.85	58.87	35.87	18.01	10.60			
1950	164.10	91.29	50.97	31.06	26.66	13.59			
1951	163.77	93.77	66.54	40.63	25.64	17.06	17.17	100.64	18.31
1952	163.56	99.81	81.66	49.93	35.02	28.60	23.89	83.53	23.94
1953	163.29	102.35	77.28	47.33	46.66	36.06	30.14	83.58	29.45
1954	163.64	107.14	97.11	59.34	23.06	22.39	21.44	95.76	20.01
1955	163.89	104.83	100.76	61.48	51.93	52.32	44.60	85.24	42.55
1956	163.84	108.11	94.39	57.61	28.84	27.22	23.59	86.66	21.82
1957	164.70	108.38	85.51	51.92	44.02	37.64	28.12	74.71	25.95
1958	149.63	109.62	71.94	48.08	62.54	44.99	43.29	96.22	39.49
1959	146.52	108.41	57.43	39.20	58.45	33.57	33.56	99.97	30.96
10 年小计			**555.66**	**39.14**	**82.17**	**456.58**	**468.92**	**102.70**	**40.12**
占合计%			**20.50**			**21.02**	**22.81**		
1960	143.76	103.09	41.53	28.89	24.66	10.24	10.75	104.98	10.43
1961	141.52	104.72	51.40	36.32	44.59	22.92	22.07	96.29	21.08
1962	140.69	109.35	46.49	33.04	36.65	17.04	17.13	100.53	15.67
1963	140.54	112.61	59.05	42.02	71.45	42.19	41.67	98.77	37.00
1964	140.43	115.57	60.91	43.37	94.11	57.32	59.62	104.01	51.59
1965	143.16	118.91	59.42	41.51	110.06	65.40	69.15	105.73	58.15
1966	143.00	122.28	59.28	41.45	108.13	64.10	66.85	104.29	54.67
1967	142.37	123.42	59.28	41.64	91.03	53.96	56.17	104.10	45.51
1968	142.37	127.27	59.20	41.58	116.88	69.19	71.40	103.19	56.10
1969	141.83	131.56	59.10	41.67	91.74	54.22	54.11	99.80	41.13
10 年小计			**592.90**	**42.03**	**102.48**	**607.59**	**618.02**	**101.72**	**44.84**
占合计%			**21.88**			**27.97**	**30.06**		
1970	141.80	134.17	59.04	41.64	70.39	41.56	40.24	96.82	29.99
1971	141.80	135.67	59.46	41.93	91.00	54.11	54.14	100.06	39.91
1972	141.70	136.34	59.28	41.83	115.96	68.74	70.02	101.86	51.36
1973	141.30	134.98	59.20	41.90	123.11	72.88	74.43	102.13	55.14
1974	140.93	138.25	58.79	41.72	112.71	66.26	66.88	100.94	48.38
1975	140.83	138.99	59.20	42.04	114.05	67.52	68.62	101.63	49.37
1976	140.58	139.62	59.20	42.11	86.25	51.06	52.11	102.06	37.32
1977	140.34	140.16	59.20	42.18	68.72	40.68	41.53	102.09	29.63
1978	140.40	140.40	59.59	42.44	110.64	65.93	68.17	103.40	48.55
1979	140.93	139.58	59.94	42.53	131.55	78.85	81.88	103.84	58.66
10 年小计			**432.40**	**30.81**	**99.77**	**431.40**	**387.94**	**89.93**	**29.72**
占合计%			**15.96**			**19.86**	**18.87**		
1980	140.81	139.81	62.52	44.40	69.69	43.57	40.15	92.15	28.72
1981	140.67	140.37	62.50	44.43	86.51	54.07	50.68	93.73	36.10
1982	140.63	140.86	60.43	42.97	110.41	66.72	62.57	93.78	44.42
1983	140.60	140.38	57.71	41.05	112.81	65.10	60.51	92.95	43.10
1984	140.53	122.89	51.66	36.76	107.49	55.53	43.79	78.86	35.63
1985	140.47	120.15	30.04	21.39	91.68	27.54	23.08	83.81	19.21
1986	140.09	120.82	24.00	17.13	99.33	23.84	21.68	90.94	17.94
1987	140.06	124.66	27.29	19.48	95.75	26.13	21.43	82.01	17.19
1988	139.80	126.71	28.60	20.46	131.01	37.47	35.07	93.59	27.68
1989	139.61	128.56	27.65	19.81	113.67	31.43	28.98	92.20	22.54
11 年小计			**286.62**	**19.81**	**123.08**	**352.77**	**315.03**	**89.30**	**23.54**
占合计%			**10.58**			**16.24**	**15.32**		
1990	139.46	130.75	31.55	22.62	122.69	38.71	37.26	96.25	28.50
1991	129.58	121.91	32.20	24.85	144.81	46.63	44.54	95.52	36.54
1992	129.52	121.68	33.20	25.63	137.08	45.51	42.88	94.22	35.24
1993	129.47	120.62	30.03	23.19	107.13	32.17	29.83	92.73	24.73
1994	129.36	114.95	28.50	22.03	113.51	32.35	28.60	88.41	24.88
1995	129.20	120.00	28.85	22.33	122.98	35.48	31.88	89.85	26.57
1996	129.03	120.00	28.28	21.92	135.93	38.44	35.80	93.13	29.83
1997	129.03	120.00	26.52	20.55	116.89	31.00	28.00	90.32	23.33
1998	129.03	120.00	23.43	18.16	106.19	24.88	21.95	88.22	18.29
1999	136.55	124.99	12.87	9.43	95.96	12.35	5.94	48.10	4.75
2000	136.52	123.25	11.19	8.20	136.28	15.25	8.35	54.75	6.77

5-6-34 江苏省海门市历年棉花生产收购

年度	耕地面积（万亩）	农业人口（万人）	棉田面积（万亩）	占耕地（%）	亩产（市斤）	产量（万担）	收购量（万担）	商品率（%）	人均交售（市斤）
52年合计			**1633.82**	**38.39**	**84.71**	**1384.08**	**1290.00**	**93.20**	**31.48**
11年小计			**401.73**	**51.80**	**40.82**	**164.00**	**148.54**	**90.57**	**21.01**
占合计%			**24.59**			**11.85**	**11.51**		
1949	30.00	58.70	20.24	67.47	15.02	3.04	1.46	48.03	2.49
1950	30.00	59.80	21.42	71.40	23.02	4.93	3.31	67.14	5.54
1951	71.00	60.90	26.89	37.87	23.47	6.31	5.53	87.64	9.08
1952	73.00	62.10	34.92	47.84	31.96	11.16	10.78	96.59	17.36
1953	73.20	63.00	35.24	48.14	43.64	15.38	14.94	97.14	23.71
1954	56.40	64.20	42.17	74.77	28.57	12.05	10.69	88.71	16.65
1955	61.40	66.10	55.74	90.78	53.00	29.54	26.28	88.96	39.76
1956	97.90	67.20	53.29	54.43	31.99	17.05	14.71	86.28	21.89
1957	97.90	68.10	46.99	48.00	40.01	18.80	15.49	82.39	22.75
1958	97.20	68.40	36.34	37.39	73.45	26.69	26.00	97.41	38.01
1959	87.60	68.50	28.49	32.52	66.87	19.05	19.35	101.57	28.25
10年小计			**364.67**	**43.41**	**91.06**	**332.07**	**295.43**	**88.97**	**38.53**
占合计%			**22.32**			**23.99**	**22.90**		
1960	87.80	67.30	27.92	31.80	41.33	11.54	11.29	97.83	16.78
1961	85.10	68.80	27.13	31.88	53.48	14.51	13.58	93.59	19.74
1962	84.40	71.90	28.13	33.33	35.48	9.98	8.80	88.18	12.24
1963	83.70	74.00	38.90	46.48	69.92	27.20	21.89	80.48	29.58
1964	83.70	76.20	40.50	48.39	97.65	39.55	33.22	83.99	43.60
1965	83.00	78.20	40.46	48.75	112.58	45.55	41.81	91.79	53.47
1966	82.20	80.00	40.55	49.33	118.96	48.24	43.97	91.15	54.96
1967	82.20	81.40	40.35	49.09	102.30	41.28	33.87	82.05	41.61
1968	84.30	83.20	40.24	47.73	120.83	48.62	44.19	90.89	53.11
1969	83.70	85.80	40.49	48.38	112.62	45.60	42.81	93.88	49.90
10年小计			**390.72**	**47.82**	**113.29**	**442.63**	**425.95**	**96.23**	**47.10**
占合计%			**23.91**			**31.98**	**33.02**		
1970	83.20	87.60	39.21	47.13	83.91	32.90	31.37	95.35	35.81
1971	82.80	88.50	39.30	47.46	100.03	39.31	37.75	96.03	42.66
1972	82.40	89.50	39.00	47.33	113.46	44.25	42.69	96.47	47.70
1973	82.40	89.70	39.25	47.63	112.38	44.11	42.53	96.42	47.41
1974	82.30	90.00	39.21	47.64	122.95	48.21	46.61	96.68	51.79
1975	82.00	91.30	39.12	47.71	136.68	53.47	51.87	97.01	56.81
1976	81.00	91.60	39.05	48.21	92.24	36.02	34.41	95.53	37.57
1977	81.00	92.20	38.58	47.63	91.71	35.38	33.77	95.45	36.63
1978	81.00	92.30	38.70	47.78	131.14	50.75	48.79	96.14	52.86
1979	79.00	91.60	39.30	49.75	148.17	58.23	56.16	96.45	61.31
10年小计			**298.98**	**35.34**	**82.60**	**246.96**	**238.16**	**96.44**	**27.07**
占合计%			**18.30**			**17.84**	**18.46**		
1980	81.20	91.70	39.30	48.40	79.90	31.40	29.63	94.36	32.31
1981	81.10	92.10	39.21	48.35	80.72	31.65	29.87	94.38	32.43
1982	79.50	91.70	39.20	49.31	92.78	36.37	34.47	94.78	37.59
1983	79.40	91.60	39.18	49.35	111.41	43.65	42.04	96.31	45.90
1984	79.10	82.40	39.17	49.52	91.63	35.89	34.15	95.15	41.44
1985	89.10	80.60	24.44	27.43	36.33	8.88	8.88	100.00	11.02
1986	89.30	90.80	17.16	19.22	52.62	9.03	9.03	100.00	9.94
1987	89.20	89.70	21.32	23.90	39.87	8.50	8.50	100.00	9.48
1988	89.20	89.70	20.00	22.42	99.05	19.81	19.81	100.00	22.08
1989	89.00	79.50	20.00	22.47	108.90	21.78	21.78	100.00	27.40
11年小计			**177.72**	**18.19**	**111.65**	**198.42**	**181.92**	**91.68**	**21.64**
占合计%			**10.88**			**14.34**	**14.10**		
1990	89.00	79.30	22.40	25.17	87.50	19.60	18.78	95.82	23.68
1991	88.90	78.50	23.20	26.10	90.47	20.99	20.46	97.47	26.06
1992	88.80	70.90	22.67	25.53	106.66	24.18	24.07	99.55	33.95
1993	88.50	71.90	16.10	18.19	88.32	14.22	13.22	92.97	18.39
1994	88.26	71.90	15.08	17.09	104.77	15.80	14.70	93.04	20.45
1995	87.71	72.93	20.25	23.09	111.95	22.67	20.91	92.24	28.67
1996	87.45	73.78	16.40	18.75	158.72	26.03	25.00	96.04	33.88
1997	87.45	73.78	16.05	18.35	135.64	21.77	20.76	95.36	28.14
1998	87.45	73.78	16.11	18.42	123.77	19.94	17.69	88.72	23.98
1999	91.66	87.21	5.42	5.91	132.10	7.16	2.82	39.39	3.23
2000	91.61	86.59	4.04	4.41	150.00	6.06	3.51	57.92	4.05

5-6-35 江苏省启东县历年棉花生产收购

年　度	耕地面积（万亩）	农业人口（万人）	棉田面积（万亩）	占耕地（%）	亩　产（市斤）	产　量（万担）	收购量（万担）	商品率（%）	人均交售（市斤）
52 年合计			**2598.93**	**43.39**	**99.25**	**2579.45**	**2449.39**	**94.96**	**52.29**
11 年小计			**672.38**	**47.11**	**47.41**	**318.75**	**301.37**	**94.55**	**41.58**
占合计%			**25.87**			**12.36**	**12.30**		
1949	136.90	57.16	27.87	20.36	5.88	1.64	1.38	84.15	2.41
1950	136.26	58.43	45.02	33.04	27.68	12.46	11.58	92.94	19.82
1951	134.12	61.68	51.50	38.40	18.31	9.43	8.20	86.96	13.29
1952	131.33	63.48	51.56	39.26	35.01	18.05	16.24	89.97	25.58
1953	131.09	64.39	57.61	43.95	51.00	29.38	27.02	91.97	41.96
1954	130.71	66.25	69.50	53.17	40.79	28.35	26.26	92.63	39.64
1955	130.02	67.57	100.83	77.55	66.99	67.55	64.73	95.83	95.80
1956	128.40	69.30	83.67	65.16	36.50	30.54	28.66	93.84	41.36
1957	127.67	72.22	69.51	54.45	45.00	31.28	29.95	95.75	41.47
1958	126.41	71.72	63.84	50.50	80.26	51.24	49.96	97.50	69.66
1959	114.36	72.66	51.47	45.01	75.44	38.83	37.39	96.29	51.46
10 年小计			**554.75**	**49.10**	**112.98**	**626.74**	**606.79**	**96.82**	**71.16**
占合计%			**21.35**			**24.30**	**24.77**		
1960	113.09	72.27	46.25	40.90	57.28	26.49	25.99	98.11	35.96
1961	114.16	75.26	50.50	44.24	72.51	36.62	33.22	90.72	44.14
1962	113.57	77.34	50.35	44.33	42.80	21.55	20.26	94.01	26.20
1963	113.64	83.38	54.35	47.83	79.87	43.41	41.89	96.50	50.24
1964	113.26	85.67	59.68	52.69	131.74	78.62	76.98	97.91	89.86
1965	112.97	87.99	60.08	53.18	124.07	74.54	72.01	96.61	81.84
1966	112.71	90.21	58.30	51.73	148.32	86.47	83.82	96.94	92.92
1967	112.39	90.38	58.40	51.96	141.64	82.72	80.03	96.75	88.55
1968	112.25	93.82	58.44	52.06	162.34	94.87	93.09	98.12	99.22
1969	111.89	96.44	58.40	52.19	139.47	81.45	79.50	97.61	82.43
10 年小计			**580.12**	**51.91**	**132.69**	**769.76**	**751.41**	**97.62**	**73.35**
占合计%			**22.32**			**29.84**	**30.68**		
1970	111.86	98.61	57.99	51.84	116.23	67.40	66.79	99.09	67.73
1971	111.83	100.35	57.94	51.81	118.40	68.60	67.99	99.11	67.75
1972	111.60	100.57	58.00	51.97	130.62	75.76	73.81	97.43	73.39
1973	111.54	100.67	58.00	52.00	127.60	74.01	71.91	97.16	71.43
1974	111.48	102.39	58.00	52.03	147.29	85.43	83.49	97.73	81.54
1975	111.32	103.70	58.25	52.33	159.97	93.18	91.19	97.86	87.94
1976	110.98	104.61	58.06	52.32	98.91	57.43	55.40	96.47	52.96
1977	113.68	104.24	58.00	51.02	95.05	55.13	53.10	96.32	50.94
1978	113.15	104.99	57.88	51.15	181.13	104.84	102.29	97.57	97.43
1979	110.10	104.23	58.00	52.68	151.69	87.98	85.44	97.11	81.97
10 年小计			**472.66**	**42.69**	**101.58**	**480.11**	**436.70**	**90.96**	**43.56**
占合计%			**18.19**			**18.61**	**17.83**		
1980	110.85	104.42	58.34	52.63	110.70	64.58	61.89	95.83	59.27
1981	110.76	104.77	58.44	52.77	92.40	54.00	51.68	95.70	49.33
1982	111.24	104.91	58.00	52.14	105.98	61.47	58.90	95.82	56.14
1983	111.21	104.94	58.00	52.15	93.84	54.43	52.50	96.45	50.03
1984	111.27	92.10	57.52	51.69	118.64	68.24	56.99	83.51	61.88
1985	109.39	90.15	38.96	35.62	59.65	23.24	20.45	87.99	22.68
1986	110.71	93.83	37.00	33.42	82.57	30.55	24.53	80.29	26.14
1987	110.62	102.79	35.00	31.64	88.89	31.11	24.57	78.98	23.90
1988	110.55	101.95	35.34	31.97	125.44	44.33	40.90	92.26	40.12
1989	110.49	102.76	36.06	32.64	133.56	48.16	44.29	91.96	43.10
11 年小计			**319.02**	**26.41**	**120.40**	**384.09**	**353.12**	**91.94**	**32.70**
占合计%			**12.28**			**14.89**	**14.42**		
1990	110.69	103.17	35.79	32.33	81.84	29.29	27.51	93.92	26.66
1991	111.39	103.55	37.37	33.55	108.11	40.40	40.12	99.31	38.74
1992	111.25	103.13	36.33	32.66	136.53	49.60	48.43	97.64	46.96
1993	110.90	96.03	30.64	27.63	107.90	33.06	30.53	92.35	31.79
1994	110.78	95.18	30.02	27.10	113.36	34.03	31.53	92.65	33.13
1995	110.54	94.37	32.81	29.68	115.09	37.76	35.87	94.99	38.01
1996	110.31	94.30	31.55	28.60	178.73	56.39	56.20	99.66	59.60
1997	110.31	93.88	31.21	28.29	131.21	40.95	38.42	93.82	40.92
1998	110.31	93.38	28.08	25.46	112.89	31.70	27.81	87.73	29.78
1999	105.70	101.67	14.54	13.76	111.76	16.25	8.74	53.78	8.60
2000	105.63	101.14	10.68	10.11	137.27	14.66	7.96	54.30	7.87

5-6-36　江苏省扬州市郊历年棉花生产收购

年　度	耕地面积（万亩）	农业人口（万人）	棉田面积（万亩）	占耕地（%）	亩　产（市斤）	产　量（万担）	收购量（万担）	商品率（%）	人均交售（市斤）
52 年合计			**1.00**	**0.26**	**19.12**	**0.19**	**3.04**	*	**0.84**
11 年小计			**0.60**	**0.27**	**13.53**	**0.08**	**3.00**	*	**1.33**
占合计%			**60.00**			**42.47**	**98.68**		
1949	6.00	39.80	0.07	1.17	16.00	0.01	0.01	100.00	0.03
1950									
1951									
1952									
1953	4.50	42.80					2.93		6.85
1954									
1955									
1956									
1957	79.20	48.50	0.05	0.06	20.00	0.01			
1958	70.00	48.50	0.13	0.19	15.38	0.02	0.01	35.00	0.01
1959	66.50	46.60	0.35	0.53	11.43	0.04	0.05	129.25	0.11
10 年小计			**0.36**	**0.25**	**19.44**	**0.07**	**0.04**	**57.14**	**0.04**
占合计%			**36.00**			**36.61**	**1.32**		
1960	65.90	44.40	0.31	0.47	12.90	0.04	0.04	100.00	0.09
1961									
1962	65.40	48.40	0.01	0.02					
1963									
1964									
1965	3.90	4.80	0.01	0.26	100.00	0.01			
1966	3.90	5.53	0.01	0.26					
1967	3.71	5.31	0.01	0.27	100.00	0.01			
1968									
1969	3.86	3.53	0.01	0.26	100.00	0.01			
10 年小计						**0.02**			
占合计%						**10.46**			
1970	3.94	5.64				0.01			
1971									
1972	3.78	5.61				0.01			
1973									
1974									
1975									
1976									
1977									
1978									
1979									
10 年小计			**0.04**	**0.51**	**50.00**	**0.02**			
占合计%			**4.00**			**10.46**			
1980									
1981									
1982									
1983	7.86	12.82	0.04	0.51	50.00	0.02			
1984									
1985									
1986									
1987									
1988									
1989									
11 年小计									
占合计%									
1990									
1991									
1992									
1993									
1994									
1995									
1996									
1997									
1998									
1999									
2000									

5－6－37　江苏省高邮市历年棉花生产收购

年　度	耕地面积（万亩）	农业人口（万人）	棉田面积（万亩）	占耕地（%）	亩　产（市斤）	产　量（万担）	收购量（万担）	商品率（%）	人均交售（市斤）
52 年合计			**373.45**	**6.20**	**121.79**	**454.84**	**402.44**	**88.48**	**12.59**
11 年小计			**2.76**	**0.19**	**27.54**	**0.76**	**0.76**	**100.00**	**0.15**
占合计%			**0.74**			**0.17**	**0.19**		
1949									
1950	143.40	47.03	0.06	0.04	50.00	0.03	0.03	100.00	0.06
1951	144.10	47.79	0.06	0.04	16.67	0.01	0.01	100.00	0.02
1952	145.24	48.58	0.23	0.16	21.74	0.05	0.05	100.00	0.10
1953	145.80	49.50	1.33	0.91	30.83	0.41	0.41	100.00	0.83
1954	144.57	49.98	0.29	0.20	13.79	0.04	0.04	100.00	0.08
1955	143.42	43.03	0.41	0.29	29.27	0.12	0.12	100.00	0.28
1956	143.66	54.54	0.07	0.05	28.57	0.02	0.02	100.00	0.04
1957	142.25	55.41	0.06	0.04	33.33	0.02	0.02	100.00	0.04
1958	134.46	54.41	0.05	0.04	40.00	0.02	0.02	100.00	0.04
1959	132.21	53.16	0.20	0.15	20.00	0.04	0.04	100.00	0.08
10 年小计			**10.79**	**0.88**	**41.71**	**4.50**	**4.47**	**99.33**	**0.83**
占合计%			**2.89**			**0.99**	**1.11**		
1960	128.80	50.68	2.78	2.16	1.80	0.05	0.05	100.00	0.10
1961	126.69	50.35	0.03	0.02	33.33	0.01	0.01	100.00	0.02
1962	124.93	51.35	0.02	0.02					
1963	125.04	50.44	0.03	0.02	33.33	0.01	0.01	100.00	0.02
1964	123.82	50.73	0.07	0.06	57.14	0.04	0.04	100.00	0.08
1965	122.45	52.73	0.32	0.26	21.88	0.07	0.07	100.00	0.13
1966	121.16	54.15	1.48	1.22	64.19	0.95	0.94	98.95	1.74
1967	120.36	56.15	2.08	1.73	71.15	1.48	1.47	99.32	2.62
1968	119.39	58.14	2.09	1.75	50.72	1.06	1.05	99.06	1.81
1969	118.45	61.70	1.89	1.60	43.92	0.83	0.83	100.00	1.35
10 年小计			**56.39**	**4.91**	**95.57**	**53.89**	**52.83**	**98.03**	**7.66**
占合计%			**15.10**			**11.85**	**13.13**		
1970	116.84	64.22	5.03	4.31	48.31	2.43	2.38	97.94	3.71
1971	117.09	65.74	4.87	4.16	55.03	2.68	2.65	98.88	4.03
1972	117.48	66.96	4.99	4.25	64.73	3.23	3.23	100.00	4.82
1973	116.25	68.07	5.17	4.45	115.67	5.98	5.95	99.50	8.74
1974	115.97	69.02	5.40	4.66	110.74	5.98	5.76	96.32	8.35
1975	114.65	69.91	5.45	4.75	99.45	5.42	5.35	98.71	7.65
1976	113.33	70.74	5.42	4.78	120.11	6.51	6.34	97.39	8.96
1977	112.64	71.62	6.27	5.57	96.17	6.03	5.93	98.34	8.28
1978	112.00	71.92	6.15	5.49	110.24	6.78	6.65	98.08	9.25
1979	112.01	71.55	7.64	6.82	115.84	8.85	8.59	97.06	12.01
10 年小计			**134.30**	**12.18**	**130.57**	**175.35**	**169.91**	**96.90**	**23.67**
占合计%			**35.96**			**38.55**	**42.22**		
1980	111.84	71.70	10.10	9.03	94.16	9.51	9.12	95.90	12.72
1981	111.50	71.94	13.80	12.38	120.58	16.64	16.09	96.69	22.37
1982	111.60	72.14	13.20	11.83	111.36	14.70	14.24	96.87	19.74
1983	111.42	72.22	12.44	11.16	135.61	16.87	16.55	98.10	22.92
1984	111.04	69.58	13.36	12.03	145.21	19.40	18.97	97.78	27.26
1985	110.31	72.10	13.60	12.33	134.93	18.35	17.36	94.60	24.08
1986	109.59	72.07	12.30	11.22	114.63	14.10	13.79	97.80	19.13
1987	108.90	72.17	16.00	14.69	140.44	22.47	21.58	96.04	29.90
1988	108.30	72.21	16.00	14.77	140.94	22.55	21.90	97.12	30.33
1989	108.20	71.76	13.50	12.48	153.78	20.76	20.31	97.83	28.30
11 年小计			**169.21**	**15.01**	**130.22**	**220.34**	**174.47**	**79.18**	**23.32**
占合计%			**45.31**			**48.44**	**43.35**		
1990	107.89	72.03	14.30	13.25	156.57	22.39	22.19	99.11	30.81
1991	108.87	72.21	9.30	8.54	123.44	11.48	11.47	99.91	15.88
1992	108.87	71.49	24.10	22.14	84.44	20.35	19.32	94.94	27.02
1993	99.44	71.31	21.62	21.74	94.54	20.44	14.70	71.92	20.61
1994	94.10	69.50	17.40	18.49	133.16	23.17	18.78	81.05	27.02
1995	93.17	67.40	18.39	19.74	142.25	26.16	21.76	83.18	32.28
1996	92.96	66.31	17.91	19.27	146.29	26.20	20.90	79.77	31.52
1997	92.96	66.31	15.02	16.16	154.46	23.20	16.77	72.28	25.29
1998	92.96	66.31	15.02	16.16	156.13	23.45	19.63	83.71	29.60
1999	118.09	63.08	7.82	6.62	118.29	9.25	2.55	27.57	4.04
2000	117.66	62.29	8.33	7.08	171.07	14.25	6.40	44.91	10.27

5-6-38 江苏省宝应县历年棉花生产收购

年　度	耕地面积（万亩）	农业人口（万人）	棉田面积（万亩）	占耕地（%）	亩　产（市斤）	产　量（万担）	收购量（万担）	商品率（%）	人均交售（市斤）
52年合计			**286.65**	**5.90**	**104.94**	**300.80**	**276.10**	**91.79**	**8.16**
11年小计			**1.29**	**0.11**	**19.22**	**0.25**	**0.07**	**28.99**	**0.01**
占合计%			**0.45**			**0.08**	**0.03**		
1949									
1950									
1951									
1952	157.20	56.40	0.30	0.19	33.33	0.10	0.01	10.00	0.02
1953	156.10	58.50	0.30	0.19	33.33	0.10			
1954	145.00	61.20	0.20	0.14			0.02		0.03
1955	161.40	63.90	0.20	0.12					
1956	164.50	70.40	0.10	0.06					
1957	171.10	71.90	0.02	0.01	25.00	0.01	0.01	100.00	0.01
1958	107.30	71.90	0.01	0.01	30.00				
1959	104.70	56.90	0.16	0.15	25.00	0.04	0.03	78.75	0.06
10年小计			**11.83**	**1.49**	**70.84**	**8.38**	**9.23**	**110.09**	**1.92**
占合计%			**4.13**			**2.79**	**3.34**		
1960	103.90	48.90	0.18	0.17	16.67	0.03	0.02	75.33	0.05
1961	101.70	52.00	0.02	0.02					
1962	102.00	54.50	0.01	0.01					
1963									
1964									
1965	98.70	57.00	0.43	0.44	13.95	0.06	0.06	104.67	0.11
1966	98.30	67.93	2.08	2.12	81.73	1.70	1.65	97.06	2.43
1967	93.91	65.24	2.47	2.63	85.02	2.10	2.16	102.86	3.31
1968	95.82	66.57	3.15	3.29	67.30	2.12	2.55	120.28	3.83
1969	97.78	67.93	3.49	3.57	67.91	2.37	2.78	117.30	4.09
10年小计			**84.85**	**8.79**	**88.40**	**75.01**	**76.63**	**102.16**	**10.31**
占合计%			**29.60**			**24.94**	**27.75**		
1970	98.76	69.32	8.07	8.17	58.98	4.76	5.08	106.72	7.33
1971	99.10	70.39	8.20	8.27	58.66	4.81	5.13	106.65	7.29
1972	98.70	71.60	8.00	8.11	63.88	5.11	5.30	103.72	7.40
1973	97.82	72.50	8.20	8.38	106.95	8.77	8.96	102.17	12.36
1974	96.32	73.69	8.90	9.24	98.88	8.80	8.80	100.00	11.94
1975	95.47	74.66	8.90	9.32	95.73	8.52	9.09	106.69	12.18
1976	95.41	76.80	8.90	9.33	106.85	9.51	9.56	100.53	12.45
1977	94.71	77.66	8.74	9.23	92.11	8.05	8.11	100.75	10.44
1978	94.47	78.92	8.61	9.11	103.02	8.87	8.80	99.21	11.15
1979	94.04	77.36	8.33	8.86	93.76	7.81	7.80	99.87	10.08
10年小计			**79.45**	**8.62**	**99.53**	**79.08**	**76.35**	**96.55**	**9.67**
占合计%			**27.72**			**26.29**	**27.65**		
1980	93.80	77.16	9.95	10.61	70.75	7.04	7.17	101.85	9.29
1981	93.33	77.85	9.73	10.43	103.80	10.10	10.16	100.59	13.05
1982	93.44	78.19	9.67	10.35	86.04	8.32	8.40	100.96	10.74
1983	93.33	80.37	8.42	9.02	103.44	8.71	8.80	101.03	10.95
1984	92.25	80.42	8.04	8.72	110.45	8.88	8.91	100.34	11.08
1985	91.60	78.18	7.54	8.23	99.60	7.51	6.75	89.88	8.63
1986	91.45	78.85	4.30	4.70	96.98	4.17	3.33	79.86	4.22
1987	91.12	79.32	6.20	6.80	105.16	6.52	6.05	92.79	7.63
1988	90.56	79.22	8.00	8.83	111.50	8.92	8.13	91.14	10.26
1989	90.43	79.91	7.60	8.40	117.24	8.91	8.65	97.08	10.82
11年小计			**109.23**	**10.75**	**126.41**	**138.08**	**113.82**	**82.43**	**13.21**
占合计%			**38.11**			**45.90**	**41.22**		
1990	90.43	80.17	8.17	9.03	111.63	9.12	9.10	99.78	11.35
1991	89.34	80.42	10.22	11.44	129.65	13.25	13.16	99.32	16.36
1992	89.34	80.42	15.48	17.33	83.98	13.00	13.92	107.08	17.31
1993	87.74	80.52	9.92	11.31	110.89	11.00	9.48	86.18	11.77
1994	86.45	79.56	11.61	13.43	124.98	14.51	12.65	87.18	15.90
1995	85.85	78.40	13.91	16.20	137.02	19.06	16.57	86.94	21.14
1996	85.47	78.36	13.32	15.58	135.29	18.02	15.20	84.35	19.40
1997	85.47	78.36	10.44	12.21	152.68	15.94	12.07	75.72	15.40
1998	85.47	78.36	11.28	13.20	154.88	17.47	10.66	61.02	13.60
1999	115.85	73.97	2.99	2.58	118.73	3.55	0.61	17.18	0.82
2000	115.13	72.81	1.89	1.64	167.20	3.16	0.40	12.66	0.55

5-6-39 江苏省仪征市历年棉花生产收购

年度	耕地面积（万亩）	农业人口（万人）	棉田面积（万亩）	占耕地（%）	亩产（市斤）	产量（万担）	收购量（万担）	商品率（%）	人均交售（市斤）
52年合计			**118.61**	**3.45**	**54.72**	**64.90**	**65.95**	**101.62**	**3.21**
11年小计			**4.51**	**0.50**	**16.45**	**0.74**	**0.12**	**16.41**	**0.04**
占合计%			**3.80**			**1.14**	**0.18**		
1949	81.00	27.60	0.21	0.26	14.29	0.03	0.03	100.00	0.11
1950	82.70	28.20	0.19	0.23	15.79	0.03	0.03	100.00	0.11
1951	84.40	28.80	0.52	0.62	17.31	0.09			
1952	86.10	29.40	0.60	0.70	16.67	0.10			
1953	85.70	30.30	0.70	0.82	14.29	0.10			
1954	85.40	31.50	0.50	0.59	20.00	0.10		1.70	0.01
1955	85.00	32.20	0.80	0.94	25.00	0.20		0.85	0.01
1956	83.90	33.10	0.30	0.36	0.57			100.00	0.01
1957	80.50	33.40	0.22	0.27	18.18	0.04	0.01	25.25	0.03
1958	74.80	33.40	0.21	0.28	9.52	0.02	0.02	100.00	0.06
1959	69.50	33.10	0.26	0.37	11.54	0.03	0.03	94.33	0.09
10年小计			**19.89**	**3.01**	**35.60**	**7.08**	**7.91**	**111.74**	**2.26**
占合计%			**16.77**			**10.91**	**11.99**		
1960	68.70	30.50	0.14	0.20	7.14	0.01			
1961	66.80	30.50	0.17	0.25	5.88	0.01	0.01	100.00	0.03
1962	66.20	31.60	0.02	0.03					
1963	68.10	32.20	0.03	0.04	33.33	0.01			
1964	68.10	32.89	0.11	0.16	36.36	0.04	0.03	69.00	0.08
1965	67.50	33.83	0.41	0.61	19.51	0.08	0.07	92.25	0.22
1966	66.70	40.12	2.56	3.84	42.19	1.08	1.04	96.30	2.59
1967	61.32	38.53	4.79	7.81	41.34	1.98	2.30	116.16	5.97
1968	62.57	39.32	3.89	6.22	29.31	1.14	1.66	145.61	4.22
1969	63.85	40.12	7.77	12.17	35.14	2.73	2.80	102.56	6.98
10年小计			**64.34**	**10.19**	**55.74**	**35.86**	**37.88**	**105.63**	**8.74**
占合计%			**54.25**			**55.25**	**57.44**		
1970	65.15	40.94	7.52	11.54	26.73	2.01	2.18	108.46	5.32
1971	64.49	41.64	6.72	10.42	31.25	2.10	2.43	115.71	5.84
1972	64.11	42.06	6.40	9.98	38.75	2.48	2.85	114.92	6.78
1973	63.80	42.09	6.47	10.14	61.98	4.01	4.33	107.98	10.29
1974	63.35	42.92	6.44	10.17	69.41	4.47	4.68	104.70	10.90
1975	62.97	43.49	6.57	10.43	42.16	2.77	3.03	109.39	6.97
1976	62.22	44.09	6.27	10.08	81.82	5.13	5.12	99.81	11.61
1977	62.17	44.83	6.55	10.54	55.88	3.66	3.72	101.64	8.30
1978	61.76	45.39	6.28	10.17	73.57	4.62	4.93	106.71	10.86
1979	61.40	45.92	5.12	8.34	90.04	4.61	4.61	100.00	10.04
10年小计			**28.11**	**4.74**	**71.02**	**19.96**	**19.29**	**96.61**	**4.08**
占合计%			**23.70**			**30.76**	**29.25**		
1980	60.63	46.03	5.17	8.53	63.06	3.26	3.34	102.45	7.26
1981	60.26	46.57	5.01	8.31	101.80	5.10	5.16	101.18	11.08
1982	60.14	46.89	6.92	11.51	61.71	4.27	4.32	101.17	9.21
1983	59.99	46.85	5.43	9.05	64.27	3.49	3.44	98.57	7.34
1984	59.82	46.92	4.20	7.02	63.33	2.66	2.22	83.46	4.73
1985	58.90	47.20	0.70	1.19	83.71	0.59	0.49	83.43	1.04
1986	58.75	47.82	0.31	0.53	89.03	0.28	0.16	59.06	0.34
1987	58.42	48.04	0.21	0.36	85.71	0.18	0.08	42.67	0.16
1988	58.05	48.40	0.11	0.19	85.45	0.09	0.07	72.98	0.14
1989	57.55	48.34	0.05	0.09	96.00	0.05	0.01	20.00	0.02
11年小计			**1.76**	**0.27**	**71.57**	**1.26**	**0.75**	**59.82**	**0.16**
占合计%			**1.48**			**1.94**	**1.14**		
1990	57.38	48.38	0.16	0.28	66.25	0.11	0.10	94.15	0.21
1991	57.04	46.54	0.82	1.44	50.73	0.42	0.43	102.40	0.92
1992	57.04	46.54	0.43	0.75	64.65	0.28	0.13	46.76	0.28
1993	55.49	47.22	0.09	0.16	135.56	0.12	0.07	55.41	0.14
1994	55.19	46.82	0.03	0.05	53.33	0.02	0.03	175.00	0.06
1995	55.05	46.78	0.05	0.09	140.00	0.07			
1996	55.01	45.12	0.06	0.11	96.67	0.06			
1997	55.01	45.12	0.05	0.08	133.33	0.06			
1998	55.01	45.12	0.03	0.05	233.33	0.07			
1999									
2000	75.32	43.13	0.04	0.05	150.00	0.06			

5-6-40　江苏省江都市历年棉花生产收购

年　　度	耕地面积（万亩）	农业人口（万人）	棉田面积（万亩）	占耕地（%）	亩　产（市斤）	产　量（万担）	收购量（万担）	商品率（%）	人均交售（市斤）
52年合计			**163.71**	**2.68**	**104.90**	**171.73**	**152.67**	**88.90**	**3.48**
11年小计			**15.82**	**0.92**	**18.84**	**2.98**	**0.74**	**24.77**	**0.09**
占合计%			**9.66**			**1.74**	**0.48**		
1949	128.10	66.20	1.03	0.80	13.59	0.14	0.14	100.00	0.21
1950	130.70	67.60	1.22	0.93	14.75	0.18	0.18	100.00	0.27
1951	133.40	69.00	2.16	1.62	17.13	0.37			
1952	136.10	70.40	1.30		23.08	0.30	0.04	13.33	0.06
1953	221.10	72.10	3.60	1.63	19.44	0.70			
1954	218.60	72.90	2.40	1.10	8.33	0.20	0.01	5.55	0.02
1955	217.30	74.60	2.20	1.01	27.27	0.60	0.04	6.13	0.05
1956	136.50	76.80	0.60	0.44	16.67	0.10		2.90	
1957	146.30	75.20	0.15	0.10	33.33	0.05	0.02	40.00	0.03
1958	124.80	75.20	0.32	0.26	31.25	0.10	0.07	72.20	0.10
1959	118.90	72.40	0.84	0.71	28.57	0.24	0.24	97.92	0.32
10年小计			**16.22**	**1.45**	**56.78**	**9.21**	**7.83**	**85.00**	**1.06**
占合计%			**9.91**			**5.36**	**5.13**		
1960	117.40	68.20	0.78	0.66	20.51	0.16	0.15	91.25	0.21
1961	117.00	66.20	0.43	0.37	20.93	0.09	0.06	70.56	0.10
1962	115.80	68.90	0.33	0.28	9.09	0.03			
1963	113.90	68.00	0.09	0.08	22.22	0.02		14.00	
1964	113.90	68.59	0.21	0.18	33.33	0.07	0.02	32.86	0.03
1965	113.30	70.74	1.51	1.33	49.01	0.74	0.42	56.49	0.59
1966	111.30	82.83	3.51	3.15	66.67	2.34	2.23	95.30	2.69
1967	103.12	79.56	3.74	3.63	70.59	2.64	2.34	88.64	2.94
1968	105.22	81.18	3.18	3.02	58.18	1.85	1.63	88.11	2.01
1969	107.37	82.83	2.44	2.27	52.05	1.27	0.98	76.77	1.18
10年小计			**37.06**	**3.44**	**87.40**	**32.39**	**31.78**	**98.10**	**3.41**
占合计%			**22.64**			**18.86**	**20.81**		
1970	109.56	84.52	2.87	2.62	43.90	1.26	0.90	71.03	1.06
1971	109.12	86.18	2.96	2.71	57.09	1.69	1.38	81.66	1.60
1972	108.94	87.28	3.68	3.38	54.89	2.02	1.98	98.02	2.27
1973	108.08	87.85	3.81	3.53	90.03	3.43	3.47	101.17	3.95
1974	108.01	89.64	3.72	3.44	83.06	3.09	3.02	97.73	3.37
1975	107.78	90.87	3.68	3.41	72.83	2.68	2.73	101.87	3.00
1976	107.30	125.27	3.61	3.36	101.11	3.65	3.65	100.00	2.91
1977	106.67	92.74	3.60	3.37	76.11	2.74	2.71	98.91	2.92
1978	106.41	93.48	3.57	3.35	120.73	4.31	4.34	100.70	4.64
1979	106.30	92.93	5.56	5.23	135.25	7.52	7.60	101.06	8.18
10年小计			**51.39**	**4.87**	**125.26**	**64.37**	**61.81**	**96.02**	**6.58**
占合计%			**31.39**			**37.48**	**40.49**		
1980	106.14	93.35	5.63	5.30	93.25	5.25	5.33	101.52	5.71
1981	106.09	93.68	6.76	6.37	134.62	9.10	9.16	100.66	9.78
1982	105.97	94.35	6.46	6.10	119.04	7.69	7.90	102.73	8.37
1983	105.69	93.95	5.98	5.66	168.39	10.07	10.50	104.27	11.18
1984	105.59	93.77	5.81	5.50	126.51	7.35	7.51	102.18	8.01
1985	105.26	94.51	4.91	4.66	126.07	6.19	5.62	90.79	5.95
1986	105.19	93.79	3.19	3.03	122.26	3.90	2.91	74.62	3.10
1987	105.23	93.99	4.41	4.19	122.00	5.38	4.71	87.55	5.01
1988	105.11	93.99	4.35	4.14	115.86	5.04	4.27	84.72	4.54
1989	105.04	93.29	3.89	3.70	113.11	4.40	3.90	88.64	4.18
11年小计			**43.22**	**3.76**	**145.26**	**62.78**	**50.52**	**80.47**	**5.14**
占合计%			**26.40**			**36.56**	**33.09**		
1990	104.98	93.69	4.04	3.85	112.38	4.54	4.30	94.71	4.59
1991	104.83	93.82	3.05	2.91	121.64	3.71	3.50	94.34	3.73
1992	104.83	93.82	5.15	4.91	108.74	5.60	7.53	134.46	8.03
1993	104.61	91.71	3.79	3.62	132.98	5.04	4.98	98.81	5.43
1994	104.33	90.35	3.89	3.73	146.53	5.70	6.88	120.70	7.61
1995	104.09	89.37	4.68	4.50	170.51	7.98	7.01	87.84	7.84
1996	103.50	88.44	4.83	4.67	165.01	7.97	7.00	87.83	7.91
1997	103.50	88.44	4.54	4.39	155.07	7.04	4.04	57.39	4.57
1998	103.50	88.44	4.84	4.68	165.08	7.99	3.99	49.94	4.51
1999	105.45	83.25	2.79	2.65	150.90	4.21	0.79	18.76	0.95
2000	104.61	81.40	1.62	1.55	185.19	3.00	0.50	16.67	0.61

5-6-41 江苏省邗江县历年棉花生产收购

年度	耕地面积（万亩）	农业人口（万人）	棉田面积（万亩）	占耕地（%）	亩产（市斤）	产量（万担）	收购量（万担）	商品率（%）	人均交售（市斤）
52年合计			**45.91**	**1.97**	**77.91**	**35.77**	**34.12**	**95.39**	**1.57**
11年小计			**2.06**	**0.73**	**19.42**	**0.40**	**0.26**	**65.00**	**0.15**
占合计%			**4.49**			**1.12**	**0.76**		
1949	72.20	44.64	0.64		15.63	0.10	0.10	100.00	0.22
1950	73.70	44.64	0.70	0.95	22.86	0.16	0.16	100.00	0.36
1951	75.20	44.64	0.62	0.82	22.58	0.14			
1952									
1953									
1954									
1955									
1956	62.80	44.64	0.10	0.16					
1957									
1958									
1959									
10年小计			**4.76**	**1.14**	**77.31**	**3.68**	**3.88**	**105.50**	**1.13**
占合计%			**10.37**			**10.29**	**11.38**		
1960									
1961									
1962									
1963	60.50	44.64	0.06	0.10	66.67	0.04	0.05	135.50	0.12
1964	60.50	44.64	0.26	0.43	92.31	0.24	0.23	95.17	0.51
1965	61.90	47.45	0.44	0.71	84.09	0.37	0.34	92.70	0.72
1966	61.20	52.81	1.00	1.63	85.00	0.85	0.84	98.71	1.59
1967	56.10	50.72	1.49	2.66	71.81	1.07	1.06	99.07	2.09
1968	57.24	51.75	0.90	1.57	86.67	0.78	0.88	113.08	1.70
1969	58.41	52.81	0.61	1.04	54.10	0.33	0.48	144.18	0.90
10年小计			**25.05**	**4.36**	**69.22**	**17.34**	**17.78**	**102.54**	**3.14**
占合计%			**54.56**			**48.48**	**52.11**		
1970	59.60	53.89	2.24	3.76	54.02	1.21	1.40	115.70	2.60
1971	59.67	54.99	2.31	3.87	60.17	1.39	1.33	95.68	2.42
1972	59.02	55.90	2.58	4.37	51.94	1.34	1.27	94.78	2.27
1973	58.02	54.63	2.57	4.43	79.77	2.05	2.16	105.37	3.95
1974	57.16	56.40	2.49	4.36	80.32	2.00	2.04	102.00	3.62
1975	56.92	57.23	2.84	4.99	53.52	1.52	1.55	101.97	2.71
1976	56.10	57.70	2.50	4.46	84.40	2.11	2.16	102.37	3.74
1977	55.80	58.28	2.54	4.55	59.45	1.51	1.56	103.31	2.68
1978	56.07	58.81	2.46	4.39	78.86	1.94	1.97	101.55	3.35
1979	55.76	58.12	2.52	4.52	90.08	2.27	2.34	103.08	4.03
10年小计			**13.12**	**2.56**	**96.77**	**12.70**	**11.89**	**93.62**	**2.21**
占合计%			**28.58**			**35.50**	**34.84**		
1980	55.66	58.05	2.69	4.83	67.29	1.81	1.86	102.76	3.20
1981	55.48	58.18	2.58	4.65	95.35	2.46	2.52	102.44	4.33
1982	55.41	58.28	2.48	4.48	84.27	2.09	2.06	98.56	3.53
1983	50.20	51.72	1.72	3.43	133.72	2.30	2.41	104.78	4.66
1984	49.66	51.69	1.54	3.10	133.77	2.06	2.09	101.46	4.04
1985	49.44	51.63	0.82	1.66	81.95	0.67	0.55	82.44	1.07
1986	49.30	51.78	0.39	0.79	123.08	0.48	0.20	40.83	0.38
1987	49.28	52.12	0.32	0.65	87.50	0.28	0.08	27.43	0.15
1988	49.15	51.86	0.37	0.75	74.59	0.28	0.09	33.33	0.18
1989	49.00	51.92	0.21	0.43	127.62	0.27	0.03	10.07	0.05
11年小计			**0.92**	**0.17**	**179.57**	**1.65**	**0.31**	**18.77**	**0.06**
占合计%			**2.00**			**4.62**	**0.91**		
1990	48.96	52.16	0.12	0.25	108.33	0.13	0.02	15.38	0.04
1991	48.88	52.18	0.06	0.12	36.67	0.02			
1992	48.88	52.18	0.05	0.10	64.00	0.03			
1993	48.48	51.29	0.03	0.06	*	0.06			
1994	48.17	49.97	0.04	0.08	*	0.09	0.27	*	0.54
1995	46.14	48.95	0.06	0.13	*	0.08			
1996	47.78	48.09	0.06	0.13	*	0.12			
1997	47.78	48.09	0.06	0.13	*	0.20			
1998	47.78	48.09	0.21	0.44	*	0.38	0.02	5.26	0.04
1999	55.09	49.76	0.11	0.20	*	0.25			
2000	54.97	48.85	0.12	0.22	*	0.29			

5-6-42　江苏省兴化市历年棉花生产收购

年　度	耕地面积（万亩）	农业人口（万人）	棉田面积（万亩）	占耕地（%）	亩　产（市斤）	产　量（万担）	收购量（万担）	商品率（%）	人均交售（市斤）
52 年合计			**1301.16**	**12.74**	**104.87**	**1364.55**	**1266.19**	**92.79**	**21.32**
11 年小计			**212.35**	**8.69**	**26.73**	**56.76**	**59.96**	**105.64**	**6.07**
占合计%			**16.32**			**4.16**	**4.74**		
1949	212.27	83.96					0.22		0.26
1950	221.21	85.39	2.40	1.08	20.00	0.48	0.48	100.00	0.56
1951	226.12	86.85	11.28	4.99	25.00	2.82	1.74	61.70	2.00
1952	226.30	88.03	22.62	10.00	25.29	5.72	6.05	105.77	6.87
1953	226.30	89.63	33.37	14.75	39.44	13.16	9.65	73.33	10.77
1954	229.64	87.20	35.64	15.52	8.33	2.97	6.41	*	7.35
1955	229.64	87.69	23.45	10.21	37.83	8.87	10.51	118.49	11.99
1956	222.18	92.76	20.83	9.38	15.65	3.26	3.53	108.28	3.81
1957	222.17	96.00	22.33	10.05	38.83	8.67	9.06	104.50	9.44
1958	217.17	96.36	21.53	9.91	25.55	5.50	6.15	111.82	6.38
1959	209.40	93.39	18.90	9.03	28.10	5.31	6.16	116.01	6.60
10 年小计			**200.14**	**9.84**	**50.57**	**101.22**	**105.08**	**103.81**	**11.06**
占合计%			**15.38**			**7.42**	**8.30**		
1960	206.70	85.59	17.25	8.35	30.20	5.21	6.31	121.11	7.37
1961	207.49	88.87	19.15	9.23	35.87	6.87	6.30	91.70	7.09
1962	206.27	88.89	14.83	7.19	17.73	2.63	3.19	121.29	3.59
1963	206.23	89.07	19.75	9.58	41.77	8.25	8.31	100.73	9.33
1964	206.50	91.76	21.21	10.27	76.10	16.14	16.66	103.22	18.16
1965	204.06	94.14	19.38	9.50	10.42	2.02	2.04	100.99	2.17
1966	200.46	96.84	23.83	11.89	62.86	14.98	14.40	96.13	14.87
1967	199.37	100.09	23.30	11.69	63.78	14.86	16.69	112.31	16.67
1968	198.64	105.19	22.78	11.47	82.97	18.90	18.78	99.37	17.85
1969	197.38	110.02	18.66	9.45	60.88	11.36	12.40	109.15	11.27
10 年小计			**172.47**	**9.02**	**84.71**	**146.10**	**146.61**	**100.35**	**12.01**
占合计%			**13.26**			**10.71**	**11.58**		
1970	195.10	113.08	17.31	8.87	72.15	12.49	12.49	100.00	11.05
1971	193.77	116.21	17.29	8.92	80.39	13.90	13.08	94.10	11.26
1972	192.79	118.79	17.15	8.90	70.55	12.10	12.41	102.56	10.45
1973	191.48	119.80	17.07	8.91	102.93	17.57	18.70	106.43	15.61
1974	190.91	121.22	17.05	8.93	72.14	12.30	12.20	99.19	10.06
1975	189.27	123.79	17.01	8.99	77.90	13.25	13.55	102.26	10.95
1976	189.05	125.63	17.08	9.03	89.70	15.32	15.12	98.69	12.04
1977	189.06	127.36	17.50	9.26	88.17	15.43	15.61	101.17	12.26
1978	189.64	126.73	17.54	9.25	80.22	14.07	14.18	100.78	11.19
1979	190.01	128.14	17.47	9.19	112.59	19.67	19.27	97.97	15.04
10 年小计			**331.66**	**17.34**	**156.63**	**519.46**	**503.48**	**96.92**	**38.70**
占合计%			**25.49**			**38.07**	**39.76**		
1980	190.55	128.51	17.19	9.02	108.14	18.59	17.48	94.03	13.60
1981	190.76	129.38	20.38	10.68	140.68	28.67	29.14	101.64	22.52
1982	191.37	130.31	22.08	11.54	133.61	29.50	27.19	92.17	20.87
1983	192.23	130.62	25.31	13.17	167.44	42.38	44.71	105.50	34.23
1984	193.19	126.00	29.55	15.30	164.67	48.66	46.22	94.99	36.68
1985	193.24	125.54	43.16	22.33	164.14	70.84	66.37	93.69	52.87
1986	193.47	131.10	43.66	22.57	153.07	66.83	62.32	93.25	47.54
1987	192.70	132.41	44.63	23.16	154.65	69.02	66.79	96.77	50.44
1988	191.91	133.22	45.26	23.58	162.99	73.77	74.10	100.45	55.62
1989	183.44	133.92	40.44	22.05	176.06	71.20	69.16	97.13	51.64
11 年小计			**384.54**	**20.10**	**140.69**	**541.01**	**451.06**	**83.37**	**30.51**
占合计%			**29.55**			**39.65**	**35.62**		
1990	135.40	135.35	43.50	32.13	154.53	67.22	66.30	98.63	48.98
1991	182.63	136.50	17.46	9.56	111.68	19.50	23.53	120.67	17.24
1992	177.43	136.42	55.90	31.51	118.50	66.24	59.67	90.08	43.74
1993	181.22	136.85	42.24	23.31	132.58	56.00	50.58	90.32	36.96
1994	169.77	135.01	46.61	27.45	154.22	71.88	60.76	84.53	45.00
1995	169.94	134.82	49.13	28.91	126.22	62.01	53.10	85.63	39.39
1996	170.03	133.20	40.04	23.55	130.04	52.07	44.00	84.50	33.03
1997	170.03	134.29	34.83	20.48	159.06	55.40	39.40	71.12	29.34
1998	170.03	134.29	26.22	15.42	179.86	47.16	35.84	76.00	26.69
1999	193.43	131.54	14.25	7.37	129.82	18.50	4.60	24.86	3.50
2000	193.26	130.37	14.36	7.43	174.30	25.03	13.28	53.06	10.19

5-6-43 江苏省靖江市历年棉花生产收购

年度	耕地面积（万亩）	农业人口（万人）	棉田面积（万亩）	占耕地（%）	亩产（市斤）	产量（万担）	收购量（万担）	商品率（%）	人均交售（市斤）
52年合计			**556.84**	**20.79**	**84.92**	**472.87**	**450.63**	**95.30**	**17.63**
11年小计			**124.74**	**18.65**	**36.48**	**45.51**	**41.97**	**92.22**	**9.83**
占合计%			**22.40**			**9.62**	**9.31**		
1949	59.20	35.20	2.14	3.61	14.95	0.32	0.32	100.00	0.91
1950	60.40	35.90	2.38	3.94	17.23	0.41	0.41	100.00	1.14
1951	61.60	36.60	10.50	17.05	35.05	3.68			
1952	62.90	37.30	9.90	15.74	39.39	3.90	5.13	131.54	13.75
1953	65.50	38.90	12.50	19.08	52.00	6.50	6.22	95.69	15.99
1954	65.40	38.30	16.50	25.23	9.70	1.60	2.31	144.38	6.03
1955	61.70	40.10	15.70	25.45	41.40	6.50	6.43	98.92	16.03
1956	62.80	41.10	15.90	25.32	19.50	3.10	3.21	103.55	7.81
1957	62.10	41.50	15.69	25.27	35.05	5.50	4.81	87.45	11.59
1958	54.60	41.50	11.00	20.15	61.82	6.80	6.33	93.09	15.25
1959	52.80	40.70	12.53	23.73	57.46	7.20	6.80	94.44	16.71
10年小计			**131.57**	**25.91**	**91.26**	**120.07**	**117.20**	**97.61**	**26.08**
占合计%			**23.63**			**25.39**	**26.01**		
1960	50.90	40.30	10.25	20.14	52.68	5.40	5.19	96.11	12.88
1961	50.50	39.80	9.88	19.56	43.52	4.30	4.18	97.21	10.50
1962	51.50	42.20	9.18	17.83	42.70	3.92	3.64	92.86	8.63
1963	52.00	42.50	12.79	24.60	77.56	9.92	9.67	97.48	22.75
1964	52.10	43.36	14.59	28.00	111.72	16.30	16.03	98.34	36.97
1965	51.80	44.44	15.16	29.27	110.75	16.79	16.41	97.74	36.93
1966	51.90	49.95	16.10	31.02	116.83	18.81	18.98	100.90	38.00
1967	48.03	47.97	14.54	30.27	90.58	13.17	12.90	97.95	26.89
1968	49.01	48.95	14.54	29.67	114.99	16.72	16.09	96.23	32.87
1969	50.01	49.95	14.54	29.07	101.38	14.74	14.11	95.73	28.25
10年小计			**119.67**	**23.71**	**100.28**	**120.01**	**118.49**	**98.73**	**22.27**
占合计%			**21.49**			**25.38**	**26.29**		
1970	51.03	50.97	12.04	23.59	55.56	6.69	9.12	136.32	17.89
1971	50.94	51.61	12.04	23.64	80.90	9.74	9.40	96.51	18.21
1972	50.82	51.94	12.04	23.69	83.55	10.06	9.75	96.92	18.77
1973	50.99	51.42	12.00	23.53	130.92	15.71	15.31	97.45	29.77
1974	50.76	53.08	11.88	23.40	113.30	13.46	13.00	96.58	24.49
1975	50.49	53.80	11.72	23.21	108.02	12.66	12.19	96.29	22.66
1976	50.19	54.00	11.99	23.89	128.94	15.46	15.01	97.09	27.80
1977	50.06	54.72	11.98	23.93	86.56	10.37	9.91	95.56	18.11
1978	49.78	55.46	11.98	24.07	83.14	9.96	9.49	95.28	17.11
1979	49.67	55.18	12.00	24.16	132.50	15.90	15.31	96.29	27.75
10年小计			**111.09**	**22.73**	**99.11**	**110.10**	**100.68**	**91.44**	**18.09**
占合计%			**19.95**			**23.28**	**22.34**		
1980	49.55	55.40	12.00	24.22	101.17	12.14	11.58	95.39	20.90
1981	49.41	55.35	12.01	24.31	100.17	12.03	11.41	94.85	20.61
1982	49.59	55.52	12.00	24.20	93.17	11.18	10.42	93.20	18.77
1983	49.33	55.65	11.87	24.06	123.76	14.69	14.07	95.78	25.28
1984	48.95	55.65	11.99	24.49	142.87	17.13	16.44	95.97	29.54
1985	48.87	55.51	11.77	24.08	102.55	12.07	10.28	85.17	18.52
1986	48.70	55.61	9.63	19.77	83.49	8.04	6.52	81.09	11.72
1987	48.49	55.78	10.47	21.59	72.40	7.58	6.62	87.34	11.87
1988	48.21	55.99	10.30	21.36	79.42	8.18	6.98	85.33	12.47
1989	47.72	56.00	9.05	18.96	78.01	7.06	6.36	90.08	11.36
11年小计			**69.77**	**13.75**	**110.62**	**77.18**	**72.29**	**93.66**	**12.23**
占合计%			**12.53**			**16.32**	**16.04**		
1990	47.47	56.28	9.16	19.30	115.83	10.61	9.92	93.50	17.63
1991	46.94	56.51	9.29	19.79	133.26	12.38	11.53	93.13	20.40
1992	46.94	56.51	9.46	20.15	118.29	11.19	10.13	90.53	17.93
1993	46.70	55.78	8.33	17.84	90.52	7.54	6.46	85.68	11.58
1994	46.32	54.66	8.07	17.42	118.59	9.57	8.67	90.60	15.86
1995	46.14	54.27	8.46	18.34	97.28	8.23	7.15	86.88	13.17
1996	45.93	53.57	8.31	18.09	102.17	8.49	7.82	92.11	14.60
1997	45.93	53.57	5.14	11.19	112.84	5.80	5.12	88.28	9.56
1998	45.93	53.57	3.53	7.69	95.18	3.36	2.41	71.73	4.50
1999	44.57	48.98	0.02	0.04	50.00	0.01	0.71	*	1.45
2000	44.64	47.24					2.37		5.02

5-6-44 江苏省泰兴市历年棉花生产收购

年度	耕地面积（万亩）	农业人口（万人）	棉田面积（万亩）	占耕地（%）	亩产（市斤）	产量（万担）	收购量（万担）	商品率（%）	人均交售（市斤）
52 年合计			**19.88**	**0.63**	**26.31**	**5.23**	**1.41**	**27.02**	**0.06**
11 年小计			**15.63**	**0.99**	**18.62**	**2.91**	**0.54**	**18.51**	**0.05**
占合计%			**78.62**			**55.64**	**38.11**		
1949	141.00	86.90	0.28	0.20	14.29	0.04	0.04	100.00	0.05
1950	143.90	88.70	1.25	0.87					
1951	146.80	90.50	2.12	1.44	14.62	0.31			
1952	149.80	92.30	1.60	1.07	25.00	0.40	0.01	2.50	0.01
1953	149.80	94.70	2.60	1.74	19.23	0.50			
1954	149.00	96.90	2.40	1.61	8.33	0.20			
1955	148.40	99.40	2.90	1.95	24.14	0.70	0.02	3.39	0.02
1956	147.00	98.70	1.00	0.68	40.00	0.40	0.29	72.50	0.29
1957	146.30	99.50	0.69	0.47	24.64	0.17			
1958	130.80	99.50	0.25	0.19	24.00	0.06	0.05	76.33	0.05
1959	125.70	99.00	0.54	0.43	24.07	0.13	0.13	99.23	0.13
10 年小计			**3.71**	**0.31**	**54.45**	**2.02**	**0.61**	**30.43**	**0.06**
占合计%			**18.66**			**38.62**	**43.49**		
1960	123.40	89.10	0.77	0.62	23.38	0.18	0.18	100.00	0.20
1961	123.50	95.10	0.04	0.03	25.00	0.01	0.01	94.00	0.01
1962	123.80	97.80	0.05	0.04	20.00	0.01	0.02	*	0.02
1963	123.90	98.70	0.08	0.06	37.50	0.03	0.01	46.00	0.01
1964	123.50	99.13	0.08	0.06	50.00	0.04	0.02	45.25	0.02
1965	123.00	101.43	0.22	0.18	59.09	0.13	0.01	4.31	0.01
1966	122.20	114.29	0.29	0.24	37.93	0.11			
1967	111.96	109.76	0.31	0.28	48.39	0.15	0.01	8.87	0.01
1968	114.24	112.00	0.45	0.39	2.22	0.01	0.01	100.00	0.01
1969	116.57	114.29	1.42	1.22	95.07	1.35	0.34	25.19	0.30
10 年小计			**0.07**	**0.03**	**57.14**	**0.04**			
占合计%			**0.35**			**0.76**			
1970	118.95	116.62	0.06	0.05	50.00	0.03			
1971									
1972	117.57	120.18	0.01	0.01	100.00	0.01			
1973									
1974									
1975									
1976									
1977									
1978									
1979									
10 年小计			**0.47**	**0.41**	**55.32**	**0.2600**	**0.26**	**100.00**	**0.20**
占合计%			**2.36**			**4.97**	**18.40**		
1980									
1981	114.22	127.68	0.47	0.41	55.32	0.26	0.26	100.00	0.20
1982									
1983									
1984									
1985									
1986									
1987									
1988									
1989									
11 年小计									
占合计%									
1990									
1991									
1992									
1993									
1994									
1995									
1996									
1997									
1998									
1999									
2000									

5-6-45　江苏省泰县历年棉花生产收购

年　度	耕地面积（万亩）	农业人口（万人）	棉田面积（万亩）	占耕地（%）	亩　产（市斤）	产　量（万担）	收购量（万担）	商品率（%）	人均交售（市斤）
52 年合计			**312.92**	**5.76**	**95.29**	**298.19**	**266.86**	**89.49**	**5.91**
11 年小计			**39.29**	**2.73**	**24.66**	**9.69**	**0.33**	**3.41**	**0.04**
占合计%			**12.56**			**3.25**	**0.12**		
1949	125.10	69.80	0.79	0.63	18.99	0.15	0.15	100.00	0.21
1950	127.60	71.20	0.71	0.56	25.35	0.18	0.18	100.00	0.25
1951	130.20	72.70	2.71	2.08	22.51	0.61			
1952	132.90	74.20	3.50	2.63	20.00	0.70			
1953	131.60	76.00	6.50	4.94	30.77	2.00			
1954	132.30	78.30	7.30	5.52	5.48	0.40			
1955	132.40	80.50	5.80	4.38	48.28	2.80			
1956	132.40	82.80	3.10	2.34	12.90	0.40			
1957	132.40	83.50	3.35	2.53	25.97	0.87			
1958	132.40	83.50	2.64	1.99	28.79	0.76			
1959	132.40	83.70	2.89	2.18	28.37	0.82			
10 年小计			**58.70**	**6.10**	**50.56**	**29.68**	**31.66**	**106.66**	**4.03**
占合计%			**18.76**			**9.95**	**11.86**		
1960	81.40	79.60	2.30	2.83	23.04	0.53			
1961	81.40	77.20	2.85	3.50	28.77	0.82	0.89	108.54	1.15
1962	81.20	55.70	3.41	4.20	4.40	0.15	0.21	138.67	0.37
1963	80.60	56.10	3.07	3.81	41.69	1.28	1.27	99.22	2.26
1964	110.40	78.52	5.15	4.66	76.89	3.96	4.21	106.31	5.36
1965	109.50	80.38	7.80	7.12	24.62	1.92	2.03	105.73	2.53
1966	109.00	91.07	9.55	8.76	57.70	5.51	5.74	104.17	6.30
1967	100.85	87.47	8.49	8.42	58.19	4.94	5.33	107.89	6.09
1968	102.91	89.25	8.36	8.12	73.44	6.14	7.68	125.08	8.61
1969	105.01	91.07	7.72	7.35	57.38	4.43	4.30	97.07	4.72
10 年小计			**79.42**	**7.54**	**82.28**	**65.35**	**66.15**	**101.22**	**6.78**
占合计%			**25.38**			**21.92**	**24.79**		
1970	107.15	92.93	7.48	6.98	44.92	3.36	3.35	99.70	3.60
1971	106.54	94.64	7.73	7.26	63.52	4.91	5.12	104.28	5.41
1972	105.97	95.74	7.81	7.37	65.04	5.08	5.27	103.74	5.50
1973	105.88	95.68	8.07	7.62	100.50	8.11	8.14	100.37	8.51
1974	105.48	97.20	8.11	7.69	81.50	6.61	6.64	100.45	6.83
1975	105.18	98.44	8.07	7.67	83.89	6.77	6.76	99.85	6.87
1976	104.44	99.24	8.10	7.76	96.05	7.78	7.88	101.29	7.94
1977	104.21	100.25	8.00	7.68	70.38	5.63	5.90	104.80	5.89
1978	104.06	100.94	8.03	7.72	83.44	6.70	6.70	100.00	6.64
1979	104.20	100.75	8.02	7.70	129.68	10.40	10.39	99.90	10.31
10 年小计			**77.71**	**7.69**	**139.22**	**108.19**	**104.47**	**96.56**	**10.48**
占合计%			**24.83**			**36.28**	**39.15**		
1980	104.27	101.26	8.03	7.70	99.88	8.02	7.99	99.63	7.89
1981	103.98	101.76	8.37	8.05	124.61	10.43	10.47	100.38	10.29
1982	103.99	102.57	8.69	8.36	121.63	10.57	10.55	99.81	10.29
1983	103.89	102.69	8.31	8.00	159.81	13.28	13.23	99.62	12.88
1984	103.85	102.43	8.47	8.16	144.04	12.20	12.37	101.39	12.08
1985	99.11	97.87	7.64	7.71	156.28	11.94	11.26	94.30	11.51
1986	98.93	97.76	6.35	6.42	149.13	9.47	8.46	89.33	8.65
1987	98.81	98.03	7.37	7.46	143.96	10.61	9.96	93.87	10.16
1988	96.75	96.36	7.57	7.82	150.33	11.38	10.64	93.50	11.04
1989	96.66	95.65	6.91	7.15	148.91	10.29	9.54	92.71	9.97
11 年小计			**57.80**	**6.00**	**147.54**	**85.28**	**64.25**	**75.34**	**7.11**
占合计%			**18.47**			**28.60**	**24.08**		
1990	96.60	95.71	7.56	7.83	150.53	11.38	11.14	97.89	11.64
1991	96.49	95.76	2.92	3.03	150.34	4.39	4.52	102.96	4.72
1992	96.49	95.76	8.37	8.67	142.77	11.95	11.98	100.25	12.51
1993	96.21	94.08	6.64	6.90	138.86	9.22	7.20	78.09	7.65
1994	96.08	93.07	8.15	8.48	146.75	11.96	7.16	59.87	7.69
1995	95.93	92.61	9.06	9.44	142.05	12.87	7.52	58.43	8.12
1996	95.76	91.81	6.59	6.88	147.19	9.70	5.22	53.81	5.69
1997									
1998	95.76	94.08	3.94	4.11	172.59	6.80	5.85	86.03	6.22
1999	96.83	76.13	1.94	2.00	138.14	2.68	1.38	51.49	1.81
2000	96.69	74.41	2.63	2.72	164.64	4.33	2.28	52.66	3.06

5-6-46 江苏省泰州姜堰区历年棉花生产收购

年　度	耕地面积（万亩）	农业人口（万人）	棉田面积（万亩）	占耕地（%）	亩　产（市斤）	产　量（万担）	收购量（万担）	商品率（%）	人均交售（市斤）
52 年合计			**21.10**	**2.84**	**118.14**	**24.93**	**26.88**	**107.82**	**6.32**
11 年小计			**3.53**	**0.91**	**54.42**	**1.92**	**7.15**	*	**36.13**
占合计%			**16.73**			**7.70**	**26.62**		
1949	2.30	1.80	0.03	1.30	1.20			100.00	0.02
1950	2.40	1.90				0.21	0.21	100.00	11.05
1951	2.40	1.90	0.01	0.38					
1952	2.40	1.90	0.20	8.33					
1953	2.40	2.00	0.20	8.33			0.64		32.00
1954	2.40	2.00					0.32		16.00
1955	2.40	2.00	0.50	20.83	40.00	0.20	3.05	*	152.50
1956									
1957	133.80	2.10	0.44	0.33	25.00	0.11	0.87	*	41.57
1958	121.20	2.10	1.23	1.01	74.80	0.92	0.82	89.13	39.05
1959	116.90	2.10	0.92	0.79	52.17	0.48	1.24	*	59.05
10 年小计			**2.99**	**1.34**	**27.42**	**0.82**	**1.50**	**182.44**	**1.38**
占合计%			**14.17**			**3.29**	**5.57**		
1960	114.20	23.40	0.88	0.77	32.95	0.29	0.79	*	3.38
1961	32.40	23.40	0.59	1.82	23.73	0.14	0.18	128.57	0.77
1962	32.50	23.40	0.70	2.15	17.14	0.12	0.15	125.00	0.64
1963	32.40	23.80	0.45	1.39	26.67	0.12	0.15	125.83	0.63
1964									
1965	2.30	2.63	0.01	0.43					
1966	2.30	3.08	0.12	5.22	41.67	0.05	0.06	117.40	1.91
1967	2.08	2.96	0.11	5.29	36.36	0.04	0.06	157.00	2.12
1968	2.12	3.02	0.08	3.77	50.00	0.04	0.06	161.00	2.13
1969	2.16	3.08	0.05	2.31	40.00	0.02	0.04	195.50	1.27
10 年小计			**0.39**	**5.22**	**28.21**	**0.11**	**0.01**	**5.45**	**0.06**
占合计%			**1.85**			**0.44**	**0.02**		
1970	2.20	3.14	0.01	0.45					
1971	2.17	3.18					0.01		0.19
1972									
1973									
1974									
1975									
1976									
1977	3.10	3.95	0.38	12.26	28.95	0.11			
1978									
1979									
10 年小计			**0.90**	**2.45**	**112.89**	**1.02**	**1.08**	**106.36**	**2.29**
占合计%			**4.27**			**4.08**	**4.02**		
1980									
1981									
1982									
1983									
1984	1.72	3.43	0.03	1.74					
1985	6.34	7.91	0.21	3.31	114.29	0.24	0.27	111.17	3.37
1986	6.29	7.97	0.15	2.38	126.67	0.19	0.22	116.74	2.78
1987	6.20	8.15	0.18	2.90	127.78	0.23	0.25	108.70	3.07
1988	8.13	9.85	0.18	2.21	94.44	0.17	0.21	121.76	2.10
1989	8.10	9.85	0.15	1.85	124.00	0.19	0.14	72.58	1.37
11 年小计			**13.29**	**14.98**	**158.47**	**21.06**	**17.14**	**81.39**	**7.17**
占合计%			**62.99**			**84.49**	**63.77**		
1990	8.09	9.84	0.17	2.10	123.53	0.21	0.25	119.05	2.54
1991	8.06	9.94	0.08	0.99	137.50	0.11	0.15	136.36	1.51
1992	8.06	9.94	0.22	2.73	104.55	0.23	0.32	139.13	3.22
1993	8.06	9.67	0.06	0.74	116.67	0.07	0.30	*	3.10
1994	8.06	9.95	0.05	0.62	140.00	0.07	0.11	157.14	1.11
1995	8.06	9.77	0.05	0.62	120.00	0.06	1.88	*	19.24
1996	8.06	9.77	0.03	0.37	133.33	0.04			
1997	8.06	9.77	4.12	51.12	156.80	6.46	4.62	71.52	47.29
1998	8.06	9.77	3.94	48.88	172.59	6.80	5.85	86.03	59.88
1999	8.06	76.13	1.94	24.07	138.14	2.68	1.38	51.49	1.81
2000	8.06	74.41	2.63	32.63	164.64	4.33	2.28	52.66	3.06

5－6－47　江苏省镇江市郊历年棉花生产收购

年　度	耕地面积（万亩）	农业人口（万人）	棉田面积（万亩）	占耕地（%）	亩　产（市斤）	产　量（万担）	收购量（万担）	商品率（%）	人均交售（市斤）
52 年合计			**15.56**	**3.27**	**53.02**	**8.25**	**8.47**	**102.67**	**3.37**
11 年小计			**7.22**	**2.80**	**26.35**	**1.90**	**4.95**	*	**7.45**
占合计%			**46.40**			**23.06**	**58.39**		
1949	4.70	3.10	0.02	0.43	11.00			100.00	0.07
1950	4.80	3.20	0.02	0.42					
1951	4.90	3.30	0.04	0.82	25.00	0.01			
1952	5.00	3.40	0.10	2.00			0.72		21.18
1953	4.90	3.40	0.10	2.04			0.45		13.24
1954	4.90	3.30	0.10	2.04			0.22		6.67
1955	4.10	3.30	0.10	2.44			0.63		19.09
1956	4.70	3.20	0.10	2.13			0.23		7.18
1957	77.20	3.20	2.53	3.28	22.92	0.58	0.83	143.57	26.02
1958	72.50	3.20	2.23	3.08	30.04	0.67	1.21	180.60	37.81
1959	70.10	33.80	1.88	2.68	34.04	0.64	0.65	101.72	1.93
10 年小计			**4.27**	**2.79**	**41.69**	**1.78**	**0.58**	**32.64**	**0.60**
占合计%			**27.44**			**21.58**	**6.86**		
1960	58.50	28.20	1.65	2.82	26.67	0.44	0.37	82.95	1.29
1961	69.30	36.50	1.10	1.59	27.27	0.30	0.22	72.00	0.59
1962									
1963	3.70	3.40	0.01	0.27					
1964	3.70	3.79	0.07	1.89	57.14	0.04			
1965	3.60	3.83	0.15	4.17	40.00	0.06			
1966	3.70	5.29	0.38	10.27	60.53	0.23			
1967	3.51	5.08	0.34	9.69	61.76	0.21			
1968	3.58	5.18	0.29	8.10	106.90	0.31			
1969	3.65	5.29	0.28	7.67	67.86	0.19			
10 年小计			**2.46**	**7.36**	**83.74**	**2.06**	**2.00**	**97.27**	**4.40**
占合计%			**15.81**			**24.97**	**23.66**		
1970	3.72	5.40	0.23	6.18	91.30	0.21	0.14	66.67	2.59
1971	3.44	5.00	0.08	2.33	150.00	0.12	0.12	98.33	2.36
1972	3.40	5.25	0.27	7.94	77.78	0.21	0.20	94.86	3.79
1973	3.49	5.03	0.31	8.88	103.23	0.32	0.32	100.00	6.36
1974	4.21	5.57	0.60	14.25	71.67	0.43	0.43	100.00	7.72
1975	4.10	5.87	0.43	10.49	67.44	0.29	0.30	102.41	5.06
1976	3.81	5.51	0.28	7.35	92.86	0.26	0.26	100.38	4.74
1977	3.67	2.23	0.19	5.18	89.47	0.17	0.19	110.00	8.39
1978	3.57	5.67	0.07	1.96	71.43	0.05	0.05	103.00	0.91
1979									
10 年小计			**1.61**	**5.15**	**155.65**	**2.51**	**0.94**	**37.50**	**2.20**
占合计%			**10.35**			**30.38**	**11.10**		
1980	3.42	4.79	0.06	1.75	66.67	0.04	0.02	54.50	0.46
1981	3.41	4.82	0.04	1.17	50.00	0.02	0.04	190.00	0.79
1982	3.52	5.35	0.11	3.13	169.09	0.19			
1983	7.01	9.46	0.72	10.27	165.28	1.19			
1984	7.06	9.46	0.67	9.49	158.21	1.06	0.88	83.02	9.30
1985									
1986									
1987	6.83	8.80	0.01	0.15	100.00	0.01			
1988									
1989									
11 年小计									
占合计%									
1990									
1991									
1992									
1993									
1994									
1995									
1996									
1997									
1998									
1999									
2000									

5－6－48　江苏省丹徒县历年棉花生产收购

年　　度	耕地面积（万亩）	农业人口（万人）	棉田面积（万亩）	占耕地（%）	亩　产（市斤）	产　量（万担）	收购量（万担）	商品率（%）	人均交售（市斤）
52 年合计			**120.63**	**4.21**	**66.86**	**80.64**	**70.35**	**87.23**	**3.61**
11 年小计			**26.58**	**4.47**	**19.15**	**5.09**	**0.45**	**8.84**	**0.18**
占合计%			**22.04**			**6.31**	**0.64**		
1949	70.10	28.80	1.96	2.80	10.20	0.20	0.20	100.00	0.69
1950	71.50	29.40	1.92	2.69	13.02	0.25	0.25	100.00	0.85
1951	73.00	30.00	4.10	5.62	18.05	0.74			
1952	74.50	30.60	4.00	5.37	30.00	1.20			
1953	78.20	31.90	4.00	5.12	30.00	1.20			
1954	77.20	32.60	3.80	4.92	7.89	0.30			
1955	75.90	33.60	3.60	4.74	19.44	0.70			
1956	74.80	32.90	3.20	4.28	15.63	0.50			
1957									
1958									
1959									
10 年小计			**16.62**	**3.24**	**50.60**	**8.41**	**8.03**	**95.48**	**2.42**
占合计%			**13.78**			**10.43**	**11.41**		
1960									
1961									
1962	66.50	36.70	1.09	1.64	20.18	0.22	0.14	63.64	0.38
1963	66.70	38.30	1.18	1.77	37.29	0.44	0.31	70.45	0.81
1964	66.60	39.74	1.38	2.07	47.83	0.66	0.62	93.94	1.56
1965	66.60	40.71	1.54	2.31	40.91	0.63	0.62	98.41	1.52
1966	65.70	44.82	2.87	4.37	48.78	1.40	1.57	112.14	3.50
1967	58.94	43.04	3.17	5.38	51.42	1.63	1.95	119.63	4.53
1968	60.14	43.92	2.82	4.69	68.44	1.93	1.75	90.67	3.98
1969	61.37	44.82	2.57	4.19	58.37	1.50	1.07	71.33	2.39
10 年小计			**32.42**	**5.28**	**77.70**	**25.19**	**25.06**	**99.49**	**5.25**
占合计%			**26.88**			**31.24**	**35.63**		
1970	62.62	45.73	2.31	3.69	42.86	0.99	0.88	88.48	1.92
1971	62.83	46.72	1.70	2.71	40.59	0.69	0.78	112.46	1.66
1972	62.29	47.27	2.63	4.22	39.92	1.05	1.04	99.05	2.20
1973	62.09	46.22	2.51	4.04	63.35	1.59	1.58	99.37	3.42
1974	61.75	47.58	2.74	4.44	71.17	1.95	1.92	98.46	4.04
1975	61.27	48.37	2.67	4.36	58.43	1.56	1.54	98.72	3.18
1976	60.48	48.70	2.91	4.81	73.54	2.14	2.15	100.47	4.41
1977	60.23	49.09	2.71	4.50	85.98	2.33	2.30	98.71	4.69
1978	60.17	49.32	4.50	7.48	114.22	5.14	5.22	101.56	10.58
1979	59.83	48.65	7.74	12.94	100.13	7.75	7.66	98.84	15.75
10 年小计			**40.89**	**7.29**	**95.78**	**39.17**	**34.82**	**88.89**	**7.69**
占合计%			**33.90**			**48.57**	**49.49**		
1980	59.60	48.62	6.75	11.33	73.78	4.98	4.90	98.39	10.08
1981	59.52	48.81	6.68	11.22	144.01	9.62	6.62	68.81	13.56
1982	59.03	48.69	7.21	12.21	88.35	6.37	6.55	102.83	13.45
1983	55.25	44.45	5.87	10.62	107.84	6.33	7.51	118.64	16.90
1984	54.80	43.89	4.99	9.11	113.63	5.67	5.25	92.59	11.96
1985	54.68	43.75	3.94	7.21	72.59	2.86	2.22	77.62	5.07
1986	54.59	43.74	1.82	3.33	75.82	1.38	0.93	67.61	2.13
1987	54.42	43.86	1.40	2.57	64.00	0.90	0.45	50.45	1.03
1988	54.34	43.44	1.33	2.45	68.42	0.91	0.26	29.01	0.61
1989	54.32	43.43	0.90	1.66	16.67	0.15	0.12	77.33	0.27
11 年小计			**4.12**	**0.70**	**67.75**	**2.79**	**1.99**	**71.46**	**0.45**
占合计%			**3.41**			**3.46**	**2.83**		
1990	54.23	43.50	0.91	1.68	34.73	0.32	0.23	72.15	0.52
1991	54.21	43.52	0.80	1.48	42.50	0.34	0.26	76.47	0.60
1992	54.21	43.52	1.06	1.96	72.83	0.77	0.21	26.55	0.47
1993	51.29	39.76	0.30	0.58	66.00	0.20	0.10	48.79	0.24
1994	51.24	39.71	0.06	0.12	70.00	0.04	0.60	*	1.51
1995	51.18	39.68	0.17	0.33	100.00	0.17	0.05	29.41	0.13
1996	51.00	39.10	0.17	0.32	96.97	0.16	0.24	150.00	0.61
1997	51.00	39.10	0.14	0.27	92.86	0.13	0.20	153.85	0.51
1998	51.00	39.10	0.20	0.39	125.00	0.25	0.07	29.04	0.19
1999	57.44	35.98	0.17	0.30	129.41	0.22	0.04	18.18	0.11
2000	57.34	35.72	0.14	0.24	135.71	0.19			

5－6－49　江苏省丹阳市历年棉花生产收购

年　度	耕地面积（万亩）	农业人口（万人）	棉田面积（万亩）	占耕地（%）	亩　产（市斤）	产　量（万担）	收购量（万担）	商品率（%）	人均交售（市斤）
52 年合计			**270.36**	**5.41**	**62.21**	**168.18**	**137.72**	**81.89**	**4.32**
11 年小计			**87.92**	**7.23**	**29.07**	**25.56**	**17.74**	**69.41**	**3.43**
占合计%			**32.52**			**15.20**	**12.88**		
1949	108.20	43.00	4.39	4.06	18.00	0.79	0.79	100.00	1.84
1950	110.40	43.90	5.65	5.12	25.84	1.46	1.46	100.00	3.33
1951	112.70	44.80	7.14	6.34	35.29	2.52			
1952	115.00	45.70	8.90	7.74	41.57	3.70	2.50	67.57	5.47
1953	116.80	46.10	9.00	7.71	25.56	2.30	0.18	7.83	0.39
1954	115.90	47.60	7.60	6.56	28.95	2.20	0.88	40.01	1.85
1955	115.30	48.00	11.80	10.23	35.59	4.20	3.48	82.86	7.25
1956	111.70	49.00	8.80	7.88	12.50	1.10	0.67	61.01	1.37
1957	112.10	50.00	8.28	7.39	26.21	2.17	2.05	94.47	4.10
1958	99.00	50.00	7.00	7.07	33.00	2.31	2.72	117.75	5.44
1959	99.10	48.80	9.36	9.45	30.02	2.81	3.01	107.12	6.17
10 年小计			**53.15**	**5.67**	**39.85**	**21.18**	**16.93**	**79.92**	**2.97**
占合计%			**19.66**			**12.59**	**12.29**		
1960	97.80	47.40	6.51	6.66	29.49	1.92	1.15	59.90	2.43
1961	97.40	49.20	6.30	6.47	25.40	1.60	1.33	83.13	2.70
1962	95.80	51.80	6.06	6.33	14.69	0.89	0.73	81.57	1.40
1963	96.60	54.00	5.36	5.55	36.19	1.94	1.63	84.02	3.02
1964	96.70	55.93	5.16	5.34	46.71	2.41	1.96	81.33	3.50
1965	95.50	57.34	5.05	5.29	43.96	2.22	1.92	86.49	3.35
1966	94.70	64.74	4.99	5.27	49.90	2.49	2.34	93.98	3.61
1967	86.01	62.18	4.75	5.52	64.00	3.04	2.46	80.92	3.96
1968	87.77	63.45	4.80	5.47	51.46	2.47	2.18	88.26	3.44
1969	89.56	64.74	4.17	4.66	52.76	2.20	1.23	55.91	1.90
10 年小计			**48.55**	**5.22**	**50.50**	**24.52**	**22.97**	**93.68**	**3.37**
占合计%			**17.96**			**14.58**	**16.68**		
1970	91.39	66.06	4.08	4.46	35.78	1.46	0.90	61.66	1.36
1971	92.13	67.07	4.12	4.47	31.07	1.28	1.11	86.72	1.65
1972	91.74	67.81	4.87	5.31	34.09	1.66	1.56	93.98	2.30
1973	93.23	66.43	4.57	4.90	47.70	2.18	2.06	94.50	3.10
1974	93.53	68.54	4.59	4.91	35.73	1.64	1.53	93.29	2.23
1975	93.51	69.20	4.99	5.34	34.47	1.72	1.63	94.77	2.36
1976	93.43	68.73	4.51	4.83	70.07	3.16	2.93	92.72	4.26
1977	93.59	69.12	4.77	5.10	35.85	1.71	1.67	97.66	2.42
1978	93.57	69.46	6.45	6.89	79.38	5.12	5.04	98.44	7.26
1979	93.46	68.56	5.60	5.99	81.96	4.59	4.54	98.91	6.62
10 年小计			**59.54**	**6.41**	**125.71**	**74.85**	**62.74**	**83.82**	**9.15**
占合计%			**22.02**			**44.51**	**45.56**		
1980	93.45	68.46	6.06	6.48	63.86	3.87	3.81	98.45	5.57
1981	93.43	68.47	6.75	7.22	107.11	7.23	7.13	98.62	10.41
1982	93.41	68.78	7.21	7.72	112.48	8.11	7.94	97.90	11.54
1983	93.39	68.84	6.75	7.23	178.22	12.03	11.73	97.51	17.04
1984	93.33	68.83	6.77	7.25	190.69	12.91	12.54	97.13	18.22
1985	93.19	68.26	6.35	6.81	140.63	8.93	7.56	84.66	11.08
1986	93.14	68.26	4.35	4.67	144.37	6.28	4.41	70.22	6.46
1987	92.33	68.41	5.45	5.90	141.10	7.69	3.48	45.25	5.09
1988	92.27	68.75	5.77	6.25	101.21	5.84	2.52	43.15	3.67
1989	91.63	68.99	4.08	4.45	48.04	1.96	1.62	82.65	2.35
11 年小计			**21.20**	**2.15**	**104.10**	**22.07**	**17.34**	**78.59**	**2.36**
占合计%			**7.84**			**13.12**	**12.59**		
1990	91.56	69.16	3.98	4.35	101.01	4.02	3.64	90.55	5.26
1991	91.46	68.98	4.58	5.01	105.02	4.81	4.34	90.23	6.29
1992	91.46	68.98	4.40	4.81	109.32	4.81	4.81	100.00	6.97
1993	91.07	67.88	2.68	2.94	66.04	1.77	1.62	91.53	2.39
1994	90.29	67.28	1.91	2.12	132.46	2.53	0.99	39.13	1.47
1995	90.03	66.73	1.68	1.87	101.79	1.71	1.04	60.82	1.56
1996	89.82	66.42	1.17	1.30	106.84	1.25	0.63	50.40	0.95
1997	89.82	66.42	0.25	0.28	140.00	0.35			
1998	89.82	66.42	0.30	0.33	146.67	0.44	0.27	62.27	0.41
1999	84.52	63.31	0.11	0.13	145.45	0.16			
2000	84.47	62.86	0.14	0.17	157.14	0.22			

5－6－50　江苏省句容县历年棉花生产收购

年　　度	耕地面积（万亩）	农业人口（万人）	棉田面积（万亩）	占耕地（%）	亩　产（市斤）	产　量（万担）	收购量（万担）	商品率（%）	人均交售（市斤）
52 年合计			**230.13**	**5.76**	**70.69**	**162.67**	**140.13**	**86.15**	**6.07**
11 年小计			**24.08**	**2.58**	**16.94**	**4.08**	**2.64**	**64.66**	**0.74**
占合计%			**10.46**			**2.51**	**1.88**		
1949	83.70	30.10	4.74	5.66	20.04	0.95	0.95	100.00	3.16
1950	85.40	30.70	2.40	2.81	5.83	0.14	0.14	100.00	0.46
1951	87.10	31.30	3.16	3.63	8.86	0.28			
1952	88.90	31.90	3.20	3.60	21.88	0.70	0.40	57.14	1.25
1953	88.60	32.60	2.60	2.93	19.23	0.50	0.13	26.50	0.41
1954	88.20	31.80	1.90	2.15	15.79	0.30	0.23	76.00	0.72
1955	88.20	33.40	2.10	2.38	19.05	0.40	0.31	77.50	0.93
1956	86.70	35.40	1.00	1.15			0.07		0.20
1957	86.30	33.50	0.86	1.00	23.26	0.20	0.15	75.00	0.45
1958	77.00	33.50	0.88	1.14	28.41	0.25	0.12	47.80	0.36
1959	74.70	33.90	1.24	1.66	29.03	0.36	0.14	38.61	0.41
10 年小计			**11.88**	**1.61**	**22.56**	**2.68**	**2.48**	**92.36**	**0.63**
占合计%			**5.16**			**1.65**	**1.77**		
1960	74.30	31.80	4.65	6.26	12.69	0.59	0.24	40.68	0.75
1961	77.10	33.20	0.40	0.52	27.50	0.11			
1962	75.00	34.60	0.25	0.33	16.00	0.04	0.01	25.00	0.03
1963	75.10	36.00	0.45	0.60	20.00	0.09	0.04	44.44	0.11
1964	75.10	37.50	0.56	0.75	25.00	0.14	0.13	92.86	0.35
1965	77.30	38.98	0.67	0.87	31.34	0.21	0.18	85.71	0.46
1966	77.30	46.21	1.06	1.37	39.62	0.42	0.26	61.90	0.56
1967	67.63	44.38	1.29	1.91	47.29	0.61	0.62	101.64	1.40
1968	69.01	45.29	1.39	2.01	4.32	0.06	0.68	*	1.51
1969	70.42	46.21	1.16	1.65	35.34	0.41	0.31	75.90	0.67
10 年小计			**30.29**	**4.22**	**61.18**	**18.53**	**18.81**	**101.51**	**3.89**
占合计%			**13.16**			**11.39**	**13.42**		
1970	71.86	47.15	0.96	1.34	31.25	0.30	0.14	47.00	0.30
1971	72.50	47.26	0.49	0.68	16.33	0.08	0.09	108.63	0.18
1972	72.73	47.99	1.90	2.61	35.79	0.68	0.69	101.76	1.44
1973	70.88	46.63	2.03	2.86	65.02	1.32	1.32	100.00	2.83
1974	70.82	47.92	2.61	3.69	54.79	1.43	1.41	98.60	2.94
1975	70.84	48.45	2.06	2.91	56.80	1.17	1.26	107.69	2.60
1976	70.89	48.42	2.06	2.91	78.64	1.62	1.76	108.64	3.63
1977	70.87	48.82	2.02	2.85	70.30	1.42	1.47	103.52	3.01
1978	72.95	50.62	6.14	8.42	54.23	3.33	3.47	104.20	6.85
1979	72.94	50.13	10.02	13.74	71.66	7.18	7.20	100.28	14.36
10 年小计			**102.48**	**14.12**	**88.10**	**90.29**	**82.09**	**90.92**	**16.05**
占合计%			**44.53**			**55.51**	**58.58**		
1980	72.74	50.17	11.98	16.47	61.52	7.37	7.44	100.95	14.83
1981	72.72	50.54	12.85	17.67	96.96	12.46	12.57	100.88	24.87
1982	72.72	51.16	13.12	18.04	84.68	11.11	10.95	98.56	21.40
1983	72.69	51.10	12.70	17.47	95.75	12.16	11.64	95.72	22.78
1984	72.63	51.23	12.04	16.58	98.84	11.90	10.89	91.51	21.26
1985	72.59	51.26	10.08	13.89	91.07	9.18	8.53	92.92	16.64
1986	72.52	51.23	8.06	11.11	100.62	8.11	6.31	77.81	12.32
1987	72.42	51.48	8.30	11.46	87.35	7.25	5.45	75.17	10.59
1988	72.39	51.67	7.98	11.02	90.10	7.19	5.37	74.69	10.39
1989	72.35	51.76	5.37	7.42	66.29	3.56	2.94	82.58	5.68
11 年小计			**61.40**	**6.96**	**76.69**	**47.09**	**34.12**	**72.46**	**6.09**
占合计%			**26.68**			**28.95**	**24.35**		
1990	72.48	52.10	7.27	10.03	82.53	6.00	5.18	86.33	9.94
1991	72.73	52.21	7.02	9.65	71.37	5.01	4.72	94.21	9.04
1992	72.73	52.21	8.05	11.07	77.02	6.20	5.31	85.65	10.17
1993	73.01	51.72	6.24	8.55	68.43	4.27	2.49	58.31	4.81
1994	72.65	51.52	3.36	4.62	75.30	2.53	1.44	56.92	2.80
1995	72.62	50.77	6.18	8.51	80.10	4.95	4.55	91.92	8.96
1996	72.57	50.77	5.98	8.24	59.87	3.58	2.60	72.63	5.12
1997	72.57	50.77	5.33	7.34	76.92	4.10	3.20	78.05	6.30
1998	72.57	50.77	5.58	7.69	100.00	5.58	3.25	58.24	6.40
1999	103.37	48.67	3.00	2.90	68.67	2.06	0.41	19.90	0.84
2000	124.85	48.44	3.39	2.72	82.89	2.81	0.97	34.52	2.00

5－6－51 江苏省扬中市历年棉花生产收购

年　度	耕地面积（万亩）	农业人口（万人）	棉田面积（万亩）	占耕地（%）	亩　产（市斤）	产　量（万担）	收购量（万担）	商品率（%）	人均交售（市斤）
52 年合计			**8.52**	**2.68**	**16.73**	**1.43**	**1.08**	**75.93**	**0.33**
11 年小计			**8.01**	**4.90**	**10.36**	**0.83**	**0.30**	**36.72**	**0.25**
占合计%			**94.01**			**58.23**	**28.16**		
1949									
1950									
1951									
1952	26.30	17.50	1.80	6.84	16.67	0.30	0.06	20.00	0.34
1953	26.40	17.50	1.90	7.20	15.79	0.30	0.02	6.43	0.11
1954	25.50	17.50	2.60	10.20					
1955	23.70	17.60	1.20	5.06	16.67	0.20	0.09	44.25	0.50
1956	20.50	17.70	0.30	1.46			0.14		0.77
1957	20.50	17.90	0.20	0.98	15.00	0.03			
1958	20.60	17.90	0.01	0.05					
1959									
10 年小计			**0.09**	**0.10**	**33.33**	**0.03**	**0.20**	*	**0.19**
占合计%			**1.06**			**2.10**	**18.26**		
1960									
1961									
1962									
1963	18.20	19.50	0.06	0.33	33.33	0.02			
1964									
1965	17.90	20.23	0.01	0.06	100.00	0.01	0.04	*	0.19
1966	17.80	22.50					0.09		0.39
1967	16.42	21.61	0.01	0.06			0.06		0.27
1968	16.75	22.05	0.01	0.06			0.01		0.03
1969							0.01		
10 年小计									
占合计%									
1970									
1971									
1972									
1973									
1974									
1975									
1976									
1977									
1978									
1979									
10 年小计			**0.42**	**0.62**	**134.64**	**0.57**	**0.58**	**102.56**	**0.59**
占合计%			**4.93**			**39.67**	**53.58**		
1980									
1981	16.86	24.38	0.06	0.36	100.00	0.06	0.06	100.00	0.25
1982	16.85	24.51	0.19	1.13	118.68	0.23	0.24	106.43	0.98
1983	16.81	24.58	0.10	0.59	170.00	0.17	0.17	100.00	0.69
1984	16.74	24.55	0.07	0.42	157.14	0.11	0.11	100.00	0.45
1985									
1986									
1987									
1988									
1989									
11 年小计									
占合计%									
1990									
1991									
1992									
1993									
1994									
1995									
1996									
1997									
1998									
1999									
2000									

5-6-52 江苏省武进市历年棉花生产收购

年　度	耕地面积（万亩）	农业人口（万人）	棉田面积（万亩）	占耕地（%）	亩　产（市斤）	产　量（万担）	收购量（万担）	商品率（%）	人均交售（市斤）
52 年合计			**23.57**	**0.49**	**53.31**	**12.56**	**12.10**	**96.34**	**0.36**
11 年小计			**14.19**	**0.78**	**23.54**	**3.34**	**1.58**	**47.25**	**0.16**
占合计%			**60.20**			**26.58**	**13.04**		
1949	165.80	83.50	1.80	1.09	21.67	0.39	0.39	100.00	0.47
1950	169.20	85.20	1.80	1.06	23.33	0.42	0.42	100.00	0.49
1951	172.70	86.90	2.03	1.18	25.12	0.51			
1952	176.20	88.70	2.10	1.19	33.33	0.70	0.17	24.29	0.19
1953	165.20	90.10	2.30	1.39	26.09	0.60	0.21	35.00	0.23
1954	167.10	90.60	1.70	1.02	11.76	0.20	0.06	28.20	0.06
1955	167.00	91.40	1.30	0.78	23.08	0.30	0.18	60.00	0.20
1956	167.50	90.80	0.70	0.42	14.29	0.10	0.03	29.00	0.03
1957	167.90	92.70	0.34	0.20	26.47	0.09	0.06	68.89	0.07
1958	156.00	92.70	0.07	0.04	28.57	0.02	0.04	*	0.05
1959	151.00	82.00	0.05	0.03	20.00	0.01	0.02	169.00	0.02
10 年小计			**0.55**	**0.05**	**52.73**	**0.29**	**0.47**	**162.59**	**0.06**
占合计%			**2.33**			**2.31**	**3.90**		
1960									
1961									
1962	141.40	90.00	0.09	0.06	22.22	0.02	0.01	43.00	0.01
1963	141.60	94.00	0.06	0.04	33.33	0.02	0.01	63.50	0.01
1964	149.90	103.39	0.08	0.05	37.50	0.03	0.01	44.00	0.01
1965	149.90	105.56	0.12	0.08	66.67	0.08	0.09	106.25	0.08
1966	149.40	116.04	0.08	0.05	50.00	0.04	0.13	*	0.11
1967	137.87	111.45	0.05	0.04	60.00	0.03	0.22	*	0.20
1968	140.68	113.72	0.06	0.04	100.00	0.06			
1969	143.55	116.04	0.01	0.01	100.00	0.01			
10 年小计									
占合计%									
1970									
1971									
1972									
1973									
1974									
1975									
1976									
1977									
1978									
1979									
10 年小计			**8.29**	**0.66**	**101.38**	**8.40**	**9.87**	**117.46**	**0.90**
占合计%			**35.17**			**66.89**	**81.55**		
1980									
1981	145.23	124.04	0.30	0.21	70.00	0.21	0.20	95.71	0.16
1982	142.24	123.69	1.64	1.15	73.17	1.20	1.21	100.83	0.98
1983	143.15	123.97	1.58	1.10	115.82	1.83	1.77	96.72	1.43
1984	142.98	123.67	1.85	1.29	129.73	2.40	2.38	99.17	1.92
1985	142.93	123.26	1.26	0.88	88.89	1.12	0.82	73.04	0.66
1986	142.76	123.44	0.51	0.36	89.02	0.45	2.53	*	2.05
1987	134.85	116.39	0.51	0.38	98.04	0.50	0.51	102.00	0.44
1988	134.65	116.39	0.39	0.29	112.82	0.44	0.34	77.27	0.29
1989	134.54	116.37	0.25	0.19	100.00	0.25	0.11	44.80	0.10
11 年小计			**0.54**	**0.10**	**98.15**	**0.53**	**0.18**	**34.68**	**0.04**
占合计%			**2.29**			**4.22**	**1.52**		
1990	134.40	116.57	0.18	0.13	86.67	0.16	0.07	44.23	0.06
1991	134.31	117.83	0.14	0.10	122.86	0.17	0.09	55.00	0.08
1992	134.31	117.83	0.17	0.13	87.06	0.15	0.02	13.65	0.02
1993	133.88	117.83	0.05	0.04	108.00	0.05			
1994									
1995									
1996									
1997									
1998									
1999									
2000									

5－6－53 江苏省金坛市历年棉花生产收购

年　度	耕地面积（万亩）	农业人口（万人）	棉田面积（万亩）	占耕地（%）	亩　产（市斤）	产　量（万担）	收购量（万担）	商品率（%）	人均交售（市斤）
52 年合计			**106.02**	**3.27**	**105.80**	**112.17**	**107.22**	**95.58**	**5.30**
11 年小计			**6.24**	**0.83**	**19.07**	**1.19**	**0.42**	**35.70**	**0.14**
占合计%			**5.89**			**1.06**	**0.40**		
1949	72.20	26.60	1.10	1.52	11.82	0.13	0.13	100.00	0.49
1950	73.70	27.10	0.99	1.34	12.12	0.12	0.12	100.00	0.44
1951	75.20	44.80	1.59	2.11	14.47	0.23			
1952	76.70	28.20	0.70	0.91	28.57	0.20	0.06	30.00	0.21
1953	77.20	28.30	0.90	1.17	33.33	0.30	0.04	13.13	0.14
1954	75.60	29.70	0.40	0.53	25.00	0.10	0.03	31.10	0.10
1955	75.10	30.80	0.40	0.53	25.00	0.10	0.04	44.30	0.14
1956	77.70	31.20	0.10	0.13					
1957	74.40	31.70	0.05	0.07	20.00	0.01			
1958	71.80	31.70	0.01	0.01					
1959									
10 年小计			**1.32**	**0.25**	**51.52**	**0.68**	**0.46**	**67.13**	**0.14**
占合计%			**1.25**			**0.61**	**0.43**		
1960									
1961									
1962	69.10	35.20	0.01	0.01					
1963	69.30	36.90	0.06	0.09	33.33	0.02			
1964	69.30	38.39	0.05	0.07	40.00	0.02			
1965	69.10	39.43	0.08	0.12	75.00	0.06	0.01	17.67	0.03
1966	69.10	44.46	0.30	0.43	36.67	0.11	0.06	58.55	0.14
1967	60.82	42.70	0.34	0.56	73.53	0.25	0.15	58.40	0.34
1968	62.06	43.57	0.37	0.60	48.65	0.18	0.21	113.89	0.47
1969	63.33	44.46	0.11	0.17	36.36	0.04	0.03	76.25	0.07
10 年小计			**18.28**	**3.11**	**82.22**	**15.03**	**15.04**	**100.09**	**3.61**
占合计%			**17.24**			**13.40**	**14.03**		
1970	64.62	45.37	0.04	0.06	25.00	0.01		38.00	0.01
1971									
1972	65.75	46.62	1.00	1.52	44.00	0.44	0.49	111.36	1.05
1973	65.03	45.42	0.98	1.51	77.55	0.76	0.76	100.00	1.67
1974	65.07	46.32	1.29	1.98	64.34	0.83	0.81	97.59	1.75
1975	65.04	46.60	1.49	2.29	67.11	1.00	1.00	100.00	2.15
1976	65.02	46.42	1.50	2.31	100.00	1.50	1.51	100.67	3.25
1977	65.05	46.51	1.77	2.72	87.57	1.55	1.56	100.65	3.35
1978	65.94	47.04	4.99	7.57	67.33	3.36	3.36	100.00	7.14
1979	65.88	46.50	5.22	7.92	106.90	5.58	5.55	99.46	11.94
10 年小计			**71.67**	**10.99**	**121.50**	**87.08**	**82.29**	**94.50**	**17.56**
占合计%			**67.60**			**77.63**	**76.75**		
1980	65.49	46.47	7.13	10.89	103.23	7.36	7.38	100.27	15.88
1981	65.42	46.55	11.06	16.91	127.03	14.05	14.06	100.07	30.20
1982	65.36	46.84	12.38	18.94	122.21	15.13	14.98	99.01	31.98
1983	65.31	46.86	11.67	17.87	139.16	16.24	16.14	99.38	34.44
1984	65.23	46.74	11.11	17.03	142.84	15.87	14.85	93.57	31.77
1985	65.18	46.69	7.55	11.58	112.19	8.47	6.87	81.11	14.71
1986	65.10	46.78	2.87	4.41	114.63	3.29	2.76	83.89	5.90
1987	65.04	47.01	2.88	4.43	82.29	2.37	1.69	71.31	3.59
1988	64.96	47.19	2.95	4.54	87.46	2.58	2.11	81.78	4.47
1989	64.92	47.54	2.07	3.19	83.09	1.72	1.45	84.30	3.05
11 年小计			**8.51**	**1.19**	**96.24**	**8.19**	**9.00**	**109.91**	**1.79**
占合计%			**8.03**			**7.30**	**8.40**		
1990	64.78	47.75	2.11	3.26	93.36	1.97	1.58	80.20	3.31
1991	64.72	47.80	1.70	2.63	82.35	1.40	1.11	79.29	2.32
1992	64.72	47.80	1.76	2.72	83.52	1.47	1.17	79.59	2.45
1993	64.52	46.53	0.71	1.10	87.32	0.62	0.23	37.42	0.50
1994	64.40	46.39	0.27	0.42	100.00	0.27	0.15	55.56	0.32
1995	63.96	45.97	0.32	0.50	118.75	0.38	0.12	31.58	0.26
1996	63.89	45.45	0.30	0.47	120.00	0.36	0.19	52.78	0.42
1997	63.89	45.45	0.30	0.47	126.67	0.38	0.39	102.63	0.86
1998	63.89	45.45	0.41	0.64	119.51	0.49	1.02	*	2.24
1999	69.64	42.88	0.33	0.47	124.24	0.41	1.32	*	3.08
2000	69.69	41.66	0.30	0.43	146.67	0.44	1.72	*	4.13

5－6－54　江苏省溧阳县历年棉花生产收购

年　度	耕地面积（万亩）	农业人口（万人）	棉田面积（万亩）	占耕地（%）	亩　产（市斤）	产　量（万担）	收购量（万担）	商品率（%）	人均交售（市斤）
52年合计			**107.53**	**2.47**	**70.22**	**75.51**	**67.47**	**89.35**	**2.85**
11年小计			**13.65**	**1.35**	**17.00**	**2.32**	**1.69**	**72.98**	**0.51**
占合计%			**12.69**			**3.07**	**2.51**		
1949	106.60	34.40	1.20	1.13	15.00	0.18	0.18	100.00	0.52
1950	108.80	35.10	1.73	1.59	60.12	1.04	1.04	100.00	2.96
1951	111.00	35.80	3.15	2.84	6.03	0.19			
1952	113.30	36.50	3.00	2.65	13.33	0.40	0.11	27.50	0.30
1953	116.90	36.40	1.90	1.63	15.79	0.30	0.03	10.13	0.08
1954	115.10	36.60	1.30	1.13	7.69	0.10	0.06	64.50	0.18
1955	115.30	37.70	0.90	0.78	11.11	0.10	0.08	81.00	0.21
1956	111.20	39.30	0.40	0.36			0.18		0.46
1957	112.90	39.80	0.07	0.06	14.29	0.01	0.01	82.00	0.02
1958									
1959									
10年小计			**2.02**	**0.22**	**27.73**	**0.56**	**0.74**	**131.71**	**0.16**
占合计%			**1.88**			**0.74**	**1.09**		
1960	102.00	39.40					0.07		0.19
1961									
1962	101.90	44.10	0.01	0.01					
1963	102.10	46.10	0.02	0.02	50.00	0.01		1.00	
1964	103.40	47.95	0.03	0.03	0.33			100.00	
1965	103.30	49.47	0.10	0.10	40.00	0.04	0.08	197.50	0.16
1966	102.40	57.85	0.58	0.57	17.24	0.10	0.16	160.00	0.28
1967	92.63	55.56	0.56	0.60	19.64	0.11	0.22	*	0.40
1968	94.52	56.69	0.39	0.41	46.15	0.18	0.16	87.22	0.28
1969	96.45	57.85	0.33	0.34	36.36	0.12	0.05	40.42	0.08
10年小计			**3.37**	**0.86**	**51.93**	**1.75**	**1.67**	**95.39**	**0.68**
占合计%			**3.13**			**2.32**	**2.47**		
1970	98.42	59.03	0.20	0.20	25.00	0.05	0.01	13.00	0.01
1971	98.74	60.47	0.05	0.05	20.00	0.01		28.00	
1972									
1973									
1974									
1975									
1976									
1977									
1978	98.03	62.93	1.18	1.20	61.86	0.73	0.74	101.37	1.18
1979	97.93	62.24	1.94	1.98	49.48	0.96	0.92	95.83	1.48
10年小计			**61.06**	**6.28**	**78.56**	**47.97**	**45.25**	**94.33**	**7.15**
占合计%			**56.78**			**63.53**	**67.07**		
1980	97.83	62.81	7.22	7.38	50.69	3.66	3.71	101.37	5.91
1981	97.74	62.74	8.87	9.08	75.87	6.73	6.65	98.81	10.60
1982	97.59	63.24	9.38	9.61	74.31	6.97	6.95	99.71	10.99
1983	97.48	63.33	8.59	8.81	68.34	5.87	5.86	99.83	9.25
1984	97.39	63.27	8.05	8.27	92.55	7.45	7.12	95.57	11.25
1985	97.30	63.15	4.68	4.81	104.49	4.89	6.72	137.42	10.64
1986	97.02	63.33	3.24	3.34	98.15	3.18	0.30	9.40	0.47
1987	96.97	63.64	3.45	3.56	88.12	3.04	2.67	87.83	4.20
1988	96.94	63.60	3.87	3.99	93.80	3.63	3.24	89.26	5.09
1989	96.75	63.77	3.71	3.83	68.73	2.55	2.03	79.61	3.18
11年小计			**27.43**	**2.56**	**83.52**	**22.91**	**18.12**	**79.09**	**2.57**
占合计%			**25.51**			**30.34**	**26.86**		
1990	96.51	64.17	3.84	3.98	61.98	2.38	1.99	83.61	3.10
1991	96.39	64.61	2.89	3.00	80.97	2.34	2.29	97.86	3.54
1992	96.39	64.61	4.06	4.21	100.00	4.06	3.97	97.78	6.14
1993	95.70	64.45	3.40	3.55	87.94	2.99	2.22	74.25	3.44
1994	95.52	64.24	2.15	2.25	85.12	1.83	1.43	78.14	2.23
1995	95.16	64.32	3.00	3.15	72.33	2.17	1.70	78.34	2.64
1996	94.86	64.00	2.37	2.50	64.14	1.52	1.23	80.92	1.92
1997	94.86	64.00	1.99	2.10	92.96	1.85	1.56	84.32	2.44
1998	94.86	64.00	1.92	2.02	98.96	1.90	1.43	75.26	2.23
1999	106.19	62.46	0.92	0.87	84.78	0.78	0.03	3.85	0.05
2000	106.14	62.86	0.89	0.84	122.47	1.09	0.27	24.77	0.43

5－6－55　江苏省宜兴市历年棉花生产收购

年　度	耕地面积（万亩）	农业人口（万人）	棉田面积（万亩）	占耕地（%）	亩　产（市斤）	产　量（万担）	收购量（万担）	商品率（%）	人均交售（市斤）
52 年合计			**5.92**	**0.26**	**24.27**	**1.44**	**0.78**	**54.44**	**0.06**
11 年小计			**4.50**	**0.43**	**19.56**	**0.88**	**0.19**	**21.59**	**0.04**
占合计%			**76.01**			**61.25**	**24.29**		
1949	126.60	52.40	0.50	0.39	14.00	0.07	0.07	100.00	0.13
1950	129.20	53.50	0.74	0.57	16.22	0.12	0.12	100.00	0.22
1951	131.80	54.60	1.63	1.24	30.06	0.49			
1952	134.50	55.70	0.50	0.37	20.00	0.10			
1953	136.40	57.20	0.50	0.37	20.00	0.10			
1954	132.80	58.80	0.30	0.23					
1955	132.90	59.80	0.30	0.23					
1956									
1957	133.80	54.80	0.03	0.02					
1958									
1959									
10 年小计			**1.07**	**0.15**	**37.38**	**0.40**	**0.47**	**118.05**	**0.10**
占合计%			**18.07**			**27.84**	**60.37**		
1960									
1961									
1962									
1963	121.00	66.00	0.01	0.01					
1964									
1965	122.30	70.44	0.02	0.02	100.00	0.02	0.01	50.00	0.02
1966	122.40	84.89	0.53	0.43	32.08	0.17	0.18	104.12	0.21
1967	111.83	77.68	0.27	0.24	29.63	0.08	0.13	163.75	0.17
1968	114.11	79.27	0.15	0.13	60.00	0.09	0.11	126.67	0.14
1969	116.44	80.89	0.09	0.08	44.44	0.04	0.04	100.00	0.04
10 年小计			**0.05**	**0.04**	**40.00**	**0.02**			
占合计%			**0.84**			**1.39**			
1970	118.82	82.54	0.05	0.04	40.00	0.02			
1971									
1972									
1973									
1974									
1975									
1976									
1977									
1978									
1979									
10 年小计			**0.30**	**0.08**	**45.57**	**0.14**	**0.12**	**87.78**	**0.05**
占合计%			**5.07**			**9.51**	**15.34**		
1980	118.78	87.93	0.03	0.03	66.67	0.02			
1981	118.03	88.12	0.18	0.15	61.11	0.11	0.11	100.00	0.12
1982	118.06	88.51	0.09	0.08	7.44	0.01	0.01	149.25	0.01
1983									
1984									
1985									
1986									
1987									
1988									
1989									
11 年小计									
占合计%									
1990									
1991									
1992									
1993									
1994									
1995									
1996									
1997									
1998									
1999									
2000									

5－6－56　江苏省江阴市历年棉花生产收购

年　　度	耕地面积（万亩）	农业人口（万人）	棉田面积（万亩）	占耕地（%）	亩　产（市斤）	产　量（万担）	收购量（万担）	商品率（%）	人均交售（市斤）
52年合计			**88.85**	**2.32**	**55.02**	**48.88**	**58.84**	**120.37**	**1.64**
11年小计			**58.54**	**4.66**	**40.84**	**23.91**	**35.31**	**147.68**	**4.10**
占合计%			**65.89**			**48.91**	**60.01**		
1949	111.80	73.80	1.49	1.33	21.48	0.32	0.32	100.00	0.43
1950	114.10	75.30	1.49	1.31	21.48	0.32	0.32	100.00	0.42
1951	116.40	76.80	1.44	1.24	25.69	0.37			
1952	118.80	78.40	9.10	7.66	40.66	3.70	3.98	107.57	5.08
1953	119.80	78.50	11.00	9.18	44.55	4.90	5.16	105.31	6.57
1954	116.60	78.50	9.20	7.89	36.96	3.40	3.18	93.53	4.05
1955	115.90	80.10	9.60	8.28	54.17	5.20	5.56	106.92	6.94
1956	116.30	79.10	8.70	7.48	31.03	2.70	2.97	110.00	3.75
1957	113.00	81.30	6.50	5.75	46.15	3.00	3.62	120.67	4.45
1958	107.90	81.30	0.02	0.02			5.28		6.49
1959	106.60	78.90					4.92		6.24
10年小计			**9.19**	**1.22**	**77.26**	**7.10**	**8.43**	**118.73**	**1.25**
占合计%			**10.34**			**14.52**	**14.33**		
1960	106.00	80.40	5.50	5.19	72.73	4.00	4.90	122.50	6.09
1961									
1962	82.80	66.40	0.28	0.34	35.71	0.10	0.08	80.00	0.12
1963	82.90	68.80	0.40	0.48	80.00	0.32	0.31	96.88	0.45
1964	82.90	70.51	0.46	0.55	89.13	0.41	0.39	95.12	0.55
1965	82.60	71.79	0.50	0.61	78.00	0.39	0.39	100.00	0.54
1966	82.40	80.02	0.50	0.61	100.00	0.50	0.83	166.00	1.04
1967	76.63	76.85	0.50	0.65	82.00	0.41	0.70	170.73	0.91
1968	78.19	78.42	0.58	0.74	110.34	0.64	0.54	84.38	0.69
1969	79.79	80.02	0.47	0.59	70.21	0.33	0.29	87.88	0.36
10年小计			**5.10**	**0.63**	**74.71**	**3.81**	**3.29**	**86.41**	**0.38**
占合计%			**5.74**			**7.79**	**5.60**		
1970	81.42	81.65	1.23	1.51	55.28	0.68	0.25	37.21	0.31
1971	83.03	83.20	0.45	0.54	64.44	0.29	0.29	98.97	0.34
1972	82.09	84.02	0.42	0.51	61.90	0.26	0.25	94.23	0.29
1973	81.93	84.80	0.45	0.55	102.22	0.46	0.46	99.35	0.54
1974	81.23	85.82	0.48	0.59	72.92	0.35	0.33	95.54	0.39
1975	81.10	87.12	0.43	0.53	86.05	0.37	0.37	98.65	0.42
1976	80.67	87.75	0.41	0.51	107.32	0.44	0.42	95.45	0.48
1977	80.09	88.83	0.40	0.50	72.50	0.29	0.28	95.86	0.31
1978	79.72	90.15	0.42	0.53	83.33	0.35	0.34	96.29	0.37
1979	79.66	90.07	0.41	0.51	78.05	0.32	0.32	98.75	0.35
10年小计			**15.10**	**1.92**	**87.77**	**13.25**	**11.48**	**86.61**	**1.26**
占合计%			**16.99**			**27.11**	**19.51**		
1980	79.52	90.57	0.41	0.52	63.41	0.26	0.24	93.46	0.27
1981	79.47	90.89	2.89	3.64	65.05	1.88	1.79	95.21	1.97
1982	79.37	91.16	3.08	3.88	81.82	2.52	2.37	94.05	2.60
1983	79.34	91.16	2.73	3.44	119.05	3.25	3.17	97.54	3.48
1984	79.30	91.54	2.77	3.49	97.47	2.70	2.70	100.00	2.95
1985	78.26	91.53	1.50	1.92	82.00	1.23	0.64	52.28	0.70
1986	77.99	90.63	0.60	0.77	80.00	0.48	0.21	43.75	0.23
1987	77.53	91.79	0.44	0.57	79.55	0.35	0.13	38.00	0.14
1988	77.23	90.31	0.35	0.45	87.43	0.31	0.13	43.20	0.15
1989	77.02	92.14	0.33	0.43	84.24	0.28	0.09	31.76	0.10
11年小计			**0.92**	**0.40**	**87.83**	**0.81**	**0.33**	**40.50**	**0.12**
占合计%			**1.04**			**1.65**	**0.56**		
1990	76.86	93.06	0.33	0.43	80.00	0.26	0.09	33.33	0.09
1991	76.73	94.21	0.29	0.38	90.34	0.26	0.11	40.46	0.11
1992	76.73	94.21	0.30	0.39	94.00	0.28	0.13	47.23	0.14
1993									
1994									
1995									
1996									
1997									
1998									
1999									
2000									

5－6－57 江苏省张家港市历年棉花生产收购

年　度	耕地面积（万亩）	农业人口（万人）	棉田面积（万亩）	占耕地（%）	亩　产（市斤）	产　量（万担）	收购量（万担）	商品率（%）	人均交售（市斤）
52 年合计			**1251.83**	**32.60**	**96.47**	**1207.63**	**1154.95**	**95.64**	**35.15**
11 年小计			**294.67**	**33.68**	**47.20**	**139.09**	**123.10**	**88.50**	**22.32**
占合计%			**23.54**			**11.52**	**10.66**		
1949	81.53	45.19	19.60	24.04	25.46	4.99	3.99	79.96	8.83
1950	81.29	45.52	19.40	23.87	31.19	6.05	5.16	85.29	11.34
1951	81.23	45.91	25.69	31.63	35.07	9.01	6.25	69.37	13.61
1952	81.11	45.81	29.80	36.74	45.00	13.41	11.32	84.41	24.71
1953	80.65	50.58	31.57	39.14	48.02	15.16	12.59	83.05	24.89
1954	80.45	51.37	28.91	35.94	37.43	10.82	7.34	67.84	14.29
1955	80.57	51.88	31.93	39.63	57.50	18.36	17.39	94.72	33.52
1956	79.95	53.00	29.43	36.81	38.77	11.41	9.94	87.12	18.75
1957	78.35	53.83	26.63	33.99	46.75	12.45	12.22	98.15	22.70
1958	76.40	54.40	26.62	34.84	73.33	19.52	19.04	97.54	35.00
1959	73.27	53.93	25.09	34.24	71.38	17.91	17.86	99.72	33.12
10 年小计			**272.95**	**36.69**	**96.75**	**264.08**	**254.29**	**96.29**	**42.95**
占合计%			**21.80**			**21.87**	**22.02**		
1960	73.02	53.83	25.06	34.32	58.30	14.61	13.17	90.14	24.47
1961	72.69	54.50	23.33	32.10	59.49	13.88	12.34	88.90	22.64
1962	73.65	56.94	25.21	34.23	37.05	9.34	8.61	92.18	15.12
1963	74.09	57.76	25.52	34.44	76.72	19.58	18.85	96.27	32.64
1964	74.85	57.89	27.40	36.61	111.09	30.44	29.67	97.47	51.25
1965	74.83	59.15	29.00	38.75	103.86	30.12	29.08	96.55	49.16
1966	75.08	60.71	29.00	38.63	118.97	34.50	33.64	97.51	55.41
1967	75.06	61.97	29.27	39.00	117.42	34.37	33.49	97.44	54.04
1968	75.06	63.77	29.26	38.98	144.05	42.15	41.28	97.94	64.73
1969	75.69	65.55	29.90	39.50	117.36	35.09	34.16	97.35	52.11
10 年小计			**295.37**	**39.31**	**96.64**	**285.45**	**275.95**	**96.67**	**40.53**
占合计%			**23.60**			**23.64**	**23.89**		
1970	75.65	65.65	25.46	33.65	104.08	26.50	25.59	96.57	38.98
1971	75.79	66.40	29.49	38.91	71.69	21.14	20.16	95.36	30.36
1972	75.89	67.02	29.54	38.92	91.20	26.94	25.97	96.40	38.75
1973	75.94	66.95	30.29	39.89	122.25	37.03	36.68	99.05	54.79
1974	75.81	67.69	30.04	39.63	91.54	27.50	26.50	96.36	39.15
1975	75.67	68.47	30.28	40.02	106.27	32.18	31.17	96.86	45.52
1976	75.49	69.15	30.78	40.77	86.16	26.52	25.50	96.15	36.88
1977	75.25	69.56	30.04	39.92	85.52	25.69	24.65	95.95	35.44
1978	75.28	69.92	29.95	39.78	87.61	26.24	25.15	95.85	35.97
1979	70.67	70.08	29.50	41.74	121.05	35.71	34.58	96.84	49.34
10 年小计			**246.09**	**35.11**	**112.32**	**276.42**	**272.31**	**98.51**	**38.47**
占合计%			**19.66**			**22.89**	**23.58**		
1980	70.68	70.26	27.30	38.62	96.59	26.37	25.23	95.68	35.91
1981	70.62	70.63	27.30	38.66	84.25	23.00	21.93	95.35	31.05
1982	70.47	70.95	27.30	38.74	106.08	28.96	27.99	96.65	39.45
1983	70.44	71.01	27.30	38.76	144.21	39.37	39.37	100.00	55.44
1984	70.29	70.70	27.26	38.78	152.86	41.67	40.74	97.77	57.62
1985	70.11	70.37	23.14	33.01	113.14	26.18	26.18	100.00	37.20
1986	69.96	70.60	22.19	31.72	121.95	27.06	27.06	100.00	38.33
1987	69.73	70.90	22.66	32.50	84.42	19.13	19.13	100.00	26.98
1988	69.39	70.97	21.35	30.77	112.74	24.07	24.07	100.00	33.92
1989	69.26	71.38	20.29	29.30	101.58	20.61	20.61	100.00	28.87
11 年小计			**142.75**	**18.58**	**169.94**	**242.59**	**229.30**	**94.52**	**30.43**
占合计%			**11.40**			**20.09**	**19.85**		
1990	69.16	72.02	20.11	29.08	125.66	25.27	25.27	100.00	35.09
1991	68.86	72.19	18.18	26.40	151.16	27.48	27.48	100.00	38.07
1992	68.86	71.88	20.11	29.20	115.27	23.18	23.18	100.00	32.25
1993	72.11	70.57	17.00	23.58	110.00	18.70	18.70	100.00	26.50
1994	71.73	69.94	16.00	22.31	195.81	31.33	31.33	100.00	44.80
1995	71.42	68.50	15.38	21.53	215.60	33.16	33.15	99.97	48.39
1996	71.37	67.66	10.02	14.04	279.34	27.99	27.99	100.00	41.37
1997	71.37	68.26	5.38	7.54	288.29	15.51	15.50	99.94	22.71
1998	71.37	68.26	7.46	10.45	290.21	21.65	21.66	100.05	31.73
1999	66.26	63.68	6.63	10.01	127.30	8.44	4.63	54.86	7.27
2000	65.78	60.61	6.48	9.85	152.47	9.88	0.41	4.15	0.68

5－6－58 江苏省常熟市历年棉花生产收购

年　度	耕地面积（万亩）	农业人口（万人）	棉田面积（万亩）	占耕地（%）	亩　产（市斤）	产　量（万担）	收购量（万担）	商品率（%）	人均交售（市斤）
52 年合计			**981.15**	**17.50**	**108.31**	**1062.67**	**1010.64**	**95.10**	**24.93**
11 年小计			**234.20**	**18.13**	**42.44**	**99.40**	**77.32**	**77.79**	**11.09**
占合计%			**23.87**			**9.35**	**7.65**		
1949	119.14	62.34	17.42	14.62	9.99	1.74			
1950	118.60	62.91	17.18	14.49	17.99	3.09			
1951	118.61	62.97	21.60	18.21	21.99	4.75			
1952	118.64	62.99	23.71	19.98	25.98	6.16			
1953	118.72	63.00	22.30	18.78	33.41	7.45	6.44	86.44	10.22
1954	118.79	63.30	22.07	18.58	35.48	7.83	5.74	73.31	9.07
1955	118.86	64.99	22.74	19.13	59.76	13.59	12.89	94.85	19.83
1956	118.93	66.19	22.66	19.05	41.39	9.38	8.35	89.02	12.62
1957	118.94	64.20	22.35	18.79	56.73	12.68	12.09	95.35	18.83
1958	112.93	62.33	22.02	19.50	77.06	16.97	16.48	97.11	26.44
1959	109.68	62.26	20.15	18.37	78.21	15.76	15.33	97.27	24.62
10 年小计			**198.39**	**18.34**	**113.02**	**224.22**	**219.90**	**98.07**	**30.92**
占合计%			**20.22**			**21.10**	**21.76**		
1960	108.29	62.48	19.92	18.40	82.73	16.48	16.16	98.06	25.86
1961	107.25	63.97	18.92	17.64	77.27	14.62	14.47	98.97	22.62
1962	107.87	67.52	18.62	17.26	66.86	12.45	12.10	97.19	17.92
1963	108.46	69.51	19.27	17.77	97.41	18.77	18.27	97.34	26.28
1964	108.31	70.98	20.05	18.51	127.28	25.52	25.02	98.04	35.25
1965	107.98	72.25	20.21	18.72	137.21	27.73	27.23	98.20	37.69
1966	108.17	73.94	20.42	18.88	141.92	28.98	28.48	98.27	38.52
1967	108.31	75.00	20.30	18.74	128.28	26.04	25.54	98.08	34.05
1968	108.45	76.06	20.58	18.98	148.54	30.57	30.07	98.36	39.53
1969	108.59	79.38	20.10	18.51	114.73	23.06	22.56	97.83	28.42
10 年小计			**204.10**	**18.86**	**105.12**	**214.54**	**209.54**	**97.67**	**24.81**
占合计%			**20.80**			**20.19**	**20.73**		
1970	108.79	81.19	19.68	18.09	113.01	22.24	21.74	97.75	26.78
1971	108.71	82.30	19.59	18.02	90.40	17.71	17.21	97.18	20.91
1972	108.66	83.01	19.76	18.19	92.51	18.28	17.78	97.26	21.42
1973	108.55	83.38	21.30	19.62	116.81	24.88	24.38	97.99	29.24
1974	108.47	84.15	20.83	19.20	94.82	19.75	19.25	97.47	22.88
1975	108.25	85.09	20.59	19.02	105.73	21.77	21.27	97.70	25.00
1976	108.09	85.78	20.75	19.20	98.41	20.42	19.92	97.55	23.22
1977	107.81	86.58	20.62	19.13	90.69	18.70	18.20	97.33	21.02
1978	107.70	87.10	20.53	19.06	105.65	21.69	21.19	97.69	24.33
1979	107.28	86.08	20.45	19.06	142.30	29.10	28.60	98.28	33.22
10 年小计			**206.43**	**19.54**	**144.45**	**298.18**	**289.74**	**97.17**	**33.57**
占合计%			**21.04**			**28.06**	**28.67**		
1980	106.79	86.49	20.31	19.02	110.29	22.40	22.08	98.57	25.53
1981	106.64	87.13	22.28	20.89	100.76	22.45	21.84	97.28	25.07
1982	106.55	87.45	22.31	20.94	144.55	32.25	31.23	96.84	35.71
1983	106.44	87.14	22.06	20.73	169.99	37.50	37.20	99.20	42.69
1984	106.26	86.60	22.21	20.90	189.37	42.06	41.56	98.81	47.99
1985	105.19	85.70	21.27	20.22	152.28	32.39	31.06	95.89	36.24
1986	105.07	85.98	20.12	19.15	153.48	30.88	29.18	94.49	33.94
1987	104.85	86.28	19.31	18.42	128.69	24.85	23.69	95.33	27.46
1988	104.52	85.36	18.71	17.90	138.80	25.97	25.11	96.69	29.42
1989	104.26	85.09	17.85	17.12	153.67	27.43	26.79	97.67	31.48
11 年小计			**138.03**	**12.63**	**163.97**	**226.33**	**214.14**	**94.61**	**22.85**
占合计%			**14.07**			**21.30**	**21.19**		
1990	104.13	85.11	16.83	16.16	163.87	27.58	26.99	97.86	31.71
1991	103.36	85.12	15.39	14.89	190.38	29.30	29.25	99.83	34.36
1992	102.32	84.55	13.58	13.27	173.71	23.59	23.14	98.09	27.37
1993	100.01	84.27	14.11	14.11	117.72	16.61	16.11	96.99	19.12
1994	99.66	82.85	13.53	13.58	167.63	22.68	22.18	97.80	26.77
1995	98.91	85.78	13.34	13.49	211.09	28.16	27.54	97.80	32.11
1996	98.04	88.08	12.63	12.88	206.18	26.04	25.40	97.54	28.84
1997	98.04	85.34	10.01	10.21	182.82	18.30	18.10	98.91	21.21
1998	98.04	85.34	10.50	10.71	159.05	16.70	14.94	89.46	17.51
1999	95.24	85.70	9.80	10.29	67.04	6.57	6.27	95.43	7.32
2000	95.13	85.15	8.31	8.74	129.96	10.80	4.22	39.07	4.96

5－6－59 江苏省太仓市历年棉花生产收购

年度	耕地面积（万亩）	农业人口（万人）	棉田面积（万亩）	占耕地（%）	亩产（市斤）	产量（万担）	收购量（万担）	商品率（%）	人均交售（市斤）
52年合计			**954.97**	**26.38**	**83.89**	**801.17**	**774.03**	**96.61**	**43.40**
11年小计			**283.58**	**33.75**	**28.47**	**80.74**	**75.57**	**93.60**	**23.48**
占合计%			**29.70**			**10.08**	**9.76**		
1949	76.72	27.43	28.76	37.49	10.29	2.96	2.96	100.00	10.79
1950	76.46	27.71	25.07	32.79	20.30	5.09	5.09	100.00	18.37
1951	77.52	28.54	32.75	42.25	29.83	9.77	9.05	92.63	31.71
1952	77.83	28.24	37.25	47.86	24.75	9.22	8.50	92.19	30.10
1953	77.66	28.61	32.56	41.93	19.66	6.40	5.67	88.59	19.82
1954	76.96	29.01	25.99	33.77	17.93	4.66	3.93	84.33	13.55
1955	77.10	30.10	24.07	31.22	32.57	7.84	7.09	90.43	23.55
1956	76.51	30.52	19.40	25.36	26.08	5.06	4.53	89.53	14.84
1957	76.17	30.27	19.98	26.23	39.14	7.82	7.29	93.22	24.08
1958	74.67	30.67	19.34	25.90	61.22	11.84	11.59	97.89	37.79
1959	72.54	30.75	18.41	25.38	54.75	10.08	9.87	97.92	32.10
10年小计			**196.64**	**27.10**	**88.65**	**174.33**	**169.82**	**97.41**	**50.83**
占合计%			**20.59**			**21.76**	**21.94**		
1960	72.49	30.46	18.37	25.34	47.80	8.78	8.59	97.84	28.20
1961	72.44	30.49	18.35	25.33	53.73	9.86	9.47	96.04	31.06
1962	73.10	31.50	18.24	24.95	39.80	7.26	6.87	94.63	21.81
1963	73.31	32.52	18.15	24.76	62.92	11.42	11.02	96.50	33.89
1964	73.34	33.13	18.34	25.01	85.06	15.60	15.18	97.31	45.82
1965	73.01	33.52	21.00	28.76	108.57	22.80	22.18	97.28	66.17
1966	72.46	33.94	21.04	29.04	104.09	21.90	21.41	97.76	63.08
1967	72.01	35.74	21.06	29.25	107.36	22.61	21.95	97.08	61.42
1968	71.83	36.59	21.05	29.31	138.62	29.18	28.72	98.42	78.49
1969	71.54	36.22	21.04	29.41	118.44	24.92	24.43	98.03	67.45
10年小计			**203.97**	**28.87**	**93.17**	**190.03**	**184.75**	**97.22**	**48.78**
占合计%			**21.36**			**23.72**	**23.87**		
1970	71.39	36.90	20.52	28.74	110.77	22.73	22.23	97.80	60.24
1971	71.43	37.28	20.52	28.73	72.86	14.95	14.46	96.72	38.79
1972	71.28	37.31	20.52	28.79	86.89	17.83	17.33	97.20	46.45
1973	71.21	37.56	20.50	28.79	92.73	19.01	18.51	97.37	49.28
1974	71.12	37.91	20.50	28.82	88.78	18.20	17.70	97.25	46.69
1975	70.84	38.28	20.50	28.94	96.98	19.88	19.38	97.48	50.63
1976	70.65	38.32	20.31	28.75	74.59	15.15	14.65	96.70	38.23
1977	70.53	38.50	20.31	28.80	71.15	14.45	13.95	96.54	36.23
1978	69.22	38.64	20.29	29.31	117.84	23.91	23.26	97.28	60.20
1979	68.91	38.03	20.00	29.02	119.60	23.92	23.28	97.32	61.21
10年小计			**180.07**	**26.95**	**108.94**	**196.16**	**189.20**	**96.45**	**50.52**
占合计%			**18.86**			**24.48**	**24.44**		
1980	68.71	37.86	20.00	29.11	89.80	17.96	17.37	96.71	45.88
1981	68.43	38.02	21.96	32.09	74.36	16.33	15.76	96.51	41.45
1982	68.20	38.14	21.96	32.20	93.21	20.47	19.80	96.73	51.91
1983	67.98	37.86	21.92	32.24	95.80	21.00	20.71	98.62	54.70
1984	67.28	37.60	21.89	32.54	150.11	32.86	32.09	97.66	85.35
1985	66.40	37.40	20.12	30.30	109.94	22.12	21.10	95.39	56.42
1986	66.08	37.18	14.67	22.20	121.81	17.87	16.69	93.40	44.89
1987	65.43	37.18	13.58	20.76	111.41	15.13	14.49	95.77	38.97
1988	64.86	36.66	13.41	20.68	137.43	18.43	17.57	95.33	47.93
1989	64.82	36.58	10.56	16.29	132.48	13.99	13.62	97.36	37.23
11年小计			**90.71**	**13.34**	**176.29**	**159.91**	**154.69**	**96.74**	**41.30**
占合计%			**9.50**			**19.96**	**19.99**		
1990	64.78	36.56	11.72	18.09	155.63	18.24	17.93	98.30	49.04
1991	63.07	36.53	11.62	18.42	212.22	24.66	24.50	99.35	67.07
1992	63.29	36.08	11.16	17.63	191.04	21.32	21.07	98.83	58.40
1993	63.59	35.62	9.76	15.35	122.54	11.96	11.96	100.00	33.58
1994	63.11	35.11	9.23	14.63	188.52	17.40	17.40	100.00	49.56
1995	62.70	34.53	9.36	14.93	203.85	19.08	18.99	99.53	55.00
1996	62.46	33.85	8.93	14.30	214.11	19.12	19.00	99.37	56.13
1997	62.46	33.85	6.89	11.03	168.36	11.60	11.34	97.76	33.50
1998	62.46	33.85	6.35	10.17	160.00	10.16	9.92	97.64	29.31
1999	56.10	30.53	3.57	6.36	103.36	3.69	2.58	69.92	8.45
2000	55.88	28.00	2.12	3.79	126.42	2.68			

5-6-60　江苏省吴县历年棉花生产收购

年　度	耕地面积（万亩）	农业人口（万人）	棉田面积（万亩）	占耕地（%）	亩　产（市斤）	产　量（万担）	收购量（万担）	商品率（%）	人均交售（市斤）
52 年合计			**4.35**	**0.09**	**60.94**	**2.65**	**1.74**	**65.76**	**0.05**
11 年小计			**1.03**	**0.09**	**50.49**	**0.52**	**0.09**	**17.77**	**0.02**
占合计%			**23.68**			**19.61**	**5.30**		
1949	95.00	53.20	0.04	0.04	25.00	0.01	0.01	100.00	0.02
1950	96.90	54.30	0.04	0.04	25.00	0.01	0.01	100.00	0.02
1951	98.90	55.40	0.04	0.04	25.00	0.01			
1952									
1953	147.80	57.80	0.10	0.07					
1954	117.60	58.40	0.10	0.09					
1955	118.50	58.90	0.10	0.08	100.00	0.10			
1956	118.60	60.50	0.10	0.08	100.00	0.10			
1957	116.00	61.60	0.16	0.14	50.00	0.08			
1958	124.00	61.60	0.15	0.12	60.00	0.09	0.07	80.44	0.12
1959	122.80	73.10	0.20	0.16	60.00	0.12			
10 年小计			**1.32**	**0.11**	**54.55**	**0.72**	**0.60**	**83.71**	**0.07**
占合计%			**30.34**			**27.16**	**34.57**		
1960	121.30	72.10	0.17	0.14	41.18	0.07			
1961	116.80	70.70	0.20	0.17	20.00	0.04	0.04	100.00	0.06
1962	117.10	72.90	0.13	0.11	30.77	0.04	0.01	25.00	0.01
1963	122.40	78.20	0.09	0.07	44.44	0.04	0.04	100.00	0.05
1964	122.60	80.83	0.11	0.09	54.55	0.06	0.06	100.00	0.07
1965	122.40	83.25	0.13	0.11	61.54	0.08	0.09	112.50	0.11
1966	122.50	93.10	0.12	0.10	75.00	0.09	0.09	100.00	0.10
1967	113.89	89.42	0.12	0.11	66.67	0.08	0.10	125.00	0.11
1968	116.21	91.24	0.13	0.11	92.31	0.12	0.17	141.67	0.19
1969	118.58	93.10	0.12	0.10	83.33	0.10			
10 年小计			**1.11**	**0.09**	**66.67**	**0.74**	**0.69**	**93.82**	**0.07**
占合计%			**25.52**			**27.91**	**39.83**		
1970	121.00	95.00	0.14	0.12	57.14	0.08	0.11	141.25	0.12
1971	121.63	96.63	0.11	0.09	36.36	0.04			
1972	121.47	97.55	0.10	0.08	80.00	0.08	0.08	101.88	0.08
1973	121.30	98.65	0.11	0.09	90.91	0.10	0.09	94.00	0.10
1974	121.27	99.36	0.12	0.10	75.00	0.09	0.08	84.78	0.08
1975	121.16	100.30	0.11	0.09	72.73	0.08	0.07	81.25	0.06
1976	121.15	106.85	0.11	0.09	81.82	0.09	0.08	86.67	0.07
1977	120.79	107.47	0.11	0.09	45.45	0.05	0.05	98.00	0.05
1978	119.75	108.28	0.10	0.08	70.00	0.07	0.08	109.43	0.07
1979	119.57	108.61	0.10	0.08	60.00	0.06	0.06	101.50	0.06
10 年小计			**0.84**	**0.07**	**64.17**	**0.54**	**0.35**	**65.66**	**0.03**
占合计%			**19.31**			**20.33**	**20.30**		
1980	119.70	109.14	0.10	0.08	50.00	0.05	0.05	105.20	0.05
1981	119.65	110.53	0.10	0.08	40.00	0.04	0.04	111.75	0.04
1982	119.69	111.97	0.10	0.08	39.00	0.04	0.04	98.46	0.03
1983	119.66	112.00	0.07	0.06	57.14	0.04	0.04	100.00	0.04
1984	119.42	111.55	0.10	0.08	100.00	0.10	0.08	80.00	0.07
1985	119.24	111.35	0.10	0.08	60.00	0.06	0.06	100.00	0.05
1986	118.90	112.03	0.10	0.08	96.00	0.10	0.02	23.96	0.02
1987	117.97	111.46	0.07	0.06	54.29	0.04	0.01	19.47	0.01
1988	117.31	113.61	0.05	0.04	100.00	0.05	0.01	15.60	0.01
1989	112.28	109.43	0.05	0.04	52.00	0.03			
11 年小计			**0.05**	**0.03**	**264.20**	**0.13**			
占合计%			**1.15**			**4.98**			
1990									
1991									
1992	112.01	110.66	0.02	0.02	*	0.05			
1993									
1994									
1995									
1996									
1997									
1998									
1999									
2000	74.94	56.52	0.03	0.04	*	0.08			

5-6-61 江苏省昆山市历年棉花生产收购

年　度	耕地面积（万亩）	农业人口（万人）	棉田面积（万亩）	占耕地（%）	亩　产（市斤）	产　量（万担）	收购量（万担）	商品率（%）	人均交售（市斤）
52 年合计			**9.97**	**0.27**	**32.16**	**3.21**	**1.27**	**39.58**	**0.08**
11 年小计			**8.33**	**0.82**	**22.69**	**1.89**	**0.59**	**31.39**	**0.19**
占合计%			**83.55**			**58.94**	**46.74**		
1949	97.60	28.00	1.09	1.12	16.51	0.18	0.18	100.00	0.64
1950	99.60	28.60	1.14	1.14	17.54	0.20	0.20	100.00	0.70
1951	101.60	29.20	1.25	1.23	20.00	0.25			
1952	103.70	29.80	1.80	1.74	27.78	0.50	0.12	24.00	0.40
1953	104.90	30.20	1.50	1.43	26.67	0.40	0.08	20.10	0.27
1954	103.90	31.00	0.80	0.77	12.50	0.10			
1955	103.70	31.50	0.50	0.48	40.00	0.20			
1956	102.70	33.30	0.10	0.10					
1957	99.40	32.40	0.11	0.11	36.36	0.04			
1958	93.40	32.40	0.04	0.04	50.00	0.02	0.01	50.00	0.04
1959									
10 年小计			**0.60**	**0.09**	**78.33**	**0.47**	**0.53**	**113.81**	**0.17**
占合计%			**6.02**			**14.66**	**42.15**		
1960									
1961									
1962	89.50	33.50	0.10	0.11	50.00	0.05			
1963	89.90	34.90	0.10	0.11	50.00	0.05		9.80	0.01
1964	89.80	36.16	0.05	0.06	60.00	0.03	0.01	33.33	0.03
1965	89.60	37.27	0.06	0.07	66.67	0.04	0.07	175.00	0.19
1966	89.60	42.49	0.11	0.12	81.82	0.09	0.17	188.89	0.40
1967	83.44	40.81	0.07	0.08	85.71	0.06	0.12	*	0.29
1968	85.14	41.64	0.09	0.11	144.44	0.13	0.13	100.00	0.31
1969	86.88	42.49	0.02	0.02	100.00	0.02	0.03	150.00	0.07
10 年小计			**0.78**	**0.15**	**53.85**	**0.42**	**0.14**	**33.57**	**0.05**
占合计%			**7.82**			**13.10**	**11.11**		
1970	88.65	43.36	0.19	0.21	63.16	0.12	0.01	10.17	0.03
1971	88.42	44.21	0.49	0.55	51.02	0.25	0.09	35.92	0.20
1972	88.40	44.45	0.06	0.07	66.67	0.04	0.04	97.50	0.09
1973	88.38	44.81	0.02	0.02	50.00	0.01			
1974	88.36	45.10	0.01	0.01					
1975	88.29	45.67	0.01	0.01					
1976									
1977									
1978									
1979									
10 年小计			**0.14**	**0.02**	**94.64**	**0.13**			
占合计%			**1.40**			**4.13**			
1980									
1981									
1982	87.39	46.42	0.08	0.09	68.75	0.06			
1983	87.26	46.32				0.01			
1984	87.06	45.71	0.01	0.01	115.00	0.01			
1985	86.78	45.75	0.01	0.01	80.00	0.01			
1986	86.33	45.95	0.01	0.01	160.00	0.02			
1987	86.02	46.18	0.01	0.01	120.00	0.01			
1988	85.85	46.13	0.01	0.01					
1989	85.67	45.89	0.01	0.01	220.00	0.02			
11 年小计			**0.12**	**0.02**	*	**0.29**			
占合计%			**1.20**			**9.17**			
1990	85.55	46.09	0.02	0.02	150.00	0.03			
1991	85.30	46.30	0.02	0.02	180.00	0.04			
1992	85.30	46.30							
1993	82.95	45.57	0.01	0.01	*	0.03			
1994	81.32	45.00	0.01	0.01	*	0.04			
1995	80.10	44.18	0.02	0.02	133.33	0.02			
1996	78.93	43.66	0.02	0.02	*	0.04			
1997	78.93	43.66	0.03	0.04	133.33	0.04			
1998	78.93	43.66				0.06			
1999									
2000									

5-6-62 江苏省江宁县历年棉花生产收购

年　度	耕地面积（万亩）	农业人口（万人）	棉田面积（万亩）	占耕地（%）	亩　产（市斤）	产　量（万担）	收购量（万担）	商品率（%）	人均交售（市斤）
52 年合计			**61.15**	**1.25**	**66.22**	**40.49**	**34.00**	**83.97**	**1.13**
11 年小计			**21.24**	**1.75**	**18.69**	**3.97**	**2.70**	**67.92**	**0.56**
占合计%			**34.73**			**9.80**	**7.93**		
1949	103.50	40.40	2.68	2.59	7.09	0.19	0.19	100.00	0.47
1950	105.60	41.20	2.21	2.09	9.95	0.22	0.22	100.00	0.53
1951	107.80	42.00	3.00	2.78	11.33	0.34			
1952	110.00	42.90	3.50	3.18	31.43	1.10	0.63	57.27	1.47
1953	126.00	43.60	3.00	2.38	16.67	0.50	0.28	56.00	0.64
1954	124.10	44.60	1.70	1.37	11.76	0.20	0.20	100.00	0.45
1955	124.20	45.30	1.90	1.53	21.05	0.40	0.32	79.25	0.70
1956	108.70	44.90	1.40	1.29	14.29	0.20	0.14	69.00	0.31
1957	106.60	45.10	0.90	0.84	33.33	0.30	0.30	100.53	0.67
1958	101.90	45.10	0.60	0.59	50.00	0.30	0.25	83.33	0.55
1959	98.20	43.50	0.35	0.36	62.86	0.22	0.17	77.27	0.39
10 年小计			**6.27**	**0.65**	**56.78**	**3.56**	**3.06**	**85.85**	**0.60**
占合计%			**10.25**			**8.79**	**8.99**		
1960	98.50	41.20	0.27	0.27	51.85	0.14	0.16	111.43	0.38
1961	97.30	42.60	0.26	0.27	34.62	0.09			
1962	97.70	44.60	0.21	0.21	23.81	0.05	0.05	108.80	0.12
1963	99.10	46.60	0.24	0.24	37.50	0.09	0.07	75.56	0.15
1964	98.90	48.27	0.38	0.38	36.84	0.14	0.11	77.14	0.22
1965	98.90	50.08	0.51	0.52	54.90	0.28			
1966	97.90	59.55	0.73	0.75	46.58	0.34	0.88	*	1.48
1967	88.95	57.19	1.08	1.21	53.70	0.58			
1968	90.77	58.36	1.56	1.72	73.08	1.14	1.09	95.61	1.87
1969	92.62	59.55	1.03	1.11	68.93	0.71	0.70	98.59	1.18
10 年小计			**9.66**	**1.10**	**79.40**	**7.67**	**7.88**	**102.71**	**1.21**
占合计%			**15.80**			**18.94**	**23.17**		
1970	94.51	60.77	0.94	0.99	59.57	0.56	0.46	82.50	0.76
1971	94.92	61.89	0.63	0.66	61.90	0.39	0.46	116.67	0.74
1972	94.53	62.79	0.69	0.73	69.57	0.48	0.55	114.93	0.88
1973	35.81	63.68	0.77	2.15	77.92	0.60	0.63	105.33	0.99
1974	94.01	65.14	0.80	0.85	95.00	0.76	0.75	98.82	1.15
1975	93.45	65.78	0.78	0.83	82.05	0.64	0.67	104.06	1.01
1976	93.16	66.26	0.80	0.86	97.50	0.78	0.80	102.44	1.21
1977	92.74	67.12	0.78	0.84	102.56	0.80	0.82	102.63	1.22
1978	92.24	68.34	1.07	1.16	73.83	0.79	0.83	105.06	1.21
1979	91.73	66.81	2.40	2.62	77.92	1.87	1.91	102.14	2.86
10 年小计			**16.07**	**1.81**	**93.15**	**14.97**	**14.08**	**94.04**	**2.08**
占合计%			**26.28**			**36.97**	**41.40**		
1980	91.52	66.96	2.40	2.62	67.92	1.63	1.60	98.16	2.39
1981	91.33	67.60	2.33	2.55	73.39	1.71	1.77	103.51	2.62
1982	91.13	68.37	2.43	2.67	77.78	1.89	1.89	100.00	2.76
1983	91.10	68.63	2.34	2.57	112.39	2.63	2.63	100.00	3.83
1984	90.84	68.77	2.08	2.29	126.92	2.64	2.61	98.86	3.80
1985	90.79	68.76	2.13	2.35	84.51	1.80	1.68	93.33	2.44
1986	90.75	69.09	1.62	1.79	122.84	1.99	1.62	81.41	2.34
1987	83.36	65.51	0.23	0.28	91.30	0.21	0.08	37.14	0.12
1988	83.23	65.69	0.28	0.34	92.86	0.26	0.13	51.54	0.20
1989	83.15	65.92	0.23	0.28	91.30	0.21	0.07	31.19	0.10
11 年小计			**7.91**	**0.82**	**130.52**	**10.32**	**6.30**	**60.99**	**0.90**
占合计%			**12.94**			**25.50**	**18.52**		
1990	83.15	66.19	0.28	0.34	110.00	0.31	0.09	30.52	0.14
1991	83.02	66.46	0.39	0.47	73.85	0.29	0.12	40.63	0.18
1992	83.02	66.46	0.51	0.61	101.18	0.52	0.30	58.14	0.45
1993	82.65	66.05	0.60	0.73	98.67	0.59	0.26	43.24	0.39
1994	81.77	65.20	0.63	0.77	98.41	0.62	0.55	88.71	0.84
1995	80.15	63.29	0.66	0.82	131.82	0.87	0.87	99.95	1.37
1996	79.44	62.28	0.75	0.94	126.67	0.95	0.93	97.89	1.49
1997	79.44	62.28	0.78	0.98	148.72	1.16	1.05	90.52	1.69
1998	79.44	62.28	0.95	1.20	150.53	1.43	1.59	111.19	2.55
1999	115.69	59.88	1.08	0.93	152.78	1.65	0.14	8.48	0.23
2000	115.41	58.30	1.28	1.11	151.56	1.94	0.40	20.62	0.69

5－6－63　江苏省江浦县历年棉花生产收购

年　度	耕地面积（万亩）	农业人口（万人）	棉田面积（万亩）	占耕地（%）	亩　产（市斤）	产　量（万担）	收购量（万担）	商品率（%）	人均交售（市斤）
52 年合计			**147.13**	**7.61**	**45.67**	**67.19**	**65.51**	**97.50**	**6.41**
11 年小计			**59.51**	**12.91**	**29.64**	**17.64**	**15.75**	**89.29**	**10.56**
占合计%			**40.45**			**26.25**	**24.04**		
1949	39.70	12.30	3.85	9.70	26.49	1.02	1.02	100.00	8.29
1950	40.50	12.50	3.98	9.83	24.37	0.97	0.97	100.00	7.76
1951	41.30	12.80	5.26	12.74	22.81	1.20			
1952	42.10	13.10	6.20	14.73	35.48	2.20	1.82	82.73	13.89
1953	43.30	13.30	7.00	16.17	31.43	2.20	1.99	90.45	14.96
1954	46.60	13.80	5.60	12.02	16.07	0.90	0.91	101.11	6.59
1955	46.20	14.10	6.50	14.07	43.08	2.80	2.60	92.86	18.44
1956	42.70	14.00	6.40	14.99	17.19	1.10	1.05	95.45	7.50
1957	42.70	14.20	5.57	13.04	31.42	1.75	1.81	103.43	12.75
1958	38.80	14.20	4.60	11.86	50.00	2.30	2.26	98.26	15.92
1959	37.10	14.90	4.55	12.26	26.37	1.20	1.32	110.00	8.86
10 年小计			**40.00**	**10.58**	**55.98**	**22.39**	**21.77**	**97.22**	**12.46**
占合计%			**27.19**			**33.32**	**33.23**		
1960	38.80	15.60	3.43	8.84	27.11	0.93	0.83	89.25	5.32
1961	38.60	14.80	3.63	9.40	26.72	0.97			
1962	39.00	15.50	3.00	7.69	26.67	0.80	0.59	73.38	3.79
1963	39.60	16.00	3.28	8.28	31.10	1.02	1.07	104.90	6.69
1964	39.40	16.47	3.54	8.98	49.72	1.76	1.73	98.30	10.50
1965	39.20	16.98	4.01	10.23	62.84	2.52	2.57	101.98	15.14
1966	39.10	20.13	4.65	11.89	67.74	3.15	3.38	107.30	16.79
1967	34.12	19.34	5.16	15.12	80.43	4.15	4.45	107.23	23.01
1968	34.82	19.73	5.18	14.88	93.05	4.82	4.76	98.76	24.13
1969	35.53	20.13	4.12	11.60	55.10	2.27	2.39	105.29	11.87
10 年小计			**33.79**	**9.54**	**51.76**	**17.49**	**21.51**	**122.98**	**9.95**
占合计%			**22.97**			**26.03**	**32.84**		
1970	36.26	20.54	5.14	14.18	42.80	2.20	2.55	115.91	12.41
1971	36.25	20.64	4.64	12.80	40.52	1.88	2.47	131.38	11.97
1972	35.96	21.29	2.77	7.70	40.43	1.12	1.43	127.68	6.72
1973	35.82	21.54	2.89	8.07	46.37	1.34	1.92	143.28	8.91
1974	35.72	22.20	3.17	8.87	71.61	2.27	3.06	134.80	13.78
1975	35.48	22.53	3.02	8.51	40.40	1.22	1.55	127.05	6.88
1976	35.13	21.49	3.12	8.88	56.41	1.76	2.16	122.73	10.05
1977	34.73	21.86	3.26	9.39	63.80	2.08	2.44	117.31	11.16
1978	34.55	22.24	3.28	9.49	57.01	1.87	2.05	109.63	9.22
1979	34.39	21.90	2.50	7.27	70.00	1.75	1.88	107.43	8.58
10 年小计			**11.05**	**3.25**	**60.96**	**6.74**	**5.85**	**86.79**	**2.61**
占合计%			**7.51**			**10.03**	**8.93**		
1980	34.29	21.72	2.73	7.96	54.58	1.49	1.46	97.99	6.72
1981	34.28	21.93	2.44	7.12	65.57	1.60	1.54	96.25	7.02
1982	34.28	22.16	2.52	7.35	52.78	1.33	1.22	91.73	5.51
1983	34.20	22.23	2.43	7.11	63.37	1.54	1.40	90.91	6.30
1984	34.10	22.04	0.52	1.52	82.69	0.43	0.22	51.16	1.00
1985	33.94	22.12	0.16	0.47	100.00	0.16			
1986	33.87	22.28	0.08	0.24	80.00	0.06			
1987	33.83	22.71	0.07	0.21	85.71	0.06		2.67	0.01
1988	33.75	23.18	0.04	0.12	55.00	0.02		12.73	0.01
1989	33.67	23.31	0.06	0.18	66.67	0.04		5.25	0.01
11 年小计			**2.78**	**0.70**	**105.47**	**2.93**	**0.63**	**21.60**	**0.24**
占合计%			**1.89**			**4.36**	**0.97**		
1990	33.61	23.43	0.06	0.18	160.00	0.10	0.01	9.58	0.04
1991	33.61	23.51	0.12	0.36	63.33	0.08	0.05	67.89	0.22
1992	33.61	23.51	0.46	1.37	80.00	0.37	0.15	40.22	0.63
1993	33.57	23.50	0.33	0.98	121.82	0.40	0.02	6.12	0.10
1994	32.96	23.54	0.19	0.58			0.18		0.76
1995	32.88	23.66	0.16	0.49	81.25	0.13	0.10	76.92	0.42
1996	32.96	23.77	0.30	0.91	100.00	0.30	0.12	40.00	0.50
1997	32.96	23.77	0.33	1.00	115.15	0.38			
1998	32.96	23.77	0.30	0.91	150.00	0.45			
1999	51.84	23.64	0.29	0.56	127.59	0.37			
2000	48.15	22.50	0.24	0.50	150.00	0.36			

5-6-64 江苏省六合县历年棉花生产收购

年度	耕地面积（万亩）	农业人口（万人）	棉田面积（万亩）	占耕地（%）	亩产（市斤）	产量（万担）	收购量（万担）	商品率（%）	人均交售（市斤）
52年合计			**145.11**	**3.06**	**85.91**	**124.66**	**108.90**	**87.36**	**4.24**
11年小计			**13.69**	**1.05**	**17.17**	**2.35**	**0.94**	**39.90**	**0.23**
占合计%			**9.43**			**1.89**	**0.86**		
1949	114.10	34.40	0.92	0.81	13.04	0.12	0.12	100.00	0.35
1950	116.40	35.10	1.02	0.88	12.75	0.13	0.13	100.00	0.37
1951	118.80	35.80	2.22	1.87	18.02	0.40			
1952	121.20	36.50	2.00	1.65	20.00	0.40	0.08	20.00	0.22
1953	130.10	36.90	1.80	1.38	11.11	0.20			
1954	130.10	38.30	1.30	1.00	7.69	0.10			0.01
1955	129.40	38.90	1.40	1.08	21.43	0.30	0.05	16.67	0.14
1956	120.60	39.30	0.70	0.58	14.29	0.10	0.01	10.00	0.02
1957	117.00	39.80	0.26	0.22	30.77	0.08	0.04	50.00	0.09
1958	102.50	39.80	1.40	1.37	19.29	0.27	0.30	111.11	0.76
1959	99.40	39.40	0.67	0.67	37.31	0.25	0.21	84.00	0.53
10年小计			**17.08**	**1.85**	**39.46**	**6.74**	**5.86**	**86.94**	**1.36**
占合计%			**11.77**			**5.41**	**5.38**		
1960	98.10	36.30	0.45	0.46	20.00	0.09	0.05	58.67	0.15
1961	97.00	37.00	0.90	0.93	23.33	0.21			
1962	96.50	38.70	0.72	0.75	13.89	0.10	0.12	118.00	0.30
1963	96.50	39.70	0.43	0.45	18.60	0.08	0.03	37.13	0.07
1964	95.70	41.02	0.47	0.49	27.66	0.13	0.11	80.77	0.26
1965	94.00	42.45	0.65	0.69	32.31	0.21	0.16	78.10	0.39
1966	91.90	49.92	1.85	2.01	38.38	0.71	0.82	115.49	1.64
1967	82.16	47.94	4.12	5.01	44.90	1.85	2.06	111.35	4.30
1968	83.84	48.92	4.30	5.13	55.81	2.40	1.59	66.25	3.25
1969	85.55	49.92	3.19	3.73	30.09	0.96	0.92	95.83	1.84
10年小计			**45.53**	**5.38**	**60.18**	**27.40**	**27.98**	**102.11**	**5.18**
占合计%			**31.38**			**21.98**	**25.69**		
1970	87.13	50.94	4.52	5.19	29.20	1.32	1.40	106.06	2.75
1971	90.01	51.93	2.57	2.86	28.02	0.72	0.78	108.47	1.50
1972	88.98	52.88	2.67	3.00	20.97	0.56	0.74	131.43	1.39
1973	85.97	53.10	3.66	4.26	60.93	2.23	2.36	105.83	4.44
1974	85.20	53.93	6.03	7.08	64.51	3.89	3.89	100.00	7.21
1975	83.91	54.72	6.00	7.15	55.83	3.35	3.29	98.21	6.01
1976	82.46	54.95	5.06	6.14	78.85	3.99	3.89	97.49	7.08
1977	81.73	55.63	5.29	6.47	63.52	3.36	3.35	99.70	6.02
1978	80.31	56.41	4.97	6.19	81.89	4.07	4.09	100.49	7.25
1979	80.09	55.95	4.76	5.94	82.14	3.91	4.19	107.16	7.49
10年小计			**35.90**	**4.66**	**114.40**	**41.07**	**39.05**	**95.08**	**7.10**
占合计%			**24.74**			**32.95**	**35.86**		
1980	77.24	53.49	5.05	6.54	73.27	3.70	3.97	107.30	7.42
1981	77.29	53.87	5.04	6.52	112.90	5.69	5.85	102.81	10.86
1982	77.14	54.09	5.16	6.69	93.02	4.80	4.73	98.54	8.74
1983	77.13	54.93	4.67	6.05	116.70	5.45	5.49	100.73	9.99
1984	77.14	54.94	4.55	5.90	124.84	5.68	5.54	97.54	10.08
1985	77.08	54.46	3.36	4.36	140.48	4.72	4.35	92.16	7.99
1986	76.99	54.93	2.00	2.60	159.50	3.19	2.91	91.22	5.30
1987	76.98	55.50	1.99	2.59	138.19	2.75	2.14	77.82	3.86
1988	76.96	56.35	2.26	2.94	133.63	3.02	2.53	83.77	4.49
1989	76.95	57.14	1.82	2.37	113.74	2.07	1.54	74.40	2.70
11年小计			**32.91**	**3.64**	**143.12**	**47.10**	**35.08**	**74.47**	**5.56**
占合计%			**22.68**			**37.78**	**32.21**		
1990	76.90	57.83	2.06	2.68	126.70	2.61	1.92	73.56	3.32
1991	76.89	58.46	2.97	3.86	143.43	4.26	3.58	84.04	6.12
1992	76.89	58.46	4.16	5.41	125.24	5.21	4.20	80.61	7.18
1993	76.50	58.94	2.91	3.80	128.87	3.75	2.63	70.13	4.46
1994	76.23	58.28	2.43	3.19	151.85	3.69	2.62	71.00	4.50
1995	76.16	57.98	2.46	3.23	150.41	3.70	3.94	106.35	6.79
1996	76.11	57.21	2.55	3.35	150.59	3.84	3.04	79.17	5.31
1997	76.11	57.21	2.91	3.82	159.11	4.63	3.69	79.70	6.45
1998	76.11	57.21	4.41	5.79	127.44	5.62	5.13	91.28	8.97
1999	108.66	55.18	3.45	3.18	116.81	4.03	1.73	42.93	3.14
2000	108.29	53.96	2.60	2.40	221.54	5.76	2.60	45.14	4.82

5-6-65 江苏省高淳县历年棉花生产收购

年　度	耕地面积（万亩）	农业人口（万人）	棉田面积（万亩）	占耕地（%）	亩　产（市斤）	产　量（万担）	收购量（万担）	商品率（%）	人均交售（市斤）
52 年合计			**60.27**	**2.38**	**33.61**	**20.25**	**18.41**	**90.89**	**1.09**
11 年小计			**24.20**	**4.19**	**12.23**	**2.96**	**1.57**	**52.90**	**0.56**
占合计%			**40.16**			**14.61**	**8.51**		
1949	50.30	23.60	1.73	3.44	5.20	0.09	0.09	100.00	0.38
1950	51.30	24.10	2.43	4.74	8.64	0.21	0.21	100.00	0.87
1951	52.30	24.60	3.43	6.56	12.24	0.42			
1952	53.40	25.10	3.10	5.81	22.58	0.70	0.29	41.43	1.16
1953	53.60	25.90	2.70	5.04	11.11	0.30	0.02	5.87	0.07
1954	53.70	26.10	2.10	3.91	4.76	0.10	0.06	60.00	0.23
1955	53.90	26.20	2.70	5.01	14.81	0.40	0.35	87.50	1.34
1956	52.70	25.80	2.00	3.80	10.00	0.20			
1957	52.70	26.30	1.89	3.59	14.81	0.28	0.26	92.86	0.99
1958	52.20	26.30	1.17	2.24	17.95	0.21	0.24	114.29	0.91
1959	50.90	24.20	0.95	1.87	5.26	0.05	0.05	100.00	0.20
10 年小计			**9.96**	**2.18**	**28.82**	**2.87**	**2.57**	**89.42**	**0.91**
占合计%			**16.53**			**14.17**	**13.94**		
1960	47.60	24.10	2.49	5.23	7.23	0.18	0.16	88.33	0.66
1961	47.10	24.20	0.50	1.06	8.00	0.04	0.03	82.25	0.14
1962	46.50	25.30	0.56	1.20	21.43	0.12	0.04	33.33	0.16
1963	46.50	26.00	0.90	1.94	35.56	0.32	0.12	38.75	0.48
1964	46.50	26.73	0.75	1.61	48.00	0.36	0.24	67.17	0.90
1965	46.20	27.43	0.78	1.69	44.87	0.35	0.43	122.86	1.57
1966	46.10	32.84	1.02	2.21	27.45	0.28	0.32	114.29	0.97
1967	42.51	31.54	1.03	2.42	27.18	0.28	0.35	123.57	1.10
1968	43.37	32.18	0.94	2.17	58.51	0.55	0.50	90.55	1.55
1969	44.26	32.84	0.99	2.24	39.39	0.39	0.37	96.08	1.14
10 年小计			**5.79**	**1.21**	**44.39**	**2.57**	**1.67**	**65.04**	**0.47**
占合计%			**9.61**			**12.69**	**9.08**		
1970	45.16	33.51	0.93	2.06	22.58	0.21	0.14	67.62	0.42
1971	47.90	34.22	0.78	1.63	20.51	0.16	0.10	64.25	0.30
1972	48.20	34.74	0.45	0.93	31.11	0.14	0.13	95.57	0.39
1973	48.54	35.11	0.49	1.01	24.49	0.12	0.11	91.67	0.31
1974	48.54	35.57	0.02	0.04	50.00	0.01	0.01	100.00	0.03
1975	48.52	35.88	0.01	0.02	100.00	0.01			
1976	48.47	35.91	0.02	0.04	3800.00	0.76			
1977	48.34	35.97	0.01	0.02					
1978	48.30	36.11	0.31	0.64	29.03	0.09	0.07	81.11	0.20
1979	48.29	36.00	2.77	5.74	38.63	1.07	1.10	102.80	3.06
10 年小计			**18.90**	**4.00**	**54.76**	**10.35**	**9.82**	**94.92**	**2.69**
占合计%			**31.36**			**51.10**	**53.37**		
1980	48.19	35.79	4.35	9.03	48.51	2.11	2.09	99.05	5.84
1981	48.12	36.03	3.72	7.73	56.45	2.10	2.12	100.95	5.88
1982	48.08	36.32	3.72	7.74	58.06	2.16	2.13	98.61	5.86
1983	48.07	36.38	2.94	6.12	49.66	1.46	1.48	101.37	4.07
1984	46.74	36.21	2.05	4.39	58.54	1.20	1.10	91.67	3.04
1985	46.69	36.39	0.87	1.86	72.64	0.63	0.53	84.41	1.47
1986	46.77	36.49	0.32	0.68	68.75	0.22	0.15	66.36	0.40
1987	46.73	36.92	0.25	0.53	80.00	0.20	0.11	55.00	0.30
1988	46.70	37.07	0.45	0.96	39.56	0.18	0.09	52.25	0.25
1989	46.57	37.50	0.23	0.49	39.13	0.09	0.02	24.33	0.06
11 年小计			**1.42**	**0.26**	**106.29**	**1.50**	**2.78**	**184.87**	**0.67**
占合计%			**2.35**			**7.43**	**15.10**		
1990	46.55	37.95	0.27	0.58	55.56	0.15	0.05	31.87	0.13
1991	46.50	38.09	0.22	0.47	67.27	0.15	0.10	66.08	0.26
1992	46.50	38.09	0.19	0.41	58.95	0.11	0.20	179.46	0.53
1993	46.35	38.10	0.08	0.16	112.00	0.08	0.08	97.38	0.21
1994	46.04	38.13	0.04	0.09	*	0.17	0.50	*	1.31
1995	45.81	38.11	0.06	0.13	150.00	0.09	0.52	*	1.36
1996	45.48	37.94	0.12	0.26	108.33	0.13	0.54	*	1.42
1997	45.48	37.94	0.13	0.29	138.46	0.18	0.52	*	1.37
1998	45.48	37.94	0.12	0.26	141.67	0.17	0.27	160.00	0.72
1999	63.74	36.78	0.10	0.16	110.00	0.11			
2000	63.66	36.71	0.09	0.14	177.78	0.16			

5-6-66 江苏省溧水县历年棉花生产收购

年度	耕地面积（万亩）	农业人口（万人）	棉田面积（万亩）	占耕地（%）	亩产（市斤）	产量（万担）	收购量（万担）	商品率（%）	人均交售（市斤）
52年合计			**52.79**	**2.26**	**53.13**	**28.04**	**30.00**	**106.99**	**2.23**
11年小计			**16.47**	**2.78**	**10.28**	**1.69**	**1.03**	**60.64**	**0.48**
占合计%			**31.20**			**6.04**	**3.42**		
1949	56.60	19.40	2.21	3.90	9.05	0.20	0.20	100.00	1.03
1950	57.80	19.80	2.05	3.55	9.76	0.20	0.20	100.00	1.01
1951	59.00	20.20	2.11	3.58	10.43	0.22			
1952	60.20	20.60	3.10	5.15	16.13	0.50	0.27	54.00	1.31
1953	61.00	21.00	2.60	4.26	7.69	0.20	0.07	34.50	0.33
1954	60.80	21.60	1.90	3.13	5.26	0.10	0.09	91.20	0.42
1955	60.80	22.30	2.00	3.29	10.00	0.20	0.18	88.00	0.79
1956	60.10	22.60	0.30	0.50	0.90				0.01
1957	59.40	23.20	0.18	0.30	38.89	0.07	0.02	25.00	0.08
1958	56.60	23.20	0.02	0.04					
1959									
10年小计			**2.76**	**0.60**	**32.61**	**0.90**	**0.73**	**81.54**	**0.31**
占合计%			**5.23**			**3.21**	**2.45**		
1960	53.20	21.10	0.20	0.38	25.00	0.05	0.01	16.80	0.04
1961									
1962	52.50	22.60	0.08	0.15	12.50	0.01			
1963	52.50	23.60	0.08	0.15	37.50	0.03			
1964	52.60	24.53	0.06	0.11	33.33	0.02			
1965	52.70	25.46	0.12	0.23	25.00	0.03	0.08	*	0.30
1966	52.70	29.98	0.54	1.02	16.67	0.09	0.08	92.78	0.28
1967	47.16	28.79	0.58	1.23	31.03	0.18	0.21	115.00	0.72
1968	48.12	29.38	0.66	1.37	54.55	0.36	0.34	95.56	1.17
1969	49.10	29.98	0.44	0.90	29.55	0.13	0.01	10.54	0.05
10年小计			**2.06**	**0.85**	**57.77**	**1.19**	**1.12**	**94.37**	**0.70**
占合计%			**3.90**			**4.24**	**3.74**		
1970	50.10	30.60	0.34	0.68	29.41	0.10	0.01	6.50	0.02
1971	48.83	31.45	0.05	0.10	20.00	0.01	0.02	173.00	0.06
1972	48.64	32.18	0.01	0.02	100.00	0.01	0.01	122.00	0.04
1973									
1974									
1975									
1976									
1977									
1978	47.42	33.79	0.48	1.01	62.50	0.30	0.31	103.00	0.91
1979	47.26	33.38	1.18	2.50	65.25	0.77	0.78	101.04	2.33
10年小计			**25.24**	**5.37**	**69.79**	**17.62**	**16.77**	**95.17**	**4.86**
占合计%			**47.82**			**62.82**	**55.88**		
1980	47.15	33.56	3.55	7.53	54.08	1.92	1.93	100.52	5.75
1981	47.11	33.93	4.60	9.76	73.48	3.38	3.39	100.30	9.99
1982	47.08	34.31	5.26	11.17	66.54	3.50	3.39	96.86	9.88
1983	47.07	34.26	4.06	8.63	66.01	2.68	2.62	97.76	7.65
1984	47.06	34.37	2.96	6.29	84.46	2.50	2.26	90.40	6.58
1985	47.05	34.43	1.82	3.87	74.73	1.36	1.36	100.00	3.95
1986	47.03	34.66	0.68	1.45	94.71	0.64	0.28	43.48	0.81
1987	46.98	35.17	0.77	1.64	81.30	0.63	0.67	106.87	1.90
1988	46.94	35.02	0.88	1.87	71.59	0.63	0.69	110.16	1.98
1989	46.93	35.16	0.66	1.41	56.97	0.38	0.17	46.01	0.49
11年小计			**6.26**	**1.09**	**106.22**	**6.64**	**10.35**	**155.84**	**2.66**
占合计%			**11.85**			**23.69**	**34.51**		
1990	46.91	35.60	0.50	1.07	71.60	0.36	0.10	28.77	0.29
1991	46.90	36.04	0.52	1.11	50.77	0.26	0.11	39.77	0.29
1992	46.90	36.04	0.59	1.26	107.12	0.63	0.32	50.00	0.88
1993	46.56	35.98	0.53	1.13	94.86	0.50	1.28	*	3.56
1994	46.46	35.94	0.57	1.23	105.61	0.60	1.75	*	4.87
1995	46.38	35.82	0.68	1.47	98.53	0.67	1.46	*	4.08
1996	46.34	35.51	0.60	1.29	110.00	0.66	1.22	184.85	3.44
1997	46.34	35.51	0.60	1.29	131.67	0.79	1.39	175.95	3.91
1998	46.34	35.51	0.60	1.29	131.67	0.79	1.63	*	4.59
1999	77.40	34.56	0.60	0.78	130.00	0.78	0.35	44.87	1.01
2000	77.19	33.03	0.47	0.61	127.66	0.60	0.75	125.00	2.27

5－6－67　江苏省南京市郊历年棉花生产收购

年　度	耕地面积（万亩）	农业人口（万人）	棉田面积（万亩）	占耕地（%）	亩　产（市斤）	产　量（万担）	收购量（万担）	商品率（%）	人均交售（市斤）
52年合计			**24.34**	**1.19**	**88.88**	**21.63**	**13.33**	**61.61**	**0.81**
11年小计			**1.81**	**0.49**	**40.33**	**0.73**	**0.41**	**55.96**	**0.19**
占合计%			**7.44**			**3.37**	**3.06**		
1949	40.30	17.40	0.24	0.60	25.00	0.06	0.06	100.00	0.34
1950	41.10	17.80	0.24	0.58	25.00	0.06	0.06	100.00	0.34
1951	41.90	18.20	0.25	0.60	28.00	0.07			
1952	42.80	18.60	0.10	0.23			0.01		0.05
1953	18.30	19.00	0.30	1.64	33.33	0.10	0.07	70.00	0.37
1954	19.90	19.20	0.10	0.50	100.00	0.10			
1955	18.20	19.80	0.10	0.55	100.00	0.10			
1956	40.90	21.20	0.10	0.24	100.00	0.10			
1957	39.80	20.20	0.12	0.30	25.00	0.03	0.03	100.00	0.15
1958	35.70	20.20	0.17	0.48	35.29	0.06	0.12	*	0.59
1959	31.10	19.50	0.09	0.29	55.56	0.05	0.06	120.00	0.31
10年小计			**1.36**	**0.38**	**69.12**	**0.94**	**1.18**	**125.53**	**0.42**
占合计%			**5.59**			**4.35**	**8.85**		
1960	35.10	24.50					0.04		0.16
1961	35.00	25.00	0.04	0.11	25.00	0.01			
1962	36.50	26.40	0.04	0.11	50.00	0.02	0.02	100.00	0.08
1963	37.30	27.50	0.05	0.13	40.00	0.02			
1964	38.00	28.63	0.21	0.55	47.62	0.10	0.14	140.00	0.49
1965	37.70	29.30	0.24	0.64	54.17	0.13	0.16	123.08	0.55
1966	37.40	31.08	0.08	0.21	62.50	0.05	0.08	160.00	0.26
1967	33.67	29.85	0.20	0.59	150.00	0.30	0.29	96.67	0.97
1968	34.36	30.46	0.36	1.05	66.67	0.24	0.34	141.67	1.12
1969	35.06	31.08	0.14	0.40	50.00	0.07	0.11	157.14	0.35
10年小计			**1.85**	**0.46**	**72.97**	**1.35**	**0.13**	**9.63**	**0.04**
占合计%			**7.60**			**6.24**	**0.98**		
1970	35.78	31.71	0.07	0.20	57.14	0.04	0.04	100.00	0.13
1971	35.04	31.52	0.01	0.03	100.00	0.01	0.02	*	0.06
1972	34.84	32.66	0.02	0.06	50.00	0.01	0.02	*	0.06
1973	94.43	32.91	0.42	0.44	83.33	0.35	0.01	2.86	0.03
1974	35.53	34.15	0.41	1.15	78.05	0.32	0.01	3.13	0.03
1975	34.80	35.21	0.20	0.57	75.00	0.15	0.01	6.67	0.03
1976	34.46	35.22	0.32	0.93	62.50	0.20	0.01	5.00	0.03
1977	33.77	35.90	0.26	0.77	73.08	0.19	0.01	5.26	0.03
1978	33.43	36.28	0.07	0.21	57.14	0.04			
1979	32.52	35.62	0.07	0.22	57.14	0.04			
10年小计			**4.69**	**1.33**	**81.30**	**3.81**	**2.93**	**76.85**	**0.78**
占合计%			**19.27**			**17.63**	**21.98**		
1980	34.76	37.65	0.30	0.86	33.33	0.10	0.01	10.00	0.03
1981	34.40	37.72	0.11	0.32	54.55	0.06	0.01	16.67	0.03
1982	34.16	37.59	0.15	0.44	41.87	0.06	0.01	15.92	0.03
1983	33.53	37.10	0.07	0.21	57.14	0.04	0.01	25.00	0.03
1984	33.21	36.71	0.02	0.06	100.00	0.02	0.01	50.00	0.03
1985	32.72	35.93	0.02	0.06					
1986	32.24	35.47					0.01		0.03
1987	39.30	40.37	1.41	3.59	85.82	1.21	1.10	90.91	2.72
1988	38.84	40.07	1.43	3.68	98.60	1.41	1.16	82.27	2.89
1989	38.42	39.09	1.18	3.07	77.12	0.91	0.61	67.03	1.56
11年小计			**14.63**	**2.60**	**101.16**	**14.80**	**8.68**	**58.65**	**2.05**
占合计%			**60.11**			**68.41**	**65.12**		
1990	38.19	40.98	1.43	3.74	88.11	1.26	1.02	80.95	2.49
1991	37.71	40.84	2.26	5.99	89.82	2.03	1.94	95.57	4.75
1992	37.71	40.84	3.15	8.35	76.83	2.42	1.41	58.26	3.45
1993	36.17	38.46	1.00	2.76					
1994	35.76	39.04	1.39	3.89	109.35	1.52	0.65	42.76	1.66
1995	36.00	38.97	1.40	3.89	112.86	1.58	0.93	58.86	2.39
1996	86.00	38.69	1.43	1.66	109.79	1.57	1.44	91.72	3.72
1997	86.00	38.69	1.43	1.66	130.07	1.86	1.00	53.76	2.58
1998	86.00	38.69	0.89	1.03	137.08	1.22	0.29	23.77	0.75
1999	41.81	34.20	0.20	0.48	*	0.44			
2000	41.58	33.74	0.05	0.12	*	0.90			

1949-2000

中国棉花统计资料汇编

中华全国供销合作总社棉麻局
中国棉麻流通经济研究会 编

中国统计出版社
China Statistics Press

第六部分

全国各地区产棉县棉花生产收购分析

6－1－1　全国各地区产棉县

年　度	合　计		60万亩以上		50－60万亩		40－50万亩		30－40万亩	
	县数（个）	数量（万亩）	县数（个）	数量（万亩）	县数（个）	数量（万亩）	县数（个）	数量（万亩）	县数（个）	数量（万亩）
52年合计		**365016.90**		**21547.47**		**18526.85**		**26567.20**		**44380.99**
11年小计		**73308.52**		**4048.36**		**3657.99**		**5596.03**		**8531.98**
占合计%				**5.52**		**4.99**		**7.63**		**11.64**
1949	742	4100.36	1	72.73	2	110.16	4	185.71	11	365.25
1950	742	5034.60	2	148.76	4	210.46	3	133.45	18	603.35
1951	742	6385.38	3	210.75	6	321.02	10	450.90	24	848.43
1952	742	6713.64	3	217.54	7	374.94	10	433.53	28	978.60
1953	742	6544.09	4	282.03	6	334.13	10	437.68	28	933.63
1954	742	6630.31	6	489.25	5	259.46	10	435.71	21	732.47
1955	742	7611.62	10	823.57	5	273.30	19	830.83	21	704.14
1956	742	8128.10	8	666.60	11	584.81	14	615.46	33	1132.89
1957	742	7494.53	7	541.90	7	383.15	17	760.01	23	783.02
1958	742	7363.08	7	464.26	7	368.65	15	658.66	22	729.69
1959	742	7302.81	2	130.97	8	437.91	15	654.09	21	720.51
10年小计		**62035.64**		**2415.59**		**2656.37**		**4407.54**		**5417.61**
占合计%				**3.89**		**4.28**		**7.10**		**8.73**
1960	742	6874.63	1	66.00	5	273.44	16	706.25	21	718.50
1961	742	5270.30	1	60.14	5	261.63	6	262.18	15	517.90
1962	742	4754.15	1	60.69	3	153.88	10	439.85	8	274.84
1963	742	5847.82	4	281.90	4	224.51	12	522.91	13	444.59
1964	742	6436.40	5	354.97	9	487.93	11	478.71	13	441.65
1965	742	6557.71	5	359.53	5	282.94	13	564.32	17	572.59
1966	742	6483.43	5	349.22	5	279.45	8	346.10	20	664.36
1967	742	6726.80	5	350.82	4	227.07	9	393.01	18	595.98
1968	742	6633.58	5	333.84	3	176.68	9	395.00	18	605.62
1969	742	6450.81	3	198.48	5	288.84	7	299.21	17	581.58
10年小计		**67184.54**		**2608.53**		**2535.58**		**2786.09**		**5366.82**
占合计%				**3.88**		**3.77**		**4.15**		**7.99**
1970	742	6720.22	3	200.95	5	289.48	6	258.10	17	582.08
1971	742	6637.87	4	269.18	4	231.10	6	254.90	16	548.11
1972	742	6607.99	4	267.24	4	232.00	6	255.41	16	546.17
1973	742	6706.66	4	267.89	4	231.76	8	335.90	15	500.98
1974	742	6850.57	4	268.36	4	231.23	8	337.68	15	500.79
1975	742	6760.08	4	267.13	4	231.35	6	252.80	16	540.98
1976	742	6827.18	4	267.05	4	230.77	7	293.78	16	532.93
1977	742	6774.41	4	266.85	5	285.14	7	292.63	16	527.87
1978	742	6837.24	4	266.50	5	286.45	6	254.40	17	570.43
1979	742	6462.32	4	267.38	5	286.30	6	250.49	15	516.48
10年小计		**79214.55**		**4757.81**		**5481.76**		**6457.10**		**12374.03**
占合计%				**6.01**		**6.92**		**8.15**		**15.62**
1980	736	7073.28	5	332.34	4	230.92	10	420.30	23	788.50
1981	736	7512.59	6	391.59	3	166.34	15	641.31	29	1020.77
1982	736	8560.21	5	326.95	17	930.18	13	569.97	34	1191.90
1983	736	8904.55	9	613.96	17	954.22	10	431.59	36	1265.56
1984	736	10106.74	14	1027.85	16	888.23	25	1098.38	47	1626.02
1985	736	7539.27	6	397.46	3	163.26	18	788.29	34	1147.95
1986	736	6394.86	3	190.30	5	272.34	12	524.97	27	921.98
1987	736	7251.47	8	516.30	9	483.89	12	528.53	37	1252.35
1988	736	8228.02	8	546.90	12	679.74	20	912.11	49	1677.08
1989	736	7643.56	6	414.16	13	712.64	12	541.65	43	1481.92
11年小计		**83273.65**		**7717.18**		**4195.15**		**7320.44**		**12690.55**
占合计%				**9.27**		**5.04**		**8.79**		**15.24**
1990	736	8229.45	13	902.19	10	549.82	15	646.47	43	1486.46
1991	736	9508.66	14	984.53	16	864.66	20	866.33	53	1821.56
1992	736	9928.93	12	894.18	13	727.34	27	1186.59	51	1770.04
1993	736	7761.00	9	633.74	5	270.79	10	437.76	39	1332.04
1994	736	8239.78	8	609.06	6	321.71	13	551.47	42	1376.92
1995	736	7986.62	6	476.88	5	283.21	16	709.46	34	1135.26
1996	736	6842.91	7	533.48	6	312.70	12	526.19	23	766.33
1997	736	6685.99	7	555.43	6	319.19	14	618.88	25	835.92
1998	736	6453.27	8	660.11	5	271.15	13	566.07	19	662.12
1999	736	5643.63	8	683.68	2	111.08	14	608.30	19	671.25
2000	736	5993.42	9	783.90	3	163.50	14	602.92	24	832.65

历年棉花面积分类

20－30万亩		10－20万亩		5－10万亩		1－5万亩		1万亩以下	
县数（个）	数量（万亩）	县数（个）	数量（万亩）	县数（个）	数量（万亩）	县数（个）	数量（万亩）	县数（个）	数量（万亩）
	65845.25		**101869.86**		**56258.59**		**28449.72**		**1570.97**
	13413.49		**20246.55**		**11383.32**		**6102.3**		**328.55**
	18.30		**27.62**		**15.53**		**8.32**		**0.45**
23	563.03	89	1273.18	121	881.89	226	608.48	265	39.93
31	764.54	111	1557.63	131	946.20	239	636.86	203	33.35
50	1223.70	123	1722.00	143	1023.17	204	558.22	179	27.19
56	1353.67	116	1650.57	154	1125.34	202	553.11	166	26.34
41	973.96	132	1874.28	143	1065.32	221	614.22	157	28.84
51	1216.54	125	1789.64	148	1097.30	213	583.14	163	26.80
58	1429.95	137	1957.26	147	1047.47	189	520.42	156	24.68
61	1456.73	138	2040.26	153	1130.26	163	472.38	161	28.71
62	1523.40	135	1938.46	139	1007.54	175	520.51	177	36.54
55	1352.37	150	2217.68	133	1000.59	181	543.32	169	27.86
64	1555.60	157	2225.59	147	1058.24	173	491.59	155	28.31
	10801.67		**18184.32**		**11536.494**		**6295.20**		**320.85**
	17.41		**29.31**		**18.60**		**10.15**		**0.52**
56	1346.12	150	2102.57	159	1145.89	167	485.12	167	30.75
35	834.06	108	1522.65	158	1136.28	223	631.24	191	44.22
26	631.38	94	1304.01	161	1155.56	239	684.11	200	49.83
36	863.44	122	1734.48	153	1095.91	221	643.15	177	36.93
48	1175.83	128	1778.70	147	1047.37	212	633.68	169	37.56
46	1113.55	137	1921.43	156	1116.98	213	597.93	150	28.44
46	1106.29	136	1899.40	157	1130.78	234	682.78	131	25.05
55	1315.63	142	1954.78	172	1243.07	213	622.50	124	23.94
51	1228.56	144	1987.44	172	1235.18	217	647.00	123	24.26
50	1186.81	146	1978.86	172	1229.47	225	667.69	117	19.87
	11174.73		**23725.21**		**13049.41**		**5731.04**		**207.12**
	16.63		**35.31**		**19.42**		**8.53**		**0.31**
49	1185.74	172	2327.79	171	1200.78	213	656.85	106	18.45
50	1193.61	171	2289.85	171	1207.98	204	620.47	116	22.67
45	1064.05	170	2329.79	177	1251.59	209	645.04	111	16.70
44	1037.71	173	2406.56	188	1312.29	196	595.81	110	17.75
50	1151.54	175	2432.44	191	1348.59	184	564.14	111	15.80
45	1057.91	177	2463.20	195	1374.43	174	551.23	121	21.06
49	1136.92	169	2354.49	198	1420.15	179	573.47	116	17.63
48	1119.89	176	2388.65	190	1329.50	175	542.00	121	21.88
47	1097.36	181	2491.37	196	1375.89	158	471.17	128	23.67
48	1130.00	166	2241.08	173	1228.21	170	510.87	155	31.51
	14610.51		**20138.06**		**10457.03**		**4637.01**		**301.24**
	18.44		**25.42**		**13.20**		**5.85**		**0.38**
52	1240.25	176	2418.12	165	1162.33	160	456.02	147	24.50
53	1276.97	171	2368.93	162	1167.16	154	447.07	149	32.45
58	1389.38	194	2648.19	148	1069.40	139	411.06	134	23.18
68	1654.01	186	2508.18	140	1025.64	155	432.92	121	18.47
67	1621.60	176	2411.77	138	1019.17	141	394.24	118	19.48
66	1608.10	124	1739.48	161	1157.72	180	510.84	150	26.17
57	1393.44	106	1488.89	142	1008.92	197	548.71	193	45.31
61	1503.51	104	1452.53	143	990.61	177	483.04	191	40.71
58	1392.03	109	1546.42	139	985.34	166	453.24	181	35.15
62	1531.22	110	1555.55	121	870.73	177	499.87	198	35.82
	15844.86		**19575.71**		**9832.34**		**5684.21**		**413.21**
			23.51		**11.81**		**6.83**		**0.50**
63	1534.11	114	1627.31	132	960.32	178	495.71	174	27.06
65	1599.90	143	1985.90	123	886.49	175	474.12	133	25.16
78	1919.27	143	2013.97	127	916.33	171	476.80	120	24.41
80	1895.37	118	1661.62	128	943.82	208	555.40	145	30.46
80	1942.61	141	2042.85	118	857.92	187	508.12	147	29.12
75	1805.48	151	2159.57	125	885.11	188	503.84	142	27.81
53	1237.77	137	1928.19	138	952.86	209	548.31	157	37.09
54	1254.71	122	1616.74	135	935.51	203	507.32	176	42.29
47	1118.35	130	1763.95	114	808.81	217	553.83	189	48.88
30	700.85	98	1363.57	127	888.45	223	554.45	221	62.00
36	836.44	102	1412.04	110	796.73	213	506.31	231	58.93

6－1－2 全国各地区产棉县

年　度	合　计		60 万担以上		50－60 万担		40－50 万担		30－40 万担	
	县数（个）	数量（万担）	县数（个）	数量（万担）	县数（个）	数量（万担）	县数（个）	数量（万担）	县数（个）	数量（万担）
52 年合计		**276231.10**		**42757.21**		**14817.02**		**20832.65**		**28426.65**
11 年小计		**24865.81**		**129.67**		**213.77**		**308.63**		**819.16**
占合计%				**0.52**		**0.86**		**1.24**		**3.29**
1949	742	871.67								
1950	742	1302.43								
1951	742	1745.55								
1952	742	2185.27								
1953	742	2102.68					1	49.14	2	66.31
1954	742	1911.20								
1955	742	2841.38	1	67.55	1	52.32	1	40.49	4	138.41
1956	742	2465.20					1	46.11	3	95.97
1957	742	2908.79			1	53.51	1	40.01	2	68.92
1958	742	3482.27			2	107.94	2	89.48	8	271.12
1959	742	3049.37	1	62.12			1	43.4	5	178.43
10 年小计		**30512.69**		**2083.57**		**988.55**		**1464.51**		**2098.96**
占合计%				**6.83**		**3.24**		**4.80**		**6.88**
1960	742	2000.92					1	45.00		
1961	742	1445.68							3	107.54
1962	742	1337.31							2	69.7
1963	742	2116.44			1	59.00	4	172.94	3	102.86
1964	742	3059.17	4	267.28	4	222.74	1	43.03	4	133.42
1965	742	3881.36	6	429.79			3	134.99	8	254.48
1966	742	4252.46	5	412.14	5	258.10	5	228.33	11	367.99
1967	742	4303.21	5	367.91	4	218.05	5	214.50	13	441.05
1968	742	4291.26	7	525.00	1	57.64	9	403.13	8	275.84
1969	742	3824.88	1	81.45	3	173.02	5	222.59	10	346.08
10 年小计		**41655.31**		**3816.33**		**1162.81**		**1810.70**		**3230.93**
占合计%				**9.16**		**2.79**		**4.35**		**7.76**
1970	742	4154.79	1	67.40	3	167.56	3	129.52	9	310.05
1971	742	3887.79	2	141.00	2	113.40	4	181.49	6	216.77
1972	742	3615.56	3	217.04	1	55.71	3	131.58	6	209.79
1973	742	4760.73	6	435.46	2	115.55	5	214.20	10	353.26
1974	742	4624.32	5	408.35	3	172.67	6	273.22	11	385.63
1975	742	4470.34	7	523.33	1	53.47	4	177.78	11	382.23
1976	742	3894.55	7	490.50	2	108.49	2	87.03	12	417.62
1977	742	3895.92	4	304.09	3	165.40	5	215.01	8	266.87
1978	742	4127.91	6	509.94	3	152.33	4	176.08	9	317.10
1979	742	4223.40	8	719.22	1	58.23	5	224.79	11	371.61
10 年小计		**79483.50**		**12331.01**		**6131.86**		**8236.64**		**10411.99**
占合计%				**15.51**		**7.71**		**10.36**		**13.10**
1980	736	5234.43		213.21	4	208.36	9	393.76	11	378.28
1981	736	5882.83	6	503.97	5	260.66	12	535.03	19	644.86
1982	736	7269.89	13	903.75	13	708.64	9	394.95	25	851.21
1983	736	9394.49	24	1863.32	14	763.10	24	1069.22	33	1105.23
1984	736	12258.22	43	3474.26	21	1140.01	29	1302.97	44	1522.56
1985	736	8092.90	11	774.18	8	422.89	28	1252.27	32	1117.26
1986	736	6992.46	8	554.88	11	605.49	19	844.10	30	1032.29
1987	736	8454.57	20	1467.66	15	824.34	20	888.07	37	1286.56
1988	736	8326.44	20	1456.04	12	643.06	21	933.81	41	1376.28
1989	736	7577.27	16	1119.74	10	555.31	14	622.46	32	1097.46
11 年小计		**99713.79**		**24396.63**		**6320.03**		**9012.17**		**11865.61**
占合计%				**24.47**		**6.34**		**9.04**		**11.90**
1990	736	9129.22	23	1788.05	6	323.83	26	1157.14	38	1304.85
1991	736	11230.17	30	2413.30	17	896.52	36	1607.92	55	1908.50
1992	736	8796.21	16	1290.75	11	602.98	16	722.95	38	1284.45
1993	736	7475.01	14	1095.76	8	419.59	13	574.43	24	814.09
1994	736	8584.60	17	1435.15	11	589.34	17	749.23	34	1154.30
1995	736	9595.38	25	2182.23	9	498.98	18	815.11	38	1293.11
1996	736	8341.97	22	1905.60	10	538.27	14	619.85	30	1013.78
1997	736	9440.49	34	3062.93	9	501.84	18	801.1	28	963.54
1998	736	9429.03	31	3171.35	11	597.05	13	581.51	23	775.52
1999	736	8292.98	25	2659.95	17	924.77	11	471.07	14	473.21
2000	736	9398.73	33	3391.56	8	426.86	20	911.86	26	880.26

历年棉花产量分类

20－30 万担		10－20 万担		5－10 万担		1－5 万担		1 万担以下	
县数（个）	数量（万担）	县数（个）	数量（万担）	县数（个）	数量（万担）	县数（个）	数量（万担）	县数（个）	数量（万担）
	36558.35		**58473.44**		**39262.28**		**31578.78**		**3524.77**
	2579.13		**7077.15**		**6109.81**		**6526.64**		**1101.85**
	10.37		**28.46**		**24.57**		**26.25**		**4.43**
		9	114.37	32	210.65	184	419.443	517	127.20
1	23.90	19	242.11	60	416.21	213	488.23	449	131.98
		41	542.17	66	467.55	266	630.90	369	104.93
8	185.81	53	722.26	79	566.92	253	607.89	349	102.39
6	134.63	46	630.56	73	510.94	245	593.01	369	118.09
10	234.65	48	636.03	58	383.24	216	540.17	410	117.11
19	435.43	54	736.94	92	639.29	257	635.78	313	95.17
10	239.27	57	776.07	85	564.09	267	654.49	319	89.20
19	451.49	58	827.44	109	764.01	257	628.33	295	75.08
26	617.36	62	880.00	110	787.55	260	660.82	272	68.00
11	256.59	70	969.20	117	799.36	263	667.57	274	72.70
	3046.52		**7000.517**		**6278.32**		**6647.85**		**903.91**
	9.98		**22.94**		**20.58**		**21.79**		**2.96**
6	147.35	36	492.03	69	484.05	295	747.64	335	84.85
4	95.93	18	237.49	53	369.38	223	501.98	441	133.35
4	85.23	18	231.71	47	332.34	210	482.41	461	135.92
12	287.13	32	435.87	59	428.90	216	518.80	415	110.94
19	461.40	49	647.10	79	534.12	277	664.03	305	86.05
22	543.55	75	1051.77	103	728.86	256	655.43	269	82.49
12	301.33	77	1075.09	116	831.17	284	709.17	227	69.14
12	283.35	76	1060.49	121	876.11	298	777.57	208	64.18
19	453.58	66	876.83	120	825.46	302	804.70	210	69.08
15	387.67	66	892.13	120	867.93	307	786.11	215	67.90
	3722.46		**10272.25**		**9140.22**		**7906.78**		**592.82**
	8.94		**24.66**		**21.94**		**18.98**		**1.42**
21	520.24	80	1058.85	148	1048.81	302	803.34	175	49.02
21	493.86	70	964.19	139	951.88	296	766.94	202	58.26
14	355.88	73	963.08	120	817.60	314	800.40	208	64.48
20	496.28	93	1311.46	137	1006.93	280	773.18	189	54.41
14	331.02	83	1117.54	157	1112.81	291	778.00	172	45.08
14	352.22	85	1179.65	127	911.05	302	834.95	191	55.66
10	235.20	60	821.28	117	839.88	316	828.32	216	66.23
13	324.75	71	955.62	115	810.96	288	782.49	235	70.72
11	275.25	70	984.59	121	839.27	304	809.94	214	63.41
14	337.76	65	915.99	114	801.03	281	729.22	243	65.55
	12312.46		**15495.94**		**8944.49**		**5220.29**		**398.83**
	15.49		**19.50**		**11.25**		**6.57**		**0.50**
38	935.59	110	1544.51	127	885.55	242	634.31	198	40.86
36	900.99	94	1335.44	133	986.80	243	669.43	194	45.65
48	1197.15	106	1493.28	146	1084.50	207	598.21	175	38.20
55	1326.47	125	1724.24	140	1045.75	179	468.72	148	28.44
64	1562.79	146	2032.18	103	754.10	158	446.26	134	23.09
56	1385.94	115	1655.72	131	943.67	183	503.84	178	37.13
43	1056.89	102	1468.21	124	875.72	194	510.47	211	44.42
55	1302.53	99	1381.12	113	793.76	168	463.01	215	47.52
48	1194.53	97	1397.89	114	814.99	174	461.24	215	48.60
59	1449.58	103	1463.35	106	759.65	176	464.80	226	44.91
	14897.77		**18627.576**		**8789.44**		**5277.22**		**527.36**
	14.94		**18.68**		**8.81**		**5.29**		**0.53**
63	1569.45	112	1658.53	120	860.78	161	430.99	193	35.61
56	1362.89	129	1853.50	104	716.97	164	433.82	151	36.74
64	1522.24	131	1906.68	130	917.04	188	506.35	148	42.77
63	1523.33	116	1600.76	130	905.77	189	489.39	185	51.89
62	1474.66	128	1819.64	118	838.23	187	483.54	168	40.52
67	1620.28	133	1877.03	102	763.55	190	504.14	160	40.95
47	1121.61	125	1774.41	114	813.27	203	508.81	177	46.37
47	1114.87	120	1734.60	101	749.20	184	462.27	201	50.15
59	1422.35	108	1560.57	105	764.43	197	504.21	195	52.05
40	981.54	100	1448.38	109	775.15	193	492.74	233	66.17
48	1184.55	97	1393.47	93	685.06	179	460.96	238	64.15

6－1－3　全国各地区产棉县

年　度	合　计		60万担以上		50－60万担		40－50万担		30－40万担	
	县数（个）	数量（万担）	县数（个）	数量（万担）	县数（个）	数量（万担）	县数（个）	数量（万担）	县数（个）	数量（万担）
52年合计		**229843.65**		**31196.29**		**11283.05**		**16664.33**		**22690.77**
11年小计		**18043.61**		**64.73**		**105.49**		**315.48**		**474.10**
占合计%				**0.36**		**0.58**		**1.75**		**2.63**
1949	742	263.35								
1950	742	448.37								
1951	742	661.70								
1952	742	1350.79								
1953	742	1552.74					1	47.10	1	30.14
1954	742	1399.33								
1955	742	2223.82	1	64.73			1	44.60	3	104.60
1956	742	1925.84					1	44.30		
1957	742	2472.33			1	51.26			2	72.00
1958	742	2986.45			1	54.23	3	136.78	4	128.70
1959	742	2758.89					1	42.70	4	138.66
10年小计		**27805.02**		**1809.97**		**1044.19**		**1404.95**		**2014.14**
占合计%				**6.51**		**3.76**		**5.05**		**7.24**
1960	742	1793.97					1	43.88	1	30.44
1961	742	1233.27							3	101.51
1962	742	1183.66							2	66.69
1963	742	1940.06			1	56.70	4	167.98	2	67.28
1964	742	2815.96	2	138.70	6	333.16	1	42.51	2	66.49
1965	742	3559.70	5	368.26	1	57.94	3	129.20	8	250.78
1966	742	3941.72	5	403.68	2	102.83	7	321.06	10	340.31
1967	742	3930.48	4	299.38	5	268.51	4	169.54	12	404.93
1968	742	3938.23	7	520.45	1	55.17	7	312.08	10	349.38
1969	742	3467.97	1	79.50	3	169.88	5	218.70	10	336.33
10年小计		**38784.98**		**3546.79**		**1202.34**		**1598.44**		**3102.46**
占合计%				**9.14**		**3.10**		**4.12**		**8.00**
1970	742	3784.21	1	66.79	3	160.22	2	88.11	9	299.70
1971	742	3572.06	2	139.59	2	113.61	3	136.48	6	220.37
1972	742	3342.80	3	213.63	1	53.98	2	87.51	5	179.92
1973	742	4454.27	6	424.87	2	108.76	4	172.14	11	387.16
1974	742	4299.71	5	394.90	3	165.98	5	227.98	12	417.74
1975	742	4181.11	6	449.84	2	109.89	3	135.80	11	383.37
1976	742	3615.58	6	418.45	3	166.72	2	86.14	10	351.02
1977	742	3609.84	3	238.17	4	216.98	5	214.99	7	232.68
1978	742	3875.84	6	497.16	1	50.04	5	227.07	10	352.71
1979	742	4049.56	8	703.39	1	56.16	5	222.22	8	277.79
10年小计		**72421.93**		**9717.53**		**4721.88**		**7358.43**		**9597.33**
占合计%				**13.42**		**6.52**		**10.16**		**13.52**
1980	736	5134.06	3	209.38	3	156.43	8	351.24	12	419.07
1981	736	5673.53	6	491.00	3	152.49	12	533.55	15	517.95
1982	736	6802.28	9	629.32	12	651.12	9	394.75	26	876.23
1983	736	8768.40	20	1521.50	12	657.31	25	1099.03	29	983.74
1984	736	11483.21	39	3135.06	14	754.27	29	1303.47	51	1741.70
1985	736	7057.31	5	345.21	6	335.63	21	929.06	39	1369.55
1986	736	6201.74	4	290.96	9	496.17	13	573.92	26	906.74
1987	736	7752.81	17	1241.81	14	753.56	17	749.97	31	1056.75
1988	736	7292.75	17	1226.04	5	274.83	20	880.21	29	1018.56
1989	736	6255.83	9	627.25	9	490.07	12	543.23	21	707.04
11年小计		**72788.11**		**16057.27**		**4209.15**		**5987.03**		**7502.74**
占合计%				**22.06**		**5.78**		**8.23**		**10.31**
1990	736	7892.62	16	1280.42	6	324.20	16	696.37	35	1199.51
1991	736	10178.38	20	1638.48	16	872.10	27	1202.78	53	1864.63
1992	736	7309.26	14	1108.59	7	391.38	15	667.64	22	743.44
1993	736	4978.22	8	630.52	5	273.98	10	460.20	11	369.77
1994	736	6218.37	15	1206.64	7	377.00	7	311.42	16	532.17
1995	736	6933.09	16	1411.06	9	492.82	12	529.08	24	808.80
1996	736	5431.06	12	1000.27	7	378.80	8	353.47	18	611.82
1997	736	6077.55	19	1765.41	6	331.04	9	408.65	17	591.90
1998	736	6977.03	20	2248.53	6	336.78	13	561.01	10	349.95
1999	736	5220.41	17	1740.45	3	157.85	9	385.29	7	226.57
2000	736	5572.13	20	2026.90	5	273.20	9	411.12	6	204.18

历年棉花收购量分类

20－30万担		10－20万担		5－10万担		1－5万担		1万担以下	
县数（个）	数量（万担）	县数（个）	数量（万担）	县数（个）	数量（万担）	县数（个）	数量（万担）	县数（个）	数量（万担）
	30776.38		**49127.23**		**36082.64**		**28768.41**		**3254.56**
	2142.56		**5156.34**		**4585.31**		**4478.68**		**720.91**
	11.87		**28.58**		**25.41**		**24.82**		**4.00**
		3	37.88	10	66.32	55	127.51	674	31.64
		5	61.97	27	183.78	72	162.88	638	39.74
		16	221.00	32	219.97	78	180.92	616	39.81
7	151	31	425.71	50	345.04	155	365.30	499	64.06
3	78	36	493.96	59	400.99	177	425.53	465	77.25
5	118	33	438.63	46	336.62	175	414.52	483	91.94
14	328	46	619.46	75	502.32	189	474.68	413	85.32
10	239	43	584.88	67	469.47	205	509.49	416	79.14
16	379	51	716.36	88	624.45	221	553.17	363	76.54
23	553	54	761.71	96	676.91	242	611.57	319	63.39
13	298	59	794.78	109	759.44	246	653.12	310	72.09
	2863.28		**6376.47**		**5673.6203**		**5769.10**		**849.31**
	10.30		**22.93**		**20.41**		**20.75**		**3.05**
3	68.59	35	471.75	64	438.09	258	655.47	380	85.75
4	93.72	17	215.50	41	292.43	187	427.64	490	102.48
3	60.81	19	239.28	41	286.78	178	420.59	499	109.51
11	265.93	33	453.89	55	391.88	184	438.42	452	97.98
21	516.70	40	543.78	72	499.36	237	588.36	361	86.90
19	465.81	71	997.03	91	633.32	222	582.23	322	75.13
13	332.48	70	965.38	108	772.69	249	626.73	278	76.56
13	315.14	68	930.96	117	832.15	252	639.98	267	69.89
17	401.18	61	799.50	108	736.21	263	691.78	268	72.48
13	342.92	55	759.40	109	790.71	274	697.89	272	72.64
	3713.01		**9147.90**		**8463.25**		**7374.90**		**635.89**
	9.57		**23.59**		**21.82**		**19.01**		**1.64**
23	563.18	67	874.74	138	962.51	280	717.31	219	51.65
18	438.31	63	876.95	123	849.78	285	735.24	240	61.73
15	393.66	63	830.53	110	756.90	290	751.33	253	75.34
19	464.60	78	1102.80	143	1035.31	266	703.78	213	54.85
11	268.27	78	1041.28	141	981.27	281	749.44	206	52.85
14	348.76	76	1044.96	119	854.62	296	798.75	215	55.12
10	248.95	58	782.12	110	766.18	285	725.76	258	70.24
12	308.20	62	834.03	109	765.42	260	718.34	280	81.03
11	270.05	63	884.24	108	750.27	286	777.03	252	67.27
16	409.03	63	876.25	107	740.98	268	697.92	266	65.82
	11978.61		**14470.24**		**8919.46**		**5253.58**		**404.87**
	16.54		**19.98**		**12.32**		**7.25**		**0.56**
39	956.70	109	1514.32	123	860.53	232	623.33	213	43.06
40	1023.40	93	1312.77	135	969.40	233	632.27	205	40.70
44	1106.05	101	1448.57	145	1064.15	210	594.33	186	37.76
55	1343.35	114	1612.86	138	1040.83	178	477.80	171	31.98
55	1339.72	133	1887.35	114	845.71	162	453.07	145	22.86
47	1152.16	103	1439.36	129	926.61	199	525.57	193	34.16
47	1144.70	90	1296.64	129	902.33	198	540.84	226	49.45
52	1280.36	92	1310.31	125	879.50	168	437.06	226	43.49
55	1364.36	84	1192.93	109	800.06	181	488.52	242	47.23
52	1267.81	101	1455.13	85	630.33	178	480.80	275	54.17
	10078.92		**13976.28**		**8441.00**		**5892.14**		**643.57**
	13.85		**19.20**		**11.60**		**8.09**		**0.88**
56	1380.75	123	1803.17	93	667.79	186	502.82	211	37.58
66	1676.78	115	1622.49	108	783.23	179	484.14	158	33.75
45	1110.71	129	1870.35	118	828.55	197	532.38	195	56.22
28	700.73	81	1175.25	109	751.69	214	546.10	276	69.97
39	959.15	98	1367.25	118	858.02	216	540.63	226	66.08
36	884.39	94	1332.96	120	879.39	202	519.92	229	74.67
33	812.45	67	933.92	104	737.08	210	528.56	283	74.69
29	725.11	64	937.58	98	699.73	219	566.08	281	52.05
33	796.46	88	1244.98	115	817.32	214	568.94	243	53.06
23	562.64	59	833.20	93	662.85	228	588.81	303	62.75
20	469.75	64	855.13	104	755.35	197	513.75	317	62.75

6－1－4　全国各地区产棉县1949年棉花面积、产量、收购量分类

地区	面积合计																	
	合计		60万亩以上		50－60万亩		40－50万亩		30－40万亩		20－30万亩		10－20万亩		5－10万亩		1－5万亩		1万亩以下	
	县数（个）	数量（万亩）	县数（个）	数量（万亩）	县数（个）	数量（万亩）	县数（个）	数量（万亩）	县数（个）	数量（万亩）	县数（个）	数量（万亩）	县数（个）	数量（万亩）	县数（个）	数量（万亩）	县数（个）	数量（万亩）	县数（个）	数量（万亩）
合计	**742**	**4100.36**	**1**	**72.73**	**2**	**110.16**	**4**	**185.71**	**11**	**365.25**	**23**	**563.03**	**89**	**1273.18**	**121**	**881.89**	**226**	**608.48**	**265**	**39.93**
上海	11	140.66							2	61.12			3	52.42	3	22.61	2	4.51	1	
浙江	12	103.76							1	33.41	2	49.20			2	12.20	3	7.60	4	1.35
江苏	67	405.51			2	110.16			2	66.71	3	76.87	5	73.41	2	15.86	23	53.69	30	8.81
湖北	55	569.65	1	72.73			2	93.01	2	69.64	4	94.48	12	171.90	4	27.80	13	39.63	17	0.46
安徽	44	188.64											6	79.60	10	80.95	12	26.29	16	1.80
四川	20	135.05									1	20.77	5	63.68	5	35.32	5	14.93	4	0.35
江西	25	20.97															9	17.30	16	3.67
湖南	40	60.38											1	18.13	4	29.03	4	10.94	31	2.28
河北	116	923.06							1	32.27	9	219.31	20	288.06	34	249.00	43	128.80	9	5.62
山东	98	676.59					1	49.70	2	67.10	3	81.09	16	228.30	20	136.60	41	109.70	15	4.10
河南	89	349.72					1	43.00					8	107.75	16	108.33	28	89.73	36	0.91
陕西	27	198.78							1	35.00	1	21.31	6	90.95	5	40.98	3	10.54	11	
山西	35	183.78											3	39.72	12	98.80	15	41.65	5	3.61
新疆自治区	54	50.18													1	6.38	18	37.03	35	6.77
新疆兵团	11																		11	
辽宁	13	55.06											3	43.83	2	11.23			8	
甘肃	8	4.98															3	4.78	5	0.20
天津	5	22.84											1	15.43			3	7.41	1	
北京	6	10.75													1	6.80	1	3.95	4	
云南	6																		6	

6-1-4 续表1

地区	产量合计																			
	合计		60万担以上		50-60万担		40-50万担		30-40万担		20-30万担		10-20万担		5-10万担		1-5万担		1万担以下	
	县数（个）	数量（万担）	县数（个）	数量（万担）	县数（个）	数量（万担）	县数（个）	数量（万担）	县数（个）	数量（万担）	县数（个）	数量（万担）	县数（个）	数量（万担）	县数（个）	数量（万担）	县数（个）	数量（万担）	县数（个）	数量（万担）
合计	**742**	**871.67**											**9**	**114.37**	**32**	**210.65**	**184**	**419.44**	**517**	**127.20**
上海	11	27.64													2	13.38	4	12.17	5	2.09
浙江	12	19.27													2	12.91	2	4.00	8	2.36
江苏	67	56.63											2	22.40			10	23.32	55	10.91
湖北	55	115.37											1	15.20	7	46.47	17	47.70	30	6.00
安徽	44	27.81															14	22.73	30	5.08
四川	20	20.56															9	16.62	11	3.94
江西	25	3.12																	25	3.12
湖南	40	9.16															3	6.31	37	2.85
河北	116	213.09											2	22.57	8	52.11	45	109.06	61	29.35
山东	98	165.44											2	24.56	7	50.36	31	68.70	58	21.82
河南	89	69.54											1	16.34	2	11.62	15	23.57	71	18.01
陕西	27	58.28											1	13.30	4	23.8	7	18.38	15	2.80
山西	35	57.66															20	50.85	15	6.81
新疆自治区	54	10.13															2	2.19	52	7.94
新疆兵团	11																		11	
辽宁	13	12.78															3	11.18	10	1.60
甘肃	8	0.89																	8	0.89
天津	5	2.53															1	1.58	4	0.95
北京	6	1.76															1	1.08	5	0.68
云南	6																		6	

6－1－4　续表 2

地　区	收购量合计																			
	合　计		60 万担以上		50－60 万担		40－50 万担		30－40 万担		20－30 万担		10－20 万担		5－10 万担		1－5 万担		1 万担以下	
	县数（个）	数量（万担）	县数（个）	数量（万担）	县数（个）	数量（万担）	县数（个）	数量（万担）	县数（个）	数量（万担）	县数（个）	数量（万担）	县数（个）	数量（万担）	县数（个）	数量（万担）	县数（个）	数量（万担）	县数（个）	数量（万担）
合　计	**742**	**263.35**											**3**	**37.88**	**10**	**66.32**	**55**	**127.51**	**674**	**31.64**
上　海	11	8.57													1	6.30	1	1.17	9	1.10
浙　江	12	17.24													2	11.80	2	3.62	8	1.82
江　苏	67	37.26													1	8.98	10	18.92	56	9.36
湖　北	55	65.83											1	14.65	2	13.45	12	35.32	40	2.41
安　徽	44	8.07															4	6.51	40	1.56
四　川	20	9.57															4	6.41	16	3.16
江　西	25	0.51																	25	0.51
湖　南	40	6.35													1	5.20			39	1.15
河　北	116	39.56													1	7.89	11	30.09	104	1.58
山　东	98	32.10											1	10.20	1	6.47	4	12.63	92	2.80
河　南	89	1.11																	89	1.11
陕　西	27	27.06											1	13.03	1	6.23	2	6.15	23	1.65
山　西	35	0.33																	35	0.33
新疆自治区	54	2.36															1	1.02	53	1.34
新疆兵团	11																		11	
辽　宁	13	5.28															3	4.67	10	0.61
甘　肃	8	0.64																	8	0.64
天　津	5																		5	
北　京	6	1.50															1	1.00	5	0.50
云　南	6																		6	

6－1－5　全国各地区产棉县1950年棉花面积、产量、收购量分类

地区	面积合计																	
	合计		60万亩以上		50－60万亩		40－50万亩		30－40万亩		20－30万亩		10－20万亩		5－10万亩		1－5万亩	
	县数（个）	数量（万亩）	县数（个）	数量（万亩）	县数（个）	数量（万亩）	县数（个）	数量（万亩）	县数（个）	数量（万亩）	县数（个）	数量（万亩）	县数（个）	数量（万亩）	县数（个）	数量（万亩）	县数（个）	数量（万亩）
合　计	**742**	**5034.60**	**2**	**148.76**	**4**	**210.46**	**3**	**133.45**	**18**	**603.35**	**31**	**764.54**	**111**	**1557.63**	**131**	**946.20**	**239**	**636.86**
上　海	11	146.38							1	31.35	1	24.34	5	79.10	1	6.77	2	4.82
浙　江	12	108.01							1	34.89	2	53.14			2	12.01	4	6.56
江　苏	67	423.73			2	104.26	1	45.02	2	69.22	2	46.49	4	62.16	4	31.10	25	56.96
湖　北	55	651.54	2	148.76	1	55.10			3	100.91	5	114.56	10	152.81	6	42.15	12	36.65
安　徽	44	189.44											5	67.61	11	88.38	13	31.99
四　川	20	145.31									2	49.06	3	37.18	6	44.59	5	14.13
江　西	25	31.36													1	5.73	12	22.78
湖　南	40	92.94											2	29.59	5	36.08	11	26.19
河　北	116	1217.87					1	45.43	7	226.06	11	275.36	28	371.42	29	204.96	32	90.74
山　东	98	767.35			1	51.10			2	69.50	5	129.17	20	278.58	21	143.80	35	91.30
河　南	89	631.05					1	43.00	1	36.30			16	215.16	26	193.51	39	142.10
陕　西	27	212.47							1	35.12	1	21.50	7	110.19	4	33.91	3	11.75
山　西	35	209.31											8	103.52	10	68.16	15	36.15
新疆自治区	54	54.58													1	6.89	21	42.65
新疆兵团	11	3.66															1	2.69
辽　宁	13	93.76									2	50.92	2	35.04	1	7.80		
甘　肃	8	6.14															3	5.94
天　津	5	22.44											1	15.27			3	6.56
北　京	6	27.26													3	20.36	3	6.90
云　南	6																	

地区	1万亩以下 县数（个）	1万亩以下 数量（万亩）
合　计	**203**	**33.35**
上　海	1	
浙　江	3	1.41
江　苏	27	8.52
湖　北	16	0.60
安　徽	15	1.46
四　川	4	0.35
江　西	12	2.85
湖　南	22	1.08
河　北	8	3.90
山　东	14	3.90
河　南	6	0.98
陕　西	11	
山　西	2	1.48
新疆自治区	32	5.04
新疆兵团	10	0.97
辽　宁	8	
甘　肃	5	0.20
天　津	1	0.61
北　京		
云　南	6	

6－1－5　续表1

地区	产量合计																	
	合计		60万担以上		50－60万担		40－50万担		30－40万担		20－30万担		10－20万担		5－10万担		1－5万担	
	县数（个）	数量（万担）	县数（个）	数量（万担）	县数（个）	数量（万担）	县数（个）	数量（万担）	县数（个）	数量（万担）	县数（个）	数量（万担）	县数（个）	数量（万担）	县数（个）	数量（万担）	县数（个）	数量（万担）
合计	**742**	**1302.43**									**1**	**23.9**	**19**	**242.11**	**60**	**416.21**	**213**	**488.23**
上海	11	42.78													5	33.64	3	7.88
浙江	12	34.94											1	15.89	2	14.6	2	2.30
江苏	67	96.25											3	39.90	3	20.4	10	25.57
湖北	55	163.14									1	23.90	2	22.52	10	72.12	15	39.90
安徽	44	27.44															8	16.78
四川	20	28.22													1	6.51	8	17.41
江西	25	5.80															1	1.39
湖南	40	20.96													1	6.21	5	9.59
河北	116	354.24											8	90.55	15	108.68	57	138.15
山东	98	207.07											2	29.39	10	74.35	34	79.21
河南	89	140.97											2	29.77	2	10.97	38	76.83
陕西	27	62.78											1	14.09	6	35.04	5	10.22
山西	35	68.82													2	12.35	20	50.05
新疆自治区	54	12.03															3	3.58
新疆兵团	11	0.76																
辽宁	13	23.56													3	21.34	1	1.98
甘肃	8	1.16																
天津	5	4.05															1	2.61
北京	6	7.46															2	4.78
云南	6																	

地区	1万担以下 县数（个）	1万担以下 数量（万担）
合计	**449**	**131.98**
上海	3	1.26
浙江	7	2.15
江苏	51	10.38
湖北	27	4.70
安徽	36	10.66
四川	11	4.30
江西	24	4.41
湖南	34	5.16
河北	36	16.86
山东	52	24.12
河南	47	23.40
陕西	15	3.43
山西	13	6.42
新疆自治区	51	8.45
新疆兵团	11	0.76
辽宁	9	0.24
甘肃	8	1.16
天津	4	1.44
北京	4	2.68
云南	6	

6-1-5 续表2

地区	收购量合计																	
	合计		60万担以上		50-60万担		40-50万担		30-40万担		20-30万担		10-20万担		5-10万担		1-5万担		1万担以下	
	县数（个）	数量（万担）	县数（个）	数量（万担）	县数（个）	数量（万担）	县数（个）	数量（万担）	县数（个）	数量（万担）	县数（个）	数量（万担）	县数（个）	数量（万担）	县数（个）	数量（万担）	县数（个）	数量（万担）	县数（个）	数量（万担）
合计	**742**	**448.37**											**5**	**61.97**	**27**	**183.78**	**72**	**162.88**	**638**	**39.74**
上海	11	14.58													1	7.90	2	5.88	8	0.80
浙江	12	30.59											1	15.17	2	11.70	1	1.10	8	2.62
江苏	67	70.70											2	22.61	3	17.57	10	22.11	52	8.41
湖北	55	76.78													6	41.10	11	33.62	38	2.06
安徽	44	7.87															4	5.97	40	1.90
四川	20	13.93													1	5.30	5	5.88	14	2.75
江西	25	2.66																	25	2.66
湖南	40	8.40													1	5.49			39	2.91
河北	116	66.52													6	42.63	9	23.53	101	0.36
山东	98	50.11											1	11.16	2	14.93	9	22.19	86	1.83
河南	89	54.84													2	18.81	15	29.08	72	6.95
陕西	27	26.28											1	13.03	1	6.04	2	5.78	23	1.43
山西	35	0.36																	35	0.36
新疆自治区	54	2.95															1	1.33	53	1.62
新疆兵团	11																		11	
辽宁	13	14.72													2	12.31	1	2.21	10	0.20
甘肃	8	0.77																	8	0.77
天津	5																		5	
北京	6	6.31															2	4.20	4	2.11
云南	6																		6	

6－1－6　全国各地区产棉县1951年棉花面积、产量、收购量分类

地区	面积合计																			
	合计		60万亩以上		50－60万亩		40－50万亩		30－40万亩		20－30万亩		10－20万亩		5－10万亩		1－5万亩		1万亩以下	
	县数（个）	数量（万亩）	县数（个）	数量（万亩）	县数（个）	数量（万亩）	县数（个）	数量（万亩）	县数（个）	数量（万亩）	县数（个）	数量（万亩）	县数（个）	数量（万亩）	县数（个）	数量（万亩）	县数（个）	数量（万亩）	县数（个）	数量（万亩）
合计	**742**	**6385.38**	**3**	**210.75**	**6**	**321.02**	**10**	**450.90**	**24**	**848.43**	**50**	**1223.70**	**123**	**1722.00**	**143**	**1023.17**	**204**	**558.22**	**179**	**27.19**
上海	11	208.65					1	40.61	1	38.26	3	82.04	2	34.55	1	7.76	2	5.43	1	
浙江	12	97.15							1	35.49	1	22.05	1	17.87	2	12.94	3	6.44	4	2.36
江苏	67	575.30	1	66.54	2	107.79	1	49.16	2	68.18	4	95.14	6	74.52	7	48.53	24	60.28	20	5.16
湖北	55	702.63	1	73.61	1	55.90	2	90.10	3	103.49	6	151.70	11	159.36	5	33.81	10	34.03	16	0.63
安徽	44	212.70											7	92.00	11	84.90	13	34.26	13	1.54
四川	20	221.29					1	44.73			1	29.57	8	115.79	3	17.60	4	13.60	3	
江西	25	43.80													2	10.58	15	31.12	8	2.10
湖南	40	141.70							1	35.62			4	51.74	3	23.18	10	29.14	22	2.02
河北	116	1487.91			1	52.33	2	94.56	9	320.29	14	339.99	29	391.44	29	205.86	27	81.15	5	2.29
山东	98	1049.16	1	70.60			1	40.60	4	143.94	12	297.32	18	267.20	20	138.80	32	89.30	10	1.40
河南	89	835.42			1	55.00	1	43.00	1	31.03	4	91.51	20	268.79	39	283.74	17	60.98	6	1.37
陕西	27	231.39							1	35.57	3	68.95	7	97.15	4	25.23	1	4.49	11	
山西	35	270.15									1	22.79	8	121.16	11	88.17	14	37.22	1	0.81
新疆自治区	54	65.75													3	17.99	20	42.49	31	5.27
新疆兵团	11	6.64															3	5.62	8	1.02
辽宁	13	172.72			1	50.00	1	48.14	1	36.56	1	22.64	1	15.38					8	
甘肃	8	6.65															3	6.27	5	0.38
天津	5	25.29											1	15.05			3	9.40	1	0.84
北京	6	31.08													3	24.08	3	7.00		
云南	6																		6	

6-1-6 续表1

地区	产量合计																	
	合计		60万担以上		50-60万担		40-50万担		30-40万担		20-30万担		10-20万担		5-10万担		1-5万担		1万担以下	
	县数（个）	数量（万担）	县数（个）	数量（万担）	县数（个）	数量（万担）	县数（个）	数量（万担）	县数（个）	数量（万担）	县数（个）	数量（万担）	县数（个）	数量（万担）	县数（个）	数量（万担）	县数（个）	数量（万担）	县数（个）	数量（万担）
合计	**742**	**1745.55**											**41**	**542.17**	**66**	**467.55**	**266**	**630.90**	**369**	**104.93**
上海	11	70.07											4	48.31	2	15.91	2	4.51	3	1.34
浙江	12	36.20											1	13.96	2	15.4	3	4.87	6	1.97
江苏	67	131.02											2	35.07	6	50.19	15	34.64	44	11.12
湖北	55	193.98											7	85.22	9	63.45	16	42.32	23	2.99
安徽	44	40.08															20	35.04	24	5.04
四川	20	51.62											1	11.70	1	6.8	9	28.54	9	4.58
江西	25	9.66															3	4.83	22	4.83
湖南	40	36.71											1	13.57			9	19.03	30	4.11
河北	116	447.55											14	182.12	15	99.58	59	151.26	28	14.59
山东	98	244.19											3	41.11	13	93.72	38	88.81	44	20.55
河南	89	194.67											2	30.36	5	33.59	57	119.49	25	11.23
陕西	27	107.02											4	52.33	4	28.66	8	26.03	11	
山西	35	105.29													7	49.63	16	48.80	12	6.86
新疆自治区	54	16.52															4	6.51	50	10.01
新疆兵团	11	2.73															1	1.78	10	0.95
辽宁	13	42.80											2	28.42	2	10.62	1	3.76	8	
甘肃	8	1.37																	8	1.37
天津	5	5.48															2	3.96	3	1.52
北京	6	8.58															3	6.72	3	1.86
云南	6																		6	

6－1－6　续表2

地区	收购量合计																	
	合计		60万担以上		50－60万担		40－50万担		30－40万担		20－30万担		10－20万担		5－10万担		1－5万担		1万担以下	
	县数（个）	数量（万担）	县数（个）	数量（万担）	县数（个）	数量（万担）	县数（个）	数量（万担）	县数（个）	数量（万担）	县数（个）	数量（万担）	县数（个）	数量（万担）	县数（个）	数量（万担）	县数（个）	数量（万担）	县数（个）	数量（万担）
合计	**742**	**661.70**											**16**	**221.00**	**32**	**219.97**	**78**	**180.92**	**616**	**39.81**
上海	11	24.66											1	15.65	1	6.42	1	1.71	8	0.88
浙江	12	31.88											1	13.22	2	13.40	2	3.15	7	2.11
江苏	67	88.29											3	46.63	5	34.27	3	7.28	56	0.11
湖北	55	117.77											2	21.88	10	72.70	8	21.64	35	1.55
安徽	44	16.41															7	12.25	37	4.16
四川	20	30.27											1	12.13			8	16.66	11	1.48
江西	25	4.66															1	2.15	24	2.51
湖南	40	14.81													1	5.78	3	4.15	36	4.88
河北	116	95.67											3	40.24	4	29.00	9	25.20	100	1.23
山东	98	54.39											1	10.73	4	25.00	7	15.91	86	2.75
河南	89	107.64											2	32.82	3	20.68	18	42.56	66	11.58
陕西	27	34.33											1	15.85	2	12.72	3	5.76	21	
山西	35	0.82																	35	0.82
新疆自治区	54	3.35															1	1.58	53	1.77
新疆兵团	11																		11	
辽宁	13	24.42											1	11.85			3	12.57	9	
甘肃	8	1.01																	8	1.01
天津	5	3.82															1	2.45	4	1.37
北京	6	7.50															3	5.90	3	1.60
云南	6																		6	

6－1－7　全国各地区产棉县1952年棉花面积、产量、收购量分类

地区	面积合计																	
	合计		60万亩以上		50－60万亩		40－50万亩		30－40万亩		20－30万亩		10－20万亩		5－10万亩		1－5万亩		1万亩以下	
	县数（个）	数量（万亩）	县数（个）	数量（万亩）	县数（个）	数量（万亩）	县数（个）	数量（万亩）	县数（个）	数量（万亩）	县数（个）	数量（万亩）	县数（个）	数量（万亩）	县数（个）	数量（万亩）	县数（个）	数量（万亩）	县数（个）	数量（万亩）
合计	**742**	**6713.64**	**3**	**217.54**	**7**	**374.94**	**10**	**433.53**	**28**	**978.60**	**56**	**1353.67**	**116**	**1650.57**	**154**	**1125.34**	**202**	**553.11**	**166**	**26.34**
上海	11	215.06							3	108.24	3	73.91	1	19.97	1	8.08	2	4.86	1	
浙江	12	88.61							1	35.35			2	27.30	2	13.27	4	10.25	3	2.44
江苏	67	664.64	2	143.79	1	51.56	2	92.41	3	104.17	4	96.33	2	36.10	11	86.00	20	49.50	22	4.78
湖北	55	707.91	1	73.75	2	112.89	1	41.00	2	63.41	10	240.19	7	92.96	9	59.96	7	23.38	16	0.37
安徽	44	265.13							1	37.01			8	114.86	10	76.64	14	35.80	11	0.82
四川	20	243.43					1	46.34			1	27.49	8	117.01	5	37.99	4	14.60	1	
江西	25	65.83													4	27.19	12	34.89	9	3.75
湖南	40	146.48									1	29.73	5	63.49	3	21.55	12	29.45	19	2.26
河北	116	1437.90			1	51.69	3	127.37	8	287.40	11	253.27	29	407.14	33	234.28	27	74.76	4	1.99
山东	98	1042.90			1	56.20	1	41.20	6	213.09	11	257.41	17	261.10	17	110.30	35	102.20	10	1.40
河南	89	876.07			1	51.60	1	43.30			6	145.40	19	260.01	42	319.32	15	55.69	5	0.75
陕西	27	271.08							3	98.33	2	49.12	6	86.94	5	36.69			11	
山西	35	343.45									5	130.28	8	114.83	8	65.04	14	33.30		
新疆自治区	54	75.05													3	22.73	21	47.06	30	5.26
新疆兵团	11	20.13											1	11.30			2	8.24	8	0.59
辽宁	13	175.05			1	51.00	1	41.91	1	31.60	2	50.54							8	
甘肃	8	4.93															3	4.68	5	0.25
天津	5	24.53											1	14.53			4	10.00		
北京	6	36.83											2	23.03	1	6.30	3	7.50		
云南	6	8.63															3	6.95	3	1.68

6-1-7 续表1

地区	产量合计																	
	合计		60万担以上		50-60万担		40-50万担		30-40万担		20-30万担		10-20万担		5-10万担		1-5万担		1万担以下	
	县数（个）	数量（万担）	县数（个）	数量（万担）	县数（个）	数量（万担）	县数（个）	数量（万担）	县数（个）	数量（万担）	县数（个）	数量（万担）	县数（个）	数量（万担）	县数（个）	数量（万担）	县数（个）	数量（万担）	县数（个）	数量（万担）
合计	**742**	**2185.27**									**8**	**185.81**	**53**	**722.26**	**79**	**566.92**	**253**	**607.89**	**349**	**102.39**
上海	11	81.92									1	20.05	2	27.05	4	31.91	1	1.91	3	1.00
浙江	12	35.91											1	17.98	1	5.1	4	10.14	6	2.69
江苏	67	184.74									1	28.60	6	89.63	4	27.96	13	27.16	43	11.39
湖北	55	226.47									1	25.44	6	78.92	11	87.44	13	30.50	24	4.17
安徽	44	58.61											1	10.75	1	6.01	17	35.48	25	6.37
四川	20	56.43											1	12.70	2	12.8	11	28.17	6	2.76
江西	25	19.96															8	15.91	17	4.05
湖南	40	33.99													1	6.47	9	22.39	30	5.13
河北	116	547.65									2	45.64	16	220.86	17	121.04	57	149.42	24	10.69
山东	98	342.07									1	23.30	8	107.59	16	114.86	34	78.63	39	17.69
河南	89	227.90									1	20.78	2	29.12	6	43.31	53	121.64	27	13.05
陕西	27	97.59											3	37.53	5	36.12	8	23.94	11	
山西	35	165.42											6	76.57	8	50.68	12	33.16	9	5.01
新疆自治区	54	19.54															4	7.44	50	12.10
新疆兵团	11	6.36															3	5.64	8	0.72
辽宁	13	58.78									1	22.00	1	13.56	3	23.22			8	
甘肃	8	1.20																	8	1.20
天津	5	7.55															2	6.07	3	1.48
北京	6	11.25															4	10.29	2	0.96
云南	6	1.93																	6	1.93

6－1－7　续表2

地　区	收购量合计																	
	合　计		60万担以上		50－60万担		40－50万担		30－40万担		20－30万担		10－20万担		5－10万担		1－5万担	
	县数（个）	数量（万担）	县数（个）	数量（万担）	县数（个）	数量（万担）	县数（个）	数量（万担）	县数（个）	数量（万担）	县数（个）	数量（万担）	县数（个）	数量（万担）	县数（个）	数量（万担）	县数（个）	数量（万担）
合　计	**742**	**1350.79**									**7**	**150.68**	**31**	**425.71**	**50**	**345.04**	**155**	**365.30**
上　海	11	31.34									1	20.05			1	8.69	1	1.91
浙　江	12	30.81											1	17.23			5	11.95
江　苏	67	158.95									1	23.89	6	85.54	4	28.32	6	13.94
湖　北	55	178.29									1	20.82	5	74.29	8	59.50	8	21.01
安　徽	44	26.12													1	6.70	8	15.52
四　川	20	38.16													1	9.72	10	25.24
江　西	25	13.37															5	9.83
湖　南	40	25.15													1	5.88	7	15.31
河　北	116	298.80									1	20.50	10	135.38	9	63.88	30	69.64
山　东	98	194.46									1	20.48	3	41.51	10	63.28	23	61.65
河　南	89	144.11									2	44.94			6	41.53	27	48.83
陕　西	27	34.90											1	11.82	2	12.74	4	10.34
山　西	35	109.18											3	34.99	4	24.65	15	44.72
新疆自治区	54	3.60															1	2.00
新疆兵团	11																	
辽　宁	13	45.10											2	24.95	3	20.15		
甘　肃	8	0.69																
天　津	5	7.08															2	5.21
北　京	6	10.00															3	8.20
云　南	6	0.68																

地　区	1万担以下 县数（个）	1万担以下 数量（万担）
合　计	**499**	**64.06**
上　海	8	0.69
浙　江	6	1.63
江　苏	50	7.26
湖　北	33	2.67
安　徽	35	3.90
四　川	9	3.20
江　西	20	3.54
湖　南	32	3.96
河　北	66	9.40
山　东	61	7.54
河　南	54	8.81
陕　西	20	
山　西	13	4.82
新疆自治区	53	1.60
新疆兵团	11	
辽　宁	8	
甘　肃	8	0.69
天　津	3	1.87
北　京	3	1.80
云　南	6	0.68

6-1-8 全国各地区产棉县1953年棉花面积、产量、收购量分类

地区	面积合计																			
	合计		60万亩以上		50-60万亩		40-50万亩		30-40万亩		20-30万亩		10-20万亩		5-10万亩		1-5万亩		1万亩以下	
	县数（个）	数量（万亩）	县数（个）	数量（万亩）	县数（个）	数量（万亩）	县数（个）	数量（万亩）	县数（个）	数量（万亩）	县数（个）	数量（万亩）	县数（个）	数量（万亩）	县数（个）	数量（万亩）	县数（个）	数量（万亩）	县数（个）	数量（万亩）
合计	**742**	**6544.09**	**4**	**282.03**	**6**	**334.13**	**10**	**437.68**	**28**	**933.63**	**41**	**973.96**	**132**	**1874.28**	**143**	**1065.32**	**221**	**614.22**	**157**	**28.84**
上海	11	186.75							2	64.72	4	95.32	1	18.20			3	8.51	1	
浙江	12	88.33							1	36.24			1	19.76	2	16.21	6	14.54	2	1.58
江苏	67	726.63	3	211.18	2	115.53			5	172.64	2	49.12	4	50.10	11	79.63	18	42.93	22	5.50
湖北	55	760.79	1	70.85	1	57.60	3	137.67	4	131.73	6	143.29	9	124.63	9	69.49	7	24.84	15	0.69
安徽	44	269.66									1	28.07	9	133.51	9	70.52	14	36.60	11	0.96
四川	20	240.35					1	47.41	1	31.34			8	114.55	4	29.26	5	17.79	1	
江西	25	56.14													3	16.93	13	36.08	9	3.13
湖南	40	145.23									1	23.23	5	69.83	4	27.29	10	21.75	20	3.13
河北	116	1326.63			1	50.40	3	127.36	5	167.58	10	233.74	32	441.21	28	211.55	33	92.80	4	1.99
山东	98	958.34			1	58.70	1	40.60	5	167.94	7	171.80	19	292.30	15	104.70	40	120.90	10	1.40
河南	89	881.40			1	51.90	1	43.43	1	30.64	4	92.82	23	312.44	37	282.48	18	66.87	4	0.82
陕西	27	337.75							3	100.80	2	44.19	10	138.98	6	41.85	3	11.93	3	
山西	35	304.96									4	92.38	7	104.73	9	71.13	13	35.04	2	1.68
新疆自治区	54	77.64													3	21.27	22	51.32	29	5.05
新疆兵团	11	5.77															4	5.52	7	0.25
辽宁	13	108.70					1	41.21	1	30.00			3	37.49					8	
甘肃	8	4.95															2	4.07	6	0.88
天津	5	25.11											1	16.55			3	7.69	1	0.87
北京	6	30.60													3	23.00	3	7.60		
云南	6	8.35															4	7.44	2	0.91

6－1－8　续表1

地区	产量合计																			
	合计		60万担以上		50－60万担		40－50万担		30－40万担		20－30万担		10－20万担		5－10万担		1－5万担		1万担以下	
	县数（个）	数量（万担）	县数（个）	数量（万担）	县数（个）	数量（万担）	县数（个）	数量（万担）	县数（个）	数量（万担）	县数（个）	数量（万担）	县数（个）	数量（万担）	县数（个）	数量（万担）	县数（个）	数量（万担）	县数（个）	数量（万担）
合计	**742**	**2102.68**					**1**	**49.14**	**2**	**66.31**	**6**	**134.63**	**46**	**630.56**	**73**	**510.94**	**245**	**593.01**	**369**	**118.09**
上海	11	88.77											5	68.48	2	18.13	1	1.19	3	0.97
浙江	12	40.01									1	20.60			1	8.44	4	8.77	6	2.20
江苏	67	311.60					1	49.14	2	66.31	2	52.31	5	77.49	4	25.65	15	33.22	38	7.48
湖北	55	232.80									1	20.68	6	87.74	11	81.75	16	39.00	21	3.63
安徽	44	49.91													2	12.96	16	30.54	26	6.41
四川	20	59.99											1	13.53	2	14.75	10	28.16	7	3.55
江西	25	14.12															5	10.02	20	4.10
湖南	40	27.74													1	5.82	7	16.35	32	5.57
河北	116	418.24									1	20.40	9	118.40	18	117.64	57	146.90	31	14.90
山东	98	271.52											7	95.59	11	81.03	27	68.43	53	26.47
河南	89	208.02									1	20.64	2	29.60	7	45.07	46	95.67	33	17.04
陕西	27	149.73											5	67.06	7	49.46	12	33.21	3	
山西	35	143.38											4	45.60	7	50.24	14	41.30	10	6.24
新疆自治区	54	22.54															5	10.01	49	12.53
新疆兵团	11	4.34															2	3.13	9	1.21
辽宁	13	41.53											2	27.07			3	14.46	8	
甘肃	8	1.07																	8	1.07
天津	5	5.69															1	3.68	4	2.01
北京	6	9.92															4	8.97	2	0.95
云南	6	1.76																	6	1.76

6-1-8 续表2

地区	收购量合计																			
	合计		60万担以上		50-60万担		40-50万担		30-40万担		20-30万担		10-20万担		5-10万担		1-5万担		1万担以下	
	县数（个）	数量（万担）	县数（个）	数量（万担）	县数（个）	数量（万担）	县数（个）	数量（万担）	县数（个）	数量（万担）	县数（个）	数量（万担）	县数（个）	数量（万担）	县数（个）	数量（万担）	县数（个）	数量（万担）	县数（个）	数量（万担）
合计	**742**	**1552.74**					**1**	**47.1**	**1**	**30.14**	**3**	**77.77**	**36**	**493.96**	**59**	**400.99**	**177**	**425.53**	**465**	**77.25**
上海	11	26.61											2	24.71			1	1.19	8	0.71
浙江	12	32.42											1	19.84	1	5.62	3	4.77	7	2.19
江苏	67	271.88					1	47.10	1	30.14	3	77.77	4	50.28	6	40.73	10	21.56	42	4.30
湖北	55	189.77											6	85.99	10	66.03	13	33.26	26	4.49
安徽	44	22.23															8	16.37	36	5.86
四川	20	40.63											1	11.12	1	5.34	9	20.57	9	3.60
江西	25	8.05															2	4.19	23	3.86
湖南	40	19.09													1	5.17	5	9.62	34	4.30
河北	116	377.46											9	122.20	17	115.32	50	125.36	40	14.58
山东	98	185.03											5	70.13	7	53.73	21	53.42	65	7.75
河南	89	128.40											3	45.03	4	23.42	28	50.29	54	9.66
陕西	27	84.63											2	30.97	5	34.05	6	17.41	14	2.20
山西	35	113.28											2	21.69	6	44.40	12	40.31	15	6.88
新疆自治区	54	4.33															1	2.27	53	2.06
新疆兵团	11																		11	
辽宁	13	33.23											1	12.00	1	7.18	3	14.05	8	
甘肃	8	0.66																	8	0.66
天津	5	5.72															1	3.29	4	2.43
北京	6	8.40															4	7.60	2	0.80
云南	6	0.92																	6	0.92

6－1－9　全国各地区产棉县1954年棉花面积、产量、收购量分类

地区	面积合计																	
	合计		60万亩以上		50－60万亩		40－50万亩		30－40万亩		20－30万亩		10－20万亩		5－10万亩		1－5万亩		1万亩以下	
	县数（个）	数量（万亩）	县数（个）	数量（万亩）	县数（个）	数量（万亩）	县数（个）	数量（万亩）	县数（个）	数量（万亩）	县数（个）	数量（万亩）	县数（个）	数量（万亩）	县数（个）	数量（万亩）	县数（个）	数量（万亩）	县数（个）	数量（万亩）
合计	**742**	**6630.31**	**6**	**489.25**	**5**	**259.46**	**10**	**435.71**	**21**	**732.47**	**51**	**1216.54**	**125**	**1789.64**	**148**	**1097.30**	**213**	**583.14**	**163**	**26.8**
上海	11	185.59							1	33.04	6	145.26					3	7.29	1	
浙江	12	81.80							1	36.15			1	16.86	2	13.92	5	12.75	3	2.12
江苏	67	792.15	4	356.52			2	89.24	1	35.64	7	170.88	1	16.50	11	82.63	16	35.15	25	5.59
湖北	55	533.70	1	69.33	1	53.60	1	43.90	1	37.28	6	132.31	6	78.42	12	90.48	9	26.02	18	2.36
安徽	44	201.88											6	86.04	11	77.05	17	38.79	10	
四川	20	269.85			1	51.15	1	41.34					8	123.45	5	38.92	4	14.99	1	
江西	25	46.89													1	5.11	13	39.23	11	2.55
湖南	40	86.28											3	37.29	3	21.02	12	24.64	22	3.33
河北	116	1592.60			1	51.90	4	177.48	6	214.29	12	292.01	36	527.88	35	270.64	20	57.54	2	0.86
山东	98	940.04			1	52.60	1	41.20	5	175.43	8	192.41	18	271.90	13	88.10	42	117.10	10	1.30
河南	89	929.95	1	63.40			1	42.55	3	102.75	3	67.83	24	325.03	36	267.02	17	60.41	4	0.96
陕西	27	323.91							2	67.89	2	50.04	10	143.59	7	50.36	3	12.03	3	
山西	35	356.97									7	165.80	7	87.21	7	56.69	14	47.27		
新疆自治区	54	76.55													2	15.33	23	56.19	29	5.03
新疆兵团	11	6.60															4	6.45	7	0.15
辽宁	13	111.96			1	50.21			1	30.00			2	24.10	1	7.65			8	
甘肃	8	4.83															2	3.72	6	1.11
天津	5	33.46											1	17.70	1	5.88	3	9.88		
北京	6	47.87											2	33.67	1	6.50	3	7.70		
云南	6	7.43															3	5.99	3	1.44

6-1-9　续表1

地区	产量合计																			
	合计		60万担以上		50-60万担		40-50万担		30-40万担		20-30万担		10-20万担		5-10万担		1-5万担		1万担以下	
	县数（个）	数量（万担）	县数（个）	数量（万担）	县数（个）	数量（万担）	县数（个）	数量（万担）	县数（个）	数量（万担）	县数（个）	数量（万担）	县数（个）	数量（万担）	县数（个）	数量（万担）	县数（个）	数量（万担）	县数（个）	数量（万担）
合　计	**742**	**1911.20**									**10**	**234.65**	**48**	**636.03**	**58**	**383.24**	**216**	**540.17**	**410**	**117.11**
上　海	11	74.80											3	39.88	4	33.41			4	1.51
浙　江	12	39.04									1	22.76			1	6.75	4	7.14	6	2.39
江　苏	67	153.12									3	70.90	2	22.87	4	26.46	11	24.70	47	8.19
湖　北	55	73.84											2	20.13	2	15.43	14	31.28	37	7.00
安　徽	44	20.96															5	11.56	39	9.40
四　川	20	77.44											2	30.20	3	16.83	10	27.68	5	2.73
江　西	25	7.33															1	1.12	24	6.21
湖　南	40	7.08															2	2.67	38	4.41
河　北	116	499.75									4	93.31	12	159.51	13	85.82	53	147.43	34	13.68
山　东	98	317.59											11	151.21	13	85.64	29	59.57	45	21.17
河　南	89	237.17									1	27.26	3	45.61	5	31.73	43	116.43	37	16.14
陕　西	27	156.15									1	20.42	5	60.59	6	38	12	37.14	3	
山　西	35	179.45											7	93.98	6	38.17	16	42.89	6	4.41
新疆自治区	54	26.22															7	14.50	47	11.72
新疆兵团	11	3.63															2	2.19	9	1.44
辽　宁	13	22.51											1	12.05	1	5	2	4.57	9	0.89
甘　肃	8	1.20																	8	1.20
天　津	5	3.61															1	1.78	4	1.83
北　京	6	8.43															3	6.52	3	1.91
云　南	6	1.88															1	1.00	5	0.88

6-1-9 续表2

地区	收购量合计																			
	合计		60万担以上		50-60万担		40-50万担		30-40万担		20-30万担		10-20万担		5-10万担		1-5万担		1万担以下	
	县数(个)	数量(万担)	县数(个)	数量(万担)	县数(个)	数量(万担)	县数(个)	数量(万担)	县数(个)	数量(万担)	县数(个)	数量(万担)	县数(个)	数量(万担)	县数(个)	数量(万担)	县数(个)	数量(万担)	县数(个)	数量(万担)
合计	**742**	**1399.33**									**5**	**117.62**	**33**	**438.63**	**46**	**336.62**	**175**	**414.52**	**483**	**91.94**
上海	11	23.09											1	12.33	1	9.52			9	1.24
浙江	12	34.74									1	21.97					5	10.91	6	1.86
江苏	67	131.88									2	47.70	2	24.07	5	31.84	9	21.94	49	6.33
湖北	55	58.32													3	21.63	14	29.45	38	7.24
安徽	44	10.21															2	4.10	42	6.11
四川	20	65.80											1	14.93	2	15.72	11	31.84	6	3.31
江西	25	5.46																	25	5.46
湖南	40	7.54															3	4.32	37	3.22
河北	116	375.59									1	20.34	11	140.57	13	87.92	46	110.20	45	16.56
山东	98	210.79											7	91.44	7	52.25	21	54.42	63	12.68
河南	89	151.93									1	27.61	3	38.64	1	8.60	32	65.29	52	11.79
陕西	27	148.66											4	69.30	6	45.77	11	31.81	6	1.78
山西	35	135.76											4	47.35	7	53.58	10	28.20	14	6.63
新疆自治区	54	7.94															4	6.76	50	1.18
新疆兵团	11																		11	
辽宁	13	17.79													1	9.79	2	7.33	10	0.67
甘肃	8	0.96																	8	0.96
天津	5	4.33															1	1.68	4	2.65
北京	6	6.70															3	5.20	3	1.50
云南	6	1.84															1	1.07	5	0.77

6-1-10 全国各地区产棉县1955年棉花面积、产量、收购量分类

地区	面积合计																	
	合计		60万亩以上		50-60万亩		40-50万亩		30-40万亩		20-30万亩		10-20万亩		5-10万亩		1-5万亩	
	县数（个）	数量（万亩）	县数（个）	数量（万亩）	县数（个）	数量（万亩）	县数（个）	数量（万亩）	县数（个）	数量（万亩）	县数（个）	数量（万亩）	县数（个）	数量（万亩）	县数（个）	数量（万亩）	县数（个）	数量（万亩）
合计	**742**	**7611.62**	**10**	**823.57**	**5**	**273.30**	**19**	**830.83**	**21**	**704.14**	**58**	**1429.95**	**137**	**1957.26**	**147**	**1047.47**	**189**	**520.42**
上海	11	197.58							2	72.15	5	119.98					3	5.45
浙江	12	87.73					1	40.21					1	17.01	2	14.07	5	14.54
江苏	67	988.57	6	568.49	1	55.74			2	69.73	5	124.97	5	69.34	9	66.49	14	28.10
湖北	55	775.50	2	127.28	2	106.64	2	88.93	1	30.00	8	199.04	10	136.67	8	60.99	8	25.95
安徽	44	248.22							1	30.26			8	106.84	10	73.20	14	36.74
四川	20	293.90			1	58.7	1	40.75			1	20.93	7	112.07	7	54.83	2	6.62
江西	25	66.24													6	40.69	9	23.48
湖南	40	114.94											4	57.32	3	21.68	12	33.34
河北	116	1623.34			1	52.22	6	261.93	5	175.83	11	276.00	37	556.34	36	259.63	13	37.30
山东	98	1148.60	1	61.20			6	267.82	6	186.88	10	247.8	13	188.00	14	91.80	39	104.60
河南	89	1035.87	1	66.60			3	131.19			8	186.95	28	382.00	31	218.62	15	50.51
陕西	27	344.62							2	72.04	4	98.19	9	118.96	6	41.77	4	13.66
山西	35	410.97							1	33.04	6	156.09	11	145.75	4	29.26	13	46.83
新疆自治区	54	94.93													5	34.66	22	55.58
新疆兵团	11	13.78															5	13.57
辽宁	13	71.91							1	34.21			1	19.00	2	14.29	1	4.41
甘肃	8	8.17													1	5.84	1	1.77
天津	5	27.39											1	14.74	1	7.15	2	4.55
北京	6	47.42											2	33.22	1	6.50	3	7.70
云南	6	11.94													1	6.00	4	5.72

地区	1万亩以下 县数（个）	1万亩以下 数量（万亩）
合计	**156**	**24.68**
上海	1	
浙江	3	1.90
江苏	25	5.71
湖北	14	
安徽	11	1.18
四川	1	
江西	10	2.07
湖南	21	2.60
河北	7	4.09
山东	9	0.50
河南	3	
陕西	2	
山西		
新疆自治区	27	4.69
新疆兵团	6	0.21
辽宁	8	
甘肃	6	0.56
天津	1	0.95
北京		
云南	1	0.22

6-1-10 续表1

地区	产量合计																	
	合计		60万担以上		50-60万担		40-50万担		30-40万担		20-30万担		10-20万担		5-10万担		1-5万担		1万担以下	
	县数（个）	数量（万担）	县数（个）	数量（万担）	县数（个）	数量（万担）	县数（个）	数量（万担）	县数（个）	数量（万担）	县数（个）	数量（万担）	县数（个）	数量（万担）	县数（个）	数量（万担）	县数（个）	数量（万担）	县数（个）	数量（万担）
合计	**742**	**2841.38**	**1**	**67.55**	**1**	**52.32**	**1**	**40.49**	**4**	**138.41**	**19**	**435.43**	**54**	**736.94**	**92**	**639.29**	**257**	**635.78**	**313**	**95.17**
上海	11	136.50									3	68.99	4	64.92			1	1.31	3	1.28
浙江	12	66.76							1	38.58					2	15.23	4	10.63	5	2.32
江苏	67	416.45	1	67.55	1	52.32	1	40.49	3	99.83	1	29.54	4	59.38	5	33.41	11	26.06	40	7.87
湖北	55	267.95									3	69.29	5	69.98	10	82.11	17	43.78	20	2.79
安徽	44	57.77													2	15.46	18	36.33	24	5.98
四川	20	96.77									1	22.31	1	19.26	5	30.17	9	22.85	4	2.18
江西	25	16.55															8	13.90	17	2.65
湖南	40	30.12													2	12.7	6	11.52	32	5.90
河北	116	633.20									7	148.08	13	164.72	26	168.74	52	143.70	18	7.96
山东	98	426.61									3	69.86	13	173.13	14	102.43	27	60.28	41	20.91
河南	89	293.54									1	27.36	4	60.47	10	66.89	51	127.19	23	11.63
陕西	27	137.88											5	63.66	5	34.95	14	38.42	3	0.85
山西	35	164.53											5	61.42	8	55.48	15	42.03	7	5.60
新疆自治区	54	39.57															11	27.62	43	11.95
新疆兵团	11	11.00															4	10.22	7	0.78
辽宁	13	19.82													2	15.21	2	4.14	9	0.47
甘肃	8	3.26															1	2.83	7	0.43
天津	5	6.83															2	5.53	3	1.30
北京	6	13.50													1	6.51	3	5.84	2	1.15
云南	6	2.77															1	1.60	5	1.17

6-1-10 续表2

地区	收购量合计																	
	合计		60万担以上		50-60万担		40-50万担		30-40万担		20-30万担		10-20万担		5-10万担		1-5万担		1万担以下	
	县数（个）	数量（万担）	县数（个）	数量（万担）	县数（个）	数量（万担）	县数（个）	数量（万担）	县数（个）	数量（万担）	县数（个）	数量（万担）	县数（个）	数量（万担）	县数（个）	数量（万担）	县数（个）	数量（万担）	县数（个）	数量（万担）
合计	**742**	**2223.82**	**1**	**64.73**			**1**	**44.6**	**3**	**104.6**	**14**	**328.1**	**46**	**619.46**	**75**	**502.32**	**189**	**474.68**	**413**	**85.32**
上海	11	38.93									1	20.64	1	16.27			1	1.31	8	0.71
浙江	12	63.14							1	37.76					2	13.05	4	10.13	5	2.20
江苏	67	372.70	1	64.73			1	44.60	2	66.84	3	81.47	5	68.66	3	19.08	7	21.00	45	6.32
湖北	55	216.45									2	48.05	5	68.59	9	60.34	15	36.15	24	3.32
安徽	44	31.04													1	5.00	10	17.90	33	8.14
四川	20	81.55									1	20.59	1	14.97	4	22.42	8	20.09	6	3.48
江西	25	12.58															6	10.07	19	2.51
湖南	40	23.60													1	5.94	7	14.01	32	3.65
河北	116	539.45									4	85.89	11	149.59	23	160.65	51	135.01	27	8.31
山东	98	335.37									2	47.34	11	148.34	12	83.91	17	43.08	56	12.70
河南	89	188.67									1	24.12	3	42.28	5	32.23	29	72.41	51	17.63
陕西	27	121.77											5	62.40	5	26.98	9	29.62	8	2.77
山西	35	136.16											3	32.96	8	59.76	12	35.84	12	7.60
新疆自治区	54	26.73											1	15.40			4	9.63	49	1.70
新疆兵团	11																		11	
辽宁	13	13.24													1	7.86	2	4.94	10	0.44
甘肃	8	2.97															1	2.83	7	0.14
天津	5	6.35															2	4.45	3	1.90
北京	6	10.70													1	5.10	3	4.80	2	0.80
云南	6	2.41															1	1.41	5	1.00

6-1-11 全国各地区产棉县1956年棉花面积、产量、收购量分类

地区	面积合计																			
	合计		60万亩以上		50-60万亩		40-50万亩		30-40万亩		20-30万亩		10-20万亩		5-10万亩		1-5万亩		1万亩以下	
	县数（个）	数量（万亩）	县数（个）	数量（万亩）	县数（个）	数量（万亩）	县数（个）	数量（万亩）	县数（个）	数量（万亩）	县数（个）	数量（万亩）	县数（个）	数量（万亩）	县数（个）	数量（万亩）	县数（个）	数量（万亩）	县数（个）	数量（万亩）
合计	**742**	**8128.10**	**8**	**666.60**	**11**	**584.81**	**14**	**615.46**	**33**	**1132.89**	**61**	**1456.73**	**138**	**2040.26**	**153**	**1130.26**	**163**	**472.38**	**161**	**28.71**
上海	11	186.62							2	65.95	5	117.14					2	2.96	2	0.57
浙江	12	96.13					1	43.88					1	16.30	3	22.68	4	11.90	3	1.37
江苏	67	969.00	5	462.94	1	53.29			3	114.35	8	184.02	5	78.18	6	46.85	12	23.60	27	5.77
湖北	55	770.58	1	66.96	4	220.96			3	102.41	7	172.37	6	93.11	12	93.91	7	20.14	15	0.72
安徽	44	279.29					1	40.93	1	36.67			7	96.64	8	62.17	16	42.16	11	0.72
四川	20	296.52			1	55.20	1	41.36			1	21.92	9	135.92	5	35.16	2	6.96	1	
江西	25	87.40											1	11.71	7	54.91	7	18.06	10	2.72
湖南	40	96.60											3	44.24	4	26.82	8	21.63	25	3.91
河北	116	1695.27			2	102.70	5	218.85	7	245.40	12	284.53	35	531.88	35	258.25	18	52.59	2	1.07
山东	98	1262.18	1	65.60	2	102.50	4	186.07	8	262.21	11	262.70	13	183.60	15	101.20	30	94.30	14	4.00
河南	89	1116.27	1	71.10	1	50.16	1	41.82	2	70.10	9	213.69	27	405.03	28	209.34	17	55.03	3	
陕西	27	392.66					1	42.55	2	68.19	3	72.78	11	158.27	7	46.37	1	4.50	2	
山西	35	485.35							3	97.87	5	127.58	11	165.09	10	72.32	6	22.49		
新疆自治区	54	143.47											4	45.75	4	29.97	21	63.01	25	4.74
新疆兵团	11	34.00											1	12.28	2	14.34	2	6.30	6	1.08
辽宁	13	99.65							2	69.74			1	12.33	2	17.58			8	
甘肃	8	22.38													2	17.50	1	4.01	5	0.87
天津	5	31.62											1	16.67	1	8.51	2	5.58	1	0.86
北京	6	47.16											2	33.26	1	6.30	3	7.60		
云南	6	15.95													1	6.08	4	9.56	1	0.31

6-1-11 续表1

地区	产量合计																	
	合计		60万担以上		50-60万担		40-50万担		30-40万担		20-30万担		10-20万担		5-10万担		1-5万担	
	县数（个）	数量（万担）	县数（个）	数量（万担）	县数（个）	数量（万担）	县数（个）	数量（万担）	县数（个）	数量（万担）	县数（个）	数量（万担）	县数（个）	数量（万担）	县数（个）	数量（万担）	县数（个）	数量（万担）
合计	**742**	**2465.20**					**1**	**46.11**	**3**	**95.97**	**10**	**239.27**	**57**	**776.07**	**85**	**564.09**	**267**	**654.49**
上海	11	66.33											3	36.30	4	29.25		
浙江	12	25.74											1	12.89			5	10.15
江苏	67	206.73							1	30.54	1	27.22	6	83.88	4	28.16	14	32.03
湖北	55	361.72					1	46.11	2	65.43	2	44.02	9	116.51	6	40.22	15	45.87
安徽	44	47.62													2	13.13	13	27.91
四川	20	79.09											2	32.90	3	16.01	10	27.84
江西	25	31.17													1	5.56	8	20.70
湖南	40	34.39											1	10.67	1	5.3	8	14.82
河北	116	412.19									1	20.25	10	143.65	13	83.14	56	145.47
山东	98	446.66									4	99.47	12	154.27	15	104.72	39	78.62
河南	89	250.12									1	27.45	1	18.04	14	90.55	42	102.63
陕西	27	191.90									1	20.86	6	88.30	8	55.24	9	26.61
山西	35	152.17											4	47.93	7	48.34	18	51.97
新疆自治区	54	68.67													5	31.17	14	29.49
新疆兵团	11	19.77													2	13.3	2	5.00
辽宁	13	40.66											2	30.73			3	9.93
甘肃	8	6.94															3	6.67
天津	5	6.75															2	4.93
北京	6	10.49															4	9.22
云南	6	6.09															2	4.63

地区	1万担以下 县数（个）	1万担以下 数量（万担）
合计	**319**	**89.20**
上海	4	0.78
浙江	6	2.70
江苏	41	4.90
湖北	20	3.56
安徽	29	6.58
四川	5	2.34
江西	16	4.91
湖南	30	3.60
河北	36	19.68
山东	28	9.58
河南	31	11.45
陕西	3	0.89
山西	6	3.93
新疆自治区	35	8.01
新疆兵团	7	1.47
辽宁	8	
甘肃	5	0.27
天津	3	1.82
北京	2	1.27
云南	4	1.46

6-1-11　续表2

地区	收购量合计																	
	合计		60万担以上		50-60万担		40-50万担		30-40万担		20-30万担		10-20万担		5-10万担		1-5万担		1万担以下	
	县数（个）	数量（万担）	县数（个）	数量（万担）	县数（个）	数量（万担）	县数（个）	数量（万担）	县数（个）	数量（万担）	县数（个）	数量（万担）	县数（个）	数量（万担）	县数（个）	数量（万担）	县数（个）	数量（万担）	县数（个）	数量（万担）
合计	**742**	**1925.84**					**1**	**44.3**			**10**	**238.56**	**43**	**584.88**	**67**	**469.47**	**205**	**509.49**	**416**	**79.14**
上海	11	19.83											1	11.78	1	7.36			9	0.69
浙江	12	23.03											1	11.96			5	8.70	6	2.37
江苏	67	187.47									2	52.25	3	44.76	7	58.36	10	26.35	45	5.75
湖北	55	301.30					1	44.30			2	54.50	8	107.88	9	60.57	12	30.39	23	3.66
安徽	44	31.50													1	6.90	10	19.59	33	5.01
四川	20	61.20											2	26.14			11	32.41	7	2.65
江西	25	25.60													1	5.05	7	16.92	17	3.63
湖南	40	31.64													2	15.13	7	13.50	31	3.01
河北	116	381.94									1	21.28	10	144.46	11	71.72	50	126.10	44	18.38
山东	98	313.63									3	66.55	9	110.47	10	72.58	19	53.36	57	10.67
河南	89	171.83									2	43.98			5	33.68	35	84.18	47	9.99
陕西	27	161.29											5	79.45	9	59.47	7	20.59	6	1.78
山西	35	133.27											2	24.17	9	65.29	16	39.57	8	4.24
新疆自治区	54	29.53													2	13.36	4	13.04	48	3.13
新疆兵团	11																		11	
辽宁	13	28.91											2	23.81			2	5.10	9	
甘肃	8	6.75															3	6.49	5	0.26
天津	5	5.46															2	3.68	3	1.78
北京	6	8.10															4	7.20	2	0.90
云南	6	3.55															1	2.32	5	1.23

6－1－12　全国各地区产棉县1957年棉花面积、产量、收购量分类

地区	面积合计																	
	合计		60万亩以上		50－60万亩		40－50万亩		30－40万亩		20－30万亩		10－20万亩		5－10万亩		1－5万亩	
	县数（个）	数量（万亩）	县数（个）	数量（万亩）	县数（个）	数量（万亩）	县数（个）	数量（万亩）	县数（个）	数量（万亩）	县数（个）	数量（万亩）	县数（个）	数量（万亩）	县数（个）	数量（万亩）	县数（个）	数量（万亩）
合计	**742**	**7494.53**	**7**	**541.90**	**7**	**383.15**	**17**	**760.01**	**23**	**783.02**	**62**	**1523.40**	**135**	**1938.46**	**139**	**1007.54**	**175**	**520.51**
上海	11	180.37							1	32.50	5	125.09	1	19.76			2	2.65
浙江	12	85.68					1	40.43					1	11.80	2	15.24	6	17.50
江苏	67	868.69	5	399.67	1	53.00	1	46.99	2	74.17	5	113.48	7	105.43	8	55.53	5	13.02
湖北	55	763.41	1	74.43	3	166.57	2	84.75	1	31.82	8	196.11	8	113.45	10	75.22	7	20.36
安徽	44	239.65									2	57.17	6	71.76	9	72.03	13	35.59
四川	20	314.27			1	56.58	1	43.72			1	22.83	9	145.17	5	38.22	2	7.75
江西	25	92.05											1	12.00	8	60.82	7	17.05
湖南	40	94.30											3	43.14	2	13.27	10	32.78
河北	116	1387.67					5	221.34	6	207.73	8	197.30	31	446.74	30	220.33	30	91.37
山东	98	1183.88			2	107.00	5	228.56	5	162.62	12	298.80	14	210.40	12	78.80	30	91.90
河南	89	1045.74	1	67.80			1	49.70	1	35.51	11	264.84	26	369.49	27	197.76	19	60.64
陕西	27	417.75					1	44.52	2	70.85	5	118.78	9	130.68	7	48.14	1	4.78
山西	35	469.02							3	99.78	5	129.00	11	162.11	5	36.64	11	41.49
新疆自治区	54	124.56											2	21.18	6	42.54	20	55.37
新疆兵团	11	39.04											2	28.30	1	5.94	2	4.06
辽宁	13	93.62							2	68.04			1	11.74	2	13.84		
甘肃	8	19.22													2	14.58	1	3.70
天津	5	22.04											1	10.88	1	6.30	2	3.95
北京	6	38.63											2	24.43	1	6.30	3	7.90
云南	6	14.94													1	6.04	4	8.65

地区	1万亩以下 县数（个）	1万亩以下 数量（万亩）
合计	**177**	**36.54**
上海	2	0.37
浙江	2	0.71
江苏	33	7.40
湖北	15	0.70
安徽	14	3.10
四川	1	
江西	9	2.18
湖南	25	5.11
河北	6	2.86
山东	18	5.80
河南	3	
陕西	2	
山西		
新疆自治区	26	5.47
新疆兵团	6	0.74
辽宁	8	
甘肃	5	0.94
天津	1	0.91
北京		
云南	1	0.25

6－1－12　续表1

地区	产量合计																	
	合计		60万担以上		50－60万担		40－50万担		30－40万担		20－30万担		10－20万担		5－10万担		1－5万担		1万担以下	
	县数（个）	数量（万担）	县数（个）	数量（万担）	县数（个）	数量（万担）	县数（个）	数量（万担）	县数（个）	数量（万担）	县数（个）	数量（万担）	县数（个）	数量（万担）	县数（个）	数量（万担）	县数（个）	数量（万担）	县数（个）	数量（万担）
合计	**742**	**2908.79**			**1**	**53.51**	**1**	**40.01**	**2**	**68.92**	**19**	**451.49**	**58**	**827.44**	**109**	**764.01**	**257**	**628.33**	**295**	**75.08**
上海	11	88.36											4	59.85	3	27.54			4	0.97
浙江	12	71.62					1	40.01							2	14.49	7	16.40	2	0.72
江苏	67	298.86							2	68.92	4	94.54	4	54.27	7	49.89	13	27.62	37	3.62
湖北	55	400.34			1	53.51					4	92.60	12	167.20	8	52.5	11	31.30	19	3.23
安徽	44	74.47													5	32.22	15	37.36	24	4.89
四川	20	102.35											2	38.78	6	38.37	9	23.80	3	1.40
江西	25	38.40													1	8.17	10	25.60	14	4.63
湖南	40	35.70													2	14.79	8	16.66	30	4.25
河北	116	590.57									5	112.70	12	172.00	22	152.88	53	141.67	24	11.32
山东	98	363.99									3	77.48	7	96.80	17	120.48	22	52.73	49	16.50
河南	89	298.73									1	26.85	5	66.95	9	60.26	57	136.77	17	7.90
陕西	27	222.46									2	47.32	5	76.66	10	74.51	8	23.97	2	
山西	35	193.97											7	94.93	10	65.77	15	31.64	3	1.63
新疆自治区	54	49.45													2	11.59	15	30.00	37	7.86
新疆兵团	11	20.26													2	15.25	2	4.06	7	0.95
辽宁	13	30.08													3	25.3	2	4.78	8	
甘肃	8	7.39															3	7.09	5	0.30
天津	5	6.23															2	4.46	3	1.77
北京	6	12.13															4	10.58	2	1.55
云南	6	3.43															1	1.84	5	1.59

6－1－12　续表 2

地区	收购量合计																			
	合计		60 万担以上		50－60 万担		40－50 万担		30－40 万担		20－30 万担		10－20 万担		5－10 万担		1－5 万担		1 万担以下	
	县数（个）	数量（万担）	县数（个）	数量（万担）	县数（个）	数量（万担）	县数（个）	数量（万担）	县数（个）	数量（万担）	县数（个）	数量（万担）	县数（个）	数量（万担）	县数（个）	数量（万担）	县数（个）	数量（万担）	县数（个）	数量（万担）
合　计	**742**	**2472.33**			**1**	**51.26**			**2**	**72**	**16**	**378.56**	**51**	**716.36**	**88**	**624.45**	**221**	**553.17**	**363**	**76.54**
上　海	11	27.73											1	17.74	1	9.14			9	0.85
浙　江	12	67.50							1	39.05					2	13.50	7	14.28	2	0.67
江　苏	67	268.40									5	126.25	4	56.08	6	46.65	15	36.36	37	3.06
湖　北	55	376.11			1	51.26					3	70.99	12	165.84	7	50.63	12	35.17	20	2.22
安　徽	44	52.06													3	17.58	12	27.65	29	6.83
四　川	20	91.08											2	36.49	5	29.53	9	22.91	4	2.15
江　西	25	31.38													1	8.06	8	18.70	16	4.62
湖　南	40	31.71													2	14.36	6	13.29	32	4.06
河　北	116	512.76									4	85.72	9	130.24	22	158.49	51	126.72	30	11.59
山　东	98	285.77									3	74.06	6	73.99	10	70.78	21	56.09	58	10.85
河　南	89	271.21							1	32.95			4	55.72	10	67.78	40	100.13	34	14.63
陕　西	27	188.86									1	21.54	6	87.75	7	51.96	9	26.22	4	1.39
山　西	35	179.90											7	92.51	8	55.98	11	25.82	9	5.59
新疆自治区	54	36.87													1	7.04	11	27.24	42	2.59
新疆兵团	11																		11	
辽　宁	13	24.86													3	22.97	1	1.89	9	
甘　肃	8	7.23															2	5.99	6	1.24
天　津	5	4.42															1	2.58	4	1.84
北　京	6	10.00															4	9.10	2	0.90
云　南	6	4.49															1	3.03	5	1.46

6-1-13 全国各地区产棉县1958年棉花面积、产量、收购量分类

地区	面积合计																	
	合计		60万亩以上		50-60万亩		40-50万亩		30-40万亩		20-30万亩		10-20万亩		5-10万亩		1-5万亩		1万亩以下	
	县数（个）	数量（万亩）	县数（个）	数量（万亩）	县数（个）	数量（万亩）	县数（个）	数量（万亩）	县数（个）	数量（万亩）	县数（个）	数量（万亩）	县数（个）	数量（万亩）	县数（个）	数量（万亩）	县数（个）	数量（万亩）	县数（个）	数量（万亩）
合计	**742**	**7363.08**	**7**	**464.26**	**7**	**368.65**	**15**	**658.66**	**22**	**729.69**	**55**	**1352.37**	**150**	**2217.68**	**136**	**1000.59**	**181**	**543.32**	**169**	**27.86**
上海	11	158.26							1	30.50	2	52.74	4	72.99			1	1.39	3	0.64
浙江	12	95.57					1	41.95					1	11.80	2	17.43	7	24.35	1	0.04
江苏	67	768.84	4	265.18	2	101.97			2	67.74	6	142.44	8	122.81	6	43.60	10	21.70	29	3.40
湖北	55	760.56	2	130.98	2	110.08	1	49.41	3	102.70	6	147.47	6	101.85	13	96.21	7	21.06	15	0.80
安徽	44	297.13					1	40.10	1	31.05			9	121.35	9	70.17	11	32.16	13	2.30
四川	20	314.86			1	56.10	1	43.81			1	23.18	9	141.98	6	46.55	1	3.24	1	
江西	25	95.18													9	67.15	7	25.02	9	3.01
湖南	40	85.77											2	28.60	2	16.55	12	36.40	24	4.22
河北	116	1421.04					4	170.79	5	169.16	12	293.27	33	480.90	30	222.42	27	81.50	5	3.00
山东	98	1082.82			2	100.50	4	177.70	3	98.72	12	301.50	15	235.10	10	68.70	33	96.80	19	3.80
河南	89	1054.42	1	68.10			2	88.45	2	64.28	6	140.10	30	451.36	24	177.04	21	65.09	3	
陕西	27	412.56					1	46.45	2	66.44	4	99.60	12	164.46	6	35.61			2	
山西	35	429.07							1	31.31	6	152.07	12	166.22	6	40.44	10	39.03		
新疆自治区	54	130.13											2	23.71	6	46.51	19	54.27	27	5.64
新疆兵团	11	52.45											2	35.03	2	13.96	2	3.06	5	0.40
辽宁	13	95.63							2	67.79			1	12.16	2	15.68			8	
甘肃	8	29.51											1	14.61	1	8.94	2	5.96	4	
天津	5	21.29											1	10.32			4	10.97		
北京	6	36.73											2	22.43	1	6.30	3	8.00		
云南	6	21.26													1	7.33	4	13.32	1	0.61

6－1－13　续表1

地区	产量合计																			
	合计		60万担以上		50－60万担		40－50万担		30－40万担		20－30万担		10－20万担		5－10万担		1－5万担		1万担以下	
	县数（个）	数量（万担）	县数（个）	数量（万担）	县数（个）	数量（万担）	县数（个）	数量（万担）	县数（个）	数量（万担）	县数（个）	数量（万担）	县数（个）	数量（万担）	县数（个）	数量（万担）	县数（个）	数量（万担）	县数（个）	数量（万担）
合计	**742**	**3482.27**			**2**	**107.94**	**2**	**89.48**	**8**	**271.12**	**26**	**617.36**	**62**	**880.00**	**110**	**787.55**	**260**	**660.82**	**272**	**68.00**
上海	11	120.31									2	44.34	5	74.98					4	0.99
浙江	12	84.41					1	44.49							2	16.85	8	22.98	1	0.09
江苏	67	406.95			1	51.24	1	44.99	3	98.58	2	50.88	6	90.59	5	34.99	11	29.27	38	6.41
湖北	55	475.53			1	56.70			3	101.92	5	118.05	6	91.74	9	67.95	15	38.00	16	1.17
安徽	44	97.78											2	22.88	2	13.17	19	57.76	21	3.97
四川	20	123.90									1	27.60	1	19.92	7	54.52	8	20.18	3	1.68
江西	25	35.34													1	6.36	12	25.54	12	3.44
湖南	40	36.62													2	15.59	9	17.14	29	3.89
河北	116	580.28									6	136.07	9	118.93	23	161.41	55	153.17	23	10.70
山东	98	438.07									5	124.06	9	126.41	17	118.99	24	52.61	43	16.00
河南	89	425.06							1	37.64	1	29.57	9	125.38	14	96.56	48	128.25	16	7.66
陕西	27	255.20							1	32.98	3	65.62	6	73.13	9	66.44	6	17.03	2	
山西	35	222.63									1	21.17	7	102.09	10	66.84	15	31.20	2	1.33
新疆自治区	54	68.20													4	28.31	15	33.93	35	5.96
新疆兵团	11	24.29													2	17.26	2	6.21	7	0.82
辽宁	13	50.53											2	33.95	1	9.85	2	6.73	8	
甘肃	8	10.68													1	6.43	3	4.25	4	
天津	5	5.86															2	4.84	3	1.02
北京	6	11.09															5	10.42	1	0.67
云南	6	9.54													1	6.03	1	1.31	4	2.20

6－1－13　续表 2

地区	收购量合计																	
	合计		60 万担以上		50－60 万担		40－50 万担		30－40 万担		20－30 万担		10－20 万担		5－10 万担		1－5 万担		1 万担以下	
	县数（个）	数量（万担）	县数（个）	数量（万担）	县数（个）	数量（万担）	县数（个）	数量（万担）	县数（个）	数量（万担）	县数（个）	数量（万担）	县数（个）	数量（万担）	县数（个）	数量（万担）	县数（个）	数量（万担）	县数（个）	数量（万担）
合　计	**742**	**2986.45**			**1**	**54.23**	**3**	**136.78**	**4**	**128.7**	**23**	**553.17**	**54**	**761.71**	**96**	**676.91**	**242**	**611.57**	**319**	**63.39**
上　海	11	35.61									1	20.09	1	14.64					9	0.88
浙　江	12	81.27					1	43.53							2	15.95	8	21.73	1	0.06
江　苏	67	392.07					2	93.25	2	62.51	3	76.15	5	76.38	7	45.87	13	33.44	35	4.47
湖　北	55	431.95			1	54.23			2	66.19	4	100.30	8	116.25	8	58.01	12	33.50	20	3.47
安　徽	44	81.83											2	20.72	1	6.83	20	51.71	21	2.57
四　川	20	111.57									1	26.64	1	19.32	6	42.34	9	21.98	3	1.29
江　西	25	27.88													1	6.23	10	18.52	14	3.13
湖　南	40	28.48													1	6.53	8	18.00	31	3.95
河　北	116	498.42									3	69.26	6	102.70	23	168.05	56	148.02	28	10.39
山　东	98	391.70									5	116.46	9	113.76	13	90.52	25	58.97	46	11.99
河　南	89	356.78									1	29.08	8	108.83	14	96.01	45	115.70	21	7.16
陕　西	27	228.40									4	94.38	4	52.53	8	58.85	7	21.37	4	1.27
山　西	35	210.02									1	20.81	8	108.30	7	48.46	12	28.01	7	4.44
新疆自治区	54	39.54													3	17.60	6	17.90	45	4.04
新疆兵团	11																		11	
辽　宁	13	40.73											2	28.28	1	9.23	1	3.22	9	
甘　肃	8	10.13													1	6.43	2	2.90	5	0.80
天　津	5	3.97															2	3.40	3	0.57
北　京	6	9.90															4	8.50	2	1.40
云　南	6	6.21															2	4.70	4	1.51

6－1－14　全国各地区产棉县1959年棉花面积、产量、收购量分类

地区	面积合计																			
	合计		60万亩以上		50－60万亩		40－50万亩		30－40万亩		20－30万亩		10－20万亩		5－10万亩		1－5万亩		1万亩以下	
	县数（个）	数量（万亩）	县数（个）	数量（万亩）	县数（个）	数量（万亩）	县数（个）	数量（万亩）	县数（个）	数量（万亩）	县数（个）	数量（万亩）	县数（个）	数量（万亩）	县数（个）	数量（万亩）	县数（个）	数量（万亩）	县数（个）	数量（万亩）
合计	**742**	**7302.81**	**2**	**130.97**	**8**	**437.91**	**15**	**654.09**	**21**	**720.51**	**64**	**1555.60**	**157**	**2225.59**	**147**	**1058.24**	**173**	**491.59**	**155**	**28.31**
上海	11	119.10									2	50.98	5	66.18			1	1.13	3	0.81
浙江	12	119.45					1	42.97					2	22.70	7	47.49	2	6.29		
江苏	67	702.69			5	270.29	1	49.05	1	30.59	6	138.14	9	134.14	6	46.45	11	28.21	28	5.82
湖北	55	723.34	1	64.27	2	111.17	2	90.12	1	31.78	8	199.34	7	112.29	11	88.68	8	25.15	15	0.54
安徽	44	330.12					1	40.21	1	31.28			13	178.17	7	54.09	11	25.50	11	0.87
四川	20	352.72			1	56.45			1	39.82	5	111.91	8	118.43	4	26.11			1	
江西	25	96.01													9	68.29	9	24.87	7	2.85
湖南	40	130.87									1	25.96	3	39.28	4	24.70	14	37.39	18	3.54
河北	116	1368.68					4	172.14	3	114.13	13	319.70	33	462.13	28	206.40	30	91.02	5	3.16
山东	98	1037.22					4	169.38	6	203.20	9	237.18	17	255.66	11	75.30	33	91.80	18	4.70
河南	89	1086.73	1	66.70			1	45.32	3	103.35	9	205.50	31	450.47	24	164.52	17	50.87	3	
陕西	27	411.31					1	44.90	2	69.04	5	121.66	10	129.82	5	36.04	2	9.85	2	
山西	35	409.57							1	33.43	5	124.19	12	171.29	7	45.67	10	34.99		
新疆自治区	54	152.27											3	34.44	11	74.14	16	39.66	24	4.03
新疆兵团	11	55.17									1	21.04	1	15.77	2	17.29			7	1.07
辽宁	13	89.33							2	63.89					3	25.44			8	
甘肃	8	32.11											1	12.90	2	16.03	1	3.18	4	
天津	5	18.12											1	10.24			3	6.96	1	0.92
北京	6	28.01													3	20.01	3	8.00		
云南	6	39.99											1	11.68	3	21.59	2	6.72		

6-1-14　续表1

地区	产量合计																	
	合计		60万担以上		50-60万担		40-50万担		30-40万担		20-30万担		10-20万担		5-10万担		1-5万担		1万担以下	
	县数（个）	数量（万担）	县数（个）	数量（万担）	县数（个）	数量（万担）	县数（个）	数量（万担）	县数（个）	数量（万担）	县数（个）	数量（万担）	县数（个）	数量（万担）	县数（个）	数量（万担）	县数（个）	数量（万担）	县数（个）	数量（万担）
合计	**742**	**3049.37**	**1**	**62.12**			**1**	**43.4**	**5**	**178.43**	**11**	**256.59**	**70**	**969.20**	**117**	**799.36**	**263**	**667.57**	**274**	**72.70**
上海	11	92.63											5	72.76	2	18.67			4	1.20
浙江	12	83.10							1	35.86					3	20.78	8	26.46		
江苏	67	342.02							3	105.70	2	52.98	8	116.50	5	32.23	13	28.23	36	6.38
湖北	55	348.88	1	62.12			1	43.40					10	144.44	9	59.31	14	36.30	20	3.31
安徽	44	99.94											2	22.15	3	19.41	21	55.24	18	3.14
四川	20	153.16									1	23.36	6	70.76	4	30.39	8	28.65	1	
江西	25	35.58													1	5.67	12	27.28	12	2.63
湖南	40	51.41											1	14.84	2	11.88	9	18.51	28	6.18
河北	116	531.13									4	93.21	7	114.13	24	169.27	57	143.29	24	11.23
山东	98	338.99									1	21.87	9	126.67	15	107.6	24	62.25	49	20.60
河南	89	387.40							1	36.87	2	44.58	4	48.52	21	138.89	43	111.38	18	7.16
陕西	27	211.74									1	20.59	8	113.78	8	51	8	26.37	2	
山西	35	188.09											7	88.54	8	55.28	18	43.27	2	1.00
新疆自治区	54	87.18													8	52.21	12	28.96	34	6.01
新疆兵团	11	26.51											1	11.45	2	12.34	1	2.17	7	0.55
辽宁	13	39.37											2	24.66	1	8.06	2	6.65	8	
甘肃	8	8.05															4	8.05	4	
天津	5	3.32															2	2.42	3	0.90
北京	6	8.19															4	7.07	2	1.12
云南	6	12.68													1	6.37	3	5.02	2	1.29

6－1－14　续表2

地区	收购量合计																	
	合计		60万担以上		50－60万担		40－50万担		30－40万担		20－30万担		10－20万担		5－10万担		1－5万担		1万担以下	
	县数（个）	数量（万担）	县数（个）	数量（万担）	县数（个）	数量（万担）	县数（个）	数量（万担）	县数（个）	数量（万担）	县数（个）	数量（万担）	县数（个）	数量（万担）	县数（个）	数量（万担）	县数（个）	数量（万担）	县数（个）	数量（万担）
合计	**742**	**2758.89**					**1**	**42.7**	**4**	**138.66**	**13**	**298.1**	**59**	**794.78**	**109**	**759.44**	**246**	**653.12**	**310**	**72.09**
上海	11	90.29											5	71.17	2	17.92			4	1.20
浙江	12	80.27							1	34.85					3	20.45	8	24.97		
江苏	67	339.88							3	103.81	2	50.06	7	104.59	5	36.92	16	39.80	34	4.70
湖北	55	285.24					1	42.70			1	25.93	9	119.41	7	48.77	16	45.21	21	3.22
安徽	44	84.42											1	10.80	3	22.70	20	47.26	20	3.66
四川	20	135.93									1	21.02	4	47.54	5	38.27	8	28.25	2	0.85
江西	25	25.29													1	5.52	10	17.35	14	2.42
湖南	40	44.58											1	14.67	1	5.00	8	18.78	30	6.13
河北	116	507.84									4	91.95	8	115.88	25	167.23	44	116.85	35	15.93
山东	98	297.89									2	42.01	6	80.63	12	88.55	27	72.42	51	14.28
河南	89	354.92									2	45.46	3	34.78	22	148.13	41	120.27	21	6.28
陕西	27	193.84									1	21.67	7	98.04	7	46.06	9	27.65	3	0.42
山西	35	179.84											7	85.73	8	57.51	14	33.91	6	2.69
新疆自治区	54	74.38													5	34.58	12	32.89	37	6.91
新疆兵团	11																		11	
辽宁	13	29.83											1	11.54	2	14.55	1	3.74	9	
甘肃	8	7.72															3	6.92	5	0.80
天津	5	4.22															2	3.40	3	0.82
北京	6	7.50															4	6.60	2	0.90
云南	6	15.01													1	7.28	3	6.85	2	0.88

6－1－15　全国各地区产棉县1960年棉花面积、产量、收购量分类

地区	面积合计																			
	合计		60万亩以上		50－60万亩		40－50万亩		30－40万亩		20－30万亩		10－20万亩		5－10万亩		1－5万亩		1万亩以下	
	县数（个）	数量（万亩）	县数（个）	数量（万亩）	县数（个）	数量（万亩）	县数（个）	数量（万亩）	县数（个）	数量（万亩）	县数（个）	数量（万亩）	县数（个）	数量（万亩）	县数（个）	数量（万亩）	县数（个）	数量（万亩）	县数（个）	数量（万亩）
合计	**742**	**6874.63**	**1**	**66.00**	**5**	**273.44**	**16**	**706.25**	**21**	**718.50**	**56**	**1346.12**	**150**	**2102.57**	**159**	**1145.89**	**167**	**485.12**	**167**	**30.75**
上海	11	112.14									2	47.13	4	53.44	1	9.89			4	1.68
浙江	12	120.05					1	43.59					2	22.52	7	48.38	2	5.56		
江苏	67	718.63			3	160.94	2	87.78	3	100.65	4	104.09	11	173.57	9	63.29	8	23.29	27	5.02
湖北	55	611.20			1	59.78	3	129.69	2	68.28	6	142.93	9	122.96	9	60.72	10	26.35	15	0.49
安徽	44	268.58							2	72.21			6	80.07	10	75.66	15	40.03	11	0.61
四川	20	314.43			1	52.72	1	42.48			2	42.49	11	155.35	2	12.60	2	8.79	1	
江西	25	108.63											1	11.20	11	81.61	6	13.82	7	2.00
湖南	40	113.26									1	22.38	2	21.76	7	44.64	9	20.18	21	4.30
河北	116	1381.00					5	225.91	2	73.15	13	317.32	30	426.77	33	249.21	28	85.45	5	3.19
山东	98	926.73					3	131.03	5	168.80	10	252.53	15	209.97	11	75.90	31	83.00	23	5.50
河南	89	1006.63	1	66.00			1	45.77	2	71.44	5	113.93	31	456.72	27	201.63	17	49.84	5	1.30
陕西	27	371.31							3	98.13	5	115.68	9	114.72	5	30.27	3	12.51	2	
山西	35	389.07							1	30.76	5	114.90	11	153.15	7	50.83	11	39.44		
新疆自治区	54	161.44											3	36.72	10	71.70	16	48.51	25	4.51
新疆兵团	11	74.16									2	50.74	1	12.62	1	9.60			7	1.20
辽宁	13	75.72							1	35.08	1	22.00			2	14.15	1	4.49	8	
甘肃	8	41.79											3	39.36			1	2.43	4	
天津	5	19.25													2	16.48	1	1.82	2	0.95
北京	6	25.21													2	12.21	4	13.00		
云南	6	35.40											1	11.67	3	17.12	2	6.61		

6－1－15 续表1

地区	产量合计																	
	合计		60万担以上		50－60万担		40－50万担		30－40万担		20－30万担		10－20万担		5－10万担		1－5万担		1万担以下	
	县数（个）	数量（万担）	县数（个）	数量（万担）	县数（个）	数量（万担）	县数（个）	数量（万担）	县数（个）	数量（万担）	县数（个）	数量（万担）	县数（个）	数量（万担）	县数（个）	数量（万担）	县数（个）	数量（万担）	县数（个）	数量（万担）
合计	**742**	**2000.92**					**1**	**45.00**			**6**	**147.35**	**36**	**492.03**	**69**	**484.05**	**295**	**747.64**	**335**	**84.85**
上海	11	74.54											2	36.79	5	36.83			4	0.92
浙江	12	90.36					1	45.00					1	11.01	2	12.61	8	21.74		
江苏	67	250.46									2	48.02	9	120.00	5	33.67	15	42.99	36	5.78
湖北	55	196.60									1	20.71	5	63.81	9	64.94	15	42.67	25	4.47
安徽	44	61.69											1	12.00	1	9	17	34.87	25	5.82
四川	20	62.98													4	30.88	10	28.82	6	3.28
江西	25	32.69													1	7.46	8	19.53	16	5.70
湖南	40	44.28													1	9.92	10	29.77	29	4.59
河北	116	379.84											8	123.95	11	74.59	66	168.64	31	12.66
山东	98	157.75									1	22.90	2	22.38	3	21.32	31	74.17	61	16.98
河南	89	312.08									2	55.72	4	54.79	10	65.34	51	128.37	22	7.86
陕西	27	138.12											4	47.30	8	54.87	13	35.95	2	
山西	35	93.62													6	43.06	19	45.06	10	5.50
新疆自治区	54	44.96															16	39.50	38	5.46
新疆兵团	11	17.52													2	13.06	2	4.33	7	0.13
辽宁	13	16.70													1	6.5	3	9.68	9	0.52
甘肃	8	5.07															2	4.03	6	1.04
天津	5	3.73															2	3.06	3	0.67
北京	6	9.02															4	7.86	2	1.16
云南	6	8.91															3	6.60	3	2.31

6－1－15　续表2

地　　区	收购量合计																	
	合　计		60万担以上		50－60万担		40－50万担		30－40万担		20－30万担		10－20万担		5－10万担		1－5万担	
	县数（个）	数量（万担）	县数（个）	数量（万担）	县数（个）	数量（万担）	县数（个）	数量（万担）	县数（个）	数量（万担）	县数（个）	数量（万担）	县数（个）	数量（万担）	县数（个）	数量（万担）	县数（个）	数量（万担）
合　　计	**742**	**1793.97**					**1**	**43.88**	**1**	**30.44**	**3**	**68.59**	**35**	**471.75**	**64**	**438.09**	**258**	**655.47**
上　　海	11	74.04											2	36.49	5	36.63		
浙　　江	12	83.53					1	43.88							2	16.06	9	23.59
江　　苏	67	239.33									2	47.22	9	113.89	5	33.22	15	39.55
湖　　北	55	176.90											4	59.81	10	72.65	15	41.02
安　　徽	44	45.94											1	10.50			13	28.10
四　　川	20	55.74													3	23.45	9	27.95
江　　西	25	25.82													1	7.32	8	15.06
湖　　南	40	37.94											1	10.58			9	24.27
河　　北	116	358.08											8	117.78	12	76.78	61	152.01
山　　东	98	128.55									1	21.37	1	10.85	3	24.68	24	56.27
河　　南	89	276.89							1	30.44			4	55.61	10	65.60	41	113.50
陕　　西	27	126.01											5	56.24	6	34.54	13	35.02
山　　西	35	85.85													6	41.18	15	37.97
新疆自治区	54	41.94															14	35.72
新疆兵团	11																	
辽　　宁	13	12.13													1	5.98	2	5.79
甘　　肃	8	4.84															2	3.88
天　　津	5	3.73															2	2.68
北　　京	6	8.10															4	7.10
云　　南	6	8.60															2	5.99

地　　区	1万担以下 县数（个）	1万担以下 数量（万担）
合　　计	**380**	**85.75**
上　　海	4	0.92
浙　　江		
江　　苏	36	5.45
湖　　北	26	3.42
安　　徽	30	7.34
四　　川	8	4.34
江　　西	16	3.44
湖　　南	30	3.09
河　　北	35	11.51
山　　东	69	15.38
河　　南	33	11.74
陕　　西	3	0.21
山　　西	14	6.70
新疆自治区	40	6.22
新疆兵团	11	
辽　　宁	10	0.36
甘　　肃	6	0.96
天　　津	3	1.05
北　　京	2	1.00
云　　南	4	2.61

6-1-16 全国各地区产棉县1961年棉花面积、产量、收购量分类

地区	面积合计																	
	合计		60万亩以上		50-60万亩		40-50万亩		30-40万亩		20-30万亩		10-20万亩		5-10万亩		1-5万亩		1万亩以下	
	县数(个)	数量(万亩)	县数(个)	数量(万亩)	县数(个)	数量(万亩)	县数(个)	数量(万亩)	县数(个)	数量(万亩)	县数(个)	数量(万亩)	县数(个)	数量(万亩)	县数(个)	数量(万亩)	县数(个)	数量(万亩)	县数(个)	数量(万亩)
合计	**742**	**5270.30**	**1**	**60.14**	**5**	**261.63**	**6**	**262.18**	**15**	**517.90**	**35**	**834.06**	**108**	**1522.65**	**158**	**1136.28**	**223**	**631.24**	**191**	**44.22**
上海	11	112.99									2	48.49	4	52.37	1	9.91	1	1.54	3	0.68
浙江	12	90.39					1	40.66					1	10.61	3	18.73	7	20.39		
江苏	67	659.06			5	261.63	1	49.57	1	30.32	5	116.70	6	96.72	10	77.59	9	22.07	30	4.46
湖北	55	585.12	1	60.14			1	41.24	4	141.79	6	135.90	8	109.19	10	73.62	9	22.13	16	1.11
安徽	44	143.70									1	20.51	1	17.54	8	53.93	18	46.72	16	5.00
四川	20	282.41					2	86.89					9	146.24	5	38.55	3	10.73	1	
江西	25	76.52													8	50.41	8	23.77	9	2.34
湖南	40	101.13											3	40.20	6	35.62	10	21.02	21	4.29
河北	116	1147.46							7	244.67	7	162.83	28	390.10	34	248.72	31	95.99	9	5.15
山东	98	585.94							2	67.13	3	81.90	16	218.41	15	116.30	35	92.40	27	9.80
河南	89	529.10					1	43.82			2	56.29	7	93.96	31	216.38	41	115.64	7	3.01
陕西	27	337.00							1	33.99	5	120.58	9	125.02	4	32.80	6	24.61	2	
山西	35	314.63									2	49.05	11	161.45	8	62.95	14	41.18		
新疆自治区	54	139.91											2	23.52	10	68.74	14	42.83	28	4.82
新疆兵团	11	53.39									1	21.37	2	26.32			2	4.71	6	0.99
辽宁	13	46.58									1	20.44	1	11.00	1	6.31	2	7.98	8	0.85
甘肃	8	7.06															3	6.53	5	0.53
天津	5	14.19													1	7.47	2	5.54	2	1.18
北京	6	25.11													2	12.91	4	12.20		
云南	6	18.61													1	5.34	4	13.26	1	0.01

6-1-16 续表1

地区	产量合计																	
	合计		60万担以上		50-60万担		40-50万担		30-40万担		20-30万担		10-20万担		5-10万担		1-5万担		1万担以下	
	县数（个）	数量（万担）	县数（个）	数量（万担）	县数（个）	数量（万担）	县数（个）	数量（万担）	县数（个）	数量（万担）	县数（个）	数量（万担）	县数（个）	数量（万担）	县数（个）	数量（万担）	县数（个）	数量（万担）	县数（个）	数量（万担）
合计	**742**	**1445.68**							**3**	**107.54**	**4**	**95.93**	**18**	**237.49**	**53**	**369.38**	**223**	**501.98**	**441**	**133.35**
上海	11	71.22											3	41.28	4	28.7			4	1.24
浙江	12	65.70							1	36.93					1	8.1	7	18.59	3	2.08
江苏	67	282.47							1	36.62	4	95.93	7	91.28	3	24.04	12	28.46	40	6.14
湖北	55	218.17							1	33.99			4	60.24	12	89.15	14	31.04	24	3.75
安徽	44	34.80															12	26.44	32	8.36
四川	20	41.57													2	11.51	11	27.60	7	2.46
江西	25	18.06															5	11.75	20	6.31
湖南	40	30.37													1	6.47	10	20.28	29	3.62
河北	116	226.84											2	22.84	10	66.17	53	114.38	51	23.45
山东	98	71.01											1	11.29	2	12.01	13	23.11	82	24.60
河南	89	96.81													3	19.57	26	48.31	60	28.93
陕西	27	96.12													7	50.28	15	43.08	5	2.76
山西	35	106.10											1	10.56	6	41.96	18	47.85	10	5.73
新疆自治区	54	45.26													1	5.79	15	33.62	38	5.85
新疆兵团	11	16.47													1	5.63	3	10.49	7	0.35
辽宁	13	6.94															3	5.40	10	1.54
甘肃	8	0.79																	8	0.79
天津	5	2.95															1	1.27	4	1.68
北京	6	9.68															4	8.51	2	1.17
云南	6	4.34															1	1.80	5	2.54

6－1－16 续表 2

地区	收购量合计																			
	合计		60 万担以上		50－60 万担		40－50 万担		30－40 万担		20－30 万担		10－20 万担		5－10 万担		1－5 万担		1 万担以下	
	县数（个）	数量（万担）	县数（个）	数量（万担）	县数（个）	数量（万担）	县数（个）	数量（万担）	县数（个）	数量（万担）	县数（个）	数量（万担）	县数（个）	数量（万担）	县数（个）	数量（万担）	县数（个）	数量（万担）	县数（个）	数量（万担）
合计	**742**	**1233.27**							**3**	**101.51**	**4**	**93.72**	**17**	**215.50**	**41**	**292.43**	**187**	**427.64**	**490**	**102.48**
上海	11	70.15											3	40.33	4	28.69			4	1.13
浙江	12	63.82							1	35.80					1	8.00	7	18.18	3	1.84
江苏	67	267.55							1	33.22	4	93.72	6	75.92	4	32.81	11	26.01	41	5.87
湖北	55	193.25							1	32.49			4	56.54	10	67.46	14	33.32	26	3.44
安徽	44	26.75															11	21.06	33	5.69
四川	20	35.72													1	5.87	12	28.15	7	1.70
江西	25	12.67															4	7.94	21	4.73
湖南	40	27.51													1	7.19	9	17.89	30	2.43
河北	116	193.05											2	21.35	7	46.87	49	106.23	58	18.60
山东	98	40.54											1	11.20			7	17.81	90	11.53
河南	89	54.53													1	7.92	12	22.66	76	23.95
陕西	27	82.29													5	37.05	14	41.17	8	4.07
山西	35	96.38											1	10.16	5	35.89	15	43.75	14	6.58
新疆自治区	54	39.98													1	5.71	14	30.05	39	4.22
新疆兵团	11	8.97													1	8.97			10	
辽宁	13	5.16															3	4.35	10	0.81
甘肃	8	0.69																	8	0.69
天津	5	1.68																	5	1.68
北京	6	8.20															4	7.20	2	1.00
云南	6	4.38															1	1.87	5	2.51

6－1－17 全国各地区产棉县1962年棉花面积、产量、收购量分类

地区	面积合计																	
	合计		60万亩以上		50－60万亩		40－50万亩		30－40万亩		20－30万亩		10－20万亩		5－10万亩		1－5万亩	
	县数（个）	数量（万亩）	县数（个）	数量（万亩）	县数（个）	数量（万亩）	县数（个）	数量（万亩）	县数（个）	数量（万亩）	县数（个）	数量（万亩）	县数（个）	数量（万亩）	县数（个）	数量（万亩）	县数（个）	数量（万亩）
合计	**742**	**4754.15**	**1**	**60.69**	**3**	**153.88**	**10**	**439.85**	**8**	**274.84**	**26**	**631.38**	**94**	**1304.01**	**161**	**1155.56**	**239**	**684.11**
上海	11	101.97									1	22.16	3	49.15	3	27.41	2	2.48
浙江	12	90.93					1	41.55					1	10.83	4	25.72	5	12.44
江苏	67	615.31			3	153.88	3	135.99	1	30.44	2	53.34	8	135.05	11	82.36	8	18.62
湖北	55	600.66	1	60.69			3	128.09	1	31.77	6	146.63	10	134.80	10	73.20	8	23.84
安徽	44	144.86											2	27.55	10	68.23	17	45.04
四川	20	266.47					1	49.72	1	37.62	1	20.04	8	118.70	3	22.99	4	17.01
江西	25	64.31													6	34.81	8	26.31
湖南	40	91.23											2	26.05	6	36.10	10	24.57
河北	116	994.32					2	84.50	2	74.01	7	177.00	23	302.42	34	237.08	39	114.84
山东	98	560.25							2	70.16	3	66.70	12	157.02	18	142.57	43	118.00
河南	89	439.76							1	30.84	1	23.27	6	87.50	24	159.51	45	132.31
陕西	27	264.29									3	74.56	6	88.31	9	74.62	7	26.80
山西	35	268.08									2	47.68	9	120.95	8	66.15	12	29.84
新疆自治区	54	125.11											2	24.08	8	53.06	14	41.82
新疆兵团	11	29.69													3	26.05	1	2.86
辽宁	13	34.21											2	21.60			3	11.72
甘肃	8	6.44															3	6.08
天津	5	15.90													1	8.25	2	6.84
北京	6	24.20													2	11.80	4	12.40
云南	6	16.16													1	5.65	4	10.29

地区	1万亩以下 县数（个）	1万亩以下 数量（万亩）
合计	**200**	**49.83**
上海	2	0.77
浙江	1	0.39
江苏	31	5.63
湖北	16	1.64
安徽	15	4.04
四川	2	0.39
江西	11	3.19
湖南	22	4.51
河北	9	4.47
山东	20	5.80
河南	12	6.33
陕西	2	
山西	4	3.46
新疆自治区	30	6.15
新疆兵团	7	0.78
辽宁	8	0.89
甘肃	5	0.36
天津	2	0.81
北京		
云南	1	0.22

6－1－17　续表1

地区	产量合计																			
	合计		60万担以上		50－60万担		40－50万担		30－40万担		20－30万担		10－20万担		5－10万担		1－5万担		1万担以下	
	县数（个）	数量（万担）	县数（个）	数量（万担）	县数（个）	数量（万担）	县数（个）	数量（万担）	县数（个）	数量（万担）	县数（个）	数量（万担）	县数（个）	数量（万担）	县数（个）	数量（万担）	县数（个）	数量（万担）	县数（个）	数量（万担）
合　计	**742**	**1337.31**							**2**	**69.70**	**4**	**85.23**	**18**	**231.71**	**47**	**332.34**	**210**	**482.41**	**461**	**135.92**
上　海	11	56.72											2	26.77	3	19.45	2	9.16	4	1.34
浙　江	12	62.13							1	35.34					1	8.90	5	15.76	5	2.13
江　苏	67	163.45									2	41.73	3	44.46	6	45.53	8	23.09	48	8.64
湖　北	55	266.84							1	34.36	2	43.50	6	79.77	11	73.39	14	32.18	21	3.64
安　徽	44	27.68															10	19.22	34	8.46
四　川	20	44.96													2	14.54	10	27.32	8	3.10
江　西	25	18.10													1	5.21	5	8.73	19	4.16
湖　南	40	35.86											1	10.71			10	22.18	29	2.97
河　北	116	257.23											5	59.08	5	40.88	57	135.32	49	21.95
山　东	98	84.11													4	28.58	16	29.43	78	26.10
河　南	89	74.62													2	12.7	18	31.03	69	30.89
陕　西	27	86.89													6	44.66	15	38.85	6	3.38
山　西	35	83.78											1	10.92	4	27.85	15	39.37	15	5.64
新疆自治区	54	37.84													1	5.01	13	26.07	40	6.76
新疆兵团	11	11.97													1	5.64	2	5.54	8	0.79
辽　宁	13	6.72															4	6.03	9	0.69
甘　肃	8	0.23																	8	0.23
天　津	5	2.08																	5	2.08
北　京	6	9.94															4	8.71	2	1.23
云　南	6	6.16															2	4.42	4	1.74

6-1-17 续表2

地区	收购量合计																	
	合计		60万担以上		50-60万担		40-50万担		30-40万担		20-30万担		10-20万担		5-10万担		1-5万担		1万担以下	
	县数（个）	数量（万担）	县数（个）	数量（万担）	县数（个）	数量（万担）	县数（个）	数量（万担）	县数（个）	数量（万担）	县数（个）	数量（万担）	县数（个）	数量（万担）	县数（个）	数量（万担）	县数（个）	数量（万担）	县数（个）	数量（万担）
合计	**742**	**1183.66**							**2**	**66.69**	**3**	**60.81**	**19**	**239.28**	**41**	**286.78**	**178**	**420.59**	**499**	**109.51**
上海	11	53.53											2	25.49	3	18.15	2	8.66	4	1.23
浙江	12	60.32							1	34.18					1	8.70	5	15.58	5	1.86
江苏	67	155.60									2	40.29	3	44.11	6	42.59	9	21.66	47	6.95
湖北	55	240.65							1	32.51	1	20.52	7	91.18	8	53.36	12	36.91	26	6.17
安徽	44	22.76															8	15.43	36	7.33
四川	20	40.31													1	9.02	11	28.66	8	2.63
江西	25	13.57													1	5.06	2	3.26	22	5.25
湖南	40	34.71											1	10.66			10	22.08	29	1.97
河北	116	236.75											5	57.57	6	44.05	51	115.68	54	19.45
山东	98	59.70													3	21.51	11	23.26	84	14.93
河南	89	50.40													2	12.02	8	15.64	79	22.74
陕西	27	75.90													4	32.48	16	40.40	7	3.02
山西	35	77.64											1	10.27	4	27.03	14	35.88	16	4.46
新疆自治区	54	34.27													1	5.22	11	23.04	42	6.01
新疆兵团	11	7.59													1	7.59			10	
辽宁	13	4.35															2	2.90	11	1.45
甘肃	8	0.17																	8	0.17
天津	5	1.29																	5	1.29
北京	6	8.30															4	7.20	2	1.10
云南	6	5.84															2	4.35	4	1.49

6－1－18　全国各地区产棉县1963年棉花面积、产量、收购量分类

地　　区	面积合计																	
	合　计		60万亩以上		50－60万亩		40－50万亩		30－40万亩		20－30万亩		10－20万亩		5－10万亩		1－5万亩		1万亩以下	
	县数（个）	数量（万亩）	县数（个）	数量（万亩）	县数（个）	数量（万亩）	县数（个）	数量（万亩）	县数（个）	数量（万亩）	县数（个）	数量（万亩）	县数（个）	数量（万亩）	县数（个）	数量（万亩）	县数（个）	数量（万亩）	县数（个）	数量（万亩）
合　　计	**742**	**5847.82**	**4**	**281.90**	**4**	**224.51**	**12**	**522.91**	**13**	**444.59**	**36**	**863.44**	**122**	**1734.48**	**153**	**1095.91**	**221**	**643.15**	**177**	**36.93**
上　　海	11	127.47									3	67.39	4	50.96	1	5.40	3	3.72		
浙　　江	12	108.26					1	45.17					2	22.63	4	28.60	5	11.86		
江　　苏	67	724.35	3	212.30	3	166.87			2	69.79	3	72.89	7	116.56	8	55.93	8	23.36	33	6.65
湖　　北	55	705.12	1	69.60			3	134.76	3	107.30	5	128.31	10	148.03	11	89.76	8	27.36	14	
安　　徽	44	193.44									1	27.88	3	41.41	11	82.18	17	40.64	12	1.33
四　　川	20	303.15			1	57.64	1	44.00			2	43.58	9	132.42	2	11.05	4	14.46	1	
江　　西	25	89.29											1	12.99	7	46.59	8	27.15	9	2.56
湖　　南	40	102.15											2	28.31	7	42.60	11	26.91	20	4.33
河　　北	116	1227.59					5	212.38	3	94.93	7	164.00	30	428.96	33	231.74	30	90.76	8	4.82
山　　东	98	764.06					1	42.50	3	107.86	7	164.70	17	240.50	14	105.00	35	97.40	21	6.10
河　　南	89	577.63					1	44.10	1	33.08			13	177.13	28	197.87	40	123.03	6	2.42
陕　　西	27	329.30							1	31.63	4	100.67	9	129.15	6	46.24	5	21.61	2	
山　　西	35	311.35									4	94.02	9	127.31	6	47.07	15	42.54	1	0.41
新疆自治区	54	137.88											2	25.86	8	58.68	17	49.24	27	4.10
新疆兵团	11	38.80											2	25.65	1	9.49	1	2.73	7	0.93
辽　　宁	13	41.83											2	26.61	1	5.79	3	9.43	7	
甘　　肃	8	5.89															2	4.63	6	1.26
天　　津	5	17.56													1	8.02	2	7.84	2	1.70
北　　京	6	26.74													3	18.24	3	8.50		
云　　南	6	15.96													1	5.66	4	9.98	1	0.32

6－1－18　续表1

地区	产量合计																	
	合计		60万担以上		50－60万担		40－50万担		30－40万担		20－30万担		10－20万担		5－10万担		1－5万担		1万担以下	
	县数（个）	数量（万担）	县数（个）	数量（万担）	县数（个）	数量（万担）	县数（个）	数量（万担）	县数（个）	数量（万担）	县数（个）	数量（万担）	县数（个）	数量（万担）	县数（个）	数量（万担）	县数（个）	数量（万担）	县数（个）	数量（万担）
合计	**742**	**2116.44**			**1**	**59.00**	**4**	**172.94**	**3**	**102.86**	**12**	**287.13**	**32**	**435.87**	**59**	**428.90**	**216**	**518.80**	**415**	**110.94**
上海	11	104.01									2	40.68	3	39.93	2	17.87	2	3.96	2	1.57
浙江	12	102.02					1	45.61					1	12.36	5	35.22	4	8.08	1	0.75
江苏	67	361.37					3	127.33	1	33.27	3	79.77	5	81.10	3	25.8	6	9.65	46	4.45
湖北	55	476.29			1	59.00			2	69.59	6	146.59	6	85.90	11	80.25	14	34.36	15	0.60
安徽	44	51.11													3	20.46	11	23.21	30	7.44
四川	20	102.29									1	20.09	2	22.63	6	40.36	6	17.28	5	1.93
江西	25	53.77											1	13.75	1	7.10	12	30.57	11	2.35
湖南	40	53.32											1	14.21			11	33.86	28	5.25
河北	116	186.33											2	23.21	5	34.20	51	107.06	58	21.86
山东	98	175.41											5	65.95	2	15.51	27	75.20	64	18.75
河南	89	82.07													2	17.36	20	40.45	67	24.26
陕西	27	124.60											3	36.68	7	49.67	14	37.43	3	0.82
山西	35	136.70											3	40.15	9	63.99	8	24.89	15	7.67
新疆自治区	54	46.87													1	6.63	14	34.05	39	6.19
新疆兵团	11	19.98													2	14.48	1	4.33	8	1.17
辽宁	13	12.94															4	11.41	9	1.53
甘肃	8	1.64															1	1.17	7	0.47
天津	5	4.90															2	3.77	3	1.13
北京	6	13.57															6	13.57		
云南	6	7.25															2	4.50	4	2.75

6－1－18　续表 2

地　区	收购量合计																			
	合　计		60 万担以上		50－60 万担		40－50 万担		30－40 万担		20－30 万担		10－20 万担		5－10 万担		1－5 万担		1 万担以下	
	县数（个）	数量（万担）	县数（个）	数量（万担）	县数（个）	数量（万担）	县数（个）	数量（万担）	县数（个）	数量（万担）	县数（个）	数量（万担）	县数（个）	数量（万担）	县数（个）	数量（万担）	县数（个）	数量（万担）	县数（个）	数量（万担）
合　计	**742**	**1940.06**			**1**	**56.7**	**4**	**167.98**	**2**	**67.28**	**11**	**265.93**	**33**	**453.89**	**55**	**391.88**	**184**	**438.42**	**452**	**97.98**
上　海	11	100.13											5	77.40	2	17.38	2	3.89	2	1.46
浙　江	12	96.91					1	44.38					1	11.64	5	33.91	4	6.50	1	0.48
江　苏	67	344.05					3	123.60			4	102.56	5	77.66	3	25.57	6	9.95	46	4.71
湖　北	55	459.48			1	56.70			2	67.28	6	143.23	6	82.76	11	77.30	11	28.88	18	3.33
安　徽	44	42.09													3	20.61	6	13.34	35	8.14
四　川	20	89.03									1	20.14	1	11.00	5	33.32	8	23.12	5	1.45
江　西	25	42.73											1	14.19			12	26.80	12	1.74
湖　南	40	52.86											1	15.99	1	5.20	11	30.16	27	1.51
河　北	116	171.08											1	12.63	6	43.43	45	93.77	64	21.25
山　东	98	149.31											5	65.21	1	9.47	18	58.68	74	15.95
河　南	89	62.48													2	16.61	14	28.49	73	17.38
陕　西	27	112.27											3	35.46	6	41.42	14	34.51	4	0.88
山　西	35	124.89											3	38.77	8	55.82	7	22.60	17	7.70
新疆自治区	54	46.88													2	11.84	13	29.71	39	5.33
新疆兵团	11	12.16											1	11.18					10	0.98
辽　宁	13	10.18															4	9.51	9	0.67
甘　肃	8	1.52															1	1.17	7	0.35
天　津	5	3.35															1	2.10	4	1.25
北　京	6	11.70															5	10.80	1	0.90
云　南	6	6.96															2	4.44	4	2.52

6－1－19　全国各地区产棉县1964年棉花面积、产量、收购量分类

地区	面积合计																	
	合计		60万亩以上		50－60万亩		40－50万亩		30－40万亩		20－30万亩		10－20万亩		5－10万亩		1－5万亩		1万亩以下	
	县数（个）	数量（万亩）	县数（个）	数量（万亩）	县数（个）	数量（万亩）	县数（个）	数量（万亩）	县数（个）	数量（万亩）	县数（个）	数量（万亩）	县数（个）	数量（万亩）	县数（个）	数量（万亩）	县数（个）	数量（万亩）	县数（个）	数量（万亩）
合计	**742**	**6436.40**	**5**	**354.97**	**9**	**487.93**	**11**	**478.71**	**13**	**441.65**	**48**	**1175.83**	**128**	**1778.70**	**147**	**1047.37**	**212**	**633.68**	**169**	**37.56**
上海	11	131.82									3	67.43	4	53.53	1	6.28	2	3.64	1	0.94
浙江	12	112.50					1	46.52					2	23.02	4	28.98	5	13.98		
江苏	67	794.77	4	280.04	2	117.68	1	40.50	1	35.22	5	124.81	9	131.89	6	36.91	8	22.66	31	5.06
湖北	55	796.94	1	74.93	3	156.93	1	44.27	3	112.25	6	162.53	12	167.11	6	52.22	8	26.70	15	
安徽	44	213.61									1	24.98	5	65.19	12	85.33	13	36.15	13	1.96
四川	20	323.97			1	58.22	1	48.58			3	64.92	8	123.01	4	25.03	1	3.87	2	0.34
江西	25	106.18											2	22.13	11	73.21	5	8.07	7	2.77
湖南	40	119.07											2	27.41	7	48.34	15	38.11	16	5.21
河北	116	1083.33					4	168.86	2	67.96	6	144.00	28	384.97	31	209.68	36	101.89	9	5.97
山东	98	991.38			2	102.70	3	129.98	3	94.40	11	277.90	14	216.10	7	61.20	36	101.70	22	7.40
河南	89	721.58			1	52.40			1	33.91	3	69.90	13	173.52	37	273.83	32	118.02	2	
陕西	27	362.42							2	67.25	6	144.88	8	99.89	4	28.86	5	21.54	2	
山西	35	365.32							1	30.66	4	94.48	12	165.34	5	34.49	12	39.37	1	0.98
新疆自治区	54	152.14											4	48.76	7	48.21	17	51.36	26	3.81
新疆兵团	11	48.76											3	44.70			1	2.82	7	1.24
辽宁	13	49.89											2	32.13	2	12.24	2	5.52	7	
甘肃	8	6.45															3	5.94	5	0.51
天津	5	19.30													1	9.56	3	9.46	1	0.28
北京	6	22.32													2	13.00	3	8.60	1	0.72
云南	6	14.65															5	14.28	1	0.37

6-1-19　续表1

地区	产量合计																	
	合计		60万担以上		50-60万担		40-50万担		30-40万担		20-30万担		10-20万担		5-10万担		1-5万担		1万担以下	
	县数(个)	数量(万担)	县数(个)	数量(万担)	县数(个)	数量(万担)	县数(个)	数量(万担)	县数(个)	数量(万担)	县数(个)	数量(万担)	县数(个)	数量(万担)	县数(个)	数量(万担)	县数(个)	数量(万担)	县数(个)	数量(万担)
合计	**742**	**3059.17**	**4**	**267.28**	**4**	**222.74**	**1**	**43.03**	**4**	**133.42**	**19**	**461.40**	**49**	**647.10**	**79**	**534.12**	**277**	**664.03**	**305**	**86.05**
上海	11	151.47							1	30.10	2	51.51	4	60.67			4	9.19		
浙江	12	125.00			1	58.49							2	23.02	4	31.57	4	11.04	1	0.88
江苏	67	659.82	3	203.74	3	164.25			2	69.99	4	99.19	4	60.39	4	23.2	12	34.77	35	4.29
湖北	55	497.80	1	63.54			1	43.03			9	210.95	6	81.48	9	68.26	12	29.42	17	1.12
安徽	44	104.86											3	31.06	4	29.74	16	39.00	21	5.06
四川	20	175.11							1	33.33	1	26.81	6	72.64	4	26.97	5	14.28	3	1.08
江西	25	49.37													2	15.6	12	30.79	11	2.98
湖南	40	57.87											1	12.99	1	6.3	11	30.50	27	8.08
河北	116	318.96											6	75.06	14	87.04	61	144.20	35	12.66
山东	98	245.59									1	20.80	5	71.39	12	72.17	28	63.25	52	17.98
河南	89	221.48									2	52.14	1	10.46	7	46.02	45	93.49	34	19.37
陕西	27	128.18											4	51.21	5	36.38	16	40.59	2	
山西	35	178.49											5	70.41	11	75.76	13	29.20	6	3.12
新疆自治区	54	55.68													1	6.21	17	42.68	36	6.79
新疆兵团	11	32.24											2	26.32			2	5.56	7	0.36
辽宁	13	23.62													1	8.9	4	13.98	8	0.74
甘肃	8	2.45															1	1.58	7	0.87
天津	5	6.52															3	6.02	2	0.50
北京	6	14.83															6	14.83		
云南	6	9.83															5	9.66	1	0.17

6-1-19 续表2

地区	收购量合计																	
	合计		60万担以上		50-60万担		40-50万担		30-40万担		20-30万担		10-20万担		5-10万担		1-5万担	
	县数（个）	数量（万担）	县数（个）	数量（万担）	县数（个）	数量（万担）	县数（个）	数量（万担）	县数（个）	数量（万担）	县数（个）	数量（万担）	县数（个）	数量（万担）	县数（个）	数量（万担）	县数（个）	数量（万担）
合计	**742**	**2815.96**	**2**	**138.70**	**6**	**333.16**	**1**	**42.51**	**2**	**66.49**	**21**	**516.70**	**40**	**543.78**	**72**	**499.36**	**237**	**588.36**
上海	11	148.36									3	79.89	4	59.48			4	8.99
浙江	12	124.47			1	57.20							2	23.53	4	31.47	5	12.27
江苏	67	636.68	1	76.98	5	275.96			1	33.22	5	126.98	4	60.39	4	22.73	12	35.76
湖北	55	484.99	1	61.72			1	42.51			9	209.64	5	69.31	9	69.56	11	29.54
安徽	44	75.01											1	10.23	5	32.83	13	26.25
四川	20	163.66							1	33.27	1	27.27	5	59.36	3	20.43	6	21.36
江西	25	40.65											1	10.05			11	27.86
湖南	40	53.07											1	12.88	1	6.00	9	29.00
河北	116	296.87											5	63.06	12	78.39	55	139.43
山东	98	213.32									1	20.02	4	59.73	9	58.93	25	62.28
河南	89	173.38									1	28.03	1	19.94	6	42.60	30	64.05
陕西	27	113.81											3	38.14	6	44.50	13	29.12
山西	35	162.44											4	57.68	11	76.45	11	24.15
新疆自治区	54	51.31													1	6.62	14	37.39
新疆兵团	11	26.74									1	24.87					1	1.27
辽宁	13	20.98													1	8.85	3	11.49
甘肃	8	2.24															1	1.58
天津	5	5.55															2	4.14
北京	6	12.70															6	12.70
云南	6	9.73															5	9.73

地区	1万担以下	
	县数（个）	数量（万担）
合计	**361**	**86.90**
上海		
浙江		
江苏	35	4.66
湖北	19	2.71
安徽	25	5.70
四川	4	1.97
江西	13	2.74
湖南	29	5.19
河北	44	15.99
山东	59	12.36
河南	51	18.76
陕西	5	2.05
山西	9	4.16
新疆自治区	39	7.30
新疆兵团	9	0.60
辽宁	9	0.64
甘肃	7	0.66
天津	3	1.41
北京		
云南	1	

6-1-20　全国各地区产棉县1965年棉花面积、产量、收购量分类

地区	面积合计																			
	合计		60万亩以上		50-60万亩		40-50万亩		30-40万亩		20-30万亩		10-20万亩		5-10万亩		1-5万亩		1万亩以下	
	县数（个）	数量（万亩）	县数（个）	数量（万亩）	县数（个）	数量（万亩）	县数（个）	数量（万亩）	县数（个）	数量（万亩）	县数（个）	数量（万亩）	县数（个）	数量（万亩）	县数（个）	数量（万亩）	县数（个）	数量（万亩）	县数（个）	数量（万亩）
合计	**742**	**6557.71**	**5**	**359.53**	**5**	**282.94**	**13**	**564.32**	**17**	**572.59**	**46**	**1113.55**	**137**	**1921.43**	**156**	**1116.98**	**213**	**597.93**	**150**	**28.44**
上海	11	141.65									3	67.34	4	55.98	2	13.99	2	4.34		
浙江	12	111.59					1	45.56					2	22.95	4	29.04	5	14.04		
江苏	67	813.35	4	284.18	2	117.91	1	40.46	1	35.10	4	98.95	9	135.71	10	71.07	9	22.62	27	7.35
湖北	55	780.78	1	75.35	1	59.49	4	172.73	3	96.86	6	148.32	9	132.50	10	78.38	6	17.15	15	
安徽	44	285.11							1	33.03			12	155.57	9	68.34	12	27.80	10	0.37
四川	20	325.74			1	53.54	1	45.73			2	42.70	10	153.53	4	25.80	1	4.23	1	0.21
江西	25	124.02											3	36.49	10	75.54	7	10.86	5	1.13
湖南	40	148.44											3	42.86	8	53.08	20	50.70	9	1.80
河北	116	1062.49					1	41.22	5	184.82	5	122.46	28	390.27	32	220.11	34	99.22	11	4.39
山东	98	1012.22					5	218.62	3	95.30	14	354.40	13	184.00	10	75.70	31	77.40	22	6.80
河南	89	668.29			1	52.00			1	31.55	2	44.74	15	193.25	30	219.60	38	127.15	2	
陕西	27	356.95							2	65.11	5	121.87	8	109.24	6	44.08	4	16.65	2	
山西	35	367.48							1	30.82	3	71.56	13	188.86	6	39.24	12	37.00		
新疆自治区	54	171.04											5	65.95	8	53.89	16	47.48	25	3.72
新疆兵团	11	65.28									2	41.21	1	17.99			2	4.87	6	1.21
辽宁	13	54.58											2	36.28	2	12.56	2	5.74	7	
甘肃	8	6.65															3	6.12	5	0.53
天津	5	17.29													1	9.76	2	6.86	2	0.67
北京	6	30.32													3	21.72	3	8.60		
云南	6	14.44													1	5.08	4	9.10	1	0.26

6－1－20　续表1

地区	产量合计																	
	合计		60万担以上		50－60万担		40－50万担		30－40万担		20－30万担		10－20万担		5－10万担		1－5万担		1万担以下	
	县数（个）	数量（万担）	县数（个）	数量（万担）	县数（个）	数量（万担）	县数（个）	数量（万担）	县数（个）	数量（万担）	县数（个）	数量（万担）	县数（个）	数量（万担）	县数（个）	数量（万担）	县数（个）	数量（万担）	县数（个）	数量（万担）
合计	**742**	**3881.36**	**6**	**429.79**			**3**	**134.99**	**8**	**254.48**	**22**	**543.55**	**75**	**1051.77**	**103**	**728.86**	**256**	**655.43**	**269**	**82.49**
上海	11	166.40							1	32.78	2	53.35	4	62.32	2	13.23	2	4.72		
浙江	12	147.28	1	68.96									3	36.97	3	28.04	5	13.31		
江苏	67	514.85	3	200.50			1	45.55	2	60.39	4	100.22	4	56.76	1	5.22	14	36.33	38	9.88
湖北	55	710.75	2	160.33			2	89.44	3	98.28	4	105.25	14	198.40	4	31.29	10	27.19	16	0.57
安徽	44	158.43											4	58.97	8	55.36	15	40.82	17	3.28
四川	20	183.59							1	30.69	1	29.75	6	68.73	6	42.09	5	12.28	1	0.05
江西	25	86.95											1	15.10	6	40.86	8	27.10	10	3.89
湖南	40	94.44											1	16.44	5	33.76	15	36.80	19	7.44
河北	116	513.00									3	66.24	9	134.05	22	152.38	53	147.07	29	13.26
山东	98	390.19									2	51.21	12	166.48	13	94.25	26	63.34	45	14.91
河南	89	267.32							1	32.34	1	27.80	2	27.25	9	63.34	44	98.69	32	17.90
陕西	27	210.11									1	20.85	8	117.16	6	43.14	10	28.96	2	
山西	35	214.67									2	43.73	5	64.18	9	65.68	14	37.81	5	3.27
新疆自治区	54	95.07											1	12.16	6	39.28	17	39.14	30	4.49
新疆兵团	11	56.14									2	45.15			1	8.05	1	1.65	7	1.29
辽宁	13	34.97											1	16.80	1	7.63	3	9.69	8	0.85
甘肃	8	3.36															1	2.23	7	1.13
天津	5	7.77															3	7.60	2	0.17
北京	6	17.10													1	5.26	5	11.84		
云南	6	8.97															5	8.86	1	0.11

6-1-20　续表2

地区	收购量合计																	
	合计		60万担以上		50-60万担		40-50万担		30-40万担		20-30万担		10-20万担		5-10万担		1-5万担		1万担以下	
	县数（个）	数量（万担）	县数（个）	数量（万担）	县数（个）	数量（万担）	县数（个）	数量（万担）	县数（个）	数量（万担）	县数（个）	数量（万担）	县数（个）	数量（万担）	县数（个）	数量（万担）	县数（个）	数量（万担）	县数（个）	数量（万担）
合计	**742**	**3559.70**	**5**	**368.26**	**1**	**57.94**	**3**	**129.2**	**8**	**250.78**	**19**	**465.81**	**71**	**997.03**	**91**	**633.32**	**222**	**582.23**	**322**	**75.13**
上海	11	163.31							1	32.14	2	52.44	4	61.27	2	13.00	2	4.46		
浙江	12	147.15	1	67.65									3	37.46	3	28.26	5	13.78		
江苏	67	504.29	2	141.16	1	57.94	1	41.81	1	30.27	5	126.12	4	53.55			17	46.46	36	6.98
湖北	55	687.02	2	159.45			2	87.39	3	96.79	4	104.49	13	177.55	5	37.36	8	21.71	18	2.28
安徽	44	139.30											4	55.66	7	46.55	13	33.30	20	3.79
四川	20	171.29							2	60.70			5	57.38	6	38.89	5	13.77	2	0.55
江西	25	75.71											1	15.16	5	32.79	8	25.15	11	2.61
湖南	40	78.88											1	18.08	4	26.74	8	27.42	27	6.64
河北	116	478.72									2	45.35	10	148.62	22	145.91	50	128.23	32	10.61
山东	98	321.46									2	49.96	10	137.89	10	70.08	19	51.45	57	12.08
河南	89	207.33							1	30.88	1	24.05	1	15.74	7	49.13	31	71.50	48	16.03
陕西	27	201.28									1	20.63	7	108.92	5	38.56	10	31.83	4	1.34
山西	35	197.91									2	42.77	5	61.91	9	62.27	11	26.34	8	4.62
新疆自治区	54	98.30											1	12.30	5	36.75	17	44.96	31	4.29
新疆兵团	11	22.01											1	18.81			1	2.30	9	0.90
辽宁	13	31.35											1	16.73	1	7.03	2	6.81	9	0.78
甘肃	8	3.13															1	2.23	7	0.90
天津	5	7.91															3	7.18	2	0.73
北京	6	14.60															6	14.60		
云南	6	8.75															5	8.75	1	

6-1-21 全国各地区产棉县1966年棉花面积、产量、收购量分类

地区	面积合计																	
	合计		60万亩以上		50-60万亩		40-50万亩		30-40万亩		20-30万亩		10-20万亩		5-10万亩		1-5万亩		1万亩以下	
	县数（个）	数量（万亩）	县数（个）	数量（万亩）	县数（个）	数量（万亩）	县数（个）	数量（万亩）	县数（个）	数量（万亩）	县数（个）	数量（万亩）	县数（个）	数量（万亩）	县数（个）	数量（万亩）	县数（个）	数量（万亩）	县数（个）	数量（万亩）
合计	**742**	**6483.43**	**5**	**349.22**	**5**	**279.45**	**8**	**346.10**	**20**	**664.36**	**46**	**1106.29**	**136**	**1899.40**	**157**	**1130.78**	**234**	**682.78**	**131**	**25.05**
上海	11	141.35									3	66.80	4	55.47	2	14.43	2	4.65		
浙江	12	104.15					1	43.58					1	10.41	5	37.41	5	12.75		
江苏	67	859.11	3	210.57	3	176.61	1	40.55	3	99.61	4	94.29	8	120.56	9	66.19	16	44.52	20	6.21
湖北	55	838.66	2	138.65			4	177.04	5	166.12	3	80.29	14	205.69	7	53.53	6	17.34	14	
安徽	44	322.09									4	97.26	9	119.98	10	69.94	11	34.23	10	0.68
四川	20	314.04			1	51.34	1	42.54			1	21.33	11	168.51	4	25.31	1	4.94	1	0.07
江西	25	129.95											3	39.24	10	77.67	7	11.11	5	1.93
湖南	40	178.19											3	47.76	12	77.17	18	52.32	7	0.94
河北	116	773.82							1	30.98	5	120.06	21	273.60	29	206.27	48	137.81	12	5.10
山东	98	996.99					1	42.39	8	273.10	12	291.40	14	204.90	10	81.60	37	99.40	16	4.20
河南	89	740.84			1	51.50					4	100.12	18	239.44	34	245.00	30	104.78	2	
陕西	27	354.39							2	63.89	6	141.87	8	99.65	4	28.38	5	20.60	2	
山西	35	362.30							1	30.66	3	71.78	13	186.29	5	34.49	13	39.08		
新疆自治区	54	177.43											5	63.45	8	57.07	18	54.00	23	2.91
新疆兵团	11	63.71									1	21.09	2	28.90	1	5.29	3	7.86	4	0.57
辽宁	13	54.48											2	35.55	2	12.53	2	6.40	7	
甘肃	8	6.29															2	5.03	6	1.26
天津	5	19.05													1	9.95	3	8.38	1	0.72
北京	6	31.65													3	23.05	3	8.60		
云南	6	14.94													1	5.50	4	8.98	1	0.46

6－1－21 续表1

地区	产量合计																	
	合计		60万担以上		50－60万担		40－50万担		30－40万担		20－30万担		10－20万担		5－10万担		1－5万担	
	县数（个）	数量（万担）	县数（个）	数量（万担）	县数（个）	数量（万担）	县数（个）	数量（万担）	县数（个）	数量（万担）	县数（个）	数量（万担）	县数（个）	数量（万担）	县数（个）	数量（万担）	县数（个）	数量（万担）
合计	**742**	**4252.46**	**5**	**412.14**	**5**	**258.10**	**5**	**228.33**	**11**	**367.99**	**12**	**301.33**	**77**	**1075.09**	**116**	**831.17**	**284**	**709.17**
上海	11	151.54									3	75.49	4	60.49	2	11.35	2	4.21
浙江	12	115.98			1	51.02							1	12.86	5	39.84	5	12.26
江苏	67	761.39	3	232.31	3	156.42	1	48.24	3	95.20	2	50.88	6	88.11	6	41.59	18	42.78
湖北	55	850.58	2	179.83	1	50.66	3	135.59	4	134.11	4	107.35	11	164.00	9	64.05	5	13.34
安徽	44	186.77											6	82.78	7	52.20	18	49.98
四川	20	280.60							2	68.87	1	26.06	11	162.33	2	14.68	3	8.62
江西	25	76.20											1	14.38	4	30.07	10	28.65
湖南	40	101.33											2	26.18	3	17.20	20	52.03
河北	116	296.63											4	52.23	12	78.69	60	148.74
山东	98	379.05							1	39.56			12	150.77	14	105.14	34	68.94
河南	89	447.84					1	44.50	1	30.25			6	75.48	23	161.96	51	131.92
陕西	27	207.18									1	21.32	6	85.98	11	82.20	6	16.70
山西	35	169.62											4	51.34	10	76.18	15	38.40
新疆自治区	54	104.39											1	12.51	6	43.05	16	42.56
新疆兵团	11	49.70									1	20.23	1	18.65			5	10.50
辽宁	13	38.22											1	17.00	2	12.97	2	7.33
甘肃	8	4.54															1	3.08
天津	5	7.41															3	6.66
北京	6	14.94															6	14.94
云南	6	8.55															4	7.53

地区	1万担以下 县数（个）	1万担以下 数量（万担）
合计	**227**	**69.14**
上海		
浙江		
江苏	25	5.86
湖北	16	1.65
安徽	13	1.81
四川	1	0.04
江西	10	3.10
湖南	15	5.92
河北	40	16.97
山东	37	14.64
河南	7	3.73
陕西	3	0.98
山西	6	3.70
新疆自治区	31	6.27
新疆兵团	4	0.32
辽宁	8	0.92
甘肃	7	1.46
天津	2	0.75
北京		
云南	2	1.02

6－1－21　续表2

地区	收购量合计																	
	合计		60万担以上		50－60万担		40－50万担		30－40万担		20－30万担		10－20万担		5－10万担		1－5万担		1万担以下	
	县数（个）	数量（万担）	县数（个）	数量（万担）	县数（个）	数量（万担）	县数（个）	数量（万担）	县数（个）	数量（万担）	县数（个）	数量（万担）	县数（个）	数量（万担）	县数（个）	数量（万担）	县数（个）	数量（万担）	县数（个）	数量（万担）
合计	**742**	**3941.72**	**5**	**403.68**	**2**	**102.83**	**7**	**321.06**	**10**	**340.31**	**13**	**332.48**	**70**	**965.38**	**108**	**772.69**	**249**	**626.73**	**278**	**76.56**
上海	11	148.81									3	74.05	4	59.71	1	6.14	3	8.91		
浙江	12	114.58					1	49.67					1	12.83	5	39.85	5	12.23		
江苏	67	743.51	3	231.43	1	52.16	3	135.94	2	63.81	3	79.28	6	86.77	6	41.34	18	45.50	25	7.28
湖北	55	817.25	2	172.25	1	50.67	3	135.45	4	131.54	4	102.85	10	143.85	8	59.46	7	19.95	16	1.23
安徽	44	166.37											6	79.04	8	55.82	14	29.02	16	2.49
四川	20	264.62							2	68.92	1	25.95	11	147.95	2	14.19	3	7.58	1	0.03
江西	25	65.35											1	14.42	4	25.97	8	21.95	12	3.01
湖南	40	87.88											1	17.58	4	26.59	12	34.67	23	9.04
河北	116	268.94											4	50.45	10	64.78	55	136.58	47	17.13
山东	98	327.42							1	37.84			8	105.45	14	111.17	25	59.24	50	13.72
河南	89	384.80							1	38.20	1	29.43	5	59.51	20	135.59	47	115.11	15	6.96
陕西	27	189.48									1	20.92	5	74.52	9	69.38	8	23.60	4	1.06
山西	35	155.14											4	49.38	10	72.15	11	28.09	10	5.52
新疆自治区	54	124.88											2	32.75	6	42.76	16	44.36	30	5.01
新疆兵团	11	17.43											1	14.96			1	1.97	9	0.50
辽宁	13	33.09											1	16.21	1	7.50	2	8.55	9	0.83
甘肃	8	4.31															1	3.08	7	1.23
天津	5	6.13															3	5.59	2	0.54
北京	6	13.20															6	13.20		
云南	6	8.53															4	7.55	2	0.98

6－1－22　全国各地区产棉县 1967 年棉花面积、产量、收购量分类

地区	面积合计																			
	合计		60 万亩以上		50－60 万亩		40－50 万亩		30－40 万亩		20－30 万亩		10－20 万亩		5－10 万亩		1－5 万亩		1 万亩以下	
	县数（个）	数量（万亩）	县数（个）	数量（万亩）	县数（个）	数量（万亩）	县数（个）	数量（万亩）	县数（个）	数量（万亩）	县数（个）	数量（万亩）	县数（个）	数量（万亩）	县数（个）	数量（万亩）	县数（个）	数量（万亩）	县数（个）	数量（万亩）
合计	**742**	**6726.80**	**5**	**350.82**	**4**	**227.07**	**9**	**393.01**	**18**	**595.98**	**55**	**1315.63**	**142**	**1954.78**	**172**	**1243.07**	**213**	**622.50**	**124**	**23.94**
上海	11	138.45									3	66.51	4	54.92	2	12.99	2	4.03		
浙江	12	102.12					1	42.29							6	47.42	5	12.41		
江苏	67	884.96	3	208.16	3	176.67	1	40.35	3	102.27	4	93.93	8	125.75	12	88.51	16	44.83	17	4.49
湖北	55	863.77	2	142.66			5	220.38	4	129.48	5	124.74	12	175.48	8	60.10	4	10.93	15	
安徽	44	319.15									3	67.20	11	146.71	10	70.38	11	34.86	9	
四川	20	316.40					2	89.99			1	20.68	12	178.13	4	26.76			1	0.84
江西	25	123.77											3	37.65	10	74.42	6	9.09	6	2.61
湖南	40	178.10									1	20.02	2	29.78	12	79.46	17	46.90	8	1.94
河北	116	828.93							1	31.77	6	145.73	21	280.73	31	227.08	48	139.07	9	4.55
山东	98	1034.26							7	236.76	15	376.80	17	238.70	12	83.70	35	96.20	12	2.10
河南	89	826.60			1	50.40					5	116.28	25	314.71	37	279.36	17	64.39	4	1.46
陕西	27	360.41							2	64.02	6	145.96	8	100.50	4	28.48	5	21.45	2	
山西	35	377.04							1	31.68	4	94.69	12	172.39	5	34.70	13	43.58		
新疆自治区	54	181.37											4	53.09	11	76.88	17	48.76	22	2.64
新疆兵团	11	65.81									2	43.09			2	14.13	3	8.06	4	0.53
辽宁	13	53.93											2	35.70	2	11.72	2	6.51	7	
甘肃	8	6.88															3	6.32	5	0.56
天津	5	19.51											1	10.54			2	7.29	2	1.68
北京	6	30.19													3	21.49	3	8.70		
云南	6	15.15													1	5.49	4	9.12	1	0.54

6－1－22　续表1

地　区	产量合计																	
	合　计		60万担以上		50－60万担		40－50万担		30－40万担		20－30万担		10－20万担		5－10万担		1－5万担	
	县数（个）	数量（万担）	县数（个）	数量（万担）	县数（个）	数量（万担）	县数（个）	数量（万担）	县数（个）	数量（万担）	县数（个）	数量（万担）	县数（个）	数量（万担）	县数（个）	数量（万担）	县数（个）	数量（万担）
合　计	**742**	**4303.21**	**5**	**367.91**	**4**	**218.05**	**5**	**214.50**	**13**	**441.05**	**12**	**283.35**	**76**	**1060.49**	**121**	**876.11**	**298**	**777.57**
上　海	11	158.35							1	30.15	2	49.85	4	62.38	2	11.89	2	4.08
浙　江	12	110.52					1	45.16					1	10.79	5	42.75	5	11.82
江　苏	67	759.19	3	208.45	3	167.85	1	41.28	2	66.22	4	98.67	4	57.06	8	61.82	20	52.48
湖　北	55	831.81	2	159.46	1	50.20	2	84.43	7	239.15	2	45.91	12	184.76	7	49.42	5	16.87
安　徽	44	175.73											5	60.85	10	69.24	18	44.02
四　川	20	286.76					1	43.63	1	37.45	1	20.32	9	140.74	5	37.89	2	6.29
江　西	25	60.87											1	11.62	2	16.22	10	28.79
湖　南	40	99.29											1	17.16	6	36.47	18	40.25
河　北	116	330.74											4	53.53	16	104.58	63	156.25
山　东	98	426.19							1	31.98	1	22.31	12	153.02	16	121.82	37	84.91
河　南	89	476.08							1	36.10	1	26.06	9	113.03	19	138.97	53	159.53
陕　西	27	188.20											6	86.15	10	77.54	9	24.51
山　西	35	171.90											4	49.74	10	73.89	17	45.34
新疆自治区	54	107.13											1	13.53	5	33.61	19	54.01
新疆兵团	11	48.04									1	20.23	1	19.97			3	5.84
辽　宁	13	36.69											2	26.16			3	9.92
甘　肃	8	4.25															1	2.64
天　津	5	7.93															3	7.43
北　京	6	14.88															6	14.88
云　南	6	8.66															4	7.71

地　区	1万担以下 县数（个）	1万担以下 数量（万担）
合　计	**208**	**64.18**
上　海		
浙　江		
江　苏	22	5.36
湖　北	17	1.61
安　徽	11	1.62
四　川	1	0.44
江　西	12	4.24
湖　南	15	5.41
河　北	33	16.38
山　东	31	12.15
河　南	6	2.39
陕　西	2	
山　西	4	2.93
新疆自治区	29	5.98
新疆兵团	6	2.00
辽　宁	8	0.61
甘　肃	7	1.61
天　津	2	0.50
北　京		
云　南	2	0.95

6－1－22 续表2

地区	收购量合计																	
	合计		60万担以上		50－60万担		40－50万担		30－40万担		20－30万担		10－20万担		5－10万担		1－5万担		1万担以下	
	县数（个）	数量（万担）	县数（个）	数量（万担）	县数（个）	数量（万担）	县数（个）	数量（万担）	县数（个）	数量（万担）	县数（个）	数量（万担）	县数（个）	数量（万担）	县数（个）	数量（万担）	县数（个）	数量（万担）	县数（个）	数量（万担）
合计	**742**	**3930.48**	**4**	**299.38**	**5**	**268.51**	**4**	**169.54**	**12**	**404.93**	**13**	**315.14**	**68**	**930.96**	**117**	**832.15**	**252**	**639.98**	**267**	**69.89**
上海	11	155.39									3	78.50	4	61.38	2	11.66	2	3.85		
浙江	12	108.75					1	43.78					1	10.62	5	42.56	5	11.79		
江苏	67	736.62	2	143.09	4	218.39			3	99.05	4	96.03	4	58.14	8	60.75	21	56.31	21	4.86
湖北	55	800.58	2	156.29	1	50.12	2	82.56	6	205.19	3	74.03	12	175.19	6	38.63	6	17.41	17	1.16
安徽	44	149.08											4	47.35	10	69.31	13	28.30	17	4.12
四川	20	257.27					1	43.20	1	36.36			9	130.79	6	41.06	2	5.55	1	0.31
江西	25	47.57											1	12.02	1	8.57	9	23.00	14	3.98
湖南	40	77.58											1	16.69	5	28.45	10	26.19	24	6.25
河北	116	291.39											4	51.04	13	88.16	53	133.39	46	18.80
山东	98	366.87							1	30.53	1	21.87	11	135.15	15	109.66	24	56.48	46	13.18
河南	89	403.89							1	33.80	1	24.67	5	65.19	20	144.80	51	132.25	11	3.18
陕西	27	168.77											5	73.27	10	73.57	9	21.68	3	0.25
山西	35	155.14											3	38.19	10	74.80	14	37.31	8	4.84
新疆自治区	54	127.30									1	20.04	1	13.74	6	40.17	17	48.90	29	4.45
新疆兵团	11	19.81											1	17.88			1	1.81	9	0.12
辽宁	13	31.49											2	24.32			2	6.61	9	0.56
甘肃	8	4.00															1	2.64	7	1.36
天津	5	7.18															2	5.51	3	1.67
北京	6	13.20															5	12.40	1	0.80
云南	6	8.60															5	8.60	1	

6－1－23　全国各地区产棉县1968年棉花面积、产量、收购量分类

地区	面积合计																			
	合计		60万亩以上		50－60万亩		40－50万亩		30－40万亩		20－30万亩		10－20万亩		5－10万亩		1－5万亩		1万亩以下	
	县数（个）	数量（万亩）	县数（个）	数量（万亩）	县数（个）	数量（万亩）	县数（个）	数量（万亩）	县数（个）	数量（万亩）	县数（个）	数量（万亩）	县数（个）	数量（万亩）	县数（个）	数量（万亩）	县数（个）	数量（万亩）	县数（个）	数量（万亩）
合计	**742**	**6633.58**	**5**	**333.84**	**3**	**176.68**	**9**	**395.00**	**18**	**605.62**	**51**	**1228.56**	**144**	**1987.44**	**172**	**1235.18**	**217**	**647.00**	**123**	**24.26**
上海	11	139.10									3	66.81	4	54.97	2	13.06	2	4.26		
浙江	12	104.63					1	43.17							6	47.80	5	13.66		
江苏	67	875.81	3	197.88	3	176.68	1	40.24	3	102.57	4	93.67	10	146.94	9	63.85	15	47.08	19	6.90
湖北	55	830.89	2	135.96			4	174.96	4	137.65	5	129.34	12	176.74	7	56.01	6	20.23	15	
安徽	44	298.00									1	26.34	11	152.50	12	86.01	11	33.15	9	
四川	20	310.92					2	88.73			1	20.38	11	166.28	5	34.67			1	0.86
江西	25	116.13											3	35.81	9	64.77	8	14.32	5	1.23
湖南	40	160.19									1	20.51	2	27.45	10	65.77	18	43.59	9	2.87
河北	116	884.42							1	32.95	6	149.89	27	351.54	29	206.70	44	137.88	9	5.46
山东	98	1026.32							7	238.22	15	371.10	16	220.30	13	92.50	36	102.70	11	1.50
河南	89	803.37					1	47.90			4	90.61	22	290.41	40	300.20	20	74.25	2	
陕西	27	354.43							2	62.71	6	143.91	8	99.44	4	27.70	5	20.67	2	
山西	35	369.55							1	31.52	3	72.67	13	189.79	5	34.01	13	41.56		
新疆自治区	54	177.01											3	40.19	12	82.93	17	51.28	22	2.61
新疆兵团	11	60.95									2	43.33			2	11.89	3	5.36	4	0.37
辽宁	13	53.16											2	35.08	2	12.18	2	5.90	7	
甘肃	8	6.86															3	6.27	5	0.59
天津	5	18.71													1	9.74	2	7.33	2	1.64
北京	6	29.02													3	20.32	3	8.70		
云南	6	14.11													1	5.07	4	8.81	1	0.23

6－1－23　续表1

地区	产量合计																			
	合计		60万担以上		50－60万担		40－50万担		30－40万担		20－30万担		10－20万担		5－10万担		1－5万担		1万担以下	
	县数（个）	数量（万担）	县数（个）	数量（万担）	县数（个）	数量（万担）	县数（个）	数量（万担）	县数（个）	数量（万担）	县数（个）	数量（万担）	县数（个）	数量（万担）	县数（个）	数量（万担）	县数（个）	数量（万担）	县数（个）	数量（万担）
合计	**742**	**4291.26**	**7**	**525**	**1**	**57.64**	**9**	**403.13**	**8**	**275.84**	**19**	**453.58**	**66**	**876.83**	**120**	**825.46**	**302**	**804.70**	**210**	**69.08**
上海	11	226.53					2	83.38	1	33.36	4	87.70			2	15.94	2	6.15		
浙江	12	151.68	1	63.97									6	73.67	1	5.55	4	8.49		
江苏	67	842.35	4	311.29	1	57.64	3	131.43	3	101.92	2	51.88	5	80.56	7	50.77	20	50.95	22	5.91
湖北	55	737.70	2	149.74			3	139.52	2	70.92	8	191.13	5	74.52	10	85.25	10	26.62	15	
安徽	44	188.12											6	86.68	7	45.24	21	55.82	10	0.38
四川	20	213.38							1	33.56	1	27.88	8	105.10	4	29.57	5	16.59	1	0.68
江西	25	79.75											1	14.06	5	34.88	10	27.46	9	3.35
湖南	40	103.53											2	28.41	5	30.71	14	36.05	19	8.36
河北	116	427.63									2	42.47	5	63.68	19	130.37	65	177.94	25	13.17
山东	98	442.91							1	36.08	1	23.54	11	139.22	20	140.03	37	92.14	28	11.90
河南	89	407.21					1	48.80			1	28.98	5	58.44	18	116.39	52	147.60	12	7.00
陕西	27	133.09											3	35.41	11	72.29	10	24.61	3	0.78
山西	35	148.37											4	53.75	7	45.60	18	45.67	6	3.35
新疆自治区	54	83.17											1	11.29	2	11.47	20	54.03	31	6.38
新疆兵团	11	33.75											2	29.20			2	2.50	7	2.05
辽宁	13	33.37											2	22.84			3	9.55	8	0.98
甘肃	8	3.50															1	2.56	7	0.94
天津	5	11.14													1	6.15	2	4.22	2	0.77
北京	6	17.67													1	5.25	5	12.42		
云南	6	6.41															1	3.33	5	3.08

6－1－23　续表2

地　区	收购量合计																	
	合　计		60万担以上		50－60万担		40－50万担		30－40万担		20－30万担		10－20万担		5－10万担		1－5万担		1万担以下	
	县数（个）	数量（万担）	县数（个）	数量（万担）	县数（个）	数量（万担）	县数（个）	数量（万担）	县数（个）	数量（万担）	县数（个）	数量（万担）	县数（个）	数量（万担）	县数（个）	数量（万担）	县数（个）	数量（万担）	县数（个）	数量（万担）
合　计	**742**	**3938.23**	**7**	**520.45**	**1**	**55.17**	**7**	**312.08**	**10**	**349.38**	**17**	**401.18**	**61**	**799.50**	**108**	**736.21**	**263**	**691.78**	**268**	**72.48**
上　海	11	222.95					1	42.21	2	72.71	3	66.86	1	19.76	2	15.58	2	5.83		
浙　江	12	150.55	1	62.58									6	74.02	1	5.46	4	8.49		
江　苏	67	831.35	4	309.97	1	55.17	2	85.47	4	138.70	2	50.87	5	79.07	8	54.75	19	50.48	22	6.87
湖　北	55	715.83	2	147.90			3	141.40	2	70.72	8	184.71	5	70.70	10	78.87	8	19.57	17	1.96
安　徽	44	158.75											5	70.72	7	46.22	16	37.54	16	4.27
四　川	20	184.10							1	32.09	1	26.52	6	71.38	6	39.93	5	13.77	1	0.41
江　西	25	68.86											1	15.32	3	20.84	9	29.27	12	3.43
湖　南	40	90.09											2	29.76	5	29.68	8	24.23	25	6.42
河　北	116	373.34									1	21.28	5	70.98	17	116.34	57	149.95	36	14.79
山　东	98	373.76							1	35.16	1	23.24	9	108.81	17	123.48	31	72.67	39	10.40
河　南	89	355.07					1	43.00			1	27.70	4	43.10	14	94.87	47	137.12	22	9.28
陕　西	27	116.80											3	33.75	9	55.74	11	26.43	4	0.88
山　西	35	131.14											4	51.52	7	42.82	12	31.14	12	5.66
新疆自治区	54	89.63											2	26.91	1	6.12	21	53.56	30	3.04
新疆兵团	11	12.40											1	12.04					10	0.36
辽　宁	13	29.01											2	21.66			2	6.46	9	0.89
甘　肃	8	3.28															1	2.56	7	0.72
天　津	5	10.29													1	5.51	2	3.67	2	1.11
北　京	6	14.80															6	14.80		
云　南	6	6.23															2	4.24	4	1.99

6-1-24 全国各地区产棉县1969年棉花面积、产量、收购量分类

地区	面积合计																	
	合计		60万亩以上		50-60万亩		40-50万亩		30-40万亩		20-30万亩		10-20万亩		5-10万亩		1-5万亩		1万亩以下	
	县数（个）	数量（万亩）	县数（个）	数量（万亩）	县数（个）	数量（万亩）	县数（个）	数量（万亩）	县数（个）	数量（万亩）	县数（个）	数量（万亩）	县数（个）	数量（万亩）	县数（个）	数量（万亩）	县数（个）	数量（万亩）	县数（个）	数量（万亩）
合计	**742**	**6450.81**	**3**	**198.48**	**5**	**288.84**	**7**	**299.21**	**17**	**581.58**	**50**	**1186.81**	**146**	**1978.86**	**172**	**1229.47**	**225**	**667.69**	**117**	**19.87**
上海	11	142.91									3	66.18	4	55.09	2	13.44	2	8.20		
浙江	12	104.77					1	43.13					1	10.03	5	39.09	5	12.52		
江苏	67	858.03	2	128.64	4	235.18	1	40.49	3	101.35	4	92.56	10	149.72	8	57.24	17	47.98	18	4.87
湖北	55	787.77	1	69.84	1	53.66	3	130.48	5	179.48	4	103.62	12	161.86	9	68.65	6	20.18	14	
安徽	44	262.93									1	24.60	9	110.97	14	97.14	10	29.50	10	0.72
四川	20	299.90					2	85.11			1	20.27	11	161.78	5	31.94			1	0.80
江西	25	123.18											4	43.72	9	66.09	6	11.00	6	2.37
湖南	40	156.06											3	45.74	10	65.84	20	43.79	7	0.69
河北	116	882.17							1	32.67	6	134.76	27	350.14	31	219.95	45	140.86	6	3.79
山东	98	1008.13							4	134.93	17	422.30	18	256.10	13	87.80	36	105.80	10	1.20
河南	89	770.84							1	38.80	4	89.27	20	260.32	39	298.97	23	83.48	2	
陕西	27	345.35							2	62.81	5	118.80	9	116.39	4	27.13	5	20.22	2	
山西	35	361.26							1	31.54	3	71.81	12	176.08	5	37.82	14	44.01		
新疆自治区	54	164.40											3	38.74	10	69.26	19	54.32	22	2.08
新疆兵团	11	61.99									2	42.64			2	10.87	3	8.15	4	0.33
辽宁	13	48.35											2	31.84	2	10.63	2	5.88	7	
甘肃	8	7.06															3	6.45	5	0.61
天津	5	19.67											1	10.34			2	7.41	2	1.92
北京	6	30.46													3	21.76	3	8.70		
云南	6	15.58													1	5.85	4	9.24	1	0.49

6－1－24 续表1

地区	产量合计																	
	合计		60万担以上		50－60万担		40－50万担		30－40万担		20－30万担		10－20万担		5－10万担		1－5万担		1万担以下	
	县数（个）	数量（万担）	县数（个）	数量（万担）	县数（个）	数量（万担）	县数（个）	数量（万担）	县数（个）	数量（万担）	县数（个）	数量（万担）	县数（个）	数量（万担）	县数（个）	数量（万担）	县数（个）	数量（万担）	县数（个）	数量（万担）
合计	**742**	**3824.88**	**1**	**81.45**	**3**	**173.02**	**5**	**222.59**	**10**	**346.08**	**15**	**387.67**	**66**	**892.13**	**120**	**867.93**	**307**	**786.11**	**215**	**67.90**
上海	11	191.78							2	70.16	2	46.86	3	51.17	3	18.82	1	4.77		
浙江	12	121.62					1	49.25					2	22.77	4	36.89	5	12.71		
江苏	67	690.81	1	81.45	2	113.08	2	90.97	5	173.67	3	68.11	5	68.83	6	45.57	18	42.76	25	6.37
湖北	55	551.09			1	59.94	2	82.37	1	30.47	6	165.28	9	123.26	8	52.22	12	36.03	16	1.52
安徽	44	122.55											1	11.24	8	55.52	21	52.40	14	3.39
四川	20	203.84									2	58.91	7	89.32	6	42.21	4	12.81	1	0.59
江西	25	64.30													4	27.83	10	32.68	11	3.79
湖南	40	84.75											1	14.49	2	13.45	19	49.76	18	7.05
河北	116	396.54											9	113.66	16	107.46	65	161.87	26	13.55
山东	98	467.51							1	38.38	1	28.12	12	156.06	18	138.20	42	96.65	24	10.10
河南	89	405.80							1	33.40			5	73.34	22	156.57	50	136.72	11	5.77
陕西	27	177.53											5	73.12	9	73.45	11	30.96	2	
山西	35	187.05									1	20.39	5	68.23	9	62.04	13	31.79	7	4.60
新疆自治区	54	71.71													3	20.67	19	46.39	32	4.65
新疆兵团	11	31.16											2	26.64			2	2.95	7	1.57
辽宁	13	24.53													2	17.03	3	6.83	8	0.67
甘肃	8	3.63															1	2.32	7	1.31
天津	5	6.54															3	6.20	2	0.34
北京	6	13.94															6	13.94		
云南	6	8.20															2	5.57	4	2.63

6－1－24 续表2

地区	收购量合计																			
	合计		60万担以上		50－60万担		40－50万担		30－40万担		20－30万担		10－20万担		5－10万担		1－5万担		1万担以下	
	县数(个)	数量(万担)	县数(个)	数量(万担)	县数(个)	数量(万担)	县数(个)	数量(万担)	县数(个)	数量(万担)	县数(个)	数量(万担)	县数(个)	数量(万担)	县数(个)	数量(万担)	县数(个)	数量(万担)	县数(个)	数量(万担)
合计	**742**	**3467.97**	**1**	**79.5**	**3**	**169.88**	**5**	**218.7**	**10**	**336.33**	**13**	**342.92**	**55**	**759.40**	**109**	**790.71**	**274**	**697.89**	**272**	**72.64**
上海	11	187.35							2	68.91	1	25.90	4	70.07	2	12.98	2	9.49		
浙江	12	119.50					1	47.84					3	32.53	3	26.67	5	12.46		
江苏	67	673.04	1	79.50	2	111.62	2	88.18	5	167.29	3	66.99	5	68.73	5	34.54	17	48.39	27	7.80
湖北	55	535.87			1	58.26	2	82.68	1	32.66	6	164.76	6	88.69	10	74.85	12	31.84	17	2.13
安徽	44	101.43													7	51.50	20	45.90	17	4.03
四川	20	179.11									2	56.20	4	50.40	7	51.26	6	20.84	1	0.41
江西	25	55.08													4	26.82	9	25.01	12	3.25
湖南	40	65.73											1	15.25	3	17.61	10	27.44	26	5.43
河北	116	347.97											4	59.81	19	138.90	57	134.81	36	14.45
山东	98	398.20							1	37.37	1	29.07	10	124.44	16	124.97	30	71.71	40	10.64
河南	89	343.19							1	30.10			5	69.04	13	89.92	51	145.57	19	8.56
陕西	27	153.79											5	68.62	9	63.27	10	21.71	3	0.19
山西	35	167.02											6	84.22	8	52.65	10	24.77	11	5.38
新疆自治区	54	76.88											1	15.28	1	8.81	20	47.71	32	5.08
新疆兵团	11	14.64											1	12.32			2	2.32	8	
辽宁	13	20.74													2	15.96	2	4.10	9	0.68
甘肃	8	3.34															1	2.32	7	1.02
天津	5	5.70															3	5.26	2	0.44
北京	6	12.20															5	11.40	1	0.80
云南	6	7.19															2	4.84	4	2.35

6－1－25　全国各地区产棉县1970年棉花面积、产量、收购量分类

地区	面积合计																			
	合计		60万亩以上		50－60万亩		40－50万亩		30－40万亩		20－30万亩		10－20万亩		5－10万亩		1－5万亩		1万亩以下	
	县数（个）	数量（万亩）	县数（个）	数量（万亩）	县数（个）	数量（万亩）	县数（个）	数量（万亩）	县数（个）	数量（万亩）	县数（个）	数量（万亩）	县数（个）	数量（万亩）	县数（个）	数量（万亩）	县数（个）	数量（万亩）	县数（个）	数量（万亩）
合　计	**742**	**6720.22**	**3**	**200.95**	**5**	**289.48**	**6**	**258.10**	**17**	**582.08**	**49**	**1185.74**	**172**	**2327.79**	**171**	**1200.78**	**213**	**656.85**	**106**	**18.45**
上　海	11	141.85									3	65.06	4	54.55	2	13.16	2	9.08		
浙　江	12	106.77					1	43.93							6	49.13	5	13.71		
江　苏	67	851.37	2	126.38	4	231.23			4	141.94	2	45.98	12	184.78	11	72.86	13	43.26	19	4.94
湖　北	55	785.29	1	74.57	1	58.25	3	127.44	5	171.39	4	104.75	13	181.64	6	44.89	8	22.36	14	
安　徽	44	407.91									1	28.25	20	248.68	13	93.63	10	37.35		
四　川	20	310.71					2	86.73			1	20.02	11	167.69	5	36.27			1	
江　西	25	132.85											4	51.49	9	67.96	6	11.47	6	1.93
湖　南	40	187.27									1	22.48	4	50.27	10	68.74	18	45.01	7	0.77
河　北	116	864.00							1	32.89	6	135.56	26	331.28	32	223.37	44	136.38	7	4.52
山　东	98	1030.37							3	104.33	17	434.54	21	299.10	14	92.20	32	98.20	11	2.00
河　南	89	816.78							1	36.40	4	88.01	29	368.52	34	247.32	21	76.53		
陕　西	27	352.65							2	63.58	6	144.11	8	98.14	4	27.17	5	19.65	2	
山　西	35	374.96							1	31.55	3	71.88	13	190.81	6	39.17	12	41.55		
新疆自治区	54	160.89											3	37.68	10	66.51	19	54.54	22	2.16
新疆兵团	11	66.72									1	25.10	1	19.11	2	14.32	3	7.89	4	0.30
辽　宁	13	50.15											2	33.56	2	10.95	2	5.64	7	
甘　肃	8	11.38													1	5.80	2	4.62	5	0.96
天　津	5	20.09											1	10.49			3	8.73	1	0.87
北　京	6	29.08													3	20.28	3	8.80		
云　南	6	19.13													1	7.05	5	12.08		

6－1－25　续表1

地　区	产量合计																	
	合　计		60万担以上		50－60万担		40－50万担		30－40万担		20－30万担		10－20万担		5－10万担		1－5万担		1万担以下	
	县数（个）	数量（万担）	县数（个）	数量（万担）	县数（个）	数量（万担）	县数（个）	数量（万担）	县数（个）	数量（万担）	县数（个）	数量（万担）	县数（个）	数量（万担）	县数（个）	数量（万担）	县数（个）	数量（万担）	县数（个）	数量（万担）
合　计	**742**	**4154.79**	**1**	**67.4**	**3**	**167.56**	**3**	**129.52**	**9**	**310.05**	**21**	**520.24**	**80**	**1058.85**	**148**	**1048.81**	**302**	**803.34**	**175**	**49.02**
上　海	11	169.71							1	32.30	2	51.62	4	63.99	3	17.24	1	4.56		
浙　江	12	121.78			1	53.73							2	21.92	4	33.30	5	12.83		
江　苏	67	634.35	1	67.40	1	55.19	2	89.26	4	135.36	5	123.21	6	75.95	4	30.48	22	53.36	22	4.14
湖　北	55	550.89			1	58.64			2	75.93	9	218.81	9	110.87	8	62.08	9	23.57	17	0.99
安　徽	44	203.34											1	14.73	15	103.11	28	85.50		
四　川	20	217.96							2	66.46			7	91.12	7	50.05	3	10.33	1	
江　西	25	63.33											1	12.69	3	18.82	10	28.65	11	3.17
湖　南	40	101.51											1	17.37	8	49.50	11	25.66	20	8.98
河　北	116	499.06									2	48.13	9	115.61	24	161.34	62	164.35	19	9.63
山　东	98	537.56					1	40.26			1	28.75	19	261.37	12	87.36	45	113.13	20	6.69
河　南	89	517.71									1	25.33	9	122.30	32	245.63	42	120.95	5	3.50
陕　西	27	166.75											4	54.88	14	93.28	7	18.59	2	
山　西	35	169.02											5	59.77	8	57.85	19	49.68	3	1.72
新疆自治区	54	81.52											1	11.21	3	17.94	20	47.86	30	4.51
新疆兵团	11	44.50									1	24.39	1	14.07			3	4.77	6	1.27
辽　宁	13	31.39											1	11.00	1	9.70	4	10.69	7	
甘　肃	8	5.43															1	3.90	7	1.53
天　津	5	9.71															3	9.11	2	0.60
北　京	6	19.93													2	11.13	4	8.80		
云　南	6	9.34															3	7.05	3	2.29

6－1－25　续表2

地区	收购量合计																	
	合计		60万担以上		50－60万担		40－50万担		30－40万担		20－30万担		10－20万担		5－10万担		1－5万担		1万担以下	
	县数（个）	数量（万担）	县数（个）	数量（万担）	县数（个）	数量（万担）	县数（个）	数量（万担）	县数（个）	数量（万担）	县数（个）	数量（万担）	县数（个）	数量（万担）	县数（个）	数量（万担）	县数（个）	数量（万担）	县数（个）	数量（万担）
合计	**742**	**3784.21**	**1**	**66.79**	**3**	**160.22**	**2**	**88.11**	**9**	**299.70**	**23**	**563.18**	**67**	**874.74**	**138**	**962.51**	**280**	**717.31**	**219**	**51.65**
上海	11	164.56							1	31.54	2	50.28	4	62.42	2	11.48	2	8.84		
浙江	12	119.15			1	52.24							1	11.62	5	42.64	5	12.65		
江苏	67	626.04	1	66.79	1	50.90	2	88.11	3	99.99	6	150.28	6	74.98	6	45.90	18	43.84	24	5.25
湖北	55	535.94			1	57.08			3	104.87	8	190.33	8	96.75	9	66.31	8	18.24	18	2.36
安徽	44	160.77											1	12.50	11	73.38	28	73.07	4	1.82
四川	20	194.12							2	63.30			6	73.03	7	45.01	4	12.78	1	
江西	25	53.74											1	12.67	3	17.88	8	19.97	13	3.22
湖南	40	84.32											1	17.93	6	37.03	8	21.49	25	7.87
河北	116	449.19									2	46.25	6	81.73	22	154.04	62	160.08	24	7.09
山东	98	445.19									2	57.13	16	214.21	13	93.74	30	71.76	37	8.35
河南	89	443.45									1	24.50	7	93.59	28	197.86	46	125.46	7	2.04
陕西	27	148.13											4	51.69	10	66.63	10	29.57	3	0.24
山西	35	155.53											4	47.58	9	64.81	16	40.08	6	3.06
新疆自治区	54	101.26									1	22.11	1	11.48	3	17.04	20	45.87	29	4.76
新疆兵团	11	39.19									1	22.30	1	12.56			2	3.40	7	0.93
辽宁	13	26.31													2	18.76	3	7.24	8	0.31
甘肃	8	4.47															1	3.40	7	1.07
天津	5	8.42															3	7.77	2	0.65
北京	6	16.20													2	10.00	4	6.20		
云南	6	8.23															2	5.60	4	2.63

6－1－26　全国各地区产棉县1971年棉花面积、产量、收购量分类

地　区	面　积　合　计																	
	合　计		60万亩以上		50－60万亩		40－50万亩		30－40万亩		20－30万亩		10－20万亩		5－10万亩		1－5万亩	
	县数（个）	数量（万亩）	县数（个）	数量（万亩）	县数（个）	数量（万亩）	县数（个）	数量（万亩）	县数（个）	数量（万亩）	县数（个）	数量（万亩）	县数（个）	数量（万亩）	县数（个）	数量（万亩）	县数（个）	数量（万亩）
合　计	**742**	**6637.87**	**4**	**269.18**	**4**	**231.10**	**6**	**254.90**	**16**	**548.11**	**50**	**1193.61**	**171**	**2289.85**	**171**	**1207.98**	**204**	**620.47**
上　海	11	142.19									2	43.98	5	73.45	4	24.76		
浙　江	12	104.61					1	42.44							6	48.37	5	13.80
江　苏	67	826.15	2	128.09	4	231.10			4	142.01	2	50.01	11	166.55	7	51.93	16	52.33
湖　北	55	823.05	2	141.09			3	126.97	5	173.95	4	108.07	14	203.82	6	46.39	7	22.76
安　徽	44	400.15									1	26.50	19	240.10	11	87.68	13	45.87
四　川	20	308.79					2	85.49			1	20.01	12	176.60	4	26.69		
江　西	25	127.44											4	49.91	9	67.93	4	6.49
湖　南	40	179.58									1	21.67	3	42.07	11	75.46	18	39.64
河　北	116	851.67							1	32.80	6	133.61	23	297.59	34	245.00	44	137.55
山　东	98	976.10							2	68.50	19	462.95	18	246.50	18	116.00	26	78.50
河　南	89	841.79							1	34.20	5	109.48	34	420.34	29	206.38	20	71.39
陕　西	27	352.87							2	61.44	6	145.53	8	97.90	6	36.93	3	11.07
山　西	35	346.44							1	35.21	3	71.80	11	147.97	7	50.32	12	40.27
新疆自治区	54	161.00											3	37.70	10	66.64	18	53.19
新疆兵团	11	62.46											3	43.54	2	14.41	2	3.85
辽　宁	13	52.97											2	35.31	2	11.78	2	5.88
甘　肃	8	10.04													1	5.60	3	4.44
天　津	5	21.04											1	10.50			3	9.62
北　京	6	27.39													3	18.59	3	8.80
云　南	6	22.14													1	7.12	5	15.02

地　区	1万亩以下 县数（个）	1万亩以下 数量（万亩）
合　计	**116**	**22.67**
上　海		
浙　江		
江　苏	21	4.13
湖　北	14	
安　徽		
四　川	1	
江　西	8	3.11
湖　南	7	0.74
河　北	8	5.12
山　东	15	3.65
河　南		
陕　西	2	
山　西	1	0.87
新疆自治区	23	3.47
新疆兵团	4	0.66
辽　宁	7	
甘　肃	4	
天　津	1	0.92
北　京		
云　南		

6－1－26　续表1

地　　区	产　量　合　计																	
	合　计		60万担以上		50－60万担		40－50万担		30－40万担		20－30万担		10－20万担		5－10万担		1－5万担	
	县数（个）	数量（万担）	县数（个）	数量（万担）	县数（个）	数量（万担）	县数（个）	数量（万担）	县数（个）	数量（万担）	县数（个）	数量（万担）	县数（个）	数量（万担）	县数（个）	数量（万担）	县数（个）	数量（万担）
合　　计	**742**	**3887.79**	**2**	**141.00**	**2**	**113.40**	**4**	**181.49**	**6**	**216.77**	**21**	**493.86**	**70**	**964.19**	**139**	**951.88**	**296**	**766.94**
上　　海	11	135.30									3	70.00	3	36.61	3	20.63	2	8.06
浙　　江	12	73.67									1	21.10			6	40.35	5	12.22
江　　苏	67	649.63	2	141.00	2	113.40	1	44.99	4	142.36	2	46.84	3	46.56	8	64.37	18	44.42
湖　　北	55	539.60					2	96.16	1	37.58	6	143.98	12	174.47	9	63.32	9	23.12
安　　徽	44	183.82											3	36.29	11	68.71	27	76.63
四　　川	20	267.83					1	40.34			2	48.75	9	134.75	5	36.85	2	7.14
江　　西	25	34.42													1	8.04	11	23.74
湖　　南	40	81.47											1	15.08	3	19.68	13	36.82
河　　北	116	478.03									2	43.21	9	115.47	21	144.57	63	166.21
山　　东	98	483.25							1	36.83	2	53.51	15	200.65	14	91.24	39	91.71
河　　南	89	432.39									1	24.77	5	64.91	33	225.05	44	114.01
陕　　西	27	200.87									1	20.45	5	76.90	11	79.79	8	23.73
山　　西	35	134.58											2	26.37	8	54.79	19	50.42
新疆自治区	54	78.15											1	11.64	3	16.52	19	44.69
新疆兵团	11	43.52									1	21.25	1	13.49			3	6.87
辽　　宁	13	30.20											1	11.00	2	12.78	3	6.42
甘　　肃	8	4.88															1	3.40
天　　津	5	11.33													1	5.19	2	5.23
北　　京	6	17.82															6	17.82
云　　南	6	7.03															2	4.28

地　　区	1万担以下 县数（个）	1万担以下 数量（万担）
合　　计	**202**	**58.26**
上　　海		
浙　　江		
江　　苏	27	5.69
湖　　北	16	0.97
安　　徽	3	2.19
四　　川	1	
江　　西	13	2.64
湖　　南	23	9.89
河　　北	21	8.57
山　　东	27	9.31
河　　南	6	3.65
陕　　西	2	
山　　西	6	3.00
新疆自治区	31	5.30
新疆兵团	6	1.91
辽　　宁	7	
甘　　肃	7	1.48
天　　津	2	0.91
北　　京		
云　　南	4	2.75

6－1－26　续表2

地区	收购量合计																	
	合计		60万担以上		50－60万担		40－50万担		30－40万担		20－30万担		10－20万担		5－10万担		1－5万担	
	县数（个）	数量（万担）	县数（个）	数量（万担）	县数（个）	数量（万担）	县数（个）	数量（万担）	县数（个）	数量（万担）	县数（个）	数量（万担）	县数（个）	数量（万担）	县数（个）	数量（万担）	县数（个）	数量（万担）
合计	**742**	**3572.06**	**2**	**139.59**	**2**	**113.61**	**3**	**136.48**	**6**	**220.37**	**18**	**438.31**	**63**	**876.95**	**123**	**849.78**	**285**	**735.24**
上海	11	131.71									3	68.54	3	36.04	2	14.78	3	12.35
浙江	12	69.88											2	29.75	4	24.33	6	15.80
江苏	67	640.17	2	139.59	2	113.61	1	43.94	3	107.31	3	75.98	3	44.75	10	72.79	17	37.74
湖北	55	522.03					2	92.54	1	37.27	5	126.30	12	177.67	10	67.69	8	18.79
安徽	44	147.75													9	63.68	30	80.87
四川	20	243.97							1	39.10	2	48.28	8	106.22	6	44.02	2	6.35
江西	25	27.10													1	7.89	8	15.33
湖南	40	68.56											1	15.89	3	19.07	10	27.67
河北	116	431.47									1	21.59	8	110.48	19	133.22	60	157.17
山东	98	424.10							1	36.69	2	52.73	12	158.03	12	88.20	32	77.74
河南	89	366.93									1	23.45	3	39.75	26	172.41	45	124.24
陕西	27	169.45											5	76.56	9	63.50	10	29.11
山西	35	130.53											3	37.53	6	40.71	18	48.06
新疆自治区	54	95.03											2	30.42	3	15.96	19	43.25
新疆兵团	11	41.41									1	21.44	1	13.86			3	6.11
辽宁	13	26.88													3	21.53	3	5.35
甘肃	8	4.77															1	3.60
天津	5	8.43															2	6.62
北京	6	15.00															6	15.00
云南	6	6.89															2	4.09

地区	1万担以下	
	县数（个）	数量（万担）
合计	**240**	**61.73**
上海		
浙江		
江苏	26	4.46
湖北	17	1.77
安徽	5	3.20
四川	1	
江西	16	3.88
湖南	26	5.93
河北	28	9.01
山东	39	10.71
河南	14	7.08
陕西	3	0.28
山西	8	4.23
新疆自治区	30	5.40
新疆兵团	6	
辽宁	7	
甘肃	7	1.17
天津	3	1.81
北京		
云南	4	2.80

6－1－27 全国各地区产棉县1972年棉花面积、产量、收购量分类

地区	面积合计																	
	合计		60万亩以上		50－60万亩		40－50万亩		30－40万亩		20－30万亩		10－20万亩		5－10万亩		1－5万亩		1万亩以下	
	县数（个）	数量（万亩）	县数（个）	数量（万亩）	县数（个）	数量（万亩）	县数（个）	数量（万亩）	县数（个）	数量（万亩）	县数（个）	数量（万亩）	县数（个）	数量（万亩）	县数（个）	数量（万亩）	县数（个）	数量（万亩）	县数（个）	数量（万亩）
合计	**742**	**6607.99**	**4**	**267.24**	**4**	**232.00**	**6**	**255.41**	**16**	**546.17**	**45**	**1064.05**	**170**	**2329.79**	**177**	**1251.59**	**209**	**645.04**	**111**	**16.7**
上海	11	141.61									2	43.93	5	73.03	4	24.65				
浙江	12	104.57					1	42.43							6	47.68	5	14.46		
江苏	67	832.33	2	126.91	4	232.00			4	140.71	2	50.06	12	177.77	7	47.75	17	54.39	19	2.74
湖北	55	823.21	2	140.33			3	127.08	5	174.89	5	128.50	12	174.31	7	54.73	7	22.97	14	0.40
安徽	44	422.63									1	26.37	22	282.21	10	75.02	11	39.03		
四川	20	307.13					2	85.90			1	20.02	12	174.24	4	26.97			1	
江西	25	132.84											5	61.18	8	58.48	7	11.58	5	1.60
湖南	40	189.74									1	22.13	3	44.03	11	76.36	18	46.52	7	0.70
河北	116	841.83							1	32.50	7	152.39	20	257.64	37	262.45	42	131.78	9	5.07
山东	98	907.07							3	98.60	13	309.80	19	277.72	18	126.80	28	90.90	17	3.25
河南	89	845.86							1	35.90	4	88.68	31	407.61	32	236.56	21	77.11		
陕西	27	348.02							1	30.56	6	149.96	9	119.03	6	36.88	3	11.59	2	
山西	35	336.29							1	33.01	2	45.38	12	167.11	8	52.27	12	38.52		
新疆自治区	54	162.25											3	38.05	10	67.80	19	54.08	22	2.32
新疆兵团	11	76.01									1	26.83	2	30.29	2	13.75	2	4.52	4	0.62
辽宁	13	54.19											2	35.47	2	12.42	2	6.30	7	
甘肃	8	11.77													1	5.50	3	6.27	4	
天津	5	22.63											1	10.10			4	12.53		
北京	6	27.11													3	18.61	3	8.50		
云南	6	20.90													1	6.91	5	13.99		

6－1－27　续表 1

地　区	产量合计																	
	合　计		60 万担以上		50－60 万担		40－50 万担		30－40 万担		20－30 万担		10－20 万担		5－10 万担		1－5 万担		1 万担以下	
	县数（个）	数量（万担）	县数（个）	数量（万担）	县数（个）	数量（万担）	县数（个）	数量（万担）	县数（个）	数量（万担）	县数（个）	数量（万担）	县数（个）	数量（万担）	县数（个）	数量（万担）	县数（个）	数量（万担）	县数（个）	数量（万担）
合　计	**742**	**3615.56**	**3**	**217.04**	**1**	**55.71**	**3**	**131.58**	**6**	**209.79**	**14**	**355.88**	**73**	**963.08**	**120**	**817.60**	**314**	**800.40**	**208**	**64.48**
上　海	11	162.17									3	77.85	4	57.67	4	26.65				
浙　江	12	89.57							1	30.88					6	45.94	5	12.75		
江　苏	67	693.03	3	217.04			2	91.58	4	140.87	2	53.54	9	114.85	5	31.61	18	38.83	24	4.71
湖　北	55	529.10			1	55.71	1	40.00			5	129.75	17	234.70	5	33.55	12	34.54	14	0.85
安　徽	44	241.73											6	74.73	14	98.16	22	67.24	2	1.60
四　川	20	217.66							1	38.04	1	29.14	8	99.07	7	43.99	2	7.42	1	
江　西	25	84.38											1	15.83	6	41.55	9	23.46	9	3.54
湖　南	40	93.28											1	13.13	4	27.66	20	47.66	15	4.83
河　北	116	288.13											4	54.46	10	68.6	64	147.45	38	17.62
山　东	98	394.55									1	22.30	11	149.40	13	92.32	46	122.18	27	8.35
河　南	89	427.65									1	20.87	7	87.92	28	191.76	45	121.05	8	6.05
陕　西	27	143.51											4	45.48	9	56.39	12	41.64	2	
山　西	35	94.32													5	33.46	23	57.59	7	3.27
新疆自治区	54	57.99													2	14.01	20	39.23	32	4.75
新疆兵团	11	46.23									1	22.43	1	15.84			4	6.88	5	1.08
辽　宁	13	19.03													2	11.95	3	6.13	8	0.95
甘　肃	8	5.79															1	4.20	7	1.59
天　津	5	6.33															1	3.82	4	2.51
北　京	6	15.99															6	15.99		
云　南	6	5.12															1	2.34	5	2.78

6-1-27 续表2

地区	收购量合计																	
	合计		60万担以上		50-60万担		40-50万担		30-40万担		20-30万担		10-20万担		5-10万担		1-5万担		1万担以下	
	县数（个）	数量（万担）	县数（个）	数量（万担）	县数（个）	数量（万担）	县数（个）	数量（万担）	县数（个）	数量（万担）	县数（个）	数量（万担）	县数（个）	数量（万担）	县数（个）	数量（万担）	县数（个）	数量（万担）	县数（个）	数量（万担）
合计	**742**	**3342.80**	**3**	**213.63**	**1**	**53.98**	**2**	**87.51**	**5**	**179.92**	**15**	**393.66**	**63**	**830.53**	**110**	**756.90**	**290**	**751.33**	**253**	**75.34**
上海	11	158.76									3	76.74	4	56.54	4	25.48				
浙江	12	84.05									1	29.35			5	37.21	6	17.49		
江苏	67	682.22	3	213.63			2	87.51	3	106.06	3	81.78	7	92.24	8	56.44	18	40.07	23	4.49
湖北	55	505.69			1	53.98			1	38.09	4	108.64	16	226.65	7	51.24	10	25.63	16	1.46
安徽	44	212.33											4	46.08	13	94.52	25	70.93	2	0.80
四川	20	200.97							1	35.77	1	28.82	7	81.61	5	33.88	5	20.89	1	
江西	25	72.35											1	15.76	5	33.27	8	20.51	11	2.81
湖南	40	80.60											1	14.30	3	21.74	13	36.69	23	7.87
河北	116	254.43											3	42.67	9	63.64	55	127.92	49	20.20
山东	98	345.60									1	21.50	10	127.40	12	83.63	40	102.52	35	10.55
河南	89	363.68											6	79.07	25	159.06	44	118.14	14	7.41
陕西	27	124.98											3	32.89	7	45.87	13	44.99	4	1.23
山西	35	89.40													5	35.89	19	48.71	11	4.80
新疆自治区	54	78.03									1	23.42			1	8.89	18	38.62	34	7.10
新疆兵团	11	44.40									1	23.41	1	15.32			3	5.67	6	
辽宁	13	18.04													1	6.14	4	11.02	8	0.88
甘肃	8	4.89															1	3.70	7	1.19
天津	5	4.94															1	2.97	4	1.97
北京	6	12.70															6	12.70		
云南	6	4.74															1	2.16	5	2.58

6-1-28 全国各地区产棉县1973年棉花面积、产量、收购量分类

地区	面积合计																	
	合计		60万亩以上		50-60万亩		40-50万亩		30-40万亩		20-30万亩		10-20万亩		5-10万亩		1-5万亩		1万亩以下	
	县数（个）	数量（万亩）	县数（个）	数量（万亩）	县数（个）	数量（万亩）	县数（个）	数量（万亩）	县数（个）	数量（万亩）	县数（个）	数量（万亩）	县数（个）	数量（万亩）	县数（个）	数量（万亩）	县数（个）	数量（万亩）	县数（个）	数量（万亩）
合计	**742**	**6706.66**	**4**	**267.89**	**4**	**231.76**	**8**	**335.90**	**15**	**500.98**	**44**	**1037.71**	**173**	**2406.56**	**188**	**1312.29**	**196**	**595.81**	**110**	**17.75**
上海	11	142.86									3	64.50	4	53.60	4	24.76				
浙江	12	104.21					1	41.45							7	53.18	4	9.58		
江苏	67	851.59	2	127.90	4	231.76			5	172.45	2	41.80	11	164.56	9	59.43	14	49.30	20	4.39
湖北	55	826.25	2	139.99			5	208.72	3	95.36	5	128.80	12	173.37	8	61.38	6	18.23	14	0.40
安徽	44	450.91									1	26.29	22	306.85	12	87.03	9	30.74		
四川	20	311.14					2	85.73			1	20.00	12	178.61	4	26.80			1	
江西	25	127.60											4	46.38	9	67.61	6	11.20	6	2.41
湖南	40	191.59									1	20.24	3	43.25	11	77.85	18	49.62	7	0.63
河北	116	815.95							1	32.40	4	88.84	22	295.58	37	262.04	43	132.19	9	4.90
山东	98	979.44							3	99.80	12	296.78	25	364.44	24	158.75	18	57.10	16	2.57
河南	89	849.89							1	36.10	4	88.14	32	420.12	32	231.88	20	73.65		
陕西	27	348.49							1	30.97	6	149.07	9	118.88	6	37.14	3	12.43	2	
山西	35	325.17							1	33.90	4	88.08	9	121.57	4	27.98	17	53.64		
新疆自治区	54	162.04											3	39.01	10	67.52	19	53.50	22	2.01
新疆兵团	11	63.20									1	25.17	1	19.05	2	14.35	3	4.19	4	0.44
辽宁	13	76.64											3	50.95	3	19.06	2	6.63	5	
甘肃	8	9.74													1	5.60	3	4.14	4	
天津	5	25.63											1	10.34	1	5.52	3	9.77		
北京	6	27.32													3	18.52	3	8.80		
云南	6	16.99													1	5.89	5	11.10		

6－1－28　续表1

地区	产量合计																	
	合计		60万担以上		50－60万担		40－50万担		30－40万担		20－30万担		10－20万担		5－10万担		1－5万担		1万担以下	
	县数（个）	数量（万担）	县数（个）	数量（万担）	县数（个）	数量（万担）	县数（个）	数量（万担）	县数（个）	数量（万担）	县数（个）	数量（万担）	县数（个）	数量（万担）	县数（个）	数量（万担）	县数（个）	数量（万担）	县数（个）	数量（万担）
合计	**742**	**4760.73**	**6**	**435.46**	**2**	**115.55**	**5**	**214.20**	**10**	**353.26**	**20**	**496.28**	**93**	**1311.46**	**137**	**1006.93**	**280**	**773.18**	**189**	**54.41**
上海	11	182.39							1	37.10	2	50.75	4	65.06	4	29.48				
浙江	12	88.31							1	32.00					6	44.44	5	11.87		
江苏	67	876.70	5	354.03	1	56.88	1	44.11	4	152.05	1	24.88	10	150.26	6	43.81	18	46.50	21	4.18
湖北	55	760.44	1	81.43	1	58.67	3	128.00	3	96.91	5	130.45	14	205.31	5	35.45	7	22.41	16	1.81
安徽	44	292.91									1	21.37	6	78.43	17	128.54	20	64.57		
四川	20	259.75					1	42.09			1	28.04	9	136.30	6	45.90	2	7.42	1	
江西	25	54.73													4	27.10	9	23.55	12	4.08
湖南	40	118.05									1	20.43	1	10.30	5	35.15	18	46.48	15	5.69
河北	116	375.37									1	25.15	7	101.26	11	71.91	63	161.33	34	15.72
山东	98	520.55							1	35.20	1	25.76	12	184.53	23	160.40	41	111.24	20	3.42
河南	89	612.12									2	49.94	19	241.60	26	200.80	41	119.06	1	0.72
陕西	27	245.27									3	75.96	5	59.74	10	85.11	7	24.46	2	
山西	35	171.92									1	23.33	4	52.29	8	56.55	12	34.01	10	5.74
新疆自治区	54	90.60											1	13.84	4	25.02	18	46.00	31	5.74
新疆兵团	11	40.63									1	20.22	1	12.54			2	5.96	7	1.91
辽宁	13	34.63													2	17.27	6	17.36	5	
甘肃	8	5.81															1	4.50	7	1.31
天津	5	7.65															3	6.49	2	1.16
北京	6	17.89															6	17.89		
云南	6	5.01															1	2.08	5	2.93

6－1－28　续表2

地　区	收购量合计																	
	合　计		60万担以上		50－60万担		40－50万担		30－40万担		20－30万担		10－20万担		5－10万担		1－5万担		1万担以下	
	县数（个）	数量（万担）	县数（个）	数量（万担）	县数（个）	数量（万担）	县数（个）	数量（万担）	县数（个）	数量（万担）	县数（个）	数量（万担）	县数（个）	数量（万担）	县数（个）	数量（万担）	县数（个）	数量（万担）	县数（个）	数量（万担）
合　计	**742**	**4454.27**	**6**	**424.87**	**2**	**108.76**	**4**	**172.14**	**11**	**387.16**	**19**	**464.60**	**78**	**1102.80**	**143**	**1035.31**	**266**	**703.78**	**213**	**54.85**
上　海	11	179.10							1	36.74	2	50.01	4	64.18	4	28.17				
浙　江	12	86.41							1	30.46					6	44.28	4	10.75	1	0.92
江　苏	67	865.46	5	345.30	1	52.33	1	42.53	4	150.33	1	24.38	10	149.67	6	44.76	19	52.69	20	3.47
湖　北	55	740.18	1	79.57	1	56.43	2	88.21	4	135.13	4	108.94	14	207.42	6	44.15	6	18.13	17	2.20
安　徽	44	260.80											4	56.72	18	135.08	22	69.00		
四　川	20	236.16					1	41.40			1	28.03	8	108.58	7	51.29	2	6.86	1	
江　西	25	49.27													4	26.68	8	19.30	13	3.29
湖　南	40	105.46									1	21.15			6	43.39	15	35.90	18	5.02
河　北	116	335.01									1	24.45	7	96.05	9	56.29	60	145.74	39	12.48
山　东	98	471.80							1	34.50	1	25.52	12	176.03	21	135.95	37	94.13	26	5.67
河　南	89	534.78									2	47.31	12	149.73	31	232.72	39	102.56	5	2.46
陕　西	27	220.73									3	72.20	2	27.80	12	99.19	7	21.07	3	0.47
山　西	35	159.80									1	22.18	3	40.73	8	57.77	10	31.89	13	7.23
新疆自治区	54	108.73									1	20.22	1	14.25	3	18.89	20	50.63	29	4.74
新疆兵团	11	38.17									1	20.21	1	11.64			2	5.60	7	0.72
辽　宁	13	32.14													2	16.70	5	14.51	6	0.93
甘　肃	8	4.81															1	3.80	7	1.01
天　津	5	6.18															2	4.52	3	1.66
北　京	6	14.70															6	14.70		
云　南	6	4.58															1	2.00	5	2.58

6-1-29 全国各地区产棉县1974年棉花面积、产量、收购量分类

地区	面积合计																			
	合计		60万亩以上		50-60万亩		40-50万亩		30-40万亩		20-30万亩		10-20万亩		5-10万亩		1-5万亩		1万亩以下	
	县数（个）	数量（万亩）	县数（个）	数量（万亩）	县数（个）	数量（万亩）	县数（个）	数量（万亩）	县数（个）	数量（万亩）	县数（个）	数量（万亩）	县数（个）	数量（万亩）	县数（个）	数量（万亩）	县数（个）	数量（万亩）	县数（个）	数量（万亩）
合计	**742**	**6850.57**	**4**	**268.36**	**4**	**231.23**	**8**	**337.68**	**15**	**500.79**	**50**	**1151.54**	**175**	**2432.44**	**191**	**1348.59**	**184**	**564.14**	**111**	**15.80**
上海	11	142.11									3	64.53	4	52.89	4	24.69				
浙江	12	104.68					1	41.30							7	53.22	4	10.16		
江苏	67	867.21	2	128.27	4	231.23			5	172.32	2	41.33	12	179.10	11	71.79	13	40.57	18	2.60
湖北	55	833.98	2	140.09			5	210.65	3	96.83	5	129.29	12	176.25	8	61.35	6	18.86	14	0.66
安徽	44	461.43									1	26.23	23	322.60	11	79.86	9	32.74		
四川	20	313.13					2	85.73			1	20.89	12	180.45	4	26.06			1	
江西	25	129.33											3	37.23	10	77.56	8	13.76	4	0.78
湖南	40	197.28									1	21.11	3	44.21	11	79.69	18	51.66	7	0.61
河北	116	855.99							1	32.57	6	128.42	26	334.30	32	230.52	39	124.39	12	5.79
山东	98	964.60							3	99.60	14	332.33	20	288.39	27	187.81	17	54.04	17	2.43
河南	89	895.15							1	35.80	5	109.24	34	462.88	31	222.39	18	64.84		
陕西	27	344.23							1	30.97	6	145.64	9	118.22	7	42.54	2	6.86	2	
山西	35	352.87							1	32.70	4	88.39	10	131.99	7	52.19	13	47.60		
新疆自治区	54	163.93											3	38.98	10	69.12	19	53.86	22	1.97
新疆兵团	11	62.33									1	24.14	1	17.38	2	15.12	2	4.73	5	0.96
辽宁	13	82.00									1	20.00	2	35.88	3	19.38	2	6.74	5	
甘肃	8	10.89													1	5.80	3	5.09	4	
天津	5	25.66											1	11.69	1	5.19	3	8.78		
北京	6	27.11													3	18.21	3	8.90		
云南	6	16.66													1	6.10	5	10.56		

6-1-29 续表1

地区	产量合计																		
	合计		60万担以上		50-60万担		40-50万担		30-40万担		20-30万担		10-20万担		5-10万担		1-5万担		1万担以下	
	县数（个）	数量（万担）	县数（个）	数量（万担）	县数（个）	数量（万担）	县数（个）	数量（万担）	县数（个）	数量（万担）	县数（个）	数量（万担）	县数（个）	数量（万担）	县数（个）	数量（万担）	县数（个）	数量（万担）	县数（个）	数量（万担）
合计	**742**	**4624.32**	**5**	**408.35**	**3**	**172.67**	**6**	**273.22**	**11**	**385.63**	**14**	**331.02**	**83**	**1117.54**	**157**	**1112.81**	**291**	**778.00**	**172**	**45.08**
上海	11	168.40							1	33.11	2	49.64	4	55.52	4	30.13				
浙江	12	99.57							1	38.17					6	48.58	4	11.84	1	0.98
江苏	67	823.62	3	241.64	2	112.74	2	94.23	3	105.99	1	27.50	10	141.01	6	45.52	18	49.72	22	5.27
湖北	55	918.45	2	166.71	1	59.93	4	178.99	5	175.57	5	107.07	12	173.21	5	33.26	7	22.30	14	1.41
安徽	44	309.33											9	112.39	21	154.36	14	42.58		
四川	20	200.86							1	32.79	1	24.03	6	74.29	8	58.35	3	11.40	1	
江西	25	73.61											1	11.58	6	37.56	8	19.49	10	4.98
湖南	40	160.65									1	25.53	3	43.55	7	47.05	18	41.57	11	2.95
河北	116	420.30									1	23.16	7	92.12	21	141.08	60	154.36	27	9.58
山东	98	380.54									2	47.93	7	94.41	15	107.17	51	126.03	23	5.00
河南	89	560.29									1	26.16	14	181.17	29	216.55	42	134.38	3	2.03
陕西	27	177.75											4	62.50	12	82.35	9	32.90	2	
山西	35	144.38											3	40.99	8	53.23	19	46.97	5	3.19
新疆自治区	54	83.54											1	12.00	4	23.35	20	44.30	29	3.89
新疆兵团	11	30.27											2	22.80			3	6.58	6	0.89
辽宁	13	35.42													3	23.47	5	11.95	5	
甘肃	8	6.35													1	5			7	1.35
天津	5	9.67															4	9.27	1	0.40
北京	6	16.97													1	5.8	5	11.17		
云南	6	4.35															1	1.19	5	3.16

6-1-29　续表2

地区	收购量合计																	
	合计		60万担以上		50-60万担		40-50万担		30-40万担		20-30万担		10-20万担		5-10万担		1-5万担	1万担以下
	县数（个）	数量（万担）	县数（个）	数量（万担）	县数（个）	数量（万担）	县数（个）	数量（万担）	县数（个）	数量（万担）	县数（个）	数量（万担）	县数（个）	数量（万担）	县数（个）	数量（万担）	县数（个）	数量（万担）
合　计	**742**	**4299.71**	**5**	**394.90**	**3**	**165.98**	**5**	**227.98**	**12**	**417.74**	**11**	**268.27**	**78**	**1041.28**	**141**	**981.27**	**281**	**749.44**
上　海	11	165.04							1	32.75	2	48.82	4	54.70	4	28.77		
浙　江	12	97.89							1	36.61					6	48.42	4	11.89
江　苏	67	798.99	3	232.25	2	106.35	2	89.81	3	104.61	1	26.50	10	136.32	6	43.73	19	55.06
湖　北	55	889.31	2	162.65	1	59.63	3	138.17	6	211.17	2	45.24	15	225.03	4	26.23	6	19.14
安　徽	44	287.55											7	86.34	22	157.43	15	43.78
四　川	20	184.72							1	32.60	1	24.03	6	70.07	7	43.65	4	14.37
江　西	25	63.29											1	11.55	5	30.28	7	17.13
湖　南	40	146.03									1	28.86	3	41.00	6	40.47	13	30.37
河　北	116	377.25									1	22.52	6	77.70	19	124.67	57	143.41
山　东	98	336.37									2	47.62	8	98.27	9	62.53	47	119.95
河　南	89	479.70									1	24.68	7	92.64	30	226.11	44	132.97
陕　西	27	156.13											4	58.11	9	60.14	11	37.55
山　西	35	132.71											3	39.37	7	45.54	18	43.79
新疆自治区	54	91.01											2	24.94	3	16.74	19	43.89
新疆兵团	11	30.72											2	25.24			2	4.86
辽　宁	13	31.72													3	21.36	5	10.36
甘　肃	8	4.95															1	4.00
天　津	5	7.99															3	6.74
北　京	6	14.20													1	5.20	5	9.00
云　南	6	4.14															1	1.18

地区	1万担以下 县数（个）	1万担以下 数量（万担）
合　计	**206**	**52.85**
上　海		
浙　江	1	0.97
江　苏	21	4.36
湖　北	16	2.05
安　徽		
四　川	1	
江　西	12	4.33
湖　南	17	5.33
河　北	33	8.95
山　东	32	8.00
河　南	7	3.30
陕　西	3	0.33
山　西	7	4.01
新疆自治区	30	5.44
新疆兵团	7	0.62
辽　宁	5	
甘　肃	7	0.95
天　津	2	1.25
北　京		
云　南	5	2.96

6－1－30 全国各地区产棉县1975年棉花面积、产量、收购量分类

地区	面积合计																	
	合计		60万亩以上		50－60万亩		40－50万亩		30－40万亩		20－30万亩		10－20万亩		5－10万亩		1－5万亩	
	县数（个）	数量（万亩）	县数（个）	数量（万亩）	县数（个）	数量（万亩）	县数（个）	数量（万亩）	县数（个）	数量（万亩）	县数（个）	数量（万亩）	县数（个）	数量（万亩）	县数（个）	数量（万亩）	县数（个）	数量（万亩）
合计	**742**	**6760.08**	**4**	**267.13**	**4**	**231.35**	**6**	**252.80**	**16**	**540.98**	**45**	**1057.91**	**177**	**2463.20**	**195**	**1374.43**	**174**	**551.23**
上海	11	142.36									3	64.34	4	53.30	4	24.72		
浙江	12	108.03							1	39.97			1	12.19	6	45.66	4	10.21
江苏	67	859.40	2	127.70	4	231.35			5	172.21	2	41.09	11	165.90	11	73.84	14	45.27
湖北	55	829.42	2	139.43			4	167.50	4	130.92	4	109.45	14	200.73	9	66.80	5	14.06
安徽	44	442.31									1	26.10	22	295.37	11	81.72	10	39.12
四川	20	312.34					2	85.30			1	20.92	12	180.08	4	26.04		
江西	25	124.14											3	37.54	10	72.61	7	12.35
湖南	40	198.03									1	21.15	3	45.58	13	89.51	16	41.09
河北	116	864.77							1	32.53	6	133.39	25	323.58	36	258.57	34	110.41
山东	98	941.41							2	64.98	11	272.52	25	364.25	24	170.85	19	67.10
河南	89	863.62							1	35.00	4	87.46	31	430.37	36	258.18	15	51.16
陕西	27	347.62							1	31.03	6	149.02	9	119.07	4	26.49	5	22.01
山西	35	368.63							1	34.34	4	90.69	11	147.39	9	61.37	10	34.84
新疆自治区	54	184.84									1	20.89	3	39.48	9	62.12	20	59.59
新疆兵团	11	41.34									1	20.89			2	14.36	1	4.15
辽宁	13	53.83											2	34.59	2	12.40	2	6.84
甘肃	8	10.81													1	5.80	3	5.01
天津	5	29.22											1	13.78	1	5.23	3	10.21
北京	6	28.46													3	18.16	3	10.30
云南	6	9.51															3	7.51

（续：1万亩以下）

地区	1万亩以下 县数（个）	1万亩以下 数量（万亩）
合计	**121**	**21.06**
上海		
浙江		
江苏	18	2.04
湖北	13	0.53
安徽		
四川	1	
江西	5	1.64
湖南	7	0.70
河北	14	6.29
山东	17	1.71
河南	2	1.45
陕西	2	
山西		
新疆自治区	21	2.76
新疆兵团	7	1.94
辽宁	7	
甘肃	4	
天津		
北京		
云南	3	2.00

6-1-30 续表1

地区	产量合计																	
	合计		60万担以上		50-60万担		40-50万担		30-40万担		20-30万担		10-20万担		5-10万担		1-5万担		1万担以下	
	县数（个）	数量（万担）	县数（个）	数量（万担）	县数（个）	数量（万担）	县数（个）	数量（万担）	县数（个）	数量（万担）	县数（个）	数量（万担）	县数（个）	数量（万担）	县数（个）	数量（万担）	县数（个）	数量（万担）	县数（个）	数量（万担）
合计	**742**	**4470.34**	**7**	**523.33**	**1**	**53.47**	**4**	**177.78**	**11**	**382.23**	**14**	**352.22**	**85**	**1179.65**	**127**	**911.05**	**302**	**834.95**	**191**	**55.66**
上海	11	183.26							2	66.92	1	23.95	4	62.12	4	30.27				
浙江	12	101.96							1	35.05			2	20.77	5	38.08	3	7.11	1	0.95
江苏	67	894.03	6	434.25	1	53.47			4	142.15	1	21.77	10	147.65	6	44.65	19	46.85	20	3.24
湖北	55	789.27	1	89.08			4	177.78	3	104.47	5	129.89	15	221.83	5	38.53	8	26.60	14	1.09
安徽	44	258.58									1	23.41	4	42.63	18	131.13	21	61.41		
四川	20	217.76							1	33.64	1	29.07	8	103.08	6	41.60	3	10.37	1	
江西	25	67.15											1	11.92	4	25.36	9	24.78	11	5.09
湖南	40	153.25									1	24.99	3	42.55	6	44.37	15	35.14	15	6.20
河北	116	362.52											6	82.34	13	88.57	66	177.87	31	13.74
山东	98	485.65									2	55.90	13	183.74	19	125.17	44	118.58	20	2.26
河南	89	491.92									2	43.24	12	155.72	19	141.20	48	147.73	8	4.03
陕西	27	160.47											4	63.91	6	47.34	15	49.22	2	
山西	35	148.79											3	41.39	7	49.74	19	53.41	6	4.25
新疆自治区	54	80.39													5	34.62	16	36.90	33	8.87
新疆兵团	11	15.56													1	9.08	2	5.10	8	1.38
辽宁	13	24.76													2	15.94	4	8.82	7	
甘肃	8	4.93															1	3.70	7	1.23
天津	5	10.33															3	8.79	2	1.54
北京	6	16.62													1	5.4	5	11.22		
云南	6	3.14															1	1.35	5	1.79

6－1－30　续表2

地　区	收购量合计																	
	合　计		60万担以上		50－60万担		40－50万担		30－40万担		20－30万担		10－20万担		5－10万担		1－5万担		1万担以下	
	县数（个）	数量（万担）	县数（个）	数量（万担）	县数（个）	数量（万担）	县数（个）	数量（万担）	县数（个）	数量（万担）	县数（个）	数量（万担）	县数（个）	数量（万担）	县数（个）	数量（万担）	县数（个）	数量（万担）	县数（个）	数量（万担）
合　计	**742**	**4181.11**	**6**	**449.84**	**2**	**109.89**	**3**	**135.80**	**11**	**383.37**	**14**	**348.76**	**76**	**1044.96**	**119**	**854.62**	**296**	**798.75**	**215**	**55.12**
上　海	11	179.95							2	66.31	1	23.47	4	61.26	4	28.91				
浙　江	12	98.90							1	33.46			1	10.00	6	47.57	3	7.09	1	0.78
江　苏	67	882.05	5	362.60	2	109.89			4	140.21	1	21.27	10	146.30	7	51.69	19	47.38	19	2.71
湖　北	55	756.53	1	87.24			3	135.80	3	110.24	6	151.03	14	202.21	5	41.09	8	27.16	15	1.76
安　徽	44	239.42											4	53.52	14	104.06	25	80.88	1	0.96
四　川	20	201.97							1	33.15	1	29.04	7	85.09	7	45.51	3	9.18	1	
江　西	25	57.92											1	11.53	2	13.39	9	28.66	13	4.34
湖　南	40	138.33									1	27.68	3	38.88	6	41.21	10	23.61	20	6.95
河　北	116	324.65											6	79.14	10	67.99	64	165.88	36	11.64
山　东	98	433.84									2	54.13	11	155.14	14	99.22	45	119.72	26	5.63
河　南	89	437.50									2	42.14	8	102.08	22	160.15	45	128.19	12	4.94
陕　西	27	139.08											4	60.29	5	37.91	15	40.62	3	0.26
山　西	35	139.81											3	39.52	7	47.39	19	49.80	6	3.10
新疆自治区	54	83.70													5	34.76	16	40.69	33	8.25
新疆兵团	11	11.48													1	8.00	2	3.39	8	0.09
辽　宁	13	22.94													2	14.77	4	8.17	7	
甘　肃	8	6.95													1	6.00			7	0.95
天　津	5	8.31															3	7.27	2	1.04
北　京	6	14.80													1	5.00	5	9.80		
云　南	6	2.98															1	1.26	5	1.72

6－1－31　全国各地区产棉县1976年棉花面积、产量、收购量分类

地区	面积合计																	
	合计		60万亩以上		50－60万亩		40－50万亩		30－40万亩		20－30万亩		10－20万亩		5－10万亩		1－5万亩		1万亩以下	
	县数（个）	数量（万亩）	县数（个）	数量（万亩）	县数（个）	数量（万亩）	县数（个）	数量（万亩）	县数（个）	数量（万亩）	县数（个）	数量（万亩）	县数（个）	数量（万亩）	县数（个）	数量（万亩）	县数（个）	数量（万亩）	县数（个）	数量（万亩）
合计	**742**	**6827.18**	**4**	**267.05**	**4**	**230.77**	**7**	**293.78**	**16**	**532.93**	**49**	**1136.92**	**169**	**2354.49**	**198**	**1420.15**	**179**	**573.47**	**116**	**17.63**
上海	11	142.10									2	43.87	5	71.49	4	26.74				
浙江	12	105.38							1	39.63			1	10.95	6	45.53	4	9.27		
江苏	67	860.60	2	127.09	4	230.77			5	172.97	2	41.06	12	177.81	11	68.57	13	40.34	18	1.99
湖北	55	836.48	2	139.96			5	208.69	3	94.23	5	130.53	13	183.42	9	66.06	5	12.99	13	0.60
安徽	44	442.60									1	26.03	21	288.00	12	90.19	10	38.38		
四川	20	323.03					2	85.09			1	21.00	13	194.96	3	21.98			1	
江西	25	133.58											4	47.92	9	67.37	9	18.29	3	
湖南	40	198.03									1	21.19	3	45.21	12	84.04	17	46.94	7	0.65
河北	116	849.81							1	34.02	6	129.15	23	301.72	35	258.09	34	120.11	17	6.72
山东	98	954.41							2	62.60	14	331.56	20	297.81	29	208.76	16	52.70	17	0.98
河南	89	865.57							2	65.44	4	89.19	28	382.33	37	273.43	16	53.82	2	1.36
陕西	27	347.25							1	30.75	6	148.95	9	119.97	4	26.58	5	21.00	2	
山西	35	364.18							1	33.29	4	90.17	10	135.76	9	64.98	11	39.98		
新疆自治区	54	180.07									1	21.61	4	47.97	8	49.55	20	58.54	21	2.40
新疆兵团	11	40.07									1	21.61			1	8.30	2	8.70	7	1.46
辽宁	13	107.47									1	21.00	2	35.93	5	35.80	4	14.74	1	
甘肃	8	11.87													1	5.90	3	5.97	4	
天津	5	28.24											1	13.24	1	5.29	3	9.71		
北京	6	28.19													2	12.99	4	15.20		
云南	6	8.26															3	6.79	3	1.47

6-1-31 续表1

地区	产量合计																			
	合计		60万担以上		50-60万担		40-50万担		30-40万担		20-30万担		10-20万担		5-10万担		1-5万担		1万担以下	
	县数（个）	数量（万担）	县数（个）	数量（万担）	县数（个）	数量（万担）	县数（个）	数量（万担）	县数（个）	数量（万担）	县数（个）	数量（万担）	县数（个）	数量（万担）	县数（个）	数量（万担）	县数（个）	数量（万担）	县数（个）	数量（万担）
合计	**742**	**3894.55**	**7**	**490.50**	**2**	**108.49**	**2**	**87.03**	**12**	**417.62**	**10**	**235.20**	**60**	**821.28**	**117**	**839.88**	**316**	**828.32**	**216**	**66.23**
上海	11	132.31									1	21.26	6	80.82	4	30.23				
浙江	12	84.57							1	30.34					7	48.03	3	5.28	1	0.92
江苏	67	810.49	4	264.49	2	108.49			4	148.83	2	46.94	9	132.98	8	55.98	19	49.78	19	3.00
湖北	55	884.88	3	226.01			2	87.03	7	238.45	4	92.34	12	175.84	5	37.54	9	27.22	13	0.45
安徽	44	258.48											6	75.80	15	106.87	23	75.81		
四川	20	142.14									1	21.25	1	17.36	11	84.16	6	19.37	1	
江西	25	66.57											1	12.16	3	18.80	12	31.48	9	4.13
湖南	40	158.87									1	26.32	3	41.20	7	52.91	17	34.90	12	3.54
河北	116	218.14											1	11.64	7	51.56	58	135.29	50	19.65
山东	98	322.49											6	76.86	14	102.58	51	134.95	27	8.10
河南	89	414.34									1	27.09	5	69.71	23	163.71	53	151.05	7	2.78
陕西	27	134.04											4	53.64	4	30.53	17	49.87	2	
山西	35	127.46											3	40.31	5	34.50	16	46.06	11	6.59
新疆自治区	54	86.57											2	21.61	4	22.48	17	36.09	31	6.39
新疆兵团	11	18.94											1	11.35			3	7.05	7	0.54
辽宁	13	14.63															5	10.06	8	4.57
甘肃	8	6.14															2	5.58	6	0.56
天津	5	3.80															1	1.89	4	1.91
北京	6	6.80															3	5.23	3	1.57
云南	6	2.89															1	1.36	5	1.53

6－1－31　续表2

地区	收购量合计																	
	合计		60万担以上		50－60万担		40－50万担		30－40万担		20－30万担		10－20万担		5－10万担		1－5万担	
	县数（个）	数量（万担）	县数（个）	数量（万担）	县数（个）	数量（万担）	县数（个）	数量（万担）	县数（个）	数量（万担）	县数（个）	数量（万担）	县数（个）	数量（万担）	县数（个）	数量（万担）	县数（个）	数量（万担）
合计	**742**	**3615.58**	**6**	**418.45**	**3**	**166.72**	**2**	**86.14**	**10**	**351.02**	**10**	**248.95**	**58**	**782.12**	**110**	**766.18**	**285**	**725.76**
上海	11	128.75									1	20.91	6	78.96	4	28.88		
浙江	12	82.10									1	28.73			7	47.19	3	5.31
江苏	67	793.34	3	196.38	3	166.72			4	146.04	1	25.50	9	138.30	10	70.02	19	48.56
湖北	55	859.76	3	222.07			2	86.14	6	204.98	4	99.38	13	188.14	4	30.53	8	26.63
安徽	44	239.10											6	69.89	15	102.29	22	66.03
四川	20	128.10									1	20.55	1	17.26	8	61.24	9	29.05
江西	25	56.14											1	11.87	2	11.35	11	29.85
湖南	40	143.83									1	28.50	3	37.58	7	48.54	10	21.86
河北	116	192.16											1	11.17	7	50.14	50	112.36
山东	98	272.90											5	61.87	14	100.15	41	97.88
河南	89	354.82									1	25.38	5	64.01	16	109.21	54	153.45
陕西	27	119.27											3	41.15	5	38.29	16	39.67
山西	35	122.93											3	38.95	5	35.82	15	41.95
新疆自治区	54	93.48											2	22.97	5	27.53	18	38.12
新疆兵团	11																	
辽宁	13	12.06															4	8.00
甘肃	8	6.27													1	5.00		
天津	5	2.40															1	1.43
北京	6	5.31															3	4.21
云南	6	2.86															1	1.40

地区	1万担以下 县数（个）	1万担以下 数量（万担）
合计	**258**	**70.24**
上海		
浙江	1	0.87
江苏	18	1.82
湖北	15	1.89
安徽	1	0.89
四川	1	
江西	11	3.07
湖南	19	7.35
河北	58	18.49
山东	38	13.00
河南	13	2.77
陕西	3	0.16
山西	12	6.21
新疆自治区	29	4.86
新疆兵团	11	
辽宁	9	4.06
甘肃	7	1.27
天津	4	0.97
北京	3	1.10
云南	5	1.46

6－1－32　全国各地区产棉县1977年棉花面积、产量、收购量分类

地区	面积合计																	
	合计		60万亩以上		50－60万亩		40－50万亩		30－40万亩		20－30万亩		10－20万亩		5－10万亩		1－5万亩		1万亩以下	
	县数（个）	数量（万亩）	县数（个）	数量（万亩）	县数（个）	数量（万亩）	县数（个）	数量（万亩）	县数（个）	数量（万亩）	县数（个）	数量（万亩）	县数（个）	数量（万亩）	县数（个）	数量（万亩）	县数（个）	数量（万亩）	县数（个）	数量（万亩）
合计	**742**	**6774.41**	**4**	**266.85**	**5**	**285.14**	**7**	**292.63**	**16**	**527.87**	**48**	**1119.89**	**176**	**2388.65**	**190**	**1329.50**	**175**	**542.00**	**121**	**21.88**
上海	11	141.89									2	41.90	5	68.04	4	31.95				
浙江	12	104.21							1	38.93			1	10.58	6	45.53	4	9.17		
江苏	67	859.42	2	126.68	4	230.58			5	171.71	2	40.93	11	165.95	12	80.33	13	41.09	18	2.15
湖北	55	835.36	2	140.17			5	207.07	3	94.34	5	130.29	13	184.30	9	66.06	6	12.53	12	0.60
安徽	44	449.95									1	26.45	23	313.05	11	76.92	9	33.53		
四川	20	321.78					2	85.56			1	20.93	13	194.18	3	21.11			1	
江西	25	131.47											3	35.61	10	78.45	7	15.69	5	1.72
湖南	40	208.23									1	28.39	3	45.09	14	94.52	15	39.74	7	0.49
河北	116	809.44							1	33.63	6	124.65	24	296.19	34	236.82	33	111.85	18	6.30
山东	98	980.70			1	54.56			2	61.70	13	317.24	22	317.50	24	167.13	18	60.20	18	2.37
河南	89	869.12							2	64.85	5	110.19	31	409.76	33	234.55	14	47.32	4	2.45
陕西	27	344.24							1	30.32	6	146.88	9	117.41	6	38.17	3	11.46	2	
山西	35	356.36							1	32.39	4	89.81	11	144.33	6	43.18	13	46.65		
新疆自治区	54	179.34									1	21.13	4	49.23	8	50.33	20	56.32	21	2.33
新疆兵团	11	41.59									1	21.10			2	15.22	1	4.04	7	1.23
辽宁	13	77.61											2	24.22	5	33.15	6	20.24		
甘肃	8	10.31													1	5.80	2	3.62	5	0.89
天津	5	27.66											1	13.21	1	5.27	3	9.18		
北京	6	19.71													1	5.01	5	14.70		
云南	6	6.02															3	4.67	3	1.35

6－1－32　续表1

地　区	产量合计																	
	合　计		60万担以上		50－60万担		40－50万担		30－40万担		20－30万担		10－20万担		5－10万担		1－5万担		1万担以下	
	县数（个）	数量（万担）	县数（个）	数量（万担）	县数（个）	数量（万担）	县数（个）	数量（万担）	县数（个）	数量（万担）	县数（个）	数量（万担）	县数（个）	数量（万担）	县数（个）	数量（万担）	县数（个）	数量（万担）	县数（个）	数量（万担）
合　计	**742**	**3895.92**	**4**	**304.09**	**3**	**165.40**	**5**	**215.01**	**8**	**266.87**	**13**	**324.75**	**71**	**955.62**	**115**	**810.96**	**288**	**782.49**	**235**	**70.72**
上　海	11	129.33									1	24.12	5	64.21	5	41.00				
浙　江	12	82.60									1	26.93			6	44.61	5	11.06		
江　苏	67	749.92	2	134.73	3	165.40	2	82.83	2	65.73	2	55.20	10	143.48	7	49.60	20	50.86	19	2.09
湖　北	55	849.14	2	169.36			3	132.18	6	201.14	3	70.22	14	213.06	4	30.52	11	32.21	12	0.45
安　徽	44	232.66											5	56.20	12	89.95	26	85.58	1	0.93
四　川	20	227.34									2	56.34	8	110.34	7	54.17	2	6.49	1	
江　西	25	62.55											1	11.04	2	12.82	10	32.89	12	5.80
湖　南	40	148.06									1	24.57	3	36.71	7	48.25	16	33.45	13	5.08
河　北	116	196.34													7	57.42	50	122.03	59	16.89
山　东	98	303.50											8	100.65	9	65.80	51	127.55	30	9.50
河　南	89	435.71									2	47.36	7	88.26	23	146.28	46	148.19	11	5.62
陕　西	27	190.49									1	20.01	3	48.33	16	106.94	5	15.21	2	
山　西	35	144.98											4	51.93	8	53.42	12	33.65	11	5.98
新疆自治区	54	80.62											2	20.96	1	5.08	18	46.80	33	7.78
新疆兵团	11	19.70											1	10.45			3	8.60	7	0.65
辽　宁	13	21.01															7	16.52	6	4.49
甘　肃	8	6.26													1	5.1			7	1.16
天　津	5	3.33															2	2.32	3	1.01
北　京	6	10.20															4	9.08	2	1.12
云　南	6	2.17																	6	2.17

6-1-32 续表2

地区	收购量合计																			
	合计		60万担以上		50-60万担		40-50万担		30-40万担		20-30万担		10-20万担		5-10万担		1-5万担		1万担以下	
	县数（个）	数量（万担）	县数（个）	数量（万担）	县数（个）	数量（万担）	县数（个）	数量（万担）	县数（个）	数量（万担）	县数（个）	数量（万担）	县数（个）	数量（万担）	县数（个）	数量（万担）	县数（个）	数量（万担）	县数（个）	数量（万担）
合计	**742**	**3609.84**	**3**	**238.17**	**4**	**216.98**	**5**	**214.99**	**7**	**232.68**	**12**	**308.20**	**62**	**834.03**	**109**	**765.42**	**260**	**718.34**	**280**	**81.03**
上海	11	126.50									1	23.76	5	62.66	5	40.08				
浙江	12	79.64									1	25.31			6	43.57	4	9.80	1	0.96
江苏	67	739.42	1	72.85	4	216.98	2	83.62	1	33.77	3	83.27	9	132.97	10	70.81	19	43.55	18	1.60
湖北	55	827.91	2	165.32			3	131.37	6	198.91	3	69.68	13	196.48	5	38.78	7	23.70	16	3.67
安徽	44	221.73											5	55.59	11	80.53	26	83.93	2	1.68
四川	20	209.45									2	54.82	7	91.32	8	57.32	2	5.99	1	
江西	25	54.17											1	10.90	1	6.38	11	33.34	12	3.55
湖南	40	140.88									1	27.56	3	35.07	7	46.72	13	26.10	16	5.43
河北	116	172.56													6	49.27	40	101.89	70	21.40
山东	98	260.94											5	66.19	11	83.95	39	95.48	43	15.32
河南	89	355.31									1	23.80	5	57.88	16	101.89	53	167.68	14	4.06
陕西	27	169.06											4	64.77	12	76.74	8	27.22	3	0.33
山西	35	130.47											3	38.09	9	57.76	10	28.79	13	5.83
新疆自治区	54	86.36											2	22.11	1	6.62	20	51.51	31	6.12
新疆兵团	11																		11	
辽宁	13	17.78															5	12.32	8	5.46
甘肃	8	5.90													1	5.00			7	0.90
天津	5	1.70																	5	1.70
北京	6	8.14															3	7.04	3	1.10
云南	6	1.92																	6	1.92

6－1－33　全国各地区产棉县1978年棉花面积、产量、收购量分类

地区	面积合计																	
	合计		60万亩以上		50－60万亩		40－50万亩		30－40万亩		20－30万亩		10－20万亩		5－10万亩		1－5万亩		1万亩以下	
	县数（个）	数量（万亩）	县数（个）	数量（万亩）	县数（个）	数量（万亩）	县数（个）	数量（万亩）	县数（个）	数量（万亩）	县数（个）	数量（万亩）	县数（个）	数量（万亩）	县数（个）	数量（万亩）	县数（个）	数量（万亩）	县数（个）	数量（万亩）
合计	**742**	**6837.24**	**4**	**266.50**	**5**	**286.45**	**6**	**254.40**	**17**	**570.43**	**47**	**1097.36**	**181**	**2491.37**	**196**	**1375.89**	**158**	**471.17**	**128**	**23.67**
上海	11	140.45									2	41.90	5	66.51	4	32.04				
浙江	12	102.22							1	38.42			1	10.65	6	44.53	4	8.62		
江苏	67	865.02	2	126.90	4	231.42			4	142.06	3	70.77	11	165.16	12	78.96	14	47.45	17	2.30
湖北	55	849.42	2	139.60			5	209.19	4	124.59	5	123.93	12	169.91	9	67.19	6	14.15	12	0.86
安徽	44	437.51									1	25.77	22	291.36	11	82.26	10	38.12		
四川	20	312.38					1	45.21	1	39.95	1	20.33	11	168.35	5	38.54			1	
江西	25	136.32											4	48.23	9	70.09	7	16.89	5	1.11
湖南	40	202.21									1	24.00	3	46.77	12	85.18	17	45.88	7	0.38
河北	116	862.77							1	33.88	6	127.91	29	372.68	42	282.32	12	37.63	26	8.35
山东	98	937.00							3	92.50	13	315.45	21	329.23	22	149.98	17	46.50	22	3.34
河南	89	879.31			1	55.03			1	33.30	5	110.41	30	397.41	32	230.21	17	51.39	3	1.56
陕西	27	337.89							1	30.37	6	144.16	9	116.09	4	26.72	5	20.55	2	
山西	35	347.19							1	35.36	2	47.81	11	152.81	11	80.96	10	30.25		
新疆自治区	54	195.62									1	22.46	5	61.78	8	51.67	20	57.28	20	2.43
新疆兵团	11	72.63									1	22.46	3	36.30	2	12.64			5	1.23
辽宁	13	95.67											3	45.88	5	31.42	5	18.37		
甘肃	8	10.87													1	5.90	3	4.97	4	
天津	5	27.25											1	12.25	1	5.28	3	9.72		
北京	6	20.05															6	20.05		
云南	6	5.46															2	3.35	4	2.11

6-1-33 续表1

地区	产量合计																		
	合计		60万担以上		50-60万担		40-50万担		30-40万担		20-30万担		10-20万担		5-10万担		1-5万担		1万担以下	
	县数（个）	数量（万担）	县数（个）	数量（万担）	县数（个）	数量（万担）	县数（个）	数量（万担）	县数（个）	数量（万担）	县数（个）	数量（万担）	县数（个）	数量（万担）	县数（个）	数量（万担）	县数（个）	数量（万担）	县数（个）	数量（万担）
合计	**742**	**4127.91**	**6**	**509.94**	**3**	**152.33**	**4**	**176.08**	**9**	**317.10**	**11**	**275.25**	**70**	**984.59**	**121**	**839.27**	**304**	**809.94**	**214**	**63.41**
上海	11	237.27					1	41.23	1	35.17	1	27.69	8	133.18						
浙江	12	118.03					1	44.50					3	32.21	4	33.46	4	7.86		
江苏	67	935.49	5	426.62	2	101.99			3	111.72	3	71.84	7	95.56	10	69.35	18	55.55	19	2.86
湖北	55	701.91	1	83.32	1	50.34	1	41.14	3	98.10	7	175.72	13	179.57	6	44.67	9	26.52	14	2.53
安徽	44	211.21											2	23.01	15	103.37	27	84.83		
四川	20	245.99							2	72.11			8	114.93	7	49.72	2	9.23	1	
江西	25	59.36											1	14.14	2	11.88	10	27.59	12	5.75
湖南	40	115.82											1	16.34	6	46.93	18	46.35	15	6.20
河北	116	233.36											2	21.53	7	46.31	64	151.07	43	14.45
山东	98	312.27											10	126.49	12	75.96	41	101.24	35	8.58
河南	89	441.13					1	49.21					6	83.37	23	150.89	49	152.94	10	4.72
陕西	27	197.53											4	70.86	15	109.76	6	16.91	2	
山西	35	138.45											3	39.72	6	44.52	20	51.71	6	2.50
新疆自治区	54	93.33											1	16.84	5	32.80	20	39.15	28	4.54
新疆兵团	11	38.80											1	16.84	2	13.98	2	6.61	6	1.37
辽宁	13	28.48													1	5.67	8	19.60	4	3.21
甘肃	8	6.03															1	4.50	7	1.53
天津	5	4.11															1	2.19	4	1.92
北京	6	6.44															3	4.89	3	1.55
云南	6	2.90															1	1.20	5	1.70

6－1－33　续表2

地区	收购量合计																			
	合计		60万担以上		50－60万担		40－50万担		30－40万担		20－30万担		10－20万担		5－10万担		1－5万担		1万担以下	
	县数（个）	数量（万担）	县数（个）	数量（万担）	县数（个）	数量（万担）	县数（个）	数量（万担）	县数（个）	数量（万担）	县数（个）	数量（万担）	县数（个）	数量（万担）	县数（个）	数量（万担）	县数（个）	数量（万担）	县数（个）	数量（万担）
合计	**742**	**3875.84**	**6**	**497.16**	**1**	**50.04**	**5**	**227.07**	**10**	**352.71**	**11**	**270.05**	**63**	**884.24**	**108**	**750.27**	**286**	**777.03**	**252**	**67.27**
上海	11	233.14					1	40.61	1	34.73	1	27.10	8	130.70						
浙江	12	115.41					1	42.87					1	11.70	6	53.10	3	6.75	1	0.99
江苏	67	922.76	5	416.68	1	50.04	1	48.79	3	110.40	3	69.60	7	94.76	11	76.16	18	53.71	18	2.62
湖北	55	682.56	1	80.48			1	47.97	4	137.07	7	173.35	12	167.98	7	50.42	8	22.99	15	2.30
安徽	44	207.59											2	23.74	14	96.14	27	86.76	1	0.95
四川	20	225.93							2	70.51			7	96.63	6	41.60	4	17.19	1	
江西	25	51.25											1	14.07	1	5.64	10	27.10	13	4.44
湖南	40	111.36											1	18.23	6	46.53	16	41.36	17	5.24
河北	116	205.58											1	10.68	7	46.96	53	128.38	55	19.56
山东	98	267.40											7	91.06	10	71.03	37	96.27	44	9.04
河南	89	380.34					1	46.83					6	77.00	17	104.07	49	149.03	16	3.41
陕西	27	174.92											4	67.09	12	83.59	8	23.86	3	0.38
山西	35	133.36											4	49.77	5	34.42	19	46.63	7	2.54
新疆自治区	54	88.85											1	16.17	3	21.37	20	44.94	30	6.37
新疆兵团	11	32.53											1	14.66	1	7.13	3	10.32	6	0.42
辽宁	13	24.23													1	5.11	7	15.79	5	3.33
甘肃	8	8.24													1	7.00			7	1.24
天津	5	2.57															1	1.68	4	0.89
北京	6	5.00															2	3.10	4	1.90
云南	6	2.82															1	1.17	5	1.65

6－1－34　全国各地区产棉县1979年棉花面积、产量、收购量分类

地区	面积合计																	
	合计		60万亩以上		50－60万亩		40－50万亩		30－40万亩		20－30万亩		10－20万亩		5－10万亩		1－5万亩		1万亩以下	
	县数（个）	数量（万亩）	县数（个）	数量（万亩）	县数（个）	数量（万亩）	县数（个）	数量（万亩）	县数（个）	数量（万亩）	县数（个）	数量（万亩）	县数（个）	数量（万亩）	县数（个）	数量（万亩）	县数（个）	数量（万亩）	县数（个）	数量（万亩）
合计	**742**	**6462.32**	**4**	**267.38**	**5**	**286.30**	**6**	**250.49**	**15**	**516.48**	**48**	**1130.00**	**166**	**2241.08**	**173**	**1228.21**	**170**	**510.87**	**155**	**31.51**
上海	11	140.80									2	41.90	5	66.77	4	32.13				
浙江	12	112.54					1	40.92					2	25.55	5	36.73	4	9.34		
江苏	67	863.52	2	127.59	4	231.18			4	141.53	3	69.95	11	160.09	14	96.15	12	34.53	17	2.50
湖北	55	826.33	2	139.79			4	165.19	4	132.15	6	149.61	13	171.81	7	48.47	7	18.51	12	0.80
安徽	44	407.14									1	20.62	22	274.35	10	72.19	11	39.98		
四川	20	311.18					1	44.38	1	39.96	1	20.04	12	178.26	4	28.54			1	
江西	25	128.69											3	36.74	9	71.54	6	18.35	7	2.06
湖南	40	188.60									1	23.29	3	45.45	11	77.60	18	41.78	7	0.48
河北	116	831.15							1	33.70	6	128.68	27	348.35	36	247.72	20	68.23	26	4.47
山东	98	815.50							2	68.77	12	299.59	18	273.51	16	105.52	20	60.56	30	7.55
河南	89	798.57			1	55.12			1	34.60	5	115.81	23	290.13	29	215.47	26	85.19	4	2.25
陕西	27	337.37							1	30.23	6	144.39	8	105.76	5	37.79	5	19.20	2	
山西	35	327.97							1	35.54	2	42.01	11	155.69	8	58.79	11	34.37	2	1.57
新疆自治区	54	205.00									1	26.56	5	65.73	9	57.68	19	53.81	20	1.22
新疆兵团	11	86.23									1	26.55	3	42.89	2	15.63			5	1.16
辽宁	13	46.82									1	21.00			2	13.40	5	11.92	5	0.50
甘肃	8	9.04													1	5.90	1	2.06	6	1.08
天津	5	17.38													1	6.96	4	10.42		
北京	6	3.67																	6	3.67
云南	6	4.82															1	2.62	5	2.20

6－1－34　续表1

地区	产量合计																	
	合计		60万担以上		50－60万担		40－50万担		30－40万担		20－30万担		10－20万担		5－10万担		1－5万担		1万担以下	
	县数（个）	数量（万担）	县数（个）	数量（万担）	县数（个）	数量（万担）	县数（个）	数量（万担）	县数（个）	数量（万担）	县数（个）	数量（万担）	县数（个）	数量（万担）	县数（个）	数量（万担）	县数（个）	数量（万担）	县数（个）	数量（万担）
合计	**742**	**4223.40**	**8**	**719.22**	**1**	**58.23**	**5**	**224.79**	**11**	**371.61**	**14**	**337.76**	**65**	**915.99**	**114**	**801.03**	**281**	**729.22**	**243**	**65.55**
上海	11	179.33							1	30.01	2	50.94	6	80.46	2	17.92				
浙江	12	115.04							1	33.75			3	41.87	4	31.04	4	8.38		
江苏	67	1050.97	6	543.08	1	58.23	1	43.91	3	114.25	2	53.02	7	105.74	11	81.84	14	45.28	22	5.62
湖北	55	855.62	2	176.14			3	137.57	5	163.52	5	118.44	12	188.52	6	44.55	10	26.28	12	0.60
安徽	44	180.83											4	49.10	5	36.93	32	92.57	3	2.23
四川	20	185.20							1	30.08	1	25.78	4	53.86	8	54.59	5	20.89	1	
江西	25	77.86											1	17.07	4	27.02	10	29.65	10	4.12
湖南	40	153.02									1	23.07	4	48.41	6	42.19	16	35.45	13	3.90
河北	116	229.00											1	13.85	9	65.11	58	135.98	48	14.06
山东	98	336.60									2	46.18	9	120.22	13	83.77	34	77.41	40	9.02
河南	89	388.85					1	43.31					7	96.26	16	103.4	48	138.18	17	7.70
陕西	27	191.63									1	20.33	3	48.92	15	107.46	6	14.92	2	
山西	35	129.34											2	23.83	8	57.98	18	44.61	7	2.92
新疆自治区	54	81.76											1	10.79	4	27.02	18	38.24	31	5.71
新疆兵团	11	40.70											1	17.09	3	20.21	1	2.31	6	1.09
辽宁	13	17.43															5	14.43	8	3.00
甘肃	8	3.96															1	3.20	7	0.76
天津	5	2.28																	5	2.28
北京	6	1.24																	6	1.24
云南	6	2.74															1	1.44	5	1.30

6-1-34 续表2

地区	收购量合计																	
	合计		60万担以上		50-60万担		40-50万担		30-40万担		20-30万担		10-20万担		5-10万担		1-5万担	
	县数（个）	数量（万担）	县数（个）	数量（万担）	县数（个）	数量（万担）	县数（个）	数量（万担）	县数（个）	数量（万担）	县数（个）	数量（万担）	县数（个）	数量（万担）	县数（个）	数量（万担）	县数（个）	数量（万担）
合计	**742**	**4049.56**	**8**	**703.39**	**1**	**56.16**	**5**	**222.22**	**8**	**277.79**	**16**	**409.03**	**63**	**876.25**	**107**	**740.98**	**268**	**697.92**
上海	11	177.51									3	80.08	6	79.65	2	17.78		
浙江	12	113.48							1	32.12			3	42.32	4	30.91	4	8.13
江苏	67	1031.10	6	531.40	1	56.16	1	43.79	3	113.18	2	51.88	7	102.55	12	86.06	15	41.54
湖北	55	840.77	2	171.99			3	137.51	4	132.49	6	150.90	12	180.50	5	38.43	9	26.94
安徽	44	177.10											4	49.74	5	37.36	31	87.33
四川	20	171.61									2	54.71	4	50.94	7	45.48	6	20.48
江西	25	68.27											1	17.03	3	18.12	10	29.37
湖南	40	145.08									1	26.06	4	46.88	5	35.15	14	31.25
河北	116	218.51											2	24.55	8	52.25	53	126.73
山东	98	307.20									2	45.40	7	94.07	12	84.19	30	74.50
河南	89	352.65					1	40.92					6	77.07	14	90.43	49	138.44
陕西	27	170.66											4	66.38	12	81.35	8	22.52
山西	35	130.33											1	14.06	11	78.80	15	34.20
新疆自治区	54	84.59											1	16.00	3	20.96	17	40.18
新疆兵团	11	35.29											1	14.51	3	18.71	1	1.50
辽宁	13	15.65															5	13.39
甘肃	8	5.54													1	5.00		
天津	5	0.88																
北京	6	0.65																
云南	6	2.69															1	1.42

地区	1万担以下 县数（个）	1万担以下 数量（万担）
合计	**266**	**65.82**
上海		
浙江		
江苏	20	4.54
湖北	14	2.01
安徽	4	2.67
四川	1	
江西	11	3.75
湖南	16	5.74
河北	53	14.98
山东	47	9.04
河南	19	5.79
陕西	3	0.41
山西	8	3.27
新疆自治区	33	7.45
新疆兵团	6	0.57
辽宁	8	2.26
甘肃	7	0.54
天津	5	0.88
北京	6	0.65
云南	5	1.27

6－1－35　全国各地区产棉县1980年棉花面积、产量、收购量分类

地区	面积合计																	
	合计		60万亩以上		50－60万亩		40－50万亩		30－40万亩		20－30万亩		10－20万亩		5－10万亩		1－5万亩		1万亩以下	
	县数（个）	数量（万亩）	县数（个）	数量（万亩）	县数（个）	数量（万亩）	县数（个）	数量（万亩）	县数（个）	数量（万亩）	县数（个）	数量（万亩）	县数（个）	数量（万亩）	县数（个）	数量（万亩）	县数（个）	数量（万亩）	县数（个）	数量（万亩）
合　计	**736**	**7073.28**	**5**	**332.34**	**4**	**230.92**	**10**	**420.30**	**23**	**788.50**	**52**	**1240.25**	**176**	**2418.12**	**165**	**1162.33**	**160**	**456.02**	**141**	**24.5**
上　海	11	151.44									2	41.04	8	103.46	1	6.94				
浙　江	12	121.91					1	40.72					3	38.05	5	35.41	3	7.73		
江　苏	67	933.64	3	192.52	3	175.92			4	140.68	3	67.61	15	217.84	15	107.30	9	30.42	15	1.35
湖　北	55	848.75	2	139.82			5	208.99	2	63.50	7	186.10	14	189.12	7	46.10	7	15.12	11	
安　徽	44	441.25									2	50.01	19	256.06	13	96.17	10	39.01		
四　川	20	313.25					1	44.07	1	38.80	1	20.00	13	188.46	3	21.92			1	
江　西	25	140.78											4	48.74	9	72.63	8	19.19	4	0.22
湖　南	40	247.08					1	42.55			1	22.30	5	81.06	9	66.56	16	32.02	8	2.59
河　北	116	816.52							1	33.84	7	151.61	25	316.87	35	239.22	22	70.49	26	4.49
山　东	98	1104.13					2	83.97	10	338.56	16	386.30	10	140.98	15	104.34	16	43.86	29	6.12
河　南	89	909.45			1	55.00			1	35.36	6	147.35	32	434.52	25	169.39	20	65.58	4	2.25
陕　西	27	325.75							1	30.68	4	98.35	11	151.57	3	21.90	6	23.25	2	
山　西	35	334.58							1	34.82	3	69.58	9	129.89	9	64.50	12	35.26	1	0.53
新疆自治区	54	227.22							1	36.13			5	72.89	10	66.38	18	50.46	20	1.36
新疆兵团	11	97.11							1	36.13			3	48.61	1	8.41	2	3.39	4	0.57
辽　宁	13	37.25													3	23.82	6	12.58	4	0.85
甘　肃	8	7.82													1	5.00	1	1.96	6	0.86
天　津	5	12.04													1	6.34	4	5.70		
北　京	6	3.31																	6	3.31
云　南																				

6-1-35 续表1

地区	产量合计																	
	合计		60万担以上		50-60万担		40-50万担		30-40万担		20-30万担		10-20万担		5-10万担		1-5万担		1万担以下	
	县数（个）	数量（万担）	县数（个）	数量（万担）	县数（个）	数量（万担）	县数（个）	数量（万担）	县数（个）	数量（万担）	县数（个）	数量（万担）	县数（个）	数量（万担）	县数（个）	数量（万担）	县数（个）	数量（万担）	县数（个）	数量（万担）
合计	**736**	**5234.43**	**3**	**213.21**	**4**	**208.36**	**9**	**393.76**	**11**	**378.28**	**38**	**935.59**	**110**	**1544.51**	**127**	**885.55**	**242**	**634.31**	**192**	**40.86**
上海	11	149.22									1	26.06	8	107.39	2	15.77				
浙江	12	128.03							1	39.88			4	52.19	4	28.40	3	7.56		
江苏	67	823.86	2	137.91	1	55.81	3	130.57	2	62.89	4	98.71	15	232.85	8	59.57	16	44.04	16	1.51
湖北	55	606.22	1	75.30	1	50.96					9	217.77	11	159.23	8	66.28	14	36.68	11	
安徽	44	229.53									1	23.62	3	34.56	15	103.15	24	67.53	1	0.67
四川	20	163.10									1	22.69	5	74.36	7	44.13	6	21.92	1	
江西	25	79.01											2	26.59	3	20.46	11	27.95	9	4.01
湖南	40	172.07									1	23.78	6	81.92	4	24.80	13	35.14	16	6.43
河北	116	491.42									2	45.30	12	166.18	25	168.32	46	106.95	31	4.67
山东	98	1068.40			1	51.57	5	222.19	6	211.21	12	295.24	12	160.05	9	64.55	19	57.75	34	5.84
河南	89	790.91			1	50.02	1	41.00	2	64.30	5	123.64	22	299.11	19	135.29	26	71.32	13	6.23
陕西	27	155.92											4	69.47	6	38.35	15	48.10	2	
山西	35	139.42											3	36.93	8	56.15	19	44.68	5	1.66
新疆自治区	54	132.40									1	29.39	2	27.64	5	30.82	19	40.37	27	4.18
新疆兵团	11	69.31									1	29.39	1	16.04	2	18.46	3	5.14	4	0.28
辽宁	13	26.10													2	11.05	6	13.68	5	1.37
甘肃	8	5.34															1	4.10	7	1.24
天津	5	2.96															1	1.40	4	1.56
北京	6	1.21																	6	1.21
云南																				

6－1－35　续表2

地区	收购量合计																	
	合计		60万担以上		50－60万担		40－50万担		30－40万担		20－30万担		10－20万担		5－10万担		1－5万担		1万担以下	
	县数（个）	数量（万担）	县数（个）	数量（万担）	县数（个）	数量（万担）	县数（个）	数量（万担）	县数（个）	数量（万担）	县数（个）	数量（万担）	县数（个）	数量（万担）	县数（个）	数量（万担）	县数（个）	数量（万担）	县数（个）	数量（万担）
合计	**736**	**5134.06**	**3**	**209.38**	**3**	**156.43**	**8**	**351.24**	**12**	**419.07**	**39**	**956.70**	**109**	**1514.32**	**123**	**860.53**	**232**	**623.33**	**207**	**43.06**
上海	11	147.60									1	25.63	8	106.45	2	15.52				
浙江	12	126.45							1	38.26			4	52.13	4	28.39	3	7.67		
江苏	67	805.50	2	134.21	1	53.98	2	83.80	2	71.11	6	146.40	14	210.05	9	64.52	16	40.31	15	1.12
湖北	55	613.56	1	75.17	1	50.94					9	223.34	12	170.16	7	57.54	10	33.39	15	3.02
安徽	44	235.74									1	22.19	3	36.18	14	100.98	25	75.77	1	0.62
四川	20	148.65									1	21.89	5	69.12	5	30.58	8	27.06	1	
江西	25	78.14											2	27.40	3	19.72	10	26.57	10	4.45
湖南	40	167.78									1	28.69	5	70.32	4	27.87	13	34.48	17	6.42
河北	116	495.88									3	64.65	11	148.08	25	170.31	44	108.39	33	4.45
山东	98	1041.86			1	51.51	5	219.62	6	206.91	12	288.00	11	147.55	11	76.15	17	48.57	35	3.55
河南	89	748.93					1	47.82	3	102.79	3	79.70	23	319.80	18	124.76	23	65.34	18	8.72
陕西	27	144.91											4	66.18	5	31.24	16	47.49	2	
山西	35	150.39											3	37.34	10	74.35	16	36.40	6	2.30
新疆自治区	54	134.12									1	28.47	2	27.60	5	31.52	19	41.65	27	4.88
新疆兵团	11	64.57									1	27.74	2	25.96	1	7.08	2	3.35	5	0.44
辽宁	13	22.66															8	21.53	5	1.13
甘肃	8	5.10															1	4.10	7	1.00
天津	5	1.62															1	1.26	4	0.36
北京	6	0.60																	6	0.60
云南																				

6-1-36 全国各地区产棉县1981年棉花面积、产量、收购量分类

地区	面积合计																	
	合计		60万亩以上		50-60万亩		40-50万亩		30-40万亩		20-30万亩		10-20万亩		5-10万亩		1-5万亩		1万亩以下	
	县数（个）	数量（万亩）	县数（个）	数量（万亩）	县数（个）	数量（万亩）	县数（个）	数量（万亩）	县数（个）	数量（万亩）	县数（个）	数量（万亩）	县数（个）	数量（万亩）	县数（个）	数量（万亩）	县数（个）	数量（万亩）	县数（个）	数量（万亩）
合计	**736**	**7512.59**	**6**	**391.59**	**3**	**166.34**	**15**	**641.31**	**29**	**1020.77**	**53**	**1276.97**	**171**	**2368.93**	**162**	**1167.16**	**154**	**447.07**	**143**	**32.45**
上海	11	170.02									3	68.73	7	94.42	1	6.87				
浙江	12	124.40					1	41.36					3	39.93	5	35.03	3	8.08		
江苏	67	986.55	4	254.19	2	116.24			4	144.85	5	115.02	16	238.15	12	84.34	10	31.34	14	2.42
湖北	55	841.11	2	137.40			4	163.80	4	138.02	6	160.08	13	173.97	7	48.95	7	18.22	12	0.67
安徽	44	452.25									2	47.23	22	294.71	11	75.62	9	34.69		
四川	20	298.46					1	40.98	1	37.30	1	20.00	11	161.12	4	35.16	1	3.90	1	
江西	25	140.78											4	50.29	8	66.28	9	23.96	4	0.25
湖南	40	241.26							1	39.21	2	41.61	4	63.22	9	65.13	10	24.60	14	7.49
河北	116	790.55							1	33.91	5	110.33	23	302.07	34	244.69	30	95.10	23	4.45
山东	98	1404.77					7	304.29	14	485.74	12	304.34	9	141.69	17	129.98	14	33.75	25	4.98
河南	89	918.59			1	50.10					8	195.35	32	444.65	24	165.55	20	61.19	4	1.75
陕西	27	366.59							3	105.65	3	67.09	12	163.06	1	8.46	6	22.33	2	
山西	35	304.65							1	36.09	3	70.74	8	108.25	9	61.35	10	25.43	4	2.79
新疆自治区	54	287.28					1	46.02			2	50.97	5	58.62	13	92.10	13	36.75	20	2.82
新疆兵团	11	121.97					1	44.86			1	25.48	2	34.78	2	11.93	2	4.92	3	
辽宁	13	39.92													3	24.08	6	15.49	4	0.35
甘肃	8	8.03													1	5.10	1	2.02	6	0.91
天津	5	12.25													1	6.54	2	4.24	2	1.47
北京	6	3.16															1	1.06	5	2.10
云南																				

6-1-36 续表1

地区	产量合计																		
	合计		60万担以上		50-60万担		40-50万担		30-40万担		20-30万担		10-20万担		5-10万担		1-5万担		1万担以下	
	县数（个）	数量（万担）	县数（个）	数量（万担）	县数（个）	数量（万担）	县数（个）	数量（万担）	县数（个）	数量（万担）	县数（个）	数量（万担）	县数（个）	数量（万担）	县数（个）	数量（万担）	县数（个）	数量（万担）	县数（个）	数量（万担）
合计	**736**	**5882.83**	**6**	**503.97**	**5**	**260.66**	**12**	**535.03**	**19**	**644.86**	**36**	**900.99**	**94**	**1335.44**	**133**	**986.80**	**243**	**669.43**	**188**	**45.65**
上海	11	143.63									1	25.49	4	66.75	6	51.39				
浙江	12	102.95									1	28.08	3	38.65	4	24.11	4	12.11		
江苏	67	1122.96	4	362.59	2	108.07	1	46.88	3	105.38	8	195.89	15	213.68	8	59.23	12	29.79	14	1.45
湖北	55	682.74	2	141.38					4	130.76	7	172.34	11	151.53	8	59.52	10	26.12	13	1.09
安徽	44	292.70									1	26.52	7	90.81	15	111.91	20	62.68	1	0.78
四川	20	154.04									2	49.78	2	24.56	7	55.61	7	23.33	2	0.76
江西	25	89.16											2	28.21	4	30.18	10	26.83	9	3.94
湖南	40	171.33									1	28.20	5	68.46	4	29.65	16	40.50	14	4.52
河北	116	441.36											13	181.25	15	106.55	52	143.23	36	10.33
山东	98	1398.12			2	100.98	9	396.59	11	370.89	10	245.51	9	135.73	14	101.30	16	42.23	27	4.89
河南	89	702.69			1	51.61			1	37.83	3	74.30	17	251.22	26	196.90	29	85.73	12	5.10
陕西	27	117.62											3	41.68	3	20.90	18	54.20	3	0.84
山西	35	123.27											1	17.07	8	64.97	15	36.49	11	4.74
新疆自治区	54	194.49					1	45.78			1	27.41	1	15.53	7	48.01	20	53.75	24	4.01
新疆兵团	11	104.27					1	45.78			1	27.47	1	10.31	1	8.98	4	11.73	3	
辽宁	13	28.05													2	12.09	7	15.54	4	0.42
甘肃	8	7.95													1	5.50	1	1.76	6	0.69
天津	5	4.49															2	3.41	3	1.08
北京	6	1.01																	6	1.01
云南																				

6－1－36　续表2

地区	收购量合计																	
	合计		60万担以上		50－60万担		40－50万担		30－40万担		20－30万担		10－20万担		5－10万担		1－5万担		1万担以下	
	县数（个）	数量（万担）	县数（个）	数量（万担）	县数（个）	数量（万担）	县数（个）	数量（万担）	县数（个）	数量（万担）	县数（个）	数量（万担）	县数（个）	数量（万担）	县数（个）	数量（万担）	县数（个）	数量（万担）	县数（个）	数量（万担）
合　计	**736**	**5673.53**	**6**	**491.00**	**3**	**152.49**	**12**	**533.55**	**15**	**517.95**	**40**	**1023.40**	**93**	**1312.77**	**135**	**969.40**	**233**	**632.27**	**199**	**40.70**
上　海	11	141.10									1	25.21	4	65.85	6	50.04				
浙　江	12	101.21									1	26.45	3	38.94	4	23.67	4	12.15		
江　苏	67	1088.29	4	350.33	2	102.36	1	46.78	2	72.37	8	199.79	16	229.13	9	61.18	10	24.10	15	2.25
湖　北	55	690.55	2	140.67					4	134.38	7	179.75	11	152.62	8	57.97	9	23.58	14	1.58
安　徽	44	275.18									1	26.42	7	85.64	14	102.63	21	59.96	1	0.53
四　川	20	140.25									2	48.93	2	22.54	7	49.98	7	18.15	2	0.65
江　西	25	82.37											2	26.73	3	21.61	10	29.73	10	4.30
湖　南	40	170.56							1	32.19			5	69.67	4	29.19	13	33.35	17	6.16
河　北	116	455.70											13	182.81	19	129.12	50	137.29	34	6.48
山　东	98	1297.06					10	438.92	5	166.46	16	413.01	10	148.46	14	93.45	12	33.97	31	2.79
河　南	89	675.91			1	50.13			2	73.33	2	51.83	15	218.53	24	182.24	31	95.19	14	4.66
陕　西	27	105.17											3	39.70	3	19.90	18	44.73	3	0.84
山　西	35	126.33											1	17.07	8	65.89	17	40.25	9	3.12
新疆自治区	54	199.85					1	47.85			1	28.19	1	15.08	7	49.50	20	55.62	24	3.61
新疆兵团	11	86.54							1	39.22	1	23.82			2	16.04	3	6.69	4	0.77
辽　宁	13	26.61													2	11.39	6	14.00	5	1.22
甘　肃	8	7.81													1	5.60	1	1.56	6	0.65
天　津	5	2.60															1	1.95	4	0.65
北　京	6	0.44																	6	0.44
云　南																				

6－1－37　全国各地区产棉县1982年棉花面积、产量、收购量分类

地区	面积合计																	
	合计		60万亩以上		50－60万亩		40－50万亩		30－40万亩		20－30万亩		10－20万亩		5－10万亩		1－5万亩		1万亩以下	
	县数（个）	数量（万亩）	县数（个）	数量（万亩）	县数（个）	数量（万亩）	县数（个）	数量（万亩）	县数（个）	数量（万亩）	县数（个）	数量（万亩）	县数（个）	数量（万亩）	县数（个）	数量（万亩）	县数（个）	数量（万亩）	县数（个）	数量（万亩）
合计	**736**	**8560.21**	**5**	**326.95**	**17**	**930.18**	**13**	**569.97**	**34**	**1191.90**	**58**	**1389.38**	**194**	**2648.19**	**148**	**1069.40**	**139**	**411.06**	**128**	**23.18**
上海	11	157.04									1	24.39	9	126.15	1	6.50				
浙江	12	124.27					1	41.23					3	39.93	5	35.03	3	8.08		
江苏	67	1014.92	4	252.15	2	116.40			4	140.96	9	202.28	13	190.17	12	85.23	9	25.55	14	2.18
湖北	55	829.07	1	74.80	1	55.35	3	124.45	5	173.52	6	157.80	12	162.70	8	60.45	7	19.47	12	0.53
安徽	44	454.73									2	46.80	20	278.81	13	96.14	9	32.98		
四川	20	204.58							1	32.31	1	24.22	10	118.25	3	17.09	4	12.71	1	
江西	25	135.32											4	46.90	7	59.20	10	29.00	4	0.22
湖南	40	233.48							1	34.12	1	21.12	5	81.99	9	62.35	10	27.62	14	6.28
河北	116	1034.88							3	100.80	8	185.90	38	506.60	25	175.80	21	65.60	21	0.18
山东	98	2006.29			11	586.08	9	404.29	10	359.26	11	288.07	15	223.67	15	113.29	10	27.02	17	4.61
河南	89	1090.05			1	54.77			4	138.10	11	250.22	30	421.21	25	177.56	15	46.98	3	1.21
陕西	27	360.36							3	105.67	2	46.28	13	176.53	2	13.72	5	18.16	2	
山西	35	332.68							1	34.85	4	91.67	9	117.98	6	47.75	13	39.39	2	1.04
新疆自治区	54	335.24			1	59.91			1	37.25	1	25.95	9	102.71	11	74.76	11	31.22	20	3.44
新疆兵团	11	172.53			1	57.67			1	35.06	1	24.68	2	30.98	3	24.14			3	
辽宁	13	48.34											2	23.61	1	8.59	6	15.23	4	0.91
甘肃	8	9.10													1	5.40	2	3.70	5	
天津	5	14.23													1	6.40	3	7.15	1	0.68
北京	6	3.10															1	1.20	5	1.90
云南																				

6-1-37 续表1

地区	产量合计																			
	合计		60万担以上		50-60万担		40-50万担		30-40万担		20-30万担		10-20万担		5-10万担		1-5万担		1万担以下	
	县数（个）	数量（万担）	县数（个）	数量（万担）	县数（个）	数量（万担）	县数（个）	数量（万担）	县数（个）	数量（万担）	县数（个）	数量（万担）	县数（个）	数量（万担）	县数（个）	数量（万担）	县数（个）	数量（万担）	县数（个）	数量（万担）
合计	**736**	**7269.89**	**13**	**903.75**	**13**	**708.64**	**9**	**394.95**	**25**	**851.21**	**48**	**1197.15**	**106**	**1493.28**	**146**	**1084.50**	**207**	**598.21**	**169**	**38.20**
上海	11	156.84									1	27.13	5	85.03	5	44.68				
浙江	12	156.62			1	53.80					1	20.74	2	34.71	5	40.34	3	7.03		
江苏	67	1146.55	6	447.87			2	84.20	4	137.36	9	219.49	12	169.50	7	51.59	13	34.93	14	1.61
湖北	55	665.57	1	74.30	1	54.95			2	69.52	9	225.21	9	131.40	10	81.91	11	27.88	12	0.40
安徽	44	295.92									2	51.79	7	93.02	11	78.03	23	72.46	1	0.62
四川	20	161.03							1	31.21	1	23.46	4	47.38	5	37.05	6	20.53	3	1.40
江西	25	122.95									1	26.00	2	29.55	5	37.46	11	28.05	6	1.89
湖南	40	182.36									2	53.16	5	62.07	3	18.47	16	45.08	14	3.58
河北	116	765.28							2	63.63	4	105.81	19	263.42	31	220.28	32	107.13	28	5.01
山东	98	2070.72	6	381.58	9	492.89	6	264.65	12	414.15	9	216.55	13	170.01	12	93.16	12	33.37	19	4.36
河南	89	628.66					1	46.10			6	147.55	15	207.43	19	139.25	29	79.75	19	8.58
陕西	27	248.41							1	38.15	2	55.62	3	46.98	11	81.60	8	26.06	2	
山西	35	241.44							1	34.91	1	24.64	7	102.01	6	40.93	14	36.24	6	2.71
新疆自治区	54	232.80			1	53.40			1	31.14			1	17.70	10	75.25	18	51.65	23	3.66
新疆兵团	11	141.69			1	53.60			1	31.14			2	33.07	2	14.94	2	8.94	3	
辽宁	13	31.97													2	16.36	5	13.44	6	2.17
甘肃	8	9.27													1	6.70	2	2.57	5	
天津	5	10.26													1	6.50	2	3.10	2	0.66
北京	6	1.55																	6	1.55
云南																				

6－1－37　续表2

地区	收购量合计																	
	合计		60万担以上		50－60万担		40－50万担		30－40万担		20－30万担		10－20万担		5－10万担		1－5万担		1万担以下	
	县数（个）	数量（万担）	县数（个）	数量（万担）	县数（个）	数量（万担）	县数（个）	数量（万担）	县数（个）	数量（万担）	县数（个）	数量（万担）	县数（个）	数量（万担）	县数（个）	数量（万担）	县数（个）	数量（万担）	县数（个）	数量（万担）
合计	**736**	**6802.28**	**9**	**629.32**	**12**	**651.12**	**9**	**394.75**	**26**	**876.23**	**44**	**1106.05**	**101**	**1448.57**	**145**	**1064.15**	**210**	**594.33**	**180**	**37.76**
上海	11	153.75									1	26.95	5	83.47	5	43.33				
浙江	12	153.69			1	52.17					1	20.60	2	34.15	5	39.56	3	7.21		
江苏	67	1105.49	5	371.35	1	58.90	2	83.05	4	131.46	8	190.07	12	173.76	9	66.61	12	29.26	14	1.03
湖北	55	651.28	1	73.41	1	53.90			3	100.97	9	211.08	6	88.63	12	97.92	11	24.98	12	0.39
安徽	44	290.92							1	33.71	1	23.94	5	74.12	11	86.16	25	72.14	1	0.85
四川	20	151.27							1	30.06	1	23.21	3	35.43	5	38.08	7	23.20	3	1.29
江西	25	116.54									1	26.26	2	28.57	5	35.43	9	23.50	8	2.78
湖南	40	169.41							1	32.01			6	80.31	2	11.41	17	43.22	14	2.46
河北	116	735.72							1	32.45	4	113.86	20	273.32	27	187.01	37	124.56	27	4.52
山东	98	1839.04	3	184.56	8	433.98	6	266.48	11	377.41	10	263.56	12	174.98	12	92.39	13	41.65	23	4.03
河南	89	597.62					1	45.22			4	102.66	15	221.79	21	151.59	27	67.65	21	8.71
陕西	27	225.52							1	36.96	2	52.63	3	42.75	9	62.02	10	31.16	2	
山西	35	234.47							1	33.70	1	24.29	7	100.29	6	39.65	13	33.84	7	2.70
新疆自治区	54	224.75			1	52.17			1	30.86			1	13.73	10	73.76	16	48.71	25	5.52
新疆兵团	11	104.96							1	36.64	1	26.94	2	23.27	2	11.66	2	6.45	3	
辽宁	13	31.07													2	15.74	5	13.08	6	2.25
甘肃	8	8.78													1	6.50	2	2.28	5	
天津	5	7.22													1	5.33	1	1.44	3	0.45
北京	6	0.78																	6	0.78
云南																				

6－1－38　全国各地区产棉县 1983 年棉花面积、产量、收购量分类

地区	面积合计																			
	合计		60 万亩以上		50－60 万亩		40－50 万亩		30－40 万亩		20－30 万亩		10－20 万亩		5－10 万亩		1－5 万亩		1 万亩以下	
	县数（个）	数量（万亩）	县数（个）	数量（万亩）	县数（个）	数量（万亩）	县数（个）	数量（万亩）	县数（个）	数量（万亩）	县数（个）	数量（万亩）	县数（个）	数量（万亩）	县数（个）	数量（万亩）	县数（个）	数量（万亩）	县数（个）	数量（万亩）
合计	**736**	**8904.55**	**9**	**613.96**	**17**	**954.22**	**10**	**431.59**	**36**	**1265.56**	**68**	**1654.01**	**186**	**2508.18**	**140**	**1025.64**	**155**	**432.92**	**115**	**18.47**
上海	11	143.19									1	21.29	9	115.51	1	6.39				
浙江	12	128.03					1	41.80					3	41.28	5	37.08	3	7.87		
江苏	67	1012.12	3	191.26	3	175.59			3	109.23	11	260.73	12	173.58	10	69.51	11	30.92	14	1.30
湖北	55	807.99	1	72.45	1	53.46			9	323.61	5	125.74	12	155.83	6	48.90	9	27.20	12	0.80
安徽	44	442.43									3	70.29	19	242.17	12	92.03	10	37.94		
四川	20	203.52							1	34.44	1	24.24	9	108.57	3	20.33	5	15.94	1	
江西	25	108.79											4	41.63	6	43.85	11	23.10	4	0.21
湖南	40	183.28									1	23.93	5	76.93	7	45.97	13	32.51	14	3.94
河北	116	1235.10					1	40.60	3	98.74	14	323.47	36	502.11	27	198.78	23	68.36	12	3.04
山东	98	2235.79	5	350.25	9	495.93	7	306.01	14	488.82	10	272.29	15	203.59	13	97.89	9	18.97	16	2.04
河南	89	1150.73			2	113.11	1	43.18	2	70.84	12	292.89	27	390.76	25	184.12	19	55.70	1	0.13
陕西	27	348.70							3	104.84	3	66.53	11	147.27	2	17.07	5	12.99	3	
山西	35	340.47							1	35.04	4	90.34	10	129.49	6	47.57	12	36.71	2	1.32
新疆自治区	54	296.20			1	58.07					1	26.55	7	83.72	13	91.29	12	33.55	20	3.02
新疆兵团	11	170.74			1	58.06					2	55.72	3	43.78	2	13.18			3	
辽宁	13	56.01											3	36.61			7	19.06	3	0.34
甘肃	8	10.46													1	6.50	2	3.96	5	
天津	5	25.97											1	15.35	1	5.18	2	4.61	1	0.83
北京	6	5.03															2	3.53	4	1.50
云南																				

6-1-38 续表1

地区	产量合计																	
	合计		60万担以上		50-60万担		40-50万担		30-40万担		20-30万担		10-20万担		5-10万担		1-5万担		1万担以下	
	县数（个）	数量（万担）	县数（个）	数量（万担）	县数（个）	数量（万担）	县数（个）	数量（万担）	县数（个）	数量（万担）	县数（个）	数量（万担）	县数（个）	数量（万担）	县数（个）	数量（万担）	县数（个）	数量（万担）	县数（个）	数量（万担）
合计	**736**	**9394.49**	**24**	**1863.32**	**14**	**763.10**	**24**	**1069.22**	**33**	**1105.23**	**55**	**1326.47**	**125**	**1724.24**	**140**	**1045.75**	**179**	**468.72**	**142**	**28.44**
上海	11	149.90									2	44.22	6	81.01	3	24.67				
浙江	12	154.47			1	53.84							4	61.20	4	31.75	3	7.68		
江苏	67	1314.89	5	430.20	2	109.55	4	179.74	5	171.22	8	195.80	12	163.42	5	32.82	13	31.53	13	0.61
湖北	55	742.02	2	132.27			1	43.26	4	130.89	7	183.14	10	149.87	11	82.76	8	19.23	12	0.60
安徽	44	356.97					1	40.19			1	27.84	8	106.73	17	130.08	16	51.60	1	0.53
四川	20	209.67					1	40.40	1	31.09	1	20.90	5	69.34	5	33.94	4	12.77	3	1.23
江西	25	91.66											3	37.23	4	27.52	11	25.04	7	1.87
湖南	40	183.88									2	48.72	5	71.27	5	29.22	13	31.13	15	3.54
河北	116	1518.57	1	76.84	1	54.72	3	128.90	7	227.94	18	414.11	28	377.32	24	184.77	18	49.07	16	4.90
山东	98	2687.75	13	1000.76	8	439.89	13	592.73	8	269.94	4	96.66	12	159.42	14	109.80	7	15.76	19	2.79
河南	89	1247.52	3	223.25			1	44.00	8	274.15	10	242.80	17	237.34	20	161.00	25	62.58	5	2.40
陕西	27	75.64											1	11.77	3	21.63	18	41.00	5	1.24
山西	35	191.90											6	75.95	10	70.94	15	42.88	4	2.13
新疆自治区	54	212.65			1	52.56							3	40.50	10	67.72	17	48.61	23	3.26
新疆兵团	11	149.98			1	52.54					2	52.28	1	19.75	3	22.50	1	2.91	3	
辽宁	13	69.67											3	47.54	1	5.33	5	15.61	4	1.19
甘肃	8	12.94													1	9.30	2	3.64	5	
天津	5	21.53											1	14.58			2	6.01	2	0.94
北京	6	2.88															1	1.67	5	1.21
云南																				

6－1－38　续表 2

地区	收购量合计																	
	合计		60 万担以上		50－60 万担		40－50 万担		30－40 万担		20－30 万担		10－20 万担		5－10 万担		1－5 万担		1 万担以下	
	县数（个）	数量（万担）	县数（个）	数量（万担）	县数（个）	数量（万担）	县数（个）	数量（万担）	县数（个）	数量（万担）	县数（个）	数量（万担）	县数（个）	数量（万担）	县数（个）	数量（万担）	县数（个）	数量（万担）	县数（个）	数量（万担）
合计	**736**	**8768.41**	**20**	**1521.50**	**12**	**657.31**	**25**	**1099.03**	**29**	**983.74**	**55**	**1343.35**	**114**	**1612.86**	**138**	**1040.83**	**178**	**477.80**	**165**	**31.98**
上海	11	146.15									2	43.00	6	79.14	3	24.01				
浙江	12	149.99			1	52.19							4	59.68	4	30.77	3	7.35		
江苏	67	1279.59	5	416.72	2	107.42	4	174.48	3	106.81	10	249.66	11	150.13	6	43.91	12	29.99	14	0.47
湖北	55	689.50	1	68.85	1	57.31	1	41.58	3	94.66	6	159.46	10	156.30	12	89.88	8	19.97	13	1.49
安徽	44	325.09					1	45.23	1	30.14			7	94.98	12	86.19	21	67.15	2	1.40
四川	20	198.11							2	69.10			6	86.16	4	26.24	5	15.70	3	0.91
江西	25	92.89											2	26.91	5	39.38	10	24.10	8	2.50
湖南	40	181.18									2	51.92	5	69.98	4	23,57	13	32.06	16	3.65
河北	116	1510.07			1	55.89	4	169.56	6	197.86	18	429.28	28	401.42	26	209.72	18	43.23	15	3.11
山东	98	2326.50	11	818.04	5	281.14	14	621.14	6	217.56	7	168.38	7	93.74	12	90.65	10	33.25	26	2.60
河南	89	1183.66	3	217.89	1	51.76			8	267.61	9	216.52	14	193.73	21	171.82	23	60.93	10	3.40
陕西	27	61.11											1	10.25	2	13.99	13	31.05	11	5.82
山西	35	181.85											4	53.17	12	87.28	14	39.50	5	1.90
新疆自治区	54	211.15			1	51.60							3	41.26	10	68.72	17	46.96	23	2.61
新疆兵团	11	129.60					1	47.04			1	25.13	2	33.98	3	20.33	1	3.12	3	
辽宁	13	67.12											3	46.46	1	5.07	5	14.45	4	1.14
甘肃	8	12.66													1	9.30	2	3.36	5	
天津	5	20.37											1	15.57			2	4.52	2	0.28
北京	6	1.81															1	1.11	5	0.70
云南																				

6－1－39　全国各地区产棉县 1984 年棉花面积、产量、收购量分类

地区	面积合计																	
	合计		60 万亩以上		50－60 万亩		40－50 万亩		30－40 万亩		20－30 万亩		10－20 万亩		5－10 万亩		1－5 万亩		1 万亩以下	
	县数（个）	数量（万亩）	县数（个）	数量（万亩）	县数（个）	数量（万亩）	县数（个）	数量（万亩）	县数（个）	数量（万亩）	县数（个）	数量（万亩）	县数（个）	数量（万亩）	县数（个）	数量（万亩）	县数（个）	数量（万亩）	县数（个）	数量（万亩）
合计	**736**	**10106.74**	**14**	**1027.85**	**16**	**888.23**	**25**	**1098.38**	**47**	**1626.02**	**67**	**1621.60**	**176**	**2411.77**	**138**	**1019.17**	**141**	**394.24**	**112**	**19.48**
上海	11	141.14									1	21.39	9	115.33			1	4.42		
浙江	12	125.59					1	42.56					3	40.32	5	34.22	3	8.49		
江苏	67	1055.77	3	211.12	3	169.14			5	173.91	10	245.81	11	164.78	8	57.17	12	32.32	15	1.52
湖北	55	791.35	1	72.25	1	54.11			8	283.73	5	127.45	11	155.28	9	69.52	9	28.61	11	0.40
安徽	44	460.10									2	51.36	21	283.19	13	96.60	8	28.95		
四川	20	239.08							1	39.25	1	28.78	9	126.79	4	32.26	4	12.00	1	
江西	25	113.72											3	37.47	7	54.36	9	20.44	6	1.45
湖南	40	182.98									1	24.31	5	76.44	7	47.83	13	30.41	14	3.99
河北	116	1560.91					2	84.47	5	166.32	22	527.95	39	549.66	26	190.47	13	41.55	9	0.49
山东	98	2544.69	8	590.09	8	446.23	12	538.92	16	560.24	5	115.53	16	204.03	7	56.16	11	30.55	15	2.94
河南	89	1682.04	2	154.39	2	111.77	10	432.43	6	210.61	15	362.40	17	228.01	19	134.19	17	47.31	1	0.93
陕西	27	268.10							2	62.43	1	22.72	8	113.90	7	55.21	4	12.10	5	1.74
山西	35	326.44							1	34.85	2	46.78	11	156.36	7	54.14	13	33.60	1	0.71
新疆自治区	54	292.17			1	53.49					1	26.77	8	91.10	12	82.14	13	35.43	19	3.24
新疆兵团	11	176.39			1	53.49			2	64.58	1	20.35	1	14.39	3	23.58			3	
辽宁	13	71.68											3	43.44	2	15.76	5	12.01	3	0.47
甘肃	8	11.12													1	6.80	2	4.32	5	
天津	5	53.97							1	30.10			1	11.28	1	8.76	2	3.83		
北京	6	9.50															2	7.90	4	1.60
云南																				

6－1－39　续表1

地区	产量合计																		
	合计		60万担以上		50－60万担		40－50万担		30－40万担		20－30万担		10－20万担		5－10万担		1－5万担		1万担以下	
	县数（个）	数量（万担）	县数（个）	数量（万担）	县数（个）	数量（万担）	县数（个）	数量（万担）	县数（个）	数量（万担）	县数（个）	数量（万担）	县数（个）	数量（万担）	县数（个）	数量（万担）	县数（个）	数量（万担）	县数（个）	数量（万担）
合计	**736**	**12258.22**	**43**	**3474.26**	**21**	**1140.01**	**29**	**1302.97**	**44**	**1522.56**	**64**	**1562.79**	**146**	**2032.18**	**103**	**754.10**	**158**	**446.26**	**128**	**23.09**
上海	11	212.72							2	66.13	2	47.23	6	93.60	1	5.76				
浙江	12	220.70	1	78.80							2	51.40	5	70.95	1	9.10	3	10.45		
江苏	67	1305.29	5	369.04	3	163.43	4	179.00	6	208.53	6	150.62	11	165.02	6	43.34	12	25.52	14	0.79
湖北	55	1174.19	3	283.93	3	161.88	6	268.60	3	113.20	5	117.11	10	154.29	6	49.47	8	25.41	11	0.30
安徽	44	436.26							2	65.88	2	42.88	13	175.40	15	108.68	12	43.42		
四川	20	309.19			1	54.26	1	44.49	1	30.44	3	61.68	6	82.11	4	30.40	2	5.29	2	0.52
江西	25	132.88									1	29.02	4	51.28	3	24.54	9	24.86	8	3.18
湖南	40	238.02							2	69.56	1	26.74	4	59.86	8	55.38	10	21.75	15	4.73
河北	116	1992.01	2	130.02			7	317.06	11	364.12	21	535.83	34	469.07	21	145.89	9	29.16	11	0.86
山东	98	3558.34	28	2284.98	8	445.19	6	272.71	4	144.80	5	122.24	14	205.27	6	47.75	10	32.56	17	2.84
河南	89	1667.59	4	327.49	4	208.61	5	221.11	9	319.73	9	213.23	18	244.80	8	58.78	27	72.14	5	1.70
陕西	27	144.38							1	32.42	1	20.74	2	26.01	4	24.12	13	39.61	6	1.48
山西	35	265.18									3	76.00	9	110.72	5	36.60	14	38.98	4	2.88
新疆自治区	54	254.18			1	53.32					1	22.02	4	50.01	10	75.69	18	50.52	20	2.62
新疆兵团	11	177.55			1	53.32			2	69.82	1	22.05	1	13.71	2	15.09	1	3.56	3	
辽宁	13	83.88									1	24.00	3	37.22	1	8.73	5	13.28	3	0.65
甘肃	8	15.06											1	10.60			2	4.46	5	
天津	5	62.39							1	37.93			1	12.26	1	9.24	2	2.96		
北京	6	8.41													1	5.54	1	2.33	4	0.54
云南																				

6－1－39　续表2

地区	收购量合计																			
	合计		60万担以上		50－60万担		40－50万担		30－40万担		20－30万担		10－20万担		5－10万担		1－5万担		1万担以下	
	县数（个）	数量（万担）	县数（个）	数量（万担）	县数（个）	数量（万担）	县数（个）	数量（万担）	县数（个）	数量（万担）	县数（个）	数量（万担）	县数（个）	数量（万担）	县数（个）	数量（万担）	县数（个）	数量（万担）	县数（个）	数量（万担）
合计	**736**	**11483.21**	**39**	**3135.06**	**14**	**754.27**	**29**	**1303.47**	**51**	**1741.70**	**55**	**1339.72**	**133**	**1887.35**	**114**	**845.71**	**162**	**453.07**	**139**	**22.86**
上海	11	202.23							2	65.19	1	23.68	7	108.04	1	5.32				
浙江	12	215.50	1	77.15							2	50.08	5	69.29	1	9.03	3	9.95		
江苏	67	1194.78	4	280.16	1	56.99	7	309.74	5	160.59	5	126.78	13	194.47	6	41.38	11	23.25	15	1.42
湖北	55	1138.11	3	278.18	3	159.12	5	222.25	4	144.50	5	117.66	10	143.32	6	47.91	8	24.88	11	0.29
安徽	44	375.73							2	70.46	1	21.41	8	111.37	15	109.56	18	62.93		
四川	20	270.39					1	47.90	1	39.91	2	47.88	6	88.38	6	41.24	2	4.68	2	0.40
江西	25	113.71							1	30.16			1	17.95	5	38.61	10	24.37	8	2.62
湖南	40	219.52							2	70.11	1	25.58	4	57.44	5	34.01	12	28.89	16	3.49
河北	116	2108.68	2	140.66	2	109.40	5	223.65	18	604.60	17	415.66	33	460.93	18	127.67	9	25.38	12	0.73
山东	98	3283.17	25	2033.92	6	322.55	7	316.45	7	236.25	3	79.90	14	202.23	8	56.68	10	33.09	18	2.10
河南	89	1499.47	4	324.99	1	52.00	3	135.82	8	288.12	12	279.81	18	242.99	12	97.25	25	76.39	6	2.10
陕西	27	108.14									1	25.42	3	36.84	1	5.93	13	37.59	9	2.36
山西	35	189.97									1	22.24	3	46.37	11	87.18	14	31.01	6	3.17
新疆自治区	54	256.33			1	54.21					1	21.64	2	28.81	13	101.34	17	47.67	20	2.66
新疆兵团	11	151.33					1	47.66			2	58.80	2	28.90	2	12.72	1	3.25	3	
辽宁	13	80.97									1	23.18	3	36.28	1	8.42	5	12.48	3	0.61
甘肃	8	13.76													1	9.80	2	3.96	5	
天津	5	54.32							1	31.81			1	13.74	1	6.66	1	1.30	1	0.81
北京	6	7.10													1	5.00	1	2.00	4	0.10
云南																				

6-1-40 全国各地区产棉县1985年棉花面积、产量、收购量分类

地区	面积合计																	
	合计		60万亩以上		50-60万亩		40-50万亩		30-40万亩		20-30万亩		10-20万亩		5-10万亩		1-5万亩		1万亩以下	
	县数（个）	数量（万亩）	县数（个）	数量（万亩）	县数（个）	数量（万亩）	县数（个）	数量（万亩）	县数（个）	数量（万亩）	县数（个）	数量（万亩）	县数（个）	数量（万亩）	县数（个）	数量（万亩）	县数（个）	数量（万亩）	县数（个）	数量（万亩）
合计	**736**	**7539.27**	**6**	**397.46**	**3**	**163.26**	**18**	**788.29**	**34**	**1147.95**	**66**	**1608.10**	**124**	**1739.48**	**161**	**1157.72**	**180**	**510.84**	**144**	**26.17**
上海	11	105.60											4	57.19	6	45.35	1	3.06		
浙江	12	109.69					1	40.05					2	25.34	4	29.47	5	14.83		
江苏	67	882.44	3	193.90	1	53.20	1	43.16	3	106.10	9	214.73	14	195.53	6	43.81	10	28.10	20	3.91
湖北	55	693.36	1	64.40			1	46.35	5	163.52	8	192.60	8	112.30	12	90.44	9	23.22	11	0.53
安徽	44	325.79									2	44.60	8	98.52	17	120.26	17	62.41		
四川	20	193.23							1	30.70	1	25.10	6	77.29	6	47.59	4	12.09	2	0.46
江西	25	98.45											3	35.97	6	43.85	8	16.11	8	2.52
湖南	40	142.85									1	20.87	4	51.65	5	33.47	13	31.57	17	5.29
河北	116	1261.34					1	46.20	4	128.78	10	243.15	34	519.23	37	265.50	17	57.76	13	0.72
山东	98	1725.88			1	56.75	12	527.29	11	378.30	20	506.61	8	115.77	11	78.56	20	59.88	15	2.72
河南	89	1171.17	2	139.16	1	53.31			9	304.53	9	215.45	18	245.40	22	154.42	21	55.46	7	3.44
陕西	27	146.31									1	26.93	4	57.60	4	29.40	12	32.38	6	
山西	35	180.90									1	23.60	4	56.40	8	56.99	17	41.69	5	2.22
新疆自治区	54	254.05					1	41.31			1	23.32	4	50.82	12	86.48	16	49.23	20	2.89
新疆兵团	11	162.40					1	43.93	1	36.02	2	49.56	1	17.01	2	13.38	1	2.50	3	
辽宁	13	28.44											1	13.00	1	6.50	3	8.67	8	0.27
甘肃	8	8.29													1	5.40	2	2.89	5	
天津	5	41.50									1	21.58	1	10.46	1	6.85	2	2.61		
北京	6	7.58															2	6.38	4	1.20
云南																				

6-1-40 续表1

地区	产量合计																	
	合计		60万担以上		50-60万担		40-50万担		30-40万担		20-30万担		10-20万担		5-10万担		1-5万担		1万担以下	
	县数（个）	数量（万担）	县数（个）	数量（万担）	县数（个）	数量（万担）	县数（个）	数量（万担）	县数（个）	数量（万担）	县数（个）	数量（万担）	县数（个）	数量（万担）	县数（个）	数量（万担）	县数（个）	数量（万担）	县数（个）	数量（万担）
合计	**736**	**8092.90**	**11**	**774.183**	**8**	**422.89**	**28**	**1252.27**	**32**	**1117.26**	**56**	**1385.94**	**115**	**1655.72**	**131**	**943.67**	**183**	**503.84**	**172**	**37.13**
上海	11	96.69											3	47.01	7	47.73	1	1.95		
浙江	12	126.08					1	42.67					4	51.39	3	23.28	4	8.74		
江苏	67	945.23	4	268.08	1	50.59	1	44.53	4	137.77	7	170.05	13	185.47	8	63.73	9	21.87	20	3.13
湖北	55	950.79	2	163.31	1	56.34	3	139.02	7	242.95	5	124.65	10	146.38	7	55.32	9	22.42	11	0.40
安徽	44	309.00									2	44.00	7	105.17	13	88.22	22	71.61		
四川	20	228.75					1	41.37	1	36.29	1	21.09	7	92.58	4	27.53	4	9.73	2	0.16
江西	25	121.75									1	28.58	2	29.30	5	40.66	8	19.56	9	3.65
湖南	40	188.53							1	31.18	2	54.28	3	35.64	5	35.43	10	25.95	19	6.05
河北	116	1251.29					4	180.90	2	68.65	10	234.39	32	483.01	28	194.80	26	88.19	14	1.35
山东	98	2100.92	3	194.53	5	260.80	15	681.70	11	403.49	11	293.19	10	143.59	11	79.38	15	42.22	17	2.02
河南	89	1045.05	2	148.26	1	55.16			6	196.93	12	288.84	13	169.01	16	114.37	23	66.22	16	6.26
陕西	27	84.72									1	26.90	1	13.97	2	15.58	11	24.20	12	4.07
山西	35	146.52											4	67.03	6	40.11	15	34.38	10	5.00
新疆自治区	54	246.99					1	41.04			1	23.03	3	47.45	11	83.43	18	49.29	20	2.75
新疆兵团	11	163.09					2	81.04			2	49.80	1	17.17	1	9.99	2	5.09	3	
辽宁	13	25.67											1	10.16	2	11.55	2	3.75	8	0.21
甘肃	8	9.61													1	6.6	2	3.01	5	
天津	5	46.18									1	27.14	1	11.39	1	5.95			2	1.70
北京	6	6.04															2	5.66	4	0.38
云南																				

6-1-40 续表2

地区	收购量合计																	
	合计		60万担以上		50-60万担		40-50万担		30-40万担		20-30万担		10-20万担		5-10万担		1-5万担		1万担以下	
	县数（个）	数量（万担）	县数（个）	数量（万担）	县数（个）	数量（万担）	县数（个）	数量（万担）	县数（个）	数量（万担）	县数（个）	数量（万担）	县数（个）	数量（万担）	县数（个）	数量（万担）	县数（个）	数量（万担）	县数（个）	数量（万担）
合计	**736**	**7057.31**	**5**	**345.21**	**6**	**335.63**	**21**	**929.06**	**39**	**1369.55**	**47**	**1152.16**	**103**	**1439.36**	**129**	**926.61**	**199**	**525.57**	**187**	**34.16**
上海	11	85.73											3	44.42	5	31.06	3	10.25		
浙江	12	113.74							1	37.96			2	26.79	5	40.80	4	8.19		
江苏	67	850.48	1	66.37	3	167.88	2	88.09	3	96.36	7	169.87	11	155.54	11	85.14	7	17.44	22	3.79
湖北	55	867.67	2	153.34	1	55.56	2	87.51	4	141.54	8	205.99	9	127.91	9	73.48	9	21.95	11	0.39
安徽	44	294.55									3	67.17	7	97.41	9	59.77	23	69.05	2	1.15
四川	20	191.18							2	69.06			5	67.80	5	37.27	5	16.08	3	0.97
江西	25	109.76									1	28.40	1	18.60	7	46.39	6	12.45	10	3.92
湖南	40	169.84							2	64.35	1	23.90	3	31.81	4	26.98	10	18.98	20	3.82
河北	116	1023.25					3	124.62	2	69.50	6	145.02	29	390.03	26	193.68	33	99.58	17	0.82
山东	98	1818.99	1	65.09	2	112.19	10	449.20	20	716.89	10	250.03	7	91.21	14	95.62	16	37.52	18	1.24
河南	89	902.24	1	60.41			3	139.18	2	65.30	10	240.54	14	209.95	15	103.07	28	78.50	16	5.29
陕西	27	79.36											3	44.25	1	5.21	14	28.84	9	1.06
山西	35	102.50											2	31.21	4	29.75	12	33.58	17	7.96
新疆自治区	54	227.26							1	35.81	1	21.24	3	42.09	11	76.81	19	49.65	19	1.66
新疆兵团	11	164.10					1	40.46	2	72.78			3	46.27			2	4.59	3	
辽宁	13	21.50													2	15.38	3	5.91	8	0.21
甘肃	8	8.25													1	6.20	1	1.08	6	0.97
天津	5	21.61											1	14.07			2	6.73	2	0.81
北京	6	5.30															2	5.20	4	0.10
云南																				

6－1－41　全国各地区产棉县1986年棉花面积、产量、收购量分类

地区	面积合计																	
	合计		60万亩以上		50－60万亩		40－50万亩		30－40万亩		20－30万亩		10－20万亩		5－10万亩		1－5万亩		1万亩以下	
	县数（个）	数量（万亩）	县数（个）	数量（万亩）	县数（个）	数量（万亩）	县数（个）	数量（万亩）	县数（个）	数量（万亩）	县数（个）	数量（万亩）	县数（个）	数量（万亩）	县数（个）	数量（万亩）	县数（个）	数量（万亩）	县数（个）	数量（万亩）
合　计	**736**	**6394.86**	**3**	**190.30**	**5**	**272.34**	**12**	**524.97**	**27**	**921.98**	**57**	**1393.44**	**106**	**1488.89**	**142**	**1008.92**	**197**	**548.71**	**187**	**45.31**
上　海	11	48.45											1	10.40	3	21.71	6	15.86	1	0.48
浙　江	12	96.86							1	35.07			2	23.86	3	21.63	6	16.30		
江　苏	67	743.17	2	129.30	2	110.80	1	43.66	2	71.70	5	112.42	12	171.12	8	67.22	12	33.57	23	3.38
湖　北	55	617.84			1	59.20			3	106.40	10	240.80	8	105.34	12	81.90	10	23.53	11	0.67
安　徽	44	287.70											8	109.94	16	109.61	20	68.15		
四　川	20	180.46									2	52.67	6	73.05	6	43.57	4	10.87	2	0.30
江　西	25	89.55											2	24.97	6	43.75	8	18.14	9	2.69
湖　南	40	123.25											4	57.63	4	28.51	12	30.74	20	6.37
河　北	116	1055.13					1	40.26	4	127.57	8	197.15	28	398.01	27	185.29	33	104.53	15	2.32
山　东	98	1512.62					8	341.35	13	448.58	19	474.59	8	119.03	11	76.45	16	46.05	23	6.57
河　南	89	894.18	1	61.00	1	50.93	1	49.87	2	61.01	10	241.45	13	205.74	21	153.28	25	64.19	15	6.71
陕　西	27	86.65									1	23.90	1	13.00	4	28.35	7	17.10	14	4.30
山　西	35	140.45											5	66.33	5	32.89	12	33.30	13	7.93
新疆自治区	54	279.17					1	49.83			1	28.10	6	77.17	10	72.23	17	49.90	19	1.94
新疆兵团	11	180.96			1	51.41			2	71.65	1	22.36	1	17.98	2	15.86	1	1.70	3	
辽　宁	13	17.14													1	9.00	3	7.70	9	0.44
甘　肃	8	7.60													1	5.20	2	2.40	5	
天　津	5	29.39											1	15.32	2	12.47	1	1.19	1	0.41
北　京	6	4.29															2	3.49	4	0.80
云　南																				

6-1-41 续表1

地区	产量合计																			
	合计		60万担以上		50-60万担		40-50万担		30-40万担		20-30万担		10-20万担		5-10万担		1-5万担		1万担以下	
	县数（个）	数量（万担）	县数（个）	数量（万担）	县数（个）	数量（万担）	县数（个）	数量（万担）	县数（个）	数量（万担）	县数（个）	数量（万担）	县数（个）	数量（万担）	县数（个）	数量（万担）	县数（个）	数量（万担）	县数（个）	数量（万担）
合计	**736**	**6992.46**	**8**	**554.88**	**11**	**605.49**	**19**	**844.10**	**30**	**1032.29**	**43**	**1056.89**	**102**	**1468.21**	**124**	**875.72**	**194**	**510.47**	**205**	**44.42**
上海	11	42.99													5	34.99	4	6.76	2	1.24
浙江	12	119.23					1	41.34					4	50.48	3	20.13	4	7.28		
江苏	67	793.12	2	128.54	1	57.30	3	138.62	4	129.47	4	104.84	8	111.58	11	88.70	11	30.88	23	3.19
湖北	55	853.25	1	100.56	1	57.37	2	96.72	6	212.89	6	154.27	9	139.80	11	77.93	7	12.31	12	1.40
安徽	44	302.95									2	42.77	9	130.97	10	62.03	23	67.18		
四川	20	200.05					1	40.25			1	27.23	7	92.29	4	27.48	4	11.90	3	0.90
江西	25	109.72									1	29.15	1	17.59	6	43.35	7	16.01	10	3.62
湖南	40	145.42									2	49.55	1	12.74	7	53.04	11	25.28	19	4.81
河北	116	1022.46					1	42.02	5	185.88	5	118.10	28	409.62	23	156.07	38	108.55	16	2.22
山东	98	1865.78	3	195.90	7	376.58	10	439.12	10	334.17	10	256.07	9	133.43	11	81.78	17	44.85	21	3.88
河南	89	789.18	2	129.88					3	102.15	10	226.53	13	173.41	11	75.90	26	73.93	24	7.38
陕西	27	82.47							1	32.23			1	15.60	1	8.54	9	22.68	15	3.42
山西	35	128.58											4	62.44	5	32.05	10	26.80	16	7.29
新疆自治区	54	286.67			1	57.12					1	27.16	5	71.78	12	86.37	17	43.35	18	0.89
新疆兵团	11	198.38			1	57.12	1	46.03	1	35.50	1	21.22	2	30.76	1	6.68	1	1.07	3	
辽宁	13	15.71													1	9.00	3	6.38	9	0.33
甘肃	8	6.97													1	5.20			7	1.77
天津	5	26.52											1	15.72	1	6.48	1	3.45	2	0.87
北京	6	3.02															1	1.81	5	1.21
云南																				

6－1－41　续表2

地区	收购量合计																	
	合计		60万担以上		50－60万担		40－50万担		30－40万担		20－30万担		10－20万担		5－10万担		1－5万担	
	县数（个）	数量（万担）	县数（个）	数量（万担）	县数（个）	数量（万担）	县数（个）	数量（万担）	县数（个）	数量（万担）	县数（个）	数量（万担）	县数（个）	数量（万担）	县数（个）	数量（万担）	县数（个）	数量（万担）
合计	**736**	**6201.74**	**4**	**290.96**	**9**	**496.17**	**13**	**573.92**	**26**	**906.74**	**47**	**1144.70**	**90**	**1296.64**	**129**	**902.33**	**198**	**540.84**
上海	11	38.33													4	27.29	5	10.32
浙江	12	104.84							1	36.03			2	24.41	4	33.10	4	10.46
江苏	67	687.23	1	62.32	1	53.78	4	176.52	1	31.80	6	151.30	6	90.12	11	81.01	14	37.84
湖北	55	774.17	1	95.12	1	50.77	3	132.02	4	133.57	6	142.26	8	123.20	9	66.17	8	28.03
安徽	44	286.97									2	45.30	7	102.98	13	86.42	18	49.85
四川	20	169.46							1	33.30	1	25.91	5	61.48	4	28.82	6	19.12
江西	25	97.91									1	28.30	1	15.52	6	35.48	7	15.53
湖南	40	131.17									3	67.75			5	32.42	11	26.74
河北	116	927.93					1	41.22	5	173.40	4	91.50	25	350.79	24	164.96	35	100.69
山东	98	1586.53	2	133.52	3	166.86	4	181.85	13	465.34	14	352.26	10	150.37	10	72.13	22	60.60
河南	89	738.49			2	115.70					8	191.59	15	219.42	16	114.77	32	91.26
陕西	27	70.74									1	25.40	1	12.48	2	13.55	7	15.66
山西	35	109.33											3	44.81	5	33.21	9	24.75
新疆自治区	54	264.78			1	57.94					1	23.13	4	54.69	12	86.25	15	40.05
新疆兵团	11	180.06			1	51.12	1	42.31	1	33.30			3	46.37	1	6.37		
辽宁	13	8.89													1	5.18	2	2.69
甘肃	8	6.20															1	4.80
天津	5	16.42													2	15.20	1	1.05
北京	6	2.30															1	1.40
云南																		

地区	1万担以下 县数（个）	1万担以下 数量（万担）
合计	**220**	**49.45**
上海	2	0.72
浙江	1	0.84
江苏	23	2.54
湖北	15	3.03
安徽	4	2.42
四川	3	0.83
江西	10	3.08
湖南	21	4.26
河北	22	5.37
山东	20	3.60
河南	16	5.75
陕西	16	3.65
山西	18	6.56
新疆自治区	21	2.72
新疆兵团	4	0.59
辽宁	10	1.02
甘肃	7	1.40
天津	2	0.17
北京	5	0.90
云南		

6-1-42 全国各地区产棉县1987年棉花面积、产量、收购量分类

地区	面积合计																			
	合计		60万亩以上		50-60万亩		40-50万亩		30-40万亩		20-30万亩		10-20万亩		5-10万亩		1-5万亩		1万亩以下	
	县数（个）	数量（万亩）	县数（个）	数量（万亩）	县数（个）	数量（万亩）	县数（个）	数量（万亩）	县数（个）	数量（万亩）	县数（个）	数量（万亩）	县数（个）	数量（万亩）	县数（个）	数量（万亩）	县数（个）	数量（万亩）	县数（个）	数量（万亩）
合计	**736**	**7251.47**	**8**	**516.30**	**9**	**483.89**	**12**	**528.53**	**37**	**1252.35**	**61**	**1503.51**	**104**	**1452.53**	**143**	**990.61**	**177**	**483.04**	**185**	**40.71**
上海	11	31.16													2	13.13	6	16.84	3	1.19
浙江	12	85.19									1	28.14	2	23.84	3	19.56	5	13.21	1	0.44
江苏	67	823.03	3	197.04	1	54.00	1	44.63	2	71.00	8	193.94	14	193.35	7	46.54	8	18.98	23	3.55
湖北	55	639.54	1	60.80					5	166.77	8	194.87	8	110.14	11	79.68	11	26.75	11	0.53
安徽	44	318.05									1	20.00	9	128.30	16	111.63	18	58.12		
四川	20	177.47									2	53.01	6	70.58	5	37.00	5	16.62	2	0.26
江西	25	90.13											1	15.23	7	52.41	7	18.56	10	3.93
湖南	40	96.75											2	24.73	4	29.00	15	38.59	19	4.43
河北	116	1231.99					1	44.98	7	235.83	13	307.62	24	351.18	30	205.29	28	86.22	13	0.87
山东	98	1849.42	1	66.10	6	316.66	9	394.55	16	535.76	11	286.12	10	140.23	9	59.11	16	47.28	20	3.61
河南	89	1039.05	1	72.00	2	113.23			5	170.14	13	327.77	11	163.06	21	140.23	21	45.66	15	6.96
陕西	27	91.03									1	26.80	1	15.44	4	26.58	6	17.59	15	4.62
山西	35	154.01											5	68.03	8	53.78	13	27.51	9	4.69
新疆自治区	54	372.66	1	60.18					1	33.08	1	20.40	8	114.72	15	110.97	10	31.40	18	1.91
新疆兵团	11	210.57	1	60.18			1	44.37	1	39.77	2	44.84	2	20.65					4	0.76
辽宁	13	5.08															2	3.98	11	1.10
甘肃	8	8.10													1	5.70	2	2.40	5	
天津	5	23.92											1	13.05			2	9.61	2	1.26
北京	6	4.32															2	3.72	4	0.60
云南																				

6-1-42 续表1

地区	产量合计																	
	合计		60万担以上		50-60万担		40-50万担		30-40万担		20-30万担		10-20万担		5-10万担		1-5万担		1万担以下	
	县数（个）	数量（万担）	县数（个）	数量（万担）	县数（个）	数量（万担）	县数（个）	数量（万担）	县数（个）	数量（万担）	县数（个）	数量（万担）	县数（个）	数量（万担）	县数（个）	数量（万担）	县数（个）	数量（万担）	县数（个）	数量（万担）
合计	**736**	**8454.57**	**20**	**1467.66**	**15**	**824.34**	**20**	**888.07**	**37**	**1286.56**	**55**	**1302.53**	**99**	**1381.12**	**113**	**793.76**	**168**	**463.01**	**209**	**47.52**
上海	11	30.42													2	14.96	5	13.62	4	1.84
浙江	12	101.79							1	30.72			3	38.16	3	22.11	4	10.39	1	0.41
江苏	67	882.80	3	201.83	2	108.86	2	84.25	4	132.86	5	116.99	10	140.72	11	80.96	6	12.34	24	3.99
湖北	55	868.50	1	107.59	1	55.05	2	95.03	9	305.81	3	76.17	11	156.35	7	52.23	8	18.27	13	2.00
安徽	44	342.82									6	134.17	4	60.20	14	91.11	20	57.34		
四川	20	209.79					1	42.21	1	32.86			7	94.06	4	27.69	5	12.86	2	0.11
江西	25	112.77							1	30.65			1	18.47	5	41.56	8	18.60	10	3.49
湖南	40	117.68											4	58.29	4	24.59	11	28.64	21	6.16
河北	116	1258.49			2	110.28	1	44.19	4	155.02	19	437.39	20	267.20	21	143.50	33	98.20	16	2.71
山东	98	2496.58	12	866.19	8	449.06	9	401.02	12	424.27	4	95.48	10	149.22	11	74.25	14	35.76	18	1.33
河南	89	1104.65	2	157.81	2	101.09	2	81.74	4	139.44	11	286.71	13	191.14	11	73.66	19	63.45	25	9.61
陕西	27	108.34					1	45.40			1	23.16	1	10.13	2	10.30	5	14.93	17	4.42
山西	35	155.58									2	44.30	4	48.73	4	28.68	11	27.01	14	6.86
新疆自治区	54	379.83	1	67.12					1	34.93	2	41.55	8	101.24	13	99.66	11	33.52	18	1.81
新疆兵团	11	238.32	1	67.12			2	94.23			2	46.61	2	29.77					4	0.59
辽宁	13	5.83															2	4.75	11	1.08
甘肃	8	11.01													1	8.50	2	2.51	5	
天津	5	25.52											1	17.44			2	7.23	2	0.85
北京	6	3.85															2	3.59	4	0.26
云南																				

6-1-42 续表2

地区	收购量合计																	
	合计		60万担以上		50-60万担		40-50万担		30-40万担		20-30万担		10-20万担		5-10万担		1-5万担	
	县数（个）	数量（万担）	县数（个）	数量（万担）	县数（个）	数量（万担）	县数（个）	数量（万担）	县数（个）	数量（万担）	县数（个）	数量（万担）	县数（个）	数量（万担）	县数（个）	数量（万担）	县数（个）	数量（万担）
合计	**736**	**7752.81**	**17**	**1241.81**	**14**	**753.56**	**17**	**749.97**	**31**	**1056.75**	**52**	**1280.36**	**92**	**1310.31**	**125**	**879.50**	**168**	**437.06**
上海	11	27.63													2	14.35	3	9.94
浙江	12	88.63									1	25.37	2	24.81	4	28.25	3	8.87
江苏	67	784.23	2	135.06	2	110.13	1	48.34	3	111.73	7	163.99	10	129.67	9	60.40	8	21.11
湖北	55	798.81	1	102.60	1	50.86	2	90.98	5	171.97	7	183.57	7	101.29	10	74.86	8	21.17
安徽	44	325.36									5	120.48	6	81.79	11	71.05	19	50.81
四川	20	167.53							1	33.89	1	29.01	3	40.84	7	49.78	5	12.95
江西	25	109.91							1	33.80			1	17.14	5	35.96	8	20.08
湖南	40	95.04											3	48.03	3	15.45	13	26.98
河北	116	1242.10			3	153.01	3	125.67	2	68.49	12	290.77	25	353.49	22	160.95	33	88.20
山东	98	2304.41	10	732.93	8	439.56	6	269.78	14	463.72	4	105.52	10	154.21	15	102.95	13	33.15
河南	89	977.37	2	147.08			2	88.59	4	142.75	11	270.71	13	189.72	10	68.20	24	67.09
陕西	27	88.02					1	40.73					1	15.06	2	13.05	5	13.90
山西	35	145.95									2	46.26	3	38.31	5	31.05	11	25.66
新疆自治区	54	349.31	1	63.74					1	30.40			7	99.22	16	123.33	11	30.83
新疆兵团	11	217.37	1	60.40			2	85.88			2	44.68	1	16.73	1	9.18		
辽宁	13	3.96															1	2.25
甘肃	8	7.95													1	5.90	1	1.07
天津	5	16.13													2	14.79		
北京	6	3.10															2	3.00
云南																		

地区	1万担以下	
	县数（个）	数量（万担）
合计	**220**	**43.49**
上海	6	3.34
浙江	2	1.33
江苏	25	3.80
湖北	14	1.51
安徽	3	1.23
四川	3	1.06
江西	10	2.93
湖南	21	4.58
河北	16	1.52
山东	18	2.59
河南	23	3.23
陕西	18	5.28
山西	14	4.67
新疆自治区	18	1.79
新疆兵团	4	0.50
辽宁	12	1.71
甘肃	6	0.98
天津	3	1.34
北京	4	0.10
云南		

6－1－43　全国各地区产棉县1988年棉花面积、产量、收购量分类

地区	面积合计																	
	合计		60万亩以上		50－60万亩		40－50万亩		30－40万亩		20－30万亩		10－20万亩		5－10万亩		1－5万亩		1万亩以下	
	县数（个）	数量（万亩）	县数（个）	数量（万亩）	县数（个）	数量（万亩）	县数（个）	数量（万亩）	县数（个）	数量（万亩）	县数（个）	数量（万亩）	县数（个）	数量（万亩）	县数（个）	数量（万亩）	县数（个）	数量（万亩）	县数（个）	数量（万亩）
合计	**736**	**8228.02**	**8**	**546.90**	**12**	**679.74**	**20**	**912.11**	**49**	**1677.08**	**58**	**1392.03**	**109**	**1546.42**	**139**	**985.34**	**166**	**453.24**	**175**	**35.15**
上海	11	24.70															6	23.10	5	1.60
浙江	12	85.87									1	29.63	2	23.34	3	19.22	5	13.19	1	0.49
江苏	67	898.58	3	203.95	1	54.00	1	45.26	5	169.57	6	140.75	14	213.05	6	43.21	9	25.00	22	3.79
湖北	55	662.41	1	62.30			1	42.25	5	165.31	7	168.56	7	98.73	13	100.09	10	24.67	11	0.50
安徽	44	378.66									3	72.22	9	143.15	15	108.09	17	55.20		
四川	20	201.31							1	31.14	1	25.40	7	91.08	6	44.00	3	9.38	2	0.31
江西	25	92.61											2	24.92	6	44.89	7	18.87	10	3.93
湖南	40	129.61									1	21.93	2	30.35	6	40.16	15	33.69	16	3.48
河北	116	1386.40			1	55.00	1	40.00	9	308.10	16	371.50	27	370.40	26	170.30	23	70.60	13	0.50
山东	98	2117.47	2	136.74	9	512.08	10	462.88	16	557.23	9	228.67	9	118.55	12	73.05	10	24.94	21	3.33
河南	89	1343.73	2	143.91	1	58.66	4	181.70	10	345.17	10	242.76	12	177.94	17	131.85	21	54.45	12	7.29
陕西	27	118.11							1	30.60			1	19.45	7	51.34	6	13.64	12	3.08
山西	35	173.64									1	20.39	5	67.39	6	44.50	16	37.86	7	3.50
新疆自治区	54	368.18					1	47.62	1	33.58	1	21.56	10	143.98	11	83.05	11	36.53	19	1.86
新疆兵团	11	197.62					2	92.40	1	36.38	2	48.66	1	12.51	1	7.56			4	0.11
辽宁	13	11.92													1	7.00	2	4.37	10	0.55
甘肃	8	7.62													1	5.40	2	2.22	5	
天津	5	24.54											1	11.58	2	11.63	1	1.10	1	0.23
北京	6	5.03															2	4.43	4	0.60
云南																				

6-1-43 续表1

地区	产量合计																	
	合计		60万担以上		50-60万担		40-50万担		30-40万担		20-30万担		10-20万担		5-10万担		1-5万担		1万担以下	
	县数（个）	数量（万担）	县数（个）	数量（万担）	县数（个）	数量（万担）	县数（个）	数量（万担）	县数（个）	数量（万担）	县数（个）	数量（万担）	县数（个）	数量（万担）	县数（个）	数量（万担）	县数（个）	数量（万担）	县数（个）	数量（万担）
合计	**736**	**8326.44**	**20**	**1456.04**	**12**	**643.06**	**21**	**933.81**	**41**	**1376.28**	**48**	**1194.53**	**97**	**1397.89**	**114**	**814.99**	**174**	**461.24**	**209**	**48.60**
上海	11	26.54													3	17.08	3	7.85	5	1.61
浙江	12	66.51									1	20.32			6	39.28	4	6.70	1	0.21
江苏	67	1114.28	6	462.43	1	51.10	2	86.09	3	115.61	6	143.54	12	183.96	7	50.00	6	16.81	24	4.74
湖北	55	698.31	1	93.37			2	93.15	5	164.67	4	103.81	9	130.99	11	84.58	10	25.62	13	2.12
安徽	44	391.04							2	62.66	5	122.37	4	61.13	13	86.56	19	57.68	1	0.64
四川	20	183.15							1	35.40	1	23.44	6	76.86	5	35.85	5	11.46	2	0.14
江西	25	63.96											2	29.92	1	6.79	10	24.00	12	3.25
湖南	40	99.20									1	28.60	2	22.51			15	41.81	22	6.28
河北	116	1156.76			2	102.18			7	236.31	8	211.48	24	365.29	20	142.93	37	94.18	18	4.39
山东	98	2368.55	12	815.34	6	327.08	9	400.67	13	421.54	7	173.89	9	123.98	12	81.09	9	22.04	21	2.92
河南	89	1244.58	1	84.90	3	162.70	5	225.41	7	228.73	8	187.27	15	212.02	11	81.58	20	53.95	19	8.02
陕西	27	103.45							1	36.70	1	23.34			3	18.67	6	20.05	16	4.69
山西	35	173.13									2	53.14	4	51.60	5	37.48	13	26.11	11	4.80
新疆自治区	54	382.76					1	42.68	1	37.86	2	44.41	9	120.77	12	95.05	11	39.97	18	2.02
新疆兵团	11	208.43					2	85.81	1	36.80	2	58.92	1	18.86	1	7.94			4	0.10
辽宁	13	9.84													1	6.20	2	3.19	10	0.45
甘肃	8	11.75													1	9.40	1	1.40	6	0.95
天津	5	20.04													2	14.51	1	4.51	2	1.02
北京	6	4.16															2	3.91	4	0.25
云南																				

6－1－43　续表2

地区	收购量合计																	
	合计		60万担以上		50－60万担		40－50万担		30－40万担		20－30万担		10－20万担		5－10万担		1－5万担	
	县数（个）	数量（万担）	县数（个）	数量（万担）	县数（个）	数量（万担）	县数（个）	数量（万担）	县数（个）	数量（万担）	县数（个）	数量（万担）	县数（个）	数量（万担）	县数（个）	数量（万担）	县数（个）	数量（万担）
合计	**736**	**7292.75**	**17**	**1226.04**	**5**	**274.83**	**20**	**880.21**	**29**	**1018.56**	**55**	**1364.36**	**84**	**1192.93**	**109**	**800.06**	**181**	**488.52**
上海	11	23.37													2	10.59	4	11.69
浙江	12	50.88											1	15.34	3	16.81	5	17.44
江苏	67	1005.94	6	451.86			2	83.32	3	108.85	6	139.76	10	145.82	7	47.78	9	25.19
湖北	55	633.38	1	80.23			2	86.47	3	97.27	6	152.46	8	108.60	11	80.91	8	23.99
安徽	44	329.66							1	32.94	3	71.93	6	103.88	10	65.95	19	52.41
四川	20	136.80									2	48.23	3	33.76	5	33.52	8	21.20
江西	25	58.99											2	29.41	1	5.57	10	21.72
湖南	40	83.65											3	45.26			12	32.40
河北	116	1025.55					2	92.02	5	179.58	9	216.27	19	265.06	26	195.74	29	70.50
山东	98	2123.73	8	548.07	5	274.83	10	441.62	9	315.77	11	283.28	8	115.68	13	100.10	14	42.12
河南	89	993.23	2	145.88			2	92.62	4	130.88	11	279.99	10	155.06	13	103.33	28	79.90
陕西	27	72.53							1	38.14			1	13.17			9	19.28
山西	35	155.64									3	76.40	2	20.45	4	32.90	8	19.56
新疆自治区	54	371.90					1	41.27	1	37.58	2	44.10	10	123.34	11	85.42	11	37.60
新疆兵团	11	197.79					1	42.89	2	77.55	2	51.94	1	18.10	1	7.21		
辽宁	13	7.04															3	6.80
甘肃	8	7.94													1	6.10	1	1.10
天津	5	11.32													1	8.13	1	2.32
北京	6	3.40															2	3.30
云南																		

地区	1万担以下 县数（个）	1万担以下 数量（万担）
合计	**236**	**47.23**
上海	5	1.09
浙江	3	1.29
江苏	24	3.36
湖北	16	3.45
安徽	5	2.55
四川	2	0.09
江西	12	2.29
湖南	25	5.99
河北	26	6.38
山东	20	2.26
河南	19	5.57
陕西	16	1.94
山西	18	6.33
新疆自治区	18	2.59
新疆兵团	4	0.10
辽宁	10	0.24
甘肃	6	0.74
天津	3	0.87
北京	4	0.10
云南		

6－1－44　全国各地区产棉县1989年棉花面积、产量、收购量分类

地区	面积合计																	
	合计		60万亩以上		50－60万亩		40－50万亩		30－40万亩		20－30万亩		10－20万亩		5－10万亩		1－5万亩		1万亩以下	
	县数（个）	数量（万亩）	县数（个）	数量（万亩）	县数（个）	数量（万亩）	县数（个）	数量（万亩）	县数（个）	数量（万亩）	县数（个）	数量（万亩）	县数（个）	数量（万亩）	县数（个）	数量（万亩）	县数（个）	数量（万亩）	县数（个）	数量（万亩）
合计	**736**	**7643.56**	**6**	**414.16**	**13**	**712.64**	**12**	**541.65**	**43**	**1481.92**	**62**	**1531.22**	**110**	**1555.55**	**121**	**870.73**	**177**	**499.87**	**192**	**35.82**
上海	11	16.07															6	15.50	5	0.57
浙江	12	76.87									1	26.80	2	23.19	2	12.33	5	13.24	2	1.31
江苏	67	797.06	3	196.49			2	89.74	2	72.56	8	185.59	12	174.14	7	49.85	9	24.35	24	4.34
湖北	55	612.94			1	54.40			5	168.45	8	183.17	8	102.08	11	76.34	11	27.70	11	0.80
安徽	44	353.20									1	26.68	12	180.02	11	79.00	20	67.50		
四川	20	172.17									2	53.04	5	63.91	5	38.50	5	15.75	3	0.97
江西	25	94.31											2	25.19	6	45.03	9	21.19	8	2.90
湖南	40	133.03									1	23.21	2	32.60	6	41.99	12	29.75	19	5.48
河北	116	1312.81			1	53.10			8	278.71	15	378.62	23	335.57	25	173.77	31	92.60	13	0.44
山东	98	1994.28	1	68.95	9	495.16	8	362.10	15	515.63	13	338.48	6	85.67	11	73.85	16	51.61	19	2.83
河南	89	1256.26	2	148.72	1	57.40	1	44.30	10	342.29	9	227.23	18	252.28	16	124.17	19	53.42	13	6.45
陕西	27	117.54							1	35.50			1	19.60	5	38.59	8	21.11	12	2.74
山西	35	178.68									1	21.65	5	67.94	6	45.53	17	40.17	6	3.39
新疆自治区	54	274.67							1	31.40	1	21.19	12	169.38	6	43.12	2	8.74	32	0.84
新疆兵团	11	203.09			1	52.58	1	45.51	1	37.38	2	45.56	1	13.18	1	8.86			4	0.02
辽宁	13	17.26													1	9.00	2	7.20	10	1.06
甘肃	8	7.03													1	5.20	1	1.05	6	0.78
天津	5	22.20											1	10.80	1	5.60	2	5.60	1	0.20
北京	6	4.09															2	3.39	4	0.70
云南																				

6-1-44　续表1

地区	产量合计																	
	合计		60万担以上		50-60万担		40-50万担		30-40万担		20-30万担		10-20万担		5-10万担		1-5万担		1万担以下	
	县数（个）	数量（万担）	县数（个）	数量（万担）	县数（个）	数量（万担）	县数（个）	数量（万担）	县数（个）	数量（万担）	县数（个）	数量（万担）	县数（个）	数量（万担）	县数（个）	数量（万担）	县数（个）	数量（万担）	县数（个）	数量（万担）
合计	**736**	**7577.27**	**16**	**1119.74**	**10**	**555.31**	**14**	**622.46**	**32**	**1097.46**	**59**	**1449.58**	**103**	**1463.35**	**106**	**759.65**	**176**	**464.80**	**220**	**44.91**
上海	11	15.44													1	5.27	5	9.79	5	0.38
浙江	12	70.18									1	24.15	2	20.57	2	12.51	4	11.35	3	1.60
江苏	67	959.90	5	387.55	1	57.11	1	48.16	2	64.17	8	184.79	11	156.84	5	35.14	9	22.44	25	3.70
湖北	55	598.16	1	61.92			1	42.48	2	76.07	7	157.20	11	160.62	10	72.26	9	24.35	14	3.26
安徽	44	315.89									3	67.43	9	134.22	7	43.30	23	69.19	2	1.75
四川	20	167.84							1	34.63	1	27.02	3	43.62	6	47.68	6	13.88	3	1.01
江西	25	97.89									1	28.04	1	16.62	5	33.67	8	16.30	10	3.26
湖南	40	124.81									1	21.10	2	36.50	4	25.88	12	36.22	21	5.11
河北	116	1069.55					2	80.12	5	164.61	11	269.29	23	323.42	20	138.76	35	88.10	20	5.25
山东	98	2213.75	9	601.19	7	395.29	5	228.91	14	482.33	11	297.34	5	72.89	12	86.58	17	47.62	18	1.60
河南	89	1066.52	1	69.08	1	50.03	3	130.94	5	174.15	9	218.47	18	256.47	14	102.27	20	58.28	18	6.83
陕西	27	110.50							1	39.70			2	30.47	3	17.76	6	18.91	15	3.66
山西	35	203.99									3	74.10	4	55.09	5	40.03	14	30.37	9	4.40
新疆自治区	54	279.63									3	80.65	10	126.50	8	68.14	1	3.17	32	1.17
新疆兵团	11	235.39			1	52.88	2	91.85	2	61.80			1	19.52	1	9.33			4	0.01
辽宁	13	10.97													1	6.50	2	3.77	10	0.70
甘肃	8	11.09													1	9.00	1	1.36	6	0.73
天津	5	21.88											1	10.00	1	5.57	2	6.19	1	0.12
北京	6	3.88															2	3.51	4	0.37
云南																				

6－1－44　续表2

地区	收购量合计																			
	合计		60万担以上		50－60万担		40－50万担		30－40万担		20－30万担		10－20万担		5－10万担		1－5万担		1万担以下	
	县数（个）	数量（万担）	县数（个）	数量（万担）	县数（个）	数量（万担）	县数（个）	数量（万担）	县数（个）	数量（万担）	县数（个）	数量（万担）	县数（个）	数量（万担）	县数（个）	数量（万担）	县数（个）	数量（万担）	县数（个）	数量（万担）
合计	**736**	**6255.83**	**9**	**627.25**	**9**	**490.07**	**12**	**543.23**	**21**	**707.04**	**52**	**1267.81**	**101**	**1455.13**	**85**	**630.33**	**178**	**480.80**	**269**	**54.17**
上海	11	13.09															5	12.09	6	1.00
浙江	12	58.01									1	20.76			2	18.35	6	17.98	3	0.92
江苏	67	860.31	4	314.46	2	112.36	1	44.29			8	182.67	8	115.53	9	68.30	10	20.97	25	1.73
湖北	55	520.54	1	60.86					3	102.02	3	67.18	12	183.30	9	72.24	10	30.94	17	4.00
安徽	44	239.62									1	22.83	8	120.93	5	34.39	21	56.33	9	5.14
四川	20	121.68									2	48.50	1	13.65	6	42.90	6	14.95	5	1.68
江西	25	83.64									1	27.06	1	13.26	3	17.55	9	22.13	11	3.64
湖南	40	96.20											3	47.80			14	44.17	23	4.23
河北	116	912.09							4	142.57	10	232.52	25	335.33	12	91.71	33	99.51	32	10.45
山东	98	1855.67	4	251.93	5	274.23	8	363.10	11	364.93	13	339.85	10	152.19	9	60.04	17	46.27	21	3.13
河南	89	735.05			1	51.00	1	46.80	1	30.54	7	176.95	18	277.82	13	93.05	20	51.71	28	7.18
陕西	27	73.02							1	36.74			1	12.35			9	22.49	16	1.44
山西	35	157.39									2	42.03	4	53.15	5	33.77	10	22.54	14	5.90
新疆自治区	54	269.13									3	77.66	9	110.85	8	72.49	2	7.15	32	0.98
新疆兵团	11	229.33			1	52.48	2	89.04	1	30.24	1	29.80	1	18.97	1	8.79			4	0.01
辽宁	13	8.90													1	5.31	2	3.14	10	0.45
甘肃	8	7.67													1	5.90	1	1.25	6	0.52
天津	5	11.29													1	5.54	1	4.18	3	1.57
北京	6	3.20															2	3.00	4	0.20
云南																				

6-1-45　全国各地区产棉县1990年棉花面积、产量、收购量分类

地区	面积合计																	
	合计		60万亩以上		50-60万亩		40-50万亩		30-40万亩		20-30万亩		10-20万亩		5-10万亩		1-5万亩		1万亩以下	
	县数（个）	数量（万亩）	县数（个）	数量（万亩）	县数（个）	数量（万亩）	县数（个）	数量（万亩）	县数（个）	数量（万亩）	县数（个）	数量（万亩）	县数（个）	数量（万亩）	县数（个）	数量（万亩）	县数（个）	数量（万亩）	县数（个）	数量（万亩）
合计	**736**	**8229.45**	**13**	**902.19**	**10**	**549.82**	**15**	**646.47**	**43**	**1486.46**	**63**	**1534.11**	**114**	**1627.31**	**132**	**960.32**	**178**	**495.71**	**168**	**27.06**
上海	11	20.39															7	17.92	4	2.47
浙江	12	87.11							1	31.40			2	23.95	2	13.98	7	17.78		
江苏	67	853.87	3	205.36	1	53.20	1	43.50	3	104.64	7	161.38	14	209.75	7	51.69	7	19.94	24	4.41
湖北	55	659.74	1	64.60			1	42.86	3	103.58	9	227.86	8	108.86	12	85.69	11	26.29	10	
安徽	44	418.48									4	92.19	12	180.52	12	89.19	16	56.58		
四川	20	182.99							1	31.37	1	24.40	7	81.66	6	37.78	3	6.80	2	0.98
江西	25	103.85											2	25.95	7	54.09	11	21.93	5	1.88
湖南	40	171.39									2	44.78	4	52.56	6	41.70	12	28.62	16	3.73
河北	116	1365.34			1	53.10			10	353.28	14	341.61	23	331.53	27	199.57	27	85.09	14	1.16
山东	98	2127.54	6	414.83	6	333.66	9	392.80	16	548.13	8	209.22	5	72.33	15	111.88	16	43.13	17	1.56
河南	89	1267.37	2	148.40	1	56.26	2	81.28	8	276.01	12	295.61	14	209.40	18	129.14	22	66.15	10	5.12
陕西	27	157.73					1	40.03			1	26.34	3	36.02	4	27.66	10	27.68	8	
山西	35	194.84									1	22.13	6	79.02	5	39.21	19	52.26	4	2.22
新疆自治区	54	309.27							1	38.05	2	43.49	11	170.96	6	46.52	2	9.08	32	1.17
新疆兵团	11	249.30	1	69.00	1	53.60	1	46.00			2	45.10	2	33.30			1	2.30	3	
辽宁	13	20.05													2	13.49	2	5.44	9	1.12
甘肃	8	8.29													1	5.10	2	3.17	5	0.02
天津	5	26.61											1	11.50	2	13.63	1	1.26	1	0.22
北京	6	5.29															2	4.29	4	1.00
云南																				

6－1－45 续表1

地区	产量合计																			
	合计		60万担以上		50－60万担		40－50万担		30－40万担		20－30万担		10－20万担		5－10万担		1－5万担		1万担以下	
	县数（个）	数量（万担）	县数（个）	数量（万担）	县数（个）	数量（万担）	县数（个）	数量（万担）	县数（个）	数量（万担）	县数（个）	数量（万担）	县数（个）	数量（万担）	县数（个）	数量（万担）	县数（个）	数量（万担）	县数（个）	数量（万担）
合计	**736**	**9129.23**	**23**	**1788.05**	**6**	**323.83**	**26**	**1157.14**	**38**	**1304.85**	**63**	**1569.45**	**112**	**1658.53**	**120**	**860.78**	**161**	**430.99**	**187**	**35.61**
上海	11	24.68													1	5.50	7	18.01	3	1.17
浙江	12	112.45					1	43.99					3	42.32	3	17.35	3	7.12	2	1.67
江苏	67	922.01	5	338.07			1	43.65	4	131.46	5	128.03	14	210.40	5	40.02	9	26.99	24	3.39
湖北	55	990.61	3	256.82			5	222.56	5	181.59	7	163.74	5	74.54	11	75.38	8	15.18	11	0.80
安徽	44	453.68									8	197.81	8	111.90	16	109.75	11	33.44	1	0.78
四川	20	228.86					1	41.52			3	67.46	4	65.98	4	33.52	6	19.40	2	0.98
江西	25	115.35									1	29.68	1	17.57	5	37.85	10	26.24	8	4.01
湖南	40	230.82							2	72.76	1	29.40	5	63.53	5	36.20	11	26.02	16	2.91
河北	116	1138.34					1	49.62	4	139.96	11	277.81	30	427.20	22	159.44	32	81.75	16	2.56
山东	98	2128.32	7	520.26	4	213.38	10	442.81	13	434.78	9	234.33	10	150.50	13	91.88	15	38.91	17	1.47
河南	89	1517.30	4	360.08	2	110.45	4	182.03	7	242.71	9	224.30	14	216.65	16	117.71	18	56.63	15	6.74
陕西	27	149.96					1	48.84			1	29.13	1	13.76	6	36.64	7	19.86	11	1.73
山西	35	222.50									2	55.39	5	78.62	6	45.63	15	38.65	7	4.21
新疆自治区	54	445.08	1	60.67			2	82.12			5	107.41	11	171.76	2	16.34	2	6.21	31	0.57
新疆兵团	11	381.24	3	252.15					3	101.59	1	24.96					1	2.54	3	
辽宁	13	18.26													2	12.99	2	4.27	9	1.00
甘肃	8	13.78													1	9.10	2	4.65	5	0.03
天津	5	30.31											1	13.80	2	15.48			2	1.03
北京	6	5.67															2	5.12	4	0.55
云南																				

6－1－45　续表2

地区	收购量合计																	
	合计		60万担以上		50－60万担		40－50万担		30－40万担		20－30万担		10－20万担		5－10万担		1－5万担		1万担以下	
	县数（个）	数量（万担）	县数（个）	数量（万担）	县数（个）	数量（万担）	县数（个）	数量（万担）	县数（个）	数量（万担）	县数（个）	数量（万担）	县数（个）	数量（万担）	县数（个）	数量（万担）	县数（个）	数量（万担）	县数（个）	数量（万担）
合计	**736**	**7892.62**	**16**	**1280.42**	**6**	**324.20**	**16**	**696.37**	**35**	**1199.51**	**56**	**1380.75**	**123**	**1803.17**	**93**	**667.79**	**186**	**502.82**	**205**	**37.58**
上海	11	23.39													1	5.35	7	16.94	3	1.10
浙江	12	103.71					1	41.85					2	28.66	3	21.39	3	9.56	3	2.25
江苏	67	854.20	5	332.37			1	42.59	1	37.26	6	156.68	15	214.35	6	46.76	9	22.37	24	1.82
湖北	55	939.44	3	246.26			5	220.69	4	135.11	4	96.14	12	177.79	6	39.79	8	21.20	13	2.46
安徽	44	381.67									4	106.26	9	136.34	10	72.24	20	66.23	1	0.60
四川	20	192.02							1	37.04	1	23.32	6	94.29	3	21.33	5	14.66	4	1.38
江西	25	103.08							1	33.26			1	12.02	3	24.20	11	30.01	9	3.59
湖南	40	211.46					1	48.38	1	32.28	1	28.84	3	34.40	7	48.74	8	15.77	19	3.05
河北	116	973.83					1	40.76	2	66.81	10	233.79	27	370.29	23	171.72	34	86.26	19	4.20
山东	98	1803.63	3	234.46	4	216.09	5	221.00	14	482.10	13	340.45	12	189.28	8	52.59	22	64.44	17	3.22
河南	89	1058.56	1	82.00	2	108.11			8	265.17	8	195.10	16	242.49	13	94.52	23	65.97	18	5.20
陕西	27	74.93											2	34.26	2	14.52	9	22.79	14	3.36
山西	35	173.33									1	20.35	6	85.17	4	26.46	17	38.83	7	2.52
新疆自治区	54	470.37	1	60.01			2	81.10			7	151.95	10	163.60	2	11.97	1	1.40	31	0.34
新疆兵团	11	466.77	3	325.32					3	110.48	1	27.87					1	3.10	3	
辽宁	13	17.09													1	6.90	2	8.26	10	1.93
甘肃	8	14.71											1	10.20			2	4.50	5	0.01
天津	5	25.12											1	10.03	1	9.31	2	5.53	1	0.25
北京	6	5.30															2	5.00	4	0.30
云南																				

6－1－46　全国各地区产棉县1991年棉花面积、产量、收购量分类

地区	面积合计																	
	合计		60万亩以上		50－60万亩		40－50万亩		30－40万亩		20－30万亩		10－20万亩		5－10万亩		1－5万亩		1万亩以下	
	县数（个）	数量（万亩）	县数（个）	数量（万亩）	县数（个）	数量（万亩）	县数（个）	数量（万亩）	县数（个）	数量（万亩）	县数（个）	数量（万亩）	县数（个）	数量（万亩）	县数（个）	数量（万亩）	县数（个）	数量（万亩）	县数（个）	数量（万亩）
合计	**736**	**9508.66**	**14**	**984.53**	**16**	**864.66**	**20**	**866.33**	**53**	**1821.56**	**65**	**1599.90**	**143**	**1985.90**	**123**	**886.49**	**175**	**474.12**	**127**	**25.16**
上海	11	22.04															8	20.59	3	1.45
浙江	12	86.45							1	30.60			2	23.85	2	14.01	7	17.99		
江苏	67	821.04	1	65.40	1	55.00	1	44.83	6	201.74	7	168.74	15	221.46	4	31.82	9	26.69	23	5.36
湖北	55	651.30	1	63.30			1	43.22	4	129.47	8	195.81	8	107.54	14	93.85	9	18.11	10	
安徽	44	567.79					1	40.00	5	170.72	4	92.85	9	127.83	12	89.11	13	47.28		
四川	20	212.78							1	34.03	1	26.70	8	105.33	5	33.38	5	13.34		
江西	25	163.03											10	128.76	1	6.09	10	26.93	4	1.25
湖南	40	191.38									2	44.88	5	71.96	6	43.14	12	27.14	15	4.26
河北	116	1415.77					1	46.00	9	315.53	18	446.37	24	328.78	28	204.37	24	73.99	12	0.73
山东	98	2341.63	5	354.12	9	489.28	10	445.73	17	598.69	5	133.61	15	212.36	9	69.10	15	36.75	13	1.99
河南	89	1705.04	5	350.51	5	269.83	4	163.64	9	310.68	8	203.94	18	253.90	15	104.13	18	45.49	7	2.92
陕西	27	195.92					1	40.20			2	49.36	4	50.39	5	31.98	7	23.99	8	
山西	35	217.85									1	22.29	7	94.43	8	58.43	17	41.31	2	1.39
新疆自治区	54	489.72					1	42.71	1	30.10	6	135.70	13	177.39	10	74.04	9	25.95	14	3.83
新疆兵团	11	315.75	2	151.20	1	50.55					3	79.65	1	19.65	1	7.05	3	7.65		
辽宁	13	48.92											2	32.92	1	9.80	3	6.20	7	
甘肃	8	11.87													1	6.40	2	4.49	5	0.98
天津	5	45.30											2	29.35	1	9.79	2	6.16		
北京	6	5.07															2	4.07	4	1.00
云南																				

6－1－46 续表1

地区	产量合计																	
	合计		60万担以上		50－60万担		40－50万担		30－40万担		20－30万担		10－20万担		5－10万担		1－5万担		1万担以下	
	县数(个)	数量(万担)	县数(个)	数量(万担)	县数(个)	数量(万担)	县数(个)	数量(万担)	县数(个)	数量(万担)	县数(个)	数量(万担)	县数(个)	数量(万担)	县数(个)	数量(万担)	县数(个)	数量(万担)	县数(个)	数量(万担)
合计	**736**	**11230.17**	**30**	**2413.30**	**17**	**896.52**	**36**	**1607.92**	**55**	**1908.50**	**56**	**1362.89**	**129**	**1853.50**	**104**	**716.97**	**164**	**433.82**	**145**	**36.74**
上海	11	33.53													2	15.02	7	17.70	2	0.81
浙江	12	127.97					1	47.25					3	47.52	3	21.51	4	10.74	1	0.95
江苏	67	1095.01	3	280.95	2	109.94	4	174.67	3	109.42	6	150.01	14	221.17	2	13.76	11	32.07	22	3.02
湖北	55	932.18	3	230.06			4	176.36	5	181.70	5	131.13	9	126.73	10	67.48	8	17.92	11	0.80
安徽	44	503.14					1	46.70	3	96.20	8	188.55	4	56.69	11	69.44	16	44.67	1	0.89
四川	20	279.78					1	47.46	1	32.60	4	85.23	5	74.73	5	31.85	4	7.91		
江西	25	210.65					1	40.05			1	25.07	7	100.83	3	21.20	7	20.65	6	2.85
湖南	40	291.50					1	47.30	3	99.29			5	72.42	6	44.62	9	23.28	16	4.59
河北	116	1275.00					2	89.88	8	271.55	11	260.30	30	425.48	22	150.76	29	75.52	14	1.51
山东	98	2750.53	12	886.54	9	469.40	13	586.62	11	396.67	5	126.80	15	209.83	6	38.02	14	34.65	13	2.00
河南	89	1935.87	8	653.76	4	208.75	5	210.32	12	423.42	5	118.10	14	191.80	11	76.75	14	44.30	16	8.67
陕西	27	177.16					1	48.24	1	30.50	1	21.01	1	10.62	7	47.36	7	18.90	9	0.53
山西	35	222.60									3	76.73	5	71.45	6	38.65	14	31.09	7	4.68
新疆自治区	54	820.52	1	70.95	2	108.43			7	234.33	6	150.66	12	177.06	6	49.24	9	26.22	11	3.63
新疆兵团	11	464.70	3	291.04			2	93.07	1	32.82	1	29.30			2	13.80	2	4.67		
辽宁	13	45.93											2	29.94	1	9.69	3	6.30	7	
甘肃	8	21.01											1	11.60			2	8.14	5	1.27
天津	5	38.26											2	25.63	1	7.82	2	4.81		
北京	6	4.83															2	4.28	4	0.55
云南																				

6-1-46　续表2

地区	收购量合计																	
	合计		60万担以上		50-60万担		40-50万担		30-40万担		20-30万担		10-20万担		5-10万担		1-5万担	
	县数（个）	数量（万担）	县数（个）	数量（万担）	县数（个）	数量（万担）	县数（个）	数量（万担）	县数（个）	数量（万担）	县数（个）	数量（万担）	县数（个）	数量（万担）	县数（个）	数量（万担）	县数（个）	数量（万担）
合　计	**736**	**10178.38**	**20**	**1638.48**	**16**	**872.10**	**27**	**1202.78**	**53**	**1864.63**	**66**	**1676.78**	**115**	**1622.49**	**108**	**783.23**	**179**	**484.14**
上　海	11	32.14													2	14.65	7	16.75
浙　江	12	116.71					1	45.00					2	32.09	4	30.45	4	8.26
江　苏	67	1059.10	3	271.67	2	108.70	4	171.43	2	75.69	7	179.59	14	209.15	1	6.52	12	34.24
湖　北	55	912.61	3	224.29			3	127.99	6	205.85	6	156.48	9	113.12	9	67.38	7	15.96
安　徽	44	435.80							2	69.00	6	154.46	6	85.63	12	75.56	15	48.77
四　川	20	248.67					1	42.02			3	71.40	6	95.52	5	32.23	3	6.55
江　西	25	183.18					1	43.16			1	20.30	6	77.13	4	26.25	5	12.99
湖　南	40	275.84			1	60.00			2	65.20	1	28.80	5	62.84	4	28.87	9	25.09
河　北	116	1202.58			1	51.56			6	211.70	12	311.94	24	353.12	23	174.54	33	96.32
山　东	98	2449.42	5	400.62	10	543.10	10	460.54	18	638.24	6	147.91	9	127.07	11	89.32	15	40.70
河　南	89	1543.77	5	369.75	1	50.00	3	132.63	9	328.19	13	332.23	11	156.70	16	110.62	22	61.24
陕　西	27	130.98					1	44.94			1	24.30	1	13.75	3	18.59	10	27.25
山　西	35	181.42									2	41.14	6	79.33	3	18.76	17	39.13
新疆自治区	54	833.26	1	70.66	1	58.74	1	44.34	7	238.26	7	178.97	11	155.27	7	59.29	9	24.90
新疆兵团	11	472.25	3	301.49			2	90.73	1	32.50	1	29.26			2	13.79	2	4.48
辽　宁	13	34.50											2	20.95	1	8.26	3	5.29
甘　肃	8	22.15											1	13.60			2	7.89
天　津	5	40.49											2	27.22	1	8.15	2	5.12
北　京	6	3.51															2	3.21
云　南																		

地区	1万担以下	
	县数（个）	数量（万担）
合　计	**152**	**33.75**
上　海	2	0.74
浙　江	1	0.91
江　苏	22	2.11
湖　北	12	1.54
安　徽	3	2.38
四　川	2	0.95
江　西	8	3.35
湖　南	18	5.04
河　北	17	3.40
山　东	14	1.92
河　南	9	2.41
陕　西	11	2.15
山　西	7	3.06
新疆自治区	10	2.83
新疆兵团		
辽　宁	7	
甘　肃	5	0.66
天　津		
北　京	4	0.30
云　南		

6-1-47　全国各地区产棉县 1992 年棉花面积、产量、收购量分类

地区	面积合计																	
	合计		60万亩以上		50-60万亩		40-50万亩		30-40万亩		20-30万亩		10-20万亩		5-10万亩		1-5万亩		1万亩以下	
	县数（个）	数量（万亩）	县数（个）	数量（万亩）	县数（个）	数量（万亩）	县数（个）	数量（万亩）	县数（个）	数量（万亩）	县数（个）	数量（万亩）	县数（个）	数量（万亩）	县数（个）	数量（万亩）	县数（个）	数量（万亩）	县数（个）	数量（万亩）
合计	**736**	**9928.93**	**12**	**894.18**	**13**	**727.34**	**27**	**1186.59**	**51**	**1770.04**	**78**	**1919.27**	**143**	**2013.97**	**127**	**916.33**	**171**	**476.80**	**114**	**24.41**
上海	11	27.03													1	7.20	6	17.92	4	1.91
浙江	12	88.52							1	30.10			3	33.79	2	11.09	5	12.56	1	0.98
江苏	67	996.61	3	219.14	2	113.19			6	208.98	9	204.30	12	178.46	5	37.04	10	32.33	20	3.17
湖北	55	714.63	1	65.94			1	47.10	4	134.74	10	250.63	7	101.66	13	93.58	9	20.98	10	
安徽	44	583.31					1	40.53	5	164.79	3	73.05	14	190.62	12	84.47	9	29.85		
四川	20	224.05							1	36.90	2	47.76	6	80.11	7	47.27	4	12.01		
江西	25	189.90									1	22.47	9	129.10	1	5.72	11	31.00	3	1.61
湖南	40	223.09									3	78.74	6	79.96	4	26.90	13	34.30	14	3.19
河北	116	1316.07					1	49.60	8	264.81	13	326.74	27	387.96	29	210.53	25	73.88	13	2.55
山东	98	2215.28	2	170.72	5	276.03	15	670.33	15	537.87	11	282.79	12	162.12	8	64.27	17	48.45	13	2.70
河南	89	1843.93	4	288.83	4	227.46	6	252.98	9	327.75	11	278.63	21	317.45	16	112.55	15	36.95	3	1.33
陕西	27	212.70					1	44.86			2	49.14	4	58.60	6	40.70	6	19.40	8	
山西	35	220.45									1	22.53	6	79.81	9	70.00	19	48.11		
新疆自治区	54	607.95			1	56.96	1	40.09	1	32.00	9	207.89	12	160.32	10	76.77	10	29.41	10	4.51
新疆兵团	11	340.05	2	149.55	1	53.70	1	41.10	1	32.10	2	48.60			2	11.40	2	3.60		
辽宁	13	57.12									1	26.00	2	25.49			2	5.51	8	0.12
甘肃	8	19.10													1	8.00	4	9.96	3	1.14
天津	5	43.05											2	28.52	1	8.84	2	5.69		
北京	6	6.09															2	4.89	4	1.20
云南																				

6-1-47 续表1

地区	产量合计																	
	合计		60万担以上		50-60万担		40-50万担		30-40万担		20-30万担		10-20万担		5-10万担		1-5万担		1万担以下	
	县数（个）	数量（万担）	县数（个）	数量（万担）	县数（个）	数量（万担）	县数（个）	数量（万担）	县数（个）	数量（万担）	县数（个）	数量（万担）	县数（个）	数量（万担）	县数（个）	数量（万担）	县数（个）	数量（万担）	县数（个）	数量（万担）
合计	**736**	**8796.21**	**16**	**1290.75**	**11**	**602.98**	**16**	**722.95**	**38**	**1284.45**	**64**	**1522.24**	**131**	**1906.68**	**130**	**917.04**	**188**	**506.35**	**142**	**42.77**
上海	11	36.21													4	25.64	4	9.80	3	0.76
浙江	12	97.82							1	31.23			3	37.86	3	17.44	4	10.32	1	0.97
江苏	67	1044.23	5	375.95			3	139.51	2	75.90	9	200.57	10	159.10	8	60.22	9	29.13	21	3.85
湖北	55	1134.52	3	267.32	3	157.38	5	231.46	4	142.89	5	126.10	10	132.82	7	55.80	7	19.95	11	0.80
安徽	44	488.26							3	98.86	5	127.33	7	98.85	19	131.45	9	30.90	1	0.87
四川	20	283.61					1	47.88	1	30.88	4	86.06	5	75.16	4	25.57	5	18.06		
江西	25	274.79					1	43.74	1	31.79	3	78.14	6	79.29	2	11.62	9	28.32	3	1.89
湖南	40	369.65	1	66.10			2	83.08	1	36.60	1	22.20	8	111.34	4	27.14	9	21.14	14	2.05
河北	116	593.43									5	124.64	13	184.41	21	146.06	52	128.42	25	9.90
山东	98	1356.16			1	58.22	1	44.42	11	366.63	15	340.60	25	386.55	14	114.49	18	42.91	13	2.34
河南	89	1385.16	3	207.58	4	216.60	1	41.24	7	238.26	7	177.99	21	307.85	20	143.00	15	46.44	11	6.20
陕西	27	110.17									2	44.81			6	41.96	8	21.24	11	2.16
山西	35	187.00									2	46.34	4	54.22	7	44.16	17	38.89	5	3.39
新疆自治区	54	861.62	1	78.92	2	115.01	1	42.21	6	200.47	5	123.14	16	234.43	4	29.00	11	33.57	8	4.87
新疆兵团	11	470.05	3	294.88	1	55.77	1	49.41	1	30.94	1	24.32			1	6.45	3	8.28		
辽宁	13	32.53											1	16.40	1	7.04	3	8.39	8	0.70
甘肃	8	31.22											1	12.40	2	13.08	2	4.37	3	1.37
天津	5	32.40											1	16.00	2	11.80	2	4.60		
北京	6	7.38													1	5.12	1	1.62	4	0.64
云南																				

6－1－47　续表2

地区	收购量合计																	
	合计		60万担以上		50－60万担		40－50万担		30－40万担		20－30万担		10－20万担		5－10万担		1－5万担	1万担以下	
	县数（个）	数量（万担）	县数（个）	数量（万担）	县数（个）	数量（万担）	县数（个）	数量（万担）	县数（个）	数量（万担）	县数（个）	数量（万担）	县数（个）	数量（万担）	县数（个）	数量（万担）	县数（个）	数量（万担）	县数（个）	数量（万担）
合计	**736**	**7309.26**	**14**	**1108.59**	**7**	**391.38**	**15**	**667.64**	**22**	**743.44**	**45**	**1110.71**	**129**	**1870.35**	**118**	**828.55**	**197**	**532.38**	**189**	**56.22**
上海	11	34.58													3	20.00	5	13.89	3	0.69
浙江	12	82.45									1	28.35	1	12.79	4	28.65	4	11.25	2	1.41
江苏	67	955.73	4	298.47	1	59.67	3	133.90	1	32.60	7	159.97	13	192.48	7	49.03	9	27.03	22	2.58
湖北	55	1081.29	3	246.59	1	51.59	7	309.83	3	104.36	4	110.57	14	204.28	4	32.95	7	19.45	12	1.67
安徽	44	396.46							3	102.42			9	131.52	16	112.31	15	49.63	1	0.58
四川	20	220.23							1	34.74	1	27.86	8	121.27	3	17.11	6	19.05	1	0.20
江西	25	223.18					1	40.73	1	30.30	1	23.00	5	73.64	4	30.63	7	20.86	6	4.02
湖南	40	366.59	1	69.00			2	92.04	1	36.60			5	78.18	10	74.16	6	14.70	15	1.91
河北	116	384.85									3	71.61	8	113.86	13	86.87	39	94.67	53	17.84
山东	98	1021.84			1	55.30			3	101.68	11	263.00	30	430.39	15	111.83	22	56.75	16	2.89
河南	89	977.23	2	132.05	1	52.84			3	102.91	10	245.26	15	211.58	21	142.56	30	85.15	7	4.88
陕西	27	75.50											2	28.81	3	16.45	10	27.16	12	3.08
山西	35	95.28											2	25.21	5	35.61	14	28.66	14	5.80
新疆自治区	54	859.00	1	77.64	2	116.21	1	42.21	5	167.29	6	156.50	15	218.64	6	45.23	10	30.41	8	4.87
新疆兵团	11	459.16	3	284.84	1	55.77	1	48.93	1	30.54	1	24.59			1	6.45	3	8.04		
辽宁	13	23.94											1	12.70	1	6.43	3	4.37	8	0.44
甘肃	8	30.65											1	15.00	2	12.27	1	1.30	4	2.08
天津	5	15.20															4	14.31	1	0.89
北京	6	6.10															2	5.70	4	0.40
云南																				

6－1－48　全国各地区产棉县1993年棉花面积、产量、收购量分类

地区	面积合计																			
	合计		60万亩以上		50－60万亩		40－50万亩		30－40万亩		20－30万亩		10－20万亩		5－10万亩		1－5万亩		1万亩以下	
	县数（个）	数量（万亩）	县数（个）	数量（万亩）	县数（个）	数量（万亩）	县数（个）	数量（万亩）	县数（个）	数量（万亩）	县数（个）	数量（万亩）	县数（个）	数量（万亩）	县数（个）	数量（万亩）	县数（个）	数量（万亩）	县数（个）	数量（万亩）
合　计	**736**	**7760.99**	**9**	**633.74**	**5**	**270.79**	**10**	**437.76**	**39**	**1332.04**	**80**	**1895.37**	**118**	**1661.62**	**128**	**943.81**	**208**	**555.40**	**139**	**30.46**
上　海	11	20.65													2	10.60	5	9.98	4	0.07
浙　江	12	74.15									1	23.80	1	12.35	2	17.36	7	19.72	1	0.92
江　苏	67	770.79	2	129.80	2	106.52	1	42.24	3	94.67	5	117.22	12	175.97	9	71.91	10	27.93	23	4.53
湖　北	55	684.35	1	62.93			1	40.55	4	125.75	10	247.10	6	85.03	13	96.42	11	26.57	9	
安　徽	44	488.96							3	100.26	3	70.04	11	160.08	17	126.81	9	30.99	1	0.78
四　川	20	186.61									2	49.87	7	90.95	4	26.28	7	19.51		
江　西	25	208.51									3	62.50	5	80.45	4	30.80	13	34.76		
湖　南	40	234.12							1	35.00	3	73.25	4	52.30	6	44.08	11	25.48	15	4.01
河　北	116	770.52					1	40.71	1	35.00	10	222.99	14	194.26	19	141.36	50	129.43	21	6.77
山　东	98	1628.33	2	137.15	1	54.11	3	131.69	16	553.48	17	400.63	16	232.36	10	69.57	16	46.48	17	2.86
河　南	89	1407.27	2	150.50	1	56.40	3	133.13	8	284.64	13	320.73	20	283.33	15	112.50	23	66.04	4	
陕　西	27	135.62							1	34.80	1	21.77	1	11.31	6	47.38	8	19.20	10	1.16
山　西	35	176.82											4	58.70	9	66.65	18	49.69	4	1.78
新疆自治区	54	578.40			1	53.76			1	34.60	9	212.44	15	200.53	8	53.05	7	19.92	13	4.10
新疆兵团	11	320.65	2	153.36			1	49.44	1	33.84	3	73.03					4	10.98		
辽　宁	13	25.87											1	14.00	1	7.51	2	3.43	9	0.93
甘　肃	8	19.42											1	10.00			3	8.07	4	1.35
天　津	5	23.83													3	21.53	2	2.30		
北　京	6	6.12															2	4.92	4	1.20
云　南																				

6-1-48 续表1

地区	产量合计																	
	合计		60万担以上		50-60万担		40-50万担		30-40万担		20-30万担		10-20万担		5-10万担		1-5万担		1万担以下	
	县数（个）	数量（万担）	县数（个）	数量（万担）	县数（个）	数量（万担）	县数（个）	数量（万担）	县数（个）	数量（万担）	县数（个）	数量（万担）	县数（个）	数量（万担）	县数（个）	数量（万担）	县数（个）	数量（万担）	县数（个）	数量（万担）
合计	**736**	**7475.01**	**14**	**1095.76**	**8**	**419.59**	**13**	**574.43**	**24**	**814.09**	**63**	**1523.33**	**116**	**1600.76**	**130**	**905.77**	**189**	**489.39**	**179**	**51.89**
上海	11	20.83													2	11.71	4	8.24	5	0.88
浙江	12	91.48									1	25.55	3	37.27	2	12.16	6	16.50		
江苏	67	829.67	3	214.78	1	56.00	2	88.24	3	101.80	4	91.50	15	203.25	7	46.08	8	23.57	24	4.45
湖北	55	972.62	3	225.97			4	178.67	6	215.35	5	123.26	11	155.28	8	56.53	8	16.76	10	0.80
安徽	44	483.10					1	40.00	3	92.71	4	93.09	9	111.60	16	111.30	10	33.60	1	0.80
四川	20	162.47									2	44.38	4	54.93	5	39.81	7	21.97	2	1.38
江西	25	284.77					1	44.00	1	32.90	2	57.60	7	95.80	4	28.34	10	26.13		
湖南	40	385.53	1	72.03			2	91.91	1	35.85	2	45.29	4	62.26	7	51.88	10	24.79	13	1.52
河北	116	374.64									3	66.53	8	105.91	13	84.77	43	98.19	49	19.24
山东	98	909.12							6	195.97	9	213.77	20	277.03	22	156.13	23	62.70	18	3.52
河南	89	1302.73	2	140.44	5	263.35	1	40.40	2	70.04	14	333.55	17	242.37	20	151.58	20	57.57	8	3.43
陕西	27	101.30									2	44.70	1	12.67	4	24.70	7	15.38	13	3.85
山西	35	180.02									2	48.46	3	40.89	6	43.09	18	44.25	6	3.33
新疆自治区	54	811.70	1	68.91	1	50.17	2	91.21	2	69.47	11	281.77	12	173.50	8	52.75	6	19.68	11	4.24
新疆兵团	11	489.66	4	373.63	1	50.07					2	53.88			1	6.40	3	5.68		
辽宁	13	22.42											1	13.00	1	5.75	2	2.87	9	0.80
甘肃	8	28.84											1	15.00	2	11.67			5	2.17
天津	5	17.00													1	6.00	3	10.20	1	0.80
北京	6	7.11													1	5.12	1	1.31	4	0.68
云南																				

6-1-48　续表2

地区	收购量合计																	
	合计		60万担以上		50-60万担		40-50万担		30-40万担		20-30万担		10-20万担		5-10万担		1-5万担		1万担以下	
	县数（个）	数量（万担）	县数（个）	数量（万担）	县数（个）	数量（万担）	县数（个）	数量（万担）	县数（个）	数量（万担）	县数（个）	数量（万担）	县数（个）	数量（万担）	县数（个）	数量（万担）	县数（个）	数量（万担）	县数（个）	数量（万担）
合计	**736**	**4978.22**	**8**	**630.52**	**5**	**273.98**	**10**	**460.20**	**11**	**369.77**	**28**	**700.73**	**81**	**1175.25**	**109**	**751.69**	**214**	**546.10**	**270**	**69.97**
上海	11	19.17													1	6.01	4	11.72	6	1.44
浙江	12	71.00									1	21.18	1	14.04	3	19.40	4	14.12	3	2.26
江苏	67	657.29	2	135.34	2	109.44	1	48.24	2	65.53	2	49.91	10	140.66	8	66.02	17	40.29	23	1.86
湖北	55	724.04	1	80.56	1	59.50	1	48.53	4	130.53	5	120.54	12	181.79	9	73.55	11	27.51	11	1.53
安徽	44	331.82					1	46.25	2	70.76			6	82.71	12	73.41	20	56.28	3	2.41
四川	20	86.36											1	14.73	8	52.06	7	17.26	4	2.31
江西	25	219.50					1	40.10			2	54.10	6	85.31	1	5.21	12	33.48	3	1.30
湖南	40	339.51	1	75.81			2	87.08			2	46.77	4	60.44	6	41.26	9	25.33	16	2.82
河北	116	180.62											5	66.10	6	40.69	26	54.92	79	18.91
山东	98	425.56											12	175.92	20	142.81	35	95.20	31	11.63
河南	89	580.50			1	50.35	1	48.50			3	82.01	11	172.73	20	134.29	37	87.73	16	4.89
陕西	27	27.35													3	19.61	3	4.86	21	2.88
山西	35	51.57													2	14.40	12	30.33	21	6.84
新疆自治区	54	791.93	1	66.78			3	141.50	2	66.21	11	270.71	12	170.22	8	51.52	6	20.75	11	4.24
新疆兵团	11	425.06	3	272.03	1	54.69			1	36.74	2	55.51					3	5.31	1	0.78
辽宁	13	10.73													1	6.02	3	4.33	9	0.38
甘肃	8	22.00											1	10.60	1	5.43	1	4.15	5	1.82
天津	5	8.30															2	6.93	3	1.37
北京	6	5.90															2	5.60	4	0.30
云南																				

6－1－49　全国各地区产棉县1994年棉花面积、产量、收购量分类

地区	面积合计																	
	合计		60万亩以上		50－60万亩		40－50万亩		30－40万亩		20－30万亩		10－20万亩		5－10万亩		1－5万亩		1万亩以下	
	县数（个）	数量（万亩）	县数（个）	数量（万亩）	县数（个）	数量（万亩）	县数（个）	数量（万亩）	县数（个）	数量（万亩）	县数（个）	数量（万亩）	县数（个）	数量（万亩）	县数（个）	数量（万亩）	县数（个）	数量（万亩）	县数（个）	数量（万亩）
合计	**736**	**8239.78**	**8**	**609.06**	**6**	**321.71**	**13**	**551.47**	**12**	**1376.92**	**80**	**1942.61**	**141**	**2042.85**	**118**	**857.92**	**187**	**508.12**	**141**	**29.12**
上海	11	9.23															3	6.82	8	2.41
浙江	12	74.47									1	23.42	1	12.81	2	17.86	7	19.55	1	0.83
江苏	67	781.93	2	134.37	2	102.80	1	46.61	4	125.27	5	112.10	11	166.87	9	66.56	9	23.69	24	3.66
湖北	55	694.50	1	61.28			1	41.70	6	192.25	8	190.52	8	105.38	12	84.91	9	17.76	10	0.70
安徽	44	598.18					1	40.00	5	165.88	3	73.16	16	220.48	11	74.06	7	24.05	1	0.55
四川	20	182.72									2	49.85	7	92.00	3	22.50	6	17.07	2	1.30
江西	25	229.61									3	70.76	7	102.57	3	23.12	12	33.16		
湖南	40	292.33					1	42.30	1	32.00	2	51.37	7	104.59	4	27.08	12	34.82	13	0.17
河北	116	1021.10					1	40.20	2	65.23	11	253.71	28	422.92	19	132.15	38	102.98	17	3.91
山东	98	1395.28			2	112.64	1	40.74	12	382.76	18	440.27	17	269.90	12	93.01	19	53.58	17	2.38
河南	89	1457.06	2	152.50	1	52.07	7	299.92	6	206.63	14	343.61	17	237.06	15	99.66	22	63.02	5	2.59
陕西	27	124.53									2	48.23	2	21.69	5	37.26	8	16.09	10	1.26
山西	35	188.66											6	82.99	7	52.91	19	51.31	3	1.45
新疆自治区	54	701.69	1	61.08					3	100.20	10	259.46	12	178.49	11	84.73	6	14.54	11	3.19
新疆兵团	11	402.79	2	199.83	1	54.20			3	106.70	1	26.15			1	7.11	3	8.80		
辽宁	13	23.81											1	13.00	1	7.42	1	2.01	10	1.38
甘肃	8	22.00													1	9.20	3	11.53	4	1.27
天津	5	33.79											1	12.10	2	18.38	1	2.34	1	0.97
北京	6	6.10															2	5.00	4	1.10
云南																				

6-1-49　续表1

地区	产量合计																	
	合计		60万担以上		50-60万担		40-50万担		30-40万担		20-30万担		10-20万担		5-10万担		1-5万担		1万担以下	
	县数（个）	数量（万担）	县数（个）	数量（万担）	县数（个）	数量（万担）	县数（个）	数量（万担）	县数（个）	数量（万担）	县数（个）	数量（万担）	县数（个）	数量（万担）	县数（个）	数量（万担）	县数（个）	数量（万担）	县数（个）	数量（万担）
合计	**736**	**8584.60**	**17**	**1435.15**	**11**	**589.34**	**17**	**749.23**	**34**	**1154.30**	**62**	**1474.66**	**128**	**1819.64**	**118**	**838.23**	**187**	**483.54**	**162**	**40.52**
上海	11	11.64															3	9.42	8	2.22
浙江	12	87.54									1	20.03	3	40.61	3	16.72	4	9.43	1	0.75
江苏	67	896.32	4	288.26			3	127.52	3	97.71	6	141.26	12	173.95	6	37.69	9	26.04	24	3.89
湖北	55	965.36	2	163.00	1	51.00	4	178.54	7	244.73	8	176.70	6	72.97	8	58.98	7	17.26	12	2.18
安徽	44	527.96			2	101.00	1	40.00			2	49.78	12	188.78	17	122.40	9	25.80	1	0.20
四川	20	136.60									2	44.13	3	35.18	6	40.85	6	14.79	3	1.65
江西	25	342.47					1	48.16	4	126.67	1	24.80	7	102.75	2	12.45	10	27.64		
湖南	40	452.23	1	75.00	2	105.78	1	42.65			3	75.92	5	72.12	9	64.96	6	15.69	13	0.11
河北	116	733.27							2	69.13	7	178.03	17	230.82	20	145.64	46	102.51	24	7.14
山东	98	1092.03					3	130.95	4	143.03	10	249.07	29	412.95	15	100.69	17	50.86	20	4.48
河南	89	1229.43	2	130.93	1	55.12	3	140.32	6	200.41	13	303.17	16	225.06	15	103.23	24	66.47	9	4.72
陕西	27	83.58											2	37.46	2	14.68	9	28.22	14	3.22
山西	35	169.15									1	20.68	5	71.88	3	26.00	20	47.33	6	3.26
新疆自治区	54	1119.37	4	285.55	3	163.33	1	41.09	7	236.16	8	191.09	7	103.38	10	80.81	6	15.42	8	2.54
新疆兵团	11	663.04	4	492.41	2	113.11			1	36.46			1	12.20			3	8.86		
辽宁	13	16.88											1	12.60			2	2.96	10	1.32
甘肃	8	33.66											1	16.50	2	13.13	1	2.53	4	1.50
天津	5	18.15											1	10.43			3	6.93	1	0.79
北京	6	5.92															2	5.38	4	0.54
云南																				

6-1-49　续表2

地区	收购量合计																			
	合计		60万担以上		50-60万担		40-50万担		30-40万担		20-30万担		10-20万担		5-10万担		1-5万担		1万担以下	
	县数（个）	数量（万担）	县数（个）	数量（万担）	县数（个）	数量（万担）	县数（个）	数量（万担）	县数（个）	数量（万担）	县数（个）	数量（万担）	县数（个）	数量（万担）	县数（个）	数量（万担）	县数（个）	数量（万担）	县数（个）	数量（万担）
合计	**736**	**6218.36**	**15**	**1206.64**	**7**	**377.00**	**7**	**311.42**	**16**	**532.17**	**39**	**959.15**	**98**	**1367.25**	**118**	**858.02**	**216**	**540.63**	**220**	**66.08**
上海	11	10.41															3	8.70	8	1.71
浙江	12	48.54											1	10.41	2	15.10	6	21.75	3	1.28
江苏	67	746.60	4	255.59			1	42.77	3	97.96	4	100.05	11	164.10	7	52.02	12	28.51	25	5.60
湖北	55	693.24	1	62.35	1	58.84	1	44.63	2	62.89	10	254.82	7	100.78	10	81.32	9	24.15	14	3.46
安徽	44	402.94			1	50.26	1	46.80			1	25.60	8	113.24	18	123.58	14	43.25	1	0.21
四川	20	70.01											2	26.42	2	11.84	12	30.42	4	1.33
江西	25	256.11					1	43.58	1	31.70	3	69.05	4	62.45	3	21.40	12	27.52	1	0.41
湖南	40	347.57	1	68.00	1	52.80			2	75.04	1	24.00	4	52.16	6	45.31	10	29.32	15	0.94
河北	116	404.71									1	21.50	11	151.13	16	110.06	41	101.34	47	20.68
山东	98	764.32							2	65.75	6	143.46	27	355.85	18	139.86	22	51.54	23	7.86
河南	89	582.65			1	52.00	1	45.00			4	95.60	12	173.95	15	111.04	39	97.80	17	7.26
陕西	27	22.26													1	5.03	6	13.71	20	3.52
山西	35	82.11											1	11.01	6	38.53	15	27.11	13	5.46
新疆自治区	54	1091.36	4	286.25	3	163.10	1	41.79	5	159.68	9	225.07	8	119.89	10	77.19	6	15.85	8	2.54
新疆兵团	11	638.89	5	534.45			1	46.85	1	39.15			1	11.06			3	7.38		
辽宁	13	6.96													1	5.10			12	1.86
甘肃	8	31.13											1	14.80	2	12.76	1	2.07	4	1.50
天津	5	14.25													1	7.88	3	6.21	1	0.16
北京	6	4.30															2	4.00	4	0.30
云南																				

6－1－50　全国各地区产棉县1995年棉花面积、产量、收购量分类

地区	面积合计																	
	合计		60万亩以上		50－60万亩		40－50万亩		30－40万亩		20－30万亩		10－20万亩		5－10万亩		1－5万亩	
	县数（个）	数量（万亩）	县数（个）	数量（万亩）	县数（个）	数量（万亩）	县数（个）	数量（万亩）	县数（个）	数量（万亩）	县数（个）	数量（万亩）	县数（个）	数量（万亩）	县数（个）	数量（万亩）	县数（个）	数量（万亩）
合计	**736**	**7986.62**	**6**	**476.88**	**5**	**283.21**	**16**	**709.46**	**34**	**1135.26**	**75**	**1805.48**	**151**	**2159.57**	**125**	**885.11**	**188**	**503.84**
上海	11	8.02															3	6.12
浙江	12	77.38									1	24.51	2	23.75	1	9.03	7	19.26
江苏	67	835.72	2	133.56	1	55.77	3	138.40	2	67.96	6	143.50	14	208.45	8	65.26	9	19.97
湖北	55	690.78			1	60.00	1	42.70	5	169.43	8	193.94	8	107.86	13	90.01	11	26.84
安徽	44	642.12					1	47.22	3	91.28	8	197.20	16	222.12	9	60.94	6	22.81
四川	20	201.02							1	32.30	1	24.00	7	96.72	4	28.13	6	19.44
江西	25	188.61									1	20.00	7	104.40	5	34.57	11	29.14
湖南	40	269.50					1	44.78	1	35.39	1	25.49	6	84.97	6	44.44	11	33.63
河北	116	1025.34					1	40.42	2	67.25	15	357.36	22	312.45	20	137.94	39	107.17
山东	98	1016.19							6	194.64	10	241.41	29	425.46	15	103.33	18	45.44
河南	89	1544.48	2	158.00	1	50.00	8	351.18	7	238.11	14	323.88	20	288.12	12	79.71	21	52.56
陕西	27	106.55											3	48.62	4	27.12	11	30.23
山西	35	185.03									1	20.21	3	39.95	9	65.61	20	57.77
新疆自治区	54	713.88			1	60.00			5	170.99	8	206.95	12	174.50	11	83.62	7	15.29
新疆兵团	11	396.77	2	185.32	1	57.44	1	44.76	2	67.91	1	27.03			1	7.58	3	6.73
辽宁	13	27.56											1	12.00	2	14.35		
甘肃	8	26.97											1	10.20	2	11.03	2	4.46
天津	5	25.36													3	22.44	1	2.54
北京	6	5.34															2	4.44
云南																		

地区	1万亩以下 县数（个）	1万亩以下 数量（万亩）
合计	**136**	**27.81**
上海	8	1.90
浙江	1	0.83
江苏	22	2.85
湖北	8	
安徽	1	0.55
四川	1	0.43
江西	1	0.50
湖南	14	0.80
河北	17	2.75
山东	20	5.91
河南	4	2.92
陕西	9	0.58
山西	2	1.49
新疆自治区	10	2.53
新疆兵团		
辽宁	10	1.21
甘肃	3	1.28
天津	1	0.38
北京	4	0.90
云南		

6－1－50　续表1

地区	产量合计																	
	合计		60万担以上		50－60万担		40－50万担		30－40万担		20－30万担		10－20万担		5－10万担		1－5万担	
	县数（个）	数量（万担）	县数（个）	数量（万担）	县数（个）	数量（万担）	县数（个）	数量（万担）	县数（个）	数量（万担）	县数（个）	数量（万担）	县数（个）	数量（万担）	县数（个）	数量（万担）	县数（个）	数量（万担）
合计	**736**	**9595.38**	**25**	**2182.23**	**9**	**498.98**	**18**	**815.11**	**38**	**1293.11**	**67**	**1620.28**	**133**	**1877.03**	**102**	**763.55**	**190**	**504.14**
上海	11	10.17															3	8.28
浙江	12	97.63									1	29.01	3	41.95	2	11.45	4	13.48
江苏	67	1105.71	6	454.08			1	49.91	6	201.04	6	146.83	12	186.25	5	42.52	8	20.69
湖北	55	1124.14	3	248.50	2	102.38	7	320.16	3	102.81	6	142.21	9	118.43	9	68.88	8	19.97
安徽	44	732.76	1	71.60			1	41.70	4	131.19	9	224.60	11	158.40	10	79.27	7	25.60
四川	20	219.67							1	38.11	2	42.60	7	103.33	2	13.02	7	22.11
江西	25	243.11							3	97.54			6	88.61	5	32.59	9	22.77
湖南	40	428.18	1	89.76	1	55.22	1	46.12	1	36.04	2	49.54	5	69.63	7	56.31	9	25.56
河北	116	713.64							2	69.58	7	170.17	17	227.80	16	117.32	50	121.76
山东	98	914.78							4	139.39	10	240.22	25	331.18	19	148.86	21	50.28
河南	89	1658.44	2	199.62	5	284.28	3	131.69	10	346.32	12	276.37	20	299.21	9	59.09	19	56.25
陕西	27	78.67									1	21.00	1	14.60	3	20.03	9	19.86
山西	35	179.69									2	50.55	4	50.20	3	22.82	22	54.55
新疆自治区	54	1232.75	6	432.93	1	57.10	4	176.57	4	131.09	9	227.18	9	131.21	7	56.29	6	17.50
新疆兵团	11	760.09	6	685.74			1	48.96					1	14.93			3	10.46
辽宁	13	23.42											1	12.00	1	5.61	1	4.95
甘肃	8	45.81											2	29.30	1	9.29	1	4.67
天津	5	22.19													3	20.20	1	1.40
北京	6	4.53															2	4.00
云南																		

地区	1万担以下 县数（个）	1万担以下 数量（万担）
合计	**154**	**40.95**
上海	8	1.89
浙江	2	1.74
江苏	23	4.39
湖北	8	0.80
安徽	1	0.40
四川	1	0.50
江西	2	1.60
湖南	13	
河北	24	7.01
山东	19	4.85
河南	9	5.61
陕西	13	3.18
山西	4	1.57
新疆自治区	8	2.88
新疆兵团		
辽宁	10	0.86
甘肃	4	2.55
天津	1	0.59
北京	4	0.53
云南		

6-1-50 续表2

地区	收购量合计																	
	合计		60万担以上		50-60万担		40-50万担		30-40万担		20-30万担		10-20万担		5-10万担		1-5万担	
	县数（个）	数量（万担）	县数（个）	数量（万担）	县数（个）	数量（万担）	县数（个）	数量（万担）	县数（个）	数量（万担）	县数（个）	数量（万担）	县数（个）	数量（万担）	县数（个）	数量（万担）	县数（个）	数量（万担）
合计	**736**	**6933.09**	**16**	**1411.06**	**9**	**492.82**	**12**	**529.08**	**24**	**808.80**	**36**	**884.39**	**94**	**1332.96**	**120**	**879.39**	**202**	**519.92**
上海	11	9.06															3	7.46
浙江	12	60.24											2	27.07	2	16.53	5	15.29
江苏	67	940.09	4	296.78	2	104.29	1	42.96	3	100.90	7	166.10	10	144.20	8	55.96	10	25.21
湖北	55	920.48	2	167.98	1	58.40	1	40.14	9	315.06	3	75.00	11	161.24	10	79.26	8	20.91
安徽	44	450.73			1	55.60	1	42.70			1	27.20	12	167.87	18	120.95	9	35.30
四川	20	139.29									1	25.66	4	53.82	5	38.90	7	19.36
江西	25	218.35							2	68.01	1	25.78	5	70.80	4	27.70	11	24.62
湖南	40	314.92			1	58.32	1	49.83	2	62.95			4	61.63	7	54.42	9	26.04
河北	116	326.64									1	20.60	5	73.73	15	104.52	46	106.19
山东	98	668.35							1	30.65	7	159.46	15	209.53	26	200.53	20	57.02
河南	89	766.29			1	52.00	3	135.00	3	99.92	6	155.08	11	153.88	10	70.10	33	88.92
陕西	27	47.98											2	24.00	1	6.00	8	13.92
山西	35	94.70											2	25.67	4	26.26	18	38.62
新疆自治区	54	1228.76	6	430.34	1	57.60	4	175.30	4	131.31	9	229.51	9	129.44	7	54.87	6	17.51
新疆兵团	11	686.51	4	515.96	2	106.61	1	43.15					1	11.78			3	9.01
辽宁	13	11.23													1	5.61	2	5.21
甘肃	8	41.85											1	18.30	2	17.78	1	3.22
天津	5	4.42															1	3.12
北京	6	3.20															2	3.00
云南																		

地区	1万担以下 县数（个）	1万担以下 数量（万担）
合计	**223**	**74.67**
上海	8	1.60
浙江	3	1.35
江苏	22	3.70
湖北	10	2.49
安徽	2	1.11
四川	3	1.55
江西	2	1.44
湖南	16	1.73
河北	49	21.60
山东	29	11.16
河南	22	11.39
陕西	16	4.06
山西	11	4.15
新疆自治区	8	2.88
新疆兵团		
辽宁	10	0.41
甘肃	4	2.55
天津	4	1.30
北京	4	0.20
云南		

6－1－51　全国各地区产棉县1996年棉花面积、产量、收购量分类

地区	面积合计																	
	合计		60万亩以上		50－60万亩		40－50万亩		30－40万亩		20－30万亩		10－20万亩		5－10万亩		1－5万亩		1万亩以下	
	县数（个）	数量（万亩）	县数（个）	数量（万亩）	县数（个）	数量（万亩）	县数（个）	数量（万亩）	县数（个）	数量（万亩）	县数（个）	数量（万亩）	县数（个）	数量（万亩）	县数（个）	数量（万亩）	县数（个）	数量（万亩）	县数（个）	数量（万亩）
合计	**736**	**6842.91**	**7**	**533.48**	**6**	**312.70**	**12**	**526.19**	**23**	**766.33**	**53**	**1237.77**	**137**	**1928.19**	**138**	**952.86**	**209**	**548.31**	**151**	**37.09**
上海	11	6.76															2	3.99	9	2.77
浙江	12	75.57									1	23.94	1	12.75	3	23.18	4	13.58	3	2.12
江苏	67	709.58	1	60.15	1	52.03	3	133.62	2	69.07	5	115.88	13	176.41	11	80.46	8	18.18	23	3.79
湖北	55	660.95	1	61.00			1	41.36	4	136.72	6	144.75	11	162.83	11	76.76	13	36.78	8	0.75
安徽	44	536.58			1	50.00					9	192.70	13	166.00	14	101.88	7	26.00		
四川	20	208.97							1	32.00	1	22.40	7	98.00	7	47.72	4	8.85		
江西	25	162.94											7	99.85	5	31.25	12	31.54	1	0.30
湖南	40	210.40									2	45.79	6	77.36	8	56.88	12	29.57	12	0.80
河北	116	629.66					1	40.00	1	30.65	1	24.00	18	258.12	20	131.80	53	139.30	22	5.79
山东	98	762.77							1	35.00	7	158.90	24	354.56	21	145.79	23	62.80	22	5.72
河南	89	1431.06	2	155.50	2	103.00	6	267.00	5	167.70	12	290.17	21	302.73	15	102.32	18	37.75	8	4.89
陕西	27	74.92											2	26.60	2	16.28	12	30.85	11	1.19
山西	35	132.55											2	33.02	7	41.17	22	56.68	4	1.68
新疆自治区	54	758.30	1	65.00					8	261.98	8	190.39	11	149.16	9	66.19	9	22.44	8	3.14
新疆兵团	11	423.95	2	191.83	2	107.67	1	44.21	1	33.21	1	28.85			2	13.34	2	4.84		
辽宁	13	12.66															3	12.03	10	0.63
甘肃	8	31.49											1	10.80	3	17.84	1	1.60	3	1.25
天津	5	9.69															3	8.92	2	0.77
北京	6	4.11															1	2.61	5	1.50
云南																				

6－1－51　续表1

地区	产量合计																	
	合计		60万担以上		50－60万担		40－50万担		30－40万担		20－30万担		10－20万担		5－10万担		1－5万担		1万担以下	
	县数（个）	数量（万担）	县数（个）	数量（万担）	县数（个）	数量（万担）	县数（个）	数量（万担）	县数（个）	数量（万担）	县数（个）	数量（万担）	县数（个）	数量（万担）	县数（个）	数量（万担）	县数（个）	数量（万担）	县数（个）	数量（万担）
合计	**736**	**8341.98**	**22**	**1905.60**	**10**	**538.27**	**14**	**619.85**	**30**	**1013.78**	**47**	**1121.61**	**125**	**1774.41**	**114**	**813.27**	**203**	**508.81**	**171**	**46.37**
上海	11	10.90															4	9.90	7	1.00
浙江	12	101.95							1	30.34			3	41.32	2	14.29	4	14.71	2	1.29
江苏	67	1045.18	5	395.42	2	108.46			2	73.34	8	203.30	11	174.58	8	66.74	9	19.19	22	4.15
湖北	55	857.52	2	159.00			4	168.31	4	133.43	7	161.72	8	117.17	12	85.78	11	31.51	7	0.60
安徽	44	575.41	1	72.14			1	40.20			5	122.08	14	200.00	16	120.23	7	20.76		
四川	20	230.26							1	37.12	2	44.40	7	104.63	4	26.79	6	17.32		
江西	25	249.51							3	101.25			6	83.41	6	40.74	9	23.66	1	0.45
湖南	40	335.93			1	53.50			2	71.98	3	71.25	5	68.18	7	45.94	9	24.08	13	1.00
河北	116	483.16							1	34.10	4	86.75	13	173.41	10	65.71	49	109.57	39	13.62
山东	98	675.78					1	49.00			4	89.48	22	292.88	23	164.05	27	74.71	21	5.66
河南	89	1602.89	5	410.14	2	106.40	5	222.98	7	234.73	8	198.14	20	299.06	10	74.30	20	50.05	12	7.09
陕西	27	55.98											2	24.70	1	7.35	9	20.89	15	3.04
山西	35	142.42									2	50.74			6	40.97	22	48.63	5	2.08
新疆自治区	54	1167.23	3	214.37	4	218.00	3	139.36	9	297.49	4	93.75	10	139.19	7	47.91	7	14.31	7	2.85
新疆兵团	11	734.45	6	654.53	1	51.91							1	16.55	1	5.51	2	5.95		
辽宁	13	10.53															3	10.18	10	0.35
甘肃	8	49.36											3	39.33	1	6.96	1	1.40	3	1.67
天津	5	10.00															3	9.36	2	0.64
北京	6	3.51															1	2.63	5	0.88
云南																				

6－1－51　续表2

地区	收购量合计																			
	合计		60万担以上		50－60万担		40－50万担		30－40万担		20－30万担		10－20万担		5－10万担		1－5万担		1万担以下	
	县数（个）	数量（万担）	县数（个）	数量（万担）	县数（个）	数量（万担）	县数（个）	数量（万担）	县数（个）	数量（万担）	县数（个）	数量（万担）	县数（个）	数量（万担）	县数（个）	数量（万担）	县数（个）	数量（万担）	县数（个）	数量（万担）
合计	**736**	**5431.06**	**12**	**1000.27**	**7**	**378.80**	**8**	**353.47**	**18**	**611.82**	**33**	**812.45**	**67**	**933.92**	**104**	**737.08**	**210**	**528.56**	**277**	**74.69**
上海	11	9.77															4	8.90	7	0.87
浙江	12	73.81											3	43.99	2	12.64	5	16.37	2	0.81
江苏	67	830.75	3	241.20	1	56.20	3	137.40	1	35.80	5	125.69	9	133.67	9	64.86	12	32.04	24	3.89
湖北	55	655.00	2	138.95					1	39.30	8	202.73	10	148.28	12	87.88	14	36.44	8	1.42
安徽	44	310.26					1	45.43	1	37.20	1	25.20	2	23.24	15	100.15	23	78.21	1	0.83
四川	20	136.04									1	22.99	3	43.20	7	50.85	6	16.57	3	2.43
江西	25	201.77							2	64.97	1	27.30	4	50.99	3	24.34	13	33.07	2	1.10
湖南	40	237.02					1	43.64			3	71.72	4	52.54	5	35.43	14	32.85	13	0.84
河北	116	152.16											5	59.13	4	27.55	22	48.66	85	16.82
山东	98	400.89											11	153.49	23	160.73	32	76.65	32	10.02
河南	89	645.88			1	54.00	2	84.00	3	101.00	6	154.06	6	91.99	10	68.24	32	79.85	29	12.74
陕西	27	31.46													2	14.60	6	12.19	19	4.67
山西	35	50.00													2	15.32	11	23.54	22	11.14
新疆自治区	54	1130.63	3	214.33	5	268.60	1	43.00	8	267.76	6	135.89	10	133.40	7	50.38	7	14.42	7	2.85
新疆兵团	11	512.76	4	405.79					2	65.79	1	25.77			1	8.45	3	6.96		
辽宁	13	4.63															2	3.53	11	1.10
甘肃	8	42.52									1	21.10			2	15.66	2	4.09	3	1.67
天津	5	3.11															1	2.22	4	0.89
北京	6	2.60															1	2.00	5	0.60
云南																				

6－1－52 全国各地区产棉县1997年棉花面积、产量、收购量分类

地区	面积合计																	
	合计		60万亩以上		50－60万亩		40－50万亩		30－40万亩		20－30万亩		10－20万亩		5－10万亩		1－5万亩		1万亩以下	
	县数（个）	数量（万亩）	县数（个）	数量（万亩）	县数（个）	数量（万亩）	县数（个）	数量（万亩）	县数（个）	数量（万亩）	县数（个）	数量（万亩）	县数（个）	数量（万亩）	县数（个）	数量（万亩）	县数（个）	数量（万亩）	县数（个）	数量（万亩）
合计	**736**	**6685.99**	**7**	**555.43**	**6**	**319.19**	**14**	**618.88**	**25**	**835.92**	**54**	**1254.71**	**122**	**1616.74**	**135**	**935.51**	**203**	**507.32**	**170**	**42.29**
上海	11	9.60															3	7.82	8	1.78
浙江	12	69.26									1	23.72	1	13.05	2	16.45	4	13.70	4	2.34
江苏	67	638.85			1	57.84	3	138.36	3	103.53	4	92.26	13	163.27	10	58.06	8	20.97	25	4.56
湖北	55	654.77	1	61.00					6	190.26	7	163.55	10	130.92	11	72.40	13	36.14	7	0.50
安徽	44	509.79					1	46.00			6	131.19	15	194.41	14	105.99	8	32.20		
四川	20	193.06									2	49.36	7	90.17	7	45.57	4	7.96		
江西	25	152.04											7	93.90	4	24.12	13	33.72	1	0.30
湖南	40	238.12							1	35.00	3	72.15	4	42.80	8	56.41	12	31.25	12	0.51
河北	116	560.70							2	68.30	2	42.70	17	223.20	16	115.80	45	101.40	34	9.30
山东	98	727.87							1	35.33	8	180.16	21	290.56	22	154.01	21	60.95	25	6.86
河南	89	1407.38	2	149.51	3	155.47	6	268.97	6	199.44	10	237.03	16	232.38	17	116.07	19	43.59	10	4.92
陕西	27	51.67													3	25.89	12	24.35	12	1.43
山西	35	97.45											2	22.25	3	18.07	22	52.30	8	4.83
新疆自治区	54	840.24	1	68.42			4	165.55	5	167.04	10	232.95	8	106.63	12	83.92	8	14.15	6	1.58
新疆兵团	11	470.33	3	276.50	2	105.88			1	37.02	1	29.64			2	15.87	2	5.42		
辽宁	13	18.26													2	12.88	1	4.36	10	1.02
甘肃	8	36.10											1	13.20	2	14.00	4	7.97	1	0.93
天津	5	7.32															3	6.79	2	0.53
北京	6	3.18															1	2.28	5	0.90
云南																				

6-1-52 续表1

地区	产量合计																	
	合计		60万担以上		50-60万担		40-50万担		30-40万担		20-30万担		10-20万担		5-10万担		1-5万担		1万担以下	
	县数（个）	数量（万担）	县数（个）	数量（万担）	县数（个）	数量（万担）	县数（个）	数量（万担）	县数（个）	数量（万担）	县数（个）	数量（万担）	县数（个）	数量（万担）	县数（个）	数量（万担）	县数（个）	数量（万担）	县数（个）	数量（万担）
合计	**736**	**9440.49**	**34**	**3062.93**	**9**	**501.84**	**18**	**801.10**	**28**	**963.54**	**47**	**1114.87**	**120**	**1734.60**	**101**	**749.20**	**184**	**462.26**	**195**	**50.15**
上海	11	11.54															4	10.67	7	0.87
浙江	12	68.99									1	20.87	1	12.40	4	29.88	1	3.83	5	2.01
江苏	67	985.64	5	406.72	1	55.40	1	40.95	3	98.40	5	118.37	12	181.34	9	62.50	8	18.07	23	3.89
湖北	55	1023.00	2	174.00			5	225.05	8	279.25	5	111.13	11	148.36	7	53.69	10	30.32	7	1.20
安徽	44	640.62	1	70.55			1	45.00	1	36.58	4	89.11	17	261.01	15	118.38	5	19.99		
四川	20	211.88									3	74.79	7	96.40	2	15.51	8	25.18		
江西	25	253.87							3	99.35			5	79.11	6	45.87	10	29.06	1	0.48
湖南	40	458.66	1	70.00	2	111.16	1	42.23			4	89.50	7	89.78	4	31.07	8	24.30	13	0.62
河北	116	495.19					1	45.61	2	69.13	4	96.48	9	118.36	8	58.93	45	93.40	47	13.28
山东	98	738.05					1	42.91			6	141.24	23	329.96	21	152.25	22	63.50	25	8.19
河南	89	1920.53	9	754.65	4	226.26	5	229.44	5	169.29	7	175.22	15	233.08	11	79.88	17	46.76	16	5.95
陕西	27	37.47													3	22.05	8	12.30	16	3.12
山西	35	87.26											2	32.35	3	17.90	17	30.16	13	6.85
新疆自治区	54	1477.51	10	742.52	1	51.46	3	129.91	6	211.54	6	152.48	9	125.23	5	40.97	9	21.65	5	1.75
新疆兵团	11	942.01	6	844.49	1	57.56					1	21.18			1	9.78	2	9.00		
辽宁	13	14.45													2	10.54	1	2.92	10	0.99
甘肃	8	62.21									1	24.50	2	27.22			5	10.49		
天津	5	7.71															3	7.34	2	0.37
北京	6	3.90															1	3.32	5	0.58
云南																				

6-1-52 续表2

地区	收购量合计																			
	合计		60万担以上		50-60万担		40-50万担		30-40万担		20-30万担		10-20万担		5-10万担		1-5万担		1万担以下	
	县数（个）	数量（万担）	县数（个）	数量（万担）	县数（个）	数量（万担）	县数（个）	数量（万担）	县数（个）	数量（万担）	县数（个）	数量（万担）	县数（个）	数量（万担）	县数（个）	数量（万担）	县数（个）	数量（万担）	县数（个）	数量（万担）
合计	**736**	**6077.55**	**19**	**1765.41**	**6**	**331.04**	**9**	**408.65**	**17**	**591.90**	**29**	**725.11**	**64**	**937.58**	**98**	**699.73**	**219**	**566.08**	**275**	**52.05**
上海	11	10.90															4	10.03	7	0.87
浙江	12	39.45													3	22.92	4	14.82	5	1.71
江苏	67	778.35	3	251.65	1	50.80	1	48.00	3	107.82	4	102.36	8	119.11	8	54.51	16	41.61	23	2.49
湖北	55	694.14	1	69.00	1	58.24			4	130.28	6	149.82	11	166.22	12	85.82	13	33.74	7	1.02
安徽	44	349.85			1	55.82					2	54.40	5	65.88	14	97.94	22	75.81		
四川	20	121.76											4	53.80	7	49.55	7	17.12	2	1.29
江西	25	200.19							1	32.87	2	53.31	5	70.81	2	13.50	13	28.76	2	0.94
湖南	40	363.74			2	114.72			2	70.42	1	20.25	6	86.78	5	39.06	10	30.65	14	1.86
河北	116	173.74									1	28.76	3	46.20	4	26.15	24	61.17	84	11.46
山东	98	316.34									1	20.68	5	78.75	17	112.76	36	93.27	39	10.88
河南	89	601.48					3	134.07	2	73.85	4	89.33	6	94.01	17	125.87	33	77.09	24	7.26
陕西	27	20.37													1	5.44	7	12.78	19	2.14
山西	35	35.11													1	7.90	10	21.42	24	5.79
新疆自治区	54	1469.87	10	741.14	1	51.46	3	129.91	5	176.66	7	181.60	9	124.73	5	40.97	9	21.65	5	1.75
新疆兵团	11	833.13	5	703.62			2	96.67					1	17.49	1	8.83	2	6.52		
辽宁	13	8.63															3	7.94	10	0.69
甘肃	8	56.80									1	24.60	1	13.80	1	8.51	5	9.89		
天津	5	1.50																	5	1.50
北京	6	2.20															1	1.80	5	0.40
云南																				

6－1－53　全国各地区产棉县1998年棉花面积、产量、收购量分类

地区	面积合计																	
	合计		60万亩以上		50－60万亩		40－50万亩		30－40万亩		20－30万亩		10－20万亩		5－10万亩		1－5万亩		1万亩以下	
	县数（个）	数量（万亩）	县数（个）	数量（万亩）	县数（个）	数量（万亩）	县数（个）	数量（万亩）	县数（个）	数量（万亩）	县数（个）	数量（万亩）	县数（个）	数量（万亩）	县数（个）	数量（万亩）	县数（个）	数量（万亩）	县数（个）	数量（万亩）
合计	**736**	**6453.27**	**8**	**660.11**	**5**	**271.15**	**13**	**566.07**	**19**	**662.12**	**47**	**1118.35**	**130**	**1763.95**	**114**	**808.81**	**217**	**553.83**	**183**	**48.88**
上海	11	13.43													1	6.50	2	4.43	8	2.50
浙江	12	70.15									1	21.43	1	12.81	2	16.03	6	19.04	2	0.84
江苏	67	608.07	1	62.86			2	82.87	2	72.47	6	147.47	10	126.07	9	69.54	11	41.18	26	5.61
湖北	55	588.60			1	55.00			3	99.23	6	142.27	11	167.86	10	73.53	17	50.21	7	0.50
安徽	44	516.67			1	50.00					5	111.61	17	222.59	14	102.76	7	29.71		
四川	20	171.09									2	47.85	6	72.32	6	37.33	5	13.26	1	0.33
江西	25	144.41											6	79.37	5	31.02	13	33.52	1	0.50
湖南	40	267.37					1	40.00			3	72.48	6	76.40	7	45.43	11	31.70	12	1.36
河北	116	515.84							1	39.51	4	91.67	16	208.61	10	71.22	44	93.96	41	10.87
山东	98	606.99							2	60.58	2	41.35	21	292.55	18	128.90	26	74.82	29	8.79
河南	89	1252.67	2	154.05	2	107.24	5	221.77	4	140.26	9	217.18	17	254.77	15	105.28	20	44.29	15	7.83
陕西	27	48.49											1	10.25	2	14.30	12	21.97	12	1.97
山西	35	93.30											2	25.02	3	17.84	24	47.58	6	2.86
新疆自治区	54	940.46	1	68.57			4	179.50	6	216.00	9	225.04	13	174.83	7	51.35	9	22.79	5	2.38
新疆兵团	11	538.99	4	374.63	1	58.91	1	41.93	1	34.07			2	23.30			2	6.15		
辽宁	13	18.14													2	12.71	1	4.69	10	0.74
甘肃	8	50.42											1	17.20	3	25.07	4	8.15		
天津	5	5.15															2	4.05	3	1.10
北京	6	3.03															1	2.33	5	0.70
云南																				

6－1－53 续表1

地区	产量合计																	
	合计		60万担以上		50－60万担		40－50万担		30－40万担		20－30万担		10－20万担		5－10万担		1－5万担		1万担以下	
	县数（个）	数量（万担）	县数（个）	数量（万担）	县数（个）	数量（万担）	县数（个）	数量（万担）	县数（个）	数量（万担）	县数（个）	数量（万担）	县数（个）	数量（万担）	县数（个）	数量（万担）	县数（个）	数量（万担）	县数（个）	数量（万担）
合计	**736**	**9429.03**	**31**	**3171.35**	**11**	**597.05**	**13**	**581.51**	**23**	**775.52**	**59**	**1422.35**	**108**	**1560.57**	**105**	**764.43**	**197**	**504.21**	**189**	**52.05**
上海	11	14.72													1	6.28	3	7.32	7	1.12
浙江	12	96.90									1	28.52	3	39.72	2	13.82	4	13.61	2	1.23
江苏	67	930.40	4	326.92			2	94.65	3	98.03	6	140.88	12	178.15	10	70.53	7	17.15	23	4.09
湖北	55	648.70			2	110.00	1	42.20	1	32.20	8	190.80	10	156.73	10	71.91	14	42.70	9	2.16
安徽	44	599.37			1	52.36	1	40.00	1	38.61	3	80.46	17	242.72	15	118.67	6	26.55		
四川	20	183.82							1	32.40	1	23.21	5	66.83	5	40.17	7	20.94	1	0.27
江西	25	177.28							1	30.00	2	54.14	2	28.25	3	19.62	16	44.47	1	0.80
湖南	40	341.86			1	50.00			2	61.20	3	72.52	6	86.97	6	40.16	11	30.43	11	0.58
河北	116	645.51			1	54.20			4	138.65	5	116.18	11	154.87	13	96.52	34	70.46	48	14.63
山东	98	711.77							3	105.30	9	200.08	14	191.97	20	145.02	25	61.64	27	7.76
河南	89	1785.84	10	811.65	2	104.17	4	180.35	3	100.43	11	281.36	13	182.38	9	64.59	21	52.31	16	8.60
陕西	27	43.88											1	12.92	2	13.68	8	13.15	16	4.13
山西	35	109.10									1	24.06	1	14.39	2	17.89	23	48.57	8	4.19
新疆自治区	54	1827.54	10	904.88	4	226.32	5	224.31	3	107.70	7	156.16	10	158.73	4	26.93	8	21.65	3	0.86
新疆兵团	11	1184.83	7	1127.90							1	28.98	1	16.62	2	11.33				
辽宁	13	16.10													1	7.30	2	8.02	10	0.78
甘肃	8	95.77							1	31.00	1	25.00	2	29.32			4	10.45		
天津	5	12.56															3	12.14	2	0.42
北京	6	3.08															1	2.65	5	0.43
云南																				

6-1-53 续表2

地区	收购量合计																	
	合计		60万担以上		50-60万担		40-50万担		30-40万担		20-30万担		10-20万担		5-10万担		1-5万担		1万担以下	
	县数(个)	数量(万担)	县数(个)	数量(万担)	县数(个)	数量(万担)	县数(个)	数量(万担)	县数(个)	数量(万担)	县数(个)	数量(万担)	县数(个)	数量(万担)	县数(个)	数量(万担)	县数(个)	数量(万担)	县数(个)	数量(万担)
合计	**736**	**6977.03**	**20**	**2248.53**	**6**	**336.78**	**13**	**561.01**	**10**	**349.95**	**33**	**796.46**	**88**	**1244.98**	**115**	**817.32**	**214**	**568.94**	**237**	**53.06**
上海	11	14.14													1	6.29	2	5.85	8	2.00
浙江	12	60.29											1	19.61	4	25.63	5	13.74	2	1.31
江苏	67	764.08	3	243.74			2	84.50	2	66.09	5	123.33	10	135.13	11	81.93	12	27.51	22	1.85
湖北	55	422.90					1	42.00	1	36.00	2	54.02	9	121.16	18	131.25	16	37.02	8	1.45
安徽	44	377.28					1	40.47	1	34.20	1	23.60	9	116.30	14	100.35	18	62.36		
四川	20	84.60											1	14.74	5	32.70	11	35.68	3	1.48
江西	25	102.34									1	26.59	1	18.50	2	11.93	18	43.05	3	2.27
湖南	40	320.32			1	55.00					3	79.36	8	114.85	5	38.13	11	32.19	12	0.79
河北	116	333.16					1	41.04			1	24.50	9	128.80	7	54.19	26	69.91	72	14.72
山东	98	586.15							2	75.24	4	93.00	13	188.23	20	144.92	30	77.79	29	6.97
河南	89	716.72			1	55.46	2	89.39	1	31.57	7	165.05	13	178.79	17	117.13	28	72.38	20	6.95
陕西	27	33.12											1	11.31	1	6.06	5	10.61	20	5.14
山西	35	76.01											2	27.40	2	13.51	12	28.71	19	6.39
新疆自治区	54	1829.16	10	904.88	4	226.32	6	263.61	2	72.22	7	156.16	10	156.53	4	26.93	8	21.65	3	0.86
新疆兵团	11	1155.04	7	1099.91					1	34.63			1	13.63	1	5.25	1	1.62		
辽宁	13	11.66															3	11.09	10	0.57
甘肃	8	77.66									2	50.85			2	15.67	4	11.14		
天津	5	9.99													1	5.45	3	4.54	1	
北京	6	2.40															1	2.10	5	0.30
云南																				

6－1－54　全国各地区产棉县1999年棉花面积、产量、收购量分类

地区	面积合计																	
	合计		60万亩以上		50－60万亩		40－50万亩		30－40万亩		20－30万亩		10－20万亩		5－10万亩		1－5万亩		1万亩以下	
	县数（个）	数量（万亩）	县数（个）	数量（万亩）	县数（个）	数量（万亩）	县数（个）	数量（万亩）	县数（个）	数量（万亩）	县数（个）	数量（万亩）	县数（个）	数量（万亩）	县数（个）	数量（万亩）	县数（个）	数量（万亩）	县数（个）	数量（万亩）
合计	**736**	**5643.63**	**8**	**683.68**	**2**	**111.08**	**14**	**608.30**	**19**	**671.25**	**30**	**700.85**	**98**	**1363.57**	**127**	**888.45**	**223**	**554.45**	**215**	**62.00**
上海	11	4.75															2	2.53	9	2.22
浙江	12	41.98											1	11.70	2	12.49	6	16.31	3	1.48
江苏	67	380.85					1	46.62	2	71.02	1	25.04	7	99.05	12	88.67	17	46.48	27	3.97
湖北	55	451.60					1	41.75			4	100.34	13	185.31	11	75.28	19	46.23	7	2.69
安徽	44	416.33							1	35.00	3	67.10	12	159.33	19	121.55	9	33.35		
四川	20	123.30											4	55.09	6	43.59	7	23.20	3	1.42
江西	25	101.63											2	23.04	5	38.46	17	39.63	1	0.50
湖南	40	220.62							1	30.00	2	43.30	3	47.70	7	56.42	14	40.97	13	2.23
河北	116	449.14							1	39.73	3	68.39	12	157.17	14	99.93	31	63.37	55	20.55
山东	98	546.55					1	45.05			3	73.18	14	202.19	20	136.28	28	82.51	32	7.34
河南	89	1248.80	3	213.79	1	53.21	6	262.40	5	173.23	7	157.81	15	219.20	17	112.00	21	50.21	14	6.95
陕西	27	39.75											1	12.85			12	24.62	14	2.28
山西	35	75.72											1	13.25	2	12.62	21	43.78	11	6.07
新疆自治区	54	915.46	1	68.21			4	171.50	8	282.70	7	165.69	10	139.95	10	71.86	7	14.08	7	1.47
新疆兵团	11	566.38	4	401.68	1	57.87	1	40.98	1	39.57			1	10.64	1	9.83	2	5.81		
辽宁	13	6.51															3	5.91	10	0.60
甘肃	8	42.67											2	27.10	1	9.47	3	5.20	2	0.90
天津	5	8.85															3	8.32	2	0.53
北京	6	2.74															1	1.94	5	0.80
云南																				

6-1-54　续表1

地区	产量合计																	
	合计		60万担以上		50-60万担		40-50万担		30-40万担		20-30万担		10-20万担		5-10万担		1-5万担		1万担以下	
	县数（个）	数量（万担）	县数（个）	数量（万担）	县数（个）	数量（万担）	县数（个）	数量（万担）	县数（个）	数量（万担）	县数（个）	数量（万担）	县数（个）	数量（万担）	县数（个）	数量（万担）	县数（个）	数量（万担）	县数（个）	数量（万担）
合计	**736**	**8292.98**	**25**	**2659.95**	**17**	**924.77**	**11**	**471.07**	**14**	**473.21**	**40**	**981.54**	**100**	**1448.38**	**109**	**775.15**	**193**	**492.74**	**227**	**66.17**
上海	11																		11	
浙江	12	58.05											1	15.70	4	28.46	5	13.27	2	0.62
江苏	67	517.73	2	130.39	1	57.25			1	35.81	1	22.50	9	133.98	12	90.80	15	42.80	26	4.20
湖北	55	613.77	1	63.34			2	80.64			6	155.91	15	215.57	7	49.10	17	46.02	7	3.19
安徽	44	455.14			1	52.06					4	100.57	11	157.64	13	91.86	15	53.01		
四川	20	110.16											3	43.76	8	48.86	6	15.92	3	1.62
江西	25	122.03											4	55.83	4	27.67	14	37.29	3	1.24
湖南	40	314.06			1	55.00			1	30.00	4	94.70	4	53.00	7	52.39	12	28.37	11	0.60
河北	116	565.73			1	54.07			3	98.39	4	93.04	12	168.67	10	69.92	29	62.84	57	18.80
山东	98	782.68	1	71.01					3	109.82	9	219.43	11	157.53	23	168.63	19	47.30	32	8.96
河南	89	1732.42	5	484.39	10	548.54	2	91.14	3	93.36	7	178.10	12	183.52	13	92.16	23	54.88	14	6.33
陕西	27	43.90											1	16.30	1	6.00	8	17.37	17	4.23
山西	35	86.80									1	23.04	1	11.16	3	18.85	11	21.61	19	12.14
新疆自治区	54	1582.08	9	734.72	3	157.85	7	299.29	3	105.83	2	47.25	13	190.14	3	23.43	8	21.85	6	1.72
新疆兵团	11	1216.30	7	1176.10									2	30.32	1	7.02	1	2.86		
辽宁	13	7.00															3	6.43	10	0.57
甘肃	8	70.56									2	47.00	1	15.26			3	7.20	2	1.10
天津	5	11.30															3	10.86	2	0.44
北京	6	3.27															1	2.86	5	0.41
云南																				

6-1-54 续表2

地区	收购量合计																	
	合计		60万担以上		50-60万担		40-50万担		30-40万担		20-30万担		10-20万担		5-10万担		1-5万担		1万担以下	
	县数（个）	数量（万担）	县数（个）	数量（万担）	县数（个）	数量（万担）	县数（个）	数量（万担）	县数（个）	数量（万担）	县数（个）	数量（万担）	县数（个）	数量（万担）	县数（个）	数量（万担）	县数（个）	数量（万担）	县数（个）	数量（万担）
合计	**736**	**5220.41**	**17**	**1740.45**	**3**	**157.85**	**9**	**385.29**	**7**	**226.57**	**23**	**562.64**	**59**	**833.20**	**93**	**662.85**	**228**	**588.81**	**297**	**62.75**
上海	11	2.28															1	1.45	10	0.83
浙江	12	17.67															8	15.46	4	2.21
江苏	67	267.22									2	56.20	5	73.82	11	72.80	21	60.16	28	4.24
湖北	55	292.93							1	30.52	2	47.21	6	84.30	9	59.33	23	67.58	14	3.99
安徽	44	224.40									1	25.50	2	27.37	16	97.94	25	73.59		
四川	20	38.17													1	5.20	14	31.28	5	1.69
江西	25	49.00													2	18.60	12	26.06	11	4.34
湖南	40	249.77							2	64.92	2	45.60	5	68.00	5	37.10	14	33.23	12	0.92
河北	116	310.47							1	30.20	3	77.33	7	89.35	8	61.49	18	42.58	79	9.52
山东	98	465.76							1	32.53	3	69.53	8	114.44	22	165.83	31	74.97	33	8.46
河南	89	649.98	1	65.59			2	86.00			6	146.82	11	161.73	11	84.91	33	93.10	25	11.83
陕西	27	23.33													1	8.01	4	10.94	22	4.38
山西	35	34.68													2	13.13	6	16.74	27	4.81
新疆自治区	54	1571.85	9	734.72	3	157.85	7	299.29	2	68.40	3	74.45	13	190.14	3	23.43	8	21.85	6	1.72
新疆兵团	11	959.81	7	940.14									1	12.55	1	5.28	1	1.02	1	0.82
辽宁	13	5.22															3	4.77	10	0.45
甘肃	8	48.77									1	20.00	1	11.50	1	9.80	3	6.37	2	1.10
天津	5	6.60															2	5.46	3	1.14
北京	6	2.50															1	2.20	5	0.30
云南																				

6－1－55　全国各地区产棉县2000年棉花面积、产量、收购量分类

地区	面积合计																	
	合计		60万亩以上		50－60万亩		40－50万亩		30－40万亩		20－30万亩		10－20万亩		5－10万亩		1－5万亩		1万亩以下	
	县数（个）	数量（万亩）	县数（个）	数量（万亩）	县数（个）	数量（万亩）	县数（个）	数量（万亩）	县数（个）	数量（万亩）	县数（个）	数量（万亩）	县数（个）	数量（万亩）	县数（个）	数量（万亩）	县数（个）	数量（万亩）	县数（个）	数量（万亩）
合　计	**736**	**5993.42**	**9**	**783.90**	**3**	**163.50**	**14**	**602.92**	**24**	**832.65**	**36**	**836.44**	**102**	**1412.04**	**110**	**796.73**	**213**	**506.31**	**225**	**58.93**
上　海	11	2.70															1	1.50	10	1.20
浙　江	12	28.98													2	13.35	7	14.94	3	0.69
江　苏	67	420.78			1	54.53	1	43.10	2	68.83			10	134.20	11	79.12	15	37.48	27	3.52
湖　北	55	462.54					1	41.67	1	33.42	4	90.17	12	179.67	9	68.34	20	46.46	8	2.81
安　徽	44	464.99			1	53.20					4	101.00	13	175.00	14	96.36	11	39.43	1	
四　川	20	79.30													10	65.00	7	13.30	3	1.00
江　西	25	104.04											3	38.24	5	35.55	13	28.56	4	1.69
湖　南	40	229.32									3	79.01	5	74.16	6	45.70	13	29.40	13	1.05
河　北	116	494.79					1	41.60			5	113.95	10	145.06	12	96.55	33	78.47	55	19.16
山　东	98	811.38	1	60.69			1	49.72	5	168.34	7	151.64	17	224.72	12	95.60	20	53.21	35	7.46
河　南	89	1185.92	3	205.64			4	173.36	9	314.23	4	87.53	19	257.86	10	74.24	26	65.57	14	7.49
陕　西	27	47.73											1	17.66	2	11.30	9	15.81	15	2.96
山　西	35	64.43											1	14.13	2	14.03	17	30.30	15	5.97
新疆自治区	54	886.75	1	63.86			5	211.71	6	209.44	8	193.14	8	105.42	12	81.05	9	21.26	5	0.87
新疆兵团	11	611.51	4	453.71	1	55.77	1	41.76	1	38.39			1	11.67			3	10.21		
辽　宁	13	11.51															4	11.31	9	0.20
甘　肃	8	62.27									1	20.00	2	34.25			4	7.20	1	0.82
天　津	5	21.88													3	20.54			2	1.34
北　京	6	2.60															1	1.90	5	0.70
云　南																				

6-1-55 续表1

地区	产量合计																	
	合计		60万担以上		50-60万担		40-50万担		30-40万担		20-30万担		10-20万担		5-10万担		1-5万担		1万担以下	
	县数（个）	数量（万担）	县数（个）	数量（万担）	县数（个）	数量（万担）	县数（个）	数量（万担）	县数（个）	数量（万担）	县数（个）	数量（万担）	县数（个）	数量（万担）	县数（个）	数量（万担）	县数（个）	数量（万担）	县数（个）	数量（万担）
合计	**736**	**9398.73**	**33**	**3391.56**	**8**	**426.86**	**20**	**911.86**	**26**	**880.26**	**48**	**1184.55**	**97**	**1393.47**	**93**	**685.06**	**179**	**460.96**	**232**	**64.15**
上海	11																		11	
浙江	12	42.39											1	10.84	2	14.35	6	16.53	3	0.67
江苏	67	658.51	2	192.28	1	51.51			2	66.52	5	121.05	7	94.03	12	94.74	13	34.75	25	3.63
湖北	55	680.29	2	125.11			1	46.54			11	258.06	10	159.67	6	41.87	18	46.21	7	2.83
安徽	44	597.83	1	69.56					3	103.08	7	181.07	7	91.87	13	107.56	12	44.69	1	
四川	20	83.69											1	10.07	9	59.55	5	11.36	5	2.71
江西	25	135.96									1	24.06	3	42.88	6	38.32	11	28.48	4	2.22
湖南	40	315.40					1	45.51	2	73.93	2	48.50	7	96.54	4	25.85	10	23.71	14	1.36
河北	116	699.67	1	65.60			1	41.22	3	106.67	7	176.42	11	156.81	11	78.81	25	54.63	57	19.51
山东	98	1249.11	3	243.70	3	157.20	1	49.81	10	335.89	2	42.95	21	314.77	6	44.35	19	53.17	33	7.27
河南	89	1517.36	6	415.15	2	112.10	8	364.88	3	98.17	6	149.85	16	235.62	11	78.69	24	57.20	13	5.70
陕西	27	62.69									1	27.14	1	10.00	1	5.30	7	15.93	17	4.32
山西	35	87.17									1	26.89	1	18.58	1	7.41	10	23.22	22	11.07
新疆自治区	54	1736.58	11	940.41	2	106.05	8	363.90	1	30.00	3	77.89	10	137.66	6	51.65	8	27.51	5	1.51
新疆兵团	11	1379.73	7	1339.75							1	22.67			2	14.50	1	2.81		
辽宁	13	11.17															4	10.79	9	0.38
甘肃	8	105.70							2	66.00	1	28.00			1	5.40	4	6.30		
天津	5	32.43											1	14.13	2	16.71	1	1.02	1	0.57
北京	6	3.05															1	2.65	5	0.40
云南																				

6－1－55　续表2

地区	收购量合计																	
	合计		60万担以上		50－60万担		40－50万担		30－40万担		20－30万担		10－20万担		5－10万担		1－5万担	1万担以下
	县数（个）	数量（万担）	县数（个）	数量（万担）	县数（个）	数量（万担）	县数（个）	数量（万担）	县数（个）	数量（万担）	县数（个）	数量（万担）	县数（个）	数量（万担）	县数（个）	数量（万担）	县数（个）	数量（万担）	县数（个）	数量（万担）
合计	**736**	**5572.13**	**20**	**2026.90**	**5**	**273.20**	**9**	**411.12**	**6**	**204.18**	**20**	**469.75**	**64**	**855.13**	**104**	**755.35**	**197**	**513.75**	**311**	**62.75**
上海	11	1.91															1	1.83	10	0.08
浙江	12	12.24															7	11.97	5	0.27
江苏	67	350.21			1	55.56	1	47.22	1	33.32	2	47.38	4	49.46	9	63.34	17	48.31	32	5.62
湖北	55	326.87							1	33.64	3	69.01	4	54.34	16	116.20	16	50.27	15	3.41
安徽	44	267.29							1	37.78			6	75.45	14	90.86	21	62.85	2	0.35
四川	20	31.85													3	16.20	5	9.84	12	5.81
江西	25	49.91											1	12.30	2	14.25	8	17.79	14	5.57
湖南	40	242.86									4	90.92	4	54.34	8	65.97	10	29.59	14	2.04
河北	116	304.54							1	31.84	1	21.62	9	108.19	8	61.52	25	71.41	72	9.96
山东	98	673.13	2	125.03	1	54.89					5	120.52	13	183.35	18	124.84	25	55.31	34	9.19
河南	89	442.65			1	56.70			1	37.60	2	42.41	7	108.23	16	119.92	27	66.15	35	11.64
陕西	27	27.82													1	8.65	6	15.22	20	3.95
山西	35	45.08											2	22.26	1	6.71	7	14.14	25	1.97
新疆自治区	54	1736.58	11	940.41	2	106.05	8	363.90	1	30.00	3	77.89	10	137.66	6	51.65	8	27.51	5	1.51
新疆兵团	11	981.13	7	961.46									1	12.55	1	5.28	1	1.02	1	0.82
辽宁	13	8.78															4	8.52	9	0.26
甘肃	8	47.60											3	37.00			5	10.60		
天津	5	18.98													1	9.96	3	9.02	1	
北京	6	2.70															1	2.40	5	0.30
云南																				

6－2－1　上海市产棉县历年棉花

年　度	面　积									
	合　计		60 万亩以上		50－60 万亩		40－50 万亩		30－40 万亩	
	县数（个）	数量（万亩）	县数（个）	数量（万亩）	县数（个）	数量（万亩）	县数（个）	数量（万亩）	县数（个）	数量（万亩）
52 年合计		**5766.50**						**40.61**		**537.83**
11 年小计		**1925.02**						**40.61**		**537.83**
占小计%		**100.00**						**2.11**		**27.94**
1949	11	140.66							2	61.12
1950	11	146.38							1	31.35
1951	11	208.65					1	40.61	1	38.26
1952	11	215.06							3	108.24
1953	11	186.75							2	64.72
1954	11	185.59							1	33.04
1955	11	197.58							2	72.15
1956	11	186.62							2	65.95
1957	11	180.37							1	32.50
1958	11	158.26							1	30.50
1959	11	119.10								
10 年小计		**1289.85**								
占小计%		**100.00**								
1960	11	112.14								
1961	11	112.99								
1962	11	101.97								
1963	11	127.47								
1964	11	131.82								
1965	11	141.65								
1966	11	141.35								
1967	11	138.45								
1968	11	139.10								
1969	11	142.91								
10 年小计		**1418.22**								
占小计%		**100.00**								
1970	11	141.85								
1971	11	142.19								
1972	11	141.61								
1973	11	142.86								
1974	11	142.11								
1975	11	142.36								
1976	11	142.10								
1977	11	141.89								
1978	11	140.45								
1979	11	140.80								
10 年小计		**988.81**								
占小计%		**100.00**								
1980	11	151.44								
1981	11	170.02								
1982	11	157.04								
1983	11	143.19								
1984	11	141.14								
1985	11	105.60								
1986	11	48.45								
1987	11	31.16								
1988	11	24.70								
1989	11	16.07								
11 年小计		**144.60**								
占小计%		**100.00**								
1990	11	20.39								
1991	11	22.04								
1992	11	27.03								
1993	11	20.65								
1994	11	9.23								
1995	11	8.02								
1996	11	6.76								
1997	11	9.60								
1998	11	13.43								
1999	11	4.75								
2000	11	2.70								

面积、产量、收购量分类

合计									
20－30万亩		10－20万亩		5－10万亩		1－5万亩		1万亩以下	
县数（个）	数量（万亩）	县数（个）	数量（万亩）	县数（个）	数量（万亩）	县数（个）	数量（万亩）	县数（个）	数量（万亩）
	2165.79		**2155.14**		**562.81**		**273.34**		**30.98**
	886.80		**363.17**		**45.22**		**49.00**		**2.39**
	46.07		**18.87**		**2.35**		**2.55**		**0.12**
		3	52.42	3	22.61	2	4.51	1	
1	24.34	5	79.10	1	6.77	2	4.82	1	
3	82.04	2	34.55	1	7.76	2	5.43	1	
3	73.91	1	19.97	1	8.08	2	4.86	1	
4	95.32	1	18.20			3	8.51	1	
6	145.26					3	7.29	1	
5	119.98					3	5.45	1	
5	117.14					2	2.96	2	0.57
5	125.09	1	19.76			2	2.65	2	0.37
2	52.74	4	72.99			1	1.39	3	0.64
2	50.98	5	66.18			1	1.13	3	0.81
	586.24		**535.88**		**126.80**		**36.86**		**4.07**
	45.45		**41.55**		**9.83**		**2.86**		**0.32**
2	47.13	4	53.44	1	9.89			4	1.68
2	48.49	4	52.37	1	9.91	1	1.54	3	0.68
1	22.16	3	49.15	3	27.41	2	2.48	2	0.77
3	67.39	4	50.96	1	5.40	3	3.72		
3	67.43	4	53.53	1	6.28	2	3.64	1	0.94
3	67.34	4	55.98	2	13.99	2	4.34		
3	66.80	4	55.47	2	14.43	2	4.65		
3	66.51	4	54.92	2	12.99	2	4.03		
3	66.81	4	54.97	2	13.06	2	4.26		
3	66.18	4	55.09	2	13.44	2	8.20		
	515.91		**633.63**		**259.60**		**9.08**		
	36.38		**44.68**		**18.30**		**0.64**		
3	65.06	4	54.55	2	13.16	2	9.08		
2	43.98	5	73.45	4	24.76				
2	43.93	5	73.03	4	24.65				
3	64.50	4	53.60	4	24.76				
3	64.53	4	52.89	4	24.69				
3	64.34	4	53.30	4	24.72				
2	43.87	5	71.49	4	26.74				
2	41.90	5	68.04	4	31.95				
2	41.90	5	66.51	4	32.04				
2	41.90	5	66.77	4	32.13				
	176.84		**622.46**		**106.89**		**78.78**		**3.84**
	17.88		**62.95**		**10.81**		**7.97**		**0.39**
2	41.04	8	103.46	1	6.94				
3	68.73	7	94.42	1	6.87				
1	24.39	9	126.15	1	6.50				
1	21.29	9	115.51	1	6.39				
1	21.39	9	115.33			1	4.42		
		4	57.19	6	45.35	1	3.06		
		1	10.40	3	21.71	6	15.86	1	0.48
				2	13.13	6	16.84	3	1.19
						6	23.10	5	1.60
						6	15.50	5	0.57
					24.30		**99.62**		**20.68**
					16.80		**68.89**		**14.30**
						7	17.92	4	2.47
						8	20.59	3	1.45
				1	7.20	6	17.92	4	1.91
				2	10.60	5	9.98	4	0.07
						3	6.82	8	2.41
						3	6.12	8	1.90
						2	3.99	9	2.77
						3	7.82	8	1.78
				1	6.50	2	4.43	8	2.50
						2	2.53	9	2.22
						1	1.50	10	1.20

年　度	产　量									
	合　计		60 万担以上		50－60 万担		40－50 万担		30－40 万担	
	县数（个）	数量（万担）	县数（个）	数量（万担）	县数（个）	数量（万担）	县数（个）	数量（万担）	县数（个）	数量（万担）
52 年合计		**5120.75**						**124.61**		**497.29**
11 年小计		**890.11**								
占小计%		**100.00**								
1949	11	27.64								
1950	11	42.78								
1951	11	70.07								
1952	11	81.92								
1953	11	88.77								
1954	11	74.80								
1955	11	136.50								
1956	11	66.33								
1957	11	88.36								
1958	11	120.31								
1959	11	92.63								
10 年小计		**1352.56**						**83.38**		**196.55**
占小计%		**100.00**						**6.16**		**14.53**
1960	11	74.54								
1961	11	71.22								
1962	11	56.72								
1963	11	104.01								
1964	11	151.47							1	30.10
1965	11	166.40							1	32.78
1966	11	151.54								
1967	11	158.35							1	30.15
1968	11	226.53					2	83.38	1	33.36
1969	11	191.78							2	70.16
10 年小计		**1679.47**						**41.23**		**234.61**
占小计%		**100.00**						**2.45**		**13.97**
1970	11	169.71							1	32.30
1971	11	135.30								
1972	11	162.17								
1973	11	182.39							1	37.00
1974	11	168.40							1	33.11
1975	11	183.26							2	66.92
1976	11	132.31								
1977	11	129.33								
1978	11	237.27					1	41.23	1	35.17
1979	11	179.33							1	30.01
10 年小计		**1024.39**								**66.13**
占小计%		**100.00**								**6.46**
1980	11	149.22								
1981	11	143.63								
1982	11	156.84								
1983	11	149.90								
1984	11	212.72							2	66.13
1985	11	96.69								
1986	11	42.99								
1987	11	30.42								
1988	11	26.54								
1989	11	15.44								
11 年小计		**174.23**								
占小计%		**100.00**								
1990	11	24.68								
1991	11	33.53								
1992	11	36.21								
1993	11	20.83								
1994	11	11.64								
1995	11	10.17								
1996	11	10.90								
1997	11	11.54								
1998	11	14.72								
1999	11									
2000	11									

合计									
20－30 万担		10－20 万担		5－10 万担		1－5 万担		1 万担以下	
县数（个）	数量（万担）	县数（个）	数量（万担）	县数（个）	数量（万担）	县数（个）	数量（万担）	县数（个）	数量（万担）
	1156.77		**2114.76**		**965.92**		**227.15**		**34.26**
	133		**493**		**222**		**29**		**13**
	15		**55**		**25**		**3**		**2**
				2	13.38	4	12.17	5	2.09
				5	33.64	3	7.88	3	1.26
		4	48.31	2	15.91	2	4.51	3	1.34
1	20.05	2	27.05	4	31.91	1.91	1.91	3	1.00
		5	68.48	2	18.13	1	1.19	3	0.97
		3	39.88	4	33.41			4	1.51
3	68.99	4	64.92			1	1.31	3	1.28
		3	36.30	4	29.25			4	0.78
		4	59.85	3	27.54			4	0.97
2	44.34	5	74.98					4	0.99
		5	72.76	2	18.67			4	1.20
	405.44		**441.8**		**174.08**		**46.24**		**5.07**
	29.98		**32.66**		**12.87**		**3.42**		**0.37**
		2	36.79	5	36.83			4	0.92
		3	41.28	4	28.70			4	1.24
		2	26.77	3	19.45	2	9.16	4	1.34
2	40.68	3	39.93	2	17.87	2	3.96	2	1.57
2	51.51	4	60.67			4	9.19		
2	53.35	4	62.32	2	13.23	2	4.72		
3	75.49	4	60.49	2	11.35	2	4.21		
2	49.85	4	62.38	2	11.89	2	4.08		
4	87.7			2	15.94	2	6.15		
2	46.86	3	51.17	3	18.82	1	4.77		
	447.82		**699.64**		**243.55**		**12.62**		
	26.66		**41.66**		**14.50**		**0.75**		
2	51.62	4	63.99	3	17.24	1	4.56		
3	70.00	3	36.61	3	20.63	2	8.06		
3	77.85	4	57.67	4	26.65				
2	50.75	4	65.06	4	29.48				
2	49.64	4	55.52	4	30.13				
1	23.95	4	62.12	4	30.27				
1	21.26	6	80.82	4	30.23				
1	24.12	5	64.21	5	41.00				
1	27.69	8	133.18						
2	50.94	6	80.46	2	17.92				
	170.13		**480.79**		**262.3**		**39.97**		**5.07**
	16.61		**46.93**		**25.61**		**3.90**		**0.49**
1	26.06	8	107.39	2	15.77				
1	25.49	4	66.75	6	51.39				
1	27.13	5	85.03	5	44.68				
2	44.22	6	81.01	3	24.67				
2	47.23	6	93.60	1	5.76				
		3	47.01	7	47.73	1	1.95		
				5	34.99	4	6.76	2	1.24
				2	14.96	5	13.62	4	1.84
				3	17.08	3	7.85	5	1.61
				1	5.27	5	9.79	5	0.38
					64.15		**99.35**		**10.73**
					36.82		**57.02**		**6.16**
				1	5.50	7	18.01	3	1.17
				2	15.02	7	17.70	2	0.81
				4	25.64	4	9.80	3	0.76
				2	11.71	4	8.24	5	0.88
						3	9.42	8	2.22
						3	8.28	8	1.90
						4	9.90	7	1.00
						4	10.68	7	0.87
				1	6.29	3	7.32	7	1.12
								11	
								11	

年度	收购量									
	合计		60万担以上		50－60万担		40－50万担		30－40万担	
	县数（个）	数量（万担）	县数（个）	数量（万担）	县数（个）	数量（万担）	县数（个）	数量（万担）	县数（个）	数量（万担）
52年合计		**4457.02**						**82.82**		**441.02**
11年小计		**341.24**								
占小计%		**100.00**								
1949	11	8.57								
1950	11	14.58								
1951	11	24.66								
1952	11	31.34								
1953	11	26.61								
1954	11	23.09								
1955	11	38.93								
1956	11	19.83								
1957	11	27.73								
1958	11	35.61								
1959	11	90.29								
10年小计		**1324.02**						**42.21**		**173.76**
占小计%		**100.00**						**3.19**		**13.12**
1960	11	74.04								
1961	11	70.15								
1962	11	53.53								
1963	11	100.13								
1964	11	148.36								
1965	11	163.31							1	32.14
1966	11	148.81								
1967	11	155.39								
1968	11	222.95					1	42.21	2	72.71
1969	11	187.35							2	68.91
10年小计		**1645.02**						**40.61**		**202.07**
占小计%		**100.00**						**2.47**		**12.28**
1970	11	164.56							1	31.54
1971	11	131.71								
1972	11	158.76								
1973	11	179.10							1	36.74
1974	11	165.04							1	32.75
1975	11	179.95							2	66.31
1976	11	128.75								
1977	11	126.50								
1978	11	233.14					1	40.61	1	34.73
1979	11	177.51								
10年小计		**978.98**								**65.19**
占小计%		**100.00**								**6.66**
1980	11	147.60								
1981	11	141.10								
1982	11	153.75								
1983	11	146.15								
1984	11	202.23							2	65.19
1985	11	85.73								
1986	11	38.33								
1987	11	27.63								
1988	11	23.37								
1989	11	13.09								
11年小计		**167.76**								
占小计%		**100.00**								
1990	11	23.39								
1991	11	32.14								
1992	11	34.58								
1993	11	19.17								
1994	11	10.42								
1995	11	9.06								
1996	11	9.77								
1997	11	10.90								
1998	11	14.14								
1999	11	2.28								
2000	11	1.91								

合计									
20－30 万担		10－20 万担		5－10 万担		1－5 万担		1 万担以下	
县数（个）	数量（万担）	县数（个）	数量（万担）	县数（个）	数量（万担）	县数（个）	数量（万担）	县数（个）	数量（万担）
	1052.60		**1870.15**		**731.60**		**246.25**		**32.58**
	60.78		**184.29**		**73.25**		**13.17**		**9.75**
	17.81		**54.01**		**21.47**		**3.86**		**2.86**
				1	6.30	1	1.17	9	1.10
				1	7.90	2	5.88	8	0.80
		1	15.65	1	6.42	1	1.71	8	0.88
1	20.05			1	8.69	1	1.91	8	0.69
		2	24.71			1	1.19	8	0.71
		1	12.33	1	9.52			9	1.24
1	20.64	1	16.27			1	1.31	8	0.71
		1	11.78	1	7.36			9	0.69
		1	17.74	1	9.14			9	0.85
1	20.09	1	14.64					9	0.88
		5	71.17	2	17.92			4	1.20
	377.64		**511.38**		**160.21**		**54.08**		**4.74**
	28.52		**38.62**		**12.10**		**4.08**		**0.36**
		2	36.49	5	36.63			4	0.92
		3	40.33	4	28.69			4	1.13
		2	25.49	3	18.15	2	8.66	4	1.23
		5	77.40	2	17.38	2	3.89	2	1.46
3	79.89	4	59.48			4	8.99		
2	52.44	4	61.27	2	13.00	2	4.46		
3	74.05	4	59.71	1	6.14	3	8.91		
3	78.50	4	61.38	2	11.66	2	3.85		
3	66.86	1	19.76	2	15.58	2	5.83		
1	25.90	4	70.07	2	12.98	2	9.49		
	469.71		**687.11**		**224.33**		**21.19**		
	28.55		**41.77**		**13.64**		**1.29**		
2	50.28	4	62.42	2	11.48	2	8.84		
3	68.54	3	36.04	2	14.78	3	12.35		
3	76.74	4	56.54	4	25.48				
2	50.01	4	64.18	4	28.17				
2	48.82	4	54.7	4	28.77				
1	23.47	4	61.26	4	28.91				
1	20.91	6	78.96	4	28.88				
1	23.76	5	62.66	5	40.08				
1	27.10	8	130.7						
3	80.08	6	79.65	2	17.78				
	144.47		**487.37**		**221.51**		**54.29**		**6.15**
	14.76		**49.78**		**22.63**		**5.55**		**0.63**
1	25.63	8	106.45	2	15.52				
1	25.21	4	65.85	6	50.04				
1	26.95	5	83.47	5	43.33				
2	43.00	6	79.14	3	24.01				
1	23.68	7	108.04	1	5.32				
		3	44.42	5	31.06	3	10.25		
				4	27.29	5	10.32	2	0.72
				2	14.35	3	9.94	6	3.34
				2	10.59	4	11.69	5	1.09
						5	12.09	6	1.00
					52.30		**103.53**		**11.93**
					31.17		**61.71**		**7.1**
				1	5.35	7	16.94	3	1.10
				2	14.65	7	16.75	2	0.74
				3	20.00	5	13.89	3	0.69
				1	6.01	4	11.72	6	1.44
						3	8.70	8	1.72
						3	7.46	8	1.60
						4	8.90	7	0.87
						4	10.03	7	0.87
				1	6.29	2	5.85	8	2.00
						1	1.45	10	0.83
						1	1.83	10	0.08

6－2－2 浙江省产棉县历年棉花

年度	面积									
	合计		60万亩以上		50－60万亩		40－50万亩		30－40万亩	
	县数（个）	数量（万亩）	县数（个）	数量（万亩）	县数（个）	数量（万亩）	县数（个）	数量（万亩）	县数（个）	数量（万亩）
52年合计		**5011.53**						**1144.85**		**495.65**
11年小计		**1052.22**						**209.44**		**211.53**
占小计%		**100.00**						**19.90**		**20.10**
1949	12	103.76							1	33.41
1950	12	108.01							1	34.89
1951	12	97.15							1	35.49
1952	12	88.61							1	35.35
1953	12	88.33							1	36.24
1954	12	81.80							1	36.15
1955	12	87.73					1	40.21		
1956	12	96.13					1	43.88		
1957	12	85.68					1	40.43		
1958	12	95.57					1	41.95		
1959	12	119.45					1	42.97		
10年小计		**1049.39**						**435.22**		
占小计%		**100.00**						**41.47**		
1960	12	120.05					1	43.59		
1961	12	90.39					1	40.66		
1962	12	90.93					1	41.55		
1963	12	108.26					1	45.17		
1964	12	112.50					1	46.52		
1965	12	111.59					1	45.56		
1966	12	104.15					1	43.58		
1967	12	102.12					1	42.29		
1968	12	104.63					1	43.17		
1969	12	104.77					1	43.13		
10年小计		**1057.22**						**252.47**		**156.95**
占小计%		**100.00**						**23.88**		**14.85**
1970	12	106.77					1	43.93		
1971	12	104.61					1	42.44		
1972	12	104.57					1	42.43		
1973	12	104.21					1	41.45		
1974	12	104.68					1	41.30		
1975	12	108.03							1	39.97
1976	12	105.38							1	39.63
1977	12	104.21							1	38.93
1978	12	102.22							1	38.42
1979	12	112.54					1	40.92		
10年小计		**1078.68**						**247.72**		**35.07**
占小计%		**100.00**						**22.97**		**3.25**
1980	12	121.91					1	40.72		
1981	12	124.40					1	41.36		
1982	12	124.27					1	41.23		
1983	12	128.03					1	41.80		
1984	12	125.59					1	42.56		
1985	12	109.69					1	40.05		
1986	12	96.86							1	35.07
1987	12	85.19								
1988	12	85.87								
1989	12	76.87								
11年小计		**774.02**								**92.10**
占小计%		**100.00**								**11.90**
1990	12	87.11							1	31.40
1991	12	86.45							1	30.60
1992	12	88.52							1	30.10
1993	12	74.15								
1994	12	74.47								
1995	12	77.38								
1996	12	75.57								
1997	12	69.26								
1998	12	70.15								
1999	12	41.98								
2000	12	28.98								

面积、产量、收购量分类

合　计									
20－30万亩		10－20万亩		5－10万亩		1－5万亩		1万亩以下	
县数（个）	数量（万亩）	县数（个）	数量（万亩）	县数（个）	数量（万亩）	县数（个）	数量（万亩）	县数（个）	数量（万亩）
	349.78		**864.21**		**1462.00**		**666.10**		**28.94**
	124.39		**161.40**		**197.46**		**132.72**		**15.28**
	11.82		**15.34**		**18.77**		**12.61**		**1.45**
2	49.20			2	12.20	3	7.60	4	1.35
2	53.14			2	12.01	4	6.56	3	1.41
1	22.05	1	17.87	2	12.94	3	6.44	4	2.36
		2	27.30	2	13.27	4	10.25	3	2.44
		1	19.76	2	16.21	6	14.54	2	1.58
		1	16.86	2	13.92	5	12.75	3	2.12
		1	17.01	2	14.07	5	14.54	3	1.90
		1	16.30	3	22.68	4	11.90	3	1.37
		1	11.80	2	15.24	6	17.50	2	0.71
		1	11.80	2	17.43	7	24.35	1	0.04
		2	22.70	7	47.49	2	6.29		
			133.00		**351.17**		**129.61**		**0.39**
			12.67		**33.46**		**12.35**		**0.04**
		2	22.52	7	48.38	2	5.56		
		1	10.61	3	18.73	7	20.39		
		1	10.83	4	25.72	5	12.44	1	0.39
		2	22.63	4	28.60	5	11.86		
		2	23.02	4	28.98	5	13.98		
		2	22.95	4	29.04	5	14.04		
		1	10.41	5	37.41	5	12.75		
				6	47.42	5	12.41		
				6	47.80	5	13.66		
		1	10.03	5	39.09	5	12.52		
			69.92		**469.56**		**108.32**		
			6.61		**44.41**		**10.25**		
				6	49.13	5	13.71		
				6	48.37	5	13.8		
				6	47.68	5	14.46		
				7	53.18	4	9.58		
				7	53.22	4	10.16		
		1	12.19	6	45.66	4	10.21		
		1	10.95	6	45.53	4	9.27		
		1	10.58	6	45.53	4	9.17		
		1	10.65	6	44.53	4	8.62		
		2	25.55	5	36.73	4	9.34		
	84.57		**319.08**		**278.98**		**111.02**		**2.24**
	7.84		**29.58**		**25.86**		**10.29**		**0.21**
		3	38.05	5	35.41	3	7.73		
		3	39.93	5	35.03	3	8.08		
		3	39.93	5	35.03	3	8.08		
		3	41.28	5	37.08	3	7.87		
		3	40.32	5	34.22	3	8.49		
		2	25.34	4	29.47	5	14.83		
		2	23.86	3	21.63	6	16.30		
1	28.14	2	23.84	3	19.56	5	13.21	1	0.44
1	29.63	2	23.34	3	19.22	5	13.19	1	0.49
1	26.80	2	23.19	2	12.33	5	13.24	2	1.31
	140.82		**180.81**		**164.83**		**184.43**		**11.03**
	18.19		**23.36**		**21.30**		**23.83**		**1.43**
		2	23.95	2	13.98	7	17.78		
		2	23.85	2	14.01	7	17.99		
		3	33.79	2	11.09	5	12.56	1	0.98
1	23.80	1	12.35	2	17.36	7	19.72	1	0.92
1	23.42	1	12.81	2	17.86	7	19.55	1	0.83
1	24.51	2	23.75	1	9.03	7	19.26	1	0.83
1	23.94	1	12.75	3	23.18	4	13.58	3	2.12
1	23.72	1	13.05	2	16.45	4	13.70	4	2.34
1	21.43	1	12.81	2	16.03	6	19.04	2	0.84
		1	11.70	2	12.49	6	16.31	3	1.48
				2	13.35	7	14.94	3	0.69

年度	产量									
	合计		60万担以上		50－60万担		40－50万担		30－40万担	
	县数（个）	数量（万担）	县数（个）	数量（万担）	县数（个）	数量（万担）	县数（个）	数量（万担）	县数（个）	数量（万担）
52年合计		**4834.12**		**211.73**		**270.88**		**489.27**		**479.07**
11年小计		**537.00**						**84.50**		**74.44**
占小计%		**100.00**						**15.74**		**13.86**
1949	12	19.27								
1950	12	34.94								
1951	12	36.20								
1952	12	35.91								
1953	12	40.01								
1954	12	39.04								
1955	12	66.76							1	38.58
1956	12	25.74								
1957	12	71.62					1	40.01		
1958	12	84.41					1	44.49		
1959	12	83.10							1	35.86
10年小计		**1092.29**		**132.93**		**109.51**		**185.02**		**72.27**
占小计%		**100.00**		**12.17**		**10.03**		**16.94**		**6.62**
1960	12	90.36					1	45.00		
1961	12	65.70							1	36.93
1962	12	62.13							1	35.34
1963	12	102.02					1	45.61		
1964	12	125.00			1	58.49				
1965	12	147.28	1	68.96						
1966	12	115.98			1	51.02				
1967	12	110.52					1	45.16		
1968	12	151.68	1	63.97						
1969	12	121.62					1	49.25		
10年小计		**975.10**				**53.73**		**44.50**		**200.19**
占小计%		**100.00**				**5.51**		**4.56**		**20.53**
1970	12	121.78			1	53.73				
1971	12	73.67								
1972	12	89.57							1	30.88
1973	12	88.31							1	32.00
1974	12	99.57							1	38.17
1975	12	101.96							1	35.05
1976	12	84.57							1	30.34
1977	12	82.60								
1978	12	118.03					1	44.5		
1979	12	115.04							1	33.75
10年小计		**1246.56**		**78.80**		**107.64**		**84.01**		**70.60**
占小计%		**100.00**		**6.32**		**8.63**		**6.74**		**5.66**
1980	12	128.03							1	39.88
1981	12	102.95								
1982	12	156.62			1	53.80				
1983	12	154.47			1	53.84				
1984	12	220.70	1	78.8						
1985	12	126.08					1	42.67		
1986	12	119.23					1	41.34		
1987	12	101.79							1	30.72
1988	12	66.51								
1989	12	70.18								
11年小计		**983.17**						**91.24**		**61.57**
占小计%		**100.00**						**9.28**		**6.26**
1990	12	112.45					1	43.99		
1991	12	127.97					1	47.25		
1992	12	97.82							1	31.23
1993	12	91.48								
1994	12	87.54								
1995	12	97.63								
1996	12	101.95							1	30.34
1997	12	68.99								
1998	12	96.90								
1999	12	58.05								
2000	12	42.39								

合计									
20－30万担		10－20万担		5－10万担		1－5万担		1万担以下	
县数（个）	数量（万担）	县数（个）	数量（万担）	县数（个）	数量（万担）	县数（个）	数量（万担）	县数（个）	数量（万担）
	360.06		**1166.75**		**1236.29**		**577.67**		**42.40**
	43.36		**60.72**		**130.55**		**123.84**		**19.59**
	8.07		**11.31**		**24.31**		**23.06**		**3.65**
				2	12.91	2	4.00	8	2.36
		1	15.89	2	14.60	2	2.30	7	2.15
		1	13.96	2	15.40	3	4.87	6	1.97
		1	17.98	1	5.10	4	10.14	6	2.69
1	20.60			1	8.44	4	8.77	6	2.20
1	22.76			1	6.75	4	7.14	6	2.39
				2	15.23	4	10.63	5	2.32
		1	12.89			5	10.15	6	2.70
				2	14.49	7	16.40	2	0.72
				2	16.85	8	22.98	1	0.09
				3	20.78	8	26.46		
			203.45		**249.47**		**133.80**		**5.84**
			18.63		**22.84**		**12.25**		**0.53**
		1	11.01	2	12.61	8	21.74		
				1	8.10	7	18.59	3	2.08
				1	8.90	5	15.76	5	2.13
		1	12.36	5	35.22	4	8.08	1	0.75
		2	23.02	4	31.57	4	11.04	1	0.88
		3	36.97	3	28.04	5	13.31		
		1	12.86	5	39.84	5	12.26		
		1	10.79	5	42.75	5	11.82		
		6	73.67	1	5.55	4	8.49		
		2	22.77	4	36.89	5	12.71		
	48.03		**116.77**		**407.83**		**101.20**		**2.85**
	4.93		**11.98**		**41.82**		**10.38**		**0.29**
		2	21.92	4	33.30	5	12.83		
1	21.10			6	40.35	5	12.22		
				6	45.94	5	12.75		
				6	44.44	5	11.87		
				6	48.58	4	11.84	1	0.98
		2	20.77	5	38.08	3	7.11	1	0.95
				7	48.03	3	5.28	1	0.92
1	26.93			6	44.61	5	11.06		
		3	32.21	4	33.46	4	7.86		
		3	41.87	4	31.04	4	8.38		
	144.69		**418.30**		**251.01**		**89.29**		**2.22**
	11.61		**33.56**		**20.14**		**7.16**		**0.18**
		4	52.19	4	28.40	3	7.56		
1	28.08	3	38.65	4	24.11	4	12.11		
1	20.74	2	34.71	5	40.34	3	7.03		
		4	61.20	4	31.75	3	7.68		
2	51.4	5	70.95	1	9.10	3	10.45		
		4	51.39	3	23.28	4	8.74		
		4	50.48	3	20.13	4	7.28		
		3	38.16	3	22.11	4	10.39	1	0.41
1	20.32			6	39.28	4	6.70	1	0.21
1	24.15	2	20.57	2	12.51	4	11.35	3	1.60
	123.98		**367.51**		**197.43**		**129.54**		**11.90**
	12.61		**37.38**		**20.08**		**13.18**		**1.21**
		3	42.32	3	17.35	3	7.12	2	1.67
		3	47.52	3	21.51	4	10.74	1	0.95
		3	37.86	3	17.44	4	10.32	1	0.97
1	25.55	3	37.27	2	12.16	6	16.50		
1	20.03	3	40.61	3	16.72	4	9.43	1	0.75
1	29.01	3	41.95	2	11.45	4	13.48	2	1.74
		3	41.32	2	14.29	4	14.71	2	1.29
1	20.87	1	12.40	4	29.88	1	3.83	5	2.01
1	28.52	3	39.72	2	13.82	4	13.61	2	1.23
		1	15.70	4	28.46	5	13.27	2	0.62
		1	10.84	2	14.35	6	16.53	3	0.67

年　度	收购量									
	合　计		60万担以上		50－60万担		40－50万担		30－40万担	
	县数（个）	数量（万担）	县数（个）	数量（万担）	县数（个）	数量（万担）	县数（个）	数量（万担）	县数（个）	数量（万担）
52年合计		**4358.43**		**207.38**		**213.80**		**402.80**		**426.54**
11年小计		**492.89**						**43.53**		**111.66**
占小计%		**100.00**						**8.83**		**22.65**
1949	12	17.24								
1950	12	30.59								
1951	12	31.88								
1952	12	30.81								
1953	12	32.42								
1954	12	34.74								
1955	12	63.14							1	37.76
1956	12	23.03								
1957	12	67.50							1	39.05
1958	12	81.27					1	43.53		
1959	12	80.27							1	34.85
10年小计		**1069.58**		**130.23**		**57.20**		**229.55**		**69.98**
占小计%		**100.00**		**12.18**		**5.35**		**21.46**		**6.54**
1960	12	83.53					1	43.88		
1961	12	63.82							1	35.80
1962	12	60.32							1	34.18
1963	12	96.91					1	44.38		
1964	12	124.47			1	57.20				
1965	12	147.15	1	67.65						
1966	12	114.58					1	49.67		
1967	12	108.75					1	43.78		
1968	12	150.55	1	62.58						
1969	12	119.50					1	47.84		
10年小计		**946.91**				**52.24**		**42.87**		**132.65**
占小计%		**100.00**				**5.52**		**4.53**		**14.01**
1970	12	119.15			1	52.24				
1971	12	69.88								
1972	12	84.05								
1973	12	86.41							1	30.46
1974	12	97.89							1	36.61
1975	12	98.90							1	33.46
1976	12	82.10								
1977	12	79.64								
1978	12	115.41					1	42.87		
1979	12	113.48							1	32.12
10年小计		**1162.94**		**77.15**		**104.36**				**112.25**
占小计%		**100.00**		**6.63**		**8.97**				**9.65**
1980	12	126.45							1	38.26
1981	12	101.21								
1982	12	153.69			1	52.17				
1983	12	149.99			1	52.19				
1984	12	215.50	1	77.15						
1985	12	113.74							1	37.96
1986	12	104.84							1	36.03
1987	12	88.63								
1988	12	50.88								
1989	12	58.01								
11年小计		**686.11**						**86.85**		
占小计%		**100.00**						**12.66**		
1990	12	103.71					1	41.85		
1991	12	116.71					1	45.00		
1992	12	82.45								
1993	12	71.00								
1994	12	48.54								
1995	12	60.24								
1996	12	73.81								
1997	12	39.45								
1998	12	60.29								
1999	12	17.67								
2000	12	12.24								

合计									
20－30 万担		10－20 万担		5－10 万担		1－5 万担		1 万担以下	
县数（个）	数量（万担）	县数（个）	数量（万担）	县数（个）	数量（万担）	县数（个）	数量（万担）	县数（个）	数量（万担）
	298.15		**919.64**		**1227.07**		**615.70**		**47.35**
	21.97		**77.42**		**105.47**		**115.31**		**17.53**
	4.46		**15.71**		**21.40**		**23.39**		**3.56**
				2	11.80	2	3.62	8	1.82
		1	15.17	2	11.70	1	1.10	8	2.62
		1	13.22	2	13.40	2	3.15	7	2.11
		1	17.23			5	11.95	6	1.63
		1	19.84	1	5.62	3	4.77	7	2.19
1	21.97					5	10.91	6	1.86
				2	13.05	4	10.13	5	2.20
		1	11.96			5	8.70	6	2.37
				2	13.50	7	14.28	2	0.67
				2	15.95	8	21.73	1	0.06
				3	20.45	8	24.97		
			202.63		**240.94**		**134.87**		**4.18**
			18.94		**22.53**		**12.61**		**0.39**
				2	16.06	9	23.59		
				1	8.00	7	18.18	3	1.84
				1	8.70	5	15.58	5	1.86
		1	11.64	5	33.91	4	6.50	1	0.48
		2	23.53	4	31.47	5	12.27		
		3	37.46	3	28.26	5	13.78		
		1	12.83	5	39.85	5	12.23		
		1	10.62	5	42.56	5	11.79		
		6	74.02	1	5.46	4	8.49		
		3	32.53	3	26.67	5	12.46		
	83.39		**105.39**		**419.22**		**105.66**		**5.49**
	8.81		**11.13**		**44.27**		**11.16**		**0.58**
		1	11.62	5	42.64	5	12.65		
		2	29.75	4	24.33	6	15.80		
1	29.35			5	37.21	6	17.49		
				6	44.28	4	10.75	1	0.92
				6	48.42	4	11.89	1	0.97
		1	10	6	47.57	3	7.09	1	0.78
1	28.73			7	47.19	3	5.31	1	0.87
1	25.32			6	43.57	4	9.80	1	0.96
		1	11.7	6	53.1	3	6.75	1	0.99
		3	42.32	4	30.91	4	8.13		
	143.26		**345.54**		**268.73**		**107.27**		**4.38**
	12.32		**29.71**		**23.11**		**9.22**		**0.38**
		4	52.13	4	28.39	3	7.67		
1	26.45	3	38.94	4	23.67	4	12.15		
1	20.60	2	34.15	5	39.56	3	7.21		
		4	59.68	4	30.77	3	7.35		
2	50.08	5	69.29	1	9.03	3	9.95		
		2	26.79	5	40.80	4	8.19		
		2	24.41	4	33.10	4	10.46	1	0.84
1	25.37	2	24.81	4	28.25	3	8.87	2	1.33
		1	15.34	3	16.81	5	17.44	3	1.29
1	20.76			2	18.35	6	17.98	3	0.92
	49.53		**188.66**		**192.71**		**152.59**		**15.77**
	7.22		**27.50**		**28.09**		**22.24**		**2.30**
		2	28.66	3	21.39	3	9.56	3	2.25
		2	32.09	4	30.45	4	8.26	1	0.91
1	28.35	1	12.79	4	28.65	4	11.25	2	1.41
1	21.18	1	14.04	3	19.40	4	14.12	3	2.26
		1	10.41	2	15.10	6	21.75	3	1.28
		2	27.07	2	16.53	5	15.29	3	1.35
		3	43.99	2	12.64	5	16.37	2	0.81
				3	22.92	4	14.82	5	1.71
		1	19.61	4	25.63	5	13.74	2	1.31
						8	15.46	4	2.21
						7	11.97	5	0.27

6－2－3　江苏省产棉县历年棉花

<table>
<tr><td rowspan="3">年　度</td><td colspan="10">面　　积</td></tr>
<tr><td colspan="2">合　计</td><td colspan="2">60 万亩以上</td><td colspan="2">50－60 万亩</td><td colspan="2">40－50 万亩</td><td colspan="2">30－40 万亩</td></tr>
<tr><td>县数（个）</td><td>数量（万亩）</td><td>县数（个）</td><td>数量（万亩）</td><td>县数（个）</td><td>数量（万亩）</td><td>县数（个）</td><td>数量（万亩）</td><td>县数（个）</td><td>数量（万亩）</td></tr>
<tr><td>**52 年合计**</td><td></td><td>**41191.11**</td><td></td><td>**8302.15**</td><td></td><td>**6756.43**</td><td></td><td>**1914.40**</td><td></td><td>**5539.11**</td></tr>
<tr><td>**11 年小计**</td><td></td><td>**7885.75**</td><td></td><td>**2474.31**</td><td></td><td>**1023.59**</td><td></td><td>**371.87**</td><td></td><td>**873.14**</td></tr>
<tr><td>**占小计%**</td><td></td><td>**100.00**</td><td></td><td>**31.38**</td><td></td><td>**12.98**</td><td></td><td>**4.72**</td><td></td><td>**11.07**</td></tr>
<tr><td>1949</td><td>67</td><td>405.51</td><td></td><td></td><td>2</td><td>110.16</td><td></td><td></td><td>2</td><td>66.71</td></tr>
<tr><td>1950</td><td>67</td><td>423.73</td><td></td><td></td><td>2</td><td>104.26</td><td>1</td><td>45.02</td><td>2</td><td>69.22</td></tr>
<tr><td>1951</td><td>67</td><td>575.30</td><td>1</td><td>66.54</td><td>2</td><td>107.79</td><td>1</td><td>49.16</td><td>2</td><td>68.18</td></tr>
<tr><td>1952</td><td>67</td><td>664.64</td><td>2</td><td>143.79</td><td>1</td><td>51.56</td><td>2</td><td>92.41</td><td>3</td><td>104.17</td></tr>
<tr><td>1953</td><td>67</td><td>726.63</td><td>3</td><td>211.18</td><td>2</td><td>115.53</td><td></td><td></td><td>5</td><td>172.64</td></tr>
<tr><td>1954</td><td>67</td><td>792.15</td><td>4</td><td>356.52</td><td></td><td></td><td>2</td><td>89.24</td><td>1</td><td>35.64</td></tr>
<tr><td>1955</td><td>67</td><td>988.57</td><td>6</td><td>568.49</td><td>1</td><td>55.74</td><td></td><td></td><td>2</td><td>69.73</td></tr>
<tr><td>1956</td><td>67</td><td>969.00</td><td>5</td><td>462.94</td><td>1</td><td>53.29</td><td></td><td></td><td>3</td><td>114.35</td></tr>
<tr><td>1957</td><td>67</td><td>868.69</td><td>5</td><td>399.67</td><td>1</td><td>53.00</td><td>1</td><td>46.99</td><td>2</td><td>74.17</td></tr>
<tr><td>1958</td><td>67</td><td>768.84</td><td>4</td><td>265.18</td><td>2</td><td>101.97</td><td></td><td></td><td>2</td><td>67.74</td></tr>
<tr><td>1959</td><td>67</td><td>702.69</td><td></td><td></td><td>5</td><td>270.29</td><td>1</td><td>49.05</td><td>1</td><td>30.59</td></tr>
<tr><td>**10 年小计**</td><td></td><td>**7803.38**</td><td></td><td>**1521.77**</td><td></td><td>**1744.05**</td><td></td><td>**515.93**</td><td></td><td>**707.32**</td></tr>
<tr><td>**占小计%**</td><td></td><td>**100.00**</td><td></td><td>**19.50**</td><td></td><td>**22.35**</td><td></td><td>**6.61**</td><td></td><td>**9.06**</td></tr>
<tr><td>1960</td><td>67</td><td>718.63</td><td></td><td></td><td>3</td><td>160.94</td><td>2</td><td>87.78</td><td>3</td><td>100.65</td></tr>
<tr><td>1961</td><td>67</td><td>659.06</td><td></td><td></td><td>5</td><td>261.63</td><td>1</td><td>49.57</td><td>1</td><td>30.32</td></tr>
<tr><td>1962</td><td>67</td><td>615.31</td><td></td><td></td><td>3</td><td>153.88</td><td>3</td><td>135.99</td><td>1</td><td>30.44</td></tr>
<tr><td>1963</td><td>67</td><td>724.35</td><td>3</td><td>212.30</td><td>3</td><td>166.87</td><td></td><td></td><td>2</td><td>69.79</td></tr>
<tr><td>1964</td><td>67</td><td>794.77</td><td>4</td><td>280.04</td><td>2</td><td>117.68</td><td>1</td><td>40.50</td><td>1</td><td>35.22</td></tr>
<tr><td>1965</td><td>67</td><td>813.35</td><td>4</td><td>284.18</td><td>2</td><td>117.91</td><td>1</td><td>40.46</td><td>1</td><td>35.10</td></tr>
<tr><td>1966</td><td>67</td><td>859.11</td><td>3</td><td>210.57</td><td>3</td><td>176.61</td><td>1</td><td>40.55</td><td>3</td><td>99.61</td></tr>
<tr><td>1967</td><td>67</td><td>884.96</td><td>3</td><td>208.16</td><td>3</td><td>176.67</td><td>1</td><td>40.35</td><td>3</td><td>102.27</td></tr>
<tr><td>1968</td><td>67</td><td>875.81</td><td>3</td><td>197.88</td><td>3</td><td>176.68</td><td>1</td><td>40.24</td><td>3</td><td>102.57</td></tr>
<tr><td>1969</td><td>67</td><td>858.03</td><td>2</td><td>128.64</td><td>4</td><td>235.18</td><td>1</td><td>40.49</td><td>3</td><td>101.35</td></tr>
<tr><td>**10 年小计**</td><td></td><td>**8536.61**</td><td></td><td>**1273.51**</td><td></td><td>**2312.62**</td><td></td><td></td><td></td><td>**1569.91**</td></tr>
<tr><td>**占小计%**</td><td></td><td>**100.00**</td><td></td><td>**14.92**</td><td></td><td>**27.09**</td><td></td><td></td><td></td><td>**18.39**</td></tr>
<tr><td>1970</td><td>67</td><td>851.37</td><td>2</td><td>126.38</td><td>4</td><td>231.23</td><td></td><td></td><td>4</td><td>141.94</td></tr>
<tr><td>1971</td><td>67</td><td>826.15</td><td>2</td><td>128.09</td><td>4</td><td>231.10</td><td></td><td></td><td>4</td><td>142.01</td></tr>
<tr><td>1972</td><td>67</td><td>832.33</td><td>2</td><td>126.91</td><td>4</td><td>232.00</td><td></td><td></td><td>4</td><td>140.71</td></tr>
<tr><td>1973</td><td>67</td><td>851.59</td><td>2</td><td>127.90</td><td>4</td><td>231.76</td><td></td><td></td><td>5</td><td>172.45</td></tr>
<tr><td>1974</td><td>67</td><td>867.21</td><td>2</td><td>128.27</td><td>4</td><td>231.23</td><td></td><td></td><td>5</td><td>172.32</td></tr>
<tr><td>1975</td><td>67</td><td>859.40</td><td>2</td><td>127.70</td><td>4</td><td>231.35</td><td></td><td></td><td>5</td><td>172.21</td></tr>
<tr><td>1976</td><td>67</td><td>860.60</td><td>2</td><td>127.09</td><td>4</td><td>230.77</td><td></td><td></td><td>5</td><td>172.97</td></tr>
<tr><td>1977</td><td>67</td><td>859.42</td><td>2</td><td>126.68</td><td>4</td><td>230.58</td><td></td><td></td><td>5</td><td>171.71</td></tr>
<tr><td>1978</td><td>67</td><td>865.02</td><td>2</td><td>126.90</td><td>4</td><td>231.42</td><td></td><td></td><td>4</td><td>142.06</td></tr>
<tr><td>1979</td><td>67</td><td>863.52</td><td>2</td><td>127.59</td><td>4</td><td>231.18</td><td></td><td></td><td>4</td><td>141.53</td></tr>
<tr><td>**10 年小计**</td><td></td><td>**9147.29**</td><td></td><td>**2021.92**</td><td></td><td>**1025.29**</td><td></td><td>**266.45**</td><td></td><td>**1200.56**</td></tr>
<tr><td>**占小计%**</td><td></td><td>**100.00**</td><td></td><td>**22.10**</td><td></td><td>**11.21**</td><td></td><td>**2.91**</td><td></td><td>**13.12**</td></tr>
<tr><td>1980</td><td>67</td><td>933.64</td><td>3</td><td>192.52</td><td>3</td><td>175.92</td><td></td><td></td><td>4</td><td>140.68</td></tr>
<tr><td>1981</td><td>67</td><td>986.55</td><td>4</td><td>254.19</td><td>2</td><td>116.24</td><td></td><td></td><td>4</td><td>144.85</td></tr>
<tr><td>1982</td><td>67</td><td>1014.92</td><td>4</td><td>252.15</td><td>2</td><td>116.40</td><td></td><td></td><td>4</td><td>140.96</td></tr>
<tr><td>1983</td><td>67</td><td>1012.12</td><td>3</td><td>191.26</td><td>3</td><td>175.59</td><td></td><td></td><td>3</td><td>109.23</td></tr>
<tr><td>1984</td><td>67</td><td>1055.77</td><td>3</td><td>211.12</td><td>3</td><td>169.14</td><td></td><td></td><td>5</td><td>173.91</td></tr>
<tr><td>1985</td><td>67</td><td>882.44</td><td>3</td><td>193.90</td><td>1</td><td>53.20</td><td>1</td><td>43.16</td><td>3</td><td>106.10</td></tr>
<tr><td>1986</td><td>67</td><td>743.17</td><td>2</td><td>129.30</td><td>2</td><td>110.80</td><td>1</td><td>43.66</td><td>2</td><td>71.70</td></tr>
<tr><td>1987</td><td>67</td><td>823.03</td><td>3</td><td>197.04</td><td>1</td><td>54.00</td><td>1</td><td>44.63</td><td>2</td><td>71.00</td></tr>
<tr><td>1988</td><td>67</td><td>898.58</td><td>3</td><td>203.95</td><td>1</td><td>54.00</td><td>1</td><td>45.26</td><td>5</td><td>169.57</td></tr>
<tr><td>1989</td><td>67</td><td>797.06</td><td>3</td><td>196.49</td><td></td><td></td><td>2</td><td>89.74</td><td>2</td><td>72.56</td></tr>
<tr><td>**11 年小计**</td><td></td><td>**7818.08**</td><td></td><td>**1010.64**</td><td></td><td>**650.88**</td><td></td><td>**760.15**</td><td></td><td>**1188.18**</td></tr>
<tr><td>**占小计%**</td><td></td><td>**100.00**</td><td></td><td>**12.93**</td><td></td><td>**8.33**</td><td></td><td>**9.72**</td><td></td><td>**15.20**</td></tr>
<tr><td>1990</td><td>67</td><td>853.87</td><td>3</td><td>205.36</td><td>1</td><td>53.20</td><td>1</td><td>43.50</td><td>3</td><td>104.64</td></tr>
<tr><td>1991</td><td>67</td><td>821.04</td><td>1</td><td>65.40</td><td>1</td><td>55.00</td><td>1</td><td>44.83</td><td>6</td><td>201.74</td></tr>
<tr><td>1992</td><td>67</td><td>996.61</td><td>3</td><td>219.14</td><td>2</td><td>113.19</td><td></td><td></td><td>6</td><td>208.98</td></tr>
<tr><td>1993</td><td>67</td><td>770.79</td><td>2</td><td>129.80</td><td>2</td><td>106.52</td><td>1</td><td>42.24</td><td>3</td><td>94.67</td></tr>
<tr><td>1994</td><td>67</td><td>781.93</td><td>2</td><td>134.37</td><td>2</td><td>102.80</td><td>1</td><td>46.61</td><td>4</td><td>125.27</td></tr>
<tr><td>1995</td><td>67</td><td>835.72</td><td>2</td><td>133.56</td><td>1</td><td>55.77</td><td>3</td><td>138.40</td><td>2</td><td>67.96</td></tr>
<tr><td>1996</td><td>67</td><td>709.58</td><td>1</td><td>60.15</td><td>1</td><td>52.03</td><td>3</td><td>133.62</td><td>2</td><td>69.07</td></tr>
<tr><td>1997</td><td>67</td><td>638.85</td><td></td><td></td><td>1</td><td>57.84</td><td>3</td><td>138.36</td><td>3</td><td>103.53</td></tr>
<tr><td>1998</td><td>67</td><td>608.07</td><td>1</td><td>62.86</td><td></td><td></td><td>2</td><td>82.87</td><td>2</td><td>72.47</td></tr>
<tr><td>1999</td><td>67</td><td>380.85</td><td></td><td></td><td></td><td></td><td>1</td><td>46.62</td><td>2</td><td>71.02</td></tr>
<tr><td>2000</td><td>67</td><td>420.78</td><td></td><td></td><td>1</td><td>54.53</td><td>1</td><td>43.10</td><td>2</td><td>68.83</td></tr>
</table>

面积、产量、收购量分类

合计									
20－30万亩		10－20万亩		5－10万亩		1－5万亩		1万亩以下	
县数（个）	数量（万亩）	县数（个）	数量（万亩）	县数（个）	数量（万亩）	县数（个）	数量（万亩）	县数（个）	数量（万亩）
	5702.86		**7654.50**		**3321.53**		**1774.09**		**226.04**
	1237.88		**822.69**		**602.67**		**413.14**		**66.46**
	15.70		**10.43**		**7.64**		**5.24**		**0.84**
3	76.87	5	73.41	2	15.86	23	53.69	30	8.81
2	46.49	4	62.16	4	31.10	25	56.96	27	8.52
4	95.14	6	74.52	7	48.53	24	60.28	20	5.16
4	96.33	2	36.10	11	86.00	20	49.50	22	4.78
2	49.12	4	50.10	11	79.63	18	42.93	22	5.50
7	170.88	1	16.50	11	82.63	16	35.15	25	5.59
5	124.97	5	69.34	9	66.49	14	28.10	25	5.71
8	184.02	5	78.18	6	46.85	12	23.60	27	5.77
5	113.48	7	105.43	8	55.53	5	13.02	33	7.40
6	142.44	8	122.81	6	43.60	10	21.70	29	3.40
6	138.14	9	134.14	6	46.45	11	28.21	28	5.82
	945.23		**1332.47**		**662.94**		**317.03**		**56.64**
	12.11		**17.08**		**8.50**		**4.06**		**0.73**
4	104.09	11	173.57	9	63.29	8	23.29	27	5.02
5	116.70	6	96.72	10	77.59	9	22.07	30	4.46
2	53.34	8	135.05	11	82.36	8	18.62	31	5.63
3	72.89	7	116.56	8	55.93	8	23.36	33	6.65
5	124.81	9	131.89	6	36.91	8	22.66	31	5.06
4	98.95	9	135.71	10	71.07	9	22.62	27	7.35
4	94.29	8	120.56	9	66.19	16	44.52	20	6.21
4	93.93	8	125.75	12	88.51	16	44.83	17	4.49
4	93.67	10	146.94	9	63.85	15	47.08	19	6.90
4	92.56	10	149.72	8	57.24	17	47.98	18	4.87
	492.98		**1707.67**		**701.61**		**448.53**		**29.78**
	5.77		**20.00**		**8.22**		**5.25**		**0.35**
2	45.98	12	184.78	11	72.86	13	43.26	19	4.94
2	50.01	11	166.55	7	51.93	16	52.33	21	4.13
2	50.06	12	177.77	7	47.75	17	54.39	19	2.74
2	41.80	11	164.56	9	59.43	14	49.30	20	4.39
2	41.33	12	179.10	11	71.79	13	40.57	18	2.60
2	41.09	11	165.90	11	73.84	14	45.27	18	2.04
2	41.06	12	177.81	11	68.57	13	40.34	18	1.99
2	40.93	11	165.95	12	80.33	13	41.09	18	2.15
3	70.77	11	165.16	12	78.96	14	47.45	17	2.30
3	69.95	11	160.09	14	96.15	12	34.53	17	2.50
	1738.88		**1931.71**		**654.18**		**280.55**		**27.74**
	19.01		**21.12**		**7.15**		**3.07**		**0.30**
3	67.61	15	217.84	15	107.30	9	30.42	15	1.35
5	115.02	16	238.15	12	84.34	10	31.34	14	2.42
9	202.28	13	190.17	12	85.23	9	25.55	14	2.18
11	260.73	12	173.58	10	69.51	11	30.92	14	1.30
10	245.81	11	164.78	8	57.17	12	32.32	15	1.52
9	214.73	14	195.53	6	43.81	10	28.10	20	3.91
5	112.42	12	171.12	8	67.22	12	33.57	23	3.38
8	193.94	14	193.35	7	46.54	8	18.98	23	3.55
6	140.75	14	213.05	6	43.21	9	25.00	22	3.79
8	185.59	12	174.14	7	49.85	9	24.35	24	4.34
	1287.89		**1859.96**		**700.13**		**314.84**		**45.43**
	16.47		**23.79**		**8.96**		**4.03**		**0.58**
7	161.38	14	209.75	7	51.69	7	19.94	24	4.41
7	168.74	15	221.46	4	31.82	9	26.69	23	5.36
9	204.30	12	178.46	5	37.04	10	32.33	20	3.17
5	117.22	12	175.97	9	71.91	10	27.93	23	4.53
5	112.10	11	166.87	9	66.56	9	23.69	24	3.66
6	143.50	14	208.45	8	65.26	9	19.97	22	2.85
5	115.88	13	176.41	11	80.46	8	18.18	23	3.79
4	92.26	13	163.27	10	58.06	8	20.97	25	4.56
6	147.47	10	126.07	9	69.54	11	41.18	26	5.61
1	25.04	7	99.05	12	88.67	17	46.48	27	3.97
		10	134.20	11	79.12	15	37.48	27	3.52

年度	产量									
	合计		60万担以上		50－60万担		40－50万担		30－40万担	
	县数（个）	数量（万担）	县数（个）	数量（万担）	县数（个）	数量（万担）	县数（个）	数量（万担）	县数（个）	数量（万担）
52年合计		**36448.06**		**10729.43**		**2788.97**		**2891.47**		**4721.16**
11年小计		**2604.38**		**67.55**		**103.56**		**134.62**		**469.88**
占小计%		**100.00**		**2.59**		**3.98**		**5.17**		**18.04**
1949	67	56.63								
1950	67	96.25								
1951	67	131.02								
1952	67	184.74								
1953	67	311.60					1	49.14	2	66.31
1954	67	153.12								
1955	67	416.45	1	67.55	1	52.32	1	40.49	3	99.83
1956	67	206.73							1	30.54
1957	67	298.86							2	68.92
1958	67	406.95			1	51.24	1	44.99	3	98.58
1959	67	342.02							3	105.70
10年小计		**5286.16**		**1237.74**		**659.24**		**484.80**		**637.28**
占小计%		**100.00**		**23.41**		**12.47**		**9.17**		**12.06**
1960	67	250.46								
1961	67	282.47							1	36.62
1962	67	163.45								
1963	67	361.37					3	127.33	1	33.27
1964	67	659.82	3	203.74	3	164.25			2	69.99
1965	67	514.85	3	200.50			1	45.55	2	60.39
1966	67	761.39	3	232.31	3	156.42	1	48.24	3	95.20
1967	67	759.19	3	208.45	3	167.85	1	41.28	2	66.22
1968	67	842.35	4	311.29	1	57.64	3	131.43	3	101.92
1969	67	690.81	1	81.45	2	113.08	2	90.97	5	173.67
10年小计		**8118.23**		**2824.28**		**825.79**		**490.91**		**1259.31**
占小计%		**100.00**		**34.79**		**10.17**		**6.05**		**15.51**
1970	67	634.35	1	67.40	1	55.19	2	89.26	4	135.36
1971	67	649.63	2	141.00	2	113.40	1	44.99	4	142.36
1972	67	693.03	3	217.04			2	91.58	4	140.87
1973	67	876.70	5	354.03	1	56.88	1	44.11	4	152.05
1974	67	823.62	3	241.64	2	112.74	2	94.23	3	105.99
1975	67	894.03	6	434.25	1	53.47			4	142.15
1976	67	810.49	4	264.49	2	108.49			4	148.83
1977	67	749.92	2	134.73	3	165.40	2	82.83	2	65.73
1978	67	935.49	5	426.62	2	101.99			3	111.72
1979	67	1050.97	6	543.08	1	58.23	1	43.91	3	114.25
10年小计		**10408.88**		**3196.04**		**761.82**		**1022.04**		**1265.26**
占小计%		**100.00**		**30.70**		**7.32**		**9.82**		**12.16**
1980	67	823.86	2	137.91	1	55.81	3	130.57	2	62.89
1981	67	1122.96	4	362.59	2	108.07	1	46.88	3	105.38
1982	67	1146.55	6	447.87			2	84.20	4	137.36
1983	67	1314.89	5	430.20	2	109.55	4	179.74	5	171.22
1984	67	1305.29	5	369.04	3	163.43	4	179.00	6	208.53
1985	67	945.23	4	268.08	1	50.59	1	44.53	4	137.77
1986	67	793.12	2	128.54	1	57.30	3	138.62	4	129.47
1987	67	882.80	3	201.83	2	108.86	2	84.25	4	132.86
1988	67	1114.28	6	462.43	1	51.10	2	86.09	3	115.61
1989	67	959.90	5	387.55	1	57.11	1	48.16	2	64.17
11年小计		**10030.41**		**3403.82**		**438.56**		**759.10**		**1089.43**
占小计%		**100.00**		**33.94**		**4.37**		**7.57**		**10.86**
1990	67	922.01	5	338.07			1	43.65	4	131.46
1991	67	1095.01	3	280.95	2	109.94	4	174.67	3	109.42
1992	67	1044.23	5	375.95			3	139.51	2	75.90
1993	67	829.67	3	214.78	1	56.00	2	88.24	3	101.80
1994	67	896.32	4	288.26			3	127.52	3	97.71
1995	67	1105.71	6	454.08			1	49.91	6	201.04
1996	67	1045.18	5	395.42	2	108.46			2	73.34
1997	67	985.64	5	406.72	1	55.40	1	40.95	3	98.40
1998	67	930.40	4	326.92			2	94.65	3	98.03
1999	67	517.73	2	130.39	1	57.25			1	35.81
2000	67	658.51	2	192.28	1	51.51			2	66.52

合计									
20－30万担		10－20万担		5－10万担		1－5万担		1万担以下	
县数（个）	数量（万担）	县数（个）	数量（万担）	县数（个）	数量（万担）	县数（个）	数量（万担）	县数（个）	数量（万担）
	4711.13		**6233.81**		**2394.44**		**1717.83**		**259.81**
	406.97		**691.98**		**329.34**		**311.82**		**88.66**
	15.63		**26.57**		**12.65**		**11.97**		**3.40**
		2	22.40			10	23.32	55	10.91
		3	39.90	3	20.40	10	25.57	51	10.38
		2	35.07	6	50.19	15	34.64	44	11.12
1	28.60	6	89.63	4	27.96	13	27.16	43	11.39
2	52.31	5	77.49	4	25.65	15	33.22	38	7.48
3	70.90	2	22.87	4	26.46	11	24.70	47	8.19
1	29.54	4	59.38	5	33.41	11	26.06	40	7.87
1	27.22	6	83.88	4	28.16	14	32.03	41	4.90
4	94.54	4	54.27	7	49.89	13	27.62	37	3.62
2	50.88	6	90.59	5	34.99	11	29.27	38	6.41
2	52.98	8	116.50	5	32.23	13	28.23	36	6.38
	734.40		**748.55**		**357.21**		**364.26**		**62.68**
	13.89		**14.16**		**6.76**		**6.89**		**1.19**
2	48.02	9	120.00	5	33.67	15	42.99	36	5.78
4	95.93	7	91.28	3	24.04	12	28.46	40	6.14
2	41.73	3	44.46	6	45.53	8	23.09	48	8.64
3	79.77	5	81.10	3	25.80	6	9.65	46	4.45
4	99.19	4	60.39	4	23.20	12	34.77	35	4.29
4	100.22	4	56.76	1	5.22	14	36.33	38	9.88
2	50.88	6	88.11	6	41.59	18	42.78	25	5.86
4	98.67	4	57.06	8	61.82	20	52.48	22	5.36
2	51.88	5	80.56	7	50.77	20	50.95	22	5.91
3	68.11	5	68.83	6	45.57	18	42.76	25	6.37
	524.74		**1154.04**		**517.21**		**481.15**		**40.80**
	6.46		**14.22**		**6.37**		**5.93**		**0.50**
5	123.21	6	75.95	4	30.48	22	53.36	22	4.14
2	46.84	3	46.56	8	64.37	18	44.42	27	5.69
2	53.54	9	114.85	5	31.61	18	38.83	24	4.71
1	24.88	10	150.26	6	43.81	18	46.50	21	4.18
1	27.50	10	141.01	6	45.52	18	49.72	22	5.27
1	21.77	10	147.65	6	44.65	19	46.85	20	3.24
2	46.94	9	132.98	8	55.98	19	49.78	19	3.00
2	55.20	10	143.48	7	49.60	20	50.86	19	2.09
3	71.84	7	95.56	10	69.35	18	55.55	19	2.86
2	53.02	7	105.74	11	81.84	14	45.28	22	5.62
	1580.72		**1723.04**		**565.08**		**270.15**		**24.73**
	15.19		**16.55**		**5.43**		**2.60**		**0.24**
4	98.71	15	232.85	8	59.57	16	44.04	16	1.51
8	195.89	15	213.68	8	59.23	12	29.79	14	1.45
9	219.49	12	169.50	7	51.59	13	34.93	14	1.61
8	195.80	12	163.42	5	32.82	13	31.53	13	0.61
6	150.62	11	165.02	6	43.34	12	25.52	14	0.79
7	170.05	13	185.47	8	63.73	9	21.87	20	3.13
4	104.84	8	111.58	11	88.70	11	30.88	23	3.19
5	116.99	10	140.72	11	80.96	6	12.34	24	3.99
6	143.54	12	183.96	7	50.00	6	16.81	24	4.74
8	184.79	11	156.84	5	35.14	9	22.44	25	3.70
	1464.30		**1916.20**		**625.60**		**290.45**		**42.95**
	14.60		**19.10**		**6.24**		**2.90**		**0.43**
5	128.03	14	210.40	5	40.02	9	26.99	24	3.39
6	150.01	14	221.17	2	13.76	11	32.07	22	3.02
9	200.57	10	159.10	8	60.22	9	29.13	21	3.85
4	91.50	15	203.25	7	46.08	8	23.57	24	4.45
6	141.26	12	173.95	6	37.69	9	26.04	24	3.89
6	146.83	12	186.25	5	42.52	8	20.69	23	4.39
8	203.30	11	174.58	8	66.74	9	19.19	22	4.15
5	118.37	12	181.34	9	62.50	8	18.07	23	3.89
6	140.88	12	178.15	10	70.53	7	17.15	23	4.09
1	22.50	9	133.98	12	90.80	15	42.80	26	4.20
5	121.05	7	94.03	12	94.74	13	34.75	25	3.63

年　度	收	购	量							
	合　计		60万担以上		50－60万担		40－50万担		30－40万担	
	县数（个）	数量（万担）	县数（个）	数量（万担）	县数（个）	数量（万担）	县数（个）	数量（万担）	县数（个）	数量（万担）
52年合计		**33298.50**		**8533.98**		**3062.68**		**3125.47**		**3484.81**
11年小计		**2319.48**		**64.73**				**184.95**		**263.30**
占小计%		**100.00**		**2.79**				**7.97**		**11.35**
1949	67	37.26								
1950	67	70.70								
1951	67	88.29								
1952	67	158.95								
1953	67	271.88					1	47.10	1	30.14
1954	67	131.88								
1955	67	372.70	1	64.73			1	44.60	2	66.84
1956	67	187.47								
1957	67	268.40								
1958	67	392.07					2	93.25	2	62.51
1959	67	339.88							3	103.81
10年小计		**5132.02**		**982.13**		**771.24**		**475.00**		**565.56**
占小计%		**100.00**		**19.14**		**15.03**		**9.26**		**11.02**
1960	67	239.33								
1961	67	267.55							1	33.22
1962	67	155.60								
1963	67	344.05					3	123.60		
1964	67	636.68	1	76.98	5	275.96			1	33.22
1965	67	504.29	2	141.16	1	57.94	1	41.81	1	30.27
1966	67	743.51	3	231.43	1	52.16	3	135.94	2	63.81
1967	67	736.62	2	143.09	4	218.39			3	99.05
1968	67	831.35	4	309.97	1	55.17	2	85.47	4	138.70
1969	67	673.04	1	79.50	2	111.62	2	88.18	5	167.29
10年小计		**7981.54**		**2577.47**		**922.98**		**528.10**		**1111.90**
占小计%		**100.00**		**32.29**		**11.56**		**6.62**		**13.93**
1970	67	626.04	1	66.79	1	50.90	2	88.11	3	99.99
1971	67	640.17	2	139.59	2	113.61	1	43.94	3	107.31
1972	67	682.22	3	213.63			2	87.51	3	106.06
1973	67	865.46	5	345.30	1	52.33	1	42.53	4	150.33
1974	67	798.99	3	232.25	2	106.35	2	89.81	3	104.61
1975	67	882.05	5	362.60	2	109.89			4	140.21
1976	67	793.34	3	196.38	3	166.72			4	146.04
1977	67	739.42	1	72.85	4	216.98	2	83.62	1	33.77
1978	67	922.76	5	416.68	1	50.04	1	48.79	3	110.40
1979	67	1031.10	6	531.40	1	56.16	1	43.79	3	113.18
10年小计		**9661.85**		**2582.84**		**823.80**		**1138.41**		**891.08**
占小计%		**100.00**		**26.73**		**8.53**		**11.78**		**9.22**
1980	67	805.50	2	134.21	1	53.98	2	83.80	2	71.11
1981	67	1088.29	4	350.33	2	102.36	1	46.78	2	72.37
1982	67	1105.49	5	371.35	1	58.9	2	83.05	4	131.46
1983	67	1279.59	5	416.72	2	107.42	4	174.48	3	106.81
1984	67	1194.78	4	280.16	1	56.99	7	309.74	5	160.59
1985	67	850.48	1	66.37	3	167.88	2	88.09	3	96.36
1986	67	687.23	1	62.32	1	53.78	4	176.52	1	31.80
1987	67	784.23	2	135.06	2	110.13	1	48.34	3	111.73
1988	67	1005.94	6	451.86			2	83.32	3	108.85
1989	67	860.31	4	314.46	2	112.36	1	44.29		
11年小计		**8203.61**		**2326.81**		**544.66**		**799.01**		**652.97**
占小计%		**100.00**		**28.36**		**6.64**	**17**	**9.74**		**7.96**
1990	67	854.20	5	332.37			1	42.59	1	37.26
1991	67	1059.10	3	271.67	2	108.70	4	171.43	2	75.69
1992	67	955.73	4	298.47	1	59.67	3	133.90	1	32.60
1993	67	657.29	2	135.34	2	109.44	1	48.24	2	65.53
1994	67	746.60	4	255.59			1	42.77	3	97.96
1995	67	940.09	4	296.78	2	104.29	1	42.96	3	100.90
1996	67	830.75	3	241.20	1	56.20	3	137.40	1	35.80
1997	67	778.35	3	251.65	1	50.80	1	48.00	3	107.82
1998	67	764.08	3	243.74			2	84.50	2	66.09
1999	67	267.22								
2000	67	350.21			1	55.56	1	47.22	1	33.32

合计									
20－30万担		10－20万担		5－10万担		1－5万担		1万担以下	
县数（个）	数量（万担）	县数（个）	数量（万担）	县数（个）	数量（万担）	县数（个）	数量（万担）	县数（个）	数量（万担）
	4963.59		**5581.02**		**2569.23**		**1763.64**		**214.08**
	535.54		**579.60**		**368.59**		**262.69**		**60.08**
	23.09		**24.99**		**15.89**		**11.33**		**2.59**
				1	8.98	10	18.92	56	9.36
		2	22.61	3	17.57	10	22.11	52	8.41
		3	46.63	5	34.27	3	7.28	56	0.11
1	23.89	6	85.54	4	28.32	6	13.94	50	7.26
3	77.77	4	50.28	6	40.73	10	21.56	42	4.30
2	47.70	2	24.07	5	31.84	9	21.94	49	6.33
3	81.47	5	68.66	3	19.08	7	21.00	45	6.32
2	52.25	3	44.76	7	58.36	10	26.35	45	5.75
5	126.25	4	56.08	6	46.65	15	36.36	37	3.06
3	76.15	5	76.38	7	45.87	13	33.44	35	4.47
2	50.06	7	104.59	5	36.92	16	39.80	34	4.70
	830.06		**718.23**		**348.30**		**380.07**		**61.43**
	16.17		**14.00**		**6.79**		**7.41**		**1.20**
2	47.22	9	113.89	5	33.22	15	39.55	36	5.45
4	93.72	6	75.92	4	32.81	11	26.01	41	5.87
2	40.29	3	44.11	6	42.59	9	21.66	47	6.95
4	102.56	5	77.66	3	25.57	6	9.95	46	4.71
5	126.98	4	60.39	4	22.73	12	35.76	35	4.66
5	126.12	4	53.55			17	46.46	36	6.98
3	79.28	6	86.77	6	41.34	18	45.50	25	7.28
4	96.03	4	58.14	8	60.75	21	56.31	21	4.86
2	50.87	5	79.07	8	54.75	19	50.48	22	6.87
3	66.99	5	68.73	5	34.54	17	48.39	27	7.80
	610.44		**1112.84**		**618.36**		**464.14**		**35.31**
	7.65		**13.94**		**7.75**		**5.82**		**0.44**
6	150.28	6	74.98	6	45.90	18	43.84	24	5.25
3	75.98	3	44.75	10	72.79	17	37.74	26	4.46
3	81.78	7	92.24	8	56.44	18	40.07	23	4.49
1	24.38	10	149.67	6	44.76	19	52.69	20	3.47
1	26.50	10	136.32	6	43.73	19	55.06	21	4.36
1	21.27	10	146.30	7	51.69	19	47.38	19	2.71
1	25.50	9	138.30	10	70.02	19	48.56	18	1.82
3	83.27	9	132.97	10	70.81	19	43.55	18	1.60
3	69.60	7	94.76	11	76.16	18	53.71	18	2.62
2	51.88	7	102.55	12	86.06	15	41.54	20	4.54
	1720.29		**1594.22**		**620.23**		**269.46**		**21.51**
	17.80		**16.50**		**6.42**		**2.79**		**0.22**
6	146.40	14	210.05	9	64.52	16	40.31	15	1.12
8	199.79	16	229.13	9	61.18	10	24.10	15	2.25
8	190.07	12	173.76	9	66.61	12	29.26	14	1.03
10	249.66	11	150.13	6	43.91	12	29.99	14	0.47
5	126.78	13	194.47	6	41.38	11	23.25	15	1.42
7	169.87	11	155.54	11	85.14	7	17.44	22	3.79
6	151.30	6	90.12	11	81.01	14	37.84	23	2.54
7	163.99	10	129.67	9	60.40	8	21.11	25	3.80
6	139.76	10	145.82	7	47.78	9	25.19	24	3.36
8	182.67	8	115.53	9	68.30	10	20.97	25	1.73
	1267.26		**1576.13**		**613.75**		**387.28**		**35.75**
	15.45		**19.21**		**7.48**		**4.72**		**0.44**
6	156.68	15	214.35	6	46.76	9	22.37	24	1.82
7	179.59	14	209.15	1	6.52	12	34.24	22	2.11
7	159.97	13	192.48	7	49.03	9	27.03	22	2.58
2	49.91	10	140.66	8	66.02	17	40.29	23	1.86
4	100.05	11	164.10	7	52.02	12	28.51	25	5.60
7	166.10	10	144.20	8	55.96	10	25.21	22	3.70
5	125.69	9	133.67	9	64.86	12	32.04	24	3.89
4	102.36	8	119.11	8	54.51	16	41.61	23	2.49
5	123.33	10	135.13	11	81.93	12	27.51	22	1.85
2	56.20	5	73.82	11	72.80	21	60.16	28	4.24
2	47.38	4	49.46	9	63.34	17	48.31	32	5.62

6-2-4 湖北省产棉县历年棉花

年度	面积									
	合计		60万亩以上		50-60万亩		40-50万亩		30-40万亩	
	县数（个）	数量（万亩）	县数（个）	数量（万亩）	县数（个）	数量（万亩）	县数（个）	数量（万亩）	县数（个）	数量（万亩）
52年合计		**37705.68**		**4260.06**		**1888.39**		**4799.78**		**6332.48**
11年小计		**7719.61**		**972.95**		**1050.51**		**718.89**		**805.17**
占小计%		**100.00**		**12.60**		**13.61**		**9.31**		**10.43**
1949	55	569.65	1	72.73			2	93.01	2	69.64
1950	55	651.54	2	148.76	1	55.10			3	100.91
1951	55	702.63	1	73.61	1	55.90	2	90.10	3	103.49
1952	55	707.91	1	73.75	2	112.89	1	41.00	2	63.41
1953	55	760.79	1	70.85	1	57.60	3	137.67	4	131.73
1954	55	533.70	1	69.33	1	53.60	1	43.90	1	37.28
1955	55	775.50	2	127.28	2	106.64	2	88.93	1	30.00
1956	55	770.58	1	66.96	4	220.96			3	102.41
1957	55	763.41	1	74.43	3	166.57	2	84.75	1	31.82
1958	55	760.56	2	130.98	2	110.08	1	49.41	3	102.70
1959	55	723.34	1	64.27	2	111.17	2	90.12	1	31.78
10年小计		**7459.16**		**827.82**		**388.11**		**1353.64**		**1170.98**
占小计%		**100.00**		**11.10**		**5.20**		**18.15**		**15.70**
1960	55	611.20			1	59.78	3	129.69	2	68.28
1961	55	585.12	1	60.14			1	41.24	4	141.79
1962	55	600.66	1	60.69			3	128.09	1	31.77
1963	55	705.12	1	69.60			3	134.76	3	107.30
1964	55	796.94	1	74.93	3	156.93	1	44.27	3	112.25
1965	55	780.78	1	75.35	1	59.49	4	172.73	3	96.86
1966	55	838.66	2	138.65			4	177.04	5	166.12
1967	55	863.77	2	142.66			5	220.38	4	129.48
1968	55	830.89	2	135.96			4	174.96	4	137.65
1969	55	787.77	1	69.84	1	53.66	3	130.48	5	179.48
10年小计		**8268.79**		**1335.02**		**58.25**		**1758.50**		**1288.65**
占小计%		**100.00**		**16.15**		**0.70**		**21.27**		**15.58**
1970	55	785.29	1	74.57	1	58.25	3	127.44	5	171.39
1971	55	823.05	2	141.09			3	126.97	5	173.95
1972	55	823.21	2	140.33			3	127.08	5	174.89
1973	55	826.25	2	139.99			5	208.72	3	95.36
1974	55	833.98	2	140.09			5	210.65	3	96.83
1975	55	829.42	2	139.43			4	167.50	4	130.92
1976	55	836.48	2	139.96			5	208.69	3	94.23
1977	55	835.36	2	140.17			5	207.07	3	94.34
1978	55	849.42	2	139.60			5	209.19	4	124.59
1979	55	826.33	2	139.79			4	165.19	4	132.15
10年小计		**7344.36**		**684.22**		**276.52**		**585.84**		**1752.83**
占小计%		**100.00**		**9.32**		**3.77**		**7.98**		**23.87**
1980	55	848.75	2	139.82			5	208.99	2	63.50
1981	55	841.11	2	137.40			4	163.80	4	138.02
1982	55	829.07	1	74.80	1	55.35	3	124.45	5	173.52
1983	55	807.99	1	72.45	1	53.46			9	323.61
1984	55	791.35	1	72.25	1	54.11			8	283.73
1985	55	693.36	1	64.40			1	46.35	5	163.52
1986	55	617.84			1	59.20			3	106.40
1987	55	639.54	1	60.80					5	166.77
1988	55	662.41	1	62.30			1	42.25	5	165.31
1989	55	612.94			1	54.40			5	168.45
11年小计		**6913.76**		**440.05**		**115.00**		**382.91**		**1314.85**
占小计%		**100.00**		**6.36**		**1.66**		**5.54**		**19.02**
1990	55	659.74	1	64.60			1	42.86	3	103.58
1991	55	651.30	1	63.30			1	43.22	4	129.47
1992	55	714.63	1	65.94			1	47.10	4	134.74
1993	55	684.35	1	62.93			1	40.55	4	125.75
1994	55	694.50	1	61.28			1	41.70	6	192.25
1995	55	690.78			1	60.00	1	42.70	5	169.43
1996	55	660.95	1	61.00			1	41.36	4	136.72
1997	55	654.77	1	61.00					6	190.26
1998	55	588.60			1	55.00			3	99.23
1999	55	451.60					1	41.75		
2000	55	462.54					1	41.67	1	33.42

面积、产量、收购量分类

合计									
20－30万亩		10－20万亩		5－10万亩		1－5万亩		1万亩以下	
县数（个）	数量（万亩）	县数（个）	数量（万亩）	县数（个）	数量（万亩）	县数（个）	数量（万亩）	县数（个）	数量（万亩）
	8020.80		**7499.78**		**3601.35**		**1273.70**		**29.34**
	1790.86		**1337.45**		**738.70**		**297.21**		**7.87**
	23.20		**17.33**		**9.57**		**3.85**		**0.10**
4	94.48	12	171.90	4	27.80	13	39.63	17	0.46
5	114.56	10	152.81	6	42.15	12	36.65	16	0.60
6	151.70	11	159.36	5	33.81	10	34.03	16	0.63
10	240.19	7	92.96	9	59.96	7	23.38	16	0.37
6	143.29	9	124.63	9	69.49	7	24.84	15	0.69
6	132.31	6	78.42	12	90.48	9	26.02	18	2.36
8	199.04	10	136.67	8	60.99	8	25.95	14	
7	172.37	6	93.11	12	93.91	7	20.14	15	0.72
8	196.11	8	113.45	10	75.22	7	20.36	15	0.70
6	147.47	6	101.85	13	96.21	7	21.06	15	0.80
8	199.34	7	112.29	11	88.68	8	25.15	15	0.54
	1302.61		**1534.36**		**666.19**		**212.21**		**3.24**
	17.46		**20.57**		**8.93**		**2.84**		**0.04**
6	142.93	9	122.96	9	60.72	10	26.35	15	0.49
6	135.90	8	109.19	10	73.62	9	22.13	16	1.11
6	146.63	10	134.80	10	73.20	8	23.84	16	1.64
5	128.31	10	148.03	11	89.76	8	27.36	14	
6	162.53	12	167.11	6	52.22	8	26.70	15	
6	148.32	9	132.50	10	78.38	6	17.15	15	
3	80.29	14	205.69	7	53.53	6	17.34	14	
5	124.74	12	175.48	8	60.10	4	10.93	15	
5	129.34	12	176.74	7	56.01	6	20.23	15	
4	103.62	12	161.86	9	68.65	6	20.18	14	
	1243.22		**1819.56**		**583.32**		**177.42**		**4.85**
	15.04		**22.01**		**7.05**		**2.15**		**0.06**
4	104.75	13	181.64	6	44.89	8	22.36	14	
4	108.07	14	203.82	6	46.39	7	22.76	14	
5	128.50	12	174.31	7	54.73	7	22.97	14	0.40
5	128.80	12	173.37	8	61.38	6	18.23	14	0.40
5	129.29	12	176.25	8	61.35	6	18.86	14	0.66
4	109.45	14	200.73	9	66.80	5	14.06	13	0.53
5	130.53	13	183.42	9	66.06	5	12.99	13	0.60
5	130.29	13	184.30	9	66.06	6	12.53	12	0.60
5	123.93	12	169.91	9	67.19	6	14.15	12	0.86
6	149.61	13	171.81	7	48.47	7	18.51	12	0.80
	1737.17		**1365.49**		**702.37**		**234.49**		**5.43**
	23.65		**18.59**		**9.56**		**3.19**		**0.07**
7	186.10	14	189.12	7	46.10	7	15.12	11	
6	160.08	13	173.97	7	48.95	7	18.22	12	0.67
6	157.80	12	162.70	8	60.45	7	19.47	12	0.53
5	125.74	12	155.83	6	48.90	9	27.20	12	0.80
5	127.45	11	155.28	9	69.52	9	28.61	11	0.40
8	192.60	8	112.30	12	90.44	9	23.22	11	0.53
10	240.80	8	105.34	12	81.90	10	23.53	11	0.67
8	194.87	8	110.14	11	79.68	11	26.75	11	0.53
7	168.56	7	98.73	13	100.09	10	24.67	11	0.50
8	183.17	8	102.08	11	76.34	11	27.70	11	0.80
	1946.94		**1442.92**		**910.77**		**352.37**		**7.95**
	28.16		**20.87**		**13.17**		**5.10**		**0.11**
9	227.86	8	108.86	12	85.69	11	26.29	10	
8	195.81	8	107.54	14	93.85	9	18.11	10	
10	250.63	7	101.66	13	93.58	9	20.98	10	
10	247.10	6	85.03	13	96.42	11	26.57	9	
8	190.52	8	105.38	12	84.91	9	17.76	10	0.70
8	193.94	8	107.86	13	90.01	11	26.84	8	
6	144.75	11	162.83	11	76.76	13	36.78	8	0.75
7	163.55	10	130.92	11	72.40	13	36.14	7	0.50
6	142.27	11	167.86	10	73.53	17	50.21	7	0.50
4	100.34	13	185.31	11	75.28	19	46.23	7	2.69
4	90.17	12	179.67	9	68.34	20	46.46	8	2.81

年度	产量									
	合计		60万担以上		50－60万担		40－50万担		30－40万担	
	县数（个）	数量（万担）	县数（个）	数量（万担）	县数（个）	数量（万担）	县数（个）	数量（万担）	县数（个）	数量（万担）
52年合计		**33359.41**		**4914.12**		**1470.61**		**4331.49**		**5030.60**
11年小计		**2860.02**		**62.12**		**110.21**		**89.51**		**167.35**
占小计%		**100.00**		**2.17**		**3.85**		**3.13**		**5.85**
1949	55	115.37								
1950	55	163.14								
1951	55	193.98								
1952	55	226.47								
1953	55	232.80								
1954	55	73.84								
1955	55	267.95								
1956	55	361.72					1	46.11	2	65.43
1957	55	400.34			1	53.51				
1958	55	475.53			1	56.70			3	101.92
1959	55	348.88	1	62.12			1	43.40		
10年小计		**5337.63**		**712.90**		**219.80**		**574.38**		**710.87**
占小计%		**100.00**		**13.36**		**4.12**		**10.76**		**13.32**
1960	55	196.60								
1961	55	218.17							1	33.99
1962	55	266.84							1	34.36
1963	55	476.29			1	59.00			2	69.59
1964	55	497.80	1	63.54			1	43.03		
1965	55	710.75	2	160.33			2	89.44	3	98.28
1966	55	850.58	2	179.83	1	50.66	3	135.59	4	134.11
1967	55	831.81	2	159.46	1	50.20	2	84.43	7	239.15
1968	55	737.70	2	149.74			3	139.52	2	70.92
1969	55	551.09			1	59.94	2	82.37	1	30.47
10年小计		**7379.30**		**992.05**		**283.29**		**1018.85**		**1191.67**
占小计%		**100.00**		**13.44**		**3.84**		**13.81**		**16.15**
1970	55	550.89			1	58.64			2	75.93
1971	55	539.60					2	96.16	1	37.58
1972	55	529.10			1	55.71	1	40.00		
1973	55	760.44	1	81.43	1	58.67	3	128.00	3	96.91
1974	55	918.45	2	166.71	1	59.93	4	178.99	5	175.57
1975	55	789.27	1	89.08			4	177.78	3	104.47
1976	55	884.88	3	226.01			2	87.03	7	238.45
1977	55	849.14	2	169.36			3	132.18	6	201.14
1978	55	701.91	1	83.32	1	50.34	1	41.14	3	98.10
1979	55	855.62	2	176.14			3	137.57	5	163.52
10年小计		**7839.75**		**1233.93**		**436.55**		**778.26**		**1446.76**
占小计%		**100.00**		**15.74**		**5.57**		**9.93**		**18.45**
1980	55	606.22	1	75.30	1	50.96				
1981	55	682.74	2	141.38					4	130.76
1982	55	665.57	1	74.30	1	54.95			2	69.52
1983	55	742.02	2	132.27			1	43.26	4	130.89
1984	55	1174.19	3	283.93	3	161.88	6	268.60	3	113.20
1985	55	950.79	2	163.31	1	56.34	3	139.02	7	242.95
1986	55	853.25	1	100.56	1	57.37	2	96.72	6	212.89
1987	55	868.50	1	107.59	1	55.05	2	95.03	9	305.81
1988	55	698.31	1	93.37			2	93.15	5	164.67
1989	55	598.16	1	61.92			1	42.48	2	76.07
11年小计		**9942.71**		**1913.12**		**420.76**		**1870.49**		**1513.95**
占小计%		**100.00**		**19.24**		**4.23**		**18.81**		**15.23**
1990	55	990.61	3	256.82			5	222.56	5	181.59
1991	55	932.18	3	230.06			4	176.36	5	181.70
1992	55	1134.52	3	267.32	3	157.38	5	231.46	4	142.89
1993	55	972.62	3	225.97			4	178.67	6	215.35
1994	55	965.36	2	163.00	1	51.00	4	178.54	7	244.73
1995	55	1124.14	3	248.50	2	102.38	7	320.16	3	102.81
1996	55	857.52	2	159.00			4	168.31	4	133.43
1997	55	1023.00	2	174.00			5	225.05	8	279.25
1998	55	648.70			2	110.00	1	42.20	1	32.20
1999	55	613.77	1	63.34			2	80.64		
2000	55	680.29	2	125.11			1	46.54		

合计									
20－30 万担		10－20 万担		5－10 万担		1－5 万担		1 万担以下	
县数（个）	数量（万担）	县数（个）	数量（万担）	县数（个）	数量（万担）	县数（个）	数量（万担）	县数（个）	数量（万担）
	6019.75		**6851.85**		**3118.10**		**1522.53**		**100.36**
	393.98		**899.60**		**668.75**		**425.95**		**42.55**
	13.78		**31.45**		**23.38**		**14.89**		**1.49**
		1	15.20	7	46.47	17	47.70	30	6.00
1	23.90	2	22.52	10	72.12	15	39.90	27	4.70
		7	85.22	9	63.45	16	42.32	23	2.99
1	25.44	6	78.92	11	87.44	13	30.50	24	4.17
1	20.68	6	87.74	11	81.75	16	39.00	21	3.63
		2	20.13	2	15.43	14	31.28	37	7.00
3	69.29	5	69.98	10	82.11	17	43.78	20	2.79
2	44.02	9	116.51	6	40.22	15	45.87	20	3.56
4	92.60	12	167.20	8	52.50	11	31.30	19	3.23
5	118.05	6	91.74	9	67.95	15	38.00	16	1.17
		10	144.44	9	59.31	14	36.30	20	3.31
	1036.67		**1116.14**		**658.22**		**289.72**		**18.93**
	19.42		**20.91**		**12.33**		**5.43**		**0.35**
1	20.71	5	63.81	9	64.94	15	42.67	25	4.47
		4	60.24	12	89.15	14	31.04	24	3.75
2	43.50	6	79.77	11	73.39	14	32.18	21	3.64
6	146.59	6	85.90	11	80.25	14	34.36	15	0.60
9	210.95	6	81.48	9	68.26	12	29.42	17	1.12
4	105.25	14	198.40	4	31.29	10	27.19	16	0.57
4	107.35	11	164.00	9	64.05	5	13.34	16	1.65
2	45.91	12	184.76	7	49.42	5	16.87	17	1.61
8	191.13	5	74.52	10	85.25	10	26.62	15	
6	165.28	9	123.26	8	52.22	12	36.03	16	1.52
	1316.67		**1877.38**		**423.47**		**264.77**		**11.15**
	17.84		**25.44**		**5.74**		**3.59**		**0.15**
9	218.81	9	110.87	8	62.08	9	23.57	17	0.99
6	143.98	12	174.47	9	63.32	9	23.12	16	0.97
5	129.75	17	234.70	5	33.55	12	34.54	14	0.85
5	130.45	14	205.31	5	35.45	7	22.41	16	1.81
5	107.07	12	173.21	5	33.26	7	22.30	14	1.41
5	129.89	15	221.83	5	38.53	8	26.60	14	1.09
4	92.34	12	175.84	5	37.54	9	27.22	13	0.45
3	70.22	14	213.06	4	30.52	11	32.21	12	0.45
7	175.72	13	179.57	6	44.67	9	26.52	14	2.53
5	118.44	12	188.52	6	44.55	10	26.28	12	0.60
	1531.67		**1480.46**		**682.26**		**238.29**		**11.57**
	19.54		**18.88**		**8.70**		**3.04**		**0.15**
9	217.77	11	159.23	8	66.28	14	36.68	11	
7	172.34	11	151.53	8	59.52	10	26.12	13	1.09
9	225.21	9	131.40	10	81.91	11	27.88	12	0.40
7	183.14	10	149.87	11	82.76	8	19.23	12	0.60
5	117.11	10	154.29	6	49.47	8	25.41	11	0.30
5	124.65	10	146.38	7	55.32	9	22.42	11	0.40
6	154.27	9	139.80	11	77.93	7	12.31	12	1.40
3	76.17	11	156.35	7	52.23	8	18.27	13	2.00
4	103.81	9	130.99	11	84.58	10	25.62	13	2.12
7	157.20	11	160.62	10	72.26	9	24.35	14	3.26
	1740.76		**1478.27**		**685.40**		**303.80**		**16.16**
	17.51		**14.87**		**6.89**		**3.06**		**0.16**
7	163.74	5	74.54	11	75.38	8	15.18	11	0.80
5	131.13	9	126.73	10	67.48	8	17.92	11	0.80
5	126.10	10	132.82	7	55.80	7	19.95	11	0.80
5	123.26	11	155.28	8	56.53	8	16.76	10	0.80
8	176.70	6	72.97	8	58.98	7	17.26	12	2.18
6	142.21	9	118.43	9	68.88	8	19.97	8	0.80
7	161.72	8	117.17	12	85.78	11	31.51	7	0.60
5	111.13	11	148.36	7	53.69	10	30.32	7	1.20
8	190.80	10	156.73	10	71.91	14	42.70	9	2.16
6	155.91	15	215.57	7	49.10	17	46.02	7	3.19
11	258.06	10	159.67	6	41.87	18	46.21	7	2.83

6－2－4　续表 2

年度	收购量									
	合计		60 万担以上		50－60 万担		40－50 万担		30－40 万担	
	县数（个）	数量（万担）	县数（个）	数量（万担）	县数（个）	数量（万担）	县数（个）	数量（万担）	县数（个）	数量（万担）
52 年合计		**29610.82**		**4031.34**		**1313.39**		**3011.32**		**4390.01**
11 年小计		**2297.81**				**105.49**		**87.00**		**66.19**
占小计%		**100.00**				**4.59**		**3.79**		**2.88**
1949	55	65.83								
1950	55	76.78								
1951	55	117.77								
1952	55	178.29								
1953	55	189.77								
1954	55	58.32								
1955	55	216.45								
1956	55	301.30					1	44.30		
1957	55	376.11			1	51.26				
1958	55	431.95			1	54.23			2	66.19
1959	55	285.24					1	42.70		
10 年小计		**5111.82**		**697.61**		**215.75**		**571.99**		**669.18**
占小计%		**100.00**		**13.65**		**4.22**		**11.19**		**13.09**
1960	55	176.90								
1961	55	193.25							1	32.49
1962	55	240.65							1	32.51
1963	55	459.48			1	56.70			2	67.28
1964	55	484.99	1	61.72			1	42.51		
1965	55	687.02	2	159.45			2	87.39	3	96.79
1966	55	817.25	2	172.25	1	50.67	3	135.45	4	131.54
1967	55	800.58	2	156.29	1	50.12	2	82.56	6	205.19
1968	55	715.83	2	147.90			3	141.40	2	70.72
1969	55	535.87			1	58.26	2	82.68	1	32.66
10 年小计		**7160.68**		**969.32**		**227.12**		**857.71**		**1310.22**
占小计%		**100.00**		**13.54**		**3.17**		**11.98**		**18.30**
1970	55	535.94			1	57.08			3	104.87
1971	55	522.03					2	92.54	1	37.27
1972	55	505.69			1	53.98			1	38.09
1973	55	740.18	1	79.57	1	56.43	2	88.21	4	135.13
1974	55	889.31	2	162.65	1	59.63	3	138.17	6	211.17
1975	55	756.53	1	87.24			3	135.80	3	110.24
1976	55	859.76	3	222.07			2	86.14	6	204.98
1977	55	827.91	2	165.32			3	131.37	6	198.91
1978	55	682.56	1	80.48			1	47.97	4	137.07
1979	55	840.77	2	171.99			3	137.51	4	132.49
10 年小计		**7377.57**		**1128.43**		**478.46**		**660.81**		**1120.88**
占小计%		**100.00**		**15.30**		**6.49**		**8.96**		**15.19**
1980	55	613.56	1	75.17	1	50.94				
1981	55	690.55	2	140.67					4	134.38
1982	55	651.28	1	73.41	1	53.9			3	100.97
1983	55	689.50	1	68.85	1	57.31	1	41.58	3	94.66
1984	55	1138.11	3	278.18	3	159.12	5	222.25	4	144.50
1985	55	867.67	2	153.34	1	55.56	2	87.51	4	141.54
1986	55	774.17	1	95.12	1	50.77	3	132.02	4	133.57
1987	55	798.81	1	102.60	1	50.86	2	90.98	5	171.97
1988	55	633.38	1	80.23			2	86.47	3	97.27
1989	55	520.54	1	60.86					3	102.02
11 年小计		**7662.94**		**1235.98**		**286.57**		**833.81**		**1223.54**
占小计%		**100.00**		**16.13**		**3.74**		**10.88**		**15.97**
1990	55	939.44	3	246.26			5	220.69	4	135.11
1991	55	912.61	3	224.29			3	127.99	6	205.85
1992	55	1081.29	3	246.59	1	51.59	7	309.83	3	104.36
1993	55	724.04	1	80.56	1	59.50	1	48.53	4	130.53
1994	55	693.24	1	62.35	1	58.84	1	44.63	2	62.89
1995	55	920.48	2	167.98	1	58.40	1	40.14	9	315.06
1996	55	655.00	2	138.95					1	39.30
1997	55	694.14	1	69.00	1	58.24			4	130.28
1998	55	422.90					1	42.00	1	36.00
1999	55	292.93							1	30.52
2000	55	326.87							1	33.64

合计									
20－30 万担		10－20 万担		5－10 万担		1－5 万担		1 万担以下	
县数（个）	数量（万担）	县数（个）	数量（万担）	县数（个）	数量（万担）	县数（个）	数量（万担）	县数（个）	数量（万担）
	5527.70		**6527.82**		**3210.71**		**1469.33**		**129.20**
	320.59		**774.78**		**552.73**		**354.72**		**36.31**
	13.95		**33.72**		**24.05**		**15.44**		**1.58**
		1	14.65	2	13.45	12	35.32	40	2.41
				6	41.10	11	33.62	38	2.06
		2	21.88	10	72.70	8	21.64	35	1.55
1	20.82	5	74.29	8	59.50	8	21.01	33	2.67
		6	85.99	10	66.03	13	33.26	26	4.49
				3	21.63	14	29.45	38	7.24
2	48.05	5	68.59	9	60.34	15	36.15	24	3.32
2	54.50	8	107.88	9	60.57	12	30.39	23	3.66
3	70.99	12	165.84	7	50.63	12	35.17	20	2.22
4	100.30	8	116.25	8	58.01	12	33.50	20	3.47
1	25.93	9	119.41	7	48.77	16	45.21	21	3.22
	1004.23		**1015.58**		**629.50**		**280.15**		**27.83**
	19.65		**19.87**		**12.31**		**5.48**		**0.54**
		4	59.81	10	72.65	15	41.02	26	3.42
		4	56.54	10	67.46	14	33.32	26	3.44
1	20.52	7	91.18	8	53.36	12	36.91	26	6.17
6	143.23	6	82.76	11	77.30	11	28.88	18	3.33
9	209.64	5	69.31	9	69.56	11	29.54	19	2.71
4	104.49	13	177.55	5	37.36	8	21.71	18	2.28
4	102.85	10	143.85	8	59.46	7	19.95	16	1.23
3	74.03	12	175.19	6	38.63	6	17.41	17	1.16
8	184.71	5	70.70	10	78.87	8	19.57	17	1.96
6	164.76	6	88.69	10	74.85	12	31.84	17	2.13
	1223.79		**1868.83**		**454.87**		**227.35**		**21.47**
	17.09		**26.10**		**6.35**		**3.17**		**0.30**
8	190.33	8	96.75	9	66.31	8	18.24	18	2.36
5	126.30	12	177.67	10	67.69	8	18.79	17	1.77
4	108.64	16	226.65	7	51.24	10	25.63	16	1.46
4	108.94	14	207.42	6	44.15	6	18.13	17	2.20
2	45.24	15	225.03	4	26.23	6	19.14	16	2.05
6	151.03	14	202.21	5	41.09	8	27.16	15	1.76
4	99.38	13	188.14	4	30.53	8	26.63	15	1.89
3	69.68	13	196.48	5	38.78	7	23.70	16	3.67
7	173.35	12	167.98	7	50.42	8	22.99	15	2.30
6	150.90	12	180.50	5	38.43	9	26.94	14	2.01
	1642.75		**1355.33**		**718.88**		**252.88**		**19.15**
	22.27		**18.37**		**9.74**		**3.43**		**0.26**
9	223.34	12	170.16	7	57.54	10	33.39	15	3.02
7	179.75	11	152.62	8	57.97	9	23.58	14	1.58
9	211.08	6	88.63	12	97.92	11	24.98	12	0.39
6	159.46	10	156.30	12	89.88	8	19.97	13	1.49
5	117.66	10	143.32	6	47.91	8	24.88	11	0.29
8	205.99	9	127.91	9	73.48	9	21.95	11	0.39
6	142.26	8	123.20	9	66.17	8	28.03	15	3.03
7	183.57	7	101.29	10	74.86	8	21.17	14	1.51
6	152.46	8	108.60	11	80.91	8	23.99	16	3.45
3	67.18	12	183.30	9	72.24	10	30.94	17	4.00
	1336.34		**1513.30**		**854.73**		**354.23**		**24.44**
	17.44		**19.75**		**11.15**		**4.62**		**0.32**
4	96.14	12	177.79	6	39.79	8	21.20	13	2.46
6	156.48	9	113.12	9	67.38	7	15.96	12	1.54
4	110.57	14	204.28	4	32.95	7	19.45	12	1.67
5	120.54	12	181.79	9	73.55	11	27.51	11	1.53
10	254.82	7	100.78	10	81.32	9	24.15	14	3.46
3	75.00	11	161.24	10	79.26	8	20.91	10	2.49
8	202.73	10	148.28	12	87.88	14	36.44	8	1.42
6	149.82	11	166.22	12	85.82	13	33.74	7	1.02
2	54.02	9	121.16	18	131.25	16	37.02	8	1.45
2	47.21	6	84.30	9	59.33	23	67.58	14	3.99
3	69.01	4	54.34	16	116.20	16	50.27	15	3.41

6－2－5　安徽省产棉县历年棉花

年　度	面　积									
	合　计		60万亩以上		50－60万亩		40－50万亩		30－40万亩	
	县数（个）	数量（万亩）	县数（个）	数量（万亩）	县数（个）	数量（万亩）	县数（个）	数量（万亩）	县数（个）	数量（万亩）
52年合计		**19153.23**				**153.20**		**334.99**		**999.44**
11年小计		**2721.86**						**121.24**		**166.27**
占小计%		**100.00**						**4.45**		**6.11**
1949	44	188.64								
1950	44	189.44								
1951	44	212.70								
1952	44	265.13							1	37.01
1953	44	269.66								
1954	44	201.88								
1955	44	248.22							1	30.26
1956	44	279.29					1	40.93	1	36.67
1957	44	239.65								
1958	44	297.13					1	40.10	1	31.05
1959	44	330.12					1	40.21	1	31.28
10年小计		**2451.47**								**105.24**
占小计%		**100.00**								**4.29**
1960	44	268.58							2	72.21
1961	44	143.70								
1962	44	144.86								
1963	44	193.44								
1964	44	213.61								
1965	44	285.11							1	33.03
1966	44	322.09								
1967	44	319.15								
1968	44	298.00								
1969	44	262.93								
10年小计%		**4322.54**								
占小计%		**100.00**								
1970	44	407.91								
1971	44	400.15								
1972	44	422.63								
1973	44	450.91								
1974	44	461.43								
1975	44	442.31								
1976	44	442.60								
1977	44	449.95								
1978	44	437.51								
1979	44	407.14								
10年小计		**3914.16**								
占小计%		**100.00**								
1980	44	441.25								
1981	44	452.25								
1982	44	454.73								
1983	44	442.43								
1984	44	460.10								
1985	44	325.79								
1986	44	287.70								
1987	44	318.05								
1988	44	378.66								
1989	44	353.20								
11年小计		**5743.20**				**153.20**		**213.75**		**727.93**
占小计%		**100.00**				**2.67**		**3.72**		**12.67**
1990	44	418.48								
1991	44	567.79					1	40.00	5	170.72
1992	44	583.31					1	40.53	5	164.79
1993	44	488.96							3	100.26
1994	44	598.18					1	40.00	5	165.88
1995	44	642.12					1	47.22	3	91.28
1996	44	536.58			1	50.00				
1997	44	509.79					1	46.00		
1998	44	516.67			1	50.00				
1999	44	416.33							1	35.00
2000	44	464.99			1	53.20				

合计									
20－30 万亩		10－20 万亩		5－10 万亩		1－5 万亩		1 万亩以下	
县数（个）	数量（万亩）	县数（个）	数量（万亩）	县数（个）	数量（万亩）	县数（个）	数量（万亩）	县数（个）	数量（万亩）
	2263.90		**8962.29**		**4432.01**		**1976.07**		**31.34**
	85.24		**1148.38**		**810.10**		**375.88**		**14.75**
	3.13		**42.19**		**29.76**		**13.81**		**0.54**
		6	79.60	10	80.95	12	26.29	16	1.80
		5	67.61	11	88.38	13	31.99	15	1.46
		7	92.00	11	84.90	13	34.26	13	1.54
		8	114.86	10	76.64	14	35.80	11	0.82
1	28.07	9	133.51	9	70.52	14	36.60	11	0.96
		6	86.04	11	77.05	17	38.79	10	
		8	106.84	10	73.20	14	36.74	11	1.18
		7	96.64	8	62.17	16	42.16	11	0.72
2	57.17	6	71.76	9	72.03	13	35.59	14	3.10
		9	121.35	9	70.17	11	32.16	13	2.30
		13	178.17	7	54.09	11	25.50	11	0.87
	288.77		**917.49**		**757.14**		**368.12**		**14.71**
	11.78		**37.43**		**30.89**		**15.02**		**0.60**
		6	80.07	10	75.66	15	40.03	11	0.61
1	20.51	1	17.54	8	53.93	18	46.72	16	5.00
		2	27.55	10	68.23	17	45.04	15	4.04
1	27.88	3	41.41	11	82.18	17	40.64	12	1.33
1	24.98	5	65.19	12	85.33	13	36.15	13	1.96
		12	155.57	9	68.34	12	27.80	10	0.37
4	97.26	9	119.98	10	69.94	11	34.23	10	0.68
3	67.20	11	146.71	10	70.38	11	34.86	9	
1	26.34	11	152.50	12	86.01	11	33.15	9	
1	24.60	9	110.97	14	97.14	10	29.50	10	0.72
	258.61		**2862.57**		**826.50**		**374.86**		
	5.98		**66.22**		**19.12**		**8.67**		
1	28.25	20	248.68	13	93.63	10	37.35		
1	26.50	19	240.10	11	87.68	13	45.87		
1	26.37	22	282.21	10	75.02	11	39.03		
1	26.29	22	306.85	12	87.03	9	30.74		
1	26.23	23	322.60	11	79.86	9	32.74		
1	26.10	22	295.37	11	81.72	10	39.12		
1	26.03	21	288.00	12	90.19	10	38.38		
1	26.45	23	313.05	11	76.92	9	33.53		
1	25.77	22	291.36	11	82.26	10	38.12		
1	20.62	22	274.35	10	72.19	11	39.98		
	429.19		**2014.87**		**985.15**		**484.95**		
	10.97		**51.48**		**25.17**		**12.39**		
2	50.01	19	256.06	13	96.17	10	39.01		
2	47.23	22	294.71	11	75.62	9	34.69		
2	46.80	20	278.81	13	96.14	9	32.98		
3	70.29	19	242.17	12	92.03	10	37.94		
2	51.36	21	283.19	13	96.60	8	28.95		
2	44.60	8	98.52	17	120.26	17	62.41		
		8	109.94	16	109.61	20	68.15		
1	20.00	9	128.30	16	111.63	18	58.12		
3	72.22	9	143.15	15	108.09	17	55.20		
1	26.68	12	180.02	11	79.00	20	67.50		
	1202.09		**2018.98**		**1053.12**		**372.25**		**1.88**
	20.93		**35.15**		**18.34**		**6.48**		**0.03**
4	92.19	12	180.52	12	89.19	16	56.58		
4	92.85	9	127.83	12	89.11	13	47.28		
3	73.05	14	190.62	12	84.47	9	29.85		
3	70.04	11	160.08	17	126.81	9	30.99	1	0.78
3	73.16	16	220.48	11	74.06	7	24.05	1	0.55
8	197.20	16	222.12	9	60.94	6	22.81	1	0.55
9	192.70	13	166.00	14	101.88	7	26.00		
6	131.19	15	194.41	14	105.99	8	32.20		
5	111.61	17	222.59	14	102.76	7	29.71		
3	67.10	12	159.33	19	121.55	9	33.35		
4	101.00	13	175.00	14	96.36	11	39.43	1	

年度	产量									
	合计		60万担以上		50-60万担		40-50万担		30-40万担	
	县数（个）	数量（万担）	县数（个）	数量（万担）	县数（个）	数量（万担）	县数（个）	数量（万担）	县数（个）	数量（万担）
52年合计		**13417.39**		**283.85**		**205.42**		**333.79**		**725.77**
11年小计		**602.40**								
占小计%		**100.00**								
1949	44	27.81								
1950	44	27.44								
1951	44	40.08								
1952	44	58.61								
1953	44	49.91								
1954	44	20.96								
1955	44	57.77								
1956	44	47.62								
1957	44	74.47								
1958	44	97.78								
1959	44	99.94								
10年小计		**1111.74**								
占小计%		**100.00**								
1960	44	61.69								
1961	44	34.80								
1962	44	27.68								
1963	44	51.11								
1964	44	104.86								
1965	44	158.43								
1966	44	186.77								
1967	44	175.73								
1968	44	188.12								
1969	44	122.55								
10年小计		**2372.89**								
占小计%		**100.00**								
1970	44	203.34								
1971	44	183.82								
1972	44	241.73								
1973	44	292.91								
1974	44	309.33								
1975	44	258.58								
1976	44	258.48								
1977	44	232.66								
1978	44	211.21								
1979	44	180.83								
10年小计		**3273.09**						**40.19**		**128.54**
占小计%		**100.00**						**1.23**		**3.93**
1980	44	229.53								
1981	44	292.70								
1982	44	295.92								
1983	44	356.97					1	40.19		
1984	44	436.26							2	65.88
1985	44	309.00								
1986	44	302.95								
1987	44	342.82								
1988	44	391.04							2	62.66
1989	44	315.89								
11年小计		**6057.27**		**283.85**		**205.42**		**293.60**		**597.23**
占小计%		**100.00**		**4.69**		**3.39**		**4.85**		**9.86**
1990	44	453.68								
1991	44	503.14					1	46.70	3	96.20
1992	44	488.26							3	98.86
1993	44	483.10					1	40.00	3	92.71
1994	44	527.96			2	101.00	1	40.00		
1995	44	732.76	1	71.60			1	41.70	4	131.19
1996	44	575.41	1	72.14			1	40.20		
1997	44	640.62	1	70.55			1	45.00	1	36.58
1998	44	599.37			1	52.36	1	40.00	1	38.61
1999	44	455.14			1	52.06				
2000	44	597.83	1	69.56					3	103.08

合计									
20－30万担		10－20万担		5－10万担		1－5万担		1万担以下	
县数（个）	数量（万担）	县数（个）	数量（万担）	县数（个）	数量（万担）	县数（个）	数量（万担）	县数（个）	数量（万担）
	2082.62		**3634.34**		**3553.64**		**2468.93**		**129.03**
			55.78		**112.36**		**366.73**		**67.53**
			9.26		**18.65**		**60.88**		**11.21**
						14	22.73	30	5.08
						8	16.78	36	10.66
						20	35.04	24	5.04
		1	10.75	1	6.01	17	35.48	25	6.37
				2	12.96	16	30.54	26	6.41
						5	11.56	39	9.40
				2	15.46	18	36.33	24	5.98
				2	13.13	13	27.91	29	6.58
				5	32.22	15	37.36	24	4.89
		2	22.88	2	13.17	19	57.76	21	3.97
		2	22.15	3	19.41	21	55.24	18	3.14
			343.58		**336.76**		**385.78**		**45.62**
			30.90		**30.29**		**34.70**		**4.10**
		1	12.00	1	9.00	17	34.87	25	5.82
						12	26.44	32	8.36
						10	19.22	34	8.46
				3	20.46	11	23.21	30	7.44
		3	31.06	4	29.74	16	39.00	21	5.06
		4	58.97	8	55.36	15	40.82	17	3.28
		6	82.78	7	52.20	18	49.98	13	1.81
		5	60.85	10	69.24	18	44.02	11	1.62
		6	86.68	7	45.24	21	55.82	10	0.38
		1	11.24	8	55.52	21	52.40	14	3.39
	44.78		**563.31**		**1021.13**		**736.72**		**6.95**
	1.89		**23.74**		**43.03**		**31.05**		**0.29**
		1	14.73	15	103.11	28	85.50		
		3	36.29	11	68.71	27	76.63	3	2.19
		6	74.73	14	98.16	22	67.24	2	1.60
1	21.37	6	78.43	17	128.54	20	64.57		
		9	112.39	21	154.36	14	42.58		
1	23.41	4	42.63	18	131.13	21	61.41		
		6	75.80	15	106.87	23	75.81		
		5	56.20	12	89.95	26	85.58	1	0.93
		2	23.01	15	103.37	27	84.83		
		4	49.10	5	36.93	32	92.57	3	2.23
	583.39		**992.21**		**903.08**		**620.69**		**4.99**
	17.82		**30.31**		**27.59**		**18.96**		**0.15**
1	23.62	3	34.56	15	103.15	24	67.53	1	0.67
1	26.52	7	90.81	15	111.91	20	62.68	1	0.78
2	51.79	7	93.02	11	78.03	23	72.46	1	0.62
1	27.84	8	106.73	17	130.08	16	51.60	1	0.53
2	42.88	13	175.40	15	108.68	12	43.42		
2	44.00	7	105.17	13	88.22	22	71.61		
2	42.77	9	130.97	10	62.03	23	67.18		
6	134.17	4	60.20	14	91.11	20	57.34		
5	122.37	4	61.13	13	86.56	19	57.68	1	0.64
3	67.43	9	134.22	7	43.30	23	69.19	2	1.75
	1454.45		**1679.46**		**1180.31**		**359.01**		**3.94**
	24.01		**27.73**		**19.49**		**5.93**		**0.07**
8	197.81	8	111.90	16	109.75	11	33.44	1	0.78
8	188.55	4	56.69	11	69.44	16	44.67	1	0.89
5	127.33	7	98.85	19	131.45	9	30.90	1	0.87
4	93.09	9	111.60	16	111.30	10	33.60	1	0.80
2	49.78	12	188.78	17	122.40	9	25.80	1	0.20
9	224.60	11	158.40	10	79.27	7	25.60	1	0.40
5	122.08	14	200.00	16	120.23	7	20.76		
4	89.11	17	261.01	15	118.38	5	19.99		
3	80.46	17	242.72	15	118.67	6	26.55		
4	100.57	11	157.64	13	91.86	15	53.01		
7	181.07	7	91.87	13	107.56	12	44.69	1	

年　度	收						购			量
	合　计		60万担以上		50－60万担		40－50万担		30－40万担	
	县数（个）	数量（万担）	县数（个）	数量（万担）	县数（个）	数量（万担）	县数（个）	数量（万担）	县数（个）	数量（万担）
52年合计		**10360.72**				**161.68**		**266.88**		**518.61**
11年小计		**371.76**								
占小计%		**100.00**								
1949	44	8.07								
1950	44	7.87								
1951	44	16.41								
1952	44	26.12								
1953	44	22.23								
1954	44	10.21								
1955	44	31.04								
1956	44	31.50								
1957	44	52.06								
1958	44	81.83								
1959	44	84.42								
10年小计		**927.48**								
占小计%		**100.00**								
1960	44	45.94								
1961	44	26.75								
1962	44	22.76								
1963	44	42.09								
1964	44	75.01								
1965	44	139.30								
1966	44	166.37								
1967	44	149.08								
1968	44	158.75								
1969	44	101.43								
10年小计		**2154.15**								
占小计%		**100.00**								
1970	44	160.77								
1971	44	147.75								
1972	44	212.33								
1973	44	260.80								
1974	44	287.55								
1975	44	239.42								
1976	44	239.10								
1977	44	221.73								
1978	44	207.59								
1979	44	177.10								
10年小计		**2978.82**						**45.23**		**167.25**
占小计%		**100.00**						**1.52**		**5.61**
1980	44	235.74								
1981	44	275.18								
1982	44	290.92							1	33.71
1983	44	325.09					1	45.23	1	30.14
1984	44	375.73							2	70.46
1985	44	294.55								
1986	44	286.97								
1987	44	325.36								
1988	44	329.66							1	32.94
1989	44	239.62								
11年小计		**3928.51**				**161.68**		**221.65**		**351.36**
占小计%		**100.00**				**4.12**		**5.64**		**8.94**
1990	44	381.67								
1991	44	435.80							2	69.00
1992	44	396.46							3	102.42
1993	44	331.82					1	46.25	2	70.76
1994	44	402.94			1	50.26	1	46.80		
1995	44	450.73			1	55.60	1	42.70		
1996	44	310.26					1	45.43	1	37.20
1997	44	349.85			1	55.82				
1998	44	377.28					1	40.47	1	34.20
1999	44	224.40								
2000	44	267.29							1	37.78

合计									
20－30万担		10－20万担		5－10万担		1－5万担		1万担以下	
县数（个）	数量（万担）	县数（个）	数量（万担）	县数（个）	数量（万担）	县数（个）	数量（万担）	县数（个）	数量（万担）
	863.89		**2693.97**		**3201.43**		**2514.34**		**139.93**
			31.52		**65.71**		**224.83**		**49.70**
			8.48		**17.68**		**60.48**		**13.37**
						4	6.51	40	1.56
						4	5.97	40	1.90
						7	12.25	37	4.16
				1	6.70	8	15.52	35	3.90
						8	16.37	36	5.86
						2	4.10	42	6.11
				1	5.00	10	17.90	33	8.14
				1	6.90	10	19.59	33	5.01
				3	17.58	12	27.65	29	6.83
		2	20.72	1	6.83	20	51.71	21	2.57
		1	10.80	3	22.70	20	47.26	20	3.66
			273.50		**322.84**		**278.24**		**52.90**
			29.49		**34.81**		**30.00**		**5.70**
		1	10.50			13	28.10	30	7.34
						11	21.06	33	5.69
						8	15.43	36	7.33
				3	20.61	6	13.34	35	8.14
		1	10.23	5	32.83	13	26.25	25	5.70
		4	55.66	7	46.55	13	33.30	20	3.79
		6	79.04	8	55.82	14	29.02	16	2.49
		4	47.35	10	69.31	13	28.30	17	4.12
		5	70.72	7	46.22	16	37.54	16	4.27
				7	51.50	20	45.90	17	4.03
			454.12		**944.47**		**742.58**		**12.97**
			21.08		**43.84**		**34.47**		**0.60**
		1	12.50	11	73.38	28	73.07	4	1.82
				9	63.68	30	80.87	5	3.20
		4	46.08	13	94.52	25	70.93	2	0.80
		4	56.72	18	135.08	22	69.00		
		7	86.34	22	157.43	15	43.78		
		4	53.52	14	104.06	25	80.88	1	0.96
		6	69.89	15	102.29	22	66.03	1	0.89
		5	55.59	11	80.53	26	83.93	2	1.68
		2	23.74	14	96.14	27	86.76	1	0.95
		4	49.74	5	37.36	31	87.33	4	2.67
	421.67		**909.28**		**803.10**		**616.40**		**15.89**
	14.16		**30.52**		**26.96**		**20.69**		**0.53**
1	22.19	3	36.18	14	100.98	25	75.77	1	0.62
1	26.42	7	85.64	14	102.63	21	59.96	1	0.53
1	23.94	5	74.12	11	86.16	25	72.14	1	0.85
		7	94.98	12	86.19	21	67.15	2	1.40
1	21.41	8	111.37	15	109.56	18	62.93		
3	67.17	7	97.41	9	59.77	23	69.05	2	1.15
2	45.30	7	102.98	13	86.42	18	49.85	4	2.42
5	120.48	6	81.79	11	71.05	19	50.81	3	1.23
3	71.93	6	103.88	10	65.95	19	52.41	5	2.55
1	22.83	8	120.93	5	34.39	21	56.33	9	5.14
	442.22		**1025.55**		**1065.30**		**652.28**		**8.47**
	11.26		**26.11**		**27.12**		**16.60**		**0.22**
4	106.26	9	136.34	10	72.24	20	66.23	1	0.60
6	154.46	6	85.63	12	75.56	15	48.77	3	2.38
		9	131.52	16	112.31	15	49.63	1	0.58
		6	82.71	12	73.41	20	56.28	3	2.41
1	25.60	8	113.24	18	123.58	14	43.25	1	0.21
1	27.20	12	167.87	18	120.95	9	35.30	2	1.11
1	25.20	2	23.24	15	100.15	23	78.21	1	0.83
2	54.40	5	65.88	14	97.94	22	75.81		
1	23.60	9	116.30	14	100.35	18	62.36		
1	25.50	2	27.37	16	97.94	25	73.59		
		6	75.45	14	90.86	21	62.85	2	0.35

6－2－6　四川省产棉县历年棉花

年　度	面积									
	合　　计		60 万亩以上		50－60 万亩		40－50 万亩		30－40 万亩	
	县数（个）	数量（万亩）	县数（个）	数量（万亩）	县数（个）	数量（万亩）	县数（个）	数量（万亩）	县数（个）	数量（万亩）
52 年合计		**13166.01**				**607.64**		**1833.40**		**599.23**
11 年小计		**2827.55**				**334.18**		**349.46**		**71.16**
占小计%		**100.00**				**11.82**		**12.36**		**2.52**
1949	20	135.05								
1950	20	145.31								
1951	20	221.29					1	44.73		
1952	20	243.43					1	46.34		
1953	20	240.35					1	47.41	1	31.34
1954	20	269.85			1	51.15	1	41.34		
1955	20	293.90			1	58.70	1	40.75		
1956	20	296.52			1	55.20	1	41.36		
1957	20	314.27			1	56.58	1	43.72		
1958	20	314.86			1	56.10	1	43.81		
1959	20	352.72			1	56.45			1	39.82
10 年小计		**3057.43**				**273.46**		**623.77**		**37.62**
占小计%		**100.00**				**8.94**		**20.40**		**1.23**
1960	20	314.43			1	52.72	1	42.48		
1961	20	282.41					2	86.89		
1962	20	266.47					1	49.72	1	37.62
1963	20	303.15			1	57.64	1	44.00		
1964	20	323.97			1	58.22	1	48.58		
1965	20	325.74			1	53.54	1	45.73		
1966	20	314.04			1	51.34	1	42.54		
1967	20	316.40					2	89.99		
1968	20	310.92					2	88.73		
1969	20	299.90					2	85.11		
10 年小计		**3131.61**						**775.12**		**79.91**
占小计%		**100.00**						**24.75**		**2.55**
1970	20	310.71					2	86.73		
1971	20	308.79					2	85.49		
1972	20	307.13					2	85.90		
1973	20	311.14					2	85.73		
1974	20	313.13					2	85.73		
1975	20	312.34					2	85.30		
1976	20	323.03					2	85.09		
1977	20	321.78					2	85.56		
1978	20	312.38					1	45.21	1	39.95
1979	20	311.18					1	44.38	1	39.96
10 年小计		**2183.53**						**85.05**		**243.94**
占小计%		**100.00**						**3.90**		**11.17**
1980	20	313.25					1	44.07	1	38.80
1981	20	298.46					1	40.98	1	37.30
1982	20	204.58							1	32.31
1983	20	203.52							1	34.44
1984	20	239.08							1	39.25
1985	20	193.23							1	30.70
1986	20	180.46								
1987	20	177.47								
1988	20	201.31							1	31.14
1989	20	172.17								
11 年小计		**1965.89**								**166.60**
占小计%		**100.00**								**8.47**
1990	20	182.99							1	31.37
1991	20	212.78							1	34.03
1992	20	224.05							1	36.90
1993	20	186.61								
1994	20	182.72								
1995	20	201.02							1	32.30
1996	20	208.97							1	32.00
1997	20	193.06								
1998	20	171.09								
1999	20	123.30								
2000	20	79.30								

面积、产量、收购量分类

合计									
20－30万亩		10－20万亩		5－10万亩		1－5万亩		1万亩以下	
县数（个）	数量（万亩）	县数（个）	数量（万亩）	县数（个）	数量（万亩）	县数（个）	数量（万亩）	县数（个）	数量（万亩）
	1496.86		**6464.05**		**1710.22**		**442.64**		**11.97**
	327.66		**1225.23**		**404.55**		**114.61**		**0.70**
	11.59		**43.33**		**14.31**		**4.05**		**0.02**
1	20.77	5	63.68	5	35.32	5	14.93	4	0.35
2	49.06	3	37.18	6	44.59	5	14.13	4	0.35
1	29.57	8	115.79	3	17.60	4	13.60	3	
1	27.49	8	117.01	5	37.99	4	14.60	1	
		8	114.55	4	29.26	5	17.79	1	
		8	123.45	5	38.92	4	14.99	1	
1	20.93	7	112.07	7	54.83	2	6.62	1	
1	21.92	9	135.92	5	35.16	2	6.96	1	
1	22.83	9	145.17	5	38.22	2	7.75	1	
1	23.18	9	141.98	6	46.55	1	3.24	1	
5	111.91	8	118.43	4	26.11			1	
	296.39		**1503.95**		**254.70**		**64.03**		**3.51**
	9.69		**49.19**		**8.33**		**2.09**		**0.11**
2	42.49	11	155.35	2	12.60	2	8.79	1	
		9	146.24	5	38.55	3	10.73	1	
1	20.04	8	118.70	3	22.99	4	17.01	2	0.39
2	43.58	9	132.42	2	11.05	4	14.46	1	
3	64.92	8	123.01	4	25.03	1	3.87	2	0.34
2	42.70	10	153.53	4	25.80	1	4.23	1	0.21
1	21.33	11	168.51	4	25.31	1	4.94	1	0.07
1	20.68	12	178.13	4	26.76			1	0.84
1	20.38	11	166.28	5	34.67			1	0.86
1	20.27	11	161.78	5	31.94			1	0.80
	204.16		**1793.42**		**279.00**				
	6.52		**57.27**		**8.91**				
1	20.02	11	167.69	5	36.27			1	
1	20.01	12	176.60	4	26.69			1	
1	20.02	12	174.24	4	26.97			1	
1	20.00	12	178.61	4	26.80			1	
1	20.89	12	180.45	4	26.06			1	
1	20.92	12	180.08	4	26.04			1	
1	21.00	13	194.96	3	21.98			1	
1	20.93	13	194.18	3	21.11			1	
1	20.33	11	168.35	5	38.54			1	
1	20.04	12	178.26	4	28.54			1	
	326.46		**1079.10**		**337.42**		**109.26**		**2.30**
	14.95		**49.42**		**15.45**		**5.00**		**0.11**
1	20.00	13	188.46	3	21.92			1	
1	20.00	11	161.12	4	35.16	1	3.90	1	
1	24.22	10	118.25	3	17.09	4	12.71	1	
1	24.24	9	108.57	3	20.33	5	15.94	1	
1	28.78	9	126.79	4	32.26	4	12.00	1	
1	25.10	6	77.29	6	47.59	4	12.09	2	0.46
2	52.67	6	73.05	6	43.57	4	10.87	2	0.30
2	53.01	6	70.58	5	37.00	5	16.62	2	0.26
1	25.40	7	91.08	6	44.00	3	9.38	2	0.31
2	53.04	5	63.91	5	38.50	5	15.75	3	0.97
	342.19		**862.35**		**434.55**		**154.74**		**5.46**
	17.41		**43.87**		**22.10**		**7.87**		**0.28**
1	24.40	7	81.66	6	37.78	3	6.80	2	0.98
1	26.70	8	105.33	5	33.38	5	13.34		
2	47.76	6	80.11	7	47.27	4	12.01		
2	49.87	7	90.95	4	26.28	7	19.51		
2	49.85	7	92.00	3	22.50	6	17.07	2	1.30
1	24.00	7	96.72	4	28.13	6	19.44	1	0.43
1	22.40	7	98.00	7	47.72	4	8.85		
2	49.36	7	90.17	7	45.57	4	7.96		
2	47.85	6	72.32	6	37.33	5	13.26	1	0.33
		4	55.09	6	43.59	7	23.20	3	1.42
				10	65.00	7	13.30	3	1.00

年度	产量									
	合计		60万担以上		50-60万担		40-50万担		30-40万担	
	县数（个）	数量（万担）	县数（个）	数量（万担）	县数（个）	数量（万担）	县数（个）	数量（万担）	县数（个）	数量（万担）
52年合计		**8751.02**				**54.26**		**471.64**		**880.05**
11年小计		**856.04**								
占小计%		**100.00**								
1949	20	20.56								
1950	20	34.73								
1951	20	51.62								
1952	20	56.43								
1953	20	59.99								
1954	20	77.44								
1955	20	96.77								
1956	20	79.09								
1957	20	102.35								
1958	20	123.90								
1959	20	153.16								
10年小计		**1595.08**						**43.63**		**203.90**
占小计%		**100.00**						**2.74**		**12.78**
1960	20	62.98								
1961	20	41.57								
1962	20	44.96								
1963	20	102.29								
1964	20	175.11							1	33.33
1965	20	183.59							1	30.69
1966	20	280.60							2	68.87
1967	20	286.76					1	43.63	1	37.45
1968	20	213.38							1	33.56
1969	20	203.84								
10年小计		**2182.49**						**82.43**		**273.12**
占小计%		**100.00**						**3.78**		**12.51**
1970	20	217.96							2	66.46
1971	20	267.83					1	40.34		
1972	20	217.66							1	38.04
1973	20	259.75					1	42.09		
1974	20	200.86							1	32.79
1975	20	217.76							1	33.64
1976	20	142.14								
1977	20	227.34								
1978	20	245.99							2	72.11
1979	20	185.20							1	30.08
10年小计		**1986.61**				**54.26**		**208.72**		**231.92**
占小计%		**100.00**				**2.73**		**10.51**		**11.67**
1980	20	163.10								
1981	20	154.04								
1982	20	161.03							1	31.21
1983	20	209.67					1	40.40	1	31.09
1984	20	309.19			1	54.26	1	44.49	1	30.44
1985	20	228.75					1	41.37	1	36.29
1986	20	200.05					1	40.25		
1987	20	209.79					1	42.21	1	32.86
1988	20	183.15							1	35.40
1989	20	167.84							1	34.63
11年小计		**2130.80**						**136.86**		**171.11**
占小计%		**100.00**						**6.42**		**8.03**
1990	20	228.86					1	41.52		
1991	20	279.78					1	47.46	1	32.60
1992	20	283.61					1	47.88	1	30.88
1993	20	162.47								
1994	20	136.60								
1995	20	219.67							1	38.11
1996	20	230.26							1	37.12
1997	20	211.88								
1998	20	183.82							1	32.40
1999	20	110.16								
2000	20	83.69								

合计									
20－30万担		10－20万担		5－10万担		1－5万担		1万担以下	
县数（个）	数量（万担）	县数（个）	数量（万担）	县数（个）	数量（万担）	县数（个）	数量（万担）	县数（个）	数量（万担）
	1335.04		**3281.01**		**1780.09**		**890.48**		**58.45**
	73.27		**256.26**		**227.15**		**269.90**		**29.46**
	8.56		**29.94**		**26.53**		**31.53**		**3.44**
						9	16.62	11	3.94
			6.51	1	6.51	8	17.41	11	4.30
		1	11.70	1	6.80	9	28.54	9	4.58
		1	12.70	2	12.80	11	28.17	6	2.76
		1	13.53	2	14.75	10	28.16	7	3.55
		2	30.20	3	16.83	10	27.68	5	2.73
1	22.31	1	19.26	5	30.17	9	22.85	4	2.18
		2	32.90	3	16.01	10	27.84	5	2.34
		2	38.78	6	38.37	9	23.80	3	1.40
1	27.60	1	19.92	7	54.52	8	20.18	3	1.68
1	23.36	6	70.76	4	30.39	8	28.65	1	
	209.82		**661.49**		**290.70**		**171.89**		**13.65**
	13.15		**41.47**		**18.22**		**10.78**		**0.86**
				4	30.88	10	28.82	6	3.28
				2	11.51	11	27.60	7	2.46
				2	14.54	10	27.32	8	3.10
1	20.09	2	22.63	6	40.36	6	17.28	5	1.93
1	26.81	6	72.64	4	26.97	5	14.28	3	1.08
1	29.75	6	68.73	6	42.09	5	12.28	1	0.05
1	26.06	11	162.33	2	14.68	3	8.62	1	0.04
1	20.32	9	140.74	5	37.89	2	6.29	1	0.44
1	27.88	8	105.10	4	29.57	5	16.59	1	0.68
2	58.91	7	89.32	6	42.21	4	12.81	1	0.59
	262.40		**935.10**		**519.38**		**110.06**		
	12.02		**42.85**		**23.80**		**5.04**		
		7	91.12	7	50.05	3	10.33	1	
2	48.75	9	134.75	5	36.85	2	7.14	1	
1	29.14	8	99.07	7	43.99	2	7.42	1	
1	28.04	9	136.30	6	45.90	2	7.42	1	
1	24.03	6	74.29	8	58.35	3	11.40	1	
1	29.07	8	103.08	6	41.60	3	10.37	1	
1	21.25	1	17.36	11	84.16	6	19.37	1	
2	56.34	8	110.34	7	54.17	2	6.49	1	
		8	114.93	7	49.72	2	9.23	1	
1	25.78	4	53.86	8	54.59	5	20.89	1	
	277.29		**697.159**		**367.36**		**143.67**		**6.23**
	13.96		**35.09**		**18.49**		**7.23**		**0.31**
1	22.69	5	74.36	7	44.13	6	21.92	1	
2	49.78	2	24.56	7	55.61	7	23.33	2	0.76
1	23.46	4	47.38	5	37.05	6	20.53	3	1.40
1	20.90	5	69.34	5	33.94	4	12.77	3	1.23
3	61.68	6	82.11	4	30.40	2	5.29	2	0.52
1	21.09	7	92.58	4	27.53	4	9.73	2	0.16
1	27.23	7	92.29	4	27.48	4	11.90	3	0.90
		7	94.06	4	27.69	5	12.86	2	0.11
1	23.44	6	76.86	5	35.85	5	11.46	2	0.14
1	27.02	3	43.62	6	47.68	6	13.88	3	1.01
	512.26		**731.00**		**375.50**		**194.96**		**9.11**
	24.04		**34.31**		**17.62**		**9.15**		**0.43**
3	67.46	4	65.98	4	33.52	6	19.40	2	0.98
4	85.23	5	74.73	5	31.85	4	7.91		
4	86.06	5	75.16	4	25.57	5	18.06		
2	44.38	4	54.93	5	39.81	7	21.97	2	1.38
2	44.13	3	35.18	6	40.85	6	14.79	3	1.65
2	42.60	7	103.33	2	13.02	7	22.11	1	0.50
2	44.40	7	104.63	4	26.79	6	17.32		
3	74.79	7	96.40	2	15.51	8	25.18		
1	23.21	5	66.83	5	40.17	7	20.94	1	0.27
		3	43.76	8	48.86	6	15.92	3	1.62
		1	10.07	9	59.55	5	11.36	5	2.71

年　度	收购量									
	合　计		60 万担以上		50 – 60 万担		40 – 50 万担		30 – 40 万担	
	县数（个）	数量（万担）	县数（个）	数量（万担）	县数（个）	数量（万担）	县数（个）	数量（万担）	县数（个）	数量（万担）
52 年合计		**7181.87**						**174.52**		**852.87**
11 年小计		**679.70**								
占小计%		**100.00**								
1949	20	9.57								
1950	20	13.93								
1951	20	30.27								
1952	20	38.16								
1953	20	40.63								
1954	20	65.80								
1955	20	81.55								
1956	20	61.20								
1957	20	91.08								
1958	20	111.57								
1959	20	135.93								
10 年小计		**1440.85**						**43.20**		**231.34**
占小计%		**100.00**						**3.00**		**16.06**
1960	20	55.74								
1961	20	35.72								
1962	20	40.31								
1963	20	89.03								
1964	20	163.66							1	33.27
1965	20	171.29							2	60.70
1966	20	264.62							2	68.92
1967	20	257.27					1	43.20	1	36.36
1968	20	184.10							1	32.09
1969	20	179.11								
10 年小计		**1997.00**						**41.40**		**274.43**
占小计%		**100.00**						**2.07**		**13.74**
1970	20	194.12							2	63.30
1971	20	243.97							1	39.10
1972	20	200.97							1	35.77
1973	20	236.16					1	41.40		
1974	20	184.72							1	32.60
1975	20	201.97							1	33.15
1976	20	128.10								
1977	20	209.45								
1978	20	225.93							2	70.51
1979	20	171.61								
10 年小计		**1695.32**						**47.9**		**275.32**
占小计%		**100.00**						**2.83**		**16.24**
1980	20	148.65								
1981	20	140.25								
1982	20	151.27							1	30.06
1983	20	198.11							2	69.10
1984	20	270.39					1	47.90	1	39.91
1985	20	191.18							2	69.06
1986	20	169.46							1	33.30
1987	20	167.53							1	33.89
1988	20	136.8								
1989	20	121.68								
11 年小计		**1369.00**						**42.02**		**71.78**
占小计%		**100.00**						**3.07**		**5.24**
1990	20	192.02							1	37.04
1991	20	248.67					1	42.02		
1992	20	220.23							1	34.74
1993	20	86.36								
1994	20	70.01								
1995	20	139.29								
1996	20	136.04								
1997	20	121.76								
1998	20	84.6								
1999	20	38.17								
2000	20	31.85								

合计									
20－30万担		10－20万担		5－10万担		1－5万担		1万担以下	
县数（个）	数量（万担）	县数（个）	数量（万担）	县数（个）	数量（万担）	县数（个）	数量（万担）	县数（个）	数量（万担）
	977.40		**2528.60**		**1621.44**		**957.01**		**70.03**
	68.25		**182.64**		**168.64**		**232.24**		**27.92**
	10.04		**26.87**		**24.81**		**34.17**		**4.11**
						4	6.41	16	3.16
				1	5.30	5	5.88	14	2.75
		1	12.13			8	16.66	11	1.48
				1	9.72	10	25.24	9	3.20
		1	11.12	1	5.34	9	20.57	9	3.60
		1	14.93	2	15.72	11	31.84	6	3.31
1	20.59	1	14.97	4	22.42	8	20.09	6	3.48
		2	26.14			11	32.41	7	2.65
		2	36.49	5	29.53	9	22.91	4	2.15
1	26.64	1	19.32	6	42.34	9	21.98	3	1.29
1	21.02	4	47.54	5	38.27	8	28.25	2	0.85
	156.08		**528.26**		**277.42**		**190.75**		**13.80**
	10.83		**36.66**		**19.25**		**13.24**		**0.96**
				3	23.45	9	27.95	8	4.34
				1	5.87	12	28.15	7	1.70
				1	9.02	11	28.66	8	2.63
1	20.14	1	11.00	5	33.32	8	23.12	5	1.45
1	27.27	5	59.36	3	20.43	6	21.36	4	1.97
		5	57.38	6	38.89	5	13.77	2	0.55
1	25.95	11	147.95	2	14.19	3	7.58	1	0.03
		9	130.79	6	41.06	2	5.55	1	0.31
1	26.52	6	71.38	6	39.93	5	13.77	1	0.41
2	56.20	4	50.40	7	51.26	6	20.84	1	0.41
	288.28		**780.75**		**469.00**		**143.14**		
	14.44		**39.10**		**23.49**		**7.17**		
		6	73.03	7	45.01	4	12.78	1	
2	48.28	8	106.22	6	44.02	2	6.35	1	
1	28.82	7	81.61	5	33.88	5	20.89	1	
1	28.03	8	108.58	7	51.29	2	6.86	1	
1	24.03	6	70.07	7	43.65	4	14.37	1	
1	29.04	7	85.09	7	45.51	3	9.18	1	
1	20.55	1	17.26	8	61.24	9	29.05	1	
2	54.82	7	91.32	8	57.32	2	5.99	1	
		7	96.63	6	41.60	4	17.19	1	
2	54.71	4	50.94	7	45.48	6	20.48	1	
	293.56		**519.16**		**378.41**		**173.09**		**7.88**
	17.32		**30.62**		**22.32**		**10.21**		**0.46**
1	21.89	5	69.12	5	30.58	8	27.06	1	
2	48.93	2	22.54	7	49.98	7	18.15	2	0.65
1	23.21	3	35.43	5	38.08	7	23.20	3	1.29
		6	86.16	4	26.24	5	15.70	3	0.91
2	47.88	6	88.38	6	41.24	2	4.68	2	0.40
		5	67.80	5	37.27	5	16.08	3	0.97
1	25.91	5	61.48	4	28.82	6	19.12	3	0.83
1	29.01	3	40.84	7	49.78	5	12.95	3	1.06
2	48.23	3	33.76	5	33.52	8	21.20	2	0.09
2	48.50	1	13.65	6	42.90	6	14.95	5	1.68
	171.23		**517.79**		**327.97**		**217.79**		**20.42**
	12.51		**37.82**		**23.96**		**15.91**		**1.49**
1	23.32	6	94.29	3	21.33	5	14.66	4	1.38
3	71.40	6	95.52	5	32.23	3	6.55	2	0.95
1	27.86	8	121.27	3	17.11	6	19.05	1	0.20
		1	14.73	8	52.06	7	17.26	4	2.31
		2	26.42	2	11.84	12	30.42	4	1.33
1	25.66	4	53.82	5	38.90	7	19.36	3	1.55
1	22.99	3	43.20	7	50.85	6	16.57	3	2.43
		4	53.80	7	49.55	7	17.12	2	1.29
		1	14.74	5	32.70	11	35.68	3	1.48
				1	5.20	14	31.28	5	1.69
				3	16.20	5	9.84	12	5.81

6-2-7 江西省产棉县历年棉花

年度	面积									
	合计		60万亩以上		50-60万亩		40-50万亩		30-40万亩	
	县数（个）	数量（万亩）	县数（个）	数量（万亩）	县数（个）	数量（万亩）	县数（个）	数量（万亩）	县数（个）	数量（万亩）
52年合计		**5921.12**								
11年小计		**701.87**								
占小计%		**100.00**								
1949	25	20.97								
1950	25	31.36								
1951	25	43.80								
1952	25	65.83								
1953	25	56.14								
1954	25	46.89								
1955	25	66.24								
1956	25	87.40								
1957	25	92.05								
1958	25	95.18								
1959	25	96.01								
10年小计		**1061.98**								
占小计%		**100.00**								
1960	25	108.63								
1961	25	76.52								
1962	25	64.31								
1963	25	89.29								
1964	25	106.18								
1965	25	124.02								
1966	25	129.95								
1967	25	123.77								
1968	25	116.13								
1969	25	123.18								
10年小计		**1304.26**								
占小计%		**100.00**								
1970	25	132.85								
1971	25	127.44								
1972	25	132.84								
1973	25	127.60								
1974	25	129.33								
1975	25	124.14								
1976	25	133.58								
1977	25	131.47								
1978	25	136.32								
1979	25	128.69								
10年小计		**1104.44**								
占小计%		**100.00**								
1980	25	140.78								
1981	25	140.78								
1982	25	135.32								
1983	25	108.79								
1984	25	113.72								
1985	25	98.45								
1986	25	89.55								
1987	25	90.13								
1988	25	92.61								
1989	25	94.31								
11年小计		**1748.57**								
占小计%		**100.00**								
1990	25	103.85								
1991	25	163.03								
1992	25	189.90								
1993	25	208.51								
1994	25	229.61								
1995	25	188.61								
1996	25	162.94								
1997	25	152.04								
1998	25	144.41								
1999	25	101.63								
2000	25	104.04								

面积、产量、收购量分类

合　计									
20－30 万亩		10－20 万亩		5－10 万亩		1－5 万亩		1 万亩以下	
县数（个）	数量（万亩）	县数（个）	数量（万亩）	县数（个）	数量（万亩）	县数（个）	数量（万亩）	县数（个）	数量（万亩）
	175.73		**1972.11**		**2543.16**		**1133.90**		**96.22**
			23.71		**357.40**		**289.88**		**30.88**
			3.38		**50.92**		**41.30**		**4.40**
						9	17.30	16	3.67
				1	5.73	12	22.78	12	2.85
				2	10.58	15	31.12	8	2.10
				4	27.19	12	34.89	9	3.75
				3	16.93	13	36.08	9	3.13
				1	5.11	13	39.23	11	2.55
				6	40.69	9	23.48	10	2.07
		1	11.71	7	54.91	7	18.06	10	2.72
		1	12.00	8	60.82	7	17.05	9	2.18
				9	67.15	7	25.02	9	3.01
				9	68.29	9	24.87	7	2.85
			239.23		**645.12**		**155.50**		**22.13**
			22.53		**60.75**		**14.64**		**2.08**
		1	11.20	11	81.61	6	13.82	7	2.00
				8	50.41	8	23.77	9	2.34
				6	34.81	8	26.31	11	3.19
		1	12.99	7	46.59	8	27.15	9	2.56
		2	22.13	11	73.21	5	8.07	7	2.77
		3	36.49	10	75.54	7	10.86	5	1.13
		3	39.24	10	77.67	7	11.11	5	1.93
		3	37.65	10	74.42	6	9.09	6	2.61
		3	35.81	9	64.77	8	14.32	5	1.23
		2	43.72	9	66.09	6	11.00	6	2.37
			452.23		**699.60**		**136.07**		**16.36**
			34.67		**53.64**		**10.43**		**1.25**
		4	51.49	9	67.96	6	11.47	6	1.93
		4	49.91	9	67.93	4	6.49	8	3.11
		5	61.18	8	58.48	7	11.58	5	1.60
		4	46.38	9	67.61	6	11.20	6	2.41
		3	37.23	10	77.56	8	13.76	4	0.78
		3	37.54	10	72.61	7	12.35	5	1.64
		4	47.92	9	67.37	9	18.29	3	
		3	35.61	10	78.45	7	15.69	5	1.72
		4	48.23	9	70.09	7	16.89	5	1.11
		3	36.74	9	71.54	6	18.35	7	2.06
			351.31		**526.25**		**208.56**		**18.32**
			31.81		**47.65**		**18.88**		**1.66**
		4	48.74	9	72.63	8	19.19	4	0.22
		4	50.29	8	66.28	9	23.96	4	0.25
		4	46.90	7	59.20	10	29.00	4	0.22
		4	41.63	6	43.85	11	23.10	4	0.21
		3	37.47	7	54.36	9	20.44	6	1.45
		3	35.97	6	43.85	8	16.11	8	2.52
		2	24.97	6	43.75	8	18.14	9	2.69
		1	15.23	7	52.41	7	18.56	10	3.93
		2	24.92	6	44.89	7	18.87	10	3.93
		2	25.19	6	45.03	9	21.19	8	2.90
	175.73		**905.63**		**314.79**		**343.89**		**8.53**
	10.05		**51.79**		**18.00**		**19.67**		**0.49**
		2	25.95	7	54.09	11	21.93	5	1.88
		10	128.76	1	6.09	10	26.93	4	1.25
1	22.47	9	129.10	1	5.72	11	31.00	3	1.61
3	62.50	5	80.45	4	30.80	13	34.76		
3	70.76	7	102.57	3	23.12	12	33.16		
1	20.00	7	104.40	5	34.57	11	29.14	1	0.50
		7	99.85	5	31.25	12	31.54	1	0.30
		7	93.90	4	24.12	13	33.72	1	0.30
		6	79.37	5	31.02	13	33.52	1	0.50
		2	23.04	5	38.46	17	39.63	1	0.50
		3	38.24	5	35.55	13	28.56	4	1.69

年度	产量									
	合计		60万担以上		50-60万担		40-50万担		30-40万担	
	县数（个）	数量（万担）	县数（个）	数量（万担）	县数（个）	数量（万担）	县数（个）	数量（万担）	县数（个）	数量（万担）
52年合计		**4832.60**						**175.95**		**550.15**
11年小计		**217.03**								
占小计%		**100.00**								
1949	25	3.12								
1950	25	5.80								
1951	25	9.66								
1952	25	19.96								
1953	25	14.12								
1954	25	7.33								
1955	25	16.55								
1956	25	31.17								
1957	25	38.40								
1958	25	35.34								
1959	25	35.58								
10年小计		**540.06**								
占小计%		**100.00**								
1960	25	32.69								
1961	25	18.06								
1962	25	18.10								
1963	25	53.77								
1964	25	49.37								
1965	25	86.95								
1966	25	76.20								
1967	25	60.87								
1968	25	79.75								
1969	25	64.30								
10年小计		**643.96**								
占小计%		**100.00**								
1970	25	63.33								
1971	25	34.42								
1972	25	84.38								
1973	25	54.73								
1974	25	73.61								
1975	25	67.15								
1976	25	66.57								
1977	25	62.55								
1978	25	59.36								
1979	25	77.86								
10年小计		**1021.75**								**30.65**
占小计%		**100.00**								**3.00**
1980	25	79.01								
1981	25	89.16								
1982	25	122.95								
1983	25	91.66								
1984	25	132.88								
1985	25	121.75								
1986	25	109.72								
1987	25	112.77							1	30.65
1988	25	63.96								
1989	25	97.89								
11年小计		**2409.79**						**175.95**		**519.50**
占小计%		**100.00**						**7.30**		**21.56**
1990	25	115.35								
1991	25	210.65					1	40.05		
1992	25	274.79					1	43.74	1	31.79
1993	25	284.77					1	44.00	1	32.90
1994	25	342.47					1	48.16	4	126.67
1995	25	243.11							3	97.54
1996	25	249.51							3	101.25
1997	25	253.87							3	99.35
1998	25	177.28							1	30.00
1999	25	122.03								
2000	25	135.96								

合计									
20－30万担		10－20万担		5－10万担		1－5万担		1万担以下	
县数（个）	数量（万担）	县数（个）	数量（万担）	县数（个）	数量（万担）	县数（个）	数量（万担）	县数（个）	数量（万担）
	434.28		**1234.43**		**1062.40**		**1199.53**		**175.85**
					25.76		**146.29**		**44.98**
					11.87		**67.41**		**20.73**
								25	3.12
						1	1.39	24	4.41
						3	4.83	22	4.83
						8	15.91	17	4.05
						5	10.02	20	4.10
						1	1.12	24	6.21
						8	13.90	17	2.65
				1	5.56	8	20.70	16	4.91
				1	8.17	10	25.60	14	4.63
				1	6.36	12	25.54	12	3.44
				1	5.67	12	27.28	12	2.63
			68.91		**185.23**		**246.05**		**39.87**
			12.76		**34.30**		**45.56**		**7.38**
				1	7.46	8	19.53	16	5.70
						5	11.75	20	6.31
				1	5.21	5	8.73	19	4.16
		1	13.75	1	7.10	12	30.57	11	2.35
				2	15.60	12	30.79	11	2.98
		1	15.10	6	40.86	8	27.10	10	3.89
		1	14.38	4	30.07	10	28.65	10	3.10
		1	11.62	2	16.22	10	28.79	12	4.24
		1	14.06	5	34.88	10	27.46	9	3.35
				4	27.83	10	32.68	11	3.79
			106.43		**228.95**		**265.28**		**43.30**
			16.53		**35.55**		**41.20**		**6.72**
		1	12.69	3	18.82	10	28.65	11	3.17
				1	8.04	11	23.74	13	2.64
		1	15.83	6	41.55	9	23.46	9	3.54
				4	27.10	9	23.55	12	4.08
		1	11.58	6	37.56	8	19.49	10	4.98
		1	11.92	4	25.36	9	24.78	11	5.09
		1	12.16	3	18.80	12	31.48	9	4.13
		1	11.04	2	12.82	10	32.89	12	5.80
		1	14.14	2	11.88	10	27.59	12	5.75
		1	17.07	4	27.02	10	29.65	10	4.12
	140.79		**284.76**		**306.19**		**227.20**		**32.16**
	13.78		**27.87**		**29.97**		**22.24**		**3.15**
		2	26.59	3	20.46	11	27.95	9	4.01
		2	28.21	4	30.18	10	26.83	9	3.94
1	26.00	2	29.55	5	37.46	11	28.05	6	1.89
		3	37.23	4	27.52	11	25.04	7	1.87
1	29.02	4	51.28	3	24.54	9	24.86	8	3.18
1	28.58	2	29.30	5	40.66	8	19.56	9	3.65
1	29.15	1	17.59	6	43.35	7	16.01	10	3.62
		1	18.47	5	41.56	8	18.60	10	3.49
		2	29.92	1	6.79	10	24.00	12	3.25
1	28.04	1	16.62	5	33.67	8	16.30	10	3.26
	293.49		**774.33**		**316.27**		**314.71**		**15.54**
	12.18		**32.13**		**13.12**		**13.06**		**0.64**
1	29.68	1	17.57	5	37.85	10	26.24	8	4.01
1	25.07	7	100.83	3	21.20	7	20.65	6	2.85
3	78.14	6	79.29	2	11.62	9	28.32	3	1.89
2	57.60	7	95.80	4	28.34	10	26.13		
1	24.80	7	102.75	2	12.45	10	27.64		
		6	88.61	5	32.59	9	22.77	2	1.60
		6	83.41	6	40.74	9	23.66	1	0.45
		5	79.11	6	45.87	10	29.06	1	0.48
2	54.14	2	28.25	3	19.62	16	44.47	1	0.80
		4	55.83	4	27.67	14	37.29	3	1.24
1	24.06	3	42.88	6	38.32	11	28.48	4	2.22

年度	收购量									
	合计		60 万担以上		50－60 万担		40－50 万担		30－40 万担	
	县数（个）	数量（万担）	县数（个）	数量（万担）	县数（个）	数量（万担）	县数（个）	数量（万担）	县数（个）	数量（万担）
52 年合计		**3909.43**						**167.57**		**325.07**
11 年小计		**157.44**								
占小计%		**100.00**								
1949	25	0.51								
1950	25	2.66								
1951	25	4.66								
1952	25	13.37								
1953	25	8.05								
1954	25	5.46								
1955	25	12.58								
1956	25	25.60								
1957	25	31.38								
1958	25	27.88								
1959	25	25.29								
10 年小计		**448.01**								
占小计%		**100.00**								
1960	25	25.82								
1961	25	12.67								
1962	25	13.57								
1963	25	42.73								
1964	25	40.65								
1965	25	75.71								
1966	25	65.35								
1967	25	47.57								
1968	25	68.86								
1969	25	55.08								
10 年小计		**553.50**								
占小计%		**100.00**								
1970	25	53.74								
1971	25	27.10								
1972	25	72.35								
1973	25	49.27								
1974	25	63.29								
1975	25	57.92								
1976	25	56.14								
1977	25	54.17								
1978	25	51.25								
1979	25	68.27								
10 年小计		**943.86**								**63.96**
占小计%		**100.00**								**6.78**
1980	25	78.14								
1981	25	82.37								
1982	25	116.54								
1983	25	92.89								
1984	25	113.71							1	30.16
1985	25	109.76								
1986	25	97.91								
1987	25	109.91							1	33.80
1988	25	58.99								
1989	25	83.64								
11 年小计		**1806.61**						**167.57**		**261.11**
占小计%		**100.00**						**9.28**		**14.45**
1990	25	103.08							1	33.26
1991	25	183.18					1	43.16		
1992	25	223.18					1	40.73	1	30.30
1993	25	219.50					1	40.10		
1994	25	256.11					1	43.58	1	31.70
1995	25	218.35							2	68.01
1996	25	201.77							2	64.97
1997	25	200.19							1	32.87
1998	25	102.34								
1999	25	49.00								
2000	25	49.91								

合计									
20－30万担		10－20万担		5－10万担		1－5万担		1万担以下	
县数（个）	数量（万担）	县数（个）	数量（万担）	县数（个）	数量（万担）	县数（个）	数量（万担）	县数（个）	数量（万担）
	409.45		**941.98**		**836.82**		**1061.98**		**166.55**
					24.86		**97.73**		**34.85**
					15.79		**62.07**		**22.14**
								25	0.51
								25	2.66
						1	2.15	24	2.51
						5	9.83	20	3.54
						2	4.19	23	3.86
								25	5.46
						6	10.07	19	2.51
				1	5.05	7	16.92	17	3.63
				1	8.06	8	18.70	16	4.62
				1	6.23	10	18.52	14	3.13
				1	5.52	10	17.35	14	2.42
		]81.16		**127.37**		**205.30**		**34.18**	
			18.12		**28.43**		**45.82**		**7.63**
				1	7.32	8	15.06	16	3.44
						4	7.94	21	4.73
				1	5.06	2	3.26	22	5.25
		1	14.19			12	26.80	12	1.74
		1	10.05			11	27.86	13	2.74
		1	15.16	5	32.79	8	25.15	11	2.61
		1	14.42	4	25.97	8	21.95	12	3.01
		1	12.02	1	8.57	9	23.00	14	3.98
		1	15.32	3	20.84	9	29.27	12	3.43
				4	26.82	9	25.01	12	3.25
			105.38		**170.88**		**240.56**		**36.68**
			19.04		**30.87**		**43.46**		**6.63**
		1	12.67	3	17.88	8	19.97	13	3.22
				1	7.89	8	15.33	16	3.88
		1	15.76	5	33.27	8	20.51	11	2.81
				4	26.68	8	19.30	13	3.29
		1	11.55	5	30.28	7	17.13	12	4.33
		1	11.53	2	13.39	9	28.66	13	4.34
		1	11.87	2	11.35	11	29.85	11	3.07
		1	10.90	1	6.38	11	33.34	12	3.55
		1	14.07	1	5.64	10	27.10	13	4.44
		1	17.03	3	18.12	10	29.37	11	3.75
	110.02		**221.49**		**295.70**		**220.18**		**32.51**
	11.66		**23.47**		**31.33**		**23.33**		**3.44**
		2	27.40	3	19.72	10	26.57	10	4.45
		2	26.73	3	21.61	10	29.73	10	4.30
1	26.26	2	28.57	5	35.43	9	23.50	8	2.78
		2	26.91	5	39.38	10	24.10	8	2.50
		1	17.95	5	38.61	10	24.37	8	2.62
1	28.40	1	18.60	7	46.39	6	12.45	10	3.92
1	28.30	1	15.52	6	35.48	7	15.53	10	3.08
		1	17.14	5	35.96	8	20.08	10	2.93
		2	29.41	1	5.57	10	21.72	12	2.29
1	27.06	1	13.26	3	17.55	9	22.13	11	3.64
	299.43		**533.95**		**218.01**		**298.21**		**28.33**
	16.57		**29.56**		**12.07**		**16.51**		**1.57**
		1	12.02	3	24.20	11	30.01	9	3.59
1	20.30	6	77.13	4	26.25	5	12.99	8	3.35
1	23.00	5	73.64	4	30.63	7	20.86	6	4.02
2	54.10	6	85.31	1	5.21	12	33.48	3	1.30
3	69.05	4	62.45	3	21.40	12	27.52	1	0.41
1	25.78	5	70.80	4	27.70	11	24.62	2	1.44
1	27.30	4	50.99	3	24.34	13	33.07	2	1.10
2	53.31	5	70.81	2	13.50	13	28.76	2	0.94
1	26.59	1	18.50	2	11.93	18	43.05	3	2.27
				2	18.60	12	26.06	11	4.34
		1	12.30	2	14.25	8	17.79	14	5.57

6－2－8　湖南省产棉县产棉县历年棉花

年　度	面积									
	合　计		60 万亩以上		50－60 万亩		40－50 万亩		30－40 万亩	
	县数（个）	数量（万亩）	县数（个）	数量（万亩）	县数（个）	数量（万亩）	县数（个）	数量（万亩）	县数（个）	数量（万亩）
52 合年小计		**8745.09**						**169.63**		**276.34**
11 年小计		**1195.49**								**35.62**
占小计%		**100.00**								**2.98**
1949	40	60.38								
1950	40	92.94								
1951	40	141.70							1	35.62
1952	40	146.48								
1953	40	145.23								
1954	40	86.28								
1955	40	114.94								
1956	40	96.60								
1957	40	94.30								
1958	40	85.77								
1959	40	130.87								
10 年小计		**1347.82**								
占小计%		**100.00**								
1960	40	113.26								
1961	40	101.13								
1962	40	91.23								
1963	40	102.15								
1964	40	119.07								
1965	40	148.44								
1966	40	178.19								
1967	40	178.10								
1968	40	160.19								
1969	40	156.06								
10 年小计		**1940.56**								
占小计%		**100.00**								
1970	40	187.27								
1971	40	179.58								
1972	40	189.74								
1973	40	191.59								
1974	40	197.28								
1975	40	198.03								
1976	40	198.03								
1977	40	208.23								
1978	40	202.21								
1979	40	188.60								
10 年小计		**1713.57**						**42.55**		**73.33**
占小计%		**100.00**						**2.48**		**4.28**
1980	40	247.08					1	42.55		
1981	40	241.26							1	39.21
1982	40	233.48							1	34.12
1983	40	183.28								
1984	40	182.98								
1985	40	142.85								
1986	40	123.25								
1987	40	96.75								
1988	40	129.61								
1989	40	133.03								
11 年小计		**2547.64**						**127.08**		**167.39**
占小计%		**100.00**						**4.99**		**6.57**
1990	40	171.39								
1991	40	191.38								
1992	40	223.09								
1993	40	234.12							1	35.00
1994	40	292.33					1	42.30	1	32.00
1995	40	269.50					1	44.78	1	35.39
1996	40	210.40								
1997	40	238.12							1	35.00
1998	40	267.37					1	40.00		
1999	40	220.62							1	30.00
2000	40	229.32								

面积、产量、收购量分类

合　计

20－30万亩		10－20万亩		5－10万亩		1－5万亩		1万亩以下	
县数（个）	数量（万亩）	县数（个）	数量（万亩）	县数（个）	数量（万亩）	县数（个）	数量（万亩）	县数（个）	数量（万亩）
	1198.00		**2613.26**		**2567.89**		**1778.00**		**141.97**
	78.92		**482.65**		**261.17**		**303.65**		**33.48**
	6.60		**40.37**		**21.85**		**25.40**		**2.80**
		1	18.13	4	29.03	4	10.94	31	2.28
		2	29.59	5	36.08	11	26.19	22	1.08
		4	51.74	3	23.18	10	29.14	22	2.02
1	29.73	5	63.49	3	21.55	12	29.45	19	2.26
1	23.23	5	69.83	4	27.29	10	21.75	20	3.13
		3	37.29	3	21.02	12	24.64	22	3.33
		4	57.32	3	21.68	12	33.34	21	2.60
		3	44.24	4	26.82	8	21.63	25	3.91
		3	43.14	2	13.27	10	32.78	25	5.11
		2	28.60	2	16.55	12	36.40	24	4.22
1	25.96	3	39.28	4	24.70	14	37.39	18	3.54
	62.91		**337.32**		**548.62**		**368.09**		**30.88**
	4.67		**25.03**		**40.70**		**27.31**		**2.29**
1	22.38	2	21.76	7	44.64	9	20.18	21	4.30
		3	40.20	6	35.62	10	21.02	21	4.29
		2	26.05	6	36.10	10	24.57	22	4.51
		2	28.31	7	42.60	11	26.91	20	4.33
		2	27.41	7	48.34	15	38.11	16	5.21
		3	42.86	8	53.08	20	50.70	9	1.80
		3	47.76	12	77.17	18	52.32	7	0.94
1	20.02	2	29.78	12	79.46	17	46.90	8	1.94
1	20.51	2	27.45	10	65.77	18	43.59	9	2.87
		3	45.74	10	65.84	20	43.79	7	0.69
	225.65		**451.93**		**808.95**		**447.88**		**6.15**
	11.63		**23.29**		**41.69**		**23.08**		**0.32**
1	22.48	4	50.27	10	68.74	18	45.01	7	0.77
1	21.67	3	42.07	11	75.46	18	39.64	7	0.74
1	22.13	3	44.03	11	76.36	18	46.52	7	0.70
1	20.24	3	43.25	11	77.85	18	49.62	7	0.63
1	21.11	3	44.21	11	79.69	18	51.66	7	0.61
1	21.15	3	45.58	13	89.51	16	41.09	7	0.70
1	21.19	3	45.21	12	84.04	17	46.94	7	0.65
1	28.39	3	45.09	14	94.52	15	39.74	7	0.49
1	24.00	3	46.77	12	85.18	17	45.88	7	0.38
1	23.29	3	45.45	11	77.60	18	41.78	7	0.48
	199.28		**576.60**		**460.97**		**311.50**		**49.34**
	11.63		**33.65**		**26.90**		**18.18**		**2.88**
1	22.30	5	81.06	9	66.56	16	32.02	8	2.59
2	41.61	4	63.22	9	65.13	10	24.60	14	7.49
1	21.12	5	81.99	9	62.35	10	27.62	14	6.28
1	23.93	5	76.93	7	45.97	13	32.51	14	3.94
1	24.31	5	76.44	7	47.83	13	30.41	14	3.99
1	20.87	4	51.65	5	33.47	13	31.57	17	5.29
		4	57.63	4	28.51	12	30.74	20	6.37
		2	24.73	4	29.00	15	38.59	19	4.43
1	21.93	2	30.35	6	40.16	15	33.69	16	3.48
1	23.21	2	32.60	6	41.99	12	29.75	19	5.48
	631.24		**764.76**		**488.18**		**346.88**		**22.11**
	24.78		**30.02**		**19.16**		**13.62**		**0.87**
2	44.78	4	52.56	6	41.70	12	28.62	16	3.73
2	44.88	5	71.96	6	43.14	12	27.14	15	4.26
3	78.74	6	79.96	4	26.90	13	34.30	14	3.19
3	73.25	4	52.30	6	44.08	11	25.48	15	4.01
2	51.37	7	104.59	4	27.08	12	34.82	13	0.17
1	25.49	6	84.97	6	44.44	11	33.63	14	0.80
2	45.79	6	77.36	8	56.88	12	29.57	12	0.80
3	72.15	4	42.80	8	56.41	12	31.25	12	0.51
3	72.48	6	76.40	7	45.43	11	31.70	12	1.36
2	43.30	3	47.70	7	56.42	14	40.97	13	2.23
3	79.01	5	74.16	6	45.70	13	29.40	13	1.05

年度	产量									
	合计		60万担以上		50－60万担		40－50万担		30－40万担	
	县数（个）	数量（万担）	县数（个）	数量（万担）	县数（个）	数量（万担）	县数（个）	数量（万担）	县数（个）	数量（万担）
52年合计		**7860.03**		**372.89**		**430.66**		**398.80**		**618.39**
11年小计		**323.88**								
占小计%		**100.00**								
1949	40	9.16								
1950	40	20.96								
1951	40	36.71								
1952	40	33.99								
1953	40	27.74								
1954	40	7.08								
1955	40	30.12								
1956	40	34.39								
1957	40	35.70								
1958	40	36.62								
1959	40	51.41								
10年小计		**705.05**								
占小计%		**100.00**								
1960	40	44.28								
1961	40	30.37								
1962	40	35.86								
1963	40	53.32								
1964	40	57.87								
1965	40	94.44								
1966	40	101.33								
1967	40	99.29								
1968	40	103.53								
1969	40	84.75								
11年小计		**1283.98**								
占小计%		**100.00**								
1970	40	101.51								
1971	40	81.47								
1972	40	93.28								
1973	40	118.05								
1974	40	160.65								
1975	40	153.25								
1976	40	158.87								
1977	40	148.06								
1978	40	115.82								
1979	40	153.02								
10年小计		**1623.30**								**100.74**
占小计%		**100.00**								**6.21**
1980	40	172.07								
1981	40	171.33								
1982	40	182.36								
1983	40	183.88								
1984	40	238.02							2	69.56
1985	40	188.53							1	31.18
1986	40	145.42								
1987	40	117.68								
1988	40	99.20								
1989	40	124.81								
11年小计		**3923.82**		**372.89**		**430.66**		**398.80**		**517.65**
占小计%		**100.00**		**9.50**		**10.98**		**10.16**		**13.19**
1990	40	230.82							2	72.76
1991	40	291.50					1	47.30	3	99.29
1992	40	369.65	1	66.10			2	83.08	1	36.60
1993	40	385.53	1	72.03			2	91.91	1	35.85
1994	40	452.23	1	75.00	2	105.78	1	42.65		
1995	40	428.18	1	89.76	1	55.22	1	46.12	1	36.04
1996	40	335.93			1	53.50			2	71.98
1997	40	458.66	1	70.00	2	111.16	1	42.23		
1998	40	341.86			1	50.00			2	61.20
1999	40	314.06			1	55.00			1	30.00
2000	40	315.40					1	45.51	2	73.93

合计									
20－30万担		10－20万担		5－10万担		1－5万担		1万担以下	
县数（个）	数量（万担）	县数（个）	数量（万担）	县数（个）	数量（万担）	县数（个）	数量（万担）	县数（个）	数量（万担）
	1077.86		**1819.34**		**1419.71**		**1488.83**		**233.55**
			39.08		**78.76**		**154.99**		**51.05**
			12.07		**24.32**		**47.85**		**15.76**
						3	6.31	37	2.85
				1	6.21	5	9.59	34	5.16
		1	13.57			9	19.03	30	4.11
				1	6.47	9	22.39	30	5.13
				1	5.82	7	16.35	32	5.57
						2	2.67	38	4.41
				2	12.70	6	11.52	32	5.90
		1	10.67	1	5.30	8	14.82	30	3.60
				2	14.79	8	16.66	30	4.25
				2	15.59	9	17.14	29	3.89
		1	14.84	2	11.88	9	18.51	28	6.18
			140.59		**154.28**		**351.48**		**58.69**
			19.94		**21.88**		**49.85**		**8.32**
				1	9.92	10	29.77	29	4.59
				1	6.47	10	20.28	29	3.62
		1	10.71			10	22.18	29	2.97
		1	14.21			11	33.86	28	5.25
		1	12.99	1	6.30	11	30.50	27	8.08
		1	16.44	5	33.76	15	36.80	19	7.44
		2	26.18	3	17.20	20	52.03	15	5.92
		1	17.16	6	36.47	18	40.25	15	5.41
		2	28.41	5	30.71	14	36.05	19	8.36
		1	14.49	2	13.45	19	49.76	18	7.05
	144.91		**284.64**		**413.69**		**383.48**		**57.26**
	11.29		**22.17**		**32.22**		**29.87**		**4.46**
		1	17.37	8	49.50	11	25.66	20	8.98
		1	15.08	3	19.68	13	36.82	23	9.89
		1	13.13	4	27.66	20	47.66	15	4.83
1	20.43	1	10.30	5	35.15	18	46.48	15	5.69
1	25.53	3	43.55	7	47.05	18	41.57	11	2.95
1	24.99	3	42.55	6	44.37	15	35.14	15	6.20
1	26.32	3	41.20	7	52.91	17	34.90	12	3.54
1	24.57	3	36.71	7	48.25	16	33.45	13	5.08
		1	16.34	6	46.93	18	46.35	15	6.20
1	23.07	4	48.41	6	42.19	16	35.45	13	3.90
	334.13		**509.26**		**296.46**		**331.50**		**51.21**
	20.58		**31.37**		**18.26**		**20.42**		**3.15**
1	23.78	6	81.92	4	24.80	13	35.14	16	6.43
1	28.20	5	68.46	4	29.65	16	40.50	14	4.52
2	53.16	5	62.07	3	18.47	16	45.08	14	3.58
2	48.72	5	71.27	5	29.22	13	31.13	15	3.54
1	26.74	4	59.86	8	55.38	10	21.75	15	4.73
2	54.28	3	35.64	5	35.43	10	25.95	19	6.05
2	49.55	1	12.74	7	53.04	11	25.28	19	4.81
		4	58.29	4	24.59	11	28.64	21	6.16
1	28.60	2	22.51			15	41.81	22	6.28
1	21.10	2	36.50	4	25.88	12	36.22	21	5.11
	598.82		**845.77**		**476.52**		**267.37**		**15.34**
	15.26		**21.55**		**12.14**		**6.81**		**0.39**
1	29.40	5	63.53	5	36.20	11	26.02	16	2.91
		5	72.42	6	44.62	9	23.28	16	4.59
1	22.20	8	111.34	4	27.14	9	21.14	14	2.05
2	45.29	4	62.26	7	51.88	10	24.79	13	1.52
3	75.92	5	72.12	9	64.96	6	15.69	13	0.11
2	49.54	5	69.63	7	56.31	9	25.56	13	
3	71.25	5	58.18	7	45.94	9	24.08	13	1.00
4	89.50	7	89.78	4	31.07	8	24.30	13	0.62
3	72.52	6	86.97	6	40.16	11	30.43	11	0.58
4	94.70	4	53.00	7	52.39	12	28.37	11	0.60
2	48.50	7	96.54	4	25.85	10	23.71	14	1.36

年　度	收购量									
	合　计		60万担以上		50－60万担		40－50万担		30－40万担	
	县数（个）	数量（万担）	县数（个）	数量（万担）	县数（个）	数量（万担）	县数（个）	数量（万担）	县数（个）	数量（万担）
52年合计		**6766.00**		**212.81**		**340.84**		**320.97**		**606.07**
11年小计		**241.35**								
占小计%		**100.00**								
1949	40	6.35								
1950	40	8.40								
1951	40	14.81								
1952	40	25.15								
1953	40	19.09								
1954	40	7.54								
1955	40	23.60								
1956	40	31.64								
1957	40	31.71								
1958	40	28.48								
1959	40	44.58								
10年小计		**606.25**								
占小计%		**100.00**								
1960	40	37.94								
1961	40	27.51								
1962	40	34.71								
1963	40	52.86								
1964	40	53.07								
1965	40	78.88								
1966	40	87.88								
1967	40	77.58								
1968	40	90.09								
1969	40	65.73								
10年小计		**1164.45**								
占小计%		**100.00**								
1970	40	84.32								
1971	40	68.56								
1972	40	80.60								
1973	40	105.46								
1974	40	146.03								
1975	40	138.33								
1976	40	143.83								
1977	40	140.88								
1978	40	111.36								
1979	40	145.08								
10年小计		**1484.35**								**198.66**
占小计%		**100.00**								**13.38**
1980	40	167.78								
1981	40	170.56							1	32.19
1982	40	169.41							1	32.01
1983	40	181.18								
1984	40	219.52							2	70.11
1985	40	169.84							2	64.35
1986	40	131.17								
1987	40	95.04								
1988	40	83.65								
1989	40	96.20								
11年小计		**3269.60**		**212.81**		**340.84**		**320.97**		**407.41**
占小计%		**100.00**		**6.51**		**10.42**		**9.82**		**12.46**
1990	40	211.46					1	48.38	1	32.28
1991	40	275.84			1	60.00			2	65.20
1992	40	366.59	1	69.00			2	92.04	1	36.60
1993	40	339.51	1	75.81			2	87.08		
1994	40	347.57	1	68.00	1	52.80			2	75.04
1995	40	314.92			1	58.32	1	49.83	2	62.95
1996	40	237.02					1	43.64		
1997	40	363.74			2	114.72			2	70.42
1998	40	320.32			1	55.00				
1999	40	249.77							2	64.92
2000	40	242.86								

合计									
20－30 万担		10－20 万担		5－10 万担		1－5 万担		1 万担以下	
县数（个）	数量（万担）	县数（个）	数量（万担）	县数（个）	数量（万担）	县数（个）	数量（万担）	县数（个）	数量（万担）
	793.91		**1674.68**		**1311.14**		**1286.66**		**218.92**
			14.67		**74.48**		**110.98**		**41.22**
			6.08		**30.86**		**45.98**		**17.08**
				1	5.20			39	1.15
				1	5.49			39	2.91
				1	5.78	3	4.15	36	4.88
				1	5.88	7	15.31	32	3.96
				1	5.17	5	9.62	34	4.30
						3	4.32	37	3.22
				1	5.94	7	14.01	32	3.65
				2	15.13	7	13.50	31	3.01
				2	14.36	6	13.29	32	4.06
				1	6.53	8	18.00	31	3.95
		1	14.67	1	5.00	8	18.78	30	6.13
			147.47		**147.46**		**263.35**		**47.97**
			24.32		**24.32**		**43.44**		**7.91**
		1	10.58			9	24.27	30	3.09
				1	7.19	9	17.89	30	2.43
		1	10.66			10	22.08	29	1.97
		1	15.99	1	5.20	11	30.16	27	1.51
		1	12.88	1	6.00	9	29.00	29	5.19
		1	18.08	4	26.74	8	27.42	27	6.64
		1	17.58	4	26.59	12	34.67	23	9.04
		1	16.69	5	28.45	10	26.19	24	6.25
		2	29.76	5	29.68	8	24.23	25	6.42
		1	15.25	3	17.61	10	27.44	26	5.43
	159.81		**265.76**		**379.85**		**296.30**		**62.73**
	13.72		**22.82**		**32.62**		**25.45**		**5.39**
		1	17.93	6	37.03	8	21.49	25	7.87
		1	15.89	3	19.07	10	27.67	26	5.93
		1	14.30	3	21.74	13	36.69	23	7.87
1	21.15			6	43.39	15	35.90	18	5.02
1	28.86	3	41.00	6	40.47	13	30.37	17	5.33
1	27.68	3	38.88	6	41.21	10	23.61	20	6.95
1	28.50	3	37.58	7	48.54	10	21.86	19	7.35
1	27.56	3	35.07	7	46.72	13	26.10	16	5.43
		1	18.23	6	46.53	16	41.36	17	5.24
1	26.06	4	46.88	5	35.15	14	31.25	16	5.74
	197.84		**520.62**		**200.90**		**321.27**		**45.06**
	13.33		**35.07**		**13.53**		**21.64**		**3.04**
1	28.69	5	70.32	4	27.87	13	34.48	17	6.42
		5	69.67	4	29.19	13	33.35	17	6.16
		6	80.31	2	11.41	17	43.22	14	2.46
2	51.92	5	69.98	4	23.57	13	32.06	16	3.65
1	25.58	4	57.44	5	34.01	12	28.89	16	3.49
1	23.90	3	31.81	4	26.98	10	18.98	20	3.82
3	67.75			5	32.42	11	26.74	21	4.26
		3	48.03	3	15.45	13	26.98	21	4.58
		3	45.26			12	32.40	25	5.99
		3	47.80			14	44.17	23	4.23
	436.26		**726.16**		**508.45**		**294.76**		**21.94**
	13.34		**22.21**		**15.55**		**9.02**		**0.67**
1	28.84	3	34.40	7	48.74	8	15.77	19	3.05
1	28.80	5	62.84	4	28.87	9	25.09	18	5.04
		5	78.18	10	74.16	6	14.70	15	1.91
2	46.77	4	60.44	6	41.26	9	25.33	16	2.82
1	24.00	4	52.16	6	45.31	10	29.32	15	0.94
		4	61.63	7	54.42	9	26.04	16	1.73
3	71.72	4	52.54	5	35.43	14	32.85	13	0.84
1	20.25	6	86.78	5	39.06	10	30.65	14	1.86
3	79.36	8	114.85	5	38.13	11	32.19	12	0.79
2	45.60	5	68.00	5	37.10	14	33.23	12	0.92
4	90.92	4	54.34	8	65.97	10	29.59	14	2.04

6－2－9　河北省产棉县历年棉花

年　度	面　积									
	合　计		60 万亩以上		50－60 万亩		40－50 万亩		30－40 万亩	
	县数（个）	数量（万亩）	县数（个）	数量（万亩）	县数（个）	数量（万亩）	县数（个）	数量（万亩）	县数（个）	数量（万亩）
52 年合计		**55444.78**				**522.44**		**2945.16**		**6150.86**
11 年小计		**15481.97**				**361.24**		**1617.25**		**2160.14**
占小计%		**100.00**				**2.33**		**10.45**		**13.95**
1949	116	923.06							1	32.27
1950	116	1217.87					1	45.43	7	226.06
1951	116	1487.91			1	52.33	2	94.56	9	320.29
1952	116	1437.90			1	51.69	3	127.37	8	287.40
1953	116	1326.63			1	50.40	3	127.36	5	167.58
1954	116	1592.60			1	51.90	4	177.48	6	214.29
1955	116	1623.34			1	52.22	6	261.93	5	175.83
1956	116	1695.27			2	102.70	5	218.85	7	245.40
1957	116	1387.67					5	221.34	6	207.73
1958	116	1421.04					4	170.79	5	169.16
1959	116	1368.68					4	172.14	3	114.13
10 年小计		**10265.53**						**732.87**		**867.91**
占小计%		**100.00**						**7.14**		**8.45**
1960	116	1381.00					5	225.91	2	73.15
1961	116	1147.46							7	244.67
1962	116	994.32					2	84.50	2	74.01
1963	116	1227.59					5	212.38	3	94.93
1964	116	1083.33					4	168.86	2	67.96
1965	116	1062.49					1	41.22	5	184.82
1966	116	773.82							1	30.98
1967	116	828.93							1	31.77
1968	116	884.42							1	32.95
1969	116	882.17							1	32.67
10 年小计		**8447.38**								**330.92**
占小计%		**100.00**								**3.92**
1970	116	864.00							1	32.89
1971	116	851.67							1	32.80
1972	116	841.83							1	32.50
1973	116	815.95							1	32.40
1974	116	855.99							1	32.57
1975	116	864.77							1	32.53
1976	116	849.81							1	34.02
1977	116	809.44							1	33.63
1978	116	862.77							1	33.88
1979	116	831.15							1	33.70
10 年小计		**11685.63**				**108.10**		**296.51**		**1512.60**
占小计%		**100.00**				**0.93**		**2.54**		**12.94**
1980	116	816.52							1	33.84
1981	116	790.55							1	33.91
1982	116	1034.88							3	100.80
1983	116	1235.10					1	40.60	3	98.74
1984	116	1560.91					2	84.47	5	166.32
1985	116	1261.34					1	46.20	4	128.78
1986	116	1055.13					1	40.26	4	127.57
1987	116	1231.99					1	44.98	7	235.83
1988	116	1386.40			1	55.00	1	40.00	9	308.10
1989	116	1312.81			1	53.10			8	278.71
11 年小计		**9564.27**				**53.10**		**298.53**		**1279.29**
占小计%		**100.00**				**0.56**		**3.12**		**13.38**
1990	116	1365.34			1	53.10			10	353.28
1991	116	1415.77					1	46.00	9	315.53
1992	116	1316.07					1	49.60	8	264.81
1993	116	770.52					1	40.71	1	35.00
1994	116	1021.10					1	40.20	2	65.23
1995	116	1025.34					1	40.42	2	67.25
1996	116	629.66					1	40.00	1	30.65
1997	116	560.70							2	68.30
1998	116	515.84							1	39.51
1999	116	449.14							1	39.73
2000	116	494.79					1	41.60		

面积、产量、收购量分类

合　计									
20－30万亩		10－20万亩		5－10万亩		1－5万亩		1万亩以下	
县数（个）	数量（万亩）	县数（个）	数量（万亩）	县数（个）	数量（万亩）	县数（个）	数量（万亩）	县数（个）	数量（万亩）
	10991.92		**18765.31**		**10897.09**		**4935.71**		**236.29**
	2984.48		**4905.14**		**2543.32**		**879.57**		**30.83**
	19.28		**31.68**		**16.43**		**5.68**		**0.20**
9	219.31	20	288.06	34	249.00	43	128.80	9	5.62
11	275.36	28	371.42	29	204.96	32	90.74	8	3.90
14	339.99	29	391.44	29	205.86	27	81.15	5	2.29
11	253.27	29	407.14	33	234.28	27	74.76	4	1.99
10	233.74	32	441.21	28	211.55	33	92.80	4	1.99
12	292.01	36	527.88	35	270.64	20	57.54	2	0.86
11	276.00	37	556.34	36	259.63	13	37.30	7	4.09
12	284.53	35	531.88	35	258.25	18	52.59	2	1.07
8	197.30	31	446.74	30	220.33	30	91.37	6	2.86
12	293.27	33	480.90	30	222.42	27	81.50	5	3.00
13	319.70	33	462.13	28	206.40	30	91.02	5	3.16
	1638.05		**3579.50**		**2256.54**		**1143.77**		**46.89**
	15.96		**34.87**		**21.98**		**11.14**		**0.46**
13	317.32	30	426.77	33	249.21	28	85.45	5	3.19
7	162.83	28	390.10	34	248.72	31	95.99	9	5.15
7	177.00	23	302.42	34	237.08	39	114.84	9	4.47
7	164.00	30	428.96	33	231.74	30	90.76	8	4.82
6	144.00	28	384.97	31	209.68	36	101.89	9	5.97
5	122.46	28	390.27	32	220.11	34	99.22	11	4.39
5	120.06	21	273.60	29	206.27	48	137.81	12	5.10
6	145.73	21	280.73	31	227.08	48	139.07	9	4.55
6	149.89	27	351.54	29	206.70	44	137.88	9	5.46
6	134.76	27	350.14	31	219.95	45	140.86	6	3.79
	1282.60		**3158.91**		**2506.90**		**1110.52**		**57.53**
	15.18		**37.40**		**29.68**		**13.15**		**0.68**
6	135.56	26	331.28	32	223.37	44	136.38	7	4.52
6	133.61	23	297.59	34	245.00	44	137.55	8	5.12
7	152.39	20	257.64	37	262.45	42	131.78	9	5.07
4	88.84	22	295.58	37	262.04	43	132.19	9	4.90
6	128.42	26	334.30	32	230.52	39	124.39	12	5.79
6	133.39	25	323.58	36	258.57	34	110.41	14	6.29
6	129.15	23	301.72	35	258.09	34	120.11	17	6.72
6	124.65	24	296.19	34	236.82	33	111.85	18	6.30
6	127.91	29	372.68	42	282.32	12	37.63	26	8.35
6	128.68	27	348.35	36	247.72	20	68.23	26	4.47
	2797.30		**4151.70**		**2049.11**		**752.81**		**17.50**
	23.94		**35.53**		**17.54**		**6.44**		**0.15**
7	151.61	25	316.87	35	239.22	22	70.49	26	4.49
5	110.33	23	302.07	34	244.69	30	95.10	23	4.45
8	185.90	38	506.60	25	175.80	21	65.60	21	0.18
14	323.47	36	502.11	27	198.78	23	68.36	12	3.04
22	527.95	39	549.66	26	190.47	13	41.55	9	0.49
10	243.15	34	519.23	37	265.50	17	57.76	13	0.72
8	197.15	28	398.01	27	185.29	33	104.53	15	2.32
13	307.62	24	351.18	30	205.29	28	86.22	13	0.87
16	371.50	27	370.40	26	170.30	23	70.60	13	0.50
15	378.62	23	335.57	25	173.77	31	92.60	13	0.44
	2289.49		**2970.06**		**1541.22**		**1049.04**		**83.54**
	23.94		**31.05**		**16.11**		**10.97**		**0.87**
14	341.61	23	331.53	27	199.57	27	85.09	14	1.16
18	446.37	24	328.78	28	204.37	24	73.99	12	0.73
13	326.74	27	387.96	29	210.53	25	73.88	13	2.55
10	222.99	14	194.26	19	141.36	50	129.43	21	6.77
11	253.71	28	422.92	19	132.15	38	102.98	17	3.91
15	357.36	22	312.45	20	137.94	39	107.17	17	2.75
1	24.00	18	258.12	20	131.80	53	139.30	22	5.79
2	42.70	17	223.20	16	115.80	45	101.40	34	9.30
4	91.67	16	208.61	10	71.22	44	93.96	41	10.87
3	68.39	12	157.17	14	99.93	31	63.37	55	20.55
5	113.95	10	145.06	12	96.55	33	78.47	55	19.16

年度	产量									
	合计		60万担以上		50-60万担		40-50万担		30-40万担	
	县数（个）	数量（万担）	县数（个）	数量（万担）	县数（个）	数量（万担）	县数（个）	数量（万担）	县数（个）	数量（万担）
52年合计		**30546.65**		**272.46**		**375.45**		**1019.52**		**2463.32**
11年小计		**5227.89**								
占小计%		**100.00**								
1949	116	213.09								
1950	116	354.24								
1951	116	447.55								
1952	116	547.65								
1953	116	418.24								
1954	116	499.75								
1955	116	633.20								
1956	116	412.19								
1957	116	590.57								
1958	116	580.28								
1959	116	531.13								
10年小计		**3333.74**								
占小计%		**100.00**								
1960	116	379.84								
1961	116	226.84								
1962	116	257.23								
1963	116	186.33								
1964	116	318.96								
1965	116	513.00								
1966	116	296.63								
1967	116	330.74								
1968	116	427.63								
1969	116	396.54								
10年小计		**3300.25**								
占小计%		**100.00**								
1970	116	499.06								
1971	116	478.03								
1972	116	288.13								
1973	116	375.37								
1974	116	420.30								
1975	116	362.52								
1976	116	218.14								
1977	116	196.34								
1978	116	233.36								
1979	116	229.00								
10年小计		**10967.19**		**206.86**		**267.18**		**793.19**		**1466.16**
占小计%		**100.00**		**1.89**		**2.44**		**7.23**		**13.37**
1980	116	491.42								
1981	116	441.36								
1982	116	765.28							2	63.63
1983	116	1518.57	1	76.84	1	54.72	3	128.90	7	227.94
1984	116	1992.01	2	130.02			7	317.06	11	364.12
1985	116	1251.29					4	180.90	2	68.65
1986	116	1022.46					1	42.02	5	185.88
1987	116	1258.49			2	110.28	1	44.19	4	155.02
1988	116	1156.76			2	102.18			7	236.31
1989	116	1069.55					2	80.12	5	164.61
11年小计		**7717.58**		**65.60**		**108.27**		**226.33**		**997.16**
占小计%		**100.00**		**0.85**		**1.40**		**2.93**		**12.92**
1990	116	1138.34					1	49.62	4	139.96
1991	116	1275.00					2	89.88	8	271.55
1992	116	593.43								
1993	116	374.64								
1994	116	733.27							2	69.13
1995	116	713.64							2	69.58
1996	116	483.16							1	34.10
1997	116	495.19					1	45.61	2	69.13
1998	116	645.51			1	54.20			4	138.65
1999	116	565.73			1	54.07			3	98.39
2000	116	699.67	1	65.6			1	41.22	3	106.67

合计									
20－30 万担		10－20 万担		5－10 万担		1－5 万担		1 万担以下	
县数（个）	数量（万担）	县数（个）	数量（万担）	县数（个）	数量（万担）	县数（个）	数量（万担）	县数（个）	数量（万担）
	4936.07		**8516.53**		**5868.89**		**6458.74**		**635.67**
	669.66		**1507.44**		**1320.31**		**1569.52**		**160.96**
	12.81		**28.83**		**25.26**		**30.02**		**3.08**
		2	22.57	8	52.11	45	109.06	61	29.35
		8	90.55	15	108.68	57	138.15	36	16.86
		14	182.12	15	99.58	59	151.26	28	14.59
2	45.64	16	220.86	17	121.04	57	149.42	24	10.69
1	20.40	9	118.40	18	117.64	57	146.90	31	14.90
4	93.31	12	159.51	13	85.82	53	147.43	34	13.68
7	148.08	13	164.72	26	168.74	52	143.70	18	7.96
1	20.25	10	143.65	13	83.14	56	145.47	36	19.68
5	112.70	12	172.00	22	152.88	53	141.67	24	11.32
6	136.07	9	118.93	23	161.41	55	153.17	23	10.70
4	93.21	7	114.13	24	169.27	57	143.29	24	11.23
	108.71		**721.29**		**876.36**		**1461.47**		**165.91**
	3.26		**21.64**		**26.29**		**43.84**		**4.98**
		8	123.95	11	74.59	66	168.64	31	12.66
		2	22.84	10	66.17	53	114.38	51	23.45
		5	59.08	5	40.88	57	135.32	49	21.95
		2	23.21	5	34.20	51	107.06	58	21.86
		6	75.06	14	87.04	61	144.20	35	12.66
3	66.24	9	134.05	22	152.38	53	147.07	29	13.26
		4	52.23	12	78.69	60	148.74	40	16.97
		4	53.53	16	104.58	63	156.25	33	16.38
2	42.47	5	63.68	19	130.37	65	177.94	25	13.17
		9	113.66	16	107.46	65	161.87	26	13.55
	139.65		**608.28**		**896.47**		**1515.94**		**139.91**
	4.23		**18.43**		**27.16**		**45.93**		**4.24**
2	48.13	9	115.61	24	161.34	62	164.35	19	9.63
2	43.21	9	115.47	21	144.57	63	166.21	21	8.57
		4	54.46	10	68.60	64	147.45	38	17.62
1	25.15	7	101.26	11	71.91	63	161.33	34	15.72
1	23.16	7	92.12	21	141.08	60	154.36	27	9.58
		6	82.34	13	88.57	66	177.87	31	13.74
		1	11.64	7	51.56	58	135.29	50	19.65
				7	57.42	50	122.03	59	16.89
		2	21.53	7	46.31	64	151.07	43	14.45
		1	13.85	9	65.11	58	135.98	48	14.06
	2371.70		**3305.78**		**1601.87**		**912.76**		**41.69**
	21.63		**30.14**		**14.61**		**8.32**		**0.38**
2	45.30	12	166.18	25	168.32	46	106.95	31	4.67
		13	181.25	15	106.55	52	143.23	36	10.33
4	105.81	19	263.42	31	220.28	32	107.13	28	5.01
18	414.11	28	377.32	24	184.77	18	49.07	16	4.90
21	535.83	34	469.07	21	145.89	9	29.16	11	0.86
10	234.39	32	483.01	28	194.80	26	88.19	14	1.35
5	118.10	28	409.62	23	156.07	38	108.55	16	2.22
19	437.39	20	267.20	21	143.50	33	98.20	16	2.71
8	211.48	24	365.29	20	142.93	37	94.18	18	4.39
11	269.29	23	323.42	20	138.76	35	88.10	20	5.25
	1646.35		**2373.74**		**1173.88**		**999.05**		**127.20**
	21.33		**30.76**		**15.21**		**12.95**		**1.65**
11	277.81	30	427.20	22	159.44	32	81.75	16	2.56
11	260.30	30	425.48	22	150.76	29	75.52	14	1.51
5	124.64	13	184.41	21	146.06	52	128.42	25	9.90
3	66.53	8	105.91	13	84.77	43	98.19	49	19.24
7	178.03	17	230.82	20	145.64	46	102.51	24	7.14
7	170.17	17	227.80	16	117.32	50	121.76	24	7.01
4	86.75	13	173.41	10	65.71	49	109.57	39	13.62
4	96.48	9	118.36	8	58.93	45	93.40	47	13.28
5	116.18	11	154.87	13	96.52	34	70.46	48	14.63
4	93.04	12	168.67	10	69.92	29	62.84	57	18.80
7	176.42	11	156.81	11	78.81	25	54.63	57	19.51

年度	收购量									
	合计		60 万担以上		50-60 万担		40-50 万担		30-40 万担	
	县数（个）	数量（万担）	县数（个）	数量（万担）	县数（个）	数量（万担）	县数（个）	数量（万担）	县数（个）	数量（万担）
52 年合计		**24855.28**		**140.66**		**369.86**		**858.54**		**1809.00**
11 年小计		**3694.01**								
占小计%		**100.00**								
1949	116	39.56								
1950	116	66.52								
1951	116	95.67								
1952	116	298.80								
1953	116	377.46								
1954	116	375.59								
1955	116	539.45								
1956	116	381.94								
1957	116	512.76								
1958	116	498.42								
1959	116	507.84								
10 年小计		**3016.19**								
占小计%		**100.00**								
1960	116	358.08								
1961	116	193.05								
1962	116	236.75								
1963	116	171.08								
1964	116	296.87								
1965	116	478.72								
1966	116	268.94								
1967	116	291.39								
1968	116	373.34								
1969	116	347.97								
10 年小计		**2960.81**								
占小计%		**100.00**								
1970	116	449.19								
1971	116	431.47								
1972	116	254.43								
1973	116	335.01								
1974	116	377.25								
1975	116	324.65								
1976	116	192.16								
1977	116	172.56								
1978	116	205.58								
1979	116	218.51								
10 年小计		**10436.97**		**140.66**		**318.30**		**776.74**		**1468.45**
占小计%		**100.00**		**1.35**		**3.05**		**7.44**		**14.07**
1980	116	495.88								
1981	116	455.70								
1982	116	735.72							1	32.45
1983	116	1510.07			1	55.89	4	169.56	6	197.86
1984	116	2108.68	2	140.66	2	109.40	5	223.65	18	604.60
1985	116	1023.25					3	124.62	2	69.50
1986	116	927.93					1	41.22	5	173.40
1987	116	1242.10			3	153.01	3	125.67	2	68.49
1988	116	1025.55					2	92.02	5	179.58
1989	116	912.09							4	142.57
11 年小计		**4747.30**				**51.56**		**81.80**		**340.55**
占小计%		**100.00**				**1.09**		**1.72**		**7.17**
1990	116	973.83					1	40.76	2	66.81
1991	116	1202.58			1	51.56			6	211.70
1992	116	384.85								
1993	116	180.62								
1994	116	404.71								
1995	116	326.64								
1996	116	152.16								
1997	116	173.74								
1998	116	333.16					1	41.04		
1999	116	310.47							1	30.20
2000	116	304.54							1	31.84

合计									
20－30万担		10－20万担		5－10万担		1－5万担		1万担以下	
县数（个）	数量（万担）	县数（个）	数量（万担）	县数（个）	数量（万担）	县数（个）	数量（万担）	县数（个）	数量（万担）
	3387.56		**6989.88**		**5265.03**		**5427.12**		**607.63**
	394.94		**1081.26**		**1072.78**		**1036.72**		**108.31**
	10.69		**29.27**		**29.04**		**28.06**		**2.93**
				1	7.89	11	30.09	104	1.58
				6	42.63	9	23.53	101	0.36
		3	40.24	4	29.00	9	25.20	100	1.23
1	20.50	10	135.38	9	63.88	30	69.64	66	9.40
		9	122.20	17	115.32	50	125.36	40	14.58
1	20.34	11	140.57	13	87.92	46	110.20	45	16.56
4	85.89	11	149.59	23	160.65	51	135.01	27	8.31
1	21.28	10	144.46	11	71.72	50	126.10	44	18.38
4	85.72	9	130.24	22	158.49	51	126.72	30	11.59
3	69.26	6	102.70	23	168.05	56	148.02	28	10.39
4	91.95	8	115.88	25	167.23	44	116.85	35	15.93
	66.63		**653.29**		**843.61**		**1290.08**		**162.58**
	2.21		**21.66**		**27.97**		**42.77**		**5.39**
		8	117.78	12	76.78	61	152.01	35	11.51
		2	21.35	7	46.87	49	106.23	58	18.60
		5	57.57	6	44.05	51	115.68	54	19.45
		1	12.63	6	43.43	45	93.77	64	21.25
		5	63.06	12	78.39	55	139.43	44	15.99
2	45.35	10	148.62	22	145.91	50	128.23	32	10.61
		4	50.45	10	64.78	55	136.58	47	17.13
		4	51.04	13	88.16	53	133.39	46	18.80
1	21.28	5	70.98	17	116.34	57	149.95	36	14.79
		4	59.81	19	138.90	57	134.81	36	14.45
	114.81		**534.17**		**798.47**		**1369.56**		**143.80**
	3.88		**18.04**		**26.97**		**46.26**		**4.86**
2	46.25	6	81.73	22	154.04	62	160.08	24	7.09
1	21.59	8	110.48	19	133.22	60	157.17	28	9.01
		3	42.67	9	63.64	55	127.92	49	20.20
1	24.45	7	96.05	9	56.29	60	145.74	39	12.48
1	22.52	6	77.70	19	124.67	57	143.41	33	8.95
		6	79.14	10	67.99	64	165.88	36	11.64
		1	11.17	7	50.14	50	112.36	58	18.49
				6	49.27	40	101.89	70	21.40
		1	10.68	7	46.96	53	128.38	55	19.56
		2	24.55	8	52.25	53	126.73	53	14.98
	1999.53		**3161 26**		**1630.87**		**897.33**		**43.83**
	19.16		**30.29**		**15.63**		**8.60**		**0.42**
3	64.65	11	148.08	25	170.31	44	108.39	33	4.45
		13	182.81	19	129.12	50	137.29	34	6.48
4	113.86	20	273.32	27	187.01	37	124.56	27	4.52
18	429.28	28	401.42	26	209.72	18	43.23	15	3.11
17	415.66	33	460.93	18	127.67	9	25.38	12	0.73
6	145.02	29	390.03	26	193.68	33	99.58	17	0.82
4	91.50	25	350.79	24	164.96	35	100.69	22	5.37
12	290.77	25	353.49	22	160.95	33	88.20	16	1.52
9	216.27	19	265.06	26	195.74	29	70.50	26	6.38
10	232.52	25	335.33	12	91.71	33	99.51	32	10.45
	811.65		**1559.90**		**919.30**		**833.43**		**149.11**
	17.10		**32.86**		**19.36**		**17.56**		**3.14**
10	233.79	27	370.29	23	171.72	34	86.26	19	4.20
12	311.94	24	353.12	23	174.54	33	96.32	17	3.40
3	71.61	8	113.86	13	86.87	39	94.67	53	17.84
		5	66.10	6	40.69	26	54.92	79	18.91
1	21.50	11	151.13	16	110.06	41	101.34	47	20.68
1	20.60	5	73.73	15	104.52	46	106.19	49	21.60
		5	59.13	4	27.55	22	48.66	85	16.82
1	28.76	3	46.20	4	26.15	24	61.17	84	11.46
1	24.50	9	128.80	7	54.19	26	69.91	72	14.72
3	77.33	7	89.35	8	61.49	18	42.58	79	9.52
1	21.62	9	108.19	8	61.52	25	71.41	72	9.96

年度	面积									
	合计		60万亩以上		50－60万亩		40－50万亩		30－40万亩	
	县数（个）	数量（万亩）	县数（个）	数量（万亩）	县数（个）	数量（万亩）	县数（个）	数量（万亩）	县数（个）	数量（万亩）
52年合计		**62217.11**		**2547.04**		**4860.47**		**7309.06**		**11841.61**
11年小计		**11149.08**		**197.40**		**528.60**		**1242.83**		**1750.63**
占小计%		**100.00**		**1.77**		**4.74**		**11.15**		**15.70**
1949	98	676.59					1	49.70	2	67.10
1950	98	767.35			1	51.10			2	69.50
1951	98	1049.16	1	70.60			1	40.60	4	143.94
1952	98	1042.90			1	56.20	1	41.20	6	213.09
1953	98	958.34			1	58.70	1	40.60	5	167.94
1954	98	940.04			1	52.60	1	41.20	5	175.43
1955	98	1148.60	1	61.20			6	267.82	6	186.88
1956	98	1262.18	1	65.60	2	102.50	4	186.07	8	262.21
1957	98	1183.88			2	107.00	5	228.56	5	162.62
1958	98	1082.82			2	100.50	4	177.70	3	98.72
1959	98	1037.22					4	169.38	6	203.20
10年小计		**8906.28**				**102.70**		**564.52**		**1486.66**
占小计%		**100.00**				**1.15**		**6.34**		**16.69**
1960	98	926.73					3	131.03	5	168.80
1961	98	585.94							2	67.13
1962	98	560.25							2	70.16
1963	98	764.06					1	42.50	3	107.86
1964	98	991.38			2	102.70	3	129.98	3	94.40
1965	98	1012.22					5	218.62	3	95.30
1966	98	996.99					1	42.39	8	273.10
1967	98	1034.26							7	236.76
1968	98	1026.32							7	238.22
1969	98	1008.13							4	134.93
10年小计		**9486.60**				**54.56**				**821.38**
占小计%		**100.00**				**0.58**				**8.66**
1970	98	1030.37							3	104.33
1971	98	976.10							2	68.50
1972	98	907.07							3	98.60
1973	98	979.44							3	99.80
1974	98	964.60							3	99.60
1975	98	941.41							2	64.98
1976	98	954.41							2	62.60
1977	98	980.70			1	54.56			2	61.70
1978	98	937.00							3	92.50
1979	98	815.50							2	68.77
10年小计		**18495.34**		**1212.13**		**2908.89**		**3725.65**		**4668.12**
占小计%		**100.00**		**6.55**		**15.73**		**20.14**		**25.24**
1980	98	1104.13					2	83.97	10	338.56
1981	98	1404.77					7	304.29	14	485.74
1982	98	2006.29			11	586.08	9	404.29	10	359.26
1983	98	2235.79	5	350.25	9	495.93	7	306.01	14	488.82
1984	98	2544.69	8	590.09	8	446.23	12	538.92	16	560.24
1985	98	1725.88			1	56.75	12	527.29	11	378.30
1986	98	1512.62					8	341.35	13	448.58
1987	98	1849.42	1	66.10	6	316.66	9	394.55	16	535.76
1988	98	2117.47	2	136.74	9	512.08	10	462.88	16	557.23
1989	98	1994.28	1	68.95	9	495.16	8	362.10	15	515.63
11年小计		**14179.81**		**1137.51**		**1265.72**		**1776.06**		**3114.82**
占小计%		**100.00**		**8.02**		**8.93**		**12.53**		**21.97**
1990	98	2127.54	6	414.83	6	333.66	9	392.80	16	548.13
1991	98	2341.63	5	354.12	9	489.28	10	445.73	17	598.69
1992	98	2215.28	2	170.72	5	276.03	15	670.33	15	537.87
1993	98	1628.33	2	137.15	1	54.11	3	131.69	16	553.48
1994	98	1395.28			2	112.64	1	40.74	12	382.76
1995	98	1016.19							6	194.64
1996	98	762.77							1	35.00
1997	98	727.87							1	35.33
1998	98	606.99							2	60.58
1999	98	546.55					1	45.05		
2000	98	811.38	1	60.69			1	49.72	5	168.34

面积、产量、收购量分类

合　计									
20－30万亩		10－20万亩		5－10万亩		1－5万亩		1万亩以下	
县数（个）	数量（万亩）	县数（个）	数量（万亩）	县数（个）	数量（万亩）	县数（个）	数量（万亩）	县数（个）	数量（万亩）
	14023.83		**12108.91**		**5578.59**		**3741.73**		**205.87**
	2477.18		**2672.14**		**1138.10**		**1109.90**		**32.30**
	22.22		**23.97**		**10.21**		**9.96**		**0.29**
3	81.09	16	228.30	20	136.60	41	109.70	15	4.10
5	129.17	20	278.58	21	143.80	35	91.30	14	3.90
12	297.32	18	267.20	20	138.80	32	89.30	10	1.40
11	257.41	17	261.10	17	110.30	35	102.20	10	1.40
7	171.80	19	292.30	15	104.70	40	120.90	10	1.40
8	192.41	18	271.90	13	88.10	42	117.10	10	1.30
10	247.80	13	188.00	14	91.80	39	104.60	9	0.50
11	262.70	13	183.60	15	101.20	30	94.30	14	4.00
12	298.80	14	210.40	12	78.80	30	91.90	18	5.80
12	301.50	15	235.10	10	68.70	33	96.80	19	3.80
9	237.18	17	255.66	11	75.30	33	91.80	18	4.70
	2659.73		**2146.00**		**922.27**		**974.00**		**50.40**
	29.86		**24.10**		**10.36**		**10.94**		**0.57**
10	252.53	15	209.97	11	75.90	31	83.00	23	5.50
3	81.90	16	218.41	15	116.30	35	92.40	27	9.80
3	66.70	12	157.02	18	142.57	43	118.00	20	5.80
7	164.70	17	240.50	14	105.00	35	97.40	21	6.10
11	277.90	14	216.10	7	61.20	36	101.70	22	7.40
14	354.40	13	184.00	10	75.70	31	77.40	22	6.80
12	291.40	14	204.90	10	81.60	37	99.40	16	4.20
15	376.80	17	238.70	12	83.70	35	96.20	12	2.10
15	371.10	16	220.30	13	92.50	36	102.70	11	1.50
17	422.30	18	256.10	13	87.80	36	105.80	10	1.20
	3372.76		**3058.45**		**1483.80**		**665.80**		**29.85**
	35.55		**32.24**		**15.64**		**7.02**		**0.31**
17	434.54	21	299.10	14	92.20	32	98.20	11	2.00
19	462.95	18	246.50	18	116.00	26	78.50	15	3.65
13	309.80	19	277.72	18	126.80	28	90.90	17	3.25
12	296.78	25	364.44	24	158.75	18	57.10	16	2.57
14	332.33	20	288.39	27	187.81	17	54.04	17	2.43
11	272.52	25	364.25	24	170.85	19	67.10	17	1.71
14	331.56	20	297.81	29	208.76	16	52.70	17	0.98
13	317.24	22	317.50	24	167.13	18	60.20	18	2.37
13	315.45	21	329.23	22	149.98	17	46.50	22	3.34
12	299.59	18	273.51	16	105.52	20	60.56	30	7.55
	3201.00		**1493.21**		**862.68**		**383.91**		**39.75**
	17.31		**8.07**		**4.66**		**2.08**		**0.21**
16	386.30	10	140.98	15	104.34	16	43.86	29	6.12
12	304.34	9	141.69	17	129.98	14	33.75	25	4.98
11	288.07	15	223.67	15	113.29	10	27.02	17	4.61
10	272.29	15	203.59	13	97.89	9	18.97	16	2.04
5	115.53	16	204.03	7	56.16	11	30.55	15	2.94
20	506.61	8	115.77	11	78.56	20	59.88	15	2.72
19	474.59	8	119.03	11	76.45	16	46.05	23	6.57
11	286.12	10	140.23	9	59.11	16	47.28	20	3.61
9	228.67	9	118.55	12	73.05	10	24.94	21	3.33
13	338.48	6	85.67	11	73.85	16	51.61	19	2.83
	2313.16		**2739.11**		**1171.74**		**608.12**		**53.57**
	16.31		**19.32**		**8.26**		**4.29**		**0.38**
8	209.22	5	72.33	15	111.88	16	43.13	17	1.56
5	133.61	15	212.36	9	69.10	15	36.75	13	1.99
11	282.79	12	162.12	8	64.27	17	48.45	13	2.70
17	400.63	16	232.36	10	69.57	16	46.48	17	2.86
18	440.27	17	269.90	12	93.01	19	53.58	17	2.38
10	241.41	29	425.46	15	103.33	18	45.44	20	5.91
7	158.90	24	354.56	21	145.79	23	62.80	22	5.72
8	180.16	21	290.56	22	154.01	21	60.95	25	6.86
2	41.35	21	292.55	18	128.90	26	74.82	29	8.79
3	73.18	14	202.19	20	136.28	28	82.51	32	7.34
7	151.64	17	224.72	12	95.60	20	53.21	35	7.46

年度	产量									
	合计		60万担以上		50－60万担		40－50万担		30－40万担	
	县数（个）	数量（万担）	县数（个）	数量（万担）	县数（个）	数量（万担）	县数（个）	数量（万担）	县数（个）	数量（万担）
52年合计		**45616.13**		**8061.98**		**4237.53**		**5287.07**		**5922.30**
11年小计		**3562.20**								
占小计%		**100.00**								
1949	98	165.44								
1950	98	207.07								
1951	98	244.19								
1952	98	342.07								
1953	98	271.52								
1954	98	317.59								
1955	98	426.61								
1956	98	446.66								
1957	98	363.99								
1958	98	438.07								
1959	98	338.99								
10年小计		**2839.72**								**146.00**
占小计%		**100.00**								**5.14**
1960	98	157.75								
1961	98	71.01								
1962	98	84.11								
1963	98	175.41								
1964	98	245.59								
1965	98	390.19								
1966	98	379.05							1	39.56
1967	98	426.19							1	31.98
1968	98	442.91							1	36.08
1969	98	467.51							1	38.38
10年小计		**4076.96**						**40.26**		**72.03**
占小计%		**100.00**						**0.99**		**1.77**
1970	98	537.56					1	40.26		
1971	98	483.25							1	36.83
1972	98	394.55								
1973	98	520.55							1	35.20
1974	98	380.54								
1975	98	485.65								
1976	98	322.49								
1977	98	303.50								
1978	98	312.27								
1979	98	336.60								
10年小计		**21828.91**		**6340.47**		**3339.33**		**3900.29**		**3476.79**
占小计%		**100.00**		**29.05**		**15.30**		**17.87**		**15.93**
1980	98	1068.40			1	51.57	5	222.19	6	211.21
1981	98	1398.12			2	100.98	9	396.59	11	370.89
1982	98	2070.72	6	381.58	9	492.89	6	264.65	12	414.15
1983	98	2687.75	13	1000.76	8	439.89	13	592.73	8	269.94
1984	98	3558.34	28	2284.98	8	445.19	6	272.71	4	144.80
1985	98	2100.92	3	194.53	5	260.80	15	681.70	11	403.49
1986	98	1865.78	3	195.90	7	376.58	10	439.12	10	334.17
1987	98	2496.58	12	866.19	8	449.06	9	401.02	12	424.27
1988	98	2368.55	12	815.34	6	327.08	9	400.67	13	421.54
1989	98	2213.75	9	601.19	7	395.29	5	228.91	14	482.33
11年小计		**13308.33**		**1721.51**		**898.20**		**1346.52**		**2227.48**
占小计%		**100.00**		**12.94**		**6.75**		**10.12**		**16.74**
1990	98	2128.32	7	520.26	4	213.38	10	442.81	13	434.78
1991	98	2750.53	12	886.54	9	469.40	13	586.62	11	396.67
1992	98	1356.16			1	58.22	1	44.42	11	366.63
1993	98	909.12							6	195.97
1994	98	1092.03					3	130.95	4	143.03
1995	98	914.78							4	139.39
1996	98	675.78					1	49.00		
1997	98	738.05					1	42.91		
1998	98	711.77							3	105.30
1999	98	782.68	1	71.01					3	109.82
2000	98	1249.11	3	243.70	3	157.20	1	49.81	10	335.89

合计									
20－30 万担		10－20 万担		5－10 万担		1－5 万担		1 万担以下	
县数（个）	数量（万担）	县数（个）	数量（万担）	县数（个）	数量（万担）	县数（个）	数量（万担）	县数（个）	数量（万担）
	5055.39		**8070.35**		**4938.99**		**3499.79**		**542.72**
	416.04		1126.73		1054.18		749.84		215.41
	11.68		31.63		29.59		21.05		6.05
		2	24.56	7	50.36	31	68.70	58	21.82
		2	29.39	10	74.35	34	79.21	52	24.12
		3	41.11	13	93.72	38	88.81	44	20.55
1	23.30	8	107.59	16	114.86	34	78.63	39	17.69
		7	95.59	11	81.03	27	68.43	53	26.47
		11	151.21	13	85.64	29	59.57	45	21.17
3	69.86	13	173.13	14	102.43	27	60.28	41	20.91
4	99.47	12	154.27	15	104.72	39	78.62	28	9.58
3	77.48	7	96.80	17	120.48	22	52.73	49	16.50
5	124.06	9	126.41	17	118.99	24	52.61	43	16.00
1	21.87	9	126.67	15	107.60	24	62.25	49	20.60
	168.88		**936.56**		**749.03**		**671.14**		**168.11**
	5.95		**32.98**		**26.38**		**23.63**		**5.92**
1	22.90	2	22.38	3	21.32	31	74.17	61	16.98
		1	11.29	2	12.01	13	23.11	82	24.60
				4	28.58	16	29.43	78	26.10
		5	65.95	2	15.51	27	75.20	64	18.75
1	20.80	5	71.39	12	72.17	28	63.25	52	17.98
2	51.21	12	166.48	13	94.25	26	63.34	45	14.91
		12	150.77	14	105.14	34	68.94	37	14.64
1	22.31	12	153.02	16	121.82	37	84.91	31	12.15
1	23.54	11	139.22	20	140.03	37	92.14	28	11.90
1	28.12	12	156.06	18	138.20	42	96.65	24	10.10
	280.33		**1498.32**		**991.77**		**1124.02**		**70.23**
	6.88		**36.75**		**24.33**		**27.57**		**1.72**
1	28.75	19	261.37	12	87.36	45	113.13	20	6.69
2	53.51	15	200.65	14	91.24	39	91.71	27	9.31
1	22.30	11	149.40	13	92.32	46	122.18	27	8.35
1	25.76	12	184.53	23	160.40	41	111.24	20	3.42
2	47.93	7	94.41	15	107.17	51	126.03	23	5.00
2	55.90	13	183.74	19	125.17	44	118.58	20	2.26
		6	76.86	14	102.58	51	134.95	27	8.10
		8	100.65	9	65.80	51	127.55	30	9.50
		10	126.49	12	75.96	41	101.24	35	8.58
2	46.18	9	120.22	13	83.77	34	77.41	40	9.02
	2092.17		**1453.59**		**819.64**		**374.16**		**32.47**
	9.58		**6.66**		**3.75**		**1.71**		**0.15**
12	295.24	12	160.05	9	64.55	19	57.75	34	5.84
10	245.51	9	135.73	14	101.30	16	42.23	27	4.89
9	216.55	13	170.01	12	93.16	12	33.37	19	4.36
4	96.66	12	159.42	14	109.80	7	15.76	19	2.79
5	122.24	14	205.27	6	47.75	10	32.56	17	2.84
11	293.19	10	143.59	11	79.38	15	42.22	17	2.02
10	256.07	9	133.43	11	81.78	17	44.85	21	3.88
4	95.48	10	149.22	11	74.25	14	35.76	18	1.33
7	173.89	9	123.98	12	81.09	9	22.04	21	2.92
11	297.34	5	72.89	12	86.58	17	47.62	18	1.60
	2097.97		**3055.15**		**1324.37**		**580.63**		**56.50**
	15.76		**22.96**		**9.95**		**4.36**		**0.42**
9	234.33	10	150.50	13	91.88	15	38.91	17	1.47
5	126.80	15	209.83	6	38.02	14	34.65	13	2.00
15	340.60	25	386.55	14	114.49	18	42.91	13	2.34
9	213.77	20	277.03	22	156.13	23	62.70	18	3.52
10	249.07	29	412.95	15	100.69	17	50.86	20	4.48
10	240.22	25	331.18	19	148.86	21	50.28	19	4.85
4	89.48	22	292.88	23	164.05	27	74.71	21	5.66
6	141.24	23	329.96	21	152.25	22	63.50	25	8.19
9	200.08	14	191.97	20	145.02	25	61.64	27	7.76
9	219.43	11	157.53	23	168.63	19	47.30	32	8.96
2	42.95	21	314.77	6	44.35	19	53.17	33	7.27

年度	收购量									
	合计		60万担以上		50－60万担		40－50万担		30－40万担	
	县数（个）	数量（万担）	县数（个）	数量（万担）	县数（个）	数量（万担）	县数（个）	数量（万担）	县数（个）	数量（万担）
52年合计		**37348.07**		**5528.17**		**3226.23**		**4249.70**		**5169.52**
11年小计		**2351.24**								
占小计%		**100.00**								
1949	98	32.10								
1950	98	50.11								
1951	98	54.39								
1952	98	194.46								
1953	98	185.03								
1954	98	210.79								
1955	98	335.37								
1956	98	313.63								
1957	98	285.77								
1958	98	391.70								
1959	98	297.89								
10年小计		**2379.13**								**140.90**
占小计%		**100.00**								**5.92**
1960	98	128.55								
1961	98	40.54								
1962	98	59.70								
1963	98	149.31								
1964	98	213.32								
1965	98	321.46								
1966	98	327.42							1	37.84
1967	98	366.87							1	30.53
1968	98	373.76							1	35.16
1969	98	398.20							1	37.37
10年小计		**3565.34**								**71.19**
占小计%		**100.00**								**2.00**
1970	98	445.19								
1971	98	424.10							1	36.69
1972	98	345.60								
1973	98	471.80							1	34.50
1974	98	336.37								
1975	98	433.84								
1976	98	272.90								
1977	98	260.94								
1978	98	267.40								
1979	98	307.20								
10年小计		**19476.96**		**4768.06**		**2356.85**		**3568.16**		**3531.24**
占小计%		**100.00**		**24.48**		**12.10**		**18.32**		**18.13**
1980	98	1041.86			1	51.51	5	219.62	6	206.91
1981	98	1297.06					10	438.92	5	166.46
1982	98	1839.04	3	184.56	8	433.98	6	266.48	11	377.41
1983	98	2326.50	11	818.04	5	281.14	14	621.14	6	217.56
1984	98	3283.17	25	2033.92	6	322.55	7	316.45	7	236.25
1985	98	1818.99	1	65.09	2	112.19	10	449.20	20	716.89
1986	98	1586.53	2	133.52	3	166.86	4	181.85	13	465.34
1987	98	2304.41	10	732.93	8	439.56	6	269.78	14	463.72
1988	98	2123.73	8	548.07	5	274.83	10	441.62	9	315.77
1989	98	1855.67	4	251.93	5	274.23	8	363.10	11	364.93
11年小计		**9575.39**		**760.11**		**869.38**		**681.54**		**1426.19**
占小计%		**100.00**		**7.94**		**9.08**		**7.12**		**14.89**
1990	98	1803.63	3	234.46	4	216.09	5	221.00	14	482.10
1991	98	2449.42	5	400.62	10	543.10	10	460.54	18	638.24
1992	98	1021.84			1	55.30			3	101.68
1993	98	425.56								
1994	98	764.32							2	65.75
1995	98	668.35							1	30.65
1996	98	400.89								
1997	98	316.34								
1998	98	586.15							2	75.24
1999	98	465.76							1	32.53
2000	98	673.13	2	125.03	1	54.89				

合计									
20－30万担		10－20万担		5－10万担		1－5万担		1万担以下	
县数（个）	数量（万担）	县数（个）	数量（万担）	县数（个）	数量（万担）	县数（个）	数量（万担）	县数（个）	数量（万担）
	4738.26		**6400.28**		**4464.72**		**3137.77**		**433.42**
	366.90		**762.36**		**622.00**		**504.14**		**95.84**
	15.60		**32.42**		**26.45**		**21.44**		**4.08**
		1	10.20	1	6.47	4	12.63	92	2.80
		1	11.16	2	14.93	9	22.19	86	1.83
		1	10.73	4	25.00	7	15.91	86	2.75
1	20.48	3	41.51	10	63.28	23	61.65	61	7.54
		5	70.13	7	53.73	21	53.42	65	7.75
		7	91.44	7	52.25	21	54.42	63	12.68
2	47.34	11	148.34	12	83.91	17	43.08	56	12.70
3	66.55	9	110.47	10	72.58	19	53.36	57	10.67
3	74.06	6	73.99	10	70.78	21	56.09	58	10.85
5	116.46	9	113.76	13	90.52	25	58.97	46	11.99
2	42.01	6	80.63	12	88.55	27	72.42	51	14.28
	165.53		**758.73**		**653.95**		**529.85**		**130.17**
	6.96		**31.89**		**27.49**		**22.27**		**5.47**
1	21.37	1	10.85	3	24.68	24	56.27	69	15.38
		1	11.20			7	17.81	90	11.53
				3	21.51	11	23.26	84	14.93
		5	65.21	1	9.47	18	58.68	74	15.95
1	20.02	4	59.73	9	58.93	25	62.28	59	12.36
2	49.96	10	137.89	10	70.08	19	51.45	57	12.08
		8	105.45	14	111.17	25	59.24	50	13.72
1	21.87	11	135.15	15	109.66	24	56.48	46	13.18
1	23.24	9	108.81	17	123.48	31	72.67	39	10.40
1	29.07	10	124.44	16	124.97	30	71.71	40	10.64
	304.03		**1242.27**		**902.59**		**949.95**		**95.31**
	8.53		**34.84**		**25.32**		**26.64**		**2.67**
2	57.13	16	214.21	13	93.74	30	71.76	37	8.35
2	52.73	12	158.03	12	88.20	32	77.74	39	10.71
1	21.50	10	127.40	12	83.63	40	102.52	35	10.55
1	25.52	12	176.03	21	135.95	37	94.13	26	5.67
2	47.62	8	98.27	9	62.53	47	119.95	32	8.00
2	54.13	11	155.14	14	99.22	45	119.72	26	5.63
		5	61.87	14	100.15	41	97.88	38	13.00
		5	66.19	11	83.95	39	95.48	43	15.32
		7	91.06	10	71.03	37	96.27	44	9.04
2	45.40	7	94.07	12	84.19	30	74.50	47	9.04
	2543.79		**1430.62**		**840.16**		**410.19**		**27.89**
	13.06		**7.35**		**4.31**		**2.11**		**0.14**
12	288.00	11	147.55	11	76.15	17	48.57	35	3.55
16	413.01	10	148.46	14	93.45	12	33.97	31	2.79
10	263.56	12	174.98	12	92.39	13	41.65	23	4.03
7	168.38	7	93.74	12	90.65	10	33.25	26	2.60
3	79.90	14	202.23	8	56.68	10	33.09	18	2.10
10	250.03	7	91.21	14	95.62	16	37.52	18	1.24
14	352.26	10	150.37	10	72.13	22	60.60	20	3.60
4	105.52	10	154.21	15	102.95	13	33.15	18	2.59
11	283.28	8	115.68	13	100.10	14	42.12	20	2.26
13	339.85	10	152.19	9	60.04	17	46.27	21	3.13
	1358.01		**2206.30**		**1446.02**		**743.64**		**84.20**
	14.18		**23.04**		**15.10**		**7.77**		**0.88**
13	340.45	12	189.28	8	52.59	22	64.44	17	3.22
6	147.91	9	127.07	11	89.32	15	40.70	14	1.92
11	263.00	30	430.39	15	111.83	22	56.75	16	2.89
		12	175.92	20	142.81	35	95.20	31	11.63
6	143.46	27	355.85	18	139.86	22	51.54	23	7.86
7	159.46	15	209.53	26	200.53	20	57.02	29	11.16
		11	153.49	23	160.73	32	76.65	32	10.02
1	20.68	5	78.75	17	112.76	36	93.27	39	10.88
4	93.00	13	188.23	20	144.92	30	77.79	29	6.97
3	69.53	8	114.44	22	165.83	31	74.97	33	8.46
5	120.52	13	183.35	18	124.84	25	55.31	34	9.19

6-2-11 河南省产棉县历年棉花

年度	面积									
	合计		60万亩以上		50-60万亩		40-50万亩		30-40万亩	
	县数（个）	数量（万亩）	县数（个）	数量（万亩）	县数（个）	数量（万亩）	县数（个）	数量（万亩）	县数（个）	数量（万亩）
52年合计		**52659.19**		**3316.11**		**2374.33**		**4023.46**		**5441.90**
11年小计		**9842.64**		**403.70**		**208.66**		**614.76**		**473.96**
占小计%		**100.00**		**4.10**		**2.12**		**6.25**		**4.82**
1949	89	349.72					1	43.00		
1950	89	631.05					1	43.00	1	36.30
1951	89	835.42			1	55.00	1	43.00	1	31.03
1952	89	876.07			1	51.60	1	43.30		
1953	89	881.40			1	51.90	1	43.43	1	30.64
1954	89	929.95	1	63.40			1	42.55	3	102.75
1955	89	1035.87	1	66.60			3	131.19		
1956	89	1116.27	1	71.10	1	50.16	1	41.82	2	70.10
1957	89	1045.74	1	67.80			1	49.70	1	35.51
1958	89	1054.42	1	68.10			2	88.45	2	64.28
1959	89	1086.73	1	66.70			1	45.32	3	103.35
10年小计		**7084.65**		**66.00**		**206.30**		**181.59**		**239.62**
占小计%		**100.00**		**0.93**		**2.91**		**2.56**		**3.38**
1960	89	1006.63	1	66.00			1	45.77	2	71.44
1961	89	529.10					1	43.82		
1962	89	439.76							1	30.84
1963	89	577.63					1	44.10	1	33.08
1964	89	721.58			1	52.40			1	33.91
1965	89	668.29			1	52.00			1	31.55
1966	89	740.84			1	51.50				
1967	89	826.60			1	50.40				
1968	89	803.37					1	47.90		
1969	89	770.84							1	38.80
10年小计		**8525.66**				**110.15**				**411.59**
占小计%		**100.00**				**1.29**				**4.83**
1970	89	816.78							1	36.40
1971	89	841.79							1	34.20
1972	89	845.86							1	35.90
1973	89	849.89							1	36.10
1974	89	895.15							1	35.80
1975	89	863.62							1	35.00
1976	89	865.57							2	65.44
1977	89	869.12							2	64.85
1978	89	879.31			1	55.03			1	33.30
1979	89	798.57			1	55.12			1	34.60
10年小计		**11455.25**		**719.18**		**718.28**		**751.48**		**1678.05**
占小计%		**100.00**		**6.28**		**6.27**		**6.56**		**14.65**
1980	89	909.45			1	55.00			1	35.36
1981	89	918.59			1	50.10				
1982	89	1090.05			1	54.77			4	138.10
1983	89	1150.73			2	113.11	1	43.18	2	70.84
1984	89	1682.04	2	154.39	2	111.77	10	432.43	6	210.61
1985	89	1171.17	2	139.16	1	53.31			9	304.53
1986	89	894.18	1	61.00	1	50.93	1	49.87	2	61.01
1987	89	1039.05	1	72.00	2	113.23			5	170.14
1988	89	1343.73	2	143.91	1	58.66	4	181.70	10	345.17
1989	89	1256.26	2	148.72	1	57.40	1	44.30	10	342.29
11年小计		**15750.98**		**2127.23**		**1130.94**		**2475.63**		**2638.68**
占小计%		**100.00**		**13.51**		**7.18**		**15.72**		**16.75**
1990	89	1267.37	2	148.40	1	56.26	2	81.28	8	276.01
1991	89	1705.04	5	350.51	5	269.83	4	163.64	9	310.68
1992	89	1843.93	4	288.83	4	227.46	6	252.98	9	327.75
1993	89	1407.27	2	150.50	1	56.40	3	133.13	8	284.64
1994	89	1457.06	2	152.50	1	52.07	7	299.92	6	206.63
1995	89	1544.48	2	158.00	1	50.00	8	351.18	7	238.11
1996	89	1431.06	2	155.50	2	103.00	6	267.00	5	167.70
1997	89	1407.38	2	149.51	3	155.47	6	268.97	6	199.44
1998	89	1252.67	2	154.05	2	107.24	5	221.77	4	140.26
1999	89	1248.80	3	213.79	1	53.21	6	262.40	5	173.23
2000	89	1185.92	3	205.64			4	173.36	9	314.23

面积、产量、收购量分类

合　计									
20－30万亩		10－20万亩		5－10万亩		1－5万亩		1万亩以下	
县数（个）	数量（万亩）	县数（个）	数量（万亩）	县数（个）	数量（万亩）	县数（个）	数量（万亩）	县数（个）	数量（万亩）
	8368.65		**15643.74**		**9852.77**		**3524.77**		**113.46**
	1408.64		**3547.53**		**2421.68**		**757.92**		**5.79**
	14.31		**36.04**		**24.60**		**7.70**		**0.06**
		8	107.75	16	108.33	28	89.73	36	0.91
		16	215.16	26	193.51	39	142.10	6	0.98
4	91.51	20	268.79	39	283.74	17	60.98	6	1.37
6	145.40	19	260.01	42	319.32	15	55.69	5	0.75
4	92.82	23	312.44	37	282.48	18	66.87	4	0.82
3	67.83	24	325.03	36	267.02	17	60.41	4	0.96
8	186.95	28	382.00	31	218.62	15	50.51	3	
9	213.69	27	405.03	28	209.34	17	55.03	3	
11	264.84	26	369.49	27	197.76	19	60.64	3	
6	140.10	30	451.36	24	177.04	21	65.09	3	
9	205.50	31	450.47	24	164.52	17	50.87	3	
	704.41		**2286.96**		**2392.35**		**992.89**		**14.52**
	9.94		**32.28**		**33.77**		**14.01**		**0.20**
5	113.93	31	456.72	27	201.63	17	49.84	5	1.30
2	56.29	7	93.96	31	216.38	41	115.64	7	3.01
1	23.27	6	87.50	24	159.51	45	132.31	12	6.33
		13	177.13	28	197.87	40	123.03	6	2.42
3	69.90	13	173.52	37	273.83	32	118.02	2	
2	44.74	15	193.25	30	219.60	38	127.15	2	
4	100.12	18	239.44	34	245.00	30	104.78	2	
5	116.28	25	314.71	37	279.36	17	64.39	4	1.46
4	90.61	22	290.41	40	300.20	20	74.25	2	
4	89.27	20	260.32	39	298.97	23	83.48	2	
	996.61		**3989.47**		**2356.37**		**652.40**		**9.07**
	11.69		**46.79**		**27.64**		**7.65**		**0.11**
4	88.01	29	368.52	34	247.32	21	76.53		
5	109.48	34	420.34	29	206.38	20	71.39		
4	88.68	31	407.61	32	236.56	21	77.11		
4	88.14	32	420.12	32	231.88	20	73.65		
5	109.24	34	462.88	31	222.39	18	64.84		
4	87.46	31	430.37	36	258.18	15	51.16	2	1.45
4	89.19	28	382.33	37	273.43	16	53.82	2	1.36
5	110.19	31	409.76	33	234.55	14	47.32	4	2.45
5	110.41	30	397.41	32	230.21	17	51.39	3	1.56
5	115.81	23	290.13	29	215.47	26	85.19	4	2.25
	2502.87		**2963.57**		**1534.76**		**549.94**		**37.12**
	21.85		**25.87**		**13.40**		**4.80**		**0.32**
6	147.35	32	434.52	25	169.39	20	65.58	4	2.25
8	195.35	32	444.65	24	165.55	20	61.19	4	1.75
11	250.22	30	421.21	25	177.56	15	46.98	3	1.21
12	292.89	27	390.76	25	184.12	19	55.70	1	0.13
15	362.40	17	228.01	19	134.19	17	47.31	1	0.93
9	215.45	18	245.40	22	154.42	21	55.46	7	3.44
10	241.45	13	205.74	21	153.28	25	64.19	15	6.71
13	327.77	11	163.06	21	140.23	21	45.66	15	6.96
10	242.76	12	177.94	17	131.85	21	54.45	12	7.29
9	227.23	18	252.28	16	124.17	19	53.42	13	6.45
	2756.12		**2856.20**		**1147.60**		**571.62**		**46.96**
	17.50		**18.13**		**7.29**		**3.63**		**0.30**
12	295.61	14	209.40	18	129.14	22	66.15	10	5.12
8	203.94	18	253.90	15	104.13	18	45.49	7	2.92
11	278.63	21	317.45	16	112.55	15	36.95	3	1.33
13	320.73	20	283.33	15	112.50	23	66.04	4	
14	343.61	17	237.06	15	99.66	22	63.02	5	2.59
14	323.88	20	288.12	12	79.71	21	52.56	4	2.92
12	290.17	21	302.73	15	102.32	18	37.75	8	4.89
10	237.03	16	232.38	17	116.07	19	43.59	10	4.92
9	217.18	17	254.77	15	105.28	20	44.29	15	7.83
7	157.81	15	219.20	17	112.00	21	50.21	14	6.95
4	87.53	19	257.86	10	74.24	26	65.57	14	7.49

年度	合计		60万担以上		50－60万担		40－50万担		30－40万担	
	县数（个）	数量（万担）	县数（个）	数量（万担）	县数（个）	数量（万担）	县数（个）	数量（万担）	县数（个）	数量（万担）
52年合计		**38121.88**		**5709.06**		**2915.24**		**2810.91**		**3961.15**
11年小计		**2733.12**								**74.51**
占小计%		**99.31**								**2.73**
1949	89	69.54								
1950	89	140.97								
1951	89	194.67								
1952	89	227.90								
1953	89	208.02								
1954	89	237.17								
1955	89	293.54								
1956	89	250.12								
1957	89	298.73								
1958	89	425.06							1	37.64
1959	89	387.40							1	36.87
10年小计		**2791.32**						**93.30**		**132.09**
占小计%		**100.00**						**3.34**		**4.73**
1960	89	312.08								
1961	89	96.81								
1962	89	74.62								
1963	89	82.07								
1964	89	221.48								
1965	89	267.32							1	32.34
1966	89	447.84					1	44.50	1	30.25
1967	89	476.08							1	36.10
1968	89	407.21					1	48.80		
1969	89	405.80							1	33.40
10年小计		**4722.11**						**92.52**		
占小计%		**100.00**						**1.96**		
1970	89	517.71								
1971	89	432.39								
1972	89	427.65								
1973	89	612.12								
1974	89	560.29								
1975	89	491.92								
1976	89	414.34								
1977	89	435.71								
1978	89	441.13					1	49.21		
1979	89	388.85					1	43.31		
10年小计		**10287.35**		**1140.67**		**679.22**		**790.30**		**1537.41**
占小计%		**100.00**		**11.09**		**6.60**		**7.68**		**14.94**
1980	89	790.911			1	50.02	1	41.00	2	64.30
1981	89	702.69			1	51.61			1	37.83
1982	89	628.66					1	46.10		
1983	89	1247.52	3	223.25			1	44.00	8	274.15
1984	89	1667.59	4	327.49	4	208.61	5	221.11	9	319.73
1985	89	1045.05	2	148.26	1	55.16			6	196.93
1986	89	789.18	2	129.88					3	102.15
1987	89	1104.65	2	157.81	2	101.09	2	81.74	4	139.44
1988	89	1244.58	1	84.90	3	162.70	5	225.41	7	228.73
1989	89	1066.52	1	69.08	1	50.03	3	130.94	5	174.15
11年小计		**17587.97**		**4568.39**		**2236.02**		**1834.79**		**2217.14**
占小计%		**100.00**		**25.97**		**12.71**		**10.43**		**12.61**
1990	89	1517.30	4	360.08	2	110.45	4	182.03	7	242.71
1991	89	1935.87	8	653.76	4	208.75	5	210.32	12	423.42
1992	89	1385.16	3	207.58	4	216.60	1	41.24	7	238.26
1993	89	1302.73	2	140.44	5	263.35	1	40.40	2	70.04
1994	89	1229.43	2	130.93	1	55.12	3	140.32	6	200.41
1995	89	1658.44	2	199.62	5	284.28	3	131.69	10	346.32
1996	89	1602.89	5	410.14	2	106.40	5	222.98	7	234.73
1997	89	1920.53	9	754.65	4	226.26	5	229.44	5	169.29
1998	89	1785.84	10	811.65	2	104.17	4	180.35	3	100.43
1999	89	1732.42	5	484.39	10	548.54	2	91.14	3	93.36
2000	89	1517.36	6	415.15	2	112.10	8	364.88	3	98.17

合计									
20－30万担		10－20万担		5－10万担		1－5万担		1万担以下	
县数（个）	数量（万担）	县数（个）	数量（万担）	县数（个）	数量（万担）	县数（个）	数量（万担）	县数（个）	数量（万担）
	5105.44		**6962.72**		**5392.91**		**4799.72**		**464.73**
	224.49		**500.16**		**629.44**		**1159.85**		**144.67**
	8.21		**17.61**		**23.03**		**42.44**		**5.29**
		1	16.34	2	11.62	15	23.57	71	18.01
		2	29.77	2	10.97	38	76.83	47	23.40
		2	30.36	5	33.59	57	119.49	25	11.23
1	20.78	2	29.12	6	43.31	53	121.64	27	13.05
1	20.64	2	29.60	7	45.07	46	95.67	33	17.04
1	27.26	3	45.61	5	31.73	43	116.43	37	16.14
1	27.36	4	60.47	10	66.89	51	127.19	23	11.63
1	27.45	1	18.04	14	90.55	42	102.63	31	11.45
1	26.85	5	66.95	9	60.26	57	136.77	17	7.90
1	29.57	9	125.38	14	96.56	48	128.25	16	7.66
2	44.58	4	48.52	21	138.89	43	111.38	18	7.16
	190.70		**412.79**		**798.22**		**1016.12**		**148.10**
	6.83		**14.79**		**28.60**		**36.40**		**5.31**
2	55.72	4	54.79	10	65.34	51	128.37	22	7.86
				3	19.57	26	48.31	60	28.93
				2	12.70	18	31.03	69	30.89
				2	17.36	20	40.45	67	24.26
2	52.14	1	10.46	7	46.02	45	93.49	34	19.37
1	27.80	2	27.25	9	63.34	44	98.69	32	17.90
		6	75.48	23	161.96	51	131.92	7	3.73
1	26.06	9	113.03	19	138.97	53	159.53	6	2.39
1	28.98	5	58.44	18	116.39	52	147.60	12	7.00
		5	73.34	22	156.57	50	136.72	11	5.77
	264.76		**1191.22**		**1785.27**		**1347.54**		**40.80**
	5.61		**25.23**		**37.81**		**28.54**		**0.86**
1	25.33	9	122.30	32	245.63	42	120.95	5	3.50
1	24.77	5	64.91	33	225.05	44	114.01	6	3.65
1	20.87	7	87.92	28	191.76	45	121.05	8	6.05
2	49.94	19	241.60	26	200.80	41	119.06	1	0.72
1	26.16	14	181.17	29	216.55	42	134.38	3	2.03
2	43.24	12	155.72	19	141.20	48	147.73	8	4.03
1	27.09	5	69.71	23	163.71	53	151.05	7	2.78
2	47.36	7	88.26	23	146.28	46	148.19	11	5.62
		6	83.37	23	150.89	49	152.94	10	4.72
		7	96.26	16	103.40	48	138.18	17	7.70
	2009.34		**2241.95**		**1139.00**		**687.35**		**62.11**
	19.53		**21.79**		**11.07**		**6.68**		**0.60**
5	123.64	22	299.11	19	135.29	26	71.32	13	6.23
3	74.30	17	251.22	26	196.90	29	85.73	12	5.10
6	147.55	15	207.43	19	139.25	29	79.75	19	8.58
10	242.80	17	237.34	20	161.00	25	62.58	5	2.40
9	213.23	18	244.80	8	58.78	27	72.14	5	1.70
12	288.84	13	169.01	16	114.37	23	66.22	16	6.26
10	226.53	13	173.41	11	75.90	26	73.93	24	7.38
11	286.71	13	191.14	11	73.66	19	63.45	25	9.61
8	187.27	15	212.02	11	81.58	20	53.95	19	8.02
9	218.47	18	256.47	14	102.27	20	58.28	18	6.83
	2416.15		**2616.60**		**1040.98**		**588.86**		**69.04**
	13.74		**14.88**		**5.92**		**3.35**		**0.39**
9	224.30	14	216.65	16	117.71	18	56.63	15	6.74
5	118.10	14	191.80	11	76.75	14	44.30	16	8.67
7	177.99	21	307.85	20	143.00	15	46.44	11	6.20
14	333.55	17	242.37	20	151.58	20	57.57	8	3.43
13	303.17	16	225.06	15	103.23	24	66.47	9	4.72
12	276.37	20	299.21	9	59.09	19	56.25	9	5.61
8	198.14	20	299.06	10	74.30	20	50.05	12	7.09
7	175.22	15	233.08	11	79.88	17	46.76	16	5.95
11	281.36	13	182.38	9	64.59	21	52.31	16	8.60
7	178.10	12	183.52	13	92.16	23	54.88	14	6.33
6	149.85	16	235.62	11	78.69	24	57.20	13	5.70

年　度	收购量									
	合　计		60 万担以上		50－60 万担		40－50 万担		30－40 万担	
	县数（个）	数量（万担）	县数（个）	数量（万担）	县数（个）	数量（万担）	县数（个）	数量（万担）	县数（个）	数量（万担）
52 年合计		**25930.24**		**1545.64**		**852.05**		**1481.39**		**2337.90**
11 年小计		**1931.44**								**32.95**
占小计%		**100.00**								**1.71**
1949	89	1.11								
1950	89	54.84								
1951	89	107.64								
1952	89	144.11								
1953	89	128.40								
1954	89	151.93								
1955	89	188.67								
1956	89	171.83								
1957	89	271.21							1	32.95
1958	89	356.78								
1959	89	354.92								
10 年小计		**2311.96**						**43.00**		**163.42**
占小计%		**100.00**						**1.86**		**7.07**
1960	89	276.89							1	30.44
1961	89	54.53								
1962	89	50.40								
1963	89	62.48								
1964	89	173.38								
1965	89	207.33							1	30.88
1966	89	384.80							1	38.20
1967	89	403.89							1	33.80
1968	89	355.07					1	43.00		
1969	89	343.19							1	30.10
10 年小计		**4069.16**						**87.75**		
占小计%		**100.00**						**2.16**		
1970	89	443.45								
1971	89	366.93								
1972	89	363.68								
1973	89	534.78								
1974	89	479.70								
1975	89	437.50								
1976	89	354.82								
1977	89	355.31								
1978	89	380.34					1	46.83		
1979	89	352.65					1	40.92		
10 年小计		**9051.97**		**896.25**		**320.59**		**596.05**		**1101.32**
占小计%		**100.00**		**9.90**		**3.54**		**6.58**		**12.17**
1980	89	748.93					1	47.82	3	102.79
1981	89	675.91			1	50.13			2	73.33
1982	89	597.62					1	45.22		
1983	89	1183.66	3	217.89	1	51.76			8	267.61
1984	89	1499.47	4	324.99	1	52	3	135.82	8	288.12
1985	89	902.24	1	60.41			3	139.18	2	65.30
1986	89	738.49			2	115.7				
1987	89	977.37	2	147.08			2	88.59	4	142.75
1988	89	993.23	2	145.88			2	92.62	4	130.88
1989	89	735.05			1	51	1	46.80	1	30.54
11 年小计		**8565.71**		**649.39**		**531.46**		**754.59**		**1040.21**
占小计%		**100.00**		**7.58**		**6.20**		**8.81**		**12.14**
1990	89	1058.56	1	82.00	2	108.11			8	265.17
1991	89	1543.77	5	369.75	1	50.00	3	132.63	9	328.19
1992	89	977.23	2	132.05	1	52.84			3	102.91
1993	89	580.50			1	50.35	1	48.50		
1994	89	582.65			1	52.00	1	45.00		
1995	89	766.29			1	52.00	3	135.00	3	99.92
1996	89	645.88			1	54.00	2	84.00	3	101.00
1997	89	601.48					3	134.07	2	73.85
1998	89	716.72			1	55.46	2	89.39	1	31.57
1999	89	649.98	1	65.59			2	86.00		
2000	89	442.65			1	56.70			1	37.60

合计									
20－30万担		10－20万担		5－10万担		1－5万担		1万担以下	
县数（个）	数量（万担）	县数（个）	数量（万担）	县数（个）	数量（万担）	县数（个）	数量（万担）	县数（个）	数量（万担）
	4153.58		**5513.94**		**5093.12**		**4524.13**		**428.49**
	215.19		**358.10**		**490.87**		**728.74**		**105.59**
	11.14		**18.54**		**25.41**		**37.73**		**5.47**
								89	1.11
				2	18.81	15	29.08	72	6.95
		2	32.82	3	20.68	18	42.56	66	11.58
2	44.94			6	41.53	27	48.83	54	8.81
		3	45.03	4	23.42	28	50.29	54	9.66
1	27.61	3	38.64	1	8.60	32	65.29	52	11.79
1	24.12	3	42.28	5	32.23	29	72.41	51	17.63
2	43.98			5	33.68	35	84.18	47	9.99
		4	55.72	10	67.78	40	100.13	34	14.63
1	29.08	8	108.83	14	96.01	45	115.70	21	7.16
2	45.46	3	34.78	22	148.13	41	120.27	21	6.28
	133.88		**328.13**		**659.06**		**845.89**		**138.58**
	5.79		**14.19**		**28.51**		**36.59**		**5.99**
		4	55.61	10	65.60	41	113.50	33	11.74
				1	7.92	12	22.66	76	23.95
				2	12.02	8	15.64	79	22.74
				2	16.61	14	28.49	73	17.38
1	28.03	1	19.94	6	42.60	30	64.05	51	18.76
1	24.05	1	15.74	7	49.13	31	71.50	48	16.03
1	29.43	5	59.51	20	135.59	47	115.11	15	6.96
1	24.67	5	65.19	20	144.80	51	132.25	11	3.18
1	27.70	4	43.10	14	94.87	47	137.12	22	9.28
		5	69.04	13	89.92	51	145.57	19	8.56
	211.26		**832.82**		**1553.91**		**1340.16**		**43.26**
	5.19		**20.47**		**38.19**		**32.93**		**1.06**
1	24.50	7	93.59	28	197.86	46	125.46	7	2.04
1	23.45	3	39.75	26	172.41	45	124.24	14	7.08
		6	79.07	25	159.06	44	118.14	14	7.41
2	47.31	12	149.73	31	232.72	39	102.56	5	2.46
1	24.68	7	92.64	30	226.11	44	132.97	7	3.30
2	42.14	8	102.08	22	160.15	45	128.19	12	4.94
1	25.38	5	64.01	16	109.21	54	153.45	13	2.77
1	23.80	5	57.88	16	101.89	53	167.68	14	4.06
		6	77.00	17	104.07	49	149.03	16	3.41
		6	77.07	14	90.43	49	138.44	19	5.79
	1890.30		**2248.81**		**1210.08**		**733.96**		**54.61**
	20.88		**24.84**		**13.37**		**8.11**		**0.60**
3	79.70	23	319.80	18	124.76	23	65.34	18	8.72
2	51.83	15	218.53	24	182.24	31	95.19	14	4.66
4	102.66	15	221.79	21	151.59	27	67.65	21	8.71
9	216.52	14	193.73	21	171.82	23	60.93	10	3.40
12	279.81	18	242.99	12	97.25	25	76.39	6	2.10
10	240.54	14	209.95	15	103.07	28	78.50	16	5.29
8	191.59	15	219.42	16	114.77	32	91.26	16	5.75
11	270.71	13	189.72	10	68.20	24	67.09	23	3.23
11	279.99	10	155.06	13	103.33	28	79.90	19	5.57
7	176.95	18	277.82	13	93.05	20	51.71	28	7.18
	1702.95		**1746.08**		**1179.20**		**875.38**		**86.45**
	19.88		**20.38**		**13.77**		**10.22**		**1.01**
8	195.10	16	242.49	13	94.52	23	65.97	18	5.20
13	332.23	11	156.70	16	110.62	22	61.24	9	2.41
10	245.26	15	211.58	21	142.56	30	85.15	7	4.88
3	82.01	11	172.73	20	134.29	37	87.73	16	4.89
4	95.60	12	173.95	15	111.04	39	97.80	17	7.26
6	155.08	11	153.88	10	70.10	33	88.92	22	11.39
6	154.06	6	91.99	10	68.24	32	79.85	29	12.74
4	89.33	6	94.01	17	125.87	33	77.09	24	7.26
7	165.05	13	178.79	17	117.13	28	72.38	20	6.95
6	146.82	11	161.73	11	84.91	33	93.10	25	11.83
2	42.41	7	108.23	16	119.92	27	66.15	35	11.64

6－2－12　陕西省产棉县历年棉花

年　度	面	积								
	合　计		60 万亩以上		50－60 万亩		40－50 万亩		30－40 万亩	
	县数（个）	数量（万亩）	县数（个）	数量（万亩）	县数（个）	数量（万亩）	县数（个）	数量（万亩）	县数（个）	数量（万亩）
52 年合计		**13875.51**						**303.51**		**2149.20**
11 年小计		**3554.28**						**178.42**		**719.27**
占小计%		**100.00**						**5.02**		**20.24**
1949	27	198.78							1	35.00
1950	27	212.47							1	35.12
1951	27	231.39							1	35.57
1952	27	271.08							3	98.33
1953	27	337.75							3	100.80
1954	27	323.91							2	67.89
1955	27	344.62							2	72.04
1956	27	392.66					1	42.55	2	68.19
1957	27	417.75					1	44.52	2	70.85
1958	27	412.56					1	46.45	2	66.44
1959	27	411.31					1	44.90	2	69.04
10 年小计		**3435.85**							**17**	**549.54**
占小计%		**100.00**								**15.99**
1960	27	371.31							3	98.13
1961	27	337.00							1	33.99
1962	27	264.29								
1963	27	329.30							1	31.63
1964	27	362.42							2	67.25
1965	27	356.95							2	65.11
1966	27	354.39							2	63.89
1967	27	360.41							2	64.02
1968	27	354.43							2	62.71
1969	27	345.35							2	62.81
10 年小计		**3460.63**								**370.22**
占小计%		**100.00**								**10.70**
1970	27	352.65							2	63.58
1971	27	352.87							2	61.44
1972	27	348.02							1	30.56
1973	27	348.49							1	30.97
1974	27	344.23							1	30.97
1975	27	347.62							1	31.03
1976	27	347.25							1	30.75
1977	27	344.24							1	30.32
1978	27	337.89							1	30.37
1979	27	337.37							1	30.23
10 年小计		**2229.14**								**475.37**
占小计%		**100.00**								**21.33**
1980	27	325.75							1	30.68
1981	27	366.59							3	105.65
1982	27	360.36							3	105.67
1983	27	348.70							3	104.84
1984	27	268.10							2	62.43
1985	27	146.31								
1986	27	86.65								
1987	27	91.03								
1988	27	118.11							1	30.60
1989	27	117.54							1	35.50
11 年小计		**1195.61**						**125.09**		**34.80**
占小计%		**100.00**						**10.46**		**2.91**
1990	27	157.73					1	40.03		
1991	27	195.92					1	40.20		
1992	27	212.70					1	44.86		
1993	27	135.62							1	34.80
1994	27	124.53								
1995	27	106.55								
1996	27	74.92								
1997	27	51.67								
1998	27	48.49								
1999	27	39.75								
2000	27	47.73								

面积、产量、收购量分类

合　　计									
20－30 万亩		10－20 万亩		5－10 万亩		1－5 万亩		1 万亩以下	
县数（个）	数量（万亩）	县数（个）	数量（万亩）	县数（个）	数量（万亩）	县数（个）	数量（万亩）	县数（个）	数量（万亩）
	4036.05		**4754.18**		**1712.41**		**890.85**		**29.31**
	766.12		**1369.99**		**436.95**		**83.53**		
	21.55		**38.54**		**12.29**		**2.35**		
1	21.31	6	90.95	5	40.98	3	10.54	11	
1	21.50	7	110.19	4	33.91	3	11.75	11	
3	68.95	7	97.15	4	25.23	1	4.49	11	
2	49.12	6	86.94	5	36.69			11	
2	44.19	10	138.98	6	41.85	3	11.93	3	
2	50.04	10	143.59	7	50.36	3	12.03	3	
4	98.19	9	118.96	6	41.77	4	13.66	2	
3	72.78	11	158.27	7	46.37	1	4.50	2	
5	118.78	9	130.68	7	48.14	1	4.78	2	
4	99.60	12	164.46	6	35.61			2	
5	121.66	10	129.82	5	36.04	2	9.85	2	
	1228.78		**1082.31**		**368.56**		**206.66**		
	35.76		**31.50**		**10.73**		**6.01**		
5	115.68	9	114.72	5	30.27	3	12.51	2	
5	120.58	9	125.02	4	32.80	6	24.61	2	
3	74.56	6	88.31	9	74.62	7	26.80	2	
4	100.67	9	129.15	6	46.24	5	21.61	2	
6	144.88	8	99.89	4	28.86	5	21.54	2	
5	121.87	8	109.24	6	44.08	4	16.65	2	
6	141.87	8	99.65	4	28.38	5	20.60	2	
6	145.96	8	100.50	4	28.48	5	21.45	2	
6	143.91	8	99.44	4	27.70	5	20.67	2	
5	118.80	9	116.39	4	27.13	5	20.22	2	
	1467.71		**1130.47**		**336.41**		**155.82**		
	42.41		**32.67**		**9.72**		**4.50**		
6	144.11	8	98.14	4	27.17	5	19.65	2	
6	145.53	8	97.90	6	36.93	3	11.07	2	
6	149.96	9	119.03	6	36.88	3	11.59	2	
6	149.07	9	118.88	6	37.14	3	12.43	2	
6	145.64	9	118.22	7	42.54	2	6.86	2	
6	149.02	9	119.07	4	26.49	5	22.01	2	
6	148.95	9	119.97	4	26.58	5	21.00	2	
6	146.88	9	117.41	6	38.17	3	11.46	2	
6	144.16	9	116.09	4	26.72	5	20.55	2	
6	144.39	8	105.76	5	37.79	5	19.20	2	
	378.60		**877.42**		**290.62**		**190.65**		**16.48**
	16.98		**39.36**		**13.04**		**8.55**		**0.74**
4	98.35	11	151.57	3	21.90	6	23.25	2	
3	67.09	12	163.06	1	8.46	6	22.33	2	
2	46.28	13	176.53	2	13.72	5	18.16	2	
3	66.53	11	147.27	2	17.07	5	12.99	3	
1	22.72	8	113.90	7	55.21	4	12.10	5	1.74
1	26.93	4	57.60	4	29.40	12	32.38	6	
1	23.90	1	13.00	4	28.35	7	17.10	14	4.30
1	26.80	1	15.44	4	26.58	6	17.59	15	4.62
		1	19.45	7	51.34	6	13.64	12	3.08
		1	19.60	5	38.59	8	21.11	12	2.74
	194.84		**293.99**		**279.87**		**254.19**		**12.83**
	16.30		**24.59**		**23.41**		**21.26**		**1.07**
1	26.34	3	36.02	4	27.66	10	27.68	8	
2	49.36	4	50.39	5	31.98	7	23.99	8	
2	49.14	4	58.60	6	40.70	6	19.40	8	
1	21.77	1	11.31	6	47.38	8	19.20	10	1.16
2	48.23	2	21.69	5	37.26	8	16.09	10	1.26
		3	48.62	4	27.12	11	30.23	9	0.58
		2	26.60	2	16.28	12	30.85	11	1.19
				3	25.89	12	24.35	12	1.43
		1	10.25	2	14.30	12	21.97	12	1.97
		1	12.85			12	24.62	14	2.28
		1	17.66	2	11.30	9	15.81	15	2.96

年　度	产　量									
	合　计		60万担以上		50－60万担		40－50万担		30－40万担	
	县数（个）	数量（万担）	县数（个）	数量（万担）	县数（个）	数量（万担）	县数（个）	数量（万担）	县数（个）	数量（万担）
52年合计		**7125.27**						**142.48**		**242.68**
11年小计		**1650.73**								**32.98**
占小计%		**100.00**								**2.00**
1949	27	58.28								
1950	27	62.78								
1951	27	107.02								
1952	27	97.59								
1953	27	149.73								
1954	27	156.15								
1955	27	137.88								
1956	27	191.90								
1957	27	222.46								
1958	27	255.20							1	32.98
1959	27	211.74								
10年小计		**1490.02**								
占小计%		**100.00**								
1960	27	138.12								
1961	27	96.12								
1962	27	86.89								
1963	27	124.60								
1964	27	128.18								
1965	27	210.11								
1966	27	207.18								
1967	27	188.20								
1968	27	133.09								
1969	27	177.53								
10年小计		**1808.31**								
占小计%		**100.00**								
1970	27	166.75								
1971	27	200.87								
1972	27	143.51								
1973	27	245.27								
1974	27	177.75								
1975	27	160.47								
1976	27	134.04								
1977	27	190.49								
1978	27	197.53								
1979	27	191.63								
10年小计		**1231.44**						**45.40**		**179.20**
占小计%		**100.00**						**3.69**		**14.55**
1980	27	155.91								
1981	27	117.62								
1982	27	248.41							1	38.15
1983	27	75.64								
1984	27	144.38							1	32.42
1985	27	84.72								
1986	27	82.47							1	32.23
1987	27	108.34					1	45.40		
1988	27	103.45							1	36.70
1989	27	110.50							1	39.70
11年小计		**944.76**						**97.08**		**30.50**
占小计%		**100.00**						**10.28**		**3.23**
1990	27	149.96					1	48.84		
1991	27	177.16					1	48.24	1	30.50
1992	27	110.17								
1993	27	101.30								
1994	27	83.58								
1995	27	78.67								
1996	27	55.98								
1997	27	37.47								
1998	27	43.88								
1999	27	43.90								
2000	27	62.69								

合计									
20－30 万担		10－20 万担		5－10 万担		1－5 万担		1 万担以下	
县数（个）	数量（万担）	县数（个）	数量（万担）	县数（个）	数量（万担）	县数（个）	数量（万担）	县数（个）	数量（万担）
	691.28		**2197.71**		**2373.85**		**1403.25**		**74.02**
	174.81		**660.43**		**493.22**		**281.32**		**7.97**
	10.59		**40.01**		**29.88**		**17.04**		**0.48**
		1	13.30	4	23.80	7	18.38	15	2.80
		1	14.09	6	35.04	5	10.22	15	3.43
		4	52.33	4	28.66	8	26.03	11	
		3	37.53	5	36.12	8	23.94	11	
		5	67.06	7	49.46	12	33.21	3	
1	20.42	5	60.59	6	38.00	12	37.14	3	
		5	63.66	5	34.95	14	38.42	3	0.85
1	20.86	6	88.30	8	55.24	9	26.61	3	0.89
2	47.32	5	76.66	10	74.51	8	23.97	2	
3	65.62	6	73.13	9	66.44	6	17.03	2	
1	20.59	8	113.78	8	51.00	8	26.37	2	
	42.17		**533.01**		**584.48**		**321.64**		**8.72**
	2.83		**35.77**		**39.23**		**21.59**		**0.59**
		4	47.30	8	54.87	13	35.95	2	
				7	50.28	15	43.08	5	2.76
				6	44.66	15	38.85	6	3.38
		3	36.68	7	49.67	14	37.43	3	0.82
		4	51.21	5	36.38	16	40.59	2	
1	20.85	8	117.16	6	43.14	10	28.96	2	
1	21.32	6	85.98	11	82.20	6	16.70	3	0.98
		6	86.15	10	77.54	9	24.51	2	
		3	35.41	11	72.29	10	24.61	3	0.78
		5	73.12	9	73.45	11	30.96	2	
	136.75		**585.16**		**798.95**		**287.45**		
	7.56		**32.36**		**44.18**		**15.90**		
		4	54.88	14	93.28	7	18.59	2	
1	20.45	5	76.90	11	79.79	8	23.73	2	
		4	45.48	9	56.39	12	41.64	2	
3	75.96	5	59.74	10	85.11	7	24.46	2	
		4	62.50	12	82.35	9	32.90	2	
		4	63.91	6	47.34	15	49.22	2	
		4	53.64	4	30.53	17	49.87	2	
1	20.01	3	48.33	16	106.94	5	15.21	2	
		4	70.86	15	109.76	6	16.91	2	
1	20.33	3	48.92	15	107.46	6	14.92	2	
	149.76		**266.08**		**257.45**		**309.74**		**23.82**
	12.16		**21.61**		**20.91**		**25.15**		**1.93**
		4	69.47	6	38.35	15	48.10	2	
		3	41.68	3	20.90	18	54.20	3	0.84
2	55.62	3	46.98	11	81.60	8	26.06	2	
		1	11.77	3	21.63	18	41.00	5	1.24
1	20.74	2	26.01	4	24.12	13	39.61	6	1.48
1	26.90	1	13.97	2	15.58	11	24.20	12	4.07
		1	15.60	1	8.54	9	22.68	15	3.42
1	23.16	1	10.13	2	10.30	5	14.93	17	4.42
1	23.34			3	18.67	6	20.05	16	4.69
		2	30.47	3	17.76	6	18.91	15	3.66
	187.79		**153.03**		**239.75**		**203.10**		**33.51**
	19.88		**16.20**		**25.38**		**21.50**		**3.55**
1	29.13	1	13.76	6	36.64	7	19.86	11	1.73
1	21.01	1	10.62	7	47.36	7	18.90	9	0.53
2	44.81			6	41.96	8	21.24	11	2.16
2	44.70	1	12.67	4	24.70	7	15.38	13	3.85
		2	37.46	2	14.68	9	28.22	14	3.22
1	21.00	1	14.60	3	20.03	9	19.86	13	3.18
		2	24.70	1	7.35	9	20.89	15	3.04
				3	22.05	8	12.30	16	3.12
		1	12.92	2	13.68	8	13.15	16	4.13
		1	16.30	1	6.00	8	17.37	17	4.23
1	27.14	1	10.00	1	5.30	7	15.93	17	4.32

年　度	收购量									
	合　计		60万担以上		50－60万担		40－50万担		30－40万担	
	县数（个）	数量（万担）	县数（个）	数量（万担）	县数（个）	数量（万担）	县数（个）	数量（万担）	县数（个）	数量（万担）
52年合计		**5726.46**						**85.67**		**111.84**
11年小计		**1250.02**								
占小计%		**100.00**								
1949		27.06								
1950	27	26.28								
1951	27	34.33								
1952	27	34.90								
1953	27	84.63								
1954	27	148.66								
1955	27	121.77								
1956	27	161.29								
1957	27	188.86								
1958	27	228.40								
1959	27	193.84								
10年小计		**1340.40**								
占小计%		**100.00**								
1960	27	126.01								
1961	27	82.29								
1962	27	75.90								
1963	27	112.27								
1964	27	113.81								
1965	27	201.28								
1966	27	189.48								
1967	27	168.77								
1968	27	116.80								
1969	27	153.79								
10年小计		**1592.41**								
占小计%		**100.00**								
1970	27	148.13								
1971	27	169.45								
1972	27	124.98								
1973	27	220.73								
1974	27	156.13								
1975	27	139.08								
1976	27	119.27								
1977	27	169.06								
1978	27	174.92								
1979	27	170.66								
10年小计		**1028.52**						**40.73**		**111.84**
占小计%		**100.00**						**3.96**		**10.87**
1980	27	144.91								
1981	27	105.17								
1982	27	225.52							1	36.96
1983	27	61.11								
1984	27	108.14								
1985	27	79.36								
1986	27	70.74								
1987	27	88.02					1	40.73		
1988	27	72.53							1	38.14
1989	27	73.02							1	36.74
11年小计		**515.11**						**44.94**		
占小计%		**100.00**						**8.72**		
1990	27	74.93								
1991	27	130.98					1	44.94		
1992	27	75.50								
1993	27	27.35								
1994	27	22.26								
1995	27	47.98								
1996	27	31.46								
1997	27	20.37								
1998	27	33.12								
1999	27	23.33								
2000	27	27.82								

合计									
20－30 万担		10－20 万担		5－10 万担		1－5 万担		1 万担以下	
县数（个）	数量（万担）	县数（个）	数量（万担）	县数（个）	数量（万担）	县数（个）	数量（万担）	县数（个）	数量（万担）
	379.09		**1974.98**		**1792.44**		**1287.98**		**94.46**
	137.59		**534.17**		**360.87**		**202.70**		**14.69**
	11.01		**42.73**		**28.87**		**16.22**		**1.18**
		1	13.03	1	6.23	2	6.15	23	1.65
		1	13.03	1	6.04	2	5.78	23	1.43
		1	15.85	2	12.72	3	5.76	21	
		1	11.82	2	12.74	4	10.34	20	
		2	30.97	5	34.05	6	17.41	14	2.20
		4	69.30	6	45.77	11	31.81	6	1.78
		5	62.40	5	26.98	9	29.62	8	2.77
		5	79.45	9	59.47	7	20.59	6	1.78
1	21.54	6	87.75	7	51.96	9	26.22	4	1.39
4	94.38	4	52.53	8	58.85	7	21.37	4	1.27
1	21.67	7	98.04	7	46.06	9	27.65	3	0.42
	41.55		**488.92**		**490.51**		**305.47**		**13.95**
	3.10		**36.48**		**36.59**		**22.79**		**1.04**
		5	56.24	6	34.54	13	35.02	3	0.21
				5	37.05	14	41.17	8	4.07
				4	32.48	16	40.40	7	3.02
		3	35.46	6	41.42	14	34.51	4	0.88
		3	38.14	6	44.50	13	29.12	5	2.05
1	20.63	7	108.92	5	38.56	10	31.83	4	1.34
1	20.92	5	74.52	9	69.38	8	23.60	4	1.06
		5	73.27	10	73.57	9	21.68	3	0.25
		3	33.75	9	55.74	11	26.43	4	0.88
		5	68.62	9	63.27	10	21.71	3	0.19
	72.20		**546.73**		**653.21**		**316.18**		**4.09**
	4.53		**34.33**		**41.02**		**19.86**		**0.26**
		4	51.69	10	66.63	10	29.57	3	0.24
		5	76.56	9	63.50	10	29.11	3	0.28
		3	32.89	7	45.87	13	44.99	4	1.23
3	72.20	2	27.80	12	99.19	7	21.07	3	0.47
		4	58.11	9	60.14	11	37.55	3	0.33
		4	60.29	5	37.91	15	40.62	3	0.26
		3	41.15	5	38.29	16	39.67	3	0.16
		4	64.77	12	76.74	8	27.22	3	0.33
		4	67.09	12	83.59	8	23.86	3	0.38
		4	66.38	12	81.35	8	22.52	3	0.41
	103.45		**293.03**		**164.89**		**292.19**		**22.39**
	10.06		**28.49**		**16.03**		**28.41**		**2.18**
		4	66.18	5	31.24	16	47.49	2	
		3	39.70	3	19.90	18	44.73	3	0.84
2	52.63	3	42.75	9	62.02	10	31.16	2	
		1	10.25	2	13.99	13	31.05	11	5.82
1	25.42	3	36.84	1	5.93	13	37.59	9	2.36
		3	44.25	1	5.21	14	28.84	9	1.06
1	25.40	1	12.48	2	13.55	7	15.66	16	3.65
		1	15.06	2	13.05	5	13.90	18	5.28
		1	13.17			9	19.28	16	1.94
		1	12.35			9	22.49	16	1.44
	24.30		**112.13**		**122.96**		**171.44**		**39.34**
	4.72		**21.77**		**23.87**		**33.28**		**7.64**
		2	34.26	2	14.52	9	22.79	14	3.36
1	24.30	1	13.75	3	18.59	10	27.25	11	2.15
		2	28.81	3	16.45	10	27.16	12	3.08
				3	19.61	3	4.86	21	2.88
				1	5.03	6	13.71	20	3.52
		2	24.00	1	6.00	8	13.92	16	4.06
				2	14.60	6	12.19	19	4.67
				1	5.44	7	12.78	19	2.14
		1	11.31	1	6.06	5	10.61	20	5.14
				1	8.01	4	10.94	22	4.38
				1	8.65	6	15.22	20	3.95

6-2-13 山西省产棉县历年棉花

年度	合计		60万亩以上		50-60万亩		40-50万亩		30-40万亩	
	县数（个）	数量（万亩）	县数（个）	数量（万亩）	县数（个）	数量（万亩）	县数（个）	数量（万亩）	县数（个）	数量（万亩）
52年合计		**14972.33**								**1026.01**
11年小计		**3872.60**								**295.43**
占小计%		**100.00**								**7.63**
1949	35	183.78								
1950	35	209.31								
1951	35	270.15								
1952	35	343.45								
1953	35	304.96								
1954	35	356.97								
1955	35	410.97							1	33.04
1956	35	485.35							3	97.87
1957	35	469.02							3	99.78
1958	35	429.07							1	31.31
1959	35	409.57							1	33.43
10年小计		**3486.08**								**217.64**
占小计%		**100.00**								**6.24**
1960	35	389.07							1	30.76
1961	35	314.63								
1962	35	268.08								
1963	35	311.35								
1964	35	365.32							1	30.66
1965	35	367.48							1	30.82
1966	35	362.30							1	30.66
1967	35	377.04							1	31.68
1968	35	369.55							1	31.52
1969	35	361.26							1	31.54
10年小计		**3500.05**								**337.29**
占小计%		**100.00**								**9.64**
1970	35	374.96							1	31.55
1971	35	346.44							1	35.21
1972	35	336.29							1	33.01
1973	35	325.17							1	33.90
1974	35	352.87							1	32.70
1975	35	368.63							1	34.34
1976	35	364.18							1	33.29
1977	35	356.36							1	32.39
1978	35	347.19							1	35.36
1979	35	327.97							1	35.54
10年小计		**2466.50**								**175.65**
占小计%		**100.00**								**7.12**
1980	35	334.58							1	34.82
1981	35	304.65							1	36.09
1982	35	332.68							1	34.85
1983	35	340.47							1	35.04
1984	35	326.44							1	34.85
1985	35	180.90								
1986	35	140.45								
1987	35	154.01								
1988	35	173.64								
1989	35	178.68								
11年小计		**1647.11**								
占小计%		**100.00**								
1990	35	194.84								
1991	35	217.85								
1992	35	220.45								
1993	35	176.83								
1994	35	188.66								
1995	35	185.03								
1996	35	132.55								
1997	35	97.45								
1998	35	93.30								
1999	35	75.72								
2000	35	64.43								

面积、产量、收购量分类

合计									
20－30 万亩		10－20 万亩		5－10 万亩		1－5 万亩		1 万亩以下	
县数（个）	数量（万亩）	县数（个）	数量（万亩）	县数（个）	数量（万亩）	县数（个）	数量（万亩）	县数（个）	数量（万亩）
	3130.75		**6029.30**		**2610.83**		**2102.73**		**72.73**
	1100.18		**1381.63**		**672.32**		**415.46**		**7.58**
	28.41		**35.68**		**17.36**		**10.73**		**0.20**
		3	39.72	12	98.80	15	41.65	6	3.61
		8	103.52	10	68.16	15	36.15	2	1.48
1	22.79	8	121.16	11	88.17	14	37.22	1	0.81
5	130.28	8	114.83	8	65.04	14	33.30		
4	92.38	7	104.73	9	71.13	13	35.04	2	1.68
7	165.80	7	87.21	7	56.69	14	47.27		
6	156.09	11	145.75	4	29.26	13	46.83		
5	127.58	11	165.09	10	72.32	6	22.49		
5	129.00	11	162.11	5	36.64	11	41.49		
6	152.07	12	166.22	6	40.44	10	39.03		
5	124.19	12	171.29	7	45.67	10	34.99		
	782.64		**1641.61**		**441.75**		**397.59**		**4.85**
	22.45		**47.09**		**12.67**		**11.41**		**0.14**
5	114.90	11	153.15	7	50.83	11	39.44		
2	49.05	11	161.45	8	62.95	14	41.18		
2	47.68	9	120.95	8	66.15	12	29.84	4	3.46
4	94.02	9	127.31	6	47.07	15	42.54	1	0.41
4	94.48	12	165.34	5	34.49	12	39.37	1	0.98
3	71.56	13	188.86	6	39.24	12	37.00		
3	71.78	13	186.29	5	34.49	13	39.08		
4	94.69	12	172.39	5	34.70	13	43.58		
3	72.67	13	189.79	5	34.01	13	41.56		
3	71.81	12	176.08	5	37.82	14	44.01		
	726.02		**1495.43**		**531.21**		**407.66**		**2.44**
	20.74		**42.73**		**15.18**		**11.65**		**0.07**
3	71.88	13	190.81	6	39.17	12	41.55		
3	71.80	11	147.97	7	50.32	12	40.27	1	0.87
2	45.38	12	167.11	8	52.27	12	38.52		
4	88.08	9	121.57	4	27.98	17	53.64		
4	88.39	10	131.99	7	52.19	13	47.60		
4	90.69	11	147.39	9	61.37	10	34.84		
4	90.17	10	135.76	9	64.98	11	39.98		
4	89.81	11	144.33	6	43.18	13	46.65		
2	47.81	11	152.81	11	80.96	10	30.25		
2	42.01	11	155.69	8	58.79	11	34.37	2	1.57
	434.75		**968.06**		**509.00**		**350.92**		**28.12**
	17.63		**39.25**		**20.64**		**14.23**		**1.14**
3	69.58	9	129.89	9	64.50	12	35.26	1	0.53
3	70.74	8	108.25	9	61.35	10	25.43	4	2.79
4	91.67	9	117.98	6	47.75	13	39.39	2	1.04
4	90.34	10	129.49	6	47.57	12	36.71	2	1.32
2	46.78	11	156.36	7	54.14	13	33.60	1	0.71
1	23.60	4	56.40	8	56.99	17	41.69	5	2.22
		5	66.33	5	32.89	12	33.30	13	7.93
		5	68.03	8	53.78	13	27.51	9	4.69
1	20.39	5	67.39	6	44.50	16	37.86	7	3.50
1	21.65	5	67.94	6	45.53	17	40.17	6	3.39
	87.16		**542.57**		**456.55**		**531.09**		**29.74**
	5.29		**32.94**		**27.72**		**32.24**		**1.81**
1	22.13	6	79.02	5	39.21	19	52.26	4	2.22
1	22.29	7	94.43	8	58.43	17	41.31	2	1.39
1	22.53	6	79.81	9	70.00	19	48.11		
		4	58.70	9	66.66	18	49.69	4	1.78
		6	82.99	7	52.91	19	51.31	3	1.45
1	20.21	3	39.95	9	65.61	20	57.77	2	1.49
		2	33.02	7	41.17	22	56.68	4	1.68
		2	22.25	3	18.07	22	52.30	8	4.83
		2	25.02	3	17.84	24	47.58	6	2.86
		1	13.25	2	12.62	21	43.78	11	6.07
		1	14.13	2	14.03	17	30.30	15	5.97

年度	产量									
	合计		60万担以上		50－60万担		40－50万担		30－40万担	
	县数（个）	数量（万担）	县数（个）	数量（万担）	县数（个）	数量（万担）	县数（个）	数量（万担）	县数（个）	数量（万担）
52年合计		**7977.67**								**34.91**
11年小计		**1641.41**								
占小计%		**100.00**								
1949	35	57.66								
1950	35	68.82								
1951	35	105.29								
1952	35	165.42								
1953	35	143.38								
1954	35	179.45								
1955	35	164.53								
1956	35	152.17								
1957	35	193.97								
1958	35	222.63								
1959	35	188.09								
10年小计		**1490.30**								
占小计%		**100.00**								
1960	35	93.62								
1961	35	106.10								
1962	35	83.78								
1963	35	136.70								
1964	35	178.49								
1965	35	214.67								
1966	35	169.62								
1967	35	171.90								
1968	35	148.37								
1969	35	187.05								
10年小计		**1403.24**								
占小计%		**100.00**								
1970	35	169.02								
1971	35	134.58								
1972	35	94.32								
1973	35	171.92								
1974	35	144.38								
1975	35	148.79								
1976	35	127.46								
1977	35	144.98								
1978	35	138.45								
1979	35	129.34								
10年小计		**1769.01**								**34.91**
占小计%		**100.00**								**1.97**
1980	35	139.42								
1981	35	123.27								
1982	35	241.44							1	34.91
1983	35	191.90								
1984	35	265.18								
1985	35	146.52								
1986	35	128.58								
1987	35	155.58								
1988	35	173.13								
1989	35	203.99								
11年小计		**1673.71**								
占小计%		**100.00**								
1990	35	222.50								
1991	35	222.60								
1992	35	187.00								
1993	35	180.02								
1994	35	169.15								
1995	35	179.69								
1996	35	142.42								
1997	35	87.26								
1998	35	109.10								
1999	35	86.80								
2000	35	87.17								

合计									
20－30万担		10－20万担		5－10万担		1－5万担		1万担以下	
县数（个）	数量（万担）	县数（个）	数量（万担）	县数（个）	数量（万担）	县数（个）	数量（万担）	县数（个）	数量（万担）
	803.68		**2478.25**		**2336.14**		**2091.54**		**233.15**
	21.17		**611.06**		**492.78**		**467.16**		**49.24**
	1.28		**37.70**		**29.80**		**28.25**		**2.98**
						20	50.85	15	6.81
				2	12.35	20	50.05	13	6.42
				7	49.63	16	48.80	12	6.86
		6	76.57	8	50.68	12	33.16	9	5.01
		4	45.60	7	50.24	14	41.30	10	6.24
		7	93.98	6	38.17	16	42.89	6	4.41
		5	61.42	8	55.48	15	42.03	7	5.60
		4	47.93	7	48.34	18	51.97	6	3.93
		7	94.93	10	65.77	15	31.64	3	1.63
1	21.17	7	102.09	10	66.84	15	31.20	2	1.33
		7	88.54	8	55.28	18	43.27	2	1.00
	64.12		**419.28**		**576.01**		**385.38**		**45.51**
	4.30		**28.13**		**38.65**		**25.86**		**3.05**
				6	43.06	19	45.06	10	5.50
		1	10.56	6	41.96	18	47.85	10	5.73
		1	10.92	4	27.85	15	39.37	15	5.64
		3	40.15	9	63.99	8	24.89	15	7.67
		5	70.41	11	75.76	13	29.20	6	3.12
2	43.73	5	64.18	9	65.68	14	37.81	5	3.27
		4	51.34	10	76.18	15	38.40	6	3.70
		4	49.74	10	73.89	17	45.34	4	2.93
		4	53.75	7	45.60	18	45.67	6	3.35
1	20.39	5	68.23	9	62.04	13	31.79	7	4.60
	23.33		**376.60**		**496.04**		**468.11**		**39.16**
	1.66		**26.84**		**35.35**		**33.36**		**2.79**
		5	59.77	8	57.85	19	49.68	3	1.72
		2	26.37	8	54.79	19	50.42	6	3.00
				5	33.46	23	57.59	7	3.27
1	23.33	4	52.29	8	56.55	12	34.01	10	5.74
		3	40.99	8	53.23	19	46.97	5	3.19
		3	41.39	7	49.74	19	53.41	6	4.25
		3	40.31	5	34.50	16	46.06	11	6.59
		4	51.93	8	53.42	12	33.65	11	5.98
		3	39.72	6	44.52	20	51.71	6	2.50
		2	23.83	8	57.98	18	44.61	7	2.92
	272.18		**627.57**		**447.94**		**343.94**		**42.47**
	15.39		**35.48**		**25.32**		**19.44**		**2.40**
		3	36.93	8	56.15	19	44.68	5	1.66
		1	17.07	8	64.97	15	36.49	11	4.74
1	24.64	7	102.01	6	40.93	14	36.24	6	2.71
		6	75.95	10	70.94	15	42.88	4	2.13
3	76	9	110.72	5	36.6	14	38.98	4	2.88
		4	67.03	6	40.11	15	34.38	10	5
		4	62.44	5	32.05	10	26.8	16	7.29
2	44.3	4	48.73	4	28.68	11	27.01	14	6.86
2	53.14	4	51.6	5	37.48	13	26.11	11	4.8
3	74.1	4	55.09	5	40.03	14	30.37	9	4.4
	422.88		**443.74**		**323.37**		**426.95**		**56.77**
	25.27		**26.51**		**19.32**		**25.51**		**3.39**
2	55.39	5	78.62	6	45.63	15	38.65	7	4.21
3	76.73	5	71.45	6	38.65	14	31.09	7	4.68
2	46.34	4	54.22	7	44.16	17	38.89	5	3.39
2	48.46	3	40.89	6	43.09	18	44.25	6	3.33
1	20.68	5	71.88	3	26.00	20	47.33	6	3.26
2	50.55	4	50.20	3	22.82	22	54.55	4	1.57
2	50.74			6	40.97	22	48.63	5	2.08
		2	32.35	3	17.90	17	30.16	13	6.85
1	24.06	1	14.39	2	17.89	23	48.57	8	4.19
1	23.04	1	11.16	3	18.85	11	21.61	19	12.14
1	26.89	1	18.58	1	7.41	10	23.22	22	11.07

年度	收购量									
	合计		60 万担以上		50－60 万担		40－50 万担		30－40 万担	
	县数（个）	数量（万担）	县数（个）	数量（万担）	县数（个）	数量（万担）	县数（个）	数量（万担）	县数（个）	数量（万担）
52 年合计		**6350.45**								**33.70**
11 年小计		**1198.92**								
占小计%		**100.00**								
1949	35	0.33								
1950	35	0.36								
1951	35	0.82								
1952	35	109.18								
1953	35	113.28								
1954	35	135.76								
1955	35	136.16								
1956	35	133.27								
1957	35	179.90								
1958	35	210.02								
1959	35	179.84								
10 年小计		**1353.55**								
占小计%		**100.00**								
1960	35	85.85								
1961	35	96.38								
1962	35	77.64								
1963	35	124.89								
1964	35	162.44								
1965	35	197.91								
1966	35	155.14								
1967	35	155.14								
1968	35	131.14								
1969	35	167.02								
10 年小计		**1324.87**								
占小计%		**100.00**								
1970	35	155.53								
1971	35	130.53								
1972	35	89.40								
1973	35	159.80								
1974	35	132.71								
1975	35	139.81								
1976	35	122.93								
1977	35	130.47								
1978	35	133.36								
1979	35	130.33								
10 年小计		**1553.82**								**33.70**
占小计%		**100.00**								**2.17**
1980	35	150.39								
1981	35	126.33								
1982	35	234.47							1	33.7
1983	35	181.85								
1984	35	189.97								
1985	35	102.50								
1986	35	109.33								
1987	35	145.95								
1988	35	155.64								
1989	35	157.39								
11 年小计		**919.29**								
占小计%		**100.00**								
1990	35	173.33								
1991	35	181.42								
1992	35	95.28								
1993	35	51.57								
1994	35	82.11								
1995	35	94.70								
1996	35	50.00								
1997	35	35.11								
1998	35	76.01								
1999	35	34.68								
2000	35	45.08								

合计									
20－30 万担		10－20 万担		5－10 万担		1－5 万担		1 万担以下	
县数（个）	数量（万担）	县数（个）	数量（万担）	县数（个）	数量（万担）	县数（个）	数量（万担）	县数（个）	数量（万担）
	358.47		**1913.62**		**2181.22**		**1616.60**		**246.84**
	20.81		**447.70**		**409.63**		**276.38**		**44.40**
	1.74		**37.34**		**34.17**		**23.05**		**3.70**
								35	0.33
								35	0.36
								35	0.82
		3	34.99	4	24.65	15	44.72	13	4.82
		2	21.69	6	44.40	12	40.31	15	6.88
		4	47.35	7	53.58	10	28.20	14	6.63
		3	32.96	8	59.76	12	35.84	12	7.60
		2	24.17	9	65.29	16	39.57	8	4.24
		7	92.51	8	55.98	11	25.82	9	5.59
1	20.81	8	108.30	7	48.46	12	28.01	7	4.44
		7	85.73	8	57.51	14	33.91	6	2.69
	42.77		**402.10**		**541.06**		**312.00**		**55.62**
	3.1598		**29.71**		**39.97**		**23.05**		**4.11**
				6	41.18	15	37.97	14	6.70
		1	10.16	5	35.89	15	43.75	14	6.58
		1	10.27	4	27.03	14	35.88	16	4.46
		3	38.77	8	55.82	7	22.60	17	7.70
		4	57.68	11	76.45	11	24.15	9	4.16
2	42.77	5	61.91	9	62.27	11	26.34	8	4.62
		4	49.38	10	72.15	11	28.09	10	5.52
		3	38.19	10	74.80	14	37.31	8	4.84
		4	51.52	7	42.82	12	31.14	12	5.66
		6	84.22	8	52.65	10	24.77	11	5.38
	22.18		**345.60**		**498.91**		**413.90**		**44.28**
	1.67		**26.09**		**37.66**		**31.24**		**3.34**
		4	47.58	9	64.81	16	40.08	6	3.06
		3	37.53	6	40.71	18	48.06	8	4.23
				5	35.89	19	48.71	11	4.80
1	22.18	3	40.73	8	57.77	10	31.89	13	7.23
		3	39.37	7	45.54	18	43.79	7	4.01
		3	39.52	7	47.39	19	49.80	6	3.10
		3	38.95	5	35.82	15	41.95	12	6.21
		3	38.09	9	57.76	10	28.79	13	5.83
		4	49.77	5	34.42	19	46.63	7	2.54
		1	14.06	11	78.80	15	34.20	8	3.27
	211.22		**442.17**		**515.03**		**307.09**		**44.61**
	13.59		**28.46**		**33.15**		**19.76**		**2.87**
		3	37.34	10	74.35	16	36.4	6	2.3
		1	17.07	8	65.89	17	40.25	9	3.12
1	24.29	7	100.29	6	39.65	13	33.84	7	2.7
		4	53.17	12	87.28	14	39.5	5	1.9
1	22.24	3	46.37	11	87.18	14	31.01	6	3.17
		2	31.21	4	29.75	12	33.58	17	7.96
		3	44.81	5	33.21	9	24.75	18	6.56
2	46.26	3	38.31	5	31.05	11	25.66	14	4.67
3	76.4	2	20.45	4	32.9	8	19.56	18	6.33
2	42.03	4	53.15	5	33.77	10	22.54	14	5.9
	61.49		**276.05**		**216.59**		**307.23**		**57.93**
	6.69		**30.03**		**23.56**		**33.42**		**6.30**
1	20.35	6	85.17	4	26.46	17	38.83	7	2.52
2	41.14	6	79.33	3	18.76	17	39.13	7	3.06
		2	25.21	5	35.61	14	28.66	14	5.80
				2	14.40	12	30.33	21	6.84
		1	11.01	6	38.53	15	27.11	13	5.46
		2	25.67	4	26.26	18	38.62	11	4.15
				2	15.32	11	23.54	22	11.14
				1	7.90	10	21.42	24	5.79
		2	27.40	2	13.51	12	28.71	19	6.39
				2	13.13	6	16.74	27	4.81
		2	22.26	1	6.71	7	14.14	25	1.97

年度	面积									
	合计		60万亩以上		50－60万亩		40－50万亩		30－40万亩	
	县数（个）	数量（万亩）	县数（个）	数量（万亩）	县数（个）	数量（万亩）	县数（个）	数量（万亩）	县数（个）	数量（万亩）
52年合计		**15116.81**		**455.32**		**342.19**		**995.86**		**1714.54**
11年小计		**1045.11**								
占小计%		**100.00**								
1949	54	50.18								
1950	54	54.58								
1951	54	65.75								
1952	54	75.05								
1953	54	77.64								
1954	54	76.55								
1955	54	94.93								
1956	54	143.47								
1957	54	124.56								
1958	54	130.13								
1959	54	152.27								
10年小计		**1587.73**								
占小计%		**100.00**								
1960	54	161.44								
1961	54	139.91								
1962	54	125.11								
1963	54	137.88								
1964	54	152.14								
1965	54	171.04								
1966	54	177.43								
1967	54	181.37								
1968	54	177.01								
1969	54	164.40								
10年小计		**1754.98**								
占小计%		**100.00**								
1970	54	160.89								
1971	54	161.00								
1972	54	162.25								
1973	54	162.04								
1974	54	163.93								
1975	54	184.84								
1976	54	180.07								
1977	54	179.34								
1978	54	195.62								
1979	54	205.00								
10年小计		**2986.86**		**60.18**		**171.47**		**184.79**		**171.44**
占小计%		**100.00**		**2.01**		**5.74**		**6.19**		**5.74**
1980	54	227.22							1	36.13
1981	54	287.28					1	46.02		
1982	54	335.24			1	59.91			1	37.25
1983	54	296.20			1	58.07				
1984	54	292.17			1	53.49				
1985	54	254.05					1	41.31		
1986	54	279.17					1	49.83		
1987	54	372.66	1	60.18					1	33.08
1988	54	368.19					1	47.63	1	33.58
1989	54	274.67							1	31.40
11年小计		**7742.13**		**395.14**		**170.72**		**811.07**		**1543.10**
占小计%		**100.00**		**5.10**		**2.21**		**10.48**		**19.93**
1990	54	309.27							1	38.05
1991	54	489.73					1	42.72	1	30.10
1992	54	607.95			1	56.96	1	40.09	1	32.00
1993	54	578.40			1	53.76			1	34.60
1994	54	701.69	1	61.08					3	100.20
1995	54	713.88			1	60.00			5	170.99
1996	54	758.30	1	65.00					8	261.98
1997	54	840.24	1	68.42			4	165.55	5	167.04
1998	54	940.46	1	68.57			4	179.50	6	216.00
1999	54	915.46	1	68.21			4	171.50	8	282.70
2000	54	886.75	1	63.86			5	211.71	6	209.44

合计									
20－30万亩		10－20万亩		5－10万亩		1－5万亩		1万亩以下	
县数（个）	数量（万亩）	县数（个）	数量（万亩）	县数（个）	数量（万亩）	县数（个）	数量（万亩）	县数（个）	数量（万亩）
	2430.60		**3704.34**		**3143.40**		**2161.06**		**169.50**
			125.08		**318.41**		**544.63**		**56.99**
			11.97		**30.47**		**52.11**		**5.45**
				1	6.38	18	37.03	35	6.77
				1	6.89	21	42.65	32	5.04
				3	17.99	20	42.49	31	5.27
				3	22.73	21	47.06	30	5.26
				3	21.27	22	51.32	29	5.05
				2	15.33	23	56.19	29	5.03
				5	34.66	22	55.58	27	4.69
		4	45.75	4	29.97	21	63.01	25	4.74
		2	21.18	6	42.54	20	55.37	26	5.47
		2	23.71	6	46.51	19	54.27	27	5.64
		3	34.44	11	74.14	16	39.66	24	4.03
			420.36		**640.42**		**489.60**		**37.35**
			26.48		**40.34**		**30.84**		**2.35**
		3	36.72	10	71.70	16	48.51	25	4.51
		2	23.52	10	68.74	14	42.83	28	4.82
		2	24.08	8	53.06	14	41.82	30	6.15
		2	25.86	8	58.68	17	49.24	27	4.10
		4	48.76	7	48.21	17	51.36	26	3.81
		5	65.95	8	53.89	16	47.48	25	3.72
		5	63.45	8	57.07	18	54.00	23	2.91
		4	53.09	11	76.88	17	48.76	22	2.64
		3	40.19	12	82.93	17	51.28	22	2.61
		3	38.74	10	69.26	19	54.32	22	2.08
	112.65		**455.61**		**608.94**		**554.71**		**23.07**
	6.42		**25.96**		**34.70**		**31.61**		**1.31**
		3	37.68	10	66.51	19	54.54	22	2.16
		3	37.70	10	66.64	18	53.19	23	3.47
		3	38.05	10	67.80	19	54.08	22	2.32
		3	39.01	10	67.52	19	53.50	22	2.01
		3	38.98	10	69.12	19	53.86	22	1.97
1	20.89	3	39.48	9	62.12	20	59.59	21	2.76
1	21.61	4	47.97	8	49.55	20	58.54	21	2.40
1	21.13	4	49.23	8	50.33	20	56.32	21	2.33
1	22.46	5	61.78	8	51.67	20	57.28	20	2.43
1	26.56	5	65.73	9	57.68	19	53.81	20	1.22
	244.81		**965.11**		**802.52**		**363.21**		**23.32**
	8.20		**32.31**		**26.87**		**12.16**		**0.78**
		5	72.89	10	66.38	18	50.46	20	1.36
2	50.97	5	58.62	13	92.10	13	36.75	20	2.82
1	25.95	9	102.71	11	74.76	11	31.22	20	3.44
1	26.55	7	83.72	13	91.29	12	33.55	20	3.02
1	26.77	8	91.10	12	82.14	13	35.43	19	3.24
1	23.32	4	50.82	12	86.48	16	49.23	20	2.89
1	28.10	6	77.17	10	72.23	17	49.90	19	1.94
1	20.40	8	114.72	15	110.97	10	31.40	18	1.91
1	21.56	10	143.98	11	83.05	11	36.53	19	1.86
1	21.19	12	169.38	6	43.12	2	8.74	32	0.84
	2073.14		**1738.18**		**773.10**		**208.91**		**28.77**
	26.78		**22.45**		**9.99**		**2.70**		**0.37**
2	43.49	11	170.96	6	46.52	2	9.08	32	1.17
6	135.70	13	177.39	10	74.04	9	25.95	14	3.83
9	207.89	12	160.32	10	76.77	10	29.41	10	4.51
9	212.44	15	200.53	8	53.05	7	19.92	13	4.1
10	259.46	12	178.49	11	84.73	6	14.54	11	3.19
8	206.95	12	174.50	11	83.62	7	15.29	10	2.53
8	190.39	11	149.16	9	66.19	9	22.44	8	3.14
10	232.95	8	106.63	12	83.92	8	14.15	6	1.58
9	225.04	13	174.83	7	51.35	9	22.79	5	2.38
7	165.69	10	139.95	10	71.86	7	14.08	7	1.47
8	193.14	8	105.42	12	81.05	9	21.26	5	0.87

年　度	产　量									
	合　计		60 万担以上		50－60 万担		40－50 万担		30－40 万担	
	县数（个）	数量（万担）	县数（个）	数量（万担）	县数（个）	数量（万担）	县数（个）	数量（万担）	县数（个）	数量（万担）
52 年合计		**17610.98**		**4601.95**		**1470.12**		**1719.47**		**1728.01**
11 年小计		**420.05**								
占小计%		**100.00**								
1949	54	10.13								
1950	54	12.03								
1951	54	16.52								
1952	54	19.54								
1953	54	22.54								
1954	54	26.22								
1955	54	39.57								
1956	54	68.67								
1957	54	49.45								
1958	54	68.20								
1959	54	87.18								
10 年小计		**692.08**								
占小计%		**100.00**								
1960	54	44.96								
1961	54	45.26								
1962	54	37.84								
1963	54	46.87								
1964	54	55.68								
1965	54	95.07								
1966	54	104.39								
1967	54	107.13								
1968	54	83.17								
1969	54	71.71								
10 年小计		**814.47**								
占小计%		**100.00**								
1970	54	81.52								
1971	54	78.15								
1972	54	57.99								
1973	54	90.60								
1974	54	83.54								
1975	54	80.39								
1976	54	86.57								
1977	54	80.62								
1978	54	93.33								
1979	54	81.76								
10 年小计		**2602.40**		**67.12**		**216.40**		**129.50**		**103.93**
占小计%		**100.00**		**2.58**		**8.32**		**4.98**		**3.99**
1980	54	132.40								
1981	54	194.49					1	45.78		
1982	54	232.80			1	53.40			1	31.14
1983	54	212.65			1	52.56				
1984	54	254.18			1	53.32				
1985	54	246.99					1	41.04		
1986	54	286.67			1	57.12				
1987	54	379.83	1	67.12					1	34.93
1988	54	382.76					1	42.68	1	37.86
1989	54	279.63								
11 年小计		**13081.98**		**4534.83**		**1253.72**		**1589.97**		**1624.08**
占小计%		**100.00**		**34.66**		**9.58**		**12.15**		**12.41**
1990	54	445.08	1	60.67			2	82.12		
1991	54	820.52	1	70.95	2	108.43			7	234.33
1992	54	861.62	1	78.92	2	115.01	1	42.21	6	200.47
1993	54	811.70	1	68.91	1	50.17	2	91.21	2	69.47
1994	54	1119.37	4	285.55	3	163.33	1	41.09	7	236.16
1995	54	1232.75	6	432.93	1	57.10	4	176.57	4	131.09
1996	54	1167.23	3	214.37	4	218.00	3	139.36	9	297.49
1997	54	1477.51	10	742.52	1	51.46	3	129.91	6	211.54
1998	54	1827.54	10	904.88	4	226.32	5	224.31	3	107.70
1999	54	1582.08	9	734.72	3	157.85	7	299.29	3	105.83
2000	54	1736.58	11	940.41	2	106.05	8	363.90	1	30.00

合计									
20－30万担		10－20万担		5－10万担		1－5万担		1万担以下	
县数（个）	数量（万担）	县数（个）	数量（万担）	县数（个）	数量（万担）	县数（个）	数量（万担）	县数（个）	数量（万担）
	1904.40		**2529.79**		**1719.30**		**1665.31**		**272.63**
					123.28		**194.23**		**102.54**
					29.35		**46.24**		**24.41**
						2	2.19	52	7.94
						3	3.58	51	8.45
						4	6.51	50	10.01
						4	7.44	50	12.10
						5	10.01	49	12.53
						7	14.50	47	11.72
						11	27.62	43	11.95
				5	31.17	14	29.49	35	8.01
				2	11.59	15	30.00	37	7.86
				4	28.31	15	33.93	35	5.96
				8	52.21	12	28.96	34	6.01
			49.49		**171.72**		**412.05**		**58.82**
			7.15		**24.81**		**59.54**		**8.50**
						16	39.50	38	5.46
				1	5.79	15	33.62	38	5.85
				1	5.01	13	26.07	40	6.76
				1	6.63	14	34.05	39	6.19
				1	6.21	17	42.68	36	6.79
		1	12.16	6	39.28	17	39.14	30	4.49
		1	12.51	6	43.05	16	42.56	31	6.27
		1	13.53	5	33.61	19	54.01	29	5.98
		1	11.29	2	11.47	20	54.03	31	6.38
				3	20.67	19	46.39	32	4.65
			118.89		**218.84**		**419.26**		**57.48**
			14.60		**26.87**		**51.48**		**7.06**
		1	11.21	3	17.94	20	47.86	30	4.51
		1	11.64	3	16.52	19	44.69	31	5.30
				2	14.01	20	39.23	32	4.75
		1	13.84	4	25.02	18	46.00	31	5.74
		1	12.00	4	23.35	20	44.30	29	3.89
				5	34.62	16	36.90	33	8.87
		2	21.61	4	22.48	17	36.09	31	6.39
		2	20.96	1	5.08	18	46.80	33	7.78
		1	16.84	5	32.80	20	39.15	28	4.54
		1	10.79	4	27.02	18	38.24	31	5.71
	295.62		**619.12**		**730.14**		**414.20**		**26.37**
	11.36		**23.79**		**28.06**		**15.92**		**1.01**
1	29.39	2	27.64	5	30.82	19	40.37	27	4.18
1	27.41	1	15.53	7	48.01	20	53.75	24	4.01
		1	17.70	10	75.25	18	51.65	23	3.66
		3	40.50	10	67.72	17	48.61	23	3.26
1	22.02	4	50.01	10	75.69	18	50.52	20	2.62
1	23.03	3	47.45	11	83.43	18	49.29	20	2.75
1	27.16	5	71.78	12	86.37	17	43.35	18	0.89
2	41.55	8	101.24	13	99.66	11	33.52	18	1.81
2	44.41	9	120.77	12	95.05	11	39.97	18	2.02
3	80.65	10	126.50	8	68.14	1	3.17	32	1.17
	1608.78		**1742.29**		**475.32**		**225.57**		**27.42**
	12.30		**13.32**		**3.63**		**1.72**		**0.21**
5	107.41	11	171.76	2	16.34	2	6.21	31	0.57
6	150.66	12	177.06	6	49.24	9	26.22	11	3.63
5	123.14	16	234.43	4	29.00	11	33.57	8	4.87
11	281.77	12	173.50	8	52.75	6	19.68	11	4.24
8	191.09	7	103.38	10	80.81	6	15.42	8	2.54
9	227.18	9	131.21	7	56.29	6	17.50	8	2.88
4	93.75	10	139.19	7	47.91	7	14.31	7	2.85
6	152.48	9	125.23	5	40.97	9	21.65	5	1.75
7	156.16	10	158.73	4	26.93	8	21.65	3	0.86
2	47.25	13	190.14	3	23.43	8	21.85	6	1.72
3	77.89	10	137.66	6	51.65	8	27.51	5	1.51

年　度	收购量									
	合　计		60万担以上		50－60万担		40－50万担		30－40万担	
	县数（个）	数量（万担）	县数（个）	数量（万担）	县数（个）	数量（万担）	县数（个）	数量（万担）	县数（个）	数量（万担）
52年合计		**17395.35**		**4590.90**		**1421.85**		**1715.07**		**1512.44**
11年小计		**231.58**								
占小计%		**100.00**								
1949	54	2.36								
1950	54	2.95								
1951	54	3.35								
1952	54	3.60								
1953	54	4.33								
1954	54	7.94								
1955	54	26.73								
1956	54	29.53								
1957	54	36.87								
1958	54	39.54								
1959	54	74.38								
10年小计		**731.38**								
占小计%		**100.00**								
1960	54	41.94								
1961	54	39.98								
1962	54	34.27								
1963	54	46.88								
1964	54	51.31								
1965	54	98.30								
1966	54	124.88								
1967	54	127.30								
1968	54	89.63								
1969	54	76.88								
10年小计		**911.04**								
占小计%		**100.00**								
1970	54	101.26								
1971	54	95.03								
1972	54	78.03								
1973	54	108.73								
1974	54	91.01								
1975	54	83.7								
1976	54	93.48								
1977	54	86.36								
1978	54	88.85								
1979	54	84.59								
10年小计		**2508.58**		**63.74**		**215.92**		**89.12**		**134.65**
占小计%		**100.00**		**2.54**		**8.61**		**3.55**		**5.37**
1980	54	134.12								
1981	54	199.85					1	47.85		
1982	54	224.75			1	52.17			1	30.86
1983	54	211.15			1	51.60				
1984	54	256.33			1	54.21				
1985	54	227.26							1	35.81
1986	54	264.78			1	57.94				
1987	54	349.31	1	63.74					1	30.40
1988	54	371.90					1	41.27	1	37.58
1989	54	269.13								
11年小计		**13012.77**		**4527.16**		**1205.93**		**1625.95**		**1377.79**
占小计%		**100.00**		**34.79**		**9.27**		**12.50**		**10.59**
1990	54	470.37	1	60.01			2	81.10		
1991	54	833.26	1	70.66	1	58.74	1	44.34	7	238.26
1992	54	859.00	1	77.64	2	116.21	1	42.21	5	167.29
1993	54	791.93	1	66.78			3	141.50	2	66.21
1994	54	1091.36	4	286.25	3	163.10	1	41.79	5	159.68
1995	54	1228.76	6	430.34	1	57.60	4	175.30	4	131.31
1996	54	1130.63	3	214.33	5	268.60	1	43.00	8	267.76
1997	54	1469.87	10	741.14	1	51.46	3	129.91	5	176.66
1998	54	1829.16	10	904.88	4	226.32	6	263.61	2	72.22
1999	54	1571.85	9	734.72	3	157.85	7	299.29	2	68.40
2000	54	1736.58	11	940.41	2	106.05	8	363.90	1	30.00

合计									
20－30 万担		10－20 万担		5－10 万担		1－5 万担		1 万担以下	
县数（个）	数量（万担）	县数（个）	数量（万担）	县数（个）	数量（万担）	县数（个）	数量（万担）	县数（个）	数量（万担）
	2168.92		**2530.91**		**1687.91**		**1572.55**		**194.79**
			15.40		**72.58**		**115.66**		**27.94**
			6.65		**31.34**		**49.94**		**12.06**
						1	1.02	53	1.34
						1	1.33	53	1.62
						1	1.58	53	1.77
						1	2.00	53	1.60
						1	2.27	53	2.06
						4	6.76	50	1.18
		1	15.40			4	9.63	49	1.70
				2	13.36	4	13.04	48	3.13
				1	7.04	11	27.24	42	2.59
				3	17.60	6	17.90	45	4.04
				5	34.58	12	32.89	37	6.91
	20.04		**100.98**		**164.00**		**395.40**		**50.95**
	2.74		**13.81**		**22.42**		**54.06**		**6.97**
						14	35.72	40	6.22
				1	5.71	14	30.05	39	4.22
				1	5.22	11	23.04	42	6.01
				2	11.84	13	29.71	39	5.33
				1	6.62	14	37.39	39	7.30
		1	12.30	5	36.75	17	44.96	31	4.29
		2	32.75	6	42.76	16	44.36	30	5.01
1	20.04	1	13.74	6	40.17	17	48.90	29	4.45
		2	26.91	1	6.12	21	53.56	30	3.04
		1	15.28	1	8.81	20	47.71	32	5.08
	65.75		**158.34**		**188.76**		**437.70**		**60.49**
	7.22		**17.38**		**20.72**		**48.04**		**6.64**
1	22.11	1	11.48	3	17.04	20	45.87	29	4.76
		2	30.42	3	15.96	19	43.25	30	5.40
1	23.42			1	8.89	18	38.62	34	7.10
1	20.22	1	14.25	3	18.89	20	50.63	29	4.74
		2	24.94	3	16.74	19	43.89	30	5.44
				5	34.76	16	40.69	33	8.25
		2	22.97	5	27.53	18	38.12	29	4.86
		2	22.11	1	6.62	20	51.51	31	6.12
		1	16.17	3	21.37	20	44.94	30	6.37
		1	16.00	3	20.96	17	40.18	33	7.45
	244.43		**556.67**		**769.14**		**405.89**		**29.02**
	9.74		**22.19**		**30.66**		**16.18**		**1.16**
1	28.47	2	27.60	5	31.52	19	41.65	27	4.88
1	28.19	1	15.08	7	49.50	20	55.62	24	3.61
		1	13.73	10	73.76	16	48.71	25	5.52
		3	41.26	10	68.72	17	46.96	23	2.61
1	21.64	2	28.81	13	101.34	17	47.67	20	2.66
1	21.24	3	42.09	11	76.81	19	49.65	19	1.66
1	23.13	4	54.69	12	86.25	15	40.05	21	2.72
		7	99.22	16	123.33	11	30.83	18	1.79
2	44.10	10	123.34	11	85.42	11	37.60	18	2.59
3	77.66	9	110.85	8	72.49	2	7.15	32	0.98
	1838.70		**1699.52**		**493.43**		**217.90**		**26.39**
	14.13		**13.06**		**3.79**		**1.67**		**0.20**
7	151.95	10	163.60	2	11.97	1	1.40	31	0.34
7	178.97	11	155.27	7	59.29	9	24.90	10	2.83
6	156.50	15	218.64	6	45.23	10	30.41	8	4.87
11	270.71	12	170.22	8	51.52	6	20.75	11	4.24
9	225.07	8	119.89	10	77.19	6	15.85	8	2.54
9	229.51	9	129.44	7	54.87	6	17.51	8	2.88
6	135.89	10	133.40	7	50.38	7	14.42	7	2.85
7	181.60	9	124.73	5	40.97	9	21.65	5	1.75
7	156.16	10	156.53	4	26.93	8	21.65	3	0.86
3	74.45	13	190.14	3	23.43	8	21.85	6	1.72
3	77.89	10	137.66	6	51.65	8	27.51	5	1.51

6－2－15　新疆兵团产棉师团历年棉花

年　度	面积									
	合　计		60万亩以上		50－60万亩		40－50万亩		30－40万亩	
	县数（个）	数量（万亩）	县数（个）	数量（万亩）	县数（个）	数量（万亩）	县数（个）	数量（万亩）	县数（个）	数量（万亩）
52年合计		**7742.21**		**2666.79**		**928.80**		**621.25**		**779.78**
11年小计		**237.24**								
占小计%		**100.00**								
1949	11									
1950	11	3.66								
1951	11	6.64								
1952	11	20.13								
1953	11	5.77								
1954	11	6.60								
1955	11	13.78								
1956	11	34.00								
1957	11	39.04								
1958	11	52.45								
1959	11	55.17								
10年小计		**562.54**								
占小计%		**100.00**								
1960	11	74.16								
1961	11	53.39								
1962	11	29.69								
1963	11	38.80								
1964	11	48.76								
1965	11	65.28								
1966	11	63.71								
1967	11	65.81								
1968	11	60.95								
1969	11	61.99								
10年小计		**612.58**								
占小计%		**100.00**								
1970	11	66.72								
1971	11	62.46								
1972	11	76.01								
1973	11	63.20								
1974	11	62.33								
1975	11	41.34								
1976	11	40.07								
1977	11	41.59								
1978	11	72.63								
1979	11	86.23								
10年小计		**1693.38**		**60.18**		**273.21**		**271.07**		**356.97**
占小计%		**100.00**		**3.55**		**16.13**		**16.01**		**21.08**
1980	11	97.11							1	36.13
1981	11	121.97					1	44.86		
1982	11	172.53			1	57.67			1	35.06
1983	11	170.74			1	58.06				
1984	11	176.39			1	53.49			2	64.58
1985	11	162.40					1	43.93	1	36.02
1986	11	180.96			1	51.41			2	71.65
1987	11	210.57	1	60.18			1	44.37	1	39.77
1988	11	197.62					2	92.40	1	36.38
1989	11	203.09			1	52.58	1	45.51	1	37.38
11年小计		**4636.47**		**2606.61**		**655.59**		**350.18**		**422.81**
占小计%		**100.00**		**56.22**		**14.14**		**7.55**		**9.12**
1990	11	249.30	1	69.00	1	53.60	1	46.00		
1991	11	315.75	2	151.20	1	50.55				
1992	11	340.05	2	149.55	1	53.70	1	41.10	1	32.10
1993	11	320.65	2	153.36			1	49.44	1	33.84
1994	11	402.79	2	199.83	1	54.20			3	106.7
1995	11	396.77	2	185.32	1	57.44	1	44.76	2	67.91
1996	11	423.95	2	191.83	2	107.67	1	44.21	1	33.21
1997	11	470.33	3	276.50	2	105.88			1	37.02
1998	11	538.99	4	374.63	1	58.91	1	41.93	1	34.07
1999	11	566.38	4	401.68	1	57.87	1	40.98	1	39.57
2000	11	611.51	4	453.71	1	55.77	1	41.76	1	38.39

合计									
20－30 万亩		10－20 万亩		5－10 万亩		1－5 万亩		1 万亩以下	
县数（个）	数量（万亩）	县数（个）	数量（万亩）	县数（个）	数量（万亩）	县数（个）	数量（万亩）	县数（个）	数量（万亩）
	1193.62		**819.85**		**476.03**		**230.00**		**26.09**
	21.04		**102.68**		**51.53**		**55.51**		**6.48**
	8.87		**43.28**		**21.72**		**23.40**		**2.73**
								11	
						1	2.69	10	0.97
						3	5.62	8	1.02
		1	11.30			2	8.24	8	0.59
						4	5.52	7	0.25
						4	6.45	7	0.15
						5	13.57	6	0.21
		1	12.28	2	14.34	2	6.30	6	1.08
		2	28.30	1	5.94	2	4.06	6	0.74
		2	35.03	2	13.96	2	3.06	5	0.40
1	21.04	1	15.77	2	17.29			7	1.07
	263.47		**156.18**		**87.32**		**47.42**		**8.15**
	46.84		**27.76**		**15.52**		**8.43**		**1.45**
2	50.74	1	12.62	1	9.60			7	1.20
1	21.37	2	26.32			2	4.71	6	0.99
				3	26.05	1	2.86	7	0.78
		2	25.65	1	9.49	1	2.73	7	0.93
		3	44.70			1	2.82	7	1.24
2	41.21	1	17.99			2	4.87	6	1.21
1	21.09	2	28.90	1	5.29	3	7.86	4	0.57
2	43.09			2	14.13	3	8.06	4	0.53
2	43.33			2	11.89	3	5.36	4	0.37
2	42.64			2	10.87	3	8.15	4	0.33
	213.85		**208.56**		**138.10**		**42.07**		**10.00**
	34.91		**34.05**		**22.54**		**6.87**		**1.63**
1	25.10	1	19.11	2	14.32	3	7.89	4	0.30
		3	43.54	2	14.41	2	3.85	4	0.66
1	26.83	2	30.29	2	13.75	2	4.52	4	0.62
1	25.17	1	19.05	2	14.35	3	4.19	4	0.44
1	24.14	1	17.38	2	15.12	2	4.73	5	0.96
1	20.89			2	14.36	1	4.15	7	1.94
1	21.61			1	8.30	2	8.70	7	1.46
1	21.10			2	15.22	1	4.04	7	1.23
1	22.46	3	36.30	2	12.64			5	1.23
1	26.55	3	42.89	2	15.63			5	1.16
	337.21		**253.87**		**126.90**		**12.51**		**1.46**
	19.91		**14.99**		**7.49**		**0.74**		**0.09**
		3	48.61	1	8.41	2	3.39	4	0.57
1	25.48	2	34.78	2	11.93	2	4.92	3	
1	24.68	2	30.98	3	24.14			3	
2	55.72	3	43.78	2	13.18			3	
1	20.35	1	14.39	3	23.58			3	
2	49.56	1	17.01	2	13.38	1	2.50	3	
1	22.36	1	17.98	2	15.86	1	1.70	3	
2	44.84	2	20.65					4	0.76
2	48.66	1	12.51	1	7.56			4	0.11
2	45.56	1	13.18	1	8.86			4	0.02
	358.05		**98.56**		**72.18**		**72.49**		
	7.72		**2.13**		**1.56**		**1.56**		
2	45.10	2	33.30			1	2.30	3	
3	79.65	1	19.65	1	7.05	3	7.65		
2	48.60			2	11.40	2	3.60		
3	73.03					4	10.98		
1	26.15			1	7.11	3	8.80		
1	27.03			1	7.58	3	6.73		
1	28.85			2	13.34	2	4.84		
1	29.64			2	15.87	2	5.42		
		2	23.30			2	6.15		
		1	10.64	1	9.83	2	5.81		
		1	11.67			3	10.21		

年度	产量									
	合计		60万担以上		50－60万担		40－50万担		30－40万担	
	县数（个）	数量（万担）	县数（个）	数量（万担）	县数（个）	数量（万担）	县数（个）	数量（万担）	县数（个）	数量（万担）
52年合计		**11147.98**		**7599.74**		**597.88**		**636.18**		**436.87**
11年小计		**119.65**								
占小计%		**100.00**								
1949	11									
1950	11	0.76								
1951	11	2.73								
1952	11	6.36								
1953	11	4.34								
1954	11	3.63								
1955	11	11.00								
1956	11	19.77								
1957	11	20.26								
1958	11	24.29								
1959	11	26.51								
10年小计		**316.97**								
占小计%		**100.00**								
1960	11	17.52								
1961	11	16.47								
1962	11	11.97								
1963	11	19.98								
1964	11	32.24								
1965	11	56.14								
1966	11	49.70								
1967	11	48.04								
1968	11	33.75								
1969	11	31.16								
10年小计		**338.85**								
占小计%		**100.00**								
1970	11	44.50								
1971	11	43.52								
1972	11	46.23								
1973	11	40.63								
1974	11	30.27								
1975	11	15.56								
1976	11	18.94								
1977	11	19.70								
1978	11	38.80								
1979	11	40.70								
10年小计		**1686.41**		**67.12**		**269.46**		**444.74**		**235.06**
占小计%		**100.00**		**3.98**		**15.98**		**26.37**		**13.94**
1980	11	69.31								
1981	11	104.27					1	45.78		
1982	11	141.69			1	53.60			1	31.14
1983	11	149.98			1	52.54				
1984	11	177.55			1	53.32			2	69.82
1985	11	163.09					2	81.04		
1986	11	198.38			1	57.12	1	46.03	1	35.50
1987	11	238.32	1	67.12			2	94.23		
1988	11	208.43					2	85.81	1	36.80
1989	11	235.39			1	52.88	2	91.85	2	61.80
11年小计		**8686.10**		**7532.62**		**328.42**		**191.44**		**201.81**
占小计%		**100.00**		**86.72**		**3.78**		**2.20**		**2.32**
1990	11	381.24	3	252.15					3	101.59
1991	11	464.70	3	291.04			2	93.07	1	32.82
1992	11	470.05	3	294.88	1	55.77	1	49.41	1	30.94
1993	11	489.66	4	373.63	1	50.07				
1994	11	663.04	4	492.41	2	113.11			1	36.46
1995	11	760.09	6	685.74			1	48.96		
1996	11	734.45	6	654.53	1	51.91				
1997	11	942.01	6	844.49	1	57.56				
1998	11	1184.83	7	1127.90						
1999	11	1216.30	7	1176.10						
2000	11	1379.73	7	1339.75						

合计									
20－30 万担		10－20 万担		5－10 万担		1－5 万担		1 万担以下	
县数（个）	数量（万担）	县数（个）	数量（万担）	县数（个）	数量（万担）	县数（个）	数量（万担）	县数（个）	数量（万担）
	686.93		**566.28**		**336.98**		**254.37**		**32.75**
			11.45		**58.15**		**40.40**		**9.65**
			9.57		**48.60**		**33.77**		**8.07**
								11	
								11	0.76
						1	1.78	10	0.95
						3	5.64	8	0.72
						2	3.13	9	1.21
						2	2.19	9	1.44
						4	10.22	7	0.78
				2	13.30	2	5.00	7	1.47
				2	15.25	2	4.06	7	0.95
				2	17.26	2	6.21	7	0.82
		1	11.45	2	12.34	1	2.17	7	0.55
	85.61		**120.78**		**46.86**		**53.69**		**10.03**
	27.01		**38.10**		**14.78**		**16.94**		**3.16**
				2	13.06	2	4.33	7	0.13
				1	5.63	3	10.49	7	0.35
				1	5.64	2	5.54	8	0.79
				2	14.48	1	4.33	8	1.17
		2	26.32			2	5.56	7	0.36
2	45.15			1	8.05	1	1.65	7	1.29
1	20.23	1	18.65			5	10.50	4	0.32
1	20.23	1	19.97			3	5.84	6	2.00
		2	29.20			2	2.50	7	2.05
		2	26.64			2	2.95	7	1.57
	88.29		**134.47**		**43.27**		**60.73**		**12.09**
	26.06		**39.68**		**12.77**		**17.92**		**3.57**
1	24.39	1	14.07			3	4.77	6	1.27
1	21.25	1	13.49			3	6.87	6	1.91
1	22.43	1	15.84			4	6.88	5	1.08
1	20.22	1	12.54			2	5.96	7	1.91
		2	22.80			3	6.58	6	0.89
				1	9.08	2	5.10	8	1.38
		1	11.35			3	7.05	7	0.54
		1	10.45			3	8.60	7	0.65
		1	16.84	2	13.98	2	6.61	6	1.37
		1	17.09	3	20.21	1	2.31	6	1.09
	307.74		**208.96**		**113.91**		**38.44**		**0.98**
	18.25		**12.39**		**6.75**		**2.28**		**0.06**
1	29.39	1	16.04	2	18.46	3	5.14	4	0.28
1	27.47	1	10.31	1	8.98	4	11.73	3	
		2	33.07	2	14.94	2	8.94	3	
2	52.28	1	19.75	3	22.50	1	2.91	3	
1	22.05	1	13.71	2	15.09	1	3.56	3	
2	49.80	1	17.17	1	9.99	2	5.09	3	
1	21.22	2	30.76	1	6.68	1	1.07	3	
2	46.61	2	29.77					4	0.59
2	58.92	1	18.86	1	7.94			4	0.10
		1	19.52	1	9.33			4	0.01
	205.29		**90.62**		**74.79**		**61.11**		
	2.36		**1.04**		**0.86**		**0.70**		
1	24.96					1	2.54	3	
1	29.30			2	13.80	2	4.67		
1	24.32			1	6.45	3	8.28		
2	53.88			1	6.40	3	5.68		
		1	12.20			3	8.86		
		1	14.93			3	10.46		
		1	16.55	1	5.51	2	5.95		
1	21.18			1	9.78	2	9.00		
1	28.98	1	16.62	2	11.33				
		2	30.32	1	7.02	1	2.86		
1	22.67			2	14.50	1	2.81		

年度	收购量									
	合计		60万担以上		50-60万担		40-50万担		30-40万担	
	县数（个）	数量（万担）	县数（个）	数量（万担）	县数（个）	数量（万担）	县数（个）	数量（万担）	县数（个）	数量（万担）
52年合计		**9531.10**		**6405.41**		**320.67**		**721.61**		**639.56**
11年小计										
占小计%										
1949	11									
1950	11									
1951	11									
1952	11									
1953	11									
1954	11									
1955	11									
1956	11									
1957	11									
1958	11									
1959	11									
10年小计		**141.75**								
占小计%		**100.00**								
1960	11									
1961	11	8.97								
1962	11	7.59								
1963	11	12.16								
1964	11	26.74								
1965	11	22.01								
1966	11	17.43								
1967	11	19.81								
1968	11	12.40								
1969	11	14.64								
10年小计		**273.19**								
占小计%		**100.00**								
1970	11	39.19								
1971	11	41.41								
1972	11	44.40								
1973	11	38.17								
1974	11	30.72								
1975	11	11.48								
1976	11									
1977	11									
1978	11	32.53								
1979	11	35.29								
10年小计		**1525.65**		**60.40**		**103.60**		**395.28**		**289.73**
占小计%		**100.00**		**3.96**		**6.79**		**25.91**		**18.99**
1980	11	64.57								
1981	11	86.54							1	39.22
1982	11	104.96							1	36.64
1983	11	129.60					1	47.04		
1984	11	151.33					1	47.66		
1985	11	164.10					1	40.46	2	72.78
1986	11	180.06			1	51.12	1	42.31	1	33.30
1987	11	217.37	1	60.40			2	85.88		
1988	11	197.79					1	42.89	2	77.55
1989	11	229.33			1	52.48	2	89.04	1	30.24
11年小计		**7590.51**		**6345.01**		**217.07**		**326.33**		**349.83**
占小计%		**100.00**		**83.59**		**2.86**		**4.30**		**4.61**
1990	11	466.77	3	325.32					3	110.48
1991	11	472.25	3	301.49			2	90.73	1	32.5
1992	11	459.16	3	284.84	1	55.77	1	48.93	1	30.54
1993	11	425.06	3	272.03	1	54.69			1	36.74
1994	11	638.89	5	534.45			1	46.85	1	39.15
1995	11	686.51	4	515.96	2	106.61	1	43.15		
1996	11	512.76	4	405.79					2	65.79
1997	11	833.13	5	703.62			2	96.67		
1998	11	1155.04	7	1099.91					1	34.63
1999	11	959.81	7	940.14						
2000	11	981.13	7	961.46						

合计									
20－30 万担		10－20 万担		5－10 万担		1－5 万担		1 万担以下	
县数（个）	数量（万担）	县数（个）	数量（万担）	县数（个）	数量（万担）	县数（个）	数量（万担）	县数（个）	数量（万担）
	564.08		**532.59**		**203.11**		**132.43**		**11.64**
								11	
								11	
								11	
								11	
								11	
								11	
								11	
								11	
								11	
								11	
								11	
	24.87		**87.19**		**16.56**		**9.67**		**3.46**
	17.54		**61.51**		**11.68**		**6.82**		**2.44**
								11	
				1	8.97			10	
				1	7.59			10	
		1	11.18					10	0.98
1	24.87					1	1.27	9	0.60
		1	18.81			1	2.30	9	0.90
		1	14.96			1	1.97	9	0.50
		1	17.88			1	1.81	9	0.12
		1	12.04					10	0.36
		1	12.32			2	2.32	8	
	87.36		**107.79**		**33.84**		**40.85**		**3.35**
	31.98		**39.46**		**12.39**		**14.95**		**1.23**
1	22.30	1	12.56			2	3.40	7	0.93
1	21.44	1	13.86			3	6.11	6	
1	23.41	1	15.32			3	5.67	6	
1	20.21	1	11.64			2	5.60	7	0.72
		2	25.24			2	4.86	7	0.62
				1	8.00	2	3.39	8	0.09
								11	
								11	
		1	14.66	1	7.13	3	10.32	6	0.42
		1	14.51	3	18.71	1	1.50	6	0.57
	288.85		**258.55**		**99.38**		**27.45**		**2.41**
	18.93		**16.95**		**6.51**		**1.80**		**0.16**
1	27.74	2	25.96	1	7.08	2	3.35	5	0.44
1	23.82			2	16.04	3	6.69	4	0.77
1	26.94	2	23.27	2	11.66	2	6.45	3	
1	25.13	2	33.98	3	20.33	1	3.12	3	
2	58.80	2	28.90	2	12.72	1	3.25	3	
		3	46.27			2	4.59	3	
		3	46.37	1	6.37			4	0.59
2	44.68	1	16.73	1	9.18			4	0.50
2	51.94	1	18.10	1	7.21			4	0.10
1	29.80	1	18.97	1	8.79			4	0.01
	163.00		**79.06**		**53.33**		**54.46**		**2.42**
	2.15		**1.04**		**0.70**		**0.72**		**0.03**
1	27.87					1	3.10	3	
1	29.26			2	13.79	2	4.48		
1	24.59			1	6.45	3	8.04		
2	55.51					3	5.31	1	0.78
		1	11.06			3	7.38		
		1	11.78			3	9.01		
1	25.77			1	8.45	3	6.96		
		1	17.49	1	8.83	2	6.52		
		1	13.63	1	5.25	1	1.62		
		1	12.55	1	5.28	1	1.02	1	0.82
		1	12.55	1	5.28	1	1.02	1	0.82

6－2－16 辽宁省产棉县历年棉花

年度	面积									
	合计		60万亩以上		50－60万亩		40－50万亩		30－40万亩	
	县数（个）	数量（万亩）	县数（个）	数量（万亩）	县数（个）	数量（万亩）	县数（个）	数量（万亩）	县数（个）	数量（万亩）
52年合计		**2980.92**				**151.21**		**131.26**		**466.91**
11年小计		**1167.39**				**151.21**		**131.26**		**431.83**
占小计%		**100.00**				**12.95**		**11.24**		**36.99**
1949	13	55.06								
1950	13	93.76								
1951	13	172.72			1	50.00	1	48.14	1	36.56
1952	13	175.05			1	51.00	1	41.91	1	31.60
1953	13	108.70					1	41.21	1	30.00
1954	13	111.96			1	50.21			1	30.00
1955	13	71.91							1	34.21
1956	13	99.65							2	69.74
1957	13	93.62							2	68.04
1958	13	95.63							2	67.79
1959	13	89.33							2	63.89
10年小计		**512.73**								**35.08**
占小计%		**100.00**								**6.84**
1960	13	75.72							1	35.08
1961	13	46.58								
1962	13	34.21								
1963	13	41.83								
1964	13	49.89								
1965	13	54.58								
1966	13	54.48								
1967	13	53.93								
1968	13	53.16								
1969	13	48.35								
10年小计		**697.35**								
占小计%		**100.00**								
1970	13	50.15								
1971	13	52.97								
1972	13	54.19								
1973	13	76.64								
1974	13	82.00								
1975	13	53.83								
1976	13	107.47								
1977	13	77.61								
1978	13	95.67								
1979	13	46.82								
10年小计		**333.04**								
占小计%		**100.00**								
1980	13	37.25								
1981	13	39.92								
1982	13	48.34								
1983	13	56.01								
1984	13	71.68								
1985	13	28.44								
1986	13	17.14								
1987	13	5.08								
1988	13	11.92								
1989	13	17.26								
11年小计		**270.41**								
占小计%		**100.00**								
1990	13	20.05								
1991	13	48.92								
1992	13	57.12								
1993	13	25.87								
1994	13	23.81								
1995	13	27.56								
1996	13	12.66								
1997	13	18.26								
1998	13	18.14								
1999	13	6.51								
2000	13	11.51								

面积、产量、收购量分类

合计									
20－30万亩		10－20万亩		5－10万亩		1－5万亩		1万亩以下	
县数（个）	数量（万亩）	县数（个）	数量（万亩）	县数（个）	数量（万亩）	县数（个）	数量（万亩）	县数（个）	数量（万亩）
	254.54		**1022.72**		**593.29**		**344.46**		**16.53**
	124.10		**211.07**		**113.51**		**4.41**		
	10.63		**18.08**		**9.72**		**0.38**		
		3	43.83	2	11.23			8	
2	50.92	2	35.04	1	7.80			8	
1	22.64	1	15.38					8	
2	50.54							8	
		3	37.49					8	
		2	24.10	1	7.65			8	
		1	19.00	2	14.29	1	4.41	8	
		1	12.33	2	17.58			8	
		1	11.74	2	13.84			8	
		1	12.16	2	15.68			8	
				3	25.44			8	
	42.44		**265.79**		**98.11**		**69.57**		**1.74**
	8.28		**51.84**		**19.13**		**13.57**		**0.34**
1	22.00			2	14.15	1	4.49	8	
1	20.44	1	11.00	1	6.31	2	7.98	8	0.85
		2	21.60			3	11.72	8	0.89
		2	26.61	1	5.79	3	9.43	7	
		2	32.13	2	12.24	2	5.52	7	
		2	36.28	2	12.56	2	5.74	7	
		2	35.55	2	12.53	2	6.40	7	
		2	35.70	2	11.72	2	6.51	7	
		2	35.08	2	12.18	2	5.90	7	
		2	31.84	2	10.63	2	5.88	7	
	62.00		**331.79**		**199.76**		**103.30**		**0.50**
	8.89		**47.58**		**28.65**		**14.81**		**0.07**
		2	33.56	2	10.95	2	5.64	7	
		2	35.31	2	11.78	2	5.88	7	
		2	35.47	2	12.42	2	6.30	7	
		3	50.95	3	19.06	2	6.63	5	
1	20.00	2	35.88	3	19.38	2	6.74	5	
		2	34.59	2	12.40	2	6.84	7	
1	21.00	2	35.93	5	35.80	4	14.74	1	
		2	24.22	5	33.15	6	20.24		
		3	45.88	5	31.42	5	18.37		
1	21.00			2	13.40	5	11.92	5	0.50
			116.66		**103.75**		**106.29**		**6.34**
			35.03		**31.15**		**31.92**		**1.90**
				3	23.82	6	12.58	4	0.85
				3	24.08	6	15.49	4	0.35
		2	23.61	1	8.59	6	15.23	4	0.91
		3	36.61			7	19.06	3	0.34
		3	43.44	2	15.76	5	12.01	3	0.47
		1	13.00	1	6.50	3	8.67	8	0.27
				1	9.00	3	7.70	9	0.44
						2	3.98	11	1.10
				1	7.00	2	4.37	10	0.55
				1	9.00	2	7.20	10	1.06
	26.00		**97.41**		**78.16**		**60.89**		**7.95**
	9.62		**36.02**		**28.90**		**22.52**		**2.94**
				2	13.49	2	5.44	9	1.12
		2	32.92	1	9.80	3	6.20	7	
1	26.00	2	25.49			2	5.51	8	0.12
		1	14.00	1	7.51	2	3.43	9	0.93
		1	13.00	1	7.42	1	2.01	10	1.38
		1	12.00	2	14.35			10	1.21
						3	12.03	10	0.63
				2	12.88	1	4.36	10	1.02
				2	12.71	1	4.69	10	0.74
						3	5.91	10	0.60
						4	11.31	9	0.20

年　度	产　　量									
	合　　计		60万担以上		50－60万担		40－50万担		30－40万担	
	县数（个）	数量（万担）	县数（个）	数量（万担）	县数（个）	数量（万担）	县数（个）	数量（万担）	县数（个）	数量（万担）
52年合计		**1400.48**								
11年小计		**382.42**								
占小计%		**100.00**								
1949	13	12.78								
1950	13	23.56								
1951	13	42.80								
1952	13	58.78								
1953	13	41.53								
1954	13	22.51								
1955	13	19.82								
1956	13	40.66								
1957	13	30.08								
1958	13	50.53								
1959	13	39.37								
10年小计		**234.70**								
占小计%		**100.00**								
1960	13	16.70								
1961	13	6.94								
1962	13	6.72								
1963	13	12.94								
1964	13	23.62								
1965	13	34.97								
1966	13	38.22								
1967	13	36.69								
1968	13	33.37								
1969	13	24.53								
10年小计		**256.98**								
占小计%		**100.00**								
1970	13	31.39								
1971	13	30.20								
1972	13	19.03								
1973	13	34.63								
1974	13	35.42								
1975	13	24.76								
1976	13	14.63								
1977	13	21.01								
1978	13	28.48								
1979	13	17.43								
10年小计		**307.69**								
占小计%		**100.00**								
1980	13	26.10								
1981	13	28.05								
1982	13	31.97								
1983	13	69.67								
1984	13	83.88								
1985	13	25.67								
1986	13	15.71								
1987	13	5.83								
1988	13	9.84								
1989	13	10.97								
11年小计		**218.69**								
占小计%		**100.00**								
1990	13	18.26								
1991	13	45.93								
1992	13	32.53								
1993	13	22.42								
1994	13	16.88								
1995	13	23.42								
1996	13	10.53								
1997	13	14.45								
1998	13	16.10								
1999	13	7.00								
2000	13	11.17								

合计									
20－30万担		10－20万担		5－10万担		1－5万担		1万担以下	
县数（个）	数量（万担）	县数（个）	数量（万担）	县数（个）	数量（万担）	县数（个）	数量（万担）	县数（个）	数量（万担）
	46.00		**454.10**		**414.14**		**441.45**		**44.79**
	22.00		**170.44**		**118.60**		**68.18**		**3.20**
	5.75		**44.57**		**31.01**		**17.83**		**0.84**
						3	11.18	10	1.60
				3	21.34	1	1.98	9	0.24
		2	28.42	2	10.62	1	3.76	8	
1	22.00	1	13.56	3	23.22			8	
		2	27.07			3	14.46	8	
		1	12.05	1	5.00	2	4.57	9	0.89
				2	15.21	2	4.14	9	0.47
		2	30.73			3	9.93	8	
				3	25.30	2	4.78	8	
		2	33.95	1	9.85	2	6.73	8	
		2	24.66	1	8.06	2	6.65	8	
			82.80		**53.03**		**89.82**		**9.05**
			35.28		**22.59**		**38.27**		**3.86**
				1	6.50	3	9.68	9	0.52
						3	5.40	10	1.54
						4	6.03	9	0.69
						4	11.41	9	1.53
				1	8.90	4	13.98	8	0.74
		1	16.80	1	7.63	3	9.69	8	0.85
		1	17.00	2	12.97	2	7.33	8	0.92
		2	26.16			3	9.92	8	0.61
		2	22.84			3	9.55	8	0.98
				2	17.03	3	6.83	8	0.67
			22.00		**96.78**		**121.98**		**16.22**
			8.56		**37.66**		**47.47**		**6.31**
		1	11.00	1	9.70	4	10.69	7	
		1	11.00	2	12.78	3	6.42	7	
				2	11.95	3	6.13	8	0.95
				2	17.27	6	17.36	5	
				3	23.47	5	11.95	5	
				2	15.94	4	8.82	7	
						5	10.06	8	4.57
						7	16.52	6	4.49
				1	5.67	8	19.60	4	3.21
						5	14.43	8	3.00
	24.00		**94.92**		**86.81**		**93.39**		**8.57**
	7.80		**30.85**		**28.21**		**30.35**		**2.79**
				2	11.05	6	13.68	5	1.37
				2	12.09	7	15.54	4	0.42
				2	16.36	5	13.44	6	2.17
		3	47.54	1	5.33	5	15.61	4	1.19
1	24.00	3	37.22	1	8.73	5	13.28	3	0.65
		1	10.16	2	11.55	2	3.75	8	0.21
				1	9.00	3	6.38	9	0.33
						2	4.75	11	1.08
				1	6.20	2	3.19	10	0.45
				1	6.50	2	3.77	10	0.70
			83.94		**58.92**		**68.08**		**7.75**
			38.38		**26.94**		**31.13**		**3.54**
				2	12.99	2	4.27	9	1.00
		2	29.94	1	9.69	3	6.30	7	
		1	16.40	1	7.04	3	8.39	8	0.70
		1	13.00	1	5.75	2	2.87	9	0.80
		1	12.60			2	2.96	10	1.32
		1	12.00	1	5.61	1	4.95	10	0.86
						3	10.18	10	0.35
				2	10.54	1	2.92	10	0.99
				1	7.30	2	8.02	10	0.78
						3	6.43	10	0.57
						4	10.79	9	0.38

年度	收购量									
	合计		60万担以上		50-60万担		40-50万担		30-40万担	
	县数（个）	数量（万担）	县数（个）	数量（万担）	县数（个）	数量（万担）	县数（个）	数量（万担）	县数（个）	数量（万担）
52年合计		**1126.43**								
11年小计		**278.11**								
占小计%		**100.00**								
1949	13	5.28								
1950	13	14.72								
1951	13	24.42								
1952	13	45.10								
1953	13	33.23								
1954	13	17.79								
1955	13	13.24								
1956	13	28.91								
1957	13	24.86								
1958	13	40.73								
1959	13	29.83								
10年小计		**198.48**								
占小计%		**100.00**								
1960	13	12.13								
1961	13	5.16								
1962	13	4.35								
1963	13	10.18								
1964	13	20.98								
1965	13	31.35								
1966	13	33.09								
1967	13	31.49								
1968	13	29.01								
1969	13	20.74								
10年小计		**227.75**								
占小计%		**100.00**								
1970	13	26.31								
1971	13	26.88								
1972	13	18.04								
1973	13	32.14								
1974	13	31.72								
1975	13	22.94								
1976	13	12.06								
1977	13	17.78								
1978	13	24.23								
1979	13	15.65								
10年小计		**278.72**								
占小计%		**100.00**								
1980	13	22.66								
1981	13	26.61								
1982	13	31.07								
1983	13	67.12								
1984	13	80.97								
1985	13	21.50								
1986	13	8.89								
1987	13	3.96								
1988	13	7.04								
1989	13	8.90								
11年小计		**143.37**								
占小计%		**100.00**								
1990	13	17.09								
1991	13	34.50								
1992	13	23.94								
1993	13	10.73								
1994	13	6.96								
1995	13	11.23								
1996	13	4.63								
1997	13	8.63								
1998	13	11.66								
1999	13	5.22								
2000	13	8.78								

合计									
20－30 万担		10－20 万担		5－10 万担		1－5 万担		1 万担以下	
县数（个）	数量（万担）	县数（个）	数量（万担）	县数（个）	数量（万担）	县数（个）	数量（万担）	县数（个）	数量（万担）
	23.18		**307.74**		**358.54**		**392.08**		**44.89**
			112.43		**104.04**		**59.72**		**1.92**
			40.43		**37.41**		**21.47**		**0.69**
						3	4.67	10	0.61
				2	12.31	1	2.21	10	0.20
		1	11.85			3	12.57	9	
		2	24.95	3	20.15			8	
		1	12.00	1	7.18	3	14.05	8	
				1	9.79	2	7.33	10	0.67
				1	7.86	2	4.94	10	0.44
		2	23.81			2	5.10	9	
				3	22.97	1	1.89	9	
		2	28.28	1	9.23	1	3.22	9	
		1	11.54	2	14.55	1	3.74	9	
			78.92		**45.32**		**66.57**		**7.67**
			39.76		**22.83**		**33.54**		**3.86**
				1	5.98	2	5.79	10	0.36
						3	4.35	10	0.81
						2	2.90	11	1.45
						4	9.51	9	0.67
				1	8.85	3	11.49	9	0.64
		1	16.73	1	7.03	2	6.81	9	0.78
		1	16.21	1	7.50	2	8.55	9	0.83
		2	24.32			2	6.61	9	0.56
		2	21.66			2	6.46	9	0.89
				2	15.96	2	4.10	9	0.68
					104.37		**106.15**		**17.23**
					45.83		**46.61**		**7.56**
				2	18.76	3	7.24	8	0.31
				3	21.53	3	5.35	7	
				1	6.14	4	11.02	8	0.88
				2	16.70	5	14.51	6	0.93
				3	21.36	5	10.36	5	
				2	14.77	4	8.17	7	
						4	8.00	9	4.06
						5	12.32	8	5.46
				1	5.11	7	15.79	5	3.33
						5	13.39	8	2.26
	23.18		**82.74**		**66.49**		**96.33**		**9.98**
	8.32		**29.69**		**23.86**		**34.56**		**3.57**
						8	21.53	5	1.13
				2	11.39	6	14.00	5	1.22
				2	15.74	5	13.08	6	2.25
		3	46.46	1	5.07	5	14.45	4	1.14
1	23.18	3	36.28	1	8.42	5	12.48	3	0.61
				2	15.38	3	5.91	8	0.21
				1	5.18	2	2.69	10	1.02
						1	2.25	12	1.71
						3	6.80	10	0.24
				1	5.31	2	3.14	10	0.45
			33.65		**38.32**		**63.31**		**8.09**
			23.47		**26.73**		**44.16**		**5.64**
				1	6.90	2	8.26	10	1.93
		2	20.95	1	8.26	3	5.29	7	
		1	12.70	1	6.43	3	4.37	8	0.44
				1	6.02	3	4.33	9	0.38
				1	5.10			12	1.86
				1	5.61	2	5.21	10	0.41
						2	3.53	11	1.10
						3	7.94	10	0.69
						3	11.09	10	0.57
						3	4.77	10	0.45
						4	8.52	9	0.26

年　度	面积									
	合　计		60万亩以上		50－60万亩		40－50万亩		30－40万亩	
	县数（个）	数量（万亩）	县数（个）	数量（万亩）	县数（个）	数量（万亩）	县数（个）	数量（万亩）	县数（个）	数量（万亩）
52年合计		**767.74**								
11年小计		**143.87**								
占小计%		**100.00**								
1949	8	4.98								
1950	8	6.14								
1951	8	6.65								
1952	8	4.93								
1953	8	4.95								
1954	8	4.83								
1955	8	8.17								
1956	8	22.38								
1957	8	19.22								
1958	8	29.51								
1959	8	32.11								
10年小计		**101.37**								
占小计%		**100.00**								
1960	8	41.79								
1961	8	7.06								
1962	8	6.44								
1963	8	5.89								
1964	8	6.45								
1965	8	6.65								
1966	8	6.29								
1967	8	6.88								
1968	8	6.86								
1969	8	7.06								
10年小计		**106.72**								
占小计%		**100.00**								
1970	8	11.38								
1971	8	10.04								
1972	8	11.77								
1973	8	9.74								
1974	8	10.89								
1975	8	10.81								
1976	8	11.87								
1977	8	10.31								
1978	8	10.87								
1979	8	9.04								
10年小计		**85.17**								
占小计%		**100.00**								
1980	8	7.82								
1981	8	8.03								
1982	8	9.10								
1983	8	10.46								
1984	8	11.12								
1985	8	8.29								
1986	8	7.60								
1987	8	8.10								
1988	8	7.62								
1989	8	7.03								
11年小计		**330.60**								
占小计%		**100.00**								
1990	8	8.29								
1991	8	11.87								
1992	8	19.10								
1993	8	19.42								
1994	8	22.00								
1995	8	26.97								
1996	8	31.49								
1997	8	36.10								
1998	8	50.42								
1999	8	42.67								
2000	8	62.27								

面积、产量、收购量分类

合计									
20－30万亩		10－20万亩		5－10万亩		1－5万亩		1万亩以下	
县数（个）	数量（万亩）	县数（个）	数量（万亩）	县数（个）	数量（万亩）	县数（个）	数量（万亩）	县数（个）	数量（万亩）
	20.00		**189.62**		**282.30**		**248.79**		**27.02**
			27.51		**62.89**		**48.08**		**5.39**
			19.12		**43.71**		**33.42**		**3.75**
						3	4.78	5	0.20
						3	5.94	5	0.20
						3	6.27	5	0.38
						3	4.68	5	0.25
						2	4.07	6	0.88
						2	3.72	6	1.11
				1	5.84	1	1.77	6	0.56
				2	17.50	1	4.01	5	0.87
				2	14.58	1	3.70	5	0.94
		1	14.61	1	8.94	2	5.96	4	
		1	12.90	2	16.03	1	3.18	4	
			39.36				**55.80**		**6.21**
			38.83				**55.05**		**6.13**
		3	39.36			1	2.43	4	
						3	6.53	5	0.53
						3	6.08	5	0.36
						2	4.63	6	1.26
						3	5.94	5	0.51
						3	6.12	5	0.53
						2	5.03	6	1.26
						3	6.32	5	0.56
						3	6.27	5	0.59
						3	6.45	5	0.61
					57.60		**46.19**		**2.93**
					53.97		**43.28**		**2.75**
				1	5.80	2	4.62	5	0.96
				1	5.60	3	4.44	4	
				1	5.50	3	6.27	4	
				1	5.60	3	4.14	4	
				1	5.80	3	5.09	4	
				1	5.80	3	5.01	4	
				1	5.90	3	5.97	4	
				1	5.80	2	3.62	5	0.89
				1	5.90	3	4.97	4	
				1	5.90	1	2.06	6	1.08
					55.70		**26.92**		**2.55**
					65.40		**31.61**		**2.99**
				1	5.00	1	1.96	6	0.86
				1	5.10	1	2.02	6	0.91
				1	5.40	2	3.70	5	
				1	6.50	2	3.96	5	
				1	6.80	2	4.32	5	
				1	5.40	2	2.89	5	
				1	5.20	2	2.40	5	
				1	5.70	2	2.40	5	
				1	5.40	2	2.22	5	
				1	5.20	1	1.05	6	0.78
	20.00		**122.75**		**106.11**		**71.80**		**9.94**
	6.05		**37.13**		**32.10**		**21.72**		**3.01**
				1	5.10	2	3.17	5	0.02
				1	6.40	2	4.49	5	0.98
				1	8.00	4	9.96	3	1.14
		1	10.00			3	8.07	4	1.35
				1	9.20	3	11.53	4	1.27
		1	10.20	2	11.03	2	4.46	3	1.28
		1	10.80	3	17.84	1	1.60	3	1.25
		1	13.20	2	14.00	4	7.97	1	0.93
		1	17.20	3	25.07	4	8.15		
		2	27.10	1	9.47	3	5.20	2	0.90
1	20.00	2	34.25			4	7.20	1	0.82

年　度	产	量								
	合　计		60 万担以上		50－60 万担		40－50 万担		30－40 万担	
	县数（个）	数量（万担）	县数（个）	数量（万担）	县数（个）	数量（万担）	县数（个）	数量（万担）	县数（个）	数量（万担）
52 年合计		**787.16**								**97.00**
11 年小计		**43.21**								
占小计%		**100.00**								
1949	8	0.89								
1950	8	1.16								
1951	8	1.37								
1952	8	1.20								
1953	8	1.07								
1954	8	1.20								
1955	8	3.26								
1956	8	6.94								
1957	8	7.39								
1958	8	10.68								
1959	8	8.05								
10 年小计		**29.46**								
占小计%		**100.00**								
1960	8	5.07								
1961	8	0.79								
1962	8	0.23								
1963	8	1.64								
1964	8	2.45								
1965	8	3.36								
1966	8	4.54								
1967	8	4.25								
1968	8	3.50								
1969	8	3.63								
10 年小计		**55.58**								
占小计%		**100.00**								
1970	8	5.43								
1971	8	4.88								
1972	8	5.79								
1973	8	5.81								
1974	8	6.35								
1975	8	4.93								
1976	8	6.14								
1977	8	6.26								
1978	8	6.03								
1979	8	3.96								
10 年小计		**100.99**								
占小计%		**100.00**								
1980	8	5.34								
1981	8	7.95								
1982	8	9.27								
1983	8	12.94								
1984	8	15.06								
1985	8	9.61								
1986	8	6.97								
1987	8	11.01								
1988	8	11.75								
1989	8	11.09								
11 年小计		**557.92**								**97.00**
占小计%		**100.00**								**17.39**
1990	8	13.78								
1991	8	21.01								
1992	8	31.22								
1993	8	28.84								
1994	8	33.66								
1995	8	45.81								
1996	8	49.36								
1997	8	62.21								
1998	8	95.77							1	31.00
1999	8	70.56								
2000	8	105.70							2	66.00

合计									
20－30万担		10－20万担		5－10万担		1－5万担		1万担以下	
县数（个）	数量（万担）	县数（个）	数量（万担）	县数（个）	数量（万担）	县数（个）	数量（万担）	县数（个）	数量（万担）
	124.50		**206.53**		**145.36**		**166.49**		**47.28**
					6.43		**28.89**		**7.89**
					14.88		**66.86**		**18.26**
								8	0.89
								8	1.16
								8	1.37
								8	1.20
								8	1.07
								8	1.20
						1	2.83	7	0.43
						3	6.67	5	0.27
						3	7.09	5	0.30
				1	6.43	3	4.25	4	
						4	8.05	4	
							19.61		**9.85**
							66.56		**33.44**
						2	4.03	6	1.04
								8	0.79
								8	0.23
						1	1.17	7	0.47
						1	1.58	7	0.87
						1	2.23	7	1.13
						1	3.08	7	1.46
						1	2.64	7	1.61
						1	2.56	7	0.94
						1	2.32	7	1.31
					10.10		**32.98**		**12.50**
					18.17		**59.34**		**22.49**
						1	3.90	7	1.53
						1	3.40	7	1.48
						1	4.20	7	1.59
						1	4.50	7	1.31
				1	5.00			7	1.35
						1	3.70	7	1.23
						2	5.58	6	0.56
				1	5.10			7	1.16
						1	4.50	7	1.53
						1	3.20	7	0.76
			10.60		**60.20**		**24.81**		**5.38**
			10.50		**59.61**		**24.57**		**5.33**
						1	4.10	7	1.24
				1	5.50	1	1.76	6	0.69
				1	6.70	2	2.57	5	
				1	9.30	2	3.64	5	
		1	10.60			2	4.46	5	
				1	6.60	2	3.01	5	
				1	5.20			7	1.77
				1	8.50	2	2.51	5	
				1	9.40	1	1.40	6	0.95
				1	9.00	1	1.36	6	0.73
	124.50		**195.93**		**68.63**		**60.20**		**11.66**
	22.32		**35.12**		**12.30**		**10.79**		**2.09**
				1	9.10	2	4.65	5	0.03
		1	11.60			2	8.14	5	1.27
		1	12.40	2	13.08	2	4.37	3	1.37
		1	15.00	2	11.67			5	2.17
		1	16.50	2	13.13	1	2.53	4	1.50
		2	29.30	1	9.29	1	4.67	4	2.55
		3	39.33	1	6.96	1	1.40	3	1.67
1	24.50	2	27.22			5	10.49		
1	25.00	2	29.32			4	10.45		
2	47.00	1	15.26			3	7.20	2	1.10
1	28.00			1	5.40	4	6.30		

年度	收购量									
	合计		60万担以上		50-60万担		40-50万担		30-40万担	
	县数（个）	数量（万担）	县数（个）	数量（万担）	县数（个）	数量（万担）	县数（个）	数量（万担）	县数（个）	数量（万担）
52年合计		**645.80**								
11年小计		**39.53**								
占小计%		**100.00**								
1949	8	0.64								
1950	8	0.77								
1951	8	1.01								
1952	8	0.69								
1953	8	0.66								
1954	8	0.96								
1955	8	2.97								
1956	8	6.75								
1957	8	7.23								
1958	8	10.13								
1959	8	7.72								
10年小计		**27.52**								
占小计%		**100.00**								
1960	8	4.84								
1961	8	0.69								
1962	8	0.17								
1963	8	1.52								
1964	8	2.24								
1965	8	3.13								
1966	8	4.31								
1967	8	4.00								
1968	8	3.28								
1969	8	3.34								
10年小计		**56.79**								
占小计%		**100.00**								
1970	8	4.47								
1971	8	4.77								
1972	8	4.89								
1973	8	4.81								
1974	8	4.95								
1975	8	6.95								
1976	8	6.27								
1977	8	5.90								
1978	8	8.24								
1979	8	5.54								
10年小计		**86.12**								
占小计%		**100.00**								
1980	8	5.10								
1981	8	7.81								
1982	8	8.78								
1983	8	12.66								
1984	8	13.76								
1985	8	8.25								
1986	8	6.20								
1987	8	7.95								
1988	8	7.94								
1989	8	7.67								
11年小计		**435.84**								
占小计%		**100.00**								
1990	8	14.71								
1991	8	22.15								
1992	8	30.65								
1993	8	22.00								
1994	8	31.13								
1995	8	41.85								
1996	8	42.52								
1997	8	56.80								
1998	8	77.66								
1999	8	48.77								
2000	8	47.60								

合计									
20－30 万担		10－20 万担		5－10 万担		1－5 万担		1 万担以下	
县数（个）	数量（万担）	县数（个）	数量（万担）	县数（个）	数量（万担）	县数（个）	数量（万担）	县数（个）	数量（万担）
	116.55		**144.80**		**187.61**		**152.87**		**43.97**
					6.43		**25.13**		**7.97**
					16.27		**63.57**		**20.16**
								8	0.64
								8	0.77
								8	1.01
								8	0.69
								8	0.66
								8	0.96
						1	2.83	7	0.14
						3	6.49	5	0.26
						2	5.99	6	1.24
				1	6.43	2	2.90	5	0.80
						3	6.92	5	0.80
							19.46		**8.06**
							70.71		**29.29**
						2	3.88	6	0.96
								8	0.69
								8	0.17
						1	1.17	7	0.35
						1	1.58	7	0.66
						1	2.23	7	0.90
						1	3.08	7	1.23
						1	2.64	7	1.36
						1	2.56	7	0.72
						1	2.32	7	1.02
					28.00		**18.50**		**10.29**
					49.30		**32.58**		**18.12**
						1	3.40	7	1.07
						1	3.60	7	1.17
						1	3.70	7	1.19
						1	3.80	7	1.01
						1	4.00	7	0.95
				1	6.00			7	0.95
				1	5.00			7	1.27
				1	5.00			7	0.90
				1	7.00			7	1.24
				1	5.00			7	0.54
					55.30		**24.56**		**6.26**
					64.21		**28.52**		**7.27**
						1	4.10	7	1.00
				1	5.60	1	1.56	6	0.65
				1	6.50	2	2.28	5	
				1	9.30	2	3.36	5	
				1	9.80	2	3.96	5	
				1	6.20	1	1.08	6	0.97
						1	4.80	7	1.40
				1	5.90	1	1.07	6	0.98
				1	6.10	1	1.10	6	0.74
				1	5.90	1	1.25	6	0.52
	116.55		**144.80**		**97.88**		**65.22**		**11.39**
	26.74		**33.22**		**22.46**		**14.96**		**2.61**
		1	10.20			2	4.50	5	0.01
		1	13.60			2	7.89	5	0.66
		1	15.00	2	12.27	1	1.30	4	2.08
		1	10.60	1	5.43	1	4.15	5	1.82
		1	14.80	2	12.76	1	2.07	4	1.50
		1	18.30	2	17.78	1	3.22	4	2.55
1	21.10			2	15.66	2	4.09	3	1.67
1	24.60	1	13.80	1	8.51	5	9.89		
2	50.85			2	15.67	4	11.14		
1	20.00	1	11.50	1	9.80	3	6.37	2	1.10
		3	37.00			5	10.60		

6－2－18　天津市产棉县历年棉花

年　度	面　　积									
	合　　计		60万亩以上		50－60万亩		40－50万亩		30－40万亩	
	县数（个）	数量（万亩）	县数（个）	数量（万亩）	县数（个）	数量（万亩）	县数（个）	数量（万亩）	县数（个）	数量（万亩）
52年合计		**1210.20**							**1**	**30.10**
11年小计		**274.13**								
占小计%		**100.00**								
1949	5	22.84								
1950	5	22.44								
1951	5	25.29								
1952	5	24.53								
1953	5	25.11								
1954	5	33.46								
1955	5	27.39								
1956	5	31.62								
1957	5	22.04								
1958	5	21.29								
1959	5	18.12								
10年小计		**180.43**								
占小计%		**100.00**								
1960	5	19.25								
1961	5	14.19								
1962	5	15.90								
1963	5	17.56								
1964	5	19.30								
1965	5	17.29								
1966	5	19.05								
1967	5	19.51								
1968	5	18.71								
1969	5	19.67								
10年小计		**244.80**								
占小计%		**100.00**								
1970	5	20.09								
1971	5	21.04								
1972	5	22.63								
1973	5	25.63								
1974	5	25.66								
1975	5	29.22								
1976	5	28.24								
1977	5	27.66								
1978	5	27.25								
1979	5	17.38								
10年小计		**260.01**								**30.10**
占小计%		**100.00**								**11.58**
1980	5	12.04								
1981	5	12.25								
1982	5	14.23								
1983	5	25.97								
1984	5	53.97							1	30.10
1985	5	41.50								
1986	5	29.39								
1987	5	23.92								
1988	5	24.54								
1989	5	22.20								
11年小计		**250.83**								
占小计%		**100.00**								
1990	5	26.61								
1991	5	45.30								
1992	5	43.05								
1993	5	23.83								
1994	5	33.79								
1995	5	25.36								
1996	5	9.69								
1997	5	7.32								
1998	5	5.15								
1999	5	8.85								
2000	5	21.88								

合计									
20－30万亩		10－20万亩		5－10万亩		1－5万亩		1万亩以下	
县数（个）	数量（万亩）	县数（个）	数量（万亩）	县数（个）	数量（万亩）	县数（个）	数量（万亩）	县数（个）	数量（万亩）
	21.58		**453.17**		**330.73**		**344.40**		**30.22**
			157.38		**27.84**		**82.95**		**5.96**
			57.41		**10.16**		**30.26**		**2.17**
		1	15.43			3	7.41	1	
		1	15.27			3	6.56	1	0.61
		1	15.05			3	9.40	1	0.84
		1	14.53			4	10.00		
		1	16.55			3	7.69	1	0.87
		1	17.70	1	5.88	3	9.88		
		1	14.74	1	7.15	2	4.55	1	0.95
		1	16.67	1	8.51	2	5.58	1	0.86
		1	10.88	1	6.30	2	3.95	1	0.91
		1	10.32			4	10.97		
		1	10.24			3	6.96	1	0.92
			20.88		**79.23**		**68.77**		**11.55**
			11.57		**43.91**		**38.11**		**6.40**
				2	16.48	1	1.82	2	0.95
				1	7.47	2	5.54	2	1.18
				1	8.25	2	6.84	2	0.81
				1	8.02	2	7.84	2	1.70
				1	9.56	3	9.46	1	0.28
				1	9.76	2	6.86	2	0.67
				1	9.95	3	8.38	1	0.72
		1	10.54			2	7.29	2	1.68
				1	9.74	2.00	7.33	2	1.64
		1	10.34			2	7.41	2	1.92
			105.60		**38.74**		**98.67**		**1.79**
			43.14		**15.83**		**40.31**		**0.73**
		1	10.49			3	8.73	1	0.87
		1	10.50			3	9.62	1	0.92
		1	10.10			4	12.53		
		1	10.34	1	5.52	3	9.77		
		1	11.69	1	5.19	3	8.78		
		1	13.78	1	5.23	3	10.21		
		1	13.24	1	5.29	3	9.71		
		1	13.21	1	5.27	3	9.18		
		1	12.25	1	5.28	3	9.72		
				1	6.96	4	10.42		
	21.58		**87.84**		**69.77**		**45.64**		**5.08**
	8.30		**33.78**		**26.83**		**17.55**		**1.95**
				1	6.34	4	5.70		
				1	6.54	2	4.24	2	1.47
				1	6.40	3	7.15	1	0.68
		1	15.35	1	5.18	2	4.61	1	0.83
		1	11.28	1	8.76	2	3.83		
1	21.58	1	10.46	1	6.85	2	2.61		
		1	15.32	2	12.47	1	1.19	1	0.41
		1	13.05			2	9.61	2	1.26
		1	11.58	2	11.63	1	1.10	1	0.23
		1	10.80	1	5.60	2	5.60	1	0.20
			81.47		**115.15**		**48.37**		**5.84**
			32.48		**45.91**		**19.28**		**2.33**
		1	11.50	2	13.63	1	1.26	1	0.22
		2	29.35	1	9.79	2	6.16		
		2	28.52	1	8.84	2	5.69		
				3	21.53	2	2.30		
		1	12.10	2	18.38	1	2.34	1	0.97
				3	22.44	1	2.54	1	0.38
						3	8.92	2	0.77
						3	6.79	2	0.53
						2	4.05	3	1.10
						3	8.32	2	0.53
				3	20.54			2	1.34

年度	产量									
	合计		60万担以上		50－60万担		40－50万担		30－40万担	
	县数（个）	数量（万担）	县数（个）	数量（万担）	县数（个）	数量（万担）	县数（个）	数量（万担）	县数（个）	数量（万担）
52年合计		**661.49**								**37.93**
11年小计		**57.90**								
占小计%		**100.00**								
1949	5	2.53								
1950	5	4.05								
1951	5	5.48								
1952	5	7.55								
1953	5	5.69								
1954	5	3.61								
1955	5	6.83								
1956	5	6.75								
1957	5	6.23								
1958	5	5.86								
1959	5	3.32								
10年小计		**60.97**								
占小计%		**100.00**								
1960	5	3.73								
1961	5	2.95								
1962	5	2.08								
1963	5	4.90								
1964	5	6.52								
1965	5	7.77								
1966	5	7.41								
1967	5	7.93								
1968	5	11.14								
1969	5	6.54								
10年小计		**68.54**								
占小计%		**100.00**								
1970	5	9.71								
1971	5	11.33								
1972	5	6.33								
1973	5	7.65								
1974	5	9.67								
1975	5	10.33								
1976	5	3.80								
1977	5	3.33								
1978	5	4.11								
1979	5	2.28								
10年小计		**241.77**								**37.93**
占小计%		**100.00**								**15.69**
1980	5	2.96								
1981	5	4.49								
1982	5	10.26								
1983	5	21.53								
1984	5	62.39							1	37.93
1985	5	46.18								
1986	5	26.52								
1987	5	25.52								
1988	5	20.04								
1989	5	21.88								
11年小计		**232.31**								
占小计%		**100.00**								
1990	5	30.31								
1991	5	38.26								
1992	5	32.40								
1993	5	17.00								
1994	5	18.15								
1995	5	22.19								
1996	5	10.00								
1997	5	7.71								
1998	5	12.56								
1999	5	11.30								
2000	5	32.43								

合计									
20－30万担		10－20万担		5－10万担		1－5万担		1万担以下	
县数（个）	数量（万担）	县数（个）	数量（万担）	县数（个）	数量（万担）	县数（个）	数量（万担）	县数（个）	数量（万担）
	27.14		**161.38**		**137.60**		**244.12**		**53.32**
							41.86		**16.04**
							72.30		**27.70**
						1	1.58	4	0.95
						1	2.61	4	1.44
						2	3.96	3	1.52
						2	6.07	3	1.48
						1	3.68	4	2.01
						1	1.78	4	1.83
						2	5.53	3	1.30
						2	4.93	3	1.82
						2	4.46	3	1.77
						2	4.84	3	1.02
						2	2.42	3	0.90
					6.15		**46.23**		**8.59**
					10.09		**75.82**		**14.09**
						2	3.06	3	0.67
						1	1.27	4	1.68
								5	2.08
						2	3.77	3	1.13
						3	6.02	2	0.50
						3	7.60	2	0.17
						3	6.66	2	0.75
						3	7.43	2	0.50
				1	6.15	2	4.22	2	0.77
						3	6.20	2	0.34
					5.19		**49.11**		**14.24**
					7.57		**71.65**		**20.78**
						3	9.11	2	0.60
				1	5.19	2	5.23	2	0.91
						1	3.82	4	2.51
						3	6.49	2	1.16
						4	9.27	1	0.40
						3	8.79	2	1.54
						1	1.89	4	1.91
						2	2.32	3	1.01
						1	2.19	4	1.92
								5	2.28
	27.14		**81.39**		**48.25**		**38.26**		**8.80**
	11.23		**33.66**		**19.96**		**15.82**		**3.64**
						1	1.40	4	1.56
						2	3.41	3	1.08
				1	6.50	2	3.10	2	0.66
		1	14.58			2	6.01	2	0.94
		1	12.26	1	9.24	2	2.96		
1	27.14	1	11.39	1	5.95			2	1.70
		1	15.72	1	6.48	1	3.45	2	0.87
		1	17.44			2	7.23	2	0.85
				2	14.51	1	4.51	2	1.02
		1	10.00	1	5.57	2	6.19	1	0.12
			79.99		**78.01**		**68.66**		**5.65**
			34.43		**33.58**		**29.56**		**2.43**
		1	13.80	2	15.48			2	1.03
		2	25.63	1	7.82	2	4.81		
		1	16.00	2	11.80	2	4.60		
				1	6.00	3	10.20	1	0.80
		1	10.43			3	6.93	1	0.79
				3	20.20	1	1.40	1	0.59
						3	9.36	2	0.64
						3	7.34	2	0.37
						3	12.14	2	0.42
						3	10.86	2	0.44
		1	14.13	2	16.71	1	1.02	1	0.57

年 度	收 购 量									
	合 计		60 万担以上		50－60 万担		40－50 万担		30－40 万担	
	县数（个）	数量（万担）	县数（个）	数量（万担）	县数（个）	数量（万担）	县数（个）	数量（万担）	县数（个）	数量（万担）
52 年合计		**460.86**								**31.81**
11 年小计		**45.37**								
占小计%		**100.00**								
1949	5									
1950	5									
1951	5	3.82								
1952	5	7.08								
1953	5	5.72								
1954	5	4.33								
1955	5	6.35								
1956	5	5.46								
1957	5	4.42								
1958	5	3.97								
1959	5	4.22								
10 年小计		**52.81**								
占小计%		**100.00**								
1960	5	3.73								
1961	5	1.68								
1962	5	1.29								
1963	5	3.35								
1964	5	5.55								
1965	5	7.91								
1966	5	6.13								
1967	5	7.18								
1968	5	10.29								
1969	5	5.70								
10 年小计		**51.82**								
占小计%		**100.00**								
1970	5	8.42								
1971	5	8.43								
1972	5	4.94								
1973	5	6.18								
1974	5	7.99								
1975	5	8.31								
1976	5	2.40								
1977	5	1.70								
1978	5	2.57								
1979	5	0.88								
10 年小计		**162.90**								**31.81**
占小计%		**100.00**								**19.53**
1980	5	1.62								
1981	5	2.60								
1982	5	7.22								
1983	5	20.37								
1984	5	54.32							1	31.81
1985	5	21.61								
1986	5	16.42								
1987	5	16.13								
1988	5	11.32								
1989	5	11.29								
11 年小计		**147.96**								
占小计%		**100.00**								
1990	5	25.12								
1991	5	40.49								
1992	5	15.20								
1993	5	8.30								
1994	5	14.25								
1995	5	4.42								
1996	5	3.11								
1997	5	1.50								
1998	5	9.99								
1999	5	6.60								
2000	5	18.98								

合计									
20－30 万担		10－20 万担		5－10 万担		1－5 万担		1 万担以下	
县数（个）	数量（万担）	县数（个）	数量（万担）	县数（个）	数量（万担）	县数（个）	数量（万担）	县数（个）	数量（万担）
			80.63		**101.91**		**192.48**		**54.03**
							30.14		**15.23**
							66.43		**33.57**
								5	
								5	
						1	2.45	4	1.37
						2	5.21	3	1.87
						1	3.29	4	2.43
						1	1.68	4	2.65
						2	4.45	3	1.90
						2	3.68	3	1.78
						1	2.58	4	1.84
						2	3.40	3	0.57
						2	3.40	3	0.82
					5.51		**36.13**		**11.17**
					10.43		**68.42**		**21.15**
						2	2.68	3	1.05
								5	1.68
								5	1.29
						1	2.10	4	1.25
						2	4.14	3	1.41
						3	7.18	2	0.73
						3	5.59	2	0.54
						2	5.51	3	1.67
				1	5.51	2	3.67	2	1.11
						3	5.26	2	0.44
							39.00		**12.82**
							75.26		**24.74**
						3	7.77	2	0.65
						2	6.62	3	1.81
						1	2.97	4	1.97
						2	4.52	3	1.66
						3	6.74	2	1.25
						3	7.27	2	1.04
						1	1.43	4	0.97
								5	1.70
						1	1.68	4	0.89
								5	0.88
			43.38		**55.65**		**24.75**		**7.31**
			26.63		**34.16**		**15.19**		**4.49**
						1	1.26	4	0.36
						1	1.95	4	0.65
				1	5.33	1	1.44	3	0.45
		1	15.57			2	4.52	2	0.28
		1	13.74	1	6.66	1	1.30	1	0.81
		1	14.07			2	6.73	2	0.81
				2	15.20	1	1.05	2	0.17
				2	14.79			3	1.34
				1	8.13	1	2.32	3	0.87
				1	5.54	1	4.18	3	1.57
			37.25		**40.75**		**62.46**		**7.50**
			25.18		**27.54**		**42.21**		**5.07**
		1	10.03	1	9.31	2	5.53	1	0.25
		2	27.22	1	8.15	2	5.12		
						4	14.31	1	0.89
						2	6.93	3	1.37
				1	7.88	3	6.21	1	0.16
						1	3.12	4	1.30
						1	2.22	4	0.89
								5	1.50
				1	5.45	3	4.54	1	
						2	5.46	3	1.14
				1	9.96	3	9.02	1	

年度	面积									
	合计		60万亩以上		50－60万亩		40－50万亩		30－40万亩	
	县数（个）	数量（万亩）	县数（个）	数量（万亩）	县数（个）	数量（万亩）	县数（个）	数量（万亩）	县数（个）	数量（万亩）
52年合计		**991.71**								
11年小计		**382.35**								
占小计%		**100.00**								
1949	6	10.75								
1950	6	27.26								
1951	6	31.08								
1952	6	36.83								
1953	6	30.60								
1954	6	47.87								
1955	6	47.42								
1956	6	47.16								
1957	6	38.63								
1958	6	36.73								
1959	6	28.01								
10年小计		**275.22**								
占小计%		**100.00**								
1960	6	25.21								
1961	6	25.11								
1962	6	24.20								
1963	6	26.74								
1964	6	22.32								
1965	6	30.32								
1966	6	31.65								
1967	6	30.19								
1968	6	29.02								
1969	6	30.46								
10年小计		**238.09**								
占小计%		**100.00**								
1970	6	29.08								
1971	6	27.39								
1972	6	27.11								
1973	6	27.32								
1974	6	27.11								
1975	6	28.46								
1976	6	28.19								
1977	6	19.71								
1978	6	20.05								
1979	6	3.67								
10年小计		**49.41**								
占小计%		**100.00**								
1980	6	3.31								
1981	6	3.16								
1982	6	3.10								
1983	6	5.03								
1984	6	9.50								
1985	6	7.58								
1986	6	4.29								
1987	6	4.32								
1988	6	5.03								
1989	6	4.09								
11年小计		**49.67**								
占小计%		**100.00**								
1990	6	5.29								
1991	6	5.07								
1992	6	6.09								
1993	6	6.12								
1994	6	6.10								
1995	6	5.34								
1996	6	4.11								
1997	6	3.18								
1998	6	3.03								
1999	6	2.74								
2000	6	2.60								

面积、产量、收购量分类

合计									
20－30万亩		10－20万亩		5－10万亩		1－5万亩		1万亩以下	
县数（个）	数量（万亩）	县数（个）	数量（万亩）	县数（个）	数量（万亩）	县数（个）	数量（万亩）	县数（个）	数量（万亩）
			170.04		**439.32**		**355.67**		**29.70**
			170.04		**132.45**		**79.85**		
			44.47		**34.64**		**20.88**		
				1	6.80	1	3.95	4	
				3	20.36	3	6.90		
				3	24.08	3	7.00		
		2	23.03	1	6.30	3	7.50		
				3	23.00	3	7.60		
		2	33.67	1	6.50	3	7.70		
		2	33.22	1	6.50	3	7.70		
		2	33.26	1	6.30	3	7.60		
		2	24.43	1	6.30	3	7.90		
		2	22.43	1	6.30	3	8.00		
				3	20.01	3	8.00		
					176.50		**98.00**		**0.72**
					64.13		**35.61**		**0.26**
				2	12.21	4	13.00		
				2	12.91	4	12.20		
				2	11.80	4	12.40		
				3	18.24	3	8.50		
				2	13.00	3	8.60	1	0.72
				3	21.72	3	8.60		
				3	23.05	3	8.60		
				3	21.49	3	8.70		
				3	20.32	3	8.70		
				3	21.76	3	8.70		
					130.37		**104.05**		**3.67**
					54.76		**43.70**		**1.54**
				3	20.28	3	8.80		
				3	18.59	3	8.80		
				3	18.61	3	8.50		
				3	18.52	3	8.80		
				3	18.21	3	8.90		
				3	18.16	3	10.30		
				2	12.99	4	15.20		
				1	5.01	5	14.70		
						6	20.05		
								6	3.67
							35.10		**14.31**
							71.04		**28.96**
								6	3.31
						1	1.06	5	2.10
						1	1.20	5	1.90
						2	3.53	4	1.50
						2	7.90	4	1.60
						2	6.38	4	1.20
						2	3.49	4	0.80
						2	3.72	4	0.60
						2	4.43	4	0.60
						2	3.39	4	0.70
							38.67		**11.00**
							77.85		**22.15**
						2	4.29	4	1.00
						2	4.07	4	1.00
						2	4.89	4	1.20
						2	4.92	4	1.20
						2	5.00	4	1.10
						2	4.44	4	0.90
						1	2.61	5	1.50
						1	2.28	5	0.90
						1	2.33	5	0.70
						1	1.94	5	0.80
						1	1.90	5	0.70

年度	产量									
	合计		60万担以上		50－60万担		40－50万担		30－40万担	
	县数（个）	数量（万担）	县数（个）	数量（万担）	县数（个）	数量（万担）	县数（个）	数量（万担）	县数（个）	数量（万担）
52年合计		**456.53**								
11年小计		**102.80**								
占小计%		**100.00**								
1949	6	1.76								
1950	6	7.46								
1951	6	8.58								
1952	6	11.25								
1953	6	9.92								
1954	6	8.43								
1955	6	13.50								
1956	6	10.49								
1957	6	12.13								
1958	6	11.09								
1959	6	8.19								
10年小计		**135.57**								
占小计%		**100.00**								
1960	6	9.02								
1961	6	9.68								
1962	6	9.94								
1963	6	13.57								
1964	6	14.83								
1965	6	17.10								
1966	6	14.94								
1967	6	14.88								
1968	6	17.67								
1969	6	13.94								
10年小计		**129.90**								
占小计%		**100.00**								
1970	6	19.93								
1971	6	17.82								
1972	6	15.99								
1973	6	17.89								
1974	6	16.97								
1975	6	16.62								
1976	6	6.80								
1977	6	10.20								
1978	6	6.44								
1979	6	1.24								
10年小计		**36.01**								
占小计%		**100.00**								
1980	6	1.21								
1981	6	1.01								
1982	6	1.55								
1983	6	2.88								
1984	6	8.41								
1985	6	6.04								
1986	6	3.02								
1987	6	3.85								
1988	6	4.16								
1989	6	3.88								
11年小计		**52.25**								
占小计%		**100.00**								
1990	6	5.67								
1991	6	4.83								
1992	6	7.38								
1993	6	7.11								
1994	6	5.92								
1995	6	4.53								
1996	6	3.51								
1997	6	3.90								
1998	6	3.08								
1999	6	3.27								
2000	6	3.05								

合计									
20－30万担		10－20万担		5－10万担		1－5万担		1万担以下	
县数（个）	数量（万担）	县数（个）	数量（万担）	县数（个）	数量（万担）	县数（个）	数量（万担）	县数（个）	数量（万担）
					55.13		**363.38**		**38.02**
					6.51		**81.49**		**14.80**
					6.33		**79.27**		**14.40**
						1	1.08	5	0.68
						2	4.78	4	2.68
						3	6.72	3	1.86
						4	10.29	2	0.96
						4	8.97	2	0.95
						3	6.52	3	1.91
				1	6.51	3	5.84	2	1.15
						4	9.22	2	1.27
						4	10.58	2	1.55
						5	10.42	1	0.67
						4	7.07	2	1.12
					10.51		**121.50**		**3.56**
					7.75		89.62		2.63
						4	7.86	2	1.16
						4	8.51	2	1.17
						4	8.71	2	1.23
						6	13.57		
						6	14.83		
				1	5.26	5	11.84		
						6	14.94		
						6	14.88		
				1	5.25	5	12.42		
						6	13.94		
					22.33		**102.09**		**5.48**
					17.19		**78.59**		**4.22**
				2	11.13	4	8.80		
						6	17.82		
						6	15.99		
						6	17.89		
				1	5.80	5	11.17		
				1	5.40	5	11.22		
						3	5.23	3	1.57
						4	9.08	2	1.12
						3	4.89	3	1.55
								6	1.24
					5.54		**22.48**		**7.99**
					15.38		**62.43**		**22.19**
								6	1.21
								6	1.01
								6	1.55
						1	1.67	5	1.21
				1	5.54	1	2.33	4	0.54
						2	5.66	4	0.38
						1	1.81	5	1.21
						2	3.59	4	0.26
						2	3.91	4	0.25
						2	3.51	4	0.37
					10.24		**35.82**		**6.19**
					19.60		**68.55**		**11.85**
						2	5.12	4	0.55
						2	4.28	4	0.55
				1	5.12	1	1.62	4	0.64
				1	5.12	1	1.31	4	0.68
						2	5.38	4	0.54
						2	4.00	4	0.53
						1	2.63	5	0.88
						1	3.32	5	0.58
						1	2.65	5	0.43
						1	2.86	5	0.41
						1	2.65	5	0.40

年度	收购量									
	合计		60万担以上		50－60万担		40－50万担		30－40万担	
	县数（个）	数量（万担）	县数（个）	数量（万担）	县数（个）	数量（万担）	县数（个）	数量（万担）	县数（个）	数量（万担）
52年合计		**379.05**								
11年小计		**86.61**								
占小计%		**100.00**								
1949	6	1.50								
1950	6	6.31								
1951	6	7.50								
1952	6	10.00								
1953	6	8.40								
1954	6	6.70								
1955	6	10.70								
1956	6	8.10								
1957	6	10.00								
1958	6	9.90								
1959	6	7.50								
10年小计		**117.00**								
占小计%		**100.00**								
1960	6	8.10								
1961	6	8.20								
1962	6	8.30								
1963	6	11.70								
1964	6	12.70								
1965	6	14.60								
1966	6	13.20								
1967	6	13.20								
1968	6	14.80								
1969	6	12.20								
10年小计		**106.70**								
占小计%		**100.00**								
1970	6	16.20								
1971	6	15.00								
1972	6	12.70								
1973	6	14.70								
1974	6	14.20								
1975	6	14.80								
1976	6	5.31								
1977	6	8.14								
1978	6	5.00								
1979	6	0.65								
10年小计		**28.03**								
占小计%		**100.00**								
1980	6	0.60								
1981	6	0.44								
1982	6	0.78								
1983	6	1.81								
1984	6	7.10								
1985	6	5.30								
1986	6	2.30								
1987	6	3.10								
1988	6	3.40								
1989	6	3.20								
11年小计		**40.71**								
占小计%		**100.00**								
1990	6	5.30								
1991	6	3.51								
1992	6	6.10								
1993	6	5.90								
1994	6	4.30								
1995	6	3.20								
1996	6	2.60								
1997	6	2.20								
1998	6	2.40								
1999	6	2.50								
2000	6	2.70								

合计									
20－30 万担		10－20 万担		5－10 万担		1－5 万担		1 万担以下	
县数（个）	数量（万担）	县数（个）	数量（万担）	县数（个）	数量（万担）	县数（个）	数量（万担）	县数（个）	数量（万担）
					30.30		**317.47**		**31.28**
					5.10		**68.30**		**13.21**
					5.89		**78.86**		**15.25**
						1	1.00	5	0.50
						2	4.20	4	2.11
						3	5.90	3	1.60
						3	8.20	3	1.80
						4	7.60	2	0.80
						3	5.20	3	1.50
				1	5.10	3	4.80	2	0.80
						4	7.20	2	0.90
						4	9.10	2	0.90
						4	8.50	2	1.40
						4	6.60	2	0.90
							111.40		**5.60**
							95.21		**4.79**
						4	7.10	2	1.00
						4	7.20	2	1.00
						4	7.20	2	1.10
						5	10.80	1	0.90
						6	12.70		
						6	14.60		
						6	13.20		
						5	12.40	1	0.80
						6	14.80		
						5	11.40	1	0.80
					20.20		**81.75**		**4.75**
					18.93		**76.62**		**4.45**
				2	10.00	4	6.20		
						6	15.00		
						6	12.70		
						6	14.70		
				1	5.20	5	9.00		
				1	5.00	5	9.80		
						3	4.21	3	1.10
						3	7.04	3	1.10
						2	3.10	4	1.90
								6	0.65
					5.00		**19.01**		**4.02**
					17.84		**67.82**		**14.34**
								6	0.60
								6	0.44
								6	0.78
						1	1.11	5	0.70
				1	5.00	1	2.00	4	0.10
						2	5.20	4	0.10
						1	1.40	5	0.90
						2	3.00	4	0.10
						2	3.30	4	0.10
						2	3.00	4	0.20
							37.01		**3.70**
							90.91		**9.09**
						2	5.00	4	0.30
						2	3.21	4	0.30
						2	5.70	4	0.40
						2	5.60	4	0.30
						2	4.00	4	0.30
						2	3.00	4	0.20
						1	2.00	5	0.60
						1	1.80	5	0.40
						1	2.10	5	0.30
						1	2.20	5	0.30
						1	2.40	5	0.30

年　度	面积									
	合　计		60万亩以上		50－60万亩		40－50万亩		30－40万亩	
	县数（个）	数量（万亩）	县数（个）	数量（万亩）	县数（个）	数量（万亩）	县数（个）	数量（万亩）	县数（个）	数量（万亩）
31年合计		**433.38**								
11年小计		**128.49**								
占合计%		**100.00**								
1949	6									
1950	6									
1951	6									
1952	6	8.63								
1953	6	8.35								
1954	6	7.43								
1955	6	11.94								
1956	6	15.95								
1957	6	14.94								
1958	6	21.26								
1959	6	39.99								
10年小计		**175.00**								
占合计%		**100.00**								
1960	6	35.40								
1961	6	18.61								
1962	6	16.16								
1963	6	15.96								
1964	6	14.65								
1965	6	14.44								
1966	6	14.94								
1967	6	15.15								
1968	6	14.11								
1969	6	15.58								
10年小计		**129.89**								
占合计%		**100.00**								
1970	6	19.13								
1971	6	22.14								
1972	6	20.9								
1973	6	16.99								
1974	6	16.66								
1975	6	9.51								
1976	6	8.26								
1977	6	6.02								
1978	6	5.46								
1979	6	4.82								

面积、产量、收购量分类

合计									
20－30 万亩		10－20 万亩		5－10 万亩		1－5 万亩		1 万亩以下	
县数（个）	数量（万亩）	县数（个）	数量（万亩）	县数（个）	数量（万亩）	县数（个）	数量（万亩）	县数（个）	数量（万亩）
			23.35		**140.87**		**251.71**		**17.45**
			11.68		**47.04**		**64.35**		**5.42**
			9.09		36.61		50.08		4.22
								6	
								6	
								6	
						3	6.95	3	1.68
						4	7.44	2	0.91
						3	5.99	3	1.44
				1	6	4	5.72	1	0.22
				1	6.08	4	9.56	1	0.31
				1	6.04	4	8.65	1	0.25
				1	7.33	4	13.32	1	0.61
		1	11.68		21.59	2	6.72		
			11.67		**60.76**		**99.67**		**2.90**
			6.67		**34.72**		**56.95**		**1.66**
		1	11.67	3	17.12	2	6.61		
				1	5.34	4	13.26	1	0.01
				1	5.65	4	10.29	1	0.22
				1	5.66	4	9.98	1	0.32
						5	14.28	1	0.37
				1	5.08	4	9.1	1	0.26
				1	5.5	4	8.98	1	0.46
				1	5.49	4	9.12	1	0.54
				1	5.07	4	8.81	1	0.23
					5.85	4	9.24	1	0.49
					33.07		**87.69**		**9.13**
					25.46		**67.51**		**7.03**
				1	7.05	5	12.08		
				1	7.12	5	15.02		
				1	6.91	5	13.99		
				1	5.89	5	11.1		
				1	6.10	5	10.56		
						3	7.51	3	2
						3	6.79	3	1.47
						3	4.67	3	1.35
						2	3.35	4	2.11
						1	2.62	5	2.20

年度	产量									
	合计		60万担以上		50-60万担		40-50万担		30-40万担	
	县数（个）	数量（万担）	县数（个）	数量（万担）	县数（个）	数量（万担）	县数（个）	数量（万担）	县数（个）	数量（万担）
31年合计		**162.05**								
11年小计		**40.08**								
占合计%		**100.00**								
1949	6									
1950	6									
1951	6									
1952	6	1.93								
1953	6	1.76								
1954	6	1.88								
1955	6	2.77								
1956	6	6.09								
1957	6	3.43								
1958	6	9.54								
1959	6	12.68								
10年小计		**77.28**								
占合计%		**100.00**								
1960	6	8.91								
1961	6	4.34								
1962	6	6.16								
1963	6	7.25								
1964	6	9.83								
1965	6	8.97								
1966	6	8.55								
1967	6	8.66								
1968	6	6.41								
1969	6	8.2								
10年小计		**44.69**								
占合计%		**100.00**								
1970	6	9.34								
1971	6	7.03								
1972	6	5.12								
1973	6	5.01								
1974	6	4.35								
1975	6	3.14								
1976	6	2.89								
1977	6	2.17								
1978	6	2.9								
1979	6	2.74								

合计									
20－30万担		10－20万担		5－10万担		1－5万担		1万担以下	
县数（个）	数量（万担）	县数（个）	数量（万担）	县数（个）	数量（万担）	县数（个）	数量（万担）	县数（个）	数量（万担）
					12.40		**97.67**		**51.98**
					12.40		**15.40**		**12.28**
					30.94		38.42		30.64
								6	
								6	
								6	1.93
								6	1.76
						1	1.00	5	0.88
						1	1.60	5	1.17
						2	4.63	4	1.46
						1	1.84	5	1.59
				1	6.03	1	1.31	4	2.2
				1	6.37	2	5.02	3	1.29
							59.98		**17.30**
							77.61		22.39
						3	6.60	3	2.31
						1	1.80	5	2.54
						2	4.42	4	1.74
						2	4.50	4	2.75
						5	9.66	1	0.17
						5	8.86	1	0.11
						4	7.53	2	1.02
						4	7.71	2	0.95
						1	3.33	5	3.08
						2	5.57	4	2.63
							22.29		**22.40**
							49.88		50.12
						3	7.05	3	2.29
						2	4.28	4	2.75
						1	2.34	5	2.78
						1	2.08	5	2.93
						1	1.19	5	3.16
						1	1.35	5	1.79
						1	1.36	5	1.53
								6	2.17
						1	1.20	5	1.70
							1.44	5	1.30

年　度	收购量									
	合　计		60万担以上		50－60万担		40－50万担		30－40万担	
	县数（个）	数量（万担）	县数（个）	数量（万担）	县数（个）	数量（万担）	县数（个）	数量（万担）	县数（个）	数量（万担）
31年合计		**151.77**								
11年小计		**35.11**								
占合计%		**100.00**								
1949	6									
1950	6									
1951	6									
1952	6	0.68								
1953	6	0.92								
1954	6	1.84								
1955	6	2.41								
1956	6	3.55								
1957	6	4.49								
1958	6	6.21								
1959	6	15.01								
10年小计		**74.81**								
占合计%		**100.00**								
1960	6	8.6								
1961	6	4.38								
1962	6	5.84								
1963	6	6.96								
1964	6	9.73								
1965	6	8.75								
1966	6	8.53								
1967	6	8.6								
1968	6	6.23								
1969	6	7.19								
10年小计		**41.85**								
占合计%		**100.00**								
1970	6	8.23								
1971	6	6.89								
1972	6	4.74								
1973	6	4.58								
1974	6	4.14								
1975	6	2.98								
1976	6	2.86								
1977	6	1.92								
1978	6	2.82								
1979	6	2.69								

合计									
20－30 万担		10－20 万担		5－10 万担		1－5 万担		1 万担以下	
县数（个）	数量（万担）	县数（个）	数量（万担）	县数（个）	数量（万担）	县数（个）	数量（万担）	县数（个）	数量（万担）
					7.28		**100.02**		**44.47**
					7.28		**19.38**		**8.45**
					20.73		55.20		24.07
								6	
								6	
								6	
								6	0.68
								6	0.92
						1	1.07	5	0.77
						1	1.41	5	1
						1	2.32	5	1.23
						1	3.03	5	1.46
						2	4.7	4	1.51
				1	7.28	4	6.85	1	0.88
							60.36		**14.45**
							80.68		19.32
						2	5.99	4	2.61
						1	1.87	5	2.51
						2	4.35	4	1.49
						2	4.44	4	2.52
						5	9.73	1	
						5	8.75	1	
						4	7.55	2	0.98
						5	8.6	1	
						2	4.24	4	1.99
						4	4.84	4	2.35
							20.28		**21.57**
							48.46		51.54
						2	5.6	4	2.63
						2	4.09	4	2.8
						1	2.16	5	2.58
						1	2	5	2.58
						1	1.18	5	2.96
						1	1.26	5	1.72
						1	1.4	5	1.46
								6	1.92
						1	1.17	5	1.65
							1.42	44	1.27

6－3　全国产棉县52年棉花收购总量位次

县市名	收购量(万担)	棉田面积(万亩)	位　次
全国合计	**229843.65**	**365016.90**	
3000万担以上(1个)	**3323.35**	**3419.26**	
占合计%	**1.45**	**0.94**	
湖北省天门市	3323.35	3419.26	1
2501—3000万担(2个)	**5255.96**	**6126.89**	
占合计%	**2.29**	**1.68**	
江苏省如东县	2714.15	2913.51	2
江苏省大丰市	2541.81	3213.38	3
2001—2500万担(7个)	**16070.59**	**17539.56**	
占合计%	**6.99**	**4.81**	
江苏省射阳县	2493.75	3416.99	4
江苏省启东市	2449.39	2598.93	5
江苏省东台市	2390.63	2672.44	6
新疆兵团农八师	2255.25	2051.78	7
新疆兵团农一师	2251.25	1623.63	8
湖北省仙桃市	2174.61	2465.75	9
江苏省通州市	2055.71	2710.04	10
1501—2000万担(3个)	**5287.26**	**5192.52**	
占合计%	**2.30**	**1.42**	
湖北省公安县	1929.31	1900.01	11
新疆兵团农七师	1684.07	1407.18	12
浙江省慈溪县	1673.88	1885.33	13
1001—1500万担(29个)	**34737.95**	**45457.09**	
占合计%	**15.11**	**12.45**	
山东省临清县	1423.74	2105.79	14
新疆莎车县	1421.74	1340.55	15
河南省扶沟县	1390.08	1757.86	16
河南省南阳市宛城区	1352.17	1625.73	17
山东省夏津县	1345.71	1974.63	18
江苏省盐都县	1341.28	1343.03	19
湖北省武汉市新洲区	1320.85	1458.76	20
江苏省海门市	1290.00	1633.82	21
四川省简阳县	1284.94	2093.69	22
江苏省兴化市	1266.19	1301.16	23
湖北省汉川市	1260.28	1716.39	24
湖北省潜江市	1246.27	1465.67	25
湖北省枝江市	1213.22	1267.12	26
湖北省监利县	1204.16	1884.20	27
湖北省松滋市	1193.55	1371.50	28
河南省太康县	1183.18	2173.48	29
江苏省张家港市	1154.95	1251.83	30
山东省曹县	1142.95	2041.26	31
湖北省江陵县	1141.98	1281.72	32
山东省冠县	1137.37	1799.50	33
湖北省钟祥市	1103.08	1146.30	34
山东省高密县	1090.88	1620.51	35
山东省高唐县	1067.77	1782.46	36

6－3 续表 1

县市名	收购量(万担)	棉田面积(万亩)	位次
山东省陵县	1065.21	1478.82	37
湖北省襄阳县	1052.65	2139.16	38
江苏省如皋县	1026.71	1409.18	39
江苏省常熟市	1010.64	981.15	40
湖南省澧县	1003.57	1154.66	41
新疆巴楚县	1002.83	857.15	42
801—1000 万担(27 个)	**24101.07**	**35524.13**	
占合计%	**10.49**	**9.73**	
四川省仁寿县	994.40	1724.78	43
湖南省华容县	965.72	860.17	44
山东省聊城市东昌府区	959.92	1508.00	45
河北省辛集市	958.31	1633.26	46
新疆兵团农三师	957.20	701.96	47
江苏省海安县	946.30	1066.88	48
湖北省随州市	926.32	1194.21	49
山东省平度县	920.79	1427.04	50
山东省巨野县	918.66	1434.04	51
河北省威县	910.40	1913.27	52
山东省莘县	902.39	1373.33	53
新疆麦盖提县	899.29	725.07	54
山东省邹平县	894.74	1506.29	55
湖北省枣阳市	893.16	2246.82	56
湖北省洪湖市	878.47	1015.94	57
河北省南宫市	872.94	1701.39	58
河南省安阳县	871.47	1991.76	59
江西省彭泽县	862.00	683.62	60
山东省阳谷县	859.72	1118.30	61
山东省惠民县	857.74	1493.21	62
山东省平原县	852.32	1197.14	63
山东省茌平县	851.42	1344.75	64
上海市奉贤县	850.88	934.59	65
山东省武城县	830.59	1162.58	66
新疆阿瓦提县	826.87	564.69	67
山东省商河县	822.98	1500.21	68
陕西省大荔县	816.07	1500.83	69
501—800 万担(77 个)	**48714.09**	**70333.02**	
占合计%	**21.19**	**19.27**	
新疆兵团农二师	782.71	705.48	70
上海市南汇县	775.32	966.25	71
江苏省太仓市	774.03	954.97	72
新疆库车县	773.06	778.52	73
安徽省无为县	766.68	835.77	74
河南省新野县	766.01	1093.90	75
山东省汶上县	765.71	819.02	76
新疆兵团农六师	765.34	592.13	77
河南省柘城县	762.10	813.87	78
新疆莎雅县	756.58	572.49	79
山东省单县	754.44	1380.19	80

6-3续表2

县市名	收购量(万担)	棉田面积(万亩)	位次
安徽省望江县	753.38	745.29	81
江苏省铜山县	751.47	845.92	82
河北省吴桥县	747.46	1258.00	83
湖北省黄梅县	747.33	870.23	84
河北省成安县	743.91	1309.55	85
山东省郓城县	742.10	1367.67	86
山西省临猗县	725.29	1391.36	87
湖北省石首市	722.56	874.42	88
山东省滨州县	715.99	1367.69	89
河南省新乡县	712.51	750.25	90
江苏省灌云县	706.18	725.48	91
湖南省安乡县	693.68	672.24	92
河南省商丘县	687.74	1270.01	93
山东省宁津县	680.78	1130.60	94
山东省齐河县	665.63	985.09	95
安徽省萧县	663.23	1327.45	96
山东省昌邑县	654.57	798.77	97
山东省临邑县	650.48	1231.89	98
河北省晋州市	648.95	966.88	99
河南省邓州市	648.61	1276.99	100
山东省成武县	637.92	905.83	101
河北省冀州市	628.38	1356.25	102
新疆阿克苏市	627.57	471.20	103
新疆沙湾县	619.52	461.75	104
陕西省渭南市临渭区	619.06	1394.20	105
河南省唐河县	614.00	1353.68	106
安徽省宿松县	612.35	656.81	107
河北省永年县	609.98	1285.65	108
江苏省丰县	607.49	927.82	109
新疆乌苏市	603.39	380.38	110
陕西省泾阳县	602.77	1198.11	111
山东省金乡县	601.63	710.47	112
新疆兵团农五师	598.33	409.36	113
河南省杞县	595.74	1231.83	114
河北省藁城市	591.91	1082.53	115
山东省乐陵县	587.16	997.46	116
江苏省滨海县	586.56	873.86	117
山东省高青县	585.15	1059.93	118
湖北省鄂州市	583.63	813.35	119
新疆玛纳斯市	581.75	330.97	120
河南省西华县	581.36	1072.00	121
湖北省麻城市	577.90	733.83	122
山西省永济市	577.82	936.07	123
山东省菏泽县	565.77	1030.64	124
山东省禹城县	563.76	857.35	125
四川省南部县	562.81	859.41	126
新疆疏勒县	557.05	560.37	127
山东省博兴县	555.11	1017.81	128

6－3 续表 3

县市名	收购量(万担)	棉田面积(万亩)	位　次
上海市崇明县	551.82	820.45	129
山西省运城市	549.65	1091.74	130
新疆伽师县	549.32	549.59	131
四川省射洪县	541.93	767.58	132
新疆叶城县	541.61	652.24	133
河南省鄢陵县	540.18	818.45	134
新疆石河子市	540.04	565.22	135
江苏省泗阳县	532.97	816.36	136
山东省定陶县	530.69	852.09	137
山东省诸城县	528.93	1075.82	138
河北省东光县	528.58	1161.20	139
河南省尉氏县	528.19	953.09	140
山东省东阿县	527.49	754.84	141
湖南省南县	524.88	524.09	142
山东省济阳县	520.25	929.88	143
河北省邱县	516.43	920.15	144
山东省广饶县	511.74	927.83	145
新疆泽普县	509.69	505.10	146
401—500 万担(46 个)	**20615.39**	**33975.98**	
占合计%	**8.97**	**9.31**	
河南省滑县	497.76	1104.65	147
江苏省睢宁县	497.00	822.18	148
河南省鹿邑县	496.74	865.35	149
河南省灵宝县	495.20	1256.33	150
河南省虞城县	492.00	1032.19	151
陕西省西安市临潼区	487.54	1075.16	152
江苏省建湖县	486.11	528.30	153
河北省肥乡县	480.04	917.54	154
湖北省京山县	477.28	470.25	155
山东省嘉祥县	474.70	695.60	156
安徽省砀山县	474.08	868.62	157
河南省淮阳县	473.72	994.05	158
安徽省东至县	472.95	529.81	159
河南省民权县	472.79	836.79	160
河北省武安市	470.54	1335.93	161
浙江省萧山市	464.93	588.42	162
河北省临漳县	463.51	895.04	163
河北省宁晋县	460.23	1050.39	164
河北省赵县	457.73	974.25	165
湖北省荆门市荆门辖区	457.43	595.37	166
浙江省余姚县	456.34	570.41	167
湖南省常德市鼎城区	455.23	646.62	168
江苏省阜宁县	453.27	677.66	169
江苏省靖江市	450.63	556.84	170
河南省汤阴县	449.12	953.20	171
江苏省邳州市	442.06	577.58	172
湖北省武汉市蔡甸区	440.68	494.89	173
四川省乐至县	438.45	671.81	174

县 市 名	收购量(万担)	棉田面积(万亩)	位 次
四川省中江县	437.24	778.03	175
山西省襄汾县	437.01	915.16	176
湖北省宜城市	425.78	603.72	177
湖北省云梦县	422.51	467.71	178
河南省浚县	422.15	520.78	179
浙江省上虞县	421.79	456.32	180
河北省馆陶县	416.72	678.44	181
河南省睢县	416.63	776.03	182
河北省故城县	412.64	833.36	183
湖北省当阳市	412.52	669.95	184
湖北省黄冈市黄州区	409.97	408.09	185
河北省临西县	409.89	750.80	186
上海市川沙县	408.69	484.73	187
江苏省沛县	407.79	547.69	188
山东省沾化县	405.47	933.74	189
山东省阳信县	404.87	716.13	190
江西省新余市渝水区	403.21	476.63	191
江苏省高邮市	402.44	373.45	192
301—400 万担(54 个)	**18644.38**	**31140.70**	
占合计%	**8.11**	**8.53**	
新疆疏附县	396.38	455.13	193
安徽省宿州市埇桥区	393.17	668.01	194
河南省内黄县	391.28	684.73	195
江苏省响水县	389.98	450.11	196
河南省永城县	388.34	914.50	197
新疆岳普湖县	381.53	331.03	198
河北省枣强县	378.16	878.80	199
山东省寿光县	378.12	608.78	200
湖北省武穴市	375.81	420.70	201
新疆库尔勒市	372.77	290.45	202
四川省遂宁市遂宁中区	371.45	745.61	203
河北省正定市	367.88	552.20	204
上海市嘉定区	367.55	605.23	205
河南省通许县	367.09	724.62	206
河北省磁县	366.05	792.61	207
江西省九江县	365.41	471.59	208
新疆温宿县	362.61	316.14	209
河南省获嘉县	362.49	596.13	210
新疆精河县	361.12	203.74	211
山西省万荣县	359.43	898.96	212
新疆新和县	358.11	370.80	213
辽宁省朝阳县	357.17	887.30	214
河南省兰考县	353.89	623.25	215
上海市上海县	353.80	558.52	216
四川省三台县	353.17	541.02	217
河北省深州市	350.38	949.01	218
山东省梁山县	349.12	594.46	219
新疆吐鲁番市	347.84	339.51	220

6-3续表5

县市名	收购量(万担)	棉田面积(万亩)	位　次
河南省郸城县	346.35	869.61	221
新疆尉犁县	342.16	193.05	222
四川省蓬溪县	340.60	776.00	223
湖南省桃源县	339.54	588.15	224
上海市宝山区	339.37	586.77	225
甘肃省敦煌市	332.35	330.15	226
湖南省临澧县	332.06	382.01	227
新疆博乐市	330.29	188.51	228
辽宁省黑山县	327.98	896.25	229
河北省曲周县	320.77	731.71	230
山西省曲沃县	320.18	634.11	231
河南省清丰县	320.08	718.86	232
安徽省巢湖市	319.43	517.26	233
湖北省孝感市孝南区	319.38	548.46	234
山西省新降县	315.65	554.40	235
陕西省三原县	313.69	712.95	236
河北省景县	310.74	813.33	237
新疆墨玉县	309.78	335.37	238
安徽省和县	308.87	472.27	239
河北省定兴县	307.08	616.52	240
河北省隆尧县	305.92	706.16	241
山东省东明县	305.64	675.38	242
河南省夏邑县	305.24	736.91	243
江西省都昌县	304.87	453.25	244
浙江省平湖县	304.56	333.61	245
新疆鄯善县	301.71	296.72	246
201—300万担(87个)	**21044.74**	**42007.61**	
占合计%	**9.16**	**11.51**	
河北省丰南县	298.42	602.99	247
安徽省蒙城县	298.03	807.18	248
四川省金堂县	297.87	724.98	249
湖北省浠水县	294.32	453.41	250
安徽省泗县	293.29	491.83	251
河北省蠡县	292.24	673.07	252
安徽省灵璧县	290.61	598.30	253
山西省稷山县	288.00	558.97	254
山西省芮城县	286.27	729.16	255
山西省夏县	282.98	473.15	256
江苏省沭阳县	281.21	450.35	257
陕西省蒲城县	280.47	859.17	258
湖南省汉寿县	279.26	409.67	259
河北省无极县	278.38	540.56	260
江苏省宝应县	276.10	286.65	261
安徽省枞阳县	275.69	348.41	262
山东省章丘县	274.02	593.70	263
河南省偃师市	273.88	577.64	264
安徽省濉溪县	271.42	767.09	265
河南省社旗县	271.41	537.48	266

6-3续表6

县市名	收购量(万担)	棉田面积(万亩)	位　次
河北省栾城市	271.32	563.49	267
湖北省武汉市黄陂区	268.00	365.49	268
河北省定州市	267.16	795.34	269
江苏省泰县	266.86	312.92	270
湖南省慈利县	264.33	395.77	271
陕西省合阳县	264.22	834.95	272
河北省河间市	263.68	783.14	273
山东省安丘县	262.30	357.09	274
河南省新蔡县	260.93	766.88	275
新疆奎屯市	257.38	111.11	276
上海市松江县	256.31	244.09	277
河北省魏县	252.65	586.64	278
新疆托克逊县	250.57	180.81	279
江西省瑞昌县	250.26	344.02	280
河北省邯郸县	249.81	648.91	281
河北省南皮县	249.71	674.09	282
新疆英吉沙县	249.11	279.15	283
江苏省灌南县	247.59	326.08	284
陕西省富平县	246.24	721.91	285
山东省利津县	245.06	647.48	286
浙江省海盐县	244.82	230.82	287
安徽省长丰县	242.58	577.86	288
河北省肃宁县	241.71	484.86	289
安徽省临泉县	241.27	615.63	290
四川省西充县	240.55	428.98	291
湖南省石门县	240.18	293.10	292
山西省洪洞县	240.15	763.68	293
河北省清河县	239.23	548.57	294
四川省巴中县	238.10	559.10	295
河北省鸡泽县	234.78	484.95	296
河北省安次县	233.82	512.38	297
上海市金山区	232.46	215.81	298
江西省湖口县	232.34	384.28	299
新疆洛甫县	230.21	275.34	300
湖南省沅江县	230.10	267.96	301
山东省鄄城县	229.87	527.15	302
安徽省寿县	227.47	638.34	303
河南省濮阳县	227.41	705.95	304
河北省邢台县	226.78	530.63	305
河北省博野县	226.48	464.30	306
河南省上蔡县	223.03	606.08	307
浙江省宁海县	222.61	237.97	308
江西省高安县	220.55	453.55	309
湖北省应城市	219.90	276.12	310
四川省仪陇县	219.06	439.53	311
河南省延津县	218.29	497.90	312
河南省方城县	217.45	587.00	313
山东省无棣县	215.73	376.95	314

6－3续表7

县市名	收购量(万担)	棉田面积(万亩)	位　次
河北省阜城县	213.25	621.00	315
陕西省韩城县	213.20	484.01	316
安徽省当涂县	212.95	297.12	317
新疆呼图壁县	211.45	123.51	318
江西省波阳县	211.22	456.98	319
河北省大名县	210.55	516.98	320
浙江省镇海县	209.91	238.39	321
河北省柏乡县	209.79	402.83	322
湖北省老河口市	209.79	419.15	323
江苏省涟水县	209.66	438.00	324
陕西省高陵县	209.27	391.78	325
天津市武清县	209.18	591.00	326
河南省南乐县	208.97	403.35	327
河北省元氏县	207.73	492.48	328
河南省封丘县	206.93	526.09	329
河北省乐亭县	204.89	388.68	330
湖南省钱粮湖农场	201.00	244.74	331
山西省临汾市	200.71	563.62	332
101—200万担(148个)	**21526.66**	**46284.25**	
占合计%	**9.37**	**12.68**	
河北省固安县	199.98	321.33	333
安徽省宣州市	199.68	348.43	334
陕西省咸阳市秦都区	199.66	599.71	335
山东省鱼台县	199.41	240.94	336
四川省安岳县	196.40	509.17	337
河南省息县	195.01	507.49	338
河南省辉县	194.79	439.17	339
河南省卫辉县	189.41	391.54	340
河北省鹿泉市	188.63	449.78	341
安徽省贵池市	188.54	270.82	342
山东省济宁市任城区	188.16	277.23	343
湖北省嘉鱼县	187.46	304.78	344
河北省巨鹿县	186.89	571.01	345
山西省河津市	185.65	386.49	346
江苏省宿豫市	185.41	365.37	347
四川省盐亭县	183.60	346.57	348
河北省广平县	182.64	385.93	349
河南省泌阳县	181.63	501.94	350
河南省陕县	181.53	392.04	351
河北省深泽县	180.66	307.71	352
河南省伊川县	180.65	569.88	353
安徽省霍邱县	179.17	597.25	354
安徽省涡阳县	178.72	635.00	355
河南省宁陵县	177.71	383.39	356
安徽省铜陵县	176.72	202.31	357
山西省闻喜县	174.80	511.57	358
江西省永修县	174.60	207.62	359
新疆于田县	173.41	217.87	360

6-3续表8

县市名	收购量(万担)	棉田面积(万亩)	位次
河南省商水县	173.20	570.06	361
河北省安平县	172.68	307.37	362
河南省博爱县	172.46	260.96	363
河南省沈丘县	171.32	459.49	364
河南省修武县	171.27	333.57	365
上海市农场	170.91	183.30	366
河南省孟州市	170.61	336.09	367
河北省新河县	170.28	423.57	368
河南省淇县	169.94	309.75	369
河北省安国县	169.66	466.60	370
河南省原阳县	166.58	369.78	371
陕西省周至县	166.41	415.33	372
四川省阆中县	165.65	312.10	373
湖北省南漳县	164.48	307.23	374
安徽省肥东县	163.48	519.23	375
新疆和田县	161.76	226.24	376
山西省文水县	161.27	451.03	377
河北省沙河县	160.66	431.66	378
湖北省武汉市汉南区	159.61	117.21	379
山东省昌乐县	158.46	293.11	380
山东省兖州市	158.26	269.21	381
河南省汝州市	157.19	587.31	382
河北省盐山县	157.17	410.40	383
河北省高邑县	156.99	317.59	384
湖北省广水市	156.96	234.40	385
陕西省兴平县	153.66	373.12	386
山东省德州市德州区	153.50	176.97	387
山东省潍坊市寒亭区	153.47	151.10	388
陕西省西安市市郊区	153.46	301.07	389
河北省武邑县	153.38	464.44	390
安徽省阜阳县	152.96	419.63	391
江苏省江都市	152.67	163.71	392
陕西省华县	152.37	362.27	393
安徽省怀宁县	151.77	187.60	394
上海市青浦县	149.92	166.76	395
河南省武陟县	149.10	312.29	396
河北省满城县	148.94	412.02	397
河北省行唐县	148.23	385.53	398
河北省内邱县	147.95	326.82	399
山西省翼城县	145.86	426.58	400
新疆轮台县	144.43	126.26	401
甘肃省金塔县	142.69	159.26	402
河北省饶阳县	142.19	319.16	403
安徽省繁昌县	141.74	145.16	404
北京市通州区	141.67	302.53	405
安徽省全椒县	141.27	222.34	406
河南省项城县	141.17	414.37	407
辽宁省北票县	141.05	366.01	408

6－3 续表 9

县市名	收购量(万担)	棉田面积(万亩)	位次
陕西省户县	140.25	302.27	409
江苏省句容市	140.13	230.13	410
安徽省肥西县	139.06	437.62	411
山东省临沂县	138.83	220.36	412
山西省汾阳市	137.73	408.77	413
江苏省丹阳市	137.72	270.36	414
河南省临颍县	137.47	237.46	415
河北省任邱市	136.12	408.33	416
山东省桓台县	135.31	145.56	417
浙江省金华县	134.87	140.64	418
河南省中牟县	134.27	182.14	419
河北省望都县	134.25	289.44	420
河北省霸州市	134.05	277.89	421
山东省垦利县	132.96	471.34	422
河北省任县	132.23	284.92	423
湖南省岳阳县	131.97	272.91	424
安徽省太和县	131.96	411.81	425
河南省开封县	131.67	459.29	426
安徽省太湖县	131.48	145.99	427
山东省东平县	131.13	318.73	428
河南省南阳市卧龙区	131.05	155.54	429
山东省肥城县	130.86	301.24	430
新疆皮山县	128.98	163.11	431
河北省衡水市桃城区	128.08	327.50	432
山东省东营市东营区	126.47	134.80	433
河南省宜阳县	124.96	422.92	434
天津市宁河县	124.35	159.86	435
山西省平遥县	123.99	341.51	436
山西省绛县	123.92	339.18	437
新疆兵团哈管局	123.86	80.60	438
山东省宁阳县	123.28	238.72	439
陕西省长安县	121.73	297.20	440
山东省苍山县	121.61	273.90	441
河北省永清县	121.07	241.30	442
湖南省衡阳县	119.89	168.39	443
安徽省亳州市	119.31	469.08	444
河北省临城县	119.29	283.78	445
新疆哈密市	119.08	68.11	446
江西省丰城县	118.31	326.56	447
湖北省谷城县	118.12	244.25	448
辽宁省辽阳县	117.78	299.65	449
四川省平昌县	116.60	317.62	450
河南省镇平县	116.38	335.46	451
陕西省乾县	116.14	417.81	452
江西省进贤县	115.78	306.64	453
江苏省泗洪县	115.49	247.65	454
安徽省利辛县	114.29	371.30	455
江西省德安县	114.20	93.30	456

6-3续表10

县市名	收购量(万担)	棉田面积(万亩)	位次
湖南省临湘市	113.83	184.41	457
湖北省安陆市	112.79	202.36	458
山东省郯城县	111.52	191.63	459
河南省林县	110.84	326.29	460
江西省乐平县	110.81	252.93	461
河南省沁阳市	109.82	193.12	462
河北省顺平县	109.42	292.74	463
安徽省天长市	109.00	235.38	464
江苏省六合县	108.90	145.11	465
湖北省蕲春县	108.41	178.53	466
河南省平舆县	108.28	401.92	467
安徽省怀远县	107.87	284.56	468
河北省广宗县	107.78	403.48	469
河南省长垣县	107.44	327.98	470
江苏省金坛市	107.22	106.02	471
安徽省含山县	107.00	140.09	472
河南省汝南县	105.63	393.05	473
新疆策勒县	104.87	118.65	474
河北省丰润县	104.83	276.67	475
河南省西平县	104.72	237.61	476
河南省孟津县	104.37	292.57	477
山西省平陆县	104.33	358.44	478
新疆阿克陶县	103.52	127.18	479
安徽省五河县	102.21	181.92	480
山东省滕州县	101.28	248.74	481
50—100万担(96个)	**7008.51**	**16013.83**	
占合计%	**3.05**	**4.39**	
山东省枣庄市台儿庄区	98.27	116.22	482
河南省内乡县	98.23	243.85	483
河北省玉田县	98.01	243.31	484
河北省清苑县	97.93	316.80	485
四川省剑阁县	96.92	237.43	486
甘肃省安西县	95.79	113.20	487
安徽省桐城市	94.85	149.46	488
山东省济宁县	94.83	152.38	489
河南省偃城县	94.40	258.70	490
湖南省衡南县	94.00	52.70	491
北京市平谷县	92.60	188.90	492
浙江省普陀县	92.57	106.98	493
河北省滦南县	91.77	303.74	494
湖南省益阳县	91.70	84.02	495
山东省沂水县	90.87	289.77	496
新疆昌吉市	90.68	58.31	497
新疆乌什县	90.66	103.59	498
河北省献县	90.05	326.19	499
河南省巩义市	89.67	262.56	500
河北省南和县	89.29	238.59	501
安徽省定远县	88.38	281.31	502

6－3 续表 11

县市名	收购量(万担)	棉田面积(万亩)	位　次
河北省三河县	88.30	227.08	503
江西省临川县	87.68	218.94	504
山东省庆云县	87.29	178.62	505
新疆且末县	87.19	68.11	506
河北省灵寿县	86.21	258.85	507
陕西省华阴县	85.68	179.16	508
江苏省金湖县	85.25	121.37	509
山西省阳城县	85.13	270.27	510
河南省温县	83.96	190.39	511
江苏省南通市郊区	83.52	8.67	512
湖北省武汉市江夏区	81.88	121.82	513
河南省淮滨县	81.33	262.34	514
河北省徐水县	80.12	272.47	515
湖南省津市	78.46	57.74	516
安徽省滁州市南樵区	77.81	177.75	517
安徽省界首县	77.70	208.46	518
河南省汝阳县	77.23	215.99	519
河北省容城县	77.05	176.11	520
山西省坦曲县	76.11	185.79	521
山东省枣庄市峄城区	75.77	109.39	522
河北省平山县	74.52	232.04	523
山东省潍县	73.73	135.81	524
云南省宾川县	73.71	157.09	525
河北省高碑店	72.44	220.53	526
河北省香河县	71.76	159.00	527
湖南省君山农场	71.73	158.69	528
浙江省临海县	71.54	121.65	529
江苏省淮安市	71.06	121.14	530
江苏省丹徒县	70.35	120.63	531
陕西省潼关县	70.22	194.01	532
陕西省澄城县	68.78	198.55	533
山东省邹城市	68.42	188.23	534
江苏省溧阳县	67.47	107.53	535
湖南省湘阴县	67.36	73.55	536
湖北省荆州市荆州区	66.42	73.10	537
江苏省仪征市	65.95	118.61	538
江苏省江浦县	65.51	147.13	539
陕西省武功县	65.39	145.48	540
河北省高阳县	65.34	183.04	541
河北省大厂回族自治县	65.19	137.63	542
江西省星子县	65.03	100.46	543
四川省井研县	64.57	189.63	544
山东省莒县	64.40	198.46	545
河南省范县	64.30	180.96	546
河北省新乐市	63.75	193.48	547
安徽省庐江县	62.33	149.49	548
河北省唐县	61.86	229.23	549
河南省固始县	61.23	302.57	550

6－3续表12

县市名	收购量(万担)	棉田面积(万亩)	位　次
山东省平阴县	60.91	166.68	551
河北省邯郸市郊	60.63	144.07	552
浙江省三门县	60.61	100.99	553
新疆兵团农四师	60.57	123.14	554
新疆和硕县	60.48	37.61	555
河南省潢川县	60.11	252.94	556
天津市宝坻县	59.98	209.73	557
江苏省江阴市	58.84	88.85	558
辽宁省建昌县	58.14	232.40	559
河北省遵化县	56.73	181.46	560
安徽省来安县	56.38	139.63	561
河北省易县	56.25	215.50	562
山西省祁县	55.94	164.96	563
陕西省扶风县	55.49	139.58	564
山西省侯马市	55.05	222.01	565
辽宁省义县	54.98	111.53	566
陕西省眉县	54.92	140.04	567
江西省余干县	54.65	190.77	568
江西省万年县	53.47	118.77	569
山东省五莲县	53.10	88.36	570
湖南省汨罗县	52.99	76.30	571
河北省涿州市	52.05	189.77	572
山东省临沭县	51.95	49.56	573
河北省孟村回族自治县	51.72	91.18	574
北京市顺义县	51.50	129.40	575
湖南省西洞庭农场	51.16	61.88	576
山西省沁水县	50.42	171.68	577
50万担以下(165个)	**3513.69**	**12002.08**	
占合计%	**1.52**	**3.29**	
安徽省南陵县	49.60	58.57	578
山西省太谷县	48.76	149.41	579
陕西省礼泉县	48.37	566.30	580
河北省泊头市	48.24	196.74	581
河南省罗山县	48.19	200.02	582
湖南省益阳市赫山区	47.78	104.49	583
山西省榆次市	46.99	143.00	584
江苏省淮阴县	45.74	192.92	585
北京市大兴县	44.18	252.00	586
河南省信阳县	43.57	229.44	587
河南省新郑市	43.52	77.04	588
新疆阿图什市	43.05	28.61	589
河北省平乡县	42.54	186.33	590
河北省武强县	40.94	147.68	591
河南省桐柏县	40.81	159.80	592
山东省枣庄市薛城区	40.80	66.77	593
河北省涞水县	39.91	117.61	594
江苏省东海县	38.88	84.64	595
江苏省盱眙县	38.58	112.02	596

6-3续表13

县市名	收购量(万担)	棉田面积(万亩)	位　次
天津市蓟县	38.22	163.96	597
河南省光山县	38.10	235.40	598
湖北省阳新县	37.82	59.59	599
四川省资阳市雁江区	37.55	142.97	600
河北省青县	36.56	113.14	601
山东省胶县	36.51	100.97	602
新疆克拉玛依市	36.25	9.42	603
湖北省大冶市	35.65	128.26	604
湖北省赤壁市	34.84	63.28	605
湖南省耒阳县	34.38	113.52	606
山西省霍州县	34.37	130.95	607
江苏省邗江县	34.12	45.91	608
江苏省江宁县	34.00	61.15	609
山西省介休市	33.92	132.16	610
河北省沧县	33.71	108.16	611
河北省抚宁县	33.59	148.17	612
新疆若羌县	33.58	22.38	613
湖南省溆浦县	32.66	102.91	614
山东省莒南县	32.64	95.50	615
河南省新安县	32.28	163.33	616
湖南省宁乡县	32.12	107.54	617
山东省东营市河口区	31.97	78.06	618
山东省蒙阴县	31.93	128.98	619
甘肃省民勤县	31.76	132.63	620
山西省交城县	31.59	173.33	621
河南省嵩县	31.57	165.19	622
河南省正阳县	30.52	231.29	623
江西省樟树县	30.26	107.34	624
江苏省溧水县	30.00	52.79	625
河北省文安县	29.98	112.55	626
江西省新建县	29.61	65.01	627
北京市房山县	29.20	63.00	628
天津市静海县	29.13	85.65	629
山东省青州县	28.85	51.96	630
河北省雄县	28.65	78.10	631
山东省泰安县	28.56	127.33	632
江西省武宁县	28.49	59.98	633
山东省潍坊市坊子区	28.33	21.06	634
湖南省平江县	28.33	60.20	635
山东省微山县	28.29	40.69	636
河南省洛宁县	27.58	187.65	637
江苏省泰州市姜堰区	26.88	21.10	638
新疆兵团和管局	26.72	24.58	639
河北省黄骅县	26.49	97.11	640
湖北省荆州市沙市区	26.27	25.15	641
河北省卢龙县	25.94	132.36	642
湖北省红安县	25.90	46.53	643
新疆兵团工一师	25.80	22.37	644

6－3续表14

县市名	收购量(万担)	棉田面积(万亩)	位次
河北省大城县	25.32	114.53	645
江西省崇仁县	24.85	40.44	646
湖南省常武陵区	24.20	93.80	647
山东省沂南县	23.97	154.01	648
新疆霍城县	22.30	24.53	649
山西省孝义市	21.63	96.38	650
江西省奉新县	21.14	20.71	651
新疆喀什市	21.08	36.25	652
山西省大宁县	20.86	98.12	653
云南省保山县	20.70	80.65	654
河南省确山县	20.66	135.99	655
湖南省建新农场	20.05	42.85	656
北京市昌平县	19.90	58.90	657
云南省弥度县	19.55	64.42	658
湖北省五三农场	19.14	13.04	659
河北省赞皇县	19.06	96.10	660
新疆阜康县	19.02	13.42	661
山西省浮山县	18.99	101.45	662
新疆和静县	18.76	12.96	663
新疆坷坪县	18.69	16.07	664
新疆民丰县	18.64	11.18	665
山西省泽州县	18.52	124.51	666
江苏省高淳县	18.41	60.27	667
辽宁省北镇县	18.22	45.31	668
辽宁省灯塔市	18.14	37.69	669
山东省泗水县	18.06	127.75	670
湖南省茶陵县	17.97	51.46	671
云南省永胜县	17.86	55.35	672
湖南省湘潭县	17.36	53.99	673
云南省昌宁县	17.17	51.39	674
河北省昌黎县	17.14	112.24	675
山东省长清县	16.66	111.86	676
湖北省罗田县	16.62	21.46	677
湖南省东安县	16.51	46.60	678
江苏省新沂市	16.14	61.77	679
陕西省西安市闫良区	15.95	46.74	680
山东省费县	15.91	134.15	681
新疆拜城县	15.90	14.24	682
湖南省邵阳县	15.05	72.36	683
湖南省攸县	14.87	51.28	684
山东省济南市历城区	14.81	69.92	685
江西省安义县	14.70	39.43	686
山东省沂源县	14.26	88.70	687
湖南省益阳市市郊区	14.08	14.00	688
湖南省常宁县	13.70	46.49	689
河北省海兴县	13.39	47.91	690
江苏省南京市郊区	13.33	24.34	691
山东省潍坊市潍城区	13.30	17.46	692
甘肃省酒泉市	12.88	5.51	693

6-3 续表 15

县市名	收购量(万担)	棉田面积(万亩)	位次
江西省上高县	12.15	42.19	694
江苏省武进市	12.10	23.57	695
湖北省孝昌县	11.97	15.30	696
河北省唐海县	11.64	45.37	697
湖南省隆回县	11.64	51.70	698
山西省清徐县	11.48	74.38	699
辽宁省绥中县	11.14	25.25	700
湖南省洞口县	10.56	60.28	701
甘肃省高台县	10.54	8.69	702
湖北省团风县	10.32	13.88	703
甘肃省玉门市	9.99	6.58	704
甘肃省临泽县	9.80	11.71	705
湖北省沙洋农场	9.52	17.19	706
辽宁省兴城市	8.51	19.93	707
河北省曲阳县	8.48	83.25	708
江苏省镇江市郊区	8.47	15.56	709
山东省平邑县	8.38	95.06	710
辽宁省海城市	8.23	22.86	711
湖南省泸溪县	6.98	36.84	712
山东省新泰县	6.87	92.24	713
河北省滦县	6.26	52.28	714
河北省迁安县	6.06	58.61	715
新疆依吾县	6.06	4.48	716
陕西省咸阳市渭城区	5.44	23.80	717
湖南省桃江县	5.12	5.00	718
江苏省赣榆县	4.78	13.24	719
河北省井陉县	4.78	35.74	720
山东省临朐县	4.36	52.93	721
山东省莱芜县	4.13	82.34	722
江西省分 宜 县	3.83	6.11	723
新疆焉耆县	3.63	2.57	724
河北省迁西县	3.23	31.59	725
辽宁省彰武县	3.07	14.37	726
江苏省扬州市郊	3.04	1.00	727
云南省元谋县	2.78	24.48	728
辽宁省新民县	2.02	22.37	729
江苏省吴县	1.74	4.35	730
江苏省泰兴市	1.41	19.88	731
江苏省洪泽县	1.34	5.38	732
江苏省昆山市	1.27	9.97	733
江苏省扬中市	1.08	8.52	734
江苏省宜兴市	0.78	5.92	735
河北省安新县	0.44	22.06	736
湖北省英山县	0.39	0.61	737
山东省胶南县	0.33	30.75	738
湖北省大悟县	0.20	1.00	739
山东省即墨县		26.37	740
湖北省远安县		0.20	741
湖北省宜都市		0.31	742

6－4 全国产棉县52年棉田面积占耕地面积分类及产量

县市名	棉田面积(万亩)	占耕地(%)	产量(万担)
全国合计	**365016.90**	**12.27**	**276231.10**
棉田占耕地比例50.01%以上(1个)	**1885.33**		**1833.44**
占合计%	**0.52**		**0.66**
浙江省慈溪县	1885.33	54.54	1833.44
棉田占耕地比例40.01%～50.00%(9个)	**13762.44**		**11881.79**
占合计%	**3.77**		**4.30**
江苏省大丰市	3213.38	48.71	2754.87
新疆兵团工一师	22.37	44.60	40.78
河北省成安县	1309.55	43.55	901.54
江苏省启东市	2598.93	43.39	2579.45
山东省夏津县	1974.63	43.10	1495.83
江苏省射阳县	3416.99	42.16	2795.76
江西省彭泽县	683.62	41.24	890.35
江西省湖口县	384.28	41.02	262.50
湖南省君山农场	158.69	40.18	160.71
棉田占耕地比例30.01%～40.00%(35个)	**37950.30**		**33303.26**
占合计%	**10.40**		**12.06**
湖北省武汉市汉南区	117.21	39.49	161.20
陕西省高陵县	391.78	39.29	234.87
新疆精河县	203.74	39.18	361.93
河北省吴桥县	1258.00	38.62	941.99
山东省临清县	2105.79	38.41	1641.01
江苏省海门市	1633.82	38.39	1384.08
江苏省如东县	2913.51	37.10	2823.81
新疆兵团和管局	24.58	37.01	31.33
湖南省钱粮湖农场	244.74	36.78	278.04
山东省滨州县	1367.69	36.69	853.84
江苏省通州市	2710.04	36.37	2172.38
湖北省天门市	3419.26	35.44	3665.72
上海市南汇县	966.25	34.91	949.81
河北省邱县	920.15	34.84	664.62
山东省高唐县	1782.46	34.61	1266.84
河北省南宫市	1701.39	34.22	1047.46
上海市奉贤县	934.59	34.07	872.25
河北省威县	1913.27	34.06	1123.99
甘肃省敦煌市	330.15	34.00	372.75
湖北省荆州区荆州区	73.10	33.91	99.21
湖北省武汉市新洲区	1458.76	33.63	1352.67
湖北省汉川市	1716.39	32.99	1503.56
江苏省东台市	2672.44	32.80	2593.72
新疆麦盖提县	725.07	32.69	918.81
江苏省张家港市	1251.83	32.60	1207.63
新疆尉犁县	193.05	32.56	340.81

6-4 续表 1

县市名	棉田面积(万亩)	占耕地(%)	产量(万担)
上海市宝山区	586.77	32.48	445.31
山东省东营市东营区	134.80	32.06	152.69
湖北省枝江市	1267.12	31.39	1316.75
山东省武城县	1162.58	31.18	911.78
湖北省荆州市沙市区	25.15	30.92	37.39
山西省曲沃县	634.11	30.91	368.97
新疆兵团哈管局	80.60	30.37	154.44
上海市上海县	558.52	30.20	471.09
江西省九江县	471.59	30.07	580.51
棉田占耕地比例 20.01% ~30.00%(94 个)	**95284.92**		**75156.42**
占合计%	**26.10**		**27.21**
新疆兵团农三师	701.96	29.80	1016.59
河北省晋州市	966.88	29.36	685.42
河北省辛集市	1633.26	29.04	1079.84
河北省东光县	1161.20	29.02	671.79
上海市川沙县	484.73	28.79	417.29
河南省安阳县	1991.76	28.70	1110.83
湖南省建新农场	42.85	28.55	40.18
河北省肥乡县	917.54	28.45	639.95
新疆库尔勒市	290.45	28.42	366.97
河南省鄢陵县	818.45	28.32	980.36
湖北省公安县	1900.01	28.26	2051.02
山东省冠县	1799.50	28.23	1211.55
河南省新乡县	750.25	28.13	772.73
新疆兵团农一师	1623.63	28.03	2586.28
河南省扶沟县	1757.86	27.96	1904.80
湖北省武汉市江夏区	121.82	27.78	83.14
河北省武安市	1335.93	26.94	560.27
安徽省望江县	745.29	26.80	789.54
新疆巴楚县	857.15	26.68	1019.65
湖北省松滋市	1371.50	26.58	1292.89
河北省冀州市	1356.25	26.53	832.50
江苏省太仓市	954.97	26.38	801.17
河北省博野县	464.30	26.34	253.49
湖北省仙桃市	2465.75	26.29	2386.36
河北省馆陶县	678.44	25.91	471.81
新疆鄯善县	296.72	25.67	311.42
陕西省大荔县	1500.83	25.36	1039.12
河北省永年县	1285.65	25.30	669.80
四川省简阳县	2093.69	25.28	1484.67
湖北省石首市	874.42	25.03	795.74
山东省高青县	1059.93	24.97	759.24
山东省宁津县	1130.60	24.75	804.32
山西省侯马市	222.01	24.67	144.79
河北省临西县	750.80	24.57	510.84
河北省藁城市	1082.53	24.53	700.70
河南省获嘉县	596.13	24.33	436.08

6-4续表2

县市名	棉田面积(万亩)	占耕地(%)	产量(万担)
河北省柏乡县	402.83	24.25	227.62
山东省商河县	1500.21	24.23	1003.76
上海市嘉定区	605.23	24.21	463.82
陕西省三原县	712.95	24.13	357.99
河南省汤阴县	953.20	24.05	525.17
山东省临邑县	1231.89	24.04	783.11
河北省赵县	974.25	23.77	506.41
河北省高邑县	317.59	23.69	183.39
新疆吐鲁番市	339.51	23.66	376.76
湖北省枣阳市	2246.82	23.64	984.73
湖北省潜江市	1465.67	23.62	1418.66
河北省栾城市	563.49	23.59	318.96
河北省鸡泽县	484.95	23.52	283.54
新疆托克逊县	180.81	23.30	261.64
陕西省咸阳市秦都区	599.71	23.18	252.63
河南省太康县	2173.48	23.18	1902.61
江西省瑞昌县	344.02	23.15	261.45
河南省内黄县	684.73	23.14	798.07
山东省平原县	1197.14	23.10	938.92
新疆泽普县	505.10	23.01	516.57
山东省曹县	2041.26	22.97	1415.10
山东省惠民县	1493.21	22.96	1043.30
新疆岳普湖县	331.03	22.92	402.67
湖北省五三农场	13.04	22.91	15.03
上海市崇明县	820.45	22.81	661.84
新疆阿瓦提县	564.69	22.79	831.41
山东省邹平县	1506.29	22.74	1025.70
新疆莎雅县	572.49	22.67	775.54
河南省灵宝县	1256.33	22.53	563.60
陕西省泾阳县	1198.11	22.42	672.54
山东省博兴县	1017.81	22.39	637.64
河北省临漳县	895.04	22.32	553.16
山西省永济市	936.07	22.23	771.95
河北省邯郸县	648.91	22.23	279.02
山东省茌平县	1344.75	22.23	990.41
湖北省云梦县	467.71	21.68	452.78
山东省陵县	1478.82	21.54	1193.62
山东省巨野县	1434.04	21.32	1236.90
山西省运城市	1091.74	21.20	655.96
山东省聊城市东昌府区	1508.00	21.18	1151.25
河北省新河县	423.57	21.12	209.49
湖北省黄梅县	870.23	21.08	875.29
河北省正定市	552.20	21.05	421.41
四川省仁寿县	1724.78	20.90	1140.36
山东省高密县	1620.51	20.89	1212.33
江苏省靖江市	556.84	20.79	472.87
河北省磁县	792.61	20.66	385.01
新疆兵团农五师	409.36	20.62	681.81

6-4续表3

县市名	棉田面积(万亩)	占耕地(%)	产量(万担)
新疆莎车县	1340.55	20.57	1446.58
四川省射洪县	767.58	20.49	654.36
湖北省襄阳县	2139.16	20.39	1271.93
陕西省渭南市临渭区	1394.20	20.35	798.59
陕西省兴平县	373.12	20.18	168.73
新疆兵团农七师	1407.18	20.12	1932.64
江苏省海安县	1066.88	20.07	953.28
湖南省澧县	1154.66	20.04	1061.57
江苏省如皋县	1409.18	20.03	1110.13
河南省新野县	1093.90	20.02	981.67
棉田占耕地比例10.01%～20.00%(241个)	**138360.06**		**104582.23**
占合计%	**37.91**		**37.86**
江苏省响水县	450.11	19.99	456.19
安徽省东至县	529.81	19.94	501.12
山东省成武县	905.83	19.94	841.75
山西省新降县	554.40	19.71	376.43
河北省清河县	548.57	19.70	284.76
河南省南阳市宛城区	1625.73	19.67	1581.65
河北省广平县	385.93	19.64	226.94
湖南省华容县	860.17	19.61	1043.85
山东省阳谷县	1118.30	19.60	949.04
新疆兵团农八师	2051.78	19.57	2780.35
河北省深泽县	307.71	19.52	182.84
浙江省普陀县	106.98	19.49	99.23
山东省定陶县	852.09	19.34	689.66
湖南省安乡县	672.24	19.33	730.44
河北省无极县	540.56	19.32	323.19
山西省河津市	386.49	19.24	211.66
河北省鹿泉市	449.78	19.16	213.92
新疆疏勒县	560.37	19.14	582.47
安徽省宿松县	656.81	19.03	612.33
山东省广饶县	927.83	18.76	645.42
山西省襄汾县	915.16	18.67	545.45
山东省莘县	1373.33	18.67	1084.12
河北省曲周县	731.71	18.61	457.46
湖北省监利县	1884.20	18.59	1365.83
新疆库车县	778.52	18.45	793.79
山东省东阿县	754.84	18.37	609.43
陕西省潼关县	194.01	18.23	82.53
湖南省西洞庭	61.88	18.23	61.21
江苏省盐都县	1343.03	18.15	1418.40
陕西省西安市临潼区	1075.16	18.13	573.73
山西省稷山县	558.97	17.98	351.40
湖北省江陵县	1281.72	17.97	1264.02
河北省蠡县	673.07	17.92	355.98
湖北省武汉市蔡甸区	494.89	17.91	448.86
湖北省洪湖市	1015.94	17.90	951.88

6-4续表4

县市名	棉田面积(万亩)	占耕地(%)	产量(万担)
山东省禹城县	857.35	17.89	678.72
山东省德州市德州区	176.97	17.79	153.38
陕西省韩城县	484.01	17.78	243.15
新疆阿克苏市	471.20	17.76	630.55
河南省西华县	1072.00	17.73	1015.07
河北省故城县	833.36	17.72	558.15
山东省利津县	647.48	17.71	357.41
山西省临猗县	1391.36	17.53	883.75
河北省枣强县	878.80	17.52	479.67
江苏省常熟市	981.15	17.50	1062.67
山东省阳信县	716.13	17.50	452.77
山东省沾化县	933.74	17.47	507.64
湖北省黄岗市黄州区	408.09	17.43	424.52
河北省安国县	466.60	17.33	197.92
山东省汶上县	819.02	17.26	929.52
新疆伽师县	549.59	17.25	566.16
新疆兵团农二师	705.48	17.24	902.51
山东省乐陵县	997.46	17.21	749.76
山西省芮城县	729.16	17.20	349.72
河北省元氏县	492.48	17.12	246.57
河北省沙河县	431.66	17.03	187.53
山西省万荣县	898.96	17.01	404.79
河南省通许县	724.62	16.84	617.81
浙江省余姚县	570.41	16.84	508.87
山东省单县	1380.19	16.82	863.65
安徽省砀山县	868.62	16.82	526.12
河北省阜城县	621.00	16.79	313.09
上海市农场	183.30	16.69	169.81
四川省金堂县	724.98	16.69	338.12
四川省南部县	859.41	16.66	609.28
河北省南皮县	674.09	16.61	344.49
云南省宾川县	157.09	16.52	78.10
山东省济阳县	929.88	16.48	691.03
陕西省户县	302.27	16.48	163.01
河北省邢台县	530.63	16.42	256.35
河北省满城县	412.02	16.40	185.65
新疆叶城县	652.24	16.36	563.87
河北省隆尧县	706.16	16.36	394.76
新疆英吉沙县	279.15	16.34	238.25
河北省临城县	283.78	16.22	125.03
湖北省麻城市	733.83	16.09	705.75
河南省淇县	309.75	15.99	193.67
河北省肃宁县	484.86	15.97	274.92
湖北省钟祥市	1146.30	15.96	1254.08
山东省潍坊市寒亭区	151.10	15.94	178.58
山东省东营市河口区	78.06	15.91	49.54
河南省睢县	776.03	15.90	561.90
河北省宁晋县	1050.39	15.85	504.45

6－4续表5

县市名	棉田面积(万亩)	占耕地(%)	产量(万担)
新疆乌苏市	380.38	15.80	564.11
河北省望都县	289.44	15.71	126.61
河北省定兴县	616.52	15.70	362.94
河南省清丰县	718.86	15.68	499.08
河南省商丘县	1270.01	15.62	1066.51
河南省南阳市卧龙区	155.54	15.61	150.61
新疆玛纳斯市	330.97	15.58	584.54
山西省洪洞县	763.68	15.57	315.79
陕西省华县	362.27	15.56	207.39
湖北省宜城市	603.72	15.53	518.13
河北省巨鹿县	571.01	15.52	211.06
河南省孟州市	336.09	15.51	220.35
山西省文水县	451.03	15.44	193.51
新疆和硕县	37.61	15.36	60.81
山东省郓城县	1367.67	15.33	1158.93
河南省民权县	836.79	15.26	682.03
陕西省周至县	415.33	15.24	190.31
浙江省上虞县	456.32	15.19	484.63
河南省修武县	333.57	15.14	228.93
新疆新和县	370.80	15.11	382.79
河北省广宗县	403.48	15.01	190.92
山西省夏县	473.15	14.99	342.08
江西省都昌县	453.25	14.74	341.90
河北省内邱县	326.82	14.71	154.77
新疆洛甫县	275.34	14.71	238.83
山西省临汾市	563.62	14.63	248.32
四川省乐至县	671.81	14.61	508.92
四川省蓬溪县	776.00	14.60	602.30
湖北省随州市	1194.21	14.56	1110.18
山西省翼城县	426.58	14.53	187.13
新疆且末县	68.11	14.51	90.86
安徽省萧县	1327.45	14.45	841.22
河南省尉氏县	953.09	14.45	906.52
河北省顺平县	292.74	14.45	126.52
湖南省益阳县	84.02	14.44	101.40
河北省丰南县	602.99	14.40	420.21
江苏省滨海县	873.86	14.40	635.60
河南省杞县	1231.83	14.36	1102.41
山东省菏泽县	1030.64	14.32	682.16
山东省金乡县	710.47	14.30	753.49
陕西省合阳县	834.95	14.23	308.58
河南省柘城县	813.87	14.23	779.91
河北省大厂回族自治县	137.63	14.20	64.64
河南省偃师市	577.64	14.14	298.98
新疆于田县	217.87	14.14	179.33
浙江省萧山市	588.42	14.11	546.61
湖北省老河口市	419.15	14.08	235.44
湖南省津市	57.74	14.05	79.99

6-4续表6

县市名	棉田面积(万亩)	占耕地(%)	产量(万担)
安徽省繁昌县	145.16	14.00	144.98
新疆哈密市	68.11	13.86	118.43
山西省绛县	339.18	13.75	145.49
四川省西充县	428.98	13.75	292.87
陕西省西安市郊区	301.07	13.72	195.70
新疆若羌县	22.38	13.70	34.60
河南省延津县	497.90	13.64	374.05
陕西省西安市闫良区	46.74	13.62	41.09
山东省垦利县	471.34	13.62	212.99
陕西省华阴县	179.16	13.61	84.91
湖北省武穴市	420.70	13.56	496.78
新疆呼图壁县	123.51	13.55	212.58
河南省虞城县	1032.19	13.55	788.72
河北省深州市	949.01	13.49	461.06
山东省齐河县	985.09	13.35	830.48
山东省枣庄市台儿庄区	116.22	13.30	111.97
新疆疏附县	455.13	13.19	427.32
新疆博乐市	188.51	12.98	319.01
湖南省南县	524.09	12.90	604.23
河南省社旗县	537.48	12.85	439.36
山东省昌邑县	798.77	12.84	732.44
河北省行唐县	385.53	12.83	176.62
江苏省丰县	927.82	12.83	724.60
河北省邯郸市郊	144.07	12.82	60.46
安徽省铜陵县	202.31	12.77	181.90
新疆轮台县	126.26	12.75	149.05
江苏省兴化市	1301.16	12.74	1364.55
河南省博爱县	260.96	12.73	199.72
河北省景县	813.33	12.71	398.55
河南省南乐县	403.35	12.68	343.70
江西省新余市渝水区	476.63	12.64	474.08
四川省遂宁市市中区	745.61	12.63	495.14
四川省中江县	778.03	12.61	519.00
河北省灵寿县	258.85	12.56	102.24
河南省淮阳县	994.05	12.56	780.31
河南省鹿邑县	865.35	12.54	886.34
新疆民丰县	11.18	12.52	18.64
新疆沙湾县	461.75	12.51	648.03
四川省巴中县	559.10	12.50	318.92
山东省嘉祥县	695.60	12.49	610.34
河南省伊川县	569.88	12.48	166.58
新疆墨玉县	335.37	12.35	332.83
安徽省巢湖市	517.26	12.33	352.62
湖北省当阳市	669.95	12.32	453.02
河南省唐河县	1353.68	12.30	884.15
山西省平陆县	358.44	12.25	136.18
湖北省浠水县	453.41	12.20	340.73
江西省星子县	100.46	12.09	82.86

6-4续表7

县市名	棉田面积(万亩)	占耕地(%)	产量(万担)
河南省卫辉县	391.54	12.04	287.16
河南省陕县	392.04	12.04	172.15
江苏省泗阳县	816.36	11.98	609.14
河南省滑县	1104.65	11.96	847.07
新疆和田县	226.24	11.90	179.62
山东省枣庄市峄城区	109.39	11.89	126.35
湖南省临澧县	382.01	11.88	336.87
河北省定州市	795.34	11.79	369.47
四川省仪陇县	439.53	11.77	246.99
山西省闻喜县	511.57	11.76	206.77
浙江省平湖县	333.61	11.76	322.89
湖北省嘉鱼县	304.78	11.76	202.12
四川省盐亭县	346.57	11.68	232.86
河南省兰考县	623.25	11.67	508.79
山东省东明县	675.38	11.62	404.99
山东省诸城县	1075.82	11.58	613.28
陕西省礼泉县	566.30	11.50	216.76
甘肃省金塔县	159.26	11.40	178.03
河北省安平县	307.37	11.39	178.09
甘肃省安西县	113.20	11.31	140.12
河北省魏县	586.64	11.31	333.66
浙江省镇海县	238.39	11.29	219.97
湖北省团风县	13.88	11.27	14.98
江苏省建湖县	528.30	11.21	521.72
河北省任县	284.92	11.17	135.72
四川省三台县	541.02	11.12	442.33
陕西省富平县	721.91	11.08	301.02
河北省安次县	512.38	11.07	278.90
山东省梁山县	594.46	11.05	482.16
湖北省孝感市孝南区	548.46	11.04	391.21
安徽省全椒县	222.34	10.99	163.91
安徽省无为县	835.77	10.95	910.95
湖南省慈利县	395.77	10.94	310.46
安徽省和县	472.27	10.94	301.98
山西省大宁县	98.12	10.84	32.53
江苏省阜宁县	677.66	10.84	493.47
浙江省宁海县	237.97	10.84	243.68
安徽省贵池市	270.82	10.71	211.41
河北省衡水市桃城区	327.50	10.70	162.99
河北省武邑县	464.44	10.68	209.05
江西省德安县	93.30	10.66	128.04
山西省交城县	173.33	10.63	54.18
河南省郸城县	869.61	10.62	690.82
云南省弥渡县	64.42	10.61	15.95
河南省汝州市	587.31	10.61	190.21
河南省新蔡县	766.88	10.59	491.04
浙江省海盐县	230.82	10.58	253.03
湖北省京山县	470.25	10.49	578.20

6-4 续表 8

县 市 名	棉田面积(万亩)	占耕地(%)	产量(万担)
湖南省常武陵区	93.80	10.44	19.45
山西省汾阳市	408.77	10.44	146.20
河南省夏邑县	736.91	10.40	491.82
河南省邓州市	1276.99	10.39	862.25
新疆温宿县	316.14	10.36	380.88
河北省南和县	238.59	10.35	105.83
河南省宁陵县	383.39	10.34	298.08
安徽省枞阳县	348.41	10.33	306.27
河北省盐山县	410.40	10.30	224.58
湖南省常德市鼎城区	646.62	10.30	549.01
辽宁省朝阳县	887.30	10.24	469.40
河南省封丘县	526.09	10.19	396.90
山西省垣曲县	185.79	10.16	92.11
河北省河间市	783.14	10.16	348.41
棉田占耕地比例 5.01%～10.00%(182 个)	**56950.13**		**37416.29**
占合计%	**15.60**		**13.55**
湖南省益阳市郊区	14.00	9.95	19.80
河南省永城县	914.50	9.90	653.79
湖南省汉寿县	409.67	9.87	367.04
河北省饶阳县	319.16	9.77	222.41
山东省平度县	1427.04	9.76	1016.49
山东省鄄城县	527.15	9.71	357.57
河北省容城县	176.11	9.63	90.22
新疆兵团农六师	592.13	9.58	922.56
江苏省睢宁县	822.18	9.50	592.85
江苏省灌云县	725.48	9.45	942.03
河南省汝阳县	215.99	9.45	73.79
陕西省武功县	145.48	9.40	85.19
辽宁省义县	111.53	9.39	58.79
陕西省蒲城县	859.17	9.36	352.26
辽宁省黑山县	896.25	9.27	374.59
河北省唐县	229.23	9.25	89.87
河南省浚县	520.78	9.20	476.99
河南省温县	190.39	9.12	122.62
陕西省长安县	297.20	9.11	146.63
浙江省三门县	100.99	9.10	79.04
河北省平山县	232.04	9.04	97.26
河北省固安县	321.33	9.01	209.83
河南省武陟县	312.29	9.01	192.04
湖北省谷城县	244.25	8.96	130.01
河南省孟津县	292.57	8.92	117.34
河北省大名县	516.98	8.90	330.26
四川省阆中县	312.10	8.87	196.35
山东省枣庄市薛城区	66.77	8.85	79.23
山东省章丘县	593.70	8.83	363.16
江西省永修县	207.62	8.82	213.21
山西省霍州县	130.95	8.80	51.18

6-4续表9

县市名	棉田面积(万亩)	占耕地(%)	产量(万担)
安徽省桐城市	149.46	8.79	110.33
河南省辉县	439.17	8.79	206.25
湖北省沙洋农场	17.19	8.75	15.92
河北省新乐市	193.48	8.64	90.63
湖北省应城市	276.12	8.63	255.22
新疆阿克陶县	127.18	8.60	107.11
安徽省太湖县	145.99	8.51	145.70
陕西省眉县	140.04	8.51	67.13
河南省沁阳市	193.12	8.50	125.24
河南省濮阳县	705.95	8.50	407.87
北京市平谷县	188.90	8.44	106.50
上海市金山区	215.81	8.43	246.26
河南省巩义市	262.56	8.43	101.73
江苏省灌南县	326.08	8.42	314.80
安徽省阜阳县	419.63	8.40	276.98
山东省无棣县	376.95	8.34	284.40
河南省宜阳县	422.92	8.33	137.87
江苏省沛县	547.69	8.27	457.92
新疆策勒县	118.65	8.27	112.06
河南省沈丘县	459.49	8.21	336.15
四川省平昌县	317.62	8.19	139.04
山西省阳城县	270.27	8.16	118.07
江西省高安县	453.55	8.12	343.64
安徽省当涂县	297.12	8.04	259.55
河北省平乡县	186.33	8.04	60.97
湖南省桃源县	588.15	8.04	402.82
山西省平遥县	341.51	8.02	214.58
江西省乐平县	252.93	7.85	124.46
湖北省南漳县	307.23	7.85	200.13
河南省原阳县	369.78	7.82	246.22
新疆阿图什市	28.61	7.70	43.56
河南省项城县	414.37	7.70	277.95
陕西省扶风县	139.58	7.68	88.75
山东省寿光县	608.78	7.65	502.00
山东省东平县	318.73	7.65	189.25
新疆依吾县	4.48	7.63	6.06
河北省乐亭县	388.68	7.62	258.08
河北省任邱市	408.33	7.62	193.37
上海市松江县	244.09	7.62	266.55
江苏省江浦县	147.13	7.61	67.19
湖南省石门县	293.10	7.61	254.23
江西省波阳县	456.98	7.56	266.78
安徽省含山县	140.09	7.55	128.25
湖北省武汉市黄陂区	365.49	7.53	294.81
河北省霸州市	277.89	7.53	150.09
河南省商水县	570.06	7.52	365.32
安徽省宣州市	348.43	7.49	275.39
陕西省乾县	417.81	7.48	158.19

6-4续表10

县市名	棉田面积(万亩)	占耕地(%)	产量(万担)
安徽省太和县	411.81	7.41	240.96
天津市武清县	591.00	7.29	314.55
山东省兖州市	269.21	7.26	227.46
安徽省蒙城县	807.18	7.22	525.39
山东省济宁市任城区	277.23	7.21	245.25
安徽省肥西县	437.62	7.16	177.02
湖北省安陆市	202.36	7.16	150.16
湖南省衡南县	52.70	7.15	113.55
新疆皮山县	163.11	7.14	134.36
河南省林县	326.29	7.13	153.77
河北省赞皇县	96.10	7.11	25.88
河南省上蔡县	606.08	7.11	295.12
四川省井研县	189.63	7.11	82.65
河北省徐水县	272.47	7.04	116.43
山西省祁县	164.96	7.04	61.91
河北省三河县	227.08	7.02	111.26
山东省庆云县	178.62	7.02	144.76
江西省进贤县	306.64	6.99	122.91
安徽省长丰县	577.86	6.97	303.39
河北省永清县	241.30	6.93	136.07
安徽省界首县	208.46	6.91	175.64
湖南省沅江县	267.96	6.87	283.52
湖北省广水市	234.40	6.84	196.87
山东省鱼台县	240.94	6.82	322.93
安徽省濉溪县	767.09	6.74	516.28
河北省香河县	159.00	6.73	79.86
河北省高阳县	183.04	6.73	87.54
山西省沁水县	171.68	6.68	69.34
江苏省铜山县	845.92	6.65	899.79
安徽省利辛县	371.30	6.65	239.31
河南省开封县	459.29	6.64	300.66
上海市青浦县	166.76	6.62	156.73
河南省方城县	587.00	6.59	309.56
湖南省岳阳县	272.91	6.57	195.25
江西省万年县	118.77	6.56	92.32
湖南省临湘市	184.41	6.56	111.26
河南省泌阳县	501.94	6.52	271.88
安徽省滁州市南樵区	177.75	6.52	98.95
河南省长垣县	327.98	6.48	180.90
陕西省咸阳市渭城区	23.80	6.38	12.70
安徽省临泉县	615.63	6.35	330.08
河南省息县	507.49	6.33	312.26
安徽省灵璧县	598.30	6.29	390.94
山西省太谷县	149.41	6.28	60.84
安徽省怀宁县	187.60	6.28	158.22
河南省平舆县	401.92	6.22	162.74
安徽省肥东县	519.23	6.22	238.91
江苏省高邮市	373.45	6.20	454.84

6－4续表11

县市名	棉田面积(万亩)	占耕地(%)	产量(万担)
北京市通州区	302.53	6.19	167.93
安徽省来安县	139.63	6.19	78.45
河南省范县	180.96	6.11	109.40
安徽省泗县	491.83	6.06	423.18
河南省桐柏县	159.80	6.05	53.55
河北省高碑店	220.53	6.05	91.53
新疆喀什市	36.25	6.05	26.63
河南省内乡县	243.85	6.02	130.55
河北省武强县	147.68	6.01	68.55
河北省清苑县	316.80	6.01	134.11
山东省平阴县	166.68	5.96	89.51
河北省易县	215.50	5.91	89.37
安徽省寿县	638.34	5.91	302.37
江苏省宝应县	286.65	5.90	300.80
河南省镇平县	335.46	5.89	216.84
湖北省荆门市荆门区	595.37	5.82	544.77
安徽省定远县	281.31	5.79	151.29
江苏省邳州市	577.58	5.79	609.29
山东省昌乐县	293.11	5.79	202.58
山西省介休市	132.16	5.77	44.02
江苏省泰县	312.92	5.76	298.19
江西省崇仁县	40.44	5.76	49.92
江苏省句容市	230.13	5.76	162.67
四川省安岳县	509.17	5.62	269.49
河南省淮滨县	262.34	5.60	159.80
河北省涞水县	117.61	5.56	57.66
新疆克拉玛依市	9.42	5.55	36.72
河南省临颍县	237.46	5.55	263.25
江苏省涟水县	438.00	5.53	261.82
新疆坷坪县	16.07	5.49	17.07
甘肃省临泽县	11.71	5.48	9.80
江西省奉新县	20.71	5.48	32.59
山东省肥城县	301.24	5.48	179.05
山西省浮山县	101.45	5.45	31.71
江苏省丹阳市	270.36	5.41	168.18
河北省献县	326.19	5.39	132.97
新疆和静县	12.96	5.38	18.76
河南省汝南县	393.05	5.32	177.79
河北省孟村回族自治县	91.18	5.31	51.26
山东省桓台县	145.56	5.28	139.13
河南省嵩县	165.19	5.28	43.51
河北省卢龙县	132.36	5.26	43.38
江苏省宿豫市	365.37	5.25	231.47
四川省剑阁县	237.43	5.20	117.57
湖南省益阳市赫山区	104.49	5.16	64.49
安徽省涡阳县	635.00	5.16	336.20
河南省光山县	235.40	5.15	85.03

6－4续表12

县 市 名	棉田面积(万亩)	占耕地(%)	产量(万担)
江西省临川县	218.94	5.14	124.58
天津市宁河县	159.86	5.13	144.32
江苏省金湖县	121.37	5.10	108.36
河北省滦南县	303.74	5.10	131.70
北京市大兴县	252.00	5.08	56.53
安徽省霍邱县	597.25	5.07	234.13
河北省涿州市	189.77	5.01	66.54
江西省余干县	190.77	5.01	57.18
棉田占耕地比例5.00%以下(179个)	**19945.16**		**10828.36**
占合计%	**5.33**		**3.92**
云南省永胜县	55.35	5.00	19.67
新疆昌吉市	58.31	4.99	90.82
河北省抚宁县	148.17	4.97	56.83
云南省昌宁县	51.39	4.89	18.85
河北省曲阳县	83.25	4.86	21.34
河南省潢川县	252.94	4.82	88.50
河南省新安县	163.33	4.81	46.99
安徽省宿州市埇桥区	668.01	4.80	533.44
湖北省蕲春县	178.53	4.72	117.23
山东省宁阳县	238.72	4.71	177.20
辽宁省建昌县	232.40	4.65	108.46
河南省偃城县	258.70	4.56	205.55
河北省丰润县	276.67	4.55	120.74
新疆阜康县	13.42	4.52	19.02
安徽省天长市	235.38	4.46	121.00
河南省西平县	237.61	4.43	117.03
河南省洛宁县	187.65	4.42	39.86
河北省唐海县	45.37	4.42	18.67
山东省蒙阴县	128.98	4.40	43.11
江西省丰城县	326.56	4.39	171.76
浙江省临海县	121.65	4.38	77.95
湖北省孝昌县	15.30	4.36	12.97
新疆乌什县	103.59	4.35	94.55
辽宁省北票县	366.01	4.25	179.37
江西省樟树县	107.34	4.24	57.20
湖南省汨罗县	76.30	4.23	61.76
江苏省丹徒县	120.63	4.21	80.64
山东省潍坊市潍城区	17.46	4.20	18.90
河南省罗山县	200.02	4.20	84.41
浙江省金华县	140.64	4.17	164.78
安徽省亳州市	469.08	4.15	310.27
山东省沂水县	289.77	4.13	141.49
山东省安丘县	357.09	4.09	329.00
河南省信阳县	229.44	4.07	87.80
山东省沂源县	88.70	4.02	30.29
河北省玉田县	243.31	3.99	107.53

6－4 续表 13

县 市 名	棉田面积(万亩)	占耕地(%)	产量(万担)
云南省保山县	80.65	3.97	22.70
湖南省泸溪县	36.84	3.90	10.68
江苏省沭阳县	450.35	3.87	320.60
河北省遵化县	181.46	3.85	76.99
山东省潍坊市坊子区	21.06	3.85	20.03
四川省资阳市雁江区	142.97	3.84	53.29
河北省泊头市	196.74	3.81	67.67
云南省元谋县	24.48	3.78	6.78
湖南省溆浦县	102.91	3.76	46.90
山东省苍山县	273.90	3.72	185.14
安徽省南陵县	58.57	3.67	52.51
河南省固始县	302.57	3.65	104.25
山西省榆次市	143.00	3.64	60.50
北京市昌平县	58.90	3.64	25.52
河北省昌黎县	112.24	3.56	34.41
陕西省澄城县	198.55	3.51	81.76
湖南省衡阳县	168.39	3.47	157.69
山东省济宁县	152.38	3.46	116.96
山西省孝义市	96.38	3.46	27.49
江苏省仪征市	118.61	3.45	64.90
河南省中牟县	182.14	3.45	151.98
山东省泗水县	127.75	3.42	34.73
天津市 蓟县	163.96	3.41	63.13
山东省郯城县	191.63	3.41	121.21
山东省长清县	111.86	3.30	36.57
江苏省金坛市	106.02	3.27	112.17
江苏省镇江市郊区	15.56	3.27	8.25
天津市宝坻县	209.73	3.19	113.83
山西省泽州县	124.51	3.17	42.15
山东省邹城市	188.23	3.15	112.44
山西省清徐县	74.38	3.14	30.72
北京市顺义县	129.40	3.14	63.82
山东省滕州县	248.74	3.12	189.84
山东省潍县	135.81	3.09	88.45
江苏省六合县	145.11	3.06	124.66
辽宁省辽阳县	299.65	3.05	131.19
江西省武宁县	59.98	3.05	43.14
甘肃省高台县	8.69	3.03	10.54
山东省临沂县	220.36	3.03	123.46
江苏省淮阴县	192.92	3.00	49.53
山东省莒 县	198.46	2.93	86.74
湖北省阳新县	59.59	2.90	52.32
河北省井陉县	35.74	2.90	10.08
江苏省泰州市姜堰区	21.10	2.84	24.93
湖南省耒阳县	113.52	2.82	68.19
山东省胶县	100.97	2.81	45.50
河南省正阳县	231.29	2.80	79.93

6－4续表14

县市名	棉田面积(万亩)	占耕地(%)	产量(万担)
河北省迁西县	31.59	2.76	10.76
北京市房山县	63.00	2.75	36.23
甘肃省民勤县	132.63	2.72	57.51
辽宁省海城市	22.86	2.71	9.91
江苏省扬中市	8.52	2.68	1.43
江苏省江都市	163.71	2.68	171.73
河北省雄县	78.10	2.63	34.68
湖南省茶陵县	51.46	2.63	23.65
安徽省五河县	181.92	2.57	142.05
甘肃省玉门市	6.58	2.54	9.99
安徽省怀远县	284.56	2.53	219.23
江西省安义县	39.43	2.51	24.08
山东省沂南县	154.01	2.50	48.48
山东省平邑县	95.06	2.49	25.87
河北省大城县	114.53	2.49	43.86
江苏省泗洪县	247.65	2.48	179.81
安徽省庐江县	149.49	2.48	77.61
江苏省溧阳县	107.53	2.47	75.51
山东省五莲县	88.36	2.47	54.29
河北省青 县	113.14	2.45	65.82
河北省文安县	112.55	2.45	42.29
山东省费 县	134.15	2.43	39.41
湖南省邵阳县	72.36	2.43	20.09
湖北省赤壁市	63.28	2.39	44.45
江苏省高淳县	60.27	2.38	20.25
湖南省洞口县	60.28	2.37	17.31
湖南省湘阴县	73.55	2.36	58.48
河北省迁安县	58.61	2.33	19.99
河南省确山县	135.99	2.32	39.46
江苏省江阴市	88.85	2.32	48.88
江苏省溧水县	52.79	2.26	28.04
湖南省宁乡县	107.54	2.21	46.80
江西省分宜县	6.11	2.18	8.51
甘肃省酒泉市	5.51	2.17	8.42
山东省新泰县	92.24	2.14	27.25
江苏省盱眙县	112.02	2.12	44.77
河北省黄骅县	97.11	2.07	57.17
湖南省桃江县	5.00	2.05	6.20
河北省海兴县	47.91	2.05	22.10
湖南省东安县	46.60	2.04	20.40
江苏省淮安市	121.14	2.01	66.15
江苏省邗江县	45.91	1.97	35.77
江西省上高县	42.19	1.96	35.58
山东省泰安县	127.33	1.94	54.13
新疆拜城县	14.24	1.93	15.90
新疆兵团农四师	123.14	1.91	98.69
河南省新郑市	77.04	1.90	27.76
江苏省南通市郊区	8.67	1.89	10.25

6-4续表15

县市名	棉田面积(万亩)	占耕地(%)	产量(万担)
河北省滦县	52.28	1.84	16.57
湖南省攸县	51.28	1.72	24.87
山东省莱芜县	82.34	1.72	24.65
山东省微山县	40.69	1.68	46.22
湖北省英山县	0.61	1.68	1.19
湖北省大冶市	128.26	1.65	63.58
山东省临朐县	52.93	1.62	7.26
湖南省平江县	60.20	1.55	41.87
河北省沧县	108.16	1.54	56.58
湖南省隆回县	51.70	1.52	16.82
天津市静海县	85.65	1.51	25.66
山东省莒南县	95.50	1.50	48.33
湖南省常宁县	46.49	1.45	24.48
河北省安新县	22.06	1.40	4.47
江西省新建县	65.01	1.40	43.04
山东省济南市历城区	69.92	1.37	41.46
湖北省大悟县	1.00	1.33	1.50
江苏省江宁县	61.15	1.25	40.49
江苏省南京市郊区	24.34	1.19	21.63
湖南省湘潭县	53.99	1.19	24.45
江苏省新沂市	61.77	1.14	18.65
辽宁省灯塔市	37.69	1.12	21.19
山东省临沭县	49.56	1.10	19.03
新疆焉耆县	2.57	1.07	3.63
湖北省罗田县	21.46	0.96	16.69
山东省青州县	51.96	0.96	40.10
山东省胶南县	30.75	0.94	7.79
江苏省东海县	84.64	0.94	53.80
新疆霍城县	24.53	0.80	23.28
江苏省泰兴市	19.88	0.63	5.23
山东省即墨县	26.37	0.63	7.88
湖北省远安县	0.20	0.51	0.35
江苏省武进市	23.57	0.49	12.56
江苏省赣榆县	13.24	0.42	11.59
江苏省洪泽县	5.38	0.41	2.64
湖北省宜都市	0.31	0.32	0.43
江苏省昆山市	9.97	0.27	3.21
江苏省宜兴市	5.92	0.26	1.44
江苏省扬州市郊区	1.00	0.26	0.19
江苏省吴 县	4.35	0.09	2.65
辽宁省新民县	22.37		2.52
辽宁省北镇县	45.31		19.88
辽宁省兴城市	19.93		9.38
辽宁省绥中县	25.25		12.18
辽宁省彰武县	14.37		3.62
新疆奎屯市	111.11		89.98
湖北省红安县	46.53		55.08
有待核查(2个)	**1378.57**	**68.40**	**1229.29**
占合计%	**0.38**		**0.45**
湖北省鄂州市	813.35		685.93
新疆石河子市	565.22	95.83	543.36

6－5　全国产棉县52年棉花平均亩产分类及面积

县市名	亩产(斤)	面积(万亩)
全国合计	**75.68**	**365016.90**
亩产120斤以上(64个)		**17841.10**
占合计%		**4.89**
新疆克拉玛依市	389.81	9.42
湖南省衡南县	215.46	52.70
湖北省英山县	195.08	0.61
新疆兵团哈管局	191.61	80.60
新疆兵团工一师	182.30	22.37
新疆精河县	177.64	203.74
新疆玛纳斯市	176.61	330.97
新疆尉犁县	176.54	193.05
湖北省远安县	175.00	0.20
新疆哈密市	173.88	68.11
新疆呼图壁县	172.12	123.51
新疆博乐市	169.23	188.51
新疆民丰县	166.73	11.18
新疆兵团农五师	166.56	409.36
新疆和硕县	161.69	37.61
新疆兵团农一师	159.29	1623.63
江西省奉新县	157.36	20.71
新疆兵团农六师	155.80	592.13
新疆昌吉市	155.75	58.31
新疆若羌县	154.60	22.38
甘肃省酒泉市	152.81	5.51
新疆阿图什市	152.25	28.61
甘肃省玉门市	151.82	6.58
湖北省大悟县	150.00	1.00
湖北省荆州区沙市区	148.67	25.15
新疆乌苏市	148.30	380.38
新疆阿瓦提县	147.23	564.69
新疆兵团农三师	144.82	701.96
新疆和静县	144.75	12.96
新疆托克逊县	144.71	180.81
新疆阜康县	141.73	13.42
湖南省益阳市郊区	141.43	14.00
新疆焉耆县	141.25	2.57
新疆沙湾县	140.34	461.75
江西省分宜县	139.28	6.11
湖北省宜都市	138.71	0.31
湖南省津市	138.53	57.74
湖北省武汉市汉南区	137.53	117.21
新疆兵团农七师	137.34	1407.18
江西省德安县	137.23	93.30
湖北省荆州市荆州区	135.72	73.10
新疆兵团农八师	135.51	2051.78
新疆莎雅县	135.47	572.49

6-5续表1

县市名	亩产(斤)	面积(万亩)
新疆依吾县	135.27	4.48
山东省鱼台县	134.03	240.94
新疆阿克苏市	133.82	471.20
新疆且末县	133.40	68.11
江西省彭泽县	130.24	683.62
江苏省灌云县	129.85	725.48
新疆兵团农二师	127.93	705.48
新疆兵团和管局	127.46	24.58
新疆麦盖提县	126.72	725.07
新疆库尔勒市	126.35	290.45
湖南省桃江县	124.00	5.00
甘肃省安西县	123.78	113.20
江西省崇仁县	123.44	40.44
江西省九江县	123.10	471.59
湖北省京山县	122.96	470.25
江苏省高邮市	121.79	373.45
新疆岳普湖县	121.64	331.03
湖南省华容县	121.36	860.17
甘肃省高台县	121.29	8.69
湖南省益阳县	120.69	84.02
新疆温宿县	120.48	316.14
亩产100~120斤(63个)		**34180.39**
占合计%		**9.36**
河南省鄢陵县	119.78	818.45
新疆巴楚县	118.96	857.15
山东省枣庄市薛城区	118.66	66.77
湖北省红安县	118.39	46.53
江苏省南通市郊区	118.22	8.67
山东省潍坊市寒亭区	118.19	151.10
江苏省泰州市姜堰区	118.14	21.10
湖北省武穴市	118.08	420.70
新疆轮台县	118.05	126.26
浙江省金华县	117.16	140.64
河南省内黄县	116.55	684.73
山东省枣庄市峄城区	115.50	109.39
湖南省南县	115.29	524.09
湖北省五三农场	115.26	13.04
上海市金山区	114.11	215.81
湖南省钱粮湖农场	113.61	244.74
山东省微山县	113.59	40.69
山东省汶上县	113.49	819.02
山东省东营市东营区	113.27	134.80
甘肃省敦煌市	112.90	330.15
甘肃省金塔县	111.79	159.26
新疆拜城县	111.66	14.24
新疆吐鲁番市	110.97	339.51
河南省临颍县	110.86	237.46

6-5续表2

县市名	亩产(斤)	面积(万亩)
浙江省海盐县	109.62	230.82
湖北省钟祥市	109.40	1146.30
上海市松江县	109.20	244.09
安徽省无为县	109.00	835.77
湖南省安乡县	108.66	672.24
河南省扶沟县	108.36	1757.86
江苏省常熟市	108.31	981.15
山东省潍坊市潍城区	108.25	17.46
湖北省公安县	107.95	1900.01
湖北省团风县	107.93	13.88
新疆莎车县	107.91	1340.55
湖北省天门市	107.21	3419.26
江苏省铜山县	106.37	845.92
新疆坷坪县	106.22	16.07
浙江省上虞县	106.20	456.32
山东省金乡县	106.06	710.47
安徽省望江县	105.94	745.29
湖南省沅江县	105.81	267.96
江苏省金坛市	105.80	106.02
江苏省盐都县	105.61	1343.03
江苏省邳州市	105.49	577.58
新疆鄯善县	104.95	296.72
江苏省宝应县	104.94	286.65
江苏省江都市	104.90	163.71
江苏省兴化市	104.87	1301.16
湖北省黄岗市黄州区	104.03	408.09
新疆疏勒县	103.94	560.37
湖北省枝江市	103.92	1267.12
新疆新和县	103.23	370.80
新疆伽师县	103.01	549.59
河南省新乡县	103.00	750.25
江西省永修县	102.69	207.62
河南省鹿邑县	102.43	865.35
浙江省宁海县	102.40	237.97
新疆泽普县	102.27	505.10
新疆库车县	101.96	778.52
江苏省响水县	101.35	450.11
湖南省君山农场	101.27	158.69
湖北省黄梅县	100.58	870.23
亩产90~100斤(59个)		**42490.88**
占合计%		**11.64**
安徽省繁昌县	99.88	145.16
安徽省太湖县	99.80	145.99
江西省新余市渝水区	99.46	476.63
江苏省启东市	99.25	2598.93
新疆墨玉县	99.24	335.37
湖南省西洞庭农场	98.92	61.88

6－5续表3

县市名	亩产(斤)	面积(万亩)
江苏省建湖县	98.75	528.30
湖北省江陵县	98.62	1281.72
上海市南汇县	98.30	966.25
河南省南阳市宛城区	97.29	1625.73
浙江省慈溪县	97.25	1885.33
江苏省东台市	97.05	2672.44
江苏省如东县	96.92	2913.51
河南省南阳市卧龙区	96.83	155.54
湖北省云梦县	96.81	467.71
湖北省潜江市	96.79	1465.67
浙江省平湖县	96.79	333.61
湖北省仙桃市	96.78	2465.75
江苏省灌南县	96.54	326.08
江苏省张家港市	96.47	1251.83
山东省枣庄市台儿庄区	96.34	116.22
湖北省麻城市	96.17	733.83
新疆石河子市	96.13	565.22
河南省柘城县	95.83	813.87
山东省桓台县	95.58	145.56
江苏省泰县	95.29	312.92
河南省尉氏县	95.11	953.09
山东省潍坊市坊子区	95.11	21.06
新疆霍城县	94.90	24.53
河南省西华县	94.69	1072.00
安徽省东至县	94.58	529.81
新疆策勒县	94.45	118.65
湖北省松滋市	94.27	1371.50
上海市青浦县	93.99	166.76
新疆疏附县	93.89	455.13
湖南省建新农场	93.77	42.85
湖北省洪湖市	93.69	1015.94
湖南省衡阳县	93.65	168.39
上海市奉贤县	93.33	934.59
安徽省宿松县	93.23	656.81
湖北省随州市	92.96	1194.21
山东省成武县	92.93	905.83
浙江省萧山县	92.89	588.42
浙江省普陀县	92.76	106.98
湖北省武汉市新洲区	92.73	1458.76
上海市农场	92.64	183.30
湖北省沙洋农场	92.61	17.19
湖北省应城市	92.43	276.12
浙江省镇海县	92.27	238.39
山东省安丘县	92.13	357.09
湖南省澧县	91.94	1154.66
山东省昌邑县	91.70	798.77
河南省浚县	91.59	520.78
安徽省含山县	91.55	140.09

6－5续表4

县市名	亩产(斤)	面积(万亩)
湖北省荆门市荆门区	91.50	595.37
新疆乌什县	91.27	103.59
湖北省石首市	91.00	874.42
湖北省武汉市蔡甸区	90.70	494.89
天津市宁河县	90.28	159.86
亩产80～90斤(74个)		**48512.50**
占合计%		**13.29**
安徽省铜陵县	89.91	202.31
河南省新野县	89.74	1093.90
安徽省南陵县	89.65	58.57
湖南省汉寿县	89.59	409.67
河南省杞县	89.49	1231.83
江苏省海安县	89.35	1066.88
江苏省金湖县	89.28	121.37
浙江省余姚县	89.21	570.41
江苏省南京市郊区	88.88	24.34
山东省济宁市任城区	88.46	277.23
湖南省临澧县	88.18	382.01
陕西省西安市闫良区	87.91	46.74
安徽省枞阳县	87.91	348.41
湖北省阳新县	87.80	59.59
山东省嘉祥县	87.74	695.60
湖北省汉川市	87.60	1716.39
江苏省赣榆县	87.55	13.24
河南省太康县	87.54	2173.48
安徽省当涂县	87.36	297.12
新疆洛甫县	86.74	275.34
湖南省石门县	86.74	293.10
山东省德州市德州区	86.67	176.97
新疆叶城县	86.45	652.24
山东省巨野县	86.25	1434.04
上海市川沙县	86.09	484.73
安徽省泗县	86.04	491.83
江苏省六合县	85.91	145.11
湖北省宜城市	85.82	603.72
江苏省大丰市	85.73	3213.38
新疆英吉沙县	85.35	279.15
河南省通许县	85.26	724.62
四川省射洪县	85.25	767.58
河南省南乐县	85.21	403.35
江苏省靖江市	84.92	556.84
湖南省常德市鼎城区	84.90	646.62
山东省阳谷县	84.86	1118.30
湖北省孝昌县	84.77	15.30
山东省郓城县	84.74	1367.67
江苏省海门市	84.71	1633.82
山东省兖州市	84.49	269.21

6-5续表5

县市名	亩产(斤)	面积(万亩)
上海市上海县	84.35	558.52
安徽省怀宁县	84.34	187.60
湖北省鄂州市	84.33	813.35
江西省上高县	84.33	42.19
山东省齐河县	84.30	985.09
安徽省界首县	84.26	208.46
新疆阿克陶县	84.22	127.18
湖北省广水市	83.99	234.40
河南省商丘县	83.98	1270.01
江苏省太仓市	83.89	954.97
甘肃省临泽县	83.69	11.71
江苏省沛县	83.61	547.69
河南省中牟县	83.44	182.14
江西省星子县	82.48	100.46
山西省永济市	82.47	936.07
山东省寿光县	82.46	608.78
新疆皮山县	82.37	163.11
新疆于田县	82.31	217.87
江苏省射阳县	81.82	3416.99
四川省三台县	81.76	541.02
河南省社旗县	81.74	537.48
河南省兰考县	81.63	623.25
河南省民权县	81.51	836.79
山东省梁山县	81.11	594.46
山东省庆云县	81.04	178.62
新疆奎屯市	80.98	111.11
湖南省汨罗县	80.94	76.30
山东省定陶县	80.94	852.09
山东省东阿县	80.74	754.84
山东省陵县	80.71	1478.82
上海市崇明县	80.67	820.45
湖北省武汉市黄陂区	80.66	365.49
江苏省通州市	80.16	2710.04
新疆兵团农四师	80.14	123.14
亩产70~80斤(80个)		**54811.35**
占合计%		**15.02**
安徽省宿州市埇桥区	79.86	668.01
湖南省湘阴县	79.51	73.55
河南省偃城县	79.45	258.70
河南省郸城县	79.44	869.61
新疆和田县	79.39	226.24
山东省禹城县	79.16	857.35
安徽省宣州市	79.04	348.43
山东省莘县	78.94	1373.33
江苏省如皋县	78.78	1409.18
河南省淮阳县	78.50	994.05
湖南省慈利县	78.44	395.77

6－5续表6

县市名	亩产(斤)	面积(万亩)
山东省平原县	78.43	1197.14
山东省武城县	78.43	1162.58
浙江省三门县	78.27	100.99
江苏省丰县	78.10	927.82
安徽省五河县	78.08	181.92
安徽省贵池市	78.07	270.82
山东省临清县	77.93	2105.79
江苏省邗江县	77.91	45.91
湖北省罗田县	77.77	21.46
河南省宁陵县	77.75	383.39
江西省万年县	77.73	118.77
四川省蓬溪县	77.62	776.00
山东省青州县	77.17	51.96
安徽省怀远县	77.04	284.56
山东省济宁县	76.75	152.38
河南省滑县	76.68	1104.65
上海市嘉定区	76.64	605.23
河南省博爱县	76.53	260.96
河南省虞城县	76.41	1032.19
山东省聊城市东昌府区	76.34	1508.00
山东省滕州县	76.32	248.74
河北省正定市	76.31	552.20
江西省瑞昌县	76.00	344.02
上海市宝山区	75.89	586.77
江西省高安县	75.77	453.55
四川省乐至县	75.75	671.81
山东省夏津县	75.75	1974.63
山东省无棣县	75.45	376.95
河南省封丘县	75.44	526.09
江西省都昌县	75.43	453.25
山东省乐陵县	75.17	997.46
湖北省浠水县	75.15	453.41
河南省延津县	75.13	497.90
河北省吴桥县	74.88	1258.00
山东省高密县	74.81	1620.51
江苏省泗阳县	74.62	816.36
山东省济阳县	74.31	929.88
山东省宁阳县	74.23	238.72
湖北省安陆市	74.20	202.36
安徽省桐城市	73.82	149.46
安徽省全椒县	73.72	222.34
山东省茌平县	73.65	1344.75
新疆喀什市	73.46	36.25
河南省卫辉县	73.34	391.54
河南省沈丘县	73.16	459.49
河南省获嘉县	73.15	596.13
江苏省阜宁县	72.82	677.66
江苏省滨海县	72.73	873.86

6－5续表7

县市名	亩产(斤)	面积(万亩)
江苏省泗洪县	72.61	247.65
湖北省监利县	72.49	1884.20
河南省睢县	72.41	776.03
山西省夏县	72.30	473.15
河北省邱县	72.23	920.15
江苏省睢宁县	72.11	822.18
江西省武宁县	71.92	59.98
山东省高青县	71.63	1059.93
湖南省岳阳县	71.54	272.91
河南省永城县	71.49	914.50
湖北省孝感市孝南区	71.33	548.46
山东省平度县	71.23	1427.04
江苏省沭阳县	71.19	450.35
山东省宁津县	71.14	1130.60
山东省高唐县	71.07	1782.46
四川省简阳县	70.91	2093.69
四川省南部县	70.90	859.41
河北省晋州市	70.89	966.88
江苏省句容市	70.69	230.13
湖北省赤壁市	70.24	63.28
江苏省溧阳县	70.22	107.53
亩产60～70斤(100个)		**63067.32**
占合计%		**17.28**
山东省惠民县	69.87	1493.21
河北省肥乡县	69.75	917.54
河北省丰南县	69.69	602.99
河北省饶阳县	69.69	319.16
山东省广饶县	69.56	927.83
湖南省平江县	69.55	60.20
河北省馆陶县	69.54	678.44
河南省清丰县	69.43	718.86
山东省曹县	69.32	2041.26
陕西省大荔县	69.24	1500.83
山东省昌乐县	69.11	293.11
河北省成安县	68.84	1309.55
河南省修武县	68.63	333.57
湖南省桃源县	68.49	588.15
江西省湖口县	68.31	384.28
四川省西充县	68.27	428.98
湖北省武汉市江夏区	68.25	121.82
安徽省巢湖市	68.17	517.26
山东省邹平县	68.09	1506.29
河北省临西县	68.04	750.80
山西省新降县	67.90	554.40
山东省鄄城县	67.83	527.15
湖北省当阳市	67.62	669.95
山东省苍山县	67.59	273.90

6-5 续表 8

县市名	亩产(斤)	面积(万亩)
河南省邓州市	67.52	1276.99
山东省冠县	67.33	1799.50
安徽省濉溪县	67.30	767.09
四川省盐亭县	67.19	346.57
河南省项城县	67.08	414.37
河北省故城县	66.98	833.36
山东省商河县	66.91	1500.21
江苏省丹徒县	66.86	120.63
河南省夏邑县	66.74	736.91
四川省中江县	66.71	778.03
河南省原阳县	66.59	369.78
四川省遂宁市遂宁中区	66.41	745.61
河北省乐亭县	66.40	388.68
湖北省嘉鱼县	66.32	304.78
江苏省江宁县	66.22	61.15
江西省新建县	66.21	65.01
山东省菏泽县	66.19	1030.64
安徽省亳州市	66.14	469.08
四川省仁寿县	66.12	1724.78
河北省辛集市	66.12	1633.26
安徽省阜阳县	66.01	419.63
湖北省蕲春县	65.66	178.53
河南省孟州市	65.56	336.09
河南省开封县	65.46	459.29
安徽省灵璧县	65.34	598.30
河南省唐河县	65.31	1353.68
河北省固安县	65.30	321.33
山西省侯马市	65.22	222.01
湖北省南漳县	65.14	307.23
山东省潍县	65.13	135.81
安徽省蒙城县	65.09	807.18
陕西省西安市市郊区	65.00	301.07
河南省沁阳市	64.85	193.12
河北省藁城市	64.73	1082.53
河南省镇平县	64.64	335.46
安徽省利辛县	64.45	371.30
河南省温县	64.40	190.39
河南省商水县	64.08	570.06
浙江省临海县	64.08	121.65
河南省新蔡县	64.03	766.88
安徽省和县	63.94	472.27
河北省大名县	63.88	516.98
陕西省扶风县	63.58	139.58
山东省临邑县	63.57	1231.89
江苏省东海县	63.57	84.64
山西省临猗县	63.52	1391.36
山东省东营市河口区	63.46	78.06
安徽省萧县	63.37	1327.45

6-5续表9

县市名	亩产(斤)	面积(万亩)
江苏省宿豫市	63.35	365.37
山东省郯城县	63.25	191.63
山东省阳信县	63.22	716.13
四川省阆中县	62.91	312.10
山西省稷山县	62.87	558.97
山西省平遥县	62.83	341.51
山东省博兴县	62.65	1017.81
山东省单县	62.57	1380.19
河南省淇县	62.52	309.75
河北省曲周县	62.52	731.71
山东省滨州县	62.43	1367.69
江苏省丹阳市	62.21	270.36
河北省临漳县	61.80	895.04
湖南省益阳市赫山区	61.72	104.49
河北省南宫市	61.56	1701.39
河南省息县	61.53	507.49
河南省武陟县	61.49	312.29
山东省五莲县	61.44	88.36
河北省冀州市	61.38	1356.25
山东省章丘县	61.17	593.70
江西省安义县	61.07	39.43
江苏省吴县	60.94	4.35
河南省淮滨县	60.91	262.34
安徽省砀山县	60.57	868.62
河南省范县	60.46	180.96
湖南省临湘市	60.33	184.41
山西省运城市	60.08	1091.74
湖南省耒阳县	60.07	113.52
亩产50~60斤(100个)		**48126.86**
占合计%		**13.18**
山东省东明县	59.96	675.38
陕西省高陵县	59.95	391.78
河北省无极县	59.79	540.56
江苏省涟水县	59.78	438.00
山东省邹城市	59.74	188.23
山西省襄汾县	59.60	915.16
湖北省襄阳县	59.46	2139.16
山东省肥城县	59.44	301.24
河北省深泽县	59.42	307.71
山东省东平县	59.38	318.73
山东省济南市历城区	59.30	69.92
河北省黄骅县	58.87	97.11
河北省定兴县	58.87	616.52
河北省广平县	58.80	385.93
河北省威县	58.75	1913.27
陕西省武功县	58.56	145.48
安徽省太和县	58.51	411.81

6-5续表10

县市名	亩产(斤)	面积(万亩)
河北省鸡泽县	58.47	484.95
江西省波阳县	58.38	456.98
山西省曲沃县	58.19	634.11
河北省青县	58.18	113.14
河北省安平县	57.94	307.37
河北省东光县	57.85	1161.20
河南省濮阳县	57.78	705.95
河北省高邑县	57.74	317.59
北京市房山县	57.51	63.00
陕西省渭南市临渭区	57.28	1394.20
陕西省华县	57.25	362.27
四川省巴中县	57.04	559.10
山东省诸城县	57.01	1075.82
江西省临川县	56.90	218.94
河北省魏县	56.88	586.64
河北省肃宁县	56.70	484.86
河北省栾城市	56.60	563.49
河北省柏乡县	56.51	402.83
河北省永清县	56.39	241.30
北京市平谷县	56.38	188.90
辽宁省灯塔市	56.22	37.69
河北省孟村回族自治县	56.22	91.18
四川省仪陇县	56.19	439.53
安徽省来安县	56.19	139.63
湖北省老河口市	56.17	419.15
陕西省泾阳县	56.13	1198.11
山东省临沂县	56.03	220.36
河北省隆尧县	55.90	706.16
河南省安阳县	55.77	1991.76
安徽省滁州市南樵区	55.67	177.75
北京市通州区	55.51	302.53
山东省利津县	55.20	647.48
河南省长垣县	55.16	327.98
河南省汤阴县	55.10	953.20
江苏省江阴市	55.02	88.85
山西省河津市	54.76	386.49
河北省盐山县	54.72	410.40
江苏省仪征市	54.72	118.61
江苏省淮安市	54.61	121.14
河北省博野县	54.60	464.30
河北省枣强县	54.58	878.80
河北省安次县	54.43	512.38
山东省沾化县	54.37	933.74
天津市宝坻县	54.27	209.73
河南省泌阳县	54.17	501.94
河北省霸州市	54.01	277.89
陕西省户县	53.93	302.27
安徽省定远县	53.78	281.31

6-5 续表 11

县市名	亩产(斤)	面积(万亩)
山东省平阴县	53.70	166.68
安徽省临泉县	53.62	615.63
河南省内乡县	53.54	243.85
陕西省西安市临潼区	53.36	1075.16
陕西省咸阳市渭城区	53.36	23.80
江苏省武进市	53.31	23.57
江西省樟树县	53.29	107.34
湖北省谷城县	53.23	244.25
天津市武清县	53.22	591.00
江苏省溧水县	53.13	52.79
江苏省镇江市郊区	53.01	15.56
安徽省涡阳县	52.94	635.00
四川省安岳县	52.93	509.17
辽宁省朝阳县	52.90	887.30
河北省蠡县	52.89	673.07
河南省方城县	52.74	587.00
辽宁省义县	52.71	111.53
湖南省常宁县	52.65	46.49
江西省丰城县	52.60	326.56
安徽省长丰县	52.50	577.86
河北省沧县	52.31	108.16
河北省永年县	52.10	1285.65
河北省赵县	51.98	974.25
安徽省庐江县	51.92	149.49
河北省清河县	51.91	548.57
河南省偃师市	51.76	577.64
安徽省天长市	51.41	235.38
河北省容城县	51.23	176.11
河北省南皮县	51.10	674.09
山东省莒南县	50.61	95.50
河北省阜城县	50.42	621.00
陕西省韩城县	50.24	484.01
河北省香河县	50.23	159.00
陕西省三原县	50.21	712.95
河北省元氏县	50.07	492.48
亩产 40~50 斤(115 个)		**41840.10**
占合计%		**11.46**
河北省衡水市桃城区	49.77	327.50
云南省宾川县	49.72	157.09
山西省垣曲县	49.58	185.79
湖北省大冶市	49.57	128.26
四川省剑阁县	49.52	237.43
河北省新河县	49.46	423.57
陕西省长安县	49.34	297.20
北京市顺义县	49.32	129.40
河南省西平县	49.25	237.61
江西省乐平县	49.21	252.93
江苏省洪泽县	49.13	5.38

6－5续表12

县市名	亩产(斤)	面积(万亩)
河北省涞水县	49.03	117.61
辽宁省北票县	49.01	366.01
河北省景县	49.00	813.33
河北省三河县	49.00	227.08
山东省沂水县	48.83	289.77
河南省上蔡县	48.69	606.08
河北省深州市	48.58	949.01
河北省磁县	48.57	792.61
湖南省攸县	48.50	51.28
河北省邢台县	48.31	530.63
辽宁省绥中县	48.24	25.25
河北省宁晋县	48.03	1050.39
山西省芮城县	47.96	729.16
陕西省眉县	47.94	140.04
河北省高阳县	47.83	183.04
河北省任县	47.63	284.92
河北省鹿泉市	47.56	449.78
陕西省华阴县	47.39	179.16
安徽省寿县	47.37	638.34
河北省内邱县	47.36	326.82
河北省任邱市	47.36	408.33
河北省广宗县	47.32	403.48
河南省林县	47.13	326.29
辽宁省兴城市	47.06	19.93
河北省大厂回族自治县	46.97	137.63
河南省辉县	46.96	439.17
河北省新乐市	46.84	193.48
辽宁省建昌县	46.67	232.40
四川省金堂县	46.64	724.98
河北省定州市	46.45	795.34
河北省武强县	46.42	147.68
河北省海兴县	46.13	47.91
安徽省肥东县	46.01	519.23
湖南省茶陵县	45.96	51.46
陕西省周至县	45.82	415.33
河北省行唐县	45.81	385.53
江苏省江浦县	45.67	147.13
湖南省溆浦县	45.57	102.91
湖南省湘潭县	45.29	53.99
河南省汝南县	45.23	393.05
陕西省兴平县	45.22	373.12
山东省垦利县	45.19	471.34
山东省胶县	45.06	100.97
河北省满城县	45.06	412.02
山西省万荣县	45.03	898.96
河北省武邑县	45.01	464.44
河南省灵宝县	44.86	1256.33
河北省河间市	44.49	783.14
河北省雄县	44.40	78.10

6-5 续表 13

县市名	亩产(斤)	面积(万亩)
河北省南和县	44.36	238.59
河北省玉田县	44.19	243.31
河北省临城县	44.06	283.78
山西省临汾市	44.06	563.62
河南省陕县	43.91	392.04
辽宁省北镇县	43.88	45.31
山西省翼城县	43.87	426.58
湖北省枣阳市	43.83	2246.82
辽宁省辽阳县	43.78	299.65
湖南省东安县	43.78	46.60
四川省平昌县	43.78	317.62
河北省望都县	43.74	289.44
山东省莒县	43.71	198.46
山西省阳城县	43.69	270.27
河北省丰润县	43.64	276.67
四川省井研县	43.58	189.63
湖南省宁乡县	43.52	107.54
河北省沙河县	43.44	431.66
甘肃省民勤县	43.36	132.63
河北省滦南县	43.36	303.74
辽宁省海城市	43.35	22.86
北京市昌平县	43.33	58.90
河北省顺平县	43.22	292.74
河北省邯郸县	43.00	648.91
山西省文水县	42.90	451.03
山西省绛县	42.89	339.18
河北省徐水县	42.73	272.47
陕西省潼关县	42.54	194.01
山东省泰安县	42.51	127.33
河北省遵化县	42.43	181.46
河北省安国县	42.42	466.60
河北省清苑县	42.33	316.80
山西省榆次市	42.31	143.00
河南省罗山县	42.20	200.02
陕西省咸阳市秦都区	42.13	599.71
河北省邯郸市市郊区	41.97	144.07
河北省武安市	41.94	1335.93
河北省平山县	41.92	232.04
辽宁省黑山县	41.80	896.25
陕西省富平县	41.70	721.91
河北省高碑店	41.50	220.53
河北省易县	41.47	215.50
山西省洪洞县	41.35	763.68
山西省清徐县	41.30	74.38
陕西省澄城县	41.18	198.55
河北省唐海县	41.15	45.37
陕西省蒲城县	41.00	859.17
河北省献县棉	40.76	326.19
山西省太谷县	40.72	149.41

6－5 续表 14

县市名	亩产(斤)	面积(万亩)
河南省平舆县	40.49	401.92
安徽省肥西县	40.45	437.62
山西省闻喜县	40.42	511.57
山西省沁水县	40.39	171.68
河南省孟津县	40.11	292.57
江西省进贤县	40.08	306.64
亩产 30～40 斤(52 个)		**10723.02**
占合计%		**2.94**
江苏省盱眙县	39.96	112.02
河北省灵寿县	39.50	258.85
河北省唐县	39.21	229.23
安徽省霍邱县	39.20	597.25
山西省霍州县	39.08	130.95
河南省巩义市	38.75	262.56
天津市蓟县	38.50	163.96
山东省临沭县	38.40	49.56
河北省抚宁县	38.35	148.17
河北省大城县	38.30	114.53
陕西省礼泉县	38.28	566.30
河南省信阳县	38.27	229.44
山西省平陆县	37.99	358.44
陕西省乾县	37.86	417.81
河北省文安县	37.57	112.55
山西省祁县	37.53	164.96
四川省资阳市雁江区	37.27	142.97
河北省巨鹿县	36.96	571.01
陕西省合阳县	36.96	834.95
云南省昌宁县	36.68	51.39
河南省光山县	36.12	235.40
河南省新郑市	36.03	77.04
山西省汾阳市	35.77	408.77
云南省永胜县	35.54	55.35
河北省涿州市	35.06	189.77
河南省潢川县	34.99	252.94
河南省正阳县	34.56	231.29
河南省固始县	34.45	302.57
河北省泊头市	34.40	196.74
河南省汝阳县	34.16	215.99
山东省沂源县	34.15	88.70
河北省迁安县	34.11	58.61
河北省迁西县	34.06	31.59
山西省泽州县	33.85	124.51
江苏省高淳县	33.61	60.27
河南省桐柏县	33.51	159.80
山东省蒙阴县	33.42	128.98
山西省介休市	33.31	132.16
山西省大宁县	33.15	98.12
河北省卢龙县	32.77	132.36

6－5 续表 15

县市名	亩产(斤)	面积(万亩)
河北省平乡县	32.73	186.33
山东省长清县	32.69	11.86
河南省宜阳县	32.60	422.92
湖南省隆回县	32.53	51.70
河南省汝州市	32.39	587.31
江苏省昆山市	32.16	9.97
河北省滦县	31.69	52.28
山东省沂南县	31.48	154.01
山西省交城县	31.26	173.33
山西省浮山县	31.26	101.45
河北省昌黎县	30.66	112.24
江苏省新沂市	30.19	61.77
亩产 30 斤以下(35 个)		**3423.39**
占合计%		**0.94**
江西省余干县	29.97	190.77
天津市静海县	29.96	85.65
山东省莱芜县	29.94	82.34
山东省即墨县	29.88	26.37
山东省新泰县	29.55	92.24
山东省费县	29.38	134.15
河南省伊川县	29.23	569.88
河南省确山县	29.02	135.99
湖南省泸溪县	28.99	36.84
河南省新安县	28.77	163.33
湖南省洞口县	28.72	60.28
山西省孝义市	28.52	96.38
河北省井陉县	28.20	35.74
云南省保山县	28.15	80.65
湖南省邵阳县	27.76	72.36
云南省元谋县	27.70	24.48
山东省平邑县	27.21	95.06
山东省泗水县	27.19	127.75
河北省赞皇县	26.93	96.10
河南省嵩县	26.34	165.19
江苏省泰兴市	26.31	19.88
江苏省淮阴县	25.68	192.92
河北省曲阳县	25.63	83.25
山东省胶南县	25.33	30.75
辽宁省彰武县	25.19	14.37
云南省弥渡县	24.76	64.42
江苏省宜兴市	24.27	5.92
北京市大兴县	22.43	252.00
河南省洛宁县	21.24	187.65
湖南省常武陵区	20.74	93.80
河北省安新县	20.26	22.06
江苏省扬州市郊区	19.12	1.00
江苏省扬中市	16.73	8.52
山东省临朐县	13.72	52.93
辽宁省新民县	11.27	22.37

6-6 全国产棉县棉花面积、产量、收购量历史最高年份

县市名	面积		产量		收购量	
	数量(万亩)	年度	数量(万担)	年度	数量(万担)	年度
全国合计	**13712.03**		**19010.02**		**17107.58**	
河北省小计	**2220.53**		**2138.87**		**2210.99**	
河北省定兴县	26.20	1984	42.47	1984	44.65	1984
河北省安国县	18.96	1956	11.34	1984	12.16	1984
河北省博野县	18.01	1956	15.70	1983	21.92	1984
河北省定州市	37.51	1951	26.10	1984	32.50	1984
河北省高阳县	9.38	1954	6.30	1984	6.99	1984
河北省蠡县	27.34	1951	26.40	1984	28.10	1984
河北省清苑县	14.90	1954	11.93	1984	13.03	1984
河北省容城县	8.32	1954	9.63	1984	12.50	1984
河北省唐县	11.94	1955	6.02	1984	6.43	1984
河北省雄县	4.70	1984	4.77	1984	4.84	1987
河北省易县	10.00	1955	5.26	1984	5.52	1984
河北省满城县	18.02	1955	12.00	1984	11.00	1984
河北省望都县	13.90	1954	10.06	1984	19.84	1987
河北省徐水县	14.92	1954	15.10	1984	16.56	1984
河北省高碑店	7.45	1960	8.12	1984	9.50	1984
河北省涿州市	9.65	1961	3.39	1955	3.67	1960
河北省安新县	5.70	1954	0.54	1953	0.10	1992
河北省涞水县	4.25	1954	5.07	1984	5.75	1984
河北省曲阳县	6.98	1956	1.81	1958	1.12	1958
河北省顺平县	16.52	1954	10.24	1984	12.48	1984
河北省宁晋县	37.67	1952	33.58	1984	41.61	1984
河北省柏乡县	12.70	1956	13.75	1984	14.62	1984
河北省广宗县	19.00	1989	13.46	1988	10.01	1984
河北省巨鹿县	22.09	1959	14.94	1984	19.52	1984
河北省临城县	9.45	1959	8.95	1984	9.72	1984
河北省临西县	24.55	1992	31.97	1984	34.86	1984
河北省隆尧县	20.81	1991	26.64	1984	31.40	1984
河北省内邱县	10.17	1959	11.74	1984	13.82	1984
河北省南宫市	50.49	1956	60.02	1984	63.53	1984
河北省南和县	12.09	1956	7.91	1984	9.05	1984
河北省平乡县	8.09	1991	6.05	1991	7.22	1991
河北省清河县	19.78	1984	26.18	1984	31.71	1984
河北省沙河县	16.97	1956	11.74	1984	13.66	1984
河北省威县	55.00	1988	70.00	1984	77.13	1984
河北省新河县	13.85	1956	12.00	1991	13.41	1988
河北省邢台县	20.66	1956	16.27	1984	17.70	1984
河北省任县	12.04	1994	9.92	1991	13.56	1991
河北省昌黎县	6.19	1956	2.78	1956	1.92	1956
河北省卢龙县	6.14	1951	2.47	1968	2.00	1956
河北省抚宁县	7.91	1956	3.59	1958	3.02	1956
河北省迁西县	2.08	1951	0.66	1970	0.30	1968
河北省丰润县	8.94	1978	7.50	1984	11.09	1984
河北省丰南县	16.27	1956	30.38	1984	31.94	1984
河北省乐亭县	19.54	1984	26.27	1984	26.45	1984
河北省滦南县	8.95	1968	5.91	1983	8.16	1984

6-6续表1

县市名	面积		产量		收购量	
	数量(万亩)	年度	数量(万担)	年度	数量(万担)	年度
河北省滦县	2.62	1954	1.09	1956	0.63	1955
河北省迁安县	2.93	1954	1.46	1968	0.77	1968
河北省唐海县	1.84	1959	1.02	1971	1.04	1971
河北省玉田县	7.72	1978	6.29	1984	10.34	1984
河北省遵化县	6.83	1974	4.32	1984	3.65	1984
河北省高邑县	10.75	1955	11.26	1984	9.96	1983
河北省鹿泉市	17.88	1956	13.47	1983	13.26	1983
河北省辛集市	43.45	1959	54.72	1983	55.89	1983
河北省赵县	41.07	1956	26.76	1984	27.91	1984
河北省藁城市	37.68	1956	36.26	1984	33.72	1983
河北省栾城市	23.81	1951	14.98	1983	15.35	1983
河北省新乐市	7.19	1956	5.69	1984	5.38	1984
河北省正定市	19.88	1956	25.54	1984	23.80	1984
河北省晋州市	33.76	1956	34.27	1984	34.66	1984
河北省平山县	9.80	1954	4.92	1983	4.91	1983
河北省行唐县	13.49	1956	12.66	1984	12.32	1984
河北省井陉县	3.43	1955	0.75	1955	0.53	1955
河北省元氏县	17.25	1956	14.75	1983	14.24	1984
河北省深泽县	8.97	1961	13.59	1984	17.97	1987
河北省灵寿县	10.83	1954	5.50	1984	7.54	1984
河北省无极县	19.18	1956	20.90	1984	23.76	1984
河北省赞皇县	5.63	1955	1.57	1955	1.25	1959
河北省安次县	16.99	1984	27.55	1984	34.13	1984
河北省大城县	10.51	1984	7.74	1984	5.70	1984
河北省文安县	7.42	1995	4.29	1984	4.36	1991
河北省霸州市	14.57	1984	19.40	1984	23.82	1984
河北省固安县	15.47	1984	26.10	1984	33.29	1984
河北省香河县	6.11	1984	10.30	1984	12.40	1984
河北省大厂回族自治县	5.08	1955	6.26	1984	8.49	1984
河北省三河县	8.84	1984	12.85	1984	14.92	1984
河北省永清县	13.88	1984	17.56	1984	20.99	1984
河北省安平县	12.96	1989	15.65	1984	18.85	1984
河北省阜城县	24.85	1984	23.86	1984	26.72	1984
河北省故城县	36.00	1988	40.01	1984	40.25	1984
河北省景县	38.21	1990	32.46	1984	31.29	1984
河北省饶阳县	20.27	1984	20.46	1990	18.37	1984
河北省深州市	40.00	1988	31.94	1991	32.95	1984
河北省衡水市桃城区	14.65	1984	14.82	1984	14.40	1984
河北省武强县	11.46	1984	9.28	1991	10.76	1991
河北省武邑县	25.97	1984	18.56	1984	17.61	1984
河北省枣强县	35.02	1991	41.34	1984	37.36	1984
河北省冀州市	40.03	1958	46.51	1984	49.85	1984
河北省泊头市	11.26	1991	7.68	1991	7.35	1984
河北省沧县	8.76	1992	6.44	1991	5.03	1988
河北省东光县	39.77	1952	48.60	1984	47.29	1984
河北省海兴县	4.65	1991	2.55	1984	2.61	1988
河北省河间市	41.97	1984	33.40	1984	38.69	1984
河北省黄骅县	11.21	1984	11.71	1984	7.09	1984

6－6续表2

县市名	面积		产量		收购量	
	数量(万亩)	年度	数量(万担)	年度	数量(万担)	年度
河北省孟村回族自治县	5.98	1991	5.76	1984	5.98	1988
河北省南皮县	29.38	1991	26.56	1984	25.39	1984
河北省青县	13.50	1984	7.81	1984	5.63	1984
河北省任邱市	22.00	1984	19.95	1984	20.88	1984
河北省肃宁县	25.00	1988	27.90	1984	32.46	1984
河北省吴桥县	45.06	1955	76.84	1983	54.88	1984
河北省献县	34.99	1991	19.59	1991	11.13	1991
河北省盐山县	26.85	1991	24.64	1984	17.40	1988
河北省肥乡县	30.23	1994	39.20	1995	30.91	1990
河北省大名县	30.85	1990	33.62	1991	29.92	1991
河北省磁县	30.41	1956	13.57	1954	15.40	1984
河北省广平县	11.86	1991	12.48	1984	13.40	1984
河北省成安县	42.06	1954	35.70	1994	33.97	1983
河北省馆陶县	21.12	1995	36.01	1984	37.98	1984
河北省邯郸市郊区	13.77	1984	14.21	1984	14.81	1984
河北省邯郸县	23.70	1954	13.35	1984	12.53	1983
河北省临漳县	24.26	1952	30.51	1984	29.68	1984
河北省邱县	27.56	1956	37.14	1998	32.90	1991
河北省曲周县	29.00	1989	28.78	1989	26.23	1991
河北省魏县	28.18	1992	30.54	1984	29.63	1991
河北省武安市	52.33	1951	23.14	1954	22.58	1984
河北省永年县	46.00	1951	27.13	1984	33.17	1984
河北省鸡泽县	18.36	1956	18.42	1990	14.61	1991
河南省小计	**2520.52**		**2824.98**		**1993.81**	
河南省新郑市	5.43	1952	1.69	1974	3.83	1991
河南省巩义市	14.65	1956	7.15	1958	7.43	1958
河南省中牟县	9.39	1995	13.26	1995	15.76	1999
河南省开封县	19.18	1956	21.71	1999	11.96	1984
河南省杞县	62.00	1992	74.71	1997	50.00	1991
河南省通许县	43.09	1984	51.58	1997	36.01	1984
河南省尉氏县	44.94	1984	59.37	1997	35.57	1984
河南省兰考县	39.60	1984	40.00	1984	37.80	1984
河南省偃师市	19.68	1956	13.25	1984	14.78	1985
河南省孟津县	13.30	1959	6.17	1958	6.21	1958
河南省新安县	8.02	1951	2.25	1977	1.95	1979
河南省宜阳县	16.11	1956	7.20	1970	6.52	1970
河南省伊川县	27.66	1956	7.50	1955	7.96	1996
河南省汝阳县	7.34	1956	4.23	1970	3.90	1991
河南省嵩县	6.98	1956	4.79	1980	7.91	1968
河南省洛宁县	8.94	1957	2.01	1967	2.05	1959
河南省灵宝县	50.16	1956	29.57	1958	29.08	1958
河南省陕县	25.00	1959	12.18	1958	11.36	1958
河南省汝州市	23.83	1952	8.65	1984	7.73	1992
河南省孟州市	14.29	1957	10.11	1984	10.36	1983
河南省沁阳市	7.74	1984	7.32	1984	7.07	1983
河南省武陟县	11.12	1957	8.59	1980	8.73	1980
河南省温县	5.81	1960	5.24	1994	4.69	1980
河南省博爱县	10.76	1955	10.29	1991	9.25	1991

6－6 续表 3

县市名	面积		产量		收购量	
	数量(万亩)	年度	数量(万担)	年度	数量(万担)	年度
河南省修武县	10.76	1955	12.24	1991	10.56	1984
河南省浚县	22.22	1992	48.80	1968	43.00	1968
河南省淇县	12.75	1992	27.60	1960	16.65	1991
河南省新乡县	28.28	1956	39.99	1991	39.98	1991
河南省卫辉县	15.75	1992	20.19	1991	14.39	1991
河南省获嘉县	21.44	1957	33.62	1991	20.20	1984
河南省辉县	20.76	1959	14.62	1989	12.99	1991
河南省原阳县	18.00	1992	18.48	1993	14.73	1991
河南省延津县	29.10	1991	37.85	1991	29.13	1991
河南省封丘县	30.30	1984	32.94	1991	26.28	1991
河南省长垣县	13.05	1992	16.01	1991	10.94	1991
河南省安阳县	71.10	1956	46.24	1984	44.88	1984
河南省林县	13.10	1959	7.28	1958	7.28	1959
河南省内黄县	52.53	1991	78.26	1991	46.80	1989
河南省滑县	59.90	1992	81.39	1991	63.99	1991
河南省汤阴县	41.11	1955	22.66	1984	22.07	1959
河南省鄢陵县	53.00	1996	73.50	1997	41.28	1991
河南省濮阳县	38.00	1993	38.17	1991	23.74	1991
河南省清丰县	43.82	1961	33.00	1984	27.49	1984
河南省南乐县	25.31	1991	32.37	1991	22.80	1991
河南省范县	10.05	1992	10.03	1984	23.01	1990
河南省临颍县	20.88	1995	31.74	1995	11.82	1992
河南省偃城县	23.73	1999	19.24	1997	8.87	2000
河南省南阳市宛城区	60.40	1991	82.26	1997	75.26	1984
河南省邓州市	51.00	1998	73.85	1998	42.10	1997
河南省新野县	46.00	1994	68.64	1997	39.47	1991
河南省唐河县	52.07	1994	60.99	1998	31.05	1995
河南省南阳市卧龙区	18.68	1996	24.00	1997	23.42	1999
河南省内乡县	7.50	1993	6.98	1995	8.20	1991
河南省方城县	16.51	1968	14.75	1997	12.09	1967
河南省社旗县	22.76	1996	28.46	1999	12.68	1992
河南省镇平县	17.51	1996	18.50	1999	6.96	1991
河南省桐柏县	8.09	1952	2.51	1995	3.96	1999
河南省商丘县	61.74	2000	90.43	1998	54.00	1996
河南省永城县	64.94	1999	102.61	1999	43.00	1999
河南省民权县	41.04	2000	63.23	2000	39.99	1991
河南省睢县	39.70	1992	34.69	1997	26.36	1996
河南省柘城县	35.00	1995	56.42	1997	72.34	1984
河南省宁陵县	22.50	1993	28.92	2000	18.57	1992
河南省虞城县	49.19	1988	98.17	1990	36.22	1991
河南省夏邑县	30.46	1989	31.24	1988	30.26	1991
河南省扶沟县	80.00	1995	118.94	1991	107.12	1991
河南省西华县	62.73	1992	73.40	1998	45.15	1991
河南省鹿邑县	47.00	1995	69.19	2000	52.00	1984
河南省郸城县	58.00	1992	71.44	2000	26.21	1988
河南省淮阳县	55.82	1991	53.14	1991	33.43	1983
河南省太康县	90.00	1991	136.60	1998	85.10	1984
河南省商水县	26.66	1984	20.90	1995	11.01	1984

6-6续表4

县市名	面积		产量		收购量	
	数量(万亩)	年度	数量(万担)	年度	数量(万担)	年度
河南省沈丘县	24.06	1984	22.01	1983	15.58	1983
河南省项城县	28.16	1984	17.40	1995	12.87	1984
河南省罗山县	6.90	1952	4.75	1992	2.80	1995
河南省信阳县	8.40	1967	6.65	1997	2.80	1992
河南省光山县	11.30	1954	4.93	2000	3.12	1977
河南省息县	25.08	1995	19.88	1995	13.21	1983
河南省淮滨县	9.89	1996	11.17	1995	5.19	1984
河南省潢川县	11.30	1967	6.23	1977	6.13	1977
河南省固始县	17.00	1966	6.37	1966	5.37	1966
河南省上蔡县	19.95	1992	16.35	1973	14.71	1973
河南省正阳县	11.50	1971	4.84	1992	2.88	1974
河南省确山县	6.86	1974	3.30	1974	2.63	1974
河南省泌阳县	16.66	1984	15.42	1996	8.65	1967
河南省汝南县	28.05	1992	10.38	1992	6.26	1992
河南省平舆县	15.05	1992	9.07	1973	8.02	1973
河南省西平县	10.10	1971	9.35	1973	7.98	1973
河南省新蔡县	35.00	1996	41.58	1997	18.87	1995
山东省小计	**2981.93**		**3774.83**		**3525.35**	
山东省阳谷县	58.47	1984	95.00	1984	93.00	1984
山东省莘县	79.76	1984	116.45	1984	107.86	1984
山东省茌平县	69.01	1984	92.88	1984	92.46	1984
山东省东阿县	44.76	1983	57.64	1984	52.93	1991
山东省冠县	66.37	1990	91.69	1984	90.56	1984
山东省高唐县	57.58	1991	81.00	1984	76.90	1984
山东省临清县	70.60	1951	97.80	1984	96.95	1984
山东省聊城市东昌府区	68.64	1983	91.43	1984	90.11	1984
山东省德州市德州区	14.44	1992	16.43	1984	19.18	1984
山东省陵县	60.30	1991	109.76	1984	106.94	1984
山东省平原县	47.48	1988	81.95	1984	86.22	1984
山东省夏津县	56.06	1987	95.37	1984	99.46	1987
山东省武城县	39.58	1991	65.32	1984	60.37	1984
山东省齐河县	55.93	1988	98.10	1984	93.06	1984
山东省禹城县	41.74	1988	64.25	1984	61.22	1984
山东省乐陵县	46.55	1991	63.32	1984	65.52	1984
山东省临邑县	38.45	1992	76.00	1984	74.80	1984
山东省宁津县	42.80	1991	56.90	1984	52.00	1984
山东省庆云县	18.45	1991	19.93	1991	11.68	1988
山东省惠民县	59.18	1991	81.17	1984	78.74	1984
山东省滨州县	46.34	1956	54.44	1984	52.14	1984
山东省阳信县	41.41	1990	42.18	1984	41.92	1984
山东省无棣县	40.06	1991	35.36	1991	29.07	1991
山东省沾化县	44.28	1991	40.02	1984	33.91	1984
山东省博兴县	38.03	1991	48.57	1984	44.87	1984
山东省邹平县	47.91	1984	70.30	1984	68.86	1984
山东省菏泽县	62.22	1984	65.00	1984	63.70	1984
山东省曹县	106.33	1984	121.18	1991	109.11	1991
山东省定陶县	45.54	1984	55.67	1984	47.65	1991
山东省成武县	46.27	1988	62.42	1991	58.18	1991

6－6续表5

县市名	面积		产量		收购量	
	数量(万亩)	年度	数量(万担)	年度	数量(万担)	年度
山东省单县	58.84	1984	75.00	1984	74.30	1984
山东省巨野县	78.43	1992	104.60	1991	102.40	1991
山东省郓城县	74.42	1984	81.86	1984	74.72	1984
山东省鄄城县	36.37	1984	36.47	1984	31.79	1991
山东省东明县	46.34	1984	38.70	1984	39.94	1991
山东省潍县	18.24	1983	22.64	1983	20.55	1983
山东省高密县	45.80	1958	60.53	1984	56.74	1984
山东省诸城县	52.20	1956	39.22	1984	37.79	1984
山东省昌邑县	32.06	1984	51.60	1984	50.84	1984
山东省昌乐县	11.87	1984	14.98	1984	13.06	1984
山东省安丘县	18.00	1992	27.40	1991	27.20	1991
山东省寿光县	39.48	1984	56.15	1984	54.14	1984
山东省青州县	2.88	1984	3.91	1991	5.96	1999
山东省潍坊市寒亭区	14.69	1984	23.05	1984	24.65	1984
山东省潍坊市坊子区	3.59	1984	3.83	1984	14.06	1991
山东省潍坊市潍城区	3.40	1984	4.19	1984	3.88	1984
山东省临朐县	4.48	1985	0.83	1952	1.35	1992
山东省济宁县	13.13	1984	14.21	1984	8.98	1988
山东省任城区	21.28	1984	26.54	1984	20.09	1982
山东省兖州市	22.42	1984	24.51	1984	16.40	1982
山东省邹城市	8.75	1984	9.67	1984	6.20	1990
山东省鱼台县	22.40	1993	27.50	1994	21.60	1991
山东省金乡县	44.76	1991	68.57	1991	48.00	1991
山东省嘉祥县	45.86	1984	56.67	1984	40.00	1983
山东省微山县	8.43	1983	10.92	1983	7.89	1983
山东省汶上县	39.98	1984	61.71	1984	49.28	1991
山东省梁山县	44.22	1984	56.12	1984	35.64	1984
山东省泗水县	6.40	1974	2.64	1973	2.49	1973
山东省东营市东营区	14.55	1991	18.52	1991	20.67	1991
山东省东营市河口区	16.43	1991	6.83	1984	5.31	1984
山东省垦利县	20.80	1956	12.15	1984	17.27	1984
山东省利津县	29.97	1991	26.59	1988	25.86	1984
山东省广饶县	40.90	1983	45.01	1983	42.82	1984
山东省临沂县	18.20	1982	15.47	1982	12.66	1982
山东省郯城县	12.08	1982	9.56	1982	8.34	1982
山东省苍山县	13.05	1983	12.25	1991	8.53	1984
山东省沂水县	10.42	1983	7.68	1982	5.71	1982
山东省蒙阴县	7.40	1956	2.15	1956	2.49	1993
山东省莒南县	6.50	1975	3.50	1975	2.10	1970
山东省平邑县	4.20	1953	1.82	1970	1.01	1972
山东省费县	6.60	1952	1.95	1969	1.28	1970
山东省沂南县	6.70	1950	2.45	1970	2.29	1993
山东省临沭县	3.93	1992	1.96	1992	9.91	1999
山东省泰安县	5.60	1974	2.91	1973	2.24	1987
山东省肥城县	13.34	1982	15.67	1984	12.35	1984
山东省宁阳县	14.95	1984	16.95	1984	12.77	1982
山东省东平县	20.57	1992	16.62	1992	13.47	1991
山东省新泰县	4.70	1951	1.50	1969	1.41	1958

6－6续表6

县市名	面积		产量		收购量	
	数量(万亩)	年度	数量(万担)	年度	数量(万担)	年度
山东省滕州县	12.06	1984	14.90	1984	10.04	1984
山东省枣庄市薛城区	8.01	1983	9.34	1983	6.46	1988
山东省枣庄市峄城区	15.12	1984	17.85	1984	9.01	1991
山东省枣庄市台儿庄区	12.92	1984	11.00	1995	10.70	1995
山东省章丘县	21.36	1982	30.41	1984	31.04	1984
山东省平阴县	8.24	1982	8.71	1984	11.98	1984
山东省商河县	59.73	1990	69.20	1984	68.30	1984
山东省济阳县	48.63	1984	73.12	1984	67.52	1984
山东省济南市历城区	4.79	1991	5.44	1991	3.88	1991
山东省长清县	5.60	1959	2.22	1992	2.02	1958
山东省平度县	54.56	1977	76.59	1984	72.94	1984
山东省胶南县	5.40	1952	1.39	1952	0.16	1952
山东省胶县	6.60	1952	3.80	1975	3.81	1974
山东省即墨县	5.10	1952	1.73	1952		2000
山东省桓台县	9.51	1982	13.83	1991	13.91	1984
山东省高青县	37.55	1995	49.06	1984	43.78	1984
山东省沂源县	3.80	1963	1.94	1973	1.52	1973
山东省莒县	7.36	1982	6.07	1982	4.30	1982
山东省五莲县	5.94	1977	3.78	1984	4.96	2000
山东省莱芜县	5.50	1951	1.36	1950	1.22	1958
山西省小计	**506.86**		**333.53**		**307.18**	
山西省运城市	32.61	1957	21.17	1958	21.35	1988
山西省永济市	25.63	1957	28.23	1991	25.62	1988
山西省芮城县	20.43	1956	11.37	1965	11.25	1965
山西省临猗县	36.79	1957	34.91	1982	33.70	1982
山西省万荣县	27.29	1952	17.38	1982	17.21	1982
山西省新降县	16.28	1956	14.98	1991	13.84	1991
山西省稷山县	16.34	1982	15.65	1991	12.58	1991
山西省河津市	16.68	1956	8.88	1982	8.06	1982
山西省闻喜县	16.14	1957	7.87	1965	7.55	1965
山西省夏县	13.20	1957	13.57	1982	12.95	1982
山西省绛县	11.52	1957	5.66	1959	6.12	1957
山西省平陆县	12.34	1958	5.29	1952	4.54	1959
山西省垣曲县	6.72	1952	3.23	1983	3.07	1983
山西省临汾市	17.12	1958	10.05	1984	10.94	1958
山西省侯马市	8.90	1957	5.44	1964	4.65	1982
山西省霍州县	4.62	1956	2.04	1965	1.89	1965
山西省曲沃县	28.49	1957	16.13	1957	15.90	1957
山西省翼城县	14.27	1956	8.74	1958	8.27	1958
山西省襄汾县	29.36	1958	26.25	1984	18.09	1984
山西省洪洞县	30.92	1956	13.73	1954	11.69	1957
山西省浮山县	3.67	1956	1.47	1996	1.02	1959
山西省大宁县	3.54	1958	1.87	1992	1.18	1957
山西省榆次市	5.40	1975	2.32	1994	1.86	1998
山西省太谷县	6.56	1956	2.23	1983	2.72	1958
山西省祁县	6.08	1956	2.74	1984	3.61	1984
山西省平遥县	12.66	1991	12.90	1994	11.62	1990
山西省介休市	5.16	1975	2.16	1983	2.36	1983

6－6续表7

县市名	面积		产量		收购量	
	数量(万亩)	年度	数量(万担)	年度	数量(万担)	年度
山西省汾阳市	19.41	1956	6.33	1984	6.44	1956
山西省文水县	17.46	1956	12.29	1984	10.60	1991
山西省交城县	8.97	1956	2.99	1956	2.59	1983
山西省孝义市	5.13	1959	2.09	1959	2.15	1958
山西省泽州县	4.85	1978	2.37	1973	1.95	1973
山西省沁水县	5.75	1956	3.07	1983	2.78	1983
山西省阳城县	8.03	1982	6.13	1983	5.74	1983
山西省清徐县	8.54	1956	2.00	2000	1.29	1956
陕西省小计	**466.10**		**341.24**		**309.72**	
陕西省高陵县	16.45	1953	13.17	1959	10.55	1958
陕西省周至县	14.77	1955	10.33	1973	9.50	1973
陕西省户县	10.60	1960	10.26	1973	9.54	1973
陕西省长安县	12.58	1956	9.20	1956	7.06	1958
陕西省西安市临潼区	35.02	1981	26.54	1982	25.34	1982
陕西省西安市闫良区	8.10	1992	7.30	1991	3.00	1991
陕西省西安市市郊区	15.17	1957	9.83	1958	8.60	1958
陕西省咸阳市秦都区	22.10	1982	15.69	1982	12.62	1982
陕西省咸阳市渭城区	3.74	1992	2.35	1990	0.72	1995
陕西省泾阳县	35.57	1951	22.92	1957	22.09	1958
陕西省三原县	25.12	1957	18.27	1956	19.90	1954
陕西省礼泉县	18.04	1957	10.37	1958	8.20	1982
陕西省乾县	15.71	1973	8.82	1979	8.19	1979
陕西省兴平县	12.58	1981	10.33	1973	9.69	1973
陕西省渭南市临渭区	35.76	1959	30.50	1991	27.29	1982
陕西省大荔县	46.45	1958	48.84	1990	44.94	1991
陕西省华县	12.18	1952	7.21	1958	6.67	1958
陕西省华阴县	10.04	1958	6.83	1958	5.56	1958
陕西省富平县	21.09	1960	13.25	1965	13.03	1965
陕西省蒲城县	26.15	1959	13.38	1982	13.22	1965
陕西省澄城县	5.90	1957	3.40	1991	3.00	1991
陕西省合阳县	23.68	1960	12.46	1965	10.30	1957
陕西省韩城县	15.03	1949	9.76	1969	13.22	1965
陕西省潼关县	6.34	1958	3.45	1973	3.26	1973
陕西省眉县	5.60	1977	5.23	1979	4.78	1979
陕西省扶风县	5.68	1977	5.35	1977	4.03	1977
陕西省武功县	6.65	1979	6.20	1979	5.42	1979
新疆区小计	**1099.20**		**2055.79**		**2048.61**	
新疆克拉玛依市	4.55	2000	8.65	1993	8.65	1993
新疆石河子市	60.18	1987	67.12	1987	63.74	1987
新疆吐鲁番市	10.98	1998	17.94	1998	19.00	1995
新疆托克逊县	12.54	1998	24.79	1997	24.79	1997
新疆鄯善县	12.30	1998	18.50	1998	16.30	1998
新疆哈密市	10.10	1998	20.25	1998	20.25	1998
新疆依吾县	0.75	1996	1.06	1997	1.06	1997
新疆和田县	11.97	1999	17.91	1998	17.91	1998
新疆皮山县	9.32	1992	12.36	1998	12.36	1998
新疆墨玉县	12.00	2000	21.70	1998	21.70	1998
新疆洛甫县	13.00	1998	22.00	1998	22.00	1998

6-6续表8

县市名	面积		产量		收购量	
	数量(万亩)	年度	数量(万担)	年度	数量(万担)	年度
新疆策勒县	6.53	1994	11.15	1998	11.15	1998
新疆于田县	13.73	1998	19.37	1998	19.37	1998
新疆民丰县	1.56	2000	3.19	2000	3.19	2000
新疆阿克苏市	37.59	1998	83.08	1998	83.08	1998
新疆阿瓦提县	46.50	1998	106.95	1998	106.95	1998
新疆莎雅县	45.00	1999	103.96	1998	103.96	1998
新疆库车县	42.50	1998	84.66	1998	84.66	1998
新疆温宿县	32.13	1999	70.00	2000	70.00	2000
新疆新和县	25.00	1999	53.00	1996	53.00	1996
新疆乌什县	9.83	1992	14.33	1998	14.33	1998
新疆拜城县	4.01	1998	5.08	1998	5.08	1998
新疆坷坪县	1.90	1994	2.51	1998	2.51	1998
新疆喀什市	3.30	1981	2.18	1998	2.18	1998
新疆巴楚县	46.50	1998	108.28	1998	108.28	1998
新疆伽师县	35.40	1999	56.00	1998	56.00	1998
新疆岳普湖县	17.00	1999	33.08	1998	33.08	1998
新疆麦盖提县	36.71	2000	72.42	1998	72.42	1998
新疆莎车县	68.57	1998	120.14	2000	120.14	2000
新疆泽普县	22.50	1998	47.57	1998	47.57	1998
新疆叶城县	27.62	1992	42.48	2000	42.48	2000
新疆疏勒县	32.76	1999	57.31	1998	57.31	1998
新疆疏附县	24.00	1994	34.00	1996	31.62	1992
新疆英吉沙县	14.63	1992	22.11	1997	22.11	1997
新疆阿克陶县	8.61	1995	9.99	1998	9.99	1998
新疆阿图什市	3.00	1997	5.00	1994	5.00	1994
新疆库尔勒市	26.84	1998	50.46	2000	50.46	2000
新疆尉犁县	27.09	1999	55.59	2000	55.59	2000
新疆轮台县	13.20	2000	26.67	2000	26.67	2000
新疆且末县	7.59	1999	15.33	1999	15.33	1999
新疆若羌县	2.49	1998	4.90	1998	4.90	1998
新疆和硕县	8.36	1998	13.48	1998	13.48	1998
新疆焉耆县	0.92	1998	1.29	1998	1.29	1998
新疆和静县	4.53	1998	6.65	1998	6.65	1998
新疆玛纳斯市	40.40	2000	101.00	2000	101.00	2000
新疆呼图壁县	23.24	2000	48.46	2000	48.46	2000
新疆昌吉市	15.02	2000	25.22	2000	25.22	2000
新疆阜康县	3.53	1998	5.21	1998	5.21	1998
新疆博乐市	18.26	1999	42.51	2000	42.51	2000
新疆精河县	21.83	2000	47.81	2000	47.81	2000
新疆奎屯市	37.25	1982	31.14	1982	30.86	1982
新疆霍城县	3.75	1992	3.96	2000	3.96	2000
新疆乌苏市	40.86	2000	89.07	2000	89.07	2000
新疆沙湾县	39.47	2000	86.92	2000	86.92	2000
新疆兵团小计	**626.38**		**1403.99**		**1168.72**	
新疆兵团农一师	131.43	2000	327.97	2000	278.41	1998
新疆兵团农二师	41.93	1998	77.49	1998	78.74	2000
新疆兵团农三师	58.91	1998	117.78	2000	105.76	1998
新疆兵团农四师	11.15	1998	16.62	1998	13.63	1998

6－6 续表 9

县市名	面积		产量		收购量	
	数量(万亩)	年度	数量(万担)	年度	数量(万担)	年度
新疆兵团农五师	41.76	2000	92.59	2000	85.54	1998
新疆兵团农六师	76.53	2000	168.03	2000	125.07	1998
新疆兵团农七师	86.12	2000	202.68	2000	170.34	1998
新疆兵团农八师	159.63	2000	358.71	2000	266.07	1998
新疆兵团哈管局	12.15	1998	28.98	1998	34.63	1998
新疆兵团和管局	3.00	1998	5.12	1998	5.25	1998
新疆兵团工一师	3.77	2000	8.02	2000	5.28	2000
辽宁省小计	**237.91**		**100.77**		**96.50**	
辽宁省新民县	8.07	1976	1.00	1978	0.83	1978
辽宁省海城市	5.30	1976	3.46	1973	3.05	1973
辽宁省黑山县	50.21	1954	18.94	1983	18.76	1983
辽宁省义县	16.00	1976	12.60	1983	12.24	1984
辽宁省北镇县	9.01	1976	3.92	1983	3.58	1983
辽宁省朝阳县	51.00	1952	24.00	1984	23.18	1984
辽宁省北票县	25.27	1952	11.49	1984	10.89	1984
辽宁省兴城市	3.60	1976	2.38	1984	2.33	1984
辽宁省绥中县	5.22	1978	3.09	1984	2.98	1984
辽宁省建昌县	25.27	1952	8.73	1984	8.42	1984
辽宁省灯塔市	2.40	1975	1.62	1973	1.52	1973
辽宁省辽阳县	36.56	1951	8.34	1952	7.59	1952
辽宁省彰武县	5.07	1977	1.20	1984	1.13	1984
安徽省小计	**844.16**		**873.95**		**657.32**	
安徽省蒙城县	40.53	1992	38.61	1998	18.91	1991
安徽省临泉县	19.35	1974	20.40	1995	17.99	1990
安徽省界首县	13.64	1994	16.00	1995	5.11	1995
安徽省涡阳县	23.45	1992	21.40	1995	15.57	1991
安徽省阜阳县	21.96	1995	23.40	1995	9.70	1994
安徽省太和县	26.00	1991	21.58	1991	10.05	1991
安徽省利辛县	16.50	1991	19.78	1997	7.60	1995
安徽省亳州市	26.03	1995	28.88	2000	9.01	1991
安徽省宿州市埇桥区	40.00	1994	40.00	1994	27.80	1991
安徽省泗县	33.00	1991	32.22	1988	23.47	1988
安徽省灵璧县	34.00	1991	27.80	1995	18.24	1995
安徽省砀山县	36.67	1956	30.44	1984	32.92	1984
安徽省萧县	40.93	1956	40.19	1983	45.23	1983
安徽省濉溪县	40.00	1991	46.70	1991	28.90	1991
安徽省怀远县	24.87	1995	28.72	1998	15.04	1995
安徽省五河县	10.47	1995	11.00	1995	9.35	1984
安徽省滁州市南樵区	9.28	1996	7.68	1998	5.35	1995
安徽省天长市	10.06	1982	7.77	1981	7.60	1981
安徽省全椒县	9.62	1970	9.00	1995	7.72	1984
安徽省定远县	15.00	1996	14.94	1997	10.95	1995
安徽省来安县	6.12	1977	4.94	1998	3.30	1999
安徽省寿县	23.71	1980	14.20	1995	12.09	1974
安徽省霍邱县	20.50	1966	12.25	1984	10.61	1981
安徽省长丰县	29.40	1966	17.40	1995	14.92	1998
安徽省肥东县	16.00	1959	9.80	1995	7.80	1995
安徽省肥西县	19.84	1953	10.23	1998	6.42	1995

6－6 续表 10

县市名	面积		产量		收购量	
	数量(万亩)	年度	数量(万担)	年度	数量(万担)	年度
安徽省无为县	53.20	2000	72.14	1996	55.82	1997
安徽省巢湖市	13.74	1965	14.10	1965	13.54	1965
安徽省和县	15.88	1959	17.92	1990	17.89	1990
安徽省含山县	4.13	1980	11.10	2000	5.76	2000
安徽省庐江县	8.00	1998	8.20	2000	7.60	2000
安徽省宿松县	20.90	1997	33.13	2000	32.00	1992
安徽省望江县	26.10	1998	51.00	1994	46.80	1994
安徽省太湖县	5.90	1996	8.91	1998	8.24	1993
安徽省枞阳县	11.93	1995	13.80	1995	11.07	1996
安徽省怀宁县	5.00	1969	5.62	1997	6.80	1974
安徽省桐城市	6.11	1974	5.37	1978	5.50	1978
安徽省东至县	18.66	1990	19.00	1994	17.00	1997
安徽省贵池市	7.11	1994	7.75	1997	7.35	1968
安徽省繁昌县	6.00	2000	7.80	1995	7.87	1987
安徽省南陵县	4.80	1970	3.88	1997	3.45	2000
安徽省宣州市	11.50	1997	17.80	1994	10.38	1995
安徽省铜陵县	6.99	1998	9.97	1997	8.44	1997
安徽省当涂县	11.28	1983	11.13	1997	10.16	1977
湖北省小计	**1092.52**		**1389.97**		**1303.01**	
湖北省黄岗市黄州区	11.33	1969	17.64	1979	17.21	1979
湖北省红安县	3.00	1997	5.34	1995	2.23	1991
湖北省麻城市	17.00	1966	25.80	1984	25.22	1984
湖北省英山县	0.32	2000	0.60	1999	0.29	1999
湖北省罗田县	1.50	1994	1.20	1994	1.19	1994
湖北省浠水县	11.79	1951	12.26	1984	11.42	1984
湖北省蕲春县	5.74	1970	5.44	1977	5.75	1974
湖北省武穴市	10.00	1997	23.20	1994	15.70	1983
湖北省黄梅县	21.40	1996	35.01	1992	28.93	1992
湖北省团风县	4.00	1996	4.00	1996	3.00	1996
湖北省随州市	36.13	1981	54.82	1992	51.88	1984
湖北省潜江市	37.65	1983	55.13	1984	55.21	1984
湖北省鄂州市	23.20	1985	24.70	1995	22.90	1984
湖北省天门市	78.72	1967	125.17	1984	121.11	1984
湖北省仙桃市	63.94	1967	97.13	1984	93.47	1984
湖北省大冶市	5.60	1953	2.22	1998	1.91	1993
湖北省阳新县	3.50	1984	3.50	1984	3.20	1984
湖北省荆门市荆门区	21.31	1992	31.97	1997	25.30	1992
湖北省京山县	15.56	1992	29.65	1995	22.01	1995
湖北省钟祥市	31.87	1982	49.43	1992	45.92	1984
湖北省五三农场	4.50	1998	4.80	1997	6.60	1997
湖北省沙洋农场	10.14	1999	8.65	1999	5.38	1999
湖北省荆州市沙市区	7.20	1998	11.96	1997	8.50	1995
湖北省江陵县	33.94	1968	50.12	1992	46.99	1992
湖北省松滋市	38.90	1951	46.63	1992	44.41	1992
湖北省公安县	43.29	1980	76.20	1992	73.95	1996
湖北省石首市	23.00	1956	35.61	1997	33.04	1992
湖北省监利县	51.84	1956	48.30	1997	48.32	1966
湖北省洪湖市	25.99	1958	39.15	1984	39.11	1984

6－6续表11

县市名	面积		产量		收购量	
	数量(万亩)	年度	数量(万担)	年度	数量(万担)	年度
湖北省荆州市荆州区	13.10	2000	20.32	2000	18.27	1995
湖北省武汉市新洲区	37.65	1984	53.26	1984	52.03	1984
湖北省武汉市黄陂区	14.00	1967	12.20	1984	12.90	1992
湖北省武汉市蔡甸区	16.90	1974	19.10	1974	19.00	1974
湖北省武汉市江夏区	4.94	1974	4.80	1992	4.72	1992
湖北省孝感市汉南区	8.31	2000	14.13	1992	16.65	1992
湖北省嘉鱼县		2000		2000		2000
湖北省赤壁市	10.05	1964	8.98	1984	9.55	1992
湖北省谷城县	2.00	1998	2.00	1998	2.33	2000
湖北省南漳县	8.75	1959	6.74	1967	5.56	1966
湖北省枣阳市	8.50	1993	8.10	1992	7.00	1992
湖北省老河口市	73.75	1952	44.00	1995	39.44	1995
湖北省襄阳县	20.25	1954	11.41	1992	14.04	1999
湖北省宜城市	59.50	1958	45.60	1995	40.14	1995
湖北省广水市	20.50	1952	22.97	1992	17.29	1984
湖北省孝感市孝南区	6.47	1998	10.26	1994	11.52	1992
湖北省云梦县	20.67	1967	16.59	1974	14.88	1977
湖北省应城市	12.31	1973	18.76	1975	17.60	1975
湖北省汉川市	8.00	1978	13.27	1997	13.79	1995
湖北省安陆市	43.87	1967	50.66	1966	50.67	1966
湖北省孝昌县	6.03	1967	6.54	1995	4.37	1977
湖北省大悟县	4.00	1995	3.20	1995	1.90	1998
湖北省枝江市	0.56	1999	0.76	1999	0.12	2000
湖北省当阳市	28.10	1980	52.44	1992	51.59	1992
湖北省远安县	21.84	1978	18.07	1977	17.50	1977
湖北省宜都市	0.11	1999	0.18	1999		2000
湖南省小计	**429.88**		**561.93**		**508.47**	
湖南省常德市鼎城区	18.30	1994	27.04	1995	20.07	2000
湖南省澧县	42.55	1980	42.65	1994	36.60	1992
湖南省汉寿县	19.46	1994	22.72	1994	13.96	1996
湖南省安乡县	32.00	1994	55.55	1997	58.72	1997
湖南省临澧县	12.99	1994	17.47	1996	21.97	1998
湖南省桃源县	16.20	1979	18.04	1994	14.84	1992
湖南省石门县	9.06	1994	10.46	1992	12.70	1992
湖南省西洞庭农场	2.99	1996	4.78	1996	4.20	1992
湖南省津市	5.37	1998	10.56	1997	13.70	1998
湖南省华容县	44.78	1995	89.76	1995	75.81	1993
湖南省岳阳县	8.84	1982	10.75	1995	5.80	1993
湖南省临湘市	5.91	1981	6.11	1997	6.53	1992
湖南省湘阴县	3.00	1998	4.30	1969	10.17	2000
湖南省平江县	1.98	1998	2.26	1998	2.48	1998
湖南省汨罗县	3.87	1994	5.12	1994	4.88	2000
湖南省君山农场	13.10	2000	16.41	2000	12.63	1998
湖南省钱粮湖农场	7.80	1966	18.18	1992	23.17	1993
湖南省建新农场	1.61	1970	3.54	1997	3.89	1997
湖南省益阳市郊区	4.00	2000	5.50	2000	3.39	2000
湖南省益阳市赫山区	5.68	1977	6.00	1994	4.00	1994
湖南省南县	35.39	1995	55.61	1997	49.24	1992

6－6 续表 12

县市名	面积		产量		收购量	
	数量(万亩)	年度	数量(万担)	年度	数量(万担)	年度
湖南省沅江县	19.00	1998	30.00	1998	24.00	1994
湖南省桃江县	2.00	1998	3.00	1998	2.50	1998
湖南省益阳县	7.43	1980	12.00	1994	10.07	1995
湖南省慈利县	17.35	1981	17.08	1981	16.55	1981
湖南省耒阳县	6.60	1966	4.23	1996	3.00	2000
湖南省常宁县	4.13	1966	1.38	1995	1.19	1977
湖南省衡阳县	13.51	1994	12.00	2000	10.06	1996
湖南省衡南县	10.00	1998	24.30	1997	18.50	1997
湖南省益阳市常武陵区	18.20	2000	6.41	2000	8.60	2000
湖南省湘潭县	4.09	1974	2.31	1974	1.80	1974
湖南省宁乡县	6.00	1978	3.09	1974	2.88	1979
湖南省茶陵县	2.63	1959	1.33	1974	1.11	1974
湖南省攸县	2.74	1974	2.08	1974	1.46	1974
湖南省邵阳县	4.48	1970	1.82	1966	1.44	1966
湖南省洞口县	3.55	1966	1.29	1966	0.90	1966
湖南省隆回县	2.99	1976	1.95	1959	1.77	1959
湖南省东安县	3.58	1978	1.80	1984	1.60	1979
湖南省溆浦县	4.44	1951	2.60	1984	1.98	1984
湖南省泸溪县	2.28	1951	0.45	1951	0.31	1958
江苏省小计	**1559.47**		**1745.48**		**1680.62**	
江苏省丰县	39.28	1957	46.61	1984	43.43	1984
江苏省沛县	21.20	1956	27.93	1984	28.82	1984
江苏省铜山县	34.40	1988	51.18	1984	48.61	1984
江苏省睢宁县	24.03	1984	33.56	1984	31.87	1984
江苏省邳州市	29.00	1988	39.40	1988	27.50	1991
江苏省新沂市	4.35	1966	1.74	1977	1.73	1977
江苏省赣榆县	1.95	2000	2.69	2000	0.92	1998
江苏省东海县	5.49	1974	4.68	1992	2.97	1978
江苏省灌云县	42.48	1998	80.04	1998	70.95	1998
江苏省灌南县	16.86	1992	19.25	1991	17.43	1991
江苏省淮安市	8.52	1980	4.91	1982	5.19	1981
江苏省淮阴县	16.10	1956	4.64	1958	6.58	1958
江苏省涟水县	20.90	1956	13.34	1984	13.46	1981
江苏省洪泽县	1.44	1980	0.64	1980	0.46	1980
江苏省盱眙县	7.25	1977	3.02	1976	3.30	1981
江苏省金湖县	5.77	1996	8.33	1998	5.34	1995
江苏省宿豫市	17.30	1952	12.18	1991	11.71	1991
江苏省沭阳县	21.51	1991	18.29	1998	20.38	2000
江苏省泗阳县	31.52	1960	23.79	1983	23.75	1983
江苏省泗洪县	13.23	1992	9.99	1996	7.05	1984
江苏省响水县	25.45	1998	33.80	1998	27.00	1997
江苏省滨海县	39.58	1992	35.79	1991	37.00	1991
江苏省阜宁县	23.10	1981	24.85	1983	25.15	1983
江苏省射阳县	120.59	1955	127.06	1991	119.82	1991
江苏省建湖县	18.31	1983	26.31	1983	25.74	1983
江苏省盐都县	37.50	1988	61.86	1989	60.35	1988
江苏省大丰市	98.71	1955	103.00	1997	104.20	1997

6－6 续表 13

县市名	面积		产量		收购量	
	数量(万亩)	年度	数量(万担)	年度	数量(万担)	年度
江苏省东台市	72.54	1992	106.30	1981	101.52	1979
江苏省南通市郊区	1.86	1981	1.82	1983	5.32	1966
江苏省海安县	35.30	1981	39.55	1979	39.85	1979
江苏省如皋县	37.80	1955	47.21	1983	45.42	1983
江苏省如东县	83.89	1955	105.58	1983	103.36	1983
江苏省通州市	100.76	1955	78.85	1979	81.88	1979
江苏省海门市	55.74	1955	58.23	1979	56.16	1979
江苏省启东市	100.83	1955	104.84	1978	102.29	1978
江苏省扬州市郊区	0.35	1959	0.04	1960	2.93	1953
江苏省高邮市	24.10	1992	26.20	1996	22.19	1990
江苏省宝应县	15.48	1992	19.06	1995	16.57	1995
江苏省仪征市	7.77	1969	5.13	1976	5.16	1981
江苏省江都市	6.76	1981	10.07	1983	10.50	1983
江苏省邗江县	2.84	1975	2.46	1981	2.52	1981
江苏省兴化市	55.90	1992	73.77	1988	74.10	1988
江苏省靖江市	16.50	1954	18.81	1966	18.98	1966
江苏省泰兴市	2.90	1955	1.35	1969	0.34	1969
江苏省泰县	9.55	1966	13.28	1983	13.23	1983
江苏省泰州市姜堰区	4.12	1997	6.80	1998	5.85	1998
江苏省镇江市郊区	2.53	1957	1.19	1983	1.21	1958
江苏省丹徒县	7.74	1979	9.62	1981	7.66	1979
江苏省丹阳市	11.80	1955	12.91	1984	12.54	1984
江苏省句容市	13.12	1982	12.46	1981	12.57	1981
江苏省扬中市	2.60	1954	0.30	1953	0.24	1982
江苏省武进市	2.30	1953	2.40	1984	2.53	1986
江苏省金坛市	12.38	1982	16.24	1983	16.14	1983
江苏省溧阳县	9.38	1982	7.45	1984	7.12	1984
江苏省宜兴市	1.63	1951	0.49	1951	0.18	1966
江苏省江阴市	11.00	1953	5.20	1955	5.56	1955
江苏省张家港市	31.93	1955	42.15	1968	41.28	1968
江苏省常熟市	23.71	1952	42.06	1984	41.56	1984
江苏省太仓市	37.25	1952	32.86	1984	32.09	1984
江苏省吴县	0.20	1961	0.12	1968	0.17	1968
江苏省昆山市	1.80	1952	0.50	1952	0.20	1950
江苏省江宁县	3.50	1952	2.64	1984	2.63	1983
江苏省江浦县	7.00	1953	4.82	1968	4.76	1968
江苏省六合县	6.03	1974	5.76	2000	5.85	1981
江苏省高淳县	4.35	1980	2.16	1982	2.13	1982
江苏省溧水县	5.26	1982	3.50	1982	3.39	1982
江苏省南京市郊区	3.15	1992	2.42	1992	1.94	1991
江西省小计	**266.06**		**361.17**		**286.95**	
江西省永修县	19.72	1993	30.35	1994	19.48	1992
江西省都昌县	22.74	1994	24.80	1994	23.66	1994
江西省彭泽县	22.50	1994	48.16	1994	43.58	1994
江西省九江县	16.00	1994	31.70	1994	31.70	1994
江西省瑞昌县	11.09	1994	14.80	1994	13.78	1994
江西省湖口县	12.00	1998	16.00	1997	17.56	1997

6－6续表14

县市名	面积		产量		收购量	
	数量(万亩)	年度	数量(万担)	年度	数量(万担)	年度
江西省德安县	9.01	1994	17.90	1994	16.86	1994
江西省星子县	7.00	1994	13.02	1994	7.03	1994
江西省武宁县	3.16	1998	4.59	1997	2.61	1996
江西省高安县	25.52	1994	33.21	1994	20.24	1994
江西省丰城县	12.07	1994	12.41	1994	6.83	1992
江西省奉新县	4.50	1994	6.50	1994	4.52	1994
江西省上高县	2.60	1994	2.97	1992	2.10	1995
江西省樟树县	5.37	1960	2.35	1965	1.70	1998
江西省新余市渝水区	18.35	1996	35.00	1996	31.79	1996
江西省分宜县	1.90	1994	2.85	1994	0.71	1992
江西省新建县	3.13	1993	4.43	2000	3.33	1993
江西省进贤县	11.41	1969	5.38	1972	5.38	1972
江西省安义县	1.48	1952	2.33	1998	2.25	1997
江西省波阳县	17.00	1994	18.61	1994	9.22	1991
江西省万年县	7.11	1994	10.01	1994	3.54	1994
江西省余干县	7.28	1965	3.91	1965	3.91	1965
江西省临川县	11.20	1960	7.62	1997	5.81	1995
江西省崇仁县	4.00	1995	5.97	1993	3.30	1995
江西省乐平县	9.92	1966	6.30	1991	6.06	1965
上海市小计	**273.71**		**276.69**		**273.17**	
上海市上海县	24.44	1951	22.84	1968	22.57	1968
上海市嘉定区	28.65	1951	21.71	1968	21.25	1968
上海市宝山区	30.56	1952	23.14	1968	23.04	1968
上海市川沙县	20.62	1955	20.01	1968	19.76	1968
上海市南汇县	40.61	1951	42.91	1968	42.21	1968
上海市奉贤县	38.71	1952	40.47	1968	39.98	1968
上海市松江县	14.93	1981	23.94	1984	23.68	1984
上海市金山区	15.79	1981	19.77	1984	19.77	1984
上海市青浦县	13.72	1981	15.84	1984	15.48	1984
上海市崇明县	36.67	1955	33.36	1968	32.73	1968
上海市农场	9.01	1966	12.70	1978	12.70	1978
四川省小计	**400.46**		**380.42**		**341.31**	
四川省简阳县	58.70	1955	54.26	1984	47.90	1984
四川省乐至县	15.46	1959	21.93	1991	21.31	1991
四川省安岳县	22.25	1959	14.50	1992	12.72	1991
四川省资阳市雁江区	13.00	1959	4.55	1992	3.19	1992
四川省三台县	22.38	1992	25.35	1992	18.86	1992
四川省盐亭县	8.99	1984	9.80	1984	7.45	1984
四川省南部县	24.87	1959	26.06	1966	25.95	1966
四川省仪陇县	12.14	1951	14.88	1966	14.36	1966
四川省西充县	11.71	1959	12.28	1966	12.24	1966
四川省阆中县	10.01	1978	8.41	1966	8.15	1966
四川省中江县	19.94	1964	17.41	1967	16.70	1983
四川省射洪县	20.45	1960	30.44	1984	27.29	1984
四川省蓬溪县	20.00	1964	22.00	1997	19.00	1991
四川省遂宁市遂宁中区	19.10	1957	18.86	1991	17.01	1991
四川省巴中县	20.00	1959	15.90	1977	14.50	1966

6－6续表15

县市名	面积		产量		收购量	
	数量(万亩)	年度	数量(万担)	年度	数量(万担)	年度
四川省平昌县	12.48	1959	10.97	1966	10.54	1966
四川省仁寿县	48.58	1964	44.49	1984	39.91	1984
四川省井研县	7.94	1978	4.29	1978	3.34	1978
四川省剑阁县	8.00	1959	6.57	1992	4.86	1978
四川省金堂县	24.46	1959	17.47	1967	16.03	1967
浙江省小计	**169.36**		**225.29**		**218.65**	
浙江省萧山县	27.99	1950	25.44	1984	24.84	1984
浙江省慈溪县	46.52	1964	78.80	1984	77.15	1984
浙江省余姚县	25.15	1950	25.96	1984	25.24	1984
浙江省宁海县	9.51	1983	16.25	1984	16.25	1984
浙江省镇海县	7.72	1970	12.13	1968	12.13	1968
浙江省平湖县	9.30	1960	14.36	1984	14.16	1984
浙江省海盐县	7.53	1960	11.55	1984	11.35	1984
浙江省上虞县	14.40	1983	17.88	1984	16.70	1984
浙江省金华县	6.57	1960	9.10	1984	9.03	1984
浙江省临海县	7.64	1959	4.87	1959	4.60	1959
浙江省三门县	3.32	1998	4.25	1998	2.70	1984
浙江省普陀县	3.71	1981	4.70	1984	4.50	1984
北京市小计	**52.86**		**21.63**		**18.30**	
北京市通州区	18.96	1956	6.51	1955	5.20	1974
北京市大兴县	17.00	1954	2.42	1952	2.00	1984
北京市平谷县	6.60	1950	5.60	1970	5.00	1970
北京市顺义县	4.90	1976	3.51	1973	3.00	1973
北京市房山县	3.00	1976	2.07	1975	2.00	1975
北京市昌平县	2.40	1976	1.52	1970	1.10	1969
甘肃省小计	**79.10**		**118.45**		**81.96**	
甘肃省敦煌市	17.20	1998	31.00	1998	26.60	1998
甘肃省安西县	17.25	2000	28.00	2000	13.00	2000
甘肃省金塔县	20.00	2000	36.00	2000	24.25	1998
甘肃省玉门市	1.33	1998	2.00	1998	2.00	1998
甘肃省酒泉市	2.42	1998	3.87	1998	6.97	1998
甘肃省民勤县	16.50	1960	13.00	1998	4.56	1998
甘肃省高台县	2.10	1998	2.58	1998	2.58	1998
甘肃省临泽县	2.30	1998	2.00	1998	2.00	1998
天津市小计	**64.91**		**66.83**		**60.80**	
天津市静海县	4.41	1954	1.82	1994	4.72	2000
天津市宁河县	12.10	1994	14.15	1991	13.74	1984
天津市武清县	30.10	1984	37.93	1984	31.81	1984
天津市蓟县	8.51	1956	3.69	1971	2.38	1991
天津市宝坻县	9.79	1991	9.24	1984	8.15	1991
云南省小计	**40.64**		**14.21**		**16.14**	
云南省元谋县	3.89	1960	1.45	1959	0.71	1971
云南省宾川县	11.68	1959	6.37	1959	7.28	1959
云南省昌宁县	3.48	1958	1.31	1965	1.30	1965
云南省永胜县	6.56	1959	1.79	1959	1.70	1959
云南省弥渡县	7.73	1959	1.51	1964	3.41	1959
云南省保山县	7.30	1959	1.78	1959	1.74	1959

第七部分

世界及主要产棉国棉花生产

简要说明

一、资料来源:根据《联合国粮农组织生产年鉴》(简称《年鉴》)整理。

二、世界产棉洲有6个即:北美洲、南美洲、欧洲、亚洲、非洲、大洋洲。据1949－2000年52年统计,植棉面积最大的是亚洲,占世界植棉面积的49%,产量占41%。90年代,加上中亚六国(苏联解体后的亚洲6国)面积占到62%,产量占60%(前苏联80年代共41年,植棉面积占世界6.4%,产量占世界12%。90年代无数据)第二为北美洲,面积占18.7%,产量占25%;第三为非洲,面积占12%,产量占8.4%;第四为南美洲,面积占10.6%,产量占7.2%;第五为欧洲,面积占1.2%,产量占1.7%;第六为大洋洲,面积占0.3%,产量占1.1%。

三、世界6大洲共有产棉国家86个。北美洲9个,南美洲8个,亚洲25个,非洲37个,欧洲6个,大洋洲1个。各洲产棉国家从50年代到90年代变化不大,仅非洲产棉国由30个增加到37个。

各大洲数据含所有产棉国,本资料只整理27个主要产棉国,面积占世界植棉面积的94%,产量占96%、其分布为:北美洲5个,南美洲5个,亚洲7个,非洲8个,欧洲只有苏联1个,大洋洲1个。亚洲、北美洲、南美洲棉花种植面积较为集中,表中17个国家的面积、产量占该洲的97－99%。非洲比较分散,表中8个产棉国60年代植棉面积占该洲的79%左右,产量占85%。进入90年代后,马里、津巴布韦、科特迪瓦、博茨瓦纳、布基纳法索等国棉花生产发展较快。原非洲8个产棉国的棉花面积、产量比重下降,仅占47%－49%。

四、世界产棉大国有美国、巴西、前苏联(1949－1989年)、中国、印度、巴基斯坦、埃及七国,52年统计棉花面积、产量占世界的76%左右。90年代加上中亚6国面积、产量占世界的80%上下。

世界各国棉花单位面积产量相差较大,90年代澳大利亚每公顷1387公斤,印度每公顷258公斤,莫桑 比克每公顷183公斤、乌干达每公顷77.2公斤,低产的国家增产潜力较大。90年代植棉面积较多的国家,棉花单位面积产量居前十位的,依次为澳大利亚、叙利亚、士耳其、危地马拉、墨西哥、埃及、中国、乌兹别克、吉尔吉斯斯坦、美国。

五、《年鉴》中,欧洲产棉国不包括苏联,按植棉面积多少,依次为希腊、西班牙、阿尔巴尼亚、罗马尼亚、南斯拉夫、意大利等国。上述国家因面积分散,未单独列出。

原苏联横跨欧亚两洲,《年鉴》未能分为两洲统计。90年代苏联解体后按阿塞拜疆、塔萨克斯坦、吉尔吉斯斯坦、土库曼斯坦、乌兹别克斯坦、塔吉克斯坦等六国分别统计。

六、《年鉴》内,中国棉花面积、产量是联合国粮农组织搜集的。50年代至70年代一般小于我国数据。80年代至90年代基本一致。

八、表中符号*表示非官方数字,f表示联合国粮农组织估计数字。

7-1-1 世界主要产棉国1949-2000年棉花生产

国名	国际单位			国内单位			占世界合计(%)	
	面积(千公顷)	单产(公斤/公顷)	产量(千吨)	面积(万亩)	亩产(市斤/亩)	产量(万担)	面积	产量
世界合计	**1717500**	**409.8**	**703871**	**2576250**	**54.6**	**1407742**	**100.0**	**100.0**
北美洲	**321761**	**555.3**	**178680**	**482642**	**74.0**	**357360**	**18.7**	**25.4**
萨尔瓦多	2378	759.5	1806	3567	101.3	3612	0.1	0.3
危地马拉	2719	942.3	2562	4079	125.6	5124	0.2	0.4
墨西哥	25420	646.5	16434	38130	86.2	32868	1.5	2.3
尼加拉瓜	4195	689.4	2892	6293	91.9	5784	0.2	0.4
美国	285727	540.8	154531	428591	72.1	309062	16.6	22.0
南美洲	**181423**	**277.1**	**50279**	**272135**	**37.0**	**100558**	**10.6**	**7.2**
阿根廷	26216	321.2	8421	39324	42.8	16842	1.5	1.2
巴西	125381	225.4	28256	188072	30.0	56512	7.3	4.0
哥伦比亚	8344	510.5	4260	12516	68.1	8520	0.5	0.6
巴拉圭	9372	349.4	3275	14058	46.6	6550	0.5	0.5
秘鲁	8081	574.7	4644	12122	76.6	9288	0.5	0.7
欧洲	**21038**	**575.7**	**12112**	**31557**	**76.8**	**24224**	**1.2**	**1.7**
苏联	**110621**	**764.3**	**84549**	**165932**	**101.9**	**169098**	**6.4**	**12.0**
亚洲	**841141**	**345.9**	**290986**	**1261712**	**46.1**	**581972**	**49.0**	**41.3**
中国	253182	530.9	134425	379773	70.8	268850	14.7	19.1
印度	399482	167.5	66896	599223	22.3	133792	23.3	9.4
伊朗	13229	442.3	5851	19844	59.0	11702	0.8	0.8
巴基斯坦	104937	404.9	42490	157406	54.0	84980	6.1	6.0
叙利亚	10771	747.5	8051	16157	99.7	16102	0.6	1.1
土耳其	33908	683.2	23165	50862	91.1	46330	2.0	3.3
也门	678	343.7	233	1017	45.8	466		
非洲	**205234**	**289.6**	**59439**	**307851**	**38.6**	**118878**	**11.9**	**8.4**
乍得	10194	197.8	2016	15291	26.4	4032	0.6	0.3
埃及	29505	703.1	20745	44258	93.7	41490	1.7	2.9
莫桑比克	11402	130.3	1486	17103	17.3	2972	0.7	0.2
苏丹	17773	396.8	7052	26660	52.9	14104	1.0	1.0
坦桑尼亚	15580	169.5	2641	23370	22.6	5282	0.9	0.4
乌干达	26543	78.6	2087	39815	10.5	4174	1.5	0.3
尼日利亚	18181	150.7	2740	27272	20.1	5480	1.1	0.4
喀唛隆	4202	360.3	1514	6303	48.0	3028	0.2	0.2
大洋洲	**5721**	**1296.5**	**7417**	**8582**	**172.9**	**14834**	**0.3**	**1.1**
澳大利亚	5721	1296.5	7417	8582	172.9	14834	0.3	1.1
中亚小计	**30561**	**667.8**	**20409**	**45842**	**89.0**	**40818**	**1.8**	**2.9**
阿塞拜疆	2224	443.8	987	3336	59.2	1974	0.1	0.1
哈萨克斯坦	1298	619.4	804	1947	82.6	1608	0.1	0.1
吉尔吉斯坦	315	758.7	239	473	101.2	478		
塔吉克斯坦	2966	486.5	1443	4449	64.9	2886	0.2	0.2
土库曼斯坦	6339	524.2	3323	9509	69.9	6646	0.4	0.5
乌兹别克斯坦	17419	772.1	13450	26129	103.0	26900	1.0	1.9

注:各产棉洲中含所有产棉国,此表只列出27个主要产棉国。90年代苏联解体,此表仅列出中亚六国。

7－1－2　世界主要产棉国 1949－1959 年棉花生产

国　名	国际单位			国内单位			占世界合计(%)	
	面积（千公顷）	单产（公斤/公顷）	产量（千吨）	面积（万亩）	亩产（市斤/亩）	产量（万担）	面积	产量
世界合计	**361585**	**268.0**	**96909**	**542378**	**35.7**	**193818**	**100.0**	**100.0**
北美洲	**97420**	**385.6**	**37563**	**146130**	**51.4**	**75126**	**26.9**	**38.8**
萨尔瓦多	362	654.7	237	543	87.3	474	0.1	0.2
危地马拉	147	591.8	87	221	78.9	174		0.1
墨西哥	9300	422.9	3933	13950	56.4	7866	2.6	4.1
尼加拉瓜	564	524.8	296	846	70.0	592	0.2	0.3
美国	86814	379.5	32948	130221	50.6	65896	24.0	34.0
南美洲	**39050**	**189.5**	**7400**	**58575**	**25.3**	**14800**	**10.8**	**7.6**
阿根庭	5829	231.6	1350	8744	30.9	2700	1.6	1.4
巴西	29140	153.7	4478	43710	20.5	8956	8.1	4.6
哥伦比亚	785	323.6	254	1178	43.1	508	0.2	0.3
巴拉圭	652	197.9	129	978	26.4	258	0.2	0.1
秘鲁	2202	506.4	1115	3303	67.5	2230	0.6	1.2
欧洲	**5140**	**217.9**	**1120**	**7710**	**29.1**	**2240**	**1.4**	**1.2**
苏联	**24406**	**601.0**	**14668**	**36609**	**80.1**	**29336**	**6.7**	**15.1**
亚洲	**158049**	**177.6**	**28070**	**237074**	**23.7**	**56140**	**43.7**	**29.0**
*中国	50167	252.4	12663	75251	33.7	25326	13.9	13.1
印度	77532	99.5	7716	116298	13.3	15432	21.4	8.0
伊朗	2228	248.2	553	3342	331	1106	0.6	0.6
巴基斯坦	14678	212.6	3120	22017	28.3	6240	4.1	3.2
叙利亚	2087	358.4	748	3131	47.8	1496	0.6	0.8
土耳其	6419	258.5	1659	9629	34.5	3318	1.8	1.7
也门								
非洲	**37470**	**215.6**	**8080**	**56205**	**28.8**	**16160**	**10.4**	**8.3**
乍得								
埃及	8177	515.1	4212	12266	68.7	8424	2.3	4.3
莫桑比克	3157	108.6	343	4736	14.5	686	0.9	0.4
苏丹	3001	336.6	1010	4502	44.9	2020	0.8	1.0
坦桑尼亚	1215	180.2	219	1823	24.0	438	0.3	0.2
乌干达	7207	99.6	718	10811	13.3	1436	2.0	0.7
*尼日利亚	615	422.8	260	923	56.4	520	0.2	0.3
喀唛隆	312	141	44	468	18.8	88.0	0.1	0.1
大洋洲	**50**	**160.0**	**8**	**75**	**21.3**	**16**	**0.1**	
澳大利亚	50	160.0	8	75	21.3	16	0.1	

7－1－3　世界主要产棉国1960－1969年棉花生产

国　　名	国际单位			国内单位			占世界合计(%)	
	面　积（千公顷）	单　产（公斤/公顷）	产　量（千吨）	面　积（万亩）	亩　产（市斤/亩）	产　量（万担）	面　积	产　量
世界合计	**332116**	**328.9**	**109234**	**498174**	**43.9**	**218468**	**100.0**	**100.0**
北 美 洲	**62212**	**557.6**	**34690**	**93318**	**74.3**	**69380**	**18.7**	**31.8**
萨尔瓦多	781	732.4	572	1172	97.7	1144	0.2	0.5
危地马拉	785	760.5	597	1178	101.4	1194	0.2	0.5
墨 西 哥	7630	641.4	4894	11445	85.5	9788	2.3	4.5
尼加拉瓜	1175	742.1	872	1763	99.0	1744	0.4	0.8
美　　国	51461	536.9	27629	77192	71.6	55258	15.5	25.3
南 美 洲	**39809**	**239.1**	**9517**	**59714**	**31.9**	**19034**	**12.0**	**8.7**
阿 根 廷	4567	243.7	1113	6851	32.5	2226	1.4	1.0
巴　　西	30091	198.9	5985	45137	26.5	11970	9.1	5.5
哥伦比亚	1734	496.5	861	2601	66.2	1722	0.5	0.8
巴 拉 圭	485	222.7	108	728	29.7	216	0.1	0.1
秘　　鲁	2222	568.0	1262	3333	75.7	2524	0.7	1.2
欧　　洲	**4889**	**406.4**	**1987**	**7334**	**54.2**	**3974**	**1.5**	**1.8**
苏　　联	**24187**	**742.9**	**17968**	**36281**	**99.1**	**35936**	**7.3**	**16.4**
亚　　洲	**159412**	**218.8**	**34882**	**239118**	**29.2**	**69764**	**48.0**	**31.9**
*中　　国	46366	265.2	12295	69549	35.4	24590	14.0	11.3
印　　度	78946	123.5	9751	118419	16.5	19502	23.8	8.9
伊　　朗	3636	344.3	1252	5454	45.9	2504	1.1	1.1
巴基斯坦	15572	273.8	4263	23358	36.5	8526	4.7	3.9
叙 利 亚	2709	531.2	1439	4064	70.8	2878	0.8	1.3
土 耳 其	6705	468.8	3143	10058	62.5	6286	2.0	2.9
也　　门	48	312.5	15	72	41.7	30.0		
非　　洲	**41404**	**242.7**	**10050**	**62106**	**32.4**	**20100**	**12.5**	**9.2**
乍　　得	2930	125.9	369	4395	16.8	738	0.9	0.3
埃　　及	7236	636.7	4607	10854	84.9	9214	2.2	4.2
莫桑比克	3246	118.3	384	4869	15.8	768	1.0	0.4
苏　　丹	4477	361.4	1618	6716	48.2	3236	1.3	1.5
坦桑尼亚	2930	186.0	545	4395	24.8	1090	0.9	0.5
乌 干 达	7871	86.8	683	11807	11.6	1366	2.4	0.6
*尼日利亚	3267	135.0	441	4901	18.0	882	1.0	0.4
喀 麦 隆	835	219.2	183	1253	29.2	366	0.3	0.2
大 洋 洲	**203**	**689.7**	**140**	**305**	**92.0**	**280**	**0.1**	**0.1**
澳大利亚	203	689.7	140	305	92.0	280	0.1	0.1

7-1-4 世界主要产棉国1970-1979年棉花生产

国名	国际单位			国内单位			占世界合计(%)	
	面积(千公顷)	单产(公斤/公顷)	产量(千吨)	面积(万亩)	亩产(市斤/亩)	产量(万担)	面积	产量
世界合计	**324950**	**399.4**	**129778**	**487425**	**53.3**	**259556**	**100.0**	**100.0**
北美洲	**55523**	**576.5**	**32008**	**83285**	**76.9**	**64016**	**17.1**	**24.7**
萨尔瓦多	813	830.3	675	1220	110.7	1350	0.3	0.5
危地马拉	989	1077.9	1066	1484	143.7	2132	0.3	0.8
墨西哥	3995	868.1	3468	5993	115.7	6936	1.2	2.7
尼加拉瓜	1539	699.2	1076	2309	93.2	2152	0.5	0.8
美国	47898	534.8	25615	71847	71.3	51230	14.7	19.7
南美洲	**34391**	**288.4**	**9919**	**51587**	**38.5**	**19838**	**10.6**	**7.6**
阿根廷	4861	293.4	1426	7292	39.1	2852	1.5	1.1
巴西	22986	241.0	5540	34479	32.1	11080	7.1	4.3
哥伦比亚	2744	470.5	1291	4116	62.7	2582	0.8	1.0
巴拉圭	1331	296.0	394	1997	39.5	788	0.4	0.3
秘鲁	1281	622.2	797	1922	83.0	1594	0.4	0.6
欧洲	**2981**	**632.0**	**1884**	**4472**	**84.3**	**3768**	**0.9**	**1.5**
苏联	**28866**	**878.7**	**25365**	**43299**	**117.2**	**50730**	**8.9**	**19.5**
亚洲	**158030**	**304.6**	**48136**	**237045**	**40.6**	**96272**	**48.6**	**37.1**
*中国	46428	438.7	20366	69642	58.5	40732	14.3	15.7
印度	75526	158.3	11954	113289	21.1	23908	23.2	9.2
伊朗	3072	532.9	1637	4608	71.1	3274	0.9	1.3
巴基斯坦	19194	309.8	5947	28791	41.3	11894	5.9	4.6
叙利亚	2045	732.5	1498	3068	97.7	2996	0.6	1.2
土耳其	6784	745.6	5058	10176	99.4	10116	2.1	3.9
也门	234	371.8	87	351	49.6	174	0.1	0.1
非洲	**44781**	**270.8**	**12128**	**67172**	**36.1**	**24256**	**13.8**	**9.3**
乍得	2828	161.6	457	4242	21.5	914	0.9	0.4
埃及	5946	769.6	4576	8919	102.6	9152	1.8	3.5
莫桑比克	2453	122.7	301	3680	16.4	602	0.8	0.2
苏丹	4762	420.0	2000	7143	56.0	4000	1.5	1.5
坦桑尼亚	3756	166.1	624	5634	22.2	1248	1.2	0.5
乌干达	7044	63.9	450	10566	8.5	900	2.2	0.3
*尼日利亚	5589	114.0	637	8384	15.2	1274	1.8	0.5
喀麦隆	740	240.5	178	1110	32.1	356	0.2	0.1
大洋洲	**378**	**894.2**	**338**	**567**	**119.2**	**676**	**0.1**	**0.3**
澳大利亚	378	894.2	338	567	119.2	676	0.1	0.3

7-1-5 世界主要产棉国1980-1989年棉花生产

国名	国际单位			国内单位			占世界合计(%)	
	面积(千公顷)	单产(公斤/公顷)	产量(千吨)	面积(万亩)	亩产(市斤/亩)	产量(万担)	面积	产量
世界合计	**331271**	**485.2**	**160727**	**496907**	**64.7**	**321454**	**100.0**	**100.0**
北美洲	**47041**	**664.6**	**31263**	**70562**	**88.6**	**62526**	**14.2**	**19.4**
萨尔瓦多	385	761.0	295	578	102.2	590	0.1	0.2
危地马拉	650	1029.2	672	975	137.8	1344	0.2	0.4
墨西哥	2525	956.4	2403	3788	126.9	4806	0.8	1.5
尼加拉瓜	778	703.1	551	1167	94.4	1102	0.2	0.3
美国	42383	642.4	27219	63575	85.6	54438	12.8	16.9
南美洲	**41792**	**278.6**	**11643**	**62688**	**37.1**	**23286**	**12.6**	**7.3**
阿根庭	4103	375.3	1540	6155	50.0	3080	1.2	1.0
巴西	30274	221.7	6713	45411	29.6	13426	9.1	4.2
哥伦比亚	1794	578.0	1037	2691	77.1	2074	0.5	0.6
巴拉圭	3639	333.1	1212	5459	44.4	2424	1.1	0.8
秘鲁	1277	647.6	827	1916	86.3	1654	0.4	0.5
欧洲	**3001**	**824.7**	**2475**	**4502**	**110.0**	**4950**	**0.9**	**1.5**
苏联	**33162**	**800.6**	**26548**	**49743**	**106.7**	**53096**	**10.0**	**16.5**
亚洲	**167859**	**442.6**	**74290**	**251789**	**59.0**	**148580**	**50.7**	**46.2**
中国	53899	743.8	40088	80849	99.2	80176	16.3	24.9
印度	75120	180.9	13586	112680	24.1	27172	22.7	8.4
伊朗	1879	514.6	967	2819	68.6	1934	0.6	0.6
巴基斯坦	23761	448.0	10645	35642	59.7	21290	7.2	6.6
叙利亚	1568	982.8	1541	2352	131.0	3082	0.5	1.0
土耳其	6582	818.4	5387	9873	109.1	10774	2.0	3.3
也门	187	352.9	66	281	47.1	132	0.1	
非洲	**36989**	**342.2**	**12659**	**55484**	**45.6**	**25318**	**11.2**	**7.9**
乍得	1624	254.3	413	2436	33.9	826	0.5	0.3
埃及	4424	927.0	4101	6636	123.6	8202	1.3	2.5
莫桑比克	1232	176.1	217	1848	23.5	434	0.4	0.1
苏丹	3628	434.4	1576	5442	57.9	3152	1.1	1.0
坦桑尼亚	3741	156.6	586	5612	20.9	1172	1.1	0.4
乌干达	2699	35.9	97	4049	4.8	194	0.8	0.1
尼日利亚	3728	63.0	235	5592	8.4	470	1.1	0.1
喀唛隆	774	492.2	381	1161	65.6	762	0.2	0.2
大洋洲	**1427**	**1295.7**	**1849**	**2141**	**172.8**	**3698**	**0.4**	**1.1**
澳大利亚	1427	1295.7	1849	2141	172.8	3698	0.4	1.1

7-1-6 世界主要产棉国1990-2000年棉花生产

国名	国际单位			国内单位			占世界合计(%)	
	面积（千公顷）	单产（公斤/公顷）	产量（千吨）	面积（万亩）	亩产（市斤/亩）	产量（万担）	面积	产量
世界合计	**367578**	**563.8**	**207223**	**551367**	**75.2**	**414446**	**100.0**	**100.0**
北美洲	**59565**	**724.5**	**43156**	**89348**	**96.6**	**86312**	**16.2**	**20.8**
萨尔瓦多	37	729.7	27	56	97.3	54		
危地马拉	148	945.9	140	222	126.1	280		0.1
墨西哥	1970	881.2	1736	2955	117.5	3472	0.5	0.8
尼加拉瓜	139	697.8	97	209	93.0	194		
美国	57171	719.2	41120	85757	95.9	82240	15.6	19.8
南美洲	**26381**	**447.3**	**11800**	**39572**	**59.6**	**23600**	**7.2**	**5.7**
阿根廷	6856	436.4	2992	10284	58.2	5984	1.9	1.4
巴西	12890	429.8	5540	19335	57.3	11080	3.5	2.7
哥伦比亚	1287	634.8	817	1931	84.6	1634	0.4	0.4
巴拉圭	3265	438.3	1431	4898	58.4	2862	0.9	0.7
秘鲁	1099	585.1	643	1649	78.0	1286	0.3	0.3
欧洲	**5027**	**924.2**	**4646**	**7541**	**123.2**	**9292**	**1.4**	**2.2**
苏联								
亚洲	**197791**	**533.9**	**105608**	**296687**	**71.2**	**211216**	**53.8**	**51.0**
*中国	56322	870.2	49013	84483	116.0	98026	15.3	23.7
印度	92358	258.7	23889	138537	34.5	47778	25.1	11.5
伊朗	2414	597.3	1442	3621	79.6	2884	0.7	0.7
巴基斯坦	31732	583.5	18515	47598	77.8	37030	8.6	8.9
叙利亚	2362	1196.0	2825	3543	159.5	5650	0.6	1.4
土耳其	7418	1067.4	7918	11127	142.3	15836	2.0	3.8
也门	209	311	65	314	41.5	130	0.4	0.4
非洲	**44590**	**370.5**	**16522**	**66885**	**49.4**	**33044**	**12.1**	**8.0**
乍得	2812	276.3	777	4218	36.8	1554	0.8	0.4
埃及	3722	872.9	3249	5583	116.4	6498	1.0	1.6
莫桑比克	1314	183.4	241	1971	24.5	482	0.4	0.1
苏丹	1905	445.1	848	2858	59.4	1696	0.5	0.4
坦桑尼亚	3938	169.4	667	5907	22.6	1334	1.1	0.3
乌干达	1722	80.7	139	2583	10.8	278	0.5	0.1
*尼日利亚	4982	234.2	1167	7473	31.2	2334	1.4	0.6
喀唛隆	1541	472.4	728	2312	63.0	1456	0.4	0.4
大洋洲	**3663**	**1387.4**	**5082**	**5495**	**185.0**	**10164**	**1.0**	**2.5**
澳大利亚	3663	1387.4	5082	5495	185.0	10164	1.0	2.5
中亚小计	**30561**	**667.8**	**20409**	**45842**	**89.0**	**40818**	**8.3**	**9.8**
阿塞拜疆	2224	443.8	987	3336	59.2	1974	0.6	0.5
哈萨克斯坦	1298	619.4	804	1947	82.6	1608	0.4	0.4
吉尔吉斯坦	315	758.7	239	473	101.2	478	0.1	0.1
塔吉克斯坦	2966	486.5	1443	4449	64.9	2886	0.8	0.7
土库曼斯坦	6339	524.2	3323	9509	69.9	6646	1.7	1.6
乌兹别克斯坦	17419	772.1	13450	26129	103.0	26900	4.7	6.5

7-1-7 世界主要产棉国1949年棉花生产

国　名	国际单位			国内单位			占世界合计(%)	
	面积(千公顷)	单产(公斤/公顷)	产量(千吨)	面积(万亩)	亩产(市斤/亩)	产量(万担)	面积	产量
世界合计	**29062**	**248.8**	**7231**	**43593**	**33.2**	**14462**	**100.0**	**100.0**
北美洲	**11710**	**318.5**	**3730**	**17565**	**42.5**	**7460**	**40.3**	**51.6**
萨尔瓦多	17	411.8	7	26	54.9	14	0.1	0.1
危地马拉	3	333.3	1	5	44.4	2		
墨西哥	549	378.9	208	824	50.5	416	1.9	2.9
尼加拉瓜	15	266.7	4	23	35.6	8	0.1	0.1
美国	11104	315.9	3508	16656	42.1	7016	38.2	48.5
南美洲	**3230**	**195.0**	**630**	**4845**	**26.0**	**1260**	**11.1**	**8.7**
阿根庭	458	283.8	130	687	37.8	260	1.6	1.8
巴西	2497	158.6	396	3746	21.1	792	8.6	5.5
哥伦比亚	38	184.2	7	57	24.6	14	0.1	0.1
*巴拉圭	65	215.4	14	98	28.7	28	0.2	0.2
秘鲁	134	552.2	74	201	73.6	148	0.5	1.0
欧洲	**280**	**142.9**	**40**	**420**	**19.0**	**80**	**1.0**	**0.6**
苏联	**1841**	**473.1**	**871**	**2762**	**63.1**	**1742**	**6.3**	**12.0**
亚洲	**9000**	**144.4**	**1300**	**13500**	**19.3**	**2600**	**31.0**	**18.0**
*中国	2150	172.1	370	3225	22.9	740	7.4	5.1
印度	4918	105.3	518	7377	14.0	1036	16.9	7.2
伊朗	100	210.0	21	150	28.0	42	0.3	0.3
巴基斯坦	1158	190.8	221	1737	25.4	442	4.0	3.1
叙利亚	25	520.0	13	38	69.3	26	0.1	0.2
土耳其	325	320.0	104	488	42.7	208	1.1	1.4
也门								
非洲	**3000**	**220.0**	**660**	**4500**	**29.3**	**1320**	**10.3**	**9.1**
乍得								
埃及	711	544.3	387	1067	72.6	774	2.4	5.4
莫桑比克	261	69.0	18	392	9.2	36	0.9	0.2
苏丹	174	385.1	67	261	51.3	134	0.6	0.9
坦桑尼亚	75	120.0	9	113	16.0	18	0.3	0.1
乌干达	659	94.1	62	989	12.5	124	2.3	0.9
*尼日利亚	205	73.2	15	308	9.8	30	0.7	0.2
喀唛隆	6			9				
大洋洲	**1**			**2**				
澳大利亚	1			2				

7－1－8　世界主要产棉国1950年棉花生产

国　名	国际单位			国内单位			占世界合计(%)	
	面　积（千公顷）	单　产（公斤/公顷）	产　量（千吨）	面　积（万亩）	亩　产（市斤/亩）	产　量（万担）	面　积	产　量
世界合计	**28128**	**232.6**	**6542**	**42192**	**31.0**	**13084**	**100.0**	**100.0**
北美洲	**8040**	**304.7**	**2450**	**12060**	**40.6**	**4900**	**28.6**	**37.5**
萨尔瓦多	19	315.8	6	29	42.1	12	0.1	0.1
危地马拉	2	1000.0	2	3	133.3	4		
墨西哥	759	341.2	259	1139	45.5	518	2.7	4.0
尼加拉瓜	17	294.1	5	26	39.2	10	0.1	0.1
美　国	7221	300.7	2171	10832	40.1	4342	25.7	33.2
南美洲	**3450**	**176.8**	**610**	**5175**	**23.6**	**1220**	**12.3**	**9.3**
阿根庭	461	238.6	110	692	31.8	220	1.6	1.7
巴　西	2689	146.2	393	4034	19.5	786	9.6	6.0
哥伦比亚	42	190.5	8	63	25.4	16	0.1	0.1
*巴拉圭	62	177.4	11	93	23.7	22	0.2	0.2
秘　鲁	160	525.0	84	240	70.0	168	0.6	1.3
欧　洲	**280**	**178.6**	**50**	**420**	**23.8**	**100**	**1.0**	**0.8**
苏　联	**2307**	**490.7**	**1132**	**3461**	**65.4**	**2264**	**8.2**	**17.3**
亚　洲	**10900**	**147.7**	**1610**	**16350**	**19.7**	**3220**	**38.8**	**24.6**
*中　国	3100	167.7	520	4650	22.4	1040	11.0	7.9
印　度	5608	105.7	593	8412	14.1	1186	19.9	9.1
伊　朗	130	215.4	28	195	28.7	56	0.5	0.4
巴基斯坦	1218	216.7	264	1827	28.9	528	4.3	4.0
叙利亚	78	448.7	35	117	59.8	70	0.3	0.5
土耳其	448	272.3	122	672	36.3	244	1.6	1.9
也　门								
非　洲	**3150**	**219.0**	**690**	**4725**	**29.2**	**1380**	**11.2**	**10.5**
乍　得								
埃　及	829	460.8	382	1244	61.4	764	2.9	5.8
莫桑比克	283	98.9	28	425	13.2	56	1.0	0.4
苏　丹	218	458.7	100	327	61.2	200	0.8	1.5
坦桑尼亚	77	116.9	9	116	15.6	18	0.3	0.1
乌干达	603	104.5	63	905	13.9	126	2.1	1.0
*尼日利亚	210	85.7	18	315	11.4	36	0.7	0.3
喀唛隆								
大洋洲	**1**			**2**				
澳大利亚	1			2				

7-1-9 世界主要产棉国1951年棉花生产

国名	国际单位			国内单位			占世界合计(%)	
	面积（千公顷）	单产（公斤/公顷）	产量（千吨）	面积（万亩）	亩产（市斤/亩）	产量（万担）	面积	产量
世界合计	**34473**	**233.9**	**8062**	**51710**	**31.2**	**16124**	**100.0**	**100.0**
北美洲	**11790**	**305.6**	**3603**	**17685**	**40.7**	**7206**	**34.2**	**44.7**
萨尔瓦多	30	333.3	10	45	44.4	20	0.1	0.1
危地马拉	8	250.0	2	12	33.3	4		
墨西哥	903	330.0	298	1355	44.0	596	2.6	3.7
尼加拉瓜	28	321.4	9	42	42.9	18	0.1	0.1
美国	10800	303.8	3281	16200	40.5	6562	31.3	40.7
南美洲	**3360**	**184.5**	**620**	**5040**	**24.6**	**1240**	**9.7**	**7.7**
阿根庭	555	270.3	150	833	36.0	300	1.6	1.9
巴西	2487	140.3	349	3731	18.7	698	7.2	4.3
哥伦比亚	36	277.8	10	54	37.0	20	0.1	0.1
巴拉圭	74	189.2	14	111	25.2	28	0.2	0.2
秘鲁	160	550.0	88	240	73.3	176	0.5	1.1
欧洲	**400**	**150.0**	**60**	**600**	**20.0**	**120**	**1.2**	**0.7**
苏联	**2722**	**447.8**	**1219**	**4083**	**59.7**	**2438**	**7.9**	**15.1**
亚洲	**13000**	**146.9**	**1910**	**19500**	**19.6**	**3820**	**37.7**	**23.7**
*中国	4100	158.5	650	6150	21.1	1300	11.9	8.1
印度	6121	111.9	685	9182	14.9	1370	17.8	8.5
*伊朗	150	180.0	27	225	24.0	54	0.4	0.3
巴基斯坦	1366	206.4	282	2049	27.5	564	4.0	3.5
叙利亚	217	225.8	49	326	30.1	98	0.6	0.6
土耳其	642	241.4	155	963	32.2	310	1.9	1.9
也门								
非洲	**3200**	**203.1**	**650**	**4800**	**27.1**	**1300**	**9.3**	**8.1**
乍得								
埃及	832	436.3	363	1248	58.2	726	2.4	4.5
*莫桑比克	275	101.8	28	413	13.6	56	0.8	0.3
苏丹	231	268.4	62	347	35.8	124	0.7	0.8
坦桑尼亚	90	166.7	15	135	22.2	30	0.3	0.2
乌干达	614	109.1	67	921	14.5	134	1.8	0.8
尼日利亚	200	110.0	22	300	14.7	44	0.6	0.3
喀唛隆								
大洋洲	**1**			**2**				
澳大利亚	1			2				

7-1-10　世界主要产棉国1952年棉花生产

国　名	国际单位			国内单位			占世界合计(%)	
	面积(千公顷)	单产(公斤/公顷)	产量(千吨)	面积(万亩)	亩产(市斤/亩)	产量(万担)	面积	产量
世界合计	**35105**	**238.2**	**8363**	**52658**	**31.8**	**16726**	**100.0**	**100.0**
北美洲	**11370**	**314.9**	**3580**	**17055**	**42.0**	**7160**	**32.4**	**42.8**
萨尔瓦多	28	392.9	11	42	52.4	22	0.1	0.1
危地马拉	9	333.3	3	14	44.4	6		
墨西哥	784	338.0	265	1176	45.1	530	2.2	3.2
尼加拉瓜	30	400.0	12	45	53.3	24	0.1	0.1
美国	10489	312.9	3282	15734	41.7	6564	29.9	39.2
南美洲	**3900**	**194.9**	**760**	**5850**	**26.0**	**1520**	**11.1**	**9.1**
阿根庭	533	230.8	123	800	30.8	246	1.5	1.5
巴西	3035	169.7	515	4553	22.6	1030	8.6	6.2
*哥伦比亚	60	183.3	11	90	24.4	22	0.2	0.1
*巴拉圭	53	226.4	12	80	30.2	24	0.2	0.1
秘鲁	190	505.3	96	285	67.4	192	0.5	1.1
欧洲	**400**	**200.0**	**80**	**600**	**26.7**	**160**	**1.1**	**1.0**
苏联	**2833**	**445.8**	**1263**	**4250**	**59.4**	**2526**	**8.1**	**15.1**
亚洲	**13202**	**143.9**	**1900**	**19803**	**19.2**	**3800**	**37.6**	**22.7**
*中国	3800	163.2	620	5700	21.8	1240	10.8	7.4
印度	6351	87.7	557	9527	11.7	1114	18.1	6.7
*伊朗	180	200.0	36	270	26.7	72	0.5	0.4
巴基斯坦	1403	227.4	319	2105	30.3	638	4.0	3.8
叙利亚	185	243.2	45	278	32.4	90	0.5	0.5
土耳其	675	244.4	165	1013	32.6	330	1.9	2.0
也门								
非洲	**3400**	**229.4**	**780**	**5100**	**30.6**	**1560**	**9.7**	**9.3**
乍得								
埃及	826	540.0	446	1239	72.0	892	2.4	5.3
*莫桑比克	280	142.9	40	420	19.0	80	0.8	0.5
苏丹	249	333.3	83	374	44.4	166	0.7	1.0
坦桑尼亚	84	166.7	14	126	22.2	28	0.2	0.2
乌干达	596	97.3	58	894	13.0	116	1.7	0.7
尼日利亚			17			34		0.2
喀唛隆	12	416.7	5	18	55.6	10		0.1
大洋洲								
澳大利亚								

7-1-11 世界主要产棉国1953年棉花生产

国名	国际单位			国内单位			占世界合计(%)	
	面积（千公顷）	单产（公斤/公顷）	产量（千吨）	面积（万亩）	亩产（市斤/亩）	产量（万担）	面积	产量
世界合计	**33366**	**260.7**	**8699**	**50049**	**34.8**	**17398**	**100.0**	**100.0**
北美洲	**10700**	**363.6**	**3890**	**16050**	**48.5**	**7780**	**32.1**	**44.7**
萨尔瓦多	21	619.0	13	32	82.5	26	0.1	0.1
*危地马拉	11	545.5	6	17	72.7	12		0.1
墨西哥	753	363.9	274	1130	48.5	548	2.3	3.1
尼加拉瓜	42	452.4	19	63	60.3	38	0.1	0.2
美国	9852	362.4	3570	14778	48.3	7140	29.5	41.0
南美洲	**3500**	**182.9**	**640**	**5250**	**24.4**	**1280**	**10.5**	**7.4**
阿根庭	550	243.6	134	825	32.5	268	1.6	1.5
巴西	2587	145.0	375	3881	19.3	750	7.8	4.3
*哥伦比亚	73	274.0	20	110	36.5	40	0.2	0.2
*巴拉圭	60	216.7	13	90	28.9	26	0.2	0.1
秘鲁	200	480.0	96	300	64.0	192	0.6	1.1
欧洲	**400**	**225.0**	**90**	**600**	**30.0**	**180**	**1.2**	**1.0**
苏联	**1862**	**713.2**	**1328**	**2793**	**95.1**	**2656**	**5.6**	**15.3**
亚洲	**13700**	**153.3**	**2100**	**20550**	**20.4**	**4200**	**41.1**	**24.1**
*中国	4100	175.6	720	6150	23.4	1440	12.3	8.3
印度	6890	101.6	700	10335	13.5	1400	20.6	8.0
*伊朗	225	222.2	50	338	29.6	100	0.7	0.6
巴基斯坦	1185	216.0	256	1778	28.8	512	3.6	2.9
叙利亚	128	367.2	47	192	49.0	94	0.4	0.5
土耳其	605	229.8	139	908	30.6	278	1.8	1.6
也门								
非洲	**3200**	**203.1**	**650**	**4800**	**27.1**	**1300**	**9.6**	**7.5**
乍得								
埃及	556	571.9	318	834	76.3	636	1.7	3.7
*莫桑比克	263	114.1	30	395	15.2	60	0.8	0.3
苏丹	264	329.5	87	396	43.9	174	0.8	1.0
坦桑尼亚	62	145.2	9	93	19.4	18	0.2	0.1
乌干达	652	112.0	73	978	14.9	146	2.0	0.8
尼日利亚			26			52		0.3
喀唛隆								
大洋洲	**4**	**250.0**	**1**	**6**	**33.3**	**2**		
澳大利亚	4	250.0	1	6	33.3	2		

7-1-12 世界主要产棉国1954年棉花生产

国名	国际单位			国内单位			占世界合计(%)	
	面积(千公顷)	单产(公斤/公顷)	产量(千吨)	面积(万亩)	亩产(市斤/亩)	产量(万担)	面积	产量
世界合计	**32588**	**265.0**	**8636**	**48882**	**35.3**	**17272**	**100.0**	**100.0**
北美洲	**8860**	**388.3**	**3440**	**13290**	**51.8**	**6880**	**27.2**	**39.8**
萨尔瓦多	30	666.7	20	45	88.9	40	0.1	0.2
*危地马拉	16	500.0	8	24	66.7	16		0.1
墨西哥	922	423.0	390	1383	56.4	780	2.8	4.5
尼加拉瓜	86	546.5	47	129	72.9	94	0.3	0.5
美国	7790	381.3	2970	11685	50.8	5940	23.9	34.4
南美洲	**3410**	**196.5**	**670**	**5115**	**26.2**	**1340**	**10.5**	**7.8**
阿根庭	540	211.1	114	810	28.1	228	1.7	1.3
巴西	2497	158.2	395	3746	21.1	790	7.7	4.6
*哥伦比亚	84	297.6	25	126	39.7	50	0.3	0.3
巴拉圭	50	260.0	13	75	34.7	26	0.2	0.2
秘鲁	209	545.5	114	314	72.7	228	0.6	1.3
欧洲	**480**	**229.2**	**110**	**720**	**30.6**	**220**	**1.5**	**1.3**
苏联	**2185**	**647.6**	**1415**	**3278**	**86.3**	**2830**	**6.7**	**16.4**
亚洲	**14200**	**162.0**	**2300**	**21300**	**21.6**	**4600**	**43.6**	**26.6**
*中国	3880	172.7	670	5820	23.0	1340	11.9	7.8
印度	7561	99.5	752	11342	13.3	1504	23.2	8.7
*伊朗	200	300.0	60	300	40.0	120	0.6	0.7
巴基斯坦	1289	220.3	284	1934	29.4	568	4.0	3.3
叙利亚	187	427.8	80	281	57.0	160	0.6	0.9
土耳其	582	244.0	142	873	32.5	284	1.8	1.6
也门								
非洲	**3450**	**202.9**	**700**	**5175**	**27.1**	**1400**	**10.6**	**8.1**
乍得								
埃及	663	524.9	348	995	70.0	696	2.0	4.0
*莫桑比克	275	101.8	28	413	13.6	56	0.8	0.3
苏丹	279	315.4	88	419	42.1	176	0.9	1.0
*坦桑尼亚	101	188.1	19	152	25.1	38	0.3	0.2
乌干达	704	76.7	54	1056	10.2	108	2.2	0.6
尼日利亚			34			68		0.4
喀唛隆	39	128.2	5	59	17.1	10	0.1	0.1
大洋洲	**3**	**333.3**	**1**	**5**	**44.4**	**2**		
澳大利亚	3	333.3	1	5	44.4	2		

7－1－13 世界主要产棉国1955年棉花生产

国名	国际单位			国内单位			占世界合计(%)	
	面积(千公顷)	单产(公斤/公顷)	产量(千吨)	面积(万亩)	亩产(市斤/亩)	产量(万担)	面积	产量
世界合计	**34863**	**279.0**	**9726**	**52295**	**37.2**	**19452**	**100.0**	**100.0**
北美洲	**8080**	**467.8**	**3780**	**12120**	**62.4**	**7560**	**23.2**	**38.9**
萨尔瓦多	46	673.9	31	69	89.9	62	0.1	0.3
危地马拉	21	476.2	10	32	63.5	20	0.1	0.1
墨西哥	1059	463.6	491	1589	61.8	982	3.0	5.0
*尼加拉瓜	87	402.3	35	131	53.6	70	0.2	0.4
美国	6850	467.9	3205	10275	62.4	6410	19.6	33.0
南美洲	**3520**	**198.9**	**700**	**5280**	**26.5**	**1400**	**10.1**	**7.2**
阿根庭	533	228.9	122	800	30.5	244	1.5	1.3
巴西	2617	163.5	428	3926	21.8	856	7.5	4.4
*哥伦比亚	69	333.3	23	104	44.4	46	0.2	0.2
*巴拉圭	48	250.0	12	72	33.3	24	0.1	0.1
秘鲁	217	502.3	109	326	67.0	218	0.6	1.1
欧洲	**720**	**194.4**	**140**	**1080**	**25.9**	**280**	**2.1**	**1.4**
苏联	**2198**	**621.0**	**1365**	**3297**	**82.8**	**2730**	**6.3**	**14.0**
亚洲	**16900**	**180.5**	**3050**	**25350**	**24.1**	**6100**	**48.5**	**31.4**
*中国	5771	263.0	1518	8657	35.1	3036	16.6	15.6
印度	8086	87.9	711	12129	11.7	1422	23.2	7.3
*伊朗	230	260.9	60	345	34.8	120	0.7	0.6
巴基斯坦	1431	215.9	309	2147	28.8	618	4.1	3.2
叙利亚	249	337.3	84	374	45.0	168	0.7	0.9
土耳其	625	251.2	157	938	33.5	314	1.8	1.6
也门								
非洲	**3440**	**200.6**	**690**	**5160**	**26.7**	**1380**	**9.9**	**7.1**
乍得								
埃及	763	439.1	335	1145	58.5	670	2.2	3.4
*莫桑比克	293	71.7	21	440	9.6	42	0.8	0.2
苏丹	242	392.6	95	363	52.3	190	0.7	1.0
*坦桑尼亚	109	201.8	22	164	26.9	44	0.3	0.2
乌干达	642	101.2	65	963	13.5	130	1.8	0.7
尼日利亚								
喀唛隆	47	127.7	6	71	17.0	12	0.1	0.1
大洋洲	**5**	**200.0**	**1**	**8**	**26.7**	**2**		
澳大利亚	5	200.0	1	8	26.7	2		

7-1-14 世界主要产棉国1956年棉花生产

国名	国际单位			国内单位			占世界合计(%)	
	面积(千公顷)	单产(公斤/公顷)	产量(千吨)	面积(万亩)	亩产(市斤/亩)	产量(万担)	面积	产量
世界合计	**34460**	**275.3**	**9486**	**51690**	**36.7**	**18972**	**100.0**	**100.0**
北美洲	**7330**	**463.8**	**3400**	**10995**	**61.8**	**6800**	**21.3**	**35.8**
萨尔瓦多	38	842.1	32	57	112.3	64	0.1	0.3
*危地马拉	13	769.2	10	20	102.6	20		0.1
墨西哥	873	470.8	411	1310	62.8	822	2.5	4.3
*尼加拉瓜	70	600.0	42	105	80.0	84	0.2	0.4
美国	6319	458.6	2898	9479	61.1	5796	18.3	30.6
南美洲	**3590**	**183.8**	**660**	**5385**	**24.5**	**1320**	**10.4**	**7.0**
阿根廷	545	192.7	105	818	25.7	210	1.6	1.1
巴西	2663	150.2	400	3995	20.0	800	7.7	4.2
*哥伦比亚	67	358.2	24	101	47.8	48	0.2	0.3
*巴拉圭	49	224.5	11	74	29.9	22	0.1	0.1
秘鲁	227	502.2	114	341	67.0	228	0.7	1.2
欧洲	**650**	**200.0**	**130**	**975**	**26.7**	**260**	**1.9**	**1.4**
苏联	**2065**	**733.7**	**1515**	**3098**	**97.8**	**3030**	**6.0**	**16.0**
亚洲	**17401**	**175.3**	**3050**	**26102**	**23.4**	**6100**	**50.5**	**32.2**
*中国	6250	231.2	1445	9375	30.8	2890	18.1	15.2
印度	8050	104.6	842	12075	13.9	1684	23.4	8.9
*伊朗	240	258.3	62	360	34.4	124	0.7	0.7
巴基斯坦	1453	212.7	309	2180	28.4	618	4.2	3.3
叙利亚	272	341.9	93	408	45.6	186	0.8	1.0
土耳其	637	259.0	165	956	34.5	330	1.8	1.7
也门								
非洲	**3420**	**213.5**	**730**	**5130**	**28.5**	**1460**	**9.9**	**7.7**
乍得								
埃及	694	468.3	325	1041	62.4	650	2.0	3.4
*莫桑比克	300	116.7	35	450	15.6	70	0.9	0.4
苏丹	309	414.2	128	464	55.2	256	0.9	1.3
*坦桑尼亚	121	198.3	24	182	26.4	48	0.4	0.3
乌干达	635	108.7	69	953	14.5	138	1.8	0.7
尼日利亚			25			50		0.3
喀麦隆	50	120.0	6	75	16.0	12	0.1	0.1
大洋洲	**4**	**250.0**	**1**	**6**	**33.3**	**2**		
澳大利亚	4	250.0	1	6	33.3	2		

7-1-15 世界主要产棉国1957年棉花生产

国名	国际单位			国内单位			占世界合计(%)	
	面积（千公顷）	单产（公斤/公顷）	产量（千吨）	面积（万亩）	亩产（市斤/亩）	产量（万担）	面积	产量
世界合计	**33474**	**278.6**	**9326**	**50211**	**37.1**	**18652**	**100.0**	**100.0**
北美洲	**6550**	**450.4**	**2950**	**9825**	**60.1**	**5900**	**19.6**	**31.6**
萨尔瓦多	40	900.0	36	60	120.0	72	0.1	0.4
*危地马拉	18	777.8	14	27	103.7	28	0.1	0.2
墨西哥	916	503.3	461	1374	67.1	922	2.7	4.9
*尼加拉瓜	61	786.9	48	92	104.9	96	0.2	0.5
美国	5487	435.0	2387	8231	58.0	4774	16.4	25.6
南美洲	**3820**	**188.5**	**720**	**5730**	**25.1**	**1440**	**11.4**	**7.7**
阿根庭	641	266.8	171	962	35.6	342	1.9	1.8
巴西	2771	143.3	397	4157	19.1	794	8.3	4.3
*哥伦比亚	67	417.9	28	101	55.7	56	0.2	0.3
巴拉圭	58	189.7	11	87	25.3	22	0.2	0.1
秘鲁	231	450.2	104	347	60.0	208	0.7	1.1
欧洲	**520**	**250.0**	**130**	**780**	**33.3**	**260**	**1.6**	**1.4**
苏联	**2092**	**709.8**	**1485**	**3138**	**94.6**	**2970**	**6.2**	**15.9**
亚洲	**16898**	**194.1**	**3280**	**25347**	**25.9**	**6560**	**50.5**	**35.2**
*中国	5778	283.8	1640	8667	37.8	3280	17.3	17.6
印度	8092	104.2	843	12138	13.9	1686	24.2	9.0
*伊朗	243	267.5	65	365	35.7	130	0.7	0.7
巴基斯坦	1473	207.7	306	2210	27.7	612	4.4	3.3
叙利亚	258	414.7	107	387	55.3	214	0.8	1.1
土耳其	625	216.0	135	938	28.8	270	1.9	1.4
也门								
非洲	**3590**	**211.7**	**760**	**5385**	**28.2**	**1520**	**10.7**	**8.1**
乍得								
埃及	764	530.1	405	1146	70.7	810	2.3	4.3
*莫桑比克	302	99.3	30	453	13.2	60	0.9	0.3
苏丹	295	169.5	50	443	22.6	100	0.9	0.5
*坦桑尼亚	162	191.4	31	243	25.5	62	0.5	0.3
乌干达	654	105.5	69	981	14.1	138	2.0	0.7
尼日利亚			43			86		0.5
喀麦隆	50	140.0	7	75	18.7	14	0.1	0.1
大洋洲	**4**	**250.0**	**1**	**6**	**33.3**	**2**		
澳大利亚	4	250.0	1	6	33.3	2		

7－1－16　世界主要产棉国1958年棉花生产

国　名	国际单位			国内单位			占世界合计(%)	
	面积（千公顷）	单产（公斤/公顷）	产量（千吨）	面积（万亩）	亩产（市斤/亩）	产量（万担）	面积	产量
世界合计	**32912**	**303.4**	**9986**	**49368**	**40.5**	**19972**	**100.0**	**100.0**
北美洲	**6010**	**519.1**	**3120**	**9015**	**69.2**	**6240**	**18.3**	**31.2**
萨尔瓦多	54	740.7	40	81	98.8	80	0.2	0.4
*危地马拉	28	571.4	16	42	76.2	32	0.1	0.2
墨西哥	1028	494.2	508	1542	65.9	1016	3.1	5.1
*尼加拉瓜	79	594.9	47	119	79.3	94	0.2	0.5
美国	4795	522.6	2506	7193	69.7	5012	14.6	25.1
南美洲	**3660**	**177.6**	**650**	**5490**	**23.7**	**1300**	**11.1**	**6.5**
阿根廷	496	201.6	100	744	26.9	200	1.5	1.0
巴西	2707	140.7	381	4061	18.8	762	8.2	3.8
*哥伦比亚	95	347.4	33	143	46.3	66	0.3	0.3
巴拉圭	66	136.4	9	99	18.2	18	0.2	0.1
秘鲁	238	487.4	116	357	65.0	232	0.7	1.2
欧洲	**490**	**265.3**	**130**	**735**	**35.4**	**260**	**1.5**	**1.3**
苏联	**2149**	**695.7**	**1495**	**3224**	**92.8**	**2990**	**6.5**	**15.0**
亚洲	**16676**	**222.5**	**3710**	**25014**	**29.7**	**7420**	**50.7**	**37.2**
*中国	5726	366.7	2100	8589	48.9	4200	17.4	21.0
印度	8064	103.3	833	12096	13.8	1666	24.5	8.3
*伊朗	260	276.9	72	390	36.9	144	0.8	0.7
巴基斯坦	1338	205.5	275	2007	27.4	550	4.1	2.8
叙利亚	261	371.6	97	392	49.6	194	0.8	1.0
土耳其	631	285.3	180	947	38.0	360	1.9	1.8
也门								
非洲	**3920**	**224.5**	**880**	**5880**	**29.9**	**1760**	**11.9**	**8.8**
乍得								
埃及	800	557.5	446	1200	74.3	892	2.4	4.5
*莫桑比克	313	137.4	43	470	18.3	86	1.0	0.4
苏丹	359	356.5	128	539	47.5	256	1.1	1.3
*坦桑尼亚	162	191.4	31	243	25.5	62	0.5	0.3
乌干达	815	89.6	73	1223	11.9	146	2.5	0.7
尼日利亚			30			60		0.3
喀麦隆	57	122.8	7	86	16.4	14	0.2	0.1
大洋洲	**7**	**142.9**	**1**	**11**	**19.0**	**2**		
澳大利亚	7	142.9	1	11	19.0	2		

7-1-17 世界主要产棉国1959年棉花生产

国名	国际单位			国内单位			占世界合计(%)	
	面积（千公顷）	单产（公斤/公顷）	产量（千吨）	面积（万亩）	亩产（市斤/亩）	产量（万担）	面积	产量
世界合计	**33154**	**327.3**	**10851**	**49731**	**43.6**	**21702**	**100.0**	**100.0**
北美洲	**6980**	**518.6**	**3620**	**10470**	**69.1**	**7240**	**21.1**	**33.4**
萨尔瓦多	39	794.9	31	59	106.0	62	0.1	0.3
*危地马拉	18	833.3	15	27	111.1	30	0.1	0.1
墨西哥	754	488.1	368	1131	65.1	736	2.3	3.4
*尼加拉瓜	49	571.4	28	74	76.2	56	0.1	0.3
美国	6107	519.1	3170	9161	69.2	6340	18.4	29.2
南美洲	**3610**	**205.0**	**740**	**5415**	**27.3**	**1480**	**10.9**	**6.8**
阿根庭	517	176.0	91	776	23.5	182	1.6	0.8
巴西	2590	173.4	449	3885	23.1	898	7.8	4.1
*哥伦比亚	154	422.1	65	231	56.3	130	0.5	0.6
巴拉圭	67	134.3	9	101	17.9	18	0.2	0.1
秘鲁	236	508.5	120	354	67.8	240	0.7	1.1
欧洲	**520**	**307.7**	**160**	**780**	**41.0**	**320**	**1.6**	**1.5**
苏联	**2152**	**734.2**	**1580**	**3228**	**97.9**	**3160**	**6.5**	**14.6**
亚洲	**16172**	**238.7**	**3860**	**24258**	**31.8**	**7720**	**48.8**	**35.6**
*中国	5512	437.2	2410	8268	58.3	4820	16.6	22.2
印度	7791	87.5	682	11687	11.7	1364	23.5	6.3
*伊朗	270	266.7	72	405	35.6	144	0.8	0.7
巴基斯坦	1364	216.3	295	2046	28.8	590	4.1	2.7
叙利亚	227	431.7	98	341	57.6	196	0.7	0.9
土耳其	624	312.5	195	936	41.7	390	1.9	1.8
也门								
非洲	**3700**	**240.5**	**890**	**5550**	**32.1**	**1780**	**11.2**	**8.2**
乍得								
埃及	739	618.4	457	1109	82.5	914	2.2	4.2
*莫桑比克	312	134.6	42	468	17.9	84	0.9	0.4
苏丹	381	320.2	122	572	42.7	244	1.1	1.1
*坦桑尼亚	172	209.3	36	258	27.9	72	0.5	0.3
乌干达	633	102.7	65	950	13.7	130	1.9	0.6
尼日利亚			30			60		0.3
*喀唛隆	51	156.9	8	77	20.9	16	0.2	0.1
大洋洲	**20**	**50.0**	**1**	**30**	**6.7**	**2**		
澳大利亚	20	100.0	1	30	13.3	4		0.1

7－1－18　世界主要产棉国1960年棉花生产

国　　名	国际单位			国内单位			占世界合计(%)	
	面　积（千公顷）	单　产（公斤/公顷）	产　量（千吨）	面　积（万亩）	亩　产（市斤/亩）	产　量（万担）	面　积	产　量
世界合计	**33400**	**323.4**	**10800**	**50100**	**43.1**	**21600**	**100.0**	**100.0**
北美洲	**7250**	**504.8**	**3660**	**10875**	**67.3**	**7320**	**21.7**	**33.9**
萨尔瓦多	43	953.5	41	65	127.1	82	0.1	0.4
*危地马拉	26	807.7	21	39	107.7	42	0.1	0.2
墨西哥	899	508.3	457	1349	67.8	914	2.7	4.2
尼加拉瓜	61	541.0	33	92	72.1	66	0.2	0.3
美　国	6195	501.5	3107	9293	66.9	6214	18.5	28.8
南美洲	**3930**	**223.9**	**880**	**5895**	**29.9**	**1760**	**11.8**	**8.1**
阿根廷	499	248.5	124	749	33.1	248	1.5	1.1
巴　西	2930	182.9	536	4395	24.4	1072	8.8	5.0
*哥伦比亚	149	449.7	67	224	60.0	134	0.4	0.6
巴拉圭	35	228.6	8	53	30.5	16	0.1	0.1
秘　鲁	252	527.8	133	378	70.4	266	0.8	1.2
欧　洲	**550**	**309.1**	**170**	**825**	**41.2**	**340**	**1.6**	**1.6**
苏　联	**2192**	**677.5**	**1485**	**3288**	**90.3**	**2970**	**6.6**	**13.8**
亚　洲	**15806**	**233.0**	**3683**	**23709**	**31.1**	**7366**	**47.3**	**34.1**
*中　国	5225	203.4	1063	7838	27.1	2126	15.6	9.8
印　度	7637	125.4	958	11456	16.7	1916	22.9	8.9
伊　朗	325	304.6	99	488	40.6	198	1.0	0.9
巴基斯坦	1312	231.7	304	1968	30.9	608	3.9	2.8
叙利亚	212	523.6	111	318	69.8	222	0.6	1.0
土耳其	621	283.4	176	932	37.8	352	1.9	1.6
也　门								
非　洲	**3660**	**251.4**	**920**	**5490**	**33.5**	**1840**	**11.0**	**8.5**
乍　得	273	124.5	34	410	16.6	68	0.8	0.3
埃　及	787	607.4	478	1181	81.0	956	2.4	4.4
*莫桑比克	309	123.0	38	464	16.4	76	0.9	0.4
苏　丹	381	299.2	114	572	39.9	228	1.1	1.1
坦桑尼亚	192	177.1	34	288	23.6	68	0.6	0.3
乌干达	614	109.1	67	921	14.5	134	1.8	0.6
尼日利亚			51			102		0.5
喀麦隆	55	181.8	10	83	24.2	20	0.2	0.1
大洋洲	**12**	**166.7**	**2**	**18**	**22.2**	**4**		
澳大利亚	12	166.7	2	18	22.2	4		

7-1-19　世界主要产棉国1961年棉花生产

国　名	国际单位			国内单位			占世界合计(%)	
	面积(千公顷)	单产(公斤/公顷)	产量(千吨)	面积(万亩)	亩产(市斤/亩)	产量(万担)	面积	产量
世界合计	**33786**	**291.1**	**9835**	**50679**	**38.8**	**19670**	**100.0**	**100.0**
北美洲	**7363**	**503.3**	**3706**	**11045**	**67.1**	**7412**	**21.8**	**37.7**
萨尔瓦多	77	792.2	61	116	105.6	122	0.2	0.6
*危地马拉	46	565.2	26	69	75.4	52	0.1	0.3
墨西哥	794	550.4	437	1191	73.4	874	2.4	4.4
尼加拉瓜	78	730.8	57	117	97.4	114	0.2	0.6
美国	6327	492.7	3117	9491	65.7	6234	18.7	31.7
南美洲	**4232**	**227.6**	**963**	**6348**	**30.3**	**1926**	**12.5**	**9.8**
阿根庭	499	248.5	124	749	33.1	248	1.5	1.3
巴西	3234	188.3	609	4851	25.1	1218	9.6	6.2
*哥伦比亚	149	469.8	70	224	62.6	140	0.4	0.7
巴拉圭	35	257.1	9	53	34.3	18	0.1	0.1
秘鲁	244	549.2	134	366	73.2	268	0.7	1.4
欧洲	**651**	**331.8**	**216**	**977**	**44.2**	**432**	**1.9**	**2.2**
苏联	**2335**	**654.4**	**1528**	**3503**	**87.3**	**3056**	**6.9**	**15.5**
亚洲	**15426**	**173.9**	**2683**	**23139**	**23.2**	**5366**	**45.7**	**27.3**
f中国	4249	214.4	911	6374	28.6	1822	12.6	9.3
印度	7978	103.4	825	11967	13.8	1650	23.6	8.4
*伊朗	384	302.1	116	576	40.3	232	1.1	1.2
巴基斯坦	1412	231.6	327	2118	30.9	654	4.2	3.3
叙利亚	249	498.0	124	374	66.4	248	0.7	1.3
土耳其	649	326.7	212	974	43.6	424	1.9	2.2
也门								
非洲	**3767**	**195.6**	**737**	**5651**	**26.1**	**1474**	**11.1**	**7.5**
乍得	300	53.3	16	450	7.1	32	0.9	0.2
埃及	834	402.9	336	1251	53.7	672	2.5	3.4
*莫桑比克	309	119.7	37	464	16.0	74	0.9	0.4
苏丹	381	304.5	116	572	40.6	232	1.1	1.2
*坦桑尼亚	192	177.1	34	288	23.6	68	0.6	0.3
乌干达	614	109.1	67	921	14.5	134	1.8	0.7
f尼日利亚	400	125.0	50	600	16.7	100	1.2	0.5
喀唛隆	63	158.7	10	95	21.2	20	0.2	0.1
大洋洲	**12**	**166.7**	**2**	**18**	**22.2**	**4**		
澳大利亚	12	166.7	2	18	22.2	4		

7-1-20　世界主要产棉国1962年棉花生产

国　名	国际单位			国内单位			占世界合计(%)	
	面　积（千公顷）	单　产（公斤/公顷）	产　量（千吨）	面　积（万亩）	亩　产（市斤/亩）	产　量（万担）	面　积	产　量
世界合计	**34094**	**309.1**	**10537**	**51141**	**41.2**	**21074**	**100.0**	**100.0**
北美洲	**7395**	**530.0**	**3919**	**11093**	**70.7**	**7838**	**21.7**	**37.2**
萨尔瓦多	94	766.0	72	141	102.1	144	0.3	0.7
*危地马拉	72	736.1	53	108	98.1	106	0.2	0.5
墨西哥	787	599.7	472	1181	80.0	944	2.3	4.5
尼加拉瓜	95	778.9	74	143	103.9	148	0.3	0.7
美　国	6301	513.7	3237	9452	68.5	6474	18.5	30.7
南美洲	**4526**	**219.2**	**992**	**6789**	**29.2**	**1984**	**13.3**	**9.4**
阿根廷	537	201.1	108	806	26.8	216	1.6	1.0
巴　西	3458	183.3	634	5187	24.4	1268	10.1	6.0
*哥伦比亚	166	469.9	78	249	62.7	156	0.5	0.7
巴拉圭	50	220.0	11	75	29.3	22	0.1	0.1
秘　鲁	253	588.9	149	380	78.5	298	0.7	1.4
欧　洲	**662**	**348.9**	**231**	**993**	**46.5**	**462**	**1.9**	**2.2**
苏　联	**2387**	**622.1**	**1485**	**3581**	**82.9**	**2970**	**7.0**	**14.1**
亚　洲	**15153**	**195.7**	**2965**	**22730**	**26.1**	**5930**	**44.4**	**28.1**
*中　国	4047	230.3	932	6071	30.7	1864	11.9	8.8
f 印　度	7845	121.7	955	11768	16.2	1910	23.0	9.1
*伊　朗	374	246.0	92	561	32.8	184	1.1	0.9
巴基斯坦	1390	265.5	369	2085	35.4	738	4.1	3.5
叙利亚	302	496.7	150	453	66.2	300	0.9	1.4
土耳其	660	371.2	245	990	49.5	490	1.9	2.3
也　门								
非　洲	**3956**	**238.4**	**943**	**5934**	**31.8**	**1886**	**11.6**	**8.9**
乍　得	340	97.1	33	510	12.9	66	1.0	0.3
埃　及	696	656.6	457	1044	87.5	914	2.0	4.3
*莫桑比克	302	142.4	43	453	19.0	86	0.9	0.4
苏　丹	477	454.9	217	716	60.7	434	1.4	2.1
*坦桑尼亚	192	203.1	39	288	27.1	78	0.6	0.4
乌干达	839	39.3	33	1259	5.2	66	2.5	0.3
f 尼日利亚	300	93.3	28	450	12.4	56	0.9	0.3
喀麦隆	68	191.2	13	102	25.5	26	0.2	0.1
大洋洲	**15**	**133.3**	**2**	**23**	**17.8**	**4**		
澳大利亚	15	133.3	2	23	17.8	4		

7-1-21 世界主要产棉国1963年棉花生产

国名	国际单位			国内单位			占世界合计(%)	
	面积（千公顷）	单产（公斤/公顷）	产量（千吨）	面积（万亩）	亩产（市斤/亩）	产量（万担）	面积	产量
世界合计	**34361**	**328.3**	**11282**	**51542**	**43.8**	**22564**	**100.0**	**100.0**
北美洲	**6970**	**589.1**	**4106**	**10455**	**78.5**	**8212**	**20.3**	**36.4**
萨尔瓦多	114	657.9	75	171	87.7	150	0.3	0.7
*危地马拉	91	725.3	66	137	96.7	132	0.3	0.6
墨西哥	847	613.9	520	1271	81.9	1040	2.5	4.6
尼加拉瓜	119	789.9	94	179	105.3	188	0.3	0.8
美国	5751	580.6	3339	8627	77.4	6678	16.7	29.6
南美洲	**4648**	**224.8**	**1045**	**6972**	**30.0**	**2090**	**13.5**	**9.3**
阿根庭	519	256.3	133	779	34.2	266	1.5	1.2
巴西	3554	183.5	652	5331	24.5	1304	10.3	5.8
*哥伦比亚	185	443.2	82	278	59.1	164	0.5	0.7
巴拉圭	63	206.3	13	95	27.5	26	0.2	0.1
秘鲁	257	579.8	149	386	77.3	298	0.7	1.3
欧洲	**598**	**377.9**	**226**	**897**	**50.4**	**452**	**1.7**	**2.0**
苏联	**2480**	**708.1**	**1756**	**3720**	**94.4**	**3512**	**7.2**	**15.6**
亚洲	**15706**	**204.4**	**3210**	**23559**	**27.3**	**6420**	**45.7**	**28.5**
*中国	4168	244.5	1019	6252	32.6	2038	12.1	9.0
f印度	8160	121.2	989	12240	16.2	1978	23.7	8.8
*伊朗	374	307.5	115	561	41.0	230	1.1	1.0
巴基斯坦	1486	283.3	421	2229	37.8	842	4.3	3.7
叙利亚	292	524.0	153	438	69.9	306	0.8	1.4
土耳其	628	391.7	246	942	52.2	492	1.8	2.2
也门								
非洲	**3907**	**239.6**	**936**	**5861**	**31.9**	**1872**	**11.5**	**8.3**
乍得	291	130.6	38	440	17.3	76	0.9	0.3
埃及	684	646.2	442	1016	87.1	884	2.0	3.9
*莫桑比克	253	112.4	29	419	13.9	58	0.8	0.3
苏丹	443	363.8	163	662	49.3	326	1.3	1.4
*坦桑尼亚	202	237.6	48	303	31.7	96	0.6	0.4
乌干达	730	89.0	65	1095	11.9	130	2.1	0.6
f尼日利亚	400	122.5	49	600	16.3	98	1.2	0.4
喀唛隆	73	202.5	16	119	27.0	32	0.2	0.1
大洋洲	**17**	**176.5**	**3**	**26**	**23.5**	**6**		
澳大利亚	17	176.5	3	26	23.5	6		

7-1-22　世界主要产棉国1964年棉花生产

国　名	国际单位			国内单位			占世界合计(%)	
	面积(千公顷)	单产(公斤/公顷)	产量(千吨)	面积(万亩)	亩产(市斤/亩)	产量(万担)	面积	产量
世界合计	**34696**	**329.4**	**11428**	**52044**	**43.9**	**22856**	**100.0**	**100.0**
北美洲	**6889**	**603.3**	**4156**	**10334**	**80.4**	**8312**	**19.9**	**36.4**
萨尔瓦多	111	810.8	90	167	108.1	180	0.3	0.8
*危地马拉	100	720.0	72	150	96.0	144	0.3	0.6
墨西哥	809	679.9	550	1214	90.6	1100	2.3	4.8
尼加拉瓜	135	925.9	125	203	123.5	250	0.4	1.1
美国	5688	581.0	3305	8532	77.5	6610	16.4	28.9
南美洲	**4790**	**193.9**	**929**	**7185**	**25.9**	**1858**	**13.8**	**8.1**
阿根庭	520	190.4	99	780	25.4	198	1.5	0.9
巴西	3765	156.7	590	5648	20.9	1180	10.9	5.2
*哥伦比亚	140	492.9	69	210	65.7	138	0.4	0.6
巴拉圭	49	244.9	12	74	32.7	24	0.1	0.1
秘鲁	246	565.0	139	369	75.3	278	0.7	1.2
欧洲	**433**	**404.2**	**175**	**650**	**53.9**	**350**	**1.2**	**1.5**
苏联	**2461**	**731.4**	**1800**	**3692**	**97.5**	**3600**	**7.1**	**15.8**
亚洲	**16166**	**210.4**	**3401**	**24249**	**28.1**	**6802**	**46.6**	**29.8**
*中国	4452	268.0	1193	6678	35.7	2386	12.8	10.4
f印度	8271	123.2	1019	12407	16.4	2038	23.8	8.9
*伊朗	384	315.1	121	576	42.0	242	1.1	1.1
巴基斯坦	1481	256.6	380	2222	34.2	760	4.3	3.3
叙利亚	287	613.2	176	431	81.8	352	0.8	1.5
土耳其	680	479.4	326	1020	63.9	652	2.0	2.9
也门								
非洲	**3942**	**242.8**	**957**	**5913**	**32.4**	**1914**	**11.4**	**8.4**
乍得	293	122.9	36	440	16.4	72	0.8	0.3
埃及	677	744.5	504	1016	99.3	1008	2.0	4.4
*莫桑比克	279	139.8	39	419	18.6	78	0.8	0.3
苏丹	441	231.3	102	662	30.8	204	1.3	0.9
*坦桑尼亚	202	262.4	53	303	35.0	106	0.6	0.5
乌干达	815	84.7	69	1223	11.3	138	2.3	0.6
f尼日利亚	380	115.8	44	570	15.4	88	1.1	0.4
喀唛隆	79	215.2	17	119	28.7	34	0.2	0.1
大洋洲	**15**	**666.7**	**10**	**23**	**88.9**	**20**		**0.1**
澳大利亚	15	666.7	10	23	88.9	20		0.1

7-1-23 世界主要产棉国1965年棉花生产

国名	国际单位			国内单位			占世界合计(%)	
	面积（千公顷）	单产（公斤/公顷）	产量（千吨）	面积（万亩）	亩产（市斤/亩）	产量（万担）	面积	产量
世界合计	**34908**	**334.3**	**11769**	**52814**	**44.6**	**23538**	**100.0**	**100.0**
北美洲	**6703**	**614.5**	**4119**	**10055**	**81.9**	**8238**	**19.0**	**35.0**
f 萨尔瓦多	100	700.0	70	150	93.3	140	0.3	0.6
* 危地马拉	104	836.5	87	156	111.5	174	0.3	0.7
墨西哥	793	727.6	577	1190	97.0	1154	2.3	4.9
* 尼加拉瓜	147	755.1	111	221	100.7	222	0.4	0.9
美国	5510	590.9	3256	8265	78.8	6512	15.6	27.7
南美洲	**5083**	**205.0**	**1042**	**7625**	**27.3**	**2084**	**14.4**	**8.9**
阿根廷	534	258.4	138	801	34.5	276	1.5	1.2
巴西	4004	165.3	662	6006	22.0	1324	11.4	5.6
哥伦比亚	165	393.9	65	248	52.5	130	0.5	0.6
f 巴拉圭	55	254.5	14	83	33.9	28	0.2	0.1
f 秘鲁	250	560.0	140	375	74.7	280	0.7	1.2
欧洲	**424**	**415.1**	**176**	**636**	**55.3**	**352**	**1.2**	**1.5**
苏联	**2442**	**781.3**	**1908**	**3663**	**104.2**	**3816**	**6.9**	**16.2**
亚洲	**16039**	**215.4**	**3455**	**24059**	**28.7**	**6910**	**45.6**	**29.4**
* 中国	4654	270.3	1258	6981	36.0	2516	13.2	10.7
f 印度	7827	108.2	847	11741	14.4	1694	22.2	7.2
* 伊朗	384	364.6	140	576	48.6	280	1.1	1.2
巴基斯坦	1569	265.8	417	2354	35.4	834	4.5	3.5
叙利亚	286	622.4	178	429	83.0	356	0.8	1.5
土耳其	685	474.5	325	1028	63.3	650	1.9	2.8
也门								
非洲	**4192**	**250.5**	**1050**	**6744**	**31.1**	**2100**	**12.8**	**8.9**
乍得	267	116.1	31	401	15.5	62	0.8	0.3
* 埃及	798	651.6	520	1197	86.9	1040	2.3	4.4
* 莫桑比克	258	112.4	29	387	15.0	58	0.7	0.2
苏丹	448	334.8	150	672	44.6	300	1.3	1.3
* 坦桑尼亚	223	300.4	67	335	40.1	134	0.6	0.6
乌干达	865	91.3	79	1298	12.2	158	2.5	0.7
f 尼日利亚	380	115.8	44	570	15.4	88	1.1	0.4
* 喀唛隆	92	206.5	19	138	27.5	38	0.3	0.2
大洋洲	**25**	**760.0**	**19**	**38**	**100.0**	**38**	**0.1**	**0.2**
澳大利亚	25	760.0	19	38	100.0	38	0.1	0.2

7－1－24　世界主要产棉国1966年棉花生产

国　　名	国际单位			国内单位			占世界合计(%)	
	面积（千公顷）	单产（公斤/公顷）	产量（千吨）	面积（万亩）	亩产（市斤/亩）	产量（万担）	面积	产量
世界合计	**31707**	**338.0**	**10716**	**47561**	**45.1**	**21432**	**100.0**	**100.0**
北美洲	**4972**	**574.4**	**2856**	**7458**	**76.6**	**5712**	**15.7**	**26.7**
萨尔瓦多	71	549.3	39	107	73.2	78	0.2	0.4
危地马拉	83	771.1	64	125	102.8	128	0.3	0.6
墨西哥	765	702.0	537	1148	93.6	1074	2.4	5.0
尼加拉瓜	152	750.0	114	228	100.0	228	0.5	1.1
美国	3866	539.3	2085	5799	71.9	4170	12.2	19.5
南美洲	**3168**	**282.2**	**894**	**4752**	**37.6**	**1788**	**10.0**	**8.3**
阿根廷	441	263.0	116	662	35.1	232	1.4	1.1
巴西	2226	243.5	542	3339	32.5	1084	7.0	5.1
哥伦比亚	165	533.3	88	248	71.1	176	0.5	0.8
巴拉圭	63	142.9	9	95	19.0	18	0.2	0.1
秘鲁	204	593.1	121	306	79.1	242	0.6	1.1
欧洲	**448**	**473.2**	**212**	**672**	**63.1**	**424**	**1.4**	**2.0**
苏联	**2463**	**834.8**	**2056**	**3695**	**111.3**	**4112**	**7.8**	**19.2**
亚洲	**16138**	**225.3**	**3636**	**24207**	**30.0**	**7272**	**50.9**	**33.9**
*中国	4856	290.2	1409	7284	38.7	2818	15.3	13.1
f印度	7836	114.2	895	11754	15.2	1790	24.7	8.4
*伊朗	393	292.6	115	590	39.0	230	1.2	1.1
巴基斯坦	1609	284.0	457	2414	37.9	914	5.1	4.3
叙利亚	255	552.9	141	383	73.7	282	0.8	1.3
土耳其	712	536.5	382	1068	71.5	764	2.2	3.6
也门	2	500.0	1	3	66.7	2		
非洲	**4496**	**231.8**	**1042**	**6744**	**30.9**	**2084**	**14.2**	**9.7**
乍得	300	150.0	45	450	20.0	90	0.9	0.4
埃及	781	582.6	455	1172	77.7	910	2.5	4.2
*莫桑比克	367	103.5	38	551	13.8	76	1.2	0.4
苏丹	440	361.4	159	660	48.2	318	1.4	1.5
*坦桑尼亚	452	177.0	80	678	23.6	160	1.4	0.7
乌干达	880	88.6	78	1320	11.8	156	2.8	0.7
尼日利亚	380	113.2	43	570	15.1	86	1.2	0.4
*喀麦隆	98	214.3	21	147	28.6	42	0.3	0.2
大洋洲	**22**	**909.1**	**20**	**33**	**121.2**	**40**	**0.1**	**0.2**
澳大利亚	22	909.1	20	33	121.2	40	0.1	0.2

7－1－25　世界主要产棉国1967年棉花生产

国　　名	国际单位			国内单位			占世界合计(%)	
	面积（千公顷）	单产（公斤/公顷）	产量（千吨）	面积（万亩）	亩产（市斤/亩）	产量（万担）	面积	产量
世界合计	**30994**	**332.4**	**10301**	**46491**	**44.3**	**20602**	**100.0**	**100.0**
北美洲	**4242**	**539.8**	**2290**	**6363**	**72.0**	**4580**	**13.7**	**22.2**
萨尔瓦多	53	660.4	35	80	88.1	70	0.2	0.3
危地马拉	85	917.6	78	128	122.4	156	0.3	0.8
*墨西哥	689	629.9	434	1034	84.0	868	2.2	4.2
尼加拉瓜	147	693.9	102	221	92.5	204	0.5	1.0
美　国	3236	501.9	1624	4854	66.9	3248	10.4	15.8
南美洲	**2828**	**267.7**	**757**	**4242**	**35.7**	**1514**	**9.1**	**7.3**
阿根庭	330	263.6	87	495	35.2	174	1.1	0.8
*巴　西	2023	219.5	444	3035	29.3	888	6.5	4.3
哥伦比亚	175	554.3	97	263	73.9	194	0.6	0.9
巴拉圭	38	236.8	9	57	31.6	18	0.1	0.1
秘　鲁	181	535.9	97	272	71.5	194	0.6	0.9
欧　洲	**372**	**516.1**	**192**	**558**	**68.8**	**384**	**1.2**	**1.9**
苏　联	**2442**	**835.4**	**2040**	**3663**	**111.4**	**4080**	**7.9**	**19.8**
亚　洲	**16578**	**238.5**	**3954**	**24867**	**31.8**	**7908**	**53.5**	**38.4**
*中　国	5059	300.1	1518	7589	40.0	3036	16.3	14.7
*印　度	7995	143.7	1149	11993	19.2	2298	25.8	11.2
伊　朗	300	390.0	117	450	52.0	234	1.0	1.1
*巴基斯坦	1800	288.9	520	2700	38.5	1040	5.8	5.0
叙利亚	239	531.4	127	359	70.9	254	0.8	1.2
土耳其	718	551.5	396	1077	73.5	792	2.3	3.8
也　门	16	312.5	5	24	41.7	10	0.1	
非　洲	**4510**	**233.0**	**1051**	**6765**	**31.1**	**2102**	**14.6**	**10.2**
乍　得	298	130.9	39	447	17.4	78	1.0	0.4
埃　及	683	639.8	437	1025	85.3	874	2.2	4.2
莫桑比克	409	107.6	44	614	14.3	88	1.3	0.4
苏　丹	487	386.0	188	731	51.5	376	1.6	1.8
f 坦桑尼亚	440	154.5	68	660	20.6	136	1.4	0.7
乌干达	840	75.0	63	1260	10.0	126	2.7	0.6
f 尼日利亚	380	131.6	50	570	17.5	100	1.2	0.5
喀唛隆	98	183.7	18	147	24.5	36	0.3	0.2
大洋洲	**22**	**772.7**	**17**	**33**	**103.0**	**34**	**0.1**	**0.2**
澳大利亚	22	772.7	17	33	103.0	34	0.1	0.2

7－1－26　世界主要产棉国1968年棉花生产

国　　名	国际单位			国内单位			占世界合计(%)	
	面　积（千公顷）	单　产（公斤/公顷）	产　量（千吨）	面　积（万亩）	亩　产（市斤/亩）	产　量（万担）	面　积	产　量
世界合计	**31505**	**358.8**	**11304**	**47258**	**47.8**	**22608**	**100.0**	**100.0**
北 美 洲	**5151**	**609.6**	**3140**	**7727**	**81.3**	**6280**	**16.3**	**27.8**
萨尔瓦多	59	728.8	43	89	97.2	86	0.2	0.4
危地马拉	95	778.9	74	143	103.9	148	0.3	0.7
*墨 西 哥	723	734.4	531	1085	97.9	1062	2.3	4.7
尼加拉瓜	132	704.5	93	198	93.9	186	0.4	0.8
美　　国	4112	579.8	2384	6168	77.3	4768	13.1	21.1
南 美 洲	**3025**	**305.5**	**924**	**4538**	**40.7**	**1848**	**9.6**	**8.2**
阿 根 廷	282	255.3	72	423	34.0	144	0.9	0.6
*巴　　西	2266	263.0	596	3399	35.1	1192	7.2	5.3
哥伦比亚	204	588.2	120	306	78.4	240	0.6	1.1
巴 拉 圭	37	270.3	10	56	36.0	20	0.1	0.1
秘　　鲁	166	632.5	105	249	84.3	210	0.5	0.9
欧　　洲	**361**	**540.2**	**195**	**542**	**72.0**	**390**	**1.1**	**1.7**
苏　　联	**2445**	**816.0**	**1995**	**3668**	**108.8**	**3990**	**7.8**	**17.6**
亚　　洲	**16171**	**243.5**	**3938**	**24257**	**32.5**	**7876**	**51.3**	**34.8**
*中　　国	4978	296.1	1474	7467	39.5	2948	15.8	13.0
*印　　度	7685	138.2	1062	11528	18.4	2124	24.4	9.4
伊　　朗	338	494.1	167	507	65.9	334	1.1	1.5
*巴基斯坦	1757	301.1	529	2636	40.1	1058	5.6	4.7
叙 利 亚	288	493.1	142	432	65.7	284	0.9	1.3
土 耳 其	713	610.1	435	1070	81.3	870	2.3	3.8
也　　门	8	375.0	3	12	50.0	6		
非　　洲	**4321**	**249.9**	**1080**	**6482**	**33.3**	**2160**	**13.7**	**9.6**
乍　　得	274	208.0	57	411	27.7	114	0.9	0.5
埃　　及	615	710.6	437	923	94.7	874	2.0	3.9
*莫桑比克	377	111.4	42	566	14.9	84	1.2	0.4
苏　　丹	483	381.0	184	725	50.8	368	1.5	1.6
f 坦桑尼亚	400	127.5	51	600	17.0	102	1.3	0.5
乌 干 达	829	92.9	77	1244	12.4	154	2.6	0.7
f 尼日利亚	300	90.0	27	450	12.0	54	1.0	0.2
喀 麦 隆	101	247.5	25	152	33.0	50	0.3	0.2
大 洋 洲	**31**	**1032.3**	**32**	**47**	**137.6**	**64**	**0.1**	**0.3**
澳大利亚	31	1032.3	32	47	137.6	64	0.1	0.3

7-1-27 世界主要产棉国1969年棉花生产

国名	国际单位			国内单位			占世界合计(%)	
	面积(千公顷)	单产(公斤/公顷)	产量(千吨)	面积(万亩)	亩产(市斤/亩)	产量(万担)	面积	产量
世界合计	**32700**	**344.4**	**11262**	**49050**	**45.9**	**22524**	**100.0**	**100.0**
北美洲	**5277**	**518.9**	**2738**	**7916**	**69.2**	**5476**	**16.1**	**24.3**
萨尔瓦多	59	779.7	46	89	104.0	92	0.2	0.4
危地马拉	83	674.7	56	125	90.0	112	0.3	0.5
*墨西哥	524	723.3	379	786	96.4	758	1.6	3.4
尼加拉瓜	109	633.0	69	164	84.4	138	0.3	0.6
美国	4475	486.0	2175	6713	64.8	4350	13.7	19.3
南美洲	**3579**	**304.8**	**1091**	**5369**	**40.6**	**2182**	**10.9**	**9.7**
阿根庭	406	275.9	112	609	36.8	224	1.2	1.0
*巴西	2631	273.7	720	3947	36.5	1440	8.0	6.4
哥伦比亚	236	529.7	125	354	70.6	250	0.7	1.1
巴拉圭	60	216.7	13	90	28.9	26	0.2	0.1
秘鲁	169	562.1	95	254	75.0	190	0.5	0.8
欧洲	**390**	**497.4**	**194**	**585**	**66.3**	**388**	**1.2**	**1.7**
苏联	**2540**	**753.9**	**1915**	**3810**	**100.5**	**3830**	**7.8**	**17.0**
亚洲	**16229**	**243.8**	**3957**	**24344**	**32.5**	**7914**	**49.6**	**35.1**
*中国	4678	324.5	1518	7017	43.3	3036	14.3	13.5
*印度	7712	136.4	1052	11568	18.2	2104	23.6	9.3
伊朗	330	447.4	170	570	59.6	340	1.2	1.5
*巴基斯坦	1756	306.9	539	2634	40.9	1078	5.4	4.8
叙利亚	299	458.2	137	449	61.1	274	0.9	1.2
土耳其	639	626.0	400	959	83.5	800	2.0	3.6
也门	22	272.7	6	33	36.4	12	0.1	0.1
非洲	**4653**	**286.7**	**1334**	**6980**	**38.2**	**2668**	**14.2**	**11.8**
乍得	294	136.1	40	441	18.1	80	0.9	0.4
埃及	681	794.4	541	1022	105.9	1082	2.1	4.8
*莫桑比克	378	119.0	45	567	15.9	90	1.2	0.4
苏丹	491	458.2	225	737	61.1	450	1.5	2.0
f 坦桑尼亚	435	163.2	71	653	21.8	142	1.3	0.6
乌干达	845	100.6	85	1268	13.4	170	2.6	0.8
f 尼日利亚	347	158.5	55	521	21.1	110	1.1	0.5
喀唛隆	108	314.8	34	162	42.0	68	0.3	0.3
大洋洲	**32**	**1031.3**	**33**	**48**	**137.5**	**66**	**0.1**	**0.3**
澳大利亚	32	1031.3	33	48	137.5	66	0.1	0.3

7-1-28 世界主要产棉国1970年棉花生产

国　　名	国际单位			国内单位			占世界合计(%)	
	面　积 (千公顷)	单　产 (公斤/公顷)	产　量 (千吨)	面　积 (万亩)	亩　产 (市斤/亩)	产　量 (万担)	面　积	产　量
世界合计	**32684**	**358.8**	**11726**	**49026**	**47.8**	**23452**	**100.0**	**100.0**
北美洲	**5170**	**523.6**	**2707**	**7755**	**69.8**	**5414**	**15.8**	**23.1**
f　萨尔瓦多	56	821.4	46	84	109.5	92	0.2	0.4
f 危地马拉	74	756.8	56	111	100.9	112	0.2	0.5
墨西哥	403	774.2	312	605	103.2	624	1.2	2.7
尼加拉瓜	103	650.5	67	155	86.7	134	0.3	0.6
美　　国	4514	491.6	2219	6771	65.5	4438	13.8	18.9
南美洲	**3851**	**278.6**	**1073**	**5777**	**37.2**	**2146**	**11.8**	**9.2**
阿根廷	452	320.8	145	678	42.8	290	1.4	1.2
f 巴　西	2873	234.2	673	4310	31.2	1346	8.8	5.7
哥伦比亚	267	479.4	128	401	63.9	256	0.8	1.1
巴拉圭	46	282.6	13	69	37.7	26	0.1	0.1
秘　　鲁	144	638.9	92	216	85.2	184	0.4	0.8
欧　　洲	**315**	**600.0**	**189**	**473**	**80.0**	**378**	**1.0**	**1.6**
苏　　联	**2746**	**853.2**	**2343**	**4119**	**113.8**	**4686**	**8.4**	**20.0**
亚　　洲	**15503**	**260.6**	**4040**	**23255**	**34.7**	**8080**	**47.4**	**34.5**
f 中　　国	4602	367.7	1692	6903	49.0	3384	14.1	14.4
印　　度	7608	125.4	954	11412	16.7	1908	23.3	8.1
伊　　朗	320	478.1	153	480	63.8	306	1.0	1.3
巴基斯坦	1747	318.8	557	2621	42.5	1114	5.3	4.8
叙利亚	249	598.4	149	374	79.8	298	0.8	1.3
土耳其	528	757.6	400	792	101.0	800	1.6	3.4
也　　门	14	357.1	5	21	47.6	10		
非　　洲	**5068**	**265.6**	**1346**	**7602**	**35.4**	**2692**	**15.5**	**11.5**
*乍　　得	283	130.7	37	425	17.4	74	0.9	0.3
埃　　及	683	745.2	509	1025	99.4	1018	2.1	4.3
*莫桑比克	371	124.0	46	557	16.5	92	1.1	0.4
苏　　丹	528	465.9	246	792	62.1	492	1.6	2.1
f 坦桑尼亚	400	162.5	65	600	21.7	130	1.2	0.6
*乌干达	882	96.4	85	1323	12.8	170	2.7	0.7
f 尼日利亚	710	129.6	92	1065	17.3	184	2.2	0.8
*喀麦隆	102	147.1	15	153	19.6	30	0.3	0.1
大洋洲	**31**	**903.2**	**28**	**47**	**120.4**	**56**	**0.1**	**0.2**
澳大利亚	31	903.2	28	47	120.4	56	0.1	0.2

7－1－29　世界主要产棉国1971年棉花生产

国　名	国际单位			国内单位			占世界合计(%)	
	面积（千公顷）	单产（公斤/公顷）	产量（千吨）	面积（万亩）	亩产（市斤/亩）	产量（万担）	面积	产量
世界合计	**32965**	**369.5**	**12181**	**49448**	**49.3**	**24362**	**100.0**	**100.0**
北美洲	**5350**	**532.7**	**2850**	**8025**	**71.0**	**5700**	**16.2**	**23.4**
萨尔瓦多	62	887.1	55	93	118.3	110	0.2	0.5
危地马拉	71	788.7	56	107	105.2	112	0.2	0.5
墨西哥	459	810.5	372	689	108.1	744	1.4	3.1
尼加拉瓜	95	831.6	79	143	110.9	158	0.3	0.6
美国	4642	491.4	2281	6963	65.5	4562	14.1	18.7
南美洲	**3255**	**256.5**	**835**	**4883**	**34.2**	**1670**	**9.9**	**6.9**
阿根庭	367	228.9	84	551	30.5	168	1.1	0.7
巴西	2428	205.5	499	3642	27.4	998	7.4	4.1
哥伦比亚	214	602.8	129	321	80.4	258	0.6	1.1
巴拉圭	33	242.4	8	50	32.3	16	0.1	0.1
秘鲁	136	632.4	86	204	84.3	172	0.4	0.7
欧洲	**295**	**633.9**	**187**	**443**	**84.5**	**374**	**0.9**	**1.5**
苏联	**2770**	**849.5**	**2353**	**4155**	**113.3**	**4706**	**8.4**	**19.3**
亚洲	**16035**	**285.5**	**4578**	**24053**	**38.1**	**9156**	**48.6**	**37.6**
f 中国	4534	363.7	1649	6801	48.5	3298	13.8	13.5
印度	7800	161.3	1258	11700	21.5	2516	23.7	10.3
* 伊朗	310	474.2	147	465	63.2	294	0.9	1.2
巴基斯坦	1957	361.8	708	2936	48.2	1416	5.9	5.8
叙利亚	251	621.5	156	377	82.9	312	0.8	1.3
土耳其	688	758.7	522	1032	101.2	1044	2.1	4.3
f 也门	20	450.0	9	30	60.0	18	0.1	0.1
非洲	**5225**	**259.9**	**1358**	**7838**	**34.7**	**2716**	**15.9**	**11.1**
乍得	302	135.8	41	453	18.1	82	0.9	0.3
埃及	641	795.6	510	962	106.1	1020	1.9	4.2
* 莫桑比克	354	98.9	35	531	13.2	70	1.1	0.3
苏丹	511	479.5	245	767	63.9	490	1.6	2.0
f 坦桑尼亚	400	162.5	65	600	21.7	130	1.2	0.5
乌干达	1100	68.2	75	1650	9.1	150	3.3	0.6
f 尼日利亚	650	152.3	99	975	20.3	198	2.0	0.8
* 喀唛隆	112	133.9	15	168	17.9	30	0.3	0.1
大洋洲	**35**	**571.4**	**20**	**53**	**76.2**	**40**	**0.1**	**0.2**
澳大利亚	35	571.4	20	53	76.2	40	0.1	0.2

7－1－30　世界主要产棉国1972年棉花生产

国名	国际单位			国内单位			占世界合计(%)	
	面积（千公顷）	单产（公斤/公顷）	产量（千吨）	面积（万亩）	亩产（市斤/亩）	产量（万担）	面积	产量
世界合计	**34033**	**383.2**	**13042**	**51050**	**51.1**	**26084**	**100.0**	**100.0**
北美洲	**6047**	**600.1**	**3629**	**9071**	**80.0**	**7258**	**17.8**	**27.8**
萨尔瓦多	73	931.5	68	110	124.2	136	0.2	0.5
*危地马拉	89	910.1	81	134	121.3	162	0.3	0.6
墨西哥	500	772.0	386	750	102.9	772	1.5	3.0
尼加拉瓜	109	945.0	103	164	126.0	206	0.3	0.8
美国	5254	567.9	2984	7881	75.7	5968	15.4	22.9
南美洲	**3590**	**283.0**	**1016**	**5385**	**37.7**	**2032**	**10.5**	**7.8**
阿根庭	398	218.6	87	597	29.1	174	1.2	0.7
巴西	2631	255.4	672	3947	34.1	1344	7.7	5.2
哥伦比亚	270	503.7	136	405	67.2	272	0.8	1.0
巴拉圭	51	294.1	15	77	39.2	30	0.1	0.1
f 秘鲁	120	541.7	65	180	72.2	130	0.4	0.5
欧洲	**368**	**581.5**	**214**	**552**	**77.5**	**428**	**1.1**	**1.6**
苏联	**2735**	**884.1**	**2418**	**4103**	**117.9**	**4836**	**8.0**	**18.5**
亚洲	**16101**	**269.5**	**4340**	**24152**	**35.9**	**8680**	**47.3**	**33.3**
f 中国	4534	310.8	1409	6801	41.4	2818	13.3	10.8
印度	7704	151.1	1164	11556	20.1	2328	22.6	8.9
*伊朗	334	619.8	207	501	82.6	414	1.0	1.6
巴基斯坦	2025	346.2	701	3038	46.2	1402	6.0	5.4
叙利亚	238	684.9	163	357	91.3	326	0.7	1.2
土耳其	760	715.8	544	1140	95.4	1088	2.2	4.2
也门	26	384.6	10	39	51.3	20	0.1	0.1
非洲	**5152**	**268.1**	**1381**	**7728**	**35.7**	**2762**	**15.1**	**10.6**
乍得	276	137.7	38	414	18.4	76	0.8	0.3
埃及	652	788.3	514	978	105.1	1028	1.9	3.9
*莫桑比克	364	123.6	45	546	16.5	90	1.1	0.3
苏丹	505	473.3	239	758	63.1	478	1.5	1.8
f 坦桑尼亚	400	162.5	65	600	21.7	130	1.2	0.5
f 乌干达	1100	68.2	75	1650	9.1	150	3.2	0.6
f 尼日利亚	600	176.7	106	900	23.6	212	1.8	0.8
*喀麦隆	115	147.8	17	173	19.7	34	0.3	0.1
大洋洲	**40**	**1100.0**	**44**	**60**	**146.7**	**88**	**0.1**	**0.3**
澳大利亚	40	1100.0	44	60	146.7	88	0.1	0.3

7-1-31 世界主要产棉国 1973 年棉花生产

国名	国际单位			国内单位			占世界合计(%)	
	面积(千公顷)	单产(公斤/公顷)	产量(千吨)	面积(万亩)	亩产(市斤/亩)	产量(万担)	面积	产量
世界合计	**33047**	**405.4**	**13398**	**49571**	**54.1**	**26796**	**100.0**	**100.0**
北美洲	**5604**	**611.3**	**3426**	**8406**	**81.5**	**6852**	**17.0**	**25.6**
萨尔瓦多	85	835.3	71	128	111.4	142	0.3	0.5
*危地马拉	89	1044.9	93	134	139.3	186	0.3	0.7
墨西哥	421	772.0	325	632	102.9	650	1.3	2.4
尼加拉瓜	143	734.3	105	215	97.9	210	0.4	0.8
美国	4844	583.2	2825	7266	77.8	5650	14.7	21.1
南美洲	**3508**	**305.6**	**1072**	**5262**	**40.7**	**2144**	**10.6**	**8.0**
阿根庭	457	273.5	125	686	36.5	250	1.4	0.9
巴西	2428	263.6	640	3642	35.1	1280	7.3	4.8
哥伦比亚	250	460.0	115	375	61.3	230	0.8	0.9
巴拉圭	77	389.6	30	116	51.9	60	0.2	0.2
秘鲁	152	585.5	89	228	78.1	178	0.5	0.7
欧洲	**319**	**627.0**	**200**	**479**	**83.6**	**400**	**1.0**	**1.5**
苏联	**2742**	**884.0**	**2424**	**4113**	**117.9**	**4848**	**8.3**	**18.1**
亚洲	**15943**	**314.3**	**5011**	**23915**	**41.9**	**10022**	**48.2**	**37.4**
f中国	4817	445.7	2147	7226	59.4	4294	14.6	16.0
印度	7608	157.6	1199	11412	21.0	2398	23.0	8.9
f伊朗	330	603.0	199	495	80.4	398	1.0	1.5
巴基斯坦	1845	357.2	659	2768	47.6	1318	5.6	4.9
叙利亚	200	780.0	156	300	104.0	312	0.6	1.2
土耳其	677	757.8	513	1016	101.0	1026	2.0	3.8
也门	32	343.8	11	48	45.8	22	0.1	0.1
非洲	**4888**	**252.3**	**1233**	**7332**	**33.6**	**2466**	**14.8**	**9.2**
乍得	269	159.9	43	404	21.3	86	0.8	0.3
埃及	672	729.2	490	1008	97.2	980	2.0	3.7
*莫桑比克	283	123.7	35	425	16.5	70	0.9	0.3
苏丹	479	396.7	190	719	52.9	380	1.4	1.4
f坦桑尼亚	380	171.1	65	570	22.8	130	1.1	0.5
*乌干达	1112	70.1	78	1668	9.4	156	3.4	0.6
*尼日利亚	405	118.5	48	608	15.8	96	1.2	0.4
*喀唛隆	61	163.9	10	92	21.9	20	0.2	0.1
大洋洲	**43**	**744.2**	**32**	**65**	**99.2**	**64**	**0.1**	**0.2**
澳大利亚	43	744.2	32	65	99.2	64	0.1	0.2

7－1－32　世界主要产棉国1974年棉花生产

国　名	国际单位			国内单位			占世界合计(%)	
	面　积（千公顷）	单　产（公斤/公顷）	产　量（千吨）	面　积（万亩）	亩　产（市斤/亩）	产　量（万担）	面　积	产　量
世界合计	**33465**	**419.2**	**14029**	**50198**	**55.9**	**28058**	**100.0**	**100.0**
北美洲	**6057**	**551.8**	**3342**	**9086**	**73.6**	**6684**	**18.1**	**23.8**
萨尔瓦多	95	789.5	75	143	105.3	150	0.3	0.5
*危地马拉	104	1115.4	116	156	148.7	232	0.3	0.8
墨西哥	567	853.6	484	851	113.8	968	1.7	3.4
尼加拉瓜	182	802.2	146	273	107.0	292	0.5	1.0
美　国	5086	494.1	2513	7629	65.9	5026	15.2	17.9
南美洲	**3504**	**289.4**	**1014**	**5256**	**38.6**	**2028**	**10.5**	**7.2**
阿根庭	474	267.9	127	711	35.7	254	1.4	0.9
巴　西	2307	244.5	564	3461	32.6	1128	6.9	4.0
哥伦比亚	314	484.1	152	471	64.5	304	0.9	1.1
*巴拉圭	101	237.6	24	152	31.7	48	0.3	0.2
*秘　鲁	142	570.4	81	213	76.1	162	0.4	0.6
欧　洲	**332**	**635.5**	**211**	**498**	**84.7**	**422**	**1.0**	**1.5**
苏　联	**2880**	**924.0**	**2661**	**4320**	**123.2**	**5322**	**8.6**	**19.0**
亚　洲	**16456**	**338.5**	**5570**	**24684**	**45.1**	**11140**	**49.2**	**39.7**
f中　国	4857	513.3	2493	7286	68.4	4986	14.5	17.8
印　度	7620	169.3	1290	11430	22.6	2580	22.8	9.2
*伊　朗	370	621.6	230	555	82.9	460	1.1	1.6
巴基斯坦	2031	312.2	634	3047	41.6	1268	6.1	4.5
叙利亚	206	747.6	154	309	99.7	308	0.6	1.1
土耳其	838	713.6	598	1257	95.1	1196	2.5	4.3
也　门	33	363.6	12	50	48.5	24	0.1	0.1
非　洲	**4197**	**285.9**	**1200**	**6296**	**38.1**	**2400**	**12.5**	**8.6**
乍　得	272	194.9	53	408	26.0	106	0.8	0.4
埃　及	610	723.0	441	915	96.4	882	1.8	3.1
*莫桑比克	283	137.8	39	425	18.4	78	0.8	0.3
苏　丹	502	456.2	229	753	60.8	458	1.5	1.6
坦桑尼亚	380	194.7	74	570	26.0	148	1.1	0.5
乌干达	504	71.4	36	756	9.5	72	1.5	0.3
*尼日利亚	384	78.1	30	576	10.4	60	1.1	0.2
喀唛隆	65	230.8	15	98	30.8	30	0.2	0.1
大洋洲	**39**	**794.9**	**31**	**59**	**106.0**	**62**	**0.1**	**0.2**
澳大利亚	39	794.9	31	59	106.0	62	0.1	0.2

7-1-33　世界主要产棉国1975年棉花生产

国　　名	国际单位			国内单位			占世界合计(%)	
	面　积（千公顷）	单　产（公斤/公顷）	产　量（千吨）	面　积（万亩）	亩　产（市斤/亩）	产　量（万担）	面　积	产　量
世界合计	**30858**	**399.2**	**12319**	**46287**	**53.2**	**24638**	**100.0**	**100.0**
北美洲	**4194**	**552.9**	**2319**	**6291**	**73.7**	**4638**	**13.6**	**18.8**
萨尔瓦多	88	886.4	78	132	118.2	156	0.3	0.6
*危地马拉	111	945.9	105	167	126.1	210	0.4	0.9
墨西哥	235	838.3	197	353	111.8	394	0.8	1.6
尼加拉瓜	179	687.2	123	269	91.6	246	0.6	1.0
美　国	3560	507.6	1807	5340	67.7	3614	11.5	14.7
南美洲	**3380**	**285.8**	**966**	**5070**	**38.1**	**1932**	**11.0**	**7.8**
阿根庭	505	338.6	171	758	45.1	342	1.6	1.4
巴　西	2226	231.4	515	3339	30.8	1030	7.2	4.2
哥伦比亚	251	482.1	121	377	64.3	242	0.8	1.0
巴拉圭	115	287.0	33	173	38.3	66	0.4	0.3
*秘　鲁	113	531.0	60	170	70.8	120	0.4	0.5
欧　洲	**266**	**740.6**	**197**	**399**	**98.7**	**394**	**0.9**	**1.6**
苏　联	**2924**	**905.6**	**2648**	**4386**	**120.7**	**5296**	**9.5**	**21.5**
亚　洲	**15927**	**315.4**	**5023**	**23891**	**42.1**	**10046**	**51.6**	**40.8**
f中　国	4857	491.0	2385	7286	65.5	4770	15.7	19.4
印　度	7487	159.3	1193	11231	21.2	2386	24.3	9.7
*伊　朗	290	479.3	139	435	63.9	278	0.9	1.1
巴基斯坦	1882	273.1	514	2823	36.4	1028	6.1	4.2
叙利亚	208	682.7	142	312	91.0	284	0.7	1.2
土耳其	670	716.4	480	1005	95.5	960	2.2	3.9
也　门	40	375.0	15	60	50.0	30	0.1	0.1
非　洲	**4133**	**274.1**	**1133**	**6200**	**36.6**	**2266**	**13.4**	**9.2**
*乍　得	299	210.7	63	449	28.1	126	1.0	0.5
埃　及	565	676.1	382	848	90.1	764	1.8	3.1
*莫桑比克	243	115.2	28	365	15.4	56	0.8	0.2
苏　丹	512	447.3	229	768	59.6	458	1.7	1.9
*坦桑尼亚	233	180.3	42	350	24.0	84	0.8	0.3
乌干达	594	58.9	35	891	7.9	70	1.9	0.3
尼日利亚	425	108.2	46	638	14.4	92	1.4	0.4
*喀唛隆	73	260.3	19	110	34.7	38	0.2	0.2
大洋洲	**34**	**970.6**	**33**	**51**	**129.4**	**66**	**0.1**	**0.3**
澳大利亚	34	970.6	33	51	129.4	66	0.1	0.3

7－1－34　世界主要产棉国1976年棉花生产

国　名	国际单位			国内单位			占世界合计(%)	
	面积（千公顷）	单产（公斤/公顷）	产量（千吨）	面积（万亩）	亩产（市斤/亩）	产量（万担）	面积	产量
世界合计	**30138**	**399.6**	**12042**	**45207**	**53.3**	**24084**	**100.0**	**100.0**
北美洲	**4980**	**565.5**	**2816**	**7470**	**75.4**	**5632**	**16.5**	**23.4**
萨尔瓦多	74	878.4	65	111	117.1	130	0.2	0.5
*危地马拉	84	1333.3	112	126	177.8	224	0.3	0.9
墨西哥	235	953.2	224	353	127.1	448	0.8	1.9
尼加拉瓜	144	687.5	99	216	91.7	198	0.5	0.8
美国	4416	521.7	2304	6624	69.6	4608	14.7	19.1
南美洲	**2931**	**277.4**	**813**	**4397**	**37.0**	**1626**	**9.7**	**6.8**
阿根庭	414	321.3	133	621	42.8	266	1.4	1.1
巴西	1902	208.2	396	2853	27.8	792	6.3	3.3
哥伦比亚	286	496.5	142	429	66.2	284	0.9	1.2
巴拉圭	110	309.1	34	165	41.2	68	0.4	0.3
*秘鲁	98	663.3	65	147	88.4	130	0.3	0.5
欧洲	**267**	**588.0**	**157**	**401**	**78.4**	**314**	**0.9**	**1.3**
苏联	**2949**	**878.3**	**2590**	**4424**	**117.1**	**5180**	**9.8**	**21.5**
亚洲	**14984**	**306.2**	**4588**	**22476**	**40.8**	**9176**	**49.7**	**38.1**
f中国	4654	465.8	2168	6981	62.1	4336	15.4	18.0
印度	6885	149.6	1030	10328	19.9	2060	22.8	8.6
*伊朗	295	525.4	155	443	70.1	310	1.0	1.3
巴基斯坦	1865	224.1	418	2798	29.9	836	6.2	3.5
*叙利亚	182	851.6	155	273	113.6	310	0.6	1.3
土耳其	581	817.6	475	872	109.0	950	1.9	3.9
也门	16	500.0	8	24	66.7	16	0.1	0.1
非洲	**3997**	**263.4**	**1053**	**5996**	**35.1**	**2106**	**13.3**	**8.7**
*乍得	319	169.3	54	479	22.6	108	1.1	0.4
埃及	524	761.5	399	786	101.5	798	1.7	3.3
*莫桑比克	136	132.4	18	204	17.6	36	0.5	0.1
苏丹	402	308.5	124	603	41.1	248	1.3	1.0
*坦桑尼亚	364	184.1	67	546	24.5	134	1.2	0.6
乌干达	497	50.3	25	746	6.7	50	1.6	0.2
*尼日利亚	526	116.0	61	789	15.5	122	1.7	0.5
*喀唛隆	60	300.0	18	90	40.0	36	0.2	0.1
大洋洲	**30**	**833.3**	**25**	**45**	**111.1**	**50**	**0.1**	**0.2**
澳大利亚	30	833.3	25	45	111.1	50	0.1	0.2

7-1-35 世界主要产棉国1977年棉花生产

国名	国际单位			国内单位			占世界合计(%)	
	面积（千公顷）	单产（公斤/公顷）	产量（千吨）	面积（万亩）	亩产（市斤/亩）	产量（万担）	面积	产量
世界合计	**32992**	**419.3**	**13833**	**49488**	**55.9**	**27666**	**100.0**	**100.0**
北美洲	**6229**	**624.3**	**3889**	**9344**	**83.2**	**7778**	**18.9**	**28.1**
萨尔瓦多	79	835.4	66	119	111.4	132	0.2	0.5
危地马拉	122	1123.0	137	183	149.7	274	0.4	1.0
墨西哥	420	995.2	418	630	132.7	836	1.3	3.0
尼加拉瓜	198	596.0	118	297	79.5	236	0.6	0.9
美国	5372	583.2	3133	8058	77.8	6266	16.3	22.6
南美洲	**3478**	**306.8**	**1067**	**5217**	**40.9**	**2134**	**10.5**	**7.7**
阿根庭	518	308.9	160	777	41.2	320	1.6	1.2
巴西	2145	258.7	555	3218	34.5	1110	6.5	4.0
哥伦比亚	377	429.7	162	566	57.3	324	1.1	1.2
*巴拉圭	200	365.0	73	300	48.7	146	0.6	0.5
*秘鲁	118	610.2	72	177	81.4	144	0.4	0.5
欧洲	**313**	**603.8**	**189**	**470**	**80.5**	**378**	**0.9**	**1.4**
苏联	**2992**	**901.4**	**2697**	**4488**	**120.2**	**5394**	**9.1**	**19.5**
亚洲	**15827**	**309.3**	**4895**	**23741**	**41.2**	**9790**	**48.0**	**35.4**
f中国	4411	464.5	2049	6617	61.9	4098	13.4	14.8
印度	7815	154.6	1208	11723	20.6	2416	23.7	8.7
伊朗	320	556.3	178	480	74.2	356	1.0	1.3
巴基斯坦	1843	300.1	553	2765	40.0	1106	5.6	4.0
叙利亚	187	802.1	150	281	107.0	300	0.6	1.1
土耳其	777	740.0	575	1166	98.7	1150	2.4	4.2
也门	18	333.3	6	27	44.4	12	0.1	
非洲	**4119**	**259.3**	**1068**	**6179**	**34.6**	**2136**	**12.5**	**7.7**
*乍得	284	158.5	45	426	21.1	90	0.9	0.3
埃及	598	683.9	409	897	91.2	818	1.8	3.0
*莫桑比克	136	132.4	18	204	17.6	36	0.4	0.1
苏丹	410	331.7	136	615	44.2	272	1.2	1.0
*坦桑尼亚	389	167.1	65	584	22.3	130	1.2	0.5
*乌干达	405	34.6	14	608	4.6	28	1.2	0.1
*尼日利亚	704	115.1	81	1056	15.3	162	2.1	0.6
*喀唛隆	48	312.5	15	72	41.7	30	0.1	0.1
大洋洲	**34**	**823.5**	**28**	**51**	**109.8**	**56**	**0.1**	**0.2**
澳大利亚	34	823.5	28	51	109.8	56	0.1	0.2

7－1－36　世界主要产棉国1978年棉花生产

国名	国际单位			国内单位			占世界合计(%)	
	面积（千公顷）	单产（公斤/公顷）	产量（千吨）	面积（万亩）	亩产（市斤/亩）	产量（万担）	面积	产量
世界合计	**32578**	**406.1**	**13231**	**48867**	**54.2**	**26462**	**100.0**	**100.0**
北美洲	**5851**	**529.5**	**3098**	**8777**	**70.6**	**6196**	**18.0**	**23.4**
萨尔瓦多	99	798.0	79	149	106.4	158	0.3	0.6
危地马拉	123	1211.4	149	185	161.5	298	0.4	1.1
墨西哥	350	1045.7	366	525	139.4	732	1.1	2.8
尼加拉瓜	212	580.2	123	318	77.4	246	0.7	0.9
美国	5018	471.1	2364	7527	62.8	4728	15.4	17.9
南美洲	**3472**	**297.5**	**1033**	**5208**	**39.7**	**2066**	**10.7**	**7.8**
*阿根庭	607	362.4	220	911	48.3	440	1.9	1.7
巴西	2023	235.8	477	3035	31.4	954	6.2	3.6
哥伦比亚	328	338.4	111	492	45.1	222	1.0	0.8
巴拉圭	285	319.3	91	428	42.6	182	0.9	0.7
*秘鲁	123	707.3	87	185	94.3	174	0.4	0.7
欧洲	**262**	**698.5**	**183**	**393**	**93.1**	**366**	**0.8**	**1.4**
苏联	**3038**	**898.9**	**2731**	**4557**	**119.9**	**5462**	**9.3**	**20.6**
亚洲	**15643**	**315.5**	**4935**	**23465**	**42.1**	**9870**	**48.0**	**37.3**
f中国	4650	466.0	2167	6975	62.1	4334	14.3	16.4
印度	7499	179.9	1349	11249	24.0	2698	23.0	10.2
*伊朗	280	460.7	129	420	61.4	258	0.9	1.0
巴基斯坦	1918	247.7	475	2877	33.0	950	5.9	3.6
*叙利亚	169	852.1	144	254	113.6	288	0.5	1.1
土耳其	653	727.4	475	980	97.0	950	2.0	3.6
也门	17	294.1	5	26	39.2	10	0.1	
非洲	**4270**	**282.7**	**1207**	**6405**	**37.7**	**2414**	**13.1**	**9.1**
*乍得	281	177.9	50	422	23.7	100	0.9	0.4
埃及	499	877.8	438	749	117.0	876	1.5	3.3
*莫桑比克	162	135.8	22	243	18.1	44	0.5	0.2
苏丹	478	466.5	223	717	62.2	446	1.5	1.7
*坦桑尼亚	405	138.3	56	608	18.4	112	1.2	0.4
*乌干达	567	35.3	20	851	4.7	40	1.7	0.2
*尼日利亚	635	58.3	37	953	7.8	74	1.9	0.3
喀唛隆	47	489.4	23	71	65.2	46	0.1	0.2
大洋洲	**42**	**1047.6**	**44**	**63**	**139.7**	**88**	**0.1**	**0.3**
澳大利亚	42	1047.6	44	63	139.7	88	0.1	0.3

7－1－37　世界主要产棉国1979年棉花生产

国　名	国际单位			国内单位			占世界合计(%)	
	面积（千公顷）	单产（公斤/公顷）	产量（千吨）	面积（万亩）	亩产（市斤/亩）	产量（万担）	面积	产量
世界合计	**32190**	**434.2**	**13977**	**48285**	**57.9**	**27954**	**100.0**	**100.0**
北美洲	**6041**	**650.9**	**3932**	**9062**	**86.8**	**7864**	**18.8**	**28.1**
萨尔瓦多	102	705.9	72	153	94.1	144	0.3	0.5
*危地马拉	122	1319.7	161	183	176.0	322	0.4	1.2
墨西哥	405	948.1	384	608	126.4	768	1.3	2.7
尼加拉瓜	174	649.4	113	261	86.6	226	0.5	0.8
美国	5192	613.4	3185	7788	81.8	6370	16.1	22.8
南美洲	**3422**	**301.0**	**1030**	**5133**	**40.1**	**2060**	**10.6**	**7.4**
阿根庭	669	260.1	174	1004	34.7	348	2.1	1.2
巴西	2023	271.4	549	3035	36.2	1098	6.3	3.9
哥伦比亚	187	508.0	95	281	67.7	190	0.6	0.7
巴拉圭	313	233.2	73	470	31.1	146	1.0	0.5
秘鲁	135	740.7	100	203	98.8	200	0.4	0.7
欧洲	**244**	**643.4**	**157**	**366**	**85.8**	**314**	**0.8**	**1.1**
苏联	**3090**	**809.1**	**2500**	**4635**	**107.9**	**5000**	**9.6**	**17.9**
亚洲	**15611**	**330.3**	**5156**	**23417**	**44.0**	**10312**	**48.5**	**36.9**
f中国	4512	489.1	2207	6768	65.2	4414	14.0	15.8
*印度	7500	174.5	1309	11250	23.3	2618	23.3	9.4
*伊朗	223	448.4	100	335	59.8	200	0.7	0.7
*巴基斯坦	2081	349.8	728	3122	46.6	1456	6.5	5.2
*叙利亚	155	832.3	129	233	111.0	258	0.5	0.9
土耳其	612	777.8	476	918	103.7	952	1.9	3.4
也门	18	333.3	6	27	44.4	12	0.1	
非洲	**3732**	**307.9**	**1149**	**5598**	**41.1**	**2298**	**11.6**	**8.2**
*乍得	243	135.8	33	365	18.1	66	0.8	0.2
埃及	502	964.1	484	753	128.6	968	1.6	3.5
*莫桑比克	121	124.0	15	182	16.5	30	0.4	0.1
*苏丹	435	319.5	139	653	42.6	278	1.4	1.0
*坦桑尼亚	405	148.1	60	608	19.8	120	1.3	0.4
*乌干达	283	24.7	7	425	3.3	14	0.9	0.1
*尼日利亚	550	67.3	37	825	9.0	74	1.7	0.3
*喀唛隆	57	543.9	31	86	72.5	62	0.2	0.2
大洋洲	**50**	**1060.0**	**53**	**75**	**141.3**	**106**	**0.2**	**0.4**
澳大利亚	50	1060.0	53	75	141.3	106	0.2	0.4

7－1－38　世界主要产棉国1980年棉花生产

国　名	国际单位			国内单位			占世界合计(%)	
	面　积（千公顷）	单　产（公斤/公顷）	产　量（千吨）	面　积（万亩）	亩　产（市斤/亩）	产　量（万担）	面　积	产　量
世界合计	**34558**	**402.9**	**13924**	**51837**	**53.7**	**27848**	**100.0**	**100.0**
北美洲	**6013**	**499.6**	**3004**	**9020**	**66.6**	**6008**	**17.4**	**21.6**
萨尔瓦多	85	764.7	65	128	102.0	130	0.2	0.5
危地马拉	123	1219.5	150	185	162.6	300	0.4	1.1
墨西哥	372	884.4	329	558	117.9	658	1.1	2.4
*尼加拉瓜	45	466.7	21	68	62.2	42	0.1	0.2
美　国	5348	452.9	2422	8022	60.4	4844	15.5	17.4
南美洲	**4968**	**204.1**	**1014**	**7452**	**27.2**	**2028**	**14.4**	**7.3**
阿根庭	568	251.8	143	852	33.6	286	1.6	1.0
巴　西	3699	149.5	553	5549	19.9	1106	10.7	4.0
*哥伦比亚	217	534.6	116	326	71.3	232	0.6	0.8
巴拉圭	260	288.5	75	390	38.5	150	0.8	0.5
秘　鲁	149	604.0	90	224	80.5	180	0.4	0.6
欧　洲	**237**	**793.2**	**188**	**356**	**105.8**	**376**	**0.7**	**1.4**
苏　联	**3147**	**891.0**	**2804**	**4721**	**118.8**	**5608**	**9.1**	**20.1**
亚　洲	**16478**	**340.2**	**5605**	**24717**	**45.4**	**11210**	**47.7**	**40.3**
f中　国	4915	550.8	2707	7373	73.4	5414	14.2	19.4
印　度	8001	161.5	1292	12002	21.5	2584	23.2	9.3
*伊　朗	145	413.8	60	218	55.2	120	0.4	0.4
巴基斯坦	2109	339.0	715	3164	45.2	1430	6.1	5.1
叙利亚	139	841.7	117	209	112.2	234	0.4	0.8
土耳其	672	744.0	500	1008	99.2	1000	1.9	3.6
也　门	15	333.3	5	23	44.4	10		
非　洲	**3640**	**336.8**	**1226**	**5460**	**44.9**	**2452**	**10.5**	**8.8**
*乍　得	202	148.5	30	303	19.8	60	0.6	0.2
埃　及	523	1011.5	529	785	134.9	1058	1.5	3.8
*莫桑比克	142	126.8	18	213	16.9	36	0.4	0.1
*苏　丹	412	276.7	114	618	36.9	228	1.2	0.8
*坦桑尼亚	364	162.1	59	546	21.6	118	1.1	0.4
*乌干达	202	39.6	8	303	5.3	16	0.6	0.1
*尼日利亚	476	63.0	30	714	8.4	60	1.4	0.2
f喀唛隆	63	523.8	33	95	69.8	66	0.2	0.2
大洋洲	**75**	**1106.7**	**83**	**113**	**147.6**	**166**	**0.2**	**0.6**
澳大利亚	75	1106.7	83	113	147.6	166	0.2	0.6

7-1-39 世界主要产棉国1981年棉花生产

国名	国际单位			国内单位			占世界合计(%)	
	面积（千公顷）	单产（公斤/公顷）	产量（千吨）	面积（万亩）	亩产（市斤/亩）	产量（万担）	面积	产量
世界合计	**34617**	**441.4**	**15281**	**51926**	**58.9**	**30562**	**100.0**	**100.0**
北美洲	**6249**	**640.1**	**4000**	**9374**	**85.3**	**8000**	**18.1**	**26.2**
萨尔瓦多	58	741.4	43	87	98.9	86	0.2	0.3
危地马拉	100	1140.0	114	150	152.0	228	0.3	0.7
墨西哥	355	969.0	344	533	129.2	688	1.0	2.3
*尼加拉瓜	94	808.5	76	141	107.8	152	0.3	0.5
美国	5601	608.1	3406	8402	81.1	6812	16.2	22.3
南美洲	**4458**	**216.5**	**965**	**6687**	**28.9**	**1930**	**12.9**	**6.3**
阿根庭	282	301.4	85	423	40.2	170	0.8	0.6
巴西	3511	162.6	571	5267	21.7	1142	10.1	3.7
*哥伦比亚	149	590.6	88	224	78.7	176	0.4	0.6
*巴拉圭	324	327.2	106	486	43.6	212	0.9	0.7
秘鲁	132	651.5	86	198	86.9	172	0.4	0.6
欧洲	**238**	**895.0**	**213**	**357**	**119.3**	**426**	**0.7**	**1.4**
苏联	**3168**	**913.5**	**2894**	**4752**	**121.8**	**5788**	**9.2**	**18.9**
亚洲	**17019**	**351.4**	**5981**	**25529**	**46.9**	**11962**	**49.2**	**39.1**
f中国	5180	573.0	2968	7770	76.4	5936	15.0	19.4
印度	8057	166.3	1340	12086	22.2	2680	23.3	8.8
*伊朗	195	379.5	74	293	50.6	148	0.6	0.5
巴基斯坦	2215	337.7	748	3323	45.0	1496	6.4	4.9
叙利亚	143	916.1	131	215	122.1	262	0.4	0.9
土耳其	654	746.2	488	981	99.5	976	1.9	3.2
也门	17	294.1	5	26	39.2	10		
非洲	**3407**	**331.4**	**1129**	**5111**	**44.2**	**2258**	**9.8**	**7.4**
*乍得	165	150.6	25	249	20.1	50	0.5	0.2
埃及	495	1008.1	499	743	134.4	998	1.4	3.3
*莫桑比克	142	133.8	19	213	17.8	38	0.4	0.1
*苏丹	392	247.4	97	588	33.0	194	1.1	0.6
*坦桑尼亚	429	107.2	46	644	14.3	92	1.2	0.3
*乌干达	162	30.9	5	243	4.1	10	0.5	
*尼日利亚	445	60.7	27	668	8.1	54	1.3	0.2
f喀唛隆	63	476.2	30	95	63.5	60	0.2	0.2
大洋洲	**78**	**1269.2**	**99**	**117**	**169.2**	**198**	**0.2**	**0.6**
澳大利亚	78	1269.2	99	117	169.2	198	0.2	0.6

7-1-40 世界主要产棉国1982年棉花生产

国名	国际单位			国内单位			占世界合计(%)	
	面积（千公顷）	单产（公斤/公顷）	产量（千吨）	面积（万亩）	亩产（市斤/亩）	产量（万担）	面积	产量
世界合计	**33707**	**440.1**	**14834**	**50561**	**58.7**	**29668**	**100.0**	**100.0**
北美洲	**4372**	**676.6**	**2958**	**6558**	**90.2**	**5916**	**13.0**	**19.9**
萨尔瓦多	53	754.7	40	80	100.6	80	0.2	0.3
危地马拉	66	1075.8	71	99	143.4	142	0.2	0.5
墨西哥	186	892.5	166	279	119.0	332	0.6	1.1
尼加拉瓜	93	677.4	63	140	90.3	126	0.3	0.4
美国	3939	661.3	2605	5909	88.2	5210	11.7	17.6
南美洲	**4551**	**213.4**	**971**	**6827**	**28.4**	**1942**	**13.5**	**6.5**
阿根廷	399	383.5	153	599	51.1	306	1.2	1.0
巴西	3644	175.4	639	5466	23.4	1278	10.8	4.3
*哥伦比亚	56	589.3	33	84	78.6	66	0.2	0.2
*巴拉圭	325	280.0	91	488	37.3	182	1.0	0.6
*秘鲁	87	413.8	36	131	55.2	72	0.3	0.2
欧洲	**222**	**765.8**	**170**	**333**	**102.1**	**340**	**0.7**	**1.1**
苏联	**3188**	**873.9**	**2786**	**4782**	**116.5**	**5572**	**9.5**	**18.8**
亚洲	**17674**	**377.3**	**6668**	**26511**	**50.3**	**13336**	**52.4**	**45.0**
f中国	5829	617.3	3598	8744	82.3	7196	17.3	24.3
印度	8074	158.7	1281	12111	21.2	2562	24.0	8.6
f伊朗	205	502.4	103	308	67.0	206	0.6	0.7
巴基斯坦	2263	364.1	824	3395	48.5	1648	6.7	5.6
叙利亚	159	993.7	158	239	132.5	316	0.5	1.1
土耳其	595	821.8	489	893	109.6	978	1.8	3.3
也门	19	263.2	5	29	35.1	10	0.1	
非洲	**3608**	**317.9**	**1147**	**5412**	**42.4**	**2294**	**10.7**	**7.7**
*乍得	137	277.4	38	206	37.0	76	0.4	0.3
埃及	448	1026.8	460	672	136.9	920	1.3	3.1
*莫桑比克	142	105.6	15	213	14.1	30	0.4	0.1
苏丹	363	424.2	154	545	56.6	308	1.1	1.0
*坦桑尼亚	360	122.2	44	540	16.3	88	1.1	0.3
*乌干达	450	33.3	15	675	4.4	30	1.3	0.1
尼日利亚	429	49.0	21	644	6.5	42	1.3	0.1
喀麦隆	55	490.9	27	83	65.5	54	0.2	0.2
大洋洲	**92**	**1456.5**	**134**	**138**	**194.2**	**268**	**0.3**	**0.9**
澳大利亚	92	1456.5	134	138	194.2	268	0.3	0.9

7-1-41 世界主要产棉国1983年棉花生产

国名	国际单位			国内单位			占世界合计(%)	
	面积(千公顷)	单产(公斤/公顷)	产量(千吨)	面积(万亩)	亩产(市斤/亩)	产量(万担)	面积	产量
世界合计	**32159**	**445.6**	**14330**	**48239**	**59.4**	**28660**	**100.0**	**100.0**
北美洲	**3460**	**609.2**	**2108**	**5190**	**81.2**	**4216**	**10.8**	**14.7**
萨尔瓦多	49	836.7	41	74	111.6	82	0.2	0.3
*危地马拉	56	982.1	55	84	131.0	110	0.2	0.4
墨西哥	232	987.1	229	348	131.6	458	0.7	1.6
尼加拉瓜	116	689.7	80	174	92.0	160	0.4	0.6
美国	2973	569.1	1692	4460	75.9	3384	9.2	11.8
南美洲	**3872**	**235.8**	**913**	**5808**	**31.4**	**1826**	**12.0**	**6.4**
阿根庭	343	323.6	111	515	43.1	222	1.1	0.8
巴西	2926	188.7	552	4389	25.2	1104	9.1	3.9
*哥伦比亚	119	647.1	77	179	86.3	154	0.4	0.5
巴拉圭	325	236.9	77	488	31.6	154	1.0	0.5
*秘鲁	94	808.5	76	141	107.8	152	0.3	0.5
欧洲	**251**	**745.0**	**187**	**377**	**99.3**	**374**	**0.8**	**1.3**
苏联	**3192**	**810.2**	**2586**	**4788**	**108.0**	**5172**	**9.9**	**18.0**
亚洲	**17595**	**412.2**	**7253**	**26393**	**55.0**	**14506**	**54.7**	**50.6**
f中国	6071	763.8	4637	9107	101.8	9274	18.9	32.4
f印度	7721	140.7	1086	11582	18.8	2172	24.0	7.6
f伊朗	184	483.7	89	276	64.5	178	0.6	0.6
巴基斯坦	2277	219.6	500	3416	29.3	1000	7.1	3.5
叙利亚	176	1102.3	194	264	147.0	388	0.5	1.4
土耳其	605	862.8	522	908	115.0	1044	1.9	3.6
也门	17	411.8	7	26	54.9	14	0.1	
非洲	**3693**	**320.1**	**1182**	**5540**	**42.7**	**2364**	**11.5**	**8.2**
*乍得	172	296.5	51	258	39.5	102	0.5	0.4
埃及	420	952.4	400	630	127.0	800	1.3	2.8
*莫桑比克	142	105.6	15	213	14.1	30	0.4	0.1
苏丹	392	512.8	201	588	68.4	402	1.2	1.4
*坦桑尼亚	344	127.9	44	516	17.1	88	1.1	0.3
*乌干达	450	22.2	10	675	3.0	20	1.4	0.1
尼日利亚	405	49.4	20	608	6.6	40	1.3	0.1
喀唛隆	71	521.1	37	107	69.5	74	0.2	0.3
大洋洲	**96**	**1052.1**	**101**	**144**	**140.3**	**202**	**0.3**	**0.7**
澳大利亚	96	1052.1	101	144	140.3	202	0.3	0.7

7－1－42　世界主要产棉国1984年棉花生产

国名	国际单位			国内单位			占世界合计(%)	
	面积(千公顷)	单产(公斤/公顷)	产量(千吨)	面积(万亩)	亩产(市斤/亩)	产量(万担)	面积	产量
世界合计	**34932**	**523.2**	**18275**	**52398**	**69.8**	**36550**	**100.0**	**100.0**
北美洲	**4759**	**696.2**	**3313**	**7139**	**92.8**	**6626**	**13.6**	**18.1**
萨尔瓦多	37	810.8	30	56	108.1	60	0.1	0.2
*危地马拉	58	1017.2	59	87	135.6	118	0.2	0.3
墨西哥	316	949.4	300	474	126.6	600	0.9	1.6
尼加拉瓜	115	739.1	85	173	98.6	170	0.3	0.5
美国	4200	673.1	2827	6300	89.7	5654	12.0	15.5
南美洲	**4301**	**289.9**	**1247**	**6452**	**38.7**	**2494**	**12.3**	**6.8**
阿根廷	470	383.0	180	705	51.1	360	1.3	1.0
巴西	3114	232.2	723	4671	31.0	1446	8.9	4.0
*哥伦比亚	223	565.0	126	335	75.3	252	0.6	0.7
*巴拉圭	355	295.8	105	533	39.4	210	1.0	0.6
*秘鲁	99	949.5	94	149	126.6	188	0.3	0.5
欧洲	**297**	**697.0**	**207**	**446**	**92.9**	**414**	**0.9**	**1.1**
苏联	**3341**	**701.3**	**2343**	**5012**	**93.5**	**4686**	**9.6**	**12.8**
亚洲	**18197**	**536.8**	**9769**	**27296**	**71.6**	**19538**	**52.1**	**53.5**
f中国	6916	904.9	6258	10374	120.6	12516	19.8	34.2
f印度	7382	196.0	1447	11073	26.1	2894	21.1	7.9
伊朗	212	528.3	112	318	70.4	224	0.6	0.6
巴基斯坦	2242	450.0	1009	3363	60.0	2018	6.4	5.5
叙利亚	179	882.7	158	269	117.7	316	0.5	0.9
土耳其	760	763.2	580	1140	101.8	1160	2.2	3.2
也门	16	375.0	6	24	50.0	12		
非洲	**3900**	**321.8**	**1255**	**5850**	**42.9**	**2510**	**11.2**	**6.9**
*乍得	142	253.5	36	213	33.8	72	0.4	0.2
埃及	415	963.9	400	623	128.5	800	1.2	2.2
*莫桑比克	142	105.6	15	213	14.1	30	0.4	0.1
苏丹	401	546.1	219	602	72.8	438	1.1	1.2
*坦桑尼亚	340	141.2	48	510	18.8	96	1.0	0.3
乌干达	528	36.0	19	792	4.8	38	1.5	0.1
*尼日利亚	405	39.5	16	608	5.3	32	1.2	0.1
*喀麦隆	75	506.7	38	113	67.6	76	0.2	0.2
大洋洲	**137**	**1029.2**	**141**	**206**	**137.2**	**282**	**0.4**	**0.8**
澳大利亚	137	1029.2	141	206	137.2	282	0.4	0.8

7－1－43　世界主要产棉国1985年棉花生产

国　名	国际单位			国内单位			占世界合计(%)	
	面　积 （千公顷）	单　产 （公斤/公顷）	产　量 （千吨）	面　积 （万亩）	亩　产 （市斤/亩）	产　量 （万担）	面　积	产　量
世界合计	**34067**	**503.9**	**17166**	**51101**	**67.2**	**34332**	**100.0**	**100.0**
北美洲	**4582**	**722.6**	**3311**	**6873**	**96.3**	**6622**	**13.4**	**19.3**
萨尔瓦多	37	837.8	31	56	111.7	62	0.1	0.2
*危地马拉	63	1079.4	68	95	143.9	136	0.2	0.4
*墨西哥	198	1055.6	209	297	140.7	418	0.6	1.2
尼加拉瓜	115	600.0	69	173	80.0	138	0.3	0.4
美国	4140	706.3	2924	6210	94.2	5848	12.2	17.0
南美洲	**4985**	**300.7**	**1499**	**7478**	**40.1**	**2998**	**14.6**	**8.7**
阿根庭	447	382.6	171	671	51.0	342	1.3	1.0
*巴西	3582	258.5	926	5373	34.5	1852	10.5	5.4
*哥伦比亚	196	581.6	114	294	77.6	228	0.6	0.7
巴拉圭	540	296.3	160	810	39.5	320	1.6	0.9
秘鲁	150	620.0	93	225	82.7	186	0.4	0.5
欧洲	**308**	**814.9**	**251**	**462**	**108.7**	**502**	**0.9**	**1.5**
苏联	**3316**	**796.7**	**2642**	**4974**	**106.2**	**5284**	**9.7**	**15.4**
亚洲	**16688**	**471.1**	**7861**	**25032**	**62.8**	**15722**	**49.0**	**45.8**
中国	5140	806.8	4147	7710	107.6	8294	15.1	24.2
印度	7581	193.1	1464	11372	25.7	2928	22.3	8.5
伊朗	190	542.1	103	285	72.3	206	0.6	0.6
巴基斯坦	2364	514.8	1217	3546	68.6	2434	6.9	7.1
叙利亚	170	976.5	166	255	130.2	332	0.5	1.0
土耳其	660	784.8	518	990	104.6	1036	1.9	3.0
也门	19	368.4	7	29	49.1	14	0.1	
非洲	**4005**	**337.8**	**1353**	**6008**	**45.0**	**2706**	**11.8**	**7.9**
*乍得	148	270.3	40	222	36.0	80	0.4	0.2
*埃及	415	1048.2	435	623	139.8	870	1.2	2.5
*莫桑比克	142	119.7	17	213	16.0	34	0.4	0.1
苏丹	364	549.5	200	546	73.3	400	1.1	1.2
*坦桑尼亚	335	119.4	40	503	15.9	80	1.0	0.2
乌干达	528	26.5	14	792	3.5	28	1.5	0.1
*尼日利亚	405	44.4	18	608	5.9	36	1.2	0.1
f喀唛隆	77	519.5	40	116	69.3	80	0.2	0.2
大洋洲	**183**	**1360.7**	**249**	**275**	**181.4**	**498**	**0.5**	**1.5**
澳大利亚	183	1360.7	249	275	181.4	498	0.5	1.5

7－1－44 世界主要产棉国1986年棉花生产

国名	国际单位			国内单位			占世界合计(%)	
	面积（千公顷）	单产（公斤/公顷）	产量（千吨）	面积（万亩）	亩产（市斤/亩）	产量（万担）	面积	产量
世界合计	**30657**	**493.4**	**15126**	**45986**	**65.8**	**30252**	**100.0**	**100.0**
北美洲	**3762**	**632.1**	**2378**	**5643**	**84.3**	**4756**	**12.3**	**15.7**
萨尔瓦多	27	518.5	14	41	69.1	28	0.1	0.1
*危地马拉	66	666.7	44	99	88.9	88	0.2	0.3
墨西哥	157	917.2	144	236	122.3	288	0.5	1.0
尼加拉瓜	59	830.5	49	89	110.7	98	0.2	0.3
美国	3427	618.3	2119	5141	82.4	4238	11.2	14.0
南美洲	**4299**	**280.5**	**1206**	**6449**	**37.4**	**2412**	**14.0**	**8.0**
阿根庭	339	354.0	120	509	47.2	240	1.1	0.8
巴西	3160	232.6	735	4740	31.0	1470	10.3	4.9
哥伦比亚	190	626.3	119	285	83.5	238	0.6	0.8
巴拉圭	385	259.7	100	578	34.6	200	1.3	0.7
秘鲁	142	626.8	89	213	83.6	178	0.5	0.6
欧洲	**343**	**863.0**	**296**	**515**	**115.1**	**592**	**1.1**	**2.0**
苏联	**3475**	**761.7**	**2647**	**5213**	**101.6**	**5294**	**11.3**	**17.5**
亚洲	**15164**	**462.0**	**7006**	**22746**	**61.6**	**14012**	**49.5**	**46.3**
中国	4306	822.1	3540	6459	109.6	7080	14.0	23.4
印度	6948	169.0	1174	10422	22.5	2348	22.7	7.8
*伊朗	188	590.4	111	282	78.7	222	0.6	0.7
巴基斯坦	2505	526.9	1320	3758	70.3	2640	8.2	8.7
叙利亚	144	1104.2	159	216	147.2	318	0.5	1.1
土耳其	585	885.5	518	878	118.1	1036	1.9	3.4
也门	18	388.9	7	27	51.9	14	0.1	
非洲	**3437**	**388.4**	**1335**	**5156**	**51.8**	**2670**	**11.2**	**8.8**
乍得	124	274.2	34	186	36.6	68	0.4	0.2
埃及	443	945.8	419	665	126.1	838	1.4	2.8
*莫桑比克	108	277.8	30	162	37.0	60	0.4	0.2
苏丹	331	453.2	150	497	60.4	300	1.1	1.0
*坦桑尼亚	424	172.2	73	636	23.0	146	1.4	0.5
*乌干达	81	98.8	8	122	13.2	16	0.3	0.1
*尼日利亚	220	45.5	10	330	6.1	20	0.7	0.1
f喀唛隆	80	475.0	38	120	63.3	76	0.3	0.3
大洋洲	**177**	**1457.6**	**258**	**266**	**194.4**	**516**	**0.6**	**1.7**
澳大利亚	177	1457.6	258	266	194.4	516	0.6	1.7

7－1－45　世界主要产棉国1987年棉花生产

国　　名	国际单位			国内单位			占世界合计(%)	
	面　积 （千公顷）	单　产 （公斤/公顷）	产　量 （千吨）	面　积 （万亩）	亩　产 （市斤/亩）	产　量 （万担）	面　积	产　量
世界合计	**30283**	**544.2**	**16479**	**45425**	**72.6**	**32958**	**100.0**	**100.0**
北 美 洲	**4412**	**800.3**	**3531**	**6618**	**106.7**	**7062**	**14.6**	**21.4**
萨尔瓦多	13	923.1	12	20	123.1	24		0.1
危地马拉	31	903.2	28	47	120.4	56	0.1	0.2
墨 西 哥	222	991.0	220	333	132.1	440	0.7	1.3
尼加拉瓜	60	816.7	49	90	108.9	98	0.2	0.3
美　　国	4059	791.8	3214	6089	105.6	6428	13.4	19.5
南 美 洲	**2954**	**326.0**	**963**	**4431**	**43.5**	**1926**	**9.8**	**5.8**
阿 根 庭	273	366.3	100	410	48.8	200	0.9	0.6
*巴　　西	1968	280.5	552	2952	37.4	1104	6.5	3.3
*哥伦比亚	229	585.2	134	344	78.0	268	0.8	0.8
巴 拉 圭	284	295.8	84	426	39.4	168	0.9	0.5
*秘　　鲁	120	558.3	67	180	74.4	134	0.4	0.4
欧　　洲	**312**	**865.4**	**270**	**468**	**115.4**	**540**	**1.0**	**1.6**
苏　　联	**3527**	**697.5**	**2460**	**5291**	**93.0**	**4920**	**11.6**	**14.9**
亚　　洲	**15230**	**506.5**	**7714**	**22845**	**67.5**	**15428**	**50.3**	**46.8**
中　　国	4844	876.3	4245	7266	116.8	8490	16.0	25.8
印　　度	6459	168.0	1085	9689	22.4	2170	21.3	6.6
*伊　　朗	192	541.7	104	288	72.2	208	0.6	0.6
巴基斯坦	2568	556.9	1430	3852	74.2	2860	8.5	8.7
叙 利 亚	129	953.5	123	194	127.1	246	0.4	0.7
土 耳 其	586	916.4	537	879	122.2	1074	1.9	3.3
也　　门	22	318.2	7	33	42.4	14	0.1	
非　　洲	**3692**	**359.4**	**1327**	**5538**	**47.9**	**2654**	**12.2**	**8.1**
乍　　得	149	322.1	48	224	43.0	96	0.5	0.3
埃　　及	412	854.4	352	618	113.9	704	1.4	2.1
*莫桑比克	82	390.2	32	123	52.0	64	0.3	0.2
苏　　丹	348	468.4	163	522	62.5	326	1.1	1.0
*坦桑尼亚	470	134.0	63	705	17.9	126	1.6	0.4
*乌 干 达	93	75.3	7	140	10.0	14	0.3	
*尼日利亚	285	98.2	28	428	13.1	56	0.9	0.2
f喀 唛 隆	85	529.4	45	128	70.6	90	0.3	0.3
大 洋 洲	**156**	**1371.8**	**214**	**234**	**182.9**	**428**	**0.5**	**1.3**
澳大利亚	156	1371.8	214	234	182.9	428	0.5	1.3

7－1－46　世界主要产棉国1988年棉花生产

国　　名	国际单位			国内单位			占世界合计(%)	
	面积（千公顷）	单产（公斤/公顷）	产量（千吨）	面积（万亩）	亩产（市斤/亩）	产量（万担）	面积	产量
世界合计	**34079**	**535.4**	**18246**	**51119**	**71.4**	**36492**	**100.0**	**100.0**
北美洲	**5256**	**713.3**	**3749**	**7884**	**95.1**	**7498**	**15.4**	**20.5**
萨尔瓦多	13	769.2	10	20	102.6	20		0.1
危地马拉	40	1050.0	42	60	140.0	84	0.1	0.2
*墨西哥	298	1006.7	300	447	134.2	600	0.9	1.6
尼加拉瓜	41	804.9	33	62	107.3	66	0.1	0.2
美　国	4835	693.9	3355	7253	92.5	6710	14.2	18.4
南美洲	**3898**	**403.0**	**1571**	**5847**	**53.7**	**3142**	**11.4**	**8.6**
阿根庭	492	573.2	282	738	76.4	564	1.4	1.5
*巴　西	2558	327.2	837	3837	43.6	1674	7.5	4.6
*哥伦比亚	215	581.4	125	323	77.5	250	0.6	0.7
巴拉圭	403	481.4	194	605	64.2	388	1.2	1.1
*秘　鲁	133	699.2	93	200	93.2	186	0.4	0.5
欧　洲	**420**	**866.7**	**364**	**630**	**115.6**	**728**	**1.2**	**2.0**
苏　联	**3432**	**786.7**	**2700**	**5148**	**104.9**	**5400**	**10.1**	**14.8**
亚　洲	**16934**	**486.2**	**8233**	**25401**	**64.8**	**16466**	**49.7**	**45.1**
*中　国	5500	763.6	4200	8250	101.8	8400	16.1	23.0
印　度	7297	202.4	1477	10946	27.0	2954	21.4	8.1
伊　朗	158	594.9	94	237	79.3	188	0.5	0.5
巴基斯坦	2619	544.5	1426	3929	72.6	2852	7.7	7.8
叙利亚	171	1052.6	180	257	140.4	360	0.5	1.0
土耳其	740	878.4	650	1110	117.1	1300	2.2	3.6
也　门	22	318.2	7	33	42.4	14	0.1	
非　洲	**3892**	**345.6**	**1345**	**5838**	**46.1**	**2690**	**11.4**	**7.4**
*乍　得	199	266.3	53	299	35.5	106	0.6	0.3
*埃　及	426	730.0	311	639	97.3	622	1.3	1.7
*莫桑比克	95	305.3	29	143	40.7	58	0.3	0.2
苏　丹	330	412.1	136	495	54.9	272	1.0	0.7
*坦桑尼亚	415	204.8	85	623	27.3	170	1.2	0.5
*乌干达	99	60.6	6	149	8.1	12	0.3	
*尼日利亚	340	88.2	30	510	11.8	60	1.0	0.2
*喀唛隆	110	454.5	50	165	60.6	100	0.3	0.3
大洋洲	**247**	**1149.8**	**284**	**371**	**153.3**	**568**	**0.7**	**1.6**
澳大利亚	247	1149.8	284	371	153.3	568	0.7	1.6

7-1-47 世界主要产棉国1989年棉花生产

国名	国际单位			国内单位			占世界合计(%)	
	面积（千公顷）	单产（公斤/公顷）	产量（千吨）	面积（万亩）	亩产（市斤/亩）	产量（万担）	面积	产量
世界合计	**32212**	**529.5**	**17056**	**48318**	**70.6**	**34112**	**100.0**	**100.0**
北美洲	**4176**	**697.1**	**2911**	**6264**	**92.9**	**5822**	**13.0**	**17.0**
*萨尔瓦多	13	538.5	9	20	71.8	18		0.1
危地马拉	47	808.5	41	71	107.8	82	0.1	0.2
*墨西哥	189	920.6	162	284	122.8	324	0.6	0.9
尼加拉瓜	40	550.0	26	60	73.3	52	0.1	0.2
美国	3861	689.7	2655	5792	92.0	5310	12.0	15.6
南美洲	**3506**	**401.9**	**1294**	**5259**	**53.6**	**2588**	**10.9**	**7.6**
*阿根廷	490	398.0	195	735	53.1	390	1.5	1.1
巴西	2112	295.9	625	3168	39.5	1250	6.6	3.6
*哥伦比亚	200	525.0	105	300	70.0	210	0.6	0.6
巴拉圭	438	502.3	220	657	67.0	440	1.4	1.3
秘鲁	171	602.3	103	257	80.3	206	0.5	0.6
欧洲	**373**	**882.0**	**329**	**560**	**117.6**	**658**	**1.2**	**1.9**
苏联	**3376**	**795.6**	**2686**	**5064**	**106.1**	**5372**	**10.5**	**15.6**
亚洲	**16880**	**485.8**	**8200**	**25320**	**64.8**	**16400**	**52.4**	**47.7**
*中国	5198	728.7	3788	7797	97.2	7576	16.1	22.0
印度	7600	255.3	1940	11400	34.0	3880	23.6	11.3
伊朗	210	557.1	117	315	74.3	234	0.7	0.7
巴基斯坦	2599	560.2	1456	3899	74.7	2912	8.1	8.5
叙利亚	158	981.0	155	237	130.8	310	0.5	0.9
土耳其	725	806.9	585	1088	107.6	1170	2.3	3.4
也门	22	454.5	10	33	60.6	20	0.1	0.1
非洲	**3715**	**366.1**	**1360**	**5573**	**48.8**	**2720**	**11.5**	**7.9**
*乍得	185	313.5	58	278	41.8	116	0.6	0.3
*埃及	427	693.2	296	641	92.4	592	1.3	1.7
*莫桑比克	95	284.2	27	143	37.9	54	0.3	0.2
*苏丹	295	481.4	142	443	64.2	284	0.9	0.8
*坦桑尼亚	260	323.1	84	390	43.1	168	0.8	0.5
*乌干达	106	47.2	5	159	6.3	10	0.3	
*尼日利亚	318	110.1	35	477	14.7	70	1.0	0.2
*喀唛隆	95	452.6	43	143	60.4	86	0.3	0.3
大洋洲	**186**	**1537.6**	**286**	**279**	**205.0**	**572**	**0.6**	**1.7**
澳大利亚	186	1537.6	286	279	205.0	572	0.6	1.7

7-1-48 世界主要产棉国1990年棉花生产

国 名	国际单位			国内单位			占世界合计(%)	
	面积（千公顷）	单产（公斤/公顷）	产量（千吨）	面积（万亩）	亩产（市斤/亩）	产量（万担）	面积	产量
世界总计	**32984**	**559.2**	**18444**	**49476**	**74.6**	**36888**	**100.0**	**100.0**
北美洲	**5068**	**720.4**	**3651**	**7602**	**96.1**	**7302**	**15.4**	**19.8**
萨尔瓦多	10	700.0	7	15	93.3	14		
*危地马拉	39	1025.6	40	59	136.8	80	0.1	0.2
墨西哥	220	913.6	201	330	121.8	402	0.7	1.1
尼加拉瓜	35	657.1	23	53	87.6	46	0.1	0.1
美国	4747	711.0	3375	7121	94.8	6750	14.4	18.3
南美洲	**3382**	**421.9**	**1427**	**5073**	**56.3**	**2854**	**10.3**	**7.7**
阿根庭	529	570.9	302	794	76.1	604	1.6	1.6
巴西	1904	346.6	660	2856	46.2	1320	5.8	3.6
哥伦比亚	201	592.0	119	302	78.9	238	0.6	0.6
巴拉圭	509	432.2	220	764	57.6	440	1.5	1.2
秘鲁	138	565.2	78	207	75.4	156	0.4	0.4
欧洲	**375**	**794.7**	**298**	**563**	**106.0**	**596**	**1.1**	**1.6**
苏联								
亚洲	**17087**	**522.0**	**8919**	**25631**	**69.6**	**17838**	**51.8**	**48.4**
中国	5588	806.7	4508	8382	107.6	9016	16.9	24.4
印度	7440	224.6	1671	11160	29.9	3342	22.6	9.1
伊朗	221	543.0	120	332	72.4	240	0.7	0.7
巴基斯坦	2662	615.0	1637	3993	82.0	3274	8.1	8.9
叙利亚	156	1019.2	159	234	135.9	318	0.5	0.9
土耳其	641	840.9	539	962	112.1	1078	1.9	2.9
*也门	22	5409.1	7	33	721.2	14	0.1	0.6
非洲	**3661**	**346.1**	**1267**	**5492**	**46.1**	**2534**	**11.1**	**6.9**
*乍得	207	289.9	60	311	38.6	120	0.6	0.3
埃及	417	726.6	303	626	96.9	606	1.3	1.6
f 莫桑比克	95	294.7	28	143	39.3	56	0.3	0.2
苏丹	192	432.3	83	288	57.6	166	0.6	0.5
坦桑尼亚	389	154.2	60	584	20.6	120	1.2	0.3
*乌干达	116	34.5	4	174	4.6	8	0.4	
*尼日利亚	380	94.7	36	570	12.6	72	1.2	0.2
喀唛隆	94	500.0	47	141	66.7	94	0.3	0.3
大洋洲	**240**	**1204.2**	**289**	**360**	**160.6**	**578**	**0.7**	**1.6**
澳大利亚	240	1204.2	289	360	160.6	578	0.7	1.6
中亚小计	**3171**	**817.7**	**2593**	**4757**	**109.0**	**5186**	**9.6**	**14.1**
阿塞拜疆	264	681.8	180	396	90.9	360	0.8	1.0
哈萨克斯坦	120	850.0	102	180	113.3	204	0.4	0.6
吉尔吉斯坦	30	833.3	25	45	111.1	50	0.1	0.1
塔吉克斯坦	304	842.1	256	456	112.3	512	0.9	1.4
土库曼斯坦	623	701.4	437	935	93.5	874	1.9	2.4
乌兹别克斯坦	1830	870.5	1593	2745	116.1	3186	1.9	2.4

7－1－49 世界主要产棉国1991年棉花生产

国名	国际单位			国内单位			占世界合计(%)	
	面积（千公顷）	单产（公斤/公顷）	产量（千吨）	面积（万亩）	亩产（市斤/亩）	产量（万担）	面积	产量
世界总计	**34958**	**591.3**	**20669**	**52437**	**78.8**	**41338**	**100.0**	**100.0**
北美洲	**5596**	**735.3**	**4115**	**8394**	**98.0**	**8230**	**16.0**	**19.9**
萨尔瓦多	6	833.3	5	9	111.1	10		
*危地马拉	36	1055.6	38	54	140.7	76	0.1	0.2
墨西哥	249	811.2	202	374	108.2	404	0.7	1.0
尼加拉瓜	44	681.8	30	66	90.9	60	0.1	0.1
美国	5245	731.2	3835	7868	97.5	7670	15.0	18.6
南美洲	**3341**	**456.5**	**1525**	**5012**	**60.9**	**3050**	**9.6**	**7.4**
阿根庭	634	511.0	324	951	68.1	648	1.8	1.6
巴西	1830	368.9	675	2745	49.2	1350	5.2	3.3
哥伦比亚	248	637.1	158	372	84.9	316	0.7	0.8
巴拉圭	415	633.7	263	623	84.5	526	1.2	1.3
秘鲁	118	500.0	59	177	66.7	118	0.3	0.3
欧洲	**337**	**908.0**	**306**	**506**	**121.1**	**612**	**1.0**	**1.5**
苏联								
亚洲	**18463**	**569.5**	**10515**	**27695**	**75.9**	**21030**	**52.8**	**50.9**
中国	6539	866.0	5663	9809	115.5	11326	18.7	27.4
印度	7695	217.3	1672	11543	29.0	3344	22.0	8.1
伊朗	205	556.1	114	308	74.1	228	0.6	0.6
巴基斯坦	2881	755.6	2177	4322	100.8	4354	8.2	10.5
叙利亚	170	1176.5	200	255	156.9	400	0.5	1.0
土耳其	577	934.1	539	866	124.6	1078	1.7	2.6
也门	22	318.2	7	33	42.4	14	0.1	
非洲	**3933**	**352.9**	**1388**	**5900**	**47.1**	**2776**	**11.3**	**6.7**
乍得	283	243.8	69	425	32.5	138	0.8	0.3
埃及	358	843.6	302	537	112.5	604	1.0	1.5
*莫桑比克	95	263.2	25	143	35.1	50	0.3	0.1
苏丹	179	530.7	95	269	70.8	190	0.5	0.5
坦桑尼亚	504	168.7	85	756	22.5	170	1.4	0.4
乌干达	150	53.3	8	225	7.1	16	0.4	
*尼日利亚	430	139.5	60	645	18.6	120	1.2	0.3
*喀唛隆	87	540.2	47	131	72.0	94	0.2	0.2
大洋洲	**279**	**1469.5**	**410**	**419**	**195.9**	**820**	**0.8**	**2.0**
澳大利亚	279	1469.5	410	419	195.9	820	0.8	2.0
中亚小计	**3009**	**800.9**	**2410**	**4514**	**106.8**	**4820**	**8.6**	**11.7**
阿塞拜疆	245	722.4	177	368	96.3	354	0.7	0.9
哈萨克斯坦	117	803.4	94	176	107.1	188	0.3	0.5
吉尔吉斯坦	26	730.8	19	39	97.4	38	0.1	0.1
塔吉克斯坦	299	826.1	247	449	110.1	494	0.9	1.2
土库曼斯坦	602	714.3	430	903	95.2	860	1.7	2.1
乌兹别克斯坦	1720	839.0	1443	2580	111.9	2886	1.7	2.1

7－1－50　世界主要产棉国1992年棉花生产

国　　名	国际单位			国内单位			占世界合计(%)	
	面　积 (千公顷)	单　产 (公斤/公顷)	产　量 (千吨)	面　积 (万亩)	亩　产 (市斤/亩)	产　量 (万担)	面　积	产　量
世界总计	**33689**	**537.4**	**18106**	**50534**	**71.7**	**36212**	**100.0**	**100.0**
北美洲	**4622**	**783.0**	**3619**	**6933**	**104.4**	**7238**	**13.7**	**20.0**
萨尔瓦多	4	1000.0	4	6	133.3	8		
*危地马拉	22	1000.0	22	33	133.3	44	0.1	0.1
*墨西哥	46	717.4	33	69	95.7	66	0.1	0.2
尼加拉瓜	36	722.2	26	54	96.3	52	0.1	0.1
美　国	4502	784.3	3531	6753	104.6	7062	13.4	19.5
南美洲	**3242**	**383.7**	**1244**	**4863**	**51.2**	**2488**	**9.6**	**6.9**
阿根廷	520	486.5	253	780	64.9	506	1.5	1.4
巴　西	1877	346.8	651	2816	46.2	1302	5.6	3.6
哥伦比亚	210	557.1	117	315	74.3	234	0.6	0.6
巴拉圭	437	327.2	143	656	43.6	286	1.3	0.8
秘　鲁	86	407.0	35	129	54.3	70	0.3	0.2
欧　洲	**396**	**830.8**	**329**	**594**	**110.8**	**658**	**1.2**	**1.8**
苏　联								
亚　洲	**18672**	**487.6**	**9105**	**28008**	**65.0**	**18210**	**55.4**	**50.3**
中　国	6835	659.5	4508	10253	87.9	9016	20.3	24.9
印　度	7543	261.0	1969	11315	34.8	3938	22.4	10.9
伊　朗	171	590.6	101	257	78.8	202	0.5	0.6
巴基斯坦	2836	543.0	1540	4254	72.4	3080	8.4	8.5
叙利亚	212	1169.8	248	318	156.0	496	0.6	1.4
土耳其	637	901.1	574	956	120.1	1148	1.9	3.2
也　门	14	285.7	4	21	38.1	8		
非　洲	**3559**	**370.0**	**1317**	**5339**	**49.3**	**2634**	**10.6**	**7.3**
乍　得	199	236.2	47	299	31.5	94	0.6	0.3
埃　及	353	1011.3	357	530	134.8	714	1.0	2.0
*莫桑比克	86	151.2	13	129	20.2	26	0.3	0.1
苏　丹	150	580.0	87	225	77.3	174	0.4	0.5
*坦桑尼亚	430	169.8	73	645	22.6	146	1.3	0.4
乌干达	174	40.2	7	261	5.4	14	0.5	
*尼日利亚	510	215.7	110	765	28.8	220	1.5	0.6
喀麦隆	99	535.4	53	149	71.4	106	0.3	0.3
大洋洲	**312**	**1503.2**	**469**	**468**	**200.4**	**938**	**0.9**	**2.6**
澳大利亚	312	1503.2	469	468	200.4	938	0.9	2.6
中亚小计	**2886**	**701.0**	**2023**	**4329**	**93.5**	**4046**	**8.6**	**11.2**
阿塞拜疆	233	476.4	111	350	63.5	222	0.7	0.6
哈萨克斯坦	112	678.6	76	168	90.5	152	0.3	0.4
吉尔吉斯坦	22	636.4	14	33	84.8	28	0.1	0.1
塔吉克斯坦	285	442.1	126	428	58.9	252	0.8	0.7
土库曼斯坦	567	687.8	390	851	91.7	780	1.7	2.2
乌兹别克斯坦	1667	783.4	1306	2501	104.5	2612	4.9	7.2

7－1－51 世界主要产棉国1993年棉花生产

国　名	国际单位			国内单位			占世界合计(%)	
	面积（千公顷）	单产（公斤/公顷）	产量（千吨）	面积（万亩）	亩产（市斤/亩）	产量（万担）	面积	产量
世界总计	**30581**	**551.3**	**16859**	**45872**	**73.5**	**33718**	**100.0**	**100.0**
北美洲	**5245**	**678.7**	**3560**	**7868**	**90.5**	**7120**	**17.2**	**21.1**
萨尔瓦多	4	1000.0	4	6	133.3	8		
*危地马拉	14	857.1	12	21	114.3	24		0.1
墨西哥	40	675.0	27	60	90.0	54	0.1	0.2
尼加拉瓜	3	666.7	2	5	88.9	4		
美国	5173	678.9	3512	7760	90.5	7024	16.9	20.8
南美洲	**1849**	**455.4**	**842**	**2774**	**60.7**	**1684**	**6.0**	**5.0**
阿根庭	302	500.0	151	453	66.7	302	1.0	0.9
巴西	1060	382.1	405	1590	50.9	810	3.5	2.4
哥伦比亚	114	631.6	72	171	84.2	144	0.4	0.4
巴拉圭	235	642.6	151	353	85.7	302	0.8	0.9
秘鲁	65	476.9	31	98	63.6	62	0.2	0.2
欧洲	**381**	**952.8**	**363**	**572**	**127.0**	**726**	**1.2**	**2.2**
苏联								
亚洲	**16544**	**498.9**	**8254**	**24816**	**66.5**	**16508**	**54.1**	**49.0**
中国	4985	750.1	3739	7478	100.0	7478	16.3	22.2
印度	7440	281.0	2091	11160	37.5	4182	24.3	12.4
伊朗	141	617.0	87	212	82.3	174	0.5	0.5
巴基斯坦	2805	487.7	1368	4208	65.0	2736	9.2	8.1
叙利亚	196	1076.5	211	294	143.5	422	0.6	1.3
土耳其	568	1059.9	602	852	141.3	1204	1.9	3.6
也门	17	294.1	5	26	39.2	10	0.1	
非洲	**3372**	**427.3**	**1441**	**5058**	**57.0**	**2882**	**11.0**	**8.5**
乍得	158	253.2	40	237	33.8	80	0.5	0.2
埃及	372	1118.3	416	558	149.1	832	1.2	2.5
*莫桑比克	86	186.0	16	129	24.8	32	0.3	0.1
苏丹	123	406.5	50	185	54.2	100	0.4	0.3
*坦桑尼亚	350	231.4	81	525	30.9	162	1.1	0.5
乌干达	121	90.9	11	182	12.1	22	0.4	0.1
*尼日利亚	430	255.8	110	645	34.1	220	1.4	0.7
*喀唛隆	103	504.9	52	155	67.3	104	0.3	0.3
大洋洲	**287**	**1299.7**	**373**	**431**	**173.3**	**746**	**0.9**	**2.2**
澳大利亚	287	1299.7	373	431	173.3	746	0.9	2.2
中亚小计	**2903**	**697.9**	**2026**	**4355**	**93.1**	**4052**	**9.5**	**12.0**
阿塞拜疆	224	424.1	95	336	56.5	190	0.7	0.6
哈萨克斯坦	110	545.5	60	165	72.7	120	0.4	0.4
吉尔吉斯坦	20	650.0	13	30	86.7	26	0.1	0.1
塔吉克斯坦	275	545.5	150	413	72.7	300	0.9	0.9
土库曼斯坦	579	694.3	402	869	92.6	804	1.9	2.4
乌兹别克斯坦	1695	770.5	1306	2543	102.7	2612	5.5	7.7

7-1-52 世界主要产棉国1994年棉花生产

国 名	国际单位			国内单位			占世界合计(%)	
	面 积（千公顷）	单 产（公斤/公顷）	产 量（千吨）	面 积（万亩）	亩 产（市斤/亩）	产 量（万担）	面 积	产 量
世界总计	**32037**	**583.5**	**18694**	**48056**	**77.8**	**37388**	**100.0**	**100.0**
北 美 洲	**5591**	**790.9**	**4422**	**8387**	**105.5**	**8844**	**17.5**	**23.7**
萨尔瓦多	5	800.0	4	8	106.7	8		
*危地马拉	15	933.3	14	23	124.4	28		0.1
*墨 西 哥	169	704.1	119	254	93.9	238	0.5	0.6
尼加拉瓜	1	1000.0	1	2	133.3	2		
美 国	5391	794.1	4281	8087	105.9	8562	16.8	22.9
南 美 洲	**2286**	**442.7**	**1012**	**3429**	**59.0**	**2024**	**7.1**	**5.4**
阿 根 庭	484	475.2	230	726	63.4	460	1.5	1.2
巴 西	1181	424.2	501	1772	56.6	1002	3.7	2.7
哥伦比亚	72	777.8	56	108	103.7	112	0.2	0.3
巴 拉 圭	381	359.6	137	572	47.9	274	1.2	0.7
秘 鲁	97	567.0	55	146	75.6	110	0.3	0.3
欧 洲	**419**	**1040.6**	**436**	**629**	**138.7**	**872**	**1.3**	**2.3**
苏 联								
亚 洲	**17382**	**532.7**	**9260**	**26073**	**71.0**	**18520**	**54.3**	**49.5**
中 国	5528	785.3	4341	8292	104.7	8682	17.3	23.2
印 度	7861	299.6	2355	11792	39.9	4710	24.5	12.6
伊 朗	187	631.0	118	281	84.1	236	0.6	0.6
巴基斯坦	2653	557.5	1479	3980	74.3	2958	8.3	7.9
叙 利 亚	189	984.1	186	284	131.2	372	0.6	1.0
土 耳 其	581	1080.9	628	872	144.1	1256	1.8	3.4
也 门	12	333.3	4	18	44.4	8		
非 洲	**3334**	**380.6**	**1269**	**5001**	**50.7**	**2538**	**10.4**	**6.8**
乍 得	196	229.6	45	294	30.6	90	0.6	0.2
埃 及	303	841.6	255	455	112.2	510	0.9	1.4
*莫桑比克	77	220.8	17	116	29.4	34	0.2	0.1
苏 丹	135	377.8	51	203	50.4	102	0.4	0.3
*坦桑尼亚	172	279.1	48	258	37.2	96	0.5	0.3
乌 干 达	114	105.3	12	171	14.0	24	0.4	0.1
尼日利亚	411	255.5	105	617	34.1	210	1.3	0.6
*喀 唛 隆	130	546.2	71	195	72.8	142	0.4	0.4
大 洋 洲	**293**	**1122.9**	**329**	**440**	**149.7**	**658**	**0.9**	**1.8**
澳大利亚	293	1122.9	329	440	149.7	658	0.9	1.8
中亚小计	**2732**	**719.6**	**1966**	**4098**	**95.9**	**3932**	**8.5**	**10.5**
阿塞拜疆	214	434.6	93	321	57.9	186	0.7	0.5
哈萨克斯坦	111	558.6	62	167	74.5	124	0.3	0.3
吉尔吉斯坦	26	653.8	17	39	87.2	34	0.1	0.1
塔吉克斯坦	283	533.6	151	425	71.1	302	0.9	0.8
土库曼斯坦	559	688.7	385	839	91.8	770	1.7	2.1
乌兹别克斯坦	1539	817.4	1258	2309	109.0	2516	4.8	6.7

7－1－53　世界主要产棉国1995年棉花生产

国　名	国际单位			国内单位			占世界合计(%)	
	面　积（千公顷）	单　产（公斤/公顷）	产　量（千吨）	面　积（万亩）	亩　产（市斤/亩）	产　量（万担）	面　积	产　量
世界总计	**35738**	**568.2**	**20307**	**53607**	**75.8**	**40614**	**100.0**	**100.0**
北美洲	**6778**	**609.8**	**4133**	**10167**	**81.3**	**8266**	**19.0**	**20.4**
萨尔瓦多	2			3				
*危地马拉	9	222.2	2	14	29.6	4		
*墨西哥	275	796.4	219	413	106.2	438	0.8	1.1
尼加拉瓜	8	750.0	6	12	100.0	12		
美　国	6478	601.6	3897	9717	80.2	7794	18.1	19.2
南美洲	**2493**	**475.3**	**1185**	**3740**	**63.4**	**2370**	**7.0**	**5.8**
阿根庭	680	539.7	367	1020	72.0	734	1.9	1.8
巴　西	1191	428.2	510	1787	57.1	1020	3.3	2.5
哥伦比亚	82	670.7	55	123	89.4	110	0.2	0.3
巴拉圭	332	460.8	153	498	61.4	306	0.9	0.8
秘　鲁	124	596.8	74	186	79.6	148	0.3	0.4
欧　洲	**484**	**971.1**	**470**	**726**	**129.5**	**940**	**1.4**	**2.3**
苏　联								
亚　洲	**19172**	**567.4**	**10878**	**28758**	**75.7**	**21756**	**53.6**	**53.6**
中　国	5422	879.4	4768	8133	117.3	9536	15.2	23.5
印　度	9063	318.3	2885	13595	42.4	5770	25.4	14.2
伊　朗	272	606.6	165	408	80.9	330	0.8	0.8
巴基斯坦	2997	601.3	1802	4496	80.2	3604	8.4	8.9
叙利亚	204	1058.8	216	306	141.2	432	0.6	1.1
土耳其	757	1124.2	851	1136	149.9	1702	2.1	4.2
也　门	13	307.7	4	20	41.0	8		
非　洲	**3845**	**360.2**	**1385**	**5768**	**48.0**	**2770**	**10.8**	**6.8**
乍　得	210	290.5	61	315	38.7	122	0.6	0.3
埃　及	298	795.3	237	447	106.0	474	0.8	1.2
*莫桑比克	76	210.5	16	114	28.1	32	0.2	0.1
苏　丹	247	449.4	111	371	59.9	222	0.7	0.5
*坦桑尼亚	364	123.6	45	546	16.5	90	1.0	0.2
乌干达	117	102.6	12	176	13.7	24	0.3	0.1
尼日利亚	439	262.0	115	659	34.9	230	1.2	0.6
*喀唛隆	159	496.9	79	239	66.2	158	0.4	0.4
大洋洲	**245**	**1293.9**	**317**	**368**	**172.5**	**634**	**0.7**	**1.6**
澳大利亚	245	1293.9	317	368	172.5	634	0.7	1.6
中亚小计	**2721**	**712.6**	**1939**	**4082**	**95.0**	**3878**	**7.6**	**9.5**
阿塞拜疆	210	395.2	83	315	52.7	166	0.6	0.4
哈萨克斯坦	110	627.3	69	165	83.6	138	0.3	0.3
吉尔吉斯坦	33	727.3	24	50	97.0	48	0.1	0.1
塔吉克斯坦	270	440.7	119	405	58.8	238	0.8	0.6
土库曼斯坦	507	624.4	379	911	83.3	758	1.7	1.9
乌兹别克斯坦	1491	848.4	1265	2237	113.1	2530	4.2	6.2

7－1－54　世界主要产棉国1996年棉花生产

国　　名	国际单位			国内单位			占世界合计(%)	
	面积（千公顷）	单产（公斤/公顷）	产量（千吨）	面积（万亩）	亩产（市斤/亩）	产量（万担）	面积	产量
世界总计	**34645**	**553.2**	**19166**	**51968**	**73.8**	**38332**	**100.0**	**100.0**
北美洲	**5530**	**795.8**	**4401**	**8295**	**106.1**	**8802**	**16.0**	**23.0**
萨尔瓦多								
*危地马拉	6	1000.0	6	9	133.3	12		
*墨西哥	307	873.0	268	461	116.4	536	0.9	1.4
尼加拉瓜	4	500.0	2	6	66.7	4		
美国	5208	791.9	4124	7812	105.6	8248	15.0	21.5
南美洲	**2469**	**445.5**	**1100**	**3704**	**59.4**	**2200**	**7.1**	**5.7**
阿根廷	969	445.8	432	1454	59.4	864	2.8	2.3
巴西	856	420.6	360	1284	56.1	720	2.5	1.9
哥伦比亚	104	682.7	71	156	91.0	142	0.3	0.4
巴拉圭	307	355.0	109	461	47.3	218	0.9	0.6
秘鲁	137	715.3	98	206	95.4	196	0.4	0.5
欧洲	**511**	**823.9**	**421**	**767**	**109.8**	**842**	**1.5**	**2.2**
苏联								
亚洲	**18922**	**510.9**	**9667**	**28383**	**68.1**	**19334**	**54.6**	**50.4**
中国	4722	890.1	4203	7083	118.7	8406	13.6	21.9
印度	9166	264.3	2423	13749	35.2	4846	26.5	12.6
伊朗	320	550.0	176	480	73.3	352	0.9	0.9
巴基斯坦	3149	506.2	1594	4724	67.5	3188	9.1	8.3
叙利亚	220	1200.0	264	330	160.0	528	0.6	1.4
土耳其	744	1053.8	784	1116	140.5	1568	2.1	4.1
也门	16	312.5	5	24	41.7	10		
非洲	**4313**	**391.8**	**1690**	**6470**	**52.2**	**3380**	**12.4**	**8.8**
乍得	293	293.5	86	440	39.1	172	0.8	0.4
埃及	387	894.1	346	581	119.2	692	1.1	1.8
*莫桑比克	76	223.7	17	114	29.8	34	0.2	0.1
苏丹	246	406.5	100	369	54.2	200	0.7	0.5
*坦桑尼亚	439	191.3	84	659	25.5	168	1.3	0.4
乌干达	125	96.0	12	188	12.8	24	0.4	0.1
尼日利亚	452	256.6	116	678	34.2	232	1.3	0.6
*喀唛隆	159	496.9	79	239	66.2	158	0.5	0.4
大洋洲	**315**	**1209.5**	**381**	**473**	**161.3**	**762**	**0.9**	**2.0**
澳大利亚	315	1209.5	381	473	161.3	762	0.9	2.0
中亚小计	**2585**	**582.6**	**1506**	**3878**	**77.7**	**3012**	**7.5**	**7.9**
阿塞拜疆	213	347.4	74	320	46.3	148	0.6	0.4
哈萨克斯坦	106	745.3	79	159	99.4	158	0.3	0.4
吉尔吉斯坦	32	687.5	22	48	91.7	44	0.1	0.1
塔吉克斯坦	228	521.9	119	342	69.6	238	0.7	0.6
土库曼斯坦	519	252.4	131	779	33.7	262	1.5	0.7
乌兹别克斯坦	1487	727.0	1081	2231	96.9	2162	4.3	5.6

7-1-55 世界主要产棉国1997年棉花生产

国　名	国际单位			国内单位			占世界合计(%)	
	面　积 (千公顷)	单　产 (公斤/公顷)	产　量 (千吨)	面　积 (万亩)	亩　产 (市斤/亩)	产　量 (万担)	面　积	产　量
世界总计	**33668**	**591.1**	**19900**	**50502**	**78.8**	**39800**	**100.0**	**100.0**
北美洲	**5577**	**774.3**	**4318**	**8366**	**103.2**	**8636**	**16.6**	**21.7**
萨尔瓦多								
*危地马拉	2	500.0	1	3	66.7	2		
*墨西哥	197	1121.8	221	296	149.6	442	0.6	1.1
尼加拉瓜	2	500.0	1	3	66.7	2		
美　国	5370	762.0	4092	8055	101.6	8184	15.9	20.6
南美洲	**1913**	**395.7**	**757**	**2870**	**52.8**	**1514**	**5.7**	**3.8**
阿根庭	888	337.8	300	1332	45.0	600	2.6	1.5
巴　西	662	441.1	292	993	58.8	584	2.0	1.5
哥伦比亚	61	590.2	36	92	78.7	72	0.2	0.2
巴拉圭	111	423.4	47	167	56.5	94	0.3	0.2
秘　鲁	91	604.4	55	137	80.6	110	0.3	0.3
欧　洲	**536**	**925.4**	**496**	**804**	**123.4**	**992**	**1.6**	**2.5**
苏　联								
亚　洲	**18028**	**576.3**	**10390**	**27042**	**76.8**	**20780**	**53.5**	**52.2**
中　国	4491	1024.9	4603	6737	136.7	9206	13.3	23.1
印　度	8850	297.7	2635	13275	39.7	5270	26.3	13.2
伊　朗	238	554.6	132	357	73.9	264	0.7	0.7
巴基斯坦	2893	552.4	1598	4340	73.6	3196	8.6	8.0
叙利亚	251	1462.2	367	377	195.0	734	0.7	1.8
土耳其	722	1152.4	832	1083	153.6	1664	2.1	4.2
也　门	20	250.0	5	30	333.0	10		
非　洲	**4597**	**387.0**	**1779**	**6896**	**51.6**	**3558**	**13.7**	**8.9**
乍　得	310	277.4	86	465	37.0	172	0.9	0.4
埃　及	361	947.4	342	542	126.3	684	1.1	1.7
*莫桑比克	165	145.5	24	248	19.4	48	0.5	0.1
苏　丹	162	537.0	87	243	71.6	174	0.5	0.4
*坦桑尼亚	440	193.2	85	660	25.8	170	1.3	0.4
乌干达	130	92.3	12	195	12.3	24	0.4	0.1
尼日利亚	422	213.3	90	633	28.4	180	1.3	0.5
*喀唛隆	191	392.7	75	287	52.4	150	0.6	0.4
大洋洲	**378**	**1608.5**	**608**	**567**	**214.5**	**1216**	**1.1**	**3.1**
澳大利亚	378	1608.5	608	567	214.5	1216	1.1	3.1
中亚小计	**2639**	**588.1**	**1552**	**3959**	**78.4**	**3104**	**7.8**	**7.8**
阿塞拜疆	212	325.5	69	318	43.4	138	0.6	0.3
哈萨克斯坦	104	586.5	61	156	78.2	122	0.3	0.3
吉尔吉斯坦	25	800.0	20	38	106.7	40	0.1	0.1
塔吉克斯坦	218	605.5	132	327	80.7	264	0.6	0.7
土库曼斯坦	580	327.6	190	870	43.7	380	1.7	1.0
乌兹别克斯坦	1500	720.0	1080	2250	96.0	2160	4.5	5.4

7-1-56 世界主要产棉国1998年棉花生产

国名	国际单位			国内单位			占世界合计(%)	
	面积（千公顷）	单产（公斤/公顷）	产量（千吨）	面积（万亩）	亩产（市斤/亩）	产量（万担）	面积	产量
世界总计	**33435**	**539.3**	**18031**	**50153**	**71.9**	**36062**	**100.0**	**100.0**
北美洲	**4582**	**716.7**	**3284**	**6873**	**95.6**	**6568**	**13.7**	**18.2**
萨尔瓦多	2	500.0	1	3	66.7	2		
*危地马拉	3	1000.0	3	5	133.3	6		
*墨西哥	245	1008.2	247	368	134.4	494	0.7	1.4
尼加拉瓜	2	1000.0	2	3	133.3	4		
美国	4324	700.7	3030	6486	93.4	6060	12.9	16.8
南美洲	**2128**	**414.9**	**883**	**3192**	**55.3**	**1766**	**6.4**	**4.9**
阿根庭	878	359.9	316	1317	48.0	632	2.6	1.8
巴西	833	464.6	387	1250	61.9	774	2.5	2.1
哥伦比亚	48	750.0	36	72	100.0	72	0.1	0.2
巴拉圭	202	361.4	73	303	48.2	146	0.6	0.4
秘鲁	74	513.5	38	111	68.5	76	0.2	0.2
欧洲	**533**	**925.0**	**493**	**800**	**123.3**	**986**	**1.6**	**2.7**
苏联								
亚洲	**18437**	**521.5**	**9614**	**27656**	**69.5**	**19228**	**55.1**	**53.3**
中国	4459	1009.4	4501	6689	134.6	9002	13.3	25.0
印度	9300	223.0	2074	13950	29.7	4148	27.8	11.5
伊朗	229	607.0	139	344	80.9	278	0.7	0.8
巴基斯坦	2923	511.8	1496	4385	68.2	2992	8.7	8.3
叙利亚	275	1185.5	326	413	158.1	652	0.8	1.8
土耳其	731	1191.5	871	1097	158.9	1742	2.2	4.8
也门	23	347.8	8	35	46.4	16		
非洲	**4715**	**353.3**	**1666**	**7073**	**47.1**	**3332**	**14.1**	**9.2**
乍得	336	306.5	103	504	40.9	206	1.0	0.6
埃及	331	694.9	230	497	92.6	460	1.0	1.3
*莫桑比克	198	151.5	30	297	20.2	60	0.6	0.2
苏丹	134	403.0	54	201	53.7	108	0.4	0.3
*坦桑尼亚	350	114.3	40	525	15.2	80	1.0	0.2
乌干达	175	68.6	12	263	9.1	24	0.5	0.1
尼日利亚	480	281.3	135	720	37.5	270	1.4	0.7
*喀唛隆	173	433.5	75	260	57.8	150	0.5	0.4
大洋洲	**381**	**1480.3**	**564**	**572**	**197.4**	**1128**	**1.1**	**3.1**
澳大利亚	381	1480.3	564	572	197.4	1128	1.1	3.1
中亚小计	**2659**	**574.3**	**1527**	**3989**	**76.6**	**3054**	**8.0**	**8.5**
阿塞拜疆	155	219.4	34	233	29.2	68	0.5	0.2
哈萨克斯坦	115	426.1	49	173	56.8	98	0.3	0.3
吉尔吉斯坦	32	750.0	24	48	100.0	48	0.1	0.1
塔吉克斯坦	245	469.4	115	368	62.6	230	0.7	0.6
土库曼斯坦	580	272.4	158	870	36.3	316	1.7	0.9
乌兹别克斯坦	1532	748.7	1147	2298	99.8	2294	4.6	6.4

7－1－57 世界主要产棉国1999年棉花生产

国名	国际单位			国内单位			占世界合计(%)	
	面积（千公顷）	单产（公斤/公顷）	产量（千吨）	面积（万亩）	亩产（市斤/亩）	产量（万担）	面积	产量
世界总计	**32900**	**553.5**	**18211**	**49350**	**73.8**	**36422**	**100.0**	**100.0**
北美洲	**5588**	**688.6**	**3848**	**8382**	**91.8**	**7696**	**17.0**	**21.1**
萨尔瓦多	2	500.0	1	3	66.7	2		
*危地马拉	1	1000.0	1	2	133.3	2		
*墨西哥	145	1020.7	148	218	136.1	296	0.4	0.8
尼加拉瓜	2	1000.0	2	3	133.3	4		
美国	5433	679.9	3694	8150	90.7	7388	16.5	20.3
南美洲	**1691**	**502.1**	**849**	**2537**	**66.9**	**1698**	**5.1**	**4.7**
阿根庭	640	306.3	196	960	40.8	392	1.9	1.1
巴西	672	694.9	467	1008	92.7	934	2.0	2.6
哥伦比亚	52	769.2	40	78	102.6	80	0.2	0.2
巴拉圭	166	403.6	67	249	53.8	134	0.5	0.4
秘鲁	79	658.2	52	119	87.8	104	0.2	0.3
欧洲	**542**	**942.8**	**511**	**813**	**125.7**	**1022**	**1.6**	**2.8**
苏联								
亚洲	**17408**	**530.5**	**9235**	**26112**	**70.7**	**18470**	**52.9**	**50.7**
中国	3726	1027.6	3829	5589	137.0	7658	11.3	21.0
印度	9000	228.6	2057	13500	30.5	4114	27.4	11.3
伊朗	215	674.4	145	323	89.9	290	0.7	0.8
巴基斯坦	2983	641.0	1912	4475	85.5	3824	9.1	10.5
叙利亚	244	1327.9	324	366	177.0	648	0.7	1.8
土耳其	730	1083.6	791	1095	144.5	1582	2.2	4.3
也门	24	333.3	8	36	44.4	16		
非洲	**4573**	**360.6**	**1649**	**6860**	**48.1**	**3298**	**13.9**	**9.1**
乍得	310	290.3	90	465	38.7	180	0.9	0.5
埃及	271	859.8	233	407	114.6	466	0.8	1.3
*莫桑比克	190	157.9	30	285	21.1	60	0.6	0.2
苏丹	171	286.5	49	257	38.2	98	0.5	0.3
*坦桑尼亚	250	124.0	31	375	16.5	62	0.8	0.2
乌干达	250	48.0	12	375	6.4	24	0.8	0.1
尼日利亚	514	282.1	145	771	37.6	290	1.6	0.8
*喀唛隆	181	436.5	79	272	58.2	158	0.6	0.4
大洋洲	**446**	**1421.5**	**634**	**669**	**189.5**	**1268**	**1.4**	**3.5**
澳大利亚	446	1421.5	634	669	189.5	1268	1.4	3.5
中亚小计	**2652**	**560.0**	**1485**	**3978**	**74.7**	**2970**	**8.1**	**8.2**
阿塞拜疆	94	308.5	29	141	41.1	58	0.3	0.2
哈萨克斯坦	141	531.9	75	212	70.9	150	0.4	0.4
吉尔吉斯坦	35	800.0	28	53	106.7	56	0.1	0.2
塔吉克斯坦	317	309.1	98	476	41.2	196	1.0	0.5
土库曼斯坦	548	427.0	234	822	56.9	468	1.7	1.3
乌兹别克斯坦	1517	673.0	1021	2276	89.7	2042	4.6	5.6

7－1－58　世界主要产棉国2000年棉花生产

国名	国际单位			国内单位			占世界合计(%)	
	面积(千公顷)	单产(公斤/公顷)	产量(千吨)	面积(万亩)	亩产(市斤/亩)	产量(万担)	面积	产量
世界总计	**32943**	**571.8**	**18836**	**49415**	**76.2**	**37672**	**100.0**	**100.0**
北美洲	**5388**	**706.2**	**3805**	**8082**	**94.2**	**7610**	**16.4**	**20.2**
萨尔瓦多	2	500.0	1	3	66.7	2		
*危地马拉	1	1000.0	1	2	133.3	2		
*墨西哥	77	662.3	51	116	88.3	102	0.2	0.3
尼加拉瓜	2	1000.0	2	3	133.3	4		
美国	5300	707.4	3749	7950	94.3	7498	16.1	19.9
南美洲	**1587**	**615.0**	**976**	**2381**	**82.0**	**1952**	**4.8**	**5.2**
阿根庭	332	364.5	121	498	48.6	242	1.0	0.6
巴西	824	767.0	632	1236	102.3	1264	2.5	3.4
哥伦比亚	95	600.0	57	143	80.0	114	0.3	0.3
巴拉圭	170	400.0	68	255	53.3	136	0.5	0.4
秘鲁	90	755.6	68	135	100.7	136	0.3	0.4
欧洲	**513**	**1019.5**	**523**	**770**	**135.9**	**1046**	**1.6**	**2.8**
苏联								
亚洲	**17676**	**552.8**	**9771**	**26514**	**73.7**	**19542**	**53.7**	**51.9**
中国	4027	1080.2	4350	6041	144.0	8700	12.2	23.1
印度	9000	228.6	2057	13500	30.5	4114	27.3	10.9
伊朗	215	674.4	145	323	89.9	290	0.7	0.8
巴基斯坦	2950	648.1	1912	4425	86.4	3824	9.0	10.2
叙利亚	245	1322.4	324	368	176.3	648	0.7	1.7
土耳其	730	1083.6	791	1095	144.5	1582	2.2	4.2
也门	26	307.7	8	39	41	16		
非洲	**4688**	**356.4**	**1671**	**7032**	**47.5**	**3342**	**14.2**	**8.9**
乍得	310	290.3	90	465	38.7	180	0.9	0.5
埃及	271	841.3	228	407	112.2	456	0.8	1.2
*莫桑比克	170	147.1	25	255	19.6	50	0.5	0.1
苏丹	166	488.0	81	249	65.1	162	0.5	0.4
*坦桑尼亚	250	140.0	35	375	18.7	70	0.8	0.2
乌干达	250	48.0	12	375	6.4	24	0.8	0.1
尼日利亚	514	282.1	145	771	37.6	290	1.6	0.8
*喀唛隆	165	430.3	71	248	57.4	142	0.5	0.4
大洋洲	**487**	**1453.8**	**708**	**731**	**193.8**	**1416**	**1.5**	**3.8**
澳大利亚	487	1453.8	708	731	193.8	1416	1.5	3.8
中亚小计	**2604**	**530.7**	**1382**	**3906**	**70.8**	**2764**	**7.9**	**7.3**
阿塞拜疆	160	262.5	42	240	35.0	84	0.5	0.2
哈萨克斯坦	152	506.6	77	228	67.5	154	0.5	0.4
吉尔吉斯坦	34	970.6	33	51	129.4	66	0.1	0.2
塔吉克斯坦	242	384.3	93	363	51.2	186	0.7	0.5
土库曼斯坦	575	325.2	187	863	43.4	374	1.7	1.0
乌兹别克斯坦	1441	659.3	950	2162	87.9	1900	4.4	5.0

7－2－1　世界历年棉花生产

年　度	国际单位			国内单位			占世界（%）	
	面积 （千公顷）	单产 （公斤/公顷）	产量 （千吨）	面积 （万亩）	亩产 （市斤/亩）	产量 （万担）	面积	产量
52合计	**1717500**	**409.8**	**703871**	**2576250**	**54.6**	**1407742**	**100.0**	**100.0**
11年小计	**361585**	**268.0**	**96909**	**542378**	**35.7**	**193818**	**21.1**	**13.8**
占合计%	**21.1**		**13.8**					
1949	29062	248.8	7231	43593	33.2	14462	1.7	1.0
1950	28128	232.6	6542	42192	31.0	13084	1.6	0.9
1951	34473	233.9	8062	51710	31.2	16124	2.0	1.2
1952	35105	238.2	8363	52658	31.8	16726	2.0	1.2
1953	33366	260.7	8699	50049	34.8	17398	1.9	1.2
1954	32588	265.0	8636	48882	35.3	17272	1.9	1.2
1955	34863	279.0	9726	52295	37.2	19452	2.0	1.4
1956	34460	275.3	9486	51690	36.7	18972	2.0	1.4
1957	33474	278.6	9326	50211	37.1	18652	2.0	1.3
1958	32912	303.4	9986	49368	40.5	19972	1.9	1.4
1959	33154	327.3	10852	49731	43.6	21704	1.9	1.5
10年小计	**332116**	**328.9**	**109234**	**498174**	**43.9**	**218468**	**19.3**	**15.5**
占合计%	**19.3**		**15.5**					
1960	33400	323.4	10800	50100	43.1	21600	1.9	1.5
1961	33786	291.1	9835	50679	38.8	19670	2.0	1.4
1962	34094	309.1	10537	51141	41.2	21074	2.0	1.5
1963	34325	328.7	11282	51489	43.8	22564	2.0	1.6
1964	34696	329.4	11428	52044	43.9	22856	2.0	1.6
1965	34908	337.1	11769	52358	45.0	23538	2.0	1.7
1966	31707	338.0	10716	47561	45.1	21432	1.9	1.5
1967	30994	332.4	10301	46491	44.3	20602	1.8	1.5
1968	31505	358.8	11304	47258	47.8	22608	1.8	1.6
1969	32700	344.4	11262	49050	45.9	22524	1.9	1.6
10年小计	**324950**	**399.4**	**129778**	**487425**	**53.3**	**259556**	**18.9**	**18.4**
占合计%	**18.9**		**18.4**					
1970	32684	358.8	11726	49026	47.8	23452	1.9	1.7
1971	32965	369.5	12181	49448	49.3	24362	1.9	1.7
1972	34033	383.2	13042	51050	51.1	26084	2.0	1.9
1973	33047	405.4	13398	49571	54.1	26796	1.9	1.9
1974	33465	419.2	14029	50198	55.9	28058	2.0	2.0
1975	30858	399.2	12319	46287	53.2	24638	1.8	1.8
1977	30138	399.6	12042	45207	53.3	24084	1.8	1.7
1976	32992	419.3	13833	49488	55.9	27666	1.9	2.0
1978	32578	406.1	13231	48867	54.2	26462	1.9	1.9
1979	32190	434.2	13977	48285	57.9	27954	1.9	2.0
10年小计	**331271**	**485.2**	**166727**	**496907**	**64.7**	**321454**	**19.3**	**22.8**
占合计%	**19.3**		**22.8**					
1980	34558	402.9	13924	51837	53.7	27848	2.0	2.0
1981	34617	441.4	15281	51926	58.9	30562	2.0	2.2
1982	33707	440.1	14834	50561	58.7	29668	2.0	2.1
1983	32159	445.6	14330	48239	59.4	28660	1.9	2.0
1984	34932	523.2	18275	52398	69.8	36550	2.0	2.6
1985	34067	503.9	17166	51101	67.2	34332	2.0	2.4
1986	30657	493.4	15126	45986	65.8	30252	1.8	2.2
1987	30283	544.2	16479	45425	72.6	32958	1.8	2.3
1988	34079	535.4	18246	51119	71.4	36492	2.0	2.6
1989	32212	529.5	17066	48318	70.6	34132	1.9	2.4
11年小计	**367578**	**563.8**	**207223**	**551367**	**75.2**	**414446**	**21.4**	**29.4**
占合计%	**21.4**		**29.4**					
1990	32984	559.2	18444	49476	74.6	36888	1.9	2.6
1991	34958	591.3	20669	52437	78.8	41338	2.0	2.9
1992	33689	537.4	18106	50534	71.7	36212	2.0	2.6
1993	30581	551.3	16859	45872	73.5	33718	1.8	2.4
1994	32037	583.5	18694	48056	77.8	37388	1.9	2.7
1995	35738	568.2	20307	53607	75.8	40614	2.1	2.9
1996	34645	553.2	19166	51968	73.8	38332	2.0	2.7
1997	33668	591.1	19900	50502	78.8	39800	2.0	2.8
1998	33435	539.3	18031	50153	71.9	36062	2.0	2.6
1999	32900	553.5	18211	49350	73.8	36422	1.9	2.6
2000	32943	571.8	18836	49415	76.2	37672	1.9	2.7

7-2-2 北美洲历年棉花生产

年 度	国际单位			国内单位			占合计（%）	
	面 积（千公顷）	单 产（公斤/公顷）	产 量（千吨）	面 积（万亩）	亩 产（市斤/亩）	产 量（万担）	面 积	产 量
52 年合计	**321761**	**555.3**	**178680**	**482642**	**74.0**	**357360**	**100.0**	**100.0**
11 年小计	**97420**	**385.6**	**37563**	**146130**	**51.4**	**75126**	**30.3**	**21.0**
占合计%	**30.3**		**21.0**					
1949	11710	318.5	3730	17565	42.5	7460	3.6	2.1
1950	8040	304.7	2450	12060	40.6	4900	2.5	1.4
1951	11790	305.6	3603	17685	40.7	7206	3.7	2.0
1952	11370	314.9	3580	17055	42.0	7160	3.5	2.0
1953	10700	363.6	3890	16050	48.5	7780	3.3	2.2
1954	8860	388.3	3440	13290	51.8	6880	2.8	2.0
1955	8080	467.8	3780	12120	62.4	7560	2.5	2.1
1956	7330	463.8	3400	10995	61.8	6800	2.3	1.9
1957	6550	450.4	2950	9825	60.1	5900	2.0	1.7
1958	6010	519.1	3120	9015	69.2	6240	1.9	1.8
1959	6980	518.6	3620	10470	69.1	7240	2.2	2.0
10 年小计	**62212**	**557.6**	**34690**	**93318**	**74.3**	**69380**	**19.3**	**19.4**
占合计%	**19.3**		**19.4**					
1960	7250	504.8	3660	10875	67.3	7320	2.3	2.1
1961	7363	503.3	3706	11045	67.1	7412	2.3	2.1
1962	7395	530.0	3919	11093	70.7	7838	2.3	2.2
1963	6970	589.1	4106	10455	78.5	8212	2.2	2.3
1964	6889	603.3	4156	10334	80.4	8312	2.1	2.3
1965	6703	614.5	4119	10055	81.9	8238	2.1	2.3
1966	4972	574.4	2856	7458	76.6	5712	1.6	1.6
1967	4242	539.8	2290	6363	72.0	4580	1.3	1.3
1968	5151	609.6	3140	7727	81.3	6280	1.6	1.8
1969	5277	518.9	2738	7916	69.2	5476	1.6	1.5
10 年小计	**55523**	**576.5**	**32008**	**83285**	**76.9**	**64016**	**17.3**	**17.9**
占合计%	**17.3**		**17.9**					
1970	5170	523.6	2707	7755	69.8	5414	1.6	1.5
1971	5350	532.7	2850	8025	71.0	5700	1.7	1.6
1972	6047	600.1	3629	9071	80.0	7258	1.9	2.0
1973	5604	611.3	3426	8406	81.5	6852	1.7	1.9
1974	6057	551.8	3342	9086	73.6	6684	1.9	1.9
1975	4194	552.9	2319	6291	73.7	4638	1.3	1.3
1976	4980	565.5	2816	7470	75.4	5632	1.6	1.6
1977	6229	624.3	3889	9344	83.2	7778	1.9	2.2
1978	5851	529.5	3098	8777	70.6	6196	1.8	1.7
1979	6041	650.9	3932	9062	86.8	7864	1.9	2.2
10 年小计	**47041**	**664.6**	**31263**	**70562**	**88.6**	**62526**	**14.6**	**17.5**
占合计%	**14.6**		**17.5**					
1980	6013	499.6	3004	9020	66.6	6008	1.9	1.7
1981	6249	640.1	4000	9374	85.3	8000	1.9	2.2
1982	4372	676.6	2958	6558	90.2	5916	1.4	1.7
1983	3460	609.2	2108	5190	81.2	4216	1.1	1.2
1984	4759	696.2	3313	7139	92.8	6626	1.5	1.9
1985	4582	722.6	3311	6873	96.3	6622	1.4	1.9
1986	3762	632.1	2378	5643	84.3	4756	1.2	1.3
1987	4412	800.3	3531	6618	106.7	7062	1.4	2.0
1988	5256	713.3	3749	7884	95.1	7498	1.6	2.1
1989	4176	697.1	2911	6264	92.9	5822	1.3	1.6
11 年小计	**59565**	**724.5**	**43156**	**89348**	**96.6**	**86312**	**18.5**	**24.2**
占合计%	**18.5**		**24.2**					
1990	5068	720.4	3651	7602	96.1	7302	1.6	2.0
1991	5596	735.3	4115	8394	98.0	8230	1.7	2.3
1992	4622	783.0	3619	6933	104.4	7238	1.4	2.0
1993	5245	678.7	3560	7868	90.5	7120	1.6	2.0
1994	5591	790.9	4422	8387	105.5	8844	1.7	2.5
1995	6778	609.8	4133	10167	81.3	8266	2.1	2.3
1996	5530	795.8	4401	8295	106.1	8802	1.7	2.5
1997	5577	774.3	4318	8366	103.2	8636	1.7	2.4
1998	4582	716.7	3284	6873	95.6	6568	1.4	1.8
1999	5588	688.6	3848	8382	91.8	7696	1.7	2.2
2000	5388	706.2	3805	8082	94.2	7610	1.7	2.1

7－2－3 萨尔瓦多历年棉花生产

年 度	国际单位			国内单位			占合计（%）	
	面积（千公顷）	单产（公斤/公顷）	产量（千吨）	面积（万亩）	亩产（市斤/亩）	产量（万担）	面积	产量
52 年合计	**2378**	**759.5**	**1806**	**3567**	**101.3**	**3612**	**100.0**	**100.0**
11 年小计	**362**	**654.7**	**237**	**543**	**87.3**	**474**	**15.2**	**13.1**
占合计%	**15.2**		**13.1**					
1949	17	411.8	7	26	54.9	14	0.7	0.4
1950	19	315.8	6	29	42.1	12	0.8	0.3
1951	30	333.3	10	45	44.4	20	1.3	0.6
1952	28	392.9	11	42	52.4	22	1.2	0.6
1953	21	619.0	13	32	82.5	26	0.9	0.7
1954	30	666.7	20	45	88.9	40	2.6	1.1
1955	46	673.9	31	69	89.9	62	1.9	1.7
1956	38	842.1	32	57	112.3	64	1.6	1.8
1957	40	900.0	36	60	120.0	72	1.7	2.0
1958	54	740.7	40	81	98.8	80	2.3	2.2
1959	39	794.9	31	59	106.0	62	1.6	1.7
10 年小计	**781**	**732.4**	**572**	**1172**	**97.7**	**1144**	**32.8**	**31.7**
占合计%	**32.8**		**31.7**					
1960	43	953.5	41	65	127.1	82	1.8	2.3
1961	77	792.2	61	116	105.6	122	3.2	3.4
1962	94	766.0	72	141	102.1	144	4.0	4.0
1963	114	657.9	75	171	87.7	150	4.8	4.2
1964	111	810.8	90	167	108.1	180	4.7	5.0
1965	100	700.0	70	150	93.3	140	4.2	3.9
1966	71	549.3	39	107	73.2	78	3.0	2.2
1967	53	660.4	35	80	88.1	70	2.2	1.9
1968	59	728.8	43	89	97.2	86	2.5	2.4
1969	59	779.7	46	89	104.0	92	2.5	2.6
10 年小计	**813**	**830.3**	**675**	**1220**	**110.7**	**1350**	**34.2**	**37.4**
占合计%	**34.2**		**37.4**					
1970	56	821.4	46	84	109.5	92	2.4	2.6
1971	62	887.1	55	93	118.3	110	2.6	3.1
1972	73	931.5	68	110	124.2	136	3.1	3.8
1973	85	835.3	71	128	111.4	142	3.6	3.9
1974	95	789.5	75	143	105.3	150	4.0	4.2
1975	88	886.4	78	132	118.2	156	3.7	4.3
1976	74	878.4	65	111	117.1	130	3.1	3.6
1977	79	835.4	66	119	111.4	132	3.3	3.7
1978	99	798.0	79	149	106.4	158	4.2	4.4
1979	102	705.9	72	153	94.1	144	4.3	4.0
10 年小计	**385**	**761.0**	**295**	**578**	**101.5**	**590**	**16.2**	**16.3**
占合计%	**16.2**		**16.3**					
1980	85	764.7	65	128	102.0	130	3.6	3.6
1981	58	741.4	43	87	98.9	86	2.4	2.4
1982	53	754.7	40	80	100.6	80	2.2	2.2
1983	49	836.7	41	74	111.6	82	2.1	2.3
1984	37	810.8	30	56	108.1	60	1.6	1.7
1985	37	837.8	31	56	111.7	62	1.6	1.7
1986	27	518.5	14	41	69.1	28	1.1	0.8
1987	13	923.1	12	20	123.1	24	0.6	0.7
1988	13	769.2	10	20	102.6	20	0.6	0.6
1989	13	538.5	9	20	71.8	18	0.6	0.4
11 年小计	**37**	**729.7**	**27**	**56**	**97.3**	**54**	**1.6**	**1.5**
占合计%	**1.6**		**1.5**					
1990	10	700.0	7	15	93.3	14	0.4	0.4
1991	6	833.3	5	9	111.1	10	0.3	0.3
1992	4	1000.0	4	6	133.3	8	0.2	0.2
1993	4	1000.0	4	6	133.3	8	0.2	0.2
1994	5	800.0	4	8	106.7	8	0.2	0.2
1995	2			3			0.1	
1996								
1997								
1998	2	500.0	1	3	66.7	2	0.1	0.1
1999	2	500.0	1	3	66.7	2	0.1	0.1
2000	2	500.0	1	3	66.7	2	0.1	0.1

7－2－4 危地马拉历年棉花生产

年 度	国际单位			国内单位			占合计（%）	
	面 积（千公顷）	单 产（公斤/公顷）	产 量（千吨）	面 积（万亩）	亩 产（市斤/亩）	产 量（万担）	面 积	产 量
52 年合计	**2719**	**942.3**	**2562**	**4079**	**125.6**	**5124**	**100.0**	**100.0**
11 年小计	**147**	**591.8**	**87**	**221**	**78.9**	**174**	**5.4**	**3.4**
占合计%	**5.4**		**3.4**					
1949	3	333.3	1	5	44.4	2	0.1	
1950	2	1000.0	2	3	133.3	4	0.1	0.1
1951	8	250.0	2	12	33.3	4	0.3	0.1
1952	9	333.3	3	14	44.4	6	0.3	0.1
1953	11	545.5	6	17	72.7	12	0.4	0.2
1954	16	500.0	8	24	66.7	16	0.6	0.3
1955	21	476.2	10	32	63.5	20	0.8	0.4
1956	13	769.2	10	20	102.6	20	0.5	0.4
1957	18	777.8	14	27	103.7	28	0.7	0.6
1958	28	571.4	16	42	76.2	32	1.0	0.6
1959	18	833.3	15	27	111.1	30	0.7	0.6
10 年小计	**785**	**760.5**	**597**	**1178**	**101.4**	**1194**	**28.9**	**23.3**
占合计%	**28.9**		**23.3**					
1960	26	807.7	21	39	107.7	42	1.0	0.8
1961	46	565.2	26	69	75.4	52	1.7	1.0
1962	72	736.1	53	108	98.1	106	2.7	2.1
1963	91	725.3	66	137	96.7	132	3.4	2.6
1964	100	720.0	72	150	96.0	144	3.7	2.8
1965	104	836.5	87	156	111.5	174	3.8	3.4
1966	83	771.1	64	125	102.8	128	3.1	2.5
1967	85	917.6	78	128	122.4	156	3.1	3.1
1968	95	778.9	74	143	103.9	148	3.5	2.9
1969	83	674.7	56	125	90.0	112	3.1	2.2
10 年小计	**989**	**1077.9**	**1066**	**1484**	**143.7**	**2132**	**36.4**	**41.6**
占合计%	**36.4**		**41.6**					
1970	74	756.8	56	111	100.9	112	2.7	2.2
1971	71	788.7	56	107	105.2	112	2.6	2.2
1972	89	910.1	81	134	121.3	162	3.3	3.2
1973	89	1044.9	93	134	139.3	186	3.3	3.6
1974	104	1115.4	116	156	148.7	232	3.8	4.5
1975	111	945.9	105	167	126.1	210	4.1	4.1
1976	84	1333.3	112	126	177.8	224	3.1	4.4
1977	122	1123.0	137	183	149.7	274	4.5	5.4
1978	123	1211.4	149	185	161.5	298	4.5	5.8
1979	122	1319.7	161	183	176.0	322	4.5	6.3
10 年小计	**650**	**1029.2**	**672**	**975**	**137.2**	**1338**	**23.9**	**26.2**
占合计%	**23.9**		**26.2**					
1980	123	1219.5	150	185	162.6	300	4.5	5.9
1981	100	1140.0	114	150	152.0	228	3.7	4.5
1982	66	1075.8	71	99	143.4	142	2.4	2.8
1983	56	982.1	55	84	131.0	110	2.1	2.2
1984	58	1017.2	59	87	135.6	118	2.1	2.3
1985	63	1079.4	68	95	143.9	136	2.3	2.7
1986	66	666.7	44	99	88.9	88	2.4	1.7
1987	31	903.2	28	47	120.4	56	1.1	1.1
1988	40	1050.0	42	60	140.0	84	1.5	1.6
1989	47	808.5	41	71	107.8	76	1.7	1.5
11 年小计	**148**	**945.9**	**140**	**222**	**126.1**	**280**	**5.4**	**5.5**
占合计%	**5.4**		**5.5**					
1990	39	1025.6	40	59	136.8	80	1.4	1.6
1991	36	1055.6	38	54	140.7	76	1.3	1.5
1992	22	1000.0	22	33	133.3	44	0.8	0.9
1993	14	857.1	12	21	114.3	24	0.5	0.5
1994	15	933.3	14	23	124.4	28	0.6	0.6
1995	9	222.2	2	14	29.6	4	0.3	0.1
1996	6	1000.0	6	9	133.3	12	0.2	0.2
1997	2	500.0	1	3	66.7	2	0.1	
1998	3	1000.0	3	5	133.3	6	0.1	0.1
1999	1	1000.0	1	2	133.3	2		
2000	1	1000.0	1	2	133.3	2		

7-2-5 墨西哥历年棉花生产

年　度	国际单位			国内单位			占合计（%）	
	面　积（千公顷）	单　产（公斤/公顷）	产　量（千吨）	面　积（万亩）	亩　产（市斤/亩）	产　量（万担）	面　积	产　量
52年合计	**25420**	**646.0**	**16434**	**38130**	**86.2**	**32868**	**100.0**	**100.0**
11年小计	**9300**	**422.9**	**3933**	**13950**	**56.4**	**7866**	**36.6**	**23.9**
占合计%	**36.6**		**23.9**					
1949	549	378.9	208	824	50.5	416	2.2	1.3
1950	759	341.2	259	1139	45.5	518	3.0	1.6
1951	903	330.0	298	1355	44.0	596	3.6	1.8
1952	784	338.0	265	1176	45.1	530	3.1	1.6
1953	753	363.9	274	1130	48.5	548	3.0	1.7
1954	922	423.0	390	1383	56.4	780	3.6	2.4
1955	1059	463.6	491	1589	61.8	982	4.2	3.0
1956	873	470.8	411	1310	62.8	822	3.5	2.5
1957	916	503.3	461	1374	67.1	922	3.6	2.8
1958	1028	494.2	508	1542	65.9	1016	4.1	3.1
1959	754	488.1	368	1131	65.1	736	3.0	2.2
10年小计	**7630**	**641.4**	**4894**	**11445**	**85.5**	**9788**	**30.0**	**29.8**
占合计%	**30.0**		**29.8**					
1960	899	508.3	457	1349	67.8	914	3.6	2.8
1961	794	550.4	437	1191	73.4	874	3.1	2.7
1962	787	599.7	472	1181	80.0	944	3.1	2.9
1963	847	613.9	520	1271	81.9	1040	3.4	3.2
1964	809	679.9	550	1214	90.6	1100	3.2	3.3
1965	793	727.6	577	1190	97.0	1154	3.1	3.5
1966	765	702.0	537	1148	93.6	1074	3.0	3.3
1967	689	629.9	434	1034	84.0	868	2.7	2.6
1968	723	734.4	531	1085	97.9	1062	2.9	3.2
1969	524	723.3	379	786	96.4	758	2.1	2.3
10年小计	**3995**	**868.1**	**3468**	**5993**	**115.7**	**6936**	**15.7**	**21.1**
占合计%	**15.7**		**21.1**					
1970	403	774.2	312	605	103.2	624	1.6	1.9
1971	459	810.5	372	689	108.1	744	1.8	2.3
1972	500	772.0	386	750	102.9	772	2.0	2.4
1973	421	772.0	325	632	102.9	650	1.7	2.0
1974	567	853.6	484	851	113.8	968	2.2	2.9
1975	235	838.3	197	353	111.8	394	0.9	1.2
1976	235	953.2	224	353	127.1	448	0.9	1.4
1977	420	995.2	418	630	132.7	836	1.7	2.5
1978	350	1045.7	366	525	139.4	732	1.4	2.2
1979	405	948.1	384	608	126.4	768	1.6	2.3
10年小计	**2525**	**956.4**	**2403**	**3788**	**127.5**	**4806**	**9.9**	**14.6**
占合计%	**9.9**		**14.6**					
1980	372	884.4	329	558	117.9	658	1.5	2.0
1981	355	969.0	344	533	129.2	688	1.4	2.1
1982	186	892.5	166	279	119.0	332	0.7	1.0
1983	232	987.1	229	348	131.6	458	0.92	1.4
1984	316	949.4	300	474	126.6	600	1.3	1.8
1985	198	1055.6	209	297	140.7	418	0.8	1.3
1986	157	917.2	144	236	122.3	288	0.6	0.9
1987	222	991.0	220	333	132.1	440	0.9	1.3
1988	298	1006.7	300	447	134.2	600	1.2	1.8
1989	189	920.6	162	284	122.8	348	0.8	1.1
11年小计	**1970**	**881.2**	**1736**	**2955**	**117.5**	**3472**	**7.7**	**10.6**
占合计%	**7.7**		**10.6**					
1990	220	913.6	201	330	121.8	402	0.9	1.2
1991	249	811.2	202	374	108.2	404	1.0	1.2
1992	46	717.4	33	69	95.7	66	0.2	0.2
1993	40	675.0	27	60	90.0	54	0.2	0.2
1994	169	704.1	119	254	93.9	238	0.7	0.7
1995	275	796.4	219	413	106.2	438	1.1.	1.3
1996	307	873.0	268	461	116.4	536	1.2	1.6
1997	197	1121.8	221	296	149.6	442	0.8	1.3
1998	245	1008.2	247	368	134.4	494	1.0	1.50
1999	145	1020.7	148	218	136.1	296	0.6	0.9
2000	77	662.3	51	116	88.3	102	0.3	0.3

7-2-6 尼加拉瓜历年棉花生产

年　度	国际单位			国内单位			占合计（%）	
	面　积（千公顷）	单　产（公斤/公顷）	产　量（千吨）	面　积（万亩）	亩　产（市斤/亩）	产　量（万担）	面　积	产　量
52年合计	**4195**	**689.4**	**2892**	**6293**	**91.9**	**5784**	**100.0**	**100.0**
11年小计	**564**	**524.8**	**296**	**846**	**70.0**	**592**	**13.4**	**10.2**
占合计%	**13.4**		**10.2**					
1949	15	266.7	4	23	35.6	8	0.4	0.1
1950	17	294.1	5	26	39.2	10	0.4	0.2
1951	28	321.4	9	42	42.9	18	0.7	0.3
1952	30	400.0	12	45	53.3	24	0.7	0.4
1953	42	452.4	19	63	60.3	38	1.0	0.7
1954	86	546.5	47	129	72.9	94	2.1	1.6
1955	87	402.3	35	131	53.6	70	2.1	1.2
1956	70	600.0	42	105	80.0	84	1.7	1.5
1957	61	786.9	48	92	104.9	96	1.5	1.7
1958	79	594.9	47	119	79.3	94	1.9	1.6
1959	49	571.4	28	74	76.2	56	1.2	1.0
10年小计	**1175**	**742.1**	**872**	**1763**	**99.0**	**1744**	**28.0**	**30.2**
占合计%	**28.0**		**30.2**					
1960	61	541.0	33	92	72.1	66	1.5	1.1
1961	78	730.8	57	117	97.4	114	1.9	2.0
1962	95	778.9	74	143	103.9	148	2.3	2.6
1963	119	789.9	94	179	105.3	188	2.8	3.3
1964	135	925.9	125	203	123.5	250	3.2	4.3
1965	147	755.1	111	221	100.7	222	3.5	3.8
1966	152	750.0	114	228	100.0	228	3.6	4.0
1967	147	693.9	102	221	92.5	204	3.5	3.5
1968	132	704.5	93	198	93.9	186	3.2	3.2
1969	109	633.0	69	164	84.4	138	2.6	2.4
10年小计	**1539**	**699.2**	**1076**	**2309**	**93.2**	**2152**	**36.7**	**37.2**
占合计%	**36.7**		**37.2**					
1970	103	650.5	67	155	86.7	134	2.5	2.3
1971	95	831.6	79	143	110.9	158	2.3	2.7
1972	109	945.0	103	164	126.0	206	2.6	3.6
1973	143	734.3	105	215	97.9	210	3.4	3.6
1974	182	802.2	146	273	107.0	292	4.3	5.1
1975	179	687.2	123	269	91.6	246	4.3	4.3
1976	144	687.5	99	216	91.7	198	3.4	3.4
1977	198	596.0	118	297	79.5	236	4.7	4.1
1978	212	580.2	123	318	77.4	246	5.1	4.3
1979	174	649.4	113	261	86.6	226	4.2	3.9
10年小计	**778**	**703.1**	**551**	**1167**	**93.7**	**1102**	**18.6**	**19.1**
占合计%	**18.6**		**19.1**					
1980	45	466.7	21	68	62.2	42	1.1	0.7
1981	94	808.5	76	141	107.8	152	2.2	2.6
1982	93	677.4	63	140	90.3	126	2.2	2.2
1983	116	689.7	80	174	92.0	160	2.8	2.8
1984	115	739.1	85	173	98.6	170	2.7	2.9
1985	115	600.0	69	173	80.0	138	2.7	2.4
1986	59	830.5	49	89	110.7	98	1.4	1.7
1987	60	816.7	49	90	108.9	98	1.4	1.7
1988	41	804.9	33	62	107.3	66	1.0	1.1
1989	40	550.0	26	60	73.3	44	1.0	0.8
11年小计	**139**	**697.8**	**97**	**209**	**93.0**	**194**	**3.3**	**3.4**
占合计%	**3.3**		**3.4**					
1990	35	657.1	23	53	87.6	46	0.8	0.8
1991	44	681.8	30	66	90.9	60	1.1	1.0
1992	36	722.2	26	54	96.3	52	0.9	0.9
1993	3	666.7	2	5	88.9	4	0.1	0.1
1994	1	1000.0	1	2	133.3	2		
1995	8	750.0	6	12	100.0	12	0.2	0.2
1996	4	500.0	2	6	66.7	4	0.1	0.1
1997	2	500.0	1	3	66.7	2	0.1	
1998	2	1000.0	2	3	133.3	4	0.1	0.1
1999	2	1000.0	2	3	133.3	4	0.1	0.1
2000	2	1000.0	2	3	133.3	4	0.1	0.1

7-2-7 美国历年棉花生产

年　度	国际单位			国内单位			占合计（%）	
	面积（千公顷）	单产（公斤/公顷）	产量（千吨）	面积（万亩）	亩产（市斤/亩）	产量（万担）	面积	产量
52年合计	**285727**	**540.8**	**154531**	**428591**	**72.1**	**309062**	**100.0**	**100.0**
11年小计	**86814**	**379.5**	**32948**	**130221**	**50.6**	**65896**	**30.4**	**21.3**
占合计%	**30.4**		**21.3**					
1949	11104	315.9	3508	16656	42.1	7016	3.9	2.3
1950	7221	300.7	2171	10832	40.1	4342	2.5	1.4
1951	10800	303.8	3281	16200	40.5	6562	3.8	2.1
1952	10489	312.9	3282	15734	41.7	6564	3.7	2.1
1953	9852	362.4	3570	14778	48.3	7140	3.5	2.3
1954	7790	381.3	2970	11685	50.8	5940	2.7	1.9
1955	6850	467.9	3205	10275	62.4	6410	2.4	2.1
1956	6319	458.6	2898	9479	61.1	5796	2.2	1.9
1957	5487	435.0	2387	8231	58.0	4774	1.9	1.5
1958	4795	522.6	2506	7193	69.7	5012	1.7	1.6
1959	6107	519.1	3170	9161	69.2	6340	2.1	2.1
10年小计	**51461**	**536.9**	**27629**	**77192**	**71.6**	**55258**	**18.0**	**17.9**
占合计%	**18.0**		**17.9**					
1960	6195	501.5	3107	9293	66.9	6214	2.2	2.0
1961	6327	492.7	3117	9491	65.7	6234	2.2	2.0
1962	6301	513.7	3237	9452	68.5	6474	2.2	2.1
1963	5751	580.6	3339	8627	77.4	6678	2.0	2.2
1964	5688	581.0	3305	8532	77.5	6610	2.0	2.1
1965	5510	590.9	3256	8265	78.8	6512	1.9	2.1
1966	3866	539.3	2085	5799	71.9	4170	1.4	1.4
1967	3236	501.9	1624	4854	66.9	3248	1.1	1.1
1968	4112	579.8	2384	6168	77.3	4768	1.4	1.5
1969	4475	486.0	2175	6713	64.8	4350	1.6	1.4
10年小计	**47898**	**534.8**	**25615**	**71847**	**71.3**	**51230**	**16.8**	**16.6**
占合计%	**16.8**		**16.6**					
1970	4514	491.6	2219	6771	65.5	4438	1.6	1.4
1971	4642	491.4	2281	6963	65.5	4562	1.6	1.5
1972	5254	567.9	2984	7881	75.7	5968	1.8	1.9
1973	4844	583.2	2825	7266	77.8	5650	1.7	1.8
1974	5086	494.1	2513	7629	65.9	5026	1.8	1.6
1975	3560	507.6	1807	5340	67.7	3614	1.3	1.2
1976	4416	521.7	2304	6624	69.6	4608	1.6	1.5
1977	5372	583.2	3133	8058	77.8	6266	1.9	2.0
1978	5018	471.1	2364	7527	62.8	4728	1.8	1.5
1979	5192	613.4	3185	7788	81.8	6370	1.8	2.1
10年小计	**42383**	**642.2**	**27219**	**63575**	**85.6**	**54438**	**14.8**	**17.6**
占合计%	**14.8**		**17.6**					
1980	5348	452.9	2422	8022	60.4	4844	1.9	1.6
1981	5601	608.1	3406	8402	81.1	6812	2.0	2.2
1982	3939	661.3	2605	5909	88.2	5210	1.4	1.7
1983	2973	569.1	1692	4460	75.9	3384	1.0	1.1
1984	4200	673.1	2827	6300	89.7	5654	1.5	1.8
1985	4140	706.3	2924	6210	94.2	5848	1.5	1.9
1986	3427	618.3	2119	5141	82.4	4238	1.2	1.4
1987	4059	791.8	3214	6089	105.6	6428	1.4	2.1
1988	4835	693.9	3355	7253	92.5	6710	1.7	2.2
1989	3861	689.7	2655	5792	92.0	5326	1.4	1.7
11年小计	**57171**	**719.2**	**41120**	**85757**	**95.9**	**82240**	**20.0**	**26.6**
占合计%	**20.0**		**26.6**					
1990	4747	711.0	3375	7121	94.8	6750	1.7	2.2
1991	5245	731.2	3835	7868	97.5	7670	1.8	2.5
1992	4502	784.3	3531	6753	104.6	7062	1.6	2.3
1993	5173	678.9	3512	7760	90.5	7024	1.8	2.3
1994	5391	794.1	4281	8087	105.9	8562	1.9	2.8
1995	6478	601.6	3897	9717	80.2	7794	2.3	2.5
1996	5208	791.9	4124	7812	105.6	8248	1.8	2.7
1997	5370	762.0	4092	8055	101.6	8184	1.9	2.7
1998	4324	700.7	3030	6486	93.4	6060	1.5	2.0
1999	5433	679.9	3694	8150	90.7	7388	1.9	2.4
2000	5300	707.4	3749	7950	94.3	7498	1.9	2.4

7-2-8 南美洲历年棉花生产

年度	国际单位			国内单位			占合计(%)	
	面积(千公顷)	单产(公斤/公顷)	产量(千吨)	面积(万亩)	亩产(市斤/亩)	产量(万担)	面积	产量
52年合计	**181423**	**277.1**	**50279**	**272135**	**37.0**	**100558**	**100.0**	**100.0**
11年小计	**39050**	**189.5**	**7400**	**58575**	**25.3**	**14800**	**21.5**	**14.7**
占合计%	**21.5**		**14.7**					
1949	3230	195.0	630	4845	26.0	1260	1.8	1.3
1950	3450	176.8	610	5175	23.6	1220	1.9	1.2
1951	3360	184.5	620	5040	24.6	1240	1.9	1.2
1952	3900	194.9	760	5850	26.0	1520	2.2	1.5
1953	3500	182.9	640	5250	24.4	1280	1.9	1.3
1954	3410	196.5	670	5115	26.2	1340	1.9	1.3
1955	3520	198.9	700	5280	26.5	1400	1.9	1.4
1956	3590	183.8	660	5385	24.5	1320	2.0	1.3
1957	3820	188.5	720	5730	25.1	1440	2.1	1.4
1958	3660	177.6	650	5490	23.7	1300	2.0	1.3
1959	3610	205.0	740	5415	27.3	1480	2.0	1.5
10年小计	**39809**	**239.1**	**9517**	**59714**	**31.9**	**19034**	**21.9**	**18.9**
占合计%	**21.9**		**18.9**					
1960	3930	223.9	880	5895	29.9	1760	2.2	1.8
1961	4232	227.6	963	6348	30.3	1926	2.3	1.9
1962	4526	219.2	992	6789	29.2	1984	2.5	2.0
1963	4648	224.8	1045	6972	30.0	2090	2.6	2.1
1964	4790	193.9	929	7185	25.9	1858	2.6	1.8
1965	5083	205.0	1042	7625	27.3	2084	2.8	2.1
1966	3168	282.2	894	4752	37.6	1788	1.8	1.8
1967	2828	267.7	757	4242	35.7	1514	1.6	1.5
1968	3025	305.5	924	4538	40.7	1848	1.7	1.8
1969	3579	304.8	1091	5369	40.6	2182	2.0	2.2
10年小计	**34391**	**288.4**	**9919**	**51587**	**38.5**	**19838**	**19.0**	**19.7**
占合计%	**19.0**		**19.7**					
1970	3851	278.6	1073	5777	37.2	2146	2.1	2.1
1971	3255	256.5	835	4883	34.2	1670	1.8	1.7
1972	3590	283.0	1016	5385	37.7	2032	2.0	2.0
1973	3508	305.6	1072	5262	40.7	2144	1.9	2.1
1974	3504	289.4	1014	5256	38.6	2028	1.9	2.0
1975	3380	285.8	966	5070	38.1	1932	1.9	1.9
1976	2931	277.4	813	4397	37.0	1626	1.6	1.6
1977	3478	306.8	1067	5217	40.9	2134	1.9	2.1
1978	3472	297.5	1033	5208	39.7	2066	1.9	2.1
1979	3422	301.0	1030	5133	40.1	2060	1.9	2.0
10年小计	**41792**	**281.6**	**11643**	**62688**	**37.1**	**23286**	**23.0**	**23.2**
占合计%	**23.0**		**23.2**					
1980	4968	204.1	1014	7452	27.2	2028	2.7	2.0
1981	4458	216.5	965	6687	28.9	1930	2.5	1.9
1982	4551	213.4	971	6827	28.4	1942	2.5	1.9
1983	3872	235.8	913	5808	31.4	1826	2.1	1.8
1984	4301	289.9	1247	6452	38.7	2494	2.4	2.5
1985	4985	300.7	1499	7478	40.1	2998	2.8	3.0
1986	4299	280.5	1206	6449	37.4	2412	2.4	2.4
1987	2954	326.0	963	4431	43.5	1926	1.6	1.9
1988	3898	403.0	1571	5847	53.7	3142	2.2	3.1
1989	3506	401.9	1294	5259	49.2	2588	1.9	2.8
11年小计	**26381**	**447.3**	**11800**	**39572**	**59.6**	**23600**	**14.5**	**23.5**
占合计%	**14.5**		**23.5**					
1990	3382	421.9	1427	5073	56.3	2854	1.9	2.8
1991	3341	456.5	1525	5012	60.9	3050	1.8	3.0
1992	3242	383.7	1244	4863	51.2	2488	1.8	2.5
1993	1849	455.4	842	2774	60.7	1684	1.0	1.7
1994	2286	442.7	1012	3429	59.0	2024	1.3	2.0
1995	2493	475.3	1185	3740	63.4	2370	1.4	2.4
1996	2469	445.5	1100	3704	59.4	2200	1.4	2.2
1997	1913	395.7	757	2870	52.8	1514	1.1	1.5
1998	2128	414.9	883	3192	55.3	1766	1.2	1.8
1999	1691	502.1	849	2537	66.9	1698	0.9	1.7
2000	1587	615.0	976	2381	82.0	1952	0.9	1.9

7－2－9 阿根廷历年棉花生产

年 度	国际单位			国内单位			占合计（%）	
	面 积（千公顷）	单 产（公斤/公顷）	产 量（千吨）	面 积（万亩）	亩 产（市斤/亩）	产 量（万担）	面 积	产 量
52年合计	**26216**	**321.2**	**8421**	**39324**	**42.8**	**16842**	**100.0**	**100.0**
11年小计	**5829**	**231.6**	**1350**	**8744**	**30.9**	**2700**	**22.2**	**16.0**
占合计%	**22.2**		**16.0**					
1949	458	283.8	130	687	37.8	260	1.8	1.5
1950	461	238.6	110	692	31.8	220	1.8	1.3
1951	555	270.3	150	833	36.0	300	2.1	1.8
1952	533	230.8	123	800	30.8	246	2.0	1.5
1953	550	243.6	134	825	32.5	268	2.1	1.6
1954	540	211.1	114	810	28.1	228	2.1	1.4
1955	533	228.9	122	800	30.5	244	2.0	1.5
1956	545	192.7	105	818	25.7	210	2.1	1.3
1957	641	266.8	171	962	35.6	342	2.5	2.0
1958	496	201.6	100	744	26.9	200	1.9	1.2
1959	517	176.0	91	776	23.5	182	2.0	1.1
10年小计	**4567**	**243.7**	**1113**	**6851**	**32.5**	**2226**	**17.4**	**13.2**
占合计%	**17.4**		**13.2**					
1960	499	248.5	124	749	33.1	248	1.9	1.5
1961	499	248.5	124	749	33.1	248	1.9	1.5
1962	537	201.1	108	806	26.8	216	2.1	1.3
1963	519	256.3	133	779	34.2	266	2.0	1.6
1964	520	190.4	99	780	25.4	198	2.0	1.2
1965	534	258.4	138	801	34.5	276	2.0	1.6
1966	441	263.0	116	662	35.1	232	1.7	1.4
1967	330	263.6	87	495	35.2	174	1.3	1.0
1968	282	255.3	72	423	34.0	144	1.1	0.9
1969	406	275.9	112	609	36.8	224	1.6	1.3
10年小计	**4861**	**293.4**	**1426**	**7292**	**39.1**	**2852**	**18.5**	**16.9**
占合计%	**18.5**		**16.9**					
1970	452	320.8	145	678	42.8	290	1.7	1.7
1971	367	228.9	84	551	30.5	168	1.4	1.00
1972	398	218.6	87	597	29.1	174	1.5	1.03
1973	457	273.5	125	686	36.5	250	1.7	1.5
1974	474	267.9	127	711	35.7	254	1.8	1.5
1975	505	338.6	171	758	45.1	342	1.9	2.0
1976	414	321.3	133	621	42.8	266	1.6	1.6
1977	518	308.9	160	777	41.2	320	2.0	1.9
1978	607	362.4	220	911	48.3	440	2.3	2.6
1979	669	260.1	174	1004	34.7	348	2.6	2.1
10年小计	**4103**	**375.3**	**1540**	**6155**	**50.0**	**3080**	**15.7**	**18.3**
占合计%	**15.7**		**18.3**					
1980	568	251.8	143	852	33.6	286	2.2	1.7
1981	282	301.4	85	423	40.2	170	1.1	1.0
1982	399	383.5	153	599	51.1	306	1.5	1.8
1983	343	323.6	111	515	43.1	222	1.3	1.3
1984	470	383.0	180	705	51.1	360	1.8	2.1
1985	447	382.6	171	671	51.0	342	1.7	2.0
1986	339	354.0	120	509	47.2	240	1.3	1.4
1987	273	366.3	100	410	48.8	200	1.0	1.2
1988	492	573.2	282	738	76.4	564	1.9	3.4
1989	490	398.0	195	735	53.1	390	1.9	2.3
11年小计	**6856**	**436.4**	**2992**	**10284**	**58.2**	**5984**	**26.2**	**35.5**
占合计%	**26.2**		**35.5**					
1990	529	570.9	302	794	76.1	604	2.0	3.6
1991	634	511.0	324	951	68.1	648	2.4	3.9
1992	520	486.5	253	780	64.9	506	2.0	3.0
1993	302	500.0	151	453	66.7	302	1.2	1.8
1994	484	475.2	230	726	63.4	460	1.9	2.7
1995	680	539.7	367	1020	72.0	734	2.6	4.4
1996	969	445.8	432	1454	59.4	864	3.7	5.1
1997	888	337.8	300	1332	45.0	600	3.4	3.6
1998	878	359.9	316	1317	48.0	632	3.4	3.8
1999	640	306.3	196	960	40.8	392	2.4	2.3
2000	332	364.5	121	498	48.6	242	1.3	1.4

7-2-10　巴西历年棉花生产

年　度	国际单位			国内单位			占合计（%）	
	面　积（千公顷）	单　产（公斤/公顷）	产　量（千吨）	面　积（万亩）	亩　产（市斤/亩）	产　量（万担）	面　积	产　量
52年合计	**125381**	**225.4**	**28256**	**188072**	**30.0**	**56512**	**100.0**	**100.0**
11年小计	**29140**	**153.7**	**4478**	**43710**	**20.5**	**8956**	**23.2**	**15.9**
占合计%	**23.2**		**15.9**					
1949	2497	158.6	396	3746	21.1	792	2.0	1.4
1950	2689	146.2	393	4034	19.5	786	2.1	1.4
1951	2487	140.3	349	3731	18.7	698	2.0	1.2
1952	3035	169.7	515	4553	22.6	1030	2.4	1.8
1953	2587	145.0	375	3881	19.3	750	2.1	1.3
1954	2497	158.2	395	3746	21.1	790	2.0	1.4
1955	2617	163.5	428	3926	21.8	856	2.1	1.5
1956	2663	150.2	400	3995	20.0	800	2.1	1.4
1957	2771	143.3	397	4157	19.1	794	2.2	1.4
1958	2707	140.7	381	4061	18.8	762	2.2	1.4
1959	2590	173.4	449	3885	23.1	898	2.1	1.6
10年小计	**30091**	**198.9**	**5985**	**45137**	**26.5**	**11970**	**24.0**	**21.2**
占合计%	**24.0**		**21.2**					
1960	2930	182.9	536	4395	24.4	1072	2.3	1.9
1961	3234	188.3	609	4851	25.1	1218	2.6	2.2
1962	3458	183.3	634	5187	24.4	1268	2.8	2.2
1963	3554	183.5	652	5331	24.5	1304	2.8	2.3
1964	3765	156.7	590	5648	20.9	1180	3.0	2.1
1965	4004	165.3	662	6006	22.0	1324	3.2	2.3
1966	2226	243.5	542	3339	32.5	1084	1.8	1.9
1967	2023	219.5	444	3035	29.3	888	1.6	1.6
1968	2266	263.0	596	3399	35.1	1192	1.8	2.1
1969	2631	273.7	720	3947	36.5	1440	2.1	2.6
10年小计	**22986**	**241.0**	**5540**	**34479**	**32.1**	**11080**	**18.3**	**19.6**
占合计%	**18.3**		**19.6**					
1970	2873	234.2	673	4310	31.2	1346	2.3	2.4
1971	2428	205.5	499	3642	27.4	998	1.9	1.8
1972	2631	255.4	672	3947	34.1	1344	2.1	2.4
1973	2428	263.6	640	3642	35.1	1280	1.9	2.3
1974	2307	244.5	564	3461	32.6	1128	1.8	2.0
1975	2226	231.4	515	3339	30.8	1030	1.8	1.8
1976	1902	208.2	396	2853	27.8	792	1.5	1.4
1977	2145	258.7	555	3218	34.5	1110	1.7	2.0
1978	2023	235.8	477	3035	31.4	954	1.61	1.7
1979	2023	271.4	549	3035	36.2	1098	1.6	1.9
10年小计	**30274**	**221.7**	**6713**	**45411**	**29.6**	**13426**	**24.2**	**23.8**
占合计%	**24.2**		**23.8**					
1980	3699	149.5	553	5549	19.9	1106	3.0	2.0
1981	3511	162.6	571	5267	21.7	1142	2.8	2.0
1982	3644	175.4	639	5466	23.4	1278	2.9	2.3
1983	2926	188.7	552	4389	25.2	1104	2.3	2.0
1984	3114	232.2	723	4671	31.0	1446	2.5	2.6
1985	3582	258.5	926	5373	34.5	1852	2.9	3.3
1986	3160	232.6	735	4740	31.0	1470	2.5	2.6
1987	1968	280.5	552	2952	37.4	1104	1.6	2.0
1988	2558	327.2	837	3837	43.6	1674	2.0	3.0
1989	2112	295.9	625	3168	39.5	1250	1.7	2.2
11年小计	**12890**	**429.8**	**5540**	**19335**	**57.3**	**11080**	**10.3**	**19.6**
占合计%	**10.3**		**19.6**					
1990	1904	346.6	660	2856	46.2	1320	1.5	2.3
1991	1830	368.9	675	2745	49.2	1350	1.5	2.4
1992	1877	346.8	651	2816	46.2	1302	1.5	2.3
1993	1060	382.1	405	1590	50.9	810	0.9	1.4
1994	1181	424.2	501	1772	56.6	1002	0.9	1.8
1995	1191	428.2	510	1787	57.1	1020	1.0	1.8
1996	856	420.6	360	1284	56.1	720	0.7	1.3
1997	662	441.1	292	993	58.8	584	0.5	1.0
1998	833	464.6	387	1250	61.9	774	0.7	1.4
1999	672	694.9	467	1008	92.7	934	0.5	1.7
2000	824	767.0	632	1236	102.3	1264	0.7	2.2

7－2－11 哥伦比亚历年国棉花生产

年 度	国 际 单 位			国 内 单 位			占 合 计 （%）	
	面 积（千公顷）	单 产（公斤/公顷）	产 量（千吨）	面 积（万亩）	亩 产（市斤/亩）	产 量（万担）	面 积	产 量
52 年合计	**8344**	**510.5**	**4260**	**12516**	**68.1**	**8520**	**100.0**	**100.0**
11 年小计	**785**	**323.6**	**254**	**1178**	**43.1**	**508**	**9.4**	**6.0**
占合计%	**9.4**		**6.0**					
1949	38	184.2	7	57	24.6	14	0.5	0.2
1950	42	190.5	8	63	25.4	16	0.5	0.2
1951	36	277.8	10	54	37.0	20	0.4	0.2
1952	60	183.3	11	90	24.4	22	0.7	0.3
1953	73	274.0	20	110	36.5	40	0.9	0.5
1954	84	297.6	25	126	39.7	50	1.0	0.6
1955	69	333.3	23	104	44.4	46	0.8	0.5
1956	67	358.2	24	101	47.8	48	0.8	0.6
1957	67	417.9	28	101	55.7	56	0.8	0.7
1958	95	347.4	33	143	46.3	66	1.1	0.8
1959	154	422.1	65	231	56.3	130	1.9	1.5
10 年小计	**1734**	**496.5**	**861**	**2601**	**66.2**	**1722**	**20.8**	**20.2**
占合计%	**20.8**		**20.2**					
1960	149	449.7	67	224	60.0	134	1.8	1.6
1961	149	469.8	70	224	62.6	140	1.8	1.6
1962	166	469.9	78	249	62.7	156	2.0	1.8
1963	185	443.2	82	278	59.1	164	2.2	1.9
1964	140	492.9	69	210	65.7	138	1.7	1.6
1965	165	393.9	65	248	52.5	130	2.0	1.5
1966	165	533.3	88	248	71.1	176	2.0	2.1
1967	175	554.3	97	263	73.9	194	2.1	2.3
1968	204	588.2	120	306	78.4	240	2.4	2.8
1969	236	529.7	125	354	70.6	250	2.8	2.9
10 年小计	**2744**	**470.5**	**1291**	**4116**	**62.7**	**2582**	**32.9**	**30.3**
占合计%	**32.9**		**30.3**					
1970	267	479.4	128	401	63.9	256	3.2	3.0
1971	214	602.8	129	321	80.4	258	2.6	3.0
1972	270	503.7	136	405	67.2	272	3.2	3.2
1973	250	460.0	115	375	61.3	230	3.0	2.7
1974	314	484.1	152	471	64.5	304	3.8	3.6
1975	251	482.1	121	377	64.3	242	3.0	2.8
1976	286	496.5	142	429	66.2	284	3.4	3.3
1977	377	429.7	162	566	57.3	324	4.5	3.8
1978	328	338.4	111	492	45.1	222	3.9	2.6
1979	187	508.0	95	281	67.7	190	2.2	2.2
10 年小计	**1794**	**578.0**	**1037**	**2691**	**77.1**	**2074**	**21.5**	**24.3**
占合计%	**21.5**		**24.3**					
1980	217	534.6	116	326	71.3	232	2.6	2.7
1981	149	590.6	88	224	78.7	176	1.8	2.1
1982	56	589.3	33	84	78.6	66	0.7	0.8
1983	119	647.1	77	179	86.3	154	1.4	1.8
1984	223	565.0	126	335	75.3	252	2.7	3.0
1985	196	581.6	114	294	77.6	228	2.4	2.7
1986	190	626.3	119	285	83.5	238	2.3	2.8
1987	229	585.2	134	344	78.0	268	2.7	3.2
1988	215	581.4	125	323	77.5	250	2.6	2.9
1989	200	525.0	105	300	70.0	210	2.4	2.5
11 年小计	**1287**	**634.8**	**817**	**1931**	**84.6**	**1634**	**15.4**	**19.2**
占合计%	**15.4**		**19.2**					
1990	201	592.0	119	302	78.9	238	2.4	2.8
1991	248	637.1	158	372	84.9	316	3.0	3.7
1992	210	557.1	117	315	74.3	234	2.5	2.8
1993	114	631.6	72	171	84.2	144	1.4	1.7
1994	72	777.8	56	108	103.7	112	0.9	1.3
1995	82	670.7	55	123	89.4	110	1.0	1.3
1996	104	682.7	71	156	91.0	142	1.3	1.7
1997	61	590.2	36	92	78.7	72	0.7	0.9
1998	48	750.0	36	72	100.0	72	0.6	0.9
1999	52	769.2	40	78	102.6	80	0.6	0.9
2000	95	600.0	57	143	80.0	114	1.1	1.3

7－2－12　巴拉圭历年棉花生产

年　度	国际单位			国内单位			占合计（%）	
	面积（千公顷）	单产（公斤/公顷）	产量（千吨）	面积（万亩）	亩产（市斤/亩）	产量（万担）	面积	产量
52 年合计	**9372**	**349.4**	**3275**	**14058**	**46.6**	**6550**	**100.0**	**100.0**
11 年小计	**652**	**197.9**	**129**	**978**	**26.4**	**258**	**7.0**	**3.9**
占合计%	**7.0**		**3.9**					
1949	65	215.4	14	98	28.7	28	0.7	0.4
1950	62	177.4	11	93	23.7	22	0.7	0.3
1951	74	189.2	14	111	25.2	28	0.8	0.4
1952	53	226.4	12	80	30.2	24	0.6	0.4
1953	60	216.7	13	90	28.9	26	0.6	0.4
1954	50	260.0	13	75	34.7	26	0.5	0.4
1955	48	250.0	12	72	33.3	24	0.5	0.4
1956	49	224.5	11	74	29.9	22	0.5	0.3
1957	58	189.7	11	87	25.3	22	0.6	0.3
1958	66	136.4	9	99	18.2	18	0.7	0.3
1959	67	134.3	9	101	17.9	18	0.7	0.3
10 年小计	**485**	**222.7**	**108**	**728**	**29.7**	**216**	**5.2**	**3.3**
占合计%	**5.2**		**3.3**					
1960	35	228.6	8	53	30.5	16	0.4	0.2
1961	35	257.1	9	53	34.3	18	0.4	0.3
1962	50	220.0	11	75	29.3	22	0.5	0.3
1963	63	206.3	13	95	27.5	26	0.7	0.4
1964	49	244.9	12	74	32.7	24	0.5	0.4
1965	55	254.5	14	83	33.9	28	0.6	0.4
1966	63	142.9	9	95	19.0	18	0.7	0.3
1967	38	236.8	9	57	31.6	18	0.4	0.3
1968	37	270.3	10	56	36.0	20	0.4	0.3
1969	60	216.7	13	90	28.9	26	0.6	0.4
10 年小计	**1331**	**296.0**	**394**	**1997**	**39.5**	**788**	**14.2**	**12.0**
占合计%	**14.2**		**12.0**					
1970	46	282.6	13	69	37.7	26	0.5	0.4
1971	33	242.4	8	50	32.3	16	0.4	0.2
1972	51	294.1	15	77	39.2	30	0.5	0.5
1973	77	389.6	30	116	51.9	60	0.8	0.9
1974	101	237.6	24	152	31.7	48	1.1	0.7
1975	115	287.0	33	173	38.3	66	1.2	1.0
1976	110	309.1	34	165	41.2	68	1.2	1.0
1977	200	365.0	73	300	48.7	146	2.1	2.2
1978	285	319.3	91	428	42.6	182	3.0	2.8
1979	313	233.2	73	470	31.1	146	3.3	2.2
10 年小计	**3639**	**333.1**	**1212**	**5459**	**44.4**	**2424**	**38.8**	**37.0**
占合计%	**38.8**		**37.0**					
1980	260	288.5	75	390	38.5	150	2.8	2.3
1981	324	327.2	106	486	43.6	212	3.5	3.2
1982	325	280.0	91	488	37.3	182	3.5	2.8
1983	325	236.9	77	488	31.6	154	3.5	2.4
1984	355	295.8	105	533	39.4	210	3.8	3.2
1985	540	296.3	160	810	39.5	320	5.8	4.9
1986	385	259.7	100	578	34.6	200	4.1	3.1
1987	284	295.8	84	426	39.4	168	3.0	2.6
1988	403	481.4	194	605	64.2	388	4.3	5.9
1989	438	502.3	220	657	67.0	440	4.7	6.7
11 年小计	**3265**	**438.3**	**1431**	**4898**	**58.4**	**2862**	**34.8**	**43.7**
占合计%	**34.8**		**43.7**					
1990	509	432.2	220	764	57.6	440	5.4	6.7
1991	415	633.7	263	623	84.5	526	4.4	8.0
1992	437	327.2	143	656	43.6	286	4.7	4.4
1993	235	642.6	151	353	85.7	302	2.5	4.6
1994	381	359.6	137	572	47.9	274	4.1	4.2
1995	332	460.8	153	498	61.4	306	3.5	4.7
1996	307	355.0	109	461	47.3	218	3.3	3.3
1997	111	423.4	47	167	56.5	94	1.2	1.4
1998	202	361.4	73	303	48.2	146	2.2	2.2
1999	166	403.6	67	249	53.8	134	1.8	2.1
2000	170	400.0	68	255	53.3	136	1.8	2.1

7－2－13　秘鲁历年棉花生产

年　度	国际单位			国内单位			占合计（%）	
	面　积（千公顷）	单　产（公斤/公顷）	产　量（千吨）	面　积（万亩）	亩　产（市斤/亩）	产　量（万担）	面　积	产　量
52 年合计	**8081**	**574.7**	**4644**	**12122**	**76.6**	**9288**	**100.0**	**100.0**
11 年小计	**2202**	**506.4**	**1115**	**3303**	**67.5**	**2230**	**27.3**	**24.0**
占合计%	**27.3**		**24.0**					
1949	134	552.2	74	201	73.6	148	1.7	1.6
1950	160	525.0	84	240	70.0	168	1.98	1.8
1951	160	550.0	88	240	73.3	176	2.0	1.9
1952	190	505.3	96	285	67.4	192	2.4	2.1
1953	200	480.0	96	300	64.0	192	2.5	2.1
1954	209	545.5	114	314	72.7	228	2.6	2.5
1955	217	502.3	109	326	67.0	218	2.7	2.4
1956	227	502.2	114	341	67.0	228	2.8	2.5
1957	231	450.2	104	347	60.0	208	2.9	2.2
1958	238	487.4	116	357	65.0	232	3.0	2.5
1959	236	508.5	120	354	67.8	240	2.9	2.6
10 年小计	**2222**	**568.0**	**1262**	**3333**	**75.7**	**2524**	**27.5**	**27.2**
占合计%	**27.5**		**27.2**					
1960	252	527.8	133	378	70.4	266	3.1	2.9
1961	244	549.2	134	366	73.2	268	3.0	2.9
1962	253	588.9	149	380	78.5	298	3.1	3.2
1963	257	579.8	149	386	77.3	298	3.2	3.2
1964	246	565.0	139	369	75.3	278	3.0	3.0
1965	250	560.0	140	375	74.7	280	3.1	3.0
1966	204	593.1	121	306	79.1	242	2.5	2.6
1967	181	535.9	97	272	71.5	194	2.2	2.1
1968	166	632.5	105	249	84.3	210	2.1	2.3
1969	169	562.1	95	254	75.0	190	2.1	2.1
10 年小计	**1281**	**622.2**	**797**	**1922**	**83.0**	**1594**	**15.9**	**17.2**
占合计%	**15.9**		**17.2**					
1970	144	638.9	92	216	85.2	184	1.8	2.0
1971	136	632.4	86	204	84.3	172	1.7	1.9
1972	120	541.7	65	180	72.2	130	1.5	1.4
1973	152	585.5	89	228	78.1	178	1.9	1.9
1974	142	570.4	81	213	76.1	162	1.8	1.7
1975	113	531.0	60	170	70.8	120	1.4	1.3
1976	98	663.3	65	147	88.4	130	1.2	1.4
1977	118	610.2	72	177	81.4	144	1.5	1.6
1978	123	707.3	87	185	94.3	174	1.5	1.9
1979	135	740.7	100	203	98.8	200	1.7	2.2
10 年小计	**1277**	**647.6**	**827**	**1916**	**86.3**	**1654**	**15.8**	**17.8**
占合计%	**15.8**		**17.8**					
1980	149	604.0	90	224	80.5	180	1.8	1.9
1981	132	651.5	86	198	86.9	172	1.6	1.9
1982	87	413.8	36	131	55.2	72	1.1	0.8
1983	94	808.5	76	141	107.8	152	1.2	1.6
1984	99	949.5	94	149	126.6	188	1.2	2.0
1985	150	620.0	93	225	82.7	186	1.9	2.0
1986	142	626.8	89	213	83.6	178	1.8	1.9
1987	120	558.3	67	180	74.4	134	1.5	1.4
1988	133	699.2	93	200	93.2	186	1.7	2.0
1989	171	602.3	103	257	80.3	206	2.1	2.2
11 年小计	**1099**	**585.1**	**643**	**1649**	**78.0**	**1286**	**13.6**	**13.9**
占合计%	**13.6**		**13.9**					
1990	138	565.2	78	207	75.4	156	1.7	1.7
1991	118	500.0	59	177	66.7	118	1.5	1.3
1992	86	407.0	35	129	54.3	70	1.1	0.8
1993	65	476.9	31	98	63.6	62	0.8	0.7
1994	97	567.0	55	146	75.6	110	1.2	1.2
1995	124	596.8	74	186	79.6	148	1.5	1.6
1996	137	715.3	98	206	95.4	196	1.7	2.1
1997	91	604.4	55	137	80.6	110	1.1	1.2
1998	74	513.5	38	111	68.5	76	0.9	0.8
1999	79	658.2	52	119	87.8	104	1.0	1.1
2000	90	755.6	68	135	100.7	136	1.1	1.5

7-2-14 欧洲历年棉花生产

年 度	国际单位			国内单位			占合计(%)	
	面 积 (千公顷)	单 产 (公斤/公顷)	产 量 (千吨)	面 积 (万亩)	亩 产 (市斤/亩)	产 量 (万担)	面 积	产 量
52 年合计	**21038**	**575.7**	**12112**	**31557**	**76.8**	**24224**	**100.0**	**100.0**
11 年小计	**5140**	**217.9**	**1120**	**7710**	**29.1**	**2240**	**24.4**	**9.3**
占合计%	**24.4**		**9.3**					
1949	280	142.9	40	420	19.0	80	1.3	0.3
1950	280	178.6	50	420	23.8	100	1.3	0.4
1951	400	150.0	60	600	20.0	120	1.9	0.5
1952	400	200.0	80	600	26.7	160	1.9	0.7
1953	400	225.0	90	600	30.0	180	1.9	0.7
1954	480	229.2	110	720	30.6	220	2.3	0.9
1955	720	194.4	140	1080	25.9	280	3.4	1.2
1956	650	200.0	130	975	26.7	260	3.1	1.1
1957	520	250.0	130	780	33.3	260	2.5	1.1
1958	490	265.3	130	735	35.4	260	2.3	1.1
1959	520	307.7	160	780	41.0	320	2.5	1.3
10 年小计	**4889**	**406.4**	**1987**	**7334**	**54.2**	**3974**	**23.2**	**16.4**
占合计%	**23.2**		**16.4**					
1960	550	309.1	170	825	41.2	340	2.6	1.4
1961	651	331.8	216	977	44.2	432	3.1	1.8
1962	662	348.9	231	993	46.5	462	3.2	1.9
1963	598	377.9	226	897	50.4	452	2.8	1.9
1964	433	404.2	175	650	53.9	350	2.1	1.4
1965	424	415.1	176	636	55.3	352	2.0	1.5
1966	448	473.2	212	672	63.1	424	2.1	1.8
1967	372	516.1	192	558	68.8	384	1.8	1.6
1968	361	540.2	195	542	72.0	390	1.7	1.6
1969	390	497.4	194	585	66.3	388	1.9	1.6
10 年小计	**2981**	**632.0**	**1884**	**4472**	**84.3**	**3768**	**14.2**	**15.6**
占合计%	**14.2**		**15.6**					
1970	315	600.0	189	473	80.0	378	1.5	1.6
1971	295	633.9	187	443	84.5	374	1.4	1.5
1972	368	581.5	214	552	77.5	428	1.8	1.8
1973	319	627.0	200	479	83.6	400	1.5	1.7
1974	332	635.5	211	498	84.7	422	1.6	1.7
1975	266	740.6	197	399	98.7	394	1.3	1.6
1976	267	588.0	157	401	78.4	314	1.3	1.3
1977	313	603.8	189	470	80.5	378	1.5	1.6
1978	262	698.5	183	393	93.1	366	1.3	1.5
1979	244	643.4	157	366	85.8	314	1.2	1.3
10 年小计	**3001**	**824.7**	**2475**	**4502**	**110.0**	**4950**	**14.3**	**20.4**
占合计%	**14.3**		**20.4**					
1980	237	793.2	188	356	105.8	376	1.1	1.6
1981	238	895.0	213	357	119.3	426	1.1	1.8
1982	222	765.8	170	333	102.1	340	1.1	1.4
1983	251	745.0	187	377	99.3	374	1.2	1.5
1984	297	697.0	207	446	92.9	414	1.4	1.7
1985	308	814.9	251	462	108.7	502	1.5	2.1
1986	343	863.0	296	515	115.1	592	1.6	2.4
1987	312	865.4	270	468	115.4	540	1.5	2.2
1988	420	866.7	364	630	115.6	728	2.0	3.0
1989	373	882.0	329	560	117.6	658	1.8	2.7
11 年小计	**5027**	**924.2**	**4646**	**7541**	**123.2**	**9292**	**23.9**	**38.4**
占合计%	**23.9**		**38.4**					
1990	375	794.7	298	563	106.0	596	1.8	2.5
1991	337	908.0	306	506	121.1	612	1.6	2.5
1992	396	830.8	329	594	110.8	658	1.9	2.7
1993	381	952.8	363	572	127.0	726	1.8	3.0
1994	419	1040.6	436	629	138.7	872	2.0	3.6
1995	484	971.1	470	726	129.5	940	2.3	3.9
1996	511	823.9	421	767	109.8	842	2.4	3.5
1997	536	925.4	496	804	123.4	992	2.6	4.1
1998	533	925.0	493	800	123.3	986	2.5	4.1
1999	542	942.8	511	813	125.7	1022	2.6	4.2
2000	513	1019.5	523	770	135.9	1046	2.4	4.3

7-2-15　苏联历年棉花生产

年　度	国际单位			国内单位			占合计（%）	
	面积（千公顷）	单产（公斤/公顷）	产量（千吨）	面积（万亩）	亩产（市斤/亩）	产量（万担）	面积	产量
41 年合计	**110621**	**764.3**	**84549**	**165932**	**101.9**	**169098**	**100.0**	**100.0**
11 年小计	**24406**	**601.0**	**14668**	**36609**	**80.1**	**29336**	**22.1**	**17.4**
占合计%	**22.1**		**17.4**					
1949	1841	473.1	871	2762	63.1	1742	1.7	1.0
1950	2307	490.7	1132	3461	65.4	2264	2.1	1.3
1951	2722	447.8	1219	4083	59.7	2438	2.5	1.4
1952	2833	445.8	1263	4250	59.4	2526	2.6	1.5
1953	1862	713.2	1328	2793	95.1	2656	1.7	1.6
1954	2185	647.6	1415	3278	86.3	2830	2.0	1.7
1955	2198	621.0	1365	3297	82.8	2730	2.0	1.6
1956	2065	733.7	1515	3098	97.8	3030	1.9	1.8
1957	2092	709.8	1485	3138	94.6	2970	1.9	1.8
1958	2149	695.7	1495	3224	92.8	2990	1.9	1.8
1959	2152	734.2	1580	3228	97.9	3160	2.0	1.9
10 年小计	**24187**	**742.9**	**17968**	**36281**	**99.1**	**35936**	**21.8**	**21.3**
占合计%	**21.8**		**21.3**					
1960	2192	677.5	1485	3288	90.3	2970	2.0	1.8
1961	2335	654.4	1528	3503	87.3	3056	2.1	1.8
1962	2387	622.1	1485	3581	82.9	2970	2.2	1.8
1963	2480	708.1	1756	3720	94.4	3512	2.2	2.1
1964	2461	731.4	1800	3692	97.5	3600	2.2	2.1
1965	2442	781.3	1908	3663	104.2	3816	2.2	2.3
1966	2463	834.8	2056	3695	111.3	4112	2.2	2.4
1967	2442	835.4	2040	3663	111.4	4080	2.2	2.4
1968	2445	816.0	1995	3668	108.8	3990	2.2	2.4
1969	2540	753.9	1915	3810	100.5	3830	2.3	2.3
10 年小计	**28866**	**878.7**	**25365**	**43299**	**117.2**	**50730**	**26.1**	**30.0**
占合计%	**26.1**		**30.0**					
1970	2746	853.2	2343	4119	113.8	4686	2.5	2.8
1971	2770	849.5	2353	4155	113.3	4706	2.5	2.8
1972	2735	884.1	2418	4103	117.9	4836	2.5	2.9
1973	2742	884.0	2424	4113	117.9	4848	2.5	2.9
1974	2880	924.0	2661	4320	123.2	5322	2.6	3.2
1975	2924	905.6	2648	4386	120.7	5296	2.6	3.1
1976	2949	878.3	2590	4424	117.1	5180	2.7	3.1
1977	2992	901.4	2697	4488	120.2	5394	2.7	3.2
1978	3038	898.9	2731	4557	119.9	5462	2.8	3.2
1979	3090	809.1	2500	4635	107.9	5000	2.8	3.0
10 年小计	**33162**	**800.6**	**26548**	**49743**	**106.7**	**53096**	**30.0**	**31.4**
占合计%	**30.0**		**31.4**					
1980	3147	891.0	2804	4721	118.8	5608	2.8	3.3
1981	3158	913.5	2894	4752	121.8	5788	2.9	3.4
1982	3188	873.9	2786	4782	116.5	5572	2.9	3.3
1983	3192	810.2	2586	4788	108.0	5172	2.9	3.1
1984	3341	701.3	2343	5012	93.5	4686	3.0	2.8
1985	3316	796.7	2642	4974	106.2	5284	3.0	3.1
1986	3475	761.7	2647	5213	101.6	5294	3.1	3.1
1987	3527	697.5	2460	5291	93.0	4920	3.2	2.9
1988	3432	786.7	2700	5148	104.9	5400	3.1	3.2
1989	3376	795.6	2686	5064	106.1	5372	3.1	3.2

7-2-16 亚洲历年棉花生产

年度	国际单位			国内单位			占合计（%）	
	面积（千公顷）	单产（公斤/公顷）	产量（千吨）	面积（万亩）	亩产（市斤/亩）	产量（万担）	面积	产量
52年合计	**841141**	**345.9**	**290986**	**1261712**	**46.1**	**581972**	**100.0**	**100.0**
11年小计	**158049**	**177.6**	**28070**	**237074**	**23.7**	**56140**	**18.8**	**9.7**
占合计%	**18.8**		**9.7**					
1949	9000	144.4	1300	13500	19.3	2600	1.1	0.5
1950	10900	147.7	1610	16350	19.7	3220	1.3	0.6
1951	13000	146.9	1910	19500	19.6	3820	1.6	0.7
1952	13202	143.9	1900	19803	19.2	3800	1.6	0.7
1953	13700	153.3	2100	20550	20.4	4200	1.6	0.7
1954	14200	162.0	2300	21300	21.6	4600	1.7	0.8
1955	16900	180.5	3050	25350	24.1	6100	2.0	1.1
1956	17401	175.3	3050	26102	23.4	6100	2.1	1.1
1957	16898	194.1	3280	25347	25.9	6560	2.0	1.1
1958	16676	222.5	3710	25014	29.7	7420	2.0	1.3
1959	16172	238.7	3860	24258	31.8	7720	1.9	1.3
10年小计	**159412**	**218.8**	**34882**	**239118**	**29.2**	**69764**	**18.9**	**12.0**
占合计%	**18.9**		**12.0**					
1960	15806	233.0	3683	23709	31.1	7366	1.9	1.3
1961	15426	173.9	2683	23139	23.2	5366	1.8	0.9
1962	15153	195.7	2965	22730	26.1	5930	1.8	1.0
1963	15706	204.4	3210	23559	27.3	6420	1.9	1.1
1964	16166	210.4	3401	24249	28.1	6802	1.9	1.2
1965	16039	215.4	3455	24059	28.7	6910	1.9	1.2
1966	16138	225.3	3636	24207	30.0	7272	1.9	1.3
1967	16578	238.5	3954	24867	31.8	7908	2.0	1.4
1968	16171	243.5	3938	24257	32.5	7876	1.9	1.4
1969	16229	243.8	3957	24344	32.5	7914	1.9	1.4
10年小计	**158030**	**304.6**	**48136**	**237045**	**40.6**	**96272**	**18.8**	**16.5**
占合计%	**18.8**		**16.5**					
1970	15503	260.6	4040	23255	34.7	8080	1.8	1.4
1971	16035	285.5	4578	24053	38.1	9156	1.9	1.6
1972	16101	269.5	4340	24152	35.9	8680	1.9	1.5
1973	15943	314.3	5011	23915	41.9	10022	1.9	1.7
1974	16456	338.5	5570	24684	45.1	11140	2.0	1.9
1975	15927	315.4	5023	23891	42.1	10046	1.9	1.7
1976	14984	306.2	4588	22476	40.8	9176	1.8	1.6
1977	15827	309.3	4895	23741	41.2	9790	1.9	1.7
1978	15643	315.5	4935	23465	42.1	9870	1.9	1.7
1979	15611	330.3	5156	23417	44.0	10312	1.9	1.8
10年小计	**167859**	**442.6**	**74290**	**251789**	**59.0**	**148580**	**20.0**	**25.5**
占合计%	**20.0**		**25.5**					
1980	16478	340.2	5605	24717	45.4	11210	2.0	1.9
1981	17019	351.4	5981	25529	46.9	11962	2.0	2.1
1982	17674	377.3	6668	26511	50.3	13336	2.1	2.3
1983	17595	412.2	7253	26393	55.0	14506	2.1	2.5
1984	18197	536.8	9769	27296	71.6	19538	2.2	3.4
1985	16688	471.1	7861	25032	62.8	15722	2.0	2.7
1986	15164	462.0	7006	22746	61.6	14012	1.8	2.4
1987	15230	506.5	7714	22845	67.5	15428	1.8	2.7
1988	16934	486.2	8233	25401	64.8	16466	2.0	2.8
1989	16880	485.8	8200	25320	64.8	16400	2.0	2.8
11年小计	**197791**	**533.9**	**105608**	**296687**	**71.2**	**211216**	**23.5**	**36.3**
占合计%	**23.5**		**36.3**					
1990	17087	522.0	8919	25631	69.6	17838	2.0	3.1
1991	18463	569.5	10515	27695	75.9	21030	2.2	3.6
1992	18672	487.6	9105	28008	65.0	18210	2.2	3.1
1993	16544	498.9	8254	24816	66.5	16508	2.0	2.8
1994	17382	532.7	9260	26073	71.0	18520	2.1	3.2
1995	19172	567.4	10878	28758	75.7	21756	2.3	3.7
1996	18922	510.9	9667	28383	68.1	19334	2.3	3.3
1997	18028	576.3	10390	27042	76.8	20780	2.1	3.6
1998	18437	521.5	9614	27656	69.5	19228	2.2	3.3
1999	17408	530.5	9235	26112	70.7	18470	2.1	3.2
2000	17676	552.8	9771	26514	73.7	19542	2.1	3.4

7－2－17　中国历年棉花生产

年度	国际单位			国内单位			占合计（%）	
	面积（千公顷）	单产（公斤/公顷）	产量（千吨）	面积（万亩）	亩产（市斤/亩）	产量（万担）	面积	产量
52年合计	**253182**	**530.9**	**134425**	**379773**	**70.8**	**268850**	**100.0**	**100.0**
11年小计	**50167**	**252.4**	**12663**	**75251**	**33.7**	**25326**	**19.8**	**9.4**
占合计%	**19.8**		**9.4**					
1949	2150	172.1	370	3225	22.9	740	0.9	0.3
1950	3100	167.7	520	4650	22.4	1040	1.2	0.4
1951	4100	158.5	650	6150	21.1	1300	1.6	0.5
1952	3800	163.2	620	5700	21.8	1240	1.5	0.5
1953	4100	175.6	720	6150	23.4	1440	1.6	0.5
1954	3880	172.7	670	5820	23.0	1340	1.5	0.5
1955	5771	263.0	1518	8657	35.1	3036	2.3	1.1
1956	6250	231.2	1445	9375	30.8	2890	2.5	1.1
1957	5778	283.8	1640	8667	37.8	3280	2.3	1.2
1958	5726	366.7	2100	8589	48.9	4200	2.3	1.6
1959	5512	437.2	2410	8268	58.3	4820	2.2	1.8
10年小计	**46366**	**265.2**	**12295**	**69549**	**35.4**	**24590**	**18.3**	**9.1**
占合计%	**18.3**		**9.1**					
1960	5225	203.4	1063	7838	27.1	2126	2.1	0.8
1961	4249	214.4	911	6374	28.6	1822	1.7	0.7
1962	4047	230.3	932	6071	30.7	1864	1.6	0.7
1963	4168	244.5	1019	6252	32.6	2038	1.7	0.8
1964	4452	268.0	1193	6678	35.7	2386	1.8	0.9
1965	4654	270.3	1258	6981	36.0	2516	1.8	0.9
1966	4856	290.2	1409	7284	38.7	2818	1.9	1.1
1967	5059	300.1	1518	7589	40.0	3036	2.0	1.1
1968	4978	296.1	1474	7467	39.5	2948	2.0	1.1
1969	4678	324.5	1518	7017	43.3	3036	1.9	1.1
10年小计	**46428**	**438.7**	**20366**	**69642**	**58.5**	**40732**	**18.3**	**15.2**
占合计%	**18.3**		**15.1**					
1970	4602	367.7	1692	6903	49.0	3384	1.8	1.3
1971	4534	363.7	1649	6801	48.5	3298	1.8	1.2
1972	4534	310.8	1409	6801	41.4	2818	1.8	1.1
1973	4817	445.7	2147	7226	59.4	4294	1.9	1.6
1974	4857	513.3	2493	7286	68.4	4986	1.9	1.9
1975	4857	491.0	2385	7286	65.5	4770	1.9	1.8
1976	4654	465.8	2168	6981	62.1	4336	1.8	1.6
1977	4411	464.5	2049	6617	61.9	4098	1.7	1.5
1978	4650	466.0	2167	6975	62.1	4334	1.8	1.6
1979	4512	489.1	2207	6768	65.2	4414	1.8	1.6
10年小计	**53899**	**743.8**	**40088**	**80849**	**99.2**	**80176**	**21.3**	**29.8**
占合计%	**21.3**		**29.8**					
1980	4915	550.8	2707	7373	73.4	5414	1.9	2.0
1981	5180	573.0	2968	7770	76.4	5936	2.1	2.2
1982	5829	617.3	3598	8744	82.3	7196	2.3	2.7
1983	6071	763.8	4637	9107	101.8	9274	2.4	3.5
1984	6916	904.9	6258	10374	120.6	12516	2.7	4.7
1985	5140	806.8	4147	7710	107.6	8294	2.0	3.1
1986	4306	822.1	3540	6459	109.6	7080	1.7	2.6
1987	4844	876.3	4245	7266	116.8	8490	1.9	3.2
1988	5500	763.6	4200	8250	101.8	8400	2.2	3.1
1989	5198	728.7	3788	7797	97.2	7576	2.1	2.8
11年小计	**56322**	**870.2**	**49013**	**84483**	**116.0**	**98026**	**22.3**	**36.5**
占合计%	**22.3**		**36.5**					
1990	5588	806.7	4508	8382	107.6	9016	2.2	3.4
1991	6539	866.0	5663	9809	115.5	11326	2.6	4.2
1992	6835	659.5	4508	10253	87.9	9016	2.7	3.4
1993	4985	750.1	3739	7478	100.0	7478	2.0	2.8
1994	5528	785.3	4341	8292	104.7	8682	2.2	3.2
1995	5422	879.4	4768	8133	117.3	9536	2.1	3.6
1996	4722	890.1	4203	7083	118.7	8406	1.9	3.1
1997	4491	1024.9	4603	6737	136.7	9206	1.8	3.4
1998	4459	1009.4	4501	6689	134.6	9002	1.8	3.4
1999	3726	1027.6	3829	5589	137.0	7658	1.5	2.9
2000	4027	1080.2	4350	6041	144.0	8700	1.6	3.2

7－2－18　印度历年棉花生产

年　度	国际单位			国内单位			占合计（%）	
	面　积（千公顷）	单　产（公斤/公顷）	产　量（千吨）	面　积（万亩）	亩　产（市斤/亩）	产　量（万担）	面　积	产　量
52 年合计	**399482**	**167.5**	**66896**	**599223**	**22.3**	**133792**	**100.0**	**100.0**
11 年小计	**77532**	**99.5**	**7716**	**116298**	**13.3**	**15432**	**19.4**	**11.5**
占合计%	**19.4**		**11.5**					
1949	4918	105.3	518	7377	14.0	1036	1.2	0.8
1950	5608	105.7	593	8412	14.1	1186	1.4	0.9
1951	6121	111.9	685	9182	14.9	1370	1.5	1.0
1952	6351	87.7	557	9527	11.7	1114	1.6	0.8
1953	6890	101.6	700	10335	13.5	1400	1.7	1.1
1954	7561	99.5	752	11342	13.3	1504	1.9	1.1
1955	8086	87.9	711	12129	11.7	1422	2.0	1.1
1956	8050	104.6	842	12075	13.9	1684	2.0	1.3
1957	8092	104.2	843	12138	13.9	1686	2.0	1.3
1958	8064	103.3	833	12096	13.8	1666	2.0	1.3
1959	7791	87.5	682	11687	11.7	1364	2.0	1.0
10 年小计	**78946**	**123.5**	**9751**	**118419**	**16.5**	**19502**	**19.8**	**14.6**
占合计%	**19.8**		**14.6**					
1960	7637	125.4	958	11456	16.7	1916	1.91	1.43
1961	7978	103.4	825	11967	13.8	1650	2.0	1.2
1962	7845	121.7	955	11768	16.2	1910	2.0	1.4
1963	8160	121.2	989	12240	16.2	1978	2.0	1.5
1964	8271	123.2	1019	12407	16.4	2038	2.1	1.5
1965	7827	108.2	847	11741	14.4	1694	2.0	1.3
1966	7836	114.2	895	11754	15.2	1790	2.0	1.3
1967	7995	143.7	1149	11993	19.2	2298	2.0	1.7
1968	7685	138.2	1062	11528	18.4	2124	1.9	1.6
1969	7712	136.4	1052	11568	18.2	2104	1.9	1.6
10 年小计	**75526**	**158.3**	**11954**	**113289**	**21.1**	**23908**	**18.9**	**17.9**
占合计%	**18.9**		**17.9**					
1970	7608	125.4	954	11412	16.7	1908	1.9	1.4
1971	7800	161.3	1258	11700	21.5	2516	2.0	1.9
1972	7704	151.1	1164	11556	20.1	2328	1.9	1.7
1973	7608	157.6	1199	11412	21.0	2398	1.9	1.8
1974	7620	169.3	1290	11430	22.6	2580	1.9	1.9
1975	7487	159.3	1193	11231	21.2	2386	1.9	1.8
1976	6885	149.6	1030	10328	19.9	2060	1.7	1.5
1977	7815	154.6	1208	11723	20.6	2416	2.0	1.8
1978	7499	179.9	1349	11249	24.0	2698	1.9	2.0
1979	7500	174.5	1309	11250	23.3	2618	1.9	2.0
10 年小计	**75120**	**180.9**	**13586**	**112680**	**24.1**	**27172**	**18.8**	**20.3**
占合计%	**18.8**		**20.3**					
1980	8001	161.5	1292	12002	21.5	2584	2.0	1.9
1981	8057	166.3	1340	12086	22.2	2680	2.0	2.0
1982	8074	158.7	1281	12111	21.2	2562	2.0	1.9
1983	7721	140.7	1086	11582	18.8	2172	1.9	1.6
1984	7382	196.0	1447	11073	26.1	2894	1.9	2.2
1985	7581	193.1	1464	11372	25.7	2928	1.9	2.2
1986	6948	169.0	1174	10422	22.5	2348	1.7	1.8
1987	6459	168.0	1085	9689	22.4	2170	1.6	1.6
1988	7297	202.4	1477	10946	27.0	2954	1.8	2.2
1989	7600	255.3	1940	11400	34.0	3880	1.9	2.9
11 年小计	**92358**	**258.7**	**23889**	**138537**	**34.5**	**47778**	**23.1**	**35.7**
占合计%	**23.1**		**35.7**					
1990	7440	224.6	1671	11160	29.9	3342	1.9	2.5
1991	7695	217.3	1672	11543	29.0	3344	1.9	2.5
1992	7543	261.0	1969	11315	34.8	3938	1.9	2.9
1993	7440	281.0	2091	11160	37.5	4182	1.9	3.1
1994	7861	299.6	2355	11792	39.9	4710	2.0	3.5
1995	9063	318.3	2885	13595	42.4	5770	2.3	4.3
1996	9166	264.3	2423	13749	35.2	4846	2.3	3.6
1997	8850	297.7	2635	13275	39.7	5270	2.2	3.9
1998	9300	223.0	2074	13950	29.7	4148	2.3	3.1
1999	9000	228.6	2057	13500	30.5	4114	2.3	3.1
2000	9000	228.6	2057	13500	30.5	4114	2.3	3.1

7-2-19 伊朗历年棉花生产

年度	国际单位			国内单位			占合计（%）	
	面积（千公顷）	单产（公斤/公顷）	产量（千吨）	面积（万亩）	亩产（市斤/亩）	产量（万担）	面积	产量
52年合计	**13229**	**442.3**	**5851**	**19844**	**59.0**	**11702**	**100.0**	**100.0**
11年小计	**2228**	**248.2**	**553**	**3342**	**33.1**	**1106**	**16.8**	**9.5**
占合计%	**16.8**		**9.5**					
1949	100	210.0	21	150	28.0	42	0.8	0.4
1950	130	215.4	28	195	28.7	56	1.0	0.5
1951	150	180.0	27	225	24.0	54	1.1	0.5
1952	180	200.0	36	270	26.7	72	1.4	0.6
1953	225	222.2	50	338	29.6	100	1.7	0.9
1954	200	300.0	60	300	40.0	120	1.5	1.0
1955	230	260.9	60	345	34.8	120	1.7	1.0
1956	240	258.3	62	360	34.4	124	1.8	1.1
1957	243	267.5	65	365	35.7	130	1.8	1.1
1958	260	276.9	72	390	36.9	144	2.0	1.2
1959	270	266.7	72	405	35.6	144	2.0	1.2
10年小计	**3636**	**344.3**	**1252**	**5454**	**45.9**	**2504**	**27.5**	**21.4**
占合计%	**27.5**		**21.4**					
1960	325	304.6	99	488	40.6	198	2.5	1.7
1961	384	302.1	116	576	40.3	232	2.9	2.0
1962	374	246.0	92	561	32.8	184	2.8	1.6
1963	374	307.5	115	561	41.0	230	2.8	2.0
1964	384	315.1	121	576	42.0	242	2.9	2.1
1965	384	364.6	140	576	48.6	280	2.9	2.4
1966	393	292.6	115	590	39.0	230	3.0	2.0
1967	300	390.0	117	450	52.0	234	2.3	2.0
1968	338	494.1	167	507	65.9	334	2.6	2.9
1969	380	447.4	170	570	59.6	340	2.9	2.9
10年小计	**3072**	**532.9**	**1637**	**4608**	**71.1**	**3274**	**23.2**	**28.0**
占合计%	**23.2**		**28.0**					
1970	320	478.1	153	480	63.8	306	2.4	2.6
1971	310	474.2	147	465	63.2	294	2.3	2.5
1972	334	619.8	207	501	82.6	414	2.5	3.5
1973	330	603.0	199	495	80.4	398	2.5	3.4
1974	370	621.6	230	555	82.9	460	2.8	3.9
1975	290	479.3	139	435	63.9	278	2.2	2.4
1976	295	525.4	155	443	70.1	310	2.2	2.7
1977	320	556.3	178	480	74.2	356	2.4	3.0
1978	280	460.7	129	420	61.4	258	2.1	2.2
1979	223	448.4	100	335	59.8	200	1.7	1.7
10年小计	**1879**	**514.6**	**967**	**2819**	**68.6**	**1934**	**14.2**	**16.5**
占合计%	**14.2**		**16.5**					
1980	145	413.8	60	218	55.2	120	1.1	1.0
1981	195	379.5	74	293	50.6	148	1.5	1.3
1982	205	502.4	103	308	67.0	206	1.6	1.8
1983	184	483.7	89	276	64.5	178	1.4	1.5
1984	212	528.3	112	318	70.4	224	1.6	1.9
1985	190	542.1	103	285	72.3	206	1.4	1.8
1986	188	590.4	111	282	78.7	222	1.4	1.9
1987	192	541.7	104	288	72.2	208	1.5	1.8
1988	158	594.9	94	237	79.3	188	1.2	1.6
1989	210	557.1	117	315	74.3	234	1.6	2.0
11年小计	**2414**	**597.3**	**1442**	**3621**	**79.6**	**2884**	**18.3**	**24.6**
占合计%	**18.3**		**24.6**					
1990	221	543.0	120	332	72.4	240	1.7	2.1
1991	205	556.1	114	308	74.1	228	1.6	2.0
1992	171	590.6	101	257	78.8	202	1.3	1.7
1993	141	617.0	87	212	82.3	174	1.1	1.5
1994	187	631.0	118	281	84.1	236	1.4	2.0
1995	272	606.6	165	408	80.9	330	2.1	2.8
1996	320	550.0	176	480	73.3	352	2.4	3.0
1997	238	554.6	132	357	73.9	264	1.8	2.3
1998	229	607.0	139	344	80.9	278	1.7	2.4
1999	215	674.4	145	323	89.9	290	1.6	2.5
2000	215	674.4	145	323	89.9	290	1.6	2.5

7－2－20　巴基斯坦历年棉花生产

年　度	国际单位			国内单位			占合计（%）	
	面积（千公顷）	单产（公斤/公顷）	产量（千吨）	面积（万亩）	亩产（市斤/亩）	产量（万担）	面积	产量
52年合计	**104937**	**404.9**	**42490**	**157406**	**54.0**	**84980**	**100.0**	**100.0**
11年小计	**14678**	**212.6**	**3120**	**22017**	**28.3**	**6240**	**14.0**	**7.3**
占合计%	**14.0**		**7.3**					
1949	1158	190.8	221	1737	25.4	442	1.1	0.5
1950	1218	216.7	264	1827	28.9	528	1.2	0.6
1951	1366	206.4	282	2049	27.5	564	1.3	0.7
1952	1403	227.4	319	2105	30.3	638	1.3	0.8
1953	1185	216.0	256	1778	28.8	512	1.1	0.6
1954	1289	220.3	284	1934	29.4	568	1.2	0.7
1955	1431	215.9	309	2147	28.8	618	1.4	0.7
1956	1453	212.7	309	2180	28.4	618	1.4	0.7
1957	1473	207.7	306	2210	27.7	612	1.4	0.7
1958	1338	205.5	275	2007	27.4	550	1.3	0.7
1959	1364	216.3	295	2046	28.8	590	1.3	0.7
10年小计	**15572**	**273.8**	**4263**	**23358**	**36.5**	**8526**	**14.9**	**10.0**
占合计%	**14.9**		**10.0**					
1960	1312	231.7	304	1968	30.9	608	1.3	0.7
1961	1412	231.6	327	2118	30.9	654	1.4	0.8
1962	1390	265.5	369	2085	35.4	738	1.3	0.9
1963	1486	283.3	421	2229	37.8	842	1.4	1.0
1964	1481	256.6	380	2222	34.2	760	1.4	0.9
1965	1569	265.8	417	2354	35.4	834	1.5	1.0
1966	1609	284.0	457	2414	37.9	914	1.5	1.1
1967	1800	288.9	520	2700	38.5	1040	1.7	1.2
1968	1757	301.1	529	2636	40.1	1058	1.7	1.2
1969	1756	306.9	539	2634	40.9	1078	1.7	1.3
10年小计	**19194**	**309.8**	**5947**	**28791**	**41.3**	**11894**	**18.3**	**14.0**
占合计%	**18.3**		**14.0**					
1970	1747	318.8	557	2621	42.5	1114	1.7	1.3
1971	1957	361.8	708	2936	48.2	1416	1.9	1.7
1972	2025	346.2	701	3038	46.2	1402	1.9	1.7
1973	1845	357.2	659	2768	47.6	1318	1.8	1.6
1974	2031	312.2	634	3047	41.6	1268	1.9	1.5
1975	1882	273.1	514	2823	36.4	1028	1.8	1.2
1976	1865	224.1	418	2798	29.9	836	1.8	1.0
1977	1843	300.1	553	2765	40.0	1106	1.8	1.3
1978	1918	247.7	475	2877	33.0	950	1.8	1.1
1979	2081	349.8	728	3122	46.6	1456	2.0	1.7
10年小计	**23761**	**448.0**	**10645**	**35642**	**59.7**	**21290**	**22.6**	**25.1**
占合计%	**22.6**		**25.1**					
1980	2109	339.0	715	3164	45.2	1430	2.0	1.7
1981	2215	337.7	748	3323	45.0	1496	2.1	1.8
1982	2263	364.1	824	3395	48.5	1648	2.2	1.9
1983	2277	219.6	500	3416	29.3	1000	2.2	1.2
1984	2242	450.0	1009	3363	60.0	2018	2.1	2.4
1985	2364	514.8	1217	3546	68.6	2434	2.3	2.9
1986	2505	526.9	1320	3758	70.3	2640	2.4	3.1
1987	2568	556.9	1430	3852	74.2	2860	2.5	3.4
1988	2619	544.5	1426	3929	72.6	2852	2.5	3.4
1989	2599	560.2	1456	3899	74.7	2912	2.5	3.4
11年小计	**31732**	**583.5**	**18515**	**47598**	**77.8**	**37030**	**30.2**	**43.6**
占合计%	**30.2**		**43.6**					
1990	2662	615.0	1637	3993	82.0	3274	2.5	3.9
1991	2881	755.6	2177	4322	100.8	4354	2.8	5.1
1992	2836	543.0	1540	4254	72.4	3080	2.7	3.6
1993	2805	487.7	1368	4208	65.0	2736	2.7	3.2
1994	2653	557.5	1479	3980	74.3	2958	2.5	3.5
1995	2997	601.3	1802	4496	80.2	3604	2.9	4.2
1996	3149	506.2	1594	4724	67.5	3188	3.0	3.8
1997	2893	552.4	1598	4340	73.6	3196	2.8	3.8
1998	2923	511.8	1496	4385	68.2	2992	2.8	3.5
1999	2983	641.0	1912	4475	85.5	3824	2.8	4.5
2000	2950	648.1	1912	4425	86.4	3824	2.8	4.5

7-2-21 叙利亚历年棉花生产

年 度	国际单位			国内单位			占合计(%)	
	面 积(千公顷)	单 产(公斤/公顷)	产 量(千吨)	面 积(万亩)	亩 产(市斤/亩)	产 量(万担)	面 积	产 量
52年合计	**10771**	**747.5**	**8051**	**16157**	**99.7**	**16102**	**100.0**	**100.0**
11年小计	**2087**	**358.4**	**748**	**3131**	**47.8**	**1496**	**19.4**	**9.3**
占合计%	**19.4**		**9.3**					
1949	25	520.0	13	38	69.3	26	0.2	0.2
1950	78	448.7	35	117	59.8	70	0.7	0.4
1951	217	225.8	49	326	30.1	98	2.0	0.6
1952	185	243.2	45	278	32.4	90	1.7	0.6
1953	128	367.2	47	192	49.0	94	1.2	0.6
1954	187	427.8	80	281	57.0	160	1.7	1.0
1955	249	337.3	84	374	45.0	168	2.3	1.0
1956	272	341.9	93	408	45.6	186	2.5	1.2
1957	258	414.7	107	387	55.3	214	2.4	1.3
1958	261	371.6	97	392	49.6	194	2.4	1.2
1959	227	431.7	98	341	57.6	196	2.1	1.2
10年小计	**2709**	**531.2**	**1439**	**4064**	**70.8**	**2878**	**25.2**	**17.9**
占合计%	**25.2**		**17.9**					
1960	212	523.6	111	318	69.8	222	2.0	1.4
1961	249	498.0	124	374	66.4	248	2.3	1.5
1962	302	496.7	150	453	66.2	300	2.8	1.9
1963	292	524.0	153	438	69.9	306	2.7	1.9
1964	287	613.2	176	431	81.8	352	2.7	2.2
1965	286	622.4	178	429	83.0	356	2.7	2.2
1966	255	552.9	141	383	73.7	282	2.4	1.8
1967	239	531.4	127	359	70.9	254	2.2	1.6
1968	288	493.1	142	432	65.7	284	2.7	1.8
1969	299	458.2	137	449	61.1	274	2.8	1.7
10年小计	**2045**	**732.5**	**1498**	**3068**	**97.7**	**2996**	**19.0**	**18.6**
占合计%	**19.0**		**18.6**					
1970	249	598.4	149	374	79.8	298	2.3	1.9
1971	251	621.5	156	377	82.9	312	2.3	1.9
1972	238	684.9	163	357	91.3	326	2.2	2.0
1973	200	780.0	156	300	104.0	312	1.9	1.9
1974	206	747.6	154	309	99.7	308	1.9	1.9
1975	208	682.7	142	312	91.0	284	1.9	1.8
1976	182	851.6	155	273	113.6	310	1.7	1.9
1977	187	802.1	150	281	107.0	300	1.7	1.9
1978	169	852.1	144	254	113.6	288	1.6	1.8
1979	155	832.3	129	233	111.0	258	1.4	1.6
10年小计	**1568**	**982.8**	**1541**	**2352**	**131.0**	**3082**	**14.5**	**19.1**
占合计%	**14.5**		**19.1**					
1980	139	841.7	117	209	112.2	234	1.3	1.5
1981	143	916.1	131	215	122.1	262	1.3	1.6
1982	159	993.7	158	239	132.5	316	1.5	2.0
1983	176	1102.3	194	264	147.0	388	1.6	2.4
1984	179	882.7	158	269	117.7	316	1.7	2.0
1985	170	976.5	166	255	130.2	332	1.6	2.1
1986	144	1104.2	159	216	147.2	318	1.3	2.0
1987	129	953.5	123	194	127.1	246	1.2	1.5
1988	171	1052.6	180	257	140.4	360	1.6	2.2
1989	158	981.0	155	237	130.8	310	1.5	1.9
11年小计	**2362**	**1196.0**	**2825**	**3543**	**159.5**	**5650**	**21.9**	**35.1**
占合计%	**21.9**		**35.1**					
1990	156	1019.2	159	234	135.9	318	1.5	2.0
1991	170	1176.5	200	255	156.9	400	1.6	2.5
1992	212	1169.8	248	318	156.0	496	2.0	3.1
1993	196	1076.5	211	294	143.5	422	1.8	2.6
1994	189	984.1	186	284	131.2	372	1.8	2.3
1995	204	1058.8	216	306	141.2	432	1.9	2.7
1996	220	1200.0	264	330	160.0	528	2.0	3.3
1997	251	1462.2	367	377	195.0	734	2.3	4.6
1998	275	1185.5	326	413	158.1	652	2.6	4.1
1999	244	1327.9	324	366	177.0	648	2.3	4.0
2000	245	1322.4	324	368	176.3	648	2.3	4.0

7-2-22 土耳其历年棉花生产

年 度	国际单位			国内单位			占合计（%）	
	面 积（千公顷）	单 产（公斤/公顷）	产 量（千吨）	面 积（万亩）	亩 产（市斤/亩）	产 量（万担）	面 积	产 量
52 年合计	**33908**	**683.2**	**23165**	**50862**	**91.1**	**46330**	**100.0**	**100.0**
11 年小计	**6419**	**258.5**	**1659**	**9629**	**34.5**	**3318**	**18.9**	**7.2**
占合计%	**18.9**		**7.2**					
1949	325	320.0	104	488	42.7	208	1.0	0.5
1950	448	272.3	122	672	36.3	244	1.3	0.5
1951	642	241.4	155	963	32.2	310	1.9	0.7
1952	675	244.4	165	1013	32.6	330	2.0	0.7
1953	605	229.8	139	908	30.6	278	1.8	0.6
1954	582	244.0	142	873	32.5	284	1.7	0.6
1955	625	251.2	157	938	33.5	314	1.8	0.7
1956	637	259.0	165	956	34.5	330	1.9	0.7
1957	625	216.0	135	938	28.8	270	1.8	0.6
1958	631	285.3	180	947	38.0	360	1.9	0.8
1959	624	312.5	195	936	41.7	390	1.8	0.8
10 年小计	**6705**	**468.8**	**3143**	**10058**	**62.5**	**6286**	**19.8**	**13.6**
占合计%	**19.8**		**13.6**					
1960	621	283.4	176	932	37.8	352	1.8	0.8
1961	649	326.7	212	974	43.6	424	1.9	0.9
1962	660	371.2	245	990	49.5	490	2.0	1.1
1963	628	391.7	246	942	52.2	492	1.9	1.1
1964	680	479.4	326	1020	63.9	652	2.0	1.4
1965	685	474.5	325	1028	63.3	650	2.0	1.4
1966	712	536.5	382	1068	71.5	764	2.1	1.7
1967	718	551.5	396	1077	73.5	792	2.1	1.7
1968	713	610.1	435	1070	81.3	870	2.1	1.9
1969	639	626.0	400	959	83.5	800	1.9	1.7
10 年小计	**6784**	**745.6**	**5058**	**10176**	**99.4**	**10116**	**20.0**	**21.8**
占合计%	**20.0**		**21.8**					
1970	528	757.6	400	792	101.0	800	1.6	1.7
1971	688	758.7	522	1032	101.2	1044	2.0	2.3
1972	760	715.8	544	1140	95.4	1088	2.2	2.4
1973	677	757.8	513	1016	101.0	1026	2.0	2.2
1974	838	713.6	598	1257	95.1	1196	2.5	2.6
1975	670	716.4	480	1005	95.5	960	2.0	2.1
1976	581	817.6	475	872	109.0	950	1.7	2.1
1977	777	740.0	575	1166	98.7	1150	2.3	2.5
1978	653	727.4	475	980	97.0	950	1.9	2.1
1979	612	777.8	476	918	103.7	952	1.8	2.1
10 年小计	**6582**	**818.4**	**5387**	**9873**	**109.1**	**10774**	**19.4**	**23.2**
占合计%	**19.4**		**23.2**					
1980	672	744.0	500	1008	99.2	1000	2.0	2.2
1981	654	746.2	488	981	99.5	976	1.9	2.1
1982	595	821.8	489	893	109.6	978	1.8	2.1
1983	605	862.8	522	908	115.0	1044	1.8	2.3
1984	760	763.2	580	1140	101.8	1160	2.2	2.5
1985	660	784.8	518	990	104.6	1036	2.0	2.2
1986	585	885.5	518	878	118.1	1036	1.7	2.2
1987	586	916.4	537	879	122.2	1074	1.7	2.3
1988	740	878.4	650	1110	117.1	1300	2.2	2.8
1989	725	806.9	585	1088	107.6	1170	2.1	2.5
11 年小计	**7418**	**1067.4**	**7918**	**11127**	**142.3**	**15836**	**21.9**	**34.2**
占合计%	**21.9**		**34.2**					
1990	641	1021.8	655	962	136.2	1310	1.9	2.8
1991	577	934.1	539	866	124.6	1078	1.7	2.3
1992	637	901.1	574	956	120.1	1148	1.9	2.5
1993	568	1059.9	602	852	141.3	1204	1.7	2.6
1994	581	1080.9	628	872	144.1	1256	1.7	2.7
1995	757	1124.2	851	1136	149.9	1702	2.2	3.7
1996	744	1053.8	784	1116	140.5	1568	2.2	3.4
1997	722	1152.4	832	1083	153.6	1664	2.1	3.6
1998	731	1191.5	871	1097	158.9	1742	2.2	3.8
1999	730	1083.6	791	1095	144.5	1582	2.2	3.4
2000	730	1083.6	791	1095	144.5	1582	2.2	3.4

7-2-23 也门历年棉花生产

年度	国际单位			国内单位			占合计（%）	
	面积（千公顷）	单产（公斤/公顷）	产量（千吨）	面积（万亩）	亩产（市斤/亩）	产量（万担）	面积	产量
52年合计	**678**	**343.7**	**233**	**1017**	**45.8**	**466**	**100.0**	**100.0**
11年小计								
占合计%								
1949								
1950								
1951								
1952								
1953								
1954								
1955								
1956								
1957								
1958								
1959								
10年小计	**48**	**312.5**	**15**	**72**	**41.7**	**30**	**7.1**	**6.5**
占合计%	**7.1**		**6.5**					
1960								
1961								
1962								
1963								
1964								
1965								
1966	2	500.0	1	3	66.7	2	0.3	0.4
1967	16	312.5	5	24	41.7	10	2.4	2.2
1968	8	375.0	3	12	50.0	6	1.2	1.3
1969	22	272.7	6	33	36.4	12	3.2	2.6
10年小计	**234**	**371.8**	**87**	**351**	**49.6**	**174**	**34.5**	**37.3**
占合计%	**34.5**		**37.3**					
1970	14	357.1	5	21	47.6	10	2.1	2.2
1971	20	450.0	9	30	60.0	18	3.0	3.9
1972	26	384.6	10	39	51.3	20	3.8	4.3
1973	32	343.8	11	48	45.8	22	4.7	4.7
1974	33	363.6	12	50	48.5	24	4.9	5.2
1975	40	375.0	15	60	50.0	30	5.9	6.4
1976	16	500.0	8	24	66.7	16	2.4	3.4
1977	18	333.3	6	27	44.4	12	2.7	2.6
1978	17	294.1	5	26	39.2	10	2.5	2.2
1979	18	333.3	6	27	44.4	12	2.7	2.6
10年小计	**187**	**352.9**	**66**	**281**	**47.1**	**132**	**27.6**	**28.3**
占合计%	**27.6**		**28.3**					
1980	15	333.3	5	23	44.4	10	2.2	2.2
1981	17	294.1	5	26	39.2	10	2.5	2.2
1982	19	263.2	5	29	35.1	10	2.8	2.2
1983	17	411.8	7	26	54.9	14	2.5	3.0
1984	16	375.0	6	24	50.0	12	2.4	2.6
1985	19	368.4	7	29	49.1	14	2.8	3.0
1986	18	388.9	7	27	51.9	14	2.7	3.0
1987	22	318.2	7	33	42.4	14	3.2	3.0
1988	22	318.2	7	33	42.4	14	3.2	3.0
1989	22	454.5	10	33	60.6	20	3.2	4.3
11年小计	**209**	**311.0**	**65**	**314**	**41.5**	**130**	**30.8**	**27.9**
占合计%	**30.8**		**27.9**					
1990	22	318.2	7	33	42.4	14	3.2	3.0
1991	22	318.2	7	33	42.4	14	3.2	3.0
1992	14	285.7	4	21	38.1	8	2.1	1.7
1993	17	294.1	5	26	39.2	10	2.5	2.2
1994	12	333.3	4	18	44.4	8	1.8	1.7
1995	13	307.7	4	20	41.0	8	1.9	1.7
1996	16	312.5	5	24	41.7	10	2.4	2.2
1997	20	250.0	5	30	33.3	10	3.0	2.2
1998	23	347.8	8	35	46.4	16	3.4	3.4
1999	24	333.3	8	36	44.4	16	3.5	3.4
2000	26	307.7	8	39	41.0	16	3.8	3.4

7-2-24　非洲历年棉花生产

年　度	国际单位			国内单位			占合计（%）	
	面　积（千公顷）	单　产（公斤/公顷）	产　量（千吨）	面　积（万亩）	亩　产（市斤/亩）	产　量（万担）	面　积	产　量
52 年合计	**205234**	**289.6**	**59439**	**307851**	**38.6**	**118878**	**100.0**	**100.0**
11 年小计	**37470**	**215.6**	**8080**	**56205**	**28.8**	**16160**	**18.3**	**13.6**
占合计%	**18.3**		**13.6**					
1949	3000	220.0	660	4500	29.3	1320	1.5	1.1
1950	3150	219.0	690	4725	29.2	1380	1.5	1.2
1951	3200	203.1	650	4800	27.1	1300	1.6	1.1
1952	3400	229.4	780	5100	30.6	1560	1.7	1.3
1953	3200	203.1	650	4800	27.1	1300	1.6	1.1
1954	3450	202.9	700	5175	27.1	1400	1.7	1.2
1955	3440	200.6	690	5160	26.7	1380	1.7	1.2
1956	3420	213.5	730	5130	28.5	1460	1.7	1.2
1957	3590	211.7	760	5385	28.2	1520	1.8	1.3
1958	3920	224.5	880	5880	29.9	1760	1.9	1.5
1959	3700	240.5	890	5550	32.1	1780	1.8	1.5
10 年小计	**41404**	**242.7**	**10050**	**62106**	**32.4**	**20100**	**20.2**	**16.9**
占合计%	**20.2**		**16.9**					
1960	3660	251.4	920	5490	33.5	1840	1.8	1.6
1961	3767	195.6	737	5651	26.1	1474	1.8	1.2
1962	3956	238.4	943	5934	31.8	1886	1.9	1.6
1963	3907	239.6	936	5861	31.9	1872	1.9	1.6
1964	3942	242.8	957	5913	32.4	1914	1.9	1.6
1965	4192	250.5	1050	6288	33.4	2100	2.2	1.8
1966	4496	231.8	1042	6744	30.9	2084	2.0	1.8
1967	4510	233.0	1051	6765	31.1	2102	2.2	1.8
1968	4321	249.9	1080	6482	33.3	2160	2.1	1.8
1969	4653	286.7	1334	6980	38.2	2668	2.3	2.2
10 年小计	**44781**	**270.8**	**12128**	**67172**	**36.1**	**24256**	**21.8**	**20.4**
占合计%	**21.8**		**20.4**					
1970	5068	265.6	1346	7602	35.4	2692	2.5	2.3
1971	5225	259.9	1358	7838	34.7	2716	2.6	2.3
1972	5152	268.1	1381	7728	35.7	2762	2.5	2.3
1973	4888	252.3	1233	7332	33.6	2466	2.4	2.1
1974	4197	285.9	1200	6296	38.1	2400	2.0	2.0
1975	4133	274.1	1133	6200	36.6	2266	2.0	1.9
1976	3997	263.4	1053	5996	35.1	2106	2.0	1.8
1977	4119	259.3	1068	6179	34.6	2136	2.0	1.8
1978	4270	282.7	1207	6405	37.7	2414	2.1	2.0
1979	3732	307.9	1149	5598	41.1	2298	1.8	1.9
10 年小计	**36989**	**342.2**	**12659**	**55484**	**45.6**	**25318**	**18.0**	**21.3**
占合计%	**18.0**		**21.3**					
1980	3640	336.8	1226	5460	44.9	2452	1.8	2.1
1981	3407	331.4	1129	5111	44.2	2258	1.7	1.9
1982	3608	317.9	1147	5412	42.4	2294	1.8	1.9
1983	3693	320.1	1182	5540	42.7	2364	1.8	2.0
1984	3900	321.8	1255	5850	42.9	2510	1.9	2.1
1985	4005	337.8	1353	6008	45.0	2706	2.0	2.3
1986	3437	388.4	1335	5156	51.8	2670	1.7	2.3
1987	3692	359.4	1327	5538	47.9	2654	1.8	2.2
1988	3892	345.6	1345	5838	46.1	2690	1.9	2.3
1989	3715	366.1	1360	5573	48.8	2720	1.8	2.3
11 年小计	**44590**	**370.5**	**16522**	**66885**	**49.4**	**33044**	**21.7**	**27.8**
占合计%	**21.7**		**27.8**					
1990	3661	346.1	1267	5492	46.1	2534	1.8	2.1
1991	3933	352.9	1388	5900	47.1	2776	1.9	2.3
1992	3559	370.0	1317	5339	49.3	2634	1.7	2.2
1993	3372	427.3	1441	5058	57.0	2882	1.6	2.4
1994	3334	380.6	1269	5001	50.7	2538	1.6	2.1
1995	3845	360.2	1385	5768	48.0	2770	1.9	2.3
1996	4313	391.8	1690	6470	52.2	3380	2.1	2.8
1997	4597	387.0	1779	6896	51.6	3558	2.2	3.0
1998	4715	353.3	1666	7073	47.1	3332	2.3	2.8
1999	4573	360.6	1649	6860	48.1	3298	2.2	2.8
2000	4688	356.4	1671	7032	47.5	3342	2.3	2.8

7－2－25 乍得历年棉花生产

年　度	国际单位			国内单位			占合计（%）	
	面积（千公顷）	单产（公斤/公顷）	产量（千吨）	面积（万亩）	亩产（市斤/亩）	产量（万担）	面积	产量
52年合计	**10194**	**197.8**	**2016**	**15291**	**26.4**	**4032**	**100.0**	**100.0**
11年小计								
占合计%								
1949								
1950								
1951								
1952								
1953								
1954								
1955								
1956								
1957								
1958								
1959								
10年小计	**2930**	**125.9**	**369**	**4395**	**16.8**	**738**	**28.8**	**18.3**
占合计%	**28.8**		**18.3**					
1960	273	124.5	34	410	16.6	68	2.7	1.7
1961	300	53.3	16	450	7.1	32	2.9	0.8
1962	340	97.1	33	510	12.9	66	3.3	1.6
1963	291	130.6	38	437	17.4	76	2.9	1.9
1964	293	122.9	36	440	16.4	72	2.9	1.8
1965	267	116.1	31	401	15.5	62	2.6	1.5
1966	300	150.0	45	450	20.0	90	2.9	2.2
1967	298	130.9	39	447	17.4	78	2.9	1.9
1968	274	208.0	57	411	27.7	114	2.7	2.8
1969	294	136.1	40	441	18.1	80	2.9	2.0
10年小计	**2828**	**161.6**	**457**	**4242**	**21.5**	**914**	**27.7**	**22.7**
占合计%	**27.7**		**22.7**					
1970	283	130.7	37	425	17.4	74	2.8	1.8
1971	302	135.8	41	453	18.1	82	3.0	2.0
1972	276	137.7	38	414	18.4	76	2.7	1.9
1973	269	159.9	43	404	21.3	86	2.6	2.1
1974	272	194.9	53	408	26.0	106	2.7	2.6
1975	299	210.7	63	449	28.1	126	2.9	3.1
1976	319	169.3	54	479	22.6	108	3.1	2.7
1977	284	158.5	45	426	21.1	90	2.8	2.2
1978	281	177.9	50	422	23.7	100	2.8	2.5
1979	243	135.8	33	365	18.1	66	2.4	1.6
10年小计	**1624**	**254.3**	**413**	**2436**	**33.9**	**826**	**15.9**	**20.5**
占合计%	**15.9**		**20.5**					
1980	202	148.5	30	303	19.8	60	2.0	1.5
1981	166	150.6	25	249	20.1	50	1.6	1.2
1982	137	277.4	38	206	37.0	76	1.3	1.9
1983	172	296.5	51	258	39.5	102	1.7	2.5
1984	142	253.5	36	213	33.8	72	1.4	1.8
1985	148	270.3	40	222	36.0	80	1.5	2.0
1986	124	274.2	34	186	36.6	68	1.2	1.7
1987	149	322.1	48	224	43.0	96	1.5	2.4
1988	199	266.3	53	299	35.5	106	2.0	2.6
1989	185	313.5	58	278	41.8	116	1.8	2.9
11年小计	**2812**	**276.3**	**777**	**4218**	**36.8**	**1554**	**27.6**	**38.5**
占合计%	**27.6**		**38.5**					
1990	207	289.9	60	311	38.6	120	2.0	3.0
1991	283	243.8	69	425	32.5	138	2.8	3.4
1992	199	236.2	47	299	31.5	94	2.0	2.3
1993	158	253.2	40	237	33.8	80	1.6	2.0
1994	196	229.6	45	294	30.6	90	1.9	2.2
1995	210	290.5	61	315	38.7	122	2.1	3.0
1996	293	293.5	86	440	39.1	172	2.9	4.3
1997	310	277.4	86	465	37.0	172	3.0	4.3
1998	336	306.5	103	504	40.9	206	3.3	5.1
1999	310	290.3	90	465	38.7	180	3.0	4.5
2000	310	290.3	90	465	38.7	180	3.0	4.5

7－2－26　埃及历年棉花生产

年　度	国际单位			国内单位			占合计（%）	
	面　积（千公顷）	单　产（公斤/公顷）	产　量（千吨）	面　积（万亩）	亩　产（市斤/亩）	产　量（万担）	面　积	产　量
52 年合计	**29505**	**703.1**	**20745**	**44258**	**93.7**	**41490**	**100.0**	**100.0**
11 年小计	**8177**	**515.1**	**4212**	**12266**	**68.7**	**8424**	**27.7**	**20.3**
占合计%	**27.7**		**20.3**					
1949	711	544.3	387	1067	72.6	774	2.4	1.9
1950	829	460.8	382	1244	61.4	764	2.8	1.8
1951	832	436.3	363	1248	58.2	726	2.8	1.8
1952	826	540.0	446	1239	72.0	892	2.8	2.2
1953	556	571.9	318	834	76.3	636	1.9	1.5
1954	663	524.9	348	995	70.0	696	2.3	1.7
1955	763	439.1	335	1145	58.5	670	2.6	1.6
1956	694	468.3	325	1041	62.4	650	2.4	1.6
1957	764	530.1	405	1146	70.7	810	2.6	2.0
1958	800	557.5	446	1200	74.3	892	2.7	2.2
1959	739	618.4	457	1109	82.5	914	2.5	2.2
10 年小计	**7236**	**636.7**	**4607**	**10854**	**84.9**	**9214**	**24.5**	**22.2**
占合计%	**24.5**		**22.2**					
1960	787	607.4	478	1181	81.0	956	2.7	2.3
1961	834	402.9	336	1251	53.7	672	2.8	1.6
1962	696	656.6	457	1044	87.5	914	2.4	2.2
1963	684	646.2	442	1026	86.2	884	2.3	2.1
1964	677	744.5	504	1016	99.3	1008	2.3	2.4
1965	798	651.6	520	1197	86.9	1040	2.7	2.5
1966	781	582.6	455	1172	77.7	910	2.7	2.2
1967	683	639.8	437	1025	85.3	874	2.3	2.1
1968	615	710.6	437	923	94.7	874	2.1	2.1
1969	681	794.4	541	1022	105.9	1082	2.3	2.6
10 年小计	**5946**	**769.6**	**4576**	**8919**	**102.6**	**9152**	**20.2**	**22.1**
占合计%	**20.2**		**22.1**					
1970	683	745.2	509	1025	99.4	1018	2.3	2.5
1971	641	795.6	510	962	106.1	1020	2.2	2.5
1972	652	788.3	514	978	105.1	1028	2.2	2.5
1973	672	729.2	490	1008	97.2	980	2.3	2.4
1974	610	723.0	441	915	96.4	882	2.1	2.1
1975	565	676.1	382	848	90.1	764	1.9	1.8
1976	524	761.5	399	786	101.5	798	1.8	1.9
1977	598	683.9	409	897	91.2	818	2.0	2.0
1978	499	877.8	438	749	117.0	876	1.7	2.1
1979	502	964.1	484	753	128.6	968	1.7	2.3
10 年小计	**4424**	**927.0**	**4101**	**6636**	**123.6**	**8202**	**15.0**	**19.8**
占合计%	**15.0**		**19.8**					
1980	523	1011.5	529	785	134.9	1058	1.8	2.6
1981	495	1008.1	499	743	134.4	998	1.7	2.4
1982	448	1026.8	460	672	136.9	920	1.5	2.2
1983	420	952.4	400	630	127.0	800	1.4	1.9
1984	415	963.9	400	623	128.5	800	1.4	1.9
1985	415	1048.2	435	623	139.8	870	1.4	2.1
1986	443	945.8	419	665	126.1	838	1.5	2.0
1987	412	854.4	352	618	113.9	704	1.4	1.7
1988	426	730.0	311	639	97.3	622	1.4	1.5
1989	427	693.2	296	641	92.4	592	1.5	1.4
11 年小计	**3722**	**872.9**	**3249**	**5583**	**116.4**	**6498**	**12.6**	**15.7**
占合计%	**13.0**		**15.7**					
1990	417	726.6	303	626	96.9	606	1.4	1.5
1991	358	843.6	302	537	112.5	604	1.2	1.5
1992	353	1011.3	357	530	134.8	714	1.2	1.7
1993	372	1118.3	416	558	149.1	832	1.3	2.0
1994	303	841.6	255	455	112.2	510	1.0	1.2
1995	298	795.3	237	447	106.0	474	1.0	1.1
1996	387	894.1	346	581	119.2	692	1.3	1.7
1997	361	947.4	342	542	126.3	684	1.2	1.7
1998	331	694.9	230	497	92.6	460	1.1	1.1
1999	271	859.8	233	407	114.6	466	0.9	1.1
2000	271	841.3	228	407	112.2	456	0.9	1.1

7－2－27 莫桑比克历年棉花生产

年　度	国际单位			国内单位			占合计（%）	
	面　积（千公顷）	单　产（公斤/公顷）	产　量（千吨）	面　积（万亩）	亩　产（市斤/亩）	产　量（万担）	面　积	产　量
52年合计	**11402**	**130.3**	**1486**	**17103**	**17.4**	**2972**	**100.0**	**100.0**
11年小计	**3157**	**108.6**	**343**	**4736**	**14.5**	**686**	**27.7**	**23.1**
占合计%	**27.7**		**23.1**					
1949	261	69.0	18	392	9.2	36	2.2	1.2
1950	283	98.9	28	425	13.2	56	2.5	1.9
1951	275	101.8	28	413	13.6	56	2.5	1.9
1952	280	142.9	40	420	19.0	80	2.5	2.7
1953	263	114.1	30	395	15.2	60	2.3	2.1
1954	275	101.8	28	413	13.6	56		1.9
1955	293	71.7	21	440	9.6	42	2.6	1.4
1956	300	116.7	35	450	15.6	70	2.7	2.4
1957	302	99.3	30	453	13.2	60	2.7	2.1
1958	313	137.4	43	470	18.3	86	2.8	2.9
1959	312	134.6	42	468	17.9	84	2.8	2.9
10年小计	**3246**	**118.3**	**384**	**4869**	**15.8**	**768**	**28.5**	**25.8**
占合计%	**28.5**		**25.8**					
1960	309	123.0	38	464	16.4	76	2.8	2.6
1961	309	119.7	37	464	16.0	74	2.8	2.5
1962	302	142.4	43	453	19.0	86	2.7	2.9
1963	258	112.4	29	387	15.0	58	2.3	2.0
1964	279	139.8	39	419	18.6	78	2.5	2.7
1965	258	112.4	29	387	15.0	58	2.3	2.0
1966	367	103.5	38	551	13.8	76	3.3	2.6
1967	409	107.6	44	614	14.3	88	3.6	3.0
1968	377	111.4	42	566	14.9	84	3.4	2.9
1969	378	119.0	45	567	15.9	90	3.4	3.1
10年小计	**2453**	**122.7**	**301**	**3680**	**16.4**	**602**	**21.5**	**20.3**
占合计%	**21.5**		**20.3**					
1970	371	124.0	46	557	16.5	92	3.3	3.2
1971	354	98.9	35	531	13.2	70	3.2	2.4
1972	364	123.6	45	546	16.5	90	3.2	3.1
1973	283	123.7	35	425	16.5	70	2.5	2.4
1974	283	137.8	39	425	18.4	78	2.5	2.7
1975	243	115.2	28	365	15.4	56	2.2	1.9
1976	136	132.4	18	204	17.6	36	1.2	1.2
1977	136	132.4	18	204	17.6	36	1.2	1.2
1978	162	135.8	22	243	18.1	44	1.4	1.5
1979	121	124.0	15	182	16.5	30	1.1	1.0
10年小计	**1232**	**176.1**	**217**	**1848**	**23.5**	**434**	**10.8**	**14.6**
占合计%	**10.8**		**14.6**					
1980	142	126.8	18	213	16.9	36	1.3	1.2
1981	142	133.8	19	213	17.8	38	1.3	1.3
1982	142	105.6	15	213	14.1	30	1.3	1.0
1983	142	105.6	15	213	14.1	30	1.3	1.0
1984	142	105.6	15	213	14.1	30	1.3	1.0
1985	142	119.7	17	213	16.0	34	1.3	1.2
1986	108	277.8	30	162	37.0	60	1.0	2.1
1987	82	390.2	32	123	52.0	64	0.7	2.2
1988	95	305.3	29	143	40.7	58	0.9	2.0
1989	95	284.2	27	143	37.9	54	0.9	1.9
11年小计	**1314**	**183.4**	**241**	**1971**	**24.5**	**482**	**11.5**	**16.2**
占合计%	**11.5**		**16.2**					
1990	95	294.7	28	143	39.3	56	0.9	1.9
1991	95	263.2	25	143	35.1	50	0.9	1.7
1992	86	151.2	13	129	20.2	26	0.8	0.9
1993	86	186.0	16	129	24.8	32	0.8	1.1
1994	77	220.8	17	116	29.4	34	0.7	1.2
1995	76	210.5	16	114	28.1	32	0.7	1.1
1996	76	223.7	17	114	29.8	34	0.7	1.2
1997	165	145.5	24	248	19.4	48	1.5	1.6
1998	198	151.5	30	297	20.2	60	1.8	2.1
1999	190	157.9	30	285	21.1	60	1.7	2.1
2000	170	147.1	25	255	19.6	50	1.5	1.7

7-2-28 苏丹历年棉花生产

年　度	国际单位			国内单位			占合计（%）	
	面积（千公顷）	单产（公斤/公顷）	产量（千吨）	面积（万亩）	亩产（市斤/亩）	产量（万担）	面积	产量
52年合计	**17773**	**396.8**	**7052**	**26660**	**52.9**	**14104**	**100.0**	**100.0**
11年小计	**3001**	**336.6**	**1010**	**4502**	**44.9**	**2020**	**16.9**	**14.3**
占合计%	**16.9**		**14.3**					
1949	174	385.1	67	261	51.3	134	1.0	1.0
1950	218	458.7	100	327	61.2	200	1.2	1.4
1951	231	268.4	62	347	35.8	124	1.3	0.9
1952	249	333.3	83	374	44.4	166	1.4	1.2
1953	264	329.5	87	396	43.9	174	1.5	1.2
1954	279	315.4	88	419	42.1	176	1.6	1.3
1955	242	392.6	95	363	52.3	190	1.4	1.4
1956	309	414.2	128	464	55.2	256	1.7	1.8
1957	295	169.5	50	443	22.6	100	1.7	0.7
1958	359	356.5	128	539	47.5	256	2.0	1.8
1959	381	320.2	122	572	42.7	244	2.1	1.7
10年小计	**4477**	**361.4**	**1618**	**6716**	**48.2**	**3236**	**25.2**	**22.9**
占合计%	**25.2**		**22.9**					
1960	381	299.2	114	572	39.9	228	2.1	1.6
1961	381	304.5	116	572	40.6	232	2.1	1.6
1962	477	454.9	217	716	60.7	434	2.7	3.1
1963	448	363.8	163	672	48.5	326	2.5	2.3
1964	441	231.3	102	662	30.8	204	2.5	1.5
1965	448	334.8	150	672	44.6	300	2.5	2.1
1966	440	361.4	159	660	48.2	318	2.5	2.3
1967	487	386.0	188	731	51.5	376	2.7	2.7
1968	483	381.0	184	725	50.8	368	2.7	2.6
1969	491	458.2	225	737	61.1	450	2.8	3.2
10年小计	**4762**	**420.0**	**2000**	**7143**	**56.0**	**4000**	**26.8**	**28.4**
占合计%	**26.8**		**28.4**					
1970	528	465.9	246	792	62.1	492	3.0	3.5
1971	511	479.5	245	767	63.9	490	2.9	3.5
1972	505	473.3	239	758	63.1	478	2.8	3.4
1973	479	396.7	190	719	52.9	380	2.7	2.7
1974	502	456.2	229	753	60.8	458	2.8	3.3
1975	512	447.3	229	768	59.6	458	2.9	3.3
1976	402	308.5	124	603	41.1	248	2.3	1.8
1977	410	331.7	136	615	44.2	272	2.3	1.9
1978	478	466.5	223	717	62.2	446	2.7	3.2
1979	435	319.5	139	653	42.6	278	2.5	2.0
10年小计	**3628**	**434.4**	**1576**	**5442**	**57.9**	**3152**	**20.4**	**22.4**
占合计%	**20.4**		**22.4**					
1980	412	276.7	114	618	36.9	228	2.3	1.6
1981	392	247.4	97	588	33.0	194	2.2	1.4
1982	363	424.2	154	545	56.6	308	2.0	2.2
1983	392	512.8	201	588	68.4	402	2.2	2.9
1984	401	546.1	219	602	72.8	438	2.3	3.1
1985	364	549.5	200	546	73.3	400	2.1	2.8
1986	331	453.2	150	497	60.4	300	1.9	2.1
1987	348	468.4	163	522	62.5	326	2.0	2.3
1988	330	412.1	136	495	54.9	272	1.9	1.9
1989	295	481.4	142	443	64.2	284	1.7	2.0
11年小计	**1905**	**445.1**	**848**	**2858**	**59.4**	**1696**	**10.7**	**12.0**
占合计%	**10.7**		**12.0**					
1990	192	432.3	83	288	57.6	166	1.1	1.2
1991	179	530.7	95	269	70.8	190	1.0	1.4
1992	150	580.0	87	225	77.3	174	0.8	1.2
1993	123	406.5	50	185	54.2	100	0.7	0.7
1994	135	377.8	51	203	50.4	102	0.8	0.7
1995	247	449.4	111	371	59.9	222	1.4	1.6
1996	246	406.5	100	369	54.2	200	1.4	1.4
1997	162	537.0	87	243	71.6	174	0.9	1.2
1998	134	403.0	54	201	53.7	108	0.8	0.8
1999	171	286.5	49	257	38.2	98	1.0	0.7
2000	166	488.0	81	249	65.1	162	0.9	1.2

7-2-29　坦桑尼亚历年棉花生产

年　度	国际单位			国内单位			占合计（%）	
	面　积（千公顷）	单　产（公斤/公顷）	产　量（千吨）	面　积（万亩）	亩　产（市斤/亩）	产　量（万担）	面　积	产　量
52年合计	**15580**	**169.5**	**2641**	**23370**	**22.6**	**5282**	**100.0**	**100.0**
11年小计	**1215**	**180.2**	**219**	**1823**	**24.0**	**438**	**7.8**	**8.3**
占合计%	**7.8**		**8.3**					
1949	75	120.0	9	113	16.0	18	0.5	0.3
1950	77	116.9	9	116	15.6	18	0.5	0.3
1951	90	166.7	15	135	22.2	30	0.6	0.6
1952	84	166.7	14	126	22.2	28	0.5	0.5
1953	62	145.2	9	93	19.4	18	0.4	0.3
1954	101	188.1	19	152	25.1	38	0.7	0.7
1955	109	201.8	22	164	26.9	44	0.7	0.8
1956	121	198.3	24	182	26.4	48	0.8	0.9
1957	162	191.4	31	243	25.5	62	1.0	1.2
1958	162	191.4	31	243	25.5	62	1.0	1.2
1959	172	209.3	36	258	27.9	72	1.1	1.4
10年小计	**2930**	**186.0**	**545**	**4395**	**24.8**	**1090**	**18.8**	**20.6**
占合计%	**18.8**		**20.6**					
1960	192	177.1	34	288	23.6	68	1.2	1.3
1961	192	177.1	34	288	23.6	68	1.2	1.3
1962	192	203.1	39	288	27.1	78	1.2	1.5
1963	202	237.6	48	303	31.7	96	1.3	1.8
1964	202	262.4	53	303	35.0	106	1.3	2.0
1965	223	300.4	67	335	40.1	134	1.4	2.5
1966	452	177.0	80	678	23.6	160	2.9	3.0
1967	440	154.5	68	660	20.6	136	2.8	2.6
1968	400	127.5	51	600	17.0	102	2.6	1.9
1969	435	163.2	71	653	21.8	142	2.8	2.7
10年小计	**3756**	**166.1**	**624**	**5634**	**22.2**	**1248**	**24.1**	**23.6**
占合计%	**24.1**		**23.6**					
1970	400	162.5	65	600	21.7	130	2.6	2.5
1971	400	162.5	65	600	21.7	130	2.6	2.5
1972	400	162.5	65	600	21.7	130	2.6	2.5
1973	380	171.1	65	570	22.8	130	2.4	2.5
1974	380	194.7	74	570	26.0	148	2.4	2.8
1975	233	180.3	42	350	24.0	84	1.5	1.6
1976	364	184.1	67	546	24.5	134	2.3	2.5
1977	389	167.1	65	584	22.3	130	2.5	2.5
1978	405	138.3	56	608	18.4	112	2.6	2.1
1979	405	148.1	60	608	19.8	120	2.6	2.3
10年小计	**3741**	**156.6**	**586**	**5612**	**20.9**	**1172**	**24.0**	**22.2**
占合计%	**24.0**		**22.2**					
1980	364	162.1	59	546	21.6	118	2.3	2.2
1981	429	107.2	46	644	14.3	92	2.8	1.7
1982	360	122.2	44	540	16.3	88	2.3	1.7
1983	344	127.9	44	516	17.1	88	2.2	1.7
1984	340	141.2	48	510	18.8	96	2.2	1.8
1985	335	119.4	40	503	15.9	80	2.2	1.5
1986	424	172.2	73	636	23.0	146	2.7	2.8
1987	470	134.0	63	705	17.9	126	3.0	2.4
1988	415	204.8	85	623	27.3	170	2.7	3.2
1989	260	323.1	84	390	43.1	168	1.7	3.2
11年小计	**3938**	**169.4**	**667**	**5907**	**22.6**	**1334**	**25.3**	**25.3**
占合计%	**25.3**		**25.3**					
1990	389	154.2	60	584	20.6	120	2.5	2.3
1991	504	168.7	85	756	22.5	170	3.2	3.2
1992	430	169.8	73	645	22.6	146	2.8	2.8
1993	350	231.4	81	525	30.9	162	2.3	3.1
1994	172	279.1	48	258	37.2	96	1.1	1.8
1995	364	123.6	45	546	16.5	90	2.3	1.7
1996	439	191.3	84	659	25.5	168	2.8	3.2
1997	440	193.2	85	660	25.8	170	2.8	3.2
1998	350	114.3	40	525	15.2	80	2.3	1.5
1999	250	124.0	31	375	16.5	62	1.6	1.2
2000	250	140.0	35	375	18.7	70	1.6	1.3

7－2－30　乌干达历年棉花生产

年　度	国际单位			国内单位			占合计（%）	
	面　积（千公顷）	单　产（公斤/公顷）	产　量（千吨）	面　积（万亩）	亩　产（市斤/亩）	产　量（万担）	面　积	产　量
52 年合计	**26543**	**78.6**	**2087**	**39815**	**10.5**	**4174**	**100.0**	**100.0**
11 年小计	**7207**	**99.6**	**718**	**10811**	**13.3**	**1436**	**27.1**	**34.4**
占合计%	**27.1**		**34.4**					
1949	659	94.1	62	989	12.5	124	2.5	3.0
1950	603	104.5	63	905	13.9	126	2.3	3.0
1951	614	109.1	67	921	14.5	134	2.3	3.2
1952	596	97.3	58	894	13.0	116	2.3	2.8
1953	652	112.0	73	978	14.9	146	2.5	3.5
1954	704	76.7	54	1056	10.2	108	2.7	2.6
1955	642	101.2	65	963	13.5	130	2.4	3.1
1956	635	108.7	69	953	14.5	138	2.4	3.3
1957	654	105.5	69	981	14.1	138	2.5	3.3
1958	815	89.6	73	1223	11.9	146	3.1	3.5
1959	633	102.7	65	950	13.7	130	2.4	3.1
10 年小计	**7871**	**86.8**	**683**	**11807**	**11.6**	**1366**	**29.7**	**32.7**
占合计%	**29.7**		**32.7**					
1960	614	109.1	67	921	14.5	134	2.3	3.2
1961	614	109.1	67	921	14.5	134	2.3	3.2
1962	839	39.3	33	1259	5.2	66	3.2	1.6
1963	730	89.0	65	1095	11.9	130	2.8	3.1
1964	815	84.7	69	1223	11.3	138	3.1	3.3
1965	865	91.3	79	1298	12.2	158	3.3	3.8
1966	880	88.6	78	1320	11.8	156	3.3	3.7
1967	840	75.0	63	1260	10.0	126	3.2	3.0
1968	829	92.9	77	1244	12.4	154	3.1	3.7
1969	845	100.6	85	1268	13.4	170	3.2	4.1
10 年小计	**7044**	**63.9**	**450**	**10566**	**8.5**	**900**	**26.5**	**21.6**
占合计%	**26.5**		**21.6**					
1970	882	96.4	85	1323	12.8	170	3.3	4.1
1971	1100	68.2	75	1650	9.1	150	4.1	3.6
1972	1100	68.2	75	1650	9.1	150	4.1	3.6
1973	1112	70.1	78	1668	9.4	156	4.2	3.7
1974	504	71.4	36	756	9.5	72	1.9	1.7
1975	594	58.9	35	891	7.9	70	2.2	1.7
1976	497	50.3	25	746	6.7	50	1.9	1.2
1977	405	34.6	14	608	4.6	28	1.5	0.7
1978	567	35.3	20	851	4.7	40	2.1	1.0
1979	283	24.7	7	425	3.3	14	1.1	0.3
10 年小计	**2699**	**35.9**	**97**	**4049**	**4.8**	**194**	**10.2**	**4.6**
占合计%	**10.2**		**4.6**					
1980	202	39.6	8	303	5.3	16	0.8	0.4
1981	162	30.9	5	243	4.1	10	0.6	0.2
1982	450	33.3	15	675	4.4	30	1.7	0.7
1983	450	22.2	10	675	3.0	20	1.7	0.5
1984	528	36.0	19	792	4.8	38	2.0	0.9
1985	528	26.5	14	792	3.5	28	2.0	0.7
1986	81	98.8	8	122	13.2	16	0.3	0.4
1987	93	75.3	7	140	10.0	14	0.4	0.3
1988	99	60.6	6	149	8.1	12	0.4	0.3
1989	106	47.2	5	159	6.3	10	0.4	0.2
11 年小计	**1722**	**80.7**	**139**	**2583**	**10.8**	**278**	**6.5**	**6.7**
占合计%	**6.5**		**6.7**					
1990	116	34.5	4	174	4.6	8	0.4	0.2
1991	150	53.3	8	225	7.1	16	0.6	0.4
1992	174	40.2	7	261	5.4	14	0.7	0.3
1993	121	90.9	11	182	12.1	22	0.5	0.5
1994	114	105.3	12	171	14.0	24	0.4	0.6
1995	117	102.6	12	176	13.7	24	0.4	0.6
1996	125	104.0	13	188	13.9	26	0.5	0.62
1997	130	100.0	13	195	13.3	26	0.5	0.6
1998	175	85.7	15	263	11.4	30	0.7	0.7
1999	250	88.0	22	375	11.7	44	0.9	1.1
2000	250	88.0	22	375	11.7	44	0.9	1.1

7-2-31 尼日利亚历年棉花生产

年 度	国际单位			国内单位			占合计（%）	
	面 积（千公顷）	单 产（公斤/公顷）	产 量（千吨）	面 积（万亩）	亩 产（市斤/亩）	产 量（万担）	面 积	产 量
52 年合计	**18181**	**150.7**	**2740**	**27272**	**20.1**	**5480**	**100.0**	**100.0**
11 年小计	**615**	**422.8**	**260**	**923**	**56.4**	**520**	**3.4**	**9.5**
占合计%	**3.4**		**9.5**					
1949	205	73.2	15	308	9.8	30	1.1	0.6
1950	210	85.7	18	315	11.4	36	1.2	0.7
1951	200	110.0	22	300	14.7	44	1.1	0.8
1952			17			34		0.6
1953			26			52		1.0
1954			34			68		1.2
1955								
1956			25			50		0.9
1957			43			86		1.6
1958			30			60		1.1
1959			30			60		1.1
10 年小计	**3267**	**135.0**	**441**	**4901**	**18.0**	**882**	**18.0**	**16.1**
占合计%	**18.0**		**16.1**					
1960			51			102		1.9
1961	400	125.0	50	600	16.7	100	2.2	1.8
1962	300	93.3	28	450	12.4	56	1.7	1.0
1963	400	122.5	49	600	16.3	98	2.2	1.8
1964	380	115.8	44	570	15.4	88	2.1	1.6
1965	380	115.8	44	570	15.4	88	2.1	1.6
1966	380	113.2	43	570	15.1	86	2.1	1.6
1967	380	131.6	50	570	17.5	100	2.1	1.8
1968	300	90.0	27	450	12.0	54	1.7	1.0
1969	347	158.5	55	521	21.1	110	1.9	2.0
10 年小计	**5589**	**114.0**	**637**	**8384**	**15.2**	**1274**	**30.7**	**23.2**
占合计%	**30.7**		**23.2**					
1970	710	129.6	92	1065	17.3	184	3.9	3.4
1971	650	152.3	99	975	20.3	198	3.6	3.6
1972	600	176.7	106	900	23.6	212	3.3	3.9
1973	405	118.5	48	608	15.8	96	2.2	1.8
1974	384	78.1	30	576	10.4	60	2.1	1.1
1975	425	108.2	46	638	14.4	92	2.3	1.7
1976	526	116.0	61	789	15.5	122	2.9	2.2
1977	704	115.1	81	1056	15.3	162	3.9	3.0
1978	635	58.3	37	953	7.8	74	3.5	1.4
1979	550	67.3	37	825	9.0	74	3.0	1.4
10 年小计	**3728**	**63.0**	**235**	**5592**	**8.4**	**470**	**20.5**	**8.6**
占合计%	**20.5**		**8.6**					
1980	476	63.0	30	714	8.4	60	2.6	1.1
1981	445	60.7	27	668	8.1	54	2.5	1.0
1982	429	49.0	21	644	6.5	42	2.4	0.8
1983	405	49.4	20	608	6.6	40	2.2	0.7
1984	405	39.5	16	608	5.3	32	2.2	0.6
1985	405	44.4	18	608	5.9	36	2.2	0.7
1986	220	45.5	10	330	6.1	20	1.2	0.4
1987	285	98.2	28	428	13.1	56	1.6	1.0
1988	340	88.2	30	510	11.8	60	1.9	1.1
1989	318	110.1	35	477	14.7	70	1.8	1.3
11 年小计	**4982**	**234.2**	**1167**	**7473**	**31.2**	**2334**	**27.4**	**42.6**
占合计%	**27.4**		**42.6**					
1990	380	94.7	36	570	12.6	72	2.1	1.3
1991	430	139.5	60	645	18.6	120	2.4	2.2
1992	510	215.7	110	765	28.8	220	2.8	4.0
1993	430	255.8	110	645	34.1	220	2.4	4.0
1994	411	255.5	105	617	34.1	210	2.3	3.8
1995	439	262.0	115	659	34.9	230	2.4	4.2
1996	452	256.6	116	678	34.2	232	2.5	4.2
1997	422	213.3	90	633	28.4	180	2.3	3.3
1998	480	281.3	135	720	37.5	270	2.6	4.9
1999	514	282.1	145	771	37.6	290	2.8	5.3
2000	514	282.1	145	771	37.6	290	2.8	5.3

7－2－32　喀麦隆历年棉花生产

年　度	国际单位			国内单位			占合计（%）	
	面　积（千公顷）	单　产（公斤/公顷）	产　量（千吨）	面　积（万亩）	亩　产（市斤/亩）	产　量（万担）	面　积	产　量
52 年合计	**4202**	**360.3**	**1514**	**6303**	**48.0**	**3028**	**100.0**	**100.0**
11 年小计	**312**	**141.0**	**44**	**468**	**18.8**	**88**	**7.4**	**2.9**
占合计%	**7.4**		**2.9**					
1949	6			9			0.1	
1950								
1951								
1952	12	416.7	5	18	55.6	10	0.3	0.3
1953								
1954	39	128.2	5	59	17.1	10	0.9	0.3
1955	47	127.7	6	71	17.0	12	1.1	0.4
1956	50	120.0	6	75	16.0	12	1.2	0.4
1957	50	140.0	7	75	18.7	14	1.2	0.5
1958	57	122.8	7	86	16.4	14	1.4	0.5
1959	51	156.9	8	77	20.9	16	1.2	0.5
10 年小计	**835**	**219.2**	**183**	**1253**	**29.2**	**366**	**19.9**	**12.1**
占合计%	**19.9**		**12.1**					
1960	55	181.8	10	83	24.2	20	1.3	0.7
1961	63	158.7	10	95	21.2	20	1.5	0.7
1962	68	191.2	13	102	25.5	26	1.6	0.9
1963	73	219.2	16	110	29.2	32	1.7	1.1
1964	79	215.2	17	119	28.7	34	1.9	1.1
1965	92	206.5	19	138	27.5	38	2.2	1.3
1966	98	214.3	21	147	28.6	42	2.3	1.4
1967	98	183.7	18	147	24.5	36	2.3	1.2
1968	101	247.5	25	152	33.0	50	2.4	1.7
1969	108	314.8	34	162	42.0	68	2.6	2.3
10 年小计	**740**	**240.5**	**178**	**1110**	**32.1**	**356**	**17.6**	**11.7**
占合计%	**17.6**		**11.7**					
1970	102	147.1	15	153	19.6	30	2.4	1.0
1971	112	133.9	15	168	17.9	30	2.7	1.0
1972	115	147.8	17	173	19.7	34	2.7	1.1
1973	61	163.9	10	92	21.9	20	1.5	0.7
1974	65	230.8	15	98	30.8	30	1.6	1.0
1975	73	260.3	19	110	34.7	38	1.7	1.3
1976	60	300.0	18	90	40.0	36	1.4	1.2
1977	48	312.5	15	72	41.7	30	1.1	1.0
1978	47	489.4	23	71	65.2	46	1.1	1.5
1979	57	543.9	31	86	72.5	62	1.4	2.1
10 年小计	**774**	**492.2**	**381**	**1161**	**65.6**	**762**	**18.4**	**25.2**
占合计%	**18.4**		**25.2**					
1980	63	523.8	33	95	69.8	66	1.5	2.2
1981	63	476.2	30	95	63.5	60	1.5	2.0
1982	55	490.9	27	83	65.5	54	1.3	1.8
1983	71	521.1	37	107	69.5	74	1.7	2.4
1984	75	506.7	38	113	67.6	76	1.8	2.5
1985	77	519.5	40	116	69.3	80	1.8	2.6
1986	80	475.0	38	120	63.3	76	1.9	2.5
1987	85	529.4	45	128	70.6	90	2.0	3.0
1988	110	454.5	50	165	60.6	100	2.6	3.3
1989	95	452.6	43	143	60.4	86	2.3	2.8
11 年小计	**1541**	**472.4**	**728**	**2312**	**63.0**	**1456**	**36.67**	**48.1**
占合计%	**36.7**		**48.1**					
1990	94	500.0	47	141	66.7	94	2.24	3.1
1991	87	540.2	47	131	72.0	94	2.1	3.1
1992	99	535.4	53	149	71.4	106	2.4	3.5
1993	103	504.9	52	155	67.3	104	2.5	3.4
1994	130	546.2	71	195	72.8	142	3.1	4.7
1995	159	496.9	79	239	66.2	158	3.8	5.2
1996	159	496.9	79	239	66.2	158	3.8	5.2
1997	191	392.7	75	287	52.4	150	4.6	5.0
1998	173	433.5	75	260	57.8	150	4.1	5.0
1999	181	436.5	79	272	58.2	158	4.3	5.2
2000	165	430.3	71	248	57.4	142	3.9	4.7

7-2-33 大洋洲历年棉花生产

年度	国际单位 面积（千公顷）	国际单位 单产（公斤/公顷）	国际单位 产量（千吨）	国内单位 面积（万亩）	国内单位 亩产（市斤/亩）	国内单位 产量（万担）	占合计（%） 面积	占合计（%） 产量
52年合计	**5721**	**1296.5**	**7417**	**8577**	**172.9**	**14834**	**100.0**	**100.0**
11年小计	**50**	**160.0**	**8**	**75**	**21.3**	**16**	**0.9**	**0.1**
占合计%	**0.9**		**0.1**					
1949	1			2				
1950	1			2				
1951	1			2				
1952								
1953	4	250.0	1	6	33.3	2	0.1	
1954	3	333.3	1	5	44.4	2		
1955	5	200.0	1	8	26.7	2	0.1	
1956	4	250.0	1	6	33.3	2	0.1	
1957	4	250.0	1	6	33.3	2	0.1	
1958	7	142.9	1	11	19.0	2	0.1	
1959	20	100.0	2	30	13.3	4	0.4	
10年小计	**203**	**689.7**	**140**	**305**	**92**	**280**	**3.5**	**1.9**
占合计%	**3.5**		**1.9**					
1960	12	166.7	2	18	22.2	4	0.2	
1961	12	166.7	2	18	22.2	4	0.2	
1962	15	133.3	2	23	17.8	4	0.3	
1963	17	176.5	3	26	23.5	6	0.3	
1964	15	666.7	10	23	88.9	20	0.3	0.1
1965	25	760.0	19	38	100.0	38	0.38	0.3
1966	22	909.1	20	33	121.2	40	0.4	0.3
1967	22	772.7	17	33	103.0	34	0.4	0.2
1968	31	1032.3	32	47	137.6	64	0.5	0.4
1969	32	1031.3	33	48	137.5	66	0.6	0.4
10年小计	**378**	**894.2**	**338**	**567**	**119.2**	**676**	**6.6**	**4.6**
占合计%	**6.6**		**4.6**					
1970	31	903.2	28	47	120.4	56	0.5	0.4
1971	35	571.4	20	53	76.2	40	0.6	0.3
1972	40	1100.0	44	60	146.7	88	0.7	0.6
1973	43	744.2	32	65	99.2	64	0.8	0.4
1974	39	794.9	31	59	106.0	62	0.7	0.4
1975	34	970.6	33	51	129.4	66	0.6	0.4
1976	30	833.3	25	45	111.1	50	0.5	0.3
1977	34	823.5	28	51	109.8	56	0.6	0.4
1978	42	1047.6	44	63	139.7	88	0.7	0.6
1979	50	1060.0	53	75	141.3	106	0.9	0.7
10年小计	**1427**	**1295.7**	**1849**	**2141**	**172.8**	**3698**	**24.9**	**24.9**
占合计%	**24.9**		**24.9**					
1980	75	1106.7	83	113	147.6	166	1.3	1.1
1981	78	1269.2	99	117	169.2	198	1.4	1.3
1982	92	1456.5	134	138	194.2	268	1.6	1.8
1983	96	1052.1	101	144	140.3	202	1.7	1.4
1984	137	1029.2	141	206	137.2	282	2.4	1.9
1985	183	1360.7	249	275	181.4	498	3.2	3.4
1986	177	1457.6	258	266	194.4	516	3.1	3.5
1987	156	1371.8	214	234	182.9	428	2.7	2.9
1988	247	1149.8	284	371	153.3	568	4.3	3.8
1989	186	1537.6	286	279	205.0	572	3.3	3.9
11年小计	**3663**	**1387.4**	**5082**	**5495**	**185.0**	**10164**	**64.1**	**68.5**
占合计%	**64.1**		**68.5**					
1990	240	1204.2	289	360	160.6	578	4.2	3.9
1991	279	1469.5	410	419	195.9	820	4.9	5.5
1992	312	1503.2	469	468	200.4	938	5.5	6.3
1993	287	1299.7	373	431	173.3	746	5.0	5.0
1994	293	1122.9	329	440	149.7	658	5.1	4.4
1995	245	1293.9	317	368	172.5	634	4.3	4.3
1996	315	1209.5	381	473	161.3	762	5.5	5.1
1997	378	1608.5	608	567	214.5	1216	6.6	8.2
1998	381	1480.3	564	572	197.4	1128	6.7	7.6
1999	446	1421.5	634	669	189.5	1268	7.8	8.6
2000	487	1453.8	708	731	193.8	1416	8.5	9.6

7-2-34 澳大利亚历年棉花生产

年度	国际单位 面积（千公顷）	国际单位 单产（公斤/公顷）	国际单位 产量（千吨）	国内单位 面积（万亩）	国内单位 亩产（市斤/亩）	国内单位 产量（万担）	占合计（%） 面积	占合计（%） 产量
52 年合计	**5721**	**1296.5**	**7417**	**8577**	**172.9**	**14834**	**100.0**	**100.0**
11 年小计	**50**	**160.0**	**8**	**75**	**21.3**	**16**	**0.9**	**0.1**
占合计%	**0.9**		**0.1**					
1949	1			2				
1950	1			2				
1951	1			2				
1952								
1953	4	250.0	1	6	33.3	2	0.1	
1954	3	333.3	1	5	44.4	2		
1955	5	200.0	1	8	26.7	2	0.1	
1956	4	250.0	1	6	33.3	2	0.1	
1957	4	250.0	1	6	33.3	2	0.1	
1958	7	142.9	1	11	19.0	2	0.1	
1959	20	100.0	2	30	13.3	4	0.4	
10 年小计	**203**	**689.7**	**140**	**305**	**92**	**280**	**3.5**	**1.9**
占合计%	**3.5**		**1.9**					
1960	12	166.7	2	18	22.2	4	0.2	
1961	12	166.7	2	18	22.2	4	0.2	
1962	15	133.3	2	23	17.8	4	0.3	
1963	17	176.5	3	26	23.5	6	0.3	
1964	15	666.7	10	23	88.9	20	0.3	0.1
1965	25	760.0	19	38	100.0	38	0.38	0.3
1966	22	909.1	20	33	121.2	40	0.4	0.3
1967	22	772.7	17	33	103.0	34	0.4	0.2
1968	31	1032.3	32	47	137.6	64	0.5	0.4
1969	32	1031.3	33	48	137.5	66	0.6	0.4
10 年小计	**378**	**894.2**	**338**	**567**	**119.2**	**676**	**6.6**	**4.6**
占合计%	**6.6**		**4.6**					
1970	31	903.2	28	47	120.4	56	0.5	0.4
1971	35	571.4	20	53	76.2	40	0.6	0.3
1972	40	1100.0	44	60	146.7	88	0.7	0.6
1973	43	744.2	32	65	99.2	64	0.8	0.4
1974	39	794.9	31	59	106.0	62	0.7	0.4
1975	34	970.6	33	51	129.4	66	0.6	0.4
1976	30	833.3	25	45	111.1	50	0.5	0.3
1977	34	823.5	28	51	109.8	56	0.6	0.4
1978	42	1047.6	44	63	139.7	88	0.7	0.6
1979	50	1060.0	53	75	141.3	106	0.9	0.7
10 年小计	**1427**	**1295.7**	**1849**	**2141**	**172.8**	**3698**	**24.9**	**24.9**
占合计%	**24.9**		**24.9**					
1980	75	1106.7	83	113	147.6	166	1.3	1.1
1981	78	1269.2	99	117	169.2	198	1.4	1.3
1982	92	1456.5	134	138	194.2	268	1.6	1.8
1983	96	1052.1	101	144	140.3	202	1.7	1.4
1984	137	1029.2	141	206	137.2	282	2.4	1.9
1985	183	1360.7	249	275	181.4	498	3.2	3.4
1986	177	1457.6	258	266	194.4	516	3.1	3.5
1987	156	1371.8	214	234	182.9	428	2.7	2.9
1988	247	1149.8	284	371	153.3	568	4.3	3.8
1989	186	1537.6	286	279	205.0	572	3.3	3.9
11 年小计	**3663**	**1387.4**	**5082**	**5495**	**185.0**	**10164**	**64.1**	**68.5**
占合计%	**64.1**		**68.5**					
1990	240	1204.2	289	360	160.6	578	4.2	3.9
1991	279	1469.5	410	419	195.9	820	4.9	5.5
1992	312	1503.2	469	468	200.4	938	5.5	6.3
1993	287	1299.7	373	431	173.3	746	5.0	5.0
1994	293	1122.9	329	440	149.7	658	5.1	4.4
1995	245	1293.9	317	368	172.5	634	4.3	4.3
1996	315	1209.5	381	473	161.3	762	5.5	5.1
1997	378	1608.5	608	567	214.5	1216	6.6	8.2
1998	381	1480.3	564	572	197.4	1128	6.7	7.6
1999	446	1421.5	634	669	189.5	1268	7.8	8.6
2000	487	1453.8	708	731	193.8	1416	8.5	9.6

7－2－35 中亚小计历年棉花生产

年 度	国际单位			国内单位			占合计（%）	
	面积（千公顷）	单产（公斤/公顷）	产量（千吨）	面积（万亩）	亩产（市斤/亩）	产量（万担）	面积	产量
52年合计	**30561**	**667.8**	**20409**	**45842**	**89.0**	**40818**	**100.0**	**100.0**
11年小计								
占合计%								
1949								
1950								
1951								
1952								
1953								
1954								
1955								
1956								
1957								
1958								
1959								
10年小计								
占合计%								
1960								
1961								
1962								
1963								
1964								
1965								
1966								
1967								
1968								
1969								
10年小计								
占合计%								
1970								
1971								
1972								
1973								
1974								
1975								
1976								
1977								
1978								
1979								
10年小计								
占合计%								
1980								
1981								
1982								
1983								
1984								
1985								
1986								
1987								
1988								
1989								
11年小计	**30561**	**667.8**	**20409**	**45842**	**89.0**	**40818**	**100.0**	**100.0**
占合计%	**100.0**		**100.0**	**100.0**		**100.0**		
1990	3171	817.7	2593	4757	109.0	5186	10.4	12.7
1991	3009	800.9	2410	4514	106.8	4820	9.9	11.8
1992	2886	701.0	2023	4329	93.5	4046	9.4	9.9
1993	2903	697.9	2026	4355	93.1	4052	9.5	9.9
1994	2732	719.6	1966	4098	95.9	3932	8.9	9.6
1995	2721	712.6	1939	4082	95.0	3878	8.9	9.5
1996	2585	582.6	1506	3878	77.7	3012	8.5	7.4
1997	2639	588.1	1552	3959	78.4	3104	8.6	7.6
1998	2659	574.3	1527	3989	76.6	3054	8.7	7.5
1999	2652	560.0	1485	3978	74.7	2970	8.7	7.3
2000	2604	530.7	1382	3906	70.8	2764	8.5	6.8

7-2-36 阿塞拜疆历年棉花生产

年度	国际单位			国内单位			占合计（%）	
	面积（千公顷）	单产（公斤/公顷）	产量（千吨）	面积（万亩）	亩产（市斤/亩）	产量（万担）	面积	产量
52年合计	**2224**	**4438**	**987**	**3336**	**59.2**	**1974**	**100.0**	**100.0**
11年小计								
占合计%								
1949								
1950								
1951								
1952								
1953								
1954								
1955								
1956								
1957								
1958								
1959								
10年小计								
占合计%								
1960								
1961								
1962								
1963								
1964								
1965								
1966								
1967								
1968								
1969								
10年小计								
占合计%								
1970								
1971								
1972								
1973								
1974								
1975								
1976								
1977								
1978								
1979								
10年小计								
占合计%								
1980								
1981								
1982								
1983								
1984								
1985								
1986								
1987								
1988								
1989								
11年小计	**2224**	**443.8**	**987**	**3336**	**59.2**	**1974**	**100.0**	**100.0**
占合计%	**100.0**		**23.2**	**100.0**		**100.0**		
1990	264	681.8	180	270	90.9	360	11.9	18.2
1991	245	722.4	177	266	96.3	354	11.0	17.9
1992	233	476.4	111	167	63.5	222	10.5	11.3
1993	224	424.1	95	143	56.5	190	10.1	9.6
1994	214	434.6	93	140	57.9	186	9.6	9.4
1995	210	395.2	83	125	52.7	166	9.4	8.4
1996	213	347.4	74	111	46.3	148	9.6	7.5
1997	212	219.4	69	104	43.4	138	9.5	7.0
1998	155	308.5	34	51	29.2	68	7.0	3.5
1999	94	262.5	29	44	41.1	58	4.2	2.9
2000	160	263	42	63	35.0	84	7.2	4.3

7－2－37　哈萨克斯坦历年棉花生产

年　度	国际单位			国内单位			占合计（%）	
	面　积（千公顷）	单　产（公斤/公顷）	产　量（千吨）	面　积（万亩）	亩　产（市斤/亩）	产　量（万担）	面　积	产　量
52年合计	**1298**	**619.4**	**804**	**1947**	**82.6**	**1608**	**100.0**	**100.0**
11年小计								
占合计%								
1949								
1950								
1951								
1952								
1953								
1954								
1955								
1956								
1957								
1958								
1959								
10年小计								
占合计%								
1960								
1961								
1962								
1963								
1964								
1965								
1966								
1967								
1968								
1969								
10年小计								
占合计%								
1970								
1971								
1972								
1973								
1974								
1975								
1976								
1977								
1978								
1979								
10年小计								
占合计%								
1980								
1981								
1982								
1983								
1984								
1985								
1986								
1987								
1988								
1989								
11年小计	**1298**	**619.4**	**804**	**1947**	**82.6**	**1608**	**100.0**	**100.0**
占合计%	**100.0**		**18.9**			**100.0**		
1990	120	850.0	102	180	113.3	204	9.2	12.7
1991	117	803.4	94	176	107.1	188	9.0	11.7
1992	112	678.6	76	168	90.5	152	8.6	9.4
1993	110	545.5	60	165	72.7	120	8.5	7.5
1994	111	558.6	62	167	74.5	124	8.6	7.7
1995	110	627.3	69	165	83.6	138	8.5	8.6
1996	106	745.3	79	159	99.4	158	8.2	9.8
1997	104	586.5	61	156	78.2	122	8.0	7.6
1998	115	426.1	49	173	56.8	98	8.8	6.1
1999	141	531.9	75	212	70.9	150	10.9	9.3
2000	152	506.6	77	228	67.5	154	11.7	9.6

7－2－38 吉尔吉斯坦历年棉花生产

年 度	国际单位			国内单位			占合计（%）	
	面 积（千公顷）	单 产（公斤/公顷）	产 量（千吨）	面 积（万亩）	亩 产（市斤/亩）	产 量（万担）	面 积	产 量
52 年合计	**315**	**759.9**	**239.0**	**473**	**101.2**	**478**	**100.0**	**100.0**
11 年小计								
占合计%								
1949								
1950								
1951								
1952								
1953								
1954								
1955								
1956								
1957								
1958								
1959								
10 年小计								
占合计%								
1960								
1961								
1962								
1963								
1964								
1965								
1966								
1967								
1968								
1969								
10 年小计								
占合计%								
1970								
1971								
1972								
1973								
1974								
1975								
1976								
1977								
1978								
1979								
10 年小计								
占合计%								
1980								
1981								
1982								
1983								
1984								
1985								
1986								
1987								
1988								
1989								
11 年小计	**315**	**758.7**	**239**	**473**	**75.9**	**1648**	**100.0**	**100.0**
占合计%	**100.0**		**5.6**	**100.0**				
1990	30	833.3	25	45	83.3	167	9.5	10.5
1991	26	730.8	19	39	73.1	146	8.3	7.9
1992	22	636.4	14	33	63.6	127	7.0	5.9
1993	20	650.0	13	30	65.0	130	6.3	5.4
1994	26	653.8	17	39	65.4	131	8.3	7.1
1995	33	727.3	24	50	72.7	145	10.5	10.0
1996	32	687.5	22	48	68.8	138	10.2	9.2
1997	25	800.0	20	38	80.0	160	7.9	8.4
1998	32	750.0	24	48	75.0	150	10.2	10.0
1999	35	800.0	28	53	80.0	160	11.1	11.7
2000	34	970.6	33	51	97.1	194	10.8	13.8

7－2－39 塔吉克斯坦历年棉花生产

年　度	国际单位			国内单位			占合计（%）	
	面积 （千公顷）	单产 （公斤/公顷）	产量 （千吨）	面积 （万亩）	亩产 （市斤/亩）	产量 （万担）	面积	产量
52年合计	**2966**	**487**	**1443**	**4449**	**64.9**	**2886**	**100.0**	**100.0**
11年小计								
占合计%								
1949								
1950								
1951								
1952								
1953								
1954								
1955								
1956								
1957								
1958								
1959								
10年小计								
占合计%								
1960								
1961								
1962								
1963								
1964								
1965								
1966								
1967								
1968								
1969								
10年小计								
占合计%								
1970								
1971								
1972								
1973								
1974								
1975								
1976								
1977								
1978								
1979								
10年小计								
占合计%								
1980								
1981								
1982								
1983								
1984								
1985								
1986								
1987								
1988								
1989								
11年小计	**2966**	**486.5**	**1443**	**4449**	**64.9**	**2886**	**100.0**	**100.0**
占合计%				**100.0**		**100.0**		
1990	304	305.9	93	456	40.8	186	10.3	6.4
1991	299	826.1	247	449	110.1	494	10.1	17.1
1992	285	442.1	126	428	58.9	252	9.6	8.7
1993	275	545.5	150	413	72.7	300	9.3	10.4
1994	283	533.6	151	425	71.1	302	9.5	10.5
1995	270	440.7	119	405	58.8	238	9.1	8.3
1996	228	521.9	119	342	69.6	238	7.7	8.3
1997	218	605.5	132	327	80.7	264	7.4	9.2
1998	245	469.4	115	368	62.6	230	8.3	8.0
1999	317	309.1	98	476	41.2	196	10.7	6.8
2000	242	384.3	93	363	51.2	186	8.2	6.4

7－2－40 土库曼斯坦历年棉花生产

年　度	国际单位			国内单位			占合计（%）	
	面　积（千公顷）	单　产（公斤/公顷）	产　量（千吨）	面　积（万亩）	亩　产（市斤/亩）	产　量（万担）	面　积	产　量
52 年合计	**6339**	**524**	**3323**	**9509**	**69.9**	**6646**	**100.0**	**100.0**
11 年小计								
占合计%								
1949								
1950								
1951								
1952								
1953								
1954								
1955								
1956								
1957								
1958								
1959								
10 年小计								
占合计%								
1960								
1961								
1962								
1963								
1964								
1965								
1966								
1967								
1968								
1969								
10 年小计								
占合计%								
1970								
1971								
1972								
1973								
1974								
1975								
1976								
1977								
1978								
1979								
10 年小计								
占合计%								
1980								
1981								
1982								
1983								
1984								
1985								
1986								
1987								
1988								
1989								
11 年小计	**6339**	**524.2**	**3323**	**9509**	**69.9**	**6646**	**100.0**	**100.0**
占合计%				**100.0**		**100.0**		
1990	623	701.4	437	935	93.5	874	9.8	13.2
1991	602	714.3	430	903	95.2	860	9.5	12.9
1992	567	687.8	390	851	91.7	780	8.9	11.7
1993	579	694.3	402	869	92.6	804	9.1	12.1
1994	559	688.7	385	839	91.8	770	8.8	11.6
1995	607	624.4	379	911	83.3	758	9.6	11.4
1996	519	252.4	131	779	33.7	262	8.2	3.9
1997	580	327.6	190	870	43.7	380	9.2	5.7
1998	580	272.4	158	870	36.3	316	9.2	4.8
1999	548	427.0	234	822	56.9	468	8.6	7.0
2000	575	325.2	187	863	43.4	374	9.1	5.6

7－2－41　乌兹别克斯坦历年棉花生产

年　度	国际单位			国内单位			占合计（%）	
	面　积 （千公顷）	单　产 （公斤/公顷）	产　量 （千吨）	面　积 （万亩）	亩　产 （市斤/亩）	产　量 （万担）	面　积	产　量
52 年合计	**17419**	**772**	**13450**	**26129**	**103.0**	**26900**	**100.0**	**100.0**
11 年小计								
占合计%								
1949								
1950								
1951								
1952								
1953								
1954								
1955								
1956								
1957								
1958								
1959								
10 年小计								
占合计%								
1960								
1961								
1962								
1963								
1964								
1965								
1966								
1967								
1968								
1969								
10 年小计								
占合计%								
1970								
1971								
1972								
1973								
1974								
1975								
1976								
1977								
1978								
1979								
10 年小计								
占合计%								
1980								
1981								
1982								
1983								
1984								
1985								
1986								
1987								
1988								
1989								
11 年小计	**17419**	**772.1**	**13450**	**26129**	**103.0**	**26900**	**100.0**	**100.0**
占合计%				**100.0**		**100.0**		
1990	1830	870.5	1593	2745	116.1	3186	10.5	11.8
1991	1720	839.0	1443	2580	111.9	2886	9.9	10.7
1992	1667	783.4	1306	2501	104.5	2612	9.6	9.7
1993	1695	770.5	1306	2543	102.7	2612	9.7	9.7
1994	1539	817.4	1258	2309	109.0	2516	8.8	9.4
1995	1491	848.4	1265	2237	113.1	2530	8.6	9.4
1996	1487	727.0	1081	2231	96.9	2162	8.5	8.0
1997	1500	720.0	1080	2250	96.0	2160	8.6	8.0
1998	1532	748.7	1147	2298	99.8	2294	8.8	8.5
1999	1517	673.0	1021	2276	89.7	2042	8.7	7.6
2000	1441	659.3	950	2162	87.9	1900	8.3	7.1

7－3－1 世界七大产棉国

年度	棉花种植面积						
	世界面积（千公顷））	中国		美国		印度	
		面积（千顷）	比例（%）	面积（千顷）	比例（%）	面积（千顷）	比例（%）
52 年合计	**1717500**	**263087.1**	**15.3**	**285727**	**16.6**	**399482**	**23.3**
11 年小计	**361585**	**57129.5**	**15.8**	**86814**	**24.0**	**77532**	**21.4**
占合计%	**21.1**	**21.7**		**30.4**		**19.4**	
1949	29062	2770.0	9.5	11104	38.2	4918	16.9
1950	28128	3785.9	13.5	7221	25.7	5608	19.9
1951	34473	5484.6	15.9	10800	31.3	6121	17.8
1952	35105	5575.7	15.9	10489	29.9	6351	18.1
1953	33366	5180.0	15.5	9852	29.5	6890	20.7
1954	32588	5462.0	16.8	7790	23.9	7561	23.2
1955	34863	5772.7	16.6	6850	19.7	8086	23.2
1956	34460	6255.6	18.2	6319	18.3	8050	23.4
1957	33474	5775.3	17.3	5487	16.4	8092	24.2
1958	32912	5555.7	16.9	4795	14.6	8064	24.5
1959	33154	5511.9	16.6	6107	18.4	7791	23.5
10 年小计	**332116**	**46778.7**	**14.1**	**51461**	**15.5**	**78946**	**23.8**
占合计%	**19.3**	**17.8**		**18.0**		**19.8**	
1960	33400	5224.9	15.6	6195	18.6	7637	22.9
1961	33786	3870.3	11.5	6327	18.7	7978	23.6
1962	34094	3497.5	10.3	6301	18.5	7845	23.0
1963	34326	4409.5	12.8	5751	16.8	8160	23.8
1964	34696	4935.3	14.2	5688	16.4	8271	23.8
1965	34908	5003.2	14.3	5510	15.8	7827	22.4
1966	31707	4925.5	15.5	3866	12.2	7836	24.7
1967	30994	5097.7	16.4	3236	10.4	7995	25.8
1968	31505	4985.7	15.8	4112	13.1	7685	24.4
1969	32700	4829.1	14.8	4475	13.7	7712	23.6
10 年小计	**324950**	**48879.7**	**15.0**	**47898**	**14.7**	**75526**	**23.2**
占合计%	**18.9**	**18.6**		**16.8**		**18.9**	
1970	32684	4996.7	15.3	4514	13.8	7608	23.3
1971	32965	4923.5	14.9	4642	14.1	7800	23.7
1972	34033	4896.1	14.4	5254	15.4	7704	22.6
1973	33047	4942.1	15.0	4844	14.7	7608	23.0
1974	33465	5013.6	15.0	5086	15.2	7620	22.8
1975	30858	4955.5	16.1	3560	11.5	7487	24.3
1977	30138	4929.2	16.4	4416	14.7	6885	22.8
1976	32992	4844.7	14.7	5372	16.3	7815	23.7
1978	32578	4866.4	14.9	5018	15.4	7499	23.0
1979	32190	4511.8	14.0	5192	16.1	7500	23.3
10 年小计	**331271**	**53962.9**	**16.3**	**42383**	**12.8**	**75120**	**22.7**
占合计%	**19.3**	**20.5**		**14.8**		**18.8**	
1980	34558	4920.3	14.2	5348	15.5	8001	23.2
1981	34617	5185.1	15.0	5601	16.2	8057	23.3
1982	33707	5828.4	17.3	3939	11.7	8074	24.0
1983	32159	6077.3	18.9	2973	9.2	7721	24.0
1984	34932	6923.1	19.8	4200	12.0	7382	21.1
1985	34067	5140.3	15.1	4140	12.2	7581	22.3
1986	30657	4306.1	14.0	3427	11.2	6948	22.7
1987	30283	4844.2	16.0	4059	13.4	6459	21.3
1988	34079	5534.7	16.2	4835	14.2	7297	21.4
1989	32212	5203.3	16.2	3861	12.0	7600	23.6
11 年小计	**367578**	**56336.2**	**15.3**	**57171**	**15.6**	**92358**	**25.1**
占合计%	**21.4**	**21.4**		**20.0**		**23.1**	
1990	32984	5588.1	16.9	4747	14.4	7440	22.6
1991	34958	6538.5	18.7	5245	15.0	7695	22.0
1992	33689	6835.0	20.3	4502	13.4	7543	22.4
1993	30581	4985.3	16.3	5173	16.9	7440	24.3
1994	32037	5528.0	17.3	5391	16.8	7861	24.5
1995	35738	5421.6	15.2	6478	18.1	9063	25.4
1996	34645	4722.2	13.6	5208	15.0	9166	26.5
1997	33668	4491.4	13.3	5370	16.0	8850	26.3
1998	33435	4459.4	13.3	4324	12.9	9300	27.8
1999	32900	3725.5	11.3	5433	16.5	9000	27.4
2000	32943	4041.1	12.3	5300	16.1	9000	27.3

注：中国棉花生产数据为我国公布数据。

历年棉花面积占世界比重

棉花种植面积									
苏联		巴西		巴基斯坦		埃及		七国合计	
面积(千顷)	比例(%)	面积(千顷)	比例(%)	面积(千顷)	比例(%)	面积(千顷)	比例(%)	面积(千顷)	比例(%)
110621	**6.4**	**125381**	**7.3**	**104937**	**6.1**	**29505**	**1.7**	**1318740**	**76.8**
24406	**6.8**	**29140**	**8.1**	**14678**	**4.1**	**8177**	**2.3**	**297877**	**82.4**
22.1		**23.2**		**14.0**		**27.7**		**22.6**	
1841	6.3	2497	8.6	1158	4.0	711	2.5	24999	86.0
2307	8.2	2689	9.6	1218	4.3	829	3.0	23658	84.1
2722	7.9	2487	7.2	1366	4.0	832	2.4	29813	86.5
2833	8.1	3035	8.7	1403	4.0	826	2.4	30513	86.9
1862	5.6	2587	7.8	1185	3.6	556	1.7	28112	84.3
2185	6.7	2497	7.7	1289	4.0	663	2.0	27447	84.2
2198	6.3	2617	7.5	1431	4.1	763	2.2	27718	79.5
2065	6.0	2663	7.7	1453	4.2	694	2.0	27500	79.8
2092	6.3	2771	8.3	1473	4.4	764	2.3	26454	79.0
2149	6.5	2707	8.2	1338	4.1	800	2.4	25409	77.2
2152	6.5	2590	7.8	1364	4.1	739	2.2	26255	79.2
24187	**7.3**	**30091**	**9.1**	**15572**	**4.7**	**7236**	**2.2**	**254272**	**76.6**
21.9		**24.0**		**14.8**		**24.5**		**19.3**	
2192	6.56	2930	8.7	1312	3.9	787	2.4	26278	78.7
2335	6.91	3234	9.6	1412	4.2	834	2.5	25990	76.9
2387	7.00	3458	10.1	1390	4.1	696	2.0	25574	75.0
2480	7.22	3554	10.4	1486	4.3	684	2.0	26524	77.3
2461	7.09	3765	10.9	1481	4.3	677	2.0	27278	78.6
2442	7 00	4004	11.5	1569	4.5	798	2.3	27153	77.8
2463	7.8	2226	7.0	1609	5.1	781	2.5	23707	74.8
2442	7.9	2023	6.5	1800	5.8	683	2.2	23277	75.1
2445	7.8	2266	7.2	1757	5.6	615	2.0	23866	75.8
2540	7.8	2631	8.1	1756	5.4	681	2.01	24624	75.3
28866	**8.9**	**22986**	**7.1**	**19194**	**5.9**	**5946**	**1.8**	**249296**	**76.7**
26.1		**18.3**		**18.3**		**20.2**		**18.9**	
2746	8.4	2873	8.8	1747	5.4	683	2.1	25168	77.0
2770	8.4	2428	7.4	1957	5.9	641	1.9	25162	76.3
2735	8.0	2631	7.7	2025	6.0	652	1.9	25897	76.1
2742	8.3	2428	7.4	1845	5.6	672	2.0	25081	75.9
2880	8.6	2307	6.9	2031	6.1	610	1.8	25548	76.3
2924	9.5	2226	7.2	1882	6.1	565	1.8	23600	76.5
2949	9.8	1902	6.3	1865	6.2	524	1.7	23470	77.9
2992	9.1	2145	6.5	1843	5.6	598	1.8	25610	77.6
3038	9.3	2023	6.2	1918	5.9	499	1.5	24861	76.3
3090	9.6	2023	6.3	2081	6.5	502	1.6	24900	77.4
33162	**10.0**	**30274**	**9.1**	**23761**	**7.2**	**4424**	**1.3**	**263087**	**79.4**
30.0		**24.1**		**22.6**		**15.0**		**19.9**	
3147	9.1	3699	10.7	2109	6.1	523	1.5	27747	80.3
3168	9.2	3511	10.1	2215	6.4	495	1.4	28232	81.6
3188	9.5	3644	10.8	2263	6.7	448	1.3	27384	81.2
3192	9.9	2926	9.1	2277	7.1	420	1.3	25586	79.6
3341	9.6	3114	8.9	2242	6.4	415	1.2	27617	79.1
3316	9.7	3582	10.5	2364	6.9	415	1.2	26538	77.9
3475	11.3	3160	10.3	2505	8.2	443	1.5	24264	79.1
3527	11.7	1968	6.5	2568	8.5	412	1.4	23837	78.7
3432	10.1	2558	7.5	2619	7.7	426	1.3	26702	78.4
3376	10.5	2112	6.6	2599	8.1	427	1.3	25178	78.2
		12890	**3.5**	**31732**	**8.6**	**3722**	**1.01**	**254209**	**69.2**
		10.3		**30.2**		**12.6**		**19.3**	
		1904	5.8	2662	8.1	417	1.3	22758	69.0
		1830	5.2	2881	8.2	358	1.0	24547	70.2
		1877	5.6	2836	8.4	353	1.1	23946	71.1
		1060	3.5	2805	9.2	372	1.2	21835	71.4
		1181	3.7	2653	8.3	303	1.0	22917	71.5
		1191	3.3	2997	8.4	298	0.8	25449	71.2
		856	2.5	3149	9.1	387	1.1	23488	67.8
		662	2.0	2893	8.6	361	1.1	22627	67.2
		833	2.5	2923	8.7	331	1.0	22170	66.3
		672	2.0	2983	9.1	271	0.8	22085	67.1
		824	2.5	2950	9.0	271	0.8	22386	68.0

年　度	棉花产量						
	世界产量（千吨）	中国		美国		印度	
		产量（千吨）	比例（%）	产量（千吨）	比例（%）	产量（千吨）	比例（%）
52 年合计	**703871**	**141875.8**	**20.2**	**154539**	**22.0**	**66896**	**9.5**
11 年小计	**96909**	**13991.9**	**14.4**	**32948**	**34.0**	**7716**	**8.0**
占合计%	**13.8**	**9.9**		**21.3**		**11.5**	
1949	7231	444.4	6.1	3508	48.5	518	7.2
1950	6542	692.5	10.6	2171	33.2	593	9.1
1951	8062	1030.6	12.8	3281	40.7	685	8.5
1952	8363	1303.7	15.6	3282	39.2	557	6.7
1953	8699	1174.8	13.5	3570	41.0	700	8.0
1954	8636	1064.9	12.3	2970	34.4	752	8.7
1955	9726	1518.5	15.6	3205	33.0	711	7.3
1956	9486	1445.2	15.2	2898	30.6	842	8.9
1957	9326	1640.0	17.6	2387	25.6	843	9.0
1958	9986	1968.8	19.7	2506	25.1	833	8.3
1959	10852	1708.8	15.7	3170	29.2	682	6.3
10 年小计	**109234**	**16534.0**	**15.1**	**27629**	**25.3**	**9751**	**8.9**
占合计%	**15.5**	**11.7**		**17.9**		**14.6**	
1960	10800	1062.9	9.8	3107	28.8	958	8.9
1961	9835	747.8	7.6	3117	31.7	825	8.4
1962	10537	701.5	6.7	3237	30.7	955	9.1
1963	11282	1137.1	10.1	3339	29.6	989	8.8
1964	11428	1662.7	14.5	3305	28.9	1019	8.9
1965	11769	2097.8	17.8	3256	27.7	847	7.2
1966	10716	2336.8	21.8	2085	19.5	895	8.4
1967	10301	2354.0	22.9	1624	15.8	1149	11.2
1968	11304	2354.3	20.8	2384	21.1	1062	9.4
1969	11262	2079.3	18.5	2175	19.3	1052	9.3
10 年小计	**129778**	**22221.8**	**17.1**	**25615**	**19.7**	**11954**	**9.2**
占合计%	**18.4**	**15.7**		**16.6**		**17.9**	
1970	11726	2277.0	19.4	2219	18.9	954	8.1
1971	12181	2104.8	17.3	2281	18.7	1258	10.3
1972	13042	1958.2	15.0	2984	22.9	1164	8.9
1973	13398	2561.9	19.1	2825	21.1	1199	8.9
1974	14029	2460.7	17.5	2513	17.9	1290	9.2
1975	12319	2380.8	19.3	1807	14.7	1193	9.7
1977	12042	2055.5	17.1	2304	19.1	1030	8.6
1976	13833	2048.8	14.8	3133	22.6	1208	8.7
1978	13231	2167.0	16.4	2364	17.9	1349	10.2
1979	13977	2207.4	15.8	3185	22.8	1309	9.4
10 年小计	**160727**	**40037.2**	**24.9**	**27227**	**16.9**	**13586**	**8.5**
占合计%	**22.8**	**28.2**		**17.6**		**20.3**	
1980	13924	2706.7	19.4	2422	17.4	1292	9.3
1981	15281	2967.7	19.4	3406	22.3	1340	8.8
1982	14834	3598.5	24.3	2605	17.6	1281	8.6
1983	14330	4637.1	32.4	1692	11.8	1086	7.6
1984	18275	6258.4	34.2	2827	15.5	1447	7.9
1985	17166	4146.8	24.2	2924	17.0	1464	8.5
1986	15126	3540.4	23.4	2119	14.0	1174	7.8
1987	16479	4245.2	25.8	3214	19.5	1085	6.6
1988	18246	4148.7	22.7	3355	18.4	1477	8.1
1989	17181	3788.0	22.0	2663	15.5	1940	11.3
10 年小计	**207223**	**49090.9**	**23.7**	**41120**	**19.8**	**23889**	**11.5**
占合计%	**29.4**	**34.6**		**26.6**		**35.7**	
1990	18444	4507.8	24.4	3375	18.3	1671	9.1
1991	20669	5675.0	27.5	3835	18.6	1672	8.1
1992	18106	4508.4	24.9	3531	19.5	1969	10.9
1993	16859	3739.0	22.2	3512	20.8	2091	12.4
1994	18694	4340.0	23.2	4281	22.9	2355	12.6
1995	20307	4767.5	23.5	3897	19.2	2885	14.2
1996	19166	4203.3	21.9	4124	21.5	2423	12.6
1997	19900	4602.7	23.1	4092	20.6	2635	13.2
1998	18031	4501.1	25.0	3030	16.8	2074	11.5
1999	18211	3828.9	21.0	3694	20.3	2057	11.3
2000	18836	4417.4	23.5	3749	19.9	2057	10.9

历年棉花产量占世界比重

棉花产量									
苏联		巴西		巴基斯坦		埃及		七国合计	
产量(千吨)	比例(%)	产量(千吨)	比例(%)	产量(千吨)	比例(%)	产量(千吨)	比例(%)	产量(千吨)	比例(%)
84549	**12.0**	**28256**	**4.0**	**42490**	**6.0**	**20745**	**2.9**	**539351**	**76.6**
14668		**4478**	**4.6**	**3120**	**3.2**	**4212**	**4.3**	**81134**	**83.7**
17.3	**15.1**	**15.8**		**7.3**		**20.30**	**92**	**15.0**	
871	12.0	396	5.5	221	3.1	387	5.4	6345	87.8
1132	17.3	393	6.0	264	4.0	382	5.8	5627	86.0
1219	15.1	349	4.3	282	3.5	363	4.5	7210	89.4
1263	15.1	515	6.2	319	3.8	446	5.3	7686	91.9
1328	15.3	375	4.3	256	2.9	318	3.7	7722	88.8
1415	16.4	395	4.6	284	3.3	348	4.0	7229	83.7
1365	14.0	428	4.4	309	3.2	335	3.4	7871	80.9
1515	16.0	400	4.2	309	3.3	325	3.4	7734	81.5
1485	15.9	397	4.3	306	3.3	405	4.3	7463	80.0
1495	15.0	381	3.8	275	2.8	446	4.5	7905	79.2
1580	14.6	449	4.1	295	2.7	457	4.2	8342	76.9
17968	**16.4**	**5985**	**5.5**	**4263**	**3.9**	**4607**	**4.2**	**86737**	**79.4**
21.3		**21.2**		**10.0**		**22.2**	**104**	**16.1**	
1485	13.8	536	5.0	304	2.8	478	4.4	7931	73.4
1528	15.5	609	6.2	327	3.3	336	3.4	7490	76.2
1485	14.1	634	6.0	369	3.5	457	4.3	7839	74.4
1756	15.6	652	5.8	421	3.7	442	3.9	8736	77.4
1800	15.8	590	5.2	380	3.3	504	4.4	9261	81.0
1908	16.2	662	5.6	417	3.5	520	4.4	9708	82.5
2056	19.2	542	5.1	457	4.3	455	4.2	8827	82.4
2040	19.8	444	4.3	520	5.0	437	4.2	8568	83.2
1995	17.6	596	5.3	529	4.7	437	3.9	9357	82.8
1915	17.0	720	6.4	539	4.8	541	4.8	9021	80.1
25365	**19.5**	**5540**	**4.3**	**5947**	**4.6**	**4576**	**3.5**	**101219**	**78.0**
30		**19.6**		**14**		**22.1**		**18.8**	
2343	20.0	673	5.7	557	4.8	509	4.3	9532	81.3
2353	19.3	499	4.1	708	5.8	510	4.2	9714	79.7
2418	18.5	672	5.2	701	5.4	514	3.9	10411	79.8
2424	18.1	640	4.8	659	4.9	490	3.7	10799	80.6
2661	19.0	564	4.0	634	4.5	441	3.1	10564	75.3
2648	21.5	515	4.2	514	4.2	382	3.1	9440	76.6
2590	21.5	396	3.3	418	3.5	399	3.3	9192	76.3
2697	19.5	555	4.0	553	4.0	409	3.0	10604	76.7
2731	20.6	477	3.6	475	3.6	438	3.3	10001	75.6
2500	17.9	549	3.9	728	5.2	484	3.5	10962	78.4
26548	**16.5**	**6713**	**4.2**	**10645**	**6.6**	**4101**	**2.6**	**128857**	**80.2**
31.4		**23.8**		**25.1**		**19.8**		**23.9**	
2804	20.1	553	4.0	715	5.1	529	3.8	11022	79.2
2894	18.9	571	3.7	748	4.9	499	3.3	12426	81.3
2786	18.8	639	4.3	824	5.6	460	3.1	12193	82.2
2586	18.0	552	3.9	500	3.5	400	2.8	11453	79.9
2343	12.8	723	4.0	1009	5.5	400	2.2	15007	82.1
2642	15.4	926	5.4	1217	7.1	435	2.5	13755	80.1
2647	17.5	735	4.9	1320	8.7	419	2.8	11954	79.0
2460	14.9	552	3.3	1430	8.7	352	2.1	13338	80.9
2700	14.8	837	4.6	1426	7.8	311	1.7	14255	78.1
2686	15.6	625	3.6	1456	8.5	296	1.7	13454	78.3
		5540	**2.7**	**18515**	**8.9**	**3249**	**1.6**	**141404**	**68.2**
		19.6		**43.6**		**15.7**		**26.2**	
		660	3.6	1637	8.9	303	1.6	12154	65.9
		675	3.3	2177	10.5	302	1.5	14336	69.4
		651	3.6	1540	8.5	357	2.0	12556	69.3
		405	2.4	1368	8.1	416	2.5	11531	68.4
		501	2.7	1479	7.9	255	1.4	13211	70.7
		510	2.5	1802	8.9	237	1.2	14099	69.4
		360	1.9	1594	8.3	346	1.8	13050	68.1
		292	1.5	1598	8.0	342	1.7	13562	68.1
		387	2.1	1496	8.3	230	1.3	11718	65.0
		467	2.6	1912	10.5	233	1.3	12192	66.9
		632	3.4	1912	10.2	228	1.2	12995	69.0

附录1　全国各地区2001年棉花生产收购

地　区	国内单位				国际单位				占全国合计(%)		
	棉田面积（万亩）	亩　产（市斤）	产　量（万担）	收购量（万担）	棉田面积（千顷）	单　产（公斤/公顷）	产　量（千吨）	收购量（千吨）	面　积	产　量	收购量
全国合计	**7214.28**	**147.58**	**10646.90**	**7248.21**	**4809.5**	**1106.9**	**5323.5**	**3624.1**	**100.0**	**100.0**	**100.0**
南方产区	**2113.28**	**144.26**	**3048.70**	**1835.44**	**1408.9**	**1082.0**	**1524.4**	**917.7**	**29.3**	**28.6**	**25.3**
上　海	1.65	175.76	2.90	1.83	1.1	1363.6	1.5	0.9			
浙　江	41.55	152.11	63.20	16.30	27.7	1140.8	31.6	8.2	0.6	0.6	0.2
江　苏	576.00	159.90	921.00	641.00	384.0	1199.2	460.5	320.5	8.0	8.7	8.8
湖　北	520.10	143.63	747.00	327.31	346.7	1077.3	373.5	163.7	7.2	7.0	4.5
安　徽	544.50	131.13	714.00	480.00	363.0	983.5	357.0	240.0	7.5	6.7	6.6
四　川	99.60	59.84	59.60	20.00	66.4	448.8	29.8	10.0	1.4	0.6	0.3
江　西	105.78	152.20	161.00	54.00	70.5	1141.5	80.5	27.0	1.5	1.5	0.7
湖　南	224.10	169.57	380.00	295.00	149.4	1271.8	190.0	147.5	3.1	3.6	4.1
北方产区	**4934.60**	**147.01**	**7254.30**	**5320.30**	**3289.7**	**1102.6**	**3627.2**	**2660.2**	**68.4**	**68.1**	**73.4**
河　北	627.80	133.58	838.60	488.00	418.5	1001.8	419.3	244.0	8.7	27.5	26.6
山　东	1103.10	141.60	1562.00	1174.00	735.4	1062.0	781.0	587.0	15.3	14.7	16.2
河　南	1287.30	128.59	1655.40	731.30	858.2	964.5	827.7	365.7	17.8	15.5	10.1
陕　西	75.60	131.88	99.70	70.00	50.4	989.1	49.9	35.0	1.0	0.9	1.0
山　西	135.20	123.96	167.60	138.00	90.1	929.7	83.8	69.0	1.9	1.6	1.9
新　疆	1694.60	172.08	2916.00	2691.80	1129.7	1290.6	1458.0	1345.9	23.5	27.4	37.1
其中:兵团	679.10	188.16	1277.80	1030.60	452.7	1411.2	638.9	515.3	9.4	12.0	14.2
辽　宁	11.00	136.36	15.00	27.20	7.3	1022.7	7.5	13.6	0.2	0.1	0.4
分散产区	**166.40**	**206.67**	**343.90**	**92.47**	**110.9**	**1550.0**	**172.0**	**46.2**	**2.3**	**3.3**	**1.3**
甘　肃	85.40	231.85	198.00	82.47	56.9	1738.9	99.0	41.2	1.2	1.9	1.1
天　津	67.50	188.44	127.20	10.00	45.0	1413.3	63.6	5.0	0.9	1.2	0.1
北　京	4.40	154.55	6.80		2.9	1159.1	3.4		0.1	0.1	
云　南	1.50	60.00	0.90		1.0	450.0	0.5				
其他产区	7.50	146.67	11.00		5.0	1100.0	5.5		0.1	0.1	

附录2　全国各地区2002年棉花生产收购

地　区	国内单位				国际单位				占全国合计(%)		
	棉田面积（万亩）	亩产（市斤）	产量（万担）	收购量（万担）	棉田面积（千顷）	单产（公斤/公顷）	产量（千吨）	收购量（千吨）	面积	产量	收购量
全国合计	**6276.25**	**156.66**	**9832.60**	**5851.70**	**4184.2**	**1174.9**	**4916.2**	**2925.9**	**100.00**	**100.00**	**100.00**
南方产区	**1743.70**	**147.87**	**2578.40**	**1185.90**	**1162.5**	**1109.0**	**1289.2**	**593.0**	**27.8**	**26.2**	**20.3**
上　海	1.20	150.00	1.80	2.00	0.8	1125.0	0.9	1.0			
浙　江	28.05	159.71	44.80	12.50	18.7	1197.9	22.4	6.3	0.5	0.5	0.2
江　苏	467.70	155.14	725.60	301.00	311.8	1163.6	362.8	150.5	7.5	7.4	5.1
湖　北	439.50	146.80	645.20	212.00	293.0	1101.0	322.6	106.0	7.0	6.6	3.6
安　徽	481.80	139.89	674.00	380.00	321.2	1049.2	337.0	190.0	7.7	6.9	6.5
四　川	49.35	95.64	47.20	25.00	32.9	717.3	23.6	12.5	0.8	0.5	0.4
江　西	82.30	162.58	133.80	70.40	54.9	1218.6	66.9	35.2	1.3	1.4	1.2
湖　南	193.80	157.89	306.00	183.00	129.2	1184.2	153.0	91.5	3.1	3.1	3.1
北方产区	**4391.10**	**158.79**	**6972.80**	**4597.70**	**2927.4**	**1191.0**	**3486.5**	**2298.9**	**70.0**	**70.9**	**78.6**
河　北	611.10	131.53	803.80	315.00	407.4	986.5	401.9	157.5	9.7	8.2	5.4
山　东	997.35	144.78	1444.00	926.00	664.9	1085.9	722.0	463.0	15.9	14.7	15.8
河　南	1189.50	128.59	1529.60	502.60	793.0	964.6	764.9	251.3	19.0	15.6	8.6
陕　西	64.20	133.96	86.00	70.00	42.8	1004.7	43.0	35.0	1.0	0.9	1.2
山　西	108.45	137.76	149.40	130.00	72.3	1033.2	74.7	65.0	1.7	1.5	2.2
新　疆	1416.00	208.62	2954.00	2642.10	944.0	1564.6	1477.0	1321.1	22.6	30.0	45.2
其中:兵团	656.00	242.71	1592.20	1280.00	437.3	1820.4	796.1	640.0	10.5	16.2	21.9
辽　宁	4.50	133.33	6.00	12.00	3.0	1000.0	3.0	6.0	0.1	0.1	0.2
分散产区	**141.45**	**198.94**	**281.40**	**68.10**	**94.3**	**1489.9**	**140.5**	**34.1**	**2.3**	**2.9**	**1.2**
甘　肃	60.60	229.70	139.20	51.60	40.4	1722.8	69.6	25.8	1.0	1.4	0.9
天　津	67.20	185.71	124.80	16.50	44.8	1392.9	62.4	8.3	1.1	1.3	0.3
北　京	4.65	150.54	7.00		3.1	1129.0	3.5		0.1	0.1	
云　南	1.50	40.00	0.60		1.0	400.0	0.4				
其他产区	7.50	130.67	9.80		5.0	920.0	4.6		0.1	0.1	

附录3　全国各地区2003年棉花生产收购

地　区	国内单位				国际单位				占全国合计(%)		
	棉田面积（万亩）	亩产（市斤）	产量（万担）	收购量（万担）	棉田面积（千顷）	单产（公斤/公顷）	产量（千吨）	收购量（千吨）	面积	产量	收购量
全国合计	**7665.90**	**127.38**	**9764.50**	**5516.66**	**5110.6**	**951.0**	**4860.1**	**2758.3**	**100.00**	**100.00**	**100.00**
南方产区	**2052.90**	**116.15**	**2384.50**	**891.50**	**1368.6**	**835.2**	**1143.1**	**445.8**	**26.8**	**24.4**	**16.2**
上　海	1.20	166.67	2.00	3.00	0.8	1250.0	1.0	1.5			0.1
浙　江	26.40	160.23	42.30	11.20	17.6	1193.2	21.0	5.6	0.3	0.4	0.2
江　苏	554.25	105.01	582.00	282.00	369.5	787.6	291.0	141.0	7.2	6.0	5.1
湖　北	532.50	122.07	650.00	208.00	355.0	915.5	325.0	104.0	7.0	6.7	3.8
安　徽	585.00	99.15	580.00	220.00	390.0	617.9	241.0	110.0	7.6	5.9	4.0
四　川	46.80	106.84	50.00	25.00	31.2	801.3	25.0	12.5	0.6	0.5	0.5
江　西	98.25	154.71	152.00	27.30	65.5	1160.3	76.0	13.7	1.3	1.6	0.5
湖　南	208.50	156.45	326.20	115.00	139.0	1173.4	163.1	57.5	2.7	3.3	2.1
北方产区	**5409.15**	**129.30**	**6994.00**	**4510.25**	**3606.1**	**977.2**	**3524.0**	**2255.1**	**70.6**	**71.6**	**81.8**
河　北	872.10	115.35	1006.00	360.00	581.4	897.8	522.0	180.0	11.4	10.3	6.5
山　东	1322.55	132.62	1754.00	1082.00	881.7	994.7	877.0	541.0	17.3	18.0	19.6
河　南	1390.05	54.24	754.00	309.50	926.7	406.8	377.0	154.8	18.1	7.7	5.6
陕　西	97.65	92.17	90.00	40.00	65.1	814.1	53.0	20.0	1.3	0.9	0.7
山　西	137.25	134.06	184.00	88.25	91.5	1005.5	92.0	44.1	1.8	1.9	1.6
新　疆	1583.25	202.12	3200.00	2605.50	1055.5	1515.9	1600.0	1302.8	20.7	32.8	47.2
其中:兵团	679.95	238.25	1620.00	1293.80	453.3	1786.9	810.0	646.9	8.9	16.6	23.5
辽　宁	6.30	95.24	6.00	25.00	4.2	714.3	3.0	12.5	0.1	0.1	0.5
分散产区	**203.85**	**189.35**	**386.00**	**114.91**	**135.9**	**1420.2**	**193.0**	**57.5**	**2.7**	**4.0**	**2.1**
甘　肃	78.30	222.22	174.00	100.00	52.2	1666.7	87.0	50.0	1.0	1.8	1.8
天　津	105.90	179.41	190.00	14.91	70.6	1345.6	95.0	7.5	1.4	2.0	0.3
北　京	4.80	125.00	6.00		3.2		3.0		0.1	0.1	
云　南	1.20				0.8						
其他产区	13.65		16.00		9.1	879.1	8.0		0.2	0.2	

附录 4　在京涉棉单位通讯录

单位名称	地址	邮编	电话
全国供销合作社			
局长办公室	北京市西城区复兴门内大街 45 号	100801	(010)66053900、66053437
收购处	北京市西城区复兴门内大街 45 号	100801	(010)66050406、66053474
检验处	北京市西城区复兴门内大街 45 号	100801	(010)66053910、66052674
信息处	北京市西城区复兴门内大街 45 号	100801	(010)66053643、66053407
全国棉花交易市场			
经理办公室	北京市西城区金融街市 33 号通泰大厦 B 座 12 层	100032	(010)88086728
人力资源部	北京市西城区金融街市 33 号通泰大厦 B 座 12 层	100032	(010)88086725
财务部	北京市西城区金融街市 33 号通泰大厦 B 座 12 层	100032	(010)88086734
业务发展部	北京市西城区金融街市 33 号通泰大厦 B 座 12 层	100032	(010)88087129
网络工程部	北京市西城区金融街市 33 号通泰大厦 B 座 12 层	100032	(010)88086611
指定仓库监管部	北京市西城区金融街市 33 号通泰大厦 B 座 12 层	100032	(010)88086616
仓单质押部	北京市西城区金融街市 33 号通泰大厦 B 座 12 层	100032	(010)88086744
市场部	北京市西城区金融街市 33 号通泰大厦 B 座 12 层	100032	(010)88086619
信息二部	北京市西城区金融街市 33 号通泰大厦 B 座 12 层	100032	(010)66011627
风险管理部	北京市西城区金融街市 33 号通泰大厦 B 座 12 层	100032	(010)88086730
商印室	北京市西城区金融街市 33 号通泰大厦 B 座 12 层	100032	(010)88086621
中棉集团公司			
经理 办公室	北京市西城区金融街市 33 号通泰大厦 B 座 11 层	100032	(010)88086560－101
人事部	北京市西城区金融街市 33 号通泰大厦 B 座 11 层	100032	(010)88086585－111
财务部	北京市西城区金融街市 33 号通泰大厦 B 座 11 层	100032	(010)88086581－203
国际事业部	北京市西城区金融街市 33 号通泰大厦 B 座 11 层	100032	(010)88086582－301
企业发展部/储运部	北京市西城区金融街市 33 号通泰大厦 B 座 11 层	100032	(010)88086582－702
配送中心	北京市西城区金融街市 33 号通泰大厦 B 座 11 层	100032	(010)88086582－628

续 1

单位名称	地址	邮编	电话
期货信息部	北京市西城区金融街市33号通泰大厦B座11层	100032	(010)88086582－558
中棉华泰国贸公司	北京市西城区金融街市33号通泰大厦B座11层	100032	(010)88086582－308
中棉通泰公司	北京市西城区金融街市33号通泰大厦B座11层	100032	(010)88086582－503
特色棉公司	北京市西城区金融街市33号通泰大厦B座11层	100032	(010)88086582－318
棉检室	北京市西城区金融街市33号通泰大厦B座11层	100032	(010)88086582－332
中棉机械公司			
总经理办公室	北京西直门南大街2号成铭大厦B110A	100035	(010)66118619
人事部	北京西直门南大街2号成铭大厦B110A	100035	(010)66118602
财务部	北京西直门南大街2号成铭大厦B110A	100035	(010)66118610
贸易部	北京西直门南大街2号成铭大厦B110A	100035	(010)66001019
市场部	北京西直门南大街2号成铭大厦B110A	100035	(010)66118621
加工处	北京西直门南大街2号成铭大厦B110A	100035	(010)66118609
开发部	北京西直门南大街2号成铭大厦B110A	100035	(010)66118605
中棉紫光办公室	北京西直门南大街2号成铭大厦B110A	100035	(010)62232909
棉麻研究会			
中国棉麻流通经济研究会	北京市西城区复兴门内大街45号	100801	(010)66095202、66095222
中国储备棉管理总公司			
经理办公室	北京市西城区金融街市33号通泰大厦B座12层	100032	(010)88087306
仓储部	北京市西城区金融街市33号通泰大厦B座12层	100032	(010)88087310
财务部	北京市西城区金融街市33号通泰大厦B座12层	100032	(010)88086771
业务部	北京市西城区金融街市33号通泰大厦B座12层	100032	(010)88087315
综合部	北京市西城区金融街市33号通泰大厦B座12层	100032	(010)88086229
信息部	北京市西城区金融街市33号通泰大厦B座12层	100032	(010)88086228

附录5　全国各省市区及产棉县棉麻公司通讯录

单位名称	地址	邮编	电话	手机	传真
上海市					
上海市棉麻公司	上海市长安路 1001 号长安大厦 4 号楼 2 层	200070	021－63541730	1301600827	021－063545208
浙江省					
浙江省特产集团有限公司	浙江省杭州市江城路 798 号	310009	0571－87827117		0571－7781631
萧山市棉麻公司	浙江省萧山市城厢街道人民路 203 号	311200	0571－82626443		
镇海县特产公司	浙江省镇海县城关长生路 4 号	315200	0574－86273779		
宁波市特产棉花集团公司	浙江省宁波市中山路 137 号美乐门商城八楼	315000	0574－87346669	13906611651	
慈溪市滨海棉花有限公司	浙江省慈溪市崇寿镇	351334	0574－63299255		
余姚市特产公司	浙江省余姚市余姚镇南河沿路 30 号	315400	0574－62155510		
宁海县特产公司	浙江省宁海县城关北大街 58 号	315600	0574－85562545		
上虞市特产公司	浙江省上虞市百官镇凤山路 147 号	312300	0575－2016594		
金华市第二特产总公司	浙江省金华市青年路 1 号	321000	0579－2341932		
平湖市兴达棉花发展有限公司	浙江省平湖市城关镇中路 76 号	314200	0573－5022004		
海盐县特产公司	浙江省海盐县武原镇朝阳东路 134 号	314300	0573－6114260		
临海市土特产公司	浙江省临海市中山西路 114 号	317000	0576－5112813		
山门县特产公司	浙江省山门县健跳镇琴江路	317109	0576－3444640		
舟山市普陀区特产有限公司	浙江省舟山市普陀区沈家门滨江路十弄 1 号	316100	0580－3055615		
江苏省					
江苏省棉麻(集团)公司	江苏省南京市中山北路 28 号	210008	025－3320252	13605199916	025－3327396
江苏省棉麻集团公司徐州总公司	江苏省徐州市中山南路 12 号童心园五楼	221002	0516－5698201	13305218608	0516－5690825
丰县棉麻公司	江苏省丰县解放东路 96 号	221700	0516－4223707		0516－4223707
沛县棉麻公司	江苏省沛县沛歌镇歌风路 20 号	221600	0516－4632017		0516－4632873
铜山县棉麻总公司	江苏省铜山县苏堤南路 7 号	221006	0516－5794800		0516－5794800
睢宁县棉麻公司	江苏省县睢宁县府前东路 92 号	221200	0516－8331434		0516－8331636

续 1

单位名称	地址	邮编	电话	手机	传真
新沂市棉麻公司	江苏省新沂市	221400			
邳州市棉麻公司	江苏省邳州市运河镇解放东路 5 号	221300	0516－6222163		0516－6222191
江苏省棉麻集团公司连云港总公司	江苏省连云港市新浦通灌路 49 号	222002	0518－5508111	13705136688	0518－5508903
灌云县棉麻总公司	江苏省灌云县伊山镇大庆路 16 号	222200	0518－8812749		0518－8815319
灌南县棉麻公司	江苏省灌南县新兴路 41 号	223500	0518－3222111		0518－3222837
东海县棉麻公司	江苏省东海县牛山镇东海南路 48 号	222300	0518－7219588		0518－7213220
赣榆县土产棉麻公司	江苏省赣榆县青口镇西关路 93 号	222100	0518－6213193		0518－6212692
江苏省棉麻集团公司淮阴区总公司	江苏省淮阴区淮海东路 25 号	223001	0517－3760892	13705238567	0517－3760892
淮安市棉麻公司	江苏省淮安市西门大街 31 号	223300	0517－3760893		
淮阴县棉麻公司	江苏省淮阴区淮北路 111 号	223300	0517－4922134		
涟水县棉麻公司	江苏省涟水县连水路 34 号	223400	0517－2321594		0517－2322959
盱眙县棉麻公司	江苏省盱眙县淮河北路 15 号	223400	0527－8212783		
金湖县土产棉麻公司	江苏省金湖县黎城镇交通路 8 号	211600	0517－6882926		0517－6882826
江苏省棉麻集团公司宿迁市总公司	江苏省宿迁市世纪大道 269 号	223800	0527－4380381	13305248375	0527－4380381
沭阳县棉麻公司	江苏省沭阳县人民西路 5 号	223600	0527－4554331		0527－3554431
宿豫市棉麻公司	江苏省宿豫市顺河镇运河路 29 号	223800	0527－4212492		
泗阳县棉麻公司	江苏省泗阳县众兴镇众兴中路 11 号	223700	0527－5212638		0527－5212507
泗洪县棉麻公司	江苏省泗洪县青阳镇建设南路 1 号	223900	0527－6222773		0527－6221167
江苏省棉麻集团公司盐城总公司	江苏省盐城市人民中路 8 号	224002	0515－8327107	13905100236	0515－8327332
响水县棉麻公司	江苏省响水县城东方红东大街 6 号	224600	0515－6883804		0515－6883804
滨海县棉麻公司	江苏省滨海县阜东南路 126 号	224500	0515－4223554		0515－4222770
阜宁县棉麻总公司	江苏省阜宁县阜城大街园林路 11 号	224400	0515－7212236		0515－7212236
射阳县棉麻总公司	江苏省射阳县朝阳街邮电巷 5 号	224300	0515－2352520		0515－2352620
建湖县棉麻公司	江苏省建湖县建北东路 196 号	224700	0515－6213397		0515－6213431
盐城第二棉麻公司	江苏省盐城市建军东路 47 号	224602	0515－8200465		0515－8200465

续2

单位名称	地址	邮编	电话	手机	传真
江苏银都棉麻股份有限公司	江苏省大丰市大中镇工农路1号	224100	0515－3512894		0515－3512894
东台市棉麻公司	江苏省东台市城新东西路17号	224200	0515－5212887		0515－5218227
江苏省棉麻集团公司扬州总公司	江苏省扬州市江都路74号	225003	0517－7244448	13905100236	0515－8327332
高邮市棉麻公司	江苏省高邮市通湖路203号	225600	0514－4613860		0514－4613860
宝应县棉麻公司	江苏省宝应县叶挺东路	225801	0514－8222679		0514－8223368
仪征市棉麻公司	江苏省仪征市真州路26号	210014	0514－3435378		
江都市棉麻公司	江苏省江都市江都镇振兴路2号	225200	0514－6551523		0514－6552602
邗江县棉麻公司	江苏省邗江县解放东路18号	225003	0514－7245527		0514－3435378
泰州市棉麻总公司	江苏省泰州市人民西路118号－1	225000	0523－6232913	13605270099	0523－6232913
兴化市棉麻公司	江苏省兴化市英武路19号楼	225700	0523－3232190		0523－3232195
泰州市姜堰区棉麻公司	江苏省姜堰区姜堰镇通扬东路116号	225500	0523－8212315		0523－8212315
靖江市棉麻公司	江苏省靖江市新西路86号	214500	0523－4831010		0523－4831010
泰兴市棉麻公司	江苏省泰兴市泰兴镇过泰路3号	225400	0523－7682476		0523－7682476
泰州市棉麻公司	江苏省泰州市扬州路89号	225300	0523－6222830		0523－6222830
江苏省棉麻集团公司南通总公司	江苏省南通市青年路49号	226006	0513－3527183	13906297352	0513－3511309
海安县棉麻公司	江苏省海安县	226600	0513－8812324		0513－8822142
如皋市棉麻公司	江苏省如皋市秀水巷21号	226500	0513－7513740		0513－7513740
如东县华劲实业总公司	江苏省如东县掘港镇人民南路70号	226400	0513－4512268		0513－4512680
通州市棉麻公司	江苏省通州市朝阳南路32号	226300	0513－6515417		0513－6515417
海门市棉麻公司	江苏省海门市海门镇静海路35号	226100	0513－2214907		0513－2202445
启东市棉麻总公司	江苏省启东市汇龙镇建新路23号	226200	0513－3312246		0513－3310974
江苏省棉麻集团公司常州总公司	江苏省常州市龙游路1号	213001	0519－8814880	13961121921	0519－8818273
武进市土产棉麻总公司	江苏省常熟市双桂坊4号	213003	0519－6620471		0519－6602740
溧阳市棉麻土产公司	江苏省溧阳市溧阳镇南大街60号	213300	0519－7222909		0519－7222909
金坛市棉麻公司	江苏省金坛市学基路1号	213200	0519－2822284		0519－2822046

续 3

单位名称	地址	邮编	电话	手机	传真
江苏省棉麻集团公司镇江总公司	江苏省镇江市环城路 54 号	212003	0511－8825016		0511－8825146
丹阳市棉麻公司	江苏省丹阳市华阳路 45 号	212300	0511－6511044		0561－6542875
丹徒县棉麻公司	江苏省丹徒县中山路 338 号	212001	0511－5234388		
句容市棉麻公司	江苏省句容市华阳镇宁杭路 86 号	212400	0511－7223159		0511－7223159
江苏省棉麻集团公司无锡总公司	江苏省无锡市东门长埒路 46 号	214007	0510－2444421	13706198518	0510－2406602
宜兴市棉麻公司	江苏省宜兴市宜城镇人民中路 234 号	214200	0510－7914044		0510－7911140
江阴市棉麻公司	江苏省江阴市环城西路 9 号	214400	0510－6891638		0510－6891638
江苏省棉麻集团公司苏州总公司	江苏省苏州市东环路 518 号东环大厦 1104 室	215021	0512－5257151	13951117108	0512－65109830
常熟市棉麻公司	江苏省常熟市方塔街 24 号	215500	0520－2773069		0520－2773421
张家港市棉麻总公司	江苏省张家港市杨舍镇城北路 10 号	215600	0520－8682298		0520－8685493
太仓市棉麻总公司	江苏省太仓市城厢镇人民北路 80 号	215400	0520－3528322		0520－3528322
吴县市土产棉麻公司	江苏省苏州市旧学前街 74 号	215005	0521－8825016		0512－7274188
南京市棉麻总公司	江苏省南京市建康路 50 号	210001	025－2202622	13805165988	025－2202622
江宁县棉麻公司	江苏省江宁县东山镇岗山路 1 号	211100	025－2281254		025－2281254
江浦县棉麻公司	江苏省江浦县上河街 130 号	211800	025－8882297		
六合县棉麻公司	江苏省六合县泰山路 44 号	211500	025－7759037		025－7759130
溧水县棉麻公司	江苏省溧水县交通路 26 号	211200	025－7212739		025－4212739
高淳县棉麻公司	江苏省高淳县淳溪镇襟湖大厦六楼	211300	025－7311355		
南京市市郊区棉麻分司	江苏省南京市市郊区	210001			
湖北省					
湖北省棉花总公司	湖北省武汉市青岛路 7 号银丰大厦 12 楼	430014	027－82777812		
湖北省银丰实业集团有限公司	湖北省武汉市青岛路 7 号银丰大厦 12 楼	430014	027－82777812		
黄冈市棉花总公司	湖北省黄冈市八一路 15 号	438000	0713－8355464		
黄冈市黄州区棉花总公司	湖北省黄州区宝塔大道西湖三路 106 号	436100	0713－8691350		
红安县棉花总公司	湖北省红安县城关镇城南大道	438400	0713－5181994		

续 4

单位名称	地址	邮编	电话	手机	传真
麻城市棉花总公司	湖北省麻城市翚将军路 46 号	438300	0713 - 2912448		
罗田县棉花总公司	湖北省罗田县棉花公司	438600	0713 - 5054978		
英山县棉花总公司	湖北省英山县温泉镇鸡鸣路 98 号	438700	0713 - 7013235		
浠水县棉花总公司	湖北省浠水县连田二塘一号	438200	0713 - 4232487		
蕲春县棉花总公司	湖北省蕲春县潮河镇市府大道 308 号	435300	0713 - 7222136		
武穴市棉花总公司	湖北省武穴市民主路 24 号	435400	0713 - 6222236		
黄梅县棉花总公司	湖北省黄梅县建陶路 39 号	435500	0713 - 3324283		
团风县棉花总公司	湖北省团风县团镇普上寨街	438800	0713 - 6151726		
随州市棉花总公司	湖北省随州市龙门街 21 号	441300	0722 - 3223957		
潜江市棉花总公司	湖北省潜江市章华北路 6 号	433100	0728 - 6241383		
鄂州市棉花总公司	湖北省鄂州市武昌大道东段 308 号	436000	0711 - 3873815		
天门市棉花总公司	湖北省天门市竟陵区人民大道西 6 号	431700	0728 - 5228268		
仙桃市棉花总公司	湖北省仙桃市沔阳大道 63 号	433000	0728 - 3222836		
黄石市棉花总公司	湖北省黄石市黄石大道 532 号	435000	0714 - 6223069		
大冶市棉花总公司	湖北省大冶市棉花公司	435100	0714 - 8718803		
阳新县棉花总公司	湖北省阳新县兴国镇北门湖路 2 号	435200	0714 - 7323837		
荆门市棉花总公司	湖北省荆门市白云大道 19 号	448000	0724 - 2332009		
钟祥市棉花总公司	湖北省钟祥市郢城镇双眼井 3 号	431900	0724 - 4222260		
京山县棉花总公司	湖北省京山县新市镇京源大道	431800	0724 - 7323553		
五三农场	湖北省京山县易家岭	431821	0724 - 7413130		
沙洋农场	湖北省沙洋县粮棉路 5 号	448200	0724 - 8553967		
荆州市棉花总公司	湖北省荆州市荆州区东路 25 号	434100	0716 - 8462761		
江陵县棉花总公司	湖北省江陵县郝穴镇沙路洪	444100	0716 - 4738431		
松滋市棉花总公司	湖北省松滋市新江口镇民主路 123 号	434200	0716 - 6223600		
公安县棉花总公司	湖北省公安县青年路 10 号	434300	0716 - 5225161		

续5

单位名称	地址	邮编	电话	手机	传真
石首市棉花总公司	湖北省石首市建设路160号	434400	0716－7273659		
监利县棉花总公司	湖北省监利县容城镇建设路30号	433300	0716－3262717		
洪湖市棉花总公司	湖北省洪湖市矛江民主街13号	433200	0716－8423045		
武汉市棉花总公司	湖北省武汉市武胜路荣华东村8号	430030	027－85855799		
武汉市新洲区棉花公司	湖北省新洲区城关镇翻身街15号	430400	027－89351363		
黄陂区棉花总公司	湖北省武汉市黄陂区前川镇向阳大道	432200	027－85932857		
蔡甸区棉花总公司	湖北省武汉市蔡甸区蔡姚路51号	430100	027－84942720		
江夏区棉花总公司	湖北省武汉市江夏区纸坊镇	430200	027－87952762		
汉南区棉花总公司	湖北省武汉市汉南区沙帽正街79号	430090	027－84851706		
东西湖区棉花公司	湖北省武汉市桥口区途头舵落口路9号	430035	027－83829603		
咸宁市棉花总公司	湖北省咸宁市温泉潜山路28号	437100	0715－8255178		
嘉鱼市棉花总公司	湖北省嘉鱼市沙洋大道89号	437200	0715－6323306		
赤壁市棉花总公司	湖北省赤壁市大桥路1号	437300	0715－5222568		
襄樊市棉花总公司	湖北省襄樊市襄樊区前进路34号	441003	0710－3229547		
襄阳市棉花总公司	湖北省襄阳市丹江路4号	441000	0710－3443795		
枣阳市棉花总公司	湖北省枣阳市大西街55号	441200	0710－6227868		
宜城市棉花总公司	湖北省宜城市襄沙大道56号	441400	0710－4212638		
南漳县棉花总公司	湖北省南漳县城关便河北路44号	441500	0710－5231598		
谷城县棉花总公司	湖北省谷城县城关镇粉阳路51号	441700	0710－7333032		
老河口市棉花总公司	湖北省老河口市新马路64号	441800	0710－8300762		
宜昌市棉花总公司	湖北省宜昌市东山大道152号	443000	0717－6443294		
枝城市棉花总公司	湖北省枝城市陆城镇城河大道34号	443300	0717－4822128		
枝江市棉花总公司	湖北省枝江市马家店镇沿江大道12号	443200	0717－4212539		
当阳市棉花总公司	湖北省当阳市太子桥8号	444100	0717－8256956		
远安县棉花总公司	湖北省远安县鸣凤镇航天路22号	444200	0717－3212507		

续6

单位名称	地址	邮编	电话	手机	传真
孝感市棉花总公司	湖北省孝感市团园北路3号	432100	0712－2823234		
孝感市孝南区棉花总公司	湖北省孝感市解放街六家巷	432100	0712－2822724		
孝昌区棉花总公司	湖北省孝昌区花元镇环称路49号	432900	0712－4761148		
大悟县棉花总公司	湖北省大悟县城关	432800	0712－7222035		
安陆市棉花总公司	湖北省安陆市汉丹路129号	432600	0712－5223074		
云梦县棉花总公司	湖北省云梦县建设路4号	432500	0712－7322758		
应城市棉花总公司	湖北省应城市城中东大街23号	432400	0712－3222042		
汉川市棉花总公司	湖北省汉川市城关镇欢乐街26号	432300	0712－8283533		
广水市棉花总分司	湖北省广水市内	432700			
安徽省					
安徽省棉麻有限责任公司	安徽省合肥市庐江路117号新世纪大厦	230061	0551－2638958		0551－2627018
蒙城县棉麻公司	安徽省蒙城县新城路17号	233500	0558－7623588		
临泉县棉麻公司	安徽省临泉县城关东顺河路	236400	0558－6525778		
界首市棉麻公司	安徽省界首市大桥路26号	236500	0558－4812653		
阜阳市棉麻总公司	安徽省阜阳市人民路清颖楼	236014			
阜阳市颍州区棉麻公司	安徽省阜阳市河滨路270号	236018	0558－2262881		
阜阳市颍东区棉麻公司	安徽省阜阳市阜涡路	236035	0558－2312084		
阜阳市颍泉区棉麻公司	安徽省阜阳市颍上北路43号	236012	0558－2231730		
太和县棉麻公司	安徽省太和县人民南路104号	236600	0558－8622037		
利辛县棉麻公司	安徽省利辛县城北人民路	236700	0558－8812206		
涡阳县棉麻公司	安徽省涡阳县城关镇	236300	0558－7213865		
宿县地区棉麻公司	安徽省宿州市徊淮海路933号	234000			
宿州市埇桥区棉麻公司	安徽省宿州市胜利路83号	234000	0557－3082631		
砀山县棉麻公司	安徽省砀山县道北西路118号	235300	0557－8022521		
萧县棉麻公司	安徽省萧县龙城镇中心路89号	235200	0557－5027151		
灵璧县棉麻公司	安徽省灵璧县城关镇	234200	0557－6020222		

续 7

单位名称	地址	邮编	电话	手机	传真
泗县棉麻公司	安徽省泗县汴河路 46 号	234300	0557－7022526		
濉溪县棉麻公司	安徽省濉溪县濉河路 54 号	235100	0561－6083691		
亳州市棉麻公司	安徽省亳州市北市区古泉路 43 号	236800	0558－5522469		
怀远县棉麻公司	安徽省怀远县禹王路中段	233400	0552－8011450		
五河县棉麻公司	安徽省五河县南圆路 6 号	233300	0552－5021931		
滁州市南樵区棉麻公司	安徽省滁州市湖心路 207 号	239000	0550－3052544		
天长市棉麻公司	安徽省天长市二横街 41 号	239300	0550－7021651		
全椒县棉麻公司	安徽省全椒县新南路 25 号	239500	0550－5011869		
定远县棉麻公司	安徽省定远县严桥路 40 号	233200	0550－4024713		
来安县棉麻公司	安徽省来安县风桥巷路 29 号	239200	0550－5619349		
六安市棉麻公司	安徽省六安市皖西路	237000			
寿县棉麻公司	安徽省寿县十字街	232200	0564－4022377		
霍邱县棉麻公司	安徽省霍邱县东湖路 127 号	237400	0564－6022913		
长丰县棉麻公司	安徽省长丰县水湖镇下塘路 9 号	233110	0551－6671025		
肥东县棉麻公司	安徽省肥东县店华镇新街	231600	0551－7711605		
肥西县棉麻公司	安徽省肥西县城关三河东路 31 号	231200	0550－8848865		
无为县棉麻公司	安徽省无为县草市街 62 号	238300	0565－6325510		
巢湖市棉麻公司	安徽省巢湖市巢湖路 123 号	238000	0565－2314164		
和县棉麻公司	安徽省和县南大街	238200	0565－5312390		
含山县棉麻公司	安徽省含山县华阳路	238100	0565－4313157		
庐江县棉麻公司	安徽省庐江县牌楼中路 50 号	231500	0565－7326118		
安徽省棉麻公司安庆分公司	安徽省安庆市人民路 179 号（宜城大厦）	246003	0556－5516343		
望江县棉麻公司	安徽省望江县城关回龙路 2 号	246200	0556－7175494		
宿松县棉麻公司	安徽省宿松县宿松路 38 号	246541	0556－7821715		
怀宁县棉麻公司	安徽省怀宁县石牌镇建设路 9 号	246100	0556－4821260		

续 8

单位名称	地址	邮编	电话	手机	传真
桐城市棉麻公司	安徽省桐城市供销大厦五楼	246420	0556－6121758		
枞阳县棉麻公司	安徽省枞阳县新华街 178 号	246702	0556 2811258		
太湖县棉麻公司	安徽省太湖县徐桥镇新街 238 号	246420	0556－4197256		
东至县棉麻公司	安徽省东至县尧北路 59 号	247200	0566－7011545		
贵池市棉麻公司	安徽省贵池市长江中路 56 号	247100	0556－2023013		
繁昌县棉麻公司	安徽省繁昌县迎春路 12－14 号	241203	0553－7802292		
南陵县棉麻公司	安徽省南陵县弋江镇	242400	0553－6861091		
宣州市棉麻公司	安徽省宣州市环城南路 12 号	242000	0553－3023567		
当涂县棉麻公司	安徽省当涂县相书署中路 559 号	243100	0555－6713609		
铜陵县棉麻公司	安徽省铜陵县环城东路 1 号	244100	0562－8814898		
四川省					
四川省棉麻公司	四川省成都市白丝街 56 号	610017	028－86785756		028－6624791
内江市棉麻公司	四川省内江市	641000			
简阳市棉麻公司	四川省简阳市简城南街 135 号	641400	0832－7227034		0832－7222556
乐至县棉麻公司	四川省乐至县城	641500			
安岳县棉麻公司	四川省安岳县城	642300			
资阳市雁江区棉麻公司	四川省资阳市雁江区	641300			
绵阳市棉麻公司	四川省绵阳市	621000			
三台县棉麻公司	四川省三台县潼川镇上东街 23 号	621100	0816－5222338		
盐亭县棉麻公司	四川省盐亭县城	621600			
南充市棉麻公司	四川省南充市	637200			
南部县棉麻公司	四川省南部县东风路 51 号	637300	0817－5522037		
仪陇县棉麻公司	四川省仪陇县城	637600			
西充县棉麻公司	四川省西充县城	637200			
阆中市棉麻公司	四川省阆中市城	637400			

续 9

单位名称	地址	邮编	电话	手机	传真
德阳市棉麻公司	四川省德阳市	618000			
中江县棉麻公司	四川省中江县城	618800			
遂宁市棉麻公司	四川省遂宁市	629000			
射洪县棉麻有限责任公司	四川省射洪县太和镇文化路 315 号	629200	0825－6621898	13909064018	
蓬溪县棉麻公司	四川省蓬溪县城	629100			
遂宁市市中区棉麻公司	四川省遂宁市市中区	629000			
巴中市棉麻公司	四川省巴中市	636600			
巴中市巴州区棉麻公司	四川省巴中市巴州区	636600			
平昌县棉麻公司	四川省平昌县城	636400			
眉山市棉麻公司	四川省眉山市	620010			
仁寿县棉麻公司	四川省仁寿县坝达桥街 31 号	612500	0833－41996		
乐山市棉麻公司	四川省乐山市	614000			
井研市棉麻公司	四川省井研市	613100			
广元市棉麻公司	四川省广元市	628000			
剑阁县棉麻公司	四川省剑阁县	628300			
成都市棉麻公司	四川省成都市	610015			
金堂县棉麻公司	四川省金堂县	610400	028－84982758		
湖南省					
湖南省棉麻总公司	湖南省长沙市五一大道 160 号银华大厦	410011	0731－4452316		0731－4442860
湖南省湘棉集团公司	湖南省长沙市五一中路 160 号银华大厦	410011			
常德市棉麻公司	湖南省常德市人民东路	415000	0736－7794211		
常德市鼎城区棉麻公司	湖南省常德市武陵镇大湖路	415000	0736－7389886		
澧县棉麻总公司	湖南省澧县城关镇解放北路 126 号	415500	0736－3222638		
安乡县棉总公司	湖南省安乡县城关镇潺陵街 150 号	415600	0736－2884010		
临澧县棉麻公司	湖南省临澧县城	415200	0736－5824104		

续10

单位名称	地址	邮编	电话	手机	传真
桃源县棉麻公司	湖南省桃源县城	415700	0736－6622220		
石门县棉麻公司	湖南省石门县城	415300	0736－5150414		
西洞庭棉麻公司	湖南省西洞庭城				
津市市棉麻公司	湖南省津市市	415400	0736－4224180		
岳阳市棉麻公司	湖南省岳阳市巴陵中路	414000	0730－8260130		
华容县棉麻土产公司	湖南省华容县城关解放路	414200	0730－4230188		
岳阳县棉麻公司	湖南省岳阳县荣家湾镇	414100	0730－7620290		
临湘市棉麻公司	湖南省临湘市	414301	0730－3725046		
湘阴县棉麻土产公司	湖南省湘阴县城	410500	0730－2223240		
平江县棉麻土产公司	湖南省平江县城	410400	0730－6223071		
汨罗市棉麻茶茧公司	湖南省汨罗市内	414400	0730－5222584		
君山农场区棉麻公司	湖南省岳阳市君山农场	414005	0730－8172045		
钱粮湖农场	湖南省岳阳市钱粮湖农场				
建新农场	湖南省岳阳市建新农场				
益阳市棉麻烟茧总公司	湖南省益阳市河南东路67号	413000	0737－4222754		
益阳市郊区棉麻公司	湖南省益阳市郊区	413000			
益阳市赫山区棉麻公司	湖南省益阳市赫山区	413002	0737－4425365		
南县棉麻公司	湖南省南县南洲镇南洲北路	413200	0737－5221264		
沅江市棉麻公司	湖南省沅江市	413100	0737－2724433		
桃江县棉麻公司	湖南省桃江县城	413400	0737－8824632		
张家界市棉麻土产公司	湖南省张家界市	427000	0744－8361692		
慈利县棉麻公司	湖南省慈利县城	427200	0736－3223368		
衡阳市棉麻土产公司	湖南省衡阳市	421001	0734－8226637		
衡阳县棉麻土产公司	湖南省衡阳县	421200	0734－6811127		

续 11

单位名称	地址	邮编	电话	手机	传真
衡南县棉麻土产公司	湖南省衡南县	421001	0734－8259789		
耒阳市棉麻公司	湖南省耒阳市	421800			
常宁市棉麻公司	湖南省常宁市	421500			
江西省					
江西省银海棉麻有限公司	江西省南昌市洪都中大道 89 号	330008	0791－8220269		0791－8215695
九江市棉麻总公司	江西省九江市柴桑路 34 号	332000	0792－8227863	13917025628	
永修县棉麻公司	江西省永修县	330304		13907023359	
都昌县棉麻公司	江西省都昌县城西街四巷附一号	332600	0792－5223679	13807924663	
彭泽县棉麻集团公司	江西省彭泽县城	332700	0792－5662582	13807923783	
九江县棉麻公司	江西省九江县甘棠北路 1 号	332100	0792－8220734	13607021686	
瑞昌市棉麻公司	江西省瑞昌市棉麻公司	332200		13803555444	
湖口县棉麻公司	江西省湖口县城	332500	0792－6320127	13807022959	
德安县棉麻公司	江西省德安县城	330400	0792－4338688		
星子县棉麻公司	江西省星子县城	332800	0792－2666131		
武宁县棉麻公司	江西省武宁县城	332300		13907027038	
宜春市棉麻公司	江西省宜春市	323600		13907959691	
高安市棉麻纺织总公司	江西省高安县筠阳镇中山路	330800	0795－5212007	13907951210	
丰城市棉麻土产总公司	江西省丰城市	331100	0795－6422381		
奉新县棉麻公司	江西省奉新县城	330700	0795－4622445		
上高县棉麻公司	江西省上高县城	336400	0795－2511275		
樟树市棉麻公司	江西省樟树市城	331200	0795－7333810	13707950488	
新余市棉麻公司	江西省新余市	336500	0790－6221607		
新余市渝水区棉麻公司	江西省新余市胜利北路 55 号	336500		13807908288	
分宜县棉麻公司	江西省分宜县	336600		13807900192	
南昌市棉麻公司	江西省南昌市	330008	0791－6611516		

续 12

单位名称	地址	邮编	电话	手机	传真
新建县棉麻公司	江西省新建县城	330100		13907000577	
进贤县棉麻公司	江西省进贤县城	331700		13807001956	
安义县棉麻公司	江西省安义县城	330500	0791－3422205		
上饶市棉麻公司	江西省上饶市	334000		13907938123	
波阳县棉麻公司	江西省波阳县城	333100	0793－6284362		
万年县棉麻公司	江西省万年县城	335500	0793－3833428		
余干县棉麻公司	江西省余干县城	335100			
抚州县棉麻公司	江西省抚州县	344000	0794－8283487	13607949806	
临川市棉麻公司	江西省临川市城	344100	0794－8445068		
崇仁县棉麻公司	江西省崇仁县城	344200	0794－6332468		
景德镇市土产棉麻公司	江西省景德镇市	333000	0798－8515242		
乐平市棉麻公司	江西省乐平市城	333300	0798－6832317		
河北省					
河北省棉麻总公司	河北省石家庄市东岗路 8 号	050021	0311－5812747		
保定市棉麻总公司	河北省保定市江城路 56 号	071054	0312－3222754		
安国县棉麻公司	河北省安国县义丰大路 34 号	071200	0312－3552354		
定兴县棉麻公司	河北省定兴县育才路 46 号	072650	0312－6922145		
博野县棉麻公司	河北省博野县西关	071300	0312－8322571		
定州市棉麻公司	河北省定州市博陵街 45 号	073000	0312－2313321		
高阳县棉麻公司	河北省高阳县黄庄街 23 号	071500	0312－6622064		
蠡里县棉麻公司	河北省蠡县维明路	071400	0312－6211254		
清宛县棉麻公司	河北省保定市三丰东路副一号	071100	0312－2122765		
容城县棉麻公司	河北省容城县西关外大街 48 号	071700	0312－5613428		
唐县棉麻公司	河北省唐县光明路 17 号	072350	0312－6413278		
雄县棉麻公司	河北省雄县昝岗	071800	0312－5717402		

续 13

单位名称	地址	邮编	电话	手机	传真
易县棉麻公司	河北省易南关县	074200	0312－8211280		
满城县棉麻公司	河北省满城县育才街	071250	0312－7071422		
望都县棉麻公司	河北省望都县京广公路 50 号	072450	0312－7722569		
徐水县棉麻公司	河北省徐水县康宁北路 14 号	072550	0312－8683964		
高碑店市棉麻公司	河北省高碑市团结西路 6 号	074000	0312－2812359		
涿州市棉麻公司	河北省涿州市五桂街 1 号	072750	0312－3632819		
安新县棉麻公司	河北省安新县	071600			
涞水县棉麻公司	河北省涞水县永南街 26 号	074100	0312－4522739		
曲阳县棉麻公司	河北省曲阳县	073100			
顺平县棉麻公司	河北省顺平县	072250	0312－7621849		
邢台市棉麻总公司	河北省邢台市车站南街 20 号	054001	0319－3176558		
柏乡县棉麻公司	河北省柏乡县秀街营才	054450	0319－7722977		
广宗县棉麻公司	河北省广宗县礼貌街 16	054600	0319－7212167		
巨鹿县棉麻公司	河北省巨鹿县城南街 42 号	055250	0319－4333456		
临城县棉麻公司	河北省临城县镇内西 24 号街	054300	0319－7105321		
临西县棉麻公司	河北省临西县北大街 9 号	057850	0319－8562531		
隆尧县棉麻公司	河北省隆尧县康庄路 40 号	055350	0319－6662833		
内丘县棉麻公司	河北省内丘县内丘隆路 1 号	054450	0319－6861154		
南宫市棉麻公司	河北省南宫市旧城南大街 2 号	051830	0319－5222491		
南和县棉麻公司	河北省南和县新兴路	054400	0319－4562726		
宁晋县棉麻公司	河北省宁晋县循环路北头	051630	0319－5805330		
平乡县棉麻公司	河北省平乡县中华路 88 号	054500	0319－7832864		
清河县棉麻公司	河北省清河县武松西街 4 号	054800	0319－8189346		
沙河市棉麻公司	河北省沙河市京广路 20 号	054100	0319－8832091		
威县棉麻总公司	河北省威县城内南大街 48 号	054700	0319－6162339		

续 14

单位名称	地址	邮编	电话	手机	传真
新河县棉麻公司	河北省新河县南大街 147 号	051730	0319－4752434		
邢台县棉麻公司	河北省邢台县拐角东路 13 号	054001	0319－3033024		
任县棉麻公司	河北省任县西环南路 17 号	055150	0319－7512673		
唐山市棉麻总公司	河北省唐山市新华西道 19 号	063000	0315－2823360		
卢龙县棉麻公司	河北省卢龙县	066400			
昌黎县棉麻公司	河北省昌黎县	066600			
抚宁县棉麻公司	河北省抚宁县	066300			
丰南市棉麻公司	河北省丰南市蚕之坨对角	063300	0315－8123232		
迁西县棉麻公司	河北省迁西县	064300			
丰润县棉麻公司	河北省丰润县丰润镇红星路 6 号	064000	0315－5123286		
乐亭县棉麻公司	河北省乐亭县镇南大街	063600	0315－4612840		
滦南县棉麻公司	河北省滦南县奔城北后街	063500	0315－4122394		
滦县棉麻公司	河北省滦县	063700			
迁安市棉麻公司	河北省迁安县	064400			
唐海县棉麻公司	河北省唐海县	063200			
玉田县棉麻公司	河北省玉田县窝洛沽镇河东	064103	0315－6566232		
遵化市棉麻公司	河北省遵化市	073000	0315－6566233		
石家庄市棉麻公司	河北省石家庄市新华西路 22 号	050051	0311－7883441		
高邑县棉麻公司	河北省高邑县站前路	051330	0311－4080890		
鹿泉市棉麻公司	河北省鹿泉市	073000	0315－6566235		
辛集市棉麻公司	河北省辛集市束鹿大街东华路 89 号	052360	0311－3250733		
赵县棉麻公司	河北省赵县石塔西路 142 号	051530	0311－4941061		
藁城市棉麻公司	河北省藁城市四明街 14 号	052160	0311－8041557		
栾城县棉麻公司	河北省栾城县	051430			
新乐市棉麻公司	河北省新乐市南环东路 35 号	050700	0311－8581044		

续 15

单位名称	地址	邮编	电话	手机	传真
正定县棉麻公司	河北省正定县	050800			
晋州市棉麻公司	河北省晋州市广明路 43 号	052260	0311－4322473		
平山县棉麻公司	河北省平山县孟贤壁大街 8 号	054000	0311－2911731		
行唐县棉麻公司	河北省行唐县新棉路 26 号	050600	0311－2981932		
井陉县棉麻公司	河北省井陉县	050300			
元氏县棉麻公司	河北省元氏县通街 6 号叉	051130	0311－4623289		
深泽县棉麻公司	河北省深泽县新开街 98 号	052560	0311－3522119		
灵寿县棉麻公司	河北省灵寿县文明路 8 号	050500	0311－2521625		
无极县棉麻公司	河北省无极县智慧街	052460	0311－5571591		
赞皇县棉麻公司	河北省赞皇县新开街	051230	0311－4221232		
廊坊市棉麻公司	河北省廊坊市和平路 63 号	065000	0316－2012404		
廊坊市安次区棉麻公司	河北省廊坊市安次区光明西道 115 号	065000	0316－2183325		
大城县棉麻公司	河北省大城县津保东路 5 号	065900	0316－5522826		
文安县棉麻公司	河北省文安县西关外	065800	0316－5231886		
霸州市棉麻公司	河北省霸州市新华北路 209 号	065700	0316－7212689		
固安县棉麻公司	河北省固安县南关大街 79 号	065500	0316－6161246		
香河县棉麻公司	河北省香河县康宁路东侧	065400	0316－8312640		
大厂回族自治县棉麻公司	河北省大厂回族自治县城关北大街 11 号	065300	0316－8822657		
三河市棉麻公司	河北省三河市城南三皇路西侧	065200	0316－3212089		
永清县棉麻公司	河北省永清县武隆路 116 号	065600	0316－6624183		
衡水市棉麻总公司	河北省衡水市和平西路 1338 号	053000	0318－2310401		
衡水市桃城区棉麻公司	河北省衡水市桃城区	053000			
安平县棉麻公司	河北省安平县公社东路	053600	0318－7524664		
阜城县棉麻公司	河北省阜城县东门外大街 3 号	053700	0318－4622923		
故城县棉麻公司	河北省故城县郑口镇康宁路 115 号	253800	0318－6322650		

续16

单位名称	地址	邮编	电话	手机	传真
景县棉麻公司	河北省景县景新大街	053500	0318－4222495		
饶阳县棉麻公司	河北省饶阳县建强路7号	053900	0318－7221227		
深州市棉麻公司	河北省深州市泰山西路15号	053800	0318－3312340		
武强县棉麻公司	河北省武强县	053300	0318－3825331		
武邑县棉麻公司	河北省武邑县西环路	053400	0318－5712412		
枣强县棉麻公司	河北省枣强县南环路	053100	0318－8225136		
冀州市棉麻公司	河北省冀州市和平路5号	053200	0318－8613075		
沧洲市棉麻总公司	河北省沧洲市解放东路利民街	061001	0317－3042756		
泊头市棉麻公司	河北省泊头市解放东路	061250	0317－8221207		
沧县棉麻公司	河北省沧县	061000			
东光县棉麻公司	河北省东光县京福路东182号	061600	0317－7721469		
海兴县棉麻公司	河北省海兴县棉麻公司	061200	0317－6621924		
河涧市棉麻公司	河北省河涧市新华南路	062450	0317－3223405		
黄骅市棉麻公司	河北省黄骅市北内环	061100	0317－58220631		
孟村回族自治县棉麻公司	河北省孟村回族自治县棉麻公司	061400	0317－6721535		
南皮县棉麻公司	河北省南皮县北环路4号	061500	0317－8851659		
青县棉麻公司	河北省青县	062650			
任丘市棉麻公司	河北省任丘市西城墙71号	062550	0317－2223286		
肃宁市棉麻公司	河北省肃宁市石坊路	062350	0317－50212350		
吴桥县棉麻公司	河北省吴桥县桑圆镇嘉陵路1－1号	061800	0317－7341803		
献县棉麻公司	河北省献县北环路	062250	0317－4623263		
盐山县棉麻公司	河北省盐山县沧庆路	061300	0317－6221238		
邯郸市棉麻总公司	河北省邯郸市幸福路68号	056014	0310－7029692		
邯郸市市郊区棉麻分司	河北省邯郸市郊区	056014			
肥乡县棉麻公司	河北省肥乡县城关镇建设大街	057550	0310－8562391		
大名县棉麻公司	河北省大名县镇府城路7号	056900	0310－6562459		

续 17

单位名称	地址	邮编	电话	手机	传真
磁县棉麻公司	河北省磁县磁州镇建设路 66 号	056550	0310－2122235		
广平县棉麻公司	河北省广平县建设路南段	057650	0310－2524017		
成安县棉麻公司	河北省成安县新兴大街 7 号	056700	0310－7211294		
馆陶县棉麻公司	河北省馆陶县京大路东	057750	0310－2821876		
邯郸县棉麻公司	河北省邯郸市陵园路 90 号	056002	0310－3015721		
临漳县棉麻公司	河北省临漳县建安路西段	056600	0310－7998556		
丘县棉麻公司	河北省丘县南环路东段路北	057450	0310－8362736		
曲周县棉麻公司	河北省曲周县贸易街	057250	0310－8892787		
魏县棉麻公司	河北省魏县西环路东	056800	0310－3512659		
武安市棉麻公司	河北省武安市石化路 11 号	056300	0310－5652952		
永年县棉麻公司	河北省永年县永丰路 18 号	057150	0310－6821757		
鸡泽县棉麻公司	河北省鸡泽县中长街	057350	0310－7523249		
山东省					
山东省棉麻集团公司	山东省济南市历城区辛祝路 2 号	250100	0531－6957756		
德州市棉麻公司	山东省德州市新湖北路 25 号	253016	0534－2322562		
德州市德城区棉麻公司	山东省德州市新湖北路 25 号	253016	0534－2322562		
乐陵县棉麻公司	山东省乐陵县城	253600	0534－6521487		
禹城县棉麻公司	山东省禹城县城	251200	0534－7320538		
陵县棉麻公司	山东省陵县县城	253500	0534－8221535		
宁津县棉麻公司	山东省宁津县城	253400	0534－5233158		
齐河县棉麻公司	山东省齐河县宴五路	251100	0534－5321686		
武城县棉麻公司	山东省武城县兴隆街	253300	0534－6213678		
夏津县棉麻公司	山东省夏津县南城街 573 号	253200	0534－3211672		
临邑县棉麻公司	山东省临邑县城	251500	0534－4232003		
平原县棉麻公司	山东省平原县城	253100	0534－4211183		

续 18

单位名称	地址	邮编	电话	手机	传真
庆云县棉麻公司	山东省庆云县城	253200	0534－3221789		
聊城市棉麻公司	山东省聊城市卫育路 14 号	252057	0635－3971813		
高唐县棉麻公司	山东省高唐县高唐镇迎街春	252800	0635－8380143		
阳谷县棉麻公司	山东省阳谷县阿城镇	253600	0635－6262383		
茌平县棉麻公司	山东省茌平县城	252100	0635－4281058		
莘县棉麻公司	山东省莘县县城	252400	0635－7321144		
东阿县棉麻公司	山东省东阿县城	252200	0635－3281629		
冠县棉麻公司	山东省冠县东风路	252500	0635－5231166		
临清市棉麻公司	山东省临清市先锋路	252600	0635－8223346		
聊城市东昌府区棉麻公司	山东省聊城市利民东路 5 号	252000	0635－2322317		
滨州市棉麻公司	山东省滨州市黄河泗路 551 号	256611	0543－3324369		
惠民县棉麻公司	山东省惠民县城	251700	0543－5321746		
阳信县棉麻公司	山东省阳信县城	257800	0543－8212883		
无棣县棉麻公司	山东省无棣县城	251900	0543－6330607		
沾化县棉麻公司	山东省沾化县城	256800	0543－7322056		
博兴县棉麻公司	山东省博兴县城	256500	0543－2321582		
邹平县棉麻公司	山东省邹平县城黄山三路	256200	0534－4321864		
菏泽市棉麻公司	山东省菏泽市双河路 180 号	274005	0530－5333249		
菏泽市牡丹区棉麻公司	山东省菏泽市牡丹区	274034	0530－5333249		
曹县棉麻公司	山东省曹县县城盘石路 51 号	274400	0530－3211938		
定陶县棉麻公司	山东省定陶县城中街	274100	0530－2212398		
成武县棉麻公司	山东省成武县新大街西段路南	273600	0530－8622027		
单县棉麻公司	山东省单县牌坊街路南	274300	0530－4661894		
巨野县棉麻公司	山东省巨野县城青年路 26 号	274900	0530－8223811		

续 19

单位名称	地址	邮编	电话	手机	传真
郓城县棉麻公司	山东省郓城县临城路 103 号	274700	0530－6500847		
鄄城县棉麻公司	山东省鄄城县城	274600	0530－2421394		
东明县棉麻公司	山东省东明县城	274500	0530－7211542		
潍坊市棉麻公司	山东省潍坊市奎子区道口北街 2 号	261041	0536－8502261		
高密市棉麻公司	山东省高密市镇府街中段	261500	0536－2322436		
诸城市棉麻公司	山东省诸城市兴华东路 90 号	262200	0536－6062829		
昌邑市棉麻公司	山东省昌邑市天水路 69 号	261300	0536－6062829		
昌乐县棉麻公司	山东省昌乐县城	262400	0536－6222456		
寿光市棉麻公司	山东省寿光市新兴路 292 号	262700	0536－5221252		
青州市棉麻公司	山东省青州市北环路 10 号	262500	0536－3290897		
潍坊市寒亭区棉麻公司	山东省潍坊市寒亭区民主西街 104 号	261100	0536－7251689		
潍坊市坊子区棉麻公司	山东省潍坊市坊子区十三马路 8 号	261200	0536－7661710		
潍坊市潍城区棉麻公司	山东省潍坊市潍城区杏埠镇	261056	0536－8179808		
临朐县棉麻公司	山东省临朐县	262600	0536－3212086		
济宁市棉麻公司	山东省济宁市建设北路 13 号	272000	0537－2312978		
济宁市任城区棉麻公司	山东省济宁市中区建设北路 75 号	272000	0537－2314948		
兖州市棉麻公司	山东省兖州市文化东路	272100	0537－3412937		
邹城市棉麻公司	山东省邹城市城关镇南沙村	273500	0537－5344184		
鱼台县棉麻公司	山东省鱼台县湖港二路	272300	0537－6213726		
金乡县棉麻公司	山东金乡县城关镇清真街 239 号	272200	0537－8721405		
嘉祥县棉麻公司	山东省嘉祥县城建设路 16 号	272400	0537－2312984		
微山县棉麻公司	山东省微山县城	277600			
汶上县棉麻公司	山东省汶上县镇环城西路 11 号	272500	0537－7292580		
梁山县棉麻公司	山东省梁山县城人民路 21 号	274600	0537－7322663		
东营市棉麻公司	山东省东营市西 2 路 74 号	257031	0546－8222846		

续 20

单位名称	地址	邮编	电话	手机	传真
东营市东营区棉麻公司	山东省东营市济宁路 128 号	257067	0546－8222424		
东营市河口区棉麻公司	山东省东营市河口区中心路	257200	0546－3661698		
垦利县棉麻公司	山东省垦利县城	257500	0546－2523139		
利津县棉麻公司	山东省利津县城	257400	0546－5621712		
广饶县棉麻公司	山东省广饶县城	257300	0546－6441653		
临沂市棉麻公司	山东省临沂市青年路 18 号	276000	0539－8223015		
郯城县棉麻公司	山东省郯城县棉厂	276100	0539－6221157		
苍山县棉麻公司	山东省苍山县城	277700	0539－5211551		
沂水县棉麻公司	山东省沂水县城	276400	0539－2251791		
蒙阴县棉麻公司	山东省蒙阴县城	276200	0539－4271949		
莒南县棉麻公司	山东省莒南县城	276600	0539－7212407		
临沭县棉麻公司	山东省临沭县城	276700	0539－6211653		
沂南县棉麻公司	山东省沂南县城	276300			
费县棉麻公司	山东省费县城	273400			
临沂市河东区棉麻公司	山东省临沂市河东区政府驻地	276034	0539－8382798		
临沂市罗庄区棉麻公司	山东省临沂市文化路西首	276017	0539－8245370		
临沂市兰山区棉麻公司	山东省临沂市新华一路 59 号	276000	0539－8312076		
泰安市棉麻公司	山东省泰安市东岳大街西段	271000	0538－8273431		
泰安市郊区棉麻公司	山东省泰安市	271000	0538－8416750		
肥城市棉麻公司	山东省肥城市城	271400	0538－8273433		
宁阳县棉麻公司	山东省宁阳县城	271500	0538－2822256		
东平县棉麻公司	山东省东平县城	271600	0538－5621994		
枣庄市棉麻公司	山东省枣庄市龙头中路 89 号	277114	0632－3324494		
滕州市棉麻公司	山东省滕州市	277000	0632－5514243		
枣庄市薛城区棉麻公司	山东省枣庄市薛城区	277000	0632－4411446		

续 21

单位名称	地址	邮编	电话	手机	传真
枣庄市峰城区棉麻公司	山东省枣庄市峰城区	277300	0632－3324497		
枣庄市台儿庄区棉麻公司	山东省枣庄市台儿庄区泥镇沟	277400	0632－6611570		
济南市棉麻公司	山东省济南市花园路 232 号	250100	0531－8025643		
章丘市棉麻公司	山东省章丘市城	250200	0531－3651471		
平阴县棉麻公司	山东省平阴县城	250400	0531－7716174		
商河县棉麻公司	山东省商河县城北台田路 3 号	251600	0531－4880396		
济阳县棉麻公司	山东省济阳县城	251400	0531－4211979		
济南市历城区棉麻公司	山东省济南市天桥区桑子店镇棉厂	250119	0531－8079080		
青岛市棉麻有限公司	山东省青岛市馆陶路 28 号	266011			
平度市棉麻公司	山东省平度市城	266700	0532－7362620		
淄博市棉麻公司	山东省淄博市	255030	0533－2167352		
桓台县棉麻公司	山东省桓台县城	256400	0533－8210653		
高青县棉麻公司	山东省高青县田镇	255000	0533－9662774		
沂源县棉麻公司	山东省沂源县城	256100	0533－3242057		
临淄县棉麻公司	山东省临淄县城	255400	0533－7315542		
日照市棉麻公司	山东省日照市海区东路 15 号	276800	0633－8226212		
莒县棉麻公司	山东省莒县县城	276500	0633－6882403		
五莲县棉麻公司	山东省五莲县汪湖镇	262316	0633－5441027		

河南省

单位名称	地址	邮编	电话	手机	传真
河南省豫棉集团实业有限公司	河南省郑州市行政区红专路 66 号	450003	0371－5711859	13503847193	0371－5745756
郑州市棉麻总公司	河南省郑州市伊河路 151 号	450006	0371－7446906		0378－7449466
新郑市棉麻公司	河南省新郑市	451150			
巩义市棉麻公司	河南省巩义市	451250			
中牟县棉麻公司	河南省中牟县	451450	0371－2181463		
开封市棉麻公司	河南省开封市自力街 25 号	475003	0378－3982399		

续22

单位名称	地址	邮编	电话	手机	传真
开封县棉麻公司	河南省开封县城	475100			
杞县棉麻公司	河南省杞县城关西环路243号	475200	0378－8974784		
通许县棉麻公司	河南省通许县城关新建路32号	452270	0378－4978305		
尉氏县棉麻公司	河南省尉氏县城关人民路东段2号	452700	0378－7991104		
兰考县棉麻公司	河南省兰考县黄河路南段65号	475300	0378－6997125	13503481816	
洛阳市棉麻公司	河南省洛阳市	471001	0379－3938785	13503799810	
偃师市棉麻公司	河南省偃师市	471900			
孟津县棉麻公司	河南省孟津县	471100			
新安县棉麻公司	河南省新安县	471800			
宜阳县棉麻公司	河南省宜阳县	471600			
伊川县棉麻公司	河南省伊川县	471300			
汝阳县棉麻公司	河南省汝阳县	471200			
嵩县棉麻公司	河南省嵩县	471400			
洛宁县棉麻公司	河南省洛宁县	471700			
三门峡市棉麻公司	河南省三门峡市	472000	0398－2863076		
灵宝市棉麻公司	河南省灵宝市	472500			
陕县棉麻公司	河南省陕县	472100			
平顶山市棉麻公司	河南省平顶山市	467000	0375－4946486		
汝州市棉麻公司	河南省汝州市	467500			
焦作市棉麻公司	河南省焦作市车站街69号	454150	0391－2902967		
孟州市棉麻公司	河南省孟州市	454750			
沁阳市棉麻公司	河南省沁阳市	454550			
武陟县棉麻公司	河南省武陟县	454950			
温县棉麻公司	河南省温县	454850			
博爱县棉麻公司	河南省博爱县	454450			

续 23

单位名称	地址	邮编	电话	手机	传真
修武县棉麻公司	河南省修武县	454350			
鹤壁市棉麻公司	河南省鹤壁市	456600	0392－2624982		
浚县棉麻公司	河南省浚县	456250	0392－5523553		
淇县棉麻公司	河南省淇县	456750			
新乡市棉麻公司	河南省新乡市南干道中段 50 号	453000	0373－5021843		
新乡县棉麻公司	河南省新乡县	453003			
卫辉市棉麻公司	河南省卫辉市	453100	0373－4494128		
获嘉县棉麻公司	河南省获嘉县	453800			
辉县市棉麻公司	河南省辉县市	453600			
原阳县棉麻公司	河南省原阳县	453500			
延津县棉麻公司	河南省延津县	453200			
封丘县棉麻公司	河南省封丘县	453300			
长垣县棉麻公司	河南省长垣县	453400			
安阳市棉麻公司	河南省安阳市自由路 5 号	455000	0372－5928630		
安阳县棉麻公司	河南省安阳县	455002			
林州市棉麻公司	河南省林州市	456550	0372－6832213		
内黄县棉麻公司	河南省内黄县城关镇朝阳路 92 号	456300	0372－7711862		
滑县棉麻公司	河南省滑县道口镇解放北路 36 号	456400	0372－8113842		
汤阴县棉麻公司	河南省汤阴县城	456150			
许昌市棉麻公司	河南省许昌市湖滨路 84 号	461000	0374－2333234		
郾陵县棉麻公司	河南省郾陵县城南关街 104 号	461200	0374－7156402		
濮阳市棉麻公司	河南省濮阳市开州路 10 号	457100	0393－4416252		
濮阳县棉麻公司	河南省濮阳县	457100	0393－3211786		
清丰县棉麻公司	河南省清丰县	457300			

续24

单位名称	地址	邮编	电话	手机	传真
南乐县棉麻公司	河南省南乐县	457400			
范县棉麻公司	河南省范县	457500			
漯河市棉麻公司	河南省漯河市	462000	0395－2122112		
临颍县棉麻公司	河南省临颍县	462600			
郾城县棉麻公司	河南省郾城县	462300			
南阳市棉麻公司	河南省南阳市新华西路165号	473059	0377－3329658		
南阳市宛城区棉麻公司	河南省南阳市宛城区长江路中段	473011	0377－3121624	13603776965	
南阳市卧龙区棉麻公司	河南省南阳市卧龙区	473003	0377－3132454		
邓州市棉麻公司	河南省邓州市人民路112号	474150	0377－2124154		
新野县棉麻集团公司	河南省新野县城关镇书院路9号	473500	0377－6223163		
唐河县棉麻公司	河南省唐河县城关镇银化路中段	473400	377－8925503		
内乡县棉麻公司	河南省内乡县	474350			
方城县棉麻公司	河南省方城县	473200	0377－7232680		
社旗县棉麻公司	河南省社旗县	473300	0377－7921028		
镇平县棉麻公司	河南省镇平县	474250	0377－5997057		
桐柏县棉麻公司	河南省桐柏县	474750			
商丘市棉麻公司	河南省商丘市归德南路188号	476000	0370－2615136		
商丘市梁园区棉麻公司	河南省商丘市梁园区	476000			
商丘市睢阳区棉麻公司	河南省商丘市睢阳区	476100			
商丘县棉麻公司	河南省商丘市民主东路254号	476000	0370－2218254		
永城县棉麻公司	河南省永城县中山街155号	476600	0370－5213889		
民权县棉麻公司	河南省民权县城北关贸易路西段	476800	0370－8512418		
睢县棉麻公司	河南省睢县城关睢口路南段	476900	0370－8111929		
柘城县棉麻公司	河南省柘城县兴中道42号	476200	0370－7211003		
宁陵县棉麻公司	河南省宁陵县	476700	0370－7811511		

续25

单位名称	地址	邮编	电话	手机	传真
虞城县棉麻公司	河南省虞城县	476300	0370－4138807		
夏邑县棉麻公司	河南省夏邑县	476400	0370－6213052		
周口市棉麻公司	河南省周口市	466000	0394－8225014		
扶沟县棉麻公司	河南省扶沟县城新华路53号	461300	0394－6221433		
西华县棉麻公司	河南省西华县东门兴华路76号	466600	0394－2551553		
鹿邑县棉麻公司	河南省鹿邑县城北大街北段	477200	0394－7221028		
郸城县棉麻公司	河南省郸城县支农街南段18号	477150	0394－3222046		
淮阳县棉麻公司	河南省淮阳县城大同街81号	466700	0394－2661841		
太康县棉麻公司	河南省太康县支农路中段32号	461400	0394－6822874		
商水县棉麻公司	河南省商水县	466100			
沈丘县棉麻公司	河南省沈丘县	466300			
项城市棉麻公司	河南省项城市	466200			
罗山县棉麻公司	河南省罗山县	464200	0376－2169550		
信阳地区棉麻公司	河南省信阳地区	474000	0376－6565666		
信阳市棉麻公司	河南省信阳市工区路108号	464000	0376－6565667		
光山县棉麻公司	河南省光山县	465450			
息县棉麻公司	河南省息县	464300			
淮滨县棉麻公司	河南省淮滨县	464400			
潢川县棉麻公司	河南省潢川县	465150			
固始县棉麻公司	河南省固始县	465250			
驻马店市棉麻公司	河南省驻马店市	463000	0396－2852029		
上蔡县棉麻公司	河南省上蔡县	463800			
正阳县棉麻公司	河南省正阳县	463600			
确山县棉麻公司	河南省确山县	463200			
泌阳县棉麻公司	河南省泌阳县	463700		13803963830	

续 26

单位名称	地址	邮编	电话	手机	传真
汝南县棉麻公司	河南省汝南县	463300			
平舆县棉麻公司	河南省平舆县	463400			
西平县棉麻公司	河南省西平县经贸路东段	463900			
新蔡县棉麻公司	河南省新蔡县城	463500			
陕西省					
陕西省棉麻公司	陕西省西安市红会街 10 号	710004	029－87438017		
西安市临潼区棉麻公司	陕西省西安市临潼区	710600	029－3812059		
西安市阎良区棉麻公司	陕西省西安市阎良区	710089	029－6201320		
长安县棉麻公司	陕西省长安县城	710100			
大荔县棉麻公司	陕西省大荔县西新街 56 号	715100	0913－3222092	3214844－801	
渭南市临渭区棉麻公司	陕西省渭南市临渭区	714000	0913－2014779		
合阳县棉麻公司	陕西省合阳县城	715300	0913－5522263		
蒲城县棉麻公司	陕西省蒲城县城	715500	0913－7212024		
韩城市棉麻公司	陕西省韩城市	715400	0913－5210204		
富平县棉麻公司	陕西省富平县城	711700	0913－8212836		
华县棉麻公司	陕西省华县城	714100	0913－4711765		
华阴县棉麻公司	陕西省华阴县城	714200	0913－4352788		
潼关县棉麻公司	陕西省潼关县城	714300	0913－3822059		
澄城县棉麻公司	陕西省澄城县城	715200	0913－6720920		
泾阳县棉麻公司	陕西省泾阳县城	713700	0910－6222703		
三原县棉麻公司	陕西省三原县城	713800	0910－2282786		
咸阳市秦都区棉麻公司	陕西省咸阳市秦都区	712000	0910－3213270		
咸阳市渭城区棉麻公司	陕西省咸阳市渭城区	712000	0910－3719161		
礼泉县棉麻公司	陕西省礼泉县	713200	0910－5621479		
乾县棉麻公司	陕西省乾县城	713300	0910－5521085		

续 27

单位名称	地址	邮编	电话	手机	传真
山西省					
山西省棉麻公司	山西省太原市晋祠路一段 11 号	030024	0351－6180626		
山西省棉麻公司运城分公司	山西省运城市解放北路 478 号	044000	0359－2020803		
河津市棉麻公司	山西省河津市内	043300	0359－2022335		
闻喜县棉麻公司	山西省闻喜县城	043800	0359－7023261		
新绛县棉麻公司	山西省新绛县城	043100	0359－7522123		
平陆县棉麻公司	山西省平陆县城	044300	0359－3522438		
垣曲县棉麻公司	山西省垣曲县城	043700	0359－6034251		
临猗县棉麻公司	山西省临猗县城	044100	0359－4022513		
绛县棉麻公司	山西省绛县县城	043600	0359－6523706		
稷山县棉麻公司	山西省稷山县城	043200	0359－5522558		
芮城县棉麻公司	山西省芮城县城	044600	0359－3022945		
夏县棉麻公司	山西省夏县县城	044400	0359－8532824		
万荣县棉麻公司	山西省万荣县城	044000	0359－4522867		
运城市棉麻公司	山西省运城市	043300	0359－2020803		
永济市棉麻公司	山西省永济市内	044500	0359－8023209		
临汾市棉麻实业中心	山西省临汾市二中路 19 号	041000	0357－3012028		
临汾县棉麻公司	山西省临汾县城	041000	0351－6180640		
侯马市棉麻公司	山西省侯马市	043000	0357－4224841		
曲沃县棉麻公司	山西省曲沃县城	043400	0357－4522273		
洪洞县棉麻公司	山西省洪洞县城	031600	0357－6222390		
翼城县棉麻公司	山西省翼城县城	043500	0357－4922634		
襄汾县棉麻公司	山西省襄汾县城	041500	0357－3622177		
霍州市棉麻公司	山西省霍州市	031400			
浮山县棉麻公司	山西省浮山县城	042600	0357－8122692		

续28

单位名称	地址	邮编	电话	手机	传真
大宁县棉麻公司	山西省大宁县城	042300	0357－7722928		
山西省棉麻公司晋中分公司	山西省晋中市花园路1号	030600	0354－2023979		
榆次市棉麻公司	山西省榆次市内	030600			
祁县棉麻公司	山西省祁县县城	030900	0354－5222553		
介休市棉麻公司	山西省介休市内	031200	0354－7222650		
平遥县棉麻公司	山西省平遥县城	031100	0354－5624326		
太谷县棉麻公司	山西省太谷县城	030800	0354－6222493		
吕梁市棉麻公司	山西省吕梁市	033000			
汾阳市棉麻公司	山西省汾阳市内	032200	0358－7222315		
孝义市棉麻公司	山西省孝义市内	032300	0358－7621454		
交城县棉麻公司	山西省交城县城	030500	0358－3522743		
文水县棉麻公司	山西省文水县城	032100	0358－3022769		
临县棉麻日杂公司	山西临县县城	033200			
柳林县棉麻公司	山西省柳林县县城	033300			
山西省棉麻公晋城分公司	山西省长治市大北街78号	046000			
沁水县农产品公司	山西省沁水县城	048200	0356－7022691		
阳城县棉麻公司	山西省阳城县城	048100	0355－3032593		
泽州县土产日杂公司	山西省泽州县城	048000	0355－3032593		
太原市棉麻公司	山西省太原市	030082			
清徐县土产日杂公司	山西省清徐县城	030400	0351－5722401		
新疆自治区					
新疆自治区棉麻公司	新疆乌鲁木齐市奇台路134号	830000	0991－5850884		
克拉玛依市棉麻公司	新疆克拉玛依市	834000	0990－6222354	13999306958	
石河子市棉麻公司	新疆石河子市	832001	0993－2014684		
吐鲁番市棉麻公司	新疆吐鲁番市	838000	0995－8568924	13909952827	

续 29

单位名称	地址	邮编	电话	手机	传真
托克逊县棉麻公司	新疆托克逊县	838100	0995－8821344	13909957234	
鄯善县棉麻公司	新疆鄯善县新城东路 583 号	838200	0995－8396128	126－8253588	
哈密地区棉麻公司	新疆哈密地区棉麻公司	839000	0902－2312307	13809902835	
哈密市棉麻公司	新疆哈密市	839000			
伊吾县棉麻公司	新疆伊吾县城	839300			
和田市棉麻公司	新疆和田市棉麻公司	848000	0903－2022800	13899451320	
和田县棉麻公司	新疆和田县城	848000	0903－2022836	13999057666	
皮山县棉麻公司	新疆皮山县城	845150	0903－6422305	13809983164	
墨玉县棉麻公司	新疆墨玉县城	848100	0903－6512695	13809984234	
洛甫县棉麻公司	新疆洛甫县城	848200	0903－6622041	13809980516	
策勒县棉麻公司	新疆策勒县城	848300	0903－6712784	13094096127	
于田县棉麻公司	新疆于田县城	848400	0903－6811445	13999050867	
民丰县棉麻公司	新疆民丰县城	848500	0903－750194	13070079386	
阿克苏地区棉麻公司	新疆阿克苏市	843000	0997－2123890	13909972208	
阿克苏市棉麻公司	新疆阿克苏市团结路 62 号	843000	0997－2124162		
阿瓦提县棉麻公司	新疆阿瓦提县河滨路 30 号	843200	0997－5121802	13909978599	
沙雅县棉麻公司	新疆沙雅县人民路	842200	0997－8323947	13909972731	
库车县棉麻公司	新疆库车县老城	842000	0997－7133697	13899215777	
温宿县棉麻公司	新疆温宿县城	843100			
新和县棉麻公司	新疆新和县城	842100	0997－8122336		
乌什县棉麻公司	新疆乌什县城	843400	0997－5322546		
拜城县棉麻公司	新疆拜城县城	842300	0997－8622482	13309973517	
柯坪县棉麻公司	新疆柯坪县城	843600	0997－5822938		
喀什地区棉麻公司	新疆喀什地区	844000	0998－2823272	13909983968	
喀什市棉麻公司	新疆喀什市	844000	0998－2828579		

续 30

单位名称	地址	邮编	电话	手机	传真
巴楚县棉麻公司	新疆巴楚县城	843800	0998－6822533	13709981020	
伽师县棉麻公司	新疆伽师县城	844300	0998－6722411	13909980448	
岳普湖县棉麻公司	新疆岳普湖县喀拉玉吉买路 9 号	844400	0998－6822203	13709981020	
麦盖提县棉麻公司	新疆麦盖提县英买里东路 8 号	844600	0998－7842303	13900982665	
莎车县棉麻公司	新疆莎车县城工业路 7 号	844700	0998－8512471	13909981768	
泽普县棉麻公司	新疆泽普县城	844800	0998－8242525	13909982226	
叶城县棉麻公司	新疆叶城县交通路 04 号	844900	0998－7210097	13899183611	
疏勒县棉麻公司	新疆疏勒县胜利北路 18 号院	844200	0998－6572513	13899113898	
疏附县棉麻公司	新疆疏附县城	844100	0998－3251658	13309985658	
英吉沙县棉麻公司	新疆英吉沙县城	844500	0998－3623915	13909986598	
克孜勒苏州棉麻公司	新疆阿图什市	845350	0908－4234007	13070062007	
阿图什市棉麻公司	新疆阿图什市城	845350	0908－4223409	13070060314	
阿克陶县棉麻公司	新疆阿克陶县城	845550	0908－5721222	13809988788	
巴音郭楞州棉麻公司	新疆巴音郭楞州	841000	0996－2076063	13709953654	
库尔勒市棉麻公司	新疆库尔勒市	841000	0996－2201078	13309960515	
尉犁县棉麻公司	新疆尉犁县城	841500	0996－4022498	13909969751	
轮台县棉麻公司	新疆轮台县城	841600	0996－4691779	13309961779	
且末县棉麻公司	新疆且末县城	841900	0996－7622612	13709959786	
若羌县棉麻公司	新疆若羌县城	841800	0996－7102681	13199968882	
和硕县棉麻公司	新疆和硕县城	841200	0996－5610068	13999600788	
焉耆县棉麻公司	新疆焉耆县城	841100	0996－6022435	13909962079	
和静县棉麻公司	新疆和静县城	841300	0996－5022070	13309962079	
昌吉州棉麻公司	新疆昌吉市	831100	0994－2587882	13909947757	
玛纳斯县棉麻公司	新疆玛纳斯县乌伊路 35 号	832200	0994－6633869	13909948038	
呼图壁县棉麻公司	新疆呼图壁县城	831200	0994－4502768	13709943185	
昌吉市棉麻公司	新疆昌吉市城镇	831100	0994－2381186	13909947966	
阜康市棉麻公司	新疆阜康市城	831500	0994－3222531	13070385838	

续 31

单位名称	地址	邮编	电话	手机	传真
博尔塔拉州棉麻公司	新疆博乐市	833400	0909－2223268	13809990166	
博乐市棉麻公司	新疆博乐县城	833400	0909－2223403	13309090193	
精河县棉麻公司	新疆精河县城	833300	0909－5331829	13809998828	
伊犁哈萨克州棉麻公司	新疆伊宁市	835000	0999－3222366	13309928835	
奎屯市棉麻公司	新疆奎屯市	833200			
霍城县棉麻公司	新疆霍城县下三宫	835200	0999－3024910	13909993528	
乌苏市棉麻公司	新疆乌苏市	833000	0992－8502476	13309921830	
沙湾县棉麻公司	新疆沙湾县三道河子镇	832100	0993－6011291	13909933771	
新疆生产兵团					
新疆生产建设兵团棉麻公司	新疆乌鲁木齐市西北路 65 号	830091	0991－4539898		0991－4533228
新疆生产建设兵团农一师棉麻公司	新疆阿克苏市民主路 8－2 号	843000	0997－2519589	13909978027	
新疆生产建设兵团农二师棉麻公司	新疆库尔勒市人民西路农垦供销大厦	841000	0996－2030038	13709953344	
新疆生产建设兵团农三师棉麻公司	新疆喀什市克孜都维路 97 号	844000	0998－2524419	13909983398	
新疆生产建设兵团农四师棉麻公司	新疆伊宁市谊群饭店	835200	0999－8120273	13909990019	
新疆生产建设兵团农五师棉麻公司	新疆博乐市健康路	833400	0909－2223324	13809993728	
新疆生产建设兵团农六师棉麻公司	新疆五家渠市军垦路 12 区	831300	0994－5823698	13999355229	
新疆生产建设兵团农七师棉麻公司	新疆奎屯市团结南路	833200	0992－3222671	13809925678	
新疆生产建设兵团农八师棉麻公司	新疆石河子市环四路	832000	0993－2014901	13999321858	
新疆生产建设兵团兵团哈管局棉麻公司	新疆哈密市新市区前进西路	838003	0902－2313548	13070483266	
新疆生产建设兵团和管局棉麻公司	新疆和田市乌鲁木齐北路 22 号	848000	0903－2512749	13809980679	
新疆生产建设兵团工一师棉麻公司	新疆乌鲁木齐市红山路 155 号	830091	0991－2611960	13709917016	
辽宁省					
辽宁省棉业有限责任公司	辽宁省沈阳市皇姑区嫩江街 33 号	110013	024－86858027		
朝阳县棉麻公司	辽宁省朝阳县城	122000	0421－2814306		
黑山县棉麻公司	辽宁省黑山县城	121400	0416－5523580		

续32

单位名称	地址	邮编	电话	手机	传真
喀左县棉麻公司	辽宁省喀左县城	122300	0421－5822861		
建昌县棉麻公司	辽宁省建昌县城	125300	0429－7215087		
北票县棉麻公司	辽宁省北票县城	122100	0421－5823451		
阜新县棉麻公司	辽宁省阜新县城	123100	0418－8822647		
甘肃省					
甘肃省棉麻总公司	甘肃省兰州市中山路268号	730030	0931－8401045		0931－8401054
张掖市农副公司	甘肃省张掖市城	734000			
敦煌市棉麻公司	甘肃省敦煌市环城南路1号	736200	0937－8822376		
酒泉市棉麻公司	甘肃省酒泉市南后街35号	735000	0937－2613029		
安西县棉麻公司	甘肃省安西县南市街2号	736100	0937－5522513		
武都县棉麻公司	甘肃省武都县城	746000			
金塔县棉麻公司	甘肃省金塔县西城路10号	736300	0937－4421438		
玉门市棉麻公司	甘肃省玉门市西海供销社	736400	0937－3203212		
高台县棉麻公司	甘肃省高台县东城河路90号	734300	0936－6661268		
临泽县棉麻公司	甘肃省临泽县县府街	734200	0936－5521911		
武威市棉麻公司	甘肃省武威市	733000			
民勤县棉麻公司	甘肃省民勤县西渠镇	733306	0935－4161360		
北京市					
北京市丰通联棉花有限责任公司	北京市丰台区马家堡路23号	100077	010－67215568		010－67215590
天津市					
天津市天棉棉花有限公司	天津市河北区光复道24号	300010	022－24032925		022－7125436
静海县棉麻公司	天津市静海县静海镇津德路67号	301600	022－28944574		
宁河县棉麻公司	天津市宁河县津榆之路18号	301500	022－25592522		
武清县棉麻有限公司	天津市武清区扬村镇建设南路1号	301700	022－29341110		
宝坻县银花棉油有限公司	天津市宝坻区津园公路25号	301800	022－29243536		
蓟县棉麻公司	天津市蓟县县城	301900			

1949-2000

中国棉花统计资料汇编

中华全国供销合作总社棉麻局
中国棉麻流通经济研究会 编

中国统计出版社
China Statistics Press

5－7－1　湖北省1949－2000年产棉县棉花生产收购明细

县市名	耕地面积（万亩）	农业人口（万人）	棉田面积（万亩）	占耕地（%）	亩产（市斤）	总产量（万担）	收购量（万担）	商品率（%）	人均交售（市斤）
全省合计			**37647.43**	**17.72**	**88.61**	**33359.41**	**29610.82**	**88.76**	**23.33**
黄冈市			**3147.27**	**13.10**	**96.85**	**3048.24**	**2566.97**	**84.21**	**12.52**
黄州区			408.09	17.43	104.03	424.52	409.97	96.57	21.32
红安县			46.53		118.39	55.08	25.90	47.02	
麻城市			733.83	16.09	96.17	705.75	577.90	81.88	13.44
英山县			0.61	1.68	195.08	1.19	0.39	32.77	0.63
罗田县			21.46	0.96	77.77	16.69	16.62	99.58	1.15
浠水县			453.41	12.20	75.15	340.73	294.32	86.38	8.01
蕲春县			178.53	4.72	65.66	117.23	108.41	92.48	3.27
武穴市			420.70	13.56	118.08	496.78	375.81	75.65	15.66
黄梅县			870.23	21.08	100.58	875.29	747.33	21.20	23.09
团风县			13.88	11.27	107.93	14.98	10.32	68.89	7.86
省辖市			**9358.24**	**27.03**	**99.02**	**9266.85**	**8254.18**	**89.07**	**37.13**
随州市			1194.21	14.56	92.96	1110.18	926.32	83.44	17.84
潜江市			1465.67	23.62	96.79	1418.66	1246.27	87.85	45.13
鄂州市			813.35	68.40	84.33	685.93	583.63	85.09	18.58
天门市			3419.26	35.44	107.21	3665.72	3323.35	90.66	55.20
仙桃市			2465.75	26.29	96.78	2386.36	2174.61	91.13	42.53
黄石市			**187.85**	**1.91**	**61.70**	**115.90**	**73.47**	**63.39**	**1.52**
大冶市			128.26	1.65	49.57	63.58	35.65	56.07	1.23
阳新县			59.59	2.90	87.80	52.32	37.82	72.29	1.95
荆门市			**2242.15**	**10.12**	**107.40**	**2408.00**	**2066.45**	**85.82**	**23.11**
荆门辖区			595.37	5.82	91.50	544.77	457.43	83.97	13.48
京山县			470.25	10.49	122.96	578.20	477.28	82.55	22.63
钟祥市			1146.30	15.96	109.40	1254.08	1103.08	87.96	33.16
五三农场			13.04	22.91	115.26	15.03	19.14	127.35	193.33
沙洋农场			17.19	8.75	92.61	15.92	9.52	59.80	9.33
荆州市			**8426.04**	**21.82**	**93.26**	**7857.98**	**7162.72**	**91.15**	**36.23**
沙市区			25.15	30.92	148.67	37.39	26.27	70.26	100.27
江陵县			1281.72	17.97	98.62	1264.02	1141.98	90.35	39.88
松滋市			1371.50	26.58	94.27	1292.89	1193.55	92.32	35.02
公安县			1900.01	28.26	107.95	2051.02	1929.31	94.07	47.38

5－7－1续表

县市名	耕地面积（万亩）	农业人口（万人）	棉田面积（万亩）	占耕地（%）	亩产（市斤）	总产量（万担）	收购量（万担）	商品率（%）	人均交售（市斤）
石首市			874.42	25.03	91.00	795.74	722.56	90.80	34.57
监利县			1884.20	18.59	72.49	1365.83	1204.16	88.16	27.03
洪湖市			1015.94	17.90	93.69	951.88	878.47	92.29	31.64
荆州区			73.10	33.91	135.72	99.21	66.42	66.95	83.53
武汉市			**2558.17**	**20.16**	**91.50**	**2340.68**	**2271.02**	**97.02**	**20.08**
新洲区			1458.76	33.63	92.73	1352.67	1320.85	97.65	39.42
黄陂区			365.49	7.53	80.66	294.81	268.00	90.91	6.56
蔡甸区			494.89	17.91	90.70	448.86	440.68	98.18	23.82
江夏区			121.82	27.78	68.25	83.14	81.88	98.49	4.26
汉南区			117.21	39.49	137.53	161.20	159.61	99.01	153.62
咸宁市			**368.06**	**7.03**	**66.99**	**246.57**	**222.30**	**90.16**	**8.75**
嘉鱼县			304.78	11.76	66.32	202.12	187.46	92.75	17.84
赤壁市			63.28	2.39	70.24	44.45	34.84	78.38	2.34
襄樊市			**5960.33**	**17.79**	**56.04**	**3340.37**	**2863.98**	**85.74**	**18.33**
谷城县			244.25	8.96	53.23	130.01	118.12	90.85	5.92
南漳县			307.23	7.85	65.14	200.13	164.48	82.19	7.37
枣阳市			2246.82	23.64	43.83	984.73	893.16	90.70	24.27
老河口市			419.15	14.08	56.17	235.44	209.79	89.11	17.50
襄阳县			2139.16	20.39	59.46	1271.93	1052.65	82.76	22.39
宜城市			603.72	15.53	85.82	518.13	425.78	82.18	23.43
孝感市			**3461.74**	**15.59**	**85.63**	**2964.27**	**2503.99**	**84.47**	**14.37**
广水市			234.40	6.84	83.99	196.87	156.96	79.73	5.24
孝南区			548.46	11.04	71.33	391.21	319.38	81.64	7.60
云梦县			467.71	21.68	96.81	452.78	422.51	93.31	22.06
应城市			276.12	8.63	92.43	255.22	219.90	86.16	10.36
汉川市			1716.39	32.99	87.60	1503.56	1260.28	83.82	35.32
安陆市			202.36	7.16	74.20	150.16	112.79	75.11	5.48
孝昌县			15.30	4.36	84.77	12.97	11.97	92.29	2.62
大悟县			1.00	1.33	150.00	1.50	0.20	13.33	0.19
宜昌市			**1937.58**	**20.15**	**91.38**	**1770.55**	**1625.74**	**91.82**	**43.68**
枝江市			1267.12	31.39	103.92	1316.75	1213.22	92.14	64.16
当阳市			669.95	12.32	67.62	453.02	412.52	91.06	24.21
远安县			0.20	0.51	175.00	0.35			
宜都市			0.31	0.32	138.71	0.43			

5-7-2 湖北省1949-1959年产棉县棉花生产收购明细

县市名	耕地面积（万亩）	农业人口（万人）	棉田面积（万亩）	占耕地（%）	亩产（市斤）	总产量（万担）	收购量（万担）	商品率（%）	人均交售（市斤）
全省合计			**7719.61**	**16.80**	**37.05**	**2860.02**	**2297.81**	**80.34**	**12.47**
黄冈市			**559.69**	**11.28**	**41.78**	**233.83**	**181.06**	**77.43**	**5.89**
黄州区			70.81	11.18	28.60	20.25	16.28	80.40	4.07
红安县									
麻城市			133.70	13.24	48.38	64.69	51.03	78.88	7.32
英山县									
罗田县									
浠水县			111.64	12.97	32.69	36.49	29.15	79.88	4.73
蕲春县			25.88	2.97	22.10	5.72	4.12	72.03	0.77
武穴市			71.40	9.96	44.96	32.10	28.54	88.91	8.11
黄梅县			146.26	16.78	50.99	74.58	51.94	8.56	10.95
团风县									
省辖市			**1791.23**	**23.81**	**43.41**	**777.63**	**656.06**	**84.37**	**20.63**
随州市			245.88	14.73	23.90	58.77	50.58	86.06	6.64
潜江市			237.16	18.82	42.55	100.92	81.79	81.04	21.50
鄂州市			222.50	96.66	33.66	74.89	63.37	84.62	12.25
天门市			635.39	27.92	48.87	310.54	278.72	89.75	34.71
仙桃市			450.30	21.59	51.63	232.51	181.60	78.10	25.28
黄石市			**46.85**	**3.16**	**28.39**	**13.30**	**5.56**	**41.80**	**1.32**
大冶市			46.85	3.16	28.39	13.30	5.56	41.80	1.32
阳新县									
荆门市			**327.46**	**7.35**	**43.14**	**141.28**	**104.90**	**74.25**	**8.27**
荆门辖区			116.67	5.80	27.60	32.20	22.64	70.31	4.57
京山县			69.20	7.45	49.68	34.38	29.69	86.36	9.52
钟祥市			141.59	9.34	52.76	74.70	52.57	70.37	11.43
五三农场									
沙洋农场									
荆州市			**1813.64**	**20.72**	**42.77**	**775.62**	**659.84**	**85.07**	**23.33**
沙市区									
江陵县			260.21	15.09	43.51	113.21	81.54	72.03	18.65
松滋市			315.80	25.55	48.46	153.05	124.39	81.27	22.32
公安县			379.97	25.45	44.42	168.80	154.00	91.23	28.45

5－7－2 续表

县 市 名	耕地面积（万亩）	农业人口（万人）	棉田面积（万亩）	占耕地（%）	亩 产（市斤）	总产量（万担）	收购量（万担）	商品率（%）	人均交售（市斤）
石首市			222.91	25.72	44.02	98.13	82.34	83.91	29.41
监利县			436.17	19.21	36.89	160.91	149.88	93.15	23.52
洪湖市			198.58	17.08	41.05	81.52	67.69	83.03	18.07
荆州区									
武汉市			**416.91**	**15.57**	**35.86**	**149.50**	**112.43**	**75.20**	**5.89**
新洲区			279.12	28.38	37.30	104.11	81.97	78.73	14.08
黄陂区			32.00	3.13	25.94	8.30	3.40	40.96	0.47
蔡甸区			80.70	14.11	38.41	31.00	22.00	70.97	6.79
江夏区			25.09	24.73	24.27	6.09	5.06	83.09	1.84
汉南区									
咸宁市			**63.79**	**5.61**	**30.33**	**19.35**	**14.19**	**73.33**	**4.27**
嘉鱼县			56.11	9.89	31.14	17.47	13.23	75.73	8.88
赤壁市			7.68	1.35	24.48	1.88	0.96	51.06	0.52
襄樊市			**1714.93**	**22.10**	**22.00**	**377.21**	**305.27**	**80.93**	**13.02**
谷城县			60.65	10.27	31.21	18.93	11.47	60.59	3.63
南漳县			64.00	7.49	19.84	12.70	6.90	54.33	1.97
枣阳市			731.71	30.28	17.72	129.66	113.63	87.64	20.73
老河口市			118.41	23.20	20.10	23.80	21.22	89.16	12.51
襄阳县			597.15	23.63	25.61	152.94	125.78	82.24	17.77
宜城市			143.01	16.64	27.40	39.18	26.27	67.05	10.41
孝感市			**600.44**	**12.08**	**39.93**	**239.77**	**145.43**	**60.65**	**5.76**
广水市			46.95	5.87	16.81	7.89	1.88	23.83	0.46
孝南区			97.00	7.73	24.85	24.10	17.43	72.32	2.49
云梦县			93.67	18.04	34.33	32.16	21.53	66.95	7.80
应城市			26.71	3.77	24.52	6.55	3.78	57.71	1.19
汉川市			301.95	29.24	53.20	160.64	98.03	61.02	18.77
安陆市			34.16	5.23	24.68	8.43	2.78	32.98	0.93
孝昌县									
大悟县									
宜昌市			**384.67**	**17.15**	**34.45**	**132.53**	**113.07**	**85.32**	**20.52**
枝江市			278.41	30.88	35.74	99.49	89.78	90.24	30.70
当阳市			106.26	7.92	31.09	33.04	23.29	70.49	9.01
远安县									
宜都市									

5-7-3　湖北省1960-1969年产棉县棉花生产收购明细

县市名	耕地面积（万亩）	农业人口（万人）	棉田面积（万亩）	占耕地（%）	亩产（市斤）	总产量（万担）	收购量（万担）	商品率（%）	人均交售（市斤）
全省合计			**7400.91**	**17.41**	**72.12**	**5337.63**	**5111.82**	**95.77**	**24.98**
黄冈市			**638.37**	**13.97**	**74.36**	**474.69**	**439.49**	**92.58**	**13.78**
黄州区			92.18	16.06	72.29	66.64	64.06	96.13	15.70
红安县									
麻城市			148.30	16.08	78.62	116.60	104.92	89.98	14.63
英山县									
罗田县									
浠水县			92.58	12.63	56.82	52.60	47.11	89.56	7.48
蕲春县			42.17	5.14	44.11	18.60	18.44	99.14	3.51
武穴市			87.10	13.61	74.86	65.20	60.60	92.94	15.85
黄梅县			176.04	20.04	88.08	155.05	144.36	17.65	27.40
团风县									
省辖市			**1870.57**	**26.39**	**82.93**	**1551.19**	**1491.67**	**96.16**	**41.07**
随州市			188.13	11.23	55.26	103.97	92.70	89.16	10.83
潜江市			288.48	22.06	83.22	240.07	233.12	97.11	51.91
鄂州市			171.10	92.64	63.27	108.26	98.16	90.67	18.65
天门市			698.47	35.06	90.05	628.94	609.44	96.90	62.86
仙桃市			524.39	27.22	89.62	469.95	458.25	97.51	55.10
黄石市			**27.90**	**1.88**	**36.59**	**10.21**	**5.75**	**56.32**	**1.27**
大冶市			27.90	1.88	36.59	10.21	5.75	56.32	1.27
阳新县									
荆门市			**399.52**	**9.63**	**84.45**	**337.39**	**323.73**	**95.95**	**22.09**
荆门辖区			79.74	4.58	62.19	49.59	46.16	93.08	8.13
京山县			94.81	10.47	87.98	83.41	81.49	97.70	23.02
钟祥市			224.97	14.98	90.85	204.39	196.08	95.93	36.09
五三农场									
沙洋农场									
荆州市			**1688.77**	**21.01**	**75.70**	**1278.40**	**1269.20**	**99.28**	**37.85**
沙市区									
江陵县			276.44	17.59	82.02	226.74	223.93	98.76	42.10
松滋市			269.44	26.67	84.13	226.69	222.56	98.18	38.39
公安县			386.06	28.85	81.68	315.33	310.40	98.44	46.18

5－7－3续表

县市名	耕地面积（万亩）	农业人口（万人）	棉田面积（万亩）	占耕地（%）	亩产（市斤）	总产量（万担）	收购量（万担）	商品率（%）	人均交售（市斤）
石首市			178.56	25.54	70.34	125.60	125.99	100.31	37.33
监利县			403.33	18.58	64.71	261.00	263.69	101.03	35.74
洪湖市			174.94	14.03	70.33	123.04	122.63	99.67	24.82
荆州区									
武汉市			**481.99**	**18.30**	**69.57**	**335.31**	**321.61**	**95.91**	**16.68**
新洲区			284.75	31.73	76.71	218.42	211.98	97.05	36.94
黄陂区			62.00	6.04	38.39	23.80	18.40	77.31	2.65
蔡甸区			111.70	18.00	74.57	83.30	82.70	99.28	24.38
江夏区			23.54	25.98	41.59	9.79	8.53	87.13	2.65
汉南区									
咸宁市			**81.85**	**7.99**	**48.61**	**39.79**	**34.97**	**87.89**	**8.84**
嘉鱼县			70.24	13.74	48.58	34.12	29.80	87.34	17.25
赤壁市			11.61	2.26	48.84	5.67	5.17	91.18	2.32
襄樊市			**1172.70**	**17.11**	**42.25**	**495.52**	**455.73**	**91.97**	**17.45**
谷城县			74.43	12.15	47.63	35.45	29.00	81.81	8.41
南漳县			59.00	7.42	52.02	30.69	29.02	94.56	7.48
枣阳市			411.45	20.75	30.64	126.05	123.41	97.91	19.87
老河口市			73.66	17.93	30.63	22.56	19.93	88.34	12.78
襄阳县			447.13	19.81	45.08	201.55	181.24	89.92	22.61
宜城市			107.03	13.49	74.02	79.22	73.13	92.31	24.41
孝感市			**657.55**	**14.57**	**73.91**	**486.00**	**444.36**	**91.43**	**15.73**
广水市			38.31	5.54	41.82	16.02	8.71	54.37	1.85
孝南区			101.03	9.07	62.87	63.52	48.52	76.39	6.19
云梦县			87.82	19.97	88.72	77.91	73.64	94.52	24.60
应城市			40.42	6.38	47.01	19.00	17.21	90.58	4.92
汉川市			358.45	34.20	80.66	289.12	280.44	97.00	47.47
安陆市			31.52	5.37	64.82	20.43	15.84	77.53	4.79
孝昌县									
大悟县									
宜昌市			**381.69**	**17.62**	**86.23**	**329.13**	**325.31**	**98.84**	**53.40**
枝江市			257.95	32.63	92.36	238.25	237.35	99.62	74.63
当阳市			123.74	9.00	73.44	90.88	87.96	96.79	30.21
远安县									
宜都市									

5－7－4　湖北省1970－1979年产棉县棉花生产收购明细

县市名	耕地面积（万亩）	农业人口（万人）	棉田面积（万亩）	占耕地（%）	亩产（市斤）	总产量（万担）	收购量（万担）	商品率（%）	人均交售（市斤）
全省合计			**8268.79**	**19.85**	**89.24**	**7379.30**	**7160.68**	**97.04**	**26.81**
黄冈市			**702.92**	**14.35**	**93.60**	**657.94**	**622.19**	**94.57**	**14.28**
黄州区			103.39	19.46	121.98	126.11	120.76	95.76	24.72
红安县			5.24		72.33	3.79	1.70	44.85	
麻城市			159.80	18.58	97.81	156.30	143.34	91.71	16.33
英山县									
罗田县			4.85	0.76	75.26	3.65	3.61	98.90	0.90
浠水县			99.48	13.99	93.80	93.31	87.84	94.14	11.40
蕲春县			53.54	7.25	71.98	38.54	36.81	95.51	5.50
武穴市			92.80	15.42	84.59	78.50	75.60	96.31	15.52
黄梅县			183.82	22.55	85.81	157.74	152.53	19.35	22.97
团风县									
省辖市			**2085.15**	**30.50**	**95.20**	**1985.16**	**1912.96**	**96.36**	**41.52**
随州市			191.71	12.11	92.92	178.13	169.15	94.96	15.66
潜江市			338.87	26.09	84.77	287.25	266.15	92.65	43.30
鄂州市			161.30	85.07	86.30	139.20	136.12	97.79	20.61
天门市			774.75	41.59	105.78	819.53	801.48	97.80	68.55
仙桃市			618.52	32.53	90.71	561.05	540.06	96.26	49.85
黄石市			**39.02**	**1.63**	**63.53**	**24.79**	**18.11**	**73.05**	**1.60**
大冶市			20.82	1.23	53.22	11.08	7.11	64.17	1.20
阳新县			18.20	2.56	75.33	13.71	11.00	80.23	2.04
荆门市			**504.37**	**12.76**	**103.98**	**524.43**	**510.77**	**97.40**	**26.22**
荆门辖区			110.90	6.81	94.55	104.86	99.79	95.16	13.28
京山县			97.51	11.10	93.85	91.51	89.93	98.27	19.75
钟祥市			295.96	20.46	110.85	328.06	321.05	97.86	43.29
五三农场									
沙洋农场									
荆州市			**1874.66**	**25.03**	**89.05**	**1669.43**	**1671.02**	**100.10**	**39.45**
沙市区									
江陵县			303.98	20.44	90.43	274.90	274.11	99.71	39.93
松滋市			290.25	30.63	91.66	266.04	260.57	97.94	36.44
公安县			422.85	32.80	103.55	437.87	436.51	99.69	51.97

5－7－4 续表

县 市 名	耕地面积（万亩）	农业人口（万人）	棉田面积（万亩）	占耕地（%）	亩　产（市斤）	总产量（万担）	收购量（万担）	商品率（%）	人均交售（市斤）
石首市			185.26	28.76	91.84	170.14	170.92	100.46	38.63
监利县			437.16	22.12	77.74	339.87	349.41	102.81	36.84
洪湖市			235.16	20.53	76.80	180.61	179.50	99.39	29.76
荆州区									
武汉市			**610.18**	**24.81**	**104.42**	**637.15**	**617.34**	**96.89**	**26.60**
新洲区			301.88	36.52	127.83	385.88	376.69	97.62	55.00
黄陂区			118.00	12.54	76.27	90.00	82.20	91.33	10.01
蔡甸区			156.00	25.77	92.69	144.60	142.50	98.55	34.86
江夏区			34.30	39.68	48.60	16.67	15.95	95.68	3.93
汉南区									
咸宁市			**86.18**	**8.42**	**55.65**	**47.96**	**42.93**	**89.51**	**7.86**
嘉鱼县			74.20	14.94	54.19	40.21	36.28	90.23	15.94
赤壁市			11.98	2.27	64.69	7.75	6.65	85.81	2.09
襄樊市			**1096.46**	**17.63**	**59.99**	**657.76**	**629.75**	**95.74**	**19.64**
谷城县			52.70	9.62	65.58	34.56	30.37	87.88	7.01
南漳县			59.00	7.76	84.07	49.60	46.50	93.75	9.89
枣阳市			400.83	22.74	41.59	166.72	166.29	99.74	21.83
老河口市			59.82	16.38	61.52	36.80	24.11	65.52	13.15
襄阳县			405.80	20.42	65.02	263.84	262.45	99.47	26.62
宜城市			118.31	14.85	89.80	106.24	100.03	94.15	26.81
孝感市			**844.20**	**19.67**	**90.15**	**761.05**	**727.23**	**95.56**	**20.29**
广水市			42.65	6.63	74.02	31.57	22.69	71.87	3.77
孝南区			160.72	15.30	86.14	138.45	122.12	88.21	12.35
云梦县			118.59	29.80	129.58	153.67	147.95	96.28	37.59
应城市			71.22	11.51	79.08	56.32	54.27	96.36	12.39
汉川市			401.35	37.90	85.37	342.62	346.02	100.99	47.32
安陆市			49.67	9.53	77.35	38.42	34.18	88.96	7.93
孝昌县									
大悟县									
宜昌市			**425.65**	**20.51**	**97.18**	**413.63**	**408.38**	**98.73**	**52.98**
枝江市			270.58	36.51	101.18	273.76	272.81	99.65	68.10
当阳市			155.07	11.62	90.20	139.87	135.57	96.93	36.62
远安县									
宜都市									

5－7－5　湖北省1980－1989年产棉县棉花生产收购明细

县市名	耕地面积（万亩）	农业人口（万人）	棉田面积（万亩）	占耕地（%）	亩产（市斤）	总产量（万担）	收购量（万担）	商品率（%）	人均交售（市斤）
全省合计			**7344.36**	**18.08**	**106.75**	**7839.75**	**7377.57**	**94.10**	**25.93**
黄冈市			**635.69**	**13.25**	**120.57**	**766.46**	**719.18**	**93.83**	**15.43**
黄州区			91.51	20.37	142.26	130.18	121.35	93.22	26.04
红安县			15.20		81.21	12.34	11.33	91.82	
麻城市			151.20	17.68	112.96	170.80	166.19	97.30	17.66
英山县									
罗田县			7.99	1.00	75.09	6.00	5.72	95.33	1.14
浠水县			83.72	12.20	103.77	86.88	76.92	88.54	9.55
蕲春县			36.43	5.30	82.90	30.20	30.54	101.13	4.29
武穴市			79.80	13.97	154.64	123.40	106.70	86.47	20.53
黄梅县			169.84	22.68	121.68	206.66	200.43	27.59	28.07
团风县									
省辖市			**1898.61**	**29.69**	**123.64**	**2347.36**	**2229.81**	**94.99**	**45.29**
随州市			288.73	18.86	123.45	356.44	334.42	93.82	29.45
潜江市			292.01	24.49	114.86	335.41	320.31	95.50	49.55
鄂州市			158.78	72.60	110.03	174.70	168.80	96.62	24.53
天门市			672.18	38.99	131.92	886.72	845.00	95.30	62.29
仙桃市			486.91	28.18	122.01	594.09	561.28	94.48	51.18
黄石市			**35.14**	**1.52**	**74.82**	**26.29**	**18.93**	**72.00**	**1.50**
大冶市			18.54	1.13	65.86	12.21	7.73	63.31	1.17
阳新县			16.60	2.50	84.82	14.08	11.20	79.55	1.86
荆门市			**480.83**	**10.02**	**117.56**	**565.25**	**527.70**	**93.36**	**26.26**
荆门辖区			121.22	4.67	127.17	154.16	137.85	89.42	17.53
京山县			92.22	10.70	135.94	125.36	118.35	94.41	25.50
钟祥市			267.39	19.91	106.86	285.73	271.50	95.02	35.78
五三农场									
沙洋农场									
荆州市			**1508.89**	**21.47**	**108.94**	**1643.72**	**1584.74**	**96.41**	**35.39**
沙市区									
江陵县			244.79	18.00	125.92	308.25	298.36	96.79	42.41
松滋市			257.45	27.43	104.91	270.09	267.10	98.89	35.90
公安县			359.69	28.85	115.47	415.34	411.63	99.11	44.57

5-7-5续表

县市名	耕地面积（万亩）	农业人口（万人）	棉田面积（万亩）	占耕地（%）	亩产（市斤）	总产量（万担）	收购量（万担）	商品率（%）	人均交售（市斤）
石首市			131.65	21.13	113.41	149.31	137.89	92.35	28.33
监利县			307.56	17.08	80.31	247.00	225.68	91.37	22.36
洪湖市			207.75	19.62	122.13	253.73	244.08	96.20	39.92
荆州区									
武汉市			**568.52**	**23.81**	**115.74**	**658.03**	**628.78**	**95.55**	**26.53**
新洲区			340.01	42.49	120.31	409.07	384.86	94.08	55.66
黄陂区			87.00	9.53	92.07	80.10	71.50	89.26	8.52
蔡甸区			80.90	16.73	110.38	89.30	94.60	105.94	25.28
江夏区			20.40	25.55	121.72	24.83	24.69	99.44	5.75
汉南区			40.21	36.29	136.11	54.73	53.13	97.08	148.32
咸宁市			**65.89**	**6.60**	**96.81**	**63.79**	**59.34**	**93.02**	**9.93**
嘉鱼县			52.49	10.62	99.05	51.99	49.91	96.00	21.93
赤壁市			13.40	2.66	88.06	11.80	9.43	79.92	2.55
襄樊市			**1013.60**	**16.11**	**72.16**	**731.46**	**647.86**	**88.57**	**18.83**
谷城县			36.25	7.36	59.61	21.61	21.79	100.83	4.91
南漳县			58.00	7.89	78.62	45.60	38.50	84.43	7.92
枣阳市			360.44	21.83	64.38	232.06	219.14	94.43	28.01
老河口市			102.40	11.73	58.24	59.64	63.66	106.74	20.31
襄阳县			346.84	18.92	74.37	257.94	199.70	77.42	19.42
宜城市			109.67	15.57	104.50	114.61	105.07	91.68	27.10
孝感市			**729.81**	**17.47**	**87.87**	**641.28**	**585.38**	**91.28**	**15.09**
广水市			44.61	7.10	108.11	48.23	44.86	93.01	6.74
孝南区			134.63	13.15	79.49	107.02	80.02	74.77	7.40
云梦县			100.10	25.72	102.00	102.10	92.81	90.90	21.55
应城市			63.52	10.53	91.85	58.34	52.71	90.35	11.34
汉川市			343.02	33.86	85.32	292.67	287.34	98.18	36.85
安陆市			43.93	8.45	74.94	32.92	27.64	83.96	6.02
孝昌县									
大悟县									
宜昌市			**407.38**	**28.52**	**97.23**	**396.11**	**375.85**	**94.89**	**45.42**
枝江市			239.57	31.45	124.82	299.03	290.24	97.06	65.60
当阳市			167.81	25.18	57.85	97.08	85.61	88.19	22.23
远安县									
宜都市									

5-7-6　湖北省1990-2000年产棉县棉花生产收购明细

县市名	耕地面积（万亩）	农业人口（万人）	棉田面积（万亩）	占耕地（%）	亩产（市斤）	总产量（万担）	收购量（万担）	商品率（%）	人均交售（市斤）
全省合计			**6913.76**	**16.56**	**143.81**	**9942.71**	**7662.94**	**77.07**	**23.32**
黄冈市			**610.60**	**12.72**	**149.91**	**915.32**	**605.05**	**66.10**	**11.60**
黄州区			50.20	32.81	162.03	81.34	87.52	107.60	54.51
红安县			26.09		149.29	38.95	12.87	33.04	
麻城市			140.83	15.39	140.14	197.36	112.42	56.96	10.55
英山县			0.61	1.68	195.08	1.19	0.39	32.77	0.63
罗田县			8.62	1.09	81.67	7.04	7.29	103.55	1.33
浠水县			65.99	9.10	108.27	71.45	53.30	74.60	6.24
蕲春县			20.51	3.08	117.84	24.17	18.50	76.54	2.11
武穴市			89.60	15.64	220.51	197.58	104.37	52.82	15.84
黄梅县			194.27	23.87	144.78	281.26	198.07	34.56	23.11
团风县			13.88	11.27	107.93	14.98	10.32	68.89	7.86
省辖市			**1712.68**	**25.25**	**152.13**	**2605.51**	**1963.68**	**75.37**	**33.36**
随州市			279.76	16.06	147.58	412.87	279.47	67.69	20.55
潜江市			309.15	26.97	147.18	455.01	344.90	75.80	51.40
鄂州市			99.67	27.24	189.51	188.88	117.18	62.04	15.63
天门市			638.47	35.60	159.76	1019.99	788.71	77.33	45.79
仙桃市			385.63	22.22	137.12	528.76	433.42	81.97	31.35
黄石市			**38.94**	**1.81**	**106.09**	**41.31**	**25.12**	**60.81**	**1.59**
大冶市			14.15	0.96	118.59	16.78	9.50	56.62	1.22
阳新县			24.79	3.64	98.95	24.53	15.62	63.68	1.96
荆门市			**529.97**	**11.06**	**158.43**	**839.65**	**599.35**	**71.38**	**26.62**
荆门辖区			166.84	7.39	122.25	203.96	150.99	74.03	19.04
京山县			116.51	12.84	209.03	243.54	157.82	64.80	30.14
钟祥市			216.39	15.75	166.92	361.20	261.88	72.50	31.83
五三农场			13.04	22.91	115.26	15.03	19.14	127.35	193.33
沙洋农场			17.19	8.75	92.61	15.92	9.52	59.80	9.33
荆州市			**1540.08**	**21.08**	**161.73**	**2490.81**	**1977.92**	**79.41**	**40.56**
沙市区			25.15	30.92	148.67	37.39	26.27	70.26	100.27
江陵县			196.30	19.88	173.67	340.92	264.04	77.45	52.33
松滋市			238.56	23.19	158.04	377.02	318.93	84.59	39.26
公安县			351.44	25.93	203.07	713.68	616.77	86.42	56.32

5-7-6续表

县市名	耕地面积（万亩）	农业人口（万人）	棉田面积（万亩）	占耕地（%）	亩产（市斤）	总产量（万担）	收购量（万担）	商品率（%）	人均交售（市斤）
石首市			156.04	23.65	161.86	252.56	205.42	81.34	37.79
监利县			299.98	15.65	119.02	357.05	215.50	60.36	19.21
洪湖市			199.51	18.78	156.87	312.98	264.57	84.53	38.16
荆州区			73.10	33.91	135.72	99.21	66.42	66.95	83.53
武汉市			**480.57**	**19.01**	**116.67**	**560.69**	**590.86**	**105.38**	**21.24**
新洲区			253.00	30.48	92.96	235.19	265.35	112.82	32.44
黄陂区			66.49	7.00	139.28	92.61	92.50	99.88	9.25
蔡甸区			65.59	13.61	153.47	100.66	98.88	98.23	24.47
江夏区			18.49	23.03	139.32	25.76	27.65	107.34	5.63
汉南区			77.00	41.39	138.27	106.47	106.48	100.01	156.40
咸宁市			**70.35**	**6.67**	**107.58**	**75.68**	**70.87**	**93.64**	**10.59**
嘉鱼县			51.74	9.92	112.74	58.33	58.24	99.85	21.27
赤壁市			18.61	3.49	93.23	17.35	12.63	72.80	3.20
襄樊市			**962.64**	**15.09**	**112.03**	**1078.42**	**825.37**	**76.54**	**20.53**
谷城县			20.22	4.20	96.24	19.46	25.49	130.99	5.56
南漳县			67.23	8.73	91.54	61.54	43.56	70.78	8.11
枣阳市			342.39	20.23	96.45	330.24	270.69	81.97	28.02
老河口市			64.86	7.93	142.83	92.64	80.87	87.29	21.50
襄阳县			342.24	18.16	115.61	395.66	283.48	71.65	24.06
宜城市			125.70	17.14	142.31	178.88	121.28	67.80	24.03
孝感市			**629.74**	**14.79**	**132.78**	**836.17**	**601.59**	**71.95**	**13.03**
广水市			61.88	9.34	150.55	93.16	78.82	84.61	9.29
孝南区			55.08	10.48	105.52	58.12	51.29	88.25	7.86
云梦县			67.53	16.44	128.74	86.94	86.58	99.59	16.79
应城市			74.25	11.67	154.90	115.01	91.93	79.93	16.64
汉川市			311.62	29.68	134.30	418.51	248.45	59.37	26.31
安陆市			43.08	7.89	115.97	49.96	32.35	64.75	6.00
孝昌县			15.30	4.36	84.77	12.97	11.97	92.29	2.62
大悟县			1.00	1.33	150.00	1.50	0.20	13.33	0.19
宜昌市			**338.19**	**19.88**	**147.59**	**499.15**	**403.13**	**80.76**	**41.85**
枝江市			220.61	26.22	184.13	406.22	323.04	79.52	73.85
当阳市			117.07	16.20	78.71	92.15	80.09	86.91	20.07
远安县			0.20	0.51	175.00	0.35			
宜都市			0.31	0.32	138.71	0.43			

5－7－7　湖北省1949年产棉县棉花生产收购明细

县市名	耕地面积（万亩）	农业人口（万人）	棉田面积（万亩）	占耕地（%）	亩产（市斤）	总产量（万担）	收购量（万担）	商品率（%）	人均交售（市斤）
全省合计	**3669.09**	**1467.61**	**569.65**	**15.53**	**20.25**	**115.37**	**65.83**	**57.06**	**4.49**
黄冈市	**351.21**	**221.27**	**31.39**	**8.94**	**24.02**	**7.54**	**5.31**	**70.42**	**2.40**
黄州区	52.10	34.27	3.06	5.87	30.07	0.92	0.51	55.43	1.49
红安县									
麻城市	82.00	57.00	10.50	12.80	28.10	2.95	2.89	97.97	5.07
英山县									
罗田县									
浠水县	77.61	54.55	10.93	14.08	21.41	2.34	1.28	54.70	2.35
蕲春县	79.40	46.82	1.90	2.39	12.11	0.23	0.13	56.52	0.28
武穴市	60.10	28.63	5.00	8.32	22.00	1.10	0.50	45.45	1.75
黄梅县									
团风县									
省辖市	**594.24**	**251.90**	**119.31**	**20.08**	**17.54**	**20.93**	**15.89**	**75.92**	**6.31**
随州市	139.19	65.49	22.50	16.16	12.00	2.70	2.30	85.19	3.51
潜江市	93.80	30.60	19.26	20.53	25.03	4.82	4.67	96.89	15.26
鄂州市	19.80	45.40	18.90	95.45	26.51	5.01	3.68	73.45	8.11
天门市	181.45	49.90	43.65	24.06	12.37	5.40	3.98	73.70	7.98
仙桃市	160.00	60.51	15.00	9.38	20.00	3.00	1.26	42.00	2.08
黄石市	**123.33**	**35.53**	**3.42**	**2.77**	**19.88**	**0.68**			
大冶市	123.33	35.53	3.42	2.77	19.88	0.68			
阳新县									
荆门市	**364.62**	**106.06**	**21.25**	**5.83**	**22.73**	**4.83**	**0.78**	**16.15**	**0.74**
荆门辖区	179.95	42.86	11.90	6.61	18.07	2.15	0.78	36.28	1.82
京山县	66.50	26.91	2.32	3.49	16.81	0.39			
钟祥市	118.17	36.29	7.03	5.95	32.57	2.29			
五三农场									
沙洋农场									
荆州市	**744.49**	**235.48**	**140.62**	**18.89**	**30.49**	**42.87**	**27.03**	**63.05**	**11.48**
沙市区									
江陵县	143.87	35.43	18.69	12.99	24.99	4.67			
松滋市	113.23	46.13	31.08	27.45	27.90	8.67	2.57	29.64	5.57
公安县	135.15	57.78	38.56	28.53	39.42	15.20	14.65	96.38	25.35

5－7－7 续表

县市名	耕地面积（万亩）	农业人口（万人）	棉田面积（万亩）	占耕地（%）	亩产（市斤）	总产量（万担）	收购量（万担）	商品率（%）	人均交售（市斤）
石首市	73.35	21.89	13.60	18.54	25.00	3.40			
监利县	200.00	53.36	25.99	13.00	29.86	7.76	7.14	92.01	13.38
洪湖市	78.89	20.89	12.70	16.10	24.96	3.17	2.67	84.23	12.78
荆州区									
武汉市	**235.63**	**161.70**	**29.10**	**12.35**	**21.31**	**6.20**	**3.73**	**60.16**	**2.31**
新洲区	87.70	50.22	21.22	24.20	23.00	4.88	3.63	74.39	7.23
黄陂区	91.00	62.00	2.00	2.20	20.00	0.40			
蔡甸区	48.10	27.80	4.00	8.32	20.00	0.80			
江夏区	8.83	21.68	1.88	21.29	6.38	0.12	0.10	83.33	0.46
汉南区									
东西湖区									
咸宁市	**95.69**	**26.74**	**3.46**	**3.62**	**17.05**	**0.59**	**0.39**	**66.10**	**1.46**
嘉鱼县	51.66	12.35	3.00	5.81	16.67	0.50	0.39	78.00	3.16
赤壁市	44.03	14.39	0.46	1.04	19.57	0.09			
襄樊市	**575.23**	**174.08**	**145.39**	**25.28**	**11.67**	**16.97**	**6.31**	**37.18**	**3.62**
谷城县	46.67	24.48	4.00	8.57					
南漳县	72.00	29.00	4.00	5.56	12.50	0.50			
枣阳市	188.37	47.25	72.73	38.61	8.94	6.50	6.31	97.08	13.35
老河口市									
襄阳县	205.39	55.25	49.36	24.03	14.00	6.91			
宜城市	62.80	18.10	15.30	24.36	20.00	3.06			
孝感市	**415.51**	**207.85**	**43.52**	**10.47**	**17.23**	**7.50**	**1.50**	**20.00**	**0.72**
广水市	71.64	34.86	4.30	6.00	10.93	0.47			
孝南区	114.57	59.41	10.14	8.85	15.98	1.62	1.50	92.59	2.52
云梦县	47.03	23.35	8.35	17.75	18.92	1.58			
应城市	63.27	27.74	2.15	3.40	14.88	0.32			
汉川市	65.00	38.45	14.98	23.05	19.56	2.93			
安陆市	54.00	24.04	3.60	6.67	16.11	0.58			
孝昌县									
大悟县									
宜昌市	**169.14**	**47.00**	**32.19**	**19.03**	**22.55**	**7.26**	**4.89**	**67.36**	**10.40**
枝江市	79.72	24.83	24.77	31.07	25.11	6.22	4.89	78.62	19.69
当阳市	89.42	22.17	7.42	8.30	14.02	1.04			
远安县									
宜都市									

5-7-8 湖北省1950年产棉县棉花生产收购明细

县 市 名	耕地面积（万亩）	农业人口（万人）	棉田面积（万亩）	占耕地（%）	亩 产（市斤）	总产量（万担）	收购量（万担）	商品率（%）	人均交售（市斤）
全省合计	**3861.24**	**1524.70**	**651.54**	**16.87**	**25.04**	**163.14**	**76.78**	**47.06**	**5.04**
黄冈市	**450.06**	**272.92**	**45.81**	**10.18**	**30.21**	**13.84**	**6.90**	**49.86**	**2.53**
黄州区	52.60	34.90	3.25	6.18	31.69	1.03	0.62	60.19	1.78
红安县									
麻城市	88.00	60.00	10.80	12.27	37.50	4.05	2.99	73.83	4.98
英山县									
罗田县									
浠水县	76.38	55.24	11.46	15.00	24.78	2.84	2.13	75.00	3.86
蕲春县	80.16	47.23	2.00	2.50	11.50	0.23	0.16	69.57	0.34
武穴市	63.90	29.13	5.10	7.98	31.37	1.60	1.00	62.50	3.43
黄梅县	89.02	46.42	13.20	14.83	30.98	4.09		4.59	
团风县									
省辖市	**613.22**	**255.20**	**157.42**	**25.67**	**21.20**	**33.38**	**20.58**	**61.65**	**8.06**
随州市	144.38	66.15	25.00	17.32	19.00	4.75	4.04	85.05	6.11
潜江市	96.00	32.08	20.18	21.02	30.77	6.21	5.58	89.86	17.39
鄂州市	20.20	45.60	19.60	97.03	30.92	6.06	4.57	75.41	10.02
天门市	190.99	49.90	75.30	39.43	16.12	12.14	4.09	33.69	8.20
仙桃市	161.65	61.47	17.34	10.73	24.34	4.22	2.30	54.50	3.74
黄石市	**127.95**	**36.06**	**4.00**	**3.13**	**28.00**	**1.12**			
大冶市	127.95	36.06	4.00	3.13	28.00	1.12			
阳新县									
荆门市	**368.85**	**107.15**	**22.63**	**6.14**	**25.89**	**5.86**	**1.00**	**17.06**	**0.93**
荆门辖区	180.06	43.34	12.80	7.11	20.00	2.56	1.00	39.06	2.31
京山县	68.08	26.95	2.33	3.42	18.88	0.44			
钟祥市	120.71	36.86	7.50	6.21	38.13	2.86			
五三农场									
沙洋农场									
荆州市	**751.17**	**229.09**	**143.50**	**19.10**	**30.69**	**44.04**	**23.15**	**52.57**	**10.11**
沙市区									
江陵县	146.82	36.19	20.70	14.10	28.07	5.81			
松滋市	113.38	46.98	33.14	29.23	28.88	9.57	3.21	33.54	6.83
公安县	134.64	44.68	32.45	24.10	31.99	10.38	8.21	79.09	18.38

5－7－8 续表

县 市 名	耕地面积（万亩）	农业人口（万人）	棉田面积（万亩）	占耕地（%）	亩 产（市斤）	总产量（万担）	收购量（万担）	商品率（%）	人均交售（市斤）
石首市	74.42	22.28	18.50	24.86	30.00	5.55			
监利县	201.00	54.46	24.10	11.99	35.85	8.64	8.33	96.41	15.30
洪湖市	80.91	24.50	14.61	18.06	27.99	4.09	3.40	83.13	13.88
荆州区									
武汉市	**237.10**	**163.36**	**43.76**	**18.46**	**18.56**	**8.12**	**5.00**	**61.58**	**3.06**
新洲区	87.89	50.34	35.32	40.19	18.63	6.58	4.89	74.32	9.71
黄陂区	91.00	63.00	2.00	2.20	20.00	0.40			
蔡甸区	49.20	28.00	4.50	9.15	22.22	1.00			
江夏区	9.01	22.02	1.94	21.53	7.22	0.14	0.11	78.57	0.50
汉南区									
东西湖区									
咸宁市	**98.78**	**27.60**	**3.85**	**3.90**	**16.62**	**0.64**	**0.37**	**57.81**	**1.34**
嘉鱼县	51.68	12.90	3.25	6.29	15.38	0.50	0.37	74.00	2.87
赤壁市	47.10	14.70	0.60	1.27	23.33	0.14			
襄樊市	**596.48**	**175.34**	**152.77**	**25.61**	**13.83**	**21.13**	**13.62**	**64.46**	**7.77**
谷城县	48.12	25.08	4.21	8.75					
南漳县	73.50	29.00	5.00	6.80	12.00	0.60			
枣阳市	192.22	45.80	73.46	38.22	9.99	7.34	5.01	68.26	10.94
老河口市									
襄阳县	216.54	56.26	55.10	25.45	17.40	9.59	8.61	89.78	15.30
宜城市	66.10	19.20	15.00	22.69	24.00	3.60			
孝感市	**448.51**	**210.23**	**45.69**	**10.19**	**59.51**	**27.19**	**0.80**	**2.94**	**0.38**
广水市	71.99	35.10	4.57	6.35	12.91	0.59			
孝南区	114.62	60.35	8.62	7.52	12.06	1.04	0.80	76.92	1.33
云梦县	46.63	23.65	8.40	18.01	9.76	0.82			
应城市	62.47	27.55	2.20	3.52	15.00	0.33			
汉川市	96.80	38.45	19.50	20.14	122.56	23.90			
安陆市	56.00	25.13	2.40	4.29	21.25	0.51			
孝昌县									
大悟县									
宜昌市	**169.12**	**47.75**	**32.11**	**18.99**	**24.35**	**7.82**	**5.36**	**68.54**	**11.23**
枝江市	79.70	25.13	24.58	30.84	27.54	6.77	5.36	79.17	21.33
当阳市	89.42	22.62	7.53	8.42	13.94	1.05			
远安县									
宜都市									

5-7-9　湖北省1951年产棉县棉花生产收购明细

县市名	耕地面积（万亩）	农业人口（万人）	棉田面积（万亩）	占耕地（%）	亩产（市斤）	总产量（万担）	收购量（万担）	商品率（%）	人均交售（市斤）
全省合计	**3971.41**	**1555.17**	**702.63**	**17.69**	**27.61**	**193.98**	**117.77**	**60.71**	**7.57**
黄冈市	**455.01**	**275.93**	**47.50**	**10.44**	**34.29**	**16.29**	**8.99**	**55.19**	**3.26**
黄州区	53.20	35.00	3.41	6.41	31.67	1.08	0.69	63.89	1.97
红安县									
麻城市	89.00	61.00	11.50	12.92	39.83	4.58	3.38	73.80	5.54
英山县									
罗田县									
浠水县	77.50	55.40	11.79	15.21	31.21	3.68	2.75	74.73	4.96
蕲春县	80.99	47.78	1.90	2.35	15.26	0.29	0.17	58.62	0.36
武穴市	65.30	30.33	5.30	8.12	35.85	1.90	2.00	105.26	6.59
黄梅县	89.02	46.42	13.60	15.28	35.00	4.76		5.35	
团风县									
省辖市	**650.42**	**257.59**	**157.00**	**24.14**	**29.74**	**46.69**	**39.59**	**84.79**	**15.37**
随州市	147.94	66.57	26.28	17.76	24.01	6.31	5.36	84.94	8.05
潜江市	101.00	32.70	21.02	20.81	34.68	7.29	7.22	99.04	22.08
鄂州市	20.10	45.60	19.60	97.51	35.36	6.93	5.13	74.03	11.25
天门市	199.99	49.90	47.88	23.94	29.26	14.01	10.18	72.66	20.40
仙桃市	181.39	62.82	42.22	23.28	28.78	12.15	11.70	96.30	18.62
黄石市	**131.85**	**36.64**	**4.32**	**3.28**	**45.37**	**1.96**			
大冶市	131.85	36.64	4.32	3.28	45.37	1.96			
阳新县									
荆门市	**378.09**	**111.77**	**34.10**	**9.02**	**29.35**	**10.01**	**3.32**	**33.17**	**2.97**
荆门辖区	180.74	43.82	13.46	7.45	23.03	3.10	2.03	65.48	4.63
京山县	71.95	26.95	5.88	8.17	25.68	1.51			
钟祥市	125.40	41.00	14.76	11.77	36.59	5.40	1.29	23.89	3.15
五三农场									
沙洋农场									
荆州市	**769.38**	**237.79**	**159.27**	**20.70**	**37.58**	**59.86**	**36.53**	**61.03**	**15.36**
沙市区									
江陵县	148.93	36.99	26.15	17.56	31.01	8.11			
松滋市	113.53	47.84	38.90	34.26	35.58	13.84	4.87	35.19	10.18
公安县	136.00	45.75	32.79	24.11	33.97	11.14	9.10	81.69	19.89

5-7-9 续表

县 市 名	耕地面积（万亩）	农业人口（万人）	棉田面积（万亩）	占耕地（%）	亩 产（市斤）	总产量（万担）	收购量（万担）	商品率（%）	人均交售（市斤）
石首市	74.75	23.36	19.00	25.42	58.95	11.20	9.52	85.00	40.75
监利县	203.20	55.57	26.83	13.20	41.74	11.20	9.52	85.00	17.13
洪湖市	92.97	28.28	15.60	16.78	28.01	4.37	3.52	80.55	12.45
荆州区									
武汉市	**238.00**	**165.97**	**39.83**	**16.74**	**26.14**	**10.41**	**5.71**	**54.85**	**3.44**
新洲区	87.92	50.33	26.58	30.23	28.29	7.52	5.54	73.67	11.01
黄陂区	92.00	65.00	3.00	3.26	20.00	0.60			
蔡甸区	48.90	28.20	8.20	16.77	25.61	2.10			
江夏区	9.18	22.44	2.05	22.33	9.27	0.19	0.17	89.47	0.76
汉南区									
东西湖区									
咸宁市	**101.82**	**28.98**	**3.94**	**3.87**	**19.80**	**0.78**	**0.52**	**66.67**	**1.79**
嘉鱼县	51.70	13.04	3.31	6.40	19.34	0.64	0.52	81.25	3.99
赤壁市	50.12	15.94	0.63	1.26	22.22	0.14			
襄樊市	**622.76**	**179.63**	**157.04**	**25.22**	**15.70**	**24.66**	**15.58**	**63.18**	**8.67**
谷城县	49.61	26.46	4.43	8.93					
南漳县	75.50	30.00	6.00	7.95	18.33	1.10			
枣阳市	207.00	46.09	73.61	35.56	11.00	8.10	6.26	77.28	13.58
老河口市									
襄阳县	218.45	56.48	55.90	25.59	20.89	11.68	9.32	79.79	16.50
宜城市	72.20	20.60	17.10	23.68	22.11	3.78			
孝感市	**453.96**	**212.24**	**62.99**	**13.88**	**20.35**	**12.82**	**1.80**	**14.04**	**0.85**
广水市	72.36	35.50	4.92	6.80	15.04	0.74			
孝南区	114.67	61.32	11.15	9.72	18.03	2.01	1.80	89.55	2.94
云梦县	48.13	24.11	8.43	17.52	26.57	2.24			
应城市	63.29	27.89	2.42	3.82	16.12	0.39			
汉川市	96.80	38.45	31.80	32.85	20.00	6.36			
安陆市	58.71	24.97	4.27	7.27	25.29	1.08			
孝昌县									
大悟县									
宜昌市	**170.12**	**48.63**	**36.64**	**21.54**	**28.66**	**10.50**	**5.73**	**54.57**	**11.78**
枝江市	80.70	25.49	24.84	30.78	29.91	7.43	5.73	77.12	22.48
当阳市	89.42	23.14	11.80	13.20	26.02	3.07			
远安县									
宜都市									

5-7-10 湖北省1952年产棉县棉花生产收购明细

县市名	耕地面积（万亩）	农业人口（万人）	棉田面积（万亩）	占耕地（%）	亩产（市斤）	总产量（万担）	收购量（万担）	商品率（%）	人均交售（市斤）
全省合计	**4129.36**	**1590.43**	**707.91**	**17.14**	**31.99**	**226.47**	**178.29**	**78.73**	**11.21**
黄冈市	**461.34**	**278.81**	**51.38**	**11.14**	**42.41**	**21.79**	**10.18**	**46.72**	**3.65**
黄州区	58.40	35.72	5.11	8.75	25.24	1.29	0.71	55.04	1.99
红安县									
麻城市	88.00	62.00	11.50	13.07	52.52	6.04	3.53	58.44	5.69
英山县									
罗田县									
浠水县	77.70	55.59	11.72	15.08	33.96	3.98	2.79	70.10	5.02
蕲春县	81.62	48.31	2.50	3.06	12.40	0.31	0.15	48.39	0.31
武穴市	66.60	30.77	5.80	8.71	43.10	2.50	3.00	120.00	9.75
黄梅县	89.02	46.42	14.75	16.57	52.00	7.67		8.62	
团风县									
省辖市	**677.91**	**266.29**	**150.62**	**22.22**	**39.40**	**59.35**	**51.41**	**86.62**	**19.31**
随州市	149.67	67.17	24.20	16.17	15.37	3.72	3.16	84.95	4.70
潜江市	110.20	33.40	22.60	20.51	35.88	8.11	7.03	86.68	21.05
鄂州市	20.80	47.20	20.60	99.04	35.92	7.40	5.74	77.57	12.16
天门市	197.39	55.07	56.20	28.47	45.27	25.44	20.82	81.84	37.81
仙桃市	199.85	63.45	27.02	13.52	54.33	14.68	14.66	99.86	23.10
黄石市	**132.11**	**37.20**	**5.30**	**4.01**	**24.91**	**1.32**	**1.18**	**89.39**	**3.17**
大冶市	132.11	37.20	5.30	4.01	24.91	1.32	1.18	89.39	3.17
阳新县									
荆门市	**393.83**	**113.73**	**31.90**	**8.10**	**34.70**	**11.07**	**5.85**	**52.85**	**5.14**
荆门辖区	181.32	44.83	10.89	6.01	23.97	2.61	2.93	112.26	6.54
京山县	84.76	27.43	6.57	7.75	35.92	2.36			
钟祥市	127.75	41.47	14.44	11.30	42.24	6.10	2.92	47.87	7.04
五三农场									
沙洋农场									
荆州市	**794.66**	**241.87**	**165.29**	**20.80**	**38.54**	**63.71**	**69.25**	**108.70**	**28.63**
沙市区									
江陵县	150.80	37.78	26.69	17.70	35.11	9.37	9.17	97.87	24.27
松滋市	113.68	49.04	24.30	21.38	65.10	15.82	15.07	95.26	30.73
公安县	138.80	46.03	33.41	24.07	36.01	12.03	13.26	110.22	28.81

5-7-10 续表

县市名	耕地面积（万亩）	农业人口（万人）	棉田面积（万亩）	占耕地（%）	亩产（市斤）	总产量（万担）	收购量（万担）	商品率（%）	人均交售（市斤）
石首市	75.98	23.59	21.62	28.45	38.48	8.32	9.70	116.59	41.12
监利县	206.10	56.71	41.00	19.89	27.39	11.23	16.00	142.48	28.21
洪湖市	109.30	28.72	18.27	16.72	37.99	6.94	6.05	87.18	21.07
荆州区									
武汉市	**243.14**	**169.63**	**39.37**	**16.19**	**36.30**	**14.29**	**8.09**	**56.61**	**4.77**
新洲区	91.97	50.51	27.48	29.88	41.01	11.27	7.94	70.45	15.72
黄陂区	92.00	66.00	3.00	3.26	30.00	0.90			
蔡甸区	49.80	30.20	6.80	13.65	27.94	1.90			
江夏区	9.37	22.92	2.09	22.31	10.53	0.22	0.15	68.18	0.65
汉南区									
东西湖区									
咸宁市	**103.22**	**29.24**	**3.16**	**3.06**	**18.99**	**0.60**	**0.39**	**65.00**	**1.33**
嘉鱼县	51.73	13.04	2.79	5.39	18.64	0.52	0.39	75.00	2.99
赤壁市	51.49	16.20	0.37	0.72	21.62	0.08			
襄樊市	**649.66**	**188.28**	**162.63**	**25.03**	**17.48**	**28.43**	**24.25**	**85.30**	**12.88**
谷城县	51.18	27.44	4.69	9.16					
南漳县	78.00	31.00	7.00	8.97	18.57	1.30	1.50	115.38	4.84
枣阳市	216.61	48.85	73.75	34.05	13.21	9.74	7.45	76.49	15.25
老河口市									
襄阳县	221.27	59.59	56.69	25.62	24.50	13.89	15.30	110.15	25.68
宜城市	82.60	21.40	20.50	24.82	17.07	3.50			
孝感市	**458.72**	**216.56**	**61.69**	**13.45**	**24.22**	**14.94**	**1.27**	**8.50**	**0.59**
广水市	72.14	35.98	5.34	7.40	10.30	0.55			
孝南区	115.66	61.63	9.93	8.59	11.78	1.17	0.90	76.92	1.46
云梦县	48.55	24.52	8.11	16.70	24.78	2.01			
应城市	64.22	27.02	3.64	5.67	18.13	0.66	0.37	56.06	1.37
汉川市	96.80	41.82	30.00	30.99	32.07	9.62			
安陆市	61.35	25.59	4.67	7.61	19.91	0.93			
孝昌县									
大悟县									
宜昌市	**214.77**	**48.82**	**36.57**	**17.03**	**30.00**	**10.97**	**6.42**	**58.52**	**13.15**
枝江市	81.65	26.15	25.18	30.84	32.29	8.13	6.42	78.97	24.55
当阳市	133.12	22.67	11.39	8.56	24.93	2.84			
远安县									
宜都市									

5-7-11 湖北省1953年产棉县棉花生产收购明细

县市名	耕地面积（万亩）	农业人口（万人）	棉田面积（万亩）	占耕地（%）	亩产（市斤）	总产量（万担）	收购量（万担）	商品率（%）	人均交售（市斤）
全省合计	**4380.53**	**1680.59**	**760.79**	**17.37**	**30.60**	**232.80**	**189.77**	**81.52**	**11.29**
黄冈市	**465.95**	**280.45**	**56.70**	**12.17**	**33.33**	**18.90**	**13.80**	**73.02**	**4.92**
黄州区	59.40	36.20	7.38	12.42	12.74	0.94	0.58	61.70	1.60
红安县									
麻城市	91.00	63.00	12.40	13.63	44.76	5.55	3.51	63.24	5.57
英山县									
罗田县									
浠水县	79.09	55.49	11.01	13.92	23.43	2.58	1.34	51.94	2.41
蕲春县	80.64	48.12	1.78	2.21	14.61	0.26	0.06	23.08	0.12
武穴市	66.80	31.22	6.70	10.03	41.79	2.80	2.60	92.86	8.33
黄梅县	89.02	46.42	17.43	19.58	38.84	6.77	5.71	7.61	12.30
团风县									
省辖市	**700.22**	**295.07**	**173.07**	**24.72**	**33.04**	**57.18**	**48.84**	**85.41**	**16.55**
随州市	149.71	67.52	24.91	16.64	25.53	6.36	7.32	115.09	10.84
潜江市	119.85	34.46	21.34	17.81	36.04	7.69	7.04	91.55	20.43
鄂州市	21.40	47.50	21.30	99.53	22.25	4.74	4.20	88.61	8.84
天门市	209.17	81.63	57.60	27.54	35.90	20.68	16.66	80.56	20.41
仙桃市	200.09	63.96	47.92	23.95	36.96	17.71	13.62	76.91	21.29
黄石市	**138.78**	**37.94**	**5.60**	**4.04**	**28.39**	**1.59**	**0.69**	**43.40**	**1.82**
大冶市	138.78	37.94	5.60	4.04	28.39	1.59	0.69	43.40	1.82
阳新县									
荆门市	**415.79**	**114.35**	**34.51**	**8.30**	**33.29**	**11.49**	**6.08**	**52.92**	**5.32**
荆门辖区	182.02	45.12	13.50	7.42	26.00	3.51	2.17	61.82	4.81
京山县	90.93	27.65	7.59	8.35	37.68	2.86	1.05	36.71	3.80
钟祥市	142.84	41.58	13.42	9.40	38.15	5.12	2.86	55.86	6.88
五三农场									
沙洋农场									
荆州市	**795.57**	**255.47**	**180.75**	**22.72**	**38.87**	**70.25**	**61.45**	**87.47**	**24.05**
沙市区									
江陵县	157.10	38.17	26.16	16.65	33.75	8.83	6.85	77.58	17.95
松滋市	114.23	49.11	30.61	26.80	52.89	16.19	15.59	96.29	31.75
公安县	133.04	47.25	38.99	29.31	42.42	16.54	15.45	93.41	32.70

5-7-11续表

县市名	耕地面积（万亩）	农业人口（万人）	棉田面积（万亩）	占耕地（%）	亩产（市斤）	总产量（万担）	收购量（万担）	商品率（%）	人均交售（市斤）
石首市	78.49	25.04	21.95	27.97	33.99	7.46	6.04	80.97	24.12
监利县	207.40	59.21	44.55	21.48	31.67	14.11	11.38	80.65	19.22
洪湖市	105.31	36.69	18.49	17.56	38.51	7.12	6.14	86.24	16.73
荆州区									
武汉市	**242.12**	**175.95**	**48.72**	**20.12**	**29.17**	**14.21**	**8.47**	**59.61**	**4.81**
新洲区	90.59	53.37	32.13	35.47	30.00	9.64	5.53	57.37	10.36
黄陂区	92.00	67.00	4.00	4.35	30.00	1.20	0.30	25.00	0.45
蔡甸区	50.00	31.00	9.70	19.40	30.93	3.00	2.40	80.00	7.74
江夏区	9.53	24.58	2.89	30.33	12.80	0.37	0.24	64.86	0.98
汉南区									
东西湖区									
咸宁市	**104.07**	**29.47**	**6.28**	**6.03**	**29.30**	**1.84**	**1.37**	**74.46**	**4.65**
嘉鱼县	51.74	13.39	5.59	10.80	30.05	1.68	1.25	74.40	9.34
赤壁市	52.33	16.08	0.69	1.32	23.19	0.16	0.12	75.00	0.75
襄樊市	**844.11**	**215.96**	**154.68**	**18.32**	**17.25**	**26.69**	**25.88**	**96.97**	**11.98**
谷城县	51.63	28.00	4.82	9.34	41.49	2.00	0.40	20.00	1.43
南漳县	78.30	31.00	8.00	10.22	17.50	1.40	0.80	57.14	2.58
枣阳市	317.21	47.78	70.85	22.34	16.99	12.04	13.29	110.38	27.81
老河口市	73.47	22.53	9.48	12.90	10.86	1.03	0.49	47.57	2.17
襄阳县	240.90	63.84	45.20	18.76	16.59	7.50	6.63	88.40	10.39
宜城市	82.60	22.81	16.33	19.77	16.66	2.72	4.27	156.99	18.72
孝感市	**458.85**	**226.50**	**61.52**	**13.41**	**28.88**	**17.77**	**12.28**	**69.11**	**5.42**
广水市	72.62	36.20	4.66	6.42	13.73	0.64	0.36	56.25	0.99
孝南区	115.74	61.76	10.72	9.26	18.28	1.96	2.08	106.12	3.37
云梦县	48.32	25.05	9.45	19.56	29.21	2.76	2.60	94.20	10.38
应城市	65.07	27.15	2.76	4.24	19.93	0.55	0.33	60.00	1.22
汉川市	97.00	49.95	30.00	30.93	37.17	11.15	6.79	60.90	13.59
安陆市	60.10	26.39	3.93	6.54	18.07	0.71	0.12	16.90	0.45
孝昌县									
大悟县									
宜昌市	**215.07**	**49.43**	**38.96**	**18.12**	**33.06**	**12.88**	**10.91**	**84.70**	**22.07**
枝江市	81.95	26.18	27.63	33.72	35.14	9.71	7.98	82.18	30.48
当阳市	133.12	23.25	11.33	8.51	27.98	3.17	2.93	92.43	12.60
远安县									
宜都市									

5－7－12　湖北省1954年产棉县棉花生产收购明细

县市名	耕地面积（万亩）	农业人口（万人）	棉田面积（万亩）	占耕地（%）	亩产（市斤）	总产量（万担）	收购量（万担）	商品率（%）	人均交售（市斤）
全省合计	**4252.45**	**1701.00**	**533.70**	**12.55**	**13.84**	**73.84**	**58.32**	**78.98**	**3.43**
黄冈市	**465.87**	**286.18**	**39.80**	**8.54**	**9.30**	**3.70**	**3.89**	**105.14**	**1.36**
黄州区	58.70	36.60	8.11	13.82	2.71	0.22	0.20	90.91	0.55
红安县									
麻城市	94.00	65.00	12.50	13.30	16.40	2.05	1.60	78.05	2.46
英山县									
罗田县									
浠水县	81.08	56.23	10.39	12.81	11.65	1.21	0.84	69.42	1.49
蕲春县	80.09	49.17	2.22	2.77	4.95	0.11	0.11	100.00	0.22
武穴市	66.40	32.52	6.40	9.64	1.56	0.10	0.04	40.00	0.12
黄梅县	85.60	46.66	0.18	0.21	5.56	0.01	1.10	*	2.36
团风县									
省辖市	**698.76**	**295.08**	**108.72**	**15.56**	**9.84**	**10.70**	**8.41**	**78.60**	**2.85**
随州市	149.59	68.19	24.03	16.06	15.86	3.81	3.54	92.91	5.19
潜江市	118.75	33.39	1.07	0.90	20.56	0.22	0.54	*	1.62
鄂州市	23.50	47.90	23.00	97.87	4.17	0.96	0.50	52.08	1.04
天门市	213.38	81.73	16.72	7.84	34.15	5.71	3.73	65.32	4.56
仙桃市	193.54	63.87	43.90	22.68			0.10		0.16
黄石市	**107.13**	**38.59**	**3.09**	**2.88**	**14.89**	**0.46**	**0.21**	**45.65**	**0.54**
大冶市	107.13	38.59	3.09	2.88	14.89	0.46	0.21	45.65	0.54
阳新县									
荆门市	**416.84**	**115.66**	**17.48**	**4.19**	**25.57**	**4.47**	**2.81**	**62.86**	**2.43**
荆门辖区	183.46	45.83	6.33	3.45	30.96	1.96	0.78	39.80	1.70
京山县	90.95	28.06	4.90	5.39	14.69	0.72	0.70	97.22	2.49
钟祥市	142.43	41.77	6.25	4.39	28.64	1.79	1.33	74.30	3.18
五三农场									
沙洋农场									
荆州市	**795.40**	**256.43**	**100.48**	**12.63**	**11.47**	**11.53**	**10.66**	**92.45**	**4.16**
沙市区									
江陵县	156.80	39.65	9.10	5.80	23.96	2.18	1.24	56.88	3.13
松滋市	114.13	51.25	13.25	11.61	36.38	4.82	4.15	86.10	8.10
公安县	131.80	48.27	11.42	8.66	31.00	3.54	3.18	89.83	6.59

5－7－12 续表

县市名	耕地面积（万亩）	农业人口（万人）	棉田面积（万亩）	占耕地（%）	亩产（市斤）	总产量（万担）	收购量（万担）	商品率（%）	人均交售（市斤）
石首市	78.94	25.54	20.08	25.44	2.59	0.52	0.68	130.77	2.66
监利县	207.40	56.38	37.28	17.97	0.38	0.14	1.37	*	2.43
洪湖市	106.33	35.34	9.35	8.79	3.53	0.33	0.04	12.12	0.11
荆州区									
武汉市	**248.21**	**176.23**	**17.37**	**7.00**	**10.48**	**1.82**	**1.55**	**85.16**	**0.88**
新洲区	90.69	53.86	14.14	15.59	9.19	1.30	1.24	95.38	2.30
黄陂区	93.00	67.00	2.00	2.15	20.00	0.40	0.20	50.00	0.30
蔡甸区	55.00	30.80	0.50	0.91	20.00	0.10	0.10	100.00	0.32
江夏区	9.52	24.57	0.73	7.67	2.74	0.02	0.01	50.00	0.04
汉南区									
东西湖区									
咸宁市	**103.63**	**29.74**	**5.22**	**5.04**	**8.05**	**0.42**	**0.03**	**7.14**	**0.10**
嘉鱼县	51.76	13.40	4.21	8.13	9.03	0.38			
赤壁市	51.87	16.34	1.01	1.95	3.96	0.04	0.03	75.00	0.18
襄樊市	**746.02**	**221.68**	**163.26**	**21.88**	**16.35**	**26.69**	**20.38**	**76.36**	**9.19**
谷城县	52.04	29.02	4.99	9.59	44.09	2.20	0.65	29.55	2.24
南漳县	78.30	32.00	7.00	8.94	20.00	1.40	0.90	64.29	2.81
枣阳市	218.01	48.71	69.33	31.80	14.02	9.72	8.58	88.27	17.61
老河口市	74.17	23.13	20.25	27.30	10.02	2.03	1.88	92.61	8.13
襄阳县	240.90	65.58	53.60	22.25	18.90	10.13	6.05	59.72	9.23
宜城市	82.60	23.24	8.09	9.79	14.96	1.21	2.32	191.74	9.98
孝感市	**455.29**	**231.78**	**45.33**	**9.96**	**25.13**	**11.39**	**7.61**	**66.81**	**3.28**
广水市	72.55	36.39	5.22	7.20	8.81	0.46	0.11	23.91	0.30
孝南区	114.01	62.67	7.17	6.29	4.74	0.34	0.31	91.18	0.49
云梦县	46.56	25.00	9.46	20.32	0.53	0.05	0.10	*	0.40
应城市	65.07	28.30	0.95	1.46	3.16	0.03	0.07	*	0.25
汉川市	97.00	51.69	20.00	20.62	50.00	10.00	7.00	70.00	13.54
安陆市	60.10	27.73	2.53	4.21	20.16	0.51	0.02	3.92	0.07
孝昌县									
大悟县									
宜昌市	**215.30**	**49.63**	**32.95**	**15.30**	**8.07**	**2.66**	**2.77**	**104.14**	**5.58**
枝江市	82.18	26.36	24.95	30.36	3.53	0.88	1.13	128.41	4.29
当阳市	133.12	23.27	8.00	6.01	22.25	1.78	1.64	92.13	7.05
远安县									
宜都市									

5－7－13 湖北省1955年产棉县棉花生产收购明细

县市名	耕地面积（万亩）	农业人口（万人）	棉田面积（万亩）	占耕地（%）	亩产（市斤）	总产量（万担）	收购量（万担）	商品率（%）	人均交售（市斤）
全省合计	**4328.12**	**1723.71**	**775.50**	**17.92**	**34.55**	**267.95**	**216.45**	**80.78**	**12.56**
黄冈市	**462.57**	**288.82**	**56.15**	**12.14**	**42.19**	**23.69**	**17.75**	**74.93**	**6.15**
黄州区	60.00	37.10	8.35	13.92	26.35	2.20	1.70	77.27	4.58
红安县									
麻城市	95.00	65.00	12.10	12.74	52.40	6.34	4.61	72.71	7.09
英山县									
罗田县									
浠水县	81.04	56.31	9.18	11.33	33.99	3.12	2.32	74.36	4.12
蕲春县	79.52	49.65	2.51	3.16	24.30	0.61	0.31	50.82	0.62
武穴市	61.20	33.50	7.00	11.44	51.43	3.60	2.90	80.56	8.66
黄梅县	85.81	47.26	17.01	19.82	45.97	7.82	5.91	9.11	12.51
团风县									
省辖市	**713.73**	**298.55**	**182.14**	**25.52**	**38.98**	**71.00**	**63.20**	**89.01**	**21.17**
随州市	150.84	68.71	23.97	15.89	17.61	4.22	2.18	51.66	3.17
潜江市	119.69	34.97	23.35	19.51	37.13	8.67	5.26	60.67	15.04
鄂州市	22.50	47.30	21.90	97.33	40.82	8.94	7.71	86.24	16.30
天门市	216.99	82.96	62.38	28.75	43.99	27.44	26.77	97.56	32.27
仙桃市	203.71	64.61	50.54	24.81	43.00	21.73	21.28	97.93	32.94
黄石市	**144.75**	**39.61**	**4.87**	**3.36**	**26.90**	**1.31**	**1.22**	**93.13**	**3.08**
大冶市	144.75	39.61	4.87	3.36	26.90	1.31	1.22	93.13	3.08
阳新县									
荆门市	**421.78**	**117.62**	**35.21**	**8.35**	**29.91**	**10.53**	**7.91**	**75.12**	**6.73**
荆门辖区	185.20	46.57	11.74	6.34	21.98	2.58	2.03	78.68	4.36
京山县	91.59	28.60	8.08	8.82	31.56	2.55	2.37	92.94	8.29
钟祥市	144.99	42.45	15.39	10.61	35.09	5.40	3.51	65.00	8.27
五三农场									
沙洋农场									
荆州市	**809.98**	**259.36**	**185.91**	**22.95**	**42.14**	**78.34**	**68.99**	**88.06**	**26.60**
沙市区									
江陵县	158.90	40.12	25.77	16.22	37.99	9.79	7.41	75.69	18.47
松滋市	113.78	51.68	29.79	26.18	46.42	13.83	13.28	96.02	25.70
公安县	136.57	48.92	41.76	30.58	39.03	16.30	12.89	79.08	26.35

5－7－13 续表

县 市 名	耕地面积（万亩）	农业人口（万人）	棉田面积（万亩）	占耕地（%）	亩 产（市斤）	总产量（万担）	收购量（万担）	商品率（%）	人均交售（市斤）
石首市	81.27	26.05	22.72	27.96	44.98	10.22	10.30	100.78	39.54
监利县	207.40	56.86	47.17	22.74	42.65	20.12	18.36	91.25	32.29
洪湖市	112.06	35.73	18.70	16.69	43.21	8.08	6.75	83.54	18.89
荆州区									
武汉市	**249.86**	**177.60**	**42.31**	**16.93**	**35.83**	**15.16**	**11.02**	**72.69**	**6.20**
新洲区	91.31	54.06	24.32	26.63	39.23	9.54	7.09	74.32	13.12
黄陂区	94.00	68.00	4.00	4.26	27.50	1.10	0.30	27.27	0.44
蔡甸区	55.00	30.40	10.90	19.82	36.70	4.00	3.30	82.50	10.86
江夏区	9.55	25.14	3.09	32.36	16.83	0.52	0.33	63.46	1.31
汉南区									
东西湖区									
咸宁市	**104.70**	**30.96**	**7.32**	**6.99**	**29.64**	**2.17**	**1.59**	**73.27**	**5.14**
嘉鱼县	51.76	13.50	6.16	11.90	31.01	1.91	1.45	75.92	10.74
赤壁市	52.94	17.46	1.16	2.19	22.41	0.26	0.14	53.85	0.80
襄樊市	**747.68**	**226.66**	**164.53**	**22.01**	**17.26**	**28.40**	**17.15**	**60.39**	**7.57**
谷城县	53.04	29.81	5.11	9.63	48.73	2.49	0.55	22.09	1.85
南漳县	78.60	33.00	8.00	10.18	22.50	1.80	0.60	33.33	1.82
枣阳市	218.07	49.07	64.90	29.76	12.17	7.90	5.87	74.30	11.96
老河口市	74.17	23.50	15.95	21.50	11.03	1.76	1.72	97.73	7.32
襄阳县	240.90	67.47	56.10	23.29	21.00	11.78	6.30	53.48	9.34
宜城市	82.90	23.81	14.47	17.45	18.45	2.67	2.11	79.03	8.86
孝感市	**457.81**	**234.02**	**59.46**	**12.99**	**42.10**	**25.03**	**17.32**	**69.20**	**7.40**
广水市	72.91	37.29	4.45	6.10	10.56	0.47	0.05	10.64	0.13
孝南区	115.48	63.13	10.03	8.69	23.93	2.40	0.83	34.58	1.31
云梦县	46.76	25.33	9.11	19.48	37.10	3.38	2.47	73.08	9.75
应城市	65.29	30.01	2.47	3.78	18.22	0.45	0.14	31.11	0.47
汉川市	97.00	50.06	30.00	30.93	59.50	17.85	13.76	77.09	27.49
安陆市	60.37	28.20	3.40	5.63	14.12	0.48	0.07	14.58	0.25
孝昌县									
大悟县									
宜昌市	**215.26**	**50.51**	**37.60**	**17.47**	**32.77**	**12.32**	**10.30**	**83.60**	**20.39**
枝江市	82.14	26.67	27.22	33.14	35.38	9.63	8.04	83.49	30.15
当阳市	133.12	23.84	10.38	7.80	25.92	2.69	2.26	84.01	9.48
远安县									
宜都市									

5-7-14　湖北省1956年产棉县棉花生产收购明细

县市名	耕地面积（万亩）	农业人口（万人）	棉田面积（万亩）	占耕地（%）	亩产（市斤）	总产量（万担）	收购量（万担）	商品率（%）	人均交售（市斤）
全省合计	**4386.41**	**1753.71**	**770.58**	**17.57**	**46.94**	**361.72**	**301.30**	**83.30**	**17.18**
黄冈市	**471.79**	**291.05**	**57.47**	**12.18**	**59.75**	**34.34**	**29.47**	**85.82**	**10.13**
黄州区	60.40	37.60	8.58	14.21	44.17	3.79	3.50	92.35	9.31
红安县									
麻城市	99.00	66.00	13.60	13.74	57.79	7.86	6.22	79.13	9.42
英山县									
罗田县									
浠水县	79.84	56.48	9.18	11.50	55.99	5.14	5.35	104.09	9.47
蕲春县	79.88	50.18	1.39	1.74	44.60	0.62	0.53	85.48	1.06
武穴市	67.90	33.65	7.10	10.46	70.42	5.00	4.10	82.00	12.18
黄梅县	84.77	47.14	17.62	20.79	67.71	11.93	9.77	14.07	20.73
团风县									
省辖市	**723.93**	**304.02**	**186.90**	**25.82**	**58.33**	**109.02**	**96.16**	**88.20**	**31.63**
随州市	150.40	70.14	19.39	12.89	25.22	4.89	2.13	43.56	3.04
潜江市	125.13	35.51	23.49	18.77	44.10	10.36	8.42	81.27	23.71
鄂州市	21.10	47.50	20.90	99.05	61.72	12.90	11.90	92.25	25.05
天门市	222.76	84.76	66.96	30.06	68.86	46.11	44.30	96.07	52.27
仙桃市	204.54	66.11	56.16	27.46	61.89	34.76	29.41	84.61	44.49
黄石市	**156.71**	**40.55**	**4.57**	**2.92**	**34.35**	**1.57**	**0.30**	**19.11**	**0.74**
大冶市	156.71	40.55	4.57	2.92	34.35	1.57	0.30	19.11	0.74
阳新县									
荆门市	**427.93**	**119.32**	**29.88**	**6.98**	**45.38**	**13.56**	**12.12**	**89.38**	**10.16**
荆门辖区	184.06	46.58	9.33	5.07	30.01	2.80	1.97	70.36	4.23
京山县	93.32	29.37	7.78	8.34	64.01	4.98	5.00	100.40	17.02
钟祥市	150.55	43.37	12.77	8.48	45.26	5.78	5.15	89.10	11.87
五三农场									
沙洋农场									
荆州市	**823.05**	**265.43**	**195.46**	**23.75**	**54.45**	**106.43**	**92.02**	**86.46**	**34.67**
沙市区									
江陵县	166.85	40.48	27.89	16.72	54.50	15.20	12.24	80.53	30.24
松滋市	113.00	52.34	30.44	26.94	47.17	14.36	12.78	89.00	24.42
公安县	139.64	50.09	39.32	28.16	55.82	21.95	19.47	88.70	38.87

5-7-14 续表

县市名	耕地面积（万亩）	农业人口（万人）	棉田面积（万亩）	占耕地（%）	亩产（市斤）	总产量（万担）	收购量（万担）	商品率（%）	人均交售（市斤）
石首市	81.57	26.98	23.00	28.20	50.52	11.62	11.07	95.27	41.03
监利县	207.40	58.94	51.84	25.00	59.16	30.67	25.09	81.81	42.57
洪湖市	114.59	36.60	22.97	20.05	54.98	12.63	11.37	90.02	31.07
荆州区									
武汉市	**248.96**	**180.01**	**42.11**	**16.91**	**56.76**	**23.90**	**18.31**	**76.61**	**10.17**
新洲区	90.42	54.47	26.72	29.55	62.72	16.76	12.43	74.16	22.82
黄陂区	94.00	68.00	3.00	3.19	30.00	0.90	0.60	66.67	0.88
蔡甸区	55.00	30.40	9.40	17.09	51.06	4.80	4.10	85.42	13.49
江夏区	9.54	27.14	2.99	31.34	48.16	1.44	1.18	81.94	4.35
汉南区									
东西湖区									
咸宁市	**106.00**	**31.72**	**7.52**	**7.09**	**43.88**	**3.30**	**2.45**	**74.24**	**7.72**
嘉鱼县	51.79	13.92	6.80	13.13	42.94	2.92	2.27	77.74	16.31
赤壁市	54.21	17.80	0.72	1.33	52.78	0.38	0.18	47.37	1.01
襄樊市	**750.46**	**232.67**	**152.29**	**20.29**	**19.08**	**29.06**	**19.30**	**66.41**	**8.30**
谷城县	55.73	30.99	5.72	10.26	47.90	2.74	0.73	26.64	2.36
南漳县	78.80	34.00	5.00	6.35	20.00	1.00	0.40	40.00	1.18
枣阳市	217.81	50.96	57.96	26.61	15.99	9.27	5.71	61.60	11.20
老河口市	74.72	23.77	18.90	25.29	16.03	3.03	2.34	77.23	9.84
襄阳县	240.90	68.50	55.00	22.83	19.55	10.75	7.91	73.58	11.55
宜城市	82.50	24.45	9.71	11.77	23.38	2.27	2.21	97.36	9.04
孝感市	**461.28**	**238.12**	**56.15**	**12.17**	**53.27**	**29.91**	**21.28**	**71.15**	**8.94**
广水市	73.60	37.88	3.80	5.16	16.58	0.63	0.09	14.29	0.24
孝南区	116.06	64.74	8.33	7.18	41.90	3.49	1.56	44.70	2.41
云梦县	47.05	25.59	6.98	14.84	38.54	2.69	2.18	81.04	8.52
应城市	65.29	30.11	1.91	2.93	25.13	0.48	0.31	64.58	1.03
汉川市	98.00	51.04	32.65	33.32	67.60	22.07	16.62	75.31	32.56
安陆市	61.28	28.76	2.48	4.05	22.18	0.55	0.52	94.55	1.81
孝昌县									
大悟县									
宜昌市	**216.30**	**50.82**	**38.23**	**17.67**	**27.81**	**10.63**	**9.89**	**93.04**	**19.46**
枝江市	83.18	27.16	27.40	32.94	26.17	7.17	7.04	98.19	25.92
当阳市	133.12	23.66	10.83	8.14	31.95	3.46	2.85	82.37	12.05
远安县									
宜都市									

5-7-15 湖北省1957年产棉县棉花生产收购明细

县市名	耕地面积（万亩）	农业人口（万人）	棉田面积（万亩）	占耕地（%）	亩产（市斤）	总产量（万担）	收购量（万担）	商品率（%）	人均交售（市斤）
全省合计	**4373.64**	**1797.30**	**763.41**	**17.45**	**52.44**	**400.34**	**376.11**	**93.95**	**20.93**
黄冈市	**460.09**	**294.83**	**54.81**	**11.91**	**67.74**	**37.13**	**33.34**	**89.79**	**11.31**
黄州区	60.30	38.10	7.72	12.80	39.38	3.04	2.51	82.57	6.59
红安县									
麻城市	89.00	66.00	13.20	14.83	78.64	10.38	9.19	88.54	13.92
英山县									
罗田县									
浠水县	79.86	57.26	9.18	11.50	55.12	5.06	4.80	94.86	8.38
蕲春县	76.30	50.80	1.61	2.11	45.96	0.74	0.49	66.22	0.96
武穴市	66.40	34.03	7.10	10.69	73.24	5.20	4.70	90.38	13.81
黄梅县	88.23	48.64	16.00	18.13	79.44	12.71	11.65	14.41	23.95
团风县									
省辖市	**732.51**	**313.93**	**192.03**	**26.22**	**57.10**	**109.65**	**106.04**	**96.71**	**33.78**
随州市	150.41	71.93	17.29	11.50	45.29	7.83	7.76	99.11	10.79
潜江市	133.37	36.60	25.71	19.28	48.31	12.42	12.10	97.42	33.06
鄂州市	21.80	48.40	21.70	99.54	42.76	9.28	8.73	94.07	18.04
天门市	223.17	86.84	74.43	33.35	71.89	53.51	51.26	95.80	59.03
仙桃市	203.76	70.16	52.90	25.96	50.30	26.61	26.19	98.42	37.33
黄石市	**148.62**	**40.44**	**4.58**	**3.08**	**35.15**	**1.61**	**1.10**	**68.32**	**2.72**
大冶市	148.62	40.44	4.58	3.08	35.15	1.61	1.10	68.32	2.72
阳新县									
荆门市	**430.82**	**121.21**	**32.93**	**7.64**	**63.01**	**20.75**	**19.73**	**95.08**	**16.28**
荆门辖区	189.90	47.89	9.82	5.17	38.70	3.80	3.23	85.00	6.74
京山县	88.17	29.82	7.82	8.87	76.09	5.95	6.40	107.56	21.46
钟祥市	152.75	43.50	15.29	10.01	71.94	11.00	10.10	91.82	23.22
五三农场									
沙洋农场									
荆州市	**825.67**	**277.93**	**183.92**	**22.28**	**55.31**	**101.72**	**94.28**	**92.69**	**33.92**
沙市区									
江陵县	170.02	43.79	25.41	14.95	58.24	14.80	13.66	92.30	31.19
松滋市	113.30	53.38	28.76	25.38	49.55	14.25	13.43	94.25	25.16
公安县	140.35	53.32	40.15	28.61	60.10	24.13	23.03	95.44	43.19

5-7-15 续表

县 市 名	耕地面积（万亩）	农业人口（万人）	棉田面积（万亩）	占耕地（%）	亩 产（市斤）	总产量（万担）	收购量（万担）	商品率（%）	人均交售（市斤）
石首市	82.65	27.95	22.05	26.68	66.98	14.77	14.18	96.01	50.73
监利县	202.70	61.44	44.60	22.00	45.74	20.40	19.42	95.20	31.61
洪湖市	116.65	38.05	22.95	19.67	58.26	13.37	10.56	78.98	27.75
荆州区									
武汉市	**246.81**	**182.29**	**41.75**	**16.92**	**53.13**	**22.18**	**19.94**	**89.90**	**10.94**
新洲区	90.49	54.97	25.43	28.10	61.74	15.70	14.24	90.70	25.91
黄陂区	94.00	69.00	3.00	3.19	23.33	0.70	0.50	71.43	0.72
蔡甸区	53.00	30.90	10.40	19.62	43.27	4.50	4.00	88.89	12.94
江夏区	9.32	27.42	2.92	31.33	43.84	1.28	1.20	93.75	4.38
汉南区									
东西湖区									
咸宁市	**107.53**	**32.55**	**7.14**	**6.64**	**46.92**	**3.35**	**2.65**	**79.10**	**8.14**
嘉鱼县	51.19	14.27	6.44	12.58	49.07	3.16	2.50	79.11	17.52
赤壁市	56.34	18.28	0.70	1.24	27.14	0.19	0.15	78.95	0.82
襄樊市	**747.89**	**237.95**	**155.00**	**20.72**	**36.48**	**56.55**	**55.88**	**98.82**	**23.48**
谷城县	57.32	31.48	5.92	10.33	54.90	3.25	3.02	92.92	9.59
南漳县	78.80	34.00	5.00	6.35	36.00	1.80	1.70	94.44	5.00
枣阳市	217.81	52.22	57.97	26.61	28.17	16.33	16.26	99.57	31.14
老河口市	73.86	24.43	19.20	26.00	35.68	6.85	7.06	103.07	28.90
襄阳县	239.10	70.09	55.70	23.30	38.53	21.46	21.77	101.44	31.06
宜城市	81.00	25.73	11.21	13.84	61.20	6.86	6.07	88.48	23.59
孝感市	**454.26**	**244.04**	**56.29**	**12.39**	**52.67**	**29.65**	**25.70**	**86.68**	**10.53**
广水市	76.79	39.07	3.87	5.04	28.42	1.10	0.22	20.00	0.56
孝南区	112.45	65.90	7.35	6.54	48.16	3.54	2.75	77.68	4.17
云梦县	47.69	26.16	8.87	18.60	47.58	4.22	3.66	86.73	13.99
应城市	65.86	30.81	1.92	2.92	47.92	0.92	0.53	57.61	1.72
汉川市	95.30	53.14	31.82	33.39	60.31	19.19	18.21	94.89	34.27
安陆市	56.17	28.96	2.46	4.38	27.64	0.68	0.33	48.53	1.14
孝昌县									
大悟县									
宜昌市	**219.44**	**52.13**	**34.96**	**15.93**	**50.77**	**17.75**	**17.45**	**98.31**	**33.47**
枝江市	83.67	27.84	24.10	28.80	50.95	12.28	12.03	97.96	43.21
当阳市	135.77	24.29	10.86	8.00	50.37	5.47	5.42	99.09	22.31
远安县									
宜都市									

5－7－16　湖北省1958年产棉县棉花生产收购明细

县市名	耕地面积（万亩）	农业人口（万人）	棉田面积（万亩）	占耕地（%）	亩产（市斤）	总产量（万担）	收购量（万担）	商品率（%）	人均交售（市斤）
全省合计	**4291.70**	**1832.83**	**760.56**	**17.72**	**62.52**	**475.53**	**431.95**	**90.84**	**23.57**
黄冈市	**456.56**	**296.49**	**57.92**	**12.69**	**56.27**	**32.59**	**30.07**	**92.27**	**10.14**
黄州区	59.80	38.40	8.03	13.43	48.32	3.88	3.59	92.53	9.35
红安县									
麻城市	97.00	67.00	12.90	13.30	75.04	9.68	8.41	86.88	12.55
英山县									
罗田县									
浠水县	75.79	57.50	8.45	11.15	49.23	4.16	3.81	91.59	6.63
蕲春县	72.93	49.36	3.15	4.32	38.10	1.20	1.07	89.17	2.17
武穴市	66.30	34.70	7.70	11.61	57.14	4.40	4.40	100.00	12.68
黄梅县	84.74	49.53	17.69	20.88	52.40	9.27	8.79	10.94	17.75
团风县									
省辖市	**704.44**	**320.59**	**189.43**	**26.89**	**69.43**	**131.53**	**118.35**	**89.98**	**36.92**
随州市	164.91	74.44	18.37	11.14	49.37	9.07	8.14	89.75	10.93
潜江市	120.46	38.59	31.45	26.11	66.93	21.05	12.59	59.81	32.63
鄂州市	21.50	47.20	20.20	93.95	45.45	9.18	8.24	89.76	17.46
天门市	211.61	89.73	70.00	33.08	81.00	56.70	54.23	95.64	60.44
仙桃市	185.96	70.63	49.41	26.57	71.91	35.53	35.15	98.93	49.77
黄石市	**133.31**	**40.22**	**4.17**	**3.13**	**22.78**	**0.95**	**0.49**	**51.58**	**1.22**
大冶市	133.31	40.22	4.17	3.13	22.78	0.95	0.49	51.58	1.22
阳新县									
荆门市	**426.86**	**123.86**	**30.19**	**7.07**	**77.64**	**23.44**	**22.03**	**93.98**	**17.79**
荆门辖区	186.33	47.08	8.04	4.31	46.02	3.70	2.69	72.70	5.71
京山县	92.96	30.02	7.80	8.39	89.62	6.99	8.15	116.60	27.15
钟祥市	147.57	46.76	14.35	9.72	88.85	12.75	11.19	87.76	23.93
五三农场									
沙洋农场									
荆州市	**826.85**	**288.18**	**191.29**	**23.13**	**65.02**	**124.37**	**114.72**	**92.24**	**39.81**
沙市区									
江陵县	169.71	44.00	27.70	16.32	76.43	21.17	19.59	92.54	44.52
松滋市	107.83	54.58	27.84	25.82	88.00	24.50	23.17	94.57	42.45
公安县	134.97	55.31	39.34	29.15	72.14	28.38	27.56	97.11	49.83

5－7－16 续表

县 市 名	耕地面积（万亩）	农业人口（万人）	棉田面积（万亩）	占耕地（%）	亩 产（市斤）	总产量（万担）	收购量（万担）	商品率（%）	人均交售（市斤）
石首市	82.73	28.17	19.84	23.98	64.97	12.89	11.24	87.20	39.90
监利县	211.10	60.13	50.58	23.96	45.37	22.95	21.57	93.99	35.87
洪湖市	120.51	45.99	25.99	21.57	55.71	14.48	11.59	80.04	25.20
荆州区									
武汉市	**241.85**	**180.02**	**37.53**	**15.52**	**61.31**	**23.01**	**21.09**	**91.66**	**11.72**
新洲区	87.22	55.42	22.38	25.66	67.02	15.00	14.00	93.33	25.26
黄陂区	93.00	68.00	3.00	3.23	36.67	1.10	1.10	100.00	1.62
蔡甸区	52.90	27.90	9.30	17.58	60.22	5.60	4.90	87.50	17.56
江夏区	8.73	28.70	2.85	32.65	45.96	1.31	1.09	83.21	3.80
汉南区									
东西湖区									
咸宁市	**104.07**	**33.39**	**8.24**	**7.92**	**47.57**	**3.92**	**3.03**	**77.30**	**9.07**
嘉鱼县	51.19	14.56	7.44	14.53	49.73	3.70	2.87	77.57	19.71
赤壁市	52.88	18.83	0.80	1.51	27.50	0.22	0.16	72.73	0.85
襄樊市	**735.81**	**245.91**	**159.19**	**21.63**	**51.79**	**82.44**	**73.33**	**88.95**	**29.82**
谷城县	61.47	32.03	8.01	13.03	40.70	3.26	2.94	90.18	9.18
南漳县	79.10	34.00	5.00	6.32	24.00	1.20	0.60	50.00	1.76
枣阳市	213.81	55.00	60.98	28.52	51.69	31.52	28.00	88.83	50.91
老河口市	69.53	25.93	18.70	26.89	34.65	6.48	5.59	86.27	21.56
襄阳县	229.90	72.58	59.50	25.88	58.61	34.87	31.04	89.02	42.77
宜城市	82.00	26.37	7.00	8.54	73.00	5.11	5.16	100.98	19.57
孝感市	**442.70**	**250.88**	**53.71**	**12.13**	**63.15**	**33.92**	**30.02**	**88.50**	**11.97**
广水市	69.63	40.41	3.07	4.41	49.51	1.52	0.60	39.47	1.48
孝南区	108.83	68.98	6.54	6.01	52.91	3.46	2.74	79.19	3.97
云梦县	46.58	26.67	7.37	15.82	89.15	6.57	5.53	84.17	20.73
应城市	63.29	31.00	2.87	4.53	48.08	1.38	0.94	68.12	3.03
汉川市	96.50	54.40	31.91	33.07	62.14	19.83	19.53	98.49	35.90
安陆市	57.87	29.42	1.95	3.37	59.49	1.16	0.68	58.62	2.31
孝昌县									
大悟县									
宜昌市	**219.25**	**53.29**	**28.89**	**13.18**	**67.01**	**19.36**	**18.82**	**97.21**	**35.32**
枝江市	83.48	28.42	23.36	27.98	71.88	16.79	16.52	98.39	58.13
当阳市	135.77	24.87	5.53	4.07	46.47	2.57	2.30	89.49	9.25
远安县									
宜都市									

5－7－17　湖北省1959年产棉县棉花生产收购明细

县市名	耕地面积（万亩）	农业人口（万人）	棉田面积（万亩）	占耕地（%）	亩产（市斤）	总产量（万担）	收购量（万担）	商品率（%）	人均交售（市斤）
全省合计	**4314.52**	**1804.87**	**723.34**	**16.77**	**48.23**	**348.88**	**285.24**	**81.76**	**15.80**
黄冈市	**462.12**	**286.55**	**60.76**	**13.15**	**39.53**	**24.02**	**21.36**	**88.93**	**7.45**
黄州区	58.50	35.70	7.81	13.35	23.82	1.86	1.67	89.78	4.68
红安县									
麻城市	98.00	65.00	12.70	12.96	41.02	5.21	4.70	90.21	7.23
英山县									
罗田县									
浠水县	74.96	55.79	8.35	11.14	28.50	2.38	1.74	73.11	3.12
蕲春县	78.45	47.18	4.92	6.27	22.76	1.12	0.94	83.93	1.99
武穴市	65.90	33.43	8.20	12.44	47.56	3.90	3.30	84.62	9.87
黄梅县	86.31	49.45	18.78	21.76	50.85	9.55	9.01	11.06	18.22
团风县									
省辖市	**712.25**	**322.09**	**174.59**	**24.51**	**73.43**	**128.20**	**87.59**	**68.32**	**27.19**
随州市	172.08	75.11	19.94	11.59	25.63	5.11	4.65	91.00	6.19
潜江市	122.08	38.09	27.69	22.68	50.85	14.08	11.34	80.54	29.77
鄂州市	17.50	47.60	14.80	84.57	23.58	3.49	2.97	85.10	6.24
天门市	209.18	90.66	64.27	30.72	67.53	43.40	42.70	98.39	47.10
仙桃市	191.41	70.63	47.89	25.02	129.71	62.12	25.93	41.74	36.71
黄石市	**136.02**	**37.11**	**2.93**	**2.15**	**24.91**	**0.73**	**0.37**	**50.68**	**1.00**
大冶市	136.02	37.11	2.93	2.15	24.91	0.73	0.37	50.68	1.00
阳新县									
荆门市	**411.68**	**117.02**	**37.38**	**9.08**	**67.60**	**25.27**	**23.27**	**92.09**	**19.89**
荆门辖区	178.30	41.83	8.86	4.97	38.71	3.43	3.03	88.34	7.24
京山县	89.79	30.20	8.13	9.05	69.25	5.63	6.02	106.93	19.93
钟祥市	143.59	44.99	20.39	14.20	79.50	16.21	14.22	87.72	31.61
五三农场									
沙洋农场									
荆州市	**816.11**	**280.78**	**167.15**	**20.48**	**43.37**	**72.50**	**61.76**	**85.19**	**22.00**
沙市区									
江陵县	154.45	44.67	25.95	16.80	51.18	13.28	11.38	85.69	25.48
松滋市	105.78	54.94	27.69	26.18	62.12	17.20	16.27	94.59	29.61
公安县	131.87	43.98	31.78	24.10	28.98	9.21	7.20	78.18	16.37

5-7-17 续表

县市名	耕地面积（万亩）	农业人口（万人）	棉田面积（万亩）	占耕地（%）	亩产（市斤）	总产量（万担）	收购量（万担）	商品率（%）	人均交售（市斤）
石首市	82.68	29.14	20.55	24.85	59.27	12.18	9.61	78.90	32.98
监利县	216.30	64.16	42.23	19.52	32.42	13.69	11.70	85.46	18.24
洪湖市	125.03	43.89	18.95	15.16	36.62	6.94	5.60	80.69	12.76
荆州区									
武汉市	**246.18**	**177.28**	**35.06**	**14.24**	**29.09**	**10.20**	**9.52**	**93.33**	**5.37**
新洲区	87.21	54.68	23.40	26.83	25.30	5.92	5.44	91.89	9.95
黄陂区	95.00	66.00	3.00	3.16	20.00	0.60	0.40	66.67	0.61
蔡甸区	55.10	28.20	7.00	12.70	45.71	3.20	3.20	100.00	11.35
江夏区	8.87	28.40	1.66	18.71	28.92	0.48	0.48	100.00	1.69
汉南区									
东西湖区									
咸宁市	**107.44**	**32.16**	**7.66**	**7.13**	**22.72**	**1.74**	**1.40**	**80.46**	**4.35**
嘉鱼县	51.20	14.70	7.12	13.91	21.91	1.56	1.22	78.21	8.30
赤壁市	56.24	17.46	0.54	0.96	33.33	0.18	0.18	100.00	1.03
襄樊市	**742.11**	**246.99**	**148.15**	**19.96**	**24.43**	**36.19**	**33.59**	**92.82**	**13.60**
谷城县	63.92	31.23	8.75	13.69	34.17	2.99	3.18	106.35	10.18
南漳县	83.20	34.00	4.00	4.81	15.00	0.60	0.40	66.67	1.18
枣阳市	209.61	56.54	56.17	26.80	19.94	11.20	10.89	97.23	19.26
老河口市	70.48	26.37	15.93	22.60	16.45	2.62	2.14	81.68	8.12
襄阳县	232.90	72.10	55.00	23.62	26.15	14.38	12.85	89.36	17.82
宜城市	82.00	26.75	8.30	10.12	53.01	4.40	4.13	93.86	15.44
孝感市	**461.72**	**251.85**	**54.09**	**11.71**	**54.82**	**29.65**	**25.85**	**87.18**	**10.26**
广水市	72.97	40.71	2.75	3.77	26.18	0.72	0.45	62.50	1.11
孝南区	113.17	69.39	7.02	6.20	43.73	3.07	2.16	70.36	3.11
云梦县	46.02	26.71	9.14	19.86	63.89	5.84	4.99	85.45	18.68
应城市	65.67	30.41	3.42	5.21	30.41	1.04	1.09	104.81	3.58
汉川市	96.50	54.70	29.29	30.35	60.57	17.74	16.12	90.87	29.47
安陆市	67.39	29.93	2.47	3.67	50.20	1.24	1.04	83.87	3.47
孝昌县									
大悟县									
宜昌市	**218.89**	**53.04**	**35.57**	**16.25**	**57.30**	**20.38**	**20.53**	**100.74**	**38.71**
枝江市	83.12	28.20	24.38	29.33	59.39	14.48	14.64	101.10	51.91
当阳市	135.77	24.84	11.19	8.24	52.73	5.90	5.89	99.83	23.71
远安县									
宜都市									

5－7－18　湖北省1960年产棉县棉花生产收购明细

县 市 名	耕地面积（万亩）	农业人口（万人）	棉田面积（万亩）	占耕地（%）	亩　产（市斤）	总产量（万担）	收购量（万担）	商品率（%）	人均交售（市斤）
全省合计	**4383.45**	**1803.41**	**611.20**	**13.94**	**32.17**	**196.60**	**176.90**	**89.98**	**9.81**
黄冈市	**497.87**	**282.60**	**56.72**	**11.39**	**37.34**	**21.18**	**19.53**	**92.21**	**6.91**
黄州区	59.00	34.90	7.40	12.54	29.19	2.16	2.00	92.59	5.73
红安县									
麻城市	114.00	64.00	12.80	11.23	35.00	4.48	4.43	98.88	6.92
英山县									
罗田县									
浠水县	80.53	55.65	7.54	9.36	29.18	2.20	1.76	80.00	3.16
蕲春县	92.39	46.30	2.93	3.17	18.09	0.53	0.48	90.57	1.04
武穴市	65.50	32.88	8.10	12.37	35.80	2.90	2.80	96.55	8.52
黄梅县	86.45	48.87	17.95	20.76	49.64	8.91	8.06	10.31	16.49
团风县									
省辖市	**712.79**	**316.04**	**154.49**	**21.67**	**31.76**	**49.07**	**45.76**	**93.25**	**14.48**
随州市	178.98	75.12	15.36	8.58	19.21	2.95	2.62	88.81	3.49
潜江市	123.15	37.46	22.22	18.04	28.04	6.23	5.30	85.07	14.15
鄂州市	16.20	44.60	13.90	85.80	27.05	3.76	3.24	86.17	7.26
天门市	204.20	88.97	59.78	29.28	34.64	20.71	19.37	93.53	21.77
仙桃市	190.26	69.89	43.23	22.72	35.67	15.42	15.23	98.77	21.79
黄石市	**125.93**	**35.73**	**1.63**	**1.29**	**24.54**	**0.40**	**0.10**	**25.00**	**0.28**
大冶市	125.93	35.73	1.63	1.29	24.54	0.40	0.10	25.00	0.28
阳新县									
荆门市	**420.53**	**118.37**	**20.61**	**4.90**	**58.56**	**12.07**	**8.77**	**72.66**	**7.41**
荆门辖区	177.33	42.75	3.42	1.93	14.91	0.51	0.42	82.35	0.98
京山县	91.48	30.50	7.15	7.82	81.54	5.83	5.12	87.82	16.79
钟祥市	151.72	45.12	10.04	6.62	57.07	5.73	3.23	56.37	7.16
五三农场									
沙洋农场									
荆州市	**834.41**	**295.07**	**143.14**	**17.15**	**30.40**	**43.51**	**39.32**	**90.37**	**13.33**
沙市区									
江陵县	155.38	44.82	20.45	13.16	27.33	5.59	5.44	97.32	12.14
松滋市	108.74	51.80	24.41	22.45	41.66	10.17	9.15	89.97	17.66
公安县	137.82	59.44	33.12	24.03	25.45	8.43	7.59	90.04	12.77

5－7－18 续表

县市名	耕地面积（万亩）	农业人口（万人）	棉田面积（万亩）	占耕地（%）	亩产（市斤）	总产量（万担）	收购量（万担）	商品率（%）	人均交售（市斤）
石首市	84.82	29.12	15.40	18.16	37.79	5.82	5.31	91.24	18.23
监利县	221.00	63.99	35.16	15.91	27.13	9.54	8.30	87.00	12.97
洪湖市	126.65	45.90	14.60	11.53	27.12	3.96	3.53	89.14	7.69
荆州区									
武汉市	**271.18**	**175.24**	**32.05**	**11.82**	**37.35**	**11.97**	**11.15**	**93.15**	**6.36**
新洲区	93.03	53.64	23.62	25.39	37.51	8.86	8.67	97.86	16.16
黄陂区	108.00	64.00	2.00	1.85	25.00	0.50	0.20	40.00	0.31
蔡甸区	61.00	29.20	5.00	8.20	48.00	2.40	2.10	87.50	7.19
江夏区	9.15	28.40	1.43	15.63	14.69	0.21	0.18	85.71	0.63
汉南区									
东西湖区									
咸宁市	**95.23**	**33.72**	**4.67**	**4.90**	**22.91**	**1.07**	**0.69**	**64.49**	**2.05**
嘉鱼县	51.20	15.14	4.18	8.16	16.99	0.71	0.57	80.28	3.76
赤壁市	44.03	18.58	0.49	1.11	73.47	0.36	0.12	33.33	0.65
襄樊市	**745.52**	**246.35**	**118.58**	**15.91**	**20.55**	**24.37**	**21.04**	**86.34**	**8.54**
谷城县	65.91	29.66	8.52	12.93	30.75	2.62	1.70	64.89	5.73
南漳县	87.30	34.00	5.00	5.73	1.80	0.09	0.02	22.22	0.06
枣阳市	207.03	57.13	41.67	20.13	10.56	4.40	4.98	113.18	8.72
老河口市	71.18	25.39	12.60	17.70	17.54	2.21	2.17	98.19	8.55
襄阳县	232.10	73.22	44.79	19.30	28.11	12.59	10.39	82.53	14.19
宜城市	82.00	26.95	6.00	7.32	41.00	2.46	1.78	72.36	6.60
孝感市	**461.10**	**247.19**	**45.47**	**9.86**	**33.85**	**15.39**	**13.06**	**84.86**	**5.28**
广水市	71.27	40.40	2.85	4.00	14.04	0.40	0.36	90.00	0.89
孝南区	116.00	68.62	4.33	3.73	27.94	1.21	0.59	48.76	0.86
云梦县	45.68	25.75	6.01	13.16	36.44	2.19	2.02	92.24	7.84
应城市	65.76	30.13	1.92	2.92	7.29	0.14	0.12	85.71	0.40
汉川市	96.80	53.40	28.70	29.65	37.74	10.83	9.71	89.66	18.18
安陆市	65.59	28.89	1.66	2.53	37.35	0.62	0.26	41.94	0.90
孝昌县									
大悟县									
宜昌市	**218.89**	**53.10**	**33.84**	**15.46**	**51.92**	**17.57**	**17.48**	**99.49**	**32.92**
枝江市	83.12	28.14	23.53	28.31	62.90	14.80	14.82	100.14	52.67
当阳市	135.77	24.96	10.31	7.59	26.87	2.77	2.66	96.03	10.66
远安县									
宜都市									

5-7-19　湖北省1961年产棉县棉花生产收购明细

县市名	耕地面积（万亩）	农业人口（万人）	棉田面积（万亩）	占耕地（%）	亩产（市斤）	总产量（万担）	收购量（万担）	商品率（%）	人均交售（市斤）
全省合计	**4328.36**	**1859.77**	**585.12**	**13.52**	**37.29**	**218.17**	**193.25**	**88.58**	**10.39**
黄冈市	**473.34**	**288.32**	**51.18**	**10.81**	**33.37**	**17.08**	**14.71**	**86.12**	**5.10**
黄州区	58.10	35.80	6.42	11.05	24.30	1.56	1.49	95.51	4.16
红安县									
麻城市	99.00	66.00	12.20	12.32	44.02	5.37	4.50	83.80	6.82
英山县									
罗田县									
浠水县	76.01	57.01	7.05	9.28	19.29	1.36	1.11	81.62	1.95
蕲春县	86.35	46.27	2.58	2.99	26.74	0.69	0.22	31.88	0.48
武穴市	65.70	33.63	6.70	10.20	35.82	2.40	2.30	95.83	6.84
黄梅县	88.18	49.61	16.23	18.41	35.12	5.70	5.09	6.46	10.26
团风县									
省辖市	**703.28**	**326.22**	**145.10**	**20.63**	**44.71**	**64.88**	**59.82**	**92.20**	**18.34**
随州市	174.08	76.64	13.76	7.90	22.53	3.10	1.89	60.97	2.47
潜江市	123.67	39.17	20.29	16.41	44.26	8.98	8.78	97.77	22.42
鄂州市	14.80	47.50	13.60	91.89	20.15	2.74	1.93	70.44	4.06
天门市	202.25	89.95	60.14	29.74	56.52	33.99	32.49	95.59	36.12
仙桃市	188.48	72.96	37.31	19.80	43.07	16.07	14.73	91.66	20.19
黄石市	**140.17**	**40.03**	**2.43**	**1.73**	**11.52**	**0.28**	**0.10**	**35.71**	**0.25**
大冶市	140.17	40.03	2.43	1.73	11.52	0.28	0.10	35.71	0.25
阳新县									
荆门市	**416.54**	**123.61**	**29.64**	**7.12**	**49.12**	**14.56**	**11.65**	**80.01**	**9.42**
荆门辖区	176.50	46.42	7.16	4.06	22.49	1.61	0.95	59.01	2.05
京山县	90.21	31.01	8.65	9.59	72.95	6.31	5.50	87.16	17.74
钟祥市	149.83	46.18	13.83	9.23	48.01	6.64	5.20	78.31	11.26
五三农场									
沙洋农场									
荆州市	**804.51**	**303.40**	**139.07**	**17.29**	**37.65**	**52.36**	**45.49**	**86.88**	**14.99**
沙市区									
江陵县	151.43	46.92	21.58	14.25	42.68	9.21	7.84	85.12	16.71
松滋市	102.98	52.62	25.23	24.50	57.19	14.43	13.83	95.84	26.28
公安县	138.00	60.12	33.65	24.38	35.66	12.00	10.55	87.92	17.55

5-7-19 续表

县市名	耕地面积（万亩）	农业人口（万人）	棉田面积（万亩）	占耕地（%）	亩产（市斤）	总产量（万担）	收购量（万担）	商品率（%）	人均交售（市斤）
石首市	71.03	29.75	15.36	21.62	44.40	6.82	5.71	83.72	19.19
监利县	220.00	66.58	31.03	14.10	22.40	6.95	4.90	70.50	7.36
洪湖市	121.07	47.41	12.22	10.09	24.14	2.95	2.66	90.17	5.61
荆州区									
武汉市	**271.21**	**180.32**	**29.49**	**10.87**	**34.99**	**10.32**	**9.05**	**87.69**	**5.02**
新洲区	93.11	54.04	22.85	24.54	36.54	8.35	7.70	92.22	14.25
黄陂区	108.00	66.00	1.00	0.93	30.00	0.30	0.10	33.33	0.15
蔡甸区	61.20	30.50	5.00	8.17	30.00	1.50	1.10	73.33	3.61
江夏区	8.90	29.78	0.64	7.19	26.56	0.17	0.15	88.24	0.50
汉南区									
东西湖区									
咸宁市	**98.30**	**35.26**	**2.85**	**2.90**	**18.60**	**0.53**	**0.41**	**77.36**	**1.16**
嘉鱼县	51.20	15.16	2.38	4.65	15.97	0.38	0.28	73.68	1.85
赤壁市	47.10	20.10	0.47	1.00	31.91	0.15	0.13	86.67	0.65
襄樊市	**741.35**	**251.19**	**113.66**	**15.33**	**20.28**	**23.05**	**19.93**	**86.46**	**7.93**
谷城县	65.94	30.50	8.08	12.25	19.43	1.57	1.35	85.99	4.43
南漳县	81.10	35.00	4.00	4.93	15.00	0.60	0.40	66.67	1.14
枣阳市	210.29	57.79	41.24	19.61	19.40	8.00	7.57	94.63	13.10
老河口市	69.72	25.55	11.99	17.20	11.34	1.36	1.03	75.74	4.03
襄阳县	232.00	75.34	39.80	17.16	20.65	8.22	6.67	81.14	8.85
宜城市	82.30	27.01	8.55	10.39	38.60	3.30	2.91	88.18	10.77
孝感市	**459.84**	**257.78**	**38.59**	**8.39**	**34.28**	**13.23**	**10.58**	**79.97**	**4.10**
广水市	72.02	42.41	2.32	3.22	16.81	0.39	0.18	46.15	0.42
孝南区	114.14	70.86	4.43	3.88	24.60	1.09	0.47	43.12	0.66
云梦县	45.51	25.81	6.05	13.29	39.01	2.36	2.07	87.71	8.02
应城市	65.75	32.57	1.46	2.22	20.55	0.30	0.25	83.33	0.77
汉川市	96.74	55.80	22.80	23.57	37.72	8.60	7.40	86.05	13.26
安陆市	65.68	30.33	1.53	2.33	32.03	0.49	0.21	42.86	0.69
孝昌县									
大悟县									
宜昌市	**219.82**	**53.64**	**33.11**	**15.06**	**66.08**	**21.88**	**21.51**	**98.31**	**40.10**
枝江市	84.05	27.84	23.15	27.54	76.63	17.74	17.43	98.25	62.61
当阳市	135.77	25.80	9.96	7.34	41.57	4.14	4.08	98.55	15.81
远安县									
宜都市									

5-7-20 湖北省1962年产棉县棉花生产收购明细

县市名	耕地面积（万亩）	农业人口（万人）	棉田面积（万亩）	占耕地（%）	亩产（市斤）	总产量（万担）	收购量（万担）	商品率（%）	人均交售（市斤）
全省合计	**4307.05**	**1938.19**	**600.66**	**13.95**	**44.42**	**266.84**	**240.65**	**90.19**	**12.42**
黄冈市	**465.78**	**298.88**	**51.05**	**10.96**	**55.46**	**28.31**	**25.69**	**90.75**	**8.60**
黄州区	59.70	37.98	6.49	10.87	38.83	2.52	2.34	92.86	6.16
红安县									
麻城市	92.00	67.00	12.40	13.48	60.97	7.56	6.54	86.51	9.76
英山县									
罗田县									
浠水县	74.88	58.90	7.96	10.63	41.46	3.30	3.06	92.73	5.20
蕲春县	86.10	48.72	2.88	3.34	27.43	0.79	0.77	97.47	1.58
武穴市	64.50	35.45	6.80	10.54	69.12	4.70	4.40	93.62	12.41
黄梅县	88.60	50.83	14.52	16.39	65.01	9.44	8.58	10.65	16.88
团风县									
省辖市	**706.42**	**337.65**	**149.98**	**21.23**	**50.43**	**75.63**	**64.96**	**85.89**	**19.24**
随州市	171.12	79.90	17.51	10.23	27.81	4.87	4.28	87.89	5.36
潜江市	127.94	39.13	17.53	13.70	44.32	7.77	3.42	44.02	8.74
鄂州市	14.40	48.60	13.70	95.14	37.74	5.17	4.23	81.82	8.70
天门市	202.25	93.50	60.69	30.01	56.62	34.36	32.51	94.62	34.77
仙桃市	190.71	76.52	40.55	21.26	57.85	23.46	20.52	87.47	26.82
黄石市	**133.00**	**42.52**	**2.92**	**2.20**	**31.16**	**0.91**	**0.48**	**52.75**	**1.13**
大冶市	133.00	42.52	2.92	2.20	31.16	0.91	0.48	52.75	1.13
阳新县									
荆门市	**418.81**	**133.72**	**32.14**	**7.67**	**48.60**	**15.62**	**15.28**	**97.82**	**11.43**
荆门辖区	176.86	52.17	9.33	5.28	22.40	2.09	2.03	97.13	3.89
京山县	90.29	32.37	8.32	9.21	68.63	5.71	5.49	96.15	16.96
钟祥市	151.66	49.18	14.49	9.55	53.97	7.82	7.76	99.23	15.78
五三农场									
沙洋农场									
荆州市	**806.89**	**317.63**	**127.45**	**15.80**	**46.47**	**59.22**	**55.47**	**93.67**	**17.46**
沙市区									
江陵县	156.54	49.36	21.47	13.72	55.24	11.86	11.20	94.44	22.69
松滋市	102.96	54.46	24.39	23.69	65.44	15.96	15.35	96.18	28.19
公安县	134.55	62.95	31.77	23.61	47.21	15.00	12.09	80.60	19.21

5－7－20续表

县市名	耕地面积（万亩）	农业人口（万人）	棉田面积（万亩）	占耕地（%）	亩产（市斤）	总产量（万担）	收购量（万担）	商品率（%）	人均交售（市斤）
石首市	72.53	31.39	12.01	16.56	52.71	6.33	6.40	101.11	20.39
监利县	217.30	70.20	28.90	13.30	23.63	6.83	7.06	103.37	10.06
洪湖市	123.01	49.27	8.91	7.24	36.36	3.24	3.37	104.01	6.84
荆州区									
武汉市	**271.33**	**184.92**	**30.26**	**11.15**	**50.33**	**15.23**	**13.38**	**87.85**	**7.24**
新洲区	92.80	54.50	23.51	25.33	57.38	13.49	11.94	88.51	21.91
黄陂区	108.00	67.00	2.00	1.85	20.00	0.40	0.30	75.00	0.45
蔡甸区	61.70	33.00	3.80	6.16	28.95	1.10	0.90	81.82	2.73
江夏区	8.83	30.42	0.95	10.76	25.26	0.24	0.24	100.00	0.79
汉南区									
东西湖区									
咸宁市	**100.41**	**36.68**	**3.29**	**3.28**	**22.80**	**0.75**	**0.57**	**76.00**	**1.55**
嘉鱼县	50.29	16.04	2.60	5.17	19.23	0.50	0.38	76.00	2.37
赤壁市	50.12	20.64	0.69	1.38	36.23	0.25	0.19	76.00	0.92
襄樊市	**737.12**	**260.27**	**122.68**	**16.64**	**21.82**	**26.77**	**24.09**	**89.99**	**9.26**
谷城县	63.89	32.04	8.37	13.10	17.20	1.44	1.39	96.53	4.34
南漳县	79.80	37.00	5.00	6.27	24.00	1.20	1.10	91.67	2.97
枣阳市	210.27	59.75	42.14	20.04	14.69	6.19	6.17	99.68	10.33
老河口市	70.86	26.33	10.77	15.20	11.14	1.20	0.66	55.00	2.51
襄阳县	231.80	77.45	45.40	19.59	25.24	11.46	10.06	87.78	12.99
宜城市	80.50	27.70	11.00	13.66	48.00	5.28	4.71	89.20	17.00
孝感市	**452.38**	**269.54**	**45.39**	**10.03**	**42.01**	**19.07**	**15.63**	**81.96**	**5.80**
广水市	71.91	44.11	3.95	5.49	29.37	1.16	0.40	34.48	0.91
孝南区	114.51	76.02	5.53	4.83	21.52	1.19	0.62	52.10	0.82
云梦县	44.98	27.25	6.49	14.43	47.15	3.06	2.58	84.31	9.47
应城市	64.32	34.20	2.47	3.84	22.27	0.55	0.64	116.36	1.87
汉川市	96.33	56.50	23.73	24.63	50.57	12.00	10.80	90.00	19.12
安陆市	60.33	31.46	3.22	5.34	34.47	1.11	0.59	53.15	1.88
孝昌县									
大悟县									
宜昌市	**214.91**	**56.38**	**35.50**	**16.52**	**71.35**	**25.33**	**25.10**	**99.09**	**44.52**
枝江市	80.74	29.30	24.63	30.51	81.36	20.04	19.74	98.50	67.37
当阳市	134.17	27.08	10.87	8.10	48.67	5.29	5.36	101.32	19.79
远安县									
宜都市									

5-7-21　湖北省1963年产棉县棉花生产收购明细

县市名	耕地面积（万亩）	农业人口（万人）	棉田面积（万亩）	占耕地（%）	亩产（市斤）	总产量（万担）	收购量（万担）	商品率（%）	人均交售（市斤）
全省合计	**4312.55**	**1983.12**	**705.12**	**16.35**	**67.55**	**476.29**	**459.48**	**96.47**	**23.17**
黄冈市	**463.68**	**306.34**	**61.44**	**13.25**	**79.95**	**49.12**	**46.17**	**93.99**	**15.07**
黄州区	58.90	39.45	8.32	14.13	67.31	5.60	5.32	95.00	13.49
红安县									
麻城市	94.00	68.00	14.10	15.00	68.01	9.59	8.51	88.74	12.51
英山县									
罗田县									
浠水县	73.64	60.57	9.71	13.19	72.81	7.07	6.39	90.38	10.55
蕲春县	83.93	50.10	4.51	5.37	53.44	2.41	2.62	108.71	5.23
武穴市	64.00	36.67	7.70	12.03	102.60	7.90	7.70	97.47	21.00
黄梅县	89.21	51.55	17.10	19.17	96.78	16.55	15.63	18.55	30.32
团风县									
省辖市	**713.85**	**348.16**	**177.06**	**24.80**	**75.62**	**133.90**	**128.44**	**95.92**	**36.89**
随州市	169.70	82.26	17.76	10.47	28.77	5.11	5.02	98.24	6.10
潜江市	131.30	42.14	24.08	18.34	79.28	19.09	19.50	102.15	46.27
鄂州市	19.20	50.50	18.40	95.83	64.13	11.80	10.60	89.83	20.99
天门市	202.00	94.00	69.60	34.46	84.77	59.00	56.70	96.10	60.32
仙桃市	191.65	79.26	47.22	24.64	82.38	38.90	36.62	94.14	46.20
黄石市	**140.05**	**44.19**	**4.03**	**2.88**	**39.21**	**1.58**	**0.91**	**57.59**	**2.06**
大冶市	140.05	44.19	4.03	2.88	39.21	1.58	0.91	57.59	2.06
阳新县									
荆门市	**415.97**	**138.71**	**36.85**	**8.86**	**68.36**	**25.19**	**24.84**	**98.61**	**17.91**
荆门辖区	175.30	53.47	10.09	5.76	38.95	3.93	3.86	98.22	7.22
京山县	91.84	34.62	10.10	11.00	81.98	8.28	8.13	98.19	23.48
钟祥市	148.83	50.62	16.66	11.19	77.91	12.98	12.85	99.00	25.39
五三农场									
沙洋农场									
荆州市	**802.04**	**324.92**	**156.35**	**19.49**	**75.61**	**118.21**	**119.51**	**101.10**	**36.78**
沙市区									
江陵县	154.74	50.87	24.43	15.79	87.56	21.39	21.87	102.24	42.99
松滋市	102.90	55.90	27.81	27.03	87.27	24.27	24.23	99.84	43.35
公安县	136.07	63.66	36.78	27.03	83.44	30.69	30.66	99.90	48.16

5－7－21 续表

县 市 名	耕地面积（万亩）	农业人口（万人）	棉田面积（万亩）	占耕地（%）	亩 产（市斤）	总产量（万担）	收购量（万担）	商品率（%）	人均交售（市斤）
石首市	69.92	32.07	16.40	23.46	70.00	11.48	11.48	100.00	35.80
监利县	215.40	70.82	37.52	17.42	61.83	23.20	23.27	100.30	32.86
洪湖市	123.01	51.60	13.41	10.90	53.54	7.18	8.00	111.42	15.50
荆州区									
武汉市	**270.29**	**185.49**	**41.84**	**15.48**	**82.27**	**34.42**	**31.61**	**91.84**	**17.04**
新洲区	91.16	54.58	26.00	28.52	95.00	24.70	22.59	91.46	41.39
黄陂区	108.00	67.00	4.00	3.70	35.00	1.40	1.30	92.86	1.94
蔡甸区	62.00	33.20	8.80	14.19	80.68	7.10	6.50	91.55	19.58
江夏区	9.13	30.71	3.04	33.30	40.13	1.22	1.22	100.00	3.97
汉南区									
东西湖区									
咸宁市	**101.78**	**37.89**	**9.13**	**8.97**	**52.90**	**4.83**	**4.01**	**83.02**	**10.58**
嘉鱼县	50.29	16.35	7.83	15.57	54.02	4.23	3.29	77.78	20.12
赤壁市	51.49	21.54	1.30	2.52	46.15	0.60	0.72	120.00	3.34
襄樊市	**733.66**	**265.22**	**124.63**	**16.99**	**29.06**	**36.22**	**34.25**	**94.56**	**12.91**
谷城县	63.25	33.17	7.68	12.14	38.80	2.98	2.88	96.64	8.68
南漳县	80.00	38.00	6.00	7.50	25.00	1.50	1.50	100.00	3.95
枣阳市	209.98	59.57	47.54	22.64	19.44	9.24	9.51	102.92	15.96
老河口市	70.43	26.72	14.01	19.89	29.98	4.20	3.60	85.71	13.47
襄阳县	230.00	79.70	40.00	17.39	35.00	14.00	12.70	90.71	15.93
宜城市	80.00	28.06	9.40	11.75	45.74	4.30	4.06	94.42	14.47
孝感市	**457.87**	**273.76**	**58.24**	**12.72**	**69.54**	**40.50**	**37.89**	**93.56**	**13.84**
广水市	70.37	45.29	4.74	6.74	24.05	1.14	0.81	71.05	1.79
孝南区	113.92	75.80	6.63	5.82	49.32	3.27	3.13	95.72	4.13
云梦县	44.67	29.37	8.13	18.20	72.45	5.89	5.14	87.27	17.50
应城市	64.23	33.26	2.90	4.52	40.34	1.17	0.89	76.07	2.68
汉川市	98.00	58.37	33.00	33.67	84.85	28.00	26.50	94.64	45.40
安陆市	66.68	31.67	2.84	4.26	36.27	1.03	1.42	137.86	4.48
孝昌县									
大悟县									
宜昌市	**213.36**	**58.44**	**35.55**	**16.66**	**90.91**	**32.32**	**31.85**	**98.55**	**54.50**
枝江市	79.19	30.51	25.99	32.82	96.31	25.03	24.77	98.96	81.19
当阳市	134.17	27.93	9.56	7.13	76.26	7.29	7.08	97.12	25.35
远安县									
宜都市									

5－7－22　湖北省1964年产棉县棉花生产收购明细

县 市 名	耕地面积（万亩）	农业人口（万人）	棉田面积（万亩）	占耕地（%）	亩　产（市斤）	总产量（万担）	收购量（万担）	商品率（%）	人均交售（市斤）
全省合计	**4215.97**	**1981.10**	**796.94**	**18.90**	**62.46**	**497.80**	**484.99**	**97.43**	**24.48**
黄冈市	**454.17**	**314.02**	**67.18**	**14.79**	**63.26**	**42.50**	**40.31**	**94.85**	**12.84**
黄州区	58.26	40.64	10.22	17.54	45.01	4.60	4.32	93.91	10.63
红安县									
麻城市	88.00	70.00	14.40	16.36	75.00	10.80	10.26	95.00	14.66
英山县									
罗田县									
浠水县	72.27	61.87	9.77	13.52	37.56	3.67	3.43	93.46	5.54
蕲春县	82.68	51.50	4.71	5.70	31.85	1.50	1.61	107.33	3.13
武穴市	64.20	37.69	9.70	15.11	64.95	6.30	6.10	96.83	16.18
黄梅县	88.76	52.32	18.38	20.71	85.04	15.63	14.59	17.61	27.89
团风县									
省辖市	**713.10**	**353.26**	**198.79**	**27.88**	**74.22**	**147.54**	**143.42**	**97.21**	**40.60**
随州市	170.17	84.01	18.39	10.81	54.49	10.02	8.89	88.72	10.58
潜江市	132.50	44.38	32.87	24.81	68.45	22.50	22.67	100.76	51.08
鄂州市	20.40	51.60	18.80	92.16	44.95	8.45	7.63	90.30	14.79
天门市	199.94	91.92	74.93	37.48	84.80	63.54	61.72	97.14	67.15
仙桃市	190.09	81.35	53.80	28.30	79.98	43.03	42.51	98.79	52.26
黄石市	**153.74**	**45.20**	**4.40**	**2.86**	**23.18**	**1.02**	**0.71**	**69.61**	**1.57**
大冶市	153.74	45.20	4.40	2.86	23.18	1.02	0.71	69.61	1.57
阳新县									
荆门市	**413.24**	**141.92**	**47.40**	**11.47**	**68.04**	**32.25**	**31.65**	**98.14**	**22.30**
荆门辖区	173.80	55.03	9.32	5.36	37.77	3.52	3.23	91.76	5.87
京山县	90.94	34.32	10.10	11.11	79.60	8.04	7.76	96.52	22.61
钟祥市	148.50	52.57	27.98	18.84	73.95	20.69	20.66	99.86	39.30
五三农场									
沙洋农场									
荆州市	**801.82**	**330.57**	**179.63**	**22.40**	**63.30**	**113.70**	**113.84**	**100.12**	**34.44**
沙市区									
江陵县	158.00	52.37	28.34	17.94	77.10	21.85	21.96	100.50	41.93
松滋市	101.87	56.74	28.46	27.94	72.66	20.68	20.28	98.07	35.74
公安县	134.00	65.19	39.54	29.51	69.42	27.45	27.52	100.26	42.22

5-7-22续表

县市名	耕地面积（万亩）	农业人口（万人）	棉田面积（万亩）	占耕地（%）	亩产（市斤）	总产量（万担）	收购量（万担）	商品率（%）	人均交售（市斤）
石首市	69.54	32.69	20.95	30.13	58.04	12.16	12.06	99.18	36.89
监利县	215.40	71.98	44.27	20.55	51.86	22.96	23.21	101.09	32.25
洪湖市	123.01	51.60	18.07	14.69	47.59	8.60	8.81	102.44	17.07
荆州区									
武汉市	**259.78**	**187.63**	**48.19**	**18.55**	**70.74**	**34.09**	**33.22**	**97.45**	**17.71**
新洲区	86.51	55.67	29.56	34.17	85.89	25.39	24.42	96.18	43.87
黄陂区	102.00	67.00	3.00	2.94	23.33	0.70	0.60	85.71	0.90
蔡甸区	62.20	33.80	12.50	20.10	55.20	6.90	7.10	102.90	21.01
江夏区	9.07	31.16	3.13	34.51	35.14	1.10	1.10	100.00	3.53
汉南区									
东西湖区									
咸宁市	**102.63**	**38.71**	**11.58**	**11.28**	**34.80**	**4.03**	**3.56**	**88.34**	**9.20**
嘉鱼县	50.30	16.74	10.05	19.98	35.92	3.61	3.08	85.32	18.40
赤壁市	52.33	21.97	1.53	2.92	27.45	0.42	0.48	114.29	2.18
襄樊市	**647.16**	**237.24**	**130.17**	**20.11**	**36.48**	**47.49**	**45.46**	**95.73**	**19.16**
谷城县	60.75	34.17	8.34	13.73	31.77	2.65	2.42	91.32	7.08
南漳县	79.90	38.00	6.00	7.51	51.67	3.10	2.70	87.10	7.11
枣阳市	198.29	60.12	52.06	26.25	26.37	13.73	13.22	96.29	21.99
老河口市									
襄阳县	229.72	77.55	51.07	22.23	39.96	20.41	20.02	98.09	25.82
宜城市	78.50	27.40	12.70	16.18	59.84	7.60	7.10	93.42	25.91
孝感市	**456.40**	**272.69**	**69.60**	**15.25**	**68.29**	**47.53**	**45.49**	**95.71**	**16.68**
广水市	71.38	45.93	4.25	5.95	39.29	1.67	0.92	55.09	2.00
孝南区	113.02	75.84	9.09	8.04	61.06	5.55	4.78	86.13	6.30
云梦县	44.64	29.15	10.74	24.06	77.37	8.31	8.02	96.51	27.51
应城市	63.86	33.22	3.31	5.18	46.53	1.54	1.37	88.96	4.12
汉川市	106.52	56.98	39.84	37.40	72.84	29.02	28.90	99.59	50.72
安陆市	56.98	31.57	2.37	4.16	60.76	1.44	1.50	104.17	4.75
孝昌县									
大悟县									
宜昌市	**213.93**	**59.86**	**40.00**	**18.70**	**69.13**	**27.65**	**27.33**	**98.84**	**45.66**
枝江市	79.76	31.29	27.24	34.15	70.26	19.14	19.18	100.21	61.30
当阳市	134.17	28.57	12.76	9.51	66.69	8.51	8.15	95.77	28.53
远安县									
宜都市									

5－7－23　湖北省1965年产棉县棉花生产收购明细

县市名	耕地面积（万亩）	农业人口（万人）	棉田面积（万亩）	占耕地（%）	亩产（市斤）	总产量（万担）	收购量（万担）	商品率（%）	人均交售（市斤）
全省合计	**4245.36**	**2032.28**	**780.78**	**18.39**	**91.03**	**710.75**	**687.02**	**96.66**	**33.81**
黄冈市	**450.04**	**321.43**	**67.52**	**15.00**	**114.75**	**77.48**	**73.34**	**94.66**	**22.82**
黄州区	58.01	41.51	9.64	16.62	127.80	12.32	12.02	97.56	28.96
红安县									
麻城市	86.00	72.00	15.00	17.44	128.00	19.20	17.51	91.20	24.32
英山县									
罗田县									
浠水县	72.51	63.15	10.08	13.90	80.36	8.10	7.44	91.85	11.78
蕲春县	81.10	52.90	5.24	6.46	61.45	3.22	3.15	97.83	5.95
武穴市	64.10	38.76	9.10	14.20	119.78	10.90	10.90	100.00	28.12
黄梅县	88.32	53.11	18.46	20.90	128.60	23.74	22.32	26.88	42.03
团风县									
省辖市	**715.87**	**364.64**	**204.91**	**28.62**	**108.73**	**222.80**	**216.81**	**97.31**	**59.46**
随州市	169.67	86.14	18.58	10.95	71.91	13.36	10.71	80.16	12.43
潜江市	135.00	45.86	32.69	24.21	98.53	32.21	31.15	96.71	67.92
鄂州市	20.10	53.20	18.80	93.53	89.89	16.90	15.50	91.72	29.14
天门市	199.00	95.15	75.35	37.86	123.33	92.93	90.43	97.31	95.04
仙桃市	192.10	84.29	59.49	30.97	113.30	67.40	69.02	102.40	81.88
黄石市	**162.70**	**46.19**	**3.21**	**1.97**	**38.01**	**1.22**	**0.88**	**72.13**	**1.91**
大冶市	162.70	46.19	3.21	1.97	38.01	1.22	0.88	72.13	1.91
阳新县									
荆门市	**415.83**	**147.82**	**44.74**	**10.76**	**109.81**	**49.13**	**48.29**	**98.29**	**32.67**
荆门辖区	173.70	56.94	6.97	4.01	94.69	6.60	6.28	95.15	11.03
京山县	92.43	36.60	9.81	10.61	114.78	11.26	10.85	96.36	29.64
钟祥市	149.70	54.28	27.96	18.68	111.84	31.27	31.16	99.65	57.41
五三农场									
沙洋农场									
荆州市	**815.21**	**332.82**	**185.83**	**22.80**	**71.89**	**133.59**	**133.49**	**99.93**	**40.11**
沙市区									
江陵县	160.86	53.63	30.75	19.12	85.59	26.32	26.14	99.32	48.74
松滋市	101.67	58.48	23.18	22.80	83.22	19.29	18.94	98.19	32.39
公安县	134.35	67.86	43.26	32.20	80.44	34.80	34.48	99.08	50.81

5-7-23 续表

县市名	耕地面积（万亩）	农业人口（万人）	棉田面积（万亩）	占耕地（%）	亩产（市斤）	总产量（万担）	收购量（万担）	商品率（%）	人均交售（市斤）
石首市	68.48	33.72	20.64	30.14	55.52	11.46	11.63	101.48	34.49
监利县	221.90	73.34	45.50	20.50	59.96	27.28	28.02	102.71	38.21
洪湖市	127.95	45.79	22.50	17.58	64.18	14.44	14.28	98.89	31.19
荆州区									
武汉市	**259.45**	**191.91**	**49.49**	**19.07**	**121.60**	**60.18**	**58.56**	**97.31**	**30.51**
新洲区	86.41	56.79	27.24	31.52	155.98	42.49	41.46	97.58	73.01
黄陂区	101.00	69.00	5.00	4.95	52.00	2.60	2.20	84.62	3.19
蔡甸区	63.00	34.00	14.40	22.86	95.83	13.80	13.70	99.28	40.29
江夏区	9.04	32.12	2.85	31.53	45.26	1.29	1.20	93.02	3.74
汉南区									
东西湖区									
咸宁市	**103.45**	**40.12**	**11.04**	**10.67**	**50.27**	**5.55**	**5.25**	**94.59**	**13.09**
嘉鱼县	51.58	17.31	9.86	19.12	50.51	4.98	4.75	95.38	27.44
赤壁市	51.87	22.81	1.18	2.27	48.31	0.57	0.50	87.72	2.19
襄樊市	**643.99**	**245.26**	**102.63**	**15.94**	**45.37**	**46.56**	**41.91**	**90.01**	**17.09**
谷城县	60.11	35.06	7.34	12.21	58.72	4.31	3.80	88.17	10.84
南漳县	79.90	39.00	6.00	7.51	55.00	3.30	2.90	87.88	7.44
枣阳市	195.30	62.76	33.42	17.11	30.70	10.26	9.16	89.28	14.60
老河口市									
襄阳县	229.58	78.94	43.57	18.98	44.80	19.52	17.15	87.86	21.73
宜城市	79.10	29.50	12.30	15.55	74.55	9.17	8.90	97.06	30.17
孝感市	**459.76**	**280.61**	**70.76**	**15.39**	**103.91**	**73.53**	**68.12**	**92.64**	**24.28**
广水市	71.12	47.38	4.15	5.84	48.43	2.01	0.90	44.78	1.90
孝南区	111.02	78.11	9.42	8.48	78.77	7.42	5.58	75.20	7.14
云梦县	44.75	30.16	11.03	24.65	116.86	12.89	12.00	93.10	39.79
应城市	64.26	34.31	3.52	5.48	63.35	2.23	2.02	90.58	5.89
汉川市	112.90	58.10	40.40	35.78	116.21	46.95	45.93	97.83	79.05
安陆市	55.71	32.55	2.24	4.02	90.63	2.03	1.69	83.25	5.19
孝昌县									
大悟县									
宜昌市	**219.06**	**61.48**	**40.65**	**18.56**	**100.15**	**40.71**	**40.37**	**99.16**	**65.66**
枝江市	78.81	32.08	26.80	34.01	104.14	27.91	28.01	100.36	87.31
当阳市	140.25	29.40	13.85	9.88	92.42	12.80	12.36	96.56	42.04
远安县									
宜都市									

5-7-24　湖北省1966年产棉县棉花生产收购明细

县市名	耕地面积（万亩）	农业人口（万人）	棉田面积（万亩）	占耕地（%）	亩产（市斤）	总产量（万担）	收购量（万担）	商品率（%）	人均交售（市斤）
全省合计	**4263.89**	**2117.50**	**838.66**	**19.67**	**101.42**	**850.58**	**817.25**	**96.08**	**38.60**
黄冈市	**447.23**	**330.27**	**70.74**	**15.82**	**100.08**	**70.80**	**66.29**	**93.63**	**20.07**
黄州区	56.88	42.58	10.43	18.34	97.41	10.16	9.99	98.33	23.46
红安县									
麻城市	89.00	74.00	17.00	19.10	101.18	17.20	15.28	88.84	20.65
英山县									
罗田县									
浠水县	71.85	65.22	10.00	13.92	65.10	6.51	6.02	92.47	9.23
蕲春县	78.02	54.62	4.96	6.36	48.79	2.42	2.21	91.32	4.05
武穴市	63.60	39.95	9.90	15.57	95.96	9.50	9.20	96.84	23.03
黄梅县	87.88	53.90	18.45	20.99	135.56	25.01	23.59	28.46	43.77
团风县									
省辖市	**713.37**	**376.87**	**211.58**	**29.66**	**118.64**	**251.02**	**240.23**	**95.70**	**63.74**
随州市	163.37	88.79	19.53	11.95	77.78	15.19	13.90	91.51	15.65
潜江市	134.40	47.45	34.60	25.74	120.23	41.60	40.68	97.79	85.73
鄂州市	19.50	54.90	18.80	96.41	76.60	14.40	13.40	93.06	24.41
天门市	197.00	98.98	76.75	38.96	128.69	98.77	96.35	97.55	97.34
仙桃市	199.10	86.75	61.90	31.09	130.95	81.06	75.90	93.63	87.49
黄石市	**157.68**	**47.69**	**1.87**	**1.19**	**37.97**	**0.71**	**0.44**	**61.97**	**0.92**
大冶市	157.68	47.69	1.87	1.19	37.97	0.71	0.44	61.97	0.92
阳新县									
荆门市	**413.29**	**152.90**	**47.22**	**11.43**	**115.37**	**54.48**	**51.60**	**94.71**	**33.75**
荆门辖区	173.60	59.77	8.17	4.71	98.29	8.03	7.47	93.03	12.50
京山县	90.35	36.95	9.73	10.77	100.62	9.79	9.24	94.38	25.01
钟祥市	149.34	56.18	29.32	19.63	125.03	36.66	34.89	95.17	62.10
五三农场									
沙洋农场									
荆州市	**804.72**	**342.57**	**193.10**	**24.00**	**105.47**	**203.66**	**203.35**	**99.85**	**59.36**
沙市区									
江陵县	159.22	55.09	30.88	19.39	104.89	32.39	31.93	98.58	57.96
松滋市	99.35	59.85	30.22	30.42	110.89	33.51	32.94	98.30	55.04
公安县	132.56	69.76	42.60	32.14	109.20	46.52	46.45	99.85	66.59

5－7－24 续表

县市名	耕地面积（万亩）	农业人口（万人）	棉田面积（万亩）	占耕地（%）	亩产（市斤）	总产量（万担）	收购量（万担）	商品率（%）	人均交售（市斤）
石首市	67.34	34.84	19.79	29.39	87.37	17.29	16.97	98.15	48.71
监利县	217.80	75.65	45.39	20.84	104.58	47.47	48.32	101.79	63.87
洪湖市	128.45	47.38	24.22	18.86	109.33	26.48	26.74	100.98	56.44
荆州区									
武汉市	**260.16**	**198.52**	**61.20**	**23.52**	**78.58**	**48.09**	**46.01**	**95.67**	**23.18**
新洲区	89.51	58.47	31.75	35.47	83.34	26.46	25.78	97.43	44.09
黄陂区	99.00	71.00	11.00	11.11	47.27	5.20	3.90	75.00	5.49
蔡甸区	62.40	35.30	15.90	25.48	94.34	15.00	15.10	100.67	42.78
江夏区	9.25	33.75	2.55	27.57	56.08	1.43	1.23	86.01	3.64
汉南区									
东西湖区									
咸宁市	**104.52**	**40.34**	**9.69**	**9.27**	**69.14**	**6.70**	**5.64**	**84.18**	**13.98**
嘉鱼县	51.58	17.83	8.42	16.32	68.41	5.76	4.85	84.20	27.20
赤壁市	52.94	22.51	1.27	2.40	74.02	0.94	0.79	84.04	3.51
襄樊市	**695.10**	**276.58**	**120.39**	**17.32**	**67.52**	**81.29**	**75.62**	**93.02**	**27.34**
谷城县	59.05	35.96	6.96	11.79	90.80	6.32	5.56	87.97	15.46
南漳县	77.60	40.00	5.00	6.44	108.00	5.40	5.10	94.44	12.75
枣阳市	190.17	62.89	38.67	20.33	48.69	18.83	18.27	97.03	29.05
老河口市	65.99	24.75	12.15	18.41	62.06	7.54	6.88	91.25	27.80
襄阳县	222.89	81.58	46.51	20.87	63.21	29.40	26.74	90.95	32.78
宜城市	79.40	31.40	11.10	13.98	124.32	13.80	13.07	94.71	41.62
孝感市	**449.73**	**288.61**	**82.26**	**18.29**	**109.40**	**89.99**	**84.37**	**93.75**	**29.23**
广水市	66.98	48.80	3.46	5.17	69.65	2.41	1.47	61.00	3.01
孝南区	108.39	80.01	15.72	14.50	88.30	13.88	11.01	79.32	13.76
云梦县	43.22	31.06	11.96	27.67	133.44	15.96	14.93	93.55	48.07
应城市	64.23	35.59	5.35	8.33	70.84	3.79	3.79	100.00	10.65
汉川市	112.46	59.34	42.54	37.83	119.09	50.66	50.67	100.02	85.39
安陆市	54.45	33.81	3.23	5.93	101.86	3.29	2.50	75.99	7.39
孝昌县									
大悟县									
宜昌市	**218.09**	**63.15**	**40.61**	**18.62**	**107.95**	**43.84**	**43.70**	**99.68**	**69.20**
枝江市	77.84	32.89	26.75	34.37	117.94	31.55	31.78	100.73	96.63
当阳市	140.25	30.26	13.86	9.88	88.67	12.29	11.92	96.99	39.39
远安县									
宜都市									

5-7-25　湖北省1967年产棉县棉花生产收购明细

县市名	耕地面积（万亩）	农业人口（万人）	棉田面积（万亩）	占耕地（%）	亩产（市斤）	总产量（万担）	收购量（万担）	商品率（%）	人均交售（市斤）
全省合计	**4157.09**	**2151.34**	**863.77**	**20.78**	**96.30**	**831.81**	**800.58**	**96.25**	**37.21**
黄冈市	**442.04**	**337.91**	**71.75**	**16.23**	**89.31**	**64.08**	**58.19**	**90.81**	**17.22**
黄州区	55.64	43.59	10.81	19.43	117.85	12.74	12.31	96.62	28.24
红安县									
麻城市	88.00	76.00	16.80	19.09	95.83	16.10	14.39	89.38	18.93
英山县									
罗田县									
浠水县	70.81	66.65	10.05	14.19	76.72	7.71	6.83	88.59	10.25
蕲春县	77.35	56.09	5.05	6.53	51.88	2.62	2.82	107.63	5.03
武穴市	62.80	40.87	9.80	15.61	80.61	7.90	6.30	79.75	15.41
黄梅县	87.44	54.71	19.24	22.00	88.41	17.01	15.54	19.45	28.40
团风县									
省辖市	**708.89**	**386.12**	**219.09**	**30.91**	**106.39**	**233.10**	**226.61**	**97.22**	**58.69**
随州市	160.87	90.89	22.46	13.96	85.26	19.15	17.63	92.06	19.40
潜江市	134.80	49.11	34.37	25.50	107.62	36.99	36.49	98.65	74.30
鄂州市	19.90	55.90	19.60	98.49	89.29	17.50	16.20	92.57	28.98
天门市	197.22	101.28	78.72	39.91	115.14	90.64	88.40	97.53	87.28
仙桃市	196.10	88.94	63.94	32.61	107.63	68.82	67.89	98.65	76.33
黄石市	**160.31**	**48.76**	**2.08**	**1.30**	**44.71**	**0.93**	**0.53**	**56.99**	**1.09**
大冶市	160.31	48.76	2.08	1.30	44.71	0.93	0.53	56.99	1.09
阳新县									
荆门市	**410.99**	**158.82**	**49.50**	**12.04**	**113.33**	**56.10**	**55.14**	**98.29**	**34.72**
荆门辖区	173.50	63.15	8.96	5.16	105.69	9.47	8.76	92.50	13.87
京山县	89.04	37.48	10.11	11.35	114.05	11.53	12.15	105.38	32.42
钟祥市	148.45	58.19	30.43	20.50	115.35	35.10	34.23	97.52	58.82
五三农场									
沙洋农场									
荆州市	**793.46**	**355.17**	**194.57**	**24.52**	**102.23**	**198.91**	**198.73**	**99.91**	**55.95**
沙市区									
江陵县	159.05	57.30	31.31	19.69	109.90	34.41	33.82	98.29	59.02
松滋市	97.42	60.99	29.82	30.61	119.58	35.66	35.47	99.47	58.16
公安县	131.16	72.00	42.51	32.41	118.09	50.20	50.12	99.84	69.61

5-7-25 续表

县市名	耕地面积（万亩）	农业人口（万人）	棉田面积（万亩）	占耕地（%）	亩产（市斤）	总产量（万担）	收购量（万担）	商品率（%）	人均交售（市斤）
石首市	65.05	36.04	19.71	30.30	86.71	17.09	18.24	106.73	50.61
监利县	215.20	78.41	46.26	21.50	86.73	40.12	40.54	101.05	51.70
洪湖市	125.58	50.43	24.96	19.88	85.86	21.43	20.54	95.85	40.73
荆州区									
武汉市	**258.53**	**200.69**	**66.87**	**25.87**	**76.97**	**51.47**	**51.47**	**100.00**	**25.65**
新洲区	89.31	59.47	33.37	37.36	90.11	30.07	30.76	102.29	51.72
黄陂区	98.00	71.00	14.00	14.29	45.71	6.40	5.80	90.63	8.17
蔡甸区	62.10	36.40	16.60	26.73	81.93	13.60	13.80	101.47	37.91
江夏区	9.12	33.82	2.90	31.80	48.28	1.40	1.11	79.29	3.28
汉南区									
东西湖区									
咸宁市	**105.79**	**41.72**	**9.89**	**9.35**	**61.48**	**6.08**	**5.87**	**96.55**	**14.07**
嘉鱼县	51.58	17.95	8.59	16.65	62.86	5.40	5.24	97.04	29.19
赤壁市	54.21	23.77	1.30	2.40	52.31	0.68	0.63	92.65	2.65
襄樊市	**618.24**	**258.06**	**114.00**	**18.44**	**72.65**	**82.82**	**75.48**	**91.14**	**29.25**
谷城县	58.19	36.82	7.18	12.34	93.87	6.74	3.99	59.20	10.84
南漳县	76.90	41.00	7.00	9.10	82.86	5.80	5.70	98.28	13.90
枣阳市	187.70	64.55	41.42	22.07	59.10	24.48	24.07	98.33	37.29
老河口市									
襄阳县	217.45	82.79	46.32	21.30	70.12	32.48	29.42	90.58	35.54
宜城市	78.00	32.90	12.08	15.49	110.26	13.32	12.30	92.34	37.39
孝感市	**442.43**	**299.07**	**94.92**	**21.45**	**92.28**	**87.59**	**78.36**	**89.46**	**26.20**
广水市	66.30	50.45	4.65	7.01	65.16	3.03	1.55	51.16	3.07
孝南区	108.00	82.65	20.67	19.14	77.70	16.06	12.54	78.08	15.17
云梦县	42.43	32.14	12.21	28.78	117.69	14.37	14.31	99.58	44.52
应城市	60.72	37.35	7.49	12.34	65.15	4.88	3.98	81.56	10.66
汉川市	110.52	61.31	43.87	39.69	101.00	44.31	42.02	94.83	68.54
安陆市	54.46	35.17	6.03	11.07	81.92	4.94	3.96	80.16	11.26
孝昌县									
大悟县									
宜昌市	**216.41**	**65.02**	**41.10**	**18.99**	**123.43**	**50.73**	**50.20**	**98.96**	**77.21**
枝江市	76.16	33.95	26.83	35.23	128.36	34.44	34.42	99.94	101.38
当阳市	140.25	31.07	14.27	10.17	114.16	16.29	15.78	96.87	50.79
远安县									
宜都市									

5－7－26　湖北省1968年产棉县棉花生产收购明细

县市名	耕地面积（万亩）	农业人口（万人）	棉田面积（万亩）	占耕地（%）	亩产（市斤）	总产量（万担）	收购量（万担）	商品率（%）	人均交售（市斤）
全省合计	**4138.37**	**2237.25**	**830.89**	**20.08**	**88.78**	**737.70**	**715.83**	**97.04**	**32.00**
黄冈市	**439.30**	**349.23**	**72.32**	**16.46**	**92.13**	**66.63**	**61.40**	**92.15**	**17.58**
黄州区	55.10	44.90	11.12	20.18	89.03	9.90	9.50	95.96	21.16
红安县									
麻城市	87.00	79.00	16.80	19.31	89.29	15.00	13.71	91.40	17.35
英山县									
罗田县									
浠水县	70.56	68.82	10.30	14.60	79.51	8.19	7.29	89.01	10.59
蕲春县	76.64	58.67	4.84	6.32	61.78	2.99	2.94	98.33	5.01
武穴市	63.00	42.31	9.70	15.40	82.47	8.00	6.60	82.50	15.60
黄梅县	87.00	55.53	19.56	22.48	115.29	22.55	21.36	25.92	38.47
团风县									
省辖市	**701.24**	**402.77**	**213.12**	**30.39**	**103.04**	**219.59**	**214.80**	**97.82**	**53.33**
随州市	159.14	94.45	22.66	14.24	59.27	13.43	11.98	89.20	12.68
潜江市	133.30	50.99	35.00	26.26	104.63	36.62	36.32	99.18	71.23
鄂州市	19.90	58.20	19.50	97.99	101.54	19.80	18.60	93.94	31.96
天门市	194.80	105.47	72.67	37.30	103.29	75.06	73.21	97.54	69.41
仙桃市	194.10	93.66	63.29	32.61	118.00	74.68	74.69	100.01	79.75
黄石市	**157.64**	**50.73**	**2.46**	**1.56**	**76.42**	**1.88**	**0.97**	**51.60**	**1.91**
大冶市	157.64	50.73	2.46	1.56	76.42	1.88	0.97	51.60	1.91
阳新县									
荆门市	**412.24**	**168.65**	**47.29**	**11.47**	**82.91**	**39.21**	**38.05**	**97.04**	**22.56**
荆门辖区	171.10	65.24	8.29	4.85	88.90	7.37	7.04	95.52	10.79
京山县	89.12	39.18	11.29	12.67	81.31	9.18	9.59	104.47	24.48
钟祥市	152.02	64.23	27.71	18.23	81.78	22.66	21.42	94.53	33.35
五三农场									
沙洋农场									
荆州市	**788.81**	**367.11**	**192.21**	**24.37**	**105.38**	**202.55**	**205.49**	**101.45**	**55.98**
沙市区									
江陵县	158.88	59.46	33.94	21.36	101.06	34.30	34.40	100.29	57.85
松滋市	96.17	63.23	27.32	28.41	89.90	24.56	24.49	99.71	38.73
公安县	130.68	74.21	41.69	31.90	117.49	48.98	49.40	100.86	66.57

5－7－26 续表

县市名	耕地面积（万亩）	农业人口（万人）	棉田面积（万亩）	占耕地（%）	亩　产（市斤）	总产量（万担）	收购量（万担）	商品率（%）	人均交售（市斤）
石首市	65.30	38.34	19.61	30.03	107.50	21.08	22.35	106.02	58.29
监利县	213.20	80.67	44.68	20.96	103.36	46.18	47.41	102.66	58.77
洪湖市	124.58	51.20	24.97	20.04	109.93	27.45	27.44	99.96	53.59
荆州区									
武汉市	**258.21**	**208.52**	**64.63**	**25.03**	**72.09**	**46.59**	**45.54**	**97.75**	**21.84**
新洲区	88.82	62.04	33.93	38.20	78.22	26.54	26.42	99.55	42.59
黄陂区	98.00	75.00	11.00	11.22	30.91	3.40	2.60	76.47	3.47
蔡甸区	62.30	36.80	16.70	26.81	88.62	14.80	15.30	103.38	41.58
江夏区	9.09	34.68	3.00	33.00	61.67	1.85	1.22	65.95	3.52
汉南区									
东西湖区									
咸宁市	**108.10**	**44.49**	**9.88**	**9.14**	**72.98**	**7.21**	**6.68**	**92.65**	**15.01**
嘉鱼县	51.76	19.79	8.36	16.15	73.56	6.15	5.69	92.52	28.75
赤壁市	56.34	24.70	1.52	2.70	69.74	1.06	0.99	93.40	4.01
襄樊市	**617.76**	**266.47**	**106.36**	**17.22**	**50.25**	**53.45**	**46.77**	**87.50**	**17.55**
谷城县	57.99	38.02	6.43	11.09	51.63	3.32	2.64	79.52	6.94
南漳县	76.80	42.00	8.00	10.42	58.75	4.70	4.30	91.49	10.24
枣阳市	186.88	67.06	34.78	18.61	33.04	11.49	11.11	96.69	16.57
老河口市									
襄阳县	218.99	85.49	44.95	20.53	54.75	24.61	20.02	81.35	23.42
宜城市	77.10	33.90	12.20	15.82	76.48	9.33	8.70	93.25	25.66
孝感市	**439.08**	**311.68**	**81.64**	**18.59**	**85.07**	**69.45**	**65.91**	**94.90**	**21.15**
广水市	65.46	52.34	4.13	6.31	42.13	1.74	1.00	57.47	1.91
孝南区	107.30	85.89	14.36	13.38	62.05	8.91	6.86	76.99	7.99
云梦县	42.09	33.66	8.92	21.19	98.21	8.76	8.59	98.06	25.52
应城市	60.43	38.56	6.31	10.44	46.91	2.96	2.87	96.96	7.44
汉川市	110.27	64.35	43.64	39.58	101.65	44.36	44.59	100.52	69.29
安陆市	53.53	36.88	4.28	8.00	63.55	2.72	2.00	73.53	5.42
孝昌县									
大悟县									
宜昌市	**215.99**	**67.60**	**40.98**	**18.97**	**75.99**	**31.14**	**30.22**	**97.05**	**44.70**
枝江市	75.74	35.30	26.68	35.23	81.26	21.68	21.21	97.83	60.08
当阳市	140.25	32.30	14.30	10.20	66.15	9.46	9.01	95.24	27.89
远安县									
宜都市									

5-7-27 湖北省1969年产棉县棉花生产收购明细

县市名	耕地面积（万亩）	农业人口（万人）	棉田面积（万亩）	占耕地（%）	亩产（市斤）	总产量（万担）	收购量（万担）	商品率（%）	人均交售（市斤）
全省合计	**4166.62**	**2359.71**	**787.77**	**18.91**	**69.96**	**551.09**	**535.87**	**97.24**	**22.71**
黄冈市	**435.04**	**360.72**	**68.47**	**15.74**	**54.78**	**37.51**	**33.86**	**90.27**	**9.39**
黄州区	54.49	46.75	11.33	20.79	44.84	5.08	4.77	93.90	10.20
红安县									
麻城市	85.00	81.00	16.80	19.76	67.26	11.30	9.79	86.64	12.09
英山县									
罗田县									
浠水县	69.93	71.58	10.12	14.47	44.37	4.49	3.78	84.19	5.28
蕲春县	76.65	60.78	4.47	5.83	31.99	1.43	1.62	113.29	2.67
武穴市	62.40	44.24	9.60	15.38	48.96	4.70	4.30	91.49	9.72
黄梅县	86.57	56.37	16.15	18.66	65.08	10.51	9.60	12.14	17.03
团风县									
省辖市	**698.23**	**420.67**	**196.45**	**28.14**	**78.22**	**153.66**	**150.82**	**98.15**	**35.85**
随州市	158.72	97.77	22.12	13.94	75.90	16.79	15.78	93.98	16.14
潜江市	131.70	53.41	34.83	26.45	80.62	28.08	28.81	102.60	53.94
鄂州市	20.30	61.20	16.00	78.82	48.38	7.74	6.83	88.24	11.16
天门市	193.41	110.25	69.84	36.11	85.82	59.94	58.26	97.20	52.84
仙桃市	194.10	98.04	53.66	27.65	76.61	41.11	41.14	100.07	41.96
黄石市	**156.76**	**52.97**	**2.87**	**1.83**	**44.60**	**1.28**	**0.63**	**49.22**	**1.19**
大冶市	156.76	52.97	2.87	1.83	44.60	1.28	0.63	49.22	1.19
阳新县									
荆门市	**409.30**	**180.67**	**44.13**	**10.78**	**87.88**	**38.78**	**38.46**	**99.17**	**21.29**
荆门辖区	168.13	72.89	8.03	4.78	80.45	6.46	6.12	94.74	8.40
京山县	89.49	40.96	9.55	10.67	78.32	7.48	7.66	102.41	18.70
钟祥市	151.68	66.82	26.55	17.50	93.56	24.84	24.68	99.36	36.94
五三农场									
沙洋农场									
荆州市	**786.19**	**383.87**	**177.42**	**22.57**	**86.06**	**152.69**	**154.51**	**101.19**	**40.25**
沙市区									
江陵县	157.83	62.03	33.29	21.09	88.37	29.42	29.33	99.69	47.28
松滋市	96.10	65.66	28.60	29.76	98.46	28.16	27.88	99.01	42.46
公安县	129.08	77.00	41.14	31.87	100.29	41.26	41.54	100.68	53.95

5－7－27 续表

县市名	耕地面积（万亩）	农业人口（万人）	棉田面积（万亩）	占耕地（%）	亩产（市斤）	总产量（万担）	收购量（万担）	商品率（%）	人均交售（市斤）
石首市	65.25	39.52	18.69	28.64	85.98	16.07	15.84	98.57	40.08
监利县	214.00	86.15	44.62	20.85	68.29	30.47	32.66	107.19	37.91
洪湖市	123.93	53.51	11.08	8.94	65.97	7.31	7.26	99.32	13.57
荆州区									
武汉市	**254.29**	**215.11**	**57.97**	**22.80**	**39.59**	**22.95**	**21.62**	**94.20**	**10.05**
新洲区	86.77	64.62	32.92	37.94	36.66	12.07	12.24	101.41	18.94
黄陂区	96.00	77.00	9.00	9.38	32.22	2.90	1.40	48.28	1.82
蔡甸区	62.50	37.00	13.00	20.80	54.62	7.10	7.10	100.00	19.19
江夏区	9.02	36.49	3.05	33.81	28.85	0.88	0.88	100.00	2.41
汉南区									
东西湖区									
咸宁市	**104.44**	**46.56**	**9.83**	**9.41**	**30.93**	**3.04**	**2.29**	**75.33**	**4.92**
嘉鱼县	51.56	20.42	7.97	15.46	30.11	2.40	1.67	69.58	8.18
赤壁市	52.88	26.14	1.86	3.52	34.41	0.64	0.62	96.88	2.37
襄樊市	**672.21**	**304.50**	**119.60**	**17.79**	**61.45**	**73.50**	**71.18**	**96.84**	**23.38**
谷城县	57.58	39.25	5.53	9.60	63.29	3.50	3.27	93.43	8.33
南漳县	76.30	44.00	7.00	9.17	71.43	5.00	5.30	106.00	12.05
枣阳市	186.86	69.62	38.51	20.61	50.45	19.43	19.35	99.59	27.79
老河口市	62.65	27.18	12.14	19.38	49.84	6.05	5.59	92.40	20.57
襄阳县	212.32	89.65	44.72	21.06	64.53	28.86	28.07	97.26	31.31
宜城市	76.50	34.80	11.70	15.29	91.11	10.66	9.60	90.06	27.59
孝感市	**434.67**	**324.11**	**70.68**	**16.26**	**42.05**	**29.72**	**24.95**	**83.95**	**7.70**
广水市	64.99	54.38	3.81	5.86	54.33	2.07	1.12	54.11	2.06
孝南区	107.00	89.46	10.85	10.14	45.53	4.94	2.94	59.51	3.29
云梦县	41.73	35.01	6.28	15.05	65.61	4.12	3.98	96.60	11.37
应城市	60.09	40.36	5.69	9.47	25.31	1.44	1.28	88.89	3.17
汉川市	107.47	66.62	39.93	37.15	36.04	14.39	13.92	96.73	20.89
安陆市	53.39	38.28	4.12	7.72	66.99	2.76	1.71	61.96	4.47
孝昌县									
大悟县									
宜昌市	**215.49**	**70.53**	**40.35**	**18.72**	**94.08**	**37.96**	**37.55**	**98.92**	**53.24**
枝江市	75.24	36.74	26.35	35.02	98.37	25.92	25.99	100.27	70.74
当阳市	140.25	33.79	14.00	9.98	86.00	12.04	11.56	96.01	34.21
远安县									
宜都市									

5－7－28　湖北省1970年产棉县棉花生产收购明细

县 市 名	耕地面积（万亩）	农业人口（万人）	棉田面积（万亩）	占耕地（%）	亩 产（市斤）	总产量（万担）	收购量（万担）	商品率（%）	人均交售（市斤）
全省合计	**4161.86**	**2433.66**	**785.29**	**18.87**	**70.15**	**550.89**	**535.94**	**97.29**	**22.02**
黄冈市	**436.12**	**370.75**	**69.55**	**15.95**	**69.20**	**48.13**	**44.51**	**92.48**	**12.01**
黄州区	54.88	47.46	11.01	20.06	66.39	7.31	7.00	95.76	14.75
红安县									
麻城市	86.00	82.00	16.10	18.72	83.85	13.50	11.58	85.78	14.12
英山县									
罗田县									
浠水县	70.95	72.75	10.86	15.31	65.47	7.11	6.61	92.97	9.09
蕲春县	76.36	62.39	5.74	7.52	38.68	2.22	1.89	85.14	3.03
武穴市	61.80	45.94	8.90	14.40	66.29	5.90	5.70	96.61	12.41
黄梅县	86.13	60.21	16.94	19.67	71.37	12.09	11.73	14.04	19.48
团风县									
省辖市	**693.14**	**433.21**	**199.66**	**28.81**	**70.28**	**140.32**	**135.02**	**96.22**	**31.17**
随州市	158.72	101.51	19.21	12.10	68.45	13.15	11.57	87.98	11.40
潜江市	129.60	54.58	32.53	25.10	67.26	21.88	21.87	99.95	40.07
鄂州市	19.50	62.20	15.10	77.44	49.01	7.40	6.65	89.86	10.69
天门市	192.22	113.12	74.57	38.79	78.64	58.64	57.08	97.34	50.46
仙桃市	193.10	101.80	58.25	30.17	67.38	39.25	37.85	96.43	37.18
黄石市	**231.58**	**101.88**	**3.33**	**1.44**	**49.25**	**1.64**	**1.43**	**87.20**	**1.40**
大冶市	157.65	54.08	1.73	1.10	30.06	0.52	0.63	121.15	1.16
阳新县	73.93	47.80	1.60	2.16	70.00	1.12	0.80	71.43	1.67
荆门市	**406.01**	**180.59**	**46.01**	**11.33**	**89.81**	**41.32**	**40.37**	**97.70**	**22.35**
荆门辖区	167.00	69.80	8.55	5.12	81.87	7.00	6.64	94.86	9.51
京山县	88.78	42.21	9.12	10.27	86.95	7.93	7.54	95.08	17.86
钟祥市	150.23	68.58	28.34	18.86	93.12	26.39	26.19	99.24	38.19
五三农场									
沙洋农场									
荆州市	**781.26**	**391.50**	**186.47**	**23.87**	**72.27**	**134.77**	**136.62**	**101.37**	**34.90**
沙市区									
江陵县	153.25	62.41	31.61	20.63	72.22	22.83	21.94	96.10	35.15
松滋市	95.08	67.39	28.50	29.97	87.65	24.98	24.23	97.00	35.95
公安县	130.51	78.80	41.75	31.99	87.86	36.68	35.72	97.38	45.33

5－7－28 续表

县 市 名	耕地面积（万亩）	农业人口（万人）	棉田面积（万亩）	占耕地（%）	亩　产（市斤）	总产量（万担）	收购量（万担）	商品率（%）	人均交售（市斤）
石首市	65.86	40.52	19.40	29.46	63.09	12.24	12.60	102.94	31.10
监利县	212.10	88.04	43.58	20.55	63.26	27.57	31.30	113.53	35.55
洪湖市	124.46	54.34	21.63	17.38	48.40	10.47	10.83	103.44	19.93
荆州区									
武汉市	**252.41**	**220.06**	**58.84**	**23.31**	**65.77**	**38.70**	**37.91**	**97.96**	**17.23**
新洲区	86.42	65.55	31.85	36.85	76.08	24.23	24.81	102.39	37.85
黄陂区	95.00	79.00	10.00	10.53	47.00	4.70	3.60	76.60	4.56
蔡甸区	62.00	38.20	14.80	23.87	64.86	9.60	8.90	92.71	23.30
江夏区	8.99	37.31	2.19	24.36	7.76	0.17	0.60	352.94	1.61
汉南区									
东西湖区									
咸宁市	**102.59**	**47.50**	**9.03**	**8.80**	**20.27**	**1.83**	**1.79**	**97.81**	**3.77**
嘉鱼县	49.70	21.14	7.58	15.25	20.18	1.53	1.46	95.42	6.91
赤壁市	52.89	26.36	1.45	2.74	20.69	0.30	0.33	110.00	1.25
襄樊市	**602.36**	**284.36**	**100.91**	**16.75**	**54.40**	**54.89**	**52.70**	**96.01**	**18.53**
谷城县	56.78	40.90	4.40	7.75	65.00	2.86	2.47	86.36	6.04
南漳县	76.30	45.00	5.00	6.55	90.00	4.50	4.10	91.11	9.11
枣阳市	184.19	71.41	38.20	20.74	40.45	15.45	15.33	99.22	21.47
老河口市									
襄阳县	205.89	91.45	42.11	20.45	52.41	22.07	21.60	97.87	23.62
宜城市	79.20	35.60	11.20	14.14	89.38	10.01	9.20	91.91	25.84
孝感市	**434.62**	**332.14**	**71.51**	**16.45**	**69.49**	**49.69**	**46.47**	**93.52**	**13.99**
广水市	65.04	55.97	3.46	5.32	64.74	2.24	1.24	55.36	2.22
孝南区	106.93	91.53	13.32	12.46	73.80	9.83	8.07	82.10	8.82
云梦县	40.45	36.27	10.00	24.72	121.40	12.14	11.85	97.61	32.67
应城市	61.10	40.90	4.30	7.04	37.67	1.62	1.43	88.27	3.50
汉川市	107.40	68.25	37.20	34.64	56.67	21.08	21.83	103.56	31.99
安陆市	53.70	39.22	3.23	6.01	86.07	2.78	2.05	73.74	5.23
孝昌县									
大悟县									
宜昌市	**221.77**	**71.67**	**39.98**	**18.03**	**99.05**	**39.60**	**39.12**	**98.79**	**54.58**
枝江市	75.33	37.71	26.28	34.89	105.71	27.78	27.86	100.29	73.88
当阳市	146.44	33.96	13.70	9.36	86.28	11.82	11.26	95.26	33.16
远安县									
宜都市									

5-7-29　湖北省1971年产棉县棉花生产收购明细

县 市 名	耕地面积（万亩）	农业人口（万人）	棉田面积（万亩）	占耕地（%）	亩　产（市斤）	总产量（万担）	收购量（万担）	商品率（%）	人均交售（市斤）
全省合计	**4153.64**	**2477.68**	**823.05**	**19.82**	**65.56**	**539.60**	**522.03**	**96.74**	**21.07**
黄冈市	**434.99**	**375.92**	**69.94**	**16.08**	**69.60**	**48.68**	**45.05**	**92.54**	**11.98**
黄州区	55.50	47.25	10.71	19.30	76.75	8.22	7.66	93.19	16.21
红安县									
麻城市	86.00	83.00	16.20	18.84	90.74	14.70	13.20	89.80	15.90
英山县									
罗田县									
浠水县	71.06	73.16	10.13	14.26	69.99	7.09	6.33	89.28	8.65
蕲春县	75.33	63.26	4.93	6.54	40.97	2.02	1.60	79.21	2.53
武穴市	61.40	46.92	9.50	15.47	61.05	5.80	5.50	94.83	11.72
黄梅县	85.70	62.33	18.47	21.55	58.74	10.85	10.76	12.66	17.26
团风县									
省辖市	**693.25**	**441.90**	**212.85**	**30.70**	**64.53**	**137.36**	**131.41**	**95.67**	**29.74**
随州市	158.65	103.67	19.81	12.49	57.29	11.35	10.54	92.86	10.17
潜江市	128.40	56.70	33.95	26.44	59.35	20.15	19.39	96.23	34.20
鄂州市	18.20	63.20	18.00	98.90	53.89	9.70	8.94	92.16	14.15
天门市	191.11	115.12	78.61	41.13	62.83	49.39	47.69	96.56	41.43
仙桃市	196.89	103.21	62.48	31.73	74.86	46.77	44.85	95.89	43.46
黄石市	**238.21**	**104.07**	**3.47**	**1.46**	**44.09**	**1.53**	**1.33**	**86.93**	**1.28**
大冶市	166.93	55.07	1.97	1.18	24.37	0.48	0.63	131.25	1.14
阳新县	71.28	49.00	1.50	2.10	70.00	1.05	0.70	66.67	1.43
荆门市	**403.72**	**190.90**	**50.00**	**12.38**	**61.66**	**30.83**	**28.93**	**93.84**	**15.15**
荆门辖区	166.98	71.50	11.59	6.94	49.53	5.74	5.24	91.29	7.33
京山县	88.07	42.98	9.77	11.09	58.85	5.75	5.41	94.09	12.59
钟祥市	148.67	76.42	28.64	19.26	67.53	19.34	18.28	94.52	23.92
五三农场									
沙洋农场									
荆州市	**777.48**	**393.41**	**189.82**	**24.41**	**68.52**	**130.06**	**130.41**	**100.27**	**33.15**
沙市区									
江陵县	153.32	64.58	31.40	20.48	60.64	19.04	19.30	101.37	29.89
松滋市	95.17	68.01	29.30	30.79	73.69	21.59	21.08	97.64	31.00
公安县	130.39	80.44	42.09	32.28	89.28	37.58	37.27	99.18	46.33

5－7－29 续表

县市名	耕地面积（万亩）	农业人口（万人）	棉田面积（万亩）	占耕地（%）	亩产（市斤）	总产量（万担）	收购量（万担）	商品率（%）	人均交售（市斤）
石首市	65.30	41.04	18.56	28.42	67.13	12.46	12.37	99.28	30.14
监利县	210.10	89.45	44.68	21.27	57.27	25.59	26.70	104.34	29.85
洪湖市	123.20	49.89	23.79	19.31	58.01	13.80	13.69	99.20	27.44
荆州区									
武汉市	**247.94**	**222.79**	**60.98**	**24.59**	**76.32**	**46.54**	**43.99**	**94.52**	**19.75**
新洲区	82.80	65.82	30.00	36.23	94.20	28.26	27.22	96.32	41.36
黄陂区	94.00	79.00	12.00	12.77	57.50	6.90	5.80	84.06	7.34
蔡甸区	62.30	39.60	15.50	24.88	66.45	10.30	9.90	96.12	25.00
江夏区	8.84	38.37	3.48	39.37	31.03	1.08	1.07	99.07	2.79
汉南区									
东西湖区									
咸宁市	**103.63**	**47.75**	**9.16**	**8.84**	**35.04**	**3.21**	**2.23**	**69.47**	**4.67**
嘉鱼县	49.70	21.21	7.96	16.02	34.17	2.72	1.79	65.81	8.44
赤壁市	53.93	26.54	1.20	2.23	40.83	0.49	0.44	89.80	1.66
襄樊市	**599.47**	**287.44**	**100.74**	**16.80**	**48.09**	**48.45**	**49.36**	**101.88**	**17.17**
谷城县	55.52	41.59	4.70	8.47	56.60	2.66	2.32	87.22	5.58
南漳县	76.30	45.00	6.00	7.86	55.00	3.30	3.00	90.91	6.67
枣阳市	183.68	72.63	38.82	21.13	39.26	15.24	14.79	97.05	20.36
老河口市									
襄阳县	205.87	92.22	40.20	19.53	52.86	21.25	23.96	112.75	25.98
宜城市	78.10	36.00	11.02	14.11	54.45	6.00	5.29	88.17	14.69
孝感市	**433.82**	**340.68**	**86.48**	**19.93**	**75.03**	**64.89**	**62.07**	**95.65**	**18.22**
广水市	64.82	56.83	6.41	9.89	48.36	3.10	2.63	84.84	4.63
孝南区	107.91	92.16	16.56	15.35	79.29	13.13	11.88	90.48	12.89
云梦县	39.19	36.88	12.00	30.62	119.42	14.33	13.84	96.58	37.53
应城市	61.93	41.33	6.75	10.90	60.00	4.05	3.99	98.52	9.65
汉川市	106.15	69.26	39.78	37.48	68.23	27.14	27.34	100.74	39.47
安陆市	53.82	44.22	4.98	9.25	63.05	3.14	2.39	76.11	5.40
孝昌县									
大悟县									
宜昌市	**221.13**	**72.82**	**39.61**	**17.91**	**70.82**	**28.05**	**27.25**	**97.15**	**37.42**
枝江市	74.69	38.03	26.34	35.27	75.66	19.93	19.63	98.49	51.62
当阳市	146.44	34.79	13.27	9.06	61.19	8.12	7.62	93.84	21.90
远安县									
宜都市									

5－7－30　湖北省1972年产棉县棉花生产收购明细

县市名	耕地面积（万亩）	农业人口（万人）	棉田面积（万亩）	占耕地（%）	亩产（市斤）	总产量（万担）	收购量（万担）	商品率（%）	人均交售（市斤）
全省合计	**4264.03**	**2606.29**	**823.21**	**19.31**	**64.27**	**529.10**	**505.69**	**95.58**	**19.40**
黄冈市	**513.42**	**435.15**	**69.56**	**13.55**	**86.07**	**59.87**	**56.36**	**94.14**	**12.95**
黄州区	55.21	47.88	10.72	19.42	103.45	11.09	10.38	93.60	21.68
红安县									
麻城市	86.00	85.00	16.10	18.72	77.02	12.40	11.29	91.05	13.28
英山县									
罗田县	80.20	49.75	0.40	0.50	75.00	0.30	0.29	96.67	0.58
浠水县	71.11	75.23	9.77	13.74	108.39	10.59	9.83	92.82	13.07
蕲春县	74.63	64.87	5.01	6.71	63.87	3.20	2.80	87.50	4.32
武穴市	61.00	47.51	9.10	14.92	80.22	7.30	6.90	94.52	14.52
黄梅县	85.27	64.91	18.46	21.65	81.20	14.99	14.87	17.58	22.91
团风县									
省辖市	**691.43**	**445.69**	**213.00**	**30.81**	**65.22**	**138.91**	**132.48**	**95.37**	**29.72**
随州市	159.68	105.77	20.16	12.63	58.78	11.85	11.15	94.09	10.54
潜江市	127.90	57.48	34.41	26.90	60.59	20.85	19.63	94.15	34.15
鄂州市	18.20	58.90	18.10	99.45	58.01	10.50	9.63	91.71	16.35
天门市	191.28	117.80	78.09	40.82	71.34	55.71	53.98	96.89	45.82
仙桃市	194.37	105.74	62.24	32.02	64.27	40.00	38.09	95.23	36.02
黄石市	**241.78**	**107.13**	**4.08**	**1.69**	**71.08**	**2.90**	**1.95**	**67.24**	**1.82**
大冶市	170.41	56.23	2.08	1.22	62.50	1.30	0.65	50.00	1.16
阳新县	71.37	50.90	2.00	2.80	80.00	1.60	1.30	81.25	2.55
荆门市	**397.74**	**189.06**	**49.46**	**12.44**	**63.22**	**31.27**	**30.41**	**97.25**	**16.08**
荆门辖区	164.21	73.09	10.79	6.57	44.21	4.77	4.56	95.60	6.24
京山县	88.08	44.31	9.58	10.88	80.27	7.69	7.45	96.88	16.81
钟祥市	145.45	71.66	29.09	20.00	64.66	18.81	18.40	97.82	25.68
五三农场									
沙洋农场									
荆州市	**750.55**	**410.20**	**188.97**	**25.18**	**62.95**	**118.96**	**118.44**	**99.56**	**28.87**
沙市区									
江陵县	152.83	66.44	30.94	20.24	62.83	19.44	19.65	101.08	29.58
松滋市	95.12	69.92	29.02	30.51	61.96	17.98	17.51	97.39	25.04
公安县	129.67	81.59	42.11	32.47	67.70	28.51	28.02	98.28	34.34

5-7-30续表

县市名	耕地面积（万亩）	农业人口（万人）	棉田面积（万亩）	占耕地（%）	亩产（市斤）	总产量（万担）	收购量（万担）	商品率（%）	人均交售（市斤）
石首市	64.96	42.52	18.57	28.59	61.28	11.38	11.15	97.98	26.22
监利县	207.80	92.73	44.44	21.39	64.22	28.54	29.17	102.21	31.46
洪湖市	100.17	57.00	23.89	23.85	54.88	13.11	12.94	98.70	22.70
荆州区									
武汉市	**248.98**	**226.67**	**61.62**	**24.75**	**77.75**	**47.91**	**45.98**	**95.97**	**20.28**
新洲区	82.91	67.00	30.00	36.18	95.40	28.62	27.46	95.95	40.99
黄陂区	94.00	80.00	12.00	12.77	54.17	6.50	6.00	92.31	7.50
蔡甸区	63.40	41.10	15.80	24.92	71.52	11.30	11.20	99.12	27.25
江夏区	8.67	38.57	3.82	44.06	39.01	1.49	1.32	88.59	3.42
汉南区									
东西湖区									
咸宁市	**103.05**	**49.27**	**9.36**	**9.08**	**40.71**	**3.81**	**3.23**	**84.78**	**6.56**
嘉鱼县	49.51	21.67	8.04	16.24	40.55	3.26	2.71	83.13	12.51
赤壁市	53.54	27.60	1.32	2.47	41.67	0.55	0.52	94.55	1.88
襄樊市	**663.93**	**323.14**	**102.12**	**15.38**	**43.63**	**44.56**	**38.54**	**86.49**	**11.93**
谷城县	55.31	42.39	4.88	8.82	62.70	3.06	2.80	91.50	6.61
南漳县	76.20	46.00	6.00	7.87	53.33	3.20	2.90	90.63	6.30
枣阳市	183.08	74.04	39.75	21.71	28.23	11.22	10.86	96.79	14.67
老河口市	62.65	29.13				3.93			
襄阳县	205.59	95.08	39.79	19.35	43.35	17.25	16.40	95.07	17.25
宜城市	81.10	36.50	11.70	14.43	50.43	5.90	5.58	94.58	15.29
孝感市	**432.34**	**345.30**	**85.45**	**19.76**	**67.19**	**57.41**	**55.15**	**96.06**	**15.97**
广水市	63.04	57.56	4.29	6.81	55.48	2.38	1.69	71.01	2.94
孝南区	107.47	94.91	16.81	15.64	70.55	11.86	10.48	88.36	11.04
云梦县	40.34	38.18	12.01	29.77	113.16	13.59	13.44	98.90	35.20
应城市	61.93	42.32	7.23	11.67	52.01	3.76	3.49	92.82	8.25
汉川市	106.21	71.29	40.53	38.16	57.32	23.23	23.99	103.27	33.65
安陆市	53.35	41.04	4.58	8.58	56.55	2.59	2.06	79.54	5.02
孝昌县									
大悟县									
宜昌市	**220.81**	**74.68**	**39.59**	**17.93**	**59.36**	**23.50**	**23.15**	**98.51**	**31.00**
枝江市	74.37	38.99	26.34	35.42	65.83	17.34	17.30	99.77	44.37
当阳市	146.44	35.69	13.25	9.05	46.49	6.16	5.85	94.97	16.39
远安县									
宜都市									

5－7－31　湖北省1973年产棉县棉花生产收购明细

县市名	耕地面积（万亩）	农业人口（万人）	棉田面积（万亩）	占耕地（%）	亩产（市斤）	总产量（万担）	收购量（万担）	商品率（%）	人均交售（市斤）
全省合计	**4174.52**	**2633.75**	**826.25**	**19.79**	**92.04**	**760.44**	**740.18**	**97.34**	**28.10**
黄冈市	**509.53**	**441.16**	**68.57**	**13.46**	**92.10**	**63.15**	**60.25**	**95.41**	**13.66**
黄州区	53.07	48.40	10.37	19.54	121.41	12.59	12.35	98.09	25.52
红安县									
麻城市	86.00	86.00	16.20	18.84	114.81	18.60	17.10	91.94	19.88
英山县									
罗田县	80.20	49.80	0.40	0.50	75.00	0.30	0.29	96.67	0.58
浠水县	71.14	76.23	9.93	13.96	83.38	8.28	7.78	93.96	10.21
蕲春县	74.28	66.34	5.11	6.88	56.56	2.89	2.55	88.24	3.84
武穴市	60.00	48.19	9.50	15.83	68.42	6.50	6.20	95.38	12.87
黄梅县	84.84	66.20	17.06	20.11	82.00	13.99	13.98	16.49	21.12
团风县									
省辖市	**690.27**	**459.24**	**212.89**	**30.84**	**92.72**	**197.39**	**190.80**	**96.66**	**41.55**
随州市	158.36	107.09	20.28	12.81	80.28	16.28	15.32	94.10	14.31
潜江市	133.80	61.30	34.52	25.80	78.53	27.11	25.88	95.46	42.22
鄂州市	18.20	65.80	18.10	99.45	76.80	13.90	13.60	97.84	20.67
天门市	187.11	117.46	77.98	41.68	104.42	81.43	79.57	97.72	67.74
仙桃市	192.80	107.59	62.01	32.16	94.61	58.67	56.43	96.18	52.45
黄石市	**237.64**	**111.05**	**3.24**	**1.36**	**78.40**	**2.54**	**1.31**	**51.57**	**1.18**
大冶市	167.13	58.35	2.04	1.22	80.39	1.64	0.71	43.29	1.22
阳新县	70.51	52.70	1.20	1.70	75.00	0.90	0.60	66.67	1.14
荆门市	**398.57**	**192.02**	**51.18**	**12.84**	**102.50**	**52.46**	**51.38**	**97.94**	**26.76**
荆门辖区	162.21	74.34	11.27	6.95	88.91	10.02	9.26	92.42	12.46
京山县	87.89	45.09	9.77	11.12	93.76	9.16	9.63	105.13	21.36
钟祥市	148.47	72.59	30.14	20.30	110.42	33.28	32.49	97.63	44.76
五三农场									
沙洋农场									
荆州市	**739.69**	**420.91**	**186.97**	**25.28**	**91.25**	**170.61**	**171.69**	**100.63**	**40.79**
沙市区									
江陵县	151.60	67.92	30.70	20.25	92.02	28.25	28.22	99.89	41.55
松滋市	94.64	71.26	28.93	30.57	93.78	27.13	26.86	99.00	37.69
公安县	127.78	82.79	42.35	33.14	112.87	47.80	47.86	100.13	57.81

5－7－31 续表

县市名	耕地面积（万亩）	农业人口（万人）	棉田面积（万亩）	占耕地（%）	亩 产（市斤）	总产量（万担）	收购量（万担）	商品率（%）	人均交售（市斤）
石首市	64.57	43.56	18.50	28.65	101.19	18.72	18.76	100.21	43.07
监利县	203.70	95.08	44.03	21.62	73.00	32.14	33.22	103.36	34.94
洪湖市	97.40	60.30	22.46	23.06	73.78	16.57	16.77	101.21	27.81
荆州区									
武汉市	**248.93**	**230.05**	**62.33**	**25.04**	**110.51**	**68.88**	**66.85**	**97.05**	**29.06**
新洲区	82.91	67.85	29.74	35.87	134.77	40.08	38.74	96.66	57.10
黄陂区	94.00	81.00	11.00	11.70	97.27	10.70	10.20	95.33	12.59
蔡甸区	63.40	41.00	16.70	26.34	95.81	16.00	16.00	100.00	39.02
江夏区	8.62	40.20	4.89	56.73	42.94	2.10	1.91	90.95	4.75
汉南区									
东西湖区									
咸宁市	**102.68**	**50.52**	**9.33**	**9.09**	**45.87**	**4.28**	**3.88**	**90.65**	**7.68**
嘉鱼县	49.51	22.21	8.08	16.32	45.42	3.67	3.28	89.37	14.77
赤壁市	53.17	28.31	1.25	2.35	48.80	0.61	0.60	98.36	2.12
襄樊市	**594.24**	**299.83**	**104.82**	**17.64**	**70.53**	**73.93**	**71.08**	**96.15**	**23.71**
谷城县	54.74	43.27	5.51	10.07	83.67	4.61	4.21	91.32	9.73
南漳县	76.20	47.00	6.00	7.87	88.33	5.30	5.00	94.34	10.64
枣阳市	179.83	75.11	40.67	22.62	49.35	20.07	19.39	96.61	25.82
老河口市									
襄阳县	201.77	97.45	40.84	20.24	77.11	31.49	30.68	97.43	31.48
宜城市	81.70	37.00	11.80	14.44	105.59	12.46	11.80	94.70	31.89
孝感市	**432.36**	**352.53**	**85.88**	**19.86**	**99.24**	**85.23**	**81.40**	**95.51**	**23.09**
广水市	64.27	59.06	4.06	6.32	79.31	3.22	2.30	71.43	3.89
孝南区	107.07	97.18	16.41	15.33	90.68	14.88	12.65	85.01	13.02
云梦县	40.05	38.55	12.31	30.74	134.20	16.52	15.94	96.49	41.35
应城市	62.08	43.12	7.48	12.05	83.02	6.21	6.28	101.13	14.56
汉川市	105.89	72.62	40.83	38.56	98.26	40.12	40.35	100.57	55.56
安陆市	53.00	42.00	4.79	9.04	89.35	4.28	3.88	90.65	9.24
孝昌县									
大悟县									
宜昌市	**220.61**	**76.44**	**41.04**	**18.60**	**102.27**	**41.97**	**41.54**	**98.98**	**54.34**
枝江市	74.17	39.82	27.39	36.93	101.83	27.89	27.98	100.32	70.27
当阳市	146.44	36.62	13.65	9.32	103.15	14.08	13.56	96.31	37.03
远安县									
宜都市									

5－7－32　湖北省1974年产棉县棉花生产收购明细

县市名	耕地面积（万亩）	农业人口（万人）	棉田面积（万亩）	占耕地（%）	亩产（市斤）	总产量（万担）	收购量（万担）	商品率（%）	人均交售（市斤）
全省合计	**4176.77**	**2673.95**	**833.98**	**19.97**	**110.13**	**918.45**	**889.31**	**96.83**	**33.26**
黄冈市	**507.98**	**447.58**	**70.04**	**13.79**	**107.58**	**75.35**	**73.98**	**98.18**	**16.53**
黄州区	52.76	48.99	10.05	19.05	146.07	14.68	14.06	95.78	28.70
红安县									
麻城市	86.00	88.00	16.00	18.60	128.75	20.60	19.32	93.79	21.95
英山县									
罗田县	80.20	49.85	0.66	0.82	75.76	0.50	0.49	98.00	0.98
浠水县	71.15	77.15	9.88	13.89	112.96	11.16	10.49	94.00	13.60
蕲春县	74.16	67.31	5.58	7.52	74.01	4.13	5.75	139.23	8.54
武穴市	60.10	48.81	9.40	15.64	84.04	7.90	7.70	97.47	15.78
黄梅县	83.61	67.47	18.47	22.09	88.68	16.38	16.17	19.59	23.97
团风县									
省辖市	**685.93**	**466.85**	**213.27**	**31.09**	**112.56**	**240.05**	**232.43**	**96.83**	**49.79**
随州市	158.70	108.30	20.20	12.73	101.34	20.47	19.54	95.46	18.04
潜江市	132.80	62.42	34.78	26.19	107.16	37.27	35.04	94.02	56.14
鄂州市	18.40	67.30	18.20	98.91	85.71	15.60	15.20	97.44	22.59
天门市	185.82	119.83	77.71	41.82	123.82	96.22	94.29	97.99	78.69
仙桃市	190.21	109.00	62.38	32.80	113.00	70.49	68.36	96.98	62.72
黄石市	**239.71**	**114.03**	**3.76**	**1.57**	**73.14**	**2.75**	**2.12**	**77.09**	**1.86**
大冶市	169.12	59.93	1.96	1.16	74.49	1.46	0.72	49.32	1.20
阳新县	70.59	54.10	1.80	2.55	71.67	1.29	1.40	108.53	2.59
荆门市	**395.11**	**194.91**	**52.30**	**13.24**	**121.89**	**63.75**	**62.99**	**98.81**	**32.32**
荆门辖区	161.70	75.40	11.55	7.14	117.06	13.52	12.99	96.08	17.23
京山县	87.89	45.87	9.65	10.98	103.73	10.01	10.45	104.40	22.78
钟祥市	145.52	73.64	31.10	21.37	129.32	40.22	39.55	98.33	53.71
五三农场									
沙洋农场									
荆州市	**756.48**	**426.39**	**187.82**	**24.83**	**116.69**	**219.16**	**217.85**	**99.40**	**51.09**
沙市区									
江陵县	150.64	69.01	30.95	20.55	115.54	35.76	35.85	100.25	51.95
松滋市	94.62	72.08	28.90	30.54	119.20	34.45	33.82	98.17	46.92
公安县	127.80	83.66	42.56	33.30	140.81	59.93	59.63	99.50	71.28

5-7-32续表

县市名	耕地面积（万亩）	农业人口（万人）	棉田面积（万亩）	占耕地（%）	亩产（市斤）	总产量（万担）	收购量（万担）	商品率（%）	人均交售（市斤）
石首市	63.86	43.90	18.50	28.97	124.86	23.10	23.13	100.13	52.69
监利县	199.70	96.32	44.13	22.10	102.24	45.12	45.76	101.42	47.51
洪湖市	119.86	61.42	22.78	19.01	91.31	20.80	19.66	94.52	32.01
荆州区									
武汉市	**248.89**	**233.49**	**63.78**	**25.63**	**126.59**	**80.74**	**78.03**	**96.64**	**33.42**
新洲区	82.30	68.59	29.94	36.38	158.72	47.52	46.03	96.86	67.11
黄陂区	94.00	83.00	12.00	12.77	95.83	11.50	10.60	92.17	12.77
蔡甸区	64.00	42.00	16.90	26.41	113.02	19.10	19.00	99.48	45.24
江夏区	8.59	39.90	4.94	57.51	53.04	2.62	2.40	91.60	6.02
汉南区									
东西湖区									
咸宁市	**102.25**	**51.56**	**9.00**	**8.80**	**68.56**	**6.17**	**5.39**	**87.36**	**10.45**
嘉鱼县	49.42	22.72	7.84	15.86	67.09	5.26	4.55	86.50	20.03
赤壁市	52.83	28.84	1.16	2.20	78.45	0.91	0.84	92.31	2.91
襄樊市	**587.45**	**302.68**	**107.03**	**18.22**	**80.24**	**85.88**	**76.29**	**88.83**	**25.20**
谷城县	54.77	43.68	5.50	10.04	77.27	4.25	3.89	91.53	8.91
南漳县	76.10	47.00	6.00	7.88	95.00	5.70	5.30	92.98	11.28
枣阳市	176.21	76.05	40.70	23.10	54.30	22.10	22.11	100.05	29.07
老河口市						6.69			
襄阳县	199.37	98.65	42.64	21.39	78.19	33.34	31.97	95.89	32.41
宜城市	81.00	37.30	12.19	15.05	113.21	13.80	13.02	94.35	34.91
孝感市	**432.40**	**358.63**	**85.57**	**19.79**	**112.45**	**96.22**	**92.11**	**95.73**	**25.68**
广水市	64.68	60.07	4.02	6.22	95.77	3.85	2.68	69.61	4.46
孝南区	106.62	99.18	16.36	15.34	101.41	16.59	14.84	89.45	14.96
云梦县	40.05	39.31	12.09	30.19	142.60	17.24	16.51	95.77	42.00
应城市	62.29	43.93	7.50	12.04	102.80	7.71	7.48	97.02	17.03
汉川市	105.72	73.43	40.62	38.42	113.56	46.13	46.38	100.54	63.16
安陆市	53.04	42.71	4.98	9.39	94.38	4.70	4.22	89.79	9.88
孝昌县									
大悟县									
宜昌市	**220.57**	**77.83**	**41.41**	**18.77**	**116.83**	**48.38**	**48.12**	**99.46**	**61.83**
枝江市	74.13	40.42	27.47	37.06	126.50	34.75	34.94	100.55	86.44
当阳市	146.44	37.41	13.94	9.52	97.78	13.63	13.18	96.70	35.23
远安县									
宜都市									

5-7-33 湖北省1975年产棉县棉花生产收购明细

县市名	耕地面积（万亩）	农业人口（万人）	棉田面积（万亩）	占耕地（%）	亩产（市斤）	总产量（万担）	收购量（万担）	商品率（%）	人均交售（市斤）
全省合计	**4213.79**	**2731.35**	**829.42**	**19.68**	**95.16**	**789.27**	**756.53**	**95.85**	**27.70**
黄冈市	**505.87**	**451.92**	**69.61**	**13.76**	**107.90**	**75.11**	**71.67**	**95.42**	**15.86**
黄州区	52.39	49.23	10.07	19.22	130.09	13.10	12.53	95.65	25.45
红安县									
麻城市	86.00	89.00	15.90	18.49	101.26	16.10	14.78	91.80	16.61
英山县									
罗田县	80.20	49.90	0.53	0.66	75.47	0.40	0.39	97.50	0.78
浠水县	71.15	77.93	9.91	13.93	103.53	10.26	9.68	94.35	12.42
蕲春县	73.61	67.97	5.34	7.25	87.64	4.68	4.45	95.09	6.55
武穴市	59.90	49.39	9.30	15.53	103.23	9.60	9.20	95.83	18.63
黄梅县	82.62	68.50	18.56	22.46	112.98	20.97	20.64	25.38	30.13
团风县									
省辖市	**683.92**	**467.80**	**204.26**	**29.87**	**100.94**	**206.19**	**190.49**	**92.39**	**40.72**
随州市	158.20	109.39	10.61	6.71	165.32	17.54	16.59	94.58	15.17
潜江市	131.30	62.97	34.42	26.21	100.17	34.48	23.49	68.13	37.30
鄂州市	19.90	67.90	19.80	99.50	76.26	15.10	14.60	96.69	21.50
天门市	185.10	117.50	77.46	41.85	115.00	89.08	87.24	97.93	74.25
仙桃市	189.42	110.04	61.97	32.72	80.67	49.99	48.57	97.16	44.14
黄石市	**240.75**	**116.34**	**4.85**	**2.01**	**70.52**	**3.42**	**2.42**	**70.76**	**2.08**
大冶市	170.04	60.84	2.05	1.21	64.39	1.32	0.72	54.55	1.18
阳新县	70.71	55.50	2.80	3.96	75.00	2.10	1.70	80.95	3.06
荆门市	**393.12**	**196.37**	**49.85**	**12.68**	**124.53**	**62.08**	**60.61**	**97.63**	**30.87**
荆门辖区	161.49	75.95	11.46	7.10	98.52	11.29	10.78	95.48	14.19
京山县	87.77	45.94	9.84	11.21	106.81	10.51	10.09	96.00	21.96
钟祥市	143.86	74.48	28.55	19.85	141.09	40.28	39.74	98.66	53.36
五三农场									
沙洋农场									
荆州市	**745.94**	**430.31**	**188.87**	**25.32**	**89.57**	**169.18**	**167.63**	**99.08**	**38.96**
沙市区									
江陵县	147.00	69.77	30.22	20.56	95.07	28.73	28.33	98.61	40.60
松滋市	94.63	72.48	29.10	30.75	87.46	25.45	24.95	98.04	34.42
公安县	128.70	84.48	42.51	33.03	101.76	43.26	43.20	99.86	51.14

5－7－33 续表

县市名	耕地面积（万亩）	农业人口（万人）	棉田面积（万亩）	占耕地（%）	亩产（市斤）	总产量（万担）	收购量（万担）	商品率（%）	人均交售（市斤）
石首市	63.22	44.78	18.73	29.63	90.18	16.89	16.88	99.94	37.70
监利县	193.70	96.75	43.94	22.68	84.25	37.02	37.43	101.11	38.69
洪湖市	118.69	62.05	24.37	20.53	73.16	17.83	16.84	94.45	27.14
荆州区									
武汉市	**248.33**	**236.11**	**62.50**	**25.17**	**116.06**	**72.54**	**71.03**	**97.92**	**30.08**
新洲区	82.02	68.94	30.00	36.58	147.50	44.25	44.03	99.50	63.87
黄陂区	94.00	83.00	12.00	12.77	97.50	11.70	10.80	92.31	13.01
蔡甸区	63.80	42.60	16.60	26.02	84.94	14.10	13.90	98.58	32.63
江夏区	8.51	41.57	3.90	45.82	63.85	2.49	2.30	92.37	5.53
汉南区									
东西湖区									
咸宁市	**102.16**	**52.67**	**9.38**	**9.18**	**55.76**	**5.23**	**4.98**	**95.22**	**9.46**
嘉鱼县	49.33	23.75	8.18	16.58	55.50	4.54	4.33	95.37	18.23
赤壁市	52.83	28.92	1.20	2.27	57.50	0.69	0.65	94.20	2.25
襄樊市	**642.78**	**337.84**	**112.42**	**17.49**	**61.16**	**68.76**	**66.22**	**96.31**	**19.60**
谷城县	54.24	44.04	5.54	10.21	52.71	2.92	2.68	91.78	6.09
南漳县	75.80	48.00	6.00	7.92	86.67	5.20	4.80	92.31	10.00
枣阳市	173.58	77.01	40.44	23.30	40.97	16.57	16.68	100.66	21.66
老河口市	60.52	30.31	12.06	19.93	53.07	6.40	5.94	92.81	19.60
襄阳县	197.64	100.78	36.28	18.36	77.01	27.94	27.09	96.96	26.88
宜城市	81.00	37.70	12.10	14.94	80.41	9.73	9.03	92.81	23.95
孝感市	**420.66**	**363.45**	**85.76**	**20.39**	**98.02**	**84.06**	**79.49**	**94.56**	**21.87**
广水市	64.67	60.83	4.11	6.36	87.83	3.61	2.60	72.02	4.27
孝南区	103.53	100.71	16.29	15.73	99.32	16.18	14.68	90.73	14.58
云梦县	39.76	39.91	12.06	30.33	155.56	18.76	17.60	93.82	44.10
应城市	62.19	44.43	7.43	11.95	102.29	7.60	7.24	95.26	16.30
汉川市	106.72	74.28	40.61	38.05	81.19	32.97	33.07	100.30	44.52
安陆市	43.79	43.29	5.26	12.01	93.92	4.94	4.30	87.04	9.93
孝昌县									
大悟县									
宜昌市	**230.26**	**78.54**	**41.92**	**18.21**	**101.86**	**42.70**	**41.99**	**98.34**	**53.46**
枝江市	74.00	40.69	27.43	37.07	97.70	26.80	26.53	98.99	65.20
当阳市	156.26	37.85	14.49	9.27	109.73	15.90	15.46	97.23	40.85
远安县									
宜都市									

5－7－34　湖北省1976年产棉县棉花生产收购明细

县 市 名	耕地面积（万亩）	农业人口（万人）	棉田面积（万亩）	占耕地（%）	亩　产（市斤）	总产量（万担）	收购量（万担）	商品率（%）	人均交售（市斤）
全省合计	**4208.20**	**2775.51**	**836.48**	**19.88**	**105.79**	**884.88**	**859.76**	**97.16**	**30.98**
黄冈市	**504.82**	**456.11**	**70.52**	**13.97**	**102.92**	**72.58**	**68.34**	**94.16**	**14.98**
黄州区	52.18	49.53	10.08	19.32	129.17	13.02	12.39	95.16	25.02
红安县									
麻城市	86.00	90.00	15.90	18.49	88.05	14.00	12.89	92.07	14.32
英山县									
罗田县	80.20	49.95	0.60	0.75	75.00	0.45	0.45	100.00	0.90
浠水县	71.15	78.84	9.81	13.79	97.86	9.60	9.08	94.58	11.52
蕲春县	73.07	68.73	5.50	7.53	86.91	4.78	4.24	88.70	6.17
武穴市	59.60	49.81	9.30	15.60	112.90	10.50	10.10	96.19	20.28
黄梅县	82.62	69.25	19.33	23.40	104.66	20.23	19.19	24.49	27.71
团风县									
省辖市	**680.56**	**472.06**	**207.01**	**30.42**	**115.38**	**238.85**	**232.43**	**97.31**	**49.24**
随州市	159.92	110.13	20.23	12.65	118.69	24.01	22.69	94.50	20.60
潜江市	130.00	63.48	34.12	26.25	100.41	34.26	33.46	97.66	52.71
鄂州市	19.10	68.40	12.70	66.49	116.54	14.80	14.50	97.97	21.20
天门市	183.48	119.06	77.46	42.22	129.62	100.40	98.47	98.08	82.71
仙桃市	188.06	110.99	62.50	33.23	104.61	65.38	63.31	96.83	57.04
黄石市	**242.56**	**118.14**	**4.55**	**1.88**	**66.59**	**3.03**	**2.00**	**66.01**	**1.69**
大冶市	171.79	61.84	2.05	1.19	56.10	1.15	0.60	52.17	0.97
阳新县	70.77	56.30	2.50	3.53	75.20	1.88	1.40	74.47	2.49
荆门市	**391.40**	**198.82**	**51.03**	**13.04**	**132.77**	**67.75**	**65.90**	**97.27**	**33.15**
荆门辖区	161.50	76.80	11.20	6.93	136.79	15.32	14.76	96.34	19.22
京山县	87.77	46.78	9.72	11.07	108.74	10.57	10.27	97.16	21.95
钟祥市	142.13	75.24	30.11	21.18	139.02	41.86	40.87	97.63	54.32
五三农场									
沙洋农场									
荆州市	**740.86**	**443.14**	**187.11**	**25.26**	**118.06**	**220.90**	**220.55**	**99.84**	**49.77**
沙市区									
江陵县	146.10	70.68	30.00	20.53	121.13	36.34	36.05	99.20	51.00
松滋市	94.59	72.87	29.03	30.69	106.99	31.06	30.67	98.74	42.09
公安县	128.70	86.61	42.51	33.03	141.68	60.23	60.29	100.10	69.61

5－7－34 续表

县 市 名	耕地面积（万亩）	农业人口（万人）	棉田面积（万亩）	占耕地（%）	亩 产（市斤）	总产量（万担）	收购量（万担）	商品率（%）	人均交售（市斤）
石首市	63.10	45.65	18.50	29.32	128.49	23.77	23.80	100.13	52.14
监利县	190.70	97.05	43.12	22.61	104.75	45.17	45.27	100.22	46.65
洪湖市	117.67	70.28	23.95	20.35	101.59	24.33	24.47	100.58	34.82
荆州区									
武汉市	**248.14**	**238.24**	**61.30**	**24.70**	**104.23**	**63.89**	**61.88**	**96.85**	**25.97**
新洲区	81.88	69.58	29.85	36.46	126.90	37.88	37.02	97.73	53.20
黄陂区	94.00	84.00	12.00	12.77	75.00	9.00	8.30	92.22	9.88
蔡甸区	63.80	42.60	16.40	25.71	93.90	15.40	15.10	98.05	35.45
江夏区	8.46	42.06	3.05	36.05	52.79	1.61	1.46	90.68	3.47
汉南区									
东西湖区									
咸宁市	**101.33**	**61.58**	**8.48**	**8.37**	**72.41**	**6.14**	**5.82**	**94.79**	**9.45**
嘉鱼县	49.33	23.58	7.28	14.76	70.60	5.14	4.98	96.89	21.12
赤壁市	52.00	38.00	1.20	2.31	83.33	1.00	0.84	84.00	2.21
襄樊市	**639.92**	**340.78**	**118.31**	**18.49**	**65.67**	**77.69**	**72.83**	**93.74**	**21.37**
谷城县	54.21	44.21	5.56	10.26	66.73	3.71	3.32	89.49	7.51
南漳县	75.80	48.00	6.00	7.92	105.00	6.30	6.10	96.83	12.71
枣阳市	171.91	77.82	40.63	23.63	47.28	19.21	18.87	98.23	24.25
老河口市	60.52	30.58	12.07	19.94	39.85	4.81	4.42	91.89	14.45
襄阳县	196.48	102.17	41.95	21.35	74.06	31.07	28.42	91.47	27.82
宜城市	81.00	38.00	12.10	14.94	104.05	12.59	11.70	92.93	30.79
孝感市	**428.68**	**367.41**	**86.05**	**20.07**	**98.06**	**84.38**	**80.84**	**95.80**	**22.00**
广水市	64.62	61.51	4.19	6.48	89.74	3.76	2.66	70.74	4.32
孝南区	103.21	101.88	16.42	15.91	97.02	15.93	14.29	89.70	14.03
云梦县	39.61	40.36	12.07	30.47	141.59	17.09	16.90	98.89	41.87
应城市	62.23	45.11	7.45	11.97	100.67	7.50	7.05	94.00	15.63
汉川市	106.11	74.68	40.48	38.15	87.90	35.58	35.79	100.59	47.92
安陆市	52.90	43.87	5.44	10.28	83.09	4.52	4.15	91.81	9.46
孝昌县									
大悟县									
宜昌市	**229.93**	**79.23**	**42.12**	**18.32**	**117.92**	**49.67**	**49.17**	**98.99**	**62.06**
枝江市	73.67	40.99	27.47	37.29	117.44	32.26	31.99	99.16	78.04
当阳市	156.26	38.24	14.65	9.38	118.84	17.41	17.18	98.68	44.93
远安县									
宜都市									

5－7－35　湖北省1977年产棉县棉花生产收购明细

县 市 名	耕地面积（万亩）	农业人口（万人）	棉田面积（万亩）	占耕地（%）	亩　产（市斤）	总产量（万担）	收购量（万担）	商品率（%）	人均交售（市斤）
全省合计	**4190.89**	**2789.87**	**835.36**	**19.93**	**101.65**	**849.14**	**827.91**	**97.50**	**29.68**
黄冈市	**503.20**	**458.51**	**71.80**	**14.27**	**101.25**	**72.70**	**68.94**	**94.83**	**15.04**
黄州区	52.05	49.68	10.04	19.29	150.10	15.07	14.47	96.02	29.13
红安县			1.74		90.80	1.58	0.79	50.00	
麻城市	86.00	91.00	15.80	18.37	98.73	15.60	14.58	93.46	16.02
英山县									
罗田县	80.20	50.00	0.60	0.75	75.00	0.45	0.45	100.00	0.90
浠水县	71.15	79.10	9.66	13.58	103.21	9.97	9.43	94.58	11.92
蕲春县	72.67	69.14	5.57	7.66	97.67	5.44	5.06	93.01	7.32
武穴市	59.40	49.93	9.30	15.66	89.25	8.30	8.00	96.39	16.02
黄梅县	81.73	69.66	19.09	23.36	85.33	16.29	16.16	19.93	23.20
团风县									
省辖市	**675.58**	**476.67**	**208.39**	**30.85**	**116.88**	**243.57**	**236.99**	**97.30**	**49.72**
随州市	157.46	110.97	20.16	12.80	109.08	21.99	20.99	95.45	18.92
潜江市	129.00	64.40	34.26	26.56	102.22	35.02	33.68	96.17	52.30
鄂州市	19.40	68.60	13.80	71.13	124.64	17.20	17.00	98.84	24.78
天门市	182.79	121.10	77.63	42.47	130.88	101.60	99.63	98.06	82.27
仙桃市	186.93	111.60	62.54	33.46	108.35	67.76	65.69	96.95	58.86
黄石市	**240.95**	**119.46**	**3.46**	**1.44**	**62.72**	**2.17**	**1.69**	**77.88**	**1.41**
大冶市	170.18	62.26	2.06	1.21	54.37	1.12	0.89	79.46	1.43
阳新县	70.77	57.20	1.40	1.98	75.00	1.05	0.80	76.19	1.40
荆门市	**390.34**	**200.90**	**50.93**	**13.05**	**121.46**	**61.86**	**60.32**	**97.51**	**30.02**
荆门辖区	161.38	77.64	11.51	7.13	114.60	13.19	12.60	95.53	16.23
京山县	87.75	47.16	9.97	11.36	101.91	10.16	9.91	97.54	21.01
钟祥市	141.21	76.10	29.45	20.86	130.76	38.51	37.81	98.18	49.68
五三农场									
沙洋农场									
荆州市	**736.48**	**437.97**	**187.58**	**25.47**	**96.93**	**181.83**	**182.75**	**100.51**	**41.73**
沙市区									
江陵县	144.80	71.69	30.08	20.77	101.63	30.57	30.35	99.28	42.34
松滋市	94.54	73.36	29.16	30.84	103.64	30.22	30.12	99.67	41.06
公安县	128.70	86.16	42.39	32.94	108.70	46.08	46.40	100.69	53.85

5-7-35 续表

县市名	耕地面积（万亩）	农业人口（万人）	棉田面积（万亩）	占耕地（%）	亩产（市斤）	总产量（万担）	收购量（万担）	商品率（%）	人均交售（市斤）
石首市	64.50	46.20	18.50	28.68	93.41	17.28	17.51	101.33	37.90
监利县	187.90	97.92	43.42	23.11	82.11	35.65	36.14	101.37	36.91
洪湖市	116.04	62.64	24.03	20.71	91.68	22.03	22.23	100.91	35.49
荆州区									
武汉市	**248.10**	**240.01**	**60.96**	**24.57**	**126.49**	**77.11**	**75.04**	**97.32**	**31.27**
新洲区	81.94	70.19	30.00	36.61	149.97	44.99	43.71	97.15	62.27
黄陂区	94.00	84.00	12.00	12.77	99.17	11.90	11.30	94.96	13.45
蔡甸区	63.60	43.30	16.70	26.26	111.98	18.70	18.60	99.47	42.96
江夏区	8.56	42.52	2.26	26.40	67.26	1.52	1.43	94.08	3.36
汉南区									
东西湖区									
咸宁市	**101.38**	**61.69**	**8.09**	**7.98**	**68.97**	**5.58**	**5.02**	**89.96**	**8.14**
嘉鱼县	49.38	23.69	7.09	14.36	64.60	4.58	4.28	93.45	18.07
赤壁市	52.00	38.00	1.00	1.92	100.00	1.00	0.74	74.00	1.95
襄樊市	**637.62**	**343.73**	**116.23**	**18.23**	**56.18**	**65.30**	**62.78**	**96.14**	**18.26**
谷城县	54.14	44.44	5.53	10.21	69.80	3.86	2.47	63.99	5.56
南漳县	75.80	48.00	6.00	7.92	78.33	4.70	4.40	93.62	9.17
枣阳市	170.91	78.54	40.51	23.70	33.74	13.67	13.69	100.15	17.43
老河口市	60.52	30.92	11.86	19.60	37.18	4.41	4.04	91.61	13.07
襄阳县	195.25	103.53	40.23	20.60	65.13	26.20	26.46	100.99	25.56
宜城市	81.00	38.30	12.10	14.94	102.98	12.46	11.72	94.06	30.60
孝感市	**427.32**	**371.21**	**85.93**	**20.11**	**104.48**	**89.78**	**86.07**	**95.87**	**23.19**
广水市	64.51	62.54	4.07	6.31	93.61	3.81	2.71	71.13	4.33
孝南区	103.11	102.73	16.37	15.88	101.28	16.58	14.88	89.75	14.48
云梦县	39.59	40.85	12.03	30.39	140.40	16.89	16.47	97.51	40.32
应城市	61.98	45.42	7.46	12.04	91.29	6.81	6.38	93.69	14.05
汉川市	105.26	75.22	40.52	38.50	101.46	41.11	41.26	100.36	54.85
安陆市	52.87	44.45	5.48	10.37	83.58	4.58	4.37	95.41	9.83
孝昌县									
大悟县									
宜昌市	**229.92**	**79.72**	**41.99**	**18.26**	**117.27**	**49.24**	**48.31**	**98.11**	**60.60**
枝江市	73.66	41.23	27.49	37.32	113.39	31.17	30.81	98.85	74.73
当阳市	156.26	38.49	14.50	9.28	124.62	18.07	17.50	96.85	45.47
远安县									
宜都市									

5-7-36 湖北省1978年产棉县棉花生产收购明细

县市名	耕地面积（万亩）	农业人口（万人）	棉田面积（万亩）	占耕地（%）	亩产（市斤）	总产量（万担）	收购量（万担）	商品率（%）	人均交售（市斤）
全省合计	**4069.35**	**2796.19**	**849.42**	**20.87**	**82.63**	**701.91**	**682.56**	**97.24**	**24.41**
黄冈市	**492.91**	**459.33**	**72.67**	**14.74**	**84.63**	**61.50**	**58.16**	**94.57**	**12.66**
黄州区	51.92	49.91	10.21	19.66	131.15	13.39	12.71	94.92	25.47
红安县			1.78		52.81	0.94	0.42	44.68	
麻城市	86.00	92.00	15.80	18.37	86.71	13.70	12.93	94.38	14.05
英山县									
罗田县	80.20	50.05	0.86	1.07	75.58	0.65	0.65	100.00	1.30
浠水县	71.15	79.79	9.78	13.75	83.64	8.18	7.85	95.97	9.84
蕲春县	72.59	69.66	5.69	7.84	74.17	4.22	3.83	90.76	5.50
武穴市	59.50	50.26	9.30	15.63	88.17	8.20	7.90	96.34	15.72
黄梅县	71.55	67.66	19.25	26.90	63.48	12.22	11.87	17.08	17.54
团风县									
省辖市	**672.70**	**471.85**	**207.64**	**30.87**	**93.02**	**193.14**	**186.79**	**96.71**	**39.59**
随州市	156.99	111.79	20.18	12.85	103.72	20.93	20.05	95.80	17.94
潜江市	128.20	65.21	34.16	26.65	71.57	24.45	23.29	95.26	35.72
鄂州市	19.50	68.90	13.70	70.26	102.92	14.10	15.00	106.38	21.77
天门市	182.37	113.93	77.58	42.54	107.40	83.32	80.48	96.59	70.64
仙桃市	185.64	112.02	62.02	33.41	81.17	50.34	47.97	95.29	42.82
黄石市	**242.21**	**120.77**	**4.17**	**1.72**	**53.24**	**2.22**	**1.74**	**78.38**	**1.44**
大冶市	171.44	62.67	2.57	1.50	36.58	0.94	0.64	68.09	1.02
阳新县	70.77	58.10	1.60	2.26	80.00	1.28	1.10	85.94	1.89
荆门市	**389.77**	**202.19**	**51.78**	**13.28**	**105.54**	**54.65**	**52.96**	**96.91**	**26.19**
荆门辖区	161.33	78.25	11.54	7.15	87.00	10.04	9.54	95.02	12.19
京山县	87.23	47.41	9.96	11.42	109.54	10.91	10.64	97.53	22.44
钟祥市	141.21	76.53	30.28	21.44	111.29	33.70	32.78	97.27	42.83
五三农场									
沙洋农场									
荆州市	**732.12**	**440.82**	**189.31**	**25.86**	**72.58**	**137.40**	**137.40**	**100.00**	**31.17**
沙市区									
江陵县	144.20	71.96	30.15	20.91	74.49	22.46	22.51	100.22	31.28
松滋市	94.54	73.76	29.18	30.87	78.72	22.97	22.56	98.22	30.59
公安县	128.60	87.32	42.52	33.06	71.57	30.43	30.22	99.31	34.61

5-7-36 续表

县市名	耕地面积（万亩）	农业人口（万人）	棉田面积（万亩）	占耕地（%）	亩产（市斤）	总产量（万担）	收购量（万担）	商品率（%）	人均交售（市斤）
石首市	64.25	46.96	18.50	28.79	82.76	15.31	15.36	100.33	32.71
监利县	185.90	98.26	43.67	23.49	65.70	28.69	29.20	101.78	29.72
洪湖市	114.63	62.56	25.29	22.06	69.36	17.54	17.55	100.06	28.05
荆州区									
武汉市	**235.18**	**237.72**	**61.97**	**26.35**	**107.25**	**66.46**	**63.84**	**96.06**	**26.86**
新洲区	81.84	70.60	30.00	36.66	137.13	41.14	39.75	96.62	56.30
黄陂区	94.00	84.00	13.00	13.83	55.38	7.20	6.20	86.11	7.38
蔡甸区	50.50	40.20	15.70	31.09	103.82	16.30	16.20	99.39	40.30
江夏区	8.84	42.92	3.27	36.99	55.66	1.82	1.69	92.86	3.94
汉南区									
东西湖区									
咸宁市	**102.51**	**61.84**	**8.28**	**8.08**	**66.43**	**5.50**	**4.67**	**84.91**	**7.55**
嘉鱼县	50.51	23.84	7.28	14.41	61.81	4.50	4.08	90.67	17.11
赤壁市	52.00	38.00	1.00	1.92	100.00	1.00	0.59	59.00	1.55
襄樊市	**635.97**	**346.69**	**117.94**	**18.54**	**61.39**	**72.40**	**70.94**	**97.98**	**20.46**
谷城县	54.11	44.56	5.55	10.26	70.45	3.91	3.62	92.58	8.12
南漳县	75.80	48.00	6.00	7.92	95.00	5.70	5.40	94.74	11.25
枣阳市	169.98	79.28	40.32	23.72	41.52	16.74	17.02	101.67	21.47
老河口市	60.51	31.19	11.89	19.65	49.87	5.93	5.50	92.75	17.63
襄阳县	194.97	104.96	42.09	21.59	68.16	28.69	28.45	99.16	27.11
宜城市	80.60	38.70	12.09	15.00	94.54	11.43	10.95	95.80	28.29
孝感市	**425.67**	**375.15**	**86.38**	**20.29**	**73.87**	**63.81**	**62.03**	**97.21**	**16.53**
广水市	64.13	63.32	3.93	6.13	61.07	2.40	1.64	68.33	2.59
孝南区	103.05	103.86	16.17	15.69	58.50	9.46	8.03	84.88	7.73
云梦县	39.48	41.37	12.06	30.55	87.81	10.59	11.01	103.97	26.61
应城市	61.52	45.56	8.00	13.00	55.50	4.44	4.34	97.75	9.53
汉川市	105.04	76.03	40.59	38.64	83.69	33.97	34.32	101.03	45.14
安陆市	52.45	45.01	5.63	10.73	52.40	2.95	2.69	91.19	5.98
孝昌县									
大悟县									
宜昌市	**140.31**	**79.83**	**49.28**	**35.12**	**90.97**	**44.83**	**44.03**	**98.22**	**55.15**
枝江市	73.67	41.36	27.44	37.25	100.33	27.53	27.29	99.13	65.98
当阳市	66.64	38.47	21.84	32.77	79.21	17.30	16.74	96.76	43.51
远安县									
宜都市									

5-7-37　湖北省1979年产棉县棉花生产收购明细

县市名	耕地面积（万亩）	农业人口（万人）	棉田面积（万亩）	占耕地（%）	亩产（市斤）	总产量（万担）	收购量（万担）	商品率（%）	人均交售（市斤）
全省合计	**4034.51**	**2792.59**	**826.33**	**20.48**	**103.54**	**855.62**	**840.77**	**98.26**	**30.11**
黄冈市	**491.03**	**459.74**	**70.66**	**14.39**	**114.45**	**80.87**	**74.93**	**92.65**	**16.30**
黄州区	51.24	50.12	10.13	19.77	174.14	17.64	17.21	97.56	34.34
红安县			1.72		73.84	1.27	0.49	38.58	
麻城市	86.00	92.00	15.80	18.37	108.23	17.10	15.67	91.64	17.03
英山县									
罗田县	80.20	50.10	0.80	1.00	75.00	0.60	0.60	100.00	1.20
浠水县	71.15	80.08	9.75	13.70	113.54	11.07	10.76	97.20	13.44
蕲春县	72.10	69.23	5.07	7.03	97.83	4.96	4.64	93.55	6.70
武穴市	59.30	50.33	9.20	15.51	92.39	8.50	8.40	98.82	16.69
黄梅县	71.04	67.88	18.19	25.61	108.47	19.73	17.16	27.77	25.28
团风县									
省辖市	**669.23**	**472.20**	**206.18**	**30.81**	**120.95**	**249.38**	**244.12**	**97.89**	**51.70**
随州市	156.56	111.37	20.87	13.33	98.51	20.56	20.71	100.73	18.60
潜江市	127.80	66.11	31.72	24.82	100.19	31.78	30.42	95.72	46.01
鄂州市	19.20	69.20	13.80	71.88	151.45	20.90	21.00	100.48	30.35
天门市	181.42	114.20	77.66	42.81	133.58	103.74	103.05	99.33	90.24
仙桃市	184.25	111.32	62.13	33.72	116.53	72.40	68.94	95.22	61.93
黄石市	**243.09**	**121.42**	**4.11**	**1.69**	**63.02**	**2.59**	**2.12**	**81.85**	**1.75**
大冶市	172.43	62.62	2.31	1.34	49.78	1.15	0.92	80.00	1.47
阳新县	70.66	58.80	1.80	2.55	80.00	1.44	1.20	83.33	2.04
荆门市	**388.03**	**202.50**	**51.83**	**13.36**	**112.79**	**58.46**	**56.90**	**97.33**	**28.10**
荆门辖区	161.31	78.66	11.44	7.09	122.12	13.97	13.42	96.06	17.06
京山县	87.20	47.51	10.13	11.62	87.07	8.82	8.54	96.83	17.98
钟祥市	139.52	76.33	30.26	21.69	117.88	35.67	34.94	97.95	45.77
五三农场									
沙洋农场									
荆州市	**728.94**	**440.78**	**181.74**	**24.93**	**102.65**	**186.56**	**187.68**	**100.60**	**42.58**
沙市区									
江陵县	143.59	71.97	27.93	19.45	112.71	31.48	31.91	101.37	44.34
松滋市	94.52	74.02	29.13	30.82	103.71	30.21	28.77	95.23	38.87
公安县	128.20	88.11	42.06	32.81	112.62	47.37	47.90	101.12	54.36

5-7-37 续表

县市名	耕地面积（万亩）	农业人口（万人）	棉田面积（万亩）	占耕地（%）	亩产（市斤）	总产量（万担）	收购量（万担）	商品率（%）	人均交售（市斤）
石首市	64.53	47.33	17.50	27.12	108.51	18.99	19.36	101.95	40.90
监利县	184.50	96.76	42.15	22.85	81.57	34.38	35.22	102.44	36.40
洪湖市	113.60	62.59	22.97	20.22	105.05	24.13	24.52	101.62	39.18
荆州区									
武汉市	**232.38**	**235.93**	**55.90**	**24.06**	**133.06**	**74.38**	**72.79**	**97.86**	**30.85**
新洲区	81.52	70.80	30.50	37.41	160.36	48.91	47.92	97.98	67.68
黄陂区	94.00	84.00	12.00	12.77	82.50	9.90	9.40	94.95	11.19
蔡甸区	48.50	38.20	10.90	22.47	126.61	13.80	13.70	99.28	35.86
江夏区	8.36	42.93	2.50	29.90	70.80	1.77	1.77	100.00	4.12
汉南区									
东西湖区									
咸宁市	**102.39**	**61.75**	**6.07**	**5.93**	**102.31**	**6.21**	**5.92**	**95.33**	**9.59**
嘉鱼县	50.39	23.75	4.87	9.66	102.87	5.01	4.82	96.21	20.29
赤壁市	52.00	38.00	1.20	2.31	100.00	1.20	1.10	91.67	2.89
襄樊市	**616.25**	**340.73**	**115.94**	**18.81**	**56.84**	**65.90**	**69.01**	**104.72**	**20.25**
谷城县	53.91	44.24	5.53	10.26	49.19	2.72	2.59	95.22	5.85
南漳县	75.80	48.00	6.00	7.92	95.00	5.70	5.50	96.49	11.46
枣阳市	169.23	79.70	40.79	24.10	40.33	16.45	17.55	106.69	22.02
老河口市	60.52	31.25	11.94	19.73	38.78	4.63	4.21	90.93	13.47
襄阳县	184.69	99.54	39.67	21.48	61.86	24.54	27.42	111.74	27.55
宜城市	72.10	38.00	12.01	16.66	98.75	11.86	11.74	98.99	30.89
孝感市	**423.09**	**377.50**	**85.19**	**20.14**	**100.46**	**85.58**	**81.60**	**95.35**	**21.62**
广水市	63.87	63.52	4.11	6.43	77.86	3.20	2.54	79.38	4.00
孝南区	101.82	105.01	16.01	15.72	87.51	14.01	12.32	87.94	11.73
云梦县	39.38	41.88	11.96	30.37	138.13	16.52	14.39	87.11	34.36
应城市	61.49	45.81	7.62	12.39	86.88	6.62	6.59	99.55	14.39
汉川市	104.41	76.24	40.19	38.49	102.74	41.29	41.69	100.97	54.68
安陆市	52.12	45.04	5.30	10.17	74.34	3.94	4.07	103.30	9.04
孝昌县									
大悟县									
宜昌市	**140.08**	**80.04**	**48.71**	**34.77**	**93.80**	**45.69**	**45.70**	**100.02**	**57.10**
枝江市	73.44	41.34	26.93	36.67	105.12	28.31	28.48	100.60	68.89
当阳市	66.64	38.70	21.78	32.68	79.80	17.38	17.22	99.08	44.50
远安县									
宜都市									

5－7－38　湖北省1980年产棉县棉花生产收购明细

县 市 名	耕地面积（万亩）	农业人口（万人）	棉田面积（万亩）	占耕地（%）	亩　产（市斤）	总产量（万担）	收购量（万担）	商品率（%）	人均交售（市斤）
全省合计	**3999.48**	**2825.62**	**848.75**	**21.22**	**71.43**	**606.22**	**613.56**	**101.21**	**21.71**
黄冈市	**471.03**	**464.72**	**73.86**	**15.68**	**83.18**	**61.44**	**60.84**	**99.02**	**13.09**
黄州区	51.41	50.14	10.36	20.15	116.99	12.12	11.63	95.96	23.20
红安县			2.00		57.00	1.14	0.58	50.88	
麻城市	86.00	93.00	16.20	18.84	56.17	9.10	10.28	112.97	11.05
英山县									
罗田县	80.10	50.15	1.47	1.84	74.83	1.10	1.00	90.91	1.99
浠水县	71.15	80.27	10.29	14.46	83.19	8.56	8.73	101.99	10.88
蕲春县	71.86	69.89	5.14	7.15	80.93	4.16	3.88	93.27	5.55
武穴市	59.10	50.57	9.30	15.74	93.55	8.70	8.60	98.85	17.01
黄梅县	51.41	70.70	19.10	37.15	86.70	16.56	16.14	32.21	22.83
团风县									
省辖市	**666.14**	**484.08**	**217.40**	**32.64**	**88.12**	**191.57**	**192.47**	**100.47**	**39.76**
随州市	156.14	111.94	25.68	16.45	103.12	26.48	27.59	104.19	24.65
潜江市	126.80	66.60	33.50	26.42	72.63	24.33	24.47	100.58	36.74
鄂州市	19.20	68.70	18.40	95.83	78.80	14.50	14.30	98.62	20.82
天门市	181.22	124.70	76.68	42.31	98.20	75.30	75.17	99.83	60.28
仙桃市	182.78	112.14	63.14	34.54	80.71	50.96	50.94	99.96	45.43
黄石市	**240.39**	**123.07**	**3.74**	**1.56**	**58.82**	**2.20**	**1.69**	**76.82**	**1.37**
大冶市	169.73	63.47	2.24	1.32	44.64	1.00	0.79	79.00	1.24
阳新县	70.66	59.60	1.50	2.12	80.00	1.20	0.90	75.00	1.51
荆门市	**379.81**	**203.14**	**51.66**	**13.60**	**75.57**	**39.04**	**38.53**	**98.69**	**18.97**
荆门辖区	153.38	78.50	12.36	8.06	82.93	10.25	10.09	98.44	12.85
京山县	87.08	47.80	10.38	11.92	71.77	7.45	7.55	101.34	15.79
钟祥市	139.35	76.84	28.92	20.75	73.79	21.34	20.89	97.89	27.19
五三农场									
沙洋农场									
荆州市	**725.24**	**444.17**	**185.95**	**25.64**	**62.48**	**116.19**	**118.74**	**102.19**	**26.73**
沙市区									
江陵县	141.94	72.20	29.08	20.49	74.07	21.54	22.35	103.76	30.96
松滋市	94.57	74.42	29.43	31.12	56.10	16.51	17.50	106.00	23.52
公安县	128.20	88.92	43.29	33.77	60.27	26.09	26.23	100.54	29.50

5－7－38 续表

县市名	耕地面积（万亩）	农业人口（万人）	棉田面积（万亩）	占耕地（%）	亩产（市斤）	总产量（万担）	收购量（万担）	商品率（%）	人均交售（市斤）
石首市	64.77	47.60	18.44	28.47	71.20	13.13	12.84	97.79	26.97
监利县	183.40	98.59	42.19	23.00	47.83	20.18	20.50	101.59	20.79
洪湖市	112.36	62.44	23.52	20.93	79.68	18.74	19.32	103.09	30.94
荆州区									
武汉市	**229.83**	**235.96**	**54.90**	**23.89**	**91.35**	**50.15**	**49.26**	**98.23**	**20.88**
新洲区	81.43	70.90	30.00	36.84	97.53	29.26	28.04	95.83	39.55
黄陂区	93.00	84.00	12.00	12.90	70.00	8.40	8.50	101.19	10.12
蔡甸区	47.10	38.10	10.40	22.08	102.88	10.70	10.70	100.00	28.08
江夏区	8.30	42.96	2.50	30.12	71.60	1.79	2.02	112.85	4.70
汉南区									
东西湖区									
咸宁市	**100.67**	**60.60**	**6.02**	**5.98**	**87.54**	**5.27**	**4.85**	**92.03**	**8.00**
嘉鱼县	49.67	23.60	5.02	10.11	85.06	4.27	4.10	96.02	17.37
赤壁市	51.00	37.00	1.00	1.96	100.00	1.00	0.75	75.00	2.03
襄樊市	**621.68**	**346.12**	**119.62**	**19.24**	**54.10**	**64.72**	**69.17**	**106.88**	**19.98**
谷城县	53.42	44.42	5.73	10.73	48.17	2.76	2.69	97.46	6.06
南漳县	75.30	48.00	7.00	9.30	67.14	4.70	4.50	95.74	9.38
枣阳市	169.06	80.36	40.99	24.25	41.40	16.97	19.13	112.73	23.81
老河口市	57.56	27.94	11.17	19.41	34.83	3.89	4.96	127.51	17.75
襄阳县	194.11	106.80	41.76	21.51	58.88	24.59	27.19	110.57	25.46
宜城市	72.23	38.60	12.97	17.96	91.06	11.81	10.70	90.60	27.72
孝感市	**421.39**	**380.51**	**86.13**	**20.44**	**55.71**	**47.98**	**50.63**	**105.52**	**13.31**
广水市	63.61	64.03	4.41	6.93	57.82	2.55	2.54	99.61	3.97
孝南区	100.58	105.81	15.06	14.97	51.46	7.75	6.31	81.42	5.96
云梦县	39.37	42.27	11.99	30.45	55.05	6.60	8.00	121.21	18.93
应城市	61.49	46.16	7.98	12.98	57.64	4.60	4.57	99.35	9.90
汉川市	104.40	76.70	40.76	39.04	58.78	23.96	26.08	108.85	34.00
安陆市	51.94	45.54	5.93	11.42	42.50	2.52	3.13	124.21	6.87
孝昌县									
大悟县									
宜昌市	**143.30**	**83.25**	**49.47**	**34.52**	**55.91**	**27.66**	**27.38**	**98.99**	**32.89**
枝江市	76.66	44.50	28.10	36.66	63.84	17.94	17.53	97.71	39.39
当阳市	66.64	38.75	21.37	32.07	45.48	9.72	9.85	101.34	25.42
远安县									
宜都市									

5－7－39　湖北省1981年产棉县棉花生产收购明细

县市名	耕地面积（万亩）	农业人口（万人）	棉田面积（万亩）	占耕地（%）	亩产（市斤）	总产量（万担）	收购量（万担）	商品率（%）	人均交售（市斤）
全省合计	**4007.66**	**2854.02**	**841.11**	**20.99**	**81.17**	**682.74**	**690.55**	**101.14**	**24.20**
黄冈市	**494.31**	**467.20**	**72.20**	**14.61**	**92.76**	**66.97**	**66.08**	**98.67**	**14.14**
黄州区	51.49	50.49	10.49	20.37	112.96	11.85	11.71	98.82	23.19
红安县			1.76		58.09	1.02	0.75	73.53	
麻城市	86.00	93.00	15.90	18.49	94.97	15.10	15.38	101.85	16.54
英山县									
罗田县	80.10	50.20	0.67	0.84	74.63	0.50	0.49	98.00	0.98
浠水县	71.15	80.72	10.09	14.18	81.86	8.26	8.17	98.91	10.12
蕲春县	71.47	70.34	5.09	7.12	69.74	3.55	3.36	94.65	4.78
武穴市	58.90	51.14	9.30	15.79	95.70	8.90	8.80	98.88	17.21
黄梅县	75.20	71.31	18.90	25.13	94.13	17.79	17.42	23.66	24.43
团风县									
省辖市	**664.79**	**488.01**	**224.93**	**33.83**	**98.18**	**220.83**	**223.28**	**101.11**	**45.75**
随州市	155.81	112.82	36.13	23.19	99.92	36.10	37.75	104.57	33.46
潜江市	126.20	66.00	32.40	25.67	94.91	30.75	31.36	101.98	47.52
鄂州市	20.90	69.60	19.00	90.91	66.32	12.60	13.50	107.14	19.40
天门市	180.60	127.00	74.90	41.47	103.10	77.22	76.91	99.60	60.56
仙桃市	181.28	112.59	62.50	34.48	102.66	64.16	63.76	99.38	56.63
黄石市	**235.86**	**125.60**	**3.90**	**1.65**	**55.64**	**2.17**	**1.74**	**80.18**	**1.39**
大冶市	165.20	64.70	1.80	1.09	32.78	0.59	0.34	57.63	0.53
阳新县	70.66	60.90	2.10	2.97	75.24	1.58	1.40	88.61	2.30
荆门市	**368.06**	**204.87**	**51.09**	**13.88**	**92.52**	**47.27**	**46.36**	**98.07**	**22.63**
荆门辖区	142.27	79.30	12.44	8.74	86.41	10.75	10.45	97.21	13.18
京山县	87.10	48.00	8.77	10.07	123.15	10.80	10.53	97.50	21.94
钟祥市	138.69	77.57	29.88	21.54	86.08	25.72	25.38	98.68	32.72
五三农场									
沙洋农场									
荆州市	**722.27**	**448.78**	**177.95**	**24.64**	**79.89**	**142.16**	**146.13**	**102.79**	**32.56**
沙市区									
江陵县	141.11	72.11	27.12	19.22	94.28	25.57	25.91	101.33	35.93
松滋市	94.60	74.90	28.83	30.48	70.86	20.43	22.00	107.68	29.37
公安县	128.20	89.97	41.91	32.69	74.09	31.05	32.38	104.28	35.99

5-7-39 续表

县市名	耕地面积（万亩）	农业人口（万人）	棉田面积（万亩）	占耕地（%）	亩产（市斤）	总产量（万担）	收购量（万担）	商品率（%）	人均交售（市斤）
石首市	64.20	48.00	14.60	22.74	84.52	12.34	12.44	100.81	25.92
监利县	182.60	100.67	40.39	22.12	70.69	28.55	28.40	99.47	28.21
洪湖市	111.56	63.13	25.10	22.50	96.49	24.22	25.00	103.22	39.60
荆州区									
武汉市	**229.98**	**238.25**	**54.30**	**23.61**	**100.72**	**54.69**	**53.36**	**97.57**	**22.40**
新洲区	81.80	71.23	30.00	36.67	109.53	32.86	32.89	100.09	46.17
黄陂区	93.00	85.00	11.00	11.83	69.09	7.60	6.20	81.58	7.29
蔡甸区	46.90	38.60	10.80	23.03	111.11	12.00	12.00	100.00	31.09
江夏区	8.28	43.42	2.50	30.19	89.20	2.23	2.27	101.79	5.23
汉南区									
东西湖区									
咸宁市	**100.61**	**60.82**	**6.64**	**6.60**	**95.33**	**6.33**	**6.15**	**97.16**	**10.11**
嘉鱼县	49.61	23.82	5.44	10.97	96.14	5.23	5.10	97.51	21.41
赤壁市	51.00	37.00	1.20	2.35	91.67	1.10	1.05	95.45	2.84
襄樊市	**623.19**	**352.16**	**117.04**	**18.78**	**54.18**	**63.41**	**70.32**	**110.90**	**19.97**
谷城县	53.27	44.77	5.94	11.15	53.20	3.16	3.17	100.32	7.08
南漳县	75.20	48.00	7.00	9.31	67.14	4.70	4.60	97.87	9.58
枣阳市	168.78	81.02	39.49	23.40	44.87	17.72	19.99	112.81	24.67
老河口市	60.24	31.99	11.41	18.94	47.94	5.47	6.88	125.78	21.51
襄阳县	193.80	107.55	40.20	20.74	51.89	20.86	25.28	121.19	23.51
宜城市	71.90	38.83	13.00	18.08	88.46	11.50	10.40	90.43	26.78
孝感市	**425.31**	**384.65**	**83.91**	**19.73**	**62.41**	**52.37**	**50.96**	**97.31**	**13.25**
广水市	63.46	64.87	3.99	6.29	64.41	2.57	2.10	81.71	3.24
孝南区	104.93	106.69	14.36	13.69	56.41	8.10	6.99	86.30	6.55
云梦县	39.33	42.40	11.98	30.46	70.95	8.50	8.46	99.53	19.95
应城市	61.34	46.93	7.41	12.08	55.74	4.13	3.60	87.17	7.67
汉川市	104.40	77.68	41.30	39.56	65.35	26.99	27.78	102.93	35.76
安陆市	51.85	46.08	4.87	9.39	42.71	2.08	2.03	97.60	4.41
孝昌县									
大悟县									
宜昌市	**143.28**	**83.68**	**49.15**	**34.30**	**54.00**	**26.54**	**26.17**	**98.61**	**31.27**
枝江市	76.64	44.73	27.56	35.96	69.23	19.08	18.80	98.53	42.03
当阳市	66.64	38.95	21.59	32.40	34.55	7.46	7.37	98.79	18.92
远安县									
宜都市									

5－7－40 湖北省1982年产棉县棉花生产收购明细

县市名	耕地面积（万亩）	农业人口（万人）	棉田面积（万亩）	占耕地（%）	亩产（市斤）	总产量（万担）	收购量（万担）	商品率（%）	人均交售（市斤）
全省合计	**4052.21**	**2866.27**	**829.07**	**20.46**	**80.28**	**665.57**	**651.28**	**97.85**	**22.72**
黄冈市	**498.13**	**469.96**	**71.64**	**14.38**	**123.87**	**88.74**	**84.84**	**95.61**	**18.05**
黄州区	51.24	50.72	10.69	20.86	130.40	13.94	13.34	95.70	26.30
红安县			1.69		90.53	1.53	1.03	67.32	
麻城市	86.00	93.00	15.90	18.49	111.95	17.80	17.27	97.02	18.57
英山县									
罗田县	80.10	50.25	0.53	0.66	75.47	0.40	0.39	97.50	0.78
浠水县	71.15	81.15	9.95	13.98	108.54	10.80	10.51	97.31	12.95
蕲春县	71.14	70.97	4.78	6.72	93.31	4.46	4.33	97.09	6.10
武穴市	58.90	51.77	9.50	16.13	170.53	16.20	15.60	96.30	30.13
黄梅县	79.60	72.10	18.60	23.37	126.94	23.61	22.37	29.66	31.03
团风县									
省辖市	**662.20**	**492.89**	**209.08**	**31.57**	**99.00**	**206.99**	**202.95**	**98.05**	**41.18**
随州市	155.40	113.93	31.93	20.55	82.15	26.23	25.01	95.35	21.95
潜江市	125.80	66.69	31.70	25.20	91.83	29.11	28.73	98.69	43.08
鄂州市	21.80	70.30	15.30	70.18	146.41	22.40	21.90	97.77	31.15
天门市	180.00	127.93	74.80	41.56	99.33	74.30	73.41	98.80	57.38
仙桃市	179.20	114.04	55.35	30.89	99.28	54.95	53.90	98.09	47.26
黄石市	**239.40**	**127.50**	**4.70**	**1.96**	**77.45**	**3.64**	**2.98**	**81.87**	**2.34**
大冶市	168.80	65.90	2.20	1.30	63.18	1.39	1.18	84.89	1.79
阳新县	70.60	61.60	2.50	3.54	90.00	2.25	1.80	80.00	2.92
荆门市	**381.48**	**206.89**	**54.89**	**14.39**	**84.86**	**46.58**	**45.76**	**98.24**	**22.12**
荆门辖区	156.32	80.43	13.46	8.61	95.10	12.80	12.58	98.28	15.64
京山县	87.00	48.29	9.56	10.99	101.26	9.68	9.32	96.28	19.30
钟祥市	138.16	78.17	31.87	23.07	75.62	24.10	23.86	99.00	30.52
五三农场									
沙洋农场									
荆州市	**718.58**	**451.80**	**175.60**	**24.44**	**74.00**	**129.94**	**131.02**	**100.83**	**29.00**
沙市区									
江陵县	140.11	72.77	26.73	19.08	81.71	21.84	22.12	101.28	30.40
松滋市	94.50	75.24	28.94	30.62	66.62	19.28	20.44	106.02	27.17
公安县	128.20	90.72	41.05	32.02	73.96	30.36	32.52	107.11	35.85

5－7－40 续表

县市名	耕地面积（万亩）	农业人口（万人）	棉田面积（万亩）	占耕地（%）	亩产（市斤）	总产量（万担）	收购量（万担）	商品率（%）	人均交售（市斤）
石首市	63.35	48.30	14.10	22.26	72.70	10.25	9.29	90.63	19.23
监利县	181.90	101.88	39.73	21.84	56.53	22.46	21.89	97.46	21.49
洪湖市	110.52	62.89	25.05	22.67	102.79	25.75	24.76	96.16	39.37
荆州区									
武汉市	**232.04**	**229.38**	**53.90**	**23.23**	**111.30**	**59.99**	**57.31**	**95.53**	**24.98**
新洲区	81.30	60.70	28.80	35.42	135.97	39.16	38.16	97.45	62.87
黄陂区	93.00	86.00	12.00	12.90	80.00	9.60	8.70	90.63	10.12
蔡甸区	49.50	38.70	10.60	21.41	83.96	8.90	8.20	92.13	21.19
江夏区	8.24	43.98	2.50	30.34	93.20	2.33	2.25	96.57	5.12
汉南区									
东西湖区									
咸宁市	**100.61**	**61.23**	**6.84**	**6.80**	**102.78**	**7.03**	**6.72**	**95.59**	**10.98**
嘉鱼县	49.61	24.23	5.34	10.76	106.37	5.68	5.44	95.77	22.45
赤壁市	51.00	37.00	1.50	2.94	90.00	1.35	1.28	94.81	3.46
襄樊市	**651.54**	**353.77**	**118.42**	**18.18**	**27.29**	**32.32**	**31.59**	**97.74**	**8.93**
谷城县	50.96	45.21	5.64	11.07	28.72	1.62	1.62	100.00	3.58
南漳县	75.20	49.00	7.00	9.31	41.43	2.90	2.80	96.55	5.71
枣阳市	168.50	81.87	38.29	22.72	22.46	8.60	8.60	100.00	10.50
老河口市	91.68	28.55	11.19	12.21	20.55	2.30	2.00	86.96	7.01
襄阳县	193.40	108.98	43.40	22.44	20.74	9.00	9.75	108.33	8.95
宜城市	71.80	40.16	12.90	17.97	61.24	7.90	6.82	86.33	16.98
孝感市	**425.17**	**388.54**	**85.72**	**20.16**	**72.39**	**62.05**	**60.25**	**97.10**	**15.51**
广水市	63.46	65.90	4.30	6.78	99.07	4.26	3.72	87.32	5.64
孝南区	104.84	107.85	16.04	15.30	66.46	10.66	9.55	89.59	8.85
云梦县	39.33	42.50	11.92	30.31	71.64	8.54	8.38	98.13	19.72
应城市	61.27	47.27	7.88	12.86	68.40	5.39	5.34	99.07	11.30
汉川市	104.40	78.84	40.00	38.31	74.28	29.71	30.29	101.95	38.42
安陆市	51.87	46.18	5.58	10.76	62.54	3.49	2.97	85.10	6.43
孝昌县									
大悟县									
宜昌市	**143.06**	**84.31**	**48.28**	**33.75**	**58.60**	**28.29**	**27.86**	**98.48**	**33.04**
枝江市	76.42	45.06	27.34	35.78	71.95	19.67	19.33	98.27	42.90
当阳市	66.64	39.25	20.94	31.42	41.17	8.62	8.53	98.96	21.73
远安县									
宜都市									

5-7-41　湖北省1983年产棉县棉花生产收购明细

县市名	耕地面积（万亩）	农业人口（万人）	棉田面积（万亩）	占耕地（%）	亩产（市斤）	总产量（万担）	收购量（万担）	商品率（%）	人均交售（市斤）
全省合计	**4127.73**	**2882.98**	**807.99**	**19.57**	**91.84**	**742.02**	**689.50**	**92.92**	**23.92**
黄冈市	**496.01**	**472.00**	**70.51**	**14.22**	**115.44**	**81.40**	**79.22**	**97.32**	**16.78**
黄州区	49.68	50.84	10.01	20.15	110.39	11.05	10.32	93.39	20.30
红安县			1.63		79.14	1.29	1.44	111.63	
麻城市	86.00	94.00	15.90	18.49	108.18	17.20	18.39	106.92	19.56
英山县									
罗田县	80.10	50.30	0.80	1.00	75.00	0.60	0.59	98.33	1.17
浠水县	71.08	81.21	9.93	13.97	102.01	10.13	9.66	95.36	11.90
蕲春县	70.75	71.41	4.93	6.97	82.35	4.06	3.87	95.32	5.42
武穴市	58.80	52.14	9.30	15.82	181.72	16.90	15.70	92.90	30.11
黄梅县	79.60	72.10	18.01	22.63	111.99	20.17	19.25	25.34	26.70
团风县									
省辖市	**643.68**	**494.44**	**210.08**	**32.64**	**104.32**	**219.16**	**211.34**	**96.43**	**42.74**
随州市	154.97	114.36	30.92	19.95	139.91	43.26	41.58	96.12	36.36
潜江市	123.68	66.47	37.65	30.44	80.29	30.23	30.80	101.89	46.34
鄂州市	21.70	70.90	15.60	71.89	85.90	13.40	12.80	95.52	18.05
天门市	165.70	128.32	72.45	43.72	99.13	71.82	68.85	95.86	53.65
仙桃市	177.63	114.39	53.46	30.10	113.08	60.45	57.31	94.81	50.10
黄石市	**237.75**	**128.18**	**3.70**	**1.56**	**67.30**	**2.49**	**1.93**	**77.51**	**1.51**
大冶市	167.60	66.48	2.20	1.31	56.36	1.24	1.03	83.06	1.55
阳新县	70.15	61.70	1.50	2.14	83.33	1.25	0.90	72.00	1.46
荆门市	**528.54**	**207.75**	**54.53**	**10.32**	**95.60**	**52.13**	**50.65**	**97.16**	**24.38**
荆门辖区	304.05	80.98	13.56	4.46	93.88	12.73	12.16	95.52	15.02
京山县	87.87	48.19	9.47	10.78	104.75	9.92	9.31	93.85	19.32
钟祥市	136.62	78.58	31.50	23.06	93.59	29.48	29.18	98.98	37.13
五三农场									
沙洋农场									
荆州市	**715.19**	**453.36**	**168.44**	**23.55**	**86.40**	**145.54**	**143.46**	**98.57**	**31.64**
沙市区									
江陵县	139.39	72.47	26.31	18.88	95.48	25.12	25.11	99.96	34.65
松滋市	94.53	75.30	27.87	29.48	68.60	19.12	18.58	97.18	24.67
公安县	128.20	90.99	38.64	30.14	81.00	31.30	31.42	100.38	34.53

5-7-41 续表

县 市 名	耕地面积（万亩）	农业人口（万人）	棉田面积（万亩）	占耕地（%）	亩 产（市斤）	总产量（万担）	收购量（万担）	商品率（%）	人均交售（市斤）
石首市	63.09	48.42	13.17	20.87	101.37	13.35	14.22	106.52	29.37
监利县	180.30	102.10	37.77	20.95	76.67	28.96	26.56	91.71	26.01
洪湖市	109.68	64.08	24.68	22.50	112.20	27.69	27.57	99.57	43.02
荆州区									
武汉市	**231.50**	**238.90**	**57.20**	**24.71**	**91.59**	**52.39**	**51.64**	**98.57**	**21.62**
新洲区	80.80	72.20	33.50	41.46	99.76	33.42	32.44	97.07	44.93
黄陂区	93.00	85.00	11.00	11.83	69.09	7.60	7.40	97.37	8.71
蔡甸区	49.50	37.80	10.70	21.62	85.98	9.20	9.70	105.43	25.66
江夏区	8.20	43.90	2.00	24.39	108.50	2.17	2.10	96.77	4.78
汉南区									
东西湖区									
咸宁市	**100.61**	**61.38**	**6.92**	**6.88**	**97.54**	**6.75**	**6.79**	**100.59**	**11.06**
嘉鱼县	49.61	24.38	5.42	10.93	99.63	5.40	5.63	104.26	23.09
赤壁市	51.00	37.00	1.50	2.94	90.00	1.35	1.16	85.93	3.14
襄樊市	**606.87**	**351.43**	**108.92**	**17.95**	**89.79**	**97.80**	**64.15**	**65.59**	**18.25**
谷城县	49.84	45.17	4.31	8.65	96.98	4.18	3.61	86.36	7.99
南漳县	75.00	49.00	7.00	9.33	92.86	6.50	6.40	98.46	13.06
枣阳市	168.12	82.23	37.85	22.51	71.15	26.93	25.87	96.06	31.46
老河口市	60.15	33.01	11.40	18.95	72.37	8.25	7.71	93.45	23.36
襄阳县	182.66	103.02	36.06	19.74	99.67	35.94	5.39	15.00	5.23
宜城市	71.10	39.00	12.30	17.30	130.08	16.00	15.17	94.81	38.90
孝感市	**424.59**	**391.03**	**80.81**	**19.03**	**69.71**	**56.33**	**52.81**	**93.75**	**13.51**
广水市	63.28	66.38	4.27	6.75	118.74	5.07	4.11	81.07	6.19
孝南区	104.76	108.60	12.53	11.96	68.24	8.55	7.18	83.98	6.61
云梦县	39.33	42.84	11.65	29.62	76.65	8.93	8.48	94.96	19.79
应城市	61.22	47.71	7.78	12.71	68.12	5.30	5.22	98.49	10.94
汉川市	104.40	79.09	39.72	38.05	62.41	24.79	25.17	101.53	31.82
安陆市	51.60	46.41	4.86	9.42	75.93	3.69	2.65	71.82	5.71
孝昌县									
大悟县									
宜昌市	**142.99**	**84.51**	**46.88**	**32.79**	**59.79**	**28.03**	**27.51**	**98.14**	**32.55**
枝江市	76.35	45.15	26.53	34.75	75.35	19.99	19.71	98.60	43.65
当阳市	66.64	39.36	20.35	30.54	39.51	8.04	7.80	97.01	19.82
远安县									
宜都市									

5－7－42　湖北省1984年产棉县棉花生产收购明细

县市名	耕地面积（万亩）	农业人口（万人）	棉田面积（万亩）	占耕地（%）	亩产（市斤）	总产量（万担）	收购量（万担）	商品率（%）	人均交售（市斤）
全省合计	**4155.23**	**2837.32**	**791.35**	**19.04**	**148.38**	**1174.19**	**1138.11**	**96.93**	**40.11**
黄冈市	**488.67**	**468.10**	**67.17**	**13.75**	**155.34**	**104.34**	**97.41**	**93.36**	**20.81**
黄州区	47.69	49.16	10.52	22.06	161.31	16.97	15.69	92.46	31.92
红安县			1.57		112.74	1.77	2.01	113.56	
麻城市	86.00	93.00	16.10	18.72	160.25	25.80	25.22	97.75	27.12
英山县									
罗田县	80.10	50.35	0.40	0.50	75.00	0.30	0.29	96.67	0.58
浠水县	68.30	81.08	9.62	14.08	127.44	12.26	11.42	93.15	14.08
蕲春县	68.98	70.95	4.53	6.57	99.78	4.52	3.98	88.05	5.61
武穴市	58.00	51.46	9.30	16.03	188.17	17.50	13.90	79.43	27.01
黄梅县	79.60	72.10	15.13	19.01	166.69	25.22	24.90	31.68	34.54
团风县									
省辖市	**638.21**	**477.65**	**210.08**	**32.92**	**168.56**	**354.12**	**344.57**	**97.30**	**72.14**
随州市	154.02	112.24	31.66	20.56	168.95	53.49	51.88	96.99	46.22
潜江市	121.61	64.72	32.56	26.77	169.32	55.13	55.21	100.15	85.31
鄂州市	21.50	67.30	19.50	90.70	118.97	23.20	22.90	98.71	34.03
天门市	166.89	123.68	72.25	43.29	173.25	125.17	121.11	96.76	97.92
仙桃市	174.19	109.71	54.11	31.06	179.50	97.13	93.47	96.23	85.20
黄石市	**231.57**	**123.57**	**5.80**	**2.50**	**89.14**	**5.17**	**4.53**	**87.62**	**3.67**
大冶市	168.00	64.57	2.30	1.37	72.61	1.67	1.33	79.64	2.06
阳新县	63.57	59.00	3.50	5.51	100.00	3.50	3.20	91.43	5.42
荆门市	**529.19**	**200.88**	**52.14**	**9.85**	**165.15**	**86.11**	**83.96**	**97.50**	**41.80**
荆门辖区	307.48	75.48	14.39	4.68	148.37	21.35	20.95	98.13	27.76
京山县	86.87	47.81	9.45	10.88	187.72	17.74	17.09	96.34	35.75
钟祥市	134.84	77.59	28.30	20.99	166.15	47.02	45.92	97.66	59.18
五三农场									
沙洋农场									
荆州市	**709.35**	**450.62**	**158.19**	**22.30**	**158.04**	**250.00**	**247.53**	**99.01**	**54.93**
沙市区									
江陵县	138.49	70.76	25.43	18.36	184.31	46.87	44.87	95.73	63.41
松滋市	94.53	75.32	25.88	27.38	159.47	41.27	40.06	97.07	53.19
公安县	128.20	91.85	36.01	28.09	171.15	61.63	63.60	103.20	69.24

5－7－42 续表

县市名	耕地面积（万亩）	农业人口（万人）	棉田面积（万亩）	占耕地（%）	亩产（市斤）	总产量（万担）	收购量（万担）	商品率（%）	人均交售（市斤）
石首市	62.37	48.46	12.44	19.95	173.15	21.54	23.69	109.98	48.89
监利县	179.40	102.03	34.24	19.09	115.48	39.54	36.20	91.55	35.48
洪湖市	106.36	62.20	24.19	22.74	161.84	39.15	39.11	99.90	62.88
荆州区									
武汉市	**249.03**	**237.51**	**62.05**	**24.92**	**145.79**	**90.46**	**88.67**	**98.02**	**37.33**
新洲区	80.20	70.40	37.65	46.95	141.46	53.26	52.03	97.69	73.91
黄陂区	92.00	83.00	8.00	8.70	152.50	12.20	11.70	95.90	14.10
蔡甸区	49.60	35.50	7.40	14.92	121.62	9.00	8.60	95.56	24.23
江夏区	8.04	42.47	2.00	24.88	205.50	4.11	4.04	98.30	9.51
汉南区	19.19	6.14	7.00	36.48	169.86	11.89	12.30	103.45	200.33
东西湖区									
咸宁市	**99.61**	**59.14**	**7.42**	**7.45**	**145.28**	**10.78**	**10.28**	**95.36**	**17.38**
嘉鱼县	49.61	22.14	5.42	10.93	165.68	8.98	8.06	89.76	36.40
赤壁市	50.00	37.00	2.00	4.00	90.00	1.80	2.22	123.33	6.00
襄樊市	**641.74**	**347.42**	**108.51**	**16.91**	**106.83**	**115.92**	**106.60**	**91.96**	**30.68**
谷城县	48.22	44.55	3.37	6.99	105.64	3.56	4.06	114.04	9.11
南漳县	74.20	49.00	7.00	9.43	100.00	7.00	6.60	94.29	13.47
枣阳市	165.95	80.57	37.69	22.71	91.56	34.51	34.06	98.70	42.27
老河口市	101.21	33.27	12.23	12.08	80.38	9.83	9.46	96.24	28.43
襄阳县	181.36	101.23	36.22	19.97	118.77	43.02	35.13	81.66	34.70
宜城市	70.80	38.80	12.00	16.95	150.00	18.00	17.29	96.06	44.56
孝感市	**424.89**	**390.07**	**78.92**	**18.57**	**119.34**	**94.18**	**93.67**	**99.46**	**24.01**
广水市	63.02	66.78	4.69	7.44	141.58	6.64	6.63	99.85	9.93
孝南区	104.18	108.22	15.10	14.49	107.02	16.16	13.60	84.16	12.57
云梦县	39.33	42.96	10.45	26.57	159.62	16.68	16.15	96.82	37.59
应城市	60.90	46.74	6.33	10.39	126.70	8.02	8.56	106.73	18.31
汉川市	104.40	78.72	37.70	36.11	111.94	42.20	44.69	105.90	56.77
安陆市	53.06	46.65	4.65	8.76	96.34	4.48	4.04	90.18	8.66
孝昌县									
大悟县									
宜昌市	**142.97**	**82.36**	**41.07**	**28.73**	**153.66**	**63.11**	**60.89**	**96.48**	**73.93**
枝江市	76.33	43.97	23.65	30.98	203.89	48.22	46.71	96.87	106.23
当阳市	66.64	38.39	17.42	26.14	85.48	14.89	14.18	95.23	36.94
远安县									
宜都市									

5－7－43　湖北省1985年产棉县棉花生产收购明细

县 市 名	耕地面积（万亩）	农业人口（万人）	棉田面积（万亩）	占耕地（%）	亩　产（市斤）	总产量（万担）	收购量（万担）	商品率（%）	人均交售（市斤）
全省合计	**4122.48**	**2803.79**	**693.36**	**16.82**	**137.13**	**950.79**	**867.67**	**91.26**	**30.95**
黄冈市	**478.39**	**458.46**	**63.09**	**13.19**	**140.59**	**88.70**	**81.14**	**91.48**	**17.70**
黄州区	46.58	48.14	9.64	20.70	174.69	16.84	15.09	89.61	31.35
红安县			1.41		90.07	1.27	1.01	79.53	
麻城市	86.00	93.00	15.00	17.44	143.33	21.50	19.64	91.35	21.12
英山县									
罗田县	80.10	50.40	0.53	0.66	75.47	0.40	0.39	97.50	0.77
浠水县	64.45	78.57	8.41	13.05	117.00	9.84	9.08	92.28	11.56
蕲春县	67.36	68.26	3.61	5.36	88.64	3.20	3.50	109.38	5.13
武穴市	56.40	49.99	8.60	15.25	156.98	13.50	10.80	80.00	21.60
黄梅县	77.50	70.10	15.89	20.50	139.40	22.15	21.63	28.58	30.86
团风县									
省辖市	**638.50**	**487.92**	**187.91**	**29.43**	**145.36**	**273.14**	**253.36**	**92.76**	**51.93**
随州市	152.53	109.39	26.46	17.35	182.65	48.33	43.12	89.22	39.42
潜江市	118.48	62.72	27.50	23.21	142.55	39.20	35.60	90.82	56.76
鄂州市	21.70	66.60	23.20	106.91	96.12	22.30	21.30	95.52	31.98
天门市	174.56	141.96	64.40	36.89	154.46	99.47	90.74	91.22	63.92
仙桃市	171.23	107.25	46.35	27.07	137.73	63.84	62.60	98.06	58.37
黄石市	**230.54**	**123.37**	**4.10**	**1.78**	**77.07**	**3.16**	**2.50**	**79.11**	**2.03**
大冶市	165.10	64.97	2.10	1.27	79.05	1.66	1.30	78.31	2.00
阳新县	65.44	58.40	2.00	3.06	75.00	1.50	1.20	80.00	2.05
荆门市	**528.04**	**195.10**	**44.39**	**8.41**	**149.94**	**66.56**	**57.91**	**87.00**	**29.68**
荆门辖区	309.00	75.42	12.07	3.91	158.08	19.08	15.58	81.66	20.66
京山县	86.08	45.14	8.30	9.64	189.16	15.70	13.90	88.54	30.79
钟祥市	132.96	74.54	24.02	18.07	132.31	31.78	28.43	89.46	38.14
五三农场									
沙洋农场									
荆州市	**702.88**	**442.04**	**133.23**	**18.95**	**155.39**	**207.03**	**187.91**	**90.76**	**42.51**
沙市区									
江陵县	135.04	67.66	22.30	16.51	176.23	39.30	35.58	90.53	52.59
松滋市	94.03	73.22	24.00	25.52	143.58	34.46	29.09	84.42	39.73
公安县	128.20	92.16	32.32	25.21	174.32	56.34	55.56	98.62	60.29

5-7-43续表

县市名	耕地面积（万亩）	农业人口（万人）	棉田面积（万亩）	占耕地（%）	亩产（市斤）	总产量（万担）	收购量（万担）	商品率（%）	人均交售（市斤）
石首市	61.69	48.99	10.90	17.67	167.25	18.23	16.91	92.76	34.52
监利县	179.00	101.19	23.80	13.30	121.39	28.89	24.91	86.22	24.62
洪湖市	104.92	58.82	19.91	18.98	149.72	29.81	25.86	86.75	43.96
荆州区									
武汉市	**246.64**	**234.71**	**60.03**	**24.34**	**133.88**	**80.37**	**72.29**	**89.95**	**30.80**
新洲区	79.20	68.90	37.03	46.76	132.65	49.12	44.39	90.37	64.43
黄陂区	91.00	82.00	7.00	7.69	125.71	8.80	7.10	80.68	8.66
蔡甸区	49.70	34.60	7.20	14.49	125.00	9.00	8.80	97.78	25.43
江夏区	7.88	42.29	1.80	22.84	166.11	2.99	2.94	98.33	6.95
汉南区	18.86	6.92	7.00	37.12	149.43	10.46	9.06	86.62	130.92
东西湖区									
咸宁市	**99.57**	**58.50**	**7.53**	**7.56**	**101.59**	**7.65**	**7.84**	**102.48**	**13.40**
嘉鱼县	49.57	21.50	5.53	11.16	105.79	5.85	6.39	109.23	29.72
赤壁市	50.00	37.00	2.00	4.00	90.00	1.80	1.45	80.56	3.92
襄樊市	**636.24**	**339.33**	**87.73**	**13.79**	**102.22**	**89.68**	**82.25**	**91.71**	**24.24**
谷城县	48.12	43.55	1.90	3.95	95.79	1.82	3.36	184.62	7.72
南漳县	73.00	49.00	5.00	6.85	90.00	4.50	3.70	82.22	7.55
枣阳市	164.58	77.80	32.07	19.49	103.68	33.25	29.09	87.49	37.39
老河口市	100.07	31.56	8.36	8.35	80.14	6.70	9.52	142.09	30.16
襄阳县	180.07	99.42	30.70	17.05	103.94	31.91	25.68	80.48	25.83
宜城市	70.40	38.00	9.70	13.78	118.56	11.50	10.90	94.78	28.68
孝感市	**418.82**	**383.39**	**69.23**	**16.53**	**118.34**	**81.93**	**72.88**	**88.95**	**19.01**
广水市	63.02	64.62	4.75	7.54	145.89	6.93	6.77	97.69	10.48
孝南区	103.03	107.89	13.58	13.18	111.63	15.16	11.54	76.12	10.70
云梦县	39.00	42.75	10.15	26.03	146.90	14.91	13.55	90.88	31.70
应城市	60.56	46.45	5.70	9.41	143.86	8.20	6.99	85.24	15.05
汉川市	100.55	76.76	31.40	31.23	105.25	33.05	30.54	92.41	39.79
安陆市	52.66	44.92	3.65	6.93	100.82	3.68	3.49	94.84	7.77
孝昌县									
大悟县									
宜昌市	**142.86**	**80.97**	**36.12**	**25.28**	**145.54**	**52.57**	**49.59**	**94.33**	**61.24**
枝江市	76.22	43.32	21.32	27.97	194.98	41.57	39.82	95.79	91.92
当阳市	66.64	37.65	14.80	22.21	74.32	11.00	9.77	88.82	25.95
远安县									
宜都市									

5－7－44　湖北省1986年产棉县棉花生产收购明细

县市名	耕地面积（万亩）	农业人口（万人）	棉田面积（万亩）	占耕地（%）	亩产（市斤）	总产量（万担）	收购量（万担）	商品率（%）	人均交售（市斤）
全省合计	**4080.23**	**2815.71**	**617.84**	**15.14**	**138.10**	**853.25**	**774.17**	**90.73**	**27.49**
黄冈市	**477.63**	**463.36**	**56.69**	**11.87**	**132.63**	**75.19**	**71.09**	**94.55**	**15.34**
黄州区	45.52	49.23	8.17	17.95	174.79	14.28	12.50	87.54	25.39
红安县			1.61		64.60	1.04	1.53	147.12	
麻城市	85.00	94.00	14.20	16.71	121.13	17.20	16.78	97.56	17.85
英山县									
罗田县	80.10	50.45	0.67	0.84	74.63	0.50	0.49	98.00	0.97
浠水县	67.08	78.80	7.09	10.57	111.28	7.89	5.75	72.88	7.30
蕲春县	66.73	69.76	2.47	3.70	77.33	1.91	4.09	*	5.86
武穴市	55.70	51.02	6.50	11.67	181.54	11.80	9.90	83.90	19.40
黄梅县	77.50	70.10	15.98	20.62	128.72	20.57	20.05	26.54	28.60
团风县									
省辖市	**630.12**	**491.45**	**161.42**	**25.62**	**154.00**	**248.58**	**227.83**	**91.65**	**46.36**
随州市	151.82	111.58	24.27	15.99	151.92	36.87	32.20	87.33	28.86
潜江市	114.68	62.81	24.60	21.45	149.11	36.68	32.64	88.99	51.97
鄂州市	23.70	66.80	14.30	60.34	119.58	17.10	17.10	100.00	25.60
天门市	171.27	143.21	59.20	34.57	169.86	100.56	95.12	94.59	66.42
仙桃市	168.65	107.05	39.05	23.15	146.91	57.37	50.77	88.50	47.43
黄石市	**226.86**	**125.70**	**2.70**	**1.19**	**73.33**	**1.98**	**0.83**	**41.92**	**0.66**
大冶市	163.29	67.00	1.50	0.92	72.00	1.08	0.23	21.30	0.34
阳新县	63.57	58.70	1.20	1.89	75.00	0.90	0.60	66.67	1.02
荆门市	**524.32**	**195.42**	**42.26**	**8.06**	**153.81**	**65.00**	**59.58**	**91.66**	**30.49**
荆门辖区	307.06	76.46	10.78	3.51	172.82	18.63	16.23	87.12	21.23
京山县	85.55	44.45	8.25	9.64	190.55	15.72	14.20	90.33	31.95
钟祥市	131.71	74.51	23.23	17.64	131.94	30.65	29.15	95.11	39.12
五三农场									
沙洋农场									
荆州市	**687.45**	**445.58**	**126.37**	**18.38**	**151.55**	**191.51**	**179.53**	**93.74**	**40.29**
沙市区									
江陵县	131.88	70.03	22.55	17.10	164.04	36.99	33.83	91.46	48.31
松滋市	93.05	73.03	23.90	25.69	147.32	35.21	40.62	115.36	55.62
公安县	119.97	93.41	31.06	25.89	156.70	48.67	46.54	95.62	49.82

5-7-44 续表

县市名	耕地面积（万亩）	农业人口（万人）	棉田面积（万亩）	占耕地（%）	亩产（市斤）	总产量（万担）	收购量（万担）	商品率（%）	人均交售（市斤）
石首市	61.21	49.47	12.10	19.77	162.98	19.72	16.73	84.84	33.82
监利县	178.90	100.84	22.34	12.49	125.65	28.07	19.37	69.01	19.21
洪湖市	102.44	58.80	14.42	14.08	158.46	22.85	22.44	98.21	38.16
荆州区									
武汉市	**243.75**	**235.57**	**56.43**	**23.15**	**127.82**	**72.13**	**67.81**	**94.01**	**28.79**
新洲区	79.10	69.30	36.29	45.88	132.41	48.05	44.86	93.36	64.73
黄陂区	90.00	80.00	6.00	6.67	101.67	6.10	4.80	78.69	6.00
蔡甸区	48.30	37.60	5.50	11.39	132.73	7.30	7.80	106.85	20.74
江夏区	7.82	42.90	1.64	20.97	128.66	2.11	2.04	96.68	4.76
汉南区	18.53	5.77	7.00	37.78	122.43	8.57	8.31	96.97	144.02
东西湖区									
咸宁市	**99.44**	**58.25**	**6.82**	**6.86**	**100.88**	**6.88**	**5.72**	**83.14**	**9.82**
嘉鱼县	49.44	21.25	5.62	11.37	104.63	5.88	4.88	82.99	22.96
赤壁市	50.00	37.00	1.20	2.40	83.33	1.00	0.84	84.00	2.27
襄樊市	**633.08**	**333.38**	**76.09**	**12.02**	**101.13**	**76.95**	**61.95**	**80.51**	**18.58**
谷城县	47.60	43.55	1.43	3.00	81.82	1.17	0.87	74.36	2.00
南漳县	72.70	48.00	5.00	6.88	102.00	5.10	2.80	54.90	5.83
枣阳市	163.45	73.10	29.58	18.10	96.62	28.58	24.35	85.20	33.31
老河口市	101.22	31.59	7.38	7.29	84.82	6.26	5.83	93.13	18.46
襄阳县	178.71	99.34	25.60	14.32	104.84	26.84	20.00	74.52	20.13
宜城市	69.40	37.80	7.10	10.23	126.76	9.00	8.10	90.00	21.43
孝感市	**414.82**	**385.91**	**57.52**	**13.87**	**120.81**	**69.49**	**58.18**	**83.72**	**15.08**
广水市	62.65	65.63	4.52	7.21	136.95	6.19	6.59	106.46	10.04
孝南区	102.11	109.32	12.35	12.09	99.03	12.23	7.14	58.38	6.53
云梦县	39.40	42.89	8.29	21.04	158.26	13.12	10.29	78.43	23.99
应城市	59.50	46.36	4.50	7.56	146.44	6.59	4.81	72.99	10.38
汉川市	98.81	76.69	24.40	24.69	112.13	27.36	26.27	96.02	34.25
安陆市	52.35	45.02	3.46	6.61	115.61	4.00	3.08	77.00	6.84
孝昌县									
大悟县									
宜昌市	**142.76**	**81.09**	**31.54**	**22.09**	**144.39**	**45.54**	**41.65**	**91.46**	**51.36**
枝江市	76.12	43.35	20.33	26.71	179.49	36.49	34.90	95.64	80.51
当阳市	66.64	37.74	11.21	16.82	80.73	9.05	6.75	74.59	17.89
远安县									
宜都市									

5－7－45　湖北省1987年产棉县棉花生产收购明细

县市名	耕地面积（万亩）	农业人口（万人）	棉田面积（万亩）	占耕地（%）	亩产（市斤）	总产量（万担）	收购量（万担）	商品率（%）	人均交售（市斤）
全省合计	**4060.15**	**2842.35**	**639.54**	**15.75**	**135.80**	**868.50**	**798.81**	**91.98**	**28.10**
黄冈市	**477.38**	**469.88**	**54.01**	**11.31**	**148.57**	**80.24**	**74.71**	**93.11**	**15.90**
黄州区	45.11	49.57	8.20	18.18	181.71	14.90	13.32	89.40	26.87
红安县			1.11		100.00	1.11	1.15	103.60	
麻城市	85.00	95.00	14.30	16.82	127.27	18.20	17.44	95.82	18.36
英山县									
罗田县	80.10	50.50	0.53	0.66	75.47	0.40	0.39	97.50	0.77
浠水县	69.00	80.01	6.68	9.68	121.26	8.10	6.10	75.31	7.62
蕲春县	66.47	71.48	1.82	2.74	78.02	1.42	2.16	152.11	3.02
武穴市	55.30	52.32	5.50	9.95	200.00	11.00	9.40	85.45	17.97
黄梅县	76.40	71.00	15.87	20.77	158.22	25.11	24.75	32.87	34.86
团风县									
省辖市	**621.76**	**496.31**	**162.84**	**26.19**	**152.61**	**248.51**	**234.19**	**94.24**	**47.19**
随州市	150.60	113.47	27.34	18.15	113.68	31.08	29.73	95.66	26.20
潜江市	112.67	63.23	26.20	23.25	140.04	36.69	34.30	93.49	54.25
鄂州市	23.40	67.70	14.80	63.25	122.30	18.10	16.70	92.27	24.67
天门市	169.18	144.88	60.80	35.94	176.96	107.59	102.60	95.36	70.82
仙桃市	165.91	107.03	33.70	20.31	163.35	55.05	50.86	92.39	47.52
黄石市	**225.14**	**126.82**	**2.30**	**1.02**	**83.91**	**1.93**	**0.92**	**47.67**	**0.73**
大冶市	161.70	67.42	1.30	0.80	86.92	1.13	0.42	37.17	0.62
阳新县	63.44	59.40	1.00	1.58	80.00	0.80	0.50	62.50	0.84
荆门市	**528.58**	**198.79**	**45.21**	**8.55**	**143.24**	**64.76**	**58.79**	**90.78**	**29.57**
荆门辖区	312.77	78.24	11.35	3.63	169.16	19.20	16.44	85.63	21.01
京山县	85.02	44.82	8.60	10.12	176.86	15.21	14.07	92.50	31.39
钟祥市	130.79	75.73	25.26	19.31	120.15	30.35	28.28	93.18	37.34
五三农场									
沙洋农场									
荆州市	**684.52**	**450.17**	**125.89**	**18.39**	**147.01**	**185.07**	**169.18**	**91.41**	**37.58**
沙市区									
江陵县	131.01	72.31	21.90	16.72	178.08	39.00	36.83	94.44	50.93
松滋市	93.05	73.57	21.70	23.32	149.12	32.36	31.39	97.00	42.67
公安县	119.97	93.74	31.66	26.39	143.34	45.38	43.42	95.68	46.32

5-7-45续表

县市名	耕地面积（万亩）	农业人口（万人）	棉田面积（万亩）	占耕地（%）	亩产（市斤）	总产量（万担）	收购量（万担）	商品率（%）	人均交售（市斤）
石首市	60.98	49.06	11.80	19.35	146.36	17.27	13.14	76.09	26.78
监利县	178.50	101.71	22.15	12.41	115.03	25.48	20.15	79.08	19.81
洪湖市	101.01	59.78	16.68	16.51	153.36	25.58	24.25	94.80	40.57
荆州区									
武汉市	**242.97**	**236.44**	**56.17**	**23.12**	**139.04**	**78.10**	**75.17**	**96.25**	**31.79**
新洲区	79.00	68.10	36.91	46.72	134.52	49.65	47.56	95.79	69.84
黄陂区	90.00	83.00	6.00	6.67	128.33	7.70	6.50	84.42	7.83
蔡甸区	47.90	37.60	5.30	11.06	147.17	7.80	8.40	107.69	22.34
江夏区	7.76	42.09	1.64	21.13	158.54	2.60	2.53	97.31	6.01
汉南区	18.31	5.65	6.32	34.52	163.77	10.35	10.18	98.36	180.18
东西湖区									
咸宁市	**99.36**	**58.90**	**6.61**	**6.65**	**70.65**	**4.67**	**4.46**	**95.50**	**7.57**
嘉鱼县	49.36	21.90	5.61	11.37	68.98	3.87	4.26	110.08	19.45
赤壁市	50.00	37.00	1.00	2.00	80.00	0.80	0.20	25.00	0.54
襄樊市	**628.63**	**335.36**	**89.26**	**14.20**	**95.70**	**85.42**	**75.22**	**88.06**	**22.43**
谷城县	47.20	43.58	1.69	3.58	86.39	1.46	1.03	70.55	2.36
南漳县	71.90	48.00	4.00	5.56	85.00	3.40	3.00	88.24	6.25
枣阳市	162.02	74.17	34.40	21.23	91.57	31.50	28.94	91.87	39.02
老河口市	100.89	31.66	9.47	9.39	84.37	7.99	5.99	74.97	18.92
襄阳县	177.52	99.55	30.10	16.96	104.88	31.57	27.47	87.01	27.59
宜城市	69.10	38.40	9.60	13.89	98.96	9.50	8.79	92.53	22.89
孝感市	**409.38**	**387.96**	**62.40**	**15.24**	**112.71**	**70.33**	**60.63**	**86.21**	**15.63**
广水市	62.03	67.30	4.82	7.77	111.41	5.37	5.00	93.11	7.43
孝南区	100.54	108.69	12.31	12.24	86.60	10.66	7.53	70.64	6.93
云梦县	38.14	43.42	8.40	22.02	128.81	10.82	8.58	79.30	19.76
应城市	59.23	45.51	4.90	8.27	117.76	5.77	4.78	82.84	10.50
汉川市	97.53	77.33	28.50	29.22	120.81	34.43	32.48	94.34	42.00
安陆市	51.91	45.71	3.47	6.68	94.52	3.28	2.26	68.90	4.94
孝昌县									
大悟县									
宜昌市	**142.43**	**81.72**	**34.85**	**24.47**	**141.95**	**49.47**	**45.54**	**92.06**	**55.73**
枝江市	75.79	43.68	21.82	28.79	177.96	38.83	36.97	95.21	84.64
当阳市	66.64	38.04	13.03	19.55	81.66	10.64	8.57	80.55	22.53
远安县									
宜都市									

5－7－46　湖北省1988年产棉县棉花生产收购明细

县市名	耕地面积（万亩）	农业人口（万人）	棉田面积（万亩）	占耕地（%）	亩产（市斤）	总产量（万担）	收购量（万担）	商品率（%）	人均交售（市斤）
全省合计	**4028.60**	**2854.77**	**662.41**	**16.44**	**105.42**	**698.31**	**633.38**	**90.70**	**22.19**
黄冈市	**471.19**	**477.37**	**56.34**	**11.96**	**101.63**	**57.26**	**49.59**	**86.60**	**10.39**
黄州区	44.56	50.27	8.33	18.69	117.05	9.75	7.81	80.10	15.54
红安县			1.21		95.87	1.16	1.11	95.69	
麻城市	85.00	96.00	14.20	16.71	100.70	14.30	13.03	91.12	13.57
英山县									
罗田县	80.10	50.55	1.33	1.66	75.19	1.00	0.90	90.00	1.78
浠水县	64.22	81.45	6.10	9.50	93.28	5.69	3.94	69.24	4.84
蕲春县	66.21	73.73	2.11	3.19	65.88	1.39	0.93	66.91	1.26
武穴市	55.10	53.97	6.60	11.98	121.21	8.00	6.50	81.25	12.04
黄梅县	76.00	71.40	16.46	21.66	97.02	15.97	15.37	21.01	21.53
团风县									
省辖市	**615.77**	**500.08**	**167.09**	**27.14**	**129.16**	**215.81**	**190.74**	**88.38**	**38.14**
随州市	150.00	117.18	27.56	18.37	98.66	27.19	23.39	86.02	19.96
潜江市	111.76	63.27	25.40	22.73	126.97	32.25	30.06	93.21	47.51
鄂州市	22.30	69.30	9.58	42.96	159.71	15.30	14.20	92.81	20.49
天门市	167.76	146.50	62.30	37.14	149.87	93.37	80.23	85.93	54.76
仙桃市	163.95	103.83	42.25	25.77	112.90	47.70	42.86	89.85	41.28
黄石市	**222.21**	**127.57**	**2.00**	**0.90**	**85.50**	**1.71**	**0.80**	**46.78**	**0.63**
大冶市	159.03	67.07	1.50	0.94	88.67	1.33	0.60	45.11	0.89
阳新县	63.18	60.50	0.50	0.79	76.00	0.38	0.20	52.63	0.33
荆门市	**523.40**	**196.40**	**44.12**	**8.43**	**133.50**	**58.90**	**53.32**	**90.53**	**27.15**
荆门辖区	308.75	80.05	10.99	3.56	151.68	16.67	13.72	82.30	17.14
京山县	84.58	44.52	9.92	11.73	135.89	13.48	12.80	94.96	28.75
钟祥市	130.07	71.83	23.21	17.84	123.87	28.75	26.80	93.22	37.31
五三农场									
沙洋农场									
荆州市	**682.56**	**442.24**	**134.16**	**19.66**	**113.61**	**152.42**	**144.26**	**94.65**	**32.62**
沙市区									
江陵县	130.72	65.32	22.20	16.98	135.18	30.01	29.64	98.77	45.38
松滋市	92.94	74.28	24.70	26.58	123.40	30.48	28.17	92.42	37.92
公安县	119.41	94.99	32.20	26.97	141.15	45.45	43.61	95.95	45.91

5-7-46续表

县市名	耕地面积（万亩）	农业人口（万人）	棉田面积（万亩）	占耕地（%）	亩产（市斤）	总产量（万担）	收购量（万担）	商品率（%）	人均交售（市斤）
石首市	60.86	49.46	12.10	19.88	101.49	12.28	9.03	73.53	18.26
监利县	178.60	98.63	24.04	13.46	56.45	13.57	13.80	101.69	13.99
洪湖市	100.03	59.56	18.92	18.91	109.04	20.63	20.01	96.99	33.60
荆州区									
武汉市	**241.07**	**240.63**	**58.99**	**24.47**	**102.20**	**60.29**	**56.93**	**94.43**	**23.66**
新洲区	78.80	69.89	36.11	45.82	103.27	37.29	33.63	90.19	48.12
黄陂区	89.00	85.00	8.00	8.99	75.00	6.00	5.20	86.67	6.12
蔡甸区	47.60	37.70	6.50	13.66	120.00	7.80	9.00	115.38	23.87
江夏区	7.68	42.25	1.88	24.48	130.85	2.46	2.46	100.00	5.82
汉南区	17.99	5.79	6.50	36.13	103.69	6.74	6.64	98.52	114.68
东西湖区									
咸宁市	**98.96**	**59.30**	**6.72**	**6.79**	**62.35**	**4.19**	**3.59**	**85.68**	**6.05**
嘉鱼县	48.96	22.30	5.72	11.68	59.27	3.39	3.38	99.71	15.16
赤壁市	50.00	37.00	1.00	2.00	80.00	0.80	0.21	26.25	0.57
襄樊市	**623.73**	**337.60**	**92.63**	**14.85**	**51.31**	**47.53**	**46.24**	**97.29**	**13.70**
谷城县	46.96	44.01	3.10	6.60	30.32	0.94	0.61	64.89	1.39
南漳县	71.60	48.00	4.00	5.59	80.00	3.20	2.20	68.75	4.58
枣阳市	160.70	75.28	35.40	22.03	38.90	13.77	12.90	93.68	17.14
老河口市	99.20	31.28	9.43	9.51	50.58	4.77	9.45	198.11	30.21
襄阳县	176.37	100.23	31.30	17.75	50.00	15.65	12.78	81.66	12.75
宜城市	68.90	38.80	9.40	13.64	97.87	9.20	8.30	90.22	21.39
孝感市	**407.43**	**390.84**	**64.84**	**15.91**	**85.95**	**55.73**	**46.87**	**84.10**	**11.99**
广水市	62.03	69.00	4.48	7.22	86.61	3.88	3.97	102.32	5.75
孝南区	99.67	107.24	11.99	12.03	71.39	8.56	5.38	62.85	5.02
云梦县	37.91	44.01	7.82	20.63	101.28	7.92	6.14	77.53	13.95
应城市	59.03	45.56	6.19	10.49	82.23	5.09	4.61	90.57	10.12
汉川市	97.21	78.63	30.30	31.17	89.90	27.24	24.45	89.76	31.10
安陆市	51.58	46.40	4.06	7.87	74.88	3.04	2.32	76.32	5.00
孝昌县									
大悟县									
宜昌市	**142.28**	**82.74**	**35.52**	**24.96**	**125.20**	**44.47**	**41.04**	**92.29**	**49.60**
枝江市	75.64	44.18	21.45	28.36	161.49	34.64	33.58	96.94	76.01
当阳市	66.64	38.56	14.07	21.11	69.86	9.83	7.46	75.89	19.35
远安县									
宜都市									

5-7-47　湖北省1989年产棉县棉花生产收购明细

县市名	耕地面积（万亩）	农业人口（万人）	棉田面积（万亩）	占耕地（%）	亩产（市斤）	总产量（万担）	收购量（万担）	商品率（%）	人均交售（市斤）
全省合计	**3979.67**	**2868.30**	**612.94**	**15.40**	**97.59**	**598.16**	**520.54**	**87.02**	**18.15**
黄冈市	**445.92**	**450.75**	**50.18**	**11.25**	**123.91**	**62.18**	**54.26**	**87.26**	**12.04**
黄州区	15.85	17.45	5.10	32.18	166.27	8.48	9.94	117.22	56.96
红安县			1.21		83.47	1.01	0.72	71.29	
麻城市	84.00	97.00	13.50	16.07	108.15	14.60	12.76	87.40	13.15
英山县									
罗田县	80.10	50.60	1.06	1.32	75.47	0.80	0.79	98.75	1.56
浠水县	68.84	82.45	5.56	8.08	96.22	5.35	3.56	66.54	4.32
蕲春县	66.03	74.92	1.95	2.95	78.46	1.53	0.44	28.76	0.59
武穴市	55.00	55.33	5.90	10.73	184.75	10.90	7.50	68.81	13.56
黄梅县	76.10	73.00	15.90	20.89	122.70	19.51	18.55	25.64	25.41
团风县									
省辖市	**612.96**	**510.56**	**147.78**	**24.11**	**114.12**	**168.65**	**149.08**	**88.40**	**29.20**
随州市	149.66	118.69	26.78	17.89	102.35	27.41	22.17	80.88	18.68
潜江市	110.65	63.90	20.50	18.53	102.63	21.04	17.14	81.46	26.82
鄂州市	22.50	70.90	9.10	40.44	173.63	15.80	14.10	89.24	19.89
天门市	166.92	148.33	54.40	32.59	113.82	61.92	60.86	98.29	41.03
仙桃市	163.23	108.74	37.00	22.67	114.81	42.48	34.81	81.94	32.01
黄石市	**222.06**	**130.06**	**2.20**	**0.99**	**83.64**	**1.84**	**1.01**	**54.89**	**0.78**
大冶市	159.34	69.16	1.40	0.88	80.00	1.12	0.51	45.54	0.74
阳新县	62.72	60.90	0.80	1.28	90.00	0.72	0.50	69.44	0.82
荆门市	**508.01**	**200.05**	**40.54**	**7.98**	**95.95**	**38.90**	**32.84**	**84.42**	**16.42**
荆门辖区	293.92	81.59	9.82	3.34	129.33	12.70	9.65	75.98	11.83
京山县	84.48	45.10	9.52	11.27	101.47	9.66	9.58	99.17	21.24
钟祥市	129.61	73.36	21.20	16.36	78.02	16.54	13.61	82.29	18.55
五三农场									
沙洋农场									
荆州市	**679.29**	**449.47**	**123.11**	**18.12**	**100.61**	**123.86**	**116.98**	**94.45**	**26.03**
沙市区									
江陵县	130.13	67.82	21.17	16.27	103.97	22.01	22.12	100.50	32.62
松滋市	92.89	74.69	22.20	23.90	94.46	20.97	19.25	91.80	25.77
公安县	118.22	96.73	31.55	26.69	123.84	39.07	36.35	93.04	37.58

5-7-47续表

县市名	耕地面积（万亩）	农业人口（万人）	棉田面积（万亩）	占耕地（%）	亩产（市斤）	总产量（万担）	收购量（万担）	商品率（%）	人均交售（市斤）
石首市	60.67	48.97	12.00	19.78	93.33	11.20	9.60	85.71	19.60
监利县	177.60	101.49	20.91	11.77	54.04	11.30	13.90	123.01	13.70
洪湖市	99.78	59.77	15.28	15.31	126.37	19.31	15.76	81.62	26.37
荆州区									
武汉市	**240.46**	**242.85**	**54.55**	**22.69**	**109.00**	**59.46**	**56.34**	**94.75**	**23.20**
新洲区	78.50	69.80	33.72	42.96	109.73	37.00	30.86	83.41	44.21
黄陂区	89.00	86.00	6.00	6.74	101.67	6.10	5.40	88.52	6.28
蔡甸区	47.40	38.00	6.50	13.71	116.92	7.60	11.40	150.00	30.00
江夏区	7.63	43.50	1.94	25.43	105.15	2.04	2.04	100.00	4.69
汉南区	17.93	5.55	6.39	35.64	105.16	6.72	6.64	98.81	119.64
东西湖区									
咸宁市	**98.93**	**59.49**	**4.37**	**4.42**	**97.03**	**4.24**	**2.94**	**69.34**	**4.94**
嘉鱼县	48.93	22.49	3.37	6.89	102.08	3.44	2.67	77.62	11.87
赤壁市	50.00	37.00	1.00	2.00	80.00	0.80	0.27	33.75	0.73
襄樊市	**623.66**	**344.69**	**95.38**	**15.29**	**60.51**	**57.71**	**40.37**	**69.95**	**11.71**
谷城县	46.90	44.60	3.14	6.70	29.94	0.94	0.77	81.91	1.73
南漳县	71.40	50.00	5.00	7.00	72.00	3.60	1.90	52.78	3.80
枣阳市	160.03	75.84	34.68	21.67	58.33	20.23	16.21	80.13	21.37
老河口市	101.08	32.52	10.36	10.25	40.35	4.18	1.86	44.50	5.72
襄阳县	175.45	102.43	31.50	17.95	58.92	18.56	11.03	59.43	10.77
宜城市	68.80	39.30	10.70	15.55	95.33	10.20	8.60	84.31	21.88
孝感市	**406.14**	**397.42**	**60.33**	**14.85**	**84.35**	**50.89**	**38.50**	**75.65**	**9.69**
广水市	61.41	70.76	4.38	7.13	108.90	4.77	3.43	71.91	4.85
孝南区	99.38	110.37	11.31	11.38	81.26	9.19	4.80	52.23	4.35
云梦县	38.04	44.58	7.45	19.58	81.61	6.08	4.78	78.62	10.72
应城市	58.85	46.15	4.85	8.24	108.25	5.25	4.23	80.57	9.17
汉川市	97.10	79.29	28.94	29.80	79.27	22.94	19.59	85.40	24.71
安陆市	51.36	46.27	3.40	6.62	78.24	2.66	1.67	62.78	3.61
孝昌县									
大悟县									
宜昌市	**142.24**	**82.96**	**34.50**	**24.25**	**88.20**	**30.43**	**28.22**	**92.74**	**34.02**
枝江市	75.60	44.53	21.47	28.40	105.26	22.60	22.89	101.28	51.40
当阳市	66.64	38.43	13.03	19.55	60.09	7.83	5.33	68.07	13.87
远安县									
宜都市									

5－7－48　湖北省1990年产棉县棉花生产收购明细

县市名	耕地面积（万亩）	农业人口（万人）	棉田面积（万亩）	占耕地（%）	亩产（市斤）	总产量（万担）	收购量（万担）	商品率（%）	人均交售（市斤）
全省合计	**3941.73**	**2901.48**	**659.74**	**16.74**	**150.15**	**990.61**	**939.44**	**94.83**	**32.38**
黄冈市	**444.45**	**459.33**	**53.09**	**11.95**	**147.56**	**78.34**	**70.46**	**89.94**	**15.34**
黄州区	15.70	17.85	5.00	31.85	189.20	9.46	12.94	136.79	72.49
红安县			1.75		65.71	1.15	1.47	127.83	
麻城市	84.00	99.00	13.70	16.31	146.72	20.10	17.93	89.20	18.11
英山县									
罗田县	80.00	50.65	1.00	1.25	80.00	0.80	0.79	98.75	1.56
浠水县	68.65	85.76	6.50	9.47	88.31	5.74	6.49	113.07	7.57
蕲春县	65.64	76.21	1.84	2.80	91.85	1.69	1.93	114.20	2.53
武穴市	54.70	56.86	7.20	13.16	170.83	12.30	10.40	84.55	18.29
黄梅县	75.76	73.00	16.10	21.25	168.32	27.10	18.51	35.77	25.36
团风县									
省辖市	**611.83**	**529.25**	**168.60**	**27.56**	**172.47**	**290.79**	**275.14**	**94.62**	**51.99**
随州市	149.43	122.42	27.94	18.70	157.55	44.02	40.30	91.55	32.92
潜江市	110.56	64.56	23.70	21.44	156.75	37.15	33.58	90.39	52.01
鄂州市	23.50	72.60	9.50	40.43	208.42	19.80	19.10	96.46	26.31
天门市	165.94	153.52	64.60	38.93	185.14	119.60	113.51	94.91	73.94
仙桃市	162.40	116.15	42.86	26.39	163.84	70.22	68.65	97.76	59.10
黄石市	**222.64**	**137.79**	**2.60**	**1.17**	**92.69**	**2.41**	**1.67**	**69.29**	**1.21**
大冶市	159.99	70.59	1.40	0.88	93.57	1.31	0.87	66.41	1.23
阳新县	62.65	67.20	1.20	1.92	91.67	1.10	0.80	72.73	1.19
荆门市	**527.83**	**208.73**	**47.46**	**8.99**	**169.85**	**80.61**	**77.35**	**95.96**	**37.06**
荆门辖区	314.30	82.86	12.96	4.12	158.95	20.60	19.65	95.39	23.71
京山县	84.34	48.24	10.34	12.26	199.90	20.67	20.61	99.71	42.72
钟祥市	129.19	77.63	24.16	18.70	162.83	39.34	37.09	94.28	47.78
五三农场									
沙洋农场									
荆州市	**677.21**	**456.02**	**135.88**	**20.06**	**170.49**	**231.66**	**227.81**	**98.34**	**49.96**
沙市区									
江陵县	129.68	68.68	22.70	17.50	208.41	47.31	46.17	97.59	67.22
松滋市	92.73	74.93	25.49	27.49	165.08	42.08	42.01	99.83	56.07
公安县	117.76	97.80	33.00	28.02	203.03	67.00	64.10	95.67	65.54

5-7-48 续表

县市名	耕地面积（万亩）	农业人口（万人）	棉田面积（万亩）	占耕地（%）	亩产（市斤）	总产量（万担）	收购量（万担）	商品率（%）	人均交售（市斤）
石首市	60.60	49.35	12.30	20.30	168.94	20.78	20.13	96.87	40.79
监利县	176.95	104.98	24.96	14.11	108.45	27.07	28.74	106.17	27.38
洪湖市	99.49	60.28	17.43	17.52	157.31	27.42	26.66	97.23	44.23
荆州区									
武汉市	**240.09**	**252.32**	**48.56**	**20.23**	**125.21**	**60.80**	**76.12**	**125.20**	**30.17**
新洲区	78.37	74.34	27.00	34.45	123.48	33.34	43.87	131.58	59.01
黄陂区	89.00	89.00	6.50	7.30	109.23	7.10	7.80	109.86	8.76
蔡甸区	47.30	40.20	6.70	14.16	128.36	8.60	11.10	129.07	27.61
江夏区	7.61	43.34	1.79	23.52	147.49	2.64	2.56	96.97	5.91
汉南区	17.81	5.44	6.57	36.89	138.81	9.12	10.79	118.31	198.35
东西湖区									
咸宁市	**98.89**	**59.26**	**5.47**	**5.53**	**113.35**	**6.20**	**6.17**	**99.52**	**10.41**
嘉鱼县	48.89	22.26	4.27	8.73	121.78	5.20	5.05	97.12	22.69
赤壁市	50.00	37.00	1.20	2.40	83.33	1.00	1.12	112.00	3.03
襄樊市	**620.94**	**359.86**	**99.99**	**16.10**	**100.57**	**100.56**	**89.18**	**88.68**	**24.78**
谷城县	46.85	45.08	2.94	6.28	76.87	2.26	1.57	69.47	3.48
南漳县	71.20	50.80	5.70	8.01	91.23	5.20	4.00	76.92	7.87
枣阳市	159.30	81.86	36.68	23.03	94.90	34.81	32.44	93.19	39.63
老河口市	99.95	33.19	9.97	9.97	68.81	6.86	6.13	89.36	18.47
襄阳县	175.04	108.83	33.90	19.37	109.00	36.95	32.00	86.60	29.40
宜城市	68.60	40.10	10.80	15.74	134.07	14.48	13.04	90.06	32.52
孝感市	**355.64**	**358.42**	**60.77**	**17.09**	**123.99**	**75.35**	**54.28**	**72.04**	**15.14**
广水市	61.39	71.84	4.81	7.84	108.52	5.22	4.94	94.64	6.88
孝南区	49.29	58.93	7.77	15.76	84.04	6.53	7.02	107.50	11.91
云梦县	37.97	45.92	8.79	23.15	146.99	12.92	12.02	93.03	26.18
应城市	58.83	50.47	5.49	9.33	115.66	6.35	7.30	114.96	14.46
汉川市	96.96	83.33	29.82	30.75	135.14	40.30	19.39	48.11	23.27
安陆市	51.20	47.93	4.09	7.99	98.53	4.03	3.61	89.58	7.53
孝昌县									
大悟县									
宜昌市	**142.21**	**80.50**	**37.32**	**26.24**	**171.20**	**63.89**	**61.26**	**95.88**	**76.10**
枝江市	75.57	41.79	22.09	29.23	221.14	48.85	48.34	98.96	115.67
当阳市	66.64	38.71	15.23	22.85	98.75	15.04	12.92	85.90	33.38
远安县									
宜都市									

5－7－49　湖北省1991年产棉县棉花生产收购明细

县 市 名	耕地面积（万亩）	农业人口（万人）	棉田面积（万亩）	占耕地（%）	亩 产（市斤）	总产量（万担）	收购量（万担）	商品率（%）	人均交售（市斤）
全省合计	**3910.83**	**2933.35**	**651.30**	**16.65**	**143.13**	**932.18**	**912.61**	**97.90**	**31.11**
黄冈市	**441.42**	**461.88**	**53.18**	**12.05**	**147.16**	**78.26**	**71.32**	**91.13**	**15.44**
黄州区	15.27	17.87	5.00	32.74	148.60	7.43	10.18	137.01	56.97
红安县			1.75		122.86	2.15	2.23	103.72	
麻城市	84.00	99.00	13.50	16.07	111.85	15.10	12.26	81.19	12.38
英山县									
罗田县	80.00	50.70	1.00	1.25	80.00	0.80	0.79	98.75	1.56
浠水县	67.66	86.76	7.20	10.64	91.11	6.56	6.09	92.84	7.02
蕲春县	64.33	77.34	1.33	2.07	96.24	1.28	1.84	143.75	2.38
武穴市	54.40	57.21	6.80	12.50	202.94	13.80	10.50	76.09	18.35
黄梅县	75.76	73.00	16.60	21.91	187.59	31.14	27.43	41.10	37.58
团风县									
省辖市	**605.01**	**538.06**	**169.11**	**27.95**	**155.93**	**263.70**	**253.73**	**96.22**	**47.16**
随州市	149.15	128.06	27.49	18.43	167.92	46.16	41.88	90.73	32.70
潜江市	105.34	63.39	25.80	24.49	142.17	36.68	35.56	96.95	56.10
鄂州市	23.50	72.80	9.30	39.57	167.74	15.60	15.00	96.15	20.60
天门市	165.36	155.41	63.30	38.28	165.15	104.54	101.20	96.81	65.12
仙桃市	161.66	118.40	43.22	26.74	140.49	60.72	60.09	98.96	50.75
黄石市	**215.26**	**140.74**	**3.10**	**1.44**	**96.45**	**2.99**	**2.15**	**71.91**	**1.53**
大冶市	152.60	71.74	1.40	0.92	97.86	1.37	0.75	54.74	1.05
阳新县	62.66	69.00	1.70	2.71	95.29	1.62	1.40	86.42	2.03
荆门市	**525.37**	**209.67**	**46.26**	**8.81**	**171.82**	**79.49**	**74.31**	**93.48**	**35.44**
荆门辖区	313.39	83.41	14.06	4.49	158.57	22.30	21.71	97.35	26.03
京山县	83.97	49.22	10.46	12.46	169.98	17.78	17.65	99.27	35.86
钟祥市	128.01	77.04	21.74	16.98	181.28	39.41	34.95	88.68	45.37
五三农场									
沙洋农场									
荆州市	**674.00**	**458.58**	**133.08**	**19.74**	**172.45**	**229.49**	**223.36**	**97.33**	**48.71**
沙市区									
江陵县	129.39	67.18	23.83	18.42	197.15	46.98	45.69	97.25	68.01
松滋市	92.67	75.07	23.42	25.27	160.46	37.58	37.18	98.94	49.53
公安县	116.12	98.95	33.00	28.42	196.36	64.80	63.00	97.22	63.67

5-7-49 续表

县市名	耕地面积（万亩）	农业人口（万人）	棉田面积（万亩）	占耕地（%）	亩产（市斤）	总产量（万担）	收购量（万担）	商品率（%）	人均交售（市斤）
石首市	60.54	49.60	12.20	20.15	176.15	21.49	21.85	101.68	44.05
监利县	176.52	104.27	24.74	14.02	119.68	29.61	26.32	88.89	25.24
洪湖市	98.76	63.51	15.89	16.09	182.69	29.03	29.32	101.00	46.17
荆州区									
武汉市	**238.84**	**254.47**	**48.39**	**20.26**	**88.72**	**42.93**	**61.13**	**142.39**	**24.02**
新洲区	78.04	74.76	27.00	34.60	65.00	17.55	31.49	179.43	42.12
黄陂区	89.00	89.00	6.50	7.30	87.69	5.70	7.60	133.33	8.54
蔡甸区	46.50	40.00	6.60	14.19	106.06	7.00	8.90	127.14	22.25
江夏区	7.58	45.35	1.79	23.61	134.64	2.41	2.47	102.49	5.45
汉南区	17.72	5.36	6.50	36.68	158.00	10.27	10.67	103.89	199.07
东西湖区									
咸宁市	**97.69**	**60.33**	**7.00**	**7.17**	**109.43**	**7.66**	**8.89**	**116.06**	**14.74**
嘉鱼县	48.69	24.33	5.00	10.27	117.20	5.86	7.56	129.01	31.07
赤壁市	49.00	36.00	2.00	4.08	90.00	1.80	1.33	73.89	3.69
襄樊市	**619.45**	**364.93**	**95.43**	**15.41**	**116.67**	**111.34**	**95.99**	**86.21**	**26.30**
谷城县	46.30	45.06	2.67	5.77	100.75	2.69	2.57	95.54	5.70
南漳县	71.10	51.10	5.80	8.16	103.45	6.00	5.20	86.67	10.18
枣阳市	158.82	83.40	32.05	20.18	115.10	36.89	32.87	89.10	39.41
老河口市	100.32	33.27	9.11	9.08	96.93	8.83	7.88	89.24	23.69
襄阳县	174.45	110.50	34.00	19.49	121.76	41.40	33.80	81.64	30.59
宜城市	68.46	41.60	11.80	17.24	131.61	15.53	13.67	88.02	32.86
孝感市	**354.86**	**363.94**	**60.93**	**17.17**	**105.45**	**64.25**	**68.94**	**107.30**	**18.94**
广水市	61.18	73.99	5.46	8.92	135.71	7.41	7.94	107.15	10.73
孝南区	49.16	59.97	6.69	13.61	87.44	5.85	8.24	140.85	13.74
云梦县	37.91	45.20	8.81	23.24	123.16	10.85	10.82	99.72	23.94
应城市	58.81	51.19	5.08	8.64	134.65	6.84	7.97	116.52	15.57
汉川市	96.74	84.91	30.42	31.45	94.35	28.70	29.85	104.01	35.15
安陆市	51.06	48.68	4.47	8.75	102.91	4.60	4.12	89.57	8.46
孝昌县									
大悟县									
宜昌市	**138.93**	**80.75**	**34.82**	**25.06**	**149.54**	**52.07**	**52.79**	**101.38**	**65.37**
枝江市	72.29	41.92	21.79	30.14	191.92	41.82	40.42	96.65	96.42
当阳市	66.64	38.83	13.03	19.55	78.66	10.25	12.37	120.68	31.86
远安县									
宜都市									

5－7－50　湖北省1992年产棉县棉花生产收购明细

县市名	耕地面积（万亩）	农业人口（万人）	棉田面积（万亩）	占耕地（%）	亩产（市斤）	总产量（万担）	收购量（万担）	商品率（%）	人均交售（市斤）
全省合计	**3864.34**	**2956.07**	**714.63**	**18.49**	**158.76**	**1134.52**	**1081.29**	**95.31**	**36.58**
黄冈市	**430.15**	**464.36**	**59.24**	**13.77**	**157.21**	**93.13**	**89.50**	**96.10**	**19.27**
黄州区	14.60	17.74	5.19	35.55	193.64	10.05	15.16	150.85	85.46
红安县			2.20		170.45	3.75	2.06	54.93	
麻城市	83.00	100.00	14.40	17.35	127.78	18.40	15.85	86.14	15.85
英山县									
罗田县	80.00	50.75	1.00	1.25	80.00	0.80	0.79	98.75	1.56
浠水县	61.08	87.72	9.00	14.73	94.44	8.50	10.02	117.88	11.42
蕲春县	62.52	78.07	1.55	2.48	98.06	1.52	1.59	104.61	2.04
武穴市	53.50	57.08	6.90	12.90	218.84	15.10	15.10	100.00	26.45
黄梅县	75.45	73.00	19.00	25.18	184.26	35.01	28.93	46.40	39.63
团风县									
省辖市	**606.07**	**530.62**	**180.24**	**29.74**	**174.53**	**314.57**	**282.15**	**89.69**	**53.17**
随州市	148.61	118.65	29.46	19.82	186.08	54.82	41.95	76.52	35.36
潜江市	107.73	63.56	28.34	26.31	171.95	48.73	47.41	97.29	74.59
鄂州市	25.10	71.80	9.40	37.45	211.70	19.90	17.70	88.94	24.65
天门市	164.75	155.85	65.94	40.02	172.10	113.48	104.51	92.10	67.06
仙桃市	159.88	120.76	47.10	29.46	164.84	77.64	70.58	90.91	58.45
黄石市	**215.08**	**142.04**	**4.20**	**1.95**	**114.05**	**4.79**	**3.38**	**70.56**	**2.38**
大冶市	152.50	71.74	1.40	0.92	152.14	2.13	0.88	41.31	1.23
阳新县	62.58	70.30	2.80	4.47	95.00	2.66	2.50	93.98	3.56
荆门市	**514.42**	**208.43**	**59.31**	**11.53**	**167.17**	**99.15**	**83.39**	**84.10**	**40.01**
荆门辖区	305.11	82.38	21.31	6.98	121.54	25.90	25.30	97.68	30.71
京山县	83.27	49.63	15.56	18.69	153.08	23.82	16.64	69.86	33.53
钟祥市	126.04	76.42	22.44	17.80	220.28	49.43	41.45	83.86	54.24
五三农场									
沙洋农场									
荆州市	**668.99**	**465.06**	**146.05**	**21.83**	**190.55**	**278.30**	**267.26**	**96.03**	**57.47**
沙市区									
江陵县	126.17	69.77	26.01	20.62	192.70	50.12	46.99	93.75	67.35
松滋市	92.49	75.29	22.40	24.22	208.17	46.63	44.41	95.24	58.99
公安县	115.65	100.10	33.00	28.53	230.91	76.20	71.50	93.83	71.43

5－7－50续表

县市名	耕地面积（万亩）	农业人口（万人）	棉田面积（万亩）	占耕地（%）	亩产（市斤）	总产量（万担）	收购量（万担）	商品率（%）	人均交售（市斤）
石首市	60.39	49.45	14.39	23.83	202.29	29.11	33.04	113.50	66.81
监利县	176.06	106.53	28.38	16.12	132.95	37.73	33.95	89.98	31.87
洪湖市	98.23	63.92	21.87	22.26	176.09	38.51	37.37	97.04	58.46
荆州区									
武汉市	**236.18**	**257.47**	**50.07**	**21.20**	**127.08**	**63.63**	**95.68**	**150.37**	**37.16**
新洲区	77.43	74.98	27.00	34.87	90.00	24.30	44.21	181.93	58.96
黄陂区	88.00	91.00	7.30	8.30	131.51	9.60	12.90	134.38	14.18
蔡甸区	45.80	39.90	6.80	14.85	158.82	10.80	17.20	159.26	43.11
江夏区	7.51	45.78	1.99	26.50	241.21	4.80	4.72	98.33	10.31
汉南区	17.44	5.81	6.98	40.02	202.44	14.13	16.65	117.83	286.57
东西湖区									
咸宁市	**97.25**	**60.70**	**7.84**	**8.06**	**118.24**	**9.27**	**11.04**	**119.09**	**18.19**
嘉鱼县	48.25	24.70	5.84	12.10	127.91	7.47	9.55	127.84	38.66
赤壁市	49.00	36.00	2.00	4.08	90.00	1.80	1.49	82.78	4.14
襄樊市	**605.72**	**364.81**	**103.63**	**17.11**	**116.02**	**120.23**	**89.32**	**74.29**	**24.48**
谷城县	46.17	44.12	3.11	6.74	105.79	3.29	3.09	93.92	7.00
南漳县	70.60	50.30	8.00	11.33	101.25	8.10	7.00	86.42	13.92
枣阳市	156.48	84.23	35.14	22.46	90.04	31.64	27.94	88.31	33.17
老河口市	92.65	33.21	10.08	10.88	113.19	11.41	6.59	57.76	19.84
襄阳县	172.39	110.95	34.30	19.90	124.84	42.82	28.40	66.32	25.60
宜城市	67.43	42.00	13.00	19.28	176.69	22.97	16.30	70.96	38.81
孝感市	**352.03**	**382.27**	**65.40**	**18.58**	**134.63**	**88.05**	**92.88**	**105.49**	**24.30**
广水市	60.91	86.01	5.95	9.77	151.09	8.99	11.52	128.14	13.39
孝南区	48.76	60.50	6.56	13.45	110.52	7.25	9.81	135.31	16.21
云梦县	37.71	45.69	8.60	22.81	125.00	10.75	13.44	125.02	29.42
应城市	58.24	50.45	7.06	12.12	160.34	11.32	10.70	94.52	21.21
汉川市	95.92	90.70	32.30	33.67	135.76	43.85	43.41	99.00	47.86
安陆市	50.49	48.92	4.93	9.76	119.47	5.89	4.00	67.91	8.18
孝昌县									
大悟县									
宜昌市	**138.45**	**80.31**	**38.65**	**27.92**	**164.04**	**63.40**	**66.69**	**105.19**	**83.04**
枝江市	71.81	41.41	23.42	32.61	223.91	52.44	51.59	98.38	124.58
当阳市	66.64	38.90	15.23	22.85	71.96	10.96	15.10	137.77	38.82
远安县									
宜都市									

5－7－51　湖北省1993年产棉县棉花生产收购明细

县市名	耕地面积（万亩）	农业人口（万人）	棉田面积（万亩）	占耕地（%）	亩产（市斤）	总产量（万担）	收购量（万担）	商品率（%）	人均交售（市斤）
全省合计	**3872.99**	**3002.85**	**684.35**	**17.67**	**142.12**	**972.62**	**724.04**	**74.44**	**24.11**
黄冈市	**434.58**	**466.58**	**56.52**	**13.01**	**144.69**	**81.78**	**60.41**	**73.87**	**12.95**
黄州区	14.02	17.46	4.82	34.38	173.03	8.34	11.04	132.37	63.23
红安县			2.20		164.55	3.62	2.03	56.08	
麻城市	83.00	100.00	13.90	16.75	135.25	18.80	11.06	58.83	11.06
英山县									
罗田县	80.00	50.80	1.00	1.25	80.00	0.80	0.79	98.75	1.56
浠水县	66.55	88.80	7.02	10.55	102.14	7.17	4.24	59.14	4.77
蕲春县	62.56	78.67	1.98	3.16	100.00	1.98	2.30	116.16	2.92
武穴市	52.80	57.85	7.60	14.39	227.63	17.30	8.80	50.87	15.21
黄梅县	75.65	73.00	18.00	23.79	132.06	23.77	20.15	31.42	27.60
团风县									
省辖市	**603.51**	**544.95**	**169.08**	**28.02**	**153.12**	**258.90**	**192.55**	**74.37**	**35.33**
随州市	148.09	130.23	27.57	18.62	171.20	47.20	22.57	47.82	17.33
潜江市	106.39	64.25	28.53	26.82	140.31	40.03	26.59	66.43	41.39
鄂州市	25.30	72.10	9.50	37.55	185.26	17.60	14.30	81.25	19.83
天门市	164.52	155.98	62.93	38.25	148.82	93.65	80.56	86.02	51.65
仙桃市	159.21	122.39	40.55	25.47	149.00	60.42	48.53	80.32	39.65
黄石市	**210.94**	**144.61**	**3.80**	**1.80**	**97.11**	**3.69**	**3.91**	**105.96**	**2.70**
大冶市	148.65	72.01	1.30	0.87	100.77	1.31	1.91	145.80	2.65
阳新县	62.29	72.60	2.50	4.01	95.20	2.38	2.00	84.03	2.75
荆门市	**511.23**	**205.45**	**54.90**	**10.74**	**145.97**	**80.14**	**50.86**	**63.46**	**24.76**
荆门辖区	303.32	81.33	20.40	6.73	90.83	18.53	14.62	78.90	17.98
京山县	83.05	50.25	11.79	14.20	205.17	24.19	18.59	76.85	37.00
钟祥市	124.86	73.87	22.71	18.19	164.77	37.42	17.65	47.17	23.89
五三农场									
沙洋农场									
荆州市	**667.79**	**451.93**	**147.47**	**22.08**	**166.13**	**244.99**	**185.68**	**75.79**	**41.09**
沙市区									
江陵县	125.66	66.76	25.73	20.48	187.60	48.27	33.91	70.25	50.79
松滋市	92.89	75.53	22.23	23.93	163.34	36.31	34.47	94.93	45.64
公安县	115.65	100.49	33.00	28.53	217.88	71.90	59.50	82.75	59.21

5-7-52 续表

县市名	耕地面积（万亩）	农业人口（万人）	棉田面积（万亩）	占耕地（%）	亩产（市斤）	总产量（万担）	收购量（万担）	商品率（%）	人均交售（市斤）
石首市	60.39	49.30	16.35	27.07	145.81	23.84	18.96	79.53	38.46
监利县	175.15	102.32	28.10	16.04	103.42	29.06	13.47	46.35	13.16
洪湖市	98.05	57.53	22.06	22.50	161.42	35.61	25.37	71.24	44.10
荆州区									
武汉市	**233.02**	**257.08**	**51.56**	**22.13**	**103.70**	**53.47**	**63.37**	**118.52**	**24.65**
新洲区	76.62	75.53	27.00	35.24	65.00	17.55	25.86	147.35	34.24
黄陂区	87.00	91.00	7.10	8.16	140.85	10.00	8.30	83.00	9.12
蔡甸区	44.80	39.20	8.00	17.86	137.50	11.00	15.20	138.18	38.78
江夏区	7.38	46.15	2.22	30.08	125.23	2.78	2.70	97.12	5.85
汉南区	17.22	5.20	7.24	42.04	167.68	12.14	11.31	93.16	217.50
东西湖区									
咸宁市	**96.41**	**61.12**	**8.08**	**8.38**	**106.93**	**8.64**	**7.37**	**85.30**	**12.06**
嘉鱼县	47.91	25.12	6.08	12.69	112.50	6.84	6.33	92.54	25.20
赤壁市	48.50	36.00	2.00	4.12	90.00	1.80	1.04	57.78	2.89
襄樊市	**584.25**	**365.34**	**94.22**	**16.13**	**117.22**	**110.44**	**52.89**	**47.89**	**14.48**
谷城县	44.16	42.05	1.50	3.40	86.00	1.29	0.74	57.36	1.76
南漳县	70.00	50.40	8.50	12.14	77.65	6.60	1.70	25.76	3.37
枣阳市	153.45	85.24	30.80	20.07	106.62	32.84	18.79	57.22	22.04
老河口市	80.37	33.67	9.23	11.48	112.89	10.42	7.56	72.55	22.45
襄阳县	171.77	112.28	30.29	17.63	121.79	36.89	16.80	45.54	14.96
宜城市	64.50	41.70	13.90	21.55	161.15	22.40	7.30	32.59	17.51
孝感市	**392.88**	**426.30**	**64.86**	**16.51**	**134.27**	**87.09**	**66.57**	**76.44**	**15.62**
广水市	60.63	75.86	5.48	9.04	185.77	10.18	7.60	74.66	10.02
孝南区	48.31	61.00	5.82	12.05	108.42	6.31	4.01	63.55	6.57
云梦县	37.33	46.46	7.36	19.72	114.67	8.44	9.69	114.81	20.86
应城市	57.98	51.05	7.49	12.92	157.01	11.76	9.64	81.97	18.88
汉川市	95.46	86.60	31.66	33.17	136.36	43.17	30.05	69.61	34.70
安陆市	49.17	49.33	4.65	9.46	121.08	5.63	3.68	65.36	7.46
孝昌县	44.00	56.00	2.40	5.45	66.67	1.60	1.90	118.75	3.39
大悟县									
宜昌市	**138.38**	**79.49**	**33.86**	**24.47**	**128.41**	**43.48**	**40.43**	**92.99**	**50.86**
枝江市	71.74	40.79	22.77	31.74	159.33	36.28	32.10	88.48	78.70
当阳市	66.64	38.70	11.09	16.64	64.92	7.20	8.33	115.69	21.52
远安县									
宜都市									

5－7－52　湖北省1994年产棉县棉花生产收购明细

县 市 名	耕地面积（万亩）	农业人口（万人）	棉田面积（万亩）	占耕地（%）	亩　产（市斤）	总产量（万担）	收购量（万担）	商品率（%）	人均交售（市斤）
全省合计	**3860.15**	**3003.82**	**694.50**	**17.99**	**139.00**	**965.36**	**693.24**	**71.81**	**23.08**
黄冈市	**431.89**	**456.69**	**60.15**	**13.93**	**148.76**	**89.48**	**56.65**	**63.31**	**12.40**
黄州区	13.96	10.19	5.28	37.82	160.42	8.47	8.44	99.65	82.83
红安县			2.50		182.00	4.55	0.52	11.43	
麻城市	83.00	99.00	13.90	16.75	145.32	20.20	9.80	48.51	9.90
英山县									
罗田县	80.00	50.85	1.50	1.88	80.00	1.20	1.19	99.17	2.34
浠水县	66.21	87.87	5.72	8.64	136.01	7.78	4.14	53.21	4.71
蕲春县	60.27	78.15	2.35	3.90	109.79	2.58	2.02	78.29	2.58
武穴市	52.80	57.63	10.00	18.94	232.00	23.20	9.20	39.66	15.96
黄梅县	75.65	73.00	18.90	24.98	113.76	21.50	21.34	28.42	29.23
团风县									
省辖市	**595.70**	**547.83**	**170.37**	**28.60**	**137.53**	**234.31**	**170.73**	**72.87**	**31.16**
随州市	147.75	130.00	27.07	18.32	175.32	47.46	24.11	50.80	18.55
潜江市	104.57	64.22	30.62	29.28	70.71	21.65	29.44	135.98	45.84
鄂州市	25.00	72.00	9.70	38.80	218.56	21.20	10.20	48.11	14.17
天门市	161.58	156.25	61.28	37.93	151.76	93.00	62.35	67.04	39.90
仙桃市	156.80	125.36	41.70	26.59	122.30	51.00	44.63	87.51	35.60
黄石市	**207.03**	**146.31**	**2.50**	**1.21**	**95.20**	**2.38**	**1.64**	**68.91**	**1.12**
大冶市	144.60	72.31	1.30	0.90	109.23	1.42	0.94	66.20	1.30
阳新县	62.43	74.00	1.20	1.92	80.00	0.96	0.70	72.92	0.95
荆门市	**510.74**	**206.50**	**57.74**	**11.31**	**137.79**	**79.56**	**53.59**	**67.36**	**25.95**
荆门辖区	303.10	83.01	20.11	6.63	88.51	17.80	15.20	85.39	18.31
京山县	83.05	50.25	11.91	14.34	202.43	24.11	16.00	66.36	31.84
钟祥市	124.59	73.24	25.72	20.64	146.38	37.65	22.39	59.47	30.57
五三农场									
沙洋农场									
荆州市	**670.83**	**464.83**	**149.45**	**22.28**	**169.75**	**253.69**	**179.83**	**70.89**	**38.69**
沙市区									
江陵县	129.27	73.23	26.27	20.32	177.73	46.69	31.06	66.52	42.41
松滋市	92.89	75.18	22.03	23.72	165.05	36.36	24.43	67.19	32.50
公安县	115.65	100.58	33.00	28.53	212.12	70.00	58.84	84.06	58.50

5－7－52 续表

县市名	耕地面积（万亩）	农业人口（万人）	棉田面积（万亩）	占耕地（%）	亩产（市斤）	总产量（万担）	收购量（万担）	商品率（%）	人均交售（市斤）
石首市	60.25	49.20	14.68	24.37	162.40	23.84	21.55	90.39	43.80
监利县	174.98	101.34	32.50	18.57	125.32	40.73	15.65	38.42	15.44
洪湖市	97.79	65.30	20.97	21.44	172.01	36.07	28.30	78.46	43.34
荆州区									
武汉市	**230.63**	**258.12**	**51.94**	**22.52**	**140.82**	**73.14**	**59.65**	**81.56**	**23.11**
新洲区	75.76	75.67	27.00	35.64	134.00	36.18	29.26	80.87	38.67
黄陂区	86.00	91.00	7.10	8.26	145.07	10.30	8.20	79.61	9.01
蔡甸区	44.50	39.30	8.30	18.65	142.17	11.80	8.60	72.88	21.88
江夏区	7.32	46.21	2.10	28.69	133.81	2.81	2.81	100.00	6.08
汉南区	17.05	5.94	7.44	43.64	161.96	12.05	10.78	89.46	181.48
东西湖区									
咸宁市	**96.00**	**61.28**	**7.46**	**7.77**	**114.61**	**8.55**	**8.07**	**94.39**	**13.17**
嘉鱼县	47.50	25.28	6.26	13.18	117.41	7.35	7.19	97.82	28.44
赤壁市	48.50	36.00	1.20	2.47	100.00	1.20	0.88	73.33	2.44
襄樊市	**587.00**	**360.69**	**98.74**	**16.82**	**93.66**	**92.48**	**65.05**	**70.34**	**18.03**
谷城县	43.20	41.95	0.70	1.62	74.29	0.52	0.42	80.77	1.00
南漳县	70.00	48.30	8.30	11.86	42.17	3.50	2.20	62.86	4.55
枣阳市	152.93	85.42	33.00	21.58	91.21	30.10	17.95	59.63	21.01
老河口市	88.46	34.04	10.14	11.46	69.03	7.00	3.38	48.29	9.93
襄阳县	170.91	113.78	32.30	18.90	93.99	30.36	26.10	85.97	22.94
宜城市	61.50	37.20	14.30	23.25	146.85	21.00	15.00	71.43	40.32
孝感市	**392.01**	**423.45**	**63.25**	**16.13**	**136.70**	**86.46**	**61.82**	**71.50**	**14.60**
广水市	60.44	76.22	5.84	9.66	175.68	10.26	5.73	55.85	7.52
孝南区	47.20	59.54	5.81	12.31	110.15	6.40	3.80	59.38	6.38
云梦县	37.23	46.68	7.51	20.17	116.51	8.75	8.07	92.23	17.29
应城市	57.91	48.97	7.65	13.21	140.65	10.76	7.78	72.30	15.89
汉川市	95.27	86.40	30.83	32.36	141.62	43.66	31.83	72.90	36.84
安陆市	49.96	49.64	4.61	9.23	128.63	5.93	2.71	45.70	5.46
孝昌县	44.00	56.00	1.00	2.27	70.00	0.70	1.90	*	3.39
大悟县									
宜昌市	**138.32**	**78.12**	**32.90**	**23.79**	**137.72**	**45.31**	**36.21**	**79.92**	**46.35**
枝江市	71.68	39.93	21.35	29.79	178.03	38.01	27.90	73.40	69.87
当阳市	66.64	38.19	11.55	17.33	63.20	7.30	8.31	113.84	21.76
远安县									
宜都市									

5－7－53　湖北省1995年产棉县棉花生产收购明细

县市名	耕地面积（万亩）	农业人口（万人）	棉田面积（万亩）	占耕地（%）	亩产（市斤）	总产量（万担）	收购量（万担）	商品率（%）	人均交售（市斤）
全省合计	**3804.38**	**3029.03**	**690.78**	**18.16**	**162.73**	**1124.14**	**920.48**	**81.88**	**30.39**
黄冈市	**427.76**	**479.87**	**61.72**	**14.43**	**171.19**	**105.66**	**73.44**	**69.51**	**15.30**
黄州区	13.82	11.46	5.08	36.76	195.47	9.93	10.74	108.16	93.72
红安县			2.50		213.60	5.34	1.28	23.97	
麻城市	83.00	98.00	13.70	16.51	156.20	21.40	11.30	52.80	11.53
英山县									
罗田县	80.00	50.90	1.00	1.25	80.00	0.80	0.79	98.75	1.55
浠水县	66.05	88.12	6.20	9.39	131.94	8.18	5.26	64.30	5.97
蕲春县	59.55	78.86	2.14	3.59	107.94	2.31	1.59	68.83	2.02
武穴市	51.90	58.22	9.70	18.69	234.02	22.70	15.00	66.08	25.76
黄梅县	73.44	94.31	21.40	29.14	163.55	35.00	27.48	47.66	29.14
团风县									
省辖市	**715.80**	**559.29**	**170.38**	**23.80**	**180.53**	**307.58**	**249.81**	**81.22**	**44.67**
随州市	268.29	127.65	28.51	10.63	176.64	50.36	38.57	76.59	30.22
潜江市	103.41	64.54	29.47	28.50	176.52	52.02	37.94	72.93	58.79
鄂州市	28.30	72.10	9.70	34.28	254.64	24.70	12.90	52.23	17.89
天门市	162.00	165.00	60.00	37.04	200.00	120.00	102.00	85.00	61.82
仙桃市	153.80	130.00	42.70	27.76	141.69	60.50	58.40	96.53	44.92
黄石市	**204.12**	**146.73**	**4.30**	**2.11**	**101.40**	**4.36**	**3.30**	**75.69**	**2.25**
大冶市	141.80	71.63	1.30	0.92	104.62	1.36	0.80	58.82	1.12
阳新县	62.32	75.10	3.00	4.81	100.00	3.00	2.50	83.33	3.33
荆门市	**375.09**	**203.11**	**55.44**	**14.78**	**171.61**	**95.14**	**73.71**	**77.48**	**36.29**
荆门辖区	168.49	81.16	18.30	10.86	122.95	22.50	19.70	87.56	24.27
京山县	82.51	46.83	12.13	14.70	244.44	29.65	22.01	74.23	47.00
钟祥市	124.09	75.12	25.01	20.15	171.89	42.99	32.00	74.44	42.60
五三农场									
沙洋农场									
荆州市	**672.87**	**442.58**	**147.96**	**21.99**	**178.07**	**263.47**	**212.99**	**80.84**	**48.12**
沙市区	11.54	4.70	2.30	19.93	130.00	2.99	8.50	*	180.85
江陵县	58.02	29.91	10.27	17.70	145.08	14.90	16.40	110.07	54.83
松滋市	92.87	74.98	22.48	24.21	200.98	45.18	33.01	73.06	44.03
公安县	136.00	105.20	33.00	24.26	206.06	68.00	65.98	97.03	62.72

5－7－53 续表

县 市 名	耕地面积（万亩）	农业人口（万人）	棉田面积（万亩）	占耕地（%）	亩 产（市斤）	总产量（万担）	收购量（万担）	商品率（%）	人均交售（市斤）
石首市	60.38	49.27	15.33	25.39	203.20	31.15	25.51	81.89	51.78
监利县	173.42	100.71	31.74	18.30	150.57	47.79	14.94	31.26	14.83
洪湖市	96.33	65.59	20.34	21.11	180.24	36.66	30.38	82.87	46.32
荆州区	44.31	12.22	12.50	28.21	134.40	16.80	18.27	108.75	149.51
武汉市	**229.01**	**257.29**	**50.05**	**21.85**	**118.32**	**59.22**	**65.10**	**109.93**	**25.30**
新洲区	74.92	74.57	25.73	34.34	82.63	21.26	30.63	144.07	41.08
黄陂区	86.00	92.00	6.80	7.91	152.94	10.40	9.30	89.42	10.11
蔡甸区	44.10	38.60	7.10	16.10	187.32	13.30	12.20	91.73	31.61
江夏区	7.24	46.25	2.40	33.15	129.17	3.10	3.09	99.68	6.68
汉南区	16.75	5.87	8.02	47.88	139.15	11.16	9.88	88.53	168.31
东西湖区									
咸宁市	**96.00**	**60.96**	**6.73**	**7.01**	**128.23**	**8.63**	**8.14**	**94.32**	**13.35**
嘉鱼县	47.50	24.96	5.53	11.64	134.36	7.43	7.24	97.44	29.01
赤璧市	48.50	36.00	1.20	2.47	100.00	1.20	0.90	75.00	2.50
襄樊市	**561.64**	**379.89**	**92.83**	**16.53**	**138.75**	**128.80**	**108.15**	**83.97**	**28.47**
谷城县	42.22	41.72	2.50	5.92	112.40	2.81	2.71	96.44	6.50
南漳县	69.80	50.10	4.50	6.45	164.44	7.40	5.50	74.32	10.98
枣阳市	152.93	85.99	37.80	24.72	116.40	44.00	39.44	89.64	45.87
老河口市	59.40	34.23				10.99	4.36	39.67	12.74
襄阳县	170.29	115.15	36.03	21.16	126.56	45.60	40.14	88.03	34.86
宜城市	67.00	52.70	12.00	17.91	150.00	18.00	16.00	88.89	30.36
孝感市	**390.85**	**424.30**	**66.74**	**17.08**	**140.58**	**93.82**	**80.28**	**85.57**	**18.92**
广水市	60.13	76.81	6.06	10.08	131.85	7.99	9.29	116.27	12.09
孝南区	46.90	60.62	5.65	12.05	114.34	6.46	5.60	86.69	9.24
云梦县	37.21	46.81	7.61	20.45	126.28	9.61	9.83	102.29	21.00
应城市	57.81	45.86	7.36	12.73	164.67	12.12	13.79	113.78	30.07
汉川市	95.10	87.40	30.86	32.45	155.22	47.90	36.39	75.97	41.64
安陆市	49.70	49.80	5.20	10.46	125.77	6.54	3.48	53.21	6.99
孝昌县	44.00	57.00	4.00	9.09	80.00	3.20	1.90	59.38	3.33
大悟县									
宜昌市	**131.24**	**75.01**	**34.63**	**26.39**	**165.93**	**57.46**	**45.56**	**79.29**	**60.74**
枝江市	71.49	39.00	21.00	29.37	222.38	46.70	36.70	78.59	94.10
当阳市	59.75	36.01	13.63	22.81	78.94	10.76	8.86	82.34	24.60
远安县									
宜都市									

5－7－54　湖北省1996年产棉县棉花生产收购明细

县市名	耕地面积（万亩）	农业人口（万人）	棉田面积（万亩）	占耕地（%）	亩产（市斤）	总产量（万担）	收购量（万担）	商品率（%）	人均交售（市斤）
全省合计	**3704.79**	**3055.12**	**660.95**	**17.84**	**129.74**	**857.52**	**655.00**	**76.38**	**21.44**
黄冈市	**450.61**	**510.54**	**64.64**	**14.34**	**121.30**	**78.41**	**50.36**	**64.23**	**9.86**
黄州区	13.36	11.19	4.70	35.18	134.89	6.34	6.15	97.00	54.96
红安县			3.00		155.67	4.67	0.83	17.77	
麻城市	83.00	98.00	12.60	15.18	107.94	13.60	5.79	42.57	5.91
英山县									
罗田县	80.00	50.95	0.75	0.94	80.00	0.60	0.59	98.33	1.16
浠水县	65.85	88.40	6.36	9.66	107.86	6.86	3.40	49.56	3.85
蕲春县	58.99	79.05	2.03	3.44	110.34	2.24	1.39	62.05	1.76
武穴市	51.40	57.99	9.80	19.07	205.10	20.10	11.40	56.72	19.66
黄梅县	73.01	94.96	21.40	29.31	93.46	20.00	17.81	27.39	18.76
团风县	25.00	30.00	4.00	16.00	100.00	4.00	3.00	75.00	10.00
省辖市	**602.40**	**549.26**	**169.11**	**28.07**	**132.07**	**223.35**	**162.49**	**72.75**	**29.58**
随州市	146.90	128.01	28.34	19.29	107.30	30.41	23.80	78.26	18.59
潜江市	102.50	51.55	28.61	27.91	141.91	40.60	25.09	61.80	48.67
鄂州市	34.40	72.30	9.80	28.49	214.29	21.00	9.30	44.29	12.86
天门市	162.00	167.00	61.00	37.65	149.18	91.00	65.00	71.43	38.92
仙桃市	156.60	130.40	41.36	26.41	97.53	40.34	39.30	97.42	30.14
黄石市	**206.12**	**147.63**	**4.40**	**2.13**	**103.18**	**4.54**	**3.57**	**78.63**	**2.42**
大冶市	144.20	71.83	1.40	0.97	110.00	1.54	1.07	69.48	1.49
阳新县	61.92	75.80	3.00	4.84	100.00	3.00	2.50	83.33	3.30
荆门市	**374.52**	**199.16**	**48.11**	**12.85**	**139.47**	**67.10**	**48.26**	**71.92**	**24.23**
荆门辖区	168.49	81.16	17.24	10.23	92.81	16.00	11.16	69.75	13.75
京山县	82.25	44.77	11.53	14.02	191.67	22.10	14.10	63.80	31.49
钟祥市	123.78	73.23	19.34	15.62	149.95	29.00	23.00	79.31	31.41
五三农场									
沙洋农场									
荆州市	**663.07**	**439.82**	**135.80**	**20.48**	**154.96**	**210.44**	**190.81**	**90.67**	**43.38**
沙市区	12.58	4.50	2.30	18.28	252.17	5.80	4.20	72.41	93.33
江陵县	57.98	25.00	13.30	22.94	112.03	14.90	9.83	65.97	39.32
松滋市	92.84	74.69	22.29	24.01	154.24	34.38	26.26	76.38	35.16
公安县	136.00	105.70	33.00	24.26	206.06	68.00	73.95	108.75	69.96

5-7-54 续表

县市名	耕地面积（万亩）	农业人口（万人）	棉田面积（万亩）	占耕地（%）	亩产（市斤）	总产量（万担）	收购量（万担）	商品率（%）	人均交售（市斤）
石首市	59.88	49.31	14.67	24.50	205.45	30.14	16.98	56.34	34.44
监利县	173.46	101.89	18.44	10.63	116.70	21.52	28.76	133.64	28.23
洪湖市	96.08	66.33	18.80	19.57	104.79	19.70	17.86	90.66	26.93
荆州区	34.25	12.40	13.00	37.96	123.08	16.00	12.97	81.06	104.60
武汉市	**225.38**	**253.33**	**45.38**	**20.13**	**98.99**	**44.92**	**41.46**	**92.30**	**16.37**
新洲区	74.46	73.58	23.21	31.17	61.01	14.16	16.03	113.21	21.79
黄陂区	85.00	92.00	6.30	7.41	155.56	9.80	9.40	95.92	10.22
蔡甸区	42.20	35.20	6.30	14.93	165.08	10.40	7.60	73.08	21.59
江夏区	7.23	46.17	1.84	25.45	130.98	2.41	2.41	100.08	5.22
汉南区	16.49	6.38	7.73	46.88	105.43	8.15	6.02	73.87	94.36
东西湖区									
咸宁市	**95.94**	**61.35**	**7.75**	**8.08**	**91.10**	**7.06**	**6.13**	**86.83**	**9.99**
嘉鱼县	47.44	25.35	5.75	12.12	88.00	5.06	4.93	97.43	19.45
赤壁市	48.50	36.00	2.00	4.12	100.00	2.00	1.20	60.00	3.33
襄樊市	**560.47**	**395.64**	**92.00**	**16.41**	**96.39**	**88.68**	**67.01**	**75.56**	**16.94**
谷城县	41.71	41.33	1.70	4.08	92.94	1.58	1.01	63.92	2.44
南漳县	69.80	50.00	5.30	7.59	86.79	4.60	3.50	76.09	7.00
枣阳市	152.46	106.28	36.00	23.61	77.78	28.00	22.62	80.79	21.28
老河口市	59.40	34.53				8.00	7.28	91.00	21.08
襄阳县	170.10	110.50	37.00	21.75	104.05	38.50	25.70	66.75	23.26
宜城市	67.00	53.00	12.00	17.91	66.67	8.00	6.90	86.25	13.02
孝感市	**388.62**	**423.74**	**60.95**	**15.68**	**136.23**	**83.03**	**51.51**	**62.04**	**12.16**
广水市	59.97	76.82	6.10	10.17	128.20	7.82	5.99	76.60	7.80
孝南区	46.37	60.61	4.52	9.75	98.89	4.47	2.34	52.35	3.86
云梦县	37.20	46.85	5.49	14.76	120.58	6.62	7.72	116.62	16.48
应城市	57.55	43.99	7.83	13.61	158.49	12.41	10.56	85.09	24.01
汉川市	94.91	88.51	30.72	32.37	147.98	45.46	19.41	42.70	21.93
安陆市	49.62	49.96	4.99	10.06	105.21	5.25	3.59	68.38	7.19
孝昌县	43.00	57.00	1.30	3.02	76.92	1.00	1.90	190.00	3.33
大悟县									
宜昌市	**137.66**	**74.65**	**32.81**	**23.83**	**152.36**	**49.99**	**33.40**	**66.81**	**44.74**
枝江市	71.49	38.90	20.90	29.23	200.53	41.91	27.50	65.62	70.69
当阳市	66.17	35.75	11.91	18.00	67.84	8.08	5.90	73.02	16.50
远安县									
宜都市									

5-7-55 湖北省1997年产棉县棉花生产收购明细

县市名	耕地面积（万亩）	农业人口（万人）	棉田面积（万亩）	占耕地（%）	亩产（市斤）	总产量（万担）	收购量（万担）	商品率（%）	人均交售（市斤）
全省合计	**3739.44**	**3038.27**	**654.77**	**17.51**	**156.24**	**1023.00**	**694.14**	**67.85**	**22.85**
黄冈市	**449.18**	**518.31**	**59.84**	**13.32**	**146.16**	**87.46**	**53.05**	**60.66**	**10.24**
黄州区	13.53	15.53	4.47	33.04	188.81	8.44	6.22	73.70	40.05
红安县			3.00		152.33	4.57	0.63	13.79	
麻城市	83.00	99.00	12.60	15.18	150.79	19.00	13.17	69.32	13.30
英山县									
罗田县	81.00	51.00	0.50	0.62	80.00	0.40	0.39	97.50	0.76
浠水县	65.78	88.85	5.96	9.06	127.85	7.62	4.28	56.17	4.82
蕲春县	58.51	79.79	2.01	3.44	135.82	2.73	1.49	54.58	1.87
武穴市	50.70	58.25	10.00	19.72	212.00	21.20	9.20	43.40	15.79
黄梅县	72.66	95.89	17.80	24.50	112.36	20.00	14.97	27.53	15.61
团风县	24.00	30.00	3.50	14.58	100.00	3.50	2.70	77.14	9.00
省辖市	**607.75**	**532.30**	**160.09**	**26.34**	**158.11**	**253.12**	**153.88**	**60.79**	**28.91**
随州市	146.21	129.14	27.51	18.82	143.69	39.53	23.16	58.59	17.93
潜江市	102.10	66.51	28.88	28.29	169.04	48.82	34.38	70.42	51.69
鄂州市	30.60	27.30	9.30	30.39	180.65	16.80	10.50	62.50	38.46
天门市	162.00	169.00	61.00	37.65	173.77	106.00	69.00	65.09	40.83
仙桃市	166.84	140.35	33.40	20.02	125.66	41.97	16.84	40.12	12.00
黄石市	**221.90**	**150.70**	**4.40**	**1.98**	**109.09**	**4.80**	**3.54**	**73.75**	**2.35**
大冶市	159.97	72.60	1.40	0.88	128.57	1.80	1.14	63.33	1.57
阳新县	61.93	78.10	3.00	4.84	100.00	3.00	2.40	80.00	3.07
荆门市	**364.34**	**205.11**	**57.45**	**15.77**	**168.27**	**96.67**	**63.14**	**65.31**	**30.78**
荆门辖区	144.57	81.31	21.08	14.58	151.66	31.97	13.99	43.76	17.21
京山县	82.25	45.29	11.79	14.33	225.02	26.53	15.65	58.99	34.56
钟祥市	123.52	76.21	20.58	16.66	162.15	33.37	26.90	80.61	35.30
五三农场	14.00	2.30	4.00	28.57	120.00	4.80	6.60	137.50	286.96
沙洋农场									
荆州市	**665.85**	**439.94**	**150.61**	**22.62**	**191.67**	**288.67**	**195.65**	**67.78**	**44.47**
沙市区	16.07	4.20	6.36	39.58	188.05	11.96	4.56	38.13	108.57
江陵县	57.97	23.00	10.60	18.29	220.09	23.33	11.87	50.88	51.61
松滋市	92.73	74.63	22.23	23.97	193.30	42.97	34.83	81.06	46.67
公安县	136.00	106.00	31.00	22.79	219.35	68.00	58.24	85.65	54.94

5－7－55续表

县 市 名	耕地面积（万亩）	农业人口（万人）	棉田面积（万亩）	占耕地（%）	亩 产（市斤）	总产量（万担）	收购量（万担）	商品率（%）	人均交售（市斤）
石首市	59.85	49.76	15.37	25.68	231.69	35.61	25.99	72.99	52.23
监利县	173.23	100.09	32.66	18.85	147.89	48.30	23.29	48.22	23.27
洪湖市	95.75	68.46	20.49	21.40	187.55	38.43	20.55	53.47	30.02
荆州区	34.25	13.80	11.90	34.74	168.66	20.07	16.32	81.32	118.26
武汉市	**226.64**	**252.19**	**43.94**	**19.39**	**116.25**	**51.08**	**43.23**	**84.63**	**17.14**
新洲区	75.88	73.38	22.78	30.02	70.98	16.17	18.72	115.77	25.51
黄陂区	85.00	91.00	5.90	6.94	169.49	10.00	7.30	73.00	8.02
蔡甸区	42.10	34.80	6.20	14.73	188.71	11.70	5.60	47.86	16.09
江夏区	7.19	46.01	1.50	20.86	130.67	1.96	1.96	100.00	4.26
汉南区	16.47	7.00	7.56	45.90	148.81	11.25	9.65	85.78	137.86
东西湖区									
咸宁市	**95.76**	**61.68**	**7.98**	**8.33**	**127.82**	**10.20**	**9.16**	**89.80**	**14.85**
嘉鱼县	47.26	25.68	5.98	12.65	137.12	8.20	7.85	95.73	30.57
赤壁市	48.50	36.00	2.00	4.12	100.00	2.00	1.31	65.50	3.64
襄樊市	**559.67**	**367.52**	**84.00**	**15.01**	**121.40**	**101.98**	**86.91**	**85.22**	**23.65**
谷城县	41.25	41.00	1.60	3.88	110.00	1.76	1.49	84.66	3.63
南漳县	69.70	50.30	6.50	9.33	104.62	6.80	3.80	55.88	7.55
枣阳市	152.32	86.82	30.00	19.70	103.80	31.14	29.93	96.11	34.47
老河口市	59.40	34.80				10.08	6.19	61.41	17.79
襄阳县	170.00	101.00	33.00	19.41	103.64	34.20	30.70	89.77	30.40
宜城市	67.00	53.60	12.90	19.25	139.53	18.00	14.80	82.22	27.61
孝感市	**386.01**	**435.81**	**58.50**	**15.16**	**144.85**	**84.74**	**50.21**	**59.25**	**11.52**
广水市	59.72	77.07	5.49	9.19	184.52	10.13	5.15	50.84	6.68
孝南区	46.20	60.70	4.76	10.30	108.40	5.16	4.40	85.27	7.25
云梦县	36.90	48.93	5.69	15.42	143.94	8.19	7.12	86.94	14.55
应城市	57.46	53.37	7.46	12.98	177.88	13.27	9.94	74.91	18.62
汉川市	94.88	89.33	30.20	31.83	142.35	42.99	19.39	45.10	21.71
安陆市	47.85	48.41	3.60	7.52	116.67	4.20	2.31	55.00	4.77
孝昌县	43.00	58.00	1.30	3.02	61.54	0.80	1.90	*	3.28
大悟县									
宜昌市	**162.34**	**74.71**	**27.96**	**17.22**	**158.37**	**44.28**	**35.37**	**79.88**	**47.34**
枝江市	96.26	38.90	17.09	17.75	204.80	35.00	30.37	86.77	78.07
当阳市	66.08	35.81	10.87	16.45	85.37	9.28	5.00	53.88	13.96
远安县									
宜都市									

5－7－56　湖北省1998年产棉县棉花生产收购明细

县市名	耕地面积（万亩）	农业人口（万人）	棉田面积（万亩）	占耕地（%）	亩产（市斤）	总产量（万担）	收购量（万担）	商品率（%）	人均交售（市斤）
全省合计	**3700.38**	**3100.61**	**588.60**	**15.91**	**110.21**	**648.70**	**422.90**	**65.19**	**13.64**
黄冈市	**446.42**	**517.86**	**54.48**	**12.20**	**134.34**	**73.19**	**38.13**	**52.10**	**7.36**
黄州区	13.08	12.48	4.20	32.11	75.24	3.16	1.05	33.23	8.41
红安县			2.61		147.13	3.84	1.11	28.91	
麻城市	83.00	99.00	12.40	14.94	153.23	19.00	8.44	44.42	8.53
英山县									
罗田县	80.00	51.05	0.50	0.63	80.00	0.40	0.39	97.50	0.76
浠水县	65.67	89.56	4.70	7.16	97.23	4.57	4.18	91.47	4.67
蕲春县	58.07	80.52	1.87	3.22	145.45	2.72	1.82	66.91	2.26
武穴市	50.40	58.41	8.30	16.47	216.87	18.00	6.80	37.78	11.64
黄梅县	72.20	96.84	16.40	22.71	109.76	18.00	12.34	24.93	12.74
团风县	24.00	30.00	3.50	14.58	100.00	3.50	2.00	57.14	6.67
省辖市	**589.92**	**567.30**	**138.36**	**23.45**	**111.51**	**154.28**	**94.36**	**61.16**	**16.63**
随州市	145.95	130.09	22.01	15.08	108.13	23.80	13.98	58.74	10.75
潜江市	101.39	67.22	33.71	33.25	125.19	42.20	29.52	69.95	43.92
鄂州市	27.80	72.70	8.30	29.86	148.19	12.30	5.30	43.09	7.29
天门市	162.00	171.00	55.00	33.95	94.55	52.00	36.00	69.23	21.05
仙桃市	152.78	126.29	19.34	12.66	123.99	23.98	9.56	39.87	7.57
黄石市	**216.31**	**153.27**	**2.66**	**1.23**	**119.55**	**3.18**	**1.06**	**33.33**	**0.69**
大冶市	154.90	73.87	1.46	0.94	152.05	2.22	0.46	20.72	0.62
阳新县	61.41	79.40	1.20	1.95	80.00	0.96	0.60	62.50	0.76
荆门市	**363.23**	**209.01**	**47.00**	**12.94**	**160.00**	**75.20**	**33.20**	**44.15**	**15.88**
荆门辖区	144.57	81.43	17.18	11.88	136.55	23.46	8.45	36.02	10.38
京山县	81.25	50.24	10.09	12.42	263.63	26.60	8.51	31.99	16.94
钟祥市	123.41	74.74	15.23	12.34	134.21	20.44	12.14	59.39	16.24
五三农场	14.00	2.60	4.50	32.14	104.44	4.70	4.10	87.23	157.69
沙洋农场									
荆州市	**661.34**	**443.84**	**148.64**	**22.48**	**102.53**	**152.40**	**112.91**	**74.09**	**25.44**
沙市区	13.94	4.40	7.20	51.65	96.53	6.95	6.27	90.22	142.50
江陵县	57.97	24.90	13.60	23.46	102.21	13.90	6.84	49.21	27.47
松滋市	92.66	74.56	20.33	21.94	79.14	16.09	12.88	80.05	17.27
公安县	136.00	106.40	28.00	20.59	207.14	58.00	42.00	72.41	39.47

5－7－56 续表

县市名	耕地面积（万亩）	农业人口（万人）	棉田面积（万亩）	占耕地（%）	亩产（市斤）	总产量（万担）	收购量（万担）	商品率（%）	人均交售（市斤）
石首市	59.15	50.48	14.87	25.14	17.69	2.63	8.33	*	16.50
监利县	172.89	99.90	33.62	19.45	72.93	24.52	15.49	63.17	15.51
洪湖市	94.48	69.50	19.02	20.13	94.43	17.96	12.14	67.59	17.47
荆州区	34.25	13.70	12.00	35.04	102.92	12.35	8.96	72.55	65.40
武汉市	**223.78**	**251.36**	**35.79**	**15.99**	**92.79**	**33.21**	**33.07**	**99.58**	**13.16**
新洲区	73.50	73.63	17.73	24.12	68.98	12.23	11.52	94.19	15.65
黄陂区	85.00	91.00	5.60	6.59	144.64	8.10	8.00	98.77	8.79
蔡甸区	41.70	34.20	4.00	9.59	147.50	5.90	3.60	61.02	10.53
江夏区	7.13	46.05	2.00	28.05	98.50	1.97	1.97	100.00	4.28
汉南区	16.45	6.48	6.46	39.27	77.55	5.01	7.98	159.28	123.15
东西湖区									
咸宁市	**94.78**	**60.69**	**6.49**	**6.85**	**58.71**	**3.81**	**2.43**	**63.78**	**4.00**
嘉鱼县	46.58	25.69	4.49	9.64	40.31	1.81	1.40	77.35	5.45
赤壁市	48.20	35.00	2.00	4.15	100.00	2.00	1.03	51.50	2.94
襄樊市	**558.58**	**386.17**	**72.95**	**13.06**	**98.42**	**71.80**	**64.06**	**89.22**	**16.59**
谷城县	40.90	40.50	1.95	4.77	104.10	2.03	5.07	*	12.52
南漳县	69.40	50.10	6.10	8.79	106.56	6.50	2.20	33.85	4.39
枣阳市	151.98	108.37	25.00	16.45	92.28	23.07	18.92	82.01	17.46
老河口市	59.40	34.80					6.47		18.59
襄阳县	169.90	98.40	31.90	18.78	100.94	32.20	24.50	76.09	24.90
宜城市	67.00	54.00	8.00	11.94	100.00	8.00	6.90	86.25	12.78
孝感市	**383.70**	**436.60**	**52.25**	**13.62**	**110.37**	**57.67**	**29.98**	**51.99**	**6.87**
广水市	59.59	77.55	6.47	10.86	153.94	9.96	6.19	62.15	7.98
孝南区	45.21	60.42	3.51	7.76	119.37	4.19	3.50	83.53	5.79
云梦县	37.11	48.68	3.92	10.56	128.57	5.04	3.16	62.70	6.49
应城市	57.31	53.59	7.60	13.26	123.55	9.39	5.42	57.72	10.11
汉川市	94.87	90.33	26.45	27.88	94.25	24.93	7.76	31.13	8.59
安陆市	47.61	48.03	3.00	6.30	112.00	3.36	2.05	61.01	4.27
孝昌县	42.00	58.00	1.30	3.10	61.54	0.80	1.90	*	3.28
大悟县									
宜昌市	**162.32**	**74.51**	**29.98**	**18.47**	**79.92**	**23.96**	**13.70**	**57.18**	**18.39**
枝江市	96.26	38.76	20.48	21.28	82.52	16.90	11.75	69.53	30.31
当阳市	66.06	35.75	9.50	14.38	74.32	7.06	1.95	27.62	5.45
远安县									
宜都市									

5－7－57　湖北省1999年产棉县棉花生产收购明细

县市名	耕地面积（万亩）	农业人口（万人）	棉田面积（万亩）	占耕地（%）	亩产（市斤）	总产量（万担）	收购量（万担）	商品率（%）	人均交售（市斤）
全省合计	**3679.16**	**2915.78**	**451.60**	**12.27**	**135.91**	**613.77**	**292.93**	**47.73**	**10.05**
黄冈市	**421.16**	**439.64**	**45.34**	**10.45**	**164.31**	**74.50**	**12.14**	**16.30**	**2.76**
黄州区	12.84	14.40	3.41	26.56	149.56	5.10			
红安县			2.42		135.95	3.29	0.40	12.16	
麻城市	83.01	87.14	10.05	12.11	154.83	15.56	2.14	13.75	2.46
英山县	18.18	31.07	0.29	1.60	206.90	0.60	0.29	48.33	0.93
罗田县	36.32	44.71	0.20	0.55	110.00	0.22	0.50	*	1.12
浠水县	65.69	31.07	4.01	6.10	100.50	4.03	2.23	55.33	7.18
蕲春县	57.72	85.80	1.94	3.36	150.00	2.91	1.77	60.82	2.06
武穴市	50.15	69.74	5.69	11.35	263.80	15.01	2.57	17.12	3.69
黄梅县	72.18	55.10	15.71	21.77	163.84	25.74	1.74	35.66	3.16
团风县	25.07	20.61	1.62	6.46	125.93	2.04	0.50	24.51	2.43
省辖市	**622.52**	**493.39**	**106.27**	**17.07**	**137.91**	**146.56**	**66.54**	**45.40**	**13.49**
随州市	145.70	107.76	17.18	11.79	78.70	13.52	4.91	36.32	4.56
潜江市	101.07	50.62	25.07	24.80	161.91	40.59	21.19	52.20	41.86
鄂州市	61.22	72.03	8.21	13.41	135.44	11.12	2.64	23.74	3.67
天门市	161.75	136.69	41.75	25.81	151.71	63.34	30.52	48.18	22.33
仙桃市	152.78	126.29	14.06	9.20	127.95	17.99	7.28	40.47	5.76
黄石市	**117.29**	**133.26**	**4.28**	**3.65**	**101.64**	**4.35**	**0.28**	**6.44**	**0.21**
大冶市	56.85	65.50	1.19	2.09	100.84	1.20	0.15	12.50	0.23
阳新县	60.44	67.76	3.09	5.11	101.94	3.15	0.13	4.13	0.19
荆门市	**362.66**	**196.62**	**30.68**	**8.46**	**135.14**	**41.46**	**23.39**	**56.42**	**11.90**
荆门辖区	45.96	26.01	2.46	5.35	110.16	2.71	0.78	28.78	3.00
京山县	80.85	44.47	5.79	7.16	228.67	13.24	3.89	29.38	8.75
钟祥市	123.12	72.60	9.51	7.72	152.79	14.53	8.75	60.22	12.05
五三农场	14.46	2.50	2.78	19.23	83.81	2.33	4.59	197.00	183.60
沙洋农场	98.27	51.04	10.14	10.32	85.31	8.65	5.38	62.20	10.54
荆州市	**642.66**	**406.87**	**116.00**	**18.05**	**128.63**	**149.21**	**77.79**	**52.13**	**19.12**
沙市区	13.61	4.20	5.25	38.57	142.86	7.50	2.74	36.53	65.24
江陵县	57.65	28.07	11.10	19.25	129.19	14.34	5.92	41.28	21.09
松滋市	96.92	68.72	16.79	17.32	104.23	17.50	14.15	80.86	20.59
公安县	115.26	86.98	28.02	24.31	142.93	40.05	26.02	64.97	29.91

5－7－57续表

县市名	耕地面积（万亩）	农业人口（万人）	棉田面积（万亩）	占耕地（%）	亩　产（市斤）	总产量（万担）	收购量（万担）	商品率（%）	人均交售（市斤）
石首市	59.15	48.91	11.78	19.92	123.85	14.59	5.79	39.68	11.84
监利县	172.20	99.80	23.46	13.62	118.33	27.76	2.44	8.79	2.44
洪湖市	93.62	56.49	9.00	9.61	153.33	13.80	15.87	115.00	28.09
荆州区	34.25	13.70	10.60	30.95	128.96	13.67	4.86	35.55	35.47
武汉市	**222.33**	**243.80**	**25.22**	**11.34**	**150.63**	**37.99**	**26.27**	**69.15**	**10.78**
新洲区	72.60	73.82	14.10	19.42	147.80	20.84	10.51	50.43	14.24
黄陂区	84.99	91.37	4.07	4.79	155.53	6.33	5.88	92.89	6.44
蔡甸区	41.39	31.34	2.33	5.63	195.28	4.55	3.57	78.46	11.39
江夏区	7.04	39.97	0.53	7.53	100.00	0.53	1.69	*	4.23
汉南区	16.31	7.30	4.19	25.69	136.99	5.74	4.62	80.49	63.29
东西湖区									
咸宁市	**93.20**	**60.81**	**2.71**	**2.91**	**94.83**	**2.57**	**0.84**	**32.68**	**1.38**
嘉鱼县	45.65	25.25	1.28	2.80	117.97	1.51	0.84	55.63	3.33
赤壁市	47.55	35.56	1.43	3.01	74.13	1.06			
襄樊市	**561.30**	**337.87**	**64.76**	**11.54**	**108.89**	**70.52**	**56.77**	**80.50**	**16.80**
谷城县	44.39	37.62	0.86	1.94	79.07	0.68	3.16	*	8.40
南漳县	69.33	43.01	5.12	7.38	79.30	4.06	4.25	104.68	9.88
枣阳市	150.87	79.29	23.79	15.77	66.04	15.71	14.19	90.32	17.90
老河口市	59.40	35.20	7.31	12.31	109.17	7.98	14.04	175.94	39.89
襄阳县	169.79	98.37	19.28	11.36	140.87	27.16	15.54	57.22	15.80
宜城市	67.52	44.38	8.40	12.44	177.74	14.93	5.59	37.44	12.60
孝感市	**430.21**	**470.87**	**37.97**	**8.83**	**152.30**	**57.83**	**18.80**	**32.51**	**3.99**
广水市	59.42	78.32	5.49	9.24	142.08	7.80	5.98	76.67	7.64
孝南区	49.02	55.16	2.28	4.65	138.60	3.16	1.07	33.86	1.94
云梦县	37.11	47.21	2.16	5.82	154.63	3.34	2.75	82.34	5.83
应城市	57.18	51.68	5.51	9.64	182.58	10.06	4.68	46.52	9.06
汉川市	94.86	78.33	19.22	20.26	154.16	29.63	2.89	9.75	3.69
安陆市	49.62	49.03	1.17	2.36	119.66	1.40	1.03	73.57	2.10
孝昌县	45.47	57.34	1.58	3.47	106.33	1.68	0.32	19.05	0.56
大悟县	37.53	53.80	0.56	1.49	135.71	0.76	0.08	10.53	0.15
宜昌市	**205.83**	**132.65**	**18.37**	**8.92**	**156.67**	**28.78**	**10.11**	**35.13**	**7.62**
枝江市	71.33	38.02	15.30	21.45	161.96	24.78	8.76	35.35	23.04
当阳市	65.73	31.24	2.82	4.29	127.66	3.60	1.35	37.50	4.32
远安县	19.67	16.09	0.11	0.56	163.64	0.18			
宜都市	49.10	47.30	0.14	0.29	157.14	0.22			

5－7－58　湖北省2000年产棉县棉花生产收购明细

县市名	耕地面积（万亩）	农业人口（万人）	棉田面积（万亩）	占耕地（%）	亩产（市斤）	总产量（万担）	收购量（万担）	商品率（%）	人均交售（市斤）
全省合计	**3679.50**	**2918.62**	**462.54**	**12.57**	**147.08**	**680.29**	**326.87**	**48.05**	**11.20**
黄冈市	**421.16**	**439.64**	**42.40**	**10.07**	**177.15**	**75.11**	**29.59**	**39.40**	**6.73**
黄州区	12.84	14.40	3.05	23.75	151.48	4.62	5.60	121.21	38.89
红安县			2.16		93.52	2.02	0.31	15.35	
麻城市	83.01	87.14	10.08	12.14	160.71	16.20	4.68	28.89	5.37
英山县	18.18	31.07	0.32	1.76	184.38	0.59	0.10	16.95	0.32
罗田县	36.32	44.71	0.17	0.47	129.41	0.22	0.28	127.27	0.63
浠水县	65.69	31.07	3.32	5.05	133.73	4.44	2.97	66.89	9.56
蕲春县	57.72	85.80	1.47	2.55	150.34	2.21	0.76	34.39	0.89
武穴市	50.15	69.74	7.61	15.17	247.96	18.87	5.40	28.62	7.74
黄梅县	72.18	55.10	12.96	17.96	185.19	24.00	7.37	33.25	13.38
团风县	25.07	20.61	1.26	5.03	153.97	1.94	2.12	109.28	10.29
省辖市	**622.52**	**493.39**	**111.07**	**17.84**	**142.57**	**158.35**	**62.30**	**39.34**	**12.63**
随州市	145.70	107.76	16.68	11.45	93.47	15.59	4.24	27.20	3.93
潜江市	101.07	50.62	26.42	26.14	176.15	46.54	24.20	52.00	47.81
鄂州市	61.22	72.03	6.96	11.37	127.30	8.86	0.24	2.71	0.33
天门市	161.75	136.69	41.67	25.76	152.10	63.38	24.06	37.96	17.60
仙桃市	152.78	126.29	19.34	12.66	123.99	23.98	9.56	39.87	7.57
黄石市	**117.29**	**133.26**	**2.70**	**2.30**	**141.48**	**3.82**	**0.62**	**16.23**	**0.47**
大冶市	56.85	65.50	0.60	1.06	186.67	1.12	0.53	47.32	0.81
阳新县	60.44	67.76	2.10	3.47	128.57	2.70	0.09	3.33	0.13
荆门市	**363.00**	**199.46**	**25.62**	**7.06**	**176.15**	**45.13**	**18.15**	**40.22**	**9.10**
荆门辖区	46.30	28.85	1.74	3.76	125.86	2.19	0.43	19.63	1.49
京山县	80.85	44.47	5.12	6.33	290.04	14.85	4.17	28.08	9.38
钟祥市	123.12	72.60	9.95	8.08	177.09	17.62	5.56	31.56	7.66
五三农场	14.46	2.50	1.76	12.17	181.82	3.20	3.85	120.31	154.00
沙洋农场	98.27	51.04	7.05	7.17	103.12	7.27	4.14	56.95	8.11
荆州市	**642.66**	**406.87**	**129.14**	**20.09**	**145.96**	**188.49**	**103.83**	**55.09**	**25.52**
沙市区	13.61	4.20	1.74	12.78	125.86	2.19			
江陵县	57.65	28.07	12.89	22.36	156.56	20.18	9.36	46.38	33.35
松滋市	95.92	68.72	18.87	19.47	116.27	21.94	15.30	69.74	22.26
公安县	115.26	86.98	33.42	29.00	184.71	61.73	33.64	54.50	38.68

5－7－58 续表

县 市 名	耕地面积（万亩）	农业人口（万人）	棉田面积（万亩）	占耕地（%）	亩 产（市斤）	总产量（万担）	收购量（万担）	商品率（%）	人均交售（市斤）
石首市	59.15	48.91	14.10	23.84	137.45	19.38	7.29	37.62	14.90
监利县	172.20	99.80	21.38	12.42	107.39	22.96	12.45	54.22	12.47
洪湖市	93.62	56.49	13.64	14.57	145.09	19.79	20.75	104.85	36.73
荆州区	34.25	13.70	13.10	38.25	155.11	20.32	5.04	24.80	36.79
武汉市	**222.33**	**243.80**	**29.67**	**13.35**	**135.83**	**40.30**	**25.78**	**63.97**	**10.57**
新洲区	72.60	73.82	14.45	19.90	149.55	21.61	3.25	15.04	4.40
黄陂区	84.99	91.37	3.32	3.91	159.04	5.28	7.82	148.11	8.56
蔡甸区	41.39	31.34	3.26	7.88	172.09	5.61	5.31	94.65	16.94
江夏区	7.04	39.97	0.33	4.69	106.06	0.35	1.27	*	3.18
汉南区	16.31	7.30	8.31	50.95	89.65	7.45	8.13	109.13	111.37
东西湖区									
咸宁市	**93.20**	**60.81**	**2.84**	**3.05**	**108.80**	**3.09**	**2.63**	**85.11**	**4.32**
嘉鱼县	45.65	25.25	1.26	2.76	126.98	1.60	0.30	18.75	1.19
赤壁市	47.55	35.56	1.58	3.32	94.30	1.49	2.33	156.38	6.55
襄樊市	**561.30**	**337.87**	**64.09**	**11.42**	**127.31**	**81.59**	**50.04**	**61.33**	**14.81**
谷城县	44.39	37.62	0.69	1.55	79.71	0.55	3.66	*	9.73
南漳县	69.33	43.01	3.41	4.92	81.52	2.78	4.21	151.44	9.79
枣阳市	150.87	79.29	22.13	14.67	99.59	22.04	15.60	70.78	19.67
老河口市	59.40	35.20	9.02	15.19	122.73	11.07	10.99	99.28	31.22
襄阳县	169.79	98.37	20.24	11.92	146.15	29.58	9.80	33.13	9.96
宜城市	67.52	44.38	8.60	12.74	181.05	15.57	5.78	37.12	13.02
孝感市	**430.21**	**470.87**	**38.12**	**8.86**	**151.84**	**57.88**	**26.32**	**45.47**	**5.59**
广水市	59.42	78.32	4.73	7.96	156.45	7.40	8.49	114.73	10.84
孝南区	49.02	55.16	1.71	3.49	136.84	2.34	1.50	64.10	2.72
云梦县	37.11	47.21	1.59	4.28	152.83	2.43	1.96	80.66	4.15
应城市	57.18	51.68	5.72	10.00	187.59	10.73	4.15	38.68	8.03
汉川市	94.86	78.33	19.14	20.18	145.87	27.92	8.08	28.94	10.32
安陆市	49.62	49.03	2.37	4.78	132.07	3.13	1.77	56.55	3.61
孝昌县	45.47	57.34	2.42	5.32	131.82	3.19	0.25	7.84	0.44
大悟县	37.53	53.80	0.44	1.17	168.18	0.74	0.12	16.22	0.22
宜昌市	**205.83**	**132.65**	**16.89**	**8.21**	**157.08**	**26.53**	**7.61**	**28.68**	**5.74**
枝江市	71.33	38.02	14.42	20.22	163.18	23.53	7.61	32.34	20.02
当阳市	65.73	31.24	2.21	3.36	118.55	2.62			
远安县	19.67	16.09	0.09	0.46	188.89	0.17			
宜都市	49.10	47.30	0.17	0.35	123.53	0.21			

5-8-1 湖北省黄岗市黄州区历年棉花生产收购

年　度	耕地面积（万亩）	农业人口（万人）	棉田面积（万亩）	占耕地（%）	亩　产（市斤）	产　量（万担）	收购量（万担）	商品率（%）	人均交售（市斤）
52 年合计			**408.09**	**17.43**	**104.03**	**424.52**	**409.97**	**96.57**	**21.32**
11 年小计			**70.81**	**11.18**	**28.60**	**20.25**	**16.28**	**80.40**	**4.07**
占合计%			**17.35**			**4.77**	**3.97**		
1949	52.10	34.27	3.06	5.87	30.07	0.92	0.51	55.43	1.49
1950	52.60	34.90	3.25	6.18	31.69	1.03	0.62	60.19	1.78
1951	53.20	35.00	3.41	6.41	31.67	1.08	0.69	63.89	1.97
1952	58.40	35.72	5.11	8.75	25.24	1.29	0.71	55.04	1.99
1953	59.40	36.20	7.38	12.42	12.74	0.94	0.58	61.70	1.60
1954	58.70	36.60	8.11	13.82	2.71	0.22	0.20	90.91	0.55
1955	60.00	37.10	8.35	13.92	26.35	2.20	1.70	77.27	4.58
1956	60.40	37.60	8.58	14.21	44.17	3.79	3.50	92.35	9.31
1957	60.30	38.10	7.72	12.80	39.38	3.04	2.51	82.57	6.59
1958	59.80	38.40	8.03	13.43	48.32	3.88	3.59	92.53	9.35
1959	58.50	35.70	7.81	13.35	23.82	1.86	1.67	89.78	4.68
10 年小计			**92.18**	**16.06**	**72.29**	**66.64**	**64.06**	**96.13**	**15.70**
占合计%			**22.59**			**15.70**	**15.63**		
1960	59.00	34.90	7.40	12.54	29.19	2.16	2.00	92.59	5.73
1961	58.10	35.80	6.42	11.05	24.30	1.56	1.49	95.51	4.16
1962	59.70	37.98	6.49	10.87	38.83	2.52	2.34	92.86	6.16
1963	58.90	39.45	8.32	14.13	67.31	5.60	5.32	95.00	13.49
1964	58.26	40.64	10.22	17.54	45.01	4.60	4.32	93.91	10.63
1965	58.01	41.51	9.64	16.62	127.80	12.32	12.02	97.56	28.96
1966	56.88	42.58	10.43	18.34	97.41	10.16	9.99	98.33	23.46
1967	55.64	43.59	10.81	19.43	117.85	12.74	12.31	96.62	28.24
1968	55.10	44.90	11.12	20.18	89.03	9.90	9.50	95.96	21.16
1969	54.49	46.75	11.33	20.79	44.84	5.08	4.77	93.90	10.20
10 年小计			**103.39**	**19.46**	**121.98**	**126.11**	**120.76**	**95.76**	**24.72**
占合计%			**25.34**			**29.71**	**29.46**		
1970	54.88	47.46	11.01	20.06	66.39	7.31	7.00	95.76	14.75
1971	55.50	47.25	10.71	19.30	76.75	8.22	7.66	93.19	16.21
1972	55.21	47.88	10.72	19.42	103.45	11.09	10.38	93.60	21.68
1973	53.07	48.40	10.37	19.54	121.41	12.59	12.35	98.09	25.52
1974	52.76	48.99	10.05	19.05	146.07	14.68	14.06	95.78	28.70
1975	52.39	49.23	10.07	19.22	130.09	13.10	12.53	95.65	25.45
1976	52.18	49.53	10.08	19.32	129.17	13.02	12.39	95.16	25.02
1977	52.05	49.68	10.04	19.29	150.10	15.07	14.47	96.02	29.13
1978	51.92	49.91	10.21	19.66	131.15	13.39	12.71	94.92	25.47
1979	51.24	50.12	10.13	19.77	174.14	17.64	17.21	97.56	34.34
10 年小计			**91.51**	**20.37**	**142.26**	**130.18**	**121.35**	**93.22**	**26.04**
占合计%			**22.42**			**30.67**	**29.60**		
1980	51.41	50.14	10.36	20.15	116.99	12.12	11.63	95.96	23.20
1981	51.49	50.49	10.49	20.37	112.96	11.85	11.71	98.82	23.19
1982	51.24	50.72	10.69	20.86	130.40	13.94	13.34	95.70	26.30
1983	49.68	50.84	10.01	20.15	110.39	11.05	10.32	93.39	20.30
1984	47.69	49.16	10.52	22.06	161.31	16.97	15.69	92.46	31.92
1985	46.58	48.14	9.64	20.70	174.69	16.84	15.09	89.61	31.35
1986	45.52	49.23	8.17	17.95	174.79	14.28	12.50	87.54	25.39
1987	45.11	49.57	8.20	18.18	181.71	14.90	13.32	89.40	26.87
1988	44.56	50.27	8.33	18.69	117.05	9.75	7.81	80.10	15.54
1989	15.85	17.45	5.10	32.18	166.27	8.48	9.94	117.22	56.96
11 年小计			**50.20**	**32.81**	**162.03**	**81.34**	**87.52**	**107.60**	**54.51**
占合计%			**12.30**			**19.16**	**21.35**		
1990	15.70	17.85	5.00	31.85	189.20	9.46	12.94	136.79	72.49
1991	15.27	17.87	5.00	32.74	148.60	7.43	10.18	137.01	56.97
1992	14.60	17.74	5.19	35.55	193.64	10.05	15.16	150.85	85.46
1993	14.02	17.46	4.82	34.38	173.03	8.34	11.04	132.37	63.23
1994	13.96	10.19	5.28	37.82	160.42	8.47	8.44	99.65	82.83
1995	13.82	11.46	5.08	36.76	195.47	9.93	10.74	108.16	93.72
1996	13.36	11.19	4.70	35.18	134.89	6.34	6.15	97.00	54.96
1997	13.53	15.53	4.47	33.04	188.81	8.44	6.22	73.70	40.05
1998	13.08	12.48	4.20	32.11	75.24	3.16	1.05	33.23	8.41
1999	12.84	14.40	3.41	26.56	149.56	5.10			
2000	12.84	14.40	3.05	23.75	151.48	4.62	5.60	121.21	38.89

5－8－2　湖北省红安县历年棉花生产收购

年　度	耕地面积（万亩）	农业人口（万人）	棉田面积（万亩）	占耕地（%）	亩　产（市斤）	产　量（万担）	收购量（万担）	商品率（%）	人均交售（市斤）
52 年合计			**46.53**		**118.39**	**55.08**	**25.90**	**47.02**	
11 年小计									
占合计%									
1949									
1950									
1951									
1952									
1953									
1954									
1955									
1956									
1957									
1958									
1959									
10 年小计									
占合计%									
1960									
1961									
1962									
1963									
1964									
1965									
1966									
1967									
1968									
1969									
10 年小计			**5.24**		**72.33**	**3.79**	**1.70**	**44.85**	
占合计%			**11.26**			**6.88**	**6.56**		
1970									
1971									
1972									
1973									
1974									
1975									
1976									
1977			1.74		90.80	1.58	0.79	50.00	
1978			1.78		52.81	0.94	0.42	44.68	
1979			1.72		73.84	1.27	0.49	38.58	
10 年小计			**15.20**		**81.21**	**12.34**	**11.33**	**91.82**	
占合计%			**32.66**			**22.40**	**43.75**		
1980			2.00		57.00	1.14	0.58	50.88	
1981			1.76		58.09	1.02	0.75	73.53	
1982			1.69		90.53	1.53	1.03	67.32	
1983			1.63		79.14	1.29	1.44	111.63	
1984			1.57		112.74	1.77	2.01	113.56	
1985			1.41		90.07	1.27	1.01	79.53	
1986			1.61		64.60	1.04	1.53	147.12	
1987			1.11		100.00	1.11	1.15	103.60	
1988			1.21		95.87	1.16	1.11	95.69	
1989			1.21		83.47	1.01	0.72	71.29	
11 年小计			**26.09**		**149.29**	**38.95**	**12.87**	**33.04**	
占合计%			**56.08**			**70.72**	**49.69**		
1990			1.75		65.71	1.15	1.47	127.83	
1991			1.75		122.86	2.15	2.23	103.72	
1992			2.20		170.45	3.75	2.06	54.93	
1993			2.20		164.55	3.62	2.03	56.08	
1994			2.50		182.00	4.55	0.52	11.43	
1995			2.50		213.60	5.34	1.28	23.97	
1996			3.00		155.67	4.67	0.83	17.77	
1997			3.00		152.33	4.57	0.63	13.79	
1998			2.61		147.13	3.84	1.11	28.91	
1999			2.42		135.95	3.29	0.40	12.16	
2000			2.16		93.52	2.02	0.31	15.35	

5-8-3 湖北省麻城市历年棉花生产收购

年度	耕地面积（万亩）	农业人口（万人）	棉田面积（万亩）	占耕地（%）	亩产（市斤）	产量（万担）	收购量（万担）	商品率（%）	人均交售（市斤）
52年合计			**733.83**	**16.09**	**96.17**	**705.75**	**577.90**	**81.88**	**13.44**
11年小计			**133.70**	**13.24**	**48.38**	**64.69**	**51.03**	**78.88**	**7.32**
占合计%			**18.22**			**9.17**	**8.83**		
1949	82.00	57.00	10.50	12.80	28.10	2.95	2.89	97.97	5.07
1950	88.00	60.00	10.80	12.27	37.50	4.05	2.99	73.83	4.98
1951	89.00	61.00	11.50	12.92	39.83	4.58	3.38	73.80	5.54
1952	88.00	62.00	11.50	13.07	52.52	6.04	3.53	58.44	5.69
1953	91.00	63.00	12.40	13.63	44.76	5.55	3.51	63.24	5.57
1954	94.00	65.00	12.50	13.30	16.40	2.05	1.60	78.05	2.46
1955	95.00	65.00	12.10	12.74	52.40	6.34	4.61	72.71	7.09
1956	99.00	66.00	13.60	13.74	57.79	7.86	6.22	79.13	9.42
1957	89.00	66.00	13.20	14.83	78.64	10.38	9.19	88.54	13.92
1958	97.00	67.00	12.90	13.30	75.04	9.68	8.41	86.88	12.55
1959	98.00	65.00	12.70	12.96	41.02	5.21	4.70	90.21	7.23
10年小计			**148.30**	**16.08**	**78.62**	**116.60**	**104.92**	**89.98**	**14.63**
占合计%			**20.21**			**16.52**	**18.16**		
1960	114.00	64.00	12.80	11.23	35.00	4.48	4.43	98.88	6.92
1961	99.00	66.00	12.20	12.32	44.02	5.37	4.50	83.80	6.82
1962	92.00	67.00	12.40	13.48	60.97	7.56	6.54	86.51	9.76
1963	94.00	68.00	14.10	15.00	68.01	9.59	8.51	88.74	12.51
1964	88.00	70.00	14.40	16.36	75.00	10.80	10.26	95.00	14.66
1965	86.00	72.00	15.00	17.44	128.00	19.20	17.51	91.20	24.32
1966	89.00	74.00	17.00	19.10	101.18	17.20	15.28	88.84	20.65
1967	88.00	76.00	16.80	19.09	95.83	16.10	14.39	89.38	18.93
1968	87.00	79.00	16.80	19.31	89.29	15.00	13.71	91.40	17.35
1969	85.00	81.00	16.80	19.76	67.26	11.30	9.79	86.64	12.09
10年小计			**159.80**	**18.58**	**97.81**	**156.30**	**143.34**	**91.71**	**16.33**
占合计%			**21.78**			**22.15**	**24.80**		
1970	86.00	82.00	16.10	18.72	83.85	13.50	11.58	85.78	14.12
1971	86.00	83.00	16.20	18.84	90.74	14.70	13.20	89.80	15.90
1972	86.00	85.00	16.10	18.72	77.02	12.40	11.29	91.05	13.28
1973	86.00	86.00	16.20	18.84	114.81	18.60	17.10	91.94	19.88
1974	86.00	88.00	16.00	18.60	128.75	20.60	19.32	93.79	21.95
1975	86.00	89.00	15.90	18.49	101.26	16.10	14.78	91.80	16.61
1976	86.00	90.00	15.90	18.49	88.05	14.00	12.89	92.07	14.32
1977	86.00	91.00	15.80	18.37	98.73	15.60	14.58	93.46	16.02
1978	86.00	92.00	15.80	18.37	86.71	13.70	12.93	94.38	14.05
1979	86.00	92.00	15.80	18.37	108.23	17.10	15.67	91.64	17.03
10年小计			**151.20**	**17.68**	**112.96**	**170.80**	**166.19**	**97.30**	**17.66**
占合计%			**20.60**			**24.20**	**28.76**		
1980	86.00	93.00	16.20	18.84	56.17	9.10	10.28	112.97	11.05
1981	86.00	93.00	15.90	18.49	94.97	15.10	15.38	101.85	16.54
1982	86.00	93.00	15.90	18.49	111.95	17.80	17.27	97.02	18.57
1983	86.00	94.00	15.90	18.49	108.18	17.20	18.39	106.92	19.56
1984	86.00	93.00	16.10	18.72	160.25	25.80	25.22	97.75	27.12
1985	86.00	93.00	15.00	17.44	143.33	21.50	19.64	91.35	21.12
1986	85.00	94.00	14.20	16.71	121.13	17.20	16.78	97.56	17.85
1987	85.00	95.00	14.30	16.82	127.27	18.20	17.44	95.82	18.36
1988	85.00	96.00	14.20	16.71	100.70	14.30	13.03	91.12	13.57
1989	84.00	97.00	13.50	16.07	108.15	14.60	12.76	87.40	13.15
11年小计			**140.83**	**15.39**	**140.14**	**197.36**	**112.42**	**56.96**	**10.55**
占合计%			**19.19**			**27.96**	**19.45**		
1990	84.00	99.00	13.70	16.31	146.72	20.10	17.93	89.20	18.11
1991	84.00	99.00	13.50	16.07	111.85	15.10	12.26	81.19	12.38
1992	83.00	100.00	14.40	17.35	127.78	18.40	15.85	86.14	15.85
1993	83.00	100.00	13.90	16.75	135.25	18.80	11.06	58.83	11.06
1994	83.00	99.00	13.90	16.75	145.32	20.20	9.80	48.51	9.90
1995	83.00	98.00	13.70	16.51	156.20	21.40	11.30	52.80	11.53
1996	83.00	98.00	12.60	15.18	107.94	13.60	5.79	42.57	5.91
1997	83.00	99.00	12.60	15.18	150.79	19.00	13.17	69.32	13.30
1998	83.00	99.00	12.40	14.94	153.23	19.00	8.44	44.42	8.53
1999	83.01	87.14	10.05	12.11	154.83	15.56	2.14	13.75	2.46
2000	83.01	87.14	10.08	12.14	160.71	16.20	4.68	28.89	5.37

5-8-74 湖北省英山县历年棉花生产收购

年度	耕地面积（万亩）	农业人口（万人）	棉田面积（万亩）	占耕地（%）	亩产（市斤）	产量（万担）	收购量（万担）	商品率（%）	人均交售（市斤）
52年合计			**0.61**	**1.68**	**195.08**	**1.19**	**0.39**	**32.77**	**0.63**
11年小计									
占合计%									
1949									
1950									
1951									
1952									
1953									
1954									
1955									
1956									
1957									
1958									
1959									
10年小计									
占合计%									
1960									
1961									
1962									
1963									
1964									
1965									
1966									
1967									
1968									
1969									
10年小计									
占合计%									
1970									
1971									
1972									
1973									
1974									
1975									
1976									
1977									
1978									
1979									
10年小计									
占合计%									
1980									
1981									
1982									
1983									
1984									
1985									
1986									
1987									
1988									
1989									
11年小计			**0.61**	**1.68**	**195.08**	**1.19**	**0.39**	**32.77**	**0.63**
占合计%			**100.00**			**100.00**	**100.00**		
1990									
1991									
1992									
1993									
1994									
1995									
1996									
1997									
1998									
1999	18.18	31.07	0.29	1.60	206.90	0.60	0.29	48.33	0.93
2000	18.18	31.07	0.32	1.76	184.38	0.59	0.10	16.95	0.32

5-8-5 湖北省罗田县历年棉花生产收购

年　　度	耕地面积（万亩）	农业人口（万人）	棉田面积（万亩）	占耕地（%）	亩　产（市斤）	产　量（万担）	收购量（万担）	商品率（%）	人均交售（市斤）
52 年合计			**21.46**	**0.96**	**77.77**	**16.69**	**16.62**	**99.58**	**1.15**
11 年小计									
占合计%									
1949									
1950									
1951									
1952									
1953									
1954									
1955									
1956									
1957									
1958									
1959									
10 年小计									
占合计%									
1960									
1961									
1962									
1963									
1964									
1965									
1966									
1967									
1968									
1969									
10 年小计			**4.85**	**0.76**	**75.26**	**3.65**	**3.61**	**98.90**	**0.90**
占合计%			**22.60**			**21.87**	**21.72**		
1970									
1971									
1972	80.20	49.75	0.40	0.50	75.00	0.30	0.29	96.67	0.58
1973	80.20	49.80	0.40	0.50	75.00	0.30	0.29	96.67	0.58
1974	80.20	49.85	0.66	0.82	75.76	0.50	0.49	98.00	0.98
1975	80.20	49.90	0.53	0.66	75.47	0.40	0.39	97.50	0.78
1976	80.20	49.95	0.60	0.75	75.00	0.45	0.45	100.00	0.90
1977	80.20	50.00	0.60	0.75	75.00	0.45	0.45	100.00	0.90
1978	80.20	50.05	0.86	1.07	75.58	0.65	0.65	100.00	1.30
1979	80.20	50.10	0.80	1.00	75.00	0.60	0.60	100.00	1.20
10 年小计			**7.99**	**1.00**	**75.09**	**6.00**	**5.72**	**95.33**	**1.14**
占合计%			**37.23**			**35.95**	**34.42**		
1980	80.10	50.15	1.47	1.84	74.83	1.10	1.00	90.91	1.99
1981	80.10	50.20	0.67	0.84	74.63	0.50	0.49	98.00	0.98
1982	80.10	50.25	0.53	0.66	75.47	0.40	0.39	97.50	0.78
1983	80.10	50.30	0.80	1.00	75.00	0.60	0.59	98.33	1.17
1984	80.10	50.35	0.40	0.50	75.00	0.30	0.29	96.67	0.58
1985	80.10	50.40	0.53	0.66	75.47	0.40	0.39	97.50	0.77
1986	80.10	50.45	0.67	0.84	74.63	0.50	0.49	98.00	0.97
1987	80.10	50.50	0.53	0.66	75.47	0.40	0.39	97.50	0.77
1988	80.10	50.55	1.33	1.66	75.19	1.00	0.90	90.00	1.78
1989	80.10	50.60	1.06	1.32	75.47	0.80	0.79	98.75	1.56
11 年小计			**8.62**	**1.09**	**81.67**	**7.04**	**7.29**	**103.55**	**1.33**
占合计%			**40.17**			**42.18**	**43.86**		
1990	80.00	50.65	1.00	1.25	80.00	0.80	0.79	98.75	1.56
1991	80.00	50.70	1.00	1.25	80.00	0.80	0.79	98.75	1.56
1992	80.00	50.75	1.00	1.25	80.00	0.80	0.79	98.75	1.56
1993	80.00	50.80	1.00	1.25	80.00	0.80	0.79	98.75	1.56
1994	80.00	50.85	1.50	1.88	80.00	1.20	1.19	99.17	2.34
1995	80.00	50.90	1.00	1.25	80.00	0.80	0.79	98.75	1.55
1996	80.00	50.95	0.75	0.94	80.00	0.60	0.59	98.33	1.16
1997	81.00	51.00	0.50	0.62	80.00	0.40	0.39	97.50	0.76
1998	80.00	51.05	0.50	0.63	80.00	0.40	0.39	97.50	0.76
1999	36.32	44.71	0.20	0.55	110.00	0.22	0.50	*	1.12
2000	36.32	44.71	0.17	0.47	129.41	0.22	0.28	127.27	0.63

5-8-6 湖北省浠水县历年棉花生产收购

年度	耕地面积（万亩）	农业人口（万人）	棉田面积（万亩）	占耕地（%）	亩产（市斤）	产量（万担）	收购量（万担）	商品率（%）	人均交售（市斤）
52年合计			**453.41**	**12.20**	**75.15**	**340.73**	**294.32**	**86.38**	**8.01**
11年小计			**111.64**	**12.97**	**32.69**	**36.49**	**29.15**	**79.88**	**4.73**
占合计%			**24.62**			**10.71**	**9.90**		
1949	77.61	54.55	10.93	14.08	21.41	2.34	1.28	54.70	2.35
1950	76.38	55.24	11.46	15.00	24.78	2.84	2.13	75.00	3.86
1951	77.50	55.40	11.79	15.21	31.21	3.68	2.75	74.73	4.96
1952	77.70	55.59	11.72	15.08	33.96	3.98	2.79	70.10	5.02
1953	79.09	55.49	11.01	13.92	23.43	2.58	1.34	51.94	2.41
1954	81.08	56.23	10.39	12.81	11.65	1.21	0.84	69.42	1.49
1955	81.04	56.31	9.18	11.33	33.99	3.12	2.32	74.36	4.12
1956	79.84	56.48	9.18	11.50	55.99	5.14	5.35	104.09	9.47
1957	79.86	57.26	9.18	11.50	55.12	5.06	4.80	94.86	8.38
1958	75.79	57.50	8.45	11.15	49.23	4.16	3.81	91.59	6.63
1959	74.96	55.79	8.35	11.14	28.50	2.38	1.74	73.11	3.12
10年小计			**92.58**	**12.63**	**56.82**	**52.60**	**47.11**	**89.56**	**7.48**
占合计%			**20.42**			**15.44**	**16.01**		
1960	80.53	55.65	7.54	9.36	29.18	2.20	1.76	80.00	3.16
1961	76.01	57.01	7.05	9.28	19.29	1.36	1.11	81.62	1.95
1962	74.88	58.90	7.96	10.63	41.46	3.30	3.06	92.73	5.20
1963	73.64	60.57	9.71	13.19	72.81	7.07	6.39	90.38	10.55
1964	72.27	61.87	9.77	13.52	37.56	3.67	3.43	93.46	5.54
1965	72.51	63.15	10.08	13.90	80.36	8.10	7.44	91.85	11.78
1966	71.85	65.22	10.00	13.92	65.10	6.51	6.02	92.47	9.23
1967	70.81	66.65	10.05	14.19	76.72	7.71	6.83	88.59	10.25
1968	70.56	68.82	10.30	14.60	79.51	8.19	7.29	89.01	10.59
1969	69.93	71.58	10.12	14.47	44.37	4.49	3.78	84.19	5.28
10年小计			**99.48**	**13.99**	**93.80**	**93.31**	**87.84**	**94.14**	**11.40**
占合计%			**21.94**			**27.39**	**29.85**		
1970	70.95	72.75	10.86	15.31	65.47	7.11	6.61	92.97	9.09
1971	71.06	73.16	10.13	14.26	69.99	7.09	6.33	89.28	8.65
1972	71.11	75.23	9.77	13.74	108.39	10.59	9.83	92.82	13.07
1973	71.14	76.23	9.93	13.96	83.38	8.28	7.78	93.96	10.21
1974	71.15	77.15	9.88	13.89	112.96	11.16	10.49	94.00	13.60
1975	71.15	77.93	9.91	13.93	103.53	10.26	9.68	94.35	12.42
1976	71.15	78.84	9.81	13.79	97.86	9.60	9.08	94.58	11.52
1977	71.15	79.10	9.66	13.58	103.21	9.97	9.43	94.58	11.92
1978	71.15	79.79	9.78	13.75	83.64	8.18	7.85	95.97	9.84
1979	71.15	80.08	9.75	13.70	113.54	11.07	10.76	97.20	13.44
10年小计			**83.72**	**12.20**	**103.77**	**86.88**	**76.92**	**88.54**	**9.55**
占合计%			**18.46**			**25.50**	**26.13**		
1980	71.15	80.27	10.29	14.46	83.19	8.56	8.73	101.99	10.88
1981	71.15	80.72	10.09	14.18	81.86	8.26	8.17	98.91	10.12
1982	71.15	81.15	9.95	13.98	108.54	10.80	10.51	97.31	12.95
1983	71.08	81.21	9.93	13.97	102.01	10.13	9.66	95.36	11.90
1984	68.30	81.08	9.62	14.08	127.44	12.26	11.42	93.15	14.08
1985	64.45	78.57	8.41	13.05	117.00	9.84	9.08	92.28	11.56
1986	67.08	78.80	7.09	10.57	111.28	7.89	5.75	72.88	7.30
1987	69.00	80.01	6.68	9.68	121.26	8.10	6.10	75.31	7.62
1988	64.22	81.45	6.10	9.50	93.28	5.69	3.94	69.24	4.84
1989	68.84	82.45	5.56	8.08	96.22	5.35	3.56	66.54	4.32
11年小计			**65.99**	**9.10**	**108.27**	**71.45**	**53.30**	**74.60**	**6.24**
占合计%			**14.55**			**20.97**	**18.11**		
1990	68.65	85.76	6.50	9.47	88.31	5.74	6.49	113.07	7.57
1991	67.66	86.76	7.20	10.64	91.11	6.56	6.09	92.84	7.02
1992	61.08	87.72	9.00	14.73	94.44	8.50	10.02	117.88	11.42
1993	66.55	88.80	7.02	10.55	102.14	7.17	4.24	59.14	4.77
1994	66.21	87.87	5.72	8.64	136.01	7.78	4.14	53.21	4.71
1995	66.05	88.12	6.20	9.39	131.94	8.18	5.26	64.30	5.97
1996	65.85	88.40	6.36	9.66	107.86	6.86	3.40	49.56	3.85
1997	65.78	88.85	5.96	9.06	127.85	7.62	4.28	56.17	4.82
1998	65.67	89.56	4.70	7.16	97.23	4.57	4.18	91.47	4.67
1999	65.69	31.07	4.01	6.10	100.50	4.03	2.23	55.33	7.18
2000	65.69	31.07	3.32	5.05	133.73	4.44	2.97	66.89	9.56

5－8－7　湖北省蕲春县历年棉花生产收购

年　度	耕地面积（万亩）	农业人口（万人）	棉田面积（万亩）	占耕地（%）	亩　产（市斤）	产　量（万担）	收购量（万担）	商品率（%）	人均交售（市斤）
52 年合计			**178.53**	**4.72**	**65.66**	**117.23**	**108.41**	**92.48**	**3.27**
11 年小计			**25.88**	**2.97**	**22.10**	**5.72**	**4.12**	**72.03**	**0.77**
占合计%			**14.50**			**4.88**	**3.80**		
1949	79.40	46.82	1.90	2.39	12.11	0.23	0.13	56.52	0.28
1950	80.16	47.23	2.00	2.50	11.50	0.23	0.16	69.57	0.34
1951	80.99	47.78	1.90	2.35	15.26	0.29	0.17	58.62	0.36
1952	81.62	48.31	2.50	3.06	12.40	0.31	0.15	48.39	0.31
1953	80.64	48.12	1.78	2.21	14.61	0.26	0.06	23.08	0.12
1954	80.09	49.17	2.22	2.77	4.95	0.11	0.11	100.00	0.22
1955	79.52	49.65	2.51	3.16	24.30	0.61	0.31	50.82	0.62
1956	79.88	50.18	1.39	1.74	44.60	0.62	0.53	85.48	1.06
1957	76.30	50.80	1.61	2.11	45.96	0.74	0.49	66.22	0.96
1958	72.93	49.36	3.15	4.32	38.10	1.20	1.07	89.17	2.17
1959	78.45	47.18	4.92	6.27	22.76	1.12	0.94	83.93	1.99
10 年小计			**42.17**	**5.14**	**44.11**	**18.60**	**18.44**	**99.14**	**3.51**
占合计%			**23.62**			**15.87**	**17.01**		
1960	92.39	46.30	2.93	3.17	18.09	0.53	0.48	90.57	1.04
1961	86.35	46.27	2.58	2.99	26.74	0.69	0.22	31.88	0.48
1962	86.10	48.72	2.88	3.34	27.43	0.79	0.77	97.47	1.58
1963	83.93	50.10	4.51	5.37	53.44	2.41	2.62	108.71	5.23
1964	82.68	51.50	4.71	5.70	31.85	1.50	1.61	107.33	3.13
1965	81.10	52.90	5.24	6.46	61.45	3.22	3.15	97.83	5.95
1966	78.02	54.62	4.96	6.36	48.79	2.42	2.21	91.32	4.05
1967	77.35	56.09	5.05	6.53	51.88	2.62	2.82	107.63	5.03
1968	76.64	58.67	4.84	6.32	61.78	2.99	2.94	98.33	5.01
1969	76.65	60.78	4.47	5.83	31.99	1.43	1.62	113.29	2.67
10 年小计			**53.54**	**7.25**	**71.98**	**38.54**	**36.81**	**95.51**	**5.50**
占合计%			**29.99**			**32.88**	**33.95**		
1970	76.36	62.39	5.74	7.52	38.68	2.22	1.89	85.14	3.03
1971	75.33	63.26	4.93	6.54	40.97	2.02	1.60	79.21	2.53
1972	74.63	64.87	5.01	6.71	63.87	3.20	2.80	87.50	4.32
1973	74.28	66.34	5.11	6.88	56.56	2.89	2.55	88.24	3.84
1974	74.16	67.31	5.58	7.52	74.01	4.13	5.75	139.23	8.54
1975	73.61	67.97	5.34	7.25	87.64	4.68	4.45	95.09	6.55
1976	73.07	68.73	5.50	7.53	86.91	4.78	4.24	88.70	6.17
1977	72.67	69.14	5.57	7.66	97.67	5.44	5.06	93.01	7.32
1978	72.59	69.66	5.69	7.84	74.17	4.22	3.83	90.76	5.50
1979	72.10	69.23	5.07	7.03	97.83	4.96	4.64	93.55	6.70
10 年小计			**36.43**	**5.30**	**82.90**	**30.20**	**30.54**	**101.13**	**4.29**
占合计%			**20.41**			**25.76**	**28.17**		
1980	71.86	69.89	5.14	7.15	80.93	4.16	3.88	93.27	5.55
1981	71.47	70.34	5.09	7.12	69.74	3.55	3.36	94.65	4.78
1982	71.14	70.97	4.78	6.72	93.31	4.46	4.33	97.09	6.10
1983	70.75	71.41	4.93	6.97	82.35	4.06	3.87	95.32	5.42
1984	68.98	70.95	4.53	6.57	99.78	4.52	3.98	88.05	5.61
1985	67.36	68.26	3.61	5.36	88.64	3.20	3.50	109.38	5.13
1986	66.73	69.76	2.47	3.70	77.33	1.91	4.09	*	5.86
1987	66.47	71.48	1.82	2.74	78.02	1.42	2.16	152.11	3.02
1988	66.21	73.73	2.11	3.19	65.88	1.39	0.93	66.91	1.26
1989	66.03	74.92	1.95	2.95	78.46	1.53	0.44	28.76	0.59
11 年小计			**20.51**	**3.08**	**117.84**	**24.17**	**18.50**	**76.54**	**2.11**
占合计%			**11.49**			**20.62**	**17.06**		
1990	65.64	76.21	1.84	2.80	91.85	1.69	1.93	114.20	2.53
1991	64.33	77.34	1.33	2.07	96.24	1.28	1.84	143.75	2.38
1992	62.52	78.07	1.55	2.48	98.06	1.52	1.59	104.61	2.04
1993	62.56	78.67	1.98	3.16	100.00	1.98	2.30	116.16	2.92
1994	60.27	78.15	2.35	3.90	109.79	2.58	2.02	78.29	2.58
1995	59.55	78.86	2.14	3.59	107.94	2.31	1.59	68.83	2.02
1996	58.99	79.05	2.03	3.44	110.34	2.24	1.39	62.05	1.76
1997	58.51	79.79	2.01	3.44	135.82	2.73	1.49	54.58	1.87
1998	58.07	80.52	1.87	3.22	145.45	2.72	1.82	66.91	2.26
1999	57.72	85.80	1.94	3.36	150.00	2.91	1.77	60.82	2.06
2000	57.72	85.80	1.47	2.55	150.34	2.21	0.76	34.39	0.89

5－8－8　湖北省武穴市历年棉花生产收购

年　　度	耕地面积（万亩）	农业人口（万人）	棉田面积（万亩）	占耕地（%）	亩　产（市斤）	产　量（万担）	收购量（万担）	商品率（%）	人均交售（市斤）
52 年合计			**420.70**	**13.56**	**118.08**	**496.78**	**375.81**	**75.65**	**15.66**
11 年小计			**71.40**	**9.96**	**44.96**	**32.10**	**28.54**	**88.91**	**8.11**
占合计%			**16.97**			**6.46**	**7.59**		
1949	60.10	28.63	5.00	8.32	22.00	1.10	0.50	45.45	1.75
1950	63.90	29.13	5.10	7.98	31.37	1.60	1.00	62.50	3.43
1951	65.30	30.33	5.30	8.12	35.85	1.90	2.00	105.26	6.59
1952	66.60	30.77	5.80	8.71	43.10	2.50	3.00	120.00	9.75
1953	66.80	31.22	6.70	10.03	41.79	2.80	2.60	92.86	8.33
1954	66.40	32.52	6.40	9.64	1.56	0.10	0.04	40.00	0.12
1955	61.20	33.50	7.00	11.44	51.43	3.60	2.90	80.56	8.66
1956	67.90	33.65	7.10	10.46	70.42	5.00	4.10	82.00	12.18
1957	66.40	34.03	7.10	10.69	73.24	5.20	4.70	90.38	13.81
1958	66.30	34.70	7.70	11.61	57.14	4.40	4.40	100.00	12.68
1959	65.90	33.43	8.20	12.44	47.56	3.90	3.30	84.62	9.87
10 年小计			**87.10**	**13.61**	**74.86**	**65.20**	**60.60**	**92.94**	**15.85**
占合计%			**20.70**			**13.12**	**16.13**		
1960	65.50	32.88	8.10	12.37	35.80	2.90	2.80	96.55	8.52
1961	65.70	33.63	6.70	10.20	35.82	2.40	2.30	95.83	6.84
1962	64.50	35.45	6.80	10.54	69.12	4.70	4.40	93.62	12.41
1963	64.00	36.67	7.70	12.03	102.60	7.90	7.70	97.47	21.00
1964	64.20	37.69	9.70	15.11	64.95	6.30	6.10	96.83	16.18
1965	64.10	38.76	9.10	14.20	119.78	10.90	10.90	100.00	28.12
1966	63.60	39.95	9.90	15.57	95.96	9.50	9.20	96.84	23.03
1967	62.80	40.87	9.80	15.61	80.61	7.90	6.30	79.75	15.41
1968	63.00	42.31	9.70	15.40	82.47	8.00	6.60	82.50	15.60
1969	62.40	44.24	9.60	15.38	48.96	4.70	4.30	91.49	9.72
10 年小计			**92.80**	**15.42**	**84.59**	**78.50**	**75.60**	**96.31**	**15.52**
占合计%			**22.06**			**15.80**	**20.12**		
1970	61.80	45.94	8.90	14.40	66.29	5.90	5.70	96.61	12.41
1971	61.40	46.92	9.50	15.47	61.05	5.80	5.50	94.83	11.72
1972	61.00	47.51	9.10	14.92	80.22	7.30	6.90	94.52	14.52
1973	60.00	48.19	9.50	15.83	68.42	6.50	6.20	95.38	12.87
1974	60.10	48.81	9.40	15.64	84.04	7.90	7.70	97.47	15.78
1975	59.90	49.39	9.30	15.53	103.23	9.60	9.20	95.83	18.63
1976	59.60	49.81	9.30	15.60	112.90	10.50	10.10	96.19	20.28
1977	59.40	49.93	9.30	15.66	89.25	8.30	8.00	96.39	16.02
1978	59.50	50.26	9.30	15.63	88.17	8.20	7.90	96.34	15.72
1979	59.30	50.33	9.20	15.51	92.39	8.50	8.40	98.82	16.69
10 年小计			**79.80**	**13.97**	**154.64**	**123.40**	**106.70**	**86.47**	**20.53**
占合计%			**18.97**			**24.84**	**28.39**		
1980	59.10	50.57	9.30	15.74	93.55	8.70	8.60	98.85	17.01
1981	58.90	51.14	9.30	15.79	95.70	8.90	8.80	98.88	17.21
1982	58.90	51.77	9.50	16.13	170.53	16.20	15.60	96.30	30.13
1983	58.80	52.14	9.30	15.82	181.72	16.90	15.70	92.90	30.11
1984	58.00	51.46	9.30	16.03	188.17	17.50	13.90	79.43	27.01
1985	56.40	49.99	8.60	15.25	156.98	13.50	10.80	80.00	21.60
1986	55.70	51.02	6.50	11.67	181.54	11.80	9.90	83.90	19.40
1987	55.30	52.32	5.50	9.95	200.00	11.00	9.40	85.45	17.97
1988	55.10	53.97	6.60	11.98	121.21	8.00	6.50	81.25	12.04
1989	55.00	55.33	5.90	10.73	184.75	10.90	7.50	68.81	13.56
11 年小计			**89.60**	**15.64**	**220.51**	**197.58**	**104.37**	**52.82**	**15.84**
占合计%			**21.30**			**39.77**	**27.77**		
1990	54.70	56.86	7.20	13.16	170.83	12.30	10.40	84.55	18.29
1991	54.40	57.21	6.80	12.50	202.94	13.80	10.50	76.09	18.35
1992	53.50	57.08	6.90	12.90	218.84	15.10	15.10	100.00	26.45
1993	52.80	57.85	7.60	14.39	227.63	17.30	8.80	50.87	15.21
1994	52.80	57.63	10.00	18.94	232.00	23.20	9.20	39.66	15.96
1995	51.90	58.22	9.70	18.69	234.02	22.70	15.00	66.08	25.76
1996	51.40	57.99	9.80	19.07	205.10	20.10	11.40	56.72	19.66
1997	50.70	58.25	10.00	19.72	212.00	21.20	9.20	43.40	15.79
1998	50.40	58.41	8.30	16.47	216.87	18.00	6.80	37.78	11.64
1999	50.15	69.74	5.69	11.35	263.80	15.01	2.57	17.12	3.69
2000	50.15	69.74	7.61	15.17	247.96	18.87	5.40	28.62	7.74

5－8－9　湖北省黄梅县历年棉花生产收购

年　　度	耕地面积（万亩）	农业人口（万人）	棉田面积（万亩）	占耕地（%）	亩　产（市斤）	产　量（万担）	收购量（万担）	商品率（%）	人均交售（市斤）
52年合计			**870.23**	**21.08**	**100.58**	**875.29**	**747.33**	**85.38**	**23.09**
11年小计			**146.26**	**16.78**	**50.99**	**74.58**	**51.94**	**69.64**	**10.95**
占合计%			**16.81**			**8.52**	**6.95**		
1949									
1950	89.02	46.42	13.20	14.83	30.98	4.09			
1951	89.02	46.42	13.60	15.28	35.00	4.76			
1952	89.02	46.42	14.75	16.57	52.00	7.67			
1953	89.02	46.42	17.43	19.58	38.84	6.77	5.71	84.34	12.30
1954	85.60	46.66	0.18	0.21	5.56	0.01	1.10	*	2.36
1955	85.81	47.26	17.01	19.82	45.97	7.82	5.91	75.58	12.51
1956	84.77	47.14	17.62	20.79	67.71	11.93	9.77	81.89	20.73
1957	88.23	48.64	16.00	18.13	79.44	12.71	11.65	91.66	23.95
1958	84.74	49.53	17.69	20.88	52.40	9.27	8.79	94.82	17.75
1959	86.31	49.45	18.78	21.76	50.85	9.55	9.01	94.35	18.22
10年小计			**176.04**	**20.04**	**88.08**	**155.05**	**144.36**	**93.11**	**27.40**
占合计%			**20.23**			**17.71**	**19.32**		
1960	86.45	48.87	17.95	20.76	49.64	8.91	8.06	90.46	16.49
1961	88.18	49.61	16.23	18.41	35.12	5.70	5.09	89.30	10.26
1962	88.60	50.83	14.52	16.39	65.01	9.44	8.58	90.89	16.88
1963	89.21	51.55	17.10	19.17	96.78	16.55	15.63	94.44	30.32
1964	88.76	52.32	18.38	20.71	85.04	15.63	14.59	93.35	27.89
1965	88.32	53.11	18.46	20.90	128.60	23.74	22.32	94.02	42.03
1966	87.88	53.90	18.45	20.99	135.56	25.01	23.59	94.32	43.77
1967	87.44	54.71	19.24	22.00	88.41	17.01	15.54	91.36	28.40
1968	87.00	55.53	19.56	22.48	115.29	22.55	21.36	94.72	38.47
1969	86.57	56.37	16.15	18.66	65.08	10.51	9.60	91.34	17.03
10年小计			**183.82**	**22.55**	**85.81**	**157.74**	**152.53**	**96.70**	**22.97**
占合计%			**21.12**			**18.02**	**20.41**		
1970	86.13	60.21	16.94	19.67	71.37	12.09	11.73	97.02	19.48
1971	85.70	62.33	18.47	21.55	58.74	10.85	10.76	99.17	17.26
1972	85.27	64.91	18.46	21.65	81.20	14.99	14.87	99.20	22.91
1973	84.84	66.20	17.06	20.11	82.00	13.99	13.98	99.93	21.12
1974	83.61	67.47	18.47	22.09	88.68	16.38	16.17	98.72	23.97
1975	82.62	68.50	18.56	22.46	112.98	20.97	20.64	98.43	30.13
1976	82.62	69.25	19.33	23.40	104.66	20.23	19.19	94.86	27.71
1977	81.73	69.66	19.09	23.36	85.33	16.29	16.16	99.20	23.20
1978	71.55	67.66	19.25	26.90	63.48	12.22	11.87	97.14	17.54
1979	71.04	67.88	18.19	25.61	108.47	19.73	17.16	86.97	25.28
10年小计			**169.84**	**22.68**	**121.68**	**206.66**	**200.43**	**96.99**	**28.07**
占合计%			**19.52**			**23.61**	**26.82**		
1980	51.41	70.70	19.10	37.15	86.70	16.56	16.14	97.46	22.83
1981	75.20	71.31	18.90	25.13	94.13	17.79	17.42	97.92	24.43
1982	79.60	72.10	18.60	23.37	126.94	23.61	22.37	94.75	31.03
1983	79.60	72.10	18.01	22.63	111.99	20.17	19.25	95.44	26.70
1984	79.60	72.10	15.13	19.01	166.69	25.22	24.90	98.73	34.54
1985	77.50	70.10	15.89	20.50	139.40	22.15	21.63	97.65	30.86
1986	77.50	70.10	15.98	20.62	128.72	20.57	20.05	97.47	28.60
1987	76.40	71.00	15.87	20.77	158.22	25.11	24.75	98.57	34.86
1988	76.00	71.40	16.46	21.66	97.02	15.97	15.37	96.24	21.53
1989	76.10	73.00	15.90	20.89	122.70	19.51	18.55	95.08	25.41
11年小计			**194.27**	**23.87**	**144.78**	**281.26**	**198.07**	**70.42**	**23.11**
占合计%			**22.32**			**32.13**	**26.50**		
1990	75.76	73.00	16.10	21.25	168.32	27.10	18.51	68.30	25.36
1991	75.76	73.00	16.60	21.91	187.59	31.14	27.43	88.09	37.58
1992	75.45	73.00	19.00	25.18	184.26	35.01	28.93	82.63	39.63
1993	75.65	73.00	18.00	23.79	132.06	23.77	20.15	84.77	27.60
1994	75.65	73.00	18.90	24.98	113.76	21.50	21.34	99.26	29.23
1995	73.44	94.31	21.40	29.14	163.55	35.00	27.48	78.51	29.14
1996	73.01	94.96	21.40	29.31	93.46	20.00	17.81	89.05	18.76
1997	72.66	95.89	17.80	24.50	112.36	20.00	14.97	74.85	15.61
1998	72.20	96.84	16.40	22.71	109.76	18.00	12.34	68.56	12.74
1999	72.18	55.10	15.71	21.77	163.84	25.74	1.74	6.76	3.16
2000	72.18	55.10	12.96	17.96	185.19	24.00	7.37	30.71	13.38

5－8－10　湖北省团风县历年棉花生产收购

年　度	耕地面积（万亩）	农业人口（万人）	棉田面积（万亩）	占耕地（%）	亩　产（市斤）	产　量（万担）	收购量（万担）	商品率（%）	人均交售（市斤）
52 年合计			**13.88**	**11.27**	**107.93**	**14.98**	**10.32**	**68.89**	**7.86**
11 年小计									
占合计%									
1949									
1950									
1951									
1952									
1953									
1954									
1955									
1956									
1957									
1958									
1959									
10 年小计									
占合计%									
1960									
1961									
1962									
1963									
1964									
1965									
1966									
1967									
1968									
1969									
10 年小计									
占合计%									
1970									
1971									
1972									
1973									
1974									
1975									
1976									
1977									
1978									
1979									
10 年小计									
占合计%									
1980									
1981									
1982									
1983									
1984									
1985									
1986									
1987									
1988									
1989									
11 年小计			**13.88**	**11.27**	**107.93**	**14.98**	**10.32**	**68.89**	**7.86**
占合计%			**100.00**			**100.00**	**100.00**		
1990									
1991									
1992									
1993									
1994									
1995									
1996	25.00	30.00	4.00	16.00	100.00	4.00	3.00	75.00	10.00
1997	24.00	30.00	3.50	14.58	100.00	3.50	2.70	77.14	9.00
1998	24.00	30.00	3.50	14.58	100.00	3.50	2.00	57.14	6.67
1999	25.07	20.61	1.62	6.46	125.93	2.04	0.50	24.51	2.43
2000	25.07	20.61	1.26	5.03	153.97	1.94	2.12	109.28	10.29

5-8-11 湖北省随州市历年棉花生产收购

年度	耕地面积（万亩）	农业人口（万人）	棉田面积（万亩）	占耕地（%）	亩产（市斤）	产量（万担）	收购量（万担）	商品率（%）	人均交售（市斤）
52年合计			**1194.21**	**14.56**	**92.96**	**1110.18**	**926.32**	**83.44**	**17.84**
11年小计			**245.88**	**14.73**	**23.90**	**58.77**	**50.58**	**86.06**	**6.64**
占合计%			**20.59**			**5.29**	**5.46**		
1949	139.19	65.49	22.50	16.16	12.00	2.70	2.30	85.19	3.51
1950	144.38	66.15	25.00	17.32	19.00	4.75	4.04	85.05	6.11
1951	147.94	66.57	26.28	17.76	24.01	6.31	5.36	84.94	8.05
1952	149.67	67.17	24.20	16.17	15.37	3.72	3.16	84.95	4.70
1953	149.71	67.52	24.91	16.64	25.53	6.36	7.32	115.09	10.84
1954	149.59	68.19	24.03	16.06	15.86	3.81	3.54	92.91	5.19
1955	150.84	68.71	23.97	15.89	17.61	4.22	2.18	51.66	3.17
1956	150.40	70.14	19.39	12.89	25.22	4.89	2.13	43.56	3.04
1957	150.41	71.93	17.29	11.50	45.29	7.83	7.76	99.11	10.79
1958	164.91	74.44	18.37	11.14	49.37	9.07	8.14	89.75	10.93
1959	172.08	75.11	19.94	11.59	25.63	5.11	4.65	91.00	6.19
10年小计			**188.13**	**11.23**	**55.26**	**103.97**	**92.70**	**89.16**	**10.83**
占合计%			**15.75**			**9.37**	**10.01**		
1960	178.98	75.12	15.36	8.58	19.21	2.95	2.62	88.81	3.49
1961	174.08	76.64	13.76	7.90	22.53	3.10	1.89	60.97	2.47
1962	171.12	79.90	17.51	10.23	27.81	4.87	4.28	87.89	5.36
1963	169.70	82.26	17.76	10.47	28.77	5.11	5.02	98.24	6.10
1964	170.17	84.01	18.39	10.81	54.49	10.02	8.89	88.72	10.58
1965	169.67	86.14	18.58	10.95	71.91	13.36	10.71	80.16	12.43
1966	163.37	88.79	19.53	11.95	77.78	15.19	13.9	91.51	15.65
1967	160.87	90.89	22.46	13.96	85.26	19.15	17.63	92.06	19.40
1968	159.14	94.45	22.66	14.24	59.27	13.43	11.98	89.20	12.68
1969	158.72	97.77	22.12	13.94	75.90	16.79	15.78	93.98	16.14
10年小计			**191.71**	**12.11**	**92.92**	**178.13**	**169.15**	**94.96**	**15.66**
占合计%			**16.05**			**16.05**	**18.26**		
1970	158.72	101.51	19.21	12.10	68.45	13.15	11.57	87.98	11.40
1971	158.65	103.67	19.81	12.49	57.29	11.35	10.54	92.86	10.17
1972	159.68	105.77	20.16	12.63	58.78	11.85	11.15	94.09	10.54
1973	158.36	107.09	20.28	12.81	80.28	16.28	15.32	94.10	14.31
1974	158.70	108.30	20.2	12.73	101.34	20.47	19.54	95.46	18.04
1975	158.2	109.39	10.61	6.71	165.32	17.54	16.59	94.58	15.17
1976	159.92	110.13	20.23	12.65	118.69	24.01	22.69	94.50	20.60
1977	157.46	110.97	20.16	12.80	109.08	21.99	20.99	95.45	18.92
1978	156.99	111.79	20.18	12.85	103.72	20.93	20.05	95.80	17.94
1979	156.56	111.37	20.87	13.33	98.51	20.56	20.71	100.73	18.60
10年小计			**288.73**	**18.86**	**123.45**	**356.44**	**334.42**	**93.82**	**29.45**
占合计%			**24.18**			**32.11**	**36.10**		
1980	156.14	111.94	25.68	16.45	103.12	26.48	27.59	104.19	24.65
1981	155.81	112.82	36.13	23.19	99.92	36.1	37.75	104.57	33.46
1982	155.40	113.93	31.93	20.55	82.15	26.23	25.01	95.35	21.95
1983	154.97	114.36	30.92	19.95	139.91	43.26	41.58	96.12	36.36
1984	154.02	112.24	31.66	20.56	168.95	53.49	51.88	96.99	46.22
1985	152.53	109.39	26.46	17.35	182.65	48.33	43.12	89.22	39.42
1986	151.82	111.58	24.27	15.99	151.92	36.87	32.2	87.33	28.86
1987	150.60	113.47	27.34	18.15	113.68	31.08	29.73	95.66	26.20
1988	150.00	117.18	27.56	18.37	98.66	27.19	23.39	86.02	19.96
1989	149.66	118.69	26.78	17.89	102.35	27.41	22.17	80.88	18.68
11年小计			**279.76**	**16.06**	**147.58**	**412.87**	**279.47**	**67.69**	**20.55**
占合计%			**23.43**			**37.19**	**30.17**		
1990	149.43	122.42	27.94	18.70	157.55	44.02	40.30	91.55	32.92
1991	149.15	128.06	27.49	18.43	167.92	46.16	41.88	90.73	32.70
1992	148.61	118.65	29.46	19.82	186.08	54.82	41.95	76.52	35.36
1993	148.09	130.23	27.57	18.62	171.20	47.20	22.57	47.82	17.33
1994	147.75	130.00	27.07	18.32	175.32	47.46	24.11	50.80	18.55
1995	268.29	127.65	28.51	10.63	176.64	50.36	38.57	76.59	30.22
1996	146.90	128.01	28.34	19.29	107.30	30.41	23.80	78.26	18.59
1997	146.21	129.14	27.51	18.82	143.69	39.53	23.16	58.59	17.93
1998	145.95	130.09	22.01	15.08	108.13	23.80	13.98	58.74	10.75
1999	145.70	107.76	17.18	11.79	78.70	13.52	4.91	36.32	4.56
2000	145.70	107.76	16.68	11.45	93.47	15.59	4.24	27.20	3.93

5－8－12　湖北省潜江市历年棉花生产收购

年　　度	耕地面积（万亩）	农业人口（万人）	棉田面积（万亩）	占耕地（%）	亩　产（市斤）	产　量（万担）	收购量（万担）	商品率（%）	人均交售（市斤）
52 年合计			**1465.67**	**23.62**	**96.79**	**1418.66**	**1246.27**	**87.85**	**45.13**
11 年小计			**237.16**	**18.82**	**42.55**	**100.92**	**81.79**	**81.04**	**21.50**
占合计%			**16.18**			**7.11**	**6.56**		
1949	93.80	30.60	19.26	20.53	25.03	4.82	4.67	96.89	15.26
1950	96.00	32.08	20.18	21.02	30.77	6.21	5.58	89.86	17.39
1951	101.00	32.70	21.02	20.81	34.68	7.29	7.22	99.04	22.08
1952	110.20	33.40	22.60	20.51	35.88	8.11	7.03	86.68	21.05
1953	119.85	34.46	21.34	17.81	36.04	7.69	7.04	91.55	20.43
1954	118.75	33.39	1.07	0.90	20.56	0.22	0.54	*	1.62
1955	119.69	34.97	23.35	19.51	37.13	8.67	5.26	60.67	15.04
1956	125.13	35.51	23.49	18.77	44.10	10.36	8.42	81.27	23.71
1957	133.37	36.60	25.71	19.28	48.31	12.42	12.10	97.42	33.06
1958	120.46	38.59	31.45	26.11	66.93	21.05	12.59	59.81	32.63
1959	122.08	38.09	27.69	22.68	50.85	14.08	11.34	80.54	29.77
10 年小计			**288.48**	**22.06**	**83.22**	**240.07**	**233.12**	**97.11**	**51.91**
占合计%			**19.68**			**16.92**	**18.71**		
1960	123.15	37.46	22.22	18.04	28.04	6.23	5.30	85.07	14.15
1961	123.67	39.17	20.29	16.41	44.26	8.98	8.78	97.77	22.42
1962	127.94	39.13	17.53	13.70	44.32	7.77	3.42	44.02	8.74
1963	131.30	42.14	24.08	18.34	79.28	19.09	19.50	102.15	46.27
1964	132.50	44.38	32.87	24.81	68.45	22.50	22.67	100.76	51.08
1965	135.00	45.86	32.69	24.21	98.53	32.21	31.15	96.71	67.92
1966	134.40	47.45	34.60	25.74	120.23	41.60	40.68	97.79	85.73
1967	134.80	49.11	34.37	25.50	107.62	36.99	36.49	98.65	74.30
1968	133.30	50.99	35.00	26.26	104.63	36.62	36.32	99.18	71.23
1969	131.70	53.41	34.83	26.45	80.62	28.08	28.81	102.60	53.94
10 年小计			**338.87**	**26.09**	**84.77**	**287.25**	**266.15**	**92.65**	**43.30**
占合计%			**23.12**			**20.25**	**21.36**		
1970	129.60	54.58	32.53	25.10	67.26	21.88	21.87	99.95	40.07
1971	128.40	56.70	33.95	26.44	59.35	20.15	19.39	96.23	34.20
1972	127.90	57.48	34.41	26.90	60.59	20.85	19.63	94.15	34.15
1973	133.80	61.30	34.52	25.80	78.53	27.11	25.88	95.46	42.22
1974	132.80	62.42	34.78	26.19	107.16	37.27	35.04	94.02	56.14
1975	131.30	62.97	34.42	26.21	100.17	34.48	23.49	68.13	37.30
1976	130.00	63.48	34.12	26.25	100.41	34.26	33.46	97.66	52.71
1977	129.00	64.40	34.26	26.56	102.22	35.02	33.68	96.17	52.30
1978	128.20	65.21	34.16	26.65	71.57	24.45	23.29	95.26	35.72
1979	127.80	66.11	31.72	24.82	100.19	31.78	30.42	95.72	46.01
10 年小计			**292.01**	**24.49**	**114.86**	**335.41**	**320.31**	**95.50**	**49.55**
占合计%			**19.92**			**23.64**	**25.70**		
1980	126.80	66.60	33.50	26.42	72.63	24.33	24.47	100.58	36.74
1981	126.20	66.00	32.40	25.67	94.91	30.75	31.36	101.98	47.52
1982	125.80	66.69	31.70	25.20	91.83	29.11	28.73	98.69	43.08
1983	123.68	66.47	37.65	30.44	80.29	30.23	30.80	101.89	46.34
1984	121.61	64.72	32.56	26.77	169.32	55.13	55.21	100.15	85.31
1985	118.48	62.72	27.50	23.21	142.55	39.20	35.60	90.82	56.76
1986	114.68	62.81	24.60	21.45	149.11	36.68	32.64	88.99	51.97
1987	112.67	63.23	26.20	23.25	140.04	36.69	34.30	93.49	54.25
1988	111.76	63.27	25.40	22.73	126.97	32.25	30.06	93.21	47.51
1989	110.65	63.90	20.50	18.53	102.63	21.04	17.14	81.46	26.82
11 年小计			**309.15**	**26.97**	**147.18**	**455.01**	**344.90**	**75.80**	**51.40**
占合计%			**21.09**			**32.07**	**27.67**		
1990	110.56	64.56	23.70	21.44	156.75	37.15	33.58	90.39	52.01
1991	105.34	63.39	25.80	24.49	142.17	36.68	35.56	96.95	56.10
1992	107.73	63.56	28.34	26.31	171.95	48.73	47.41	97.29	74.59
1993	106.39	64.25	28.53	26.82	140.31	40.03	26.59	66.43	41.39
1994	104.57	64.22	30.62	29.28	70.71	21.65	29.44	135.98	45.84
1995	103.41	64.54	29.47	28.50	176.52	52.02	37.94	72.93	58.79
1996	102.50	51.55	28.61	27.91	141.91	40.60	25.09	61.80	48.67
1997	102.10	66.51	28.88	28.29	169.04	48.82	34.38	70.42	51.69
1998	101.39	67.22	33.71	33.25	125.19	42.20	29.52	69.95	43.92
1999	101.07	50.62	25.07	24.80	161.91	40.59	21.19	52.20	41.86
2000	101.07	50.62	26.42	26.14	176.15	46.54	24.20	52.00	47.81

5-8-13 湖北省鄂州市历年棉花生产收购

年度	耕地面积（万亩）	农业人口（万人）	棉田面积（万亩）	占耕地（%）	亩产（市斤）	产量（万担）	收购量（万担）	商品率（%）	人均交售（市斤）
52年合计			**813.35**	**68.40**	**84.33**	**685.93**	**583.63**	**85.09**	**18.58**
11年小计			**222.50**	**96.66**	**33.66**	**74.89**	**63.37**	**84.62**	**12.25**
占合计%			**27.36**			**10.92**	**10.86**		
1949	19.80	45.40	18.90	95.45	26.51	5.01	3.68	73.45	8.11
1950	20.20	45.60	19.60	97.03	30.92	6.06	4.57	75.41	10.02
1951	20.10	45.60	19.60	97.51	35.36	6.93	5.13	74.03	11.25
1952	20.80	47.20	20.60	99.04	35.92	7.40	5.74	77.57	12.16
1953	21.40	47.50	21.30	99.53	22.25	4.74	4.20	88.61	8.84
1954	23.50	47.90	23.00	97.87	4.17	0.96	0.50	52.08	1.04
1955	22.50	47.30	21.90	97.33	40.82	8.94	7.71	86.24	16.30
1956	21.10	47.50	20.90	99.05	61.72	12.90	11.90	92.25	25.05
1957	21.80	48.40	21.70	99.54	42.76	9.28	8.73	94.07	18.04
1958	21.50	47.20	20.20	93.95	45.45	9.18	8.24	89.76	17.46
1959	17.50	47.60	14.80	84.57	23.58	3.49	2.97	85.10	6.24
10年小计			**171.10**	**92.64**	**63.27**	**108.26**	**98.16**	**90.67**	**18.65**
占合计%			**21.04**			**15.78**	**16.82**		
1960	16.20	44.60	13.90	85.80	27.05	3.76	3.24	86.17	7.26
1961	14.80	47.50	13.60	91.89	20.15	2.74	1.93	70.44	4.06
1962	14.40	48.60	13.70	95.14	37.74	5.17	4.23	81.82	8.70
1963	19.20	50.50	18.40	95.83	64.13	11.80	10.60	89.83	20.99
1964	20.40	51.60	18.80	92.16	44.95	8.45	7.63	90.30	14.79
1965	20.10	53.20	18.80	93.53	89.89	16.90	15.50	91.72	29.14
1966	19.50	54.90	18.80	96.41	76.60	14.40	13.40	93.06	24.41
1967	19.90	55.90	19.60	98.49	89.29	17.50	16.20	92.57	28.98
1968	19.90	58.20	19.50	97.99	101.54	19.80	18.60	93.94	31.96
1969	20.30	61.20	16.00	78.82	48.38	7.74	6.83	88.24	11.16
10年小计			**161.30**	**85.07**	**86.30**	**139.20**	**136.12**	**97.79**	**20.61**
占合计%			**19.83**			**20.29**	**23.32**		
1970	19.50	62.20	15.10	77.44	49.01	7.40	6.65	89.86	10.69
1971	18.20	63.20	18.00	98.90	53.89	9.70	8.94	92.16	14.15
1972	18.20	58.90	18.10	99.45	58.01	10.50	9.63	91.71	16.35
1973	18.20	65.80	18.10	99.45	76.80	13.90	13.60	97.84	20.67
1974	18.40	67.30	18.20	98.91	85.71	15.60	15.20	97.44	22.59
1975	19.90	67.90	19.80	99.50	76.26	15.10	14.60	96.69	21.50
1976	19.10	68.40	12.70	66.49	116.54	14.80	14.50	97.97	21.20
1977	19.40	68.60	13.80	71.13	124.64	17.20	17.00	98.84	24.78
1978	19.50	68.90	13.70	70.26	102.92	14.10	15.00	106.38	21.77
1979	19.20	69.20	13.80	71.88	151.45	20.90	21.00	100.48	30.35
10年小计			**158.78**	**72.60**	**110.03**	**174.70**	**168.80**	**96.62**	**24.53**
占合计%			**19.52**			**25.47**	**28.92**		
1980	19.20	68.70	18.40	95.83	78.80	14.50	14.30	98.62	20.82
1981	20.90	69.60	19.00	90.91	66.32	12.60	13.50	107.14	19.40
1982	21.80	70.30	15.30	70.18	146.41	22.40	21.90	97.77	31.15
1983	21.70	70.90	15.60	71.89	85.90	13.40	12.80	95.52	18.05
1984	21.50	67.30	19.50	90.70	118.97	23.20	22.90	98.71	34.03
1985	21.70	66.60	23.20	106.91	96.12	22.30	21.30	95.52	31.98
1986	23.70	66.80	14.30	60.34	119.58	17.10	17.10	100.00	25.60
1987	23.40	67.70	14.80	63.25	122.30	18.10	16.70	92.27	24.67
1988	22.30	69.30	9.58	42.96	159.71	15.30	14.20	92.81	20.49
1989	22.50	70.90	9.10	40.44	173.63	15.80	14.10	89.24	19.89
11年小计			**99.67**	**27.24**	**189.51**	**188.88**	**117.18**	**62.04**	**15.63**
占合计%			**12.25**			**27.54**	**20.08**		
1990	23.50	72.60	9.50	40.43	208.42	19.80	19.10	96.46	26.31
1991	23.50	72.80	9.30	39.57	167.74	15.60	15.00	96.15	20.60
1992	25.10	71.80	9.40	37.45	211.70	19.90	17.70	88.94	24.65
1993	25.30	72.10	9.50	37.55	185.26	17.60	14.30	81.25	19.83
1994	25.00	72.00	9.70	38.80	218.56	21.20	10.20	48.11	14.17
1995	28.30	72.10	9.70	34.28	254.64	24.70	12.90	52.23	17.89
1996	34.40	72.30	9.80	28.49	214.29	21.00	9.30	44.29	12.86
1997	30.60	27.30	9.30	30.39	180.65	16.80	10.50	62.50	38.46
1998	27.80	72.70	8.30	29.86	148.19	12.30	5.30	43.09	7.29
1999	61.22	72.03	8.21	13.41	135.44	11.12	2.64	23.74	3.67
2000	61.22	72.03	6.96	11.37	127.30	8.86	0.24	2.71	0.33

5-8-14 湖北省天门市历年棉花生产收购

年度	耕地面积（万亩）	农业人口（万人）	棉田面积（万亩）	占耕地（%）	亩产（市斤）	产量（万担）	收购量（万担）	商品率（%）	人均交售（市斤）
52 年合计			**3419.26**	**35.44**	**107.21**	**3665.72**	**3323.35**	**90.66**	**55.20**
11 年小计			**635.39**	**27.92**	**48.87**	**310.54**	**278.72**	**89.75**	**34.71**
占合计%			**18.58**			**8.47**	**8.39**		
1949	181.45	49.90	43.65	24.06	12.37	5.40	3.98	73.70	7.98
1950	190.99	49.90	75.30	39.43	16.12	12.14	4.09	33.69	8.20
1951	199.99	49.90	47.88	23.94	29.26	14.01	10.18	72.66	20.40
1952	197.39	55.07	56.20	28.47	45.27	25.44	20.82	81.84	37.81
1953	209.17	81.63	57.60	27.54	35.90	20.68	16.66	80.56	20.41
1954	213.38	81.73	16.72	7.84	34.15	5.71	3.73	65.32	4.56
1955	216.99	82.96	62.38	28.75	43.99	27.44	26.77	97.56	32.27
1956	222.76	84.76	66.96	30.06	68.86	46.11	44.30	96.07	52.27
1957	223.17	86.84	74.43	33.35	71.89	53.51	51.26	95.80	59.03
1958	211.61	89.73	70.00	33.08	81.00	56.70	54.23	95.64	60.44
1959	209.18	90.66	64.27	30.72	67.53	43.40	42.70	98.39	47.10
10 年小计			**698.47**	**35.06**	**90.05**	**628.94**	**609.44**	**96.90**	**62.86**
占合计%			**20.43**			**17.16**	**18.34**		
1960	204.20	88.97	59.78	29.28	34.64	20.71	19.37	59.00	21.77
1961	202.25	89.95	60.14	29.74	56.52	33.99	32.49	19.37	36.12
1962	202.25	93.50	60.69	30.01	56.62	34.36	32.51	94.62	34.77
1963	202.00	94.00	69.60	34.46	84.77	59.00	56.70	96.10	60.32
1964	199.94	91.92	74.93	37.48	84.80	63.54	61.72	97.14	67.15
1965	199.00	95.15	75.35	37.86	123.33	92.93	90.43	97.31	95.04
1966	197.00	98.98	76.75	38.96	128.69	98.77	96.35	97.55	97.34
1967	197.22	101.28	78.72	39.91	115.14	90.64	88.40	97.53	87.28
1968	194.80	105.47	72.67	37.30	103.29	75.06	73.21	97.54	69.41
1969	193.41	110.25	69.84	36.11	85.82	59.94	58.26	97.20	52.84
10 年小计			**774.75**	**41.59**	**105.78**	**819.53**	**801.48**	**97.80**	**68.55**
占合计%			**22.66**			**22.36**	**24.12**		
1970	192.22	113.12	74.57	38.79	78.64	58.64	57.08	97.34	50.46
1971	191.11	115.12	78.61	41.13	62.83	49.39	47.69	96.56	41.43
1972	191.28	117.80	78.09	40.82	71.34	55.71	53.98	96.89	45.82
1973	187.11	117.46	77.98	41.68	104.42	81.43	79.57	97.72	67.74
1974	185.82	119.83	77.71	41.82	123.82	96.22	94.29	97.99	78.69
1975	185.10	117.50	77.46	41.85	115.00	89.08	87.24	97.93	74.25
1976	183.48	119.06	77.46	42.22	129.62	100.40	98.47	98.08	82.71
1977	182.79	121.10	77.63	42.47	130.88	101.60	99.63	98.06	82.27
1978	182.37	113.93	77.58	42.54	107.40	83.32	80.48	96.59	70.64
1979	181.42	114.20	77.66	42.81	133.58	103.74	103.05	99.33	90.24
10 年小计			**672.18**	**38.99**	**131.92**	**886.72**	**845.00**	**95.30**	**62.29**
占合计%			**19.66**			**24.19**	**25.43**		
1980	181.22	124.70	76.68	42.31	98.20	75.30	75.17	99.83	60.28
1981	180.60	127.00	74.90	41.47	103.10	77.22	76.91	99.60	60.56
1982	180.00	127.93	74.80	41.56	99.33	74.30	73.41	98.80	57.38
1983	165.70	128.32	72.45	43.72	99.13	71.82	68.85	95.86	53.65
1984	166.89	123.68	72.25	43.29	173.25	125.17	121.11	96.76	97.92
1985	174.56	141.96	64.40	36.89	154.46	99.47	90.74	91.22	63.92
1986	171.27	143.21	59.20	34.57	169.86	100.56	95.12	94.59	66.42
1987	169.18	144.88	60.80	35.94	176.96	107.59	102.60	95.36	70.82
1988	167.76	146.50	62.30	37.14	149.87	93.37	80.23	85.93	54.76
1989	166.92	148.33	54.40	32.59	113.82	61.92	60.86	98.29	41.03
11 年小计			**638.47**	**35.60**	**159.76**	**1019.99**	**788.71**	**77.33**	**45.79**
占合计%			**18.67**			**27.83**	**23.73**		
1990	165.94	153.52	64.60	38.93	185.14	119.60	113.51	94.91	73.94
1991	165.36	155.41	63.30	38.28	165.15	104.54	101.20	96.81	65.12
1992	164.75	155.85	65.94	40.02	172.10	113.48	104.51	92.10	67.06
1993	164.52	155.98	62.93	38.25	148.82	93.65	80.56	86.02	51.65
1994	161.58	156.25	61.28	37.93	151.76	93.00	62.35	67.04	39.90
1995	162.00	165.00	60.00	37.04	200.00	120.00	102.00	85.00	61.82
1996	162.00	167.00	61.00	37.65	149.18	91.00	65.00	71.43	38.92
1997	162.00	169.00	61.00	37.65	173.77	106.00	69.00	65.09	40.83
1998	162.00	171.00	55.00	33.95	94.55	52.00	36.00	69.23	21.05
1999	161.75	136.69	41.75	25.81	151.71	63.34	30.52	48.18	22.33
2000	161.75	136.69	41.67	25.76	152.10	63.38	24.06	37.96	17.60

5-8-15 湖北省仙桃市历年棉花生产收购

年　度	耕地面积（万亩）	农业人口（万人）	棉田面积（万亩）	占耕地（%）	亩　产（市斤）	产　量（万担）	收购量（万担）	商品率（%）	人均交售（市斤）
52 年合计			**2465.75**	**25.91**	**96.78**	**2386.36**	**2174.61**	**91.13**	**41.62**
11 年小计			**450.30**	**21.59**	**51.63**	**232.51**	**181.60**	**78.10**	**25.28**
占合计%			**18.26**			**9.74**	**8.35**		
1949	160.00	60.51	15.00	9.38	20.00	3.00	1.26	42.00	2.08
1950	161.65	61.47	17.34	10.73	24.34	4.22	2.30	54.50	3.74
1951	181.39	62.82	42.22	23.28	28.78	12.15	11.70	96.30	18.62
1952	199.85	63.45	27.02	13.52	54.33	14.68	14.66	99.86	23.10
1953	200.09	63.96	47.92	23.95	36.96	17.71	13.62	76.91	21.29
1954	193.54	63.87	43.90	22.68			0.10		0.16
1955	203.71	64.61	50.54	24.81	43.00	21.73	21.28	97.93	32.94
1956	204.54	66.11	56.16	27.46	61.89	34.76	29.41	84.61	44.49
1957	203.76	70.16	52.90	25.96	50.30	26.61	26.19	98.42	37.33
1958	185.96	70.63	49.41	26.57	71.91	35.53	35.15	98.93	49.77
1959	191.41	70.63	47.89	25.02	129.71	62.12	25.93	41.74	36.71
10 年小计			**524.39**	**27.22**	**89.62**	**469.95**	**458.25**	**97.51**	**55.10**
占合计%			**21.27**			**19.69**	**21.07**		
1960	190.26	69.89	43.23	22.72	35.67	15.42	15.23	98.77	21.79
1961	188.48	72.96	37.31	19.80	43.07	16.07	14.73	91.66	20.19
1962	190.71	76.52	40.55	21.26	57.85	23.46	20.52	87.47	26.82
1963	191.65	79.26	47.22	24.64	82.38	38.90	36.62	94.14	46.20
1964	190.09	81.35	53.80	28.30	79.98	43.03	42.51	98.79	52.26
1965	192.10	84.29	59.49	30.97	113.30	67.40	69.02	102.40	81.88
1966	199.10	86.75	61.90	31.09	130.95	81.06	75.90	93.63	87.49
1967	196.10	88.94	63.94	32.61	107.63	68.82	67.89	98.65	76.33
1968	194.10	93.66	63.29	32.61	118.00	74.68	74.69	100.01	79.75
1969	194.10	98.04	53.66	27.65	76.61	41.11	41.14	100.07	41.96
10 年小计			**618.52**	**32.53**	**90.71**	**561.05**	**540.06**	**96.26**	**49.85**
占合计%			**25.08**			**23.51**	**24.83**		
1970	193.10	101.80	58.25	30.17	67.38	39.25	37.85	96.43	37.18
1971	196.89	103.21	62.48	31.73	74.86	46.77	44.85	95.89	43.46
1972	194.37	105.74	62.24	32.02	64.27	40.00	38.09	95.23	36.02
1973	192.80	107.59	62.01	32.16	94.61	58.67	56.43	96.18	52.45
1974	190.21	109.00	62.38	32.80	113.00	70.49	68.36	96.98	62.72
1975	189.42	110.04	61.97	32.72	80.67	49.99	48.57	97.16	44.14
1976	188.06	110.99	62.50	33.23	104.61	65.38	63.31	96.83	57.04
1977	186.93	111.60	62.54	33.46	108.35	67.76	65.69	96.95	58.86
1978	185.64	112.02	62.02	33.41	81.17	50.34	47.97	95.29	42.82
1979	184.25	111.32	62.13	33.72	116.53	72.40	68.94	95.22	61.93
10 年小计			**486.91**	**28.18**	**122.01**	**594.09**	**561.28**	**94.48**	**51.18**
占合计%			**19.75**			**24.90**	**25.81**		
1980	182.78	112.14	63.14	34.54	80.71	50.96	50.94	99.96	45.43
1981	181.28	112.59	62.50	34.48	102.66	64.16	63.76	99.38	56.63
1982	179.20	114.04	55.35	30.89	99.28	54.95	53.90	98.09	47.26
1983	177.63	114.39	53.46	30.10	113.08	60.45	57.31	94.81	50.10
1984	174.19	109.71	54.11	31.06	179.50	97.13	93.47	96.23	85.20
1985	171.23	107.25	46.35	27.07	137.73	63.84	62.60	98.06	58.37
1986	168.65	107.05	39.05	23.15	146.91	57.37	50.77	88.50	47.43
1987	165.91	107.03	33.70	20.31	163.35	55.05	50.86	92.39	47.52
1988	163.95	103.83	42.25	25.77	112.90	47.70	42.86	89.85	41.28
1989	163.23	108.74	37.00	22.67	114.81	42.48	34.81	81.94	32.01
11 年小十			**385.63**	**20.58**	**137.12**	**528.76**	**433.42**	**81.97**	**28.99**
占合计%			**15.64**			**22.16**	**19.93**		
1990	162.40	116.15	42.86	26.39	163.84	70.22	68.65	97.76	59.10
1991	161.66	118.40	43.22	26.74	140.49	60.72	60.09	98.96	50.75
1992	159.88	120.76	47.10	29.46	164.84	77.64	70.58	90.91	58.45
1993	159.21	122.39	40.55	25.47	149.00	60.42	48.53	80.32	39.65
1994	156.80	125.36	41.70	26.59	122.30	51.00	44.63	87.51	35.60
1995	153.80	130.00	42.70	27.76	141.69	60.50	58.40	96.53	44.92
1996	156.60	130.40	41.36	26.41	97.53	40.34	39.30	97.42	30.14
1997	166.84	140.35	33.40	10.93	125.66	41.97	16.84	40.12	6.67
1998	152.78	126.29	19.34	12.66	123.99	23.98	9.56	39.87	7.57
1999	152.78	126.29	14.06	9.20	127.95	17.99	7.28	40.47	5.76
2000	152.78	126.29	19.34	12.66	123.99	23.98	9.56	39.87	7.57

5－8－16 湖北省大冶市历年棉花生产收购

年　　度	耕地面积（万亩）	农业人口（万人）	棉田面积（万亩）	占耕地（%）	亩　产（市斤）	产　量（万担）	收购量（万担）	商品率（%）	人均交售（市斤）
52年合计			**128.26**	**1.65**	**49.57**	**63.58**	**35.65**	**56.07**	**1.23**
11年小计			**46.85**	**3.16**	**28.39**	**13.30**	**5.56**	**41.80**	**1.32**
占合计%			**36.53**			**20.92**	**15.60**		
1949	123.33	35.53	3.42	2.77	19.88	0.68			
1950	127.95	36.06	4.00	3.13	28.00	1.12			
1951	131.85	36.64	4.32	3.28	45.37	1.96			
1952	132.11	37.20	5.30	4.01	24.91	1.32	1.18	89.39	3.17
1953	138.78	37.94	5.60	4.04	28.39	1.59	0.69	43.40	1.82
1954	107.13	38.59	3.09	2.88	14.89	0.46	0.21	45.65	0.54
1955	144.75	39.61	4.87	3.36	26.90	1.31	1.22	93.13	3.08
1956	156.71	40.55	4.57	2.92	34.35	1.57	0.30	19.11	0.74
1957	148.62	40.44	4.58	3.08	35.15	1.61	1.10	68.32	2.72
1958	133.31	40.22	4.17	3.13	22.78	0.95	0.49	51.58	1.22
1959	136.02	37.11	2.93	2.15	24.91	0.73	0.37	50.68	1.00
10年小计			**27.90**	**1.88**	**36.59**	**10.21**	**5.75**	**56.32**	**1.27**
占合计%			**21.75**			**16.06**	**16.13**		
1960	125.93	35.73	1.63	1.29	24.54	0.40	0.10	25.00	0.28
1961	140.17	40.03	2.43	1.73	11.52	0.28	0.10	35.71	0.25
1962	133.00	42.52	2.92	2.20	31.16	0.91	0.48	52.75	1.13
1963	140.05	44.19	4.03	2.88	39.21	1.58	0.91	57.59	2.06
1964	153.74	45.20	4.40	2.86	23.18	1.02	0.71	69.61	1.57
1965	162.70	46.19	3.21	1.97	38.01	1.22	0.88	72.13	1.91
1966	157.68	47.69	1.87	1.19	37.97	0.71	0.44	61.97	0.92
1967	160.31	48.76	2.08	1.30	44.71	0.93	0.53	56.99	1.09
1968	157.64	50.73	2.46	1.56	76.42	1.88	0.97	51.60	1.91
1969	156.76	52.97	2.87	1.83	44.60	1.28	0.63	49.22	1.19
10年小计			**20.82**	**1.23**	**53.22**	**11.08**	**7.11**	**64.17**	**1.20**
占合计%			**16.23**			**17.43**	**19.94**		
1970	157.65	54.08	1.73	1.10	30.06	0.52	0.63	121.15	1.16
1971	166.93	55.07	1.97	1.18	24.37	0.48	0.63	131.25	1.14
1972	170.41	56.23	2.08	1.22	62.50	1.30	0.65	50.00	1.16
1973	167.13	58.35	2.04	1.22	80.39	1.64	0.71	43.29	1.22
1974	169.12	59.93	1.96	1.16	74.49	1.46	0.72	49.32	1.20
1975	170.04	60.84	2.05	1.21	64.39	1.32	0.72	54.55	1.18
1976	171.79	61.84	2.05	1.19	56.10	1.15	0.60	52.17	0.97
1977	170.18	62.26	2.06	1.21	54.37	1.12	0.89	79.46	1.43
1978	171.44	62.67	2.57	1.50	36.58	0.94	0.64	68.09	1.02
1979	172.43	62.62	2.31	1.34	49.78	1.15	0.92	80.00	1.47
10年小计			**18.54**	**1.13**	**65.86**	**12.21**	**7.73**	**63.31**	**1.17**
占合计%			**14.46**			**19.20**	**21.68**		
1980	169.73	63.47	2.24	1.32	44.64	1.00	0.79	79.00	1.24
1981	165.20	64.70	1.80	1.09	32.78	0.59	0.34	57.63	0.53
1982	168.80	65.90	2.20	1.30	63.18	1.39	1.18	84.89	1.79
1983	167.60	66.48	2.20	1.31	56.36	1.24	1.03	83.06	1.55
1984	168.00	64.57	2.30	1.37	72.61	1.67	1.33	79.64	2.06
1985	165.10	64.97	2.10	1.27	79.05	1.66	1.30	78.31	2.00
1986	163.29	67.00	1.50	0.92	72.00	1.08	0.23	21.30	0.34
1987	161.70	67.42	1.30	0.80	86.92	1.13	0.42	37.17	0.62
1988	159.03	67.07	1.50	0.94	88.67	1.33	0.60	45.11	0.89
1989	159.34	69.16	1.40	0.88	80.00	1.12	0.51	45.54	0.74
11年小计			**14.15**	**0.96**	**118.59**	**16.78**	**9.50**	**56.62**	**1.22**
占合计%			**11.03**			**26.39**	**26.65**		
1990	159.99	70.59	1.40	0.88	93.57	1.31	0.87	66.41	1.23
1991	152.60	71.74	1.40	0.92	97.86	1.37	0.75	54.74	1.05
1992	152.50	71.74	1.40	0.92	152.14	2.13	0.88	41.31	1.23
1993	148.65	72.01	1.30	0.87	100.77	1.31	1.91	145.80	2.65
1994	144.60	72.31	1.30	0.90	109.23	1.42	0.94	66.20	1.30
1995	141.80	71.63	1.30	0.92	104.62	1.36	0.80	58.82	1.12
1996	144.20	71.83	1.40	0.97	110.00	1.54	1.07	69.48	1.49
1997	159.97	72.60	1.40	0.88	128.57	1.80	1.14	63.33	1.57
1998	154.90	73.87	1.46	0.94	152.05	2.22	0.46	20.72	0.62
1999	56.85	65.50	1.19	2.09	100.84	1.20	0.15	12.50	0.23
2000	56.85	65.50	0.60	1.06	186.67	1.12	0.53	47.32	0.81

5－8－17　湖北省阳新县历年棉花生产收购

年　　度	耕地面积（万亩）	农业人口（万人）	棉田面积（万亩）	占耕地（%）	亩　产（市斤）	产　量（万担）	收购量（万担）	商品率（%）	人均交售（市斤）
52 年合计			**59.59**	**2.90**	**87.80**	**52.32**	**37.82**	**72.29**	**1.95**
11 年小计									
占合计%									
1949									
1950									
1951									
1952									
1953									
1954									
1955									
1956									
1957									
1958									
1959									
10 年小计									
占合计%									
1960									
1961									
1962									
1963									
1964									
1965									
1966									
1967									
1968									
1969									
10 年小计			**18.20**	**2.56**	**75.33**	**13.71**	**11.00**	**80.23**	**2.04**
占合计%			**30.54**			**26.20**	**29.09**		
1970	73.93	47.80	1.60	2.16	70.00	1.12	0.80	71.43	1.67
1971	71.28	49.00	1.50	2.10	70.00	1.05	0.70	66.67	1.43
1972	71.37	50.90	2.00	2.80	80.00	1.60	1.30	81.25	2.55
1973	70.51	52.70	1.20	1.70	75.00	0.90	0.60	66.67	1.14
1974	70.59	54.10	1.80	2.55	71.67	1.29	1.40	108.53	2.59
1975	70.71	55.50	2.80	3.96	75.00	2.10	1.70	80.95	3.06
1976	70.77	56.30	2.50	3.53	75.20	1.88	1.40	74.47	2.49
1977	70.77	57.20	1.40	1.98	75.00	1.05	0.80	76.19	1.40
1978	70.77	58.10	1.60	2.26	80.00	1.28	1.10	85.94	1.89
1979	70.66	58.80	1.80	2.55	80.00	1.44	1.20	83.33	2.04
10 年小计			**16.60**	**2.50**	**84.82**	**14.08**	**11.20**	**79.55**	**1.86**
占合计%			**27.86**			**26.91**	**29.61**		
1980	70.66	59.60	1.50	2.12	80.00	1.20	0.90	75.00	1.51
1981	70.66	60.90	2.10	2.97	75.24	1.58	1.40	88.61	2.30
1982	70.60	61.60	2.50	3.54	90.00	2.25	1.80	80.00	2.92
1983	70.15	61.70	1.50	2.14	83.33	1.25	0.90	72.00	1.46
1984	63.57	59.00	3.50	5.51	100.00	3.50	3.20	91.43	5.42
1985	65.44	58.40	2.00	3.06	75.00	1.50	1.20	80.00	2.05
1986	63.57	58.70	1.20	1.89	75.00	0.90	0.60	66.67	1.02
1987	63.44	59.40	1.00	1.58	80.00	0.80	0.50	62.50	0.84
1988	63.18	60.50	0.50	0.79	76.00	0.38	0.20	52.63	0.33
1989	62.72	60.90	0.80	1.28	90.00	0.72	0.50	69.44	0.82
11 年小计			**24.79**	**3.64**	**98.95**	**24.53**	**15.62**	**63.68**	**1.96**
占合计%			**41.60**			**46.88**	**41.30**		
1990	62.65	67.20	1.20	1.92	91.67	1.10	0.80	72.73	1.19
1991	62.66	69.00	1.70	2.71	95.29	1.62	1.40	86.42	2.03
1992	62.58	70.30	2.80	4.47	95.00	2.66	2.50	93.98	3.56
1993	62.29	72.60	2.50	4.01	95.20	2.38	2.00	84.03	2.75
1994	62.43	74.00	1.20	1.92	80.00	0.96	0.70	72.92	0.95
1995	62.32	75.10	3.00	4.81	100.00	3.00	2.50	83.33	3.33
1996	61.92	75.80	3.00	4.84	100.00	3.00	2.50	83.33	3.30
1997	61.93	78.10	3.00	4.84	100.00	3.00	2.40	80.00	3.07
1998	61.41	79.40	1.20	1.95	80.00	0.96	0.60	62.50	0.76
1999	60.44	67.76	3.09	5.11	101.94	3.15	0.13	4.13	0.19
2000	60.44	67.76	2.10	3.47	128.57	2.70	0.09	3.33	0.13

5－8－18　湖北省荆门市荆门区历年棉花生产收购

年　度	耕地面积（万亩）	农业人口（万人）	棉田面积（万亩）	占耕地（%）	亩　产（市斤）	产　量（万担）	收购量（万担）	商品率（%）	人均交售（市斤）
52 年合计			**595.37**	**5.82**	**91.50**	**544.77**	**457.43**	**83.97**	**13.48**
11 年小计			**116.67**	**5.80**	**27.60**	**32.20**	**22.64**	**70.31**	**4.57**
占合计%			**19.60**			**5.91**	**4.95**		
1949	179.95	42.86	11.90	6.61	18.07	2.15	0.78	36.28	1.82
1950	180.06	43.34	12.80	7.11	20.00	2.56	1.00	39.06	2.31
1951	180.74	43.82	13.46	7.45	23.03	3.10	2.03	65.48	4.63
1952	181.32	44.83	10.89	6.01	23.97	2.61	2.93	112.26	6.54
1953	182.02	45.12	13.50	7.42	26.00	3.51	2.17	61.82	4.81
1954	183.46	45.83	6.33	3.45	30.96	1.96	0.78	39.80	1.70
1955	185.20	46.57	11.74	6.34	21.98	2.58	2.03	78.68	4.36
1956	184.06	46.58	9.33	5.07	30.01	2.80	1.97	70.36	4.23
1957	189.90	47.89	9.82	5.17	38.70	3.80	3.23	85.00	6.74
1958	186.33	47.08	8.04	4.31	46.02	3.70	2.69	72.70	5.71
1959	178.30	41.83	8.86	4.97	38.71	3.43	3.03	88.34	7.24
10 年小计			**79.74**	**4.58**	**62.19**	**49.59**	**46.16**	**93.08**	**8.13**
占合计%			**13.39**			**9.10**	**10.09**		
1960	177.33	42.75	3.42	1.93	14.91	0.51	0.42	82.35	0.98
1961	176.50	46.42	7.16	4.06	22.49	1.61	0.95	59.01	2.05
1962	176.86	52.17	9.33	5.28	22.40	2.09	2.03	97.13	3.89
1963	175.30	53.47	10.09	5.76	38.95	3.93	3.86	98.22	7.22
1964	173.80	55.03	9.32	5.36	37.77	3.52	3.23	91.76	5.87
1965	173.70	56.94	6.97	4.01	94.69	6.60	6.28	95.15	11.03
1966	173.60	59.77	8.17	4.71	98.29	8.03	7.47	93.03	12.50
1967	173.50	63.15	8.96	5.16	105.69	9.47	8.76	92.50	13.87
1968	171.10	65.24	8.29	4.85	88.90	7.37	7.04	95.52	10.79
1969	168.13	72.89	8.03	4.78	80.45	6.46	6.12	94.74	8.40
10 年小计			**110.90**	**6.81**	**94.55**	**104.86**	**99.79**	**95.16**	**13.28**
占合计%			**18.63**			**19.25**	**21.82**		
1970	167.00	69.80	8.55	5.12	81.87	7.00	6.64	94.86	9.51
1971	166.98	71.50	11.59	6.94	49.53	5.74	5.24	91.29	7.33
1972	164.21	73.09	10.79	6.57	44.21	4.77	4.56	95.60	6.24
1973	162.21	74.34	11.27	6.95	88.91	10.02	9.26	92.42	12.46
1974	161.70	75.40	11.55	7.14	117.06	13.52	12.99	96.08	17.23
1975	161.49	75.95	11.46	7.10	98.52	11.29	10.78	95.48	14.19
1976	161.50	76.80	11.20	6.93	136.79	15.32	14.76	96.34	19.22
1977	161.38	77.64	11.51	7.13	114.60	13.19	12.60	95.53	16.23
1978	161.33	78.25	11.54	7.15	87.00	10.04	9.54	95.02	12.19
1979	161.31	78.66	11.44	7.09	122.12	13.97	13.42	96.06	17.06
10 年小计			**121.22**	**4.67**	**127.17**	**154.16**	**137.85**	**89.42**	**17.53**
占合计%			**20.36**			**28.30**	**30.14**		
1980	153.38	78.50	12.36	8.06	82.93	10.25	10.09	98.44	12.85
1981	142.27	79.30	12.44	8.74	86.41	10.75	10.45	97.21	13.18
1982	156.32	80.43	13.46	8.61	95.10	12.80	12.58	98.28	15.64
1983	304.05	80.98	13.56	4.46	93.88	12.73	12.16	95.52	15.02
1984	307.48	75.48	14.39	4.68	148.37	21.35	20.95	98.13	27.76
1985	309.00	75.42	12.07	3.91	158.08	19.08	15.58	81.66	20.66
1986	307.06	76.46	10.78	3.51	172.82	18.63	16.23	87.12	21.23
1987	312.77	78.24	11.35	3.63	169.16	19.20	16.44	85.63	21.01
1988	308.75	80.05	10.99	3.56	151.68	16.67	13.72	82.30	17.14
1989	293.92	81.59	9.82	3.34	129.33	12.70	9.65	75.98	11.83
11 年小计			**166.84**	**7.39**	**122.25**	**203.96**	**150.99**	**74.03**	**19.04**
占合计%			**28.02**			**37.44**	**33.01**		
1990	314.30	82.86	12.96	4.12	158.95	20.60	19.65	95.39	23.71
1991	313.39	83.41	14.06	4.49	158.57	22.30	21.71	97.35	26.03
1992	305.11	82.38	21.31	6.98	121.54	25.90	25.30	97.68	30.71
1993	303.32	81.33	20.40	6.73	90.83	18.53	14.62	78.90	17.98
1994	303.10	83.01	20.11	6.63	88.51	17.80	15.20	85.39	18.31
1995	168.49	81.16	18.30	10.86	122.95	22.50	19.70	87.56	24.27
1996	168.49	81.16	17.24	10.23	92.81	16.00	11.16	69.75	13.75
1997	144.57	81.31	21.08	14.58	151.66	31.97	13.99	43.76	17.21
1998	144.57	81.43	17.18	11.88	136.55	23.46	8.45	36.02	10.38
1999	45.96	26.01	2.46	5.35	110.16	2.71	0.78	28.78	3.00
2000	46.30	28.85	1.74	3.76	125.86	2.19	0.43	19.63	1.49

5－8－19 湖北省京山县历年棉花生产收购

年　度	耕地面积（万亩）	农业人口（万人）	棉田面积（万亩）	占耕地（%）	亩　产（市斤）	产　量（万担）	收购量（万担）	商品率（%）	人均交售（市斤）
52 年合计			**470.25**	**10.49**	**122.96**	**578.20**	**477.28**	**82.55**	**22.63**
11 年小计			**69.20**	**7.45**	**49.68**	**34.38**	**29.69**	**86.36**	**9.52**
占合计%			**14.72**			**5.95**	**6.22**		
1949	66.50	26.91	2.32	3.49	16.81	0.39			
1950	68.08	26.95	2.33	3.42	18.88	0.44			
1951	71.95	26.95	5.88	8.17	25.68	1.51			
1952	84.76	27.43	6.57	7.75	35.92	2.36			
1953	90.93	27.65	7.59	8.35	37.68	2.86	1.05	36.71	3.80
1954	90.95	28.06	4.90	5.39	14.69	0.72	0.70	97.22	2.49
1955	91.59	28.60	8.08	8.82	31.56	2.55	2.37	92.94	8.29
1956	93.32	29.37	7.78	8.34	64.01	4.98	5.00	100.40	17.02
1957	88.17	29.82	7.82	8.87	76.09	5.95	6.40	107.56	21.46
1958	92.96	30.02	7.80	8.39	89.62	6.99	8.15	116.60	27.15
1959	89.79	30.20	8.13	9.05	69.25	5.63	6.02	106.93	19.93
10 年小计			**94.81**	**10.47**	**87.98**	**83.41**	**81.49**	**97.70**	**23.02**
占合计%			**20.16**			**14.43**	**17.07**		
1960	91.48	30.50	7.15	7.82	81.54	5.83	5.12	87.82	16.79
1961	90.21	31.01	8.65	9.59	72.95	6.31	5.50	87.16	17.74
1962	90.29	32.37	8.32	9.21	68.63	5.71	5.49	96.15	16.96
1963	91.84	34.62	10.10	11.00	81.98	8.28	8.13	98.19	23.48
1964	90.94	34.32	10.10	11.11	79.60	8.04	7.76	96.52	22.61
1965	92.43	36.6	9.81	10.61	114.78	11.26	10.85	96.36	29.64
1966	90.35	36.95	9.73	10.77	100.62	9.79	9.24	94.38	25.01
1967	89.04	37.48	10.11	11.35	114.05	11.53	12.15	105.38	32.42
1968	89.12	39.18	11.29	12.67	81.31	9.18	9.59	104.47	24.48
1969	89.49	40.96	9.55	10.67	78.32	7.48	7.66	102.41	18.70
10 年小计			**97.51**	**11.10**	**93.85**	**91.51**	**89.93**	**98.27**	**19.75**
占合计%			**20.74**			**15.83**	**18.84**		
1970	88.78	42.21	9.12	10.27	86.95	7.93	7.54	95.08	17.86
1971	88.07	42.98	9.77	11.09	58.85	5.75	5.41	94.09	12.59
1972	88.08	44.31	9.58	10.88	80.27	7.69	7.45	96.88	16.81
1973	87.89	45.09	9.77	11.12	93.76	9.16	9.63	105.13	21.36
1974	87.89	45.87	9.65	10.98	103.73	10.01	10.45	104.40	22.78
1975	87.77	45.94	9.84	11.21	106.81	10.51	10.09	96.00	21.96
1976	87.77	46.78	9.72	11.07	108.74	10.57	10.27	97.16	21.95
1977	87.75	47.16	9.97	11.36	101.91	10.16	9.91	97.54	21.01
1978	87.23	47.41	9.96	11.42	109.54	10.91	10.64	97.53	22.44
1979	87.20	47.51	10.13	11.62	87.07	8.82	8.54	96.83	17.98
10 年小计			**92.22**	**10.70**	**135.94**	**125.36**	**118.35**	**94.41**	**25.50**
占合计%			**19.61**			**21.68**	**24.80**		
1980	87.08	47.80	10.38	11.92	71.77	7.45	7.55	101.34	15.79
1981	87.10	48.00	8.77	10.07	123.15	10.80	10.53	97.50	21.94
1982	87.00	48.29	9.56	10.99	101.26	9.68	9.32	96.28	19.30
1983	87.87	48.19	9.47	10.78	104.75	9.92	9.31	93.85	19.32
1984	86.87	47.81	9.45	10.88	187.72	17.74	17.09	96.34	35.75
1985	86.08	45.14	8.30	9.64	189.16	15.70	13.90	88.54	30.79
1986	85.55	44.45	8.25	9.64	190.55	15.72	14.20	90.33	31.95
1987	85.02	44.82	8.60	10.12	176.86	15.21	14.07	92.50	31.39
1988	84.58	44.52	9.92	11.73	135.89	13.48	12.80	94.96	28.75
1989	84.48	45.10	9.52	11.27	101.47	9.66	9.58	99.17	21.24
11 年小计			**116.51**	**12.84**	**209.03**	**243.54**	**157.82**	**64.80**	**30.14**
占合计%			**24.78**			**42.12**	**33.07**		
1990	84.34	48.24	10.34	12.26	199.90	20.67	20.61	99.71	42.72
1991	83.97	49.22	10.46	12.46	169.98	17.78	17.65	99.27	35.86
1992	83.27	49.63	15.56	18.69	153.08	23.82	16.64	69.86	33.53
1993	83.05	50.25	11.79	14.20	205.17	24.19	18.59	76.85	37.00
1994	83.05	50.25	11.91	14.34	202.43	24.11	16.00	66.36	31.84
1995	82.51	46.83	12.13	14.70	244.44	29.65	22.01	74.23	47.00
1996	82.25	44.77	11.53	14.02	191.67	22.10	14.10	63.80	31.49
1997	82.25	45.29	11.79	14.33	225.02	26.53	15.65	58.99	34.56
1998	81.25	50.24	10.09	12.42	263.63	26.60	8.51	31.99	16.94
1999	80.85	44.47	5.79	7.16	228.67	13.24	3.89	29.38	8.75
2000	80.85	44.47	5.12	6.33	290.04	14.85	4.17	28.08	9.38

5-8-20 湖北省钟祥市历年棉花生产收购

年 度	耕地面积（万亩）	农业人口（万人）	棉田面积（万亩）	占耕地（%）	亩 产（市斤）	产 量（万担）	收购量（万担）	商品率（%）	人均交售（市斤）
52 年合计			**1146.30**	**15.96**	**109.40**	**1254.08**	**1103.08**	**87.96**	**33.16**
11 年小计			**141.59**	**9.34**	**52.76**	**74.70**	**52.57**	**70.37**	**11.43**
占合计%			**12.35**			**5.96**	**4.77**		
1949	118.17	36.29	7.03	5.95	32.57	2.29			
1950	120.71	36.86	7.50	6.21	38.13	2.86			
1951	125.40	41.00	14.76	11.77	36.59	5.40	1.29	23.89	3.15
1952	127.75	41.47	14.44	11.30	42.24	6.10	2.92	47.87	7.04
1953	142.84	41.58	13.42	9.40	38.15	5.12	2.86	55.86	6.88
1954	142.43	41.77	6.25	4.39	28.64	1.79	1.33	74.30	3.18
1955	144.99	42.45	15.39	10.61	35.09	5.40	3.51	65.00	8.27
1956	150.55	43.37	12.77	8.48	45.26	5.78	5.15	89.10	11.87
1957	152.75	43.50	15.29	10.01	71.94	11.00	10.10	91.82	23.22
1958	147.57	46.76	14.35	9.72	88.85	12.75	11.19	87.76	23.93
1959	143.59	44.99	20.39	14.20	79.50	16.21	14.22	87.72	31.61
10 年小计			**224.97**	**14.98**	**90.85**	**204.39**	**196.08**	**95.93**	**36.09**
占合计%			**19.63**			**16.30**	**17.78**		
1960	151.72	45.12	10.04	6.62	57.07	5.73	3.23	56.37	7.16
1961	149.83	46.18	13.83	9.23	48.01	6.64	5.20	78.31	11.26
1962	151.66	49.18	14.49	9.55	53.97	7.82	7.76	99.23	15.78
1963	148.83	50.62	16.66	11.19	77.91	12.98	12.85	99.00	25.39
1964	148.50	52.57	27.98	18.84	73.95	20.69	20.66	99.86	39.30
1965	149.70	54.28	27.96	18.68	111.84	31.27	31.16	99.65	57.41
1966	149.34	56.18	29.32	19.63	125.03	36.66	34.89	95.17	62.10
1967	148.45	58.19	30.43	20.50	115.35	35.10	34.23	97.52	58.82
1968	152.02	64.23	27.71	18.23	81.78	22.66	21.42	94.53	33.35
1969	151.68	66.82	26.55	17.50	93.56	24.84	24.68	99.36	36.94
10 年小计			**295.96**	**20.46**	**110.85**	**328.06**	**321.05**	**97.86**	**43.29**
占合计%			**25.82**			**26.16**	**29.10**		
1970	150.23	68.58	28.34	18.86	93.12	26.39	26.19	99.24	38.19
1971	148.67	76.42	28.64	19.26	67.53	19.34	18.28	94.52	23.92
1972	145.45	71.66	29.09	20.00	64.66	18.81	18.40	97.82	25.68
1973	148.47	72.59	30.14	20.30	110.42	33.28	32.49	97.63	44.76
1974	145.52	73.64	31.10	21.37	129.32	40.22	39.55	98.33	53.71
1975	143.86	74.48	28.55	19.85	141.09	40.28	39.74	98.66	53.36
1976	142.13	75.24	30.11	21.18	139.02	41.86	40.87	97.63	54.32
1977	141.21	76.10	29.45	20.86	130.76	38.51	37.81	98.18	49.68
1978	141.21	76.53	30.28	21.44	111.29	33.70	32.78	97.27	42.83
1979	139.52	76.33	30.26	21.69	117.88	35.67	34.94	97.95	45.77
10 年小计			**267.39**	**19.91**	**106.86**	**285.73**	**271.50**	**95.02**	**35.78**
占合计%			**23.33**			**22.78**	**24.61**		
1980	139.35	76.84	28.92	20.75	73.79	21.34	20.89	97.89	27.19
1981	138.69	77.57	29.88	21.54	86.08	25.72	25.38	98.68	32.72
1982	138.16	78.17	31.87	23.07	75.62	24.10	23.86	99.00	30.52
1983	136.62	78.58	31.50	23.06	93.59	29.48	29.18	98.98	37.13
1984	134.84	77.59	28.30	20.99	166.15	47.02	45.92	97.66	59.18
1985	132.96	74.54	24.02	18.07	132.31	31.78	28.43	89.46	38.14
1986	131.71	74.51	23.23	17.64	131.94	30.65	29.15	95.11	39.12
1987	130.79	75.73	25.26	19.31	120.15	30.35	28.28	93.18	37.34
1988	130.07	71.83	23.21	17.84	123.87	28.75	26.80	93.22	37.31
1989	129.61	73.36	21.20	16.36	78.02	16.54	13.61	82.29	18.55
11 年小计			**216.39**	**15.75**	**166.92**	**361.20**	**261.88**	**72.50**	**31.83**
占合计%			**18.88**			**28.80**	**23.74**		
1990	129.19	77.63	24.16	18.70	162.83	39.34	37.09	94.28	47.78
1991	128.01	77.04	21.74	16.98	181.28	39.41	34.95	88.68	45.37
1992	126.04	76.42	22.44	17.80	220.28	49.43	41.45	83.86	54.24
1993	124.86	73.87	22.71	18.19	164.77	37.42	17.65	47.17	23.89
1994	124.59	73.24	25.72	20.64	146.38	37.65	22.39	59.47	30.57
1995	124.09	75.12	25.01	20.15	171.89	42.99	32.00	74.44	42.60
1996	123.78	73.23	19.34	15.62	149.95	29.0	23.00	79.31	31.41
1997	123.52	76.21	20.58	16.66	162.15	33.37	26.90	80.61	35.30
1998	123.41	74.74	15.23	12.34	134.21	20.44	12.14	59.39	16.24
1999	123.12	72.60	9.51	7.72	152.79	14.53	8.75	60.22	12.05
2000	123.12	72.60	9.95	8.08	177.09	17.62	5.56	31.56	7.66

5-8-21 湖北省五三农场历年棉花生产收购

年 度	耕地面积（万亩）	农业人口（万人）	棉田面积（万亩）	占耕地（%）	亩 产（市斤）	产 量（万担）	收购量（万担）	商品率（%）	人均交售（市斤）
52年合计			**13.04**	**22.91**	**115.26**	**15.03**	**19.14**	**127.35**	**193.33**
11年小计									
占合计%									
1949									
1950									
1951									
1952									
1953									
1954									
1955									
1956									
1957									
1958									
1959									
10年小计									
占合计%									
1960									
1961									
1962									
1963									
1964									
1965									
1966									
1967									
1968									
1969									
10年小计									
占合计%									
1970									
1971									
1972									
1973									
1974									
1975									
1976									
1977									
1978									
1979									
10年小计									
占合计%									
1980									
1981									
1982									
1983									
1984									
1985									
1986									
1987									
1988									
1989									
11年小计			**13.04**	**22.91**	**115.26**	**15.03**	**19.14**	**127.35**	**193.33**
占合计%			**100.00**			**100.00**	**100.00**		
1990									
1991									
1992									
1993									
1994									
1995									
1996									
1997	14.00	2.30	4.00	28.57	120.00	4.80	6.60	137.50	286.96
1998	14.00	2.60	4.50	32.14	104.44	4.70	4.10	87.23	157.69
1999	14.46	2.50	2.78	19.23	83.81	2.33	4.59	197.00	183.60
2000	14.46	2.50	1.76	12.17	181.82	3.20	3.85	120.31	154.00

5-8-22 湖北省沙洋农场历年棉花生产概况表

年　度	耕地面积（万亩）	农业人口（万人）	棉田面积（万亩）	占耕地（%）	亩　产（市斤）	产　量（万担）	收购量（万担）	商品率（%）	人均交售（市斤）
52 年合计			**17.19**	**8.75**	**92.61**	**15.92**	**9.52**	**59.80**	**9.33**
11 年小计									
占合计%									
1949									
1950									
1951									
1952									
1953									
1954									
1955									
1956									
1957									
1958									
1959									
10 年小计									
占合计%									
1960									
1961									
1962									
1963									
1964									
1965									
1966									
1967									
1968									
1969									
10 年小计									
占合计%									
1970									
1971									
1972									
1973									
1974									
1975									
1976									
1977									
1978									
1979									
10 年小计									
占合计%									
1980									
1981									
1982									
1983									
1984									
1985									
1986									
1987									
1988									
1989									
11 年小计			**17.19**	**8.75**	**92.61**	**15.92**	**9.52**	**59.80**	**9.33**
占合计%			**100.00**			**100.00**	**100.00**		
1990									
1991									
1992									
1993									
1994									
1995									
1996									
1997									
1998									
1999	98.27	51.04	10.14	10.32	85.31	8.65	5.38	62.20	10.54
2000	98.27	51.04	7.05	7.17	103.12	7.27	4.14	56.95	8.11

5－8－23　湖北省荆州市沙市区历年棉花生产收购

年　　度	耕地面积（万亩）	农业人口（万人）	棉田面积（万亩）	占耕地（%）	亩　产（市斤）	产　量（万担）	收购量（万担）	商品率（%）	人均交售（市斤）
52 年合计			**25.15**	**30.92**	**148.67**	**37.39**	**26.27**	**70.26**	**100.27**
11 年小计									
占合计%									
1949									
1950									
1951									
1952									
1953									
1954									
1955									
1956									
1957									
1958									
1959									
10 年小计									
占合计%									
1960									
1961									
1962									
1963									
1964									
1965									
1966									
1967									
1968									
1969									
10 年小计									
占合计%									
1970									
1971									
1972									
1973									
1974									
1975									
1976									
1977									
1978									
1979									
10 年小计									
占合计%									
1980									
1981									
1982									
1983									
1984									
1985									
1986									
1987									
1988									
1989									
11 年小计			**25.15**	**30.92**	**148.67**	**37.39**	**26.27**	**70.26**	**100.27**
占合计%			**100.00**			**100.00**	**100.00**		
1990									
1991									
1992									
1993									
1994									
1995	11.54	4.70	2.30	19.93	130.00	2.99	8.50	*	180.85
1996	12.58	4.50	2.30	18.28	252.17	5.80	4.20	72.41	93.33
1997	16.07	4.20	6.36	39.58	188.05	11.96	4.56	38.13	108.57
1998	13.94	4.40	7.20	51.65	96.53	6.95	6.27	90.22	142.50
1999	13.61	4.20	5.25	38.57	142.86	7.50	2.74	36.53	65.24
2000	13.61	4.20	1.74	12.78	125.86	2.19			

5－8－24　湖北省江陵县历年棉花生产收购

年　度	耕地面积（万亩）	农业人口（万人）	棉田面积（万亩）	占耕地（%）	亩　产（市斤）	产　量（万担）	收购量（万担）	商品率（%）	人均交售（市斤）
52年合计			**1281.72**	**17.97**	**98.62**	**1264.02**	**1141.98**	**90.35**	**39.88**
11年小计			**260.21**	**15.09**	**43.51**	**113.21**	**81.54**	**72.03**	**18.65**
占合计%			**20.30**			**8.96**	**7.14**		
1949	143.87	35.43	18.69	12.99	24.99	4.67			
1950	146.82	36.19	20.70	14.10	28.07	5.81			
1951	148.93	36.99	26.15	17.56	31.01	8.11			
1952	150.80	37.78	26.69	17.70	35.11	9.37	9.17	97.87	24.27
1953	157.10	38.17	26.16	16.65	33.75	8.83	6.85	77.58	17.95
1954	156.80	39.65	9.10	5.80	23.96	2.18	1.24	56.88	3.13
1955	158.90	40.12	25.77	16.22	37.99	9.79	7.41	75.69	18.47
1956	166.85	40.48	27.89	16.72	54.50	15.20	12.24	80.53	30.24
1957	170.02	43.79	25.41	14.95	58.24	14.80	13.66	92.30	31.19
1958	169.71	44.00	27.70	16.32	76.43	21.17	19.59	92.54	44.52
1959	154.45	44.67	25.95	16.80	51.18	13.28	11.38	85.69	25.48
10年小计			**276.44**	**17.59**	**82.02**	**226.74**	**223.93**	**98.76**	**42.10**
占合计%			**21.57**			**17.94**	**19.61**		
1960	155.38	44.82	20.45	13.16	27.33	5.59	5.44	97.32	12.14
1961	151.43	46.92	21.58	14.25	42.68	9.21	7.84	85.12	16.71
1962	156.54	49.36	21.47	13.72	55.24	11.86	11.20	94.44	22.69
1963	154.74	50.87	24.43	15.79	87.56	21.39	21.87	102.24	42.99
1964	158.00	52.37	28.34	17.94	77.10	21.85	21.96	100.50	41.93
1965	160.86	53.63	30.75	19.12	85.59	26.32	26.14	99.32	48.74
1966	159.22	55.09	30.88	19.39	104.89	32.39	31.93	98.58	57.96
1967	159.05	57.30	31.31	19.69	109.90	34.41	33.82	98.29	59.02
1968	158.88	59.46	33.94	21.36	101.06	34.30	34.40	100.29	57.85
1969	157.83	62.03	33.29	21.09	88.37	29.42	29.33	99.69	47.28
10年小计			**303.98**	**20.44**	**90.43**	**274.90**	**274.11**	**99.71**	**39.93**
占合计%			**23.72**			**21.75**	**24.00**		
1970	153.25	62.41	31.61	20.63	72.22	22.83	21.94	96.10	35.15
1971	153.32	64.58	31.40	20.48	60.64	19.04	19.30	101.37	29.89
1972	152.83	66.44	30.94	20.24	62.83	19.44	19.65	101.08	29.58
1973	151.60	67.92	30.70	20.25	92.02	28.25	28.22	99.89	41.55
1974	150.64	69.01	30.95	20.55	115.54	35.76	35.85	100.25	51.95
1975	147.00	69.77	30.22	20.56	95.07	28.73	28.33	98.61	40.60
1976	146.10	70.68	30.00	20.53	121.13	36.34	36.05	99.20	51.00
1977	144.80	71.69	30.08	20.77	101.63	30.57	30.35	99.28	42.34
1978	144.20	71.96	30.15	20.91	74.49	22.46	22.51	100.22	31.28
1979	143.59	71.97	27.93	19.45	112.71	31.48	31.91	101.37	44.34
10年小计			**244.79**	**18.00**	**125.92**	**308.25**	**298.36**	**96.79**	**42.41**
占合计%			**19.10**			**24.39**	**26.13**		
1980	141.94	72.20	29.08	20.49	74.07	21.54	22.35	103.76	30.96
1981	141.11	72.11	27.12	19.22	94.28	25.57	25.91	101.33	35.93
1982	140.11	72.77	26.73	19.08	81.71	21.84	22.12	101.28	30.40
1983	139.39	72.47	26.31	18.88	95.48	25.12	25.11	99.96	34.65
1984	138.49	70.76	25.43	18.36	184.31	46.87	44.87	95.73	63.41
1985	135.04	67.66	22.30	16.51	176.23	39.30	35.58	90.53	52.59
1986	131.88	70.03	22.55	17.10	164.04	36.99	33.83	91.46	48.31
1987	131.01	72.31	21.90	16.72	178.08	39.00	36.83	94.44	50.93
1988	130.72	65.32	22.20	16.98	135.18	30.01	29.64	98.77	45.38
1989	130.13	67.82	21.17	16.27	103.97	22.01	22.12	100.50	32.62
11年小计			**196.30**	**19.88**	**173.67**	**340.92**	**264.04**	**77.45**	**52.33**
占合计%			**15.32**			**26.97**	**23.12**		
1990	129.68	68.68	22.70	17.50	208.41	47.31	46.17	97.59	67.22
1991	129.39	67.18	23.83	18.42	197.15	46.98	45.69	97.25	68.01
1992	126.17	69.77	26.01	20.62	192.70	50.12	46.99	93.75	67.35
1993	125.66	66.76	25.73	20.48	187.60	48.27	33.91	70.25	50.79
1994	129.27	73.23	26.27	20.32	177.73	46.69	31.06	66.52	42.41
1995	58.02	29.91	10.27	17.70	145.08	14.90	16.40	110.07	54.83
1996	57.98	25.00	13.30	22.94	112.03	14.90	9.83	65.97	39.32
1997	57.97	23.00	10.60	18.29	220.09	23.33	11.87	50.88	51.61
1998	57.97	24.90	13.60	23.46	102.21	13.90	6.84	49.21	27.47
1999	57.65	28.07	11.10	19.25	129.19	14.34	5.92	41.28	21.09
2000	57.65	28.07	12.89	22.36	156.56	20.18	9.36	46.38	33.35

5－8－25 湖北省松滋市历年棉花生产收购

年　　度	耕地面积（万亩）	农业人口（万人）	棉田面积（万亩）	占耕地（%）	亩　产（市斤）	产　量（万担）	收购量（万担）	商品率（%）	人均交售（市斤）
52 年合计			**1371.50**	**26.58**	**94.27**	**1292.89**	**1193.55**	**92.32**	**35.02**
11 年小计			**315.80**	**25.55**	**48.46**	**153.05**	**124.39**	**81.27**	**22.32**
占合计%			**23.03**			**11.84**	**10.42**		
1949	113.23	46.13	31.08	27.45	27.90	8.67	2.57	29.64	5.57
1950	113.38	46.98	33.14	29.23	28.88	9.57	3.21	33.54	6.83
1951	113.53	47.84	38.90	34.26	35.58	13.84	4.87	35.19	10.18
1952	113.68	49.04	24.30	21.38	65.10	15.82	15.07	95.26	30.73
1953	114.23	49.11	30.61	26.80	52.89	16.19	15.59	96.29	31.75
1954	114.13	51.25	13.25	11.61	36.38	4.82	4.15	86.10	8.10
1955	113.78	51.68	29.79	26.18	46.42	13.83	13.28	96.02	25.70
1956	113.00	52.34	30.44	26.94	47.17	14.36	12.78	89.00	24.42
1957	113.30	53.38	28.76	25.38	49.55	14.25	13.43	94.25	25.16
1958	107.83	54.58	27.84	25.82	88.00	24.50	23.17	94.57	42.45
1959	105.78	54.94	27.69	26.18	62.12	17.20	16.27	94.59	29.61
10 年小计			**269.44**	**26.67**	**84.13**	**226.69**	**222.56**	**98.18**	**38.39**
占合计%			**19.65**			**17.53**	**18.65**		
1960	108.74	51.80	24.41	22.45	41.66	10.17	9.15	89.97	17.66
1961	102.98	52.62	25.23	24.50	57.19	14.43	13.83	95.84	26.28
1962	102.96	54.46	24.39	23.69	65.44	15.96	15.35	96.18	28.19
1963	102.90	55.90	27.81	27.03	87.27	24.27	24.23	99.84	43.35
1964	101.87	56.74	28.46	27.94	72.66	20.68	20.28	98.07	35.74
1965	101.67	58.48	23.18	22.80	83.22	19.29	18.94	98.19	32.39
1966	99.35	59.85	30.22	30.42	110.89	33.51	32.94	98.30	55.04
1967	97.42	60.99	29.82	30.61	119.58	35.66	35.47	99.47	58.16
1968	96.17	63.23	27.32	28.41	89.90	24.56	24.49	99.71	38.73
1969	96.10	65.66	28.60	29.76	98.46	28.16	27.88	99.01	42.46
10 年小计			**290.25**	**30.63**	**91.66**	**266.04**	**260.57**	**97.94**	**36.44**
占合计%			**21.16**			**20.58**	**21.83**		
1970	95.08	67.39	28.5	29.97	87.65	24.98	24.23	97.00	35.95
1971	95.17	68.01	29.3	30.79	73.69	21.59	21.08	97.64	31.00
1972	95.12	69.92	29.02	30.51	61.96	17.98	17.51	97.39	25.04
1973	94.64	71.26	28.93	30.57	93.78	27.13	26.86	99.00	37.69
1974	94.62	72.08	28.90	30.54	119.20	34.45	33.82	98.17	46.92
1975	94.63	72.48	29.10	30.75	87.46	25.45	24.95	98.04	34.42
1976	94.59	72.87	29.03	30.69	106.99	31.06	30.67	98.74	42.09
1977	94.54	73.36	29.16	30.84	103.64	30.22	30.12	99.67	41.06
1978	94.54	73.76	29.18	30.87	78.72	22.97	22.56	98.22	30.59
1979	94.52	74.02	29.13	30.82	103.71	30.21	28.77	95.23	38.87
10 年小计			**257.45**	**27.43**	**104.91**	**270.09**	**267.10**	**98.89**	**35.90**
占合计%			**18.77**			**20.89**	**22.38**		
1980	94.57	74.42	29.43	31.12	56.00	16.51	17.50	106.00	23.52
1981	94.60	74.90	28.83	30.48	70.86	20.43	22.00	107.68	29.37
1982	94.50	75.24	28.94	30.62	66.62	19.28	20.44	106.02	27.17
1983	94.53	75.30	27.87	29.48	68.60	19.12	18.58	97.18	24.67
1984	94.53	75.32	25.88	27.38	159.47	41.27	40.06	97.07	53.19
1985	94.03	73.22	24.00	25.52	143.58	34.46	29.09	84.42	39.73
1986	93.05	73.03	23.90	25.69	147.32	35.21	40.62	115.36	55.62
1987	93.05	73.57	21.70	23.32	149.12	32.36	31.39	97.00	42.67
1988	92.94	74.28	24.70	26.58	123.40	30.48	28.17	92.42	37.92
1989	92.89	74.69	22.20	23.90	94.46	20.97	19.25	91.80	25.77
11 年小计			**238.56**	**23.19**	**158.04**	**377.02**	**318.93**	**84.59**	**39.26**
占合计%			**17.39**			**29.16**	**26.72**		
1990	92.73	74.93	25.49	27.49	165.08	42.08	42.01	99.83	56.07
1991	92.67	75.07	23.42	25.27	160.46	37.58	37.18	98.94	49.53
1992	92.49	75.29	22.4	24.22	208.17	46.63	44.41	95.24	58.99
1993	92.89	75.53	22.23	23.93	163.34	36.31	34.47	94.93	45.64
1994	92.89	75.18	22.03	23.72	165.05	36.36	24.43	67.19	32.50
1995	92.87	74.98	22.48	24.21	200.98	45.18	33.01	73.06	44.03
1996	92.84	74.69	22.29	24.01	154.24	34.38	26.26	76.38	35.16
1997	92.73	74.63	22.23	23.97	193.30	42.97	34.83	81.06	46.67
1998	92.66	74.56	20.33	21.94	79.14	16.09	12.88	80.05	17.27
1999	96.92	68.72	16.79	17.32	104.23	17.50	14.15	80.86	20.59
2000	96.92	68.72	18.87	19.47	116.27	21.94	15.30	69.74	22.26

5－8－26 湖北省公安县历年棉花生产收购

年　度	耕地面积（万亩）	农业人口（万人）	棉田面积（万亩）	占耕地（%）	亩　产（市斤）	产　量（万担）	收购量（万担）	商品率（%）	人均交售（市斤）
52 年合计			**1900.01**	**28.26**	**107.95**	**2051.02**	**1929.31**	**94.07**	**47.38**
11 年小计			**379.97**	**25.45**	**44.42**	**168.80**	**154.00**	**91.23**	**28.45**
占合计%			**20.00**			**8.23**	**7.98**		
1949	135.15	57.78	38.56	28.53	39.42	15.20	14.65	96.38	25.35
1950	134.64	44.68	32.45	24.10	31.99	10.38	8.21	79.09	18.38
1951	136.00	45.75	32.79	24.11	33.97	11.14	9.10	81.69	19.89
1952	138.80	46.03	33.41	24.07	36.01	12.03	13.26	110.22	28.81
1953	133.04	47.25	38.99	29.31	42.42	16.54	15.45	93.41	32.70
1954	131.80	48.27	11.42	8.66	31.00	3.54	3.18	89.83	6.59
1955	136.57	48.92	41.76	30.58	39.03	16.30	12.89	79.08	26.35
1956	139.64	50.09	39.32	28.16	55.82	21.95	19.47	88.70	38.87
1957	140.35	53.32	40.15	28.61	60.10	24.13	23.03	95.44	43.19
1958	134.97	55.31	39.34	29.15	72.14	28.38	27.56	97.11	49.83
1959	131.87	43.98	31.78	24.10	28.98	9.21	7.20	78.18	16.37
10 年小计			**386.06**	**28.85**	**81.68**	**315.33**	**310.40**	**98.44**	**46.18**
占合计%			**20.32**			**15.37**	**16.09**		
1960	137.82	59.44	33.12	24.03	25.45	8.43	7.59	90.04	12.77
1961	138.00	60.12	33.65	24.38	35.66	12.00	10.55	87.92	17.55
1962	134.55	62.95	31.77	23.61	47.21	15.00	12.09	80.60	19.21
1963	136.07	63.66	36.78	27.03	83.44	30.69	30.66	99.90	48.16
1964	134.00	65.19	39.54	29.51	69.42	27.45	27.52	100.26	42.22
1965	134.35	67.86	43.26	32.20	80.44	34.80	34.48	99.08	50.81
1966	132.56	69.76	42.60	32.14	109.20	46.52	46.45	99.85	66.59
1967	131.16	72.00	42.51	32.41	118.09	50.20	50.12	99.84	69.61
1968	130.68	74.21	41.69	31.90	117.49	48.98	49.40	100.86	66.57
1969	129.08	77.00	41.14	31.87	100.29	41.26	41.54	100.68	53.95
10 年小计			**422.85**	**32.80**	**103.55**	**437.87**	**436.51**	**99.69**	**51.97**
占合计%			**22.26**			**21.35**	**22.63**		
1970	130.51	78.80	41.75	31.99	87.86	36.68	35.72	97.38	45.33
1971	130.39	80.44	42.09	32.28	89.28	37.58	37.27	99.18	46.33
1972	129.67	81.59	42.11	32.47	67.70	28.51	28.02	98.28	34.34
1973	127.78	82.79	42.35	33.14	112.87	47.80	47.86	100.13	57.81
1974	127.80	83.66	42.56	33.30	140.81	59.93	59.63	99.50	71.28
1975	128.70	84.48	42.51	33.03	101.76	43.26	43.20	99.86	51.14
1976	128.70	86.61	42.51	33.03	141.68	60.23	60.29	100.10	69.61
1977	128.70	86.16	42.39	32.94	108.70	46.08	46.40	100.69	53.85
1978	128.60	87.32	42.52	33.06	71.57	30.43	30.22	99.31	34.61
1979	128.20	88.11	42.06	32.81	112.62	47.37	47.90	101.12	54.36
10 年小计			**359.69**	**28.85**	**115.47**	**415.34**	**411.63**	**99.11**	**44.57**
占合计%			**18.93**			**20.25**	**21.34**		
1980	128.20	88.92	43.29	33.77	60.27	26.09	26.23	100.54	29.50
1981	128.20	89.97	41.91	32.69	74.09	31.05	32.38	104.28	35.99
1982	128.20	90.72	41.05	32.02	73.96	30.36	32.52	107.11	35.85
1983	128.20	90.99	38.64	30.14	81.00	31.30	31.42	100.38	34.53
1984	128.20	91.85	36.01	28.09	171.15	61.63	63.60	103.20	69.24
1985	128.20	92.16	32.32	25.21	174.32	56.34	55.56	98.62	60.29
1986	119.97	93.41	31.06	25.89	156.70	48.67	46.54	95.62	49.82
1987	119.97	93.74	31.66	26.39	143.34	45.38	43.42	95.68	46.32
1988	119.41	94.99	32.20	26.97	141.15	45.45	43.61	95.95	45.91
1989	118.22	96.73	31.55	26.69	123.84	39.07	36.35	93.04	37.58
11 年小计			**351.44**	**25.93**	**203.07**	**713.68**	**616.77**	**86.42**	**56.32**
占合计%			**18.50**			**34.80**	**31.97**		
1990	117.76	97.80	33.00	28.02	203.03	67.00	64.10	95.67	65.54
1991	116.12	98.95	33.00	28.42	196.36	64.80	63.00	97.22	63.67
1992	115.65	100.10	33.00	28.53	230.91	76.20	71.50	93.83	71.43
1993	115.65	100.49	33.00	28.53	217.88	71.90	59.50	82.75	59.21
1994	115.65	100.58	33.00	28.53	212.12	70.00	58.84	84.06	58.50
1995	136.00	105.20	33.00	24.26	206.06	68.00	65.98	97.03	62.72
1996	136.00	105.70	33.00	24.26	206.06	68.00	73.95	108.75	69.96
1997	136.00	106.00	31.00	22.79	219.35	68.00	58.24	85.65	54.94
1998	136.00	106.40	28.00	20.59	207.14	58.00	42.00	72.41	39.47
1999	115.26	86.98	28.02	24.31	142.93	40.05	26.02	64.97	29.91
2000	115.26	86.98	33.42	29.00	184.71	61.73	33.64	54.50	38.68

5－8－27　湖北省石首市历年棉花生产收购

年　　度	耕地面积（万亩）	农业人口（万人）	棉田面积（万亩）	占耕地（%）	亩　产（市斤）	产　量（万担）	收购量（万担）	商品率（%）	人均交售（市斤）
52年合计			**874.42**	**25.03**	**91.00**	**795.74**	**722.56**	**90.80**	**34.57**
11年小计			**222.91**	**25.72**	**44.02**	**98.13**	**82.34**	**83.91**	**29.41**
占合计%			**25.49**			**12.33**	**11.40**		
1949	73.35	21.89	13.60	18.54	25.00	3.40			
1950	74.42	22.28	18.50	24.86	30.00	5.55			
1951	74.75	23.36	19.00	25.42	58.95	11.20	9.52	85.00	40.75
1952	75.98	23.59	21.62	28.45	38.48	8.32	9.70	116.59	41.12
1953	78.49	25.04	21.95	27.97	33.99	7.46	6.04	80.97	24.12
1954	78.94	25.54	20.08	25.44	2.59	0.52	0.68	130.77	2.66
1955	81.27	26.05	22.72	27.96	44.98	10.22	10.30	100.78	39.54
1956	81.57	26.98	23.00	28.20	50.52	11.62	11.07	95.27	41.03
1957	82.65	27.95	22.05	26.68	66.98	14.77	14.18	96.01	50.73
1958	82.73	28.17	19.84	23.98	64.97	12.89	11.24	87.20	39.90
1959	82.68	29.14	20.55	24.85	59.27	12.18	9.61	78.90	32.98
10年小计			**178.56**	**25.54**	**70.34**	**125.60**	**125.99**	**100.31**	**37.33**
占合计%			**20.42**			**15.78**	**17.44**		
1960	84.82	29.12	15.40	18.16	37.79	5.82	5.31	91.24	18.23
1961	71.03	29.75	15.36	21.62	44.40	6.82	5.71	83.72	19.19
1962	72.53	31.39	12.01	16.56	52.71	6.33	6.40	101.11	20.39
1963	69.92	32.07	16.40	23.46	70.00	11.48	11.48	100.00	35.80
1964	69.54	32.69	20.95	30.13	58.04	12.16	12.06	99.18	36.89
1965	68.48	33.72	20.64	30.14	55.52	11.46	11.63	101.48	34.49
1966	67.34	34.84	19.79	29.39	87.37	17.29	16.97	98.15	48.71
1967	65.05	36.04	19.71	30.30	86.71	17.09	18.24	106.73	50.61
1968	65.30	38.34	19.61	30.03	107.50	21.08	22.35	106.02	58.29
1969	65.25	39.52	18.69	28.64	85.98	16.07	15.84	98.57	40.08
10年小计			**185.26**	**28.76**	**91.84**	**170.14**	**170.92**	**100.46**	**38.63**
占合计%			**21.19**			**21.38**	**23.65**		
1970	65.86	40.52	19.40	29.46	63.09	12.24	12.60	102.94	31.10
1971	65.30	41.04	18.56	28.42	67.13	12.46	12.37	99.28	30.14
1972	64.96	42.52	18.57	28.59	61.28	11.38	11.15	97.98	26.22
1973	64.57	43.56	18.50	28.65	101.19	18.72	18.76	100.21	43.07
1974	63.86	43.90	18.50	28.97	124.86	23.10	23.13	100.13	52.69
1975	63.22	44.78	18.73	29.63	90.18	16.89	16.88	99.94	37.70
1976	63.10	45.65	18.50	29.32	128.49	23.77	23.80	100.13	52.14
1977	64.50	46.20	18.50	28.68	93.41	17.28	17.51	101.33	37.90
1978	64.25	46.96	18.50	28.79	82.76	15.31	15.36	100.33	32.71
1979	64.53	47.33	17.50	27.12	108.51	18.99	19.36	101.95	40.90
10年小计			**131.65**	**21.13**	**113.41**	**149.31**	**137.89**	**92.35**	**28.33**
占合计%			**15.06**			**18.76**	**19.08**		
1980	64.77	47.60	18.44	28.47	71.20	13.13	12.84	97.79	26.97
1981	64.20	48.00	14.60	22.74	84.52	12.34	12.44	100.81	25.92
1982	63.35	48.30	14.10	22.26	72.70	10.25	9.29	90.63	19.23
1983	63.09	48.42	13.17	20.87	101.37	13.35	14.22	106.52	29.37
1984	62.37	48.46	12.44	19.95	173.15	21.54	23.69	109.98	48.89
1985	61.69	48.99	10.90	17.67	167.25	18.23	16.91	92.76	34.52
1986	61.21	49.47	12.10	19.77	162.98	19.72	16.73	84.84	33.82
1987	60.98	49.06	11.80	19.35	146.36	17.27	13.14	76.09	26.78
1988	60.86	49.46	12.10	19.88	101.49	12.28	9.03	73.53	18.26
1989	60.67	48.97	12.00	19.78	93.33	11.20	9.60	85.71	19.60
11年小计			**156.04**	**23.65**	**161.86**	**252.56**	**205.42**	**81.34**	**37.79**
占合计%			**17.84**			**31.74**	**28.43**		
1990	60.60	49.35	12.30	20.30	168.94	20.78	20.13	96.87	40.79
1991	60.54	49.60	12.20	20.15	176.15	21.49	21.85	101.68	44.05
1992	60.39	49.45	14.39	23.83	202.29	29.11	33.04	113.50	66.81
1993	60.39	49.30	16.35	27.07	145.81	23.84	18.96	79.53	38.46
1994	60.25	49.20	14.68	24.37	162.40	23.84	21.55	90.39	43.80
1995	60.38	49.27	15.33	25.39	203.20	31.15	25.51	81.89	51.78
1996	59.88	49.31	14.67	24.50	205.45	30.14	16.98	56.34	34.44
1997	59.85	49.76	15.37	25.68	231.69	35.61	25.99	72.99	52.23
1998	59.15	50.48	14.87	25.14	17.69	2.63	8.33	*	16.50
1999	59.15	48.91	11.78	19.92	123.85	14.59	5.79	39.68	11.84
2000	59.15	48.91	14.10	23.84	137.45	19.38	7.29	37.62	14.90

5－8－28　湖北省监利县历年棉花生产收购

年　度	耕地面积（万亩）	农业人口（万人）	棉田面积（万亩）	占耕地（%）	亩　产（市斤）	产　量（万担）	收购量（万担）	商品率（%）	人均交售（市斤）
52 年合计			**1884.20**	**18.59**	**72.49**	**1365.83**	**1204.16**	**88.16**	**27.03**
11 年小计			**436.17**	**19.21**	**36.89**	**160.91**	**149.88**	**93.15**	**23.52**
占合计%			**23.15**			**11.78**	**12.45**		
1949	200.00	53.36	25.99	13.00	29.86	7.76	7.14	92.01	13.38
1950	201.00	54.46	24.10	11.99	35.85	8.64	8.33	96.41	15.30
1951	203.20	55.57	26.83	13.20	41.74	11.20	9.52	85.00	17.13
1952	206.10	56.71	41.00	19.89	27.39	11.23	16.00	142.48	28.21
1953	207.40	59.21	44.55	21.48	31.67	14.11	11.38	80.65	19.22
1954	207.40	56.38	37.28	17.97	0.38	0.14	1.37	*	2.43
1955	207.40	56.86	47.17	22.74	42.65	20.12	18.36	91.25	32.29
1956	207.40	58.94	51.84	25.00	59.16	30.67	25.09	81.81	42.57
1957	202.70	61.44	44.60	22.00	45.74	20.40	19.42	95.20	31.61
1958	211.10	60.13	50.58	23.96	45.37	22.95	21.57	93.99	35.87
1959	216.30	64.16	42.23	19.52	32.42	13.69	11.70	85.46	18.24
10 年小计			**403.33**	**18.58**	**64.71**	**261.00**	**263.69**	**101.03**	**35.74**
占合计%			**21.41**			**19.11**	**21.90**		
1960	221.00	63.99	35.16	15.91	27.13	9.54	8.30	87.00	12.97
1961	220.00	66.58	31.03	14.10	22.40	6.95	4.90	70.50	7.36
1962	217.30	70.20	28.90	13.30	23.63	6.83	7.06	103.37	10.06
1963	215.40	70.82	37.52	17.42	61.83	23.20	23.27	100.30	32.86
1964	215.40	71.98	44.27	20.55	51.86	22.96	23.21	101.09	32.25
1965	221.90	73.34	45.50	20.50	59.96	27.28	28.02	102.71	38.21
1966	217.80	75.65	45.39	20.84	104.58	47.47	48.32	101.79	63.87
1967	215.20	78.41	46.26	21.50	86.73	40.12	40.54	101.05	51.70
1968	213.20	80.67	44.68	20.96	103.36	46.18	47.41	102.66	58.77
1969	214.00	86.15	44.62	20.85	68.29	30.47	32.66	107.19	37.91
10 年小计			**437.16**	**22.12**	**77.74**	**339.87**	**349.41**	**102.81**	**36.84**
占合计%			**23.20**			**24.88**	**29.02**		
1970	212.10	88.04	43.58	20.55	63.26	27.57	31.30	113.53	35.55
1971	210.10	89.45	44.68	21.27	57.27	25.59	26.70	104.34	29.85
1972	207.80	92.73	44.44	21.39	64.22	28.54	29.17	102.21	31.46
1973	203.70	95.08	44.03	21.62	73.00	32.14	33.22	103.36	34.94
1974	199.70	96.32	44.13	22.10	102.24	45.12	45.76	101.42	47.51
1975	193.70	96.75	43.94	22.68	84.25	37.02	37.43	101.11	38.69
1976	190.70	97.05	43.12	22.61	104.75	45.17	45.27	100.22	46.65
1977	187.90	97.92	43.42	23.11	82.11	35.65	36.14	101.37	36.91
1978	185.90	98.26	43.67	23.49	65.70	28.69	29.20	101.78	29.72
1979	184.50	96.76	42.15	22.85	81.57	34.38	35.22	102.44	36.40
10 年小计			**307.56**	**17.08**	**80.31**	**247.00**	**225.68**	**91.37**	**22.36**
占合计%			**16.32**			**18.08**	**18.74**		
1980	183.40	98.59	42.19	23.00	47.83	20.18	20.50	101.59	20.79
1981	182.60	100.67	40.39	22.12	70.69	28.55	28.40	99.47	28.21
1982	181.90	101.88	39.73	21.84	56.53	22.46	21.89	97.46	21.49
1983	180.30	102.10	37.77	20.95	76.67	28.96	26.56	91.71	26.01
1984	179.40	102.03	34.24	19.09	115.48	39.54	36.20	91.55	35.48
1985	179.00	101.19	23.80	13.30	121.39	28.89	24.91	86.22	24.62
1986	178.90	100.84	22.34	12.49	125.65	28.07	19.37	69.01	19.21
1987	178.50	101.71	22.15	12.41	115.03	25.48	20.15	79.08	19.81
1988	178.60	98.63	24.04	13.46	56.45	13.57	13.80	101.69	13.99
1989	177.60	101.49	20.91	11.77	54.04	11.30	13.90	123.01	13.70
11 年小计			**299.98**	**15.65**	**119.02**	**357.05**	**215.50**	**60.36**	**19.21**
占合计%			**15.92**			**26.14**	**17.90**		
1990	176.95	104.98	24.96	14.11	108.45	27.07	28.74	106.17	27.38
1991	176.52	104.27	24.74	14.02	119.68	29.61	26.32	88.89	25.24
1992	176.06	106.53	28.38	16.12	132.95	37.73	33.95	89.98	31.87
1993	175.15	102.32	28.10	16.04	103.42	29.06	13.47	46.35	13.16
1994	174.98	101.34	32.50	18.57	125.32	40.73	15.65	38.42	15.44
1995	173.42	100.71	31.74	18.30	150.57	47.79	14.94	31.26	14.83
1996	173.46	101.89	18.44	10.63	116.70	21.52	28.76	133.64	28.23
1997	173.23	100.09	32.66	18.85	147.89	48.30	23.29	48.22	23.27
1998	172.89	99.90	33.62	19.45	72.93	24.52	15.49	63.17	15.51
1999	172.20	99.80	23.46	13.62	118.33	27.76	2.44	8.79	2.44
2000	172.20	99.80	21.38	12.42	107.39	22.96	12.45	54.22	12.47

5-8-29 湖北省洪湖市历年棉花生产收购

年度	耕地面积（万亩）	农业人口（万人）	棉田面积（万亩）	占耕地（%）	亩产（市斤）	产量（万担）	收购量（万担）	商品率（%）	人均交售（市斤）
52年合计			**1015.94**	**17.90**	**93.69**	**951.88**	**878.47**	**92.29**	**31.64**
11年小计			**198.58**	**17.08**	**41.05**	**81.52**	**67.69**	**83.03**	**18.07**
占合计%			**19.55**			**8.56**	**7.71**		
1949	78.89	20.89	12.70	16.10	24.96	3.17	2.67	84.23	12.78
1950	80.91	24.50	14.61	18.06	27.99	4.09	3.40	83.13	13.88
1951	92.97	28.28	15.60	16.78	28.01	4.37	3.52	80.55	12.45
1952	109.30	28.72	18.27	16.72	37.99	6.94	6.05	87.18	21.07
1953	105.31	36.69	18.49	17.56	38.51	7.12	6.14	86.24	16.73
1954	106.33	35.34	9.35	8.79	3.53	0.33	0.04	12.12	0.11
1955	112.06	35.73	18.70	16.69	43.21	8.08	6.75	83.54	18.89
1956	114.59	36.60	22.97	20.05	54.98	12.63	11.37	90.02	31.07
1957	116.65	38.05	22.95	19.67	58.26	13.37	10.56	78.98	27.75
1958	120.51	45.99	25.99	21.57	55.71	14.48	11.59	80.04	25.20
1959	125.03	43.89	18.95	15.16	36.62	6.94	5.60	80.69	12.76
10年小计			**174.94**	**14.03**	**70.33**	**123.04**	**122.63**	**99.67**	**24.82**
占合计%			**17.22**			**12.93**	**13.96**		
1960	126.65	45.90	14.60	11.53	27.12	3.96	3.53	89.14	7.69
1961	121.07	47.41	12.22	10.09	24.14	2.95	2.66	90.17	5.61
1962	123.01	49.27	8.91	7.24	36.36	3.24	3.37	104.01	6.84
1963	123.01	51.60	13.41	10.90	53.54	7.18	8.00	111.42	15.50
1964	123.01	51.60	18.07	14.69	47.59	8.60	8.81	102.44	17.07
1965	127.95	45.79	22.50	17.58	64.18	14.44	14.28	98.89	31.19
1966	128.45	47.38	24.22	18.86	109.33	26.48	26.74	100.98	56.44
1967	125.58	50.43	24.96	19.88	85.86	21.43	20.54	95.85	40.73
1968	124.58	51.20	24.97	20.04	109.93	27.45	27.44	99.96	53.59
1969	123.93	53.51	11.08	8.94	65.97	7.31	7.26	99.32	13.57
10年小计			**235.16**	**20.53**	**76.80**	**180.61**	**179.50**	**99.39**	**29.76**
占合计%			**23.15**			**18.97**	**20.43**		
1970	124.46	54.34	21.63	17.38	48.40	10.47	10.83	103.44	19.93
1971	123.20	49.89	23.79	19.31	58.01	13.80	13.69	99.20	27.44
1972	100.17	57.00	23.89	23.85	54.88	13.11	12.94	98.70	22.70
1973	97.40	60.30	22.46	23.06	73.78	16.57	16.77	101.21	27.81
1974	119.86	61.42	22.78	19.01	91.31	20.80	19.66	94.52	32.01
1975	118.69	62.05	24.37	20.53	73.16	17.83	16.84	94.45	27.14
1976	117.67	70.28	23.95	20.35	101.59	24.33	24.47	100.58	34.82
1977	116.04	62.64	24.03	20.71	91.68	22.03	22.23	100.91	35.49
1978	114.63	62.56	25.29	22.06	69.36	17.54	17.55	100.06	28.05
1979	113.60	62.59	22.97	20.22	105.05	24.13	24.52	101.62	39.18
10年小计			**207.75**	**19.62**	**122.13**	**253.73**	**244.08**	**96.20**	**39.92**
占合计%			**20.45**			**26.66**	**27.78**		
1980	112.36	62.44	23.52	20.93	79.68	18.74	19.32	103.09	30.94
1981	111.56	63.13	25.10	22.50	96.49	24.22	25.00	103.22	39.60
1982	110.52	62.89	25.05	22.70	103.00	25.75	24.76	96.16	39.37
1983	109.68	64.08	24.68	22.50	112.20	27.69	27.57	99.57	43.02
1984	106.36	62.20	24.19	22.74	161.84	39.15	39.11	99.90	62.88
1985	104.92	58.82	19.91	18.98	149.72	29.81	25.86	86.75	43.96
1986	102.44	58.80	14.42	14.08	158.46	22.85	22.44	98.21	38.16
1987	101.01	59.78	16.68	16.51	153.36	25.58	24.25	94.80	40.57
1988	100.03	59.56	18.92	18.91	109.04	20.63	20.01	96.99	33.60
1989	99.78	59.77	15.28	15.31	126.37	19.31	15.76	81.62	26.37
11年小计			**199.51**	**18.78**	**156.87**	**312.98**	**264.57**	**84.53**	**38.16**
占合计%			**19.64**			**32.88**	**30.12**		
1990	99.49	60.28	17.43	17.52	157.31	27.42	26.66	97.23	44.23
1991	98.76	63.51	15.89	16.09	182.69	29.03	29.32	101.00	46.17
1992	98.23	63.92	21.87	22.26	176.09	38.51	37.37	97.04	58.46
1993	98.05	57.53	22.06	22.50	161.42	35.61	25.37	71.24	44.10
1994	97.79	65.30	20.97	21.44	172.01	36.07	28.30	78.46	43.34
1995	96.33	65.59	20.34	21.11	180.24	36.66	30.38	82.87	46.32
1996	96.08	66.33	18.80	19.57	104.79	19.70	17.86	90.66	26.93
1997	95.75	68.46	20.49	20.49	187.55	38.43	20.55	53.47	30.02
1998	94.48	69.50	19.02	20.13	94.43	17.96	12.14	67.59	17.47
1999	93.62	56.49	9.00	9.61	153.33	13.80	15.87	115.00	28.09
2000	93.62	56.49	13.64	14.57	145.09	19.79	20.75	104.85	36.73

5－8－30 湖北省荆州市荆州区历年棉花生产收购

年　度	耕地面积（万亩）	农业人口（万人）	棉田面积（万亩）	占耕地（％）	亩　产（市斤）	产　量（万担）	收购量（万担）	商品率（％）	人均交售（市斤）
52 年合计			**73.10**	**33.91**	**135.72**	**99.21**	**66.42**	**66.95**	**83.53**
11 年小计									
占合计%									
1949									
1950									
1951									
1952									
1953									
1954									
1955									
1956									
1957									
1958									
1959									
10 年小计									
占合计%									
1960									
1961									
1962									
1963									
1964									
1965									
1966									
1967									
1968									
1969									
10 年小计									
占合计%									
1970									
1971									
1972									
1973									
1974									
1975									
1976									
1977									
1978									
1979									
10 年小计									
占合计%									
1980									
1981									
1982									
1983									
1984									
1985									
1986									
1987									
1988									
1989									
11 年小计			**73.10**	**33.91**	**135.72**	**99.21**	**66.42**	**66.95**	**83.53**
占合计%			**100.00**			**100.00**	**100.00**		
1990									
1991									
1992									
1993									
1994									
1995	44.31	12.22	12.50	28.21	134.40	16.80	18.27	108.75	149.51
1996	34.25	12.40	13.00	37.96	123.08	16.00	12.97	81.06	104.60
1997	34.25	13.80	11.90	34.74	168.66	20.07	16.32	81.32	118.26
1998	34.25	13.70	12.00	35.04	102.92	12.35	8.96	72.55	65.40
1999	34.25	13.70	10.60	30.95	128.96	13.67	4.86	35.55	35.47
2000	34.25	13.70	13.10	38.25	155.11	20.32	5.04	24.80	36.79

5-8-31 湖北省武汉市新洲区历年棉花生产收购

年　　度	耕地面积（万亩）	农业人口（万人）	棉田面积（万亩）	占耕地（%）	亩　产（市斤）	产　量（万担）	收购量（万担）	商品率（%）	人均交售（市斤）
52 年合计			**1458.76**	**33.63**	**92.73**	**1352.67**	**1320.85**	**97.65**	**39.42**
区			**279.12**	**28.38**	**37.30**	**104.11**	**81.97**	**78.73**	**14.08**
占合计%			**19.13**			**7.70**	**6.21**		
1949	87.70	50.22	21.22	24.20	23.00	4.88	3.63	74.39	7.23
1950	87.89	50.34	35.32	40.19	18.63	6.58	4.89	74.32	9.71
1951	87.92	50.33	26.58	30.23	28.29	7.52	5.54	73.67	11.01
1952	91.97	50.51	27.48	29.88	41.01	11.27	7.94	70.45	15.72
1953	90.59	53.37	32.13	35.47	30.00	9.64	5.53	57.37	10.36
1954	90.69	53.86	14.14	15.59	9.19	1.30	1.24	95.38	2.30
1955	91.31	54.06	24.32	26.63	39.23	9.54	7.09	74.32	13.12
1956	90.42	54.47	26.72	29.55	62.72	16.76	12.43	74.16	22.82
1957	90.49	54.97	25.43	28.10	61.74	15.70	14.24	90.70	25.91
1958	87.22	55.42	22.38	25.66	67.02	15.00	14.00	93.33	25.26
1959	87.21	54.68	23.40	26.83	25.30	5.92	5.44	91.89	9.95
10 年小计			**284.75**	**31.73**	**76.71**	**218.42**	**211.98**	**97.05**	**36.94**
占合计%			**19.52**			**16.15**	**16.05**		
1960	93.03	53.64	23.62	25.39	37.51	8.86	8.67	97.86	16.16
1961	93.11	54.04	22.85	24.54	36.54	8.35	7.70	92.22	14.25
1962	92.80	54.50	23.51	25.33	57.38	13.49	11.94	88.51	21.91
1963	91.16	54.58	26.00	28.52	95.00	24.70	22.59	91.46	41.39
1964	86.51	55.67	29.56	34.17	85.89	25.39	24.42	96.18	43.87
1965	86.41	56.79	27.24	31.52	155.98	42.49	41.46	97.58	73.01
1966	89.51	58.47	31.75	35.47	83.34	26.46	25.78	97.43	44.09
1967	89.31	59.47	33.37	37.36	90.11	30.07	30.76	102.29	51.72
1968	88.82	62.04	33.93	38.20	78.22	26.54	26.42	99.55	42.59
1969	86.77	64.62	32.92	37.94	36.66	12.07	12.24	101.41	18.94
10 年小计			**301.88**	**36.52**	**127.83**	**385.88**	**376.69**	**97.62**	**55.00**
占合计%			**20.69**			**28.53**	**28.52**		
1970	86.42	65.55	31.85	36.85	76.08	24.23	24.81	102.39	37.85
1971	82.80	65.82	30.00	36.23	94.20	28.26	27.22	96.32	41.36
1972	82.91	67.00	30.00	36.18	95.40	28.62	27.46	95.95	40.99
1973	82.91	67.85	29.74	35.87	134.77	40.08	38.74	96.66	57.10
1974	82.30	68.59	29.94	36.38	158.72	47.52	46.03	96.86	67.11
1975	82.02	68.94	30.00	36.58	147.50	44.25	44.03	99.50	63.87
1976	81.88	69.58	29.85	36.46	126.90	37.88	37.02	97.73	53.20
1977	81.94	70.19	30.00	36.61	149.97	44.99	43.71	97.15	62.27
1978	81.84	70.60	30.00	36.66	137.13	41.14	39.75	96.62	56.30
1979	81.52	70.80	30.50	37.41	160.36	48.91	47.92	97.98	67.68
10 年小计			**340.01**	**42.49**	**120.31**	**409.07**	**384.86**	**94.08**	**55.66**
占合计%			**23.31**			**30.24**	**29.14**		
1980	81.43	70.90	30.00	36.84	97.53	29.26	28.04	95.83	39.55
1981	81.80	71.23	30.00	36.67	109.53	32.86	32.89	100.09	46.17
1982	81.30	60.70	28.80	35.42	135.97	39.16	38.16	97.45	62.87
1983	80.80	72.20	33.50	41.46	99.76	33.42	32.44	97.07	44.93
1984	80.20	70.40	37.65	46.95	141.46	53.26	52.03	97.69	73.91
1985	79.20	68.90	37.03	46.76	132.65	49.12	44.39	90.37	64.43
1986	79.10	69.30	36.29	45.88	132.41	48.05	44.86	93.36	64.73
1987	79.00	68.10	36.91	46.72	134.52	49.65	47.56	95.79	69.84
1988	78.80	69.89	36.11	45.82	103.27	37.29	33.63	90.19	48.12
1989	78.50	69.80	33.72	42.96	109.73	37.00	30.86	83.41	44.21
11 年小计			**253.00**	**30.48**	**92.96**	**235.19**	**265.35**	**112.82**	**32.44**
占合计%			**17.34**			**17.39**	**20.09**		
1990	78.37	74.34	27.00	34.45	123.48	33.34	43.87	131.58	59.01
1991	78.04	74.76	27.00	34.60	65.00	17.55	31.49	179.43	42.12
1992	77.43	74.98	27.00	34.87	90.00	24.30	44.21	181.93	58.96
1993	76.62	75.53	27.00	35.24	65.00	17.55	25.86	147.35	34.24
1994	75.76	75.67	27.00	35.64	134.00	36.18	29.26	80.87	38.67
1995	74.92	74.57	25.73	34.34	82.63	21.26	30.63	144.07	41.08
1996	74.46	73.58	23.21	31.17	61.01	14.16	16.03	113.21	21.79
1997	75.88	73.38	22.78	30.02	70.98	16.17	18.72	115.77	25.51
1998	73.50	73.63	17.73	24.12	68.98	12.23	11.52	94.19	15.65
1999	72.60	73.82	14.10	19.42	147.80	20.84	10.51	50.43	14.24
2000	72.60	73.82	14.45	19.90	149.55	21.61	3.25	15.04	4.40

5－8－32 湖北省武汉市黄陂区历年棉花生产收购

年 度	耕地面积（万亩）	农业人口（万人）	棉田面积（万亩）	占耕地（%）	亩 产（市斤）	产 量（万担）	收购量（万担）	商品率（%）	人均交售（市斤）
52年合计			**365.49**	**7.53**	**80.66**	**294.81**	**268.00**	**90.91**	**6.56**
11年小计			**32.00**	**3.13**	**25.94**	**8.30**	**3.40**	**40.96**	**0.47**
占合计%			**8.76**			**2.82**	**1.27**		
1949	91.00	62.00	2.00	2.20	20.00	0.40			
1950	91.00	63.00	2.00	2.20	20.00	0.40			
1951	92.00	65.00	3.00	3.26	20.00	0.60			
1952	92.00	66.00	3.00	3.26	30.00	0.90			
1953	92.00	67.00	4.00	4.35	30.00	1.20	0.30	25.00	0.45
1954	93.00	67.00	2.00	2.15	20.00	0.40	0.20	50.00	0.30
1955	94.00	68.00	4.00	4.26	27.50	1.10	0.30	27.27	0.44
1956	94.00	68.00	3.00	3.19	30.00	0.90	0.60	66.67	0.88
1957	94.00	69.00	3.00	3.19	23.33	0.70	0.50	71.43	0.72
1958	93.00	68.00	3.00	3.23	36.67	1.10	1.10	100.00	1.62
1959	95.00	66.00	3.00	3.16	20.00	0.60	0.40	66.67	0.61
10年小计			**62.00**	**6.04**	**38.39**	**23.80**	**18.40**	**77.31**	**2.65**
占合计%			**16.96**			**8.07**	**6.87**		
1960	108.00	64.00	2.00	1.85	25.00	0.50	0.20	40.00	0.31
1961	108.00	66.00	1.00	0.93	30.00	0.30	0.10	33.33	0.15
1962	108.00	67.00	2.00	1.85	20.00	0.40	0.30	75.00	0.45
1963	108.00	67.00	4.00	3.70	35.00	1.40	1.30	92.86	1.94
1964	102.00	67.00	3.00	2.94	23.33	0.70	0.60	85.71	0.90
1965	101.00	69.00	5.00	4.95	52.00	2.60	2.20	84.62	3.19
1966	99.00	71.00	11.00	11.11	47.27	5.20	3.90	75.00	5.49
1967	98.00	71.00	14.00	14.29	45.71	6.40	5.80	90.63	8.17
1968	98.00	75.00	11.00	11.22	30.91	3.40	2.60	76.47	3.47
1969	96.00	77.00	9.00	9.38	32.22	2.90	1.40	48.28	1.82
10年小计			**118.00**	**12.54**	**76.27**	**90.00**	**82.20**	**91.33**	**10.01**
占合计%			**32.29**			**30.53**	**30.67**		
1970	95.00	79.00	10.00	10.53	47.00	4.70	3.60	76.60	4.56
1971	94.00	79.00	12.00	12.77	57.50	6.90	5.80	84.06	7.34
1972	94.00	80.00	12.00	12.77	54.17	6.50	6.00	92.31	7.50
1973	94.00	81.00	11.00	11.70	97.27	10.70	10.20	95.33	12.59
1974	94.00	83.00	12.00	12.77	95.83	11.50	10.60	92.17	12.77
1975	94.00	83.00	12.00	12.77	97.50	11.70	10.80	92.31	13.01
1976	94.00	84.00	12.00	12.77	75.00	9.00	8.30	92.22	9.88
1977	94.00	84.00	12.00	12.77	99.17	11.90	11.30	94.96	13.45
1978	94.00	84.00	13.00	13.83	55.38	7.20	6.20	86.11	7.38
1979	94.00	84.00	12.00	12.77	82.50	9.90	9.40	94.95	11.19
10年小计			**87.00**	**9.53**	**92.07**	**80.10**	**71.50**	**89.26**	**8.52**
占合计%			**23.80**			**27.17**	**26.68**		
1980	93.00	84.00	12.00	12.90	70.00	8.40	8.50	101.19	10.12
1981	93.00	85.00	11.00	11.83	69.09	7.60	6.20	81.58	7.29
1982	93.00	86.00	12.00	12.90	80.00	9.60	8.70	90.63	10.12
1983	93.00	85.00	11.00	11.83	69.09	7.60	7.40	97.37	8.71
1984	92.00	83.00	8.00	8.70	152.50	12.20	11.70	95.90	14.10
1985	91.00	82.00	7.00	7.69	125.71	8.80	7.10	80.68	8.66
1986	90.00	80.00	6.00	6.67	101.67	6.10	4.80	78.69	6.00
1987	90.00	83.00	6.00	6.67	128.33	7.70	6.50	84.42	7.83
1988	89.00	85.00	8.00	8.99	75.00	6.00	5.20	86.67	6.12
1989	89.00	86.00	6.00	6.74	101.67	6.10	5.40	88.52	6.28
11年小计			**66.49**	**7.00**	**139.28**	**92.61**	**92.50**	**99.88**	**9.25**
占合计%			**18.19**			**31.41**	**34.51**		
1990	89.00	89.00	6.50	7.30	109.23	7.10	7.80	109.86	8.76
1991	89.00	89.00	6.50	7.30	87.69	5.70	7.60	133.33	8.54
1992	88.00	91.00	7.30	8.30	131.51	9.60	12.90	134.38	14.18
1993	87.00	91.00	7.10	8.16	140.85	10.00	8.30	83.00	9.12
1994	86.00	91.00	7.10	8.26	145.07	10.30	8.20	79.61	9.01
1995	86.00	92.00	6.80	7.91	152.94	10.40	9.30	89.42	10.11
1996	85.00	92.00	6.30	7.41	155.56	9.80	9.40	95.92	10.22
1997	85.00	91.00	5.90	6.94	169.49	10.00	7.30	73.00	8.02
1998	85.00	91.00	5.60	6.59	144.64	8.10	8.00	98.77	8.79
1999	84.99	91.37	4.07	4.79	155.53	6.33	5.88	92.89	6.44
2000	84.99	91.37	3.32	3.91	159.04	5.28	7.82	148.11	8.56

5－8－33　湖北省武汉市蔡甸区历年棉花生产收购

年　度	耕地面积（万亩）	农业人口（万人）	棉田面积（万亩）	占耕地（%）	亩　产（市斤）	产　量（万担）	收购量（万担）	商品率（%）	人均交售（市斤）
52 年合计			**494.89**	**17.91**	**90.70**	**448.86**	**440.68**	**98.18**	**23.82**
11 年小计			**80.70**	**14.11**	**38.41**	**31.00**	**22.00**	**70.97**	**6.79**
占合计%			**16.31**			**6.91**	**4.99**		
1949	48.10	27.80	4.00	8.32	20.00	0.80			
1950	49.20	28.00	4.50	9.15	22.22	1.00			
1951	48.90	28.20	8.20	16.77	25.61	2.10			
1952	49.80	30.20	6.80	13.65	27.94	1.90			
1953	50.00	31.00	9.70	19.40	30.93	3.00	2.40	80.00	7.74
1954	55.00	30.80	0.50	0.91	20.00	0.10	0.10	100.00	0.32
1955	55.00	30.40	10.90	19.82	36.70	4.00	3.30	82.50	10.86
1956	55.00	30.40	9.40	17.09	51.06	4.80	4.10	85.42	13.49
1957	53.00	30.90	10.40	19.62	43.27	4.50	4.00	88.89	12.94
1958	52.90	27.90	9.30	17.58	60.22	5.60	4.90	87.50	17.56
1959	55.10	28.20	7.00	12.70	45.71	3.20	3.20	100.00	11.35
10 年小计			**111.70**	**18.00**	**74.57**	**83.30**	**82.70**	**99.28**	**24.38**
占合计%			**22.57**			**18.56**	**18.77**		
1960	61.00	29.20	5.00	8.20	48.00	2.40	2.10	87.50	7.19
1961	61.20	30.50	5.00	8.17	30.00	1.50	1.10	73.33	3.61
1962	61.70	33.00	3.80	6.16	28.95	1.10	0.90	81.82	2.73
1963	62.00	33.20	8.80	14.19	80.68	7.10	6.50	91.55	19.58
1964	62.20	33.80	12.50	20.10	55.20	6.90	7.10	102.90	21.01
1965	63.00	34.00	14.40	22.86	95.83	13.80	13.70	99.28	40.29
1966	62.40	35.30	15.90	25.48	94.34	15.00	15.10	100.67	42.78
1967	62.10	36.40	16.60	26.73	81.93	13.60	13.80	101.47	37.91
1968	62.30	36.80	16.70	26.81	88.62	14.80	15.30	103.38	41.58
1969	62.50	37.00	13.00	20.80	54.62	7.10	7.10	100.00	19.19
10 年小计			**156.00**	**25.77**	**92.69**	**144.60**	**142.50**	**98.55**	**34.86**
占合计%			**31.52**			**32.21**	**32.34**		
1970	62.00	38.20	14.80	23.87	64.86	9.60	8.90	92.71	23.30
1971	62.30	39.60	15.50	24.88	66.45	10.30	9.90	96.12	25.00
1972	63.40	41.10	15.80	24.92	71.52	11.30	11.20	99.12	27.25
1973	63.40	41.00	16.70	26.34	95.81	16.00	16.00	100.00	39.02
1974	64.00	42.00	16.90	26.41	113.02	19.10	19.00	99.48	45.24
1975	63.80	42.60	16.60	26.02	84.94	14.10	13.90	98.58	32.63
1976	63.80	42.60	16.40	25.71	93.90	15.40	15.10	98.05	35.45
1977	63.60	43.30	16.70	26.26	111.98	18.70	18.60	99.47	42.96
1978	50.50	40.20	15.70	31.09	103.82	16.30	16.20	99.39	40.30
1979	48.50	38.20	10.90	22.47	126.61	13.80	13.70	99.28	35.86
10 年小计			**80.90**	**16.73**	**110.38**	**89.30**	**94.60**	**105.94**	**25.28**
占合计%			**16.35**			**19.89**	**21.47**		
1980	47.10	38.10	10.40	22.08	102.88	10.70	10.70	100.00	28.08
1981	46.90	38.60	10.80	23.03	111.11	12.00	12.00	100.00	31.09
1982	49.50	38.70	10.60	21.41	83.96	8.90	8.20	92.13	21.19
1983	49.50	37.80	10.70	21.62	85.98	9.20	9.70	105.43	25.66
1984	49.60	35.50	7.40	14.92	121.62	9.00	8.60	95.56	24.23
1985	49.70	34.60	7.20	14.49	125.00	9.00	8.80	97.78	25.43
1986	48.30	37.60	5.50	11.39	132.73	7.30	7.80	106.85	20.74
1987	47.90	37.60	5.30	11.06	147.17	7.80	8.40	107.69	22.34
1988	47.60	37.70	6.50	13.66	120.00	7.80	9.00	115.38	23.87
1989	47.40	38.00	6.50	13.71	116.92	7.60	11.40	150.00	30.00
11 年小计			**65.59**	**13.61**	**153.47**	**100.66**	**98.88**	**98.23**	**24.47**
占合计%			**13.25**			**22.43**	**22.44**		
1990	47.30	40.20	6.70	14.16	128.36	8.60	11.10	129.07	27.61
1991	46.50	40.00	6.60	14.19	106.06	7.00	8.90	127.14	22.25
1992	45.80	39.90	6.80	14.85	158.82	10.80	17.20	159.26	43.11
1993	44.80	39.20	8.00	17.86	137.50	11.00	15.20	138.18	38.78
1994	44.50	39.30	8.30	18.65	142.17	11.80	8.60	72.88	21.88
1995	44.10	38.60	7.10	16.10	187.32	13.30	12.20	91.73	31.61
1996	42.20	35.20	6.30	14.93	165.08	10.40	7.60	73.08	21.59
1997	42.10	34.80	6.20	14.73	188.71	11.70	5.60	47.86	16.09
1998	41.70	34.20	4.00	9.59	147.50	5.90	3.60	61.02	10.53
1999	41.39	31.34	2.33	5.63	195.28	4.55	3.57	78.46	11.39
2000	41.39	31.34	3.26	7.88	172.09	5.61	5.31	94.65	16.94

5－8－34　湖北省武汉市江夏区历年棉花生产收购

年　　度	耕地面积（万亩）	农业人口（万人）	棉田面积（万亩）	占耕地（%）	亩　产（市斤）	产　量（万担）	收购量（万担）	商品率（%）	人均交售（市斤）
52 年合计			**121.82**	**27.78**	**68.25**	**83.14**	**81.88**	**98.49**	**4.26**
11 年小计			**25.09**	**24.73**	**24.27**	**6.09**	**5.06**	**83.09**	**1.84**
占合计%			**20.60**			**7.32**	**6.18**		
1949	8.83	21.68	1.88	21.29	6.38	0.12	0.10	83.33	0.46
1950	9.01	22.02	1.94	21.53	7.22	0.14	0.11	78.57	0.50
1951	9.18	22.44	2.05	22.33	9.27	0.19	0.17	89.47	0.76
1952	9.37	22.92	2.09	22.31	10.53	0.22	0.15	68.18	0.65
1953	9.53	24.58	2.89	30.33	12.80	0.37	0.24	64.86	0.98
1954	9.52	24.57	0.73	7.67	2.74	0.02	0.01	50.00	0.04
1955	9.55	25.14	3.09	32.36	16.83	0.52	0.33	63.46	1.31
1956	9.54	27.14	2.99	31.34	48.16	1.44	1.18	81.94	4.35
1957	9.32	27.42	2.92	31.33	43.84	1.28	1.20	93.75	4.38
1958	8.73	28.70	2.85	32.65	45.96	1.31	1.09	83.21	3.80
1959	8.87	28.40	1.66	18.71	28.92	0.48	0.48	100.00	1.69
10 年小计			**23.54**	**25.98**	**41.59**	**9.79**	**8.53**	**87.13**	**2.65**
占合计%			**19.32**			**11.78**	**10.42**		
1960	9.15	28.40	1.43	15.63	14.69	0.21	0.18	85.71	0.63
1961	8.90	29.78	0.64	7.19	26.56	0.17	0.15	88.24	0.50
1962	8.83	30.42	0.95	10.76	25.26	0.24	0.24	100.00	0.79
1963	9.13	30.71	3.04	33.30	40.13	1.22	1.22	100.00	3.97
1964	9.07	31.16	3.13	34.51	35.14	1.10	1.10	100.00	3.53
1965	9.04	32.12	2.85	31.53	45.26	1.29	1.20	93.02	3.74
1966	9.25	33.75	2.55	27.57	56.08	1.43	1.23	86.01	3.64
1967	9.12	33.82	2.90	31.80	48.28	1.40	1.11	79.29	3.28
1968	9.09	34.68	3.00	33.00	61.67	1.85	1.22	65.95	3.52
1969	9.02	36.49	3.05	33.81	28.85	0.88	0.88	100.00	2.41
10 年小计			**34.30**	**39.68**	**48.60**	**16.67**	**15.95**	**95.68**	**3.93**
占合计%			**28.16**			**20.05**	**19.48**		
1970	8.99	37.31	2.19	24.36	7.76	0.17	0.60	352.94	1.61
1971	8.84	38.37	3.48	39.37	31.03	1.08	1.07	99.07	2.79
1972	8.67	38.57	3.82	44.06	39.01	1.49	1.32	88.59	3.42
1973	8.62	40.20	4.89	56.73	42.94	2.10	1.91	90.95	4.75
1974	8.59	39.90	4.94	57.51	53.04	2.62	2.40	91.60	6.02
1975	8.51	41.57	3.90	45.82	63.85	2.49	2.30	92.37	5.53
1976	8.46	42.06	3.05	36.05	52.79	1.61	1.46	90.68	3.47
1977	8.56	42.52	2.26	26.40	67.26	1.52	1.43	94.08	3.36
1978	8.84	42.92	3.27	36.99	55.66	1.82	1.69	92.86	3.94
1979	8.36	42.93	2.50	29.90	70.80	1.77	1.77	100.00	4.12
10 年小计			**20.40**	**25.55**	**121.72**	**24.83**	**24.69**	**99.44**	**5.75**
占合计%			**16.75**			**29.87**	**30.15**		
1980	8.30	42.96	2.50	30.12	71.60	1.79	2.02	112.85	4.70
1981	8.28	43.42	2.50	30.19	89.20	2.23	2.27	101.79	5.23
1982	8.24	43.98	2.50	30.34	93.20	2.33	2.25	96.57	5.12
1983	8.20	43.90	2.00	24.39	108.50	2.17	2.10	96.77	4.78
1984	8.04	42.47	2.00	24.88	205.50	4.11	4.04	98.30	9.51
1985	7.88	42.29	1.80	22.84	166.11	2.99	2.94	98.33	6.95
1986	7.82	42.90	1.64	20.97	128.66	2.11	2.04	96.68	4.76
1987	7.76	42.09	1.64	21.13	158.54	2.60	2.53	97.31	6.01
1988	7.68	42.25	1.88	24.48	130.85	2.46	2.46	100.00	5.82
1989	7.63	43.50	1.94	25.43	105.15	2.04	2.04	100.00	4.69
11 年小计			**18.49**	**23.03**	**139.32**	**25.76**	**27.65**	**107.34**	**5.63**
占合计%			**15.18**			**30.98**	**33.77**		
1990	7.61	43.34	1.79	23.52	147.49	2.64	2.56	96.97	5.91
1991	7.58	45.35	1.79	23.61	134.64	2.41	2.47	102.49	5.45
1992	7.51	45.78	1.99	26.50	241.21	4.80	4.72	98.33	10.31
1993	7.38	46.15	2.22	30.08	125.23	2.78	2.70	97.12	5.85
1994	7.32	46.21	2.10	28.69	133.81	2.81	2.81	100.00	6.08
1995	7.24	46.25	2.40	33.15	129.17	3.10	3.09	99.68	6.68
1996	7.23	46.17	1.84	25.45	130.98	2.41	2.41	100.08	5.22
1997	7.19	46.01	1.50	20.86	130.67	1.96	1.96	100.00	4.26
1998	7.13	46.05	2.00	28.05	98.50	1.97	1.97	100.00	4.28
1999	7.04	39.97	0.53	7.53	100.00	0.53	1.69	*	4.23
2000	7.04	39.97	0.33	4.69	106.06	0.35	1.27	*	3.18

5-8-35 湖北省孝感市汉南区历年棉花生产收购

年度	耕地面积（万亩）	农业人口（万人）	棉田面积（万亩）	占耕地（%）	亩产（市斤）	产量（万担）	收购量（万担）	商品率（%）	人均交售（市斤）
52 年合计			**117.21**	**39.49**	**137.53**	**161.20**	**159.61**	**99.01**	**153.62**
11 年小计									
占合计%									
1949									
1950									
1951									
1952									
1953									
1954									
1955									
1956									
1957									
1958									
1959									
10 年小计									
占合计%									
1960									
1961									
1962									
1963									
1964									
1965									
1966									
1967									
1968									
1969									
10 年小计									
占合计%									
1970									
1971									
1972									
1973									
1974									
1975									
1976									
1977									
1978									
1979									
10 年小计			**40.21**	**36.29**	**136.11**	**54.73**	**53.13**	**97.08**	**148.32**
占合计%			**34.31**			**33.95**	**33.29**		
1980									
1981									
1982									
1983									
1984	19.19	6.14	7.00	36.48	169.86	11.89	12.30	103.45	200.33
1985	18.86	6.92	7.00	37.12	149.43	10.46	9.06	86.62	130.92
1986	18.53	5.77	7.00	37.78	122.43	8.57	8.31	96.97	144.02
1987	18.31	5.65	6.32	34.52	163.77	10.35	10.18	98.36	180.18
1988	17.99	5.79	6.50	36.13	103.69	6.74	6.64	98.52	114.68
1989	17.93	5.55	6.39	35.64	105.16	6.72	6.64	98.81	119.64
11 年小计			**77.00**	**41.39**	**138.27**	**106.47**	**106.48**	**100.01**	**156.40**
占合计%			**65.69**			**66.05**	**66.71**		
1990	17.81	5.44	6.57	36.89	138.81	9.12	10.79	118.31	198.35
1991	17.72	5.36	6.50	36.68	158.00	10.27	10.67	103.89	199.07
1992	17.44	5.81	6.98	40.02	202.44	14.13	16.65	117.83	286.57
1993	17.22	5.20	7.24	42.04	167.68	12.14	11.31	93.16	217.50
1994	17.05	5.94	7.44	43.64	161.96	12.05	10.78	89.46	181.48
1995	16.75	5.87	8.02	47.88	139.15	11.16	9.88	88.53	168.31
1996	16.49	6.38	7.73	46.88	105.43	8.15	6.02	73.87	94.36
1997	16.47	7.00	7.56	45.90	148.81	11.25	9.65	85.78	137.86
1998	16.45	6.48	6.46	39.27	77.55	5.01	7.98	159.28	123.15
1999	16.31	7.30	4.19	25.69	136.99	5.74	4.62	80.49	63.29
2000	16.31	7.30	8.31	50.95	89.65	7.45	8.13	109.13	111.37

5－8－36　湖北省嘉鱼县历年棉花生产收购

年　度	耕地面积（万亩）	农业人口（万人）	棉田面积（万亩）	占耕地（%）	亩　产（市斤）	产　量（万担）	收购量（万担）	商品率（%）	人均交售（市斤）
52 年合计			**304.78**	**11.76**	**66.32**	**202.12**	**187.46**	**92.75**	**17.84**
11 年小计			**56.11**	**9.89**	**31.14**	**17.47**	**13.23**	**75.73**	**8.88**
占合计%			**18.41**			**8.64**	**7.06**		
1949	51.66	12.35	3.00	5.81	16.67	0.50	0.39	78.00	3.16
1950	51.68	12.90	3.25	6.29	15.38	0.50	0.37	74.00	2.87
1951	51.70	13.04	3.31	6.40	19.34	0.64	0.52	81.25	3.99
1952	51.73	13.04	2.79	5.39	18.64	0.52	0.39	75.00	2.99
1953	51.74	13.39	5.59	10.80	30.05	1.68	1.25	74.40	9.34
1954	51.76	13.40	4.21	8.13	9.03	0.38			
1955	51.76	13.50	6.16	11.90	31.01	1.91	1.45	75.92	10.74
1956	51.79	13.92	6.80	13.13	42.94	2.92	2.27	77.74	16.31
1957	51.19	14.27	6.44	12.58	49.07	3.16	2.50	79.11	17.52
1958	51.19	14.56	7.44	14.53	49.73	3.70	2.87	77.57	19.71
1959	51.20	14.70	7.12	13.91	21.91	1.56	1.22	78.21	8.30
10 年小计			**70.24**	**13.74**	**48.58**	**34.12**	**29.80**	**87.34**	**17.25**
占合计%			**23.05**			**16.88**	**15.90**		
1960	51.20	15.14	4.18	8.16	16.99	0.71	0.57	80.28	3.76
1961	51.20	15.16	2.38	4.65	15.97	0.38	0.28	73.68	1.85
1962	50.29	16.04	2.60	5.17	19.23	0.50	0.38	76.00	2.37
1963	50.29	16.35	7.83	15.57	54.02	4.23	3.29	77.78	20.12
1964	50.30	16.74	10.05	19.98	35.92	3.61	3.08	85.32	18.40
1965	51.58	17.31	9.86	19.12	50.51	4.98	4.75	95.38	27.44
1966	51.58	17.83	8.42	16.32	68.41	5.76	4.85	84.20	27.20
1967	51.58	17.95	8.59	16.65	62.86	5.40	5.24	97.04	29.19
1968	51.76	19.79	8.36	16.15	73.56	6.15	5.69	92.52	28.75
1969	51.56	20.42	7.97	15.46	30.11	2.40	1.67	69.58	8.18
10 年小计			**74.20**	**14.94**	**54.19**	**40.21**	**36.28**	**90.23**	**15.94**
占合计%			**24.35**			**19.89**	**19.35**		
1970	49.70	21.14	7.58	15.25	20.18	1.53	1.46	95.42	6.91
1971	49.70	21.21	7.96	16.02	34.17	2.72	1.79	65.81	8.44
1972	49.51	21.67	8.04	16.24	40.55	3.26	2.71	83.13	12.51
1973	49.51	22.21	8.08	16.32	45.42	3.67	3.28	89.37	14.77
1974	49.42	22.72	7.84	15.86	67.09	5.26	4.55	86.50	20.03
1975	49.33	23.75	8.18	16.58	55.50	4.54	4.33	95.37	18.23
1976	49.33	23.58	7.28	14.76	70.60	5.14	4.98	96.89	21.12
1977	49.38	23.69	7.09	14.36	64.60	4.58	4.28	93.45	18.07
1978	50.51	23.84	7.28	14.41	61.81	4.50	4.08	90.67	17.11
1979	50.39	23.75	4.87	9.66	102.87	5.01	4.82	96.21	20.29
10 年小计			**52.49**	**10.62**	**99.05**	**51.99**	**49.91**	**96.00**	**21.93**
占合计%			**17.22**			**25.72**	**26.62**		
1980	49.67	23.60	5.02	10.11	85.06	4.27	4.10	96.02	17.37
1981	49.61	23.82	5.44	10.97	96.14	5.23	5.10	97.51	21.41
1982	49.61	24.23	5.34	10.76	106.37	5.68	5.44	95.77	22.45
1983	49.61	24.38	5.42	10.93	99.63	5.40	5.63	104.26	23.09
1984	49.61	22.14	5.42	10.93	165.68	8.98	8.06	89.76	36.40
1985	49.57	21.50	5.53	11.16	105.79	5.85	6.39	109.23	29.72
1986	49.44	21.25	5.62	11.37	104.63	5.88	4.88	82.99	22.96
1987	49.36	21.90	5.61	11.37	68.98	3.87	4.26	110.08	19.45
1988	48.96	22.30	5.72	11.68	59.27	3.39	3.38	99.71	15.16
1989	48.93	22.49	3.37	6.89	102.08	3.44	2.67	77.62	11.87
11 年小计			**51.74**	**9.92**	**112.74**	**58.33**	**58.24**	**99.85**	**21.27**
占合计%			**16.98**			**28.86**	**31.07**		
1990	48.89	22.26	4.27	8.73	121.78	5.20	5.05	97.12	22.69
1991	48.69	24.33	5.00	10.27	117.20	5.86	7.56	129.01	31.07
1992	48.25	24.70	5.84	12.10	127.91	7.47	9.55	127.84	38.66
1993	47.91	25.12	6.08	12.69	112.50	6.84	6.33	92.54	25.20
1994	47.50	25.28	6.26	13.18	117.41	7.35	7.19	97.82	28.44
1995	47.50	24.96	5.53	11.64	134.36	7.43	7.24	97.44	29.01
1996	47.44	25.35	5.75	12.12	88.00	5.06	4.93	97.43	19.45
1997	47.26	25.68	5.98	12.65	137.12	8.20	7.85	95.73	30.57
1998	46.58	25.69	4.49	9.64	40.31	1.81	1.40	77.35	5.45
1999	45.65	25.25	1.28	2.80	117.97	1.51	0.84	55.63	3.33
2000	45.65	25.25	1.26	2.76	126.98	1.60	0.30	18.75	1.19

5－8－37　湖北省赤壁市历年棉花生产收购

年　　度	耕地面积（万亩）	农业人口（万人）	棉田面积（万亩）	占耕地（%）	亩　产（市斤）	产　量（万担）	收购量（万担）	商品率（%）	人均交售（市斤）
52 年合计			**63.28**	**2.39**	**70.24**	**44.45**	**34.84**	**78.38**	**2.34**
11 年小计			**7.68**	**1.35**	**24.48**	**1.88**	**0.96**	**51.06**	**0.52**
占合计%			**12.14**			**4.23**	**2.76**		
1949	44.03	14.39	0.46	1.04	19.57	0.09			
1950	47.10	14.70	0.60	1.27	23.33	0.14			
1951	50.12	15.94	0.63	1.26	22.22	0.14			
1952	51.49	16.20	0.37	0.72	21.62	0.08			
1953	52.33	16.08	0.69	1.32	23.19	0.16	0.12	75.00	0.75
1954	51.87	16.34	1.01	1.95	3.96	0.04	0.03	75.00	0.18
1955	52.94	17.46	1.16	2.19	22.41	0.26	0.14	53.85	0.80
1956	54.21	17.80	0.72	1.33	52.78	0.38	0.18	47.37	1.01
1957	56.34	18.28	0.70	1.24	27.14	0.19	0.15	78.95	0.82
1958	52.88	18.83	0.80	1.51	27.50	0.22	0.16	72.73	0.85
1959	56.24	17.46	0.54	0.96	33.33	0.18	0.18	100.00	1.03
10 年小计			**11.61**	**2.26**	**48.84**	**5.67**	**5.17**	**91.18**	**2.32**
占合计%			**18.35**			**12.76**	**14.84**		
1960	44.03	18.58	0.49	1.11	73.47	0.36	0.12	33.33	0.65
1961	47.10	20.10	0.47	1.00	31.91	0.15	0.13	86.67	0.65
1962	50.12	20.64	0.69	1.38	36.23	0.25	0.19	76.00	0.92
1963	51.49	21.54	1.30	2.52	46.15	0.60	0.72	120.00	3.34
1964	52.33	21.97	1.53	2.92	27.45	0.42	0.48	114.29	2.18
1965	51.87	22.81	1.18	2.27	48.31	0.57	0.50	87.72	2.19
1966	52.94	22.51	1.27	2.40	74.02	0.94	0.79	84.04	3.51
1967	54.21	23.77	1.30	2.40	52.31	0.68	0.63	92.65	2.65
1968	56.34	24.70	1.52	2.70	69.74	1.06	0.99	93.40	4.01
1969	52.88	26.14	1.86	3.52	34.41	0.64	0.62	96.88	2.37
10 年小计			**11.98**	**2.27**	**64.69**	**7.75**	**6.65**	**85.81**	**2.09**
占合计%			**18.93**			**17.44**	**19.09**		
1970	52.89	26.36	1.45	2.74	20.69	0.30	0.33	110.00	1.25
1971	53.93	26.54	1.20	2.23	40.83	0.49	0.44	89.80	1.66
1972	53.54	27.60	1.32	2.47	41.67	0.55	0.52	94.55	1.88
1973	53.17	28.31	1.25	2.35	48.80	0.61	0.60	98.36	2.12
1974	52.83	28.84	1.16	2.20	78.45	0.91	0.84	92.31	2.91
1975	52.83	28.92	1.20	2.27	57.50	0.69	0.65	94.20	2.25
1976	52.00	38.00	1.20	2.31	83.33	1.00	0.84	84.00	2.21
1977	52.00	38.00	1.00	1.92	100.00	1.00	0.74	74.00	1.95
1978	52.00	38.00	1.00	1.92	100.00	1.00	0.59	59.00	1.55
1979	52.00	38.00	1.20	2.31	100.00	1.20	1.10	91.67	2.89
10 年小计			**13.40**	**2.66**	**88.06**	**11.80**	**9.43**	**79.92**	**2.55**
占合计%			**21.18**			**26.55**	**27.07**		
1980	51.00	37.00	1.00	1.96	100.00	1.00	0.75	75.00	2.03
1981	51.00	37.00	1.20	2.35	91.67	1.10	1.05	95.45	2.84
1982	51.00	37.00	1.50	2.94	90.00	1.35	1.28	94.81	3.46
1983	51.00	37.00	1.50	2.94	90.00	1.35	1.16	85.93	3.14
1984	50.00	37.00	2.00	4.00	90.00	1.80	2.22	123.33	6.00
1985	50.00	37.00	2.00	4.00	90.00	1.80	1.45	80.56	3.92
1986	50.00	37.00	1.20	2.40	83.33	1.00	0.84	84.00	2.27
1987	50.00	37.00	1.00	2.00	80.00	0.80	0.20	25.00	0.54
1988	50.00	37.00	1.00	2.00	80.00	0.80	0.21	26.25	0.57
1989	50.00	37.00	1.00	2.00	80.00	0.80	0.27	33.75	0.73
11 年小计			**18.61**	**3.49**	**93.23**	**17.35**	**12.63**	**72.80**	**3.20**
占合计%			**29.41**			**39.03**	**36.25**		
1990	50.00	37.00	1.20	2.40	83.33	1.00	1.12	112.00	3.03
1991	49.00	36.00	2.00	4.08	90.00	1.80	1.33	73.89	3.69
1992	49.00	36.00	2.00	4.08	90.00	1.80	1.49	82.78	4.14
1993	48.50	36.00	2.00	4.12	90.00	1.80	1.04	57.78	2.89
1994	48.50	36.00	1.20	2.47	100.00	1.20	0.88	73.33	2.44
1995	48.50	36.00	1.20	2.47	100.00	1.20	0.90	75.00	2.50
1996	48.50	36.00	2.00	4.12	100.00	2.00	1.20	60.00	3.33
1997	48.50	36.00	2.00	4.12	100.00	2.00	1.31	65.50	3.64
1998	48.20	35.00	2.00	4.15	100.00	2.00	1.03	51.50	2.94
1999	47.55	35.56	1.43	3.01	74.13	1.06			
2000	47.55	35.56	1.58	3.32	94.30	1.49	2.33	156.38	6.55

5－8－38　湖北省谷城县历年棉花生产收购

年　　度	耕地面积（万亩）	农业人口（万人）	棉田面积（万亩）	占耕地（%）	亩　产（市斤）	产　量（万担）	收购量（万担）	商品率（%）	人均交售（市斤）
52 年合计			**244.25**	**8.96**	**53.23**	**130.01**	**118.12**	**90.85**	**5.92**
11 年小计			**60.65**	**10.27**	**31.21**	**18.93**	**11.47**	**60.59**	**3.63**
占合计%			**24.83**			**14.56**	**9.71**		
1949	46.67	24.48	4.00	8.57					
1950	48.12	25.08	4.21	8.75					
1951	49.61	26.46	4.43	8.93					
1952	51.18	27.44	4.69	9.16					
1953	51.63	28.00	4.82	9.34	41.49	2.00	0.40	20.00	1.43
1954	52.04	29.02	4.99	9.59	44.09	2.20	0.65	29.55	2.24
1955	53.04	29.81	5.11	9.63	48.73	2.49	0.55	22.09	1.85
1956	55.73	30.99	5.72	10.26	47.90	2.74	0.73	26.64	2.36
1957	57.32	31.48	5.92	10.33	54.90	3.25	3.02	92.92	9.59
1958	61.47	32.03	8.01	13.03	40.70	3.26	2.94	90.18	9.18
1959	63.92	31.23	8.75	13.69	34.17	2.99	3.18	106.35	10.18
10 年小计			**74.43**	**12.15**	**47.63**	**35.45**	**29.00**	**81.81**	**8.41**
占合计%			**30.47**			**27.27**	**24.55**		
1960	65.91	29.66	8.52	12.93	30.75	2.62	1.70	64.89	5.73
1961	65.94	30.50	8.08	12.25	19.43	1.57	1.35	85.99	4.43
1962	63.89	32.04	8.37	13.10	17.20	1.44	1.39	96.53	4.34
1963	63.25	33.17	7.68	12.14	38.80	2.98	2.88	96.64	8.68
1964	60.75	34.17	8.34	13.73	31.77	2.65	2.42	91.32	7.08
1965	60.11	35.06	7.34	12.21	58.72	4.31	3.80	88.17	10.84
1966	59.05	35.96	6.96	11.79	90.80	6.32	5.56	87.97	15.46
1967	58.19	36.82	7.18	12.34	93.87	6.74	3.99	59.20	10.84
1968	57.99	38.02	6.43	11.09	51.63	3.32	2.64	79.52	6.94
1969	57.58	39.25	5.53	9.60	63.29	3.50	3.27	93.43	8.33
10 年小计			**52.70**	**9.62**	**65.58**	**34.56**	**30.37**	**87.88**	**7.01**
占合计%			**21.58**			**26.58**	**25.71**		
1970	56.78	40.90	4.40	7.75	65.00	2.86	2.47	86.36	6.04
1971	55.52	41.59	4.70	8.47	56.60	2.66	2.32	87.22	5.58
1972	55.31	42.39	4.88	8.82	62.70	3.06	2.80	91.50	6.61
1973	54.74	43.27	5.51	10.07	83.67	4.61	4.21	91.32	9.73
1974	54.77	43.68	5.50	10.04	77.27	4.25	3.89	91.53	8.91
1975	54.24	44.04	5.54	10.21	52.71	2.92	2.68	91.78	6.09
1976	54.21	44.21	5.56	10.26	66.73	3.71	3.32	89.49	7.51
1977	54.14	44.44	5.53	10.21	69.80	3.86	2.47	63.99	5.56
1978	54.11	44.56	5.55	10.26	70.45	3.91	3.62	92.58	8.12
1979	53.91	44.24	5.53	10.26	49.19	2.72	2.59	95.22	5.85
10 年小计			**36.25**	**7.36**	**59.61**	**21.61**	**21.79**	**100.83**	**4.91**
占合计%			**14.84**			**16.62**	**18.45**		
1980	53.42	44.42	5.73	10.73	48.17	2.76	2.69	97.46	6.06
1981	53.27	44.77	5.94	11.15	53.20	3.16	3.17	100.32	7.08
1982	50.96	45.21	5.64	11.07	28.72	1.62	1.62	100.00	3.58
1983	49.84	45.17	4.31	8.65	96.98	4.18	3.61	86.36	7.99
1984	48.22	44.55	3.37	6.99	105.64	3.56	4.06	114.04	9.11
1985	48.12	43.55	1.90	3.95	95.79	1.82	3.36	184.62	7.72
1986	47.60	43.55	1.43	3.00	81.82	1.17	0.87	74.36	2.00
1987	47.20	43.58	1.69	3.58	86.39	1.46	1.03	70.55	2.36
1988	46.96	44.01	3.10	6.60	30.32	0.94	0.61	64.89	1.39
1989	46.90	44.60	3.14	6.70	29.94	0.94	0.77	81.91	1.73
11 年小计			**20.22**	**4.20**	**96.24**	**19.46**	**25.49**	**130.99**	**5.56**
占合计%			**8.28**			**14.97**	**21.58**		
1990	46.85	45.08	2.94	6.28	76.87	2.26	1.57	69.47	3.48
1991	46.30	45.06	2.67	5.77	100.75	2.69	2.57	95.54	5.70
1992	46.17	44.12	3.11	6.74	105.79	3.29	3.09	93.92	7.00
1993	44.16	42.05	1.50	3.40	86.00	1.29	0.74	57.36	1.76
1994	43.20	41.95	0.70	1.62	74.29	0.52	0.42	80.77	1.00
1995	42.22	41.72	2.50	5.92	112.40	2.81	2.71	96.44	6.50
1996	41.71	41.33	1.70	4.08	92.94	1.58	1.01	63.92	2.44
1997	41.25	41.00	1.60	3.88	110.00	1.76	1.49	84.66	3.63
1998	40.90	40.50	1.95	4.77	104.10	2.03	5.07	*	12.52
1999	44.39	37.62	0.86	1.94	79.07	0.68	3.16	*	8.40
2000	44.39	37.62	0.69	1.55	79.71	0.55	3.66	*	9.73

5-8-39 湖北省南漳县历年棉花生产收购

年　度	耕地面积（万亩）	农业人口（万人）	棉田面积（万亩）	占耕地（%）	亩　产（市斤）	产　量（万担）	收购量（万担）	商品率（%）	人均交售（市斤）
52年合计			**307.23**	**7.85**	**65.14**	**200.13**	**164.48**	**82.19**	**7.37**
11年小计			**64.00**	**7.49**	**19.84**	**12.70**	**6.90**	**54.33**	**1.97**
占合计%			**20.83**			**6.35**	**4.20**		
1949	72.00	29.00	4.00	5.56	12.50	0.50			
1950	73.50	29.00	5.00	6.80	12.00	0.60			
1951	75.50	30.00	6.00	7.95	18.33	1.10			
1952	78.00	31.00	7.00	8.97	18.57	1.30	1.50	115.38	4.84
1953	78.30	31.00	8.00	10.22	17.50	1.40	0.80	57.14	2.58
1954	78.30	32.00	7.00	8.94	20.00	1.40	0.90	64.29	2.81
1955	78.60	33.00	8.00	10.18	22.50	1.80	0.60	33.33	1.82
1956	78.80	34.00	5.00	6.35	20.00	1.00	0.40	40.00	1.18
1957	78.80	34.00	5.00	6.35	36.00	1.80	1.70	94.44	5.00
1958	79.10	34.00	5.00	6.32	24.00	1.20	0.60	50.00	1.76
1959	83.20	34.00	4.00	4.81	15.00	0.60	0.40	66.67	1.18
10年小计			**59.00**	**7.42**	**52.02**	**30.69**	**29.02**	**94.56**	**7.48**
占合计%			**19.20**			**15.34**	**17.64**		
1960	87.30	34.00	5.00	5.73	1.80	0.09	0.02	22.22	0.06
1961	81.10	35.00	4.00	4.93	15.00	0.60	0.40	66.67	1.14
1962	79.80	37.00	5.00	6.27	24.00	1.20	1.10	91.67	2.97
1963	80.00	38.00	6.00	7.50	25.00	1.50	1.50	100.00	3.95
1964	79.90	38.00	6.00	7.51	51.67	3.10	2.70	87.10	7.11
1965	79.90	39.00	6.00	7.51	55.00	3.30	2.90	87.88	7.44
1966	77.60	40.00	5.00	6.44	108.00	5.40	5.10	94.44	12.75
1967	76.90	41.00	7.00	9.10	82.86	5.80	5.70	98.28	13.90
1968	76.80	42.00	8.00	10.42	58.75	4.70	4.30	91.49	10.24
1969	76.30	44.00	7.00	9.17	71.43	5.00	5.30	106.00	12.05
10年小计			**59.00**	**7.76**	**84.07**	**49.60**	**46.50**	**93.75**	**9.89**
占合计%			**19.20**			**24.78**	**28.27**		
1970	76.30	45.00	5.00	6.55	90.00	4.50	4.10	91.11	9.11
1971	76.30	45.00	6.00	7.86	55.00	3.30	3.00	90.91	6.67
1972	76.20	46.00	6.00	7.87	53.33	3.20	2.90	90.63	6.30
1973	76.20	47.00	6.00	7.87	88.33	5.30	5.00	94.34	10.64
1974	76.10	47.00	6.00	7.88	95.00	5.70	5.30	92.98	11.28
1975	75.80	48.00	6.00	7.92	86.67	5.20	4.80	92.31	10.00
1976	75.80	48.00	6.00	7.92	105.00	6.30	6.10	96.83	12.71
1977	75.80	48.00	6.00	7.92	78.33	4.70	4.40	93.62	9.17
1978	75.80	48.00	6.00	7.92	95.00	5.70	5.40	94.74	11.25
1979	75.80	48.00	6.00	7.92	95.00	5.70	5.50	96.49	11.46
10年小计			**58.00**	**7.89**	**78.62**	**45.60**	**38.50**	**84.43**	**7.92**
占合计%			**18.88**			**22.79**	**23.41**		
1980	75.30	48.00	7.00	9.30	67.14	4.70	4.50	95.74	9.38
1981	75.20	48.00	7.00	9.31	67.14	4.70	4.60	97.87	9.58
1982	75.20	49.00	7.00	9.31	41.43	2.90	2.80	96.55	5.71
1983	75.00	49.00	7.00	9.33	92.86	6.50	6.40	98.46	13.06
1984	74.20	49.00	7.00	9.43	100.00	7.00	6.60	94.29	13.47
1985	73.00	49.00	5.00	6.85	90.00	4.50	3.70	82.22	7.55
1986	72.70	48.00	5.00	6.88	102.00	5.10	2.80	54.90	5.83
1987	71.90	48.00	4.00	5.56	85.00	3.40	3.00	88.24	6.25
1988	71.60	48.00	4.00	5.59	80.00	3.20	2.20	68.75	4.58
1989	71.40	50.00	5.00	7.00	72.00	3.60	1.90	52.78	3.80
11年小计			**67.23**	**8.73**	**91.54**	**61.54**	**43.56**	**70.78**	**8.11**
占合计%			**21.88**			**30.75**	**26.48**		
1990	71.20	50.80	5.70	8.01	91.23	5.20	4.00	76.92	7.87
1991	71.10	51.10	5.80	8.16	103.45	6.00	5.20	86.67	10.18
1992	70.60	50.30	8.00	11.33	101.25	8.10	7.00	86.42	13.92
1993	70.00	50.40	8.50	12.14	77.65	6.60	1.70	25.76	3.37
1994	70.00	48.30	8.30	11.86	42.17	3.50	2.20	62.86	4.55
1995	69.80	50.10	4.50	6.45	164.44	7.40	5.50	74.32	10.98
1996	69.80	50.00	5.30	7.59	86.79	4.60	3.50	76.09	7.00
1997	69.70	50.30	6.50	9.33	104.62	6.80	3.80	55.88	7.55
1998	69.40	50.10	6.10	8.79	106.56	6.50	2.20	33.85	4.39
1999	69.33	43.01	5.12	7.38	79.30	4.06	4.25	104.68	9.88
2000	69.33	43.01	3.41	4.92	81.52	2.78	4.21	151.44	9.79

5-8-40 湖北省枣阳市历年棉花生产收购

年　度	耕地面积（万亩）	农业人口（万人）	棉田面积（万亩）	占耕地（%）	亩　产（市斤）	产　量（万担）	收购量（万担）	商品率（%）	人均交售（市斤）
52 年合计			**2246.82**	**23.64**	**43.83**	**984.73**	**893.16**	**90.70**	**24.27**
11 年小计			**731.71**	**30.28**	**17.72**	**129.66**	**113.63**	**87.64**	**20.73**
占合计%			**32.57**			**13.17**	**12.72**		
1949	188.37	47.25	72.73	38.61	8.94	6.50	6.31	97.08	13.35
1950	192.22	45.80	73.46	38.22	9.99	7.34	5.01	68.26	10.94
1951	207.00	46.09	73.61	35.56	11.00	8.10	6.26	77.28	13.58
1952	216.61	48.85	73.75	34.05	13.21	9.74	7.45	76.49	15.25
1953	317.21	47.78	70.85	22.34	16.99	12.04	13.29	110.38	27.81
1954	218.01	48.71	69.33	31.80	14.02	9.72	8.58	88.27	17.61
1955	218.07	49.07	64.90	29.76	12.17	7.90	5.87	74.30	11.96
1956	217.81	50.96	57.96	26.61	15.99	9.27	5.71	61.60	11.20
1957	217.81	52.22	57.97	26.61	28.17	16.33	16.26	99.57	31.14
1958	213.81	55.00	60.98	28.52	51.69	31.52	28.00	88.83	50.91
1959	209.61	56.54	56.17	26.80	19.94	11.20	10.89	97.23	19.26
10 年小计			**411.45**	**20.75**	**30.64**	**126.05**	**123.41**	**97.91**	**19.87**
占合计%			**18.31**			**12.80**	**13.82**		
1960	207.03	57.13	41.67	20.13	10.56	4.40	4.98	113.18	8.72
1961	210.29	57.79	41.24	19.61	19.40	8.00	7.57	94.63	13.10
1962	210.27	59.75	42.14	20.04	14.69	6.19	6.17	99.68	10.33
1963	209.98	59.57	47.54	22.64	19.44	9.24	9.51	102.92	15.96
1964	198.29	60.12	52.06	26.25	26.37	13.73	13.22	96.29	21.99
1965	195.30	62.76	33.42	17.11	30.70	10.26	9.16	89.28	14.60
1966	190.17	62.89	38.67	20.33	48.69	18.83	18.27	97.03	29.05
1967	187.70	64.55	41.42	22.07	59.10	24.48	24.07	98.33	37.29
1968	186.88	67.06	34.78	18.61	33.04	11.49	11.11	96.69	16.57
1969	186.86	69.62	38.51	20.61	50.45	19.43	19.35	99.59	27.79
10 年小计			**400.83**	**22.74**	**41.59**	**166.72**	**166.29**	**99.74**	**21.83**
占合计%			**17.84**			**16.93**	**18.62**		
1970	184.19	71.41	38.20	20.74	40.45	15.45	15.33	99.22	21.47
1971	183.68	72.63	38.82	21.13	39.26	15.24	14.79	97.05	20.36
1972	183.08	74.04	39.75	21.71	28.23	11.22	10.86	96.79	14.67
1973	179.83	75.11	40.67	22.62	49.35	20.07	19.39	96.61	25.82
1974	176.21	76.05	40.70	23.10	54.30	22.10	22.11	100.05	29.07
1975	173.58	77.01	40.44	23.30	40.97	16.57	16.68	100.66	21.66
1976	171.91	77.82	40.63	23.63	47.28	19.21	18.87	98.23	24.25
1977	170.91	78.54	40.51	23.70	33.74	13.67	13.69	100.15	17.43
1978	169.98	79.28	40.32	23.72	41.52	16.74	17.02	101.67	21.47
1979	169.23	79.70	40.79	24.10	40.33	16.45	17.55	106.69	22.02
10 年小计			**360.44**	**21.83**	**64.38**	**232.06**	**219.14**	**94.43**	**28.01**
占合计%			**16.04**			**23.57**	**24.54**		
1980	169.06	80.36	40.99	24.25	41.40	16.97	19.13	112.73	23.81
1981	168.78	81.02	39.49	23.40	44.87	17.72	19.99	112.81	24.67
1982	168.50	81.87	38.29	22.72	22.46	8.60	8.60	100.00	10.50
1983	168.12	82.23	37.85	22.51	71.15	26.93	25.87	96.06	31.46
1984	165.95	80.57	37.69	22.71	91.56	34.51	34.06	98.70	42.27
1985	164.58	77.80	32.07	19.49	103.68	33.25	29.09	87.49	37.39
1986	163.45	73.10	29.58	18.10	96.62	28.58	24.35	85.20	33.31
1987	162.02	74.17	34.40	21.23	91.57	31.50	28.94	91.87	39.02
1988	160.70	75.28	35.40	22.03	38.90	13.77	12.9	93.68	17.14
1989	160.03	75.84	34.68	21.67	58.33	20.23	16.21	80.13	21.37
11 年小计			**342.39**	**20.23**	**96.45**	**330.24**	**270.69**	**81.97**	**28.02**
占合计%			**15.24**			**33.54**	**30.31**		
1990	159.30	81.86	36.68	23.03	94.90	34.81	32.44	93.19	39.63
1991	158.82	83.40	32.05	20.18	115.10	36.89	32.87	89.10	39.41
1992	156.48	84.23	35.14	22.46	90.04	31.64	27.94	88.31	33.17
1993	153.45	85.24	30.80	20.07	106.62	32.84	18.79	57.22	22.04
1994	152.93	85.42	33.00	21.58	91.21	30.10	17.95	59.63	21.01
1995	152.93	85.99	37.80	24.72	116.40	44.00	39.44	89.64	45.87
1996	152.46	106.28	36.00	23.61	77.78	28.00	22.62	80.79	21.28
1997	152.32	86.82	30.00	19.70	103.80	31.14	29.93	96.11	34.47
1998	151.98	108.37	25.00	16.45	92.28	23.07	18.92	82.01	17.46
1999	150.87	79.29	23.79	15.77	66.04	15.71	14.19	90.32	17.90
2000	150.87	79.29	22.13	14.67	99.59	22.04	15.60	70.78	19.67

5-8-41 湖北省老河口市历年棉花生产收购

年　度	耕地面积（万亩）	农业人口（万人）	棉田面积（万亩）	占耕地（%）	亩　产（市斤）	产　量（万担）	收购量（万担）	商品率（%）	人均交售（市斤）
52年合计			**419.15**	**14.08**	**56.17**	**235.44**	**209.79**	**89.11**	**17.50**
11年小计			**118.41**	**23.20**	**20.10**	**23.80**	**21.22**	**89.16**	**12.51**
占合计%			**28.25**			**10.11**	**10.11**		
1949									
1950									
1951									
1952									
1953	73.47	22.53	9.48	12.90	10.86	1.03	0.49	47.57	2.17
1954	74.17	23.13	20.25	27.30	10.02	2.03	1.88	92.61	8.13
1955	74.17	23.50	15.95	21.50	11.03	1.76	1.72	97.73	7.32
1956	74.72	23.77	18.90	25.29	16.03	3.03	2.34	77.23	9.84
1957	73.86	24.43	19.20	26.00	35.68	6.85	7.06	103.07	28.90
1958	69.53	25.93	18.70	26.89	34.65	6.48	5.59	86.27	21.56
1959	70.48	26.37	15.93	22.60	16.45	2.62	2.14	81.68	8.12
10年小计			**73.66**	**17.93**	**30.63**	**22.56**	**19.93**	**88.34**	**12.78**
占合计%			**17.57**			**9.58**	**9.50**		
1960	71.18	25.39	12.60	17.70	17.54	2.21	2.17	98.19	8.55
1961	69.72	25.55	11.99	17.20	11.34	1.36	1.03	75.74	4.03
1962	70.86	26.33	10.77	15.20	11.14	1.20	0.66	55.00	2.51
1963	70.43	26.72	14.01	19.89	29.98	4.20	3.60	85.71	13.47
1964									
1965									
1966	65.99	24.75	12.15	18.41	62.06	7.54	6.88	91.25	27.80
1967									
1968									
1969	62.65	27.18	12.14	19.38	49.84	6.05	5.59	92.40	20.57
10年小计			**59.82**	**16.38**	**61.52**	**36.80**	**24.11**	**65.52**	**13.15**
占合计%			**14.27**			**15.63**	**11.49**		
1970									
1971									
1972	62.65	29.13				3.93			
1973									
1974						6.69			
1975	60.52	30.31	12.06	19.93	53.07	6.40	5.94	92.81	19.60
1976	60.52	30.58	12.07	19.94	39.85	4.81	4.42	91.89	14.45
1977	60.52	30.92	11.86	19.60	37.18	4.41	4.04	91.61	13.07
1978	60.51	31.19	11.89	19.65	49.87	5.93	5.50	92.75	17.63
1979	60.52	31.25	11.94	19.73	38.78	4.63	4.21	90.93	13.47
10年小计			**102.40**	**11.73**	**58.24**	**59.64**	**63.66**	**106.74**	**20.31**
占合计%			**24.43**			**25.33**	**30.34**		
1980	57.56	27.94	11.17	19.41	34.83	3.89	4.96	127.51	17.75
1981	60.24	31.99	11.41	18.94	47.94	5.47	6.88	125.78	21.51
1982	91.68	28.55	11.19	12.21	20.55	2.30	2.00	86.96	7.01
1983	60.15	33.01	11.40	18.95	72.37	8.25	7.71	93.45	23.36
1984	101.21	33.27	12.23	12.08	80.38	9.83	9.46	96.24	28.43
1985	100.07	31.56	8.36	8.35	80.14	6.70	9.52	142.09	30.16
1986	101.22	31.59	7.38	7.29	84.82	6.26	5.83	93.13	18.46
1987	100.89	31.66	9.47	9.39	84.37	7.99	5.99	74.97	18.92
1988	99.20	31.28	9.43	9.51	50.58	4.77	9.45	198.11	30.21
1989	101.08	32.52	10.36	10.25	40.35	4.18	1.86	44.50	5.72
11年小计			**64.86**	**7.93**	**142.83**	**92.64**	**80.87**	**87.29**	**21.50**
占合计%			**15.47**			**39.35**	**38.55**		
1990	99.95	33.19	9.97	9.97	68.81	6.86	6.13	89.36	18.47
1991	100.32	33.27	9.11	9.08	96.93	8.83	7.88	89.24	23.69
1992	92.65	33.21	10.08	10.88	113.19	11.41	6.59	57.76	19.84
1993	80.37	33.67	9.23	11.48	112.89	10.42	7.56	72.55	22.45
1994	88.46	34.04	10.14	11.46	69.03	7.00	3.38	48.29	9.93
1995	59.40	34.23				10.99	4.36	39.67	12.74
1996	59.40	34.53				8.00	7.28	91.00	21.08
1997	59.40	34.80				10.08	6.19	61.41	17.79
1998	59.40	34.80					6.47		18.59
1999	59.40	35.20	7.31	12.31	109.17	7.98	14.04	175.94	39.89
2000	59.40	35.20	9.02	15.19	122.73	11.07	10.99	99.28	31.22

5－8－42　湖北省襄阳县历年棉花生产收购

年　度	耕地面积（万亩）	农业人口（万人）	棉田面积（万亩）	占耕地（%）	亩　产（市斤）	产　量（万担）	收购量（万担）	商品率（%）	人均交售（市斤）
52年合计			**2139.16**	**20.39**	**59.46**	**1271.93**	**1052.65**	**82.76**	**22.39**
11年小计			**597.15**	**23.63**	**25.61**	**152.94**	**125.78**	**82.24**	**17.77**
占合计%			**27.92**			**12.02**	**11.95**		
1949	205.39	55.25	49.36	24.03	14.00	6.91			
1950	216.54	56.26	55.10	25.45	17.40	9.59	8.61	89.78	15.30
1951	218.45	56.48	55.90	25.59	20.89	11.68	9.32	79.79	16.50
1952	221.27	59.59	56.69	25.62	24.50	13.89	15.30	110.15	25.68
1953	240.90	63.84	45.20	18.76	16.59	7.50	6.63	88.40	10.39
1954	240.90	65.58	53.60	22.25	18.90	10.13	6.05	59.72	9.23
1955	240.90	67.47	56.10	23.29	21.00	11.78	6.30	53.48	9.34
1956	240.90	68.50	55.00	22.83	19.55	10.75	7.91	73.58	11.55
1957	239.10	70.09	55.70	23.30	38.53	21.46	21.77	101.44	31.06
1958	229.90	72.58	59.50	25.88	58.61	34.87	31.04	89.02	42.77
1959	232.90	72.10	55.00	23.62	26.15	14.38	12.85	89.36	17.82
10年小计			**447.13**	**19.81**	**45.08**	**201.55**	**181.24**	**89.92**	**22.61**
占合计%			**20.90**			**15.85**	**17.22**		
1960	232.10	73.22	44.79	19.30	28.11	12.59	10.39	82.53	14.19
1961	232.00	75.34	39.80	17.16	20.65	8.22	6.67	81.14	8.85
1962	231.80	77.45	45.40	19.59	25.24	11.46	10.06	87.78	12.99
1963	230.00	79.70	40.00	17.39	35.00	14.00	12.70	90.71	15.93
1964	229.72	77.55	51.07	22.23	39.96	20.41	20.02	98.09	25.82
1965	229.58	78.94	43.57	18.98	44.80	19.52	17.15	87.86	21.73
1966	222.89	81.58	46.51	20.87	63.21	29.40	26.74	90.95	32.78
1967	217.45	82.79	46.32	21.30	70.12	32.48	29.42	90.58	35.54
1968	218.99	85.49	44.95	20.53	54.75	24.61	20.02	81.35	23.42
1969	212.32	89.65	44.72	21.06	64.53	28.86	28.07	97.26	31.31
10年小计			**405.80**	**20.42**	**65.02**	**263.84**	**262.45**	**99.47**	**26.62**
占合计%			**18.97**			**20.74**	**24.93**		
1970	205.89	91.45	42.11	20.45	52.41	22.07	21.60	97.87	23.62
1971	205.87	92.22	40.20	19.53	52.86	21.25	23.96	112.75	25.98
1972	205.59	95.08	39.79	19.35	43.35	17.25	16.40	95.07	17.25
1973	201.77	97.45	40.84	20.24	77.11	31.49	30.68	97.43	31.48
1974	199.37	98.65	42.64	21.39	78.19	33.34	31.97	95.89	32.41
1975	197.64	100.78	36.28	18.36	77.01	27.94	27.09	96.96	26.88
1976	196.48	102.17	41.95	21.35	74.06	31.07	28.42	91.47	27.82
1977	195.25	103.53	40.23	20.60	65.13	26.20	26.46	100.99	25.56
1978	194.97	104.96	42.09	21.59	68.16	28.69	28.45	99.16	27.11
1979	184.69	99.54	39.67	21.48	61.86	24.54	27.42	111.74	27.55
10年小计			**346.84**	**18.92**	**74.37**	**257.94**	**199.70**	**77.42**	**19.42**
占合计%			**16.21**			**20.28**	**18.97**		
1980	194.11	106.80	41.76	21.51	58.88	24.59	27.19	110.57	25.46
1981	193.80	107.55	40.20	20.74	51.89	20.86	25.28	121.19	23.51
1982	193.40	108.98	43.40	22.44	20.74	9.00	9.75	108.33	8.95
1983	182.66	103.02	36.06	19.74	99.67	35.94	5.39	15.00	5.23
1984	181.36	101.23	36.22	19.97	118.77	43.02	35.13	81.66	34.70
1985	180.07	99.42	30.70	17.05	103.94	31.91	25.68	80.48	25.83
1986	178.71	99.34	25.60	14.32	104.84	26.84	20.00	74.52	20.13
1987	177.52	99.55	30.10	16.96	104.88	31.57	27.47	87.01	27.59
1988	176.37	100.23	31.30	17.75	50.00	15.65	12.78	81.66	12.75
1989	175.45	102.43	31.50	17.95	58.92	18.56	11.03	59.43	10.77
11年小计			**342.24**	**18.16**	**115.61**	**395.66**	**283.48**	**71.65**	**24.06**
占合计%			**16.00**			**31.11**	**26.93**		
1990	175.04	108.83	33.90	19.37	109.00	36.95	32.00	86.60	29.40
1991	174.45	110.50	34.00	19.49	121.76	41.40	33.80	81.64	30.59
1992	172.39	110.95	34.30	19.90	124.84	42.82	28.40	66.32	25.60
1993	171.77	112.28	30.29	17.63	121.79	36.89	16.80	45.54	14.96
1994	170.91	113.78	32.30	18.90	93.99	30.36	26.10	85.97	22.94
1995	170.29	115.15	36.03	21.16	126.56	45.60	40.14	88.03	34.86
1996	170.10	110.50	37.00	21.75	104.05	38.50	25.70	66.75	169.00
1997	170.00	101.00	33.00	19.41	103.64	34.20	30.70	89.77	30.40
1998	169.90	98.40	31.90	18.78	100.94	32.20	24.50	76.09	24.90
1999	169.79	98.37	19.28	11.36	140.87	27.16	15.54	57.22	15.80
2000	169.79	98.37	20.24	11.92	146.15	29.58	9.80	33.13	9.96

5-8-43　湖北省宜城市历年棉花生产收购

年　　度	耕地面积（万亩）	农业人口（万人）	棉田面积（万亩）	占耕地（%）	亩　产（市斤）	产　量（万担）	收购量（万担）	商品率（%）	人均交售（市斤）
52 年合计			**603.72**	**15.53**	**85.82**	**518.13**	**425.78**	**82.18**	**23.43**
11 年小计			**143.01**	**16.64**	**27.40**	**39.18**	**26.27**	**67.05**	**10.41**
占合计%			**23.69**			**7.56**	**6.17**		
1949	62.80	18.10	15.30	24.36	20.00	3.06			
1950	66.10	19.20	15.00	22.69	24.00	3.60			
1951	72.20	20.60	17.10	23.68	22.11	3.78			
1952	82.60	21.40	20.50	24.82	17.07	3.50			
1953	82.60	22.81	16.33	19.77	16.66	2.72	4.27	156.99	18.72
1954	82.60	23.24	8.09	9.79	14.96	1.21	2.32	191.74	9.98
1955	82.90	23.81	14.47	17.45	18.45	2.67	2.11	79.03	8.86
1956	82.50	24.45	9.71	11.77	23.38	2.27	2.21	97.36	9.04
1957	81.00	25.73	11.21	13.84	61.20	6.86	6.07	88.48	23.59
1958	82.00	26.37	7.00	8.54	73.00	5.11	5.16	100.98	19.57
1959	82.00	26.75	8.30	10.12	53.01	4.40	4.13	93.86	15.44
10 年小计			**107.03**	**13.49**	**74.02**	**79.22**	**73.13**	**92.31**	**24.41**
占合计%			**17.73**			**15.29**	**17.18**		
1960	82.00	26.95	6.00	7.32	41.00	2.46	1.78	72.36	6.60
1961	82.30	27.01	8.55	10.39	38.60	3.30	2.91	88.18	10.77
1962	80.50	27.70	11.00	13.66	48.00	5.28	4.71	89.20	17.00
1963	80.00	28.06	9.40	11.75	45.74	4.30	4.06	94.42	14.47
1964	78.50	27.40	12.70	16.18	59.84	7.60	7.10	93.42	25.91
1965	79.10	29.50	12.30	15.55	74.55	9.17	8.90	97.06	30.17
1966	79.40	31.40	11.10	13.98	124.32	13.80	13.07	94.71	41.62
1967	78.00	32.90	12.08	15.49	110.26	13.32	12.30	92.34	37.39
1968	77.10	33.90	12.20	15.82	76.48	9.33	8.70	93.25	25.66
1969	76.50	34.80	11.70	15.29	91.11	10.66	9.60	90.06	27.59
10 年小计			**118.31**	**14.85**	**89.80**	**106.24**	**100.03**	**94.15**	**26.81**
占合计%			**19.60**			**20.50**	**23.49**		
1970	79.20	35.60	11.20	14.14	89.38	10.01	9.20	91.91	25.84
1971	78.10	36.00	11.02	14.11	54.45	6.00	5.29	88.17	14.69
1972	81.10	36.50	11.70	14.43	50.43	5.90	5.58	94.58	15.29
1973	81.70	37.00	11.80	14.44	105.59	12.46	11.80	94.70	31.89
1974	81.00	37.30	12.19	15.05	113.21	13.80	13.02	94.35	34.91
1975	81.00	37.70	12.10	14.94	80.41	9.73	9.03	92.81	23.95
1976	81.00	38.00	12.10	14.94	104.05	12.59	11.70	92.93	30.79
1977	81.00	38.30	12.10	14.94	102.98	12.46	11.72	94.06	30.60
1978	80.60	38.70	12.09	15.00	94.54	11.43	10.95	95.80	28.29
1979	72.10	38.00	12.01	16.66	98.75	11.86	11.74	98.99	30.89
10 年小计			**109.67**	**15.57**	**104.50**	**114.61**	**105.07**	**91.68**	**27.10**
占合计%			**18.17**			**22.12**	**24.68**		
1980	72.23	38.60	12.97	17.96	91.06	11.81	10.70	90.60	27.72
1981	71.90	38.83	13.00	18.08	88.46	11.50	10.40	90.43	26.78
1982	71.80	40.16	12.90	17.97	61.24	7.90	6.82	86.33	16.98
1983	71.10	39.00	12.30	17.30	130.08	16.00	15.17	94.81	38.90
1984	70.80	38.80	12.00	16.95	150.00	18.00	17.29	96.06	44.56
1985	70.40	38.00	9.70	13.78	118.56	11.50	10.90	94.78	28.68
1986	69.40	37.80	7.10	10.23	126.76	9.00	8.10	90.00	21.43
1987	69.10	38.40	9.60	13.89	98.96	9.50	8.79	92.53	22.89
1988	68.90	38.80	9.40	13.64	97.87	9.20	8.30	90.22	21.39
1989	68.80	39.30	10.70	15.55	95.33	10.20	8.60	84.31	21.88
11 年小计			**125.70**	**17.14**	**142.31**	**178.88**	**121.28**	**67.80**	**24.03**
占合计%			**20.82**			**34.52**	**28.48**		
1990	68.60	40.10	10.80	15.74	134.07	14.48	13.04	90.06	32.52
1991	68.46	41.60	11.80	17.24	131.61	15.53	13.67	88.02	32.86
1992	67.43	42.00	13.00	19.28	176.69	22.97	16.30	70.96	38.81
1993	64.50	41.70	13.90	21.55	161.15	22.40	7.30	32.59	17.51
1994	61.50	37.20	14.30	23.25	146.85	21.00	15.00	71.43	40.32
1995	67.00	52.70	12.00	17.91	150.00	18.00	16.00	88.89	30.36
1996	67.00	53.00	12.00	17.91	66.67	8.00	6.90	86.25	13.02
1997	67.00	53.60	12.90	19.25	139.53	18.00	14.80	82.22	27.61
1998	67.00	54.00	8.00	11.94	100.00	8.00	6.90	86.25	12.78
1999	67.52	44.38	8.40	12.44	177.74	14.93	5.59	37.44	12.60
2000	67.52	44.38	8.60	12.74	181.05	15.57	5.78	37.12	13.02

5-8-44 湖北省广水市历年棉花生产收购

年　度	耕地面积（万亩）	农业人口（万人）	棉田面积（万亩）	占耕地（%）	亩　产（市斤）	产　量（万担）	收购量（万担）	商品率（%）	人均交售（市斤）
52年合计			**234.40**	**6.84**	**83.99**	**196.87**	**156.96**	**79.73**	**5.24**
11年小计			**46.95**	**5.87**	**16.81**	**7.89**	**1.88**	**23.83**	**0.46**
占合计%			**20.03**			**4.01**	**1.20**		
1949	71.64	34.86	4.30	6.00	10.93	0.47			
1950	71.99	35.10	4.57	6.35	12.91	0.59			
1951	72.36	35.50	4.92	6.80	15.04	0.74			
1952	72.14	35.98	5.34	7.40	10.30	0.55			
1953	72.62	36.20	4.66	6.42	13.73	0.64	0.36	56.25	0.99
1954	72.55	36.39	5.22	7.20	8.81	0.46	0.11	23.91	0.30
1955	72.91	37.29	4.45	6.10	10.56	0.47	0.05	10.64	0.13
1956	73.60	37.88	3.80	5.16	16.58	0.63	0.09	14.29	0.24
1957	76.79	39.07	3.87	5.04	28.42	1.10	0.22	20.00	0.56
1958	69.63	40.41	3.07	4.41	49.51	1.52	0.60	39.47	1.48
1959	72.97	40.71	2.75	3.77	26.18	0.72	0.45	62.50	1.11
10年小计			**38.31**	**5.54**	**41.82**	**16.02**	**8.71**	**54.37**	**1.85**
占合计%			**16.34**			**8.14**	**5.55**		
1960	71.27	40.40	2.85	4.00	14.04	0.40	0.36	90.00	0.89
1961	72.02	42.41	2.32	3.22	16.81	0.39	0.18	46.15	0.42
1962	71.91	44.11	3.95	5.49	29.37	1.16	0.40	34.48	0.91
1963	70.37	45.29	4.74	6.74	24.05	1.14	0.81	71.05	1.79
1964	71.38	45.93	4.25	5.95	39.29	1.67	0.92	55.09	2.00
1965	71.12	47.38	4.15	5.84	48.43	2.01	0.90	44.78	1.90
1966	66.98	48.80	3.46	5.17	69.65	2.41	1.47	61.00	3.01
1967	66.3	50.45	4.65	7.01	65.16	3.03	1.55	51.16	3.07
1968	65.46	52.34	4.13	6.31	42.13	1.74	1.00	57.47	1.91
1969	64.99	54.38	3.81	5.86	54.33	2.07	1.12	54.11	2.06
10年小计			**42.65**	**6.63**	**74.02**	**31.57**	**22.69**	**71.87**	**3.77**
占合计%			**18.20**			**16.04**	**14.46**		
1970	65.04	55.97	3.46	5.32	64.74	2.24	1.24	55.36	2.22
1971	64.82	56.83	6.41	9.89	48.36	3.10	2.63	84.84	4.63
1972	63.04	57.56	4.29	6.81	55.48	2.38	1.69	71.01	2.94
1973	64.27	59.06	4.06	6.32	79.31	3.22	2.30	71.43	3.89
1974	64.68	60.07	4.02	6.22	95.77	3.85	2.68	69.61	4.46
1975	64.67	60.83	4.11	6.36	87.83	3.61	2.60	72.02	4.27
1976	64.62	61.51	4.19	6.48	89.74	3.76	2.66	70.74	4.32
1977	64.51	62.54	4.07	6.31	93.61	3.81	2.71	71.13	4.33
1978	64.13	63.32	3.93	6.13	61.07	2.40	1.64	68.33	2.59
1979	63.87	63.52	4.11	6.43	77.86	3.20	2.54	79.38	4.00
10年小计			**44.61**	**7.10**	**108.11**	**48.23**	**44.86**	**93.01**	**6.74**
占合计%			**19.03**			**24.50**	**28.58**		
1980	63.61	64.03	4.41	6.93	57.82	2.55	2.54	99.61	3.97
1981	63.46	64.87	3.99	6.29	64.41	2.57	2.10	81.71	3.24
1982	63.46	65.90	4.30	6.78	99.07	4.26	3.72	87.32	5.64
1983	63.28	66.38	4.27	6.75	118.74	5.07	4.11	81.07	6.19
1984	63.02	66.78	4.69	7.44	141.58	6.64	6.63	99.85	9.93
1985	63.02	64.62	4.75	7.54	145.89	6.93	6.77	97.69	10.48
1986	62.65	65.63	4.52	7.21	136.95	6.19	6.59	106.46	10.04
1987	62.03	67.3	4.82	7.77	111.41	5.37	5.0	93.11	7.43
1988	62.03	69.00	4.48	7.22	86.61	3.88	3.97	102.32	5.75
1989	61.41	70.76	4.38	7.13	108.90	4.77	3.43	71.91	4.85
11年小计			**61.88**	**9.34**	**150.55**	**93.16**	**78.82**	**84.61**	**9.29**
占合计%			**26.40**			**47.32**	**50.22**		
1990	61.39	71.84	4.81	7.84	108.52	5.22	4.94	94.64	6.88
1991	61.18	73.99	5.46	8.92	135.71	7.41	7.94	107.15	10.73
1992	60.91	86.01	5.95	9.77	151.09	8.99	11.52	128.14	13.39
1993	60.63	75.86	5.48	9.04	185.77	10.18	7.60	74.66	10.02
1994	60.44	76.22	5.84	9.66	175.68	10.26	5.73	55.85	7.52
1995	60.13	76.81	6.06	10.08	131.85	7.99	9.29	116.27	12.09
1996	59.97	76.82	6.10	10.17	128.20	7.82	5.99	76.60	7.80
1997	59.72	77.07	5.49	9.19	184.52	10.13	5.15	50.84	6.68
1998	59.59	77.55	6.47	10.86	153.94	9.96	6.19	62.15	7.98
1999	59.42	78.32	5.49	9.24	142.08	7.80	5.98	76.67	7.64
2000	59.42	78.32	4.73	7.96	156.45	7.40	8.49	114.73	10.84

5-8-45 湖北省孝感市孝南区历年棉花生产收购

年　　度	耕地面积（万亩）	农业人口（万人）	棉田面积（万亩）	占耕地（%）	亩　产（市斤）	产　量（万担）	收购量（万担）	商品率（%）	人均交售（市斤）
52 年合计			**548.46**	**11.04**	**71.33**	**391.21**	**319.38**	**81.64**	**7.60**
11 年小计			**97.00**	**7.73**	**24.85**	**24.10**	**17.43**	**72.32**	**2.49**
占合计%			**17.69**			**6.16**	**5.46**		
1949	114.57	59.41	10.14	8.85	15.98	1.62	1.50	92.59	2.52
1950	114.62	60.35	8.62	7.52	12.06	1.04	0.80	76.92	1.33
1951	114.67	61.32	11.15	9.72	18.03	2.01	1.80	89.55	2.94
1952	115.66	61.63	9.93	8.59	11.78	1.17	0.90	76.92	1.46
1953	115.74	61.76	10.72	9.26	18.28	1.96	2.08	106.12	3.37
1954	114.01	62.67	7.17	6.29	4.74	0.34	0.31	91.18	0.49
1955	115.48	63.13	10.03	8.69	23.93	2.40	0.83	34.58	1.31
1956	116.06	64.74	8.33	7.18	41.90	3.49	1.56	44.70	2.41
1957	112.45	65.90	7.35	6.54	48.16	3.54	2.75	77.68	4.17
1958	108.83	68.98	6.54	6.01	52.91	3.46	2.74	79.19	3.97
1959	113.17	69.39	7.02	6.20	43.73	3.07	2.16	70.36	3.11
10 年小计			**101.03**	**9.07**	**62.87**	**63.52**	**48.52**	**76.39**	**6.19**
占合计%			**18.42**			**16.24**	**15.19**		
1960	116.00	68.62	4.33	3.73	27.94	1.21	0.59	48.76	0.86
1961	114.14	70.86	4.43	3.88	24.60	1.09	0.47	43.12	0.66
1962	114.51	76.02	5.53	4.83	21.52	1.19	0.62	52.10	0.82
1963	113.92	75.80	6.63	5.82	49.32	3.27	3.13	95.72	4.13
1964	113.02	75.84	9.09	8.04	61.06	5.55	4.78	86.13	6.30
1965	111.02	78.11	9.42	8.48	78.77	7.42	5.58	75.20	7.14
1966	108.39	80.01	15.72	14.50	88.30	13.88	11.01	79.32	13.76
1967	108.00	82.65	20.67	19.14	77.70	16.06	12.54	78.08	15.17
1968	107.30	85.89	14.36	13.38	62.05	8.91	6.86	76.99	7.99
1969	107.00	89.46	10.85	10.14	45.53	4.94	2.94	59.51	3.29
10 年小计			**160.72**	**15.30**	**86.14**	**138.45**	**122.12**	**88.21**	**12.35**
占合计%			**29.30**			**35.39**	**38.24**		
1970	106.93	91.53	13.32	12.46	73.80	9.83	8.07	82.10	8.82
1971	107.91	92.16	16.56	15.35	79.29	13.13	11.88	90.48	12.89
1972	107.47	94.91	16.81	15.64	70.55	11.86	10.48	88.36	11.04
1973	107.07	97.18	16.41	15.33	90.68	14.88	12.65	85.01	13.02
1974	106.62	99.18	16.36	15.34	101.41	16.59	14.84	89.45	14.96
1975	103.53	100.71	16.29	15.73	99.32	16.18	14.68	90.73	14.58
1976	103.21	101.88	16.42	15.91	97.02	15.93	14.29	89.70	14.03
1977	103.11	102.73	16.37	15.88	101.28	16.58	14.88	89.75	14.48
1978	103.05	103.86	16.17	15.69	58.50	9.46	8.03	84.88	7.73
1979	101.82	105.01	16.01	15.72	87.51	14.01	12.32	87.94	11.73
10 年小计			**134.63**	**13.15**	**79.49**	**107.02**	**80.02**	**74.77**	**7.40**
占合计%			**24.55**			**27.36**	**25.05**		
1980	100.58	105.81	15.06	14.97	51.46	7.75	6.31	81.42	5.96
1981	104.93	106.69	14.36	13.69	56.41	8.10	6.99	86.30	6.55
1982	104.84	107.85	16.04	15.30	66.46	10.66	9.55	89.59	8.85
1983	104.76	108.60	12.53	11.96	68.24	8.55	7.18	83.98	6.61
1984	104.18	108.22	15.10	14.49	107.02	16.16	13.60	84.16	12.57
1985	103.03	107.89	13.58	13.18	111.63	15.16	11.54	76.12	10.70
1986	102.11	109.32	12.35	12.09	99.03	12.23	7.14	58.38	6.53
1987	100.54	108.69	12.31	12.24	86.60	10.66	7.53	70.64	6.93
1988	99.67	107.24	11.99	12.03	71.39	8.56	5.38	62.85	5.02
1989	99.38	110.37	11.31	11.38	81.26	9.19	4.80	52.23	4.35
11 年小计			**55.08**	**10.48**	**105.52**	**58.12**	**51.29**	**88.25**	**7.86**
占合计%			**10.04**			**14.86**	**16.06**		
1990	49.29	58.93	7.77	15.76	84.04	6.53	7.02	107.50	11.91
1991	49.16	59.97	6.69	13.61	87.44	5.85	8.24	140.85	13.74
1992	48.76	60.50	6.56	13.45	110.52	7.25	9.81	135.31	16.21
1993	48.31	61.00	5.82	12.05	108.42	6.31	4.01	63.55	6.57
1994	47.20	59.54	5.81	12.31	110.15	6.40	3.80	59.38	6.38
1995	46.90	60.62	5.65	12.05	114.34	6.46	5.60	86.69	9.24
1996	46.37	60.61	4.52	9.75	98.89	4.47	2.34	52.35	3.86
1997	46.20	60.70	4.76	10.30	108.40	5.16	4.40	85.27	7.25
1998	45.21	60.42	3.51	7.76	119.37	4.19	3.50	83.53	5.79
1999	49.02	55.16	2.28	4.65	138.60	3.16	1.07	33.86	1.94
2000	49.02	55.16	1.71	3.49	136.84	2.34	1.50	64.10	2.72

5－8－46　湖北省云梦县历年棉花生产收购

年　　度	耕地面积（万亩）	农业人口（万人）	棉田面积（万亩）	占耕地（%）	亩　产（市斤）	产　量（万担）	收购量（万担）	商品率（%）	人均交售（市斤）
52 年合计			**467.71**	**21.68**	**96.81**	**452.78**	**422.51**	**93.31**	**22.06**
11 年小计			**93.67**	**18.04**	**34.33**	**32.16**	**21.53**	**66.95**	**7.80**
占合计%			**20.03**			**7.10**	**5.10**		
1949	47.03	23.35	8.35	17.75	18.92	1.58			
1950	46.63	23.65	8.40	18.01	9.76	0.82			
1951	48.13	24.11	8.43	17.52	26.57	2.24			
1952	48.55	24.52	8.11	16.70	24.78	2.01			
1953	48.32	25.05	9.45	19.56	29.21	2.76	2.60	94.20	10.38
1954	46.56	25.00	9.46	20.32	0.53	0.05	0.10	*	0.40
1955	46.76	25.33	9.11	19.48	37.10	3.38	2.47	73.08	9.75
1956	47.05	25.59	6.98	14.84	38.54	2.69	2.18	81.04	8.52
1957	47.69	26.16	8.87	18.60	47.58	4.22	3.66	86.73	13.99
1958	46.58	26.67	7.37	15.82	89.15	6.57	5.53	84.17	20.73
1959	46.02	26.71	9.14	19.86	63.89	5.84	4.99	85.45	18.68
10 年小计			**87.82**	**19.97**	**88.72**	**77.91**	**73.64**	**94.52**	**24.60**
占合计%			**18.78**			**17.21**	**17.43**		
1960	45.68	25.75	6.01	13.16	36.44	2.19	2.02	92.24	7.84
1961	45.51	25.81	6.05	13.29	39.01	2.36	2.07	87.71	8.02
1962	44.98	27.25	6.49	14.43	47.15	3.06	2.58	84.31	9.47
1963	44.67	29.37	8.13	18.20	72.45	5.89	5.14	87.27	17.50
1964	44.64	29.15	10.74	24.06	77.37	8.31	8.02	96.51	27.51
1965	44.75	30.16	11.03	24.65	116.86	12.89	12.00	93.10	39.79
1966	43.22	31.06	11.96	27.67	133.44	15.96	14.93	93.55	48.07
1967	42.43	32.14	12.21	28.78	117.69	14.37	14.31	99.58	44.52
1968	42.09	33.66	8.92	21.19	98.21	8.76	8.59	98.06	25.52
1969	41.73	35.01	6.28	15.05	65.61	4.12	3.98	96.60	11.37
10 年小计			**118.59**	**29.80**	**129.58**	**153.67**	**147.95**	**96.28**	**37.59**
占合计%			**25.36**			**33.94**	**35.02**		
1970	40.45	36.27	10.00	24.72	121.40	12.14	11.85	97.61	32.67
1971	39.19	36.88	12.00	30.62	119.42	14.33	13.84	96.58	37.53
1972	40.34	38.18	12.01	29.77	113.16	13.59	13.44	98.90	35.20
1973	40.05	38.55	12.31	30.74	134.20	16.52	15.94	96.49	41.35
1974	40.05	39.31	12.09	30.19	142.60	17.24	16.51	95.77	42.00
1975	39.76	39.91	12.06	30.33	155.56	18.76	17.60	93.82	44.10
1976	39.61	40.36	12.07	30.47	141.59	17.09	16.90	98.89	41.87
1977	39.59	40.85	12.03	30.39	140.40	16.89	16.47	97.51	40.32
1978	39.48	41.37	12.06	30.55	87.81	10.59	11.01	103.97	26.61
1979	39.38	41.88	11.96	30.37	138.13	16.52	14.39	87.11	34.36
10 年小计			**100.10**	**25.72**	**102.00**	**102.10**	**92.81**	**90.90**	**21.55**
占合计%			**21.40**			**22.55**	**21.97**		
1980	39.37	42.27	11.99	30.45	55.05	6.60	8	121.21	18.93
1981	39.33	42.4	11.98	30.46	70.95	8.50	8.46	99.53	19.95
1982	39.33	42.5	11.92	30.31	71.64	8.54	8.38	98.13	19.72
1983	39.33	42.84	11.65	29.62	76.65	8.93	8.48	94.96	19.79
1984	39.33	42.96	10.45	26.57	159.62	16.68	16.15	96.82	37.59
1985	39.00	42.75	10.15	26.03	146.90	14.91	13.55	90.88	31.70
1986	39.40	42.89	8.29	21.04	158.26	13.12	10.29	78.43	23.99
1987	38.14	43.42	8.40	22.02	128.81	10.82	8.58	79.30	19.76
1988	37.91	44.01	7.82	20.63	101.28	7.92	6.14	77.53	13.95
1989	38.04	44.58	7.45	19.58	81.61	6.08	4.78	78.62	10.72
11 年小计			**67.53**	**16.44**	**128.74**	**86.94**	**86.58**	**99.59**	**16.79**
占合计%			**14.44**			**19.20**	**20.49**		
1990	37.97	45.92	8.79	23.15	146.99	12.92	12.02	93.03	26.18
1991	37.91	45.20	8.81	23.24	123.16	10.85	10.82	99.72	23.94
1992	37.71	45.69	8.60	22.81	125.00	10.75	13.44	125.02	29.42
1993	37.33	46.46	7.36	19.72	114.67	8.44	9.69	114.81	20.86
1994	37.23	46.68	7.51	20.17	116.51	8.75	8.07	92.23	17.29
1995	37.21	46.81	7.61	20.45	126.28	9.61	9.83	102.29	21.00
1996	37.20	46.85	5.49	14.76	120.58	6.62	7.72	116.62	16.48
1997	36.90	48.93	5.69	15.42	143.94	8.19	7.12	86.94	14.55
1998	37.11	48.68	3.92	10.56	128.57	5.04	3.16	62.70	6.49
1999	37.11	47.21	2.16	5.82	154.63	3.34	2.75	82.34	5.83
2000	37.11	47.21	1.59	4.28	152.83	2.43	1.96	80.66	4.15

5－8－47　湖北省应城市历年棉花生产收购

年　　度	耕地面积（万亩）	农业人口（万人）	棉田面积（万亩）	占耕地（%）	亩　产（市斤）	产　量（万担）	收购量（万担）	商品率（%）	人均交售（市斤）
52年合计			**276.12**	**8.63**	**92.43**	**255.22**	**219.90**	**86.16**	**10.36**
11年小计			**26.71**	**3.77**	**24.52**	**6.55**	**3.78**	**57.71**	**1.19**
占合计%			**9.67**			**2.57**	**1.72**		
1949	63.27	27.74	2.15	3.40	14.88	0.32			
1950	62.47	27.55	2.20	3.52	15.00	0.33			
1951	63.29	27.89	2.42	3.82	16.12	0.39			
1952	64.22	27.02	3.64	5.67	18.13	0.66	0.37	56.06	1.37
1953	65.07	27.15	2.76	4.24	19.93	0.55	0.33	60.00	1.22
1954	65.07	28.30	0.95	1.46	3.16	0.03	0.07	*	0.25
1955	65.29	30.01	2.47	3.78	18.22	0.45	0.14	31.11	0.47
1956	65.29	30.11	1.91	2.93	25.13	0.48	0.31	64.58	1.03
1957	65.86	30.81	1.92	2.92	47.92	0.92	0.53	57.61	1.72
1958	63.29	31.00	2.87	4.53	48.08	1.38	0.94	68.12	3.03
1959	65.67	30.41	3.42	5.21	30.41	1.04	1.09	104.81	3.58
10年小计			**40.42**	**6.38**	**47.01**	**19.00**	**17.21**	**90.58**	**4.92**
占合计%			**14.64**			**7.44**	**7.83**		
1960	65.76	30.13	1.92	2.92	7.29	0.14	0.12	85.71	0.40
1961	65.75	32.57	1.46	2.22	20.55	0.3	0.25	83.33	0.77
1962	64.32	34.20	2.47	3.84	22.27	0.55	0.64	116.36	1.87
1963	64.23	33.26	2.90	4.52	40.34	1.17	0.89	76.07	2.68
1964	63.86	33.22	3.31	5.18	46.53	1.54	1.37	88.96	4.12
1965	64.26	34.31	3.52	5.48	63.35	2.23	2.02	90.58	5.89
1966	64.23	35.59	5.35	8.33	70.84	3.79	3.79	100.00	10.65
1967	60.72	37.35	7.49	12.34	65.15	4.88	3.98	81.56	10.66
1968	60.43	38.56	6.31	10.44	46.91	2.96	2.87	96.96	7.44
1969	60.09	40.36	5.69	9.47	25.31	1.44	1.28	88.89	3.17
10年小计			**71.22**	**11.51**	**79.08**	**56.32**	**54.27**	**96.36**	**12.39**
占合计%			**25.79**			**22.07**	**24.68**		
1970	61.10	40.90	4.30	7.04	37.67	1.62	1.43	88.27	3.50
1971	61.93	41.33	6.75	10.90	60.00	4.05	3.99	98.52	9.65
1972	61.93	42.32	7.23	11.67	52.01	3.76	3.49	92.82	8.25
1973	62.08	43.12	7.48	12.05	83.02	6.21	6.28	101.13	14.56
1974	62.29	43.93	7.50	12.04	102.80	7.71	7.48	97.02	17.03
1975	62.19	44.43	7.43	11.95	102.29	7.60	7.24	95.26	16.30
1976	62.23	45.11	7.45	11.97	100.67	7.50	7.05	94.00	15.63
1977	61.98	45.42	7.46	12.04	91.29	6.81	6.38	93.69	14.05
1978	61.52	45.56	8.00	13.00	55.50	4.44	4.34	97.75	9.53
1979	61.49	45.81	7.62	12.39	86.88	6.62	6.59	99.55	14.39
10年小计			**63.52**	**10.53**	**91.85**	**58.34**	**52.71**	**90.35**	**11.34**
占合计%			**23.00**			**22.86**	**23.97**		
1980	61.49	46.16	7.98	12.98	57.64	4.60	4.57	99.35	9.90
1981	61.34	46.93	7.41	12.08	55.74	4.13	3.60	87.17	7.67
1982	61.27	47.27	7.88	12.86	68.40	5.39	5.34	99.07	11.30
1983	61.22	47.71	7.78	12.71	68.12	5.30	5.22	98.49	10.94
1984	60.90	46.74	6.33	10.39	126.70	8.02	8.56	106.73	18.31
1985	60.56	46.45	5.70	9.41	143.86	8.20	6.99	85.24	15.05
1986	59.50	46.36	4.50	7.56	146.44	6.59	4.81	72.99	10.38
1987	59.23	45.51	4.90	8.27	117.76	5.77	4.78	82.84	10.50
1988	59.03	45.56	6.19	10.49	82.23	5.09	4.61	90.57	10.12
1989	58.85	46.15	4.85	8.24	108.25	5.25	4.23	80.57	9.17
11年小计			**74.25**	**11.67**	**154.90**	**115.01**	**91.93**	**79.93**	**16.64**
占合计%			**26.89**			**45.06**	**41.81**		
1990	58.83	50.47	5.49	9.33	115.66	6.35	7.30	114.96	14.46
1991	58.81	51.19	5.08	8.64	134.65	6.84	7.97	116.52	15.57
1992	58.24	50.45	7.06	12.12	160.34	11.32	10.7	94.52	21.21
1993	57.98	51.05	7.49	12.92	157.01	11.76	9.64	81.97	18.88
1994	57.91	48.97	7.65	13.21	140.65	10.76	7.78	72.30	15.89
1995	57.81	45.86	7.36	12.73	164.67	12.12	13.79	113.78	30.07
1996	57.55	43.99	7.83	13.61	158.49	12.41	10.56	85.09	24.01
1997	57.46	53.37	7.46	12.98	177.88	13.27	9.94	74.91	18.62
1998	57.31	53.59	7.60	13.26	123.55	9.39	5.42	57.72	10.11
1999	57.18	51.68	5.51	9.64	182.58	10.06	4.68	46.52	9.06
2000	57.18	51.68	5.72	10.00	187.59	10.73	4.15	38.68	8.03

5-8-48 湖北省汉川市历年棉花生产收购

年　度	耕地面积（万亩）	农业人口（万人）	棉田面积（万亩）	占耕地（%）	亩　产（市斤）	产　量（万担）	收购量（万担）	商品率（%）	人均交售（市斤）
52 年合计			**1716.39**	**32.99**	**87.60**	**1503.56**	**1260.28**	**83.82**	**35.32**
11 年小计			**301.95**	**29.24**	**53.20**	**160.64**	**98.03**	**61.02**	**18.77**
占合计%			**17.59**			**10.68**	**7.78**		
1949	65.00	38.45	14.98	23.05	19.56	2.93			
1950	96.80	38.45	19.50	20.14	122.56	23.90			
1951	96.80	38.45	31.80	32.85	20.00	6.36			
1952	96.80	41.82	30.00	30.99	32.07	9.62			
1953	97.00	49.95	30.00	30.93	37.17	11.15	6.79	60.90	13.59
1954	97.00	51.69	20.00	20.62	50.00	10.00	7.00	70.00	13.54
1955	97.00	50.06	30.00	30.93	59.50	17.85	13.76	77.09	27.49
1956	98.00	51.04	32.65	33.32	67.60	22.07	16.62	75.31	32.56
1957	95.30	53.14	31.82	33.39	60.31	19.19	18.21	94.89	34.27
1958	96.50	54.40	31.91	33.07	62.14	19.83	19.53	98.49	35.90
1959	96.50	54.70	29.29	30.35	60.57	17.74	16.12	90.87	29.47
10 年小计			**358.45**	**34.20**	**80.66**	**289.12**	**280.44**	**97.00**	**47.47**
占合计%			**20.88**			**19.23**	**22.25**		
1960	96.80	53.40	28.70	29.65	37.74	10.83	9.71	89.66	18.18
1961	96.74	55.80	22.80	23.57	37.72	8.60	7.40	86.05	13.26
1962	96.33	56.50	23.73	24.63	50.57	12.00	10.80	90.00	19.12
1963	98.00	58.37	33.00	33.67	84.85	28.00	26.50	94.64	26.50
1964	106.52	56.98	39.84	37.40	72.84	29.02	28.90	99.59	50.72
1965	112.90	58.10	40.40	35.78	116.21	46.95	45.93	97.83	79.05
1966	112.46	59.34	42.54	37.83	119.09	50.66	50.67	100.02	85.39
1967	110.52	61.31	43.87	39.69	101.00	44.31	42.02	94.83	68.54
1968	110.27	64.35	43.64	39.58	101.65	44.36	44.59	100.52	69.29
1969	107.47	66.62	39.93	37.15	36.04	14.39	13.92	96.73	20.89
10 年小计			**401.35**	**37.90**	**85.37**	**342.62**	**346.02**	**100.99**	**47.32**
占合计%			**23.38**			**22.79**	**27.46**		
1970	107.40	68.25	37.20	34.64	56.67	21.08	21.83	103.56	31.99
1971	106.15	69.26	39.78	37.48	68.23	27.14	27.34	100.74	39.47
1972	106.21	71.29	40.53	38.16	57.32	23.23	23.99	103.27	33.65
1973	105.89	72.62	40.83	38.56	98.26	40.12	40.35	100.57	55.56
1974	105.72	73.43	40.62	38.42	113.56	46.13	46.38	100.54	63.16
1975	106.72	74.28	40.61	38.05	81.19	32.97	33.07	100.30	44.52
1976	106.11	74.68	40.48	38.15	87.90	35.58	35.79	100.59	47.92
1977	105.26	75.22	40.52	38.50	101.46	41.11	41.26	100.36	54.85
1978	105.04	76.03	40.59	38.64	83.69	33.97	34.32	101.03	45.14
1979	104.41	76.24	40.19	38.49	102.74	41.29	41.69	100.97	54.68
10 年小计			**343.02**	**33.86**	**85.32**	**292.67**	**287.34**	**98.18**	**36.85**
占合计%			**19.98**			**19.47**	**22.80**		
1980	104.40	76.70	40.76	39.04	58.78	23.96	26.08	108.85	34.00
1981	104.40	77.68	41.30	39.56	65.35	26.99	27.78	102.93	35.76
1982	104.40	78.84	40.00	38.31	74.28	29.71	30.29	101.95	38.42
1983	104.40	79.09	39.72	38.05	62.41	24.79	25.17	101.53	31.82
1984	104.40	78.72	37.70	36.11	111.94	42.20	44.69	105.90	56.77
1985	100.55	76.76	31.40	31.23	105.25	33.05	30.54	92.41	39.79
1986	98.81	76.69	24.40	24.69	112.13	27.36	26.27	96.02	34.25
1987	97.53	77.33	28.50	29.22	120.81	34.43	32.48	94.34	42.00
1988	97.21	78.63	30.30	31.17	89.90	27.24	24.45	89.76	31.10
1989	97.10	79.29	28.94	29.80	79.27	22.94	19.59	85.40	24.71
11 年小计			**311.62**	**29.68**	**134.30**	**418.51**	**248.45**	**59.37**	**26.31**
占合计%			**18.16**			**27.83**	**19.71**		
1990	96.96	83.33	29.82	30.75	135.14	40.30	19.39	48.11	23.27
1991	96.74	84.91	30.42	31.45	94.35	28.70	29.85	104.01	35.15
1992	95.92	90.70	32.30	33.67	135.76	43.85	43.41	99.00	47.86
1993	95.46	86.60	31.66	33.17	136.36	43.17	30.05	69.61	34.70
1994	95.27	86.40	30.83	32.36	141.62	43.66	31.83	72.90	36.84
1995	95.10	87.40	30.86	32.45	155.22	47.90	36.39	75.97	41.64
1996	94.91	88.51	30.72	32.37	147.98	45.46	19.41	42.70	21.93
1997	94.88	89.33	30.20	31.83	142.35	42.99	19.39	45.10	21.71
1998	94.87	90.33	26.45	27.88	94.25	24.93	7.76	31.13	8.59
1999	94.86	78.33	19.22	20.26	154.16	29.63	2.89	9.75	3.69
2000	94.86	78.33	19.14	20.18	145.87	27.92	8.08	28.94	10.32

5-8-49 湖北省安陆市历年棉花生产收购

年　度	耕地面积（万亩）	农业人口（万人）	棉田面积（万亩）	占耕地（%）	亩　产（市斤）	产　量（万担）	收购量（万担）	商品率（%）	人均交售（市斤）
52年合计			**202.36**	**7.16**	**74.20**	**150.16**	**112.79**	**75.11**	**5.48**
11年小计			**34.16**	**5.23**	**24.68**	**8.43**	**2.78**	**32.98**	**0.93**
占合计%			**16.88**			**5.61**	**2.46**		
1949	54.00	24.04	3.60	6.67	16.11	0.58			
1950	56.00	25.13	2.40	4.29	21.25	0.51			
1951	58.71	24.97	4.27	7.27	25.29	1.08			
1952	61.35	25.59	4.67	7.61	19.91	0.93			
1953	60.10	26.39	3.93	6.54	18.07	0.71	0.12	16.90	0.45
1954	60.10	27.73	2.53	4.21	20.16	0.51	0.02	3.92	0.07
1955	60.37	28.20	3.40	5.63	14.12	0.48	0.07	14.58	0.25
1956	61.28	28.76	2.48	4.05	22.18	0.55	0.52	94.55	1.81
1957	56.17	28.96	2.46	4.38	27.64	0.68	0.33	48.53	1.14
1958	57.87	29.42	1.95	3.37	59.49	1.16	0.68	58.62	2.31
1959	67.39	29.93	2.47	3.67	50.20	1.24	1.04	83.87	3.47
10年小计			**31.52**	**5.37**	**64.82**	**20.43**	**15.84**	**77.53**	**4.79**
占合计%			**15.58**			**13.61**	**14.04**		
1960	65.59	28.89	1.66	2.53	37.35	0.62	0.26	41.94	0.90
1961	65.68	30.33	1.53	2.33	32.03	0.49	0.21	42.86	0.69
1962	60.33	31.46	3.22	5.34	34.47	1.11	0.59	53.15	1.88
1963	66.68	31.67	2.84	4.26	36.27	1.03	1.42	137.86	4.48
1964	56.98	31.57	2.37	4.16	60.76	1.44	1.50	104.17	4.75
1965	55.71	32.55	2.24	4.02	90.63	2.03	1.69	83.25	5.19
1966	54.45	33.81	3.23	5.93	101.86	3.29	2.50	75.99	7.39
1967	54.46	35.17	6.03	11.07	81.92	4.94	3.96	80.16	11.26
1968	53.53	36.88	4.28	8.00	63.55	2.72	2.00	73.53	5.42
1969	53.39	38.28	4.12	7.72	66.99	2.76	1.71	61.96	4.47
10年小计			**49.67**	**9.53**	**77.35**	**38.42**	**34.18**	**88.96**	**7.93**
占合计%			**24.55**			**25.59**	**30.30**		
1970	53.70	39.22	3.23	6.01	86.07	2.78	2.05	73.74	5.23
1971	53.82	44.22	4.98	9.25	63.05	3.14	2.39	76.11	5.40
1972	53.35	41.04	4.58	8.58	56.55	2.59	2.06	79.54	5.02
1973	53.00	42.00	4.79	9.04	89.35	4.28	3.88	90.65	9.24
1974	53.04	42.71	4.98	9.39	94.38	4.70	4.22	89.79	9.88
1975	43.79	43.29	5.26	12.01	93.92	4.94	4.30	87.04	9.93
1976	52.90	43.87	5.44	10.28	83.09	4.52	4.15	91.81	9.46
1977	52.87	44.45	5.48	10.37	83.58	4.58	4.37	95.41	9.83
1978	52.45	45.01	5.63	10.73	52.40	2.95	2.69	91.19	5.98
1979	52.12	45.04	5.30	10.17	74.34	3.94	4.07	103.30	9.04
10年小计			**43.93**	**8.45**	**74.94**	**32.92**	**27.64**	**83.96**	**6.02**
占合计%			**21.71**			**21.92**	**24.51**		
1980	51.94	45.54	5.93	11.42	42.50	2.52	3.13	124.21	6.87
1981	51.85	46.08	4.87	9.39	42.71	2.08	2.03	97.60	4.41
1982	51.87	46.18	5.58	10.76	62.54	3.49	2.97	85.10	6.43
1983	51.60	46.41	4.86	9.42	75.93	3.69	2.65	71.82	5.71
1984	53.06	46.65	4.65	8.76	96.34	4.48	4.04	90.18	8.66
1985	52.66	44.92	3.65	6.93	100.82	3.68	3.49	94.84	7.77
1986	52.35	45.02	3.46	6.61	115.61	4.00	3.08	77.00	6.84
1987	51.91	45.71	3.47	6.68	94.52	3.28	2.26	68.90	4.94
1988	51.58	46.40	4.06	7.87	74.88	3.04	2.32	76.32	5.00
1989	51.36	46.27	3.4	6.62	78.24	2.66	1.67	62.78	3.61
11年小计			**43.08**	**7.89**	**115.97**	**49.96**	**32.35**	**64.75**	**6.00**
占合计%			**21.29**			**33.27**	**28.68**		
1990	51.20	47.93	4.09	7.99	98.53	4.03	3.61	89.58	7.53
1991	51.06	48.68	4.47	8.75	102.91	4.60	4.12	89.57	8.46
1992	50.49	48.92	4.93	9.76	119.47	5.89	4.00	67.91	8.18
1993	49.17	49.33	4.65	9.46	121.08	5.63	3.68	65.36	7.46
1994	49.96	49.64	4.61	9.23	128.63	5.93	2.71	45.70	5.46
1995	49.70	49.80	5.20	10.46	125.77	6.54	3.48	53.21	6.99
1996	49.62	49.96	4.99	10.06	105.21	5.25	3.59	68.38	7.19
1997	47.85	48.41	3.60	7.52	116.67	4.20	2.31	55.00	4.77
1998	47.61	48.03	3.00	6.30	112.00	3.36	2.05	61.01	4.27
1999	49.62	49.03	1.17	2.36	119.66	1.40	1.03	73.57	2.10
2000	49.62	49.03	2.37	4.78	132.07	3.13	1.77	56.55	3.61

5-8-50 湖北省孝昌县历年棉花生产收购

年　度	耕地面积（万亩）	农业人口（万人）	棉田面积（万亩）	占耕地（%）	亩　产（市斤）	产　量（万担）	收购量（万担）	商品率（%）	人均交售（市斤）
52 年合计			**15.30**	**4.36**	**84.77**	**12.97**	**11.97**	**92.29**	**2.62**
11 年小计									
占合计%									
1949									
1950									
1951									
1952									
1953									
1954									
1955									
1956									
1957									
1958									
1959									
10 年小计									
占合计%									
1960									
1961									
1962									
1963									
1964									
1965									
1966									
1967									
1968									
1969									
10 年小计									
占合计%									
1970									
1971									
1972									
1973									
1974									
1975									
1976									
1977									
1978									
1979									
10 年小计									
占合计%									
1980									
1981									
1982									
1983									
1984									
1985									
1986									
1987									
1988									
1989									
11 年小计			**15.30**	**4.36**	**84.77**	**12.97**	**11.97**	**92.29**	**2.62**
占合计%			**100.00**			**100.00**	**100.00**		
1990									
1991									
1992									
1993	44.00	56.00	2.40	5.45	66.67	1.60	1.90	118.75	3.39
1994	44.00	56.00	1.00	2.27	70.00	0.70	1.90	*	3.39
1995	44.00	57.00	4.00	9.09	80.00	3.20	1.90	59.38	3.33
1996	43.00	57.00	1.30	3.02	76.92	1.00	1.90	190.00	3.33
1997	43.00	58.00	1.30	3.02	61.54	0.80	1.90	*	3.28
1998	42.00	58.00	1.30	3.10	61.54	0.80	1.90	*	3.28
1999	45.47	57.34	1.58	3.47	106.33	1.68	0.32	19.05	0.56
2000	45.47	57.34	2.42	5.32	131.82	3.19	0.25	7.84	0.44

5－8－51　湖北省大悟县历年棉花生产收购

年　度	耕地面积（万亩）	农业人口（万人）	棉田面积（万亩）	占耕地（%）	亩　产（市斤）	产　量（万担）	收购量（万担）	商品率（%）	人均交售（市斤）
52年合计			**1.00**	**1.33**	**150.00**	**1.50**	**0.20**	**13.33**	**0.19**
11年小计									
占合计%									
1949									
1950									
1951									
1952									
1953									
1954									
1955									
1956									
1957									
1958									
1959									
10年小计									
占合计%									
1960									
1961									
1962									
1963									
1964									
1965									
1966									
1967									
1968									
1969									
10年小计									
占合计%									
1970									
1971									
1972									
1973									
1974									
1975									
1976									
1977									
1978									
1979									
10年小计									
占合计%									
1980									
1981									
1982									
1983									
1984									
1985									
1986									
1987									
1988									
1989									
11年小计			**1.00**	**1.33**	**150.00**	**1.50**	**0.20**	**13.33**	**0.19**
占合计%			**100.00**			**100.00**	**100.00**		
1990									
1991									
1992									
1993									
1994									
1995									
1996									
1997									
1998									
1999	37.53	53.80	0.56	1.49	135.71	0.76	0.08	10.53	0.15
2000	37.53	53.80	0.44	1.17	168.18	0.74	0.12	16.22	0.22

5－8－52　湖北省枝江市历年棉花生产收购

年　度	耕地面积（万亩）	农业人口（万人）	棉田面积（万亩）	占耕地（%）	亩　产（市斤）	产　量（万担）	收购量（万担）	商品率（%）	人均交售（市斤）
52 年合计			**1267.12**	**31.39**	**103.92**	**1316.75**	**1213.22**	**92.14**	**64.16**
11 年小计			**278.41**	**30.88**	**35.74**	**99.49**	**89.78**	**90.24**	**30.70**
占合计%			**21.97**			**7.56**	**7.40**		
1949	79.72	24.83	24.77	31.07	25.11	6.22	4.89	78.62	19.69
1950	79.70	25.13	24.58	30.84	27.54	6.77	5.36	79.17	21.33
1951	80.70	25.49	24.84	30.78	29.91	7.43	5.73	77.12	22.48
1952	81.65	26.15	25.18	30.84	32.29	8.13	6.42	78.97	24.55
1953	81.95	26.18	27.63	33.72	35.14	9.71	7.98	82.18	30.48
1954	82.18	26.36	24.95	30.36	3.53	0.88	1.13	128.41	4.29
1955	82.14	26.67	27.22	33.14	35.38	9.63	8.04	83.49	30.15
1956	83.18	27.16	27.40	32.94	26.17	7.17	7.04	98.19	25.92
1957	83.67	27.84	24.10	28.80	50.95	12.28	12.03	97.96	43.21
1958	83.48	28.42	23.36	27.98	71.88	16.79	16.52	98.39	58.13
1959	83.12	28.20	24.38	29.33	59.39	14.48	14.64	101.10	51.91
10 年小计			**257.95**	**32.63**	**92.36**	**238.25**	**237.35**	**99.62**	**74.63**
占合计%			**20.36**			**18.09**	**19.56**		
1960	83.12	28.14	23.53		62.90	14.80	14.82	100.14	52.67
1961	84.05	27.84	23.15	27.54	76.63	17.74	17.43	98.25	62.61
1962	80.74	29.30	24.63	30.51	81.36	20.04	19.74	98.50	67.37
1963	79.19	30.51	25.99	32.82	96.31	25.03	24.77	98.96	81.19
1964	79.76	31.29	27.24	34.15	70.26	19.14	19.18	100.21	61.30
1965	78.81	32.08	26.80	34.01	104.14	27.91	28.01	100.36	87.31
1966	77.84	32.89	26.75	34.37	117.94	31.55	31.78	100.73	96.63
1967	76.16	33.95	26.83	35.23	128.36	34.44	34.42	99.94	101.38
1968	75.74	35.30	26.68	35.23	81.26	21.68	21.21	97.83	60.08
1969	75.24	36.74	26.35	35.02	98.37	25.92	25.99	100.27	70.74
10 年小计			**270.58**	**36.51**	**101.18**	**273.76**	**272.81**	**99.65**	**68.10**
占合计%			**21.35**			**20.79**	**22.49**		
1970	75.33	37.71	26.28	34.89	105.71	27.78	27.86	100.29	73.88
1971	74.69	38.03	26.34	35.27	75.66	19.93	19.63	98.49	51.62
1972	74.37	38.99	26.34	35.42	65.83	17.34	17.30	99.77	44.37
1973	74.17	39.82	27.39	36.93	101.83	27.89	27.98	100.32	70.27
1974	74.13	40.42	27.47	37.06	126.50	34.75	34.94	100.55	86.44
1975	74.00	40.69	27.43	37.07	97.70	26.80	26.53	98.99	65.20
1976	73.67	40.99	27.47	37.29	117.44	32.26	31.99	99.16	78.04
1977	73.66	41.23	27.49	37.32	113.39	31.17	30.81	98.85	74.73
1978	73.67	41.36	27.44	37.25	100.33	27.53	27.29	99.13	65.98
1979	73.44	41.34	26.93	36.67	105.12	28.31	28.48	100.60	68.89
10 年小计			**239.57**	**31.45**	**124.82**	**299.03**	**290.24**	**97.06**	**65.60**
占合计%			**18.91**			**22.71**	**23.92**		
1980	76.66	44.50	28.10	36.66	63.84	17.94	17.53	97.71	39.39
1981	76.64	44.73	27.56	35.96	69.23	19.08	18.80	98.53	42.03
1982	76.42	45.06	27.34	35.78	71.95	19.67	19.33	98.27	42.90
1983	76.35	45.15	26.53	34.75	75.35	19.99	19.71	98.60	43.65
1984	76.33	43.97	23.65	30.98	203.89	48.22	46.71	96.87	106.23
1985	76.22	43.32	21.32	27.97	194.98	41.57	39.82	95.79	91.92
1986	76.12	43.35	20.33	26.71	179.49	36.49	34.90	95.64	80.51
1987	75.79	43.68	21.82	28.79	177.96	38.83	36.97	95.21	84.64
1988	75.64	44.18	21.45	28.36	161.49	34.64	33.58	96.94	76.01
1989	75.60	44.53	21.47	28.40	105.26	22.60	22.89	101.28	51.40
11 年小计			**220.61**	**26.22**	**184.13**	**406.22**	**323.04**	**79.52**	**73.85**
占合计%			**17.41**			**30.85**	**26.63**		
1990	75.57	41.79	22.09	29.23	221.14	48.85	48.34	98.96	115.67
1991	72.29	41.92	21.79	30.14	191.92	41.82	40.42	96.65	96.42
1992	71.81	41.41	23.42	32.61	223.91	52.44	51.59	98.38	124.58
1993	71.74	40.79	22.77	31.74	159.33	36.28	32.10	88.48	78.70
1994	71.68	39.93	21.35	29.79	178.03	38.01	27.90	73.40	69.87
1995	71.49	39.00	21.00	29.37	222.38	46.70	36.70	78.59	94.10
1996	71.49	38.90	20.90	29.23	200.53	41.91	27.50	65.62	70.69
1997	96.26	38.90	17.09	17.75	204.80	35.00	30.37	86.77	78.07
1998	96.26	38.76	20.48	21.28	82.52	16.90	11.75	69.53	30.31
1999	71.33	38.02	15.30	21.45	161.96	24.78	8.76	35.35	23.04
2000	71.33	38.02	14.42	20.22	163.18	23.53	7.61	32.34	20.02

5-8-53 湖北省当阳市历年棉花生产收购

年度	耕地面积（万亩）	农业人口（万人）	棉田面积（万亩）	占耕地（%）	亩产（市斤）	产量（万担）	收购量（万担）	商品率（%）	人均交售（市斤）
52年合计			**669.95**	**12.32**	**67.62**	**453.02**	**412.52**	**91.06**	**24.21**
11年小计			**106.26**	**7.92**	**31.09**	**33.04**	**23.29**	**70.49**	**9.01**
占合计%			**15.86**			**7.29**	**5.65**		
1949	89.42	22.17	7.42	8.30	14.02	1.04			
1950	89.42	22.62	7.53	8.42	13.94	1.05			
1951	89.42	23.14	11.80	13.20	26.02	3.07			
1952	133.12	22.67	11.39	8.56	24.93	2.84			
1953	133.12	23.25	11.33	8.51	27.98	3.17	2.93	92.43	12.60
1954	133.12	23.27	8.00	6.01	22.25	1.78	1.64	92.13	7.05
1955	133.12	23.84	10.38	7.80	25.92	2.69	2.26	84.01	9.48
1956	133.12	23.66	10.83	8.14	31.95	3.46	2.85	82.37	12.05
1957	135.77	24.29	10.86	8.00	50.37	5.47	5.42	99.09	22.31
1958	135.77	24.87	5.53	4.07	46.47	2.57	2.30	89.49	9.25
1959	135.77	24.84	11.19	8.24	52.73	5.90	5.89	99.83	23.71
10年小计			**123.74**	**9.00**	**73.44**	**90.88**	**87.96**	**96.79**	**30.21**
占合计%			**18.47**			**20.06**	**21.32**		
1960	135.77	24.96	10.31	7.59	26.87	2.77	2.66	96.03	10.66
1961	135.77	25.80	9.96	7.34	41.57	4.14	4.08	98.55	15.81
1962	134.17	27.08	10.87	8.10	48.67	5.29	5.36	101.32	19.79
1963	134.17	27.93	9.56	7.13	76.26	7.29	7.08	97.12	25.35
1964	134.17	28.57	12.76	9.51	66.69	8.51	8.15	95.77	28.53
1965	140.25	29.40	13.85	9.88	92.42	12.80	12.36	96.56	42.04
1966	140.25	30.26	13.86	9.88	88.67	12.29	11.92	96.99	39.39
1967	140.25	31.07	14.27	10.17	114.16	16.29	15.78	96.87	50.79
1968	140.25	32.30	14.30	10.20	66.15	9.46	9.01	95.24	27.89
1969	140.25	33.79	14.00	9.98	86.00	12.04	11.56	96.01	34.21
10年小计			**155.07**	**11.62**	**90.20**	**139.87**	**135.57**	**96.93**	**36.62**
占合计%			**23.15**			**30.88**	**32.86**		
1970	146.44	33.96	13.70	9.36	86.28	11.82	11.26	95.26	33.16
1971	146.44	34.79	13.27	9.06	61.19	8.12	7.62	93.84	21.90
1972	146.44	35.69	13.25	9.05	46.49	6.16	5.85	94.97	16.39
1973	146.44	36.62	13.65	9.32	103.15	14.08	13.56	96.31	37.03
1974	146.44	37.41	13.94	9.52	97.78	13.63	13.18	96.70	35.23
1975	156.26	37.85	14.49	9.27	109.73	15.90	15.46	97.23	40.85
1976	156.26	38.24	14.65	9.38	118.84	17.41	17.18	98.68	44.93
1977	156.26	38.49	14.50	9.28	124.62	18.07	17.50	96.85	45.47
1978	66.64	38.47	21.84	32.77	79.21	17.30	16.74	96.76	43.51
1979	66.64	38.70	21.78	32.68	79.80	17.38	17.22	99.08	44.50
10年小计			**167.81**	**25.18**	**57.85**	**97.08**	**85.61**	**88.19**	**22.23**
占合计%			**25.05**			**21.43**	**20.75**		
1980	66.64	38.75	21.37	32.07	45.48	9.72	9.85	101.34	25.42
1981	66.64	38.95	21.59	32.40	34.55	7.46	7.37	98.79	18.92
1982	66.64	39.25	20.94	31.42	41.17	8.62	8.53	98.96	21.73
1983	66.64	39.36	20.35	30.54	39.51	8.04	7.80	97.01	19.82
1984	66.64	38.39	17.42	26.14	85.48	14.89	14.18	95.23	36.94
1985	66.64	37.65	14.80	22.21	74.32	11.00	9.77	88.82	25.95
1986	66.64	37.74	11.21	16.82	80.73	9.05	6.75	74.59	17.89
1987	66.64	38.04	13.03	19.55	81.66	10.64	8.57	80.55	22.53
1988	66.64	38.56	14.07	21.11	69.86	9.83	7.46	75.89	19.35
1989	66.64	38.43	13.03	19.55	60.09	7.83	5.33	68.07	13.87
11年小计			**117.07**	**16.20**	**78.71**	**92.15**	**80.09**	**86.91**	**20.07**
占合计%			**17.47**			**20.34**	**19.41**		
1990	66.64	38.71	15.23	22.85	98.75	15.04	12.92	85.90	33.38
1991	66.64	38.83	13.03	19.55	78.66	10.25	12.37	120.68	31.86
1992	66.64	38.90	15.23	22.85	71.96	10.96	15.10	137.77	38.82
1993	66.64	38.70	11.09	16.64	64.92	7.20	8.33	115.69	21.52
1994	66.64	38.19	11.55	17.33	63.20	7.30	8.31	113.84	21.76
1995	59.75	36.01	13.63	22.81	78.94	10.76	8.86	82.34	24.60
1996	66.17	35.75	11.91	18.00	67.84	8.08	5.90	73.02	16.50
1997	66.08	35.81	10.87	16.45	85.37	9.28	5.00	53.88	13.96
1998	66.06	35.75	9.50	14.38	74.32	7.06	1.95	27.62	5.45
1999	65.73	31.24	2.82	4.29	127.66	3.60	1.35	37.50	4.32
2000	65.73	31.24	2.21	3.36	118.55	2.62			

5－8－54　湖北省远安县历年棉花生产收购

年　度	耕地面积（万亩）	农业人口（万人）	棉田面积（万亩）	占耕地（%）	亩　产（市斤）	产　量（万担）	收购量（万担）	商品率（%）	人均交售（市斤）
52 年合计			**0.20**	**0.51**	**175.00**	**0.35**			
11 年小计									
占合计%									
1949									
1950									
1951									
1952									
1953									
1954									
1955									
1956									
1957									
1958									
1959									
10 年小计									
占合计%									
1960									
1961									
1962									
1963									
1964									
1965									
1966									
1967									
1968									
1969									
10 年小计									
占合计%									
1970									
1971									
1972									
1973									
1974									
1975									
1976									
1977									
1978									
1979									
10 年小计									
占合计%									
1980									
1981									
1982									
1983									
1984									
1985									
1986									
1987									
1988									
1989									
11 年小计			**0.20**	**0.51**	**175.00**	**0.35**			
占合计%			**100.00**			**100.00**			
1990									
1991									
1992									
1993									
1994									
1995									
1996									
1997									
1998									
1999	19.67	16.09	0.11	0.56	163.64	0.18			
2000	19.67	16.09	0.09	0.46	188.89	0.17			

5-8-55 湖北省宜都市历年棉花生产收购

年度	耕地面积（万亩）	农业人口（万人）	棉田面积（万亩）	占耕地（%）	亩产（市斤）	产量（万担）	收购量（万担）	商品率（%）	人均交售（市斤）
52年合计			**0.31**	**0.32**	**138.71**	**0.43**			
11年小计									
占合计%									
1949									
1950									
1951									
1952									
1953									
1954									
1955									
1956									
1957									
1958									
1959									
10年小计									
占合计%									
1960									
1961									
1962									
1963									
1964									
1965									
1966									
1967									
1968									
1969									
10年小计									
占合计%									
1970									
1971									
1972									
1973									
1974									
1975									
1976									
1977									
1978									
1979									
10年小计									
占合计%									
1980									
1981									
1982									
1983									
1984									
1985									
1986									
1987									
1988									
1989									
10年小计			**0.31**	**0.32**	**138.71**	**0.43**			
占合计%			**100.00**			**100.00**			
1990									
1991									
1992									
1993									
1994									
1995									
1996									
1997									
1998									
1999	49.10	47.30	0.14	0.29	157.14	0.22			
2000	49.10	47.30	0.17	0.35	123.53	0.21			

5－9－1 安徽省1949－2000年产棉县棉花生产收购明细

县市名	耕地面积（万亩）	农业人口（万人）	棉田面积（万亩）	占耕地（%）	亩产（市斤）	产量（万担）	收购量（万担）	商品率（%）	人均交售（市斤）
全省合计			**19153.23**	**7.38**	**70.05**	**13417.39**	**10360.72**	**77.22**	**7.73**
阜阳市			**3938.09**	**6.19**	**61.83**	**2434.83**	**1314.24**	**53.98**	**4.12**
蒙城县			807.18	7.22	65.09	525.39	298.03	56.73	7.41
临泉县			615.63	6.35	53.62	330.08	241.27	73.09	3.95
界首县			208.46	6.91	84.26	175.64	77.70	44.24	3.60
涡阳县			635.00	5.16	52.94	336.20	178.72	53.16	3.76
阜阳县			419.63	8.40	66.01	276.98	152.96	55.22	4.20
太和县			411.81	7.41	58.51	240.96	131.96	54.76	3.83
利辛县			371.30	6.65	64.45	239.31	114.29	47.76	3.54
亳州市			469.08	4.15	66.14	310.27	119.31	38.45	2.62
宿州市			**3954.21**	**8.62**	**68.66**	**2714.90**	**2114.38**	**77.88**	**11.26**
宿州涌桥区			668.01	4.80	79.86	533.44	393.17	73.70	8.19
泗　县			491.83	6.06	86.04	423.18	293.29	69.31	10.48
灵璧县			598.30	6.29	65.34	390.94	290.61	74.34	7.81
砀山县			868.62	16.82	60.57	526.12	474.08	90.11	16.35
萧　县			1327.45	14.45	63.37	841.22	663.23	78.84	14.54
淮北市			**767.09**	**6.74**	**67.30**	**516.28**	**271.42**	**52.57**	**6.79**
濉溪县			767.09	6.74	67.30	516.28	271.42	52.57	6.79
蚌埠市			**466.48**	**2.54**	**77.45**	**361.28**	**210.08**	**58.15**	**3.28**
怀远县			284.56	2.53	77.04	219.23	107.87	49.20	2.65
五河县			181.92	2.57	78.08	142.05	102.21	71.95	4.36
滁州市			**1056.41**	**6.16**	**58.08**	**613.61**	**472.84**	**77.06**	**6.48**
南樵区			177.75	6.52	55.67	98.95	77.81	78.63	6.90
天长市			235.38	4.46	51.41	121.00	109.00	90.08	5.52
全椒县			222.34	10.99	73.72	163.91	141.27	86.19	14.10
定远县			281.31	5.79	53.78	151.29	88.38	58.42	4.33
来安县			139.63	6.19	56.19	78.45	56.38	71.87	4.88
六安市			**1235.59**	**5.47**	**43.42**	**536.50**	**406.64**	**75.79**	**4.23**
寿　县			638.34	5.91	47.37	302.37	227.47	75.23	5.41
霍邱县			597.25	5.07	39.20	234.13	179.17	76.53	3.31
合肥市			**1534.71**	**6.74**	**46.87**	**719.32**	**545.12**	**75.78**	**4.87**
长丰县			577.86	6.97	52.50	303.39	242.58	79.96	7.23
肥东县			519.23	6.22	46.01	238.91	163.48	68.43	3.93
肥西县			437.62	7.16	40.45	177.02	139.06	78.56	3.78
巢湖市			**2114.88**	**8.80**	**83.76**	**1771.41**	**1564.31**	**88.31**	**9.46**
无为县			835.77	10.95	109.00	910.95	766.68	84.16	14.26
巢湖市			517.26	12.33	68.17	352.62	319.43	90.59	11.36
和　县			472.27	10.94	63.94	301.98	308.87	102.28	12.80
含山县			140.09	7.55	91.55	128.25	107.00	83.43	7.11
庐江县			149.49	2.48	51.92	77.61	62.33	80.31	1.41
安庆市			**2233.56**	**13.95**	**95.02**	**2122.39**	**2019.52**	**95.15**	**13.08**
宿松县			656.81	19.03	93.23	612.33	612.35	100.00	22.59
望江县			745.29	26.80	105.94	789.54	753.38	95.42	35.04
太湖县			145.99	8.51	99.80	145.70	131.48	90.24	6.35
枞阳县			348.41	10.33	87.91	306.27	275.69	90.02	7.61
怀宁县			187.60	6.28	84.34	158.22	151.77	95.92	5.28
桐城市			149.46	8.79	73.82	110.33	94.85	85.97	4.72
池州市			**800.63**	**15.44**	**89.00**	**712.54**	**661.49**	**92.84**	**16.55**
东至县			529.81	19.94	94.58	501.12	472.95	94.38	24.45
贵池市			270.82	10.71	78.07	211.42	188.54	89.18	9.15
芜湖市			**203.73**	**7.74**	**96.94**	**197.49**	**191.34**	**96.88**	**7.90**
繁昌县			145.16	14.00	99.88	144.98	141.74	97.76	13.25
南陵县			58.57	3.67	89.65	52.51	49.60	94.46	3.67
宣城市			**348.43**	**7.49**	**79.04**	**275.39**	**199.68**	**72.51**	**7.04**
宣州市			348.43	7.49	79.04	275.39	199.68	72.51	7.04
铜陵市			**202.31**	**12.77**	**89.91**	**181.90**	**176.72**	**97.15**	**13.89**
铜陵县			202.31	12.77	89.91	181.90	176.72	97.15	13.89
马鞍山市			**297.12**	**8.04**	**87.36**	**259.55**	**212.95**	**82.05**	**8.94**
当涂县			297.12	8.04	87.36	259.55	212.95	82.05	8.94

5－9－2　安徽省1949－1959年产棉县棉花生产收购明细

县市名	耕地面积（万亩）	农业人口（万人）	棉田面积（万亩）	占耕地（%）	亩产（市斤）	产量（万担）	收购量（万担）	商品率（%）	人均交售（市斤）
全省合计			**2721.86**	**4.59**	**22.13**	**602.40**	**371.76**	**61.71**	**1.98**
阜阳市			**499.77**	**3.92**	**15.85**	**79.20**	**35.98**	**45.43**	**1.04**
蒙城县			130.56	4.09	16.92	22.09	9.68	43.82	1.40
临泉县			114.60	4.79	16.32	18.70	6.54	34.97	0.74
界首县			1.00	0.25	14.00	0.14	0.08	57.14	0.05
涡阳县			147.71	3.91	14.81	21.87	9.78	44.72	1.02
阜阳县									
太和县									
利辛县									
亳州市			105.90	3.56	15.49	16.40	9.90	60.37	1.30
宿州市			**687.40**	**5.55**	**23.68**	**162.78**	**99.41**	**61.07**	**3.07**
宿州涌桥区			68.20	1.56	11.73	8.00	1.90	23.75	0.21
泗　县			31.27	1.45	16.69	5.22	1.72	32.95	0.40
灵璧县			62.10	3.08	15.62	9.70	4.40	45.36	0.67
砀山县			219.21	16.87	29.05	63.67	39.69	62.34	9.10
萧　县			306.62	12.17	24.85	76.19	51.70	67.86	6.36
淮北市			**137.20**	**4.65**	**15.29**	**20.98**	**11.70**	**55.77**	**1.57**
濉溪县			137.20	4.65	15.29	20.98	11.70	55.77	1.57
蚌埠市			**49.00**	**0.94**	**14.35**	**7.03**	**3.44**	**48.93**	**0.32**
怀远县			32.30	1.05	17.65	5.70	2.79	48.95	0.43
五河县			16.70	0.79	7.96	1.33	0.65	48.87	0.16
滁州市			**27.39**	**1.35**	**15.13**	**4.14**	**2.01**	**48.52**	**0.43**
南樵区			16.02	2.36	18.79	3.01	1.86	61.79	1.28
天长市			11.37	0.84	9.96	1.13	0.15	13.24	0.05
全椒县									
定远县									
来安县									
六安市			**206.10**	**3.54**	**17.81**	**36.70**	**13.28**	**36.19**	**0.94**
寿　县			96.60	3.45	19.88	19.20	7.21	37.55	1.14
霍邱县			109.50	3.61	15.98	17.50	6.07	34.69	0.79
合肥市			**365.81**	**6.26**	**15.86**	**58.00**	**39.43**	**67.99**	**1.94**
长丰县			81.60	3.91	19.23	15.69	14.53	92.61	2.64
肥东县			156.40	6.98	17.26	27.00	12.00	44.44	1.52
肥西县			127.81	8.41	11.98	15.31	12.90	84.28	1.86
巢湖市			**275.96**	**4.90**	**25.16**	**69.42**	**48.92**	**70.47**	**1.66**
无为县			52.55	2.86	29.29	15.39	9.63	62.57	0.94
巢湖市			80.57	8.76	28.73	23.15	19.80	85.53	3.77
和　县			102.78	9.90	24.05	24.72	17.73	71.72	4.07
含山县			16.72	3.84	15.31	2.56	1.10	42.97	0.45
庐江县			23.34	1.67	15.42	3.60	0.66	18.33	0.09
安庆市			**265.62**	**8.77**	**38.81**	**103.08**	**68.20**	**66.16**	**3.61**
宿松县			85.91	10.98	37.17	31.93	19.49	61.04	4.85
望江县			100.16	18.36	34.67	34.73	31.42	90.47	10.44
太湖县			10.00	2.81	23.00	2.30	0.80	34.78	0.29
枞阳县			37.20	5.76	57.20	21.28	10.45	49.11	2.33
怀宁县			32.35	4.63	39.69	12.84	6.04	47.04	1.29
桐城市									
池州市			**132.00**	**11.16**	**32.12**	**42.40**	**36.05**	**85.02**	**6.49**
东至县			87.00	14.85	34.94	30.40	28.40	93.42	10.80
贵池市			45.00	7.54	26.67	12.00	7.65	63.75	2.62
芜湖市									
繁昌县									
南陵县									
宣城市			**44.36**	**3.92**	**18.24**	**8.09**	**5.02**	**62.03**	**1.05**
宣州市			44.36	3.92	18.24	8.09	5.02	62.03	1.05
铜陵市			**20.75**	**5.11**	**36.00**	**7.47**	**6.33**	**84.74**	**3.44**
铜陵县			20.75	5.11	36.00	7.47	6.33	84.74	3.44
马鞍山市			**10.50**	**1.18**	**29.52**	**3.10**	**1.99**	**64.19**	**0.56**
当涂县			10.50	1.18	29.52	3.10	1.99	64.19	0.56

5-9-3 安徽省1960-1969年产棉县棉花生产收购明细

县市名	耕地面积（万亩）	农业人口（万人）	棉田面积（万亩）	占耕地（%）	亩产（市斤）	产量（万担）	收购量（万担）	商品率（%）	人均交售（市斤）
全省合计			**2451.47**	**5.40**	**45.35**	**1111.74**	**927.48**	**83.43**	**5.45**
阜阳市			**318.80**	**3.52**	**26.88**	**85.69**	**41.73**	**48.70**	**1.32**
蒙城县			89.79	4.31	21.74	19.52	11.89	60.91	1.96
临泉县			87.88	4.87	33.83	29.73	13.36	44.94	1.57
界首县			14.00	2.16	57.00	7.98	3.67	45.99	1.10
涡阳县			85.73	3.56	18.73	16.06	9.53	59.34	1.29
阜阳县									
太和县									
利辛县									
亳州市			41.40	1.95	29.95	12.40	3.28	26.45	0.52
宿州市			**575.21**	**6.33**	**30.36**	**174.62**	**131.67**	**75.40**	**4.74**
宿州涌桥区			52.00	1.86	24.81	12.90	5.60	43.41	0.78
泗　县			31.39	1.99	20.13	6.32	4.65	73.58	1.18
灵璧县			53.00	2.89	20.38	10.80	8.11	75.09	1.47
砀山县			176.19	17.42	31.95	56.29	42.50	75.50	9.91
萧　县			262.63	14.05	33.63	88.31	70.81	80.18	10.25
淮北市			**79.90**	**3.55**	**18.94**	**15.13**	**7.12**	**47.06**	**1.29**
濉溪县			79.90	3.55	18.94	15.13	7.12	47.06	1.29
蚌埠市			**25.81**	**0.72**	**25.03**	**6.46**	**2.50**	**38.70**	**0.27**
怀远县			17.70	0.82	26.89	4.76	1.90	39.92	0.34
五河县			8.11	0.56	20.96	1.70	0.60	35.29	0.17
滁州市			**44.50**	**2.73**	**33.44**	**14.88**	**14.47**	**97.26**	**3.00**
南樵区			20.01	3.69	36.18	7.24	7.58	104.74	4.60
天长市			24.49	2.26	31.20	7.64	6.89	90.18	2.17
全椒县									
定远县									
来安县									
六安市			**208.70**	**4.60**	**29.37**	**61.30**	**50.40**	**82.22**	**3.68**
寿　县			105.50	4.90	30.71	32.40	27.90	86.11	4.61
霍邱县			103.20	4.33	28.00	28.90	22.50	77.85	2.95
合肥市			**256.22**	**5.50**	**36.98**	**94.75**	**83.47**	**88.09**	**5.02**
长丰县			109.50	6.37	38.73	42.41	40.74	96.06	8.57
肥东县			80.60	4.66	41.19	33.20	24.90	75.00	3.85
肥西县			66.12	5.46	28.95	19.14	17.83	93.16	3.31
巢湖市			**359.85**	**7.58**	**58.17**	**209.31**	**196.57**	**93.91**	**8.06**
无为县			89.54	5.83	67.22	60.19	62.56	103.94	8.23
巢湖市			114.66	13.43	61.60	70.63	61.09	86.49	14.28
和　县			110.56	13.01	53.46	59.10	57.10	96.62	16.30
含山县			18.80	5.18	60.80	11.43	10.41	91.08	4.67
庐江县			26.29	2.29	30.28	7.96	5.41	67.96	0.80
安庆市			**338.74**	**11.87**	**79.58**	**269.58**	**228.99**	**84.94**	**11.13**
宿松县			112.30	17.42	81.69	91.74	77.94	84.96	20.22
望江县			117.47	21.15	82.33	96.71	89.90	92.96	27.90
太湖县			18.70	5.40	48.66	9.10	8.70	95.60	2.52
枞阳县			53.40	7.53	80.30	42.88	37.90	88.39	6.54
怀宁县			36.87	6.17	79.06	29.15	14.55	49.91	3.42
桐城市									
池州市			**137.36**	**13.75**	**84.10**	**115.52**	**116.86**	**101.16**	**18.72**
东至县			89.00	17.38	88.76	79.00	80.00	101.27	26.58
贵池市			48.36	9.93	75.52	36.52	36.86	100.93	11.41
芜湖市									
繁昌县									
南陵县									
宣城市			**52.56**	**5.86**	**48.04**	**25.25**	**21.25**	**84.16**	**5.13**
宣州市			52.56	5.86	48.04	25.25	21.25	84.16	5.13
铜陵市			**34.57**	**11.22**	**71.25**	**24.63**	**22.15**	**89.93**	**11.26**
铜陵县			34.57	11.22	71.25	24.63	22.15	89.93	11.26
马鞍山市			**19.25**	**2.65**	**75.95**	**14.62**	**10.30**	**70.45**	**2.77**
当涂县			19.25	2.65	75.95	14.62	10.30	70.45	2.77

5－9－4 安徽省1970－1979年产棉县棉花生产收购明细

县市名	耕地面积（万亩）	农业人口（万人）	棉田面积（万亩）	占耕地（%）	亩产（市斤）	产量（万担）	收购量（万担）	商品率（%）	人均交售（市斤）
全省合计			**4322.54**	**8.45**	**54.90**	**2372.89**	**2154.15**	**90.78**	**7.68**
阜阳市			**959.12**	**6.95**	**43.76**	**419.71**	**327.39**	**78.00**	**4.73**
蒙城县			142.18	7.35	37.15	52.82	47.58	90.08	6.39
临泉县			164.06	9.15	59.59	97.76	78.63	80.43	6.59
界首县			46.00	7.08	42.89	19.73	12.74	64.57	2.81
涡阳县			119.53	5.99	36.43	43.55	35.62	81.79	4.38
阜阳县			124.84	7.49	49.49	61.78	47.95	77.61	4.81
太和县			140.01	7.41	40.18	56.26	40.86	72.63	4.18
利辛县			132.35	7.22	36.86	48.78	36.57	74.97	4.24
亳州市			90.15	4.42	43.29	39.03	27.44	70.30	3.12
宿州市			**713.93**	**8.73**	**50.38**	**359.69**	**298.36**	**82.95**	**8.24**
宿州涌桥区			119.81	5.28	43.54	52.17	41.48	79.51	4.54
泗　县			59.51	4.16	43.30	25.77	22.06	85.60	4.05
灵璧县			120.00	6.55	42.25	50.70	32.30	63.71	4.53
砀山县			156.00	16.04	52.19	81.41	72.65	89.24	13.12
萧　县			258.61	15.47	57.86	149.64	129.87	86.79	14.46
淮北市			**118.30**	**5.72**	**34.51**	**40.82**	**31.77**	**77.83**	**4.21**
濉溪县			118.30	5.72	34.51	40.82	31.77	77.83	4.21
蚌埠市			**84.37**	**2.71**	**37.73**	**31.83**	**25.58**	**80.36**	**2.13**
怀远县			49.80	2.55	28.27	14.08	10.95	77.77	1.43
五河县			34.57	2.96	51.35	17.75	14.63	82.42	3.36
滁州市			**377.43**	**8.42**	**41.26**	**155.74**	**148.98**	**95.66**	**7.72**
南樵区			40.27	7.98	42.96	17.30	17.82	103.02	7.25
天长市			91.80	9.82	42.02	38.57	40.45	104.87	9.26
全椒县			84.45	12.58	53.71	45.36	43.96	96.91	13.80
定远县			104.85	6.46	32.18	33.74	28.57	84.68	4.88
来安县			56.06	7.50	37.05	20.77	18.18	87.53	5.29
六安市			**335.97**	**8.36**	**40.11**	**134.77**	**133.17**	**98.81**	**6.98**
寿　县			177.07	9.24	43.67	77.32	77.94	100.80	9.27
霍邱县			158.90	7.55	36.15	57.45	55.23	96.14	5.17
合肥市			**374.15**	**9.26**	**44.18**	**165.29**	**149.06**	**90.18**	**6.79**
长丰县			150.28	10.20	42.41	63.74	60.71	95.25	9.28
肥东县			114.16	7.86	55.53	63.39	50.26	79.29	6.21
肥西县			109.71	9.82	34.78	38.16	38.09	99.82	5.20
巢湖市			**435.99**	**9.77**	**81.63**	**355.88**	**340.79**	**95.76**	**10.27**
无为县			131.74	9.28	86.28	113.67	113.78	100.10	10.77
巢湖市			118.60	14.66	84.20	99.86	86.81	86.93	15.19
和　县			112.90	14.21	81.27	91.75	90.60	98.75	18.43
含山县			33.18	9.57	91.86	30.48	31.15	102.20	10.21
庐江县			39.57	3.62	50.85	20.12	18.45	91.70	2.06
安庆市			**476.75**	**14.28**	**72.38**	**345.05**	**349.79**	**101.37**	**10.52**
宿松县			134.35	20.63	59.74	80.26	79.60	99.18	14.80
望江县			139.03	25.12	68.72	95.54	89.99	94.19	20.97
太湖县			31.41	9.39	66.83	20.99	18.27	87.04	4.38
枞阳县			75.23	11.26	98.03	73.75	70.67	95.82	9.08
怀宁县			39.30	7.11	82.46	32.41	49.66	153.22	8.64
桐城市			57.43	9.92	73.31	42.10	41.60	98.81	7.06
池州市			**165.17**	**17.11**	**89.35**	**147.57**	**145.28**	**98.45**	**17.45**
东至县			102.79	20.77	95.90	98.58	96.53	97.92	24.13
贵池市			62.38	13.26	78.54	48.99	48.75	99.50	11.27
芜湖市			**67.76**	**7.91**	**78.59**	**53.25**	**49.65**	**93.24**	**7.12**
繁昌县			45.35	13.58	80.53	36.52	34.95	95.70	11.18
南陵县			22.41	4.29	74.65	16.73	14.70	87.87	3.82
宣城市			**82.89**	**9.70**	**57.93**	**48.02**	**44.33**	**92.32**	**7.70**
宣州市			82.89	9.70	57.93	48.02	44.33	92.32	7.70
铜陵市			**40.18**	**14.03**	**88.40**	**35.52**	**35.77**	**100.70**	**13.35**
铜陵县			40.18	14.03	88.40	35.52	35.77	100.70	13.35
马鞍山市			**90.53**	**12.91**	**88.09**	**79.75**	**74.22**	**93.07**	**14.86**
当涂县			90.53	12.91	88.09	79.75	74.22	93.07	14.86

5－9－5　安徽省1980－1989年产棉县棉花生产收购明细

县市名	耕地面积（万亩）	农业人口（万人）	棉田面积（万亩）	占耕地（%）	亩产（市斤）	产量（万担）	收购量（万担）	商品率（%）	人均交售（市斤）
全省合计			**3914.16**	**7.81**	**83.62**	**3273.09**	**2978.82**	**91.01**	**9.43**
阜阳市			**786.40**	**5.78**	**59.16**	**465.20**	**345.54**	**74.28**	**4.28**
蒙城县			151.83	7.94	65.93	100.10	86.99	86.90	9.68
临泉县			111.39	6.27	44.48	49.55	40.87	82.48	2.95
界首县			46.50	7.27	66.86	31.09	22.48	72.31	4.22
涡阳县			112.14	5.66	68.31	76.60	48.57	63.41	5.13
阜阳县			97.01	6.06	56.38	54.69	39.75	72.68	3.48
太和县			117.75	6.26	53.01	62.42	45.22	72.44	3.95
利辛县			95.89	5.32	56.66	54.33	35.24	64.86	3.48
亳州市			53.89	2.69	67.58	36.42	26.42	72.54	2.60
宿州市			**836.23**	**10.67**	**110.15**	**921.13**	**891.82**	**96.82**	**22.62**
宿州涌桥区			159.60	7.54	105.65	168.61	152.75	90.59	15.92
泗　县			123.46	8.70	122.87	151.70	124.73	82.22	19.83
灵璧县			124.30	6.78	100.24	124.60	118.00	94.70	15.49
砀山县			185.87	19.56	112.25	208.64	218.02	104.50	33.88
萧　县			243.00	16.02	110.12	267.58	278.32	104.01	29.32
淮北市			**142.14**	**7.06**	**91.45**	**129.98**	**100.35**	**77.20**	**11.45**
濉溪县			142.14	7.06	91.45	129.98	100.35	77.20	11.45
蚌埠市			**94.53**	**3.05**	**85.79**	**81.10**	**76.89**	**94.81**	**5.49**
怀远县			48.31	2.49	76.86	37.13	25.35	68.27	2.81
五河县			46.22	3.99	95.13	43.97	51.54	117.22	10.31
滁州市			**281.39**	**6.48**	**58.21**	**163.80**	**129.59**	**79.11**	**6.20**
南樵区			30.22	6.04	63.20	19.10	15.23	79.74	5.82
天长市			71.34	7.78	63.33	45.18	37.17	82.27	8.07
全椒县			68.63	10.50	75.55	51.85	46.21	89.12	14.13
定远县			70.13	4.52	37.83	26.53	15.75	59.37	2.37
来安县			41.07	5.69	51.47	21.14	15.23	72.04	4.06
六安市			**259.58**	**6.58**	**50.14**	**130.16**	**114.89**	**88.27**	**5.18**
寿　县			135.38	7.20	50.25	68.03	59.44	87.37	6.15
霍邱县			124.20	6.01	50.02	62.13	55.45	89.25	4.43
合肥市			**223.37**	**5.64**	**54.31**	**121.30**	**84.70**	**69.83**	**3.51**
长丰县			89.53	6.19	57.83	51.77	37.41	72.26	5.03
肥东县			73.48	5.20	53.46	39.28	23.43	59.65	2.63
肥西县			60.36	5.48	50.12	30.25	23.86	78.88	3.06
巢湖市			**371.27**	**8.37**	**88.22**	**327.55**	**313.88**	**95.83**	**8.61**
无为县			133.50	9.71	112.49	150.18	141.92	94.50	12.01
巢湖市			96.10	12.23	78.62	75.55	76.35	101.06	12.23
和　县			82.03	10.39	74.80	61.36	60.17	98.06	11.33
含山县			32.60	9.52	79.26	25.84	25.70	99.46	7.68
庐江县			27.04	2.37	54.07	14.62	9.74	66.62	1.00
安庆市			**489.50**	**15.04**	**108.79**	**532.53**	**540.09**	**101.42**	**14.35**
宿松县			137.67	21.14	123.40	169.89	172.68	101.64	27.41
望江县			149.33	27.72	120.85	180.47	188.29	104.33	38.54
太湖县			36.20	11.07	109.61	39.68	42.61	107.38	9.07
枞阳县			83.63	12.86	86.24	72.12	67.64	93.79	7.84
怀宁县			36.41	6.68	102.00	37.14	38.46	103.55	5.95
桐城市			46.26	8.53	71.83	33.23	30.41	91.51	4.56
池州市			**163.76**	**16.75**	**101.47**	**166.16**	**163.48**	**98.39**	**17.80**
东至县			106.38	20.84	113.36	120.59	118.46	98.23	26.49
贵池市			57.38	12.28	79.42	45.57	45.02	98.79	9.56
芜湖市			**59.07**	**6.96**	**98.59**	**58.24**	**54.90**	**94.27**	**6.96**
繁昌县			43.83	13.18	108.10	47.38	46.15	97.41	13.30
南陵县			15.24	2.95	71.26	10.86	8.75	80.57	1.98
宣城市			**68.23**	**8.03**	**71.32**	**48.66**	**43.09**	**88.55**	**6.69**
宣州市			68.23	8.03	71.32	48.66	43.09	88.55	6.69
铜陵市			**43.02**	**15.43**	**95.33**	**41.01**	**44.83**	**109.31**	**15.29**
铜陵县			43.02	15.43	95.33	41.01	44.83	109.31	15.29
马鞍山市			**95.67**	**14.32**	**90.16**	**86.26**	**74.77**	**86.68**	**14.03**
当涂县			95.67	14.32	90.16	86.26	74.77	86.68	14.03

5－9－6　安徽省1990－2000年产棉县棉花生产收购明细

县市名	耕地面积（万亩）	农业人口（万人）	棉田面积（万亩）	占耕地（%）	亩产（市斤）	产量（万担）	收购量（万担）	商品率（%）	人均交售（市斤）
全省合计			**5743.20**	**10.71**	**105.47**	**6057.27**	**3928.51**	**64.86**	**10.18**
阜阳市			**1374.00**	**9.52**	**100.80**	**1385.03**	**563.60**	**40.69**	**5.48**
蒙城县			292.82	14.22	112.99	330.86	141.89	42.89	13.13
临泉县			137.70	7.17	97.56	134.34	101.87	75.83	5.65
界首县			100.96	14.66	115.59	116.70	38.73	33.19	5.75
涡阳县			169.89	7.90	104.84	178.12	75.22	42.23	5.84
阜阳县			197.78	11.46	81.16	160.51	65.26	40.66	4.33
太和县			154.05	8.60	79.38	122.28	45.88	37.52	3.47
利辛县			143.06	7.35	95.20	136.20	42.48	31.19	3.15
亳州市			177.74	8.27	115.91	206.02	52.27	25.37	4.14
宿州市			**1141.44**	**13.55**	**96.08**	**1096.68**	**693.12**	**63.20**	**13.32**
宿州涌桥区			268.40	11.35	108.70	291.76	191.44	65.62	14.62
泗　县			246.20	16.14	95.11	234.17	140.13	59.84	17.42
灵璧县			238.90	11.98	81.68	195.14	127.80	65.49	12.27
砀山县			131.35	14.12	88.40	116.11	101.22	87.18	12.09
萧　县			256.59	15.96	101.13	259.50	132.53	51.07	10.95
淮北市			**289.55**	**13.83**	**106.85**	**309.37**	**120.48**	**38.94**	**11.28**
濉溪县			289.55	13.83	106.85	309.37	120.48	38.94	11.28
蚌埠市			**212.77**	**6.41**	**110.38**	**234.86**	**101.67**	**43.29**	**5.55**
怀远县			136.45	6.40	115.47	157.56	66.88	42.45	5.61
五河县			76.32	6.44	101.28	77.30	34.79	45.01	5.44
滁州市			**325.70**	**7.00**	**84.45**	**275.04**	**177.78**	**64.64**	**7.61**
南樵区			71.23	14.24	73.42	52.30	35.31	67.51	11.44
天长市			36.38	3.68	78.28	28.48	24.34	85.46	5.52
全椒县			69.26	9.92	96.30	66.70	51.10	76.61	14.33
定远县			106.33	6.33	85.60	91.02	44.06	48.41	5.56
来安县			42.50	5.41	85.98	36.54	22.97	62.86	5.26
六安市			**225.24**	**5.30**	**77.06**	**173.57**	**94.90**	**54.68**	**3.49**
寿　县			123.79	6.01	85.16	105.42	54.98	52.15	4.74
霍邱县			101.45	4.64	67.18	68.15	39.92	58.58	2.56
合肥市			**315.16**	**7.42**	**88.84**	**279.98**	**188.46**	**67.31**	**6.54**
长丰县			146.95	9.36	88.32	129.78	89.19	68.72	9.58
肥东县			94.59	6.24	80.39	76.04	52.89	69.56	5.19
肥西县			73.62	6.33	100.73	74.16	46.38	62.54	4.97
巢湖市			**671.81**	**14.12**	**120.46**	**809.25**	**664.15**	**82.07**	**15.93**
无为县			428.44	29.21	133.40	571.52	438.79	76.78	32.52
巢湖市			107.33	12.97	77.73	83.43	75.38	90.35	11.37
和　县			64.00	7.56	101.64	65.05	83.27	128.01	13.78
含山县			38.79	10.51	149.37	57.94	38.64	66.69	9.79
庐江县			33.25	2.66	94.17	31.31	28.07	89.65	2.43
安庆市			**662.94**	**18.77**	**131.56**	**872.15**	**832.45**	**95.45**	**18.90**
宿松县			186.58	25.88	127.83	238.51	262.64	110.12	34.73
望江县			239.30	40.71	159.67	382.09	353.78	92.59	58.06
太湖县			49.68	14.13	148.21	73.63	61.10	82.98	10.79
枞阳县			98.95	14.14	97.26	96.24	89.03	92.51	9.33
怀宁县			42.66	7.20	109.42	46.68	43.06	92.25	5.64
桐城市			45.77	7.92	76.47	35.00	22.84	65.26	3.03
池州市			**202.34**	**19.09**	**119.05**	**240.88**	**199.82**	**82.95**	**18.74**
东至县			144.64	26.12	119.30	172.55	149.56	86.68	28.57
贵池市			57.70	11.39	118.43	68.33	50.26	73.55	9.26
芜湖市			**76.90**	**8.30**	**111.83**	**86.00**	**86.78**	**100.91**	**9.29**
繁昌县			55.98	15.13	109.11	61.08	60.63	99.27	14.79
南陵县			20.92	3.76	119.12	24.92	26.15	104.94	4.99
宣城市			**100.39**	**10.91**	**144.81**	**145.37**	**85.99**	**59.15**	**11.92**
宣州市			100.39	10.91	144.81	145.37	85.99	59.15	11.92
铜陵市			**63.79**	**20.89**	**114.86**	**73.27**	**67.64**	**92.32**	**20.47**
铜陵县			63.79	20.89	114.86	73.27	67.64	92.32	20.47
马鞍山市			**81.17**	**11.38**	**93.41**	**75.82**	**51.67**	**68.15**	**8.32**
当涂县			81.17	11.38	93.41	75.82	51.67	68.15	8.32

5-9-7 安徽省1949年产棉县棉花生产收购明细

县市名	耕地面积（万亩）	农业人口（万人）	棉田面积（万亩）	占耕地（%）	亩产（市斤）	产量（万担）	收购量（万担）	商品率（%）	人均交售（市斤）
全省合计	**4916.95**	**1539.77**	**188.64**	**3.84**	**14.74**	**27.81**	**8.07**	**29.02**	**0.52**
阜阳市	**1151.76**	**281.29**	**35.89**	**3.12**	**13.21**	**4.74**	**0.10**	**2.11**	**0.04**
蒙城县	297.10	60.08	9.20	3.10	8.48	0.78			
临泉县	227.00	74.00	12.00	5.29	14.00	1.68			
界首县									
涡阳县	356.66	81.91	7.19	2.02	15.02	1.08	0.10	9.26	0.12
阜阳县									
太和县									
利辛县									
亳州市	271.00	65.30	7.50	2.77	16.00	1.20			
宿州市	**1106.15**	**297.12**	**33.77**	**3.05**	**16.97**	**5.73**	**2.00**	**34.90**	**0.67**
宿州涌桥区	405.00	77.00	7.70	1.90	14.29	1.10			
泗　县	185.00	37.68	2.02	1.09	14.85	0.30			
灵璧县	183.30	58.10	2.30	1.25	21.74	0.50			
砀山县	102.04	35.34	6.75	6.62	23.41	1.58			
萧　县	230.81	89.00	15.00	6.50	15.00	2.25	2.00	88.89	2.25
淮北市	**225.00**	**63.00**	**10.00**	**4.44**	**15.20**	**1.52**			
濉溪县	225.00	63.00	10.00	4.44	15.20	1.52			
蚌埠市	**309.20**	**88.96**	**4.70**	**1.52**	**15.74**	**0.74**	**0.22**	**29.73**	**0.25**
怀远县	192.20	50.00	3.10	1.61	19.35	0.60	0.21	35.00	0.42
五河县	117.00	38.96	1.60	1.37	8.75	0.14	0.01	7.14	0.03
滁州市	**179.84**	**34.15**	**0.96**	**0.53**	**19.79**	**0.19**	**0.05**	**26.32**	**0.15**
南樵区	61.44	11.05	0.87	1.42	20.69	0.18	0.05	27.78	0.45
天长市	118.40	23.10	0.09	0.08	11.11	0.01			
全椒县									
定远县									
来安县									
六安市	**509.10**	**117.80**	**20.40**	**4.01**	**13.73**	**2.80**	**0.15**	**5.36**	**0.13**
寿　县	230.30	52.90	8.40	3.65	16.67	1.40	0.07	5.00	0.13
霍邱县	278.80	64.90	12.00	4.30	11.67	1.40	0.08	5.71	0.12
合肥市	**514.73**	**171.60**	**38.50**	**7.48**	**14.94**	**5.75**	**3.41**	**59.30**	**1.99**
长丰县	179.20	45.90	7.90	4.41	15.82	1.25	1.21	96.80	2.64
肥东县	204.53	66.70	14.00	6.84	21.43	3.00	0.90	30.00	1.35
肥西县	131.00	59.00	16.60	12.67	9.04	1.50	1.30	86.67	2.20
巢湖市	**462.10**	**254.92**	**18.58**	**4.02**	**15.66**	**2.91**			
无为县	168.60	94.47	2.42	1.44	18.18	0.44			
巢湖市	64.40	44.50	2.84	4.41	7.04	0.20			
和　县	72.78	35.75	8.99	12.35	19.69	1.77			
含山县	38.92	20.20	2.18	5.60	9.17	0.20			
庐江县	117.40	60.00	2.15	1.83	13.95	0.30			
安庆市	**154.19**	**99.84**	**12.06**	**7.82**	**7.21**	**0.87**	**0.11**	**12.64**	**0.11**
宿松县	48.67	32.73	0.48	0.99	2.08	0.01			
望江县	41.14	24.26	9.32	22.65	4.72	0.44	0.01	2.27	0.04
太湖县									
枞阳县									
怀宁县	64.38	42.85	2.26	3.51	18.58	0.42	0.10	23.81	0.23
桐城市									
池州市	**90.83**	**45.48**	**9.73**	**10.71**	**22.30**	**2.17**	**2.00**	**92.17**	**4.40**
东至县	53.00	23.00	8.00	15.09	25.00	2.00	2.00	100.00	8.70
贵池市	37.83	22.48	1.73	4.57	9.83	0.17			
芜湖市									
繁昌县									
南陵县									
宣城市	**97.02**	**39.39**	**2.56**	**2.64**	**10.16**	**0.26**			
宣州市	97.02	39.39	2.56	2.64	10.16	0.26			
铜陵市	**36.97**	**15.48**	**1.13**	**3.06**	**9.73**	**0.11**	**0.01**	**9.09**	**0.06**
铜陵县	36.97	15.48	1.13	3.06	9.73	0.11	0.01	9.09	0.06
马鞍山市	**80.06**	**30.74**	**0.36**	**0.45**	**5.56**	**0.02**	**0.02**	**100.00**	**0.07**
当涂县	80.06	30.74	0.36	0.45	5.56	0.02	0.02	100.00	0.07

5-9-8 安徽省1950年产棉县棉花生产收购明细

县市名	耕地面积（万亩）	农业人口（万人）	棉田面积（万亩）	占耕地（%）	亩产（市斤）	产量（万担）	收购量（万担）	商品率（%）	人均交售（市斤）
全省合计	**5117.08**	**1565.17**	**189.44**	**3.70**	**14.48**	**27.44**	**7.87**	**28.68**	**0.50**
阜阳市	**1162.15**	**280.93**	**37.27**	**3.21**	**10.49**	**3.91**	**0.30**	**7.67**	**0.11**
蒙城县	300.30	60.17	10.20	3.40	6.86	0.70	0.10	14.29	0.17
临泉县	227.00	71.00	12.50	5.51	15.04	1.88			
界首县									
涡阳县	359.55	83.66	8.07	2.24	9.05	0.73	0.10	13.70	0.12
阜阳县									
太和县									
利辛县									
亳州市	275.30	66.10	6.50	2.36	9.23	0.60	0.10	16.67	0.15
宿州市	**1113.15**	**302.60**	**33.73**	**3.03**	**19.72**	**6.65**	**0.37**	**5.56**	**0.12**
宿州涌桥区	405.00	78.00	7.70	1.90	6.49	0.50			
泗　县	192.00	38.22	2.05	1.07	15.12	0.31			
灵璧县	183.30	59.31	1.80	0.98	27.78	0.50			
砀山县	102.04	36.07	7.20	7.06	23.47	1.69	0.17	10.06	0.47
萧　县	230.81	91.00	14.98	6.49	24.37	3.65	0.20	5.48	0.22
淮北市	**235.47**	**64.20**	**9.00**	**3.82**	**7.00**	**0.63**			
濉溪县	235.47	64.20	9.00	3.82	7.00	0.63			
蚌埠市	**410.50**	**89.26**	**6.69**	**1.63**	**12.71**	**0.85**	**0.65**	**76.47**	**0.73**
怀远县	232.50	51.00	3.30	1.42	21.21	0.70	0.60	85.71	1.18
五河县	178.00	38.26	3.39	1.90	4.42	0.15	0.05	33.33	0.13
滁州市	**182.14**	**34.98**	**1.01**	**0.55**	**15.84**	**0.16**	**0.07**	**43.75**	**0.20**
南樵区	61.44	11.28	0.92	1.50	16.30	0.15	0.07	46.67	0.62
天长市	120.70	23.70	0.09	0.07	11.11	0.01			
全椒县									
定远县									
来安县									
六安市	**521.90**	**119.40**	**15.80**	**3.03**	**9.49**	**1.50**	**0.13**	**8.67**	**0.11**
寿　县	243.10	54.10	6.80	2.80	13.24	0.90	0.05	5.56	0.09
霍邱县	278.80	65.30	9.00	3.23	6.67	0.60	0.08	13.33	0.12
合肥市	**512.73**	**175.50**	**37.43**	**7.30**	**16.06**	**6.01**	**3.97**	**66.06**	**2.26**
长丰县	179.20	46.20	7.50	4.19	16.13	1.21	1.07	88.43	2.32
肥东县	204.53	68.30	14.80	7.24	20.27	3.00	1.30	43.33	1.90
肥西县	129.00	61.00	15.13	11.73	11.90	1.80	1.60	88.89	2.62
巢湖市	**484.81**	**261.88**	**17.72**	**3.66**	**10.84**	**1.92**	**0.10**	**5.21**	**0.04**
无为县	168.60	94.47	1.75	1.04	19.43	0.34			
巢湖市	64.38	46.59	3.12	4.85	7.05	0.22	0.10	45.45	0.21
和　县	89.49	37.51	8.99	10.05	10.01	0.90			
含山县	38.89	21.98	1.67	4.29	9.58	0.16			
庐江县	123.45	61.33	2.19	1.77	13.70	0.30			
安庆市	**172.26**	**100.90**	**13.11**	**7.61**	**18.23**	**2.39**	**0.23**	**9.62**	**0.23**
宿松县	59.41	33.06	1.88	3.16	10.11	0.19			
望江县	49.63	24.38	8.62	17.37	17.98	1.55	0.03	1.94	0.12
太湖县									
枞阳县									
怀宁县	63.22	43.46	2.61	4.13	24.90	0.65	0.20	30.77	0.46
桐城市									
池州市	**102.94**	**47.04**	**13.18**	**12.80**	**18.59**	**2.45**	**2.00**	**81.63**	**4.25**
东至县	53.00	23.00	9.00	16.98	22.22	2.00	2.00	100.00	8.70
贵池市	49.94	24.04	4.18	8.37	10.77	0.45			
芜湖市									
繁昌县									
南陵县									
宣城市	**100.92**	**41.39**	**2.92**	**2.89**	**21.23**	**0.62**			
宣州市	100.92	41.39	2.92	2.89	21.23	0.62			
铜陵市	**37.56**	**15.91**	**1.13**	**3.01**	**21.24**	**0.24**	**0.02**	**8.33**	**0.13**
铜陵县	37.56	15.91	1.13	3.01	21.24	0.24	0.02	8.33	0.13
马鞍山市	**80.55**	**31.18**	**0.45**	**0.56**	**24.44**	**0.11**	**0.03**	**27.27**	**0.10**
当涂县	80.55	31.18	0.45	0.56	24.44	0.11	0.03	27.27	0.10

5－9－9　安徽省1951年产棉县棉花生产收购明细

县 市 名	耕地面积（万亩）	农业人口（万人）	棉田面积（万亩）	占耕地（%）	亩　产（市斤）	产　量（万担）	收购量（万担）	商品率（%）	人均交售（市斤）
全省合计	**5343.26**	**1632.02**	**212.70**	**3.98**	**18.84**	**40.08**	**16.41**	**40.94**	**1.01**
阜阳市	**1181.33**	**290.02**	**37.91**	**3.21**	**13.87**	**5.26**	**1.08**	**20.53**	**0.37**
蒙城县	308.50	61.12	9.28	3.01	15.09	1.40	0.38	27.14	0.62
临泉县	227.00	77.00	12.40	5.46	10.16	1.26			
界首县									
涡阳县	362.93	85.00	9.13	2.52	14.24	1.30	0.10	7.69	0.12
阜阳县									
太和县									
利辛县									
亳州市	282.90	66.90	7.10	2.51	18.31	1.30	0.60	46.15	0.90
宿州市	**1121.45**	**280.40**	**33.96**	**3.03**	**24.68**	**8.38**	**3.70**	**44.15**	**1.32**
宿州涌桥区	405.98	79.13	7.70	1.90	16.88	1.30	0.20	15.38	0.25
泗　县	199.32	37.89	2.09	1.05	44.98	0.94			
灵璧县	183.30	59.39	3.60	1.96	27.78	1.00			
砀山县	102.04	36.99	7.02	6.88	22.36	1.57	0.10	6.37	0.27
萧　县	230.81	67.00	13.55	5.87	26.35	3.57	3.40	95.24	5.07
淮北市	**252.80**	**66.60**	**10.00**	**3.96**	**3.60**	**0.36**	**0.50**	**138.89**	**0.75**
濉溪县	252.80	66.60	10.00	3.96	3.60	0.36	0.50	138.89	0.75
蚌埠市	**426.10**	**90.88**	**6.02**	**1.41**	**28.41**	**1.71**	**0.87**	**50.88**	**0.96**
怀远县	238.10	53.00	4.40	1.85	36.36	1.60	0.80	50.00	1.51
五河县	188.00	37.88	1.62	0.86	6.79	0.11	0.07	63.64	0.18
滁州市	**192.54**	**36.91**	**2.59**	**1.35**	**15.83**	**0.41**	**0.09**	**21.95**	**0.24**
南樵区	61.74	11.91	0.96	1.55	19.79	0.19	0.09	47.37	0.76
天长市	130.80	25.00	1.63	1.25	13.50	0.22			
全椒县									
定远县									
来安县									
六安市	**534.50**	**121.30**	**21.30**	**3.99**	**15.49**	**3.30**	**0.19**	**5.76**	**0.16**
寿　县	255.70	55.10	12.90	5.04	17.83	2.30	0.10	4.35	0.18
霍邱县	278.80	66.20	8.40	3.01	11.90	1.00	0.09	9.00	0.14
合肥市	**532.12**	**178.00**	**43.15**	**8.11**	**18.01**	**7.77**	**4.50**	**57.92**	**2.53**
长丰县	191.60	48.20	10.90	5.69	18.07	1.97	1.80	91.37	3.73
肥东县	204.52	68.80	14.80	7.24	27.03	4.00	1.20	30.00	1.74
肥西县	136.00	61.00	17.45	12.83	10.32	1.80	1.50	83.33	2.46
巢湖市	**505.64**	**274.43**	**20.68**	**4.09**	**19.34**	**4.00**	**1.46**	**36.50**	**0.53**
无为县	168.60	94.47	5.20	3.08	23.46	1.22			
巢湖市	69.42	47.00	3.83	5.52	9.92	0.38	0.11	28.95	0.23
和　县	102.21	41.44	8.13	7.95	23.00	1.87	1.32	70.59	3.19
含山县	38.26	22.29	1.33	3.48	10.53	0.14			
庐江县	127.15	69.23	2.19	1.72	17.81	0.39	0.03	7.69	0.04
安庆市	**262.19**	**155.79**	**17.08**	**6.51**	**22.19**	**3.79**	**1.73**	**45.65**	**1.11**
宿松县	77.68	37.13	3.05	3.93	18.36	0.56			
望江县	52.26	24.59	8.73	16.70	19.47	1.70	1.03	60.59	4.19
太湖县									
枞阳县	70.20	50.40	2.20	3.13	51.82	1.14	0.60	52.63	1.19
怀宁县	62.05	43.67	3.10	5.00	12.58	0.39	0.10	25.64	0.23
桐城市									
池州市	**107.46**	**48.34**	**14.21**	**13.22**	**26.32**	**3.74**	**2.00**	**53.48**	**4.14**
东至县	53.00	23.00	9.00	16.98	22.22	2.00	2.00	100.00	8.70
贵池市	54.46	25.34	5.21	9.57	33.40	1.74			
芜湖市									
繁昌县									
南陵县									
宣城市	**108.12**	**41.77**	**3.58**	**3.31**	**23.83**	**0.85**			
宣州市	108.12	41.77	3.58	3.31	23.83	0.85			
铜陵市	**37.70**	**16.04**	**1.64**	**4.35**	**20.73**	**0.34**	**0.19**	**55.88**	**1.18**
铜陵县	37.70	16.04	1.64	4.35	20.73	0.34	0.19	55.88	1.18
马鞍山市	**81.31**	**31.54**	**0.58**	**0.71**	**29.31**	**0.17**	**0.10**	**58.82**	**0.32**
当涂县	81.31	31.54	0.58	0.71	29.31	0.17	0.10	58.82	0.32

5－9－10　安徽省1952年产棉县棉花生产收购明细

县市名	耕地面积（万亩）	农业人口（万人）	棉田面积（万亩）	占耕地（%）	亩　产（市斤）	产　量（万担）	收购量（万担）	商品率（%）	人均交售（市斤）
全省合计	**5599.95**	**1686.21**	**265.13**	**4.73**	**22.11**	**58.61**	**26.12**	**44.56**	**1.55**
阜阳市	**1188.67**	**292.01**	**45.99**	**3.87**	**19.68**	**9.05**	**2.23**	**24.64**	**0.76**
蒙城县	307.94	61.12	9.81	3.19	25.48	2.50	0.47	18.80	0.77
临泉县	227.00	78.00	12.30	5.42	14.72	1.81	0.18	9.94	0.23
界首县									
涡阳县	362.93	85.89	14.88	4.10	21.10	3.14	0.18	5.73	0.21
阜阳县									
太和县									
利辛县									
亳州市	290.80	67.00	9.00	3.09	17.78	1.60	1.40	87.50	2.09
宿州市	**1148.00**	**283.68**	**71.97**	**6.27**	**26.09**	**18.78**	**10.00**	**53.25**	**3.53**
宿州涌桥区	404.92	79.16	7.50	1.85	14.67	1.10	0.30	27.27	0.38
泗　县	199.07	37.98	2.89	1.45	11.07	0.32			
灵璧县	183.30	59.62	5.20	2.84	11.54	0.60			
砀山县	129.90	38.92	19.37	14.91	31.03	6.01	3.00	49.92	7.71
萧　县	230.81	68.00	37.01	16.03	29.05	10.75	6.70	62.33	9.85
淮北市	**283.90**	**68.00**	**10.90**	**3.84**	**17.52**	**1.91**	**0.50**	**26.18**	**0.74**
濉溪县	283.90	68.00	10.90	3.84	17.52	1.91	0.50	26.18	0.74
蚌埠市	**531.10**	**97.06**	**4.58**	**0.86**	**14.19**	**0.65**	**0.26**	**40.00**	**0.27**
怀远县	321.10	61.20	2.50	0.78	20.00	0.50	0.20	40.00	0.33
五河县	210.00	35.86	2.08	0.99	7.21	0.15	0.06	40.00	0.17
滁州市	**192.64**	**40.59**	**3.66**	**1.90**	**14.02**	**0.51**	**0.12**	**23.39**	**0.30**
南樵区	61.74	12.69	1.71	2.77	22.81	0.39	0.11	28.21	0.87
天长市	130.90	27.90	1.95	1.49	6.31	0.12	0.01	8.13	0.04
全椒县									
定远县									
来安县									
六安市	**548.00**	**123.00**	**20.30**	**3.70**	**15.76**	**3.20**	**0.17**	**5.31**	**0.14**
寿　县	271.50	56.80	8.00	2.95	17.50	1.40	0.07	5.00	0.12
霍邱县	276.50	66.20	12.30	4.45	14.63	1.80	0.10	5.56	0.15
合肥市	**542.83**	**180.20**	**42.26**	**7.79**	**15.43**	**6.52**	**5.20**	**79.75**	**2.89**
长丰县	196.30	48.40	8.40	4.28	17.50	1.47	1.27	86.39	2.62
肥东县	204.53	70.80	15.30	7.48	19.61	3.00	2.00	66.67	2.82
肥西县	142.00	61.00	18.56	13.07	11.05	2.05	1.93	94.15	3.16
巢湖市	**519.54**	**271.07**	**17.81**	**3.43**	**20.66**	**3.68**	**1.53**	**41.58**	**0.56**
无为县	168.60	94.47	3.10	1.84	21.61	0.67	0.02	2.99	0.02
巢湖市	84.97	48.30	4.29	5.05	18.65	0.80	0.16	20.00	0.33
和　县	98.40	42.05	7.97	8.10	23.09	1.84	1.30	70.65	3.09
含山县	38.92	22.45	0.82	2.11	15.85	0.13	0.04	30.77	0.18
庐江县	128.65	63.80	1.63	1.27	14.72	0.24	0.01	4.17	0.02
安庆市	**311.11**	**190.07**	**26.75**	**8.60**	**31.44**	**8.41**	**2.86**	**34.01**	**1.50**
宿松县	77.71	36.53	6.43	8.27	35.77	2.30			
望江县	53.39	25.38	11.25	21.07	20.36	2.29	1.62	70.74	6.38
太湖县	44.60	34.00	1.60	3.59	18.75	0.30			
枞阳县	70.50	50.40	3.90	5.53	66.92	2.61	0.90	34.48	1.79
怀宁县	64.91	43.76	3.57	5.50	25.49	0.91	0.34	37.36	0.78
桐城市									
池州市	**113.16**	**49.59**	**14.33**	**12.66**	**32.52**	**4.66**	**3.00**	**64.38**	**6.05**
东至县	55.00	23.00	9.00	16.36	33.33	3.00	3.00	100.00	13.04
贵池市	58.16	26.59	5.33	9.16	31.14	1.66			
芜湖市									
繁昌县									
南陵县									
宣城市	**102.02**	**42.71**	**3.82**	**3.74**	**13.61**	**0.52**			
宣州市	102.02	42.71	3.82	3.74	13.61	0.52			
铜陵市	**38.01**	**16.42**	**1.76**	**4.63**	**22.16**	**0.39**	**0.19**	**48.72**	**1.16**
铜陵县	38.01	16.42	1.76	4.63	22.16	0.39	0.19	48.72	1.16
马鞍山市	**80.97**	**31.81**	**1.00**	**1.24**	**33.00**	**0.33**	**0.06**	**18.18**	**0.19**
当涂县	80.97	31.81	1.00	1.24	33.00	0.33	0.06	18.18	0.19

5－9－11　安徽省1953年产棉县棉花生产收购明细

县 市 名	耕地面积（万亩）	农业人口（万人）	棉田面积（万亩）	占耕地（%）	亩　产（市斤）	产　量（万担）	收购量（万担）	商品率（%）	人均交售（市斤）
全省合计	**5588.01**	**1707.95**	**269.66**	**4.83**	**18.51**	**49.91**	**22.23**	**44.54**	**1.30**
阜阳市	**1185.77**	**296.08**	**52.98**	**4.47**	**14.21**	**7.53**	**1.35**	**17.93**	**0.46**
蒙城县	307.89	61.16	15.19	4.93	17.77	2.70	0.22	8.15	0.36
临泉县	227.00	80.00	9.50	4.19	13.47	1.28	0.03	2.34	0.04
界首县									
涡阳县	361.78	86.92	17.89	4.94	11.46	2.05	0.20	9.76	0.23
阜阳县									
太和县									
利辛县									
亳州市	289.10	68.00	10.40	3.60	14.42	1.50	0.90	60.00	1.32
宿州市	**1150.22**	**286.87**	**58.29**	**5.07**	**24.14**	**14.07**	**7.00**	**49.75**	**2.44**
宿州涌桥区	409.19	81.90	7.30	1.78	4.11	0.30	0.10	33.33	0.12
泗　县	197.02	38.80	1.81	0.92	11.60	0.21			
灵璧县	183.30	60.22	2.60	1.42	23.08	0.60			
砀山县	129.90	38.95	18.51	14.25	31.98	5.92	3.00	50.68	7.70
萧　县	230.81	67.00	28.07	12.16	25.08	7.04	3.90	55.40	5.82
淮北市	**287.40**	**69.00**	**12.10**	**4.21**	**20.83**	**2.52**	**1.00**	**39.68**	**1.45**
濉溪县	287.40	69.00	12.10	4.21	20.83	2.52	1.00	39.68	1.45
蚌埠市	**536.40**	**96.86**	**7.26**	**1.35**	**12.81**	**0.93**	**0.42**	**45.16**	**0.43**
怀远县	326.40	61.00	5.40	1.65	12.96	0.70	0.30	42.86	0.49
五河县	210.00	35.86	1.86	0.89	12.37	0.23	0.12	52.17	0.33
滁州市	**183.51**	**41.89**	**3.35**	**1.83**	**11.94**	**0.40**	**0.15**	**37.50**	**0.36**
南樵区	62.71	13.09	1.45	2.31	17.24	0.25	0.15	60.00	1.15
天长市	120.80	28.80	1.90	1.57	7.89	0.15			
全椒县									
定远县									
来安县									
六安市	**546.50**	**125.10**	**22.50**	**4.12**	**15.11**	**3.40**	**0.16**	**4.71**	**0.13**
寿　县	267.70	57.50	9.10	3.40	15.38	1.40	0.06	4.29	0.10
霍邱县	278.80	67.60	13.40	4.81	14.93	2.00	0.10	5.00	0.15
合肥市	**542.73**	**184.00**	**43.44**	**8.00**	**9.19**	**3.99**	**2.89**	**72.43**	**1.57**
长丰县	196.00	48.50	8.00	4.08	12.88	1.03	0.89	86.41	1.84
肥东县	204.73	72.50	15.60	7.62	6.41	1.00	0.30	30.00	0.41
肥西县	142.00	63.00	19.84	13.97	9.88	1.96	1.70	86.73	2.70
巢湖市	**521.70**	**273.98**	**22.96**	**4.40**	**21.73**	**4.99**	**2.16**	**43.29**	**0.79**
无为县	168.60	94.47	3.45	2.05	13.04	0.45	0.05	11.11	0.05
巢湖市	87.03	48.50	6.92	7.95	18.06	1.25	0.18	14.40	0.37
和　县	98.47	42.39	9.53	9.68	28.75	2.74	1.84	67.15	4.34
含山县	38.95	23.53	0.96	2.46	20.83	0.20	0.07	35.00	0.30
庐江县	128.65	65.09	2.10	1.63	16.67	0.35	0.02	5.71	0.03
安庆市	**297.94**	**192.09**	**27.03**	**9.07**	**30.00**	**8.11**	**3.95**	**48.71**	**2.06**
宿松县	76.00	38.07	6.77	8.91	27.92	1.89	0.72	38.10	1.89
望江县	47.55	28.49	10.58	22.25	22.31	2.36	1.73	73.31	6.07
太湖县	40.20	34.70	1.70	4.23	17.65	0.30			
枞阳县	69.70	47.90	4.70	6.74	60.85	2.86	1.20	41.96	2.51
怀宁县	64.49	42.93	3.28	5.09	21.34	0.70	0.30	42.86	0.70
桐城市									
池州市	**114.64**	**50.35**	**12.59**	**10.98**	**21.68**	**2.73**	**2.53**	**92.67**	**5.02**
东至县	56.00	24.00	8.00	14.29	25.00	2.00	2.00	100.00	8.33
贵池市	58.64	26.35	4.59	7.83	15.90	0.73	0.53	72.60	2.01
芜湖市									
繁昌县									
南陵县									
宣城市	**102.24**	**42.60**	**4.50**	**4.40**	**13.78**	**0.62**	**0.29**	**46.77**	**0.68**
宣州市	102.24	42.60	4.50	4.40	13.78	0.62	0.29	46.77	0.68
铜陵市	**37.89**	**16.78**	**1.46**	**3.85**	**24.66**	**0.36**	**0.19**	**52.78**	**1.13**
铜陵县	37.89	16.78	1.46	3.85	24.66	0.36	0.19	52.78	1.13
马鞍山市	**81.07**	**32.35**	**1.20**	**1.48**	**21.67**	**0.26**	**0.14**	**53.85**	**0.43**
当涂县	81.07	32.35	1.20	1.48	21.67	0.26	0.14	53.85	0.43

5－9－12　安徽省1954年产棉县棉花生产收购明细

县市名	耕地面积（万亩）	农业人口（万人）	棉田面积（万亩）	占耕地（%）	亩产（市斤）	产量（万担）	收购量（万担）	商品率（%）	人均交售（市斤）
全省合计	**5624.47**	**1734.20**	**201.88**	**3.59**	**10.38**	**20.96**	**10.21**	**48.71**	**0.59**
阜阳市	**1179.86**	**302.21**	**44.88**	**3.80**	**6.91**	**3.10**	**0.80**	**25.81**	**0.26**
蒙城县	302.58	62.24	9.41	3.11	9.67	0.91	0.12	13.19	0.19
临泉县	227.00	82.00	9.50	4.19	3.89	0.37	0.08	21.62	0.10
界首县									
涡阳县	361.78	88.57	16.87	4.66	7.82	1.32	0.50	37.88	0.56
阜阳县									
太和县									
利辛县									
亳州市	288.50	69.40	9.10	3.15	5.49	0.50	0.10	20.00	0.14
宿州市	**1159.12**	**297.26**	**44.08**	**3.80**	**20.55**	**9.06**	**4.42**	**48.79**	**1.49**
宿州涌桥区	414.29	86.87	5.40	1.30	3.70	0.20	0.10	50.00	0.12
泗　县	200.82	39.71	1.75	0.87	9.14	0.16	0.02	12.50	0.05
灵璧县	183.30	61.84	5.80	3.16	13.79	0.80	0.20	25.00	0.32
砀山县	129.90	39.84	12.16	9.36	31.00	3.77	1.60	42.44	4.02
萧　县	230.81	69.00	18.97	8.22	21.77	4.13	2.50	60.53	3.62
淮北市	**294.70**	**69.10**	**14.30**	**4.85**	**9.37**	**1.34**	**0.30**	**22.39**	**0.43**
濉溪县	294.70	69.10	14.30	4.85	9.37	1.34	0.30	22.39	0.43
蚌埠市	**530.70**	**98.84**	**5.66**	**1.07**	**4.06**	**0.23**	**0.18**	**78.26**	**0.18**
怀远县	318.70	62.00	4.00	1.26	2.50	0.10	0.07	70.00	0.11
五河县	212.00	36.84	1.66	0.78	7.83	0.13	0.11	84.62	0.30
滁州市	**182.70**	**42.93**	**3.25**	**1.78**	**10.15**	**0.33**	**0.15**	**45.45**	**0.35**
南樵区	59.40	13.33	1.60	2.69	11.25	0.18	0.14	77.78	1.05
天长市	123.30	29.60	1.65	1.34	9.09	0.15	0.01	6.67	0.03
全椒县									
定远县									
来安县									
六安市	**559.90**	**125.70**	**9.80**	**1.75**	**4.08**	**0.40**	**0.14**	**35.00**	**0.11**
寿　县	266.20	58.60	3.70	1.39	5.41	0.20	0.06	30.00	0.10
霍邱县	293.70	67.10	6.10	2.08	3.28	0.20	0.08	40.00	0.12
合肥市	**543.97**	**188.00**	**28.74**	**5.28**	**8.14**	**2.34**	**1.62**	**69.23**	**0.86**
长丰县	195.90	50.20	5.00	2.55	15.20	0.76	0.70	92.11	1.39
肥东县	207.07	73.80	13.50	6.52	7.41	1.00	0.50	50.00	0.68
肥西县	141.00	64.00	10.24	7.26	5.66	0.58	0.42	72.41	0.66
巢湖市	**530.63**	**273.60**	**18.88**	**3.56**	**10.54**	**1.99**	**1.05**	**52.76**	**0.38**
无为县	169.72	94.35	1.67	0.98	10.18	0.17	0.03	17.65	0.03
巢湖市	87.09	48.99	6.88	7.90	14.10	0.97	0.26	26.80	0.53
和　县	99.29	42.58	7.91	7.97	7.08	0.56	0.56	100.00	1.32
含山县	43.47	22.62	1.10	2.53	13.64	0.15	0.06	40.00	0.27
庐江县	131.06	65.06	1.32	1.01	10.61	0.14	0.14	100.00	0.22
安庆市	**308.21**	**192.47**	**16.82**	**5.46**	**6.48**	**1.09**	**0.67**	**61.47**	**0.35**
宿松县	77.22	38.23	5.95	7.71	1.01	0.06			
望江县	46.62	28.56	4.15	8.90	13.73	0.57	0.37	64.91	1.30
太湖县	47.80	34.60	1.50	3.14	6.67	0.10			
枞阳县	72.30	47.90	4.20	5.81	4.05	0.17	0.20	117.65	0.42
怀宁县	64.27	43.18	1.02	1.59	18.63	0.19	0.10	52.63	0.23
桐城市									
池州市	**112.70**	**51.30**	**9.76**	**8.66**	**6.76**	**0.66**	**0.61**	**92.42**	**1.19**
东至县	54.00	24.00	6.00	11.11	6.67	0.40	0.40	100.00	1.67
贵池市	58.70	27.30	3.76	6.41	6.91	0.26	0.21	80.77	0.77
芜湖市									
繁昌县									
南陵县									
宣城市	**101.73**	**43.08**	**3.45**	**3.39**	**6.67**	**0.23**	**0.14**	**60.87**	**0.32**
宣州市	101.73	43.08	3.45	3.39	6.67	0.23	0.14	60.87	0.32
铜陵市	**37.64**	**17.16**	**1.16**	**3.08**	**10.34**	**0.12**	**0.09**	**75.00**	**0.52**
铜陵县	37.64	17.16	1.16	3.08	10.34	0.12	0.09	75.00	0.52
马鞍山市	**82.61**	**32.55**	**1.10**	**1.33**	**6.36**	**0.07**	**0.04**	**57.14**	**0.12**
当涂县	82.61	32.55	1.10	1.33	6.36	0.07	0.04	57.14	0.12

5－9－13　安徽省1955年产棉县棉花生产收购明细

县市名	耕地面积（万亩）	农业人口（万人）	棉田面积（万亩）	占耕地（%）	亩产（市斤）	产量（万担）	收购量（万担）	商品率（%）	人均交售（市斤）
全省合计	**5714.11**	**1797.80**	**248.22**	**4.34**	**23.27**	**57.77**	**31.04**	**53.74**	**1.73**
阜阳市	**1266.56**	**340.50**	**47.91**	**3.78**	**19.91**	**9.54**	**2.73**	**28.62**	**0.80**
蒙城县	302.58	64.29	15.06	4.98	17.93	2.70	0.58	21.48	0.90
临泉县	227.00	84.00	11.20	4.93	25.71	2.88	0.22	7.64	0.26
界首县	86.10	31.50	0.20	0.23	30.00	0.06	0.03	50.00	0.10
涡阳县	361.78	90.01	14.75	4.08	17.63	2.60	1.00	38.46	1.11
阜阳县									
太和县									
利辛县									
亳州市	289.10	70.70	6.70	2.32	19.40	1.30	0.90	69.23	1.27
宿州市	**1156.22**	**301.31**	**65.20**	**5.64**	**25.81**	**16.83**	**8.60**	**51.10**	**2.85**
宿州涌桥区	411.39	86.73	5.40	1.31	12.96	0.70	0.30	42.86	0.35
泗　县	200.82	40.20	2.87	1.43	12.89	0.37	0.10	27.03	0.25
灵璧县	183.30	62.92	7.10	3.87	4.23	0.30	0.20	66.67	0.32
砀山县	129.90	40.46	19.57	15.07	33.52	6.56	3.00	45.73	7.41
萧　县	230.81	71.00	30.26	13.11	29.41	8.90	5.00	56.18	7.04
淮北市	**289.90**	**71.00**	**12.00**	**4.14**	**22.17**	**2.66**	**1.40**	**52.63**	**1.97**
濉溪县	289.90	71.00	12.00	4.14	22.17	2.66	1.40	52.63	1.97
蚌埠市	**538.40**	**104.45**	**5.23**	**0.97**	**13.77**	**0.72**	**0.30**	**41.67**	**0.29**
怀远县	329.40	67.00	3.90	1.18	15.38	0.60	0.20	33.33	0.30
五河县	209.00	37.45	1.33	0.64	9.02	0.12	0.10	83.33	0.27
滁州市	**186.71**	**44.30**	**3.14**	**1.68**	**19.75**	**0.62**	**0.31**	**50.00**	**0.70**
南谯区	64.51	13.90	1.84	2.85	22.28	0.41	0.29	70.73	2.09
天长市	122.20	30.40	1.30	1.06	16.15	0.21	0.02	9.52	0.07
全椒县									
定远县									
来安县									
六安市	**553.00**	**131.70**	**18.20**	**3.29**	**15.38**	**2.80**	**0.70**	**25.00**	**0.53**
寿　县	265.10	59.60	8.00	3.02	18.75	1.50	0.40	26.67	0.67
霍邱县	287.90	72.10	10.20	3.54	12.75	1.30	0.30	23.08	0.42
合肥市	**547.30**	**190.40**	**30.36**	**5.55**	**11.92**	**3.62**	**2.84**	**78.54**	**1.49**
长丰县	195.80	51.10	6.30	3.22	16.98	1.07	1.01	94.39	1.98
肥东县	205.50	75.30	12.00	5.84	8.33	1.00	0.70	70.00	0.93
肥西县	146.00	64.00	12.06	8.26	12.85	1.55	1.13	73.10	1.77
巢湖市	**533.80**	**272.98**	**24.95**	**4.67**	**28.34**	**7.07**	**4.15**	**58.70**	**1.52**
无为县	169.55	93.46	4.54	2.68	24.67	1.12	0.79	70.54	0.85
巢湖市	91.96	49.00	7.59	8.25	23.45	1.78	0.66	37.08	1.35
和　县	98.26	40.17	9.35	9.52	39.04	3.65	2.63	72.05	6.55
含山县	42.67	23.85	1.25	2.93	20.80	0.26	0.05	19.23	0.21
庐江县	131.36	66.50	2.22	1.69	11.71	0.26	0.02	7.69	0.03
安庆市	**306.35**	**192.52**	**23.65**	**7.72**	**34.80**	**8.23**	**4.93**	**59.90**	**2.56**
宿松县	76.52	37.87	7.90	10.32	24.68	1.95	1.30	66.67	3.43
望江县	47.89	28.75	7.86	16.41	33.97	2.67	2.23	83.52	7.76
太湖县	46.90	34.20	1.30	2.77	23.08	0.30			
枞阳县	72.00	48.30	4.20	5.83	60.95	2.56	1.20	46.88	2.48
怀宁县	63.04	43.40	2.39	3.79	31.38	0.75	0.20	26.67	0.46
桐城市									
池州市	**113.51**	**53.19**	**11.08**	**9.76**	**34.75**	**3.85**	**3.88**	**100.78**	**7.29**
东至县	54.00	25.00	7.00	12.96	42.86	3.00	3.00	100.00	12.00
贵池市	59.51	28.19	4.08	6.86	20.83	0.85	0.88	103.53	3.12
芜湖市									
繁昌县									
南陵县									
宣城市	**101.92**	**44.95**	**3.64**	**3.57**	**28.57**	**1.04**	**0.51**	**49.04**	**1.13**
宣州市	101.92	44.95	3.64	3.57	28.57	1.04	0.51	49.04	1.13
铜陵市	**37.96**	**17.33**	**1.88**	**4.95**	**22.34**	**0.42**	**0.44**	**104.76**	**2.54**
铜陵县	37.96	17.33	1.88	4.95	22.34	0.42	0.44	104.76	2.54
马鞍山市	**82.48**	**33.17**	**0.98**	**1.19**	**37.76**	**0.37**	**0.25**	**67.57**	**0.75**
当涂县	82.48	33.17	0.98	1.19	37.76	0.37	0.25	67.57	0.75

5－9－14　安徽省1956年产棉县棉花生产收购明细

县市名	耕地面积（万亩）	农业人口（万人）	棉田面积（万亩）	占耕地（%）	亩产（市斤）	产量（万担）	收购量（万担）	商品率（%）	人均交售（市斤）
全省合计	**5629.40**	**1809.41**	**279.29**	**4.96**	**17.05**	**47.62**	**31.50**	**66.15**	**1.74**
阜阳市	**1235.35**	**341.48**	**54.25**	**4.39**	**4.42**	**2.40**	**1.02**	**42.50**	**0.30**
蒙城县	298.00	65.12	11.95	4.01	5.52	0.66	0.22	33.33	0.34
临泉县	223.00	84.00	8.80	3.95	4.66	0.41	0.09	21.95	0.11
界首县	84.10	32.00	0.10	0.12	10.00	0.01	0.01	100.00	0.03
涡阳县	347.75	88.86	16.80	4.83	1.90	0.32	0.10	31.25	0.11
阜阳县									
太和县									
利辛县									
亳州市	282.50	71.50	16.60	5.88	6.02	1.00	0.60	60.00	0.84
宿州市	**1151.98**	**298.87**	**88.15**	**7.65**	**17.54**	**15.46**	**10.44**	**67.53**	**3.49**
宿州涌桥区	407.23	84.81	2.80	0.69	10.71	0.30	0.10	33.33	0.12
泗　县	200.64	40.63	1.65	0.82	13.94	0.23	0.14	60.87	0.34
灵璧县	183.30	61.43	6.10	3.33	29.51	1.80	1.00	55.56	1.63
砀山县	130.00	41.00	36.67	28.21	21.82	8.00	6.90	86.25	16.83
萧　县	230.81	71.00	40.93	17.73	12.53	5.13	2.30	44.83	3.24
淮北市	**289.80**	**72.00**	**12.90**	**4.45**	**9.38**	**1.21**	**0.20**	**16.53**	**0.28**
濉溪县	289.80	72.00	12.90	4.45	9.38	1.21	0.20	16.53	0.28
蚌埠市	**528.50**	**105.47**	**2.61**	**0.49**	**13.03**	**0.34**	**0.16**	**47.06**	**0.15**
怀远县	321.50	66.00	1.60	0.50	18.75	0.30	0.15	50.00	0.23
五河县	207.00	39.47	1.01	0.49	3.96	0.04	0.01	25.00	0.03
滁州市	**185.37**	**45.77**	**2.75**	**1.48**	**5.82**	**0.16**	**0.15**	**93.75**	**0.33**
南樵区	63.17	14.27	2.13	3.37	5.63	0.12	0.14	116.67	0.98
天长市	122.20	31.50	0.62	0.51	6.45	0.04	0.01	25.00	0.03
全椒县									
定远县									
来安县									
六安市	**528.00**	**133.90**	**16.70**	**3.16**	**4.79**	**0.80**	**0.24**	**30.00**	**0.18**
寿　县	261.70	60.60	7.30	2.79	6.85	0.50	0.10	20.00	0.17
霍邱县	266.30	73.30	9.40	3.53	3.19	0.30	0.14	46.67	0.19
合肥市	**539.54**	**194.70**	**21.90**	**4.06**	**12.37**	**2.71**	**1.77**	**65.31**	**0.91**
长丰县	189.00	52.60	4.90	2.59	7.76	0.38	0.35	92.11	0.67
肥东县	205.54	78.10	14.00	6.81	14.29	2.00	1.30	65.00	1.66
肥西县	145.00	64.00	3.00	2.07	11.00	0.33	0.12	36.36	0.19
巢湖市	**528.79**	**276.37**	**27.03**	**5.11**	**22.42**	**6.06**	**3.02**	**49.83**	**1.09**
无为县	166.55	93.89	5.84	3.51	18.66	1.09	0.75	68.81	0.80
巢湖市	93.48	49.23	8.92	9.54	34.42	3.07	1.18	38.44	2.40
和　县	96.87	42.69	8.81	9.09	15.78	1.39	1.05	75.54	2.46
含山县	40.08	23.89	1.20	2.99	15.00	0.18	0.02	11.11	0.08
庐江县	131.81	66.67	2.26	1.71	14.60	0.33	0.02	6.06	0.03
安庆市	**307.63**	**193.03**	**33.12**	**10.77**	**37.02**	**12.26**	**9.17**	**74.80**	**4.75**
宿松县	76.67	38.25	13.43	17.52	30.23	4.06	3.20	78.82	8.37
望江县	49.86	28.98	10.96	21.98	39.87	4.37	4.32	98.86	14.91
太湖县	46.10	33.80	1.10	2.39	27.27	0.30			
枞阳县	72.00	48.30	4.20	5.83	60.00	2.52	1.15	45.63	2.38
怀宁县	63.00	43.70	3.43	5.44	29.45	1.01	0.50	49.50	1.14
桐城市									
池州市	**112.26**	**52.29**	**11.48**	**10.23**	**38.24**	**4.39**	**4.09**	**93.17**	**7.82**
东至县	54.00	24.00	7.00	12.96	42.86	3.00	3.00	100.00	12.50
贵池市	58.26	28.29	4.48	7.69	31.03	1.39	1.09	78.42	3.85
芜湖市									
繁昌县									
南陵县									
宣城市	**102.82**	**45.11**	**4.24**	**4.12**	**16.04**	**0.68**	**0.38**	**55.88**	**0.84**
宣州市	102.82	45.11	4.24	4.12	16.04	0.68	0.38	55.88	0.84
铜陵市	**37.88**	**16.89**	**3.16**	**8.34**	**28.16**	**0.89**	**0.75**	**84.27**	**4.44**
铜陵县	37.88	16.89	3.16	8.34	28.16	0.89	0.75	84.27	4.44
马鞍山市	**81.48**	**33.53**	**1.00**	**1.23**	**26.00**	**0.26**	**0.11**	**42.31**	**0.33**
当涂县	81.48	33.53	1.00	1.23	26.00	0.26	0.11	42.31	0.33

5－9－15 安徽省1957年产棉县棉花生产收购明细

县 市 名	耕地面积（万亩）	农业人口（万人）	棉田面积（万亩）	占耕地（%）	亩 产（市斤）	产 量（万担）	收购量（万担）	商品率（%）	人均交售（市斤）
全省合计	**5514.00**	**1842.95**	**239.65**	**4.35**	**31.07**	**74.47**	**52.06**	**69.91**	**2.82**
阜阳市	**1186.10**	**347.99**	**38.68**	**3.26**	**22.62**	**8.75**	**4.18**	**47.77**	**1.20**
蒙城县	280.08	65.33	12.11	4.32	21.39	2.59	1.33	51.35	2.04
临泉县	215.00	85.00	7.60	3.53	24.87	1.89	0.43	22.75	0.51
界首县	80.50	33.40	0.20	0.25	20.00	0.04	0.02	50.00	0.06
涡阳县	336.92	90.56	11.57	3.43	22.73	2.63	1.50	57.03	1.66
阜阳县									
太和县									
利辛县									
亳州市	273.60	73.70	7.20	2.63	22.22	1.60	0.90	56.25	1.22
宿州市	**1132.53**	**306.80**	**71.98**	**6.36**	**21.51**	**15.48**	**8.65**	**55.88**	**2.82**
宿州涌桥区	395.06	87.01	4.20	1.06	7.14	0.30	0.10	33.33	0.11
泗 县	200.44	41.31	1.61	0.80	22.98	0.37	0.15	40.54	0.36
灵璧县	183.30	61.67	9.00	4.91	5.56	0.50	0.30	60.00	0.49
砀山县	129.24	41.81	29.63	22.93	25.41	7.53	3.50	46.48	8.37
萧 县	224.49	75.00	27.54	12.27	24.62	6.78	4.60	67.85	6.13
淮北市	**282.50**	**72.70**	**15.00**	**5.31**	**25.13**	**3.77**	**2.70**	**71.62**	**3.71**
濉溪县	282.50	72.70	15.00	5.31	25.13	3.77	2.70	71.62	3.71
蚌埠市	**510.90**	**106.60**	**1.58**	**0.31**	**15.82**	**0.25**	**0.13**	**52.00**	**0.12**
怀远县	304.90	66.80	1.00	0.33	20.00	0.20	0.10	50.00	0.15
五河县	206.00	39.80	0.58	0.28	8.62	0.05	0.03	60.00	0.08
滁州市	**186.00**	**46.82**	**2.53**	**1.36**	**20.16**	**0.51**	**0.31**	**60.78**	**0.66**
南樵区	63.80	14.52	1.64	2.57	28.05	0.46	0.28	60.87	1.93
天长市	122.20	32.30	0.89	0.73	5.62	0.05	0.03	60.00	0.09
全椒县									
定远县									
来安县									
六安市	**525.40**	**136.50**	**15.20**	**2.89**	**25.00**	**3.80**	**1.80**	**47.37**	**1.32**
寿 县	257.80	61.80	6.90	2.68	26.09	1.80	1.00	55.56	1.62
霍邱县	267.60	74.70	8.30	3.10	24.10	2.00	0.80	40.00	1.07
合肥市	**535.05**	**196.70**	**17.73**	**3.31**	**24.65**	**4.37**	**2.14**	**48.97**	**1.09**
长丰县	188.50	53.20	4.10	2.18	21.71	0.89	0.79	88.76	1.48
肥东县	205.55	77.50	11.00	5.35	27.27	3.00	1.10	36.67	1.42
肥西县	141.00	66.00	2.63	1.87	18.25	0.48	0.25	52.08	0.38
巢湖市	**525.18**	**282.60**	**28.06**	**5.34**	**36.03**	**10.11**	**8.52**	**84.27**	**3.01**
无为县	164.38	98.30	7.22	4.39	34.35	2.48	1.52	61.29	1.55
巢湖市	93.71	49.10	9.50	10.14	42.95	4.08	4.05	99.26	8.25
和 县	95.10	43.46	8.31	8.74	35.14	2.92	2.82	96.58	6.49
含山县	40.08	23.94	1.19	2.97	21.85	0.26	0.09	34.62	0.38
庐江县	131.91	67.80	1.84	1.39	20.11	0.37	0.04	10.81	0.06
安庆市	**304.97**	**195.34**	**30.54**	**10.01**	**61.82**	**18.88**	**15.68**	**83.05**	**8.03**
宿松县	73.54	38.35	10.80	14.69	57.50	6.21	5.28	85.02	13.77
望江县	50.81	29.06	11.28	22.20	59.40	6.70	7.30	108.96	25.12
太湖县	44.00	33.70	0.90	2.05	33.33	0.30	0.20	66.67	0.59
枞阳县	72.90	51.60	4.60	6.31	70.87	3.26	2.00	61.35	3.88
怀宁县	63.72	42.63	2.96	4.65	81.42	2.41	0.90	37.34	2.11
桐城市									
池州市	**104.96**	**52.00**	**12.65**	**12.05**	**53.91**	**6.82**	**6.53**	**95.75**	**12.56**
东至县	49.00	23.00	8.00	16.33	62.50	5.00	5.00	100.00	21.74
贵池市	55.96	29.00	4.65	8.31	39.14	1.82	1.53	84.07	5.28
芜湖市									
繁昌县									
南陵县									
宣城市	**104.19**	**47.20**	**3.27**	**3.14**	**13.76**	**0.45**	**0.45**	**100.00**	**0.95**
宣州市	104.19	47.20	3.27	3.14	13.76	0.45	0.45	100.00	0.95
铜陵市	**35.40**	**17.34**	**1.90**	**5.37**	**58.42**	**1.11**	**0.83**	**74.77**	**4.79**
铜陵县	35.40	17.34	1.90	5.37	58.42	1.11	0.83	74.77	4.79
马鞍山市	**80.82**	**34.36**	**0.53**	**0.66**	**32.08**	**0.17**	**0.14**	**82.35**	**0.41**
当涂县	80.82	34.36	0.53	0.66	32.08	0.17	0.14	82.35	0.41

5-9-16 安徽省1958年产棉县棉花生产收购明细

县市名	耕地面积（万亩）	农业人口（万人）	棉田面积（万亩）	占耕地（%）	亩产（市斤）	产量（万担）	收购量（万担）	商品率（%）	人均交售（市斤）
全省合计	**5194.03**	**1798.41**	**297.13**	**5.72**	**32.91**	**97.78**	**81.83**	**83.69**	**4.55**
阜阳市	**1028.40**	**345.61**	**52.20**	**5.08**	**29.77**	**15.54**	**14.80**	**95.24**	**4.28**
蒙城县	271.38	65.66	16.35	6.02	28.13	4.60	4.01	87.17	6.11
临泉县	185.00	84.00	10.70	5.78	30.09	3.22	3.88	120.50	4.62
界首县	75.00	35.60	0.25	0.33	8.00	0.02	0.01	50.00	0.03
涡阳县	289.22	89.25	13.00	4.49	33.85	4.40	4.00	90.91	4.48
阜阳县									
太和县									
利辛县									
亳州市	207.80	71.10	11.90	5.73	27.73	3.30	2.90	87.88	4.08
宿州市	**1076.04**	**295.93**	**84.05**	**7.81**	**31.10**	**26.14**	**23.01**	**88.03**	**7.78**
宿州涌桥区	370.00	82.55	3.90	1.05	17.95	0.70	0.20	28.57	0.24
泗县	187.63	37.60	2.50	1.33	22.40	0.56	0.39	69.64	1.04
灵璧县	183.30	60.57	6.50	3.55	30.77	2.00	1.70	85.00	2.81
砀山县	110.62	43.21	31.05	28.07	33.82	10.50	10.42	99.24	24.11
萧县	224.49	72.00	40.10	17.86	30.87	12.38	10.30	83.20	14.31
淮北市	**261.00**	**68.10**	**15.90**	**6.09**	**17.67**	**2.81**	**3.50**	**124.56**	**5.14**
濉溪县	261.00	68.10	15.90	6.09	17.67	2.81	3.50	124.56	5.14
蚌埠市	**467.40**	**94.72**	**2.32**	**0.50**	**12.50**	**0.29**	**0.11**	**37.93**	**0.12**
怀远县	274.40	55.00	1.80	0.66	11.11	0.20	0.06	30.00	0.11
五河县	193.00	39.72	0.52	0.27	17.31	0.09	0.05	55.56	0.13
滁州市	**181.70**	**46.97**	**2.52**	**1.39**	**19.44**	**0.49**	**0.48**	**97.96**	**1.02**
南樵区	59.40	14.77	1.89	3.18	20.11	0.38	0.44	115.79	2.98
天长市	122.30	32.20	0.63	0.52	17.46	0.11	0.04	36.36	0.12
全椒县									
定远县									
来安县									
六安市	**514.90**	**139.40**	**19.00**	**3.69**	**38.42**	**7.30**	**4.60**	**63.01**	**3.30**
寿县	247.40	61.60	9.00	3.64	38.89	3.50	2.20	62.86	3.57
霍邱县	267.50	77.80	10.00	3.74	38.00	3.80	2.40	63.16	3.08
合肥市	**524.70**	**196.50**	**29.17**	**5.56**	**20.81**	**6.07**	**4.23**	**69.69**	**2.15**
长丰县	187.70	53.70	7.70	4.10	33.12	2.55	2.44	95.69	4.54
肥东县	200.00	77.80	15.40	7.70	19.48	3.00	1.30	43.33	1.67
肥西县	137.00	65.00	6.07	4.43	8.57	0.52	0.49	94.23	0.75
巢湖市	**512.72**	**267.67**	**35.82**	**6.99**	**28.78**	**10.31**	**7.92**	**76.82**	**2.96**
无为县	162.33	95.06	8.52	5.25	29.46	2.51	1.54	61.35	1.62
巢湖市	91.75	45.82	13.18	14.37	34.90	4.60	4.35	94.57	9.49
和县	94.10	36.10	8.91	9.47	28.62	2.55	1.77	69.41	4.90
含山县	38.18	23.26	2.18	5.71	9.17	0.20	0.13	65.00	0.56
庐江县	126.36	67.43	3.03	2.40	14.85	0.45	0.13	28.89	0.19
安庆市	**304.18**	**191.30**	**33.98**	**11.17**	**58.53**	**19.89**	**15.25**	**76.67**	**7.97**
宿松县	72.06	36.85	14.92	20.70	45.84	6.84	4.22	61.70	11.45
望江县	52.88	29.18	9.00	17.02	70.33	6.33	6.83	107.90	23.41
太湖县	43.20	33.60	0.90	2.08	33.33	0.30	0.30	100.00	0.89
枞阳县	72.90	51.60	4.60	6.31	66.96	3.08	1.60	51.95	3.10
怀宁县	63.14	40.07	4.56	7.22	73.25	3.34	2.30	68.86	5.74
桐城市									
池州市	**107.96**	**54.63**	**12.84**	**11.89**	**42.91**	**5.51**	**4.73**	**85.84**	**8.66**
东至县	55.00	26.00	9.00	16.36	44.44	4.00	3.00	75.00	11.54
贵池市	52.96	28.63	3.84	7.25	39.32	1.51	1.73	114.57	6.04
芜湖市									
繁昌县									
南陵县									
宣城市	**102.63**	**46.99**	**5.47**	**5.33**	**24.50**	**1.34**	**1.28**	**95.52**	**2.72**
宣州市	102.63	46.99	5.47	5.33	24.50	1.34	1.28	95.52	2.72
铜陵市	**34.74**	**17.26**	**2.76**	**7.94**	**59.78**	**1.65**	**1.59**	**96.36**	**9.21**
铜陵县	34.74	17.26	2.76	7.94	59.78	1.65	1.59	96.36	9.21
马鞍山市	**77.66**	**33.33**	**1.10**	**1.42**	**40.00**	**0.44**	**0.33**	**75.00**	**0.99**
当涂县	77.66	33.33	1.10	1.42	40.00	0.44	0.33	75.00	0.99

5-9-17 安徽省1959年产棉县棉花生产收购明细

县市名	耕地面积（万亩）	农业人口（万人）	棉田面积（万亩）	占耕地（%）	亩产（市斤）	产量（万担）	收购量（万担）	商品率（%）	人均交售（市斤）
全省合计	**4997.31**	**1708.00**	**330.12**	**6.61**	**30.27**	**99.94**	**84.42**	**84.47**	**4.94**
阜阳市	**972.44**	**339.84**	**51.81**	**5.33**	**18.10**	**9.38**	**7.39**	**78.78**	**2.17**
蒙城县	219.34	65.58	12.00	5.47	21.25	2.55	2.25	88.24	3.43
临泉县	181.00	82.00	8.10	4.48	24.94	2.02	1.63	80.69	1.99
界首县	67.00	31.70	0.25	0.37	4.00	0.01	0.01	100.00	0.03
涡阳县	281.00	89.66	17.56	6.25	13.10	2.30	2.00	86.96	2.23
阜阳县									
太和县									
利辛县									
亳州市	224.10	70.90	13.90	6.20	17.99	2.50	1.50	60.00	2.12
宿州市	**1061.99**	**282.12**	**102.22**	**9.63**	**25.63**	**26.20**	**21.22**	**80.99**	**7.52**
宿州涌桥区	357.00	79.85	8.60	2.41	17.44	1.50	0.50	33.33	0.63
泗县	193.20	36.57	10.03	5.19	14.46	1.45	0.92	63.45	2.52
灵璧县	183.30	49.14	12.10	6.60	9.09	1.10	1.00	90.91	2.04
砀山县	104.00	43.56	31.28	30.08	33.70	10.54	8.00	75.90	18.37
萧县	224.49	73.00	40.21	17.91	28.87	11.61	10.80	93.02	14.79
淮北市	**245.00**	**61.10**	**15.10**	**6.16**	**14.90**	**2.25**	**1.60**	**71.11**	**2.62**
濉溪县	245.00	61.10	15.10	6.16	14.90	2.25	1.60	71.11	2.62
蚌埠市	**412.50**	**90.18**	**2.35**	**0.57**	**13.62**	**0.32**	**0.14**	**43.75**	**0.16**
怀远县	220.50	53.00	1.30	0.59	15.38	0.20	0.10	50.00	0.19
五河县	192.00	37.18	1.05	0.55	11.43	0.12	0.04	33.33	0.11
滁州市	**181.01**	**47.70**	**1.63**	**0.90**	**22.09**	**0.36**	**0.13**	**36.11**	**0.27**
南樵区	60.01	15.00	1.01	1.68	29.70	0.30	0.10	33.33	0.67
天长市	121.00	32.70	0.62	0.51	9.68	0.06	0.03	50.00	0.09
全椒县									
定远县									
来安县									
六安市	**486.80**	**133.20**	**26.90**	**5.53**	**27.51**	**7.40**	**5.00**	**67.57**	**3.75**
寿县	230.90	56.60	16.50	7.15	26.06	4.30	3.10	72.09	5.48
霍邱县	255.90	76.60	10.40	4.06	29.81	3.10	1.90	61.29	2.48
合肥市	**511.68**	**179.40**	**33.13**	**6.47**	**26.71**	**8.85**	**6.86**	**77.51**	**3.82**
长丰县	186.90	53.30	10.90	5.83	28.53	3.11	3.00	96.46	5.63
肥东县	195.78	60.10	16.00	8.17	18.75	3.00	1.40	46.67	2.33
肥西县	129.00	66.00	6.23	4.83	43.98	2.74	2.46	89.78	3.73
巢湖市	**505.44**	**245.11**	**43.47**	**8.60**	**37.68**	**16.38**	**19.01**	**116.06**	**7.76**
无为县	162.14	82.03	8.84	5.45	55.43	4.90	4.93	100.61	6.01
巢湖市	91.05	48.48	13.50	14.83	42.96	5.80	8.75	150.86	18.05
和县	93.20	31.50	15.88	17.04	28.53	4.53	4.44	98.01	14.10
含山县	37.26	18.98	2.84	7.62	23.94	0.68	0.64	94.12	3.37
庐江县	121.79	64.12	2.41	1.98	19.50	0.47	0.25	53.19	0.39
安庆市	**299.30**	**185.91**	**31.48**	**10.52**	**60.86**	**19.16**	**13.62**	**71.09**	**7.33**
宿松县	67.23	34.64	14.30	21.27	54.97	7.86	4.77	60.69	13.77
望江县	53.64	29.27	8.41	15.68	68.37	5.75	5.95	103.48	20.33
太湖县	42.80	33.60	1.00	2.34	40.00	0.40	0.30	75.00	0.89
枞阳县	72.90	51.60	4.60	6.31	66.96	3.08	1.60	51.95	3.10
怀宁县	62.73	36.80	3.17	5.05	65.30	2.07	1.00	48.31	2.72
桐城市									
池州市	**102.54**	**50.91**	**10.15**	**9.90**	**53.40**	**5.42**	**4.68**	**86.35**	**9.19**
东至县	50.00	25.00	7.00	14.00	57.14	4.00	3.00	75.00	12.00
贵池市	52.54	25.91	3.15	6.00	45.08	1.42	1.68	118.31	6.48
芜湖市									
繁昌县									
南陵县									
宣城市	**107.18**	**43.76**	**6.91**	**6.45**	**21.42**	**1.48**	**1.97**	**133.11**	**4.50**
宣州市	107.18	43.76	6.91	6.45	21.42	1.48	1.97	133.11	4.50
铜陵市	**34.23**	**17.20**	**2.77**	**8.09**	**66.43**	**1.84**	**2.03**	**110.33**	**11.80**
铜陵县	34.23	17.20	2.77	8.09	66.43	1.84	2.03	110.33	11.80
马鞍山市	**77.20**	**31.57**	**2.20**	**2.85**	**40.91**	**0.90**	**0.77**	**85.56**	**2.44**
当涂县	77.20	31.57	2.20	2.85	40.91	0.90	0.77	85.56	2.44

5-9-18 安徽省1960年产棉县棉花生产收购明细

县市名	耕地面积（万亩）	农业人口（万人）	棉田面积（万亩）	占耕地（%）	亩产（市斤）	产量（万担）	收购量（万担）	商品率（%）	人均交售（市斤）
全省合计	**4911.74**	**1527.50**	**268.58**	**5.47**	**22.97**	**61.69**	**45.94**	**74.47**	**3.01**
阜阳市	**962.71**	**298.16**	**35.10**	**3.65**	**13.25**	**4.65**	**2.42**	**52.04**	**0.81**
蒙城县	219.34	64.57	14.00	6.38	11.71	1.64	0.86	52.44	1.33
临泉县	180.00	71.00	6.50	3.61	15.38	1.00	0.61	61.00	0.86
界首县	65.50	29.10	1.00	1.53	21.00	0.21	0.05	23.81	0.17
涡阳县	275.27	77.49	11.00	4.00	13.64	1.50	0.80	53.33	1.03
阜阳县									
太和县									
利辛县									
亳州市	222.60	56.00	2.60	1.17	11.54	0.30	0.10	33.33	0.18
宿州市	**1022.57**	**258.33**	**99.90**	**9.77**	**25.41**	**25.38**	**17.40**	**68.56**	**6.74**
宿州涌桥区	333.00	67.84	7.80	2.34	16.67	1.30	0.60	46.15	0.88
泗　县	178.50	34.30	10.99	6.16	8.92	0.98	0.70	71.43	2.04
灵璧县	183.30	49.81	8.90	4.86	23.60	2.10	1.60	76.19	3.21
砀山县	103.28	40.38	32.45	31.42	27.73	9.00	4.00	44.44	9.91
萧　县	224.49	66.00	39.76	17.71	30.18	12.00	10.50	87.50	15.91
淮北市	**242.20**	**50.20**	**18.90**	**7.80**	**8.04**	**1.52**	**1.30**	**85.53**	**2.59**
濉溪县	242.20	50.20	18.90	7.80	8.04	1.52	1.30	85.53	2.59
蚌埠市	**423.60**	**81.72**	**3.09**	**0.73**	**10.03**	**0.31**	**0.11**	**35.48**	**0.13**
怀远县	231.60	49.00	1.30	0.56	15.38	0.20	0.10	50.00	0.20
五河县	192.00	32.72	1.79	0.93	6.15	0.11	0.01	9.09	0.03
滁州市	**171.00**	**39.77**	**0.61**	**0.36**	**26.23**	**0.16**	**0.04**	**25.00**	**0.10**
南樵区	54.90	13.37	0.07	0.13	28.57	0.02	0.01	50.00	0.07
天长市	116.10	26.40	0.54	0.47	25.93	0.14	0.03	21.43	0.11
全椒县									
定远县									
来安县									
六安市	**480.60**	**120.70**	**6.90**	**1.44**	**31.88**	**2.20**	**1.70**	**77.27**	**1.41**
寿　县	228.80	54.30	3.40	1.49	38.24	1.30	0.90	69.23	1.66
霍邱县	251.80	66.40	3.50	1.39	25.71	0.90	0.80	88.89	1.20
合肥市	**506.78**	**147.80**	**17.71**	**3.49**	**9.37**	**1.66**	**0.99**	**59.64**	**0.67**
长丰县	185.00	41.60	6.40	3.46	10.94	0.70	0.60	85.71	1.44
肥东县	192.78	57.20	7.00	3.63	10.00	0.70	0.20	28.57	0.35
肥西县	129.00	49.00	4.31	3.34	6.03	0.26	0.19	73.08	0.39
巢湖市	**500.50**	**214.13**	**38.11**	**7.61**	**24.32**	**9.27**	**8.31**	**89.64**	**3.88**
无为县	160.60	69.40	8.28	5.16	29.35	2.43	2.49	102.47	3.59
巢湖市	90.78	35.17	12.29	13.54	34.50	4.24	3.80	89.62	10.80
和　县	92.24	28.50	12.89	13.97	16.29	2.10	1.82	86.67	6.39
含山县	37.26	18.88	2.44	6.55	4.51	0.11	0.08	72.73	0.42
庐江县	119.62	62.18	2.21	1.85	17.65	0.39	0.12	30.77	0.19
安庆市	**295.43**	**181.07**	**26.61**	**9.01**	**44.08**	**11.73**	**9.04**	**77.07**	**4.99**
宿松县	66.81	32.05	9.21	13.79	32.14	2.96	2.56	86.49	7.99
望江县	53.64	29.30	7.84	14.62	48.72	3.82	3.68	96.34	12.56
太湖县	40.10	33.60	1.30	3.24	30.77	0.40	0.30	75.00	0.89
枞阳县	72.90	51.60	4.60	6.31	65.00	2.99	1.50	50.17	2.91
怀宁县	61.98	34.52	3.66	5.91	42.62	1.56	1.00	64.10	2.90
桐城市									
池州市	**97.18**	**54.76**	**10.40**	**10.70**	**29.42**	**3.06**	**3.27**	**106.86**	**5.97**
东至县	48.00	25.00	7.00	14.58	28.57	2.00	2.00	100.00	8.00
贵池市	49.18	29.76	3.40	6.91	31.18	1.06	1.27	119.81	4.27
芜湖市									
繁昌县									
南陵县									
宣城市	**102.05**	**33.45**	**6.73**	**6.59**	**3.12**	**0.21**	**0.10**	**47.62**	**0.30**
宣州市	102.05	33.45	6.73	6.59	3.12	0.21	0.10	47.62	0.30
铜陵市	**32.77**	**16.81**	**3.02**	**9.22**	**44.70**	**1.35**	**1.08**	**80.00**	**6.42**
铜陵县	32.77	16.81	3.02	9.22	44.70	1.35	1.08	80.00	6.42
马鞍山市	**74.35**	**30.60**	**1.50**	**2.02**	**12.67**	**0.19**	**0.18**	**94.74**	**0.59**
当涂县	74.35	30.60	1.50	2.02	12.67	0.19	0.18	94.74	0.59

5－9－19　安徽省1961年产棉县棉花生产收购明细

县市名	耕地面积（万亩）	农业人口（万人）	棉田面积（万亩）	占耕地（%）	亩产（市斤）	产量（万担）	收购量（万担）	商品率（%）	人均交售（市斤）
全省合计	**4780.23**	**1543.43**	**143.70**	**3.01**	**24.22**	**34.80**	**26.75**	**76.88**	**1.73**
阜阳市	**947.41**	**301.69**	**22.28**	**2.35**	**10.86**	**2.42**	**0.85**	**35.12**	**0.28**
蒙城县	219.34	62.56	8.28	3.77	8.94	0.74	0.32	43.24	0.51
临泉县	180.00	75.00	4.40	2.44	19.32	0.85	0.18	21.18	0.24
界首县	60.00	29.30	1.00	1.67	21.00	0.21	0.01	4.76	0.03
涡阳县	275.27	78.03	7.00	2.54	6.00	0.42	0.24	57.14	0.31
阜阳县									
太和县									
利辛县									
亳州市	212.80	56.80	1.60	0.75	12.50	0.20	0.10	50.00	0.18
宿州市	**986.87**	**260.29**	**44.83**	**4.54**	**20.99**	**9.41**	**7.95**	**84.48**	**3.05**
宿州涌桥区	309.41	69.38	2.60	0.84	15.38	0.40	0.10	25.00	0.14
泗　县	166.92	34.51	2.38	1.43	14.29	0.34	0.31	91.18	0.90
灵璧县	183.30	52.94	1.80	0.98	72.22	1.30	1.00	76.92	1.89
砀山县	102.75	40.46	17.54	17.07	18.81	3.30	3.04	92.12	7.51
萧　县	224.49	63.00	20.51	9.14	19.84	4.07	3.50	86.00	5.56
淮北市	**242.20**	**52.10**	**5.50**	**2.27**	**13.27**	**0.73**	**0.60**	**82.19**	**1.15**
濉溪县	242.20	52.10	5.50	2.27	13.27	0.73	0.60	82.19	1.15
蚌埠市	**391.20**	**82.99**	**1.35**	**0.35**	**16.30**	**0.22**	**0.03**	**13.64**	**0.04**
怀远县	230.20	50.00	0.90	0.39	22.22	0.20	0.02	10.00	0.04
五河县	161.00	32.99	0.45	0.28	4.44	0.02	0.01	50.00	0.03
滁州市	**171.18**	**39.69**	**0.91**	**0.53**	**12.09**	**0.11**	**0.21**	**193.64**	**0.54**
南樵区	54.88	12.99	0.76	1.38	11.84	0.09	0.15	170.00	1.18
天长市	116.30	26.70	0.15	0.13	13.33	0.02	0.06	*	0.22
全椒县									
定远县									
来安县									
六安市	**468.40**	**122.60**	**8.20**	**1.75**	**28.05**	**2.30**	**0.70**	**30.43**	**0.57**
寿　县	226.30	54.80	3.30	1.46	15.15	0.50	0.20	40.00	0.36
霍邱县	242.10	67.80	4.90	2.02	36.73	1.80	0.50	27.78	0.74
合肥市	**499.85**	**150.50**	**6.08**	**1.22**	**13.32**	**0.81**	**0.56**	**69.14**	**0.37**
长丰县	183.10	40.80	2.30	1.26	16.09	0.37	0.35	94.59	0.86
肥东县	191.75	64.70	2.00	1.04	15.00	0.30	0.10	33.33	0.15
肥西县	125.00	45.00	1.78	1.42	7.87	0.14	0.11	78.57	0.24
巢湖市	**493.92**	**216.33**	**24.81**	**5.02**	**26.16**	**6.49**	**5.51**	**84.90**	**2.55**
无为县	160.78	68.62	5.70	3.55	31.23	1.78	1.75	98.31	2.55
巢湖市	87.80	36.65	8.28	9.43	29.59	2.45	2.08	84.90	5.68
和　县	90.39	29.12	9.00	9.96	22.89	2.06	1.56	75.73	5.36
含山县	37.26	18.66	0.94	2.52	14.89	0.14	0.05	35.71	0.27
庐江县	117.69	63.28	0.89	0.76	6.74	0.06	0.07	116.67	0.11
安庆市	**288.13**	**184.53**	**17.38**	**6.03**	**46.14**	**8.02**	**6.43**	**80.17**	**3.48**
宿松县	64.39	33.07	5.17	8.03	35.59	1.84	1.81	98.37	5.47
望江县	53.64	29.87	4.00	7.46	45.00	1.80	1.57	87.22	5.26
太湖县	36.00	33.60	1.40	3.89	28.57	0.40	0.30	75.00	0.89
枞阳县	72.90	51.60	4.60	6.31	65.00	2.99	1.50	50.17	2.91
怀宁县	61.20	36.39	2.21	3.61	44.80	0.99	1.25	126.26	3.44
桐城市									
池州市	**97.31**	**52.25**	**6.59**	**6.77**	**37.33**	**2.46**	**2.71**	**110.16**	**5.19**
东至县	48.00	25.00	5.00	10.42	40.00	2.00	2.00	100.00	8.00
贵池市	49.31	27.25	1.59	3.22	28.93	0.46	0.71	154.35	2.61
芜湖市									
繁昌县									
南陵县									
宣城市	**91.45**	**33.11**	**2.56**	**2.80**	**17.19**	**0.44**	**0.24**	**54.55**	**0.72**
宣州市	91.45	33.11	2.56	2.80	17.19	0.44	0.24	54.55	0.72
铜陵市	**29.99**	**16.21**	**2.30**	**7.67**	**45.65**	**1.05**	**0.72**	**68.57**	**4.44**
铜陵县	29.99	16.21	2.30	7.67	45.65	1.05	0.72	68.57	4.44
马鞍山市	**72.32**	**31.14**	**0.91**	**1.26**	**37.36**	**0.34**	**0.24**	**70.59**	**0.77**
当涂县	72.32	31.14	0.91	1.26	37.36	0.34	0.24	70.59	0.77

5－9－20　安徽省1962年产棉县棉花生产收购明细

县市名	耕地面积（万亩）	农业人口（万人）	棉田面积（万亩）	占耕地（%）	亩产（市斤）	产量（万担）	收购量（万担）	商品率（%）	人均交售（市斤）
全省合计	**4693.84**	**1613.63**	**144.86**	**3.09**	**19.11**	**27.68**	**22.76**	**82.23**	**1.41**
阜阳市	**958.99**	**305.04**	**31.15**	**3.25**	**12.71**	**3.96**	**1.41**	**35.61**	**0.46**
蒙城县	221.86	58.24	8.12	3.66	8.87	0.72	0.38	52.78	0.65
临泉县	182.00	77.00	8.30	4.56	18.31	1.52	0.33	21.71	0.43
界首县	66.00	30.90	1.00	1.52	31.00	0.31	0.10	32.26	0.32
涡阳县	275.03	80.70	8.63	3.14	8.23	0.71	0.30	42.25	0.37
阜阳县									
太和县									
利辛县									
亳州市	214.10	58.20	5.10	2.38	13.73	0.70	0.30	42.86	0.52
宿州市	**934.71**	**275.17**	**35.11**	**3.76**	**15.01**	**5.27**	**4.78**	**90.70**	**1.74**
宿州涌桥区	310.25	75.00	2.70	0.87	7.41	0.20	0.05	25.00	0.07
泗县	161.19	36.46	2.16	1.34	8.80	0.19	0.23	121.05	0.63
灵璧县	183.30	52.84	2.70	1.47	11.11	0.30	0.20	66.67	0.38
砀山县	102.75	42.87	14.88	14.48	16.13	2.40	2.20	91.67	5.13
萧县	177.22	68.00	12.67	7.15	17.21	2.18	2.10	96.33	3.09
淮北市	**235.10**	**54.60**	**5.20**	**2.21**	**3.85**	**0.20**	**0.20**	**100.00**	**0.37**
濉溪县	235.10	54.60	5.20	2.21	3.85	0.20	0.20	100.00	0.37
蚌埠市	**391.10**	**89.88**	**1.72**	**0.44**	**8.72**	**0.15**	**0.04**	**26.67**	**0.04**
怀远县	229.10	53.30	1.40	0.61	7.14	0.10	0.02	20.00	0.04
五河县	162.00	36.58	0.32	0.20	15.63	0.05	0.02	40.00	0.05
滁州市	**163.23**	**43.96**	**1.19**	**0.73**	**19.33**	**0.23**	**0.29**	**126.09**	**0.66**
南樵区	54.13	14.46	0.91	1.68	24.18	0.22	0.26	118.18	1.80
天长市	109.10	29.50	0.28	0.26	3.57	0.01	0.03	*	0.10
全椒县									
定远县									
来安县									
六安市	**460.30**	**124.30**	**11.90**	**2.59**	**21.01**	**2.50**	**1.70**	**68.00**	**1.37**
寿县	218.90	55.70	4.80	2.19	14.58	0.70	0.60	85.71	1.08
霍邱县	241.40	68.60	7.10	2.94	25.35	1.80	1.10	61.11	1.60
合肥市	**493.49**	**158.20**	**8.11**	**1.64**	**10.23**	**0.83**	**0.63**	**75.90**	**0.40**
长丰县	182.10	43.00	3.00	1.65	12.00	0.36	0.35	97.22	0.81
肥东县	188.39	66.20	3.00	1.59	6.67	0.20	0.10	50.00	0.15
肥西县	123.00	49.00	2.11	1.72	12.80	0.27	0.18	66.67	0.37
巢湖市	**481.31**	**225.22**	**19.88**	**4.13**	**17.45**	**3.47**	**3.76**	**108.36**	**1.67**
无为县	157.00	69.90	2.93	1.87	23.21	0.68	0.91	133.82	1.30
巢湖市	86.84	40.48	7.15	8.23	30.07	2.15	2.18	101.40	5.39
和县	84.90	32.03	8.09	9.53	5.69	0.46	0.49	106.52	1.53
含山县	36.51	20.00	0.87	2.38	10.34	0.09	0.09	100.00	0.45
庐江县	116.06	62.81	0.84	0.72	10.71	0.09	0.09	100.00	0.14
安庆市	**287.74**	**190.86**	**17.62**	**6.12**	**41.83**	**7.37**	**4.83**	**65.54**	**2.53**
宿松县	62.50	35.82	5.54	8.86	46.57	2.58	1.93	74.81	5.39
望江县	53.64	30.52	4.00	7.46	50.00	2.00	1.50	75.00	4.91
太湖县	34.70	33.50	1.50	4.32	13.33	0.20	0.20	100.00	0.60
枞阳县	76.50	51.60	4.60	6.01	32.61	1.50	0.80	53.33	1.55
怀宁县	60.40	39.42	1.98	3.28	55.05	1.09	0.40	36.70	1.01
桐城市									
池州市	**98.73**	**57.18**	**6.96**	**7.05**	**42.24**	**2.94**	**4.42**	**150.34**	**7.73**
东至县	51.00	28.00	5.00	9.80	40.00	2.00	3.00	150.00	10.71
贵池市	47.73	29.18	1.96	4.11	47.96	0.94	1.42	151.06	4.87
芜湖市									
繁昌县									
南陵县									
宣城市	**89.00**	**37.91**	**3.27**	**3.67**	**6.42**	**0.21**	**0.10**	**47.62**	**0.26**
宣州市	89.00	37.91	3.27	3.67	6.42	0.21	0.10	47.62	0.26
铜陵市	**29.64**	**17.36**	**1.93**	**6.51**	**22.28**	**0.43**	**0.40**	**93.02**	**2.30**
铜陵县	29.64	17.36	1.93	6.51	22.28	0.43	0.40	93.02	2.30
马鞍山市	**70.50**	**33.95**	**0.82**	**1.16**	**14.63**	**0.12**	**0.20**	**166.67**	**0.59**
当涂县	70.50	33.95	0.82	1.16	14.63	0.12	0.20	166.67	0.59

5－9－21　安徽省1963年产棉县棉花生产收购明细

县市名	耕地面积（万亩）	农业人口（万人）	棉田面积（万亩）	占耕地（%）	亩产（市斤）	产量（万担）	收购量（万担）	商品率（%）	人均交售（市斤）
全省合计	**4671.88**	**1663.66**	**193.44**	**4.14**	**26.42**	**51.11**	**42.09**	**82.35**	**2.53**
阜阳市	**953.26**	**311.79**	**33.99**	**3.57**	**7.06**	**2.40**	**0.87**	**36.25**	**0.28**
蒙城县	221.16	60.64	9.19	4.16	2.72	0.25	0.10	40.00	0.16
临泉县	181.00	79.00	10.10	5.58	14.55	1.47	0.47	31.97	0.59
界首县	64.10	30.40	1.50	2.34	15.33	0.23	0.08	34.78	0.26
涡阳县	275.00	82.65	11.40	4.15	3.07	0.35	0.20	57.14	0.24
阜阳县									
太和县									
利辛县									
亳州市	212.00	59.10	1.80	0.85	5.56	0.10	0.02	20.00	0.03
宿州市	**932.41**	**276.14**	**55.64**	**5.97**	**6.63**	**3.69**	**0.91**	**24.66**	**0.33**
宿州涌桥区	309.68	74.44	2.70	0.87	7.41	0.20	0.05	25.00	0.07
泗　县	161.07	37.69	1.55	0.96	1.29	0.02	0.09	*	0.24
灵璧县	183.30	52.95	3.60	1.96	2.78	0.10	0.07	70.00	0.13
砀山县	101.14	44.06	19.91	19.69	3.37	0.67	0.50	74.63	1.13
萧　县	177.22	67.00	27.88	15.73	9.68	2.70	0.20	7.41	0.30
淮北市	**233.60**	**55.20**	**5.90**	**2.53**	**5.76**	**0.34**	**0.04**	**11.76**	**0.07**
濉溪县	233.60	55.20	5.90	2.53	5.76	0.34	0.04	11.76	0.07
蚌埠市	**384.00**	**94.30**	**1.39**	**0.36**	**7.19**	**0.10**	**0.03**	**30.00**	**0.03**
怀远县	221.00	56.00	1.10	0.50	9.09	0.10	0.03	30.00	0.05
五河县	163.00	38.30	0.29	0.18					
滁州市	**159.54**	**45.42**	**1.49**	**0.93**	**23.49**	**0.35**	**0.36**	**102.86**	**0.79**
南樵区	50.04	15.22	1.27	2.54	25.98	0.33	0.28	84.85	1.84
天长市	109.50	30.20	0.22	0.20	9.09	0.02	0.08	*	0.26
全椒县									
定远县									
来安县									
六安市	**456.70**	**131.00**	**14.30**	**3.13**	**13.29**	**1.90**	**1.70**	**89.47**	**1.30**
寿　县	215.90	56.80	6.90	3.20	11.59	0.80	0.70	87.50	1.23
霍邱县	240.80	74.20	7.40	3.07	14.86	1.10	1.00	90.91	1.35
合肥市	**492.49**	**162.00**	**13.19**	**2.68**	**18.57**	**2.45**	**1.87**	**76.33**	**1.15**
长丰县	180.40	44.20	3.90	2.16	18.46	0.72	0.71	98.61	1.61
肥东县	189.09	65.80	6.00	3.17	16.67	1.00	0.70	70.00	1.06
肥西县	123.00	52.00	3.29	2.67	22.19	0.73	0.46	63.01	0.88
巢湖市	**478.57**	**236.78**	**25.00**	**5.22**	**40.88**	**10.22**	**8.83**	**86.40**	**3.73**
无为县	157.00	73.60	5.98	3.81	48.49	2.90	2.39	82.41	3.25
巢湖市	85.12	42.03	8.00	9.40	47.13	3.77	3.26	86.47	7.76
和　县	83.90	34.23	8.61	10.26	33.68	2.90	2.82	97.24	8.24
含山县	36.57	21.33	1.00	2.73	23.00	0.23	0.21	91.30	0.98
庐江县	115.98	65.59	1.41	1.22	29.79	0.42	0.15	35.71	0.23
安庆市	**286.57**	**194.37**	**26.28**	**9.17**	**70.51**	**18.53**	**16.91**	**91.26**	**8.70**
宿松县	62.65	37.31	8.03	12.82	100.75	8.09	7.74	95.67	20.75
望江县	53.25	31.00	9.17	17.22	69.47	6.37	6.87	107.85	22.16
太湖县	34.70	33.50	1.80	5.19	38.89	0.70	0.60	85.71	1.79
枞阳县	76.50	51.60	4.60	6.01	32.61	1.50	0.80	53.33	1.55
怀宁县	59.47	40.96	2.68	4.51	69.78	1.87	0.90	48.13	2.20
桐城市									
池州市	**101.17**	**59.56**	**10.61**	**10.49**	**81.53**	**8.65**	**8.73**	**100.92**	**14.66**
东至县	53.00	29.00	7.00	13.21	85.71	6.00	6.00	100.00	20.69
贵池市	48.17	30.56	3.61	7.49	73.41	2.65	2.73	103.02	8.93
芜湖市									
繁昌县									
南陵县									
宣城市	**89.17**	**40.86**	**2.52**	**2.83**	**27.78**	**0.70**	**0.30**	**42.86**	**0.73**
宣州市	89.17	40.86	2.52	2.83	27.78	0.70	0.30	42.86	0.73
铜陵市	**31.23**	**18.84**	**2.31**	**7.40**	**58.44**	**1.35**	**1.14**	**84.44**	**6.05**
铜陵县	31.23	18.84	2.31	7.40	58.44	1.35	1.14	84.44	6.05
马鞍山市	**73.17**	**37.40**	**0.82**	**1.12**	**52.44**	**0.43**	**0.40**	**93.02**	**1.07**
当涂县	73.17	37.40	0.82	1.12	52.44	0.43	0.40	93.02	1.07

5-9-22 安徽省1964年产棉县棉花生产收购明细

县市名	耕地面积（万亩）	农业人口（万人）	棉田面积（万亩）	占耕地（%）	亩产（市斤）	产量（万担）	收购量（万担）	商品率（%）	人均交售（市斤）
全省合计	**4671.64**	**1668.31**	**213.61**	**4.57**	**49.09**	**104.86**	**75.01**	**71.53**	**4.50**
阜阳市	**951.81**	**318.35**	**33.37**	**3.51**	**27.06**	**9.03**	**4.94**	**54.71**	**1.55**
蒙城县	221.16	60.06	8.04	3.64	25.12	2.02	1.23	60.89	2.05
临泉县	181.00	81.00	9.78	5.40	25.97	2.54	1.11	43.70	1.37
界首县	64.30	32.40	1.50	2.33	48.00	0.72	0.30	41.67	0.93
涡阳县	274.25	85.19	9.85	3.59	26.90	2.65	1.50	56.60	1.76
阜阳县									
太和县									
利辛县									
亳州市	211.10	59.70	4.20	1.99	26.19	1.10	0.80	72.73	1.34
宿州市	**933.53**	**269.20**	**48.01**	**5.14**	**38.10**	**18.29**	**14.63**	**79.99**	**5.43**
宿州涌桥区	309.68	71.59	3.10	1.00	29.03	0.90	0.30	33.33	0.42
泗县	161.47	37.25	0.81	0.50	33.33	0.27	0.22	81.48	0.59
灵璧县	183.30	54.17	3.50	1.91					
砀山县	101.86	40.19	15.62	15.33	44.88	7.01	5.00	71.33	12.44
萧县	177.22	66.00	24.98	14.10	40.47	10.11	9.11	90.11	13.80
淮北市	**220.70**	**52.10**	**5.20**	**2.36**	**24.42**	**1.27**	**0.68**	**53.54**	**1.31**
濉溪县	220.70	52.10	5.20	2.36	24.42	1.27	0.68	53.54	1.31
蚌埠市	**394.30**	**96.64**	**0.84**	**0.21**	**4.76**	**0.04**	**0.02**	**50.00**	**0.02**
怀远县	232.30	58.00	0.70	0.30	2.86	0.02	0.01	50.00	0.02
五河县	162.00	38.64	0.14	0.09	14.29	0.02	0.01	50.00	0.03
滁州市	**165.47**	**47.23**	**2.02**	**1.22**	**30.20**	**0.61**	**0.79**	**129.51**	**1.67**
南樵区	55.97	16.23	1.71	3.06	28.07	0.48	0.57	118.75	3.51
天长市	109.50	31.00	0.31	0.28	41.94	0.13	0.22	169.23	0.71
全椒县									
定远县									
来安县									
六安市	**455.90**	**131.30**	**13.30**	**2.92**	**30.08**	**4.00**	**3.50**	**87.50**	**2.67**
寿县	215.10	57.90	6.80	3.16	36.76	2.50	2.00	80.00	3.45
霍邱县	240.80	73.40	6.50	2.70	23.08	1.50	1.50	100.00	2.04
合肥市	**487.49**	**162.90**	**17.97**	**3.69**	**36.73**	**6.60**	**4.23**	**64.09**	**2.60**
长丰县	176.40	45.10	5.70	3.23	35.44	2.02	1.97	97.52	4.37
肥东县	189.09	65.80	8.00	4.23	37.50	3.00	0.80	26.67	1.22
肥西县	122.00	52.00	4.27	3.50	37.00	1.58	1.46	92.41	2.81
巢湖市	**481.53**	**230.68**	**33.66**	**6.99**	**63.78**	**21.47**	**15.38**	**71.63**	**6.67**
无为县	157.00	69.20	6.38	4.06	71.63	4.57	5.35	117.07	7.73
巢湖市	85.12	41.61	12.69	14.91	70.29	8.92	2.94	32.96	7.07
和县	87.24	32.45	11.26	12.91	60.48	6.81	6.37	93.54	19.63
含山县	36.50	21.60	1.35	3.70	39.26	0.53	0.51	96.23	2.36
庐江县	115.67	65.82	1.98	1.71	32.32	0.64	0.21	32.81	0.32
安庆市	**282.66**	**203.65**	**36.42**	**12.88**	**79.02**	**28.78**	**16.33**	**56.74**	**8.02**
宿松县	63.70	36.74	11.94	18.74	83.84	10.01			
望江县	56.89	31.07	13.68	24.05	79.97	10.94	10.23	93.51	32.93
太湖县	33.60	33.50	1.90	5.65	36.84	0.70	0.50	71.43	1.49
枞阳县	68.90	60.50	5.00	7.26	92.00	4.60	4.60	100.00	7.60
怀宁县	59.57	41.84	3.90	6.55	64.87	2.53	1.00	39.53	2.39
桐城市									
池州市	**104.15**	**61.18**	**14.08**	**13.52**	**75.50**	**10.63**	**10.61**	**99.81**	**17.34**
东至县	54.00	30.00	9.00	16.67	77.78	7.00	7.00	100.00	23.33
贵池市	50.15	31.18	5.08	10.13	71.46	3.63	3.61	99.45	11.58
芜湖市									
繁昌县									
南陵县									
宣城市	**89.63**	**39.41**	**4.54**	**5.07**	**43.39**	**1.97**	**1.78**	**90.36**	**4.52**
宣州市	89.63	39.41	4.54	5.07	43.39	1.97	1.78	90.36	4.52
铜陵市	**31.13**	**19.36**	**3.20**	**10.28**	**47.50**	**1.52**	**1.55**	**101.97**	**8.01**
铜陵县	31.13	19.36	3.20	10.28	47.50	1.52	1.55	101.97	8.01
马鞍山市	**73.34**	**36.31**	**1.00**	**1.36**	**65.00**	**0.65**	**0.57**	**87.69**	**1.57**
当涂县	73.34	36.31	1.00	1.36	65.00	0.65	0.57	87.69	1.57

5－9－23　安徽省1965年产棉县棉花生产收购明细

县市名	耕地面积（万亩）	农业人口（万人）	棉田面积（万亩）	占耕地（%）	亩产（市斤）	产量（万担）	收购量（万担）	商品率（%）	人均交售（市斤）
全省合计	**4418.08**	**1664.75**	**285.11**	**6.45**	**55.57**	**158.43**	**139.30**	**87.93**	**8.37**
阜阳市	**860.67**	**301.23**	**36.28**	**4.22**	**27.18**	**9.86**	**5.13**	**52.03**	**1.70**
蒙城县	196.32	59.96	11.93	6.08	22.63	2.70	1.76	65.19	2.94
临泉县	180.00	84.00	10.60	5.89	34.81	3.69	1.87	50.68	2.23
界首县	65.50	32.40	1.60	2.44	83.13	1.33	1.00	75.19	3.09
涡阳县	208.55	63.27	9.35	4.48	14.33	1.34	0.37	27.61	0.58
阜阳县									
太和县									
利辛县									
亳州市	210.30	61.60	2.80	1.33	28.57	0.80	0.13	16.25	0.21
宿州市	**891.96**	**265.64**	**68.58**	**7.69**	**18.39**	**12.61**	**10.02**	**79.46**	**3.77**
宿州涌桥区	270.18	65.10	6.20	2.29	6.45	0.40	0.20	50.00	0.31
泗县	159.68	38.68	1.81	1.13	9.39	0.17	0.12	70.59	0.31
灵璧县	183.30	53.75	7.90	4.31	13.92	1.10	1.00	90.91	1.86
砀山县	101.06	41.11	19.64	19.43	25.15	4.94	3.80	76.92	9.24
萧县	177.74	67.00	33.03	18.58	18.17	6.00	4.90	81.67	7.31
淮北市	**225.60**	**52.00**	**9.20**	**4.08**	**4.89**	**0.45**	**0.25**	**55.56**	**0.48**
濉溪县	225.60	52.00	9.20	4.08	4.89	0.45	0.25	55.56	0.48
蚌埠市	**321.40**	**86.03**	**1.37**	**0.43**	**18.25**	**0.25**	**0.02**	**8.00**	**0.02**
怀远县	201.40	54.60	1.00	0.50	24.00	0.24	0.01	4.17	0.02
五河县	120.00	31.43	0.37	0.31	2.70	0.01	0.01	100.00	0.03
滁州市	**163.52**	**49.29**	**3.49**	**2.13**	**34.67**	**1.21**	**0.96**	**79.34**	**1.95**
南樵区	55.42	17.09	2.40	4.33	40.83	0.98	0.72	73.47	4.21
天长市	108.10	32.20	1.09	1.01	21.10	0.23	0.24	104.35	0.75
全椒县									
定远县									
来安县									
六安市	**451.90**	**135.00**	**22.90**	**5.07**	**49.78**	**11.40**	**10.20**	**89.47**	**7.56**
寿县	213.90	59.40	11.80	5.52	55.08	6.50	6.00	92.31	10.10
霍邱县	238.00	75.60	11.10	4.66	44.14	4.90	4.20	85.71	5.56
合肥市	**452.65**	**162.50**	**29.77**	**6.58**	**60.56**	**18.03**	**16.16**	**89.63**	**9.94**
长丰县	169.20	47.50	12.20	7.21	62.46	7.62	6.95	91.21	14.63
肥东县	161.45	61.00	9.00	5.57	66.67	6.00	5.00	83.33	8.20
肥西县	122.00	54.00	8.57	7.02	51.46	4.41	4.21	95.46	7.80
巢湖市	**467.98**	**243.23**	**41.68**	**8.91**	**83.83**	**34.94**	**32.98**	**94.39**	**13.56**
无为县	148.90	73.80	10.88	7.31	76.84	8.36	8.92	106.70	12.09
巢湖市	85.16	43.19	13.74	16.13	102.62	14.10	13.54	96.03	31.35
和县	83.26	35.49	12.36	14.85	77.75	9.61	8.78	91.36	24.74
含山县	36.30	21.97	1.60	4.41	86.88	1.39	0.85	61.15	3.87
庐江县	114.36	68.78	3.10	2.71	47.74	1.48	0.89	60.14	1.29
安庆市	**287.96**	**207.94**	**42.52**	**14.77**	**103.86**	**44.16**	**39.22**	**88.81**	**18.86**
宿松县	68.84	39.11	14.61	21.22	107.05	15.64	15.22	97.31	38.92
望江县	56.30	31.48	15.71	27.90	109.68	17.23	14.90	86.48	47.33
太湖县	34.60	33.30	1.90	5.49	73.68	1.40	1.20	85.71	3.60
枞阳县	68.70	60.80	6.00	8.73	98.33	5.90	5.90	100.00	9.70
怀宁县	59.52	43.25	4.30	7.22	92.79	3.99	2.00	50.13	4.62
桐城市									
池州市	**103.04**	**62.43**	**17.41**	**16.90**	**99.77**	**17.37**	**17.00**	**97.87**	**27.23**
东至县	53.00	30.00	11.00	20.75	109.09	12.00	12.00	100.00	40.00
贵池市	50.04	32.43	6.41	12.81	83.78	5.37	5.00	93.11	15.42
芜湖市									
繁昌县									
南陵县									
宣城市	**86.79**	**41.77**	**5.71**	**6.58**	**65.15**	**3.72**	**3.57**	**95.97**	**8.55**
宣州市	86.79	41.77	5.71	6.58	65.15	3.72	3.57	95.97	8.55
铜陵市	**31.22**	**20.11**	**4.20**	**13.45**	**74.76**	**3.14**	**2.79**	**88.85**	**13.87**
铜陵县	31.22	20.11	4.20	13.45	74.76	3.14	2.79	88.85	13.87
马鞍山市	**73.39**	**37.58**	**2.00**	**2.73**	**64.50**	**1.29**	**1.00**	**77.52**	**2.66**
当涂县	73.39	37.58	2.00	2.73	64.50	1.29	1.00	77.52	2.66

5－9－24　安徽省1966年产棉县棉花生产收购明细

县市名	耕地面积（万亩）	农业人口（万人）	棉田面积（万亩）	占耕地（%）	亩产（市斤）	产量（万担）	收购量（万担）	商品率（%）	人均交售（市斤）
全省合计	**4332.88**	**1723.18**	**322.09**	**7.43**	**57.99**	**186.77**	**166.37**	**89.08**	**9.65**
阜阳市	**857.77**	**310.29**	**30.77**	**3.59**	**41.92**	**12.90**	**5.71**	**44.26**	**1.84**
蒙城县	196.32	59.72	8.07	4.11	44.36	3.58	2.76	77.09	4.62
临泉县	180.00	87.00	9.60	5.33	44.06	4.23	1.60	37.83	1.84
界首县	65.30	34.40	1.50	2.30	73.33	1.10	0.38	34.55	1.10
涡阳县	205.95	64.87	6.50	3.16	30.62	1.99	0.46	23.12	0.71
阜阳县									
太和县									
利辛县									
亳州市	210.20	64.30	5.10	2.43	39.22	2.00	0.51	25.50	0.79
宿州市	**852.24**	**273.98**	**56.31**	**6.61**	**51.22**	**28.84**	**23.95**	**83.04**	**8.74**
宿州涌桥区	240.00	67.60	6.50	2.71	46.15	3.00	1.00	33.33	1.48
泗县	152.54	40.12	2.34	1.53	43.59	1.02	0.52	50.98	1.30
灵璧县	183.30	54.57	6.30	3.44	6.35	0.40	0.44	110.00	0.81
砀山县	98.66	42.69	14.71	14.91	63.43	9.33	8.19	87.78	19.18
萧县	177.74	69.00	26.46	14.89	57.03	15.09	13.80	91.45	20.00
淮北市	**213.10**	**54.50**	**8.10**	**3.80**	**43.09**	**3.49**	**1.81**	**51.86**	**3.32**
濉溪县	213.10	54.50	8.10	3.80	43.09	3.49	1.81	51.86	3.32
蚌埠市	**324.10**	**89.27**	**3.68**	**1.14**	**14.40**	**0.53**	**0.18**	**33.96**	**0.20**
怀远县	204.10	57.00	3.00	1.47	6.67	0.20	0.07	35.00	0.12
五河县	120.00	32.27	0.68	0.57	48.53	0.33	0.11	33.33	0.34
滁州市	**159.18**	**51.54**	**7.22**	**4.54**	**36.29**	**2.62**	**2.71**	**103.44**	**5.26**
南樵区	54.88	18.14	2.92	5.32	30.14	0.88	1.07	121.59	5.90
天长市	104.30	33.40	4.30	4.12	40.47	1.74	1.64	94.25	4.91
全椒县									
定远县									
来安县									
六安市	**448.00**	**141.90**	**41.40**	**9.24**	**32.13**	**13.30**	**12.40**	**93.23**	**8.74**
寿县	212.10	62.30	20.90	9.85	34.45	7.20	7.00	97.22	11.24
霍邱县	235.90	79.60	20.50	8.69	29.76	6.10	5.40	88.52	6.78
合肥市	**441.93**	**168.50**	**55.85**	**12.64**	**42.70**	**23.85**	**22.13**	**92.79**	**13.13**
长丰县	166.20	49.70	29.40	17.69	49.59	14.58	14.05	96.36	28.27
肥东县	156.73	62.80	13.00	8.29	46.15	6.00	5.00	83.33	7.96
肥西县	119.00	56.00	13.45	11.30	24.31	3.27	3.08	94.19	5.50
巢湖市	**464.21**	**252.18**	**43.80**	**9.44**	**69.50**	**30.44**	**31.60**	**103.81**	**12.53**
无为县	148.90	77.40	11.26	7.56	84.19	9.48	9.75	102.85	12.60
巢湖市	84.38	45.10	13.18	15.62	58.35	7.69	9.07	117.95	20.11
和县	82.33	36.72	12.11	14.71	86.79	10.51	10.04	95.53	27.34
含山县	36.06	23.40	2.54	7.04	69.29	1.76	1.64	93.18	7.01
庐江县	112.54	69.56	4.71	4.19	21.23	1.00	1.10	110.00	1.58
安庆市	**281.95**	**211.77**	**43.46**	**15.41**	**98.49**	**42.80**	**38.55**	**90.07**	**18.20**
宿松县	63.02	40.40	15.20	24.12	99.55	15.13	14.95	98.80	37.00
望江县	57.38	32.59	16.07	28.01	96.27	15.47	14.20	91.79	43.57
太湖县	33.50	33.10	1.80	5.37	55.56	1.00	1.00	100.00	3.02
枞阳县	68.70	60.90	6.00	8.73	106.67	6.40	6.40	100.00	10.51
怀宁县	59.35	44.78	4.39	7.40	109.34	4.80	2.00	41.67	4.47
桐城市									
池州市	**100.56**	**65.52**	**17.50**	**17.40**	**95.94**	**16.79**	**17.01**	**101.31**	**25.96**
东至县	52.00	32.00	11.00	21.15	109.09	12.00	12.00	100.00	37.50
贵池市	48.56	33.52	6.50	13.39	73.69	4.79	5.01	104.59	14.95
芜湖市									
繁昌县									
南陵县									
宣城市	**86.71**	**44.02**	**7.27**	**8.38**	**62.31**	**4.53**	**3.96**	**87.42**	**9.00**
宣州市	86.71	44.02	7.27	8.38	62.31	4.53	3.96	87.42	9.00
铜陵市	**30.72**	**20.86**	**4.13**	**13.44**	**99.03**	**4.09**	**4.32**	**105.62**	**20.71**
铜陵县	30.72	20.86	4.13	13.44	99.03	4.09	4.32	105.62	20.71
马鞍山市	**72.41**	**38.85**	**2.60**	**3.59**	**99.62**	**2.59**	**2.04**	**78.76**	**5.25**
当涂县	72.41	38.85	2.60	3.59	99.62	2.59	2.04	78.76	5.25

5－9－25　安徽省1967年产棉县棉花生产收购明细

县 市 名	耕地面积（万亩）	农业人口（万人）	棉田面积（万亩）	占耕地（%）	亩　产（市斤）	产　量（万担）	收购量（万担）	商品率（%）	人均交售（市斤）
全省合计	**4315.79**	**1784.24**	**319.15**	**7.39**	**55.06**	**175.73**	**149.08**	**84.83**	**8.36**
阜阳市	**857.47**	**319.66**	**32.11**	**3.74**	**42.51**	**13.65**	**5.31**	**38.90**	**1.66**
蒙城县	196.32	59.92	7.70	3.92	36.49	2.81	1.47	52.31	
临泉县	180.00	92.00	10.10	5.61	53.76	5.43	2.84	52.30	3.09
界首县	65.00	35.80	1.70	2.62	68.82	1.17	0.30	25.64	0.84
涡阳县	205.95	65.14	7.01	3.40	29.10	2.04	0.44	21.57	0.68
阜阳县									
太和县									
利辛县									
亳州市	210.20	66.80	5.60	2.66	39.29	2.20	0.26	11.82	0.39
宿州市	**842.69**	**285.45**	**60.12**	**7.13**	**40.88**	**24.58**	**18.26**	**74.29**	**6.40**
宿州涌桥区	236.10	70.50	8.30	3.52	26.51	2.20	1.00	45.45	1.42
泗　县	145.65	41.44	3.63	2.49	25.62	0.93	0.49	52.69	1.18
灵璧县	183.30	57.66	6.90	3.76	24.64	1.70	1.20	70.59	2.08
砀山县	99.90	43.85	14.89	14.90	50.64	7.54	6.67	88.46	15.21
萧　县	177.74	72.00	26.40	14.85	46.25	12.21	8.90	72.89	12.36
淮北市	**213.90**	**56.40**	**8.10**	**3.79**	**33.46**	**2.71**	**0.75**	**27.68**	**1.33**
濉溪县	213.90	56.40	8.10	3.79	33.46	2.71	0.75	27.68	1.33
蚌埠市	**326.50**	**92.84**	**5.47**	**1.68**	**49.18**	**2.69**	**0.92**	**34.20**	**0.99**
怀远县	206.50	59.00	3.40	1.65	58.82	2.00	0.74	37.00	1.25
五河县	120.00	33.84	2.07	1.73	33.33	0.69	0.18	26.09	0.53
滁州市	**155.61**	**52.88**	**11.75**	**7.55**	**42.21**	**4.96**	**4.56**	**91.94**	**8.62**
南樵区	54.51	17.98	3.45	6.33	53.91	1.86	1.80	96.77	10.01
天长市	101.10	34.90	8.30	8.21	37.35	3.10	2.76	89.03	7.91
全椒县									
定远县									
来安县									
六安市	**445.60**	**147.50**	**39.10**	**8.77**	**32.74**	**12.80**	**11.30**	**88.28**	**7.66**
寿　县	209.70	64.70	20.20	9.63	33.17	6.70	6.20	92.54	9.58
霍邱县	235.90	82.80	18.90	8.01	32.28	6.10	5.10	83.61	6.16
合肥市	**439.45**	**175.40**	**44.44**	**10.11**	**38.01**	**16.89**	**15.59**	**92.30**	**8.89**
长丰县	166.20	51.80	20.60	12.39	41.65	8.58	8.42	98.14	16.25
肥东县	155.25	65.60	12.90	8.31	46.51	6.00	5.00	83.33	7.62
肥西县	118.00	58.00	10.94	9.27	21.12	2.31	2.17	93.94	3.74
巢湖市	**462.24**	**259.93**	**44.12**	**9.54**	**68.45**	**30.20**	**30.50**	**100.99**	**11.73**
无为县	148.90	81.40	12.31	8.27	83.83	10.32	10.79	104.55	13.26
巢湖市	83.50	45.33	12.76	15.28	60.42	7.71	7.79	101.04	17.19
和　县	82.16	38.43	12.11	14.74	72.67	8.80	8.99	102.16	23.39
含山县	35.62	23.57	2.81	7.89	80.78	2.27	1.97	86.78	8.36
庐江县	112.06	71.20	4.13	3.69	26.63	1.10	0.96	87.27	1.35
安庆市	**282.04**	**219.11**	**43.00**	**15.25**	**90.16**	**38.77**	**35.06**	**90.43**	**16.00**
宿松县	63.25	41.24	14.66	23.18	85.27	12.50	11.46	91.68	27.79
望江县	57.31	33.95	16.14	28.16	85.63	13.82	13.10	94.79	38.59
太湖县	33.80	36.10	2.00	5.92	60.00	1.20	1.10	91.67	3.05
枞阳县	68.60	61.90	6.00	8.75	115.00	6.90	6.90	100.00	11.15
怀宁县	59.08	45.92	4.20	7.11	103.57	4.35	2.50	57.47	5.44
桐城市									
池州市	**99.36**	**67.83**	**17.60**	**17.71**	**99.32**	**17.48**	**17.34**	**99.20**	**25.56**
东至县	51.00	33.00	11.00	21.57	109.09	12.00	12.00	100.00	36.36
贵池市	48.36	34.83	6.60	13.65	83.03	5.48	5.34	97.45	15.33
芜湖市									
繁昌县									
南陵县									
宣城市	**87.96**	**45.19**	**5.87**	**6.67**	**70.19**	**4.12**	**4.00**	**97.09**	**8.85**
宣州市	87.96	45.19	5.87	6.67	70.19	4.12	4.00	97.09	8.85
铜陵市	**30.62**	**21.66**	**4.47**	**14.60**	**92.84**	**4.15**	**3.52**	**84.82**	**16.25**
铜陵县	30.62	21.66	4.47	14.60	92.84	4.15	3.52	84.82	16.25
马鞍山市	**72.35**	**40.39**	**3.00**	**4.15**	**91.00**	**2.73**	**1.97**	**72.16**	**4.88**
当涂县	72.35	40.39	3.00	4.15	91.00	2.73	1.97	72.16	4.88

5－9－26　安徽省1968年产棉县棉花生产收购明细

县市名	耕地面积（万亩）	农业人口（万人）	棉田面积（万亩）	占耕地（%）	亩　产（市斤）	产　量（万担）	收购量（万担）	商品率（%）	人均交售（市斤）
全省合计	**4310.92**	**1871.36**	**298.00**	**6.91**	**63.13**	**188.12**	**158.75**	**84.39**	**8.48**
阜阳市	**858.96**	**340.41**	**32.27**	**3.76**	**38.18**	**12.32**	**4.86**	**39.45**	**1.43**
蒙城县	195.31	60.35	7.70	3.94	34.42	2.65	1.76	66.42	2.92
临泉县	181.00	101.00	9.40	5.19	39.04	3.67	1.55	42.23	1.53
界首县	66.10	39.50	1.50	2.27	73.33	1.10	0.25	22.73	0.63
涡阳县	205.95	69.06	7.07	3.43	35.36	2.50	0.84	33.60	1.22
阜阳县									
太和县									
利辛县									
亳州市	210.60	70.50	6.60	3.13	36.36	2.40	0.46	19.17	0.65
宿州市	**844.28**	**300.74**	**54.91**	**6.50**	**44.29**	**24.32**	**17.64**	**72.53**	**5.87**
宿州涌桥区	237.40	73.90	6.50	2.74	40.00	2.60	1.10	42.31	1.49
泗　县	145.94	45.88	2.92	2.00	47.95	1.40	0.94	67.14	2.05
灵璧县	183.30	60.24	5.70	3.11	33.33	1.90	1.30	68.42	2.16
砀山县	99.90	45.72	13.45	13.46	42.45	5.71	5.10	89.32	11.15
萧　县	177.74	75.00	26.34	14.82	48.25	12.71	9.20	72.38	12.27
淮北市	**213.20**	**59.70**	**7.00**	**3.28**	**34.86**	**2.44**	**1.04**	**42.62**	**1.74**
濉溪县	213.20	59.70	7.00	3.28	34.86	2.44	1.04	42.62	1.74
蚌埠市	**325.60**	**96.34**	**4.28**	**1.31**	**36.92**	**1.58**	**0.83**	**52.53**	**0.86**
怀远县	205.60	61.00	3.00	1.46	40.00	1.20	0.69	57.50	1.13
五河县	120.00	35.34	1.28	1.07	29.69	0.38	0.14	36.84	0.40
滁州市	**166.35**	**55.69**	**9.19**	**5.52**	**30.36**	**2.79**	**2.52**	**90.32**	**4.53**
南樵区	54.25	19.39	3.39	6.25	41.00	1.39	1.57	112.95	8.10
天长市	112.10	36.30	5.80	5.17	24.14	1.40	0.95	67.86	2.62
全椒县									
定远县									
来安县									
六安市	**443.40**	**153.10**	**29.60**	**6.68**	**24.66**	**7.30**	**5.40**	**73.97**	**3.53**
寿　县	207.50	67.80	16.80	8.10	26.79	4.50	3.50	77.78	5.16
霍邱县	235.90	85.30	12.80	5.43	21.88	2.80	1.90	67.86	2.23
合肥市	**428.34**	**182.80**	**37.54**	**8.76**	**39.96**	**15.00**	**13.86**	**92.40**	**7.58**
长丰县	157.20	54.60	16.20	10.31	31.17	5.05	5.00	99.01	9.16
肥东县	153.14	68.20	11.70	7.64	51.28	6.00	5.00	83.33	7.33
肥西县	118.00	60.00	9.64	8.17	40.98	3.95	3.86	97.72	6.43
巢湖市	**460.49**	**273.82**	**45.20**	**9.82**	**86.84**	**39.25**	**36.90**	**94.01**	**13.48**
无为县	148.90	85.70	13.13	8.82	102.44	13.45	13.62	101.26	15.89
巢湖市	82.68	47.80	13.55	16.39	85.46	11.58	9.37	80.92	19.60
和　县	81.87	40.57	12.25	14.96	78.37	9.60	10.07	104.90	24.82
含山县	35.51	26.17	2.58	7.27	108.53	2.80	2.74	97.86	10.47
庐江县	111.53	73.58	3.69	3.31	49.32	1.82	1.10	60.44	1.49
安庆市	**280.88**	**226.21**	**43.67**	**15.55**	**105.85**	**46.23**	**41.13**	**88.97**	**18.18**
宿松县	64.73	43.74	14.08	21.75	99.93	14.07	13.53	96.16	30.93
望江县	56.99	35.47	16.54	29.02	120.13	19.87	18.50	93.11	52.16
太湖县	32.50	37.00	2.50	7.69	60.00	1.50	1.90	126.67	5.14
枞阳县	67.80	62.00	6.00	8.85	96.67	5.80	5.20	89.66	8.39
怀宁县	58.86	48.00	4.55	7.74	109.60	4.99	2.00	40.08	4.17
桐城市									
池州市	**99.14**	**70.39**	**18.88**	**19.04**	**118.43**	**22.36**	**22.35**	**99.96**	**31.75**
东至县	51.00	34.00	12.00	23.53	125.00	15.00	15.00	100.00	44.12
贵池市	48.14	36.39	6.88	14.29	106.98	7.36	7.35	99.86	20.20
芜湖市									
繁昌县									
南陵县									
宣城市	**87.97**	**47.77**	**7.72**	**8.78**	**74.09**	**5.72**	**4.20**	**73.43**	**8.79**
宣州市	87.97	47.77	7.72	8.78	74.09	5.72	4.20	73.43	8.79
铜陵市	**30.42**	**22.46**	**4.24**	**13.94**	**116.27**	**4.93**	**4.58**	**92.90**	**20.39**
铜陵县	30.42	22.46	4.24	13.94	116.27	4.93	4.58	92.90	20.39
马鞍山市	**71.89**	**41.93**	**3.50**	**4.87**	**110.86**	**3.88**	**3.44**	**88.66**	**8.20**
当涂县	71.89	41.93	3.50	4.87	110.86	3.88	3.44	88.66	8.20

5－9－27　安徽省1969年产棉县棉花生产收购明细

县市名	耕地面积（万亩）	农业人口（万人）	棉田面积（万亩）	占耕地（%）	亩产（市斤）	产量（万担）	收购量（万担）	商品率（%）	人均交售（市斤）
全省合计	**4250.35**	**1956.60**	**262.93**	**6.19**	**46.61**	**122.55**	**101.43**	**82.77**	**5.18**
阜阳市	**857.03**	**351.46**	**31.48**	**3.67**	**46.06**	**14.50**	**10.23**	**70.55**	**2.91**
蒙城县	195.31	62.02	6.76	3.46	35.65	2.41	1.25	51.87	2.02
临泉县	180.00	103.00	9.10	5.06	58.57	5.33	2.80	52.53	2.72
界首县	66.10	39.50	1.70	2.57	94.12	1.60	1.20	75.00	3.04
涡阳县	205.62	71.94	7.92	3.85	32.32	2.56	4.38	171.09	6.09
阜阳县									
太和县									
利辛县									
亳州市	210.00	75.00	6.00	2.86	43.33	2.60	0.60	23.08	0.80
宿州市	**842.65**	**313.72**	**51.80**	**6.15**	**42.92**	**22.23**	**16.13**	**72.56**	**5.14**
宿州涌桥区	235.10	78.20	5.60	2.38	30.36	1.70	1.20	70.59	1.53
泗　县	146.61	47.75	2.80	1.91	35.71	1.00	1.03	103.00	2.16
灵璧县	183.30	62.12	5.70	3.11	33.33	1.90	1.30	68.42	2.09
砀山县	99.90	47.65	13.10	13.11	48.78	6.39	4.00	62.60	8.39
萧　县	177.74	78.00	24.60	13.84	45.69	11.24	8.60	76.51	11.03
淮北市	**209.90**	**63.30**	**6.80**	**3.24**	**29.12**	**1.98**	**0.45**	**22.73**	**0.71**
濉溪县	209.90	63.30	6.80	3.24	29.12	1.98	0.45	22.73	0.71
蚌埠市	**321.00**	**103.08**	**2.62**	**0.82**	**22.52**	**0.59**	**0.32**	**54.24**	**0.31**
怀远县	201.00	65.00	1.90	0.95	26.32	0.50	0.21	42.00	0.32
五河县	120.00	38.08	0.72	0.60	12.50	0.09	0.11	122.22	0.29
滁州市	**152.22**	**57.43**	**6.63**	**4.36**	**27.75**	**1.84**	**2.03**	**110.33**	**3.53**
南樵区	53.62	20.13	3.13	5.84	31.63	0.99	1.15	116.16	5.71
天长市	98.60	37.30	3.50	3.55	24.29	0.85	0.88	103.53	2.36
全椒县									
定远县									
来安县									
六安市	**425.00**	**161.20**	**21.10**	**4.96**	**17.06**	**3.60**	**1.80**	**50.00**	**1.12**
寿　县	203.80	71.20	10.60	5.20	16.04	1.70	0.80	47.06	1.12
霍邱县	221.20	90.00	10.50	4.75	18.10	1.90	1.00	52.63	1.11
合肥市	**416.83**	**190.70**	**25.56**	**6.13**	**33.76**	**8.63**	**7.45**	**86.33**	**3.91**
长丰县	153.10	56.90	9.80	6.40	24.59	2.41	2.34	97.10	4.11
肥东县	150.73	69.80	8.00	5.31	50.00	4.00	3.00	75.00	4.30
肥西县	113.00	64.00	7.76	6.87	28.61	2.22	2.11	95.05	3.30
巢湖市	**458.47**	**287.72**	**43.59**	**9.51**	**54.05**	**23.56**	**22.80**	**96.77**	**7.92**
无为县	148.90	90.70	12.69	8.52	49.01	6.22	6.59	105.95	7.27
巢湖市	82.15	50.54	13.02	15.85	61.60	8.02	7.06	88.03	13.97
和　县	81.55	42.83	11.88	14.57	52.61	6.25	6.16	98.56	14.38
含山县	35.51	27.14	2.67	7.52	79.03	2.11	2.27	107.58	8.36
庐江县	110.36	76.51	3.33	3.02	28.83	0.96	0.72	75.00	0.94
安庆市	**280.01**	**237.53**	**41.78**	**14.92**	**55.51**	**23.19**	**21.49**	**92.67**	**9.05**
宿松县	64.94	45.91	13.86	21.34	64.36	8.92	8.74	97.98	19.04
望江县	56.44	36.96	14.32	25.37	37.64	5.39	5.35	99.26	14.48
太湖县	32.50	37.80	2.60	8.00	61.54	1.60	1.60	100.00	4.23
枞阳县	67.80	67.00	6.00	8.85	71.67	4.30	4.30	100.00	6.42
怀宁县	58.33	49.86	5.00	8.57	59.60	2.98	1.50	50.34	3.01
桐城市									
池州市	**98.45**	**73.00**	**17.33**	**17.60**	**79.52**	**13.78**	**13.42**	**97.39**	**18.38**
东至县	51.00	35.00	11.00	21.57	81.82	9.00	9.00	100.00	25.71
贵池市	47.45	38.00	6.33	13.34	75.51	4.78	4.42	92.47	11.63
芜湖市									
繁昌县									
南陵县									
宣城市	**86.82**	**50.92**	**6.37**	**7.34**	**56.99**	**3.63**	**3.00**	**82.64**	**5.89**
宣州市	86.82	50.92	6.37	7.34	56.99	3.63	3.00	82.64	5.89
铜陵市	**30.25**	**23.08**	**4.77**	**15.77**	**54.93**	**2.62**	**2.05**	**78.24**	**8.88**
铜陵县	30.25	23.08	4.77	15.77	54.93	2.62	2.05	78.24	8.88
马鞍山市	**71.72**	**43.46**	**3.10**	**4.32**	**77.42**	**2.40**	**0.26**	**10.83**	**0.60**
当涂县	71.72	43.46	3.10	4.32	77.42	2.40	0.26	10.83	0.60

5－9－28　安徽省1970年产棉县棉花生产收购明细

县 市 名	耕地面积（万亩）	农业人口（万人）	棉田面积（万亩）	占耕地（%）	亩　产（市斤）	产　量（万担）	收购量（万担）	商品率（%）	人均交售（市斤）
全省合计	**5196.20**	**2516.79**	**407.91**	**7.85**	**49.85**	**203.34**	**160.77**	**79.06**	**6.39**
阜阳市	**1391.75**	**621.09**	**74.66**	**5.36**	**52.13**	**38.92**	**24.76**	**63.62**	**3.99**
蒙城县	195.31	66.15	10.08	5.16	59.92	6.04	3.95	65.40	5.97
临泉县	180.00	106.00	13.80	7.67	60.65	8.37	6.61	78.97	6.24
界首县	65.00	40.90	2.00	3.08	135.00	2.70	1.50	55.56	3.67
涡阳县	201.20	73.87	9.53	4.74	36.94	3.52	1.50	42.61	2.03
阜阳县	168.61	90.46	9.29	5.51	66.20	6.15	3.00	48.78	3.32
太和县	192.32	87.52	10.90	5.67	38.81	4.23	2.10	49.65	2.40
利辛县	186.81	78.39	12.16	6.51	34.62	4.21	3.60	85.51	4.59
亳州市	202.50	77.80	6.90	3.41	53.62	3.70	2.50	67.57	3.21
宿州市	**827.73**	**324.60**	**69.91**	**8.45**	**48.81**	**34.12**	**22.96**	**67.29**	**7.07**
宿州涌桥区	232.50	80.90	11.40	4.90	48.25	5.50			
泗　县	144.48	48.08	5.01	3.47	49.30	2.47	1.86	75.30	3.87
灵璧县	183.30	64.23	10.00	5.46	21.00	2.10	1.60	76.19	2.49
砀山县	98.52	50.39	15.25	15.48	61.11	9.32	7.00	75.11	13.89
萧　县	168.93	81.00	28.25	16.72	52.14	14.73	12.50	84.86	15.43
淮北市	**210.80**	**66.10**	**10.70**	**5.08**	**37.85**	**4.05**	**2.15**	**53.09**	**3.25**
濉溪县	210.80	66.10	10.70	5.08	37.85	4.05	2.15	53.09	3.25
蚌埠市	**314.00**	**106.94**	**8.96**	**2.85**	**35.49**	**3.18**	**2.30**	**72.33**	**2.15**
怀远县	197.00	67.80	6.10	3.10	34.43	2.10	1.80	85.71	2.65
五河县	117.00	39.14	2.86	2.44	37.76	1.08	0.50	46.30	1.28
滁州市	**458.96**	**173.33**	**40.44**	**8.81**	**32.84**	**13.28**	**10.13**	**76.28**	**5.84**
南樵区	51.03	21.83	4.36	8.54	37.84	1.65	1.89	114.55	8.66
天长市	95.90	39.10	8.30	8.65	31.33	2.60	2.94	113.08	7.52
全椒县	68.70	29.00	9.62	14.00	34.62	3.33	2.10	63.06	7.24
定远县	167.25	51.20	12.53	7.49	32.88	4.12	2.20	53.40	4.30
来安县	76.08	32.20	5.63	7.40	28.06	1.58	1.00	63.29	3.11
六安市	**419.20**	**168.10**	**30.50**	**7.28**	**28.20**	**8.60**	**6.70**	**77.91**	**3.99**
寿　县	202.10	74.20	16.00	7.92	29.38	4.70	4.00	85.11	5.39
霍邱县	217.10	93.90	14.50	6.68	26.90	3.90	2.70	69.23	2.88
合肥市	**412.94**	**197.20**	**35.18**	**8.52**	**43.32**	**15.24**	**13.97**	**91.67**	**7.08**
长丰县	151.10	59.00	12.10	8.01	43.06	5.21	5.01	96.16	8.49
肥东县	148.84	72.20	12.00	8.06	50.00	6.00	5.00	83.33	6.93
肥西县	113.00	66.00	11.08	9.81	36.37	4.03	3.96	98.26	6.00
巢湖市	**450.52**	**298.34**	**45.37**	**10.07**	**64.25**	**29.15**	**27.74**	**95.16**	**9.30**
无为县	144.40	93.00	12.61	8.73	69.71	8.79	8.88	101.02	9.55
巢湖市	81.88	52.60	13.61	16.62	65.47	8.91	8.35	93.71	15.87
和　县	79.87	44.15	11.86	14.85	63.24	7.50	7.23	96.40	16.38
含山县	35.51	27.44	2.88	8.11	92.36	2.66	2.68	100.75	9.77
庐江县	108.86	81.15	4.41	4.05	29.25	1.29	0.60	46.51	0.74
安庆市	**338.32**	**300.83**	**46.32**	**13.69**	**58.66**	**27.17**	**27.12**	**99.82**	**9.02**
宿松县	67.26	48.09	13.99	20.80	50.39	7.05	6.93	98.30	14.41
望江县	56.02	38.08	14.11	25.19	46.21	6.52	5.87	90.03	15.41
太湖县	33.90	38.80	2.80	8.26	57.14	1.60	0.72	45.00	1.86
枞阳县	67.40	69.60	6.00	8.90	91.67	5.50	5.50	100.00	7.90
怀宁县	55.54	51.66	4.42	7.96	71.72	3.17	4.60	145.11	8.90
桐城市	58.20	54.60	5.00	8.59	66.60	3.33	3.50	105.11	6.41
池州市	**96.95**	**75.18**	**15.72**	**16.21**	**65.71**	**10.33**	**10.12**	**97.97**	**13.46**
东至县	50.00	36.00	10.00	20.00	70.00	7.00	7.00	100.00	19.44
贵池市	46.95	39.18	5.72	12.18	58.22	3.33	3.12	93.69	7.96
芜湖市	**86.50**	**64.40**	**9.60**	**11.10**	**69.38**	**6.66**	**3.50**	**52.55**	**5.43**
繁昌县	34.00	28.80	4.80	14.12	69.38	3.33	2.50	75.08	8.68
南陵县	52.50	35.60	4.80	9.14	69.38	3.33	1.00	30.03	2.81
宣城市	**87.10**	**51.57**	**8.63**	**9.91**	**52.14**	**4.50**	**2.80**	**62.22**	**5.43**
宣州市	87.10	51.57	8.63	9.91	52.14	4.50	2.80	62.22	5.43
铜陵市	**29.73**	**24.11**	**4.02**	**13.52**	**71.89**	**2.89**	**3.05**	**105.54**	**12.65**
铜陵县	29.73	24.11	4.02	13.52	71.89	2.89	3.05	105.54	12.65
马鞍山市	**71.70**	**45.00**	**7.90**	**11.02**	**66.46**	**5.25**	**3.47**	**66.10**	**7.71**
当涂县	71.70	45.00	7.90	11.02	66.46	5.25	3.47	66.10	7.71

5-9-29 安徽省1971年产棉县棉花生产收购明细

县市名	耕地面积（万亩）	农业人口（万人）	棉田面积（万亩）	占耕地（%）	亩产（市斤）	产量（万担）	收购量（万担）	商品率（%）	人均交售（市斤）
全省合计	**5149.52**	**2583.76**	**400.15**	**7.77**	**45.94**	**183.82**	**147.75**	**80.38**	**5.72**
阜阳市	**1388.18**	**641.11**	**83.99**	**6.05**	**47.68**	**40.05**	**26.36**	**65.82**	**4.11**
蒙城县	194.81	68.28	14.23	7.30	38.44	5.47	4.27	78.06	6.25
临泉县	180.00	110.00	15.00	8.33	75.00	11.25	8.57	76.18	7.79
界首县	65.90	42.10	3.90	5.92	51.28	2.00	1.00	50.00	2.38
涡阳县	200.54	76.08	10.21	5.09	34.87	3.56	1.93	54.21	2.54
阜阳县	169.32	92.99	10.39	6.14	52.26	5.43	3.47	63.90	3.73
太和县	188.65	90.61	10.90	5.78	38.81	4.23	2.10	49.65	2.32
利辛县	184.46	80.45	12.55	6.80	38.25	4.80	3.20	66.67	3.98
亳州市	204.50	80.60	6.81	3.33	48.60	3.31	1.82	54.98	2.26
宿州市	**807.24**	**334.36**	**70.02**	**8.67**	**41.55**	**29.09**	**22.98**	**79.00**	**6.87**
宿州涌桥区	213.70	82.90	10.89	5.10	30.95	3.37	2.51	74.48	3.03
泗　县	142.79	49.44	4.73	3.31	27.48	1.30	1.00	76.92	2.02
灵璧县	183.30	66.52	12.00	6.55	44.17	5.30	3.10	58.49	4.66
砀山县	98.52	51.50	15.90	16.14	48.62	7.73	6.77	87.58	13.15
萧　县	168.93	84.00	26.50	15.69	42.98	11.39	9.60	84.28	11.43
淮北市	**210.20**	**68.30**	**9.40**	**4.47**	**25.32**	**2.38**	**1.59**	**66.81**	**2.33**
濉溪县	210.20	68.30	9.40	4.47	25.32	2.38	1.59	66.81	2.33
蚌埠市	**308.90**	**108.62**	**6.22**	**2.01**	**27.81**	**1.73**	**0.87**	**50.29**	**0.80**
怀远县	192.90	69.00	3.95	2.05	29.62	1.17	0.69	58.97	1.00
五河县	116.00	39.62	2.27	1.96	24.67	0.56	0.18	32.14	0.45
滁州市	**455.18**	**178.68**	**34.97**	**7.68**	**26.19**	**9.16**	**8.40**	**91.70**	**4.70**
南樵区	50.88	22.75	3.64	7.15	29.40	1.07	1.07	100.00	4.70
天长市	94.10	40.70	8.14	8.65	33.29	2.71	2.91	107.38	7.15
全椒县	68.12	29.83	8.55	12.55	22.81	1.95	1.63	83.59	5.46
定远县	166.00	53.20	10.30	6.20	22.14	2.28	1.85	81.14	3.48
来安县	76.08	32.20	4.34	5.70	26.50	1.15	0.94	81.74	2.92
六安市	**415.90**	**173.40**	**30.90**	**7.43**	**26.15**	**8.08**	**7.03**	**87.00**	**4.05**
寿　县	200.20	76.40	16.30	8.14	28.96	4.72	4.08	86.44	5.34
霍邱县	215.70	97.00	14.60	6.77	23.01	3.36	2.95	87.80	3.04
合肥市	**410.19**	**202.50**	**33.46**	**8.16**	**34.07**	**11.40**	**8.86**	**77.72**	**4.38**
长丰县	150.10	60.20	13.20	8.79	39.02	5.15	4.65	90.29	7.72
肥东县	148.09	74.30	10.64	7.18	43.98	4.68	3.10	66.24	4.17
肥西县	112.00	68.00	9.62	8.59	16.32	1.57	1.11	70.70	1.63
巢湖市	**449.09**	**306.48**	**40.41**	**9.00**	**72.78**	**29.41**	**21.04**	**71.54**	**6.87**
无为县	144.40	96.80	12.32	8.53	62.82	7.74	7.46	96.38	7.71
巢湖市	81.69	53.71	11.65	14.26	117.17	13.65	5.75	42.12	10.71
和　县	79.84	45.73	11.16	13.98	53.14	5.93	6.08	102.53	13.30
含山县	35.16	28.39	2.32	6.60	59.91	1.39	1.17	84.17	4.12
庐江县	108.00	81.85	2.96	2.74	23.65	0.70	0.58	82.86	0.71
安庆市	**334.02**	**305.02**	**47.64**	**14.26**	**51.97**	**24.76**	**24.59**	**99.31**	**8.06**
宿松县	64.09	48.70	13.70	21.38	32.41	4.44	4.40	99.10	9.03
望江县	55.76	39.33	14.16	25.39	44.28	6.27	5.65	90.11	14.37
太湖县	33.60	38.90	2.90	8.63	37.93	1.10	0.81	73.64	2.08
枞阳县	66.90	70.10	7.08	10.58	98.45	6.97	6.58	94.40	9.39
怀宁县	55.47	53.39	4.33	7.81	63.05	2.73	4.34	158.97	8.13
桐城市	58.20	54.60	5.47	9.40	59.41	3.25	2.81	86.46	5.15
池州市	**96.94**	**77.19**	**16.21**	**16.72**	**69.03**	**11.19**	**10.85**	**96.96**	**14.06**
东至县	50.00	37.00	9.97	19.94	75.03	7.48	7.22	96.52	19.51
贵池市	46.94	40.19	6.24	13.29	59.46	3.71	3.63	97.84	9.03
芜湖市	**86.50**	**64.40**	**6.59**	**7.62**	**57.97**	**3.82**	**4.01**	**104.97**	**6.23**
繁昌县	34.00	28.80	4.56	13.41	63.38	2.89	2.94	101.73	10.21
南陵县	52.50	35.60	2.03	3.87	45.81	0.93	1.07	115.05	3.01
宣城市	**86.20**	**51.40**	**8.34**	**9.68**	**52.16**	**4.35**	**2.94**	**67.59**	**5.72**
宣州市	86.20	51.40	8.34	9.68	52.16	4.35	2.94	67.59	5.72
铜陵市	**29.39**	**24.91**	**3.94**	**13.41**	**80.20**	**3.16**	**3.28**	**103.80**	**13.17**
铜陵县	29.39	24.91	3.94	13.41	80.20	3.16	3.28	103.80	13.17
马鞍山市	**71.59**	**47.39**	**8.06**	**11.26**	**65.01**	**5.24**	**4.95**	**94.47**	**10.45**
当涂县	71.59	47.39	8.06	11.26	65.01	5.24	4.95	94.47	10.45

5-9-30 安徽省1972年产棉县棉花生产收购明细

县 市 名	耕地面积（万亩）	农业人口（万人）	棉田面积（万亩）	占耕地（%）	亩 产（市斤）	产 量（万担）	收购量（万担）	商品率（%）	人均交售（市斤）
全省合计	**5151.05**	**2659.65**	**422.63**	**8.20**	**57.20**	**241.73**	**212.33**	**87.84**	**7.98**
阜阳市	**1388.00**	**663.18**	**91.08**	**6.56**	**52.39**	**47.72**	**35.52**	**74.43**	**5.36**
蒙城县	194.81	70.44	13.91	7.14	37.67	5.24	4.27	81.49	6.06
临泉县	180.00	114.00	15.00	8.33	100.13	15.02	11.61	77.30	10.18
界首县	65.50	43.30	4.26	6.50	51.41	2.19	1.41	64.38	3.26
涡阳县	200.48	78.37	11.11	5.54	45.90	5.10	3.73	73.14	4.76
阜阳县	169.06	96.91	12.00	7.10	56.25	6.75	5.26	77.93	5.43
太和县	188.65	93.53	13.56	7.19	32.08	4.35	2.89	66.44	3.09
利辛县	184.90	83.03	10.64	5.75	31.02	3.30	2.30	69.70	2.77
亳州市	204.60	83.60	10.60	5.18	54.43	5.77	4.05	70.19	4.84
宿州市	**824.82**	**343.86**	**69.42**	**8.42**	**49.78**	**34.56**	**28.09**	**81.28**	**8.17**
宿州涌桥区	230.80	85.40	10.92	4.73	32.97	3.60	3.11	86.39	3.64
泗　县	143.32	51.09	5.23	3.65	33.84	1.77	1.18	66.67	2.31
灵璧县	183.30	68.28	11.00	6.00	30.91	3.40	1.60	47.06	2.34
砀山县	98.47	53.09	15.90	16.15	66.98	10.65	9.54	89.58	17.97
萧　县	168.93	86.00	26.37	15.61	57.41	15.14	12.66	83.62	14.72
淮北市	**207.30**	**70.80**	**10.40**	**5.02**	**29.71**	**3.09**	**2.05**	**66.34**	**2.90**
濉溪县	207.30	70.80	10.40	5.02	29.71	3.09	2.05	66.34	2.90
蚌埠市	**312.30**	**113.09**	**6.96**	**2.23**	**22.99**	**1.60**	**0.80**	**50.00**	**0.71**
怀远县	195.30	72.00	4.25	2.18	15.53	0.66	0.33	50.00	0.46
五河县	117.00	41.09	2.71	2.32	34.69	0.94	0.47	50.00	1.14
滁州市	**453.60**	**183.40**	**36.30**	**8.00**	**35.56**	**12.91**	**11.75**	**91.01**	**6.41**
南樵区	50.59	23.47	3.87	7.65	40.05	1.55	1.43	92.26	6.09
天长市	93.40	41.90	8.20	8.78	41.46	3.40	3.08	90.59	7.35
全椒县	68.10	30.67	9.30	13.66	40.65	3.78	4.03	106.61	13.14
定远县	165.43	55.16	9.93	6.00	22.26	2.21	1.84	83.26	3.34
来安县	76.08	32.20	5.00	6.57	39.40	1.97	1.37	69.54	4.25
六安市	**408.40**	**179.00**	**32.07**	**7.85**	**34.39**	**11.03**	**11.00**	**99.73**	**6.15**
寿　县	196.60	78.90	16.89	8.59	36.47	6.16	6.66	108.12	8.44
霍邱县	211.80	100.10	15.18	7.17	32.08	4.87	4.34	89.12	4.34
合肥市	**407.78**	**209.30**	**40.01**	**9.81**	**44.31**	**17.73**	**15.09**	**85.11**	**7.21**
长丰县	148.80	61.80	16.46	11.06	46.05	7.58	6.79	89.58	10.99
肥东县	146.98	76.50	11.90	8.10	55.04	6.55	4.90	74.81	6.41
肥西县	112.00	71.00	11.65	10.40	30.90	3.60	3.40	94.44	4.79
巢湖市	**447.85**	**317.13**	**42.36**	**9.46**	**87.49**	**37.06**	**34.15**	**92.15**	**10.77**
无为县	144.40	100.30	13.00	9.00	96.00	12.48	11.12	89.10	11.09
巢湖市	81.26	54.70	11.40	14.03	91.32	10.41	9.26	88.95	16.93
和　县	79.77	46.99	11.98	15.02	83.22	9.97	9.19	92.18	19.56
含山县	34.78	29.09	2.50	7.19	110.00	2.75	2.75	100.00	9.45
庐江县	107.64	86.05	3.48	3.23	41.67	1.45	1.83	126.21	2.13
安庆市	**332.13**	**309.85**	**50.46**	**15.19**	**74.67**	**37.68**	**36.23**	**96.16**	**11.69**
宿松县	62.34	50.26	14.26	22.87	66.69	9.51	9.11	95.83	18.13
望江县	55.69	40.66	14.45	25.95	60.97	8.81	7.61	86.38	18.72
太湖县	33.90	39.30	3.29	9.71	58.66	1.93	1.65	85.49	4.20
枞阳县	66.50	73.90	8.29	12.47	107.00	8.87	8.19	92.33	11.08
怀宁县	55.50	51.13	4.17	7.51	94.48	3.94	5.45	138.32	10.66
桐城市	58.20	54.60	6.00	10.31	77.00	4.62	4.22	91.34	7.73
池州市	**95.91**	**79.40**	**16.57**	**17.28**	**98.01**	**16.24**	**16.25**	**100.06**	**20.47**
东至县	49.00	38.00	10.00	20.41	110.30	11.03	10.69	96.92	28.13
贵池市	46.91	41.40	6.57	14.01	79.30	5.21	5.56	106.72	13.43
芜湖市	**86.50**	**64.40**	**6.50**	**7.51**	**83.85**	**5.45**	**5.64**	**103.49**	**8.76**
繁昌县	34.00	28.80	4.50	13.24	80.22	3.61	3.66	101.39	12.71
南陵县	52.50	35.60	2.00	3.81	92.00	1.84	1.98	107.61	5.56
宣城市	**85.60**	**52.60**	**8.00**	**9.35**	**67.88**	**5.43**	**5.25**	**96.69**	**9.98**
宣州市	85.60	52.60	8.00	9.35	67.88	5.43	5.25	96.69	9.98
铜陵市	**29.28**	**25.53**	**4.00**	**13.66**	**100.50**	**4.02**	**3.86**	**96.02**	**15.12**
铜陵县	29.28	25.53	4.00	13.66	100.50	4.02	3.86	96.02	15.12
马鞍山市	**71.58**	**48.11**	**8.50**	**11.87**	**84.82**	**7.21**	**6.65**	**92.23**	**13.82**
当涂县	71.58	48.11	8.50	11.87	84.82	7.21	6.65	92.23	13.82

5－9－31　安徽省1973年产棉县棉花生产收购明细

县市名	耕地面积（万亩）	农业人口（万人）	棉田面积（万亩）	占耕地（%）	亩产（市斤）	产量（万担）	收购量（万担）	商品率（%）	人均交售（市斤）
全省合计	**5133.94**	**2739.95**	**450.91**	**8.78**	**64.96**	**292.91**	**260.80**	**89.04**	**9.52**
阜阳市	**1387.06**	**679.83**	**109.48**	**7.89**	**66.64**	**72.96**	**60.74**	**83.25**	**8.93**
蒙城县	193.93	72.41	15.32	7.90	45.95	7.04	7.65	108.66	10.56
临泉县	180.00	116.00	18.00	10.00	103.67	18.66	15.33	82.15	13.22
界首县	65.50	44.50	6.53	9.97	53.60	3.50	2.55	72.86	5.73
涡阳县	200.45	80.50	12.78	6.38	51.10	6.53	6.77	103.68	8.41
阜阳县	169.30	99.26	13.89	8.20	81.14	11.27	8.17	72.49	8.23
太和县	188.63	95.87	14.39	7.63	66.99	9.64	7.69	79.77	8.02
利辛县	184.65	85.19	15.32	8.30	56.98	8.73	7.26	83.16	8.52
亳州市	204.60	86.10	13.25	6.48	57.28	7.59	5.32	70.09	6.18
宿州市	**823.73**	**354.41**	**72.84**	**8.84**	**66.32**	**48.31**	**41.49**	**85.88**	**11.71**
宿州涌桥区	230.80	88.40	12.30	5.33	57.72	7.10	6.64	93.52	7.51
泗　县	143.40	52.96	6.25	4.36	47.36	2.96	2.91	98.31	5.49
灵璧县	183.30	70.69	12.00	6.55	33.33	4.00	1.90	47.50	2.69
砀山县	97.30	54.36	16.00	16.44	80.50	12.88	10.80	83.85	19.87
萧　县	168.93	88.00	26.29	15.56	81.29	21.37	19.24	90.03	21.86
淮北市	**206.30**	**73.70**	**12.00**	**5.82**	**58.83**	**7.06**	**6.72**	**95.18**	**9.12**
濉溪县	206.30	73.70	12.00	5.82	58.83	7.06	6.72	95.18	9.12
蚌埠市	**312.10**	**116.54**	**8.70**	**2.79**	**40.11**	**3.49**	**2.91**	**83.38**	**2.50**
怀远县	195.10	74.00	5.12	2.62	34.77	1.78	1.52	85.39	2.05
五河县	117.00	42.54	3.58	3.06	47.77	1.71	1.39	81.29	3.27
滁州市	**450.29**	**187.97**	**38.29**	**8.50**	**48.08**	**18.41**	**17.56**	**95.40**	**9.34**
南樵区	49.70	24.41	4.01	8.07	50.62	2.03	1.85	91.28	7.59
天长市	93.70	42.90	9.01	9.62	56.27	5.07	5.13	101.18	11.96
全椒县	67.67	31.47	8.02	11.85	55.49	4.45	4.31	96.85	13.70
定远县	163.14	56.99	11.33	6.94	36.89	4.18	3.75	89.71	6.58
来安县	76.08	32.20	5.92	7.78	45.27	2.68	2.52	94.03	7.83
六安市	**404.80**	**186.80**	**36.05**	**8.91**	**44.85**	**16.17**	**15.74**	**97.34**	**8.43**
寿　县	193.80	81.80	18.52	9.56	48.16	8.92	8.87	99.44	10.84
霍邱县	211.00	105.00	17.53	8.31	41.36	7.25	6.87	94.76	6.54
合肥市	**405.30**	**215.20**	**41.63**	**10.27**	**51.65**	**21.50**	**18.53**	**86.19**	**8.61**
长丰县	147.90	63.70	17.16	11.60	51.17	8.78	7.46	84.97	11.71
肥东县	145.40	78.50	12.72	8.75	60.06	7.64	6.15	80.50	7.83
肥西县	112.00	73.00	11.75	10.49	43.23	5.08	4.92	96.85	6.74
巢湖市	**447.07**	**326.98**	**42.22**	**9.44**	**95.90**	**40.49**	**35.07**	**86.61**	**10.73**
无为县	144.40	103.50	12.38	8.57	101.78	12.60	11.35	90.08	10.97
巢湖市	81.06	55.88	11.68	14.41	100.26	11.71	9.57	81.73	17.13
和　县	79.68	49.87	11.26	14.13	100.44	11.31	9.84	87.00	19.73
含山县	34.64	29.88	2.65	7.65	100.75	2.67	2.43	91.01	8.13
庐江县	107.29	87.85	4.25	3.96	51.76	2.20	1.88	85.45	2.14
安庆市	**331.06**	**324.32**	**48.51**	**14.65**	**54.40**	**26.39**	**26.46**	**100.27**	**8.16**
宿松县	62.26	52.16	13.76	22.10	33.43	4.60	4.82	104.78	9.24
望江县	55.39	41.96	13.51	24.39	38.12	5.15	4.24	82.33	10.10
太湖县	33.20	39.80	3.26	9.82	54.29	1.77	1.59	89.83	3.99
枞阳县	66.50	78.90	8.43	12.68	92.76	7.82	7.19	91.94	9.11
怀宁县	55.51	56.90	3.89	7.01	74.81	2.91	4.67	160.48	8.21
桐城市	58.20	54.60	5.66	9.73	73.14	4.14	3.95	95.41	7.23
池州市	**96.06**	**81.56**	**15.20**	**15.82**	**97.57**	**14.83**	**14.01**	**94.47**	**17.18**
东至县	49.00	39.00	9.35	19.08	105.45	9.86	9.04	91.68	23.18
贵池市	47.06	42.56	5.85	12.43	84.96	4.97	4.97	100.00	11.68
芜湖市	**86.50**	**64.40**	**6.17**	**7.13**	**102.27**	**6.31**	**5.31**	**84.15**	**8.25**
繁昌县	34.00	28.80	4.10	12.06	101.46	4.16	3.39	81.49	11.77
南陵县	52.50	35.60	2.07	3.94	103.86	2.15	1.92	89.30	5.39
宣城市	**85.40**	**52.80**	**8.05**	**9.43**	**60.00**	**4.83**	**4.68**	**96.89**	**8.86**
宣州市	85.40	52.80	8.05	9.43	60.00	4.83	4.68	96.89	8.86
铜陵市	**28.74**	**26.28**	**2.93**	**10.19**	**98.29**	**2.88**	**2.84**	**98.61**	**10.81**
铜陵县	28.74	26.28	2.93	10.19	98.29	2.88	2.84	98.61	10.81
马鞍山市	**69.53**	**49.16**	**8.84**	**12.71**	**104.98**	**9.28**	**8.74**	**94.18**	**17.78**
当涂县	69.53	49.16	8.84	12.71	104.98	9.28	8.74	94.18	17.78

5-9-32 安徽省1974年产棉县棉花生产收购明细

县市名	耕地面积（万亩）	农业人口（万人）	棉田面积（万亩）	占耕地（%）	亩产（市斤）	产量（万担）	收购量（万担）	商品率（%）	人均交售（市斤）
全省合计	**5121.48**	**2789.20**	**461.43**	**9.01**	**67.04**	**309.33**	**287.55**	**92.96**	**10.31**
阜阳市	**1383.12**	**693.26**	**111.88**	**8.09**	**54.77**	**61.28**	**50.95**	**83.14**	**7.35**
蒙城县	192.63	74.26	14.98	7.78	43.72	6.55	6.67	101.83	8.98
临泉县	180.00	118.00	19.35	10.75	60.36	11.68	9.82	84.08	8.32
界首县	65.10	45.10	5.68	8.73	48.06	2.73	1.77	64.84	3.92
涡阳县	200.19	81.54	13.14	6.56	53.50	7.03	5.81	82.65	7.13
阜阳县	168.80	101.33	14.83	8.79	65.88	9.77	8.32	85.16	8.21
太和县	188.61	97.82	15.51	8.22	62.35	9.67	8.07	83.45	8.25
利辛县	183.19	86.91	15.08	8.23	50.46	7.61	6.07	79.76	6.98
亳州市	204.60	88.30	13.31	6.51	46.88	6.24	4.42	70.83	5.01
宿州市	**823.34**	**363.30**	**73.62**	**8.94**	**57.46**	**42.30**	**35.47**	**83.85**	**9.76**
宿州涌桥区	230.40	91.40	12.90	5.60	51.16	6.60	5.98	90.61	6.54
泗县	143.42	54.40	6.49	4.53	34.21	2.22	1.62	72.97	2.98
灵璧县	183.30	72.08	12.00	6.55	54.17	6.50	4.10	63.08	5.69
砀山县	97.29	55.42	16.00	16.45	53.19	8.51	8.41	98.82	15.18
萧县	168.93	90.00	26.23	15.53	70.42	18.47	15.36	83.16	17.07
淮北市	**207.30**	**75.80**	**14.10**	**6.80**	**41.99**	**5.92**	**5.41**	**91.39**	**7.14**
濉溪县	207.30	75.80	14.10	6.80	41.99	5.92	5.41	91.39	7.14
蚌埠市	**311.90**	**119.64**	**9.19**	**2.95**	**43.85**	**4.03**	**3.40**	**84.37**	**2.84**
怀远县	194.90	76.00	5.77	2.96	37.44	2.16	1.78	82.41	2.34
五河县	117.00	43.64	3.42	2.92	54.68	1.87	1.62	86.63	3.71
滁州市	**449.91**	**191.64**	**39.08**	**8.69**	**57.24**	**22.37**	**21.06**	**94.14**	**10.99**
南樵区	50.30	24.95	4.19	8.33	58.00	2.43	2.60	107.00	10.42
天长市	93.60	43.80	9.58	10.24	49.69	4.76	4.74	99.58	10.82
全椒县	67.15	31.98	7.87	11.72	100.00	7.87	7.28	92.50	22.76
定远县	162.78	58.71	11.49	7.06	38.73	4.45	4.18	93.93	7.12
来安县	76.08	32.20	5.95	7.82	48.07	2.86	2.26	79.02	7.02
六安市	**399.20**	**189.70**	**34.76**	**8.71**	**57.94**	**20.14**	**19.95**	**99.06**	**10.52**
寿县	191.10	83.90	18.38	9.62	65.89	12.11	12.09	99.83	14.41
霍邱县	208.10	105.80	16.38	7.87	49.02	8.03	7.86	97.88	7.43
合肥市	**404.11**	**220.30**	**40.02**	**9.90**	**59.05**	**23.63**	**21.87**	**92.55**	**9.93**
长丰县	147.60	65.30	16.38	11.10	59.28	9.71	9.23	95.06	14.13
肥东县	144.51	80.00	12.47	8.63	66.16	8.25	7.05	85.45	8.81
肥西县	112.00	75.00	11.17	9.97	50.76	5.67	5.59	98.59	7.45
巢湖市	**445.78**	**331.60**	**43.51**	**9.76**	**100.00**	**43.51**	**42.49**	**97.66**	**12.81**
无为县	144.40	105.90	13.35	9.25	105.99	14.15	13.95	98.59	13.17
巢湖市	81.02	56.89	11.87	14.65	101.18	12.01	11.42	95.09	20.07
和县	79.07	48.71	11.16	14.11	101.25	11.30	11.24	99.47	23.08
含山县	34.52	30.54	2.62	7.59	115.65	3.03	3.22	106.27	10.54
庐江县	106.77	89.56	4.51	4.22	66.96	3.02	2.66	88.08	2.97
安庆市	**331.87**	**326.20**	**49.49**	**14.91**	**81.67**	**40.42**	**41.58**	**102.87**	**12.75**
宿松县	63.49	53.55	14.01	22.07	63.10	8.84	8.72	98.64	16.28
望江县	55.34	42.91	14.16	25.59	75.49	10.69	10.19	95.32	23.75
太湖县	33.10	41.00	3.16	9.55	62.34	1.97	1.75	88.83	4.27
枞阳县	66.20	76.00	8.28	12.51	121.14	10.03	9.36	93.32	12.32
怀宁县	55.54	58.14	3.77	6.79	103.98	3.92	6.80	173.47	11.70
桐城市	58.20	54.60	6.11	10.50	81.34	4.97	4.76	95.77	8.72
池州市	**96.05**	**83.32**	**17.12**	**17.82**	**109.05**	**18.67**	**18.68**	**100.05**	**22.42**
东至县	49.00	40.00	10.58	21.59	112.95	11.95	12.09	101.17	30.23
贵池市	47.05	43.32	6.54	13.90	102.75	6.72	6.59	98.07	15.21
芜湖市	**85.50**	**64.40**	**6.84**	**8.00**	**108.33**	**7.41**	**7.58**	**102.29**	**11.77**
繁昌县	33.00	28.80	4.67	14.15	111.78	5.22	5.28	101.15	18.33
南陵县	52.50	35.60	2.17	4.13	100.92	2.19	2.30	105.02	6.46
宣城市	**85.30**	**53.20**	**8.47**	**9.93**	**59.27**	**5.02**	**5.01**	**99.80**	**9.42**
宣州市	85.30	53.20	8.47	9.93	59.27	5.02	5.01	99.80	9.42
铜陵市	**28.63**	**26.82**	**4.23**	**14.77**	**128.61**	**5.44**	**5.27**	**96.88**	**19.65**
铜陵县	28.63	26.82	4.23	14.77	128.61	5.44	5.27	96.88	19.65
马鞍山市	**69.47**	**50.02**	**9.12**	**13.13**	**100.77**	**9.19**	**8.83**	**96.08**	**17.65**
当涂县	69.47	50.02	9.12	13.13	100.77	9.19	8.83	96.08	17.65

5-9-33 安徽省1975年产棉县棉花生产收购明细

县市名	耕地面积（万亩）	农业人口（万人）	棉田面积（万亩）	占耕地（%）	亩产（市斤）	产量（万担）	收购量（万担）	商品率（%）	人均交售（市斤）
全省合计	**5106.02**	**2872.44**	**442.31**	**8.66**	**58.46**	**258.58**	**239.42**	**92.59**	**8.34**
阜阳市	**1381.70**	**701.88**	**98.07**	**7.10**	**46.53**	**45.63**	**39.59**	**86.76**	**5.64**
蒙城县	191.77	75.50	14.74	7.69	43.42	6.40	6.38	99.69	8.45
临泉县	179.90	119.00	16.00	8.89	35.81	5.73	4.81	83.94	4.04
界首县	64.80	45.70	5.02	7.75	28.88	1.45	0.96	66.21	2.10
涡阳县	200.19	82.23	12.51	6.25	48.52	6.07	6.60	108.73	8.03
阜阳县	168.68	103.17	12.60	7.47	50.63	6.38	5.46	85.58	5.29
太和县	188.60	98.98	13.50	7.16	62.52	8.44	6.85	81.16	6.92
利辛县	183.16	87.70	14.14	7.72	44.13	6.24	4.92	78.85	5.61
亳州市	204.60	89.60	9.56	4.67	51.46	4.92	3.61	73.37	4.03
宿州市	**817.86**	**369.14**	**73.30**	**8.96**	**68.79**	**50.42**	**40.78**	**80.88**	**11.05**
宿州涌桥区	228.90	93.50	12.30	5.37	61.79	7.60	5.26	69.21	5.63
泗　县	143.10	55.55	5.82	4.07	48.11	2.80	2.37	84.64	4.27
灵璧县	183.30	72.84	13.00	7.09	44.62	5.80	3.40	58.62	4.67
砀山县	97.08	56.25	16.08	16.56	67.23	10.81	10.03	92.78	17.83
萧　县	165.48	91.00	26.10	15.77	89.69	23.41	19.72	84.24	21.67
淮北市	**206.30**	**77.50**	**13.50**	**6.54**	**47.04**	**6.35**	**4.71**	**74.17**	**6.08**
濉溪县	206.30	77.50	13.50	6.54	47.04	6.35	4.71	74.17	6.08
蚌埠市	**312.00**	**122.31**	**8.55**	**2.74**	**41.87**	**3.58**	**2.86**	**79.89**	**2.34**
怀远县	195.00	77.80	4.92	2.52	26.22	1.29	1.05	81.40	1.35
五河县	117.00	44.51	3.63	3.10	63.09	2.29	1.81	79.04	4.07
滁州市	**446.03**	**198.70**	**37.95**	**8.51**	**36.44**	**13.83**	**12.89**	**93.20**	**6.49**
南樵区	50.25	25.35	4.08	8.12	34.80	1.42	1.41	99.30	5.56
天长市	93.40	44.60	9.47	10.14	30.94	2.93	2.96	101.02	6.64
全椒县	66.47	32.45	8.42	12.67	54.63	4.60	4.28	93.04	13.19
定远县	162.33	60.30	10.19	6.28	31.01	3.16	2.69	85.13	4.46
来安县	73.58	36.00	5.79	7.87	29.71	1.72	1.55	90.12	4.31
六安市	**397.00**	**195.30**	**33.04**	**8.32**	**35.32**	**11.67**	**11.83**	**101.37**	**6.06**
寿　县	188.70	86.20	17.99	9.53	44.02	7.92	8.22	103.79	9.54
霍邱县	208.30	109.10	15.05	7.23	24.92	3.75	3.61	96.27	3.31
合肥市	**403.51**	**225.20**	**38.40**	**9.52**	**42.99**	**16.51**	**14.85**	**89.95**	**6.59**
长丰县	147.00	66.60	15.87	10.80	41.15	6.53	6.49	99.39	9.74
肥东县	144.51	82.60	11.37	7.87	58.75	6.68	4.86	72.75	5.88
肥西县	112.00	76.00	11.16	9.96	29.57	3.30	3.50	106.06	4.61
巢湖市	**440.82**	**339.32**	**45.15**	**10.24**	**77.52**	**35.00**	**37.17**	**106.20**	**10.95**
无为县	139.80	108.10	13.69	9.79	81.45	11.15	13.35	119.73	12.35
巢湖市	81.00	58.00	11.81	14.58	77.82	9.19	9.26	100.76	15.97
和　县	79.02	50.06	11.26	14.25	78.95	8.89	8.88	99.89	17.74
含山县	34.40	31.20	4.01	11.66	82.54	3.31	3.53	106.65	11.31
庐江县	106.60	91.96	4.38	4.11	56.16	2.46	2.15	87.40	2.34
安庆市	**337.01**	**342.77**	**48.87**	**14.50**	**74.85**	**36.58**	**37.03**	**101.23**	**10.80**
宿松县	66.41	54.85	13.83	20.83	65.29	9.03	9.03	100.00	16.46
望江县	55.25	43.76	14.21	25.72	70.44	10.01	9.19	91.81	21.00
太湖县	33.90	43.20	3.26	9.62	64.72	2.11	1.88	89.10	4.35
枞阳县	67.20	79.10	7.94	11.82	109.57	8.70	8.19	94.14	10.35
怀宁县	55.55	59.76	3.77	6.79	74.01	2.79	4.87	174.55	8.15
桐城市	58.70	62.10	5.86	9.98	67.24	3.94	3.87	98.22	6.23
池州市	**96.01**	**85.04**	**16.91**	**17.61**	**97.63**	**16.51**	**16.21**	**98.18**	**19.06**
东至县	49.00	41.00	10.57	21.57	100.85	10.66	10.42	97.75	25.41
贵池市	47.01	44.04	6.34	13.49	92.27	5.85	5.79	98.97	13.15
芜湖市	**84.70**	**74.50**	**6.70**	**7.91**	**73.28**	**4.91**	**4.96**	**101.02**	**6.66**
繁昌县	33.00	33.70	4.60	13.94	73.91	3.40	3.44	101.18	10.21
南陵县	51.70	40.80	2.10	4.06	71.90	1.51	1.52	100.66	3.73
宣城市	**85.10**	**62.60**	**8.44**	**9.92**	**56.75**	**4.79**	**4.72**	**98.54**	**7.54**
宣州市	85.10	62.60	8.44	9.92	56.75	4.79	4.72	98.54	7.54
铜陵市	**28.51**	**27.33**	**4.37**	**15.33**	**79.41**	**3.47**	**3.36**	**96.83**	**12.29**
铜陵县	28.51	27.33	4.37	15.33	79.41	3.47	3.36	96.83	12.29
马鞍山市	**69.47**	**50.85**	**9.06**	**13.04**	**102.98**	**9.33**	**8.46**	**90.68**	**16.64**
当涂县	69.47	50.85	9.06	13.04	102.98	9.33	8.46	90.68	16.64

5－9－34　安徽省1976年产棉县棉花生产收购明细

县市名	耕地面积（万亩）	农业人口（万人）	棉田面积（万亩）	占耕地（%）	亩产（市斤）	产量（万担）	收购量（万担）	商品率（%）	人均交售（市斤）
全省合计	**5089.70**	**2905.62**	**442.60**	**8.70**	**58.40**	**258.48**	**239.10**	**92.50**	**8.23**
阜阳市	**1375.00**	**707.95**	**96.10**	**6.99**	**35.79**	**34.39**	**26.63**	**77.44**	**3.76**
蒙城县	192.58	76.77	15.40	8.00	28.38	4.37	4.28	97.94	5.58
临泉县	179.00	122.00	16.00	8.94	50.63	8.10	6.86	84.69	5.62
界首县	64.80	46.50	4.48	6.91	29.02	1.30	0.89	68.46	1.91
涡阳县	198.41	82.92	12.89	6.50	31.81	4.10	3.03	73.90	3.65
阜阳县	164.19	100.66	12.62	7.69	32.41	4.09	3.34	81.66	3.32
太和县	188.60	100.33	16.13	8.55	30.25	4.88	3.58	73.36	3.57
利辛县	182.82	87.97	11.01	6.02	48.14	5.30	2.99	56.42	3.40
亳州市	204.60	90.80	7.57	3.70	29.72	2.25	1.66	73.78	1.83
宿州市	**815.57**	**374.97**	**75.18**	**9.22**	**54.89**	**41.27**	**35.42**	**85.83**	**9.45**
宿州涌桥区	227.10	95.30	12.90	5.68	40.31	5.20	5.62	108.08	5.90
泗　县	142.83	56.82	6.02	4.21	59.63	3.59	2.52	70.19	4.44
灵璧县	183.30	73.68	15.00	8.18	46.67	7.00	6.10	87.14	8.28
砀山县	96.86	57.17	15.23	15.72	48.19	7.34	7.13	97.14	12.47
萧　县	165.48	92.00	26.03	15.73	69.69	18.14	14.05	77.45	15.27
淮北市	**205.60**	**78.80**	**13.70**	**6.66**	**32.85**	**4.50**	**3.13**	**69.56**	**3.97**
濉溪县	205.60	78.80	13.70	6.66	32.85	4.50	3.13	69.56	3.97
蚌埠市	**312.00**	**124.17**	**9.47**	**3.04**	**36.43**	**3.45**	**3.06**	**88.70**	**2.46**
怀远县	195.00	79.00	5.58	2.86	24.91	1.39	1.17	84.17	1.48
五河县	117.00	45.17	3.89	3.32	52.96	2.06	1.89	91.75	4.18
滁州市	**445.90**	**200.48**	**37.93**	**8.51**	**45.96**	**17.43**	**17.37**	**99.66**	**8.66**
南樵区	50.67	25.43	4.19	8.27	49.16	2.06	2.17	105.34	8.53
天长市	93.40	45.10	9.62	10.30	44.07	4.24	4.63	109.20	10.27
全椒县	66.44	32.87	8.39	12.63	65.08	5.46	5.46	100.00	16.61
定远县	161.81	61.08	9.78	6.04	35.38	3.46	3.13	90.46	5.12
来安县	73.58	36.00	5.95	8.08	37.17	2.21	1.98	89.59	5.50
六安市	**395.30**	**198.50**	**35.11**	**8.88**	**51.44**	**18.06**	**17.66**	**97.79**	**8.90**
寿　县	187.10	87.60	18.20	9.73	56.59	10.30	10.30	100.00	11.76
霍邱县	208.20	110.90	16.91	8.12	45.89	7.76	7.36	94.85	6.64
合肥市	**400.91**	**228.90**	**37.42**	**9.33**	**44.17**	**16.53**	**14.52**	**87.84**	**6.34**
长丰县	145.40	67.50	15.23	10.47	41.23	6.28	6.14	97.77	9.10
肥东县	144.51	83.90	11.01	7.62	61.22	6.74	5.26	78.04	6.27
肥西县	111.00	77.50	11.18	10.07	31.40	3.51	3.12	88.89	4.03
巢湖市	**439.88**	**343.51**	**44.07**	**10.02**	**93.24**	**41.09**	**39.81**	**96.88**	**11.59**
无为县	139.80	109.90	13.66	9.77	103.15	14.09	13.35	94.75	12.15
巢湖市	80.75	58.60	11.74	14.54	80.75	9.48	9.00	94.94	15.36
和　县	79.30	50.25	10.59	13.35	100.47	10.64	10.84	101.88	21.57
含山县	34.40	31.56	3.99	11.60	111.53	4.45	4.45	100.00	14.10
庐江县	105.63	93.20	4.09	3.87	59.41	2.43	2.17	89.30	2.33
安庆市	**336.09**	**346.57**	**48.70**	**14.49**	**76.82**	**37.41**	**38.21**	**102.14**	**11.03**
宿松县	66.57	56.06	13.86	20.82	67.89	9.41	9.35	99.36	16.68
望江县	55.30	44.58	14.23	25.73	79.41	11.30	10.29	91.06	23.08
太湖县	33.10	43.20	3.20	9.67	79.06	2.53	2.34	92.49	5.42
枞阳县	67.10	80.10	7.79	11.61	82.03	6.39	6.22	97.34	7.77
怀宁县	55.32	60.53	3.72	6.72	93.28	3.47	5.82	167.72	9.62
桐城市	58.70	62.10	5.90	10.05	73.05	4.31	4.19	97.22	6.75
池州市	**96.01**	**85.44**	**16.82**	**17.52**	**105.41**	**17.73**	**17.28**	**97.46**	**20.22**
东至县	49.00	41.00	10.51	21.45	107.80	11.33	11.06	97.62	26.98
贵池市	47.01	44.44	6.31	13.42	101.43	6.40	6.22	97.19	14.00
芜湖市	**84.70**	**74.50**	**6.61**	**7.80**	**92.89**	**6.14**	**5.94**	**96.74**	**7.97**
繁昌县	33.00	33.70	4.57	13.85	94.31	4.31	4.10	95.13	12.17
南陵县	51.70	40.80	2.04	3.95	89.71	1.83	1.84	100.55	4.51
宣城市	**85.05**	**62.60**	**8.35**	**9.82**	**74.13**	**6.19**	**6.13**	**99.03**	**9.79**
宣州市	85.05	62.60	8.35	9.82	74.13	6.19	6.13	99.03	9.79
铜陵市	**28.22**	**27.72**	**4.21**	**14.92**	**106.18**	**4.47**	**4.32**	**96.64**	**15.58**
铜陵县	28.22	27.72	4.21	14.92	106.18	4.47	4.32	96.64	15.58
马鞍山市	**69.47**	**51.51**	**8.93**	**12.85**	**109.97**	**9.82**	**9.62**	**97.96**	**18.68**
当涂县	69.47	51.51	8.93	12.85	109.97	9.82	9.62	97.96	18.68

5－9－35　安徽省1977年产棉县棉花生产收购明细

县市名	耕地面积（万亩）	农业人口（万人）	棉田面积（万亩）	占耕地（%）	亩产（市斤）	产量（万担）	收购量（万担）	商品率（%）	人均交售（市斤）
全省合计	**5078.46**	**2950.21**	**449.95**	**8.86**	**51.71**	**232.66**	**221.73**	**95.30**	**7.52**
阜阳市	**1372.25**	**719.77**	**105.95**	**7.72**	**27.97**	**29.63**	**23.58**	**79.58**	**3.28**
蒙城县	192.57	78.19	15.13	7.86	24.98	3.78	2.70	71.43	3.45
临泉县	178.60	126.00	19.24	10.77	39.60	7.62	6.34	83.20	5.03
界首县	64.50	47.50	5.14	7.97	24.12	1.24	0.74	59.68	1.56
涡阳县	198.39	82.97	13.64	6.88	24.27	3.31	2.63	79.46	3.17
阜阳县	163.86	102.54	14.04	8.57	31.34	4.40	3.91	88.86	3.81
太和县	188.59	102.22	15.93	8.45	25.86	4.12	3.17	76.94	3.10
利辛县	181.14	88.35	14.49	8.00	19.94	2.89	2.27	78.55	2.57
亳州市	204.60	92.00	8.34	4.08	27.22	2.27	1.82	80.18	1.98
宿州市	**814.22**	**381.01**	**75.62**	**9.29**	**45.66**	**34.53**	**31.16**	**90.24**	**8.18**
宿州涌桥区	226.50	96.70	12.90	5.70	41.86	5.40	4.83	89.44	4.99
泗　县	142.68	57.89	7.14	5.00	49.02	3.50	3.25	92.86	5.61
灵璧县	183.30	74.38	13.00	7.09	53.85	7.00	5.20	74.29	6.99
砀山县	96.26	58.04	16.13	16.76	47.06	7.59	6.95	91.57	11.97
萧　县	165.48	94.00	26.45	15.98	41.74	11.04	10.93	99.00	11.63
淮北市	**205.50**	**80.20**	**12.80**	**6.23**	**19.30**	**2.47**	**1.00**	**40.49**	**1.25**
濉溪县	205.50	80.20	12.80	6.23	19.30	2.47	1.00	40.49	1.25
蚌埠市	**311.00**	**126.65**	**10.04**	**3.23**	**38.84**	**3.90**	**3.64**	**93.33**	**2.87**
怀远县	195.00	81.00	5.97	3.06	25.63	1.53	1.29	84.31	1.59
五河县	116.00	45.65	4.07	3.51	58.23	2.37	2.35	99.16	5.15
滁州市	**443.62**	**202.79**	**38.43**	**8.66**	**45.54**	**17.50**	**17.00**	**97.14**	**8.38**
南樵区	50.57	25.82	4.16	8.23	48.56	2.02	1.99	98.51	7.71
天长市	92.50	45.80	10.00	10.81	37.00	3.70	3.94	106.49	8.60
全椒县	66.34	33.26	8.45	12.74	66.39	5.61	5.78	103.03	17.38
定远县	160.63	61.91	9.70	6.04	39.38	3.82	3.15	82.46	5.09
来安县	73.58	36.00	6.12	8.32	38.40	2.35	2.14	91.06	5.94
六安市	**393.60**	**202.20**	**35.33**	**8.98**	**54.91**	**19.40**	**19.99**	**103.04**	**9.89**
寿　县	185.60	89.10	18.71	10.08	61.89	11.58	11.92	102.94	13.38
霍邱县	208.00	113.10	16.62	7.99	47.05	7.82	8.07	103.20	7.14
合肥市	**399.32**	**233.40**	**36.83**	**9.22**	**47.81**	**17.61**	**16.81**	**95.46**	**7.20**
长丰县	145.10	68.90	14.72	10.14	43.61	6.42	6.74	104.98	9.78
肥东县	143.22	85.50	10.99	7.67	57.23	6.29	5.28	83.94	6.18
肥西县	111.00	79.00	11.12	10.02	44.06	4.90	4.79	97.76	6.06
巢湖市	**439.44**	**347.75**	**44.24**	**10.07**	**88.79**	**39.28**	**39.67**	**100.99**	**11.41**
无为县	139.80	111.30	13.57	9.71	83.20	11.29	11.61	102.83	10.43
巢湖市	80.72	59.48	11.63	14.41	96.56	11.23	10.97	97.68	18.44
和　县	79.11	50.95	11.07	13.99	85.19	9.43	9.60	101.80	18.84
含山县	34.40	31.96	4.12	11.98	109.47	4.51	4.78	105.99	14.96
庐江县	105.41	94.06	3.85	3.65	73.25	2.82	2.71	96.10	2.88
安庆市	**335.58**	**351.94**	**45.36**	**13.52**	**67.28**	**30.52**	**31.92**	**104.59**	**9.07**
宿松县	66.19	57.04	13.42	20.27	54.99	7.38	7.27	98.51	12.75
望江县	55.18	45.38	13.29	24.08	72.84	9.68	9.68	100.00	21.33
太湖县	33.10	43.90	3.25	9.82	77.54	2.52	2.31	91.67	5.26
枞阳县	67.10	82.20	5.84	8.70	67.81	3.96	4.07	102.78	4.95
怀宁县	55.31	61.32	3.72	6.73	81.12	3.02	4.52	149.67	7.37
桐城市	58.70	62.10	5.84	9.95	67.81	3.96	4.07	102.78	6.55
池州市	**96.79**	**87.10**	**16.72**	**17.27**	**82.91**	**13.86**	**13.82**	**99.69**	**15.87**
东至县	50.00	42.00	10.55	21.10	92.04	9.71	9.62	99.07	22.90
贵池市	46.79	45.10	6.17	13.19	67.31	4.15	4.20	101.13	9.31
芜湖市	**84.70**	**74.50**	**6.24**	**7.37**	**75.80**	**4.73**	**4.69**	**99.15**	**6.30**
繁昌县	33.00	33.70	4.49	13.61	84.63	3.80	3.75	98.68	11.13
南陵县	51.70	40.80	1.75	3.38	53.14	0.93	0.94	101.08	2.30
宣城市	**85.00**	**62.50**	**8.21**	**9.66**	**58.83**	**4.83**	**4.89**	**101.24**	**7.82**
宣州市	85.00	62.50	8.21	9.66	58.83	4.83	4.89	101.24	7.82
铜陵市	**28.00**	**28.23**	**4.12**	**14.71**	**81.07**	**3.34**	**3.40**	**101.80**	**12.04**
铜陵县	28.00	28.23	4.12	14.71	81.07	3.34	3.40	101.80	12.04
马鞍山市	**69.44**	**52.17**	**10.06**	**14.49**	**109.94**	**11.06**	**10.16**	**91.86**	**19.47**
当涂县	69.44	52.17	10.06	14.49	109.94	11.06	10.16	91.86	19.47

5－9－36　安徽省1978年产棉县棉花生产收购明细

县市名	耕地面积（万亩）	农业人口（万人）	棉田面积（万亩）	占耕地（%）	亩产（市斤）	产量（万担）	收购量（万担）	商品率（%）	人均交售（市斤）
全省合计	**5080.05**	**2994.33**	**437.51**	**8.61**	**48.28**	**211.21**	**207.59**	**98.29**	**6.93**
阜阳市	**1368.47**	**735.65**	**98.96**	**7.23**	**30.95**	**30.63**	**24.67**	**80.54**	**3.35**
蒙城县	192.53	79.85	14.51	7.54	32.25	4.68	4.57	97.65	5.72
临泉县	178.40	130.00	16.97	9.51	41.19	6.99	5.12	73.25	3.94
界首县	64.50	48.50	4.84	7.50	32.44	1.57	1.03	65.61	2.12
涡阳县	198.39	85.83	12.29	6.19	23.76	2.92	2.58	88.36	3.01
阜阳县	163.55	102.47	13.31	8.14	34.34	4.57	4.14	90.59	4.04
太和县	188.59	104.50	15.24	8.08	26.38	4.02	2.62	65.17	2.51
利辛县	180.91	90.50	13.84	7.65	26.66	3.69	2.88	78.05	3.18
亳州市	201.60	94.00	7.96	3.95	27.51	2.19	1.73	79.00	1.84
宿州市	**812.76**	**384.73**	**71.30**	**8.77**	**35.27**	**25.15**	**22.83**	**90.78**	**5.93**
宿州涌桥区	225.20	98.10	11.90	5.28	41.18	4.90	4.77	97.35	4.86
泗　县	142.54	58.83	6.82	4.78	42.23	2.88	3.64	126.39	6.19
灵璧县	183.30	75.07	11.00	6.00	50.00	5.50	3.10	56.36	4.13
砀山县	96.24	57.73	15.81	16.43	23.91	3.78	3.39	89.68	5.87
萧　县	165.48	95.00	25.77	15.57	31.39	8.09	7.93	98.02	8.35
淮北市	**204.90**	**81.70**	**11.30**	**5.51**	**26.46**	**2.99**	**3.71**	**124.08**	**4.54**
濉溪县	204.90	81.70	11.30	5.51	26.46	2.99	3.71	124.08	4.54
蚌埠市	**311.00**	**129.28**	**9.45**	**3.04**	**44.97**	**4.25**	**3.74**	**88.00**	**2.89**
怀远县	195.00	82.70	5.34	2.74	25.28	1.35	0.95	70.37	1.15
五河县	116.00	46.58	4.11	3.54	70.56	2.90	2.79	96.21	5.99
滁州市	**439.33**	**206.01**	**37.81**	**8.61**	**48.37**	**18.29**	**19.09**	**104.37**	**9.27**
南樵区	50.45	25.97	3.92	7.77	45.41	1.78	1.92	107.87	7.39
天长市	92.40	46.30	9.87	10.68	55.22	5.45	5.90	108.26	12.74
全椒县	66.28	33.54	8.37	12.63	54.96	4.60	4.88	106.09	14.55
定远县	157.27	62.90	9.74	6.19	39.22	3.82	3.50	91.62	5.56
来安县	72.93	37.30	5.91	8.10	44.67	2.64	2.89	109.47	7.75
六安市	**393.30**	**205.80**	**35.68**	**9.07**	**40.70**	**14.52**	**15.41**	**106.13**	**7.49**
寿　县	185.60	90.60	18.80	10.13	39.89	7.50	8.15	108.67	9.00
霍邱县	207.70	115.20	16.88	8.13	41.59	7.02	7.26	103.42	6.30
合肥市	**399.33**	**230.40**	**37.07**	**9.28**	**41.25**	**15.29**	**14.18**	**92.74**	**6.15**
长丰县	145.10	70.10	15.57	10.73	34.43	5.36	5.22	97.39	7.45
肥东县	143.23	87.30	10.60	7.40	59.34	6.29	4.96	78.86	5.68
肥西县	111.00	73.00	10.90	9.82	33.39	3.64	4.00	109.89	5.48
巢湖市	**451.22**	**353.36**	**44.35**	**9.83**	**72.72**	**32.25**	**33.74**	**104.62**	**9.55**
无为县	139.00	112.90	13.58	9.77	75.11	10.20	10.96	107.45	9.71
巢湖市	80.00	61.00	11.64	14.55	67.35	7.84	7.87	100.38	12.90
和　县	79.42	52.22	11.28	14.20	78.46	8.85	9.10	102.82	17.43
含山县	34.40	32.38	4.07	11.83	76.66	3.12	3.50	112.18	10.81
庐江县	118.40	94.86	3.78	3.19	59.26	2.24	2.31	103.13	2.44
安庆市	**335.37**	**357.83**	**45.85**	**13.67**	**81.72**	**37.47**	**39.64**	**105.79**	**11.08**
宿松县	66.54	58.95	11.76	17.67	65.22	7.67	7.68	100.13	13.03
望江县	55.00	45.94	13.44	24.44	95.31	12.81	12.78	99.77	27.82
太湖县	33.30	44.40	3.20	9.61	75.63	2.42	2.28	94.21	5.14
枞阳县	67.10	83.70	7.75	11.55	80.77	6.26	6.36	101.60	7.60
怀宁县	54.73	60.04	3.78	6.91	77.78	2.94	5.04	171.43	8.39
桐城市	58.70	64.80	5.92	10.09	90.71	5.37	5.50	102.42	8.49
池州市	**96.99**	**89.12**	**17.00**	**17.53**	**71.65**	**12.18**	**12.17**	**99.92**	**13.66**
东至县	50.00	43.00	10.70	21.40	77.29	8.27	8.18	98.91	19.02
贵池市	46.99	46.12	6.30	13.41	62.06	3.91	3.99	102.05	8.65
芜湖市	**85.20**	**76.10**	**6.27**	**7.36**	**64.75**	**4.06**	**4.13**	**101.72**	**5.43**
繁昌县	33.00	33.70	4.53	13.73	62.47	2.83	2.90	102.47	8.61
南陵县	52.20	42.40	1.74	3.33	70.69	1.23	1.23	100.00	2.90
宣城市	**84.90**	**63.10**	**8.28**	**9.75**	**57.37**	**4.75**	**4.77**	**100.42**	**7.56**
宣州市	84.90	63.10	8.28	9.75	57.37	4.75	4.77	100.42	7.56
铜陵市	**27.92**	**28.38**	**4.15**	**14.86**	**59.52**	**2.47**	**2.68**	**108.50**	**9.44**
铜陵县	27.92	28.38	4.15	14.86	59.52	2.47	2.68	108.50	9.44
马鞍山市	**69.36**	**52.87**	**10.04**	**14.48**	**68.82**	**6.91**	**6.83**	**98.84**	**12.92**
当涂县	69.36	52.87	10.04	14.48	68.82	6.91	6.83	98.84	12.92

5－9－37　安徽省1979年产棉县棉花生产收购明细

县市名	耕地面积（万亩）	农业人口（万人）	棉田面积（万亩）	占耕地（%）	亩产（市斤）	产量（万担）	收购量（万担）	商品率（%）	人均交售（市斤）
全省合计	**5061.73**	**3040.53**	**407.14**	**8.04**	**44.41**	**180.83**	**177.10**	**97.94**	**5.82**
阜阳市	**1362.59**	**757.66**	**88.95**	**6.53**	**20.80**	**18.50**	**14.59**	**78.86**	**1.93**
蒙城县	192.37	82.60	13.88	7.22	23.41	3.25	2.84	87.38	3.44
临泉县	177.90	133.00	14.70	8.26	29.52	4.34	3.56	82.03	2.68
界首县	64.30	49.00	4.15	6.45	25.30	1.05	0.89	84.76	1.82
涡阳县	196.35	89.01	11.43	5.82	12.34	1.41	1.04	73.76	1.17
阜阳县	160.92	106.64	11.87	7.38	25.02	2.97	2.88	96.97	2.70
太和县	188.56	106.88	13.95	7.40	19.21	2.68	1.79	66.79	1.67
利辛县	180.59	94.43	13.12	7.27	15.32	2.01	1.08	53.73	1.14
亳州市	201.60	96.10	5.85	2.90	13.50	0.79	0.51	64.56	0.53
宿州市	**812.03**	**392.42**	**62.72**	**7.72**	**31.79**	**19.94**	**17.18**	**86.16**	**4.38**
宿州涌桥区	224.60	100.30	11.40	5.08	25.44	2.90	2.76	95.17	2.75
泗县	142.42	59.38	6.00	4.21	38.00	2.28	1.71	75.00	2.88
灵璧县	183.30	75.84	11.00	6.00	37.27	4.10	2.20	53.66	2.90
砀山县	96.23	59.90	13.70	14.24	20.44	2.80	2.63	93.93	4.39
萧县	165.48	97.00	20.62	12.46	38.12	7.86	7.88	100.25	8.12
淮北市	**204.20**	**82.30**	**10.40**	**5.09**	**19.33**	**2.01**	**1.30**	**64.68**	**1.58**
濉溪县	204.20	82.30	10.40	5.09	19.33	2.01	1.30	64.68	1.58
蚌埠市	**310.80**	**132.27**	**6.83**	**2.20**	**38.36**	**2.62**	**2.00**	**76.34**	**1.51**
怀远县	194.80	85.00	2.80	1.44	23.21	0.65	0.37	56.92	0.44
五河县	116.00	47.27	4.03	3.47	48.88	1.97	1.63	82.74	3.45
滁州市	**437.48**	**207.18**	**36.23**	**8.28**	**34.67**	**12.56**	**13.73**	**109.32**	**6.63**
南樵区	50.43	25.92	3.85	7.63	33.51	1.29	1.49	115.50	5.75
天长市	92.40	46.70	9.61	10.40	38.61	3.71	4.22	113.75	9.04
全椒县	65.90	33.47	7.46	11.32	49.73	3.71	4.21	113.48	12.58
定远县	155.82	63.79	9.86	6.33	22.72	2.24	2.28	101.79	3.57
来安县	72.93	37.30	5.45	7.47	29.54	1.61	1.53	95.03	4.10
六安市	**392.40**	**209.20**	**32.53**	**8.29**	**21.83**	**7.10**	**7.86**	**110.70**	**3.76**
寿县	185.00	92.00	17.28	9.34	19.73	3.41	3.65	107.04	3.97
霍邱县	207.40	117.20	15.25	7.35	24.20	3.69	4.21	114.09	3.59
合肥市	**398.76**	**233.90**	**34.13**	**8.56**	**28.86**	**9.85**	**10.38**	**105.38**	**4.44**
长丰县	145.10	71.40	13.59	9.37	20.01	2.72	2.98	109.56	4.17
肥东县	142.66	88.50	10.46	7.33	40.82	4.27	3.70	86.65	4.18
肥西县	111.00	74.00	10.08	9.08	28.37	2.86	3.70	129.37	5.00
巢湖市	**450.52**	**355.35**	**44.31**	**9.84**	**64.64**	**28.64**	**29.91**	**104.43**	**8.42**
无为县	139.00	114.30	13.58	9.77	82.33	11.18	11.75	105.10	10.28
巢湖市	79.50	60.60	11.57	14.55	46.93	5.43	5.36	98.71	8.84
和县	79.32	52.59	11.28	14.22	70.30	7.93	8.60	108.45	16.35
含山县	34.40	32.66	4.02	11.69	64.43	2.59	2.64	101.93	8.08
庐江县	118.30	95.20	3.86	3.26	39.12	1.51	1.56	103.31	1.64
安庆市	**327.83**	**360.80**	**45.55**	**13.89**	**102.41**	**46.65**	**47.01**	**100.77**	**13.03**
宿松县	66.20	58.18	11.76	17.76	104.85	12.33	12.29	99.68	21.12
望江县	54.46	46.48	13.47	24.73	106.16	14.30	14.49	101.33	31.17
太湖县	33.30	44.80	3.09	9.28	98.38	3.04	2.94	96.71	6.56
枞阳县	66.00	84.50	7.83	11.86	118.14	9.25	9.01	97.41	10.66
怀宁县	54.67	62.04	3.73	6.82	94.37	3.52	3.55	100.85	5.72
桐城市	53.20	64.80	5.67	10.66	74.25	4.21	4.73	112.35	7.30
池州市	**97.76**	**89.12**	**16.90**	**17.29**	**94.85**	**16.03**	**15.89**	**99.13**	**17.83**
东至县	50.00	43.00	10.56	21.12	106.91	11.29	11.21	99.29	26.07
贵池市	47.76	46.12	6.34	13.27	74.76	4.74	4.68	98.73	10.15
芜湖市	**85.30**	**76.10**	**6.24**	**7.32**	**60.26**	**3.76**	**3.89**	**103.46**	**5.11**
繁昌县	33.00	33.70	4.53	13.73	65.56	2.97	2.99	100.67	8.87
南陵县	52.30	42.40	1.71	3.27	46.20	0.79	0.90	113.92	2.12
宣城市	**84.80**	**63.40**	**8.12**	**9.58**	**41.01**	**3.33**	**3.14**	**94.29**	**4.95**
宣州市	84.80	63.40	8.12	9.58	41.01	3.33	3.14	94.29	4.95
铜陵市	**27.90**	**28.60**	**4.21**	**15.09**	**80.29**	**3.38**	**3.71**	**109.76**	**12.97**
铜陵县	27.90	28.60	4.21	15.09	80.29	3.38	3.71	109.76	12.97
马鞍山市	**69.36**	**52.23**	**10.02**	**14.45**	**64.47**	**6.46**	**6.51**	**100.77**	**12.46**
当涂县	69.36	52.23	10.02	14.45	64.47	6.46	6.51	100.77	12.46

5-9-38　安徽省1980年产棉县棉花生产收购明细

县市名	耕地面积（万亩）	农业人口（万人）	棉田面积（万亩）	占耕地（%）	亩产（市斤）	产量（万担）	收购量（万担）	商品率（%）	人均交售（市斤）
全省合计	**5027.84**	**3081.84**	**441.25**	**8.78**	**52.02**	**229.53**	**235.74**	**102.71**	**7.65**
阜阳市	**1364.24**	**774.11**	**97.33**	**7.13**	**44.15**	**42.97**	**43.71**	**101.72**	**5.65**
蒙城县	192.31	84.61	15.67	8.15	42.69	6.69	6.13	91.63	7.25
临泉县	177.90	134.00	16.53	9.29	36.78	6.08	5.56	91.45	4.15
界首县	64.20	50.60	4.43	6.90	96.84	4.29	4.39	102.33	8.68
涡阳县	198.30	91.50	15.29	7.71	43.17	6.60	6.71	101.67	7.33
阜阳县	160.81	109.09	12.06	7.50	33.67	4.06	3.98	98.03	3.65
太和县	188.55	109.83	18.20	9.65	53.46	9.73	9.83	101.03	8.95
利辛县	180.57	96.18	8.89	4.92	32.73	2.91	3.08	105.84	3.20
亳州市	201.60	98.30	6.26	3.11	41.69	2.61	4.03	154.41	4.10
宿州市	**779.25**	**387.58**	**75.00**	**9.62**	**77.91**	**58.43**	**55.20**	**94.47**	**14.24**
宿州涌桥区	198.30	93.00	13.30	6.71	63.16	8.40	8.56	101.90	9.20
泗　县	142.30	60.08	7.10	4.99	71.55	5.08	4.20	82.68	6.99
灵璧县	183.10	74.36	13.00	7.10	67.69	8.80	8.00	90.91	10.76
砀山县	96.04	60.14	15.30	15.93	81.90	12.53	12.25	97.77	20.37
萧　县	159.51	100.00	26.30	16.49	89.81	23.62	22.19	93.95	22.19
淮北市	**204.00**	**88.40**	**12.50**	**6.13**	**42.08**	**5.26**	**4.47**	**84.98**	**5.06**
濉溪县	204.00	88.40	12.50	6.13	42.08	5.26	4.47	84.98	5.06
蚌埠市	**314.00**	**134.89**	**9.76**	**3.11**	**45.49**	**4.44**	**4.06**	**91.44**	**3.01**
怀远县	198.00	86.80	5.06	2.56	34.98	1.77	1.75	98.87	2.02
五河县	116.00	48.09	4.70	4.05	56.81	2.67	2.31	86.52	4.80
滁州市	**435.20**	**209.04**	**38.15**	**8.77**	**32.69**	**12.47**	**12.24**	**98.16**	**5.86**
南樵区	50.40	26.03	4.29	8.51	44.29	1.90	1.81	95.26	6.95
天长市	91.20	46.70	9.56	10.48	32.64	3.12	3.29	105.45	7.04
全椒县	65.57	33.74	8.01	12.22	43.82	3.51	3.62	103.13	10.73
定远县	155.58	64.86	10.24	6.58	21.88	2.24	1.96	87.50	3.02
来安县	72.45	37.71	6.05	8.35	28.10	1.70	1.56	91.76	4.14
六安市	**392.20**	**213.60**	**42.51**	**10.84**	**30.63**	**13.02**	**14.67**	**112.67**	**6.87**
寿　县	184.80	94.30	23.71	12.83	25.85	6.13	6.96	113.54	7.38
霍邱县	207.40	119.30	18.80	9.06	36.65	6.89	7.71	111.90	6.46
合肥市	**397.96**	**236.90**	**30.26**	**7.60**	**29.94**	**9.06**	**8.97**	**99.01**	**3.79**
长丰县	144.80	72.30	11.83	8.17	31.61	3.74	3.91	104.55	5.41
肥东县	142.36	89.60	10.62	7.46	35.88	3.81	2.98	78.22	3.33
肥西县	110.80	75.00	7.81	7.05	19.33	1.51	2.08	137.75	2.77
巢湖市	**449.96**	**358.45**	**44.24**	**9.83**	**58.73**	**25.98**	**28.73**	**110.59**	**8.02**
无为县	138.90	115.50	13.70	9.86	66.57	9.12	9.71	106.47	8.41
巢湖市	79.10	61.10	11.87	15.01	44.31	5.26	5.73	108.94	9.38
和　县	79.36	53.00	10.87	13.70	63.57	6.91	7.91	114.47	14.92
含山县	34.30	33.05	4.13	12.04	71.43	2.95	3.64	123.39	11.01
庐江县	118.30	95.80	3.67	3.10	47.41	1.74	1.74	100.00	1.82
安庆市	**327.08**	**365.91**	**45.83**	**14.01**	**75.52**	**34.61**	**38.30**	**110.66**	**10.47**
宿松县	64.18	58.81	11.96	18.64	87.37	10.45	10.74	102.78	18.26
望江县	54.40	47.00	13.80	25.37	83.91	11.58	13.19	113.90	28.06
太湖县	33.30	45.40	3.19	9.58	73.67	2.35	2.51	106.81	5.53
枞阳县	66.00	85.60	7.75	11.74	58.45	4.53	5.29	116.78	6.18
怀宁县	54.70	63.10	3.94	7.20	64.72	2.55	2.35	92.16	3.72
桐城市	54.50	66.00	5.19	9.52	60.69	3.15	4.22	133.97	6.39
池州市	**96.78**	**89.40**	**16.72**	**17.28**	**58.25**	**9.74**	**10.68**	**109.65**	**11.95**
东至县	50.00	43.00	10.52	21.04	67.40	7.09	7.53	106.21	17.51
贵池市	46.78	46.40	6.20	13.25	42.74	2.65	3.15	118.87	6.79
芜湖市	**85.10**	**77.80**	**6.31**	**7.41**	**60.70**	**3.83**	**3.78**	**98.69**	**4.86**
繁昌县	33.00	34.60	4.54	13.76	69.60	3.16	3.16	100.00	9.13
南陵县	52.10	43.20	1.77	3.40	37.85	0.67	0.62	92.54	1.44
宣城市	**84.90**	**63.20**	**8.30**	**9.78**	**30.00**	**2.49**	**3.01**	**120.88**	**4.76**
宣州市	84.90	63.20	8.30	9.78	30.00	2.49	3.01	120.88	4.76
铜陵市	**27.86**	**28.80**	**4.35**	**15.61**	**48.74**	**2.12**	**2.57**	**121.23**	**8.92**
铜陵县	27.86	28.80	4.35	15.61	48.74	2.12	2.57	121.23	8.92
马鞍山市	**69.31**	**53.76**	**9.99**	**14.41**	**51.15**	**5.11**	**5.35**	**104.70**	**9.95**
当涂县	69.31	53.76	9.99	14.41	51.15	5.11	5.35	104.70	9.95

5－9－39　安徽省1981年产棉县棉花生产收购明细

县市名	耕地面积（万亩）	农业人口（万人）	棉田面积（万亩）	占耕地（%）	亩产（市斤）	产量（万担）	收购量（万担）	商品率（%）	人均交售（市斤）
全省合计	**5048.55**	**3091.90**	**452.25**	**8.96**	**64.72**	**292.70**	**275.18**	**94.01**	**8.90**
阜阳市	**1364.03**	**782.01**	**96.77**	**7.09**	**45.84**	**44.36**	**36.66**	**82.64**	**4.69**
蒙城县	192.31	85.72	15.81	8.22	43.58	6.89	5.95	86.36	6.94
临泉县	177.70	135.00	15.76	8.87	38.13	6.01	4.48	74.54	3.32
界首县	64.20	51.30	4.70	7.32	74.89	3.52	3.47	98.58	6.76
涡阳县	198.30	91.50	12.69	6.40	60.28	7.65	5.29	69.15	5.78
阜阳县	160.81	110.56	13.22	8.22	31.85	4.21	4.30	102.14	3.89
太和县	188.54	111.60	18.49	9.81	47.92	8.86	8.67	97.86	7.77
利辛县	180.57	97.43	10.86	6.01	37.85	4.11	3.33	81.02	3.42
亳州市	201.60	98.90	5.24	2.60	59.35	3.11	1.17	37.62	1.18
宿州市	**794.88**	**380.58**	**76.63**	**9.64**	**99.79**	**76.47**	**74.50**	**97.42**	**19.58**
宿州涌桥区	213.73	93.89	13.00	6.08	108.00	14.04	12.98	92.45	13.82
泗　县	142.20	60.85	7.90	5.56	92.78	7.33	7.43	101.36	12.21
灵璧县	183.40	74.70	14.00	7.63	85.71	12.00	12.00	100.00	16.06
砀山县	96.04	60.14	17.62	18.35	94.10	16.58	15.67	94.51	26.06
萧　县	159.51	91.00	24.11	15.12	110.00	26.52	26.42	99.62	29.03
淮北市	**203.70**	**85.10**	**13.80**	**6.77**	**57.54**	**7.94**	**6.99**	**88.04**	**8.21**
濉溪县	203.70	85.10	13.80	6.77	57.54	7.94	6.99	88.04	8.21
蚌埠市	**310.50**	**136.54**	**11.67**	**3.76**	**65.55**	**7.65**	**6.80**	**88.89**	**4.98**
怀远县	194.50	88.00	6.32	3.25	52.69	3.33	2.75	82.58	3.13
五河县	116.00	48.54	5.35	4.61	80.75	4.32	4.05	93.75	8.34
滁州市	**434.71**	**209.18**	**38.22**	**8.79**	**60.15**	**22.99**	**20.66**	**89.87**	**9.88**
南樵区	50.32	25.71	4.08	8.11	66.42	2.71	2.48	91.51	9.65
天长市	91.10	46.80	10.02	11.00	77.54	7.77	7.60	97.81	16.24
全椒县	65.57	33.71	8.26	12.60	71.91	5.94	5.39	90.74	15.99
定远县	155.29	65.18	10.31	6.64	42.19	4.35	3.17	72.87	4.86
来安县	72.43	37.78	5.55	7.66	40.00	2.22	2.02	90.99	5.35
六安市	**400.40**	**215.80**	**42.30**	**10.56**	**53.50**	**22.63**	**21.36**	**94.39**	**9.90**
寿　县	193.00	94.90	23.12	11.98	50.78	11.74	10.75	91.57	11.33
霍邱县	207.40	120.90	19.18	9.25	56.78	10.89	10.61	97.43	8.78
合肥市	**397.77**	**239.00**	**29.56**	**7.43**	**46.65**	**13.79**	**12.62**	**91.52**	**5.28**
长丰县	144.70	72.80	12.68	8.76	58.44	7.41	7.17	96.76	9.85
肥东县	142.27	90.20	10.13	7.12	45.31	4.59	3.37	73.42	3.74
肥西县	110.80	76.00	6.75	6.09	26.52	1.79	2.08	116.20	2.74
巢湖市	**449.77**	**361.28**	**44.67**	**9.93**	**64.14**	**28.65**	**29.30**	**102.27**	**8.11**
无为县	138.90	119.32	14.60	10.51	65.27	9.53	9.87	103.57	8.27
巢湖市	79.00	61.40	11.14	14.10	55.75	6.21	7.07	113.85	11.51
和　县	79.27	53.15	11.15	14.07	72.38	8.07	8.45	104.71	15.90
含山县	34.30	33.31	4.09	11.92	71.64	2.93	2.27	77.47	6.81
庐江县	118.30	94.10	3.69	3.12	51.76	1.91	1.64	85.86	1.74
安庆市	**328.35**	**367.61**	**51.32**	**15.63**	**82.79**	**42.49**	**40.86**	**96.16**	**11.12**
宿松县	65.95	59.95	13.72	20.80	91.11	12.50	10.36	82.88	17.28
望江县	54.10	47.36	14.40	26.62	90.69	13.06	13.27	101.61	28.02
太湖县	33.30	45.40	3.76	11.29	64.10	2.41	2.27	94.19	5.00
枞阳县	65.90	85.90	9.38	14.23	82.41	7.73	7.97	103.10	9.28
怀宁县	54.70	63.30	4.01	7.33	77.81	3.12	2.95	94.55	4.66
桐城市	54.40	65.70	6.05	11.12	60.66	3.67	4.04	110.08	6.15
池州市	**96.78**	**90.40**	**17.25**	**17.82**	**60.58**	**10.45**	**10.88**	**104.11**	**12.04**
东至县	50.00	44.00	10.85	21.70	74.38	8.07	8.48	105.08	19.27
贵池市	46.78	46.40	6.40	13.68	37.19	2.38	2.40	100.84	5.17
芜湖市	**85.20**	**77.80**	**6.18**	**7.25**	**48.54**	**3.00**	**2.62**	**87.33**	**3.37**
繁昌县	33.00	34.60	4.42	13.39	50.23	2.22	2.09	94.14	6.04
南陵县	52.20	43.20	1.76	3.37	44.32	0.78	0.53	67.95	1.23
宣城市	**85.30**	**63.60**	**8.42**	**9.87**	**38.00**	**3.20**	**2.95**	**92.19**	**4.64**
宣州市	85.30	63.60	8.42	9.87	38.00	3.20	2.95	92.19	4.64
铜陵市	**27.86**	**28.90**	**4.18**	**15.00**	**61.72**	**2.58**	**2.68**	**103.88**	**9.27**
铜陵县	27.86	28.90	4.18	15.00	61.72	2.58	2.68	103.88	9.27
马鞍山市	**69.30**	**54.10**	**11.28**	**16.28**	**57.62**	**6.50**	**6.30**	**96.92**	**11.65**
当涂县	69.30	54.10	11.28	16.28	57.62	6.50	6.30	96.92	11.65

5-9-40　安徽省1982年产棉县棉花生产收购明细

县市名	耕地面积（万亩）	农业人口（万人）	棉田面积（万亩）	占耕地（%）	亩产（市斤）	产量（万担）	收购量（万担）	商品率（%）	人均交售（市斤）
全省合计	**5045.63**	**3122.25**	**454.73**	**9.01**	**65.08**	**295.92**	**290.92**	**98.31**	**9.32**
阜阳市	**1363.95**	**788.62**	**95.70**	**7.02**	**22.75**	**21.77**	**18.98**	**87.18**	**2.41**
蒙城县	192.31	87.30	15.65	8.14	34.95	5.47	4.30	78.61	4.93
临泉县	177.70	136.00	16.04	9.03	9.04	1.45	1.08	74.48	0.79
界首县	64.20	51.40	5.28	8.22	22.54	1.19	1.60	134.45	3.11
涡阳县	198.30	91.50	12.64	6.37	30.70	3.88	3.19	82.22	3.49
阜阳县	160.76	111.25	14.12	8.78	21.32	3.01	3.38	112.29	3.04
太和县	188.54	112.36	17.62	9.35	22.53	3.97	2.98	75.06	2.65
利辛县	180.54	98.61	11.06	6.13	19.71	2.18	1.60	73.39	1.62
亳州市	201.60	100.20	3.29	1.63	18.84	0.62	0.85	137.10	0.85
宿州市	**794.54**	**383.87**	**80.70**	**10.16**	**109.06**	**88.01**	**95.76**	**108.81**	**24.95**
宿州涌桥区	213.49	94.85	16.80	7.87	83.99	14.11	17.47	123.81	18.42
泗　县	142.10	61.56	7.90	5.56	127.97	10.11	9.64	95.35	15.66
灵璧县	183.40	75.32	13.00	7.09	92.31	12.00	11.00	91.67	14.60
砀山县	96.04	60.14	18.89	19.67	120.80	22.82	23.94	104.91	39.81
萧　县	159.51	92.00	24.11	15.12	120.16	28.97	33.71	116.36	36.64
淮北市	**203.70**	**86.20**	**16.00**	**7.85**	**52.81**	**8.45**	**7.62**	**90.18**	**8.84**
濉溪县	203.70	86.20	16.00	7.85	52.81	8.45	7.62	90.18	8.84
蚌埠市	**310.50**	**138.10**	**11.63**	**3.75**	**70.51**	**8.20**	**6.30**	**76.83**	**4.56**
怀远县	194.50	89.00	5.69	2.93	56.59	3.22	2.38	73.91	2.67
五河县	116.00	49.10	5.94	5.12	83.84	4.98	3.92	78.71	7.98
滁州市	**434.71**	**210.74**	**38.06**	**8.76**	**43.98**	**16.74**	**13.84**	**82.68**	**6.57**
南樵区	50.27	26.13	4.10	8.16	46.83	1.92	1.50	78.13	5.74
天长市	91.10	47.00	10.06	11.04	75.45	7.59	7.05	92.89	15.00
全椒县	65.54	33.88	8.26	12.60	34.87	2.88	2.18	75.69	6.43
定远县	155.37	65.56	9.95	6.40	21.41	2.13	1.27	59.62	1.94
来安县	72.43	38.17	5.69	7.86	39.02	2.22	1.84	82.88	4.82
六安市	**400.20**	**218.60**	**42.38**	**10.59**	**29.52**	**12.51**	**13.68**	**109.35**	**6.26**
寿　县	193.00	96.30	22.69	11.76	31.16	7.07	7.19	101.70	7.47
霍邱县	207.20	122.30	19.69	9.50	27.63	5.44	6.49	119.30	5.31
合肥市	**397.44**	**241.20**	**28.87**	**7.26**	**42.96**	**12.40**	**10.42**	**84.01**	**4.32**
长丰县	144.70	73.40	12.01	8.30	45.90	5.51	4.81	87.25	6.55
肥东县	141.94	90.80	7.01	4.94	28.96	2.03	2.24	110.34	2.47
肥西县	110.80	77.00	9.85	8.89	49.34	4.86	3.37	69.34	4.38
巢湖市	**449.33**	**360.82**	**42.78**	**9.52**	**65.03**	**27.82**	**27.95**	**100.47**	**7.75**
无为县	138.70	115.05	13.20	9.52	74.92	9.89	9.61	97.17	8.35
巢湖市	78.90	62.10	11.12	14.09	65.38	7.27	8.22	113.07	13.24
和　县	79.23	53.48	11.01	13.90	53.95	5.94	6.01	101.18	11.24
含山县	34.30	33.69	3.81	11.11	62.47	2.38	2.40	100.84	7.12
庐江县	118.20	96.50	3.64	3.08	64.29	2.34	1.71	73.08	1.77
安庆市	**327.32**	**377.73**	**50.86**	**15.54**	**111.07**	**56.49**	**54.41**	**96.32**	**14.40**
宿松县	65.92	67.70	13.69	20.77	119.36	16.34	15.37	94.06	22.70
望江县	54.10	47.83	14.00	25.88	121.50	17.01	17.44	102.53	36.46
太湖县	32.80	46.00	3.69	11.25	107.86	3.98	3.85	96.73	8.37
枞阳县	65.40	86.20	9.46	14.46	105.39	9.97	9.31	93.38	10.80
怀宁县	54.70	63.80	3.96	7.24	109.60	4.34	4.18	96.31	6.55
桐城市	54.40	66.20	6.06	11.14	80.03	4.85	4.26	87.84	6.44
池州市	**96.78**	**90.40**	**17.93**	**18.53**	**103.46**	**18.55**	**18.01**	**97.09**	**19.92**
东至县	50.00	44.00	11.09	22.18	118.30	13.12	12.84	97.87	29.18
贵池市	46.78	46.40	6.84	14.62	79.39	5.43	5.17	95.21	11.14
芜湖市	**85.20**	**77.80**	**6.16**	**7.23**	**102.44**	**6.31**	**6.07**	**96.20**	**7.80**
繁昌县	33.00	34.60	4.41	13.36	111.11	4.90	4.73	96.53	13.67
南陵县	52.20	43.20	1.75	3.35	80.57	1.41	1.34	95.04	3.10
宣城市	**84.80**	**64.10**	**8.21**	**9.68**	**58.22**	**4.78**	**4.55**	**95.19**	**7.10**
宣州市	84.80	64.10	8.21	9.68	58.22	4.78	4.55	95.19	7.10
铜陵市	**27.86**	**29.30**	**4.33**	**15.54**	**82.22**	**3.56**	**3.48**	**97.75**	**11.88**
铜陵县	27.86	29.30	4.33	15.54	82.22	3.56	3.48	97.75	11.88
马鞍山市	**69.30**	**54.77**	**11.12**	**16.05**	**92.90**	**10.33**	**9.85**	**95.35**	**17.98**
当涂县	69.30	54.77	11.12	16.05	92.90	10.33	9.85	95.35	17.98

5－9－41　安徽省1983年产棉县棉花生产收购明细

县市名	耕地面积（万亩）	农业人口（万人）	棉田面积（万亩）	占耕地（%）	亩产（市斤）	产量（万担）	收购量（万担）	商品率（%）	人均交售（市斤）
全省合计	**5034.34**	**3126.81**	**442.43**	**8.79**	**80.68**	**356.97**	**325.09**	**91.07**	**10.40**
阜阳市	**1363.90**	**795.48**	**80.79**	**5.92**	**64.66**	**52.24**	**28.62**	**54.79**	**3.60**
蒙城县	192.31	88.29	15.13	7.87	62.46	9.45	5.78	61.16	6.55
临泉县	177.70	137.00	10.00	5.63	73.90	7.39	3.73	50.47	2.72
界首县	64.20	52.20	4.91	7.65	84.11	4.13	2.45	59.32	4.69
涡阳县	198.30	91.50	12.39	6.25	59.64	7.39	3.66	49.53	4.00
阜阳县	160.71	111.88	10.36	6.45	64.48	6.68	4.19	62.72	3.75
太和县	188.54	112.98	14.26	7.56	62.69	8.94	3.84	42.95	3.40
利辛县	180.54	101.03	9.93	5.50	60.62	6.02	3.34	55.48	3.31
亳州市	201.60	100.60	3.81	1.89	58.79	2.24	1.63	72.77	1.62
宿州市	**794.30**	**385.97**	**92.56**	**11.65**	**128.65**	**119.08**	**126.05**	**105.85**	**32.66**
宿州涌桥区	213.27	95.45	16.40	7.69	115.98	19.02	19.25	101.21	20.17
泗县	142.18	61.72	11.25	7.91	142.49	16.03	15.43	96.26	25.00
灵璧县	183.30	75.66	15.00	8.18	106.67	16.00	16.00	100.00	21.15
砀山县	96.04	60.14	22.44	23.37	124.06	27.84	30.14	108.26	50.12
萧县	159.51	93.00	27.47	17.22	146.31	40.19	45.23	112.54	48.63
淮北市	**203.40**	**86.60**	**14.60**	**7.18**	**85.41**	**12.47**	**11.38**	**91.26**	**13.14**
濉溪县	203.40	86.60	14.60	7.18	85.41	12.47	11.38	91.26	13.14
蚌埠市	**310.30**	**139.44**	**12.48**	**4.02**	**88.62**	**11.06**	**8.87**	**80.20**	**6.36**
怀远县	194.30	90.00	6.48	3.34	62.35	4.04	3.01	74.50	3.34
五河县	116.00	49.44	6.00	5.17	117.00	7.02	5.86	83.48	11.85
滁州市	**434.73**	**204.94**	**38.15**	**8.78**	**60.50**	**23.08**	**19.19**	**83.15**	**9.36**
南樵区	50.25	26.35	4.00	7.96	59.50	2.38	1.92	80.67	7.29
天长市	91.10	41.10	10.03	11.01	71.59	7.18	6.41	89.28	15.60
全椒县	65.54	33.60	8.40	12.82	77.38	6.50	5.32	81.85	15.83
定远县	155.41	65.77	10.11	6.51	41.94	4.24	3.24	76.42	4.93
来安县	72.43	38.12	5.61	7.75	49.55	2.78	2.30	82.73	6.03
六安市	**391.70**	**220.70**	**38.30**	**9.78**	**54.26**	**20.78**	**18.23**	**87.73**	**8.26**
寿县	184.50	96.80	17.92	9.71	58.48	10.48	9.34	89.12	9.65
霍邱县	207.20	123.90	20.38	9.84	50.54	10.30	8.89	86.31	7.18
合肥市	**397.33**	**242.90**	**28.76**	**7.24**	**57.09**	**16.42**	**13.28**	**80.88**	**5.47**
长丰县	144.60	73.90	12.00	8.30	69.50	8.34	7.20	86.33	9.74
肥东县	141.93	91.00	6.77	4.77	35.60	2.41	2.20	91.29	2.42
肥西县	110.80	78.00	9.99	9.02	56.76	5.67	3.88	68.43	4.97
巢湖市	**449.29**	**362.37**	**41.92**	**9.33**	**72.83**	**30.53**	**28.37**	**92.92**	**7.83**
无为县	138.70	115.05	12.30	8.87	74.55	9.17	6.67	72.74	5.80
巢湖市	78.80	62.50	11.11	14.10	87.13	9.68	10.25	105.89	16.40
和县	79.09	53.54	10.96	13.86	69.98	7.67	7.68	100.13	14.34
含山县	34.30	33.88	3.95	11.52	72.15	2.85	2.82	98.95	8.32
庐江县	118.40	97.40	3.60	3.04	32.22	1.16	0.95	81.90	0.98
安庆市	**326.84**	**373.69**	**48.75**	**14.92**	**78.28**	**38.16**	**38.12**	**99.90**	**10.20**
宿松县	65.91	61.64	13.65	20.71	78.97	10.78	11.26	104.45	18.27
望江县	54.03	48.35	13.42	24.84	86.81	11.65	11.41	97.94	23.60
太湖县	32.80	46.30	3.64	11.10	110.16	4.01	4.09	102.00	8.83
枞阳县	65.10	86.70	9.05	13.90	59.45	5.38	3.07	57.06	3.54
怀宁县	54.60	64.10	3.80	6.96	77.11	2.93	2.93	100.00	4.57
桐城市	54.40	66.60	5.19	9.54	65.70	3.41	5.36	157.18	8.05
池州市	**98.78**	**90.40**	**16.44**	**16.64**	**83.76**	**13.77**	**14.35**	**104.21**	**15.87**
东至县	52.00	44.00	9.98	19.19	92.59	9.24	9.88	106.93	22.45
贵池市	46.78	46.40	6.46	13.81	70.12	4.53	4.47	98.68	9.63
芜湖市	**85.20**	**77.80**	**6.10**	**7.16**	**72.13**	**4.40**	**4.22**	**95.91**	**5.42**
繁昌县	33.00	34.60	4.40	13.33	87.95	3.87	3.77	97.42	10.90
南陵县	52.20	43.20	1.70	3.26	31.18	0.53	0.45	84.91	1.04
宣城市	**84.80**	**64.40**	**8.17**	**9.63**	**45.65**	**3.73**	**3.75**	**100.54**	**5.82**
宣州市	84.80	64.40	8.17	9.63	45.65	3.73	3.75	100.54	5.82
铜陵市	**27.86**	**29.50**	**4.13**	**14.82**	**69.98**	**2.89**	**2.86**	**98.96**	**9.69**
铜陵县	27.86	29.50	4.13	14.82	69.98	2.89	2.86	98.96	9.69
马鞍山市	**65.91**	**52.62**	**11.28**	**17.11**	**74.11**	**8.36**	**7.80**	**93.30**	**14.82**
当涂县	65.91	52.62	11.28	17.11	74.11	8.36	7.80	93.30	14.82

5-9-42　安徽省1984年产棉县棉花生产收购明细

县市名	耕地面积（万亩）	农业人口（万人）	棉田面积（万亩）	占耕地（%）	亩产（市斤）	产量（万担）	收购量（万担）	商品率（%）	人均交售（市斤）
全省合计	**5001.92**	**3138.10**	**460.10**	**9.20**	**94.82**	**436.26**	**375.73**	**86.13**	**11.97**
阜阳市	**1363.63**	**799.74**	**93.92**	**6.89**	**70.16**	**65.89**	**39.45**	**59.87**	**4.93**
蒙城县	192.31	89.35	15.53	8.08	84.93	13.19	11.20	84.91	12.53
临泉县	177.60	138.06	14.98	8.43	53.47	8.01	3.21	40.07	2.33
界首县	64.20	52.30	7.49	11.67	56.88	4.26	2.65	62.21	5.07
涡阳县	198.30	91.50	12.28	6.19	85.34	10.48	5.02	47.90	5.49
阜阳县	160.67	112.63	10.09	6.28	80.67	8.14	6.38	78.38	5.66
太和县	188.53	113.32	15.50	8.22	55.68	8.63	4.12	47.74	3.64
利辛县	180.52	101.74	12.26	6.79	72.19	8.85	3.96	44.75	3.89
亳州市	201.50	100.84	5.79	2.87	74.78	4.33	2.91	67.21	2.89
宿州市	**781.31**	**386.34**	**96.17**	**12.31**	**122.80**	**118.10**	**112.19**	**95.00**	**29.04**
宿州涌桥区	212.91	95.82	18.00	8.45	116.00	20.88	17.49	83.76	18.25
泗　县	142.16	61.87	11.81	8.31	129.89	15.34	9.24	60.23	14.93
灵璧县	183.30	75.99	15.00	8.18	106.67	16.00	15.00	93.75	19.74
砀山县	96.04	60.14	22.87	23.81	133.10	30.44	32.92	108.15	54.74
萧　县	146.90	92.52	28.49	19.39	124.39	35.44	37.54	105.93	40.58
淮北市	**202.10**	**86.70**	**16.00**	**7.92**	**112.13**	**17.94**	**9.36**	**52.17**	**10.80**
濉溪县	202.10	86.70	16.00	7.92	112.13	17.94	9.36	52.17	10.80
蚌埠市	**307.90**	**140.87**	**14.49**	**4.71**	**90.68**	**13.14**	**14.03**	**106.77**	**9.96**
怀远县	191.90	91.00	7.24	3.77	87.98	6.37	4.68	73.47	5.14
五河县	116.00	49.87	7.25	6.25	93.38	6.77	9.35	138.11	18.75
滁州市	**434.41**	**209.09**	**37.42**	**8.61**	**63.25**	**23.67**	**21.38**	**90.33**	**10.23**
南樵区	50.18	25.85	3.99	7.95	68.67	2.74	2.56	93.43	9.90
天长市	91.10	46.60	9.92	10.89	62.10	6.16	4.92	79.87	10.56
全椒县	65.52	32.79	7.81	11.92	100.51	7.85	7.72	98.34	23.54
定远县	155.23	66.04	10.12	6.52	37.06	3.75	3.70	98.67	5.60
来安县	72.38	37.81	5.58	7.71	56.81	3.17	2.48	78.23	6.56
六安市	**391.60**	**222.47**	**36.24**	**9.25**	**62.56**	**22.67**	**19.95**	**88.00**	**8.97**
寿　县	184.40	97.30	16.91	9.17	61.62	10.42	10.22	98.08	10.50
霍邱县	207.20	125.17	19.33	9.33	63.37	12.25	9.73	79.43	7.77
合肥市	**396.93**	**242.88**	**28.67**	**7.22**	**67.84**	**19.45**	**16.07**	**82.62**	**6.62**
长丰县	144.53	74.35	12.50	8.65	75.84	9.48	6.37	67.19	8.57
肥东县	141.80	90.53	9.57	6.75	67.71	6.48	4.56	70.37	5.04
肥西县	110.60	78.00	6.60	5.97	52.88	3.49	5.14	147.28	6.59
巢湖市	**435.76**	**359.85**	**40.54**	**9.30**	**95.49**	**38.71**	**35.85**	**92.61**	**9.96**
无为县	138.70	115.50	12.50	9.01	110.40	13.80	13.10	94.93	11.34
巢湖市	78.80	62.50	10.47	13.29	101.05	10.58	10.76	101.70	17.22
和　县	79.06	53.02	10.51	13.29	82.02	8.62	6.90	80.05	13.01
含山县	34.30	33.08	3.46	10.09	95.95	3.32	3.44	103.61	10.40
庐江县	104.90	95.75	3.60	3.43	66.39	2.39	1.65	69.04	1.72
安庆市	**326.29**	**373.65**	**50.62**	**15.51**	**131.73**	**66.68**	**62.52**	**93.76**	**16.73**
宿松县	65.62	62.09	13.58	20.69	144.11	19.57	19.53	99.80	31.45
望江县	53.87	48.16	14.81	27.49	148.55	22.00	21.41	97.32	44.46
太湖县	32.80	46.40	3.67	11.19	145.23	5.33	5.36	100.56	11.55
枞阳县	65.00	86.90	9.45	14.54	106.56	10.07	8.05	79.94	9.26
怀宁县	54.60	64.20	3.80	6.96	129.21	4.91	4.50	91.65	7.01
桐城市	54.40	65.90	5.31	9.76	90.40	4.80	3.67	76.46	5.57
池州市	**98.78**	**90.40**	**17.22**	**17.43**	**125.96**	**21.69**	**20.64**	**95.16**	**22.83**
东至县	52.00	44.00	10.64	20.46	142.01	15.11	14.07	93.12	31.98
贵池市	46.78	46.40	6.58	14.07	100.00	6.58	6.57	99.85	14.16
芜湖市	**84.69**	**78.91**	**6.18**	**7.30**	**101.29**	**6.26**	**5.16**	**82.43**	**6.54**
繁昌县	33.00	34.60	4.46	13.52	109.19	4.87	3.96	81.31	11.45
南陵县	51.69	44.31	1.72	3.33	80.81	1.39	1.20	86.33	2.71
宣城市	**84.80**	**64.80**	**8.01**	**9.45**	**74.66**	**5.98**	**4.76**	**79.60**	**7.35**
宣州市	84.80	64.80	8.01	9.45	74.66	5.98	4.76	79.60	7.35
铜陵市	**27.86**	**29.60**	**4.25**	**15.25**	**127.76**	**5.43**	**5.20**	**95.76**	**17.57**
铜陵县	27.86	29.60	4.25	15.25	127.76	5.43	5.20	95.76	17.57
马鞍山市	**65.86**	**52.80**	**10.37**	**15.75**	**102.70**	**10.65**	**9.17**	**86.10**	**17.37**
当涂县	65.86	52.80	10.37	15.75	102.70	10.65	9.17	86.10	17.37

5－9－43　安徽省1985年产棉县棉花生产收购明细

县市名	耕地面积（万亩）	农业人口（万人）	棉田面积（万亩）	占耕地（%）	亩产（市斤）	产量（万担）	收购量（万担）	商品率（%）	人均交售（市斤）
全省合计	**4996.39**	**3145.83**	**325.79**	**6.52**	**94.85**	**309.00**	**294.55**	**95.32**	**9.36**
阜阳市	**1361.68**	**808.97**	**56.52**	**4.15**	**67.96**	**38.41**	**30.19**	**78.60**	**3.73**
蒙城县	190.77	90.42	11.65	6.11	67.81	7.90	7.64	96.71	8.45
临泉县	177.63	139.00	6.40	3.60	57.03	3.65	4.24	116.16	3.05
界首县	64.20	53.30	3.64	5.67	67.58	2.46	1.85	75.20	3.47
涡阳县	198.29	96.40	7.30	3.68	71.92	5.25	3.61	68.76	3.74
阜阳县	160.37	113.21	7.96	4.96	71.98	5.73	4.05	70.68	3.58
太和县	188.50	114.01	7.19	3.81	57.30	4.12	2.38	57.77	2.09
利辛县	180.52	101.63	8.33	4.61	79.71	6.64	4.08	61.45	4.01
亳州市	201.40	101.00	4.05	2.01	65.68	2.66	2.34	87.97	2.32
宿州市	**780.55**	**393.84**	**77.40**	**9.92**	**92.88**	**71.89**	**77.82**	**108.25**	**19.76**
宿州涌桥区	212.51	96.62	13.40	6.31	110.00	14.74	12.10	82.09	12.52
泗　县	142.10	62.80	10.70	7.53	122.24	13.08	10.80	82.57	17.20
灵璧县	183.30	76.56	8.70	4.75	91.95	8.00	12.00	150.00	15.67
砀山县	95.80	63.86	20.06	20.94	93.82	18.82	23.03	122.37	36.06
萧　县	146.84	94.00	24.54	16.71	70.29	17.25	19.89	115.30	21.16
淮北市	**201.60**	**87.20**	**11.50**	**5.70**	**86.26**	**9.92**	**12.37**	**124.70**	**14.19**
濉溪县	201.60	87.20	11.50	5.70	86.26	9.92	12.37	124.70	14.19
蚌埠市	**308.11**	**139.31**	**8.23**	**2.67**	**96.72**	**7.96**	**8.17**	**102.64**	**5.86**
怀远县	191.91	89.20	3.44	1.79	95.64	3.29	2.15	65.35	2.41
五河县	116.20	50.11	4.79	4.12	97.49	4.67	6.02	128.91	12.01
滁州市	**434.92**	**204.57**	**23.18**	**5.33**	**72.10**	**16.71**	**13.47**	**80.60**	**6.58**
南樵区	50.16	25.16	2.37	4.72	65.40	1.55	1.79	115.48	7.11
天长市	91.90	46.50	5.64	6.14	63.65	3.59	2.94	81.89	6.32
全椒县	65.52	31.56	7.19	10.97	104.63	7.52	6.49	86.27	20.56
定远县	155.15	64.64	4.85	3.13	41.44	2.01	0.46	22.89	0.71
来安县	72.19	36.71	3.13	4.34	65.18	2.04	1.79	87.75	4.88
六安市	**391.30**	**221.40**	**11.69**	**2.99**	**65.27**	**7.63**	**6.82**	**89.38**	**3.08**
寿　县	184.10	97.40	7.11	3.86	60.06	4.27	3.15	73.77	3.23
霍邱县	207.20	124.00	4.58	2.21	73.36	3.36	3.67	109.23	2.96
合肥市	**396.70**	**238.90**	**18.40**	**4.64**	**67.93**	**12.50**	**7.76**	**62.08**	**3.25**
长丰县	144.40	74.20	6.81	4.72	77.24	5.26	2.67	50.76	3.60
肥东县	141.70	86.70	6.72	4.74	66.96	4.50	3.16	70.22	3.64
肥西县	110.60	78.00	4.87	4.40	56.26	2.74	1.93	70.44	2.47
巢湖市	**434.10**	**361.00**	**30.35**	**6.99**	**106.13**	**32.21**	**31.46**	**97.67**	**8.71**
无为县	137.30	115.50	11.60	8.45	140.52	16.30	15.85	97.24	13.72
巢湖市	78.70	62.20	8.27	10.51	90.21	7.46	7.36	98.66	11.83
和　县	78.99	52.90	5.19	6.57	92.87	4.82	5.21	108.09	9.85
含山县	34.32	32.70	2.89	8.42	83.74	2.42	2.35	97.11	7.19
庐江县	104.79	97.70	2.40	2.29	50.42	1.21	0.69	57.02	0.71
安庆市	**325.36**	**374.78**	**49.67**	**15.27**	**131.47**	**65.30**	**64.45**	**98.70**	**17.20**
宿松县	65.13	62.48	14.06	21.59	149.36	21.00	20.38	97.05	32.62
望江县	53.80	48.60	15.50	28.81	148.39	23.00	23.76	103.30	48.89
太湖县	32.80	46.70	3.67	11.19	149.05	5.47	5.17	94.52	11.07
枞阳县	64.77	87.70	8.56	13.22	96.38	8.25	8.23	99.76	9.38
怀宁县	54.56	63.80	3.57	6.54	123.53	4.41	4.32	97.96	6.77
桐城市	54.30	65.50	4.31	7.94	73.55	3.17	2.59	81.70	3.95
池州市	**98.24**	**91.40**	**15.25**	**15.52**	**128.59**	**19.61**	**19.73**	**100.61**	**21.59**
东至县	51.46	45.00	10.11	19.65	144.81	14.64	14.40	98.36	32.00
贵池市	46.78	46.40	5.14	10.99	96.69	4.97	5.33	107.24	11.49
芜湖市	**85.24**	**78.61**	**5.71**	**6.70**	**121.37**	**6.93**	**5.67**	**81.82**	**7.21**
繁昌县	33.54	34.30	4.25	12.67	131.29	5.58	4.54	81.36	13.24
南陵县	51.70	44.31	1.46	2.82	92.47	1.35	1.13	83.70	2.55
宣城市	**84.80**	**64.40**	**5.06**	**5.97**	**103.56**	**5.24**	**4.04**	**77.10**	**6.27**
宣州市	84.80	64.40	5.06	5.97	103.56	5.24	4.04	77.10	6.27
铜陵市	**27.89**	**29.20**	**4.14**	**14.84**	**105.07**	**4.35**	**4.28**	**98.39**	**14.66**
铜陵县	27.89	29.20	4.14	14.84	105.07	4.35	4.28	98.39	14.66
马鞍山市	**65.90**	**52.25**	**8.69**	**13.19**	**118.99**	**10.34**	**8.32**	**80.46**	**15.92**
当涂县	65.90	52.25	8.69	13.19	118.99	10.34	8.32	80.46	15.92

5-9-44 安徽省1986年产棉县棉花生产收购明细

县市名	耕地面积（万亩）	农业人口（万人）	棉田面积（万亩）	占耕地（%）	亩产（市斤）	产量（万担）	收购量（万担）	商品率（%）	人均交售（市斤）
全省合计	**4990.96**	**3182.31**	**287.70**	**5.76**	**105.30**	**302.95**	**286.97**	**94.73**	**9.02**
阜阳市	**1361.05**	**812.75**	**48.82**	**3.59**	**71.59**	**34.95**	**37.78**	**108.10**	**4.65**
蒙城县	190.63	91.51	12.41	6.51	93.23	11.57	10.67	92.22	11.66
临泉县	177.64	140.00	5.48	3.08	59.49	3.26	6.70	*	4.79
界首县	64.10	54.10	2.83	4.41	65.72	1.86	1.34	72.04	2.48
涡阳县	198.29	96.40	5.26	2.65	85.93	4.52	2.52	55.75	2.61
阜阳县	160.18	113.21	5.99	3.74	77.30	4.63	4.41	95.25	3.90
太和县	188.50	114.00	5.84	3.10	45.21	2.64	5.41	*	4.75
利辛县	180.51	101.63	7.61	4.22	63.21	4.81	4.80	99.79	4.72
亳州市	201.20	101.90	3.40	1.69	48.82	1.66	1.93	116.27	1.89
宿州市	**780.57**	**404.86**	**61.58**	**7.89**	**113.74**	**70.04**	**66.79**	**95.36**	**16.50**
宿州涌桥区	212.80	97.70	11.70	5.50	109.40	12.80	11.98	93.59	12.26
泗　县	142.00	63.56	10.30	7.25	131.36	13.53	10.45	77.24	16.44
灵璧县	183.20	76.65	6.20	3.38	93.55	5.80	8.00	137.93	10.44
砀山县	95.79	71.95	15.80	16.49	113.54	17.94	19.05	106.19	26.48
萧　县	146.78	95.00	17.58	11.98	113.59	19.97	17.31	86.68	18.22
淮北市	**201.10**	**87.80**	**9.10**	**4.53**	**115.38**	**10.50**	**7.45**	**70.95**	**8.49**
濉溪县	201.10	87.80	9.10	4.53	115.38	10.50	7.45	70.95	8.49
蚌埠市	**307.96**	**140.42**	**5.66**	**1.84**	**100.18**	**5.67**	**6.59**	**116.23**	**4.69**
怀远县	191.76	90.00	2.79	1.45	102.87	2.87	1.71	59.58	1.90
五河县	116.20	50.42	2.87	2.47	97.56	2.80	4.88	174.29	9.68
滁州市	**433.75**	**211.43**	**21.34**	**4.92**	**71.83**	**15.33**	**9.88**	**64.45**	**4.67**
南樵区	50.09	26.07	1.89	3.77	73.02	1.38	0.87	63.04	3.34
天长市	91.00	46.90	6.36	6.99	56.92	3.62	2.32	64.09	4.95
全椒县	65.45	31.56	6.87	10.50	96.76	6.65	5.40	81.20	17.11
定远县	155.10	70.20	3.20	2.06	49.06	1.57	0.15	9.55	0.21
来安县	72.11	36.70	3.02	4.19	69.87	2.11	1.14	54.03	3.11
六安市	**390.40**	**224.70**	**10.06**	**2.58**	**64.12**	**6.45**	**5.85**	**90.70**	**2.60**
寿　县	183.70	98.70	5.52	3.00	78.26	4.32	3.06	70.83	3.10
霍邱县	206.70	126.00	4.54	2.20	46.92	2.13	2.79	130.99	2.21
合肥市	**397.23**	**239.40**	**15.46**	**3.89**	**67.98**	**10.51**	**4.86**	**46.24**	**2.03**
长丰县	144.23	74.20	4.88	3.38	67.83	3.31	1.15	34.74	1.55
肥东县	142.50	87.20	6.56	4.60	70.58	4.63	1.83	39.52	2.10
肥西县	110.50	78.00	4.02	3.64	63.93	2.57	1.88	73.15	2.41
巢湖市	**433.85**	**367.34**	**29.86**	**6.88**	**124.72**	**37.24**	**36.00**	**96.67**	**9.80**
无为县	137.30	120.30	12.20	8.89	162.38	19.81	19.00	95.91	15.79
巢湖市	78.60	62.90	7.97	10.14	102.38	8.16	8.29	101.59	13.18
和　县	78.84	53.02	5.37	6.81	100.00	5.37	5.37	100.00	10.13
含山县	34.32	33.12	2.39	6.96	105.02	2.51	2.82	112.35	8.51
庐江县	104.79	98.00	1.93	1.84	72.02	1.39	0.52	37.41	0.53
安庆市	**324.16**	**377.96**	**48.51**	**14.96**	**131.81**	**63.94**	**65.75**	**102.83**	**17.40**
宿松县	65.01	63.13	14.35	22.07	146.97	21.09	23.50	111.43	37.22
望江县	53.58	49.23	15.60	29.12	138.97	21.68	21.80	100.55	44.28
太湖县	32.41	47.30	3.66	11.29	156.83	5.74	5.77	100.52	12.20
枞阳县	64.63	87.60	7.66	11.85	105.35	8.07	8.09	100.25	9.24
怀宁县	54.44	64.30	3.57	6.56	123.53	4.41	4.75	107.71	7.39
桐城市	54.09	66.40	3.67	6.79	80.38	2.95	1.84	62.37	2.77
池州市	**98.17**	**91.40**	**14.74**	**15.01**	**134.46**	**19.82**	**19.98**	**100.81**	**21.86**
东至县	51.41	45.00	9.78	19.02	149.69	14.64	14.52	99.18	32.27
贵池市	46.76	46.40	4.96	10.61	104.44	5.18	5.46	105.41	11.77
芜湖市	**84.74**	**78.61**	**5.53**	**6.53**	**138.52**	**7.66**	**7.51**	**98.08**	**9.56**
繁昌县	33.54	34.30	4.26	12.70	150.94	6.43	6.63	103.16	19.34
南陵县	51.20	44.31	1.27	2.48	96.85	1.23	0.88	71.54	1.99
宣城市	**84.33**	**63.90**	**4.77**	**5.66**	**117.19**	**5.59**	**4.68**	**83.72**	**7.32**
宣州市	84.33	63.90	4.77	5.66	117.19	5.59	4.68	83.72	7.32
铜陵市	**27.81**	**29.10**	**4.23**	**15.21**	**119.15**	**5.04**	**5.53**	**109.72**	**19.00**
铜陵县	27.81	29.10	4.23	15.21	119.15	5.04	5.53	109.72	19.00
马鞍山市	**65.84**	**52.64**	**8.04**	**12.21**	**126.99**	**10.21**	**8.32**	**81.49**	**15.81**
当涂县	65.84	52.64	8.04	12.21	126.99	10.21	8.32	81.49	15.81

5－9－45　安徽省1987年产棉县棉花生产收购明细

县 市 名	耕地面积（万亩）	农业人口（万人）	棉田面积（万亩）	占耕地（%）	亩　产（市斤）	产　量（万担）	收购量（万担）	商品率（%）	人均交售（市斤）
全省合计	**5004.80**	**3189.11**	**318.05**	**6.35**	**107.79**	**342.82**	**325.36**	**94.91**	**10.20**
阜阳市	**1359.10**	**815.84**	**59.04**	**4.34**	**74.03**	**43.71**	**37.76**	**86.39**	**4.63**
蒙城县	190.32	92.60	14.26	7.49	50.98	7.27	10.34	142.23	11.17
临泉县	177.40	140.00	8.84	4.98	69.80	6.17	5.63	91.25	4.02
界首县	63.70	55.10	3.36	5.27	81.85	2.75	2.03	73.82	3.68
涡阳县	198.29	96.40	7.46	3.76	100.00	7.46	4.57	61.26	4.74
阜阳县	160.18	113.21	6.51	4.06	81.11	5.28	3.51	66.48	3.10
太和县	188.50	114.00	6.78	3.60	78.91	5.35	3.60	67.29	3.16
利辛县	180.51	101.63	7.94	4.40	77.46	6.15	4.11	66.83	4.04
亳州市	200.20	102.90	3.89	1.94	84.32	3.28	3.97	121.04	3.86
宿州市	**780.11**	**406.38**	**76.92**	**9.86**	**124.99**	**96.14**	**89.46**	**93.05**	**22.01**
宿州涌桥区	213.40	96.70	15.40	7.22	131.82	20.30	16.16	79.61	16.71
泗　县	141.40	64.41	13.50	9.55	152.59	20.60	17.74	86.12	27.54
灵璧县	183.20	77.32	9.40	5.13	117.02	11.00	10.00	90.91	12.93
砀山县	95.79	71.95	18.62	19.44	131.74	24.53	22.19	90.46	30.84
萧　县	146.32	96.00	20.00	13.67	98.55	19.71	23.37	118.57	24.34
淮北市	**198.90**	**88.50**	**10.70**	**5.38**	**116.26**	**12.44**	**10.62**	**85.37**	**12.00**
濉溪县	198.90	88.50	10.70	5.38	116.26	12.44	10.62	85.37	12.00
蚌埠市	**310.50**	**141.59**	**5.24**	**1.69**	**115.84**	**6.07**	**7.78**	**128.17**	**5.49**
怀远县	194.50	91.00	2.49	1.28	99.20	2.47	2.07	83.81	2.27
五河县	116.00	50.59	2.75	2.37	130.91	3.60	5.71	158.61	11.29
滁州市	**435.24**	**211.34**	**18.66**	**4.29**	**70.20**	**13.10**	**8.27**	**63.13**	**3.91**
南樵区	49.88	26.48	1.89	3.79	73.02	1.38	0.77	55.80	2.91
天长市	92.70	46.40	5.14	5.54	60.89	3.13	1.74	55.59	0.00
全椒县	65.45	31.56	5.01	7.65	92.42	4.63	4.41	95.25	13.97
定远县	155.10	70.20	3.38	2.18	52.07	1.76	0.23	13.07	0.33
来安县	72.11	36.70	3.24	4.49	67.90	2.20	1.12	50.91	3.05
六安市	**396.90**	**223.00**	**11.79**	**2.97**	**69.55**	**8.20**	**6.12**	**74.63**	**2.74**
寿　县	191.10	95.20	5.65	2.96	69.20	3.91	3.38	86.45	3.55
霍邱县	205.80	127.80	6.14	2.98	69.87	4.29	2.74	63.87	2.14
合肥市	**394.34**	**240.20**	**16.87**	**4.28**	**52.10**	**8.79**	**4.06**	**46.19**	**1.69**
长丰县	144.90	74.60	8.47	5.85	30.58	2.59	1.00	38.61	1.34
肥东县	139.74	87.60	5.37	3.84	64.99	3.49	1.29	36.96	1.47
肥西县	109.70	78.00	3.03	2.76	89.44	2.71	1.77	65.31	2.27
巢湖市	**444.55**	**366.82**	**31.05**	**6.98**	**117.71**	**36.55**	**35.16**	**96.20**	**9.59**
无为县	135.80	120.30	14.10	10.38	155.96	21.99	21.49	97.73	17.86
巢湖市	78.40	62.70	7.87	10.04	95.68	7.53	6.83	90.70	10.89
和　县	78.55	52.72	4.78	6.09	80.96	3.87	4.34	112.14	8.23
含山县	34.10	33.10	2.60	7.62	81.15	2.11	2.27	107.58	6.86
庐江县	117.70	98.00	1.70	1.44	61.76	1.05	0.23	21.90	0.23
安庆市	**323.56**	**379.56**	**47.95**	**14.82**	**137.29**	**65.83**	**73.35**	**111.42**	**19.33**
宿松县	64.66	63.56	14.52	22.46	157.51	22.87	26.63	116.44	41.90
望江县	53.60	49.80	16.00	29.85	149.25	23.88	26.80	112.23	53.82
太湖县	32.30	47.90	3.65	11.30	138.36	5.05	5.72	113.27	11.94
枞阳县	64.50	86.50	7.26	11.26	100.00	7.26	7.11	97.93	8.22
怀宁县	54.40	65.00	3.28	6.03	129.27	4.24	5.28	124.53	8.12
桐城市	54.10	66.80	3.24	5.99	78.09	2.53	1.81	71.54	2.71
池州市	**97.76**	**91.40**	**16.05**	**16.42**	**140.81**	**22.60**	**22.97**	**101.64**	**25.13**
东至县	51.00	45.00	11.20	21.96	152.23	17.05	16.93	99.30	37.62
贵池市	46.76	46.40	4.85	10.37	114.43	5.55	6.04	108.83	13.02
芜湖市	**84.64**	**78.61**	**5.70**	**6.73**	**140.53**	**8.01**	**8.95**	**111.74**	**11.39**
繁昌县	33.54	34.30	4.39	13.09	151.71	6.66	7.87	118.17	22.94
南陵县	51.10	44.31	1.31	2.56	103.05	1.35	1.08	80.00	2.44
宣城市	**85.60**	**64.30**	**5.57**	**6.51**	**119.93**	**6.68**	**5.99**	**89.67**	**9.32**
宣州市	85.60	64.30	5.57	6.51	119.93	6.68	5.99	89.67	9.32
铜陵市	**27.86**	**29.07**	**4.29**	**15.40**	**129.37**	**5.55**	**7.22**	**130.09**	**24.84**
铜陵县	27.86	29.07	4.29	15.40	129.37	5.55	7.22	130.09	24.84
马鞍山市	**65.74**	**52.50**	**8.22**	**12.50**	**111.31**	**9.15**	**7.65**	**83.61**	**14.57**
当涂县	65.74	52.50	8.22	12.50	111.31	9.15	7.65	83.61	14.57

5-9-46 安徽省1988年产棉县棉花生产收购明细

县市名	耕地面积（万亩）	农业人口（万人）	棉田面积（万亩）	占耕地（%）	亩产（市斤）	产量（万担）	收购量（万担）	商品率（%）	人均交售（市斤）
全省合计	4986.39	3239.38	378.66	7.59	103.27	391.04	329.66	84.30	10.18
阜阳市	1352.05	842.53	78.19	5.78	87.58	68.48	44.78	65.39	5.31
蒙城县	190.32	93.71	18.10	9.51	100.06	18.11	15.72	86.80	16.78
临泉县	177.21	142.00	9.40	5.30	53.94	5.07	4.20	82.84	2.96
界首县	63.29	55.37	5.73	9.05	80.45	4.61	1.59	34.49	2.87
涡阳县	197.77	99.85	12.53	6.34	104.39	13.08	8.34	63.76	8.35
阜阳县	159.07	122.52	8.48	5.33	82.90	7.03	3.45	49.08	2.82
太和县	186.59	119.66	7.38	3.96	80.22	5.92	2.52	42.57	2.11
利辛县	179.94	104.87	8.15	4.53	84.79	6.91	4.47	64.69	4.26
亳州市	197.86	104.55	8.42	4.26	92.04	7.75	4.49	57.94	4.29
宿州市	775.39	404.14	108.82	14.03	126.19	137.32	121.87	88.75	30.16
宿州涌桥区	213.10	97.33	23.40	10.98	124.02	29.02	21.14	72.85	21.72
泗　县	141.00	65.39	25.10	17.80	128.37	32.22	23.47	72.84	35.89
灵璧县	183.80	77.23	17.00	9.25	129.41	22.00	17.00	77.27	22.01
砀山县	91.44	66.77	19.60	21.43	120.61	23.64	27.32	115.57	40.92
萧　县	146.05	97.42	23.72	16.24	128.33	30.44	32.94	108.21	33.81
淮北市	197.90	89.30	19.14	9.67	139.18	26.64	19.21	72.11	21.51
濉溪县	197.90	89.30	19.14	9.67	139.18	26.64	19.21	72.11	21.51
蚌埠市	309.94	143.38	8.33	2.69	121.25	10.10	9.84	97.43	6.86
怀远县	194.45	92.09	4.72	2.43	129.03	6.09	3.41	55.99	3.70
五河县	115.49	51.29	3.61	3.13	111.08	4.01	6.43	160.35	12.54
滁州市	434.09	207.90	14.23	3.28	75.83	10.79	6.35	58.85	3.05
南樵区	49.53	26.68	1.79	3.61	83.80	1.50	0.70	46.67	2.62
天长市	92.65	46.02	2.90	3.13	62.07	1.80	0.69	38.33	1.50
全椒县	64.69	32.11	4.19	6.48	97.37	4.08	3.84	94.12	11.96
定远县	155.26	65.72	3.84	2.47	56.51	2.17	0.64	29.49	0.97
来安县	71.96	37.37	1.51	2.10	82.12	1.24	0.48	38.71	1.28
六安市	396.09	227.26	13.31	3.36	72.05	9.59	6.20	64.65	2.73
寿　县	190.95	97.16	6.68	3.50	78.59	5.25	3.87	73.71	3.98
霍邱县	205.14	130.10	6.63	3.23	65.46	4.34	2.33	53.69	1.79
合肥市	392.45	244.08	13.43	3.42	72.52	9.74	4.22	43.33	1.73
长丰县	144.89	75.90	4.14	2.86	74.88	3.10	1.89	60.97	2.49
肥东县	139.26	88.00	5.51	3.96	72.23	3.98	1.31	32.91	1.49
肥西县	108.30	80.18	3.78	3.49	70.37	2.66	1.02	38.35	1.27
巢湖市	443.64	372.41	33.27	7.50	111.36	37.05	35.40	95.55	9.51
无为县	135.50	122.00	14.70	10.85	143.33	21.07	19.95	94.68	16.35
巢湖市	77.87	63.27	8.23	10.57	86.39	7.11	7.05	99.16	11.14
和　县	78.49	53.12	6.34	8.08	91.64	5.81	5.93	102.07	11.16
含山县	34.05	34.18	2.73	8.02	88.64	2.42	2.43	100.41	7.11
庐江县	117.73	99.84	1.27	1.08	50.39	0.64	0.04	6.25	0.04
安庆市	323.34	382.97	48.37	14.96	87.51	42.33	45.64	107.82	11.92
宿松县	64.64	64.46	14.54	22.49	103.23	15.01	15.62	104.06	24.23
望江县	53.60	50.70	16.00	29.85	93.31	14.93	16.38	109.71	32.31
太湖县	32.32	48.72	3.66	11.32	49.18	1.80	2.64	146.67	5.42
枞阳县	64.51	84.32	7.36	11.41	74.32	5.47	6.04	110.42	7.16
怀宁县	54.36	66.66	3.24	5.96	86.11	2.79	3.57	127.96	5.36
桐城市	53.91	68.11	3.57	6.62	65.27	2.33	1.39	59.66	2.04
池州市	97.89	95.83	16.62	16.98	79.42	13.20	11.78	89.24	12.29
东至县	51.27	46.22	11.54	22.51	81.11	9.36	8.90	95.09	19.26
贵池市	46.62	49.61	5.08	10.90	75.59	3.84	2.88	75.00	5.81
芜湖市	84.58	80.99	5.64	6.67	107.80	6.08	6.22	102.30	7.68
繁昌县	33.53	35.27	4.36	13.00	112.16	4.89	5.11	104.50	14.49
南陵县	51.05	45.72	1.28	2.51	92.97	1.19	1.11	93.28	2.43
宣城市	85.51	65.49	5.88	6.88	91.50	5.38	5.30	98.51	8.09
宣州市	85.51	65.49	5.88	6.88	91.50	5.38	5.30	98.51	8.09
铜陵市	27.93	29.75	4.61	16.51	106.94	4.93	5.77	117.04	19.39
铜陵县	27.93	29.75	4.61	16.51	106.94	4.93	5.77	117.04	19.39
马鞍山市	65.59	53.35	8.82	13.45	106.69	9.41	7.08	75.24	13.27
当涂县	65.59	53.35	8.82	13.45	106.69	9.41	7.08	75.24	13.27

5－9－47　安徽省1989年产棉县棉花生产收购明细

县市名	耕地面积（万亩）	农业人口（万人）	棉田面积（万亩）	占耕地（%）	亩产（市斤）	产量（万担）	收购量（万担）	商品率（%）	人均交售（市斤）
全省合计	**4975.59**	**3287.69**	**353.20**	**7.10**	**89.44**	**315.89**	**239.62**	**75.86**	**7.29**
阜阳市	**1346.64**	**856.16**	**79.32**	**5.89**	**66.09**	**52.42**	**27.61**	**52.67**	**3.22**
蒙城县	189.72	94.83	17.62	9.29	76.96	13.56	9.26	68.29	9.76
临泉县	176.83	144.11	7.96	4.50	30.90	2.46	2.04	82.93	1.42
界首县	63.07	56.53	4.13	6.55	48.91	2.02	1.11	54.95	1.96
涡阳县	197.48	101.05	14.30	7.24	71.96	10.29	5.66	55.00	5.60
阜阳县	158.34	124.49	8.22	5.19	72.02	5.92	2.10	35.47	1.69
太和县	185.27	122.23	6.49	3.50	65.64	4.26	1.87	43.90	1.53
利辛县	179.12	106.65	10.86	6.06	52.95	5.75	2.47	42.96	2.32
亳州市	196.81	106.27	9.74	4.95	83.78	8.16	3.10	37.99	2.92
宿州市	**773.64**	**409.51**	**90.45**	**11.69**	**94.69**	**85.65**	**72.18**	**84.27**	**17.63**
宿州涌桥区	212.90	98.30	18.20	8.55	84.07	15.30	15.62	102.09	15.89
泗　县	141.10	66.70	17.90	12.69	102.68	18.38	16.33	88.85	24.48
灵璧县	182.40	78.03	13.00	7.13	100.00	13.00	9.00	69.23	11.53
砀山县	91.23	68.19	14.67	16.08	92.02	13.50	11.51	85.26	16.88
萧　县	146.01	98.29	26.68	18.27	95.46	25.47	19.72	77.42	20.06
淮北市	**197.50**	**90.50**	**18.80**	**9.52**	**97.98**	**18.42**	**10.88**	**59.07**	**12.02**
濉溪县	197.50	90.50	18.80	9.52	97.98	18.42	10.88	59.07	12.02
蚌埠市	**309.64**	**146.14**	**7.04**	**2.27**	**96.73**	**6.81**	**4.45**	**65.35**	**3.05**
怀远县	194.52	93.78	4.08	2.10	90.20	3.68	1.44	39.13	1.54
五河县	115.12	52.36	2.96	2.57	105.74	3.13	3.01	96.17	5.75
滁州市	**433.89**	**211.45**	**13.98**	**3.22**	**63.81**	**8.92**	**4.31**	**48.32**	**2.04**
南樵区	49.48	27.21	1.82	3.68	90.11	1.64	0.83	50.61	3.05
天长市	92.61	46.82	1.71	1.85	71.35	1.22	0.21	17.21	0.45
全椒县	64.66	32.50	4.63	7.16	49.46	2.29	1.84	80.35	5.66
定远县	155.24	67.03	4.13	2.66	55.93	2.31	0.93	40.26	1.39
来安县	71.90	37.89	1.69	2.35	86.39	1.46	0.50	34.25	1.32
六安市	**395.47**	**231.20**	**11.00**	**2.78**	**60.73**	**6.68**	**2.01**	**30.09**	**0.87**
寿　县	190.74	98.40	6.07	3.18	73.15	4.44	1.52	34.23	1.54
霍邱县	204.73	132.80	4.93	2.41	45.44	2.24	0.49	21.88	0.37
合肥市	**391.81**	**248.08**	**13.09**	**3.34**	**66.00**	**8.64**	**2.44**	**28.24**	**0.98**
长丰县	144.63	77.40	4.21	2.91	71.97	3.03	1.24	40.92	1.60
肥东县	139.05	89.09	5.22	3.75	64.37	3.36	0.49	14.58	0.55
肥西县	108.13	81.59	3.66	3.38	61.48	2.25	0.71	31.56	0.87
巢湖市	**443.12**	**375.24**	**32.59**	**7.35**	**100.68**	**32.81**	**25.66**	**78.21**	**6.84**
无为县	135.50	122.90	14.60	10.77	133.56	19.50	16.67	85.49	13.56
巢湖市	77.49	63.66	8.05	10.39	78.14	6.29	4.79	76.15	7.52
和　县	78.42	53.27	5.85	7.46	73.16	4.28	2.37	55.37	4.45
含山县	34.02	34.41	2.55	7.50	76.47	1.95	1.26	64.62	3.66
庐江县	117.69	101.00	1.54	1.31	51.30	0.79	0.57	72.15	0.56
安庆市	**322.81**	**389.46**	**47.62**	**14.75**	**119.07**	**56.70**	**56.69**	**99.98**	**14.56**
宿松县	64.27	66.13	13.60	21.16	149.12	20.28	19.29	95.12	29.17
望江县	53.60	51.50	15.80	29.48	137.22	21.68	22.83	105.30	44.33
太湖县	32.28	49.47	3.61	11.18	98.06	3.54	5.23	147.74	10.57
枞阳县	64.44	85.59	7.70	11.95	70.00	5.39	4.48	83.12	5.23
怀宁县	54.35	67.77	3.24	5.96	106.17	3.44	3.63	105.52	5.36
桐城市	53.87	69.00	3.67	6.81	64.58	2.37	1.23	51.90	1.78
池州市	**97.80**	**97.24**	**15.54**	**15.89**	**107.66**	**16.73**	**14.46**	**86.43**	**14.87**
东至县	51.26	46.94	10.67	20.82	115.00	12.27	10.91	88.92	23.24
贵池市	46.54	50.30	4.87	10.46	91.58	4.46	3.55	79.60	7.06
芜湖市	**84.52**	**82.33**	**5.56**	**6.58**	**103.60**	**5.76**	**4.70**	**81.60**	**5.71**
繁昌县	33.52	35.95	4.34	12.95	110.60	4.80	4.29	89.38	11.93
南陵县	51.00	46.38	1.22	2.39	78.69	0.96	0.41	42.71	0.88
宣城市	**85.30**	**66.06**	**5.84**	**6.85**	**95.72**	**5.59**	**4.06**	**72.63**	**6.15**
宣州市	85.30	66.06	5.84	6.85	95.72	5.59	4.06	72.63	6.15
铜陵市	**27.93**	**30.05**	**4.51**	**16.15**	**101.11**	**4.56**	**5.24**	**114.91**	**17.44**
铜陵县	27.93	30.05	4.51	16.15	101.11	4.56	5.24	114.91	17.44
马鞍山市	**65.52**	**54.27**	**7.86**	**12.00**	**78.88**	**6.20**	**4.93**	**79.52**	**9.08**
当涂县	65.52	54.27	7.86	12.00	78.88	6.20	4.93	79.52	9.08

5-9-48　安徽省1990年产棉县棉花生产收购明细

县市名	耕地面积（万亩）	农业人口（万人）	棉田面积（万亩）	占耕地（%）	亩产（市斤）	产量（万担）	收购量（万担）	商品率（%）	人均交售（市斤）
全省合计	**4969.51**	**3416.40**	**418.48**	**8.42**	**108.41**	**453.68**	**381.67**	**84.13**	**11.17**
阜阳市	**1344.09**	**903.43**	**99.73**	**7.42**	**92.91**	**92.66**	**63.59**	**68.63**	**7.04**
蒙城县	188.97	94.83	21.75	11.51	101.61	22.10	13.20	59.73	13.92
临泉县	176.49	154.36	10.80	6.12	77.69	8.39	17.99	*	11.65
界首县	62.99	58.80	5.33	8.46	96.25	5.13	4.39	85.58	7.47
涡阳县	197.56	111.27	15.46	7.83	106.40	16.45	8.91	54.16	8.01
阜阳县	158.00	126.61	9.79	6.20	92.34	9.04	4.68	51.77	3.70
太和县	184.42	127.15	11.63	6.31	77.04	8.96	4.88	54.46	3.84
利辛县	179.03	116.47	12.54	7.00	83.01	10.41	4.26	40.92	3.66
亳州市	196.63	113.94	12.43	6.32	97.99	12.18	5.28	43.35	4.63
宿州市	**771.99**	**432.45**	**103.44**	**13.40**	**101.19**	**104.67**	**84.25**	**80.49**	**19.48**
宿州涌桥区	212.60	105.60	24.60	11.57	109.76	27.00	18.81	69.67	17.81
泗　县	140.27	68.50	21.60	15.40	99.07	21.40	16.16	75.51	23.59
灵璧县	182.10	83.52	16.00	8.79	81.25	13.00	9.90	76.15	11.85
砀山县	91.06	71.95	17.00	18.67	100.00	17.00	14.84	87.29	20.63
萧　县	145.96	102.88	24.24	16.61	108.37	26.27	24.54	93.41	23.85
淮北市	**197.00**	**97.90**	**19.80**	**10.05**	**127.83**	**25.31**	**15.33**	**60.57**	**15.66**
濉溪县	197.00	97.90	19.80	10.05	127.83	25.31	15.33	60.57	15.66
蚌埠市	**309.50**	**156.77**	**8.73**	**2.82**	**114.66**	**10.01**	**6.02**	**60.14**	**3.84**
怀远县	194.52	102.14	4.13	2.12	112.11	4.63	2.21	47.73	2.16
五河县	114.98	54.63	4.60	4.00	116.96	5.38	3.81	70.82	6.97
滁州市	**433.43**	**218.07**	**17.66**	**4.07**	**94.79**	**16.74**	**11.79**	**70.43**	**5.41**
南樵区	49.39	27.65	3.88	7.86	82.47	3.20	3.20	100.00	11.57
天长市	92.48	47.49	3.17	3.43	73.82	2.34	1.59	67.95	3.35
全椒县	64.63	33.63	4.15	6.42	152.05	6.31	3.76	59.59	11.18
定远县	155.10	70.14	4.38	2.82	67.35	2.95	1.72	58.31	2.45
来安县	71.83	39.16	2.08	2.90	93.27	1.94	1.52	78.35	3.88
六安市	**395.11**	**238.29**	**15.80**	**4.00**	**75.25**	**11.89**	**7.66**	**64.42**	**3.21**
寿　县	190.64	101.11	8.29	4.35	82.15	6.81	4.54	66.67	4.49
霍邱县	204.47	137.18	7.51	3.67	67.64	5.08	3.12	61.42	2.27
合肥市	**391.35**	**254.84**	**18.96**	**4.84**	**85.55**	**16.22**	**14.14**	**87.18**	**5.55**
长丰县	144.51	81.23	7.20	4.98	103.06	7.42	6.90	92.99	8.49
肥东县	138.82	90.60	7.04	5.07	77.84	5.48	4.01	73.18	4.43
肥西县	108.02	83.01	4.72	4.37	70.34	3.32	3.23	97.29	3.89
巢湖市	**442.02**	**382.35**	**36.01**	**8.15**	**167.98**	**60.49**	**59.75**	**98.78**	**15.63**
无为县	134.82	122.90	16.00	11.87	179.13	28.66	28.66	100.00	23.32
巢湖市	77.38	64.73	9.29	12.01	112.06	10.41	10.00	96.06	15.45
和　县	78.32	54.88	6.38	8.15	280.88	17.92	17.89	99.83	32.60
含山县	33.94	35.11	2.67	7.87	101.87	2.72	2.60	95.59	7.41
庐江县	117.56	104.73	1.67	1.42	46.71	0.78	0.60	76.92	0.57
安庆市	**322.66**	**398.54**	**49.00**	**15.19**	**136.24**	**66.76**	**73.09**	**109.48**	**18.34**
宿松县	64.25	67.98	14.50	22.57	160.69	23.30	25.16	107.98	37.01
望江县	53.57	55.34	15.70	29.31	151.40	23.77	27.90	117.37	50.42
太湖县	32.27	50.26	3.65	11.31	117.26	4.28	4.81	112.38	9.57
枞阳县	64.42	86.53	8.27	12.84	101.93	8.43	8.40	99.64	9.71
怀宁县	54.34	68.60	3.23	5.94	124.15	4.01	4.47	111.47	6.52
桐城市	53.81	69.83	3.65	6.78	81.37	2.97	2.35	79.12	3.37
池州市	**97.67**	**98.47**	**23.63**	**24.19**	**83.28**	**19.68**	**17.40**	**88.41**	**17.67**
东至县	51.24	47.55	18.66	36.42	77.87	14.53	12.12	83.41	25.49
贵池市	46.43	50.92	4.97	10.70	103.62	5.15	5.28	102.52	10.37
芜湖市	**86.50**	**83.26**	**5.63**	**6.51**	**110.66**	**6.23**	**6.62**	**106.31**	**7.95**
繁昌县	35.52	36.51	4.36	12.27	118.12	5.15	5.54	107.63	15.18
南陵县	50.98	46.75	1.27	2.49	85.04	1.08	1.08	100.00	2.31
宣城市	**84.77**	**66.64**	**5.76**	**6.79**	**116.67**	**6.72**	**6.49**	**96.58**	**9.74**
宣州市	84.77	66.64	5.76	6.79	116.67	6.72	6.49	96.58	9.74
铜陵市	**27.91**	**30.28**	**5.19**	**18.60**	**136.03**	**7.06**	**7.88**	**111.61**	**26.02**
铜陵县	27.91	30.28	5.19	18.60	136.03	7.06	7.88	111.61	26.02
马鞍山市	**65.51**	**55.11**	**9.14**	**13.95**	**101.09**	**9.24**	**7.66**	**82.90**	**13.90**
当涂县	65.51	55.11	9.14	13.95	101.09	9.24	7.66	82.90	13.90

5-9-49 安徽省1991年产棉县棉花生产收购明细

县市名	耕地面积（万亩）	农业人口（万人）	棉田面积（万亩）	占耕地（%）	亩产（市斤）	产量（万担）	收购量（万担）	商品率（%）	人均交售（市斤）
全省合计	**4956.45**	**3456.10**	**567.79**	**11.46**	**88.61**	**503.14**	**435.80**	**86.62**	**12.61**
阜阳市	**1342.27**	**917.89**	**153.99**	**11.47**	**81.23**	**125.09**	**79.07**	**63.21**	**8.61**
蒙城县	188.97	94.83	30.92	16.36	86.51	26.75	18.91	70.69	19.94
临泉县	176.11	157.17	11.99	6.81	51.96	6.23	10.14	162.76	6.45
界首县	62.96	59.98	9.02	14.33	83.37	7.52	4.56	60.64	7.60
涡阳县	197.53	113.59	20.71	10.48	87.20	18.06	15.57	86.21	13.71
阜阳县	157.93	128.83	17.91	11.34	74.82	13.40	5.26	39.25	4.08
太和县	183.88	129.10	26.00	14.14	83.00	21.58	10.05	46.57	7.78
利辛县	178.28	118.59	16.50	9.26	63.21	10.43	5.57	53.40	4.70
亳州市	196.61	115.80	20.94	10.65	100.86	21.12	9.01	42.66	7.78
宿州市	**770.98**	**450.56**	**159.10**	**20.64**	**85.36**	**135.80**	**124.44**	**91.63**	**27.62**
宿州涌桥区	211.80	109.90	35.80	16.90	84.36	30.20	27.80	92.05	25.30
泗县	140.71	69.68	33.00	23.45	75.76	25.00	22.36	89.44	32.09
灵璧县	181.80	93.59	34.00	18.70	64.71	22.00	17.00	77.27	18.16
砀山县	90.77	72.90	19.30	21.26	119.17	23.00	22.22	96.61	30.48
萧县	145.90	104.49	37.00	25.36	96.22	35.60	35.06	98.48	33.55
淮北市	**196.40**	**99.00**	**40.00**	**20.37**	**116.75**	**46.70**	**28.90**	**61.88**	**29.19**
濉溪县	196.40	99.00	40.00	20.37	116.75	46.70	28.90	61.88	29.19
蚌埠市	**308.32**	**160.07**	**10.96**	**3.55**	**71.26**	**7.81**	**9.12**	**116.77**	**5.70**
怀远县	194.52	104.27	7.33	3.77	74.22	5.44	5.08	93.38	4.87
五河县	113.80	55.80	3.63	3.19	65.29	2.37	4.04	170.46	7.24
滁州市	**430.60**	**205.86**	**21.03**	**4.88**	**60.20**	**12.66**	**10.85**	**85.70**	**5.27**
南樵区	49.11	28.06	5.47	11.14	67.28	3.68	3.17	86.14	11.30
天长市	90.59	33.18	4.21	4.65	52.49	2.21	1.25	56.56	3.77
全椒县	64.39	33.97	5.73	8.90	70.68	4.05	4.45	109.88	13.10
定远县	154.98	71.22	3.06	1.97	40.85	1.25	0.90	72.00	1.26
来安县	71.53	39.43	2.56	3.58	57.42	1.47	1.08	73.47	2.74
六安市	**394.20**	**241.82**	**17.72**	**4.50**	**37.98**	**6.73**	**5.57**	**82.76**	**2.30**
寿县	190.13	102.82	9.25	4.87	41.08	3.80	2.82	74.21	2.74
霍邱县	204.07	139.00	8.47	4.15	34.59	2.93	2.75	93.86	1.98
合肥市	**390.91**	**257.63**	**25.01**	**6.40**	**61.22**	**15.31**	**11.78**	**76.94**	**4.57**
长丰县	144.28	82.39	10.30	7.14	58.64	6.04	4.86	80.46	5.90
肥东县	138.79	91.30	9.40	6.77	54.68	5.14	3.55	69.07	3.89
肥西县	107.84	83.94	5.31	4.92	77.78	4.13	3.37	81.60	4.01
巢湖市	**440.47**	**383.84**	**48.24**	**10.95**	**83.33**	**40.20**	**39.61**	**98.53**	**10.32**
无为县	134.82	122.90	25.20	18.69	110.83	27.93	26.03	93.20	21.18
巢湖市	76.87	65.18	10.54	13.71	62.14	6.55	6.43	98.17	9.86
和县	78.22	54.89	4.92	6.29	40.85	2.01	3.49	173.63	6.36
含山县	33.60	35.39	3.67	10.92	76.84	2.82	3.03	107.45	8.56
庐江县	116.96	105.48	3.91	3.34	22.76	0.89	0.63	70.79	0.60
安庆市	**322.19**	**402.13**	**49.14**	**15.25**	**142.67**	**70.11**	**81.04**	**115.59**	**20.15**
宿松县	64.14	68.17	14.19	22.12	149.19	21.17	27.15	128.25	39.83
望江县	53.57	56.06	16.00	29.87	190.00	30.40	33.94	111.64	60.54
太湖县	32.26	50.84	3.67	11.38	157.22	5.77	6.30	109.19	12.39
枞阳县	64.34	87.36	8.19	12.73	88.52	7.25	7.30	100.69	8.36
怀宁县	54.28	69.30	3.27	6.02	101.53	3.32	4.47	134.64	6.45
桐城市	53.60	70.40	3.82	7.13	57.59	2.20	1.88	85.45	2.67
池州市	**97.59**	**99.39**	**16.34**	**16.74**	**123.13**	**20.12**	**19.70**	**97.91**	**19.82**
东至县	51.12	47.89	11.10	21.71	133.33	14.80	13.96	94.32	29.15
贵池市	46.47	51.50	5.24	11.28	101.53	5.32	5.74	107.89	11.15
芜湖市	**84.44**	**84.17**	**5.70**	**6.75**	**86.84**	**4.95**	**5.85**	**118.18**	**6.95**
繁昌县	33.52	36.99	4.45	13.28	86.74	3.86	5.00	129.53	13.52
南陵县	50.92	47.18	1.25	2.45	87.20	1.09	0.85	77.98	1.80
宣城市	**84.64**	**67.28**	**6.66**	**7.87**	**133.78**	**8.91**	**9.07**	**101.80**	**13.48**
宣州市	84.64	67.28	6.66	7.87	133.78	8.91	9.07	101.80	13.48
铜陵市	**27.90**	**30.56**	**4.86**	**17.42**	**71.60**	**3.48**	**5.50**	**158.05**	**18.00**
铜陵县	27.90	30.56	4.86	17.42	71.60	3.48	5.50	158.05	18.00
马鞍山市	**65.54**	**55.90**	**9.04**	**13.79**	**58.30**	**5.27**	**5.30**	**100.57**	**9.48**
当涂县	65.54	55.90	9.04	13.79	58.30	5.27	5.30	100.57	9.48

5－9－50　安徽省1992年产棉县棉花生产收购明细

县市名	耕地面积（万亩）	农业人口（万人）	棉田面积（万亩）	占耕地（%）	亩产（市斤）	产量（万担）	收购量（万担）	商品率（%）	人均交售（市斤）
全省合计	**4935.78**	**3451.28**	**583.31**	**11.82**	**83.71**	**488.26**	**396.46**	**81.20**	**11.49**
阜阳市	**1339.42**	**926.02**	**149.69**	**11.18**	**66.44**	**99.45**	**56.64**	**56.95**	**6.12**
蒙城县	188.97	94.83	40.53	21.45	73.62	29.84	13.25	44.40	13.97
临泉县	175.13	159.08	10.22	5.84	65.46	6.69	10.53	157.40	6.62
界首县	63.01	60.45	12.04	19.11	51.00	6.14	3.31	53.91	5.48
涡阳县	197.34	114.33	23.45	11.88	77.70	18.22	7.32	40.18	6.40
阜阳县	157.56	130.15	17.00	10.79	70.06	11.91	8.73	73.30	6.71
太和县	183.55	130.59	15.44	8.41	52.07	8.04	7.70	95.77	5.90
利辛县	177.83	120.08	13.65	7.68	53.70	7.33	3.99	54.43	3.32
亳州市	196.03	116.51	17.36	8.86	64.98	11.28	1.81	16.05	1.55
宿州市	**771.05**	**441.73**	**148.87**	**19.31**	**72.86**	**108.46**	**77.96**	**71.88**	**17.65**
宿州涌桥区	211.80	106.70	35.80	16.90	84.36	30.20	17.47	57.85	16.37
泗　县	140.66	70.71	30.00	21.33	67.27	20.18	15.95	79.04	22.56
灵璧县	181.80	83.92	29.00	15.95	75.86	22.00	18.00	81.82	21.45
砀山县	90.39	73.62	20.60	22.79	38.98	8.03	9.02	112.33	12.25
萧　县	146.40	106.78	33.47	22.86	83.81	28.05	17.52	62.46	16.41
淮北市	**191.00**	**93.90**	**34.60**	**18.12**	**78.79**	**27.26**	**13.79**	**50.59**	**14.69**
濉溪县	191.00	93.90	34.60	18.12	78.79	27.26	13.79	50.59	14.69
蚌埠市	**305.44**	**162.21**	**17.28**	**5.66**	**91.03**	**15.73**	**9.52**	**60.52**	**5.87**
怀远县	194.50	105.66	9.33	4.80	88.96	8.30	4.00	48.19	3.79
五河县	110.94	56.55	7.95	7.17	93.46	7.43	5.52	74.29	9.76
滁州市	**428.95**	**206.38**	**28.92**	**6.74**	**77.97**	**22.55**	**17.47**	**77.47**	**8.46**
南樵区	48.65	27.92	6.27	12.89	73.68	4.62	4.09	88.53	14.65
天长市	90.38	33.47	4.82	5.33	70.95	3.42	2.38	69.59	7.11
全椒县	64.27	34.01	6.55	10.19	75.27	4.93	4.67	94.73	13.73
定远县	154.26	71.52	7.15	4.64	82.38	5.89	3.50	59.42	4.89
来安县	71.39	39.46	4.13	5.79	89.35	3.69	2.83	76.69	7.17
六安市	**391.48**	**242.83**	**24.21**	**6.18**	**66.87**	**16.19**	**7.82**	**48.30**	**3.22**
寿　县	188.65	102.84	11.45	6.07	73.28	8.39	5.00	59.59	4.86
霍邱县	202.83	139.99	12.76	6.29	61.13	7.80	2.82	36.15	2.01
合肥市	**389.96**	**257.18**	**32.37**	**8.30**	**83.84**	**27.14**	**21.09**	**77.71**	**8.20**
长丰县	144.01	82.26	15.46	10.74	90.62	14.01	10.84	77.37	13.18
肥东县	138.67	90.61	11.31	8.16	64.81	7.33	5.97	81.45	6.59
肥西县	107.28	84.31	5.60	5.22	103.57	5.80	4.28	73.79	5.08
巢湖市	**438.03**	**384.09**	**52.86**	**12.07**	**100.40**	**53.07**	**52.56**	**99.04**	**13.68**
无为县	134.80	122.90	30.92	22.94	118.56	36.66	34.06	92.91	27.71
巢湖市	76.87	65.31	11.28	14.67	66.58	7.51	6.92	92.14	10.60
和　县	77.63	55.30	6.31	8.13	82.73	5.22	7.72	147.89	13.96
含山县	33.58	35.36	3.06	9.11	91.83	2.81	3.28	116.73	9.28
庐江县	115.15	105.22	1.29	1.12	67.44	0.87	0.58	66.67	0.55
安庆市	**321.04**	**400.70**	**49.63**	**15.46**	**140.00**	**69.48**	**91.94**	**132.33**	**22.94**
宿松县	63.65	68.41	14.50	22.78	127.59	18.50	32.00	172.97	46.78
望江县	53.55	56.53	16.32	30.48	196.08	32.00	36.36	113.63	64.32
太湖县	32.23	51.00	3.67	11.39	147.68	5.42	7.29	134.50	14.29
枞阳县	64.29	86.78	8.10	12.60	95.68	7.75	7.79	100.52	8.98
怀宁县	54.00	68.99	3.38	6.26	112.13	3.79	5.34	140.90	7.74
桐城市	53.32	68.99	3.66	6.86	55.19	2.02	3.16	156.44	4.58
池州市	**97.20**	**99.02**	**17.28**	**17.78**	**118.52**	**20.48**	**21.50**	**105.00**	**21.72**
东至县	51.01	47.66	11.83	23.19	123.67	14.63	14.17	96.86	29.73
贵池市	46.19	51.36	5.45	11.80	107.34	5.85	7.33	125.35	14.28
芜湖市	**84.36**	**84.07**	**5.84**	**6.92**	**96.23**	**5.62**	**5.51**	**98.04**	**6.55**
繁昌县	33.50	36.89	4.60	13.73	95.65	4.40	4.49	102.05	12.17
南陵县	50.86	47.18	1.24	2.44	98.39	1.22	1.02	83.61	2.16
宣城市	**84.33**	**67.34**	**7.70**	**9.13**	**133.77**	**10.30**	**8.94**	**86.80**	**13.28**
宣州市	84.33	67.34	7.70	9.13	133.77	10.30	8.94	86.80	13.28
铜陵市	**27.90**	**30.25**	**5.07**	**18.17**	**111.44**	**5.65**	**5.53**	**97.88**	**18.28**
铜陵县	27.90	30.25	5.07	18.17	111.44	5.65	5.53	97.88	18.28
马鞍山市	**65.62**	**55.56**	**8.99**	**13.70**	**76.53**	**6.88**	**6.19**	**89.97**	**11.14**
当涂县	65.62	55.56	8.99	13.70	76.53	6.88	6.19	89.97	11.14

5－9－51　安徽省1993年产棉县棉花生产收购明细

县市名	耕地面积（万亩）	农业人口（万人）	棉田面积（万亩）	占耕地（%）	亩产（市斤）	产量（万担）	收购量（万担）	商品率（%）	人均交售（市斤）
全省合计	**4893.47**	**3475.58**	**488.96**	**9.99**	**98.80**	**483.10**	**331.82**	**68.69**	**9.55**
阜阳市	**1318.78**	**938.39**	**123.72**	**9.38**	**87.71**	**108.51**	**45.64**	**42.06**	**4.86**
蒙城县	188.97	94.83	31.76	16.81	96.69	30.71	13.20	42.98	13.92
临泉县	174.57	160.47	11.94	6.84	78.73	9.40	11.65	123.94	7.26
界首县	62.84	60.98	8.53	13.57	110.20	9.40	2.17	23.09	3.56
涡阳县	179.84	115.14	15.32	8.52	100.52	15.40	4.15	26.95	3.60
阜阳县	159.51	136.84	17.02	10.67	61.10	10.40	5.74	55.19	4.19
太和县	179.85	131.76	13.44	7.47	90.77	12.20	3.36	27.54	2.55
利辛县	177.82	120.87	14.28	8.03	72.83	10.40	3.43	32.98	2.84
亳州市	195.38	117.50	11.43	5.85	92.74	10.60	1.94	18.30	1.65
宿州市	**768.11**	**446.84**	**105.09**	**13.68**	**80.84**	**84.96**	**48.69**	**57.31**	**10.90**
宿州涌桥区	211.20	106.30	33.50	15.86	83.58	28.00	19.06	68.07	17.93
泗　县	138.43	71.30	22.38	16.17	95.00	21.26	10.68	50.24	14.98
灵璧县	181.70	87.19	16.00	8.81	50.63	8.10	8.00	98.77	9.18
砀山县	90.38	74.44	9.45	10.46	78.31	7.40	5.29	71.49	7.11
萧　县	146.40	107.61	23.76	16.23	85.02	20.20	5.66	28.02	5.26
淮北市	**189.90**	**94.30**	**23.90**	**12.59**	**98.87**	**23.63**	**11.15**	**47.19**	**11.82**
濉溪县	189.90	94.30	23.90	12.59	98.87	23.63	11.15	47.19	11.82
蚌埠市	**301.96**	**163.84**	**18.78**	**6.22**	**106.50**	**20.00**	**3.96**	**19.80**	**2.42**
怀远县	194.32	106.57	9.19	4.73	106.64	9.80	2.24	22.86	2.10
五河县	107.64	57.27	9.59	8.91	106.36	10.20	1.72	16.86	3.00
滁州市	**421.35**	**207.66**	**23.83**	**5.66**	**83.09**	**19.80**	**8.72**	**44.04**	**4.20**
南樵区	42.15	28.03	4.49	10.65	80.18	3.60	1.78	49.44	6.35
天长市	90.13	33.76	3.26	3.62	73.62	2.40	0.79	32.92	2.34
全椒县	64.05	34.31	5.33	8.32	97.56	5.20	3.86	74.23	11.25
定远县	153.65	71.94	7.60	4.95	78.95	6.00	1.52	25.33	2.11
来安县	71.37	39.62	3.15	4.41	82.54	2.60	0.77	29.62	1.94
六安市	**390.13**	**244.47**	**16.32**	**4.18**	**74.75**	**12.20**	**4.92**	**40.33**	**2.01**
寿　县	188.31	103.40	8.58	4.56	86.25	7.40	3.23	43.65	3.12
霍邱县	201.82	141.07	7.74	3.84	62.02	4.80	1.69	35.21	1.20
合肥市	**388.49**	**258.96**	**28.40**	**7.31**	**92.25**	**26.20**	**13.04**	**49.77**	**5.04**
长丰县	143.72	82.82	13.73	9.55	103.42	14.20	6.43	45.28	7.76
肥东县	138.40	90.87	9.14	6.60	67.83	6.20	2.56	41.29	2.82
肥西县	106.37	85.27	5.53	5.20	104.88	5.80	4.05	69.83	4.75
巢湖市	**436.88**	**383.78**	**52.80**	**12.09**	**105.30**	**55.60**	**52.90**	**95.14**	**13.78**
无为县	134.80	122.90	35.00	25.96	114.29	40.00	39.18	97.95	31.88
巢湖市	76.56	65.63	8.72	11.39	89.45	7.80	4.84	62.05	7.37
和　县	77.28	54.72	5.40	6.99	77.78	4.20	5.06	120.48	9.25
含山县	33.57	35.32	2.90	8.64	96.55	2.80	2.97	106.07	8.41
庐江县	114.67	105.21	0.78	0.68	102.56	0.80	0.85	106.25	0.81
安庆市	**320.24**	**400.19**	**52.85**	**16.50**	**155.91**	**82.40**	**99.18**	**120.36**	**24.78**
宿松县	63.47	66.26	16.51	26.01	181.71	30.00	31.58	105.27	47.66
望江县	53.52	57.20	17.34	32.40	184.54	32.00	46.25	144.53	80.86
太湖县	32.08	51.64	3.84	11.97	161.46	6.20	8.24	132.90	15.96
枞阳县	64.22	86.86	7.58	11.80	84.43	6.40	5.88	91.88	6.77
怀宁县	54.00	69.29	3.82	7.07	120.42	4.60	5.25	114.13	7.58
桐城市	52.95	68.94	3.76	7.10	85.11	3.20	1.98	61.88	2.87
池州市	**96.76**	**98.67**	**18.38**	**19.00**	**126.24**	**23.20**	**22.17**	**95.56**	**22.47**
东至县	50.84	47.48	13.07	25.71	137.72	18.00	16.97	94.28	35.74
贵池市	45.92	51.19	5.31	11.56	97.98	5.20	5.20	100.00	10.16
芜湖市	**84.22**	**84.44**	**5.77**	**6.85**	**93.59**	**5.40**	**5.90**	**109.26**	**6.99**
繁昌县	33.47	37.00	4.54	13.56	92.51	4.20	4.17	99.29	11.27
南陵县	50.75	47.44	1.23	2.42	97.56	1.20	1.73	144.17	3.65
宣城市	**84.18**	**67.65**	**7.74**	**9.19**	**131.78**	**10.20**	**7.42**	**72.75**	**10.97**
宣州市	84.18	67.65	7.74	9.19	131.78	10.20	7.42	72.75	10.97
铜陵市	**27.87**	**30.32**	**5.20**	**18.66**	**115.38**	**6.00**	**5.24**	**87.33**	**17.28**
铜陵县	27.87	30.32	5.20	18.66	115.38	6.00	5.24	87.33	17.28
马鞍山市	**64.60**	**56.07**	**6.18**	**9.57**	**80.91**	**5.00**	**2.89**	**57.80**	**5.15**
当涂县	64.60	56.07	6.18	9.57	80.91	5.00	2.89	57.80	5.15

5－9－52 安徽省1994年产棉县棉花生产收购明细

县市名	耕地面积（万亩）	农业人口（万人）	棉田面积（万亩）	占耕地（%）	亩产（市斤）	产量（万担）	收购量（万担）	商品率（%）	人均交售（市斤）
全省合计	**4900.19**	**3491.28**	**598.18**	**12.21**	**88.26**	**527.96**	**402.94**	**76.32**	**11.54**
阜阳市	**1332.59**	**942.72**	**144.34**	**10.83**	**77.87**	**112.40**	**68.88**	**61.28**	**7.31**
蒙城县	188.97	94.83	30.00	15.88	76.67	23.00	18.00	78.26	18.98
临泉县	175.20	162.38	15.55	8.88	88.75	13.80	12.80	92.75	7.88
界首县	62.79	60.94	13.64	21.72	98.24	13.40	3.67	27.39	6.02
涡阳县	197.20	116.13	15.81	8.02	77.17	12.20	5.39	44.18	4.64
阜阳县	158.74	138.01	15.70	9.89	96.82	15.20	9.70	63.82	7.03
太和县	176.95	131.29	15.00	8.48	48.00	7.20	6.22	86.39	4.74
利辛县	177.58	121.72	15.98	9.00	57.57	9.20	5.55	60.33	4.56
亳州市	195.16	117.42	22.66	11.61	81.20	18.40	7.55	41.03	6.43
宿州市	**768.15**	**453.39**	**139.99**	**18.22**	**69.64**	**97.49**	**63.41**	**65.04**	**13.99**
宿州涌桥区	211.80	109.90	40.00	18.89	100.00	40.00	18.05	45.13	16.42
泗　县	138.36	71.79	30.34	21.93	58.97	17.89	13.95	77.98	19.43
灵璧县	181.50	87.94	26.00	14.33	50.00	13.00	12.00	92.31	13.65
砀山县	90.21	74.92	10.00	11.09	76.00	7.60	8.07	106.18	10.77
萧　县	146.28	108.84	33.65	23.00	56.46	19.00	11.34	59.68	10.42
淮北市	**189.20**	**95.10**	**31.99**	**16.91**	**58.42**	**18.69**	**9.08**	**48.58**	**9.55**
濉溪县	189.20	95.10	31.99	16.91	58.42	18.69	9.08	48.58	9.55
蚌埠市	**301.15**	**165.19**	**19.74**	**6.55**	**65.86**	**13.00**	**6.53**	**50.23**	**3.95**
怀远县	193.91	107.61	12.40	6.39	53.23	6.60	4.88	73.94	4.53
五河县	107.24	57.58	7.34	6.84	87.19	6.40	1.65	25.78	2.87
滁州市	**420.53**	**207.30**	**27.82**	**6.62**	**44.57**	**12.40**	**13.59**	**109.60**	**6.56**
南樵区	41.87	28.16	5.33	12.73	41.28	2.20	1.80	81.82	6.39
天长市	89.89	36.73	1.47	1.64	68.03	1.00	1.19	119.00	3.24
全椒县	63.85	30.16	5.91	9.26	50.76	3.00	5.64	188.00	18.70
定远县	153.55	72.48	11.28	7.35	37.23	4.20	3.96	94.29	5.46
来安县	71.37	39.77	3.83	5.37	52.22	2.00	1.00	50.00	2.51
六安市	**389.51**	**247.41**	**23.51**	**6.04**	**70.61**	**16.60**	**11.53**	**69.46**	**4.66**
寿　县	187.82	105.69	11.24	5.98	83.63	9.40	7.20	76.60	6.81
霍邱县	201.69	141.72	12.27	6.08	58.68	7.20	4.33	60.14	3.06
合肥市	**387.21**	**259.58**	**32.80**	**8.47**	**72.56**	**23.80**	**17.37**	**72.98**	**6.69**
长丰县	143.20	83.04	14.77	10.31	70.41	10.40	7.80	75.00	9.39
肥东县	138.18	90.98	11.67	8.45	53.13	6.20	5.29	85.32	5.81
肥西县	105.83	85.56	6.36	6.01	113.21	7.20	4.28	59.44	5.00
巢湖市	**435.23**	**383.24**	**60.40**	**13.88**	**108.28**	**65.40**	**66.47**	**101.64**	**17.34**
无为县	134.80	122.90	39.90	29.60	125.31	50.00	50.26	100.52	40.90
巢湖市	75.70	64.71	10.76	14.21	65.06	7.00	5.80	82.86	8.96
和　县	77.13	54.57	5.62	7.29	85.41	4.80	6.63	138.13	12.15
含山县	33.53	35.85	3.57	10.65	95.24	3.40	3.57	105.00	9.96
庐江县	114.07	105.21	0.55	0.48	36.36	0.20	0.21	105.00	0.20
安庆市	**319.26**	**400.02**	**67.51**	**21.15**	**154.32**	**104.18**	**94.47**	**90.68**	**23.62**
宿松县	63.41	66.36	19.98	31.51	134.03	26.78	25.60	95.59	38.58
望江县	53.52	57.80	24.50	45.78	208.16	51.00	46.80	91.76	80.97
太湖县	32.02	51.73	4.94	15.43	165.99	8.20	6.94	84.63	13.42
枞阳县	63.66	86.57	9.38	14.73	100.21	9.40	8.90	94.68	10.28
怀宁县	53.93	68.93	4.52	8.38	123.89	5.60	4.96	88.57	7.20
桐城市	52.72	68.63	4.19	7.95	76.37	3.20	1.27	39.69	1.85
池州市	**96.52**	**98.48**	**21.54**	**22.32**	**115.13**	**24.80**	**22.61**	**91.17**	**22.96**
东至县	50.50	47.57	14.43	28.57	131.67	19.00	16.87	88.79	35.46
贵池市	46.02	50.91	7.11	15.45	81.58	5.80	5.74	98.97	11.27
芜湖市	**84.13**	**84.84**	**6.61**	**7.86**	**136.16**	**9.00**	**8.86**	**98.44**	**10.44**
繁昌县	33.45	37.30	5.08	15.19	137.80	7.00	6.03	86.14	16.17
南陵县	50.68	47.54	1.53	3.02	130.72	2.00	2.83	141.50	5.95
宣城市	**84.11**	**67.57**	**9.90**	**11.77**	**179.80**	**17.80**	**10.23**	**57.47**	**15.14**
宣州市	84.11	67.57	9.90	11.77	179.80	17.80	10.23	57.47	15.14
铜陵市	**27.86**	**30.21**	**5.51**	**19.78**	**119.78**	**6.60**	**6.05**	**91.67**	**20.03**
铜陵县	27.86	30.21	5.51	19.78	119.78	6.60	6.05	91.67	20.03
马鞍山市	**64.74**	**56.23**	**6.52**	**10.07**	**88.96**	**5.80**	**3.86**	**66.55**	**6.86**
当涂县	64.74	56.23	6.52	10.07	88.96	5.80	3.86	66.55	6.86

5－9－53　安徽省1995年产棉县棉花生产收购明细

县市名	耕地面积（万亩）	农业人口（万人）	棉田面积（万亩）	占耕地（%）	亩产（市斤）	产量（万担）	收购量（万担）	商品率（%）	人均交售（市斤）
全省合计	**4889.72**	**3544.47**	**642.12**	**13.13**	**114.12**	**732.76**	**450.73**	**61.51**	**12.72**
阜阳市	**1328.21**	**953.86**	**158.01**	**11.90**	**113.53**	**179.39**	**63.98**	**35.67**	**6.71**
蒙城县	186.37	98.90	24.80	13.31	127.38	31.59	18.73	59.29	18.94
临泉县	174.66	163.77	18.20	10.42	112.09	20.40	5.92	29.02	3.61
界首县	62.69	61.38	12.20	19.46	131.15	16.00	5.11	31.94	8.33
涡阳县	197.20	117.49	18.29	9.27	117.00	21.40	7.92	37.01	6.74
阜阳县	157.96	139.08	21.96	13.90	106.56	23.40	4.79	20.47	3.44
太和县	176.79	132.49	21.42	12.12	96.17	20.60	7.20	34.95	5.43
利辛县	177.42	122.69	15.11	8.52	120.45	18.20	7.60	41.76	6.19
亳州市	195.12	118.06	26.03	13.34	106.80	27.80	6.71	24.14	5.68
宿州市	**774.51**	**482.44**	**129.80**	**16.76**	**100.15**	**130.00**	**65.05**	**50.04**	**13.48**
宿州涌桥区	218.75	125.24	30.00	13.71	120.00	36.00	17.40	48.33	13.89
泗　县	138.19	73.07	30.38	21.98	98.75	30.00	13.80	46.00	18.89
灵璧县	181.23	98.41	30.90	17.05	89.97	27.80	18.24	65.61	18.53
砀山县	90.08	75.51	10.00	11.10	94.00	9.40	7.27	77.34	9.63
萧　县	146.26	110.21	28.52	19.50	93.97	26.80	8.34	31.12	7.57
淮北市	**188.75**	**95.36**	**26.26**	**13.91**	**127.95**	**33.60**	**12.50**	**37.20**	**13.11**
濉溪县	188.75	95.36	26.26	13.91	127.95	33.60	12.50	37.20	13.11
蚌埠市	**299.58**	**166.49**	**35.34**	**11.80**	**109.22**	**38.60**	**19.91**	**51.58**	**11.96**
怀远县	194.01	108.34	24.87	12.82	110.98	27.60	15.04	54.49	13.88
五河县	105.57	58.15	10.47	9.92	105.06	11.00	4.87	44.27	8.37
滁州市	**419.16**	**213.88**	**39.69**	**9.47**	**88.36**	**35.07**	**25.91**	**73.88**	**12.11**
南樵区	41.79	27.90	8.46	20.24	76.48	6.47	5.35	82.69	19.18
天长市	89.68	41.56	3.00	3.35	86.67	2.60	0.84	32.31	2.02
全椒县	63.52	31.07	8.27	13.02	108.83	9.00	5.76	64.00	18.54
定远县	152.81	73.49	15.00	9.82	86.67	13.00	10.95	84.23	14.90
来安县	71.36	39.86	4.96	6.95	80.65	4.00	3.01	75.25	7.55
六安市	**387.10**	**249.33**	**28.88**	**7.46**	**90.72**	**26.20**	**17.40**	**66.41**	**6.98**
寿　县	186.67	106.33	14.98	8.02	94.79	14.20	11.20	78.87	10.53
霍邱县	200.43	143.00	13.90	6.94	86.33	12.00	6.20	51.67	4.34
合肥市	**386.21**	**263.55**	**35.52**	**9.20**	**101.91**	**36.20**	**28.26**	**78.07**	**10.72**
长丰县	142.56	85.19	18.29	12.83	95.13	17.40	14.04	80.69	16.48
肥东县	137.86	92.52	10.03	7.28	97.71	9.80	7.80	79.59	8.43
肥西县	105.79	85.84	7.20	6.81	125.00	9.00	6.42	71.33	7.48
巢湖市	**432.84**	**382.47**	**69.80**	**16.13**	**132.66**	**92.60**	**73.97**	**79.88**	**19.34**
无为县	133.64	121.70	47.22	35.33	151.63	71.60	55.60	77.65	45.69
巢湖市	75.16	64.55	11.74	15.62	85.18	10.00	7.83	78.30	12.13
和　县	76.95	54.39	6.37	8.28	91.05	5.80	7.04	121.38	12.94
含山县	33.49	36.14	3.92	11.70	122.45	4.80	3.23	67.29	8.94
庐江县	113.60	105.69	0.55	0.48	72.73	0.40	0.27	67.50	0.26
安庆市	**316.69**	**398.77**	**68.01**	**21.48**	**146.60**	**99.70**	**94.45**	**94.73**	**23.69**
宿松县	61.40	68.40	18.10	29.48	159.12	28.80	27.20	94.44	39.77
望江县	53.52	54.01	23.34	43.61	178.66	41.70	42.70	102.40	79.06
太湖县	31.93	51.95	5.71	17.88	143.61	8.20	6.44	78.54	12.40
枞阳县	63.47	86.62	11.93	18.80	115.67	13.80	10.94	79.28	12.63
怀宁县	53.90	69.68	4.24	7.87	103.77	4.40	4.58	104.09	6.57
桐城市	52.47	68.11	4.69	8.94	59.70	2.80	2.59	92.50	3.80
池州市	**96.24**	**98.33**	**19.17**	**19.92**	**124.15**	**23.80**	**19.26**	**80.92**	**19.59**
东至县	50.23	47.63	13.55	26.98	126.94	17.20	14.65	85.17	30.76
贵池市	46.01	50.70	5.62	12.21	117.44	6.60	4.61	69.85	9.09
芜湖市	**84.11**	**85.16**	**7.85**	**9.33**	**135.03**	**10.60**	**9.49**	**89.53**	**11.14**
繁昌县	33.44	37.41	5.85	17.49	133.33	7.80	6.51	83.46	17.40
南陵县	50.67	47.75	2.00	3.95	140.00	2.80	2.98	106.43	6.24
宣城市	**83.75**	**68.05**	**10.33**	**12.33**	**151.02**	**15.60**	**10.38**	**66.54**	**15.25**
宣州市	83.75	68.05	10.33	12.33	151.02	15.60	10.38	66.54	15.25
铜陵市	**27.85**	**30.13**	**5.86**	**21.04**	**71.67**	**4.20**	**4.64**	**110.48**	**15.40**
铜陵县	27.85	30.13	5.86	21.04	71.67	4.20	4.64	110.48	15.40
马鞍山市	**64.72**	**56.65**	**7.60**	**11.74**	**94.74**	**7.20**	**5.53**	**76.81**	**9.76**
当涂县	64.72	56.65	7.60	11.74	94.74	7.20	5.53	76.81	9.76

5－9－54　安徽省1996年产棉县棉花生产收购明细

县市名	耕地面积（万亩）	农业人口（万人）	棉田面积（万亩）	占耕地（%）	亩产（市斤）	产量（万担）	收购量（万担）	商品率（%）	人均交售（市斤）
全省合计	**4883.30**	**3552.06**	**536.58**	**10.99**	**107.24**	**575.41**	**310.26**	**53.92**	**8.73**
阜阳市	**1326.38**	**960.80**	**127.68**	**9.63**	**110.86**	**141.55**	**43.78**	**30.93**	**4.56**
蒙城县	185.87	100.20	23.26	12.51	118.01	27.45	9.57	34.86	9.55
临泉县	174.59	165.30	10.60	6.07	124.91	13.24	9.00	67.98	5.44
界首县	62.58	61.74	9.40	15.02	150.32	14.13	4.94	34.96	8.00
涡阳县	197.10	117.86	13.60	6.90	110.07	14.97	4.69	31.33	3.98
阜阳县	157.37	139.73	20.10	12.77	110.65	22.24	4.21	18.93	3.01
太和县	176.68	133.39	20.12	11.39	84.94	17.09	1.77	10.36	1.33
利辛县	177.11	123.73	15.00	8.47	88.93	13.34	3.18	23.84	2.57
亳州市	195.08	118.85	15.60	8.00	122.37	19.09	6.42	33.63	5.40
宿州市	**773.46**	**488.64**	**78.02**	**10.09**	**90.68**	**70.75**	**31.83**	**44.99**	**6.51**
宿州涌桥区	217.96	126.19	6.40	2.94	129.69	8.30	8.10	97.59	6.42
泗　县	138.13	74.28	20.00	14.48	91.15	18.23	8.09	44.38	10.89
灵璧县	181.12	99.38	21.00	11.59	63.81	13.40	6.91	51.57	6.95
砀山县	90.02	77.10	10.00	11.11	85.60	8.56	5.08	59.35	6.59
萧　县	146.23	111.69	20.62	14.10	107.95	22.26	3.65	16.40	3.27
淮北市	**188.76**	**96.02**	**23.00**	**12.18**	**94.04**	**21.63**	**4.98**	**23.02**	**5.19**
濉溪县	188.76	96.02	23.00	12.18	94.04	21.63	4.98	23.02	5.19
蚌埠市	**299.12**	**167.94**	**19.66**	**6.57**	**111.90**	**22.00**	**10.35**	**47.05**	**6.16**
怀远县	193.92	109.22	12.50	6.45	105.12	13.14	6.00	45.66	5.49
五河县	105.20	58.72	7.16	6.81	123.74	8.86	4.35	49.10	7.41
滁州市	**422.10**	**212.25**	**39.74**	**9.41**	**76.75**	**30.50**	**11.02**	**36.13**	**5.19**
南樵区	45.96	27.80	9.28	20.19	60.78	5.64	2.46	43.62	8.85
天长市	89.56	42.05	4.10	4.58	80.49	3.30	0.83	25.15	1.97
全椒县	63.18	31.41	6.86	10.86	99.85	6.85	1.63	23.80	5.19
定远县	152.09	71.00	15.00	9.86	70.00	10.50	4.56	43.43	6.42
来安县	71.31	39.99	4.50	6.31	93.56	4.21	1.54	36.58	3.85
六安市	**386.77**	**250.91**	**25.90**	**6.70**	**52.66**	**13.64**	**9.16**	**67.16**	**3.65**
寿　县	186.72	106.88	14.30	7.66	68.60	9.81	5.50	56.07	5.15
霍邱县	200.05	144.03	11.60	5.80	33.02	3.83	3.66	95.56	2.54
合肥市	**384.78**	**265.13**	**31.20**	**8.11**	**82.79**	**25.83**	**13.73**	**53.16**	**5.18**
长丰县	142.07	85.80	15.00	10.56	83.87	12.58	5.66	44.99	6.60
肥东县	137.15	93.01	8.00	5.83	70.63	5.65	3.79	67.08	4.07
肥西县	105.56	86.32	8.20	7.77	92.68	7.60	4.28	56.32	4.96
巢湖市	**431.05**	**372.69**	**73.50**	**17.05**	**127.10**	**93.42**	**60.38**	**64.63**	**16.20**
无为县	133.17	121.55	50.00	37.55	144.28	72.14	45.43	62.97	37.38
巢湖市	74.34	54.48	9.00	12.11	97.78	8.80	4.02	45.68	7.38
和　县	76.88	54.57	7.00	9.11	79.86	5.59	6.25	111.81	11.45
含山县	33.47	36.32	4.00	11.95	139.25	5.57	2.38	42.73	6.55
庐江县	113.19	105.77	3.50	3.09	37.71	1.32	2.30	174.24	2.17
安庆市	**316.10**	**399.13**	**68.60**	**21.70**	**134.36**	**92.17**	**83.52**	**90.62**	**20.93**
宿松县	61.40	68.60	20.70	33.71	137.68	28.50	25.20	88.42	36.73
望江县	53.50	54.34	23.90	44.67	168.20	40.20	37.20	92.54	68.46
太湖县	31.82	52.00	5.90	18.54	136.78	8.07	5.21	64.56	10.02
枞阳县	63.38	86.69	10.00	15.78	94.60	9.46	11.07	117.02	12.77
怀宁县	53.72	69.54	3.90	7.26	86.41	3.37	2.75	81.60	3.95
桐城市	52.28	67.96	4.20	8.03	61.19	2.57	2.09	81.32	3.08
池州市	**95.76**	**98.09**	**17.30**	**18.07**	**120.06**	**20.77**	**15.46**	**74.43**	**15.76**
东至县	49.89	47.59	12.00	24.05	118.33	14.20	12.17	85.70	25.57
贵池市	45.87	50.50	5.30	11.55	123.96	6.57	3.29	50.08	6.51
芜湖市	**84.06**	**85.37**	**7.20**	**8.57**	**133.19**	**9.59**	**8.67**	**90.41**	**10.16**
繁昌县	33.42	37.47	5.40	16.16	137.59	7.43	5.60	75.37	14.95
南陵县	50.64	47.90	1.80	3.55	120.00	2.16	3.07	142.13	6.41
宣城市	**83.04**	**68.30**	**10.80**	**13.01**	**144.72**	**15.63**	**7.22**	**46.19**	**10.57**
宣州市	83.04	68.30	10.80	13.01	144.72	15.63	7.22	46.19	10.57
铜陵市	**27.25**	**30.01**	**6.24**	**22.90**	**119.71**	**7.47**	**5.54**	**74.16**	**18.46**
铜陵县	27.25	30.01	6.24	22.90	119.71	7.47	5.54	74.16	18.46
马鞍山市	**64.67**	**56.78**	**7.74**	**11.97**	**135.14**	**10.46**	**4.62**	**44.17**	**8.14**
当涂县	64.67	56.78	7.74	11.97	135.14	10.46	4.62	44.17	8.14

5-9-55　安徽省1997年产棉县棉花生产收购明细

县市名	耕地面积（万亩）	农业人口（万人）	棉田面积（万亩）	占耕地（%）	亩产（市斤）	产量（万担）	收购量（万担）	商品率（%）	人均交售（市斤）
全省合计	**4859.00**	**3562.24**	**509.79**	**10.49**	**125.66**	**640.62**	**349.85**	**54.61**	**9.82**
阜阳市	**1321.74**	**958.94**	**120.99**	**9.15**	**123.22**	**149.08**	**37.32**	**25.03**	**3.89**
蒙城县	185.71	100.51	23.09	12.43	158.42	36.58	12.50	34.17	12.44
临泉县	173.60	167.04	15.10	8.70	111.13	16.78	5.56	33.13	3.33
界首县	62.46	62.17	8.90	14.25	168.54	15.00	3.13	20.87	5.03
涡阳县	196.94	119.00	10.60	5.38	104.34	11.06	3.87	34.99	3.25
阜阳县	155.68	140.48	20.10	12.91	96.42	19.38	3.88	20.02	2.76
太和县	176.45	134.62	15.00	8.50	78.07	11.71	1.29	11.02	0.96
利辛县	176.01	125.01	15.00	8.52	131.87	19.78	2.91	14.71	2.33
亳州市	194.89	110.11	13.20	6.77	142.35	18.79	4.18	22.25	3.80
宿州市	**759.23**	**492.81**	**64.91**	**8.55**	**127.05**	**82.47**	**48.51**	**58.82**	**9.84**
宿州涌桥区	217.51	127.14	9.50	4.37	134.74	12.80	12.50	97.66	9.83
泗　县	138.08	75.02	14.00	10.14	136.14	19.06	11.28	59.18	15.04
灵璧县	181.07	100.24	20.00	11.05	110.45	22.09	12.60	57.04	12.57
砀山县	76.35	77.93	10.00	13.10	85.10	8.51	7.93	93.18	10.18
萧　县	146.22	112.48	11.41	7.80	175.37	20.01	4.20	20.99	3.73
淮北市	**188.61**	**96.75**	**22.00**	**11.66**	**118.64**	**26.10**	**6.55**	**25.10**	**6.77**
濉溪县	188.61	96.75	22.00	11.66	118.64	26.10	6.55	25.10	6.77
蚌埠市	**298.37**	**169.32**	**21.96**	**7.36**	**128.60**	**28.24**	**12.01**	**42.53**	**7.09**
怀远县	193.44	110.11	14.30	7.39	146.22	20.91	9.37	44.81	8.51
五河县	104.93	59.21	7.66	7.30	95.69	7.33	2.64	36.02	4.46
滁州市	**420.78**	**213.76**	**38.14**	**9.06**	**101.07**	**38.55**	**19.00**	**49.29**	**8.89**
南樵区	45.66	27.90	8.84	19.36	83.48	7.38	4.72	63.96	16.92
天长市	89.31	42.61	3.80	4.25	88.42	3.36	2.41	71.73	5.66
全椒县	62.67	31.67	7.00	11.17	115.00	8.05	4.67	58.01	14.75
定远县	151.83	71.80	14.00	9.22	106.71	14.94	5.20	34.81	7.24
来安县	71.31	39.78	4.50	6.31	107.11	4.82	2.00	41.49	5.03
六安市	**386.07**	**251.49**	**20.30**	**5.26**	**98.23**	**19.94**	**8.56**	**42.93**	**3.40**
寿　县	186.25	106.94	13.60	7.30	91.10	12.39	5.96	48.10	5.57
霍邱县	199.82	144.55	6.70	3.35	112.69	7.55	2.60	34.44	1.80
合肥市	**384.06**	**266.95**	**28.40**	**7.39**	**107.04**	**30.40**	**18.51**	**60.89**	**6.93**
长丰县	141.40	85.98	12.70	8.98	105.28	13.37	9.67	72.33	11.25
肥东县	137.13	94.38	8.00	5.83	117.75	9.42	4.42	46.92	4.68
肥西县	105.53	86.59	7.70	7.30	98.83	7.61	4.42	58.08	5.10
巢湖市	**428.36**	**373.23**	**70.00**	**16.34**	**140.99**	**98.69**	**72.35**	**73.31**	**19.38**
无为县	132.50	122.15	46.00	34.72	153.37	70.55	55.82	79.12	45.70
巢湖市	73.92	54.62	9.00	12.18	104.11	9.37	3.31	35.33	6.06
和　县	76.47	54.94	7.00	9.15	92.14	6.45	6.27	97.21	11.41
含山县	33.44	36.28	4.00	11.96	195.50	7.82	4.05	51.79	11.16
庐江县	112.03	105.24	4.00	3.57	112.50	4.50	2.90	64.44	2.76
安庆市	**316.61**	**399.99**	**69.80**	**22.05**	**131.15**	**91.54**	**74.95**	**81.88**	**18.74**
宿松县	62.70	69.10	20.90	33.33	79.90	16.70	28.20	168.86	40.81
望江县	53.27	54.56	25.10	47.12	179.28	45.00	26.20	58.22	48.02
太湖县	31.72	52.05	5.70	17.97	136.84	7.80	5.47	70.13	10.51
枞阳县	63.19	86.77	10.00	15.83	129.90	12.99	8.45	65.05	9.74
怀宁县	53.61	69.70	3.90	7.27	144.10	5.62	4.54	80.78	6.51
桐城市	52.12	67.81	4.20	8.06	81.67	3.43	2.09	60.93	3.08
池州市	**95.80**	**98.02**	**18.90**	**19.73**	**136.67**	**25.83**	**22.01**	**85.21**	**22.45**
东至县	49.86	47.58	14.00	28.08	129.14	18.08	17.00	94.03	35.73
贵池市	45.94	50.44	4.90	10.67	158.16	7.75	5.01	64.65	9.93
芜湖市	**83.92**	**85.52**	**8.40**	**10.01**	**138.45**	**11.63**	**10.12**	**87.02**	**11.83**
繁昌县	33.40	37.50	5.50	16.47	140.91	7.75	7.12	91.87	18.99
南陵县	50.52	48.02	2.90	5.74	133.79	3.88	3.00	77.32	6.25
宣城市	**82.99**	**68.62**	**11.50**	**13.86**	**148.26**	**17.05**	**6.94**	**40.70**	**10.11**
宣州市	82.99	68.62	11.50	13.86	148.26	17.05	6.94	40.70	10.11
铜陵市	**27.85**	**29.98**	**6.56**	**23.55**	**151.94**	**9.97**	**8.44**	**84.68**	**28.15**
铜陵县	27.85	29.98	6.56	23.55	151.94	9.97	8.44	84.68	28.15
马鞍山市	**64.61**	**56.86**	**7.93**	**12.27**	**140.35**	**11.13**	**4.58**	**41.15**	**8.05**
当涂县	64.61	56.86	7.93	12.27	140.35	11.13	4.58	41.15	8.05

5-9-56 安徽省1998年产棉县棉花生产收购明细

县市名	耕地面积（万亩）	农业人口（万人）	棉田面积（万亩）	占耕地（%）	亩产（市斤）	产量（万担）	收购量（万担）	商品率（%）	人均交售（市斤）
全省合计	**4850.56**	**3562.37**	**516.67**	**10.65**	**116.01**	**599.37**	**377.28**	**62.95**	**10.59**
阜阳市	**1318.13**	**962.85**	**115.08**	**8.73**	**120.06**	**138.16**	**51.04**	**36.94**	**5.30**
蒙城县	185.58	100.58	23.41	12.61	164.93	38.61	11.93	30.90	11.86
临泉县	173.30	167.00	14.30	8.25	110.35	15.78	10.58	67.05	6.34
界首县	62.16	62.02	7.70	12.39	146.88	11.31	3.35	29.62	5.40
涡阳县	196.93	120.07	11.35	5.76	132.42	15.03	9.00	59.88	7.50
阜阳县	153.88	140.96	20.10	13.06	77.76	15.63	7.75	49.58	5.50
太和县	175.98	135.39	10.00	5.68	90.40	9.04	1.71	18.92	1.26
利辛县	175.50	126.04	15.00	8.55	107.33	16.10	2.60	16.15	2.06
亳州市	194.80	110.79	13.22	6.79	126.02	16.66	4.12	24.73	3.72
宿州市	**759.08**	**499.09**	**76.76**	**10.11**	**108.74**	**83.47**	**67.17**	**80.47**	**13.46**
宿州涌桥区	217.49	129.64	17.80	8.18	139.89	24.90	23.60	94.78	18.20
泗　县	137.58	75.83	15.00	10.90	100.00	15.00	14.70	98.00	19.39
灵璧县	180.93	101.26	20.00	11.05	86.50	17.30	12.71	73.47	12.55
砀山县	76.33	78.56	10.00	13.10	100.00	10.00	6.00	60.00	7.64
萧　县	146.75	113.80	13.96	9.51	116.55	16.27	10.16	62.45	8.93
淮北市	**188.42**	**97.60**	**22.00**	**11.68**	**122.00**	**26.84**	**8.00**	**29.81**	**8.20**
濉溪县	188.42	97.60	22.00	11.68	122.00	26.84	8.00	29.81	8.20
蚌埠市	**298.40**	**170.67**	**19.12**	**6.41**	**193.99**	**37.09**	**13.13**	**35.40**	**7.69**
怀远县	193.43	111.01	14.20	7.34	202.25	28.72	10.40	36.21	9.37
五河县	104.97	59.66	4.92	4.69	170.12	8.37	2.73	32.62	4.58
滁州市	**419.48**	**215.20**	**39.42**	**9.40**	**99.34**	**39.16**	**20.99**	**53.60**	**9.75**
南樵区	45.32	28.10	8.11	17.89	94.70	7.68	2.88	37.50	10.25
天长市	89.20	42.96	4.20	4.71	102.14	4.29	4.50	104.90	10.47
全椒县	62.57	31.89	7.46	11.92	120.11	8.96	6.68	74.55	20.95
定远县	151.09	72.55	14.86	9.84	89.43	13.29	4.01	30.17	5.53
来安县	71.30	39.70	4.79	6.72	103.13	4.94	2.92	59.11	7.36
六安市	**386.42**	**252.37**	**21.80**	**5.64**	**86.88**	**18.94**	**8.10**	**42.77**	**3.21**
寿　县	186.99	107.19	13.20	7.06	89.32	11.79	4.70	39.86	4.38
霍邱县	199.43	145.18	8.60	4.31	83.14	7.15	3.40	47.55	2.34
合肥市	**382.36**	**265.16**	**29.70**	**7.77**	**116.20**	**34.51**	**24.02**	**69.60**	**9.06**
长丰县	141.41	86.47	13.30	9.41	111.95	14.89	14.92	100.20	17.25
肥东县	136.98	94.58	8.00	5.84	117.38	9.39	5.00	53.25	5.29
肥西县	103.97	84.11	8.40	8.08	121.79	10.23	4.10	40.08	4.87
巢湖市	**427.59**	**373.41**	**78.00**	**18.24**	**103.46**	**80.70**	**65.40**	**81.04**	**17.51**
无为县	132.08	122.25	50.00	37.86	104.72	52.36	40.47	77.29	33.10
巢湖市	73.75	54.72	10.00	13.56	76.00	7.60	8.53	112.24	15.59
和　县	76.35	54.93	6.00	7.86	101.67	6.10	6.48	106.23	11.80
含山县	33.41	36.33	4.00	11.97	216.00	8.64	4.12	47.69	11.34
庐江县	112.00	105.18	8.00	7.14	75.00	6.00	5.80	96.67	5.51
安庆市	**316.09**	**400.61**	**60.40**	**19.11**	**124.60**	**75.26**	**71.46**	**94.95**	**17.84**
宿松县	62.70	69.60	9.70	15.47	72.16	7.00	16.90	*	24.28
望江县	53.27	54.62	26.10	49.00	153.26	40.00	34.20	85.50	62.61
太湖县	31.73	51.93	5.60	17.65	159.11	8.91	6.62	74.30	12.75
枞阳县	63.00	86.66	10.00	15.87	101.20	10.12	8.20	81.03	9.46
怀宁县	53.61	69.78	3.90	7.27	116.41	4.54	3.09	68.06	4.43
桐城市	51.78	68.02	5.10	9.85	91.96	4.69	2.45	52.24	3.60
池州市	**95.65**	**93.46**	**19.80**	**20.70**	**121.87**	**24.13**	**19.68**	**81.56**	**21.06**
东至县	49.76	47.59	15.00	30.14	109.47	16.42	14.00	85.26	29.42
贵池市	45.89	45.87	4.80	10.46	160.63	7.71	5.68	73.67	12.38
芜湖市	**83.77**	**85.46**	**8.80**	**10.50**	**91.93**	**8.09**	**7.26**	**89.74**	**8.50**
繁昌县	33.38	37.42	5.70	17.08	80.18	4.57	4.00	87.53	10.69
南陵县	50.39	48.04	3.10	6.15	113.55	3.52	3.26	92.61	6.79
宣城市	**82.85**	**59.80**	**11.40**	**13.76**	**148.25**	**16.90**	**8.60**	**50.89**	**14.38**
宣州市	82.85	59.80	11.40	13.76	148.25	16.90	8.60	50.89	14.38
铜陵市	**27.83**	**29.87**	**6.99**	**25.12**	**114.45**	**8.00**	**8.01**	**100.13**	**26.82**
铜陵县	27.83	29.87	6.99	25.12	114.45	8.00	8.01	100.13	26.82
马鞍山市	**64.49**	**56.82**	**7.40**	**11.47**	**109.73**	**8.12**	**4.42**	**54.43**	**7.78**
当涂县	64.49	56.82	7.40	11.47	109.73	8.12	4.42	54.43	7.78

5－9－57　安徽省1999年产棉县棉花生产收购明细

县 市 名	耕地面积（万亩）	农业人口（万人）	棉田面积（万亩）	占耕地（%）	亩　产（市斤）	产　量（万担）	收购量（万担）	商品率（%）	人均交售（市斤）
全省合计	**4835.38**	**3581.46**	**416.33**	**8.61**	**109.32**	**455.14**	**224.40**	**49.30**	**6.27**
阜阳市	**1315.38**	**973.87**	**89.27**	**6.79**	**125.07**	**111.65**	**30.90**	**27.68**	**3.17**
蒙城县	185.42	102.88	14.30	7.71	180.35	25.79	6.00	23.26	5.83
临泉县	173.41	170.78	10.00	5.77	146.60	14.66	6.30	42.97	3.69
界首县	62.09	62.21	4.70	7.57	179.36	8.43	1.40	16.61	2.25
涡阳县	196.93	121.11	14.30	7.26	111.12	15.89	4.90	30.84	4.05
阜阳县	154.30	141.60	20.10	13.03	45.37	9.12	6.10	66.89	4.31
太和县	175.86	136.47	6.00	3.41	97.67	5.86	1.70	29.01	1.25
利辛县	174.86	127.15	5.00	2.86	213.60	10.68	1.30	12.17	1.02
亳州市	192.51	111.67	14.87	7.72	142.70	21.22	3.20	15.08	2.87
宿州市	**753.64**	**504.85**	**58.46**	**7.76**	**145.14**	**84.85**	**42.81**	**50.45**	**8.48**
宿州涌桥区	217.21	130.82	13.00	5.98	195.85	25.46	16.40	64.41	12.54
泗　县	137.52	76.75	12.50	9.09	138.64	17.33	5.60	32.31	7.30
灵璧县	180.84	102.59	12.00	6.64	134.42	16.13	6.34	39.31	6.18
砀山县	72.28	79.58	7.00	9.68	103.00	7.21	8.20	113.73	10.30
萧　县	145.79	115.11	13.96	9.58	134.10	18.72	6.27	33.49	5.45
淮北市	**188.13**	**99.18**	**22.00**	**11.69**	**127.73**	**28.10**	**3.58**	**12.74**	**3.61**
濉溪县	188.13	99.18	22.00	11.69	127.73	28.10	3.58	12.74	3.61
蚌埠市	**298.41**	**172.45**	**19.20**	**6.43**	**83.54**	**16.04**	**7.30**	**45.51**	**4.23**
怀远县	193.42	112.13	12.20	6.31	93.36	11.39	6.00	52.68	5.35
五河县	104.99	60.32	7.00	6.67	66.43	4.65	1.30	27.96	2.16
滁州市	**418.75**	**216.52**	**20.60**	**4.92**	**107.28**	**22.10**	**17.64**	**79.82**	**8.15**
南樵区	45.20	28.04	5.55	12.28	72.07	4.00	2.86	71.50	10.20
天长市	89.02	43.23	2.05	2.30	100.00	2.05	4.00	195.12	9.25
全椒县	62.48	32.19	5.00	8.00	67.80	3.39	4.28	126.25	13.30
定远县	150.77	73.16	4.00	2.65	231.50	9.26	3.20	34.56	4.37
来安县	71.28	39.90	4.00	5.61	85.00	3.40	3.30	97.06	8.27
六安市	**372.37**	**249.42**	**14.80**	**3.97**	**115.47**	**17.09**	**6.50**	**38.03**	**2.61**
寿　县	185.77	107.10	8.90	4.79	130.79	11.64	2.50	21.48	2.33
霍邱县	186.60	142.32	5.90	3.16	92.37	5.45	4.00	73.39	2.81
合肥市	**381.62**	**265.54**	**26.80**	**7.02**	**76.12**	**20.40**	**13.70**	**67.16**	**5.16**
长丰县	141.26	86.87	13.20	9.34	73.41	9.69	4.00	41.28	4.60
肥东县	136.83	94.47	6.00	4.39	66.67	4.00	6.50	162.50	6.88
肥西县	103.53	84.20	7.60	7.34	88.29	6.71	3.20	47.69	3.80
巢湖市	**423.07**	**374.15**	**58.00**	**13.71**	**125.28**	**72.66**	**46.68**	**64.24**	**12.48**
无为县	130.70	123.25	35.00	26.78	148.74	52.06	25.50	48.98	20.69
巢湖市	73.36	54.72	9.00	12.27	47.33	4.26	5.70	133.80	10.42
和　县	75.56	55.32	5.00	6.62	70.60	3.53	5.50	155.81	9.94
含山县	33.44	36.37	4.00	11.96	136.50	5.46	3.65	66.85	10.04
庐江县	110.01	104.49	5.00	4.55	147.00	7.35	6.33	86.12	6.06
安庆市	**330.05**	**401.39**	**64.00**	**19.39**	**61.47**	**39.34**	**26.87**	**68.30**	**6.69**
宿松县	76.97	71.32	18.00	23.39	25.72	4.63	5.60	120.95	7.85
望江县	53.27	54.44	25.00	46.93	76.88	19.22	10.97	57.08	20.15
太湖县	31.71	51.62	3.00	9.46	216.67	6.50	1.50	23.08	2.91
枞阳县	62.95	86.27	8.50	13.50	21.41	1.82	5.70	*	6.61
怀宁县	53.61	69.86	4.50	8.39	66.89	3.01	1.60	53.16	2.29
桐城市	51.54	67.88	5.00	9.70	83.20	4.16	1.50	36.06	2.21
池州市	**95.48**	**91.44**	**16.00**	**16.76**	**106.13**	**16.98**	**8.72**	**51.35**	**9.54**
东至县	49.61	47.53	11.00	22.17	102.09	11.23	6.70	59.66	14.10
贵池市	45.87	43.91	5.00	10.90	115.00	5.75	2.02	35.13	4.60
芜湖市	**83.70**	**85.69**	**7.10**	**8.48**	**97.61**	**6.93**	**7.98**	**115.15**	**9.31**
繁昌县	33.39	37.55	4.50	13.48	98.44	4.43	5.10	115.12	13.58
南陵县	50.31	48.14	2.60	5.17	96.15	2.50	2.88	115.20	5.98
宣城市	**82.81**	**59.96**	**8.10**	**9.78**	**132.72**	**10.75**	**4.50**	**41.86**	**7.51**
宣州市	82.81	59.96	8.10	9.78	132.72	10.75	4.50	41.86	7.51
铜陵市	**27.54**	**29.56**	**6.00**	**21.79**	**84.50**	**5.07**	**4.00**	**78.90**	**13.53**
铜陵县	27.54	29.56	6.00	21.79	84.50	5.07	4.00	78.90	13.53
马鞍山市	**64.43**	**57.44**	**6.00**	**9.31**	**53.00**	**3.18**	**3.22**	**101.26**	**5.61**
当涂县	64.43	57.44	6.00	9.31	53.00	3.18	3.22	101.26	5.61

5-9-58　安徽省2000年产棉县棉花生产收购明细

县 市 名	耕地面积（万亩）	农业人口（万人）	棉田面积（万亩）	占耕地（%）	亩　产（市斤）	产　量（万担）	收购量（万担）	商品率（%）	人均交售（市斤）
全省合计	**4660.61**	**3482.00**	**464.99**	**9.98**	**128.57**	**597.83**	**267.29**	**44.71**	**7.68**
阜阳市	**1144.52**	**847.90**	**91.50**	**7.99**	**138.90**	**127.09**	**22.76**	**17.91**	**2.68**
蒙城县	185.42	103.80	29.00	15.64	132.55	38.44	6.60	17.17	6.36
临泉县	173.41	175.50	9.00	5.19	99.67	8.97	1.40	15.61	0.80
界首县	62.09	62.60	9.50	15.30	107.79	10.24	2.70	26.37	4.31
涡阳县	196.93	122.00	11.00	5.59	176.73	19.44	3.50	18.00	2.87
阜阳县	154.30	143.20	18.00	11.67	59.94	10.79	4.42	40.96	3.09
太和县									
利辛县	174.86	128.30	5.00	2.86	206.60	10.33	2.09	20.23	1.63
亳州市	197.51	112.50	10.00	5.06	288.80	28.88	2.05	7.10	1.82
宿州市	**753.64**	**510.10**	**77.00**	**10.22**	**147.74**	**113.76**	**39.00**	**34.28**	**7.65**
宿州涌桥区	217.21	132.30	22.00	10.13	131.36	28.90	12.25	42.39	9.26
泗　县	137.52	77.60	17.00	12.36	169.53	28.82	7.56	26.23	9.74
灵璧县	180.84	103.60	14.00	7.74	145.14	20.32	6.10	30.02	5.89
砀山县	72.28	80.70	8.00	11.07	117.50	9.40	7.30	77.66	9.05
萧　县	145.79	115.90	16.00	10.97	164.50	26.32	5.79	22.00	5.00
淮北市	**188.13**	**102.90**	**24.00**	**12.76**	**131.29**	**31.51**	**6.62**	**21.01**	**6.43**
濉溪县	188.13	102.90	24.00	12.76	131.29	31.51	6.62	21.01	6.43
蚌埠市	**298.41**	**177.20**	**22.00**	**7.37**	**119.73**	**26.34**	**3.82**	**14.50**	**2.16**
怀远县	193.42	115.90	16.00	8.27	131.44	21.03	1.66	7.89	1.43
五河县	104.99	61.30	6.00	5.71	88.50	5.31	2.16	40.68	3.52
滁州市	**418.84**	**219.10**	**28.85**	**6.89**	**88.42**	**25.51**	**20.80**	**81.54**	**9.49**
南樵区	45.20	29.00	5.55	12.28	69.01	3.83	3.00	78.33	10.34
天长市	89.02	44.10	2.30	2.58	65.65	1.51	4.56	*	10.34
全椒县	62.57	32.30	7.00	11.19	99.43	6.96	5.70	81.90	17.65
定远县	150.77	73.70	10.00	6.63	97.40	9.74	4.54	46.61	6.16
来安县	71.28	40.00	4.00	5.61	86.75	3.47	3.00	86.46	7.50
六安市	**368.37**	**252.90**	**16.00**	**4.34**	**88.44**	**14.15**	**7.68**	**54.28**	**3.04**
寿　县	181.77	109.90	10.00	5.50	97.90	9.79	2.33	23.80	2.12
霍邱县	186.60	143.00	6.00	3.22	72.67	4.36	5.35	122.71	3.74
合肥市	**381.62**	**268.20**	**26.00**	**6.81**	**92.19**	**23.97**	**12.82**	**53.48**	**4.78**
长丰县	141.26	88.80	13.00	9.20	75.23	9.78	4.07	41.62	4.58
肥东县	136.83	94.90	6.00	4.39	123.83	7.43	4.00	53.84	4.21
肥西县	103.53	84.50	7.00	6.76	96.57	6.76	4.75	70.27	5.62
巢湖市	**423.07**	**375.50**	**72.20**	**17.07**	**133.55**	**96.42**	**74.08**	**76.83**	**19.73**
无为县	130.70	124.00	53.20	40.70	130.75	69.56	37.78	54.31	30.47
巢湖市	73.36	54.60	8.00	10.91	51.63	4.13	12.00	*	21.98
和　县	75.56	55.60	4.00	5.29	85.75	3.43	10.94	*	19.68
含山县	33.44	36.30	3.00	8.97	370.00	11.10	5.76	51.89	15.87
庐江县	110.01	105.00	4.00	3.64	205.00	8.20	7.60	92.68	7.24
安庆市	**330.05**	**402.60**	**64.00**	**19.39**	**126.89**	**81.21**	**41.48**	**51.08**	**10.30**
宿松县	76.97	72.00	19.50	25.33	169.90	33.13	18.05	54.48	25.07
望江县	53.27	54.40	26.00	48.81	103.08	26.80	11.26	42.01	20.70
太湖县	31.71	51.40	4.00	12.61	107.00	4.28	2.28	53.27	4.44
枞阳县	62.95	87.00	7.00	11.12	126.00	8.82	6.40	72.56	7.36
怀宁县	53.61	70.20	4.00	7.46	110.50	4.42	2.01	45.48	2.86
桐城市	51.54	67.60	3.50	6.79	107.43	3.76	1.48	39.36	2.19
池州市	**95.48**	**92.90**	**14.00**	**14.66**	**150.64**	**21.09**	**11.30**	**53.58**	**12.16**
东至县	49.61	47.50	10.00	20.16	144.60	14.46	10.95	75.73	23.05
贵池市	45.87	45.40	4.00	8.72	165.75	6.63	0.35	5.28	0.77
芜湖市	**83.70**	**86.20**	**8.00**	**9.56**	**99.50**	**7.96**	**10.52**	**132.16**	**12.20**
繁昌县	33.39	37.80	6.00	17.97	74.83	4.49	7.07	157.46	18.70
南陵县	50.31	48.40	2.00	3.98	173.50	3.47	3.45	99.42	7.13
宣城市	**82.81**	**59.90**	**10.50**	**12.68**	**147.71**	**15.51**	**6.20**	**39.97**	**10.35**
宣州市	82.81	59.90	10.50	12.68	147.71	15.51	6.20	39.97	10.35
铜陵市	**27.54**	**29.30**	**6.31**	**22.91**	**154.83**	**9.77**	**6.81**	**69.70**	**23.24**
铜陵县	27.54	29.30	6.31	22.91	154.83	9.77	6.81	69.70	23.24
马鞍山市	**64.43**	**57.30**	**4.63**	**7.19**	**76.46**	**3.54**	**3.40**	**96.05**	**5.93**
当涂县	64.43	57.30	4.63	7.19	76.46	3.54	3.40	96.05	5.93

5－10－1　安徽省蒙城县历年棉花生产收购

年　度	耕地面积（万亩）	农业人口（万人）	棉田面积（万亩）	占耕地（％）	亩　产（市斤）	产　量（万担）	收购量（万担）	商品率（％）	人均交售（市斤）
52年合计			**807.18**	**7.22**	**65.09**	**525.39**	**298.03**	**56.73**	**7.41**
11年小计			**130.56**	**4.09**	**16.92**	**22.09**	**9.68**	**43.82**	**1.40**
占合计%			**16.17**			**4.20**	**3.25**		
1949	297.10	60.08	9.20	3.10	8.48	0.78			
1950	300.30	60.17	10.20	3.40	6.86	0.70	0.10	14.29	0.17
1951	308.50	61.12	9.28	3.01	15.09	1.40	0.38	27.14	0.62
1952	307.94	61.12	9.81	3.19	25.48	2.50	0.47	18.80	0.77
1953	307.89	61.16	15.19	4.93	17.77	2.70	0.22	8.15	0.36
1954	302.58	62.24	9.41	3.11	9.67	0.91	0.12	13.19	0.19
1955	302.58	64.29	15.06	4.98	17.93	2.70	0.58	21.48	0.90
1956	298.00	65.12	11.95	4.01	5.52	0.66	0.22	33.33	0.34
1957	280.08	65.33	12.11	4.32	21.39	2.59	1.33	51.35	2.04
1958	271.38	65.66	16.35	6.02	28.13	4.60	4.01	87.17	6.11
1959	219.34	65.58	12.00	5.47	21.25	2.55	2.25	88.24	3.43
10年小计			**89.79**	**4.31**	**21.74**	**19.52**	**11.89**	**60.91**	**1.96**
占合计%			**11.12**			**3.72**	**3.99**		
1960	219.34	64.57	14.00	6.38	11.71	1.64	0.86	52.44	1.33
1961	219.34	62.56	8.28	3.77	8.94	0.74	0.32	43.24	0.51
1962	221.86	58.24	8.12	3.66	8.87	0.72	0.38	52.78	0.65
1963	221.16	60.64	9.19	4.16	2.72	0.25	0.10	40.00	0.16
1964	221.16	60.06	8.04	3.64	25.12	2.02	1.23	60.89	2.05
1965	196.32	59.96	11.93	6.08	22.63	2.70	1.76	65.19	2.94
1966	196.32	59.72	8.07	4.11	44.36	3.58	2.76	77.09	4.62
1967	196.32	59.92	7.70	3.92	36.49	2.81	1.47	52.31	2.45
1968	195.31	60.35	7.70	3.94	34.42	2.65	1.76	66.42	2.92
1969	195.31	62.02	6.76	3.46	35.65	2.41	1.25	51.87	2.02
10年小计			**142.18**	**7.35**	**37.15**	**52.82**	**47.58**	**90.08**	**6.39**
占合计%			**17.61**			**10.05**	**15.96**		
1970	195.31	66.15	10.08	5.16	59.92	6.04	3.95	65.40	5.97
1971	194.81	68.28	14.23	7.30	38.44	5.47	4.27	78.06	6.25
1972	194.81	70.44	13.91	7.14	37.67	5.24	4.27	81.49	6.06
1973	193.93	72.41	15.32	7.90	45.95	7.04	7.65	108.66	10.56
1974	192.63	74.26	14.98	7.78	43.72	6.55	6.67	101.83	8.98
1975	191.77	75.50	14.74	7.69	43.42	6.40	6.38	99.69	8.45
1976	192.58	76.77	15.40	8.00	28.38	4.37	4.28	97.94	5.58
1977	192.57	78.19	15.13	7.86	24.98	3.78	2.70	71.43	3.45
1978	192.53	79.85	14.51	7.54	32.25	4.68	4.57	97.65	5.72
1979	192.37	82.60	13.88	7.22	23.41	3.25	2.84	87.38	3.44
10年小计			**151.83**	**7.94**	**65.93**	**100.10**	**86.99**	**86.90**	**9.68**
占合计%			**18.81**			**19.05**	**29.19**		
1980	192.31	84.61	15.67	8.15	42.69	6.69	6.13	91.63	7.25
1981	192.31	85.72	15.81	8.22	43.58	6.89	5.95	86.36	6.94
1982	192.31	87.30	15.65	8.14	34.95	5.47	4.30	78.61	4.93
1983	192.31	88.29	15.13	7.87	62.46	9.45	5.78	61.16	6.55
1984	192.31	89.35	15.53	8.08	84.93	13.19	11.20	84.91	12.53
1985	190.77	90.42	11.65	6.11	67.81	7.90	7.64	96.71	8.45
1986	190.63	91.51	12.41	6.51	93.23	11.57	10.67	92.22	11.66
1987	190.32	92.60	14.26	7.49	50.98	7.27	10.34	142.23	11.17
1988	190.32	93.71	18.10	9.51	100.06	18.11	15.72	86.80	16.78
1989	189.72	94.83	17.62	9.29	76.96	13.56	9.26	68.29	9.76
11年小计			**292.82**	**14.22**	**112.99**	**330.86**	**141.89**	**42.89**	**13.13**
占合计%			**36.28**			**62.97**	**47.61**		
1990	188.97	94.83	21.75	11.51	101.61	22.10	13.20	59.73	13.92
1991	188.97	94.83	30.92	16.36	86.51	26.75	18.91	70.69	19.94
1992	188.97	94.83	40.53	21.45	73.62	29.84	13.25	44.40	13.97
1993	188.97	94.83	31.76	16.81	96.69	30.71	13.20	42.98	13.92
1994	188.97	94.83	30.00	15.88	76.67	23.00	18.00	78.26	18.98
1995	186.37	98.90	24.80	13.31	127.38	31.59	18.73	59.29	18.94
1996	185.87	100.20	23.26	12.51	118.01	27.45	9.57	34.86	9.55
1997	185.71	100.51	23.09	12.43	158.42	36.58	12.50	34.17	12.44
1998	185.58	100.58	23.41	12.61	164.93	38.61	11.93	30.90	11.86
1999	185.42	102.88	14.30	7.71	180.35	25.79	6.00	23.26	5.83
2000	185.42	103.80	29.00	15.64	132.55	38.44	6.60	17.17	6.36

5-10-2 安徽省临泉县历年棉花生产收购

年度	耕地面积（万亩）	农业人口（万人）	棉田面积（万亩）	占耕地（%）	亩产（市斤）	产量（万担）	收购量（万担）	商品率（%）	人均交售（市斤）
52年合计			**615.63**	**6.35**	**53.62**	**330.08**	**241.27**	**73.09**	**3.95**
11年小计			**114.60**	**4.79**	**16.32**	**18.70**	**6.54**	**34.97**	**0.74**
占合计%			**18.62**			**5.67**	**2.71**		
1949	227.00	74.00	12.00	5.29	14.00	1.68			
1950	227.00	71.00	12.50	5.51	15.04	1.88			
1951	227.00	77.00	12.40	5.46	10.16	1.26			
1952	227.00	78.00	12.30	5.42	14.72	1.81	0.18	9.94	0.23
1953	227.00	80.00	9.50	4.19	13.47	1.28	0.03	2.34	0.04
1954	227.00	82.00	9.50	4.19	3.89	0.37	0.08	21.62	0.10
1955	227.00	84.00	11.20	4.93	25.71	2.88	0.22	7.64	0.26
1956	223.00	84.00	8.80	3.95	4.66	0.41	0.09	21.95	0.11
1957	215.00	85.00	7.60	3.53	24.87	1.89	0.43	22.75	0.51
1958	185.00	84.00	10.70	5.78	30.09	3.22	3.88	120.50	4.62
1959	181.00	82.00	8.10	4.48	24.94	2.02	1.63	80.69	1.99
10年小计			**87.88**	**4.87**	**33.83**	**29.73**	**13.36**	**44.94**	**1.57**
占合计%			**14.27**			**9.01**	**5.54**		
1960	180.00	71.00	6.50	3.61	15.38	1.00	0.61	61.00	0.86
1961	180.00	75.00	4.40	2.44	19.32	0.85	0.18	21.18	0.24
1962	182.00	77.00	8.30	4.56	18.31	1.52	0.33	21.71	0.43
1963	181.00	79.00	10.10	5.58	14.55	1.47	0.47	31.97	0.59
1964	181.00	81.00	9.78	5.40	25.97	2.54	1.11	43.70	1.37
1965	180.00	84.00	10.60	5.89	34.81	3.69	1.87	50.68	2.23
1966	180.00	87.00	9.60	5.33	44.06	4.23	1.60	37.83	1.84
1967	180.00	92.00	10.10	5.61	53.76	5.43	2.84	52.30	3.09
1968	181.00	101.00	9.40	5.19	39.04	3.67	1.55	42.23	1.53
1969	180.00	103.00	9.10	5.06	58.57	5.33	2.80	52.53	2.72
10年小计			**164.06**	**9.15**	**59.59**	**97.76**	**78.63**	**80.43**	**6.59**
占合计%			**26.65**			**29.62**	**32.59**		
1970	180.00	106.00	13.80	7.67	60.65	8.37	6.61	78.97	6.24
1971	180.00	110.00	15.00	8.33	75.00	11.25	8.57	76.18	7.79
1972	180.00	114.00	15.00	8.33	100.13	15.02	11.61	77.30	10.18
1973	180.00	116.00	18.00	10.00	103.67	18.66	15.33	82.15	13.22
1974	180.00	118.00	19.35	10.75	60.36	11.68	9.82	84.08	8.32
1975	179.90	119.00	16.00	8.89	35.81	5.73	4.81	83.94	4.04
1976	179.00	122.00	16.00	8.94	50.63	8.10	6.86	84.69	5.62
1977	178.60	126.00	19.24	10.77	39.60	7.62	6.34	83.20	5.03
1978	178.40	130.00	16.97	9.51	41.19	6.99	5.12	73.25	3.94
1979	177.90	133.00	14.70	8.26	29.52	4.34	3.56	82.03	2.68
10年小计			**111.39**	**6.27**	**44.48**	**49.55**	**40.87**	**82.48**	**2.95**
占合计%			**18.09**			**15.01**	**16.94**		
1980	177.90	134.00	16.53	9.29	36.78	6.08	5.56	91.45	4.15
1981	177.70	135.00	15.76	8.87	38.13	6.01	4.48	74.54	3.32
1982	177.70	136.00	16.04	9.03	9.04	1.45	1.08	74.48	0.79
1983	177.70	137.00	10.00	5.63	73.90	7.39	3.73	50.47	2.72
1984	177.60	138.06	14.98	8.43	53.47	8.01	3.21	40.07	2.33
1985	177.63	139.00	6.40	3.60	57.03	3.65	4.24	116.16	3.05
1986	177.64	140.00	5.48	3.08	59.49	3.26	6.70	*	4.79
1987	177.40	140.00	8.84	4.98	69.80	6.17	5.63	91.25	4.02
1988	177.21	142.00	9.40	5.30	53.94	5.07	4.20	82.84	2.96
1989	176.83	144.11	7.96	4.50	30.90	2.46	2.04	82.93	1.42
11年小计			**137.70**	**7.17**	**97.56**	**134.34**	**101.87**	**75.83**	**5.65**
占合计%			**22.37**			**40.70**	**42.22**		
1990	176.49	154.36	10.80	6.12	77.69	8.39	17.99	*	11.65
1991	176.11	157.17	11.99	6.81	51.96	6.23	10.14	162.76	6.45
1992	175.13	159.08	10.22	5.84	65.46	6.69	10.53	157.40	6.62
1993	174.57	160.47	11.94	6.84	78.73	9.40	11.65	123.94	7.26
1994	175.20	162.38	15.55	8.88	88.75	13.80	12.80	92.75	7.88
1995	174.66	163.77	18.20	10.42	112.09	20.40	5.92	29.02	3.61
1996	174.59	165.30	10.60	6.07	124.91	13.24	9.00	67.98	5.44
1997	173.60	167.04	15.10	8.70	111.13	16.78	5.56	33.13	3.33
1998	173.30	167.00	14.30	8.25	110.35	15.78	10.58	67.05	6.34
1999	173.41	170.78	10.00	5.77	146.60	14.66	6.30	42.97	3.69
2000	173.41	175.50	9.00	5.19	99.67	8.97	1.40	15.61	0.80

5-10-3 安徽省界首县历年棉花生产收购

年度	耕地面积（万亩）	农业人口（万人）	棉田面积（万亩）	占耕地（%）	亩产（市斤）	产量（万担）	收购量（万担）	商品率（%）	人均交售（市斤）
52年合计			**208.46**	**6.91**	**84.26**	**175.64**	**77.70**	**44.24**	**3.60**
11年小计			**1.00**	**0.25**	**14.00**	**0.14**	**0.08**	**57.14**	**0.05**
占合计%			**0.48**			**0.08**	**0.10**		
1949									
1950									
1951									
1952									
1953									
1954									
1955	86.10	31.50	0.20	0.23	30.00	0.06	0.03	50.00	0.10
1956	84.10	32.00	0.10	0.12	10.00	0.01	0.01	100.00	0.03
1957	80.50	33.40	0.20	0.25	20.00	0.04	0.02	50.00	0.06
1958	75.00	35.60	0.25	0.33	8.00	0.02	0.01	50.00	0.03
1959	67.00	31.70	0.25	0.37	4.00	0.01	0.01	100.00	0.03
10年小计			**14.00**	**2.16**	**57.00**	**7.98**	**3.67**	**45.99**	**1.10**
占合计%			**6.72**			**4.54**	**4.72**		
1960	65.50	29.10	1.00	1.53	21.00	0.21	0.05	23.81	0.17
1961	60.00	29.30	1.00	1.67	21.00	0.21	0.01	4.76	0.03
1962	66.00	30.90	1.00	1.52	31.00	0.31	0.10	32.26	0.32
1963	64.10	30.40	1.50	2.34	15.33	0.23	0.08	34.78	0.26
1964	64.30	32.40	1.50	2.33	48.00	0.72	0.30	41.67	0.93
1965	65.50	32.40	1.60	2.44	83.13	1.33	1.00	75.19	3.09
1966	65.30	34.40	1.50	2.30	73.33	1.10	0.38	34.55	1.10
1967	65.00	35.80	1.70	2.62	68.82	1.17	0.30	25.64	0.84
1968	66.10	39.50	1.50	2.27	73.33	1.10	0.25	22.73	0.63
1969	66.10	39.50	1.70	2.57	94.12	1.60	1.20	75.00	3.04
10年小计			**46.00**	**7.08**	**42.89**	**19.73**	**12.74**	**64.57**	**2.81**
占合计%			**22.07**			**11.23**	**16.40**		
1970	65.00	40.90	2.00	3.08	135.00	2.70	1.50	55.56	3.67
1971	65.90	42.10	3.90	5.92	51.28	2.00	1.00	50.00	2.38
1972	65.50	43.30	4.26	6.50	51.41	2.19	1.41	64.38	3.26
1973	65.50	44.50	6.53	9.97	53.60	3.50	2.55	72.86	5.73
1974	65.10	45.10	5.68	8.73	48.06	2.73	1.77	64.84	3.92
1975	64.80	45.70	5.02	7.75	28.88	1.45	0.96	66.21	2.10
1976	64.80	46.50	4.48	6.91	29.02	1.30	0.89	68.46	1.91
1977	64.50	47.50	5.14	7.97	24.12	1.24	0.74	59.68	1.56
1978	64.50	48.50	4.84	7.50	32.44	1.57	1.03	65.61	2.12
1979	64.30	49.00	4.15	6.45	25.30	1.05	0.89	84.76	1.82
10年小计			**46.50**	**7.27**	**66.86**	**31.09**	**22.48**	**72.31**	**4.22**
占合计%			**22.31**			**17.70**	**28.93**		
1980	64.20	50.60	4.43	6.90	96.84	4.29	4.39	102.33	8.68
1981	64.20	51.30	4.70	7.32	74.89	3.52	3.47	98.58	6.76
1982	64.20	51.40	5.28	8.22	22.54	1.19	1.60	134.45	3.11
1983	64.20	52.20	4.91	7.65	84.11	4.13	2.45	59.32	4.69
1984	64.20	52.30	7.49	11.67	56.88	4.26	2.65	62.21	5.07
1985	64.20	53.30	3.64	5.67	67.58	2.46	1.85	75.20	3.47
1986	64.10	54.10	2.83	4.41	65.72	1.86	1.34	72.04	2.48
1987	63.70	55.10	3.36	5.27	81.85	2.75	2.03	73.82	3.68
1988	63.29	55.37	5.73	9.05	80.45	4.61	1.59	34.49	2.87
1989	63.07	56.53	4.13	6.55	48.91	2.02	1.11	54.95	1.96
11年小计			**100.96**	**14.66**	**115.59**	**116.70**	**38.73**	**33.19**	**5.75**
占合计%			**48.43**			**66.44**	**49.85**		
1990	62.99	58.80	5.33	8.46	96.25	5.13	4.39	85.58	7.47
1991	62.96	59.98	9.02	14.33	83.37	7.52	4.56	60.64	7.60
1992	63.01	60.45	12.04	19.11	51.00	6.14	3.31	53.91	5.48
1993	62.84	60.98	8.53	13.57	110.20	9.40	2.17	23.09	3.56
1994	62.79	60.94	13.64	21.72	98.24	13.40	3.67	27.39	6.02
1995	62.69	61.38	12.20	19.46	131.15	16.00	5.11	31.94	8.33
1996	62.58	61.74	9.40	15.02	150.32	14.13	4.94	34.96	8.00
1997	62.46	62.17	8.90	14.25	168.54	15.00	3.13	20.87	5.03
1998	62.16	62.02	7.70	12.39	146.88	11.31	3.35	29.62	5.40
1999	62.09	62.21	4.70	7.57	179.36	8.43	1.40	16.61	2.25
2000	62.09	62.60	9.50	15.30	107.79	10.24	2.70	26.37	4.31

5-10-4　安徽省涡阳县历年棉花生产收购

年　度	耕地面积（万亩）	农业人口（万人）	棉田面积（万亩）	占耕地（%）	亩　产（市斤）	产　量（万担）	收购量（万担）	商品率（%）	人均交售（市斤）
52年合计			**635.00**	**5.16**	**52.94**	**336.20**	**178.72**	**53.16**	**3.76**
11年小计			**147.71**	**3.91**	**14.81**	**21.87**	**9.78**	**44.72**	**1.02**
占合计%			**23.26**			**6.51**	**5.47**		
1949	356.66	81.91	7.19	2.02	15.02	1.08	0.10	9.26	0.12
1950	359.55	83.66	8.07	2.24	9.05	0.73	0.10	13.70	0.12
1951	362.93	85.00	9.13	2.52	14.24	1.30	0.10	7.69	0.12
1952	362.93	85.89	14.88	4.10	21.10	3.14	0.18	5.73	0.21
1953	361.78	86.92	17.89	4.94	11.46	2.05	0.20	9.76	0.23
1954	361.78	88.57	16.87	4.66	7.82	1.32	0.50	37.88	0.56
1955	361.78	90.01	14.75	4.08	17.63	2.60	1.00	38.46	1.11
1956	347.75	88.86	16.80	4.83	1.90	0.32	0.10	31.25	0.11
1957	336.92	90.56	11.57	3.43	22.73	2.63	1.50	57.03	1.66
1958	289.22	89.25	13.00	4.49	33.85	4.40	4.00	90.91	4.48
1959	281.00	89.66	17.56	6.25	13.10	2.30	2.00	86.96	2.23
10年小计			**85.73**	**3.56**	**18.73**	**16.06**	**9.53**	**59.34**	**1.29**
占合计%			**13.50**			**4.78**	**5.33**		
1960	275.27	77.49	11.00	4.00	13.64	1.50	0.80	53.33	1.03
1961	275.27	78.03	7.00	2.54	6.00	0.42	0.24	57.14	0.31
1962	275.03	80.70	8.63	3.14	8.23	0.71	0.30	42.25	0.37
1963	275.00	82.65	11.40	4.15	3.07	0.35	0.20	57.14	0.24
1964	274.25	85.19	9.85	3.59	26.90	2.65	1.50	56.60	1.76
1965	208.55	63.27	9.35	4.48	14.33	1.34	0.37	27.61	0.58
1966	205.95	64.87	6.50	3.16	30.62	1.99	0.46	23.12	0.71
1967	205.95	65.14	7.01	3.40	29.10	2.04	0.44	21.57	0.68
1968	205.95	69.06	7.07	3.43	35.36	2.50	0.84	33.60	1.22
1969	205.62	71.94	7.92	3.85	32.32	2.56	4.38	171.09	6.09
10年小计			**119.53**	**5.99**	**36.43**	**43.55**	**35.62**	**81.79**	**4.38**
占合计%			**18.82**			**12.95**	**19.93**		
1970	201.20	73.87	9.53	4.74	36.94	3.52	1.50	42.61	2.03
1971	200.54	76.08	10.21	5.09	34.87	3.56	1.93	54.21	2.54
1972	200.48	78.37	11.11	5.54	45.90	5.10	3.73	73.14	4.76
1973	200.45	80.50	12.78	6.38	51.10	6.53	6.77	103.68	8.41
1974	200.19	81.54	13.14	6.56	53.50	7.03	5.81	82.65	7.13
1975	200.19	82.23	12.51	6.25	48.52	6.07	6.60	108.73	8.03
1976	198.41	82.92	12.89	6.50	31.81	4.10	3.03	73.90	3.65
1977	198.39	82.97	13.64	6.88	24.27	3.31	2.63	79.46	3.17
1978	198.39	85.83	12.29	6.19	23.76	2.92	2.58	88.36	3.01
1979	196.35	89.01	11.43	5.82	12.34	1.41	1.04	73.76	1.17
10年小计			**112.14**	**5.66**	**68.31**	**76.60**	**48.57**	**63.41**	**5.13**
占合计%			**17.66**			**22.78**	**27.18**		
1980	198.30	91.50	15.29	7.71	43.17	6.60	6.71	101.67	7.33
1981	198.30	91.50	12.69	6.40	60.28	7.65	5.29	69.15	5.78
1982	198.30	91.50	12.64	6.37	30.70	3.88	3.19	82.22	3.49
1983	198.30	91.50	12.39	6.25	59.64	7.39	3.66	49.53	4.00
1984	198.30	91.50	12.28	6.19	85.34	10.48	5.02	47.90	5.49
1985	198.29	96.40	7.30	3.68	71.92	5.25	3.61	68.76	3.74
1986	198.29	96.40	5.26	2.65	85.93	4.52	2.52	55.75	2.61
1987	198.29	96.40	7.46	3.76	100.00	7.46	4.57	61.26	4.74
1988	197.77	99.85	12.53	6.34	104.39	13.08	8.34	63.76	8.35
1989	197.48	101.05	14.30	7.24	71.96	10.29	5.66	55.00	5.60
11年小计			**169.89**	**7.90**	**104.84**	**178.12**	**75.22**	**42.23**	**5.84**
占合计%			**26.75**			**52.98**	**42.09**		
1990	197.56	111.27	15.46	7.83	106.40	16.45	8.91	54.16	8.01
1991	197.53	113.59	20.71	10.48	87.20	18.06	15.57	86.21	13.71
1992	197.34	114.33	23.45	11.88	77.70	18.22	7.32	40.18	6.40
1993	179.84	115.14	15.32	8.52	100.52	15.40	4.15	26.95	3.60
1994	197.20	116.13	15.81	8.02	77.17	12.20	5.39	44.18	4.64
1995	197.20	117.49	18.29	9.27	117.00	21.40	7.92	37.01	6.74
1996	197.10	117.86	13.60	6.90	110.07	14.97	4.69	31.33	3.98
1997	196.94	119.00	10.60	5.38	104.34	11.06	3.87	34.99	3.25
1998	196.93	120.07	11.35	5.76	132.42	15.03	9.00	59.88	7.50
1999	196.93	121.11	14.30	7.26	111.12	15.89	4.90	30.84	4.05
2000	196.93	122.00	11.00	5.59	176.73	19.44	3.50	18.00	2.87

5-10-5 安徽省阜阳县历年棉花生产收购

年 度	耕地面积（万亩）	农业人口（万人）	棉田面积（万亩）	占耕地（%）	亩 产（市斤）	产 量（万担）	收购量（万担）	商品率（%）	人均交售（市斤）
52 年合计			**419.63**	**8.40**	**66.01**	**276.98**	**152.96**	**55.22**	**4.20**
11 年小计									
占合计%									
1949									
1950									
1951									
1952									
1953									
1954									
1955									
1956									
1957									
1958									
1959									
10 年小计									
占合计%									
1960									
1961									
1962									
1963									
1964									
1965									
1966									
1967									
1968									
1969									
10 年小计			**124.84**	**7.49**	**49.49**	**61.78**	**47.95**	**77.61**	**4.81**
占合计%			**29.75**			**22.30**	**31.35**		
1970	168.61	90.46	9.29	5.51	66.20	6.15	3.00	48.78	3.32
1971	169.32	92.99	10.39	6.14	52.26	5.43	3.47	63.90	3.73
1972	169.06	96.91	12.00	7.10	56.25	6.75	5.26	77.93	5.43
1973	169.30	99.26	13.89	8.20	81.14	11.27	8.17	72.49	8.23
1974	168.80	101.33	14.83	8.79	65.88	9.77	8.32	85.16	8.21
1975	168.68	103.17	12.60	7.47	50.63	6.38	5.46	85.58	5.29
1976	164.19	100.66	12.62	7.69	32.41	4.09	3.34	81.66	3.32
1977	163.86	102.54	14.04	8.57	31.34	4.40	3.91	88.86	3.81
1978	163.55	102.47	13.31	8.14	34.34	4.57	4.14	90.59	4.04
1979	160.92	106.64	11.87	7.38	25.02	2.97	2.88	96.97	2.70
10 年小计			**97.01**	**6.06**	**56.38**	**54.69**	**39.75**	**72.68**	**3.48**
占合计%			**23.12**			**19.75**	**25.99**		
1980	160.81	109.09	12.06	7.50	33.67	4.06	3.98	98.03	3.65
1981	160.81	110.56	13.22	8.22	31.85	4.21	4.30	102.14	3.89
1982	160.76	111.25	14.12	8.78	21.32	3.01	3.38	112.29	3.04
1983	160.71	111.88	10.36	6.45	64.48	6.68	4.19	62.72	3.75
1984	160.67	112.63	10.09	6.28	80.67	8.14	6.38	78.38	5.66
1985	160.37	113.21	7.96	4.96	71.98	5.73	4.05	70.68	3.58
1986	160.18	113.21	5.99	3.74	77.30	4.63	4.41	95.25	3.90
1987	160.18	113.21	6.51	4.06	81.11	5.28	3.51	66.48	3.10
1988	159.07	122.52	8.48	5.33	82.90	7.03	3.45	49.08	2.82
1989	158.34	124.49	8.22	5.19	72.02	5.92	2.10	35.47	1.69
11 年小计			**197.78**	**11.46**	**81.16**	**160.51**	**65.26**	**40.66**	**4.33**
占合计%			**47.13**			**57.95**	**42.66**		
1990	158.00	126.61	9.79	6.20	92.34	9.04	4.68	51.77	3.70
1991	157.93	128.83	17.91	11.34	74.82	13.40	5.26	39.25	4.08
1992	157.56	130.15	17.00	10.79	70.06	11.91	8.73	73.30	6.71
1993	159.51	136.84	17.02	10.67	61.10	10.40	5.74	55.19	4.19
1994	158.74	138.01	15.70	9.89	96.82	15.20	9.70	63.82	7.03
1995	157.96	139.08	21.96	13.90	106.56	23.40	4.79	20.47	3.44
1996	157.37	139.73	20.10	12.77	110.65	22.24	4.21	18.93	3.01
1997	155.68	140.48	20.10	12.91	96.42	19.38	3.88	20.02	2.76
1998	153.88	140.96	20.10	13.06	77.76	15.63	7.75	49.58	5.50
1999	154.30	141.60	20.10	13.03	45.37	9.12	6.10	66.89	4.31
2000	154.30	143.20	18.00	11.67	59.94	10.79	4.42	40.96	3.09

5－10－6　安徽省太和县历年棉花生产收购

年　　度	耕地面积（万亩）	农业人口（万人）	棉田面积（万亩）	占耕地（%）	亩　产（市斤）	产　量（万担）	收购量（万担）	商品率（%）	人均交售（市斤）
52 年合计			**411.81**	**7.41**	**58.51**	**240.96**	**131.96**	**54.76**	**3.83**
11 年小计									
占合计%									
1949									
1950									
1951									
1952									
1953									
1954									
1955									
1956									
1957									
1958									
1959									
10 年小计									
占合计%									
1960									
1961									
1962									
1963									
1964									
1965									
1966									
1967									
1968									
1969									
10 年小计			**140.01**	**7.41**	**40.18**	**56.26**	**40.86**	**72.63**	**4.18**
占合计%			**34.00**			**23.35**	**30.96**		
1970	192.32	87.52	10.90	5.67	38.81	4.23	2.10	49.65	2.40
1971	188.65	90.61	10.90	5.78	38.81	4.23	2.10	49.65	2.32
1972	188.65	93.53	13.56	7.19	32.08	4.35	2.89	66.44	3.09
1973	188.63	95.87	14.39	7.63	66.99	9.64	7.69	79.77	8.02
1974	188.61	97.82	15.51	8.22	62.35	9.67	8.07	83.45	8.25
1975	188.60	98.98	13.50	7.16	62.52	8.44	6.85	81.16	6.92
1976	188.60	100.33	16.13	8.55	30.25	4.88	3.58	73.36	3.57
1977	188.59	102.22	15.93	8.45	25.86	4.12	3.17	76.94	3.10
1978	188.59	104.50	15.24	8.08	26.38	4.02	2.62	65.17	2.51
1979	188.56	106.88	13.95	7.40	19.21	2.68	1.79	66.79	1.67
10 年小计			**117.75**	**6.26**	**53.01**	**62.42**	**45.22**	**72.44**	**3.95**
占合计%			**28.59**			**25.90**	**34.27**		
1980	188.55	109.83	18.20	9.65	53.46	9.73	9.83	101.03	8.95
1981	188.54	111.60	18.49	9.81	47.92	8.86	8.67	97.86	7.77
1982	188.54	112.36	17.62	9.35	22.53	3.97	2.98	75.06	2.65
1983	188.54	112.98	14.26	7.56	62.69	8.94	3.84	42.95	3.40
1984	188.53	113.32	15.50	8.22	55.68	8.63	4.12	47.74	3.64
1985	188.50	114.01	7.19	3.81	57.30	4.12	2.38	57.77	2.09
1986	188.50	114.00	5.84	3.10	45.21	2.64	5.41	*	4.75
1987	188.50	114.00	6.78	3.60	78.91	5.35	3.60	67.29	3.16
1988	186.59	119.66	7.38	3.96	80.22	5.92	2.52	42.57	2.11
1989	185.27	122.23	6.49	3.50	65.64	4.26	1.87	43.90	1.53
11 年小计			**154.05**	**8.60**	**79.38**	**122.28**	**45.88**	**37.52**	**3.47**
占合计%			**37.41**			**50.75**	**34.77**		
1990	184.42	127.15	11.63	6.31	77.04	8.96	4.88	54.46	3.84
1991	183.88	129.10	26.00	14.14	83.00	21.58	10.05	46.57	7.78
1992	183.55	130.59	15.44	8.41	52.07	8.04	7.70	95.77	5.90
1993	179.85	131.76	13.44	7.47	90.77	12.20	3.36	27.54	2.55
1994	176.95	131.29	15.00	8.48	48.00	7.20	6.22	86.39	4.74
1995	176.79	132.49	21.42	12.12	96.17	20.60	7.20	34.95	5.43
1996	176.68	133.39	20.12	11.39	84.94	17.09	1.77	10.36	1.33
1997	176.45	134.62	15.00	8.50	78.07	11.71	1.29	11.02	0.96
1998	175.98	135.39	10.00	5.68	90.40	9.04	1.71	18.92	1.26
1999	175.86	136.47	6.00	3.41	97.67	5.86	1.70	29.01	1.25
2000									

5－10－7　安徽省利辛县历年棉花生产收购

年　度	耕地面积（万亩）	农业人口（万人）	棉田面积（万亩）	占耕地（%）	亩　产（市斤）	产　量（万担）	收购量（万担）	商品率（%）	人均交售（市斤）
52 年合计			**371.30**	**6.65**	**64.45**	**239.31**	**114.29**	**47.76**	**3.54**
11 年小计									
占合计%									
1949									
1950									
1951									
1952									
1953									
1954									
1955									
1956									
1957									
1958									
1959									
10 年小计									
占合计%									
1960									
1961									
1962									
1963									
1964									
1965									
1966									
1967									
1968									
1969									
10 年小计			**132.35**	**7.22**	**36.86**	**48.78**	**36.57**	**74.97**	**4.24**
占合计%			**35.65**			**20.38**	**32.00**		
1970	186.81	78.39	12.16	6.51	34.62	4.21	3.60	85.51	4.59
1971	184.46	80.45	12.55	6.80	38.25	4.80	3.20	66.67	3.98
1972	184.90	83.03	10.64	5.75	31.02	3.30	2.30	69.70	2.77
1973	184.65	85.19	15.32	8.30	56.98	8.73	7.26	83.16	8.52
1974	183.19	86.91	15.08	8.23	50.46	7.61	6.07	79.76	6.98
1975	183.16	87.70	14.14	7.72	44.13	6.24	4.92	78.85	5.61
1976	182.82	87.97	11.01	6.02	48.14	5.30	2.99	56.42	3.40
1977	181.14	88.35	14.49	8.00	19.94	2.89	2.27	78.55	2.57
1978	180.91	90.50	13.84	7.65	26.66	3.69	2.88	78.05	3.18
1979	180.59	94.43	13.12	7.27	15.32	2.01	1.08	53.73	1.14
10 年小计			**95.89**	**5.32**	**56.66**	**54.33**	**35.24**	**64.86**	**3.48**
占合计%			**25.83**			**22.70**	**30.83**		
1980	180.57	96.18	8.89	4.92	32.73	2.91	3.08	105.84	3.20
1981	180.57	97.43	10.86	6.01	37.85	4.11	3.33	81.02	3.42
1982	180.54	98.61	11.06	6.13	19.71	2.18	1.60	73.39	1.62
1983	180.54	101.03	9.93	5.50	60.62	6.02	3.34	55.48	3.31
1984	180.52	101.74	12.26	6.79	72.19	8.85	3.96	44.75	3.89
1985	180.52	101.63	8.33	4.61	79.71	6.64	4.08	61.45	4.01
1986	180.51	101.63	7.61	4.22	63.21	4.81	4.80	99.79	4.72
1987	180.51	101.63	7.94	4.40	77.46	6.15	4.11	66.83	4.04
1988	179.94	104.87	8.15	4.53	84.79	6.91	4.47	64.69	4.26
1989	179.12	106.65	10.86	6.06	52.95	5.75	2.47	42.96	2.32
11 年小计			**143.06**	**7.35**	**95.20**	**136.20**	**42.48**	**31.19**	**3.15**
占合计%			**38.53**			**56.91**	**37.17**		
1990	179.03	116.47	12.54	7.00	83.01	10.41	4.26	40.92	3.66
1991	178.28	118.59	16.50	9.26	63.21	10.43	5.57	53.40	4.70
1992	177.83	120.08	13.65	7.68	53.70	7.33	3.99	54.43	3.32
1993	177.82	120.87	14.28	8.03	72.83	10.40	3.43	32.98	2.84
1994	177.58	121.72	15.98	9.00	57.57	9.20	5.55	60.33	4.56
1995	177.42	122.69	15.11	8.52	120.45	18.20	7.60	41.76	6.19
1996	177.11	123.73	15.00	8.47	88.93	13.34	3.18	23.84	2.57
1997	176.01	125.01	15.00	8.52	131.87	19.78	2.91	14.71	2.33
1998	175.50	126.04	15.00	8.55	107.33	16.10	2.60	16.15	2.06
1999	174.86	127.15	5.00	2.86	213.60	10.68	1.30	12.17	1.02
2000	174.86	128.30	5.00	2.86	206.60	10.33	2.09	20.23	1.63

5－10－8　安徽省亳州市历年棉花生产收购

年　度	耕地面积（万亩）	农业人口（万人）	棉田面积（万亩）	占耕地（%）	亩　产（市斤）	产　量（万担）	收购量（万担）	商品率（%）	人均交售（市斤）
52 年合计			**469.08**	**4.15**	**66.14**	**310.27**	**119.31**	**38.45**	**2.62**
11 年小计			**105.90**	**3.56**	**15.49**	**16.40**	**9.90**	**60.37**	**1.30**
占合计%			**22.58**			**5.29**	**8.30**		
1949	271.00	65.30	7.50	2.77	16.00	1.20			
1950	275.30	66.10	6.50	2.36	9.23	0.60	0.10	16.67	0.15
1951	282.90	66.90	7.10	2.51	18.31	1.30	0.60	46.15	0.90
1952	290.80	67.00	9.00	3.09	17.78	1.60	1.40	87.50	2.09
1953	289.10	68.00	10.40	3.60	14.42	1.50	0.90	60.00	1.32
1954	288.50	69.40	9.10	3.15	5.49	0.50	0.10	20.00	0.14
1955	289.10	70.70	6.70	2.32	19.40	1.30	0.90	69.23	1.27
1956	282.50	71.50	16.60	5.88	6.02	1.00	0.60	60.00	0.84
1957	273.60	73.70	7.20	2.63	22.22	1.60	0.90	56.25	1.22
1958	207.80	71.10	11.90	5.73	27.73	3.30	2.90	87.88	4.08
1959	224.10	70.90	13.90	6.20	17.99	2.50	1.50	60.00	2.12
10 年小计			**41.40**	**1.95**	**29.95**	**12.40**	**3.28**	**26.45**	**0.52**
占合计%			**8.83**			**4.00**	**2.75**		
1960	222.60	56.00	2.60	1.17	11.54	0.30	0.10	33.33	0.18
1961	212.80	56.80	1.60	0.75	12.50	0.20	0.10	50.00	0.18
1962	214.10	58.20	5.10	2.38	13.73	0.70	0.30	42.86	0.52
1963	212.00	59.10	1.80	0.85	5.56	0.10	0.02	20.00	0.03
1964	211.10	59.70	4.20	1.99	26.19	1.10	0.80	72.73	1.34
1965	210.30	61.60	2.80	1.33	28.57	0.80	0.13	16.25	0.21
1966	210.20	64.30	5.10	2.43	39.22	2.00	0.51	25.50	0.79
1967	210.20	66.80	5.60	2.66	39.29	2.20	0.26	11.82	0.39
1968	210.60	70.50	6.60	3.13	36.36	2.40	0.46	19.17	0.65
1969	210.00	75.00	6.00	2.86	43.33	2.60	0.60	23.08	0.80
10 年小计			**90.15**	**4.42**	**43.29**	**39.03**	**27.44**	**70.30**	**3.12**
占合计%			**19.22**			**12.58**	**23.00**		
1970	202.50	77.80	6.90	3.41	53.62	3.70	2.50	67.57	3.21
1971	204.50	80.60	6.81	3.33	48.60	3.31	1.82	54.98	2.26
1972	204.60	83.60	10.60	5.18	54.43	5.77	4.05	70.19	4.84
1973	204.60	86.10	13.25	6.48	57.28	7.59	5.32	70.09	6.18
1974	204.60	88.30	13.31	6.51	46.88	6.24	4.42	70.83	5.01
1975	204.60	89.60	9.56	4.67	51.46	4.92	3.61	73.37	4.03
1976	204.60	90.80	7.57	3.70	29.72	2.25	1.66	73.78	1.83
1977	204.60	92.00	8.34	4.08	27.22	2.27	1.82	80.18	1.98
1978	201.60	94.00	7.96	3.95	27.51	2.19	1.73	79.00	1.84
1979	201.60	96.10	5.85	2.90	13.50	0.79	0.51	64.56	0.53
10 年小计			**53.89**	**2.69**	**67.58**	**36.42**	**26.42**	**72.54**	**2.60**
占合计%			**11.49**			**11.74**	**22.14**		
1980	201.60	98.30	6.26	3.11	41.69	2.61	4.03	154.41	4.10
1981	201.60	98.90	5.24	2.60	59.35	3.11	1.17	37.62	1.18
1982	201.60	100.20	3.29	1.63	18.84	0.62	0.85	137.10	0.85
1983	201.60	100.60	3.81	1.89	58.79	2.24	1.63	72.77	1.62
1984	201.50	100.84	5.79	2.87	74.78	4.33	2.91	67.21	2.89
1985	201.40	101.00	4.05	2.01	65.68	2.66	2.34	87.97	2.32
1986	201.20	101.90	3.40	1.69	48.82	1.66	1.93	116.27	1.89
1987	200.20	102.90	3.89	1.94	84.32	3.28	3.97	121.04	3.86
1988	197.86	104.55	8.42	4.26	92.04	7.75	4.49	57.94	4.29
1989	196.81	106.27	9.74	4.95	83.78	8.16	3.10	37.99	2.92
11 年小计			**177.74**	**8.27**	**115.91**	**206.02**	**52.27**	**25.37**	**4.14**
占合计%			**37.89**			**66.40**	**43.81**		
1990	196.63	113.94	12.43	6.32	97.99	12.18	5.28	43.35	4.63
1991	196.61	115.80	20.94	10.65	100.86	21.12	9.01	42.66	7.78
1992	196.03	116.51	17.36	8.86	64.98	11.28	1.81	16.05	1.55
1993	195.38	117.50	11.43	5.85	92.74	10.60	1.94	18.30	1.65
1994	195.16	117.42	22.66	11.61	81.20	18.40	7.55	41.03	6.43
1995	195.12	118.06	26.03	13.34	106.80	27.80	6.71	24.14	5.68
1996	195.08	118.85	15.60	8.00	122.37	19.09	6.42	33.63	5.40
1997	194.89	110.11	13.20	6.77	142.35	18.79	4.18	22.25	3.80
1998	194.80	110.79	13.22	6.79	126.02	16.66	4.12	24.73	3.72
1999	192.51	111.67	14.87	7.72	142.70	21.22	3.20	15.08	2.87
2000	197.51	112.50	10.00	5.06	288.80	28.88	2.05	7.10	1.82

5-10-9 安徽省宿州市埇桥区历年棉花生产收购

年 度	耕地面积（万亩）	农业人口（万人）	棉田面积（万亩）	占耕地（%）	亩 产（市斤）	产 量（万担）	收购量（万担）	商品率（%）	人均交售（市斤）
52 年合计			**668.01**	**4.80**	**79.86**	**533.44**	**393.17**	**73.70**	**8.19**
11 年小计			**68.20**	**1.56**	**11.73**	**8.00**	**1.90**	**23.75**	**0.21**
占合计%			**10.21**			**1.50**	**0.48**		
1949	405.00	77.00	7.70	1.90	14.29	1.10			
1950	405.00	78.00	7.70	1.90	6.49	0.50			
1951	405.98	79.13	7.70	1.90	16.88	1.30	0.20	15.38	0.25
1952	404.92	79.16	7.50	1.85	14.67	1.10	0.30	27.27	0.38
1953	409.19	81.90	7.30	1.78	4.11	0.30	0.10	33.33	0.12
1954	414.29	86.87	5.40	1.30	3.70	0.20	0.10	50.00	0.12
1955	411.39	86.73	5.40	1.31	12.96	0.70	0.30	42.86	0.35
1956	407.23	84.81	2.80	0.69	10.71	0.30	0.10	33.33	0.12
1957	395.06	87.01	4.20	1.06	7.14	0.30	0.10	33.33	0.11
1958	370.00	82.55	3.90	1.05	17.95	0.70	0.20	28.57	0.24
1959	357.00	79.85	8.60	2.41	17.44	1.50	0.50	33.33	0.63
10 年小计			**52.00**	**1.86**	**24.81**	**12.90**	**5.60**	**43.41**	**0.78**
占合计%			**7.78**			**2.42**	**1.42**		
1960	333.00	67.84	7.80	2.34	16.67	1.30	0.60	46.15	0.88
1961	309.41	69.38	2.60	0.84	15.38	0.40	0.10	25.00	0.14
1962	310.25	75.00	2.70	0.87	7.41	0.20	0.05	25.00	0.07
1963	309.68	74.44	2.70	0.87	7.41	0.20	0.05	25.00	0.07
1964	309.68	71.59	3.10	1.00	29.03	0.90	0.30	33.33	0.42
1965	270.18	65.10	6.20	2.29	6.45	0.40	0.20	50.00	0.31
1966	240.00	67.60	6.50	2.71	46.15	3.00	1.00	33.33	1.48
1967	236.10	70.50	8.30	3.52	26.51	2.20	1.00	45.45	1.42
1968	237.40	73.90	6.50	2.74	40.00	2.60	1.10	42.31	1.49
1969	235.10	78.20	5.60	2.38	30.36	1.70	1.20	70.59	1.53
10 年小计			**119.81**	**5.28**	**43.54**	**52.17**	**41.48**	**79.51**	**4.54**
占合计%			**17.94**			**9.78**	**10.55**		
1970	232.50	80.90	11.40	4.90	48.25	5.50			
1971	213.70	82.90	10.89	5.10	30.95	3.37	2.51	74.48	3.03
1972	230.80	85.40	10.92	4.73	32.97	3.60	3.11	86.39	3.64
1973	230.80	88.40	12.30	5.33	57.72	7.10	6.64	93.52	7.51
1974	230.40	91.40	12.90	5.60	51.16	6.60	5.98	90.61	6.54
1975	228.90	93.50	12.30	5.37	61.79	7.60	5.26	69.21	5.63
1976	227.10	95.30	12.90	5.68	40.31	5.20	5.62	108.08	5.90
1977	226.50	96.70	12.90	5.70	41.86	5.40	4.83	89.44	4.99
1978	225.20	98.10	11.90	5.28	41.18	4.90	4.77	97.35	4.86
1979	224.60	100.30	11.40	5.08	25.44	2.90	2.76	95.17	2.75
10 年小计			**159.60**	**7.54**	**105.65**	**168.61**	**152.75**	**90.59**	**15.92**
占合计%			**23.89**			**31.61**	**38.85**		
1980	198.30	93.00	13.30	6.71	63.16	8.40	8.56	101.90	9.20
1981	213.73	93.89	13.00	6.08	108.00	14.04	12.98	92.45	13.82
1982	213.49	94.85	16.80	7.87	83.99	14.11	17.47	123.81	18.42
1983	213.27	95.45	16.40	7.69	115.98	19.02	19.25	101.21	20.17
1984	212.91	95.82	18.00	8.45	116.00	20.88	17.49	83.76	18.25
1985	212.51	96.62	13.40	6.31	110.00	14.74	12.10	82.09	12.52
1986	212.80	97.70	11.70	5.50	109.40	12.80	11.98	93.59	12.26
1987	213.40	96.70	15.40	7.22	131.82	20.30	16.16	79.61	16.71
1988	213.10	97.33	23.40	10.98	124.02	29.02	21.14	72.85	21.72
1989	212.90	98.30	18.20	8.55	84.07	15.30	15.62	102.09	15.89
11 年小计			**268.40**	**11.35**	**108.70**	**291.76**	**191.44**	**65.62**	**14.62**
占合计%			**40.18**			**54.69**	**48.69**		
1990	212.60	105.60	24.60	11.57	109.76	27.00	18.81	69.67	17.81
1991	211.80	109.90	35.80	16.90	84.36	30.20	27.80	92.05	25.30
1992	211.80	106.70	35.80	16.90	84.36	30.20	17.47	57.85	16.37
1993	211.20	106.30	33.50	15.86	83.58	28.00	19.06	68.07	17.93
1994	211.80	109.90	40.00	18.89	100.00	40.00	18.05	45.13	16.42
1995	218.75	125.24	30.00	13.71	120.00	36.00	17.40	48.33	13.89
1996	217.96	126.19	6.40	2.94	129.69	8.30	8.10	97.59	6.42
1997	217.51	127.14	9.50	4.37	134.74	12.80	12.50	97.66	9.83
1998	217.49	129.64	17.80	8.18	139.89	24.90	23.60	94.78	18.20
1999	217.21	130.82	13.00	5.98	195.85	25.46	16.40	64.41	12.54
2000	217.21	132.30	22.00	10.13	131.36	28.90	12.25	42.39	9.26

5－10－10　安徽省泗县历年棉花生产收购

年　度	耕地面积（万亩）	农业人口（万人）	棉田面积（万亩）	占耕地（％）	亩　产（市斤）	产　量（万担）	收购量（万担）	商品率（％）	人均交售（市斤）
52 年合计			**491.83**	**6.06**	**86.04**	**423.18**	**293.29**	**69.31**	**10.48**
11 年小计			**31.27**	**1.45**	**16.69**	**5.22**	**1.72**	**32.95**	**0.40**
占合计％			**6.36**			**1.23**	**0.59**		
1949	185.00	37.68	2.02	1.09	14.85	0.30			
1950	192.00	38.22	2.05	1.07	15.12	0.31			
1951	199.32	37.89	2.09	1.05	44.98	0.94			
1952	199.07	37.98	2.89	1.45	11.07	0.32			
1953	197.02	38.80	1.81	0.92	11.60	0.21			
1954	200.82	39.71	1.75	0.87	9.14	0.16	0.02	12.50	0.05
1955	200.82	40.20	2.87	1.43	12.89	0.37	0.10	27.03	0.25
1956	200.64	40.63	1.65	0.82	13.94	0.23	0.14	60.87	0.34
1957	200.44	41.31	1.61	0.80	22.98	0.37	0.15	40.54	0.36
1958	187.63	37.60	2.50	1.33	22.40	0.56	0.39	69.64	1.04
1959	193.20	36.57	10.03	5.19	14.46	1.45	0.92	63.45	2.52
10 年小计			**31.39**	**1.99**	**20.13**	**6.32**	**4.65**	**73.58**	**1.18**
占合计％			**6.38**			**1.49**	**1.59**		
1960	178.50	34.30	10.99	6.16	8.92	0.98	0.70	71.43	2.04
1961	166.92	34.51	2.38	1.43	14.29	0.34	0.31	91.18	0.90
1962	161.19	36.46	2.16	1.34	8.80	0.19	0.23	121.05	0.63
1963	161.07	37.69	1.55	0.96	1.29	0.02	0.09	*	0.24
1964	161.47	37.25	0.81	0.50	33.33	0.27	0.22	81.48	0.59
1965	159.68	38.68	1.81	1.13	9.39	0.17	0.12	70.59	0.31
1966	152.54	40.12	2.34	1.53	43.59	1.02	0.52	50.98	1.30
1967	145.65	41.44	3.63	2.49	25.62	0.93	0.49	52.69	1.18
1968	145.94	45.88	2.92	2.00	47.95	1.40	0.94	67.14	2.05
1969	146.61	47.75	2.80	1.91	35.71	1.00	1.03	103.00	2.16
10 年小计			**59.51**	**4.16**	**43.30**	**25.77**	**22.06**	**85.60**	**4.05**
占合计％			**12.10**			**6.09**	**7.52**		
1970	144.48	48.08	5.01	3.47	49.30	2.47	1.86	75.30	3.87
1971	142.79	49.44	4.73	3.31	27.48	1.30	1.00	76.92	2.02
1972	143.32	51.09	5.23	3.65	33.84	1.77	1.18	66.67	2.31
1973	143.40	52.96	6.25	4.36	47.36	2.96	2.91	98.31	5.49
1974	143.42	54.40	6.49	4.53	34.21	2.22	1.62	72.97	2.98
1975	143.10	55.55	5.82	4.07	48.11	2.80	2.37	84.64	4.27
1976	142.83	56.82	6.02	4.21	59.63	3.59	2.52	70.19	4.44
1977	142.68	57.89	7.14	5.00	49.02	3.50	3.25	92.86	5.61
1978	142.54	58.83	6.82	4.78	42.23	2.88	3.64	126.39	6.19
1979	142.42	59.38	6.00	4.21	38.00	2.28	1.71	75.00	2.88
10 年小计			**123.46**	**8.70**	**122.87**	**151.70**	**124.73**	**82.22**	**19.83**
占合计％			**25.10**			**35.85**	**42.53**		
1980	142.30	60.08	7.10	4.99	71.55	5.08	4.20	82.68	6.99
1981	142.20	60.85	7.90	5.56	92.78	7.33	7.43	101.36	12.21
1982	142.10	61.56	7.90	5.56	127.97	10.11	9.64	95.35	15.66
1983	142.18	61.72	11.25	7.91	142.49	16.03	15.43	96.26	25.00
1984	142.16	61.87	11.81	8.31	129.89	15.34	9.24	60.23	14.93
1985	142.10	62.80	10.70	7.53	122.24	13.08	10.80	82.57	17.20
1986	142.00	63.56	10.30	7.25	131.36	13.53	10.45	77.24	16.44
1987	141.40	64.41	13.50	9.55	152.59	20.60	17.74	86.12	27.54
1988	141.00	65.39	25.10	17.80	128.37	32.22	23.47	72.84	35.89
1989	141.10	66.70	17.90	12.69	102.68	18.38	16.33	88.85	24.48
11 年小计			**246.20**	**16.14**	**95.11**	**234.17**	**140.13**	**59.84**	**17.42**
占合计％			**50.06**			**55.34**	**47.78**		
1990	140.27	68.50	21.60	15.40	99.07	21.40	16.16	75.51	23.59
1991	140.71	69.68	33.00	23.45	75.76	25.00	22.36	89.44	32.09
1992	140.66	70.71	30.00	21.33	67.27	20.18	15.95	79.04	22.56
1993	138.43	71.30	22.38	16.17	95.00	21.26	10.68	50.24	14.98
1994	138.36	71.79	30.34	21.93	58.97	17.89	13.95	77.98	19.43
1995	138.19	73.07	30.38	21.98	98.75	30.00	13.80	46.00	18.89
1996	138.13	74.28	20.00	14.48	91.15	18.23	8.09	44.38	10.89
1997	138.08	75.02	14.00	10.14	136.14	19.06	11.28	59.18	15.04
1998	137.58	75.83	15.00	10.90	100.00	15.00	14.70	98.00	19.39
1999	137.52	76.75	12.50	9.09	138.64	17.33	5.60	32.31	7.30
2000	137.52	77.60	17.00	12.36	169.53	28.82	7.56	26.23	9.74

5－10－11　安徽省灵璧县历年棉花生产收购

年　度	耕地面积（万亩）	农业人口（万人）	棉田面积（万亩）	占耕地（%）	亩　产（市斤）	产　量（万担）	收购量（万担）	商品率（%）	人均交售（市斤）
52 年合计			**598.30**	**6.29**	**65.34**	**390.94**	**290.61**	**74.34**	**7.81**
11 年小计			**62.10**	**3.08**	**15.62**	**9.70**	**4.40**	**45.36**	**0.67**
占合计%			**10.38**			**2.48**	**1.51**		
1949	183.30	58.10	2.30	1.25	21.74	0.50			
1950	183.30	59.31	1.80	0.98	27.78	0.50			
1951	183.30	59.39	3.60	1.96	27.78	1.00			
1952	183.30	59.62	5.20	2.84	11.54	0.60			
1953	183.30	60.22	2.60	1.42	23.08	0.60			
1954	183.30	61.84	5.80	3.16	13.79	0.80	0.20	25.00	0.32
1955	183.30	62.92	7.10	3.87	4.23	0.30	0.20	66.67	0.32
1956	183.30	61.43	6.10	3.33	29.51	1.80	1.00	55.56	1.63
1957	183.30	61.67	9.00	4.91	5.56	0.50	0.30	60.00	0.49
1958	183.30	60.57	6.50	3.55	30.77	2.00	1.70	85.00	2.81
1959	183.30	49.14	12.10	6.60	9.09	1.10	1.00	90.91	2.04
10 年小计			**53.00**	**2.89**	**20.38**	**10.80**	**8.11**	**75.09**	**1.47**
占合计%			**8.86**			**2.76**	**2.79**		
1960	183.30	49.81	8.90	4.86	23.60	2.10	1.60	76.19	3.21
1961	183.30	52.94	1.80	0.98	72.22	1.30	1.00	76.92	1.89
1962	183.30	52.84	2.70	1.47	11.11	0.30	0.20	66.67	0.38
1963	183.30	52.95	3.60	1.96	2.78	0.10	0.07	70.00	0.13
1964	183.30	54.17	3.50	1.91					
1965	183.30	53.75	7.90	4.31	13.92	1.10	1.00	90.91	1.86
1966	183.30	54.57	6.30	3.44	6.35	0.40	0.44	110.00	0.81
1967	183.30	57.66	6.90	3.76	24.64	1.70	1.20	70.59	2.08
1968	183.30	60.24	5.70	3.11	33.33	1.90	1.30	68.42	2.16
1969	183.30	62.12	5.70	3.11	33.33	1.90	1.30	68.42	2.09
10 年小计			**120.00**	**6.55**	**42.25**	**50.70**	**32.30**	**63.71**	**4.53**
占合计%			**20.06**			**12.97**	**11.11**		
1970	183.30	64.23	10.00	5.46	21.00	2.10	1.60	76.19	2.49
1971	183.30	66.52	12.00	6.55	44.17	5.30	3.10	58.49	4.66
1972	183.30	68.28	11.00	6.00	30.91	3.40	1.60	47.06	2.34
1973	183.30	70.69	12.00	6.55	33.33	4.00	1.90	47.50	2.69
1974	183.30	72.08	12.00	6.55	54.17	6.50	4.10	63.08	5.69
1975	183.30	72.84	13.00	7.09	44.62	5.80	3.40	58.62	4.67
1976	183.30	73.68	15.00	8.18	46.67	7.00	6.10	87.14	8.28
1977	183.30	74.38	13.00	7.09	53.85	7.00	5.20	74.29	6.99
1978	183.30	75.07	11.00	6.00	50.00	5.50	3.10	56.36	4.13
1979	183.30	75.84	11.00	6.00	37.27	4.10	2.20	53.66	2.90
10 年小计			**124.30**	**6.78**	**100.24**	**124.60**	**118.00**	**94.70**	**15.49**
占合计%			**20.78**			**31.87**	**40.60**		
1980	183.10	74.36	13.00	7.10	67.69	8.80	8.00	90.91	10.76
1981	183.40	74.70	14.00	7.63	85.71	12.00	12.00	100.00	16.06
1982	183.40	75.32	13.00	7.09	92.31	12.00	11.00	91.67	14.60
1983	183.30	75.66	15.00	8.18	106.67	16.00	16.00	100.00	21.15
1984	183.30	75.99	15.00	8.18	106.67	16.00	15.00	93.75	19.74
1985	183.30	76.56	8.70	4.75	91.95	8.00	12.00	150.00	15.67
1986	183.20	76.65	6.20	3.38	93.55	5.80	8.00	137.93	10.44
1987	183.20	77.32	9.40	5.13	117.02	11.00	10.00	90.91	12.93
1988	183.80	77.23	17.00	9.25	129.41	22.00	17.00	77.27	22.01
1989	182.40	78.03	13.00	7.13	100.00	13.00	9.00	69.23	11.53
11 年小计			**238.90**	**11.98**	**81.68**	**195.14**	**127.80**	**65.49**	**12.27**
占合计%			**39.93**			**49.92**	**43.98**		
1990	182.10	83.52	16.00	8.79	81.25	13.00	9.90	76.15	11.85
1991	181.80	93.59	34.00	18.70	64.71	22.00	17.00	77.27	18.16
1992	181.80	83.92	29.00	15.95	75.86	22.00	18.00	81.82	21.45
1993	181.70	87.19	16.00	8.81	50.63	8.10	8.00	98.77	9.18
1994	181.50	87.94	26.00	14.33	50.00	13.00	12.00	92.31	13.65
1995	181.23	98.41	30.90	17.05	89.97	27.80	18.24	65.61	18.53
1996	181.12	99.38	21.00	11.59	63.81	13.40	6.91	51.57	6.95
1997	181.07	100.24	20.00	11.05	110.45	22.09	12.60	57.04	12.57
1998	180.93	101.26	20.00	11.05	86.50	17.30	12.71	73.47	12.55
1999	180.84	102.59	12.00	6.64	134.42	16.13	6.34	39.31	6.18
2000	180.84	103.60	14.00	7.74	145.14	20.32	6.10	30.02	5.89

5-10-12 安徽省砀山县历年棉花生产收购

年　度	耕地面积（万亩）	农业人口（万人）	棉田面积（万亩）	占耕地（%）	亩产（市斤）	产量（万担）	收购量（万担）	商品率（%）	人均交售（市斤）
52 年合计			**868.62**	**16.82**	**60.57**	**526.12**	**474.08**	**90.11**	**16.35**
11 年小计			**219.21**	**16.87**	**29.05**	**63.67**	**39.69**	**62.34**	**9.10**
占合计%			**25.24**			**12.10**	**8.37**		
1949	102.04	35.34	6.75	6.62	23.41	1.58			
1950	102.04	36.07	7.20	7.06	23.47	1.69	0.17	10.06	0.47
1951	102.04	36.99	7.02	6.88	22.36	1.57	0.10	6.37	0.27
1952	129.90	38.92	19.37	14.91	31.03	6.01	3.00	49.92	7.71
1953	129.90	38.95	18.51	14.25	31.98	5.92	3.00	50.68	7.70
1954	129.90	39.84	12.16	9.36	31.00	3.77	1.60	42.44	4.02
1955	129.90	40.46	19.57	15.07	33.52	6.56	3.00	45.73	7.41
1956	130.00	41.00	36.67	28.21	21.82	8.00	6.90	86.25	16.83
1957	129.24	41.81	29.63	22.93	25.41	7.53	3.50	46.48	8.37
1958	110.62	43.21	31.05	28.07	33.82	10.50	10.42	99.24	24.11
1959	104.00	43.56	31.28	30.08	33.70	10.54	8.00	75.90	18.37
10 年小计			**176.19**	**17.42**	**31.95**	**56.29**	**42.50**	**75.50**	**9.91**
占合计%			**20.28**			**10.70**	**8.96**		
1960	103.28	40.38	32.45	31.42	27.73	9.00	4.00	44.44	9.91
1961	102.75	40.46	17.54	17.07	18.81	3.30	3.04	92.12	7.51
1962	102.75	42.87	14.88	14.48	16.13	2.40	2.20	91.67	5.13
1963	101.14	44.06	19.91	19.69	3.37	0.67	0.50	74.63	1.13
1964	101.86	40.19	15.62	15.33	44.88	7.01	5.00	71.33	12.44
1965	101.06	41.11	19.64	19.43	25.15	4.94	3.80	76.92	9.24
1966	98.66	42.69	14.71	14.91	63.43	9.33	8.19	87.78	19.18
1967	99.90	43.85	14.89	14.90	50.64	7.54	6.67	88.46	15.21
1968	99.90	45.72	13.45	13.46	42.45	5.71	5.10	89.32	11.15
1969	99.90	47.65	13.10	13.11	48.78	6.39	4.00	62.60	8.39
10 年小计			**156.00**	**16.04**	**52.19**	**81.41**	**72.65**	**89.24**	**13.12**
占合计%			**17.96**			**15.47**	**15.32**		
1970	98.52	50.39	15.25	15.48	61.11	9.32	7.00	75.11	13.89
1971	98.52	51.50	15.90	16.14	48.62	7.73	6.77	87.58	13.15
1972	98.47	53.09	15.90	16.15	66.98	10.65	9.54	89.58	17.97
1973	97.30	54.36	16.00	16.44	80.50	12.88	10.80	83.85	19.87
1974	97.29	55.42	16.00	16.45	53.19	8.51	8.41	98.82	15.18
1975	97.08	56.25	16.08	16.56	67.23	10.81	10.03	92.78	17.83
1976	96.86	57.17	15.23	15.72	48.19	7.34	7.13	97.14	12.47
1977	96.26	58.04	16.13	16.76	47.06	7.59	6.95	91.57	11.97
1978	96.24	57.73	15.81	16.43	23.91	3.78	3.39	89.68	5.87
1979	96.23	59.90	13.70	14.24	20.44	2.80	2.63	93.93	4.39
10 年小计			**185.87**	**19.56**	**112.25**	**208.64**	**218.02**	**104.50**	**33.88**
占合计%			**21.40**			**39.66**	**45.99**		
1980	96.04	60.14	15.30	15.93	81.90	12.53	12.25	97.77	20.37
1981	96.04	60.14	17.62	18.35	94.10	16.58	15.67	94.51	26.06
1982	96.04	60.14	18.89	19.67	120.80	22.82	23.94	104.91	39.81
1983	96.04	60.14	22.44	23.37	124.06	27.84	30.14	108.26	50.12
1984	96.04	60.14	22.87	23.81	133.10	30.44	32.92	108.15	54.74
1985	95.80	63.86	20.06	20.94	93.82	18.82	23.03	122.37	36.06
1986	95.79	71.95	15.80	16.49	113.54	17.94	19.05	106.19	26.48
1987	95.79	71.95	18.62	19.44	131.74	24.53	22.19	90.46	30.84
1988	91.44	66.77	19.60	21.43	120.61	23.64	27.32	115.57	40.92
1989	91.23	68.19	14.67	16.08	92.02	13.50	11.51	85.26	16.88
11 年小计			**131.35**	**14.12**	**88.40**	**116.11**	**101.22**	**87.18**	**12.09**
占合计%			**15.12**			**22.07**	**21.35**		
1990	91.06	71.95	17.00	18.67	100.00	17.00	14.84	87.29	20.63
1991	90.77	72.90	19.30	21.26	119.17	23.00	22.22	96.61	30.48
1992	90.39	73.62	20.60	22.79	38.98	8.03	9.02	112.33	12.25
1993	90.38	74.44	9.45	10.46	78.31	7.40	5.29	71.49	7.11
1994	90.21	74.92	10.00	11.09	76.00	7.60	8.07	106.18	10.77
1995	90.08	75.51	10.00	11.10	94.00	9.40	7.27	77.34	9.63
1996	90.02	77.10	10.00	11.11	85.60	8.56	5.08	59.35	6.59
1997	76.35	77.93	10.00	13.10	85.10	8.51	7.93	93.18	10.18
1998	76.33	78.56	10.00	13.10	100.00	10.00	6.00	60.00	7.64
1999	72.28	79.58	7.00	9.68	103.00	7.21	8.20	113.73	10.30
2000	72.28	80.70	8.00	11.07	117.50	9.40	7.30	77.66	9.05

5－10－13　安徽省萧县历年棉花生产收购

年　度	耕地面积（万亩）	农业人口（万人）	棉田面积（万亩）	占耕地（%）	亩　产（市斤）	产　量（万担）	收购量（万担）	商品率（%）	人均交售（市斤）
52 年合计			**1,327.45**	**14.45**	**63.37**	**841.22**	**663.23**	**78.84**	**14.54**
11 年小计			**306.62**	**12.17**	**24.85**	**76.19**	**51.70**	**67.86**	**6.36**
占合计%			**23.10**			**9.06**	**7.80**		
1949	230.81	89.00	15.00	6.50	15.00	2.25	2.00	88.89	2.25
1950	230.81	91.00	14.98	6.49	24.37	3.65	0.20	5.48	0.22
1951	230.81	67.00	13.55	5.87	26.35	3.57	3.40	95.24	5.07
1952	230.81	68.00	37.01	16.03	29.05	10.75	6.70	62.33	9.85
1953	230.81	67.00	28.07	12.16	25.08	7.04	3.90	55.40	5.82
1954	230.81	69.00	18.97	8.22	21.77	4.13	2.50	60.53	3.62
1955	230.81	71.00	30.26	13.11	29.41	8.90	5.00	56.18	7.04
1956	230.81	71.00	40.93	17.73	12.53	5.13	2.30	44.83	3.24
1957	224.49	75.00	27.54	12.27	24.62	6.78	4.60	67.85	6.13
1958	224.49	72.00	40.10	17.86	30.87	12.38	10.30	83.20	14.31
1959	224.49	73.00	40.21	17.91	28.87	11.61	10.80	93.02	14.79
10 年小计			**262.63**	**14.05**	**33.63**	**88.31**	**70.81**	**80.18**	**10.25**
占合计%			**19.78**			**10.50**	**10.68**		
1960	224.49	66.00	39.76	17.71	30.18	12.00	10.50	87.50	15.91
1961	224.49	63.00	20.51	9.14	19.84	4.07	3.50	86.00	5.56
1962	177.22	68.00	12.67	7.15	17.21	2.18	2.10	96.33	3.09
1963	177.22	67.00	27.88	15.73	9.68	2.70	0.20	7.41	0.30
1964	177.22	66.00	24.98	14.10	40.47	10.11	9.11	90.11	13.80
1965	177.74	67.00	33.03	18.58	18.17	6.00	4.90	81.67	7.31
1966	177.74	69.00	26.46	14.89	57.03	15.09	13.80	91.45	20.00
1967	177.74	72.00	26.40	14.85	46.25	12.21	8.90	72.89	12.36
1968	177.74	75.00	26.34	14.82	48.25	12.71	9.20	72.38	12.27
1969	177.74	78.00	24.60	13.84	45.69	11.24	8.60	76.51	11.03
10 年小计			**258.61**	**15.47**	**57.86**	**149.64**	**129.87**	**86.79**	**14.46**
占合计%			**19.48**			**17.79**	**19.58**		
1970	168.93	81.00	28.25	16.72	52.14	14.73	12.50	84.86	15.43
1971	168.93	84.00	26.50	15.69	42.98	11.39	9.60	84.28	11.43
1972	168.93	86.00	26.37	15.61	57.41	15.14	12.66	83.62	14.72
1973	168.93	88.00	26.29	15.56	81.29	21.37	19.24	90.03	21.86
1974	168.93	90.00	26.23	15.53	70.42	18.47	15.36	83.16	17.07
1975	165.48	91.00	26.10	15.77	89.69	23.41	19.72	84.24	21.67
1976	165.48	92.00	26.03	15.73	69.69	18.14	14.05	77.45	15.27
1977	165.48	94.00	26.45	15.98	41.74	11.04	10.93	99.00	11.63
1978	165.48	95.00	25.77	15.57	31.39	8.09	7.93	98.02	8.35
1979	165.48	97.00	20.62	12.46	38.12	7.86	7.88	100.25	8.12
10 年小计			**243.00**	**16.02**	**110.12**	**267.58**	**278.32**	**104.01**	**29.32**
占合计%			**18.31**			**31.81**	**41.96**		
1980	159.51	100.00	26.30	16.49	89.81	23.62	22.19	93.95	22.19
1981	159.51	91.00	24.11	15.12	110.00	26.52	26.42	99.62	29.03
1982	159.51	92.00	24.11	15.12	120.16	28.97	33.71	116.36	36.64
1983	159.51	93.00	27.47	17.22	146.31	40.19	45.23	112.54	48.63
1984	146.90	92.52	28.49	19.39	124.39	35.44	37.54	105.93	40.58
1985	146.84	94.00	24.54	16.71	70.29	17.25	19.89	115.30	21.16
1986	146.78	95.00	17.58	11.98	113.59	19.97	17.31	86.68	18.22
1987	146.32	96.00	20.00	13.67	98.55	19.71	23.37	118.57	24.34
1988	146.05	97.42	23.72	16.24	128.33	30.44	32.94	108.21	33.81
1989	146.01	98.29	26.68	18.27	95.46	25.47	19.72	77.42	20.06
11 年小计			**256.59**	**15.96**	**101.13**	**259.50**	**132.53**	**51.07**	**10.95**
占合计%			**19.33**			**30.85**	**19.98**		
1990	145.96	102.88	24.24	16.61	108.37	26.27	24.54	93.41	23.85
1991	145.90	104.49	37.00	25.36	96.22	35.60	35.06	98.48	33.55
1992	146.40	106.78	33.47	22.86	83.81	28.05	17.52	62.46	16.41
1993	146.40	107.61	23.76	16.23	85.02	20.20	5.66	28.02	5.26
1994	146.28	108.84	33.65	23.00	56.46	19.00	11.34	59.68	10.42
1995	146.26	110.21	28.52	19.50	93.97	26.80	8.34	31.12	7.57
1996	146.23	111.69	20.62	14.10	107.95	22.26	3.65	16.40	3.27
1997	146.22	112.48	11.41	7.80	175.37	20.01	4.20	20.99	3.73
1998	146.75	113.80	13.96	9.51	116.55	16.27	10.16	62.45	8.93
1999	145.79	115.11	13.96	9.58	134.10	18.72	6.27	33.49	5.45
2000	145.79	115.90	16.00	10.97	164.50	26.32	5.79	22.00	5.00

5－10－14　安徽省濉溪县历年棉花生产收购

年　度	耕地面积（万亩）	农业人口（万人）	棉田面积（万亩）	占耕地（%）	亩　产（市斤）	产　量（万担）	收购量（万担）	商品率（%）	人均交售（市斤）
52年合计			**767.09**	**6.74**	**67.30**	**516.28**	**271.42**	**52.57**	**6.79**
11年小计			**137.20**	**4.65**	**15.29**	**20.98**	**11.70**	**55.77**	**1.57**
占合计%			**17.89**			**4.06**	**4.31**		
1949	225.00	63.00	10.00	4.44	15.20	1.52			
1950	235.47	64.20	9.00	3.82	7.00	0.63			
1951	252.80	66.60	10.00	3.96	3.60	0.36	0.50	138.89	0.75
1952	283.90	68.00	10.90	3.84	17.52	1.91	0.50	26.18	0.74
1953	287.40	69.00	12.10	4.21	20.83	2.52	1.00	39.68	1.45
1954	294.70	69.10	14.30	4.85	9.37	1.34	0.30	22.39	0.43
1955	289.90	71.00	12.00	4.14	22.17	2.66	1.40	52.63	1.97
1956	289.80	72.00	12.90	4.45	9.38	1.21	0.20	16.53	0.28
1957	282.50	72.70	15.00	5.31	25.13	3.77	2.70	71.62	3.71
1958	261.00	68.10	15.90	6.09	17.67	2.81	3.50	124.56	5.14
1959	245.00	61.10	15.10	6.16	14.90	2.25	1.60	71.11	2.62
10年小计			**79.90**	**3.55**	**18.94**	**15.13**	**7.12**	**47.06**	**1.29**
占合计%			**10.42**			**2.93**	**2.62**		
1960	242.20	50.20	18.90	7.80	8.04	1.52	1.30	85.53	2.59
1961	242.20	52.10	5.50	2.27	13.27	0.73	0.60	82.19	1.15
1962	235.10	54.60	5.20	2.21	3.85	0.20	0.20	100.00	0.37
1963	233.60	55.20	5.90	2.53	5.76	0.34	0.04	11.76	0.07
1964	220.70	52.10	5.20	2.36	24.42	1.27	0.68	53.54	1.31
1965	225.60	52.00	9.20	4.08	4.89	0.45	0.25	55.56	0.48
1966	213.10	54.50	8.10	3.80	43.09	3.49	1.81	51.86	3.32
1967	213.90	56.40	8.10	3.79	33.46	2.71	0.75	27.68	1.33
1968	213.20	59.70	7.00	3.28	34.86	2.44	1.04	42.62	1.74
1969	209.90	63.30	6.80	3.24	29.12	1.98	0.45	22.73	0.71
10年小计			**118.30**	**5.72**	**34.51**	**40.82**	**31.77**	**77.83**	**4.21**
占合计%			**15.42**			**7.91**	**11.71**		
1970	210.80	66.10	10.70	5.08	37.85	4.05	2.15	53.09	3.25
1971	210.20	68.30	9.40	4.47	25.32	2.38	1.59	66.81	2.33
1972	207.30	70.80	10.40	5.02	29.71	3.09	2.05	66.34	2.90
1973	206.30	73.70	12.00	5.82	58.83	7.06	6.72	95.18	9.12
1974	207.30	75.80	14.10	6.80	41.99	5.92	5.41	91.39	7.14
1975	206.30	77.50	13.50	6.54	47.04	6.35	4.71	74.17	6.08
1976	205.60	78.80	13.70	6.66	32.85	4.50	3.13	69.56	3.97
1977	205.50	80.20	12.80	6.23	19.30	2.47	1.00	40.49	1.25
1978	204.90	81.70	11.30	5.51	26.46	2.99	3.71	124.08	4.54
1979	204.20	82.30	10.40	5.09	19.33	2.01	1.30	64.68	1.58
10年小计			**142.14**	**7.06**	**91.45**	**129.98**	**100.35**	**77.20**	**11.45**
占合计%			**18.53**			**25.18**	**36.97**		
1980	204.30	88.40	12.50	6.13	42.08	5.26	4.47	84.98	5.06
1981	203.70	85.10	13.80	6.77	57.54	7.94	6.99	88.04	8.21
1982	203.70	86.20	16.00	7.85	52.81	8.45	7.62	90.18	8.84
1983	203.40	86.60	14.60	7.18	85.41	12.47	11.38	91.26	13.14
1984	202.10	86.70	16.00	7.92	112.13	17.94	9.36	52.17	10.80
1985	201.60	87.20	11.50	5.70	86.26	9.92	12.37	124.70	14.19
1986	201.10	87.80	9.10	4.53	115.38	10.50	7.45	70.95	8.49
1987	198.90	88.50	10.70	5.38	116.26	12.44	10.62	85.37	12.00
1988	197.90	89.30	19.14	9.67	139.18	26.64	19.21	72.11	21.51
1989	197.50	90.50	18.80	9.52	97.98	18.42	10.88	59.07	12.02
11年小计			**289.55**	**13.83**	**106.85**	**309.37**	**120.48**	**38.94**	**11.28**
占合计%			**37.75**			**59.92**	**44.39**		
1990	197.00	97.90	19.80	10.05	127.83	25.31	15.33	60.57	15.66
1991	196.40	99.00	40.00	20.37	116.75	46.70	28.90	61.88	29.19
1992	191.00	93.90	34.60	18.12	78.79	27.26	13.79	50.59	14.69
1993	189.90	94.30	23.90	12.59	98.87	23.63	11.15	47.19	11.82
1994	189.20	95.10	31.99	16.91	58.42	18.69	9.08	48.58	9.55
1995	188.75	95.36	26.26	13.91	127.95	33.60	12.50	37.20	13.11
1996	188.76	96.02	23.00	12.18	94.04	21.63	4.98	23.02	5.19
1997	188.61	96.75	22.00	11.66	118.64	26.10	6.55	25.10	6.77
1998	188.42	97.60	22.00	11.68	122.00	26.84	8.00	29.81	8.20
1999	188.13	99.18	22.00	11.69	127.73	28.10	3.58	12.74	3.61
2000	188.13	102.90	24.00	12.76	131.29	31.51	6.62	21.01	6.43

5－10－15　安徽省怀远县历年棉花生产收购

年　度	耕地面积（万亩）	农业人口（万人）	棉田面积（万亩）	占耕地（%）	亩　产（市斤）	产　量（万担）	收购量（万担）	商品率（%）	人均交售（市斤）
52 年合计			**284.56**	**2.53**	**77.04**	**219.23**	**107.87**	**49.20**	**2.65**
11 年小计			**32.30**	**1.05**	**17.65**	**5.70**	**2.79**	**48.95**	**0.43**
占合计%			**11.35**			**2.60**	**2.59**		
1949	192.20	50.00	3.10	1.61	19.35	0.60	0.21	35.00	0.42
1950	232.50	51.00	3.30	1.42	21.21	0.70	0.60	85.71	1.18
1951	238.10	53.00	4.40	1.85	36.36	1.60	0.80	50.00	1.51
1952	321.10	61.20	2.50	0.78	20.00	0.50	0.20	40.00	0.33
1953	326.40	61.00	5.40	1.65	12.96	0.70	0.30	42.86	0.49
1954	318.70	62.00	4.00	1.26	2.50	0.10	0.07	70.00	0.11
1955	329.40	67.00	3.90	1.18	15.38	0.60	0.20	33.33	0.30
1956	321.50	66.00	1.60	0.50	18.75	0.30	0.15	50.00	0.23
1957	304.90	66.80	1.00	0.33	20.00	0.20	0.10	50.00	0.15
1958	274.40	55.00	1.80	0.66	11.11	0.20	0.06	30.00	0.11
1959	220.50	53.00	1.30	0.59	15.38	0.20	0.10	50.00	0.19
10 年小计			**17.70**	**0.82**	**26.89**	**4.76**	**1.90**	**39.92**	**0.34**
占合计%			**6.22**			**2.17**	**1.76**		
1960	231.60	49.00	1.30	0.56	15.38	0.20	0.10	50.00	0.20
1961	230.20	50.00	0.90	0.39	22.22	0.20	0.02	10.00	0.04
1962	229.10	53.30	1.40	0.61	7.14	0.10	0.02	20.00	0.04
1963	221.00	56.00	1.10	0.50	9.09	0.10	0.03	30.00	0.05
1964	232.30	58.00	0.70	0.30	2.86	0.02	0.01	50.00	0.02
1965	201.40	54.60	1.00	0.50	24.00	0.24	0.01	4.17	0.02
1966	204.10	57.00	3.00	1.47	6.67	0.20	0.07	35.00	0.12
1967	206.50	59.00	3.40	1.65	58.82	2.00	0.74	37.00	1.25
1968	205.60	61.00	3.00	1.46	40.00	1.20	0.69	57.50	1.13
1969	201.00	65.00	1.90	0.95	26.32	0.50	0.21	42.00	0.32
10 年小计			**49.80**	**2.55**	**28.27**	**14.08**	**10.95**	**77.77**	**1.43**
占合计%			**17.50**			**6.42**	**10.15**		
1970	197.00	67.80	6.10	3.10	34.43	2.10	1.80	85.71	2.65
1971	192.90	69.00	3.95	2.05	29.62	1.17	0.69	58.97	1.00
1972	195.30	72.00	4.25	2.18	15.53	0.66	0.33	50.00	0.46
1973	195.10	74.00	5.12	2.62	34.77	1.78	1.52	85.39	2.05
1974	194.90	76.00	5.77	2.96	37.44	2.16	1.78	82.41	2.34
1975	195.00	77.80	4.92	2.52	26.22	1.29	1.05	81.40	1.35
1976	195.00	79.00	5.58	2.86	24.91	1.39	1.17	84.17	1.48
1977	195.00	81.00	5.97	3.06	25.63	1.53	1.29	84.31	1.59
1978	195.00	82.70	5.34	2.74	25.28	1.35	0.95	70.37	1.15
1979	194.80	85.00	2.80	1.44	23.21	0.65	0.37	56.92	0.44
10 年小计			**48.31**	**2.49**	**76.86**	**37.13**	**25.35**	**68.27**	**2.81**
占合计%			**16.98**			**16.94**	**23.50**		
1980	198.00	86.80	5.06	2.56	34.98	1.77	1.75	98.87	2.02
1981	194.50	88.00	6.32	3.25	52.69	3.33	2.75	82.58	3.13
1982	194.50	89.00	5.69	2.93	56.59	3.22	2.38	73.91	2.67
1983	194.30	90.00	6.48	3.34	62.35	4.04	3.01	74.50	3.34
1984	191.90	91.00	7.24	3.77	87.98	6.37	4.68	73.47	5.14
1985	191.91	89.20	3.44	1.79	95.64	3.29	2.15	65.35	2.41
1986	191.76	90.00	2.79	1.45	102.87	2.87	1.71	59.58	1.90
1987	194.50	91.00	2.49	1.28	99.20	2.47	2.07	83.81	2.27
1988	194.45	92.09	4.72	2.43	129.03	6.09	3.41	55.99	3.70
1989	194.52	93.78	4.08	2.10	90.20	3.68	1.44	39.13	1.54
11 年小计			**136.45**	**6.40**	**115.47**	**157.56**	**66.88**	**42.45**	**5.61**
占合计%			**47.95**			**71.87**	**62.00**		
1990	194.52	102.14	4.13	2.12	112.11	4.63	2.21	47.73	2.16
1991	194.52	104.27	7.33	3.77	74.22	5.44	5.08	93.38	4.87
1992	194.50	105.66	9.33	4.80	88.96	8.30	4.00	48.19	3.79
1993	194.32	106.57	9.19	4.73	106.64	9.80	2.24	22.86	2.10
1994	193.91	107.61	12.40	6.39	53.23	6.60	4.88	73.94	4.53
1995	194.01	108.34	24.87	12.82	110.98	27.60	15.04	54.49	13.88
1996	193.92	109.22	12.50	6.45	105.12	13.14	6.00	45.66	5.49
1997	193.44	110.11	14.30	7.39	146.22	20.91	9.37	44.81	8.51
1998	193.43	111.01	14.20	7.34	202.25	28.72	10.40	36.21	9.37
1999	193.42	112.13	12.20	6.31	93.36	11.39	6.00	52.68	5.35
2000	193.42	115.90	16.00	8.27	131.44	21.03	1.66	7.89	1.43

5-10-16　安徽省五河县历年棉花生产收购

年　　度	耕地面积（万亩）	农业人口（万人）	棉田面积（万亩）	占耕地（%）	亩　产（市斤）	产　量（万担）	收购量（万担）	商品率（%）	人均交售（市斤）
52年合计			**181.92**	**2.57**	**78.08**	**142.05**	**102.21**	**71.95**	**4.36**
11年小计			**16.70**	**0.79**	**7.96**	**1.33**	**0.65**	**48.87**	**0.16**
占合计%			**9.18**			**0.94**	**0.64**		
1949	117.00	38.96	1.60	1.37	8.75	0.14	0.01	7.14	0.03
1950	178.00	38.26	3.39	1.90	4.42	0.15	0.05	33.33	0.13
1951	188.00	37.88	1.62	0.86	6.79	0.11	0.07	63.64	0.18
1952	210.00	35.86	2.08	0.99	7.21	0.15	0.06	40.00	0.17
1953	210.00	35.86	1.86	0.89	12.37	0.23	0.12	52.17	0.33
1954	212.00	36.84	1.66	0.78	7.83	0.13	0.11	84.62	0.30
1955	209.00	37.45	1.33	0.64	9.02	0.12	0.10	83.33	0.27
1956	207.00	39.47	1.01	0.49	3.96	0.04	0.01	25.00	0.03
1957	206.00	39.80	0.58	0.28	8.62	0.05	0.03	60.00	0.08
1958	193.00	39.72	0.52	0.27	17.31	0.09	0.05	55.56	0.13
1959	192.00	37.18	1.05	0.55	11.43	0.12	0.04	33.33	0.11
10年小计			**8.11**	**0.56**	**20.96**	**1.70**	**0.60**	**35.29**	**0.17**
占合计%			**4.46**			**1.20**	**0.59**		
1960	192.00	32.72	1.79	0.93	6.15	0.11	0.01	9.09	0.03
1961	161.00	32.99	0.45	0.28	4.44	0.02	0.01	50.00	0.03
1962	162.00	36.58	0.32	0.20	15.63	0.05	0.02	40.00	0.05
1963	163.00	38.30	0.29	0.18					
1964	162.00	38.64	0.14	0.09	14.29	0.02	0.01	50.00	0.03
1965	120.00	31.43	0.37	0.31	2.70	0.01	0.01	100.00	0.03
1966	120.00	32.27	0.68	0.57	48.53	0.33	0.11	33.33	0.34
1967	120.00	33.84	2.07	1.73	33.33	0.69	0.18	26.09	0.53
1968	120.00	35.34	1.28	1.07	29.69	0.38	0.14	36.84	0.40
1969	120.00	38.08	0.72	0.60	12.50	0.09	0.11	122.22	0.29
10年小计			**34.57**	**2.96**	**51.35**	**17.75**	**14.63**	**82.42**	**3.36**
占合计%			**19.00**			**12.50**	**14.31**		
1970	117.00	39.14	2.86	2.44	37.76	1.08	0.50	46.30	1.28
1971	116.00	39.62	2.27	1.96	24.67	0.56	0.18	32.14	0.45
1972	117.00	41.09	2.71	2.32	34.69	0.94	0.47	50.00	1.14
1973	117.00	42.54	3.58	3.06	47.77	1.71	1.39	81.29	3.27
1974	117.00	43.64	3.42	2.92	54.68	1.87	1.62	86.63	3.71
1975	117.00	44.51	3.63	3.10	63.09	2.29	1.81	79.04	4.07
1976	117.00	45.17	3.89	3.32	52.96	2.06	1.89	91.75	4.18
1977	116.00	45.65	4.07	3.51	58.23	2.37	2.35	99.16	5.15
1978	116.00	46.58	4.11	3.54	70.56	2.90	2.79	96.21	5.99
1979	116.00	47.27	4.03	3.47	48.88	1.97	1.63	82.74	3.45
10年小计			**46.22**	**3.99**	**95.13**	**43.97**	**51.54**	**117.22**	**10.31**
占合计%			**25.41**			**30.95**	**50.43**		
1980	116.00	48.09	4.70	4.05	56.81	2.67	2.31	86.52	4.80
1981	116.00	48.54	5.35	4.61	80.75	4.32	4.05	93.75	8.34
1982	116.00	49.10	5.94	5.12	83.84	4.98	3.92	78.71	7.98
1983	116.00	49.44	6.00	5.17	117.00	7.02	5.86	83.48	11.85
1984	116.00	49.87	7.25	6.25	93.38	6.77	9.35	138.11	18.75
1985	116.20	50.11	4.79	4.12	97.49	4.67	6.02	128.91	12.01
1986	116.20	50.42	2.87	2.47	97.56	2.80	4.88	174.29	9.68
1987	116.00	50.59	2.75	2.37	130.91	3.60	5.71	158.61	11.29
1988	115.49	51.29	3.61	3.13	111.08	4.01	6.43	160.35	12.54
1989	115.12	52.36	2.96	2.57	105.74	3.13	3.01	96.17	5.75
11年小计			**76.32**	**6.44**	**101.28**	**77.30**	**34.79**	**45.01**	**5.44**
占合计%			**41.95**			**54.42**	**34.04**		
1990	114.98	54.63	4.60	4.00	116.96	5.38	3.81	70.82	6.97
1991	113.80	55.80	3.63	3.19	65.29	2.37	4.04	170.46	7.24
1992	110.94	56.55	7.95	7.17	93.46	7.43	5.52	74.29	9.76
1993	107.64	57.27	9.59	8.91	106.36	10.20	1.72	16.86	3.00
1994	107.24	57.58	7.34	6.84	87.19	6.40	1.65	25.78	2.87
1995	105.57	58.15	10.47	9.92	105.06	11.00	4.87	44.27	8.37
1996	105.20	58.72	7.16	6.81	123.74	8.86	4.35	49.10	7.41
1997	104.93	59.21	7.66	7.30	95.69	7.33	2.64	36.02	4.46
1998	104.97	59.66	4.92	4.69	170.12	8.37	2.73	32.62	4.58
1999	104.99	60.32	7.00	6.67	66.43	4.65	1.30	27.96	2.16
2000	104.99	61.30	6.00	5.71	88.50	5.31	2.16	40.68	3.52

5－10－17　安徽省滁州市南樵区历年棉花生产收购

年　度	耕地面积（万亩）	农业人口（万人）	棉田面积（万亩）	占耕地（%）	亩　产（市斤）	产　量（万担）	收购量（万担）	商品率（%）	人均交售（市斤）
52 年合计			**177.75**	**6.52**	**55.67**	**98.95**	**77.81**	**78.63**	**6.90**
11 年小计			**16.02**	**2.36**	**18.79**	**3.01**	**1.86**	**61.79**	**1.28**
占合计%			**9.01**			**3.04**	**2.39**		
1949	61.44	11.05	0.87	1.42	20.69	0.18	0.05	27.78	0.45
1950	61.44	11.28	0.92	1.50	16.30	0.15	0.07	46.67	0.62
1951	61.74	11.91	0.96	1.55	19.79	0.19	0.09	47.37	0.76
1952	61.74	12.69	1.71	2.77	22.81	0.39	0.11	28.21	0.87
1953	62.71	13.09	1.45	2.31	17.24	0.25	0.15	60.00	1.15
1954	59.40	13.33	1.60	2.69	11.25	0.18	0.14	77.78	1.05
1955	64.51	13.90	1.84	2.85	22.28	0.41	0.29	70.73	2.09
1956	63.17	14.27	2.13	3.37	5.63	0.12	0.14	116.67	0.98
1957	63.80	14.52	1.64	2.57	28.05	0.46	0.28	60.87	1.93
1958	59.40	14.77	1.89	3.18	20.11	0.38	0.44	115.79	2.98
1959	60.01	15.00	1.01	1.68	29.70	0.30	0.10	33.33	0.67
10 年小计			**20.01**	**3.69**	**36.18**	**7.24**	**7.58**	**104.74**	**4.60**
占合计%			**11.26**			**7.32**	**9.75**		
1960	54.90	13.37	0.07	0.13	28.57	0.02	0.01	50.00	0.07
1961	54.88	12.99	0.76	1.38	11.84	0.09	0.15	170.00	1.18
1962	54.13	14.46	0.91	1.68	24.18	0.22	0.26	118.18	1.80
1963	50.04	15.22	1.27	2.54	25.98	0.33	0.28	84.85	1.84
1964	55.97	16.23	1.71	3.06	28.07	0.48	0.57	118.75	3.51
1965	55.42	17.09	2.40	4.33	40.83	0.98	0.72	73.47	4.21
1966	54.88	18.14	2.92	5.32	30.14	0.88	1.07	121.59	5.90
1967	54.51	17.98	3.45	6.33	53.91	1.86	1.80	96.77	10.01
1968	54.25	19.39	3.39	6.25	41.00	1.39	1.57	112.95	8.10
1969	53.62	20.13	3.13	5.84	31.63	0.99	1.15	116.16	5.71
10 年小计			**40.27**	**7.98**	**42.96**	**17.30**	**17.82**	**103.02**	**7.25**
占合计%			**22.66**			**17.48**	**22.91**		
1970	51.03	21.83	4.36	8.54	37.84	1.65	1.89	114.55	8.66
1971	50.88	22.75	3.64	7.15	29.40	1.07	1.07	100.00	4.70
1972	50.59	23.47	3.87	7.65	40.05	1.55	1.43	92.26	6.09
1973	49.70	24.41	4.01	8.07	50.62	2.03	1.85	91.28	7.59
1974	50.30	24.95	4.19	8.33	58.00	2.43	2.60	107.00	10.42
1975	50.25	25.35	4.08	8.12	34.80	1.42	1.41	99.30	5.56
1976	50.67	25.43	4.19	8.27	49.16	2.06	2.17	105.34	8.53
1977	50.57	25.82	4.16	8.23	48.56	2.02	1.99	98.51	7.71
1978	50.45	25.97	3.92	7.77	45.41	1.78	1.92	107.87	7.39
1979	50.43	25.92	3.85	7.63	33.51	1.29	1.49	115.50	5.75
10 年小计			**30.22**	**6.04**	**63.20**	**19.10**	**15.23**	**79.74**	**5.82**
占合计%			**17.00**			**19.30**	**19.57**		
1980	50.40	26.03	4.29	8.51	44.29	1.90	1.81	95.26	6.95
1981	50.32	25.71	4.08	8.11	66.42	2.71	2.48	91.51	9.65
1982	50.27	26.13	4.10	8.16	46.83	1.92	1.50	78.13	5.74
1983	50.25	26.35	4.00	7.96	59.50	2.38	1.92	80.67	7.29
1984	50.18	25.85	3.99	7.95	68.67	2.74	2.56	93.43	9.90
1985	50.16	25.16	2.37	4.72	65.40	1.55	1.79	115.48	7.11
1986	50.09	26.07	1.89	3.77	73.02	1.38	0.87	63.04	3.34
1987	49.88	26.48	1.89	3.79	73.02	1.38	0.77	55.80	2.91
1988	49.53	26.68	1.79	3.61	83.80	1.50	0.70	46.67	2.62
1989	49.48	27.21	1.82	3.68	90.11	1.64	0.83	50.61	3.05
11 年小计			**71.23**	**14.24**	**73.42**	**52.30**	**35.31**	**67.51**	**11.44**
占合计%			**40.07**			**52.85**	**45.38**		
1990	49.39	27.65	3.88	7.86	82.47	3.20	3.20	100.00	11.57
1991	49.11	28.06	5.47	11.14	67.28	3.68	3.17	86.14	11.30
1992	48.65	27.92	6.27	12.89	73.68	4.62	4.09	88.53	14.65
1993	42.15	28.03	4.49	10.65	80.18	3.60	1.78	49.44	6.35
1994	41.87	28.16	5.33	12.73	41.28	2.20	1.80	81.82	6.39
1995	41.79	27.90	8.46	20.24	76.48	6.47	5.35	82.69	19.18
1996	45.96	27.80	9.28	20.19	60.78	5.64	2.46	43.62	8.85
1997	45.66	27.90	8.84	19.36	83.48	7.38	4.72	63.96	16.92
1998	45.32	28.10	8.11	17.89	94.70	7.68	2.88	37.50	10.25
1999	45.20	28.04	5.55	12.28	72.07	4.00	2.86	71.50	10.20
2000	45.20	29.00	5.55	12.28	69.01	3.83	3.00	78.33	10.34

5-10-18　安徽省天长县历年棉花生产收购

年　　度	耕地面积（万亩）	农业人口（万人）	棉田面积（万亩）	占耕地（%）	亩　产（市斤）	产　量（万担）	收购量（万担）	商品率（%）	人均交售（市斤）
52 年合计			**235.38**	**4.46**	**51.41**	**121.00**	**109.00**	**90.08**	**5.52**
11 年小计			**11.37**	**0.84**	**9.96**	**1.13**	**0.15**	**13.24**	**0.05**
占合计%			**4.83**			**0.94**	**0.14**		
1949	118.40	23.10	0.09	0.08	11.11	0.01			
1950	120.70	23.70	0.09	0.07	11.11	0.01			
1951	130.80	25.00	1.63	1.25	13.50	0.22			
1952	130.90	27.90	1.95	1.49	6.31	0.12	0.01	8.13	0.04
1953	120.80	28.80	1.90	1.57	7.89	0.15			
1954	123.30	29.60	1.65	1.34	9.09	0.15	0.01	6.67	0.03
1955	122.20	30.40	1.30	1.06	16.15	0.21	0.02	9.52	0.07
1956	122.20	31.50	0.62	0.51	6.45	0.04	0.01	25.00	0.03
1957	122.20	32.30	0.89	0.73	5.62	0.05	0.03	60.00	0.09
1958	122.30	32.20	0.63	0.52	17.46	0.11	0.04	36.36	0.12
1959	121.00	32.70	0.62	0.51	9.68	0.06	0.03	50.00	0.09
10 年小计			**24.49**	**2.26**	**31.20**	**7.64**	**6.89**	**90.18**	**2.17**
占合计%			**10.40**			**6.31**	**6.32**		
1960	116.10	26.40	0.54	0.47	25.93	0.14	0.03	21.43	0.11
1961	116.30	26.70	0.15	0.13	13.33	0.02	0.06	*	0.22
1962	109.10	29.50	0.28	0.26	3.57	0.01	0.03	*	0.10
1963	109.50	30.20	0.22	0.20	9.09	0.02	0.08	*	0.26
1964	109.50	31.00	0.31	0.28	41.94	0.13	0.22	169.23	0.71
1965	108.10	32.20	1.09	1.01	21.10	0.23	0.24	104.35	0.75
1966	104.30	33.40	4.30	4.12	40.47	1.74	1.64	94.25	4.91
1967	101.10	34.90	8.30	8.21	37.35	3.10	2.76	89.03	7.91
1968	112.10	36.30	5.80	5.17	24.14	1.40	0.95	67.86	2.62
1969	98.60	37.30	3.50	3.55	24.29	0.85	0.88	103.53	2.36
10 年小计			**91.80**	**9.82**	**42.02**	**38.57**	**40.45**	**104.87**	**9.26**
占合计%			**39.00**			**31.88**	**37.11**		
1970	95.90	39.10	8.30	8.65	31.33	2.60	2.94	113.08	7.52
1971	94.10	40.70	8.14	8.65	33.29	2.71	2.91	107.38	7.15
1972	93.40	41.90	8.20	8.78	41.46	3.40	3.08	90.59	7.35
1973	93.70	42.90	9.01	9.62	56.27	5.07	5.13	101.18	11.96
1974	93.60	43.80	9.58	10.24	49.69	4.76	4.74	99.58	10.82
1975	93.40	44.60	9.47	10.14	30.94	2.93	2.96	101.02	6.64
1976	93.40	45.10	9.62	10.30	44.07	4.24	4.63	109.20	10.27
1977	92.50	45.80	10.00	10.81	37.00	3.70	3.94	106.49	8.60
1978	92.40	46.30	9.87	10.68	55.22	5.45	5.90	108.26	12.74
1979	92.40	46.70	9.61	10.40	38.61	3.71	4.22	113.75	9.04
10 年小计			**71.34**	**7.78**	**63.33**	**45.18**	**37.17**	**82.27**	**8.07**
占合计%			**30.31**			**37.34**	**34.10**		
1980	91.20	46.70	9.56	10.48	32.64	3.12	3.29	105.45	7.04
1981	91.10	46.80	10.02	11.00	77.54	7.77	7.60	97.81	16.24
1982	91.10	47.00	10.06	11.04	75.45	7.59	7.05	92.89	15.00
1983	91.10	41.10	10.03	11.01	71.59	7.18	6.41	89.28	15.60
1984	91.10	46.60	9.92	10.89	62.10	6.16	4.92	79.87	10.56
1985	91.90	46.50	5.64	6.14	63.65	3.59	2.94	81.89	6.32
1986	91.00	46.90	6.36	6.99	56.92	3.62	2.32	64.09	4.95
1987	92.70	46.40	5.14	5.54	60.89	3.13	1.74	55.59	3.75
1988	92.65	46.02	2.90	3.13	62.07	1.80	0.69	38.33	1.50
1989	92.61	46.82	1.71	1.85	71.35	1.22	0.21	17.21	0.45
11 年小计			**36.38**	**3.68**	**78.28**	**28.48**	**24.34**	**85.46**	**5.52**
占合计%			**15.46**			**23.54**	**22.33**		
1990	92.48	47.49	3.17	3.43	73.82	2.34	1.59	67.95	3.35
1991	90.59	33.18	4.21	4.65	52.49	2.21	1.25	56.56	3.77
1992	90.38	33.47	4.82	5.33	70.95	3.42	2.38	69.59	7.11
1993	90.13	33.76	3.26	3.62	73.62	2.40	0.79	32.92	2.34
1994	89.89	36.73	1.47	1.64	68.03	1.00	1.19	119.00	3.24
1995	89.68	41.56	3.00	3.35	86.67	2.60	0.84	32.31	2.02
1996	89.56	42.05	4.10	4.58	80.49	3.30	0.83	25.15	1.97
1997	89.31	42.61	3.80	4.25	88.42	3.36	2.41	71.73	5.66
1998	89.20	42.96	4.20	4.71	102.14	4.29	4.50	104.90	10.47
1999	89.02	43.23	2.05	2.30	100.00	2.05	4.00	195.12	9.25
2000	89.02	44.10	2.30	2.58	65.65	1.51	4.56	*	10.34

5－10－19　安徽省全椒县历年棉花生产收购

年　度	耕地面积（万亩）	农业人口（万人）	棉田面积（万亩）	占耕地（%）	亩　产（市斤）	产　量（万担）	收购量（万担）	商品率（%）	人均交售（市斤）
52 年合计			**222.34**	**10.99**	**73.72**	**163.91**	**141.27**	**86.19**	**14.10**
11 年小计									
占合计%									
1949									
1950									
1951									
1952									
1953									
1954									
1955									
1956									
1957									
1958									
1959									
10 年小计									
占合计%									
1960									
1961									
1962									
1963									
1964									
1965									
1966									
1967									
1968									
1969									
10 年小计			**84.45**	**12.58**	**53.71**	**45.36**	**43.96**	**96.91**	**13.80**
占合计%			**37.98**			**27.67**	**31.12**		
1970	68.70	29.00	9.62	14.00	34.62	3.33	2.10	63.06	7.24
1971	68.12	29.83	8.55	12.55	22.81	1.95	1.63	83.59	5.46
1972	68.10	30.67	9.30	13.66	40.65	3.78	4.03	106.61	13.14
1973	67.67	31.47	8.02	11.85	55.49	4.45	4.31	96.85	13.70
1974	67.15	31.98	7.87	11.72	100.00	7.87	7.28	92.50	22.76
1975	66.47	32.45	8.42	12.67	54.63	4.60	4.28	93.04	13.19
1976	66.44	32.87	8.39	12.63	65.08	5.46	5.46	100.00	16.61
1977	66.34	33.26	8.45	12.74	66.39	5.61	5.78	103.03	17.38
1978	66.28	33.54	8.37	12.63	54.96	4.60	4.88	106.09	14.55
1979	65.90	33.47	7.46	11.32	49.73	3.71	4.21	113.48	12.58
10 年合计			**68.63**	**10.50**	**75.55**	**51.85**	**46.21**	**89.12**	**14.13**
占合计%			**30.87**			**31.63**	**32.71**		
1980	65.57	33.74	8.01	12.22	43.82	3.51	3.62	103.13	10.73
1981	65.57	33.71	8.26	12.60	71.91	5.94	5.39	90.74	15.99
1982	65.54	33.88	8.26	12.60	34.87	2.88	2.18	75.69	6.43
1983	65.54	33.60	8.40	12.82	77.38	6.50	5.32	81.85	15.83
1984	65.52	32.79	7.81	11.92	100.51	7.85	7.72	98.34	23.54
1985	65.52	31.56	7.19	10.97	104.63	7.52	6.49	86.27	20.56
1986	65.45	31.56	6.87	10.50	96.76	6.65	5.40	81.20	17.11
1987	65.45	31.56	5.01	7.65	92.42	4.63	4.41	95.25	13.97
1988	64.69	32.11	4.19	6.48	97.37	4.08	3.84	94.12	11.96
1989	64.66	32.50	4.63	7.16	49.46	2.29	1.84	80.35	5.66
11 年小计			**69.26**	**9.92**	**96.30**	**66.70**	**51.10**	**76.61**	**14.33**
占合计%			**31.15**			**40.69**	**36.17**		
1990	64.63	33.63	4.15	6.42	152.05	6.31	3.76	59.59	11.18
1991	64.39	33.97	5.73	8.90	70.68	4.05	4.45	109.88	13.10
1992	64.27	34.01	6.55	10.19	75.27	4.93	4.67	94.73	13.73
1993	64.05	34.31	5.33	8.32	97.56	5.20	3.86	74.23	11.25
1994	63.85	30.16	5.91	9.26	50.76	3.00	5.64	188.00	18.70
1995	63.52	31.07	8.27	13.02	108.83	9.00	5.76	64.00	18.54
1996	63.18	31.41	6.86	10.86	99.85	6.85	1.63	23.80	5.19
1997	62.67	31.67	7.00	11.17	115.00	8.05	4.67	58.01	14.75
1998	62.57	31.89	7.46	11.92	120.11	8.96	6.68	74.55	20.95
1999	62.48	32.19	5.00	8.00	67.80	3.39	4.28	126.25	13.30
2000	62.57	32.30	7.00	11.19	99.43	6.96	5.70	81.90	17.65

5-10-20 安徽省定远县历年棉花生产收购

年　度	耕地面积（万亩）	农业人口（万人）	棉田面积（万亩）	占耕地（%）	亩　产（市斤）	产　量（万担）	收购量（万担）	商品率（%）	人均交售（市斤）
52年合计			**281.31**	**5.79**	**53.78**	**151.29**	**88.38**	**58.42**	**4.33**
11年小计									
占合计%									
1949									
1950									
1951									
1952									
1953									
1954									
1955									
1956									
1957									
1958									
1959									
10年小计									
占合计%									
1960									
1961									
1962									
1963									
1964									
1965									
1966									
1967									
1968									
1969									
10年小计			**104.85**	**6.46**	**32.18**	**33.74**	**28.57**	**84.68**	**4.88**
占合计%			**37.27**			**22.30**	**32.33**		
1970	167.25	51.20	12.53	7.49	32.88	4.12	2.20	53.40	4.30
1971	166.00	53.20	10.30	6.20	22.14	2.28	1.85	81.14	3.48
1972	165.43	55.16	9.93	6.00	22.26	2.21	1.84	83.26	3.34
1973	163.14	56.99	11.33	6.94	36.89	4.18	3.75	89.71	6.58
1974	162.78	58.71	11.49	7.06	38.73	4.45	4.18	93.93	7.12
1975	162.33	60.30	10.19	6.28	31.01	3.16	2.69	85.13	4.46
1976	161.81	61.08	9.78	6.04	35.38	3.46	3.13	90.46	5.12
1977	160.63	61.91	9.70	6.04	39.38	3.82	3.15	82.46	5.09
1978	157.27	62.90	9.74	6.19	39.22	3.82	3.50	91.62	5.56
1979	155.82	63.79	9.86	6.33	22.72	2.24	2.28	101.79	3.57
10年小计			**70.13**	**4.52**	**37.83**	**26.53**	**15.75**	**59.37**	**2.37**
占合计%			**24.93**			**17.54**	**17.82**		
1980	155.58	64.86	10.24	6.58	21.88	2.24	1.96	87.50	3.02
1981	155.29	65.18	10.31	6.64	42.19	4.35	3.17	72.87	4.86
1982	155.37	65.56	9.95	6.40	21.41	2.13	1.27	59.62	1.94
1983	155.41	65.77	10.11	6.51	41.94	4.24	3.24	76.42	4.93
1984	155.23	66.04	10.12	6.52	37.06	3.75	3.70	98.67	5.60
1985	155.15	64.64	4.85	3.13	41.44	2.01	0.46	22.89	0.71
1986	155.10	70.20	3.20	2.06	49.06	1.57	0.15	9.55	0.21
1987	155.10	70.20	3.38	2.18	52.07	1.76	0.23	13.07	0.33
1988	155.26	65.72	3.84	2.47	56.51	2.17	0.64	29.49	0.97
1989	155.24	67.03	4.13	2.66	55.93	2.31	0.93	40.26	1.39
11年小计			**106.33**	**6.33**	**85.60**	**91.02**	**44.06**	**48.41**	**5.56**
占合计%			**37.80**			**60.16**	**49.85**		
1990	155.10	70.14	4.38	2.82	67.35	2.95	1.72	58.31	2.45
1991	154.98	71.22	3.06	1.97	40.85	1.25	0.90	72.00	1.26
1992	154.26	71.52	7.15	4.64	82.38	5.89	3.50	59.42	4.89
1993	153.65	71.94	7.60	4.95	78.95	6.00	1.52	25.33	2.11
1994	153.55	72.48	11.28	7.35	37.23	4.20	3.96	94.29	5.46
1995	152.81	73.49	15.00	9.82	86.67	13.00	10.95	84.23	14.90
1996	152.09	71.00	15.00	9.86	70.00	10.50	4.56	43.43	6.42
1997	151.83	71.80	14.00	9.22	106.71	14.94	5.20	34.81	7.24
1998	151.09	72.55	14.86	9.84	89.43	13.29	4.01	30.17	5.53
1999	150.77	73.16	4.00	2.65	231.50	9.26	3.20	34.56	4.37
2000	150.77	73.70	10.00	6.63	97.40	9.74	4.54	46.61	6.16

5－10－21　安徽省来安县历年棉花生产收购

年　　度	耕地面积（万亩）	农业人口（万人）	棉田面积（万亩）	占耕地（%）	亩　产（市斤）	产　量（万担）	收购量（万担）	商品率（%）	人均交售（市斤）
52年合计			**139.63**	**6.19**	**56.19**	**78.45**	**56.38**	**71.87**	**4.88**
11年小计									
占合计%									
1949									
1950									
1951									
1952									
1953									
1954									
1955									
1956									
1957									
1958									
1959									
10年小计									
占合计%									
1960									
1961									
1962									
1963									
1964									
1965									
1966									
1967									
1968									
1969									
10年小计			**56.06**	**7.50**	**37.05**	**20.77**	**18.18**	**87.53**	**5.29**
占合计%			**40.15**			**26.48**	**32.25**		
1970	76.08	32.20	5.63	7.40	28.06	1.58	1.00	63.29	3.11
1971	76.08	32.20	4.34	5.70	26.50	1.15	0.94	81.74	2.92
1972	76.08	32.20	5.00	6.57	39.40	1.97	1.37	69.54	4.25
1973	76.08	32.20	5.92	7.78	45.27	2.68	2.52	94.03	7.83
1974	76.08	32.20	5.95	7.82	48.07	2.86	2.26	79.02	7.02
1975	73.58	36.00	5.79	7.87	29.71	1.72	1.55	90.12	4.31
1976	73.58	36.00	5.95	8.08	37.17	2.21	1.98	89.59	5.50
1977	73.58	36.00	6.12	8.32	38.40	2.35	2.14	91.06	5.94
1978	72.93	37.30	5.91	8.10	44.67	2.64	2.89	109.47	7.75
1979	72.93	37.30	5.45	7.47	29.54	1.61	1.53	95.03	4.10
10年小计			**41.07**	**5.69**	**51.47**	**21.14**	**15.23**	**72.04**	**4.06**
占合计%			**29.41**			**26.95**	**27.01**		
1980	72.45	37.71	6.05	8.35	28.10	1.70	1.56	91.76	4.14
1981	72.43	37.78	5.55	7.66	40.00	2.22	2.02	90.99	5.35
1982	72.43	38.17	5.69	7.86	39.02	2.22	1.84	82.88	4.82
1983	72.43	38.12	5.61	7.75	49.55	2.78	2.30	82.73	6.03
1984	72.38	37.81	5.58	7.71	56.81	3.17	2.48	78.23	6.56
1985	72.19	36.71	3.13	4.34	65.18	2.04	1.79	87.75	4.88
1986	72.11	36.70	3.02	4.19	69.87	2.11	1.14	54.03	3.11
1987	72.11	36.70	3.24	4.49	67.90	2.20	1.12	50.91	3.05
1988	71.96	37.37	1.51	2.10	82.12	1.24	0.48	38.71	1.28
1989	71.90	37.89	1.69	2.35	86.39	1.46	0.50	34.25	1.32
11年小计			**42.50**	**5.41**	**85.98**	**36.54**	**22.97**	**62.86**	**5.26**
占合计%			**30.44**			**46.58**	**40.74**		
1990	71.83	39.16	2.08	2.90	93.27	1.94	1.52	78.35	3.88
1991	71.53	39.43	2.56	3.58	57.42	1.47	1.08	73.47	2.74
1992	71.39	39.46	4.13	5.79	89.35	3.69	2.83	76.69	7.17
1993	71.37	39.62	3.15	4.41	82.54	2.60	0.77	29.62	1.94
1994	71.37	39.77	3.83	5.37	52.22	2.00	1.00	50.00	2.51
1995	71.36	39.86	4.96	6.95	80.65	4.00	3.01	75.25	7.55
1996	71.31	39.99	4.50	6.31	93.56	4.21	1.54	36.58	3.85
1997	71.31	39.78	4.50	6.31	107.11	4.82	2.00	41.49	5.03
1998	71.30	39.70	4.79	6.72	103.13	4.94	2.92	59.11	7.36
1999	71.28	39.90	4.00	5.61	85.00	3.40	3.30	97.06	8.27
2000	71.28	40.00	4.00	5.61	86.75	3.47	3.00	86.46	7.50

5-10-22 安徽省寿县历年棉花生产收购

年　度	耕地面积（万亩）	农业人口（万人）	棉田面积（万亩）	占耕地（%）	亩产（市斤）	产量（万担）	收购量（万担）	商品率（%）	人均交售（市斤）
52年合计			**638.34**	**5.91**	**47.37**	**302.37**	**227.47**	**75.23**	**5.41**
11年小计			**96.60**	**3.45**	**19.88**	**19.20**	**7.21**	**37.55**	**1.14**
占合计%			**15.13**			**6.35**	**3.17**		
1949	230.30	52.90	8.40	3.65	16.67	1.40	0.07	5.00	0.13
1950	243.10	54.10	6.80	2.80	13.24	0.90	0.05	5.56	0.09
1951	255.70	55.10	12.90	5.04	17.83	2.30	0.10	4.35	0.18
1952	271.50	56.80	8.00	2.95	17.50	1.40	0.07	5.00	0.12
1953	267.70	57.50	9.10	3.40	15.38	1.40	0.06	4.29	0.10
1954	266.20	58.60	3.70	1.39	5.41	0.20	0.06	30.00	0.10
1955	265.10	59.60	8.00	3.02	18.75	1.50	0.40	26.67	0.67
1956	261.70	60.60	7.30	2.79	6.85	0.50	0.10	20.00	0.17
1957	257.80	61.80	6.90	2.68	26.09	1.80	1.00	55.56	1.62
1958	247.40	61.60	9.00	3.64	38.89	3.50	2.20	62.86	3.57
1959	230.90	56.60	16.50	7.15	26.06	4.30	3.10	72.09	5.48
10年小计			**105.50**	**4.90**	**30.71**	**32.40**	**27.90**	**86.11**	**4.61**
占合计%			**16.53**			**10.72**	**12.27**		
1960	228.80	54.30	3.40	1.49	38.24	1.30	0.90	69.23	1.66
1961	226.30	54.80	3.30	1.46	15.15	0.50	0.20	40.00	0.36
1962	218.90	55.70	4.80	2.19	14.58	0.70	0.60	85.71	1.08
1963	215.90	56.80	6.90	3.20	11.59	0.80	0.70	87.50	1.23
1964	215.10	57.90	6.80	3.16	36.76	2.50	2.00	80.00	3.45
1965	213.90	59.40	11.80	5.52	55.08	6.50	6.00	92.31	10.10
1966	212.10	62.30	20.90	9.85	34.45	7.20	7.00	97.22	11.24
1967	209.70	64.70	20.20	9.63	33.17	6.70	6.20	92.54	9.58
1968	207.50	67.80	16.80	8.10	26.79	4.50	3.50	77.78	5.16
1969	203.80	71.20	10.60	5.20	16.04	1.70	0.80	47.06	1.12
10年小计			**177.07**	**9.24**	**43.67**	**77.32**	**77.94**	**100.80**	**9.27**
占合计%			**27.74**			**25.57**	**34.26**		
1970	202.10	74.20	16.00	7.92	29.38	4.70	4.00	85.11	5.39
1971	200.20	76.40	16.30	8.14	28.96	4.72	4.08	86.44	5.34
1972	196.60	78.90	16.89	8.59	36.47	6.16	6.66	108.12	8.44
1973	193.80	81.80	18.52	9.56	48.16	8.92	8.87	99.44	10.84
1974	191.10	83.90	18.38	9.62	65.89	12.11	12.09	99.83	14.41
1975	188.70	86.20	17.99	9.53	44.02	7.92	8.22	103.79	9.54
1976	187.10	87.60	18.20	9.73	56.59	10.30	10.30	100.00	11.76
1977	185.60	89.10	18.71	10.08	61.89	11.58	11.92	102.94	13.38
1978	185.60	90.60	18.80	10.13	39.89	7.50	8.15	108.67	9.00
1979	185.00	92.00	17.28	9.34	19.73	3.41	3.65	107.04	3.97
10年小计			**135.38**	**7.20**	**50.25**	**68.03**	**59.44**	**87.37**	**6.15**
占合计%			**21.21**			**22.50**	**26.13**		
1980	184.80	94.30	23.71	12.83	25.85	6.13	6.96	113.54	7.38
1981	193.00	94.90	23.12	11.98	50.78	11.74	10.75	91.57	11.33
1982	193.00	96.30	22.69	11.76	31.16	7.07	7.19	101.70	7.47
1983	184.50	96.80	17.92	9.71	58.48	10.48	9.34	89.12	9.65
1984	184.40	97.30	16.91	9.17	61.62	10.42	10.22	98.08	10.50
1985	184.10	97.40	7.11	3.86	60.06	4.27	3.15	73.77	3.23
1986	183.70	98.70	5.52	3.00	78.26	4.32	3.06	70.83	3.10
1987	191.10	95.20	5.65	2.96	69.20	3.91	3.38	86.45	3.55
1988	190.95	97.16	6.68	3.50	78.59	5.25	3.87	73.71	3.98
1989	190.74	98.40	6.07	3.18	73.15	4.44	1.52	34.23	1.54
11年小计			**123.79**	**6.01**	**85.16**	**105.42**	**54.98**	**52.15**	**4.74**
占合计%			**19.39**			**34.86**	**24.17**		
1990	190.64	101.11	8.29	4.35	82.15	6.81	4.54	66.67	4.49
1991	190.13	102.82	9.25	4.87	41.08	3.80	2.82	74.21	2.74
1992	188.65	102.84	11.45	6.07	73.28	8.39	5.00	59.59	4.86
1993	188.31	103.40	8.58	4.56	86.25	7.40	3.23	43.65	3.12
1994	187.82	105.69	11.24	5.98	83.63	9.40	7.20	76.60	6.81
1995	186.67	106.33	14.98	8.02	94.79	14.20	11.20	78.87	10.53
1996	186.72	106.88	14.30	7.66	68.60	9.81	5.50	56.07	5.15
1997	186.25	106.94	13.60	7.30	91.10	12.39	5.96	48.10	5.57
1998	186.99	107.19	13.20	7.06	89.32	11.79	4.70	39.86	4.38
1999	185.77	107.10	8.90	4.79	130.79	11.64	2.50	21.48	2.33
2000	181.77	109.90	10.00	5.50	97.90	9.79	2.33	23.80	2.12

5-10-23 安徽省霍邱县历年棉花生产收购

年　度	耕地面积（万亩）	农业人口（万人）	棉田面积（万亩）	占耕地（%）	亩　产（市斤）	产　量（万担）	收购量（万担）	商品率（%）	人均交售（市斤）
52年合计			**597.25**	**5.07**	**39.20**	**234.13**	**179.17**	**76.53**	**3.31**
11年小计			**109.50**	**3.61**	**15.98**	**17.50**	**6.07**	**34.69**	**0.79**
占合计%			**18.33**			**7.47**	**3.39**		
1949	278.80	64.90	12.00	4.30	11.67	1.40	0.08	5.71	0.12
1950	278.80	65.30	9.00	3.23	6.67	0.60	0.08	13.33	0.12
1951	278.80	66.20	8.40	3.01	11.90	1.00	0.09	9.00	0.14
1952	276.50	66.20	12.30	4.45	14.63	1.80	0.10	5.56	0.15
1953	278.80	67.60	13.40	4.81	14.93	2.00	0.10	5.00	0.15
1954	293.70	67.10	6.10	2.08	3.28	0.20	0.08	40.00	0.12
1955	287.90	72.10	10.20	3.54	12.75	1.30	0.30	23.08	0.42
1956	266.30	73.30	9.40	3.53	3.19	0.30	0.14	46.67	0.19
1957	267.60	74.70	8.30	3.10	24.10	2.00	0.80	40.00	1.07
1958	267.50	77.80	10.00	3.74	38.00	3.80	2.40	63.16	3.08
1959	255.90	76.60	10.40	4.06	29.81	3.10	1.90	61.29	2.48
10年小计			**103.20**	**4.33**	**28.00**	**28.90**	**22.50**	**77.85**	**2.95**
占合计%			**17.28**			**12.34**	**12.56**		
1960	251.80	66.40	3.50	1.39	25.71	0.90	0.80	88.89	1.20
1961	242.10	67.80	4.90	2.02	36.73	1.80	0.50	27.78	0.74
1962	241.40	68.60	7.10	2.94	25.35	1.80	1.10	61.11	1.60
1963	240.80	74.20	7.40	3.07	14.86	1.10	1.00	90.91	1.35
1964	240.80	73.40	6.50	2.70	23.08	1.50	1.50	100.00	2.04
1965	238.00	75.60	11.10	4.66	44.14	4.90	4.20	85.71	5.56
1966	235.90	79.60	20.50	8.69	29.76	6.10	5.40	88.52	6.78
1967	235.90	82.80	18.90	8.01	32.28	6.10	5.10	83.61	6.16
1968	235.90	85.30	12.80	5.43	21.88	2.80	1.90	67.86	2.23
1969	221.20	90.00	10.50	4.75	18.10	1.90	1.00	52.63	1.11
10年小计			**158.90**	**7.55**	**36.15**	**57.45**	**55.23**	**96.14**	**5.17**
占合计%			**26.61**			**24.54**	**30.83**		
1970	217.10	93.90	14.50	6.68	26.90	3.90	2.70	69.23	2.88
1971	215.70	97.00	14.60	6.77	23.01	3.36	2.95	87.80	3.04
1972	211.80	100.10	15.18	7.17	32.08	4.87	4.34	89.12	4.34
1973	211.00	105.00	17.53	8.31	41.36	7.25	6.87	94.76	6.54
1974	208.10	105.80	16.38	7.87	49.02	8.03	7.86	97.88	7.43
1975	208.30	109.10	15.05	7.23	24.92	3.75	3.61	96.27	3.31
1976	208.20	110.90	16.91	8.12	45.89	7.76	7.36	94.85	6.64
1977	208.00	113.10	16.62	7.99	47.05	7.82	8.07	103.20	7.14
1978	207.70	115.20	16.88	8.13	41.59	7.02	7.26	103.42	6.30
1979	207.40	117.20	15.25	7.35	24.20	3.69	4.21	114.09	3.59
10年小计			**124.20**	**6.01**	**50.02**	**62.13**	**55.45**	**89.25**	**4.43**
占合计%			**20.80**			**26.54**	**30.95**		
1980	207.40	119.30	18.80	9.06	36.65	6.89	7.71	111.90	6.46
1981	207.40	120.90	19.18	9.25	56.78	10.89	10.61	97.43	8.78
1982	207.20	122.30	19.69	9.50	27.63	5.44	6.49	119.30	5.31
1983	207.20	123.90	20.38	9.84	50.54	10.30	8.89	86.31	7.18
1984	207.20	125.17	19.33	9.33	63.37	12.25	9.73	79.43	7.77
1985	207.20	124.00	4.58	2.21	73.36	3.36	3.67	109.23	2.96
1986	206.70	126.00	4.54	2.20	46.92	2.13	2.79	130.99	2.21
1987	205.80	127.80	6.14	2.98	69.87	4.29	2.74	63.87	2.14
1988	205.14	130.10	6.63	3.23	65.46	4.34	2.33	53.69	1.79
1989	204.73	132.80	4.93	2.41	45.44	2.24	0.49	21.88	0.37
11年小计			**101.45**	**4.64**	**67.18**	**68.15**	**39.92**	**58.58**	**2.56**
占合计%			**16.99**			**29.11**	**22.28**		
1990	204.47	137.18	7.51	3.67	67.64	5.08	3.12	61.42	2.27
1991	204.07	139.00	8.47	4.15	34.59	2.93	2.75	93.86	1.98
1992	202.83	139.99	12.76	6.29	61.13	7.80	2.82	36.15	2.01
1993	201.82	141.07	7.74	3.84	62.02	4.80	1.69	35.21	1.20
1994	201.69	141.72	12.27	6.08	58.68	7.20	4.33	60.14	3.06
1995	200.43	143.00	13.90	6.94	86.33	12.00	6.20	51.67	4.34
1996	200.05	144.03	11.60	5.80	33.02	3.83	3.66	95.56	2.54
1997	199.82	144.55	6.70	3.35	112.69	7.55	2.60	34.44	1.80
1998	199.43	145.18	8.60	4.31	83.14	7.15	3.40	47.55	2.34
1999	186.60	142.32	5.90	3.16	92.37	5.45	4.00	73.39	2.81
2000	186.60	143.00	6.00	3.22	72.67	4.36	5.35	122.71	3.74

5－10－24　安徽省长丰县历年棉花生产收购

年　度	耕地面积（万亩）	农业人口（万人）	棉田面积（万亩）	占耕地（%）	亩　产（市斤）	产　量（万担）	收购量（万担）	商品率（%）	人均交售（市斤）
52 年合计			**577.86**	**6.97**	**52.50**	**303.39**	**242.58**	**79.96**	**7.23**
11 年小计			**81.60**	**3.91**	**19.23**	**15.69**	**14.53**	**92.61**	**2.64**
占合计%			**14.12**			**5.17**	**5.99**		
1949	179.20	45.90	7.90	4.41	15.82	1.25	1.21	96.80	2.64
1950	179.20	46.20	7.50	4.19	16.13	1.21	1.07	88.43	2.32
1951	191.60	48.20	10.90	5.69	18.07	1.97	1.80	91.37	3.73
1952	196.30	48.40	8.40	4.28	17.50	1.47	1.27	86.39	2.62
1953	196.00	48.50	8.00	4.08	12.88	1.03	0.89	86.41	1.84
1954	195.90	50.20	5.00	2.55	15.20	0.76	0.70	92.11	1.39
1955	195.80	51.10	6.30	3.22	16.98	1.07	1.01	94.39	1.98
1956	189.00	52.60	4.90	2.59	7.76	0.38	0.35	92.11	0.67
1957	188.50	53.20	4.10	2.18	21.71	0.89	0.79	88.76	1.48
1958	187.70	53.70	7.70	4.10	33.12	2.55	2.44	95.69	4.54
1959	186.90	53.30	10.90	5.83	28.53	3.11	3.00	96.46	5.63
10 年小计			**109.50**	**6.37**	**38.73**	**42.41**	**40.74**	**96.06**	**8.57**
占合计%			**18.95**			**13.98**	**16.79**		
1960	185.00	41.60	6.40	3.46	10.94	0.70	0.60	85.71	1.44
1961	183.10	40.80	2.30	1.26	16.09	0.37	0.35	94.59	0.86
1962	182.10	43.00	3.00	1.65	12.00	0.36	0.35	97.22	0.81
1963	180.40	44.20	3.90	2.16	18.46	0.72	0.71	98.61	1.61
1964	176.40	45.10	5.70	3.23	35.44	2.02	1.97	97.52	4.37
1965	169.20	47.50	12.20	7.21	62.46	7.62	6.95	91.21	14.63
1966	166.20	49.70	29.40	17.69	49.59	14.58	14.05	96.36	28.27
1967	166.20	51.80	20.60	12.39	41.65	8.58	8.42	98.14	16.25
1968	157.20	54.60	16.20	10.31	31.17	5.05	5.00	99.01	9.16
1969	153.10	56.90	9.80	6.40	24.59	2.41	2.34	97.10	4.11
10 年小计			**150.28**	**10.20**	**42.41**	**63.74**	**60.71**	**95.25**	**9.28**
占合计%			**26.01**			**21.01**	**25.03**		
1970	151.10	59.00	12.10	8.01	43.06	5.21	5.01	96.16	8.49
1971	150.10	60.20	13.20	8.79	39.02	5.15	4.65	90.29	7.72
1972	148.80	61.80	16.46	11.06	46.05	7.58	6.79	89.58	10.99
1973	147.90	63.70	17.16	11.60	51.17	8.78	7.46	84.97	11.71
1974	147.60	65.30	16.38	11.10	59.28	9.71	9.23	95.06	14.13
1975	147.00	66.60	15.87	10.80	41.15	6.53	6.49	99.39	9.74
1976	145.40	67.50	15.23	10.47	41.23	6.28	6.14	97.77	9.10
1977	145.10	68.90	14.72	10.14	43.61	6.42	6.74	104.98	9.78
1978	145.10	70.10	15.57	10.73	34.43	5.36	5.22	97.39	7.45
1979	145.10	71.40	13.59	9.37	20.01	2.72	2.98	109.56	4.17
10 年小计			**89.53**	**6.19**	**57.83**	**51.77**	**37.41**	**72.26**	**5.03**
占合计%			**15.49**			**17.06**	**15.42**		
1980	144.80	72.30	11.83	8.17	31.61	3.74	3.91	104.55	5.41
1981	144.70	72.80	12.68	8.76	58.44	7.41	7.17	96.76	9.85
1982	144.70	73.40	12.01	8.30	45.90	5.51	4.81	87.25	6.55
1983	144.60	73.90	12.00	8.30	69.50	8.34	7.20	86.33	9.74
1984	144.53	74.35	12.50	8.65	75.84	9.48	6.37	67.19	8.57
1985	144.40	74.20	6.81	4.72	77.24	5.26	2.67	50.76	3.60
1986	144.23	74.20	4.88	3.38	67.83	3.31	1.15	34.74	1.55
1987	144.90	74.60	8.47	5.85	30.58	2.59	1.00	38.61	1.34
1988	144.89	75.90	4.14	2.86	74.88	3.10	1.89	60.97	2.49
1989	144.63	77.40	4.21	2.91	71.97	3.03	1.24	40.92	1.60
11 年小计			**146.95**	**9.36**	**88.32**	**129.78**	**89.19**	**68.72**	**9.58**
占合计%			**25.43**			**42.78**	**36.77**		
1990	144.51	81.23	7.20	4.98	103.06	7.42	6.90	92.99	8.49
1991	144.28	82.39	10.30	7.14	58.64	6.04	4.86	80.46	5.90
1992	144.01	82.26	15.46	10.74	90.62	14.01	10.84	77.37	13.18
1993	143.72	82.82	13.73	9.55	103.42	14.20	6.43	45.28	7.76
1994	143.20	83.04	14.77	10.31	70.41	10.40	7.80	75.00	9.39
1995	142.56	85.19	18.29	12.83	95.13	17.40	14.04	80.69	16.48
1996	142.07	85.80	15.00	10.56	83.87	12.58	5.66	44.99	6.60
1997	141.40	85.98	12.70	8.98	105.28	13.37	9.67	72.33	11.25
1998	141.41	86.47	13.30	9.41	111.95	14.89	14.92	100.20	17.25
1999	141.26	86.87	13.20	9.34	73.41	9.69	4.00	41.28	4.60
2000	141.26	88.80	13.00	9.20	75.23	9.78	4.07	41.62	4.58

5－10－25　安徽省肥东县历年棉花生产收购

年　度	耕地面积（万亩）	农业人口（万人）	棉田面积（万亩）	占耕地（%）	亩　产（市斤）	产　量（万担）	收购量（万担）	商品率（%）	人均交售（市斤）
52 年合计			**519.23**	**6.22**	**46.01**	**238.91**	**163.48**	**68.43**	**3.93**
11 年小计			**156.40**	**6.98**	**17.26**	**27.00**	**12.00**	**44.44**	**1.52**
占合计%			**30.12**			**11.30**	**7.34**		
1949	204.53	66.70	14.00	6.84	21.43	3.00	0.90	30.00	1.35
1950	204.53	68.30	14.80	7.24	20.27	3.00	1.30	43.33	1.90
1951	204.52	68.80	14.80	7.24	27.03	4.00	1.20	30.00	1.74
1952	204.53	70.80	15.30	7.48	19.61	3.00	2.00	66.67	2.82
1953	204.73	72.50	15.60	7.62	6.41	1.00	0.30	30.00	0.41
1954	207.07	73.80	13.50	6.52	7.41	1.00	0.50	50.00	0.68
1955	205.50	75.30	12.00	5.84	8.33	1.00	0.70	70.00	0.93
1956	205.54	78.10	14.00	6.81	14.29	2.00	1.30	65.00	1.66
1957	205.55	77.50	11.00	5.35	27.27	3.00	1.10	36.67	1.42
1958	200.00	77.80	15.40	7.70	19.48	3.00	1.30	43.33	1.67
1959	195.78	60.10	16.00	8.17	18.75	3.00	1.40	46.67	2.33
10 年小计			**80.60**	**4.66**	**41.19**	**33.20**	**24.90**	**75.00**	**3.85**
占合计%			**15.52**			**13.90**	**15.23**		
1960	192.78	57.20	7.00	3.63	10.00	0.70	0.20	28.57	0.35
1961	191.75	64.70	2.00	1.04	15.00	0.30	0.10	33.33	0.15
1962	188.39	66.20	3.00	1.59	6.67	0.20	0.10	50.00	0.15
1963	189.09	65.80	6.00	3.17	16.67	1.00	0.70	70.00	1.06
1964	189.09	65.80	8.00	4.23	37.50	3.00	0.80	26.67	1.22
1965	161.45	61.00	9.00	5.57	66.67	6.00	5.00	83.33	8.20
1966	156.73	62.80	13.00	8.29	46.15	6.00	5.00	83.33	7.96
1967	155.25	65.60	12.90	8.31	46.51	6.00	5.00	83.33	7.62
1968	153.14	68.20	11.70	7.64	51.28	6.00	5.00	83.33	7.33
1969	150.73	69.80	8.00	5.31	50.00	4.00	3.00	75.00	4.30
10 年小计			**114.16**	**7.86**	**55.53**	**63.39**	**50.26**	**79.29**	**6.21**
占合计%			**21.99**			**26.53**	**30.74**		
1970	148.84	72.20	12.00	8.06	50.00	6.00	5.00	83.33	6.93
1971	148.09	74.30	10.64	7.18	43.98	4.68	3.10	66.24	4.17
1972	146.98	76.50	11.90	8.10	55.04	6.55	4.90	74.81	6.41
1973	145.40	78.50	12.72	8.75	60.06	7.64	6.15	80.50	7.83
1974	144.51	80.00	12.47	8.63	66.16	8.25	7.05	85.45	8.81
1975	144.51	82.60	11.37	7.87	58.75	6.68	4.86	72.75	5.88
1976	144.51	83.90	11.01	7.62	61.22	6.74	5.26	78.04	6.27
1977	143.22	85.50	10.99	7.67	57.23	6.29	5.28	83.94	6.18
1978	143.23	87.30	10.60	7.40	59.34	6.29	4.96	78.86	5.68
1979	142.66	88.50	10.46	7.33	40.82	4.27	3.70	86.65	4.18
10 年小计			**73.48**	**5.20**	**53.46**	**39.28**	**23.43**	**59.65**	**2.63**
占合计%			**14.15**			**16.44**	**14.33**		
1980	142.36	89.60	10.62	7.46	35.88	3.81	2.98	78.22	3.33
1981	142.27	90.20	10.13	7.12	45.31	4.59	3.37	73.42	3.74
1982	141.94	90.80	7.01	4.94	28.96	2.03	2.24	110.34	2.47
1983	141.93	91.00	6.77	4.77	35.60	2.41	2.20	91.29	2.42
1984	141.80	90.53	9.57	6.75	67.71	6.48	4.56	70.37	5.04
1985	141.70	86.70	6.72	4.74	66.96	4.50	3.16	70.22	3.64
1986	142.50	87.20	6.56	4.60	70.58	4.63	1.83	39.52	2.10
1987	139.74	87.60	5.37	3.84	64.99	3.49	1.29	36.96	1.47
1988	139.26	88.00	5.51	3.96	72.23	3.98	1.31	32.91	1.49
1989	139.05	89.09	5.22	3.75	64.37	3.36	0.49	14.58	0.55
11 年小计			**94.59**	**6.24**	**80.39**	**76.04**	**52.89**	**69.56**	**5.19**
占合计%			**18.22**			**31.83**	**32.35**		
1990	138.82	90.60	7.04	5.07	77.84	5.48	4.01	73.18	4.43
1991	138.79	91.30	9.40	6.77	54.68	5.14	3.55	69.07	3.89
1992	138.67	90.61	11.31	8.16	64.81	7.33	5.97	81.45	6.59
1993	138.40	90.87	9.14	6.60	67.83	6.20	2.56	41.29	2.82
1994	138.18	90.98	11.67	8.45	53.13	6.20	5.29	85.32	5.81
1995	137.86	92.52	10.03	7.28	97.71	9.80	7.80	79.59	8.43
1996	137.15	93.01	8.00	5.83	70.63	5.65	3.79	67.08	4.07
1997	137.13	94.38	8.00	5.83	117.75	9.42	4.42	46.92	4.68
1998	136.98	94.58	8.00	5.84	117.38	9.39	5.00	53.25	5.29
1999	136.83	94.47	6.00	4.39	66.67	4.00	6.50	162.50	6.88
2000	136.83	94.90	6.00	4.39	123.83	7.43	4.00	53.84	4.21

5-10-26 安徽省肥西县历年棉花生产收购

年度	耕地面积（万亩）	农业人口（万人）	棉田面积（万亩）	占耕地（%）	亩产（市斤）	产量（万担）	收购量（万担）	商品率（%）	人均交售（市斤）
52年合计			**437.62**	**7.16**	**40.45**	**177.02**	**139.06**	**78.56**	**3.78**
11年小计			**127.81**	**8.41**	**11.98**	**15.31**	**12.90**	**84.28**	**1.86**
占合计%			**29.21**			**8.65**	**9.28**		
1949	131.00	59.00	16.60	12.67	9.04	1.50	1.30	86.67	2.20
1950	129.00	61.00	15.13	11.73	11.90	1.80	1.60	88.89	2.62
1951	136.00	61.00	17.45	12.83	10.32	1.80	1.50	83.33	2.46
1952	142.00	61.00	18.56	13.07	11.05	2.05	1.93	94.15	3.16
1953	142.00	63.00	19.84	13.97	9.88	1.96	1.70	86.73	2.70
1954	141.00	64.00	10.24	7.26	5.66	0.58	0.42	72.41	0.66
1955	146.00	64.00	12.06	8.26	12.85	1.55	1.13	73.10	1.77
1956	145.00	64.00	3.00	2.07	11.00	0.33	0.12	36.36	0.19
1957	141.00	66.00	2.63	1.87	18.25	0.48	0.25	52.08	0.38
1958	137.00	65.00	6.07	4.43	8.57	0.52	0.49	94.23	0.75
1959	129.00	66.00	6.23	4.83	43.98	2.74	2.46	89.78	3.73
10年小计			**66.12**	**5.46**	**28.95**	**19.14**	**17.83**	**93.16**	**3.31**
占合计%			**15.11**			**10.81**	**12.82**		
1960	129.00	49.00	4.31	3.34	6.03	0.26	0.19	73.08	0.39
1961	125.00	45.00	1.78	1.42	7.87	0.14	0.11	78.57	0.24
1962	123.00	49.00	2.11	1.72	12.80	0.27	0.18	66.67	0.37
1963	123.00	52.00	3.29	2.67	22.19	0.73	0.46	63.01	0.88
1964	122.00	52.00	4.27	3.50	37.00	1.58	1.46	92.41	2.81
1965	122.00	54.00	8.57	7.02	51.46	4.41	4.21	95.46	7.80
1966	119.00	56.00	13.45	11.30	24.31	3.27	3.08	94.19	5.50
1967	118.00	58.00	10.94	9.27	21.12	2.31	2.17	93.94	3.74
1968	118.00	60.00	9.64	8.17	40.98	3.95	3.86	97.72	6.43
1969	113.00	64.00	7.76	6.87	28.61	2.22	2.11	95.05	3.30
10年小计			**109.71**	**9.82**	**34.78**	**38.16**	**38.09**	**99.82**	**5.20**
占合计%			**25.07**			**21.56**	**27.39**		
1970	113.00	66.00	11.08	9.81	36.37	4.03	3.96	98.26	6.00
1971	112.00	68.00	9.62	8.59	16.32	1.57	1.11	70.70	1.63
1972	112.00	71.00	11.65	10.40	30.90	3.60	3.40	94.44	4.79
1973	112.00	73.00	11.75	10.49	43.23	5.08	4.92	96.85	6.74
1974	112.00	75.00	11.17	9.97	50.76	5.67	5.59	98.59	7.45
1975	112.00	76.00	11.16	9.96	29.57	3.30	3.50	106.06	4.61
1976	111.00	77.50	11.18	10.07	31.40	3.51	3.12	88.89	4.03
1977	111.00	79.00	11.12	10.02	44.06	4.90	4.79	97.76	6.06
1978	111.00	73.00	10.90	9.82	33.39	3.64	4.00	109.89	5.48
1979	111.00	74.00	10.08	9.08	28.37	2.86	3.70	129.37	5.00
10年小计			**60.36**	**5.48**	**50.12**	**30.25**	**23.86**	**78.88**	**3.06**
占合计%			**13.79**			**17.09**	**17.16**		
1980	110.80	75.00	7.81	7.05	19.33	1.51	2.08	137.75	2.77
1981	110.80	76.00	6.75	6.09	26.52	1.79	2.08	116.20	2.74
1982	110.80	77.00	9.85	8.89	49.34	4.86	3.37	69.34	4.38
1983	110.80	78.00	9.99	9.02	56.76	5.67	3.88	68.43	4.97
1984	110.60	78.00	6.60	5.97	52.88	3.49	5.14	147.28	6.59
1985	110.60	78.00	4.87	4.40	56.26	2.74	1.93	70.44	2.47
1986	110.50	78.00	4.02	3.64	63.93	2.57	1.88	73.15	2.41
1987	109.70	78.00	3.03	2.76	89.44	2.71	1.77	65.31	2.27
1988	108.30	80.18	3.78	3.49	70.37	2.66	1.02	38.35	1.27
1989	108.13	81.59	3.66	3.38	61.48	2.25	0.71	31.56	0.87
11年小计			**73.62**	**6.33**	**100.73**	**74.16**	**46.38**	**62.54**	**4.97**
占合计%			**16.82**			**41.89**	**33.35**		
1990	108.02	83.01	4.72	4.37	70.34	3.32	3.23	97.29	3.89
1991	107.84	83.94	5.31	4.92	77.78	4.13	3.37	81.60	4.01
1992	107.28	84.31	5.60	5.22	103.57	5.80	4.28	73.79	5.08
1993	106.37	85.27	5.53	5.20	104.88	5.80	4.05	69.83	4.75
1994	105.83	85.56	6.36	6.01	113.21	7.20	4.28	59.44	5.00
1995	105.79	85.84	7.20	6.81	125.00	9.00	6.42	71.33	7.48
1996	105.56	86.32	8.20	7.77	92.68	7.60	4.28	56.32	4.96
1997	105.53	86.59	7.70	7.30	98.83	7.61	4.42	58.08	5.10
1998	103.97	84.11	8.40	8.08	121.79	10.23	4.10	40.08	4.87
1999	103.53	84.20	7.60	7.34	88.29	6.71	3.20	47.69	3.80
2000	103.53	84.50	7.00	6.76	96.57	6.76	4.75	70.27	5.62

5－10－27　安徽省无为县历年棉花生产收购

年　　度	耕地面积（万亩）	农业人口（万人）	棉田面积（万亩）	占耕地（%）	亩　产（市斤）	产　量（万担）	收购量（万担）	商品率（%）	人均交售（市斤）
52 年合计			**835.77**	**10.95**	**109.00**	**910.95**	**766.68**	**84.16**	**14.26**
11 年小计			**52.55**	**2.86**	**29.29**	**15.39**	**9.63**	**62.57**	**0.94**
占合计%			**6.29**			**1.69**	**1.26**		
1949	168.60	94.47	2.42	1.44	18.18	0.44			
1950	168.60	94.47	1.75	1.04	19.43	0.34			
1951	168.60	94.47	5.20	3.08	23.46	1.22			
1952	168.60	94.47	3.10	1.84	21.61	0.67	0.02	2.99	0.02
1953	168.60	94.47	3.45	2.05	13.04	0.45	0.05	11.11	0.05
1954	169.72	94.35	1.67	0.98	10.18	0.17	0.03	17.65	0.03
1955	169.55	93.46	4.54	2.68	24.67	1.12	0.79	70.54	0.85
1956	166.55	93.89	5.84	3.51	18.66	1.09	0.75	68.81	0.80
1957	164.38	98.30	7.22	4.39	34.35	2.48	1.52	61.29	1.55
1958	162.33	95.06	8.52	5.25	29.46	2.51	1.54	61.35	1.62
1959	162.14	82.03	8.84	5.45	55.43	4.90	4.93	100.61	6.01
10 年小计			**89.54**	**5.83**	**67.22**	**60.19**	**62.56**	**103.94**	**8.23**
占合计%			**10.71**			**6.61**	**8.16**		
1960	160.60	69.40	8.28	5.16	29.35	2.43	2.49	102.47	3.59
1961	160.78	68.62	5.70	3.55	31.23	1.78	1.75	98.31	2.55
1962	157.00	69.90	2.93	1.87	23.21	0.68	0.91	133.82	1.30
1963	157.00	73.60	5.98	3.81	48.49	2.90	2.39	82.41	3.25
1964	157.00	69.20	6.38	4.06	71.63	4.57	5.35	117.07	7.73
1965	148.90	73.80	10.88	7.31	76.84	8.36	8.92	106.70	12.09
1966	148.90	77.40	11.26	7.56	84.19	9.48	9.75	102.85	12.60
1967	148.90	81.40	12.31	8.27	83.83	10.32	10.79	104.55	13.26
1968	148.90	85.70	13.13	8.82	102.44	13.45	13.62	101.26	15.89
1969	148.90	90.70	12.69	8.52	49.01	6.22	6.59	105.95	7.27
10 年小计			**131.74**	**9.28**	**86.28**	**113.67**	**113.78**	**100.10**	**10.77**
占合计%			**15.76**			**12.48**	**14.84**		
1970	144.40	93.00	12.61	8.73	69.71	8.79	8.88	101.02	9.55
1971	144.40	96.80	12.32	8.53	62.82	7.74	7.46	96.38	7.71
1972	144.40	100.30	13.00	9.00	96.00	12.48	11.12	89.10	11.09
1973	144.40	103.50	12.38	8.57	101.78	12.60	11.35	90.08	10.97
1974	144.40	105.90	13.35	9.25	105.99	14.15	13.95	98.59	13.17
1975	139.80	108.10	13.69	9.79	81.45	11.15	13.35	119.73	12.35
1976	139.80	109.90	13.66	9.77	103.15	14.09	13.35	94.75	12.15
1977	139.80	111.30	13.57	9.71	83.20	11.29	11.61	102.83	10.43
1978	139.00	112.90	13.58	9.77	75.11	10.20	10.96	107.45	9.71
1979	139.00	114.30	13.58	9.77	82.33	11.18	11.75	105.10	10.28
10 年小计			**133.50**	**9.71**	**112.49**	**150.18**	**141.92**	**94.50**	**12.01**
占合计%			**15.97**			**16.49**	**18.51**		
1980	138.90	115.50	13.70	9.86	66.57	9.12	9.71	106.47	8.41
1981	138.90	119.32	14.60	10.51	65.27	9.53	9.87	103.57	8.27
1982	138.70	115.05	13.20	9.52	74.92	9.89	9.61	97.17	8.35
1983	138.70	115.05	12.30	8.87	74.55	9.17	6.67	72.74	5.80
1984	138.70	115.50	12.50	9.01	110.40	13.80	13.10	94.93	11.34
1985	137.30	115.50	11.60	8.45	140.52	16.30	15.85	97.24	13.72
1986	137.30	120.30	12.20	8.89	162.38	19.81	19.00	95.91	15.79
1987	135.80	120.30	14.10	10.38	155.96	21.99	21.49	97.73	17.86
1988	135.50	122.00	14.70	10.85	143.33	21.07	19.95	94.68	16.35
1989	135.50	122.90	14.60	10.77	133.56	19.50	16.67	85.49	13.56
11 年小计			**428.44**	**29.21**	**133.40**	**571.52**	**438.79**	**76.78**	**32.52**
占合计%			**51.26**			**62.74**	**57.23**		
1990	134.82	122.90	16.00	11.87	179.13	28.66	28.66	100.00	23.32
1991	134.82	122.90	25.20	18.69	110.83	27.93	26.03	93.20	21.18
1992	134.80	122.90	30.92	22.94	118.56	36.66	34.06	92.91	27.71
1993	134.80	122.90	35.00	25.96	114.29	40.00	39.18	97.95	31.88
1994	134.80	122.90	39.90	29.60	125.31	50.00	50.26	100.52	40.90
1995	133.64	121.70	47.22	35.33	151.63	71.60	55.60	77.65	45.69
1996	133.17	121.55	50.00	37.55	144.28	72.14	45.43	62.97	37.38
1997	132.50	122.15	46.00	34.72	153.37	70.55	55.82	79.12	45.70
1998	132.08	122.25	50.00	37.86	104.72	52.36	40.47	77.29	33.10
1999	130.70	123.25	35.00	26.78	148.74	52.06	25.50	48.98	20.69
2000	130.70	124.00	53.20	40.70	130.75	69.56	37.78	54.31	30.47

5-10-28 安徽省巢湖市历年棉花生产收购

年　度	耕地面积（万亩）	农业人口（万人）	棉田面积（万亩）	占耕地（%）	亩产（市斤）	产量（万担）	收购量（万担）	商品率（%）	人均交售（市斤）
52 年合计			**517.26**	**12.33**	**68.17**	**352.62**	**319.43**	**90.59**	**11.36**
11 年小计			**80.57**	**8.76**	**28.73**	**23.15**	**19.80**	**85.53**	**3.77**
占合计%			**15.58**			**6.57**	**6.20**		
1949	64.40	44.50	2.84	4.41	7.04	0.20			
1950	64.38	46.59	3.12	4.85	7.05	0.22	0.10	45.45	0.21
1951	69.42	47.00	3.83	5.52	9.92	0.38	0.11	28.95	0.23
1952	84.97	48.30	4.29	5.05	18.65	0.80	0.16	20.00	0.33
1953	87.03	48.50	6.92	7.95	18.06	1.25	0.18	14.40	0.37
1954	87.09	48.99	6.88	7.90	14.10	0.97	0.26	26.80	0.53
1955	91.96	49.00	7.59	8.25	23.45	1.78	0.66	37.08	1.35
1956	93.48	49.23	8.92	9.54	34.42	3.07	1.18	38.44	2.40
1957	93.71	49.10	9.50	10.14	42.95	4.08	4.05	99.26	8.25
1958	91.75	45.82	13.18	14.37	34.90	4.60	4.35	94.57	9.49
1959	91.05	48.48	13.50	14.83	42.96	5.80	8.75	150.86	18.05
10 年小计			**114.66**	**13.43**	**61.60**	**70.63**	**61.09**	**86.49**	**14.28**
占合计%			**22.17**			**20.03**	**19.12**		
1960	90.78	35.17	12.29	13.54	34.50	4.24	3.80	89.62	10.80
1961	87.80	36.65	8.28	9.43	29.59	2.45	2.08	84.90	5.68
1962	86.84	40.48	7.15	8.23	30.07	2.15	2.18	101.40	5.39
1963	85.12	42.03	8.00	9.40	47.13	3.77	3.26	86.47	7.76
1964	85.12	41.61	12.69	14.91	70.29	8.92	2.94	32.96	7.07
1965	85.16	43.19	13.74	16.13	102.62	14.10	13.54	96.03	31.35
1966	84.38	45.10	13.18	15.62	58.35	7.69	9.07	117.95	20.11
1967	83.50	45.33	12.76	15.28	60.42	7.71	7.79	101.04	17.19
1968	82.68	47.80	13.55	16.39	85.46	11.58	9.37	80.92	19.60
1969	82.15	50.54	13.02	15.85	61.60	8.02	7.06	88.03	13.97
10 年小计			**118.60**	**14.66**	**84.20**	**99.86**	**86.81**	**86.93**	**15.19**
占合计%			**22.93**			**28.32**	**27.18**		
1970	81.88	52.60	13.61	16.62	65.47	8.91	8.35	93.71	15.87
1971	81.69	53.71	11.65	14.26	117.17	13.65	5.75	42.12	10.71
1972	81.26	54.70	11.40	14.03	91.32	10.41	9.26	88.95	16.93
1973	81.06	55.88	11.68	14.41	100.26	11.71	9.57	81.73	17.13
1974	81 02	56.89	11.87	14.65	101.18	12.01	11.42	95.09	20.07
1975	81.00	58.00	11.81	14.58	77.82	9.19	9.26	100.76	15.97
1976	80.75	58.60	11.74	14.54	80.75	9.48	9.00	94.94	15.36
1977	80.72	59.48	11.63	14.41	96.56	11.23	10.97	97.68	18.44
1978	80.00	61.00	11.64	14.55	67.35	7.84	7.87	100.38	12.90
1979	79.50	60.60	11.57	14.55	46.93	5.43	5.36	98.71	8.84
10 年小计			**96.10**	**12.23**	**78.62**	**75.55**	**76.35**	**101.06**	**12.23**
占合计%			**18.58**			**21.43**	**23.90**		
1980	79.10	61.10	11.87	15.01	44.31	5.26	5.73	108.94	9.38
1981	79.00	61.40	11.14	14.10	55.75	6.21	7.07	113.85	11.51
1982	78.90	62.10	11.12	14.09	65.38	7.27	8.22	113.07	13.24
1983	78.80	62.50	11.11	14.10	87.13	9.68	10.25	105.89	16.40
1984	78.80	62.50	10.47	13.29	101.05	10.58	10.76	101.70	17.22
1985	78.70	62.20	8.27	10.51	90.21	7.46	7.36	98.66	11.83
1986	78.60	62.90	7.97	10.14	102.38	8.16	8.29	101.59	13.18
1987	78.40	62.70	7.87	10.04	95.68	7.53	6.83	90.70	10.89
1988	77.87	63.27	8.23	10.57	86.39	7.11	7.05	99.16	11.14
1989	77.49	63.66	8.05	10.39	78.14	6.29	4.79	76.15	7.52
11 年小计			**107.33**	**12.97**	**77.73**	**83.43**	**75.38**	**90.35**	**11.37**
占合计%			**20.75**			**23.66**	**23.60**		
1990	77.38	64.73	9.29	12.01	112.06	10.41	10.00	96.06	15.45
1991	76.87	65.18	10.54	13.71	62.14	6.55	6.43	98.17	9.86
1992	76.87	65.31	11.28	14.67	66.58	7.51	6.92	92.14	10.60
1993	76.56	65.63	8.72	11.39	89.45	7.80	4.84	62.05	7.37
1994	75.70	64.71	10.76	14.21	65.06	7.00	5.80	82.86	8.96
1995	75.16	64.55	11.74	15.62	85.18	10.00	7.83	78.30	12.13
1996	74.34	54.48	9.00	12.11	97.78	8.80	4.02	45.68	7.38
1997	73.92	54.62	9.00	12.18	104.11	9.37	3.31	35.33	6.06
1998	73.75	54.72	10.00	13.56	76.00	7.60	8.53	112.24	15.59
1999	73.36	54.72	9.00	12.27	47.33	4.26	5.70	133.80	10.42
2000	73.36	54.60	8.00	10.91	51.63	4.13	12.00	*	21.98

5－10－29 安徽省和县历年棉花生产收购

年　度	耕地面积（万亩）	农业人口（万人）	棉田面积（万亩）	占耕地（%）	亩　产（市斤）	产　量（万担）	收购量（万担）	商品率（%）	人均交售（市斤）
52 年合计			**472.27**	**10.94**	**63.94**	**301.98**	**308.87**	**102.28**	**12.80**
11 年小计			**102.78**	**9.90**	**24.05**	**24.72**	**17.73**	**71.72**	**4.07**
占合计%			**21.76**			**8.19**	**5.74**		
1949	72.78	35.75	8.99	12.35	19.69	1.77			
1950	89.49	37.51	8.99	10.05	10.01	0.90			
1951	102.21	41.44	8.13	7.95	23.00	1.87	1.32	70.59	3.19
1952	98.40	42.05	7.97	8.10	23.09	1.84	1.30	70.65	3.09
1953	98.47	42.39	9.53	9.68	28.75	2.74	1.84	67.15	4.34
1954	99.29	42.58	7.91	7.97	7.08	0.56	0.56	100.00	1.32
1955	98.26	40.17	9.35	9.52	39.04	3.65	2.63	72.05	6.55
1956	96.87	42.69	8.81	9.09	15.78	1.39	1.05	75.54	2.46
1957	95.10	43.46	8.31	8.74	35.14	2.92	2.82	96.58	6.49
1958	94.10	36.10	8.91	9.47	28.62	2.55	1.77	69.41	4.90
1959	93.20	31.50	15.88	17.04	28.53	4.53	4.44	98.01	14.10
10 年小计			**110.56**	**13.01**	**53.46**	**59.10**	**57.10**	**96.62**	**16.30**
占合计%			**23.41**			**19.57**	**18.49**		
1960	92.24	28.50	12.89	13.97	16.29	2.10	1.82	86.67	6.39
1961	90.39	29.12	9.00	9.96	22.89	2.06	1.56	75.73	5.36
1962	84.90	32.03	8.09	9.53	5.69	0.46	0.49	106.52	1.53
1963	83.90	34.23	8.61	10.26	33.68	2.90	2.82	97.24	8.24
1964	87.24	32.45	11.26	12.91	60.48	6.81	6.37	93.54	19.63
1965	83.26	35.49	12.36	14.85	77.75	9.61	8.78	91.36	24.74
1966	82.33	36.72	12.11	14.71	86.79	10.51	10.04	95.53	27.34
1967	82.16	38.43	12.11	14.74	72.67	8.80	8.99	102.16	23.39
1968	81.87	40.57	12.25	14.96	78.37	9.60	10.07	104.90	24.82
1969	81.55	42.83	11.88	14.57	52.61	6.25	6.16	98.56	14.38
10 年小计			**112.90**	**14.21**	**81.27**	**91.75**	**90.60**	**98.75**	**18.43**
占合计%			**23.91**			**30.38**	**29.33**		
1970	79.87	44.15	11.86	14.85	63.24	7.50	7.23	96.40	16.38
1971	79.84	45.73	11.16	13.98	53.14	5.93	6.08	102.53	13.30
1972	79.77	46.99	11.98	15.02	83.22	9.97	9.19	92.18	19.56
1973	79.68	49.87	11.26	14.13	100.44	11.31	9.84	87.00	19.73
1974	79.07	48.71	11.16	14.11	101.25	11.30	11.24	99.47	23.08
1975	79.02	50.06	11.26	14.25	78.95	8.89	8.88	99.89	17.74
1976	79.30	50.25	10.59	13.35	100.47	10.64	10.84	101.88	21.57
1977	79.11	50.95	11.07	13.99	85.19	9.43	9.60	101.80	18.84
1978	79.42	52.22	11.28	14.20	78.46	8.85	9.10	102.82	17.43
1979	79.32	52.59	11.28	14.22	70.30	7.93	8.60	108.45	16.35
10 年小计			**82.03**	**10.39**	**74.80**	**61.36**	**60.17**	**98.06**	**11.33**
占合计%			**17.37**			**20.32**	**19.48**		
1980	79.36	53.00	10.87	13.70	63.57	6.91	7.91	114.47	14.92
1981	79.27	53.15	11.15	14.07	72.38	8.07	8.45	104.71	15.90
1982	79.23	53.48	11.01	13.90	53.95	5.94	6.01	101.18	11.24
1983	79.09	53.54	10.96	13.86	69.98	7.67	7.68	100.13	14.34
1984	79.06	53.02	10.51	13.29	82.02	8.62	6.90	80.05	13.01
1985	78.99	52.90	5.19	6.57	92.87	4.82	5.21	108.09	9.85
1986	78.84	53.02	5.37	6.81	100.00	5.37	5.37	100.00	10.13
1987	78.55	52.72	4.78	6.09	80.96	3.87	4.34	112.14	8.23
1988	78.49	53.12	6.34	8.08	91.64	5.81	5.93	102.07	11.16
1989	78.42	53.27	5.85	7.46	73.16	4.28	2.37	55.37	4.45
11 年小计			**64.00**	**7.56**	**101.64**	**65.05**	**83.27**	**128.01**	**13.78**
占合计%			**13.55**			**21.54**	**26.96**		
1990	78.32	54.88	6.38	8.15	280.88	17.92	17.89	99.83	32.60
1991	78.22	54.89	4.92	6.29	40.85	2.01	3.49	173.63	6.36
1992	77.63	55.30	6.31	8.13	82.73	5.22	7.72	147.89	13.96
1993	77.28	54.72	5.40	6.99	77.78	4.20	5.06	120.48	9.25
1994	77.13	54.57	5.62	7.29	85.41	4.80	6.63	138.13	12.15
1995	76.95	54.39	6.37	8.28	91.05	5.80	7.04	121.38	12.94
1996	76.88	54.57	7.00	9.11	79.86	5.59	6.25	111.81	11.45
1997	76.47	54.94	7.00	9.15	92.14	6.45	6.27	97.21	11.41
1998	76.35	54.93	6.00	7.86	101.67	6.10	6.48	106.23	11.80
1999	75.56	55.32	5.00	6.62	70.60	3.53	5.50	155.81	9.94
2000	75.56	55.60	4.00	5.29	85.75	3.43	10.94	*	19.68

5-10-30 安徽省含山县历年棉花生产收购

年　度	耕地面积（万亩）	农业人口（万人）	棉田面积（万亩）	占耕地（%）	亩　产（市斤）	产　量（万担）	收购量（万担）	商品率（%）	人均交售（市斤）
52年合计			**140.09**	**7.55**	**91.55**	**128.25**	**107.00**	**83.43**	**7.11**
11年小计			**16.72**	**3.84**	**15.31**	**2.56**	**1.10**	**42.97**	**0.45**
占合计%			**11.94**			**2.00**	**1.03**		
1949	38.92	20.20	2.18	5.60	9.17	0.20			
1950	38.89	21.98	1.67	4.29	9.58	0.16			
1951	38.26	22.29	1.33	3.48	10.53	0.14			
1952	38.92	22.45	0.82	2.11	15.85	0.13	0.04	30.77	0.18
1953	38.95	23.53	0.96	2.46	20.83	0.20	0.07	35.00	0.30
1954	43.47	22.62	1.10	2.53	13.64	0.15	0.06	40.00	0.27
1955	42.67	23.85	1.25	2.93	20.80	0.26	0.05	19.23	0.21
1956	40.08	23.89	1.20	2.99	15.00	0.18	0.02	11.11	0.08
1957	40.08	23.94	1.19	2.97	21.85	0.26	0.09	34.62	0.38
1958	38.18	23.26	2.18	5.71	9.17	0.20	0.13	65.00	0.56
1959	37.26	18.98	2.84	7.62	23.94	0.68	0.64	94.12	3.37
10年小计			**18.80**	**5.18**	**60.80**	**11.43**	**10.41**	**91.08**	**4.67**
占合计%			**13.42**			**8.91**	**9.73**		
1960	37.26	18.88	2.44	6.55	4.51	0.11	0.08	72.73	0.42
1961	37.26	18.66	0.94	2.52	14.89	0.14	0.05	35.71	0.27
1962	36.51	20.00	0.87	2.38	10.34	0.09	0.09	100.00	0.45
1963	35.57	21.33	1.00	2.73	23.00	0.23	0.21	91.30	0.98
1964	36.50	21.60	1.35	3.70	39.26	0.53	0.51	96.23	2.36
1965	36.30	21.97	1.60	4.41	86.88	1.39	0.85	61.15	3.87
1966	36.06	23.40	2.54	7.04	69.29	1.76	1.64	93.18	7.01
1967	35.62	23.57	2.81	7.89	80.78	2.27	1.97	86.78	8.36
1968	35.51	26.17	2.58	7.27	108.53	2.80	2.74	97.86	10.47
1969	35.51	27.14	2.67	7.52	79.03	2.11	2.27	107.58	8.36
10年小计			**33.18**	**9.57**	**91.86**	**30.48**	**31.15**	**102.20**	**10.21**
占合计%			**23.68**			**23.77**	**29.11**		
1970	35.51	27.44	2.88	8.11	92.36	2.66	2.68	100.75	9.77
1971	35.16	28.39	2.32	6.60	59.91	1.39	1.17	84.17	4.12
1972	34.78	29.09	2.50	7.19	110.00	2.75	2.75	100.00	9.45
1973	34.64	29.88	2.65	7.65	100.75	2.67	2.43	91.01	8.13
1974	34.52	30.54	2.62	7.59	115.65	3.03	3.22	106.27	10.54
1975	34.40	31.20	4.01	11.66	82.54	3.31	3.53	106.65	11.31
1976	34.40	31.56	3.99	11.60	111.53	4.45	4.45	100.00	14.10
1977	34.40	31.96	4.12	11.98	109.47	4.51	4.78	105.99	14.96
1978	34.40	32.38	4.07	11.83	76.66	3.12	3.50	112.18	10.81
1979	34.40	32.66	4.02	11.69	64.43	2.59	2.64	101.93	8.08
10年小计			**32.60**	**9.52**	**79.26**	**25.84**	**25.70**	**99.46**	**7.68**
占合计%			**23.27**			**20.15**	**24.02**		
1980	34.30	33.05	4.13	12.04	71.43	2.95	3.64	123.39	11.01
1981	34.30	33.31	4.09	11.92	71.64	2.93	2.27	77.47	6.81
1982	34.30	33.69	3.81	11.11	62.47	2.38	2.40	100.84	7.12
1983	34.30	33.88	3.95	11.52	72.15	2.85	2.82	98.95	8.32
1984	34.30	33.08	3.46	10.09	95.95	3.32	3.44	103.61	10.40
1985	34.32	32.70	2.89	8.42	83.74	2.42	2.35	97.11	7.19
1986	34.32	33.12	2.39	6.96	105.02	2.51	2.82	112.35	8.51
1987	34.10	33.10	2.60	7.62	81.15	2.11	2.27	107.58	6.86
1988	34.05	34.18	2.73	8.02	88.64	2.42	2.43	100.41	7.11
1989	34.02	34.41	2.55	7.50	76.47	1.95	1.26	64.62	3.66
11年小计			**38.79**	**10.51**	**149.37**	**57.94**	**38.64**	**66.69**	**9.79**
占合计%			**27.69**			**45.18**	**36.11**		
1990	33.94	35.11	2.67	7.87	101.87	2.72	2.60	95.59	7.41
1991	33.60	35.39	3.67	10.92	76.84	2.82	3.03	107.45	8.56
1992	33.58	35.36	3.06	9.11	91.83	2.81	3.28	116.73	9.28
1993	33.57	35.32	2.90	8.64	96.55	2.80	2.97	106.07	8.41
1994	33.53	35.85	3.57	10.65	95.24	3.40	3.57	105.00	9.96
1995	33.49	36.14	3.92	11.70	122.45	4.80	3.23	67.29	8.94
1996	33.47	36.32	4.00	11.95	139.25	5.57	2.38	42.73	6.55
1997	33.44	36.28	4.00	11.96	195.50	7.82	4.05	51.79	11.16
1998	33.41	36.33	4.00	11.97	216.00	8.64	4.12	47.69	11.34
1999	33.44	36.37	4.00	11.96	136.50	5.46	3.65	66.85	10.04
2000	33.44	36.30	3.00	8.97	370.00	11.10	5.76	51.89	15.87

5-10-31　安徽省庐江县历年棉花生产收购

年　度	耕地面积（万亩）	农业人口（万人）	棉田面积（万亩）	占耕地（%）	亩　产（市斤）	产　量（万担）	收购量（万担）	商品率（%）	人均交售（市斤）
52年合计			**149.49**	**2.48**	**51.92**	**77.61**	**62.33**	**80.31**	**1.41**
11年小计			**23.34**	**1.67**	**15.42**	**3.60**	**0.66**	**18.33**	**0.09**
占合计%			**15.61**			**4.64**	**1.06**		
1949	117.40	60.00	2.15	1.83	13.95	0.30			
1950	123.45	61.33	2.19	1.77	13.70	0.30			
1951	127.15	69.23	2.19	1.72	17.81	0.39	0.03	7.69	0.04
1952	128.65	63.80	1.63	1.27	14.72	0.24	0.01	4.17	0.02
1953	128.65	65.09	2.10	1.63	16.67	0.35	0.02	5.71	0.03
1954	131.06	65.06	1.32	1.01	10.61	0.14	0.14	100.00	0.22
1955	131.36	66.50	2.22	1.69	11.71	0.26	0.02	7.69	0.03
1956	131.81	66.67	2.26	1.71	14.60	0.33	0.02	6.06	0.03
1957	131.91	67.80	1.84	1.39	20.11	0.37	0.04	10.81	0.06
1958	126.36	67.43	3.03	2.40	14.85	0.45	0.13	28.89	0.19
1959	121.79	64.12	2.41	1.98	19.50	0.47	0.25	53.19	0.39
10年小计			**26.29**	**2.29**	**30.28**	**7.96**	**5.41**	**67.96**	**0.80**
占合计%			**17.59**			**10.26**	**8.68**		
1960	119.62	62.18	2.21	1.85	17.65	0.39	0.12	30.77	0.19
1961	117.69	63.28	0.89	0.76	6.74	0.06	0.07	116.67	0.11
1962	116.06	62.81	0.84	0.72	10.71	0.09	0.09	100.00	0.14
1963	115.98	65.59	1.41	1.22	29.79	0.42	0.15	35.71	0.23
1964	115.67	65.82	1.98	1.71	32.32	0.64	0.21	32.81	0.32
1965	114.36	68.78	3.10	2.71	47.74	1.48	0.89	60.14	1.29
1966	112.54	69.56	4.71	4.19	21.23	1.00	1.10	110.00	1.58
1967	112.06	71.20	4.13	3.69	26.63	1.10	0.96	87.27	1.35
1968	111.53	73.58	3.69	3.31	49.32	1.82	1.10	60.44	1.49
1969	110.36	76.51	3.33	3.02	28.83	0.96	0.72	75.00	0.94
10年小计			**39.57**	**3.62**	**50.85**	**20.12**	**18.45**	**91.70**	**2.06**
占合计%			**26.47**			**25.92**	**29.60**		
1970	108.86	81.15	4.41	4.05	29.25	1.29	0.60	46.51	0.74
1971	108.00	81.85	2.96	2.74	23.65	0.70	0.58	82.86	0.71
1972	107.64	86.05	3.48	3.23	41.67	1.45	1.83	126.21	2.13
1973	107.29	87.85	4.25	3.96	51.76	2.20	1.88	85.45	2.14
1974	106.77	89.56	4.51	4.22	66.96	3.02	2.66	88.08	2.97
1975	106.60	91.96	4.38	4.11	56.16	2.46	2.15	87.40	2.34
1976	105.63	93.20	4.09	3.87	59.41	2.43	2.17	89.30	2.33
1977	105.41	94.06	3.85	3.65	73.25	2.82	2.71	96.10	2.88
1978	118.40	94.86	3.78	3.19	59.26	2.24	2.31	103.13	2.44
1979	118.30	95.20	3.86	3.26	39.12	1.51	1.56	103.31	1.64
10年小计			**27.04**	**2.37**	**54.07**	**14.62**	**9.74**	**66.62**	**1.00**
占合计%			**18.09**			**18.84**	**15.63**		
1980	118.30	95.80	3.67	3.10	47.41	1.74	1.74	100.00	1.82
1981	118.30	94.10	3.69	3.12	51.76	1.91	1.64	85.86	1.74
1982	118.20	96.50	3.64	3.08	64.29	2.34	1.71	73.08	1.77
1983	118.40	97.40	3.60	3.04	32.22	1.16	0.95	81.90	0.98
1984	104.90	95.75	3.60	3.43	66.39	2.39	1.65	69.04	1.72
1985	104.79	97.70	2.40	2.29	50.42	1.21	0.69	57.02	0.71
1986	104.79	98.00	1.93	1.84	72.02	1.39	0.52	37.41	0.53
1987	117.70	98.00	1.70	1.44	61.76	1.05	0.23	21.90	0.23
1988	117.73	99.84	1.27	1.08	50.39	0.64	0.04	6.25	0.04
1989	117.69	101.00	1.54	1.31	51.30	0.79	0.57	72.15	0.56
11年小计			**33.25**	**2.66**	**94.17**	**31.31**	**28.07**	**89.65**	**2.43**
占合计%			**22.24**			**40.34**	**45.03**		
1990	117.56	104.73	1.67	1.42	46.71	0.78	0.60	76.92	0.57
1991	116.96	105.48	3.91	3.34	22.76	0.89	0.63	70.79	0.60
1992	115.15	105.22	1.29	1.12	67.44	0.87	0.58	66.67	0.55
1993	114.67	105.21	0.78	0.68	102.56	0.80	0.85	106.25	0.81
1994	114.07	105.21	0.55	0.48	36.36	0.20	0.21	105.00	0.20
1995	113.60	105.69	0.55	0.48	72.73	0.40	0.27	67.50	0.26
1996	113.19	105.77	3.50	3.09	37.71	1.32	2.30	174.24	2.17
1997	112.03	105.24	4.00	3.57	112.50	4.50	2.90	64.44	2.76
1998	112.00	105.18	8.00	7.14	75.00	6.00	5.80	96.67	5.51
1999	110.01	104.49	5.00	4.55	147.00	7.35	6.33	86.12	6.06
2000	110.01	105.00	4.00	3.64	205.00	8.20	7.60	92.68	7.24

5－10－32 安徽省宿松县历年棉花生产收购

年　度	耕地面积（万亩）	农业人口（万人）	棉田面积（万亩）	占耕地（%）	亩　产（市斤）	产　量（万担）	收购量（万担）	商品率（%）	人均交售（市斤）
52年合计			**656.81**	**19.03**	**93.23**	**612.33**	**612.35**	**100.00**	**22.59**
11年小计			**85.91**	**10.98**	**37.17**	**31.93**	**19.49**	**61.04**	**4.85**
占合计%			**13.08**			**5.21**	**3.18**		
1949	48.67	32.73	0.48	0.99	2.08	0.01			
1950	59.41	33.06	1.88	3.16	10.11	0.19			
1951	77.68	37.13	3.05	3.93	18.36	0.56			
1952	77.71	36.53	6.43	8.27	35.77	2.30			
1953	76.00	38.07	6.77	8.91	27.92	1.89	0.72	38.10	1.89
1954	77.22	38.23	5.95	7.71	1.01	0.06			
1955	76.52	37.87	7.90	10.32	24.68	1.95	1.30	66.67	3.43
1956	76.67	38.25	13.43	17.52	30.23	4.06	3.20	78.82	8.37
1957	73.54	38.35	10.80	14.69	57.50	6.21	5.28	85.02	13.77
1958	72.06	36.85	14.92	20.70	45.84	6.84	4.22	61.70	11.45
1959	67.23	34.64	14.30	21.27	54.97	7.86	4.77	60.69	13.77
10年小计			**112.30**	**17.42**	**81.69**	**91.74**	**77.94**	**84.96**	**20.22**
占合计%			**17.10**			**14.98**	**12.73**		
1960	66.81	32.05	9.21	13.79	32.14	2.96	2.56	86.49	7.99
1961	64.39	33.07	5.17	8.03	35.59	1.84	1.81	98.37	5.47
1962	62.50	35.82	5.54	8.86	46.57	2.58	1.93	74.81	5.39
1963	62.65	37.31	8.03	12.82	100.75	8.09	7.74	95.67	20.75
1964	63.70	36.74	11.94	18.74	83.84	10.01			
1965	68.84	39.11	14.61	21.22	107.05	15.64	15.22	97.31	38.92
1966	63.02	40.40	15.20	24.12	99.55	15.13	14.95	98.80	37.00
1967	63.25	41.24	14.66	23.18	85.27	12.50	11.46	91.68	27.79
1968	64.73	43.74	14.08	21.75	99.93	14.07	13.53	96.16	30.93
1969	64.94	45.91	13.86	21.34	64.36	8.92	8.74	97.98	19.04
10年小计			**134.35**	**20.63**	**59.74**	**80.26**	**79.60**	**99.18**	**14.80**
占合计%			**20.45**			**13.11**	**13.00**		
1970	67.26	48.09	13.99	20.80	50.39	7.05	6.93	98.30	14.41
1971	64.09	48.70	13.70	21.38	32.41	4.44	4.40	99.10	9.03
1972	62.34	50.26	14.26	22.87	66.69	9.51	9.11	95.83	18.13
1973	62.26	52.16	13.76	22.10	33.43	4.60	4.82	104.78	9.24
1974	63.49	53.55	14.01	22.07	63.10	8.84	8.72	98.64	16.28
1975	66.41	54.85	13.83	20.83	65.29	9.03	9.03	100.00	16.46
1976	66.57	56.06	13.86	20.82	67.89	9.41	9.35	99.36	16.68
1977	66.19	57.04	13.42	20.27	54.99	7.38	7.27	98.51	12.75
1978	66.54	58.95	11.76	17.67	65.22	7.67	7.68	100.13	13.03
1979	66.20	58.18	11.76	17.76	104.85	12.33	12.29	99.68	21.12
10年小计			**137.67**	**21.14**	**123.40**	**169.89**	**172.68**	**101.64**	**27.41**
占合计%			**20.96**			**27.74**	**28.20**		
1980	64.13	58.81	11.96	18.64	87.37	10.45	10.74	102.78	18.26
1981	65.95	59.95	13.72	20.80	91.11	12.50	10.36	82.88	17.28
1982	65.92	67.70	13.69	20.77	119.36	16.34	15.37	94.06	22.70
1983	65.91	61.64	13.65	20.71	78.97	10.78	11.26	104.45	18.27
1984	65.62	62.09	13.58	20.69	144.11	19.57	19.53	99.80	31.45
1985	65.13	62.48	14.06	21.59	149.36	21.00	20.38	97.05	32.62
1986	65.01	63.13	14.35	22.07	146.97	21.09	23.50	111.43	37.22
1987	64.66	63.56	14.52	22.46	157.51	22.87	26.63	116.44	41.90
1988	64.64	64.46	14.54	22.49	103.23	15.01	15.62	104.06	24.23
1989	64.27	66.13	13.60	21.16	149.12	20.28	19.29	95.12	29.17
11年小计			**186.58**	**25.88**	**127.83**	**238.51**	**262.64**	**110.12**	**34.73**
占合计%			**28.41**			**38.95**	**42.89**		
1990	64.25	67.98	14.50	22.57	160.69	23.30	25.16	107.98	37.01
1991	64.14	68.17	14.19	22.12	149.19	21.17	27.15	128.25	39.83
1992	63.65	68.41	14.50	22.78	127.59	18.50	32.00	172.97	46.78
1993	63.47	66.26	16.51	26.01	181.71	30.00	31.58	105.27	47.66
1994	63.41	66.36	19.98	31.51	134.03	26.78	25.60	95.59	38.58
1995	61.40	68.40	18.10	29.48	159.12	28.80	27.20	94.44	39.77
1996	61.40	68.60	20.70	33.71	137.68	28.50	25.20	88.42	36.73
1997	62.70	69.10	20.90	33.33	79.90	16.70	28.20	168.86	40.81
1998	62.70	69.60	9.70	15.47	72.16	7.00	16.90	*	24.28
1999	76.97	71.32	18.00	23.39	25.72	4.63	5.60	120.95	7.85
2000	76.97	72.00	19.50	25.33	169.90	33.13	18.05	54.48	25.07

5－10－33　安徽省望江县历年棉花生产收购

年　度	耕地面积（万亩）	农业人口（万人）	棉田面积（万亩）	占耕地（%）	亩　产（市斤）	产　量（万担）	收购量（万担）	商品率（%）	人均交售（市斤）
52 年合计			**745.29**	**26.80**	**105.94**	**789.54**	**753.38**	**95.42**	**35.04**
11 年小计			**100.16**	**18.36**	**34.67**	**34.73**	**31.42**	**90.47**	**10.44**
占合计%			**13.44**			**4.40**	**4.17**		
1949	41.14	24.26	9.32	22.65	4.72	0.44	0.01	2.27	0.04
1950	49.63	24.38	8.62	17.37	17.98	1.55	0.03	1.94	0.12
1951	52.26	24.59	8.73	16.70	19.47	1.70	1.03	60.59	4.19
1952	53.39	25.38	11.25	21.07	20.36	2.29	1.62	70.74	6.38
1953	47.55	28.49	10.58	22.25	22.31	2.36	1.73	73.31	6.07
1954	46.62	28.56	4.15	8.90	13.73	0.57	0.37	64.91	1.30
1955	47.89	28.75	7.86	16.41	33.97	2.67	2.23	83.52	7.76
1956	49.86	28.98	10.96	21.98	39.87	4.37	4.32	98.86	14.91
1957	50.81	29.06	11.28	22.20	59.40	6.70	7.30	108.96	25.12
1958	52.88	29.18	9.00	17.02	70.33	6.33	6.83	107.90	23.41
1959	53.64	29.27	8.41	15.68	68.37	5.75	5.95	103.48	20.33
10 年小计			**117.47**	**21.15**	**82.33**	**96.71**	**89.90**	**92.96**	**27.90**
占合计%			**15.76**			**12.25**	**11.93**		
1960	53.64	29.30	7.84	14.62	48.72	3.82	3.68	96.34	12.56
1961	53.64	29.87	4.00	7.46	45.00	1.80	1.57	87.22	5.26
1962	53.64	30.52	4.00	7.46	50.00	2.00	1.50	75.00	4.91
1963	53.25	31.00	9.17	17.22	69.47	6.37	6.87	107.85	22.16
1964	56.89	31.07	13.68	24.05	79.97	10.94	10.23	93.51	32.93
1965	56.30	31.48	15.71	27.90	109.68	17.23	14.90	86.48	47.33
1966	57.38	32.59	16.07	28.01	96.27	15.47	14.20	91.79	43.57
1967	57.31	33.95	16.14	28.16	85.63	13.82	13.10	94.79	38.59
1968	56.99	35.47	16.54	29.02	120.13	19.87	18.50	93.11	52.16
1969	56.44	36.96	14.32	25.37	37.64	5.39	5.35	99.26	14.48
10 年小计			**139.03**	**25.12**	**68.72**	**95.54**	**89.99**	**94.19**	**20.97**
占合计%			**18.65**			**12.10**	**11.94**		
1970	56.02	38.08	14.11	25.19	46.21	6.52	5.87	90.03	15.41
1971	55.76	39.33	14.16	25.39	44.28	6.27	5.65	90.11	14.37
1972	55.69	40.66	14.45	25.95	60.97	8.81	7.61	86.38	18.72
1973	55.39	41.96	13.51	24.39	38.12	5.15	4.24	82.33	10.10
1974	55.34	42.91	14.16	25.59	75.49	10.69	10.19	95.32	23.75
1975	55.25	43.76	14.21	25.72	70.44	10.01	9.19	91.81	21.00
1976	55.30	44.58	14.23	25.73	79.41	11.30	10.29	91.06	23.08
1977	55.18	45.38	13.29	24.08	72.84	9.68	9.68	100.00	21.33
1978	55.00	45.94	13.44	24.44	95.31	12.81	12.78	99.77	27.82
1979	54.46	46.48	13.47	24.73	106.16	14.30	14.49	101.33	31.17
10 年小计			**149.33**	**27.72**	**120.85**	**180.47**	**188.29**	**104.33**	**38.54**
占合计%			**20.04**			**22.86**	**24.99**		
1980	54.40	47.00	13.80	25.37	83.91	11.58	13.19	113.90	28.06
1981	54.10	47.36	14.40	26.62	90.69	13.06	13.27	101.61	28.02
1982	54.10	47.83	14.00	25.88	121.50	17.01	17.44	102.53	36.46
1983	54.03	48.35	13.42	24.84	86.81	11.65	11.41	97.94	23.60
1984	53.87	48.16	14.81	27.49	148.55	22.00	21.41	97.32	44.46
1985	53.80	48.60	15.50	28.81	148.39	23.00	23.76	103.30	48.89
1986	53.58	49.23	15.60	29.12	138.97	21.68	21.80	100.55	44.28
1987	53.60	49.80	16.00	29.85	149.25	23.88	26.80	112.23	53.82
1988	53.60	50.70	16.00	29.85	93.31	14.93	16.38	109.71	32.31
1989	53.60	51.50	15.80	29.48	137.22	21.68	22.83	105.30	44.33
11 年小计			**239.30**	**40.71**	**159.67**	**382.09**	**353.78**	**92.59**	**58.06**
占合计%			**32.11**			**48.39**	**46.96**		
1990	53.57	55.34	15.70	29.31	151.40	23.77	27.90	117.37	50.42
1991	53.57	56.06	16.00	29.87	190.00	30.40	33.94	111.64	60.54
1992	53.55	56.53	16.32	30.48	196.08	32.00	36.36	113.63	64.32
1993	53.52	57.20	17.34	32.40	184.54	32.00	46.25	144.53	80.86
1994	53.52	57.80	24.50	45.78	208.16	51.00	46.80	91.76	80.97
1995	53.52	54.01	23.34	43.61	178.66	41.70	42.70	102.40	79.06
1996	53.50	54.34	23.90	44.67	168.20	40.20	37.20	92.54	68.46
1997	53.27	54.56	25.10	47.12	179.28	45.00	26.20	58.22	48.02
1998	53.27	54.62	26.10	49.00	153.26	40.00	34.20	85.50	62.61
1999	53.27	54.44	25.00	46.93	76.88	19.22	10.97	57.08	20.15
2000	53.27	54.40	26.00	48.81	103.08	26.80	11.26	42.01	20.70

5-10-34　安徽省太湖县历年棉花生产收购

年　　度	耕地面积（万亩）	农业人口（万人）	棉田面积（万亩）	占耕地（%）	亩　产（市斤）	产　量（万担）	收购量（万担）	商品率（%）	人均交售（市斤）
52 年合计			**145.99**	**8.51**	**99.80**	**145.70**	**131.48**	**90.24**	**6.35**
11 年小计			**10.00**	**2.81**	**23.00**	**2.30**	**0.80**	**34.78**	**0.29**
占合计%			**6.85**			**1.58**	**0.61**		
1949									
1950									
1951									
1952	44.60	34.00	1.60	3.59	18.75	0.30			
1953	40.20	34.70	1.70	4.23	17.65	0.30			
1954	47.80	34.60	1.50	3.14	6.67	0.10			
1955	46.90	34.20	1.30	2.77	23.08	0.30			
1956	46.10	33.80	1.10	2.39	27.27	0.30			
1957	44.00	33.70	0.90	2.05	33.33	0.30	0.20	66.67	0.59
1958	43.20	33.60	0.90	2.08	33.33	0.30	0.30	100.00	0.89
1959	42.80	33.60	1.00	2.34	40.00	0.40	0.30	75.00	0.89
10 年小计			**18.70**	**5.40**	**48.66**	**9.10**	**8.70**	**95.60**	**2.52**
占合计%			**12.81**			**6.25**	**6.62**		
1960	40.10	33.60	1.30	3.24	30.77	0.40	0.30	75.00	0.89
1961	36.00	33.60	1.40	3.89	28.57	0.40	0.30	75.00	0.89
1962	34.70	33.50	1.50	4.32	13.33	0.20	0.20	100.00	0.60
1963	34.70	33.50	1.80	5.19	38.89	0.70	0.60	85.71	1.79
1964	33.60	33.50	1.90	5.65	36.84	0.70	0.50	71.43	1.49
1965	34.60	33.30	1.90	5.49	73.68	1.40	1.20	85.71	3.60
1966	33.50	33.10	1.80	5.37	55.56	1.00	1.00	100.00	3.02
1967	33.80	36.10	2.00	5.92	60.00	1.20	1.10	91.67	3.05
1968	32.50	37.00	2.50	7.69	60.00	1.50	1.90	126.67	5.14
1969	32.50	37.80	2.60	8.00	61.54	1.60	1.60	100.00	4.23
10 年小计			**31.41**	**9.39**	**66.83**	**20.99**	**18.27**	**87.04**	**4.38**
占合计%			**21.52**			**14.41**	**13.90**		
1970	33.90	38.80	2.80	8.26	57.14	1.60	0.72	45.00	1.86
1971	33.60	38.90	2.90	8.63	37.93	1.10	0.81	73.64	2.08
1972	33.90	39.30	3.29	9.71	58.66	1.93	1.65	85.49	4.20
1973	33.20	39.80	3.26	9.82	54.29	1.77	1.59	89.83	3.99
1974	33.10	41.00	3.16	9.55	62.34	1.97	1.75	88.83	4.27
1975	33.90	43.20	3.26	9.62	64.72	2.11	1.88	89.10	4.35
1976	33.10	43.20	3.20	9.67	79.06	2.53	2.34	92.49	5.42
1977	33.10	43.90	3.25	9.82	77.54	2.52	2.31	91.67	5.26
1978	33.30	44.40	3.20	9.61	75.63	2.42	2.28	94.21	5.14
1979	33.30	44.80	3.09	9.28	98.38	3.04	2.94	96.71	6.56
10 年小计			**36.20**	**11.07**	**109.61**	**39.68**	**42.61**	**107.38**	**9.07**
占合计%			**24.80**			**27.23**	**32.41**		
1980	33.30	45.40	3.19	9.58	73.67	2.35	2.51	106.81	5.53
1981	33.30	45.40	3.76	11.29	64.10	2.41	2.27	94.19	5.00
1982	32.80	46.00	3.69	11.25	107.86	3.98	3.85	96.73	8.37
1983	32.80	46.30	3.64	11.10	110.16	4.01	4.09	102.00	8.83
1984	32.80	46.40	3.67	11.19	145.23	5.33	5.36	100.56	11.55
1985	32.80	46.70	3.67	11.19	149.05	5.47	5.17	94.52	11.07
1986	32.41	47.30	3.66	11.29	156.83	5.74	5.77	100.52	12.20
1987	32.30	47.90	3.65	11.30	138.36	5.05	5.72	113.27	11.94
1988	32.32	48.72	3.66	11.32	49.18	1.80	2.64	146.67	5.42
1989	32.28	49.47	3.61	11.18	98.06	3.54	5.23	147.74	10.57
11 年小计			**49.68**	**39.90**	**166.57**	**73.63**	**61.10**	**96.41**	**61.73**
占合计%			**34.03**			**50.54**	**46.47**		
1990	32.27	50.26	3.65	11.31	117.26	4.28	4.81	112.38	9.57
1991	32.26	50.84	3.67	11.38	157.22	5.77	6.30	109.19	12.39
1992	32.23	51.00	3.67	11.39	147.68	5.42	7.29	134.50	14.29
1993	32.08	51.64	3.84	11.97	161.46	6.20	8.24	132.90	15.96
1994	32.02	51.73	4.94	15.43	165.99	8.20	6.94	84.63	13.42
1995	31.93	51.95	5.71	17.88	143.61	8.20	6.44	78.54	12.40
1996	31.82	52.00	5.90	18.54	136.78	8.07	5.21	64.56	10.02
1997	31.72	52.05	5.70	17.97	136.84	7.80	5.47	70.13	10.51
1998	31.73	51.93	5.60	17.65	159.11	8.91	6.62	74.30	12.75
1999	31.71	51.62	3.00	9.46	216.67	6.50	1.50	23.08	2.91
2000	31.71	51.40	4.00	12.61	107.00	4.28	2.28	53.27	4.44

5－10－35　安徽省枞阳县历年棉花生产收购

年　度	耕地面积（万亩）	农业人口（万人）	棉田面积（万亩）	占耕地（％）	亩　产（市斤）	产　量（万担）	收购量（万担）	商品率（％）	人均交售（市斤）
52 年合计			**348.41**	**10.33**	**87.91**	**306.27**	**275.69**	**90.02**	**7.61**
11 年小计			**37.20**	**5.76**	**57.20**	**21.28**	**10.45**	**49.11**	**2.33**
占合计％			**10.68**			**6.95**	**3.79**		
1949									
1950									
1951	70.20	50.40	2.20	3.13	51.82	1.14	0.60	52.63	1.19
1952	70.50	50.40	3.90	5.53	66.92	2.61	0.90	34.48	1.79
1953	69.70	47.90	4.70	6.74	60.85	2.86	1.20	41.96	2.51
1954	72.30	47.90	4.20	5.81	4.05	0.17	0.20	117.65	0.42
1955	72.00	48.30	4.20	5.83	60.95	2.56	1.20	46.88	2.48
1956	72.00	48.30	4.20	5.83	60.00	2.52	1.15	45.63	2.38
1957	72.90	51.60	4.60	6.31	70.87	3.26	2.00	61.35	3.88
1958	72.90	51.60	4.60	6.31	66.96	3.08	1.60	51.95	3.10
1959	72.90	51.60	4.60	6.31	66.96	3.08	1.60	51.95	3.10
10 年小计			**53.40**	**7.53**	**80.30**	**42.88**	**37.90**	**88.39**	**6.54**
占合计％			**15.33**			**14.00**	**13.75**		
1960	72.90	51.60	4.60	6.31	65.00	2.99	1.50	50.17	2.91
1961	72.90	51.60	4.60	6.31	65.00	2.99	1.50	50.17	2.91
1962	76.50	51.60	4.60	6.01	32.61	1.50	0.80	53.33	1.55
1963	76.50	51.60	4.60	6.01	32.61	1.50	0.80	53.33	1.55
1964	68.90	60.50	5.00	7.26	92.00	4.60	4.60	100.00	7.60
1965	68.70	60.80	6.00	8.73	98.33	5.90	5.90	100.00	9.70
1966	68.70	60.90	6.00	8.73	106.67	6.40	6.40	100.00	10.51
1967	68.60	61.90	6.00	8.75	115.00	6.90	6.90	100.00	11.15
1968	67.80	62.00	6.00	8.85	96.67	5.80	5.20	89.66	8.39
1969	67.80	67.00	6.00	8.85	71.67	4.30	4.30	100.00	6.42
10 年小计			**75.23**	**11.26**	**98.03**	**73.75**	**70.67**	**95.82**	**9.08**
占合计％			**21.59**			**24.08**	**25.63**		
1970	67.40	69.60	6.00	8.90	91.67	5.50	5.50	100.00	7.90
1971	66.90	70.10	7.08	10.58	98.45	6.97	6.58	94.40	9.39
1972	66.50	73.90	8.29	12.47	107.00	8.87	8.19	92.33	11.08
1973	66.50	78.90	8.43	12.68	92.76	7.82	7.19	91.94	9.11
1974	66.20	76.00	8.28	12.51	121.14	10.03	9.36	93.32	12.32
1975	67.20	79.10	7.94	11.82	109.57	8.70	8.19	94.14	10.35
1976	67.10	80.10	7.79	11.61	82.03	6.39	6.22	97.34	7.77
1977	67.10	82.20	5.84	8.70	67.81	3.96	4.07	102.78	4.95
1978	67.10	83.70	7.75	11.55	80.77	6.26	6.36	101.60	7.60
1979	66.00	84.50	7.83	11.86	118.14	9.25	9.01	97.41	10.66
10 年小计			**83.63**	**12.86**	**86.24**	**72.12**	**67.64**	**93.79**	**7.84**
占合计％			**24.00**			**23.55**	**24.53**		
1980	66.00	85.60	7.75	11.74	58.45	4.53	5.29	116.78	6.18
1981	65.90	85.90	9.38	14.23	82.41	7.73	7.97	103.10	9.28
1982	65.40	86.20	9.46	14.46	105.39	9.97	9.31	93.38	10.80
1983	65.10	86.70	9.05	13.90	59.45	5.38	3.07	57.06	3.54
1984	65.00	86.90	9.45	14.54	106.56	10.07	8.05	79.94	9.26
1985	64.77	87.70	8.56	13.22	96.38	8.25	8.23	99.76	9.38
1986	64.63	87.60	7.66	11.85	105.35	8.07	8.09	100.25	9.24
1987	64.50	86.50	7.26	11.26	100.00	7.26	7.11	97.93	8.22
1988	64.51	84.32	7.36	11.41	74.32	5.47	6.04	110.42	7.16
1989	64.44	85.59	7.70	11.95	70.00	5.39	4.48	83.12	5.23
11 年小计			**98.95**	**14.14**	**97.26**	**96.24**	**89.03**	**92.51**	**9.33**
占合计％			**28.40**			**31.42**	**32.29**		
1990	64.42	86.53	8.27	12.84	101.93	8.43	8.40	99.64	9.71
1991	64.34	87.36	8.19	12.73	88.52	7.25	7.30	100.69	8.36
1992	64.29	86.78	8.10	12.60	95.68	7.75	7.79	100.52	8.98
1993	64.22	86.86	7.58	11.80	84.43	6.40	5.88	91.88	6.77
1994	63.66	86.57	9.38	14.73	100.21	9.40	8.90	94.68	10.28
1995	63.47	86.62	11.93	18.80	115.67	13.80	10.94	79.28	12.63
1996	63.38	86.69	10.00	15.78	94.60	9.46	11.07	117.02	12.77
1997	63.19	86.77	10.00	15.83	129.90	12.99	8.45	65.05	9.74
1998	63.00	86.66	10.00	15.87	101.20	10.12	8.20	81.03	9.46
1999	62.95	86.27	8.50	13.50	21.41	1.82	5.70	*	6.61
2000	62.95	87.00	7.00	11.12	126.00	8.82	6.40	72.56	7.36

5－10－36　安徽省怀宁县历年棉花生产收购

年　　度	耕地面积（万亩）	农业人口（万人）	棉田面积（万亩）	占耕地（%）	亩　产（市斤）	产　量（万担）	收购量（万担）	商品率（%）	人均交售（市斤）
52年合计			**187.60**	**6.28**	**84.34**	**158.22**	**151.77**	**95.92**	**5.28**
11年小计			**32.35**	**4.63**	**39.69**	**12.84**	**6.04**	**47.04**	**1.29**
占合计%			**17.24**			**8.12**	**3.98**		
1949	64.38	42.85	2.26	3.51	18.58	0.42	0.10	23.81	0.23
1950	63.22	43.46	2.61	4.13	24.90	0.65	0.20	30.77	0.46
1951	62.05	43.67	3.10	5.00	12.58	0.39	0.10	25.64	0.23
1952	64.91	43.76	3.57	5.50	25.49	0.91	0.34	37.36	0.78
1953	64.49	42.93	3.28	5.09	21.34	0.70	0.30	42.86	0.70
1954	64.27	43.18	1.02	1.59	18.63	0.19	0.10	52.63	0.23
1955	63.04	43.40	2.39	3.79	31.38	0.75	0.20	26.67	0.46
1956	63.00	43.70	3.43	5.44	29.45	1.01	0.50	49.50	1.14
1957	53.72	42.63	2.96	4.65	81.42	2.41	0.90	37.34	2.11
1958	63.14	40.07	4.56	7.22	73.25	3.34	2.30	68.86	5.74
1959	62.73	36.80	3.17	5.05	65.30	2.07	1.00	48.31	2.72
10年小计			**36.87**	**6.17**	**79.06**	**29.15**	**14.55**	**49.91**	**3.42**
占合计%			**19.66**			**18.42**	**9.59**		
1960	61.98	34.52	3.66	5.91	42.62	1.56	1.00	64.10	2.90
1961	61.20	36.39	2.21	3.61	44.80	0.99	1.25	126.26	3.44
1962	60.40	39.42	1.98	3.28	55.05	1.09	0.40	36.70	1.01
1963	59.47	40.96	2.68	4.51	69.78	1.87	0.90	48.13	2.20
1964	59.57	41.84	3.90	6.55	64.87	2.53	1.00	39.53	2.39
1965	59.52	43.25	4.30	7.22	92.79	3.99	2.00	50.13	4.62
1966	59.35	44.78	4.39	7.40	109.34	4.80	2.00	41.67	4.47
1967	59.08	45.92	4.20	7.11	103.57	4.35	2.50	57.47	5.44
1968	58.86	48.00	4.55	7.74	109.60	4.99	2.00	40.08	4.17
1969	58.33	49.86	5.00	8.57	59.60	2.98	1.50	50.34	3.01
10年小计			**39.30**	**7.11**	**82.46**	**32.41**	**49.66**	**153.22**	**8.64**
占合计%			**20.95**			**20.48**	**32.72**		
1970	55.54	51.66	4.42	7.96	71.72	3.17	4.60	145.11	8.90
1971	55.47	53.39	4.33	7.81	63.05	2.73	4.34	158.97	8.13
1972	55.50	51.13	4.17	7.51	94.48	3.94	5.45	138.32	10.66
1973	55.51	56.90	3.89	7.01	74.81	2.91	4.67	160.48	8.21
1974	55.54	58.14	3.77	6.79	103.98	3.92	6.80	173.47	11.70
1975	55.55	59.76	3.77	6.79	74.01	2.79	4.87	174.55	8.15
1976	55.32	60.53	3.72	6.72	93.28	3.47	5.82	167.72	9.62
1977	55.31	61.32	3.72	6.73	81.12	3.02	4.52	149.67	7.37
1978	54.73	60.04	3.78	6.91	77.78	2.94	5.04	171.43	8.39
1979	54.67	62.04	3.73	6.82	94.37	3.52	3.55	100.85	5.72
10年小计			**36.41**	**6.68**	**102.00**	**37.14**	**38.46**	**103.55**	**5.95**
占合计%			**19.41**			**23.47**	**25.34**		
1980	54.70	63.10	3.94	7.20	64.72	2.55	2.35	92.16	3.72
1981	54.70	63.30	4.01	7.33	77.81	3.12	2.95	94.55	4.66
1982	54.70	63.80	3.96	7.24	109.60	4.34	4.18	96.31	6.55
1983	54.60	64.10	3.80	6.96	77.11	2.93	2.93	100.00	4.57
1984	54.60	64.20	3.80	6.96	129.21	4.91	4.50	91.65	7.01
1985	54.56	63.80	3.57	6.54	123.53	4.41	4.32	97.96	6.77
1986	54.44	64.30	3.57	6.56	123.53	4.41	4.75	107.71	7.39
1987	54.40	65.00	3.28	6.03	129.27	4.24	5.28	124.53	8.12
1988	54.36	66.66	3.24	5.96	86.11	2.79	3.57	127.96	5.36
1989	54.35	67.77	3.24	5.96	106.17	3.44	3.63	105.52	5.36
11年小计			**42.66**	**7.20**	**109.42**	**46.68**	**43.06**	**92.25**	**5.64**
占合计%			**22.74**			**29.50**	**28.37**		
1990	54.34	68.60	3.23	5.94	124.15	4.01	4.47	111.47	6.52
1991	54.28	69.30	3.27	6.02	101.53	3.32	4.47	134.64	6.45
1992	54.00	68.99	3.38	6.26	112.13	3.79	5.34	140.90	7.74
1993	54.00	69.29	3.82	7.07	120.42	4.60	5.25	114.13	7.58
1994	53.93	68.93	4.52	8.38	123.89	5.60	4.96	88.57	7.20
1995	53.90	69.68	4.24	7.87	103.77	4.40	4.58	104.09	6.57
1996	53.72	69.54	3.90	7.26	86.41	3.37	2.75	81.60	3.95
1997	53.61	69.70	3.90	7.27	144.10	5.62	4.54	80.78	6.51
1998	53.61	69.78	3.90	7.27	116.41	4.54	3.09	68.06	4.43
1999	53.61	69.86	4.50	8.39	66.89	3.01	1.60	53.16	2.29
2000	53.61	70.20	4.00	7.46	110.50	4.42	2.01	45.48	2.86

5-10-37 安徽省桐城市历年棉花生产收购

年度	耕地面积（万亩）	农业人口（万人）	棉田面积（万亩）	占耕地（%）	亩产（市斤）	产量（万担）	收购量（万担）	商品率（%）	人均交售（市斤）
52 年合计	**1699.50**	**2009.28**	**149.46**	**8.79**	**73.82**	**110.33**	**94.85**	**85.97**	**4.72**
11 年小计									
占合计%									
1949									
1950									
1951									
1952									
1953									
1954									
1955									
1956									
1957									
1958									
1959									
10 年小计									
占合计%									
1960									
1961									
1962									
1963									
1964									
1965									
1966									
1967									
1968									
1969									
10 年小计	**579.00**	**588.90**	**57.43**	**9.92**	**73.31**	**42.10**	**41.60**	**98.81**	**7.06**
占合计%			**38.42**			**38.16**	**43.86**		
1970	58.20	54.60	5.00	8.59	66.60	3.33	3.50	105.11	6.41
1971	58.20	54.60	5.47	9.40	59.41	3.25	2.81	86.46	5.15
1972	58.20	54.60	6.00	10.31	77.00	4.62	4.22	91.34	7.73
1973	58.20	54.60	5.66	9.73	73.14	4.14	3.95	95.41	7.23
1974	58.20	54.60	6.11	10.50	81.34	4.97	4.76	95.77	8.72
1975	58.70	62.10	5.86	9.98	67.24	3.94	3.87	98.22	6.23
1976	58.70	62.10	5.90	10.05	73.05	4.31	4.19	97.22	6.75
1977	58.70	62.10	5.84	9.95	67.81	3.96	4.07	102.78	6.55
1978	58.70	64.80	5.92	10.09	90.71	5.37	5.50	102.42	8.49
1979	53.20	64.80	5.67	10.66	74.25	4.21	4.73	112.35	7.30
10 年小计	**542.37**	**666.21**	**46.26**	**8.53**	**71.83**	**33.23**	**30.41**	**91.51**	**4.56**
占合计%			**30.95**			**30.12**	**32.06**		
1980	54.50	66.00	5.19	9.52	60.69	3.15	4.22	133.97	6.39
1981	54.40	65.70	6.05	11.12	60.66	3.67	4.04	110.08	6.15
1982	54.40	66.20	6.06	11.14	80.03	4.85	4.26	87.84	6.44
1983	54.40	66.60	5.19	9.54	65.70	3.41	5.36	157.18	8.05
1984	54.40	65.90	5.31	9.76	90.40	4.80	3.67	76.46	5.57
1985	54.30	65.50	4.31	7.94	73.55	3.17	2.59	81.70	3.95
1986	54.09	66.40	3.67	6.79	80.38	2.95	1.84	62.37	2.77
1987	54.10	66.80	3.24	5.99	78.09	2.53	1.81	71.54	2.71
1988	53.91	68.11	3.57	6.62	65.27	2.33	1.39	59.66	2.04
1989	53.87	69.00	3.67	6.81	64.58	2.37	1.23	51.90	1.78
11 年小计	**578.13**	**754.17**	**45.77**	**7.17**	**109.29**	**35.00**	**22.84**	**96.92**	**5.90**
占合计%			**30.62**			**31.72**	**24.08**		
1990	53.81	69.83	3.65	6.78	81.37	2.97	2.35	79.12	3.37
1991	53.60	70.40	3.82	7.13	57.59	2.20	1.88	85.45	2.67
1992	53.32	68.99	3.66	6.86	55.19	2.02	3.16	156.44	4.58
1993	52.95	68.94	3.76	7.10	85.11	3.20	1.98	61.88	2.87
1994	52.72	68.63	4.19	7.95	76.37	3.20	1.27	39.69	1.85
1995	52.47	68.11	4.69	8.94	59.70	2.80	2.59	92.50	3.80
1996	52.28	67.96	4.20	8.03	61.19	2.57	2.09	81.32	3.08
1997	52.12	67.81	4.20	8.06	81.67	3.43	2.09	60.93	3.08
1998	51.78	68.02	5.10	9.85	91.96	4.69	2.45	52.24	3.60
1999	51.54	67.88	5.00	9.70	83.20	4.16	1.50	36.06	2.21
2000	51.54	67.60	3.50	6.79	107.43	3.76	1.48	39.36	2.19

5-10-38　安徽省东至县历年棉花生产收购

年　度	耕地面积（万亩）	农业人口（万人）	棉田面积（万亩）	占耕地（%）	亩　产（市斤）	产　量（万担）	收购量（万担）	商品率（%）	人均交售（市斤）
52 年合计			**529.81**	**19.94**	**94.58**	**501.12**	**472.95**	**94.38**	**24.45**
11 年小计			**87.00**	**14.85**	**34.94**	**30.40**	**28.40**	**93.42**	**10.80**
占合计%			**16.42**			**6.07**	**6.00**		
1949	53.00	23.00	8.00	15.09	25.00	2.00	2.00	100.00	8.70
1950	53.00	23.00	9.00	16.98	22.22	2.00	2.00	100.00	8.70
1951	53.00	23.00	9.00	16.98	22.22	2.00	2.00	100.00	8.70
1952	55.00	23.00	9.00	16.36	33.33	3.00	3.00	100.00	13.04
1953	56.00	24.00	8.00	14.29	25.00	2.00	2.00	100.00	8.33
1954	54.00	24.00	6.00	11.11	6.67	0.40	0.40	100.00	1.67
1955	54.00	25.00	7.00	12.96	42.86	3.00	3.00	100.00	12.00
1956	54.00	24.00	7.00	12.96	42.86	3.00	3.00	100.00	12.50
1957	49.00	23.00	8.00	16.33	62.50	5.00	5.00	100.00	21.74
1958	55.00	26.00	9.00	16.36	44.44	4.00	3.00	75.00	11.54
1959	50.00	25.00	7.00	14.00	57.14	4.00	3.00	75.00	12.00
10 年小计			**89.00**	**17.38**	**88.76**	**79.00**	**80.00**	**101.27**	**26.58**
占合计%			**16.80**			**15.76**	**16.92**		
1960	48.00	25.00	7.00	14.58	28.57	2.00	2.00	100.00	8.00
1961	48.00	25.00	5.00	10.42	40.00	2.00	2.00	100.00	8.00
1962	51.00	28.00	5.00	9.80	40.00	2.00	3.00	150.00	10.71
1963	53.00	29.00	7.00	13.21	85.71	6.00	6.00	100.00	20.69
1964	54.00	30.00	9.00	16.67	77.78	7.00	7.00	100.00	23.33
1965	53.00	30.00	11.00	20.75	109.09	12.00	12.00	100.00	40.00
1966	52.00	32.00	11.00	21.15	109.09	12.00	12.00	100.00	37.50
1967	51.00	33.00	11.00	21.57	109.09	12.00	12.00	100.00	36.36
1968	51.00	34.00	12.00	23.53	125.00	15.00	15.00	100.00	44.12
1969	51.00	35.00	11.00	21.57	81.82	9.00	9.00	100.00	25.71
10 年小计			**102.79**	**20.77**	**95.90**	**98.58**	**96.53**	**97.92**	**24.13**
占合计%			**19.40**			**19.67**	**20.41**		
1970	50.00	36.00	10.00	20.00	70.00	7.00	7.00	100.00	19.44
1971	50.00	37.00	9.97	19.94	75.03	7.48	7.22	96.52	19.51
1972	49.00	38.00	10.00	20.41	110.30	11.03	10.69	96.92	28.13
1973	49.00	39.00	9.35	19.08	105.45	9.86	9.04	91.68	23.18
1974	49.00	40.00	10.58	21.59	112.95	11.95	12.09	101.17	30.23
1975	49.00	41.00	10.57	21.57	100.85	10.66	10.42	97.75	25.41
1976	49.00	41.00	10.51	21.45	107.80	11.33	11.06	97.62	26.98
1977	50.00	42.00	10.55	21.10	92.04	9.71	9.62	99.07	22.90
1978	50.00	43.00	10.70	21.40	77.29	8.27	8.18	98.91	19.02
1979	50.00	43.00	10.56	21.12	106.91	11.29	11.21	99.29	26.07
10 年小计			**106.38**	**20.84**	**113.36**	**120.59**	**118.46**	**98.23**	**26.49**
占合计%			**20.08**			**24.06**	**25.05**		
1980	50.00	43.00	10.52	21.04	67.40	7.09	7.53	106.21	17.51
1981	50.00	44.00	10.85	21.70	74.38	8.07	8.48	105.08	19.27
1982	50.00	44.00	11.09	22.18	118.30	13.12	12.84	97.87	29.18
1983	52.00	44.00	9.98	19.19	92.59	9.24	9.88	106.93	22.45
1984	52.00	44.00	10.64	20.46	142.01	15.11	14.07	93.12	31.98
1985	51.46	45.00	10.11	19.65	144.81	14.64	14.40	98.36	32.00
1986	51.41	45.00	9.78	19.02	149.69	14.64	14.52	99.18	32.27
1987	51.00	45.00	11.20	21.96	152.23	17.05	16.93	99.30	37.62
1988	51.27	46.22	11.54	22.51	81.11	9.36	8.90	95.09	19.26
1989	51.26	46.94	10.67	20.82	115.00	12.27	10.91	88.92	23.24
11 年小计			**144.64**	**26.12**	**119.30**	**172.55**	**149.56**	**86.68**	**28.57**
占合计%			**27.30**			**34.43**	**31.62**		
1990	51.24	47.55	18.66	36.42	77.87	14.53	12.12	83.41	25.49
1991	51.12	47.89	11.10	21.71	133.33	14.80	13.96	94.32	29.15
1992	51.01	47.66	11.83	23.19	123.67	14.63	14.17	96.86	29.73
1993	50.84	47.48	13.07	25.71	137.72	18.00	16.97	94.28	35.74
1994	50.50	47.57	14.43	28.57	131.67	19.00	16.87	88.79	35.46
1995	50.23	47.63	13.55	26.98	126.94	17.20	14.65	85.17	30.76
1996	49.89	47.59	12.00	24.05	118.33	14.20	12.17	85.70	25.57
1997	49.86	47.58	14.00	28.08	129.14	18.08	17.00	94.03	35.73
1998	49.76	47.59	15.00	30.14	109.47	16.42	14.00	85.26	29.42
1999	49.61	47.53	11.00	22.17	102.09	11.23	6.70	59.66	14.10
2000	49.61	47.50	10.00	20.16	144.60	14.46	10.95	75.73	23.05

5-10-39 安徽省贵池市历年棉花生产收购

年度	耕地面积（万亩）	农业人口（万人）	棉田面积（万亩）	占耕地（%）	亩产（市斤）	产量（万担）	收购量（万担）	商品率（%）	人均交售（市斤）
52 年合计			**270.82**	**10.71**	**78.07**	**211.42**	**188.54**	**89.18**	**9.15**
11 年小计			**45.00**	**7.54**	**26.67**	**12.00**	**7.65**	**63.75**	**2.62**
占合计%			**16.62**			**5.68**	**4.06**		
1949	37.83	22.48	1.73	4.57	9.83	0.17			
1950	49.94	24.04	4.18	8.37	10.77	0.45			
1951	54.46	25.34	5.21	9.57	33.40	1.74			
1952	58.16	26.59	5.33	9.16	31.14	1.66			
1953	58.64	26.35	4.59	7.83	15.90	0.73	0.53	72.60	2.01
1954	58.70	27.30	3.76	6.41	6.91	0.26	0.21	80.77	0.77
1955	59.51	28.19	4.08	6.86	20.83	0.85	0.88	103.53	3.12
1956	58.26	28.29	4.48	7.69	31.03	1.39	1.09	78.42	3.85
1957	55.96	29.00	4.65	8.31	39.14	1.82	1.53	84.07	5.28
1958	52.96	28.63	3.84	7.25	39.32	1.51	1.73	114.57	6.04
1959	52.54	25.91	3.15	6.00	45.08	1.42	1.68	118.31	6.48
10 年小计			**48.36**	**9.93**	**75.52**	**36.52**	**36.86**	**100.93**	**11.41**
占合计%			**17.86**			**17.27**	**19.55**		
1960	49.18	29.76	3.40	6.91	31.18	1.06	1.27	119.81	4.27
1961	49.31	27.25	1.59	3.22	28.93	0.46	0.71	154.35	2.61
1962	47.73	29.18	1.96	4.11	47.96	0.94	1.42	151.06	4.87
1963	48.17	30.56	3.61	7.49	73.41	2.65	2.73	103.02	8.93
1964	50.15	31.18	5.08	10.13	71.46	3.63	3.61	99.45	11.58
1965	50.04	32.43	6.41	12.81	83.78	5.37	5.00	93.11	15.42
1966	48.56	33.52	6.50	13.39	73.69	4.79	5.01	104.59	14.95
1967	48.36	34.83	6.60	13.65	83.03	5.48	5.34	97.45	15.33
1968	48.14	36.39	6.88	14.29	106.98	7.36	7.35	99.86	20.20
1969	47.45	38.00	6.33	13.34	75.51	4.78	4.42	92.47	11.63
10 年小计			**62.38**	**13.26**	**78.54**	**48.99**	**48.75**	**99.50**	**11.27**
占合计%			**23.03**			**23.17**	**25.86**		
1970	46.95	39.18	5.72	12.18	58.22	3.33	3.12	93.69	7.96
1971	46.94	40.19	6.24	13.29	59.46	3.71	3.63	97.84	9.03
1972	46.91	41.40	6.57	14.01	79.30	5.21	5.56	106.72	13.43
1973	47.06	42.56	5.85	12.43	84.96	4.97	4.97	100.00	11.68
1974	47.05	43.32	6.54	13.90	102.75	6.72	6.59	98.07	15.21
1975	47.01	44.04	6.34	13.49	92.27	5.85	5.79	98.97	13.15
1976	47.01	44.44	6.31	13.42	101.43	6.40	6.22	97.19	14.00
1977	46.79	45.10	6.17	13.19	67.31	4.15	4.20	101.13	9.31
1978	46.99	46.12	6.30	13.41	62.06	3.91	3.99	102.05	8.65
1979	47.76	46.12	6.34	13.27	74.76	4.74	4.68	98.73	10.15
10 年小计			**57.38**	**12.28**	**79.42**	**45.57**	**45.02**	**98.79**	**9.56**
占合计%			**21.19**			**21.55**	**23.88**		
1980	46.78	46.40	6.20	13.25	42.74	2.65	3.15	118.87	6.79
1981	46.78	46.40	6.40	13.68	37.19	2.38	2.40	100.84	5.17
1982	46.78	46.40	6.84	14.62	79.39	5.43	5.17	95.21	11.14
1983	46.78	46.40	6.46	13.81	70.12	4.53	4.47	98.68	9.63
1984	46.78	46.40	6.58	14.07	100.00	6.58	6.57	99.85	14.16
1985	46.78	46.40	5.14	10.99	96.69	4.97	5.33	107.24	11.49
1986	46.76	46.40	4.96	10.61	104.44	5.18	5.46	105.41	11.77
1987	46.76	46.40	4.85	10.37	114.43	5.55	6.04	108.83	13.02
1988	46.62	49.61	5.08	10.90	75.59	3.84	2.88	75.00	5.81
1989	46.54	50.30	4.87	10.46	91.58	4.46	3.55	79.60	7.06
11 年小计			**57.70**	**11.39**	**118.43**	**68.33**	**50.26**	**73.55**	**9.26**
占合计%			**21.31**			**32.32**	**26.66**		
1990	46.43	50.92	4.97	10.70	103.62	5.15	5.28	102.52	10.37
1991	46.47	51.50	5.24	11.28	101.53	5.32	5.74	107.89	11.15
1992	46.19	51.36	5.45	11.80	107.34	5.85	7.33	125.35	14.28
1993	45.92	51.19	5.31	11.56	97.98	5.20	5.20	100.00	10.16
1994	46.02	50.91	7.11	15.45	81.58	5.80	5.74	98.97	11.27
1995	46.01	50.70	5.62	12.21	117.44	6.60	4.61	69.85	9.09
1996	45.87	50.50	5.30	11.55	123.96	6.57	3.29	50.08	6.51
1997	45.94	50.44	4.90	10.67	158.16	7.75	5.01	64.65	9.93
1998	45.89	45.87	4.80	10.46	160.63	7.71	5.68	73.67	12.38
1999	45.87	43.91	5.00	10.90	115.00	5.75	2.02	35.13	4.60
2000	45.87	45.40	4.00	8.72	165.75	6.63	0.35	5.28	0.77

5－10－40　安徽省繁昌县历年棉花生产收购

年　　度	耕地面积（万亩）	农业人口（万人）	棉田面积（万亩）	占耕地（%）	亩　产（市斤）	产　量（万担）	收购量（万担）	商品率（%）	人均交售（市斤）
52 年合计			**145.16**	**14.00**	**99.88**	**144.98**	**141.74**	**97.76**	**13.25**
11 年小计									
占合计%									
1949									
1950									
1951									
1952									
1953									
1954									
1955									
1956									
1957									
1958									
1959									
10 年小计									
占合计%									
1960									
1961									
1962									
1963									
1964									
1965									
1966									
1967									
1968									
1969									
10 年小计			**45.35**	**13.58**	**80.53**	**36.52**	**34.95**	**95.70**	**11.18**
占合计%			**31.24**			**25.19**	**24.66**		
1970	34.00	28.80	4.80	14.12	69.38	3.33	2.50	75.08	8.68
1971	34.00	28.80	4.56	13.41	63.38	2.89	2.94	101.73	10.21
1972	34.00	28.80	4.50	13.24	80.22	3.61	3.66	101.39	12.71
1973	34.00	28.80	4.10	12.06	101.46	4.16	3.39	81.49	11.77
1974	33.00	28.80	4.67	14.15	111.78	5.22	5.28	101.15	18.33
1975	33.00	33.70	4.60	13.94	73.91	3.40	3.44	101.18	10.21
1976	33.00	33.70	4.57	13.85	94.31	4.31	4.10	95.13	12.17
1977	33.00	33.70	4.49	13.61	84.63	3.80	3.75	98.68	11.13
1978	33.00	33.70	4.53	13.73	62.47	2.83	2.90	102.47	8.61
1979	33.00	33.70	4.53	13.73	65.56	2.97	2.99	100.67	8.87
10 年小计			**43.83**	**13.18**	**108.10**	**47.38**	**46.15**	**97.41**	**13.30**
占合计%			**30.19**			**32.68**	**32.56**		
1980	33.00	34.60	4.54	13.76	69.60	3.16	3.16	100.00	9.13
1981	33.00	34.60	4.42	13.39	50.23	2.22	2.09	94.14	6.04
1982	33.00	34.60	4.41	13.36	111.11	4.90	4.73	96.53	13.67
1983	33.00	34.60	4.40	13.33	87.95	3.87	3.77	97.42	10.90
1984	33.00	34.60	4.46	13.52	109.19	4.87	3.96	81.31	11.45
1985	33.54	34.30	4.25	12.67	131.29	5.58	4.54	81.36	13.24
1986	33.54	34.30	4.26	12.70	150.94	6.43	6.63	103.16	19.34
1987	33.54	34.30	4.39	13.09	151.71	6.66	7.87	118.17	22.94
1988	33.53	35.27	4.36	13.00	112.16	4.89	5.11	104.50	14.49
1989	33.52	35.95	4.34	12.95	110.60	4.80	4.29	89.38	11.93
11 年小计			**55.98**	**15.13**	**109.11**	**61.08**	**60.63**	**99.27**	**14.79**
占合计%			**38.56**			**42.13**	**42.78**		
1990	35.52	36.51	4.36	12.27	118.12	5.15	5.54	107.63	15.18
1991	33.52	36.99	4.45	13.28	86.74	3.86	5.00	129.53	13.52
1992	33.50	36.89	4.60	13.73	95.65	4.40	4.49	102.05	12.17
1993	33 47	37.00	4.54	13.56	92.51	4.20	4.17	99.29	11.27
1994	33.45	37.30	5.08	15.19	137.80	7.00	6.03	86.14	16.17
1995	33.44	37.41	5.85	17.49	133.33	7.80	6.51	83.46	17.40
1996	33.42	37.47	5.40	16.16	137.59	7.43	5.60	75.37	14.95
1997	33.40	37.50	5.50	16.47	140.91	7.75	7.12	91.87	18.99
1998	33.38	37.42	5.70	17.08	80.18	4.57	4.00	87.53	10.69
1999	33.39	37.55	4.50	13.48	98.44	4.43	5.10	115.12	13.58
2000	33.39	37.80	6.00	17.97	74.83	4.49	7.07	157.46	18.70

5－10－41　安徽省南陵县历年棉花生产收购

年　度	耕地面积（万亩）	农业人口（万人）	棉田面积（万亩）	占耕地（%）	亩　产（市斤）	产　量（万担）	收购量（万担）	商品率（%）	人均交售（市斤）
52 年合计			**58.57**	**3.67**	**89.65**	**52.51**	**49.60**	**94.46**	**3.67**
11 年小计									
占合计%									
1949									
1950									
1951									
1952									
1953									
1954									
1955									
1956									
1957									
1958									
1959									
10 年小计									
占合计%									
1960									
1961									
1962									
1963									
1964									
1965									
1966									
1967									
1968									
1969									
10 年小计			**22.41**	**4.29**	**74.65**	**16.73**	**14.70**	**87.87**	**3.82**
占合计%			**38.26**			**31.86**	**29.64**		
1970	52.50	35.60	4.80	9.14	69.38	3.33	1.00	30.03	2.81
1971	52.50	35.60	2.03	3.87	45.81	0.93	1.07	115.05	3.01
1972	52.50	35.60	2.00	3.81	92.00	1.84	1.98	107.61	5.56
1973	52.50	35.60	2.07	3.94	103.86	2.15	1.92	89.30	5.39
1974	52.50	35.60	2.17	4.13	100.92	2.19	2.30	105.02	6.46
1975	51.70	40.80	2.10	4.06	71.90	1.51	1.52	100.66	3.73
1976	51.70	40.80	2.04	3.95	89.71	1.83	1.84	100.55	4.51
1977	51.70	40.80	1.75	3.38	53.14	0.93	0.94	101.08	2.30
1978	52.20	42.40	1.74	3.33	70.69	1.23	1.23	100.00	2.90
1979	52.30	42.40	1.71	3.27	46.20	0.79	0.90	113.92	2.12
10 年小计			**15.24**	**2.95**	**71.26**	**10.86**	**8.75**	**80.57**	**1.98**
占合计%			**26.02**			**20.68**	**17.64**		
1980	52.10	43.20	1.77	3.40	37.85	0.67	0.62	92.54	1.44
1981	52.20	43.20	1.76	3.37	44.32	0.78	0.53	67.95	1.23
1982	52.20	43.20	1.75	3.35	80.57	1.41	1.34	95.04	3.10
1983	52.20	43.20	1.70	3.26	31.18	0.53	0.45	84.91	1.04
1984	51.69	44.31	1.72	3.33	80.81	1.39	1.20	86.33	2.71
1985	51.70	44.31	1.46	2.82	92.47	1.35	1.13	83.70	2.55
1986	51.20	44.31	1.27	2.48	96.85	1.23	0.88	71.54	1.99
1987	51.10	44.31	1.31	2.56	103.05	1.35	1.08	80.00	2.44
1988	51.05	45.72	1.28	2.51	92.97	1.19	1.11	93.28	2.43
1989	51.00	46.38	1.22	2.39	78.69	0.96	0.41	42.71	0.88
11 年小计			**20.92**	**3.76**	**119.12**	**24.92**	**26.15**	**104.94**	**4.99**
占合计%			**35.72**			**47.46**	**52.72**		
1990	50.98	46.75	1.27	2.49	85.04	1.08	1.08	100.00	2.31
1991	50.92	47.18	1.25	2.45	87.20	1.09	0.85	77.98	1.80
1992	50.86	47.18	1.24	2.44	98.39	1.22	1.02	83.61	2.16
1993	50.75	47.44	1.23	2.42	97.56	1.20	1.73	144.17	3.65
1994	50.68	47.54	1.53	3.02	130.72	2.00	2.83	141.50	5.95
1995	50.67	47.75	2.00	3.95	140.00	2.80	2.98	106.43	6.24
1996	50.64	47.90	1.80	3.55	120.00	2.16	3.07	142.13	6.41
1997	50.52	48.02	2.90	5.74	133.79	3.88	3.00	77.32	6.25
1998	50.39	48.04	3.10	6.15	113.55	3.52	3.26	92.61	6.79
1999	50.31	48.14	2.60	5.17	96.15	2.50	2.88	115.20	5.98
2000	50.31	48.40	2.00	3.98	173.50	3.47	3.45	99.42	7.13

5－10－42　安徽省宣州市历年棉花生产收购

年　度	耕地面积（万亩）	农业人口（万人）	棉田面积（万亩）	占耕地（%）	亩　产（市斤）	产　量（万担）	收购量（万担）	商品率（%）	人均交售（市斤）
52年合计			**348.43**	**7.49**	**79.04**	**275.39**	**199.68**	**72.51**	**7.04**
11年小计			**44.36**	**3.92**	**18.24**	**8.09**	**5.02**	**62.03**	**1.05**
占合计%			**12.73**			**2.94**	**2.51**		
1949	97.02	39.39	2.56	2.64	10.16	0.26			
1950	100.92	41.39	2.92	2.89	21.23	0.62			
1951	108.12	41.77	3.58	3.31	23.83	0.85			
1952	102.02	42.71	3.82	3.74	13.61	0.52			
1953	102.24	42.60	4.50	4.40	13.78	0.62	0.29	46.77	0.68
1954	101.73	43.08	3.45	3.39	6.67	0.23	0.14	60.87	0.32
1955	101.92	44.95	3.64	3.57	28.57	1.04	0.51	49.04	1.13
1956	102.82	45.11	4.24	4.12	16.04	0.68	0.38	55.88	0.84
1957	104.19	47.20	3.27	3.14	13.76	0.45	0.45	100.00	0.95
1958	102.63	46.99	5.47	5.33	24.50	1.34	1.28	95.52	2.72
1959	107.18	43.76	6.91	6.45	21.42	1.48	1.97	133.11	4.50
10年小计			**52.56**	**5.86**	**48.04**	**25.25**	**21.25**	**84.16**	**5.13**
占合计%			**15.08**			**9.17**	**10.64**		
1960	102.05	33.45	6.73	6.59	3.12	0.21	0.10	47.62	0.30
1961	91.45	33.11	2.56	2.80	17.19	0.44	0.24	54.55	0.72
1962	89.00	37.91	3.27	3.67	6.42	0.21	0.10	47.62	0.26
1963	89.17	40.86	2.52	2.83	27.78	0.70	0.30	42.86	0.73
1964	89.63	39.41	4.54	5.07	43.39	1.97	1.78	90.36	4.52
1965	86.79	41.77	5.71	6.58	65.15	3.72	3.57	95.97	8.55
1966	86.71	44.02	7.27	8.38	62.31	4.53	3.96	87.42	9.00
1967	87.96	45.19	5.87	6.67	70.19	4.12	4.00	97.09	8.85
1968	87.97	47.77	7.72	8.78	74.09	5.72	4.20	73.43	8.79
1969	86.82	50.92	6.37	7.34	56.99	3.63	3.00	82.64	5.89
10年小计			**82.89**	**9.70**	**57.93**	**48.02**	**44.33**	**92.32**	**7.70**
占合计%			**23.79**			**17.44**	**22.20**		
1970	87.10	51.57	8.63	9.91	52.14	4.50	2.80	62.22	5.43
1971	86.20	51.40	8.34	9.68	52.16	4.35	2.94	67.59	5.72
1972	85.60	52.60	8.00	9.35	67.88	5.43	5.25	96.69	9.98
1973	85.40	52.80	8.05	9.43	60.00	4.83	4.68	96.89	8.86
1974	85.30	53.20	8.47	9.93	59.27	5.02	5.01	99.80	9.42
1975	85.10	62.60	8.44	9.92	56.75	4.79	4.72	98.54	7.54
1976	85.05	62.60	8.35	9.82	74.13	6.19	6.13	99.03	9.79
1977	85.00	62.50	8.21	9.66	58.83	4.83	4.89	101.24	7.82
1978	84.90	63.10	8.28	9.75	57.37	4.75	4.77	100.42	7.56
1979	84.80	63.40	8.12	9.58	41.01	3.33	3.14	94.29	4.95
10年小计			**68.23**	**8.03**	**71.32**	**48.66**	**43.09**	**88.55**	**6.69**
占合计%			**19.58**			**17.67**	**21.58**		
1980	84.90	63.20	8.30	9.78	30.00	2.49	3.01	120.88	4.76
1981	85.30	63.60	8.42	9.87	38.00	3.20	2.95	92.19	4.64
1982	84.80	64.10	8.21	9.68	58.22	4.78	4.55	95.19	7.10
1983	84.80	64.40	8.17	9.63	45.65	3.73	3.75	100.54	5.82
1984	84.80	64.80	8.01	9.45	74.66	5.98	4.76	79.60	7.35
1985	84.80	64.40	5.06	5.97	103.56	5.24	4.04	77.10	6.27
1986	84.33	63.90	4.77	5.66	117.19	5.59	4.68	83.72	7.32
1987	85.60	64.30	5.57	6.51	119.93	6.68	5.99	89.67	9.32
1988	85.51	65.49	5.88	6.88	91.50	5.38	5.30	98.51	8.09
1989	85.30	66.06	5.84	6.85	95.72	5.59	4.06	72.63	6.15
11年小计			**100.39**	**10.91**	**144.81**	**145.37**	**85.99**	**59.15**	**11.92**
占合计%			**28.81**			**52.79**	**43.06**		
1990	84.77	66.64	5.76	6.79	116.67	6.72	6.49	96.58	9.74
1991	84.64	67.28	6.66	7.87	133.78	8.91	9.07	101.80	13.48
1992	84.33	67.34	7.70	9.13	133.77	10.30	8.94	86.80	13.28
1993	84.18	67.65	7.74	9.19	131.78	10.20	7.42	72.75	10.97
1994	84.11	67.57	9.90	11.77	179.80	17.80	10.23	57.47	15.14
1995	83.75	68.05	10.33	12.33	151.02	15.60	10.38	66.54	15.25
1996	83.04	68.30	10.80	13.01	144.72	15.63	7.22	46.19	10.57
1997	82.99	68.62	11.50	13.86	148.26	17.05	6.94	40.70	10.11
1998	82.85	59.80	11.40	13.76	148.25	16.90	8.60	50.89	14.38
1999	82.81	59.96	8.10	9.78	132.72	10.75	4.50	41.86	7.51
2000	82.81	59.90	10.50	12.68	147.71	15.51	6.20	39.97	10.35

5-10-43 安徽省铜陵县历年棉花生产收购

年　度	耕地面积（万亩）	农业人口（万人）	棉田面积（万亩）	占耕地（%）	亩　产（市斤）	产　量（万担）	收购量（万担）	商品率（%）	人均交售（市斤）
52年合计			**202.31**	**12.77**	**89.91**	**181.90**	**176.72**	**97.15**	**13.89**
11年小计			**20.75**	**5.11**	**36.00**	**7.47**	**6.33**	**84.74**	**3.44**
占合计%			**10.26**			**4.11**	**3.58**		
1949	36.97	15.48	1.13	3.06	9.73	0.11	0.01	9.09	0.06
1950	37.56	15.91	1.13	3.01	21.24	0.24	0.02	8.33	0.13
1951	37.70	16.04	1.64	4.35	20.73	0.34	0.19	55.88	1.18
1952	38.01	16.42	1.76	4.63	22.16	0.39	0.19	48.72	1.16
1953	37.89	16.78	1.46	3.85	24.66	0.36	0.19	52.78	1.13
1954	37.64	17.16	1.16	3.08	10.34	0.12	0.09	75.00	0.52
1955	37.96	17.33	1.88	4.95	22.34	0.42	0.44	104.76	2.54
1956	37.88	16.89	3.16	8.34	28.16	0.89	0.75	84.27	4.44
1957	35.40	17.34	1.90	5.37	58.42	1.11	0.83	74.77	4.79
1958	34.74	17.26	2.76	7.94	59.78	1.65	1.59	96.36	9.21
1959	34.23	17.20	2.77	8.09	66.43	1.84	2.03	110.33	11.80
10年小计			**34.57**	**11.22**	**71.25**	**24.63**	**22.15**	**89.93**	**11.26**
占合计%			**17.09**			**13.54**	**12.53**		
1960	32.77	16.81	3.02	9.22	44.70	1.35	1.08	80.00	6.42
1961	29.99	16.21	2.30	7.67	45.65	1.05	0.72	68.57	4.44
1962	29.64	17.36	1.93	6.51	22.28	0.43	0.40	93.02	2.30
1963	31.23	18.84	2.31	7.40	58.44	1.35	1.14	84.44	6.05
1964	31.13	19.36	3.20	10.28	47.50	1.52	1.55	101.97	8.01
1965	31.22	20.11	4.20	13.45	74.76	3.14	2.79	88.85	13.87
1966	30.72	20.86	4.13	13.44	99.03	4.09	4.32	105.62	20.71
1967	30.62	21.66	4.47	14.60	92.84	4.15	3.52	84.82	16.25
1968	30.42	22.46	4.24	13.94	116.27	4.93	4.58	92.90	20.39
1969	30.25	23.08	4.77	15.77	54.93	2.62	2.05	78.24	8.88
10年小计			**40.18**	**14.03**	**88.40**	**35.52**	**35.77**	**100.70**	**13.35**
占合计%			**19.86**			**19.53**	**20.24**		
1970	29.73	24.11	4.02	13.52	71.89	2.89	3.05	105.54	12.65
1971	29.39	24.91	3.94	13.41	80.20	3.16	3.28	103.80	13.17
1972	29.28	25.53	4.00	13.66	100.50	4.02	3.86	96.02	15.12
1973	28.74	26.28	2.93	10.19	98.29	2.88	2.84	98.61	10.81
1974	28.63	26.82	4.23	14.77	128.61	5.44	5.27	96.88	19.65
1975	28.51	27.33	4.37	15.33	79.41	3.47	3.36	96.83	12.29
1976	28.22	27.72	4.21	14.92	106.18	4.47	4.32	96.64	15.58
1977	28.00	28.23	4.12	14.71	81.07	3.34	3.40	101.80	12.04
1978	27.92	28.38	4.15	14.86	59.52	2.47	2.68	108.50	9.44
1979	27.90	28.60	4.21	15.09	80.29	3.38	3.71	109.76	12.97
10年小计			**43.02**	**15.43**	**95.33**	**41.01**	**44.83**	**109.31**	**15.29**
占合计%			**21.26**			**22.55**	**25.37**		
1980	27.86	28.80	4.35	15.61	48.74	2.12	2.57	121.23	8.92
1981	27.86	28.90	4.18	15.00	61.72	2.58	2.68	103.88	9.27
1982	27.86	29.30	4.33	15.54	82.22	3.56	3.48	97.75	11.88
1983	27.86	29.50	4.13	14.82	69.98	2.89	2.86	98.96	9.69
1984	27.86	29.60	4.25	15.25	127.76	5.43	5.20	95.76	17.57
1985	27.89	29.20	4.14	14.84	105.07	4.35	4.28	98.39	14.66
1986	27.81	29.10	4.23	15.21	119.15	5.04	5.53	109.72	19.00
1987	27.86	29.07	4.29	15.40	129.37	5.55	7.22	130.09	24.84
1988	27.93	29.75	4.61	16.51	106.94	4.93	5.77	117.04	19.39
1989	27.93	30.05	4.51	16.15	101.11	4.56	5.24	114.91	17.44
11年小计			**63.79**	**20.89**	**114.86**	**73.27**	**67.64**	**92.32**	**20.47**
占合计%			**31.53**			**40.28**	**38.28**		
1990	27.91	30.28	5.19	18.60	136.03	7.06	7.88	111.61	26.02
1991	27.90	30.56	4.86	17.42	71.60	3.48	5.50	158.05	18.00
1992	27.90	30.25	5.07	18.17	111.44	5.65	5.53	97.88	18.28
1993	27.87	30.32	5.20	18.66	115.38	6.00	5.24	87.33	17.28
1994	27.86	30.21	5.51	19.78	119.78	6.60	6.05	91.67	20.03
1995	27.85	30.13	5.86	21.04	71.67	4.20	4.64	110.48	15.40
1996	27.25	30.01	6.24	22.90	119.71	7.47	5.54	74.16	18.46
1997	27.85	29.98	6.56	23.55	151.94	9.97	8.44	84.68	28.15
1998	27.83	29.87	6.99	25.12	114.45	8.00	8.01	100.13	26.82
1999	27.54	29.56	6.00	21.79	84.50	5.07	4.00	78.90	13.53
2000	27.54	29.30	6.31	22.91	154.83	9.77	6.81	69.70	23.24

5-10-44 安徽省当涂县历年棉花生产收购

年 度	耕地面积（万亩）	农业人口（万人）	棉田面积（万亩）	占耕地（%）	亩 产（市斤）	产 量（万担）	收购量（万担）	商品率（%）	人均交售（市斤）
52年合计			**297.12**	**8.04**	**87.36**	**259.55**	**212.95**	**82.05**	**8.94**
11年小计			**10.50**	**1.18**	**29.52**	**3.10**	**1.99**	**64.19**	**0.56**
占合计%			**3.53**			**1.19**	**0.93**		
1949	80.06	30.74	0.36	0.45	5.56	0.02	0.02	100.00	0.07
1950	80.55	31.18	0.45	0.56	24.44	0.11	0.03	27.27	0.10
1951	81.31	31.54	0.58	0.71	29.31	0.17	0.10	58.82	0.32
1952	80.97	31.81	1.00	1.24	33.00	0.33	0.06	18.18	0.19
1953	81.07	32.35	1.20	1.48	21.67	0.26	0.14	53.85	0.43
1954	82.61	32.55	1.10	1.33	6.36	0.07	0.04	57.14	0.12
1955	82.48	33.17	0.98	1.19	37.76	0.37	0.25	67.57	0.75
1956	81.48	33.53	1.00	1.23	26.00	0.26	0.11	42.31	0.33
1957	80.82	34.36	0.53	0.66	32.08	0.17	0.14	82.35	0.41
1958	77.66	33.33	1.10	1.42	40.00	0.44	0.33	75.00	0.99
1959	77.20	31.57	2.20	2.85	40.91	0.90	0.77	85.56	2.44
10年小计			**19.25**	**2.65**	**75.95**	**14.62**	**10.30**	**70.45**	**2.77**
占合计%			**6.48**			**5.63**	**4.84**		
1960	74.35	30.60	1.50	2.02	12.67	0.19	0.18	94.74	0.59
1961	72.32	31.14	0.91	1.26	37.36	0.34	0.24	70.59	0.77
1962	70.50	33.95	0.82	1.16	14.63	0.12	0.20	166.67	0.59
1963	73.17	37.40	0.82	1.12	52.44	0.43	0.40	93.02	1.07
1964	73.34	36.31	1.00	1.36	65.00	0.65	0.57	87.69	1.57
1965	73.39	37.58	2.00	2.73	64.50	1.29	1.00	77.52	2.66
1966	72.41	38.85	2.60	3.59	99.62	2.59	2.04	78.76	5.25
1967	72.35	40.39	3.00	4.15	91.00	2.73	1.97	72.16	4.88
1968	71.89	41.93	3.50	4.87	110.86	3.88	3.44	88.66	8.20
1969	71.72	43.46	3.10	4.32	77.42	2.40	0.26	10.83	0.60
10年小计			**90.53**	**12.91**	**88.09**	**79.75**	**74.22**	**93.07**	**14.86**
占合计%			**30.47**			**30.73**	**34.85**		
1970	71.70	45.00	7.90	11.02	66.46	5.25	3.47	66.10	7.71
1971	71.59	47.39	8.06	11.26	65.01	5.24	4.95	94.47	10.45
1972	71.58	48.11	8.50	11.87	84.82	7.21	6.65	92.23	13.82
1973	69.53	49.16	8.84	12.71	104.98	9.28	8.74	94.18	17.78
1974	69.47	50.02	9.12	13.13	100.77	9.19	8.83	96.08	17.65
1975	69.47	50.85	9.06	13.04	102.98	9.33	8.46	90.68	16.64
1976	69.47	51.51	8.93	12.85	109.97	9.82	9.62	97.96	18.68
1977	69.44	52.17	10.06	14.49	109.94	11.06	10.16	91.86	19.47
1978	69.36	52.87	10.04	14.48	68.82	6.91	6.83	98.84	12.92
1979	69.36	52.23	10.02	14.45	64.47	6.46	6.51	100.77	12.46
10年小计			**95.67**	**14.32**	**90.16**	**86.26**	**74.77**	**86.68**	**14.03**
占合计%			**32.20**			**33.23**	**35.11**		
1980	69.31	53.76	9.99	14.41	51.15	5.11	5.35	104.70	9.95
1981	69.30	54.10	11.28	16.28	57.62	6.50	6.30	96.92	11.65
1982	69.30	54.77	11.12	16.05	92.90	10.33	9.85	95.35	17.98
1983	65.91	52.62	11.28	17.11	74.11	8.36	7.80	93.30	14.82
1984	65.86	52.80	10.37	15.75	102.70	10.65	9.17	86.10	17.37
1985	65.90	52.25	8.69	13.19	118.99	10.34	8.32	80.46	15.92
1986	65.84	52.64	8.04	12.21	126.99	10.21	8.32	81.49	15.81
1987	65.74	52.50	8.22	12.50	111.31	9.15	7.65	83.61	14.57
1988	65.59	53.35	8.82	13.45	106.69	9.41	7.08	75.24	13.27
1989	65.52	54.27	7.86	12.00	78.88	6.20	4.93	79.52	9.08
11年小计			**81.17**	**11.38**	**93.41**	**75.82**	**51.67**	**68.15**	**8.32**
占合计%			**27.32**			**29.21**	**24.26**		
1990	65.51	55.11	9.14	13.95	101.09	9.24	7.66	82.90	13.90
1991	65.54	55.90	9.04	13.79	58.30	5.27	5.30	100.57	9.48
1992	65.62	55.56	8.99	13.70	76.53	6.88	6.19	89.97	11.14
1993	64.60	56.07	6.18	9.57	80.91	5.00	2.89	57.80	5.15
1994	64.74	56.23	6.52	10.07	88.96	5.80	3.86	66.55	6.86
1995	64.72	56.65	7.60	11.74	94.74	7.20	5.53	76.81	9.76
1996	64.67	56.78	7.74	11.97	135.14	10.46	4.62	44.17	8.14
1997	64.61	56.86	7.93	12.27	140.35	11.13	4.58	41.15	8.05
1998	64.49	56.82	7.40	11.47	109.73	8.12	4.42	54.43	7.78
1999	64.43	57.44	6.00	9.31	53.00	3.18	3.22	101.26	5.61
2000	64.43	57.30	4.63	7.19	76.46	3.54	3.40	96.05	5.93

5－11－1　四川省1949－2000年产棉县棉花生产收购明细

县市名	耕地面积（万亩）	农业人口（万人）	棉田面积（万亩）	占耕地（%）	亩产（市斤）	产量（万担）	收购量（万担）	商品率（%）	人均交售（市斤）
全省合计			**13166.01**	**13.39**	**66.42**	**8744.51**	**7181.87**	**82.13**	**8.99**
内江市			**3417.64**	**13.31**	**67.78**	**2316.37**	**1957.34**	**84.50**	**11.12**
简阳县			2093.69	25.28	70.91	1484.67	1284.94	86.55	23.68
乐至县			671.81	14.61	75.75	508.92	438.45	86.15	11.99
安岳县			509.17	5.62	52.93	269.49	196.40	72.88	3.31
资阳雁江区			142.97	3.84	37.27	53.29	37.55	70.46	1.45
绵阳市			**887.59**	**11.34**	**76.07**	**675.19**	**536.77**	**79.50**	**8.10**
三台县			541.02	11.12	81.76	442.33	353.17	79.84	7.86
盐亭县			346.57	11.68	67.19	232.86	183.60	78.85	8.59
南充市			**2040.02**	**13.13**	**65.95**	**1345.49**	**1188.07**	**88.30**	**7.97**
南部县			859.41	16.66	70.90	609.28	562.81	92.37	11.36
仪陇县			439.53	11.77	56.19	246.99	219.06	88.69	5.84
西充县			428.98	13.75	68.27	292.87	240.55	82.13	8.89
阆中县			312.10	8.87	62.91	196.35	165.65	84.36	4.75
德阳市			**778.03**	**12.61**	**66.71**	**519.00**	**437.24**	**84.25**	**7.61**
中江县			778.03	12.61	66.71	519.00	437.24	84.25	7.61
遂宁市			**2289.19**	**15.30**	**76.52**	**1751.80**	**1253.98**	**71.58**	**8.49**
射洪县			767.58	20.49	85.25	654.36	541.93	82.82	12.85
蓬溪县			776.00	14.60	77.62	602.30	340.60	56.55	6.06
遂宁中区			745.61	12.63	66.41	495.14	371.45	75.02	7.54
巴中市			**876.72**	**10.50**	**52.24**	**457.96**	**354.70**	**77.45**	**5.13**
巴中县			559.10	12.50	57.04	318.92	238.10	74.66	6.24
平昌县			317.62	8.19	43.78	139.04	116.60	83.86	3.76
眉山市			**1724.78**	**20.90**	**66.12**	**1140.36**	**994.40**	**87.20**	**16.56**
仁寿县			1724.78	20.90	66.12	1140.36	994.40	87.20	16.56
乐山市			**189.63**	**7.11**	**43.58**	**82.65**	**64.57**	**78.13**	**3.79**
井研县			189.63	7.11	43.58	82.65	64.57	78.13	3.79
广元市			**237.43**	**5.20**	**49.52**	**117.57**	**96.92**	**82.44**	**3.71**
剑阁县			237.43	5.20	49.52	117.57	96.92	82.44	3.71
成都市			**724.98**	**16.69**	**46.64**	**338.12**	**297.87**	**88.10**	**9.79**
金堂县			724.98	16.69	46.64	338.12	297.87	88.10	9.79

5-11-2 四川省1949-1959年产棉县棉花生产收购明细

县市名	耕地面积（万亩）	农业人口（万人）	棉田面积（万亩）	占耕地（%）	亩产（市斤）	产量（万担）	收购量（万担）	商品率（%）	人均交售（市斤）
全省合计			**2827.55**	**13.12**	**30.04**	**849.53**	**679.70**	**80.01**	**5.43**
内江市			**807.18**	**12.86**	**31.11**	**251.11**	**222.67**	**88.67**	**6.72**
简阳县			498.54	28.92	33.66	167.83	153.31	91.35	16.44
乐至县			136.84	13.31	31.89	43.64	40.51	92.83	5.90
安岳县			83.53	4.09	15.04	12.56	9.91	78.90	1.03
资阳雁江区			88.27	5.96	30.68	27.08	18.94	69.94	2.60
绵阳市			**72.40**	**11.55**	**21.70**	**15.71**	**9.47**	**60.28**	**2.87**
三台县									
盐亭县			72.40	11.55	21.70	15.71	9.47	60.28	2.87
南充市			**389.28**	**11.38**	**25.23**	**98.20**	**80.35**	**81.82**	**3.51**
南部县			158.36	15.83	25.51	40.39	34.53	85.49	5.06
仪陇县			113.81	13.19	25.98	29.57	24.01	81.20	4.08
西充县			72.57	10.03	24.45	17.74	13.30	74.97	2.95
阆中县			44.54	5.35	23.57	10.50	8.51	81.05	1.51
德阳市			**175.30**	**12.93**	**31.57**	**55.34**	**50.73**	**91.67**	**5.23**
中江县			175.30	12.93	31.57	55.34	50.73	91.67	5.23
遂宁市			**528.32**	**15.80**	**33.75**	**178.29**	**122.34**	**68.62**	**4.94**
射洪县			171.09	20.05	38.56	65.98	56.08	85.00	7.34
蓬溪县			172.00	14.05	35.47	61.00	28.00	45.90	3.14
遂宁中区			185.23	14.61	27.70	51.31	38.26	74.56	4.64
巴中市			**182.13**	**10.29**	**25.47**	**46.39**	**39.34**	**84.81**	**4.28**
巴中县			121.40	12.83	26.28	31.90	27.80	87.16	6.02
平昌县			60.73	7.37	23.86	14.49	11.54	79.64	2.53
眉山市			**383.15**	**18.99**	**35.02**	**134.16**	**96.43**	**71.88**	**9.44**
仁寿县			383.15	18.99	35.02	134.16	96.43	71.88	9.44
乐山市			**30.61**	**5.01**	**18.59**	**5.69**	**4.10**	**72.11**	**1.39**
井研县			30.61	5.01	18.59	5.69	4.10	72.11	1.39
广元市			**55.80**	**5.07**	**12.71**	**7.09**	**5.56**	**78.42**	**1.38**
剑阁县			55.80	5.07	12.71	7.09	5.56	78.42	1.38
成都市			**203.38**	**19.61**	**28.30**	**57.55**	**48.70**	**84.62**	**9.63**
金堂县			203.38	19.61	28.30	57.55	48.70	84.62	9.63

5－11－3　四川省1960－1969年产棉县棉花生产收购明细

县市名	耕地面积（万亩）	农业人口（万人）	棉田面积（万亩）	占耕地（%）	亩产（市斤）	产量（万担）	收购量（万担）	商品率（%）	人均交售（市斤）
全省合计			**3057.43**	**15.26**	**52.17**	**1595.08**	**1440.85**	**90.33**	**11.61**
内江市			**747.44**	**13.22**	**47.37**	**354.04**	**341.59**	**96.48**	**11.69**
简阳县			509.18	30.27	49.63	252.73	247.44	97.91	30.30
乐至县			133.80	14.83	57.44	76.86	74.95	97.51	12.90
安岳县			74.22	4.08	26.69	19.81	16.04	80.98	1.75
资阳雁江区			30.24	2.42	15.34	4.64	3.16	68.10	0.52
绵阳市			**148.56**	**11.46**	**71.87**	**106.77**	**96.78**	**90.64**	**11.56**
三台县			86.08	11.85	80.37	69.18	62.66	90.58	12.11
盐亭县			62.48	10.96	60.16	37.59	34.12	90.77	10.66
南充市			**483.56**	**15.39**	**55.11**	**266.51**	**250.94**	**94.16**	**10.64**
南部县			210.57	19.54	55.34	116.53	111.71	95.86	14.60
仪陇县			107.06	14.35	60.89	65.19	59.36	91.06	10.23
西充县			101.82	16.15	48.39	49.27	45.98	93.32	10.52
阆中县			64.11	9.32	55.40	35.52	33.89	95.41	5.89
德阳市			**177.14**	**14.34**	**56.19**	**99.54**	**95.17**	**95.61**	**10.11**
中江县			177.14	14.34	56.19	99.54	95.17	95.61	10.11
遂宁市			**506.66**	**16.77**	**60.38**	**305.91**	**227.33**	**74.31**	**9.66**
射洪县			164.13	21.79	71.40	117.19	106.06	90.50	14.54
蓬溪县			176.00	16.36	59.66	105.00	46.00	43.81	5.55
遂宁中区			166.53	13.97	50.27	83.72	75.27	89.91	9.48
巴中市			**283.37**	**16.96**	**44.49**	**126.06**	**108.29**	**85.90**	**11.93**
巴中县			172.30	20.03	46.31	79.80	67.70	84.84	15.74
平昌县			111.07	13.70	41.65	46.26	40.59	87.74	8.49
眉山市			**425.67**	**25.13**	**49.81**	**212.04**	**207.86**	**98.03**	**23.07**
仁寿县			425.67	25.13	49.81	212.04	207.86	98.03	23.07
乐山市			**38.12**	**7.24**	**34.00**	**12.96**	**10.98**	**84.72**	**4.14**
井研县			38.12	7.24	34.00	12.96	10.98	84.72	4.14
广元市			**53.50**	**5.92**	**32.80**	**17.55**	**16.40**	**93.45**	**3.88**
剑阁县			53.50	5.92	32.80	17.55	16.40	93.45	3.88
成都市			**193.41**	**21.78**	**48.45**	**93.70**	**85.51**	**91.26**	**17.13**
金堂县			193.41	21.78	48.45	93.70	85.51	91.26	17.13

5-11-4　四川省1970-1979年产棉县棉花生产收购明细

县市名	耕地面积（万亩）	农业人口（万人）	棉田面积（万亩）	占耕地（%）	亩产（市斤）	产量（万担）	收购量（万担）	商品率（%）	人均交售（市斤）
全省合计			**3131.61**	**16.57**	**69.69**	**2182.49**	**1997.00**	**91.50**	**12.51**
内江市			**748.84**	**17.49**	**69.06**	**517.12**	**494.03**	**95.53**	**16.28**
简阳县			446.20	27.01	76.74	342.41	332.39	97.07	29.72
乐至县			149.19	16.83	74.71	111.46	110.45	99.09	14.97
安岳县			153.45	8.81	41.22	63.25	51.19	80.93	4.34
资阳雁江区									
绵阳市			**245.33**	**12.39**	**74.98**	**183.95**	**175.66**	**95.49**	**10.68**
三台县			173.69	12.32	73.33	127.37	122.30	96.02	9.99
盐亭县			71.64	12.57	78.98	56.58	53.36	94.31	12.70
南充市			**499.33**	**16.29**	**75.51**	**377.02**	**358.54**	**95.10**	**11.45**
南部县			204.16	19.11	78.84	160.96	156.61	97.30	14.69
仪陇县			111.20	15.48	72.69	80.83	74.63	92.33	9.84
西充县			100.59	16.64	68.87	69.28	66.06	95.35	11.72
阆中县			83.38	12.36	79.10	65.95	61.24	92.86	8.26
德阳市			**174.10**	**14.53**	**77.69**	**135.26**	**123.89**	**91.59**	**10.49**
中江县			174.10	14.53	77.69	135.26	123.89	91.59	10.49
遂宁市			**486.57**	**16.50**	**75.85**	**369.04**	**277.86**	**75.29**	**9.63**
射洪县			149.91	20.23	88.43	132.57	118.79	89.61	13.41
蓬溪县			170.00	16.43	72.35	123.00	59.00	47.97	5.86
遂宁中区			166.66	14.21	68.08	113.47	100.07	88.19	10.09
巴中市			**252.47**	**15.41**	**62.85**	**158.68**	**141.35**	**89.08**	**10.66**
巴中县			146.90	17.08	70.12	103.00	92.20	89.51	13.56
平昌县			105.57	13.57	52.74	55.68	49.15	88.27	7.60
眉山市			**408.83**	**26.42**	**66.34**	**271.21**	**267.74**	**98.72**	**22.02**
仁寿县			408.83	26.42	66.34	271.21	267.74	98.72	22.02
乐山市			**70.57**	**13.80**	**41.76**	**29.47**	**24.18**	**82.05**	**6.94**
井研县			70.57	13.80	41.76	29.47	24.18	82.05	6.94
广元市			**60.50**	**7.04**	**66.60**	**40.29**	**39.04**	**96.90**	**7.22**
剑阁县			60.50	7.04	66.60	40.29	39.04	96.90	7.22
成都市			**185.07**	**21.26**	**54.28**	**100.45**	**94.71**	**94.29**	**14.42**
金堂县			185.07	21.26	54.28	100.45	94.71	94.29	14.42

5－11－5　四川省1980－1989年产棉县棉花生产收购明细

县市名	耕地面积（万亩）	农业人口（万人）	棉田面积（万亩）	占耕地（%）	亩产（市斤）	产量（万担）	收购量（万担）	商品率（%）	人均交售（市斤）
全省合计			**2183.53**	**12.13**	**90.98**	**1986.61**	**1695.32**	**85.34**	**9.73**
内江市			**571.86**	**14.02**	**98.78**	**564.89**	**483.05**	**85.51**	**14.71**
简阳县			339.71	21.80	109.11	370.65	321.07	86.62	26.69
乐至县			122.61	14.33	103.79	127.26	113.86	89.47	14.69
安岳县			109.54	6.58	61.15	66.98	48.12	71.84	3.68
资阳雁江区									
绵阳市			**207.33**	**10.87**	**81.20**	**168.36**	**135.22**	**80.32**	**7.59**
三台县			140.48	10.50	79.40	111.54	90.15	80.82	7.04
盐亭县			66.85	11.73	85.00	56.82	45.07	79.32	9.01
南充市			**326.69**	**11.33**	**85.98**	**280.88**	**257.19**	**91.57**	**7.71**
南部县			133.85	13.63	101.31	135.60	129.69	95.64	11.42
仪陇县			56.41	8.25	61.35	34.61	30.87	89.19	3.68
西充县			74.32	13.01	98.29	73.05	65.55	89.73	11.17
阆中县			62.11	9.60	60.57	37.62	31.08	82.62	4.02
德阳市			**138.88**	**12.13**	**83.31**	**115.70**	**103.69**	**89.62**	**8.28**
中江县			138.88	12.13	83.31	115.70	103.69	89.62	8.28
遂宁市			**381.56**	**13.60**	**107.54**	**410.32**	**326.63**	**79.60**	**10.21**
射洪县			143.13	20.48	118.54	169.67	139.78	82.38	15.15
蓬溪县			132.00	13.07	106.82	141.00	112.00	79.43	9.26
遂宁中区			106.43	9.70	93.63	99.65	74.85	75.11	7.01
巴中市			**122.52**	**7.77**	**62.04**	**76.01**	**50.23**	**66.08**	**3.20**
巴中县			95.40	11.09	71.38	68.10	43.80	64.32	5.03
平昌县			27.12	3.78	29.17	7.91	6.43	81.29	0.92
眉山市			**275.74**	**18.81**	**103.44**	**285.22**	**265.31**	**93.02**	**19.89**
仁寿县			275.74	18.81	103.44	285.22	265.31	93.02	19.89
乐山市			**34.08**	**6.90**	**62.56**	**21.32**	**17.96**	**84.24**	**4.83**
井研县			34.08	6.90	62.56	21.32	17.96	84.24	4.83
广元市			**25.69**	**3.17**	**54.50**	**14.00**	**10.70**	**76.43**	**1.85**
剑阁县			25.69	3.17	54.50	14.00	10.70	76.43	1.85
成都市			**99.18**	**11.96**	**50.32**	**49.91**	**45.34**	**90.84**	**6.35**
金堂县			99.18	11.96	50.32	49.91	45.34	90.84	6.35

5-11-6 四川省1990-2000年产棉县棉花生产收购明细

县市名	耕地面积（万亩）	农业人口（万人）	棉田面积（万亩）	占耕地（%）	亩产（市斤）	产量（万担）	收购量（万担）	商品率（%）	人均交售（市斤）
全省合计			**1965.89**	**9.90**	**108.39**	**2130.80**	**1369.00**	**64.25**	**6.33**
内江市			**542.32**	**10.08**	**116.02**	**629.21**	**416.00**	**66.11**	**8.24**
简阳县			300.06	18.02	116.99	351.05	230.73	65.73	17.02
乐至县			129.37	13.99	115.71	149.70	98.68	65.92	11.26
安岳县			88.43	4.93	120.88	106.89	71.14	66.55	4.54
资阳雁江区			24.46	2.46	88.18	21.57	15.45	71.63	1.24
绵阳市			**213.97**	**10.60**	**93.66**	**200.40**	**119.64**	**59.70**	**5.87**
三台县			140.77	10.13	95.36	134.24	78.06	58.15	5.31
盐亭县			73.20	11.64	90.38	66.16	41.58	62.85	7.34
南充市			**341.16**	**11.29**	**94.64**	**322.88**	**241.05**	**74.66**	**6.36**
南部县			152.47	14.81	102.18	155.80	130.27	83.61	9.99
仪陇县			51.05	7.06	72.07	36.79	30.19	82.06	3.06
西充县			79.68	13.51	104.83	83.53	49.66	59.45	7.45
阆中县			57.96	8.55	80.68	46.76	30.93	66.15	3.72
德阳市			**112.61**	**9.12**	**100.49**	**113.16**	**63.76**	**56.34**	**4.56**
中江县			112.61	9.12	100.49	113.16	63.76	56.34	4.56
遂宁市			**386.08**	**13.58**	**126.46**	**488.24**	**299.82**	**61.41**	**7.78**
射洪县			139.32	19.92	121.27	168.95	121.22	71.75	13.23
蓬溪县			126.00	12.99	136.75	172.30	95.60	55.48	5.66
遂宁中区			120.76	10.30	121.72	146.99	83.00	56.47	6.64
巴中市			**36.23**	**2.14**	**140.27**	**50.82**	**15.49**	**30.48**	**0.71**
巴中县			23.10	2.44	156.36	36.12	6.60	18.27	0.48
平昌县			13.13	1.75	111.96	14.70	8.89	60.48	1.09
眉山市			**231.39**	**15.15**	**102.74**	**237.73**	**157.06**	**66.07**	**10.25**
仁寿县			231.39	15.15	102.74	237.73	157.06	66.07	10.25
乐山市			**16.25**	**3.09**	**81.29**	**13.21**	**7.35**	**55.64**	**1.73**
井研县			16.25	3.09	81.29	13.21	7.35	55.64	1.73
广元市			**41.94**	**4.71**	**92.13**	**38.64**	**25.22**	**65.27**	**3.76**
剑阁县			41.94	4.71	92.13	38.64	25.22	65.27	3.76
成都市	**719.03**	**667.40**	**43.94**	**6.11**	**83.09**	**36.51**	**23.61**	**64.67**	**3.54**
金堂县	719.03	667.40	43.94	6.11	83.09	36.51	23.61	64.67	3.54

5－11－7 四川省1949年产棉县棉花生产收购明细

县市名	耕地面积（万亩）	农业人口（万人）	棉田面积（万亩）	占耕地（%）	亩产（市斤）	产量（万担）	收购量（万担）	商品率（%）	人均交售（市斤）
全省合计	**1789.01**	**983.48**	**135.05**	**7.55**	**15.22**	**20.56**	**9.57**	**46.54**	**0.97**
内江市	**406.16**	**197.28**	**11.91**	**2.93**	**20.92**	**2.49**	**2.01**	**80.69**	**1.02**
简阳县									
乐至县	87.67	56.09	7.30	8.33	18.08	1.32	1.17	88.64	2.09
安岳县	183.20	79.92	0.35	0.19	17.14	0.06	0.06	100.00	0.08
资阳雁江区	135.29	61.27	4.26	3.15	26.08	1.11	0.78	70.21	1.27
绵阳市	**57.00**	**30.00**	**5.52**	**9.68**	**9.06**	**0.50**			
三台县									
盐亭县	57.00	30.00	5.52	9.68	9.06	0.50			
南充市	**322.68**	**202.52**	**24.34**	**7.54**	**13.80**	**3.36**	**0.66**	**19.64**	**0.33**
南部县	109.86	70.95	14.13	12.86	11.25	1.59			
仪陇县	77.48	47.49	7.90	10.20	10.51	0.83	0.66	79.52	1.39
西充县	59.22	36.99				0.63			
阆中县	76.12	47.09	2.31	3.03	13.42	0.31			
德阳市	**122.03**	**80.88**	**10.56**	**8.65**	**18.47**	**1.95**	**1.37**	**70.26**	**1.69**
中江县	122.03	80.88	10.56	8.65	18.47	1.95	1.37	70.26	1.69
遂宁市	**304.06**	**205.34**	**38.99**	**12.82**	**18.80**	**7.33**	**3.87**	**52.80**	**1.88**
射洪县	77.96	64.72	12.49	16.02	22.98	2.87	2.87	100.00	4.43
蓬溪县	109.00	74.00	12.00	11.01	16.67	2.00	1.00	50.00	1.35
遂宁中区	117.10	66.62	14.50	12.38	16.97	2.46			
巴中市	**151.59**	**79.34**	**7.85**	**5.18**	**14.90**	**1.17**	**0.50**	**42.74**	**0.63**
巴中县	86.00	42.00	5.60	6.51	16.07	0.90	0.50	55.56	1.19
平昌县	65.59	37.34	2.25	3.43	12.00	0.27			
眉山市	**174.66**	**87.30**	**20.77**	**11.89**	**9.48**	**1.97**			
仁寿县	174.66	87.30	20.77	11.89	9.48	1.97			
乐山市	**55.28**	**25.13**	**1.52**	**2.75**	**10.53**	**0.16**	**0.13**	**81.25**	**0.52**
井研县	55.28	25.13	1.52	2.75	10.53	0.16	0.13	81.25	0.52
广元市	**100.70**	**34.04**	**4.59**	**4.56**	**6.10**	**0.28**	**0.16**	**57.14**	**0.47**
剑阁县	100.70	34.04	4.59	4.56	6.10	0.28	0.16	57.14	0.47
成都市	**94.85**	**41.65**	**9.00**	**9.49**	**15.00**	**1.35**	**0.87**	**64.44**	**2.09**
金堂县	94.85	41.65	9.00	9.49	15.00	1.35	0.87	64.44	2.09

5-11-8　四川省1950年产棉县棉花生产收购明细

县市名	耕地面积（万亩）	农业人口（万人）	棉田面积（万亩）	占耕地（%）	亩　产（市斤）	产　量（万担）	收购量（万担）	商品率（%）	人均交售（市斤）
全省合计	**1856.20**	**1018.98**	**145.31**	**7.83**	**19.42**	**28.22**	**13.93**	**49.37**	**1.37**
内江市	**577.31**	**291.95**	**37.89**	**6.56**	**24.57**	**9.31**	**7.46**	**80.13**	**2.56**
简阳县	168.77	89.91	25.88	15.33	25.15	6.51	5.30	81.41	5.89
乐至县	89.42	58.47	7.36	8.23	20.11	1.48	1.23	83.11	2.10
安岳县	183.83	81.37	0.35	0.19	8.57	0.03	0.03	100.00	0.04
资阳雁江区	135.29	62.20	4.30	3.18	30.00	1.29	0.90	69.77	1.45
绵阳市	**57.00**	**30.00**	**5.61**	**9.84**	**9.27**	**0.52**			
三台县									
盐亭县	57.00	30.00	5.61	9.84	9.27	0.52			
南充市	**214.58**	**134.21**	**10.98**	**5.12**	**18.40**	**2.02**	**0.85**	**42.08**	**0.63**
南部县									
仪陇县	77.54	48.36	8.00	10.32	10.50	0.84	0.69	82.14	1.43
西充县	60.72	37.83				0.76			
阆中县	76.32	48.02	2.98	3.90	14.09	0.42	0.16	38.10	0.33
德阳市	**122.03**	**81.28**	**10.68**	**8.75**	**20.04**	**2.14**	**1.50**	**70.09**	**1.85**
中江县	122.03	81.28	10.68	8.75	20.04	2.14	1.50	70.09	1.85
遂宁市	**305.14**	**210.16**	**35.80**	**11.73**	**19.11**	**6.84**	**2.12**	**30.99**	**1.01**
射洪县	77.94	66.60	9.30	11.93	23.98	2.23	1.12	50.22	1.68
蓬溪县	109.00	76.00	12.00	11.01	16.67	2.00	1.00	50.00	1.32
遂宁中区	118.20	67.56	14.50	12.27	18.00	2.61			
巴中市	**154.58**	**80.24**	**8.59**	**5.56**	**15.37**	**1.32**	**0.70**	**53.03**	**0.87**
巴中县	86.00	42.00	5.60	6.51	16.07	0.90	0.70	77.78	1.67
平昌县	68.58	38.24	2.99	4.36	14.05	0.42			
眉山市	**174.65**	**88.46**	**23.18**	**13.27**	**18.98**	**4.40**			
仁寿县	174.65	88.46	23.18	13.27	18.98	4.40			
乐山市	**55.28**	**25.53**	**1.50**	**2.71**	**10.00**	**0.15**	**0.12**	**82.00**	**0.48**
井研县	55.28	25.53	1.50	2.71	10.00	0.15	0.12	82.00	0.48
广元市	**100.70**	**34.04**	**2.36**	**2.34**	**11.02**	**0.26**	**0.15**	**57.69**	**0.44**
剑阁县	100.70	34.04	2.36	2.34	11.02	0.26	0.15	57.69	0.44
成都市	**94.93**	**43.11**	**8.72**	**9.19**	**14.45**	**1.26**	**1.03**	**81.75**	**2.39**
金堂县	94.93	43.11	8.72	9.19	14.45	1.26	1.03	81.75	2.39

5－11－9　四川省1951年产棉县棉花生产收购明细

县市名	耕地面积（万亩）	农业人口（万人）	棉田面积（万亩）	占耕地（%）	亩产（市斤）	产量（万担）	收购量（万担）	商品率（%）	人均交售（市斤）
全省合计	**1866.78**	**1036.93**	**221.29**	**11.85**	**23.33**	**51.62**	**30.27**	**58.64**	**2.92**
内江市	**581.76**	**296.81**	**67.75**	**11.65**	**25.31**	**17.15**	**16.11**	**93.94**	**5.43**
简阳县	170.06	89.92	44.73	26.30	26.16	11.70	12.13	103.68	13.49
乐至县	92.10	60.35	11.75	12.76	26.13	3.07	2.52	82.08	4.18
安岳县	184.46	82.84	6.66	3.61	13.51	0.90	0.43	47.78	0.52
资阳雁江区	135.14	63.70	4.61	3.41	32.10	1.48	1.03	69.59	1.62
绵阳市	**57.00**	**30.00**	**5.81**	**10.19**	**9.64**	**0.56**			
三台县									
盐亭县	57.00	30.00	5.81	10.19	9.64	0.56			
南充市	**215.83**	**135.80**	**15.46**	**7.16**	**28.01**	**4.33**	**2.75**	**63.51**	**2.03**
南部县									
仪陇县	77.58	49.05	12.14	15.65	24.63	2.99	2.50	83.61	5.10
西充县	61.53	37.91				0.84			
阆中县	76.72	48.84	3.32	4.33	15.06	0.50	0.25	50.00	0.51
德阳市	**122.29**	**82.10**	**13.64**	**11.15**	**25.00**	**3.41**	**2.39**	**70.09**	**2.91**
中江县	122.29	82.10	13.64	11.15	25.00	3.41	2.39	70.09	2.91
遂宁市	**307.18**	**216.48**	**47.84**	**15.57**	**24.60**	**11.77**	**3.04**	**25.83**	**1.40**
射洪县	77.94	67.30	15.34	19.68	26.99	4.14	2.04	49.28	3.03
蓬溪县	111.00	78.00	16.00	14.41	25.00	4.00	1.00	25.00	1.28
遂宁中区	118.24	71.18	16.50	13.95	22.00	3.63			
巴中市	**156.53**	**80.65**	**14.05**	**8.98**	**16.30**	**2.29**	**1.40**	**61.14**	**1.74**
巴中县	86.00	42.00	10.80	12.56	15.74	1.70	1.40	82.35	3.33
平昌县	70.53	38.65	3.25	4.61	18.15	0.59			
眉山市	**174.64**	**89.64**	**29.57**	**16.93**	**23.00**	**6.80**			
仁寿县	174.64	89.64	29.57	16.93	23.00	6.80			
乐山市	**55.31**	**26.40**	**5.13**	**9.27**	**17.93**	**0.92**	**0.64**	**69.57**	**2.42**
井研县	55.31	26.40	5.13	9.27	17.93	0.92	0.64	69.57	2.42
广元市	**100.75**	**34.33**	**2.42**	**2.40**	**11.16**	**0.27**	**0.16**	**59.26**	**0.47**
剑阁县	100.75	34.33	2.42	2.40	11.16	0.27	0.16	59.26	0.47
成都市	**95.49**	**44.72**	**19.62**	**20.55**	**21.00**	**4.12**	**3.78**	**91.75**	**8.45**
金堂县	95.49	44.72	19.62	20.55	21.00	4.12	3.78	91.75	8.45

5－11－10　四川省1952年产棉县棉花生产收购明细

县市名	耕地面积（万亩）	农业人口（万人）	棉田面积（万亩）	占耕地（%）	亩产（市斤）	产量（万担）	收购量（万担）	商品率（%）	人均交售（市斤）
全省合计	**1991.64**	**1131.65**	**243.43**	**12.22**	**23.18**	**56.43**	**38.16**	**67.62**	**3.37**
内江市	**584.96**	**302.29**	**74.29**	**12.70**	**24.92**	**18.51**	**13.09**	**70.72**	**4.33**
简阳县	173.38	91.16	46.34	26.73	27.41	12.70	9.72	76.54	10.66
乐至县	95.21	61.43	12.21	12.82	24.08	2.94	1.73	58.84	2.82
安岳县	181.31	84.36	9.85	5.43	12.39	1.22	0.49	40.16	0.58
资阳雁江区	135.06	65.34	5.89	4.36	28.01	1.65	1.15	69.70	1.76
绵阳市	**57.00**	**30.00**	**6.05**	**10.61**	**11.74**	**0.71**	**0.36**	**50.70**	**1.20**
三台县									
盐亭县	57.00	30.00	6.05	10.61	11.74	0.71	0.36	50.70	1.20
南充市	**332.84**	**215.33**	**34.99**	**10.51**	**18.49**	**6.47**	**4.25**	**65.69**	**1.97**
南部县	112.72	73.66	14.39	12.77	15.91	2.29	1.57	68.56	2.13
仪陇县	79.21	53.42	10.56	13.33	24.62	2.60	1.66	63.85	3.11
西充县	63.13	38.60	6.60	10.45	15.61	1.03	0.66	64.08	1.71
阆中县	77.78	49.65	3.44	4.42	15.99	0.55	0.36	65.45	0.73
德阳市	**122.57**	**84.24**	**13.66**	**11.14**	**22.04**	**3.01**	**3.52**	**116.94**	**4.18**
中江县	122.57	84.24	13.66	11.14	22.04	3.01	3.52	116.94	4.18
遂宁市	**308.63**	**220.58**	**47.39**	**15.35**	**26.14**	**12.39**	**8.99**	**72.56**	**4.08**
射洪县	78.36	67.61	15.94	20.34	31.99	5.10	3.99	78.24	5.90
蓬溪县	112.00	79.00	15.00	13.39	26.67	4.00	2.00	50.00	2.53
遂宁中区	118.27	73.97	16.45	13.91	20.00	3.29	3.00	91.19	4.06
巴中市	**158.91**	**81.41**	**13.53**	**8.51**	**17.07**	**2.31**	**0.91**	**39.39**	**1.12**
巴中县	86.00	42.00	9.60	11.16	16.67	1.60	0.50	31.25	1.19
平昌县	72.91	39.41	3.93	5.39	18.07	0.71	0.41	57.75	1.04
眉山市	**174.63**	**90.93**	**27.49**	**15.74**	**28.01**	**7.70**	**3.99**	**51.82**	**4.39**
仁寿县	174.63	90.93	27.49	15.74	28.01	7.70	3.99	51.82	4.39
乐山市	**56.07**	**26.53**	**2.75**	**4.90**	**12.00**	**0.33**	**0.23**	**69.70**	**0.87**
井研县	56.07	26.53	2.75	4.90	12.00	0.33	0.23	69.70	0.87
广元市	**100.84**	**34.62**	**4.48**	**4.44**	**10.27**	**0.46**	**0.19**	**41.30**	**0.55**
剑阁县	100.84	34.62	4.48	4.44	10.27	0.46	0.19	41.30	0.55
成都市	**95.19**	**45.72**	**18.80**	**19.75**	**24.15**	**4.54**	**2.63**	**57.93**	**5.75**
金堂县	95.19	45.72	18.80	19.75	24.15	4.54	2.63	57.93	5.75

5-11-11　四川省1953年产棉县棉花生产收购明细

县市名	耕地面积（万亩）	农业人口（万人）	棉田面积（万亩）	占耕地（%）	亩产（市斤）	产量（万担）	收购量（万担）	商品率（%）	人均交售（市斤）
全省合计	**2020.64**	**1154.04**	**240.35**	**11.89**	**24.96**	**59.99**	**40.63**	**67.73**	**3.52**
内江市	**590.13**	**308.64**	**70.81**	**12.00**	**27.04**	**19.15**	**15.24**	**79.58**	**4.94**
简阳县	174.18	93.83	47.41	27.22	28.54	13.53	11.12	82.19	11.85
乐至县	96.64	62.10	11.72	12.13	30.12	3.53	3.01	85.27	4.85
安岳县	183.09	86.51	7.27	3.97	9.35	0.68	0.12	17.65	0.14
资阳雁江区	136.22	66.20	4.41	3.24	31.97	1.41	0.99	70.21	1.50
绵阳市	**57.00**	**30.00**	**5.64**	**9.89**	**15.96**	**0.90**	**0.36**	**40.00**	**1.20**
三台县									
盐亭县	57.00	30.00	5.64	9.89	15.96	0.90	0.36	40.00	1.20
南充市	**340.38**	**220.78**	**36.56**	**10.74**	**17.42**	**6.37**	**4.19**	**65.78**	**1.90**
南部县	112.82	74.93	14.98	13.28	18.96	2.84	1.66	58.45	2.22
仪陇县	80.05	53.98	10.90	13.62	17.98	1.96	1.38	70.41	2.56
西充县	69.73	41.26	7.15	10.25	13.99	1.00	0.79	79.00	1.91
阆中县	77.78	50.61	3.53	4.54	16.15	0.57	0.36	63.16	0.71
德阳市	**124.68**	**87.76**	**14.98**	**12.01**	**24.50**	**3.67**	**2.81**	**76.57**	**3.20**
中江县	124.68	87.76	14.98	12.01	24.50	3.67	2.81	76.57	3.20
遂宁市	**303.94**	**224.53**	**46.61**	**15.34**	**28.43**	**13.25**	**8.40**	**63.39**	**3.74**
射洪县	78.36	68.38	15.07	19.23	31.98	4.82	3.02	62.66	4.42
蓬溪县	112.00	81.00	16.00	14.29	31.25	5.00	3.00	60.00	3.70
遂宁中区	113.58	75.15	15.54	13.68	22.08	3.43	2.38	69.35	3.17
巴中市	**159.85**	**83.36**	**13.79**	**8.63**	**16.24**	**2.24**	**1.68**	**75.13**	**2.02**
巴中县	86.00	42.00	9.20	10.70	16.30	1.50	1.10	73.53	2.63
平昌县	73.85	41.36	4.59	6.22	16.12	0.74	0.58	78.38	1.40
眉山市	**192.33**	**91.58**	**31.34**	**16.29**	**31.11**	**9.75**	**5.34**	**54.77**	**5.83**
仁寿县	192.33	91.58	31.34	16.29	31.11	9.75	5.34	54.77	5.83
乐山市	**56.21**	**26.01**	**1.25**	**2.22**	**16.80**	**0.21**	**0.18**	**85.71**	**0.69**
井研县	56.21	26.01	1.25	2.22	16.80	0.21	0.18	85.71	0.69
广元市	**101.05**	**34.92**	**4.01**	**3.97**	**11.22**	**0.45**	**0.22**	**48.89**	**0.63**
剑阁县	101.05	34.92	4.01	3.97	11.22	0.45	0.22	48.89	0.63
成都市	**95.07**	**46.46**	**15.36**	**16.16**	**26.04**	**4.00**	**2.21**	**55.25**	**4.76**
金堂县	95.07	46.46	15.36	16.16	26.04	4.00	2.21	55.25	4.76

5-11-12 四川省1954年产棉县棉花生产收购明细

县市名	耕地面积（万亩）	农业人口（万人）	棉田面积（万亩）	占耕地（%）	亩产（市斤）	产量（万担）	收购量（万担）	商品率（%）	人均交售（市斤）
全省合计	**2021.51**	**1182.00**	**269.85**	**13.35**	**28.70**	**77.44**	**65.80**	**84.97**	**5.57**
内江市	**590.12**	**315.10**	**77.87**	**13.20**	**30.45**	**23.71**	**22.02**	**92.87**	**6.99**
简阳县	174.42	96.12	51.15	29.33	30.75	15.73	14.93	94.91	15.53
乐至县	95.79	63.72	13.44	14.03	34.60	4.65	4.60	98.92	7.22
安岳县	184.88	88.67	7.37	3.99	13.16	0.97	0.84	86.60	0.95
资阳雁江区	135.03	66.59	5.91	4.38	39.93	2.36	1.65	69.92	2.48
绵阳市	**57.00**	**30.00**	**7.28**	**12.77**	**19.64**	**1.43**	**1.35**	**94.41**	**4.50**
三台县									
盐亭县	57.00	30.00	7.28	12.77	19.64	1.43	1.35	94.41	4.50
南充市	**340.40**	**224.68**	**40.59**	**11.92**	**20.33**	**8.25**	**6.92**	**83.88**	**3.08**
南部县	112.89	76.27	16.48	14.60	21.60	3.56	2.89	81.18	3.79
仪陇县	80.05	55.60	11.55	14.43	20.69	2.39	1.93	80.75	3.47
西充县	69.68	41.34	8.66	12.43	17.32	1.50	1.41	94.00	3.41
阆中县	77.78	51.47	3.90	5.01	20.51	0.80	0.69	86.25	1.34
德阳市	**125.61**	**89.84**	**16.09**	**12.81**	**29.65**	**4.77**	**5.80**	**121.59**	**6.46**
中江县	125.61	89.84	16.09	12.81	29.65	4.77	5.80	121.59	6.46
遂宁市	**303.55**	**231.52**	**47.33**	**15.59**	**32.85**	**15.55**	**12.33**	**79.29**	**5.33**
射洪县	78.01	71.03	15.61	20.01	34.98	5.46	4.44	81.32	6.25
蓬溪县	112.00	83.00	16.00	14.29	37.50	6.00	3.00	50.00	3.61
遂宁中区	113.54	77.49	15.72	13.85	26.02	4.09	4.89	119.56	6.31
巴中市	**160.21**	**85.15**	**14.37**	**8.97**	**20.39**	**2.93**	**2.78**	**94.88**	**3.26**
巴中县	86.00	42.00	9.70	11.28	19.59	1.90	1.80	94.74	4.29
平昌县	74.21	43.15	4.67	6.29	22.06	1.03	0.98	95.15	2.27
眉山市	**192.33**	**94.19**	**41.34**	**21.49**	**35.00**	**14.47**	**9.92**	**68.56**	**10.53**
仁寿县	192.33	94.19	41.34	21.49	35.00	14.47	9.92	68.56	10.53
乐山市	**56.16**	**27.49**	**1.53**	**2.72**	**18.30**	**0.28**	**0.16**	**57.14**	**0.58**
井研县	56.16	27.49	1.53	2.72	18.30	0.28	0.16	57.14	0.58
广元市	**101.19**	**37.57**	**4.89**	**4.83**	**13.91**	**0.68**	**0.64**	**94.12**	**1.70**
剑阁县	101.19	37.57	4.89	4.83	13.91	0.68	0.64	94.12	1.70
成都市	**94.94**	**46.46**	**18.56**	**19.55**	**28.93**	**5.37**	**3.88**	**72.25**	**8.35**
金堂县	94.94	46.46	18.56	19.55	28.93	5.37	3.88	72.25	8.35

5－11－13　四川省1955年产棉县棉花生产收购明细

县市名	耕地面积（万亩）	农业人口（万人）	棉田面积（万亩）	占耕地（%）	亩产（市斤）	产量（万担）	收购量（万担）	商品率（%）	人均交售（市斤）
全省合计	**2021.00**	**1205.45**	**293.90**	**14.54**	**32.93**	**96.77**	**81.55**	**84.27**	**6.77**
内江市	**591.76**	**323.08**	**89.81**	**15.18**	**34.53**	**31.01**	**28.24**	**91.07**	**8.74**
简阳县	174.10	98.17	58.70	33.72	38.01	22.31	20.59	92.29	20.97
乐至县	95.45	65.63	13.60	14.25	37.57	5.11	5.11	100.00	7.79
安岳县	186.70	90.88	7.65	4.10	13.46	1.03	0.75	72.82	0.83
资阳雁江区	135.51	68.40	9.86	7.28	25.96	2.56	1.79	69.92	2.62
绵阳市	**57.00**	**30.00**	**7.76**	**13.61**	**22.55**	**1.75**	**1.48**	**84.57**	**4.93**
三台县									
盐亭县	57.00	30.00	7.76	13.61	22.55	1.75	1.48	84.57	4.93
南充市	**340.17**	**229.45**	**40.73**	**11.97**	**23.47**	**9.56**	**7.18**	**75.10**	**3.13**
南部县	112.76	76.63	17.65	15.65	21.76	3.84	3.15	82.03	4.11
仪陇县	80.04	56.65	9.60	11.99	35.63	3.42	2.24	65.50	3.95
西充县	69.59	43.65	9.15	13.15	16.39	1.50	1.15	76.67	2.63
阆中县	77.78	52.52	4.33	5.57	18.48	0.80	0.64	80.00	1.22
德阳市	**125.42**	**92.22**	**18.80**	**14.99**	**32.02**	**6.02**	**5.86**	**97.34**	**6.35**
中江县	125.42	92.22	18.80	14.99	32.02	6.02	5.86	97.34	6.35
遂宁市	**303.08**	**235.73**	**51.32**	**16.93**	**33.20**	**17.04**	**13.27**	**77.88**	**5.63**
射洪县	77.60	71.93	16.20	20.88	38.02	6.16	5.49	89.12	7.63
蓬溪县	112.00	85.00	17.00	15.18	35.29	6.00	3.00	50.00	3.53
遂宁中区	113.48	78.80	18.12	15.97	26.93	4.88	4.78	97.95	6.07
巴中市	**160.57**	**85.54**	**16.02**	**9.98**	**24.16**	**3.87**	**3.44**	**88.89**	**4.02**
巴中县	86.00	42.00	10.70	12.44	25.23	2.70	2.50	92.59	5.95
平昌县	74.57	43.54	5.32	7.13	21.99	1.17	0.94	80.34	2.16
眉山市	**190.46**	**96.13**	**40.75**	**21.40**	**47.26**	**19.26**	**14.97**	**77.73**	**15.57**
仁寿县	190.46	96.13	40.75	21.40	47.26	19.26	14.97	77.73	15.57
乐山市	**56.22**	**28.06**	**2.29**	**4.07**	**24.02**	**0.55**	**0.45**	**81.82**	**1.60**
井研县	56.22	28.06	2.29	4.07	24.02	0.55	0.45	81.82	1.60
广元市	**101.39**	**38.21**	**5.49**	**5.41**	**15.12**	**0.83**	**0.70**	**84.34**	**1.83**
剑阁县	101.39	38.21	5.49	5.41	15.12	0.83	0.70	84.34	1.83
成都市	**94.93**	**47.03**	**20.93**	**22.05**	**32.87**	**6.88**	**5.96**	**86.63**	**12.67**
金堂县	94.93	47.03	20.93	22.05	32.87	6.88	5.96	86.63	12.67

5－11－14　四川省1956年产棉县棉花生产收购明细

县市名	耕地面积（万亩）	农业人口（万人）	棉田面积（万亩）	占耕地（%）	亩产（市斤）	产量（万担）	收购量（万担）	商品率（%）	人均交售（市斤）
全省合计	**2022.27**	**1226.66**	**296.52**	**14.66**	**26.67**	**79.09**	**61.20**	**77.38**	**4.99**
内江市	**592.67**	**328.83**	**87.19**	**14.71**	**26.51**	**23.11**	**21.06**	**91.13**	**6.40**
简阳县	174.29	98.84	55.20	31.67	26.12	14.42	13.86	96.12	14.02
乐至县	94.78	66.53	14.46	15.26	28.56	4.13	4.10	99.27	6.16
安岳县	188.53	93.15	6.22	3.30	15.11	0.94	0.57	60.64	0.61
资阳雁江区	135.07	70.31	11.31	8.37	32.01	3.62	2.53	69.89	3.60
绵阳市	**57.00**	**30.00**	**8.01**	**14.05**	**18.60**	**1.49**	**0.02**	**1.34**	**0.07**
三台县									
盐亭县	57.00	30.00	8.01	14.05	18.60	1.49	0.02	1.34	0.07
南充市	**339.63**	**235.08**	**41.66**	**12.27**	**16.56**	**6.90**	**5.34**	**77.39**	**2.27**
南部县	112.07	78.99	17.54	15.65	17.56	3.08	2.58	83.77	3.27
仪陇县	79.18	57.99	10.42	13.16	17.47	1.82	1.35	74.18	2.33
西充县	70.73	44.54	9.85	13.93	15.23	1.50	1.02	68.00	2.29
阆中县	77.65	53.56	3.85	4.96	12.99	0.50	0.39	78.00	0.73
德阳市	**124.60**	**94.85**	**19.00**	**15.25**	**26.58**	**5.05**	**4.06**	**80.40**	**4.28**
中江县	124.60	94.85	19.00	15.25	26.58	5.05	4.06	80.40	4.28
遂宁市	**302.18**	**238.16**	**51.99**	**17.20**	**26.87**	**13.97**	**10.16**	**72.73**	**4.27**
射洪县	76.90	72.78	16.67	21.68	29.45	4.91	4.41	89.82	6.06
蓬溪县	112.00	86.00	17.00	15.18	29.41	5.00	2.00	40.00	2.33
遂宁中区	113.28	79.38	18.32	16.17	22.16	4.06	3.75	92.36	4.72
巴中市	**163.65**	**86.06**	**16.52**	**10.09**	**19.55**	**3.23**	**2.66**	**82.35**	**3.09**
巴中县	86.00	42.00	11.20	13.02	19.64	2.20	1.70	77.27	4.05
平昌县	77.65	44.06	5.32	6.85	19.36	1.03	0.96	93.20	2.18
眉山市	**189.99**	**98.69**	**41.36**	**21.77**	**44.68**	**18.48**	**12.28**	**66.45**	**12.44**
仁寿县	189.99	98.69	41.36	21.77	44.68	18.48	12.28	66.45	12.44
乐山市	**55.91**	**28.36**	**3.11**	**5.56**	**14.15**	**0.44**	**0.35**	**79.55**	**1.23**
井研县	55.91	28.36	3.11	5.56	14.15	0.44	0.35	79.55	1.23
广元市	**101.89**	**38.65**	**5.76**	**5.65**	**7.99**	**0.46**	**0.36**	**78.26**	**0.93**
剑阁县	101.89	38.65	5.76	5.65	7.99	0.46	0.36	78.26	0.93
成都市	**94.75**	**47.98**	**21.92**	**23.13**	**27.19**	**5.96**	**4.91**	**82.38**	**10.23**
金堂县	94.75	47.98	21.92	23.13	27.19	5.96	4.91	82.38	10.23

5－11－15　四川省1957年产棉县棉花生产收购明细

县市名	耕地面积（万亩）	农业人口（万人）	棉田面积（万亩）	占耕地（%）	亩产（市斤）	产量（万担）	收购量（万担）	商品率（%）	人均交售（市斤）
全省合计	**2026.12**	**1235.29**	**314.27**	**15.51**	**32.57**	**102.35**	**91.08**	**88.99**	**7.37**
内江市	**593.55**	**333.09**	**90.75**	**15.29**	**31.72**	**28.79**	**25.54**	**88.71**	**7.67**
简阳县	173.68	99.97	56.58	32.58	35.30	19.97	18.00	90.14	18.01
乐至县	94.53	67.02	15.20	16.08	27.63	4.20	4.07	96.90	6.07
安岳县	190.39	95.65	6.90	3.62	17.97	1.24	1.10	88.71	1.15
资阳雁江区	134.95	70.45	12.07	8.94	28.00	3.38	2.37	70.12	3.36
绵阳市	**57.00**	**30.00**	**7.87**	**13.81**	**21.73**	**1.71**	**1.56**	**91.23**	**5.20**
三台县									
盐亭县	57.00	30.00	7.87	13.81	21.73	1.71	1.56	91.23	5.20
南充市	**337.87**	**234.76**	**44.28**	**13.11**	**29.40**	**13.02**	**11.59**	**89.02**	**4.94**
南部县	112.06	79.23	19.46	17.37	29.60	5.76	5.38	93.40	6.79
仪陇县	79.15	56.32	10.38	13.11	37.28	3.87	3.32	85.79	5.89
西充县	70.53	44.52	9.68	13.72	24.38	2.36	1.94	82.20	4.36
阆中县	76.13	54.69	4.76	6.25	21.64	1.03	0.95	92.23	1.74
德阳市	**123.37**	**95.96**	**19.90**	**16.13**	**32.06**	**6.38**	**6.15**	**96.39**	**6.41**
中江县	123.37	95.96	19.90	16.13	32.06	6.38	6.15	96.39	6.41
遂宁市	**306.07**	**237.94**	**53.86**	**17.60**	**36.06**	**19.42**	**14.66**	**75.49**	**6.16**
射洪县	79.09	72.82	17.76	22.46	38.12	6.77	6.41	94.68	8.80
蓬溪县	114.00	86.00	17.00	14.91	41.18	7.00	3.00	42.86	3.49
遂宁中区	112.98	79.12	19.10	16.91	29.58	5.65	5.25	92.92	6.64
巴中市	**168.20**	**86.51**	**21.78**	**12.95**	**27.59**	**6.01**	**5.55**	**92.35**	**6.42**
巴中县	86.00	42.00	14.30	16.63	27.27	3.90	3.60	92.31	8.57
平昌县	82.20	44.51	7.48	9.10	28.21	2.11	1.95	92.42	4.38
眉山市	**189.74**	**99.97**	**43.72**	**23.04**	**43.02**	**18.81**	**18.49**	**98.30**	**18.50**
仁寿县	189.74	99.97	43.72	23.04	43.02	18.81	18.49	98.30	18.50
乐山市	**56.00**	**28.93**	**2.99**	**5.34**	**20.07**	**0.60**	**0.43**	**71.67**	**1.49**
井研县	56.00	28.93	2.99	5.34	20.07	0.60	0.43	71.67	1.49
广元市	**99.66**	**39.81**	**6.29**	**6.31**	**12.72**	**0.80**	**0.77**	**96.25**	**1.93**
剑阁县	99.66	39.81	6.29	6.31	12.72	0.80	0.77	96.25	1.93
成都市	**94.66**	**48.32**	**22.83**	**24.12**	**29.83**	**6.81**	**6.34**	**93.10**	**13.12**
金堂县	94.66	48.32	22.83	24.12	29.83	6.81	6.34	93.10	13.12

5-11-16 四川省1958年产棉县棉花生产收购明细

县市名	耕地面积（万亩）	农业人口（万人）	棉田面积（万亩）	占耕地（%）	亩产（市斤）	产量（万担）	收购量（万担）	商品率（%）	人均交售（市斤）
全省合计	**1986.40**	**1197.10**	**314.86**	**15.85**	**39.35**	**123.90**	**111.57**	**90.05**	**9.32**
内江市	**590.75**	**317.09**	**91.75**	**15.53**	**43.10**	**39.54**	**37.39**	**94.56**	**11.79**
简阳县	172.11	90.40	56.10	32.60	49.20	27.60	26.64	96.52	29.47
乐至县	94.06	63.94	14.34	15.25	49.30	7.07	7.05	99.72	11.03
安岳县	188.80	92.69	8.66	4.59	12.36	1.07	1.04	97.20	1.12
资阳雁江区	135.78	70.06	12.65	9.32	30.04	3.80	2.66	70.00	3.80
绵阳市	**57.00**	**30.00**	**6.84**	**12.00**	**27.34**	**1.87**	**1.25**	**66.84**	**4.17**
三台县									
盐亭县	57.00	30.00	6.84	12.00	27.34	1.87	1.25	66.84	4.17
南充市	**320.67**	**231.17**	**44.53**	**13.89**	**30.32**	**13.50**	**13.04**	**96.59**	**5.64**
南部县	108.14	77.80	18.86	17.44	32.24	6.08	5.95	97.86	7.65
仪陇县	77.69	55.67	10.58	13.62	36.39	3.85	3.76	97.66	6.75
西充县	64.94	43.30	9.77	15.04	18.42	1.80	1.80	100.00	4.16
阆中县	69.90	54.40	5.32	7.61	33.27	1.77	1.53	86.44	2.81
德阳市	**122.20**	**91.47**	**19.17**	**15.69**	**41.58**	**7.97**	**7.00**	**87.83**	**7.65**
中江县	122.20	91.47	19.17	15.69	41.58	7.97	7.00	87.83	7.65
遂宁市	**296.44**	**233.95**	**51.68**	**17.43**	**49.83**	**25.75**	**19.24**	**74.72**	**8.22**
射洪县	76.34	71.22	16.38	21.46	56.04	9.18	8.49	92.48	11.92
蓬溪县	113.00	83.00	17.00	15.04	52.94	9.00	4.00	44.44	4.82
遂宁中区	107.10	79.73	18.30	17.09	41.37	7.57	6.75	89.17	8.47
巴中市	**168.11**	**85.78**	**23.15**	**13.77**	**26.00**	**6.02**	**5.94**	**98.67**	**6.92**
巴中县	86.00	42.00	14.70	17.09	27.89	4.10	4.10	100.00	9.76
平昌县	82.11	43.78	8.45	10.29	22.72	1.92	1.84	95.83	4.20
眉山市	**182.45**	**95.31**	**43.81**	**24.01**	**45.47**	**19.92**	**19.32**	**96.99**	**20.27**
仁寿县	182.45	95.31	43.81	24.01	45.47	19.92	19.32	96.99	20.27
乐山市	**55.81**	**27.30**	**3.24**	**5.81**	**24.07**	**0.78**	**0.56**	**71.79**	**2.05**
井研县	55.81	27.30	3.24	5.81	24.07	0.78	0.56	71.79	2.05
广元市	**99.66**	**37.75**	**7.51**	**7.54**	**11.98**	**0.90**	**0.73**	**81.11**	**1.93**
剑阁县	99.66	37.75	7.51	7.54	11.98	0.90	0.73	81.11	1.93
成都市	**93.31**	**47.28**	**23.18**	**24.84**	**33.00**	**7.65**	**7.10**	**92.81**	**15.02**
金堂县	93.31	47.28	23.18	24.84	33.00	7.65	7.10	92.81	15.02

5－11－17　四川省1959年产棉县棉花生产收购明细

县市名	耕地面积（万亩）	农业人口（万人）	棉田面积（万亩）	占耕地（%）	亩产（市斤）	产量（万担）	收购量（万担）	商品率（%）	人均交售（市斤）
全省合计	**1956.26**	**1149.16**	**352.72**	**18.03**	**43.42**	**153.16**	**135.93**	**88.75**	**11.83**
内江市	**575.83**	**297.95**	**107.16**	**18.61**	**35.78**	**38.34**	**34.51**	**90.01**	**11.58**
简阳县	168.85	84.05	56.45	33.43	41.38	23.36	21.02	89.98	25.01
乐至县	92.83	61.28	15.46	16.65	39.72	6.14	5.92	96.42	9.66
安岳县	187.24	89.82	22.25	11.88	19.87	4.42	4.48	101.36	4.99
资阳雁江区	126.91	62.80	13.00	10.24	34.00	4.42	3.09	69.91	4.92
绵阳市	**57.00**	**30.00**	**6.01**	**10.54**	**71.05**	**4.27**	**3.09**	**72.37**	**10.30**
三台县									
盐亭县	57.00	30.00	6.01	10.54	71.05	4.27	3.09	72.37	10.30
南充市	**314.41**	**222.31**	**55.16**	**17.54**	**44.27**	**24.42**	**23.58**	**96.56**	**10.61**
南部县	107.17	73.67	24.87	23.21	45.64	11.35	11.35	100.00	15.41
仪陇县	74.78	54.26	11.78	15.75	42.44	5.00	4.52	90.40	8.33
西充县	63.76	41.57	11.71	18.37	41.16	4.82	4.53	93.98	10.90
阆中县	68.70	52.81	6.80	9.90	47.79	3.25	3.18	97.85	6.02
德阳市	**121.42**	**89.12**	**18.82**	**15.50**	**58.29**	**10.97**	**10.27**	**93.62**	**11.52**
中江县	121.42	89.12	18.82	15.50	58.29	10.97	10.27	93.62	11.52
遂宁市	**304.54**	**224.33**	**55.51**	**18.23**	**63.02**	**34.98**	**26.26**	**75.07**	**11.71**
射洪县	74.89	69.45	20.33	27.15	70.54	14.34	13.80	96.23	19.87
蓬溪县	108.00	80.00	17.00	15.74	64.71	11.00	5.00	45.45	6.25
遂宁中区	121.65	74.88	18.18	14.94	53.03	9.64	7.46	77.39	9.96
巴中市	**167.53**	**84.70**	**32.48**	**19.39**	**46.18**	**15.00**	**13.78**	**91.87**	**16.27**
巴中县	86.00	42.00	20.00	23.26	52.50	10.50	9.90	94.29	23.57
平昌县	81.53	42.70	12.48	15.31	36.06	4.50	3.88	86.22	9.09
眉山市	**181.44**	**89.58**	**39.82**	**21.95**	**31.64**	**12.60**	**12.12**	**96.19**	**13.53**
仁寿县	181.44	89.58	39.82	21.95	31.64	12.60	12.12	96.19	13.53
乐山市	**52.81**	**26.30**	**5.30**	**10.04**	**23.96**	**1.27**	**0.85**	**66.93**	**3.23**
井研县	52.81	26.30	5.30	10.04	23.96	1.27	0.85	66.93	3.23
广元市	**92.35**	**37.89**	**8.00**	**8.66**	**21.25**	**1.70**	**1.48**	**87.06**	**3.91**
剑阁县	92.35	37.89	8.00	8.66	21.25	1.70	1.48	87.06	3.91
成都市	**88.93**	**46.98**	**24.46**	**27.50**	**39.29**	**9.61**	**9.99**	**103.95**	**21.26**
金堂县	88.93	46.98	24.46	27.50	39.29	9.61	9.99	103.95	21.26

5－11－18 四川省1960年产棉县棉花生产收购明细

县市名	耕地面积（万亩）	农业人口（万人）	棉田面积（万亩）	占耕地（%）	亩产（市斤）	产量（万担）	收购量（万担）	商品率（%）	人均交售（市斤）
全省合计	**1934.85**	**1099.80**	**314.43**	**16.25**	**20.03**	**62.98**	**55.74**	**88.50**	**5.07**
内江市	**568.28**	**275.67**	**91.76**	**16.15**	**13.50**	**12.39**	**11.37**	**91.77**	**4.12**
简阳县	166.03	76.02	52.72	31.75	16.41	8.65	8.01	92.60	10.54
乐至县	91.53	57.57	14.09	15.39	13.84	1.95	1.94	99.49	3.37
安岳县	185.68	87.03	14.85	8.00	5.25	0.78	0.71	91.03	0.82
资阳雁江区	125.04	55.05	10.10	8.08	10.00	1.01	0.71	70.30	1.29
绵阳市	**57.00**	**32.00**	**4.84**	**8.49**	**17.98**	**0.87**	**0.84**	**96.55**	**2.63**
三台县									
盐亭县	57.00	32.00	4.84	8.49	17.98	0.87	0.84	96.55	2.63
南充市	**312.92**	**213.28**	**45.14**	**14.43**	**21.73**	**9.81**	**8.60**	**87.67**	**4.03**
南部县	107.09	70.00	18.00	16.81	27.56	4.96	4.54	91.53	6.49
仪陇县	74.38	52.91	10.76	14.47	26.49	2.85	2.34	82.11	4.42
西充县	63.38	39.03	10.16	16.03	10.04	1.02	0.93	91.18	2.38
阆中县	68.07	51.34	6.22	9.14	15.76	0.98	0.79	80.61	1.54
德阳市	**121.78**	**85.39**	**17.00**	**13.96**	**22.35**	**3.80**	**3.77**	**99.21**	**4.42**
中江县	121.78	85.39	17.00	13.96	22.35	3.80	3.77	99.21	4.42
遂宁市	**299.66**	**217.11**	**49.37**	**16.48**	**30.77**	**15.19**	**12.16**	**80.05**	**5.60**
射洪县	73.22	67.36	20.45	27.93	36.53	7.47	7.08	94.78	10.51
蓬溪县	108.00	76.00	16.00	14.81	25.00	4.00	2.00	50.00	2.63
遂宁中区	118.44	73.75	12.92	10.91	28.79	3.72	3.08	82.80	4.18
巴中市	**167.06**	**84.98**	**31.47**	**18.84**	**17.51**	**5.51**	**5.37**	**97.46**	**6.32**
巴中县	86.00	43.00	19.50	22.67	21.54	4.20	4.10	97.62	9.53
平昌县	81.06	41.98	11.97	14.77	10.94	1.31	1.27	96.95	3.03
眉山市	**179.67**	**83.79**	**42.48**	**23.64**	**21.37**	**9.08**	**8.36**	**92.07**	**9.98**
仁寿县	179.67	83.79	42.48	23.64	21.37	9.08	8.36	92.07	9.98
乐山市	**51.79**	**24.66**	**3.95**	**7.63**	**6.08**	**0.24**			
井研县	51.79	24.66	3.95	7.63	6.08	0.24			
广元市	**89.18**	**37.35**	**6.38**	**7.15**	**6.43**	**0.41**	**0.36**	**87.80**	**0.96**
剑阁县	89.18	37.35	6.38	7.15	6.43	0.41	0.36	87.80	0.96
成都市	**87.51**	**45.57**	**22.04**	**25.19**	**25.77**	**5.68**	**4.91**	**86.44**	**10.77**
金堂县	87.51	45.57	22.04	25.19	25.77	5.68	4.91	86.44	10.77

5－11－19　四川省1961年产棉县棉花生产收购明细

县市名	耕地面积（万亩）	农业人口（万人）	棉田面积（万亩）	占耕地（%）	亩产（市斤）	产量（万担）	收购量（万担）	商品率（%）	人均交售（市斤）
全省合计	**1920.74**	**1088.40**	**282.41**	**14.70**	**14.72**	**41.57**	**35.72**	**85.93**	**3.28**
内江市	**561.83**	**265.35**	**73.36**	**13.06**	**11.41**	**8.37**	**7.85**	**93.79**	**2.96**
简阳县	165.60	72.24	46.89	28.32	13.07	6.13	5.87	95.76	8.13
乐至县	90.54	55.04	11.21	12.38	13.56	1.52	1.51	99.34	2.74
安岳县	182.62	84.35	7.81	4.28	3.46	0.27	0.15	55.56	0.18
资阳雁江区	123.07	53.72	7.45	6.05	6.04	0.45	0.32	71.11	0.60
绵阳市	**57.00**	**32.00**	**4.50**	**7.89**	**20.00**	**0.90**	**0.63**	**70.00**	**1.97**
三台县									
盐亭县	57.00	32.00	4.50	7.89	20.00	0.90	0.63	70.00	1.97
南充市	**312.60**	**213.07**	**42.56**	**13.61**	**17.08**	**7.27**	**5.88**	**80.88**	**2.76**
南部县	106.95	69.26	19.27	18.02	17.96	3.46	3.09	89.31	4.46
仪陇县	74.36	52.64	8.90	11.97	22.81	2.03	1.11	54.68	2.11
西充县	63.30	39.45	9.06	14.31	13.02	1.18	1.27	107.63	3.22
阆中县	67.99	51.72	5.33	7.84	11.26	0.60	0.41	68.33	0.79
德阳市	**121.45**	**85.55**	**17.30**	**14.24**	**19.54**	**3.38**	**3.11**	**92.01**	**3.64**
中江县	121.45	85.55	17.30	14.24	19.54	3.38	3.11	92.01	3.64
遂宁市	**296.04**	**217.51**	**48.76**	**16.47**	**22.01**	**10.73**	**8.20**	**76.42**	**3.77**
射洪县	72.88	67.26	16.85	23.12	31.93	5.38	4.98	92.57	7.40
蓬溪县	108.00	78.00	16.00	14.81	18.75	3.00	1.00	33.33	1.28
遂宁中区	115.16	72.25	15.91	13.82	14.77	2.35	2.22	94.47	3.07
巴中市	**167.06**	**85.30**	**31.09**	**18.61**	**14.63**	**4.55**	**3.70**	**81.32**	**4.34**
巴中县	86.00	43.00	18.80	21.86	14.36	2.70	2.10	77.78	4.88
平昌县	81.06	42.30	12.29	15.16	15.05	1.85	1.60	86.49	3.78
眉山市	**178.74**	**81.90**	**40.00**	**22.38**	**10.00**	**4.00**	**3.82**	**95.50**	**4.66**
仁寿县	178.74	81.90	40.00	22.38	10.00	4.00	3.82	95.50	4.66
乐山市	**50.36**	**24.19**	**1.50**	**2.98**	**2.00**	**0.03**			
井研县	50.36	24.19	1.50	2.98	2.00	0.03			
广元市	**88.87**	**37.98**	**4.73**	**5.32**	**4.44**	**0.21**	**0.19**	**90.48**	**0.50**
剑阁县	88.87	37.98	4.73	5.32	4.44	0.21	0.19	90.48	0.50
成都市	**86.79**	**45.55**	**18.61**	**21.44**	**11.45**	**2.13**	**2.34**	**109.86**	**5.14**
金堂县	86.79	45.55	18.61	21.44	11.45	2.13	2.34	109.86	5.14

5－11－20　四川省1962年产棉县棉花生产收购明细

县市名	耕地面积（万亩）	农业人口（万人）	棉田面积（万亩）	占耕地（%）	亩产（市斤）	产量（万担）	收购量（万担）	商品率（%）	人均交售（市斤）
全省合计	**1922.29**	**1117.67**	**266.47**	**13.86**	**16.87**	**44.96**	**40.31**	**89.66**	**3.61**
内江市	**557.85**	**271.73**	**68.92**	**12.35**	**16.03**	**11.05**	**10.96**	**99.19**	**4.03**
简阳县	161.84	74.93	49.72	30.72	18.04	8.97	9.02	100.56	12.04
乐至县	90.95	54.31	10.65	11.71	14.74	1.57	1.57	100.00	2.89
安岳县	182.41	86.11	3.61	1.98	3.05	0.11	0.09	81.82	0.10
资阳雁江区	122.65	56.38	4.94	4.03	8.10	0.40	0.28	70.00	0.50
绵阳市	**57.00**	**32.00**	**4.90**	**8.60**	**16.94**	**0.83**	**0.55**	**66.27**	**1.72**
三台县									
盐亭县	57.00	32.00	4.90	8.60	16.94	0.83	0.55	66.27	1.72
南充市	**312.78**	**219.09**	**43.03**	**13.76**	**13.76**	**5.92**	**5.27**	**89.02**	**2.41**
南部县	106.80	71.48	20.04	18.76	12.62	2.53	2.49	98.42	3.48
仪陇县	74.48	53.68	8.14	10.93	23.59	1.92	1.32	68.75	2.46
西充县	63.30	40.45	8.94	14.12	10.96	0.98	0.99	101.02	2.45
阆中县	68.20	53.48	5.91	8.67	8.29	0.49	0.47	95.92	0.88
德阳市	**123.73**	**89.62**	**16.10**	**13.01**	**17.45**	**2.81**	**2.92**	**103.91**	**3.26**
中江县	123.73	89.62	16.10	13.01	17.45	2.81	2.92	103.91	3.26
遂宁市	**295.90**	**223.73**	**49.10**	**16.59**	**25.40**	**12.47**	**9.40**	**75.38**	**4.20**
射洪县	73.07	69.52	16.04	21.95	34.73	5.57	4.68	84.02	6.73
蓬溪县	108.00	79.00	17.00	15.74	23.53	4.00	2.00	50.00	2.53
遂宁中区	114.83	75.21	16.06	13.99	18.06	2.90	2.72	93.79	3.62
巴中市	**167.00**	**87.32**	**26.89**	**16.10**	**20.45**	**5.50**	**4.80**	**87.27**	**5.50**
巴中县	86.00	43.00	16.00	18.60	21.88	3.50	3.30	94.29	7.67
平昌县	81.00	44.32	10.89	13.44	18.37	2.00	1.50	75.00	3.38
眉山市	**178.86**	**83.40**	**37.62**	**21.03**	**12.09**	**4.55**	**4.55**	**100.00**	**5.46**
仁寿县	178.86	83.40	37.62	21.03	12.09	4.55	4.55	100.00	5.46
乐山市	**51.28**	**24.57**	**0.39**	**0.76**	**2.56**	**0.01**			
井研县	51.28	24.57	0.39	0.76	2.56	0.01			
广元市	**90.73**	**39.78**	**3.56**	**3.92**	**7.87**	**0.28**	**0.25**	**89.29**	**0.63**
剑阁县	90.73	39.78	3.56	3.92	7.87	0.28	0.25	89.29	0.63
成都市	**87.16**	**46.43**	**15.96**	**18.31**	**9.65**	**1.54**	**1.61**	**104.55**	**3.47**
金堂县	87.16	46.43	15.96	18.31	9.65	1.54	1.61	104.55	3.47

5-11-21　四川省1963年产棉县棉花生产收购明细

县市名	耕地面积（万亩）	农业人口（万人）	棉田面积（万亩）	占耕地（%）	亩产（市斤）	产量（万担）	收购量（万担）	商品率（%）	人均交售（市斤）
全省合计	**1934.21**	**1141.64**	**303.15**	**15.67**	**33.74**	**102.29**	**89.03**	**87.04**	**7.80**
内江市	**559.81**	**277.78**	**79.11**	**14.13**	**30.74**	**24.32**	**24.03**	**98.81**	**8.65**
简阳县	163.18	76.69	57.64	35.32	34.85	20.09	20.14	100.25	26.26
乐至县	90.31	54.93	12.70	14.06	25.20	3.20	3.22	100.63	5.86
安岳县	182.21	87.92	4.14	2.27	3.62	0.15	0.09	60.00	0.10
资阳雁江区	124.11	58.24	4.63	3.73	19.01	0.88	0.58	65.91	1.00
绵阳市	**57.00**	**32.00**	**5.30**	**9.30**	**24.91**	**1.32**	**1.13**	**85.61**	**3.53**
三台县									
盐亭县	57.00	32.00	5.30	9.30	24.91	1.32	1.13	85.61	3.53
南充市	**315.67**	**224.58**	**50.05**	**15.86**	**33.75**	**16.89**	**15.26**	**90.35**	**6.79**
南部县	109.51	72.82	23.58	21.53	34.05	8.03	7.22	89.91	9.91
仪陇县	74.62	55.04	10.55	14.14	37.91	4.00	3.49	87.25	6.34
西充县	63.27	41.64	10.17	16.07	31.86	3.24	2.92	90.12	7.01
阆中县	68.27	55.08	5.75	8.42	28.17	1.62	1.63	100.62	2.96
德阳市	**125.04**	**91.39**	**17.98**	**14.38**	**30.59**	**5.50**	**5.50**	**100.00**	**6.02**
中江县	125.04	91.39	17.98	14.38	30.59	5.50	5.50	100.00	6.02
遂宁市	**298.39**	**228.87**	**54.61**	**18.30**	**45.76**	**24.99**	**17.70**	**70.83**	**7.73**
射洪县	73.00	70.56	17.39	23.82	58.71	10.21	8.99	88.05	12.74
蓬溪县	108.00	81.00	20.00	18.52	45.00	9.00	3.00	33.33	3.70
遂宁中区	117.39	77.31	17.22	14.67	33.57	5.78	5.71	98.79	7.39
巴中市	**167.25**	**89.10**	**28.24**	**16.88**	**35.76**	**10.10**	**7.73**	**76.53**	**8.68**
巴中县	86.00	43.00	17.10	19.88	36.26	6.20	4.00	64.52	9.30
平昌县	81.25	46.10	11.14	13.71	35.01	3.90	3.73	95.64	8.09
眉山市	**178.86**	**83.96**	**44.00**	**24.60**	**28.23**	**12.42**	**11.00**	**88.57**	**13.10**
仁寿县	178.86	83.96	44.00	24.60	28.23	12.42	11.00	88.57	13.10
乐山市	**51.71**	**25.03**	**1.68**	**3.25**	**5.95**	**0.10**			
井研县	51.71	25.03	1.68	3.25	5.95	0.10			
广元市	**91.47**	**40.78**	**4.01**	**4.38**	**19.95**	**0.80**	**0.78**	**97.50**	**1.91**
剑阁县	91.47	40.78	4.01	4.38	19.95	0.80	0.78	97.50	1.91
成都市	**89.01**	**48.15**	**18.17**	**20.41**	**32.20**	**5.85**	**5.90**	**100.85**	**12.25**
金堂县	89.01	48.15	18.17	20.41	32.20	5.85	5.90	100.85	12.25

5－11－22　四川省1964年产棉县棉花生产收购明细

县市名	耕地面积（万亩）	农业人口（万人）	棉田面积（万亩）	占耕地（%）	亩产（市斤）	产量（万担）	收购量（万担）	商品率（%）	人均交售（市斤）
全省合计	**1942.49**	**1165.58**	**323.97**	**16.68**	**54.05**	**175.11**	**163.66**	**93.46**	**14.04**
内江市	**569.04**	**284.85**	**79.13**	**13.91**	**56.31**	**44.56**	**44.43**	**99.71**	**15.60**
简阳县	170.02	78.98	58.22	34.24	57.25	33.33	33.27	99.82	42.12
乐至县	90.54	56.21	15.36	16.96	66.08	10.15	10.13	99.80	18.02
安岳县	181.86	89.76	5.21	2.86	18.81	0.98	0.96	97.96	1.07
资阳雁江区	126.62	59.90	0.34	0.27	29.41	0.10	0.07	70.00	0.12
绵阳市	**57.00**	**32.00**	**7.16**	**12.56**	**44.97**	**3.22**	**3.22**	**100.00**	**10.06**
三台县									
盐亭县	57.00	32.00	7.16	12.56	44.97	3.22	3.22	100.00	10.06
南充市	**316.95**	**229.83**	**53.72**	**16.95**	**48.01**	**25.79**	**24.81**	**96.20**	**10.79**
南部县	108.85	74.19	24.54	22.54	49.23	12.08	11.99	99.25	16.16
仪陇县	74.87	56.28	11.58	15.47	47.41	5.49	5.18	94.35	9.20
西充县	63.66	42.85	10.99	17.26	46.31	5.09	4.58	89.98	10.69
阆中县	69.57	56.51	6.61	9.50	47.35	3.13	3.06	97.76	5.41
德阳市	**125.19**	**92.72**	**19.94**	**15.93**	**64.59**	**12.88**	**13.08**	**101.55**	**14.11**
中江县	125.19	92.72	19.94	15.93	64.59	12.88	13.08	101.55	14.11
遂宁市	**307.54**	**232.56**	**56.40**	**18.34**	**61.40**	**34.63**	**24.15**	**69.74**	**10.38**
射洪县	77.55	71.83	17.43	22.48	77.11	13.44	12.10	90.03	16.85
蓬溪县	108.00	82.00	20.00	18.52	60.00	12.00	4.00	33.33	4.88
遂宁中区	121.99	78.73	18.97	15.55	48.44	9.19	8.05	87.60	10.22
巴中市	**167.50**	**90.09**	**28.74**	**17.16**	**41.68**	**11.98**	**11.83**	**98.75**	**13.13**
巴中县	86.00	43.00	17.30	20.12	41.62	7.20	7.20	100.00	16.74
平昌县	81.50	47.09	11.44	14.04	41.78	4.78	4.63	96.86	9.83
眉山市	**163.96**	**86.40**	**48.58**	**29.63**	**55.19**	**26.81**	**27.27**	**101.72**	**31.56**
仁寿县	163.96	86.40	48.58	29.63	55.19	26.81	27.27	101.72	31.56
乐山市	**53.97**	**25.70**	**3.87**	**7.17**	**32.04**	**1.24**	**0.94**	**75.81**	**3.66**
井研县	53.97	25.70	3.87	7.17	32.04	1.24	0.94	75.81	3.66
广元市	**91.49**	**41.91**	**6.05**	**6.61**	**31.57**	**1.91**	**1.87**	**97.91**	**4.46**
剑阁县	91.49	41.91	6.05	6.61	31.57	1.91	1.87	97.91	4.46
成都市	**89.85**	**49.52**	**20.38**	**22.68**	**59.32**	**12.09**	**12.06**	**99.75**	**24.35**
金堂县	89.85	49.52	20.38	22.68	59.32	12.09	12.06	99.75	24.35

5-11-23 四川省1965年产棉县棉花生产收购明细

县市名	耕地面积（万亩）	农业人口（万人）	棉田面积（万亩）	占耕地（%）	亩产（市斤）	产量（万担）	收购量（万担）	商品率（%）	人均交售（市斤）
全省合计	**2087.87**	**1289.72**	**325.74**	**15.60**	**56.36**	**183.59**	**171.29**	**93.30**	**13.28**
内江市	**569.42**	**291.95**	**74.91**	**13.16**	**51.94**	**38.91**	**38.11**	**97.95**	**13.05**
简阳县	171.85	81.41	53.54	31.16	57.32	30.69	30.39	99.02	37.33
乐至县	89.62	57.52	14.91	16.64	47.75	7.12	7.17	100.70	12.47
安岳县	181.88	91.62	6.25	3.44	16.80	1.05	0.51	48.86	0.56
资阳雁江区	126.07	61.40	0.21	0.17	23.81	0.05	0.04	80.00	0.07
绵阳市	**203.42**	**130.55**	**24.31**	**11.95**	**58.99**	**14.34**	**13.90**	**96.93**	**10.65**
三台县	146.42	98.55	17.09	11.67	62.38	10.66	10.35	97.09	10.50
盐亭县	57.00	32.00	7.22	12.67	50.97	3.68	3.55	96.47	11.09
南充市	**316.15**	**236.03**	**51.14**	**16.18**	**58.33**	**29.83**	**28.71**	**96.25**	**12.16**
南部县	108.28	76.45	22.48	20.76	60.59	13.62	13.62	100.00	17.82
仪陇县	74.78	57.57	11.57	15.47	55.32	6.40	5.97	93.28	10.37
西充县	63.60	43.93	10.54	16.57	59.96	6.32	5.69	90.03	12.95
阆中县	69.49	58.08	6.55	9.43	53.28	3.49	3.43	98.28	5.91
德阳市	**125.04**	**94.53**	**18.56**	**14.84**	**56.25**	**10.44**	**10.69**	**102.39**	**11.31**
中江县	125.04	94.53	18.56	14.84	56.25	10.44	10.69	102.39	11.31
遂宁市	**307.08**	**236.22**	**52.55**	**17.11**	**56.52**	**29.70**	**20.48**	**68.96**	**8.67**
射洪县	77.34	73.43	15.98	20.66	73.90	11.81	10.62	89.92	14.46
蓬溪县	108.00	83.00	19.00	17.59	52.63	10.00	3.00	30.00	3.61
遂宁中区	121.74	79.79	17.57	14.43	44.91	7.89	6.86	86.95	8.60
巴中市	**167.21**	**91.07**	**28.31**	**16.93**	**50.72**	**14.36**	**13.20**	**91.92**	**14.49**
巴中县	86.00	43.00	17.00	19.77	53.53	9.10	7.90	86.81	18.37
平昌县	81.21	48.07	11.31	13.93	46.51	5.26	5.30	100.76	11.03
眉山市	**164.04**	**89.39**	**45.73**	**27.88**	**65.06**	**29.75**	**30.31**	**101.88**	**33.91**
仁寿县	164.04	89.39	45.73	27.88	65.06	29.75	30.31	101.88	33.91
乐山市	**54.07**	**26.41**	**4.23**	**7.82**	**34.04**	**1.44**	**1.23**	**85.42**	**4.66**
井研县	54.07	26.41	4.23	7.82	34.04	1.44	1.23	85.42	4.66
广元市	**92.02**	**42.84**	**5.78**	**6.28**	**45.33**	**2.62**	**2.56**	**97.71**	**5.98**
剑阁县	92.02	42.84	5.78	6.28	45.33	2.62	2.56	97.71	5.98
成都市	**89.42**	**50.73**	**20.22**	**22.61**	**60.34**	**12.20**	**12.10**	**99.18**	**23.85**
金堂县	89.42	50.73	20.22	22.61	60.34	12.20	12.10	99.18	23.85

5－11－24　四川省1966年产棉县棉花生产收购明细

县市名	耕地面积（万亩）	农业人口（万人）	棉田面积（万亩）	占耕地（%）	亩　产（市斤）	产　量（万担）	收购量（万担）	商品率（%）	人均交售（市斤）
全省合计	**2081.79**	**1320.78**	**314.04**	**15.09**	**89.35**	**280.60**	**264.62**	**94.31**	**20.04**
内江市	**568.60**	**299.88**	**72.52**	**12.75**	**81.54**	**59.13**	**57.89**	**97.90**	**19.30**
简阳县	171.37	84.16	51.34	29.96	73.82	37.90	37.10	97.89	44.08
乐至县	90.10	58.73	14.95	16.59	113.65	16.99	17.24	101.47	29.35
安岳县	181.55	93.82	6.16	3.39	68.18	4.20	3.52	83.81	3.75
资阳雁江区	125.58	63.17	0.07	0.06	57.14	0.04	0.03	75.00	0.05
绵阳市	**202.62**	**132.71**	**23.41**	**11.55**	**73.81**	**17.28**	**16.15**	**93.46**	**12.17**
三台县	145.62	100.71	16.84	11.56	65.38	11.01	10.11	91.83	10.04
盐亭县	57.00	32.00	6.57	11.53	95.43	6.27	6.04	96.33	18.88
南充市	**314.78**	**241.92**	**51.03**	**16.21**	**120.77**	**61.63**	**60.70**	**98.49**	**25.09**
南部县	108.02	78.25	21.33	19.75	122.18	26.06	25.95	99.58	33.16
仪陇县	74.75	59.26	11.46	15.33	129.84	14.88	14.36	96.51	24.23
西充县	62.65	45.05	11.58	18.48	106.04	12.28	12.24	99.67	27.17
阆中县	69.36	59.36	6.66	9.60	126.28	8.41	8.15	96.91	13.73
德阳市	**124.39**	**96.60**	**17.82**	**14.33**	**75.14**	**13.39**	**13.30**	**99.33**	**13.77**
中江县	124.39	96.60	17.82	14.33	75.14	13.39	13.30	99.33	13.77
遂宁市	**306.20**	**241.11**	**48.87**	**15.96**	**110.44**	**53.97**	**41.95**	**77.73**	**17.40**
射洪县	76.93	74.60	15.01	19.51	129.31	19.41	17.78	91.60	23.83
蓬溪县	108.00	85.00	17.00	15.74	111.76	19.00	10.00	52.63	11.76
遂宁中区	121.27	81.51	16.86	13.90	92.29	15.56	14.17	91.07	17.38
巴中市	**167.49**	**92.74**	**27.21**	**16.25**	**95.81**	**26.07**	**25.04**	**96.05**	**27.00**
巴中县	86.00	43.00	16.70	19.42	90.42	15.10	14.50	96.03	33.72
平昌县	81.49	49.74	10.51	12.90	104.38	10.97	10.54	96.08	21.19
眉山市	**163.70**	**92.56**	**42.54**	**25.99**	**72.80**	**30.97**	**31.82**	**102.74**	**34.38**
仁寿县	163.70	92.56	42.54	25.99	72.80	30.97	31.82	102.74	34.38
乐山市	**53.68**	**27.13**	**4.94**	**9.20**	**43.93**	**2.17**	**1.88**	**86.64**	**6.93**
井研县	53.68	27.13	4.94	9.20	43.93	2.17	1.88	86.64	6.93
广元市	**90.76**	**43.82**	**5.92**	**6.52**	**38.01**	**2.25**	**2.18**	**96.89**	**4.97**
剑阁县	90.76	43.82	5.92	6.52	38.01	2.25	2.18	96.89	4.97
成都市	**89.57**	**52.31**	**19.78**	**22.08**	**69.46**	**13.74**	**13.71**	**99.78**	**26.21**
金堂县	89.57	52.31	19.78	22.08	69.46	13.74	13.71	99.78	26.21

5－11－25　四川省1967年产棉县棉花生产收购明细

县市名	耕地面积（万亩）	农业人口（万人）	棉田面积（万亩）	占耕地（%）	亩产（市斤）	产量（万担）	收购量（万担）	商品率（%）	人均交售（市斤）
全省合计	**2074.17**	**1354.48**	**316.40**	**15.25**	**90.63**	**286.76**	**257.27**	**89.72**	**18.99**
内江市	**567.43**	**307.98**	**74.28**	**13.09**	**89.36**	**66.38**	**63.92**	**96.29**	**20.75**
简阳县	171.25	87.00	48.04	28.05	90.82	43.63	43.20	99.01	49.66
乐至县	89.42	60.11	14.88	16.64	109.68	16.32	15.22	93.26	25.32
安岳县	181.23	96.07	10.52	5.80	56.94	5.99	5.19	86.64	5.40
资阳雁江区	125.53	64.80	0.84	0.67	52.38	0.44	0.31	70.45	0.48
绵阳市	**202.08**	**134.96**	**25.32**	**12.53**	**104.42**	**26.44**	**22.87**	**86.50**	**16.95**
三台县	145.08	102.96	17.36	11.97	100.46	17.44	15.65	89.74	15.20
盐亭县	57.00	32.00	7.96	13.96	113.07	9.00	7.22	80.22	22.56
南充市	**314.21**	**252.18**	**49.24**	**15.67**	**94.31**	**46.44**	**43.18**	**92.98**	**17.12**
南部县	107.65	81.19	20.68	19.21	98.26	20.32	19.12	94.09	23.55
仪陇县	74.71	63.96	11.48	15.37	97.47	11.19	10.18	90.97	15.92
西充县	62.62	46.10	10.02	16.00	76.35	7.65	6.99	91.37	15.16
阆中县	69.23	60.93	7.06	10.20	103.12	7.28	6.89	94.64	11.31
德阳市	**122.91**	**98.57**	**17.54**	**14.27**	**99.26**	**17.41**	**16.16**	**92.82**	**16.39**
中江县	122.91	98.57	17.54	14.27	99.26	17.41	16.16	92.82	16.39
遂宁市	**305.20**	**244.96**	**49.28**	**16.15**	**99.05**	**48.81**	**37.13**	**76.07**	**15.16**
射洪县	76.57	76.28	15.01	19.60	116.46	17.48	16.11	92.16	21.12
蓬溪县	108.00	86.00	17.00	15.74	105.88	18.00	9.00	50.00	10.47
遂宁中区	120.63	82.68	17.27	14.32	77.19	13.33	12.02	90.17	14.54
巴中市	**166.82**	**94.41**	**27.45**	**16.45**	**73.11**	**20.07**	**16.07**	**80.07**	**17.02**
巴中县	86.00	43.00	16.70	19.42	72.46	12.10	10.30	85.12	23.95
平昌县	80.82	51.41	10.75	13.30	74.14	7.97	5.77	72.40	11.22
眉山市	**162.41**	**95.71**	**41.95**	**25.83**	**89.27**	**37.45**	**36.36**	**97.09**	**37.99**
仁寿县	162.41	95.71	41.95	25.83	89.27	37.45	36.36	97.09	37.99
乐山市	**53.69**	**28.04**	**6.04**	**11.25**	**47.85**	**2.89**	**2.43**	**84.08**	**8.67**
井研县	53.69	28.04	6.04	11.25	47.85	2.89	2.43	84.08	8.67
广元市	**90.14**	**44.91**	**5.70**	**6.32**	**59.65**	**3.40**	**3.12**	**91.76**	**6.95**
剑阁县	90.14	44.91	5.70	6.32	59.65	3.40	3.12	91.76	6.95
成都市	**89.28**	**52.76**	**19.60**	**21.95**	**89.13**	**17.47**	**16.03**	**91.76**	**30.38**
金堂县	89.28	52.76	19.60	21.95	89.13	17.47	16.03	91.76	30.38

5－11－26　四川省1968年产棉县棉花生产收购明细

县市名	耕地面积（万亩）	农业人口（万人）	棉田面积（万亩）	占耕地（%）	亩　产（市斤）	产　量（万担）	收购量（万担）	商品率（%）	人均交售（市斤）
全省合计	**2070.47**	**1392.52**	**310.92**	**15.02**	**68.63**	**213.38**	**184.10**	**86.28**	**13.22**
内江市	**567.22**	**318.05**	**71.81**	**12.66**	**68.14**	**48.93**	**45.93**	**93.87**	**14.44**
简阳县	170.90	90.56	47.23	27.64	71.06	33.56	32.09	95.62	35.44
乐至县	90.05	61.99	14.56	16.17	72.32	10.53	10.08	95.73	16.26
安岳县	180.90	98.38	9.16	5.06	45.41	4.16	3.35	80.53	3.41
资阳雁江区	125.37	67.12	0.86	0.69	79.07	0.68	0.41	60.29	0.61
绵阳市	**201.83**	**137.89**	**24.42**	**12.10**	**83.42**	**20.37**	**18.32**	**89.94**	**13.29**
三台县	144.83	105.89	17.42	12.03	83.58	14.56	13.21	90.73	12.48
盐亭县	57.00	32.00	7.00	12.28	83.00	5.81	5.11	87.95	15.97
南充市	**313.63**	**261.00**	**48.70**	**15.53**	**62.90**	**30.63**	**27.60**	**90.11**	**10.57**
南部县	107.58	84.24	20.38	18.94	60.75	12.38	10.96	88.53	13.01
仪陇县	74.67	64.90	11.29	15.12	67.14	7.58	7.09	93.54	10.92
西充县	62.41	48.36	10.01	16.04	62.74	6.28	5.48	87.26	11.33
阆中县	68.97	63.50	7.02	10.18	62.54	4.39	4.07	92.71	6.41
德阳市	**122.90**	**101.85**	**17.54**	**14.27**	**85.58**	**15.01**	**13.53**	**90.14**	**13.28**
中江县	122.90	101.85	17.54	14.27	85.58	15.01	13.53	90.14	13.28
遂宁市	**302.62**	**250.81**	**48.88**	**16.15**	**82.41**	**40.28**	**30.60**	**75.97**	**12.20**
射洪县	76.38	78.31	14.97	19.60	92.65	13.87	12.50	90.12	15.96
蓬溪县	106.00	88.00	17.00	16.04	82.35	14.00	7.00	50.00	7.95
遂宁中区	120.24	84.50	16.91	14.06	73.39	12.41	11.10	89.44	13.14
巴中市	**166.84**	**94.38**	**27.04**	**16.21**	**50.30**	**13.60**	**7.99**	**58.75**	**8.47**
巴中县	86.00	43.00	16.60	19.30	59.64	9.90	5.60	56.57	13.02
平昌县	80.84	51.38	10.44	12.91	35.44	3.70	2.39	64.59	4.65
眉山市	**162.89**	**99.76**	**41.50**	**25.48**	**67.18**	**27.88**	**26.52**	**95.12**	**26.58**
仁寿县	162.89	99.76	41.50	25.48	67.18	27.88	26.52	95.12	26.58
乐山市	**53.17**	**29.10**	**5.79**	**10.89**	**40.07**	**2.32**	**2.15**	**92.67**	**7.39**
井研县	53.17	29.10	5.79	10.89	40.07	2.32	2.15	92.67	7.39
广元市	**89.55**	**46.06**	**5.70**	**6.37**	**35.44**	**2.02**	**1.81**	**89.60**	**3.93**
剑阁县	89.55	46.06	5.70	6.37	35.44	2.02	1.81	89.60	3.93
成都市	**89.82**	**53.62**	**19.54**	**21.75**	**63.15**	**12.34**	**9.65**	**78.20**	**18.00**
金堂县	89.82	53.62	19.54	21.75	63.15	12.34	9.65	78.20	18.00

5-11-27 四川省1969年产棉县棉花生产收购明细

县市名	耕地面积（万亩）	农业人口（万人）	棉田面积（万亩）	占耕地（%）	亩产（市斤）	产量（万担）	收购量（万担）	商品率（%）	人均交售（市斤）
全省合计	**2063.17**	**1437.49**	**299.90**	**14.54**	**67.97**	**203.84**	**179.11**	**87.87**	**12.46**
内江市	**565.08**	**329.71**	**61.64**	**10.91**	**64.89**	**40.00**	**37.10**	**92.75**	**11.25**
简阳县	170.28	94.68	43.84	25.75	67.93	29.78	28.35	95.20	29.94
乐至县	88.87	64.71	10.49	11.80	71.59	7.51	6.87	91.48	10.62
安岳县	180.57	100.70	6.51	3.61	32.57	2.12	1.47	69.34	1.46
资阳雁江区	125.36	69.62	0.80	0.64	73.75	0.59	0.41	69.49	0.59
绵阳市	**201.43**	**141.24**	**24.40**	**12.11**	**86.89**	**21.20**	**19.17**	**90.42**	**13.57**
三台县	144.43	109.24	17.37	12.03	89.29	15.51	13.34	86.01	12.21
盐亭县	57.00	32.00	7.03	12.33	80.94	5.69	5.83	102.46	18.22
南充市	**312.84**	**267.04**	**48.95**	**15.65**	**65.99**	**32.30**	**30.93**	**95.76**	**11.58**
南部县	106.92	87.41	20.27	18.96	64.58	13.09	12.73	97.25	14.56
仪陇县	74.64	63.84	11.33	15.18	78.11	8.85	8.32	94.01	13.03
西充县	62.32	50.01	10.35	16.61	50.53	5.23	4.89	93.50	9.78
阆中县	68.96	65.78	7.00	10.15	73.29	5.13	4.99	97.27	7.59
德阳市	**122.52**	**104.78**	**17.36**	**14.17**	**85.94**	**14.92**	**13.11**	**87.87**	**12.51**
中江县	122.52	104.78	17.36	14.17	85.94	14.92	13.11	87.87	12.51
遂宁市	**302.25**	**259.59**	**48.84**	**16.16**	**71.95**	**35.14**	**25.56**	**72.74**	**9.85**
射洪县	76.16	80.46	15.00	19.70	83.67	12.55	11.22	89.40	13.94
蓬溪县	106.00	91.00	17.00	16.04	70.59	12.00	5.00	41.67	5.49
遂宁中区	120.09	88.13	16.84	14.02	62.89	10.59	9.34	88.20	10.60
巴中市	**166.71**	**98.50**	**26.93**	**16.15**	**53.17**	**14.32**	**12.56**	**87.71**	**12.75**
巴中县	86.00	43.00	16.60	19.30	59.04	9.80	8.70	88.78	20.23
平昌县	80.71	55.50	10.33	12.80	43.76	4.52	3.86	85.40	6.95
眉山市	**160.58**	**104.25**	**41.27**	**25.70**	**70.58**	**29.13**	**27.85**	**95.61**	**26.71**
仁寿县	160.58	104.25	41.27	25.70	70.58	29.13	27.85	95.61	26.71
乐山市	**52.96**	**30.31**	**5.73**	**10.82**	**43.98**	**2.52**	**2.35**	**93.25**	**7.75**
井研县	52.96	30.31	5.73	10.82	43.98	2.52	2.35	93.25	7.75
广元市	**89.09**	**47.42**	**5.67**	**6.36**	**64.37**	**3.65**	**3.28**	**89.86**	**6.92**
剑阁县	89.09	47.42	5.67	6.36	64.37	3.65	3.28	89.86	6.92
成都市	**89.71**	**54.65**	**19.11**	**21.30**	**55.78**	**10.66**	**7.20**	**67.54**	**13.17**
金堂县	89.71	54.65	19.11	21.30	55.78	10.66	7.20	67.54	13.17

5-11-28　四川省1970年产棉县棉花生产收购明细

县市名	耕地面积（万亩）	农业人口（万人）	棉田面积（万亩）	占耕地（%）	亩产（市斤）	产量（万担）	收购量（万担）	商品率（%）	人均交售（市斤）
全省合计	**1935.12**	**1447.92**	**310.71**	**16.06**	**70.15**	**217.96**	**194.12**	**89.06**	**13.41**
内江市	**439.55**	**270.50**	**69.82**	**15.88**	**70.65**	**49.33**	**46.76**	**94.79**	**17.29**
简阳县	169.57	98.39	45.02	26.55	78.30	35.25	33.25	94.33	33.79
乐至县	90.25	66.33	14.86	16.47	70.32	10.45	10.75	102.87	16.21
安岳县	179.73	105.78	9.94	5.53	36.52	3.63	2.76	76.03	2.61
资阳雁江区									
绵阳市	**200.99**	**154.38**	**24.63**	**12.25**	**74.10**	**18.25**	**16.36**	**89.64**	**10.60**
三台县	143.99	112.38	17.62	12.24	71.28	12.56	11.20	89.17	9.97
盐亭县	57.00	42.00	7.01	12.30	81.17	5.69	5.16	90.69	12.29
南充市	**311.40**	**278.21**	**49.33**	**15.84**	**76.34**	**37.66**	**35.80**	**95.06**	**12.87**
南部县	105.92	90.70	20.02	18.90	82.17	16.45	16.01	97.33	17.65
仪陇县	74.60	67.93	11.51	15.43	67.25	7.74	7.32	94.57	10.78
西充县	62.08	51.70	10.47	16.87	70.87	7.42	6.91	93.13	13.37
阆中县	68.80	67.88	7.33	10.65	82.54	6.05	5.56	91.90	8.19
德阳市	**122.49**	**107.43**	**17.78**	**14.52**	**73.34**	**13.04**	**13.10**	**100.46**	**12.19**
中江县	122.49	107.43	17.78	14.52	73.34	13.04	13.10	100.46	12.19
遂宁市	**301.52**	**267.84**	**48.71**	**16.15**	**71.38**	**34.77**	**23.23**	**66.81**	**8.67**
射洪县	75.68	82.64	15.01	19.83	84.08	12.62	11.26	89.22	13.63
蓬溪县	106.00	94.00	17.00	16.04	76.47	13.00	4.00	30.77	4.26
遂宁中区	119.84	91.20	16.70	13.94	54.79	9.15	7.97	87.10	8.74
巴中市	**166.31**	**125.22**	**27.21**	**16.36**	**51.45**	**14.00**	**12.09**	**86.36**	**9.66**
巴中县	86.00	68.00	16.70	19.42	46.11	7.70	6.60	85.71	9.71
平昌县	80.31	57.22	10.51	13.09	59.94	6.30	5.49	87.14	9.59
眉山市	**161.90**	**108.01**	**41.71**	**25.76**	**74.83**	**31.21**	**30.05**	**96.28**	**27.82**
仁寿县	161.90	108.01	41.71	25.76	74.83	31.21	30.05	96.28	27.82
乐山市	**52.97**	**31.46**	**6.18**	**11.67**	**50.00**	**3.09**	**2.54**	**82.20**	**8.07**
井研县	52.97	31.46	6.18	11.67	50.00	3.09	2.54	82.20	8.07
广元市	**88.58**	**48.68**	**5.81**	**6.56**	**62.13**	**3.61**	**3.48**	**96.40**	**7.15**
剑阁县	88.58	48.68	5.81	6.56	62.13	3.61	3.48	96.40	7.15
成都市	**89.41**	**56.19**	**19.53**	**21.84**	**66.56**	**13.00**	**10.71**	**82.38**	**19.06**
金堂县	89.41	56.19	19.53	21.84	66.56	13.00	10.71	82.38	19.06

5－11－29　四川省1971年产棉县棉花生产收购明细

县市名	耕地面积（万亩）	农业人口（万人）	棉田面积（万亩）	占耕地（%）	亩　产（市斤）	产　量（万担）	收购量（万担）	商品率（%）	人均交售（市斤）
全省合计	**1923.71**	**1492.81**	**308.79**	**16.05**	**86.74**	**267.83**	**243.97**	**91.09**	**16.34**
内江市	**438.62**	**280.60**	**70.84**	**16.15**	**86.93**	**61.58**	**59.03**	**95.86**	**21.04**
简阳县	169.51	102.85	44.04	25.98	91.60	40.34	39.10	96.93	38.02
乐至县	90.70	68.97	15.02	16.56	95.47	14.34	13.85	96.58	20.08
安岳县	178.41	108.78	11.78	6.60	58.57	6.90	6.08	88.12	5.59
资阳雁江区									
绵阳市	**200.46**	**157.33**	**24.51**	**12.23**	**95.35**	**23.37**	**21.64**	**92.60**	**13.75**
三台县	143.46	115.33	17.51	12.21	93.43	16.36	15.25	93.22	13.22
盐亭县	57.00	42.00	7.00	12.28	100.14	7.01	6.39	91.16	15.21
南充市	**307.97**	**286.57**	**48.35**	**15.70**	**102.94**	**49.77**	**47.44**	**95.32**	**16.55**
南部县	105.06	94.12	20.01	19.05	108.40	21.69	21.24	97.93	22.57
仪陇县	72.84	70.09	11.10	15.24	99.01	10.99	9.96	90.63	14.21
西充县	61.36	52.23	10.05	16.38	86.77	8.72	8.36	95.87	16.01
阆中县	68.71	70.13	7.19	10.46	116.41	8.37	7.88	94.15	11.24
德阳市	**121.73**	**110.15**	**17.50**	**14.38**	**97.14**	**17.00**	**15.47**	**91.00**	**14.04**
中江县	121.73	110.15	17.50	14.38	97.14	17.00	15.47	91.00	14.04
遂宁市	**299.64**	**274.49**	**48.66**	**16.24**	**107.85**	**52.48**	**40.43**	**77.04**	**14.73**
射洪县	75.35	85.47	15.00	19.91	122.67	18.40	16.83	91.47	19.69
蓬溪县	105.00	96.00	17.00	16.19	111.76	19.00	10.00	52.63	10.42
遂宁中区	119.29	93.02	16.66	13.97	90.52	15.08	13.60	90.19	14.62
巴中市	**166.40**	**127.15**	**27.20**	**16.35**	**63.79**	**17.35**	**15.75**	**90.78**	**12.39**
巴中县	86.00	68.00	16.70	19.42	68.86	11.50	10.40	90.43	15.29
平昌县	80.40	59.15	10.50	13.06	55.71	5.85	5.35	91.45	9.04
眉山市	**159.44**	**112.28**	**41.45**	**26.00**	**65.28**	**27.06**	**27.04**	**99.93**	**24.08**
仁寿县	159.44	112.28	41.45	26.00	65.28	27.06	27.04	99.93	24.08
乐山市	**52.29**	**32.61**	**6.68**	**12.77**	**50.00**	**3.34**	**2.78**	**83.23**	**8.52**
井研县	52.29	32.61	6.68	12.77	50.00	3.34	2.78	83.23	8.52
广元市	**87.87**	**50.08**	**5.82**	**6.62**	**65.29**	**3.80**	**3.57**	**93.95**	**7.13**
剑阁县	87.87	50.08	5.82	6.62	65.29	3.80	3.57	93.95	7.13
成都市	**89.29**	**61.55**	**17.78**	**19.91**	**67.94**	**12.08**	**10.82**	**89.57**	**17.58**
金堂县	89.29	61.55	17.78	19.91	67.94	12.08	10.82	89.57	17.58

5－11－30　四川省1972年产棉县棉花生产收购明细

县市名	耕地面积（万亩）	农业人口（万人）	棉田面积（万亩）	占耕地（%）	亩产（市斤）	产量（万担）	收购量（万担）	商品率（%）	人均交售（市斤）
全省合计	**1912.81**	**1525.37**	**307.13**	**16.06**	**70.87**	**217.66**	**200.97**	**92.33**	**13.18**
内江市	**435.18**	**288.60**	**71.42**	**16.41**	**77.33**	**55.23**	**51.80**	**93.79**	**17.95**
简阳县	169.02	105.96	44.62	26.40	85.25	38.04	35.77	94.03	33.76
乐至县	89.07	70.82	14.89	16.72	77.37	11.52	11.53	100.09	16.28
安岳县	177.09	111.82	11.91	6.73	47.61	5.67	4.50	79.37	4.02
资阳雁江区									
绵阳市	**199.43**	**160.10**	**24.22**	**12.14**	**73.33**	**17.76**	**16.69**	**93.98**	**10.42**
三台县	142.43	118.10	17.20	12.08	71.57	12.31	11.76	95.53	9.96
盐亭县	57.00	42.00	7.02	12.32	77.64	5.45	4.93	90.46	11.74
南充市	**306.01**	**296.01**	**48.20**	**15.75**	**69.21**	**33.36**	**31.28**	**93.76**	**10.57**
南部县	104.03	97.39	20.02	19.24	69.93	14.00	13.60	97.14	13.96
仪陇县	72.50	72.22	10.93	15.08	70.36	7.69	6.97	90.64	9.65
西充县	61.05	54.50	10.02	16.41	58.08	5.82	5.43	93.30	9.96
阆中县	68.43	71.90	7.23	10.57	80.91	5.85	5.28	90.26	7.34
德阳市	**121.41**	**112.46**	**17.33**	**14.27**	**78.59**	**13.62**	**13.06**	**95.89**	**11.61**
中江县	121.41	112.46	17.33	14.27	78.59	13.62	13.06	95.89	11.61
遂宁市	**298.64**	**276.60**	**48.69**	**16.30**	**75.74**	**36.88**	**29.41**	**79.75**	**10.63**
射洪县	75.04	86.28	15.00	19.99	85.13	12.77	11.37	89.04	13.18
蓬溪县	105.00	98.00	17.00	16.19	76.47	13.00	8.00	61.54	8.16
遂宁中区	118.60	92.32	16.69	14.07	66.57	11.11	10.04	90.37	10.88
巴中市	**166.20**	**128.70**	**27.20**	**16.37**	**49.67**	**13.51**	**12.75**	**94.37**	**9.91**
巴中县	86.00	68.00	16.70	19.42	49.10	8.20	8.20	100.00	12.06
平昌县	80.20	60.70	10.50	13.09	50.57	5.31	4.55	85.69	7.50
眉山市	**157.84**	**115.25**	**41.28**	**26.15**	**70.59**	**29.14**	**28.82**	**98.90**	**25.01**
仁寿县	157.84	115.25	41.28	26.15	70.59	29.14	28.82	98.90	25.01
乐山市	**51.94**	**33.44**	**6.87**	**13.23**	**43.96**	**3.02**	**2.68**	**88.74**	**8.01**
井研县	51.94	33.44	6.87	13.23	43.96	3.02	2.68	88.74	8.01
广元市	**87.31**	**51.17**	**5.85**	**6.70**	**75.21**	**4.40**	**4.23**	**96.14**	**8.27**
剑阁县	87.31	51.17	5.85	6.70	75.21	4.40	4.23	96.14	8.27
成都市	**88.85**	**63.04**	**16.07**	**18.09**	**66.83**	**10.74**	**10.25**	**95.44**	**16.26**
金堂县	88.85	63.04	16.07	18.09	66.83	10.74	10.25	95.44	16.26

5－11－31　四川省1973年产棉县棉花生产收购明细

县市名	耕地面积（万亩）	农业人口（万人）	棉田面积（万亩）	占耕地（%）	亩　产（市斤）	产　量（万担）	收购量（万担）	商品率（%）	人均交售（市斤）
全省合计	**1902.10**	**1566.09**	**311.14**	**16.36**	**83.48**	**259.75**	**236.16**	**90.92**	**15.08**
内江市	**433.04**	**297.09**	**74.24**	**17.14**	**84.02**	**62.38**	**60.30**	**96.67**	**20.30**
简阳县	168.12	109.57	44.47	26.45	94.65	42.09	41.40	98.36	37.78
乐至县	89.14	72.56	14.85	16.66	92.73	13.77	13.58	98.62	18.72
安岳县	175.78	114.96	14.92	8.49	43.70	6.52	5.32	81.60	4.63
资阳雁江区									
绵阳市	**199.15**	**162.92**	**23.97**	**12.04**	**83.98**	**20.13**	**19.30**	**95.88**	**11.85**
三台县	142.15	120.92	16.97	11.94	79.02	13.41	13.17	98.21	10.89
盐亭县	57.00	42.00	7.00	12.28	96.00	6.72	6.13	91.22	14.60
南充市	**304.30**	**304.32**	**48.31**	**15.88**	**91.24**	**44.08**	**42.80**	**97.10**	**14.06**
南部县	102.90	100.07	20.00	19.44	94.65	18.93	18.58	98.15	18.57
仪陇县	72.35	74.61	11.10	15.34	80.99	8.99	8.59	95.55	11.51
西充县	60.96	55.86	10.01	16.42	84.62	8.47	8.21	96.93	14.70
阆中县	68.09	73.78	7.20	10.57	106.81	7.69	7.42	96.49	10.06
德阳市	**121.12**	**115.60**	**17.21**	**14.21**	**98.78**	**17.00**	**10.62**	**62.47**	**9.19**
中江县	121.12	115.60	17.21	14.21	98.78	17.00	10.62	62.47	9.19
遂宁市	**296.81**	**284.57**	**48.70**	**16.41**	**96.02**	**46.76**	**36.67**	**78.42**	**12.89**
射洪县	74.59	88.02	15.00	20.11	105.67	15.85	14.28	90.09	16.22
蓬溪县	104.00	99.00	17.00	16.35	94.12	16.00	9.00	56.25	9.09
遂宁中区	118.22	97.55	16.70	14.13	89.28	14.91	13.39	89.81	13.73
巴中市	**165.32**	**131.00**	**27.21**	**16.46**	**74.27**	**20.21**	**18.12**	**89.66**	**13.83**
巴中县	86.00	68.00	16.70	19.42	76.05	12.70	11.50	90.55	16.91
平昌县	79.32	63.00	10.51	13.25	71.46	7.51	6.62	88.15	10.51
眉山市	**156.70**	**118.51**	**41.26**	**26.33**	**67.96**	**28.04**	**28.03**	**99.96**	**23.65**
仁寿县	156.70	118.51	41.26	26.33	67.96	28.04	28.03	99.96	23.65
乐山市	**51.20**	**34.60**	**6.63**	**12.95**	**38.01**	**2.52**	**2.05**	**81.35**	**5.92**
井研县	51.20	34.60	6.63	12.95	38.01	2.52	2.05	81.35	5.92
广元市	**86.62**	**52.81**	**5.97**	**6.89**	**82.08**	**4.90**	**4.81**	**98.16**	**9.11**
剑阁县	86.62	52.81	5.97	6.89	82.08	4.90	4.81	98.16	9.11
成都市	**87.84**	**64.67**	**17.64**	**20.08**	**77.83**	**13.73**	**13.46**	**98.03**	**20.81**
金堂县	87.84	64.67	17.64	20.08	77.83	13.73	13.46	98.03	20.81

5－11－32　四川省1974年产棉县棉花生产收购明细

县市名	耕地面积（万亩）	农业人口（万人）	棉田面积（万亩）	占耕地（%）	亩产（市斤）	产量（万担）	收购量（万担）	商品率（%）	人均交售（市斤）
全省合计	**1901.28**	**1609.63**	**313.13**	**16.47**	**64.15**	**200.86**	**184.72**	**91.96**	**11.48**
内江市	**429.93**	**304.46**	**74.14**	**17.24**	**66.39**	**49.22**	**47.80**	**97.11**	**15.70**
简阳县	166.64	112.27	44.47	26.69	73.74	32.79	32.60	99.42	29.04
乐至县	88.81	74.02	14.80	16.66	67.43	9.98	10.00	100.20	13.51
安岳县	174.48	118.17	14.87	8.52	43.38	6.45	5.20	80.62	4.40
资阳雁江区									
绵阳市	**198.58**	**165.26**	**23.57**	**11.87**	**67.12**	**15.82**	**15.21**	**96.14**	**9.20**
三台县	141.58	123.26	17.37	12.27	60.74	10.55	10.11	95.83	8.20
盐亭县	57.00	42.00	6.20	10.88	85.00	5.27	5.10	96.77	12.14
南充市	**312.44**	**320.78**	**49.21**	**15.75**	**73.24**	**36.04**	**33.69**	**93.48**	**10.50**
南部县	112.27	111.98	20.89	18.61	78.46	16.39	16.00	97.62	14.29
仪陇县	71.84	76.75	11.10	15.45	60.90	6.76	5.85	86.54	7.62
西充县	60.68	56.93	10.01	16.50	64.64	6.47	6.12	94.59	10.75
阆中县	67.65	75.12	7.21	10.66	89.04	6.42	5.72	89.10	7.61
德阳市	**120.46**	**118.33**	**17.41**	**14.45**	**69.96**	**12.18**	**11.59**	**95.16**	**9.79**
中江县	120.46	118.33	17.41	14.45	69.96	12.18	11.59	95.16	9.79
遂宁市	**296.01**	**289.95**	**48.69**	**16.45**	**63.44**	**30.89**	**22.35**	**72.35**	**7.71**
射洪县	74.21	89.23	15.00	20.21	62.13	9.32	8.18	87.77	9.17
蓬溪县	104.00	101.00	17.00	16.35	58.82	10.00	4.00	40.00	3.96
遂宁中区	117.80	99.72	16.69	14.17	69.32	11.57	10.17	87.90	10.20
巴中市	**164.36**	**133.41**	**27.41**	**16.68**	**67.35**	**18.46**	**16.44**	**89.06**	**12.32**
巴中县	86.00	68.00	16.80	19.53	80.95	13.60	12.20	89.71	17.94
平昌县	78.36	65.41	10.61	13.54	45.81	4.86	4.24	87.24	6.48
眉山市	**154.92**	**121.81**	**41.26**	**26.63**	**58.24**	**24.03**	**24.03**	**100.00**	**19.73**
仁寿县	154.92	121.81	41.26	26.63	58.24	24.03	24.03	100.00	19.73
乐山市	**50.92**	**35.30**	**6.68**	**13.12**	**38.02**	**2.54**	**2.23**	**87.80**	**6.32**
井研县	50.92	35.30	6.68	13.12	38.02	2.54	2.23	87.80	6.32
广元市	**86.37**	**54.32**	**5.97**	**6.91**	**67.00**	**4.00**	**3.90**	**97.50**	**7.18**
剑阁县	86.37	54.32	5.97	6.91	67.00	4.00	3.90	97.50	7.18
成都市	**87.29**	**66.01**	**18.79**	**21.53**	**40.87**	**7.68**	**7.48**	**97.40**	**11.33**
金堂县	87.29	66.01	18.79	21.53	40.87	7.68	7.48	97.40	11.33

5-11-33　四川省1975年产棉县棉花生产收购明细

县市名	耕地面积（万亩）	农业人口（万人）	棉田面积（万亩）	占耕地（%）	亩产（市斤）	产量（万担）	收购量（万担）	商品率（%）	人均交售（市斤）
全省合计	**1890.76**	**1644.28**	**312.34**	**16.52**	**69.72**	**217.76**	**201.97**	**92.75**	**12.28**
内江市	**427.78**	**312.38**	**74.03**	**17.31**	**70.16**	**51.94**	**49.91**	**96.09**	**15.98**
简阳县	166.05	115.10	44.41	26.74	75.75	33.64	33.15	98.54	28.80
乐至县	88.51	75.63	14.75	16.66	79.39	11.71	11.44	97.69	15.13
安岳县	173.22	121.65	14.87	8.58	44.32	6.59	5.32	80.73	4.37
资阳雁江区									
绵阳市	**198.27**	**167.53**	**23.62**	**11.91**	**75.49**	**17.83**	**17.18**	**96.35**	**10.25**
三台县	141.27	125.53	17.41	12.32	69.27	12.06	11.67	96.77	9.30
盐亭县	57.00	42.00	6.21	10.89	92.91	5.77	5.51	95.49	13.12
南充市	**310.64**	**327.68**	**49.23**	**15.85**	**69.45**	**34.19**	**32.90**	**96.23**	**10.04**
南部县	111.42	115.19	20.92	18.78	71.08	14.87	14.82	99.66	12.87
仪陇县	71.35	78.30	11.09	15.54	63.21	7.01	6.50	92.72	8.30
西充县	60.50	57.96	10.02	16.56	63.87	6.40	6.13	95.78	10.58
阆中县	67.37	76.23	7.20	10.69	82.08	5.91	5.45	92.22	7.15
德阳市	**119.85**	**121.09**	**17.25**	**14.39**	**80.29**	**13.85**	**13.35**	**96.39**	**11.02**
中江县	119.85	121.09	17.25	14.39	80.29	13.85	13.35	96.39	11.02
遂宁市	**295.03**	**295.89**	**48.45**	**16.42**	**76.14**	**36.89**	**29.01**	**78.64**	**9.80**
射洪县	73.77	90.52	14.90	20.20	86.04	12.82	11.38	88.77	12.57
蓬溪县	104.00	103.00	17.00	16.35	70.59	12.00	7.00	58.33	6.80
遂宁中区	117.26	102.37	16.55	14.11	72.93	12.07	10.63	88.07	10.38
巴中市	**163.63**	**135.58**	**27.34**	**16.71**	**64.19**	**17.55**	**14.99**	**85.41**	**11.06**
巴中县	86.00	68.00	16.80	19.53	81.55	13.70	11.80	86.13	17.35
平昌县	77.63	67.58	10.54	13.58	36.53	3.85	3.19	82.86	4.72
眉山市	**152.57**	**124.88**	**40.89**	**26.80**	**71.09**	**29.07**	**29.04**	**99.90**	**23.25**
仁寿县	152.57	124.88	40.89	26.80	71.09	29.07	29.04	99.90	23.25
乐山市	**50.65**	**35.90**	**6.68**	**13.19**	**38.02**	**2.54**	**2.14**	**84.25**	**5.96**
井研县	50.65	35.90	6.68	13.19	38.02	2.54	2.14	84.25	5.96
广元市	**85.82**	**55.78**	**5.95**	**6.93**	**66.89**	**3.98**	**3.85**	**96.73**	**6.90**
剑阁县	85.82	55.78	5.95	6.93	66.89	3.98	3.85	96.73	6.90
成都市	**86.52**	**67.57**	**18.90**	**21.84**	**52.49**	**9.92**	**9.60**	**96.77**	**14.21**
金堂县	86.52	67.57	18.90	21.84	52.49	9.92	9.60	96.77	14.21

5－11－34　四川省1976年产棉县棉花生产收购明细

县市名	耕地面积（万亩）	农业人口（万人）	棉田面积（万亩）	占耕地（%）	亩产（市斤）	产量（万担）	收购量（万担）	商品率（%）	人均交售（市斤）
全省合计	**1876.51**	**1659.20**	**323.03**	**17.21**	**44.00**	**142.14**	**128.10**	**90.12**	**7.72**
内江市	**422.49**	**316.50**	**78.85**	**18.66**	**44.88**	**35.39**	**33.21**	**93.84**	**10.49**
简阳县	162.09	116.85	44.90	27.70	47.33	21.25	20.55	96.71	17.59
乐至县	88.04	76.66	15.01	17.05	57.63	8.65	8.64	99.88	11.27
安岳县	172.36	122.99	18.94	10.99	28.99	5.49	4.02	73.22	3.27
资阳雁江区									
绵阳市	**198.27**	**167.53**	**25.21**	**12.71**	**49.70**	**12.53**	**12.35**	**98.56**	**7.37**
三台县	141.27	125.53	17.41	12.32	46.41	8.08	8.08	100.00	6.44
盐亭县	57.00	42.00	7.80	13.68	57.05	4.45	4.27	95.96	10.17
南充市	**308.55**	**329.93**	**52.10**	**16.89**	**39.23**	**20.44**	**19.12**	**93.54**	**5.80**
南部县	110.55	116.33	21.00	19.00	39.00	8.19	8.03	98.05	6.90
仪陇县	71.10	78.88	11.09	15.60	46.89	5.20	4.71	90.58	5.97
西充县	60.00	58.24	10.00	16.67	37.30	3.73	3.51	94.10	6.03
阆中县	66.90	76.48	10.01	14.96	33.17	3.32	2.87	86.45	3.75
德阳市	**119.07**	**122.64**	**17.37**	**14.59**	**54.35**	**9.44**	**8.77**	**92.90**	**7.15**
中江县	119.07	122.64	17.37	14.59	54.35	9.44	8.77	92.90	7.15
遂宁市	**292.05**	**298.84**	**48.65**	**16.66**	**48.67**	**23.68**	**17.44**	**73.65**	**5.84**
射洪县	73.49	91.05	15.00	20.41	52.53	7.88	6.89	87.44	7.57
蓬溪县	102.00	104.00	17.00	16.67	41.18	7.00	3.00	42.86	2.88
遂宁中区	116.56	103.79	16.65	14.28	52.85	8.80	7.55	85.80	7.27
巴中市	**162.98**	**135.53**	**27.41**	**16.82**	**44.80**	**12.28**	**9.88**	**80.46**	**7.29**
巴中县	86.00	68.00	16.80	19.53	54.17	9.10	7.20	79.12	10.59
平昌县	76.98	67.53	10.61	13.78	29.97	3.18	2.68	84.28	3.97
眉山市	**151.83**	**127.22**	**40.19**	**26.47**	**43.19**	**17.36**	**17.26**	**99.42**	**13.57**
仁寿县	151.83	127.22	40.19	26.47	43.19	17.36	17.26	99.42	13.57
乐山市	**50.45**	**36.02**	**7.90**	**15.66**	**25.95**	**2.05**	**1.53**	**74.63**	**4.25**
井研县	50.45	36.02	7.90	15.66	25.95	2.05	1.53	74.63	4.25
广元市	**84.96**	**56.30**	**6.28**	**7.39**	**42.04**	**2.64**	**2.46**	**93.18**	**4.37**
剑阁县	84.96	56.30	6.28	7.39	42.04	2.64	2.46	93.18	4.37
成都市	**85.86**	**68.69**	**19.07**	**22.21**	**33.19**	**6.33**	**6.08**	**96.05**	**8.85**
金堂县	85.86	68.69	19.07	22.21	33.19	6.33	6.08	96.05	8.85

5－11－35　四川省1977年产棉县棉花生产收购明细

县市名	耕地面积（万亩）	农业人口（万人）	棉田面积（万亩）	占耕地（%）	亩产（市斤）	产量（万担）	收购量（万担）	商品率（%）	人均交售（市斤）
全省合计	**1867.75**	**1671.46**	**321.78**	**17.23**	**70.65**	**227.34**	**209.45**	**92.13**	**12.53**
内江市	**420.35**	**320.30**	**78.32**	**18.63**	**63.55**	**49.77**	**47.37**	**95.18**	**14.79**
简阳县	161.29	118.50	44.68	27.70	66.38	29.66	28.71	96.80	24.23
乐至县	87.54	77.45	14.97	17.10	79.96	11.97	11.83	98.83	15.27
安岳县	171.52	124.35	18.67	10.89	43.60	8.14	6.83	83.91	5.49
资阳雁江区									
绵阳市	**196.53**	**169.39**	**25.10**	**12.77**	**80.28**	**20.15**	**19.58**	**97.17**	**11.56**
三台县	139.53	127.39	17.30	12.40	78.15	13.52	13.12	97.04	10.30
盐亭县	57.00	42.00	7.80	13.68	85.00	6.63	6.46	97.44	15.38
南充市	**307.89**	**332.24**	**52.03**	**16.90**	**79.20**	**41.21**	**38.93**	**94.47**	**11.72**
南部县	110.42	117.34	20.93	18.95	80.36	16.82	16.44	97.74	14.01
仪陇县	71.08	79.70	11.09	15.60	87.47	9.70	8.98	92.58	11.27
西充县	59.68	58.50	10.01	16.77	71.43	7.15	6.80	95.10	11.62
阆中县	66.71	76.70	10.00	14.99	75.40	7.54	6.71	88.99	8.75
德阳市	**118.41**	**124.08**	**17.33**	**14.64**	**70.92**	**12.29**	**12.10**	**98.45**	**9.75**
中江县	118.41	124.08	17.33	14.64	70.92	12.29	12.10	98.45	9.75
遂宁市	**291.26**	**297.51**	**48.69**	**16.72**	**81.82**	**39.84**	**30.83**	**77.38**	**10.36**
射洪县	73.23	90.93	15.00	20.48	90.73	13.61	12.10	88.91	13.31
蓬溪县	102.00	104.00	17.00	16.67	76.47	13.00	7.00	53.85	6.73
遂宁中区	116.03	102.58	16.69	14.38	79.27	13.23	11.73	88.66	11.43
巴中市	**161.37**	**136.75**	**27.31**	**16.92**	**84.66**	**23.12**	**20.85**	**90.18**	**15.25**
巴中县	86.00	68.00	16.70	19.42	95.21	15.90	14.00	88.05	20.59
平昌县	75.37	68.75	10.61	14.08	68.05	7.22	6.85	94.88	9.96
眉山市	**151.23**	**128.22**	**40.88**	**27.03**	**65.26**	**26.68**	**26.11**	**97.86**	**20.36**
仁寿县	151.23	128.22	40.88	27.03	65.26	26.68	26.11	97.86	20.36
乐山市	**50.58**	**36.32**	**7.08**	**14.00**	**32.06**	**2.27**	**1.86**	**81.94**	**5.12**
井研县	50.58	36.32	7.08	14.00	32.06	2.27	1.86	81.94	5.12
广元市	**84.46**	**57.16**	**6.23**	**7.38**	**67.74**	**4.22**	**4.13**	**97.87**	**7.23**
剑阁县	84.46	57.16	6.23	7.38	67.74	4.22	4.13	97.87	7.23
成都市	**85.67**	**69.49**	**18.81**	**21.96**	**41.41**	**7.79**	**7.69**	**98.72**	**11.07**
金堂县	85.67	69.49	18.81	21.96	41.41	7.79	7.69	98.72	11.07

5-11-36 四川省1978年产棉县棉花生产收购明细

县市名	耕地面积（万亩）	农业人口（万人）	棉田面积（万亩）	占耕地（%）	亩产（市斤）	产量（万担）	收购量（万担）	商品率（%）	人均交售（市斤）
全省合计	**1850.82**	**1671.66**	**312.38**	**16.88**	**78.75**	**245.99**	**225.93**	**91.85**	**13.52**
内江市	**418.54**	**321.52**	**79.07**	**18.89**	**77.73**	**61.46**	**58.89**	**95.82**	**18.32**
简阳县	160.25	119.06	45.21	28.21	86.86	39.27	38.34	97.63	32.20
乐至县	87.62	77.76	15.03	17.15	87.03	13.08	12.78	97.71	16.44
安岳县	170.67	124.70	18.83	11.03	48.38	9.11	7.77	85.29	6.23
资阳雁江区									
绵阳市	**194.47**	**169.83**	**25.26**	**12.99**	**84.01**	**21.22**	**20.62**	**97.17**	**12.14**
三台县	137.47	127.83	17.46	12.70	90.26	15.76	15.21	96.51	11.90
盐亭县	57.00	42.00	7.80	13.68	70.00	5.46	5.41	99.08	12.88
南充市	**299.30**	**327.54**	**51.42**	**17.18**	**80.49**	**41.39**	**39.58**	**95.63**	**12.08**
南部县	103.30	111.37	20.33	19.68	84.46	17.17	16.36	95.28	14.69
仪陇县	70.44	80.03	11.09	15.74	74.75	8.29	7.87	94.93	9.83
西充县	59.28	59.48	9.99	16.85	78.08	7.80	7.46	95.64	12.54
阆中县	66.28	76.66	10.01	15.10	81.22	8.13	7.89	97.05	10.29
德阳市	**117.48**	**124.68**	**17.42**	**14.83**	**86.17**	**15.01**	**14.55**	**96.94**	**11.67**
中江县	117.48	124.68	17.42	14.83	86.17	15.01	14.55	96.94	11.67
遂宁市	**290.00**	**299.70**	**48.64**	**16.77**	**87.64**	**42.63**	**30.78**	**72.20**	**10.27**
射洪县	72.98	90.88	15.00	20.55	109.87	16.48	15.10	91.63	16.62
蓬溪县	102.00	104.00	17.00	16.67	76.47	13.00	4.00	30.77	3.85
遂宁中区	115.02	104.82	16.64	14.47	79.03	13.15	11.68	88.82	11.14
巴中市	**161.04**	**135.96**	**17.09**	**10.61**	**63.96**	**10.93**	**10.19**	**93.23**	**7.49**
巴中县	86.00	68.00	6.50	7.56	81.54	5.30	5.20	98.11	7.65
平昌县	75.04	67.96	10.59	14.11	53.16	5.63	4.99	88.63	7.34
眉山市	**150.59**	**129.18**	**39.95**	**26.53**	**82.20**	**32.84**	**32.17**	**97.96**	**24.90**
仁寿县	150.59	129.18	39.95	26.53	82.20	32.84	32.17	97.96	24.90
乐山市	**50.29**	**36.42**	**7.94**	**15.79**	**54.03**	**4.29**	**3.34**	**77.86**	**9.17**
井研县	50.29	36.42	7.94	15.79	54.03	4.29	3.34	77.86	9.17
广元市	**84.06**	**57.12**	**6.31**	**7.51**	**78.29**	**4.94**	**4.86**	**98.38**	**8.51**
剑阁县	84.06	57.12	6.31	7.51	78.29	4.94	4.86	98.38	8.51
成都市	**85.05**	**69.71**	**19.28**	**22.67**	**58.51**	**11.28**	**10.95**	**97.07**	**15.71**
金堂县	85.05	69.71	19.28	22.67	58.51	11.28	10.95	97.07	15.71

5－11－37　四川省1979年产棉县棉花生产收购明细

县市名	耕地面积（万亩）	农业人口（万人）	棉田面积（万亩）	占耕地（%）	亩　产（市斤）	产　量（万担）	收购量（万担）	商品率（%）	人均交售（市斤）
全省合计	**1839.02**	**1674.93**	**311.18**	**16.92**	**59.52**	**185.20**	**171.61**	**92.66**	**10.25**
内江市	**415.07**	**322.34**	**78.11**	**18.82**	**52.26**	**40.82**	**38.96**	**95.44**	**12.09**
简阳县	159.29	119.74	44.38	27.86	67.78	30.08	29.52	98.14	24.65
乐至县	86.78	77.65	15.01	17.30	39.91	5.99	6.05	101.00	7.79
安岳县	169.00	124.95	18.72	11.08	25.37	4.75	3.39	71.37	2.71
资阳雁江区									
绵阳市	**193.87**	**169.85**	**25.24**	**13.02**	**66.92**	**16.89**	**16.73**	**99.05**	**9.85**
三台县	136.87	127.85	17.44	12.74	73.17	12.76	12.73	99.76	9.96
盐亭县	57.00	42.00	7.80	13.68	52.95	4.13	4.00	96.85	9.52
南充市	**297.64**	**326.86**	**51.15**	**17.19**	**76.01**	**38.88**	**37.00**	**95.16**	**11.32**
南部县	102.20	111.58	20.04	19.61	82.09	16.45	15.53	94.41	13.92
仪陇县	70.44	80.04	11.10	15.76	76.22	8.46	7.88	93.14	9.85
西充县	59.09	58.45	10.01	16.94	72.93	7.30	7.13	97.67	12.20
阆中县	65.91	76.79	10.00	15.17	66.70	6.67	6.46	96.85	8.41
德阳市	**116.18**	**124.73**	**17.50**	**15.06**	**67.60**	**11.83**	**11.28**	**95.35**	**9.04**
中江县	116.18	124.73	17.50	15.06	67.60	11.83	11.28	95.35	9.04
遂宁市	**287.62**	**299.51**	**48.69**	**16.93**	**49.74**	**24.22**	**17.71**	**73.12**	**5.91**
射洪县	72.74	90.74	15.00	20.62	85.47	12.82	11.40	88.92	12.56
蓬溪县	101.00	104.00	17.00	16.83	41.18	7.00	3.00	42.86	2.88
遂宁中区	113.88	104.77	16.69	14.66	26.36	4.40	3.31	75.23	3.16
巴中市	**160.27**	**137.22**	**17.09**	**10.66**	**65.94**	**11.27**	**10.29**	**91.30**	**7.50**
巴中县	86.00	68.00	6.50	7.56	81.54	5.30	5.10	96.23	7.50
平昌县	74.27	69.22	10.59	14.26	56.37	5.97	5.19	86.93	7.50
眉山市	**150.35**	**130.78**	**39.96**	**26.58**	**64.51**	**25.78**	**25.19**	**97.71**	**19.26**
仁寿县	150.35	130.78	39.96	26.58	64.51	25.78	25.19	97.71	19.26
乐山市	**50.12**	**36.56**	**7.93**	**15.82**	**48.05**	**3.81**	**3.03**	**79.53**	**8.29**
井研县	50.12	36.56	7.93	15.82	48.05	3.81	3.03	79.53	8.29
广元市	**83.13**	**57.03**	**6.31**	**7.59**	**60.22**	**3.80**	**3.75**	**98.68**	**6.58**
剑阁县	83.13	57.03	6.31	7.59	60.22	3.80	3.75	98.68	6.58
成都市	**84.77**	**70.05**	**19.20**	**22.65**	**41.15**	**7.90**	**7.67**	**97.09**	**10.95**
金堂县	84.77	70.05	19.20	22.65	41.15	7.90	7.67	97.09	10.95

5-11-38　四川省1980年产棉县棉花生产收购明细

县市名	耕地面积（万亩）	农业人口（万人）	棉田面积（万亩）	占耕地（%）	亩产（市斤）	产量（万担）	收购量（万担）	商品率（%）	人均交售（市斤）
全省合计	**1830.76**	**1702.16**	**313.25**	**17.11**	**52.07**	**163.10**	**148.65**	**91.14**	**8.73**
内江市	**414.20**	**322.83**	**77.83**	**18.79**	**44.02**	**34.26**	**32.15**	**93.84**	**9.96**
简阳县	158.63	119.77	44.07	27.78	51.49	22.69	21.89	96.47	18.28
乐至县	86.57	77.62	14.93	17.25	44.27	6.61	6.62	100.15	8.53
安岳县	169.00	125.44	18.83	11.14	26.34	4.96	3.64	73.39	2.90
资阳雁江区									
绵阳市	**193.12**	**177.53**	**25.31**	**13.11**	**77.08**	**19.51**	**18.12**	**92.88**	**10.21**
三台县	136.12	127.53	17.51	12.86	88.01	15.41	14.12	91.63	11.07
盐亭县	57.00	50.00	7.80	13.68	52.56	4.10	4.00	97.56	8.00
南充市	**295.51**	**327.65**	**51.09**	**17.29**	**66.16**	**33.80**	**32.26**	**95.44**	**9.85**
南部县	101.34	111.60	20.00	19.74	76.45	15.29	14.40	94.18	12.90
仪陇县	69.70	80.79	11.09	15.91	49.23	5.46	4.95	90.66	6.13
西充县	58.72	58.45	10.00	17.03	70.30	7.03	7.06	100.43	12.08
阆中县	65.75	76.81	10.00	15.21	60.20	6.02	5.85	97.18	7.62
德阳市	**115.99**	**124.59**	**17.50**	**15.09**	**70.69**	**12.37**	**11.99**	**96.93**	**9.62**
中江县	115.99	124.59	17.50	15.09	70.69	12.37	11.99	96.93	9.62
遂宁市	**285.81**	**297.92**	**48.70**	**17.04**	**51.93**	**25.29**	**20.86**	**82.48**	**7.00**
射洪县	72.39	90.58	15.00	20.72	90.00	13.50	11.13	82.44	12.29
蓬溪县	100.00	103.00	17.00	17.00	41.18	7.00	6.00	85.71	5.83
遂宁中区	113.42	104.34	16.70	14.72	28.68	4.79	3.73	77.87	3.57
巴中市	**160.01**	**156.91**	**20.80**	**13.00**	**41.63**	**8.66**	**6.28**	**72.52**	**4.00**
巴中县	86.00	87.00	10.20	11.86	57.84	5.90	3.90	66.10	4.48
平昌县	74.01	69.91	10.60	14.32	26.04	2.76	2.38	86.23	3.40
眉山市	**149.34**	**130.72**	**38.80**	**25.98**	**45.85**	**17.79**	**17.48**	**98.26**	**13.37**
仁寿县	149.34	130.72	38.80	25.98	45.85	17.79	17.48	98.26	13.37
乐山市	**49.99**	**36.75**	**7.91**	**15.82**	**27.94**	**2.21**	**1.41**	**63.80**	**3.84**
井研县	49.99	36.75	7.91	15.82	27.94	2.21	1.41	63.80	3.84
广元市	**82.55**	**57.11**	**6.21**	**7.52**	**49.92**	**3.10**	**3.05**	**98.39**	**5.34**
剑阁县	82.55	57.11	6.21	7.52	49.92	3.10	3.05	98.39	5.34
成都市	**84.24**	**70.15**	**19.10**	**22.67**	**31.99**	**6.11**	**5.05**	**82.65**	**7.20**
金堂县	84.24	70.15	19.10	22.67	31.99	6.11	5.05	82.65	7.20

5-11-39 四川省1981年产棉县棉花生产收购明细

县市名	耕地面积（万亩）	农业人口（万人）	棉田面积（万亩）	占耕地（%）	亩产（市斤）	产量（万担）	收购量（万担）	商品率（%）	人均交售（市斤）
全省合计	**1820.29**	**1709.23**	**298.46**	**16.40**	**51.61**	**154.04**	**140.25**	**91.05**	**8.21**
内江市	**413.06**	**324.61**	**74.50**	**18.04**	**57.42**	**42.78**	**40.89**	**95.58**	**12.60**
简阳县	157.90	120.08	40.98	25.95	68.89	28.23	27.80	98.48	23.15
乐至县	86.35	77.77	14.93	17.29	50.30	7.51	7.23	96.27	9.30
安岳县	168.81	126.76	18.59	11.01	37.87	7.04	5.86	83.24	4.62
资阳雁江区									
绵阳市	**192.18**	**177.29**	**25.90**	**13.48**	**43.13**	**11.17**	**9.87**	**88.36**	**5.57**
三台县	135.18	127.29	18.10	13.39	45.86	8.30	7.70	92.77	6.05
盐亭县	57.00	50.00	7.80	13.68	36.79	2.87	2.17	75.61	4.34
南充市	**292.84**	**329.09**	**50.15**	**17.13**	**53.82**	**26.99**	**24.64**	**91.29**	**7.49**
南部县	100.20	111.95	20.00	19.96	67.80	13.56	12.54	92.48	11.20
仪陇县	69.15	81.55	10.33	14.94	42.79	4.42	3.92	88.69	4.81
西充县	58.10	58.51	9.83	16.92	66.73	6.56	6.12	93.29	10.46
阆中县	65.39	77.08	9.99	15.28	24.52	2.45	2.06	84.08	2.67
德阳市	**115.55**	**124.92**	**16.80**	**14.54**	**51.55**	**8.66**	**7.32**	**84.53**	**5.86**
中江县	115.55	124.92	16.80	14.54	51.55	8.66	7.32	84.53	5.86
遂宁市	**282.05**	**299.73**	**43.35**	**15.37**	**65.84**	**28.54**	**25.75**	**90.22**	**8.59**
射洪县	71.10	90.96	12.13	17.06	75.27	9.13	8.51	93.21	9.36
蓬溪县	100.00	104.00	16.00	16.00	68.75	11.00	10.00	90.91	9.62
遂宁中区	110.95	104.77	15.22	13.72	55.26	8.41	7.24	86.09	6.91
巴中市	**159.83**	**156.84**	**21.38**	**13.38**	**30.45**	**6.51**	**4.92**	**75.58**	**3.14**
巴中县	86.00	87.00	11.00	12.79	30.91	3.40	2.50	73.53	2.87
平昌县	73.83	69.84	10.38	14.06	29.96	3.11	2.42	77.81	3.47
眉山市	**148.93**	**131.87**	**37.30**	**25.05**	**57.77**	**21.55**	**21.13**	**98.05**	**16.02**
仁寿县	148.93	131.87	37.30	25.05	57.77	21.55	21.13	98.05	16.02
乐山市	**49.86**	**36.98**	**7.54**	**15.12**	**40.05**	**3.02**	**1.89**	**62.58**	**5.11**
井研县	49.86	36.98	7.54	15.12	40.05	3.02	1.89	62.58	5.11
广元市	**82.04**	**57.29**	**3.90**	**4.75**	**19.49**	**0.76**	**0.65**	**85.53**	**1.13**
剑阁县	82.04	57.29	3.90	4.75	19.49	0.76	0.65	85.53	1.13
成都市	**83.95**	**70.61**	**17.64**	**21.01**	**23.02**	**4.06**	**3.19**	**78.57**	**4.52**
金堂县	83.95	70.61	17.64	21.01	23.02	4.06	3.19	78.57	4.52

5-11-40 四川省1982年产棉县棉花生产收购明细

县市名	耕地面积（万亩）	农业人口（万人）	棉田面积（万亩）	占耕地（%）	亩产（市斤）	产量（万担）	收购量（万担）	商品率（%）	人均交售（市斤）
全省合计	**1817.81**	**1715.61**	**204.58**	**11.25**	**78.71**	**161.03**	**151.27**	**93.94**	**8.82**
内江市	**412.63**	**326.55**	**54.64**	**13.24**	**82.47**	**45.06**	**42.37**	**94.03**	**12.98**
简阳县	157.70	120.50	32.31	20.49	96.60	31.21	30.06	96.32	24.95
乐至县	86.27	77.92	10.31	11.95	77.01	7.94	7.44	93.70	9.55
安岳县	168.66	128.13	12.02	7.13	49.17	5.91	4.87	82.40	3.80
资阳雁江区									
绵阳市	**191.82**	**177.37**	**19.49**	**10.16**	**64.29**	**12.53**	**11.97**	**95.53**	**6.75**
三台县	134.82	127.37	14.49	10.75	65.01	9.42	8.96	95.12	7.03
盐亭县	57.00	50.00	5.00	8.77	62.20	3.11	3.01	96.78	6.02
南充市	**292.24**	**330.46**	**27.07**	**9.26**	**98.93**	**26.78**	**26.10**	**97.46**	**7.90**
南部县	100.05	112.21	10.01	10.00	133.37	13.35	12.77	95.66	11.38
仪陇县	69.00	82.33	4.97	7.20	62.17	3.09	2.78	89.97	3.38
西充县	57.85	58.55	5.96	10.30	111.91	6.67	6.68	100.15	11.41
阆中县	65.34	77.37	6.13	9.38	59.87	3.67	3.87	105.45	5.00
德阳市	**115.46**	**124.98**	**14.51**	**12.57**	**79.60**	**11.55**	**11.16**	**96.62**	**8.93**
中江县	115.46	124.98	14.51	12.57	79.60	11.55	11.16	96.62	8.93
遂宁市	**281.60**	**300.70**	**34.60**	**12.29**	**85.52**	**29.59**	**26.50**	**89.56**	**8.81**
射洪县	71.00	91.27	12.01	16.92	103.91	12.48	11.50	92.15	12.60
蓬溪县	100.00	104.00	11.00	11.00	90.91	10.00	9.00	90.00	8.65
遂宁中区	110.60	105.43	11.59	10.48	61.35	7.11	6.00	84.39	5.69
巴中市	**159.62**	**157.63**	**12.54**	**7.86**	**38.68**	**4.85**	**3.09**	**63.71**	**1.96**
巴中县	86.00	87.00	11.00	12.79	40.00	4.40	2.70	61.36	3.10
平昌县	73.62	70.63	1.54	2.09	29.22	0.45	0.39	86.67	0.55
眉山市	**148.77**	**132.56**	**24.22**	**16.28**	**96.86**	**23.46**	**23.21**	**98.93**	**17.51**
仁寿县	148.77	132.56	24.22	16.28	96.86	23.46	23.21	98.93	17.51
乐山市	**49.78**	**37.02**	**3.56**	**7.15**	**61.52**	**2.19**	**2.05**	**93.61**	**5.54**
井研县	49.78	37.02	3.56	7.15	61.52	2.19	2.05	93.61	5.54
广元市	**81.86**	**57.41**	**2.64**	**3.23**	**35.98**	**0.95**	**0.90**	**94.74**	**1.57**
剑阁县	81.86	57.41	2.64	3.23	35.98	0.95	0.90	94.74	1.57
成都市	**84.03**	**70.93**	**11.31**	**13.46**	**35.99**	**4.07**	**3.92**	**96.31**	**5.53**
金堂县	84.03	70.93	11.31	13.46	35.99	4.07	3.92	96.31	5.53

5－11－41　四川省1983年产棉县棉花生产收购明细

县市名	耕地面积（万亩）	农业人口（万人）	棉田面积（万亩）	占耕地（%）	亩产（市斤）	产量（万担）	收购量（万担）	商品率（%）	人均交售（市斤）
全省合计	**1814.00**	**1716.90**	**203.52**	**11.22**	**103.02**	**209.67**	**198.11**	**94.49**	**11.54**
内江市	**412.10**	**326.65**	**56.66**	**13.75**	**100.58**	**56.99**	**53.21**	**93.37**	**16.29**
简阳县	157.32	120.23	34.44	21.89	117.31	40.40	38.15	94.43	31.73
乐至县	86.23	77.74	10.39	12.05	103.46	10.75	10.22	95.07	13.15
安岳县	168.55	128.68	11.83	7.02	49.37	5.84	4.84	82.88	3.76
资阳雁江区									
绵阳市	**191.60**	**177.08**	**19.03**	**9.93**	**105.25**	**20.03**	**18.84**	**94.06**	**10.64**
三台县	134.60	127.08	14.14	10.51	97.38	13.77	12.59	91.43	9.91
盐亭县	57.00	50.00	4.89	8.58	128.02	6.26	6.25	99.84	12.50
南充市	**291.66**	**330.87**	**26.09**	**8.95**	**106.90**	**27.89**	**26.78**	**96.02**	**8.09**
南部县	99.88	112.37	10.01	10.02	135.96	13.61	13.92	102.28	12.39
仪陇县	68.88	82.47	4.97	7.22	78.07	3.88	3.37	86.86	4.09
西充县	57.64	58.66	5.51	9.56	123.59	6.81	6.56	96.33	11.18
阆中县	65.26	77.37	5.60	8.58	64.11	3.59	2.93	81.62	3.79
德阳市	**115.09**	**124.97**	**14.50**	**12.60**	**111.79**	**16.21**	**16.70**	**103.02**	**13.36**
中江县	115.09	124.97	14.50	12.60	111.79	16.21	16.70	103.02	13.36
遂宁市	**281.01**	**302.10**	**32.17**	**11.45**	**139.76**	**44.96**	**40.63**	**90.37**	**13.45**
射洪县	70.52	91.17	11.95	16.95	174.90	20.90	19.73	94.40	21.64
蓬溪县	100.00	105.00	11.00	11.00	136.36	15.00	13.00	86.67	12.38
遂宁中区	110.49	105.93	9.22	8.34	98.26	9.06	7.90	87.20	7.46
巴中市	**159.40**	**157.01**	**15.01**	**9.42**	**26.18**	**3.93**	**3.33**	**84.73**	**2.12**
巴中县	86.00	87.00	13.50	15.70	26.67	3.60	3.00	83.33	3.45
平昌县	73.40	70.01	1.51	2.06	21.85	0.33	0.33	100.00	0.47
眉山市	**147.71**	**132.70**	**24.24**	**16.41**	**128.26**	**31.09**	**30.95**	**99.55**	**23.32**
仁寿县	147.71	132.70	24.24	16.41	128.26	31.09	30.95	99.55	23.32
乐山市	**49.77**	**37.30**	**2.66**	**5.34**	**63.91**	**1.70**	**1.56**	**91.76**	**4.18**
井研县	49.77	37.30	2.66	5.34	63.91	1.70	1.56	91.76	4.18
广元市	**81.76**	**57.28**	**1.91**	**2.34**	**47.12**	**0.90**	**0.58**	**64.44**	**1.01**
剑阁县	81.76	57.28	1.91	2.34	47.12	0.90	0.58	64.44	1.01
成都市	**83.90**	**70.94**	**11.25**	**13.41**	**53.07**	**5.97**	**5.53**	**92.63**	**7.80**
金堂县	83.90	70.94	11.25	13.41	53.07	5.97	5.53	92.63	7.80

5－11－42　四川省1984年产棉县棉花生产收购明细

县市名	耕地面积（万亩）	农业人口（万人）	棉田面积（万亩）	占耕地（%）	亩产（市斤）	产量（万担）	收购量（万担）	商品率（%）	人均交售（市斤）
全省合计	**1799.89**	**1711.62**	**239.08**	**13.28**	**129.32**	**309.19**	**270.39**	**87.45**	**15.80**
内江市	**408.19**	**325.46**	**66.27**	**16.24**	**127.96**	**84.80**	**72.79**	**85.84**	**22.37**
简阳县	155.67	119.09	39.25	25.21	138.24	54.26	47.90	88.28	40.22
乐至县	85.44	77.29	14.19	16.61	143.83	20.41	16.94	83.00	21.92
安岳县	167.08	129.08	12.83	7.68	78.96	10.13	7.95	78.48	6.16
资阳雁江区									
绵阳市	**190.53**	**176.34**	**25.83**	**13.56**	**116.57**	**30.11**	**24.59**	**81.67**	**13.94**
三台县	133.53	126.34	16.84	12.61	120.61	20.31	17.14	84.39	13.57
盐亭县	57.00	50.00	8.99	15.77	109.01	9.80	7.45	76.02	14.90
南充市	**288.67**	**330.15**	**32.45**	**11.24**	**134.05**	**43.50**	**41.73**	**95.93**	**12.64**
南部县	97.77	112.66	14.00	14.32	149.71	20.96	20.59	98.23	18.28
仪陇县	68.42	82.69	4.98	7.28	108.23	5.39	5.12	94.99	6.19
西充县	57.48	57.88	7.97	13.87	138.02	11.00	10.87	98.82	18.78
阆中县	65.00	76.92	5.50	8.46	111.82	6.15	5.15	83.74	6.70
德阳市	**114.46**	**124.40**	**17.00**	**14.85**	**101.18**	**17.20**	**15.66**	**91.05**	**12.59**
中江县	114.46	124.40	17.00	14.85	101.18	17.20	15.66	91.05	12.59
遂宁市	**279.54**	**301.43**	**40.64**	**14.54**	**158.02**	**64.22**	**55.06**	**85.74**	**18.27**
射洪县	69.94	90.88	18.28	26.14	166.52	30.44	27.29	89.65	30.03
蓬溪县	100.00	105.00	11.00	11.00	163.64	18.00	15.00	83.33	14.29
遂宁中区	109.60	105.55	11.36	10.36	138.91	15.78	12.77	80.93	12.10
巴中市	**157.69**	**156.78**	**11.29**	**7.16**	**93.18**	**10.52**	**6.70**	**63.69**	**4.27**
巴中县	86.00	87.00	9.80	11.40	102.04	10.00	6.30	63.00	7.24
平昌县	71.69	69.78	1.49	2.08	34.90	0.52	0.40	76.92	0.57
眉山市	**146.81**	**132.21**	**28.78**	**19.60**	**154.59**	**44.49**	**39.91**	**89.71**	**30.19**
仁寿县	146.81	132.21	28.78	19.60	154.59	44.49	39.91	89.71	30.19
乐山市	**49.45**	**37.20**	**3.31**	**6.69**	**103.63**	**3.43**	**3.23**	**94.17**	**8.68**
井研县	49.45	37.20	3.31	6.69	103.63	3.43	3.23	94.17	8.68
广元市	**81.23**	**56.66**	**2.22**	**2.73**	**83.78**	**1.86**	**1.45**	**77.96**	**2.56**
剑阁县	81.23	56.66	2.22	2.73	83.78	1.86	1.45	77.96	2.56
成都市	**83.32**	**70.99**	**11.29**	**13.55**	**80.25**	**9.06**	**9.27**	**102.32**	**13.06**
金堂县	83.32	70.99	11.29	13.55	80.25	9.06	9.27	102.32	13.06

5－11－43　四川省1985年产棉县棉花生产收购明细

县市名	耕地面积（万亩）	农业人口（万人）	棉田面积（万亩）	占耕地（%）	亩产（市斤）	产量（万担）	收购量（万担）	商品率（%）	人均交售（市斤）
全省合计	**1795.11**	**1709.46**	**193.23**	**10.76**	**118.38**	**228.75**	**191.18**	**83.58**	**11.18**
内江市	**405.38**	**322.82**	**49.64**	**12.25**	**129.45**	**64.26**	**52.84**	**82.23**	**16.37**
简阳县	154.81	117.40	30.70	19.83	134.76	41.37	34.58	83.59	29.45
乐至县	85.23	76.60	11.83	13.88	143.28	16.95	14.03	82.77	18.32
安岳县	165.34	128.82	7.11	4.30	83.54	5.94	4.23	71.21	3.28
资阳雁江区									
绵阳市	**190.17**	**176.20**	**18.39**	**9.67**	**95.92**	**17.64**	**12.82**	**72.68**	**7.28**
三台县	133.17	126.20	12.67	9.51	92.74	11.75	8.60	73.19	6.81
盐亭县	57.00	50.00	5.72	10.04	102.97	5.89	4.22	71.65	8.44
南充市	**286.73**	**329.37**	**28.74**	**10.02**	**101.50**	**29.17**	**26.45**	**90.68**	**8.03**
南部县	96.95	112.47	12.53	12.92	114.60	14.36	13.49	93.94	11.99
仪陇县	68.05	82.88	3.72	5.47	55.11	2.05	1.91	93.17	2.30
西充县	57.08	57.36	7.67	13.44	115.12	8.83	7.84	88.79	13.67
阆中县	64.65	76.66	4.82	7.46	81.54	3.93	3.21	81.68	4.19
德阳市	**114.06**	**123.68**	**12.57**	**11.02**	**98.65**	**12.40**	**11.06**	**89.19**	**8.94**
中江县	114.06	123.68	12.57	11.02	98.65	12.40	11.06	89.19	8.94
遂宁市	**284.21**	**306.70**	**36.35**	**12.79**	**132.63**	**48.21**	**37.69**	**78.18**	**12.29**
射洪县	69.23	91.19	14.69	21.22	143.57	21.09	17.22	81.65	18.88
蓬溪县	106.00	110.00	13.00	12.26	123.08	16.00	12.00	75.00	10.91
遂宁中区	108.98	105.51	8.66	7.95	128.41	11.12	8.47	76.17	8.03
巴中市	**156.54**	**155.35**	**10.26**	**6.55**	**99.03**	**10.16**	**6.42**	**63.19**	**4.13**
巴中县	86.00	87.00	9.80	11.40	102.04	10.00	6.30	63.00	7.24
平昌县	70.54	68.35	0.46	0.65	34.78	0.16	0.12	75.00	0.18
眉山市	**145.54**	**131.79**	**25.10**	**17.25**	**144.58**	**36.29**	**34.48**	**95.01**	**26.16**
仁寿县	145.54	131.79	25.10	17.25	144.58	36.29	34.48	95.01	26.16
乐山市	**49.33**	**36.31**	**2.04**	**4.14**	**127.94**	**2.61**	**2.51**	**96.17**	**6.91**
井研县	49.33	36.31	2.04	4.14	127.94	2.61	2.51	96.17	6.91
广元市	**80.65**	**56.93**	**1.51**	**1.87**	**75.50**	**1.14**	**0.85**	**74.56**	**1.49**
剑阁县	80.65	56.93	1.51	1.87	75.50	1.14	0.85	74.56	1.49
成都市	**82.50**	**70.31**	**8.63**	**10.46**	**79.61**	**6.87**	**6.06**	**88.21**	**8.62**
金堂县	82.50	70.31	8.63	10.46	79.61	6.87	6.06	88.21	8.62

5-11-44　四川省1986年产棉县棉花生产收购明细

县市名	耕地面积（万亩）	农业人口（万人）	棉田面积（万亩）	占耕地（%）	亩　产（市斤）	产　量（万担）	收购量（万担）	商品率（%）	人均交售（市斤）
全省合计	**1783.92**	**1722.91**	**180.46**	**10.12**	**110.86**	**200.05**	**169.46**	**84.71**	**9.84**
内江市	**404.35**	**326.23**	**46.28**	**11.45**	**132.32**	**61.24**	**49.94**	**81.55**	**15.31**
简阳县	154.43	119.26	29.07	18.82	138.46	40.25	33.30	82.73	27.92
乐至县	85.07	76.54	11.53	13.55	133.82	15.43	12.84	83.21	16.78
安岳县	164.85	130.43	5.68	3.45	97.89	5.56	3.80	68.35	2.91
资阳雁江区									
绵阳市	**189.89**	**177.42**	**18.31**	**9.64**	**75.53**	**13.83**	**11.09**	**80.19**	**6.25**
三台县	132.89	127.42	11.94	8.98	68.51	8.18	6.95	84.96	5.45
盐亭县	57.00	50.00	6.37	11.18	88.70	5.65	4.14	73.27	8.28
南充市	**285.85**	**333.02**	**27.07**	**9.47**	**98.82**	**26.75**	**24.92**	**93.16**	**7.48**
南部县	96.77	113.79	11.23	11.60	110.69	12.43	12.21	98.23	10.73
仪陇县	67.82	84.01	3.39	5.00	91.74	3.11	2.72	87.46	3.24
西充县	56.84	58.03	7.89	13.88	102.53	8.09	7.66	94.68	13.20
阆中县	64.42	77.19	4.56	7.08	68.42	3.12	2.33	74.68	3.02
德阳市	**113.81**	**124.52**	**12.20**	**10.72**	**92.21**	**11.25**	**10.43**	**92.71**	**8.38**
中江县	113.81	124.52	12.20	10.72	92.21	11.25	10.43	92.71	8.38
遂宁市	**276.53**	**305.99**	**33.78**	**12.22**	**127.83**	**43.18**	**33.91**	**78.53**	**11.08**
射洪县	68.87	91.99	14.15	20.55	124.45	17.61	14.00	79.50	15.22
蓬溪县	99.00	107.00	12.00	12.12	125.00	15.00	12.00	80.00	11.21
遂宁中区	108.66	107.00	7.63	7.02	138.53	10.57	7.91	74.83	7.39
巴中市	**156.32**	**156.16**	**10.10**	**6.46**	**100.20**	**10.12**	**6.40**	**63.24**	**4.10**
巴中县	86.00	87.00	9.80	11.40	102.04	10.00	6.30	63.00	7.24
平昌县	70.32	69.16	0.30	0.43	40.00	0.12	0.10	83.33	0.14
眉山市	**145.26**	**133.05**	**23.60**	**16.25**	**115.38**	**27.23**	**25.91**	**95.15**	**19.47**
仁寿县	145.26	133.05	23.60	16.25	115.38	27.23	25.91	95.15	19.47
乐山市	**49.26**	**37.28**	**1.59**	**3.23**	**119.50**	**1.90**	**1.86**	**97.89**	**4.99**
井研县	49.26	37.28	1.59	3.23	119.50	1.90	1.86	97.89	4.99
广元市	**80.51**	**57.69**	**1.33**	**1.65**	**58.65**	**0.78**	**0.73**	**93.59**	**1.27**
剑阁县	80.51	57.69	1.33	1.65	58.65	0.78	0.73	93.59	1.27
成都市	**82.14**	**71.55**	**6.20**	**7.55**	**60.81**	**3.77**	**4.27**	**113.26**	**5.97**
金堂县	82.14	71.55	6.20	7.55	60.81	3.77	4.27	113.26	5.97

5-11-45　四川省1987年产棉县棉花生产收购明细

县市名	耕地面积（万亩）	农业人口（万人）	棉田面积（万亩）	占耕地（%）	亩产（市斤）	产量（万担）	收购量（万担）	商品率（%）	人均交售（市斤）
全省合计	**1781.21**	**1767.76**	**177.47**	**9.96**	**118.21**	**209.79**	**167.53**	**79.86**	**9.48**
内江市	**403.85**	**331.86**	**45.31**	**11.22**	**139.55**	**63.23**	**51.33**	**81.18**	**15.47**
简阳县	154.33	120.92	29.01	18.80	145.50	42.21	33.89	80.29	28.03
乐至县	85.00	77.41	10.94	12.87	144.61	15.82	14.04	88.75	18.14
安岳县	164.52	133.53	5.36	3.26	97.01	5.20	3.40	65.38	2.55
资阳雁江区									
绵阳市	**189.68**	**179.37**	**17.91**	**9.44**	**86.26**	**15.45**	**11.46**	**74.17**	**6.39**
三台县	132.68	129.37	10.94	8.25	81.35	8.90	6.33	71.12	4.89
盐亭县	57.00	50.00	6.97	12.23	93.97	6.55	5.13	78.32	10.26
南充市	**284.36**	**337.47**	**28.42**	**9.99**	**80.86**	**22.98**	**18.88**	**82.16**	**5.59**
南部县	96.37	114.96	12.07	12.52	88.15	10.64	9.90	93.05	8.61
仪陇县	67.69	85.67	4.16	6.15	62.26	2.59	2.18	84.17	2.54
西充县	56.20	58.94	7.49	13.33	93.99	7.04	5.01	71.16	8.50
阆中县	64.10	77.90	4.70	7.33	57.66	2.71	1.79	66.05	2.30
德阳市	**113.58**	**125.61**	**10.26**	**9.03**	**130.21**	**13.36**	**9.44**	**70.66**	**7.52**
中江县	113.58	125.61	10.26	9.03	130.21	13.36	9.44	70.66	7.52
遂宁市	**277.15**	**333.14**	**33.75**	**12.18**	**131.08**	**44.24**	**34.47**	**77.92**	**10.35**
射洪县	68.70	93.38	13.37	19.46	131.34	17.56	12.80	72.89	13.71
蓬溪县	100.00	132.00	13.00	13.00	123.08	16.00	14.00	87.50	10.61
遂宁中区	108.45	107.76	7.38	6.80	144.72	10.68	7.67	71.82	7.12
巴中市	**156.08**	**157.51**	**10.06**	**6.45**	**100.50**	**10.11**	**6.40**	**63.30**	**4.06**
巴中县	86.00	87.00	9.80	11.40	102.04	10.00	6.30	63.00	7.24
平昌县	70.08	70.51	0.26	0.37	42.31	0.11	0.10	90.91	0.14
眉山市	**145.03**	**134.51**	**24.00**	**16.55**	**136.92**	**32.86**	**29.01**	**88.28**	**21.57**
仁寿县	145.03	134.51	24.00	16.55	136.92	32.86	29.01	88.28	21.57
乐山市	**49.18**	**37.55**	**1.35**	**2.75**	**113.33**	**1.53**	**1.42**	**92.81**	**3.78**
井研县	49.18	37.55	1.35	2.75	113.33	1.53	1.42	92.81	3.78
广元市	**80.34**	**58.52**	**1.67**	**2.08**	**82.63**	**1.38**	**0.96**	**69.57**	**1.64**
剑阁县	80.34	58.52	1.67	2.08	82.63	1.38	0.96	69.57	1.64
成都市	**81.96**	**72.22**	**4.74**	**5.78**	**98.10**	**4.65**	**4.16**	**89.46**	**5.76**
金堂县	81.96	72.22	4.74	5.78	98.10	4.65	4.16	89.46	5.76

5-11-46　四川省1988年产棉县棉花生产收购明细

县市名	耕地面积（万亩）	农业人口（万人）	棉田面积（万亩）	占耕地（%）	亩产（市斤）	产量（万担）	收购量（万担）	商品率（%）	人均交售（市斤）
全省合计	**1778.24**	**1811.01**	**201.31**	**11.32**	**90.98**	**183.15**	**136.80**	**74.69**	**7.55**
内江市	**403.28**	**336.15**	**51.62**	**12.80**	**108.10**	**55.80**	**44.27**	**79.34**	**13.17**
简阳县	154.12	122.19	31.14	20.21	113.68	35.40	28.15	79.52	23.04
乐至县	84.84	78.05	12.00	14.14	99.75	11.97	10.85	90.64	13.90
安岳县	164.32	135.91	8.48	5.16	99.41	8.43	5.27	62.51	3.88
资阳雁江区									
绵阳市	**189.43**	**180.51**	**21.35**	**11.27**	**68.99**	**14.73**	**8.03**	**54.51**	**4.45**
三台县	132.43	130.51	14.10	10.65	55.18	7.78	4.40	56.56	3.37
盐亭县	57.00	50.00	7.25	12.72	95.86	6.95	3.63	52.23	7.26
南充市	**283.43**	**341.78**	**29.51**	**10.41**	**82.82**	**24.44**	**20.26**	**82.90**	**5.93**
南部县	96.32	116.39	12.00	12.46	97.92	11.75	10.91	92.85	9.37
仪陇县	67.53	87.36	4.65	6.89	44.95	2.09	1.89	90.43	2.16
西充县	55.94	59.87	7.50	13.41	99.87	7.49	5.21	69.56	8.70
阆中县	63.64	78.16	5.36	8.42	58.02	3.11	2.25	72.35	2.88
德阳市	**113.49**	**126.42**	**12.21**	**10.76**	**42.59**	**5.20**	**4.08**	**78.46**	**3.23**
中江县	113.49	126.42	12.21	10.76	42.59	5.20	4.08	78.46	3.23
遂宁市	**276.72**	**361.38**	**40.77**	**14.73**	**105.81**	**43.14**	**28.74**	**66.62**	**7.95**
射洪县	68.55	95.19	16.53	24.11	79.92	13.21	9.08	68.74	9.54
蓬溪县	100.00	157.00	14.00	14.00	121.43	17.00	12.00	70.59	7.64
遂宁中区	108.17	109.19	10.24	9.47	126.27	12.93	7.66	59.24	7.02
巴中市	**155.92**	**158.08**	**10.11**	**6.48**	**100.30**	**10.14**	**6.39**	**63.02**	**4.04**
巴中县	86.00	87.00	9.80	11.40	102.04	10.00	6.30	63.00	7.24
平昌县	69.92	71.08	0.31	0.44	45.16	0.14	0.09	64.29	0.13
眉山市	**144.70**	**136.74**	**25.40**	**17.55**	**92.28**	**23.44**	**20.08**	**85.67**	**14.68**
仁寿县	144.70	136.74	25.40	17.55	92.28	23.44	20.08	85.67	14.68
乐山市	**49.18**	**37.53**	**2.25**	**4.58**	**60.00**	**1.35**	**1.17**	**86.67**	**3.12**
井研县	49.18	37.53	2.25	4.58	60.00	1.35	1.17	86.67	3.12
广元市	**80.26**	**59.56**	**2.48**	**3.09**	**75.00**	**1.86**	**1.01**	**54.30**	**1.70**
剑阁县	80.26	59.56	2.48	3.09	75.00	1.86	1.01	54.30	1.70
成都市	**81.83**	**72.86**	**5.61**	**6.86**	**54.37**	**3.05**	**2.77**	**90.82**	**3.80**
金堂县	81.83	72.86	5.61	6.86	54.37	3.05	2.77	90.82	3.80

5-11-47　四川省1989年产棉县棉花生产收购明细

县市名	耕地面积（万亩）	农业人口（万人）	棉田面积（万亩）	占耕地（%）	亩产（市斤）	产量（万担）	收购量（万担）	商品率（%）	人均交售（市斤）
全省合计	**1778.63**	**1852.49**	**172.17**	**9.68**	**97.49**	**167.84**	**121.68**	**72.50**	**6.57**
内江市	**402.75**	**341.19**	**49.11**	**12.19**	**114.99**	**56.47**	**43.26**	**76.61**	**12.68**
简阳县	153.73	123.69	28.74	18.70	120.49	34.63	25.35	73.20	20.49
乐至县	84.87	78.30	11.56	13.62	119.98	13.87	13.65	98.41	17.43
安岳县	164.15	139.20	8.81	5.37	90.47	7.97	4.26	53.45	3.06
资阳雁江区									
绵阳市	**189.18**	**181.28**	**15.81**	**8.36**	**84.50**	**13.36**	**8.43**	**63.10**	**4.65**
三台县	132.18	131.28	9.75	7.38	79.18	7.72	3.36	43.52	2.56
盐亭县	57.00	50.00	6.06	10.63	93.07	5.64	5.07	89.89	10.14
南充市	**282.62**	**344.39**	**26.10**	**9.24**	**71.19**	**18.58**	**15.17**	**81.65**	**4.40**
南部县	96.22	117.34	12.00	12.47	80.42	9.65	8.96	92.85	7.64
仪陇县	67.37	88.21	4.15	6.16	60.96	2.53	2.03	80.24	2.30
西充县	55.53	60.56	4.50	8.10	78.44	3.53	2.54	71.95	4.19
阆中县	63.50	78.28	5.45	8.58	52.66	2.87	1.64	57.14	2.10
德阳市	**113.46**	**127.59**	**11.33**	**9.99**	**66.20**	**7.50**	**5.85**	**78.00**	**4.58**
中江县	113.46	127.59	11.33	9.99	66.20	7.50	5.85	78.00	4.58
遂宁市	**281.41**	**389.86**	**37.45**	**13.31**	**104.01**	**38.95**	**23.02**	**59.10**	**5.90**
射洪县	68.41	95.96	15.02	21.96	91.54	13.75	8.52	61.96	8.88
蓬溪县	105.00	182.00	14.00	13.33	114.29	16.00	9.00	56.25	4.95
遂宁中区	108.00	111.90	8.43	7.81	109.13	9.20	5.50	59.78	4.92
巴中市	**155.69**	**159.15**	**0.97**	**0.62**	**104.12**	**1.01**	**0.30**	**29.70**	**0.19**
巴中县	86.00	87.00	0.70	0.81	114.29	0.80	0.20	25.00	0.23
平昌县	69.69	72.15	0.27	0.39	77.78	0.21	0.10	47.62	0.14
眉山市	**143.81**	**137.69**	**24.30**	**16.90**	**111.19**	**27.02**	**23.15**	**85.68**	**16.81**
仁寿县	143.81	137.69	24.30	16.90	111.19	27.02	23.15	85.68	16.81
乐山市	**48.11**	**37.66**	**1.87**	**3.89**	**73.80**	**1.38**	**0.86**	**62.32**	**2.28**
井研县	48.11	37.66	1.87	3.89	73.80	1.38	0.86	62.32	2.28
广元市	**80.18**	**60.08**	**1.82**	**2.27**	**69.78**	**1.27**	**0.52**	**40.94**	**0.87**
剑阁县	80.18	60.08	1.82	2.27	69.78	1.27	0.52	40.94	0.87
成都市	**81.42**	**73.60**	**3.41**	**4.19**	**67.45**	**2.30**	**1.12**	**48.70**	**1.52**
金堂县	81.42	73.60	3.41	4.19	67.45	2.30	1.12	48.70	1.52

5-11-48 四川省1990年产棉县棉花生产收购明细

县市名	耕地面积（万亩）	农业人口（万人）	棉田面积（万亩）	占耕地（%）	亩产（市斤）	产量（万担）	收购量（万担）	商品率（%）	人均交售（市斤）
全省合计	**1867.56**	**2023.61**	**182.99**	**9.80**	**125.07**	**228.86**	**192.02**	**83.90**	**9.49**
内江市	**494.04**	**462.42**	**52.79**	**10.69**	**133.09**	**70.26**	**62.94**	**89.58**	**13.61**
简阳县	153.54	124.78	31.37	20.43	132.36	41.52	37.04	89.21	29.68
乐至县	84.89	80.74	12.02	14.16	161.81	19.45	18.53	95.27	22.95
安岳县	163.60	142.23	8.69	5.31	100.35	8.72	6.97	79.93	4.90
资阳雁江区	92.01	114.67	0.71	0.77	80.28	0.57	0.40	70.18	0.35
绵阳市	**188.96**	**183.02**	**17.25**	**9.13**	**93.16**	**16.07**	**6.82**	**42.44**	**3.73**
三台县	131.96	133.02	10.36	7.85	90.44	9.37	6.28	67.02	4.72
盐亭县	57.00	50.00	6.89	12.09	97.24	6.70	0.54	8.06	1.08
南充市	**281.77**	**346.82**	**29.90**	**10.61**	**124.21**	**37.14**	**35.16**	**94.67**	**10.14**
南部县	95.83	118.13	13.00	13.57	149.38	19.42	18.89	97.27	15.99
仪陇县	67.27	89.10	5.28	7.85	90.72	4.79	4.39	91.65	4.93
西充县	55.35	61.20	6.54	11.82	133.49	8.73	8.08	92.55	13.20
阆中县	63.32	78.39	5.08	8.02	82.68	4.20	3.80	90.48	4.85
德阳市	**113.42**	**128.63**	**10.18**	**8.98**	**116.11**	**11.82**	**10.01**	**84.69**	**7.78**
中江县	113.42	128.63	10.18	8.98	116.11	11.82	10.01	84.69	7.78
遂宁市	**281.15**	**392.50**	**36.10**	**12.84**	**153.82**	**55.53**	**46.86**	**84.39**	**11.94**
射洪县	68.27	96.69	12.06	17.67	167.83	20.24	17.92	88.54	18.53
蓬溪县	105.00	182.00	14.00	13.33	142.86	20.00	15.00	75.00	8.24
遂宁中区	107.88	113.81	10.04	9.31	152.29	15.29	13.94	91.17	12.25
巴中市	**155.40**	**198.49**	**1.77**	**1.14**	**124.86**	**2.21**	**0.44**	**19.91**	**0.22**
巴中县	86.00	125.00	1.50	1.74	120.00	1.80	0.20	11.11	0.16
平昌县	69.40	73.49	0.27	0.39	151.85	0.41	0.24	58.54	0.33
眉山市	**143.33**	**138.84**	**24.40**	**17.02**	**111.56**	**27.22**	**23.32**	**85.67**	**16.80**
仁寿县	143.33	138.84	24.40	17.02	111.56	27.22	23.32	85.67	16.80
乐山市	**48.09**	**37.87**	**1.84**	**3.83**	**83.70**	**1.54**	**1.21**	**78.57**	**3.20**
井研县	48.09	37.87	1.84	3.83	83.70	1.54	1.21	78.57	3.20
广元市	**80.02**	**60.48**	**3.46**	**4.32**	**80.64**	**2.79**	**2.02**	**72.40**	**3.34**
剑阁县	80.02	60.48	3.46	4.32	80.64	2.79	2.02	72.40	3.34
成都市	**81.38**	**74.54**	**5.30**	**6.51**	**80.75**	**4.28**	**3.24**	**75.70**	**4.35**
金堂县	81.38	74.54	5.30	6.51	80.75	4.28	3.24	75.70	4.35

5－11－49　四川省1991年产棉县棉花生产收购明细

县市名	耕地面积（万亩）	农业人口（万人）	棉田面积（万亩）	占耕地（%）	亩　产（市斤）	产　量（万担）	收购量（万担）	商品率（%）	人均交售（市斤）
全省合计	**1866.60**	**2022.37**	**212.78**	**11.40**	**131.49**	**279.78**	**248.67**	**88.88**	**12.30**
内江市	**494.38**	**464.44**	**62.00**	**12.54**	**137.56**	**85.29**	**77.81**	**91.23**	**16.75**
简阳县	153.20	125.67	34.03	22.21	139.47	47.46	42.02	88.54	33.44
乐至县	84.33	80.99	14.18	16.81	154.65	21.93	21.31	97.17	26.31
安岳县	163.44	143.21	10.22	6.25	131.12	13.40	12.72	94.93	8.88
资阳雁江区	93.41	114.57	3.57	3.82	70.03	2.50	1.76	70.40	1.54
绵阳市	**189.01**	**182.98**	**22.72**	**12.02**	**111.97**	**25.44**	**21.77**	**85.57**	**11.90**
三台县	132.01	132.98	15.22	11.53	121.02	18.42	15.85	86.05	11.92
盐亭县	57.00	50.00	7.50	13.16	93.60	7.02	5.92	84.33	11.84
南充市	**280.40**	**348.29**	**31.99**	**11.41**	**143.83**	**46.01**	**42.37**	**92.09**	**12.17**
南部县	95.56	118.46	13.90	14.55	160.07	22.25	21.09	94.79	17.80
仪陇县	67.15	89.79	5.05	7.52	123.56	6.24	5.93	95.03	6.60
西充县	54.64	61.58	7.53	13.78	132.80	10.00	8.63	86.30	14.01
阆中县	63.05	78.46	5.51	8.74	136.48	7.52	6.72	89.36	8.56
德阳市	**113.33**	**128.87**	**12.17**	**10.74**	**115.45**	**14.05**	**12.00**	**85.41**	**9.31**
中江县	113.33	128.87	12.17	10.74	115.45	14.05	12.00	85.41	9.31
遂宁市	**279.94**	**385.89**	**39.64**	**14.16**	**151.14**	**59.91**	**54.95**	**91.72**	**14.24**
射洪县	68.13	88.48	14.10	20.70	149.29	21.05	18.94	89.98	21.41
蓬溪县	104.00	183.00	14.00	13.46	142.86	20.00	19.00	95.00	10.38
遂宁中区	107.81	114.41	11.54	10.70	163.43	18.86	17.01	90.19	14.87
巴中市	**155.12**	**198.73**	**2.65**	**1.71**	**140.75**	**3.73**	**0.95**	**25.47**	**0.48**
巴中县	86.00	125.00	1.30	1.51	130.77	1.70	0.10	5.88	0.08
平昌县	69.12	73.73	1.35	1.95	150.37	2.03	0.85	41.87	1.15
眉山市	**143.96**	**139.26**	**26.70**	**18.55**	**122.10**	**32.60**	**29.00**	**88.96**	**20.82**
仁寿县	143.96	139.26	26.70	18.55	122.10	32.60	29.00	88.96	20.82
乐山市	**48.08**	**38.02**	**2.28**	**4.74**	**73.68**	**1.68**	**1.23**	**73.21**	**3.24**
井研县	48.08	38.02	2.28	4.74	73.68	1.68	1.23	73.21	3.24
广元市	**81.64**	**60.92**	**4.84**	**5.93**	**105.17**	**5.09**	**3.56**	**69.94**	**5.84**
剑阁县	81.64	60.92	4.84	5.93	105.17	5.09	3.56	69.94	5.84
成都市	**80.74**	**74.97**	**7.79**	**9.65**	**76.77**	**5.98**	**5.03**	**84.11**	**6.71**
金堂县	80.74	74.97	7.79	9.65	76.77	5.98	5.03	84.11	6.71

5－11－50　四川省1992年产棉县棉花生产收购明细

县市名	耕地面积（万亩）	农业人口（万人）	棉田面积（万亩）	占耕地（%）	亩产（市斤）	产量（万担）	收购量（万担）	商品率（%）	人均交售（市斤）
全省合计	**1859.94**	**2025.62**	**224.05**	**12.05**	**126.58**	**283.61**	**220.23**	**77.65**	**10.87**
内江市	**491.18**	**463.76**	**63.60**	**12.95**	**133.24**	**84.74**	**62.68**	**73.97**	**13.52**
简阳县	152.24	125.68	36.90	24.24	129.76	47.88	34.74	72.56	27.64
乐至县	84.26	80.80	13.65	16.20	130.48	17.81	12.51	70.24	15.48
安岳县	163.03	142.91	9.19	5.64	157.80	14.50	12.24	84.41	8.56
资阳雁江区	91.65	114.37	3.86	4.21	117.88	4.55	3.19	70.11	2.79
绵阳市	**188.74**	**181.68**	**30.77**	**16.30**	**102.73**	**31.61**	**23.33**	**73.81**	**12.84**
三台县	131.74	131.68	22.38	16.99	113.27	25.35	18.86	74.40	14.32
盐亭县	57.00	50.00	8.39	14.72	74.61	6.26	4.47	71.41	8.94
南充市	**279.35**	**346.96**	**30.90**	**11.06**	**133.62**	**41.29**	**33.66**	**81.52**	**9.70**
南部县	95.41	117.98	13.89	14.56	147.66	20.51	19.19	93.56	16.27
仪陇县	67.03	90.27	5.05	7.53	70.69	3.57	3.17	88.80	3.51
西充县	54.53	61.14	6.95	12.75	143.88	10.00	6.18	61.80	10.11
阆中县	62.38	77.57	5.01	8.03	143.91	7.21	5.12	71.01	6.60
德阳市	**113.01**	**127.89**	**13.00**	**11.50**	**123.38**	**16.04**	**12.10**	**75.44**	**9.46**
中江县	113.01	127.89	13.00	11.50	123.38	16.04	12.10	75.44	9.46
遂宁市	**280.48**	**396.24**	**39.57**	**14.11**	**144.07**	**57.01**	**46.37**	**81.34**	**11.70**
射洪县	67.91	97.83	14.18	20.88	142.45	20.20	16.74	82.87	17.11
蓬溪县	105.00	184.00	14.00	13.33	142.86	20.00	17.00	85.00	9.24
遂宁中区	107.57	114.41	11.39	10.59	147.59	16.81	12.63	75.13	11.04
巴中市	**154.83**	**197.70**	**6.00**	**3.88**	**135.50**	**8.13**	**2.57**	**31.61**	**1.30**
巴中县	86.00	125.00	3.00	3.49	150.00	4.50	0.20	4.44	0.16
平昌县	68.83	72.70	3.00	4.36	121.00	3.63	2.37	65.29	3.26
眉山市	**142.59**	**138.38**	**25.38**	**17.80**	**121.67**	**30.88**	**27.86**	**90.22**	**20.13**
仁寿县	142.59	138.38	25.38	17.80	121.67	30.88	27.86	90.22	20.13
乐山市	**47.94**	**37.90**	**2.15**	**4.48**	**84.19**	**1.81**	**1.75**	**96.69**	**4.62**
井研县	47.94	37.90	2.15	4.48	84.19	1.81	1.75	96.69	4.62
广元市	**81.39**	**60.89**	**6.51**	**8.00**	**100.92**	**6.57**	**4.10**	**62.40**	**6.73**
剑阁县	81.39	60.89	6.51	8.00	100.92	6.57	4.10	62.40	6.73
成都市	**80.43**	**74.22**	**6.17**	**7.67**	**89.63**	**5.53**	**5.81**	**105.06**	**7.83**
金堂县	80.43	74.22	6.17	7.67	89.63	5.53	5.81	105.06	7.83

5－11－51　四川省1993年产棉县棉花生产收购明细

县市名	耕地面积（万亩）	农业人口（万人）	棉田面积（万亩）	占耕地（%）	亩产（市斤）	产量（万担）	收购量（万担）	商品率（%）	人均交售（市斤）
全省合计	**1855.32**	**2014.53**	**186.61**	**10.06**	**87.06**	**162.47**	**86.36**	**53.15**	**4.29**
内江市	**491.00**	**462.04**	**50.75**	**10.34**	**86.46**	**43.88**	**29.27**	**66.70**	**6.33**
简阳县	152.76	125.22	27.98	18.32	87.13	24.38	14.73	60.42	11.76
乐至县	84.23	80.45	11.97	14.21	74.19	8.88	6.18	69.59	7.68
安岳县	162.85	142.25	7.75	4.76	96.77	7.50	6.18	82.40	4.34
资阳雁江区	91.16	114.12	3.05	3.35	102.30	3.12	2.18	69.87	1.91
绵阳市	**188.69**	**181.60**	**22.78**	**12.07**	**83.32**	**18.98**	**8.31**	**43.78**	**4.58**
三台县	131.69	131.60	16.48	12.51	93.63	15.43	5.57	36.10	4.23
盐亭县	57.00	50.00	6.30	11.05	56.35	3.55	2.74	77.18	5.48
南充市	**278.52**	**345.53**	**29.36**	**10.54**	**65.19**	**19.14**	**13.00**	**67.92**	**3.76**
南部县	95.27	117.73	13.01	13.66	65.10	8.47	7.01	82.76	5.95
仪陇县	67.01	90.27	4.12	6.15	48.54	2.00	1.59	79.50	1.76
西充县	54.23	60.70	6.50	11.99	77.38	5.03	2.09	41.55	3.44
阆中县	62.01	76.83	5.73	9.24	63.53	3.64	2.31	63.46	3.01
德阳市	**112.85**	**127.79**	**10.91**	**9.67**	**91.02**	**9.93**	**4.02**	**40.48**	**3.15**
中江县	112.85	127.79	10.91	9.67	91.02	9.93	4.02	40.48	3.15
遂宁市	**280.27**	**386.04**	**38.58**	**13.77**	**111.12**	**42.87**	**18.28**	**42.64**	**4.74**
射洪县	67.75	85.00	14.01	20.68	82.94	11.62	7.02	60.41	8.26
蓬溪县	105.00	186.00	14.00	13.33	142.86	20.00	6.00	30.00	3.23
遂宁中区	107.52	115.04	10.57	9.83	106.43	11.25	5.26	46.76	4.57
巴中市	**154.50**	**198.61**	**4.03**	**2.61**	**130.77**	**5.27**	**1.04**	**19.73**	**0.52**
巴中县	86.00	125.00	2.80	3.26	157.14	4.40	0.60	13.64	0.48
平昌县	68.50	73.61	1.23	1.80	70.73	0.87	0.44	50.57	0.60
眉山市	**140.12**	**139.00**	**21.89**	**15.62**	**75.97**	**16.63**	**8.84**	**53.16**	**6.36**
仁寿县	140.12	139.00	21.89	15.62	75.97	16.63	8.84	53.16	6.36
乐山市	**47.81**	**38.75**	**1.02**	**2.13**	**50.00**	**0.51**	**0.30**	**58.82**	**0.77**
井研县	47.81	38.75	1.02	2.13	50.00	0.51	0.30	58.82	0.77
广元市	**81.37**	**60.86**	**4.06**	**4.99**	**84.24**	**3.42**	**2.33**	**68.13**	**3.83**
剑阁县	81.37	60.86	4.06	4.99	84.24	3.42	2.33	68.13	3.83
成都市	**80.19**	**74.31**	**3.23**	**4.03**	**56.97**	**1.84**	**0.97**	**52.72**	**1.31**
金堂县	80.19	74.31	3.23	4.03	56.97	1.84	0.97	52.72	1.31

5－11－52 四川省1994年产棉县棉花生产收购明细

县市名	耕地面积（万亩）	农业人口（万人）	棉田面积（万亩）	占耕地（%）	亩产（市斤）	产量（万担）	收购量（万担）	商品率（%）	人均交售（市斤）
全省合计	**1848.57**	**1974.34**	**182.72**	**9.88**	**74.76**	**136.60**	**70.01**	**51.25**	**3.55**
内江市	**490.27**	**461.53**	**50.35**	**10.27**	**82.11**	**41.34**	**23.71**	**57.35**	**5.14**
简阳县	152.59	125.09	27.65	18.12	86.33	23.87	16.06	67.28	12.84
乐至县	84.22	79.53	13.50	16.03	79.33	10.71	3.62	33.80	4.55
安岳县	162.60	142.89	8.89	5.47	73.90	6.57	3.90	59.36	2.73
资阳雁江区	90.86	114.02	0.31	0.34	61.29	0.19	0.13	68.42	0.11
绵阳市	**185.60**	**182.93**	**17.50**	**9.43**	**57.20**	**10.01**	**5.17**	**51.65**	**2.83**
三台县	128.60	132.93	13.12	10.20	58.84	7.72	3.50	45.34	2.63
盐亭县	57.00	50.00	4.38	7.68	52.28	2.29	1.67	72.93	3.34
南充市	**277.23**	**343.92**	**33.57**	**12.11**	**54.01**	**18.13**	**11.17**	**61.61**	**3.25**
南部县	95.06	116.87	15.41	16.21	57.82	8.91	6.14	68.91	5.25
仪陇县	66.31	90.31	4.55	6.86	46.59	2.12	1.69	79.72	1.87
西充县	53.98	60.47	7.74	14.34	63.05	4.88	2.04	41.80	3.37
阆中县	61.88	76.27	5.87	9.49	37.82	2.22	1.30	58.56	1.70
德阳市	**112.68**	**126.34**	**10.03**	**8.90**	**55.73**	**5.59**	**2.56**	**45.80**	**2.03**
中江县	112.68	126.34	10.03	8.90	55.73	5.59	2.56	45.80	2.03
遂宁市	**279.92**	**351.02**	**39.94**	**14.27**	**78.69**	**31.43**	**13.54**	**43.08**	**3.86**
射洪县	67.60	48.00	13.87	20.52	82.70	11.47	5.70	49.69	11.88
蓬溪县	105.00	188.00	14.00	13.33	92.86	13.00	4.00	30.77	2.13
遂宁中区	107.32	115.02	12.07	11.25	57.66	6.96	3.84	55.17	3.34
巴中市	**154.21**	**198.36**	**4.01**	**2.60**	**144.39**	**5.79**	**0.85**	**14.68**	**0.43**
巴中县	86.00	125.00	3.00	3.49	170.00	5.10	0.60	11.76	0.48
平昌县	68.21	73.36	1.01	1.48	68.32	0.69	0.25	36.23	0.34
眉山市	**139.91**	**137.61**	**22.20**	**15.87**	**91.26**	**20.26**	**10.36**	**51.14**	**7.53**
仁寿县	139.91	137.61	22.20	15.87	91.26	20.26	10.36	51.14	7.53
乐山市	**47.74**	**38.26**	**0.99**	**2.07**	**77.78**	**0.77**	**0.35**	**45.45**	**0.91**
井研县	47.74	38.26	0.99	2.07	77.78	0.77	0.35	45.45	0.91
广元市	**81.11**	**60.56**	**2.09**	**2.58**	**89.95**	**1.88**	**1.26**	**67.02**	**2.08**
剑阁县	81.11	60.56	2.09	2.58	89.95	1.88	1.26	67.02	2.08
成都市	**79.90**	**73.81**	**2.04**	**2.55**	**68.63**	**1.40**	**1.04**	**74.29**	**1.41**
金堂县	79.90	73.81	2.04	2.55	68.63	1.40	1.04	74.29	1.41

5-11-53 四川省1995年产棉县棉花生产收购明细

县市名	耕地面积（万亩）	农业人口（万人）	棉田面积（万亩）	占耕地（%）	亩产（市斤）	产量（万担）	收购量（万担）	商品率（%）	人均交售（市斤）
全省合计	**1841.28**	**2007.68**	**201.02**	**10.92**	**109.28**	**219.67**	**139.29**	**63.41**	**6.94**
内江市	**488.78**	**460.17**	**55.98**	**11.45**	**120.95**	**67.71**	**44.45**	**65.65**	**9.66**
简阳县	151.88	124.91	32.30	21.27	117.99	38.11	25.66	67.33	20.54
乐至县	84.23	79.28	12.00	14.25	130.58	15.67	9.40	59.99	11.86
安岳县	162.04	142.32	8.67	5.35	132.87	11.52	7.71	66.93	5.42
资阳雁江区	90.63	113.66	3.01	3.32	80.07	2.41	1.68	69.71	1.48
绵阳市	**185.18**	**180.00**	**21.63**	**11.68**	**89.32**	**19.32**	**11.77**	**60.92**	**6.54**
三台县	128.18	130.00	15.00	11.70	92.00	13.80	7.60	55.07	5.85
盐亭县	57.00	50.00	6.63	11.63	83.26	5.52	4.17	75.54	8.34
南充市	**274.16**	**345.37**	**31.62**	**11.53**	**99.27**	**31.39**	**24.52**	**78.11**	**7.10**
南部县	94.20	119.00	15.00	15.92	113.33	17.00	14.82	87.18	12.45
仪陇县	65.07	90.34	4.82	7.41	63.07	3.04	2.62	86.18	2.90
西充县	53.45	60.04	7.80	14.59	96.15	7.50	4.27	56.93	7.11
阆中县	61.44	75.99	4.00	6.51	96.25	3.85	2.81	72.99	3.70
德阳市	**112.56**	**126.62**	**10.88**	**9.67**	**114.15**	**12.42**	**5.43**	**43.72**	**4.29**
中江县	112.56	126.62	10.88	9.67	114.15	12.42	5.43	43.72	4.29
遂宁市	**279.74**	**383.47**	**43.84**	**15.67**	**122.99**	**53.92**	**31.66**	**58.72**	**8.26**
射洪县	67.50	83.93	14.60	21.63	122.60	17.90	11.90	66.48	14.18
蓬溪县	105.00	184.00	14.00	13.33	150.00	21.00	11.00	52.38	5.98
遂宁中区	107.24	115.54	15.24	14.21	98.56	15.02	8.76	58.32	7.58
巴中市	**153.95**	**198.55**	**2.43**	**1.58**	**160.49**	**3.90**	**0.84**	**21.54**	**0.42**
巴中县	86.00	125.00	2.00	2.33	170.00	3.40	0.50	14.71	0.40
平昌县	67.95	73.55	0.43	0.63	116.28	0.50	0.34	68.00	0.46
眉山市	**138.57**	**139.61**	**24.00**	**17.32**	**90.00**	**21.60**	**16.10**	**74.54**	**11.53**
仁寿县	138.57	139.61	24.00	17.32	90.00	21.60	16.10	74.54	11.53
乐山市	**47.71**	**39.29**	**1.23**	**2.58**	**95.93**	**1.18**	**0.71**	**60.17**	**1.81**
井研县	47.71	39.29	1.23	2.58	95.93	1.18	0.71	60.17	1.81
广元市	**81.11**	**60.80**	**5.03**	**6.20**	**80.32**	**4.04**	**2.33**	**57.67**	**3.83**
剑阁县	81.11	60.80	5.03	6.20	80.32	4.04	2.33	57.67	3.83
成都市	**79.52**	**73.80**	**4.38**	**5.51**	**95.66**	**4.19**	**1.48**	**35.32**	**2.01**
金堂县	79.52	73.80	4.38	5.51	95.66	4.19	1.48	35.32	2.01

5－11－54　四川省1996年产棉县棉花生产收购明细

县市名	耕地面积（万亩）	农业人口（万人）	棉田面积（万亩）	占耕地（%）	亩产（市斤）	产量（万担）	收购量（万担）	商品率（%）	人均交售（市斤）
全省合计	**1834.14**	**2010.93**	**208.97**	**11.39**	**110.19**	**230.26**	**136.04**	**59.08**	**6.77**
内江市	**487.68**	**460.28**	**57.19**	**11.73**	**121.65**	**69.57**	**42.10**	**60.51**	**9.15**
简阳县	151.38	124.79	32.00	21.14	116.00	37.12	22.99	61.93	18.42
乐至县	84.25	79.25	12.00	14.24	137.67	16.52	8.61	52.12	10.86
安岳县	161.80	142.96	9.47	5.85	136.01	12.88	8.36	64.91	5.85
资阳雁江区	90.25	113.28	3.72	4.12	81.99	3.05	2.14	70.16	1.89
绵阳市	**184.43**	**179.00**	**24.00**	**13.01**	**79.92**	**19.18**	**12.13**	**63.24**	**6.78**
三台县	127.43	129.00	16.00	12.56	71.25	11.40	6.30	55.26	4.88
盐亭县	57.00	50.00	8.00	14.04	97.25	7.78	5.83	74.94	11.66
南充市	**271.45**	**342.61**	**35.05**	**12.91**	**100.17**	**35.11**	**26.17**	**74.54**	**7.64**
南部县	92.06	117.90	15.00	16.29	120.00	18.00	16.20	90.00	13.74
仪陇县	65.04	89.91	5.02	7.72	64.34	3.23	2.87	88.85	3.19
西充县	53.16	59.65	7.50	14.11	113.33	8.50	4.30	50.59	7.21
阆中县	61.19	75.15	7.53	12.31	71.45	5.38	2.80	52.04	3.73
德阳市	**111.88**	**126.53**	**11.70**	**10.46**	**106.41**	**12.45**	**5.28**	**42.41**	**4.17**
中江县	111.88	126.53	11.70	10.46	106.41	12.45	5.28	42.41	4.17
遂宁市	**279.09**	**388.86**	**43.30**	**15.51**	**127.90**	**55.38**	**27.57**	**49.78**	**7.09**
射洪县	67.10	86.60	15.30	22.80	110.46	16.90	11.10	65.68	12.82
蓬溪县	105.00	185.00	15.00	14.29	146.67	22.00	9.00	40.91	4.86
遂宁中区	106.99	117.26	13.00	12.15	126.77	16.48	7.47	45.33	6.37
巴中市	**153.67**	**198.57**	**3.53**	**2.30**	**145.33**	**5.13**	**1.82**	**35.48**	**0.92**
巴中县	86.00	125.00	2.00	2.33	170.00	3.40	0.90	26.47	0.72
平昌县	67.67	73.57	1.53	2.26	113.07	1.73	0.92	53.18	1.25
眉山市	**138.00**	**141.00**	**22.40**	**16.23**	**100.00**	**22.40**	**15.90**	**70.98**	**11.28**
仁寿县	138.00	141.00	22.40	16.23	100.00	22.40	15.90	70.98	11.28
乐山市	**47.70**	**39.24**	**1.60**	**3.35**	**83.75**	**1.34**	**0.61**	**45.52**	**1.55**
井研县	47.70	39.24	1.60	3.35	83.75	1.34	0.61	45.52	1.55
广元市	**81.05**	**60.99**	**5.19**	**6.40**	**88.05**	**4.57**	**2.83**	**61.93**	**4.64**
剑阁县	81.05	60.99	5.19	6.40	88.05	4.57	2.83	61.93	4.64
成都市	**79.19**	**73.85**	**5.01**	**6.33**	**102.40**	**5.13**	**1.63**	**31.77**	**2.21**
金堂县	79.19	73.85	5.01	6.33	102.40	5.13	1.63	31.77	2.21

5－11－55　四川省1997年产棉县棉花生产收购明细

县市名	耕地面积（万亩）	农业人口（万人）	棉田面积（万亩）	占耕地（%）	亩产（市斤）	产量（万担）	收购量（万担）	商品率（%）	人均交售（市斤）
全省合计	**1817.66**	**1991.73**	**193.06**	**10.62**	**109.75**	**211.88**	**121.76**	**57.47**	**6.11**
内江市	**486.02**	**452.09**	**52.21**	**10.74**	**111.74**	**58.34**	**34.58**	**59.27**	**7.65**
简阳县	150.75	117.18	27.55	18.28	107.44	29.60	17.31	58.48	14.77
乐至县	84.00	79.03	12.44	14.81	115.51	14.37	8.26	57.48	10.45
安岳县	161.57	142.74	9.10	5.63	126.37	11.50	7.00	60.87	4.90
资阳雁江区	89.70	113.14	3.12	3.48	91.99	2.87	2.01	70.03	1.78
绵阳市	**184.00**	**180.00**	**22.36**	**12.15**	**98.88**	**22.11**	**11.75**	**53.14**	**6.53**
三台县	127.00	130.00	14.36	11.31	96.87	13.91	5.80	41.70	4.46
盐亭县	57.00	50.00	8.00	14.04	102.50	8.20	5.95	72.56	11.90
南充市	**270.68**	**341.71**	**33.00**	**12.19**	**86.25**	**28.46**	**22.15**	**77.82**	**6.48**
南部县	91.66	118.42	15.16	16.54	92.02	13.95	12.58	90.18	10.62
仪陇县	64.98	89.47	5.00	7.69	60.20	3.01	2.65	88.04	2.96
西充县	53.16	59.43	7.51	14.13	97.36	7.31	4.40	60.18	7.40
阆中县	60.88	74.39	5.33	8.75	78.61	4.19	2.52	60.14	3.39
德阳市	**111.70**	**126.36**	**10.69**	**9.57**	**95.98**	**10.26**	**5.73**	**55.85**	**4.53**
中江县	111.70	126.36	10.69	9.57	95.98	10.26	5.73	55.85	4.53
遂宁市	**268.75**	**381.19**	**37.52**	**13.96**	**145.02**	**54.41**	**29.21**	**53.68**	**7.66**
射洪县	58.00	84.00	12.50	21.55	136.00	17.00	12.40	72.94	14.76
蓬溪县	104.00	186.00	14.00	13.46	157.14	22.00	9.00	40.91	4.84
遂宁中区	106.75	111.19	11.02	10.32	139.84	15.41	7.81	50.68	7.02
巴中市	**153.49**	**198.73**	**3.28**	**2.14**	**149.09**	**4.89**	**2.08**	**42.54**	**1.05**
巴中县	86.00	125.00	2.00	2.33	170.00	3.40	0.80	23.53	0.64
平昌县	67.49	73.73	1.28	1.90	116.41	1.49	1.28	85.91	1.74
眉山市	**135.28**	**137.47**	**21.81**	**16.12**	**106.33**	**23.19**	**11.51**	**49.63**	**8.37**
仁寿县	135.28	137.47	21.81	16.12	106.33	23.19	11.51	49.63	8.37
乐山市	**47.71**	**39.13**	**1.56**	**3.27**	**82.69**	**1.29**	**0.49**	**37.98**	**1.25**
井研县	47.71	39.13	1.56	3.27	82.69	1.29	0.49	37.98	1.25
广元市	**80.94**	**61.19**	**5.62**	**6.94**	**87.19**	**4.90**	**3.23**	**65.92**	**5.28**
剑阁县	80.94	61.19	5.62	6.94	87.19	4.90	3.23	65.92	5.28
成都市	**79.09**	**73.86**	**5.01**	**6.33**	**80.44**	**4.03**	**1.03**	**25.56**	**1.39**
金堂县	79.09	73.86	5.01	6.33	80.44	4.03	1.03	25.56	1.39

5-11-56 四川省1998年产棉县棉花生产收购明细

县市名	耕地面积（万亩）	农业人口（万人）	棉田面积（万亩）	占耕地（%）	亩产（市斤）	产量（万担）	收购量（万担）	商品率（%）	人均交售（市斤）
全省合计	**1752.60**	**1896.90**	**171.09**	**9.76**	**107.44**	**183.82**	**84.60**	**46.02**	**4.46**
内江市	**486.46**	**455.81**	**45.26**	**9.30**	**117.87**	**53.35**	**24.34**	**45.62**	**5.34**
简阳县	149.70	121.69	26.48	17.69	122.36	32.40	14.74	45.49	12.11
乐至县	83.82	78.88	11.56	13.79	98.44	11.38	5.25	46.13	6.66
安岳县	163.64	142.55	6.89	4.21	134.98	9.30	4.16	44.73	2.92
资阳雁江区	89.30	112.69	0.33	0.37	81.82	0.27	0.19	70.37	0.17
绵阳市	**182.81**	**191.48**	**20.03**	**10.96**	**108.69**	**21.77**	**10.03**	**46.07**	**5.24**
三台县	125.00	136.00	12.53	10.02	106.46	13.34	4.70	35.23	3.46
盐亭县	57.81	55.48	7.50	12.97	112.40	8.43	5.33	63.23	9.61
南充市	**270.07**	**341.98**	**32.69**	**12.10**	**83.91**	**27.43**	**15.18**	**55.34**	**4.44**
南部县	91.78	120.00	15.10	16.45	90.00	13.59	6.35	46.73	5.29
仪陇县	64.84	89.31	4.66	7.19	61.16	2.85	2.33	81.75	2.61
西充县	52.92	59.04	7.53	14.23	97.48	7.34	4.80	65.40	8.13
阆中县	60.53	73.63	5.40	8.92	67.59	3.65	1.70	46.58	2.31
德阳市	**111.06**	**126.51**	**10.05**	**9.05**	**90.55**	**9.10**	**3.40**	**37.36**	**2.69**
中江县	111.06	126.51	10.05	9.05	90.55	9.10	3.40	37.36	2.69
遂宁市	**206.91**	**264.61**	**28.08**	**13.57**	**122.93**	**34.52**	**16.17**	**46.84**	**6.11**
射洪县	57.00	83.00	11.00	19.30	136.36	15.00	9.10	60.67	10.96
蓬溪县	44.00	70.00	5.00	11.36	120.00	6.00	3.00	50.00	4.29
遂宁中区	105.91	111.61	12.08	11.41	111.92	13.52	4.07	30.10	3.65
巴中市	**152.99**	**201.80**	**3.23**	**2.11**	**150.15**	**4.85**	**2.20**	**45.36**	**1.09**
巴中县	86.00	125.00	2.00	2.33	170.00	3.40	0.90	26.47	0.72
平昌县	66.99	76.80	1.23	1.84	117.89	1.45	1.30	89.66	1.69
眉山市	**135.28**	**140.38**	**21.37**	**15.80**	**108.61**	**23.21**	**6.67**	**28.74**	**4.75**
仁寿县	135.28	140.38	21.37	15.80	108.61	23.21	6.67	28.74	4.75
乐山市	**47.69**	**38.95**	**1.35**	**2.83**	**88.89**	**1.20**	**0.39**	**32.50**	**1.00**
井研县	47.69	38.95	1.35	2.83	88.89	1.20	0.39	32.50	1.00
广元市	**80.74**	**61.34**	**4.02**	**4.98**	**105.97**	**4.26**	**2.84**	**66.67**	**4.63**
剑阁县	80.74	61.34	4.02	4.98	105.97	4.26	2.84	66.67	4.63
成都市	**78.59**	**74.04**	**5.01**	**6.37**	**82.44**	**4.13**	**3.38**	**81.84**	**4.57**
金堂县	78.59	74.04	5.01	6.37	82.44	4.13	3.38	81.84	4.57

5－11－57　四川省1999年产棉县棉花生产收购明细

县市名	耕地面积（万亩）	农业人口（万人）	棉田面积（万亩）	占耕地（%）	亩产（市斤）	产量（万担）	收购量（万担）	商品率（%）	人均交售（市斤）
全省合计	**1657.87**	**1830.53**	**123.30**	**7.44**	**89.34**	**110.16**	**38.17**	**34.65**	**2.09**
内江市	**486.95**	**454.58**	**32.69**	**6.71**	**102.29**	**33.44**	**9.45**	**28.26**	**2.08**
简阳县	148.90	120.89	15.80	10.61	126.01	19.91	4.20	21.09	3.47
乐至县	83.61	78.80	10.05	12.02	64.68	6.50	3.01	46.31	3.82
安岳县	165.74	142.36	4.56	2.75	120.61	5.50	1.17	21.27	0.82
资阳雁江区	88.70	112.53	2.28	2.57	67.11	1.53	1.07	69.93	0.95
绵阳市	**170.79**	**198.51**	**8.63**	**5.05**	**107.88**	**9.31**	**5.46**	**58.65**	**2.75**
三台县	113.00	143.00	4.02	3.56	99.50	4.00	3.00	75.00	2.10
盐亭县	57.79	55.51	4.61	7.98	115.18	5.31	2.46	46.33	4.43
南充市	**269.40**	**344.11**	**33.08**	**12.28**	**57.29**	**18.95**	**9.37**	**49.45**	**2.72**
南部县	91.55	119.97	15.00	16.38	38.00	5.70	3.00	52.63	2.50
仪陇县	64.50	89.30	4.50	6.98	66.67	3.00	2.50	83.33	2.80
西充县	52.47	61.71	7.58	14.45	96.97	7.35	2.37	32.24	3.84
阆中县	60.88	73.13	6.00	9.86	48.33	2.90	1.50	51.72	2.05
德阳市	**111.00**	**127.00**	**8.00**	**7.21**	**75.00**	**6.00**	**2.50**	**41.67**	**1.97**
中江县	111.00	127.00	8.00	7.21	75.00	6.00	2.50	41.67	1.97
遂宁市	**203.14**	**262.98**	**22.01**	**10.83**	**108.54**	**23.89**	**7.81**	**32.69**	**2.97**
射洪县	55.00	82.00	8.20	14.91	91.46	7.50	5.20	69.33	6.34
蓬溪县	44.00	70.00	5.00	11.36	100.00	5.00	2.00	40.00	2.86
遂宁中区	104.14	110.98	8.81	8.46	129.28	11.39	0.61	5.36	0.55
巴中市	**153.33**	**202.18**	**2.80**	**1.83**	**155.36**	**4.35**	**1.60**	**36.78**	**0.79**
巴中县	86.00	125.00	2.00	2.33	170.00	3.40	1.00	29.41	0.80
平昌县	67.33	77.18	0.80	1.19	118.75	0.95	0.60	63.16	0.78
眉山市	**135.16**	**140.94**	**14.24**	**10.54**	**87.50**	**12.46**	**1.50**	**12.04**	**1.06**
仁寿县	135.16	140.94	14.24	10.54	87.50	12.46	1.50	12.04	1.06
乐山市	**47.43**	**38.81**	**1.23**	**2.59**	**88.62**	**1.09**	**0.11**	**10.09**	**0.28**
井研县	47.43	38.81	1.23	2.59	88.62	1.09	0.11	10.09	0.28
广元市	**80.67**	**61.42**	**0.62**	**0.77**	**108.06**	**0.67**	**0.37**	**55.22**	**0.60**
剑阁县	80.67	61.42	0.62	0.77	108.06	0.67	0.37	55.22	0.60
成都市									
金堂县									

5－11－58　四川省2000年产棉县棉花生产收购明细

县市名	耕地面积（万亩）	农业人口（万人）	棉田面积（万亩）	占耕地（%）	亩产（市斤）	产量（万担）	收购量（万担）	商品率（%）	人均交售（市斤）
全省合计	**1651.30**	**1815.70**	**79.30**	**4.80**	**105.54**	**83.69**	**31.85**	**38.06**	**1.75**
内江市	**484.80**	**452.20**	**19.50**	**4.02**	**109.18**	**21.29**	**4.67**	**21.94**	**1.03**
简阳县	148.30	120.00	8.00	5.39	110.00	8.80	1.24	14.09	1.03
乐至县	83.20	78.50	6.00	7.21	108.00	6.48	2.00	30.86	2.55
安岳县	165.10	141.70	5.00	3.03	110.00	5.50	0.73	13.27	0.52
资阳雁江区	88.20	112.00	0.50	0.57	102.00	0.51	0.70	137.25	0.63
绵阳市	**170.10**	**196.20**	**6.30**	**3.70**	**104.76**	**6.60**	**3.10**	**46.97**	**1.58**
三台县	112.70	141.00	1.30	1.15	115.38	1.50	0.60	40.00	0.43
盐亭县	57.40	55.20	5.00	8.71	102.00	5.10	2.50	49.02	4.53
南充市	**267.50**	**341.70**	**20.00**	**7.48**	**99.15**	**19.83**	**8.30**	**41.86**	**2.43**
南部县	91.10	119.10	8.00	8.78	100.00	8.00	5.00	62.50	4.20
仪陇县	64.10	88.70	3.00	4.68	98.00	2.94	0.45	15.31	0.51
西充县	52.10	61.20	6.50	12.48	106.00	6.89	2.50	36.28	4.08
阆中县	60.20	72.70	2.50	4.15	80.00	2.00	0.35	17.50	0.48
德阳市	**110.60**	**126.00**	**5.00**	**4.52**	**110.00**	**5.50**	**0.73**	**13.27**	**0.58**
中江县	110.60	126.00	5.00	4.52	110.00	5.50	0.73	13.27	0.58
遂宁市	**202.60**	**260.80**	**17.50**	**8.64**	**110.69**	**19.37**	**7.40**	**38.20**	**2.84**
射洪县	55.00	81.00	9.50	17.27	106.00	10.07	5.20	51.64	6.42
蓬溪县	43.80	69.80	3.00	6.85	110.00	3.30	0.60	18.18	0.86
遂宁中区	103.80	110.00	5.00	4.82	120.00	6.00	1.60	26.67	1.45
巴中市	**153.20**	**200.50**	**2.50**	**1.63**	**102.80**	**2.57**	**1.10**	**42.80**	**0.55**
巴中县	86.00	124.00	1.50	1.74	108.00	1.62	0.80	49.38	0.65
平昌县	67.20	76.50	1.00	1.49	95.00	0.95	0.30	31.58	0.39
眉山市	**134.80**	**139.50**	**7.00**	**5.19**	**104.00**	**7.28**	**6.00**	**82.42**	**4.30**
仁寿县	134.80	139.50	7.00	5.19	104.00	7.28	6.00	82.42	4.30
乐山市	**47.20**	**37.80**	**1.00**	**2.12**	**80.00**	**0.80**	**0.20**	**25.00**	**0.53**
井研县	47.20	37.80	1.00	2.12	80.00	0.80	0.20	25.00	0.53
广元市	**80.50**	**61.00**	**0.50**	**0.62**	**90.00**	**0.45**	**0.35**	**77.78**	**0.57**
剑阁县	80.50	61.00	0.50	0.62	90.00	0.45	0.35	77.78	0.57
成都市									
金堂县									

5-12-1 四川省简阳县历年棉花生产收购

年　度	耕地面积（万亩）	农业人口（万人）	棉田面积（万亩）	占耕地（%）	亩　产（市斤）	产　量（万担）	收购量（万担）	商品率（%）	人均交售（市斤）
52 年合计			**2093.69**	**25.28**	**70.91**	**1484.67**	**1284.94**	**86.55**	**23.68**
11 年小计			**498.54**	**28.92**	**33.66**	**167.83**	**153.31**	**91.35**	**16.44**
占合计%			**23.81**			**11.30**	**11.93**		
1949									
1950	168.77	89.91	25.88	15.33	25.15	6.51	5.30	81.41	5.89
1951	170.06	89.92	44.73	26.30	26.16	11.70	12.13	103.68	13.49
1952	173.38	91.16	46.34	26.73	27.41	12.70	9.72	76.54	10.66
1953	174.18	93.83	47.41	27.22	28.54	13.53	11.12	82.19	11.85
1954	174.42	96.12	51.15	29.33	30.75	15.73	14.93	94.91	15.53
1955	174.10	98.17	58.70	33.72	38.01	22.31	20.59	92.29	20.97
1956	174.29	98.84	55.20	31.67	26.12	14.42	13.86	96.12	14.02
1957	173.68	99.97	56.58	32.58	35.30	19.97	18.00	90.14	18.01
1958	172.11	90.40	56.10	32.60	49.20	27.60	26.64	96.52	29.47
1959	168.85	84.05	56.45	33.43	41.38	23.36	21.02	89.98	25.01
10 年小计			**509.18**	**30.27**	**49.63**	**252.73**	**247.44**	**97.91**	**30.30**
占合计%			**24.32**			**17.02**	**19.26**		
1960	166.03	76.02	52.72	31.75	16.41	8.65	8.01	92.60	10.54
1961	165.60	72.24	46.89	28.32	13.07	6.13	5.87	95.76	8.13
1962	161.84	74.93	49.72	30.72	18.04	8.97	9.02	100.56	12.04
1963	163.18	76.69	57.64	35.32	34.85	20.09	20.14	100.25	26.26
1964	170.02	78.98	58.22	34.24	57.25	33.33	33.27	99.82	42.12
1965	171.85	81.41	53.54	31.16	57.32	30.69	30.39	99.02	37.33
1966	171.37	84.16	51.34	29.96	73.82	37.90	37.10	97.89	44.08
1967	171.25	87.00	48.04	28.05	90.82	43.63	43.20	99.01	49.66
1968	170.90	90.56	47.23	27.64	71.06	33.56	32.09	95.62	35.44
1969	170.28	94.68	43.84	25.75	67.93	29.78	28.35	95.20	29.94
10 年小计			**446.20**	**27.01**	**76.74**	**342.41**	**332.39**	**97.07**	**29.72**
占合计%			**21.31**			**23.06**	**25.87**		
1970	169.57	98.39	45.02	26.55	78.30	35.25	33.25	94.33	33.79
1971	169.51	102.85	44.04	25.98	91.60	40.34	39.10	96.93	38.02
1972	169.02	105.96	44.62	26.40	85.25	38.04	35.77	94.03	33.76
1973	168.12	109.57	44.47	26.45	94.65	42.09	41.40	98.36	37.78
1974	166.64	112.27	44.47	26.69	73.74	32.79	32.60	99.42	29.04
1975	166.05	115.10	44.41	26.74	75.75	33.64	33.15	98.54	28.80
1976	162.09	116.85	44.90	27.70	47.33	21.25	20.55	96.71	17.59
1977	161.29	118.50	44.68	27.70	66.38	29.66	28.71	96.80	24.23
1978	160.25	119.06	45.21	28.21	86.86	39.27	38.34	97.63	32.20
1979	159.29	119.74	44.38	27.86	67.78	30.08	29.52	98.14	24.65
10 年小计			**339.71**	**21.80**	**109.11**	**370.65**	**321.07**	**86.62**	**26.69**
占合计%			**16.23**			**24.97**	**24.99**		
1980	158.63	119.77	44.07	27.78	51.49	22.69	21.89	96.47	18.28
1981	157.90	120.08	40.98	25.95	68.89	28.23	27.80	98.48	23.15
1982	157.70	120.50	32.31	20.49	96.60	31.21	30.06	96.32	24.95
1983	157.32	120.23	34.44	21.89	117.31	40.40	38.15	94.43	31.73
1984	155.67	119.09	39.25	25.21	138.24	54.26	47.90	88.28	40.22
1985	154.81	117.40	30.70	19.83	134.76	41.37	34.58	83.59	29.45
1986	154.43	119.26	29.07	18.82	138.46	40.25	33.30	82.73	27.92
1987	154.33	120.92	29.01	18.80	145.50	42.21	33.89	80.29	28.03
1988	154.12	122.19	31.14	20.21	113.68	35.40	28.15	79.52	23.04
1989	153.73	123.69	28.74	18.70	120.49	34.63	25.35	73.20	20.49
11 年小计			**300.06**	**18.02**	**116.99**	**351.05**	**230.73**	**65.73**	**17.02**
占合计%			**14.33**			**23.64**	**17.96**		
1990	153.54	124.78	31.37	20.43	132.36	41.52	37.04	89.21	29.68
1991	153.20	125.67	34.03	22.21	139.47	47.46	42.02	88.54	33.44
1992	152.24	125.68	36.90	24.24	129.76	47.88	34.74	72.56	27.64
1993	152.76	125.22	27.98	18.32	87.13	24.38	14.73	60.42	11.76
1994	152.59	125.09	27.65	18.12	86.33	23.87	16.06	67.28	12.84
1995	151.88	124.91	32.30	21.27	117.99	38.11	25.66	67.33	20.54
1996	151.38	124.79	32.00	21.14	116.00	37.12	22.99	61.93	18.42
1997	150.75	117.18	27.55	18.28	107.44	29.60	17.31	58.48	14.77
1998	149.70	121.69	26.48	17.69	122.36	32.40	14.74	45.49	12.11
1999	148.90	120.89	15.80	10.61	126.01	19.91	4.20	21.09	3.47
2000	148.30	120.00	8.00	5.39	110.00	8.80	1.24	14.09	1.03

5-12-2 四川省乐至县历年棉花生产收购

年　度	耕地面积（万亩）	农业人口（万人）	棉田面积（万亩）	占耕地（%）	亩　产（市斤）	产　量（万担）	收购量（万担）	商品率（%）	人均交售（市斤）
52 年合计			**671.81**	**14.61**	**75.75**	**508.92**	**438.45**	**86.15**	**11.99**
11 年小计			**136.84**	**13.31**	**31.89**	**43.64**	**40.51**	**92.83**	**5.90**
占合计%			**20.37**			**8.58**	**9.24**		
1949	87.67	56.09	7.30	8.43	18.08	1.32	1.17	88.64	2.09
1950	89.42	58.47	7.36	8.23	20.11	1.48	1.23	83.11	2.10
1951	92.10	60.35	11.75	12.76	26.13	3.07	2.52	82.08	4.18
1952	95.21	61.43	12.21	12.82	24.08	2.94	1.73	58.84	2.82
1953	96.64	62.10	11.72	12.13	30.12	3.53	3.01	85.27	4.85
1954	95.79	63.72	13.44	14.03	34.60	4.65	4.60	98.92	7.22
1955	95.45	65.63	13.60	14.25	37.57	5.11	5.11	100.00	7.79
1956	94.78	66.53	14.46	15.26	28.56	4.13	4.10	99.27	6.16
1957	94.53	67.02	15.20	16.08	27.63	4.20	4.07	96.90	6.07
1958	94.06	63.94	14.34	15.25	49.30	7.07	7.05	99.72	11.03
1959	92.83	61.28	15.46	16.65	39.72	6.14	5.92	96.42	9.66
10 年小计			**133.80**	**14.83**	**57.44**	**76.86**	**74.95**	**97.51**	**12.90**
占合计%			**19.92**			**15.10**	**17.09**		
1960	91.53	57.57	14.09	15.39	13.84	1.95	1.94	99.49	3.37
1961	90.54	55.04	11.21	12.38	13.56	1.52	1.51	99.34	2.74
1962	90.95	54.31	10.65	11.71	14.74	1.57	1.57	100.00	2.89
1963	90.31	54.93	12.70	14.06	25.20	3.20	3.22	100.63	5.86
1964	90.54	56.21	15.36	16.96	66.08	10.15	10.13	99.80	18.02
1965	89.62	57.52	14.91	16.64	47.75	7.12	7.17	100.70	12.47
1966	90.10	58.73	14.95	16.59	113.65	16.99	17.24	101.47	29.35
1967	89.42	60.11	14.88	16.64	109.68	16.32	15.22	93.26	25.32
1968	90.05	61.99	14.56	16.17	72.32	10.53	10.08	95.73	16.26
1969	88.87	64.71	10.49	11.80	71.59	7.51	6.87	91.48	10.62
10 年小计			**149.19**	**16.83**	**74.71**	**111.46**	**110.45**	**99.09**	**14.97**
占合计%			**22.21**			**21.90**	**25.19**		
1970	90.25	66.33	14.86	16.47	70.32	10.45	10.75	102.87	16.21
1971	90.70	68.97	15.02	16.56	95.47	14.34	13.85	96.58	20.08
1972	89.07	70.82	14.89	16.72	77.37	11.52	11.53	100.09	16.28
1973	89.14	72.56	14.85	16.66	92.73	13.77	13.58	98.62	18.72
1974	88.81	74.02	14.80	16.66	67.43	9.98	10.00	100.20	13.51
1975	88.51	75.63	14.75	16.66	79.39	11.71	11.44	97.69	15.13
1976	88.04	76.66	15.01	17.05	57.63	8.65	8.64	99.88	11.27
1977	87.54	77.45	14.97	17.10	79.96	11.97	11.83	98.83	15.27
1978	87.62	77.76	15.03	17.15	87.03	13.08	12.78	97.71	16.44
1979	86.78	77.65	15.01	17.30	39.91	5.99	6.05	101.00	7.79
10 年小计			**122.61**	**14.33**	**103.79**	**127.26**	**113.86**	**89.47**	**14.69**
占合计%			**18.25**			**25.01**	**25.97**		
1980	86.57	77.62	14.93	17.25	44.27	6.61	6.62	100.15	8.53
1981	86.35	77.77	14.93	17.29	50.30	7.51	7.23	96.27	9.30
1982	86.27	77.92	10.31	11.95	77.01	7.94	7.44	93.70	9.55
1983	86.23	77.74	10.39	12.05	103.46	10.75	10.22	95.07	13.15
1984	85.44	77.29	14.19	16.61	143.83	20.41	16.94	83.00	21.92
1985	85.23	76.60	11.83	13.88	143.28	16.95	14.03	82.77	18.32
1986	85.07	76.54	11.53	13.55	133.82	15.43	12.84	83.21	16.78
1987	85.00	77.41	10.94	12.87	144.61	15.82	14.04	88.75	18.14
1988	84.84	78.05	12.00	14.14	99.75	11.97	10.85	90.64	13.90
1989	84.87	78.30	11.56	13.62	119.98	13.87	13.65	98.41	17.43
11 年小计			**129.37**	**13.99**	**115.71**	**149.70**	**98.68**	**65.92**	**11.26**
占合计%			**19.26**			**29.42**	**22.51**		
1990	84.89	80.74	12.02	14.16	161.81	19.45	18.53	95.27	22.95
1991	84.33	80.99	14.18	16.81	154.65	21.93	21.31	97.17	26.31
1992	84.26	80.80	13.65	16.20	130.48	17.81	12.51	70.24	15.48
1993	84.23	80.45	11.97	14.21	74.19	8.88	6.18	69.59	7.68
1994	84.22	79.53	13.50	16.03	79.33	10.71	3.62	33.80	4.55
1995	84.23	79.28	12.00	14.25	130.58	15.67	9.40	59.99	11.86
1996	84.25	79.25	12.00	14.24	137.67	16.52	8.61	52.12	10.86
1997	84.00	79.03	12.44	14.81	115.51	14.37	8.26	57.48	10.45
1998	83.82	78.88	11.56	13.79	98.44	11.38	5.25	46.13	6.66
1999	83.61	78.80	10.05	12.02	64.68	6.50	3.01	46.31	3.82
2000	83.20	78.50	6.00	7.21	108.00	6.48	2.00	30.86	2.55

5－12－3　四川省安岳县历年棉花生产收购

年　度	耕地面积（万亩）	农业人口（万人）	棉田面积（万亩）	占耕地（%）	亩　产（市斤）	产　量（万担）	收购量（万担）	商品率（%）	人均交售（市斤）
52 年合计			**509.17**	**5.62**	**52.93**	**269.49**	**196.40**	**72.88**	**3.31**
11 年小计			**83.53**	**4.09**	**15.04**	**12.56**	**9.91**	**78.90**	**1.03**
占合计%			**16.41**			**4.66**	**5.05**		
1949	183.20	79.92	0.35	0.21	17.14	0.06	0.06	100.00	0.08
1950	183.83	81.37	0.35	0.19	8.57	0.03	0.03	100.00	0.04
1951	184.46	82.84	6.66	3.61	13.51	0.90	0.43	47.78	0.52
1952	181.31	84.36	9.85	5.43	12.39	1.22	0.49	40.16	0.58
1953	183.09	86.51	7.27	3.97	9.35	0.68	0.12	17.65	0.14
1954	184.88	88.67	7.37	3.99	13.16	0.97	0.84	86.60	0.95
1955	186.70	90.88	7.65	4.10	13.46	1.03	0.75	72.82	0.83
1956	188.53	93.15	6.22	3.30	15.11	0.94	0.57	60.64	0.61
1957	190.39	95.65	6.90	3.62	17.97	1.24	1.10	88.71	1.15
1958	188.80	92.69	8.66	4.59	12.36	1.07	1.04	97.20	1.12
1959	187.24	89.82	22.25	11.88	19.87	4.42	4.48	101.36	4.99
10 年小计			**74.22**	**4.08**	**26.69**	**19.81**	**16.04**	**80.98**	**1.75**
占合计%			**14.58**			**7.35**	**8.17**		
1960	185.68	87.03	14.85	8.00	5.25	0.78	0.71	91.03	0.82
1961	182.62	84.35	7.81	4.28	3.46	0.27	0.15	55.56	0.18
1962	182.41	86.11	3.61	1.98	3.05	0.11	0.09	81.82	0.10
1963	182.21	87.92	4.14	2.27	3.62	0.15	0.09	60.00	0.10
1964	181.86	89.76	5.21	2.86	18.81	0.98	0.96	97.96	1.07
1965	181.88	91.62	6.25	3.44	16.80	1.05	0.51	48.86	0.56
1966	181.55	93.82	6.16	3.39	68.18	4.20	3.52	83.81	3.75
1967	181.23	96.07	10.52	5.80	56.94	5.99	5.19	86.64	5.40
1968	180.90	98.38	9.16	5.06	45.41	4.16	3.35	80.53	3.41
1969	180.57	100.70	6.51	3.61	32.57	2.12	1.47	69.34	1.46
10 年小计			**153.45**	**8.81**	**41.22**	**63.25**	**51.19**	**80.93**	**4.34**
占合计%			**30.14**			**23.47**	**26.06**		
1970	179.73	105.78	9.94	5.53	36.52	3.63	2.76	76.03	2.61
1971	178.41	108.78	11.78	6.60	58.57	6.90	6.08	88.12	5.59
1972	177.09	111.82	11.91	6.73	47.61	5.67	4.50	79.37	4.02
1973	175.78	114.96	14.92	8.49	43.70	6.52	5.32	81.60	4.63
1974	174.48	118.17	14.87	8.52	43.38	6.45	5.20	80.62	4.40
1975	173.22	121.65	14.87	8.58	44.32	6.59	5.32	80.73	4.37
1976	172.36	122.99	18.94	10.99	28.99	5.49	4.02	73.22	3.27
1977	171.52	124.35	18.67	10.89	43.60	8.14	6.83	83.91	5.49
1978	170.67	124.70	18.83	11.03	48.38	9.11	7.77	85.29	6.23
1979	169.00	124.95	18.72	11.08	25.37	4.75	3.39	71.37	2.71
10 年小计			**109.54**	**6.58**	**61.15**	**66.98**	**48.12**	**71.84**	**3.68**
占合计%			**21.51**			**24.85**	**24.50**		
1980	169.00	125.44	18.83	11.14	26.34	4.96	3.64	73.39	2.90
1981	168.81	126.76	18.59	11.01	37.87	7.04	5.86	83.24	4.62
1982	168.66	128.13	12.02	7.13	49.17	5.91	4.87	82.40	3.80
1983	168.55	128.68	11.83	7.02	49.37	5.84	4.84	82.88	3.76
1984	167.08	129.08	12.83	7.68	78.96	10.13	7.95	78.48	6.16
1985	165.34	128.82	7.11	4.30	83.54	5.94	4.23	71.21	3.28
1986	164.85	130.43	5.68	3.45	97.89	5.56	3.80	68.35	2.91
1987	164.52	133.53	5.36	3.26	97.01	5.20	3.40	65.38	2.55
1988	164.32	135.91	8.48	5.16	99.41	8.43	5.27	62.51	3.88
1989	164.15	139.20	8.81	5.37	90.47	7.97	4.26	53.45	3.06
11 年小计			**88.43**	**4.93**	**120.88**	**106.89**	**71.14**	**66.55**	**4.54**
占合计%			**17.37**			**39.66**	**36.22**		
1990	163.60	142.23	8.69	5.31	100.35	8.72	6.97	79.93	4.90
1991	163.44	143.21	10.22	6.25	131.12	13.40	12.72	94.93	8.88
1992	163.03	142.91	9.19	5.64	157.80	14.50	12.24	84.41	8.56
1993	162.85	142.25	7.75	4.76	96.77	7.50	6.18	82.40	4.34
1994	162.60	142.89	8.89	5.47	73.90	6.57	3.90	59.36	2.73
1995	162.04	142.32	8.67	5.35	132.87	11.52	7.71	66.93	5.42
1996	161.80	142.96	9.47	5.85	136.01	12.88	8.36	64.91	5.85
1997	161.57	142.74	9.10	5.63	126.37	11.50	7.00	60.87	4.90
1998	163.64	142.55	6.89	4.21	134.98	9.30	4.16	44.73	2.92
1999	165.74	142.36	4.56	2.75	120.61	5.50	1.17	21.27	0.82
2000	165.10	141.70	5.00	3.03	110.00	5.50	0.73	13.27	0.52

5－12－4　四川省资阳县雁江区历年棉花生产收购

年　度	耕地面积（万亩）	农业人口（万人）	棉田面积（万亩）	占耕地（%）	亩　产（市斤）	产　量（万担）	收购量（万担）	商品率（%）	人均交售（市斤）
52年合计			**142.97**	**3.84**	**37.27**	**53.29**	**37.55**	**70.46**	**1.45**
11年小计			**88.27**	**5.96**	**30.68**	**27.08**	**18.94**	**69.94**	**2.60**
占合计%			**61.74**			**50.82**	**50.44**		
1949	135.29	61.27	4.26		26.08	1.11	0.78	70.21	1.27
1950	135.29	62.20	4.30	3.18	30.00	1.29	0.90	69.77	1.45
1951	135.14	63.70	4.61	3.41	32.10	1.48	1.03	69.59	1.62
1952	135.06	65.34	5.89	4.36	28.01	1.65	1.15	69.70	1.76
1953	136.22	66.20	4.41	3.24	31.97	1.41	0.99	70.21	1.50
1954	135.03	66.59	5.91	4.38	39.93	2.36	1.65	69.92	2.48
1955	135.51	68.40	9.86	7.28	25.96	2.56	1.79	69.92	2.62
1956	135.07	70.31	11.31	8.37	32.01	3.62	2.53	69.89	3.60
1957	134.95	70.45	12.07	8.94	28.00	3.38	2.37	70.12	3.36
1958	135.78	70.06	12.65	9.32	30.04	3.80	2.66	70.00	3.80
1959	126.91	62.80	13.00	10.24	34.00	4.42	3.09	69.91	4.92
10年小计			**30.24**	**2.42**	**15.34**	**4.64**	**3.16**	**68.10**	**0.52**
占合计%			**21.15**			**8.71**	**8.42**		
1960	125.04	55.05	10.10	8.08	10.00	1.01	0.71	70.30	1.29
1961	123.07	53.72	7.45	6.05	6.04	0.45	0.32	71.11	0.60
1962	122.65	56.38	4.94	4.03	8.10	0.40	0.28	70.00	0.50
1963	124.11	58.24	4.63	3.73	19.01	0.88	0.58	65.91	1.00
1964	126.62	59.90	0.34	0.27	29.41	0.10	0.07	70.00	0.12
1965	126.07	61.40	0.21	0.17	23.81	0.05	0.04	80.00	0.07
1966	125.58	63.17	0.07	0.06	57.14	0.04	0.03	75.00	0.05
1967	125.53	64.80	0.84	0.67	52.38	0.44	0.31	70.45	0.48
1968	125.37	67.12	0.86	0.69	79.07	0.68	0.41	60.29	0.61
1969	125.36	69.62	0.80	0.64	73.75	0.59	0.41	69.49	0.59
10年小计									
占合计%									
1970									
1971									
1972									
1973									
1974									
1975									
1976									
1977									
1978									
1979									
10年小计									
占合计%									
1980									
1981									
1982									
1983									
1984									
1985									
1986									
1987									
1988									
1989									
11年小计			**24.46**	**2.46**	**88.18**	**21.57**	**15.45**	**71.63**	**1.24**
占合计%			**17.11**			**40.48**	**41.15**		
1990	92.01	114.67	0.71	0.77	80.28	0.57	0.40	70.18	0.35
1991	93.41	114.57	3.57	3.82	70.03	2.50	1.76	70.40	1.54
1992	91.65	114.37	3.86	4.21	117.88	4.55	3.19	70.11	2.79
1993	91.16	114.12	3.05	3.35	102.30	3.12	2.18	69.87	1.91
1994	90.86	114.02	0.31	0.34	61.29	0.19	0.13	68.42	0.11
1995	90.63	113.66	3.01	3.32	80.07	2.41	1.68	69.71	1.48
1996	90.25	113.28	3.72	4.12	81.99	3.05	2.14	70.16	1.89
1997	89.70	113.14	3.12	3.48	91.99	2.87	2.01	70.03	1.78
1998	89.30	112.69	0.33	0.37	81.82	0.27	0.19	70.37	0.17
1999	88.70	112.53	2.28	2.57	67.11	1.53	1.07	69.93	0.95
2000	88.20	112.00	0.50	0.57	102.00	0.51	0.70	137.25	0.63

5－12－5　四川省三台县历年棉花生产收购

年　　度	耕地面积（万亩）	农业人口（万人）	棉田面积（万亩）	占耕地（%）	亩　产（市斤）	产　量（万担）	收购量（万担）	商品率（%）	人均交售（市斤）
52 年合计			**541.02**	**11.12**	**81.76**	**442.33**	**353.17**	**79.84**	**7.86**
11 年小计									
占合计%									
1949									
1950									
1951									
1952									
1953									
1954									
1955									
1956									
1957									
1958									
1959									
10 年小计			**86.08**	**11.85**	**80.37**	**69.18**	**62.66**	**90.58**	**12.11**
占合计%			**15.91**			**15.64**	**17.74**		
1960									
1961									
1962									
1963									
1964									
1965	146.42	98.55	17.09	11.67	62.38	10.66	10.35	97.09	10.50
1966	145.62	100.71	16.84	11.56	65.38	11.01	10.11	91.83	10.04
1967	145.08	102.96	17.36	11.97	100.46	17.44	15.65	89.74	15.20
1968	144.83	105.89	17.42	12.03	83.58	14.56	13.21	90.73	12.48
1969	144.43	109.24	17.37	12.03	89.29	15.51	13.34	86.01	12.21
10 年小计			**173.69**	**12.32**	**73.33**	**127.37**	**122.30**	**96.02**	**9.99**
占合计%			**32.10**			**28.80**	**34.63**		
1970	143.99	112.38	17.62	12.24	71.28	12.56	11.20	89.17	9.97
1971	143.46	115.33	17.51	12.21	93.43	16.36	15.25	93.22	13.22
1972	142.43	118.10	17.20	12.08	71.57	12.31	11.76	95.53	9.96
1973	142.15	120.92	16.97	11.94	79.02	13.41	13.17	98.21	10.89
1974	141.58	123.26	17.37	12.27	60.74	10.55	10.11	95.83	8.20
1975	141.27	125.53	17.41	12.32	69.27	12.06	11.67	96.77	9.30
1976	141.27	125.53	17.41	12.32	46.41	8.08	8.08	100.00	6.44
1977	139.53	127.39	17.30	12.40	78.15	13.52	13.12	97.04	10.30
1978	137.47	127.83	17.46	12.70	90.26	15.76	15.21	96.51	11.90
1979	136.87	127.85	17.44	12.74	73.17	12.76	12.73	99.76	9.96
10 年小计			**140.48**	**10.50**	**79.40**	**111.54**	**90.15**	**80.82**	**7.04**
占合计%			**25.97**			**25.22**	**25.53**		
1980	136.12	127.53	17.51	12.86	88.01	15.41	14.12	91.63	11.07
1981	135.18	127.29	18.10	13.39	45.86	8.30	7.70	92.77	6.05
1982	134.82	127.37	14.49	10.75	65.01	9.42	8.96	95.12	7.03
1983	134.60	127.08	14.14	10.51	97.38	13.77	12.59	91.43	9.91
1984	133.53	126.34	16.84	12.61	120.61	20.31	17.14	84.39	13.57
1985	133.17	126.20	12.67	9.51	92.74	11.75	8.60	73.19	6.81
1986	132.89	127.42	11.94	8.98	68.51	8.18	6.95	84.96	5.45
1987	132.68	129.37	10.94	8.25	81.35	8.90	6.33	71.12	4.89
1988	132.43	130.51	14.10	10.65	55.18	7.78	4.40	56.56	3.37
1989	132.18	131.28	9.75	7.38	79.18	7.72	3.36	43.52	2.56
11 年小计			**140.77**	**10.13**	**95.36**	**134.24**	**78.06**	**58.15**	**5.31**
占合计%			**26.02**			**30.35**	**22.10**		
1990	131.96	133.02	10.36	7.85	90.44	9.37	6.28	67.02	4.72
1991	132.01	132.98	15.22	11.53	121.02	18.42	15.85	86.05	11.92
1992	131.74	131.68	22.38	16.99	113.27	25.35	18.86	74.40	14.32
1993	131.69	131.60	16.48	12.51	93.63	15.43	5.57	36.10	4.23
1994	128.60	132.93	13.12	10.20	58.84	7.72	3.50	45.34	2.63
1995	128.18	130.00	15.00	11.70	92.00	13.80	7.60	55.07	5.85
1996	127.43	129.00	16.00	12.56	71.25	11.40	6.30	55.26	4.88
1997	127.00	130.00	14.36	11.31	96.87	13.91	5.80	41.70	4.46
1998	125.00	136.00	12.53	10.02	106.46	13.34	4.70	35.23	3.46
1999	113.00	143.00	4.02	3.56	99.50	4.00	3.00	75.00	2.10
2000	112.70	141.00	1.30	1.15	115.38	1.50	0.60	40.00	0.43

5-12-6 四川省盐亭县历年棉花生产收购

年度	耕地面积（万亩）	农业人口（万人）	棉田面积（万亩）	占耕地（%）	亩产（市斤）	产量（万担）	收购量（万担）	商品率（%）	人均交售（市斤）
52年合计			**346.57**	**11.68**	**67.19**	**232.86**	**183.60**	**78.85**	**8.59**
11年小计			**72.40**	**11.55**	**21.70**	**15.71**	**9.47**	**60.28**	**2.87**
占合计%			**20.89**			**6.75**	**5.16**		
1949	57.00	30.00	5.52	9.68	9.06	0.50			
1950	57.00	30.00	5.61	9.84	9.27	0.52			
1951	57.00	30.00	5.81	10.19	9.64	0.56			
1952	57.00	30.00	6.05	10.61	11.74	0.71	0.36	50.70	1.20
1953	57.00	30.00	5.64	9.89	15.96	0.90	0.36	40.00	1.20
1954	57.00	30.00	7.28	12.77	19.64	1.43	1.35	94.41	4.50
1955	57.00	30.00	7.76	13.61	22.55	1.75	1.48	84.57	4.93
1956	57.00	30.00	8.01	14.05	18.60	1.49	0.02	1.34	0.07
1957	57.00	30.00	7.87	13.81	21.73	1.71	1.56	91.23	5.20
1958	57.00	30.00	6.84	12.00	27.34	1.87	1.25	66.84	4.17
1959	57.00	30.00	6.01	10.54	71.05	4.27	3.09	72.37	10.30
10年小计			**62.48**	**10.96**	**60.16**	**37.59**	**34.12**	**90.77**	**10.66**
占合计%			**18.03**			**16.14**	**18.58**		
1960	57.00	32.00	4.84	8.49	17.98	0.87	0.84	96.55	2.63
1961	57.00	32.00	4.50	7.89	20.00	0.90	0.63	70.00	1.97
1962	57.00	32.00	4.90	8.60	16.94	0.83	0.55	66.27	1.72
1963	57.00	32.00	5.30	9.30	24.91	1.32	1.13	85.61	3.53
1964	57.00	32.00	7.16	12.56	44.97	3.22	3.22	100.00	10.06
1965	57.00	32.00	7.22	12.67	50.97	3.68	3.55	96.47	11.09
1966	57.00	32.00	6.57	11.53	95.43	6.27	6.04	96.33	18.88
1967	57.00	32.00	7.96	13.96	113.07	9.00	7.22	80.22	22.56
1968	57.00	32.00	7.00	12.28	83.00	5.81	5.11	87.95	15.97
1969	57.00	32.00	7.03	12.33	80.94	5.69	5.83	102.46	18.22
10年小计			**71.64**	**12.57**	**78.98**	**56.58**	**53.36**	**94.31**	**12.70**
占合计%			**20.67**			**24.30**	**29.06**		
1970	57.00	42.00	7.01	12.30	81.17	5.69	5.16	90.69	12.29
1971	57.00	42.00	7.00	12.28	100.14	7.01	6.39	91.16	15.21
1972	57.00	42.00	7.02	12.32	77.64	5.45	4.93	90.46	11.74
1973	57.00	42.00	7.00	12.28	96.00	6.72	6.13	91.22	14.60
1974	57.00	42.00	6.20	10.88	85.00	5.27	5.10	96.77	12.14
1975	57.00	42.00	6.21	10.89	92.91	5.77	5.51	95.49	13.12
1976	57.00	42.00	7.80	13.68	57.05	4.45	4.27	95.96	10.17
1977	57.00	42.00	7.80	13.68	85.00	6.63	6.46	97.44	15.38
1978	57.00	42.00	7.80	13.68	70.00	5.46	5.41	99.08	12.88
1979	57.00	42.00	7.80	13.68	52.95	4.13	4.00	96.85	9.52
10年小计			**66.85**	**11.73**	**85.00**	**56.82**	**45.07**	**79.32**	**9.01**
占合计%			**19.29**			**24.40**	**24.55**		
1980	57.00	50.00	7.80	13.68	52.56	4.10	4.00	97.56	8.00
1981	57.00	50.00	7.80	13.68	36.79	2.87	2.17	75.61	4.34
1982	57.00	50.00	5.00	8.77	62.20	3.11	3.01	96.78	6.02
1983	57.00	50.00	4.89	8.58	128.02	6.26	6.25	99.84	12.50
1984	57.00	50.00	8.99	15.77	109.01	9.80	7.45	76.02	14.90
1985	57.00	50.00	5.72	10.04	102.97	5.89	4.22	71.65	8.44
1986	57.00	50.00	6.37	11.18	88.70	5.65	4.14	73.27	8.28
1987	57.00	50.00	6.97	12.23	93.97	6.55	5.13	78.32	10.26
1988	57.00	50.00	7.25	12.72	95.86	6.95	3.63	52.23	7.26
1989	57.00	50.00	6.06	10.63	93.07	5.64	5.07	89.89	10.14
11年小计			**73.20**	**11.64**	**90.38**	**66.16**	**41.58**	**62.85**	**7.34**
占合计%			**21.12**			**28.41**	**22.65**		
1990	57.00	50.00	6.89	12.09	97.24	6.70	0.54	8.06	1.08
1991	57.00	50.00	7.50	13.16	93.60	7.02	5.92	84.33	11.84
1992	57.00	50.00	8.39	14.72	74.61	6.26	4.47	71.41	8.94
1993	57.00	50.00	6.30	11.05	56.35	3.55	2.74	77.18	5.48
1994	57.00	50.00	4.38	7.68	52.28	2.29	1.67	72.93	3.34
1995	57.00	50.00	6.63	11.63	83.26	5.52	4.17	75.54	8.34
1996	57.00	50.00	8.00	14.04	97.25	7.78	5.83	74.94	11.66
1997	57.00	50.00	8.00	14.04	102.50	8.20	5.95	72.56	11.90
1998	57.81	55.48	7.50	12.97	112.40	8.43	5.33	63.23	9.61
1999	57.79	55.51	4.61	7.98	115.18	5.31	2.46	46.33	4.43
2000	57.40	55.20	5.00	8.71	102.00	5.10	2.50	49.02	4.53

5-12-7 四川省南部县历年棉花生产收购

年　度	耕地面积（万亩）	农业人口（万人）	棉田面积（万亩）	占耕地（%）	亩　产（市斤）	产　量（万担）	收购量（万担）	商品率（%）	人均交售（市斤）
52年合计			**859.41**	**16.66**	**70.90**	**609.28**	**562.81**	**92.37**	**11.36**
11年小计			**158.36**	**15.83**	**25.51**	**40.39**	**34.53**	**85.49**	**5.06**
占合计%			**18.43**			**6.63**	**6.14**		
1949	109.86	70.95	14.13	12.86	11.25	1.59			
1950									
1951									
1952	112.72	73.66	14.39	12.77	15.91	2.29	1.57	68.56	2.13
1953	112.82	74.93	14.98	13.28	18.96	2.84	1.66	58.45	2.22
1954	112.89	76.27	16.48	14.60	21.60	3.56	2.89	81.18	3.79
1955	112.76	76.63	17.65	15.65	21.76	3.84	3.15	82.03	4.11
1956	112.07	78.99	17.54	15.65	17.56	3.08	2.58	83.77	3.27
1957	112.06	79.23	19.46	17.37	29.60	5.76	5.38	93.40	6.79
1958	108.14	77.80	18.86	17.44	32.24	6.08	5.95	97.86	7.65
1959	107.17	73.67	24.87	23.21	45.64	11.35	11.35	100.00	15.41
10年小计			**210.57**	**19.54**	**55.34**	**116.53**	**111.71**	**95.86**	**14.60**
占合计%			**24.50**			**19.13**	**19.85**		
1960	107.09	70.00	18.00	16.81	27.56	4.96	4.54	91.53	6.49
1961	106.95	69.26	19.27	18.02	17.96	3.46	3.09	89.31	4.46
1962	106.80	71.48	20.04	18.76	12.62	2.53	2.49	98.42	3.48
1963	109.51	72.82	23.58	21.53	34.05	8.03	7.22	89.91	9.91
1964	108.85	74.19	24.54	22.54	49.23	12.08	11.99	99.25	16.16
1965	108.28	76.45	22.48	20.76	60.59	13.62	13.62	100.00	17.82
1966	108.02	78.25	21.33	19.75	122.18	26.06	25.95	99.58	33.16
1967	107.65	81.19	20.68	19.21	98.26	20.32	19.12	94.09	23.55
1968	107.58	84.24	20.38	18.94	60.75	12.38	10.96	88.53	13.01
1969	106.92	87.41	20.27	18.96	64.58	13.09	12.73	97.25	14.56
10年小计			**204.16**	**19.11**	**78.84**	**160.96**	**156.61**	**97.30**	**14.69**
占合计%			**23.76**			**26.42**	**27.83**		
1970	105.92	90.70	20.02	18.90	82.17	16.45	16.01	97.33	17.65
1971	105.06	94.12	20.01	19.05	108.40	21.69	21.24	97.93	22.57
1972	104.03	97.39	20.02	19.24	69.93	14.00	13.60	97.14	13.96
1973	102.90	100.07	20.00	19.44	94.65	18.93	18.58	98.15	18.57
1974	112.27	111.98	20.89	18.61	78.46	16.39	16.00	97.62	14.29
1975	111.42	115.19	20.92	18.78	71.08	14.87	14.82	99.66	12.87
1976	110.55	116.33	21.00	19.00	39.00	8.19	8.03	98.05	6.90
1977	110.42	117.34	20.93	18.95	80.36	16.82	16.44	97.74	14.01
1978	103.30	111.37	20.33	19.68	84.46	17.17	16.36	95.28	14.69
1979	102.20	111.58	20.04	19.61	82.09	16.45	15.53	94.41	13.92
10年小计			**133.85**	**13.63**	**101.31**	**135.60**	**129.69**	**95.64**	**11.42**
占合计%			**15.57**			**22.26**	**23.04**		
1980	101.34	111.60	20.00	19.74	76.45	15.29	14.40	94.18	12.90
1981	100.20	111.95	20.00	19.96	67.80	13.56	12.54	92.48	11.20
1982	100.05	112.21	10.01	10.00	133.37	13.35	12.77	95.66	11.38
1983	99.88	112.37	10.01	10.02	135.96	13.61	13.92	102.28	12.39
1984	97.77	112.66	14.00	14.32	149.71	20.96	20.59	98.23	18.28
1985	96.95	112.47	12.53	12.92	114.60	14.36	13.49	93.94	11.99
1986	96.77	113.79	11.23	11.60	110.69	12.43	12.21	98.23	10.73
1987	96.37	114.96	12.07	12.52	88.15	10.64	9.90	93.05	8.61
1988	96.32	116.39	12.00	12.46	97.92	11.75	10.91	92.85	9.37
1989	96.22	117.34	12.00	12.47	80.42	9.65	8.96	92.85	7.64
11年小计			**152.47**	**14.81**	**102.18**	**155.80**	**130.27**	**83.61**	**9.99**
占合计%			**17.74**			**25.57**	**23.15**		
1990	95.83	118.13	13.00	13.57	149.38	19.42	18.89	97.27	15.99
1991	95.56	118.46	13.90	14.55	160.07	22.25	21.09	94.79	17.80
1992	95.41	117.98	13.89	14.56	147.66	20.51	19.19	93.56	16.27
1993	95.27	117.73	13.01	13.66	65.10	8.47	7.01	82.76	5.95
1994	95.06	116.87	15.41	16.21	57.82	8.91	6.14	68.91	5.25
1995	94.20	119.00	15.00	15.92	113.33	17.00	14.82	87.18	12.45
1996	92.06	117.90	15.00	16.29	120.00	18.00	16.20	90.00	13.74
1997	91.66	118.42	15.16	16.54	92.02	13.95	12.58	90.18	10.62
1998	91.78	120.00	15.10	16.45	90.00	13.59	6.35	46.73	5.29
1999	91.55	119.97	15.00	16.38	38.00	5.70	3.00	52.63	2.50
2000	91.10	119.10	8.00	8.78	100.00	8.00	5.00	62.50	4.20

5-12-8 四川省仪陇县历年棉花生产收购

年度	耕地面积（万亩）	农业人口（万人）	棉田面积（万亩）	占耕地（%）	亩产（市斤）	产量（万担）	收购量（万担）	商品率（%）	人均交售（市斤）
52 年合计			**439.53**	**11.77**	**56.19**	**246.99**	**219.06**	**88.69**	**5.84**
11 年小计			**113.81**	**13.19**	**25.98**	**29.57**	**24.01**	**81.20**	**4.08**
占合计%			**25.89**			**11.97**	**10.96**		
1949	77.48	47.49	7.90	11.33	10.51	0.83	0.66	79.52	1.39
1950	77.54	48.36	8.00	10.32	10.50	0.84	0.69	82.14	1.43
1951	77.58	49.05	12.14	15.65	24.63	2.99	2.50	83.61	5.10
1952	79.21	53.42	10.56	13.33	24.62	2.60	1.66	63.85	3.11
1953	80.05	53.98	10.90	13.62	17.98	1.96	1.38	70.41	2.56
1954	80.05	55.60	11.55	14.43	20.69	2.39	1.93	80.75	3.47
1955	80.04	56.65	9.60	11.99	35.63	3.42	2.24	65.50	3.95
1956	79.18	57.99	10.42	13.16	17.47	1.82	1.35	74.18	2.33
1957	79.15	56.32	10.38	13.11	37.28	3.87	3.32	85.79	5.89
1958	77.69	55.67	10.58	13.62	36.39	3.85	3.76	97.66	6.75
1959	74.78	54.26	11.78	15.75	42.44	5.00	4.52	90.40	8.33
10 年小计			**107.06**	**14.35**	**60.89**	**65.19**	**59.36**	**91.06**	**10.23**
占合计%			**24.36**			**26.39**	**27.10**		
1960	74.38	52.91	10.76	14.47	26.49	2.85	2.34	82.11	4.42
1961	74.36	52.64	8.90	11.97	22.81	2.03	1.11	54.68	2.11
1962	74.48	53.68	8.14	10.93	23.59	1.92	1.32	68.75	2.46
1963	74.62	55.04	10.55	14.14	37.91	4.00	3.49	87.25	6.34
1964	74.87	56.28	11.58	15.47	47.41	5.49	5.18	94.35	9.20
1965	74.78	57.57	11.57	15.47	55.32	6.40	5.97	93.28	10.37
1966	74.75	59.26	11.46	15.33	129.84	14.88	14.36	96.51	24.23
1967	74.71	63.96	11.48	15.37	97.47	11.19	10.18	90.97	15.92
1968	74.67	64.90	11.29	15.12	67.14	7.58	7.09	93.54	10.92
1969	74.64	63.84	11.33	15.18	78.11	8.85	8.32	94.01	13.03
10 年小计			**111.20**	**15.48**	**72.69**	**80.83**	**74.63**	**92.33**	**9.84**
占合计%			**25.30**			**32.73**	**34.07**		
1970	74.60	67.93	11.51	15.43	67.25	7.74	7.32	94.57	10.78
1971	72.84	70.09	11.10	15.24	99.01	10.99	9.96	90.63	14.21
1972	72.50	72.22	10.93	15.08	70.36	7.69	6.97	90.64	9.65
1973	72.35	74.61	11.10	15.34	80.99	8.99	8.59	95.55	11.51
1974	71.84	76.75	11.10	15.45	60.90	6.76	5.85	86.54	7.62
1975	71.35	78.30	11.09	15.54	63.21	7.01	6.50	92.72	8.30
1976	71.10	78.88	11.09	15.60	46.89	5.20	4.71	90.58	5.97
1977	71.08	79.70	11.09	15.60	87.47	9.70	8.98	92.58	11.27
1978	70.44	80.03	11.09	15.74	74.75	8.29	7.87	94.93	9.83
1979	70.44	80.04	11.10	15.76	76.22	8.46	7.88	93.14	9.85
10 年小计			**56.41**	**8.25**	**61.35**	**34.61**	**30.87**	**89.19**	**3.68**
占合计%			**12.83**			**14.01**	**14.09**		
1980	69.70	80.79	11.09	15.91	49.23	5.46	4.95	90.66	6.13
1981	69.15	81.55	10.33	14.94	42.79	4.42	3.92	88.69	4.81
1982	69.00	82.33	4.97	7.20	62.17	3.09	2.78	89.97	3.38
1983	68.88	82.47	4.97	7.22	78.07	3.88	3.37	86.86	4.09
1984	68.42	82.69	4.98	7.28	108.23	5.39	5.12	94.99	6.19
1985	68.05	82.88	3.72	5.47	55.11	2.05	1.91	93.17	2.30
1986	67.82	84.01	3.39	5.00	91.74	3.11	2.72	87.46	3.24
1987	67.69	85.67	4.16	6.15	62.26	2.59	2.18	84.17	2.54
1988	67.53	87.36	4.65	6.89	44.95	2.09	1.89	90.43	2.16
1989	67.37	88.21	4.15	6.16	60.96	2.53	2.03	80.24	2.30
11 年小计			**51.05**	**7.06**	**72.07**	**36.79**	**30.19**	**82.06**	**3.06**
占合计%			**11.61**			**14.90**	**13.78**		
1990	67.27	89.10	5.28	7.85	90.72	4.79	4.39	91.65	4.93
1991	67.15	89.79	5.05	7.52	123.56	6.24	5.93	95.03	6.60
1992	67.03	90.27	5.05	7.53	70.69	3.57	3.17	88.80	3.51
1993	67.01	90.27	4.12	6.15	48.54	2.00	1.59	79.50	1.76
1994	66.31	90.31	4.55	6.86	46.59	2.12	1.69	79.72	1.87
1995	65.07	90.34	4.82	7.41	63.07	3.04	2.62	86.18	2.90
1996	65.04	89.91	5.02	7.72	64.34	3.23	2.87	88.85	3.19
1997	64.98	89.47	5.00	7.69	60.20	3.01	2.65	88.04	2.96
1998	64.84	89.31	4.66	7.19	61.16	2.85	2.33	81.75	2.61
1999	64.50	89.30	4.50	6.98	66.67	3.00	2.50	83.33	2.80
2000	64.10	88.70	3.00	4.68	98.00	2.94	0.45	15.31	0.51

5-12-9 四川省西充县历年棉花生产收购

年 度	耕地面积（万亩）	农业人口（万人）	棉田面积（万亩）	占耕地（%）	亩 产（市斤）	产 量（万担）	收购量（万担）	商品率（%）	人均交售（市斤）
52年合计			**428.98**	**13.75**	**68.27**	**292.87**	**240.55**	**82.13**	**8.89**
11年小计			**72.57**	**10.03**	**24.45**	**17.74**	**13.30**	**74.97**	**2.95**
占合计%			**16.92**			**6.06**	**5.53**		
1949	59.22	36.99				0.63			
1950	60.72	37.83				0.76			
1951	61.53	37.91				0.84			
1952	63.13	38.60	6.60	10.45	15.61	1.03	0.66	64.08	1.71
1953	69.73	41.26	7.15	10.25	13.99	1.00	0.79	79.00	1.91
1954	69.68	41.34	8.66	12.43	17.32	1.50	1.41	94.00	3.41
1955	69.59	43.65	9.15	13.15	16.39	1.50	1.15	76.67	2.63
1956	70.73	44.54	9.85	13.93	15.23	1.50	1.02	68.00	2.29
1957	70.53	44.52	9.68	13.72	24.38	2.36	1.94	82.20	4.36
1958	64.94	43.30	9.77	15.04	18.42	1.80	1.80	100.00	4.16
1959	63.76	41.57	11.71	18.37	41.16	4.82	4.53	93.98	10.90
10年小计			**101.82**	**16.15**	**48.39**	**49.27**	**45.98**	**93.32**	**10.52**
占合计%			**23.74**			**16.82**	**19.11**		
1960	63.38	39.03	10.16	16.03	10.04	1.02	0.93	91.18	2.38
1961	63.30	39.45	9.06	14.31	13.02	1.18	1.27	107.63	3.22
1962	63.30	40.45	8.94	14.12	10.96	0.98	0.99	101.02	2.45
1963	63.27	41.64	10.17	16.07	31.86	3.24	2.92	90.12	7.01
1964	63.66	42.85	10.99	17.26	46.31	5.09	4.58	89.98	10.69
1965	63.60	43.93	10.54	16.57	59.96	6.32	5.69	90.03	12.95
1966	62.65	45.05	11.58	18.48	106.04	12.28	12.24	99.67	27.17
1967	62.62	46.10	10.02	16.00	76.35	7.65	6.99	91.37	15.16
1968	62.41	48.36	10.01	16.04	62.74	6.28	5.48	87.26	11.33
1969	62.32	50.01	10.35	16.61	50.53	5.23	4.89	93.50	9.78
10年小计			**100.59**	**16.64**	**68.87**	**69.28**	**66.06**	**95.35**	**11.72**
占合计%			**23.45**			**23.66**	**27.46**		
1970	62.08	51.70	10.47	16.87	70.87	7.42	6.91	93.13	13.37
1971	61.36	52.23	10.05	16.38	86.77	8.72	8.36	95.87	16.01
1972	61.05	54.50	10.02	16.41	58.08	5.82	5.43	93.30	9.96
1973	60.96	55.86	10.01	16.42	84.62	8.47	8.21	96.93	14.70
1974	60.68	56.93	10.01	16.50	64.64	6.47	6.12	94.59	10.75
1975	60.50	57.96	10.02	16.56	63.87	6.40	6.13	95.78	10.58
1976	60.00	58.24	10.00	16.67	37.30	3.73	3.51	94.10	6.03
1977	59.68	58.50	10.01	16.77	71.43	7.15	6.80	95.10	11.62
1978	59.28	59.48	9.99	16.85	78.08	7.80	7.46	95.64	12.54
1979	59.09	58.45	10.01	16.94	72.93	7.30	7.13	97.67	12.20
10年小计			**74.32**	**13.01**	**98.29**	**73.05**	**65.55**	**89.73**	**11.17**
占合计%			**17.32**			**24.94**	**27.25**		
1980	58.72	58.45	10.00	17.03	70.30	7.03	7.06	100.43	12.08
1981	58.10	58.51	9.83	16.92	66.73	6.56	6.12	93.29	10.46
1982	57.85	58.55	5.96	10.30	111.91	6.67	6.68	100.15	11.41
1983	57.64	58.66	5.51	9.56	123.59	6.81	6.56	96.33	11.18
1984	57.48	57.88	7.97	13.87	138.02	11.00	10.87	98.82	18.78
1985	57.08	57.36	7.67	13.44	115.12	8.83	7.84	88.79	13.67
1986	56.84	58.03	7.89	13.88	102.53	8.09	7.66	94.68	13.20
1987	56.20	58.94	7.49	13.33	93.99	7.04	5.01	71.16	8.50
1988	55.94	59.87	7.50	13.41	99.87	7.49	5.21	69.56	8.70
1989	55.53	60.56	4.50	8.10	78.44	3.53	2.54	71.95	4.19
11年小计			**79.68**	**13.51**	**104.83**	**83.53**	**49.66**	**59.45**	**7.45**
占合计%			**18.57**			**28.52**	**20.64**		
1990	55.35	61.20	6.54	11.82	133.49	8.73	8.08	92.55	13.20
1991	54.64	61.58	7.53	13.78	132.80	10.00	8.63	86.30	14.01
1992	54.53	61.14	6.95	12.75	143.88	10.00	6.18	61.80	10.11
1993	54.23	60.70	6.50	11.99	77.38	5.03	2.09	41.55	3.44
1994	53.98	60.47	7.74	14.34	63.05	4.88	2.04	41.80	3.37
1995	53.45	60.04	7.80	14.59	96.15	7.50	4.27	56.93	7.11
1996	53.16	59.65	7.50	14.11	113.33	8.50	4.30	50.59	7.21
1997	53.16	59.43	7.51	14.13	97.36	7.31	4.40	60.18	7.40
1998	52.92	59.04	7.53	14.23	97.48	7.34	4.80	65.40	8.13
1999	52.47	61.71	7.58	14.45	96.97	7.35	2.37	32.24	3.84
2000	52.10	61.20	6.50	12.48	106.00	6.89	2.50	36.28	4.08

5－12－10　四川省阆中县历年棉花生产收购

年　　度	耕地面积（万亩）	农业人口（万人）	棉田面积（万亩）	占耕地（%）	亩　产（市斤）	产　量（万担）	收购量（万担）	商品率（%）	人均交售（市斤）
52 年合计			**312.10**	**8.87**	**62.91**	**196.35**	**165.65**	**84.36**	**4.75**
11 年小计			**44.54**	**5.35**	**23.57**	**10.50**	**8.51**	**81.05**	**1.51**
占合计%			**14.27**			**5.35**	**5.14**		
1949	76.12	47.09	2.31	3.51	13.42	0.31			
1950	76.32	48.02	2.98	3.90	14.09	0.42	0.16	38.10	0.33
1951	76.72	48.84	3.32	4.33	15.06	0.50	0.25	50.00	0.51
1952	77.78	49.65	3.44	4.42	15.99	0.55	0.36	65.45	0.73
1953	77.78	50.61	3.53	4.54	16.15	0.57	0.36	63.16	0.71
1954	77.78	51.47	3.90	5.01	20.51	0.80	0.69	86.25	1.34
1955	77.78	52.52	4.33	5.57	18.48	0.80	0.64	80.00	1.22
1956	77.65	53.56	3.85	4.96	12.99	0.50	0.39	78.00	0.73
1957	76.13	54.69	4.76	6.25	21.64	1.03	0.95	92.23	1.74
1958	69.90	54.40	5.32	7.61	33.27	1.77	1.53	86.44	2.81
1959	68.70	52.81	6.80	9.90	47.79	3.25	3.18	97.85	6.02
10 年小计			**64.11**	**9.32**	**55.40**	**35.52**	**33.89**	**95.41**	**5.89**
占合计%			**20.54**			**18.09**	**20.46**		
1960	68.07	51.34	6.22	9.14	15.76	0.98	0.79	80.61	1.54
1961	67.99	51.72	5.33	7.84	11.26	0.60	0.41	68.33	0.79
1962	68.20	53.48	5.91	8.67	8.29	0.49	0.47	95.92	0.88
1963	68.27	55.08	5.75	8.42	28.17	1.62	1.63	100.62	2.96
1964	69.57	56.51	6.61	9.50	47.35	3.13	3.06	97.76	5.41
1965	69.49	58.08	6.55	9.43	53.28	3.49	3.43	98.28	5.91
1966	69.36	59.36	6.66	9.60	126.28	8.41	8.15	96.91	13.73
1967	69.23	60.93	7.06	10.20	103.12	7.28	6.89	94.64	11.31
1968	68.97	63.50	7.02	10.18	62.54	4.39	4.07	92.71	6.41
1969	68.96	65.78	7.00	10.15	73.29	5.13	4.99	97.27	7.59
10 年小计			**83.38**	**12.36**	**79.10**	**65.95**	**61.24**	**92.86**	**8.26**
占合计%			**26.72**			**33.59**	**36.97**		
1970	68.80	67.88	7.33	10.65	82.54	6.05	5.56	91.90	8.19
1971	68.71	70.13	7.19	10.46	116.41	8.37	7.88	94.15	11.24
1972	68.43	71.90	7.23	10.57	80.91	5.85	5.28	90.26	7.34
1973	68.09	73.78	7.20	10.57	106.81	7.69	7.42	96.49	10.06
1974	67.65	75.12	7.21	10.66	89.04	6.42	5.72	89.10	7.61
1975	67.37	76.23	7.20	10.69	82.08	5.91	5.45	92.22	7.15
1976	66.90	76.48	10.01	14.96	33.17	3.32	2.87	86.45	3.75
1977	66.71	76.70	10.00	14.99	75.40	7.54	6.71	88.99	8.75
1978	66.28	76.66	10.01	15.10	81.22	8.13	7.89	97.05	10.29
1979	65.91	76.79	10.00	15.17	66.70	6.67	6.46	96.85	8.41
10 年小计			**62.11**	**9.60**	**60.57**	**37.62**	**31.08**	**82.62**	**4.02**
占合计%			**19.90**			**19.16**	**18.76**		
1980	65.75	76.81	10.00	15.21	60.20	6.02	5.85	97.18	7.62
1981	65.39	77.08	9.99	15.28	24.52	2.45	2.06	84.08	2.67
1982	65.34	77.37	6.13	9.38	59.87	3.67	3.87	105.45	5.00
1983	65.26	77.37	5.60	8.58	64.11	3.59	2.93	81.62	3.79
1984	65.00	76.92	5.50	8.46	111.82	6.15	5.15	83.74	6.70
1985	64.65	76.66	4.82	7.46	81.54	3.93	3.21	81.68	4.19
1986	64.42	77.19	4.56	7.08	68.42	3.12	2.33	74.68	3.02
1987	64.10	77.90	4.70	7.33	57.66	2.71	1.79	66.05	2.30
1988	63.64	78.16	5.36	8.42	58.02	3.11	2.25	72.35	2.88
1989	63.50	78.28	5.45	8.58	52.66	2.87	1.64	57.14	2.10
11 年小计			**57.96**	**8.55**	**80.68**	**46.76**	**30.93**	**66.15**	**3.72**
占合计%			**18.57**			**23.81**	**18.67**		
1990	63.32	78.39	5.08	8.02	82.68	4.20	3.80	90.48	4.85
1991	63.05	78.46	5.51	8.74	136.48	7.52	6.72	89.36	8.56
1992	62.38	77.57	5.01	8.03	143.91	7.21	5.12	71.01	6.60
1993	62.01	76.83	5.73	9.24	63.53	3.64	2.31	63.46	3.01
1994	61.88	76.27	5.87	9.49	37.82	2.22	1.30	58.56	1.70
1995	61.44	75.99	4.00	6.51	96.25	3.85	2.81	72.99	3.70
1996	61.19	75.15	7.53	12.31	71.45	5.38	2.80	52.04	3.73
1997	60.88	74.39	5.33	8.75	78.61	4.19	2.52	60.14	3.39
1998	60.53	73.63	5.40	8.92	67.59	3.65	1.70	46.58	2.31
1999	60.88	73.13	6.00	9.86	48.33	2.90	1.50	51.72	2.05
2000	60.20	72.70	2.50	4.15	80.00	2.00	0.35	17.50	0.48

5-12-11 四川省中江县历年棉花生产收购

年　度	耕地面积（万亩）	农业人口（万人）	棉田面积（万亩）	占耕地（%）	亩　产（市斤）	产　量（万担）	收购量（万担）	商品率（%）	人均交售（市斤）
52 年合计			**778.03**	**12.61**	**66.71**	**519.00**	**437.24**	**84.25**	**7.61**
11 年小计			**175.30**	**12.93**	**31.57**	**55.34**	**50.73**	**91.67**	**5.23**
占合计%			**22.53**			**10.66**	**11.60**		
1949	122.03	80.88	10.56	9.10	18.47	1.95	1.37	70.26	1.69
1950	122.03	81.28	10.68	8.75	20.04	2.14	1.50	70.09	1.85
1951	122.29	82.10	13.64	11.15	25.00	3.41	2.39	70.09	2.91
1952	122.57	84.24	13.66	11.14	22.04	3.01	3.52	116.94	4.18
1953	124.68	87.76	14.98	12.01	24.50	3.67	2.81	76.57	3.20
1954	125.61	89.84	16.09	12.81	29.65	4.77	5.80	121.59	6.46
1955	125.42	92.22	18.80	14.99	32.02	6.02	5.86	97.34	6.35
1956	124.60	94.85	19.00	15.25	26.58	5.05	4.06	80.40	4.28
1957	123.37	95.96	19.90	16.13	32.06	6.38	6.15	96.39	6.41
1958	122.20	91.47	19.17	15.69	41.58	7.97	7.00	87.83	7.65
1959	121.42	89.12	18.82	15.50	58.29	10.97	10.27	93.62	11.52
10 年小计			**177.14**	**14.34**	**56.19**	**99.54**	**95.17**	**95.61**	**10.11**
占合计%			**22.77**			**19.18**	**21.77**		
1960	121.78	85.39	17.00	13.96	22.35	3.80	3.77	99.21	4.42
1961	121.45	85.55	17.30	14.24	19.54	3.38	3.11	92.01	3.64
1962	123.73	89.62	16.10	13.01	17.45	2.81	2.92	103.91	3.26
1963	125.04	91.39	17.98	14.38	30.59	5.50	5.50	100.00	6.02
1964	125.19	92.72	19.94	15.93	64.59	12.88	13.08	101.55	14.11
1965	125.04	94.53	18.56	14.84	56.25	10.44	10.69	102.39	11.31
1966	124.39	96.60	17.82	14.33	75.14	13.39	13.30	99.33	13.77
1967	122.91	98.57	17.54	14.27	99.26	17.41	16.16	92.82	16.39
1968	122.90	101.85	17.54	14.27	85.58	15.01	13.53	90.14	13.28
1969	122.52	104.78	17.36	14.17	85.94	14.92	13.11	87.87	12.51
10 年小计			**174.10**	**14.53**	**77.69**	**135.26**	**123.89**	**91.59**	**10.49**
占合计%			**22.38**			**26.06**	**28.33**		
1970	122.49	107.43	17.78	14.52	73.34	13.04	13.10	100.46	12.19
1971	121.73	110.15	17.50	14.38	97.14	17.00	15.47	91.00	14.04
1972	121.41	112.46	17.33	14.27	78.59	13.62	13.06	95.89	11.61
1973	121.12	115.60	17.21	14.21	98.78	17.00	10.62	62.47	9.19
1974	120.46	118.33	17.41	14.45	69.96	12.18	11.59	95.16	9.79
1975	119.85	121.09	17.25	14.39	80.29	13.85	13.35	96.39	11.02
1976	119.07	122.64	17.37	14.59	54.35	9.44	8.77	92.90	7.15
1977	118.41	124.08	17.33	14.64	70.92	12.29	12.10	98.45	9.75
1978	117.48	124.68	17.42	14.83	86.17	15.01	14.55	96.94	11.67
1979	116.18	124.73	17.50	15.06	67.60	11.83	11.28	95.35	9.04
10 年小计			**138.88**	**12.13**	**83.31**	**115.70**	**103.69**	**89.62**	**8.28**
占合计%			**17.85**			**22.29**	**23.71**		
1980	115.99	124.59	17.50	15.09	70.69	12.37	11.99	96.93	9.62
1981	115.55	124.92	16.80	14.54	51.55	8.66	7.32	84.53	5.86
1982	115.46	124.98	14.51	12.57	79.60	11.55	11.16	96.62	8.93
1983	115.09	124.97	14.50	12.60	111.79	16.21	16.70	103.02	13.36
1984	114.46	124.40	17.00	14.85	101.18	17.20	15.66	91.05	12.59
1985	114.06	123.68	12.57	11.02	98.65	12.40	11.06	89.19	8.94
1986	113.81	124.52	12.20	10.72	92.21	11.25	10.43	92.71	8.38
1987	113.58	125.61	10.26	9.03	130.21	13.36	9.44	70.66	7.52
1988	113.49	126.42	12.21	10.76	42.59	5.20	4.08	78.46	3.23
1989	113.46	127.59	11.33	9.99	66.20	7.50	5.85	78.00	4.58
11 年小计			**112.61**	**9.12**	**100.49**	**113.16**	**63.76**	**56.34**	**4.56**
占合计%			**14.47**			**21.80**	**14.58**		
1990	113.42	128.63	10.18	8.98	116.11	11.82	10.01	84.69	7.78
1991	113.33	128.87	12.17	10.74	115.45	14.05	12.00	85.41	9.31
1992	113.01	127.89	13.00	11.50	123.38	16.04	12.10	75.44	9.46
1993	112.85	127.79	10.91	9.67	91.02	9.93	4.02	40.48	3.15
1994	112.68	126.34	10.03	8.90	55.73	5.59	2.56	45.80	2.03
1995	112.56	126.62	10.88	9.67	114.15	12.42	5.43	43.72	4.29
1996	111.88	126.53	11.70	10.46	106.41	12.45	5.28	42.41	4.17
1997	111.70	126.36	10.69	9.57	95.98	10.26	5.73	55.85	4.53
1998	111.06	126.51	10.05	9.05	90.55	9.10	3.40	37.36	2.69
1999	111.00	127.00	8.00	7.21	75.00	6.00	2.50	41.67	1.97
2000	110.60	126.00	5.00	4.52	110.00	5.50	0.73	13.27	0.58

5－12－12　四川省射洪县历年棉花生产收购

年　度	耕地面积（万亩）	农业人口（万人）	棉田面积（万亩）	占耕地（%）	亩　产（市斤）	产　量（万担）	收购量（万担）	商品率（%）	人均交售（市斤）
52年合计			**767.58**	**20.49**	**85.25**	**654.36**	**541.93**	**82.82**	**12.85**
11年小计			**171.09**	**20.05**	**38.56**	**65.98**	**56.08**	**85.00**	**7.34**
占合计%			**22.29**			**10.08**	**10.35**		
1949	77.96	64.72	12.49	17.25	22.98	2.87	2.87	100.00	4.43
1950	77.94	66.60	9.30	11.93	23.98	2.23	1.12	50.22	1.68
1951	77.94	67.30	15.34	19.68	26.99	4.14	2.04	49.28	3.03
1952	78.36	67.61	15.94	20.34	31.99	5.10	3.99	78.24	5.90
1953	78.36	68.38	15.07	19.23	31.98	4.82	3.02	62.66	4.42
1954	78.01	71.03	15.61	20.01	34.98	5.46	4.44	81.32	6.25
1955	77.60	71.93	16.20	20.88	38.02	6.16	5.49	89.12	7.63
1956	76.90	72.78	16.67	21.68	29.45	4.91	4.41	89.82	6.06
1957	79.09	72.82	17.76	22.46	38.12	6.77	6.41	94.68	8.80
1958	76.34	71.22	16.38	21.46	56.04	9.18	8.49	92.48	11.92
1959	74.89	69.45	20.33	27.15	70.54	14.34	13.80	96.23	19.87
10年小计			**164.13**	**21.79**	**71.40**	**117.19**	**106.06**	**90.50**	**14.54**
占合计%			**21.38**			**17.91**	**19.57**		
1960	73.22	67.36	20.45	27.93	36.53	7.47	7.08	94.78	10.51
1961	72.88	67.26	16.85	23.12	31.93	5.38	4.98	92.57	7.40
1962	73.07	69.52	16.04	21.95	34.73	5.57	4.68	84.02	6.73
1963	73.00	70.56	17.39	23.82	58.71	10.21	8.99	88.05	12.74
1964	77.55	71.83	17.43	22.48	77.11	13.44	12.10	90.03	16.85
1965	77.34	73.43	15.98	20.66	73.90	11.81	10.62	89.92	14.46
1966	76.93	74.60	15.01	19.51	129.31	19.41	17.78	91.60	23.83
1967	76.57	76.28	15.01	19.60	116.46	17.48	16.11	92.16	21.12
1968	76.38	78.31	14.97	19.60	92.65	13.87	12.50	90.12	15.96
1969	76.16	80.46	15.00	19.70	83.67	12.55	11.22	89.40	13.94
10年小计			**149.91**	**20.23**	**88.43**	**132.57**	**118.79**	**89.61**	**13.41**
占合计%			**19.53**			**20.26**	**21.92**		
1970	75.68	82.64	15.01	19.83	84.08	12.62	11.26	89.22	13.63
1971	75.35	85.47	15.00	19.91	122.67	18.40	16.83	91.47	19.69
1972	75.04	86.28	15.00	19.99	85.13	12.77	11.37	89.04	13.18
1973	74.59	88.02	15.00	20.11	105.67	15.85	14.28	90.09	16.22
1974	74.21	89.23	15.00	20.21	62.13	9.32	8.18	87.77	9.17
1975	73.77	90.52	14.90	20.20	86.04	12.82	11.38	88.77	12.57
1976	73.49	91.05	15.00	20.41	52.53	7.88	6.89	87.44	7.57
1977	73.23	90.93	15.00	20.48	90.73	13.61	12.10	88.91	13.31
1978	72.98	90.88	15.00	20.55	109.87	16.48	15.10	91.63	16.62
1979	72.74	90.74	15.00	20.62	85.47	12.82	11.40	88.92	12.56
10年小计			**143.13**	**20.48**	**118.54**	**169.67**	**139.78**	**82.38**	**15.15**
占合计%			**18.65**			**25.93**	**25.79**		
1980	72.39	90.58	15.00	20.72	90.00	13.50	11.13	82.44	12.29
1981	71.10	90.96	12.13	17.06	75.27	9.13	8.51	93.21	9.36
1982	71.00	91.27	12.01	16.92	103.91	12.48	11.50	92.15	12.60
1983	70.52	91.17	11.95	16.95	174.90	20.90	19.73	94.40	21.64
1984	69.94	90.88	18.28	26.14	166.52	30.44	27.29	89.65	30.03
1985	69.23	91.19	14.69	21.22	143.57	21.09	17.22	81.65	18.88
1986	68.87	91.99	14.15	20.55	124.45	17.61	14.00	79.50	15.22
1987	68.70	93.38	13.37	19.46	131.34	17.56	12.80	72.89	13.71
1988	68.55	95.19	16.53	24.11	79.92	13.21	9.08	68.74	9.54
1989	68.41	95.96	15.02	21.96	91.54	13.75	8.52	61.96	8.88
11年小计			**139.32**	**19.92**	**121.27**	**168.95**	**121.22**	**71.75**	**13.23**
占合计%			**18.15**			**25.82**	**22.37**		
1990	68.27	96.69	12.06	17.67	167.83	20.24	17.92	88.54	18.53
1991	68.13	88.48	14.10	20.70	149.29	21.05	18.94	89.98	21.41
1992	67.91	97.83	14.18	20.88	142.45	20.20	16.74	82.87	17.11
1993	67.75	85.00	14.01	20.68	82.94	11.62	7.02	60.41	8.26
1994	67.60	48.00	13.87	20.52	82.70	11.47	5.70	49.69	11.88
1995	67.50	83.93	14.60	21.63	122.60	17.90	11.90	66.48	14.18
1996	67.10	86.60	15.30	22.80	110.46	16.90	11.10	65.68	12.82
1997	58.00	84.00	12.50	21.55	136.00	17.00	12.40	72.94	14.76
1998	57.00	83.00	11.00	19.30	136.36	15.00	9.10	60.67	10.96
1999	55.00	82.00	8.20	14.91	91.46	7.50	5.20	69.33	6.34
2000	55.00	81.00	9.50	17.27	106.00	10.07	5.20	51.64	6.42

5－12－13 四川省蓬溪县历年棉花生产收购

年　度	耕地面积（万亩）	农业人口（万人）	棉田面积（万亩）	占耕地（%）	亩　产（市斤）	产　量（万担）	收购量（万担）	商品率（%）	人均交售（市斤）
52 年合计			**776.00**	**14.60**	**77.62**	**602.30**	**340.60**	**56.55**	**6.06**
11 年小计			**172.00**	**14.05**	**35.47**	**61.00**	**28.00**	**45.90**	**3.14**
占合计%			**22.16**			**10.13**	**8.22**		
1949	109.00	74.00	12.00	12.00	16.67	2.00	1.00	50.00	1.35
1950	109.00	76.00	12.00	11.01	16.67	2.00	1.00	50.00	1.32
1951	111.00	78.00	16.00	14.41	25.00	4.00	1.00	25.00	1.28
1952	112.00	79.00	15.00	13.39	26.67	4.00	2.00	50.00	2.53
1953	112.00	81.00	16.00	14.29	31.25	5.00	3.00	60.00	3.70
1954	112.00	83.00	16.00	14.29	37.50	6.00	3.00	50.00	3.61
1955	112.00	85.00	17.00	15.18	35.29	6.00	3.00	50.00	3.53
1956	112.00	86.00	17.00	15.18	29.41	5.00	2.00	40.00	2.33
1957	114.00	86.00	17.00	14.91	41.18	7.00	3.00	42.86	3.49
1958	113.00	83.00	17.00	15.04	52.94	9.00	4.00	44.44	4.82
1959	108.00	80.00	17.00	15.74	64.71	11.00	5.00	45.45	6.25
10 年小计			**176.00**	**16.36**	**59.66**	**105.00**	**46.00**	**43.81**	**5.55**
占合计%			**22.68**			**17.43**	**13.51**		
1960	108.00	76.00	16.00	14.81	25.00	4.00	2.00	50.00	2.63
1961	108.00	78.00	16.00	14.81	18.75	3.00	1.00	33.33	1.28
1962	108.00	79.00	17.00	15.74	23.53	4.00	2.00	50.00	2.53
1963	108.00	81.00	20.00	18.52	45.00	9.00	3.00	33.33	3.70
1964	108.00	82.00	20.00	18.52	60.00	12.00	4.00	33.33	4.88
1965	108.00	83.00	19.00	17.59	52.63	10.00	3.00	30.00	3.61
1966	108.00	85.00	17.00	15.74	111.76	19.00	10.00	52.63	11.76
1967	108.00	86.00	17.00	15.74	105.88	18.00	9.00	50.00	10.47
1968	106.00	88.00	17.00	16.04	82.35	14.00	7.00	50.00	7.95
1969	106.00	91.00	17.00	16.04	70.59	12.00	5.00	41.67	5.49
10 年小计			**170.00**	**16.43**	**72.35**	**123.00**	**59.00**	**47.97**	**5.86**
占合计%			**21.91**			**20.42**	**17.32**		
1970	106.00	94.00	17.00	16.04	76.47	13.00	4.00	30.77	4.26
1971	105.00	96.00	17.00	16.19	111.76	19.00	10.00	52.63	10.42
1972	105.00	98.00	17.00	16.19	76.47	13.00	8.00	61.54	8.16
1973	104.00	99.00	17.00	16.35	94.12	16.00	9.00	56.25	9.09
1974	104.00	101.00	17.00	16.35	58.82	10.00	4.00	40.00	3.96
1975	104.00	103.00	17.00	16.35	70.59	12.00	7.00	58.33	6.80
1976	102.00	104.00	17.00	16.67	41.18	7.00	3.00	42.86	2.88
1977	102.00	104.00	17.00	16.67	76.47	13.00	7.00	53.85	6.73
1978	102.00	104.00	17.00	16.67	76.47	13.00	4.00	30.77	3.85
1979	101.00	104.00	17.00	16.83	41.18	7.00	3.00	42.86	2.88
10 年小计			**132.00**	**13.07**	**106.82**	**141.00**	**112.00**	**79.43**	**9.26**
占合计%			**17.01**			**23.41**	**32.88**		
1980	100.00	103.00	17.00	17.00	41.18	7.00	6.00	85.71	5.83
1981	100.00	104.00	16.00	16.00	68.75	11.00	10.00	90.91	9.62
1982	100.00	104.00	11.00	11.00	90.91	10.00	9.00	90.00	8.65
1983	100.00	105.00	11.00	11.00	136.36	15.00	13.00	86.67	12.38
1984	100.00	105.00	11.00	11.00	163.64	18.00	15.00	83.33	14.29
1985	106.00	110.00	13.00	12.26	123.08	16.00	12.00	75.00	10.91
1986	99.00	107.00	12.00	12.12	125.00	15.00	12.00	80.00	11.21
1987	100.00	132.00	13.00	13.00	123.08	16.00	14.00	87.50	10.61
1988	100.00	157.00	14.00	14.00	121.43	17.00	12.00	70.59	7.64
1989	105.00	182.00	14.00	13.33	114.29	16.00	9.00	56.25	4.95
11 年小计			**126.00**	**12.99**	**136.75**	**172.30**	**95.60**	**55.48**	**5.66**
占合计%			**16.24**			**28.61**	**28.07**		
1990	105.00	182.00	14.00	13.33	142.86	20.00	15.00	75.00	8.24
1991	104.00	183.00	14.00	13.46	142.86	20.00	19.00	95.00	10.38
1992	105.00	184.00	14.00	13.33	142.86	20.00	17.00	85.00	9.24
1993	105.00	186.00	14.00	13.33	142.86	20.00	6.00	30.00	3.23
1994	105.00	188.00	14.00	13.33	92.86	13.00	4.00	30.77	2.13
1995	105.00	184.00	14.00	13.33	150.00	21.00	11.00	52.38	5.98
1996	105.00	185.00	15.00	14.29	146.67	22.00	9.00	40.91	4.86
1997	104.00	186.00	14.00	13.46	157.14	22.00	9.00	40.91	4.84
1998	44.00	70.00	5.00	11.36	120.00	6.00	3.00	50.00	4.29
1999	44.00	70.00	5.00	11.36	100.00	5.00	2.00	40.00	2.86
2000	43.80	69.80	3.00	6.85	110.00	3.30	0.60	18.18	0.86

5－12－14　四川省遂宁市遂宁中区历年棉花生产收购

年　　度	耕地面积（万亩）	农业人口（万人）	棉田面积（万亩）	占耕地（%）	亩　产（市斤）	产　量（万担）	收购量（万担）	商品率（%）	人均交售（市斤）
52 年合计			**745.61**	**12.63**	**66.41**	**495.14**	**371.45**	**75.02**	**7.54**
11 年小计			**185.23**	**14.61**	**27.70**	**51.31**	**38.26**	**74.56**	**4.64**
占合计%			**24.84**			**10.36**	**10.30**		
1949	117.10	66.62	14.50	12.78	16.97	2.46			
1950	118.20	67.56	14.50	12.27	18.00	2.61			
1951	118.24	71.18	16.50	13.95	22.00	3.63			
1952	118.27	73.97	16.45	13.91	20.00	3.29	3.00	91.19	4.06
1953	113.58	75.15	15.54	13.68	22.08	3.43	2.38	69.35	3.17
1954	113.54	77.49	15.72	13.85	26.02	4.09	4.89	119.56	6.31
1955	113.48	78.80	18.12	15.97	26.93	4.88	4.78	97.95	6.07
1956	113.28	79.38	18.32	16.17	22.16	4.06	3.75	92.36	4.72
1957	112.98	79.12	19.10	16.91	29.58	5.65	5.25	92.92	6.64
1958	107.10	79.73	18.30	17.09	41.37	7.57	6.75	89.17	8.47
1959	121.65	74.88	18.18	14.94	53.03	9.64	7.46	77.39	9.96
10 年小计			**166.53**	**13.97**	**50.27**	**83.72**	**75.27**	**89.91**	**9.48**
占合计%			**22.33**			**16.91**	**20.26**		
1960	118.44	73.75	12.92	10.91	28.79	3.72	3.08	82.80	4.18
1961	115.16	72.25	15.91	13.82	14.77	2.35	2.22	94.47	3.07
1962	114.83	75.21	16.06	13.99	18.06	2.90	2.72	93.79	3.62
1963	117.39	77.31	17.22	14.67	33.57	5.78	5.71	98.79	7.39
1964	121.99	78.73	18.97	15.55	48.44	9.19	8.05	87.60	10.22
1965	121.74	79.79	17.57	14.43	44.91	7.89	6.86	86.95	8.60
1966	121.27	81.51	16.86	13.90	92.29	15.56	14.17	91.07	17.38
1967	120.63	82.68	17.27	14.32	77.19	13.33	12.02	90.17	14.54
1968	120.24	84.50	16.91	14.06	73.39	12.41	11.10	89.44	13.14
1969	120.09	88.13	16.84	14.02	62.89	10.59	9.34	88.20	10.60
10 年小计			**166.66**	**14.21**	**68.08**	**113.47**	**100.07**	**88.19**	**10.09**
占合计%			**22.35**			**22.92**	**26.94**		
1970	119.84	91.20	16.70	13.94	54.79	9.15	7.97	87.10	8.74
1971	119.29	93.02	16.66	13.97	90.52	15.08	13.60	90.19	14.62
1972	118.60	92.32	16.69	14.07	66.57	11.11	10.04	90.37	10.88
1973	118.22	97.55	16.70	14.13	89.28	14.91	13.39	89.81	13.73
1974	117.80	99.72	16.69	14.17	69.32	11.57	10.17	87.90	10.20
1975	117.26	102.37	16.55	14.11	72.93	12.07	10.63	88.07	10.38
1976	116.56	103.79	16.65	14.28	52.85	8.80	7.55	85.80	7.27
1977	116.03	102.58	16.69	14.38	79.27	13.23	11.73	88.66	11.43
1978	115.02	104.82	16.64	14.47	79.03	13.15	11.68	88.82	11.14
1979	113.88	104.77	16.69	14.66	26.36	4.40	3.31	75.23	3.16
10 年小计			**106.43**	**9.70**	**93.63**	**99.65**	**74.85**	**75.11**	**7.01**
占合计%			**14.27**			**20.13**	**20.15**		
1980	113.42	104.34	16.70	14.72	28.68	4.79	3.73	77.87	3.57
1981	110.95	104.77	15.22	13.72	55.26	8.41	7.24	86.09	6.91
1982	110.60	105.43	11.59	10.48	61.35	7.11	6.00	84.39	5.69
1983	110.49	105.93	9.22	8.34	98.26	9.06	7.90	87.20	7.46
1984	109.60	105.55	11.36	10.36	138.91	15.78	12.77	80.93	12.10
1985	108.98	105.51	8.66	7.95	128.41	11.12	8.47	76.17	8.03
1986	108.66	107.00	7.63	7.02	138.53	10.57	7.91	74.83	7.39
1987	108.45	107.76	7.38	6.80	144.72	10.68	7.67	71.82	7.12
1988	108.17	109.19	10.24	9.47	126.27	12.93	7.66	59.24	7.02
1989	108.00	111.90	8.43	7.81	109.13	9.20	5.50	59.78	4.92
11 年小计			**120.76**	**10.30**	**121.72**	**146.99**	**83.00**	**56.47**	**6.64**
占合计%			**16.20**			**29.69**	**22.34**		
1990	107.88	113.81	10.04	9.31	152.29	15.29	13.94	91.17	12.25
1991	107.81	114.41	11.54	10.70	163.43	18.86	17.01	90.19	14.87
1992	107.57	114.41	11.39	10.59	147.59	16.81	12.63	75.13	11.04
1993	107.52	115.04	10.57	9.83	106.43	11.25	5.26	46.76	4.57
1994	107.32	115.02	12.07	11.25	57.66	6.96	3.84	55.17	3.34
1995	107.24	115.54	15.24	14.21	98.56	15.02	8.76	58.32	7.58
1996	106.99	117.26	13.00	103.80	126.77	16.48	7.47	45.33	6.37
1997	106.75	111.19	11.02	10.32	139.84	15.41	7.81	50.68	7.02
1998	105.91	111.61	12.08	11.41	111.92	13.52	4.07	30.10	3.65
1999	104.14	110.98	8.81	8.46	129.28	11.39	0.61	5.36	0.55
2000	103.80	110.00	5.00	4.82	120.00	6.00	1.60	26.67	1.45

5－12－15 四川省巴中县历年棉花生产收购

年　　度	耕地面积（万亩）	农业人口（万人）	棉田面积（万亩）	占耕地（%）	亩　产（市斤）	产　量（万担）	收购量（万担）	商品率（%）	人均交售（市斤）
52 年合计			**559.10**	**12.50**	**57.04**	**318.92**	**238.10**	**74.66**	**6.24**
11 年小计			**121.40**	**12.83**	**26.28**	**31.90**	**27.80**	**87.16**	**6.02**
占合计%			**21.71**			**10.00**	**11.68**		
1949	86.00	42.00	5.60	6.51	16.07	0.90	0.50	55.56	1.19
1950	86.00	42.00	5.60	6.51	16.07	0.90	0.70	77.78	1.67
1951	86.00	42.00	10.80	12.56	15.74	1.70	1.40	82.35	3.33
1952	86.00	42.00	9.60	11.16	16.67	1.60	0.50	31.25	1.19
1953	86.00	42.00	9.20	10.70	16.30	1.50	1.10	73.53	2.63
1954	86.00	42.00	9.70	11.28	19.59	1.90	1.80	94.74	4.29
1955	86.00	42.00	10.70	12.44	25.23	2.70	2.50	92.59	5.95
1956	86.00	42.00	11.20	13.02	19.64	2.20	1.70	77.27	4.05
1957	86.00	42.00	14.30	16.63	27.27	3.90	3.60	92.31	8.57
1958	86.00	42.00	14.70	17.09	27.89	4.10	4.10	100.00	9.76
1959	86.00	42.00	20.00	23.26	52.50	10.50	9.90	94.29	23.57
10 年小计			**172.30**	**20.03**	**46.31**	**79.80**	**67.70**	**84.84**	**15.74**
占合计%			**30.82**			**25.02**	**28.43**		
1960	86.00	43.00	19.50	22.67	21.54	4.20	4.10	97.62	9.53
1961	86.00	43.00	18.80	21.86	14.36	2.70	2.10	77.78	4.88
1962	86.00	43.00	16.00	18.60	21.88	3.50	3.30	94.29	7.67
1963	86.00	43.00	17.10	19.88	36.26	6.20	4.00	64.52	9.30
1964	86.00	43.00	17.30	20.12	41.62	7.20	7.20	100.00	16.74
1965	86.00	43.00	17.00	19.77	53.53	9.10	7.90	86.81	18.37
1966	86.00	43.00	16.70	19.42	90.42	15.10	14.50	96.03	33.72
1967	86.00	43.00	16.70	19.42	72.46	12.10	10.30	85.12	23.95
1968	86.00	43.00	16.60	19.30	59.64	9.90	5.60	56.57	13.02
1969	86.00	43.00	16.60	19.30	59.04	9.80	8.70	88.78	20.23
10 年小计			**146.90**	**17.08**	**70.12**	**103.00**	**92.20**	**89.51**	**13.56**
占合计%			**26.27**			**32.30**	**38.72**		
1970	86.00	68.00	16.70	19.42	46.11	7.70	6.60	85.71	9.71
1971	86.00	68.00	16.70	19.42	68.86	11.50	10.40	90.43	15.29
1972	86.00	68.00	16.70	19.42	49.10	8.20	8.20	100.00	12.06
1973	86.00	68.00	16.70	19.42	76.05	12.70	11.50	90.55	16.91
1974	86.00	68.00	16.80	19.53	80.95	13.60	12.20	89.71	17.94
1975	86.00	68.00	16.80	19.53	81.55	13.70	11.80	86.13	17.35
1976	86.00	68.00	16.80	19.53	54.17	9.10	7.20	79.12	10.59
1977	86.00	68.00	16.70	19.42	95.21	15.90	14.00	88.05	20.59
1978	86.00	68.00	6.50	7.56	81.54	5.30	5.20	98.11	7.65
1979	86.00	68.00	6.50	7.56	81.54	5.30	5.10	96.23	7.50
10 年小计			**95.40**	**11.09**	**71.38**	**68.10**	**43.80**	**64.32**	**5.03**
占合计%			**17.06**			**21.35**	**18.40**		
1980	86.00	87.00	10.20	11.86	57.84	5.90	3.90	66.10	4.48
1981	86.00	87.00	11.00	12.79	30.91	3.40	2.50	73.53	2.87
1982	86.00	87.00	11.00	12.79	40.00	4.40	2.70	61.36	3.10
1983	86.00	87.00	13.50	15.70	26.67	3.60	3.00	83.33	3.45
1984	86.00	87.00	9.80	11.40	102.04	10.00	6.30	63.00	7.24
1985	86.00	87.00	9.80	11.40	102.04	10.00	6.30	63.00	7.24
1986	86.00	87.00	9.80	11.40	102.04	10.00	6.30	63.00	7.24
1987	86.00	87.00	9.80	11.40	102.04	10.00	6.30	63.00	7.24
1988	86.00	87.00	9.80	11.40	102.04	10.00	6.30	63.00	7.24
1989	86.00	87.00	0.70	0.81	114.29	0.80	0.20	25.00	0.23
11 年小计			**23.10**	**2.44**	**156.36**	**36.12**	**6.60**	**18.27**	**0.48**
占合计%			**4.13**			**11.33**	**2.77**		
1990	86.00	125.00	1.50	1.74	120.00	1.80	0.20	11.11	0.16
1991	86.00	125.00	1.30	1.51	130.77	1.70	0.10	5.88	0.08
1992	86.00	125.00	3.00	3.49	150.00	4.50	0.20	4.44	0.16
1993	86.00	125.00	2.80	3.26	157.14	4.40	0.60	13.64	0.48
1994	86.00	125.00	3.00	3.49	170.00	5.10	0.60	11.76	0.48
1995	86.00	125.00	2.00	2.33	170.00	3.40	0.50	14.71	0.40
1996	86.00	125.00	2.00	2.33	170.00	3.40	0.90	26.47	0.72
1997	86.00	125.00	2.00	2.33	170.00	3.40	0.80	23.53	0.64
1998	86.00	125.00	2.00	2.33	170.00	3.40	0.90	26.47	0.72
1999	86.00	125.00	2.00	2.33	170.00	3.40	1.00	29.41	0.80
2000	86.00	124.00	1.50	1.74	108.00	1.62	0.80	49.38	0.65

5-12-16 四川省平昌县历年棉花生产收购

年 度	耕地面积（万亩）	农业人口（万人）	棉田面积（万亩）	占耕地（%）	亩 产（市斤）	产 量（万担）	收购量（万担）	商品率（%）	人均交售（市斤）
52 年合计			**317.62**	**8.19**	**43.78**	**139.04**	**116.60**	**83.86**	**3.76**
11 年小计			**60.73**	**7.37**	**23.86**	**14.49**	**11.54**	**79.64**	**2.53**
占合计%			**19.12**			**10.42**	**9.90**		
1949	65.59	37.34	2.25	3.04	12.00	0.27			
1950	68.58	38.24	2.99	4.36	14.05	0.42			
1951	70.53	38.65	3.25	4.61	18.15	0.59			
1952	72.91	39.41	3.93	5.39	18.07	0.71	0.41	57.75	1.04
1953	73.85	41.36	4.59	6.22	16.12	0.74	0.58	78.38	1.40
1954	74.21	43.15	4.67	6.29	22.06	1.03	0.98	95.15	2.27
1955	74.57	43.54	5.32	7.13	21.99	1.17	0.94	80.34	2.16
1956	77.65	44.06	5.32	6.85	19.36	1.03	0.96	93.20	2.18
1957	82.20	44.51	7.48	9.10	28.21	2.11	1.95	92.42	4.38
1958	82.11	43.78	8.45	10.29	22.72	1.92	1.84	95.83	4.20
1959	81.53	42.70	12.48	15.31	36.06	4.50	3.88	86.22	9.09
10 年小计			**111.07**	**13.70**	**41.65**	**46.26**	**40.59**	**87.74**	**8.49**
占合计%			**34.97**			**33.27**	**34.81**		
1960	81.06	41.98	11.97	14.77	10.94	1.31	1.27	96.95	3.03
1961	81.06	42.30	12.29	15.16	15.05	1.85	1.60	86.49	3.78
1962	81.00	44.32	10.89	13.44	18.37	2.00	1.50	75.00	3.38
1963	81.25	46.10	11.14	13.71	35.01	3.90	3.73	95.64	8.09
1964	81.50	47.09	11.44	14.04	41.78	4.78	4.63	96.86	9.83
1965	81.21	48.07	11.31	13.93	46.51	5.26	5.30	100.76	11.03
1966	81.49	49.74	10.51	12.90	104.38	10.97	10.54	96.08	21.19
1967	80.82	51.41	10.75	13.30	74.14	7.97	5.77	72.40	11.22
1968	80.84	51.38	10.44	12.91	35.44	3.70	2.39	64.59	4.65
1969	80.71	55.50	10.33	12.80	43.76	4.52	3.86	85.40	6.95
10 年小计			**105.57**	**13.57**	**52.74**	**55.68**	**49.15**	**88.27**	**7.60**
占合计%			**33.24**			**40.05**	**42.15**		
1970	80.31	57.22	10.51	13.09	59.94	6.30	5.49	87.14	9.59
1971	80.40	59.15	10.50	13.06	55.71	5.85	5.35	91.45	9.04
1972	80.20	60.70	10.50	13.09	50.57	5.31	4.55	85.69	7.50
1973	79.32	63.00	10.51	13.25	71.46	7.51	6.62	88.15	10.51
1974	78.36	65.41	10.61	13.54	45.81	4.86	4.24	87.24	6.48
1975	77.63	67.58	10.54	13.58	36.53	3.85	3.19	82.86	4.72
1976	76.98	67.53	10.61	13.78	29.97	3.18	2.68	84.28	3.97
1977	75.37	68.75	10.61	14.08	68.05	7.22	6.85	94.88	9.96
1978	75.04	67.96	10.59	14.11	53.16	5.63	4.99	88.63	7.34
1979	74.27	69.22	10.59	14.26	56.37	5.97	5.19	86.93	7.50
10 年小计			**27.12**	**3.78**	**29.17**	**7.91**	**6.43**	**81.29**	**0.92**
占合计%			**8.54**			**5.69**	**5.51**		
1980	74.01	69.91	10.60	14.32	26.04	2.76	2.38	86.23	3.40
1981	73.83	69.84	10.38	14.06	29.96	3.11	2.42	77.81	3.47
1982	73.62	70.63	1.54	2.09	29.22	0.45	0.39	86.67	0.55
1983	73.40	70.01	1.51	2.06	21.85	0.33	0.33	100.00	0.47
1984	71.69	69.78	1.49	2.08	34.90	0.52	0.40	76.92	0.57
1985	70.54	68.35	0.46	0.65	34.78	0.16	0.12	75.00	0.18
1986	70.32	69.16	0.30	0.43	40.00	0.12	0.10	83.33	0.14
1987	70.08	70.51	0.26	0.37	42.31	0.11	0.10	90.91	0.14
1988	69.92	71.08	0.31	0.44	45.16	0.14	0.09	64.29	0.13
1989	69.69	72.15	0.27	0.39	77.78	0.21	0.10	47.62	0.14
11 年小计			**13.13**	**1.75**	**111.96**	**14.70**	**8.89**	**60.48**	**1.09**
占合计%			**4.13**			**10.57**	**7.62**		
1990	69.40	73.49	0.27	0.39	151.85	0.41	0.24	58.54	0.33
1991	69.12	73.73	1.35	1.95	150.37	2.03	0.85	41.87	1.15
1992	68.83	72.70	3.00	4.36	121.00	3.63	2.37	65.29	3.26
1993	68.50	73.61	1.23	1.80	70.73	0.87	0.44	50.57	0.60
1994	68.21	73.36	1.01	1.48	68.32	0.69	0.25	36.23	0.34
1995	67.95	73.55	0.43	0.63	116.28	0.50	0.34	68.00	0.46
1996	67.67	73.57	1.53	2.26	113.07	1.73	0.92	53.18	1.25
1997	67.49	73.73	1.28	1.90	116.41	1.49	1.28	85.91	1.74
1998	66.99	76.80	1.23	1.84	117.89	1.45	1.30	89.66	1.69
1999	67.33	77.18	0.80	1.19	118.75	0.95	0.60	63.16	0.78
2000	67.20	76.50	1.00	1.49	95.00	0.95	0.30	31.58	0.39

5－12－17　四川省仁寿县历年棉花生产收购

年　度	耕地面积（万亩）	农业人口（万人）	棉田面积（万亩）	占耕地（%）	亩　产（市斤）	产　量（万担）	收购量（万担）	商品率（%）	人均交售（市斤）
52年合计			**1,724.78**	**20.90**	**66.12**	**1,140.36**	**994.40**	**87.20**	**16.56**
11年小计			**383.15**	**18.99**	**35.02**	**134.16**	**96.43**	**71.88**	**9.44**
占合计%			**22.21**			**11.76**	**9.70**		
1949	174.66	87.30	20.77	11.89	9.48	1.97			
1950	174.65	88.46	23.18	13.27	18.98	4.40			
1951	174.64	89.64	29.57	16.93	23.00	6.80			
1952	174.63	90.93	27.49	15.74	28.01	7.70	3.99	51.82	4.39
1953	192.33	91.58	31.34	16.29	31.11	9.75	5.34	54.77	5.83
1954	192.33	94.19	41.34	21.49	35.00	14.47	9.92	68.56	10.53
1955	190.46	96.13	40.75	21.40	47.26	19.26	14.97	77.73	15.57
1956	189.99	98.69	41.36	21.77	44.68	18.48	12.28	66.45	12.44
1957	189.74	99.97	43.72	23.04	43.02	18.81	18.49	98.30	18.50
1958	182.45	95.31	43.81	24.01	45.47	19.92	19.32	96.99	20.27
1959	181.44	89.58	39.82	21.95	31.64	12.60	12.12	96.19	13.53
10年小计			**425.67**	**25.13**	**49.81**	**212.04**	**207.86**	**98.03**	**23.07**
占合计%			**24.68**			**18.59**	**20.90**		
1960	179.67	83.79	42.48	23.64	21.37	9.08	8.36	92.07	9.98
1961	178.74	81.90	40.00	22.38	10.00	4.00	3.82	95.50	4.66
1962	178.86	83.40	37.62	21.03	12.09	4.55	4.55	100.00	5.46
1963	178.86	83.96	44.00	24.60	28.23	12.42	11.00	88.57	13.10
1964	163.96	86.40	48.58	29.63	55.19	26.81	27.27	101.72	31.56
1965	164.04	89.39	45.73	27.88	65.06	29.75	30.31	101.88	33.91
1966	163.70	92.56	42.54	25.99	72.80	30.97	31.82	102.74	34.38
1967	162.41	95.71	41.95	25.83	89.27	37.45	36.36	97.09	37.99
1968	162.89	99.76	41.50	25.48	67.18	27.88	26.52	95.12	26.58
1969	160.58	104.25	41.27	25.70	70.58	29.13	27.85	95.61	26.71
10年小计			**408.83**	**26.42**	**66.34**	**271.21**	**267.74**	**98.72**	**22.02**
占合计%			**23.70**			**23.78**	**26.92**		
1970	161.90	108.01	41.71	25.76	74.83	31.21	30.05	96.28	27.82
1971	159.44	112.28	41.45	26.00	65.28	27.06	27.04	99.93	24.08
1972	157.84	115.25	41.28	26.15	70.59	29.14	28.82	98.90	25.01
1973	156.70	118.51	41.26	26.33	67.96	28.04	28.03	99.96	23.65
1974	154.92	121.81	41.26	26.63	58.24	24.03	24.03	100.00	19.73
1975	152.57	124.88	40.89	26.80	71.09	29.07	29.04	99.90	23.25
1976	151.83	127.22	40.19	26.47	43.19	17.36	17.26	99.42	13.57
1977	151.23	128.22	40.88	27.03	65.26	26.68	26.11	97.86	20.36
1978	150.59	129.18	39.95	26.53	82.20	32.84	32.17	97.96	24.90
1979	150.35	130.78	39.96	26.58	64.51	25.78	25.19	97.71	19.26
10年小计			**275.74**	**18.81**	**103.44**	**285.22**	**265.31**	**93.02**	**19.89**
占合计%			**15.99**			**25.01**	**26.68**		
1980	149.34	130.72	38.80	25.98	45.85	17.79	17.48	98.26	13.37
1981	148.93	131.87	37.30	25.05	57.77	21.55	21.13	98.05	16.02
1982	148.77	132.56	24.22	16.28	96.86	23.46	23.21	98.93	17.51
1983	147.71	132.70	24.24	16.41	128.26	31.09	30.95	99.55	23.32
1984	146.81	132.21	28.78	19.60	154.59	44.49	39.91	89.71	30.19
1985	145.54	131.79	25.10	17.25	144.58	36.29	34.48	95.01	26.16
1986	145.26	133.05	23.60	16.25	115.38	27.23	25.91	95.15	19.47
1987	145.03	134.51	24.00	16.55	136.92	32.86	29.01	88.28	21.57
1988	144.70	136.74	25.40	17.55	92.28	23.44	20.08	85.67	14.68
1989	143.81	137.69	24.30	16.90	111.19	27.02	23.15	85.68	16.81
11年小计			**231.39**	**15.15**	**102.74**	**237.73**	**157.06**	**66.07**	**10.25**
占合计%			**13.42**			**20.85**	**15.79**		
1990	143.33	138.84	24.40	17.02	111.56	27.22	23.32	85.67	16.80
1991	143.96	139.26	26.70	18.55	122.10	32.60	29.00	88.96	20.82
1992	142.59	138.38	25.38	17.80	121.67	30.88	27.86	90.22	20.13
1993	140.12	139.00	21.89	15.62	75.97	16.63	8.84	53.16	6.36
1994	139.91	137.61	22.20	15.87	91.26	20.26	10.36	51.14	7.53
1995	138.57	139.61	24.00	17.32	90.00	21.60	16.10	74.54	11.53
1996	138.00	141.00	22.40	16.23	100.00	22.40	15.90	70.98	11.28
1997	135.28	137.47	21.81	16.12	106.33	23.19	11.51	49.63	8.37
1998	135.28	140.38	21.37	15.80	108.61	23.21	6.67	28.74	4.75
1999	135.16	140.94	14.24	10.54	87.50	12.46	1.50	12.04	1.06
2000	134.80	139.50	7.00	5.19	104.00	7.28	6.00	82.42	4.30

5-12-18 四川省井研县历年棉花生产收购

年 度	耕地面积（万亩）	农业人口（万人）	棉田面积（万亩）	占耕地（%）	亩 产（市斤）	产 量（万担）	收购量（万担）	商品率（%）	人均交售（市斤）
52年合计			**189.63**	**7.11**	**43.58**	**82.65**	**64.57**	**78.13**	**3.79**
11年小计			**30.61**	**5.01**	**18.59**	**5.69**	**4.10**	**72.11**	**1.39**
占合计%			**16.14**			**6.88**	**6.35**		
1949	55.28	25.13	1.52	3.04	10.53	0.16	0.13	81.25	0.52
1950	55.28	25.53	1.50	2.71	10.00	0.15	0.12	82.00	0.48
1951	55.31	26.40	5.13	9.27	17.93	0.92	0.64	69.57	2.42
1952	56.07	26.53	2.75	4.90	12.00	0.33	0.23	69.70	0.87
1953	56.21	26.01	1.25	2.22	16.80	0.21	0.18	85.71	0.69
1954	56.16	27.49	1.53	2.72	18.30	0.28	0.16	57.14	0.58
1955	56.22	28.06	2.29	4.07	24.02	0.55	0.45	81.82	1.60
1956	55.91	28.36	3.11	5.56	14.15	0.44	0.35	79.55	1.23
1957	56.00	28.93	2.99	5.34	20.07	0.60	0.43	71.67	1.49
1958	55.81	27.30	3.24	5.81	24.07	0.78	0.56	71.79	2.05
1959	52.81	26.30	5.30	10.04	23.96	1.27	0.85	66.93	3.23
10年小计			**38.12**	**7.24**	**34.00**	**12.96**	**10.98**	**84.72**	**4.14**
占合计%			**20.10**			**15.68**	**17.00**		
1960	51.79	24.66	3.95	7.63	6.08	0.24			
1961	50.36	24.19	1.50	2.98	2.00	0.03			
1962	51.28	24.57	0.39	0.76	2.56	0.01			
1963	51.71	25.03	1.68	3.25	5.95	0.10			
1964	53.97	25.70	3.87	7.17	32.04	1.24	0.94	75.81	3.66
1965	54.07	26.41	4.23	7.82	34.04	1.44	1.23	85.42	4.66
1966	53.68	27.13	4.94	9.20	43.93	2.17	1.88	86.64	6.93
1967	53.69	28.04	6.04	11.25	47.85	2.89	2.43	84.08	8.67
1968	53.17	29.10	5.79	10.89	40.07	2.32	2.15	92.67	7.39
1969	52.96	30.31	5.73	10.82	43.98	2.52	2.35	93.25	7.75
10年小计			**70.57**	**13.80**	**41.76**	**29.47**	**24.18**	**82.05**	**6.94**
占合计%			**37.21**			**35.66**	**37.45**		
1970	52.97	31.46	6.18	11.67	50.00	3.09	2.54	82.20	8.07
1971	52.29	32.61	6.68	12.77	50.00	3.34	2.78	83.23	8.52
1972	51.94	33.44	6.87	13.23	43.96	3.02	2.68	88.74	8.01
1973	51.20	34.60	6.63	12.95	38.01	2.52	2.05	81.35	5.92
1974	50.92	35.30	6.68	13.12	38.02	2.54	2.23	87.80	6.32
1975	50.65	35.90	6.68	13.19	38.02	2.54	2.14	84.25	5.96
1976	50.45	36.02	7.90	15.66	25.95	2.05	1.53	74.63	4.25
1977	50.58	36.32	7.08	14.00	32.06	2.27	1.86	81.94	5.12
1978	50.29	36.42	7.94	15.79	54.03	4.29	3.34	77.86	9.17
1979	50.12	36.56	7.93	15.82	48.05	3.81	3.03	79.53	8.29
10年小计			**34.08**	**6.90**	**62.56**	**21.32**	**17.96**	**84.24**	**4.83**
占合计%			**17.97**			**25.80**	**27.81**		
1980	49.99	36.75	7.91	15.82	27.94	2.21	1.41	63.80	3.84
1981	49.86	36.98	7.54	15.12	40.05	3.02	1.89	62.58	5.11
1982	49.78	37.02	3.56	7.15	61.52	2.19	2.05	93.61	5.54
1983	49.77	37.30	2.66	5.34	63.91	1.70	1.56	91.76	4.18
1984	49.45	37.20	3.31	6.69	103.63	3.43	3.23	94.17	8.68
1985	49.33	36.31	2.04	4.14	127.94	2.61	2.51	96.17	6.91
1986	49.26	37.28	1.59	3.23	119.50	1.90	1.86	97.89	4.99
1987	49.18	37.55	1.35	2.75	113.33	1.53	1.42	92.81	3.78
1988	49.18	37.53	2.25	4.58	60.00	1.35	1.17	86.67	3.12
1989	48.11	37.66	1.87	3.89	73.80	1.38	0.86	62.32	2.28
11年小计			**16.25**	**3.09**	**81.29**	**13.21**	**7.35**	**55.64**	**1.73**
占合计%			**8.57**			**15.98**	**11.38**		
1990	48.09	37.87	1.84	3.83	83.70	1.54	1.21	78.57	3.20
1991	48.08	38.02	2.28	4.74	73.68	1.68	1.23	73.21	3.24
1992	47.94	37.90	2.15	4.48	84.19	1.81	1.75	96.69	4.62
1993	47.81	38.75	1.02	2.13	50.00	0.51	0.30	58.82	0.77
1994	47.74	38.26	0.99	2.07	77.78	0.77	0.35	45.45	0.91
1995	47.71	39.29	1.23	2.58	95.93	1.18	0.71	60.17	1.81
1996	47.70	39.24	1.60	3.35	83.75	1.34	0.61	45.52	1.55
1997	47.71	39.13	1.56	3.27	82.69	1.29	0.49	37.98	1.25
1998	47.69	38.95	1.35	2.83	88.89	1.20	0.39	32.50	1.00
1999	47.43	38.81	1.23	2.59	88.62	1.09	0.11	10.09	0.28
2000	47.20	37.80	1.00	2.12	80.00	0.80	0.20	25.00	0.53

5-12-19 四川省剑阁县历年棉花生产收购

年度	耕地面积（万亩）	农业人口（万人）	棉田面积（万亩）	占耕地（%）	亩产（市斤）	产量（万担）	收购量（万担）	商品率（%）	人均交售（市斤）
52年合计			**237.43**	**5.20**	**49.52**	**117.57**	**96.92**	**82.44**	**3.71**
11年小计			**55.80**	**5.07**	**12.71**	**7.09**	**5.56**	**78.42**	**1.38**
占合计%			**23.50**			**6.03**	**5.74**		
1949	100.70	34.04	4.59	5.56	6.10	0.28	0.16	57.14	0.47
1950	100.70	34.04	2.36	2.34	11.02	0.26	0.15	57.69	0.44
1951	100.75	34.33	2.42	2.40	11.16	0.27	0.16	59.26	0.47
1952	100.84	34.62	4.48	4.44	10.27	0.46	0.19	41.30	0.55
1953	101.05	34.92	4.01	3.97	11.22	0.45	0.22	48.89	0.63
1954	101.19	37.57	4.89	4.83	13.91	0.68	0.64	94.12	1.70
1955	101.39	38.21	5.49	5.41	15.12	0.83	0.70	84.34	1.83
1956	101.89	38.65	5.76	5.65	7.99	0.46	0.36	78.26	0.93
1957	99.66	39.81	6.29	6.31	12.72	0.80	0.77	96.25	1.93
1958	99.66	37.75	7.51	7.54	11.98	0.90	0.73	81.11	1.93
1959	92.35	37.89	8.00	8.66	21.25	1.70	1.48	87.06	3.91
10年小计			**53.50**	**5.92**	**32.80**	**17.55**	**16.40**	**93.45**	**3.88**
占合计%			**22.53**			**14.93**	**16.92**		
1960	89.18	37.35	6.38	7.15	6.43	0.41	0.36	87.80	0.96
1961	88.87	37.98	4.73	5.32	4.44	0.21	0.19	90.48	0.50
1962	90.73	39.78	3.56	3.92	7.87	0.28	0.25	89.29	0.63
1963	91.47	40.78	4.01	4.38	19.95	0.80	0.78	97.50	1.91
1964	91.49	41.91	6.05	6.61	31.57	1.91	1.87	97.91	4.46
1965	92.02	42.84	5.78	6.28	45.33	2.62	2.56	97.71	5.98
1966	90.76	43.82	5.92	6.52	38.01	2.25	2.18	96.89	4.97
1967	90.14	44.91	5.70	6.32	59.65	3.40	3.12	91.76	6.95
1968	89.55	46.06	5.70	6.37	35.44	2.02	1.81	89.60	3.93
1969	89.09	47.42	5.67	6.36	64.37	3.65	3.28	89.86	6.92
10年小计			**60.50**	**7.04**	**66.60**	**40.29**	**39.04**	**96.90**	**7.22**
占合计%			**25.48**			**34.27**	**40.28**		
1970	88.58	48.68	5.81	6.56	62.13	3.61	3.48	96.40	7.15
1971	87.87	50.08	5.82	6.62	65.29	3.80	3.57	93.95	7.13
1972	87.31	51.17	5.85	6.70	75.21	4.40	4.23	96.14	8.27
1973	86.62	52.81	5.97	6.89	82.08	4.90	4.81	98.16	9.11
1974	86.37	54.32	5.97	6.91	67.00	4.00	3.90	97.50	7.18
1975	85.82	55.78	5.95	6.93	66.89	3.98	3.85	96.73	6.90
1976	84.96	56.30	6.28	7.39	42.04	2.64	2.46	93.18	4.37
1977	84.46	57.16	6.23	7.38	67.74	4.22	4.13	97.87	7.23
1978	84.06	57.12	6.31	7.51	78.29	4.94	4.86	98.38	8.51
1979	83.13	57.03	6.31	7.59	60.22	3.80	3.75	98.68	6.58
10年小计			**25.69**	**3.17**	**54.50**	**14.00**	**10.70**	**76.43**	**1.85**
占合计%			**10.82**			**11.91**	**11.04**		
1980	82.55	57.11	6.21	7.52	49.92	3.10	3.05	98.39	5.34
1981	82.04	57.29	3.90	4.75	19.49	0.76	0.65	85.53	1.13
1982	81.86	57.41	2.64	3.23	35.98	0.95	0.90	94.74	1.57
1983	81.76	57.28	1.91	2.34	47.12	0.90	0.58	64.44	1.01
1984	81.23	56.66	2.22	2.73	83.78	1.86	1.45	77.96	2.56
1985	80.65	56.93	1.51	1.87	75.50	1.14	0.85	74.56	1.49
1986	80.51	57.69	1.33	1.65	58.65	0.78	0.73	93.59	1.27
1987	80.34	58.52	1.67	2.08	82.63	1.38	0.96	69.57	1.64
1988	80.26	59.56	2.48	3.09	75.00	1.86	1.01	54.30	1.70
1989	80.18	60.08	1.82	2.27	69.78	1.27	0.52	40.94	0.87
11年小计			**41.94**	**4.71**	**92.13**	**38.64**	**25.22**	**65.27**	**3.76**
占合计%			**17.66**			**32.87**	**26.02**		
1990	80.02	60.48	3.46	4.32	80.64	2.79	2.02	72.40	3.34
1991	81.64	60.92	4.84	5.93	105.17	5.09	3.56	69.94	5.84
1992	81.39	60.89	6.51	8.00	100.92	6.57	4.10	62.40	6.73
1993	81.37	60.86	4.06	4.99	84.24	3.42	2.33	68.13	3.83
1994	81.11	60.56	2.09	2.58	89.95	1.88	1.26	67.02	2.08
1995	81.11	60.80	5.03	6.20	80.32	4.04	2.33	57.67	3.83
1996	81.05	60.99	5.19	80.50	61.00	4.57	2.83	61.93	4.64
1997	80.94	61.19	5.62	6.94	87.19	4.90	3.23	65.92	5.28
1998	80.74	61.34	4.02	4.98	105.97	4.26	2.84	66.67	4.63
1999	80.67	61.42	0.62	0.77	108.06	0.67	0.37	55.22	0.60
2000	80.50	61.00	0.50	0.62	90.00	0.45	0.35	77.78	0.57

5－12－20　四川省金堂县历年棉花生产收购

年　　度	耕地面积（万亩）	农业人口（万人）	棉田面积（万亩）	占耕地（%）	亩　产（市斤）	产　量（万担）	收购量（万担）	商品率（%）	人均交售（市斤）
52年合计			**724.98**	**16.69**	**46.64**	**338.12**	**297.87**	**88.10**	**9.79**
11年小计			**203.38**	**19.61**	**28.30**	**57.55**	**48.70**	**84.62**	**9.63**
占合计%			**28.05**			**17.02**	**16.35**		
1949	94.85	41.65	9.00	10.68	15.00	1.35	0.87	64.44	2.09
1950	94.93	43.11	8.72	9.19	14.45	1.26	1.03	81.75	2.39
1951	95.49	44.72	19.62	20.55	21.00	4.12	3.78	91.75	8.45
1952	95.19	45.72	18.80	19.75	24.15	4.54	2.63	57.93	5.75
1953	95.07	46.46	15.36	16.16	26.04	4.00	2.21	55.25	4.76
1954	94.94	46.46	18.56	19.55	28.93	5.37	3.88	72.25	8.35
1955	94.93	47.03	20.93	22.05	32.87	6.88	5.96	86.63	12.67
1956	94.75	47.98	21.92	23.13	27.19	5.96	4.91	82.38	10.23
1957	94.66	48.32	22.83	24.12	29.83	6.81	6.34	93.10	13.12
1958	93.31	47.28	23.18	24.84	33.00	7.65	7.10	92.81	15.02
1959	88.93	46.98	24.46	27.50	39.29	9.61	9.99	103.95	21.26
10年小计			**193.41**	**21.78**	**48.45**	**93.70**	**85.51**	**91.26**	**17.13**
占合计%			**26.68**			**27.71**	**28.71**		
1960	87.51	45.57	22.04	25.19	25.77	5.68	4.91	86.44	10.77
1961	86.79	45.55	18.61	21.44	11.45	2.13	2.34	109.86	5.14
1962	87.16	46.43	15.96	18.31	9.65	1.54	1.61	104.55	3.47
1963	89.01	48.15	18.17	20.41	32.20	5.85	5.90	100.85	12.25
1964	89.85	49.52	20.38	22.68	59.32	12.09	12.06	99.75	24.35
1965	89.42	50.73	20.22	22.61	60.34	12.20	12.10	99.18	23.85
1966	89.57	52.31	19.78	22.08	69.46	13.74	13.71	99.78	26.21
1967	89.28	52.76	19.60	21.95	89.13	17.47	16.03	91.76	30.38
1968	89.82	53.62	19.54	21.75	63.15	12.34	9.65	78.20	18.00
1969	89.71	54.65	19.11	21.30	55.78	10.66	7.20	67.54	13.17
10年小计			**185.07**	**21.26**	**54.28**	**100.45**	**94.71**	**94.29**	**14.42**
占合计%			**25.53**			**29.71**	**31.80**		
1970	89.41	56.19	19.53	21.84	66.56	13.00	10.71	82.38	19.06
1971	89.29	61.55	17.78	19.91	67.94	12.08	10.82	89.57	17.58
1972	88.85	63.04	16.07	18.09	66.83	10.74	10.25	95.44	16.26
1973	87.84	64.67	17.64	20.08	77.83	13.73	13.46	98.03	20.81
1974	87.29	66.01	18.79	21.53	40.87	7.68	7.48	97.40	11.33
1975	86.52	67.57	18.90	21.84	52.49	9.92	9.60	96.77	14.21
1976	85.86	68.69	19.07	22.21	33.19	6.33	6.08	96.05	8.85
1977	85.67	69.49	18.81	21.96	41.41	7.79	7.69	98.72	11.07
1978	85.05	69.71	19.28	22.67	58.51	11.28	10.95	97.07	15.71
1979	84.77	70.05	19.20	22.65	41.15	7.90	7.67	97.09	10.95
10年小计			**99.18**	**11.96**	**50.32**	**49.91**	**45.34**	**90.84**	**6.35**
占合计%			**13.68**			**14.76**	**15.22**		
1980	84.24	70.15	19.10	22.67	31.99	6.11	5.05	82.65	7.20
1981	83.95	70.61	17.64	21.01	23.02	4.06	3.19	78.57	4.52
1982	84.03	70.93	11.31	13.46	35.99	4.07	3.92	96.31	5.53
1983	83.90	70.94	11.25	13.41	53.07	5.97	5.53	92.63	7.80
1984	83.32	70.99	11.29	13.55	80.25	9.06	9.27	102.32	13.06
1985	82.50	70.31	8.63	10.46	79.61	6.87	6.06	88.21	8.62
1986	82 14	71.55	6.20	7.55	60.81	3.77	4.27	113.26	5.97
1987	81.96	72.22	4.74	5.78	98.10	4.65	4.16	89.46	5.76
1988	81.83	72.86	5.61	6.86	54.37	3.05	2.77	90.82	3.80
1989	81.42	73.60	3.41	4.19	67.45	2.30	1.12	48.70	1.52
11年小计			**43.94**	**6.11**	**83.09**	**36.51**	**23.61**	**64.67**	**3.54**
占合计%			**6.06**			**10.80**	**7.93**		
1990	81.38	74.54	5.30	6.51	80.75	4.28	3.24	75.70	4.35
1991	80.74	74.97	7.79	9.65	76.77	5.98	5.03	84.11	6.71
1992	80.43	74.22	6.17	7.67	89.63	5.53	5.81	105.06	7.83
1993	80.19	74.31	3.23	4.03	56.97	1.84	0.97	52.72	1.31
1994	79.90	73.81	2.04	2.55	68.63	1.40	1.04	74.29	1.41
1995	79.52	73.80	4.38	5.51	95.66	4.19	1.48	35.32	2.01
1996	79.19	73.85	5.01	6.33	102.40	5.13	1.63	31.77	2.21
1997	79.09	73.86	5.01	6.33	80.44	4.03	1.03	25.56	1.39
1998	78.59	74.04	5.01	6.37	82.44	4.13	3.38	81.84	4.57
1999									
2000									

5-13-1 江西省1949-2000年产棉县棉花生产收购明细

县市名	耕地面积（万亩）	农业人口（万人）	棉田面积（万亩）	占耕地（%）	亩产（市斤）	产量（万担）	收购量（万担）	商品率（%）	人均交售（市斤）
全省合计			**5921.12**	**8.79**	**81.62**	**4832.60**	**3909.43**	**80.90**	**9.93**
九江市			**2798.12**	**18.97**	**100.21**	**2803.97**	**2397.21**	**85.49**	**23.93**
永修县			207.62	8.82	102.69	213.21	174.60	81.89	21.07
都昌县			453.25	14.74	75.43	341.90	304.87	89.17	13.32
彭泽县			683.62	41.24	130.24	890.35	862.00	96.82	77.75
九江县			471.59	30.07	123.10	580.51	365.41	62.95	33.87
瑞昌县			344.02	23.15	76.00	261.45	250.26	95.72	20.27
湖口县			384.28	41.02	68.31	262.50	232.34	88.51	23.46
德安县			93.30	10.66	137.23	128.04	114.20	89.19	23.45
星子县			100.46	12.09	82.48	82.86	65.03	78.48	8.95
武宁县			59.98	3.05	71.92	43.14	28.49	66.04	2.23
宜春市			**950.35**	**5.25**	**67.42**	**640.77**	**402.41**	**62.80**	**4.42**
高安县			453.55	8.12	75.77	343.64	220.55	64.18	9.01
丰城县			326.56	4.39	52.60	171.76	118.31	68.88	3.14
奉新县			20.71	5.48	157.36	32.59	21.14	64.87	10.65
上高县			42.19	1.96	84.33	35.58	12.15	34.15	1.19
樟树县			107.34	4.24	53.29	57.20	30.26	52.90	1.83
新余市			**482.74**	**11.91**	**99.97**	**482.59**	**407.04**	**84.34**	**18.06**
渝水区			476.63	12.64	99.46	474.08	403.21	85.05	19.94
分宜县			6.11	2.18	139.28	8.51	3.83	45.01	1.65
南昌市			**411.08**	**3.88**	**46.23**	**190.03**	**160.09**	**84.24**	**3.24**
新建县			65.01	1.40	66.21	43.04	29.61	68.80	1.44
进贤县			306.64	6.99	40.08	122.91	115.78	94.20	5.42
安义县			39.43	2.51	61.07	24.08	14.70	61.05	1.94
上饶地区			**766.52**	**6.57**	**54.31**	**416.28**	**319.34**	**76.71**	**4.08**
波阳县			456.98	7.56	58.38	266.78	211.22	79.17	5.29
万年县			118.77	6.56	77.73	92.32	53.47	57.92	4.69
余干县			190.77	5.01	29.97	57.18	54.65	95.58	2.03
抚州地区			**259.38**	**5.23**	**67.28**	**174.50**	**112.53**	**64.49**	**3.80**
临川县			218.94	5.14	56.90	124.58	87.68	70.38	3.52
崇仁县			40.44	5.76	123.44	49.92	24.85	49.78	5.26
景德镇市			**252.93**	**7.85**	**49.21**	**124.46**	**110.81**	**89.03**	**4.88**
乐平县			252.93	7.85	49.21	124.46	110.81	89.03	4.88

5-13-2 江西省 1949-1959 年产棉县棉花生产收购明细

县市名	耕地面积（万亩）	农业人口（万人）	棉田面积（万亩）	占耕地（%）	亩产（市斤）	产量（万担）	收购量（万担）	商品率（%）	人均交售（市斤）
全省合计			**701.87**	**4.66**	**30.92**	**217.03**	**157.44**	**72.54**	**3.26**
九江市			**318.23**	**9.80**	**39.48**	**125.64**	**89.65**	**71.35**	**7.35**
永修县			13.65	2.53	32.23	4.40	3.18	72.27	9.85
都昌县			48.57	7.25	33.83	16.43	12.70	77.30	4.03
彭泽县			72.21	24.48	57.15	41.27	38.26	92.71	34.83
九江县			53.42	14.92	46.14	24.65			
瑞昌县			49.43	15.70	33.12	16.37	16.70	102.02	10.06
湖口县			54.93	26.50	29.62	16.27	13.62	83.71	9.84
德安县			2.37	1.25	17.30	0.41	0.07	17.07	0.14
星子县			16.10	51.38	2.37	4.49	3.93	2.37	1.25
武宁县			7.55	1.53	17.88	1.35	1.19	88.15	0.71
宜春市			**98.53**	**2.39**	**19.24**	**18.96**	**11.10**	**58.54**	**0.90**
高安县			40.22	3.20	21.61	8.69	5.28	60.76	1.53
丰城县			38.96	2.11	13.66	5.32	3.88	72.93	0.73
奉新县									
上高县			2.95	0.66	22.03	0.65			
樟树县			16.40	2.86	26.22	4.30	1.94	45.12	0.88
新余市			**25.23**	**2.85**	**31.31**	**7.90**	**6.39**	**80.89**	**2.38**
渝水区			25.23	2.85	31.31	7.90	6.39	80.89	2.38
分宜县									
南昌市			**68.08**	**2.84**	**19.95**	**13.58**	**11.60**	**85.42**	**1.83**
新建县			4.53	0.41	7.51	0.34	0.34	100.00	0.12
进贤县			53.99	5.90	20.86	11.26	11.26	100.00	4.34
安义县			9.56	2.48	20.71	1.98			
上饶地区			**127.09**	**4.72**	**24.44**	**31.06**	**25.61**	**82.45**	**2.52**
波阳县			71.83	5.13	26.98	19.38	14.13	72.91	2.69
万年县			4.62	1.05	17.10	0.79	0.59	74.68	0.38
余干县			50.64	5.94	21.50	10.89	10.89	100.00	3.25
抚州地区			**25.78**	**2.77**	**34.10**	**8.79**	**4.15**	**47.21**	**2.38**
临川县			25.78	2.77	34.10	8.79	4.15	47.21	2.38
崇仁县									
景德镇市			**38.93**	**5.03**	**28.51**	**11.10**	**8.94**	**80.54**	**3.11**
乐平县			38.93	5.03	28.51	11.10	8.94	80.54	3.11

5－13－3　江西省1960－1969年产棉县棉花生产收购明细

县市名	耕地面积（万亩）	农业人口（万人）	棉田面积（万亩）	占耕地（%）	亩产（市斤）	产量（万担）	收购量（万担）	商品率（%）	人均交售（市斤）
全省合计			**1061.98**	**8.00**	**50.85**	**540.06**	**448.01**	**82.96**	**7.70**
九江市			**440.32**	**14.10**	**62.56**	**275.46**	**219.48**	**79.68**	**15.42**
永修县			18.28	3.47	45.68	8.35	11.60	138.92	29.57
都昌县			70.45	11.48	49.96	35.20	31.89	90.60	9.28
彭泽县			118.02	33.10	88.87	104.88	106.67	101.71	62.56
九江县			79.46	25.74	73.38	58.31			
瑞昌县			62.02	20.68	49.90	30.95	32.27	104.26	17.35
湖口县			67.24	34.65	43.28	29.10	28.18	96.84	18.78
德安县			5.58	3.14	36.20	2.02	1.66	82.18	2.48
星子县			13.98	8.29	35.41	4.95	5.75	116.16	5.29
武宁县			5.29	1.11	32.14	1.70	1.46	85.88	0.74
宜春市			**165.65**	**4.68**	**37.74**	**62.52**	**45.35**	**72.54**	**3.21**
高安县			70.09	6.19	37.58	26.34	21.73	82.50	5.49
丰城县			63.73	4.35	31.65	20.17	17.18	85.18	2.91
奉新县									
上高县			9.30	2.04	30.75	2.86			
樟树县			22.53	4.63	58.37	13.15	6.44	48.97	2.51
新余市			**85.91**	**11.53**	**60.95**	**52.36**	**48.68**	**92.97**	**15.41**
渝水区			85.91	11.53	60.95	52.36	48.68	92.97	15.41
分宜县									
南昌市			**96.06**	**4.65**	**34.74**	**33.37**	**27.86**	**83.49**	**3.94**
新建县			9.45	1.02	45.50	4.30	2.24	52.09	0.73
进贤县			76.48	9.51	33.50	25.62	25.62	100.00	9.25
安义县			10.13	3.02	34.06	3.45			
上饶地区			**155.44**	**6.70**	**43.57**	**67.72**	**63.56**	**93.86**	**5.48**
波阳县			92.73	7.66	51.28	47.55	43.66	91.82	7.25
万年县			9.61	2.61	41.00	3.94	3.67	93.15	2.07
余干县			53.10	7.14	30.56	16.23	16.23	100.00	4.27
抚州地区			**57.55**	**6.90**	**35.83**	**20.62**	**17.55**	**85.11**	**3.78**
临川县			57.55	6.90	35.83	20.62	17.55	85.11	3.78
崇仁县									
景德镇市			**61.05**	**9.39**	**45.88**	**28.01**	**25.53**	**91.15**	**7.52**
乐平县			61.05	9.39	45.88	28.01	25.53	91.15	7.52

5－13－4　江西省1970－1979年产棉县棉花生产收购明细

县市名	耕地面积（万亩）	农业人口（万人）	棉田面积（万亩）	占耕地（%）	亩产（市斤）	产量（万担）	收购量（万担）	商品率（%）	人均交售（市斤）
全省合计			**1304.26**	**10.59**	**49.37**	**643.96**	**553.50**	**85.95**	**7.02**
九江市			**540.98**	**19.65**	**64.23**	**347.46**	**283.36**	**81.55**	**13.66**
永修县			23.00	5.32	36.26	8.34	9.95	119.34	4.37
都昌县			93.22	15.93	61.17	57.02	53.47	93.77	11.90
彭泽县			152.26	46.86	81.06	123.42	122.23	99.04	52.32
九江县			92.43	31.29	65.14	60.21			
瑞昌县			71.97	26.24	62.97	45.32	46.22	101.99	18.56
湖口县			73.95	42.49	47.46	35.10	34.39	97.98	17.61
德安县			9.05	5.18	66.52	6.02	5.66	94.02	5.82
星子县			15.60	9.96	49.23	7.68	7.65	99.61	5.37
武宁县			9.50	2.83	45.79	4.35	3.79	87.13	1.42
宜春市			**213.10**	**6.50**	**34.93**	**74.43**	**57.25**	**76.92**	**3.10**
高安县			87.16	8.27	42.22	36.80	30.59	83.13	5.98
丰城县			81.07	5.92	28.15	22.82	21.02	92.11	2.70
奉新县									
上高县			11.46	2.73	47.82	5.48			
樟树县			33.41	7.66	27.93	9.33	5.64	60.45	1.65
新余市			**117.57**	**16.86**	**54.72**	**64.34**	**59.42**	**92.35**	**14.14**
渝水区			117.57	16.86	54.72	64.34	59.42	92.35	14.14
分宜县									
南昌市			**125.70**	**6.17**	**36.30**	**45.63**	**41.99**	**92.02**	**4.02**
新建县			15.03	1.71	43.11	6.48	4.73	72.99	1.11
进贤县			104.01	11.86	35.82	37.26	37.26	100.00	8.00
安义县			6.66	2.36	28.38	1.89			
上饶地区			**180.29**	**8.32**	**38.86**	**70.06**	**71.77**	**102.44**	**4.71**
波阳县			97.95	8.78	47.04	46.08	48.27	104.75	6.28
万年县			24.19	7.35	38.49	9.31	8.83	94.84	3.83
余干县			58.15	8.06	25.23	14.67	14.67	100.00	2.80
抚州地区			**60.89**	**7.68**	**24.63**	**15.00**	**14.50**	**96.67**	**2.77**
临川县			60.89	7.68	24.63	15.00	14.50	96.67	2.77
崇仁县									
景德镇市			**65.73**	**11.19**	**41.14**	**27.04**	**25.21**	**93.23**	**5.60**
乐平县			65.73	11.19	41.14	27.04	25.21	93.23	5.60

5－13－5　江西省1980－1989年产棉县棉花生产收购明细

县市名	耕地面积（万亩）	农业人口（万人）	棉田面积（万亩）	占耕地（%）	亩产（市斤）	产量（万担）	收购量（万担）	商品率（%）	人均交售（市斤）
全省合计			**1104.44**	**8.88**	**92.51**	**1021.75**	**943.86**	**92.38**	**10.24**
九江市			**566.55**	**20.90**	**118.25**	**669.92**	**640.22**	**95.57**	**26.67**
永修县			28.66	6.71	100.70	28.86	30.45	105.51	12.30
都昌县			94.02	16.29	91.78	86.29	73.44	85.11	13.83
彭泽县			150.09	46.58	158.86	238.43	242.46	101.69	89.69
九江县			101.18	34.86	152.12	153.91	141.79	92.13	56.54
瑞昌县			77.34	26.88	93.55	72.35	69.40	95.92	23.84
湖口县			72.31	42.50	80.11	57.93	53.67	92.65	23.58
德安县			14.56	8.95	87.57	12.75	11.88	93.18	10.05
星子县			12.48	8.02	80.13	10.00	9.23	92.30	5.38
武宁县			15.91	5.02	59.08	9.40	7.90	84.04	2.70
宜春市			**165.64**	**5.14**	**64.66**	**107.11**	**86.94**	**81.17**	**4.31**
高安县			86.02	8.34	70.66	60.78	48.05	79.06	8.70
丰城县			64.86	4.89	54.76	35.52	32.07	90.29	3.76
奉新县									
上高县			0.16	0.04	87.50	0.14			
樟树县			14.60	3.21	73.08	10.67	6.82	63.92	1.78
新余市			**88.60**	**12.77**	**92.66**	**82.10**	**70.93**	**86.39**	**14.92**
渝水区			88.60	12.77	92.66	82.10	70.93	86.39	14.92
分宜县									
南昌市			**58.71**	**2.95**	**46.52**	**27.31**	**26.11**	**95.61**	**2.23**
新建县			12.88	1.54	48.84	6.29	5.96	94.75	1.27
进贤县			44.43	5.15	45.35	20.15	20.15	100.00	3.84
安义县			1.40	0.48	62.14	0.87			
上饶地区			**138.51**	**6.56**	**58.56**	**81.11**	**72.31**	**89.15**	**3.97**
波阳县			84.75	7.89	65.59	55.59	47.79	85.97	5.11
万年县			34.71	10.77	59.95	20.81	19.81	95.19	7.61
余干县			19.05	2.66	24.72	4.71	4.71	100.00	0.75
抚州地区			**38.02**	**3.38**	**72.67**	**27.63**	**21.30**	**77.09**	**2.65**
临川县			28.05	3.55	74.01	20.76	15.95	76.83	2.69
崇仁县			9.97	2.97	68.91	6.87	5.35	77.87	2.55
景德镇市			**48.41**	**8.36**	**54.89**	**26.57**	**26.05**	**98.04**	**4.91**
乐平县			48.41	8.36	54.89	26.57	26.05	98.04	4.91

5－13－6　江西省1990－2000年产棉县棉花生产收购明细

县 市 名	耕地面积（万亩）	农业人口（万人）	棉田面积（万亩）	占耕地（%）	亩　产（市斤）	产　量（万担）	收购量（万担）	商品率（%）	人均交售（市斤）
全省合计			**1748.57**	**12.27**	**137.82**	**2409.79**	**1806.61**	**74.97**	**15.57**
九江市			**932.04**	**31.95**	**148.65**	**1385.48**	**1164.49**	**84.05**	**40.16**
永修县			124.03	28.91	131.63	163.26	119.42	73.15	42.39
都昌县			146.99	23.37	99.98	146.96	133.37	90.75	20.56
彭泽县			191.04	53.25	200.14	382.35	352.38	92.16	108.65
九江县			145.10	45.94	195.33	283.43	223.62	78.90	72.49
瑞昌县			83.26	26.94	115.85	96.46	85.67	88.81	25.01
湖口县			115.85	60.60	107.12	124.10	102.48	82.58	36.75
德安县			61.74	36.29	173.05	106.84	94.93	88.86	61.95
星子县			42.30	24.57	131.77	55.74	38.47	69.02	0.39
武宁县			21.73	6.35	121.21	26.34	14.15	53.72	4.04
宜春市			**307.43**	**7.83**	**122.87**	**377.75**	**201.77**	**53.41**	**7.82**
高安县			170.06	15.27	124.09	211.03	114.90	54.45	17.91
丰城县			77.94	5.43	112.82	87.93	44.16	50.22	4.33
奉新县			20.71	5.48	157.36	32.59	21.14	64.87	10.65
上高县			18.32	4.35	144.38	26.45	12.15	45.94	4.52
樟树县			20.40	3.52	96.81	19.75	9.42	47.70	2.09
新余市			**165.43**	**16.06**	**166.77**	**275.89**	**221.62**	**80.33**	**28.66**
渝水区			159.32	21.26	167.83	267.38	217.79	81.45	40.24
分宜县			6.11	2.18	139.28	8.51	3.83	45.01	1.65
南昌市			**62.53**	**2.98**	**112.17**	**70.14**	**52.53**	**74.89**	**3.78**
新建县			23.12	2.59	110.86	25.63	16.34	63.75	2.85
进贤县			27.73	3.00	103.21	28.62	21.49	75.09	3.52
安义县			11.68	4.19	136.04	15.89	14.70	92.51	7.16
上饶地区			**165.19**	**6.97**	**100.69**	**166.33**	**86.09**	**51.76**	**3.75**
波阳县			109.72	8.83	89.48	98.18	57.37	58.43	4.93
万年县			45.64	13.02	125.92	57.47	20.57	35.79	6.51
余干县			9.83	1.27	108.65	10.68	8.15	76.31	1.00
抚州地区			**77.14**	**6.05**	**132.82**	**102.46**	**55.03**	**53.71**	**5.50**
临川县			46.67	5.13	127.30	59.41	35.53	59.80	4.82
崇仁县			30.47	8.31	141.29	43.05	19.50	45.30	7.42
景德镇市			**38.81**	**6.15**	**81.78**	**31.74**	**25.08**	**79.02**	**3.77**
乐平县			38.81	6.15	81.78	31.74	25.08	79.02	3.77

5－13－7　江西省1949年产棉县棉花生产收购明细

县市名	耕地面积（万亩）	农业人口（万人）	棉田面积（万亩）	占耕地（%）	亩产（市斤）	产量（万担）	收购量（万担）	商品率（%）	人均交售（市斤）
全省合计	**1257.52**	**372.89**	**20.97**	**1.67**	**14.88**	**3.12**	**0.51**	**16.35**	**0.14**
九江市	**239.87**	**95.56**	**6.37**	**2.66**	**24.80**	**1.58**	**0.39**	**24.68**	**0.41**
永修县	44.27	2.37	0.40	0.90	10.00	0.04			
都昌县	55.34	27.60	1.95	3.52	9.74	0.19	0.02	10.53	0.07
彭泽县									
九江县	33.08	13.14	0.16	0.48	18.75	0.03			
瑞昌县	18.18	14.12	0.80	4.40	75.00	0.60			
湖口县	17.76	11.81	2.48	13.96	27.02	0.67	0.34	50.75	2.88
德安县	14.11	4.10	0.05	0.35	20.00	0.01			
星子县	13.03	7.65	0.51	3.91	7.84	0.04	0.03	75.00	0.39
武宁县	44.10	14.77	0.02	0.05					
宜春市	**330.21**	**96.39**	**5.36**	**1.62**	**5.97**	**0.32**	**0.02**	**6.25**	**0.02**
高安县	90.25	27.88	2.24	2.48	4.91	0.11			
丰城县	164.83	45.54	2.04	1.24	5.88	0.12			
奉新县									
上高县	27.50	9.80	0.04	0.15					
樟树县	47.63	13.17	1.04	2.18	8.65	0.09	0.02	22.22	0.15
新余市	**80.38**	**22.33**	**1.50**	**1.87**	**17.33**	**0.26**			
渝水区	80.38	22.33	1.50	1.87	17.33	0.26			
分宜县									
南昌市	**221.62**	**52.99**	**1.61**	**0.73**	**6.83**	**0.11**	**0.06**	**54.55**	**0.11**
新建县	108.32	22.56	0.12	0.11	8.33	0.01	0.01	100.00	0.04
进贤县	78.30	22.43	1.05	1.34	4.76	0.05	0.05	100.00	0.22
安义县	35.00	8.00	0.44	1.26	11.36	0.05			
上饶地区	**237.42**	**83.02**	**4.89**	**2.06**	**9.20**	**0.45**	**0.04**	**8.89**	**0.05**
波阳县	124.82	42.60	3.88	3.11	9.79	0.38			
万年县	38.60	13.00	0.31	0.80	9.68	0.03			
余干县	74.00	27.42	0.70	0.95	5.71	0.04	0.04	100.00	0.15
抚州地区	**84.89**		**1.12**	**1.32**	**23.21**	**0.26**			
临川县	84.89		1.12	1.32	23.21	0.26			
崇仁县									
景德镇市	**63.13**	**22.60**	**0.12**	**0.19**	**116.67**	**0.14**			
乐平县	63.13	22.60	0.12	0.19	116.67	0.14			

5－13－8　江西省1950年产棉县棉花生产收购明细

县市名	耕地面积（万亩）	农业人口（万人）	棉田面积（万亩）	占耕地（%）	亩产（市斤）	产量（万担）	收购量（万担）	商品率（%）	人均交售（市斤）
全省合计	**1309.98**	**396.24**	**31.36**	**2.39**	**18.49**	**5.80**	**2.66**	**45.86**	**0.67**
九江市	**271.70**	**105.55**	**12.56**	**4.62**	**29.62**	**3.72**	**2.25**	**60.48**	**2.13**
永修县	45.08	2.46	1.14	2.53	20.18	0.23			
都昌县	56.89	27.76	2.99	5.26	10.03	0.30	0.03	10.00	0.11
彭泽县	24.61	9.06	2.87	11.66	48.43	1.39	0.89	64.03	9.82
九江县	33.80	13.37	0.53	1.57	32.08	0.17			
瑞昌县	20.40	14.23	0.81	3.97	64.20	0.52	0.68	130.77	4.78
湖口县	17.84	11.91	2.84	15.92	28.52	0.81	0.42	51.85	3.53
德安县	15.51	4.15	0.08	0.52	25.00	0.02			
星子县	13.35	7.81	1.25	9.36	22.40	0.28	0.23	82.14	2.94
武宁县	44.22	14.80	0.05	0.11					
宜春市	**340.15**	**104.80**	**5.52**	**1.62**	**7.43**	**0.41**	**0.07**	**17.07**	**0.07**
高安县	96.09	29.16	2.16	2.25	6.02	0.13			
丰城县	165.11	46.21	2.23	1.35	6.28	0.14			
奉新县									
上高县	31.20	10.90	0.08	0.26					
樟树县	47.75	18.53	1.05	2.20	13.33	0.14	0.07	50.00	0.38
新余市	**80.20**	**22.67**	**1.55**	**1.93**	**15.48**	**0.24**			
渝水区	80.20	22.67	1.55	1.93	15.48	0.24			
分宜县									
南昌市	**224.95**	**54.79**	**1.91**	**0.85**	**9.42**	**0.18**	**0.07**	**38.89**	**0.13**
新建县	107.80	23.92	0.17	0.16	5.88	0.01	0.01	100.00	0.04
进贤县	82.15	22.77	1.08	1.31	5.56	0.06	0.06	100.00	0.26
安义县	35.00	8.10	0.66	1.89	16.67	0.11			
上饶地区	**238.90**	**84.48**	**8.53**	**3.57**	**9.85**	**0.84**	**0.27**	**32.14**	**0.32**
波阳县	125.73	43.44	5.73	4.56	10.99	0.63	0.08	12.70	0.18
万年县	39.10	13.10	0.32	0.82	12.50	0.04	0.02	50.00	0.15
余干县	74.07	27.94	2.48	3.35	6.85	0.17	0.17	100.00	0.61
抚州地区	**84.90**		**1.14**	**1.34**	**22.81**	**0.26**			
临川县	84.90		1.14	1.34	22.81	0.26			
崇仁县									
景德镇市	**69.18**	**23.95**	**0.15**	**0.22**	**100.00**	**0.15**			
乐平县	69.18	23.95	0.15	0.22	100.00	0.15			

5－13－9　江西省1951年产棉县棉花生产收购明细

县市名	耕地面积（万亩）	农业人口（万人）	棉田面积（万亩）	占耕地（%）	亩产（市斤）	产量（万担）	收购量（万担）	商品率（%）	人均交售（市斤）
全省合计	**1347.34**	**405.62**	**43.80**	**3.25**	**22.05**	**9.66**	**4.66**	**48.24**	**1.15**
九江市	**282.75**	**107.08**	**19.87**	**7.03**	**33.37**	**6.63**	**3.67**	**55.35**	**3.43**
永修县	45.12	2.62	1.49	3.30	21.48	0.32			
都昌县	59.68	27.91	3.12	5.23	11.86	0.37	0.03	8.11	0.11
彭泽县	25.80	9.38	5.31	20.58	47.83	2.54	2.15	84.65	22.92
九江县	34.22	13.51	3.01	8.80	41.53	1.25			
瑞昌县	25.20	14.35	1.69	6.71	43.79	0.74	0.73	98.65	5.09
湖口县	18.38	12.02	3.37	18.34	30.86	1.04	0.54	51.92	4.49
德安县	16.55	4.41	0.39	2.36	15.38	0.06			
星子县	13.50	7.98	1.25	9.26	22.40	0.28	0.20	71.43	2.51
武宁县	44.30	14.90	0.24	0.54	12.50	0.03	0.02	66.67	0.13
宜春市	**359.14**	**106.91**	**6.01**	**1.67**	**7.49**	**0.45**	**0.09**	**20.00**	**0.08**
高安县	106.43	30.00	2.11	1.98	5.21	0.11			
丰城县	165.79	46.93	2.48	1.50	6.85	0.17			
奉新县									
上高县	34.90	11.20	0.10	0.29	10.00	0.01			
樟树县	52.02	18.78	1.32	2.54	12.12	0.16	0.09	56.25	0.48
新余市	**79.61**	**23.11**	**2.00**	**2.51**	**10.00**	**0.20**			
渝水区	79.61	23.11	2.00	2.51	10.00	0.20			
分宜县									
南昌市	**227.16**	**56.31**	**2.88**	**1.27**	**11.46**	**0.33**	**0.11**	**33.33**	**0.20**
新建县	108.70	24.99	0.78	0.72	5.13	0.04	0.04	100.00	0.16
进贤县	83.46	23.12	1.10	1.32	6.36	0.07	0.07	100.00	0.30
安义县	35.00	8.20	1.00	2.86	22.00	0.22			
上饶地区	**244.44**	**86.33**	**9.50**	**3.89**	**13.58**	**1.29**	**0.57**	**44.19**	**0.66**
波阳县	127.34	44.24	5.27	4.14	14.61	0.77	0.11	14.29	0.25
万年县	39.10	13.20	0.59	1.51	15.25	0.09	0.03	33.33	0.23
余干县	78.00	28.89	3.64	4.67	11.81	0.43	0.43	100.00	1.49
抚州地区	**84.90**		**1.80**	**2.12**	**14.44**	**0.26**			
临川县	84.90		1.80	2.12	14.44	0.26			
崇仁县									
景德镇市	**69.34**	**25.88**	**1.74**	**2.51**	**28.74**	**0.50**	**0.22**	**44.00**	**0.85**
乐平县	69.34	25.88	1.74	2.51	28.74	0.50	0.22	44.00	0.85

5-13-10　江西省1952年产棉县棉花生产收购明细

县市名	耕地面积（万亩）	农业人口（万人）	棉田面积（万亩）	占耕地（%）	亩产（市斤）	产量（万担）	收购量（万担）	商品率（%）	人均交售（市斤）
全省合计	**1386.91**	**414.89**	**65.83**	**4.75**	**30.32**	**19.96**	**13.37**	**66.98**	**3.22**
九江市	**299.43**	**108.33**	**27.00**	**9.02**	**39.15**	**10.57**	**6.61**	**62.54**	**6.10**
永修县	50.04	2.55	2.85	5.70	35.44	1.01	0.60	59.41	23.53
都昌县	60.72	28.06	4.06	6.69	20.69	0.84	0.37	44.05	1.32
彭泽县	27.11	9.64	6.65	24.53	49.47	3.29	3.03	92.10	31.43
九江县	34.38	13.91	3.58	10.41	50.56	1.81			
瑞昌县	28.97	14.40	2.59	8.94	46.72	1.21	0.79	65.29	5.49
湖口县	18.67	12.14	4.61	24.69	39.48	1.82	1.38	75.82	11.37
德安县	17.74	4.46	0.37	2.09	21.62	0.08			
星子县	17.21	8.18	0.99	5.75	35.35	0.35	0.30	85.71	3.67
武宁县	44.59	14.99	1.30	2.92	12.31	0.16	0.14	87.50	0.93
宜春市	**384.82**	**112.35**	**7.37**	**1.92**	**11.26**	**0.83**	**0.42**	**50.60**	**0.37**
高安县	121.54	30.68	2.62	2.16	9.92	0.26	0.10	38.46	0.33
丰城县	166.51	48.26	3.63	2.18	8.82	0.32	0.20	62.50	0.41
奉新县									
上高县	43.10	12.60	0.40	0.93	10.00	0.04			
樟树县	53.67	20.81	0.72	1.34	29.17	0.21	0.12	57.14	0.58
新余市	**80.77**	**23.87**	**2.03**	**2.51**	**17.24**	**0.35**	**0.15**	**42.86**	**0.63**
渝水区	80.77	23.87	2.03	2.51	17.24	0.35	0.15	42.86	0.63
分宜县									
南昌市	**218.36**	**56.45**	**6.85**	**3.14**	**16.79**	**1.15**	**0.73**	**63.48**	**1.29**
新建县	99.60	24.38	0.82	0.82	3.66	0.03	0.03	100.00	0.12
进贤县	83.76	23.47	4.55	5.43	15.38	0.70	0.70	100.00	2.98
安义县	35.00	8.60	1.48	4.23	28.38	0.42			
上饶地区	**247.28**	**88.19**	**13.49**	**5.46**	**32.91**	**4.44**	**3.44**	**77.48**	**3.90**
波阳县	128.54	45.20	7.08	5.51	34.75	2.46	1.46	59.35	3.23
万年县	40.00	13.60	0.45	1.13	8.89	0.04	0.04	100.00	0.29
余干县	78.74	29.39	5.96	7.57	32.55	1.94	1.94	100.00	6.60
抚州地区	**84.90**		**1.59**	**1.87**	**15.72**	**0.25**			
临川县	84.90		1.59	1.87	15.72	0.25			
崇仁县									
景德镇市	**71.35**	**25.70**	**7.50**	**10.51**	**31.60**	**2.37**	**2.02**	**85.23**	**7.86**
乐平县	71.35	25.70	7.50	10.51	31.60	2.37	2.02	85.23	7.86

5－13－11　江西省1953年产棉县棉花生产收购明细

县市名	耕地面积（万亩）	农业人口（万人）	棉田面积（万亩）	占耕地（%）	亩产（市斤）	产量（万担）	收购量（万担）	商品率（%）	人均交售（市斤）
全省合计	**1394.19**	**418.37**	**56.14**	**4.03**	**25.15**	**14.12**	**8.05**	**57.01**	**1.92**
九江市	**303.52**	**110.47**	**25.49**	**8.40**	**34.37**	**8.76**	**4.96**	**56.62**	**4.49**
永修县	47.88	2.90	1.40	2.92	12.86	0.18	0.01	5.56	0.34
都昌县	62.60	28.33	3.32	5.30	9.34	0.31	0.07	22.58	0.25
彭泽县	28.25	10.47	6.02	21.31	59.80	3.60	3.06	85.00	29.23
九江县	34.55	13.95	4.39	12.71	60.82	2.67			
瑞昌县	31.75	14.85	3.23	10.17	33.13	1.07	1.13	105.61	7.61
湖口县	18.77	12.25	4.68	24.93	11.54	0.54	0.48	88.89	3.92
德安县	17.72	4.43	0.26	1.47	19.23	0.05			
星子县	17.40	8.23	1.12	6.44	23.21	0.26	0.14	53.85	1.70
武宁县	44.60	15.06	1.07	2.40	7.48	0.08	0.07	87.50	0.46
宜春市	**385.69**	**111.40**	**6.20**	**1.61**	**11.45**	**0.71**	**0.13**	**18.31**	**0.12**
高安县	121.72	30.94	2.41	1.98	12.86	0.31	0.01	3.23	0.03
丰城县	167.33	47.46	3.16	1.89	9.18	0.29	0.10	34.48	0.21
奉新县									
上高县	42.90	12.60	0.30	0.70	13.33	0.04			
樟树县	53.74	20.40	0.33	0.61	21.21	0.07	0.02	28.57	0.10
新余市	**80.75**	**23.35**	**1.75**	**2.17**	**13.71**	**0.24**	**0.03**	**12.50**	**0.13**
渝水区	80.75	23.35	1.75	2.17	13.71	0.24	0.03	12.50	0.13
分宜县									
南昌市	**219.56**	**57.62**	**6.02**	**2.74**	**15.28**	**0.92**	**0.74**	**80.43**	**1.28**
新建县	99.40	24.38	0.75	0.75	5.33	0.04	0.04	100.00	0.16
进贤县	85.16	23.64	4.34	5.10	16.13	0.70	0.70	100.00	2.96
安义县	35.00	9.60	0.93	2.66	19.35	0.18			
上饶地区	**247.82**	**89.77**	**10.51**	**4.24**	**20.84**	**2.19**	**1.26**	**57.53**	**1.40**
波阳县	128.63	46.45	5.76	4.48	27.08	1.56	0.63	40.38	1.36
万年县	40.60	13.80	0.56	1.38	12.50	0.07	0.07	100.00	0.51
余干县	78.59	29.52	4.19	5.33	13.37	0.56	0.56	100.00	1.90
抚州地区	**84.90**		**1.02**	**1.20**	**17.65**	**0.18**			
临川县	84.90		1.02	1.20	17.65	0.18			
崇仁县									
景德镇市	**71.95**	**25.76**	**5.15**	**7.16**	**21.75**	**1.12**	**0.93**	**83.04**	**3.61**
乐平县	71.95	25.76	5.15	7.16	21.75	1.12	0.93	83.04	3.61

5－13－12　江西省1954年产棉县棉花生产收购明细

县 市 名	耕地面积（万亩）	农业人口（万人）	棉田面积（万亩）	占耕地（%）	亩 产（市斤）	产 量（万担）	收购量（万担）	商品率（%）	人均交售（市斤）
全省合计	**1402.77**	**423.83**	**46.89**	**3.34**	**15.63**	**7.33**	**5.46**	**74.49**	**1.29**
九江市	**309.44**	**111.07**	**22.28**	**7.20**	**17.50**	**3.90**	**3.18**	**81.54**	**2.86**
永修县	50.88	3.04	0.05	0.10					
都昌县	63.14	28.28	2.54	4.02	12.60	0.32	0.25	78.13	0.88
彭泽县	29.09	10.23	4.00	13.75	28.00	1.12	0.98	87.50	9.58
九江县	34.67	13.96	5.11	14.74	6.85	0.35			
瑞昌县	32.08	15.13	4.06	12.66	22.41	0.91	0.92	101.10	6.08
湖口县	19.18	12.42	4.24	22.11	16.27	0.69	0.45	65.22	3.62
德安县	17.68	4.43	0.09	0.51	11.11	0.01			
星子县	17.90	8.38	1.06	5.92	25.47	0.27	0.38	140.74	4.53
武宁县	44.82	15.20	1.13	2.52	20.35	0.23	0.20	86.96	1.32
宜春市	**388.95**	**113.50**	**5.15**	**1.32**	**16.70**	**0.86**	**0.26**	**30.23**	**0.23**
高安县	121.75	31.60	1.94	1.59	24.74	0.48	0.10	20.83	0.32
丰城县	169.31	48.51	2.69	1.59	11.52	0.31	0.13	41.94	0.27
奉新县									
上高县	43.90	12.60	0.20	0.46					
樟树县	53.99	20.79	0.32	0.59	21.88	0.07	0.03	42.86	0.14
新余市	**80.87**	**24.06**	**1.61**	**1.99**	**13.66**	**0.22**	**0.15**	**68.18**	**0.62**
渝水区	80.87	24.06	1.61	1.99	13.66	0.22	0.15	68.18	0.62
分宜县									
南昌市	**218.01**	**57.89**	**4.52**	**2.07**	**11.95**	**0.54**	**0.51**	**94.44**	**0.88**
新建县	96.40	24.59	0.10	0.10	10.00	0.01	0.01	100.00	0.04
进贤县	85.61	23.70	3.72	4.35	13.44	0.50	0.50	100.00	2.11
安义县	36.00	9.60	0.70	1.94	4.29	0.03			
上饶地区	**248.44**	**91.53**	**8.55**	**3.44**	**13.80**	**1.18**	**0.96**	**81.36**	**1.05**
波阳县	128.74	47.18	3.98	3.09	17.34	0.69	0.47	68.12	1.00
万年县	41.50	14.30	0.35	0.84	5.71	0.02	0.02	100.00	0.14
余干县	78.20	30.05	4.22	5.40	11.14	0.47	0.47	100.00	1.56
抚州地区	**84.90**		**0.74**	**0.87**	**10.81**	**0.08**			
临川县	84.90		0.74	0.87	10.81	0.08			
崇仁县									
景德镇市	**72.16**	**25.78**	**4.04**	**5.60**	**13.61**	**0.55**	**0.40**	**72.73**	**1.55**
乐平县	72.16	25.78	4.04	5.60	13.61	0.55	0.40	72.73	1.55

5－13－13　江西省1955年产棉县棉花生产收购明细

县市名	耕地面积（万亩）	农业人口（万人）	棉田面积（万亩）	占耕地（%）	亩产（市斤）	产量（万担）	收购量（万担）	商品率（%）	人均交售（市斤）
全省合计	**1404.04**	**428.32**	**66.24**	**4.72**	**24.98**	**16.55**	**12.58**	**76.01**	**2.94**
九江市	**308.53**	**111.19**	**30.47**	**9.88**	**33.11**	**10.09**	**7.61**	**75.42**	**6.84**
永修县	50.66	3.14	0.19	0.38	21.05	0.04	0.02	50.00	0.64
都昌县	63.55	28.62	4.04	6.36	27.23	1.10	0.86	78.18	3.00
彭泽县	30.73	10.54	7.44	24.21	47.98	3.57	3.29	92.16	31.21
九江县	31.89	12.49	7.26	22.77	24.93	1.81			
瑞昌县	32.17	15.40	4.12	12.81	32.77	1.35	1.64	121.48	10.65
湖口县	19.35	12.67	5.67	29.30	31.22	1.77	1.34	75.71	10.58
德安县	17.48	4.49	0.07	0.40	14.29	0.01			
星子县	17.70	8.58	1.06	5.99	27.36	0.29	0.32	110.34	3.73
武宁县	45.00	15.26	0.62	1.38	24.19	0.15	0.14	93.33	0.92
宜春市	**389.80**	**114.93**	**7.30**	**1.87**	**16.85**	**1.23**	**0.61**	**49.59**	**0.53**
高安县	122.26	31.84	2.59	2.12	15.83	0.41	0.13	31.71	0.41
丰城县	169.31	49.02	3.39	2.00	16.22	0.55	0.34	61.82	0.69
奉新县									
上高县	44.00	13.00	0.10	0.23					
樟树县	54.23	21.07	1.22	2.25	22.13	0.27	0.14	51.85	0.66
新余市	**81.31**	**24.66**	**1.41**	**1.73**	**20.57**	**0.29**	**0.24**	**82.76**	**0.97**
渝水区	81.31	24.66	1.41	1.73	20.57	0.29	0.24	82.76	0.97
分宜县									
南昌市	**218.27**	**58.34**	**7.64**	**3.50**	**18.85**	**1.44**	**1.41**	**97.92**	**2.42**
新建县	98.00	24.91	0.17	0.17	5.88	0.01	0.01	100.00	0.04
进贤县	85.27	23.83	6.43	7.54	21.77	1.40	1.40	100.00	5.87
安义县	35.00	9.60	1.04	2.97	2.88	0.03			
上饶地区	**248.81**	**93.70**	**14.24**	**5.72**	**20.58**	**2.93**	**2.43**	**82.94**	**2.59**
波阳县	128.84	48.76	8.09	6.28	23.24	1.88	1.38	73.40	2.83
万年县	41.30	14.50	0.35	0.85	8.57	0.03	0.03	100.00	0.21
余干县	78.67	30.44	5.80	7.37	17.59	1.02	1.02	100.00	3.35
抚州地区	**84.91**		**0.57**	**0.67**	**15.79**	**0.09**			
临川县	84.91		0.57	0.67	15.79	0.09			
崇仁县									
景德镇市	**72.41**	**25.50**	**4.61**	**6.37**	**10.41**	**0.48**	**0.28**	**58.33**	**1.10**
乐平县	72.41	25.50	4.61	6.37	10.41	0.48	0.28	58.33	1.10

5－13－14　江西省1956年产棉县棉花生产收购明细

县市名	耕地面积（万亩）	农业人口（万人）	棉田面积（万亩）	占耕地（%）	亩产（市斤）	产量（万担）	收购量（万担）	商品率（%）	人均交售（市斤）
全省合计	**1436.05**	**478.90**	**87.40**	**6.09**	**35.66**	**31.17**	**25.60**	**82.13**	**5.35**
九江市	**309.54**	**112.98**	**43.87**	**14.17**	**43.70**	**19.17**	**14.93**	**77.88**	**13.21**
永修县	50.46	3.23	1.05	2.08	44.76	0.47	0.52	110.64	16.10
都昌县	63.53	29.11	7.91	12.45	32.87	2.60	2.36	90.77	8.11
彭泽县	31.72	11.07	9.32	29.38	59.66	5.56	5.05	90.83	45.62
九江县	30.65	12.53	8.17	26.66	49.20	4.02			
瑞昌县	32.54	15.56	8.10	24.89	39.51	3.20	3.69	115.31	23.71
湖口县	19.75	12.97	7.14	36.15	34.31	2.45	2.58	105.31	19.89
德安县	18.27	4.36	0.07	0.38	14.29	0.01			
星子县	17.50	8.75	1.57	8.97	41.40	0.65	0.53	81.54	6.06
武宁县	45.12	15.40	0.54	1.20	38.89	0.21	0.20	95.24	1.30
宜春市	**419.26**	**115.62**	**9.32**	**2.22**	**23.93**	**2.23**	**1.63**	**73.09**	**1.41**
高安县	122.42	32.50	3.55	2.90	25.35	0.90	0.66	73.33	2.03
丰城县	197.97	48.72	4.69	2.37	19.19	0.90	0.77	85.56	1.58
奉新县									
上高县	44.50	13.30	0.03	0.07					
樟树县	54.37	21.10	1.05	1.93	40.95	0.43	0.20	46.51	0.95
新余市	**82.05**	**25.27**	**1.35**	**1.65**	**54.07**	**0.73**	**0.66**	**90.41**	**2.61**
渝水区	82.05	25.27	1.35	1.65	54.07	0.73	0.66	90.41	2.61
分宜县									
南昌市	**217.80**	**59.48**	**8.90**	**4.09**	**22.58**	**2.01**	**1.78**	**88.56**	**2.99**
新建县	97.50	25.71	0.15	0.15	13.33	0.02	0.02	100.00	0.08
进贤县	85.30	24.17	7.82	9.17	22.51	1.76	1.76	100.00	7.28
安义县	35.00	9.60	0.93	2.66	24.73	0.23			
上饶地区	**249.73**	**96.01**	**18.67**	**7.48**	**28.28**	**5.28**	**5.22**	**98.86**	**5.44**
波阳县	128.97	49.50	11.71	9.08	27.84	3.26	3.26	100.00	6.59
万年县	41.50	14.70	0.51	1.23	25.49	0.13	0.07	53.85	0.48
余干县	79.26	31.81	6.45	8.14	29.30	1.89	1.89	100.00	5.94
抚州地区	**84.91**	**43.79**	**0.49**	**0.58**	**46.94**	**0.23**			
临川县	84.91	43.79	0.49	0.58	46.94	0.23			
崇仁县									
景德镇市	**72.76**	**25.75**	**4.80**	**6.60**	**31.67**	**1.52**	**1.38**	**90.79**	**5.36**
乐平县	72.76	25.75	4.80	6.60	31.67	1.52	1.38	90.79	5.36

5－13－15　江西省1957年产棉县棉花生产收购明细

县市名	耕地面积（万亩）	农业人口（万人）	棉田面积（万亩）	占耕地（%）	亩产（市斤）	产量（万担）	收购量（万担）	商品率（%）	人均交售（市斤）
全省合计	**1415.47**	**493.16**	**92.05**	**6.50**	**41.72**	**38.40**	**31.38**	**81.72**	**6.36**
九江市	**314.54**	**117.47**	**49.36**	**15.69**	**49.51**	**24.44**	**19.09**	**78.11**	**16.25**
永修县	51.05	3.28	1.43	2.80	49.65	0.71	0.73	102.82	22.26
都昌县	64.79	29.84	8.57	13.23	40.02	3.43	3.10	90.38	10.39
彭泽县	33.68	12.15	12.00	35.63	68.08	8.17	8.06	98.65	66.34
九江县	31.11	12.54	7.95	25.55	60.38	4.80			
瑞昌县	32.44	16.13	9.16	28.24	37.01	3.39	3.50	103.24	21.70
湖口县	19.94	13.45	7.43	37.26	37.28	2.77	2.64	95.31	19.63
德安县	18.48	5.50	0.06	0.32	16.67	0.01			
星子县	17.67	9.07	2.03	11.49	45.81	0.93	0.85	91.40	9.37
武宁县	45.38	15.51	0.73	1.61	31.51	0.23	0.21	91.30	1.35
宜春市	**390.40**	**117.96**	**12.05**	**3.09**	**23.90**	**2.88**	**1.94**	**67.36**	**1.64**
高安县	122.77	33.43	5.99	4.88	24.21	1.45	1.01	69.66	3.02
丰城县	167.17	49.12	4.06	2.43	17.24	0.70	0.61	87.14	1.24
奉新县									
上高县	46.20	13.50	0.10	0.22	30.00	0.03			
樟树县	54.26	21.91	1.90	3.50	36.84	0.70	0.32	45.71	1.46
新余市	**82.55**	**26.35**	**2.24**	**2.71**	**38.84**	**0.87**	**0.81**	**93.10**	**3.07**
渝水区	82.55	26.35	2.24	2.71	38.84	0.87	0.81	93.10	3.07
分宜县									
南昌市	**219.76**	**60.56**	**9.24**	**4.20**	**30.63**	**2.83**	**2.53**	**89.40**	**4.18**
新建县	98.30	26.10	0.21	0.21	19.05	0.04	0.04	100.00	0.15
进贤县	85.46	24.46	8.33	9.75	29.89	2.49	2.49	100.00	10.18
安义县	36.00	10.00	0.70	1.94	42.86	0.30			
上饶地区	**251.05**	**98.35**	**13.77**	**5.48**	**35.66**	**4.91**	**4.83**	**98.37**	**4.91**
波阳县	130.00	51.00	6.99	5.38	42.06	2.94	2.89	98.30	5.67
万年县	41.30	15.00	0.38	0.92	28.95	0.11	0.08	72.73	0.53
余干县	79.75	32.35	6.40	8.03	29.06	1.86	1.86	100.00	5.75
抚州地区	**83.93**	**44.55**	**2.53**	**3.01**	**49.01**	**1.24**	**1.21**	**97.58**	**2.72**
临川县	83.93	44.55	2.53	3.01	49.01	1.24	1.21	97.58	2.72
崇仁县									
景德镇市	**73.24**	**27.92**	**2.86**	**3.90**	**43.01**	**1.23**	**0.97**	**78.86**	**3.47**
乐平县	73.24	27.92	2.86	3.90	43.01	1.23	0.97	78.86	3.47

5-13-16 江西省1958年产棉县棉花生产收购明细

县市名	耕地面积（万亩）	农业人口（万人）	棉田面积（万亩）	占耕地（%）	亩产（市斤）	产量（万担）	收购量（万担）	商品率（%）	人均交售（市斤）
全省合计	**1368.91**	**499.51**	**95.18**	**6.95**	**37.13**	**35.34**	**27.88**	**78.89**	**5.58**
九江市	**304.16**	**119.59**	**47.14**	**15.50**	**42.21**	**19.90**	**15.18**	**76.28**	**12.69**
永修县	53.40	3.26	2.10	3.93	44.76	0.94	0.87	92.55	26.69
都昌县	60.50	29.59	9.17	15.16	39.91	3.66	3.09	84.43	10.44
彭泽县	31.05	13.47	9.85	31.72	64.57	6.36	6.23	97.96	46.25
九江县	29.25	13.13	6.10	20.85	55.90	3.41			
瑞昌县	30.86	15.97	7.97	25.83	24.59	1.96	1.80	91.84	11.27
湖口县	18.84	13.53	7.65	40.61	32.29	2.47	2.34	94.74	17.29
德安县	18.40	5.57	0.51	2.77	17.65	0.09	0.04	44.44	0.72
星子县	16.26	8.86	2.96	18.20	25.68	0.76	0.61	80.26	6.88
武宁县	45.60	16.21	0.83	1.82	30.12	0.25	0.20	80.00	1.23
宜春市	**375.50**	**120.32**	**14.96**	**3.98**	**29.14**	**4.36**	**2.95**	**67.66**	**2.45**
高安县	117.92	33.98	6.93	5.88	32.03	2.22	1.65	74.32	4.86
丰城县	160.25	50.34	4.45	2.78	20.22	0.90	0.89	98.89	1.77
奉新县									
上高县	45.20	13.80	0.50	1.11	32.00	0.16			
樟树县	52.13	22.20	3.08	5.91	35.06	1.08	0.41	37.96	1.85
新余市	**80.13**	**26.51**	**3.61**	**4.51**	**52.08**	**1.88**	**1.81**	**96.28**	**6.83**
渝水区	80.13	26.51	3.61	4.51	52.08	1.88	1.81	96.28	6.83
分宜县									
南昌市	**209.49**	**60.14**	**7.34**	**3.50**	**21.66**	**1.59**	**1.36**	**85.53**	**2.26**
新建县	93.10	25.43	0.22	0.24	18.18	0.04	0.04	100.00	0.16
进贤县	81.39	24.41	6.36	7.81	20.75	1.32	1.32	100.00	5.41
安义县	35.00	10.30	0.76	2.17	30.26	0.23			
上饶地区	**245.50**	**101.41**	**13.31**	**5.42**	**32.08**	**4.27**	**3.75**	**87.82**	**3.70**
波阳县	130.28	52.18	6.91	5.30	43.27	2.99	2.47	82.61	4.73
万年县	38.40	15.40	0.19	0.49	36.84	0.07	0.07	100.00	0.45
余干县	76.82	33.83	6.21	8.08	19.48	1.21	1.21	100.00	3.58
抚州地区	**83.93**	**43.16**	**4.94**	**5.89**	**36.44**	**1.80**	**1.45**	**80.56**	**3.36**
临川县	83.93	43.16	4.94	5.89	36.44	1.80	1.45	80.56	3.36
崇仁县									
景德镇市	**70.20**	**28.38**	**3.88**	**5.53**	**39.69**	**1.54**	**1.38**	**89.61**	**4.86**
乐平县	70.20	28.38	3.88	5.53	39.69	1.54	1.38	89.61	4.86

5－13－17　江西省1959年产棉县棉花生产收购明细

县市名	耕地面积（万亩）	农业人口（万人）	棉田面积（万亩）	占耕地（%）	亩产（市斤）	产量（万担）	收购量（万担）	商品率（%）	人均交售（市斤）
全省合计	**1323.24**	**504.65**	**96.01**	**7.26**	**37.06**	**35.58**	**25.29**	**71.08**	**5.01**
九江市	**302.56**	**121.04**	**33.82**	**11.18**	**49.91**	**16.88**	**11.78**	**69.79**	**9.73**
永修县	50.35	3.44	1.55	3.08	29.68	0.46	0.43	93.48	12.50
都昌县	59.30	30.33	0.90	1.52	367.78	3.31	2.52	76.13	8.31
彭泽县	32.98	13.84	8.75	26.53	64.80	5.67	5.52	97.35	39.88
九江县	30.34	13.26	7.16	23.60	60.47	4.33			
瑞昌县	30.29	15.91	6.90	22.78	20.58	1.42	1.82	128.17	11.44
湖口县	18.81	13.29	4.82	25.62	25.73	1.24	1.11	89.52	8.35
德安县	17.86	5.48	0.42	2.35	14.29	0.06	0.03	50.00	0.55
星子县	16.46	8.91	2.30	13.97	16.52	0.38	0.34	89.47	3.82
武宁县	46.17	16.58	1.02	2.21	0.98	0.01	0.01	100.00	0.06
宜春市	**356.79**	**120.46**	**19.29**	**5.41**	**24.26**	**4.68**	**2.98**	**63.68**	**2.47**
高安县	112.22	34.07	7.68	6.84	30.08	2.31	1.62	70.13	4.75
丰城县	150.86	50.45	6.14	4.07	14.98	0.92	0.84	91.30	1.67
奉新县									
上高县	43.70	13.70	1.10	2.52	33.64	0.37			
樟树县	50.01	22.24	4.37	8.74	24.71	1.08	0.52	48.15	2.34
新余市	**76.93**	**26.80**	**6.18**	**8.03**	**42.39**	**2.62**	**2.54**	**96.95**	**9.48**
渝水区	76.93	26.80	6.18	8.03	42.39	2.62	2.54	96.95	9.48
分宜县									
南昌市	**201.41**	**59.75**	**11.17**	**5.55**	**22.20**	**2.48**	**2.30**	**92.74**	**3.85**
新建县	88.50	25.58	1.04	1.18	8.65	0.09	0.09	100.00	0.35
进贤县	79.91	23.57	9.21	11.53	24.00	2.21	2.21	100.00	9.38
安义县	33.00	10.60	0.92	2.79	19.57	0.18			
上饶地区	**234.12**	**103.55**	**11.63**	**4.97**	**28.20**	**3.28**	**2.84**	**86.59**	**2.74**
波阳县	119.02	54.28	6.43	5.40	28.30	1.82	1.38	75.82	2.54
万年县	38.30	15.40	0.61	1.59	26.23	0.16	0.16	100.00	1.04
余干县	76.80	33.87	4.59	5.98	28.32	1.30	1.30	100.00	3.84
抚州地区	**83.08**	**43.09**	**9.84**	**11.84**	**42.07**	**4.14**	**1.49**	**35.99**	**3.46**
临川县	83.08	43.09	9.84	11.84	42.07	4.14	1.49	35.99	3.46
崇仁县									
景德镇市	**68.35**	**29.96**	**4.08**	**5.97**	**36.76**	**1.50**	**1.36**	**90.67**	**4.54**
乐平县	68.35	29.96	4.08	5.97	36.76	1.50	1.36	90.67	4.54

5－13－18　江西省1960年产棉县棉花生产收购明细

县市名	耕地面积（万亩）	农业人口（万人）	棉田面积（万亩）	占耕地（%）	亩产（市斤）	产量（万担）	收购量（万担）	商品率（%）	人均交售（市斤）
全省合计	**1340.52**	**506.23**	**108.63**	**8.10**	**30.09**	**32.69**	**25.82**	**78.98**	**5.10**
九江市	**307.62**	**120.68**	**43.64**	**14.19**	**37.74**	**16.47**	**13.29**	**80.69**	**11.01**
永修县	52.50	3.51	1.68	3.20	23.81	0.40	0.32	80.00	9.12
都昌县	60.80	29.79	9.01	14.82	27.19	2.45	2.39	97.55	8.02
彭泽县	34.14	14.31	9.20	26.95	81.09	7.46	7.32	98.12	51.15
九江县	30.25	13.80	6.90	22.81	46.81	3.23			
瑞昌县	29.48	15.64	6.91	23.44	11.72	0.81	1.23	151.85	7.86
湖口县	18.90	13.00	6.41	33.92	26.21	1.68	1.62	96.43	12.46
德安县	17.75	5.29	0.31	1.75	9.68	0.03	0.02	66.67	0.38
星子县	16.20	8.72	2.18	13.46	15.60	0.34	0.32	94.12	3.67
武宁县	47.60	16.62	1.04	2.18	6.73	0.07	0.07	100.00	0.42
宜春市	**357.01**	**121.51**	**20.84**	**5.84**	**16.46**	**3.43**	**2.41**	**70.26**	**1.98**
高安县	114.55	34.25	7.60	6.63	18.95	1.44	1.22	84.72	3.56
丰城县	147.80	50.81	7.37	4.99	11.13	0.82	0.77	93.90	1.52
奉新县									
上高县	45.00	14.20	0.50	1.11	42.00	0.21			
樟树县	49.66	22.25	5.37	10.81	17.88	0.96	0.42	43.75	1.89
新余市	**76.40**	**27.62**	**7.34**	**9.61**	**35.42**	**2.60**	**2.59**	**99.62**	**9.38**
渝水区	76.40	27.62	7.34	9.61	35.42	2.60	2.59	99.62	9.38
分宜县									
南昌市	**202.26**	**59.28**	**10.41**	**5.15**	**13.93**	**1.45**	**1.09**	**75.17**	**1.84**
新建县	88.60	26.56	0.33	0.37	12.12	0.04	0.04	100.00	0.15
进贤县	79.66	22.02	8.85	11.11	11.86	1.05	1.05	100.00	4.77
安义县	34.00	10.70	1.23	3.62	29.27	0.36			
上饶地区	**245.69**	**104.24**	**11.02**	**4.49**	**26.41**	**2.91**	**2.65**	**91.07**	**2.54**
波阳县	129.54	55.56	6.65	5.13	33.23	2.21	2.13	96.38	3.83
万年县	37.90	15.60	0.86	2.27	23.26	0.20	0.02	10.00	0.13
余干县	78.25	33.08	3.51	4.49	14.25	0.50	0.50	100.00	1.51
抚州地区	**83.64**	**42.76**	**11.20**	**13.39**	**43.48**	**4.87**	**2.83**	**58.11**	**6.62**
临川县	83.64	42.76	11.20	13.39	43.48	4.87	2.83	58.11	6.62
崇仁县									
景德镇市	**67.90**	**30.14**	**4.18**	**6.16**	**22.97**	**0.96**	**0.96**	**100.00**	**3.19**
乐平县	67.90	30.14	4.18	6.16	22.97	0.96	0.96	100.00	3.19

5－13－19　江西省1961年产棉县棉花生产收购明细

县 市 名	耕地面积（万亩）	农业人口（万人）	棉田面积（万亩）	占耕地（%）	亩　产（市斤）	产　量（万担）	收购量（万担）	商品率（%）	人均交售（市斤）
全省合计	**1335.61**	**521.25**	**76.52**	**5.73**	**23.60**	**18.06**	**12.67**	**70.16**	**2.43**
九江市	**314.51**	**126.08**	**35.45**	**11.27**	**33.06**	**11.72**	**7.84**	**66.89**	**6.22**
永修县	53.24	3.99	1.18	2.22	24.58	0.29	0.17	58.62	4.26
都昌县	60.82	30.33	7.19	11.82	21.42	1.54	1.01	65.58	3.33
彭泽县	36.95	15.35	8.96	24.25	53.91	4.83	4.65	96.27	30.29
九江县	30.60	14.15	6.59	21.54	45.68	3.01			
瑞昌县	30.55	15.89	4.23	13.85	24.11	1.02	1.04	101.96	6.54
湖口县	19.64	13.73	5.70	29.02	13.86	0.79	0.77	97.47	5.61
德安县	17.75	5.56	0.29	1.63	10.34	0.03	0.02	66.67	0.36
星子县	16.68	9.77	1.26	7.55	15.08	0.19	0.16	84.21	1.64
武宁县	48.28	17.31	0.05	0.10	40.00	0.02	0.02	100.00	0.12
宜春市	**360.00**	**126.24**	**11.93**	**3.31**	**13.83**	**1.65**	**0.80**	**48.48**	**0.63**
高安县	115.86	35.23	5.18	4.47	16.60	0.86	0.41	47.67	1.16
丰城县	148.00	53.42	4.10	2.77	8.05	0.33	0.14	42.42	0.26
奉新县									
上高县	46.00	14.90	0.40	0.87	15.00	0.06			
樟树县	50.14	22.69	2.25	4.49	17.78	0.40	0.25	62.50	1.10
新余市	**74.57**	**27.52**	**4.30**	**5.77**	**31.40**	**1.35**	**1.24**	**91.85**	**4.51**
渝水区	74.57	27.52	4.30	5.77	31.40	1.35	1.24	91.85	4.51
分宜县									
南昌市	**198.13**	**61.27**	**6.81**	**3.44**	**10.13**	**0.69**	**0.59**	**85.51**	**0.96**
新建县	85.60	26.82	0.10	0.12	10.00	0.01	0.01	100.00	0.04
进贤县	78.53	23.75	5.82	7.41	9.97	0.58	0.58	100.00	2.44
安义县	34.00	10.70	0.89	2.62	11.24	0.10			
上饶地区	**237.69**	**107.15**	**9.66**	**4.06**	**12.84**	**1.24**	**1.04**	**83.87**	**0.97**
波阳县	123.03	56.38	5.96	4.84	13.42	0.80	0.69	86.25	1.22
万年县	37.80	15.70	0.61	1.61	21.31	0.13	0.04	30.77	0.25
余干县	76.86	35.07	3.09	4.02	10.03	0.31	0.31	100.00	0.88
抚州地区	**82.98**	**41.22**	**5.01**	**6.04**	**14.57**	**0.73**	**0.72**	**98.63**	**1.75**
临川县	82.98	41.22	5.01	6.04	14.57	0.73	0.72	98.63	1.75
崇仁县									
景德镇市	**67.73**	**31.77**	**3.36**	**4.96**	**20.24**	**0.68**	**0.44**	**64.71**	**1.38**
乐平县	67.73	31.77	3.36	4.96	20.24	0.68	0.44	64.71	1.38

5-13-20 江西省1962年产棉县棉花生产收购明细

县市名	耕地面积（万亩）	农业人口（万人）	棉田面积（万亩）	占耕地（%）	亩产（市斤）	产量（万担）	收购量（万担）	商品率（%）	人均交售（市斤）
全省合计	**1336.44**	**540.17**	**64.31**	**4.81**	**28.14**	**18.10**	**13.57**	**74.97**	**2.51**
九江市	**317.46**	**132.08**	**30.73**	**9.68**	**42.73**	**13.13**	**9.53**	**72.58**	**7.22**
永修县	53.69	4.07	0.95	1.77	13.68	0.13	0.15	115.38	3.69
都昌县	62.44	32.62	5.12	8.20	18.36	0.94	0.87	92.55	2.67
彭泽县	37.04	15.50	8.07	21.79	64.56	5.21	5.06	97.12	32.65
九江县	30.36	14.36	5.66	18.64	56.36	3.19			
瑞昌县	30.78	17.01	4.37	14.20	37.99	1.66	1.51	90.96	8.88
湖口县	19.71	14.17	5.04	25.57	35.52	1.79	1.75	97.77	12.35
德安县	17.83	5.96	0.29	1.63	13.79	0.04	0.03	75.00	0.50
星子县	16.85	10.15	1.19	7.06	13.45	0.16	0.15	93.75	1.48
武宁县	48.76	18.24	0.04	0.08	25.00	0.01	0.01	100.00	0.05
宜春市	**357.88**	**132.02**	**8.52**	**2.38**	**7.75**	**0.66**	**0.54**	**81.82**	**0.41**
高安县	115.75	36.94	3.99	3.45	11.78	0.47	0.35	74.47	0.95
丰城县	146.24	55.69	3.92	2.68	3.57	0.14	0.18	128.57	0.32
奉新县									
上高县	46.60	15.70	0.30	0.64	3.33	0.01			
樟树县	49.29	23.69	0.31	0.63	12.90	0.04	0.01	25.00	0.04
新余市	**76.04**	**28.97**	**2.62**	**3.45**	**29.01**	**0.76**	**0.73**	**96.05**	**2.52**
渝水区	76.04	28.97	2.62	3.45	29.01	0.76	0.73	96.05	2.52
分宜县									
南昌市	**200.32**	**63.63**	**6.64**	**3.31**	**7.98**	**0.53**	**0.47**	**88.68**	**0.74**
新建县	86.20	27.49	0.14	0.16	14.29	0.02	0.02	100.00	0.07
进贤县	80.12	25.04	5.86	7.31	7.68	0.45	0.45	100.00	1.80
安义县	34.00	11.10	0.64	1.88	9.38	0.06			
上饶地区	**236.46**	**107.98**	**8.99**	**3.80**	**19.13**	**1.72**	**1.32**	**76.74**	**1.22**
波阳县	124.12	56.98	5.06	4.08	21.54	1.09	0.70	64.22	1.23
万年县	38.30	16.50	0.52	1.36	19.23	0.10	0.09	90.00	0.55
余干县	74.04	34.50	3.41	4.61	15.54	0.53	0.53	100.00	1.54
抚州地区	**82.78**	**43.82**	**3.36**	**4.06**	**8.93**	**0.30**	**0.28**	**93.33**	**0.64**
临川县	82.78	43.82	3.36	4.06	8.93	0.30	0.28	93.33	0.64
崇仁县									
景德镇市	**65.50**	**31.67**	**3.45**	**5.27**	**28.99**	**1.00**	**0.70**	**70.00**	**2.21**
乐平县	65.50	31.67	3.45	5.27	28.99	1.00	0.70	70.00	2.21

5－13－21　江西省1963年产棉县棉花生产收购明细

县 市 名	耕地面积（万亩）	农业人口（万人）	棉田面积（万亩）	占耕地（%）	亩　产（市斤）	产　量（万担）	收购量（万担）	商品率（%）	人均交售（市斤）
全省合计	**1342.08**	**553.94**	**89.29**	**6.65**	**60.22**	**53.77**	**42.73**	**79.47**	**7.71**
九江市	**319.03**	**136.13**	**39.72**	**12.45**	**81.50**	**32.37**	**25.76**	**79.58**	**18.92**
永修县	53.92	4.04	1.14	2.11	60.53	0.69	1.11	160.87	27.48
都昌县	62.30	33.42	4.17	6.69	81.06	3.38	2.70	79.88	8.08
彭泽县	36.58	16.21	12.99	35.51	105.85	13.75	14.19	103.20	87.54
九江县	31.16	14.86	7.25	23.27	97.93	7.10			
瑞昌县	30.85	17.73	5.75	18.64	57.74	3.32	3.74	112.65	21.09
湖口县	19.81	14.55	6.62	33.42	50.60	3.35	3.32	99.10	22.82
德安县	17.90	6.13	0.46	2.57	56.52	0.26	0.18	69.23	2.94
星子县	17.29	10.46	1.31	7.58	38.93	0.51	0.51	100.00	4.88
武宁县	49.22	18.73	0.03	0.06	33.33	0.01	0.01	100.00	0.05
宜春市	**359.40**	**135.67**	**14.14**	**3.93**	**36.63**	**5.18**	**3.77**	**72.78**	**2.78**
高安县	115.60	37.65	6.84	5.92	35.96	2.46	1.96	79.67	5.21
丰城县	147.61	57.04	4.27	2.89	28.34	1.21	1.02	84.30	1.79
奉新县									
上高县	46.80	16.50	0.40	0.85	52.50	0.21			
樟树县	49.39	24.48	2.63	5.32	49.43	1.30	0.79	60.77	3.23
新余市	**75.72**	**29.71**	**6.24**	**8.24**	**59.46**	**3.71**	**3.51**	**94.61**	**11.81**
渝水区	75.72	29.71	6.24	8.24	59.46	3.71	3.51	94.61	11.81
分宜县									
南昌市	**201.08**	**65.29**	**6.25**	**3.11**	**28.00**	**1.75**	**1.49**	**85.14**	**2.28**
新建县	86.30	28.72	0.19	0.22	26.32	0.05	0.05	100.00	0.17
进贤县	80.78	25.07	5.36	6.64	26.87	1.44	1.44	100.00	5.74
安义县	34.00	11.50	0.70	2.06	37.14	0.26			
上饶地区	**237.72**	**110.30**	**14.03**	**5.90**	**44.69**	**6.27**	**4.59**	**73.21**	**4.16**
波阳县	123.03	57.66	8.53	6.93	48.89	4.17	2.65	63.55	4.60
万年县	38.10	16.80	0.78	2.05	46.15	0.36	0.20	55.56	1.19
余干县	76.59	35.84	4.72	6.16	36.86	1.74	1.74	100.00	4.85
抚州地区	**82.77**	**43.73**	**4.57**	**5.52**	**44.86**	**2.05**	**2.01**	**98.05**	**4.60**
临川县	82.77	43.73	4.57	5.52	44.86	2.05	2.01	98.05	4.60
崇仁县									
景德镇市	**66.36**	**33.11**	**4.34**	**6.54**	**56.22**	**2.44**	**1.60**	**65.57**	**4.83**
乐平县	66.36	33.11	4.34	6.54	56.22	2.44	1.60	65.57	4.83

5－13－22　江西省1964年产棉县棉花生产收购明细

县市名	耕地面积（万亩）	农业人口（万人）	棉田面积（万亩）	占耕地（%）	亩产（市斤）	产量（万担）	收购量（万担）	商品率（%）	人均交售（市斤）
全省合计	**1344.31**	**570.51**	**106.18**	**7.90**	**46.50**	**49.37**	**40.65**	**82.34**	**7.13**
九江市	**318.47**	**140.44**	**44.52**	**13.98**	**57.08**	**25.41**	**19.86**	**78.16**	**14.14**
永修县	53.67	3.90	1.69	3.15	42.01	0.71	0.77	108.45	19.74
都昌县	62.19	34.09	6.76	10.87	38.17	2.58	2.27	87.98	6.66
彭泽县	36.50	17.02	12.03	32.96	81.55	9.81	10.05	102.45	59.05
九江县	31.10	15.51	8.35	26.85	69.34	5.79			
瑞昌县	30.77	18.56	6.73	21.87	48.59	3.27	3.57	109.17	19.23
湖口县	19.78	14.84	6.76	34.18	38.02	2.57	2.60	101.17	17.52
德安县	17.91	6.73	0.59	3.29	30.51	0.18	0.12	66.67	1.78
星子县	17.34	10.55	1.30	7.50	30.77	0.40	0.40	100.00	3.79
武宁县	49.21	19.24	0.31	0.63	32.26	0.10	0.08	80.00	0.42
宜春市	**358.54**	**138.49**	**17.27**	**4.82**	**34.39**	**5.94**	**4.13**	**69.53**	**2.98**
高安县	114.68	38.82	7.66	6.68	34.73	2.66	2.14	80.45	5.51
丰城县	147.61	57.87	5.64	3.82	26.42	1.49	1.17	78.52	2.02
奉新县									
上高县	46.80	16.80	1.30	2.78	37.69	0.49			
樟树县	49.45	25.00	2.67	5.40	48.69	1.30	0.82	63.08	3.28
新余市	**75.64**	**30.60**	**7.11**	**9.40**	**62.17**	**4.42**	**3.80**	**85.97**	**12.42**
渝水区	75.64	30.60	7.11	9.40	62.17	4.42	3.80	85.97	12.42
分宜县									
南昌市	**207.95**	**68.91**	**8.34**	**4.01**	**28.42**	**2.37**	**1.83**	**77.22**	**2.66**
新建县	93.70	30.78	0.94	1.00	29.79	0.28	0.10	35.71	0.32
进贤县	80.25	26.13	6.47	8.06	26.74	1.73	1.73	100.00	6.62
安义县	34.00	12.00	0.93	2.74	38.71	0.36			
上饶地区	**236.30**	**112.49**	**17.43**	**7.38**	**35.40**	**6.17**	**5.49**	**88.98**	**4.88**
波阳县	122.86	58.28	10.10	8.22	37.82	3.82	3.15	82.46	5.40
万年县	37.50	17.50	1.11	2.96	41.44	0.46	0.45	97.83	2.57
余干县	75.94	36.71	6.22	8.19	30.39	1.89	1.89	100.00	5.15
抚州地区	**81.90**	**45.97**	**5.49**	**6.70**	**34.43**	**1.89**	**1.87**	**98.94**	**4.07**
临川县	81.90	45.97	5.49	6.70	34.43	1.89	1.87	98.94	4.07
崇仁县									
景德镇市	**65.51**	**33.61**	**6.02**	**9.19**	**52.66**	**3.17**	**3.67**	**115.77**	**10.92**
乐平县	65.51	33.61	6.02	9.19	52.66	3.17	3.67	115.77	10.92

5-13-23 江西省1965年产棉县棉花生产收购明细

县市名	耕地面积（万亩）	农业人口（万人）	棉田面积（万亩）	占耕地（%）	亩产（市斤）	产量（万担）	收购量（万担）	商品率（%）	人均交售（市斤）
全省合计	**1336.97**	**582.53**	**124.02**	**9.28**	**70.11**	**86.95**	**75.71**	**87.07**	**13.00**
九江市	**318.61**	**144.39**	**48.50**	**15.22**	**86.52**	**41.96**	**36.04**	**85.89**	**24.96**
永修县	53.71	3.84	2.01	3.74	78.11	1.57	2.74	174.52	71.35
都昌县	62.25	34.86	7.29	11.71	77.64	5.66	5.62	99.29	16.12
彭泽县	36.30	17.47	14.01	38.60	107.78	15.10	15.16	100.40	86.78
九江县	31.76	16.38	8.37	26.35	92.23	7.72			
瑞昌县	30.68	19.24	6.95	22.65	89.35	6.21	6.57	105.80	34.15
湖口县	19.75	15.13	7.53	38.13	56.84	4.28	4.25	99.30	28.09
德安县	17.90	6.83	0.59	3.30	59.32	0.35	0.30	85.71	4.39
星子县	17.15	11.04	1.21	7.06	66.94	0.81	1.16	143.21	10.51
武宁县	49.11	19.60	0.54	1.10	48.15	0.26	0.24	92.31	1.22
宜春市	**357.95**	**142.04**	**19.83**	**5.54**	**53.10**	**10.53**	**7.36**	**69.90**	**5.18**
高安县	113.86	39.94	8.61	7.56	50.41	4.34	3.54	81.57	8.86
丰城县	148.16	59.24	7.31	4.93	46.79	3.42	2.88	84.21	4.86
奉新县									
上高县	46.60	17.20	1.40	3.00	30.00	0.42			
樟树县	49.33	25.66	2.51	5.09	93.63	2.35	0.94	40.00	3.66
新余市	**75.02**	**31.89**	**10.87**	**14.49**	**68.63**	**7.46**	**6.69**	**89.68**	**20.98**
渝水区	75.02	31.89	10.87	14.49	68.63	7.46	6.69	89.68	20.98
分宜县									
南昌市	**206.54**	**68.58**	**9.90**	**4.79**	**55.15**	**5.46**	**4.37**	**80.04**	**6.37**
新建县	92.40	29.26	1.17	1.27	58.12	0.68	0.25	36.76	0.85
进贤县	80.14	27.02	7.46	9.31	55.23	4.12	4.12	100.00	15.25
安义县	34.00	12.30	1.27	3.74	51.97	0.66			
上饶地区	**232.14**	**115.18**	**20.18**	**8.69**	**62.54**	**12.62**	**12.64**	**100.16**	**10.97**
波阳县	120.34	59.26	11.61	9.65	68.91	8.00	7.85	98.13	13.25
万年县	37.20	18.00	1.29	3.47	55.04	0.71	0.88	123.94	4.89
余干县	74.60	37.92	7.28	9.76	53.71	3.91	3.91	100.00	10.31
抚州地区	**81.81**	**47.37**	**5.71**	**6.98**	**54.47**	**3.11**	**2.55**	**81.99**	**5.38**
临川县	81.81	47.37	5.71	6.98	54.47	3.11	2.55	81.99	5.38
崇仁县									
景德镇市	**64.90**	**33.08**	**9.03**	**13.91**	**64.34**	**5.81**	**6.06**	**104.30**	**18.32**
乐平县	64.90	33.08	9.03	13.91	64.34	5.81	6.06	104.30	18.32

5-13-24 江西省1966年产棉县棉花生产收购明细

县市名	耕地面积（万亩）	农业人口（万人）	棉田面积（万亩）	占耕地（%）	亩产（市斤）	产量（万担）	收购量（万担）	商品率（%）	人均交售（市斤）
全省合计	**1325.87**	**602.00**	**129.95**	**9.80**	**58.64**	**76.20**	**65.35**	**85.76**	**10.86**
九江市	**312.29**	**149.37**	**52.51**	**16.81**	**76.04**	**39.93**	**32.48**	**81.34**	**21.74**
永修县	54.05	3.91	2.85	5.27	53.33	1.52	1.93	126.97	49.36
都昌县	61.56	35.93	7.93	12.88	70.87	5.62	5.60	99.64	15.59
彭泽县	35.93	17.97	14.77	41.11	97.36	14.38	14.42	100.28	80.24
九江县	31.65	16.98	9.15	28.91	99.67	9.12			
瑞昌县	30.08	19.89	7.01	23.30	61.63	4.32	5.47	126.62	27.50
湖口县	19.76	15.53	7.51	38.01	49.93	3.75	3.65	97.33	23.50
德安县	17.89	7.21	0.96	5.37	32.29	0.31	0.28	90.32	3.88
星子县	17.29	11.43	1.36	7.87	44.12	0.60	0.84	140.00	7.35
武宁县	44.08	20.52	0.97	2.20	31.96	0.31	0.29	93.55	1.41
宜春市	**354.75**	**145.77**	**18.26**	**5.15**	**46.17**	**8.43**	**6.21**	**73.67**	**4.26**
高安县	112.76	40.96	7.70	6.83	40.26	3.10	2.51	80.97	6.13
丰城县	147.47	60.78	7.81	5.30	41.36	3.23	2.89	89.47	4.75
奉新县									
上高县	45.70	17.60	1.30	2.84	20.00	0.26			
樟树县	48.82	26.43	1.45	2.97	126.90	1.84	0.81	44.02	3.06
新余市	**74.70**	**32.68**	**11.92**	**15.96**	**68.96**	**8.22**	**7.85**	**95.50**	**24.02**
渝水区	74.70	32.68	11.92	15.96	68.96	8.22	7.85	95.50	24.02
分宜县									
南昌市	**209.52**	**71.35**	**10.70**	**5.11**	**40.56**	**4.34**	**3.59**	**82.72**	**5.03**
新建县	95.70	30.03	1.55	1.62	41.94	0.65	0.32	49.23	1.07
进贤县	79.82	28.62	7.87	9.86	41.55	3.27	3.27	100.00	11.43
安义县	34.00	12.70	1.28	3.76	32.81	0.42			
上饶地区	**228.00**	**119.19**	**21.01**	**9.21**	**46.88**	**9.85**	**9.71**	**98.58**	**8.15**
波阳县	118.27	61.56	12.55	10.61	56.65	7.11	7.05	99.16	11.45
万年县	36.20	18.30	1.32	3.65	41.67	0.55	0.47	85.45	2.57
余干县	73.53	39.33	7.14	9.71	30.67	2.19	2.19	100.00	5.57
抚州地区	**81.71**	**49.23**	**5.63**	**6.89**	**33.39**	**1.88**	**1.87**	**99.47**	**3.80**
临川县	81.71	49.23	5.63	6.89	33.39	1.88	1.87	99.47	3.80
崇仁县									
景德镇市	**64.90**	**34.41**	**9.92**	**15.29**	**35.79**	**3.55**	**3.64**	**102.54**	**10.58**
乐平县	64.90	34.41	9.92	15.29	35.79	3.55	3.64	102.54	10.58

5-13-25　江西省1967年产棉县棉花生产收购明细

县市名	耕地面积（万亩）	农业人口（万人）	棉田面积（万亩）	占耕地（%）	亩产（市斤）	产量（万担）	收购量（万担）	商品率（%）	人均交售（市斤）
全省合计	**1330.05**	**616.73**	**123.77**	**9.31**	**49.18**	**60.87**	**47.57**	**78.15**	**7.71**
九江市	**314.32**	**152.52**	**51.39**	**16.35**	**57.42**	**29.51**	**22.21**	**75.26**	**14.56**
永修县	54.05	3.87	2.37	4.38	35.44	0.84	0.66	78.57	17.05
都昌县	61.54	36.32	8.06	13.10	36.72	2.96	2.37	80.07	6.53
彭泽县	35.87	18.46	14.18	39.53	81.95	11.62	12.02	103.44	65.11
九江县	31.52	17.61	9.20	29.19	75.43	6.94			
瑞昌县	29.85	19.96	6.89	23.08	41.51	2.86	2.95	103.15	14.78
湖口县	19.72	15.86	7.58	38.44	44.20	3.35	3.34	99.70	21.06
德安县	17.73	7.50	0.84	4.74	30.95	0.26	0.22	84.62	2.93
星子县	15.88	11.71	1.38	8.69	31.88	0.44	0.46	104.55	3.93
武宁县	48.16	21.23	0.89	1.85	26.97	0.24	0.19	79.17	0.89
宜春市	**352.35**	**149.87**	**17.23**	**4.89**	**48.00**	**8.27**	**5.22**	**63.12**	**3.48**
高安县	111.83	41.92	7.18	6.42	42.76	3.07	2.38	77.52	5.68
丰城县	146.86	62.61	7.45	5.07	40.13	2.99	2.01	67.22	3.21
奉新县									
上高县	45.20	18.10	1.10	2.43	19.09	0.21			
樟树县	48.46	27.24	1.50	3.10	133.33	2.00	0.83	41.50	3.05
新余市	**74.26**	**34.52**	**12.02**	**16.19**	**77.20**	**9.28**	**8.57**	**92.35**	**24.83**
渝水区	74.26	34.52	12.02	16.19	77.20	9.28	8.57	92.35	24.83
分宜县									
南昌市	**208.36**	**71.92**	**10.76**	**5.16**	**32.16**	**3.46**	**2.72**	**78.61**	**3.78**
新建县	96.20	30.25	1.51	1.57	37.75	0.57	0.29	50.88	0.96
进贤县	79.16	28.87	8.02	10.13	30.30	2.43	2.43	100.00	8.42
安义县	33.00	12.80	1.23	3.73	37.40	0.46			
上饶地区	**225.49**	**123.01**	**18.97**	**8.41**	**28.73**	**5.45**	**5.84**	**107.16**	**4.75**
波阳县	117.19	63.74	11.45	9.77	36.94	4.23	4.51	106.62	7.08
万年县	35.90	18.90	0.88	2.45	28.41	0.25	0.36	144.00	1.90
余干县	72.40	40.37	6.64	9.17	14.61	0.97	0.97	100.00	2.40
抚州地区	**91.94**	**50.48**	**5.51**	**5.99**	**35.93**	**1.98**	**1.80**	**90.91**	**3.57**
临川县	91.94	50.48	5.51	5.99	35.93	1.98	1.80	90.91	3.57
崇仁县									
景德镇市	**63.33**	**34.41**	**7.89**	**12.46**	**37.01**	**2.92**	**1.21**	**41.44**	**3.52**
乐平县	63.33	34.41	7.89	12.46	37.01	2.92	1.21	41.44	3.52

5－13－26　江西省1968年产棉县棉花生产收购明细

县市名	耕地面积（万亩）	农业人口（万人）	棉田面积（万亩）	占耕地（%）	亩产（市斤）	产量（万担）	收购量（万担）	商品率（%）	人均交售（市斤）
全省合计	**1301.75**	**654.71**	**116.13**	**8.92**	**68.67**	**79.75**	**68.86**	**86.34**	**10.52**
九江市	**303.48**	**157.16**	**48.38**	**15.94**	**78.81**	**38.13**	**31.54**	**82.72**	**20.07**
永修县	50.31	3.93	2.22	4.41	74.32	1.65	2.43	147.27	61.83
都昌县	60.32	37.50	7.40	12.27	75.68	5.60	4.96	88.57	13.23
彭泽县	34.21	18.98	13.39	39.14	105.00	14.06	15.32	108.96	80.72
九江县	30.63	18.53	9.18	29.97	78.65	7.22			
瑞昌县	28.39	20.04	6.43	22.65	59.10	3.80	2.92	76.84	14.57
湖口县	18.67	16.35	7.20	38.56	59.58	4.29	4.40	102.56	26.91
德安县	17.62	7.75	0.59	3.35	61.02	0.36	0.31	86.11	4.00
星子县	16.08	12.16	1.33	8.27	59.40	0.79	0.94	118.99	7.73
武宁县	47.25	21.92	0.64	1.35	56.25	0.36	0.26	72.22	1.19
宜春市	**343.99**	**158.30**	**16.24**	**4.72**	**56.40**	**9.16**	**7.62**	**83.19**	**4.81**
高安县	109.36	44.29	6.88	6.29	58.58	4.03	3.93	97.52	8.87
丰城县	144.48	65.80	7.14	4.94	43.28	3.09	2.95	95.47	4.48
奉新县									
上高县	44.00	19.00	1.10	2.50	58.18	0.64			
樟树县	46.15	29.21	1.12	2.43	125.00	1.40	0.74	52.86	2.53
新余市	**71.98**	**35.61**	**12.02**	**16.70**	**67.72**	**8.14**	**7.70**	**94.59**	**21.62**
渝水区	71.98	35.61	12.02	16.70	67.72	8.14	7.70	94.59	21.62
分宜县									
南昌市	**215.18**	**83.28**	**11.96**	**5.56**	**58.03**	**6.94**	**5.77**	**83.14**	**6.93**
新建县	106.40	38.85	1.57	1.48	69.43	1.09	0.52	47.71	1.34
进贤县	76.78	30.53	9.36	12.19	56.09	5.25	5.25	100.00	17.20
安义县	32.00	13.90	1.03	3.22	58.25	0.60			
上饶地区	**221.11**	**128.57**	**16.58**	**7.50**	**71.47**	**11.85**	**11.13**	**93.92**	**8.66**
波阳县	116.07	66.40	10.40	8.96	83.37	8.67	7.89	91.00	11.88
万年县	34.90	19.60	1.06	3.04	56.60	0.60	0.66	110.00	3.37
余干县	70.14	42.57	5.12	7.30	50.39	2.58	2.58	100.00	6.06
抚州地区	**82.40**	**53.87**	**4.89**	**5.93**	**30.06**	**1.47**	**1.40**	**95.24**	**2.60**
临川县	82.40	53.87	4.89	5.93	30.06	1.47	1.40	95.24	2.60
崇仁县									
景德镇市	**63.61**	**37.92**	**6.06**	**9.53**	**67.00**	**4.06**	**3.70**	**91.13**	**9.76**
乐平县	63.61	37.92	6.06	9.53	67.00	4.06	3.70	91.13	9.76

5-13-27 江西省1969年产棉县棉花生产收购明细

县市名	耕地面积（万亩）	农业人口（万人）	棉田面积（万亩）	占耕地（%）	亩产（市斤）	产量（万担）	收购量（万担）	商品率（%）	人均交售（市斤）
全省合计	**1288.35**	**673.93**	**123.18**	**9.56**	**52.20**	**64.30**	**55.08**	**85.66**	**8.17**
九江市	**297.94**	**164.89**	**45.48**	**15.26**	**58.99**	**26.83**	**20.93**	**78.01**	**12.69**
永修县	47.34	4.17	2.19	4.63	25.11	0.55	1.32	*	31.65
都昌县	59.53	38.76	7.52	12.63	59.44	4.47	4.10	91.72	10.58
彭泽县	33.01	19.24	10.42	31.57	83.11	8.66	8.48	97.92	44.07
九江县	29.71	18.89	8.81	29.65	56.64	4.99			
瑞昌县	28.49	22.06	6.75	23.69	54.52	3.68	3.27	88.86	14.82
湖口县	18.33	16.92	6.89	37.59	47.17	3.25	2.48	76.31	14.66
德安县	17.42	7.96	0.66	3.79	30.30	0.20	0.18	90.00	2.26
星子县	17.89	12.76	1.46	8.16	48.63	0.71	0.81	114.08	6.35
武宁县	46.22	24.13	0.78	1.69	41.03	0.32	0.29	90.63	1.20
宜春市	**339.29**	**162.56**	**21.39**	**6.30**	**43.34**	**9.27**	**7.29**	**78.64**	**4.48**
高安县	107.58	45.49	8.45	7.85	46.27	3.91	3.29	84.14	7.23
丰城县	142.18	67.58	8.72	6.13	39.56	3.45	3.17	91.88	4.69
奉新县									
上高县	43.10	19.50	1.50	3.48	23.33	0.35			
樟树县	46.43	29.99	2.72	5.86	57.35	1.56	0.83	53.21	2.77
新余市	**71.05**	**36.82**	**11.47**	**16.14**	**55.97**	**6.42**	**6.00**	**93.46**	**16.30**
渝水区	71.05	36.82	11.47	16.14	55.97	6.42	6.00	93.46	16.30
分宜县									
南昌市	**216.87**	**93.72**	**14.29**	**6.59**	**44.65**	**6.38**	**5.94**	**93.10**	**6.34**
新建县	95.50	39.81	1.95	2.04	46.67	0.91	0.64	70.33	1.61
进贤县	89.37	39.91	11.41	12.77	46.45	5.30	5.30	100.00	13.28
安义县	32.00	14.00	0.93	2.91	18.28	0.17			
上饶地区	**220.30**	**131.35**	**17.57**	**7.98**	**54.87**	**9.64**	**9.15**	**94.92**	**6.97**
波阳县	115.38	66.47	10.42	9.03	71.50	7.45	7.04	94.50	10.59
万年县	33.90	20.30	1.18	3.48	49.15	0.58	0.50	86.21	2.46
余干县	71.02	44.58	5.97	8.41	26.97	1.61	1.61	100.00	3.61
抚州地区	**82.50**	**45.40**	**6.18**	**7.49**	**37.86**	**2.34**	**2.22**	**94.87**	**4.89**
临川县	82.50	45.40	6.18	7.49	37.86	2.34	2.22	94.87	4.89
崇仁县									
景德镇市	**60.40**	**39.19**	**6.80**	**11.26**	**50.29**	**3.42**	**3.55**	**103.80**	**9.06**
乐平县	60.40	39.19	6.80	11.26	50.29	3.42	3.55	103.80	9.06

5－13－28　江西省1970年产棉县棉花生产收购明细

县市名	耕地面积（万亩）	农业人口（万人）	棉田面积（万亩）	占耕地（%）	亩产（市斤）	产量（万担）	收购量（万担）	商品率（%）	人均交售（市斤）
全省合计	**1268.01**	**706.47**	**132.85**	**10.48**	**47.67**	**63.33**	**53.74**	**84.86**	**7.61**
九江市	**292.52**	**185.67**	**53.99**	**18.46**	**55.88**	**30.17**	**24.80**	**82.21**	**13.36**
永修县	44.67	19.40	2.07	4.63	18.84	0.39	0.67	172.56	3.47
都昌县	58.83	39.55	7.80	13.26	83.33	6.50	5.10	78.46	12.90
彭泽县	32.71	20.43	16.80	51.36	75.54	12.69	12.67	99.84	62.02
九江县	29.45	18.92	9.29	31.54	51.99	4.83			
瑞昌县	27.49	22.48	8.21	29.87	33.37	2.74	3.45	125.91	15.35
湖口县	18.08	17.37	7.01	38.77	30.39	2.13	2.03	95.31	11.69
德安县	17.42	8.43	0.47	2.70	25.53	0.12	0.09	75.00	1.07
星子县	15.70	12.77	1.66	10.57	30.12	0.50	0.55	110.00	4.31
武宁县	48.17	26.32	0.68	1.41	39.71	0.27	0.24	88.89	0.91
宜春市	**338.04**	**168.04**	**21.34**	**6.31**	**33.79**	**7.21**	**5.31**	**73.65**	**3.16**
高安县	108.42	46.90	8.75	8.07	39.77	3.48	2.59	74.43	5.52
丰城县	140.10	69.81	7.79	5.56	27.86	2.17	1.91	88.02	2.74
奉新县									
上高县	43.10	20.20	1.30	3.02	33.08	0.43			
樟树县	46.42	31.13	3.50	7.54	32.29	1.13	0.81	71.68	2.60
新余市	**68.32**	**37.85**	**12.03**	**17.61**	**50.62**	**6.09**	**5.54**	**90.97**	**14.64**
渝水区	68.32	37.85	12.03	17.61	50.62	6.09	5.54	90.97	14.64
分宜县									
南昌市	**207.95**	**92.24**	**13.10**	**6.30**	**42.90**	**5.62**	**5.16**	**91.81**	**5.59**
新建县	88.50	37.57	1.79	2.02	37.43	0.67	0.42	62.69	1.12
进贤县	88.45	41.07	10.53	11.91	45.01	4.74	4.74	100.00	11.54
安义县	31.00	13.60	0.78	2.52	26.92	0.21			
上饶地区	**221.45**	**136.41**	**18.90**	**8.53**	**45.08**	**8.52**	**9.39**	**110.21**	**6.88**
波阳县	114.79	69.35	12.13	10.57	51.36	6.23	7.24	116.21	10.44
万年县	33.30	20.90	1.15	3.45	50.43	0.58	0.44	75.86	2.11
余干县	73.36	46.16	5.62	7.66	30.43	1.71	1.71	100.00	3.70
抚州地区	**80.01**	**46.56**	**6.01**	**7.51**	**38.44**	**2.31**	**2.21**	**95.67**	**4.75**
临川县	80.01	46.56	6.01	7.51	38.44	2.31	2.21	95.67	4.75
崇仁县									
景德镇市	**59.72**	**39.70**	**7.48**	**12.53**	**45.59**	**3.41**	**1.33**	**39.00**	**3.35**
乐平县	59.72	39.70	7.48	12.53	45.59	3.41	1.33	39.00	3.35

5－13－29　江西省1971年产棉县棉花生产收购明细

县市名	耕地面积（万亩）	农业人口（万人）	棉田面积（万亩）	占耕地（%）	亩产（市斤）	产量（万担）	收购量（万担）	商品率（%）	人均交售（市斤）
全省合计	**1241.60**	**716.22**	**127.44**	**10.26**	**27.01**	**34.42**	**27.10**	**78.73**	**3.78**
九江市	**274.61**	**188.93**	**54.74**	**19.93**	**37.52**	**20.54**	**15.69**	**76.39**	**8.30**
永修县	41.99	20.73	1.78	4.24	25.28	0.45	0.72	160.00	3.47
都昌县	58.70	40.33	10.70	18.23	31.50	3.37	2.64	78.34	6.55
彭泽县	33.41	21.99	17.11	51.21	46.99	8.04	7.89	98.13	35.88
九江县	29.43	19.46	8.93	30.34	43.34	3.87			
瑞昌县	27.08	22.04	7.01	25.89	36.80	2.58	2.32	89.92	10.53
湖口县	17.74	17.83	7.17	40.42	25.38	1.82	1.72	94.51	9.65
德安县	17.58	8.58	0.42	2.39	21.43	0.09	0.07	77.78	0.82
星子县	15.62	12.88	1.21	7.75	17.36	0.21	0.23	109.52	1.79
武宁县	33.06	25.09	0.41	1.24	26.83	0.11	0.10	90.91	0.40
宜春市	**334.08**	**170.49**	**17.96**	**5.38**	**18.93**	**3.40**	**2.05**	**60.29**	**1.20**
高安县	107.91	47.09	7.16	6.64	20.95	1.50	1.05	70.00	2.23
丰城县	139.38	71.17	7.55	5.42	16.95	1.28	0.80	62.50	1.12
奉新县									
上高县	42.30	20.70	0.80	1.89	18.75	0.15			
樟树县	44.49	31.53	2.45	5.51	19.18	0.47	0.20	42.55	0.63
新余市	**69.97**	**37.87**	**11.71**	**16.74**	**25.02**	**2.93**	**2.54**	**86.69**	**6.71**
渝水区	69.97	37.87	11.71	16.74	25.02	2.93	2.54	86.69	6.71
分宜县									
南昌市	**204.62**	**93.32**	**12.12**	**5.92**	**15.92**	**1.93**	**1.71**	**88.60**	**1.83**
新建县	87.10	38.15	1.05	1.21	25.71	0.27	0.17	62.96	0.45
进贤县	88.52	41.17	10.39	11.74	14.82	1.54	1.54	100.00	3.74
安义县	29.00	14.00	0.68	2.34	17.65	0.12			
上饶地区	**219.02**	**138.13**	**15.75**	**7.19**	**21.33**	**3.36**	**3.05**	**90.77**	**2.21**
波阳县	112.50	69.63	9.27	8.24	27.94	2.59	2.38	91.89	3.42
万年县	33.00	21.20	0.80	2.42	30.00	0.24	0.14	58.33	0.66
余干县	73.52	47.30	5.68	7.73	9.33	0.53	0.53	100.00	1.12
抚州地区	**80.02**	**46.94**	**5.60**	**7.00**	**19.82**	**1.11**	**0.92**	**82.88**	**1.96**
临川县	80.02	46.94	5.60	7.00	19.82	1.11	0.92	82.88	1.96
崇仁县									
景德镇市	**59.28**	**40.54**	**9.56**	**16.13**	**12.03**	**1.15**	**1.14**	**99.13**	**2.81**
乐平县	59.28	40.54	9.56	16.13	12.03	1.15	1.14	99.13	2.81

5-13-30　江西省1972年产棉县棉花生产收购明细

县市名	耕地面积（万亩）	农业人口（万人）	棉田面积（万亩）	占耕地（%）	亩产（市斤）	产量（万担）	收购量（万担）	商品率（%）	人均交售（市斤）
全省合计	**1234.88**	**731.93**	**132.84**	**10.76**	**63.52**	**84.38**	**72.35**	**85.74**	**9.88**
九江市	**273.63**	**193.10**	**61.05**	**22.31**	**74.04**	**45.20**	**37.78**	**83.58**	**19.56**
永修县	42.52	21.51	2.46	5.79	52.03	1.28	1.10	85.94	5.11
都昌县	58.70	41.01	10.20	17.38	83.92	8.56	8.49	99.18	20.70
彭泽县	32.86	21.79	18.19	55.36	87.03	15.83	15.76	99.56	72.33
九江县	29.57	19.88	9.93	33.58	66.57	6.61			
瑞昌县	27.10	23.01	8.17	30.15	69.40	5.67	5.52	97.35	23.99
湖口县	17.62	18.32	8.29	47.05	55.37	4.59	4.41	96.08	24.07
德安县	17.52	8.82	1.09	6.22	70.64	0.77	0.72	93.51	8.16
星子县	15.62	13.29	1.62	10.37	73.46	1.19	1.15	96.64	8.65
武宁县	32.12	25.47	1.10	3.42	63.64	0.70	0.63	90.00	2.47
宜春市	**329.86**	**172.84**	**19.76**	**5.99**	**43.57**	**8.61**	**6.58**	**76.42**	**3.81**
高安县	106.24	48.49	8.50	8.00	46.35	3.94	3.14	79.70	6.48
丰城县	137.85	72.43	7.09	5.14	40.48	2.87	2.70	94.08	3.73
奉新县									
上高县	42.20	19.80	1.20	2.84	48.33	0.58			
樟树县	43.57	32.12	2.97	6.82	41.08	1.22	0.74	60.66	2.30
新余市	**69.77**	**38.70**	**11.40**	**16.34**	**62.54**	**7.13**	**6.81**	**95.51**	**17.60**
渝水区	69.77	38.70	11.40	16.34	62.54	7.13	6.81	95.51	17.60
分宜县									
南昌市	**205.93**	**96.82**	**12.04**	**5.85**	**51.58**	**6.21**	**5.70**	**91.79**	**5.89**
新建县	87.60	39.42	0.87	0.99	57.47	0.50	0.32	64.00	0.81
进贤县	88.33	43.10	10.44	11.82	51.53	5.38	5.38	100.00	12.48
安义县	30.00	14.30	0.73	2.43	45.21	0.33			
上饶地区	**217.30**	**140.60**	**17.44**	**8.03**	**66.06**	**11.52**	**10.13**	**87.93**	**7.20**
波阳县	111.90	70.23	10.95	9.79	74.89	8.20	7.07	86.22	10.07
万年县	32.90	21.70	1.14	3.47	57.89	0.66	0.40	60.61	1.84
余干县	72.50	48.67	5.35	7.38	49.72	2.66	2.66	100.00	5.47
抚州地区	**79.34**	**48.12**	**5.17**	**6.52**	**37.14**	**1.92**	**1.79**	**93.23**	**3.72**
临川县	79.34	48.12	5.17	6.52	37.14	1.92	1.79	93.23	3.72
崇仁县									
景德镇市	**59.05**	**41.75**	**5.98**	**10.13**	**63.38**	**3.79**	**3.56**	**93.93**	**8.53**
乐平县	59.05	41.75	5.98	10.13	63.38	3.79	3.56	93.93	8.53

5－13－31　江西省1973年产棉县棉花生产收购明细

县市名	耕地面积（万亩）	农业人口（万人）	棉田面积（万亩）	占耕地（%）	亩产（市斤）	产量（万担）	收购量（万担）	商品率（%）	人均交售（市斤）
全省合计	**1227.40**	**755.84**	**127.60**	**10.40**	**42.89**	**54.73**	**49.27**	**90.02**	**6.52**
九江市	**273.71**	**197.88**	**55.55**	**20.30**	**56.13**	**31.18**	**26.57**	**85.21**	**13.43**
永修县	43.55	22.21	2.63	6.04	16.35	0.43	0.63	146.51	2.84
都昌县	58.70	42.42	11.20	19.08	61.34	6.87	6.31	91.85	14.88
彭泽县	32.63	22.44	12.54	38.43	71.37	8.95	8.96	100.11	39.93
九江县	29.71	20.36	9.62	32.38	49.27	4.74			
瑞昌县	26.87	23.78	8.19	30.48	62.27	5.10	5.64	110.59	23.72
湖口县	17.36	18.81	7.55	43.49	42.65	3.22	3.19	99.07	16.96
德安县	17.52	9.13	1.09	6.22	71.56	0.78	0.74	94.87	8.11
星子县	15.61	13.71	1.60	10.25	55.00	0.88	0.90	102.27	6.56
武宁县	31.76	25.02	1.13	3.56	18.58	0.21	0.20	95.24	0.80
宜春市	**328.75**	**178.45**	**19.63**	**5.97**	**26.08**	**5.12**	**3.90**	**76.17**	**2.19**
高安县	105.70	49.11	6.81	6.44	33.19	2.26	1.89	83.63	3.85
丰城县	137.61	74.79	8.07	5.86	20.45	1.65	1.69	102.42	2.26
奉新县									
上高县	41.90	21.50	1.40	3.34	40.00	0.56			
樟树县	43.54	33.05	3.35	7.69	19.40	0.65	0.32	49.23	0.97
新余市	**69.69**	**40.21**	**11.95**	**17.15**	**51.72**	**6.18**	**5.77**	**93.37**	**14.35**
渝水区	69.69	40.21	11.95	17.15	51.72	6.18	5.77	93.37	14.35
分宜县									
南昌市	**200.86**	**100.13**	**12.26**	**6.10**	**32.30**	**3.96**	**3.89**	**98.23**	**3.88**
新建县	86.60	40.46	0.61	0.70	36.07	0.22	0.19	86.36	0.47
进贤县	87.26	44.87	10.69	12.25	34.61	3.70	3.70	100.00	8.25
安义县	27.00	14.80	0.96	3.56	4.17	0.04			
上饶地区	**216.54**	**146.16**	**16.11**	**7.44**	**35.63**	**5.74**	**6.15**	**107.14**	**4.21**
波阳县	111.35	73.48	8.68	7.80	47.35	4.11	4.52	109.98	6.15
万年县	32.90	22.30	0.84	2.55	36.90	0.31	0.31	100.00	1.39
余干县	72.29	50.38	6.59	9.12	20.03	1.32	1.32	100.00	2.62
抚州地区	**79.05**	**50.00**	**5.98**	**7.56**	**17.39**	**1.04**	**1.03**	**99.04**	**2.06**
临川县	79.05	50.00	5.98	7.56	17.39	1.04	1.03	99.04	2.06
崇仁县									
景德镇市	**58.80**	**43.01**	**6.12**	**10.41**	**24.67**	**1.51**	**1.96**	**129.80**	**4.56**
乐平县	58.80	43.01	6.12	10.41	24.67	1.51	1.96	129.80	4.56

5－13－32　江西省1974年产棉县棉花生产收购明细

县市名	耕地面积（万亩）	农业人口（万人）	棉田面积（万亩）	占耕地（%）	亩产（市斤）	产量（万担）	收购量（万担）	商品率（%）	人均交售（市斤）
全省合计	**1228.03**	**780.67**	**129.33**	**10.53**	**56.92**	**73.61**	**63.29**	**85.98**	**8.11**
九江市	**273.30**	**205.25**	**54.67**	**20.00**	**67.61**	**36.96**	**29.98**	**81.11**	**14.61**
永修县	43.55	22.21	2.74	6.29	41.61	1.14	1.37	120.18	6.17
都昌县	58.70	45.14	9.19	15.66	59.30	5.45	5.10	93.58	11.30
彭泽县	32.38	23.08	14.43	44.56	80.25	11.58	11.55	99.74	50.04
九江县	29.67	20.99	9.07	30.57	74.86	6.79			
瑞昌县	26.84	24.51	7.77	28.95	81.98	6.37	6.43	100.94	26.23
湖口县	17.28	19.33	7.69	44.50	41.35	3.18	3.10	97.48	16.04
德安县	17.45	9.54	1.05	6.02	80.95	0.85	0.81	95.29	8.49
星子县	15.61	14.12	1.57	10.06	51.59	0.81	0.86	106.17	6.09
武宁县	31.82	26.33	1.16	3.65	68.10	0.79	0.76	96.20	2.89
宜春市	**328.24**	**183.83**	**22.41**	**6.83**	**41.68**	**9.34**	**7.06**	**75.59**	**3.84**
高安县	105.33	51.03	9.24	8.77	45.67	4.22	3.46	81.99	6.78
丰城县	137.68	76.89	8.36	6.07	36.24	3.03	2.78	91.75	3.62
奉新县									
上高县	41.90	21.90	1.40	3.34	64.29	0.90			
樟树县	43.33	34.01	3.41	7.87	34.90	1.19	0.82	68.91	2.41
新余市	**69.86**	**41.67**	**11.99**	**17.16**	**69.47**	**8.33**	**7.76**	**93.16**	**18.62**
渝水区	69.86	41.67	11.99	17.16	69.47	8.33	7.76	93.16	18.62
分宜县									
南昌市	**202.62**	**103.59**	**12.87**	**6.35**	**47.71**	**6.14**	**5.58**	**90.88**	**5.39**
新建县	87.40	41.34	1.28	1.46	53.91	0.69	0.47	68.12	1.14
进贤县	87.22	46.95	10.81	12.39	47.27	5.11	5.11	100.00	10.88
安义县	28.00	15.30	0.78	2.79	43.59	0.34			
上饶地区	**216.29**	**150.43**	**15.97**	**7.38**	**51.91**	**8.29**	**8.67**	**104.58**	**5.76**
波阳县	111.04	75.67	8.69	7.83	63.41	5.51	5.88	106.72	7.77
万年县	32.80	22.90	1.15	3.51	52.17	0.60	0.61	101.67	2.66
余干县	72.45	51.86	6.13	8.46	35.56	2.18	2.18	100.00	4.20
抚州地区	**79.11**	**51.49**	**5.75**	**7.27**	**27.30**	**1.57**	**1.57**	**100.00**	**3.05**
临川县	79.11	51.49	5.75	7.27	27.30	1.57	1.57	100.00	3.05
崇仁县									
景德镇市	**58.61**	**44.41**	**5.67**	**9.67**	**52.56**	**2.98**	**2.67**	**89.60**	**6.01**
乐平县	58.61	44.41	5.67	9.67	52.56	2.98	2.67	89.60	6.01

5-13-33　江西省1975年产棉县棉花生产收购明细

县市名	耕地面积（万亩）	农业人口（万人）	棉田面积（万亩）	占耕地（%）	亩产（市斤）	产量（万担）	收购量（万担）	商品率（%）	人均交售（市斤）
全省合计	**1226.06**	**802.61**	**124.14**	**10.13**	**54.09**	**67.15**	**57.92**	**86.25**	**7.22**
九江市	**273.02**	**212.14**	**50.46**	**18.48**	**69.98**	**35.31**	**28.31**	**80.18**	**13.34**
永修县	43.38	23.18	2.50	5.76	34.80	0.87	0.84	96.55	3.62
都昌县	58.70	46.42	8.32	14.17	71.63	5.96	5.95	99.83	12.82
彭泽县	32.40	24.03	14.74	45.49	80.87	11.92	11.53	96.73	47.98
九江县	29.55	21.75	8.64	29.24	73.73	6.37			
瑞昌县	26.91	25.70	5.51	20.48	74.41	4.10	4.10	100.00	15.95
湖口县	17.23	19.83	7.13	41.38	55.68	3.97	3.86	97.23	19.47
德安县	17.40	9.83	0.96	5.52	58.33	0.56	0.53	94.64	5.39
星子县	15.61	14.52	1.59	10.19	62.89	1.00	0.97	97.00	6.68
武宁县	31.84	26.88	1.07	3.36	52.34	0.56	0.53	94.64	1.97
宜春市	**326.69**	**188.34**	**22.25**	**6.81**	**40.94**	**9.11**	**6.59**	**72.34**	**3.50**
高安县	105.01	52.13	9.35	8.90	54.44	5.09	4.21	82.71	8.08
丰城县	136.66	79.06	8.14	5.96	28.38	2.31	2.07	89.61	2.62
奉新县									
上高县	41.90	22.30	1.40	3.34	59.29	0.83			
樟树县	43.12	34.85	3.36	7.79	26.19	0.88	0.31	35.23	0.89
新余市	**70.03**	**42.78**	**12.02**	**17.16**	**66.06**	**7.94**	**7.44**	**93.70**	**17.39**
渝水区	70.03	42.78	12.02	17.16	66.06	7.94	7.44	93.70	17.39
分宜县									
南昌市	**203.17**	**106.25**	**12.68**	**6.24**	**39.35**	**4.99**	**4.75**	**95.19**	**4.47**
新建县	88.90	43.01	1.22	1.37	53.28	0.65	0.48	73.85	1.12
进贤县	87.27	47.44	10.78	12.35	39.61	4.27	4.27	100.00	9.00
安义县	27.00	15.80	0.68	2.52	10.29	0.07			
上饶地区	**215.44**	**153.90**	**15.41**	**7.15**	**37.51**	**5.78**	**6.77**	**117.13**	**4.40**
波阳县	110.94	77.14	8.49	7.65	45.70	3.88	4.86	125.26	6.30
万年县	32.80	23.50	1.21	3.69	55.37	0.67	0.68	101.49	2.89
余干县	71.70	53.26	5.71	7.96	21.54	1.23	1.23	100.00	2.31
抚州地区	**79.12**	**53.23**	**5.87**	**7.42**	**24.02**	**1.41**	**1.39**	**98.58**	**2.61**
临川县	79.12	53.23	5.87	7.42	24.02	1.41	1.39	98.58	2.61
崇仁县									
景德镇市	**58.59**	**45.97**	**5.45**	**9.30**	**47.89**	**2.61**	**2.67**	**102.30**	**5.81**
乐平县	58.59	45.97	5.45	9.30	47.89	2.61	2.67	102.30	5.81

5－13－34　江西省1976年产棉县棉花生产收购明细

县市名	耕地面积（万亩）	农业人口（万人）	棉田面积（万亩）	占耕地（%）	亩产（市斤）	产量（万担）	收购量（万担）	商品率（%）	人均交售（市斤）
全省合计	**1224.17**	**823.65**	**133.58**	**10.91**	**49.84**	**66.57**	**56.14**	**84.33**	**6.82**
九江市	**273.42**	**217.09**	**51.99**	**19.01**	**68.69**	**35.71**	**28.19**	**78.94**	**12.99**
永修县	43.42	24.13	2.53	5.83	47.04	1.19	1.33	111.76	5.51
都昌县	58.70	47.41	8.36	14.24	57.18	4.78	4.60	96.23	9.70
彭泽县	32.41	24.39	14.81	45.70	82.11	12.16	11.87	97.62	48.67
九江县	29.53	21.98	8.59	29.09	80.79	6.94			
瑞昌县	26.89	26.37	6.83	25.40	73.65	5.03	5.03	100.00	19.07
湖口县	17.19	20.38	7.26	42.23	50.00	3.63	3.58	98.62	17.57
德安县	17.42	10.23	1.02	5.86	63.73	0.65	0.60	92.31	5.87
星子县	16.04	14.77	1.59	9.91	50.31	0.80	0.76	95.00	5.15
武宁县	31.82	27.43	1.00	3.14	53.00	0.53	0.42	79.25	1.53
宜春市	**325.24**	**192.09**	**22.56**	**6.94**	**37.06**	**8.36**	**6.36**	**76.08**	**3.31**
高安县	104.12	53.12	9.53	9.15	44.39	4.23	3.50	82.74	6.59
丰城县	136.46	80.98	8.11	5.94	28.24	2.29	2.19	95.63	2.70
奉新县									
上高县	41.70	22.60	1.30	3.12	60.00	0.78			
樟树县	42.96	35.39	3.62	8.43	29.28	1.06	0.67	63.21	1.89
新余市	**69.95**	**43.96**	**11.91**	**17.03**	**57.35**	**6.83**	**6.32**	**92.53**	**14.38**
渝水区	69.95	43.96	11.91	17.03	57.35	6.83	6.32	92.53	14.38
分宜县									
南昌市	**202.83**	**109.59**	**13.64**	**6.72**	**34.16**	**4.66**	**3.91**	**83.91**	**3.57**
新建县	88.50	44.52	1.62	1.83	51.23	0.83	0.62	74.70	1.39
进贤县	87.33	48.97	10.96	12.55	30.02	3.29	3.29	100.00	6.72
安义县	27.00	16.10	1.06	3.93	50.94	0.54			
上饶地区	**215.21**	**158.90**	**20.86**	**9.69**	**32.69**	**6.82**	**7.18**	**105.28**	**4.52**
波阳县	110.77	80.09	10.24	9.24	34.67	3.55	4.01	112.96	5.01
万年县	32.80	23.90	4.55	13.87	38.68	1.76	1.66	94.32	6.95
余干县	71.64	54.91	6.07	8.47	24.88	1.51	1.51	100.00	2.75
抚州地区	**79.08**	**54.98**	**6.54**	**8.27**	**19.11**	**1.25**	**1.24**	**99.20**	**2.26**
临川县	79.08	54.98	6.54	8.27	19.11	1.25	1.24	99.20	2.26
崇仁县									
景德镇市	**58.44**	**47.04**	**6.08**	**10.40**	**48.36**	**2.94**	**2.94**	**100.00**	**6.25**
乐平县	58.44	47.04	6.08	10.40	48.36	2.94	2.94	100.00	6.25

5-13-35　江西省1977年产棉县棉花生产收购明细

县市名	耕地面积（万亩）	农业人口（万人）	棉田面积（万亩）	占耕地（%）	亩产（市斤）	产量（万担）	收购量（万担）	商品率（%）	人均交售（市斤）
全省合计	**1220.33**	**842.05**	**131.47**	**10.77**	**47.58**	**62.55**	**54.17**	**86.60**	**6.43**
九江市	**271.84**	**220.80**	**52.32**	**19.25**	**67.70**	**35.42**	**28.87**	**81.51**	**13.08**
永修县	43.39	24.35	2.32	5.35	40.95	0.95	1.17	123.16	4.80
都昌县	58.12	48.29	8.78	15.11	72.78	6.39	6.38	99.84	13.21
彭泽县	32.08	24.93	14.50	45.20	76.14	11.04	10.90	98.73	43.72
九江县	29.44	22.48	9.29	31.56	69.21	6.43			
瑞昌县	26.93	26.30	6.76	25.10	67.90	4.59	4.59	100.00	17.45
湖口县	17.19	20.81	7.11	41.36	59.21	4.21	4.15	98.57	19.94
德安县	17.45	10.66	1.00	5.73	65.00	0.65	0.64	98.46	6.00
星子县	15.61	15.17	1.60	10.25	49.38	0.79	0.78	98.73	5.14
武宁县	31.63	27.81	0.96	3.04	38.54	0.37	0.26	70.27	0.93
宜春市	**323.75**	**195.88**	**21.73**	**6.71**	**31.71**	**6.89**	**5.51**	**79.97**	**2.81**
高安县	104.02	54.04	8.97	8.62	41.47	3.72	3.26	87.63	6.03
丰城县	135.25	82.64	8.03	5.94	24.53	1.97	1.90	96.45	2.30
奉新县									
上高县	41.70	22.80	1.30	3.12	46.15	0.60			
樟树县	42.78	36.40	3.43	8.02	17.49	0.60	0.35	58.33	0.96
新余市	**69.97**	**45.11**	**9.98**	**14.26**	**46.29**	**4.62**	**4.25**	**91.99**	**9.42**
渝水区	69.97	45.11	9.98	14.26	46.29	4.62	4.25	91.99	9.42
分宜县									
南昌市	**202.27**	**112.87**	**13.25**	**6.55**	**36.23**	**4.80**	**4.50**	**93.75**	**3.99**
新建县	87.90	46.48	1.79	2.04	47.49	0.85	0.66	77.65	1.42
进贤县	87.37	49.89	10.70	12.25	35.89	3.84	3.84	100.00	7.70
安义县	27.00	16.50	0.76	2.81	14.47	0.11			
上饶地区	**215.01**	**162.78**	**20.94**	**9.74**	**34.34**	**7.19**	**7.67**	**106.68**	**4.71**
波阳县	110.68	82.10	10.41	9.41	42.75	4.45	4.81	108.09	5.86
万年县	32.80	24.40	4.25	12.96	29.18	1.24	1.36	109.68	5.57
余干县	71.53	56.28	6.28	8.78	23.89	1.50	1.50	100.00	2.67
抚州地区	**79.08**	**56.45**	**6.61**	**8.36**	**13.31**	**0.88**	**0.86**	**97.73**	**1.52**
临川县	79.08	56.45	6.61	8.36	13.31	0.88	0.86	97.73	1.52
崇仁县									
景德镇市	**58.41**	**48.16**	**6.64**	**11.37**	**41.42**	**2.75**	**2.51**	**91.27**	**5.21**
乐平县	58.41	48.16	6.64	11.37	41.42	2.75	2.51	91.27	5.21

5－13－36　江西省1978年产棉县棉花生产收购明细

县市名	耕地面积（万亩）	农业人口（万人）	棉田面积（万亩）	占耕地（%）	亩产（市斤）	产量（万担）	收购量（万担）	商品率（%）	人均交售（市斤）
全省合计	**1220.88**	**858.75**	**136.32**	**11.17**	**43.54**	**59.36**	**51.25**	**86.34**	**5.97**
九江市	**273.60**	**225.45**	**52.96**	**19.36**	**62.25**	**32.97**	**27.27**	**82.71**	**12.10**
永修县	43.11	24.93	2.23	5.17	32.74	0.73	0.85	116.44	3.41
都昌县	57.98	48.97	8.66	14.94	42.73	3.70	3.67	99.19	7.49
彭泽县	32.03	25.22	14.55	45.43	97.18	14.14	14.07	99.50	55.79
九江县	29.48	23.29	9.13	30.97	61.01	5.57			
瑞昌县	29.10	27.28	7.20	24.74	50.00	3.60	3.60	100.00	13.20
湖口县	17.17	21.20	7.56	44.03	46.30	3.50	3.48	99.43	16.42
德安县	17.45	10.93	0.97	5.56	72.16	0.70	0.65	92.86	5.95
星子县	15.61	15.48	1.60	10.25	40.63	0.65	0.71	109.23	4.59
武宁县	31.67	28.15	1.06	3.35	35.85	0.38	0.24	63.16	0.85
宜春市	**323.22**	**198.78**	**23.24**	**7.19**	**30.29**	**7.04**	**5.37**	**76.28**	**2.70**
高安县	103.83	54.68	9.30	8.96	38.49	3.58	3.08	86.03	5.63
丰城县	135.20	84.19	8.84	6.54	22.85	2.02	1.85	91.58	2.20
奉新县									
上高县	41.50	22.90	1.30	3.13	46.92	0.61			
樟树县	42.69	37.01	3.80	8.90	21.84	0.83	0.44	53.01	1.19
新余市	**69.95**	**45.94**	**12.44**	**17.78**	**50.72**	**6.31**	**5.64**	**89.38**	**12.28**
渝水区	69.95	45.94	12.44	17.78	50.72	6.31	5.64	89.38	12.28
分宜县									
南昌市	**201.97**	**115.14**	**13.46**	**6.66**	**24.37**	**3.28**	**2.98**	**90.85**	**2.59**
新建县	87.50	47.66	2.32	2.65	34.91	0.81	0.59	72.84	1.24
进贤县	87.47	50.78	11.00	12.58	21.73	2.39	2.39	100.00	4.71
安义县	27.00	16.70	0.14	0.52	57.14	0.08			
上饶地区	**214.70**	**166.54**	**21.01**	**9.79**	**27.08**	**5.69**	**5.68**	**99.82**	**3.41**
波阳县	110.57	84.34	10.24	9.26	31.74	3.25	3.28	100.92	3.89
万年县	32.80	24.70	4.58	13.96	32.31	1.48	1.44	97.30	5.83
余干县	71.33	57.50	6.19	8.68	15.51	0.96	0.96	100.00	1.67
抚州地区	**79.06**	**57.49**	**6.71**	**8.49**	**22.80**	**1.53**	**1.52**	**99.35**	**2.64**
临川县	79.06	57.49	6.71	8.49	22.80	1.53	1.52	99.35	2.64
崇仁县									
景德镇市	**58.38**	**49.41**	**6.50**	**11.13**	**39.08**	**2.54**	**2.79**	**109.84**	**5.65**
乐平县	58.38	49.41	6.50	11.13	39.08	2.54	2.79	109.84	5.65

5-13-37　江西省1979年产棉县棉花生产收购明细

县市名	耕地面积（万亩）	农业人口（万人）	棉田面积（万亩）	占耕地（%）	亩产（市斤）	产量（万担）	收购量（万担）	商品率（%）	人均交售（市斤）
全省合计	**1222.40**	**868.53**	**128.69**	**10.53**	**60.50**	**77.86**	**68.27**	**87.68**	**7.86**
九江市	**273.63**	**227.97**	**53.25**	**19.46**	**82.63**	**44.00**	**35.90**	**81.59**	**15.75**
永修县	43.07	25.15	1.74	4.04	52.30	0.91	1.27	139.56	5.05
都昌县	57.99	49.72	10.01	17.26	54.35	5.44	5.23	96.14	10.52
彭泽县	32.03	25.30	14.59	45.55	117.00	17.07	17.03	99.77	67.31
九江县	29.56	23.62	9.94	33.63	81.09	8.06			
瑞昌县	29.09	27.53	6.32	21.73	87.66	5.54	5.54	100.00	20.12
湖口县	17.17	21.45	7.18	41.82	67.55	4.85	4.87	100.41	22.70
德安县	17.45	11.11	0.98	5.62	86.73	0.85	0.81	95.29	7.29
星子县	15.61	15.70	1.56	9.99	54.49	0.85	0.74	87.06	4.71
武宁县	31.66	28.39	0.93	2.94	46.24	0.43	0.41	95.35	1.44
宜春市	**322.71**	**200.76**	**22.22**	**6.89**	**42.08**	**9.35**	**8.52**	**91.12**	**4.24**
高安县	103.63	54.95	9.55	9.22	50.05	4.78	4.41	92.26	8.03
丰城县	134.34	85.91	9.09	6.77	35.53	3.23	3.13	96.90	3.64
奉新县									
上高县	41.50	22.70	0.06	0.14	66.67	0.04			
樟树县	43.24	37.20	3.52	8.14	36.93	1.30	0.98	75.38	2.63
新余市	**69.91**	**46.23**	**12.14**	**17.37**	**65.73**	**7.98**	**7.35**	**92.11**	**15.90**
渝水区	69.91	46.23	12.14	17.37	65.73	7.98	7.35	92.11	15.90
分宜县									
南昌市	**204.12**	**115.74**	**10.28**	**5.04**	**39.30**	**4.04**	**3.81**	**94.31**	**3.29**
新建县	87.70	47.69	2.48	2.83	39.92	0.99	0.81	81.82	1.70
进贤县	87.42	51.25	7.71	8.82	38.91	3.00	3.00	100.00	5.85
安义县	29.00	16.80	0.09	0.31	55.56	0.05			
上饶地区	**214.75**	**169.33**	**17.90**	**8.34**	**39.94**	**7.15**	**7.08**	**99.02**	**4.18**
波阳县	110.46	86.18	8.85	8.01	48.70	4.31	4.22	97.91	4.90
万年县	32.80	24.80	4.52	13.78	39.16	1.77	1.79	101.13	7.22
余干县	71.49	58.35	4.53	6.34	23.62	1.07	1.07	100.00	1.83
抚州地区	**79.05**	**58.04**	**6.65**	**8.41**	**29.77**	**1.98**	**1.97**	**99.49**	**3.39**
临川县	79.05	58.04	6.65	8.41	29.77	1.98	1.97	99.49	3.39
崇仁县									
景德镇市	**58.23**	**50.46**	**6.25**	**10.73**	**53.76**	**3.36**	**3.64**	**108.33**	**7.21**
乐平县	58.23	50.46	6.25	10.73	53.76	3.36	3.64	108.33	7.21

5－13－38　江西省1980年产棉县棉花生产收购明细

县市名	耕地面积（万亩）	农业人口（万人）	棉田面积（万亩）	占耕地（%）	亩产（市斤）	产量（万担）	收购量（万担）	商品率（%）	人均交售（市斤）
全省合计	**1252.44**	**890.98**	**140.78**	**11.24**	**56.12**	**79.01**	**78.14**	**98.90**	**8.77**
九江市	**273.45**	**229.68**	**57.22**	**20.93**	**83.14**	**47.57**	**48.09**	**101.09**	**20.94**
永修县	43.02	25.21	2.64	6.14	37.12	0.98	1.37	139.80	5.43
都昌县	57.97	50.23	9.06	15.63	78.04	7.07	6.81	96.32	13.56
彭泽县	32.01	25.80	16.08	50.23	101.93	16.39	16.96	103.48	65.74
九江县	29.54	23.94	9.60	32.50	106.25	10.20	10.44	102.35	43.61
瑞昌县	29.02	27.68	7.58	26.12	87.60	6.64	6.19	93.22	22.36
湖口县	17.15	21.58	8.01	46.71	48.19	3.86	3.94	102.07	18.26
德安县	17.44	11.11	1.13	6.48	91.15	1.03	0.97	94.17	8.73
星子县	15.61	15.93	1.60	10.25	40.63	0.65	0.69	106.15	4.33
武宁县	31.69	28.20	1.52	4.80	49.34	0.75	0.72	96.00	2.55
宜春市	**322.83**	**200.71**	**23.42**	**7.25**	**33.43**	**7.83**	**7.04**	**89.91**	**3.51**
高安县	103.45	54.94	9.73	9.41	36.18	3.52	3.26	92.61	5.93
丰城县	134.20	85.94	10.11	7.53	32.15	3.25	3.13	96.31	3.64
奉新县									
上高县	41.40	22.80	0.02	0.05	50.00	0.01			
樟树县	43.78	37.03	3.56	8.13	29.49	1.05	0.65	61.90	1.76
新余市	**69.82**	**45.20**	**12.12**	**17.36**	**55.69**	**6.75**	**6.72**	**99.56**	**14.87**
渝水区	69.82	45.20	12.12	17.36	55.69	6.75	6.72	99.56	14.87
分宜县									
南昌市	**200.81**	**113.27**	**11.69**	**5.82**	**31.82**	**3.72**	**3.59**	**96.51**	**3.17**
新建县	84.40	45.35	2.19	2.59	38.81	0.85	0.80	94.12	1.76
进贤县	87.41	51.22	9.30	10.64	30.00	2.79	2.79	100.00	5.45
安义县	29.00	16.70	0.20	0.69	40.00	0.08			
上饶地区	**214.99**	**172.77**	**21.72**	**10.10**	**34.71**	**7.54**	**7.27**	**96.42**	**4.21**
波阳县	110.45	89.07	10.43	9.44	44.87	4.68	4.33	92.52	4.86
万年县	32.80	24.90	4.60	14.02	36.30	1.67	1.75	104.79	7.03
余干县	71.74	58.80	6.69	9.33	17.79	1.19	1.19	100.00	2.02
抚州地区	**112.47**	**78.48**	**8.00**	**7.11**	**34.50**	**2.76**	**2.65**	**96.01**	**3.38**
临川县	79.04	58.10	6.05	7.65	34.21	2.07	2.03	98.07	3.49
崇仁县	33.43	20.38	1.95	5.83	35.38	0.69	0.62	89.86	3.04
景德镇市	**58.07**	**50.87**	**6.61**	**11.38**	**42.97**	**2.84**	**2.78**	**97.89**	**5.46**
乐平县	58.07	50.87	6.61	11.38	42.97	2.84	2.78	97.89	5.46

5－13－39　江西省1981年产棉县棉花生产收购明细

县市名	耕地面积（万亩）	农业人口（万人）	棉田面积（万亩）	占耕地（%）	亩产（市斤）	产量（万担）	收购量（万担）	商品率（%）	人均交售（市斤）
全省合计	**1252.40**	**897.88**	**140.78**	**11.24**	**63.33**	**89.16**	**82.37**	**92.38**	**9.17**
九江市	**273.73**	**231.80**	**58.50**	**21.37**	**90.75**	**53.09**	**50.83**	**95.74**	**21.93**
永修县	42.91	25.28	2.59	6.04	61.00	1.58	1.06	67.09	4.19
都昌县	57.99	50.82	9.36	16.14	93.16	8.72	8.54	97.94	16.80
彭泽县	32.01	25.94	16.73	52.26	100.30	16.78	16.42	97.85	63.30
九江县	29.52	24.08	9.86	33.40	115.92	11.43	10.31	90.20	42.82
瑞昌县	29.05	27.79	7.94	27.33	87.91	6.98	6.94	99.43	24.97
湖口县	17.13	21.78	7.67	44.78	62.19	4.77	4.76	99.79	21.85
德安县	17.42	11.22	1.15	6.60	90.43	1.04	0.97	93.27	8.65
星子县	15.97	16.14	1.20	7.51	55.83	0.67	0.76	113.43	4.71
武宁县	31.73	28.75	2.00	6.30	56.00	1.12	1.07	95.54	3.72
宜春市	**322.50**	**201.60**	**22.57**	**7.00**	**33.45**	**7.55**	**6.52**	**86.36**	**3.23**
高安县	103.41	55.22	9.69	9.37	39.53	3.83	3.42	89.30	6.19
丰城县	133.66	86.46	9.36	7.00	29.70	2.78	2.67	96.04	3.09
奉新县									
上高县	41.10	22.70	0.02	0.05	50.00	0.01			
樟树县	44.33	37.22	3.50	7.90	26.57	0.93	0.43	46.24	1.16
新余市	**69.78**	**46.35**	**12.05**	**17.27**	**50.87**	**6.13**	**6.13**	**100.00**	**13.23**
渝水区	69.78	46.35	12.05	17.27	50.87	6.13	6.13	100.00	13.23
分宜县									
南昌市	**200.60**	**113.72**	**12.32**	**6.14**	**38.96**	**4.80**	**4.69**	**97.71**	**4.12**
新建县	84.20	45.14	2.09	2.48	33.97	0.71	0.69	97.18	1.53
进贤县	87.40	51.68	10.00	11.44	40.00	4.00	4.00	100.00	7.74
安义县	29.00	16.90	0.23	0.79	39.13	0.09			
上饶地区	**215.28**	**174.90**	**21.18**	**9.84**	**53.78**	**11.39**	**7.80**	**68.48**	**4.46**
波阳县	110.45	90.48	11.51	10.42	72.55	8.35	4.88	58.44	5.39
万年县	32.80	25.10	4.90	14.94	44.49	2.18	2.06	94.50	8.21
余干县	72.03	59.32	4.77	6.62	18.03	0.86	0.86	100.00	1.45
抚州地区	**112.46**	**78.55**	**7.63**	**6.78**	**44.69**	**3.41**	**2.94**	**86.22**	**3.74**
临川县	79.04	58.05	5.87	7.43	46.68	2.74	2.35	85.77	4.05
崇仁县	33.42	20.50	1.76	5.27	38.07	0.67	0.59	88.06	2.88
景德镇市	**58.05**	**50.96**	**6.53**	**11.25**	**42.73**	**2.79**	**3.46**	**124.01**	**6.79**
乐平县	58.05	50.96	6.53	11.25	42.73	2.79	3.46	124.01	6.79

5-13-40 江西省1982年产棉县棉花生产收购明细

县市名	耕地面积（万亩）	农业人口（万人）	棉田面积（万亩）	占耕地（%）	亩产（市斤）	产量（万担）	收购量（万担）	商品率（%）	人均交售（市斤）
全省合计	**1249.88**	**906.77**	**135.32**	**10.83**	**90.86**	**122.95**	**116.54**	**94.79**	**12.85**
九江市	**271.53**	**234.73**	**62.07**	**22.86**	**128.26**	**79.61**	**77.53**	**97.39**	**33.03**
永修县	42.91	25.65	3.09	7.20	104.53	3.23	2.91	90.09	11.35
都昌县	57.95	51.64	10.32	17.81	110.17	11.37	11.22	98.68	21.73
彭泽县	32.01	26.11	15.87	49.58	163.83	26.00	26.26	101.00	100.57
九江县	29.35	24.18	10.31	35.13	176.33	18.18	17.35	95.43	71.75
瑞昌县	28.93	28.25	8.75	30.25	99.66	8.72	8.51	97.59	30.12
湖口县	17.12	22.01	7.44	43.46	95.56	7.11	6.57	92.41	29.85
德安县	15.91	11.38	1.87	11.75	88.77	1.66	1.62	97.59	14.24
星子县	15.62	16.42	1.59	10.18	93.71	1.49	1.49	100.00	9.07
武宁县	31.73	29.09	2.83	8.92	65.37	1.85	1.60	86.49	5.50
宜春市	**324.24**	**202.87**	**21.95**	**6.77**	**54.12**	**11.88**	**9.94**	**83.67**	**4.90**
高安县	103.41	55.83	9.47	9.16	63.46	6.01	5.40	89.85	9.67
丰城县	133.18	86.50	9.46	7.10	43.97	4.16	3.66	87.98	4.23
奉新县									
上高县	43.30	22.90	0.01	0.02	100.00	0.01			
樟树县	44.35	37.64	3.01	6.79	56.48	1.70	0.88	51.76	2.34
新余市	**69.74**	**46.74**	**10.40**	**14.91**	**70.29**	**7.31**	**7.14**	**97.67**	**15.28**
渝水区	69.74	46.74	10.40	14.91	70.29	7.31	7.14	97.67	15.28
分宜县									
南昌市	**199.35**	**115.49**	**10.02**	**5.03**	**50.10**	**5.02**	**4.84**	**96.41**	**4.19**
新建县	84.10	46.15	1.95	2.32	51.79	1.01	0.99	98.02	2.15
进贤县	86.25	52.34	7.86	9.11	48.98	3.85	3.85	100.00	7.36
安义县	29.00	17.00	0.21	0.72	76.19	0.16			
上饶地区	**214.60**	**176.91**	**17.99**	**8.38**	**66.15**	**11.90**	**11.21**	**94.20**	**6.34**
波阳县	110.45	91.23	9.80	8.87	84.80	8.31	7.81	93.98	8.56
万年县	32.10	25.40	4.80	14.95	58.54	2.81	2.62	93.24	10.31
余干县	72.05	60.28	3.39	4.71	23.01	0.78	0.78	100.00	1.29
抚州地区	**112.40**	**78.80**	**6.47**	**5.76**	**53.94**	**3.49**	**2.26**	**64.76**	**2.87**
临川县	79.00	58.28	4.81	6.09	53.01	2.55	2.13	83.53	3.65
崇仁县	33.40	20.52	1.66	4.97	56.63	0.94	0.13	13.83	0.63
景德镇市	**58.02**	**51.23**	**6.42**	**11.07**	**58.26**	**3.74**	**3.62**	**96.79**	**7.07**
乐平县	58.02	51.23	6.42	11.07	58.26	3.74	3.62	96.79	7.07

5－13－41　江西省1983年产棉县棉花生产收购明细

县 市 名	耕地面积（万亩）	农业人口（万人）	棉田面积（万亩）	占耕地（%）	亩　产（市斤）	产　量（万担）	收购量（万担）	商品率（%）	人均交售（市斤）
全省合计	**1241.62**	**914.04**	**108.79**	**8.76**	**84.25**	**91.66**	**92.89**	**101.34**	**10.16**
九江市	**271.09**	**237.07**	**56.60**	**20.88**	**94.98**	**53.76**	**57.05**	**106.12**	**24.06**
永修县	42.91	25.58	2.90	6.76	51.72	1.50	2.98	198.67	11.65
都昌县	57.94	52.21	10.44	18.02	79.60	8.31	8.31	100.00	15.92
彭泽县	31.83	26.42	10.33	32.45	150.05	15.50	15.93	102.77	60.30
九江县	29.27	24.48	10.63	36.32	107.15	11.39	10.98	96.40	44.85
瑞昌县	28.92	28.65	8.70	30.08	77.47	6.74	9.19	136.35	32.08
湖口县	17.01	22.20	6.94	40.80	91.50	6.35	5.88	92.60	26.49
德安县	15.91	11.49	2.03	12.76	70.94	1.44	1.41	97.92	12.27
星子县	15.61	16.62	1.59	10.19	86.16	1.37	1.32	96.35	7.94
武宁县	31.69	29.42	3.04	9.59	38.16	1.16	1.05	90.52	3.57
宜春市	**322.05**	**201.56**	**14.65**	**4.55**	**74.13**	**10.86**	**10.41**	**95.86**	**5.16**
高安县	103.45	52.67	7.38	7.13	82.93	6.12	6.11	99.84	11.60
丰城县	132.89	87.62	6.11	4.60	64.32	3.93	3.66	93.13	4.18
奉新县									
上高县	41.40	23.30	0.01	0.02	100.00	0.01			
樟树县	44.31	37.97	1.15	2.60	69.57	0.80	0.64	80.00	1.69
新余市	**69.66**	**47.45**	**8.56**	**12.29**	**120.79**	**10.34**	**9.89**	**95.65**	**20.84**
渝水区	69.66	47.45	8.56	12.29	120.79	10.34	9.89	95.65	20.84
分宜县									
南昌市	**199.92**	**116.72**	**4.77**	**2.39**	**63.94**	**3.05**	**2.88**	**94.43**	**2.47**
新建县	84.70	46.72	1.17	1.38	55.56	0.65	0.64	98.46	1.37
进贤县	86.22	52.70	3.40	3.94	65.88	2.24	2.24	100.00	4.25
安义县	29.00	17.30	0.20	0.69	80.00	0.16			
上饶地区	**208.51**	**179.63**	**14.97**	**7.18**	**50.03**	**7.49**	**7.02**	**93.72**	**3.91**
波阳县	104.38	92.47	10.23	9.80	48.39	4.95	4.82	97.37	5.21
万年县	32.10	25.70	3.60	11.21	63.61	2.29	1.95	85.15	7.59
余干县	72.03	61.46	1.14	1.58	21.93	0.25	0.25	100.00	0.41
抚州地区	**112.39**	**79.18**	**3.08**	**2.74**	**94.16**	**2.90**	**2.60**	**89.66**	**3.28**
临川县	78.99	58.65	2.05	2.60	92.20	1.89	1.63	86.24	2.78
崇仁县	33.40	20.53	1.03	3.08	98.06	1.01	0.97	96.04	4.72
景德镇市	**58.00**	**52.43**	**6.16**	**10.62**	**52.92**	**3.26**	**3.04**	**93.25**	**5.80**
乐平县	58.00	52.43	6.16	10.62	52.92	3.26	3.04	93.25	5.80

5－13－42　江西省1984年产棉县棉花生产收购明细

县市名	耕地面积（万亩）	农业人口（万人）	棉田面积（万亩）	占耕地（%）	亩产（市斤）	产量（万担）	收购量（万担）	商品率（%）	人均交售（市斤）
全省合计	**1239.13**	**916.82**	**113.72**	**9.18**	**116.85**	**132.88**	**113.71**	**85.57**	**12.40**
九江市	**270.87**	**238.30**	**62.57**	**23.10**	**139.62**	**87.36**	**78.59**	**89.96**	**32.98**
永修县	42.65	25.29	3.14	7.36	134.08	4.21	3.56	84.56	14.08
都昌县	57.89	52.82	10.86	18.76	101.10	10.98	8.08	73.59	15.30
彭泽县	31.83	26.86	15.84	49.76	183.21	29.02	30.16	103.93	112.29
九江县	29.20	24.81	10.77	36.88	182.73	19.68	17.95	91.21	72.35
瑞昌县	28.81	28.95	8.56	29.71	123.01	10.53	7.36	69.90	25.42
湖口县	17.05	22.47	7.76	45.51	97.29	7.55	6.94	91.92	30.89
德安县	16.14	11.62	1.92	11.90	94.79	1.82	1.73	95.05	14.89
星子县	15.61	16.87	1.60	10.25	115.00	1.84	1.61	87.50	9.54
武宁县	31.69	28.61	2.12	6.69	81.60	1.73	1.20	69.36	4.19
宜春市	**321.40**	**200.54**	**14.92**	**4.64**	**90.21**	**13.46**	**7.38**	**54.83**	**3.68**
高安县	103.45	55.63	8.37	8.09	98.57	8.25	3.31	40.12	5.95
丰城县	132.79	83.91	6.08	4.58	69.74	4.24	3.35	79.01	3.99
奉新县									
上高县	41.30	22.90	0.02	0.05	100.00	0.02			
樟树县	43.86	38.10	0.45	1.03	211.11	0.95	0.72	75.79	1.89
新余市	**69.27**	**47.60**	**8.55**	**12.34**	**118.01**	**10.09**	**8.57**	**84.94**	**18.00**
渝水区	69.27	47.60	8.55	12.34	118.01	10.09	8.57	84.94	18.00
分宜县									
南昌市	**199.50**	**117.04**	**4.98**	**2.50**	**71.08**	**3.54**	**3.35**	**94.63**	**2.86**
新建县	84.30	46.82	1.31	1.55	67.94	0.89	0.82	92.13	1.75
进贤县	86.20	52.72	3.51	4.07	72.08	2.53	2.53	100.00	4.80
安义县	29.00	17.50	0.16	0.55	75.00	0.12			
上饶地区	**207.72**	**181.43**	**14.20**	**6.84**	**81.90**	**11.63**	**10.31**	**88.65**	**5.68**
波阳县	104.03	93.40	9.58	9.21	91.23	8.74	7.66	87.64	8.20
万年县	32.10	25.90	3.80	11.84	67.63	2.57	2.33	90.66	9.00
余干县	71.59	62.13	0.82	1.15	39.02	0.32	0.32	100.00	0.52
抚州地区	**112.38**	**79.41**	**3.04**	**2.71**	**100.99**	**3.07**	**2.24**	**72.96**	**2.82**
临川县	78.98	58.87	2.04	2.58	107.35	2.19	1.48	67.58	2.51
崇仁县	33.40	20.54	1.00	2.99	88.00	0.88	0.76	86.36	3.70
景德镇市	**57.99**	**52.50**	**5.46**	**9.42**	**68.32**	**3.73**	**3.27**	**87.67**	**6.23**
乐平县	57.99	52.50	5.46	9.42	68.32	3.73	3.27	87.67	6.23

5－13－43　江西省1985年产棉县棉花生产收购明细

县市名	耕地面积（万亩）	农业人口（万人）	棉田面积（万亩）	占耕地（%）	亩产（市斤）	产量（万担）	收购量（万担）	商品率（%）	人均交售（市斤）
全省合计	**1235.96**	**919.39**	**98.45**	**7.97**	**123.67**	**121.75**	**109.76**	**90.15**	**11.94**
九江市	**269.96**	**240.92**	**55.55**	**20.58**	**143.47**	**79.70**	**77.64**	**97.42**	**32.23**
永修县	42.65	25.29	2.90	6.80	148.97	4.32	5.82	134.72	23.01
都昌县	56.99	53.61	10.59	18.58	99.62	10.55	7.99	75.73	14.90
彭泽县	31.83	27.19	15.09	47.41	189.40	28.58	28.40	99.37	104.45
九江县	29.20	24.96	10.29	35.24	182.22	18.75	18.60	99.20	74.52
瑞昌县	28.78	29.17	6.73	23.38	110.10	7.41	7.80	105.26	26.74
湖口县	17.02	22.70	6.49	38.13	99.38	6.45	5.77	89.46	25.42
德安县	16.13	11.81	1.35	8.37	112.59	1.52	1.40	92.11	11.85
星子县	15.61	17.22	1.01	6.47	116.83	1.18	1.04	88.14	6.04
武宁县	31.75	28.97	1.10	3.46	85.45	0.94	0.82	87.23	2.83
宜春市	**319.90**	**201.04**	**13.78**	**4.31**	**98.19**	**13.53**	**10.53**	**77.83**	**5.24**
高安县	103.43	55.83	8.25	7.98	102.67	8.47	6.61	78.04	11.84
丰城县	132.28	83.88	5.18	3.92	78.76	4.08	3.20	78.43	3.81
奉新县									
上高县	41.00	23.10	0.02	0.05	100.00	0.02			
樟树县	43.19	38.23	0.33	0.76	290.91	0.96	0.72	75.00	1.88
新余市	**69.31**	**47.04**	**7.76**	**11.20**	**124.48**	**9.66**	**7.20**	**74.53**	**15.31**
渝水区	69.31	47.04	7.76	11.20	124.48	9.66	7.20	74.53	15.31
分宜县									
南昌市	**198.77**	**114.43**	**2.71**	**1.36**	**84.50**	**2.29**	**2.20**	**96.07**	**1.92**
新建县	83.60	45.43	0.88	1.05	65.91	0.58	0.57	98.28	1.25
进贤县	86.17	51.80	1.73	2.01	94.22	1.63	1.63	100.00	3.15
安义县	29.00	17.20	0.10	0.34	80.00	0.08			
上饶地区	**207.67**	**182.69**	**12.76**	**6.14**	**89.03**	**11.36**	**8.09**	**71.21**	**4.43**
波阳县	104.04	93.92	9.44	9.07	91.84	8.67	5.20	59.98	5.54
万年县	32.10	25.90	2.70	8.41	83.33	2.25	2.45	108.89	9.46
余干县	71.53	62.87	0.62	0.87	70.97	0.44	0.44	100.00	0.70
抚州地区	**112.38**	**79.78**	**1.91**	**1.70**	**114.14**	**2.18**	**1.37**	**62.84**	**1.72**
临川县	78.96	59.10	1.34	1.70	115.67	1.55	0.83	53.55	1.40
崇仁县	33.42	20.68	0.57	1.71	110.53	0.63	0.54	85.71	2.61
景德镇市	**57.97**	**53.49**	**3.98**	**6.87**	**76.13**	**3.03**	**2.73**	**90.10**	**5.10**
乐平县	57.97	53.49	3.98	6.87	76.13	3.03	2.73	90.10	5.10

5－13－44 江西省1986年产棉县棉花生产收购明细

县 市 名	耕地面积（万亩）	农业人口（万人）	棉田面积（万亩）	占耕地（%）	亩 产（市斤）	产 量（万担）	收购量（万担）	商品率（%）	人均交售（市斤）
全省合计	**1231.62**	**927.94**	**89.55**	**7.27**	**122.52**	**109.72**	**97.91**	**89.24**	**10.55**
九江市	**268.20**	**241.09**	**53.85**	**20.08**	**137.70**	**74.15**	**69.13**	**93.23**	**28.67**
永修县	42.61	23.45	2.85	6.69	131.93	3.76	5.37	142.82	22.90
都昌县	57.10	54.20	8.75	15.32	105.37	9.22	7.21	78.20	13.30
彭泽县	32.68	27.41	14.97	45.81	194.72	29.15	28.30	97.08	103.24
九江县	27.03	25.37	10.00	37.00	175.90	17.59	15.52	88.23	61.17
瑞昌县	28.69	29.55	7.37	25.69	79.38	5.85	5.46	93.33	18.48
湖口县	16.93	23.00	7.00	41.35	86.57	6.06	5.05	83.33	21.96
德安县	16.01	12.01	1.22	7.62	91.80	1.12	1.08	96.43	8.99
星子县	15.43	17.50	1.01	6.55	98.02	0.99	0.81	81.82	4.63
武宁县	31.72	28.60	0.68	2.14	60.29	0.41	0.33	80.49	1.15
宜春市	**318.28**	**202.06**	**12.68**	**3.98**	**95.82**	**12.15**	**9.94**	**81.81**	**4.92**
高安县	103.02	55.76	7.78	7.55	91.77	7.14	5.90	82.63	10.58
丰城县	132.01	84.97	4.58	3.47	89.08	4.08	3.39	83.09	3.99
奉新县									
上高县	40.50	22.90	0.02	0.05	100.00	0.02			
樟树县	42.75	38.43	0.30	0.70	303.33	0.91	0.65	71.43	1.69
新余市	**69.29**	**48.39**	**6.91**	**9.97**	**126.05**	**8.71**	**6.49**	**74.51**	**13.41**
渝水区	69.29	48.39	6.91	9.97	126.05	8.71	6.49	74.51	13.41
分宜县									
南昌市	**198.37**	**117.71**	**2.26**	**1.14**	**73.01**	**1.65**	**1.57**	**95.15**	**1.33**
新建县	83.30	47.33	0.75	0.90	57.33	0.43	0.40	93.02	0.85
进贤县	86.07	52.78	1.43	1.66	81.82	1.17	1.17	100.00	2.22
安义县	29.00	17.60	0.08	0.28	62.50	0.05			
上饶地区	**207.20**	**184.73**	**8.79**	**4.24**	**97.61**	**8.58**	**6.54**	**76.22**	**3.54**
波阳县	103.78	94.67	5.94	5.72	107.24	6.37	4.36	68.45	4.61
万年县	32.10	26.30	2.40	7.48	82.92	1.99	1.96	98.49	7.45
余干县	71.32	63.76	0.45	0.63	48.89	0.22	0.22	100.00	0.35
抚州地区	**112.33**	**80.54**	**1.77**	**1.58**	**124.29**	**2.20**	**1.81**	**82.27**	**2.25**
临川县	78.93	59.64	1.36	1.72	118.38	1.61	1.14	70.81	1.91
崇仁县	33.40	20.90	0.41	1.23	143.90	0.59	0.67	113.56	3.21
景德镇市	**57.95**	**53.42**	**3.29**	**5.68**	**69.30**	**2.28**	**2.43**	**106.58**	**4.55**
乐平县	57.95	53.42	3.29	5.68	69.30	2.28	2.43	106.58	4.55

5－13－45　江西省1987年产棉县棉花生产收购明细

县市名	耕地面积（万亩）	农业人口（万人）	棉田面积（万亩）	占耕地（%）	亩产（市斤）	产量（万担）	收购量（万担）	商品率（%）	人均交售（市斤）
全省合计	**1233.55**	**933.17**	**90.13**	**7.31**	**125.12**	**112.77**	**109.91**	**97.46**	**11.78**
九江市	**270.78**	**245.02**	**52.87**	**19.53**	**149.91**	**79.26**	**78.33**	**98.83**	**31.97**
永修县	42.61	23.49	2.95	6.92	143.05	4.22	4.25	100.71	18.09
都昌县	57.88	54.84	8.24	14.24	116.99	9.64	7.65	79.36	13.95
彭泽县	32.68	27.99	15.23	46.60	201.25	30.65	33.80	110.28	120.76
九江县	29.10	25.71	9.56	32.85	193.20	18.47	17.14	92.80	66.67
瑞昌县	28.57	29.90	6.94	24.29	111.96	7.77	6.68	85.97	22.34
湖口县	16.93	23.42	7.00	41.35	84.29	5.90	6.59	111.69	28.14
德安县	15.99	12.16	1.22	7.63	104.92	1.28	1.10	85.94	9.05
星子县	15.37	17.79	0.94	6.12	88.30	0.83	0.68	81.93	3.82
武宁县	31.65	29.72	0.79	2.50	63.29	0.50	0.44	88.00	1.48
宜春市	**317.69**	**199.02**	**12.93**	**4.07**	**102.55**	**13.26**	**11.85**	**89.37**	**5.95**
高安县	102.83	54.92	7.71	7.50	108.17	8.34	7.27	87.17	13.24
丰城县	131.90	82.72	4.87	3.69	81.52	3.97	3.88	97.73	4.69
奉新县									
上高县	40.30	22.70	0.01	0.02	100.00	0.01			
樟树县	42.66	38.68	0.34	0.80	276.47	0.94	0.70	74.47	1.81
新余市	**69.12**	**48.21**	**7.66**	**11.08**	**129.37**	**9.91**	**7.77**	**78.41**	**16.12**
渝水区	69.12	48.21	7.66	11.08	129.37	9.91	7.77	78.41	16.12
分宜县									
南昌市	**198.22**	**118.41**	**3.17**	**1.60**	**55.52**	**1.76**	**1.67**	**94.89**	**1.41**
新建县	83.20	47.81	0.76	0.91	68.42	0.52	0.48	92.31	1.00
进贤县	86.02	53.00	2.35	2.73	50.64	1.19	1.19	100.00	2.25
安义县	29.00	17.60	0.06	0.21	83.33	0.05			
上饶地区	**207.05**	**186.50**	**8.32**	**4.02**	**54.93**	**4.57**	**6.58**	**143.98**	**3.53**
波阳县	103.66	95.51	5.30	5.11	47.17	2.50	4.56	182.40	4.77
万年县	32.10	26.50	2.50	7.79	72.40	1.81	1.76	97.24	6.64
余干县	71.29	64.49	0.52	0.73	50.00	0.26	0.26	100.00	0.40
抚州地区	**112.85**	**81.49**	**1.91**	**1.69**	**110.47**	**2.11**	**1.62**	**76.78**	**1.99**
临川县	78.92	59.95	1.40	1.77	123.57	1.73	1.25	72.25	2.09
崇仁县	33.93	21.54	0.51	1.50	74.51	0.38	0.37	97.37	1.72
景德镇市	**57.84**	**54.52**	**3.27**	**5.65**	**58.10**	**1.90**	**2.09**	**110.00**	**3.83**
乐平县	57.84	54.52	3.27	5.65	58.10	1.90	2.09	110.00	3.83

5-13-46　江西省1988年产棉县棉花生产收购明细

县市名	耕地面积（万亩）	农业人口（万人）	棉田面积（万亩）	占耕地（%）	亩产（市斤）	产量（万担）	收购量（万担）	商品率（%）	人均交售（市斤）
全省合计	**1238.99**	**952.43**	**92.61**	**7.47**	**69.06**	**63.96**	**58.99**	**92.23**	**6.19**
九江市	**270.60**	**249.60**	**53.27**	**19.69**	**81.90**	**43.63**	**41.94**	**96.13**	**16.80**
永修县	42.61	24.02	2.90	6.81	70.34	2.04	1.39	68.14	5.79
都昌县	57.92	55.27	8.03	13.86	38.23	3.07	1.99	64.82	3.60
彭泽县	32.68	28.28	14.91	45.62	122.87	18.32	19.17	104.64	67.79
九江县	29.06	26.31	10.01	34.45	115.88	11.60	10.24	88.28	38.92
瑞昌县	28.49	30.45	7.27	25.52	53.51	3.89	4.81	123.65	15.80
湖口县	16.91	23.99	7.00	41.40	47.14	3.30	3.30	100.00	13.76
德安县	15.94	12.55	1.31	8.22	51.91	0.68	0.59	86.76	4.70
星子县	15.37	18.32	0.94	6.12	35.11	0.33	0.21	63.64	1.15
武宁县	31.62	30.41	0.90	2.85	44.44	0.40	0.24	60.00	0.79
宜春市	**317.30**	**204.90**	**13.58**	**4.28**	**46.39**	**6.30**	**4.77**	**75.71**	**2.33**
高安县	102.75	55.61	8.70	8.47	41.38	3.60	2.27	63.06	4.08
丰城县	131.80	86.41	4.50	3.41	38.89	1.75	1.87	106.86	2.16
奉新县									
上高县	40.20	23.60	0.02	0.05	100.00	0.02			
樟树县	42.55	39.28	0.36	0.85	258.33	0.93	0.63	67.74	1.60
新余市	**69.10**	**48.99**	**8.39**	**12.14**	**80.93**	**6.79**	**5.57**	**82.03**	**11.37**
渝水区	69.10	48.99	8.39	12.14	80.93	6.79	5.57	82.03	11.37
分宜县									
南昌市	**198.11**	**120.68**	**3.79**	**1.91**	**9.23**	**0.35**	**0.29**	**82.86**	**0.24**
新建县	83.20	49.06	0.86	1.03	20.93	0.18	0.15	83.33	0.31
进贤县	85.91	53.32	2.85	3.32	4.91	0.14	0.14	100.00	0.26
安义县	29.00	18.30	0.08	0.28	37.50	0.03			
上饶地区	**213.24**	**189.90**	**8.39**	**3.93**	**39.33**	**3.30**	**4.04**	**122.42**	**2.13**
波阳县	109.88	96.77	5.50	5.01	22.18	1.22	2.20	180.33	2.27
万年县	32.10	27.00	2.60	8.10	73.46	1.91	1.67	87.43	6.19
余干县	71.26	66.13	0.29	0.41	58.62	0.17	0.17	100.00	0.26
抚州地区	**112.89**	**82.87**	**1.83**	**1.62**	**129.51**	**2.37**	**1.17**	**49.37**	**1.41**
临川县	78.92	60.82	1.35	1.71	148.15	2.00	1.01	50.50	1.66
崇仁县	33.97	22.05	0.48	1.41	77.08	0.37	0.16	43.24	0.73
景德镇市	**57.75**	**55.49**	**3.36**	**5.82**	**36.31**	**1.22**	**1.21**	**99.18**	**2.18**
乐平县	57.75	55.49	3.36	5.82	36.31	1.22	1.21	99.18	2.18

5-13-47　江西省1989年产棉县棉花生产收购明细

县市名	耕地面积（万亩）	农业人口（万人）	棉田面积（万亩）	占耕地（%）	亩产（市斤）	产量（万担）	收购量（万担）	商品率（%）	人均交售（市斤）
全省合计	**1261.95**	**960.27**	**94.31**	**7.47**	**103.80**	**97.89**	**83.64**	**85.44**	**8.71**
九江市	**269.96**	**252.72**	**54.05**	**20.02**	**132.83**	**71.79**	**61.09**	**85.09**	**24.17**
永修县	42.50	24.36	2.70	6.35	111.85	3.02	1.74	57.62	7.14
都昌县	57.71	55.56	8.37	14.50	87.93	7.36	5.64	76.63	10.15
彭泽县	32.68	28.34	15.04	46.02	186.46	28.04	27.06	96.49	95.48
九江县	28.97	26.92	10.15	35.04	163.74	16.62	13.26	79.78	49.26
瑞昌县	28.48	30.69	7.50	26.33	104.27	7.82	6.46	82.61	21.05
湖口县	16.89	24.45	7.00	41.44	94.00	6.58	4.87	74.01	19.92
德安县	15.86	12.82	1.36	8.58	85.29	1.16	1.01	87.07	7.88
星子县	15.36	18.74	1.00	6.51	65.00	0.65	0.62	95.38	3.31
武宁县	31.51	30.84	0.93	2.95	58.06	0.54	0.43	79.63	1.39
宜春市	**338.21**	**203.45**	**15.16**	**4.48**	**67.88**	**10.29**	**8.56**	**83.19**	**4.21**
高安县	102.68	56.01	8.94	8.71	61.52	5.50	4.50	81.82	8.03
丰城县	131.83	84.88	4.61	3.50	71.15	3.28	3.26	99.39	3.84
奉新县									
上高县	40.00	23.00	0.01	0.03	100.00	0.01			
樟树县	63.70	39.56	1.60	2.51	93.75	1.50	0.80	53.33	2.02
新余市	**68.87**	**49.55**	**6.20**	**9.00**	**103.39**	**6.41**	**5.45**	**85.02**	**11.00**
渝水区	68.87	49.55	6.20	9.00	103.39	6.41	5.45	85.02	11.00
分宜县									
南昌市	**197.54**	**121.81**	**3.00**	**1.52**	**37.67**	**1.13**	**1.03**	**91.15**	**0.85**
新建县	82.97	50.10	0.92	1.11	51.09	0.47	0.42	89.36	0.84
进贤县	85.57	53.41	2.00	2.34	30.50	0.61	0.61	100.00	1.14
安义县	29.00	18.30	0.08	0.28	62.50	0.05			
上饶地区	**216.78**	**193.55**	**10.19**	**4.70**	**32.88**	**3.35**	**3.45**	**102.99**	**1.78**
波阳县	113.43	97.63	7.02	6.19	25.64	1.80	1.97	109.44	2.02
万年县	32.10	27.60	2.81	8.75	47.33	1.33	1.26	94.74	4.57
余干县	71.25	68.32	0.36	0.51	61.11	0.22	0.22	100.00	0.32
抚州地区	**112.88**	**83.61**	**2.38**	**2.11**	**131.93**	**3.14**	**2.64**	**84.08**	**3.16**
临川县	78.91	61.51	1.78	2.26	136.52	2.43	2.10	86.42	3.41
崇仁县	33.97	22.10	0.60	1.77	118.33	0.71	0.54	76.06	2.44
景德镇市	**57.71**	**55.58**	**3.33**	**5.77**	**53.45**	**1.78**	**1.42**	**79.78**	**2.55**
乐平县	57.71	55.58	3.33	5.77	53.45	1.78	1.42	79.78	2.55

5－13－48　江西省1990年产棉县棉花生产收购明细

县市名	耕地面积（万亩）	农业人口（万人）	棉田面积（万亩）	占耕地（%）	亩产（市斤）	产量（万担）	收购量（万担）	商品率（%）	人均交售（市斤）
全省合计	**1255.58**	**978.78**	**103.85**	**8.27**	**111.07**	**115.35**	**103.08**	**89.36**	**10.53**
九江市	**269.87**	**256.42**	**55.72**	**20.65**	**133.54**	**74.41**	**67.76**	**91.06**	**26.43**
永修县	42.51	24.68	2.90	6.82	126.55	3.67	2.97	80.93	12.03
都昌县	57.65	56.10	8.38	14.54	87.71	7.35	7.21	98.10	12.85
彭泽县	32.68	28.86	15.17	46.42	195.65	29.68	33.26	112.06	115.25
九江县	28.98	27.34	10.78	37.20	162.99	17.57	12.02	68.41	43.96
瑞昌县	28.48	30.77	7.30	25.63	86.71	6.33	4.89	77.25	15.89
湖口县	16.88	24.82	7.50	44.43	88.00	6.60	4.76	72.12	19.18
德安县	15.86	13.42	1.51	9.52	92.72	1.40	1.32	94.29	9.84
星子县	15.35	19.02	1.00	6.51	89.00	0.89	0.82	92.13	4.31
武宁县	31.48	31.41	1.18	3.75	77.97	0.92	0.51	55.43	1.62
宜春市	**336.98**	**208.29**	**18.02**	**5.35**	**94.06**	**16.95**	**12.54**	**73.98**	**6.02**
高安县	102.66	56.15	9.48	9.23	81.65	7.74	7.48	96.64	13.32
丰城县	131.62	88.74	5.34	4.06	85.21	4.55	3.96	87.03	4.46
奉新县									
上高县	39.20	23.40	1.30	3.32	220.00	2.86	0.60	20.98	2.56
樟树县	63.50	40.00	1.90	2.99	94.74	1.80	0.50	27.78	1.25
新余市	**68.86**	**50.00**	**8.08**	**11.73**	**121.66**	**9.83**	**9.51**	**96.74**	**19.02**
渝水区	68.86	50.00	8.08	11.73	121.66	9.83	9.51	96.74	19.02
分宜县									
南昌市	**192.57**	**123.29**	**3.96**	**2.06**	**51.77**	**2.05**	**2.51**	**122.44**	**2.04**
新建县	83.01	50.69	0.96	1.16	55.21	0.53	0.48	90.57	0.95
进贤县	85.56	54.30	2.40	2.81	35.83	0.86	1.50	174.42	2.76
安义县	24.00	18.30	0.60	2.50	110.00	0.66	0.53	80.30	2.90
上饶地区	**216.66**	**197.06**	**11.55**	**5.33**	**54.29**	**6.27**	**4.85**	**77.35**	**2.46**
波阳县	113.39	99.51	8.01	7.06	53.06	4.25	3.03	71.29	3.04
万年县	32.10	27.80	3.22	10.03	58.07	1.87	1.67	89.30	6.01
余干县	71.17	69.75	0.32	0.45	46.88	0.15	0.15	100.00	0.22
抚州地区	**112.88**	**85.01**	**3.19**	**2.83**	**115.05**	**3.67**	**3.48**	**94.82**	**4.09**
临川县	78.90	61.98	2.09	2.65	122.97	2.57	2.18	84.82	3.52
崇仁县	33.98	23.03	1.10	3.24	100.00	1.10	1.30	118.18	5.64
景德镇市	**57.76**	**58.71**	**3.33**	**5.77**	**65.17**	**2.17**	**2.43**	**111.98**	**4.14**
乐平县	57.76	58.71	3.33	5.77	65.17	2.17	2.43	111.98	4.14

5－13－49　江西省 1991 年产棉县棉花生产收购明细

县市名	耕地面积（万亩）	农业人口（万人）	棉田面积（万亩）	占耕地（%）	亩产（市斤）	产量（万担）	收购量（万担）	商品率（%）	人均交售（市斤）
全省合计	**1281.49**	**1011.21**	**163.03**	**12.72**	**129.21**	**210.65**	**183.18**	**86.96**	**18.11**
九江市	**269.65**	**258.70**	**92.82**	**34.42**	**139.37**	**129.36**	**121.87**	**94.21**	**47.11**
永修县	42.60	25.05	10.61	24.91	142.04	15.07	11.39	75.58	45.47
都昌县	57.64	56.66	16.92	29.35	103.78	17.56	16.09	91.63	28.40
彭泽县	32.68	29.05	18.96	58.02	211.23	40.05	43.16	107.77	148.57
九江县	28.98	27.69	14.06	48.52	178.31	25.07	20.30	80.97	73.31
瑞昌县	28.25	31.05	11.02	39.01	104.54	11.52	10.05	87.24	32.37
湖口县	16.88	25.02	11.37	67.36	79.86	9.08	11.11	122.36	44.40
德安县	15.84	13.55	4.23	26.70	137.59	5.82	5.80	99.66	42.80
星子县	15.34	19.08	3.05	19.88	116.72	3.56	3.46	97.19	18.13
武宁县	31.44	31.55	2.60	8.27	62.69	1.63	0.51	31.29	1.62
宜春市	**335.39**	**211.17**	**25.92**	**7.73**	**124.50**	**32.27**	**18.82**	**58.32**	**8.91**
高安县	102.29	56.27	12.02	11.75	139.85	16.81	11.50	68.41	20.44
丰城县	131.30	89.60	10.20	7.77	105.39	10.75	6.02	56.00	6.72
奉新县									
上高县	38.60	24.60	1.80	4.66	161.67	2.91	0.70	24.05	2.85
樟树县	63.20	40.70	1.90	3.01	94.74	1.80	0.60	33.33	1.47
新余市	**97.35**	**73.70**	**12.40**	**12.74**	**137.10**	**17.00**	**17.06**	**100.35**	**23.15**
渝水区	68.85	49.90	12.10	17.57	137.27	16.61	16.99	102.29	34.05
分宜县	28.50	23.80	0.30	1.05	130.00	0.39	0.07	17.95	0.29
南昌市	**192.11**	**123.62**	**3.89**	**2.02**	**56.81**	**2.21**	**3.12**	**141.18**	**2.52**
新建县	82.96	50.42	1.29	1.55	56.59	0.73	0.69	94.52	1.37
进贤县	85.15	54.90	2.00	2.35	41.00	0.82	1.90	*	3.46
安义县	24.00	18.30	0.60	2.50	110.00	0.66	0.53	80.30	2.90
上饶地区	**216.39**	**199.00**	**16.30**	**7.53**	**103.01**	**16.79**	**12.09**	**72.01**	**6.08**
波阳县	113.27	100.32	11.50	10.15	108.78	12.51	9.22	73.70	9.19
万年县	32.10	27.98	4.45	13.86	90.56	4.03	2.62	65.01	9.36
余干县	71.02	70.70	0.35	0.49	71.43	0.25	0.25	100.00	0.35
抚州地区	**112.87**	**85.71**	**5.61**	**4.97**	**119.79**	**6.72**	**5.01**	**74.55**	**5.85**
临川县	78.89	62.54	3.41	4.32	131.38	4.48	3.51	78.35	5.61
崇仁县	33.98	23.17	2.20	6.47	101.82	2.24	1.50	66.96	6.47
景德镇市	**57.73**	**59.31**	**6.09**	**10.55**	**103.45**	**6.30**	**5.21**	**82.70**	**8.78**
乐平县	57.73	59.31	6.09	10.55	103.45	6.30	5.21	82.70	8.78

5-13-50　江西省1992年产棉县棉花生产收购明细

县市名	耕地面积（万亩）	农业人口（万人）	棉田面积（万亩）	占耕地（%）	亩产（市斤）	产量（万担）	收购量（万担）	商品率（%）	人均交售（市斤）
全省合计	**1322.21**	**1038.23**	**189.90**	**14.36**	**144.70**	**274.79**	**223.18**	**81.22**	**21.50**
九江市	**269.52**	**258.57**	**100.52**	**37.30**	**152.04**	**152.83**	**144.34**	**94.44**	**55.82**
永修县	42.49	25.31	15.40	36.24	160.13	24.66	19.48	78.99	76.97
都昌县	57.61	57.49	18.50	32.11	95.51	17.67	17.62	99.72	30.65
彭泽县	32.59	29.04	19.76	60.63	221.36	43.74	40.73	93.12	140.25
九江县	28.98	27.76	14.64	50.52	195.15	28.57	30.30	106.06	109.15
瑞昌县	28.50	30.18	10.52	36.91	102.57	10.79	9.64	89.34	31.94
湖口县	16.86	25.16	11.37	67.44	96.75	11.00	10.53	95.73	41.85
德安县	15.76	13.96	5.72	36.29	192.48	11.01	11.00	99.91	78.80
星子县	15.32	18.15	3.20	20.89	133.75	4.28	4.21	98.36	23.20
武宁县	31.41	31.52	1.41	4.49	78.72	1.11	0.83	74.77	2.63
宜春市	**378.49**	**232.58**	**38.23**	**10.10**	**133.27**	**50.95**	**25.54**	**50.13**	**10.98**
高安县	101.96	56.55	22.47	22.04	141.48	31.79	15.01	47.22	26.54
丰城县	130.95	89.19	10.36	7.91	114.77	11.89	6.83	57.44	7.66
奉新县	42.48	21.54	1.60	3.77	156.25	2.50	2.20	88.00	10.21
上高县	38.80	24.40	1.90	4.90	156.32	2.97	0.80	26.94	3.28
樟树县	64.30	40.90	1.90	2.95	94.74	1.80	0.70	38.89	1.71
新余市	**97.23**	**73.30**	**15.65**	**16.10**	**164.15**	**25.69**	**23.71**	**92.29**	**32.35**
渝水区	68.83	49.60	15.05	21.87	165.51	24.91	23.00	92.33	46.37
分宜县	28.40	23.70	0.60	2.11	130.00	0.78	0.71	91.03	3.00
南昌市	**190.44**	**124.20**	**6.25**	**3.28**	**116.32**	**7.27**	**7.05**	**96.97**	**5.68**
新建县	82.07	50.70	2.65	3.23	113.58	3.01	2.72	90.37	5.36
进贤县	84.37	55.20	3.00	3.56	120.00	3.60	3.80	105.56	6.88
安义县	24.00	18.30	0.60	2.50	110.00	0.66	0.53	80.30	2.90
上饶地区	**216.12**	**204.43**	**18.36**	**8.50**	**130.12**	**23.89**	**12.38**	**51.82**	**6.06**
波阳县	113.22	100.77	13.50	11.92	125.41	16.93	9.03	53.34	8.96
万年县	32.10	32.33	4.45	13.86	146.29	6.51	2.90	44.55	8.97
余干县	70.80	71.33	0.41	0.58	109.76	0.45	0.45	100.00	0.63
抚州地区	**112.81**	**85.53**	**6.49**	**5.75**	**149.00**	**9.67**	**5.03**	**52.02**	**5.88**
临川县	78.89	62.63	3.43	4.35	148.98	5.11	3.37	65.95	5.38
崇仁县	33.92	22.90	3.06	9.02	149.02	4.56	1.66	36.40	7.25
景德镇市	**57.60**	**59.62**	**4.40**	**7.64**	**102.05**	**4.49**	**5.13**	**114.25**	**8.60**
乐平县	57.60	59.62	4.40	7.64	102.05	4.49	5.13	114.25	8.60

5－13－51 江西省1993年产棉县棉花生产收购明细

县市名	耕地面积（万亩）	农业人口（万人）	棉田面积（万亩）	占耕地（%）	亩产（市斤）	产量（万担）	收购量（万担）	商品率（%）	人均交售（市斤）
全省合计	**1305.49**	**1043.63**	**208.51**	**15.97**	**136.57**	**284.77**	**219.50**	**77.08**	**21.03**
九江市	**269.86**	**262.58**	**111.87**	**41.45**	**138.62**	**155.07**	**144.38**	**93.11**	**54.99**
永修县	40.60	24.56	19.72	48.57	75.91	14.97	14.98	100.07	60.99
都昌县	57.53	57.82	20.00	34.76	85.40	17.08	17.06	99.88	29.51
彭泽县	32.68	29.05	20.57	62.94	213.90	44.00	40.10	91.14	138.04
九江县	29.20	27.77	16.00	54.79	181.88	29.10	29.10	100.00	104.79
瑞昌县	28.49	31.53	8.88	31.17	133.78	11.88	10.49	88.30	33.27
湖口县	16.82	25.34	11.00	65.40	114.55	12.60	12.66	100.48	49.96
德安县	17.34	15.68	7.63	44.00	195.67	14.93	14.20	95.13	90.58
星子县	15.89	19.27	6.04	38.01	149.67	9.04	5.21	57.63	27.04
武宁县	31.31	31.56	2.03	6.48	72.41	1.47	0.58	39.46	1.84
宜春市	**355.62**	**234.32**	**35.68**	**10.03**	**142.71**	**50.92**	**24.41**	**47.94**	**10.42**
高安县	101.67	56.53	21.93	21.57	150.02	32.90	15.92	48.39	28.16
丰城县	130.89	90.21	8.25	6.30	129.82	10.71	4.93	46.03	5.47
奉新县	42.36	21.88	2.00	4.72	150.00	3.00	2.00	66.67	9.14
上高县	38.50	24.90	1.60	4.16	156.88	2.51	0.56	22.31	2.25
樟树县	42.20	40.80	1.90	4.50	94.74	1.80	1.00	55.56	2.45
新余市	**96.90**	**73.10**	**18.43**	**19.02**	**162.40**	**29.93**	**25.16**	**84.06**	**34.42**
渝水区	68.80	49.40	17.33	25.19	164.45	28.50	25.00	87.72	50.61
分宜县	28.10	23.70	1.10	3.91	130.00	1.43	0.16	11.19	0.68
南昌市	**191.19**	**125.09**	**7.53**	**3.94**	**136.79**	**10.30**	**8.56**	**83.11**	**6.84**
新建县	81.90	51.19	3.13	3.82	127.80	4.00	3.33	83.25	6.51
进贤县	84.29	55.30	3.20	3.80	140.63	4.50	3.60	80.00	6.51
安义县	25.00	18.60	1.20	4.80	150.00	1.80	1.63	90.56	8.76
上饶地区	**216.11**	**202.14**	**22.77**	**10.54**	**102.94**	**23.44**	**8.23**	**35.11**	**4.07**
波阳县	113.42	102.39	16.40	14.46	83.11	13.63	4.03	29.57	3.94
万年县	31.90	28.10	4.37	13.70	174.14	7.61	2.43	31.93	8.65
余干县	70.79	71.65	2.00	2.83	110.00	2.20	1.77	80.45	2.47
抚州地区	**118.25**	**86.29**	**8.21**	**6.94**	**142.39**	**11.69**	**6.03**	**51.58**	**6.99**
临川县	84.41	63.09	4.51	5.34	126.83	5.72	3.73	65.21	5.91
崇仁县	33.84	23.20	3.70	10.93	161.35	5.97	2.30	38.53	9.91
景德镇市	**57.56**	**60.11**	**4.02**	**6.98**	**85.07**	**3.42**	**2.73**	**79.82**	**4.54**
乐平县	57.56	60.11	4.02	6.98	85.07	3.42	2.73	79.82	4.54

5－13－52 江西省1994年产棉县棉花生产收购明细

县市名	耕地面积（万亩）	农业人口（万人）	棉田面积（万亩）	占耕地（%）	亩产（市斤）	产量（万担）	收购量（万担）	商品率（%）	人均交售（市斤）
全省合计	**1303.08**	**1057.83**	**229.61**	**17.62**	**149.15**	**342.47**	**256.11**	**74.78**	**24.21**
九江市	**269.31**	**263.81**	**119.54**	**44.39**	**166.92**	**199.54**	**170.50**	**85.45**	**64.63**
永修县	40.56	24.61	17.40	42.90	174.43	30.35	17.87	58.88	72.61
都昌县	57.55	58.35	22.74	39.51	109.06	24.80	23.66	95.40	40.55
彭泽县	32.68	28.81	22.50	68.85	214.04	48.16	43.58	90.49	151.27
九江县	29.15	27.82	16.00	54.89	198.13	31.70	31.70	100.00	113.95
瑞昌县	28.43	31.83	11.09	39.01	133.45	14.80	13.78	93.11	43.29
湖口县	16.79	25.52	12.00	71.47	133.33	16.00	13.94	87.13	54.62
德安县	16.63	15.83	9.01	54.18	198.67	17.90	16.86	94.19	106.51
星子县	16.27	19.30	7.00	43.02	186.00	13.02	7.03	53.99	36.42
武宁县	31.25	31.74	1.80	5.76	156.11	2.81	2.08	74.02	6.55
宜春市	**354.49**	**236.19**	**46.59**	**13.14**	**120.99**	**56.37**	**34.03**	**60.37**	**14.41**
高安县	101.20	57.78	25.52	25.22	130.13	33.21	20.24	60.95	35.03
丰城县	130.58	91.16	12.07	9.24	102.82	12.41	6.56	52.86	7.20
奉新县	42.31	21.95	4.50	10.64	144.44	6.50	4.52	69.54	20.59
上高县	38.40	24.80	2.60	6.77	94.23	2.45	1.31	53.47	5.28
樟树县	42.00	40.50	1.90	4.52	94.74	1.80	1.40	77.78	3.46
新余市	**96.10**	**72.67**	**18.91**	**19.68**	**181.17**	**34.26**	**25.56**	**74.61**	**35.17**
渝水区	68.10	49.07	17.01	24.98	184.66	31.41	25.15	80.07	51.25
分宜县	28.00	23.60	1.90	6.79	150.00	2.85	0.41	14.39	1.74
南昌市	**191.16**	**125.38**	**7.35**	**3.84**	**115.78**	**8.51**	**5.06**	**59.46**	**4.04**
新建县	81.86	51.38	2.65	3.24	87.17	2.31	1.93	83.55	3.76
进贤县	84.30	55.40	3.50	4.15	125.71	4.40	1.50	34.09	2.71
安义县	25.00	18.60	1.20	4.80	150.00	1.80	1.63	90.56	8.76
上饶地区	**216.16**	**205.38**	**25.61**	**11.85**	**118.78**	**30.42**	**12.81**	**42.11**	**6.24**
波阳县	113.50	104.87	17.00	14.98	109.47	18.61	7.81	41.97	7.45
万年县	31.90	28.28	7.11	22.29	140.79	10.01	3.54	35.36	12.52
余干县	70.76	72.23	1.50	2.12	120.00	1.80	1.46	81.11	2.02
抚州地区	**118.21**	**93.98**	**7.55**	**6.39**	**130.73**	**9.87**	**5.28**	**53.50**	**5.62**
临川县	84.38	70.08	4.65	5.51	127.96	5.95	3.68	61.85	5.25
崇仁县	33.83	23.90	2.90	8.57	135.17	3.92	1.60	40.82	6.69
景德镇市	**57.65**	**60.42**	**4.06**	**7.04**	**86.21**	**3.50**	**2.87**	**82.00**	**4.75**
乐平县	57.65	60.42	4.06	7.04	86.21	3.50	2.87	82.00	4.75

5－13－53　江西省1995年产棉县棉花生产收购明细

县市名	耕地面积（万亩）	农业人口（万人）	棉田面积（万亩）	占耕地（%）	亩产（市斤）	产量（万担）	收购量（万担）	商品率（%）	人均交售（市斤）
全省合计	**1300.86**	**1067.55**	**188.61**	**14.50**	**128.90**	**243.11**	**218.35**	**89.82**	**20.45**
九江市	**268.75**	**266.60**	**94.06**	**35.00**	**153.04**	**143.95**	**138.31**	**96.08**	**51.88**
永修县	40.56	24.61	10.00	24.65	180.00	18.00	16.50	91.67	67.05
都昌县	57.65	59.62	16.30	28.27	107.36	17.50	16.40	93.71	27.51
彭泽县	32.68	29.71	20.00	61.20	177.70	35.54	37.41	105.26	125.92
九江县	28.90	28.60	14.00	48.44	214.29	30.00	30.60	102.00	106.99
瑞昌县	28.42	31.11	7.90	27.80	139.11	10.99	9.26	84.26	29.77
湖口县	16.72	25.74	12.00	71.77	100.00	12.00	11.00	91.67	42.74
德安县	16.61	16.01	7.14	42.99	162.75	11.62	11.40	98.11	71.21
星子县	15.98	19.17	4.07	25.47	127.27	5.18	3.17	61.20	16.54
武宁县	31.23	32.03	2.65	8.49	117.74	3.12	2.57	82.37	8.02
宜春市	**353.74**	**243.01**	**34.75**	**9.82**	**107.19**	**37.25**	**29.81**	**80.03**	**12.27**
高安县	101.20	62.59	18.00	17.79	102.78	18.50	15.50	83.78	24.76
丰城县	130.40	93.11	9.05	6.94	100.44	9.09	6.80	74.81	7.30
奉新县	42.14	22.11	3.60	8.54	155.56	5.60	4.01	71.61	18.14
上高县	38.20	24.60	2.20	5.76	102.73	2.26	2.10	92.92	8.54
樟树县	41.80	40.60	1.90	4.55	94.74	1.80	1.40	77.78	3.45
新余市	**96.10**	**72.16**	**18.50**	**19.25**	**177.03**	**32.75**	**26.37**	**80.52**	**36.54**
渝水区	68.00	48.86	18.00	26.47	177.78	32.00	25.78	80.56	52.76
分宜县	28.10	23.30	0.50	1.78	150.00	0.75	0.59	78.67	2.53
南昌市	**190.67**	**125.42**	**6.23**	**3.27**	**103.53**	**6.45**	**4.93**	**76.43**	**3.93**
新建县	81.51	51.32	2.63	3.23	85.55	2.25	1.60	71.11	3.12
进贤县	84.16	55.50	2.40	2.85	100.00	2.40	1.70	70.83	3.06
安义县	25.00	18.60	1.20	4.80	150.00	1.80	1.63	90.56	8.76
上饶地区	**216.12**	**206.65**	**22.20**	**10.27**	**45.45**	**10.09**	**8.75**	**86.72**	**4.23**
波阳县	113.50	105.38	16.10	14.19	37.64	6.06	5.83	96.20	5.53
万年县	31.90	28.22	5.10	15.99	62.35	3.18	2.07	65.09	7.34
余干县	70.72	73.05	1.00	1.41	85.00	0.85	0.85	100.00	1.16
抚州地区	**117.85**	**93.18**	**9.38**	**7.96**	**119.62**	**11.22**	**9.11**	**81.19**	**9.78**
临川县	84.29	69.05	5.38	6.38	123.79	6.66	5.81	87.24	8.41
崇仁县	33.56	24.13	4.00	11.92	114.00	4.56	3.30	72.37	13.68
景德镇市	**57.63**	**60.53**	**3.49**	**6.06**	**40.11**	**1.40**	**1.07**	**76.43**	**1.77**
乐平县	57.63	60.53	3.49	6.06	40.11	1.40	1.07	76.43	1.77

5-13-54 江西省1996年产棉县棉花生产收购明细

县市名	耕地面积（万亩）	农业人口（万人）	棉田面积（万亩）	占耕地（%）	亩产（市斤）	产量（万担）	收购量（万担）	商品率（%）	人均交售（市斤）
全省合计	**1315.57**	**1076.20**	**162.94**	**12.39**	**153.13**	**249.51**	**201.77**	**80.87**	**18.75**
九江市	**267.75**	**267.60**	**82.74**	**30.90**	**172.19**	**142.47**	**127.40**	**89.42**	**47.61**
永修县	40.10	24.61	10.00	24.94	180.03	18.00	16.00	88.87	65.01
都昌县	56.96	59.86	12.50	21.95	108.80	13.60	12.40	91.18	20.72
彭泽县	32.68	29.53	17.00	52.02	213.24	36.25	33.18	91.53	112.36
九江县	28.90	28.90	12.00	41.52	250.00	30.00	27.30	91.00	94.46
瑞昌县	28.42	31.06	6.50	22.87	154.31	10.03	9.05	90.23	29.14
湖口县	16.74	26.00	12.00	71.68	100.00	12.00	10.17	84.75	39.12
德安县	16.61	15.99	6.40	38.53	196.56	12.58	12.42	98.73	77.67
星子县	16.03	19.24	4.20	26.20	154.29	6.48	4.27	65.90	22.19
武宁县	31.31	32.41	2.14	6.83	164.95	3.53	2.61	73.94	8.05
宜春市	**371.14**	**244.86**	**28.80**	**7.76**	**108.06**	**31.12**	**17.08**	**54.88**	**6.98**
高安县	101.10	62.66	18.00	17.80	95.56	17.20	8.60	50.00	13.72
丰城县	130.30	94.09	5.00	3.84	131.20	6.56	3.18	48.48	3.38
奉新县	41.94	22.21	2.50	5.96	160.00	4.00	3.20	80.00	14.41
上高县	38.10	24.80	1.30	3.41	112.31	1.46	1.30	89.04	5.24
樟树县	59.70	41.10	2.00	3.35	95.00	1.90	0.80	42.11	1.95
新余市	**95.92**	**72.06**	**18.65**	**19.44**	**190.08**	**35.45**	**32.09**	**90.52**	**44.53**
渝水区	67.90	49.05	18.35	27.03	190.74	35.00	31.79	90.83	64.81
分宜县	28.02	23.01	0.30	1.07	150.00	0.45	0.30	66.67	1.30
南昌市	**191.20**	**125.17**	**7.15**	**3.74**	**114.83**	**8.21**	**6.15**	**74.91**	**4.91**
新建县	80.94	51.77	2.60	3.21	103.85	2.70	2.21	81.85	4.27
进贤县	84.26	54.40	3.10	3.68	103.23	3.20	1.75	54.69	3.22
安义县	26.00	19.00	1.45	5.58	159.31	2.31	2.19	94.81	11.53
上饶地区	**215.25**	**212.94**	**14.35**	**6.67**	**119.09**	**17.09**	**9.95**	**58.22**	**4.67**
波阳县	112.81	106.26	7.00	6.21	103.71	7.26	6.69	92.15	6.30
万年县	31.90	28.44	6.35	19.91	132.76	8.43	2.04	24.20	7.17
余干县	70.54	78.24	1.00	1.42	140.00	1.40	1.22	87.14	1.56
抚州地区	**116.74**	**92.87**	**7.64**	**6.54**	**157.20**	**12.01**	**7.20**	**59.95**	**7.75**
临川县	83.94	68.90	4.84	5.77	141.74	6.86	4.50	65.60	6.53
崇仁县	32.80	23.97	2.80	8.54	183.93	5.15	2.70	52.43	11.26
景德镇市	**57.57**	**60.70**	**3.61**	**6.27**	**87.53**	**3.16**	**1.90**	**60.13**	**3.13**
乐平县	57.57	60.70	3.61	6.27	87.53	3.16	1.90	60.13	3.13

5－13－55　江西省1997年产棉县棉花生产收购明细

县市名	耕地面积（万亩）	农业人口（万人）	棉田面积（万亩）	占耕地（%）	亩产（市斤）	产量（万担）	收购量（万担）	商品率（%）	人均交售（市斤）
全省合计	**1315.06**	**1080.53**	**152.04**	**11.56**	**166.98**	**253.87**	**200.19**	**78.86**	**18.53**
九江市	**267.97**	**270.76**	**81.27**	**30.33**	**184.45**	**149.90**	**131.92**	**88.01**	**48.72**
永修县	40.20	27.10	10.40	25.87	165.38	17.20	12.00	69.77	44.28
都昌县	57.44	59.95	12.27	21.36	110.02	13.50	13.22	97.93	22.05
彭泽县	32.68	29.54	17.00	52.02	228.47	38.84	32.87	84.63	111.27
九江县	28.90	28.50	12.00	41.52	250.00	30.00	27.80	92.67	97.54
瑞昌县	27.98	31.29	5.23	18.69	179.16	9.37	8.46	90.29	27.04
湖口县	16.66	26.20	12.00	72.03	133.33	16.00	17.56	109.75	67.02
德安县	16.65	15.89	5.97	35.86	230.49	13.76	13.41	97.46	84.39
星子县	15.99	19.50	4.02	25.14	165.17	6.64	4.17	62.80	21.38
武宁县	31.47	32.79	2.38	7.56	192.86	4.59	2.43	52.94	7.41
宜春市	**370.35**	**242.06**	**22.70**	**6.13**	**145.90**	**33.12**	**23.38**	**70.59**	**9.66**
高安县	100.59	58.19	12.31	12.24	151.50	18.65	14.62	78.39	25.12
丰城县	130.23	95.12	4.89	3.75	138.65	6.78	3.58	52.80	3.76
奉新县	41.83	22.35	2.30	5.50	169.57	3.90	2.48	63.59	11.10
上高县	38.00	24.90	1.10	2.89	162.73	1.79	1.40	78.21	5.62
樟树县	59.70	41.50	2.10	3.52	95.24	2.00	1.30	65.00	3.13
新余市	**95.82**	**72.06**	**18.22**	**19.01**	**170.09**	**30.99**	**25.83**	**83.35**	**35.85**
渝水区	67.82	49.01	17.92	26.42	170.26	30.51	25.51	83.61	52.05
分宜县	28.00	23.05	0.30	1.07	160.00	0.48	0.32	66.67	1.39
南昌市	**190.36**	**125.39**	**4.68**	**2.46**	**145.51**	**6.81**	**5.33**	**78.27**	**4.25**
新建县	80.42	51.99	1.23	1.53	128.46	1.58	1.23	77.85	2.37
进贤县	83.94	54.40	2.00	2.38	145.00	2.90	1.85	63.79	3.40
安义县	26.00	19.00	1.45	5.58	160.69	2.33	2.25	96.57	11.84
上饶地区	**216.55**	**215.53**	**12.55**	**5.80**	**135.14**	**16.96**	**6.74**	**39.74**	**3.13**
波阳县	114.28	107.87	7.01	6.13	117.12	8.21	5.04	61.39	4.67
万年县	31.90	28.63	4.54	14.23	159.69	7.25	0.62	8.55	2.17
余干县	70.37	79.03	1.00	1.42	150.00	1.50	1.08	72.00	1.37
抚州地区	**116.64**	**93.98**	**8.89**	**7.62**	**141.84**	**12.61**	**5.07**	**40.21**	**5.39**
临川县	83.89	69.52	5.91	7.04	128.93	7.62	3.57	46.85	5.14
崇仁县	32.75	24.46	2.98	9.10	167.45	4.99	1.50	30.06	6.13
景德镇市	**57.37**	**60.75**	**3.73**	**6.50**	**93.30**	**3.48**	**1.92**	**55.17**	**3.16**
乐平县	57.37	60.75	3.73	6.50	93.30	3.48	1.92	55.17	3.16

5－13－56　江西省1998年产棉县棉花生产收购明细

县市名	耕地面积（万亩）	农业人口（万人）	棉田面积（万亩）	占耕地（%）	亩产（市斤）	产量（万担）	收购量（万担）	商品率（%）	人均交售（市斤）
全省合计	**1279.28**	**1081.05**	**144.41**	**11.29**	**122.76**	**177.28**	**102.34**	**57.73**	**9.47**
九江市	**255.87**	**267.48**	**74.98**	**29.30**	**122.83**	**92.10**	**55.30**	**60.04**	**20.67**
永修县	33.13	27.16	14.16	42.74	21.19	3.00	2.30	76.67	8.47
都昌县	57.39	60.42	6.80	11.85	98.09	6.67	6.60	98.95	10.92
彭泽县	32.68	29.59	12.49	38.22	205.92	25.72	26.59	103.38	89.86
九江县	28.90	28.50	12.00	41.52	250.00	30.00	4.11	13.70	14.42
瑞昌县	27.59	31.32	4.64	16.82	62.93	2.92	2.05	70.21	6.55
湖口县	16.46	26.46	12.00	72.90	100.00	12.00	5.33	44.42	20.14
德安县	13.03	11.22	5.87	45.05	103.41	6.07	4.82	79.41	42.96
星子县	15.76	19.69	3.86	24.49	51.81	2.00	2.60	130.00	13.20
武宁县	30.93	33.12	3.16	10.22	117.72	3.72	0.90	24.19	2.72
宜春市	**350.94**	**243.21**	**23.64**	**6.74**	**132.61**	**31.35**	**10.25**	**32.70**	**4.21**
高安县	100.39	58.20	12.31	12.26	132.01	16.25	3.52	21.66	6.05
丰城县	129.96	95.87	5.73	4.41	120.07	6.88	1.25	18.17	1.30
奉新县	41.79	22.54	1.80	4.31	186.67	3.36	2.28	67.86	10.12
上高县	37.80	25.00	1.70	4.50	168.24	2.86	1.50	52.45	6.00
樟树县	41.00	41.60	2.10	5.12	95.24	2.00	1.70	85.00	4.09
新余市	**95.40**	**72.15**	**16.91**	**17.73**	**172.80**	**29.22**	**18.95**	**64.85**	**26.26**
渝水区	67.50	49.10	16.41	24.31	173.19	28.42	18.50	65.10	37.68
分宜县	27.90	23.05	0.50	1.79	160.00	0.80	0.45	56.25	1.95
南昌市	**188.83**	**125.65**	**5.51**	**2.92**	**131.94**	**7.27**	**6.14**	**84.46**	**4.89**
新建县	79.07	52.35	1.76	2.23	132.95	2.34	1.95	83.33	3.72
进贤县	83.76	54.30	2.30	2.75	113.04	2.60	2.03	78.08	3.74
安义县	26.00	19.00	1.45	5.58	160.69	2.33	2.16	92.70	11.37
上饶地区	**214.74**	**216.70**	**10.15**	**4.73**	**75.17**	**7.63**	**7.09**	**92.92**	**3.27**
波阳县	112.72	109.53	5.74	5.09	38.33	2.20	4.67	*	4.26
万年县	31.90	28.71	3.41	10.69	112.32	3.83	1.50	39.16	5.22
余干县	70.12	78.46	1.00	1.43	160.00	1.60	0.92	57.50	1.17
抚州地区	**116.56**	**94.60**	**10.28**	**8.82**	**76.95**	**7.91**	**3.40**	**42.98**	**3.59**
临川县	83.87	70.11	6.88	8.20	66.72	4.59	2.20	47.93	3.14
崇仁县	32.69	24.49	3.40	10.40	97.65	3.32	1.20	36.14	4.90
景德镇市	**56.94**	**61.26**	**2.94**	**5.16**	**61.22**	**1.80**	**1.21**	**67.22**	**1.98**
乐平县	56.94	61.26	2.94	5.16	61.22	1.80	1.21	67.22	1.98

5-13-57 江西省1999年产棉县棉花生产收购明细

县市名	耕地面积（万亩）	农业人口（万人）	棉田面积（万亩）	占耕地（%）	亩产（市斤）	产量（万担）	收购量（万担）	商品率（%）	人均交售（市斤）
全省合计	**1278.31**	**1087.83**	**101.63**	**7.95**	**120.07**	**122.03**	**49.00**	**40.15**	**4.50**
九江市	**254.87**	**267.98**	**56.37**	**22.12**	**114.42**	**64.50**	**28.50**	**44.19**	**10.64**
永修县	33.13	27.02	6.24	18.83	130.13	8.12	2.00	24.63	7.40
都昌县	57.18	61.01	6.22	10.88	90.03	5.60	1.40	25.00	2.29
彭泽县	32.68	29.65	11.04	33.78	147.74	16.31	9.20	56.41	31.03
九江县	28.90	28.50	12.00	41.52	116.92	14.03	3.30	23.52	11.58
瑞昌县	27.59	31.32	3.82	13.85	57.59	2.20	3.60	163.64	11.49
湖口县	16.24	26.68	8.00	49.26	100.25	8.02	2.90	36.16	10.87
德安县	13.00	11.18	3.95	30.38	150.13	5.93	2.60	43.84	23.26
星子县	15.76	19.69	3.85	24.43	69.87	2.69	2.80	104.09	14.22
武宁县	30.39	32.93	1.25	4.11	128.00	1.60	0.70	43.75	2.13
宜春市	**351.08**	**245.14**	**18.03**	**5.14**	**119.80**	**21.60**	**4.14**	**19.17**	**1.69**
高安县	100.33	58.21	9.00	8.97	117.44	10.57	2.30	21.76	3.95
丰城县	129.96	96.59	4.03	3.10	116.63	4.70	0.75	15.96	0.78
奉新县	41.79	22.54	1.40	3.35	162.86	2.28	0.39	17.11	1.73
上高县	37.80	25.00	1.50	3.97	158.67	2.38	0.68	28.57	2.72
樟树县	41.20	42.80	2.10	5.10	79.52	1.67	0.02	1.20	0.05
新余市	**95.40**	**72.10**	**9.50**	**9.96**	**158.11**	**15.02**	**9.88**	**65.78**	**13.70**
渝水区	67.50	49.10	9.00	13.33	165.78	14.92	9.40	63.00	19.14
分宜县	27.90	23.00	0.50	1.79	20.00	0.10	0.48	*	2.09
南昌市	**188.72**	**129.02**	**5.83**	**3.09**	**77.19**	**4.50**	**2.18**	**48.44**	**1.69**
新建县	79.07	55.72	2.53	3.20	69.17	1.75	0.05	2.86	0.09
进贤县	83.65	54.30	2.00	2.39	95.50	1.91	1.27	66.49	2.34
安义县	26.00	19.00	1.30	5.00	64.62	0.84	0.86	102.38	4.53
上饶地区	**215.00**	**218.01**	**6.60**	**3.07**	**116.06**	**7.66**	**1.60**	**20.89**	**0.73**
波阳县	112.99	110.88	4.10	3.63	106.10	4.35	1.40	32.18	1.26
万年县	31.90	28.81	1.50	4.70	200.67	3.01	0.20	6.64	0.69
余干县	70.11	78.32	1.00	1.43	30.00	0.30			
抚州地区	**116.54**	**94.02**	**3.30**	**2.83**	**230.00**	**7.59**	**2.49**	**32.81**	**2.65**
临川县	83.85	69.52	1.80	2.15	267.78	4.82	1.37	28.42	1.97
崇仁县	32.69	24.50	1.50	4.59	184.67	2.77	1.12	40.43	4.57
景德镇市	**56.70**	**61.56**	**2.00**	**3.53**	**58.00**	**1.16**	**0.21**	**18.10**	**0.34**
乐平县	56.70	61.56	2.00	3.53	58.00	1.16	0.21	18.10	0.34

5－13－58　江西省2000年产棉县棉花生产收购明细

县 市 名	耕地面积（万亩）	农业人口（万人）	棉田面积（万亩）	占耕地（%）	亩　产（市斤）	产　量（万担）	收购量（万担）	商品率（%）	人均交售（市斤）
全省合计	**1288.51**	**1082.50**	**104.04**	**8.07**	**130.68**	**135.96**	**49.91**	**36.71**	**4.61**
九江市	**254.11**	**259.21**	**62.15**	**24.46**	**130.89**	**81.35**	**34.21**	**42.05**	**13.20**
永修县	33.13	27.03	7.20	21.73	141.94	10.22	3.93	38.45	14.54
都昌县	54.35	61.47	6.36	11.70	88.52	5.63	1.71	30.37	2.78
彭泽县	32.08	31.49	16.55	51.59	145.38	24.06	12.30	51.12	39.06
九江县	26.03	27.11	11.62	44.64	149.66	17.39	7.09	40.77	26.15
瑞昌县	26.94	31.11	6.36	23.61	88.52	5.63	4.40	78.15	14.14
湖口县	24.13	21.90	6.61	27.39	133.13	8.80	2.52	28.64	11.51
德安县	12.81	10.50	4.31	33.65	135.03	5.82	1.10	18.90	10.48
星子县	14.48	19.39	2.01	13.88	97.51	1.96	0.73	37.24	3.76
武宁县	30.16	29.21	1.13	3.75	162.83	1.84	0.43	23.37	1.47
宜春市	**368.48**	**239.31**	**15.07**	**4.09**	**105.18**	**15.85**	**1.77**	**11.17**	**0.74**
高安县	100.17	58.28	9.02	9.00	82.15	7.41	0.21	2.83	0.36
丰城县	128.69	96.01	3.02	2.35	119.54	3.61	0.30	8.31	0.31
奉新县	41.50	21.47	1.01	2.43	143.56	1.45	0.06	4.14	0.28
上高县	37.52	22.37	1.32	3.52	151.52	2.00	1.20	60.00	5.36
樟树县	60.60	41.18	0.70	1.16	197.14	1.38			
新余市	**95.01**	**69.93**	**10.18**	**10.71**	**154.72**	**15.75**	**7.50**	**47.62**	**10.73**
渝水区	67.37	48.10	10.07	14.95	151.64	15.27	7.16	46.89	14.89
分宜县	27.64	21.83	0.11	0.40	436.36	0.48	0.34	70.83	1.56
南昌市	**187.66**	**136.37**	**4.15**	**2.21**	**158.07**	**6.56**	**1.50**	**22.87**	**1.10**
新建县	78.63	55.99	1.69	2.15	262.13	4.43	0.15	3.39	0.27
进贤县	81.17	61.86	1.83	2.25	78.14	1.43	0.59	41.26	0.95
安义县	27.86	18.52	0.63	2.26	111.11	0.70	0.76	108.57	4.10
上饶地区	**210.53**	**220.70**	**4.75**	**2.26**	**128.21**	**6.09**	**1.60**	**26.27**	**0.72**
波阳县	110.10	115.79	3.36	3.05	124.11	4.17	0.62	14.87	0.54
万年县	31.03	28.73	1.14	3.67	152.63	1.74	0.98	56.32	3.41
余干县	69.40	76.18	0.25	0.36	72.00	0.18			
抚州地区	**116.31**	**95.28**	**6.60**	**5.67**	**143.94**	**9.50**	**2.93**	**30.84**	**3.08**
临川县	83.67	70.08	3.77	4.51	133.42	5.03	1.61	32.01	2.30
崇仁县	32.64	25.20	2.83	8.67	157.95	4.47	1.32	29.53	5.24
景德镇市	**56.41**	**61.70**	**1.14**	**2.02**	**75.44**	**0.86**	**0.40**	**46.51**	**0.65**
乐平县	56.41	61.70	1.14	2.02	75.44	0.86	0.40	46.51	0.65

5－14－1 江西省永修县历年棉花生产收购

年　度	耕地面积（万亩）	农业人口（万人）	棉田面积（万亩）	占耕地（%）	亩　产（市斤）	产　量（万担）	收购量（万担）	商品率（%）	人均交售（市斤）
52 年合计			**207.62**	**8.82**	**102.69**	**213.21**	**174.60**	**81.89**	**21.07**
11 年小计			**13.65**	**2.53**	**32.23**	**4.40**	**3.18**	**72.27**	**9.85**
占合计%			**6.57**			**2.06**	**1.82**		
1949	44.27	2.37	0.40	0.76	10.00	0.04			
1950	45.08	2.46	1.14	2.53	20.18	0.23			
1951	45.12	2.62	1.49	3.30	21.48	0.32			
1952	50.04	2.55	2.85	5.70	35.44	1.01	0.60	59.41	23.53
1953	47.88	2.90	1.40	2.92	12.86	0.18	0.01	5.56	0.34
1954	50.88	3.04	0.05	0.10					
1955	50.66	3.14	0.19	0.38	21.05	0.04	0.02	50.00	0.64
1956	50.46	3.23	1.05	2.08	44.76	0.47	0.52	110.64	16.10
1957	51.05	3.28	1.43	2.80	49.65	0.71	0.73	102.82	22.26
1958	53.40	3.26	2.10	3.93	44.76	0.94	0.87	92.55	26.69
1959	50.35	3.44	1.55	3.08	29.68	0.46	0.43	93.48	12.50
10 年小计			**18.28**	**3.47**	**45.68**	**8.35**	**11.60**	**138.92**	**29.57**
占合计%			**8.80**			**3.92**	**6.64**		
1960	52.50	3.51	1.68	3.20	23.81	0.40	0.32	80.00	9.12
1961	53.24	3.99	1.18	2.22	24.58	0.29	0.17	58.62	4.26
1962	53.69	4.07	0.95	1.77	13.68	0.13	0.15	115.38	3.69
1963	53.92	4.04	1.14	2.11	60.53	0.69	1.11	160.87	27.48
1964	53.67	3.90	1.69	3.15	42.01	0.71	0.77	108.45	19.74
1965	53.71	3.84	2.01	3.74	78.11	1.57	2.74	174.52	71.35
1966	54.05	3.91	2.85	5.27	53.33	1.52	1.93	126.97	49.36
1967	54.05	3.87	2.37	4.38	35.44	0.84	0.66	78.57	17.05
1968	50.31	3.93	2.22	4.41	74.32	1.65	2.43	147.27	61.83
1969	47.34	4.17	2.19	4.63	25.11	0.55	1.32	*	31.65
10 年小计			**23.00**	**5.32**	**36.26**	**8.34**	**9.95**	**119.34**	**4.37**
占合计%			**11.08**			**3.91**	**5.70**		
1970	44.67	19.40	2.07	4.63	18.84	0.39	0.67	172.56	3.47
1971	41.99	20.73	1.78	4.24	25.28	0.45	0.72	160.00	3.47
1972	42.52	21.51	2.46	5.79	52.03	1.28	1.10	85.94	5.11
1973	43.55	22.21	2.63	6.04	16.35	0.43	0.63	146.51	2.84
1974	43.55	22.21	2.74	6.29	41.61	1.14	1.37	120.18	6.17
1975	43.38	23.18	2.50	5.76	34.80	0.87	0.84	96.55	3.62
1976	43.42	24.13	2.53	5.83	47.04	1.19	1.33	111.76	5.51
1977	43.39	24.35	2.32	5.35	40.95	0.95	1.17	123.16	4.80
1978	43.11	24.93	2.23	5.17	32.74	0.73	0.85	116.44	3.41
1979	43.07	25.15	1.74	4.04	52.30	0.91	1.27	139.56	5.05
10 年小计			**28.66**	**6.71**	**100.70**	**28.86**	**30.45**	**105.51**	**12.30**
占合计%			**13.80**			**13.54**	**17.44**		
1980	43.02	25.21	2.64	6.14	37.12	0.98	1.37	139.80	5.43
1981	42.91	25.28	2.59	6.04	61.00	1.58	1.06	67.09	4.19
1982	42.91	25.65	3.09	7.20	104.53	3.23	2.91	90.09	11.35
1983	42.91	25.58	2.90	6.76	51.72	1.50	2.98	198.67	11.65
1984	42.65	25.29	3.14	7.36	134.08	4.21	3.56	84.56	14.08
1985	42.65	25.29	2.90	6.80	148.97	4.32	5.82	134.72	23.01
1986	42.61	23.45	2.85	6.69	131.93	3.76	5.37	142.82	22.90
1987	42.61	23.49	2.95	6.92	143.05	4.22	4.25	100.71	18.09
1988	42.61	24.02	2.90	6.81	70.34	2.04	1.39	68.14	5.79
1989	42.50	24.36	2.70	6.35	111.85	3.02	1.74	57.62	7.14
11 年小计			**124.03**	**28.91**	**131.63**	**163.26**	**119.42**	**73.15**	**42.39**
占合计%			**59.74**			**76.57**	**68.40**		
1990	42.51	24.68	2.90	6.82	126.55	3.67	2.97	80.93	12.03
1991	42.60	25.05	10.61	24.91	142.04	15.07	11.39	75.58	45.47
1992	42.49	25.31	15.40	36.24	160.13	24.66	19.48	78.99	76.97
1993	40.60	24.56	19.72	48.57	75.91	14.97	14.98	100.07	60.99
1994	40.56	24.61	17.40	42.90	174.43	30.35	17.87	58.88	72.61
1995	40.56	24.61	10.00	24.65	180.00	18.00	16.50	91.67	67.05
1996	40.10	24.61	10.00	24.94	180.03	18.00	16.00	88.87	65.01
1997	40.20	27.10	10.40	25.87	165.38	17.20	12.00	69.77	44.28
1998	33.13	27.16	14.16	42.74	21.19	3.00	2.30	76.67	8.47
1999	33.13	27.02	6.24	18.83	130.13	8.12	2.00	24.63	7.40
2000	33.13	27.03	7.20	21.73	141.94	10.22	3.93	38.45	14.54

5－14－2 江西省都昌县历年棉花生产收购

年　度	耕地面积（万亩）	农业人口（万人）	棉田面积（万亩）	占耕地（%）	亩　产（市斤）	产　量（万担）	收购量（万担）	商品率（%）	人均交售（市斤）
52 年合计			**453.25**	**14.74**	**75.43**	**341.90**	**304.87**	**89.17**	**13.32**
11 年小计			**48.57**	**7.25**	**33.83**	**16.43**	**12.70**	**77.30**	**4.03**
占合计%			**10.72**			**4.81**	**4.17**		
1949	55.34	27.60	1.95	3.52	9.74	0.19	0.02	10.53	0.07
1950	56.89	27.76	2.99	5.26	10.03	0.30	0.03	10.00	0.11
1951	59.68	27.91	3.12	5.23	11.86	0.37	0.03	8.11	0.11
1952	60.72	28.06	4.06	6.69	20.69	0.84	0.37	44.05	1.32
1953	62.60	28.33	3.32	5.30	9.34	0.31	0.07	22.58	0.25
1954	63.14	28.28	2.54	4.02	12.60	0.32	0.25	78.13	0.88
1955	63.55	28.62	4.04	6.36	27.23	1.10	0.86	78.18	3.00
1956	63.53	29.11	7.91	12.45	32.87	2.60	2.36	90.77	8.11
1957	64.79	29.84	8.57	13.23	40.02	3.43	3.10	90.38	10.39
1958	60.50	29.59	9.17	15.16	39.91	3.66	3.09	84.43	10.44
1959	59.30	30.33	0.90	1.52	367.78	3.31	2.52	76.13	8.31
10 年小计			**70.45**	**11.48**	**49.96**	**35.20**	**31.89**	**90.60**	**9.28**
占合计%			**15.54**			**10.30**	**10.46**		
1960	60.80	29.79	9.01	14.82	27.19	2.45	2.39	97.55	8.02
1961	60.82	30.33	7.19	11.82	21.42	1.54	1.01	65.58	3.33
1962	62.44	32.62	5.12	8.20	18.36	0.94	0.87	92.55	2.67
1963	62.30	33.42	4.17	6.69	81.06	3.38	2.70	79.88	8.08
1964	62.19	34.09	6.76	10.87	38.17	2.58	2.27	87.98	6.66
1965	62.25	34.86	7.29	11.71	77.64	5.66	5.62	99.29	16.12
1966	61.56	35.93	7.93	12.88	70.87	5.62	5.60	99.64	15.59
1967	61.54	36.32	8.06	13.10	36.72	2.96	2.37	80.07	6.53
1968	60.32	37.50	7.40	12.27	75.68	5.60	4.96	88.57	13.23
1969	59.53	38.76	7.52	12.63	59.44	4.47	4.10	91.72	10.58
10 年小计			**93.22**	**15.93**	**61.17**	**57.02**	**53.47**	**93.77**	**11.90**
占合计%			**20.57**			**16.68**	**17.54**		
1970	58.83	39.55	7.80	13.26	83.33	6.50	5.10	78.46	12.90
1971	58.70	40.33	10.70	18.23	31.50	3.37	2.64	78.34	6.55
1972	58.70	41.01	10.20	17.38	83.92	8.56	8.49	99.18	20.70
1973	58.70	42.42	11.20	19.08	61.34	6.87	6.31	91.85	14.88
1974	58.70	45.14	9.19	15.66	59.30	5.45	5.10	93.58	11.30
1975	58.70	46.42	8.32	14.17	71.63	5.96	5.95	99.83	12.82
1976	58.70	47.41	8.36	14.24	57.18	4.78	4.60	96.23	9.70
1977	58.12	48.29	8.78	15.11	72.78	6.39	6.38	99.84	13.21
1978	57.98	48.97	8.66	14.94	42.73	3.70	3.67	99.19	7.49
1979	57.99	49.72	10.01	17.26	54.35	5.44	5.23	96.14	10.52
10 年小计			**94.02**	**16.29**	**91.78**	**86.29**	**73.44**	**85.11**	**13.83**
占合计%			**20.74**			**25.24**	**24.09**		
1980	57.97	50.23	9.06	15.63	78.04	7.07	6.81	96.32	13.56
1981	57.99	50.82	9.36	16.14	93.16	8.72	8.54	97.94	16.80
1982	57.95	51.64	10.32	17.81	110.17	11.37	11.22	98.68	21.73
1983	57.94	52.21	10.44	18.02	79.60	8.31	8.31	100.00	15.92
1984	57.89	52.82	10.86	18.76	101.10	10.98	8.08	73.59	15.30
1985	56.99	53.61	10.59	18.58	99.62	10.55	7.99	75.73	14.90
1986	57.10	54.20	8.75	15.32	105.37	9.22	7.21	78.20	13.30
1987	57.88	54.84	8.24	14.24	116.99	9.64	7.65	79.36	13.95
1988	57.92	55.27	8.03	13.86	38.23	3.07	1.99	64.82	3.60
1989	57.71	55.56	8.37	14.50	87.93	7.36	5.64	76.63	10.15
11 年小计			**146.99**	**23.37**	**99.98**	**146.96**	**133.37**	**90.75**	**20.56**
占合计%			**32.43**			**42.98**	**43.75**		
1990	57.65	56.10	8.38	14.54	87.71	7.35	7.21	98.10	12.85
1991	57.64	56.66	16.92	29.35	103.78	17.56	16.09	91.63	28.40
1992	57.61	57.49	18.50	32.11	95.51	17.67	17.62	99.72	30.65
1993	57.53	57.82	20.00	34.76	85.40	17.08	17.06	99.88	29.51
1994	57.55	58.35	22.74	39.51	109.06	24.80	23.66	95.40	40.55
1995	57.65	59.62	16.30	28.27	107.36	17.50	16.40	93.71	27.51
1996	56.96	59.86	12.50	21.95	108.80	13.60	12.40	91.18	20.72
1997	57.44	59.95	12.27	21.36	110.02	13.50	13.22	97.93	22.05
1998	57.39	60.42	6.80	11.85	98.09	6.67	6.60	98.95	10.92
1999	57.18	61.01	6.22	10.88	90.03	5.60	1.40	25.00	2.29
2000	54.35	61.47	6.36	11.70	88.52	5.63	1.71	30.37	2.78

5－14－3 江西省彭泽县历年棉花生产收购

年 度	耕地面积（万亩）	农业人口（万人）	棉田面积（万亩）	占耕地（%）	亩 产（市斤）	产 量（万担）	收购量（万担）	商品率（%）	人均交售（市斤）
52 年合计			**683.62**	**41.24**	**130.24**	**890.35**	**862.00**	**96.82**	**77.75**
11 年小计			**72.21**	**24.48**	**57.15**	**41.27**	**38.26**	**92.71**	**34.83**
占合计%			**10.56**			**4.64**	**4.44**		
1949									
1950	24.61	9.06	2.87	11.66	48.43	1.39	0.89	64.03	9.82
1951	25.80	9.38	5.31	20.58	47.83	2.54	2.15	84.65	22.92
1952	27.11	9.64	6.65	24.53	49.47	3.29	3.03	92.10	31.43
1953	28.25	10.47	6.02	21.31	59.80	3.60	3.06	85.00	29.23
1954	29.09	10.23	4.00	13.75	28.00	1.12	0.98	87.50	9.58
1955	30.73	10.54	7.44	24.21	47.98	3.57	3.29	92.16	31.21
1956	31.72	11.07	9.32	29.38	59.66	5.56	5.05	90.83	45.62
1957	33.68	12.15	12.00	35.63	68.08	8.17	8.06	98.65	66.34
1958	31.05	13.47	9.85	31.72	64.57	6.36	6.23	97.96	46.25
1959	32.98	13.84	8.75	26.53	64.80	5.67	5.52	97.35	39.88
10 年小计			**118.02**	**33.10**	**88.87**	**104.88**	**106.67**	**101.71**	**62.56**
占合计%			**17.26**			**11.78**	**12.37**		
1960	34.14	14.31	9.20	26.95	81.09	7.46	7.32	98.12	51.15
1961	36.95	15.35	8.96	24.25	53.91	4.83	4.65	96.27	30.29
1962	37.04	15.50	8.07	21.79	64.56	5.21	5.06	97.12	32.65
1963	36.58	16.21	12.99	35.51	105.85	13.75	14.19	103.20	87.54
1964	36.50	17.02	12.03	32.96	81.55	9.81	10.05	102.45	59.05
1965	36.30	17.47	14.01	38.60	107.78	15.10	15.16	100.40	86.78
1966	35.93	17.97	14.77	41.11	97.36	14.38	14.42	100.28	80.24
1967	35.87	18.46	14.18	39.53	81.95	11.62	12.02	103.44	65.11
1968	34.21	18.98	13.39	39.14	105.00	14.06	15.32	108.96	80.72
1969	33.01	19.24	10.42	31.57	83.11	8.66	8.48	97.92	44.07
10 年小计			**152.26**	**46.86**	**81.06**	**123.42**	**122.23**	**99.04**	**52.32**
占合计%			**22.27**			**13.86**	**14.18**		
1970	32.71	20.43	16.80	51.36	75.54	12.69	12.67	99.84	62.02
1971	33.41	21.99	17.11	51.21	46.99	8.04	7.89	98.13	35.88
1972	32.86	21.79	18.19	55.36	87.03	15.83	15.76	99.56	72.33
1973	32.63	22.44	12.54	38.43	71.37	8.95	8.96	100.11	39.93
1974	32.38	23.08	14.43	44.56	80.25	11.58	11.55	99.74	50.04
1975	32.40	24.03	14.74	45.49	80.87	11.92	11.53	96.73	47.98
1976	32.41	24.39	14.81	45.70	82.11	12.16	11.87	97.62	48.67
1977	32.08	24.93	14.50	45.20	76.14	11.04	10.90	98.73	43.72
1978	32.03	25.22	14.55	45.43	97.18	14.14	14.07	99.50	55.79
1979	32.03	25.30	14.59	45.55	117.00	17.07	17.03	99.77	67.31
10 年小计			**150.09**	**46.58**	**158.86**	**238.43**	**242.46**	**101.69**	**89.69**
占合计%			**21.96**			**26.78**	**28.13**		
1980	32.01	25.80	16.08	50.23	101.93	16.39	16.96	103.48	65.74
1981	32.01	25.94	16.73	52.26	100.30	16.78	16.42	97.85	63.30
1982	32.01	26.11	15.87	49.58	163.83	26.00	26.26	101.00	100.57
1983	31.83	26.42	10.33	32.45	150.05	15.50	15.93	102.77	60.30
1984	31.83	26.86	15.84	49.76	183.21	29.02	30.16	103.93	112.29
1985	31.83	27.19	15.09	47.41	189.40	28.58	28.40	99.37	104.45
1986	32.68	27.41	14.97	45.81	194.72	29.15	28.30	97.08	103.24
1987	32.68	27.99	15.23	46.60	201.25	30.65	33.80	110.28	120.76
1988	32.68	28.28	14.91	45.62	122.87	18.32	19.17	104.64	67.79
1989	32.68	28.34	15.04	46.02	186.46	28.04	27.06	96.49	95.48
11 年小计			**191.04**	**53.25**	**200.14**	**382.35**	**352.38**	**92.16**	**108.65**
占合计%			**27.95**			**42.94**	**40.88**		
1990	32.68	28.86	15.17	46.42	195.65	29.68	33.26	112.06	115.25
1991	32.68	29.05	18.96	58.02	211.23	40.05	43.16	107.77	148.57
1992	32.59	29.04	19.76	60.63	221.36	43.74	40.73	93.12	140.25
1993	32.68	29.05	20.57	62.94	213.90	44.00	40.10	91.14	138.04
1994	32.68	28.81	22.50	68.85	214.04	48.16	43.58	90.49	151.27
1995	32.68	29.71	20.00	61.20	177.70	35.54	37.41	105.26	125.92
1996	32.68	29.53	17.00	52.02	213.24	36.25	33.18	91.53	112.36
1997	32.68	29.54	17.00	52.02	228.47	38.84	32.87	84.63	111.27
1998	32.68	29.59	12.49	38.22	205.92	25.72	26.59	103.38	89.86
1999	32.68	29.65	11.04	33.78	147.74	16.31	9.20	56.41	31.03
2000	32.08	31.49	16.55	51.59	145.38	24.06	12.30	51.12	39.06

5－14－4　江西省九江县历年棉花生产收购

年　度	耕地面积（万亩）	农业人口（万人）	棉田面积（万亩）	占耕地（%）	亩　产（市斤）	产　量（万担）	收购量（万担）	商品率（%）	人均交售（市斤）
52年合计			**471.59**	**30.07**	**123.10**	**580.51**	**365.41**	**62.95**	**33.87**
11年小计			**53.42**	**14.92**	**46.14**	**24.65**			
占合计%			**11.33**			**4.25**			
1949	33.08	13.14	0.16	0.48	18.75	0.03			
1950	33.80	13.37	0.53	1.57	32.08	0.17			
1951	34.22	13.51	3.01	8.80	41.53	1.25			
1952	34.38	13.91	3.58	10.41	50.56	1.81			
1953	34.55	13.95	4.39	12.71	60.82	2.67			
1954	34.67	13.96	5.11	14.74	6.85	0.35			
1955	31.89	12.49	7.26	22.77	24.93	1.81			
1956	30.65	12.53	8.17	26.66	49.20	4.02			
1957	31.11	12.54	7.95	25.55	60.38	4.80			
1958	29.25	13.13	6.10	20.85	55.90	3.41			
1959	30.34	13.26	7.16	23.60	60.47	4.33			
10年小计			**79.46**	**25.74**	**73.38**	**58.31**			
占合计%			**16.85**			**10.04**			
1960	30.25	13.80	6.90	22.81	46.81	3.23			
1961	30.60	14.15	6.59	21.54	45.68	3.01			
1962	30.36	14.36	5.66	18.64	56.36	3.19			
1963	31.16	14.86	7.25	23.27	97.93	7.10			
1964	31.10	15.51	8.35	26.85	69.34	5.79			
1965	31.76	16.38	8.37	26.35	92.23	7.72			
1966	31.65	16.98	9.15	28.91	99.67	9.12			
1967	31.52	17.61	9.20	29.19	75.43	6.94			
1968	30.63	18.53	9.18	29.97	78.65	7.22			
1969	29.71	18.89	8.81	29.65	56.64	4.99			
10年小计			**92.43**	**31.29**	**65.14**	**60.21**			
占合计%			**19.60**			**10.37**			
1970	29.45	18.92	9.29	31.54	51.99	4.83			
1971	29.43	19.46	8.93	30.34	43.34	3.87			
1972	29.57	19.88	9.93	33.58	66.57	6.61			
1973	29.71	20.36	9.62	32.38	49.27	4.74			
1974	29.67	20.99	9.07	30.57	74.86	6.79			
1975	29.55	21.75	8.64	29.24	73.73	6.37			
1976	29.53	21.98	8.59	29.09	80.79	6.94			
1977	29.44	22.48	9.29	31.56	69.21	6.43			
1978	29.48	23.29	9.13	30.97	61.01	5.57			
1979	29.56	23.62	9.94	33.63	81.09	8.06			
10年小计			**101.18**	**34.86**	**152.12**	**153.91**	**141.79**	**92.13**	**56.54**
占合计%			**21.46**			**26.51**	**38.80**		
1980	29.54	23.94	9.60	32.50	106.25	10.20	10.44	102.35	43.61
1981	29.52	24.08	9.86	33.40	115.92	11.43	10.31	90.20	42.82
1982	29.35	24.18	10.31	35.13	176.33	18.18	17.35	95.43	71.75
1983	29.27	24.48	10.63	36.32	107.15	11.39	10.98	96.40	44.85
1984	29.20	24.81	10.77	36.88	182.73	19.68	17.95	91.21	72.35
1985	29.20	24.96	10.29	35.24	182.22	18.75	18.60	99.20	74.52
1986	27.03	25.37	10.00	37.00	175.90	17.59	15.52	88.23	61.17
1987	29.10	25.71	9.56	32.85	193.20	18.47	17.14	92.80	66.67
1988	29.06	26.31	10.01	34.45	115.88	11.60	10.24	88.28	38.92
1989	28.97	26.92	10.15	35.04	163.74	16.62	13.26	79.78	49.26
11年小计			**145.10**	**45.94**	**195.33**	**283.43**	**223.62**	**78.90**	**72.49**
占合计%			**30.77**			**48.82**	**61.20**		
1990	28.98	27.34	10.78	37.20	162.99	17.57	12.02	68.41	43.96
1991	28.98	27.69	14.06	48.52	178.31	25.07	20.30	80.97	73.31
1992	28.98	27.76	14.64	50.52	195.15	28.57	30.30	106.06	109.15
1993	29.20	27.77	16.00	54.79	181.88	29.10	29.10	100.00	104.79
1994	29.15	27.82	16.00	54.89	198.13	31.70	31.70	100.00	113.95
1995	28.90	28.60	14.00	48.44	214.29	30.00	30.60	102.00	106.99
1996	28.90	28.90	12.00	41.52	250.00	30.00	27.30	91.00	94.46
1997	28.90	28.50	12.00	41.52	250.00	30.00	27.80	92.67	97.54
1998	28.90	28.50	12.00	41.52	250.00	30.00	4.11	13.70	14.42
1999	28.90	28.50	12.00	41.52	116.92	14.03	3.30	23.52	11.58
2000	26.03	27.11	11.62	44.64	149.66	17.39	7.09	40.77	26.15

5－14－5 江西省瑞昌县历年棉花生产收购

年　度	耕地面积（万亩）	农业人口（万人）	棉田面积（万亩）	占耕地（%）	亩　产（市斤）	产　量（万担）	收购量（万担）	商品率（%）	人均交售（市斤）
52年合计			**344.02**	**23.15**	**76.00**	**261.45**	**250.26**	**95.72**	**20.27**
11年小计			**49.43**	**34.85**	**4.94**	**16.37**	**16.70**	**7.58**	**78.96**
占合计%			**14.37**			**6.26**	**6.67**		
1949	18.18	14.12	0.80	4.40	75.00	0.60			
1950	20.40	14.23	0.81	3.97	64.20	0.52	0.68	130.77	4.78
1951	25.20	14.35	1.69	6.71	43.79	0.74	0.73	98.65	5.09
1952	28.97	14.40	2.59	8.94	46.72	1.21	0.79	65.29	5.49
1953	31.75	14.85	3.23	10.17	33.13	1.07	1.13	105.61	7.61
1954	32.08	15.13	4.06	12.66	22.41	0.91	0.92	101.10	6.08
1955	32.17	15.40	4.12	12.81	32.77	1.35	1.64	121.48	10.65
1956	32.54	15.56	8.10	24.89	39.51	3.20	3.69	115.31	23.71
1957	32.44	16.13	9.16	28.24	37.01	3.39	3.50	103.24	21.70
1958	30.86	15.97	7.97	25.83	24.59	1.96	1.80	91.84	11.27
1959	30.29	15.91	6.90	22.78	20.58	1.42	1.82	128.17	11.44
10年小计			**62.02**	**20.68**	**49.90**	**30.95**	**32.27**	**104.26**	**17.35**
占合计%			**18.03**			**11.84**	**12.89**		
1960	29.48	15.64	6.91	23.44	11.72	0.81	1.23	151.85	7.86
1961	30.55	15.89	4.23	13.85	24.11	1.02	1.04	101.96	6.54
1962	30.78	17.01	4.37	14.20	37.99	1.66	1.51	90.96	8.88
1963	30.85	17.73	5.75	18.64	57.74	3.32	3.74	112.65	21.09
1964	30.77	18.56	6.73	21.87	48.59	3.27	3.57	109.17	19.23
1965	30.68	19.24	6.95	22.65	89.35	6.21	6.57	105.80	34.15
1966	30.08	19.89	7.01	23.30	61.63	4.32	5.47	126.62	27.50
1967	29.85	19.96	6.89	23.08	41.51	2.86	2.95	103.15	14.78
1968	28.39	20.04	6.43	22.65	59.10	3.80	2.92	76.84	14.57
1969	28.49	22.06	6.75	23.69	54.52	3.68	3.27	88.86	14.82
10年小计			**71.97**	**26.24**	**62.97**	**45.32**	**46.22**	**101.99**	**18.56**
占合计%			**20.92**			**17.33**	**18.47**		
1970	27.49	22.48	8.21	29.87	33.37	2.74	3.45	125.91	15.35
1971	27.08	22.04	7.01	25.89	36.80	2.58	2.32	89.92	10.53
1972	27.10	23.01	8.17	30.15	69.40	5.67	5.52	97.35	23.99
1973	26.87	23.78	8.19	30.48	62.27	5.10	5.64	110.59	23.72
1974	26.84	24.51	7.77	28.95	81.98	6.37	6.43	100.94	26.23
1975	26.91	25.70	5.51	20.48	74.41	4.10	4.10	100.00	15.95
1976	26.89	26.37	6.83	25.40	73.65	5.03	5.03	100.00	19.07
1977	26.93	26.30	6.76	25.10	67.90	4.59	4.59	100.00	17.45
1978	29.10	27.28	7.20	24.74	50.00	3.60	3.60	100.00	13.20
1979	29.09	27.53	6.32	21.73	87.66	5.54	5.54	100.00	20.12
10年小计			**77.34**	**26.88**	**93.55**	**72.35**	**69.40**	**95.92**	**23.84**
占合计%			**22.48**			**27.67**	**27.73**		
1980	29.02	27.68	7.58	26.12	87.60	6.64	6.19	93.22	22.36
1981	29.05	27.79	7.94	27.33	87.91	6.98	6.94	99.43	24.97
1982	28.93	28.25	8.75	30.25	99.66	8.72	8.51	97.59	30.12
1983	28.92	28.65	8.70	30.08	77.47	6.74	9.19	136.35	32.08
1984	28.81	28.95	8.56	29.71	123.01	10.53	7.36	69.90	25.42
1985	28.78	29.17	6.73	23.38	110.10	7.41	7.80	105.26	26.74
1986	28.69	29.55	7.37	25.69	79.38	5.85	5.46	93.33	18.48
1987	28.57	29.90	6.94	24.29	111.96	7.77	6.68	85.97	22.34
1988	28.49	30.45	7.27	25.52	53.51	3.89	4.81	123.65	15.80
1989	28.48	30.69	7.50	26.33	104.27	7.82	6.46	82.61	21.05
11年小计			**83.26**	**26.94**	**115.85**	**96.46**	**85.67**	**88.81**	**25.01**
占合计%			**24.20**			**36.89**	**34.23**		
1990	28.48	30.77	7.30	25.63	86.71	6.33	4.89	77.25	15.89
1991	28.25	31.05	11.02	39.01	104.54	11.52	10.05	87.24	32.37
1992	28.50	30.18	10.52	36.91	102.57	10.79	9.64	89.34	31.94
1993	28.49	31.53	8.88	31.17	133.78	11.88	10.49	88.30	33.27
1994	28.43	31.83	11.09	39.01	133.45	14.80	13.78	93.11	43.29
1995	28.42	31.11	7.90	27.80	139.11	10.99	9.26	84.26	29.77
1996	28.42	31.06	6.50	22.87	154.31	10.03	9.05	90.23	29.14
1997	27.98	31.29	5.23	18.69	179.16	9.37	8.46	90.29	27.04
1998	27.59	31.32	4.64	16.82	62.93	2.92	2.05	70.21	6.55
1999	27.59	31.32	3.82	13.85	57.59	2.20	3.60	163.64	11.49
2000	26.94	31.11	6.36	23.61	88.52	5.63	4.40	78.15	14.14

5－14－6　江西省湖口县历年棉花生产收购

年　度	耕地面积（万亩）	农业人口（万人）	棉田面积（万亩）	占耕地（%）	亩　产（市斤）	产　量（万担）	收购量（万担）	商品率（%）	人均交售（市斤）
52 年合计			**384.28**	**41.02**	**68.31**	**262.50**	**232.34**	**88.51**	**23.46**
11 年小计			**54.93**	**26.50**	**29.62**	**16.27**	**13.62**	**83.71**	**9.84**
占合计%			**14.29**			**6.20**	**5.86**		
1949	17.76	11.81	2.48	13.96	27.02	0.67	0.34	50.75	2.88
1950	17.84	11.91	2.84	15.92	28.52	0.81	0.42	51.85	3.53
1951	18.38	12.02	3.37	18.34	30.86	1.04	0.54	51.92	4.49
1952	18.67	12.14	4.61	24.69	39.48	1.82	1.38	75.82	11.37
1953	18.77	12.25	4.68	24.93	11.54	0.54	0.48	88.89	3.92
1954	19.18	12.42	4.24	22.11	16.27	0.69	0.45	65.22	3.62
1955	19.35	12.67	5.67	29.30	31.22	1.77	1.34	75.71	10.58
1956	19.75	12.97	7.14	36.15	34.31	2.45	2.58	105.31	19.89
1957	19.94	13.45	7.43	37.26	37.28	2.77	2.64	95.31	19.63
1958	18.84	13.53	7.65	40.61	32.29	2.47	2.34	94.74	17.29
1959	18.81	13.29	4.82	25.62	25.73	1.24	1.11	89.52	8.35
10 年小计			**67.24**	**34.65**	**43.28**	**29.10**	**28.18**	**96.84**	**18.78**
占合计%			**17.50**			**11.09**	**12.13**		
1960	18.90	13.00	6.41	33.92	26.21	1.68	1.62	96.43	12.46
1961	19.64	13.73	5.70	29.02	13.86	0.79	0.77	97.47	5.61
1962	19.71	14.17	5.04	25.57	35.52	1.79	1.75	97.77	12.35
1963	19.81	14.55	6.62	33.42	50.60	3.35	3.32	99.10	22.82
1964	19.78	14.84	6.76	34.18	38.02	2.57	2.60	101.17	17.52
1965	19.75	15.13	7.53	38.13	56.84	4.28	4.25	99.30	28.09
1966	19.76	15.53	7.51	38.01	49.93	3.75	3.65	97.33	23.50
1967	19.72	15.86	7.58	38.44	44.20	3.35	3.34	99.70	21.06
1968	18.67	16.35	7.20	38.56	59.58	4.29	4.40	102.56	26.91
1969	18.33	16.92	6.89	37.59	47.17	3.25	2.48	76.31	14.66
10 年小计			**73.95**	**42.49**	**47.46**	**35.10**	**34.39**	**97.98**	**17.61**
占合计%			**19.24**			**13.37**	**14.80**		
1970	18.08	17.37	7.01	38.77	30.39	2.13	2.03	95.31	11.69
1971	17.74	17.83	7.17	40.42	25.38	1.82	1.72	94.51	9.65
1972	17.62	18.32	8.29	47.05	55.37	4.59	4.41	96.08	24.07
1973	17.36	18.81	7.55	43.49	42.65	3.22	3.19	99.07	16.96
1974	17.28	19.33	7.69	44.50	41.35	3.18	3.10	97.48	16.04
1975	17.23	19.83	7.13	41.38	55.68	3.97	3.86	97.23	19.47
1976	17.19	20.38	7.26	42.23	50.00	3.63	3.58	98.62	17.57
1977	17.19	20.81	7.11	41.36	59.21	4.21	4.15	98.57	19.94
1978	17.17	21.20	7.56	44.03	46.30	3.50	3.48	99.43	16.42
1979	17.17	21.45	7.18	41.82	67.55	4.85	4.87	100.41	22.70
10 年小计			**72.31**	**42.50**	**80.11**	**57.93**	**53.67**	**92.65**	**23.58**
占合计%			**18.82**			**22.07**	**23.10**		
1980	17.15	21.58	8.01	46.71	48.19	3.86	3.94	102.07	18.26
1981	17.13	21.78	7.67	44.78	62.19	4.77	4.76	99.79	21.85
1982	17.12	22.01	7.44	43.46	95.56	7.11	6.57	92.41	29.85
1983	17.01	22.20	6.94	40.80	91.50	6.35	5.88	92.60	26.49
1984	17.05	22.47	7.76	45.51	97.29	7.55	6.94	91.92	30.89
1985	17.02	22.70	6.49	38.13	99.38	6.45	5.77	89.46	25.42
1986	16.93	23.00	7.00	41.35	86.57	6.06	5.05	83.33	21.96
1987	16.93	23.42	7.00	41.35	84.29	5.90	6.59	111.69	28.14
1988	16.91	23.99	7.00	41.40	47.14	3.30	3.30	100.00	13.76
1989	16.89	24.45	7.00	41.44	94.00	6.58	4.87	74.01	19.92
11 年小计			**115.85**	**60.60**	**107.12**	**124.10**	**102.48**	**82.58**	**36.75**
占合计%			**30.15**			**47.28**	**44.11**		
1990	16.88	24.82	7.50	44.43	88.00	6.60	4.76	72.12	19.18
1991	16.88	25.02	11.37	67.36	79.86	9.08	11.11	122.36	44.40
1992	16.86	25.16	11.37	67.44	96.75	11.00	10.53	95.73	41.85
1993	16.82	25.34	11.00	65.40	114.55	12.60	12.66	100.48	49.96
1994	16.79	25.52	12.00	71.47	133.33	16.00	13.94	87.13	54.62
1995	16.72	25.74	12.00	71.77	100.00	12.00	11.00	91.67	42.74
1996	16.74	26.00	12.00	71.68	100.00	12.00	10.17	84.75	39.12
1997	16.66	26.20	12.00	72.03	133.33	16.00	17.56	109.75	67.02
1998	16.46	26.46	12.00	72.90	100.00	12.00	5.33	44.42	20.14
1999	16.24	26.68	8.00	49.26	100.25	8.02	2.90	36.16	10.87
2000	24.13	21.90	6.61	27.39	133.13	8.80	2.52	28.64	11.51

5-14-7 江西省德安县历年棉花生产收购

年度	耕地面积（万亩）	农业人口（万人）	棉田面积（万亩）	占耕地（%）	亩产（市斤）	产量（万担）	收购量（万担）	商品率（%）	人均交售（市斤）
52年合计			**93.30**	**10.66**	**137.23**	**128.04**	**114.20**	**89.19**	**23.45**
11年小计			**2.37**	**1.25**	**17.30**	**0.41**	**0.07**	**17.07**	**0.14**
占合计%			**2.54**			**0.32**	**0.06**		
1949	14.11	4.10	0.05	0.35	20.00	0.01			
1950	15.51	4.15	0.08	0.52	25.00	0.02			
1951	16.55	4.41	0.39	2.36	15.38	0.06			
1952	17.74	4.46	0.37	2.09	21.62	0.08			
1953	17.72	4.43	0.26	1.47	19.23	0.05			
1954	17.68	4.43	0.09	0.51	11.11	0.01			
1955	17.48	4.49	0.07	0.40	14.29	0.01			
1956	18.27	4.36	0.07	0.38	14.29	0.01			
1957	18.48	5.50	0.06	0.32	16.67	0.01			
1958	18.40	5.57	0.51	2.77	17.65	0.09	0.04	44.44	0.72
1959	17.86	5.48	0.42	2.35	14.29	0.06	0.03	50.00	0.55
10年小计			**5.58**	**3.14**	**36.20**	**2.02**	**1.66**	**82.18**	**2.48**
占合计%			**5.98**			**1.58**	**1.45**		
1960	17.75	5.29	0.31	1.75	9.68	0.03	0.02	66.67	0.38
1961	17.75	5.56	0.29	1.63	10.34	0.03	0.02	66.67	0.36
1962	17.83	5.96	0.29	1.63	13.79	0.04	0.03	75.00	0.50
1963	17.90	6.13	0.46	2.57	56.52	0.26	0.18	69.23	2.94
1964	17.91	6.73	0.59	3.29	30.51	0.18	0.12	66.67	1.78
1965	17.90	6.83	0.59	3.30	59.32	0.35	0.30	85.71	4.39
1966	17.89	7.21	0.96	5.37	32.29	0.31	0.28	90.32	3.88
1967	17.73	7.50	0.84	4.74	30.95	0.26	0.22	84.62	2.93
1968	17.62	7.75	0.59	3.35	61.02	0.36	0.31	86.11	4.00
1969	17.42	7.96	0.66	3.79	30.30	0.20	0.18	90.00	2.26
10年小计			**9.05**	**5.18**	**66.52**	**6.02**	**5.66**	**94.02**	**5.82**
占合计%			**9.70**			**4.70**	**4.96**		
1970	17.42	8.43	0.47	2.70	25.53	0.12	0.09	75.00	1.07
1971	17.58	8.58	0.42	2.39	21.43	0.09	0.07	77.78	0.82
1972	17.52	8.82	1.09	6.22	70.64	0.77	0.72	93.51	8.16
1973	17.52	9.13	1.09	6.22	71.56	0.78	0.74	94.87	8.11
1974	17.45	9.54	1.05	6.02	80.95	0.85	0.81	95.29	8.49
1975	17.40	9.83	0.96	5.52	58.33	0.56	0.53	94.64	5.39
1976	17.42	10.23	1.02	5.86	63.73	0.65	0.60	92.31	5.87
1977	17.45	10.66	1.00	5.73	65.00	0.65	0.64	98.46	6.00
1978	17.45	10.93	0.97	5.56	72.16	0.70	0.65	92.86	5.95
1979	17.45	11.11	0.98	5.62	86.73	0.85	0.81	95.29	7.29
10年小计			**14.56**	**8.95**	**87.57**	**12.75**	**11.88**	**93.18**	**10.05**
占合计%			**15.61**			**9.96**	**10.40**		
1980	17.44	11.11	1.13	6.48	91.15	1.03	0.97	94.17	8.73
1981	17.42	11.22	1.15	6.60	90.43	1.04	0.97	93.27	8.65
1982	15.91	11.38	1.87	11.75	88.77	1.66	1.62	97.59	14.24
1983	15.91	11.49	2.03	12.76	70.94	1.44	1.41	97.92	12.27
1984	16.14	11.62	1.92	11.90	94.79	1.82	1.73	95.05	14.89
1985	16.13	11.81	1.35	8.37	112.59	1.52	1.40	92.11	11.85
1986	16.01	12.01	1.22	7.62	91.80	1.12	1.08	96.43	8.99
1987	15.99	12.16	1.22	7.63	104.92	1.28	1.10	85.94	9.05
1988	15.94	12.55	1.31	8.22	51.91	0.68	0.59	86.76	4.70
1989	15.86	12.82	1.36	8.58	85.29	1.16	1.01	87.07	7.88
11年小计			**61.74**	**36.29**	**173.05**	**106.84**	**94.93**	**88.86**	**61.95**
占合计%			**66.17**			**83.44**	**83.13**		
1990	15.86	13.42	1.51	9.52	92.72	1.40	1.32	94.29	9.84
1991	15.84	13.55	4.23	26.70	137.59	5.82	5.80	99.66	42.80
1992	15.76	13.96	5.72	36.29	192.48	11.01	11.00	99.91	78.80
1993	17.34	15.68	7.63	44.00	195.67	14.93	14.20	95.13	90.58
1994	16.63	15.83	9.01	54.18	198.67	17.90	16.86	94.19	106.51
1995	16.61	16.01	7.14	42.99	162.75	11.62	11.40	98.11	71.21
1996	16.61	15.99	6.40	38.53	196.56	12.58	12.42	98.73	77.67
1997	16.65	15.89	5.97	35.86	230.49	13.76	13.41	97.46	84.39
1998	13.03	11.22	5.87	45.05	103.41	6.07	4.82	79.41	42.96
1999	13.00	11.18	3.95	30.38	150.13	5.93	2.60	43.84	23.26
2000	12.81	10.50	4.31	33.65	135.03	5.82	1.10	18.90	10.48

5－14－8 江西省星子县历年棉花生产收购

年 度	耕地面积（万亩）	农业人口（万人）	棉田面积（万亩）	占耕地（%）	亩 产（市斤）	产 量（万担）	收购量（万担）	商品率（%）	人均交售（市斤）
52年合计			**100.46**	**12.09**	**82.48**	**82.86**	**65.03**	**78.48**	**8.95**
11年小计			**16.10**	**51.38**	**2.37**	**4.49**	**3.93**	**2.37**	**1.25**
占合计%			**16.03**			**5.42**	**6.04**		
1949	13.03	7.65	0.51	3.91	7.84	0.04	0.03	75.00	0.39
1950	13.35	7.81	1.25	9.36	22.40	0.28	0.23	82.14	2.94
1951	13.50	7.98	1.25	9.26	22.40	0.28	0.20	71.43	2.51
1952	17.21	8.18	0.99	5.75	35.35	0.35	0.30	85.71	3.67
1953	17.40	8.23	1.12	6.44	23.21	0.26	0.14	53.85	1.70
1954	17.90	8.38	1.06	5.92	25.47	0.27	0.38	140.74	4.53
1955	17.70	8.58	1.06	5.99	27.36	0.29	0.32	110.34	3.73
1956	17.50	8.75	1.57	8.97	41.40	0.65	0.53	81.54	6.06
1957	17.67	9.07	2.03	11.49	45.81	0.93	0.85	91.40	9.37
1958	16.26	8.86	2.96	18.20	25.68	0.76	0.61	80.26	6.88
1959	16.46	8.91	2.30	13.97	16.52	0.38	0.34	89.47	3.82
10年小计			**13.98**	**8.29**	**35.41**	**4.95**	**5.75**	**116.16**	**5.29**
占合计%			**13.92**			**5.97**	**8.84**		
1960	16.20	8.72	2.18	13.46	15.60	0.34	0.32	94.12	3.67
1961	16.68	9.77	1.26	7.55	15.08	0.19	0.16	84.21	1.64
1962	16.85	10.15	1.19	7.06	13.45	0.16	0.15	93.75	1.48
1963	17.29	10.46	1.31	7.58	38.93	0.51	0.51	100.00	4.88
1964	17.34	10.55	1.30	7.50	30.77	0.40	0.40	100.00	3.79
1965	17.15	11.04	1.21	7.06	66.94	0.81	1.16	143.21	10.51
1966	17.29	11.43	1.36	7.87	44.12	0.60	0.84	140.00	7.35
1967	15.88	11.71	1.38	8.69	31.88	0.44	0.46	104.55	3.93
1968	16.08	12.16	1.33	8.27	59.40	0.79	0.94	118.99	7.73
1969	17.89	12.76	1.46	8.16	48.63	0.71	0.81	114.08	6.35
10年小计			**15.60**	**9.96**	**49.23**	**7.68**	**7.65**	**99.61**	**5.37**
占合计%			**15.53**			**9.27**	**11.76**		
1970	15.70	12.77	1.66	10.57	30.12	0.50	0.55	110.00	4.31
1971	15.62	12.88	1.21	7.75	17.36	0.21	0.23	109.52	1.79
1972	15.62	13.29	1.62	10.37	73.46	1.19	1.15	96.64	8.65
1973	15.61	13.71	1.60	10.25	55.00	0.88	0.90	102.27	6.56
1974	15.61	14.12	1.57	10.06	51.59	0.81	0.86	106.17	6.09
1975	15.61	14.52	1.59	10.19	62.89	1.00	0.97	97.00	6.68
1976	16.04	14.77	1.59	9.91	50.31	0.80	0.76	95.00	5.15
1977	15.61	15.17	1.60	10.25	49.38	0.79	0.78	98.73	5.14
1978	15.61	15.48	1.60	10.25	40.63	0.65	0.71	109.23	4.59
1979	15.61	15.70	1.56	9.99	54.49	0.85	0.74	87.06	4.71
10年小计			**12.48**	**8.02**	**80.13**	**10.00**	**9.23**	**92.30**	**5.38**
占合计%			**12.42**			**12.07**	**14.19**		
1980	15.61	15.93	1.60	10.25	40.63	0.65	0.69	106.15	4.33
1981	15.97	16.14	1.20	7.51	55.83	0.67	0.76	113.43	4.71
1982	15.62	16.42	1.59	10.18	93.71	1.49	1.49	100.00	9.07
1983	15.61	16.62	1.59	10.19	86.16	1.37	1.32	96.35	7.94
1984	15.61	16.87	1.60	10.25	115.00	1.84	1.61	87.50	9.54
1985	15.61	17.22	1.01	6.47	116.83	1.18	1.04	88.14	6.04
1986	15.43	17.50	1.01	6.55	98.02	0.99	0.81	81.82	4.63
1987	15.37	17.79	0.94	6.12	88.30	0.83	0.68	81.93	3.82
1988	15.37	18.32	0.94	6.12	35.11	0.33	0.21	63.64	1.15
1989	15.36	18.74	1.00	6.51	65.00	0.65	0.62	95.38	3.31
11年小计			**42.30**	**24.57**	**131.77**	**55.74**	**38.47**	**69.02**	**18.19**
占合计%			**42.11**			**67.27**	**59.16**		
1990	15.35	19.02	1.00	6.51	89.00	0.89	0.82	92.13	4.31
1991	15.34	19.08	3.05	19.88	116.72	3.56	3.46	97.19	18.13
1992	15.32	18.15	3.20	20.89	133.75	4.28	4.21	98.36	23.20
1993	15.89	19.27	6.04	38.01	149.67	9.04	5.21	57.63	27.04
1994	16.27	19.30	7.00	43.02	186.00	13.02	7.03	53.99	36.42
1995	15.98	19.17	4.07	25.47	127.27	5.18	3.17	61.20	16.54
1996	16.03	19.24	4.20	26.20	154.29	6.48	4.27	65.90	22.19
1997	15.99	19.50	4.02	25.14	165.17	6.64	4.17	62.80	21.38
1998	15.76	19.69	3.86	24.49	51.81	2.00	2.60	130.00	13.20
1999	15.76	19.69	3.85	24.43	69.87	2.69	2.80	104.09	14.22
2000	14.48	19.39	2.01	13.88	97.51	1.96	0.73	37.24	3.76

5－14－9　江西省武宁县历年棉花生产收购

年　度	耕地面积（万亩）	农业人口（万人）	棉田面积（万亩）	占耕地（%）	亩　产（市斤）	产　量（万担）	收购量（万担）	商品率（%）	人均交售（市斤）
52 年合计			**59.98**	**3.05**	**71.92**	**43.14**	**28.49**	**66.04**	**2.23**
11 年小计			**7.55**	**1.53**	**17.88**	**1.35**	**1.19**	**88.15**	**0.71**
占合计%			**12.59**			**3.13**	**4.18**		
1949	44.10	14.77	0.02	0.05					
1950	44.22	14.80	0.05	0.11					
1951	44.30	14.90	0.24	0.54	12.50	0.03	0.02	66.67	0.13
1952	44.59	14.99	1.30	2.92	12.31	0.16	0.14	87.50	0.93
1953	44.60	15.06	1.07	2.40	7.48	0.08	0.07	87.50	0.46
1954	44.82	15.20	1.13	2.52	20.35	0.23	0.20	86.96	1.32
1955	45.00	15.26	0.62	1.38	24.19	0.15	0.14	93.33	0.92
1956	45.12	15.40	0.54	1.20	38.89	0.21	0.20	95.24	1.30
1957	45.38	15.51	0.73	1.61	31.51	0.23	0.21	91.30	1.35
1958	45.60	16.21	0.83	1.82	30.12	0.25	0.20	80.00	1.23
1959	46.17	16.58	1.02	2.21	0.98	0.01	0.01	100.00	0.06
10 年小计			**5.29**	**1.11**	**32.14**	**1.70**	**1.46**	**85.88**	**0.74**
占合计%			**8.82**			**3.94**	**5.12**		
1960	47.60	16.62	1.04	2.18	6.73	0.07	0.07	100.00	0.42
1961	48.28	17.31	0.05	0.10	40.00	0.02	0.02	100.00	0.12
1962	48.76	18.24	0.04	0.08	25.00	0.01	0.01	100.00	0.05
1963	49.22	18.73	0.03	0.06	33.33	0.01	0.01	100.00	0.05
1964	49.21	19.24	0.31	0.63	32.26	0.10	0.08	80.00	0.42
1965	49.11	19.60	0.54	1.10	48.15	0.26	0.24	92.31	1.22
1966	44.08	20.52	0.97	2.20	31.96	0.31	0.29	93.55	1.41
1967	48.16	21.23	0.89	1.85	26.97	0.24	0.19	79.17	0.89
1968	47.25	21.92	0.64	1.35	56.25	0.36	0.26	72.22	1.19
1969	46.22	24.13	0.78	1.69	41.03	0.32	0.29	90.63	1.20
10 年小计			**9.50**	**2.83**	**45.79**	**4.35**	**3.79**	**87.13**	**1.42**
占合计%			**15.84**			**10.08**	**13.30**		
1970	48.17	26.32	0.68	1.41	39.71	0.27	0.24	88.89	0.91
1971	33.06	25.09	0.41	1.24	26.83	0.11	0.10	90.91	0.40
1972	32.12	25.47	1.10	3.42	63.64	0.70	0.63	90.00	2.47
1973	31.76	25.02	1.13	3.56	18.58	0.21	0.20	95.24	0.80
1974	31.82	26.33	1.16	3.65	68.10	0.79	0.76	96.20	2.89
1975	31.84	26.88	1.07	3.36	52.34	0.56	0.53	94.64	1.97
1976	31.82	27.43	1.00	3.14	53.00	0.53	0.42	79.25	1.53
1977	31.63	27.81	0.96	3.04	38.54	0.37	0.26	70.27	0.93
1978	31.67	28.15	1.06	3.35	35.85	0.38	0.24	63.16	0.85
1979	31.66	28.39	0.93	2.94	46.24	0.43	0.41	95.35	1.44
10 年小计			**15.91**	**5.02**	**59.08**	**9.40**	**7.90**	**84.04**	**2.70**
占合计%			**26.53**			**21.79**	**27.73**		
1980	31.69	28.20	1.52	4.80	49.34	0.75	0.72	96.00	2.55
1981	31.73	28.75	2.00	6.30	56.00	1.12	1.07	95.54	3.72
1982	31.73	29.09	2.83	8.92	65.37	1.85	1.60	86.49	5.50
1983	31.69	29.42	3.04	9.59	38.16	1.16	1.05	90.52	3.57
1984	31.69	28.61	2.12	6.69	81.60	1.73	1.20	69.36	4.19
1985	31.75	28.97	1.10	3.46	85.45	0.94	0.82	87.23	2.83
1986	31.72	28.60	0.68	2.14	60.29	0.41	0.33	80.49	1.15
1987	31.65	29.72	0.79	2.50	63.29	0.50	0.44	88.00	1.48
1988	31.62	30.41	0.90	2.85	44.44	0.40	0.24	60.00	0.79
1989	31.51	30.84	0.93	2.95	58.06	0.54	0.43	79.63	1.39
11 年小计			**21.73**	**6.35**	**121.21**	**26.34**	**14.15**	**53.72**	**4.04**
占合计%			**36.23**			**61.06**	**49.67**		
1990	31.48	31.41	1.18	3.75	77.97	0.92	0.51	55.43	1.62
1991	31.44	31.55	2.60	8.27	62.69	1.63	0.51	31.29	1.62
1992	31.41	31.52	1.41	4.49	78.72	1.11	0.83	74.77	2.63
1993	31.31	31.56	2.03	6.48	72.41	1.47	0.58	39.46	1.84
1994	31.25	31.74	1.80	5.76	156.11	2.81	2.08	74.02	6.55
1995	31.23	32.03	2.65	8.49	117.74	3.12	2.57	82.37	8.02
1996	31.31	32.41	2.14	6.83	164.95	3.53	2.61	73.94	8.05
1997	31.47	32.79	2.38	7.56	192.86	4.59	2.43	52.94	7.41
1998	30.93	33.12	3.16	10.22	117.72	3.72	0.90	24.19	2.72
1999	30.39	32.93	1.25	4.11	128.00	1.60	0.70	43.75	2.13
2000	30.16	29.21	1.13	3.75	162.83	1.84	0.43	23.37	1.47

5－14－10　江西省高安县历年棉花生产收购

年　　度	耕地面积（万亩）	农业人口（万人）	棉田面积（万亩）	占耕地（%）	亩　产（市斤）	产　量（万担）	收购量（万担）	商品率（%）	人均交售（市斤）
52年合计			**453.55**	**8.12**	**75.77**	**343.64**	**220.55**	**64.18**	**9.01**
11年小计			**40.22**	**3.20**	**21.61**	**8.69**	**5.28**	**60.76**	**1.53**
占合计%			**8.87**			**2.53**	**2.39**		
1949	90.25	27.88	2.24	2.48	4.91	0.11			
1950	96.09	29.16	2.16	2.25	6.02	0.13			
1951	106.43	30.00	2.11	1.98	5.21	0.11			
1952	121.54	30.68	2.62	2.16	9.92	0.26	0.10	38.46	0.33
1953	121.72	30.94	2.41	1.98	12.86	0.31	0.01	3.23	0.03
1954	121.75	31.60	1.94	1.59	24.74	0.48	0.10	20.83	0.32
1955	122.26	31.84	2.59	2.12	15.83	0.41	0.13	31.71	0.41
1956	122.42	32.50	3.55	2.90	25.35	0.90	0.66	73.33	2.03
1957	122.77	33.43	5.99	4.88	24.21	1.45	1.01	69.66	3.02
1958	117.92	33.98	6.93	5.88	32.03	2.22	1.65	74.32	4.86
1959	112.22	34.07	7.68	6.84	30.08	2.31	1.62	70.13	4.75
10年小计			**70.09**	**6.19**	**37.58**	**26.34**	**21.73**	**82.50**	**5.49**
占合计%			**15.45**			**7.66**	**9.85**		
1960	114.55	34.25	7.60	6.63	18.95	1.44	1.22	84.72	3.56
1961	115.86	35.23	5.18	4.47	16.60	0.86	0.41	47.67	1.16
1962	115.75	36.94	3.99	3.45	11.78	0.47	0.35	74.47	0.95
1963	115.60	37.65	6.84	5.92	35.96	2.46	1.96	79.67	5.21
1964	114.68	38.82	7.66	6.68	34.73	2.66	2.14	80.45	5.51
1965	113.86	39.94	8.61	7.56	50.41	4.34	3.54	81.57	8.86
1966	112.76	40.96	7.70	6.83	40.26	3.10	2.51	80.97	6.13
1967	111.83	41.92	7.18	6.42	42.76	3.07	2.38	77.52	5.68
1968	109.36	44.29	6.88	6.29	58.58	4.03	3.93	97.52	8.87
1969	107.58	45.49	8.45	7.85	46.27	3.91	3.29	84.14	7.23
10年小计			**87.16**	**8.27**	**42.22**	**36.80**	**30.59**	**83.13**	**5.98**
占合计%			**19.22**			**10.71**	**13.87**		
1970	108.42	46.90	8.75	8.07	39.77	3.48	2.59	74.43	5.52
1971	107.91	47.09	7.16	6.64	20.95	1.50	1.05	70.00	2.23
1972	106.24	48.49	8.50	8.00	46.35	3.94	3.14	79.70	6.48
1973	105.70	49.11	6.81	6.44	33.19	2.26	1.89	83.63	3.85
1974	105.33	51.03	9.24	8.77	45.67	4.22	3.46	81.99	6.78
1975	105.01	52.13	9.35	8.90	54.44	5.09	4.21	82.71	8.08
1976	104.12	53.12	9.53	9.15	44.39	4.23	3.50	82.74	6.59
1977	104.02	54.04	8.97	8.62	41.47	3.72	3.26	87.63	6.03
1978	103.83	54.68	9.30	8.96	38.49	3.58	3.08	86.03	5.63
1979	103.63	54.95	9.55	9.22	50.05	4.78	4.41	92.26	8.03
10年小计			**86.02**	**8.34**	**70.66**	**60.78**	**48.05**	**79.06**	**8.70**
占合计%			**18.97**			**17.69**	**21.79**		
1980	103.45	54.94	9.73	9.41	36.18	3.52	3.26	92.61	5.93
1981	103.41	55.22	9.69	9.37	39.53	3.83	3.42	89.30	6.19
1982	103.41	55.83	9.47	9.16	63.46	6.01	5.40	89.85	9.67
1983	103.45	52.67	7.38	7.13	82.93	6.12	6.11	99.84	11.60
1984	103.45	55.63	8.37	8.09	98.57	8.25	3.31	40.12	5.95
1985	103.43	55.83	8.25	7.98	102.67	8.47	6.61	78.04	11.84
1986	103.02	55.76	7.78	7.55	91.77	7.14	5.90	82.63	10.58
1987	102.83	54.92	7.71	7.50	108.17	8.34	7.27	87.17	13.24
1988	102.75	55.61	8.70	8.47	41.38	3.60	2.27	63.06	4.08
1989	102.68	56.01	8.94	8.71	61.52	5.50	4.50	81.82	8.03
11年小计			**170.06**	**15.27**	**124.09**	**211.03**	**114.90**	**54.45**	**17.91**
占合计%			**37.50**			**61.41**	**52.10**		
1990	102.66	56.15	9.48	9.23	81.65	7.74	7.48	96.64	13.32
1991	102.29	56.27	12.02	11.75	139.85	16.81	11.50	68.41	20.44
1992	101.96	56.55	22.47	22.04	141.48	31.79	15.01	47.22	26.54
1993	101.67	56.53	21.93	21.57	150.02	32.90	15.92	48.39	28.16
1994	101.20	57.78	25.52	25.22	130.13	33.21	20.24	60.95	35.03
1995	101.20	62.59	18.00	17.79	102.78	18.50	15.50	83.78	24.76
1996	101.10	62.66	18.00	17.80	95.56	17.20	8.60	50.00	13.72
1997	100.59	58.19	12.31	12.24	151.50	18.65	14.62	78.39	25.12
1998	100.39	58.20	12.31	12.26	132.01	16.25	3.52	21.66	6.05
1999	100.33	58.21	9.00	8.97	117.44	10.57	2.30	21.76	3.95
2000	100.17	58.28	9.02	9.00	82.15	7.41	0.21	2.83	0.36

5－14－11　江西省丰城县历年棉花生产收购

年　度	耕地面积（万亩）	农业人口（万人）	棉田面积（万亩）	占耕地（%）	亩　产（市斤）	产　量（万担）	收购量（万担）	商品率（%）	人均交售（市斤）
52 年合计			**326.56**	**4.39**	**52.60**	**171.76**	**118.31**	**68.88**	**3.14**
11 年小计			**38.96**	**2.11**	**13.66**	**5.32**	**3.88**	**72.93**	**0.73**
占合计%			**11.93**			**3.10**	**3.28**		
1949	164.83	45.54	2.04	1.24	5.88	0.12			
1950	165.11	46.21	2.23	1.35	6.28	0.14			
1951	165.79	46.93	2.48	1.50	6.85	0.17			
1952	166.51	48.26	3.63	2.18	8.82	0.32	0.20	62.50	0.41
1953	167.33	47.46	3.16	1.89	9.18	0.29	0.10	34.48	0.21
1954	169.31	48.51	2.69	1.59	11.52	0.31	0.13	41.94	0.27
1955	169.31	49.02	3.39	2.00	16.22	0.55	0.34	61.82	0.69
1956	197.97	48.72	4.69	2.37	19.19	0.90	0.77	85.56	1.58
1957	167.17	49.12	4.06	2.43	17.24	0.70	0.61	87.14	1.24
1958	160.25	50.34	4.45	2.78	20.22	0.90	0.89	98.89	1.77
1959	150.86	50.45	6.14	4.07	14.98	0.92	0.84	91.30	1.67
10 年小计			**63.73**	**4.35**	**31.65**	**20.17**	**17.18**	**85.18**	**2.91**
占合计%			**19.52**			**11.74**	**14.52**		
1960	147.80	50.81	7.37	4.99	11.13	0.82	0.77	93.90	1.52
1961	148.00	53.42	4.10	2.77	8.05	0.33	0.14	42.42	0.26
1962	146.24	55.69	3.92	2.68	3.57	0.14	0.18	128.57	0.32
1963	147.61	57.04	4.27	2.89	28.34	1.21	1.02	84.30	1.79
1964	147.61	57.87	5.64	3.82	26.42	1.49	1.17	78.52	2.02
1965	148.16	59.24	7.31	4.93	46.79	3.42	2.88	84.21	4.86
1966	147.47	60.78	7.81	5.30	41.36	3.23	2.89	89.47	4.75
1967	146.86	62.61	7.45	5.07	40.13	2.99	2.01	67.22	3.21
1968	144.48	65.80	7.14	4.94	43.28	3.09	2.95	95.47	4.48
1969	142.18	67.58	8.72	6.13	39.56	3.45	3.17	91.88	4.69
10 年小计			**81.07**	**5.92**	**28.15**	**22.82**	**21.02**	**92.11**	**2.70**
占合计%			**24.83**			**13.29**	**17.77**		
1970	140.10	69.81	7.79	5.56	27.86	2.17	1.91	88.02	2.74
1971	139.38	71.17	7.55	5.42	16.95	1.28	0.80	62.50	1.12
1972	137.85	72.43	7.09	5.14	40.48	2.87	2.70	94.08	3.73
1973	137.61	74.79	8.07	5.86	20.45	1.65	1.69	102.42	2.26
1974	137.68	76.89	8.36	6.07	36.24	3.03	2.78	91.75	3.62
1975	136.66	79.06	8.14	5.96	28.38	2.31	2.07	89.61	2.62
1976	136.46	80.98	8.11	5.94	28.24	2.29	2.19	95.63	2.70
1977	135.25	82.64	8.03	5.94	24.53	1.97	1.90	96.45	2.30
1978	135.20	84.19	8.84	6.54	22.85	2.02	1.85	91.58	2.20
1979	134.34	85.91	9.09	6.77	35.53	3.23	3.13	96.90	3.64
10 年小计			**64.86**	**4.89**	**54.76**	**35.52**	**32.07**	**90.29**	**3.76**
占合计%			**19.86**			**20.68**	**27.11**		
1980	134.20	85.94	10.11	7.53	32.15	3.25	3.13	96.31	3.64
1981	133.66	86.46	9.36	7.00	29.70	2.78	2.67	96.04	3.09
1982	133.18	86.50	9.46	7.10	43.97	4.16	3.66	87.98	4.23
1983	132.89	87.62	6.11	4.60	64.32	3.93	3.66	93.13	4.18
1984	132.79	83.91	6.08	4.58	69.74	4.24	3.35	79.01	3.99
1985	132.28	83.88	5.18	3.92	78.76	4.08	3.20	78.43	3.81
1986	132.01	84.97	4.58	3.47	89.08	4.08	3.39	83.09	3.99
1987	131.90	82.72	4.87	3.69	81.52	3.97	3.88	97.73	4.69
1988	131.80	86.41	4.50	3.41	38.89	1.75	1.87	106.86	2.16
1989	131.83	84.88	4.61	3.50	71.15	3.28	3.26	99.39	3.84
11 年小计			**77.94**	**5.43**	**112.82**	**87.93**	**44.16**	**50.22**	**4.33**
占合计%			**23.87**			**51.19**	**37.33**		
1990	131.62	88.74	5.34	4.06	85.21	4.55	3.96	87.03	4.46
1991	131.30	89.60	10.20	7.77	105.39	10.75	6.02	56.00	6.72
1992	130.95	89.19	10.36	7.91	114.77	11.89	6.83	57.44	7.66
1993	130.89	90.21	8.25	6.30	129.82	10.71	4.93	46.03	5.47
1994	130.58	91.16	12.07	9.24	102.82	12.41	6.56	52.86	7.20
1995	130.40	93.11	9.05	6.94	100.44	9.09	6.80	74.81	7.30
1996	130.30	94.09	5.00	3.84	131.20	6.56	3.18	48.48	3.38
1997	130.23	95.12	4.89	3.75	138.65	6.78	3.58	52.80	3.76
1998	129.96	95.87	5.73	4.41	120.07	6.88	1.25	18.17	1.30
1999	129.96	96.59	4.03	3.10	116.63	4.70	0.75	15.96	0.78
2000	128.69	96.01	3.02	2.35	119.54	3.61	0.30	8.31	0.31

5－14－12　江西省奉新县历年棉花生产收购

年　度	耕地面积（万亩）	农业人口（万人）	棉田面积（万亩）	占耕地（%）	亩　产（市斤）	产　量（万担）	收购量（万担）	商品率（%）	人均交售（市斤）
52 年合计			**20.71**	**5.48**	**157.36**	**32.59**	**21.14**	**64.87**	**10.65**
11 年小计									
占合计%									
1949									
1950									
1951									
1952									
1953									
1954									
1955									
1956									
1957									
1958									
1959									
10 年小计									
占合计%									
1960									
1961									
1962									
1963									
1964									
1965									
1966									
1967									
1968									
1969									
10 年小计									
占合计%									
1970									
1971									
1972									
1973									
1974									
1975									
1976									
1977									
1978									
1979									
10 年小计									
占合计%									
1980									
1981									
1982									
1983									
1984									
1985									
1986									
1987									
1988									
1989									
11 年小计			**20.71**	**5.48**	**157.36**	**32.59**	**21.14**	**64.87**	**10.65**
占合计%			**100.00**			**100.00**	**100.00**		
1990									
1991									
1992	42.48	21.54	1.60	3.77	156.25	2.50	2.20	88.00	10.21
1993	42.36	21.88	2.00	4.72	150.00	3.00	2.00	66.67	9.14
1994	42.31	21.95	4.50	10.64	144.44	6.50	4.52	69.54	20.59
1995	42.14	22.11	3.60	8.54	155.56	5.60	4.01	71.61	18.14
1996	41.94	22.21	2.50	5.96	160.00	4.00	3.20	80.00	14.41
1997	41.83	22.35	2.30	5.50	169.57	3.90	2.48	63.59	11.10
1998	41.79	22.54	1.80	4.31	186.67	3.36	2.28	67.86	10.12
1999	41.79	22.54	1.40	3.35	162.86	2.28	0.39	17.11	1.73
2000	41.50	21.47	1.01	2.43	143.56	1.45	0.06	4.14	0.28

5－14－13　江西省上高县历年棉花生产收购

年　　度	耕地面积（万亩）	农业人口（万人）	棉田面积（万亩）	占耕地（%）	亩　产（市斤）	产　量（万担）	收购量（万担）	商品率（%）	人均交售（市斤）
52年合计			**42.19**	**1.96**	**84.33**	**35.58**	**12.15**	**34.15**	**1.19**
11年小计			**2.95**	**0.66**	**22.03**	**0.65**			
占合计%			**6.99**			**1.83**			
1949	27.50	9.80	0.04	0.15					
1950	31.20	10.90	0.08	0.26					
1951	34.90	11.20	0.10	0.29	10.00	0.01			
1952	43.10	12.60	0.40	0.93	10.00	0.04			
1953	42.90	12.60	0.30	0.70	13.33	0.04			
1954	43.90	12.60	0.20	0.46					
1955	44.00	13.00	0.10	0.23					
1956	44.50	13.30	0.03	0.07					
1957	46.20	13.50	0.10	0.22	30.00	0.03			
1958	45.20	13.80	0.50	1.11	32.00	0.16			
1959	43.70	13.70	1.10	2.52	33.64	0.37			
10年小计			**9.30**	**2.04**	**30.75**	**2.86**			
占合计%			**22.04**			**8.04**			
1960	45.00	14.20	0.50	1.11	42.00	0.21			
1961	46.00	14.90	0.40	0.87	15.00	0.06			
1962	46.60	15.70	0.30	0.64	3.33	0.01			
1963	46.80	16.50	0.40	0.85	52.50	0.21			
1964	46.80	16.80	1.30	2.78	37.69	0.49			
1965	46.60	17.20	1.40	3.00	30.00	0.42			
1966	45.70	17.60	1.30	2.84	20.00	0.26			
1967	45.20	18.10	1.10	2.43	19.09	0.21			
1968	44.00	19.00	1.10	2.50	58.18	0.64			
1969	43.10	19.50	1.50	3.48	23.33	0.35			
10年小计			**11.46**	**2.73**	**47.82**	**5.48**			
占合计%			**27.16**			**15.40**			
1970	43.10	20.20	1.30	3.02	33.08	0.43			
1971	42.30	20.70	0.80	1.89	18.75	0.15			
1972	42.20	19.80	1.20	2.84	48.33	0.58			
1973	41.90	21.50	1.40	3.34	40.00	0.56			
1974	41.90	21.90	1.40	3.34	64.29	0.90			
1975	41.90	22.30	1.40	3.34	59.29	0.83			
1976	41.70	22.60	1.30	3.12	60.00	0.78			
1977	41.70	22.80	1.30	3.12	46.15	0.60			
1978	41.50	22.90	1.30	3.13	46.92	0.61			
1979	41.50	22.70	0.06	0.14	66.67	0.04			
10年小计			**0.16**	**0.04**	**87.50**	**0.14**			
占合计%			**0.38**			**0.39**			
1980	41.40	22.80	0.02	0.05	50.00	0.01			
1981	41.10	22.70	0.02	0.05	50.00	0.01			
1982	43.30	22.90	0.01	0.02	100.00	0.01			
1983	41.40	23.30	0.01	0.02	100.00	0.01			
1984	41.30	22.90	0.02	0.05	100.00	0.02			
1985	41.00	23.10	0.02	0.05	100.00	0.02			
1986	40.50	22.90	0.02	0.05	100.00	0.02			
1987	40.30	22.70	0.01	0.02	100.00	0.02			
1988	40.20	23.60	0.02	0.05	100.00	0.01			
1989	40.00	23.00	0.01	0.03	100.00	0.01			
11年小计			**18.32**	**4.35**	**144.38**	**26.45**	**12.15**	**45.94**	**4.52**
占合计%			**43.42**			**74.34**	**100.00**		
1990	39.20	23.40	1.30	3.32	220.00	2.86	0.60	20.98	2.56
1991	38.60	24.60	1.80	4.66	161.67	2.91	0.70	24.05	2.85
1992	38.80	24.40	1.90	4.90	156.32	2.97	0.80	26.94	3.28
1993	38.50	24.90	1.60	4.16	156.88	2.51	0.56	22.31	2.25
1994	38.40	24.80	2.60	6.77	94.23	2.45	1.31	53.47	5.28
1995	38.20	24.60	2.20	5.76	102.73	2.26	2.10	92.92	8.54
1996	38.10	24.80	1.30	3.41	112.31	1.46	1.30	89.04	5.24
1997	38.00	24.90	1.10	2.89	162.73	1.79	1.40	78.21	5.62
1998	37.80	25.00	1.70	4.50	168.24	2.86	1.50	52.45	6.00
1999	37.80	25.00	1.50	3.97	158.67	2.38	0.68	28.57	2.72
2000	37.52	22.37	1.32	3.52	151.52	2.00	1.20	60.00	5.36

5－14－14　江西省樟树县历年棉花生产收购

年　　度	耕地面积（万亩）	农业人口（万人）	棉田面积（万亩）	占耕地（%）	亩　产（市斤）	产　量（万担）	收购量（万担）	商品率（%）	人均交售（市斤）
52 年合计			**107.34**	**4.24**	**53.29**	**57.20**	**30.26**	**52.90**	**1.83**
11 年小计			**16.40**	**2.86**	**26.22**	**4.30**	**1.94**	**45.12**	**0.88**
占合计%			**15.28**			**7.52**	**6.41**		
1949	47.63	13.17	1.04	2.18	8.65	0.09	0.02	22.22	0.15
1950	47.75	18.53	1.05	2.20	13.33	0.14	0.07	50.00	0.38
1951	52.02	18.78	1.32	2.54	12.12	0.16	0.09	56.25	0.48
1952	53.67	20.81	0.72	1.34	29.17	0.21	0.12	57.14	0.58
1953	53.74	20.40	0.33	0.61	21.21	0.07	0.02	28.57	0.10
1954	53.99	20.79	0.32	0.59	21.88	0.07	0.03	42.86	0.14
1955	54.23	21.07	1.22	2.25	22.13	0.27	0.14	51.85	0.66
1956	54.37	21.10	1.05	1.93	40.95	0.43	0.20	46.51	0.95
1957	54.26	21.91	1.90	3.50	36.84	0.70	0.32	45.71	1.46
1958	52.13	22.20	3.08	5.91	35.06	1.08	0.41	37.96	1.85
1959	50.01	22.24	4.37	8.74	24.71	1.08	0.52	48.15	2.34
10 年小计			**22.53**	**4.63**	**58.37**	**13.15**	**6.44**	**48.97**	**2.51**
占合计%			**20.99**			**22.99**	**21.28**		
1960	49.66	22.25	5.37	10.81	17.88	0.96	0.42	43.75	1.89
1961	50.14	22.69	2.25	4.49	17.78	0.40	0.25	62.50	1.10
1962	49.29	23.69	0.31	0.63	12.90	0.04	0.01	25.00	0.04
1963	49.39	24.48	2.63	5.32	49.43	1.30	0.79	60.77	3.23
1964	49.45	25.00	2.67	5.40	48.69	1.30	0.82	63.08	3.28
1965	49.33	25.66	2.51	5.09	93.63	2.35	0.94	40.00	3.66
1966	48.82	26.43	1.45	2.97	126.90	1.84	0.81	44.02	3.06
1967	48.46	27.24	1.50	3.10	133.33	2.00	0.83	41.50	3.05
1968	46.15	29.21	1.12	2.43	125.00	1.40	0.74	52.86	2.53
1969	46.43	29.99	2.72	5.86	57.35	1.56	0.83	53.21	2.77
10 年小计			**33.41**	**7.66**	**27.93**	**9.33**	**5.64**	**60.45**	**1.65**
占合计%			**31.13**			**16.31**	**18.64**		
1970	46.42	31.13	3.50	7.54	32.29	1.13	0.81	71.68	2.60
1971	44.49	31.53	2.45	5.51	19.18	0.47	0.20	42.55	0.63
1972	43.57	32.12	2.97	6.82	41.08	1.22	0.74	60.66	2.30
1973	43.54	33.05	3.35	7.69	19.40	0.65	0.32	49.23	0.97
1974	43.33	34.01	3.41	7.87	34.90	1.19	0.82	68.91	2.41
1975	43.12	34.85	3.36	7.79	26.19	0.88	0.31	35.23	0.89
1976	42.96	35.39	3.62	8.43	29.28	1.06	0.67	63.21	1.89
1977	42.78	36.40	3.43	8.02	17.49	0.60	0.35	58.33	0.96
1978	42.69	37.01	3.80	8.90	21.84	0.83	0.44	53.01	1.19
1979	43.24	37.20	3.52	8.14	36.93	1.30	0.98	75.38	2.63
10 年小计			**14.60**	**3.21**	**73.08**	**10.67**	**6.82**	**63.92**	**1.78**
占合计%			**13.60**			**18.65**	**22.54**		
1980	43.78	37.03	3.56	8.13	29.49	1.05	0.65	61.90	1.76
1981	44.33	37.22	3.50	7.90	26.57	0.93	0.43	46.24	1.16
1982	44.35	37.64	3.01	6.79	56.48	1.70	0.88	51.76	2.34
1983	44.31	37.97	1.15	2.60	69.57	0.80	0.64	80.00	1.69
1984	43.86	38.10	0.45	1.03	211.11	0.95	0.72	75.79	1.89
1985	43.19	38.23	0.33	0.76	290.91	0.96	0.72	75.00	1.88
1986	42.75	38.43	0.30	0.70	303.33	0.91	0.65	71.43	1.69
1987	42.66	38.68	0.34	0.80	276.47	0.94	0.70	74.47	1.81
1988	42.55	39.28	0.36	0.85	258.33	0.93	0.63	67.74	1.60
1989	63.70	39.56	1.60	2.51	93.75	1.50	0.80	53.33	2.02
11 年小计			**20.40**	**3.52**	**96.81**	**19.75**	**9.42**	**47.70**	**2.09**
占合计%			**19.01**			**34.53**	**31.13**		
1990	63.50	40.00	1.90	2.99	94.74	1.80	0.50	27.78	1.25
1991	63.20	40.70	1.90	3.01	94.74	1.80	0.60	33.33	1.47
1992	64.30	40.90	1.90	2.95	94.74	1.80	0.70	38.89	1.71
1993	42.20	40.80	1.90	4.50	94.74	1.80	1.00	55.56	2.45
1994	42.00	40.50	1.90	4.52	94.74	1.80	1.40	77.78	3.46
1995	41.80	40.60	1.90	4.55	94.74	1.80	1.40	77.78	3.45
1996	59.70	41.10	2.00	3.35	95.00	1.90	0.80	42.11	1.95
1997	59.70	41.50	2.10	3.52	95.24	2.00	1.30	65.00	3.13
1998	41.00	41.60	2.10	5.12	95.24	2.00	1.70	85.00	4.09
1999	41.20	42.80	2.10	5.10	79.52	1.67	0.02	1.20	0.05
2000	60.60	41.18	0.70	1.16	197.14	1.38			

5-14-15 江西省新余市渝水区历年棉花生产收购

年　度	耕地面积（万亩）	农业人口（万人）	棉田面积（万亩）	占耕地（%）	亩　产（市斤）	产　量（万担）	收购量（万担）	商品率（%）	人均交售（市斤）
52年合计			**476.63**	**12.64**	**99.46**	**474.08**	**403.21**	**85.05**	**19.94**
11年小计			**25.23**	**2.85**	**31.31**	**7.90**	**6.39**	**80.89**	**2.38**
占合计%			**5.29**			**1.67**	**1.58**		
1949	80.38	22.33	1.50	1.87	17.33	0.26			
1950	80.20	22.67	1.55	1.93	15.48	0.24			
1951	79.61	23.11	2.00	2.51	10.00	0.20			
1952	80.77	23.87	2.03	2.51	17.24	0.35	0.15	42.86	0.63
1953	80.75	23.35	1.75	2.17	13.71	0.24	0.03	12.50	0.13
1954	80.87	24.06	1.61	1.99	13.66	0.22	0.15	68.18	0.62
1955	81.31	24.66	1.41	1.73	20.57	0.29	0.24	82.76	0.97
1956	82.05	25.27	1.35	1.65	54.07	0.73	0.66	90.41	2.61
1957	82.55	26.35	2.24	2.71	38.84	0.87	0.81	93.10	3.07
1958	80.13	26.51	3.61	4.51	52.08	1.88	1.81	96.28	6.83
1959	76.93	26.80	6.18	8.03	42.39	2.62	2.54	96.95	9.48
10年小计			**85.91**	**11.53**	**60.95**	**52.36**	**48.68**	**92.97**	**15.41**
占合计%			**18.02**			**11.04**	**12.07**		
1960	76.40	27.62	7.34	9.61	35.42	2.60	2.59	99.62	9.38
1961	74.57	27.52	4.30	5.77	31.40	1.35	1.24	91.85	4.51
1962	76.04	28.97	2.62	3.45	29.01	0.76	0.73	96.05	2.52
1963	75.72	29.71	6.24	8.24	59.46	3.71	3.51	94.61	11.81
1964	75.64	30.60	7.11	9.40	62.17	4.42	3.80	85.97	12.42
1965	75.02	31.89	10.87	14.49	68.63	7.46	6.69	89.68	20.98
1966	74.70	32.68	11.92	15.96	68.96	8.22	7.85	95.50	24.02
1967	74.26	34.52	12.02	16.19	77.20	9.28	8.57	92.35	24.83
1968	71.98	35.61	12.02	16.70	67.72	8.14	7.70	94.59	21.62
1969	71.05	36.82	11.47	16.14	55.97	6.42	6.00	93.46	16.30
10年小计			**117.57**	**16.86**	**54.72**	**64.34**	**59.42**	**92.35**	**14.14**
占合计%			**24.67**			**13.57**	**14.74**		
1970	68.32	37.85	12.03	17.61	50.62	6.09	5.54	90.97	14.64
1971	69.97	37.87	11.71	16.74	25.02	2.93	2.54	86.69	6.71
1972	69.77	38.70	11.40	16.34	62.54	7.13	6.81	95.51	17.60
1973	69.69	40.21	11.95	17.15	51.72	6.18	5.77	93.37	14.35
1974	69.86	41.67	11.99	17.16	69.47	8.33	7.76	93.16	18.62
1975	70.03	42.78	12.02	17.16	66.06	7.94	7.44	93.70	17.39
1976	69.95	43.96	11.91	17.03	57.35	6.83	6.32	92.53	14.38
1977	69.97	45.11	9.98	14.26	46.29	4.62	4.25	91.99	9.42
1978	69.95	45.94	12.44	17.78	50.72	6.31	5.64	89.38	12.28
1979	69.91	46.23	12.14	17.37	65.73	7.98	7.35	92.11	15.90
10年小计			**88.60**	**12.77**	**92.66**	**82.10**	**70.93**	**86.39**	**14.92**
占合计%			**18.59**			**17.32**	**17.59**		
1980	69.82	45.20	12.12	17.36	55.69	6.75	6.72	99.56	14.87
1981	69.78	46.35	12.05	17.27	50.87	6.13	6.13	100.00	13.23
1982	69.74	46.74	10.40	14.91	70.29	7.31	7.14	97.67	15.28
1983	69.66	47.45	8.56	12.29	120.79	10.34	9.89	95.65	20.84
1984	69.27	47.60	8.55	12.34	118.01	10.09	8.57	84.94	18.00
1985	69.31	47.04	7.76	11.20	124.48	9.66	7.20	74.53	15.31
1986	69.29	48.39	6.91	9.97	126.05	8.71	6.49	74.51	13.41
1987	69.12	48.21	7.66	11.08	129.37	9.91	7.77	78.41	16.12
1988	69.10	48.99	8.39	12.14	80.93	6.79	5.57	82.03	11.37
1989	68.87	49.55	6.20	9.00	103.39	6.41	5.45	85.02	11.00
11年小计			**159.32**	**21.26**	**167.83**	**267.38**	**217.79**	**81.45**	**40.24**
占合计%			**33.43**			**56.40**	**54.01**		
1990	68.86	50.00	8.08	11.73	121.66	9.83	9.51	96.74	19.02
1991	68.85	49.90	12.10	17.57	137.27	16.61	16.99	102.29	34.05
1992	68.83	49.60	15.05	21.87	165.51	24.91	23.00	92.33	46.37
1993	68.80	49.40	17.33	25.19	164.45	28.50	25.00	87.72	50.61
1994	68.10	49.07	17.01	24.98	184.66	31.41	25.15	80.07	51.25
1995	68.00	48.86	18.00	26.47	177.78	32.00	25.78	80.56	52.76
1996	67.90	49.05	18.35	27.03	190.74	35.00	31.79	90.83	64.81
1997	67.82	49.01	17.92	26.42	170.26	30.51	25.51	83.61	52.05
1998	67.50	49.10	16.41	24.31	173.19	28.42	18.50	65.10	37.68
1999	67.50	49.10	9.00	13.33	165.78	14.92	9.40	63.00	19.14
2000	67.37	48.10	10.07	14.95	151.64	15.27	7.16	46.89	14.89

5－14－16　江西省分宜县历年棉花生产收购

年　度	耕地面积（万亩）	农业人口（万人）	棉田面积（万亩）	占耕地（%）	亩　产（市斤）	产　量（万担）	收购量（万担）	商品率（%）	人均交售（市斤）
52 年合计			**6.11**	**2.18**	**139.28**	**8.51**	**3.83**	**45.01**	**1.65**
11 年小计									
占合计%									
1949									
1950									
1951									
1952									
1953									
1954									
1955									
1956									
1957									
1958									
1959									
10 年小计									
占合计%									
1960									
1961									
1962									
1963									
1964									
1965									
1966									
1967									
1968									
1969									
10 年小计									
占合计%									
1970									
1971									
1972									
1973									
1974									
1975									
1976									
1977									
1978									
1979									
10 年小计									
占合计%									
1980									
1981									
1982									
1983									
1984									
1985									
1986									
1987									
1988									
1989									
11 年小计			**6.11**	**2.18**	**139.28**	**8.51**	**3.83**	**45.01**	**1.65**
占合计%			**100.00**			**100.00**	**100.00**		
1990									
1991	28.50	23.80	0.30	1.05	130.00	0.39	0.07	17.95	0.29
1992	28.40	23.70	0.60	2.11	130.00	0.78	0.71	91.03	3.00
1993	28.10	23.70	1.10	3.91	130.00	1.43	0.16	11.19	0.68
1994	28.00	23.60	1.90	6.79	150.00	2.85	0.41	14.39	1.74
1995	28.10	23.30	0.50	1.78	150.00	0.75	0.59	78.67	2.53
1996	28.02	23.01	0.30	1.07	150.00	0.45	0.30	66.67	1.30
1997	28.00	23.05	0.30	1.07	160.00	0.48	0.32	66.67	1.39
1998	27.90	23.05	0.50	1.79	160.00	0.80	0.45	56.25	1.95
1999	27.90	23.00	0.50	1.79	20.00	0.10	0.48	*	2.09
2000	27.64	21.83	0.11	0.40	436.36	0.48	0.34	70.83	1.56

5－14－17　江西省新建县历年棉花生产收购

年　　度	耕地面积（万亩）	农业人口（万人）	棉田面积（万亩）	占耕地（%）	亩　产（市斤）	产　量（万担）	收购量（万担）	商品率（%）	人均交售（市斤）
52 年合计			**65.01**	**1.40**	**66.21**	**43.04**	**29.61**	**68.80**	**1.44**
11 年小计			**4.53**	**0.41**	**7.51**	**0.34**	**0.34**	**100.00**	**0.12**
占合计%			**6.97**			**0.79**	**1.15**		
1949	108.32	22.56	0.12	0.11	8.33	0.01	0.01	100.00	0.04
1950	107.80	23.92	0.17	0.16	5.88	0.01	0.01	100.00	0.04
1951	108.70	24.99	0.78	0.72	5.13	0.04	0.04	100.00	0.16
1952	99.60	24.38	0.82	0.82	3.66	0.03	0.03	100.00	0.12
1953	99.40	24.38	0.75	0.75	5.33	0.04	0.04	100.00	0.16
1954	96.40	24.59	0.10	0.10	10.00	0.01	0.01	100.00	0.04
1955	98.00	24.91	0.17	0.17	5.88	0.01	0.01	100.00	0.04
1956	97.50	25.71	0.15	0.15	13.33	0.02	0.02	100.00	0.08
1957	98.30	26.10	0.21	0.21	19.05	0.04	0.04	100.00	0.15
1958	93.10	25.43	0.22	0.24	18.18	0.04	0.04	100.00	0.16
1959	88.50	25.58	1.04	1.18	8.65	0.09	0.09	100.00	0.35
10 年小计			**9.45**	**1.02**	**45.50**	**4.30**	**2.24**	**52.09**	**0.73**
占合计%			**14.54**			**9.99**	**7.57**		
1960	88.60	26.56	0.33	0.37	12.12	0.04	0.04	100.00	0.15
1961	85.60	26.82	0.10	0.12	10.00	0.01	0.01	100.00	0.04
1962	86.20	27.49	0.14	0.16	14.29	0.02	0.02	100.00	0.07
1963	86.30	28.72	0.19	0.22	26.32	0.05	0.05	100.00	0.17
1964	93.70	30.78	0.94	1.00	29.79	0.28	0.10	35.71	0.32
1965	92.40	29.26	1.17	1.27	58.12	0.68	0.25	36.76	0.85
1966	95.70	30.03	1.55	1.62	41.94	0.65	0.32	49.23	1.07
1967	96.20	30.25	1.51	1.57	37.75	0.57	0.29	50.88	0.96
1968	106.40	38.85	1.57	1.48	69.43	1.09	0.52	47.71	1.34
1969	95.50	39.81	1.95	2.04	46.67	0.91	0.64	70.33	1.61
10 年小计			**15.03**	**1.71**	**43.11**	**6.48**	**4.73**	**72.99**	**1.11**
占合计%			**23.12**			**15.06**	**15.97**		
1970	88.50	37.57	1.79	2.02	37.43	0.67	0.42	62.69	1.12
1971	87.10	38.15	1.05	1.21	25.71	0.27	0.17	62.96	0.45
1972	87.60	39.42	0.87	0.99	57.47	0.50	0.32	64.00	0.81
1973	86.60	40.46	0.61	0.70	36.07	0.22	0.19	86.36	0.47
1974	87.40	41.34	1.28	1.46	53.91	0.69	0.47	68.12	1.14
1975	88.90	43.01	1.22	1.37	53.28	0.65	0.48	73.85	1.12
1976	88.50	44.52	1.62	1.83	51.23	0.83	0.62	74.70	1.39
1977	87.90	46.48	1.79	2.04	47.49	0.85	0.66	77.65	1.42
1978	87.50	47.66	2.32	2.65	34.91	0.81	0.59	72.84	1.24
1979	87.70	47.69	2.48	2.83	39.92	0.99	0.81	81.82	1.70
10 年小计			**12.88**	**1.54**	**48.84**	**6.29**	**5.96**	**94.75**	**1.27**
占合计%			**19.81**			**14.61**	**20.13**		
1980	84.40	45.35	2.19	2.59	38.81	0.85	0.80	94.12	1.76
1981	84.20	45.14	2.09	2.48	33.97	0.71	0.69	97.18	1.53
1982	84.10	46.15	1.95	2.32	51.79	1.01	0.99	98.02	2.15
1983	84.70	46.72	1.17	1.38	55.56	0.65	0.64	98.46	1.37
1984	84.30	46.82	1.31	1.55	67.94	0.89	0.82	92.13	1.75
1985	83.60	45.43	0.88	1.05	65.91	0.58	0.57	98.28	1.25
1986	83.30	47.33	0.75	0.90	57.33	0.43	0.40	93.02	0.85
1987	83.20	47.81	0.76	0.91	68.42	0.52	0.48	92.31	1.00
1988	83.20	49.06	0.86	1.03	20.93	0.18	0.15	83.33	0.31
1989	82.97	50.10	0.92	1.11	51.09	0.47	0.42	89.36	0.84
11 年小计			**23.12**	**2.59**	**110.86**	**25.63**	**16.34**	**63.75**	**2.85**
占合计%			**35.56**			**59.55**	**55.18**		
1990	83.01	50.69	0.96	1.16	55.21	0.53	0.48	90.57	0.95
1991	82.96	50.42	1.29	1.55	56.59	0.73	0.69	94.52	1.37
1992	82.07	50.70	2.65	3.23	113.58	3.01	2.72	90.37	5.36
1993	81.90	51.19	3.13	3.82	127.80	4.00	3.33	83.25	6.51
1994	81.86	51.38	2.65	3.24	87.17	2.31	1.93	83.55	3.76
1995	81.51	51.32	2.63	3.23	85.55	2.25	1.60	71.11	3.12
1996	80.94	51.77	2.60	3.21	103.85	2.70	2.21	81.85	4.27
1997	80.42	51.99	1.23	1.53	128.46	1.58	1.23	77.85	2.37
1998	79.07	52.35	1.76	2.23	132.95	2.34	1.95	83.33	3.72
1999	79.07	55.72	2.53	3.20	69.17	1.75	0.05	2.86	0.09
2000	78.63	55.99	1.69	2.15	262.13	4.43	0.15	3.39	0.27

5－14－18 江西省进贤县历年棉花生产收购

年　度	耕地面积（万亩）	农业人口（万人）	棉田面积（万亩）	占耕地（%）	亩　产（市斤）	产　量（万担）	收购量（万担）	商品率（%）	人均交售（市斤）
52 年合计			**306.64**	**6.99**	**40.08**	**122.91**	**115.78**	**94.20**	**5.42**
11 年小计			**53.99**	**5.90**	**20.86**	**11.26**	**11.26**	**100.00**	**4.34**
占合计%			**17.61**			**9.16**	**9.73**		
1949	78.30	22.43	1.05	1.34	4.76	0.05	0.05	100.00	0.22
1950	82.15	22.77	1.08	1.31	5.56	0.06	0.06	100.00	0.26
1951	83.46	23.12	1.10	1.32	6.36	0.07	0.07	100.00	0.30
1952	83.76	23.47	4.55	5.43	15.38	0.70	0.70	100.00	2.98
1953	85.16	23.64	4.34	5.10	16.13	0.70	0.70	100.00	2.96
1954	85.61	23.70	3.72	4.35	13.44	0.50	0.50	100.00	2.11
1955	85.27	23.83	6.43	7.54	21.77	1.40	1.40	100.00	5.87
1956	85.30	24.17	7.82	9.17	22.51	1.76	1.76	100.00	7.28
1957	85.46	24.46	8.33	9.75	29.89	2.49	2.49	100.00	10.18
1958	81.39	24.41	6.36	7.81	20.75	1.32	1.32	100.00	5.41
1959	79.91	23.57	9.21	11.53	24.00	2.21	2.21	100.00	9.38
10 年小计			**76.48**	**9.51**	**33.50**	**25.62**	**25.62**	**100.00**	**9.25**
占合计%			**24.94**			**20.84**	**22.13**		
1960	79.66	22.02	8.85	11.11	11.86	1.05	1.05	100.00	4.77
1961	78.53	23.75	5.82	7.41	9.97	0.58	0.58	100.00	2.44
1962	80.12	25.04	5.86	7.31	7.68	0.45	0.45	100.00	1.80
1963	80.78	25.07	5.36	6.64	26.87	1.44	1.44	100.00	5.74
1964	80.25	26.13	6.47	8.06	26.74	1.73	1.73	100.00	6.62
1965	80.14	27.02	7.46	9.31	55.23	4.12	4.12	100.00	15.25
1966	79.82	28.62	7.87	9.86	41.55	3.27	3.27	100.00	11.43
1967	79.16	28.87	8.02	10.13	30.30	2.43	2.43	100.00	8.42
1968	76.78	30.53	9.36	12.19	56.09	5.25	5.25	100.00	17.20
1969	89.37	39.91	11.41	12.77	46.45	5.30	5.30	100.00	13.28
10 年小计			**104.01**	**11.86**	**35.82**	**37.26**	**37.26**	**100.00**	**8.00**
占合计%			**33.92**			**30.31**	**32.18**		
1970	88.45	41.07	10.53	11.91	45.01	4.74	4.74	100.00	11.54
1971	88.52	41.17	10.39	11.74	14.82	1.54	1.54	100.00	3.74
1972	88.33	43.10	10.44	11.82	51.53	5.38	5.38	100.00	12.48
1973	87.26	44.87	10.69	12.25	34.61	3.70	3.70	100.00	8.25
1974	87.22	46.95	10.81	12.39	47.27	5.11	5.11	100.00	10.88
1975	87.27	47.44	10.78	12.35	39.61	4.27	4.27	100.00	9.00
1976	87.33	48.97	10.96	12.55	30.02	3.29	3.29	100.00	6.72
1977	87.37	49.89	10.70	12.25	35.89	3.84	3.84	100.00	7.70
1978	87.47	50.78	11.00	12.58	21.73	2.39	2.39	100.00	4.71
1979	87.42	51.25	7.71	8.82	38.91	3.00	3.00	100.00	5.85
10 年小计			**44.43**	**5.15**	**45.35**	**20.15**	**20.15**	**100.00**	**3.84**
占合计%			**14.49**			**16.39**	**17.40**		
1980	87.41	51.22	9.30	10.64	30.00	2.79	2.79	100.00	5.45
1981	87.40	51.68	10.00	11.44	40.00	4.00	4.00	100.00	7.74
1982	86.25	52.34	7.86	9.11	48.98	3.85	3.85	100.00	7.36
1983	86.22	52.70	3.40	3.94	65.88	2.24	2.24	100.00	4.25
1984	86.20	52.72	3.51	4.07	72.08	2.53	2.53	100.00	4.80
1985	86.17	51.80	1.73	2.01	94.22	1.63	1.63	100.00	3.15
1986	86.07	52.78	1.43	1.66	81.82	1.17	1.17	100.00	2.22
1987	86.02	53.00	2.35	2.73	50.64	1.19	1.19	100.00	2.25
1988	85.91	53.32	2.85	3.32	4.91	0.14	0.14	100.00	0.26
1989	85.57	53.41	2.00	2.34	30.50	0.61	0.61	100.00	1.14
11 年小计			**27.73**	**3.00**	**103.21**	**28.62**	**21.49**	**75.09**	**3.52**
占合计%			**9.04**			**23.29**	**18.56**		
1990	85.56	54.30	2.40	2.81	35.83	0.86	1.50	174.42	2.76
1991	85.15	54.90	2.00	2.35	41.00	0.82	1.90	*	3.46
1992	84.37	55.20	3.00	3.56	120.00	3.60	3.80	105.56	6.88
1993	84.29	55.30	3.20	3.80	140.63	4.50	3.60	80.00	6.51
1994	84.30	55.40	3.50	4.15	125.71	4.40	1.50	34.09	2.71
1995	84.16	55.50	2.40	2.85	100.00	2.40	1.70	70.83	3.06
1996	84.26	54.40	3.10	3.68	103.23	3.20	1.75	54.69	3.22
1997	83.94	54.40	2.00	2.38	145.00	2.90	1.85	63.79	3.40
1998	83.76	54.30	2.30	2.75	113.04	2.60	2.03	78.08	3.74
1999	83.65	54.30	2.00	2.39	95.50	1.91	1.27	66.49	2.34
2000	81.17	61.86	1.83	2.25	78.14	1.43	0.59	41.26	0.95

5－14－19 江西省安义县历年棉花生产收购

年度	耕地面积（万亩）	农业人口（万人）	棉田面积（万亩）	占耕地（%）	亩产（市斤）	产量（万担）	收购量（万担）	商品率（%）	人均交售（市斤）
52年合计			**39.43**	**2.51**	**61.07**	**24.08**	**14.70**	**61.05**	**1.94**
11年小计			**9.56**	**2.48**	**20.71**	**1.98**			
占合计%			**24.25**			**8.22**			
1949	35.00	8.00	0.44	1.26	11.36	0.05			
1950	35.00	8.10	0.66	1.89	16.67	0.11			
1951	35.00	8.20	1.00	2.86	22.00	0.22			
1952	35.00	8.60	1.48	4.23	28.38	0.42			
1953	35.00	9.60	0.93	2.66	19.35	0.18			
1954	36.00	9.60	0.70	1.94	4.29	0.03			
1955	35.00	9.60	1.04	2.97	2.88	0.03			
1956	35.00	9.60	0.93	2.66	24.73	0.23			
1957	36.00	10.00	0.70	1.94	42.86	0.30			
1958	35.00	10.30	0.76	2.17	30.26	0.23			
1959	33.00	10.60	0.92	2.79	19.57	0.18			
10年小计			**10.13**	**3.02**	**34.06**	**3.45**			
占合计%			**25.69**			**14.33**			
1960	34.00	10.70	1.23	3.62	29.27	0.36			
1961	34.00	10.70	0.89	2.62	11.24	0.10			
1962	34.00	11.10	0.64	1.88	9.38	0.06			
1963	34.00	11.50	0.70	2.06	37.14	0.26			
1964	34.00	12.00	0.93	2.74	38.71	0.36			
1965	34.00	12.30	1.27	3.74	51.97	0.66			
1966	34.00	12.70	1.28	3.76	32.81	0.42			
1967	33.00	12.80	1.23	3.73	37.40	0.46			
1968	32.00	13.90	1.03	3.22	58.25	0.60			
1969	32.00	14.00	0.93	2.91	18.28	0.17			
10年小计			**6.66**	**2.36**	**28.38**	**1.89**			
占合计%			**16.89**			**7.85**			
1970	31.00	13.60	0.78	2.52	26.92	0.21			
1971	29.00	14.00	0.68	2.34	17.65	0.12			
1972	30.00	14.30	0.73	2.43	45.21	0.33			
1973	27.00	14.80	0.96	3.56	4.17	0.04			
1974	28.00	15.30	0.78	2.79	43.59	0.34			
1975	27.00	15.80	0.68	2.52	10.29	0.07			
1976	27.00	16.10	1.06	3.93	50.94	0.54			
1977	27.00	16.50	0.76	2.81	14.47	0.11			
1978	27.00	16.70	0.14	0.52	57.14	0.08			
1979	29.00	16.80	0.09	0.31	55.56	0.05			
10年小计			**1.40**	**0.48**	**62.14**	**0.87**			
占合计%			**3.55**			**3.61**			
1980	29.00	16.70	0.20	0.69	40.00	0.08			
1981	29.00	16.90	0.23	0.79	39.13	0.09			
1982	29.00	17.00	0.21	0.72	76.19	0.16			
1983	29.00	17.30	0.20	0.69	80.00	0.16			
1984	29.00	17.50	0.16	0.55	75.00	0.12			
1985	29.00	17.20	0.10	0.34	80.00	0.08			
1986	29.00	17.60	0.08	0.28	62.50	0.05			
1987	29.00	17.60	0.06	0.21	83.33	0.05			
1988	29.00	18.30	0.08	0.28	37.50	0.03			
1989	29.00	18.30	0.08	0.28	62.50	0.05			
11年小计			**11.68**	**4.19**	**136.04**	**15.89**	**14.70**	**92.51**	**7.16**
占合计%			**29.62**			**65.99**	**100.00**		
1990	24.00	18.30	0.60	2.50	110.00	0.66	0.53	80.30	2.90
1991	24.00	18.30	0.60	2.50	110.00	0.66	0.53	80.30	2.90
1992	24.00	18.30	0.60	2.50	110.00	0.66	0.53	80.30	2.90
1993	25.00	18.60	1.20	4.80	150.00	1.80	1.63	90.56	8.76
1994	25.00	18.60	1.20	4.80	150.00	1.80	1.63	90.56	8.76
1995	25.00	18.60	1.20	4.80	150.00	1.80	1.63	90.56	8.76
1996	26.00	19.00	1.45	5.58	159.31	2.31	2.19	94.81	11.53
1997	26.00	19.00	1.45	5.58	160.69	2.33	2.25	96.57	11.84
1998	26.00	19.00	1.45	5.58	160.69	2.33	2.16	92.70	11.37
1999	26.00	19.00	1.30	5.00	64.62	0.84	0.86	102.38	4.53
2000	27.86	18.52	0.63	2.26	111.11	0.70	0.76	108.57	4.10

5－14－20　江西省波阳县历年棉花生产收购

年　度	耕地面积（万亩）	农业人口（万人）	棉田面积（万亩）	占耕地（%）	亩　产（市斤）	产　量（万担）	收购量（万担）	商品率（%）	人均交售（市斤）
52 年合计			**456.98**	**7.56**	**58.38**	**266.78**	**211.22**	**79.17**	**5.29**
11 年小计			**71.83**	**5.13**	**26.98**	**19.38**	**14.13**	**72.91**	**2.69**
占合计%			**15.72**			**7.26**	**6.69**		
1949	124.82	42.60	3.88	3.11	9.79	0.38			
1950	125.73	43.44	5.73	4.56	10.99	0.63	0.08	12.70	0.18
1951	127.34	44.24	5.27	4.14	14.61	0.77	0.11	14.29	0.25
1952	128.54	45.20	7.08	5.51	34.75	2.46	1.46	59.35	3.23
1953	128.63	46.45	5.76	4.48	27.08	1.56	0.63	40.38	1.36
1954	128.74	47.18	3.98	3.09	17.34	0.69	0.47	68.12	1.00
1955	128.84	48.76	8.09	6.28	23.24	1.88	1.38	73.40	2.83
1956	128.97	49.50	11.71	9.08	27.84	3.26	3.26	100.00	6.59
1957	130.00	51.00	6.99	5.38	42.06	2.94	2.89	98.30	5.67
1958	130.28	52.18	6.91	5.30	43.27	2.99	2.47	82.61	4.73
1959	119.02	54.28	6.43	5.40	28.30	1.82	1.38	75.82	2.54
10 年小计			**92.73**	**7.66**	**51.28**	**47.55**	**43.66**	**91.82**	**7.25**
占合计%			**20.29**			**17.82**	**20.67**		
1960	129.54	55.56	6.65	5.13	33.23	2.21	2.13	96.38	3.83
1961	123.03	56.38	5.96	4.84	13.42	0.80	0.69	86.25	1.22
1962	124.12	56.98	5.06	4.08	21.54	1.09	0.70	64.22	1.23
1963	123.03	57.66	8.53	6.93	48.89	4.17	2.65	63.55	4.60
1964	122.86	58.28	10.10	8.22	37.82	3.82	3.15	82.46	5.40
1965	120.34	59.26	11.61	9.65	68.91	8.00	7.85	98.13	13.25
1966	118.27	61.56	12.55	10.61	56.65	7.11	7.05	99.16	11.45
1967	117.19	63.74	11.45	9.77	36.94	4.23	4.51	106.62	7.08
1968	116.07	66.40	10.40	8.96	83.37	8.67	7.89	91.00	11.88
1969	115.38	66.47	10.42	9.03	71.50	7.45	7.04	94.50	10.59
10 年小计			**97.95**	**8.78**	**47.04**	**46.08**	**48.27**	**104.75**	**6.28**
占合计%			**21.43**			**17.27**	**22.85**		
1970	114.79	69.35	12.13	10.57	51.36	6.23	7.24	116.21	10.44
1971	112.50	69.63	9.27	8.24	27.94	2.59	2.38	91.89	3.42
1972	111.90	70.23	10.95	9.79	74.89	8.20	7.07	86.22	10.07
1973	111.35	73.48	8.68	7.80	47.35	4.11	4.52	109.98	6.15
1974	111.04	75.67	8.69	7.83	63.41	5.51	5.88	106.72	7.77
1975	110.94	77.14	8.49	7.65	45.70	3.88	4.86	125.26	6.30
1976	110.77	80.09	10.24	9.24	34.67	3.55	4.01	112.96	5.01
1977	110.68	82.10	10.41	9.41	42.75	4.45	4.81	108.09	5.86
1978	110.57	84.34	10.24	9.26	31.74	3.25	3.28	100.92	3.89
1979	110.46	86.18	8.85	8.01	48.70	4.31	4.22	97.91	4.90
10 年小计			**84.75**	**7.89**	**65.59**	**55.59**	**47.79**	**85.97**	**5.11**
占合计%			**18.55**			**20.84**	**22.63**		
1980	110.45	89.07	10.43	9.44	44.87	4.68	4.33	92.52	4.86
1981	110.45	90.48	11.51	10.42	72.55	8.35	4.88	58.44	5.39
1982	110.45	91.23	9.80	8.87	84.80	8.31	7.81	93.98	8.56
1983	104.38	92.47	10.23	9.80	48.39	4.95	4.82	97.37	5.21
1984	104.03	93.40	9.58	9.21	91.23	8.74	7.66	87.64	8.20
1985	104.04	93.92	9.44	9.07	91.84	8.67	5.20	59.98	5.54
1986	103.78	94.67	5.94	5.72	107.24	6.37	4.36	68.45	4.61
1987	103.66	95.51	5.30	5.11	47.17	2.50	4.56	182.40	4.77
1988	109.88	96.77	5.50	5.01	22.18	1.22	2.20	180.33	2.27
1989	113.43	97.63	7.02	6.19	25.64	1.80	1.97	109.44	2.02
11 年小计			**109.72**	**8.83**	**89.48**	**98.18**	**57.37**	**58.43**	**4.93**
占合计%			**24.01**			**36.80**	**27.16**		
1990	113.39	99.51	8.01	7.06	53.06	4.25	3.03	71.29	3.04
1991	113.27	100.32	11.50	10.15	108.78	12.51	9.22	73.70	9.19
1992	113.22	100.77	13.50	11.92	125.41	16.93	9.03	53.34	8.96
1993	113.42	102.39	16.40	14.46	83.11	13.63	4.03	29.57	3.94
1994	113.50	104.87	17.00	14.98	109.47	18.61	7.81	41.97	7.45
1995	113.50	105.38	16.10	14.19	37.64	6.06	5.83	96.20	5.53
1996	112.81	106.26	7.00	6.21	103.71	7.26	6.69	92.15	6.30
1997	114.28	107.87	7.01	6.13	117.12	8.21	5.04	61.39	4.67
1998	112.72	109.53	5.74	5.09	38.33	2.20	4.67	*	4.26
1999	112.99	110.88	4.10	3.63	106.10	4.35	1.40	32.18	1.26
2000	110.10	115.79	3.36	3.05	124.11	4.17	0.62	14.87	0.54

5－14－21　江西省万年县历年棉花生产收购

年　　度	耕地面积（万亩）	农业人口（万人）	棉田面积（万亩）	占耕地（%）	亩　产（市斤）	产　量（万担）	收购量（万担）	商品率（%）	人均交售（市斤）
52 年合计			**118.77**	**6.56**	**77.73**	**92.32**	**53.47**	**57.92**	**4.69**
11 年小计			**4.62**	**1.05**	**17.10**	**0.79**	**0.59**	**74.68**	**0.38**
占合计%			**3.89**			**0.86**	**1.10**		
1949	38.60	13.00	0.31	0.80	9.68	0.03			
1950	39.10	13.10	0.32	0.82	12.50	0.04	0.02	50.00	0.15
1951	39.10	13.20	0.59	1.51	15.25	0.09	0.03	33.33	0.23
1952	40.00	13.60	0.45	1.13	8.89	0.04	0.04	100.00	0.29
1953	40.60	13.80	0.56	1.38	12.50	0.07	0.07	100.00	0.51
1954	41.50	14.30	0.35	0.84	5.71	0.02	0.02	100.00	0.14
1955	41.30	14.50	0.35	0.85	8.57	0.03	0.03	100.00	0.21
1956	41.50	14.70	0.51	1.23	25.49	0.13	0.07	53.85	0.48
1957	41.30	15.00	0.38	0.92	28.95	0.11	0.08	72.73	0.53
1958	38.40	15.40	0.19	0.49	36.84	0.07	0.07	100.00	0.45
1959	38.30	15.40	0.61	1.59	26.23	0.16	0.16	100.00	1.04
10 年小计			**9.61**	**2.61**	**41.00**	**3.94**	**3.67**	**93.15**	**2.07**
占合计%			**8.09**			**4.27**	**6.86**		
1960	37.90	15.60	0.86	2.27	23.26	0.20	0.02	10.00	0.13
1961	37.80	15.70	0.61	1.61	21.31	0.13	0.04	30.77	0.25
1962	38.30	16.50	0.52	1.36	19.23	0.10	0.09	90.00	0.55
1963	38.10	16.80	0.78	2.05	46.15	0.36	0.20	55.56	1.19
1964	37.50	17.50	1.11	2.96	41.44	0.46	0.45	97.83	2.57
1965	37.20	18.00	1.29	3.47	55.04	0.71	0.88	123.94	4.89
1966	36.20	18.30	1.32	3.65	41.67	0.55	0.47	85.45	2.57
1967	35.90	18.90	0.88	2.45	28.41	0.25	0.36	144.00	1.90
1968	34.90	19.60	1.06	3.04	56.60	0.60	0.66	110.00	3.37
1969	33.90	20.30	1.18	3.48	49.15	0.58	0.50	86.21	2.46
10 年小计			**24.19**	**7.35**	**38.49**	**9.31**	**8.83**	**94.84**	**3.83**
占合计%			**20.37**			**10.08**	**16.51**		
1970	33.30	20.90	1.15	3.45	50.43	0.58	0.44	75.86	2.11
1971	33.00	21.20	0.80	2.42	30.00	0.24	0.14	58.33	0.66
1972	32.90	21.70	1.14	3.47	57.89	0.66	0.40	60.61	1.84
1973	32.90	22.30	0.84	2.55	36.90	0.31	0.31	100.00	1.39
1974	32.80	22.90	1.15	3.51	52.17	0.60	0.61	101.67	2.66
1975	32.80	23.50	1.21	3.69	55.37	0.67	0.68	101.49	2.89
1976	32.80	23.90	4.55	13.87	38.68	1.76	1.66	94.32	6.95
1977	32.80	24.40	4.25	12.96	29.18	1.24	1.36	109.68	5.57
1978	32.80	24.70	4.58	13.96	32.31	1.48	1.44	97.30	5.83
1979	32.80	24.80	4.52	13.78	39.16	1.77	1.79	101.13	7.22
10 年小计			**34.71**	**10.77**	**59.95**	**20.81**	**19.81**	**95.19**	**7.61**
占合计%			**29.22**			**22.54**	**37.05**		
1980	32.80	24.90	4.60	14.02	36.30	1.67	1.75	104.79	7.03
1981	32.80	25.10	4.90	14.94	44.49	2.18	2.06	94.50	8.21
1982	32.10	25.40	4.80	14.95	58.54	2.81	2.62	93.24	10.31
1983	32.10	25.70	3.60	11.21	63.61	2.29	1.95	85.15	7.59
1984	32.10	25.90	3.80	11.84	67.63	2.57	2.33	90.66	9.00
1985	32.10	25.90	2.70	8.41	83.33	2.25	2.45	108.89	9.46
1986	32.10	26.30	2.40	7.48	82.92	1.99	1.96	98.49	7.45
1987	32.10	26.50	2.50	7.79	72.40	1.81	1.76	97.24	6.64
1988	32.10	27.00	2.60	8.10	73.46	1.91	1.67	87.43	6.19
1989	32.10	27.60	2.81	8.75	47.33	1.33	1.26	94.74	4.57
11 年小计			**45.64**	**13.02**	**125.92**	**57.47**	**20.57**	**35.79**	**6.51**
占合计%			**38.43**			**62.25**	**38.47**		
1990	32.10	27.80	3.22	10.03	58.07	1.87	1.67	89.30	6.01
1991	32.10	27.98	4.45	13.86	90.56	4.03	2.62	65.01	9.36
1992	32.10	32.33	4.45	13.86	146.29	6.51	2.90	44.55	8.97
1993	31.90	28.10	4.37	13.70	174.14	7.61	2.43	31.93	8.65
1994	31.90	28.28	7.11	22.29	140.79	10.01	3.54	35.36	12.52
1995	31.90	28.22	5.10	15.99	62.35	3.18	2.07	65.09	7.34
1996	31.90	28.44	6.35	19.91	132.76	8.43	2.04	24.20	7.17
1997	31.90	28.63	4.54	14.23	159.69	7.25	0.62	8.55	2.17
1998	31.90	28.71	3.41	10.69	112.32	3.83	1.50	39.16	5.22
1999	31.90	28.81	1.50	4.70	200.67	3.01	0.20	6.64	0.69
2000	31.03	28.73	1.14	3.67	152.63	1.74	0.98	56.32	3.41

5－14－22　江西省余干县历年棉花生产收购

年　度	耕地面积（万亩）	农业人口（万人）	棉田面积（万亩）	占耕地（%）	亩　产（市斤）	产　量（万担）	收购量（万担）	商品率（%）	人均交售（市斤）
52年合计			**190.77**	**5.01**	**29.97**	**57.18**	**54.65**	**95.58**	**2.03**
11年小计			**50.64**	**5.94**	**21.50**	**10.89**	**10.89**	**100.00**	**3.25**
占合计%			**26.55**			**19.05**	**19.93**		
1949	74.00	27.42	0.70	0.95	5.71	0.04	0.04	100.00	0.15
1950	74.07	27.94	2.48	3.35	6.85	0.17	0.17	100.00	0.61
1951	78.00	28.89	3.64	4.67	11.81	0.43	0.43	100.00	1.49
1952	78.74	29.39	5.96	7.57	32.55	1.94	1.94	100.00	6.60
1953	78.59	29.52	4.19	5.33	13.37	0.56	0.56	100.00	1.90
1954	78.20	30.05	4.22	5.40	11.14	0.47	0.47	100.00	1.56
1955	78.67	30.44	5.80	7.37	17.59	1.02	1.02	100.00	3.35
1956	79.26	31.81	6.45	8.14	29.30	1.89	1.89	100.00	5.94
1957	79.75	32.35	6.40	8.03	29.06	1.86	1.86	100.00	5.75
1958	76.82	33.83	6.21	8.08	19.48	1.21	1.21	100.00	3.58
1959	76.80	33.87	4.59	5.98	28.32	1.30	1.30	100.00	3.84
10年小计			**53.10**	**7.14**	**30.56**	**16.23**	**16.23**	**100.00**	**4.27**
占合计%			**27.83**			**28.38**	**29.70**		
1960	78.25	33.08	3.51	4.49	14.25	0.50	0.50	100.00	1.51
1961	76.86	35.07	3.09	4.02	10.03	0.31	0.31	100.00	0.88
1962	74.04	34.50	3.41	4.61	15.54	0.53	0.53	100.00	1.54
1963	76.59	35.84	4.72	6.16	36.86	1.74	1.74	100.00	4.85
1964	75.94	36.71	6.22	8.19	30.39	1.89	1.89	100.00	5.15
1965	74.60	37.92	7.28	9.76	53.71	3.91	3.91	100.00	10.31
1966	73.53	39.33	7.14	9.71	30.67	2.19	2.19	100.00	5.57
1967	72.40	40.37	6.64	9.17	14.61	0.97	0.97	100.00	2.40
1968	70.14	42.57	5.12	7.30	50.39	2.58	2.58	100.00	6.06
1969	71.02	44.58	5.97	8.41	26.97	1.61	1.61	100.00	3.61
10年小计			**58.15**	**8.06**	**25.23**	**14.67**	**14.67**	**100.00**	**2.80**
占合计%			**30.48**			**25.66**	**26.84**		
1970	73.36	46.16	5.62	7.66	30.43	1.71	1.71	100.00	3.70
1971	73.52	47.30	5.68	7.73	9.33	0.53	0.53	100.00	1.12
1972	72.50	48.67	5.35	7.38	49.72	2.66	2.66	100.00	5.47
1973	72.29	50.38	6.59	9.12	20.03	1.32	1.32	100.00	2.62
1974	72.45	51.86	6.13	8.46	35.56	2.18	2.18	100.00	4.20
1975	71.70	53.26	5.71	7.96	21.54	1.23	1.23	100.00	2.31
1976	71.64	54.91	6.07	8.47	24.88	1.51	1.51	100.00	2.75
1977	71.53	56.28	6.28	8.78	23.89	1.50	1.50	100.00	2.67
1978	71.33	57.50	6.19	8.68	15.51	0.96	0.96	100.00	1.67
1979	71.49	58.35	4.53	6.34	23.62	1.07	1.07	100.00	1.83
10年小计			**19.05**	**2.66**	**24.72**	**4.71**	**4.71**	**100.00**	**0.75**
占合计%			**9.99**			**8.24**	**8.62**		
1980	71.74	58.80	6.69	9.33	17.79	1.19	1.19	100.00	2.02
1981	72.03	59.32	4.77	6.62	18.03	0.86	0.86	100.00	1.45
1982	72.05	60.28	3.39	4.71	23.01	0.78	0.78	100.00	1.29
1983	72.03	61.46	1.14	1.58	21.93	0.25	0.25	100.00	0.41
1984	71.59	62.13	0.82	1.15	39.02	0.32	0.32	100.00	0.52
1985	71.53	62.87	0.62	0.87	70.97	0.44	0.44	100.00	0.70
1986	71.32	63.76	0.45	0.63	48.89	0.22	0.22	100.00	0.35
1987	71.29	64.49	0.52	0.73	50.00	0.26	0.26	100.00	0.40
1988	71.26	66.13	0.29	0.41	58.62	0.17	0.17	100.00	0.26
1989	71.25	68.32	0.36	0.51	61.11	0.22	0.22	100.00	0.32
11年小计			**9.83**	**1.27**	**108.65**	**10.68**	**8.15**	**76.31**	**1.00**
占合计%			**5.15**			**18.68**	**14.91**		
1990	71.17	69.75	0.32	0.45	46.88	0.15	0.15	100.00	0.22
1991	71.02	70.70	0.35	0.49	71.43	0.25	0.25	100.00	0.35
1992	70.80	71.33	0.41	0.58	109.76	0.45	0.45	100.00	0.63
1993	70.79	71.65	2.00	2.83	110.00	2.20	1.77	80.45	2.47
1994	70.76	72.23	1.50	2.12	120.00	1.80	1.46	81.11	2.02
1995	70.72	73.05	1.00	1.41	85.00	0.85	0.85	100.00	1.16
1996	70.54	78.24	1.00	1.42	140.00	1.40	1.22	87.14	1.56
1997	70.37	79.03	1.00	1.42	150.00	1.50	1.08	72.00	1.37
1998	70.12	78.46	1.00	1.43	160.00	1.60	0.92	57.50	1.17
1999	70.11	78.32	1.00	1.43	30.00	0.30			
2000	69.40	76.18	0.25	0.36	72.00	0.18			

5－14－23　江西省临川县历年棉花生产收购

年　度	耕地面积 （万亩）	农业人口 （万人）	棉田面积 （万亩）	占耕地 （%）	亩　产 （市斤）	产　量 （万担）	收购量 （万担）	商品率 （%）	人均交售 （市斤）
52 年合计			**218.94**	**5.14**	**56.90**	**124.58**	**87.68**	**70.38**	**3.52**
11 年小计			**25.78**	**2.77**	**34.10**	**8.79**	**4.15**	**47.21**	**2.38**
占合计%			**11.77**			**7.06**	**4.73**		
1949	84.89		1.12	1.32	23.21	0.26			
1950	84.90		1.14	1.34	22.81	0.26			
1951	84.90		1.80	2.12	14.44	0.26			
1952	84.90		1.59	1.87	15.72	0.25			
1953	84.90		1.02	1.20	17.65	0.18			
1954	84.90		0.74	0.87	10.81	0.08			
1955	84.91		0.57	0.67	15.79	0.09			
1956	84.91	43.79	0.49	0.58	46.94	0.23			
1957	83.93	44.55	2.53	3.01	49.01	1.24	1.21	97.58	2.72
1958	83.93	43.16	4.94	5.89	36.44	1.80	1.45	80.56	3.36
1959	83.08	43.09	9.84	11.84	42.07	4.14	1.49	35.99	3.46
10 年小计			**57.55**	**6.90**	**35.83**	**20.62**	**17.55**	**85.11**	**3.78**
占合计%			**26.29**			**16.55**	**20.02**		
1960	83.64	42.76	11.20	13.39	43.48	4.87	2.83	58.11	6.62
1961	82.98	41.22	5.01	6.04	14.57	0.73	0.72	98.63	1.75
1962	82.78	43.82	3.36	4.06	8.93	0.30	0.28	93.33	0.64
1963	82.77	43.73	4.57	5.52	44.86	2.05	2.01	98.05	4.60
1964	81.90	45.97	5.49	6.70	34.43	1.89	1.87	98.94	4.07
1965	81.81	47.37	5.71	6.98	54.47	3.11	2.55	81.99	5.38
1966	81.71	49.23	5.63	6.89	33.39	1.88	1.87	99.47	3.80
1967	91.94	50.48	5.51	5.99	35.93	1.98	1.80	90.91	3.57
1968	82.40	53.87	4.89	5.93	30.06	1.47	1.40	95.24	2.60
1969	82.50	45.40	6.18	7.49	37.86	2.34	2.22	94.87	4.89
10 年小计			**60.89**	**7.68**	**24.63**	**15.00**	**14.50**	**96.67**	**2.77**
占合计%			**27.81**			**12.04**	**16.54**		
1970	80.01	46.56	6.01	7.51	38.44	2.31	2.21	95.67	4.75
1971	80.02	46.94	5.60	7.00	19.82	1.11	0.92	82.88	1.96
1972	79.34	48.12	5.17	6.52	37.14	1.92	1.79	93.23	3.72
1973	79.05	50.00	5.98	7.56	17.39	1.04	1.03	99.04	2.06
1974	79.11	51.49	5.75	7.27	27.30	1.57	1.57	100.00	3.05
1975	79.12	53.23	5.87	7.42	24.02	1.41	1.39	98.58	2.61
1976	79.08	54.98	6.54	8.27	19.11	1.25	1.24	99.20	2.26
1977	79.08	56.45	6.61	8.36	13.31	0.88	0.86	97.73	1.52
1978	79.06	57.49	6.71	8.49	22.80	1.53	1.52	99.35	2.64
1979	79.05	58.04	6.65	8.41	29.77	1.98	1.97	99.49	3.39
10 年小计			**28.05**	**3.55**	**74.01**	**20.76**	**15.95**	**76.83**	**2.69**
占合计%			**12.81**			**16.66**	**18.19**		
1980	79.04	58.10	6.05	7.65	34.21	2.07	2.03	98.07	3.49
1981	79.04	58.05	5.87	7.43	46.68	2.74	2.35	85.77	4.05
1982	79.00	58.28	4.81	6.09	53.01	2.55	2.13	83.53	3.65
1983	78.99	58.65	2.05	2.60	92.20	1.89	1.63	86.24	2.78
1984	78.98	58.87	2.04	2.58	107.35	2.19	1.48	67.58	2.51
1985	78.96	59.10	1.34	1.70	115.67	1.55	0.83	53.55	1.40
1986	78.93	59.64	1.36	1.72	118.38	1.61	1.14	70.81	1.91
1987	78.92	59.95	1.40	1.77	123.57	1.73	1.25	72.25	2.09
1988	78.92	60.82	1.35	1.71	148.15	2.00	1.01	50.50	1.66
1989	78.91	61.51	1.78	2.26	136.52	2.43	2.10	86.42	3.41
11 年小计			**46.67**	**5.13**	**127.30**	**59.41**	**35.53**	**59.80**	**4.82**
占合计%			**21.32**			**47.69**	**40.52**		
1990	78.90	61.98	2.09	2.65	122.97	2.57	2.18	84.82	3.52
1991	78.89	62.54	3.41	4.32	131.38	4.48	3.51	78.35	5.61
1992	78.89	62.63	3.43	4.35	148.98	5.11	3.37	65.95	5.38
1993	84.41	63.09	4.51	5.34	126.83	5.72	3.73	65.21	5.91
1994	84.38	70.08	4.65	5.51	127.96	5.95	3.68	61.85	5.25
1995	84.29	69.05	5.38	6.38	123.79	6.66	5.81	87.24	8.41
1996	83.94	68.90	4.84	5.77	141.74	6.86	4.50	65.60	6.53
1997	83.89	69.52	5.91	7.04	128.93	7.62	3.57	46.85	5.14
1998	83.87	70.11	6.88	8.20	66.72	4.59	2.20	47.93	3.14
1999	83.85	69.52	1.80	2.15	267.78	4.82	1.37	28.42	1.97
2000	83.67	70.08	3.77	4.51	133.42	5.03	1.61	32.01	2.30

5－14－24　江西省崇仁县历年棉花生产收购

年　度	耕地面积（万亩）	农业人口（万人）	棉田面积（万亩）	占耕地（%）	亩　产（市斤）	产　量（万担）	收购量（万担）	商品率（%）	人均交售（市斤）
52 年合计			**40.44**	**5.76**	**123.44**	**49.92**	**24.85**	**49.78**	**5.26**
11 年小计									
占合计%									
1949									
1950									
1951									
1952									
1953									
1954									
1955									
1956									
1957									
1958									
1959									
10 年小计									
占合计%									
1960									
1961									
1962									
1963									
1964									
1965									
1966									
1967									
1968									
1969									
10 年小计									
占合计%									
1970									
1971									
1972									
1973									
1974									
1975									
1976									
1977									
1978									
1979									
10 年小计			**9.97**	**2.97**	**68.91**	**6.87**	**5.35**	**77.87**	**2.55**
占合计%			**24.65**			**13.76**	**21.53**		
1980	33.43	20.38	1.95	5.83	35.38	0.69	0.62	89.86	3.04
1981	33.42	20.50	1.76	5.27	38.07	0.67	0.59	88.06	2.88
1982	33.40	20.52	1.66	4.97	56.63	0.94	0.13	13.83	0.63
1983	33.40	20.53	1.03	3.08	98.06	1.01	0.97	96.04	4.72
1984	33.40	20.54	1.00	2.99	88.00	0.88	0.76	86.36	3.70
1985	33.42	20.68	0.57	1.71	110.53	0.63	0.54	85.71	2.61
1986	33.40	20.90	0.41	1.23	143.90	0.59	0.67	113.56	3.21
1987	33.93	21.54	0.51	1.50	74.51	0.38	0.37	97.37	1.72
1988	33.97	22.05	0.48	1.41	77.08	0.37	0.16	43.24	0.73
1989	33.97	22.10	0.60	1.77	118.33	0.71	0.54	76.06	2.44
11 年小计			**30.47**	**8.31**	**141.29**	**43.05**	**19.50**	**45.30**	**7.42**
占合计%			**75.35**			**86.24**	**78.47**		
1990	33.98	23.03	1.10	3.24	100.00	1.10	1.30	118.18	5.64
1991	33.98	23.17	2.20	6.47	101.82	2.24	1.50	66.96	6.47
1992	33.92	22.90	3.06	9.02	149.02	4.56	1.66	36.40	7.25
1993	33.84	23.20	3.70	10.93	161.35	5.97	2.30	38.53	9.91
1994	33.83	23.90	2.90	8.57	135.17	3.92	1.60	40.82	6.69
1995	33.56	24.13	4.00	11.92	114.00	4.56	3.30	72.37	13.68
1996	32.80	23.97	2.80	8.54	183.93	5.15	2.70	52.43	11.26
1997	32.75	24.46	2.98	9.10	167.45	4.99	1.50	30.06	6.13
1998	32.69	24.49	3.40	10.40	97.65	3.32	1.20	36.14	4.90
1999	32.69	24.50	1.50	4.59	184.67	2.77	1.12	40.43	4.57
2000	32.64	25.20	2.83	8.67	157.95	4.47	1.32	29.53	5.24

5－14－25　江西省乐平县历年棉花生产收购

年　度	耕地面积（万亩）	农业人口（万人）	棉田面积（万亩）	占耕地（%）	亩　产（市斤）	产　量（万担）	收购量（万担）	商品率（%）	人均交售（市斤）
52 年合计			**252.93**	**7.85**	**49.21**	**124.46**	**110.81**	**89.03**	**4.88**
11 年小计			**38.93**	**5.03**	**28.51**	**11.10**	**8.94**	**80.54**	**3.11**
占合计%			**15.39**			**8.92**	**8.07**		
1949	63.13	22.60	0.12	0.19	116.67	0.14			
1950	69.18	23.95	0.15	0.22	100.00	0.15			
1951	69.34	25.88	1.74	2.51	28.74	0.50	0.22	44.00	0.85
1952	71.35	25.70	7.50	10.51	31.60	2.37	2.02	85.23	7.86
1953	71.95	25.76	5.15	7.16	21.75	1.12	0.93	83.04	3.61
1954	72.16	25.78	4.04	5.60	13.61	0.55	0.40	72.73	1.55
1955	72.41	25.50	4.61	6.37	10.41	0.48	0.28	58.33	1.10
1956	72.76	25.75	4.80	6.60	31.67	1.52	1.38	90.79	5.36
1957	73.24	27.92	2.86	3.90	43.01	1.23	0.97	78.86	3.47
1958	70.20	28.38	3.88	5.53	39.69	1.54	1.38	89.61	4.86
1959	68.35	29.96	4.08	5.97	36.76	1.50	1.36	90.67	4.54
10 年小计			**61.05**	**9.39**	**45.88**	**28.01**	**25.53**	**91.15**	**7.52**
占合计%			**24.14**			**22.51**	**23.04**		
1960	67.90	30.14	4.18	6.16	22.97	0.96	0.96	100.00	3.19
1961	67.73	31.77	3.36	4.96	20.24	0.68	0.44	64.71	1.38
1962	65.50	31.67	3.45	5.27	28.99	1.00	0.70	70.00	2.21
1963	66.36	33.11	4.34	6.54	56.22	2.44	1.60	65.57	4.83
1964	65.51	33.61	6.02	9.19	52.66	3.17	3.67	115.77	10.92
1965	64.90	33.08	9.03	13.91	64.34	5.81	6.06	104.30	18.32
1966	64.90	34.41	9.92	15.29	35.79	3.55	3.64	102.54	10.58
1967	63.33	34.41	7.89	12.46	37.01	2.92	1.21	41.44	3.52
1968	63.61	37.92	6.06	9.53	67.00	4.06	3.70	91.13	9.76
1969	60.40	39.19	6.80	11.26	50.29	3.42	3.55	103.80	9.06
10 年小计			**65.73**	**11.19**	**41.14**	**27.04**	**25.21**	**93.23**	**5.60**
占合计%			**25.99**			**21.73**	**22.75**		
1970	59.72	39.70	7.48	12.53	45.59	3.41	1.33	39.00	3.35
1971	59.28	40.54	9.56	16.13	12.03	1.15	1.14	99.13	2.81
1972	59.05	41.75	5.98	10.13	63.38	3.79	3.56	93.93	8.53
1973	58.80	43.01	6.12	10.41	24.67	1.51	1.96	129.80	4.56
1974	58.61	44.41	5.67	9.67	52.56	2.98	2.67	89.60	6.01
1975	58.59	45.97	5.45	9.30	47.89	2.61	2.67	102.30	5.81
1976	58.44	47.04	6.08	10.40	48.36	2.94	2.94	100.00	6.25
1977	58.41	48.16	6.64	11.37	41.42	2.75	2.51	91.27	5.21
1978	58.38	49.41	6.50	11.13	39.08	2.54	2.79	109.84	5.65
1979	58.23	50.46	6.25	10.73	53.76	3.36	3.64	108.33	7.21
10 年小计			**48.41**	**8.36**	**54.89**	**26.57**	**26.05**	**98.04**	**4.91**
占合计%			**19.14**			**21.35**	**23.51**		
1980	58.07	50.87	6.61	11.38	42.97	2.84	2.78	97.89	5.46
1981	58.05	50.96	6.53	11.25	42.73	2.79	3.46	124.01	6.79
1982	58.02	51.23	6.42	11.07	58.26	3.74	3.62	96.79	7.07
1983	58.00	52.43	6.16	10.62	52.92	3.26	3.04	93.25	5.80
1984	57.99	52.50	5.46	9.42	68.32	3.73	3.27	87.67	6.23
1985	57.97	53.49	3.98	6.87	76.13	3.03	2.73	90.10	5.10
1986	57.95	53.42	3.29	5.68	69.30	2.28	2.43	106.58	4.55
1987	57.84	54.52	3.27	5.65	58.10	1.90	2.09	110.00	3.83
1988	57.75	55.49	3.36	5.82	36.31	1.22	1.21	99.18	2.18
1989	57.71	55.58	3.33	5.77	53.45	1.78	1.42	79.78	2.55
11 年小计			**38.81**	**6.15**	**81.78**	**31.74**	**25.08**	**79.02**	**3.77**
占合计%			**15.34**			**25.50**	**22.63**		
1990	57.76	58.71	3.33	5.77	65.17	2.17	2.43	111.98	4.14
1991	57.73	59.31	6.09	10.55	103.45	6.30	5.21	82.70	8.78
1992	57.60	59.62	4.40	7.64	102.05	4.49	5.13	114.25	8.60
1993	57.56	60.11	4.02	6.98	85.07	3.42	2.73	79.82	4.54
1994	57.65	60.42	4.06	7.04	86.21	3.50	2.87	82.00	4.75
1995	57.63	60.53	3.49	6.06	40.11	1.40	1.07	76.43	1.77
1996	57.57	60.70	3.61	6.27	87.53	3.16	1.90	60.13	3.13
1997	57.37	60.75	3.73	6.50	93.30	3.48	1.92	55.17	3.16
1998	56.94	61.26	2.94	5.16	61.22	1.80	1.21	67.22	1.98
1999	56.70	61.56	2.00	3.53	58.00	1.16	0.21	18.10	0.34
2000	56.41	61.70	1.14	2.02	75.44	0.86	0.40	46.51	0.65

5-15-1 湖南省1949-2000年产棉县棉花生产收购明细

县市名	耕地面积（万亩）	农业人口（万人）	棉田面积（万亩）	占耕地（%）	亩产（市斤）	产量（万担）	收购量（万担）	商品率（%）	人均交售（市斤）
全省合计			**8745.09**	**7.69**	**89.88**	**7860.02**	**6766.00**	**86.08**	**8.17**
常德市			**4266.08**	**12.26**	**90.09**	**3843.18**	**3473.14**	**90.37**	**16.79**
鼎城区			646.62	10.30	84.90	549.01	455.23	82.92	12.45
澧　县			1154.66	20.04	91.94	1061.57	1003.57	94.54	28.03
汉寿县			409.67	9.87	89.59	367.04	279.26	76.08	9.89
安乡县			672.24	19.33	108.66	730.44	693.68	94.97	34.81
临澧县			382.01	11.88	88.18	336.87	332.06	98.57	19.86
桃源县			588.15	8.04	68.49	402.82	339.54	84.29	8.68
石门县			293.10	7.61	86.74	254.23	240.18	94.47	8.90
西洞庭农场			61.88	18.23	98.92	61.21	51.16	83.58	57.69
津　市			57.74	14.05	138.53	79.99	78.46	98.09	30.80
岳阳市			**1973.82**	**9.25**	**100.89**	**1991.41**	**1652.98**	**83.01**	**10.37**
华容县			860.17	19.61	121.36	1043.86	965.72	92.51	36.93
岳阳县			272.91	6.57	71.54	195.25	131.97	67.59	4.14
临湘市			184.41	6.56	60.33	111.26	113.83	102.31	6.37
湘阴县			73.55	2.36	79.51	58.48	67.36	115.18	2.79
平江县			60.20	1.55	69.55	41.87	28.33	67.66	0.76
汨罗县			76.30	4.23	80.94	61.76	52.99	85.80	2.95
君山农场			158.69	40.18	101.27	160.71	71.73	44.63	63.12
钱粮湖农场			244.74	36.78	113.61	278.04	201.00	72.29	84.18
建新农场			42.85	28.55	93.77	40.18	20.05	49.90	55.94
益阳市			**999.56**	**9.12**	**108.01**	**1079.64**	**913.66**	**84.63**	**12.18**
益阳市郊			14.00	9.95	141.43	19.80	14.08	71.11	11.90
赫山区			104.49	5.16	61.72	64.49	47.78	74.09	2.32
南　县			524.09	12.90	115.29	604.23	524.88	86.87	22.11
沅江县			267.96	6.87	105.81	283.52	230.10	81.16	9.62
桃江县			5.00	2.05	124.00	6.20	5.12	82.58	1.78
益阳县			84.02	14.44	120.69	101.40	91.70	90.43	34.17
张家界			**395.77**	**10.94**	**78.44**	**310.46**	**264.33**	**85.14**	**9.67**
慈利县			395.77	10.94	78.44	310.46	264.33	85.14	9.67
衡阳市			**381.10**	**2.97**	**95.49**	**363.91**	**261.97**	**71.99**	**2.13**
耒阳县			113.52	2.82	60.07	68.19	34.38	50.42	0.84
常宁县			46.49	1.45	52.65	24.48	13.70	55.96	0.47
衡阳县			168.39	3.47	93.65	157.69	119.89	76.03	2.63
衡南县			52.70	7.15	215.46	113.55	94.00	82.78	13.06
常武陵区			**93.80**	**10.44**	**20.74**	**19.45**	**24.20**	**124.42**	**23.63**
分散县			**634.96**	**2.17**	**39.68**	**251.97**	**175.72**	**69.74**	**0.74**
湘潭县			53.99	1.19	45.29	24.45	17.36	71.00	0.56
宁乡县			107.54	2.21	43.52	46.80	32.12	68.63	0.78
茶陵县			51.46	2.63	45.96	23.65	17.97	75.98	1.23
攸　县			51.28	1.72	48.50	24.87	14.87	59.79	0.59
邵阳县			72.36	2.43	27.76	20.09	15.05	74.91	0.53
洞口县			60.28	2.37	28.72	17.31	10.56	61.01	0.55
隆回县			51.70	1.52	32.53	16.82	11.64	69.20	0.40
东安县			46.60	2.04	43.78	20.40	16.51	80.93	1.17
溆浦县			102.91	3.76	45.57	46.90	32.66	69.64	1.30
泸溪县			36.84	3.90	28.99	10.68	6.98	65.36	0.88

5－15－2 湖南省1949－1959年产棉县棉花生产收购明细

县市名	耕地面积（万亩）	农业人口（万人）	棉田面积（万亩）	占耕地（%）	亩产（市斤）	产量（万担）	收购量（万担）	商品率（%）	人均交售（市斤）
全省合计			**1195.49**	**5.08**	**27.09**	**323.88**	**241.35**	**74.52**	**1.95**
常德市			**690.58**	**9.15**	**30.34**	**209.49**	**168.94**	**80.64**	**5.21**
鼎城区			113.60	8.86	35.39	40.20	32.10	79.85	6.29
澧　县			226.33	16.25	38.84	87.90	73.67	83.81	11.59
汉寿县			88.04	9.19	24.16	21.27	14.66	68.92	3.20
安乡县			70.02	9.59	13.98	9.79	9.71	99.18	3.60
临澧县			54.20	6.92	34.83	18.88	12.07	63.93	4.46
桃源县			110.30	7.10	16.36	18.04	14.05	77.88	2.14
石门县			28.09	3.31	47.74	13.41	12.68	94.56	2.86
西洞庭农场									
津　市									
岳阳市			**236.22**	**5.81**	**23.76**	**56.12**	**36.68**	**65.36**	**1.74**
华容县			136.70	14.77	24.63	33.67	25.82	76.69	6.45
岳阳县			49.66	4.81	19.88	9.87	5.20	52.68	1.06
临湘市			32.82	5.18	23.00	7.55	4.38	58.01	1.60
湘阴县			4.00	0.66					
平江县			7.13	0.84	35.20	2.51	0.23	9.16	0.04
汨罗县									
君山农场									
钱粮湖农场			2.60	24.93	41.92	1.09	1.05	96.33	29.01
建新农场			3.31	32.80	43.20	1.43			
益阳市			**119.79**	**6.62**	**21.51**	**25.77**	**15.09**	**58.56**	**2.09**
益阳市郊									
赫山区									
南　县			81.06	8.19	23.37	18.94	12.43	65.63	3.15
沅江县			38.73	4.73	17.63	6.83	2.66	38.95	0.81
桃江县									
益阳县									
张家界			**29.02**	**3.57**	**32.94**	**9.56**	**6.00**	**62.76**	**1.33**
慈利县			29.02	3.57	32.94	9.56	6.00	62.76	1.33
衡阳市			**9.67**	**0.36**	**13.34**	**1.29**	**0.16**	**12.40**	**0.01**
耒阳县			8.15	0.92	13.50	1.10	0.08	7.27	0.01
常宁县			1.11	0.15	11.69	0.13	0.02	15.38	0.01
衡阳县			0.41	0.04	14.63	0.06	0.06	100.00	0.01
衡南县									
常武陵区									
分散县			**110.21**	**1.68**	**19.64**	**21.65**	**14.48**	**66.88**	**0.35**
湘潭县			1.80	0.17	15.56	0.28	0.06	21.43	0.01
宁乡县			4.82	0.45	13.28	0.64	0.43	67.19	0.05
茶陵县			13.94	3.22	20.73	2.89	2.09	72.32	0.93
攸　县			8.28	1.25	17.15	1.42	0.80	56.34	0.17
邵阳县			9.71	1.45	11.33	1.10	0.90	81.82	0.19
洞口县			10.44	1.82	10.44	1.09	0.23	21.10	0.07
隆回县			11.20	1.46	37.86	4.24	3.07	72.41	0.67
东安县			4.25	0.83	12.71	0.54			
溆浦县			31.32	4.91	20.50	6.42	5.02	78.19	1.08
泸溪县			14.45	6.45	20.97	3.03	1.88	62.05	1.16

5-15-3　湖南省1960-1969年产棉县棉花生产收购明细

县市名	耕地面积（万亩）	农业人口（万人）	棉田面积（万亩）	占耕地（%）	亩产（市斤）	产量（万担）	收购量（万担）	商品率（%）	人均交售（市斤）
全省合计			**1347.82**	**5.91**	**52.31**	**705.04**	**606.25**	**85.99**	**4.36**
常德市			**673.85**	**9.61**	**57.94**	**390.45**	**388.28**	**99.44**	**11.28**
鼎城区			122.40	9.34	54.25	66.40	63.10	95.03	9.72
澧县			190.31	16.42	71.40	135.88	144.06	106.02	24.07
汉寿县			57.84	7.44	56.85	32.88	36.46	110.89	8.13
安乡县			73.63	10.55	34.50	25.40	24.21	95.31	7.15
临澧县			65.23	10.14	69.00	45.01	43.00	95.53	15.63
桃源县			100.78	6.81	43.16	43.50	37.87	87.06	5.76
石门县			51.21	5.96	72.33	37.04	35.90	96.92	7.78
西洞庭农场			12.45	14.96	34.86	4.34	3.68	84.79	27.48
津市									
岳阳市			**302.44**	**7.29**	**47.57**	**143.88**	**102.62**	**71.33**	**4.22**
华容县			92.56	11.32	49.36	45.69	44.51	97.42	10.78
岳阳县			44.84	5.29	48.31	21.66	14.25	65.79	2.65
临湘市			33.01	5.48	40.56	13.39	14.62	109.21	4.89
湘阴县			9.00	1.43	74.44	6.70	1.50	22.39	0.38
平江县			11.82	1.55	39.09	4.62	1.73	37.45	0.30
汨罗县			8.27	3.92	53.81	4.45	3.18	71.46	1.91
君山农场			33.43	42.03	52.20	17.45			
钱粮湖农场			61.20	36.24	40.64	24.87	22.83	91.80	65.89
建新农场			8.31	25.59	60.77	5.05			
益阳市			**99.60**	**5.20**	**50.96**	**50.76**	**39.02**	**76.87**	**3.53**
益阳市郊赫山区			18.53	5.23	47.98	8.89	3.58	40.27	1.04
南县			53.69	7.01	54.55	29.29	25.72	87.81	6.54
沅江县			27.38	3.44	45.95	12.58	9.72	77.27	2.65
桃江县									
益阳县									
张家界			**57.81**	**7.64**	**74.54**	**43.09**	**40.50**	**93.99**	**8.80**
慈利县			57.81	7.64	74.54	43.09	40.50	93.99	8.80
衡阳市			**46.68**	**1.93**	**38.47**	**17.96**	**8.05**	**44.82**	**0.44**
耒阳县			21.60	2.69	38.43	8.30	3.75	45.18	0.58
常宁县			12.56	1.97	34.63	4.35	1.55	35.63	0.33
衡阳县			12.52	1.28	42.41	5.31	2.75	51.79	0.38
衡南县									
常武陵区									
分散县			**167.44**	**2.55**	**35.18**	**58.90**	**27.78**	**47.16**	**0.60**
湘潭县			13.44	1.30	45.01	6.05	2.80	46.28	0.53
宁乡县			26.99	2.56	34.27	9.25	2.59	28.00	0.32
茶陵县			14.58	3.35	41.02	5.98	3.83	64.05	1.39
攸县			15.71	2.38	48.89	7.68	2.80	36.46	0.51
邵阳县			25.41	3.78	33.88	8.61	5.03	58.42	0.89
洞口县			16.60	2.90	30.24	5.02	2.32	46.22	0.62
隆回县			14.08	1.82	29.62	4.17	2.43	58.27	0.43
东安县			7.69	1.49	21.46	1.65	0.98	59.39	0.37
溆浦县			22.30	3.57	36.23	8.08	3.68	45.54	0.71
泸溪县			10.64	4.88	22.65	2.41	1.32	54.77	0.78

5-15-4　湖南省1970-1979年产棉县棉花生产收购明细

县市名	耕地面积（万亩）	农业人口（万人）	棉田面积（万亩）	占耕地（%）	亩产（市斤）	产量（万担）	收购量（万担）	商品率（%）	人均交售（市斤）
全省合计			**1940.56**	**8.53**	**66.17**	**1283.98**	**1164.45**	**90.69**	**6.59**
常德市			**896.38**	**13.66**	**75.18**	**673.91**	**663.47**	**98.45**	**15.29**
鼎城区			162.80	13.26	73.96	120.40	110.00	91.36	13.82
澧　县			225.65	20.81	91.66	206.83	226.16	109.35	29.88
汉寿县			82.39	11.27	79.27	65.31	60.87	93.20	10.49
安乡县			90.02	13.37	57.34	51.62	49.24	95.39	11.24
临澧县			89.00	14.59	74.03	65.89	62.73	95.20	18.02
桃源县			158.55	11.28	63.16	100.14	95.51	95.38	11.75
石门县			74.48	9.91	72.18	53.76	52.35	97.38	9.02
西洞庭农场			13.49	17.21	73.83	9.96	6.61	66.37	25.71
津　市									
岳阳市			**427.80**	**9.72**	**66.88**	**286.13**	**220.42**	**77.03**	**6.38**
华容县			120.51	14.16	83.91	101.12	99.59	98.49	18.46
岳阳县			62.47	7.92	58.88	36.78	27.79	75.56	4.05
临湘市			48.23	8.36	54.18	26.13	28.99	110.95	7.21
湘阴县			23.70	3.82	42.19	10.00	8.30	83.00	1.65
平江县			14.47	1.95	55.98	8.10	4.03	49.75	0.53
汨罗县			25.06	4.87	52.55	13.17	11.04	83.83	2.30
君山农场			49.50	54.64	70.89	35.09	1.29	3.68	6.26
钱粮湖农场			69.67	39.56	66.83	46.56	38.89	83.53	70.39
建新农场			14.19	35.00	64.69	9.18	0.50	5.45	7.61
益阳市			**177.24**	**8.01**	**64.78**	**114.82**	**103.30**	**89.97**	**6.18**
益阳市郊									
赫山区			51.10	7.28	45.13	23.06	16.93	73.42	2.44
南　县			71.87	9.68	83.46	59.98	56.95	94.95	11.77
沅江县			54.27	7.05	58.56	31.78	29.42	92.57	5.95
桃江县									
益阳县									
张家界			**80.63**	**11.55**	**82.49**	**66.51**	**64.26**	**96.62**	**11.37**
慈利县			80.63	11.55	82.49	66.51	64.26	96.62	11.37
衡阳市			**98.43**	**4.27**	**39.04**	**38.43**	**31.62**	**82.28**	**1.37**
耒阳县			41.44	5.41	33.18	13.75	10.92	79.42	1.34
常宁县			19.19	3.14	34.65	6.65	5.04	75.79	0.85
衡阳县			37.80	4.09	47.70	18.03	15.66	86.86	1.74
衡南县									
常武陵区									
分散县			**260.08**	**3.95**	**40.06**	**104.18**	**81.38**	**78.11**	**1.53**
湘潭县			33.29	3.22	46.32	15.42	12.63	81.91	1.72
宁乡县			55.68	5.22	45.15	25.14	21.07	83.81	2.50
茶陵县			15.80	3.61	54.18	8.56	6.99	81.66	2.20
攸　县			23.44	3.54	53.16	12.46	8.74	70.14	1.51
邵阳县			33.49	4.94	26.28	8.80	7.67	87.16	1.14
洞口县			26.67	4.62	30.03	8.01	5.89	73.53	1.38
隆回县			22.48	2.91	31.85	7.16	5.23	73.04	0.76
东安县			19.29	3.70	32.97	6.36	5.22	82.08	1.75
溆浦县			23.79	3.86	43.51	10.35	6.64	64.15	1.14
泸溪县			6.15	2.90	31.22	1.92	1.30	67.71	0.72

5－15－5　湖南省1980－1989年产棉县棉花生产收购明细

县市名	耕地面积（万亩）	农业人口（万人）	棉田面积（万亩）	占耕地（%）	亩　产（市斤）	产　量（万担）	收购量（万担）	商品率（%）	人均交售（市斤）
全省合计			**1713.57**	**7.60**	**94.73**	**1623.30**	**1484.35**	**91.44**	**7.71**
常德市			**873.47**	**13.19**	**93.34**	**815.31**	**788.82**	**96.75**	**17.23**
鼎城区			113.20	9.13	86.84	98.30	88.70	90.23	10.91
澧　县			262.63	25.67	93.25	244.90	251.63	102.75	32.80
汉寿县			56.23	7.15	96.73	54.39	48.08	88.40	7.74
安乡县			169.14	25.32	109.23	184.75	185.53	100.42	41.79
临澧县			69.62	11.88	81.10	56.46	57.18	101.28	15.48
桃源县			107.53	7.72	91.85	98.77	86.79	87.87	10.29
石门县			69.58	10.03	83.66	58.21	56.21	96.56	9.28
西洞庭农场			11.96	13.93	88.71	10.61	8.75	82.47	31.34
津　市			13.58	9.29	65.68	8.92	5.95	66.70	6.84
岳阳市			**404.59**	**9.51**	**103.15**	**417.35**	**368.46**	**88.29**	**9.99**
华容县			167.81	19.52	130.71	219.34	219.64	100.14	37.73
岳阳县			62.53	8.41	72.43	45.29	35.28	77.90	5.01
临湘市			33.08	6.57	67.59	22.36	27.61	123.48	6.98
湘阴县			16.10	2.65	108.07	17.40	15.00	86.21	2.82
平江县			12.21	1.67	90.83	11.09	7.97	71.87	0.95
汨罗县			20.19	3.92	64.59	13.04	12.08	92.64	2.25
君山农场			28.68	32.93	87.34	25.05	10.16	40.56	38.73
钱粮湖农场			55.73	33.04	104.11	58.02	36.27	62.51	54.12
建新农场			8.26	21.04	69.73	5.76	4.45	77.26	51.93
益阳市			**177.25**	**8.46**	**99.13**	**175.71**	**150.78**	**85.81**	**10.01**
益阳市郊									
赫山区			20.45	5.89	65.72	13.44	11.60	86.31	3.37
南　县			83.69	11.40	111.51	93.32	81.22	87.03	15.73
沅江县			36.51	4.95	103.40	37.75	30.96	82.02	5.69
桃江县									
益阳县			36.60	13.19	85.25	31.20	27.00	86.54	26.55
张家界			**130.28**	**19.61**	**84.60**	**110.22**	**98.66**	**89.51**	**16.59**
慈利县			130.28	19.61	84.60	110.22	98.66	89.51	16.59
衡阳市			**48.49**	**2.14**	**103.05**	**49.97**	**34.52**	**69.08**	**1.34**
耒阳县			13.46	1.78	77.19	10.39	8.28	79.69	0.89
常宁县			4.27	0.70	99.06	4.23	3.61	85.34	0.56
衡阳县			30.76	3.39	114.92	35.35	22.63	64.02	2.25
衡南县									
常武陵区									
分散县			**79.49**	**1.20**	**68.86**	**54.74**	**43.11**	**78.75**	**0.68**
湘潭县			3.97	0.38	58.94	2.34	1.63	69.66	0.17
宁乡县			17.48	1.57	56.35	9.85	7.16	72.69	0.69
茶陵县			5.28	1.20	87.31	4.61	3.72	80.69	0.95
攸　县			3.29	0.50	84.80	2.79	2.26	81.00	0.37
邵阳县			3.21	0.47	40.50	1.30	1.25	96.15	0.16
洞口县			5.63	0.97	47.07	2.65	1.70	64.15	0.33
隆回县			3.49	0.45	31.81	1.11	0.83	74.77	0.10
东安县			13.38	2.54	77.20	10.33	9.03	87.42	2.36
溆浦县			19.48	3.17	87.37	17.02	13.56	79.67	2.05
泸溪县			4.28	2.06	64.02	2.74	1.97	71.90	1.00

5-15-6 湖南省1990-2000年产棉县棉花生产收购明细

县市名	耕地面积（万亩）	农业人口（万人）	棉田面积（万亩）	占耕地（%）	亩产（市斤）	产量（万担）	收购量（万担）	商品率（%）	人均交售（市斤）
全省合计			**2547.64**	**11.56**	**154.02**	**3923.82**	**3269.60**	**83.33**	**16.67**
常德市			**1131.79**	**16.03**	**154.98**	**1754.02**	**1463.63**	**83.44**	**28.81**
鼎城区			134.62	11.05	166.18	223.71	161.33	72.12	18.19
澧　县			249.74	22.61	154.58	386.06	308.05	79.79	37.45
汉寿县			125.17	13.96	154.34	193.19	119.19	61.70	16.63
安乡县			269.43	37.98	170.32	458.88	424.99	92.61	84.55
临澧县			103.96	17.58	144.89	150.63	157.08	104.28	38.45
桃源县			110.99	7.47	128.27	142.37	105.32	73.98	11.15
石门县			69.74	10.00	131.65	91.81	83.04	90.45	13.64
西洞庭农场			23.98	26.05	151.38	36.30	32.12	88.48	148.29
津　市			44.16	16.68	160.94	71.07	72.51	102.03	43.25
岳阳市			**602.77**	**13.48**	**180.49**	**1087.93**	**924.80**	**85.01**	**21.74**
华容县			342.59	36.71	187.99	644.04	576.16	89.46	84.68
岳阳县			53.41	7.20	152.87	81.65	49.45	60.56	6.44
临湘市			37.27	7.56	112.24	41.83	38.23	91.39	9.15
湘阴县			20.75	3.22	117.49	24.38	42.56	174.57	6.65
平江县			14.57	1.84	106.73	15.55	14.37	92.41	1.46
汨罗县			22.78	4.05	136.52	31.10	26.69	85.82	4.35
君山农场			47.08	34.19	176.55	83.12	60.28	72.52	105.62
钱粮湖农场			55.54	39.33	265.57	147.50	101.96	69.13	130.35
建新农场			8.78	31.65	213.67	18.76	15.10	80.49	128.40
益阳市			**425.68**	**14.56**	**167.40**	**712.58**	**605.47**	**84.97**	**24.24**
益阳市郊			14.00	9.95	141.43	19.80	14.08	71.11	11.90
赫山区			14.41	2.32	132.55	19.10	15.67	82.04	2.31
南　县			233.78	28.12	172.26	402.70	348.56	86.56	59.53
沅江县			111.07	14.21	175.19	194.58	157.34	80.86	23.85
桃江县			5.00	2.05	124.00	6.20	5.12	82.58	1.78
益阳县			47.42	15.57	148.04	70.20	64.70	92.17	38.82
张家界			**98.03**	**14.33**	**82.71**	**81.08**	**54.91**	**67.72**	**8.30**
慈利县			98.03	14.33	82.71	81.08	54.91	67.72	8.30
衡阳市			**177.83**	**5.67**	**144.10**	**256.26**	**187.62**	**73.21**	**4.92**
耒阳县			28.87	3.54	120.02	34.65	11.35	32.76	1.01
常宁县			9.36	1.48	97.44	9.12	3.48	38.16	0.46
衡阳县			86.90	9.15	113.86	98.94	78.79	79.63	6.51
衡南县			52.70	7.15	215.46	113.55	94.00	82.78	13.06
常武陵区			**93.80**	**10.44**	**20.74**	**19.45**	**24.20**	**124.42**	**23.63**
分散县			**17.74**	**0.62**	**70.46**	**12.50**	**8.97**	**71.76**	**0.28**
湘潭县			1.49	0.36	24.16	0.36	0.24	66.67	0.06
宁乡县			2.57	0.46	74.71	1.92	0.87	45.31	0.14
茶陵县			1.86	0.88	86.56	1.61	1.34	83.23	0.53
攸　县			0.56	0.17	92.86	0.52	0.27	51.92	0.08
邵阳县			0.54	0.20	51.85	0.28	0.20	71.43	0.06
洞口县			0.94	0.40	57.45	0.54	0.42	77.78	0.16
隆回县			0.45	0.15	31.11	0.14	0.08	57.14	0.02
东安县			1.99	0.94	76.38	1.52	1.28	84.21	0.61
溆浦县			6.02	2.45	83.55	5.03	3.76	74.75	1.28
泸溪县			1.32	1.62	43.94	0.58	0.51	87.93	0.60

5-15-7　湖南省1949年产棉县棉花生产收购明细

县市名	耕地面积（万亩）	农业人口（万人）	棉田面积（万亩）	占耕地（%）	亩产（市斤）	产量（万担）	收购量（万担）	商品率（%）	人均交售（市斤）
全省合计	**1086.13**	**549.67**	**60.38**	**5.56**	**15.17**	**9.16**	**6.35**	**69.32**	**1.16**
常德市	**434.32**	**196.00**	**36.40**	**8.38**	**18.65**	**6.79**	**6.05**	**89.10**	**3.09**
鼎城区									
澧县	106.03	55.18	18.13	17.10	22.89	4.15	5.20	125.30	9.42
汉寿县	82.95	35.80	7.35	8.86	9.39	0.69			
安乡县									
临澧县	71.24	19.62	3.72	5.22	15.05	0.56	0.17	30.36	0.87
桃源县	106.10	48.00	6.00	5.66	19.17	1.15	0.48	41.74	1.00
石门县	68.00	37.40	1.20	1.76	20.00	0.24	0.20	83.33	0.53
西洞庭农场									
津市									
岳阳市	**278.76**	**143.40**	**13.56**	**4.86**	**6.19**	**0.84**	**0.30**	**35.71**	**0.21**
华容县	73.93	31.69	8.96	12.12					
岳阳县	84.58	39.22	3.33	3.94	18.62	0.62	0.30	48.39	0.76
临湘市	48.14	21.76	0.75	1.56	20.00	0.15			
湘阴县									
平江县	72.11	50.73	0.52	0.72	13.46	0.07			
汨罗县									
君山农场									
钱粮湖农场									
建新农场									
益阳市	**88.15**	**33.02**	**6.72**	**7.62**	**15.03**	**1.01**			
益阳市郊									
赫山区									
南县	88.15	33.02	6.72	7.62	15.03	1.01			
沅江县									
桃江县									
益阳县									
张家界	**72.45**	**38.75**	**2.69**	**3.71**	**14.87**	**0.40**			
慈利县	72.45	38.75	2.69	3.71	14.87	0.40			
衡阳市	**212.45**	**138.50**	**1.01**	**0.48**	**11.86**	**0.12**			
耒阳县	64.48	45.00	0.96	1.49	12.50	0.12			
常宁县	62.00	35.50	0.05	0.08					
衡阳县	85.97	58.00							
衡南县									
常武陵区									
分散县									
湘潭县									
宁乡县									
茶陵县									
攸县									
邵阳县									
洞口县									
隆回县									
东安县									
溆浦县									
泸溪县									

5-15-8 湖南省1950年产棉县棉花生产收购明细

县市名	耕地面积（万亩）	农业人口（万人）	棉田面积（万亩）	占耕地（%）	亩产（市斤）	产量（万担）	收购量（万担）	商品率（%）	人均交售（市斤）
全省合计	**1989.47**	**1056.22**	**92.94**	**4.67**	**22.55**	**20.96**	**8.40**	**40.08**	**0.80**
常德市	**524.31**	**234.51**	**45.26**	**8.63**	**25.45**	**11.52**	**7.21**	**62.59**	**3.07**
鼎城区									
澧县	106.10	56.18	19.01	17.92	32.67	6.21	5.49	88.41	9.77
汉寿县	85.00	37.70	8.74	10.28	28.60	2.50	0.67	26.80	1.78
安乡县	69.70	24.82	5.41	7.76	10.54	0.57			
临澧县	73.37	23.07	4.60	6.27	16.09	0.74	0.22	29.73	0.95
桃源县	121.14	54.94	6.00	4.95	20.00	1.20	0.55	45.83	1.00
石门县	69.00	37.80	1.50	2.17	20.00	0.30	0.28	93.33	0.74
西洞庭农场									
津市									
岳阳市	**347.95**	**177.98**	**20.79**	**5.97**	**20.11**	**4.18**	**0.42**	**10.05**	**0.24**
华容县	73.93	33.30	9.99	13.51	26.03	2.60			
岳阳县	90.46	38.24	5.94	6.57	15.99	0.95	0.42	44.21	1.10
临湘市	52.96	22.59	2.55	4.81	21.96	0.56			
湘阴县	58.00	33.00	1.80	3.10					
平江县	72.60	50.85	0.51	0.70	13.73	0.07			
汨罗县									
君山农场									
钱粮湖农场									
建新农场									
益阳市	**171.71**	**64.56**	**14.86**	**8.65**	**22.14**	**3.29**			
益阳市郊									
赫山区									
南县	89.27	33.74	10.58	11.85	20.98	2.22			
沅江县	82.44	30.82	4.28	5.19	25.00	1.07			
桃江县									
益阳县									
张家界	**72.45**	**38.85**	**2.79**	**3.85**	**17.92**	**0.50**	**0.08**	**16.00**	**0.21**
慈利县	72.45	38.85	2.79	3.85	17.92	0.50	0.08	16.00	0.21
衡阳市	**215.55**	**146.76**	**1.18**	**0.55**	**13.56**	**0.16**			
耒阳县	67.32	46.39	1.10	1.63	13.64	0.15			
常宁县	62.00	36.37	0.08	0.13	12.50	0.01			
衡阳县	86.23	64.00							
衡南县									
常武陵区									
分散县	**657.50**	**393.56**	**8.06**	**1.23**	**16.25**	**1.31**	**0.69**	**52.67**	**0.18**
湘潭县	103.13	47.90	0.10	0.10	10.00	0.01			
宁乡县	106.28	80.47	0.08	0.08					
茶陵县	43.00	20.96	1.75	4.07	12.57	0.22	0.12	54.55	0.57
攸县	66.20	40.80	1.41	2.13	14.89	0.21	0.01	4.76	0.02
邵阳县	66.87	45.36							
洞口县	57.62	30.07							
隆回县	76.83	41.78							
东安县	51.27	25.08	0.31	0.60	12.90	0.04			
溆浦县	63.82	45.04	2.99	4.69	20.07	0.60	0.48	80.00	1.07
泸溪县	22.48	16.10	1.42	6.32	16.20	0.23	0.08	34.78	0.50

5－15－9　湖南省1951年产棉县棉花生产收购明细

县市名	耕地面积（万亩）	农业人口（万人）	棉田面积（万亩）	占耕地（%）	亩产（市斤）	产量（万担）	收购量（万担）	商品率（%）	人均交售（市斤）
全省合计	**2168.21**	**1134.88**	**141.70**	**6.54**	**25.91**	**36.71**	**14.81**	**40.34**	**1.30**
常德市	**679.94**	**298.30**	**83.98**	**12.35**	**28.54**	**23.97**	**10.05**	**41.93**	**3.37**
鼎城区	143.50	53.10	9.60	6.69	25.00	2.40	0.70	29.17	1.32
澧　县	106.54	56.35	35.62	33.43	38.10	13.57	5.78	42.59	10.26
汉寿县	86.70	43.50	10.71	12.35	38.28	4.10	1.08	26.34	2.48
安乡县	69.54	25.13	8.00	11.50	16.00	1.28	1.10	85.94	4.38
临澧县	73.15	24.42	4.50	6.15	23.11	1.04	0.35	33.65	1.43
桃源县	128.56	57.29	13.55	10.54	9.00	1.22	0.74	60.66	1.29
石门县	71.95	38.51	2.00	2.78	18.00	0.36	0.30	83.33	0.78
西洞庭农场									
津　市									
岳阳市	**353.69**	**183.88**	**26.00**	**7.35**	**23.65**	**6.15**	**1.29**	**20.98**	**0.70**
华容县	73.93	33.86	16.90	22.86	25.21	4.26	0.45	10.56	1.33
岳阳县	91.58	41.64	5.58	6.09	21.86	1.22	0.84	68.85	2.02
临湘市	54.78	23.73	3.00	5.48	20.00	0.60			
湘阴县	58.00	33.00							
平江县	75.40	51.65	0.52	0.69	13.46	0.07			
汨罗县									
君山农场									
钱粮湖农场									
建新农场									
益阳市	**174.26**	**67.12**	**15.28**	**8.77**	**22.97**	**3.51**	**1.97**	**56.13**	**2.94**
益阳市郊									
赫山区									
南　县	91.82	35.54	10.58	11.52	22.02	2.33	1.97	84.55	5.54
沅江县	82.44	31.58	4.70	5.70	25.11	1.18			
桃江县									
益阳县									
张家界	**72.45**	**39.12**	**2.99**	**4.13**	**20.07**	**0.60**	**0.22**	**36.67**	**0.56**
慈利县	72.45	39.12	2.99	4.13	20.07	0.60	0.22	36.67	0.56
衡阳市	**230.86**	**149.46**	**1.49**	**0.65**	**13.42**	**0.20**			
耒阳县	80.30	47.76	1.24	1.54	14.52	0.18			
常宁县	63.00	37.70	0.25	0.40	8.00	0.02			
衡阳县	87.56	64.00							
衡南县									
常武陵区									
分散县	**657.01**	**397.00**	**11.96**	**1.82**	**19.06**	**2.28**	**1.28**	**56.14**	**0.32**
湘潭县	103.13	47.92	0.20	0.19	10.00	0.02			
宁乡县	106.28	80.51	0.09	0.08					
茶陵县	43.00	21.75	2.49	5.79	17.27	0.43	0.18	41.86	0.83
攸　县	65.93	41.68	1.50	2.28	17.33	0.26	0.15	57.69	0.36
邵阳县	66.87	45.92							
洞口县	57.62	30.21							
隆回县	76.61	42.45							
东安县	51.27	25.12	0.96	1.87	14.58	0.14			
溆浦县	63.82	45.32	4.44	6.96	22.07	0.98	0.86	87.76	1.90
泸溪县	22.48	16.12	2.28	10.14	19.74	0.45	0.09	20.00	0.56

5-15-10　湖南省1952年产棉县棉花生产收购明细

县市名	耕地面积（万亩）	农业人口（万人）	棉田面积（万亩）	占耕地（%）	亩　产（市斤）	产　量（万担）	收购量（万担）	商品率（%）	人均交售（市斤）
全省合计	**2276.01**	**1156.65**	**146.48**	**6.44**	**23.20**	**33.99**	**25.15**	**73.99**	**2.17**
常德市	**738.80**	**302.42**	**83.27**	**11.27**	**22.53**	**18.76**	**15.67**	**83.53**	**5.18**
鼎城区	147.90	54.60	15.00	10.14	25.33	3.80	4.10	107.89	7.51
澧　县	133.19	55.50	29.73	22.32	21.76	6.47	5.88	90.88	10.59
汉寿县	94.95	44.30	11.09	11.68	34.90	3.87	1.53	39.53	3.45
安乡县	70.55	25.45	9.00	12.76	16.00	1.44	2.11	146.53	8.29
临澧县	73.40	24.10	4.50	6.13	24.00	1.08	0.50	46.30	2.07
桃源县	146.53	59.88	11.25	7.68	13.87	1.56	1.10	70.51	1.84
石门县	72.28	38.59	2.70	3.74	20.00	0.54	0.45	83.33	1.17
西洞庭农场									
津　市									
岳阳市	**379.42**	**191.04**	**26.59**	**7.01**	**27.57**	**7.33**	**5.00**	**68.21**	**2.62**
华容县	93.29	36.08	16.15	17.31	30.03	4.85	3.52	72.58	9.76
岳阳县	92.76	45.04	6.25	6.74	25.76	1.61	1.03	63.98	2.29
临湘市	56.12	24.31	3.24	5.77	24.07	0.78	0.44	56.41	1.81
湘阴县	61.00	33.00	0.20	0.33					
平江县	76.25	52.61	0.75	0.98	12.00	0.09	0.01	11.11	0.02
汨罗县									
君山农场									
钱粮湖农场									
建新农场									
益阳市	**174.93**	**69.33**	**16.30**	**9.32**	**25.64**	**4.18**	**2.44**	**58.37**	**3.52**
益阳市郊									
赫山区									
南　县	92.49	36.19	10.00	10.81	26.00	2.60	1.92	73.85	5.31
沅江县	82.44	33.14	6.30	7.64	25.08	1.58	0.52	32.91	1.57
桃江县									
益阳县									
张家界	**72.19**	**39.41**	**2.99**	**4.14**	**25.08**	**0.75**	**0.58**	**77.33**	**1.47**
慈利县	72.19	39.41	2.99	4.14	25.08	0.75	0.58	77.33	1.47
衡阳市	**253.48**	**153.00**	**1.53**	**0.60**	**15.69**	**0.24**			
耒阳县	82.33	48.87	1.43	1.74	15.38	0.22			
常宁县	67.00	39.13	0.10	0.15	20.00	0.02			
衡阳县	104.15	65.00							
衡南县									
常武陵区									
分散县	**657.19**	**401.45**	**15.80**	**2.40**	**17.28**	**2.73**	**1.46**	**53.48**	**0.36**
湘潭县	102.86	47.96	0.19	0.18	15.79	0.03			
宁乡县	106.28	80.85	0.10	0.09					
茶陵县	43.54	21.06	1.77	4.07	18.08	0.32	0.26	81.25	1.23
攸　县	65.93	44.05	1.50	2.28	18.00	0.27	0.20	74.07	0.45
邵阳县	66.89	46.08	1.80	2.69	10.00	0.18	0.16	88.89	0.35
洞口县	57.62	30.73	2.45	4.25	11.43	0.28	0.04	14.29	0.13
隆回县	76.48	43.75	2.41	3.15	14.94	0.36	0.07	19.44	0.16
东安县	51.32	25.14	0.92	1.79	19.57	0.18			
溆浦县	63.82	45.67	3.31	5.19	25.08	0.83	0.60	72.29	1.31
泸溪县	22.45	16.16	1.35	6.01	20.74	0.28	0.13	46.43	0.80

5-15-11 湖南省1953年产棉县棉花生产收购明细

县市名	耕地面积（万亩）	农业人口（万人）	棉田面积（万亩）	占耕地（%）	亩产（市斤）	产量（万担）	收购量（万担）	商品率（%）	人均交售（市斤）
全省合计	**2285.04**	**1173.69**	**145.23**	**6.36**	**19.10**	**27.74**	**19.09**	**68.82**	**1.63**
常德市	**744.49**	**307.89**	**81.38**	**10.93**	**21.34**	**17.37**	**12.14**	**69.89**	**3.94**
鼎城区	147.90	56.20	16.80	11.36	25.00	4.20	2.50	59.52	4.45
澧　县	136.65	56.88	23.23	17.00	25.05	5.82	5.17	88.83	9.09
汉寿县	94.95	45.20	12.51	13.18	23.98	3.00	1.47	49.00	3.25
安乡县	70.81	25.70	8.65	12.22	13.06	1.13	1.13	100.00	4.40
临澧县	71.51	24.15	6.07	8.49	24.88	1.51	0.63	41.72	2.61
桃源县	150.39	60.44	12.02	7.99	9.98	1.20	0.74	61.67	1.22
石门县	72.28	39.32	2.10	2.91	24.29	0.51	0.50	98.04	1.27
西洞庭农场									
津　市									
岳阳市	**377.12**	**193.66**	**25.39**	**6.73**	**18.79**	**4.77**	**3.76**	**78.83**	**1.94**
华容县	87.55	37.02	15.38	17.57	20.03	3.08	3.04	98.70	8.21
岳阳县	96.08	45.19	5.66	5.89	14.49	0.82	0.43	52.44	0.95
临湘市	56.13	24.78	3.45	6.15	22.90	0.79	0.29	36.71	1.17
湘阴县	61.00	34.00	0.20	0.33					
平江县	76.36	52.67	0.70	0.92	11.43	0.08			
汨罗县									
君山农场									
钱粮湖农场									
建新农场									
益阳市	**176.88**	**68.87**	**20.03**	**11.32**	**15.98**	**3.20**	**1.88**	**58.75**	**2.73**
益阳市郊									
赫山区									
南　县	93.81	36.02	13.12	13.99	17.00	2.23	1.48	66.37	4.11
沅江县	83.07	32.85	6.91	8.32	14.04	0.97	0.40	41.24	1.22
桃江县									
益阳县									
张家界	**72.13**	**39.76**	**2.49**	**3.45**	**18.07**	**0.45**	**0.37**	**82.22**	**0.93**
慈利县	72.13	39.76	2.49	3.45	18.07	0.45	0.37	82.22	0.93
衡阳市	**256.58**	**156.05**	**1.69**	**0.66**	**12.43**	**0.21**			
耒阳县	82.95	50.92	1.51	1.82	11.92	0.18			
常宁县	69.00	39.13	0.10	0.14	10.00	0.01			
衡阳县	104.63	66.00	0.08	0.08	25.00	0.02			
衡南县									
常武陵区									
分散县	**657.84**	**407.46**	**14.25**	**2.17**	**12.21**	**1.74**	**0.94**	**54.02**	**0.23**
湘潭县	102.86	48.63	0.18	0.17	16.67	0.03			
宁乡县	106.15	80.90	0.11	0.10					
茶陵县	43.18	21.85	1.57	3.64	15.29	0.24	0.14	58.33	0.64
攸　县	67.07	45.00	0.87	1.30	11.49	0.10	0.04	40.00	0.09
邵阳县	67.34	46.95	1.65	2.45	7.88	0.13	0.04	30.77	0.09
洞口县	57.36	31.98	2.45	4.27	9.80	0.24	0.04	16.67	0.13
隆回县	76.35	44.87	1.95	2.55	6.67	0.13	0.04	30.77	0.09
东安县	51.32	25.18	0.89	1.73	4.49	0.04			
溆浦县	63.76	45.92	3.18	4.99	19.18	0.61	0.58	95.08	1.26
泸溪县	22.45	16.18	1.40	6.24	15.71	0.22	0.06	27.27	0.37

5－15－12　湖南省1954年产棉县棉花生产收购明细

县市名	耕地面积（万亩）	农业人口（万人）	棉田面积（万亩）	占耕地（%）	亩产（市斤）	产量（万担）	收购量（万担）	商品率（%）	人均交售（市斤）
全省合计	**2283.08**	**1188.67**	**86.28**	**3.78**	**8.21**	**7.08**	**7.54**	**106.50**	**0.63**
常德市	**742.68**	**312.36**	**48.09**	**6.48**	**6.51**	**3.13**	**4.52**	**144.41**	**1.45**
鼎城区	144.30	56.50	2.20	1.52	4.55	0.10	0.40	*	0.71
澧　县	136.93	57.58	4.39	3.21	15.72	0.69	1.82	*	3.16
汉寿县	94.95	45.90	12.51	13.18	0.32	0.04	0.27	*	0.59
安乡县	70.68	24.95	9.30	13.16	3.87	0.36	0.36	100.00	1.44
临澧县	71.81	25.21	5.72	7.97	22.20	1.27	1.12	88.19	4.44
桃源县	150.39	61.44	11.28	7.50	2.48	0.28	0.25	89.29	0.41
石门县	73.62	40.78	2.69	3.65	14.50	0.39	0.30	76.92	0.74
西洞庭农场									
津　市									
岳阳市	**378.53**	**196.66**	**17.64**	**4.66**	**9.81**	**1.73**	**1.53**	**88.44**	**0.78**
华容县	87.41	37.11	13.50	15.44	10.37	1.40	1.38	98.57	3.72
岳阳县	97.71	46.21	2.67	2.73	4.87	0.13	0.06	46.15	0.13
临湘市	56.80	24.74	0.77	1.36	22.08	0.17	0.09	52.94	0.36
湘阴县	61.00	34.00							
平江县	75.61	54.60	0.70	0.93	4.29	0.03			
汨罗县									
君山农场									
钱粮湖农场									
建新农场									
益阳市	**174.10**	**68.34**	**7.57**	**4.35**	**6.74**	**0.51**	**0.46**	**90.20**	**0.67**
益阳市郊									
赫山区									
南　县	91.07	36.40	1.57	1.72	15.29	0.24	0.25	104.17	0.69
沅江县	83.03	31.94	6.00	7.23	4.50	0.27	0.21	77.78	0.66
桃江县									
益阳县									
张家界	**72.06**	**40.86**	**1.79**	**2.48**	**22.35**	**0.40**	**0.37**	**92.50**	**0.91**
慈利县	72.06	40.86	1.79	2.48	22.35	0.40	0.37	92.50	0.91
衡阳市	**257.47**	**160.82**	**0.64**	**0.25**	**7.81**	**0.05**			
耒阳县	84.84	52.60	0.54	0.64	7.41	0.04			
常宁县	68.00	41.22	0.10	0.15	10.00	0.01			
衡阳县	104.63	67.00							
衡南县									
常武陵区									
分散县	**658.24**	**409.63**	**10.55**	**1.60**	**11.94**	**1.26**	**0.66**	**52.38**	**0.16**
湘潭县	102.98	48.09	0.14	0.14	14.29	0.02			
宁乡县	106.13	80.94	0.11	0.10					
茶陵县	43.29	22.36	1.10	2.54	15.45	0.17	0.12	70.59	0.54
攸　县	67.28	46.30	0.47	0.70	19.15	0.09	0.01	11.11	0.02
邵阳县	67.11	47.01	1.18	1.76	10.17	0.12	0.10	83.33	0.21
洞口县	57.22	32.06	1.64	2.87	9.15	0.15	0.02	13.33	0.06
隆回县	76.72	45.08	1.37	1.79	3.65	0.05	0.02	40.00	0.04
东安县	51.37	25.21	0.50	0.97	10.00	0.05			
溆浦县	63.74	46.37	2.64	4.14	12.12	0.32	0.16	50.00	0.35
泸溪县	22.40	16.21	1.40	6.25	20.71	0.29	0.23	79.31	1.42

5－15－13　湖南省1955年产棉县棉花生产收购明细

县市名	耕地面积（万亩）	农业人口（万人）	棉田面积（万亩）	占耕地（%）	亩产（市斤）	产量（万担）	收购量（万担）	商品率（%）	人均交售（市斤）
全省合计	**2291.88**	**1199.03**	**114.94**	**5.02**	**26.20**	**30.12**	**23.60**	**78.35**	**1.97**
常德市	**743.47**	**312.40**	**65.05**	**8.75**	**29.76**	**19.36**	**15.87**	**81.97**	**5.08**
鼎城区	141.50	57.30	16.70	11.80	31.74	5.30	4.30	81.13	7.50
澧　县	136.36	57.88	16.56	12.14	44.69	7.40	5.94	80.27	10.26
汉寿县	87.19	40.00	6.08	6.97	21.88	1.33	1.11	83.46	2.78
安乡县	77.69	28.00	7.75	9.98	18.45	1.43	1.43	100.00	5.11
临澧县	71.95	25.80	4.49	6.24	34.97	1.57	1.03	65.61	3.99
桃源县	155.16	62.11	11.28	7.27	15.51	1.75	1.56	89.14	2.51
石门县	73.62	41.31	2.19	2.97	26.48	0.58	0.50	86.21	1.21
西洞庭农场									
津　市									
岳阳市	**385.95**	**200.05**	**23.32**	**6.04**	**25.39**	**5.92**	**4.12**	**69.59**	**2.06**
华容县	87.34	37.20	12.78	14.63	28.17	3.60	3.16	87.78	8.49
岳阳县	100.85	47.41	4.59	4.55	12.20	0.56	0.24	42.86	0.51
临湘市	58.24	25.15	3.77	6.47	24.93	0.94	0.70	74.47	2.78
湘阴县	60.00	35.00	1.50	2.50					
平江县	79.52	55.29	0.68	0.86	120.59	0.82	0.02	2.44	0.04
汨罗县									
君山农场									
钱粮湖农场									
建新农场									
益阳市	**172.79**	**68.43**	**12.70**	**7.35**	**19.53**	**2.48**	**2.01**	**81.05**	**2.94**
益阳市郊									
赫山区									
南　县	91.98	36.38	7.85	8.53	23.44	1.84	1.42	77.17	3.90
沅江县	80.81	32.05	4.85	6.00	13.20	0.64	0.59	92.19	1.84
桃江县									
益阳县									
张家界	**71.96**	**42.13**	**2.50**	**3.47**	**28.00**	**0.70**	**0.61**	**87.14**	**1.45**
慈利县	71.96	42.13	2.50	3.47	28.00	0.70	0.61	87.14	1.45
衡阳市	**259.29**	**162.50**	**0.47**	**0.18**	**8.51**	**0.04**			
耒阳县	85.62	53.86	0.40	0.47	7.50	0.03			
常宁县	69.00	41.64	0.07	0.10	14.29	0.01			
衡阳县	104.67	67.00							
衡南县									
常武陵区									
分散县	**658.42**	**413.52**	**10.90**	**1.66**	**14.86**	**1.62**	**0.99**	**61.11**	**0.24**
湘潭县	103.05	48.18	0.05	0.05					
宁乡县	106.08	81.05	0.11	0.10					
茶陵县	43.29	22.45	0.98	2.26	16.33	0.16	0.12	75.00	0.53
攸　县	67.23	47.00	0.20	0.30	15.00	0.03			
邵阳县	67.12	47.16	1.22	1.82	11.48	0.14	0.13	92.86	0.28
洞口县	57.17	33.18	1.24	2.17	12.90	0.16			
隆回县	76.98	46.39	1.95	2.53	5.13	0.10	0.02	20.00	0.04
东安县	51.32	25.24	0.11	0.21	9.09	0.01			
溆浦县	63.76	46.63	3.40	5.33	20.00	0.68	0.44	64.71	0.94
泸溪县	22.42	16.24	1.64	7.31	20.73	0.34	0.28	82.35	1.72

5－15－14　湖南省1956年产棉县棉花生产收购明细

县市名	耕地面积（万亩）	农业人口（万人）	棉田面积（万亩）	占耕地（%）	亩产（市斤）	产量（万担）	收购量（万担）	商品率（%）	人均交售（市斤）
全省合计	**2318.16**	**1213.89**	**96.60**	**4.17**	**35.60**	**34.39**	**31.64**	**92.00**	**2.61**
常德市	**752.55**	**316.23**	**59.41**	**7.89**	**40.99**	**24.35**	**22.84**	**93.80**	**7.22**
鼎城区	139.10	58.30	13.70	9.85	38.69	5.30	5.70	107.55	9.78
澧县	136.18	59.23	18.86	13.85	56.57	10.67	9.43	88.38	15.92
汉寿县	85.10	40.70	5.23	6.15	31.36	1.64	1.87	114.02	4.59
安乡县	76.81	28.11	6.14	7.99	19.87	1.22	1.22	100.00	4.34
临澧县	71.74	26.20	4.12	5.74	57.04	2.35	1.69	71.91	6.45
桃源县	155.05	62.06	9.05	5.84	23.20	2.10	1.88	89.52	3.03
石门县	88.57	41.63	2.31	2.61	46.32	1.07	1.05	98.13	2.52
西洞庭农场									
津市									
岳阳市	**400.55**	**200.92**	**19.76**	**4.93**	**29.81**	**5.89**	**5.02**	**85.23**	**2.50**
华容县	87.85	37.80	11.68	13.30	29.71	3.47	3.80	109.51	10.05
岳阳县	101.90	47.22	3.64	3.57	20.05	0.73	0.38	52.05	0.80
临湘市	62.97	25.56	3.96	6.29	27.02	1.07	0.83	77.57	3.25
湘阴县	66.00	34.00							
平江县	80.03	55.86	0.48	0.60	129.17	0.62	0.01	1.61	0.02
汨罗县									
君山农场									
钱粮湖农场									
建新农场	1.80	0.48							
益阳市	**173.97**	**71.22**	**7.88**	**4.53**	**28.43**	**2.24**	**2.30**	**102.68**	**3.23**
益阳市郊									
赫山区									
南县	91.35	37.12	6.40	7.01	29.69	1.90	1.99	104.74	5.36
沅江县	82.62	34.10	1.48	1.79	22.97	0.34	0.31	91.18	0.91
桃江县									
益阳县									
张家界	**71.80**	**42.29**	**2.05**	**2.86**	**44.88**	**0.92**	**0.71**	**77.17**	**1.68**
慈利县	71.80	42.29	2.05	2.86	44.88	0.92	0.71	77.17	1.68
衡阳市	**261.16**	**166.27**	**0.18**	**0.07**	**16.67**	**0.03**			
耒阳县	87.49	54.57	0.15	0.17	13.33	0.02			
常宁县	69.00	42.70	0.03	0.04	33.33	0.01			
衡阳县	104.67	69.00							
衡南县									
常武陵区									
分散县	**658.13**	**416.96**	**7.32**	**1.11**	**13.11**	**0.96**	**0.77**	**80.21**	**0.18**
湘潭县	103.05	48.29	0.05	0.05					
宁乡县	106.10	81.10	0.10	0.09					
茶陵县	43.76	22.95	0.66	1.51	18.18	0.12	0.09	75.00	0.39
攸县	66.46	47.20	0.06	0.09					
邵阳县	67.07	47.24	0.94	1.40	7.45	0.07	0.05	71.43	0.11
洞口县	57.21	33.92	0.57	1.00	7.02	0.04			
隆回县	76.98	47.69	0.69	0.90	11.59	0.08	0.02	25.00	0.04
东安县	51.36	25.28	0.18	0.35					
溆浦县	63.72	47.02	2.87	4.50	14.98	0.43	0.39	90.70	0.83
泸溪县	22.42	16.27	1.20	5.35	18.33	0.22	0.22	100.00	1.35

5－15－15　湖南省1957年产棉县棉花生产收购明细

县市名	耕地面积（万亩）	农业人口（万人）	棉田面积（万亩）	占耕地（%）	亩产（市斤）	产量（万担）	收购量（万担）	商品率（%）	人均交售（市斤）
全省合计	**2327.03**	**1237.84**	**94.30**	**4.05**	**37.86**	**35.70**	**31.71**	**88.82**	**2.56**
常德市	**749.35**	**322.45**	**56.90**	**7.59**	**41.58**	**23.66**	**22.61**	**95.56**	**7.01**
鼎城区	139.10	58.40	14.20	10.21	45.07	6.40	6.60	103.13	11.30
澧　县	136.44	60.33	18.04	13.22	46.51	8.39	7.76	92.49	12.86
汉寿县	84.13	41.40	4.33	5.15	36.95	1.60	2.12	132.50	5.12
安乡县	75.95	29.02	4.75	6.25	16.00	0.76	0.76	100.00	2.62
临澧县	71.06	26.86	4.98	7.01	50.80	2.53	1.86	73.52	6.92
桃源县	154.16	63.70	8.10	5.25	27.53	2.23	1.81	81.17	2.84
石门县	88.51	42.74	2.50	2.82	70.00	1.75	1.70	97.14	3.98
西洞庭农场									
津　市									
岳阳市	**405.62**	**206.89**	**19.66**	**4.85**	**35.81**	**7.04**	**5.53**	**78.55**	**2.67**
华容县	96.46	38.97	10.90	11.30	42.02	4.58	4.44	96.94	11.39
岳阳县	98.23	48.93	4.12	4.19	26.94	1.11	0.45	40.54	0.92
临湘市	63.30	26.57	3.35	5.29	25.37	0.85	0.62	72.94	2.33
湘阴县	64.00	36.00							
平江县	81.32	56.00	0.82	1.01	26.83	0.22	0.02	9.09	0.04
汨罗县									
君山农场									
钱粮湖农场									
建新农场	2.31	0.42	0.47	20.35	59.57	0.28			
益阳市	**173.93**	**71.94**	**6.98**	**4.01**	**29.80**	**2.08**	**1.65**	**79.33**	**2.29**
益阳市郊									
赫山区									
南　县	91.60	37.87	5.17	5.64	32.11	1.66	1.36	81.93	3.59
沅江县	82.33	34.07	1.81	2.20	23.20	0.42	0.29	69.05	0.85
桃江县									
益阳县									
张家界	**80.00**	**43.06**	**2.51**	**3.14**	**47.81**	**1.20**	**0.77**	**64.17**	**1.79**
慈利县	80.00	43.06	2.51	3.14	47.81	1.20	0.77	64.17	1.79
衡阳市	**260.26**	**171.57**	**0.41**	**0.16**	**14.63**	**0.06**	**0.06**	**100.00**	**0.03**
耒阳县	86.59	56.54	0.27	0.31	18.52	0.05	0.01	20.00	0.02
常宁县	69.00	44.03	0.07	0.10	14.29	0.01			
衡阳县	104.67	71.00	0.07	0.07			0.05		0.07
衡南县									
常武陵区									
分散县	**657.87**	**421.93**	**7.84**	**1.19**	**21.17**	**1.66**	**1.09**	**65.66**	**0.26**
湘潭县	103.24	48.35	0.04	0.04					
宁乡县	106.15	81.23	0.12	0.11					
茶陵县	43.18	23.00	0.41	0.95	39.02	0.16	0.11	68.75	0.48
攸　县	66.46	47.60	0.07	0.11					
邵阳县	67.07	48.86	0.99	1.48	9.09	0.09	0.07	77.78	0.14
洞口县	57.27	34.63	0.70	1.22	5.71	0.04			
隆回县	77.08	48.92	0.90	1.17	14.44	0.13	0.08	61.54	0.16
东安县	51.33	25.37	0.18	0.35	22.22	0.04			
溆浦县	63.72	47.59	3.00	4.71	28.67	0.86	0.57	66.28	1.20
泸溪县	22.37	16.38	1.43	6.39	23.78	0.34	0.26	76.47	1.59

5－15－16　湖南省1958年产棉县棉花生产收购明细

县市名	耕地面积（万亩）	农业人口（万人）	棉田面积（万亩）	占耕地（%）	亩　产（市斤）	产　量（万担）	收购量（万担）	商品率（%）	人均交售（市斤）
全省合计	**2267.28**	**1234.81**	**85.77**	**3.78**	**42.70**	**36.62**	**28.48**	**77.77**	**2.31**
常德市	**727.38**	**320.25**	**52.11**	**7.16**	**48.42**	**25.23**	**20.55**	**81.45**	**6.42**
鼎城区	139.30	57.90	11.80	8.47	50.00	5.90	4.30	72.88	7.43
澧　县	129.77	60.52	16.80	12.95	57.68	9.69	6.53	67.39	10.79
汉寿县	83.26	41.10	4.28	5.14	25.93	1.11	2.21	199.10	5.38
安乡县	75.66	28.74	4.64	6.13	14.22	0.66	0.66	100.00	2.30
临澧县	68.58	25.59	4.49	6.55	64.14	2.88	2.42	84.03	9.46
桃源县	144.81	63.64	7.30	5.04	32.88	2.40	2.03	84.58	3.19
石门县	86.00	42.76	2.80	3.26	92.50	2.59	2.40	92.66	5.61
西洞庭农场									
津　市									
岳阳市	**379.68**	**205.36**	**18.36**	**4.84**	**31.21**	**5.73**	**3.90**	**68.06**	**1.90**
华容县	85.09	38.79	9.25	10.87	32.54	3.01	2.48	82.39	6.39
岳阳县	91.50	46.36	3.40	3.72	32.94	1.12	0.58	51.79	1.25
临湘市	62.00	26.80	3.56	5.74	26.12	0.93	0.78	83.87	2.91
湘阴县	59.00	37.00	0.30	0.51					
平江县	79.24	55.84	0.53	0.67	24.53	0.13	0.06	46.15	0.11
汨罗县									
君山农场									
钱粮湖农场									
建新农场	2.85	0.57	1.32	46.32	40.91	0.54			
益阳市	**171.94**	**70.12**	**5.60**	**3.26**	**25.00**	**1.40**	**1.34**	**95.71**	**1.91**
益阳市郊									
赫山区									
南　县	90.70	36.45	4.28	4.72	29.21	1.25	1.11	88.80	3.05
沅江县	81.24	33.67	1.32	1.62	11.36	0.15	0.23	153.33	0.68
桃江县									
益阳县									
张家界	**79.06**	**43.49**	**2.32**	**2.93**	**57.76**	**1.34**	**0.70**	**52.24**	**1.61**
慈利县	79.06	43.49	2.32	2.93	57.76	1.34	0.70	52.24	1.61
衡阳市	**251.32**	**171.29**	**0.25**	**0.10**	**20.00**	**0.05**	**0.03**	**60.00**	**0.02**
耒阳县	83.49	55.60	0.20	0.24	20.00	0.04	0.01	25.00	0.02
常宁县	69.00	44.69	0.04	0.06	25.00	0.01	0.02	*	0.04
衡阳县	98.83	71.00	0.01	0.01					
衡南县									
常武陵区									
分散县	**657.90**	**424.30**	**7.13**	**1.08**	**40.25**	**2.87**	**1.96**	**68.29**	**0.46**
湘潭县	103.24	48.43	0.05	0.05					
宁乡县	106.20	81.35	0.10	0.09	20.00	0.02	0.01	50.00	0.01
茶陵县	43.25	23.01	0.58	1.34	25.86	0.15	0.11	73.33	0.48
攸　县	66.47	48.00	0.17	0.26	29.41	0.05	0.02	40.00	0.04
邵阳县	67.07	49.18	0.88	1.31	18.18	0.16	0.09	56.25	0.18
洞口县	57.18	34.86	0.51	0.89	11.76	0.06			
隆回县	77.08	49.32	0.77	1.00	187.01	1.44	1.05	72.92	2.13
东安县	51.47	25.42	0.08	0.16	25.00	0.02			
溆浦县	63.58	48.27	2.74	4.31	20.80	0.57	0.37	64.91	0.77
泸溪县	22.36	16.46	1.25	5.59	32.00	0.40	0.31	77.50	1.88

5－15－17 湖南省1959年产棉县棉花生产收购明细

县市名	耕地面积（万亩）	农业人口（万人）	棉田面积（万亩）	占耕地（%）	亩产（市斤）	产量（万担）	收购量（万担）	商品率（%）	人均交售（市斤）
全省合计	**2229.20**	**1239.59**	**130.87**	**5.87**	**39.28**	**51.41**	**44.58**	**86.71**	**3.60**
常德市	**712.15**	**319.91**	**78.73**	**11.06**	**44.90**	**35.35**	**31.43**	**88.91**	**9.82**
鼎城区	139.70	58.30	13.60	9.74	50.00	6.80	3.50	51.47	6.00
澧　县	128.31	59.99	25.96	20.23	57.16	14.84	14.67	98.85	24.45
汉寿县	78.75	42.10	5.21	6.62	26.68	1.39	2.33	167.63	5.53
安乡县	72.58	29.81	6.38	8.79	14.73	0.94	0.94	100.00	3.15
临澧县	65.84	25.86	7.01	10.65	47.79	3.35	2.08	62.09	8.04
桃源县	141.97	61.68	14.47	10.19	20.39	2.95	2.91	98.64	4.72
石门县	85.00	42.17	6.10	7.18	83.28	5.08	5.00	98.43	11.86
西洞庭农场									
津　市									
岳阳市	**381.46**	**206.19**	**25.15**	**6.59**	**26.00**	**6.54**	**5.81**	**88.84**	**2.82**
华容县	78.88	38.50	11.21	14.21	25.16	2.82	3.55	125.89	9.22
岳阳县	86.54	46.26	4.48	5.18	22.32	1.00	0.47	47.00	1.02
临湘市	62.00	27.00	4.42	7.13	16.06	0.71	0.63	88.73	2.33
湘阴县	62.00	37.00							
平江县	78.48	53.17	0.92	1.17	33.70	0.31	0.11	35.48	0.21
汨罗县									
君山农场									
钱粮湖农场	10.43	3.62	2.60	24.93	41.92	1.09	1.05	96.33	29.01
建新农场	3.13	0.64	1.52	48.56	40.13	0.61			
益阳市	**156.43**	**69.34**	**5.87**	**3.75**	**31.86**	**1.87**	**1.04**	**55.61**	**1.50**
益阳市郊									
赫山区									
南　县	78.02	36.45	4.79	6.14	34.66	1.66	0.93	56.02	2.55
沅江县	78.41	32.89	1.08	1.38	19.44	0.21	0.11	52.38	0.33
桃江县									
益阳县									
张家界	**77.00**	**43.15**	**3.90**	**5.06**	**58.97**	**2.30**	**1.59**	**69.13**	**3.68**
慈利县	77.00	43.15	3.90	5.06	58.97	2.30	1.59	69.13	3.68
衡阳市	**244.64**	**168.71**	**0.82**	**0.34**	**15.85**	**0.13**	**0.07**	**53.85**	**0.04**
耒阳县	82.17	55.59	0.35	0.43	20.00	0.07	0.06	85.71	0.11
常宁县	64.00	43.12	0.22	0.34	9.09	0.02			
衡阳县	98.47	70.00	0.25	0.25	16.00	0.04	0.01	25.00	0.01
衡南县									
常武陵区									
分散县	**657.52**	**432.29**	**16.40**	**2.49**	**31.83**	**5.22**	**4.64**	**88.89**	**1.07**
湘潭县	103.16	48.57	0.80	0.78	21.25	0.17	0.06	35.29	0.12
宁乡县	106.25	81.36	3.90	3.67	15.90	0.62	0.42	67.74	0.52
茶陵县	43.25	24.32	2.63	6.08	34.98	0.92	0.84	91.30	3.45
攸　县	66.00	50.49	2.03	3.08	20.20	0.41	0.37	90.24	0.73
邵阳县	67.08	50.36	1.05	1.57	20.00	0.21	0.26	123.81	0.52
洞口县	57.18	35.76	0.88	1.54	13.64	0.12	0.13	108.33	0.36
隆回县	77.19	50.46	1.16	1.50	168.10	1.95	1.77	90.77	3.51
东安县	51.47	25.46	0.12	0.23	16.67	0.02			
溆浦县	63.58	48.92	2.75	4.33	19.64	0.54	0.57	105.56	1.17
泸溪县	22.36	16.59	1.08	4.83	24.07	0.26	0.22	84.62	1.33

5－15－18　湖南省1960年产棉县棉花生产收购明细

县市名	耕地面积（万亩）	农业人口（万人）	棉田面积（万亩）	占耕地（%）	亩　产（市斤）	产　量（万担）	收购量（万担）	商品率（%）	人均交售（市斤）
全省合计	**2248.14**	**1220.39**	**113.26**	**5.04**	**39.10**	**44.28**	**37.94**	**85.68**	**3.11**
常德市	**717.32**	**307.29**	**68.56**	**9.56**	**39.83**	**27.31**	**25.05**	**91.72**	**8.15**
鼎城区	140.00	57.50	11.40	8.14	38.60	4.40	3.80	86.36	6.61
澧　县	117.64	55.00	22.38	19.02	44.33	9.92	10.58	106.65	19.24
汉寿县	77.26	41.10	5.58	7.22	47.85	2.67	1.78	66.67	4.33
安乡县	72.51	29.95	5.98	8.25	12.54	0.75	0.61	81.33	2.04
临澧县	66.21	25.49	6.39	9.65	51.49	3.29	2.26	68.69	8.87
桃源县	151.07	57.38	9.55	6.32	26.60	2.54	2.47	97.24	4.30
石门县	85.00	39.84	6.00	7.06	56.33	3.38	3.30	97.63	8.28
西洞庭农场	7.63	1.03	1.28	16.78	28.13	0.36	0.25	69.44	24.27
津　市									
岳阳市	**395.15**	**205.07**	**22.76**	**5.76**	**39.32**	**8.95**	**5.56**	**62.12**	**2.71**
华容县	79.30	36.94	10.36	13.06	28.76	2.98	2.69	90.27	7.28
岳阳县	88.65	46.47	2.77	3.12	27.44	0.76	0.53	69.74	1.14
临湘市	62.05	25.83	2.18	3.51	10.55	0.23	0.28	121.74	1.08
湘阴县	64.00	37.00							
平江县	79.15	53.32	0.52	0.66	15.38	0.08	0.06	75.00	0.11
汨罗县									
君山农场	4.07	1.40	1.86	45.70	120.97	2.25			
钱粮湖农场	14.45	3.36	4.10	28.37	50.00	2.05	2.00	97.56	59.52
建新农场	3.48	0.75	0.97	27.87	61.86	0.60			
益阳市	**156.69**	**65.40**	**5.85**	**3.73**	**36.24**	**2.12**	**1.94**	**91.51**	**2.97**
益阳市郊									
赫山区									
南　县	77.94	34.48	5.34	6.85	37.64	2.01	1.88	93.53	5.45
沅江县	78.75	30.92	0.51	0.65	21.57	0.11	0.06	54.55	0.19
桃江县									
益阳县									
张家界	**76.80**	**40.66**	**5.80**	**7.55**	**72.41**	**4.20**	**4.09**	**97.38**	**10.06**
慈利县	76.80	40.66	5.80	7.55	72.41	4.20	4.09	97.38	10.06
衡阳市	**244.20**	**163.19**	**0.35**	**0.14**	**9.43**	**0.03**	**0.03**	**90.91**	**0.02**
耒阳县	82.45	56.01	0.11	0.13	20.91	0.02	0.02	86.96	0.04
常宁县	64.00	42.18	0.09	0.14			0.01		0.02
衡阳县	97.75	65.00	0.15	0.15	6.67	0.01			
衡南县									
常武陵区									
分散县	**657.98**	**438.78**	**9.94**	**1.51**	**16.80**	**1.67**	**1.27**	**76.05**	**0.29**
湘潭县	103.51	49.62	0.08	0.08	25.00	0.02	0.01	50.00	0.02
宁乡县	107.32	82.04	2.10	1.96	13.33	0.28	0.27	96.43	0.33
茶陵县	43.25	24.39	2.26	5.23	15.49	0.35	0.27	77.14	1.11
攸　县	65.98	53.00	1.11	1.68	18.02	0.20	0.27	135.00	0.51
邵阳县	67.11	51.02	0.68	1.01	13.24	0.09	0.08	88.89	0.16
洞口县	57.24	36.04	0.35	0.61	8.57	0.03	0.04	133.33	0.11
隆回县	77.26	51.02	0.28	0.36	10.71	0.03	0.04	133.33	0.08
东安县	51.62	25.58	0.03	0.06					
溆浦县	62.72	49.36	2.52	4.02	22.62	0.57	0.25	43.86	0.51
泸溪县	21.97	16.71	0.53	2.41	18.87	0.10	0.04	40.00	0.24

5－15－19　湖南省1961年产棉县棉花生产收购明细

县市名	耕地面积（万亩）	农业人口（万人）	棉田面积（万亩）	占耕地（%）	亩产（市斤）	产量（万担）	收购量（万担）	商品率（%）	人均交售（市斤）
全省合计	**2220.93**	**1227.88**	**101.13**	**4.55**	**30.03**	**30.37**	**27.51**	**90.57**	**2.24**
常德市	**703.04**	**305.37**	**59.27**	**8.43**	**30.16**	**17.87**	**17.97**	**100.54**	**5.88**
鼎城区	131.70	57.30	10.00	7.59	26.00	2.60	2.30	88.46	4.01
澧　县	115.47	53.36	18.79	16.27	34.43	6.47	7.19	111.13	13.47
汉寿县	78.04	40.20	5.09	6.52	26.78	1.36	1.38	101.25	3.43
安乡县	70.70	29.80	5.75	8.13	15.30	0.88	0.84	95.45	2.82
临澧县	64.12	24.82	6.65	10.37	36.69	2.44	2.54	104.10	10.23
桃源县	149.63	58.14	6.83	4.56	23.43	1.60	1.52	95.00	2.61
石门县	85.69	40.71	4.70	5.48	46.60	2.19	2.00	91.32	4.91
西洞庭农场	7.69	1.04	1.46	18.99	22.60	0.33	0.20	60.61	19.23
津　市									
岳阳市	**388.25**	**205.89**	**22.70**	**5.85**	**31.54**	**7.16**	**4.79**	**66.90**	**2.33**
华容县	77.73	36.79	11.41	14.68	26.03	2.97	2.70	90.91	7.34
岳阳县	84.77	48.25	2.48	2.93	19.35	0.48	0.27	56.25	0.56
临湘市	59.00	25.78	1.76	2.98	13.07	0.23	0.25	108.70	0.97
湘阴县	64.00	36.00							
平江县	76.90	53.97	0.56	0.73	12.50	0.07	0.01	14.29	0.02
汨罗县									
君山农场	6.30	1.38	1.62	25.71	87.04	1.41			
钱粮湖农场	14.58	2.97	3.80	26.06	44.21	1.68	1.56	92.86	52.53
建新农场	4.97	0.75	1.07	21.53	29.91	0.32			
益阳市	**155.20**	**66.31**	**6.42**	**4.14**	**22.27**	**1.43**	**1.53**	**106.99**	**2.31**
益阳市郊									
赫山区									
南　县	77.23	34.69	5.10	6.60	21.96	1.12	1.45	129.46	4.18
沅江县	77.97	31.62	1.32	1.69	23.48	0.31	0.08	25.81	0.25
桃江县									
益阳县									
张家界	**75.40**	**40.96**	**6.20**	**8.22**	**46.94**	**2.91**	**2.44**	**83.85**	**5.96**
慈利县	75.40	40.96	6.20	8.22	46.94	2.91	2.44	83.85	5.96
衡阳市	**241.22**	**165.73**	**0.09**	**0.04**	**22.22**	**0.02**	**0.01**	**50.00**	**0.01**
耒阳县	81.47	57.15	0.07	0.09	28.57	0.02	0.01	50.00	0.02
常宁县	62.00	42.58	0.01	0.02					
衡阳县	97.75	66.00	0.01	0.01					
衡南县									
常武陵区									
分散县	**657.82**	**443.62**	**6.45**	**0.98**	**15.19**	**0.98**	**0.77**	**78.57**	**0.17**
湘潭县	103.49	49.66	0.06	0.06					
宁乡县	107.16	82.04	1.15	1.07	7.83	0.09	0.03	33.33	0.04
茶陵县	43.36	24.57	0.78	1.80	26.92	0.21	0.19	90.48	0.77
攸　县	65.98	53.08	0.41	0.62	26.83	0.11	0.10	90.91	0.19
邵阳县	67.08	52.96	0.74	1.10	10.81	0.08	0.05	62.50	0.09
洞口县	57.21	36.23	0.55	0.96	7.27	0.04	0.03	75.00	0.08
隆回县	77.26	52.72	0.42	0.54	14.29	0.06	0.04	66.67	0.08
东安县	51.65	25.79							
溆浦县	62.67	49.83	1.66	2.65	19.28	0.32	0.30	93.75	0.60
泸溪县	21.96	16.74	0.68	3.10	10.29	0.07	0.03	42.86	0.18

5－15－20　湖南省1962年产棉县棉花生产收购明细

县市名	耕地面积（万亩）	农业人口（万人）	棉田面积（万亩）	占耕地（%）	亩　产（市斤）	产　量（万担）	收购量（万担）	商品率（%）	人均交售（市斤）
全省合计	**2222.43**	**1268.09**	**91.23**	**4.10**	**39.31**	**35.86**	**34.71**	**96.80**	**2.74**
常德市	**703.19**	**319.65**	**53.80**	**7.65**	**46.60**	**25.07**	**24.96**	**99.56**	**7.81**
鼎城区	131.80	60.30	10.00	7.59	32.00	3.20	3.00	93.75	4.98
澧　县	114.58	55.67	16.05	14.01	66.73	10.71	10.66	99.53	19.15
汉寿县	78.02	41.90	4.16	5.33	31.01	1.29	1.50	116.28	3.58
安乡县	70.91	31.38	6.42	9.05	19.00	1.22	1.28	104.92	4.08
临澧县	63.99	25.58	5.65	8.83	56.64	3.20	3.36	105.00	13.14
桃源县	150.27	60.84	5.10	3.39	39.02	1.99	1.86	93.47	3.06
石门县	85.71	42.94	5.30	6.18	58.87	3.12	3.00	96.15	6.99
西洞庭农场	7.91	1.04	1.12	14.16	30.36	0.34	0.30	88.24	28.85
津　市									
岳阳市	**390.26**	**213.29**	**19.58**	**5.02**	**29.32**	**5.74**	**5.12**	**89.25**	**2.40**
华容县	81.95	38.75	8.39	10.24	30.04	2.52	2.64	104.76	6.81
岳阳县	85.90	50.18	3.34	3.89	31.44	1.05	0.78	74.29	1.55
临湘市	59.37	27.75	1.21	2.04	20.66	0.25	0.12	49.20	0.44
湘阴县	63.00	37.00							
平江县	76.14	54.80	0.52	0.68	28.85	0.15	0.02	13.33	0.04
汨罗县									
君山农场	6.75	0.91	1.32	19.56	11.36	0.15			
钱粮湖农场	14.80	2.98	4.50	30.41	33.78	1.52	1.56	102.63	52.35
建新农场	2.35	0.92	0.30	12.77	33.33	0.10			
益阳市	**155.40**	**70.54**	**5.99**	**3.85**	**15.86**	**0.95**	**1.37**	**144.21**	**1.94**
益阳市郊									
赫山区									
南　县	77.08	37.62	4.53	5.88	17.22	0.78	1.10	141.03	2.92
沅江县	78.32	32.92	1.46	1.86	11.64	0.17	0.27	158.82	0.82
桃江县									
益阳县									
张家界	**75.30**	**43.11**	**5.24**	**6.96**	**58.59**	**3.07**	**2.78**	**90.55**	**6.45**
慈利县	75.30	43.11	5.24	6.96	58.59	3.07	2.78	90.55	6.45
衡阳市	**242.23**	**172.32**	**0.26**	**0.11**	**15.38**	**0.04**			
耒阳县	81.48	60.62	0.23	0.28	17.39	0.04			
常宁县	63.00	44.70	0.02	0.03					
衡阳县	97.75	67.00	0.01	0.01					
衡南县									
常武陵区									
分散县	**656.05**	**449.18**	**6.36**	**0.97**	**15.57**	**0.99**	**0.48**	**48.48**	**0.11**
湘潭县	103.49	49.66	0.01	0.01					
宁乡县	105.23	82.03	0.13	0.12	15.38	0.02			
茶陵县	43.74	26.93	0.60	1.37	16.67	0.10	0.09	90.00	0.33
攸　县	65.75	53.00	0.32	0.49	9.38	0.03	0.02	66.67	0.04
邵阳县	67.16	54.36	1.35	2.01	13.33	0.18	0.06	33.33	0.11
洞口县	57.19	36.84	0.70	1.22	11.43	0.08	0.04	50.00	0.11
隆回县	77.32	53.42	0.82	1.06	14.63	0.12	0.10	83.33	0.19
东安县	51.65	25.98	0.06	0.12	16.67	0.01			
溆浦县	62.57	50.17	1.58	2.53	24.05	0.38	0.13	34.21	0.26
泸溪县	21.95	16.79	0.79	3.60	8.86	0.07	0.04	57.14	0.24

5－15－21　湖南省1963年产棉县棉花生产收购明细

县市名	耕地面积（万亩）	农业人口（万人）	棉田面积（万亩）	占耕地（%）	亩产（市斤）	产量（万担）	收购量（万担）	商品率（%）	人均交售（市斤）
全省合计	**2234.11**	**1295.21**	**102.15**	**4.57**	**52.20**	**53.32**	**52.86**	**99.13**	**4.08**
常德市	**712.62**	**328.26**	**58.43**	**8.20**	**57.41**	**33.54**	**36.82**	**109.77**	**11.22**
鼎城区	132.90	62.30	10.90	8.20	40.37	4.40	5.20	118.18	8.35
澧　县	115.32	56.62	17.41	15.10	81.64	14.21	15.99	112.50	28.24
汉寿县	77.96	42.60	5.05	6.48	35.25	1.78	2.74	153.93	6.43
安乡县	71.06	32.36	7.35	10.34	29.39	2.16	2.00	92.59	6.18
临澧县	65.06	26.26	5.74	8.82	73.00	4.19	4.36	104.06	16.60
桃源县	150.35	62.99	6.20	4.12	44.03	2.73	2.77	101.47	4.40
石门县	91.97	44.09	5.00	5.44	75.80	3.79	3.50	92.35	7.94
西洞庭农场	8.00	1.04	0.78	9.75	35.90	0.28	0.26	92.86	25.00
津　市									
岳阳市	**390.92**	**217.22**	**23.13**	**5.92**	**46.52**	**10.76**	**9.00**	**83.64**	**4.14**
华容县	75.80	39.33	7.24	9.55	52.35	3.79	3.97	104.75	10.09
岳阳县	86.40	51.56	4.79	5.54	40.71	1.95	1.31	67.18	2.54
临湘市	60.64	28.17	3.11	5.13	30.87	0.96	1.29	134.38	4.58
湘阴县	64.00	37.00							
平江县	76.11	56.65	1.10	1.45	43.64	0.48	0.06	12.50	0.11
汨罗县									
君山农场	8.35	0.76	1.57	18.80	52.87	0.83			
钱粮湖农场	15.14	3.20	4.80	31.70	51.46	2.47	2.37	95.95	74.06
建新农场	4.48	0.55	0.52	11.61	53.85	0.28			
益阳市	**155.13**	**73.93**	**5.60**	**3.61**	**35.18**	**1.97**	**1.93**	**97.97**	**2.61**
益阳市郊									
赫山区									
南　县	76.47	39.40	3.89	5.09	44.47	1.73	1.67	96.53	4.24
沅江县	78.66	34.53	1.71	2.17	14.04	0.24	0.26	108.33	0.75
桃江县									
益阳县									
张家界	**75.00**	**44.67**	**6.02**	**8.03**	**80.90**	**4.87**	**4.18**	**85.83**	**9.36**
慈利县	75.00	44.67	6.02	8.03	80.90	4.87	4.18	85.83	9.36
衡阳市	**244.63**	**177.82**	**0.40**	**0.16**	**35.00**	**0.14**			
耒阳县	82.00	62.03	0.34	0.41	26.47	0.09			
常宁县	64.00	45.79	0.03	0.05	166.67	0.05			
衡阳县	98.63	70.00	0.03	0.03					
衡南县									
常武陵区									
分散县	**655.81**	**453.31**	**8.57**	**1.31**	**23.80**	**2.04**	**0.93**	**45.59**	**0.21**
湘潭县	103.56	49.75	0.27	0.26	14.81	0.04			
宁乡县	105.40	82.03	0.21	0.20	28.17	0.06			
茶陵县	43.74	26.96	0.67	1.53	47.76	0.32	0.12	37.50	0.45
攸　县	65.84	54.10	0.52	0.79	36.54	0.19	0.06	31.58	0.11
邵阳县	67.16	55.49	1.66	2.47	16.87	0.28	0.15	53.57	0.27
洞口县	57.15	36.92	0.78	1.36	15.38	0.12	0.10	83.33	0.27
隆回县	77.32	54.07	1.13	1.46	15.04	0.17	0.13	76.47	0.24
东安县	51.38	26.32	0.18	0.35	22.22	0.04			
溆浦县	62.43	50.84	1.74	2.79	28.16	0.49	0.24	48.98	0.47
泸溪县	21.83	16.83	1.41	6.46	23.40	0.33	0.13	39.39	0.77

5－15－22　湖南省1964年产棉县棉花生产收购明细

县市名	耕地面积（万亩）	农业人口（万人）	棉田面积（万亩）	占耕地（%）	亩产（市斤）	产量（万担）	收购量（万担）	商品率（%）	人均交售（市斤）
全省合计	**2230.20**	**1318.27**	**119.07**	**5.34**	**48.60**	**57.87**	**53.07**	**91.71**	**4.03**
常德市	**711.67**	**335.03**	**59.47**	**8.36**	**57.61**	**34.26**	**35.05**	**102.31**	**10.46**
鼎城区	136.70	63.00	10.80	7.90	58.33	6.30	6.00	95.24	9.52
澧　县	116.21	57.97	16.61	14.29	78.21	12.99	12.88	99.15	22.22
汉寿县	77.96	43.30	5.17	6.63	34.82	1.80	2.75	152.78	6.35
安乡县	71.11	32.71	7.01	9.86	32.95	2.31	2.72	117.75	8.32
临澧县	64.56	26.83	6.77	10.49	60.40	4.09	4.05	99.05	15.10
桃源县	148.65	64.59	7.35	4.94	40.14	2.95	2.86	96.95	4.43
石门县	88.34	45.58	4.80	5.43	73.13	3.51	3.50	99.72	7.68
西洞庭农场	8.14	1.05	0.96	11.79	32.29	0.31	0.29	93.55	27.62
津　市									
岳阳市	**387.39**	**223.41**	**29.85**	**7.71**	**38.63**	**11.53**	**9.02**	**78.23**	**4.04**
华容县	75.80	39.99	8.53	11.25	49.82	4.25	4.40	103.53	11.00
岳阳县	86.11	52.76	4.54	5.27	33.04	1.50	0.93	62.00	1.76
临湘市	60.56	29.59	3.84	6.34	20.05	0.77	0.82	106.49	2.77
湘阴县	62.00	38.00							
平江县	76.14	58.27	1.85	2.43	36.76	0.68	0.17	25.00	0.29
汨罗县									
君山农场	8.49	0.82	3.09	36.40	41.10	1.27			
钱粮湖农场	15.80	3.37	7.40	46.84	36.76	2.72	2.70	99.26	80.12
建新农场	2.49	0.61	0.60	24.10	56.67	0.34			
益阳市	**156.34**	**75.23**	**5.77**	**3.69**	**33.80**	**1.95**	**2.13**	**109.23**	**2.83**
益阳市郊									
赫山区									
南　县	76.42	39.75	4.05	5.30	40.74	1.65	1.83	110.91	4.60
沅江县	79.92	35.48	1.72	2.15	17.44	0.30	0.30	100.00	0.85
桃江县									
益阳县									
张家界	**75.00**	**45.93**	**6.11**	**8.15**	**72.83**	**4.45**	**4.19**	**94.16**	**9.12**
慈利县	75.00	45.93	6.11	8.15	72.83	4.45	4.19	94.16	9.12
衡阳市	**244.43**	**179.28**	**2.19**	**0.90**	**58.45**	**1.28**	**0.25**	**19.53**	**0.14**
耒阳县	79.80	63.06	0.85	1.07	29.41	0.25	0.14	56.00	0.22
常宁县	66.00	46.22	0.59	0.89	152.54	0.90	0.02	2.22	0.04
衡阳县	98.63	70.00	0.75	0.76	17.33	0.13	0.09	69.23	0.13
衡南县									
常武陵区									
分散县	**655.37**	**459.39**	**15.68**	**2.39**	**28.06**	**4.40**	**2.43**	**55.23**	**0.53**
湘潭县	103.56	49.99	0.85	0.82	24.71	0.21	0.10	47.62	0.20
宁乡县	105.37	82.06	1.60	1.52	23.13	0.37	0.02	5.41	0.02
茶陵县	43.26	28.01	1.62	3.74	39.51	0.64	0.29	45.31	1.04
攸　县	65.89	55.90	1.80	2.73	48.33	0.87	0.25	28.74	0.45
邵阳县	67.18	56.13	2.42	3.60	20.66	0.50	0.48	96.00	0.86
洞口县	57.08	37.03	1.05	1.84	20.00	0.21	0.16	76.19	0.43
隆回县	77.34	55.86	1.44	1.86	19.44	0.28	0.28	100.00	0.50
东安县	51.45	26.57	0.61	1.19	27.87	0.17	0.18	105.88	0.68
溆浦县	62.41	50.92	2.76	4.42	30.80	0.85	0.42	49.41	0.82
泸溪县	21.83	16.92	1.53	7.01	19.61	0.30	0.25	83.33	1.48

5－15－23　湖南省1965年产棉县棉花生产收购明细

县市名	耕地面积（万亩）	农业人口（万人）	棉田面积（万亩）	占耕地（%）	亩产（市斤）	产量（万担）	收购量（万担）	商品率（%）	人均交售（市斤）
全省合计	**2315.19**	**1419.42**	**148.44**	**6.41**	**63.62**	**94.44**	**78.88**	**83.52**	**5.56**
常德市	**707.27**	**347.98**	**67.96**	**9.61**	**74.50**	**50.63**	**50.25**	**99.25**	**14.44**
鼎城区	131.40	67.20	12.90	9.82	72.09	9.30	9.00	96.77	13.39
澧　县	117.43	59.69	19.54	16.64	84.14	16.44	18.08	109.98	30.29
汉寿县	77.96	44.80	5.50	7.05	74.91	4.12	4.14	100.49	9.24
安乡县	71.19	33.79	7.45	10.46	41.34	3.08	3.64	118.18	10.77
临澧县	64.56	27.57	6.11	9.46	102.13	6.24	5.74	91.99	20.82
桃源县	148.18	66.59	10.42	7.03	57.87	6.03	4.65	77.11	6.98
石门县	88.15	46.88	4.99	5.66	96.59	4.82	4.50	93.36	9.60
西洞庭农场	8.40	1.46	1.05	12.50	57.14	0.60	0.50	83.33	34.25
津　市									
岳阳市	**400.06**	**229.89**	**33.86**	**8.46**	**56.94**	**19.28**	**13.87**	**71.94**	**6.03**
华容县	85.40	41.26	9.98	11.69	63.83	6.37	6.35	99.69	15.39
岳阳县	86.78	54.40	5.92	6.82	61.99	3.67	2.41	65.67	4.43
临湘市	60.48	30.23	4.04	6.68	46.04	1.86	1.97	105.91	6.52
湘阴县	62.00	39.00	1.00	1.61	30.00	0.30			
平江县	76.73	60.00	1.57	2.05	47.13	0.74	0.38	51.35	0.63
汨罗县									
君山农场	9.00	0.90	3.48	38.67	64.66	2.25			
钱粮湖农场	16.70	3.47	7.00	41.92	50.00	3.50	2.76	78.86	79.54
建新农场	2.97	0.63	0.87	29.29	67.82	0.59			
益阳市	**226.90**	**147.55**	**11.45**	**5.05**	**58.78**	**6.73**	**4.21**	**62.56**	**2.85**
益阳市郊									
赫山区	71.12	69.80	2.60	3.66	50.38	1.31	0.21	16.03	0.30
南　县	76.04	41.07	5.62	7.39	69.22	3.89	3.35	86.12	8.16
沅江县	79.74	36.68	3.23	4.05	47.37	1.53	0.65	42.48	1.77
桃江县									
益阳县									
张家界	**78.30**	**46.75**	**5.50**	**7.02**	**105.82**	**5.82**	**5.65**	**97.08**	**12.09**
慈利县	78.30	46.75	5.50	7.02	105.82	5.82	5.65	97.08	12.09
衡阳市	**246.69**	**182.74**	**8.00**	**3.24**	**39.25**	**3.14**	**1.25**	**39.81**	**0.68**
耒阳县	82.33	64.97	3.70	4.49	36.22	1.34	0.53	39.55	0.82
常宁县	65.00	47.77	2.01	3.09	36.32	0.73	0.22	30.14	0.46
衡阳县	99.36	70.00	2.29	2.30	46.72	1.07	0.50	46.73	0.71
衡南县									
常武陵区									
分散县	**655.97**	**464.51**	**21.67**	**3.30**	**40.79**	**8.84**	**3.65**	**41.29**	**0.79**
湘潭县	103.84	51.68	2.16	2.08	43.06	0.93	0.16	17.20	0.31
宁乡县	105.20	82.05	4.00	3.80	45.75	1.83	0.21	11.48	0.26
茶陵县	43.54	28.78	1.60	3.67	58.75	0.94	0.60	63.83	2.08
攸　县	65.90	56.01	2.10	3.19	71.43	1.50	0.45	30.00	0.80
邵阳县	67.25	57.42	2.93	4.36	35.15	1.03	0.70	67.96	1.22
洞口县	57.27	37.20	1.60	2.79	25.63	0.41	0.15	36.59	0.40
隆回县	77.36	56.27	2.14	2.77	27.57	0.59	0.32	54.24	0.57
东安县	51.45	26.78	0.93	1.81	31.18	0.29	0.21	72.41	0.78
溆浦县	62.39	51.26	2.50	4.01	36.80	0.92	0.58	63.04	1.13
泸溪县	21.77	17.06	1.71	7.85	23.39	0.40	0.27	67.50	1.58

5-15-24 湖南省1966年产棉县棉花生产收购明细

县市名	耕地面积（万亩）	农业人口（万人）	棉田面积（万亩）	占耕地（%）	亩产（市斤）	产量（万担）	收购量（万担）	商品率（%）	人均交售（市斤）
全省合计	**2345.16**	**1495.18**	**178.19**	**7.60**	**56.87**	**101.33**	**87.88**	**86.73**	**5.88**
常德市	**691.95**	**357.16**	**75.70**	**10.94**	**66.90**	**50.64**	**51.83**	**102.35**	**14.51**
鼎城区	125.30	67.20	14.10	11.25	72.34	10.20	9.70	95.10	14.43
澧　县	117.45	61.94	19.31	16.44	82.76	15.98	17.58	110.01	28.38
汉寿县	77.98	46.30	6.51	8.35	86.94	5.66	6.41	113.25	13.84
安乡县	67.96	35.15	8.00	11.77	50.88	4.07	3.81	93.61	10.84
临澧县	64.24	28.33	6.72	10.46	69.20	4.65	4.93	106.02	17.40
桃源县	146.67	68.50	14.35	9.78	39.51	5.67	5.24	92.42	7.65
石门县	83.55	48.21	5.22	6.25	71.26	3.72	3.60	96.77	7.47
西洞庭农场	8.80	1.53	1.49	16.93	46.31	0.69	0.56	81.16	36.60
津　市									
岳阳市	**451.06**	**276.20**	**38.40**	**8.51**	**52.40**	**20.12**	**15.46**	**76.84**	**5.60**
华容县	85.40	42.65	9.37	10.97	62.65	5.87	5.24	89.27	12.29
岳阳县	84.39	56.02	5.32	6.30	53.20	2.83	1.84	65.02	3.28
临湘市	60.73	31.24	4.30	7.08	51.86	2.23	2.96	132.74	9.48
湘阴县	61.00	40.00	2.00	3.28	40.00	0.80	0.60	75.00	1.50
平江县	76.08	61.49	1.56	2.05	32.69	0.51	0.33	64.71	0.54
汨罗县	53.67	39.72	2.01	3.75	46.27	0.93	0.58	62.37	1.46
君山农场	9.14	0.87	5.10	55.80	52.75	2.69			
钱粮湖农场	17.83	3.63	7.80	43.75	48.72	3.80	3.91	102.89	107.71
建新农场	2.82	0.58	0.94	33.33	48.94	0.46			
益阳市	**226.77**	**151.04**	**14.92**	**6.58**	**64.21**	**9.58**	**6.43**	**67.12**	**4.26**
益阳市郊									
赫山区	71.12	69.80	4.80	6.75	44.38	2.13	0.89	41.78	1.28
南　县	76.41	42.46	5.61	7.34	83.78	4.70	3.38	71.91	7.96
沅江县	79.24	38.78	4.51	5.69	60.98	2.75	2.16	78.55	5.57
桃江县									
益阳县									
张家界	**76.20**	**48.11**	**5.36**	**7.03**	**62.87**	**3.37**	**3.35**	**99.41**	**6.96**
慈利县	76.20	48.11	5.36	7.03	62.87	3.37	3.35	99.41	6.96
衡阳市	**242.97**	**190.03**	**13.75**	**5.66**	**43.13**	**5.93**	**4.11**	**69.31**	**2.16**
耒阳县	79.85	66.80	6.60	8.27	46.21	3.05	2.10	68.85	3.14
常宁县	64.00	49.23	4.13	6.45	33.41	1.38	0.82	59.42	1.67
衡阳县	99.12	74.00	3.02	3.05	49.67	1.50	1.19	79.33	1.61
衡南县									
常武陵区									
分散县	**656.21**	**472.64**	**30.06**	**4.58**	**38.89**	**11.69**	**6.70**	**57.31**	**1.42**
湘潭县	103.72	54.20	3.77	3.63	44.03	1.66	0.55	33.13	1.01
宁乡县	105.10	82.11	5.56	5.29	31.65	1.76	0.77	43.75	0.94
茶陵县	43.84	28.36	2.00	4.56	57.50	1.15	0.85	73.91	3.00
攸　县	66.00	56.07	2.71	4.11	54.61	1.48	0.82	55.41	1.46
邵阳县	67.25	58.94	4.39	6.53	41.46	1.82	1.44	79.12	2.44
洞口县	57.27	37.94	3.55	6.20	36.34	1.29	0.90	69.77	2.37
隆回县	77.31	58.98	2.21	2.86	42.53	0.94	0.42	44.68	0.71
东安县	51.56	27.17	2.00	3.88	18.00	0.36	0.30	83.33	1.10
溆浦县	62.39	51.74	2.46	3.94	36.99	0.91	0.44	48.35	0.85
泸溪县	21.77	17.13	1.41	6.48	22.70	0.32	0.21	65.63	1.23

5-15-25 湖南省1967年产棉县棉花生产收购明细

县市名	耕地面积（万亩）	农业人口（万人）	棉田面积（万亩）	占耕地（%）	亩产（市斤）	产量（万担）	收购量（万担）	商品率（%）	人均交售（市斤）
全省合计	**2345.52**	**1518.54**	**178.10**	**7.59**	**55.75**	**99.29**	**77.58**	**78.13**	**5.11**
常德市	**693.02**	**364.87**	**80.16**	**11.57**	**65.12**	**52.20**	**48.33**	**92.59**	**13.25**
鼎城区	128.20	68.80	15.10	11.78	53.64	8.10	7.30	90.12	10.61
澧　县	115.67	63.56	20.02	17.31	85.71	17.16	16.69	97.26	26.26
汉寿县	77.98	47.00	7.73	9.91	65.98	5.10	5.17	101.37	11.00
安乡县	67.45	36.20	9.19	13.62	40.04	3.68	3.14	85.33	8.67
临澧县	63.25	28.82	7.04	11.13	84.38	5.94	5.21	87.71	18.08
桃源县	145.85	69.59	14.68	10.07	46.73	6.86	5.62	81.92	8.08
石门县	85.51	49.39	5.05	5.91	95.25	4.81	4.70	97.71	9.52
西洞庭农场	9.11	1.51	1.35	14.82	40.74	0.55	0.50	90.91	33.11
津　市									
岳阳市	**453.24**	**283.37**	**37.53**	**8.28**	**47.11**	**17.68**	**11.25**	**63.63**	**3.97**
华容县	85.40	43.78	9.05	10.60	58.01	5.25	5.15	98.10	11.76
岳阳县	83.39	57.47	5.14	6.16	49.61	2.55	1.57	61.57	2.73
临湘市	60.80	32.24	4.40	7.24	48.41	2.13	1.89	88.73	5.86
湘阴县	63.00	41.00	2.00	3.17	40.00	0.80	0.40	50.00	0.98
平江县	75.41	63.14	1.34	1.78	29.10	0.39	0.17	43.59	0.27
汨罗县	53.07	40.72	2.24	4.22	45.98	1.03	0.53	51.46	1.30
君山农场	9.15	0.71	5.17	56.50	36.94	1.91			
钱粮湖农场	20.07	3.82	7.20	35.87	40.28	2.90	1.54	53.10	40.31
建新农场	2.95	0.49	0.99	33.56	72.73	0.72			
益阳市	**227.37**	**148.87**	**17.35**	**7.63**	**60.86**	**10.56**	**7.63**	**72.25**	**5.13**
益阳市郊									
赫山区	70.58	67.90	4.33	6.13	48.27	2.09	1.10	52.63	1.62
南　县	76.72	40.74	7.65	9.97	68.24	5.22	4.28	81.99	10.51
沅江县	80.07	40.23	5.37	6.71	60.52	3.25	2.25	69.23	5.59
桃江县									
益阳县									
张家界	**75.60**	**48.54**	**5.30**	**7.01**	**90.94**	**4.82**	**4.51**	**93.57**	**9.29**
慈利县	75.60	48.54	5.30	7.01	90.94	4.82	4.51	93.57	9.29
衡阳市	**239.87**	**193.09**	**9.38**	**3.91**	**34.33**	**3.22**	**0.88**	**27.33**	**0.46**
耒阳县	78.34	68.16	4.32	5.51	37.50	1.62	0.50	30.86	0.73
常宁县	63.00	49.93	2.68	4.25	23.88	0.64	0.20	31.25	0.40
衡阳县	98.53	75.00	2.38	2.42	40.34	0.96	0.18	18.75	0.24
衡南县									
常武陵区									
分散县	**656.42**	**479.80**	**28.38**	**4.32**	**38.09**	**10.81**	**4.98**	**46.07**	**1.04**
湘潭县	103.58	57.15	2.55	2.46	49.02	1.25	1.21	96.80	2.12
宁乡县	105.10	82.12	5.57	5.30	31.78	1.77	0.55	31.07	0.67
茶陵县	43.86	28.56	2.38	5.43	44.54	1.06	0.66	62.26	2.31
攸　县	66.08	56.10	2.55	3.86	47.45	1.21	0.35	28.93	0.62
邵阳县	67.40	59.46	4.29	6.36	41.49	1.78	0.61	34.27	1.03
洞口县	57.48	38.00	3.49	6.07	35.53	1.24	0.39	31.45	1.03
隆回县	77.19	60.52	2.26	2.93	32.30	0.73	0.53	72.60	0.88
东安县	51.58	27.85	1.86	3.61	20.43	0.38	0.17	44.74	0.61
溆浦县	62.37	52.86	2.48	3.98	46.37	1.15	0.40	34.78	0.76
泸溪县	21.78	17.18	0.95	4.36	25.26	0.24	0.11	45.83	0.64

5－15－26　湖南省1968年产棉县棉花生产收购明细

县市名	耕地面积（万亩）	农业人口（万人）	棉田面积（万亩）	占耕地（%）	亩　产（市斤）	产　量（万担）	收购量（万担）	商品率（%）	人均交售（市斤）
全省合计	**2333.38**	**1551.88**	**160.19**	**6.87**	**64.63**	**103.53**	**90.09**	**87.02**	**5.81**
常德市	**688.88**	**379.87**	**77.23**	**11.21**	**75.04**	**57.95**	**57.42**	**99.09**	**15.12**
鼎城区	127.40	71.00	14.20	11.15	76.76	10.90	10.60	97.25	14.93
澧　县	114.88	66.04	20.51	17.85	85.37	17.51	19.16	109.42	29.01
汉寿县	77.98	49.40	7.10	9.10	80.28	5.70	6.82	119.65	13.81
安乡县	67.38	37.48	8.69	12.90	47.53	4.13	3.27	79.18	8.72
临澧县	64.10	30.18	7.05	11.00	86.10	6.07	5.50	90.61	18.22
桃源县	145.29	72.83	13.25	9.12	64.00	8.48	7.19	84.79	9.87
石门县	82.74	51.19	5.01	6.06	90.62	4.54	4.30	94.71	8.40
西洞庭农场	9.11	1.75	1.42	15.59	43.66	0.62	0.58	93.55	33.14
津　市									
岳阳市	**448.28**	**284.23**	**36.26**	**8.09**	**54.77**	**19.86**	**16.19**	**81.52**	**5.70**
华容县	85.40	45.52	8.77	10.27	59.75	5.24	5.01	95.61	11.01
岳阳县	80.59	59.16	5.08	6.30	79.33	4.03	2.98	73.95	5.04
临湘市	60.66	33.46	3.82	6.30	67.28	2.57	2.96	115.18	8.85
湘阴县	63.00	43.00	2.00	3.17	25.00	0.50	0.30	60.00	0.70
平江县	74.67	56.08	1.25	1.67	64.00	0.80	0.27	33.75	0.48
汨罗县	52.07	41.92	1.85	3.55	80.00	1.48	1.54	104.05	3.67
君山农场	9.15	0.99	5.10	55.74	45.29	2.31			
钱粮湖农场	19.76	3.57	7.40	37.45	28.38	2.10	3.13	149.05	87.68
建新农场	2.98	0.53	0.99	33.22	83.84	0.83			
益阳市	**228.80**	**150.05**	**13.73**	**6.00**	**65.33**	**8.97**	**6.94**	**77.37**	**4.63**
益阳市郊									
赫山区	70.60	68.00	3.75	5.31	54.93	2.06	0.89	43.20	1.31
南　县	76.31	40.11	6.13	8.03	75.04	4.60	3.81	82.83	9.50
沅江县	81.89	41.94	3.85	4.70	60.00	2.31	2.24	96.97	5.34
桃江县									
益阳县									
张家界	**74.81**	**49.87**	**5.44**	**7.27**	**95.96**	**5.22**	**5.16**	**98.85**	**10.35**
慈利县	74.81	49.87	5.44	7.27	95.96	5.22	5.16	98.85	10.35
衡阳市	**237.37**	**201.38**	**6.32**	**2.66**	**33.54**	**2.12**	**0.90**	**42.45**	**0.45**
耒阳县	76.95	71.03	2.87	3.73	33.45	0.96	0.26	27.08	0.37
常宁县	63.00	52.35	1.46	2.32	17.12	0.25	0.20	80.00	0.38
衡阳县	97.42	78.00	1.99	2.04	45.73	0.91	0.44	48.35	0.56
衡南县									
常武陵区									
分散县	**655.24**	**486.48**	**21.21**	**3.24**	**44.37**	**9.41**	**3.48**	**36.98**	**0.72**
湘潭县	103.58	59.23	1.69	1.63	49.11	0.83	0.17	20.48	0.29
宁乡县	105.08	82.14	3.66	3.48	46.45	1.70	0.54	31.76	0.66
茶陵县	43.15	29.86	1.34	3.11	34.33	0.46	0.33	71.74	1.11
攸　县	66.12	56.20	2.18	3.30	57.34	1.25	0.22	17.60	0.39
邵阳县	67.40	60.37	3.55	5.27	44.79	1.59	0.88	55.35	1.46
洞口县	57.48	38.09	2.35	4.09	38.72	0.91	0.36	39.56	0.95
隆回县	77.19	61.41	1.74	2.25	39.66	0.69	0.26	37.68	0.42
东安县	51.64	28.07	0.94	1.82	20.21	0.19	0.03	15.79	0.11
溆浦县	61.98	53.75	2.82	4.55	48.94	1.38	0.51	36.96	0.95
泸溪县	21.62	17.36	0.94	4.35	43.62	0.41	0.18	43.90	1.04

5－15－27　湖南省1969年产棉县棉花生产收购明细

县市名	耕地面积（万亩）	农业人口（万人）	棉田面积（万亩）	占耕地（%）	亩　产（市斤）	产　量（万担）	收购量（万担）	商品率（%）	人均交售（市斤）
全省合计	**2322.39**	**1600.95**	**156.06**	**6.72**	**54.31**	**84.75**	**65.73**	**77.56**	**4.11**
常德市	**681.76**	**396.18**	**73.27**	**10.75**	**55.93**	**40.98**	**40.60**	**99.07**	**10.25**
鼎城区	125.10	74.40	13.00	10.39	53.85	7.00	6.20	88.57	8.33
澧　县	114.02	68.76	19.69	17.27	73.59	14.49	15.25	105.24	22.18
汉寿县	75.83	52.00	5.95	7.85	57.14	3.40	3.77	110.88	7.25
安乡县	67.36	39.61	7.79	11.56	40.05	3.12	2.90	92.95	7.32
临澧县	63.29	31.24	7.11	11.23	68.92	4.90	5.05	103.06	16.17
桃源县	144.87	75.46	13.05	9.01	35.63	4.65	3.69	79.35	4.89
石门县	82.86	52.77	5.14	6.20	61.48	3.16	3.50	110.76	6.63
西洞庭农场	8.43	1.94	1.54	18.27	16.88	0.26	0.24	92.31	12.37
津　市									
岳阳市	**446.08**	**295.90**	**38.37**	**8.60**	**59.42**	**22.80**	**12.36**	**54.21**	**4.18**
华容县	85.40	47.70	9.46	11.08	68.18	6.45	6.36	98.60	13.33
岳阳县	80.28	62.05	5.46	6.80	52.01	2.84	1.63	57.39	2.63
临湘市	58.16	34.78	4.35	7.48	49.66	2.16	2.08	96.30	5.98
湘阴县	64.00	44.00	2.00	3.13	215.00	4.30	0.20	4.65	0.45
平江县	74.26	57.25	1.55	2.09	46.45	0.72	0.26	36.11	0.45
汨罗县	52.10	43.83	2.17	4.17	46.54	1.01	0.53	52.48	1.21
君山农场	9.14	0.99	5.12	56.02	46.48	2.38			
钱粮湖农场	19.76	4.28	7.20	36.44	29.58	2.13	1.30	61.03	30.37
建新农场	2.98	1.02	1.06	35.57	76.42	0.81			
益阳市	**227.56**	**155.12**	**12.52**	**5.50**	**51.92**	**6.50**	**4.91**	**75.54**	**3.17**
益阳市郊赫山区	70.60	68.00	3.05	4.32	42.62	1.30	0.49	37.69	0.72
南　县	75.75	43.04	5.77	7.62	62.22	3.59	2.97	82.73	6.90
沅江县	81.21	44.08	3.70	4.56	43.51	1.61	1.45	90.06	3.29
桃江县									
益阳县									
张家界	**74.00**	**51.88**	**6.84**	**9.24**	**63.74**	**4.36**	**4.15**	**95.18**	**8.00**
慈利县	74.00	51.88	6.84	9.24	63.74	4.36	4.15	95.18	8.00
衡阳市	**237.38**	**208.11**	**5.94**	**2.50**	**34.34**	**2.04**	**0.62**	**30.39**	**0.30**
耒阳县	78.91	73.03	2.51	3.18	36.25	0.91	0.19	20.88	0.26
常宁县	62.00	54.08	1.54	2.48	25.97	0.40	0.08	20.00	0.15
衡阳县	96.47	81.00	1.89	1.96	38.62	0.73	0.35	47.95	0.43
衡南县									
常武陵区									
分散县	**655.61**	**493.76**	**19.12**	**2.92**	**42.21**	**8.07**	**3.09**	**38.29**	**0.63**
湘潭县	103.76	61.05	2.00	1.93	55.50	1.11	0.60	54.05	0.98
宁乡县	105.08	82.15	3.01	2.86	45.51	1.37	0.20	14.60	0.24
茶陵县	43.15	29.89	1.33	3.08	56.39	0.75	0.43	57.33	1.44
攸　县	66.12	56.53	2.01	3.04	41.79	0.84	0.26	30.95	0.46
邵阳县	67.52	61.98	3.40	5.04	37.06	1.26	0.58	46.03	0.94
洞口县	57.50	38.87	2.18	3.79	31.65	0.69	0.15	21.74	0.39
隆回县	77.24	62.56	1.64	2.12	34.15	0.56	0.31	55.36	0.50
东安县	51.64	28.36	1.08	2.09	19.44	0.21	0.09	42.86	0.32
溆浦县	61.98	54.83	1.78	2.87	62.36	1.11	0.41	36.94	0.75
泸溪县	21.62	17.54	0.69	3.19	24.64	0.17	0.06	35.29	0.34

5－15－28　湖南省1970年产棉县棉花生产收购明细

县市名	耕地面积（万亩）	农业人口（万人）	棉田面积（万亩）	占耕地（%）	亩产（市斤）	产量（万担）	收购量（万担）	商品率（%）	人均交售（市斤）
全省合计	**2305.58**	**1648.31**	**187.27**	**8.12**	**54.21**	**101.51**	**84.32**	**83.07**	**5.12**
常德市	**671.29**	**406.02**	**87.22**	**12.99**	**61.55**	**53.68**	**50.36**	**93.82**	**12.40**
鼎城区	123.80	76.10	15.80	12.76	49.37	7.80	7.10	91.03	9.33
澧　县	113.31	70.56	22.48	19.84	77.27	17.37	17.93	103.22	25.41
汉寿县	74.79	53.80	8.03	10.74	64.76	5.20	4.32	83.08	8.03
安乡县	64.53	40.54	8.52	13.20	50.12	4.27	3.14	73.54	7.75
临澧县	62.39	32.02	10.07	16.14	60.87	6.13	5.87	95.76	18.33
桃源县	142.76	76.90	13.38	9.37	50.90	6.81	6.24	91.63	8.11
石门县	81.77	53.92	7.45	9.11	75.70	5.64	5.50	97.52	10.20
西洞庭农场	7.94	2.18	1.49	18.77	30.87	0.46	0.26	56.52	11.93
津　市									
岳阳市	**445.39**	**316.75**	**41.26**	**9.26**	**55.04**	**22.71**	**15.26**	**67.20**	**4.82**
华容县	84.89	49.24	11.02	12.98	63.97	7.05	6.99	99.15	14.20
岳阳县	80.28	63.99	5.99	7.46	45.58	2.73	1.94	71.06	3.03
临湘市	58.30	35.35	4.67	8.01	40.69	1.90	1.82	95.79	5.15
湘阴县	63.00	47.00	2.00	3.17	25.00	0.50	0.30	60.00	0.64
平江县	74.56	69.72	1.43	1.92	48.95	0.70	0.30	42.86	0.43
汨罗县	51.72	44.94	2.37	4.58	54.43	1.29	0.81	62.79	1.80
君山农场	9.20	1.09	5.17	56.20	88.20	4.56			
钱粮湖农场	19.25	4.55	7.00	36.36	45.00	3.15	3.10	98.41	68.13
建新农场	4.19	0.87	1.61	38.42	51.55	0.83			
益阳市	**226.45**	**157.73**	**17.11**	**7.56**	**50.61**	**8.66**	**6.77**	**78.18**	**4.29**
益阳市郊									
赫山区	70.58	68.20	4.46	6.32	34.98	1.56	0.75	48.08	1.10
南　县	74.66	44.31	7.15	9.58	70.49	5.04	4.40	87.30	9.93
沅江县	81.21	45.22	5.50	6.77	37.45	2.06	1.62	78.64	3.58
桃江县									
益阳县									
张家界	**72.03**	**53.18**	**8.81**	**12.23**	**66.17**	**5.83**	**5.33**	**91.42**	**10.02**
慈利县	72.03	53.18	8.81	12.23	66.17	5.83	5.33	91.42	10.02
衡阳市	**233.44**	**213.48**	**8.05**	**3.45**	**31.80**	**2.56**	**1.78**	**69.53**	**0.83**
耒阳县	77.69	74.88	3.34	4.30	33.53	1.12	0.63	56.25	0.84
常宁县	62.00	55.60	1.74	2.81	25.86	0.45	0.22	48.89	0.40
衡阳县	93.75	83.00	2.97	3.17	33.33	0.99	0.93	93.94	1.12
衡南县									
常武陵区									
分散县	**656.98**	**501.15**	**24.82**	**3.78**	**32.51**	**8.07**	**4.82**	**59.73**	**0.96**
湘潭县	103.76	63.76	2.50	2.41	30.80	0.77	0.49	63.64	0.77
宁乡县	105.98	82.86	5.12	4.83	34.18	1.75	1.15	65.71	1.39
茶陵县	43.23	30.03	1.84	4.26	50.00	0.92	0.58	63.04	1.93
攸　县	66.71	57.00	2.12	3.18	38.21	0.81	0.30	37.04	0.53
邵阳县	67.52	63.05	4.48	6.64	28.35	1.27	0.93	73.23	1.48
洞口县	57.52	40.00	2.77	4.82	28.88	0.80	0.37	46.25	0.93
隆回县	77.24	63.74	2.02	2.62	31.19	0.63	0.28	44.44	0.44
东安县	51.72	27.78	1.29	2.49	23.26	0.30	0.10	33.33	0.36
溆浦县	61.96	55.21	1.91	3.08	32.98	0.63	0.54	85.71	0.98
泸溪县	21.34	17.72	0.77	3.61	24.68	0.19	0.08	42.11	0.45

5－15－29　湖南省1971年产棉县棉花生产收购明细

县市名	耕地面积（万亩）	农业人口（万人）	棉田面积（万亩）	占耕地（%）	亩产（市斤）	产量（万担）	收购量（万担）	商品率（%）	人均交售（市斤）
全省合计	**2294.03**	**1676.52**	**179.58**	**7.83**	**45.37**	**81.47**	**68.56**	**84.15**	**4.09**
常德市	**666.92**	**413.47**	**86.72**	**13.00**	**51.24**	**44.44**	**43.43**	**97.73**	**10.50**
鼎城区	120.80	77.60	15.70	13.00	47.77	7.50	7.30	97.33	9.41
澧　县	113.62	71.94	21.67	19.07	69.58	15.08	15.89	105.37	22.09
汉寿县	73.91	54.50	8.47	11.46	53.25	4.51	3.96	87.80	7.27
安乡县	67.91	41.75	9.05	13.33	45.08	4.08	3.54	86.76	8.48
临澧县	61.88	32.88	8.28	13.38	45.17	3.74	3.81	101.87	11.59
桃源县	142.09	77.81	15.57	10.96	40.33	6.28	6.01	95.70	7.72
石门县	78.76	54.70	6.98	8.86	39.83	2.78	2.65	95.32	4.84
西洞庭农场	7.95	2.29	1.00	12.58	47.00	0.47	0.27	57.45	11.79
津　市									
岳阳市	**445.33**	**323.99**	**38.83**	**8.72**	**47.28**	**18.36**	**11.71**	**63.78**	**3.61**
华容县	84.89	50.22	10.80	12.72	54.63	5.90	5.76	97.63	11.47
岳阳县	80.97	65.23	5.52	6.82	38.59	2.13	1.39	65.26	2.13
临湘市	57.67	37.09	4.35	7.54	36.55	1.59	1.80	113.21	4.85
湘阴县	63.00	48.00	1.50	2.38	20.00	0.30	0.20	66.67	0.42
平江县	74.81	71.20	1.06	1.42	47.17	0.50	0.21	42.00	0.29
汨罗县	51.72	45.66	2.39	4.62	35.98	0.86	0.47	54.65	1.03
君山农场	9.19	1.12	5.00	54.41	85.60	4.28			
钱粮湖农场	18.93	4.75	6.70	35.39	28.06	1.88	1.88	100.00	39.58
建新农场	4.15	0.72	1.51	36.39	60.93	0.92			
益阳市	**223.70**	**160.53**	**15.44**	**6.90**	**44.95**	**6.94**	**5.54**	**79.83**	**3.45**
益阳市郊									
赫山区	70.60	68.23	3.66	5.18	30.87	1.13	0.46	40.71	0.67
南　县	74.67	45.47	6.78	9.08	62.09	4.21	3.73	88.60	8.20
沅江县	78.43	46.83	5.00	6.38	32.00	1.60	1.35	84.38	2.88
桃江县									
益阳县									
张家界	**69.75**	**53.94**	**8.28**	**11.87**	**45.65**	**3.78**	**3.56**	**94.18**	**6.60**
慈利县	69.75	53.94	8.28	11.87	45.65	3.78	3.56	94.18	6.60
衡阳市	**232.03**	**218.33**	**6.81**	**2.93**	**22.17**	**1.51**	**0.96**	**63.58**	**0.44**
耒阳县	77.35	75.99	2.88	3.72	22.22	0.64	0.36	56.25	0.47
常宁县	62.00	56.34	1.13	1.82	19.47	0.22	0.13	59.09	0.23
衡阳县	92.68	86.00	2.80	3.02	23.21	0.65	0.47	72.31	0.55
衡南县									
常武陵区									
分散县	**656.30**	**506.26**	**23.50**	**3.58**	**27.40**	**6.44**	**3.36**	**52.17**	**0.66**
湘潭县	103.84	65.93	2.36	2.27	27.12	0.64	0.48	75.00	0.73
宁乡县	105.98	82.87	5.40	5.10	20.56	1.11	0.78	70.27	0.94
茶陵县	43.16	30.46	1.59	3.68	40.25	0.64	0.41	64.06	1.35
攸　县	65.89	57.00	1.95	2.96	29.23	0.57	0.22	38.60	0.39
邵阳县	67.53	64.29	3.92	5.80	19.64	0.77	0.50	64.94	0.78
洞口县	57.54	40.01	2.27	3.95	21.59	0.49	0.19	38.78	0.47
隆回县	77.28	64.07	1.70	2.20	55.88	0.95	0.20	21.05	0.31
东安县	51.78	28.05	1.56	3.01	10.26	0.16	0.07	43.75	0.25
溆浦县	61.96	55.75	2.01	3.24	44.28	0.89	0.41	46.07	0.74
泸溪县	21.34	17.83	0.74	3.47	29.73	0.22	0.10	45.45	0.56

5－15－30　湖南省1972年产棉县棉花生产收购明细

县市名	耕地面积（万亩）	农业人口（万人）	棉田面积（万亩）	占耕地（%）	亩产（市斤）	产量（万担）	收购量（万担）	商品率（%）	人均交售（市斤）
全省合计	**2279.90**	**1709.96**	**189.74**	**8.32**	**49.16**	**93.28**	**80.60**	**86.41**	**4.71**
常德市	**660.64**	**421.59**	**88.97**	**13.47**	**50.19**	**44.65**	**44.62**	**99.93**	**10.58**
鼎城区	119.50	77.70	16.70	13.97	50.30	8.40	7.70	91.67	9.91
澧　县	112.72	73.47	22.13	19.63	59.33	13.13	14.30	108.91	19.46
汉寿县	73.77	56.10	8.60	11.66	59.30	5.10	4.77	93.53	8.50
安乡县	67.91	42.87	9.00	13.25	41.56	3.74	3.72	99.47	8.68
临澧县	61.81	33.50	8.28	13.40	44.08	3.65	3.77	103.29	11.25
桃源县	141.26	79.18	16.20	11.47	43.46	7.04	6.92	98.30	8.74
石门县	75.75	56.28	6.86	9.06	47.08	3.23	3.20	99.07	5.69
西洞庭农场	7.92	2.49	1.20	15.15	30.00	0.36	0.24	66.67	9.64
津　市									
岳阳市	**443.20**	**333.09**	**42.18**	**9.52**	**55.52**	**23.42**	**15.97**	**68.19**	**4.79**
华容县	84.89	51.74	11.13	13.11	63.97	7.12	7.12	100.00	13.76
岳阳县	80.95	67.50	6.15	7.60	52.03	3.20	1.99	62.19	2.95
临湘市	57.71	38.45	4.69	8.13	49.68	2.33	2.26	97.00	5.88
湘阴县	63.00	49.00	2.60	4.13	38.46	1.00	0.80	80.00	1.63
平江县	74.60	73.00	1.58	2.12	55.70	0.88	0.29	32.95	0.40
汨罗县	51.72	46.41	2.53	4.89	43.48	1.10	0.96	87.27	2.07
君山农场	9.00	1.35	5.00	55.56	71.00	3.55			
钱粮湖农场	17.32	4.99	7.10	40.99	44.79	3.18	2.55	80.19	51.10
建新农场	4.01	0.65	1.40	34.91	75.71	1.06			
益阳市	**220.59**	**162.94**	**16.97**	**7.69**	**52.45**	**8.90**	**7.52**	**84.49**	**4.62**
益阳市郊									
赫山区	70.20	68.50	4.72	6.72	38.56	1.82	1.22	67.03	1.78
南　县	74.67	46.74	6.85	9.17	67.30	4.61	4.09	88.72	8.75
沅江县	75.72	47.70	5.40	7.13	45.74	2.47	2.21	89.47	4.63
桃江县									
益阳县									
张家界	**69.55**	**54.93**	**8.12**	**11.68**	**50.25**	**4.08**	**4.03**	**98.77**	**7.34**
慈利县	69.55	54.93	8.12	11.68	50.25	4.08	4.03	98.77	7.34
衡阳市	**229.84**	**223.64**	**8.03**	**3.49**	**31.76**	**2.55**	**1.77**	**69.41**	**0.79**
耒阳县	76.30	78.05	3.72	4.88	28.76	1.07	0.84	78.50	1.08
常宁县	61.00	57.59	1.33	2.18	27.07	0.36	0.14	38.89	0.24
衡阳县	92.54	88.00	2.98	3.22	37.58	1.12	0.79	70.54	0.90
衡南县									
常武陵区									
分散县	**656.08**	**513.77**	**25.47**	**3.88**	**38.01**	**9.68**	**6.69**	**69.11**	**1.30**
湘潭县	103.84	67.26	3.27	3.15	49.54	1.62	1.21	74.69	1.80
宁乡县	105.94	82.98	5.00	4.72	51.40	2.57	1.67	64.98	2.01
茶陵县	43.26	32.00	1.62	3.74	48.77	0.79	0.64	81.01	2.00
攸　县	65.89	57.20	2.51	3.81	46.61	1.17	0.71	60.68	1.24
邵阳县	67.64	65.92	3.95	5.84	27.59	1.09	0.99	90.83	1.50
洞口县	57.54	40.07	2.69	4.68	28.62	0.77	0.52	67.53	1.30
隆回县	77.28	65.92	2.23	2.89	23.77	0.53	0.40	75.47	0.61
东安县	51.45	28.43	1.14	2.22	19.30	0.22	0.12	54.55	0.42
溆浦县	61.87	56.03	2.36	3.81	31.36	0.74	0.36	48.65	0.64
泸溪县	21.37	17.96	0.70	3.28	25.71	0.18	0.07	38.89	0.39

5－15－31　湖南省1973年产棉县棉花生产收购明细

县市名	耕地面积（万亩）	农业人口（万人）	棉田面积（万亩）	占耕地（%）	亩产（市斤）	产量（万担）	收购量（万担）	商品率（%）	人均交售（市斤）
全省合计	**2278.62**	**1741.40**	**191.59**	**8.41**	**61.62**	**118.05**	**105.46**	**89.34**	**6.06**
常德市	**658.96**	**429.81**	**86.40**	**13.11**	**71.37**	**61.66**	**60.00**	**97.31**	**13.96**
鼎城区	118.70	79.10	15.80	13.31	65.19	10.30	9.60	93.20	12.14
澧　县	112.53	75.18	20.24	17.99	100.94	20.43	21.15	103.52	28.13
汉寿县	73.75	57.26	8.60	11.66	63.84	5.49	5.27	95.99	9.20
安乡县	67.91	43.52	8.70	12.81	51.72	4.50	4.30	95.56	9.88
临澧县	61.67	34.14	8.88	14.40	69.82	6.20	5.94	95.81	17.40
桃源县	140.98	80.54	16.20	11.49	59.51	9.64	8.94	92.74	11.10
石门县	75.54	57.52	6.98	9.24	65.47	4.57	4.50	98.47	7.82
西洞庭农场	7.88	2.55	1.00	12.69	53.00	0.53	0.30	56.60	11.76
津　市									
岳阳市	**441.52**	**340.48**	**42.59**	**9.65**	**58.39**	**24.87**	**18.66**	**75.03**	**5.48**
华容县	84.89	52.94	11.25	13.25	75.02	8.44	8.39	99.41	15.85
岳阳县	80.95	69.29	6.10	7.54	62.79	3.83	2.85	74.41	4.11
临湘市	57.58	39.63	4.87	8.46	42.09	2.05	2.10	102.44	5.30
湘阴县	62.00	49.00	2.60	4.19	38.46	1.00	1.00	100.00	2.04
平江县	74.20	74.63	1.61	2.17	39.75	0.64	0.36	56.25	0.48
汨罗县	51.62	47.26	2.58	5.00	62.40	1.61	1.26	78.26	2.67
君山农场	9.00	2.03	4.98	55.33	62.05	3.09			
钱粮湖农场	17.25	5.07	7.20	41.74	46.94	3.38	2.70	79.88	53.25
建新农场	4.03	0.63	1.40	34.74	59.29	0.83			
益阳市	**220.92**	**166.01**	**18.09**	**8.19**	**58.26**	**10.54**	**9.45**	**89.66**	**5.69**
益阳市郊									
赫山区	69.90	69.01	5.39	7.71	47.50	2.56	1.93	75.39	2.80
南　县	75.14	48.08	7.20	9.58	67.36	4.85	4.74	97.73	9.86
沅江县	75.88	48.92	5.50	7.25	56.91	3.13	2.78	88.82	5.68
桃江县									
益阳县									
张家界	**69.55**	**56.28**	**8.00**	**11.50**	**67.25**	**5.38**	**5.25**	**97.58**	**9.33**
慈利县	69.55	56.28	8.00	11.50	67.25	5.38	5.25	97.58	9.33
衡阳市	**230.10**	**228.42**	**10.19**	**4.43**	**40.63**	**4.14**	**3.32**	**80.19**	**1.45**
耒阳县	76.62	79.61	4.52	5.90	45.13	2.04	1.54	75.49	1.93
常宁县	61.00	58.81	2.01	3.30	30.35	0.61	0.34	55.74	0.58
衡阳县	92.48	90.00	3.66	3.96	40.71	1.49	1.44	96.64	1.60
衡南县									
常武陵区									
分散县	**657.57**	**520.40**	**26.32**	**4.00**	**43.54**	**11.46**	**8.78**	**76.61**	**1.69**
湘潭县	104.97	70.68	3.90	3.72	48.72	1.90	1.47	77.37	2.08
宁乡县	105.90	82.99	5.30	5.00	54.91	2.91	2.29	78.69	2.76
茶陵县	43.72	30.95	1.73	3.96	56.65	0.98	0.80	81.63	2.58
攸　县	66.00	57.32	2.70	4.09	49.63	1.34	1.00	74.63	1.74
邵阳县	67.64	67.01	3.19	4.72	32.29	1.03	0.96	93.20	1.43
洞口县	57.68	41.30	2.54	4.40	32.68	0.83	0.63	75.90	1.53
隆回县	77.17	66.59	2.39	3.10	30.96	0.74	0.60	81.08	0.90
东安县	51.92	28.68	1.32	2.54	26.52	0.35	0.17	48.57	0.59
溆浦县	61.27	56.86	2.62	4.28	45.80	1.20	0.72	60.00	1.27
泸溪县	21.30	18.02	0.63	2.96	28.57	0.18	0.14	77.78	0.78

5－15－32　湖南省1974年产棉县棉花生产收购明细

县市名	耕地面积（万亩）	农业人口（万人）	棉田面积（万亩）	占耕地（%）	亩产（市斤）	产量（万担）	收购量（万担）	商品率（%）	人均交售（市斤）
全省合计	**2274.89**	**1767.55**	**197.28**	**8.67**	**81.43**	**160.65**	**146.03**	**90.90**	**8.26**
常德市	**657.23**	**434.67**	**89.30**	**13.59**	**93.25**	**83.27**	**84.18**	**101.09**	**19.37**
鼎城区	124.20	79.90	16.00	12.88	103.13	16.50	14.70	89.09	18.40
澧　县	108.24	76.13	21.11	19.50	120.94	25.53	28.86	113.04	37.91
汉寿县	73.17	57.76	8.68	11.86	107.14	9.30	9.23	99.25	15.98
安乡县	67.91	44.12	9.00	13.25	71.22	6.41	6.62	103.28	15.00
临澧县	60.33	34.62	9.07	15.03	71.11	6.45	6.46	100.16	18.66
桃源县	140.72	81.26	16.20	11.51	77.84	12.61	12.34	97.86	15.19
石门县	75.01	58.32	7.84	10.45	67.73	5.31	5.20	97.93	8.92
西洞庭农场	7.65	2.56	1.40	18.30	82.86	1.16	0.77	66.38	30.08
津　市									
岳阳市	**441.28**	**346.67**	**43.62**	**9.88**	**85.44**	**37.27**	**28.24**	**75.77**	**8.15**
华容县	84.89	53.82	12.01	14.15	120.23	14.44	13.96	96.68	25.94
岳阳县	80.87	70.58	6.52	8.06	73.62	4.80	3.84	80.00	5.44
临湘市	57.66	40.46	4.99	8.65	69.54	3.47	3.59	103.46	8.87
湘阴县	62.00	50.00	2.60	4.19	61.54	1.60	1.00	62.50	2.00
平江县	74.07	76.00	1.57	2.12	62.42	0.98	0.52	53.06	0.68
汨罗县	51.52	47.88	2.56	4.97	46.88	1.20	1.53	127.50	3.20
君山农场	9.00	2.11	4.99	55.44	61.92	3.09			
钱粮湖农场	17.25	5.23	7.00	40.58	90.00	6.30	3.80	60.32	72.66
建新农场	4.02	0.59	1.38	34.33	100.72	1.39			
益阳市	**220.70**	**167.32**	**18.28**	**8.28**	**85.34**	**15.60**	**13.61**	**87.24**	**8.13**
益阳市郊									
赫山区	70.10	69.04	5.54	7.90	63.18	3.50	1.94	55.43	2.81
南　县	74.67	48.62	7.20	9.64	103.33	7.44	7.23	97.18	14.87
沅江县	75.93	49.66	5.54	7.30	84.12	4.66	4.44	95.28	8.94
桃江县									
益阳县									
张家界	**69.55**	**56.53**	**8.00**	**11.50**	**73.00**	**5.84**	**5.73**	**98.12**	**10.14**
慈利县	69.55	56.53	8.00	11.50	73.00	5.84	5.73	98.12	10.14
衡阳市	**230.06**	**234.62**	**11.10**	**4.82**	**48.83**	**5.42**	**4.20**	**77.49**	**1.79**
耒阳县	76.66	81.71	4.79	6.25	42.59	2.04	1.54	75.49	1.88
常宁县	61.00	59.91	2.23	3.66	52.47	1.17	0.84	71.79	1.40
衡阳县	92.40	93.00	4.08	4.42	54.17	2.21	1.82	82.35	1.96
衡南县									
常武陵区									
分散县	**656.07**	**527.74**	**26.98**	**4.11**	**49.11**	**13.25**	**10.07**	**76.00**	**1.91**
湘潭县	103.06	73.97	4.09	3.97	56.48	2.31	1.80	77.92	2.43
宁乡县	106.25	83.03	5.30	4.99	58.30	3.09	2.50	80.91	3.01
茶陵县	43.61	31.00	1.78	4.08	74.72	1.33	1.11	83.46	3.58
攸　县	66.05	57.86	2.74	4.15	75.91	2.08	1.46	70.19	2.52
邵阳县	67.76	67.36	3.48	5.14	31.90	1.11	0.92	82.88	1.37
洞口县	57.68	42.06	2.62	4.54	28.24	0.74	0.52	70.27	1.24
隆回县	77.21	67.32	2.33	3.02	30.04	0.70	0.54	77.14	0.80
东安县	51.86	29.78	1.31	2.53	24.43	0.32	0.18	56.25	0.60
溆浦县	61.27	57.27	2.72	4.44	50.00	1.36	0.89	65.44	1.55
泸溪县	21.32	18.09	0.61	2.86	34.43	0.21	0.15	71.43	0.83

5-15-33 湖南省1975年产棉县棉花生产收购明细

县市名	耕地面积（万亩）	农业人口（万人）	棉田面积（万亩）	占耕地（%）	亩产（市斤）	产量（万担）	收购量（万担）	商品率（%）	人均交售（市斤）
全省合计	**2271.13**	**1787.04**	**198.03**	**8.72**	**77.39**	**153.25**	**138.33**	**90.26**	**7.74**
常德市	**654.78**	**438.13**	**88.47**	**13.51**	**97.10**	**85.90**	**82.01**	**95.47**	**18.72**
鼎城区	124.00	80.70	16.10	12.98	104.35	16.80	14.20	84.52	17.60
澧县	107.83	77.15	21.15	19.61	118.16	24.99	27.68	110.76	35.88
汉寿县	72.60	58.75	8.00	11.02	101.00	8.08	7.15	88.49	12.17
安乡县	67.91	41.94	9.00	13.25	72.00	6.48	5.96	91.98	14.21
临澧县	60.32	35.37	8.83	14.64	102.83	9.08	7.95	87.56	22.48
桃源县	140.51	82.56	16.20	11.53	81.73	13.24	12.40	93.66	15.02
石门县	74.06	59.06	7.79	10.52	77.03	6.00	5.80	96.67	9.82
西洞庭农场	7.55	2.60	1.40	18.54	87.86	1.23	0.87	70.73	33.46
津市									
岳阳市	**440.62**	**354.15**	**45.54**	**10.34**	**70.86**	**32.27**	**25.78**	**79.89**	**7.28**
华容县	84.82	55.06	13.28	15.66	94.20	12.51	12.28	98.16	22.30
岳阳县	80.54	72.21	6.82	8.47	61.44	4.19	3.22	76.85	4.46
临湘市	57.63	41.31	5.02	8.71	58.37	2.93	3.54	120.82	8.57
湘阴县	62.00	51.00	2.70	4.35	59.26	1.60	1.00	62.50	1.96
平江县	73.94	77.62	1.68	2.27	54.17	0.91	0.43	47.25	0.55
汨罗县	51.42	48.61	2.64	5.13	56.82	1.50	1.13	75.33	2.32
君山农场	9.00	2.34	5.00	55.56	70.00	3.50			
钱粮湖农场	17.25	5.35	7.00	40.58	62.14	4.35	4.18	96.09	78.13
建新农场	4.02	0.65	1.40	34.83	55.71	0.78			
益阳市	**219.75**	**169.76**	**18.25**	**8.30**	**78.14**	**14.26**	**12.99**	**91.09**	**7.65**
益阳市郊									
赫山区	70.12	70.02	5.50	7.84	48.91	2.69	1.97	73.23	2.81
南县	73.70	49.35	7.25	9.84	114.21	8.28	7.98	96.38	16.17
沅江县	75.93	50.39	5.50	7.24	59.82	3.29	3.04	92.40	6.03
桃江县									
益阳县									
张家界	**69.55**	**57.32**	**7.80**	**11.21**	**82.69**	**6.45**	**6.37**	**98.76**	**11.11**
慈利县	69.55	57.32	7.80	11.21	82.69	6.45	6.37	98.76	11.11
衡阳市	**229.98**	**234.85**	**11.22**	**4.88**	**33.42**	**3.75**	**2.99**	**79.73**	**1.27**
耒阳县	76.58	82.99	4.41	5.76	23.58	1.04	0.84	80.77	1.01
常宁县	61.00	60.86	2.38	3.90	32.35	0.77	0.54	70.13	0.89
衡阳县	92.40	91.00	4.43	4.79	43.79	1.94	1.61	82.99	1.77
衡南县									
常武陵区									
分散县	**656.45**	**532.83**	**26.75**	**4.07**	**39.70**	**10.62**	**8.19**	**77.12**	**1.54**
湘潭县	102.96	74.95	3.98	3.87	42.96	1.71	1.36	79.53	1.81
宁乡县	106.10	83.14	6.00	5.66	46.17	2.77	2.56	92.42	3.08
茶陵县	43.76	30.02	1.73	3.95	54.91	0.95	0.74	77.89	2.47
攸县	66.18	58.00	2.55	3.85	43.53	1.11	0.78	70.27	1.34
邵阳县	67.76	68.72	3.09	4.56	26.21	0.81	0.67	82.72	0.97
洞口县	57.72	43.12	2.67	4.63	35.96	0.96	0.71	73.96	1.65
隆回县	77.21	68.75	1.95	2.53	26.15	0.51	0.36	70.59	0.52
东安县	51.86	29.94	1.44	2.78	19.44	0.28	0.16	57.14	0.53
溆浦县	61.75	58.04	2.64	4.28	48.86	1.29	0.68	52.71	1.17
泸溪县	21.15	18.15	0.70	3.31	32.86	0.23	0.17	73.91	0.94

5－15－34　湖南省1976年产棉县棉花生产收购明细

县市名	耕地面积（万亩）	农业人口（万人）	棉田面积（万亩）	占耕地（%）	亩产（市斤）	产量（万担）	收购量（万担）	商品率（%）	人均交售（市斤）
全省合计	**2263.89**	**1808.63**	**198.03**	**8.75**	**80.23**	**158.87**	**143.83**	**90.53**	**7.95**
常德市	**649.51**	**445.42**	**88.67**	**13.65**	**95.86**	**85.00**	**81.69**	**96.11**	**18.34**
鼎城区	124.70	81.10	16.30	13.07	90.80	14.80	13.10	88.51	16.15
澧　县	103.91	77.72	21.19	20.39	124.21	26.32	28.50	108.28	36.67
汉寿县	72.23	59.62	8.00	11.08	102.50	8.20	7.78	94.88	13.05
安乡县	67.58	45.42	9.00	13.32	72.44	6.52	6.17	94.63	13.58
临澧县	60.52	35.95	8.80	14.54	103.86	9.14	7.95	86.98	22.11
桃源县	140.05	83.29	16.20	11.57	76.79	12.44	11.22	90.19	13.47
石门县	72.97	59.61	7.78	10.66	77.63	6.04	6.00	99.34	10.07
西洞庭农场	7.55	2.71	1.40	18.54	110.00	1.54	0.97	62.99	35.79
津　市									
岳阳市	**437.83**	**355.41**	**44.23**	**10.10**	**84.02**	**37.16**	**29.04**	**78.15**	**8.17**
华容县	84.82	55.73	12.71	14.98	109.83	13.96	13.26	94.99	23.79
岳阳县	77.92	68.89	6.46	8.29	68.11	4.40	3.42	77.73	4.96
临湘市	57.68	41.85	4.92	8.53	69.92	3.44	3.94	114.53	9.41
湘阴县	62.00	52.00	2.60	4.19	38.46	1.00	1.00	100.00	1.92
平江县	73.82	78.68	1.61	2.18	63.98	1.03	0.54	52.43	0.69
汨罗县	51.32	49.00	2.54	4.95	64.96	1.65	1.33	80.61	2.71
君山农场	9.00	2.55	5.00	55.56	75.00	3.75			
钱粮湖农场	17.25	6.14	7.00	40.58	100.00	7.00	5.55	79.29	90.39
建新农场	4.02	0.57	1.39	34.58	66.91	0.93			
益阳市	**219.66**	**171.05**	**18.20**	**8.29**	**75.88**	**13.81**	**13.18**	**95.44**	**7.71**
益阳市郊									
赫山区	70.03	70.35	5.50	7.85	42.36	2.33	1.94	83.26	2.76
南　县	73.70	49.92	7.20	9.77	108.47	7.81	7.46	95.52	14.94
沅江县	75.93	50.78	5.50	7.24	66.73	3.67	3.78	103.00	7.44
桃江县									
益阳县									
张家界	**69.55**	**57.91**	**7.80**	**11.21**	**105.13**	**8.20**	**7.63**	**93.05**	**13.18**
慈利县	69.55	57.91	7.80	11.21	105.13	8.20	7.63	93.05	13.18
衡阳市	**229.80**	**237.08**	**10.98**	**4.78**	**32.97**	**3.62**	**3.14**	**86.74**	**1.32**
耒阳县	76.47	83.86	4.41	5.77	26.53	1.17	0.99	84.62	1.18
常宁县	61.00	61.22	2.32	3.80	25.00	0.58	0.47	81.03	0.77
衡阳县	92.33	92.00	4.25	4.60	44.00	1.87	1.68	89.84	1.83
衡南县									
常武陵区									
分散县	**657.54**	**541.76**	**28.15**	**4.28**	**39.36**	**11.08**	**9.15**	**82.58**	**1.69**
湘潭县	102.96	76.02	3.60	3.50	40.83	1.47	1.33	90.48	1.75
宁乡县	106.00	86.00	6.00	5.66	46.67	2.80	2.43	86.79	2.83
茶陵县	43.93	31.13	1.56	3.55	52.56	0.82	0.72	87.80	2.31
攸　县	66.18	58.00	2.45	3.70	57.96	1.42	0.99	69.72	1.71
邵阳县	67.83	69.05	3.09	4.56	23.62	0.73	0.67	91.78	0.97
洞口县	57.72	44.20	3.54	6.13	29.10	1.03	0.83	80.58	1.88
隆回县	77.43	70.07	2.99	3.86	35.45	1.06	1.01	95.28	1.44
东安县	52.59	30.02	1.58	3.00	17.72	0.28	0.15	53.57	0.50
溆浦县	61.75	59.00	2.69	4.36	47.21	1.27	0.87	68.50	1.47
泸溪县	21.15	18.27	0.65	3.07	30.77	0.20	0.15	75.00	0.82

5－15－35　湖南省1977年产棉县棉花生产收购明细

县市名	耕地面积（万亩）	农业人口（万人）	棉田面积（万亩）	占耕地（%）	亩产（市斤）	产量（万担）	收购量（万担）	商品率（%）	人均交售（市斤）
全省合计	**2255.00**	**1830.47**	**208.23**	**9.23**	**71.10**	**148.06**	**140.88**	**95.15**	**7.70**
常德市	**646.85**	**448.29**	**96.09**	**14.86**	**84.07**	**80.78**	**79.34**	**98.22**	**17.70**
鼎城区	123.60	81.30	16.10	13.03	90.68	14.60	12.60	86.30	15.50
澧　县	103.87	77.93	28.39	27.33	86.54	24.57	27.56	112.17	35.37
汉寿县	72.23	60.49	8.00	11.08	87.25	6.98	6.21	88.97	10.27
安乡县	67.16	45.76	9.00	13.40	65.33	5.88	5.82	98.98	12.72
临澧县	60.32	36.32	8.79	14.57	96.70	8.50	7.93	93.29	21.83
桃源县	140.05	83.69	16.20	11.57	73.15	11.85	11.54	97.38	13.79
石门县	71.82	60.04	7.81	10.87	88.99	6.95	6.70	96.40	11.16
西洞庭农场	7.80	2.76	1.80	23.08	80.56	1.45	0.98	67.59	35.51
津　市									
岳阳市	**429.69**	**359.65**	**44.22**	**10.29**	**65.15**	**28.81**	**25.21**	**87.50**	**7.01**
华容县	84.82	56.93	12.79	15.08	80.22	10.26	10.93	106.53	19.20
岳阳县	70.96	69.20	6.47	9.12	58.73	3.80	2.93	77.11	4.23
临湘市	57.69	42.47	5.05	8.75	50.50	2.55	3.08	120.78	7.25
湘阴县	61.00	52.00	2.60	4.26	38.46	1.00	1.00	100.00	1.92
平江县	73.73	79.70	1.40	1.90	54.29	0.76	0.41	53.95	0.51
汨罗县	51.22	49.67	2.51	4.90	52.99	1.33	1.08	81.20	2.17
君山农场	9.00	2.65	5.00	55.56	55.20	2.76			
钱粮湖农场	17.25	6.33	7.00	40.58	80.00	5.60	5.78	103.21	91.31
建新农场	4.02	0.70	1.40	34.83	53.57	0.75			
益阳市	**219.85**	**172.13**	**18.56**	**8.44**	**67.94**	**12.61**	**12.40**	**98.33**	**7.20**
益阳市郊									
赫山区	70.22	70.41	5.68	8.09	41.55	2.36	2.17	91.95	3.08
南　县	73.70	50.37	7.20	9.77	90.14	6.49	6.50	100.15	12.90
沅江县	75.93	51.35	5.68	7.48	66.20	3.76	3.73	99.20	7.26
桃江县									
益阳县									
张家界	**69.55**	**58.20**	**7.80**	**11.21**	**100.64**	**7.85**	**7.78**	**99.11**	**13.37**
慈利县	69.55	58.20	7.80	11.21	100.64	7.85	7.78	99.11	13.37
衡阳市	**229.39**	**239.35**	**12.40**	**5.41**	**46.85**	**5.81**	**5.35**	**92.08**	**2.24**
耒阳县	76.33	84.74	5.04	6.60	32.34	1.63	1.47	90.18	1.73
常宁县	61.00	61.61	2.50	4.10	47.20	1.18	1.19	100.85	1.93
衡阳县	92.06	93.00	4.86	5.28	61.73	3.00	2.69	89.67	2.89
衡南县									
常武陵区									
分散县	**659.67**	**552.85**	**29.16**	**4.42**	**41.84**	**12.20**	**10.80**	**88.52**	**1.95**
湘潭县	103.15	78.73	3.85	3.73	50.91	1.96	1.77	90.31	2.25
宁乡县	107.98	86.27	6.00	5.56	48.67	2.92	2.64	90.41	3.06
茶陵县	43.93	33.56	1.51	3.44	50.33	0.76	0.66	86.84	1.97
攸　县	66.17	58.80	2.44	3.69	60.66	1.48	1.16	78.38	1.97
邵阳县	67.85	69.84	3.59	5.29	25.35	0.91	0.99	108.79	1.42
洞口县	57.96	44.78	2.92	5.04	31.85	0.93	0.83	89.25	1.85
隆回县	77.45	71.56	2.75	3.55	30.18	0.83	0.76	91.57	1.06
东安县	52.59	30.90	3.01	5.72	41.53	1.25	1.19	95.20	3.85
溆浦县	61.52	60.03	2.60	4.23	39.23	1.02	0.69	67.65	1.15
泸溪县	21.07	18.38	0.49	2.33	28.57	0.14	0.11	78.57	0.60

5－15－36　湖南省1978年产棉县棉花生产收购明细

县市名	耕地面积（万亩）	农业人口（万人）	棉田面积（万亩）	占耕地（%）	亩产（市斤）	产量（万担）	收购量（万担）	商品率（%）	人均交售（市斤）
全省合计	**2263.36**	**1842.11**	**202.21**	**8.93**	**57.28**	**115.82**	**111.36**	**96.15**	**6.05**
常德市	**645.82**	**450.24**	**93.61**	**14.49**	**58.23**	**54.51**	**56.37**	**103.41**	**12.52**
鼎城区	123.50	81.30	17.50	14.17	53.71	9.40	9.60	102.13	11.81
澧　县	104.20	78.28	24.00	23.03	68.08	16.34	18.23	111.57	23.29
汉寿县	72.26	60.93	8.00	11.07	57.13	4.57	4.65	101.75	7.63
安乡县	67.16	46.07	9.75	14.52	42.56	4.15	4.43	106.75	9.62
临澧县	60.32	36.59	9.12	15.12	57.79	5.27	5.20	98.67	14.21
桃源县	137.27	83.98	16.20	11.80	54.07	8.76	8.59	98.06	10.23
石门县	73.29	60.31	7.64	10.42	64.66	4.94	4.80	97.17	7.96
西洞庭农场	7.82	2.78	1.40	17.90	77.14	1.08	0.87	80.56	31.29
津　市									
岳阳市	**437.76**	**362.62**	**43.69**	**9.98**	**61.91**	**27.05**	**22.95**	**84.84**	**6.33**
华容县	86.26	56.88	13.07	15.15	72.23	9.44	9.61	101.80	16.90
岳阳县	77.89	70.02	6.33	8.13	45.81	2.90	2.31	79.66	3.30
临湘市	57.53	42.77	4.80	8.34	53.54	2.57	3.37	131.13	7.88
湘阴县	61.00	52.00	2.30	3.77	43.48	1.00	1.00	100.00	1.92
平江县	73.67	80.14	1.34	1.82	61.94	0.83	0.47	56.63	0.59
汨罗县	51.22	51.07	2.45	4.78	50.61	1.24	1.06	85.48	2.08
君山农场	9.00	2.68	5.00	55.56	56.00	2.80			
钱粮湖农场	17.17	6.40	7.00	40.77	80.00	5.60	5.13	91.61	80.16
建新农场	4.02	0.66	1.40	34.83	47.86	0.67			
益阳市	**220.83**	**171.95**	**18.32**	**8.30**	**54.20**	**9.93**	**9.80**	**98.69**	**5.70**
益阳市郊									
赫山区	70.21	69.91	5.56	7.92	37.95	2.11	2.04	96.68	2.92
南　县	73.59	50.46	7.20	9.78	65.00	4.68	4.59	98.08	9.10
沅江县	77.03	51.58	5.56	7.22	56.47	3.14	3.17	100.96	6.15
桃江县									
益阳县									
张家界	**69.55**	**58.39**	**8.02**	**11.53**	**105.49**	**8.46**	**8.40**	**99.29**	**14.39**
慈利县	69.55	58.39	8.02	11.53	105.49	8.46	8.40	99.29	14.39
衡阳市	**229.17**	**240.55**	**10.89**	**4.75**	**43.25**	**4.71**	**4.09**	**86.84**	**1.70**
耒阳县	76.14	85.63	4.62	6.07	33.77	1.56	1.34	85.90	1.56
常宁县	61.00	61.92	1.98	3.25	36.87	0.73	0.56	76.71	0.90
衡阳县	92.03	93.00	4.29	4.66	56.41	2.42	2.19	90.50	2.35
衡南县									
常武陵区									
分散县	**660.23**	**558.36**	**27.68**	**4.19**	**40.32**	**11.16**	**9.75**	**87.37**	**1.75**
湘潭县	103.15	80.06	3.49	3.38	48.14	1.68	1.56	92.86	1.95
宁乡县	107.98	86.64	6.00	5.56	41.67	2.50	2.17	86.80	2.50
茶陵县	44.62	34.00	1.41	3.16	50.35	0.71	0.67	94.37	1.97
攸　县	66.20	58.83	2.28	3.44	60.09	1.37	1.20	87.59	2.04
邵阳县	67.85	70.00	2.78	4.10	20.14	0.56	0.57	101.79	0.81
洞口县	58.14	45.06	2.89	4.97	30.10	0.87	0.72	82.76	1.60
隆回县	77.13	72.98	2.67	3.46	28.09	0.75	0.68	90.67	0.93
东安县	52.57	31.87	3.58	6.81	45.81	1.64	1.48	90.24	4.64
溆浦县	61.52	60.52	2.20	3.58	42.27	0.93	0.59	63.44	0.97
泸溪县	21.07	18.40	0.38	1.80	39.47	0.15	0.11	73.33	0.60

5-15-37 湖南省1979年产棉县棉花生产收购明细

县市名	耕地面积（万亩）	农业人口（万人）	棉田面积（万亩）	占耕地（%）	亩产（市斤）	产量（万担）	收购量（万担）	商品率（%）	人均交售（市斤）
全省合计	**2268.94**	**1846.80**	**188.60**	**8.31**	**81.13**	**153.02**	**145.08**	**94.81**	**7.86**
常德市	**649.60**	**450.55**	**90.93**	**14.00**	**88.00**	**80.02**	**81.47**	**101.81**	**18.08**
鼎城区	125.00	81.00	16.80	13.44	85.12	14.30	14.10	98.60	17.41
澧县	103.95	78.60	23.29	22.41	99.06	23.07	26.06	112.96	33.16
汉寿县	72.26	61.07	8.01	11.08	98.38	7.88	7.53	95.56	12.33
安乡县	67.16	46.06	9.00	13.40	62.11	5.59	5.54	99.11	12.03
临澧县	60.29	36.66	8.88	14.73	87.05	7.73	7.85	101.55	21.41
桃源县	139.96	83.76	16.20	11.57	70.80	11.47	11.31	98.61	13.50
石门县	72.66	60.61	7.35	10.12	112.93	8.30	8.00	96.39	13.20
西洞庭农场	8.32	2.79	1.40	16.83	120.00	1.68	1.08	64.29	38.71
津市									
岳阳市	**437.75**	**360.82**	**41.64**	**9.51**	**82.16**	**34.21**	**27.60**	**80.68**	**7.65**
华容县	85.97	56.99	12.45	14.48	96.39	12.00	11.29	94.08	19.81
岳阳县	77.79	69.75	6.11	7.85	78.56	4.80	3.90	81.25	5.59
临湘市	57.51	42.46	4.87	8.47	67.76	3.30	3.49	105.76	8.22
湘阴县	61.00	52.00	2.20	3.61	45.45	1.00	1.00	100.00	1.92
平江县	73.59	80.00	1.19	1.62	73.11	0.87	0.50	57.47	0.63
汨罗县	51.43	49.96	2.49	4.84	55.82	1.39	1.41	101.44	2.82
君山农场	9.20	2.69	4.36	47.39	85.09	3.71	1.29	34.77	47.96
钱粮湖农场	17.20	6.44	6.67	38.78	91.75	6.12	4.22	68.95	65.53
建新农场	4.06	0.53	1.30	32.02	78.46	1.02	0.50	49.02	94.34
益阳市	**221.32**	**172.21**	**18.02**	**8.14**	**75.31**	**13.57**	**12.04**	**88.73**	**6.99**
益阳市郊									
赫山区	70.19	69.78	5.09	7.25	58.94	3.00	2.51	83.67	3.60
南县	73.59	50.61	7.84	10.65	83.80	6.57	6.23	94.82	12.31
沅江县	77.54	51.82	5.09	6.56	78.59	4.00	3.30	82.50	6.37
桃江县									
益阳县									
张家界	**69.55**	**58.55**	**8.00**	**11.50**	**133.00**	**10.64**	**10.18**	**95.68**	**17.39**
慈利县	69.55	58.55	8.00	11.50	133.00	10.64	10.18	95.68	17.39
衡阳市	**229.02**	**241.14**	**8.76**	**3.82**	**49.77**	**4.36**	**4.02**	**92.20**	**1.67**
耒阳县	76.07	86.16	3.71	4.88	38.81	1.44	1.37	95.14	1.59
常宁县	61.00	61.98	1.57	2.57	36.94	0.58	0.61	105.17	0.98
衡阳县	91.95	93.00	3.48	3.78	67.24	2.34	2.04	87.18	2.19
衡南县									
常武陵区									
分散县	**661.70**	**563.53**	**21.25**	**3.21**	**48.09**	**10.22**	**9.77**	**95.60**	**1.73**
湘潭县	103.41	81.48	2.25	2.18	60.44	1.36	1.16	85.29	1.42
宁乡县	108.98	86.96	5.56	5.10	48.92	2.72	2.88	105.88	3.31
茶陵县	44.61	34.09	1.03	2.31	64.08	0.66	0.66	100.00	1.94
攸县	66.20	59.00	1.70	2.57	65.29	1.11	0.92	82.88	1.56
邵阳县	67.93	70.08	1.92	2.83	27.08	0.52	0.47	90.38	0.67
洞口县	58.37	45.21	1.76	3.02	33.52	0.59	0.57	96.61	1.26
隆回县	77.13	74.06	1.45	1.88	31.72	0.46	0.40	86.96	0.54
东安县	52.57	32.45	3.06	5.82	50.98	1.56	1.60	102.56	4.93
溆浦县	61.54	61.76	2.04	3.31	50.00	1.02	0.89	87.25	1.44
泸溪县	20.96	18.44	0.48	2.29	45.83	0.22	0.22	100.00	1.19

5－15－38　湖南省1980年产棉县棉花生产收购明细

县市名	耕地面积（万亩）	农业人口（万人）	棉田面积（万亩）	占耕地（%）	亩产（市斤）	产量（万担）	收购量（万担）	商品率（%）	人均交售（市斤）
全省合计	**2294.41**	**1880.45**	**247.08**	**10.77**	**69.64**	**172.07**	**167.78**	**97.51**	**8.92**
常德市	**650.48**	**453.28**	**125.49**	**19.29**	**65.93**	**82.73**	**87.39**	**105.63**	**19.28**
鼎城区	122.00	80.70	16.80	13.77	70.24	11.80	12.00	101.69	14.87
澧　县	103.62	78.51	42.55	41.06	55.89	23.78	28.69	120.65	36.54
汉寿县	72.26	61.20	8.00	11.07	87.63	7.01	6.51	92.87	10.64
安乡县	66.66	46.26	22.30	33.45	68.70	15.32	16.17	105.55	34.95
临澧县	60.37	36.86	9.59	15.89	62.67	6.01	6.13	102.00	16.63
桃源县	139.56	83.82	15.31	10.97	80.40	12.31	12.09	98.21	14.42
石门县	72.53	60.83	9.06	12.49	52.10	4.72	4.50	95.34	7.40
西洞庭农场	8.32	2.73	1.40	16.83	120.71	1.69	1.30	76.92	47.62
津　市	5.16	2.37	0.48	9.30	18.75	0.09			
岳阳市	**437.87**	**367.02**	**52.02**	**11.88**	**79.72**	**41.47**	**35.58**	**85.80**	**9.69**
华容县	87.14	57.24	19.98	22.93	91.99	18.38	16.72	90.97	29.21
岳阳县	77.25	69.15	8.28	10.72	80.19	6.64	5.36	80.72	7.75
临湘市	57.42	42.66	5.80	10.10	51.03	2.96	4.22	142.57	9.89
湘阴县	61.00	52.00	2.00	3.28	85.00	1.70	1.00	58.82	1.92
平江县	73.57	80.60	1.23	1.67	79.67	0.98	0.70	71.43	0.87
汨罗县	51.19	55.57	2.57	5.02	76.65	1.97	2.15	109.14	3.87
君山农场	9.20	2.73	4.26	46.30	71.13	3.03	0.90	29.70	32.97
钱粮湖农场	17.20	6.48	6.70	38.95	76.72	5.14	3.90	75.88	60.19
建新农场	3.90	0.59	1.20	30.77	55.83	0.67	0.63	94.03	106.78
益阳市	**245.72**	**182.29**	**33.10**	**13.47**	**65.98**	**21.84**	**20.85**	**95.47**	**11.44**
益阳市郊									
赫山区	69.80	69.85	5.36	7.68	47.39	2.54	2.40	94.49	3.44
南　县	73.59	51.00	13.97	18.98	73.80	10.31	9.87	95.73	19.35
沅江县	74.53	51.62	6.34	8.51	66.09	4.19	4.38	104.53	8.49
桃江县									
益阳县	27.80	9.82	7.43	26.73	64.60	4.80	4.20	87.50	42.77
张家界	**69.55**	**58.87**	**15.00**	**21.57**	**92.00**	**13.80**	**13.34**	**96.67**	**22.66**
慈利县	69.55	58.87	15.00	21.57	92.00	13.80	13.34	96.67	22.66
衡阳市	**228.36**	**242.96**	**6.05**	**2.65**	**73.22**	**4.43**	**3.72**	**83.97**	**1.53**
耒阳县	76.01	87.43	2.42	3.18	48.76	1.18	1.11	94.07	1.27
常宁县	61.00	62.53	0.91	1.49	65.93	0.60	0.54	90.00	0.86
衡阳县	91.35	93.00	2.72	2.98	97.43	2.65	2.07	78.11	2.23
衡南县									
常武陵区									
分散县	**662.43**	**576.03**	**15.42**	**2.33**	**50.58**	**7.80**	**6.90**	**88.46**	**1.20**
湘潭县	103.52	85.92	1.13	1.09	46.90	0.53	0.48	90.57	0.56
宁乡县	109.10	90.28	4.00	3.67	58.75	2.35	2.00	85.11	2.22
茶陵县	44.85	34.05	0.75	1.67	76.00	0.57	0.51	89.47	1.50
攸　县	66.20	59.00	1.20	1.81	58.33	0.70	0.63	90.00	1.07
邵阳县	67.93	71.90	1.13	1.66	33.63	0.38	0.31	81.58	0.43
洞口县	58.56	46.05	1.18	2.02	40.68	0.48	0.46	95.83	1.00
隆回县	77.16	75.15	1.75	2.27	16.57	0.29	0.24	82.76	0.32
东安县	52.61	33.04	1.71	3.25	51.46	0.88	0.79	89.77	2.39
溆浦县	61.54	62.12	2.12	3.44	64.15	1.36	1.25	91.91	2.01
泸溪县	20.96	18.52	0.45	2.15	57.78	0.26	0.23	88.46	1.24

5－15－39　湖南省1981年产棉县棉花生产收购明细

县市名	耕地面积（万亩）	农业人口（万人）	棉田面积（万亩）	占耕地（%）	亩产（市斤）	产量（万担）	收购量（万担）	商品率（%）	人均交售（市斤）
全省合计	**2292.60**	**1902.83**	**241.26**	**10.52**	**71.01**	**171.33**	**170.56**	**99.55**	**8.96**
常德市	**650.70**	**455.29**	**120.44**	**18.51**	**73.21**	**88.17**	**91.52**	**103.80**	**20.10**
鼎城区	122.00	81.00	17.10	14.02	69.59	11.90	11.20	94.12	13.83
澧县	103.60	78.73	39.21	37.85	71.92	28.20	32.19	114.15	40.89
汉寿县	72.24	61.78	8.00	11.07	89.75	7.18	7.02	97.77	11.36
安乡县	67.44	46.25	21.14	31.35	64.00	13.53	15.27	112.86	33.02
临澧县	60.44	37.08	9.87	16.33	67.17	6.63	6.84	103.17	18.45
桃源县	139.59	84.18	14.79	10.60	79.99	11.83	11.00	92.98	13.07
石门县	72.68	61.07	8.48	11.67	78.18	6.63	6.50	98.04	10.64
西洞庭农场	8.32	2.71	1.40	16.83	132.14	1.85	1.50	81.08	55.35
津市	4.39	2.49	0.45	10.25	93.33	0.42			
岳阳市	**436.85**	**372.03**	**52.70**	**12.06**	**65.62**	**34.58**	**33.29**	**96.27**	**8.95**
华容县	87.14	57.88	20.47	23.49	68.98	14.12	15.65	110.84	27.04
岳阳县	76.38	70.19	8.71	11.40	50.75	4.42	3.62	81.90	5.16
临湘市	57.39	43.99	5.91	10.30	57.02	3.37	4.19	124.33	9.52
湘阴县	61.00	53.00	2.00	3.28	100.00	2.00	1.00	50.00	1.89
平江县	73.54	81.17	1.54	2.09	76.62	1.18	0.92	77.97	1.13
汨罗县	51.17	55.81	2.81	5.49	56.23	1.58	1.57	99.37	2.81
君山农场	9.13	2.68	4.08	44.69	78.92	3.22	2.81	87.27	104.85
钱粮湖农场	17.20	6.65	6.28	36.51	65.76	4.13	3.10	75.06	46.62
建新农场	3.90	0.66	0.90	23.08	62.22	0.56	0.43	76.79	65.15
益阳市	**245.73**	**182.70**	**31.86**	**12.97**	**61.14**	**19.48**	**18.24**	**93.63**	**9.98**
益阳市郊									
赫山区	69.75	68.78	5.20	7.46	54.42	2.83	2.30	81.27	3.34
南县	73.46	51.47	13.98	19.03	65.88	9.21	8.83	95.87	17.16
沅江县	74.72	52.67	6.06	8.11	60.07	3.64	3.51	96.43	6.66
桃江县									
益阳县	27.80	9.78	6.62	23.81	57.40	3.80	3.60	94.74	36.81
张家界	**69.45**	**59.32**	**17.35**	**24.98**	**98.44**	**17.08**	**16.55**	**96.90**	**27.90**
慈利县	69.45	59.32	17.35	24.98	98.44	17.08	16.55	96.90	27.90
衡阳市	**228.29**	**250.44**	**5.88**	**2.58**	**80.44**	**4.73**	**4.80**	**101.48**	**1.92**
耒阳县	75.97	89.06	2.16	2.84	50.46	1.09	0.99	90.83	1.11
常宁县	61.00	63.38	0.84	1.38	76.19	0.64	0.69	107.81	1.09
衡阳县	91.32	98.00	2.88	3.15	104.17	3.00	3.12	104.00	3.18
衡南县									
常武陵区									
分散县	**661.58**	**583.05**	**13.03**	**1.97**	**55.95**	**7.29**	**6.16**	**84.50**	**1.06**
湘潭县	103.46	87.93	0.97	0.94	52.58	0.51	0.33	64.71	0.38
宁乡县	108.20	91.73	4.05	3.74	51.85	2.10	1.89	90.00	2.06
茶陵县	44.85	34.26	0.76	1.69	78.95	0.60	0.52	86.67	1.52
攸县	66.20	59.06	0.82	1.24	87.80	0.72	0.56	77.78	0.95
邵阳县	67.91	72.86	0.62	0.91	32.26	0.20	0.07	35.00	0.10
洞口县	58.71	46.22	0.97	1.65	41.24	0.40	0.24	60.00	0.52
隆回县	77.16	75.96	0.73	0.95	30.14	0.22	0.19	86.36	0.25
东安县	52.63	33.32	1.70	3.23	60.59	1.03	0.99	96.12	2.97
溆浦县	61.54	62.84	1.98	3.22	63.64	1.26	1.14	90.48	1.81
泸溪县	20.92	18.87	0.43	2.06	58.14	0.25	0.23	92.00	1.22

5-15-40　湖南省1982年产棉县棉花生产收购明细

县市名	耕地面积（万亩）	农业人口（万人）	棉田面积（万亩）	占耕地（%）	亩产（市斤）	产量（万担）	收购量（万担）	商品率（%）	人均交售（市斤）
全省合计	**2300.03**	**1922.85**	**233.48**	**10.15**	**78.11**	**182.36**	**169.41**	**92.90**	**8.81**
常德市	**653.61**	**459.61**	**115.18**	**17.62**	**75.26**	**86.69**	**86.59**	**99.88**	**18.84**
鼎城区	125.00	82.30	17.60	14.08	66.48	11.70	11.40	97.44	13.85
澧　县	103.57	78.99	34.12	32.94	87.34	29.80	32.01	107.42	40.52
汉寿县	72.24	62.44	8.00	11.07	82.88	6.63	6.00	90.50	9.61
安乡县	67.14	46.66	21.12	31.46	72.54	15.32	15.63	102.02	33.50
临澧县	60.41	37.37	8.79	14.55	58.82	5.17	4.92	95.16	13.17
桃源县	139.56	85.02	14.84	10.63	77.96	11.57	10.82	93.52	12.73
石门县	72.49	61.50	8.11	11.19	58.69	4.76	4.71	98.95	7.66
西洞庭农场	8.81	2.74	2.25	25.54	62.22	1.40	1.10	78.57	40.15
津　市	4.39	2.59	0.35	7.97	97.14	0.34			
岳阳市	**439.70**	**375.84**	**51.34**	**11.68**	**90.63**	**46.53**	**38.98**	**83.77**	**10.37**
华容县	86.99	58.38	19.20	22.07	121.67	23.36	19.92	85.27	34.12
岳阳县	79.42	70.77	8.84	11.13	75.45	6.67	5.41	81.11	7.64
临湘市	57.37	43.85	5.61	9.78	65.06	3.65	4.07	111.51	9.28
湘阴县	61.00	53.00	2.20	3.61	90.91	2.00	1.00	50.00	1.89
平江县	73.54	82.35	1.71	2.33	90.06	1.54	1.30	84.42	1.58
汨罗县	51.15	57.33	2.74	5.36	67.88	1.86	1.78	95.70	3.10
君山农场	9.13	2.82	4.15	45.45	82.65	3.43	3.28	95.63	116.31
钱粮湖农场	17.20	6.66	6.01	34.94	60.07	3.61	1.87	51.80	28.08
建新农场	3.90	0.68	0.88	22.56	46.59	0.41	0.35	85.37	51.47
益阳市	**245.99**	**183.79**	**30.81**	**12.52**	**76.96**	**23.71**	**20.93**	**88.27**	**11.39**
益阳市郊									
赫山区	69.66	68.73	5.39	7.74	54.36	2.93	2.72	92.83	3.96
南　县	73.46	52.03	13.82	18.81	83.86	11.59	10.98	94.74	21.10
沅江县	74.68	53.41	5.80	7.77	86.03	4.99	4.63	92.79	8.67
桃江县									
益阳县	28.19	9.62	5.80	20.57	72.41	4.20	2.60	61.90	27.03
张家界	**69.55**	**59.58**	**16.53**	**23.77**	**71.93**	**11.89**	**11.56**	**97.22**	**19.40**
慈利县	69.55	59.58	16.53	23.77	71.93	11.89	11.56	97.22	19.40
衡阳市	**227.93**	**254.14**	**7.48**	**3.28**	**88.10**	**6.59**	**5.62**	**85.28**	**2.21**
耒阳县	75.95	90.81	2.06	2.71	73.79	1.52	1.41	92.76	1.55
常宁县	61.00	64.33	0.91	1.49	82.42	0.75	0.71	94.67	1.10
衡阳县	90.98	99.00	4.51	4.96	95.79	4.32	3.50	81.02	3.54
衡南县									
常武陵区									
分散县	**663.25**	**589.89**	**12.14**	**1.83**	**57.25**	**6.95**	**5.73**	**82.45**	**0.97**
湘潭县	103.63	89.03	0.71	0.69	66.20	0.47	0.23	48.94	0.26
宁乡县	109.60	95.07	4.20	3.83	46.19	1.94	1.62	83.51	1.70
茶陵县	44.78	34.38	0.67	1.50	32.84	0.22	0.22	100.00	0.64
攸　县	66.01	59.25	0.59	0.89	84.75	0.50	0.44	88.00	0.74
邵阳县	67.90	73.05	0.33	0.49	27.27	0.09	0.07	77.78	0.10
洞口县	58.62	46.98	0.92	1.57	35.87	0.33	0.17	51.52	0.36
隆回县	77.75	76.02	0.44	0.57	25.00	0.11	0.04	36.36	0.05
东安县	52.63	33.98	1.74	3.31	80.46	1.40	1.32	94.29	3.88
溆浦县	61.39	63.09	2.06	3.36	74.27	1.53	1.39	90.85	2.20
泸溪县	20.94	19.04	0.48	2.29	75.00	0.36	0.23	63.89	1.21

5-15-41 湖南省1983年产棉县棉花生产收购明细

县市名	耕地面积（万亩）	农业人口（万人）	棉田面积（万亩）	占耕地（%）	亩产（市斤）	产量（万担）	收购量（万担）	商品率（%）	人均交售（市斤）
全省合计	**2293.79**	**1918.30**	**183.28**	**7.99**	**100.33**	**183.88**	**181.18**	**98.53**	**9.44**
常德市	**657.63**	**458.00**	**87.89**	**13.36**	**99.33**	**87.30**	**86.80**	**99.43**	**18.95**
鼎城区	129.00	82.70	12.60	9.77	99.21	12.50	11.90	95.20	14.39
澧县	103.56	77.92	23.93	23.11	92.81	22.21	23.36	105.18	29.98
汉寿县	72.24	62.03	5.73	7.93	123.91	7.10	6.60	92.96	10.64
安乡县	67.44	46.33	17.59	26.08	111.71	19.65	19.85	101.02	42.84
临澧县	60.41	37.35	6.69	11.07	78.03	5.22	5.21	99.81	13.95
桃源县	139.54	85.03	11.93	8.55	107.88	12.87	12.68	98.52	14.91
石门县	72.12	61.31	7.45	10.33	81.48	6.07	6.00	98.85	9.79
西洞庭农场	8.81	2.69	1.65	18.73	89.70	1.48	1.20	81.08	44.61
津市	4.51	2.64	0.32	7.10	62.50	0.20			
岳阳市	**432.17**	**371.14**	**46.22**	**10.69**	**97.64**	**45.13**	**45.00**	**99.71**	**12.12**
华容县	86.99	58.63	18.91	21.74	140.19	26.51	28.56	107.73	48.71
岳阳县	72.38	70.87	7.40	10.22	48.38	3.58	2.93	81.84	4.13
临湘市	57.35	44.36	4.41	7.69	63.04	2.78	3.21	115.47	7.24
湘阴县	61.00	53.00	1.80	2.95	111.11	2.00	2.00	100.00	3.77
平江县	73.46	83.00	1.61	2.19	81.99	1.32	1.15	87.12	1.39
汨罗县	51.09	51.30	2.52	4.93	42.46	1.07	1.34	125.23	2.61
君山农场	9.00	3.07	3.64	40.44	74.18	2.70	0.83	30.74	27.04
钱粮湖农场	17.00	6.12	5.01	29.47	97.01	4.86	4.67	96.09	76.31
建新农场	3.90	0.79	0.92	23.59	33.70	0.31	0.31	100.00	39.24
益阳市	**245.03**	**176.36**	**20.27**	**8.27**	**125.60**	**25.46**	**25.68**	**100.86**	**14.56**
益阳市郊									
赫山区	68.94	68.50	2.46	3.57	106.10	2.61	2.28	87.36	3.33
南县	73.40	50.42	8.65	11.78	148.79	12.87	13.04	101.32	25.86
沅江县	74.59	47.95	4.12	5.52	140.29	5.78	5.76	99.65	12.01
桃江县									
益阳县	28.10	9.49	5.04	17.94	83.33	4.20	4.60	109.52	48.47
张家界	**68.55**	**60.07**	**15.90**	**23.19**	**84.15**	**13.38**	**12.51**	**93.50**	**20.83**
慈利县	68.55	60.07	15.90	23.19	84.15	13.38	12.51	93.50	20.83
衡阳市	**227.83**	**256.64**	**5.87**	**2.58**	**119.25**	**7.00**	**6.17**	**88.14**	**2.40**
耒阳县	75.87	92.01	1.21	1.59	107.44	1.30	1.14	87.69	1.24
常宁县	61.00	64.63	0.50	0.82	130.00	0.65	0.66	101.54	1.02
衡阳县	90.96	100.00	4.16	4.57	121.39	5.05	4.37	86.53	4.37
衡南县									
常武陵区									
分散县	**662.58**	**596.09**	**7.13**	**1.08**	**78.68**	**5.61**	**5.02**	**89.48**	**0.84**
湘潭县	103.72	90.66	0.27	0.26	70.37	0.19	0.12	63.16	0.13
宁乡县	109.80	96.95	1.43	1.30	62.24	0.89	0.59	66.29	0.61
茶陵县	44.94	33.06	0.50	1.11	72.00	0.36	0.34	94.44	1.03
攸县	65.65	59.25	0.19	0.29	121.05	0.23	0.25	108.70	0.42
邵阳县	67.86	74.36	0.18	0.27	38.89	0.07	0.15	*	0.20
洞口县	58.45	47.05	0.52	0.89	46.15	0.24	0.10	41.67	0.21
隆回县	77.38	76.84	0.10	0.13	50.00	0.05	0.01	20.00	0.01
东安县	52.45	34.73	1.51	2.88	92.05	1.39	1.30	93.53	3.74
溆浦县	61.37	63.86	1.99	3.24	92.46	1.84	1.87	101.63	2.93
泸溪县	20.96	19.33	0.44	2.10	79.55	0.35	0.29	82.86	1.50

5－15－42　湖南省1984年产棉县棉花生产收购明细

县市名	耕地面积（万亩）	农业人口（万人）	棉田面积（万亩）	占耕地（%）	亩产（市斤）	产量（万担）	收购量（万担）	商品率（%）	人均交售（市斤）
全省合计	**2278.34**	**1918.46**	**182.98**	**8.03**	**130.08**	**238.02**	**219.52**	**92.23**	**11.44**
常德市	**655.34**	**449.84**	**87.13**	**13.30**	**129.43**	**112.77**	**109.31**	**96.93**	**24.30**
鼎城区	130.00	80.00	12.10	9.31	115.70	14.00	14.40	102.86	18.00
澧　县	103.59	77.69	24.31	23.47	134.80	32.77	32.58	99.42	41.94
汉寿县	72.24	60.60	5.70	7.89	129.82	7.40	6.49	87.70	10.71
安乡县	67.44	44.98	16.64	24.67	160.70	26.74	25.58	95.66	56.87
临澧县	59.93	36.85	6.79	11.33	112.52	7.64	8.35	109.29	22.66
桃源县	139.49	83.85	12.21	8.75	117.44	14.34	13.05	91.00	15.56
石门县	69.59	60.50	7.21	10.36	107.49	7.75	7.00	90.32	11.57
西洞庭农场	8.80	2.67	1.68	19.09	101.19	1.70	1.30	76.47	48.69
津　市	4.26	2.70	0.49	11.50	87.76	0.43	0.56	130.23	20.74
岳阳市	**422.63**	**363.47**	**46.78**	**11.07**	**135.25**	**63.27**	**56.47**	**89.25**	**15.54**
华容县	86.99	58.46	19.82	22.78	185.62	36.79	37.53	102.01	64.20
岳阳县	73.64	70.64	7.87	10.69	79.29	6.24	5.13	82.21	7.26
临湘市	46.07	36.36	3.18	6.90	93.71	2.98	3.11	104.36	8.55
湘阴县	61.00	53.00	1.60	2.62	125.00	2.00	2.00	100.00	3.77
平江县	73.43	83.10	1.75	2.38	98.29	1.72	1.20	69.77	1.44
汨罗县	51.68	51.92	2.38	4.61	76.47	1.82	2.21	121.43	4.26
君山农场	8.92	2.53	3.20	35.87	105.00	3.36	0.02	0.60	0.79
钱粮湖农场	17.00	6.64	6.11	35.94	121.11	7.40	4.67	63.11	70.33
建新农场	3.90	0.82	0.87	22.31	110.34	0.96	0.60	62.50	73.17
益阳市	**244.73**	**182.61**	**20.45**	**8.36**	**151.88**	**31.06**	**27.37**	**88.12**	**14.99**
益阳市郊									
赫山区	68.82	68.54	2.04	2.96	124.02	2.53	1.90	75.10	2.77
南　县	73.59	50.53	8.81	11.97	171.62	15.12	14.63	96.76	28.95
沅江县	74.37	53.60	4.26	5.73	164.55	7.01	7.04	100.44	13.14
桃江县									
益阳县	27.95	9.94	5.34	19.11	119.85	6.40	3.80	59.38	38.23
张家界	**67.01**	**59.55**	**15.67**	**23.38**	**104.66**	**16.40**	**15.36**	**93.66**	**25.79**
慈利县	67.01	59.55	15.67	23.38	104.66	16.40	15.36	93.66	25.79
衡阳市	**227.62**	**256.86**	**6.03**	**2.65**	**123.22**	**7.43**	**5.60**	**75.37**	**2.18**
耒阳县	75.74	92.36	1.16	1.53	106.90	1.24	1.31	105.65	1.42
常宁县	61.00	64.50	0.49	0.80	132.65	0.65	0.46	70.77	0.71
衡阳县	90.88	100.00	4.38	4.82	126.48	5.54	3.83	69.13	3.83
衡南县									
常武陵区									
分散县	**661.01**	**606.13**	**6.92**	**1.05**	**102.46**	**7.09**	**5.41**	**76.30**	**0.89**
湘潭县	103.51	92.85	0.23	0.22	73.91	0.17	0.11	64.71	0.12
宁乡县	110.20	99.08	1.18	1.07	65.25	0.77	0.42	54.55	0.42
茶陵县	43.00	35.14	0.48	1.12	137.50	0.66	0.43	65.15	1.22
攸　县	65.61	59.36	0.25	0.38	124.00	0.31	0.23	74.19	0.39
邵阳县	67.86	74.52	0.16	0.24	43.75	0.07	0.23	*	0.31
洞口县	58.12	48.36	0.47	0.81	70.21	0.33	0.06	18.18	0.12
隆回县	77.62	77.96	0.10	0.13	70.00	0.07	0.12	171.43	0.15
东安县	52.73	35.01	1.55	2.94	116.13	1.80	1.58	87.78	4.51
溆浦县	61.52	64.29	2.05	3.33	126.83	2.60	1.98	76.15	3.08
泸溪县	20.84	19.56	0.45	2.16	68.89	0.31	0.25	80.65	1.28

5－15－43　湖南省1985年产棉县棉花生产收购明细

县市名	耕地面积（万亩）	农业人口（万人）	棉田面积（万亩）	占耕地（%）	亩产（市斤）	产量（万担）	收购量（万担）	商品率（%）	人均交售（市斤）
全省合计	**2225.59**	**1864.94**	**142.85**	**6.42**	**131.98**	**188.53**	**169.84**	**90.09**	**9.11**
常德市	**677.43**	**452.52**	**75.91**	**11.21**	**133.03**	**100.98**	**96.90**	**95.96**	**21.41**
鼎城区	124.00	79.90	9.80	7.90	119.39	11.70	10.60	90.60	13.27
澧县	101.85	74.60	20.87	20.49	149.40	31.18	31.25	100.22	41.89
汉寿县	85.76	59.80	4.60	5.36	104.35	4.80	5.74	119.58	9.60
安乡县	66.81	43.22	14.41	21.57	174.74	25.18	23.90	94.92	55.30
临澧县	58.62	35.58	6.07	10.35	116.64	7.08	6.88	97.18	19.34
桃源县	139.13	82.50	10.50	7.55	120.29	12.63	10.45	82.74	12.67
石门县	67.49	59.60	6.29	9.32	117.17	7.37	7.20	97.69	12.08
西洞庭农场	8.64	2.71	0.85	9.84	84.71	0.72	0.70	97.22	25.83
津市	25.13	14.61	2.52	10.03	12.70	0.32	0.18	56.25	1.23
岳阳市	**419.90**	**364.40**	**35.90**	**8.55**	**142.09**	**51.01**	**44.31**	**86.87**	**12.16**
华容县	85.32	58.25	15.43	18.08	188.59	29.10	33.10	113.75	56.82
岳阳县	73.26	70.73	5.92	8.08	86.15	5.10	3.41	66.86	4.82
临湘市	45.87	36.48	2.36	5.14	84.75	2.00	1.74	87.00	4.77
湘阴县	61.00	53.00	1.50	2.46	133.33	2.00	2.00	100.00	3.77
平江县	73.26	83.52	1.28	1.75	100.00	1.28	1.10	85.94	1.32
汨罗县	51.73	52.21	1.85	3.58	83.78	1.55	1.03	66.45	1.97
君山农场	8.42	2.63	2.09	24.82	110.05	2.30	0.23	10.00	8.75
钱粮湖农场	17.00	6.67	4.72	27.76	146.61	6.92	1.10	15.90	16.49
建新农场	4.04	0.91	0.75	18.56	101.33	0.76	0.60	78.95	65.93
益阳市	**174.10**	**114.49**	**9.86**	**5.66**	**150.71**	**14.86**	**12.12**	**81.56**	**10.59**
益阳市郊									
赫山区									
南县	73.41	51.22	5.39	7.34	166.23	8.96	7.16	79.91	13.98
沅江县	72.81	53.20	2.19	3.01	159.82	3.50	2.56	73.14	4.81
桃江县									
益阳县	27.88	10.07	2.28	8.18	105.26	2.40	2.40	100.00	23.83
张家界	**64.38**	**58.80**	**11.31**	**17.57**	**100.00**	**11.31**	**10.76**	**95.14**	**18.30**
慈利县	64.38	58.80	11.31	17.57	100.00	11.31	10.76	95.14	18.30
衡阳市	**227.09**	**258.42**	**3.71**	**1.63**	**132.35**	**4.91**	**2.62**	**53.36**	**1.01**
耒阳县	75.25	92.73	0.72	0.96	118.06	0.85	0.25	29.41	0.27
常宁县	61.00	64.69	0.26	0.43	115.38	0.30	0.06	20.00	0.09
衡阳县	90.84	101.00	2.73	3.01	137.73	3.76	2.31	61.44	2.29
衡南县									
常武陵区									
分散县	**662.69**	**616.31**	**6.16**	**0.93**	**88.64**	**5.46**	**3.13**	**57.33**	**0.51**
湘潭县	103.49	94.26	0.16	0.15	68.75	0.11	0.07	63.64	0.07
宁乡县	110.78	100.99	0.75	0.68	72.00	0.54	0.08	14.81	0.08
茶陵县	43.07	37.00	0.44	1.02	111.36	0.49	0.45	91.84	1.22
攸县	65.58	59.80	0.15	0.23	153.33	0.23	0.12	52.17	0.20
邵阳县	68.92	76.36	0.24	0.35	54.17	0.13	0.12	92.31	0.16
洞口县	58.12	49.69	0.44	0.76	52.27	0.23	0.16	69.57	0.32
隆回县	77.64	78.34	0.08	0.10	100.00	0.08	0.03	37.50	0.04
东安县	52.73	35.86	1.20	2.28	80.00	0.96	0.62	64.58	1.73
溆浦县	61.52	64.17	2.25	3.66	104.89	2.36	1.33	56.36	2.07
泸溪县	20.84	19.84	0.45	2.16	73.33	0.33	0.15	45.45	0.76

5－15－44　湖南省1986年产棉县棉花生产收购明细

县市名	耕地面积（万亩）	农业人口（万人）	棉田面积（万亩）	占耕地（%）	亩产（市斤）	产量（万担）	收购量（万担）	商品率（%）	人均交售（市斤）
全省合计	**2223.12**	**1895.00**	**123.25**	**5.54**	**117.99**	**145.42**	**131.17**	**90.20**	**6.92**
常德市	**675.13**	**456.56**	**67.55**	**10.01**	**110.10**	**74.37**	**77.72**	**104.50**	**17.02**
鼎城区	124.00	80.50	8.30	6.69	114.46	9.50	6.80	71.58	8.45
澧县	101.35	74.26	18.27	18.03	69.73	12.74	24.46	191.99	32.94
汉寿县	85.26	60.91	3.44	4.03	136.63	4.70	3.70	78.72	6.07
安乡县	66.97	43.27	14.64	21.86	160.66	23.52	21.70	92.26	50.15
临澧县	58.22	36.22	5.65	9.70	104.42	5.90	5.81	98.47	16.04
桃源县	139.13	84.55	8.52	6.12	103.76	8.84	6.73	76.13	7.96
石门县	66.87	59.75	6.04	9.03	105.46	6.37	6.25	98.12	10.46
西洞庭农场	8.59	2.76	0.49	5.70	85.71	0.42	0.40	95.24	14.49
津市	24.74	14.34	2.20	8.89	108.18	2.38	1.87	78.57	13.04
岳阳市	**418.79**	**363.78**	**31.15**	**7.44**	**142.99**	**44.54**	**35.83**	**80.44**	**9.85**
华容县	85.32	57.29	14.16	16.60	183.83	26.03	21.59	82.94	37.69
岳阳县	73.18	70.29	4.49	6.14	79.29	3.56	2.73	76.69	3.88
临湘市	45.66	36.50	1.39	3.04	95.68	1.33	1.74	130.83	4.77
湘阴县	61.00	53.00	1.50	2.46	133.33	2.00	2.00	100.00	3.77
平江县	73.16	84.30	0.85	1.16	104.71	0.89	0.60	67.42	0.71
汨罗县	51.71	52.44	1.59	3.07	72.96	1.16	1.01	87.07	1.93
君山农场	8.42	2.39	1.55	18.41	105.81	1.64	0.94	57.32	39.33
钱粮湖农场	16.50	6.70	4.94	29.94	145.75	7.20	4.75	65.97	70.90
建新农场	3.84	0.87	0.68	17.71	107.35	0.73	0.47	64.38	54.02
益阳市	**174.17**	**118.98**	**6.72**	**3.86**	**150.00**	**10.08**	**6.06**	**60.12**	**5.09**
益阳市郊									
赫山区									
南县	73.39	52.02	3.80	5.18	162.63	6.18	4.20	67.96	8.07
沅江县	73.01	56.60	2.00	2.74	125.00	2.50	0.26	10.40	0.46
桃江县									
益阳县	27.77	10.36	0.92	3.31	152.17	1.40	1.60	114.29	15.44
张家界	**64.36**	**59.23**	**10.56**	**16.41**	**85.70**	**9.05**	**6.83**	**75.47**	**11.53**
慈利县	64.36	59.23	10.56	16.41	85.70	9.05	6.83	75.47	11.53
衡阳市	**225.84**	**259.72**	**2.42**	**1.07**	**119.83**	**2.90**	**1.86**	**64.14**	**0.72**
耒阳县	75.09	93.74	0.55	0.73	76.36	0.42	0.28	66.67	0.30
常宁县	60.00	64.98	0.02	0.03	100.00	0.02	0.01	50.00	0.02
衡阳县	90.75	101.00	1.85	2.04	132.97	2.46	1.57	63.82	1.55
衡南县									
常武陵区									
分散县	**664.83**	**636.73**	**4.85**	**0.73**	**92.37**	**4.48**	**2.87**	**64.06**	**0.45**
湘潭县	103.56	96.63	0.16	0.15	75.00	0.12	0.10	83.33	0.10
宁乡县	112.34	112.83	0.48	0.43	68.75	0.33	0.10	30.30	0.09
茶陵县	43.18	39.69	0.40	0.93	127.50	0.51	0.32	62.75	0.81
攸县	65.60	59.63	0.04	0.06	150.00	0.06	0.02	33.33	0.03
邵阳县	68.92	78.77	0.19	0.28	68.42	0.13	0.10	76.92	0.13
洞口县	58.17	47.43	0.35	0.60	54.29	0.19	0.15	78.95	0.32
隆回县	77.62	79.66	0.09	0.12	77.78	0.07	0.05	71.43	0.06
东安县	52.92	36.49	0.73	1.38	84.93	0.62	0.35	56.45	0.96
溆浦县	61.68	65.45	1.99	3.23	108.04	2.15	1.57	73.02	2.40
泸溪县	20.84	20.15	0.42	2.02	71.43	0.30	0.11	36.67	0.55

5－15－45　湖南省1987年产棉县棉花生产收购明细

县市名	耕地面积（万亩）	农业人口（万人）	棉田面积（万亩）	占耕地（%）	亩产（市斤）	产量（万担）	收购量（万担）	商品率（%）	人均交售（市斤）
全省合计	**2220.64**	**1945.82**	**96.75**	**4.36**	**121.63**	**117.68**	**95.04**	**80.76**	**4.88**
常德市	**671.31**	**458.65**	**49.75**	**7.41**	**115.28**	**57.35**	**49.01**	**85.46**	**10.69**
鼎城区	123.00	81.20	4.50	3.66	108.89	4.90	3.50	71.43	4.31
澧　县	100.82	75.36	14.23	14.11	120.31	17.12	14.88	86.92	19.75
汉寿县	85.26	60.95	3.44	4.03	80.52	2.77	1.32	47.65	2.17
安乡县	66.56	41.59	10.50	15.78	145.43	15.27	14.70	96.27	35.35
临澧县	56.37	37.19	4.86	8.62	107.82	5.24	5.07	96.76	13.63
桃源县	138.95	84.58	4.26	3.07	102.82	4.38	2.86	65.30	3.38
石门县	67.13	60.15	5.53	8.24	94.94	5.25	5.00	95.24	8.31
西洞庭农场	8.58	2.88	0.55	6.41	76.36	0.42	0.40	95.24	13.89
津　市	24.64	14.75	1.88	7.63	106.38	2.00	1.28	64.00	8.68
岳阳市	**417.60**	**365.96**	**21.89**	**5.24**	**140.89**	**30.84**	**28.58**	**92.67**	**7.81**
华容县	85.09	58.05	7.69	9.04	177.63	13.66	18.45	135.07	31.78
岳阳县	72.43	70.46	3.26	4.50	95.40	3.11	1.94	62.38	2.75
临湘市	45.55	36.89	1.11	2.44	105.41	1.17	1.05	89.74	2.85
湘阴县	61.00	53.00	1.00	1.64	170.00	1.70	2.00	117.65	3.77
平江县	73.07	84.60	0.78	1.07	112.82	0.88	0.40	45.45	0.47
汨罗县	51.67	52.82	1.33	2.57	72.18	0.96	0.60	62.50	1.14
君山农场	8.31	2.52	1.68	20.22	122.02	2.05	0.71	34.63	28.17
钱粮湖农场	16.50	6.79	4.50	27.27	151.11	6.80	2.95	43.38	43.45
建新农场	3.98	0.83	0.54	13.57	94.44	0.51	0.48	94.12	57.83
益阳市	**173.84**	**120.38**	**6.61**	**3.80**	**192.59**	**12.73**	**6.92**	**54.36**	**5.75**
益阳市郊									
赫山区									
南　县	73.28	52.57	6.22	8.49	196.78	12.24	5.38	43.95	10.23
沅江县	72.95	57.10	0.09	0.12	100.00	0.09	0.14	155.56	0.25
桃江县									
益阳县	27.61	10.71	0.30	1.09	133.33	0.40	1.40	*	13.07
张家界	**64.24**	**59.51**	**9.56**	**14.88**	**76.36**	**7.30**	**4.85**	**66.44**	**8.15**
慈利县	64.24	59.51	9.56	14.88	76.36	7.30	4.85	66.44	8.15
衡阳市	**225.70**	**263.15**	**3.88**	**1.72**	**122.42**	**4.75**	**2.01**	**42.32**	**0.76**
耒阳县	75.02	94.67	1.08	1.44	88.89	0.96	0.54	56.25	0.57
常宁县	60.00	65.48	0.18	0.30	244.44	0.44	0.22	50.00	0.34
衡阳县	90.68	103.00	2.62	2.89	127.86	3.35	1.25	37.31	1.21
衡南县									
常武陵区									
分散县	**667.95**	**678.17**	**5.06**	**0.76**	**93.08**	**4.71**	**3.67**	**77.92**	**0.54**
湘潭县	103.56	99.26	0.19	0.18	68.42	0.13	0.11	84.62	0.11
宁乡县	115.60	113.46	0.43	0.37	67.44	0.29	0.15	51.72	0.13
茶陵县	43.18	45.96	0.46	1.07	100.00	0.46	0.35	76.09	0.76
攸　县	65.63	62.57	0.02	0.03	100.00	0.02	0.01	50.00	0.02
邵阳县	68.93	80.01	0.17	0.25	64.71	0.11	0.10	90.91	0.12
洞口县	58.32	59.36	0.28	0.48	53.57	0.15	0.12	80.00	0.20
隆回县	77.62	85.27	0.09	0.12	77.78	0.07	0.05	71.43	0.06
东安县	52.86	42.56	1.15	2.18	101.74	1.17	1.10	94.02	2.58
溆浦县	61.58	69.36	1.92	3.12	106.25	2.04	1.48	72.55	2.13
泸溪县	20.67	20.36	0.35	1.69	77.14	0.27	0.20	74.07	0.98

5－15－46　湖南省1988年产棉县棉花生产收购明细

县市名	耕地面积（万亩）	农业人口（万人）	棉田面积（万亩）	占耕地（%）	亩产（市斤）	产量（万担）	收购量（万担）	商品率（%）	人均交售（市斤）
全省合计	**2213.31**	**1990.55**	**129.61**	**5.86**	**76.54**	**99.20**	**83.65**	**84.32**	**4.20**
常德市	**667.93**	**466.27**	**71.25**	**10.67**	**85.57**	**60.97**	**47.84**	**78.46**	**10.26**
鼎城区	122.00	82.10	7.20	5.90	58.33	4.20	4.00	95.24	4.87
澧县	100.68	75.47	21.93	21.78	130.41	28.60	13.71	47.94	18.17
汉寿县	85.08	65.75	4.90	5.76	56.53	2.77	1.64	59.21	2.49
安乡县	65.85	42.13	15.30	23.23	79.87	12.22	16.67	136.42	39.57
临澧县	55.89	37.41	5.74	10.27	62.72	3.60	3.42	95.00	9.14
桃源县	138.60	84.84	6.86	4.95	55.83	3.83	2.85	74.41	3.36
石门县	66.81	60.42	5.73	8.58	75.74	4.34	4.20	96.77	6.95
西洞庭农场	8.50	2.98	1.01	11.88	45.54	0.46	0.42	91.30	14.09
津市	24.52	15.17	2.58	10.52	36.82	0.95	0.93	97.89	6.13
岳阳市	**416.00**	**370.45**	**32.30**	**7.76**	**61.92**	**20.00**	**25.10**	**125.50**	**6.78**
华容县	84.90	58.91	15.05	17.73	68.37	10.29	14.88	144.61	25.26
岳阳县	72.49	70.41	3.79	5.23	53.83	2.04	1.63	79.90	2.32
临湘市	45.34	36.91	1.55	3.42	42.58	0.66	2.39	*	6.48
湘阴县	60.00	54.00	1.50	2.50	40.00	0.60	1.00	166.67	1.85
平江县	72.90	85.80	0.73	1.00	87.67	0.64	0.30	46.88	0.35
汨罗县	51.66	53.71	1.30	2.52	40.77	0.53	0.16	30.19	0.30
君山农场	8.31	2.43	2.08	25.02	52.88	1.10	0.06	5.45	2.47
钱粮湖农场	16.50	7.11	5.54	33.58	67.87	3.76	4.38	116.49	61.60
建新农场	3.90	1.17	0.76	19.49	50.00	0.38	0.30	78.95	25.64
益阳市	**173.20**	**122.00**	**7.94**	**4.58**	**80.60**	**6.40**	**3.93**	**61.41**	**3.22**
益阳市郊									
赫山区									
南县	73.21	52.47	4.17	5.70	58.75	2.45	2.79	113.88	5.32
沅江县	72.81	58.60	2.34	3.21	74.79	1.75	0.54	30.86	0.92
桃江县									
益阳县	27.18	10.93	1.43	5.26	153.85	2.20	0.60	27.27	5.49
张家界	**64.20**	**60.15**	**9.09**	**14.16**	**50.61**	**4.60**	**3.05**	**66.30**	**5.07**
慈利县	64.20	60.15	9.09	14.16	50.61	4.60	3.05	66.30	5.07
衡阳市	**225.27**	**268.16**	**4.06**	**1.80**	**99.75**	**4.05**	**1.15**	**28.40**	**0.43**
耒阳县	74.95	96.78	1.25	1.67	89.60	1.12	0.63	56.25	0.65
常宁县	60.00	66.38	0.04	0.07	225.00	0.09	0.20	*	0.30
衡阳县	90.32	105.00	2.77	3.07	102.53	2.84	0.32	11.27	0.30
衡南县									
常武陵区									
分散县	**666.71**	**703.52**	**4.97**	**0.75**	**63.98**	**3.18**	**2.58**	**81.13**	**0.37**
湘潭县	103.62	100.85	0.15	0.14	73.33	0.11	0.08	72.73	0.08
宁乡县	114.30	114.98	0.45	0.39	71.11	0.32	0.17	53.13	0.15
茶陵县	43.27	47.28	0.43	0.99	83.72	0.36	0.28	77.78	0.59
攸县	65.69	64.26	0.02	0.03	50.00	0.01			
邵阳县	68.97	81.24	0.19	0.28	63.16	0.12	0.10	83.33	0.12
洞口县	58.06	64.27	0.25	0.43	60.00	0.15	0.12	80.00	0.19
隆回县	77.60	90.06	0.11	0.14	136.36	0.15	0.10	66.67	0.11
东安县	52.94	47.30	1.37	2.59	46.72	0.64	0.58	90.63	1.23
溆浦县	61.61	72.52	1.65	2.68	73.33	1.21	1.05	86.78	1.45
泸溪县	20.65	20.76	0.35	1.69	31.43	0.11	0.10	90.91	0.48

5－15－47　湖南省1989年产棉县棉花生产收购明细

县市名	耕地面积（万亩）	农业人口（万人）	棉田面积（万亩）	占耕地（%）	亩产（市斤）	产量（万担）	收购量（万担）	商品率（%）	人均交售（市斤）
全省合计	**2210.93**	**2024.55**	**133.03**	**6.02**	**93.82**	**124.81**	**96.20**	**77.08**	**4.75**
常德市	**662.13**	**469.24**	**72.88**	**11.01**	**87.79**	**63.98**	**55.74**	**87.12**	**11.88**
鼎城区	119.00	82.40	7.20	6.05	84.72	6.10	2.90	47.54	3.52
澧　县	100.40	75.64	23.21	23.12	79.71	18.50	18.50	100.00	24.46
汉寿县	84.30	66.07	4.42	5.24	91.18	4.03	3.06	75.93	4.63
安乡县	65.67	43.26	15.50	23.60	116.13	18.00	16.06	89.22	37.12
临澧县	55.41	37.56	5.57	10.05	71.27	3.97	4.55	114.61	12.11
桃源县	138.58	85.06	8.31	6.00	74.25	6.17	4.26	69.04	5.01
石门县	65.77	60.82	5.68	8.64	87.15	4.95	4.85	97.98	7.97
西洞庭农场	8.50	3.05	0.68	8.00	69.12	0.47	0.43	91.49	14.10
津　市	24.50	15.38	2.31	9.43	77.49	1.79	1.13	63.13	7.35
岳阳市	**414.98**	**373.80**	**34.29**	**8.26**	**116.59**	**39.98**	**25.32**	**63.33**	**6.77**
华容县	83.68	59.03	17.10	20.43	123.39	21.10	13.24	62.75	22.43
岳阳县	72.72	70.30	3.97	5.46	98.99	3.93	3.12	79.39	4.44
临湘市	45.28	37.29	1.76	3.89	82.95	1.46	1.89	129.45	5.07
湘阴县	60.00	55.00	1.00	1.67	140.00	1.40	1.00	71.43	1.82
平江县	72.88	86.80	0.73	1.00	90.41	0.66	0.30	45.45	0.35
汨罗县	51.61	54.50	1.10	2.13	49.09	0.54	0.23	42.59	0.42
君山农场	8.24	2.43	1.95	23.67	113.85	2.22	0.38	17.12	15.64
钱粮湖农场	16.57	7.20	5.92	35.73	138.51	8.20	4.88	59.51	67.78
建新农场	4.00	1.25	0.76	19.00	61.84	0.47	0.28	59.57	22.40
益阳市	**173.10**	**122.79**	**9.63**	**5.56**	**104.78**	**10.09**	**8.68**	**86.03**	**7.07**
益阳市郊									
赫山区									
南　县	73.21	52.75	4.88	6.67	89.96	4.39	4.34	98.86	8.23
沅江县	72.78	59.07	3.31	4.55	129.91	4.30	2.14	49.77	3.62
桃江县									
益阳县	27.11	10.97	1.44	5.31	97.22	1.40	2.20	157.14	20.05
张家界	**62.99**	**59.62**	**9.31**	**14.78**	**58.11**	**5.41**	**3.85**	**71.16**	**6.46**
慈利县	62.99	59.62	9.31	14.78	58.11	5.41	3.85	71.16	6.46
衡阳市	**225.02**	**270.71**	**3.11**	**1.38**	**102.25**	**3.18**	**0.97**	**30.50**	**0.36**
耒阳县	74.94	97.83	0.85	1.13	83.53	0.71	0.62	87.32	0.63
常宁县	60.00	66.88	0.12	0.20	75.00	0.09	0.06	66.67	0.09
衡阳县	90.08	106.00	2.14	2.38	111.21	2.38	0.29	12.18	0.27
衡南县									
常武陵区									
分散县	**672.71**	**728.39**	**3.81**	**0.57**	**56.96**	**2.17**	**1.64**	**75.58**	**0.23**
湘潭县	103.62	103.08							
宁乡县	116.30	119.19	0.51	0.44	62.75	0.32	0.14	43.75	0.12
茶陵县	43.27	49.65	0.39	0.90	97.44	0.38	0.30	78.95	0.60
攸　县	69.69	66.39	0.01	0.01	100.00	0.01			
邵阳县	68.97	82.46							
洞口县	58.06	66.38	0.25	0.43	60.00	0.15	0.12	80.00	0.18
隆回县	77.60	96.17							
东安县	52.94	50.71	0.72	1.36	61.11	0.44	0.40	90.91	0.79
溆浦县	61.61	73.47	1.47	2.39	45.58	0.67	0.50	74.63	0.68
泸溪县	20.65	20.89	0.46	2.23	43.48	0.20	0.18	90.00	0.86

5-15-48 湖南省1990年产棉县棉花生产收购明细

县市名	耕地面积（万亩）	农业人口（万人）	棉田面积（万亩）	占耕地（%）	亩产（市斤）	产量（万担）	收购量（万担）	商品率（%）	人均交售（市斤）
全省合计	**2201.92**	**2054.02**	**171.39**	**7.78**	**134.68**	**230.82**	**211.46**	**91.61**	**10.29**
常德市	**658.91**	**475.11**	**88.03**	**13.36**	**128.04**	**112.71**	**108.98**	**96.69**	**22.94**
鼎城区	118.50	84.80	10.60	8.95	109.43	11.60	10.50	90.52	12.38
澧　县	100.31	76.66	24.08	24.01	137.13	33.02	32.28	97.76	42.11
汉寿县	83.77	65.55	7.01	8.37	139.94	9.81	8.44	86.03	12.88
安乡县	65.68	44.89	17.62	26.83	166.86	29.40	28.84	98.10	64.25
临澧县	55.43	37.83	7.37	13.30	103.12	7.60	9.03	118.82	23.87
桃源县	138.57	86.65	11.29	8.15	99.20	11.20	10.31	92.05	11.90
石门县	63.69	61.15	6.14	9.64	98.05	6.02	6.00	99.67	9.81
西洞庭农场	8.49	1.86	1.22	14.37	115.57	1.41	1.40	99.29	75.27
津　市	24.47	15.72	2.70	11.03	98.15	2.65	2.18	82.26	13.87
岳阳市	**415.38**	**382.37**	**43.58**	**10.49**	**161.54**	**70.40**	**65.44**	**92.95**	**17.11**
华容县	83.55	59.91	20.70	24.78	191.98	39.74	48.38	121.74	80.75
岳阳县	72.48	72.47	5.34	7.37	105.62	5.64	4.59	81.38	6.33
临湘市	45.26	38.15	2.86	6.32	88.81	2.54	1.87	73.62	4.90
湘阴县	61.00	57.00	2.00	3.28	105.00	2.10	2.00	95.24	3.51
平江县	72.88	88.50	1.03	1.41	79.61	0.82	0.70	85.37	0.79
汨罗县	51.61	55.19	1.94	3.76	58.25	1.13	1.02	90.27	1.85
君山农场	8.24	2.47	2.42	29.37	169.42	4.10	1.56	38.05	63.16
钱粮湖农场	16.56	7.29	6.58	39.73	201.37	13.25	5.20	39.25	71.33
建新农场	3.80	1.39	0.71	18.68	152.11	1.08	0.12	11.11	8.63
益阳市	**172.80**	**124.01**	**17.49**	**10.12**	**160.32**	**28.04**	**25.11**	**89.55**	**20.25**
益阳市郊									
赫山区									
南　县	72.90	52.53	9.26	12.70	176.13	16.31	13.59	83.32	25.87
沅江县	72.77	60.30	4.71	6.47	151.38	7.13	5.72	80.22	9.49
桃江县									
益阳县	27.13	11.18	3.52	12.97	130.68	4.60	5.80	126.09	51.88
张家界	**62.84**	**60.44**	**13.05**	**20.77**	**85.59**	**11.17**	**8.55**	**76.54**	**14.15**
慈利县	62.84	60.44	13.05	20.77	85.59	11.17	8.55	76.54	14.15
衡阳市	**224.21**	**275.00**	**4.86**	**2.17**	**108.23**	**5.26**	**0.81**	**15.40**	**0.29**
耒阳县	74.88	98.72	1.31	1.75	93.13	1.22	0.47	38.52	0.48
常宁县	59.34	68.28	0.42	0.71	61.90	0.26	0.14	53.85	0.21
衡阳县	89.99	108.00	3.13	3.48	120.77	3.78	0.20	5.29	0.19
衡南县									
常武陵区									
分散县	**667.78**	**737.09**	**4.38**	**0.66**	**73.97**	**3.24**	**2.57**	**79.32**	**0.35**
湘潭县	103.59	104.56	0.13	0.13	76.92	0.10	0.07	70.00	0.07
宁乡县	116.06	119.91	0.54	0.47	64.81	0.35	0.19	54.29	0.16
茶陵县	43.10	50.64	0.39	0.90	107.69	0.42	0.36	85.71	0.71
攸　县	65.62	66.76	0.07	0.11	142.86	0.10	0.05	50.00	0.07
邵阳县	68.96	83.71	0.18	0.26	83.33	0.15	0.13	86.67	0.16
洞口县	58.14	66.87	0.25	0.43	60.00	0.15	0.12	80.00	0.18
隆回县	77.52	97.72	0.11	0.14	63.64	0.07	0.05	71.43	0.05
东安县	53.01	51.32	0.51	0.96	62.75	0.32	0.30	93.75	0.58
溆浦县	61.34	74.32	1.78	2.90	79.21	1.41	1.15	81.56	1.55
泸溪县	20.44	21.28	0.42	2.05	40.48	0.17	0.15	88.24	0.70

5-15-49 湖南省1991年产棉县棉花生产收购明细

县市名	耕地面积（万亩）	农业人口（万人）	棉田面积（万亩）	占耕地（%）	亩产（市斤）	产量（万担）	收购量（万担）	商品率（%）	人均交售（市斤）
全省合计	**2264.61**	**2136.77**	**191.38**	**8.45**	**152.31**	**291.50**	**275.84**	**94.63**	**12.91**
常德市	**657.51**	**479.53**	**93.00**	**14.14**	**141.22**	**131.33**	**123.68**	**94.17**	**25.79**
鼎城区	118.40	84.70	11.90	10.05	121.85	14.50	14.00	96.55	16.53
澧县	100.27	76.69	23.18	23.12	130.67	30.29	30.30	100.03	39.51
汉寿县	83.45	69.27	9.33	11.18	193.78	18.08	13.49	74.61	19.47
安乡县	65.69	45.10	18.97	28.88	185.03	35.10	34.90	99.43	77.38
临澧县	55.13	37.90	8.08	14.66	100.99	8.16	8.48	103.92	22.37
桃源县	138.54	86.98	10.20	7.36	127.25	12.98	10.12	77.97	11.63
石门县	63.08	61.14	6.88	10.91	95.20	6.55	6.30	96.18	10.30
西洞庭农场	8.49	1.92	1.50	17.67	151.33	2.27	2.00	88.11	104.17
津市	24.46	15.83	2.96	12.10	114.86	3.40	4.09	120.29	25.84
岳阳市	**413.78**	**386.54**	**44.93**	**10.86**	**189.16**	**84.99**	**88.52**	**104.15**	**22.90**
华容县	83.30	62.08	21.70	26.05	217.97	47.30	60.00	126.85	96.65
岳阳县	72.49	72.59	5.43	7.49	144.94	7.87	4.67	59.34	6.43
临湘市	45.22	38.24	3.25	7.19	108.00	3.51	2.47	70.37	6.46
湘阴县	60.00	57.00	1.50	2.50	180.00	2.70	2.00	74.07	3.51
平江县	72.82	89.30	1.05	1.44	86.67	0.91	0.85	93.41	0.95
汨罗县	51.26	55.60	1.91	3.73	90.58	1.73	0.95	54.91	1.71
君山农场	8.30	2.73	2.67	32.17	207.12	5.53	3.68	66.55	134.80
钱粮湖农场	16.55	7.57	6.72	40.60	215.18	14.46	13.23	91.49	174.77
建新农场	3.84	1.43	0.70	18.23	140.00	0.98	0.67	68.37	46.85
益阳市	**244.14**	**196.13**	**29.49**	**12.08**	**186.84**	**55.10**	**48.60**	**88.20**	**24.78**
益阳市郊									
赫山区	68.72	72.70	1.29	1.88	155.04	2.00	1.80	90.00	2.48
南县	72.64	51.72	17.00	23.40	199.41	33.90	28.80	84.96	55.68
沅江县	72.78	60.30	6.70	9.21	185.07	12.40	12.00	96.77	19.90
桃江县									
益阳县	30.00	11.41	4.50	15.00	151.11	6.80	6.00	88.24	52.59
张家界	**62.68**	**60.69**	**13.89**	**22.16**	**69.91**	**9.71**	**8.09**	**83.32**	**13.33**
慈利县	62.68	60.69	13.89	22.16	69.91	9.71	8.09	83.32	13.33
衡阳市	**221.94**	**274.32**	**4.89**	**2.20**	**127.40**	**6.23**	**3.99**	**64.04**	**1.45**
耒阳县	74.87	99.34	1.42	1.90	115.49	1.64	0.66	40.24	0.66
常宁县	59.09	67.98	0.32	0.54	90.63	0.29	0.23	79.31	0.34
衡阳县	87.98	107.00	3.15	3.58	136.51	4.30	3.10	72.09	2.90
衡南县									
常武陵区									
分散县	**664.56**	**739.56**	**5.18**	**0.78**	**79.92**	**4.14**	**2.96**	**71.50**	**0.40**
湘潭县	103.34	105.01	0.18	0.17	100.00	0.18	0.17	94.44	0.16
宁乡县	113.58	119.98	0.79	0.70	88.61	0.70	0.25	35.71	0.21
茶陵县	42.82	50.83	0.49	1.14	79.59	0.39	0.35	89.74	0.69
攸县	65.62	66.90	0.17	0.26	111.76	0.19	0.12	63.16	0.18
邵阳县	68.94	83.98	0.16	0.23	31.25	0.05	0.03	60.00	0.04
洞口县	58.12	67.13	0.23	0.40	56.52	0.13	0.10	76.92	0.15
隆回县	77.52	97.98	0.14	0.18	21.43	0.03	0.01	33.33	0.01
东安县	52.86	52.64	0.68	1.29	85.29	0.58	0.50	86.21	0.95
溆浦县	61.32	73.85	1.94	3.16	89.18	1.73	1.28	73.99	1.73
泸溪县	20.44	21.26	0.40	1.96	40.00	0.16	0.15	93.75	0.71

5－15－50　湖南省1992年产棉县棉花生产收购明细

县市名	耕地面积（万亩）	农业人口（万人）	棉田面积（万亩）	占耕地（%）	亩产（市斤）	产量（万担）	收购量（万担）	商品率（%）	人均交售（市斤）
全省合计	**2243.53**	**2137.23**	**223.09**	**9.94**	**165.70**	**369.65**	**366.59**	**99.17**	**17.15**
常德市	**651.29**	**477.85**	**111.46**	**17.11**	**150.84**	**168.13**	**159.98**	**95.15**	**33.48**
鼎城区	117.30	87.80	14.40	12.28	136.81	19.70	19.10	96.95	21.75
澧　县	99.91	76.33	27.04	27.06	135.36	36.60	36.60	100.00	47.95
汉寿县	83.25	65.96	12.53	15.05	177.17	22.20	9.97	44.91	15.12
安乡县	65.04	44.95	21.90	33.67	195.89	42.90	42.80	99.77	95.22
临澧县	54.90	37.62	10.00	18.21	112.10	11.21	13.74	122.57	36.52
桃源县	135.86	86.59	11.02	8.11	141.56	15.60	14.84	95.13	17.14
石门县	62.18	60.89	7.78	12.51	134.45	10.46	12.70	121.41	20.86
西洞庭农场	8.43	1.93	2.86	33.93	149.30	4.27	4.20	98.36	217.62
津　市	24.42	15.78	3.93	16.09	132.06	5.19	6.03	116.18	38.21
岳阳市	**405.29**	**386.50**	**53.67**	**13.24**	**210.53**	**112.99**	**111.29**	**98.50**	**28.79**
华容县	82.39	61.84	29.80	36.17	221.81	66.10	69.00	104.39	111.58
岳阳县	72.43	72.41	6.13	8.46	166.56	10.21	5.68	55.63	7.84
临湘市	45.53	38.33	3.55	7.80	112.96	4.01	6.53	162.84	17.04
湘阴县	59.00	57.00	2.00	3.39	145.00	2.90	6.00	*	10.53
平江县	72.68	89.40	1.48	2.04	112.16	1.66	1.30	78.31	1.45
汨罗县	51.23	55.49	1.97	3.85	115.74	2.28	3.64	159.65	6.56
君山农场	8.44	3.00	2.92	34.60	254.45	7.43	8.19	110.23	273.00
钱粮湖农场	11.03	7.69	4.80	43.52	378.75	18.18	9.14	50.28	118.86
建新农场	2.56	1.34	1.02	39.84	21.57	0.22	1.81	*	135.07
益阳市	**243.38**	**197.28**	**33.94**	**13.95**	**187.33**	**63.58**	**77.24**	**121.48**	**39.15**
益阳市郊									
赫山区	68.70	72.68	2.12	3.09	56.60	1.20	2.60	216.67	3.58
南　县	72.60	52.34	19.37	26.68	207.43	40.18	49.24	122.55	94.08
沅江县	72.28	60.64	7.75	10.72	185.81	14.40	17.80	123.61	29.35
桃江县									
益阳县	29.80	11.62	4.70	15.77	165.96	7.80	7.60	97.44	65.40
张家界	**62.52**	**60.35**	**12.64**	**20.22**	**91.61**	**11.58**	**9.39**	**81.09**	**15.56**
慈利县	62.52	60.35	12.64	20.22	91.61	11.58	9.39	81.09	15.56
衡阳市	**219.17**	**273.20**	**6.99**	**3.19**	**141.34**	**9.88**	**6.28**	**63.56**	**2.30**
耒阳县	74.46	99.98	1.15	1.54	156.52	1.80	0.27	15.00	0.27
常宁县	57.92	67.22	0.60	1.04	226.67	1.36	0.38	27.94	0.57
衡阳县	86.79	106.00	5.24	6.04	128.24	6.72	5.63	83.78	5.31
衡南县									
常武陵区									
分散县	**661.88**	**742.05**	**4.39**	**0.66**	**79.50**	**3.49**	**2.41**	**69.05**	**0.32**
湘潭县	102.95	105.87	0.10	0.10	80.00	0.08			
宁乡县	112.26	120.01	0.65	0.58	78.46	0.51	0.26	50.98	0.22
茶陵县	42.15	50.90	0.46	1.09	76.09	0.35	0.28	80.00	0.55
攸　县	65.60	68.71	0.15	0.23	86.67	0.13	0.08	61.54	0.12
邵阳县	68.91	84.23	0.10	0.15	40.00	0.04	0.02	50.00	0.02
洞口县	58.12	67.96	0.23	0.40	56.52	0.13	0.10	76.92	0.15
隆回县	77.50	98.26	0.10	0.13	20.00	0.02	0.01	50.00	0.01
东安县	52.71	52.32	0.50	0.95	84.00	0.42	0.38	90.48	0.73
溆浦县	61.32	72.74	1.80	2.94	92.22	1.66	1.15	69.28	1.58
泸溪县	20.36	21.05	0.30	1.47	50.00	0.15	0.13	86.67	0.62

5－15－51　湖南省1993年产棉县棉花生产收购明细

县市名	耕地面积（万亩）	农业人口（万人）	棉田面积（万亩）	占耕地（%）	亩产（市斤）	产量（万担）	收购量（万担）	商品率（%）	人均交售（市斤）
全省合计	**2324.56**	**2227.96**	**234.12**	**10.07**	**164.67**	**385.53**	**339.51**	**88.06**	**15.24**
常德市	**645.57**	**478.45**	**113.46**	**17.58**	**156.34**	**177.38**	**139.81**	**78.82**	**29.22**
鼎城区	114.70	86.60	16.70	14.56	140.72	23.50	15.00	63.83	17.32
澧　县	99.59	76.26	22.29	22.38	160.83	35.85	23.60	65.83	30.95
汉寿县	81.98	69.02	14.64	17.86	148.84	21.79	13.13	60.26	19.02
安乡县	64.56	45.02	25.00	38.72	185.44	46.36	42.40	91.46	94.18
临澧县	54.52	37.82	9.76	17.90	154.00	15.03	19.31	128.48	51.06
桃源县	135.00	86.36	10.88	8.06	146.14	15.90	8.18	51.45	9.47
石门县	62.49	59.78	8.32	13.31	105.53	8.78	8.50	96.81	14.22
西洞庭农场	8.35	1.96	2.61	31.26	159.77	4.17	4.00	95.92	204.08
津　市	24.38	15.63	3.26	13.37	184.05	6.00	5.69	94.83	36.40
岳阳市	**404.64**	**385.61**	**57.07**	**14.10**	**206.94**	**118.10**	**119.84**	**101.47**	**31.08**
华容县	82.51	60.57	35.00	42.42	205.80	72.03	75.81	105.25	125.16
岳阳县	72.41	72.09	5.35	7.39	169.53	9.07	5.80	63.95	8.05
临湘市	45.45	38.99	3.55	7.81	147.89	5.25	3.26	62.10	8.36
湘阴县	59.00	58.00	1.60	2.71	187.50	3.00	3.00	100.00	5.17
平江县	72.34	88.90	1.25	1.73	141.60	1.77	1.35	76.27	1.52
汨罗县	51.21	55.29	1.80	3.51	167.94	3.02	3.20	105.86	5.79
君山农场	8.14	2.70	2.92	35.87	240.41	7.02	3.55	50.57	131.48
钱粮湖农场	11.02	7.84	4.80	43.56	306.88	14.73	23.17	157.30	295.54
建新农场	2.56	1.23	0.80	31.25	276.25	2.21	0.70	31.67	56.91
益阳市	**239.71**	**196.38**	**42.08**	**17.55**	**169.08**	**71.15**	**65.68**	**92.31**	**33.45**
益阳市郊									
赫山区	68.70	72.67	1.00	1.46	120.00	1.20	1.40	116.67	1.93
南　县	72.57	52.00	25.96	35.77	175.46	45.55	44.68	98.09	85.92
沅江县	71.58	59.96	10.08	14.08	164.68	16.60	13.00	78.31	21.68
桃江县									
益阳县	26.86	11.75	5.04	18.76	154.76	7.80	6.60	84.62	56.17
张家界	**62.44**	**60.15**	**9.34**	**14.96**	**42.40**	**3.96**	**3.77**	**95.20**	**6.27**
慈利县	62.44	60.15	9.34	14.96	42.40	3.96	3.77	95.20	6.27
衡阳市	**312.53**	**361.89**	**9.55**	**3.06**	**140.52**	**13.42**	**9.44**	**70.34**	**2.61**
耒阳县	74.44	100.88	1.69	2.27	145.56	2.46	0.76	30.89	0.75
常宁县	57.41	67.01	0.59	1.03	169.49	1.00	0.39	39.00	0.58
衡阳县	86.68	105.00	6.27	7.23	126.95	7.96	6.49	81.53	6.18
衡南县	94.00	89.00	1.00	1.06	200.00	2.00	1.80	90.00	2.02
常武陵区									
分散县	**659.67**	**745.48**	**2.62**	**0.40**	**58.02**	**1.52**	**0.97**	**63.82**	**0.13**
湘潭县	102.42	106.03	0.08	0.08					
宁乡县	112.05	120.87	0.57	0.51	63.16	0.36	0.17	47.22	0.14
茶陵县	41.95	51.00	0.42	1.00	85.71	0.36	0.30	83.33	0.59
攸　县	64.80	69.45	0.12	0.19	66.67	0.08	0.01	12.50	0.01
邵阳县	68.91	85.06	0.10	0.15	40.00	0.04	0.02	50.00	0.02
洞口县	58.10	68.32	0.23	0.40	56.52	0.13	0.10	76.92	0.15
隆回县	77.50	98.90	0.10	0.13	20.00	0.02	0.01	50.00	0.01
东安县	52.34	52.45	0.30	0.57	66.67	0.20	0.10	50.00	0.19
溆浦县	61.32	72.56	0.50	0.82	46.00	0.23	0.18	78.26	0.25
泸溪县	20.28	20.84	0.20	0.99	50.00	0.10	0.08	80.00	0.38

5－15－52　湖南省1994年产棉县棉花生产收购明细

县市名	耕地面积（万亩）	农业人口（万人）	棉田面积（万亩）	占耕地（%）	亩产（市斤）	产量（万担）	收购量（万担）	商品率（%）	人均交售（市斤）
全省合计	**1883.46**	**1729.65**	**292.33**	**15.52**	**154.70**	**452.23**	**347.57**	**76.86**	**20.09**
常德市	**652.89**	**483.48**	**138.03**	**21.14**	**143.05**	**197.45**	**157.30**	**79.67**	**32.53**
鼎城区	114.20	87.30	18.30	16.02	130.05	23.80	13.80	57.98	15.81
澧县	99.00	75.85	23.77	24.01	179.43	42.65	35.80	83.94	47.20
汉寿县	87.70	69.30	19.46	22.19	116.75	22.72	11.03	48.55	15.92
安乡县	65.00	55.00	32.00	49.23	171.88	55.00	52.80	96.00	96.00
临澧县	53.84	37.52	12.99	24.13	121.71	15.81	15.51	98.10	41.34
桃源县	134.46	87.00	15.48	11.51	116.54	18.04	11.82	65.52	13.59
石门县	66.09	54.14	9.06	13.71	101.32	9.18	9.05	98.58	16.72
西洞庭农场	8.24	1.99	2.51	30.46	150.20	3.77	3.00	79.58	150.75
津市	24.36	15.38	4.46	18.31	145.29	6.48	4.49	69.29	29.19
岳阳市	**400.65**	**384.30**	**70.35**	**17.56**	**178.99**	**125.92**	**91.43**	**72.61**	**23.79**
华容县	82.38	60.07	42.30	51.35	177.30	75.00	68.00	90.67	113.20
岳阳县	70.38	72.30	6.24	8.87	166.35	10.38	5.27	50.77	7.29
临湘市	45.23	37.23	4.13	9.13	147.46	6.09	3.47	56.98	9.32
湘阴县	58.00	58.00	2.00	3.45	95.00	1.90	1.00	52.63	1.72
平江县	72.12	89.10	1.66	2.30	130.72	2.17	1.38	63.59	1.55
汨罗县	51.16	55.63	3.87	7.56	132.30	5.12	2.18	42.58	3.92
君山农场	7.94	2.73	3.57	44.96	196.92	7.03	3.80	54.05	139.19
钱粮湖农场	10.86	8.00	5.28	48.62	300.95	15.89	5.89	37.07	73.63
建新农场	2.58	1.24	1.30	50.39	180.00	2.34	0.44	18.80	35.48
益阳市	**240.23**	**197.68**	**51.10**	**21.27**	**192.13**	**98.18**	**77.04**	**78.47**	**38.97**
益阳市郊									
赫山区	68.82	76.28	3.00	4.36	200.00	6.00	4.00	66.67	5.24
南县	72.96	52.29	27.60	37.83	183.99	50.78	39.24	77.27	75.04
沅江县	71.64	57.34	14.00	19.54	210.00	29.40	24.00	81.63	41.86
桃江县									
益阳县	26.81	11.77	6.50	24.24	184.62	12.00	9.80	81.67	83.26
张家界	**62.38**	**60.18**	**10.85**	**17.39**	**67.37**	**7.31**	**4.93**	**67.44**	**8.19**
慈利县	62.38	60.18	10.85	17.39	67.37	7.31	4.93	67.44	8.19
衡阳市	**310.69**	**362.61**	**21.83**	**7.03**	**106.55**	**23.26**	**16.81**	**72.27**	**4.64**
耒阳县	74.21	101.98	3.33	4.49	124.92	4.16	1.07	25.72	1.05
常宁县	56.94	67.63	1.79	3.14	75.42	1.35	0.44	32.59	0.65
衡阳县	86.54	104.00	13.51	15.61	72.17	9.75	7.50	76.92	7.21
衡南县	93.00	89.00	3.20	3.44	250.00	8.00	7.80	97.50	8.76
常武陵区									
分散县	**216.62**	**241.40**	**0.17**	**0.08**	**64.71**	**0.11**	**0.06**	**54.55**	**0.02**
湘潭县									
宁乡县	109.87	120.95	0.02	0.02					
茶陵县	41.95	51.00	0.10	0.24	90.00	0.09	0.05	55.56	0.10
攸县	64.80	69.45	0.05	0.08	40.00	0.02	0.01	50.00	0.01
邵阳县									
洞口县									
隆回县									
东安县									
溆浦县									
泸溪县									

5－15－53　湖南省1995年产棉县棉花生产收购明细

县市名	耕地面积（万亩）	农业人口（万人）	棉田面积（万亩）	占耕地（%）	亩产（市斤）	产量（万担）	收购量（万担）	商品率（%）	人均交售（市斤）
全省合计	**1856.25**	**1501.59**	**269.50**	**14.52**	**158.88**	**428.18**	**314.92**	**73.55**	**20.97**
常德市	**645.45**	**454.73**	**106.15**	**16.45**	**180.58**	**191.69**	**143.17**	**74.69**	**31.48**
鼎城区	113.93	77.31	10.51	9.22	257.28	27.04	16.04	59.32	20.75
澧县	99.35	75.52	19.31	19.44	186.64	36.04	30.00	83.24	39.72
汉寿县	80.80	60.50	14.90	18.44	151.01	22.50	7.97	35.42	13.17
安乡县	64.28	45.36	25.49	39.65	216.63	55.22	49.83	90.24	109.85
临澧县	53.65	37.54	11.80	21.99	140.17	16.54	18.05	109.13	48.08
桃源县	134.29	86.69	10.65	7.93	137.65	14.66	7.84	53.48	9.04
石门县	66.61	54.40	7.04	10.57	136.22	9.59	5.94	61.94	10.92
西洞庭农场	8.24	2.01	2.75	33.37	142.18	3.91	3.82	97.70	190.05
津市	24.30	15.40	3.70	15.23	167.30	6.19	3.68	59.45	23.90
岳阳市	**415.66**	**394.01**	**70.65**	**17.00**	**193.55**	**136.74**	**97.28**	**71.14**	**24.69**
华容县	98.67	68.64	44.78	45.38	200.45	89.76	58.32	64.97	84.97
岳阳县	70.11	72.46	6.32	9.01	170.09	10.75	4.94	45.95	6.82
临湘市	45.04	37.95	4.32	9.59	115.28	4.98	3.51	70.48	9.25
湘阴县	58.00	58.00	1.70	2.93	111.76	1.90	2.00	105.26	3.45
平江县	71.82	89.10	1.31	1.82	105.34	1.38	1.20	86.96	1.35
汨罗县	51.16	55.64	3.15	6.16	138.73	4.37	2.70	61.78	4.85
君山农场	7.90	2.77	3.12	39.49	219.23	6.84	5.72	83.63	206.50
钱粮湖农场	10.36	8.16	5.15	49.71	292.82	15.08	17.47	115.85	214.09
建新农场	2.60	1.29	0.80	30.77	210.00	1.68	1.42	84.52	110.08
益阳市	**242.27**	**207.63**	**47.00**	**19.40**	**138.13**	**64.92**	**52.76**	**81.27**	**25.41**
益阳市郊赫山区	57.10	76.91							
南县	87.47	58.31	35.39	40.46	130.32	46.12	32.95	71.44	56.51
沅江县	71.33	60.57	6.63	9.29	190.05	12.60	9.74	77.30	16.08
桃江县									
益阳县	26.37	11.84	4.98	18.89	124.50	6.20	10.07	162.42	85.05
张家界	**62.16**	**60.13**	**9.60**	**15.44**	**88.75**	**8.52**	**2.77**	**32.51**	**4.61**
慈利县	62.16	60.13	9.60	15.44	88.75	8.52	2.77	32.51	4.61
衡阳市	**308.51**	**368.09**	**18.30**	**5.93**	**134.26**	**24.57**	**18.49**	**75.25**	**5.02**
耒阳县	73.13	103.12	3.30	4.51	127.88	4.22	0.96	22.75	0.93
常宁县	56.96	68.97	1.80	3.16	76.67	1.38	0.32	23.19	0.46
衡阳县	86.42	107.00	9.70	11.22	102.78	9.97	8.31	83.35	7.77
衡南县	92.00	89.00	3.50	3.80	257.14	9.00	8.90	98.89	10.00
常武陵区	**182.20**	**17.00**	**17.80**	**9.77**	**9.78**	**1.74**	**0.45**	**25.86**	**2.65**
分散县									
湘潭县									
宁乡县									
茶陵县									
攸县									
邵阳县									
洞口县									
隆回县									
东安县									
溆浦县									
泸溪县									

5－15－54　湖南省1996年产棉县棉花生产收购明细

县市名	耕地面积（万亩）	农业人口（万人）	棉田面积（万亩）	占耕地（%）	亩产（市斤）	产量（万担）	收购量（万担）	商品率（%）	人均交售（市斤）
全省合计	**1841.85**	**1517.08**	**210.40**	**11.42**	**159.66**	**335.93**	**237.02**	**70.56**	**15.62**
常德市	**647.70**	**452.03**	**97.23**	**15.01**	**179.69**	**174.71**	**123.49**	**70.68**	**27.32**
鼎城区	113.93	77.31	10.05	8.82	219.90	22.10	11.92	53.94	15.42
澧　县	102.10	75.20	20.30	19.88	189.06	38.38	25.36	66.08	33.72
汉寿县	80.70	60.70	10.70	13.26	135.51	14.50	13.96	96.28	23.00
安乡县	64.26	45.54	25.49	39.67	209.89	53.50	43.64	81.57	95.83
临澧县	54.72	37.49	8.31	15.19	210.23	17.47	9.47	54.21	25.26
桃源县	134.06	86.48	10.11	7.54	64.49	6.52	6.23	95.55	7.20
石门县	65.48	51.82	5.98	9.13	169.40	10.13	5.89	58.14	11.37
西洞庭农场	8.24	1.99	2.99	36.29	159.87	4.78	3.50	73.22	175.88
津　市	24.21	15.50	3.30	13.63	222.12	7.33	3.52	48.02	22.71
岳阳市	**415.28**	**395.12**	**42.42**	**10.21**	**171.36**	**72.69**	**44.12**	**60.70**	**11.17**
华容县	98.67	68.64	18.30	18.55	183.61	33.60	23.10	68.75	33.65
岳阳县	70.09	72.80	5.63	8.03	106.22	5.98	5.27	88.13	7.24
临湘市	44.36	37.82	3.94	8.88	86.29	3.40	3.65	107.35	9.65
湘阴县	58.00	59.00	2.00	3.45	80.00	1.60	2.00	125.00	3.39
平江县	71.65	89.00	1.17	1.63	119.66	1.40	1.08	77.14	1.21
汨罗县	51.16	55.73	2.23	4.36	160.99	3.59	1.22	33.98	2.19
君山农场	7.89	3.06	3.26	41.32	184.05	6.00	2.85	47.50	93.14
钱粮湖农场	10.86	8.22	5.09	46.87	290.96	14.81	3.27	22.08	39.78
建新农场	2.60	0.85	0.80	30.77	288.75	2.31	1.68	72.73	197.65
益阳市	**270.69**	**224.52**	**28.08**	**10.37**	**145.12**	**40.75**	**37.06**	**90.94**	**16.51**
益阳市郊	29.53	31.01	1.00	3.39	80.00	0.80	2.10	*	6.77
赫山区	57.06	63.24	1.00	1.75	20.00	0.20	0.60	*	0.95
南　县	87.47	58.31	15.00	17.15	181.00	27.15	23.26	85.67	39.89
沅江县	70.27	60.31	7.20	10.25	97.22	7.00	8.57	122.43	14.21
桃江县									
益阳县	26.36	11.65	3.88	14.72	144.33	5.60	2.53	45.18	21.72
张家界	**62.08**	**60.10**	**7.47**	**12.03**	**100.54**	**7.51**	**2.77**	**36.88**	**4.61**
慈利县	62.08	60.10	7.47	12.03	100.54	7.51	2.77	36.88	4.61
衡阳市	**308.70**	**370.31**	**22.00**	**7.13**	**176.27**	**38.78**	**28.27**	**72.90**	**7.63**
耒阳县	74.07	103.97	3.00	4.05	141.00	4.23	1.37	32.39	1.32
常宁县	56.84	68.34	1.80	3.17	71.11	1.28	0.24	18.75	0.35
衡阳县	85.79	108.00	9.20	10.72	122.50	11.27	10.06	89.26	9.31
衡南县	92.00	90.00	8.00	8.70	275.00	22.00	16.60	75.45	18.44
常武陵区	**137.40**	**15.00**	**13.20**	**9.61**	**11.29**	**1.49**	**1.31**	**87.92**	**8.73**
分散县									
湘潭县									
宁乡县									
茶陵县									
攸　县									
邵阳县									
洞口县									
隆回县									
东安县									
溆浦县									
泸溪县									

5-15-55 湖南省1997年产棉县棉花生产收购明细

县市名	耕地面积（万亩）	农业人口（万人）	棉田面积（万亩）	占耕地（%）	亩产（市斤）	产量（万担）	收购量（万担）	商品率（%）	人均交售（市斤）
全省合计	**1856.69**	**1577.06**	**238.12**	**12.82**	**192.62**	**458.66**	**363.74**	**79.30**	**23.06**
常德市	**630.19**	**456.24**	**96.24**	**15.27**	**204.35**	**196.67**	**166.58**	**84.70**	**36.51**
鼎城区	103.00	77.00	10.10	9.81	218.81	22.10	12.60	57.01	16.36
澧县	101.92	74.87	20.30	19.92	208.03	42.23	30.52	72.27	40.76
汉寿县	80.00	66.20	10.30	12.88	204.85	21.10	13.00	61.61	19.64
安乡县	64.24	45.66	26.65	41.49	208.44	55.55	58.72	105.71	128.60
临澧县	52.91	37.28	8.35	15.78	203.95	17.03	18.76	110.16	50.32
桃源县	133.75	86.11	8.71	6.51	164.75	14.35	8.05	56.10	9.35
石门县	61.98	51.60	5.27	8.50	195.26	10.29	9.20	89.41	17.83
西洞庭农场	8.24	2.00	2.06	25.00	167.96	3.46	3.20	92.49	160.00
津市	24.15	15.52	4.50	18.63	234.67	10.56	12.53	118.66	80.73
岳阳市	**389.82**	**385.25**	**59.67**	**15.31**	**208.43**	**124.37**	**93.82**	**75.44**	**24.35**
华容县	81.00	62.00	35.00	43.21	200.00	70.00	56.00	80.00	90.32
岳阳县	60.71	66.76	5.10	8.40	192.16	9.80	3.18	32.45	4.76
临湘市	44.22	37.82	4.01	9.07	152.37	6.11	4.23	69.23	11.18
湘阴县	58.00	59.00	2.00	3.45	155.00	3.10	4.00	129.03	6.78
平江县	71.59	89.10	1.23	1.72	81.30	1.00	1.10	110.00	1.23
汨罗县	51.15	55.78	1.94	3.79	193.81	3.76	2.52	67.02	4.52
君山农场	9.89	6.11	4.21	42.57	238.95	10.06	7.51	74.65	122.91
钱粮湖农场	10.86	8.29	5.18	47.70	328.19	17.00	11.39	67.00	137.39
建新农场	2.40	0.39	1.00	41.67	354.00	3.54	3.89	109.89	997.44
益阳市	**323.27**	**283.50**	**43.50**	**13.46**	**207.38**	**90.21**	**68.84**	**76.31**	**24.28**
益阳市郊	29.42	30.72	2.00	6.80	200.00	4.00	2.77	69.25	9.02
赫山区	63.27	56.64							
南县	73.20	52.00	25.20	34.43	220.67	55.61	39.90	71.75	76.73
沅江县	69.98	60.14	11.00	15.72	200.00	22.00	20.25	92.05	33.67
桃江县	61.04	72.10	1.00	1.64	20.00	0.20	0.82	*	1.14
益阳县	26.36	11.90	4.30	16.31	195.35	8.40	5.10	60.71	42.86
张家界	**61.93**	**60.07**	**5.80**	**9.37**	**116.55**	**6.76**	**3.77**	**55.77**	**6.28**
慈利县	61.93	60.07	5.80	9.37	116.55	6.76	3.77	55.77	6.28
衡阳市	**308.28**	**375.00**	**21.51**	**6.98**	**181.82**	**39.11**	**28.74**	**73.49**	**7.66**
耒阳县	73.97	104.58	3.00	4.06	130.00	3.90	0.87	22.31	0.83
常宁县	56.85	70.42	0.51	0.90	82.35	0.42	0.17	40.48	0.24
衡阳县	85.46	110.00	9.00	10.53	116.56	10.49	9.20	87.70	8.36
衡南县	92.00	90.00	9.00	9.78	270.00	24.30	18.50	76.13	20.56
常武陵区	**143.20**	**17.00**	**11.40**	**7.96**	**13.51**	**1.54**	**1.99**	**129.22**	**11.71**
分散县									
湘潭县									
宁乡县									
茶陵县									
攸县									
邵阳县									
洞口县									
隆回县									
东安县									
溆浦县									
泸溪县									

5－15－56　湖南省1998年产棉县棉花生产收购明细

县市名	耕地面积（万亩）	农业人口（万人）	棉田面积（万亩）	占耕地（%）	亩产（市斤）	产量（万担）	收购量（万担）	商品率（%）	人均交售（市斤）
全省合计	**1840.65**	**1578.05**	**267.37**	**14.53**	**127.86**	**341.86**	**320.32**	**93.70**	**20.30**
常德市	**627.82**	**454.10**	**101.97**	**16.24**	**131.49**	**134.08**	**132.33**	**98.69**	**29.14**
鼎城区	102.00	77.00	10.20	10.00	231.37	23.60	15.30	64.83	19.87
澧　县	101.82	74.31	21.47	21.09	134.65	28.91	27.59	95.43	37.13
汉寿县	78.69	66.00	11.20	14.24	136.57	15.30	12.20	79.74	18.48
安乡县	64.17	45.68	27.01	42.09	74.08	20.01	19.34	96.65	42.34
临澧县	52.76	37.23	11.00	20.85	141.55	15.57	21.97	141.10	59.01
桃源县	133.70	85.67	8.65	6.47	152.14	13.16	13.43	102.05	15.68
石门县	61.91	50.71	5.39	8.71	107.98	5.82	5.80	99.66	11.44
西洞庭农场	8.44	2.00	1.68	19.91	194.05	3.26	3.00	92.02	150.00
津　市	24.33	15.50	5.37	22.07	157.36	8.45	13.70	162.13	88.39
岳阳市	**386.84**	**377.24**	**65.67**	**16.98**	**134.23**	**88.15**	**96.31**	**109.26**	**25.53**
华容县	79.00	53.00	40.00	50.63	125.00	50.00	55.00	110.00	103.77
岳阳县	60.39	66.94	3.39	5.61	181.42	6.15	3.78	61.46	5.65
临湘市	43.77	37.55	3.81	8.70	43.04	1.64	3.61	*	9.61
湘阴县	58.00	59.00	3.00	5.17	50.00	1.50	6.00	*	10.17
平江县	71.16	89.20	1.98	2.78	114.14	2.26	2.48	109.73	2.78
汨罗县	51.14	55.80	2.51	4.91	159.76	4.01	2.75	68.58	4.93
君山农场	10.13	6.03	4.21	41.56	141.33	5.95	12.63	212.27	209.45
钱粮湖农场	10.85	8.42	5.92	54.56	240.54	14.24	7.19	50.49	85.39
建新农场	2.40	1.30	0.85	35.42	282.35	2.40	2.87	119.58	220.77
益阳市	**315.80**	**290.04**	**55.00**	**17.42**	**142.73**	**78.50**	**59.67**	**76.01**	**20.57**
益阳市郊	29.34	30.83	3.00	10.22	133.33	4.00	2.50	62.50	8.11
赫山区	56.46	63.23	2.00	3.54	115.00	2.30	2.18	94.78	3.45
南　县	73.20	52.00	24.00	32.79	130.00	31.20	29.80	95.51	57.31
沅江县	69.74	60.01	19.00	27.24	157.89	30.00	12.85	42.83	21.41
桃江县	60.84	72.07	2.00	3.29	150.00	3.00	2.50	83.33	3.47
益阳县	26.22	11.90	5.00	19.07	160.00	8.00	9.84	123.00	82.69
张家界	**61.68**	**59.96**	**6.60**	**10.70**	**87.73**	**5.79**	**3.27**	**56.48**	**5.45**
慈利县	61.68	59.96	6.60	10.70	87.73	5.79	3.27	56.48	5.45
衡阳市	**307.51**	**381.71**	**23.13**	**7.52**	**144.75**	**33.48**	**25.49**	**76.14**	**6.68**
耒阳县	73.77	104.37	4.12	5.58	101.94	4.20	0.42	10.00	0.40
常宁县	56.87	70.34	0.51	0.90	113.73	0.58	0.37	63.79	0.53
衡阳县	84.87	116.00	8.50	10.02	125.88	10.70	9.30	86.92	8.02
衡南县	92.00	91.00	10.00	10.87	180.00	18.00	15.40	85.56	16.92
常武陵区	**141.00**	**15.00**	**15.00**	**10.64**	**12.40**	**1.86**	**3.25**	**174.73**	**21.67**
分散县									
湘潭县									
宁乡县									
茶陵县									
攸　县									
邵阳县									
洞口县									
隆回县									
东安县									
溆浦县									
泸溪县									

5－15－57　湖南省1999年产棉县棉花生产收购明细

县市名	耕地面积（万亩）	农业人口（万人）	棉田面积（万亩）	占耕地（%）	亩产（市斤）	产量（万担）	收购量（万担）	商品率（%）	人均交售（市斤）
全省合计	**1858.91**	**1597.29**	**220.62**	**11.87**	**142.35**	**314.06**	**249.77**	**79.53**	**15.64**
常德市	**623.26**	**452.86**	**86.66**	**13.90**	**140.05**	**121.37**	**103.50**	**85.28**	**22.85**
鼎城区	101.00	77.00	8.50	8.42	200.00	17.00	13.00	76.47	16.88
澧县	100.00	73.00	20.00	20.00	120.00	24.00	20.00	83.33	27.40
汉寿县	78.50	66.00	8.30	10.57	144.58	12.00	8.00	66.67	12.12
安乡县	64.03	45.72	23.30	36.39	128.76	30.00	30.00	100.00	65.62
临澧县	51.28	37.16	8.00	15.60	150.00	12.00	10.00	83.33	26.91
桃源县	133.70	85.67	7.00	5.24	114.29	8.00	7.00	87.50	8.17
石门县	61.91	50.71	4.68	7.56	160.47	7.51	5.50	73.24	10.85
西洞庭农场	8.44	2.00	1.90	22.51	131.58	2.50	2.00	80.00	100.00
津市	24.40	15.60	4.98	20.41	167.87	8.36	8.00	95.69	51.28
岳阳市	**404.68**	**388.54**	**50.43**	**12.46**	**165.56**	**83.49**	**55.33**	**66.27**	**14.24**
华容县	81.07	62.41	30.00	37.01	183.33	55.00	34.92	63.49	55.95
岳阳县	60.42	66.87	2.28	3.77	132.46	3.02	3.03	100.33	4.53
临湘市	43.78	36.58	2.37	5.41	98.73	2.34	2.11	90.17	5.77
湘阴县	57.50	59.05	1.95	3.39	104.62	2.04	4.39	*	7.43
平江县	71.50	89.05	1.41	1.97	81.56	1.15	1.01	87.83	1.13
汨罗县	50.47	55.43	0.92	1.82	144.57	1.33	1.63	122.56	2.94
君山农场	21.27	11.11	4.68	22.00	144.23	6.75	2.68	39.70	24.12
钱粮湖农场	16.27	6.74	6.02	37.00	163.79	9.86	4.06	41.18	60.24
建新农场	2.40	1.30	0.80	33.33	250.00	2.00	1.50	75.00	115.38
益阳市	**315.56**	**291.03**	**39.00**	**12.36**	**158.85**	**61.95**	**49.94**	**80.61**	**17.16**
益阳市郊	26.22	12.90	4.00	15.26	137.50	5.50	3.32	60.36	25.74
赫山区	56.46	63.23	2.00	3.54	150.00	3.00	1.50	50.00	2.37
南县	73.20	52.00	17.50	23.91	162.57	28.45	25.60	89.98	49.23
沅江县	69.50	60.00	12.00	17.27	183.33	22.00	18.00	81.82	30.00
桃江县	60.84	72.07	1.00	1.64	150.00	1.50	1.00	66.67	1.39
益阳县	29.34	30.83	2.50	8.52	60.00	1.50	0.52	34.67	1.69
张家界	**61.60**	**59.90**	**4.67**	**7.58**	**100.00**	**4.67**	**3.50**	**74.95**	**5.84**
慈利县	61.60	59.90	4.67	7.58	100.00	4.67	3.50	74.95	5.84
衡阳市	**306.50**	**385.75**	**21.66**	**7.07**	**166.99**	**36.17**	**28.90**	**79.90**	**7.49**
耒阳县	74.10	104.41	2.55	3.44	130.20	3.32	1.50	45.18	1.44
常宁县	56.87	70.34	0.51	0.90	117.65	0.60	0.40	66.67	0.57
衡阳县	84.53	120.00	9.60	11.36	125.00	12.00	10.00	83.33	8.33
衡南县	91.00	91.00	9.00	9.89	225.00	20.25	17.00	83.95	18.68
常武陵区	**147.31**	**19.21**	**18.20**	**12.35**	**35.22**	**6.41**	**8.60**	**134.17**	**44.77**
分散县									
湘潭县									
宁乡县									
茶陵县									
攸县									
邵阳县									
洞口县									
隆回县									
东安县									
溆浦县									
泸溪县									

5－15－58　湖南省2000年产棉县棉花生产收购明细

县市名	耕地面积（万亩）	农业人口（万人）	棉田面积（万亩）	占耕地（%）	亩产（市斤）	产量（万担）	收购量（万担）	商品率（%）	人均交售（市斤）
全省合计	**1871.24**	**1557.77**	**229.32**	**12.25**	**137.54**	**315.40**	**242.86**	**77.00**	**15.59**
常德市	**619.21**	**415.10**	**99.56**	**16.08**	**149.16**	**148.50**	**104.81**	**70.58**	**25.25**
鼎城区	101.45	69.99	13.36	13.17	140.49	18.77	20.07	106.93	28.68
澧　县	100.08	67.87	28.00	27.98	136.04	38.09	16.00	42.01	23.57
汉寿县	77.72	58.02	6.80	8.75	193.97	13.19	8.00	60.65	13.79
安乡县	62.54	39.71	26.00	41.57	137.85	35.84	21.72	60.60	54.70
临澧县	52.38	33.13	8.30	15.85	171.20	14.21	12.76	89.80	38.51
桃源县	133.24	80.19	7.00	5.25	170.86	11.96	7.50	62.71	9.35
石门县	62.07	52.39	3.20	5.16	233.75	7.48	8.16	109.09	15.58
西洞庭农场	8.44	2.00	1.90	22.51	131.58	2.50	2.00	80.00	100.00
津　市	21.29	11.80	5.00	23.49	129.20	6.46	8.60	133.13	72.88
岳阳市	**421.06**	**387.83**	**44.33**	**10.53**	**158.11**	**70.09**	**61.42**	**87.63**	**15.84**
华容县	80.80	61.20	25.01	30.95	181.97	45.51	27.63	60.71	45.15
岳阳县	60.20	60.54	2.20	3.65	126.36	2.78	3.24	116.55	5.35
临湘市	45.30	39.27	1.48	3.27	132.43	1.96	3.52	179.59	8.96
湘阴县	57.50	58.81	1.00	1.74	164.00	1.64	10.17	*	17.29
平江县	71.30	95.07	1.00	1.40	103.00	1.03	1.92	186.41	2.02
汨罗县	50.40	58.58	0.54	1.07	140.74	0.76	4.88	*	8.33
君山农场	39.56	14.36	13.10	33.11	125.27	16.41	8.11	49.42	56.48
钱粮湖农场	16.00						1.95		
建新农场									
益阳市	**315.56**	**290.03**	**39.00**	**12.36**	**154.36**	**60.20**	**43.53**	**72.31**	**15.01**
益阳市郊	26.22	12.90	4.00	15.26	137.50	5.50	3.39	61.64	26.28
赫山区	56.46	62.23	2.00	3.54	160.00	3.20	1.59	49.69	2.56
南　县	73.20	52.00	17.50	23.91	156.86	27.45	21.50	78.32	41.35
沅江县	69.50	60.00	12.00	17.27	175.42	21.05	15.41	73.21	25.68
桃江县	60.84	72.07	1.00	1.64	150.00	1.50	0.80	53.33	1.11
益阳县	29.34	30.83	2.50	8.52	60.00	1.50	0.84	56.00	2.72
张家界	**61.60**	**59.85**	**4.12**	**6.69**	**99.51**	**4.10**	**4.10**	**100.00**	**6.85**
慈利县	61.60	59.85	4.12	6.69	99.51	4.10	4.10	100.00	6.85
衡阳市	**306.50**	**385.75**	**23.11**	**7.54**	**112.94**	**26.10**	**20.40**	**78.16**	**5.29**
耒阳县	74.10	104.41	4.00	5.40	87.50	3.50	3.00	85.71	2.87
常宁县	56.87	70.34	0.51	0.90	117.65	0.60	0.40	66.67	0.57
衡阳县	84.53	120.00	9.60	11.36	125.00	12.00	9.00	75.00	7.50
衡南县	91.00	91.00	9.00	9.89	111.11	10.00	8.00	80.00	8.79
常武陵区	**147.31**	**19.21**	**18.20**	**12.35**	**35.22**	**6.41**	**8.60**	**134.17**	**44.77**
分散县			**1.00**						
湘潭县			1.00						
宁乡县									
茶陵县									
攸　县									
邵阳县									
洞口县									
隆回县									
东安县									
溆浦县									
泸溪县									

5－16－1　湖南省常德市鼎城区历年棉花生产收购

年　度	耕地面积（万亩）	农业人口（万人）	棉田面积（万亩）	占耕地（%）	亩　产（市斤）	产　量（万担）	收购量（万担）	商品率（%）	人均交售（市斤）
52年合计			**646.62**	**10.30**	**84.90**	**549.01**	**455.23**	**82.92**	**12.45**
11年小计			**113.60**	**8.86**	**35.39**	**40.20**	**32.10**	**79.85**	**6.29**
占合计%			**17.57**			**7.32**	**7.05**		
1949									
1950									
1951	143.50	53.10	9.60	6.69	25.00	2.40	0.70	29.17	1.32
1952	147.90	54.60	15.00	10.14	25.33	3.80	4.10	107.89	7.51
1953	147.90	56.20	16.80	11.36	25.00	4.20	2.50	59.52	4.45
1954	144.30	56.50	2.20	1.52	4.55	0.10	0.40	*	0.71
1955	141.50	57.30	16.70	11.80	31.74	5.30	4.30	81.13	7.50
1956	139.10	58.30	13.70	9.85	38.69	5.30	5.70	107.55	9.78
1957	139.10	58.40	14.20	10.21	45.07	6.40	6.60	103.13	11.30
1958	139.30	57.90	11.80	8.47	50.00	5.90	4.30	72.88	7.43
1959	139.70	58.30	13.60	9.74	50.00	6.80	3.50	51.47	6.00
10年小计			**122.40**	**9.34**	**54.25**	**66.40**	**63.10**	**95.03**	**9.72**
占合计%			**18.93**			**12.09**	**13.86**		
1960	140.00	57.50	11.40	8.14	38.60	4.40	3.80	86.36	6.61
1961	131.70	57.30	10.00	7.59	26.00	2.60	2.30	88.46	4.01
1962	131.80	60.30	10.00	7.59	32.00	3.20	3.00	93.75	4.98
1963	132.90	62.30	10.90	8.20	40.37	4.40	5.20	118.18	8.35
1964	136.70	63.00	10.80	7.90	58.33	6.30	6.00	95.24	9.52
1965	131.40	67.20	12.90	9.82	72.09	9.30	9.00	96.77	13.39
1966	125.30	67.20	14.10	11.25	72.34	10.20	9.70	95.10	14.43
1967	128.20	68.80	15.10	11.78	53.64	8.10	7.30	90.12	10.61
1968	127.40	71.00	14.20	11.15	76.76	10.90	10.60	97.25	14.93
1969	125.10	74.40	13.00	10.39	53.85	7.00	6.20	88.57	8.33
10年小计			**162.80**	**13.26**	**73.96**	**120.40**	**110.00**	**91.36**	**13.82**
占合计%			**25.18**			**21.93**	**24.16**		
1970	123.80	76.10	15.80	12.76	49.37	7.80	7.10	91.03	9.33
1971	120.80	77.60	15.70	13.00	47.77	7.50	7.30	97.33	9.41
1972	119.50	77.70	16.70	13.97	50.30	8.40	7.70	91.67	9.91
1973	118.70	79.10	15.80	13.31	65.19	10.30	9.60	93.20	12.14
1974	124.20	79.90	16.00	12.88	103.13	16.50	14.70	89.09	18.40
1975	124.00	80.70	16.10	12.98	104.35	16.80	14.20	84.52	17.60
1976	124.70	81.10	16.30	13.07	90.80	14.80	13.10	88.51	16.15
1977	123.60	81.30	16.10	13.03	90.68	14.60	12.60	86.30	15.50
1978	123.50	81.30	17.50	14.17	53.71	9.40	9.60	102.13	11.81
1979	125.00	81.00	16.80	13.44	85.12	14.30	14.10	98.60	17.41
10年小计			**113.20**	**9.13**	**86.84**	**98.30**	**88.70**	**90.23**	**10.91**
占合计%			**17.51**			**17.90**	**19.48**		
1980	122.00	80.70	16.80	13.77	70.24	11.80	12.00	101.69	14.87
1981	122.00	81.00	17.10	14.02	69.59	11.90	11.20	94.12	13.83
1982	125.00	82.30	17.60	14.08	66.48	11.70	11.40	97.44	13.85
1983	129.00	82.70	12.60	9.77	99.21	12.50	11.90	95.20	14.39
1984	130.00	80.00	12.10	9.31	115.70	14.00	14.40	102.86	18.00
1985	124.00	79.90	9.80	7.90	119.39	11.70	10.60	90.60	13.27
1986	124.00	80.50	8.30	6.69	114.46	9.50	6.80	71.58	8.45
1987	123.00	81.20	4.50	3.66	108.89	4.90	3.50	71.43	4.31
1988	122.00	82.10	7.20	5.90	58.33	4.20	4.00	95.24	4.87
1989	119.00	82.40	7.20	6.05	84.72	6.10	2.90	47.54	3.52
11年小计			**134.62**	**11.05**	**166.18**	**223.71**	**161.33**	**72.12**	**18.19**
占合计%			**20.82**			**40.75**	**35.44**		
1990	118.50	84.80	10.60	8.95	109.43	11.60	10.50	90.52	12.38
1991	118.40	84.70	11.90	10.05	121.85	14.50	14.00	96.55	16.53
1992	117.30	87.80	14.40	12.28	136.81	19.70	19.10	96.95	21.75
1993	114.70	86.60	16.70	14.56	140.72	23.50	15.00	63.83	17.32
1994	114.20	87.30	18.30	16.02	130.05	23.80	13.80	57.98	15.81
1995	113.93	77.31	10.51	9.22	257.28	27.04	16.04	59.32	20.75
1996	113.93	77.31	10.05	8.82	219.90	22.10	11.92	53.94	15.42
1997	103.00	77.00	10.10	9.81	218.81	22.10	12.60	57.01	16.36
1998	102.00	77.00	10.20	10.00	231.37	23.60	15.30	64.83	19.87
1999	101.00	77.00	8.50	8.42	200.00	17.00	13.00	76.47	16.88
2000	101.45	69.99	13.36	13.17	140.49	18.77	20.07	106.93	28.68

5－16－2　湖南省澧县历年棉花生产收购

年　度	耕地面积（万亩）	农业人口（万人）	棉田面积（万亩）	占耕地（%）	亩　产（市斤）	产　量（万担）	收购量（万担）	商品率（%）	人均交售（市斤）
52 年合计			**1154.66**	**20.04**	**91.94**	**1061.57**	**1003.57**	**94.54**	**28.03**
11 年小计			**226.33**	**16.25**	**38.84**	**87.90**	**73.67**	**83.81**	**11.59**
占合计%			**19.60**			**8.28**	**7.34**		
1949	106.03	55.18	18.13	17.10	22.89	4.15	5.20	125.30	9.42
1950	106.10	56.18	19.01	17.92	32.67	6.21	5.49	88.41	9.77
1951	106.54	56.35	35.62	33.43	38.10	13.57	5.78	42.59	10.26
1952	133.19	55.50	29.73	22.32	21.76	6.47	5.88	90.88	10.59
1953	136.65	56.88	23.23	17.00	25.05	5.82	5.17	88.83	9.09
1954	136.93	57.58	4.39	3.21	15.72	0.69	1.82	*	3.16
1955	136.36	57.88	16.56	12.14	44.69	7.40	5.94	80.27	10.26
1956	136.18	59.23	18.86	13.85	56.57	10.67	9.43	88.38	15.92
1957	136.44	60.33	18.04	13.22	46.51	8.39	7.76	92.49	12.86
1958	129.77	60.52	16.80	12.95	57.68	9.69	6.53	67.39	10.79
1959	128.31	59.99	25.96	20.23	57.16	14.84	14.67	98.85	24.45
10 年小计			**190.31**	**16.42**	**71.40**	**135.88**	**144.06**	**106.02**	**24.07**
占合计%			**16.48**			**12.80**	**14.35**		
1960	117.64	55.00	22.38	19.02	44.33	9.92	10.58	106.65	19.24
1961	115.47	53.36	18.79	16.27	34.43	6.47	7.19	111.13	13.47
1962	114.58	55.67	16.05	14.01	66.73	10.71	10.66	99.53	19.15
1963	115.32	56.62	17.41	15.10	81.64	14.21	15.99	112.50	28.24
1964	116.21	57.97	16.61	14.29	78.21	12.99	12.88	99.15	22.22
1965	117.43	59.69	19.54	16.64	84.14	16.44	18.08	109.98	30.29
1966	117.45	61.94	19.31	16.44	82.76	15.98	17.58	110.01	28.38
1967	115.67	63.56	20.02	17.31	85.71	17.16	16.69	97.26	26.26
1968	114.88	66.04	20.51	17.85	85.37	17.51	19.16	109.42	29.01
1969	114.02	68.76	19.69	17.27	73.59	14.49	15.25	105.24	22.18
10 年小计			**225.65**	**20.81**	**91.66**	**206.83**	**226.16**	**109.35**	**29.88**
占合计%			**19.54**			**19.48**	**22.54**		
1970	113.31	70.56	22.48	19.84	77.27	17.37	17.93	103.22	25.41
1971	113.62	71.94	21.67	19.07	69.58	15.08	15.89	105.37	22.09
1972	112.72	73.47	22.13	19.63	59.33	13.13	14.30	108.91	19.46
1973	112.53	75.18	20.24	17.99	100.94	20.43	21.15	103.52	28.13
1974	108.24	76.13	21.11	19.50	120.94	25.53	28.86	113.04	37.91
1975	107.83	77.15	21.15	19.61	118.16	24.99	27.68	110.76	35.88
1976	103.91	77.72	21.19	20.39	124.21	26.32	28.50	108.28	36.67
1977	103.87	77.93	28.39	27.33	86.54	24.57	27.56	112.17	35.37
1978	104.20	78.28	24.00	23.03	68.08	16.34	18.23	111.57	23.29
1979	103.95	78.60	23.29	22.41	99.06	23.07	26.06	112.96	33.16
10 年小计			**262.63**	**25.67**	**93.25**	**244.90**	**251.63**	**102.75**	**32.80**
占合计%			**22.75**			**23.07**	**25.07**		
1980	103.62	78.51	42.55	41.06	55.89	23.78	28.69	120.65	36.54
1981	103.60	78.73	39.21	37.85	71.92	28.20	32.19	114.15	40.89
1982	103.57	78.99	34.12	32.94	87.34	29.80	32.01	107.42	40.52
1983	103.56	77.92	23.93	23.11	92.81	22.21	23.36	105.18	29.98
1984	103.59	77.69	24.31	23.47	134.80	32.77	32.58	99.42	41.94
1985	101.85	74.60	20.87	20.49	149.40	31.18	31.25	100.22	41.89
1986	101.35	74.26	18.27	18.03	69.73	12.74	24.46	191.99	32.94
1987	100.82	75.36	14.23	14.11	120.31	17.12	14.88	86.92	19.75
1988	100.68	75.47	21.93	21.78	130.41	28.60	13.71	47.94	18.17
1989	100.40	75.64	23.21	23.12	79.71	18.50	18.50	100.00	24.46
11 年小计			**249.74**	**22.61**	**154.58**	**386.06**	**308.05**	**79.79**	**37.45**
占合计%			**21.63**			**36.37**	**30.70**		
1990	100.31	76.66	24.08	24.01	137.13	33.02	32.28	97.76	42.11
1991	100.27	76.69	23.18	23.12	130.67	30.29	30.30	100.03	39.51
1992	99.91	76.33	27.04	27.06	135.36	36.60	36.60	100.00	47.95
1993	99.59	76.26	22.29	22.38	160.83	35.85	23.60	65.83	30.95
1994	99.00	75.85	23.77	24.01	179.43	42.65	35.80	83.94	47.20
1995	99.35	75.52	19.31	19.44	186.64	36.04	30.00	83.24	39.72
1996	102.10	75.20	20.30	19.88	189.06	38.38	25.36	66.08	33.72
1997	101.92	74.87	20.30	19.92	208.03	42.23	30.52	72.27	40.76
1998	101.82	74.31	21.47	21.09	134.65	28.91	27.59	95.43	37.13
1999	100.00	73.00	20.00	20.00	120.00	24.00	20.00	83.33	27.40
2000	100.08	67.87	28.00	27.98	136.04	38.09	16.00	42.01	23.57

5－16－3　湖南省汉寿县历年棉花生产收购

年　　度	耕地面积（万亩）	农业人口（万人）	棉田面积（万亩）	占耕地（%）	亩　产（市斤）	产　量（万担）	收购量（万担）	商品率（%）	人均交售（市斤）
52年合计			**409.67**	**9.87**	**89.59**	**367.04**	**279.26**	**76.08**	**9.89**
11年小计			**88.04**	**9.19**	**24.16**	**21.27**	**14.66**	**68.92**	**3.20**
占合计%			**21.49**			**5.79**	**5.25**		
1949	82.95	35.80	7.35	8.86	9.39	0.69			
1950	85.00	37.70	8.74	10.28	28.60	2.50	0.67	26.80	1.78
1951	86.70	43.50	10.71	12.35	38.28	4.10	1.08	26.34	2.48
1952	94.95	44.30	11.09	11.68	34.90	3.87	1.53	39.53	3.45
1953	94.95	45.20	12.51	13.18	23.98	3.00	1.47	49.00	3.25
1954	94.95	45.90	12.51	13.18	0.32	0.04	0.27	*	0.59
1955	87.19	40.00	6.08	6.97	21.88	1.33	1.11	83.46	2.78
1956	85.10	40.70	5.23	6.15	31.36	1.64	1.87	114.02	4.59
1957	84.13	41.40	4.33	5.15	36.95	1.60	2.12	132.50	5.12
1958	83.26	41.10	4.28	5.14	25.93	1.11	2.21	199.10	5.38
1959	78.75	42.10	5.21	6.62	26.68	1.39	2.33	167.63	5.53
10年小计			**57.84**	**7.44**	**56.85**	**32.88**	**36.46**	**110.88**	**8.13**
占合计%			**14.12**			**8.96**	**13.06**		
1960	77.26	41.10	5.58	7.22	47.85	2.67	1.78	66.67	4.33
1961	78.04	40.20	5.09	6.52	26.78	1.36	1.38	101.25	3.43
1962	78.02	41.90	4.16	5.33	31.01	1.29	1.50	116.28	3.58
1963	77.96	42.60	5.05	6.48	35.25	1.78	2.74	153.93	6.43
1964	77.96	43.30	5.17	6.63	34.82	1.80	2.75	152.78	6.35
1965	77.96	44.80	5.50	7.05	74.91	4.12	4.14	100.49	9.24
1966	77.98	46.30	6.51	8.35	86.94	5.66	6.41	113.25	13.84
1967	77.98	47.00	7.73	9.91	65.98	5.10	5.17	101.37	11.00
1968	77.98	49.40	7.10	9.10	80.28	5.70	6.82	119.65	13.81
1969	75.83	52.00	5.95	7.85	57.14	3.40	3.77	110.88	7.25
10年小计			**82.39**	**11.27**	**79.27**	**65.31**	**60.87**	**93.20**	**10.49**
占合计%			**20.11**			**17.79**	**21.80**		
1970	74.79	53.80	8.03	10.74	64.76	5.20	4.32	83.08	8.03
1971	73.91	54.50	8.47	11.46	53.25	4.51	3.96	87.80	7.27
1972	73.77	56.10	8.60	11.66	59.30	5.10	4.77	93.53	8.50
1973	73.75	57.26	8.60	11.66	63.84	5.49	5.27	95.99	9.20
1974	73.17	57.76	8.68	11.86	107.14	9.30	9.23	99.25	15.98
1975	72.60	58.75	8.00	11.02	101.00	8.08	7.15	88.49	12.17
1976	72.23	59.62	8.00	11.08	102.50	8.20	7.78	94.88	13.05
1977	72.23	60.49	8.00	11.08	87.25	6.98	6.21	88.97	10.27
1978	72.26	60.93	8.00	11.07	57.13	4.57	4.65	101.75	7.63
1979	72.26	61.07	8.01	11.08	98.38	7.88	7.53	95.56	12.33
10年小计			**56.23**	**7.15**	**96.73**	**54.39**	**48.08**	**88.40**	**7.74**
占合计%			**13.73**			**14.82**	**17.22**		
1980	72.26	61.20	8.00	11.07	87.63	7.01	6.51	92.87	10.64
1981	72.24	61.78	8.00	11.07	89.75	7.18	7.02	97.77	11.36
1982	72.24	62.44	8.00	11.07	82.88	6.63	6.00	90.50	9.61
1983	72.24	62.03	5.73	7.93	123.91	7.10	6.60	92.96	10.64
1984	72.24	60.60	5.70	7.89	129.82	7.40	6.49	87.70	10.71
1985	85.76	59.80	4.60	5.36	104.35	4.80	5.74	119.58	9.60
1986	85.26	60.91	3.44	4.03	136.63	4.70	3.70	78.72	6.07
1987	85.26	60.95	3.44	4.03	80.52	2.77	1.32	47.65	2.17
1988	85.08	65.75	4.90	5.76	56.53	2.77	1.64	59.21	2.49
1989	84.30	66.07	4.42	5.24	91.18	4.03	3.06	75.93	4.63
11年小计			**125.17**	**13.96**	**154.34**	**193.19**	**119.19**	**61.70**	**16.63**
占合计%			**30.55**			**52.63**	**42.68**		
1990	83.77	65.55	7.01	8.37	139.94	9.81	8.44	86.03	12.88
1991	83.45	69.27	9.33	11.18	193.78	18.08	13.49	74.61	19.47
1992	83.25	65.96	12.53	15.05	177.17	22.20	9.97	44.91	15.12
1993	81.98	69.02	14.64	17.86	148.84	21.79	13.13	60.26	19.02
1994	87.70	69.30	19.46	22.19	116.75	22.72	11.03	48.55	15.92
1995	80.80	60.50	14.90	18.44	151.01	22.50	7.97	35.42	13.17
1996	80.70	60.70	10.70	13.26	135.51	14.50	13.96	96.28	23.00
1997	80.00	66.20	10.30	12.88	204.85	21.10	13.00	61.61	19.64
1998	78.69	66.00	11.20	14.24	136.57	15.30	12.20	79.74	18.48
1999	78.50	66.00	8.30	10.57	144.58	12.00	8.00	66.67	12.12
2000	77.72	58.02	6.80	8.75	193.97	13.19	8.00	60.65	13.79

5－16－4　湖南省安乡县历年棉花生产收购

年　度	耕地面积（万亩）	农业人口（万人）	棉田面积（万亩）	占耕地（%）	亩　产（市斤）	产　量（万担）	收购量（万担）	商品率（%）	人均交售（市斤）
52 年合计			**672.24**	**19.33**	**108.66**	**730.44**	**693.68**	**94.97**	**34.81**
11 年小计			**70.02**	**9.59**	**13.98**	**9.79**	**9.71**	**99.18**	**3.60**
占合计%			**10.42**			**1.34**	**1.40**		
1949									
1950	69.70	24.82	5.41	7.76	10.54	0.57			
1951	69.54	25.13	8.00	11.50	16.00	1.28	1.10	85.94	4.38
1952	70.55	25.45	9.00	12.76	16.00	1.44	2.11	146.53	8.29
1953	70.81	25.70	8.65	12.22	13.06	1.13	1.13	100.00	4.40
1954	70.68	24.95	9.30	13.16	3.87	0.36	0.36	100.00	1.44
1955	77.69	28.00	7.75	9.98	18.45	1.43	1.43	100.00	5.11
1956	76.81	28.11	6.14	7.99	19.87	1.22	1.22	100.00	4.34
1957	75.95	29.02	4.75	6.25	16.00	0.76	0.76	100.00	2.62
1958	75.66	28.74	4.64	6.13	14.22	0.66	0.66	100.00	2.30
1959	72.58	29.81	6.38	8.79	14.73	0.94	0.94	100.00	3.15
10 年小计			**73.63**	**10.55**	**34.50**	**25.40**	**24.21**	**95.31**	**7.15**
占合计%			**10.95**			**3.48**	**3.49**		
1960	72.51	29.95	5.98	8.25	12.54	0.75	0.61	81.33	2.04
1961	70.70	29.80	5.75	8.13	15.30	0.88	0.84	95.45	2.82
1962	70.91	31.38	6.42	9.05	19.00	1.22	1.28	104.92	4.08
1963	71.06	32.36	7.35	10.34	29.39	2.16	2.00	92.59	6.18
1964	71.11	32.71	7.01	9.86	32.95	2.31	2.72	117.75	8.32
1965	71.19	33.79	7.45	10.46	41.34	3.08	3.64	118.18	10.77
1966	67.96	35.15	8.00	11.77	50.88	4.07	3.81	93.61	10.84
1967	67.45	36.20	9.19	13.62	40.04	3.68	3.14	85.33	8.67
1968	67.38	37.48	8.69	12.90	47.53	4.13	3.27	79.18	8.72
1969	67.36	39.61	7.79	11.56	40.05	3.12	2.90	92.95	7.32
10 年小计			**90.02**	**13.37**	**57.34**	**51.62**	**49.24**	**95.39**	**11.24**
占合计%			**13.39**			**7.07**	**7.10**		
1970	64.53	40.54	8.52	13.20	50.12	4.27	3.14	73.54	7.75
1971	67.91	41.75	9.05	13.33	45.08	4.08	3.54	86.76	8.48
1972	67.91	42.87	9.00	13.25	41.56	3.74	3.72	99.47	8.68
1973	67.91	43.52	8.70	12.81	51.72	4.50	4.30	95.56	9.88
1974	67.91	44.12	9.00	13.25	71.22	6.41	6.62	103.28	15.00
1975	67.91	41.94	9.00	13.25	72.00	6.48	5.96	91.98	14.21
1976	67.58	45.42	9.00	13.32	72.44	6.52	6.17	94.63	13.58
1977	67.16	45.76	9.00	13.40	65.33	5.88	5.82	98.98	12.72
1978	67.16	46.07	9.75	14.52	42.56	4.15	4.43	106.75	9.62
1979	67.16	46.06	9.00	13.40	62.11	5.59	5.54	99.11	12.03
10 年小计			**169.14**	**25.32**	**109.23**	**184.75**	**185.53**	**100.42**	**41.79**
占合计%			**25.16**			**25.29**	**26.75**		
1980	66.66	46.26	22.30	33.45	68.70	15.32	16.17	105.55	34.95
1981	67.44	46.25	21.14	31.35	64.00	13.53	15.27	112.86	33.02
1982	67.14	46.66	21.12	31.46	72.54	15.32	15.63	102.02	33.50
1983	67.44	46.33	17.59	26.08	111.71	19.65	19.85	101.02	42.84
1984	67.44	44.98	16.64	24.67	160.70	26.74	25.58	95.66	56.87
1985	66.81	43.22	14.41	21.57	174.74	25.18	23.90	94.92	55.30
1986	66.97	43.27	14.64	21.86	160.66	23.52	21.70	92.26	50.15
1987	66.56	41.59	10.50	15.78	145.43	15.27	14.70	96.27	35.35
1988	65.85	42.13	15.30	23.23	79.87	12.22	16.67	136.42	39.57
1989	65.67	43.26	15.50	23.60	116.13	18.00	16.06	89.22	37.12
11 年小计			**269.43**	**37.98**	**170.32**	**458.88**	**424.99**	**92.61**	**84.55**
占合计%			**40.08**			**62.82**	**61.27**		
1990	65.68	44.89	17.62	26.83	166.86	29.40	28.84	98.10	64.25
1991	65.69	45.10	18.97	28.88	185.03	35.10	34.90	99.43	77.38
1992	65.04	44.95	21.90	33.67	195.89	42.90	42.80	99.77	95.22
1993	64.56	45.02	25.00	38.72	185.44	46.36	42.40	91.46	94.18
1994	65.00	55.00	32.00	49.23	171.88	55.00	52.80	96.00	96.00
1995	64.28	45.36	25.49	39.65	216.63	55.22	49.83	90.24	109.85
1996	64.26	45.54	25.49	39.67	209.89	53.50	43.64	81.57	95.83
1997	64.24	45.66	26.65	41.49	208.44	55.55	58.72	105.71	128.60
1998	64.17	45.68	27.01	42.09	74.08	20.01	19.34	96.65	42.34
1999	64.03	45.72	23.30	36.39	128.76	30.00	30.00	100.00	65.62
2000	62.54	39.71	26.00	41.57	137.85	35.84	21.72	60.60	54.70

5－16－5　湖南省临澧县历年棉花生产收购

年　度	耕地面积（万亩）	农业人口（万人）	棉田面积（万亩）	占耕地（%）	亩　产（市斤）	产　量（万担）	收购量（万担）	商品率（%）	人均交售（市斤）
52 年合计			**382.01**	**11.88**	**88.18**	**336.87**	**332.06**	**98.57**	**19.86**
11 年小计			**54.20**	**6.92**	**34.83**	**18.88**	**12.07**	**63.93**	**4.46**
占合计%			**14.19**			**5.60**	**3.63**		
1949	71.24	19.62	3.72	5.22	15.05	0.56	0.17	30.36	0.87
1950	73.37	23.07	4.60	6.27	16.09	0.74	0.22	29.73	0.95
1951	73.15	24.42	4.50	6.15	23.11	1.04	0.35	33.65	1.43
1952	73.40	24.10	4.50	6.13	24.00	1.08	0.50	46.30	2.07
1953	71.51	24.15	6.07	8.49	24.88	1.51	0.63	41.72	2.61
1954	71.81	25.21	5.72	7.97	22.20	1.27	1.12	88.19	4.44
1955	71.95	25.80	4.49	6.24	34.97	1.57	1.03	65.61	3.99
1956	71.74	26.20	4.12	5.74	57.04	2.35	1.69	71.91	6.45
1957	71.06	26.86	4.98	7.01	50.80	2.53	1.86	73.52	6.92
1958	68.58	25.59	4.49	6.55	64.14	2.88	2.42	84.03	9.46
1959	65.84	25.86	7.01	10.65	47.79	3.35	2.08	62.09	8.04
10 年小计			**65.23**	**10.14**	**69.00**	**45.01**	**43.00**	**95.54**	**15.63**
占合计%			**17.08**			**13.36**	**12.95**		
1960	66.21	25.49	6.39	9.65	51.49	3.29	2.26	68.69	8.87
1961	64.12	24.82	6.65	10.37	36.69	2.44	2.54	104.10	10.23
1962	63.99	25.58	5.65	8.83	56.64	3.20	3.36	105.00	13.14
1963	65.06	26.26	5.74	8.82	73.00	4.19	4.36	104.06	16.60
1964	64.56	26.83	6.77	10.49	60.40	4.09	4.05	99.05	15.10
1965	64.56	27.57	6.11	9.46	102.13	6.24	5.74	91.99	20.82
1966	64.24	28.33	6.72	10.46	69.20	4.65	4.93	106.02	17.40
1967	63.25	28.82	7.04	11.13	84.38	5.94	5.21	87.71	18.08
1968	64.10	30.18	7.05	11.00	86.10	6.07	5.50	90.61	18.22
1969	63.29	31.24	7.11	11.23	68.92	4.90	5.05	103.06	16.17
10 年小计			**89.00**	**14.59**	**74.03**	**65.89**	**62.73**	**95.20**	**18.02**
占合计%			**23.30**			**19.56**	**18.89**		
1970	62.39	32.02	10.07	16.14	60.87	6.13	5.87	95.76	18.33
1971	61.88	32.88	8.28	13.38	45.17	3.74	3.81	101.87	11.59
1972	61.81	33.50	8.28	13.40	44.08	3.65	3.77	103.29	11.25
1973	61.67	34.14	8.88	14.40	69.82	6.20	5.94	95.81	17.40
1974	60.33	34.62	9.07	15.03	71.11	6.45	6.46	100.16	18.66
1975	60.32	35.37	8.83	14.64	102.83	9.08	7.95	87.56	22.48
1976	60.52	35.95	8.80	14.54	103.86	9.14	7.95	86.98	22.11
1977	60.32	36.32	8.79	14.57	96.70	8.50	7.93	93.29	21.83
1978	60.32	36.59	9.12	15.12	57.79	5.27	5.20	98.67	14.21
1979	60.29	36.66	8.88	14.73	87.05	7.73	7.85	101.55	21.41
10 年小计			**69.62**	**11.88**	**81.10**	**56.46**	**57.18**	**101.28**	**15.48**
占合计%			**18.22**			**16.76**	**17.22**		
1980	60.37	36.86	9.59	15.89	62.67	6.01	6.13	102.00	16.63
1981	60.44	37.08	9.87	16.33	67.17	6.63	6.84	103.17	18.45
1982	60.41	37.37	8.79	14.55	58.82	5.17	4.92	95.16	13.17
1983	60.41	37.35	6.69	11.07	78.03	5.22	5.21	99.81	13.95
1984	59.93	36.85	6.79	11.33	112.52	7.64	8.35	109.29	22.66
1985	58.62	35.58	6.07	10.35	116.64	7.08	6.88	97.18	19.34
1986	58.22	36.22	5.65	9.70	104.42	5.90	5.81	98.47	16.04
1987	56.37	37.19	4.86	8.62	107.82	5.24	5.07	96.76	13.63
1988	55.89	37.41	5.74	10.27	62.72	3.60	3.42	95.00	9.14
1989	55.41	37.56	5.57	10.05	71.27	3.97	4.55	114.61	12.11
11 年小计			**103.96**	**17.58**	**144.89**	**150.63**	**157.08**	**104.28**	**38.45**
占合计%			**27.21**			**44.71**	**47.30**		
1990	55.43	37.83	7.37	13.30	103.12	7.60	9.03	118.82	23.87
1991	55.13	37.90	8.08	14.66	100.99	8.16	8.48	103.92	22.37
1992	54.90	37.62	10.00	18.21	112.10	11.21	13.74	122.57	36.52
1993	54.52	37.82	9.76	17.90	154.00	15.03	19.31	128.48	51.06
1994	53.84	37.52	12.99	24.13	121.71	15.81	15.51	98.10	41.34
1995	53.65	37.54	11.80	21.99	140.17	16.54	18.05	109.13	48.08
1996	54.72	37.49	8.31	15.19	210.23	17.47	9.47	54.21	25.26
1997	52.91	37.28	8.35	15.78	203.95	17.03	18.76	110.16	50.32
1998	52.76	37.23	11.00	20.85	141.55	15.57	21.97	141.10	59.01
1999	51.28	37.16	8.00	15.60	150.00	12.00	10.00	83.33	26.91
2000	52.38	33.13	8.30	15.85	171.20	14.21	12.76	89.80	38.51

5-16-6 湖南省桃源县历年棉花生产收购

年 度	耕地面积（万亩）	农业人口（万人）	棉田面积（万亩）	占耕地（%）	亩 产（市斤）	产 量（万担）	收购量（万担）	商品率（%）	人均交售（市斤）
52年合计			**588.15**	**8.04**	**68.49**	**402.82**	**339.54**	**84.29**	**8.68**
11年小计			**110.30**	**7.10**	**16.36**	**18.04**	**14.05**	**77.88**	**2.14**
占合计%			**18.75**			**4.48**	**4.14**		
1949	106.10	48.00	6.00	5.66	19.17	1.15	0.48	41.74	1.00
1950	121.14	54.94	6.00	4.95	20.00	1.20	0.55	45.83	1.00
1951	128.56	57.29	13.55	10.54	9.00	1.22	0.74	60.66	1.29
1952	146.53	59.88	11.25	7.68	13.87	1.56	1.10	70.51	1.84
1953	150.39	60.44	12.02	7.99	9.98	1.20	0.74	61.67	1.22
1954	150.39	61.44	11.28	7.50	2.48	0.28	0.25	89.29	0.41
1955	155.16	62.11	11.28	7.27	15.51	1.75	1.56	89.14	2.51
1956	155.05	62.06	9.05	5.84	23.20	2.10	1.88	89.52	3.03
1957	154.16	63.70	8.10	5.25	27.53	2.23	1.81	81.17	2.84
1958	144.81	63.64	7.30	5.04	32.88	2.40	2.03	84.58	3.19
1959	141.97	61.68	14.47	10.19	20.39	2.95	2.91	98.64	4.72
10年小计			**100.78**	**6.81**	**43.16**	**43.50**	**37.87**	**87.06**	**5.76**
占合计%			**17.14**			**10.80**	**11.15**		
1960	151.07	57.38	9.55	6.32	26.60	2.54	2.47	97.24	4.30
1961	149.63	58.14	6.83	4.56	23.43	1.60	1.52	95.00	2.61
1962	150.27	60.84	5.10	3.39	39.02	1.99	1.86	93.47	3.06
1963	150.35	62.99	6.20	4.12	44.03	2.73	2.77	101.47	4.40
1964	148.65	64.59	7.35	4.94	40.14	2.95	2.86	96.95	4.43
1965	148.18	66.59	10.42	7.03	57.87	6.03	4.65	77.11	6.98
1966	146.67	68.50	14.35	9.78	39.51	5.67	5.24	92.42	7.65
1967	145.85	69.59	14.68	10.07	46.73	6.86	5.62	81.92	8.08
1968	145.29	72.83	13.25	9.12	64.00	8.48	7.19	84.79	9.87
1969	144.87	75.46	13.05	9.01	35.63	4.65	3.69	79.35	4.89
10年小计			**158.55**	**11.28**	**63.16**	**100.14**	**95.51**	**95.38**	**11.75**
占合计%			**26.96**			**24.86**	**28.13**		
1970	142.76	76.90	13.38	9.37	50.90	6.81	6.24	91.63	8.11
1971	142.09	77.81	15.57	10.96	40.33	6.28	6.01	95.70	7.72
1972	141.26	79.18	16.20	11.47	43.46	7.04	6.92	98.30	8.74
1973	140.98	80.54	16.20	11.49	59.51	9.64	8.94	92.74	11.10
1974	140.72	81.26	16.20	11.51	77.84	12.61	12.34	97.86	15.19
1975	140.51	82.56	16.20	11.53	81.73	13.24	12.40	93.66	15.02
1976	140.05	83.29	16.20	11.57	76.79	12.44	11.22	90.19	13.47
1977	140.05	83.69	16.20	11.57	73.15	11.85	11.54	97.38	13.79
1978	137.27	83.98	16.20	11.80	54.07	8.76	8.59	98.06	10.23
1979	139.96	83.76	16.20	11.57	70.80	11.47	11.31	98.61	13.50
10年小计			**107.53**	**7.72**	**91.85**	**98.77**	**86.79**	**87.87**	**10.29**
占合计%			**18.28**			**24.52**	**25.56**		
1980	139.56	83.82	15.31	10.97	80.40	12.31	12.09	98.21	14.42
1981	139.59	84.18	14.79	10.60	79.99	11.83	11.00	92.98	13.07
1982	139.56	85.02	14.84	10.63	77.96	11.57	10.82	93.52	12.73
1983	139.54	85.03	11.93	8.55	107.88	12.87	12.68	98.52	14.91
1984	139.49	83.85	12.21	8.75	117.44	14.34	13.05	91.00	15.56
1985	139.13	82.50	10.50	7.55	120.29	12.63	10.45	82.74	12.67
1986	139.13	84.55	8.52	6.12	103.76	8.84	6.73	76.13	7.96
1987	138.95	84.58	4.26	3.07	102.82	4.38	2.86	65.30	3.38
1988	138.60	84.84	6.86	4.95	55.83	3.83	2.85	74.41	3.36
1989	138.58	85.06	8.31	6.00	74.25	6.17	4.26	69.04	5.01
11年小计			**110.99**	**7.47**	**128.27**	**142.37**	**105.32**	**73.98**	**11.15**
占合计%			**18.87**			**35.34**	**31.02**		
1990	138.57	86.65	11.29	8.15	99.20	11.20	10.31	92.05	11.90
1991	138.54	86.98	10.20	7.36	127.25	12.98	10.12	77.97	11.63
1992	135.86	86.59	11.02	8.11	141.56	15.60	14.84	95.13	17.14
1993	135.00	86.36	10.88	8.06	146.14	15.90	8.18	51.45	9.47
1994	134.46	87.00	15.48	11.51	116.54	18.04	11.82	65.52	13.59
1995	134.29	86.69	10.65	7.93	137.65	14.66	7.84	53.48	9.04
1996	134.06	86.48	10.11	7.54	64.49	6.52	6.23	95.55	7.20
1997	133.75	86.11	8.71	6.51	164.75	14.35	8.05	56.10	9.35
1998	133.70	85.67	8.65	6.47	152.14	13.16	13.43	102.05	15.68
1999	133.70	85.67	7.00	5.24	114.29	8.00	7.00	87.50	8.17
2000	133.24	80.19	7.00	5.25	170.86	11.96	7.50	62.71	9.35

5-16-7 湖南省石门县历年棉花生产收购

年度	耕地面积（万亩）	农业人口（万人）	棉田面积（万亩）	占耕地（%）	亩产（市斤）	产量（万担）	收购量（万担）	商品率（%）	人均交售（市斤）
52年合计			**293.10**	**7.61**	**86.74**	**254.23**	**240.18**	**94.47**	**8.90**
11年小计			**28.09**	**3.31**	**47.74**	**13.41**	**12.68**	**94.56**	**2.86**
占合计%			**9.58**			**5.27**	**5.28**		
1949	68.00	37.40	1.20	1.76	20.00	0.24	0.20	83.33	0.53
1950	69.00	37.80	1.50	2.17	20.00	0.30	0.28	93.33	0.74
1951	71.95	38.51	2.00	2.78	18.00	0.36	0.30	83.33	0.78
1952	72.28	38.59	2.70	3.74	20.00	0.54	0.45	83.33	1.17
1953	72.28	39.32	2.10	2.91	24.29	0.51	0.50	98.04	1.27
1954	73.62	40.78	2.69	3.65	14.50	0.39	0.30	76.92	0.74
1955	73.62	41.31	2.19	2.97	26.48	0.58	0.50	86.21	1.21
1956	88.57	41.63	2.31	2.61	46.32	1.07	1.05	98.13	2.52
1957	88.51	42.74	2.50	2.82	70.00	1.75	1.70	97.14	3.98
1958	86.00	42.76	2.80	3.26	92.50	2.59	2.40	92.66	5.61
1959	85.00	42.17	6.10	7.18	83.28	5.08	5.00	98.43	11.86
10年小计			**51.21**	**5.96**	**72.33**	**37.04**	**35.90**	**96.92**	**7.78**
占合计%			**17.47**			**14.57**	**14.95**		
1960	85.00	39.84	6.00	7.06	56.33	3.38	3.30	97.63	8.28
1961	85.69	40.71	4.70	5.48	46.60	2.19	2.00	91.32	4.91
1962	85.71	42.94	5.30	6.18	58.87	3.12	3.00	96.15	6.99
1963	91.97	44.09	5.00	5.44	75.80	3.79	3.50	92.35	7.94
1964	88.34	45.58	4.80	5.43	73.13	3.51	3.50	99.72	7.68
1965	88.15	46.88	4.99	5.66	96.59	4.82	4.50	93.36	9.60
1966	83.55	48.21	5.22	6.25	71.26	3.72	3.60	96.77	7.47
1967	85.51	49.39	5.05	5.91	95.25	4.81	4.70	97.71	9.52
1968	82.74	51.19	5.01	6.06	90.62	4.54	4.30	94.71	8.40
1969	82.86	52.77	5.14	6.20	61.48	3.16	3.50	110.76	6.63
10年小计			**74.48**	**9.91**	**72.18**	**53.76**	**52.35**	**97.38**	**9.02**
占合计%			**25.41**			**21.15**	**21.80**		
1970	81.77	53.92	7.45	9.11	75.70	5.64	5.50	97.52	10.20
1971	78.76	54.70	6.98	8.86	39.83	2.78	2.65	95.32	4.84
1972	75.75	56.28	6.86	9.06	47.08	3.23	3.20	99.07	5.69
1973	75.54	57.52	6.98	9.24	65.47	4.57	4.50	98.47	7.82
1974	75.01	58.32	7.84	10.45	67.73	5.31	5.20	97.93	8.92
1975	74.06	59.06	7.79	10.52	77.03	6.00	5.80	96.67	9.82
1976	72.97	59.61	7.78	10.66	77.63	6.04	6.00	99.34	10.07
1977	71.82	60.04	7.81	10.87	88.99	6.95	6.70	96.40	11.16
1978	73.29	60.31	7.64	10.42	64.66	4.94	4.80	97.17	7.96
1979	72.66	60.61	7.35	10.12	112.93	8.30	8.00	96.39	13.20
10年小计			**69.58**	**10.03**	**83.66**	**58.21**	**56.21**	**96.56**	**9.28**
占合计%			**23.74**			**22.90**	**23.40**		
1980	72.53	60.83	9.06	12.49	52.10	4.72	4.50	95.34	7.40
1981	72.68	61.07	8.48	11.67	78.18	6.63	6.50	98.04	10.64
1982	72.49	61.50	8.11	11.19	58.69	4.76	4.71	98.95	7.66
1983	72.12	61.31	7.45	10.33	81.48	6.07	6.00	98.85	9.79
1984	69.59	60.50	7.21	10.36	107.49	7.75	7.00	90.32	11.57
1985	67.49	59.60	6.29	9.32	117.17	7.37	7.20	97.69	12.08
1986	66.87	59.75	6.04	9.03	105.46	6.37	6.25	98.12	10.46
1987	67.13	60.15	5.53	8.24	94.94	5.25	5.00	95.24	8.31
1988	66.81	60.42	5.73	8.58	75.74	4.34	4.20	96.77	6.95
1989	65.77	60.82	5.68	8.64	87.15	4.95	4.85	97.98	7.97
11年小计			**69.74**	**10.00**	**131.65**	**91.81**	**83.04**	**90.45**	**13.64**
占合计%			**23.79**			**36.11**	**34.57**		
1990	63.69	61.15	6.14	9.64	98.05	6.02	6.00	99.67	9.81
1991	63.08	61.14	6.88	10.91	95.20	6.55	6.30	96.18	10.30
1992	62.18	60.89	7.78	12.51	134.45	10.46	12.70	121.41	20.86
1993	62.49	59.78	8.32	13.31	105.53	8.78	8.50	96.81	14.22
1994	66.09	54.14	9.06	13.71	101.32	9.18	9.05	98.58	16.72
1995	66.61	54.40	7.04	10.57	136.22	9.59	5.94	61.94	10.92
1996	65.48	51.82	5.98	9.13	169.40	10.13	5.89	58.14	11.37
1997	61.98	51.60	5.27	8.50	195.26	10.29	9.20	89.41	17.83
1998	61.91	50.71	5.39	8.71	107.98	5.82	5.80	99.66	11.44
1999	61.91	50.71	4.68	7.56	160.47	7.51	5.50	73.24	10.85
2000	62.07	52.39	3.20	5.16	233.75	7.48	8.16	109.09	15.58

5-16-8 湖南省西洞庭农场历年棉花生产收购

年　度	耕地面积（万亩）	农业人口（万人）	棉田面积（万亩）	占耕地（%）	亩　产（市斤）	产　量（万担）	收购量（万担）	商品率（%）	人均交售（市斤）
52年合计			**61.88**	**18.23**	**98.92**	**61.21**	**51.16**	**83.58**	**57.69**
11年小计									
占合计%									
1949									
1950									
1951									
1952									
1953									
1954									
1955									
1956									
1957									
1958									
1959									
10年小计			**12.45**	**14.96**	**34.86**	**4.34**	**3.68**	**84.79**	**27.48**
占合计%			**20.12**			**7.09**	**7.19**		
1960	7.63	1.03	1.28	16.78	28.13	0.36	0.25	69.44	24.27
1961	7.69	1.04	1.46	18.99	22.60	0.33	0.20	60.61	19.23
1962	7.91	1.04	1.12	14.16	30.36	0.34	0.30	88.24	28.85
1963	8.00	1.04	0.78	9.75	35.90	0.28	0.26	92.86	25.00
1964	8.14	1.05	0.96	11.79	32.29	0.31	0.29	93.55	27.62
1965	8.40	1.46	1.05	12.50	57.14	0.60	0.50	83.33	34.25
1966	8.80	1.53	1.49	16.93	46.31	0.69	0.56	81.16	36.60
1967	9.11	1.51	1.35	14.82	40.74	0.55	0.50	90.91	33.11
1968	9.11	1.75	1.42	15.59	43.66	0.62	0.58	93.55	33.14
1969	8.43	1.94	1.54	18.27	16.88	0.26	0.24	92.31	12.37
10年小计			**13.49**	**17.21**	**73.83**	**9.96**	**6.61**	**66.37**	**25.71**
占合计%			**21.80**			**16.27**	**12.92**		
1970	7.94	2.18	1.49	18.77	30.87	0.46	0.26	56.52	11.93
1971	7.95	2.29	1.00	12.58	47.00	0.47	0.27	57.45	11.79
1972	7.92	2.49	1.20	15.15	30.00	0.36	0.24	66.67	9.64
1973	7.88	2.55	1.00	12.69	53.00	0.53	0.30	56.60	11.76
1974	7.65	2.56	1.40	18.30	82.86	1.16	0.77	66.38	30.08
1975	7.55	2.60	1.40	18.54	87.86	1.23	0.87	70.73	33.46
1976	7.55	2.71	1.40	18.54	110.00	1.54	0.97	62.99	35.79
1977	7.80	2.76	1.80	23.08	80.56	1.45	0.98	67.59	35.51
1978	7.82	2.78	1.40	17.90	77.14	1.08	0.87	80.56	31.29
1979	8.32	2.79	1.40	16.83	120.00	1.68	1.08	64.29	38.71
10年小计			**11.96**	**13.93**	**88.71**	**10.61**	**8.75**	**82.47**	**31.34**
占合计%			**19.33**			**17.33**	**17.10**		
1980	8.32	2.73	1.40	16.83	120.71	1.69	1.30	76.92	47.62
1981	8.32	2.71	1.40	16.83	132.14	1.85	1.50	81.08	55.35
1982	8.81	2.74	2.25	25.54	62.22	1.40	1.10	78.57	40.15
1983	8.81	2.69	1.65	18.73	89.70	1.48	1.20	81.08	44.61
1984	8.80	2.67	1.68	19.09	101.19	1.70	1.30	76.47	48.69
1985	8.64	2.71	0.85	9.84	84.71	0.72	0.70	97.22	25.83
1986	8.59	2.76	0.49	5.70	85.71	0.42	0.40	95.24	14.49
1987	8.58	2.88	0.55	6.41	76.36	0.42	0.40	95.24	13.89
1988	8.50	2.98	1.01	11.88	45.54	0.46	0.42	91.30	14.09
1989	8.50	3.05	0.68	8.00	69.12	0.47	0.43	91.49	14.10
11年小计			**23.98**	**26.05**	**151.38**	**36.30**	**32.12**	**88.48**	**148.29**
占合计%			**38.75**			**59.30**	**62.78**		
1990	8.49	1.86	1.22	14.37	115.57	1.41	1.40	99.29	75.27
1991	8.49	1.92	1.50	17.67	151.33	2.27	2.00	88.11	104.17
1992	8.43	1.93	2.86	33.93	149.30	4.27	4.20	98.36	217.62
1993	8.35	1.96	2.61	31.26	159.77	4.17	4.00	95.92	204.08
1994	8.24	1.99	2.51	30.46	150.20	3.77	3.00	79.58	150.75
1995	8.24	2.01	2.75	33.37	142.18	3.91	3.82	97.70	190.05
1996	8.24	1.99	2.99	36.29	159.87	4.78	3.50	73.22	175.88
1997	8.24	2.00	2.06	25.00	167.96	3.46	3.20	92.49	160.00
1998	8.44	2.00	1.68	19.91	194.05	3.26	3.00	92.02	150.00
1999	8.44	2.00	1.90	22.51	131.58	2.50	2.00	80.00	100.00
2000	8.44	2.00	1.90	22.51	131.58	2.50	2.00	80.00	100.00

5-16-9 湖南省津市历年棉花生产收购

年度	耕地面积（万亩）	农业人口（万人）	棉田面积（万亩）	占耕地（%）	亩产（市斤）	产量（万担）	收购量（万担）	商品率（%）	人均交售（市斤）
52年合计			**57.74**	**14.05**	**138.53**	**79.99**	**78.46**	**98.09**	**30.80**
11年小计									
占合计%									
1949									
1950									
1951									
1952									
1953									
1954									
1955									
1956									
1957									
1958									
1959									
10年小计									
占合计%									
1960									
1961									
1962									
1963									
1964									
1965									
1966									
1967									
1968									
1969									
10年小计									
占合计%									
1970									
1971									
1972									
1973									
1974									
1975									
1976									
1977									
1978									
1979									
10年小计			**13.58**	**9.29**	**65.68**	**8.92**	**5.95**	**66.70**	**6.84**
占合计%			**23.52**			**11.15**	**7.58**		
1980	5.16	2.37	0.48	9.30	18.75	0.09			
1981	4.39	2.49	0.45	10.25	93.33	0.42			
1982	4.39	2.59	0.35	7.97	97.14	0.34			
1983	4.51	2.64	0.32	7.10	62.50	0.20			
1984	4.26	2.70	0.49	11.50	87.76	0.43	0.56	130.23	20.74
1985	25.13	14.61	2.52	10.03	12.70	0.32	0.18	56.25	1.23
1986	24.74	14.34	2.20	8.89	108.18	2.38	1.87	78.57	13.04
1987	24.64	14.75	1.88	7.63	106.38	2.00	1.28	64.00	8.68
1988	24.52	15.17	2.58	10.52	36.82	0.95	0.93	97.89	6.13
1989	24.50	15.38	2.31	9.43	77.49	1.79	1.13	63.13	7.35
11年小计			**44.16**	**16.68**	**160.94**	**71.07**	**72.51**	**102.03**	**43.25**
占合计%			**76.48**			**88.85**	**92.42**		
1990	24.47	15.72	2.70	11.03	98.15	2.65	2.18	82.26	13.87
1991	24.46	15.83	2.96	12.10	114.86	3.40	4.09	120.29	25.84
1992	24.42	15.78	3.93	16.09	132.06	5.19	6.03	116.18	38.21
1993	24.38	15.63	3.26	13.37	184.05	6.00	5.69	94.83	36.40
1994	24.36	15.38	4.46	18.31	145.29	6.48	4.49	69.29	29.19
1995	24.30	15.40	3.70	15.23	167.30	6.19	3.68	59.45	23.90
1996	24.21	15.50	3.30	13.63	222.12	7.33	3.52	48.02	22.71
1997	24.15	15.52	4.50	18.63	234.67	10.56	12.53	118.66	80.73
1998	24.33	15.50	5.37	22.07	157.36	8.45	13.70	162.13	88.39
1999	24.40	15.60	4.98	20.41	167.87	8.36	8.00	95.69	51.28
2000	21.29	11.80	5.00	23.49	129.20	6.46	8.60	133.13	72.88

5－16－10 湖南省华容县历年棉花生产收购

年度	耕地面积（万亩）	农业人口（万人）	棉田面积（万亩）	占耕地（%）	亩产（市斤）	产量（万担）	收购量（万担）	商品率（%）	人均交售（市斤）
52 年合计			**860.17**	**19.61**	**121.36**	**1043.86**	**965.72**	**92.51**	**36.93**
11 年小计			**136.70**	**14.77**	**24.63**	**33.67**	**25.82**	**76.69**	**6.45**
占合计%			**15.89**			**3.23**	**2.67**		
1949	73.93	31.69	8.96	12.12					
1950	73.93	33.30	9.99	13.51	26.03	2.60			
1951	73.93	33.86	16.90	22.86	25.21	4.26	0.45	10.56	1.33
1952	93.29	36.08	16.15	17.31	30.03	4.85	3.52	72.58	9.76
1953	87.55	37.02	15.38	17.57	20.03	3.08	3.04	98.70	8.21
1954	87.41	37.11	13.50	15.44	10.37	1.40	1.38	98.57	3.72
1955	87.34	37.20	12.78	14.63	28.17	3.60	3.16	87.78	8.49
1956	87.85	37.80	11.68	13.30	29.71	3.47	3.80	109.51	10.05
1957	96.46	38.97	10.90	11.30	42.02	4.58	4.44	96.94	11.39
1958	85.09	38.79	9.25	10.87	32.54	3.01	2.48	82.39	6.39
1959	78.88	38.50	11.21	14.21	25.16	2.82	3.55	125.89	9.22
10 年小计			**92.56**	**11.32**	**49.36**	**45.69**	**44.51**	**97.42**	**10.78**
占合计%			**10.76**			**4.38**	**4.61**		
1960	79.30	36.94	10.36	13.06	28.76	2.98	2.69	90.27	7.28
1961	77.73	36.79	11.41	14.68	26.03	2.97	2.70	90.91	7.34
1962	81.95	38.75	8.39	10.24	30.04	2.52	2.64	104.76	6.81
1963	75.80	39.33	7.24	9.55	52.35	3.79	3.97	104.75	10.09
1964	75.80	39.99	8.53	11.25	49.82	4.25	4.40	103.53	11.00
1965	85.40	41.26	9.98	11.69	63.83	6.37	6.35	99.69	15.39
1966	85.40	42.65	9.37	10.97	62.65	5.87	5.24	89.27	12.29
1967	85.40	43.78	9.05	10.60	58.01	5.25	5.15	98.10	11.76
1968	85.40	45.52	8.77	10.27	59.75	5.24	5.01	95.61	11.01
1969	85.40	47.70	9.46	11.08	68.18	6.45	6.36	98.60	13.33
10 年小计			**120.51**	**14.16**	**83.91**	**101.12**	**99.59**	**98.49**	**18.46**
占合计%			**14.01**			**9.69**	**10.31**		
1970	84.89	49.24	11.02	12.98	63.97	7.05	6.99	99.15	14.20
1971	84.89	50.22	10.80	12.72	54.63	5.90	5.76	97.63	11.47
1972	84.89	51.74	11.13	13.11	63.97	7.12	7.12	100.00	13.76
1973	84.89	52.94	11.25	13.25	75.02	8.44	8.39	99.41	15.85
1974	84.89	53.82	12.01	14.15	120.23	14.44	13.96	96.68	25.94
1975	84.82	55.06	13.28	15.66	94.20	12.51	12.28	98.16	22.30
1976	84.82	55.73	12.71	14.98	109.83	13.96	13.26	94.99	23.79
1977	84.82	56.93	12.79	15.08	80.22	10.26	10.93	106.53	19.20
1978	86.26	56.88	13.07	15.15	72.23	9.44	9.61	101.80	16.90
1979	85.97	56.99	12.45	14.48	96.39	12.00	11.29	94.08	19.81
10 年小计			**167.81**	**19.52**	**130.71**	**219.34**	**219.64**	**100.14**	**37.73**
占合计%			**19.51**			**21.01**	**22.74**		
1980	87.14	57.24	19.98	22.93	91.99	18.38	16.72	90.97	29.21
1981	87.14	57.88	20.47	23.49	68.98	14.12	15.65	110.84	27.04
1982	86.99	58.38	19.20	22.07	121.67	23.36	19.92	85.27	34.12
1983	86.99	58.63	18.91	21.74	140.19	26.51	28.56	107.73	48.71
1984	86.99	58.46	19.82	22.78	185.62	36.79	37.53	102.01	64.20
1985	85.32	58.25	15.43	18.08	188.59	29.10	33.10	113.75	56.82
1986	85.32	57.29	14.16	16.60	183.83	26.03	21.59	82.94	37.69
1987	85.09	58.05	7.69	9.04	177.63	13.66	18.45	135.07	31.78
1988	84.90	58.91	15.05	17.73	68.37	10.29	14.88	144.61	25.26
1989	83.68	59.03	17.10	20.43	123.39	21.10	13.24	62.75	22.43
11 年小计			**342.59**	**36.71**	**187.99**	**644.04**	**576.16**	**89.46**	**84.68**
占合计%			**39.83**			**61.70**	**59.66**		
1990	83.55	59.91	20.70	24.78	191.98	39.74	48.38	121.74	80.75
1991	83.30	62.08	21.70	26.05	217.97	47.30	60.00	126.85	96.65
1992	82.39	61.84	29.80	36.17	221.81	66.10	69.00	104.39	111.58
1993	82.51	60.57	35.00	42.42	205.80	72.03	75.81	105.25	125.16
1994	82.38	60.07	42.30	51.35	177.30	75.00	68.00	90.67	113.20
1995	98.67	68.64	44.78	45.38	200.45	89.76	58.32	64.97	84.97
1996	98.67	68.64	18.30	18.55	183.61	33.60	23.10	68.75	33.65
1997	81.00	62.00	35.00	43.21	200.00	70.00	56.00	80.00	90.32
1998	79.00	53.00	40.00	50.63	125.00	50.00	55.00	110.00	103.77
1999	81.07	62.41	30.00	37.01	183.33	55.00	34.92	63.49	55.95
2000	80.80	61.20	25.01	30.95	181.97	45.51	27.63	60.71	45.15

5-16-11 湖南省岳阳县历年棉花生产收购

年度	耕地面积（万亩）	农业人口（万人）	棉田面积（万亩）	占耕地（%）	亩产（市斤）	产量（万担）	收购量（万担）	商品率（%）	人均交售（市斤）
52年合计			**272.91**	**6.57**	**71.54**	**195.25**	**131.97**	**67.59**	**4.14**
11年小计			**49.66**	**14.77**	**24.63**	**9.87**	**5.20**	**76.69**	**6.45**
占合计%			**18.20**			**5.06**	**3.94**		
1949	84.58	39.22	3.33	3.94	18.62	0.62	0.30	48.39	0.76
1950	90.46	38.24	5.94	6.57	15.99	0.95	0.42	44.21	1.10
1951	91.58	41.64	5.58	6.09	21.86	1.22	0.84	68.85	2.02
1952	92.76	45.04	6.25	6.74	25.76	1.61	1.03	63.98	2.29
1953	96.08	45.19	5.66	5.89	14.49	0.82	0.43	52.44	0.95
1954	97.71	46.21	2.67	2.73	4.87	0.13	0.06	46.15	0.13
1955	100.85	47.41	4.59	4.55	12.20	0.56	0.24	42.86	0.51
1956	101.90	47.22	3.64	3.57	20.05	0.73	0.38	52.05	0.80
1957	98.23	48.93	4.12	4.19	26.94	1.11	0.45	40.54	0.92
1958	91.50	46.36	3.40	3.72	32.94	1.12	0.58	51.79	1.25
1959	86.54	46.26	4.48	5.18	22.32	1.00	0.47	47.00	1.02
10年小计			**44.84**	**5.29**	**48.31**	**21.66**	**14.25**	**65.79**	**2.65**
占合计%			**16.43**			**11.09**	**10.80**		
1960	88.65	46.47	2.77	3.12	27.44	0.76	0.53	69.74	1.14
1961	84.77	48.25	2.48	2.93	19.35	0.48	0.27	56.25	0.56
1962	85.90	50.18	3.34	3.89	31.44	1.05	0.78	74.29	1.55
1963	86.40	51.56	4.79	5.54	40.71	1.95	1.31	67.18	2.54
1964	86.11	52.76	4.54	5.27	33.04	1.50	0.93	62.00	1.76
1965	86.78	54.40	5.92	6.82	61.99	3.67	2.41	65.67	4.43
1966	84.39	56.02	5.32	6.30	53.20	2.83	1.84	65.02	3.28
1967	83.39	57.47	5.14	6.16	49.61	2.55	1.57	61.57	2.73
1968	80.59	59.16	5.08	6.30	79.33	4.03	2.98	73.95	5.04
1969	80.28	62.05	5.46	6.80	52.01	2.84	1.63	57.39	2.63
10年小计			**62.47**	**7.92**	**58.88**	**36.78**	**27.79**	**75.56**	**4.05**
占合计%			**22.89**			**18.84**	**21.06**		
1970	80.28	63.99	5.99	7.46	45.58	2.73	1.94	71.06	3.03
1971	80.97	65.23	5.52	6.82	38.59	2.13	1.39	65.26	2.13
1972	80.95	67.50	6.15	7.60	52.03	3.20	1.99	62.19	2.95
1973	80.95	69.29	6.10	7.54	62.79	3.83	2.85	74.41	4.11
1974	80.87	70.58	6.52	8.06	73.62	4.80	3.84	80.00	5.44
1975	80.54	72.21	6.82	8.47	61.44	4.19	3.22	76.85	4.46
1976	77.92	68.89	6.46	8.29	68.11	4.40	3.42	77.73	4.96
1977	70.96	69.20	6.47	9.12	58.73	3.80	2.93	77.11	4.23
1978	77.89	70.02	6.33	8.13	45.81	2.90	2.31	79.66	3.30
1979	77.79	69.75	6.11	7.85	78.56	4.80	3.90	81.25	5.59
10年小计			**62.53**	**8.41**	**72.43**	**45.29**	**35.28**	**77.90**	**5.01**
占合计%			**22.91**			**23.20**	**26.73**		
1980	77.25	69.15	8.28	10.72	80.19	6.64	5.36	80.72	7.75
1981	76.38	70.19	8.71	11.40	50.75	4.42	3.62	81.90	5.16
1982	79.42	70.77	8.84	11.13	75.45	6.67	5.41	81.11	7.64
1983	72.38	70.87	7.40	10.22	48.38	3.58	2.93	81.84	4.13
1984	73.64	70.64	7.87	10.69	79.29	6.24	5.13	82.21	7.26
1985	73.26	70.73	5.92	8.08	86.15	5.10	3.41	66.86	4.82
1986	73.18	70.29	4.49	6.14	79.29	3.56	2.73	76.69	3.88
1987	72.43	70.46	3.26	4.50	95.40	3.11	1.94	62.38	2.75
1988	72.49	70.41	3.79	5.23	53.83	2.04	1.63	79.90	2.32
1989	72.72	70.30	3.97	5.46	98.99	3.93	3.12	79.39	4.44
11年小计			**53.41**	**7.20**	**152.87**	**81.65**	**49.45**	**60.56**	**6.44**
占合计%			**19.57**			**41.82**	**37.47**		
1990	72.48	72.47	5.34	7.37	105.62	5.64	4.59	81.38	6.33
1991	72.49	72.59	5.43	7.49	144.94	7.87	4.67	59.34	6.43
1992	72.43	72.41	6.13	8.46	166.56	10.21	5.68	55.63	7.84
1993	72.41	72.09	5.35	7.39	169.53	9.07	5.80	63.95	8.05
1994	70.38	72.30	6.24	8.87	166.35	10.38	5.27	50.77	7.29
1995	70.11	72.46	6.32	9.01	170.09	10.75	4.94	45.95	6.82
1996	70.09	72.80	5.63	8.03	106.22	5.98	5.27	88.13	7.24
1997	60.71	66.76	5.10	8.40	192.16	9.80	3.18	32.45	4.76
1998	60.39	66.94	3.39	5.61	181.42	6.15	3.78	61.46	5.65
1999	60.42	66.87	2.28	3.77	132.46	3.02	3.03	100.33	4.53
2000	60.20	60.54	2.20	3.65	126.36	2.78	3.24	116.55	5.35

5－16－12　湖南省临湘市历年棉花生产收购

年　度	耕地面积（万亩）	农业人口（万人）	棉田面积（万亩）	占耕地（%）	亩　产（市斤）	产　量（万担）	收购量（万担）	商品率（%）	人均交售（市斤）
52 年合计			**184.41**	**6.56**	**60.33**	**111.26**	**113.83**	**102.31**	**6.37**
11 年小计			**32.82**	**5.18**	**23.00**	**7.55**	**4.38**	**58.01**	**1.60**
占合计%			**17.80**			**6.79**	**3.85**		
1949	48.14	21.76	0.75	1.56	20.00	0.15			
1950	52.96	22.59	2.55	4.81	21.96	0.56			
1951	54.78	23.73	3.00	5.48	20.00	0.60			
1952	56.12	24.31	3.24	5.77	24.07	0.78	0.44	56.41	1.81
1953	56.13	24.78	3.45	6.15	22.90	0.79	0.29	36.71	1.17
1954	56.80	24.74	0.77	1.36	22.08	0.17	0.09	52.94	0.36
1955	58.24	25.15	3.77	6.47	24.93	0.94	0.70	74.47	2.78
1956	62.97	25.56	3.96	6.29	27.02	1.07	0.83	77.57	3.25
1957	63.30	26.57	3.35	5.29	25.37	0.85	0.62	72.94	2.33
1958	62.00	26.80	3.56	5.74	26.12	0.93	0.78	83.87	2.91
1959	62.00	27.00	4.42	7.13	16.06	0.71	0.63	88.73	2.33
10 年小计			**33.01**	**5.48**	**40.56**	**13.39**	**14.62**	**109.21**	**4.89**
占合计%			**17.90**			**12.03**	**12.85**		
1960	62.05	25.83	2.18	3.51	10.55	0.23	0.28	121.74	1.08
1961	59.00	25.78	1.76	2.98	13.07	0.23	0.25	108.70	0.97
1962	59.37	27.75	1.21	2.04	20.66	0.25	0.12	49.20	0.44
1963	60.64	28.17	3.11	5.13	30.87	0.96	1.29	134.38	4.58
1964	60.56	29.59	3.84	6.34	20.05	0.77	0.82	106.49	2.77
1965	60.48	30.23	4.04	6.68	46.04	1.86	1.97	105.91	6.52
1966	60.73	31.24	4.30	7.08	51.86	2.23	2.96	132.74	9.48
1967	60.80	32.24	4.40	7.24	48.41	2.13	1.89	88.73	5.86
1968	60.66	33.46	3.82	6.30	67.28	2.57	2.96	115.18	8.85
1969	58.16	34.78	4.35	7.48	49.66	2.16	2.08	96.30	5.98
10 年小计			**48.23**	**8.36**	**54.18**	**26.13**	**28.99**	**110.95**	**7.21**
占合计%			**26.15**			**23.49**	**25.47**		
1970	58.30	35.35	4.67	8.01	40.69	1.90	1.82	95.79	5.15
1971	57.67	37.09	4.35	7.54	36.55	1.59	1.80	113.21	4.85
1972	57.71	38.45	4.69	8.13	49.68	2.33	2.26	97.00	5.88
1973	57.58	39.63	4.87	8.46	42.09	2.05	2.10	102.44	5.30
1974	57.66	40.46	4.99	8.65	69.54	3.47	3.59	103.46	8.87
1975	57.63	41.31	5.02	8.71	58.37	2.93	3.54	120.82	8.57
1976	57.68	41.85	4.92	8.53	69.92	3.44	3.94	114.53	9.41
1977	57.69	42.47	5.05	8.75	50.50	2.55	3.08	120.78	7.25
1978	57.53	42.77	4.80	8.34	53.54	2.57	3.37	131.13	7.88
1979	57.51	42.46	4.87	8.47	67.76	3.30	3.49	105.76	8.22
10 年小计			**33.08**	**6.57**	**67.59**	**22.36**	**27.61**		
占合计%			**17.94**			**20.10**	**24.25**		
1980	57.42	42.66	5.80	10.10	51.03	2.96	4.22	142.57	9.89
1981	57.39	43.99	5.91	10.30	57.02	3.37	4.19	124.33	9.52
1982	57.37	43.85	5.61	9.78	65.06	3.65	4.07	111.51	9.28
1983	57.35	44.36	4.41	7.69	63.04	2.78	3.21	115.47	7.24
1984	46.07	36.36	3.18	6.90	93.71	2.98	3.11	104.36	8.55
1985	45.87	36.48	2.36	5.14	84.75	2.00	1.74	87.00	4.77
1986	45.66	36.50	1.39	3.04	95.68	1.33	1.74	130.83	4.77
1987	45.55	36.89	1.11	2.44	105.41	1.17	1.05	89.74	2.85
1988	45.34	36.91	1.55	3.42	42.58	0.66	2.39	*	6.48
1989	45.28	37.29	1.76	3.89	82.95	1.46	1.89	129.45	5.07
11 年小计			**37.27**	**7.56**	**112.24**	**41.83**	**38.23**	**91.39**	**9.15**
占合计%			**20.21**			**37.60**	**33.58**		
1990	45.26	38.15	2.86	6.32	88.81	2.54	1.87	73.62	4.90
1991	45.22	38.24	3.25	7.19	108.00	3.51	2.47	70.37	6.46
1992	45.53	38.33	3.55	7.80	112.96	4.01	6.53	162.84	17.04
1993	45.45	38.99	3.55	7.81	147.89	5.25	3.26	62.10	8.36
1994	45.23	37.23	4.13	9.13	147.46	6.09	3.47	56.98	9.32
1995	45.04	37.95	4.32	9.59	115.28	4.98	3.51	70.48	9.25
1996	44.36	37.82	3.94	8.88	86.29	3.40	3.65	107.35	9.65
1997	44.22	37.82	4.01	9.07	152.37	6.11	4.23	69.23	11.18
1998	43.77	37.55	3.81	8.70	43.04	1.64	3.61	*	9.61
1999	43.78	36.58	2.37	5.41	98.73	2.34	2.11	90.17	5.77
2000	45.30	39.27	1.48	3.27	132.43	1.96	3.52	179.59	8.96

5－16－13　湖南省湘阴县历年棉花生产收购

年　度	耕地面积（万亩）	农业人口（万人）	棉田面积（万亩）	占耕地（％）	亩　产（市斤）	产　量（万担）	收购量（万担）	商品率（％）	人均交售（市斤）
52 年合计			73.55	2.36	79.51	58.48	67.36	115.18	2.79
11 年小计			4.00	0.66					
占合计%			5.44						
1949									
1950	58.00	33.00	1.80	3.10					
1951	58.00	33.00							
1952	61.00	33.00	0.20	0.33					
1953	61.00	34.00	0.20	0.33					
1954	61.00	34.00							
1955	60.00	35.00	1.50	2.50					
1956	66.00	34.00							
1957	64.00	36.00							
1958	59.00	37.00	0.30	0.51					
1959	62.00	37.00							
10 年小计			9.00	1.43	74.44	6.70	1.50	22.39	0.38
占合计%			12.24			11.46	2.23		
1960	64.00	37.00							
1961	64.00	36.00							
1962	63.00	37.00							
1963	64.00	37.00							
1964	62.00	38.00							
1965	62.00	39.00	1.00	1.61	30.00	0.30			
1966	61.00	40.00	2.00	3.28	40.00	0.80	0.60	75.00	1.50
1967	63.00	41.00	2.00	3.17	40.00	0.80	0.40	50.00	0.98
1968	63.00	43.00	2.00	3.17	25.00	0.50	0.30	60.00	0.70
1969	64.00	44.00	2.00	3.13	215.00	4.30	0.20	4.65	0.45
10 年小计			23.70	3.82	42.19	10.00	8.30	83.00	1.65
占合计%			32.22			17.10	12.32		
1970	63.00	47.00	2.00	3.17	25.00	0.50	0.30	60.00	0.64
1971	63.00	48.00	1.50	2.38	20.00	0.30	0.20	66.67	0.42
1972	63.00	49.00	2.60	4.13	38.46	1.00	0.80	80.00	1.63
1973	62.00	49.00	2.60	4.19	38.46	1.00	1.00	100.00	2.04
1974	62.00	50.00	2.60	4.19	61.54	1.60	1.00	62.50	2.00
1975	62.00	51.00	2.70	4.35	59.26	1.60	1.00	62.50	1.96
1976	62.00	52.00	2.60	4.19	38.46	1.00	1.00	100.00	1.92
1977	61.00	52.00	2.60	4.26	38.46	1.00	1.00	100.00	1.92
1978	61.00	52.00	2.30	3.77	43.48	1.00	1.00	100.00	1.92
1979	61.00	52.00	2.20	3.61	45.45	1.00	1.00	100.00	1.92
10 年小计			16.10	2.65	108.07	17.40	15.00	86.21	2.82
占合计%			21.89			29.75	22.27		
1980	61.00	52.00	2.00	3.28	85.00	1.70	1.00	58.82	1.92
1981	61.00	53.00	2.00	3.28	100.00	2.00	1.00	50.00	1.89
1982	61.00	53.00	2.20	3.61	90.91	2.00	1.00	50.00	1.89
1983	61.00	53.00	1.80	2.95	111.11	2.00	2.00	100.00	3.77
1984	61.00	53.00	1.60	2.62	125.00	2.00	2.00	100.00	3.77
1985	61.00	53.00	1.50	2.46	133.33	2.00	2.00	100.00	3.77
1986	61.00	53.00	1.50	2.46	133.33	2.00	2.00	100.00	3.77
1987	61.00	53.00	1.00	1.64	170.00	1.70	2.00	117.65	3.77
1988	60.00	54.00	1.50	2.50	40.00	0.60	1.00	166.67	1.85
1989	60.00	55.00	1.00	1.67	140.00	1.40	1.00	71.43	1.82
11 年小计			20.75	3.22	117.49	24.38	42.56	174.57	6.65
占合计%			28.21			41.69	63.18		
1990	61.00	57.00	2.00	3.28	105.00	2.10	2.00	95.24	3.51
1991	60.00	57.00	1.50	2.50	180.00	2.70	2.00	74.07	3.51
1992	59.00	57.00	2.00	3.39	145.00	2.90	6.00	*	10.53
1993	59.00	58.00	1.60	2.71	187.50	3.00	3.00	100.00	5.17
1994	58.00	58.00	2.00	3.45	95.00	1.90	1.00	52.63	1.72
1995	58.00	58.00	1.70	2.93	111.76	1.90	2.00	105.26	3.45
1996	58.00	59.00	2.00	3.45	80.00	1.60	2.00	125.00	3.39
1997	58.00	59.00	2.00	3.45	155.00	3.10	4.00	129.03	6.78
1998	58.00	59.00	3.00	5.17	50.00	1.50	6.00	*	10.17
1999	57.50	59.05	1.95	3.39	104.62	2.04	4.39	*	7.43
2000	57.50	58.81	1.00	1.74	164.00	1.64	10.17	*	17.29

5－16－14 湖南省平江市历年棉花生产收购

年 度	耕地面积（万亩）	农业人口（万人）	棉田面积（万亩）	占耕地（%）	亩 产（市斤）	产 量（万担）	收购量（万担）	商品率（%）	人均交售（市斤）
52 年合计			**60.20**	**1.55**	**69.55**	**41.87**	**28.33**	**67.66**	**0.76**
11 年小计			**7.13**	**0.84**	**35.20**	**2.51**	**0.23**	**9.16**	**0.04**
占合计%			**11.84**			**5.99**	**0.81**		
1949	72.11	50.73	0.52	0.72	13.46	0.07			
1950	72.60	50.85	0.51	0.70	13.73	0.07			
1951	75.40	51.65	0.52	0.69	13.46	0.07			
1952	76.25	52.61	0.75	0.98	12.00	0.09	0.01	11.11	0.02
1953	76.36	52.67	0.70	0.92	11.43	0.08			
1954	75.61	54.60	0.70	0.93	4.29	0.03			
1955	79.52	55.29	0.68	0.86	120.59	0.82	0.02	2.44	0.04
1956	80.03	55.86	0.48	0.60	129.17	0.62	0.01	1.61	0.02
1957	81.32	56.00	0.82	1.01	26.83	0.22	0.02	9.09	0.04
1958	79.24	55.84	0.53	0.67	24.53	0.13	0.06	46.15	0.11
1959	78.48	53.17	0.92	1.17	33.70	0.31	0.11	35.48	0.21
10 年小计			**11.82**	**1.55**	**39.09**	**4.62**	**1.73**	**37.45**	**0.30**
占合计%			**19.63**			**11.03**	**6.11**		
1960	79.15	53.32	0.52	0.66	15.38	0.08	0.06	75.00	0.11
1961	76.90	53.97	0.56	0.73	12.50	0.07	0.01	14.29	0.02
1962	76.14	54.80	0.52	0.68	28.85	0.15	0.02	13.33	0.04
1963	76.11	56.65	1.10	1.45	43.64	0.48	0.06	12.50	0.11
1964	76.14	58.27	1.85	2.43	36.76	0.68	0.17	25.00	0.29
1965	76.73	60.00	1.57	2.05	47.13	0.74	0.38	51.35	0.63
1966	76.08	61.49	1.56	2.05	32.69	0.51	0.33	64.71	0.54
1967	75.41	63.14	1.34	1.78	29.10	0.39	0.17	43.59	0.27
1968	74.67	56.08	1.25	1.67	64.00	0.80	0.27	33.75	0.48
1969	74.26	57.25	1.55	2.09	46.45	0.72	0.26	36.11	0.45
10 年小计			**14.47**	**1.95**	**55.98**	**8.10**	**4.03**	**49.75**	**0.53**
占合计%			**24.04**			**19.35**	**14.23**		
1970	74.56	69.72	1.43	1.92	48.95	0.70	0.30	42.86	0.43
1971	74.81	71.20	1.06	1.42	47.17	0.50	0.21	42.00	0.29
1972	74.60	73.00	1.58	2.12	55.70	0.88	0.29	32.95	0.40
1973	74.20	74.63	1.61	2.17	39.75	0.64	0.36	56.25	0.48
1974	74.07	76.00	1.57	2.12	62.42	0.98	0.52	53.06	0.68
1975	73.94	77.62	1.68	2.27	54.17	0.91	0.43	47.25	0.55
1976	73.82	78.68	1.61	2.18	63.98	1.03	0.54	52.43	0.69
1977	73.73	79.70	1.40	1.90	54.29	0.76	0.41	53.95	0.51
1978	73.67	80.14	1.34	1.82	61.94	0.83	0.47	56.63	0.59
1979	73.59	80.00	1.19	1.62	73.11	0.87	0.50	57.47	0.63
10 年小计			**12.21**	**1.67**	**90.83**	**11.09**	**7.97**	**71.87**	**0.95**
占合计%			**20.28**			**26.49**	**28.13**		
1980	73.57	80.60	1.23	1.67	79.67	0.98	0.70	71.43	0.87
1981	73.54	81.17	1.54	2.09	76.62	1.18	0.92	77.97	1.13
1982	73.54	82.35	1.71	2.33	90.06	1.54	1.30	84.42	1.58
1983	73.46	83.00	1.61	2.19	81.99	1.32	1.15	87.12	1.39
1984	73.43	83.10	1.75	2.38	98.29	1.72	1.20	69.77	1.44
1985	73.26	83.52	1.28	1.75	100.00	1.28	1.10	85.94	1.32
1986	73.16	84.30	0.85	1.16	104.71	0.89	0.60	67.42	0.71
1987	73.07	84.60	0.78	1.07	112.82	0.88	0.40	45.45	0.47
1988	72.90	85.80	0.73	1.00	87.67	0.64	0.30	46.88	0.35
1989	72.88	86.80	0.73	1.00	90.41	0.66	0.30	45.45	0.35
11 年小计			**14.57**	**1.84**	**106.73**	**15.55**	**14.37**	**92.41**	**1.46**
占合计%			**24.20**			**37.14**	**50.72**		
1990	72.88	88.50	1.03	1.41	79.61	0.82	0.70	85.37	0.79
1991	72.82	89.30	1.05	1.44	86.67	0.91	0.85	93.41	0.95
1992	72.68	89.40	1.48	2.04	112.16	1.66	1.30	78.31	1.45
1993	72.34	88.90	1.25	1.73	141.60	1.77	1.35	76.27	1.52
1994	72.12	89.10	1.66	2.30	130.72	2.17	1.38	63.59	1.55
1995	71.82	89.10	1.31	1.82	105.34	1.38	1.20	86.96	1.35
1996	71.65	89.00	1.17	1.63	119.66	1.40	1.08	77.14	1.21
1997	71.59	89.10	1.23	1.72	81.30	1.00	1.10	110.00	1.23
1998	71.16	89.20	1.98	2.78	114.14	2.26	2.48	109.73	2.78
1999	71.50	89.05	1.41	1.97	81.56	1.15	1.01	87.83	1.13
2000	71.30	95.07	1.00	1.40	103.00	1.03	1.92	186.41	2.02

5－16－15　湖南省汨罗县历年棉花生产收购

年　　度	耕地面积（万亩）	农业人口（万人）	棉田面积（万亩）	占耕地（%）	亩　产（市斤）	产　量（万担）	收购量（万担）	商品率（%）	人均交售（市斤）
52年合计			**76.30**	**4.23**	**80.95**	**61.76**	**52.99**	**85.80**	**2.95**
11年小计									
占合计%									
1949									
1950									
1951									
1952									
1953									
1954									
1955									
1956									
1957									
1958									
1959									
10年小计			**8.27**	**3.92**	**53.81**	**4.45**	**3.18**	**71.46**	**1.91**
占合计%			**10.84**			**7.20**	**6.00**		
1960									
1961									
1962									
1963									
1964									
1965									
1966	53.67	39.72	2.01	3.75	46.27	0.93	0.58	62.37	1.46
1967	53.07	40.72	2.24	4.22	45.98	1.03	0.53	51.46	1.30
1968	52.07	41.92	1.85	3.55	80.00	1.48	1.54	104.05	3.67
1969	52.10	43.83	2.17	4.17	46.54	1.01	0.53	52.48	1.21
10年小计			**25.06**	**4.87**	**52.55**	**13.17**	**11.04**	**83.83**	**2.30**
占合计%			**32.84**			**21.32**	**20.83**		
1970	51.72	44.94	2.37	4.58	54.43	1.29	0.81	62.79	1.80
1971	51.72	45.66	2.39	4.62	35.98	0.86	0.47	54.65	1.03
1972	51.72	46.41	2.53	4.89	43.48	1.10	0.96	87.27	2.07
1973	51.62	47.26	2.58	5.00	62.40	1.61	1.26	78.26	2.67
1974	51.52	47.88	2.56	4.97	46.88	1.20	1.53	127.50	3.20
1975	51.42	48.61	2.64	5.13	56.82	1.50	1.13	75.33	2.32
1976	51.32	49.00	2.54	4.95	64.96	1.65	1.33	80.61	2.71
1977	51.22	49.67	2.51	4.90	52.99	1.33	1.08	81.20	2.17
1978	51.22	51.07	2.45	4.78	50.61	1.24	1.06	85.48	2.08
1979	51.43	49.96	2.49	4.84	55.82	1.39	1.41	101.44	2.82
10年小计			**20.19**	**3.92**	**64.59**	**13.04**	**12.08**	**92.64**	**2.25**
占合计%			**26.46**			**21.11**	**22.80**		
1980	51.19	55.57	2.57	5.02	76.65	1.97	2.15	109.14	3.87
1981	51.17	55.81	2.81	5.49	56.23	1.58	1.57	99.37	2.81
1982	51.15	57.33	2.74	5.36	67.88	1.86	1.78	95.70	3.10
1983	51.09	51.30	2.52	4.93	42.46	1.07	1.34	125.23	2.61
1984	51.68	51.92	2.38	4.61	76.47	1.82	2.21	121.43	4.26
1985	51.73	52.21	1.85	3.58	83.78	1.55	1.03	66.45	1.97
1986	51.71	52.44	1.59	3.07	72.96	1.16	1.01	87.07	1.93
1987	51.67	52.82	1.33	2.57	72.18	0.96	0.60	62.50	1.14
1988	51.66	53.71	1.30	2.52	40.77	0.53	0.16	30.19	0.30
1989	51.61	54.50	1.10	2.13	49.09	0.54	0.23	42.59	0.42
11年小计			**22.78**	**4.05**	**136.54**	**31.10**	**26.69**	**85.81**	**4.35**
占合计%			**29.86**			**50.36**	**50.37**		
1990	51.61	55.19	1.94	3.76	58.25	1.13	1.02	90.27	1.85
1991	51.26	55.60	1.91	3.73	90.58	1.73	0.95	54.91	1.71
1992	51.23	55.49	1.97	3.85	115.74	2.28	3.64	159.65	6.56
1993	51.21	55.29	1.80	3.51	167.94	3.02	3.20	105.86	5.79
1994	51.16	55.63	3.87	7.56	132.30	5.12	2.18	42.58	3.92
1995	51.16	55.64	3.15	6.16	138.73	4.37	2.70	61.78	4.85
1996	51.16	55.73	2.23	4.36	160.99	3.59	1.22	33.98	2.19
1997	51.15	55.78	1.94	3.79	193.81	3.76	2.52	67.02	4.52
1998	51.14	55.80	2.51	4.91	159.76	4.01	2.75	68.58	4.93
1999	50.47	55.43	0.92	1.82	144.57	1.33	1.63	122.56	2.94
2000	50.40	58.58	0.54	1.07	140.74	0.76	4.88	*	8.33

5－16－16　湖南省岳阳君山农场历年棉花生产收购

年　度	耕地面积（万亩）	农业人口（万人）	棉田面积（万亩）	占耕地（%）	亩　产（市斤）	产　量（万担）	收购量（万担）	商品率（%）	人均交售（市斤）
52 年合计			**158.69**	**40.18**	**101.27**	**160.71**	**71.73**	**44.63**	**63.12**
11 年小计									
占合计%									
1949									
1950									
1951									
1952									
1953									
1954									
1955									
1956									
1957									
1958									
1959									
10 年小计			**33.43**	**42.03**	**52.20**	**17.45**			
占合计%			**21.07**			**10.86**			
1960	4.07	1.40	1.86	45.70	120.97	2.25			
1961	6.30	1.38	1.62	25.71	87.04	1.41			
1962	6.75	0.91	1.32	19.56	11.36	0.15			
1963	8.35	0.76	1.57	18.80	52.87	0.83			
1964	8.49	0.82	3.09	36.40	41.10	1.27			
1965	9.00	0.90	3.48	38.67	64.66	2.25			
1966	9.14	0.87	5.10	55.80	52.75	2.69			
1967	9.15	0.71	5.17	56.50	36.94	1.91			
1968	9.15	0.99	5.10	55.74	45.29	2.31			
1969	9.14	0.99	5.12	56.02	46.48	2.38			
10 年小计			**49.50**	**54.64**	**70.89**	**35.09**	**1.29**	**3.68**	**6.26**
占合计%			**31.19**			**21.83**	**1.80**		
1970	9.20	1.09	5.17	56.20	88.20	4.56			
1971	9.19	1.12	5.00	54.41	85.60	4.28			
1972	9.00	1.35	5.00	55.56	71.00	3.55			
1973	9.00	2.03	4.98	55.33	62.05	3.09			
1974	9.00	2.11	4.99	55.44	61.92	3.09			
1975	9.00	2.34	5.00	55.56	70.00	3.50			
1976	9.00	2.55	5.00	55.56	75.00	3.75			
1977	9.00	2.65	5.00	55.56	55.20	2.76			
1978	9.00	2.68	5.00	55.56	56.00	2.80			
1979	9.20	2.69	4.36	47.39	85.09	3.71	1.29	34.77	47.96
10 年小计			**28.68**	**32.93**	**87.34**	**25.05**	**10.16**	**40.56**	**38.73**
占合计%			**18.07**			**15.59**	**14.16**		
1980	9.20	2.73	4.26	46.30	71.13	3.03	0.90	29.70	32.97
1981	9.13	2.68	4.08	44.69	78.92	3.22	2.81	87.27	104.85
1982	9.13	2.82	4.15	45.45	82.65	3.43	3.28	95.63	116.31
1983	9.00	3.07	3.64	40.44	74.18	2.70	0.83	30.74	27.04
1984	8.92	2.53	3.20	35.87	105.00	3.36	0.02	0.60	0.79
1985	8.42	2.63	2.09	24.82	110.05	2.30	0.23	10.00	8.75
1986	8.42	2.39	1.55	18.41	105.81	1.64	0.94	57.32	39.33
1987	8.31	2.52	1.68	20.22	122.02	2.05	0.71	34.63	28.17
1988	8.31	2.43	2.08	25.02	52.88	1.10	0.06	5.45	2.47
1989	8.24	2.43	1.95	23.67	113.85	2.22	0.38	17.12	15.64
11 年小计			**47.08**	**34.19**	**176.55**	**83.12**	**60.28**	**72.52**	**105.62**
占合计%			**29.67**			**51.72**	**84.04**		
1990	8.24	2.47	2.42	29.37	169.42	4.10	1.56	38.05	63.16
1991	8.30	2.73	2.67	32.17	207.12	5.53	3.68	66.55	134.80
1992	8.44	3.00	2.92	34.60	254.45	7.43	8.19	110.23	273.00
1993	8.14	2.70	2.92	35.87	240.41	7.02	3.55	50.57	131.48
1994	7.94	2.73	3.57	44.96	196.92	7.03	3.80	54.05	139.19
1995	7.90	2.77	3.12	39.49	219.23	6.84	5.72	83.63	206.50
1996	7.89	3.06	3.26	41.32	184.05	6.00	2.85	47.50	93.14
1997	9.89	6.11	4.21	42.57	238.95	10.06	7.51	74.65	122.91
1998	10.13	6.03	4.21	41.56	141.33	5.95	12.63	*	209.45
1999	21.27	11.11	4.68	22.00	144.23	6.75	2.68	39.70	24.12
2000	39.56	14.36	13.10	33.11	125.27	16.41	8.11	49.42	56.48

5-16-17 湖南省岳阳钱粮湖农场历年棉花生产收购

年　度	耕地面积（万亩）	农业人口（万人）	棉田面积（万亩）	占耕地（%）	亩产（市斤）	产量（万担）	收购量（万担）	商品率（%）	人均交售（市斤）
52年合计			**244.74**	**36.78**	**113.61**	**278.04**	**201.00**	**72.29**	**84.18**
11年小计			**2.60**	**24.93**	**41.92**	**1.09**	**1.05**	**96.33**	**29.01**
占合计%			**1.06**			**0.39**	**0.52**		
1949									
1950									
1951									
1952									
1953									
1954									
1955									
1956									
1957									
1958									
1959	10.43	3.62	2.60	24.93	41.92	1.09	1.05	96.33	29.01
10年小计			**61.20**	**36.24**	**40.64**	**24.87**	**22.83**	**91.80**	**65.89**
占合计%			**25.01**			**8.94**	**11.36**		
1960	14.45	3.36	4.10	28.37	50.00	2.05	2.00	97.56	59.52
1961	14.58	2.97	3.80	26.06	44.21	1.68	1.56	92.86	52.53
1962	14.80	2.98	4.50	30.41	33.78	1.52	1.56	102.63	52.35
1963	15.14	3.20	4.80	31.70	51.46	2.47	2.37	95.95	74.06
1964	15.80	3.37	7.40	46.84	36.76	2.72	2.70	99.26	80.12
1965	16.70	3.47	7.00	41.92	50.00	3.50	2.76	78.86	79.54
1966	17.83	3.63	7.80	43.75	48.72	3.80	3.91	102.89	107.71
1967	20.07	3.82	7.20	35.87	40.28	2.90	1.54	53.10	40.31
1968	19.76	3.57	7.40	37.45	28.38	2.10	3.13	149.05	87.68
1969	19.76	4.28	7.20	36.44	29.58	2.13	1.30	61.03	30.37
10年小计			**69.67**	**39.56**	**66.83**	**46.56**	**38.89**	**83.53**	**70.39**
占合计%			**28.47**			**16.75**	**19.35**		
1970	19.25	4.55	7.00	36.36	45.00	3.15	3.10	98.41	68.13
1971	18.93	4.75	6.70	35.39	28.06	1.88	1.88	100.00	39.58
1972	17.32	4.99	7.10	40.99	44.79	3.18	2.55	80.19	51.10
1973	17.25	5.07	7.20	41.74	46.94	3.38	2.70	79.88	53.25
1974	17.25	5.23	7.00	40.58	90.00	6.30	3.80	60.32	72.66
1975	17.25	5.35	7.00	40.58	62.14	4.35	4.18	96.09	78.13
1976	17.25	6.14	7.00	40.58	100.00	7.00	5.55	79.29	90.39
1977	17.25	6.33	7.00	40.58	80.00	5.60	5.78	103.21	91.31
1978	17.17	6.40	7.00	40.77	80.00	5.60	5.13	91.61	80.16
1979	17.20	6.44	6.67	38.78	91.75	6.12	4.22	68.95	65.53
10年小计			**55.73**	**33.04**	**104.11**	**58.02**	**36.27**	**62.51**	**54.12**
占合计%			**22.77**			**20.87**	**18.04**		
1980	17.20	6.48	6.70	38.95	76.72	5.14	3.90	75.88	60.19
1981	17.20	6.65	6.28	36.51	65.76	4.13	3.10	75.06	46.62
1982	17.20	6.66	6.01	34.94	60.07	3.61	1.87	51.80	28.08
1983	17.00	6.12	5.01	29.47	97.01	4.86	4.67	96.09	76.31
1984	17.00	6.64	6.11	35.94	121.11	7.40	4.67	63.11	70.33
1985	17.00	6.67	4.72	27.76	146.61	6.92	1.10	15.90	16.49
1986	16.50	6.70	4.94	29.94	145.75	7.20	4.75	65.97	70.90
1987	16.50	6.79	4.50	27.27	151.11	6.80	2.95	43.38	43.45
1988	16.50	7.11	5.54	33.58	67.87	3.76	4.38	116.49	61.60
1989	16.57	7.20	5.92	35.73	138.51	8.20	4.88	59.51	67.78
11年小计			**55.54**	**39.33**	**265.57**	**147.50**	**101.96**	**69.13**	**130.35**
占合计%			**22.69**			**53.05**	**50.73**		
1990	16.56	7.29	6.58	39.73	201.37	13.25	5.20	39.25	71.33
1991	16.55	7.57	6.72	40.60	215.18	14.46	13.23	91.49	174.77
1992	11.03	7.69	4.80	43.52	378.75	18.18	9.14	50.28	118.86
1993	11.02	7.84	4.80	43.56	306.88	14.73	23.17	157.30	295.54
1994	10.86	8.00	5.28	48.62	300.95	15.89	5.89	37.07	73.63
1995	10.36	8.16	5.15	49.71	292.82	15.08	17.47	115.85	214.09
1996	10.86	8.22	5.09	46.87	290.96	14.81	3.27	22.08	39.78
1997	10.86	8.29	5.18	47.70	328.19	17.00	11.39	67.00	137.39
1998	10.85	8.42	5.92	54.56	240.54	14.24	7.19	50.49	85.39
1999	16.27	6.74	6.02	37.00	163.79	9.86	4.06	41.18	60.24
2000	16.00						1.95		

5-16-18 湖南省岳阳建新农场历年棉花生产收购

年度	耕地面积（万亩）	农业人口（万人）	棉田面积（万亩）	占耕地（%）	亩产（市斤）	产量（万担）	收购量（万担）	商品率（%）	人均交售（市斤）
52年合计			**42.85**	**28.55**	**93.77**	**40.18**	**20.05**	**49.90**	**55.94**
11年小计			**3.31**	**32.80**	**43.20**	**1.43**			
占合计%			**7.72**			**3.56**			
1949									
1950									
1951									
1952									
1953									
1954									
1955									
1956	1.80	0.48							
1957	2.31	0.42	0.47	20.35	59.57	0.28			
1958	2.85	0.57	1.32	46.32	40.91	0.54			
1959	3.13	0.64	1.52	48.56	40.13	0.61			
10年小计			**8.31**	**25.59**	**60.77**	**5.05**			
占合计%			**19.39**			**12.57**			
1960	3.48	0.75	0.97	27.87	61.86	0.60			
1961	4.97	0.75	1.07	21.53	29.91	0.32			
1962	2.35	0.92	0.30	12.77	33.33	0.10			
1963	4.48	0.55	0.52	11.61	53.85	0.28			
1964	2.49	0.61	0.60	24.10	56.67	0.34			
1965	2.97	0.63	0.87	29.29	67.82	0.59			
1966	2.82	0.58	0.94	33.33	48.94	0.46			
1967	2.95	0.49	0.99	33.56	72.73	0.72			
1968	2.98	0.53	0.99	33.22	83.84	0.83			
1969	2.98	1.02	1.06	35.57	76.42	0.81			
10年小计			**14.19**	**35.00**	**64.69**	**9.18**	**0.50**	**5.45**	**7.61**
占合计%			**33.12**			**22.85**	**2.49**		
1970	4.19	0.87	1.61	38.42	51.55	0.83			
1971	4.15	0.72	1.51	36.39	60.93	0.92			
1972	4.01	0.65	1.40	34.91	75.71	1.06			
1973	4.03	0.63	1.40	34.74	59.29	0.83			
1974	4.02	0.59	1.38	34.33	100.72	1.39			
1975	4.02	0.65	1.40	34.83	55.71	0.78			
1976	4.02	0.57	1.39	34.58	66.91	0.93			
1977	4.02	0.70	1.40	34.83	53.57	0.75			
1978	4.02	0.66	1.40	34.83	47.86	0.67			
1979	4.06	0.53	1.30	32.02	78.46	1.02	0.50	49.02	94.34
10年小计			**8.26**	**21.04**	**69.73**	**5.76**	**4.45**	**77.26**	**51.93**
占合计%			**19.28**			**14.34**	**22.19**		
1980	3.90	0.59	1.20	30.77	55.83	0.67	0.63	94.03	106.78
1981	3.90	0.66	0.90	23.08	62.22	0.56	0.43	76.79	65.15
1982	3.90	0.68	0.88	22.56	46.59	0.41	0.35	85.37	51.47
1983	3.90	0.79	0.92	23.59	33.70	0.31	0.31	100.00	39.24
1984	3.90	0.82	0.87	22.31	110.34	0.96	0.60	62.50	73.17
1985	4.04	0.91	0.75	18.56	101.33	0.76	0.60	78.95	65.93
1986	3.84	0.87	0.68	17.71	107.35	0.73	0.47	64.38	54.02
1987	3.98	0.83	0.54	13.57	94.44	0.51	0.48	94.12	57.83
1988	3.90	1.17	0.76	19.49	50.00	0.38	0.30	78.95	25.64
1989	4.00	1.25	0.76	19.00	61.84	0.47	0.28	59.57	22.40
11年小计			**8.78**	**31.65**	**213.67**	**18.76**	**15.10**	**80.49**	**128.40**
占合计%			**20.49**			**46.69**	**75.31**		
1990	3.80	1.39	0.71	18.68	152.11	1.08	0.12	11.11	8.63
1991	3.84	1.43	0.70	18.23	140.00	0.98	0.67	68.37	46.85
1992	2.56	1.34	1.02	39.84	21.57	0.22	1.81	*	135.07
1993	2.56	1.23	0.80	31.25	276.25	2.21	0.70	31.67	56.91
1994	2.58	1.24	1.30	50.39	180.00	2.34	0.44	18.80	35.48
1995	2.60	1.29	0.80	30.77	210.00	1.68	1.42	84.52	110.08
1996	2.60	0.85	0.80	30.77	288.75	2.31	1.68	72.73	197.65
1997	2.40	0.39	1.00	41.67	354.00	3.54	3.89	109.89	997.44
1998	2.40	1.30	0.85	35.42	282.35	2.40	2.87	119.58	220.77
1999	2.40	1.30	0.80	33.33	250.00	2.00	1.50	75.00	115.38
2000									

5－16－19　湖南省益阳市郊区历年棉花生产收购

年　　度	耕地面积（万亩）	农业人口（万人）	棉田面积（万亩）	占耕地（%）	亩　产（市斤）	产　量（万担）	收购量（万担）	商品率（%）	人均交售（市斤）
52年合计			**14.00**	**9.95**	**141.43**	**19.80**	**14.08**	**71.11**	**11.90**
11年小计									
占合计%									
1949									
1950									
1951									
1952									
1953									
1954									
1955									
1956									
1957									
1958									
1959									
10年小计									
占合计%									
1960									
1961									
1962									
1963									
1964									
1965									
1966									
1967									
1968									
1969									
10年小计									
占合计%									
1970									
1971									
1972									
1973									
1974									
1975									
1976									
1977									
1978									
1979									
10年小计									
占合计%									
1980									
1981									
1982									
1983									
1984									
1985									
1986									
1987									
1988									
1989									
11年小计			**14.00**	**9.95**	**141.43**	**19.80**	**14.08**	**71.11**	**11.90**
占合计%			**100.00**			**100.00**	**100.00**		
1990									
1991									
1992									
1993									
1994									
1995									
1996	29.53	31.01	1.00	3.39	80.00	0.80	2.10	*	6.77
1997	29.42	30.72	2.00	6.80	200.00	4.00	2.77	69.25	9.02
1998	29.34	30.83	3.00	10.22	133.33	4.00	2.50	62.50	8.11
1999	26.22	12.90	4.00	15.26	137.50	5.50	3.32	60.36	25.74
2000	26.22	12.90	4.00	15.26	137.50	5.50	3.39	61.64	26.28

5－16－20 湖南省益阳市赫山区历年棉花生产收购

年度	耕地面积（万亩）	农业人口（万人）	棉田面积（万亩）	占耕地（%）	亩产（市斤）	产量（万担）	收购量（万担）	商品率（%）	人均交售（市斤）
52 年合计			**104.49**	**5.16**	**61.72**	**64.49**	**47.78**	**74.09**	**2.32**
11 年小计									
占合计%									
1949									
1950									
1951									
1952									
1953									
1954									
1955									
1956									
1957									
1958									
1959									
10 年小计			**18.53**	**5.23**	**47.98**	**8.89**	**3.58**	**40.27**	**1.04**
占合计%			**17.73**			**13.79**	**7.49**		
1960									
1961									
1962									
1963									
1964									
1965	71.12	69.80	2.60	3.66	50.38	1.31	0.21	16.03	0.30
1966	71.12	69.80	4.80	6.75	44.38	2.13	0.89	41.78	1.28
1967	70.58	67.90	4.33	6.13	48.27	2.09	1.10	52.63	1.62
1968	70.60	68.00	3.75	5.31	54.93	2.06	0.89	43.20	1.31
1969	70.60	68.00	3.05	4.32	42.62	1.30	0.49	37.69	0.72
10 年小计			**51.10**	**7.28**	**45.13**	**23.06**	**16.93**	**73.42**	**2.44**
占合计%			**48.90**			**35.76**	**35.43**		
1970	70.58	68.20	4.46	6.32	34.98	1.56	0.75	48.08	1.10
1971	70.60	68.23	3.66	5.18	30.87	1.13	0.46	40.71	0.67
1972	70.20	68.50	4.72	6.72	38.56	1.82	1.22	67.03	1.78
1973	69.90	69.01	5.39	7.71	47.50	2.56	1.93	75.39	2.80
1974	70.10	69.04	5.54	7.90	63.18	3.50	1.94	55.43	2.81
1975	70.12	70.02	5.50	7.84	48.91	2.69	1.97	73.23	2.81
1976	70.03	70.35	5.50	7.85	42.36	2.33	1.94	83.26	2.76
1977	70.22	70.41	5.68	8.09	41.55	2.36	2.17	91.95	3.08
1978	70.21	69.91	5.56	7.92	37.95	2.11	2.04	96.68	2.92
1979	70.19	69.78	5.09	7.25	58.94	3.00	2.51	83.67	3.60
10 年小计			**20.45**	**5.89**	**65.72**	**13.44**	**11.60**	**86.31**	**3.37**
占合计%			**19.57**			**20.84**	**24.28**		
1980	69.80	69.85	5.36	7.68	47.39	2.54	2.40	94.49	3.44
1981	69.75	68.78	5.20	7.46	54.42	2.83	2.30	81.27	3.34
1982	69.66	68.73	5.39	7.74	54.36	2.93	2.72	92.83	3.96
1983	68.94	68.50	2.46	3.57	106.10	2.61	2.28	87.36	3.33
1984	68.82	68.54	2.04	2.96	124.02	2.53	1.90	75.10	2.77
1985									
1986									
1987									
1988									
1989									
11 年小计			**14.41**	**2.32**	**132.55**	**19.10**	**15.67**	**82.04**	**2.31**
占合计%			**13.79**			**29.62**	**32.80**		
1990									
1991	68.72	72.70	1.29	1.88	155.04	2.00	1.80	90.00	2.48
1992	68.70	72.68	2.12	3.09	56.60	1.20	2.60	*	3.58
1993	68.70	72.67	1.00	1.46	120.00	1.20	1.40	116.67	1.93
1994	68.82	76.28	3.00	4.36	200.00	6.00	4.00	66.67	5.24
1995	57.10	76.91							
1996	57.06	63.24	1.00	1.75	20.00	0.20	0.60	*	0.95
1997	63.27	56.64							
1998	56.46	63.23	2.00	3.54	115.00	2.30	2.18	94.78	3.45
1999	56.46	63.23	2.00	3.54	150.00	3.00	1.50	50.00	2.37
2000	56.46	62.23	2.00	3.54	160.00	3.20	1.59	49.69	2.56

5－16－21 湖南省南县历年棉花生产收购

年　　度	耕地面积（万亩）	农业人口（万人）	棉田面积（万亩）	占耕地（%）	亩　产（市斤）	产　量（万担）	收购量（万担）	商品率（%）	人均交售（市斤）
52年合计			**524.09**	**12.90**	**115.29**	**604.23**	**524.88**	**86.87**	**22.11**
11年小计			**81.06**	**8.19**	**23.37**	**18.94**	**12.43**	**65.63**	**3.15**
占合计%			**15.47**			**3.13**	**2.37**		
1949	88.15	33.02	6.72	7.62	15.03	1.01			
1950	89.27	33.74	10.58	11.85	20.98	2.22			
1951	91.82	35.54	10.58	11.52	22.02	2.33	1.97	84.55	5.54
1952	92.49	36.19	10.00	10.81	26.00	2.60	1.92	73.85	5.31
1953	93.81	36.02	13.12	13.99	17.00	2.23	1.48	66.37	4.11
1954	91.07	36.40	1.57	1.72	15.29	0.24	0.25	104.17	0.69
1955	91.98	36.38	7.85	8.53	23.44	1.84	1.42	77.17	3.90
1956	91.35	37.12	6.40	7.01	29.69	1.90	1.99	104.74	5.36
1957	91.60	37.87	5.17	5.64	32.11	1.66	1.36	81.93	3.59
1958	90.70	36.45	4.28	4.72	29.21	1.25	1.11	88.80	3.05
1959	78.02	36.45	4.79	6.14	34.66	1.66	0.93	56.02	2.55
10年小计			**53.69**	**7.01**	**54.55**	**29.29**	**25.72**	**87.81**	**6.54**
占合计%			**10.24**			**4.85**	**4.90**		
1960	77.94	34.48	5.34	6.85	37.64	2.01	1.88	93.53	5.45
1961	77.23	34.69	5.10	6.60	21.96	1.12	1.45	129.46	4.18
1962	77.08	37.62	4.53	5.88	17.22	0.78	1.10	141.03	2.92
1963	76.47	39.40	3.89	5.09	44.47	1.73	1.67	96.53	4.24
1964	76.42	39.75	4.05	5.30	40.74	1.65	1.83	110.91	4.60
1965	76.04	41.07	5.62	7.39	69.22	3.89	3.35	86.12	8.16
1966	76.41	42.46	5.61	7.34	83.78	4.70	3.38	71.91	7.96
1967	76.72	40.74	7.65	9.97	68.24	5.22	4.28	81.99	10.51
1968	76.31	40.11	6.13	8.03	75.04	4.60	3.81	82.83	9.50
1969	75.75	43.04	5.77	7.62	62.22	3.59	2.97	82.73	6.90
10年小计			**71.87**	**9.68**	**83.46**	**59.98**	**56.95**	**94.95**	**11.77**
占合计%			**13.71**			**9.93**	**10.85**		
1970	74.66	44.31	7.15	9.58	70.49	5.04	4.40	87.30	9.93
1971	74.67	45.47	6.78	9.08	62.09	4.21	3.73	88.60	8.20
1972	74.67	46.74	6.85	9.17	67.30	4.61	4.09	88.72	8.75
1973	75.14	48.08	7.20	9.58	67.36	4.85	4.74	97.73	9.86
1974	74.67	48.62	7.20	9.64	103.33	7.44	7.23	97.18	14.87
1975	73.70	49.35	7.25	9.84	114.21	8.28	7.98	96.38	16.17
1976	73.70	49.92	7.20	9.77	108.47	7.81	7.46	95.52	14.94
1977	73.70	50.37	7.20	9.77	90.14	6.49	6.50	100.15	12.90
1978	73.59	50.46	7.20	9.78	65.00	4.68	4.59	98.08	9.10
1979	73.59	50.61	7.84	10.65	83.80	6.57	6.23	94.82	12.31
10年小计			**83.69**	**11.40**	**111.51**	**93.32**	**81.22**	**87.03**	**15.73**
占合计%			**15.97**			**15.44**	**15.47**		
1980	73.59	51.00	13.97	18.98	73.80	10.31	9.87	95.73	19.35
1981	73.46	51.47	13.98	19.03	65.88	9.21	8.83	95.87	17.16
1982	73.46	52.03	13.82	18.81	83.86	11.59	10.98	94.74	21.10
1983	73.40	50.42	8.65	11.78	148.79	12.87	13.04	101.32	25.86
1984	73.59	50.53	8.81	11.97	171.62	15.12	14.63	96.76	28.95
1985	73.41	51.22	5.39	7.34	166.23	8.96	7.16	79.91	13.98
1986	73.39	52.02	3.80	5.18	162.63	6.18	4.20	67.96	8.07
1987	73.28	52.57	6.22	8.49	196.78	12.24	5.38	43.95	10.23
1988	73.21	52.47	4.17	5.70	58.75	2.45	2.79	113.88	5.32
1989	73.21	52.75	4.88	6.67	89.96	4.39	4.34	98.86	8.23
11年小计			**233.78**	**28.12**	**172.26**	**402.70**	**348.56**	**86.56**	**59.53**
占合计%			**44.61**			**66.65**	**66.41**		
1990	72.90	52.53	9.26	12.70	176.13	16.31	13.59	83.32	25.87
1991	72.64	51.72	17.00	23.40	199.41	33.90	28.80	84.96	55.68
1992	72.60	52.34	19.37	26.68	207.43	40.18	49.24	122.55	94.08
1993	72.57	52.00	25.96	35.77	175.46	45.55	44.68	98.09	85.92
1994	72.96	52.29	27.60	37.83	183.99	50.78	39.24	77.27	75.04
1995	87.47	58.31	35.39	40.46	130.32	46.12	32.95	71.44	56.51
1996	87.47	58.31	15.00	17.15	181.00	27.15	23.26	85.67	39.89
1997	73.20	52.00	25.20	34.43	220.67	55.61	39.90	71.75	76.73
1998	73.20	52.00	24.00	32.79	130.00	31.20	29.80	95.51	57.31
1999	73.20	52.00	17.50	23.91	162.57	28.45	25.60	89.98	49.23
2000	73.20	52.00	17.50	23.91	156.86	27.45	21.50	78.32	41.35

5－16－22　湖南省沅江县历年棉花生产收购

年　　度	耕地面积（万亩）	农业人口（万人）	棉田面积（万亩）	占耕地（%）	亩　产（市斤）	产　量（万担）	收购量（万担）	商品率（%）	人均交售（市斤）
52 年合计			**267.96**	**6.87**	**105.81**	**283.52**	**230.10**	**81.16**	**9.62**
10 年小计			**38.73**	**4.73**	**17.63**	**6.83**	**2.66**	**38.95**	**0.81**
占合计%			**14.45**			**2.41**	**1.16**		
1949									
1950	82.44	30.82	4.28	5.19	25.00	1.07			
1951	82.44	31.58	4.70	5.70	25.11	1.18			
1952	82.44	33.14	6.30	7.64	25.08	1.58	0.52	32.91	1.57
1953	83.07	32.85	6.91	8.32	14.04	0.97	0.40	41.24	1.22
1954	83.03	31.94	6.00	7.23	4.50	0.27	0.21	77.78	0.66
1955	80.81	32.05	4.85	6.00	13.20	0.64	0.59	92.19	1.84
1956	82.62	34.10	1.48	1.79	22.97	0.34	0.31	91.18	0.91
1957	82.33	34.07	1.81	2.20	23.20	0.42	0.29	69.05	0.85
1958	81.24	33.67	1.32	1.62	11.36	0.15	0.23	153.33	0.68
1959	78.41	32.89	1.08	1.38	19.44	0.21	0.11	52.38	0.33
10 年小计			**27.38**	**3.44**	**45.95**	**12.58**	**9.72**	**77.27**	**2.65**
占合计%			**10.22**			**4.44**	**4.22**		
1960	78.75	30.92	0.51	0.65	21.57	0.11	0.06	54.55	0.19
1961	77.97	31.62	1.32	1.69	23.48	0.31	0.08	25.81	0.25
1962	78.32	32.92	1.46	1.86	11.64	0.17	0.27	158.82	0.82
1963	78.66	34.53	1.71	2.17	14.04	0.24	0.26	108.33	0.75
1964	79.92	35.48	1.72	2.15	17.44	0.30	0.30	100.00	0.85
1965	79.74	36.68	3.23	4.05	47.37	1.53	0.65	42.48	1.77
1966	79.24	38.78	4.51	5.69	60.98	2.75	2.16	78.55	5.57
1967	80.07	40.23	5.37	6.71	60.52	3.25	2.25	69.23	5.59
1968	81.89	41.94	3.85	4.70	60.00	2.31	2.24	96.97	5.34
1969	81.21	44.08	3.70	4.56	43.51	1.61	1.45	90.06	3.29
10 年小计			**54.27**	**7.05**	**58.56**	**31.78**	**29.42**	**92.57**	**5.95**
占合计%			**20.25**			**11.21**	**12.79**		
1970	81.21	45.22	5.50	6.77	37.45	2.06	1.62	78.64	3.58
1971	78.43	46.83	5.00	6.38	32.00	1.60	1.35	84.38	2.88
1972	75.72	47.70	5.40	7.13	45.74	2.47	2.21	89.47	4.63
1973	75.88	48.92	5.50	7.25	56.91	3.13	2.78	88.82	5.68
1974	75.93	49.66	5.54	7.30	84.12	4.66	4.44	95.28	8.94
1975	75.93	50.39	5.50	7.24	59.82	3.29	3.04	92.40	6.03
1976	75.93	50.78	5.50	7.24	66.73	3.67	3.78	103.00	7.44
1977	75.93	51.35	5.68	7.48	66.20	3.76	3.73	99.20	7.26
1978	77.03	51.58	5.56	7.22	56.47	3.14	3.17	100.96	6.15
1979	77.54	51.82	5.09	6.56	78.59	4.00	3.30	82.50	6.37
10 年小计			**36.51**	**4.95**	**103.40**	**37.75**	**30.96**	**82.02**	**5.69**
占合计%			**13.63**			**13.31**	**13.46**		
1980	74.53	51.62	6.34	8.51	66.09	4.19	4.38	104.53	8.49
1981	74.72	52.67	6.06	8.11	60.07	3.64	3.51	96.43	6.66
1982	74.68	53.41	5.80	7.77	86.03	4.99	4.63	92.79	8.67
1983	74.59	47.95	4.12	5.52	140.29	5.78	5.76	99.65	12.01
1984	74.37	53.60	4.26	5.73	164.55	7.01	7.04	100.44	13.14
1985	72.81	53.20	2.19	3.01	159.82	3.50	2.56	73.14	4.81
1986	73.01	56.60	2.00	2.74	125.00	2.50	0.26	10.40	0.46
1987	72.95	57.10	0.09	0.12	100.00	0.09	0.14	155.56	0.25
1988	72.81	58.60	2.34	3.21	74.79	1.75	0.54	30.86	0.92
1989	72.78	59.07	3.31	4.55	129.91	4.30	2.14	49.77	3.62
11 年小计			**111.07**	**14.21**	**175.19**	**194.58**	**157.34**	**80.86**	**23.85**
占合计%			**41.45**			**68.63**	**68.38**		
1990	72.77	60.30	4.71	6.47	151.38	7.13	5.72	80.22	9.49
1991	72.78	60.30	6.70	9.21	185.07	12.40	12.00	96.77	19.90
1992	72.28	60.64	7.75	10.72	185.81	14.40	17.80	123.61	29.35
1993	71.58	59.96	10.08	14.08	164.68	16.60	13.00	78.31	21.68
1994	71.64	57.34	14.00	19.54	210.00	29.40	24.00	81.63	41.86
1995	71.33	60.57	6.63	9.29	190.05	12.60	9.74	77.30	16.08
1996	70.27	60.31	7.20	10.25	97.22	7.00	8.57	122.43	14.21
1997	69.98	60.14	11.00	15.72	200.00	22.00	20.25	92.05	33.67
1998	69.74	60.01	19.00	27.24	157.89	30.00	12.85	42.83	21.41
1999	69.50	60.00	12.00	17.27	183.33	22.00	18.00	81.82	30.00
2000	69.50	60.00	12.00	17.27	175.42	21.05	15.41	73.21	25.68

5-16-23 湖南省桃江县历年棉花生产收购

年　度	耕地面积（万亩）	农业人口（万人）	棉田面积（万亩）	占耕地（%）	亩　产（市斤）	产　量（万担）	收购量（万担）	商品率（%）	人均交售（市斤）
52年合计			**5.00**	**2.05**	**124.00**	**6.20**	**5.12**	**82.58**	**1.78**
11年小计									
占合计%									
1949									
1950									
1951									
1952									
1953									
1954									
1955									
1956									
1957									
1958									
1959									
10年小计									
占合计%									
1960									
1961									
1962									
1963									
1964									
1965									
1966									
1967									
1968									
1969									
10年小计									
占合计%									
1970									
1971									
1972									
1973									
1974									
1975									
1976									
1977									
1978									
1979									
10年小计									
占合计%									
1980									
1981									
1982									
1983									
1984									
1985									
1986									
1987									
1988									
1989									
11年小计			**5.00**	**2.05**	**124.00**	**6.20**	**5.12**	**82.58**	**1.78**
占合计%			**100.00**			**100.00**	**100.00**		
1990									
1991									
1992									
1993									
1994									
1995									
1996									
1997	61.04	72.10	1.00	1.64	20.00	0.20	0.82	*	1.14
1998	60.84	72.07	2.00	3.29	150.00	3.00	2.50	83.33	3.47
1999	60.84	72.07	1.00	1.64	150.00	1.50	1.00	66.67	1.39
2000	60.84	72.07	1.00	1.64	150.00	1.50	0.80	53.33	1.11

5－16－24　湖南省益阳县历年棉花生产收购

年　度	耕地面积（万亩）	农业人口（万人）	棉田面积（万亩）	占耕地（%）	亩　产（市斤）	产　量（万担）	收购量（万担）	商品率（%）	人均交售（市斤）
52 年合计			**84.02**	**14.44**	**120.69**	**101.40**	**91.70**	**90.43**	**34.17**
11 年小计									
占合计%									
1949									
1950									
1951									
1952									
1953									
1954									
1955									
1956									
1957									
1958									
1959									
10 年小计									
占合计%									
1960									
1961									
1962									
1963									
1964									
1965									
1966									
1967									
1968									
1969									
10 年小计									
占合计%									
1970									
1971									
1972									
1973									
1974									
1975									
1976									
1977									
1978									
1979									
10 年小计			**36.60**	**13.19**	**85.25**	**31.20**	**27.00**	**86.54**	**26.55**
占合计%			**43.56**			**30.77**	**29.44**		
1980	27.80	9.82	7.43	26.73	64.60	4.80	4.20	87.50	42.77
1981	27.80	9.78	6.62	23.81	57.40	3.80	3.60	94.74	36.81
1982	28.19	9.62	5.80	20.57	72.41	4.20	2.60	61.90	27.03
1983	28.10	9.49	5.04	17.94	83.33	4.20	4.60	109.52	48.47
1984	27.95	9.94	5.34	19.11	119.85	6.40	3.80	59.38	38.23
1985	27.88	10.07	2.28	8.18	105.26	2.40	2.40	100.00	23.83
1986	27.77	10.36	0.92	3.31	152.17	1.40	1.60	114.29	15.44
1987	27.61	10.71	0.30	1.09	133.33	0.40	1.40	*	13.07
1988	27.18	10.93	1.43	5.26	153.85	2.20	0.60	27.27	5.49
1989	27.11	10.97	1.44	5.31	97.22	1.40	2.20	157.14	20.05
11 年小计			**47.42**	**15.57**	**148.04**	**70.20**	**64.70**	**92.17**	**38.82**
占合计%			**56.44**			**69.23**	**70.56**		
1990	27.13	11.18	3.52	12.97	130.68	4.60	5.80	126.09	51.88
1991	30.00	11.41	4.50	15.00	151.11	6.80	6.00	88.24	52.59
1992	29.80	11.62	4.70	15.77	165.96	7.80	7.60	97.44	65.40
1993	26.86	11.75	5.04	18.76	154.76	7.80	6.60	84.62	56.17
1994	26.81	11.77	6.50	24.24	184.62	12.00	9.80	81.67	83.26
1995	26.37	11.84	4.98	18.89	124.50	6.20	10.07	162.42	85.05
1996	26.36	11.65	3.88	14.72	144.33	5.60	2.53	45.18	21.72
1997	26.36	11.90	4.30	16.31	195.35	8.40	5.10	60.71	42.86
1998	26.22	11.90	5.00	19.07	160.00	8.00	9.84	123.00	82.69
1999	29.34	30.83	2.50	8.52	60.00	1.50	0.52	34.67	1.69
2000	29.34	30.83	2.50	8.52	60.00	1.50	0.84	56.00	2.72

5－16－25　湖南省慈利县历年棉花生产收购

年　度	耕地面积（万亩）	农业人口（万人）	棉田面积（万亩）	占耕地（％）	亩　产（市斤）	产　量（万担）	收购量（万担）	商品率（％）	人均交售（市斤）
52年合计			**395.77**	**10.94**	**78.44**	**310.46**	**264.33**	**85.14**	**9.67**
11年小计			**29.02**	**3.57**	**32.94**	**9.56**	**6.00**	**62.76**	**1.33**
占合计％			**7.33**			**3.08**	**2.27**		
1949	72.45	38.75	2.69	3.71	14.87	0.40			
1950	72.45	38.85	2.79	3.85	17.92	0.50	0.08	16.00	0.21
1951	72.45	39.12	2.99	4.13	20.07	0.60	0.22	36.67	0.56
1952	72.19	39.41	2.99	4.14	25.08	0.75	0.58	77.33	1.47
1953	72.13	39.76	2.49	3.45	18.07	0.45	0.37	82.22	0.93
1954	72.06	40.86	1.79	2.48	22.35	0.40	0.37	92.50	0.91
1955	71.96	42.13	2.50	3.47	28.00	0.70	0.61	87.14	1.45
1956	71.80	42.29	2.05	2.86	44.88	0.92	0.71	77.17	1.68
1957	80.00	43.06	2.51	3.14	47.81	1.20	0.77	64.17	1.79
1958	79.06	43.49	2.32	2.93	57.76	1.34	0.70	52.24	1.61
1959	77.00	43.15	3.90	5.06	58.97	2.30	1.59	69.13	3.68
10年小计			**57.81**	**7.64**	**74.54**	**43.09**	**40.50**	**93.99**	**8.80**
占合计％			**14.61**			**13.88**	**15.32**		
1960	76.80	40.66	5.80	7.55	72.41	4.20	4.09	97.38	10.06
1961	75.40	40.96	6.20	8.22	46.94	2.91	2.44	83.85	5.96
1962	75.30	43.11	5.24	6.96	58.59	3.07	2.78	90.55	6.45
1963	75.00	44.67	6.02	8.03	80.90	4.87	4.18	85.83	9.36
1964	75.00	45.93	6.11	8.15	72.83	4.45	4.19	94.16	9.12
1965	78.30	46.75	5.50	7.02	105.82	5.82	5.65	97.08	12.09
1966	76.20	48.11	5.36	7.03	62.87	3.37	3.35	99.41	6.96
1967	75.60	48.54	5.30	7.01	90.94	4.82	4.51	93.57	9.29
1968	74.81	49.87	5.44	7.27	95.96	5.22	5.16	98.85	10.35
1969	74.00	51.88	6.84	9.24	63.74	4.36	4.15	95.18	8.00
10年小计			**80.63**	**11.55**	**82.49**	**66.51**	**64.26**	**96.62**	**11.37**
占合计％			**20.37**			**21.42**	**24.31**		
1970	72.03	53.18	8.81	12.23	66.17	5.83	5.33	91.42	10.02
1971	69.75	53.94	8.28	11.87	45.65	3.78	3.56	94.18	6.60
1972	69.55	54.93	8.12	11.68	50.25	4.08	4.03	98.77	7.34
1973	69.55	56.28	8.00	11.50	67.25	5.38	5.25	97.58	9.33
1974	69.55	56.53	8.00	11.50	73.00	5.84	5.73	98.12	10.14
1975	69.55	57.32	7.80	11.21	82.69	6.45	6.37	98.76	11.11
1976	69.55	57.91	7.80	11.21	105.13	8.20	7.63	93.05	13.18
1977	69.55	58.20	7.80	11.21	100.64	7.85	7.78	99.11	13.37
1978	69.55	58.39	8.02	11.53	105.49	8.46	8.40	99.29	14.39
1979	69.55	58.55	8.00	11.50	133.00	10.64	10.18	95.68	17.39
10年小计			**130.28**	**19.61**	**84.60**	**110.22**	**98.66**	**89.51**	**16.59**
占合计％			**32.92**			**35.50**	**37.32**		
1980	69.55	58.87	15.00	21.57	92.00	13.80	13.34	96.67	22.66
1981	69.45	59.32	17.35	24.98	98.44	17.08	16.55	96.90	27.90
1982	69.55	59.58	16.53	23.77	71.93	11.89	11.56	97.22	19.40
1983	68.55	60.07	15.90	23.19	84.15	13.38	12.51	93.50	20.83
1984	67.01	59.55	15.67	23.38	104.66	16.40	15.36	93.66	25.79
1985	64.38	58.80	11.31	17.57	100.00	11.31	10.76	95.14	18.30
1986	64.36	59.23	10.56	16.41	85.70	9.05	6.83	75.47	11.53
1987	64.24	59.51	9.56	14.88	76.36	7.30	4.85	66.44	8.15
1988	64.20	60.15	9.09	14.16	50.61	4.60	3.05	66.30	5.07
1989	62.99	59.62	9.31	14.78	58.11	5.41	3.85	71.16	6.46
11年小计			**98.03**	**14.33**	**82.71**	**81.08**	**54.91**	**67.72**	**8.30**
占合计％			**24.77**			**26.12**	**20.77**		
1990	62.84	60.44	13.05	20.77	85.59	11.17	8.55	76.54	14.15
1991	62.68	60.69	13.89	22.16	69.91	9.71	8.09	83.32	13.33
1992	62.52	60.35	12.64	20.22	91.61	11.58	9.39	81.09	15.56
1993	62.44	60.15	9.34	14.96	42.40	3.96	3.77	95.20	6.27
1994	62.38	60.18	10.85	17.39	67.37	7.31	4.93	67.44	8.19
1995	62.16	60.13	9.60	15.44	88.75	8.52	2.77	32.51	4.61
1996	62.08	60.10	7.47	12.03	100.54	7.51	2.77	36.88	4.61
1997	61.93	60.07	5.80	9.37	116.55	6.76	3.77	55.77	6.28
1998	61.68	59.96	6.60	10.70	87.73	5.79	3.27	56.48	5.45
1999	61.60	59.90	4.67	7.58	100.00	4.67	3.50	74.95	5.84
2000	61.60	59.85	4.12	6.69	99.51	4.10	4.10	100.00	6.85

5－16－26　湖南省耒阳市历年棉花生产收购

年　　度	耕地面积（万亩）	农业人口（万人）	棉田面积（万亩）	占耕地（%）	亩　产（市斤）	产　量（万担）	收购量（万担）	商品率（%）	人均交售（市斤）
52 年合计			**113.52**	**2.82**	**60.07**	**68.19**	**34.38**	**50.42**	**0.84**
11 年小计			**8.15**	**0.92**	**13.50**	**1.10**	**0.08**	**7.27**	**0.01**
占合计%			**7.18**			**1.61**	**0.23**		
1949	64.48	45.00	0.96	1.49	12.50	0.12			
1950	67.32	46.39	1.10	1.63	13.64	0.15			
1951	80.30	47.76	1.24	1.54	14.52	0.18			
1952	82.33	48.87	1.43	1.74	15.38	0.22			
1953	82.95	50.92	1.51	1.82	11.92	0.18			
1954	84.84	52.60	0.54	0.64	7.41	0.04			
1955	85.62	53.86	0.40	0.47	7.50	0.03			
1956	87.49	54.57	0.15	0.17	13.33	0.02			
1957	86.59	56.54	0.27	0.31	18.52	0.05	0.01	20.00	0.02
1958	83.49	55.60	0.20	0.24	20.00	0.04	0.01	25.00	0.02
1959	82.17	55.59	0.35	0.43	20.00	0.07	0.06	85.71	0.11
10 年小计			**21.60**	**2.69**	**38.44**	**8.30**	**3.75**	**45.16**	**0.58**
占合计%			**19.03**			**12.18**	**10.91**		
1960	82.45	56.01	0.11	0.13	20.91	0.02	0.02	86.96	0.04
1961	81.47	57.15	0.07	0.09	28.57	0.02	0.01	50.00	0.02
1962	81.48	60.62	0.23	0.28	17.39	0.04			
1963	82.00	62.03	0.34	0.41	26.47	0.09			
1964	79.80	63.06	0.85	1.07	29.41	0.25	0.14	56.00	0.22
1965	82.33	64.97	3.70	4.49	36.22	1.34	0.53	39.55	0.82
1966	79.85	66.80	6.60	8.27	46.21	3.05	2.10	68.85	3.14
1967	78.34	68.16	4.32	5.51	37.50	1.62	0.50	30.86	0.73
1968	76.95	71.03	2.87	3.73	33.45	0.96	0.26	27.08	0.37
1969	78.91	73.03	2.51	3.18	36.25	0.91	0.19	20.88	0.26
10 年小计			**41.44**	**5.41**	**33.18**	**13.75**	**10.92**	**79.42**	**1.34**
占合计%			**36.50**			**20.16**	**31.76**		
1970	77.69	74.88	3.34	4.30	33.53	1.12	0.63	56.25	0.84
1971	77.35	75.99	2.88	3.72	22.22	0.64	0.36	56.25	0.47
1972	76.30	78.05	3.72	4.88	28.76	1.07	0.84	78.50	1.08
1973	76.62	79.61	4.52	5.90	45.13	2.04	1.54	75.49	1.93
1974	76.66	81.71	4.79	6.25	42.59	2.04	1.54	75.49	1.88
1975	76.58	82.99	4.41	5.76	23.58	1.04	0.84	80.77	1.01
1976	76.47	83.86	4.41	5.77	26.53	1.17	0.99	84.62	1.18
1977	76.33	84.74	5.04	6.60	32.34	1.63	1.47	90.18	1.73
1978	76.14	85.63	4.62	6.07	33.77	1.56	1.34	85.90	1.56
1979	76.07	86.16	3.71	4.88	38.81	1.44	1.37	95.14	1.59
10 年小计			**13.46**	**1.78**	**77.19**	**10.39**	**8.28**	**79.69**	**0.89**
占合计%			**11.86**			**15.24**	**24.08**		
1980	76.01	87.43	2.42	3.18	48.76	1.18	1.11	94.07	1.27
1981	75.97	89.06	2.16	2.84	50.46	1.09	0.99	90.83	1.11
1982	75.95	90.81	2.06	2.71	73.79	1.52	1.41	92.76	1.55
1983	75.87	92.01	1.21	1.59	107.44	1.30	1.14	87.69	1.24
1984	75.74	92.36	1.16	1.53	106.90	1.24	1.31	105.65	1.42
1985	75.25	92.73	0.72	0.96	118.06	0.85	0.25	29.41	0.27
1986	75.09	93.74	0.55	0.73	76.36	0.42	0.28	66.67	0.30
1987	75.02	94.67	1.08	1.44	88.89	0.96	0.54	56.25	0.57
1988	74.95	96.78	1.25	1.67	89.60	1.12	0.63	56.25	0.65
1989	74.94	97.83	0.85	1.13	83.53	0.71	0.62	87.32	0.63
11 年小计			**28.87**	**15.09**	**81.97**	**34.65**	**11.35**	**66.00**	**8.44**
占合计%			**25.43**			**50.81**	**33.01**		
1990	74.88	98.72	1.31	1.75	93.13	1.22	0.47	38.52	0.48
1991	74.87	99.34	1.42	1.90	115.49	1.64	0.66	40.24	0.66
1992	74.46	99.98	1.15	1.54	156.52	1.80	0.27	15.00	0.27
1993	74.44	100.88	1.69	2.27	145.56	2.46	0.76	30.89	0.75
1994	74.21	101.98	3.33	4.49	124.92	4.16	1.07	25.72	1.05
1995	73.13	103.12	3.30	4.51	127.88	4.22	0.96	22.75	0.93
1996	74.07	103.97	3.00	4.05	141.00	4.23	1.37	32.39	1.32
1997	73.97	104.58	3.00	4.06	130.00	3.90	0.87	22.31	0.83
1998	73.77	104.37	4.12	5.58	101.94	4.20	0.42	10.00	0.40
1999	74.10	104.41	2.55	3.44	130.20	3.32	1.50	45.18	1.44
2000	74.10	104.41	4.00	5.40	87.50	3.50	3.00	85.71	2.87

5-16-27 湖南省常宁县历年棉花生产收购

年度	耕地面积（万亩）	农业人口（万人）	棉田面积（万亩）	占耕地（%）	亩产（市斤）	产量（万担）	收购量（万担）	商品率（%）	人均交售（市斤）
52年合计			**46.49**	**1.45**	**52.65**	**24.48**	**13.70**	**55.96**	**0.47**
11年小计			**1.11**	**0.15**	**11.69**	**0.13**	**0.02**	**15.38**	
占合计%			**2.39**			**0.53**	**0.15**		
1949	62.00	35.50	0.05	0.08					
1950	62.00	36.37	0.08	0.13	12.50	0.01			
1951	63.00	37.70	0.25	0.40	8.00	0.02			
1952	67.00	39.13	0.10	0.15	20.00	0.02			
1953	69.00	39.13	0.10	0.14	10.00	0.01			
1954	68.00	41.22	0.10	0.15	10.00	0.01			
1955	69.00	41.64	0.07	0.10	14.29	0.01			
1956	69.00	42.70	0.03	0.04	33.33	0.01			
1957	69.00	44.03	0.07	0.10	14.29	0.01			
1958	69.00	44.69	0.04	0.06	25.00	0.01	0.02	200.00	0.04
1959	64.00	43.12	0.22	0.34	9.09	0.02			
10年小计			**12.56**	**1.97**	**34.63**	**4.35**	**1.55**	**35.63**	**0.33**
占合计%			**27.02**			**17.77**	**11.31**		
1960	64.00	42.18	0.09	0.14			0.01		0.02
1961	62.00	42.58	0.01	0.02					
1962	63.00	44.70	0.02	0.03					
1963	64.00	45.79	0.03	0.05	166.67	0.05			
1964	66.00	46.22	0.59	0.89	152.54	0.90	0.02	2.22	0.04
1965	65.00	47.77	2.01	3.09	36.32	0.73	0.22	30.14	0.46
1966	64.00	49.23	4.13	6.45	33.41	1.38	0.82	59.42	1.67
1967	63.00	49.93	2.68	4.25	23.88	0.64	0.20	31.25	0.40
1968	63.00	52.35	1.46	2.32	17.12	0.25	0.20	80.00	0.38
1969	62.00	54.08	1.54	2.48	25.97	0.40	0.08	20.00	0.15
10年小计			**19.19**	**3.14**	**34.65**	**6.65**	**5.04**	**75.79**	**0.85**
占合计%			**41.28**			**27.17**	**36.79**		
1970	62.00	55.60	1.74	2.81	25.86	0.45	0.22	48.89	0.40
1971	62.00	56.34	1.13	1.82	19.47	0.22	0.13	59.09	0.23
1972	61.00	57.59	1.33	2.18	27.07	0.36	0.14	38.89	0.24
1973	61.00	58.81	2.01	3.30	30.35	0.61	0.34	55.74	0.58
1974	61.00	59.91	2.23	3.66	52.47	1.17	0.84	71.79	1.40
1975	61.00	60.86	2.38	3.90	32.35	0.77	0.54	70.13	0.89
1976	61.00	61.22	2.32	3.80	25.00	0.58	0.47	81.03	0.77
1977	61.00	61.61	2.50	4.10	47.20	1.18	1.19	100.85	1.93
1978	61.00	61.92	1.98	3.25	36.87	0.73	0.56	76.71	0.90
1979	61.00	61.98	1.57	2.57	36.94	0.58	0.61	105.17	0.98
10年小计			**4.27**	**0.70**	**99.06**	**4.23**	**3.61**	**85.34**	**0.56**
占合计%			**9.18**			**17.28**	**26.35**		
1980	61.00	62.53	0.91	1.49	65.93	0.60	0.54	90.00	0.86
1981	61.00	63.38	0.84	1.38	76.19	0.64	0.69	107.81	1.09
1982	61.00	64.33	0.91	1.49	82.42	0.75	0.71	94.67	1.10
1983	61.00	64.63	0.50	0.82	130.00	0.65	0.66	101.54	1.02
1984	61.00	64.50	0.49	0.80	132.65	0.65	0.46	70.77	0.71
1985	61.00	64.69	0.26	0.43	115.38	0.30	0.06	20.00	0.09
1986	60.00	64.98	0.02	0.03	100.00	0.02	0.01	50.00	0.02
1987	60.00	65.48	0.18	0.30	244.44	0.44	0.22	50.00	0.34
1988	60.00	66.38	0.04	0.07	225.00	0.09	0.20	*	0.30
1989	60.00	66.88	0.12	0.20	75.00	0.09	0.06	66.67	0.09
11年小计			**9.36**	**1.48**	**97.44**	**9.12**	**3.48**	**38.16**	**0.46**
占合计%			**20.13**			**37.25**	**25.40**		
1990	59.34	68.28	0.42	0.71	61.90	0.26	0.14	53.85	0.21
1991	59.09	67.98	0.32	0.54	90.63	0.29	0.23	79.31	0.34
1992	57.92	67.22	0.60	1.04	226.67	1.36	0.38	27.94	0.57
1993	57.41	67.01	0.59	1.03	169.49	1.00	0.39	39.00	0.58
1994	56.94	67.63	1.79	3.14	75.42	1.35	0.44	32.59	0.65
1995	56.96	68.97	1.80	3.16	76.67	1.38	0.32	23.19	0.46
1996	56.84	68.34	1.80	3.17	71.11	1.28	0.24	18.75	0.35
1997	56.85	70.42	0.51	0.90	82.35	0.42	0.17	40.48	0.24
1998	56.87	70.34	0.51	0.90	113.73	0.58	0.37	63.79	0.53
1999	56.87	70.34	0.51	0.90	117.65	0.60	0.40	66.67	0.57
2000	56.87	70.34	0.51	0.90	117.65	0.60	0.40	66.67	0.57

5－16－28　湖南省衡阳县历年棉花生产收购

年　　度	耕地面积（万亩）	农业人口（万人）	棉田面积（万亩）	占耕地（%）	亩　产（市斤）	产　量（万担）	收购量（万担）	商品率（%）	人均交售（市斤）
52 年合计			**168.39**	**3.47**	**93.65**	**157.69**	**119.89**	**76.03**	**2.63**
11 年小计			**0.41**	**0.04**	**14.63**	**0.06**	**0.06**	**100.00**	**0.01**
占合计%			**0.24**			**0.04**	**0.05**		
1949	85.97	58.00							
1950	86.23	64.00							
1951	87.56	64.00							
1952	104.15	65.00							
1953	104.63	66.00	0.08	0.08	25.00	0.02			
1954	104.63	67.00							
1955	104.67	67.00							
1956	104.67	69.00							
1957	104.67	71.00	0.07	0.07			0.05		0.07
1958	98.83	71.00	0.01	0.01					
1959	98.47	70.00	0.25	0.25	16.00	0.04	0.01	25.00	0.01
10 年小计			**12.52**	**1.28**	**42.41**	**5.31**	**2.75**	**51.79**	**0.38**
占合计%			**7.44**			**3.37**	**2.29**		
1960	97.75	65.00	0.15	0.15	6.67	0.01			
1961	97.75	66.00	0.01	0.01					
1962	97.75	67.00	0.01	0.01					
1963	98.63	70.00	0.03	0.03					
1964	98.63	70.00	0.75	0.76	17.33	0.13	0.09	69.23	0.13
1965	99.36	70.00	2.29	2.30	46.72	1.07	0.50	46.73	0.71
1966	99.12	74.00	3.02	3.05	49.67	1.50	1.19	79.33	1.61
1967	98.53	75.00	2.38	2.42	40.34	0.96	0.18	18.75	0.24
1968	97.42	78.00	1.99	2.04	45.73	0.91	0.44	48.35	0.56
1969	96.47	81.00	1.89	1.96	38.62	0.73	0.35	47.95	0.43
10 年小计			**37.80**	**4.09**	**47.70**	**18.03**	**15.66**	**86.86**	**1.74**
占合计%			**22.45**			**11.43**	**13.06**		
1970	93.75	83.00	2.97	3.17	33.33	0.99	0.93	93.94	1.12
1971	92.68	86.00	2.80	3.02	23.21	0.65	0.47	72.31	0.55
1972	92.54	88.00	2.98	3.22	37.58	1.12	0.79	70.54	0.90
1973	92.48	90.00	3.66	3.96	40.71	1.49	1.44	96.64	1.60
1974	92.40	93.00	4.08	4.42	54.17	2.21	1.82	82.35	1.96
1975	92.40	91.00	4.43	4.79	43.79	1.94	1.61	82.99	1.77
1976	92.33	92.00	4.25	4.60	44.00	1.87	1.68	89.84	1.83
1977	92.06	93.00	4.86	5.28	61.73	3.00	2.69	89.67	2.89
1978	92.03	93.00	4.29	4.66	56.41	2.42	2.19	90.50	2.35
1979	91.95	93.00	3.48	3.78	67.24	2.34	2.04	87.18	2.19
10 年小计			**30.76**	**3.39**	**114.92**	**35.35**	**22.63**	**64.02**	**2.25**
占合计%			**18.27**			**22.42**	**18.88**		
1980	91.35	93.00	2.72	2.98	97.43	2.65	2.07	78.11	2.23
1981	91.32	98.00	2.88	3.15	104.17	3.00	3.12	104.00	3.18
1982	90.98	99.00	4.51	4.96	95.79	4.32	3.50	81.02	3.54
1983	90.96	100.00	4.16	4.57	121.39	5.05	4.37	86.53	4.37
1984	90.88	100.00	4.38	4.82	126.48	5.54	3.83	69.13	3.83
1985	90.84	101.00	2.73	3.01	137.73	3.76	2.31	61.44	2.29
1986	90.75	101.00	1.85	2.04	132.97	2.46	1.57	63.82	1.55
1987	90.68	103.00	2.62	2.89	127.86	3.35	1.25	37.31	1.21
1988	90.32	105.00	2.77	3.07	102.53	2.84	0.32	11.27	0.30
1989	90.08	106.00	2.14	2.38	111.21	2.38	0.29	12.18	0.27
11 年小计			**86.90**	**9.15**	**113.86**	**98.94**	**78.79**	**79.63**	**6.51**
占合计%			**51.61**			**62.74**	**65.72**		
1990	89.99	108.00	3.13	3.48	120.77	3.78	0.20	5.29	0.19
1991	87.98	107.00	3.15	3.58	136.51	4.30	3.10	72.09	2.90
1992	86.79	106.00	5.24	6.04	128.24	6.72	5.63	83.78	5.31
1993	86.68	105.00	6.27	7.23	126.95	7.96	6.49	81.53	6.18
1994	86.54	104.00	13.51	15.61	72.17	9.75	7.50	76.92	7.21
1995	86.42	107.00	9.70	11.22	102.78	9.97	8.31	83.35	7.77
1996	85.79	108.00	9.20	10.72	122.50	11.27	10.06	89.26	9.31
1997	85.46	110.00	9.00	10.53	116.56	10.49	9.20	87.70	8.36
1998	84.87	116.00	8.50	10.02	125.88	10.70	9.30	86.92	8.02
1999	84.53	120.00	9.60	11.36	125.00	12.00	10.00	83.33	8.33
2000	84.53	120.00	9.60	11.36	125.00	12.00	9.00	75.00	7.50

5-16-29 湖南省衡南县历年棉花生产收购

年度	耕地面积（万亩）	农业人口（万人）	棉田面积（万亩）	占耕地（%）	亩产（市斤）	产量（万担）	收购量（万担）	商品率（%）	人均交售（市斤）
52 年合计			**52.70**	**7.15**	**215.46**	**113.55**	**94.00**	**82.78**	**13.06**
11 年小计									
占合计%									
1949									
1950									
1951									
1952									
1953									
1954									
1955									
1956									
1957									
1958									
1959									
10 年小计									
占合计%									
1960									
1961									
1962									
1963									
1964									
1965									
1966									
1967									
1968									
1969									
10 年小计									
占合计%									
1970									
1971									
1972									
1973									
1974									
1975									
1976									
1977									
1978									
1979									
10 年小计									
占合计%									
1980									
1981									
1982									
1983									
1984									
1985									
1986									
1987									
1988									
1989									
11 年小计			**52.70**	**7.15**	**215.46**	**113.55**	**94.00**	**82.78**	**13.06**
占合计%			**100.00**			**100.00**	**100.00**		
1990									
1991									
1992									
1993	94.00	89.00	1.00	1.06	200.00	2.00	1.80	90.00	2.02
1994	93.00	89.00	3.20	3.44	250.00	8.00	7.80	97.50	8.76
1995	92.00	89.00	3.50	3.80	257.14	9.00	8.90	98.89	10.00
1996	92.00	90.00	8.00	8.70	275.00	22.00	16.60	75.45	18.44
1997	92.00	90.00	9.00	9.78	270.00	24.30	18.50	76.13	20.56
1998	92.00	91.00	10.00	10.87	180.00	18.00	15.40	85.56	16.92
1999	91.00	91.00	9.00	9.89	225.00	20.25	17.00	83.95	18.68
2000	91.00	91.00	9.00	9.89	111.11	10.00	8.00	80.00	8.79

5－16－30 湖南省常武陵区历年棉花生产收购

年　　度	耕地面积（万亩）	农业人口（万人）	棉田面积（万亩）	占耕地（%）	亩 产（市斤）	产 量（万担）	收购量（万担）	商品率（%）	人均交售（市斤）
52 年合计			**93.80**	**10.44**	**20.74**	**19.45**	**24.20**	**124.42**	**23.63**
11 年小计									
占合计%									
1949									
1950									
1951									
1952									
1953									
1954									
1955									
1956									
1957									
1958									
1959									
10 年小计									
占合计%									
1960									
1961									
1962									
1963									
1964									
1965									
1966									
1967									
1968									
1969									
10 年小计									
占合计%									
1970									
1971									
1972									
1973									
1974									
1975									
1976									
1977									
1978									
1979									
10 年小计									
占合计%									
1980									
1981									
1982									
1983									
1984									
1985									
1986									
1987									
1988									
1989									
11 年小计			**93.80**	**10.44**	**20.74**	**19.45**	**24.20**	**124.42**	**23.63**
占合计%			**100.00**			**100.00**	**100.00**		
1990									
1991									
1992									
1993									
1994									
1995	182.20	17.00	17.80	9.77	9.78	1.74	0.45	25.86	2.65
1996	137.40	15.00	13.20	9.61	11.29	1.49	1.31	87.92	8.73
1997	143.20	17.00	11.40	7.96	13.51	1.54	1.99	129.22	11.71
1998	141.00	15.00	15.00	10.64	12.40	1.86	3.25	174.73	21.67
1999	147.31	19.21	18.20	12.35	35.22	6.41	8.60	134.17	44.77
2000	147.31	19.21	18.20	12.35	35.22	6.41	8.60	134.17	44.77

5－16－31　湖南省湘潭县历年棉花生产收购

年　度	耕地面积（万亩）	农业人口（万人）	棉田面积（万亩）	占耕地（%）	亩　产（市斤）	产　量（万担）	收购量（万担）	商品率（%）	人均交售（市斤）
52年合计			**53.99**	**1.19**	**45.29**	**24.45**	**17.36**	**71.00**	**0.56**
11年小计			**1.80**	**0.17**	**15.56**	**0.28**	**0.06**	**21.43**	**0.01**
占合计%			**3.33**			**1.15**	**0.35**		
1949									
1950	103.13	47.90	0.10	0.10	10.00	0.01			
1951	103.13	47.92	0.20	0.19	10.00	0.02			
1952	102.86	47.96	0.19	0.18	15.79	0.03			
1953	102.86	48.63	0.18	0.17	16.67	0.03			
1954	102.98	48.09	0.14	0.14	14.29	0.02			
1955	103.05	48.18	0.05	0.05					
1956	103.05	48.29	0.05	0.05					
1957	103.24	48.35	0.04	0.04					
1958	103.24	48.43	0.05	0.05					
1959	103.16	48.57	0.80	0.78	21.25	0.17	0.06	35.29	0.12
10年小计			**13.44**	**1.30**	**45.01**	**6.05**	**2.80**	**46.28**	**0.53**
占合计%			**24.89**			**24.74**	**16.13**		
1960	103.51	49.62	0.08	0.08	25.00	0.02	0.01	50.00	0.02
1961	103.49	49.66	0.06	0.06					
1962	103.49	49.66	0.01	0.01					
1963	103.56	49.75	0.27	0.26	14.81	0.04			
1964	103.56	49.99	0.85	0.82	24.71	0.21	0.10	47.62	0.20
1965	103.84	51.68	2.16	2.08	43.06	0.93	0.16	17.20	0.31
1966	103.72	54.20	3.77	3.63	44.03	1.66	0.55	33.13	1.01
1967	103.58	57.15	2.55	2.46	49.02	1.25	1.21	96.80	2.12
1968	103.58	59.23	1.69	1.63	49.11	0.83	0.17	20.48	0.29
1969	103.76	61.05	2.00	1.93	55.50	1.11	0.60	54.05	0.98
10年小计			**33.29**	**3.22**	**46.32**	**15.42**	**12.63**	**81.91**	**1.72**
占合计%			**61.66**			**63.07**	**72.75**		
1970	103.76	63.76	2.50	2.41	30.80	0.77	0.49	63.64	0.77
1971	103.84	65.93	2.36	2.27	27.12	0.64	0.48	75.00	0.73
1972	103.84	67.26	3.27	3.15	49.54	1.62	1.21	74.69	1.80
1973	104.97	70.68	3.90	3.72	48.72	1.90	1.47	77.37	2.08
1974	103.06	73.97	4.09	3.97	56.48	2.31	1.80	77.92	2.43
1975	102.96	74.95	3.98	3.87	42.96	1.71	1.36	79.53	1.81
1976	102.96	76.02	3.60	3.50	40.83	1.47	1.33	90.48	1.75
1977	103.15	78.73	3.85	3.73	50.91	1.96	1.77	90.31	2.25
1978	103.15	80.06	3.49	3.38	48.14	1.68	1.56	92.86	1.95
1979	103.41	81.48	2.25	2.18	60.44	1.36	1.16	85.29	1.42
10年小计			**3.97**	**0.38**	**58.94**	**2.34**	**1.63**	**69.66**	**0.17**
占合计%			**7.35**			**9.57**	**9.39**		
1980	103.52	85.92	1.13	1.09	46.90	0.53	0.48		0.56
1981	103.46	87.93	0.97	0.94	52.58	0.51	0.33		0.38
1982	103.63	89.03	0.71	0.69	66.20	0.47	0.23		0.26
1983	103.72	90.66	0.27	0.26	70.37	0.19	0.12		0.13
1984	103.51	92.85	0.23	0.22	73.91	0.17	0.11		0.12
1985	103.49	94.26	0.16	0.15	68.75	0.11	0.07		0.07
1986	103.56	96.63	0.16	0.15	75.00	0.12	0.10		0.10
1987	103.56	99.26	0.19	0.18	68.42	0.13	0.11		0.11
1988	103.62	100.85	0.15	0.14	73.33	0.11	0.08		0.08
1989	103.62	103.08							
11年小计			**1.49**	**0.36**	**24.16**	**0.36**	**0.24**	**66.67**	**0.06**
占合计%			**2.76**			**1.47**	**1.38**		
1990	103.59	104.56	0.13	0.13	76.92	0.10	0.07	70.00	0.07
1991	103.34	105.01	0.18	0.17	100.00	0.18	0.17	94.44	0.16
1992	102.95	105.87	0.10	0.10	80.00	0.08			
1993	102.42	106.03	0.08	0.08					
1994									
1995									
1996									
1997									
1998									
1999									
2000			1.00						

5－16－32　湖南省宁乡县历年棉花生产收购

年　度	耕地面积（万亩）	农业人口（万人）	棉田面积（万亩）	占耕地（%）	亩　产（市斤）	产　量（万担）	收购量（万担）	商品率（%）	人均交售（市斤）
52年合计			**107.54**	**2.21**	**43.52**	**46.80**	**32.12**	**68.63**	**0.78**
11年小计			**4.82**	**0.45**	**13.28**	**0.64**	**0.43**	**67.19**	**0.05**
占合计%			**4.48**			**1.37**	**1.34**		
1949									
1950	106.28	80.47	0.08	0.08					
1951	106.28	80.51	0.09	0.08					
1952	106.28	80.85	0.10	0.09					
1953	106.15	80.90	0.11	0.10					
1954	106.13	80.94	0.11	0.10					
1955	106.08	81.05	0.11	0.10					
1956	106.10	81.10	0.10	0.09					
1957	106.15	81.23	0.12	0.11					
1958	106.20	81.35	0.10	0.09	20.00	0.02	0.01	50.00	0.01
1959	106.25	81.36	3.90	3.67	15.90	0.62	0.42	67.74	0.52
10年小计			**26.99**	**2.56**	**34.27**	**9.25**	**2.59**	**28.00**	**0.32**
占合计%			**25.10**			**19.76**	**8.06**		
1960	107.32	82.04	2.10	1.96	13.33	0.28	0.27	96.43	0.33
1961	107.16	82.04	1.15	1.07	7.83	0.09	0.03	33.33	0.04
1962	105.23	82.03	0.13	0.12	15.38	0.02			
1963	105.40	82.03	0.21	0.20	28.17	0.06			
1964	105.37	82.06	1.60	1.52	23.13	0.37	0.02	5.41	0.02
1965	105.20	82.05	4.00	3.80	45.75	1.83	0.21	11.48	0.26
1966	105.10	82.11	5.56	5.29	31.65	1.76	0.77	43.75	0.94
1967	105.10	82.12	5.57	5.30	31.78	1.77	0.55	31.07	0.67
1968	105.08	82.14	3.66	3.48	46.45	1.70	0.54	31.76	0.66
1969	105.08	82.15	3.01	2.86	45.51	1.37	0.20	14.60	0.24
10年小计			**55.68**	**5.22**	**45.15**	**25.14**	**21.07**	**83.81**	**2.50**
占合计%			**51.77**			**53.72**	**65.60**		
1970	105.98	82.86	5.12	4.83	34.18	1.75	1.15	65.71	1.39
1971	105.98	82.87	5.40	5.10	20.56	1.11	0.78	70.27	0.94
1972	105.94	82.98	5.00	4.72	51.40	2.57	1.67	64.98	2.01
1973	105.90	82.99	5.30	5.00	54.91	2.91	2.29	78.69	2.76
1974	106.25	83.03	5.30	4.99	58.30	3.09	2.50	80.91	3.01
1975	106.10	83.14	6.00	5.66	46.17	2.77	2.56	92.42	3.08
1976	106.00	86.00	6.00	5.66	46.67	2.80	2.43	86.79	2.83
1977	107.98	86.27	6.00	5.56	48.67	2.92	2.64	90.41	3.06
1978	107.98	86.64	6.00	5.56	41.67	2.50	2.17	86.80	2.50
1979	108.98	86.96	5.56	5.10	48.92	2.72	2.88	105.88	3.31
10年小计			**17.48**	**1.57**	**56.35**	**9.85**	**7.16**	**72.69**	**0.69**
占合计%			**16.25**			**21.05**	**22.29**		
1980	109.10	90.28	4.00	3.67	58.75	2.35	2.00		2.22
1981	108.20	91.73	4.05	3.74	51.85	2.10	1.89		2.06
1982	109.60	95.07	4.20	3.83	46.19	1.94	1.62		1.70
1983	109.80	96.95	1.43	1.30	62.24	0.89	0.59		0.61
1984	110.20	99.08	1.18	1.07	65.25	0.77	0.42		0.42
1985	110.78	100.99	0.75	0.68	72.00	0.54	0.08		0.08
1986	112.34	112.83	0.48	0.43	68.75	0.33	0.10		0.09
1987	115.60	113.46	0.43	0.37	67.44	0.29	0.15		0.13
1988	114.30	114.98	0.45	0.39	71.11	0.32	0.17		0.15
1989	116.30	119.19	0.51	0.44	62.75	0.32	0.14		0.12
11年小计			**2.57**	**0.46**	**74.71**	**1.92**	**0.87**	**45.31**	**0.14**
占合计%			**2.39**			**4.10**	**2.71**		
1990	116.06	119.91	0.54	0.47	64.81	0.35	0.19	54.29	0.16
1991	113.58	119.98	0.79	0.70	88.61	0.70	0.25	35.71	0.21
1992	112.26	120.01	0.65	0.58	78.46	0.51	0.26	50.98	0.22
1993	112.05	120.87	0.57	0.51	63.16	0.36	0.17	47.22	0.14
1994	109.87	120.95	0.02	0.02					
1995									
1996									
1997									
1998									
1999									
2000									

5－16－33 湖南省茶陵县历年棉花生产收购

年 度	耕地面积（万亩）	农业人口（万人）	棉田面积（万亩）	占耕地（%）	亩 产（市斤）	产 量（万担）	收购量（万担）	商品率（%）	人均交售（市斤）
52 年合计			**51.46**	**2.63**	**45.96**	**23.65**	**17.97**	**75.98**	**1.23**
11 年小计			**13.94**	**3.22**	**20.73**	**2.89**	**2.09**	**72.32**	**0.93**
占合计%			**27.09**			**12.22**	**11.63**		
1949									
1950	43.00	20.96	1.75	4.07	12.57	0.22	0.12	54.55	0.57
1951	43.00	21.75	2.49	5.79	17.27	0.43	0.18	41.86	0.83
1952	43.54	21.06	1.77	4.07	18.08	0.32	0.26	81.25	1.23
1953	43.18	21.85	1.57	3.64	15.29	0.24	0.14	58.33	0.64
1954	43.29	22.36	1.10	2.54	15.45	0.17	0.12	70.59	0.54
1955	43.29	22.45	0.98	2.26	16.33	0.16	0.12	75.00	0.53
1956	43.76	22.95	0.66	1.51	18.18	0.12	0.09	75.00	0.39
1957	43.18	23.00	0.41	0.95	39.02	0.16	0.11	68.75	0.48
1958	43.25	23.01	0.58	1.34	25.86	0.15	0.11	73.33	0.48
1959	43.25	24.32	2.63	6.08	34.98	0.92	0.84	91.30	3.45
10 年小计			**14.58**	**3.35**	**41.02**	**5.98**	**3.83**	**64.05**	**1.39**
占合计%			**28.33**			**25.29**	**21.31**		
1960	43.25	24.39	2.26	5.23	15.49	0.35	0.27	77.14	1.11
1961	43.36	24.57	0.78	1.80	26.92	0.21	0.19	90.48	0.77
1962	43.74	26.93	0.60	1.37	16.67	0.10	0.09	90.00	0.33
1963	43.74	26.96	0.67	1.53	47.76	0.32	0.12	37.50	0.45
1964	43.26	28.01	1.62	3.74	39.51	0.64	0.29	45.31	1.04
1965	43.54	28.78	1.60	3.67	58.75	0.94	0.60	63.83	2.08
1966	43.84	28.36	2.00	4.56	57.50	1.15	0.85	73.91	3.00
1967	43.86	28.56	2.38	5.43	44.54	1.06	0.66	62.26	2.31
1968	43.15	29.86	1.34	3.11	34.33	0.46	0.33	71.74	1.11
1969	43.15	29.89	1.33	3.08	56.39	0.75	0.43	57.33	1.44
10 年小计			**15.80**	**3.61**	**54.18**	**8.56**	**6.99**	**81.66**	**2.20**
占合计%			**30.70**			**36.19**	**38.90**		
1970	43.23	30.03	1.84	4.26	50.00	0.92	0.58	63.04	1.93
1971	43.16	30.46	1.59	3.68	40.25	0.64	0.41	64.06	1.35
1972	43.26	32.00	1.62	3.74	48.77	0.79	0.64	81.01	2.00
1973	43.72	30.95	1.73	3.96	56.65	0.98	0.80	81.63	2.58
1974	43.61	31.00	1.78	4.08	74.72	1.33	1.11	83.46	3.58
1975	43.76	30.02	1.73	3.95	54.91	0.95	0.74	77.89	2.47
1976	43.93	31.13	1.56	3.55	52.56	0.82	0.72	87.80	2.31
1977	43.93	33.56	1.51	3.44	50.33	0.76	0.66	86.84	1.97
1978	44.62	34.00	1.41	3.16	50.35	0.71	0.67	94.37	1.97
1979	44.61	34.09	1.03	2.31	64.08	0.66	0.66	100.00	1.94
10 年小计			**5.28**	**1.20**	**87.31**	**4.61**	**3.72**	**80.69**	**0.95**
占合计%			**10.26**			**19.49**	**20.70**		
1980	44.85	34.05	0.75	1.67	76.00	0.57	0.51	89.47	1.50
1981	44.85	34.26	0.76	1.69	78.95	0.60	0.52	86.67	1.52
1982	44.78	34.38	0.67	1.50	32.84	0.22	0.22	100.00	0.64
1983	44.94	33.06	0.50	1.11	72.00	0.36	0.34	94.44	1.03
1984	43.00	35.14	0.48	1.12	137.50	0.66	0.43	65.15	1.22
1985	43.07	37.00	0.44	1.02	111.36	0.49	0.45	91.84	1.22
1986	43.18	39.69	0.40	0.93	127.50	0.51	0.32	62.75	0.81
1987	43.18	45.96	0.46	1.07	100.00	0.46	0.35	76.09	0.76
1988	43.27	47.28	0.43	0.99	83.72	0.36	0.28	77.78	0.59
1989	43.27	49.65	0.39	0.90	97.44	0.38	0.30	78.95	0.60
11 年小计			**1.86**	**0.88**	**86.56**	**1.61**	**1.34**	**83.23**	**0.53**
占合计%			**3.61**			**6.81**	**7.46**		
1990	43.10	50.64	0.39	0.90	107.69	0.42	0.36	85.71	0.71
1991	42.82	50.83	0.49	1.14	79.59	0.39	0.35	89.74	0.69
1992	42.15	50.90	0.46	1.09	76.09	0.35	0.28	80.00	0.55
1993	41.95	51.00	0.42	1.00	85.71	0.36	0.30	83.33	0.59
1994	41.95	51.00	0.10	0.24	90.00	0.09	0.05	55.56	0.10
1995									
1996									
1997									
1998									
1999									
2000									

5－16－34　湖南省攸县历年棉花生产收购

年　度	耕地面积（万亩）	农业人口（万人）	棉田面积（万亩）	占耕地（%）	亩　产（市斤）	产　量（万担）	收购量（万担）	商品率（%）	人均交售（市斤）
52 年合计			**51.28**	**1.72**	**48.50**	**24.87**	**14.87**	**59.79**	**0.59**
11 年小计			**8.28**	**1.25**	**17.15**	**1.42**	**0.80**	**56.34**	**0.17**
占合计%			**16.15**			**5.71**	**5.38**		
1949									
1950	66.20	40.80	1.41	2.13	14.89	0.21	0.01	4.76	0.02
1951	65.93	41.68	1.50	2.28	17.33	0.26	0.15	57.69	0.36
1952	65.93	44.05	1.50	2.28	18.00	0.27	0.20	74.07	0.45
1953	67.07	45.00	0.87	1.30	11.49	0.10	0.04	40.00	0.09
1954	67.28	46.30	0.47	0.70	19.15	0.09	0.01	11.11	0.02
1955	67.23	47.00	0.20	0.30	15.00	0.03			
1956	66.46	47.20	0.06	0.09					
1957	66.46	47.60	0.07	0.11					
1958	66.47	48.00	0.17	0.26	29.41	0.05	0.02	40.00	0.04
1959	66.00	50.49	2.03	3.08	20.20	0.41	0.37	90.24	0.73
10 年小计			**15.71**	**2.38**	**48.89**	**7.68**	**2.80**	**36.46**	**0.51**
占合计%			**30.64**			**30.88**	**18.83**		
1960	65.98	53.00	1.11	1.68	18.02	0.20	0.27	135.00	0.51
1961	65.98	53.08	0.41	0.62	26.83	0.11	0.10	90.91	0.19
1962	65.75	53.00	0.32	0.49	9.38	0.03	0.02	66.67	0.04
1963	65.84	54.10	0.52	0.79	36.54	0.19	0.06	31.58	0.11
1964	65.89	55.90	1.80	2.73	48.33	0.87	0.25	28.74	0.45
1965	65.90	56.01	2.10	3.19	71.43	1.50	0.45	30.00	0.80
1966	66.00	56.07	2.71	4.11	54.61	1.48	0.82	55.41	1.46
1967	66.08	56.10	2.55	3.86	47.45	1.21	0.35	28.93	0.62
1968	66.12	56.20	2.18	3.30	57.34	1.25	0.22	17.60	0.39
1969	66.12	56.53	2.01	3.04	41.79	0.84	0.26	30.95	0.46
10 年小计			**23.44**	**3.54**	**53.16**	**12.46**	**8.74**	**70.14**	**1.51**
占合计%			**45.71**			**50.10**	**58.78**		
1970	66.71	57.00	2.12	3.18	38.21	0.81	0.30	37.04	0.53
1971	65.89	57.00	1.95	2.96	29.23	0.57	0.22	38.60	0.39
1972	65.89	57.20	2.51	3.81	46.61	1.17	0.71	60.68	1.24
1973	66.00	57.32	2.70	4.09	49.63	1.34	1.00	74.63	1.74
1974	66.05	57.86	2.74	4.15	75.91	2.08	1.46	70.19	2.52
1975	66.18	58.00	2.55	3.85	43.53	1.11	0.78	70.27	1.34
1976	66.18	58.00	2.45	3.70	57.96	1.42	0.99	69.72	1.71
1977	66.17	58.80	2.44	3.69	60.66	1.48	1.16	78.38	1.97
1978	66.20	58.83	2.28	3.44	60.09	1.37	1.20	87.59	2.04
1979	66.20	59.00	1.70	2.57	65.29	1.11	0.92	82.88	1.56
10 年小计			**3.29**	**0.50**	**84.80**	**2.79**	**2.26**	**81.00**	**0.37**
占合计%			**6.42**			**11.22**	**15.20**		
1980	66.20	59.00	1.20	1.81	58.33	0.70	0.63	90.00	1.07
1981	66.20	59.06	0.82	1.24	87.80	0.72	0.56	77.78	0.95
1982	66.01	59.25	0.59	0.89	84.75	0.50	0.44	88.00	0.74
1983	65.65	59.25	0.19	0.29	121.05	0.23	0.25	108.70	0.42
1984	65.61	59.36	0.25	0.38	124.00	0.31	0.23	74.19	0.39
1985	65.58	59.80	0.15	0.23	153.33	0.23	0.12	52.17	0.20
1986	65.60	59.63	0.04	0.06	150.00	0.06	0.02	33.33	0.03
1987	65.63	62.57	0.02	0.03	100.00	0.02	0.01	50.00	0.02
1988	65.69	64.26	0.02	0.03	50.00	0.01			
1989	69.69	66.39	0.01	0.01	100.00	0.01			
11 年小计			**0.56**	**0.17**	**92.86**	**0.52**	**0.27**	**51.92**	**0.08**
占合计%			**1.09**			**2.09**	**1.82**		
1990	65.62	66.76	0.07	0.11	142.86	0.10	0.05	50.00	0.07
1991	65.62	66.90	0.17	0.26	111.76	0.19	0.12	63.16	0.18
1992	65.60	68.71	0.15	0.23	86.67	0.13	0.08	61.54	0.12
1993	64.80	69.45	0.12	0.19	66.67	0.08	0.01	12.50	0.01
1994	64.80	69.45	0.05	0.08	40.00	0.02	0.01	50.00	0.01
1995									
1996									
1997									
1998									
1999									
2000									

5－16－35　湖南省邵阳县历年棉花生产收购

年　度	耕地面积（万亩）	农业人口（万人）	棉田面积（万亩）	占耕地（%）	亩　产（市斤）	产　量（万担）	收购量（万担）	商品率（%）	人均交售（市斤）
52年合计			**72.36**	**2.43**	**27.76**	**20.09**	**15.05**	**74.91**	**0.53**
11年小计			**9.71**	**1.45**	**11.33**	**1.10**	**0.90**	**81.82**	**0.19**
占合计%			**13.42**			**5.48**	**5.98**		
1949									
1950	66.87	45.36							
1951	66.87	45.92							
1952	66.89	46.08	1.80	2.69	10.00	0.18	0.16	88.89	0.35
1953	67.34	46.95	1.65	2.45	7.88	0.13	0.04	30.77	0.09
1954	67.11	47.01	1.18	1.76	10.17	0.12	0.10	83.33	0.21
1955	67.12	47.16	1.22	1.82	11.48	0.14	0.13	92.86	0.28
1956	67.07	47.24	0.94	1.40	7.45	0.07	0.05	71.43	0.11
1957	67.07	48.86	0.99	1.48	9.09	0.09	0.07	77.78	0.14
1958	67.07	49.18	0.88	1.31	18.18	0.16	0.09	56.25	0.18
1959	67.08	50.36	1.05	1.57	20.00	0.21	0.26	123.81	0.52
10年小计			**25.41**	**3.78**	**33.88**	**8.61**	**5.03**	**58.42**	**0.89**
占合计%			**35.12**			**42.86**	**33.42**		
1960	67.11	51.02	0.68	1.01	13.24	0.09	0.08	88.89	0.16
1961	67.08	52.96	0.74	1.10	10.81	0.08	0.05	62.50	0.09
1962	67.16	54.36	1.35	2.01	13.33	0.18	0.06	33.33	0.11
1963	67.16	55.49	1.66	2.47	16.87	0.28	0.15	53.57	0.27
1964	67.18	56.13	2.42	3.60	20.66	0.50	0.48	96.00	0.86
1965	67.25	57.42	2.93	4.36	35.15	1.03	0.70	67.96	1.22
1966	67.25	58.94	4.39	6.53	41.46	1.82	1.44	79.12	2.44
1967	67.40	59.46	4.29	6.36	41.49	1.78	0.61	34.27	1.03
1968	67.40	60.37	3.55	5.27	44.79	1.59	0.88	55.35	1.46
1969	67.52	61.98	3.40	5.04	37.06	1.26	0.58	46.03	0.94
10年小计			**33.49**	**4.94**	**26.28**	**8.80**	**7.67**	**87.16**	**1.14**
占合计%			**46.28**			**43.80**	**50.96**		
1970	67.52	63.05	4.48	6.64	28.35	1.27	0.93	73.23	1.48
1971	67.53	64.29	3.92	5.80	19.64	0.77	0.50	64.94	0.78
1972	67.64	65.92	3.95	5.84	27.59	1.09	0.99	90.83	1.50
1973	67.64	67.01	3.19	4.72	32.29	1.03	0.96	93.20	1.43
1974	67.76	67.36	3.48	5.14	31.90	1.11	0.92	82.88	1.37
1975	67.76	68.72	3.09	4.56	26.21	0.81	0.67	82.72	0.97
1976	67.83	69.05	3.09	4.56	23.62	0.73	0.67	91.78	0.97
1977	67.85	69.84	3.59	5.29	25.35	0.91	0.99	108.79	1.42
1978	67.85	70.00	2.78	4.10	20.14	0.56	0.57	101.79	0.81
1979	67.93	70.08	1.92	2.83	27.08	0.52	0.47	90.38	0.67
10年小计			**3.21**	**0.47**	**40.50**	**1.30**	**1.25**	**96.15**	**0.16**
占合计%			**4.44**			**6.47**	**8.31**		
1980	67.93	71.90	1.13	1.66	33.63	0.38	0.31	81.58	0.43
1981	67.91	72.86	0.62	0.91	32.26	0.20	0.07	35.00	0.10
1982	67.90	73.05	0.33	0.49	27.27	0.09	0.07	77.78	0.10
1983	67.86	74.36	0.18	0.27	38.89	0.07	0.15	*	0.20
1984	67.86	74.52	0.16	0.24	43.75	0.07	0.23	*	0.31
1985	68.92	76.36	0.24	0.35	54.17	0.13	0.12	92.31	0.16
1986	68.92	78.77	0.19	0.28	68.42	0.13	0.10	76.92	0.13
1987	68.93	80.01	0.17	0.25	64.71	0.11	0.10	90.91	0.12
1988	68.97	81.24	0.19	0.28	63.16	0.12	0.10	83.33	0.12
1989	68.97	82.46							
11年小计			**0.54**	**0.20**	**51.85**	**0.28**	**0.20**	**71.43**	**0.06**
占合计%			**0.75**			**1.39**	**1.33**		
1990	68.96	83.71	0.18	0.26	83.33	0.15	0.13	86.67	0.16
1991	68.94	83.98	0.16	0.23	31.25	0.05	0.03	60.00	0.04
1992	68.91	84.23	0.10	0.15	40.00	0.04	0.02	50.00	0.02
1993	68.91	85.06	0.10	0.15	40.00	0.04	0.02	50.00	0.02
1994									
1995									
1996									
1997									
1998									
1999									
2000									

5－16－36　湖南省洞口县历年棉花生产收购

年　度	耕地面积（万亩）	农业人口（万人）	棉田面积（万亩）	占耕地（%）	亩　产（市斤）	产　量（万担）	收购量（万担）	商品率（%）	人均交售（市斤）
52 年合计			**60.28**	**2.37**	**28.72**	**17.31**	**10.56**	**61.01**	**0.55**
11 年小计			**10.44**	**1.82**	**10.44**	**1.09**	**0.23**	**21.10**	**0.07**
占合计%			**17.32**			**6.30**	**2.18**		
1949									
1950	57.62	30.07							
1951	57.62	30.21							
1952	57.62	30.73	2.45	4.25	11.43	0.28	0.04	14.29	0.13
1953	57.36	31.98	2.45	4.27	9.80	0.24	0.04	16.67	0.13
1954	57.22	32.06	1.64	2.87	9.15	0.15	0.02	13.33	0.06
1955	57.17	33.18	1.24	2.17	12.90	0.16			
1956	57.21	33.92	0.57	1.00	7.02	0.04			
1957	57.27	34.63	0.70	1.22	5.71	0.04			
1958	57.18	34.86	0.51	0.89	11.76	0.06			
1959	57.18	35.76	0.88	1.54	13.64	0.12	0.13	108.33	0.36
10 年小计			**16.60**	**2.90**	**30.24**	**5.02**	**2.32**	**46.22**	**0.62**
占合计%			**27.54**			**29.00**	**21.97**		
1960	57.24	36.04	0.35	0.61	8.57	0.03	0.04	133.33	0.11
1961	57.21	36.23	0.55	0.96	7.27	0.04	0.03	75.00	0.08
1962	57.19	36.84	0.70	1.22	11.43	0.08	0.04	50.00	0.11
1963	57.15	36.92	0.78	1.36	15.38	0.12	0.10	83.33	0.27
1964	57.08	37.03	1.05	1.84	20.00	0.21	0.16	76.19	0.43
1965	57.27	37.20	1.60	2.79	25.63	0.41	0.15	36.59	0.40
1966	57.27	37.94	3.55	6.20	36.34	1.29	0.90	69.77	2.37
1967	57.48	38.00	3.49	6.07	35.53	1.24	0.39	31.45	1.03
1968	57.48	38.09	2.35	4.09	38.72	0.91	0.36	39.56	0.95
1969	57.50	38.87	2.18	3.79	31.65	0.69	0.15	21.74	0.39
10 年小计			**26.67**	**4.62**	**30.03**	**8.01**	**5.89**	**73.53**	**1.38**
占合计%			**44.24**			**46.27**	**55.78**		
1970	57.52	40.00	2.77	4.82	28.88	0.80	0.37	46.25	0.93
1971	57.54	40.01	2.27	3.95	21.59	0.49	0.19	38.78	0.47
1972	57.54	40.07	2.69	4.68	28.62	0.77	0.52	67.53	1.30
1973	57.68	41.30	2.54	4.40	32.68	0.83	0.63	75.90	1.53
1974	57.68	42.06	2.62	4.54	28.24	0.74	0.52	70.27	1.24
1975	57.72	43.12	2.67	4.63	35.96	0.96	0.71	73.96	1.65
1976	57.72	44.20	3.54	6.13	29.10	1.03	0.83	80.58	1.88
1977	57.96	44.78	2.92	5.04	31.85	0.93	0.83	89.25	1.85
1978	58.14	45.06	2.89	4.97	30.10	0.87	0.72	82.76	1.60
1979	58.37	45.21	1.76	3.02	33.52	0.59	0.57	96.61	1.26
10 年小计			**5.63**	**0.97**	**47.07**	**2.65**	**1.70**	**64.15**	**0.33**
占合计%			**9.34**			**15.31**	**16.10**		
1980	58.56	46.05	1.18	2.02	40.68	0.48	0.46	95.83	1.00
1981	58.71	46.22	0.97	1.65	41.24	0.40	0.24	60.00	0.52
1982	58.62	46.98	0.92	1.57	35.87	0.33	0.17	51.52	0.36
1983	58.45	47.05	0.52	0.89	46.15	0.24	0.10	41.67	0.21
1984	58.12	48.36	0.47	0.81	70.21	0.33	0.06	18.18	0.12
1985	58.12	49.69	0.44	0.76	52.27	0.23	0.16	69.57	0.32
1986	58.17	47.43	0.35	0.60	54.29	0.19	0.15	78.95	0.32
1987	58.32	59.36	0.28	0.48	53.57	0.15	0.12	80.00	0.20
1988	58.06	64.27	0.25	0.43	60.00	0.15	0.12	80.00	0.19
1989	58.06	66.38	0.25	0.43	60.00	0.15	0.12	80.00	0.18
11 年小计			**0.94**	**0.40**	**57.45**	**0.54**	**0.42**	**77.78**	**0.16**
占合计%			**1.56**			**3.12**	**3.98**		
1990	58.14	66.87	0.25	0.43	60.00	0.15	0.12	80.00	0.18
1991	58.12	67.13	0.23	0.40	56.52	0.13	0.10	76.92	0.15
1992	58.12	67.96	0.23	0.40	56.52	0.13	0.10	58.56	0.15
1993	58.10	68.32	0.23	0.40	56.52	0.13	0.10	76.92	0.15
1994									
1995									
1996									
1997									
1998									
1999									
2000									

5-16-37 湖南省隆回县历年棉花生产收购

年　度	耕地面积（万亩）	农业人口（万人）	棉田面积（万亩）	占耕地（%）	亩　产（市斤）	产　量（万担）	收购量（万担）	商品率（%）	人均交售（市斤）
52 年合计			**51.70**	**1.52**	**32.53**	**16.82**	**11.64**	**69.20**	**0.40**
11 年小计			**11.20**	**1.46**	**37.86**	**4.24**	**3.07**	**72.41**	**0.67**
占合计%			**21.66**			**25.21**	**26.37**		
1949									
1950	76.83	41.78							
1951	76.61	42.45							
1952	76.48	43.75	2.41	3.15	14.94	0.36	0.07	19.44	0.16
1953	76.35	44.87	1.95	2.55	6.67	0.13	0.04	30.77	0.09
1954	76.72	45.08	1.37	1.79	3.65	0.05	0.02	40.00	0.04
1955	76.98	46.39	1.95	2.53	5.13	0.10	0.02	20.00	0.04
1956	76.98	47.69	0.69	0.90	11.59	0.08	0.02	25.00	0.04
1957	77.08	48.92	0.90	1.17	14.44	0.13	0.08	61.54	0.16
1958	77.08	49.32	0.77	1.00	187.01	1.44	1.05	72.92	2.13
1959	77.19	50.46	1.16	1.50	168.10	1.95	1.77	90.77	3.51
10 年小计			**14.08**	**1.82**	**29.62**	**4.17**	**2.43**	**58.27**	**0.43**
占合计%			**27.23**			**24.79**	**20.88**		
1960	77.26	51.02	0.28	0.36	10.71	0.03	0.04	133.33	0.08
1961	77.26	52.72	0.42	0.54	14.29	0.06	0.04	66.67	0.08
1962	77.32	53.42	0.82	1.06	14.63	0.12	0.10	83.33	0.19
1963	77.32	54.07	1.13	1.46	15.04	0.17	0.13	76.47	0.24
1964	77.34	55.86	1.44	1.86	19.44	0.28	0.28	100.00	0.50
1965	77.36	56.27	2.14	2.77	27.57	0.59	0.32	54.24	0.57
1966	77.31	58.98	2.21	2.86	42.53	0.94	0.42	44.68	0.71
1967	77.19	60.52	2.26	2.93	32.30	0.73	0.53	72.60	0.88
1968	77.19	61.41	1.74	2.25	39.66	0.69	0.26	37.68	0.42
1969	77.24	62.56	1.64	2.12	34.15	0.56	0.31	55.36	0.50
10 年小计			**22.48**	**2.91**	**31.85**	**7.16**	**5.23**	**73.04**	**0.76**
占合计%			**43.48**			**42.57**	**44.93**		
1970	77.24	63.74	2.02	2.62	31.19	0.63	0.28	44.44	0.44
1971	77.28	64.07	1.70	2.20	55.88	0.95	0.20	21.05	0.31
1972	77.28	65.92	2.23	2.89	23.77	0.53	0.40	75.47	0.61
1973	77.17	66.59	2.39	3.10	30.96	0.74	0.60	81.08	0.90
1974	77.21	67.32	2.33	3.02	30.04	0.70	0.54	77.14	0.80
1975	77.21	68.75	1.95	2.53	26.15	0.51	0.36	70.59	0.52
1976	77.43	70.07	2.99	3.86	35.45	1.06	1.01	95.28	1.44
1977	77.45	71.56	2.75	3.55	30.18	0.83	0.76	91.57	1.06
1978	77.13	72.98	2.67	3.46	28.09	0.75	0.68	90.67	0.93
1979	77.13	74.06	1.45	1.88	31.72	0.46	0.40	86.96	0.54
10 年小计			**3.49**	**0.45**	**31.81**	**1.11**	**0.83**	**74.77**	**0.10**
占合计%			**6.75**			**6.60**	**7.13**		
1980	77.16	75.15	1.75	2.27	16.57	0.29	0.24		0.32
1981	77.16	75.96	0.73	0.95	30.14	0.22	0.19		0.25
1982	77.75	76.02	0.44	0.57	25.00	0.11	0.04		0.05
1983	77.38	76.84	0.10	0.13	50.00	0.05	0.01	20.00	0.01
1984	77.62	77.96	0.10	0.13	70.00	0.07	0.12		0.15
1985	77.64	78.34	0.08	0.10	100.00	0.08	0.03		0.04
1986	77.62	79.66	0.09	0.12	77.78	0.07	0.05		0.06
1987	77.62	85.27	0.09	0.12	77.78	0.07	0.05		0.06
1988	77.60	90.06	0.11	0.14	136.36	0.15	0.10		0.11
1989	77.60	96.17							
11 年小计			**0.45**	**0.15**	**31.11**	**0.14**	**0.08**	**57.14**	**0.02**
占合计%			**0.87**			**0.83**	**0.69**		
1990	77.52	97.72	0.11	0.14	63.64	0.07	0.05	71.43	0.05
1991	77.52	97.98	0.14	0.18	21.43	0.03	0.01	33.33	0.01
1992	77.50	98.26	0.10	0.13	20.00	0.02	0.01	50.00	0.01
1993	77.50	98.90	0.10	0.13	20.00	0.02	0.01	50.00	0.01
1994									
1995									
1996									
1997									
1998									
1999									
2000									

5-16-38　湖南省东安县历年棉花生产收购

年　　度	耕地面积（万亩）	农业人口（万人）	棉田面积（万亩）	占耕地（%）	亩　产（市斤）	产　量（万担）	收购量（万担）	商品率（%）	人均交售（市斤）
52 年合计			**46.60**	**2.04**	**43.78**	**20.40**	**16.51**	**80.93**	**1.17**
11 年小计			**4.25**	**0.83**	**12.71**	**0.54**			
占合计%			**9.12**			**2.65**			
1949									
1950	51.27	25.08	0.31	0.60	12.90	0.04			
1951	51.27	25.12	0.96	1.87	14.58	0.14			
1952	51.32	25.14	0.92	1.79	19.57	0.18			
1953	51.32	25.18	0.89	1.73	4.49	0.04			
1954	51.37	25.21	0.50	0.97	10.00	0.05			
1955	51.32	25.24	0.11	0.21	9.09	0.01			
1956	51.36	25.28	0.18	0.35					
1957	51.33	25.37	0.18	0.35	22.22	0.04			
1958	51.47	25.42	0.08	0.16	25.00	0.02			
1959	51.47	25.46	0.12	0.23	16.67	0.02			
10 年小计			**7.69**	**1.49**	**21.46**	**1.65**	**0.98**	**59.39**	**0.37**
占合计%			**16.50**			**8.09**	**5.94**		
1960	51.62	25.58	0.03	0.06					
1961	51.65	25.79							
1962	51.65	25.98	0.06	0.12	16.67	0.01			
1963	51.38	26.32	0.18	0.35	22.22	0.04			
1964	51.45	26.57	0.61	1.19	27.87	0.17	0.18	105.88	0.68
1965	51.45	26.78	0.93	1.81	31.18	0.29	0.21	72.41	0.78
1966	51.56	27.17	2.00	3.88	18.00	0.36	0.30	83.33	1.10
1967	51.58	27.85	1.86	3.61	20.43	0.38	0.17	44.74	0.61
1968	51.64	28.07	0.94	1.82	20.21	0.19	0.03	15.79	0.11
1969	51.64	28.36	1.08	2.09	19.44	0.21	0.09	42.86	0.32
10 年小计			**19.29**	**3.70**	**32.97**	**6.36**	**5.22**	**82.08**	**1.75**
占合计%			**41.39**			**31.18**	**31.62**		
1970	51.72	27.78	1.29	2.49	23.26	0.30	0.10	33.33	0.36
1971	51.78	28.05	1.56	3.01	10.26	0.16	0.07	43.75	0.25
1972	51.45	28.43	1.14	2.22	19.30	0.22	0.12	54.55	28.43
1973	51.92	28.68	1.32	2.54	26.52	0.35	0.17	48.57	0.59
1974	51.86	29.78	1.31	2.53	24.43	0.32	0.18	56.25	0.60
1975	51.86	29.94	1.44	2.78	19.44	0.28	0.16	57.14	0.53
1976	52.59	30.02	1.58	3.00	17.72	0.28	0.15	53.57	0.50
1977	52.59	30.90	3.01	5.72	41.53	1.25	1.19	95.20	3.85
1978	52.57	31.87	3.58	6.81	45.81	1.64	1.48	90.24	4.64
1979	52.57	32.45	3.06	5.82	50.98	1.56	1.60	102.56	4.93
10 年小计			**13.38**	**2.54**	**77.20**	**10.33**	**9.03**	**87.42**	**2.36**
占合计%			**28.71**			**50.64**	**54.69**		
1980	52.61	33.04	1.71	3.25	51.46	0.88	0.79	89.77	2.39
1981	52.63	33.32	1.70	3.23	60.59	1.03	0.99	96.12	2.97
1982	52.63	33.98	1.74	3.31	80.46	1.40	1.32	94.29	3.88
1983	52.45	34.73	1.51	2.88	92.05	1.39	1.30	93.53	3.74
1984	52.73	35.01	1.55	2.94	116.13	1.80	1.58	87.78	4.51
1985	52.73	35.86	1.20	2.28	80.00	0.96	0.62	64.58	1.73
1986	52.92	36.49	0.73	1.38	84.93	0.62	0.35	56.45	0.96
1987	52.86	42.56	1.15	2.18	101.74	1.17	1.10	94.02	2.58
1988	52.94	47.30	1.37	2.59	46.72	0.64	0.58	90.63	1.23
1989	52.94	50.71	0.72	1.36	61.11	0.44	0.40	90.91	0.79
11 年小计			**1.99**	**0.94**	**76.38**	**1.52**	**1.28**	**84.21**	**0.61**
占合计%			**4.27**			**7.45**	**7.75**		
1990	53.01	51.32	0.51	0.96	62.75	0.32	0.30	93.75	0.58
1991	52.86	52.64	0.68	1.29	85.29	0.58	0.50	86.21	0.95
1992	52.71	52.32	0.50	0.95	84.00	0.42	0.38	90.48	0.73
1993	52.34	52.45	0.30	0.57	66.67	0.20	0.10	50.00	0.19
1994									
1995									
1996									
1997									
1998									
1999									
2000									

5－16－39　湖南省溆浦县历年棉花生产收购

年　度	耕地面积（万亩）	农业人口（万人）	棉田面积（万亩）	占耕地（%）	亩　产（市斤）	产　量（万担）	收购量（万担）	商品率（%）	人均交售（市斤）
52年合计			**102.91**	**3.76**	**45.57**	**46.90**	**32.66**	**69.64**	**1.30**
11年小计			**31.32**	**4.91**	**20.50**	**6.42**	**5.02**	**78.19**	**1.08**
占合计%			**30.43**			**13.69**	**15.37**		
1949									
1950	63.82	45.04	2.99	4.69	20.07	0.60	0.48	80.00	1.07
1951	63.82	45.32	4.44	6.96	22.07	0.98	0.86	87.76	1.90
1952	63.82	45.67	3.31	5.19	25.08	0.83	0.60	72.29	1.31
1953	63.76	45.92	3.18	4.99	19.18	0.61	0.58	95.08	1.26
1954	63.74	46.37	2.64	4.14	12.12	0.32	0.16	50.00	0.35
1955	63.76	46.63	3.40	5.33	20.00	0.68	0.44	64.71	0.94
1956	63.72	47.02	2.87	4.50	14.98	0.43	0.39	90.70	0.83
1957	63.72	47.59	3.00	4.71	28.67	0.86	0.57	66.28	1.20
1958	63.58	48.27	2.74	4.31	20.80	0.57	0.37	64.91	0.77
1959	63.58	48.92	2.75	4.33	19.64	0.54	0.57	105.56	1.17
10年小计			**22.30**	**3.57**	**36.23**	**8.08**	**3.68**	**45.54**	**0.71**
占合计%			**21.67**			**17.23**	**11.27**		
1960	62.72	49.36	2.52	4.02	22.62	0.57	0.25	43.86	0.51
1961	62.67	49.83	1.66	2.65	19.28	0.32	0.30	93.75	0.60
1962	62.57	50.17	1.58	2.53	24.05	0.38	0.13	34.21	0.26
1963	62.43	50.84	1.74	2.79	28.16	0.49	0.24	48.98	0.47
1964	62.41	50.92	2.76	4.42	30.80	0.85	0.42	49.41	0.82
1965	62.39	51.26	2.50	4.01	36.80	0.92	0.58	63.04	1.13
1966	62.39	51.74	2.46	3.94	36.99	0.91	0.44	48.35	0.85
1967	62.37	52.86	2.48	3.98	46.37	1.15	0.40	34.78	0.76
1968	61.98	53.75	2.82	4.55	48.94	1.38	0.51	36.96	0.95
1969	61.98	54.83	1.78	2.87	62.36	1.11	0.41	36.94	0.75
10年小计			**23.79**	**3.86**	**43.51**	**10.35**	**6.64**	**64.15**	**1.14**
占合计%			**23.12**			**22.07**	**20.33**		
1970	61.96	55.21	1.91	3.08	32.98	0.63	0.54	85.71	0.98
1971	61.96	55.75	2.01	3.24	44.28	0.89	0.41	46.07	0.74
1972	61.87	56.03	2.36	3.81	31.36	0.74	0.36	48.65	0.64
1973	61.27	56.86	2.62	4.28	45.80	1.20	0.72	60.00	1.27
1974	61.27	57.27	2.72	4.44	50.00	1.36	0.89	65.44	1.55
1975	61.75	58.04	2.64	4.28	48.86	1.29	0.68	52.71	1.17
1976	61.75	59.00	2.69	4.36	47.21	1.27	0.87	68.50	1.47
1977	61.52	60.03	2.60	4.23	39.23	1.02	0.69	67.65	1.15
1978	61.52	60.52	2.20	3.58	42.27	0.93	0.59	63.44	0.97
1979	61.54	61.76	2.04	3.31	50.00	1.02	0.89	87.25	1.44
10年小计			**19.48**	**3.17**	**87.37**	**17.02**	**13.56**	**79.67**	**2.05**
占合计%			**18.93**			**36.29**	**41.52**		
1980	61.54	62.12	2.12	3.44	64.15	1.36	1.25		2.01
1981	61.54	62.84	1.98	3.22	63.64	1.26	1.14		1.81
1982	61.39	63.09	2.06	3.36	74.27	1.53	1.39		2.20
1983	61.37	63.86	1.99	3.24	92.46	1.84	1.87		2.93
1984	61.52	64.29	2.05	3.33	126.83	2.60	1.98		3.08
1985	61.52	64.17	2.25	3.66	104.89	2.36	1.33		2.07
1986	61.68	65.45	1.99	3.23	108.04	2.15	1.57		2.40
1987	61.58	69.36	1.92	3.12	106.25	2.04	1.48		2.13
1988	61.61	72.52	1.65	2.68	73.33	1.21	1.05		1.45
1989	61.61	73.47	1.47	2.39	45.58	0.67	0.50		0.68
11年小计			**6.02**	**2.45**	**83.55**	**5.03**	**3.76**	**74.75**	**1.28**
占合计%			**5.85**			**10.72**	**11.51**		
1990	61.34	74.32	1.78	2.90	79.21	1.41	1.15	81.56	1.55
1991	61.32	73.85	1.94	3.16	89.18	1.73	1.28	73.99	1.73
1992	61.32	72.74	1.80	2.94	92.22	1.66	1.15	69.28	1.58
1993	61.32	72.56	0.50	0.82	46.00	0.23	0.18	78.26	0.25
1994									
1995									
1996									
1997									
1998									
1999									
2000									

5－16－40　湖南省泸溪县历年棉花生产收购

年　　度	耕地面积（万亩）	农业人口（万人）	棉田面积（万亩）	占耕地（%）	亩　产（市斤）	产　量（万担）	收购量（万担）	商品率（%）	人均交售（市斤）
52 年合计			**36.84**	**3.90**	**28.99**	**10.68**	**6.98**	**65.36**	**0.88**
11 年小计			**14.45**	**6.45**	**20.97**	**3.03**	**1.88**	**62.05**	**1.16**
占合计%			**39.22**			**28.37**	**26.93**		
1949									
1950	22.48	16.10	1.42	6.32	16.20	0.23	0.08	34.78	0.50
1951	22.48	16.12	2.28	10.14	19.74	0.45	0.09	20.00	0.56
1952	22.45	16.16	1.35	6.01	20.74	0.28	0.13	46.43	0.80
1953	22.45	16.18	1.40	6.24	15.71	0.22	0.06	27.27	0.37
1954	22.40	16.21	1.40	6.25	20.71	0.29	0.23	79.31	1.42
1955	22.42	16.24	1.64	7.31	20.73	0.34	0.28	82.35	1.72
1956	22.42	16.27	1.20	5.35	18.33	0.22	0.22	100.00	1.35
1957	22.37	16.38	1.43	6.39	23.78	0.34	0.26	76.47	1.59
1958	22.36	16.46	1.25	5.59	32.00	0.40	0.31	77.50	1.88
1959	22.36	16.59	1.08	4.83	24.07	0.26	0.22	84.62	1.33
10 年小计			**10.64**	**4.88**	**22.65**	**2.41**	**1.32**	**54.77**	**0.78**
占合计%			**28.88**			**22.57**	**18.91**		
1960	21.97	16.71	0.53	2.41	18.87	0.10	0.04	40.00	0.24
1961	21.96	16.74	0.68	3.10	10.29	0.07	0.03	42.86	0.18
1962	21.95	16.79	0.79	3.60	8.86	0.07	0.04	57.14	0.24
1963	21.83	16.83	1.41	6.46	23.40	0.33	0.13	39.39	0.77
1964	21.83	16.92	1.53	7.01	19.61	0.30	0.25	83.33	1.48
1965	21.77	17.06	1.71	7.85	23.39	0.40	0.27	67.50	1.58
1966	21.77	17.13	1.41	6.48	22.70	0.32	0.21	65.63	1.23
1967	21.78	17.18	0.95	4.36	25.26	0.24	0.11	45.83	0.64
1968	21.62	17.36	0.94	4.35	43.62	0.41	0.18	43.90	1.04
1969	21.62	17.54	0.69	3.19	24.64	0.17	0.06	35.29	0.34
10 年小计			**6.15**	**2.90**	**31.22**	**1.92**	**1.30**	**67.71**	**0.72**
占合计%			**16.69**			**17.98**	**18.62**		
1970	21.34	17.72	0.77	3.61	24.68	0.19	0.08	42.11	0.45
1971	21.34	17.83	0.74	3.47	29.73	0.22	0.10	45.45	0.56
1972	21.37	17.96	0.70	3.28	25.71	0.18	0.07	38.89	0.39
1973	21.30	18.02	0.63	2.96	28.57	0.18	0.14	77.78	0.78
1974	21.32	18.09	0.61	2.86	34.43	0.21	0.15	71.43	0.83
1975	21.15	18.15	0.70	3.31	32.86	0.23	0.17	73.91	0.94
1976	21.15	18.27	0.65	3.07	30.77	0.20	0.15	75.00	0.82
1977	21.07	18.38	0.49	2.33	28.57	0.14	0.11	78.57	0.60
1978	21.07	18.40	0.38	1.80	39.47	0.15	0.11	73.33	0.60
1979	20.96	18.44	0.48	2.29	45.83	0.22	0.22	100.00	1.19
10 年小计			**4.28**	**2.06**	**64.02**	**2.74**	**1.97**	**71.90**	**1.00**
占合计%			**11.62**			**25.66**	**28.22**		
1980	20.96	18.52	0.45	2.15	57.78	0.26	0.23	88.46	1.24
1981	20.92	18.87	0.43	2.06	58.14	0.25	0.23	92.00	1.22
1982	20.94	19.04	0.48	2.29	75.00	0.36	0.23	63.89	1.21
1983	20.96	19.33	0.44	2.10	79.55	0.35	0.29	82.86	1.50
1984	20.84	19.56	0.45	2.16	68.89	0.31	0.25	80.65	1.28
1985	20.84	19.84	0.45	2.16	73.33	0.33	0.15	45.45	0.76
1986	20.84	20.15	0.42	2.02	71.43	0.30	0.11	36.67	0.55
1987	20.67	20.36	0.35	1.69	77.14	0.27	0.20	74.07	0.98
1988	20.65	20.76	0.35	1.69	31.43	0.11	0.10	90.91	0.48
1989	20.65	20.89	0.46	2.23	43.48	0.20	0.18	90.00	0.86
11 年小计			**1.32**	**1.62**	**43.94**	**0.58**	**0.51**	**87.93**	**0.60**
占合计%			**3.58**			**5.43**	**7.31**		
1990	20.44	21.28	0.42	2.05	40.48	0.17	0.15	88.24	0.70
1991	20.44	21.26	0.40	1.96	40.00	0.16	0.15	93.75	0.71
1992	20.36	21.05	0.30	1.47	50.00	0.15	0.13	86.67	0.62
1993	20.28	20.84	0.20	0.99	50.00	0.10	0.08	80.00	0.38
1994									
1995									
1996									
1997									
1998									
1999									
2000									

5－17－1 河北省1949－2000年产棉县棉花生产收购明细

县市名	耕地面积（万亩）	农业人口（万人）	棉田面积（万亩）	占耕地（%）	亩产（市斤）	产量（万担）	收购量（万担）	商品率（%）	人均交售（市斤）
全省合计			**55444.78**	**13.74**	**55.09**	**30546.65**	**24855.28**	**81.37**	**14.22**
保定市			**6114.50**	**10.05**	**46.81**	**2862.34**	**2295.75**	**80.21**	**7.17**
定兴县			616.52	15.70	58.87	362.94	307.08	84.61	15.12
安国县			466.60	17.33	42.42	197.92	169.66	85.72	12.06
博野县			464.30	26.34	54.60	253.49	226.48	89.34	24.31
定州市			795.34	11.79	46.45	369.47	267.16	72.31	6.57
高阳县			183.04	6.73	47.83	87.54	65.34	74.64	5.71
蠡　县			673.07	17.92	52.89	355.98	292.24	82.09	17.10
清苑县			316.80	6.01	42.33	134.11	97.93	73.02	3.90
容城县			176.11	9.63	51.23	90.22	77.05	85.40	8.55
唐　县			229.23	9.25	39.21	89.87	61.86	68.83	3.27
雄　县			78.10	2.63	44.40	34.68	28.65	82.61	2.43
易　县			215.50	5.91	41.47	89.37	56.25	62.94	2.61
满城县			412.02	16.40	45.06	185.65	148.94	80.23	9.61
望都县			289.44	15.71	43.74	126.61	134.25	106.03	14.41
徐水县			272.47	7.04	42.73	116.43	80.12	68.81	3.91
高碑店			220.53	6.05	41.50	91.53	72.44	79.14	4.39
涿州市			189.77	5.01	35.06	66.54	52.05	78.22	2.97
安新县			22.06	1.40	20.26	4.47	0.44	9.84	0.06
涞水县			117.61	5.56	49.03	57.66	39.91	69.22	3.06
曲阳县			83.25	4.86	25.63	21.34	8.48	39.74	0.80
顺平县			292.74	14.45	43.22	126.52	109.42	86.48	10.26
邢台市			**10754.20**	**19.80**	**53.30**	**5731.56**	**4792.09**	**83.61**	**21.92**
宁晋县			1050.39	15.85	48.03	504.45	460.23	91.23	17.74
柏乡县			402.83	24.25	56.51	227.62	209.79	92.17	32.47
广宗县			403.48	15.01	47.32	190.92	107.78	56.45	11.49
巨鹿县			571.01	15.52	36.96	211.06	186.89	88.55	14.82
临城县			283.78	16.22	44.06	125.03	119.29	95.41	17.55
临西县			750.80	24.57	68.04	510.84	409.89	80.24	35.74
隆尧县			706.16	16.36	55.90	394.76	305.92	77.50	17.74
内邱县			326.82	14.71	47.36	154.77	147.95	95.59	16.52
南宫市			1701.39	34.22	61.56	1047.46	872.94	83.34	48.04
南和县			238.59	10.35	44.36	105.83	89.29	84.37	8.37
平乡县			186.33	8.04	32.73	60.98	42.54	69.76	4.48
清河县			548.57	19.70	51.91	284.76	239.23	84.01	19.33
沙河县			431.66	17.03	43.44	187.53	160.66	85.67	11.63
威　县			1913.27	34.06	58.75	1123.99	910.40	81.00	45.08
新河县			423.57	21.12	49.46	209.49	170.28	81.28	26.36
邢台县			530.63	16.42	48.31	256.35	226.78	88.46	12.69
任　县			284.92	11.17	47.63	135.72	132.23	97.43	12.38

5－17－1 续表1

县市名	耕地面积（万亩）	农业人口（万人）	棉田面积（万亩）	占耕地（%）	亩　产（市斤）	产　量（万担）	收购量（万担）	商品率（%）	人均交售（市斤）
秦皇岛市			**392.77**	**4.54**	**34.27**	**134.62**	**76.67**	**56.95**	**2.19**
昌黎县			112.24	3.56	30.66	34.41	17.14	49.81	1.54
卢龙县			132.36	5.26	32.77	43.38	25.94	59.80	2.41
抚宁县			148.17	4.97	38.35	56.83	33.59	59.11	2.55
唐山市			**2184.70**	**5.51**	**54.07**	**1181.24**	**881.84**	**74.65**	**5.00**
迁西县			31.59	2.76	34.06	10.76	3.23	30.02	0.40
丰润县			276.67	4.55	43.64	120.74	104.83	86.82	3.75
丰南县			602.99	14.40	69.69	420.21	298.42	71.02	15.02
乐亭县			388.68	7.62	66.40	258.08	204.89	79.39	9.70
滦南县			303.74	5.10	43.36	131.70	91.77	69.68	3.92
滦　县			52.28	1.84	31.69	16.57	6.26	37.78	0.58
迁安县			58.61	2.33	34.11	19.99	6.06	30.32	0.53
唐海县			45.37	4.42	41.15	18.67	11.64	62.35	3.96
玉田县			243.31	3.99	44.19	107.53	98.01	91.15	3.88
遵化县			181.46	3.85	42.43	76.99	56.73	73.68	2.22
石家庄市			**9082.47**	**19.82**	**59.07**	**5365.36**	**4705.04**	**87.69**	**18.45**
高邑县			317.59	23.69	57.74	183.39	156.99	85.60	25.65
鹿泉市			449.78	19.16	47.56	213.92	188.63	88.18	14.26
辛集市			1633.26	29.04	66.12	1079.84	958.31	88.75	40.64
赵　县			974.25	23.77	51.98	506.41	457.73	90.39	23.42
藁城市			1082.53	24.53	64.73	700.70	591.91	84.47	21.78
栾城市			563.49	23.59	56.60	318.96	271.32	85.06	21.17
新乐市			193.48	8.64	46.84	90.63	63.75	70.34	4.25
正定市			552.20	21.05	76.31	421.41	367.88	87.30	18.88
晋州市			966.88	29.36	70.89	685.42	648.95	94.68	35.01
平山县			232.04	9.04	41.92	97.26	74.52	76.62	4.07
行唐县			385.53	12.83	45.81	176.62	148.23	83.93	9.65
井陉县			35.74	2.90	28.20	10.08	4.78	47.42	0.66
元氏县			492.48	17.12	50.07	246.57	207.73	84.25	15.35
深泽县			307.71	19.52	59.42	182.84	180.66	98.81	20.18
灵寿县			258.85	12.56	39.50	102.24	86.21	84.32	7.58
无极县			540.56	19.32	59.79	323.19	278.38	86.14	15.53
赞皇县			96.10	7.11	26.93	25.88	19.06	73.65	2.78
廊坊市			**2103.69**	**6.76**	**53.09**	**1116.80**	**969.47**	**86.81**	**7.70**
安次区			512.38	11.07	54.43	278.90	233.82	83.84	12.73
大城县			114.53	2.49	38.30	43.86	25.32	57.73	1.64
文安县			112.55	2.45	37.57	42.29	29.98	70.89	1.89
霸州市			277.89	7.53	54.01	150.09	134.05	89.31	7.35
固安县			321.33	9.01	65.30	209.83	199.98	95.31	14.20
香河县			159.00	6.73	50.23	79.86	71.76	89.86	6.09
大厂回			137.63	14.20	46.97	64.64	65.19	100.85	16.39
三河县			227.08	7.02	49.00	111.26	88.30	79.36	6.14
永清县			241.30	6.93	56.39	136.07	121.07	88.98	8.73

5－17－1续表2

县市名	耕地面积（万亩）	农业人口（万人）	棉田面积（万亩）	占耕地（%）	亩产（市斤）	产量（万担）	收购量（万担）	商品率（%）	人均交售（市斤）
衡水市			**7017.90**	**14.68**	**55.35**	**3884.11**	**2930.82**	**75.46**	**18.54**
安平县			307.37	11.39	57.94	178.09	172.68	96.96	14.35
阜城县			621.00	16.79	50.42	313.09	213.25	68.11	16.60
故城县			833.36	17.72	66.98	558.15	412.64	73.93	23.70
景　县			813.33	12.71	49.00	398.55	310.74	77.97	15.48
饶阳县			319.16	9.77	69.69	222.41	142.19	63.93	12.69
深州市			949.01	13.49	48.58	461.06	350.38	75.99	14.90
桃城区			327.50	10.70	49.77	162.99	128.08	78.58	13.46
武强县			147.68	6.01	46.42	68.55	40.94	59.72	5.03
武邑县			464.44	10.68	45.01	209.05	153.38	73.37	11.86
枣强县			878.80	17.52	54.58	479.67	378.16	78.84	25.25
冀州市			1356.25	26.53	61.38	832.50	628.38	75.48	40.67
沧州市			**6160.45**	**9.78**	**56.05**	**3453.12**	**2624.59**	**76.01**	**11.95**
泊头市			196.74	3.81	34.40	67.67	48.24	71.29	2.65
沧　县			108.16	1.54	52.31	56.58	33.71	59.58	1.45
东光县			1161.20	29.02	57.85	671.79	528.58	78.68	40.43
海兴县			47.91	2.05	46.13	22.10	13.39	60.59	1.88
河间市			783.14	10.16	44.49	348.41	263.68	75.68	9.50
黄骅县			97.11	2.07	58.87	57.17	26.49	46.34	1.80
孟村回			91.18	5.31	56.22	51.26	51.72	100.90	8.04
南皮县			674.09	16.61	51.10	344.49	249.71	72.49	18.16
青　县			113.14	2.45	58.18	65.82	36.56	55.55	2.73
任邱市			408.33	7.62	47.36	193.37	136.12	70.39	6.02
肃宁县			484.86	15.97	56.70	274.92	241.71	87.92	19.81
吴桥县			1258.00	38.62	74.88	941.99	747.46	79.35	66.12
献县棉			326.19	5.39	40.76	132.97	90.05	67.72	4.40
盐山县			410.40	10.30	54.72	224.58	157.17	69.98	10.33
邯郸市			**11634.10**	**22.21**	**58.60**	**6817.50**	**5579.01**	**81.83**	**23.40**
肥乡县			917.54	28.45	69.75	639.95	480.04	75.01	43.14
大名县			516.98	8.90	63.88	330.26	210.55	63.75	8.25
磁　县			792.61	20.66	48.57	385.01	366.05	95.08	16.96
广平县			385.93	19.64	58.80	226.94	182.64	80.48	21.47
成安县			1309.55	43.55	68.84	901.54	743.91	82.52	59.47
馆陶县			678.44	25.91	69.54	471.81	416.72	88.32	41.24
邯郸市郊			144.07	12.82	41.97	60.46	60.63	100.28	8.53
邯郸县			648.91	22.23	43.00	279.02	249.81	89.53	19.29
临漳县			895.04	22.32	61.80	553.16	463.51	83.79	23.27
邱　县			920.15	34.84	72.23	664.62	516.43	77.70	72.06
曲周县			731.71	18.61	62.52	457.46	320.77	70.12	23.96
魏　县			586.64	11.31	56.88	333.66	252.65	75.72	9.24
武安市			1335.93	26.94	41.94	560.27	470.54	83.98	18.81
永年县			1285.65	25.30	52.10	669.80	609.98	91.07	21.87
鸡泽县			484.95	23.52	58.47	283.54	234.78	82.80	28.22

5－17－2　河北省1949－1959年产棉县棉花生产收购明细

县市名	耕地面积（万亩）	农业人口（万人）	棉田面积（万亩）	占耕地（%）	亩产（市斤）	产量（万担）	收购量（万担）	商品率（%）	人均交售（市斤）
全省合计			**15481.97**	**15.89**	**33.77**	**5227.89**	**3694.01**	**70.66**	**12.90**
保定市			**2111.73**	**14.20**	**26.81**	**566.20**	**302.85**	**53.49**	**5.74**
定兴县			172.36	19.57	27.91	48.11	31.12	64.69	9.27
安国县			164.03	26.25	30.74	50.42	28.98	57.48	14.42
博野县			142.39	34.76	35.82	51.00	27.62	54.16	18.88
定州市			301.06	19.11	23.49	70.71	28.36	40.11	4.30
高阳县			52.31	8.18	17.95	9.39	6.28	66.88	3.35
蠡　县			207.55	24.17	26.67	55.36	30.39	54.90	11.21
清苑县			119.40	9.42	23.38	27.92	16.40	58.74	4.19
容城县			50.50	12.48	23.50	11.87	6.46	54.42	4.04
唐　县			101.48	16.13	25.01	25.38	14.31	56.38	5.21
雄　县			19.11	2.66	18.47	3.53	1.77	50.14	0.95
易　县			86.23	9.82	26.59	22.93	10.31	44.96	2.93
满城县			136.69	24.08	31.97	43.70	25.02	57.25	11.41
望都县			105.41	24.23	23.22	24.48	15.99	65.32	11.21
徐水县			106.07	12.00	25.14	26.67	9.92	37.20	3.06
高碑店			64.49	7.09	26.35	16.99	8.25	48.56	2.79
涿州市			74.13	7.88	28.57	21.18	11.79	55.67	3.92
安新县			11.68	1.85	11.56	1.35			
涞水县			35.13	7.11	28.38	9.97	3.49	35.01	1.91
曲阳县			50.83	8.26	23.23	11.81	4.32	36.58	1.68
顺平县			110.88	22.22	30.15	33.43	22.07	66.02	12.55
邢台市			**2936.21**	**23.44**	**31.57**	**927.05**	**648.95**	**70.00**	**19.63**
宁晋县			264.69	17.41	32.97	87.26	59.18	67.82	15.16
柏乡县			111.52	31.27	54.27	60.52	50.57	83.56	51.83
广宗县			117.85	20.08	19.86	23.41	13.28	56.73	10.23
巨鹿县			195.23	23.58	23.53	45.94	33.88	73.75	18.40
临城县			68.22	16.26	32.22	21.98	23.19	105.51	24.80
临西县			174.96	24.02	26.16	45.77	13.63	29.78	7.27
隆尧县			182.35	19.15	33.72	61.49	45.33	73.72	17.58
内邱县			76.71	14.81	32.86	25.21	24.15	95.80	19.80
南宫市			447.00	40.00	37.60	168.05	130.70	77.77	40.55
南和县			78.04	14.50	21.89	17.08	11.47	67.15	7.19
平乡县			69.42	13.15	17.44	12.11	5.58	46.08	4.06
清河县			122.18	19.00	27.18	33.21	21.81	65.67	11.13
沙河县			147.06	24.20	36.54	53.73	38.99	72.57	20.30
威　县			499.70	37.02	31.14	155.63	92.54	59.46	30.41
新河县			128.96	28.90	28.02	36.14	27.10	74.99	25.16
邢台县			166.55	20.48	34.24	57.02	42.90	75.24	15.81
任　县			85.77	14.92	26.23	22.50	14.65	65.11	9.63

5－17－2 续表1

县市名	耕地面积（万亩）	农业人口（万人）	棉田面积（万亩）	占耕地（%）	亩产（市斤）	产量（万担）	收购量（万担）	商品率（%）	人均交售（市斤）
秦皇岛市			**173.26**	**5.60**	**35.05**	**60.72**	**30.68**	**50.53**	**3.13**
昌黎县			50.22	4.07	34.77	17.46	7.48	42.84	2.14
卢龙县			52.50	6.39	29.73	15.61	8.39	53.75	3.01
抚宁县			70.54	6.81	39.20	27.65	14.81	53.56	4.21
唐山市			**565.29**	**5.60**	**35.79**	**202.34**	**138.79**	**68.59**	**4.24**
迁西县			12.52	3.07	25.16	3.15	0.82	26.03	0.40
丰润县			66.60	4.70	32.13	21.40	10.73	50.14	2.21
丰南县			160.94	16.00	39.04	62.83	66.08	105.17	20.09
乐亭县			76.67	6.64	38.35	29.40	18.33	62.35	5.03
滦南县			84.50	6.16	35.09	29.65	13.05	44.01	3.37
滦　县			22.34	2.18	31.78	7.10	2.98	41.97	1.06
迁安县			24.53	2.43	29.31	7.19	1.96	27.26	0.57
唐海县			15.84	7.47	34.79	5.51	0.27	4.90	0.49
玉田县			53.53	3.74	34.45	18.44	14.15	76.74	3.26
遵化县			47.82	4.50	36.95	17.67	10.42	58.97	2.69
石家庄市			**2836.18**	**26.94**	**43.46**	**1232.74**	**887.64**	**72.01**	**22.57**
高邑县			103.78	34.88	46.61	48.37	35.96	74.34	41.83
鹿泉市			142.12	25.19	38.50	54.71	47.26	86.38	21.92
辛集市			410.73	32.33	44.09	181.10	138.47	76.46	35.61
赵　县			355.58	39.36	44.19	157.14	125.93	80.14	42.48
藁城市			355.94	36.18	49.83	177.37	113.11	63.77	27.80
栾城市			210.51	42.73	48.89	102.91	71.86	69.83	39.04
新乐市			64.04	12.66	25.62	16.41	9.85	60.02	4.64
正定市			172.01	32.75	51.32	88.28	66.32	75.12	26.07
晋州市			295.67	38.78	52.37	154.84	112.02	72.35	42.06
平山县			82.37	12.43	30.81	25.38	17.77	70.02	5.90
行唐县			106.55	15.32	34.23	36.47	28.42	77.93	12.19
井陉县			17.36	3.93	24.31	4.22	2.79	66.11	1.40
元氏县			142.24	21.68	36.54	51.97	40.58	78.08	21.07
深泽县			83.98	25.81	38.52	32.35	19.14	59.17	13.09
灵寿县			83.74	17.52	31.37	26.27	14.51	55.23	8.60
无极县			166.64	27.35	37.84	63.06	35.63	56.50	13.16
赞皇县			42.92	12.11	27.70	11.89	8.02	67.45	7.30
廊坊市			**457.06**	**6.07**	**23.66**	**108.14**	**76.78**	**71.00**	**3.97**
安次区			145.85	11.85	27.41	39.98	31.40	78.54	11.29
大城县			18.97	1.66	10.81	2.05	0.35	17.07	0.15
文安县			17.19	1.93	19.49	3.35	1.21	36.12	0.52
霸州市			69.10	7.54	24.43	16.88	10.18	60.31	3.84
固安县			57.02	6.38	16.54	9.43	7.75	82.18	3.40
香河县			33.33	5.87	26.40	8.80	6.93	78.75	3.72
大厂回			25.85	11.51	26.65	6.89	6.52	94.63	10.33
三河县			43.76	5.59	26.67	11.67	6.01	51.50	2.53
永清县			45.99	5.20	19.77	9.09	6.43	70.74	3.06

5－17－2 续表 2

县市名	耕地面积（万亩）	农业人口（万人）	棉田面积（万亩）	占耕地（%）	亩产（市斤）	产量（万担）	收购量（万担）	商品率（%）	人均交售（市斤）
衡水市			**1619.94**	**14.30**	**26.40**	**427.60**	**236.84**	**55.39**	**8.56**
安平县			57.20	9.01	23.02	13.17	11.36	86.26	5.68
阜城县			151.03	17.35	25.57	38.62	11.74	30.40	5.57
故城县			156.47	13.39	24.80	38.81	19.06	49.11	6.30
景　县			232.16	15.49	25.97	60.30	27.89	46.25	7.86
饶阳县			32.43	3.83	15.02	4.87	3.95	81.11	2.12
深州市			250.29	14.99	25.22	63.12	50.23	79.58	12.24
桃城区			74.58	10.26	21.53	16.06	12.89	80.26	7.50
武强县			13.34	2.37	16.87	2.25	0.26	11.56	0.19
武邑县			91.49	8.83	20.07	18.36	11.91	64.87	5.22
枣强县			186.83	16.65	26.08	48.73	35.28	72.40	12.36
冀州市			374.12	31.50	32.96	123.31	52.27	42.39	18.47
沧州市			**1375.95**	**8.88**	**29.81**	**410.12**	**231.31**	**56.40**	**6.26**
泊头市			50.47	4.13	17.24	8.70			
沧　县			28.43	1.47	14.10	4.01			
东光县			330.17	35.29	28.90	95.41	48.26	50.58	20.33
海兴县			7.07	1.24	20.51	1.45			
河间市			154.74	8.55	25.33	39.20	24.00	61.22	5.53
黄骅县			5.10	0.41	34.90	1.78			
孟村回			15.53	3.76	21.57	3.35			
南皮县			140.69	13.78	31.14	43.81	24.02	54.83	9.74
青　县			14.64	1.28	12.84	1.88			
任邱市			83.30	6.23	19.41	16.17	5.11	31.60	1.37
肃宁县			65.32	9.75	19.96	13.04	7.13	54.68	3.68
吴桥县			380.05	47.22	42.81	162.71	114.67	70.48	53.34
献县棉			54.21	3.68	14.04	7.61	3.47	45.60	1.04
盐山县			46.23	5.05	23.79	11.00	4.65	42.27	1.86
邯郸市			**3406.35**	**28.42**	**37.96**	**1292.98**	**1140.17**	**88.18**	**32.77**
肥乡县			234.25	32.15	37.82	88.60	80.97	91.39	48.47
大名县			79.69	6.28	24.48	19.51	16.04	82.21	4.53
磁　县			288.85	31.55	39.15	113.09	96.23	85.09	31.22
广平县			92.71	21.65	33.07	30.66	23.78	77.56	19.05
成安县			385.11	59.02	52.48	202.10	176.93	87.55	95.52
馆陶县			142.12	23.42	24.85	35.32	31.18	88.28	20.30
邯郸市郊			91.35	22.94	36.12	33.00	31.74	96.18	18.19
邯郸县			237.29	35.61	35.96	85.34	77.44	90.74	44.61
临漳县			237.63	25.86	38.76	92.10	84.54	91.79	28.14
邱　县			237.79	40.70	30.31	72.08	60.25	83.59	60.72
曲周县			179.83	20.10	26.44	47.55	42.03	88.39	21.59
魏　县			140.35	11.80	29.34	41.18	33.14	80.48	9.37
武安市			470.86	41.91	38.78	182.61	161.61	88.50	44.15
永年县			431.49	37.76	46.04	198.65	179.07	90.14	44.47
鸡泽县			157.03	33.75	32.60	51.19	45.22	88.34	37.19

5－17－3　河北省1960－1969年产棉县棉花生产收购明细

县市名	耕地面积（万亩）	农业人口（万人）	棉田面积（万亩）	占耕地（%）	亩产（市斤）	产量（万担）	收购量（万担）	商品率（%）	人均交售（市斤）
全省合计			**10265.53**	**12.81**	**32.48**	**3333.74**	**3016.19**	**90.47**	**9.93**
保定市			**1223.33**	**10.22**	**32.39**	**396.21**	**336.77**	**85.00**	**6.08**
定兴县			113.50	15.19	42.70	48.47	44.85	92.53	13.51
安国县			104.76	20.36	29.63	31.04	27.71	89.27	12.51
博野县			88.87	26.76	37.84	33.63	33.71	100.24	22.24
定州市			161.41	12.67	27.11	43.76	34.85	79.64	5.08
高阳县			24.77	4.87	25.84	6.40	6.23	97.34	3.20
蠡　县			120.91	16.76	36.27	43.85	40.07	91.38	14.29
清苑县			50.03	5.05	24.51	12.26	8.08	65.91	1.99
容城县			28.99	8.06	39.01	11.31	9.30	82.23	6.31
唐　县			49.09	10.62	31.70	15.56	10.56	67.87	3.45
雄　县			19.20	3.32	25.26	4.85	3.34	68.87	1.75
易　县			49.62	6.95	29.81	14.79	10.66	72.08	2.82
满城县			94.87	21.24	36.29	34.43	29.74	86.38	11.72
望都县			50.82	14.46	25.58	13.00	11.43	87.92	7.44
徐水县			46.45	6.33	30.74	14.28	8.92	62.46	2.72
高碑店			47.41	6.51	28.43	13.48	12.18	90.36	4.28
涿州市			58.22	7.87	36.31	21.14	19.75	93.42	6.39
安新县			5.10	1.03	27.45	1.40	0.09	6.43	0.04
涞水县			26.00	6.76	35.15	9.14	7.51	82.17	3.61
曲阳县			22.60	4.68	26.86	6.07	3.02	49.75	1.01
顺平县			60.71	15.00	28.58	17.35	14.77	85.13	7.59
邢台市			**1981.07**	**19.03**	**27.11**	**536.98**	**493.27**	**91.86**	**13.67**
宁晋县			224.04	17.63	26.44	59.23	55.63	93.92	12.85
柏乡县			93.67	29.46	34.49	32.31	31.61	97.83	30.30
广宗县			45.67	8.86	15.02	6.86	4.75	69.24	3.12
巨鹿县			87.19	12.37	15.75	13.73	10.82	78.81	5.25
临城县			57.04	17.40	26.81	15.29	14.29	93.46	12.92
临西县			108.51	18.02	25.40	27.56	24.80	89.99	12.46
隆尧县			132.11	15.80	28.47	37.61	33.86	90.03	12.11
内邱县			70.66	16.98	32.68	23.09	22.67	98.18	15.81
南宫市			346.40	36.12	32.90	113.97	108.03	94.79	32.85
南和县			30.27	7.51	19.09	5.78	3.90	67.47	2.57
平乡县			13.76	3.07	15.63	2.15	0.52	24.19	0.34
清河县			99.93	18.36	26.53	26.51	25.25	95.25	12.16
沙河县			96.40	19.31	24.92	24.02	23.34	97.17	10.68
威　县			344.59	32.86	25.33	87.28	78.10	89.48	23.29
新河县			73.00	19.11	22.05	16.10	14.47	89.88	12.83
邢台县			121.78	19.25	30.52	37.17	34.93	93.97	11.40
任　县			36.05	7.20	23.08	8.32	6.30	75.72	3.78

5－17－3 续表1

县市名	耕地面积（万亩）	农业人口（万人）	棉田面积（万亩）	占耕地（%）	亩 产（市斤）	产 量（万担）	收购量（万担）	商品率（%）	人均交售（市斤）
秦皇岛市			**116.93**	**4.67**	**33.78**	**39.50**	**26.10**	**66.08**	**2.60**
昌黎县			40.42	3.93	27.34	11.05	7.14	64.62	1.91
卢龙县			35.08	5.07	35.55	12.47	8.18	65.60	2.85
抚宁县			41.43	5.31	38.57	15.98	10.78	67.46	3.13
唐山市			**494.35**	**5.86**	**42.06**	**207.91**	**170.63**	**82.07**	**4.86**
迁西县			11.13	3.37	37.83	4.21	1.74	41.33	0.74
丰润县			69.60	5.93	41.25	28.71	24.01	83.63	4.92
丰南县			101.18	12.60	50.13	50.72	45.77	90.24	13.24
乐亭县			68.84	7.09	42.29	29.11	24.32	83.55	6.28
滦南县			79.51	7.04	36.70	29.18	22.22	76.15	5.43
滦 县			18.98	2.19	31.14	5.91	2.67	45.18	0.80
迁安县			20.50	2.58	38.73	7.94	3.04	38.29	0.79
唐海县			12.45	4.62	42.17	5.25	4.46	84.95	6.11
玉田县			58.34	4.91	37.73	22.01	20.71	94.09	4.89
遵化县			53.82	5.88	46.21	24.87	21.69	87.21	5.10
石家庄市			**2158.63**	**24.39**	**44.44**	**959.29**	**911.89**	**95.06**	**21.00**
高邑县			75.18	29.09	41.03	30.85	30.45	98.70	31.14
鹿泉市			118.64	26.55	41.70	49.47	48.27	97.57	21.39
辛集市			365.93	34.12	43.88	160.56	155.79	97.03	38.13
赵 县			220.08	28.02	32.37	71.25	68.25	95.79	21.89
藁城市			272.68	32.36	53.37	145.53	139.51	95.86	30.93
栾城市			142.58	32.01	41.96	59.82	57.77	96.57	28.94
新乐市			43.19	10.22	31.28	13.51	10.45	77.35	4.38
正定市			136.24	28.57	61.60	83.93	79.90	95.20	26.52
晋州市			227.89	36.70	58.21	132.66	128.72	97.03	41.93
平山县			48.21	10.24	35.59	17.16	14.90	86.83	4.57
行唐县			90.44	15.92	37.88	34.26	32.22	94.05	12.44
井陉县			11.61	3.04	28.42	3.30	1.47	44.55	0.63
元氏县			125.00	22.91	37.34	46.68	45.40	97.26	20.75
深泽县			68.47	22.91	38.82	26.58	23.49	88.37	16.20
灵寿县			57.74	14.96	33.36	19.26	17.59	91.33	9.26
无极县			123.89	23.01	45.71	56.63	51.53	90.99	17.13
赞皇县			30.86	10.68	25.41	7.84	6.18	78.83	4.78
廊坊市			**396.14**	**6.40**	**38.07**	**150.81**	**136.01**	**90.19**	**6.45**
安次区			100.98	11.30	43.18	43.60	43.16	98.99	13.78
大城县			9.78	1.06	14.01	1.37	0.29	21.17	0.11
文安县			13.47	1.39	24.20	3.26	1.11	34.05	0.44
霸州市			44.90	6.10	33.34	14.97	13.05	87.17	4.33
固安县			59.97	8.50	32.52	19.50	17.54	89.95	7.26
香河县			35.24	7.63	47.47	16.73	14.64	87.51	7.21
大厂回			40.85	21.33	38.82	15.86	15.48	97.60	22.11
三河县			51.99	8.22	42.12	21.90	18.51	84.52	7.54
永清县			38.96	5.76	34.96	13.62	12.23	89.79	5.29

5-17-3 续表 2

县市名	耕地面积（万亩）	农业人口（万人）	棉田面积（万亩）	占耕地（%）	亩产（市斤）	产量（万担）	收购量（万担）	商品率（%）	人均交售（市斤）
衡水市			**969.61**	**10.53**	**22.39**	**217.13**	**180.45**	**83.11**	**6.57**
安平县			45.19	8.84	28.55	12.90	10.69	82.87	4.89
阜城县			84.82	12.00	22.16	18.80	15.05	80.05	6.88
故城县			119.12	12.88	25.43	30.29	20.28	66.95	6.91
景　县			79.71	6.65	18.28	14.57	10.63	72.96	3.06
饶阳县			22.36	3.60	20.35	4.55	3.35	73.63	1.72
深州市			151.55	11.13	21.27	32.23	29.67	92.06	7.02
桃城区			43.05	7.13	17.51	7.54	6.96	92.31	4.25
武强县			5.00	1.05	15.80	0.79	0.30	37.97	0.21
武邑县			45.90	5.51	13.18	6.05	4.11	67.93	1.88
枣强县			132.04	13.60	21.74	28.71	24.72	86.10	9.57
冀州市			240.87	24.08	25.20	60.70	54.69	90.10	20.09
沧州市			**702.16**	**5.67**	**22.84**	**160.39**	**133.60**	**83.30**	**3.66**
泊头市			17.95	1.81	11.14	2.00			
沧　县			10.20	0.69	10.69	1.09			
东光县			150.83	19.64	21.73	32.77	32.27	98.47	16.20
海兴县			3.59	0.82	20.33	0.73			
河间市			89.06	6.05	20.92	18.63	13.16	70.64	2.87
黄骅县			10.60	1.08	17.64	1.87			
孟村回			8.02	2.45	15.84	1.27			
南皮县			80.80	10.14	23.04	18.62	15.07	80.93	6.45
青　县			3.89	0.44	6.17	0.24			
任邱市			42.08	3.96	16.33	6.87	3.37	49.05	0.93
肃宁县			43.75	7.34	21.19	9.27	6.06	65.37	2.88
吴桥县			189.91	30.21	31.36	59.56	59.39	99.71	30.07
献县棉			20.39	1.68	10.35	2.11	0.13	6.16	0.04
盐山县			31.09	4.15	17.24	5.36	4.15	77.43	1.63
邯郸市			**2223.31**	**21.88**	**29.93**	**665.52**	**627.47**	**94.28**	**16.28**
肥乡县			163.10	26.40	27.94	45.57	48.60	106.65	26.91
大名县			44.64	3.98	23.25	10.38	8.61	82.95	2.13
磁　县			164.43	22.32	28.07	46.15	41.44	89.79	12.12
广平县			65.67	17.41	31.26	20.53	18.86	91.87	13.60
成安县			265.02	45.22	36.91	97.81	94.03	96.14	48.28
馆陶县			99.44	19.69	26.28	26.13	21.26	81.36	13.32
邯郸市郊			28.71	9.81	27.41	7.87	11.48	145.87	6.71
邯郸县			147.48	26.25	28.98	42.74	39.35	92.07	19.45
临漳县			182.79	24.13	35.00	63.98	60.31	94.26	19.10
邱　县			133.93	26.30	23.79	31.86	29.16	91.53	24.91
曲周县			100.20	12.99	21.50	21.54	19.95	92.62	9.81
魏　县			84.38	8.54	28.10	23.71	18.74	79.04	4.28
武安市			328.68	33.90	30.54	100.38	95.93	95.57	22.70
永年县			339.66	34.85	32.76	111.27	106.07	95.33	24.30
鸡泽县			75.18	19.13	20.75	15.60	13.68	87.69	10.60

5-17-4 河北省1970-1979年棉花生产收购统计表

县市名	耕地面积（万亩）	农业人口（万人）	棉田面积（万亩）	占耕地（%）	亩产（市斤）	产量（万担）	收购量（万担）	商品率（%）	人均交售（市斤）
全省合计			**8447.38**	**10.92**	**39.07**	**3300.25**	**2960.81**	**89.71**	**8.34**
保定市			**987.05**	**8.40**	**39.01**	**385.05**	**328.80**	**85.39**	**5.08**
定兴县			101.75	13.72	37.40	38.05	36.17	95.06	9.33
安国县			86.15	17.09	36.37	31.33	28.19	89.98	9.77
博野县			76.13	23.03	49.80	37.91	36.78	97.02	20.53
定州市			131.48	10.41	41.08	54.01	36.24	67.10	4.66
高阳县			19.56	3.85	35.12	6.87	5.89	85.74	2.63
蠡县			105.85	14.83	44.36	46.96	45.98	97.91	14.26
清苑县			49.63	4.96	31.71	15.74	10.96	69.63	2.24
容城县			34.24	9.74	38.20	13.08	11.20	85.63	6.68
唐县			27.72	6.08	38.17	10.58	7.34	69.38	1.99
雄县			8.24	1.47	24.64	2.03	1.08	53.20	0.46
易县			29.66	4.30	40.53	12.02	9.53	79.28	2.22
满城县			81.81	16.85	44.53	36.43	33.44	91.79	11.00
望都县			43.94	12.88	37.69	16.56	15.56	93.96	8.78
徐水县			41.46	5.65	29.93	12.41	7.78	62.69	2.00
高碑店			41.75	5.79	29.37	12.26	11.37	92.74	3.35
涿州市			32.45	4.41	29.89	9.70	8.24	84.95	2.30
安新县			4.84	1.21	32.44	1.57	0.25	15.92	0.10
涞水县			17.17	4.52	42.63	7.32	6.94	94.81	2.79
曲阳县			9.29	2.17	33.69	3.13	1.14	36.42	0.37
顺平县			43.93	10.93	38.90	17.09	14.72	86.13	6.38
邢台市			**1527.02**	**14.88**	**33.21**	**507.14**	**457.56**	**90.22**	**10.77**
宁晋县			202.22	16.26	35.35	71.49	66.64	93.22	13.18
柏乡县			92.17	28.72	46.83	43.16	41.61	96.41	33.17
广宗县			27.85	5.41	23.88	6.65	3.79	56.99	2.12
巨鹿县			46.77	6.73	27.43	12.83	8.94	69.68	3.69
临城县			50.83	15.47	36.87	18.74	17.52	93.49	12.99
临西县			80.60	13.92	36.19	29.17	27.08	92.84	12.39
隆尧县			128.71	15.62	34.73	44.70	40.40	90.38	12.10
内邱县			74.13	17.70	43.65	32.36	30.19	93.29	17.30
南宫市			221.58	24.27	27.78	61.55	56.01	91.00	15.75
南和县			41.29	9.26	33.81	13.96	11.15	79.87	5.41
平乡县			21.39	4.89	19.92	4.26	2.14	50.23	1.20
清河县			77.66	14.86	29.64	23.02	20.89	90.75	9.10
沙河县			72.25	15.03	40.21	29.05	25.76	88.67	9.44
威县			203.30	19.50	22.34	45.41	41.97	92.42	10.74
新河县			45.05	11.79	23.29	10.49	9.20	87.70	7.09
邢台县			101.46	16.03	48.17	48.87	46.16	94.45	12.51
任县			39.76	8.26	28.75	11.43	8.11	70.95	3.97

5－17－4 续表 1

县市名	耕地面积（万亩）	农业人口（万人）	棉田面积（万亩）	占耕地（%）	亩产（市斤）	产量（万担）	收购量（万担）	商品率（%）	人均交售（市斤）
秦皇岛市			**83.19**	**3.55**	**28.77**	**23.93**	**12.24**	**51.15**	**1.07**
昌黎县			21.60	2.42	27.31	5.90	2.52	42.71	0.65
卢龙县			34.47	5.11	29.04	10.01	5.68	56.74	1.69
抚宁县			27.12	3.48	29.57	8.02	4.04	50.37	0.97
唐山市			**520.64**	**6.38**	**38.80**	**202.01**	**163.28**	**80.83**	**4.07**
迁西县			6.81	2.33	37.59	2.56	0.67	26.17	0.27
丰润县			77.79	6.79	37.81	29.41	23.90	81.26	4.28
丰南县			119.50	15.15	46.58	55.66	50.31	90.39	12.15
乐亭县			77.74	8.02	43.32	33.68	28.74	85.33	6.68
滦南县			78.19	6.92	31.60	24.71	18.82	76.16	3.93
滦　县			10.42	1.32	26.30	2.74	0.61	22.26	0.16
迁安县			13.58	1.91	35.79	4.86	1.06	21.81	0.25
唐海县			13.78	4.93	43.32	5.97	5.32	89.11	6.49
玉田县			65.28	5.68	35.62	23.25	19.43	83.57	3.95
遵化县			57.55	6.38	33.31	19.17	14.42	75.22	2.78
石家庄市			**1883.45**	**21.34**	**55.44**	**1044.22**	**985.52**	**94.38**	**19.22**
高邑县			65.00	25.53	56.57	36.77	35.10	95.46	28.92
鹿泉市			102.65	23.29	44.87	46.06	42.77	92.86	16.42
辛集市			330.92	31.13	52.14	172.55	167.16	96.88	36.23
赵　县			195.07	25.01	47.97	93.57	90.45	96.67	24.25
藁城市			231.11	27.56	59.68	137.93	131.87	95.61	24.71
栾城市			128.38	27.66	63.95	82.10	77.72	94.67	30.09
新乐市			45.13	10.64	41.57	18.76	15.27	81.40	5.32
正定市			124.65	23.46	81.03	101.01	95.22	94.27	23.69
晋州市			183.99	29.75	69.92	128.65	124.37	96.67	34.00
平山县			41.56	9.00	43.58	18.11	15.25	84.21	4.21
行唐县			86.21	15.26	39.31	33.89	30.19	89.08	9.99
井陉县			6.54	1.95	37.00	2.42	0.52	21.49	0.22
元氏县			104.77	19.32	46.48	48.70	45.35	93.12	17.15
深泽县			61.69	20.29	47.85	29.52	28.01	94.88	16.29
灵寿县			52.08	13.54	39.40	20.52	18.52	90.25	8.25
无极县			111.60	20.90	62.79	70.07	65.81	93.92	18.88
赞皇县			12.10	4.26	29.67	3.59	1.94	54.04	1.26
廊坊市			**449.58**	**7.79**	**32.49**	**146.05**	**135.46**	**92.75**	**5.43**
安次区			104.85	12.52	31.87	33.42	32.31	96.68	8.71
大城县			15.00	1.78	17.80	2.67	1.07	40.07	0.36
文安县			17.31	1.90	23.86	4.13	2.16	52.30	0.68
霸州市			51.98	7.69	27.74	14.42	13.15	91.19	3.64
固安县			65.57	9.94	31.84	20.88	21.12	101.15	7.60
香河县			43.87	10.02	40.94	17.96	16.13	89.81	6.84
大厂回			41.38	22.85	41.61	17.22	16.90	98.14	21.15
三河县			64.83	10.79	38.52	24.97	23.07	92.39	8.10
永清县			44.79	7.13	23.17	10.38	9.55	92.00	3.47

5－17－4 续表 2

县市名	耕地面积（万亩）	农业人口（万人）	棉田面积（万亩）	占耕地（%）	亩产（市斤）	产量（万担）	收购量（万担）	商品率（%）	人均交售（市斤）
衡水市			**726.65**	**8.23**	**27.72**	**201.44**	**167.53**	**83.17**	**5.36**
安平县			44.14	8.81	34.46	15.21	10.64	69.95	4.43
阜城县			65.28	9.99	22.78	14.87	13.16	88.50	5.15
故城县			99.13	11.69	31.18	30.91	23.66	76.54	7.01
景　县			64.51	5.39	18.35	11.84	7.52	63.51	1.90
饶阳县			32.57	5.59	28.12	9.16	7.25	79.15	3.26
深州市			100.26	7.72	25.34	25.41	22.06	86.82	4.72
桃城区			30.17	5.26	24.16	7.29	5.76	79.01	3.02
武强县			2.77	0.60	20.58	0.57	0.32	56.14	0.20
武邑县			30.05	3.79	20.47	6.15	3.88	63.09	1.50
枣强县			100.15	10.53	27.77	27.81	22.71	81.66	7.74
冀州市			157.62	16.24	33.13	52.22	50.57	96.84	16.43
沧州市			**676.18**	**5.90**	**23.98**	**162.17**	**137.97**	**85.08**	**3.30**
泊头市			3.37	0.35	16.02	0.54			
沧　县			4.34	0.42	16.59	0.72	0.01	1.39	
东光县			138.36	18.45	20.84	28.83	26.40	91.57	10.21
海兴县			2.55	0.57	22.35	0.57			
河间市			90.25	6.18	19.24	17.36	12.23	70.45	2.33
黄骅县			9.02	1.08	16.63	1.50	0.08	5.33	0.03
孟村回			4.96	1.55	16.33	0.81			
南皮县			70.89	9.32	25.39	18.00	14.76	82.00	5.37
青　县			1.17	0.13	22.22	0.26			
任邱市			61.42	6.12	22.88	14.05	11.19	79.64	2.67
肃宁县			72.64	12.44	26.25	19.07	18.41	96.54	7.74
吴桥县			163.12	27.58	31.88	52.01	49.77	95.69	23.04
献县棉			17.92	1.60	12.11	2.17	1.12	51.61	0.29
盐山县			36.17	4.92	17.36	6.28	4.00	63.69	1.34
邯郸市			**1593.62**	**16.01**	**39.42**	**628.24**	**572.45**	**91.12**	**12.25**
肥乡县			104.94	17.29	35.63	37.39	35.36	94.57	16.60
大名县			45.97	4.15	22.91	10.53	8.38	79.58	1.70
磁　县			119.27	16.79	38.00	45.32	41.30	91.13	9.82
广平县			58.34	15.57	38.48	22.45	20.38	90.78	12.76
成安县			206.04	36.12	47.44	97.75	95.33	97.52	40.75
馆陶县			101.67	20.81	36.11	36.71	32.09	87.41	16.74
邯郸市郊			6.64	2.42	56.02	3.72	2.07	55.65	0.94
邯郸县			104.27	18.81	41.09	42.84	40.31	94.09	16.24
临漳县			142.24	18.87	43.20	61.45	56.28	91.59	14.91
邱　县			113.93	22.76	28.59	32.57	31.30	96.10	22.84
曲周县			72.19	9.76	31.15	22.49	19.15	85.15	7.30
魏　县			48.07	4.93	23.13	11.12	8.87	79.77	1.66
武安市			193.83	20.52	38.68	74.98	61.68	82.26	12.34
永年县			227.84	23.61	49.67	113.16	106.13	93.79	20.00
鸡泽县			48.38	12.48	32.58	15.76	13.82	87.69	9.04

5－17－5　河北省1980－1989年产棉县棉花生产收购明细

县市名	耕地面积（万亩）	农业人口（万人）	棉田面积（万亩）	占耕地（%）	亩产（市斤）	产量（万担）	收购量（万担）	商品率（%）	人均交售（市斤）
全省合计			**11685.63**	**16.42**	**93.85**	**10967.19**	**10436.97**	**95.17**	**29.15**
保定市			**1185.99**	**11.08**	**92.47**	**1096.74**	**1095.80**	**99.91**	**16.74**
定兴县			156.66	21.11	109.23	171.12	166.68	97.41	38.49
安国县			84.03	16.74	79.58	66.87	72.51	108.43	22.67
博野县			100.54	30.57	100.62	101.16	111.44	110.16	54.99
定州市			130.40	10.34	108.06	140.91	129.49	91.90	14.93
高阳县			42.72	8.37	74.30	31.74	33.00	103.97	13.60
蠡　县			162.63	22.99	97.88	159.19	151.06	94.89	41.79
清苑县			66.25	6.73	78.84	52.23	46.78	89.57	8.55
容城县			43.42	12.54	96.66	41.97	45.06	107.36	23.85
唐　县			31.47	7.14	75.75	23.84	21.91	91.90	5.21
雄　县			16.12	3.21	80.09	12.91	15.60	120.84	6.59
易　县			27.87	4.17	86.33	24.06	19.51	81.09	4.25
满城县			74.06	15.07	72.45	53.66	49.12	91.54	13.97
望都县			62.57	18.20	85.20	53.31	80.10	150.25	38.98
徐水县			54.36	7.43	93.29	50.71	46.68	92.05	10.49
高碑店			44.43	6.21	80.60	35.81	33.12	92.49	8.75
涿州市			10.08	1.53	66.27	6.68	4.81	72.01	1.34
安新县									
涞水县			25.06	6.79	91.78	23.00	19.48	84.70	7.07
曲阳县									
顺平县			53.32	13.26	89.22	47.57	49.45	103.95	19.61
邢台市			**2225.53**	**22.04**	**97.24**	**2164.13**	**2110.99**	**97.54**	**44.91**
宁晋县			217.03	17.58	94.07	204.17	213.57	104.60	38.09
柏乡县			68.34	21.47	98.41	67.25	69.32	103.08	48.75
广宗县			92.58	18.14	68.19	63.13	51.94	82.27	25.03
巨鹿县			123.95	17.91	57.71	71.53	87.89	122.87	31.80
临城县			60.25	18.58	76.02	45.80	48.45	105.79	31.79
临西县			174.64	30.43	115.47	201.65	196.49	97.44	83.75
隆尧县			139.91	17.21	118.00	165.10	139.74	84.64	36.69
内邱县			63.94	15.35	80.04	51.18	54.91	107.29	27.35
南宫市			319.61	35.04	122.38	391.14	369.21	94.39	104.18
南和县			53.65	12.17	93.53	50.18	50.53	100.70	21.20
平乡县			40.76	9.46	58.93	24.02	17.72	73.77	8.51
清河县			152.16	29.59	96.67	147.09	139.85	95.08	53.89
沙河县			83.15	18.18	74.77	62.17	59.63	95.91	20.23
威　县			397.01	38.24	101.12	401.47	385.81	96.10	87.68
新河县			85.79	22.63	92.07	78.99	80.09	101.39	58.44
邢台县			93.56	16.47	86.45	80.88	80.45	99.47	21.51
任　县			59.20	12.49	98.61	58.38	65.39	112.01	27.40

5-17-5 续表 1

县市名	耕地面积（万亩）	农业人口（万人）	棉田面积（万亩）	占耕地（%）	亩产（市斤）	产量（万担）	收购量（万担）	商品率（%）	人均交售（市斤）
秦皇岛市			**19.39**	**2.71**	**54.00**	**10.47**	**7.65**	**73.07**	**2.01**
昌黎县									
卢龙县			10.31	3.16	51.31	5.29	3.69	69.75	2.14
抚宁县			9.08	2.34	57.05	5.18	3.96	76.45	1.91
唐山市			**370.37**	**6.04**	**94.27**	**349.14**	**309.35**	**88.60**	**10.03**
迁西县									
丰润县			47.75	4.26	65.15	31.11	36.63	117.74	6.34
丰南县			116.91	15.31	116.65	136.38	109.14	80.03	25.84
乐亭县			101.77	10.66	107.18	109.08	101.02	92.61	23.03
滦南县			43.08	3.87	73.98	31.87	26.27	82.43	5.26
滦　县									
迁安县									
唐海县			3.15	1.63	56.83	1.79	1.59	88.83	2.57
玉田县			40.14	3.62	67.84	27.23	27.48	100.92	5.13
遵化县			17.57	2.00	66.48	11.68	7.22	61.82	1.32
石家庄市			**1537.72**	**18.51**	**105.41**	**1620.97**	**1584.75**	**97.77**	**29.94**
高邑县			48.56	19.15	105.77	51.36	44.40	86.45	33.31
鹿泉市			73.09	17.06	74.66	54.57	41.70	76.42	15.04
辛集市			331.00	31.23	111.15	367.89	385.36	104.75	78.84
赵　县			145.92	18.77	95.41	139.22	135.90	97.62	31.98
藁城市			168.50	20.19	118.19	199.15	174.17	87.46	29.55
栾城市			69.56	14.74	92.77	64.53	58.47	90.61	20.87
新乐市			24.18	5.72	100.54	24.31	19.25	79.19	5.68
正定市			96.32	18.19	133.99	129.06	115.63	89.59	26.28
晋州市			175.93	28.52	120.69	212.33	234.90	110.63	58.47
平山县			37.82	8.06	65.73	24.86	22.42	90.19	5.81
行唐县			73.43	13.06	78.78	57.85	51.45	88.94	15.38
井陉县									
元氏县			83.98	15.55	90.53	76.03	63.51	83.53	21.33
深泽县			64.91	20.81	116.88	75.87	95.03	125.25	48.68
灵寿县			44.80	11.66	67.39	30.19	32.44	107.45	13.06
无极县			97.66	18.35	115.68	112.97	110.12	97.48	28.27
赞皇县			2.06	1.82	37.86	0.78			
廊坊市			**539.82**	**9.62**	**97.20**	**524.72**	**515.47**	**98.24**	**19.06**
安次区			113.01	14.12	104.85	118.49	107.38	90.62	27.58
大城县			39.11	4.77	57.61	22.53	15.09	66.98	4.65
文安县			29.00	3.33	61.86	17.94	13.41	74.75	3.87
霸州市			70.95	10.85	109.42	77.63	80.76	104.03	20.16
固安县			99.49	15.21	126.03	125.39	130.91	104.40	42.58
香河县			36.14	8.42	83.51	30.18	33.13	109.77	13.42
大厂回			25.09	14.09	88.32	22.16	25.23	113.85	30.12
三河县			53.79	9.19	80.00	43.03	38.38	89.19	12.68
永清县			73.24	11.87	91.99	67.37	71.18	105.66	23.56

5－17－5 续表2

县市名	耕地面积（万亩）	农业人口（万人）	棉田面积（万亩）	占耕地（%）	亩产（市斤）	产量（万担）	收购量（万担）	商品率（%）	人均交售（市斤）
衡水市			**2006.67**	**22.83**	**87.46**	**1755.11**	**1562.86**	**89.05**	**47.31**
安平县			99.15	19.83	94.64	93.84	97.77	104.19	38.15
阜城县			179.87	26.07	78.45	141.10	117.65	83.38	42.88
故城县			241.58	28.67	109.25	263.93	245.73	93.10	67.73
景县			240.49	20.15	74.61	179.42	166.99	93.07	39.61
饶阳县			123.16	21.23	92.42	113.82	84.00	73.80	36.12
深州市			235.10	18.08	84.10	197.72	170.55	86.26	35.60
桃城区			99.24	18.00	82.21	81.59	66.90	82.00	32.92
武强县			57.85	12.71	46.78	27.06	19.60	72.43	11.35
武邑县			170.43	21.23	58.76	100.14	79.75	79.64	29.79
枣强县			252.48	26.80	90.66	228.91	203.10	88.72	64.02
冀州市			307.32	32.92	106.59	327.58	310.82	94.88	98.36
沧州市			**1623.35**	**14.68**	**88.77**	**1441.08**	**1379.14**	**95.70**	**30.09**
泊头市			49.48	5.23	48.14	23.82	19.68	82.62	5.02
沧县			17.95	1.64	72.76	13.06	14.69	112.48	3.35
东光县			273.69	37.07	95.65	261.79	278.58	106.41	100.11
海兴县			10.41	2.60	75.31	7.84	8.85	112.88	6.10
河间市			235.75	16.67	64.32	151.64	147.77	97.45	24.65
黄骅县			32.99	4.31	87.39	28.83	19.42	67.36	6.00
孟村回			25.13	8.00	79.63	20.01	26.24	131.13	18.87
南皮县			162.59	22.52	82.80	134.62	134.80	100.13	47.92
青县			42.53	5.54	64.54	27.45	19.74	71.91	7.47
任邱市			126.74	13.54	79.15	100.31	78.90	78.66	16.45
肃宁县			174.53	30.75	92.68	161.75	149.31	92.31	58.77
吴桥县			254.53	43.18	143.29	364.72	345.44	94.71	147.53
献县棉			72.84	6.78	48.67	35.45	32.78	92.47	7.53
盐山县			144.19	19.80	76.14	109.79	102.94	93.76	32.20
邯郸市			**2176.79**	**22.30**	**92.10**	**2004.83**	**1870.96**	**93.32**	**35.89**
肥乡县			172.79	28.53	110.29	190.57	158.23	83.03	65.49
大名县			140.02	12.71	86.37	120.93	104.03	86.02	18.18
磁县			113.70	16.18	69.51	79.03	85.28	107.91	17.81
广平县			87.31	23.34	90.31	78.85	76.88	97.50	41.48
成安县			231.99	40.64	101.46	235.38	217.37	92.35	79.65
馆陶县			164.73	33.84	122.70	202.12	212.99	105.38	94.17
邯郸市郊			17.23	13.00	91.93	15.84	15.34	96.84	12.78
邯郸县			101.68	18.60	66.16	67.27	55.64	82.71	19.29
临漳县			169.62	22.48	97.64	165.62	151.98	91.76	35.57
邱县			179.78	35.97	104.81	188.42	193.20	102.54	121.14
曲周县			170.79	23.21	95.37	162.89	143.09	87.84	47.92
魏县			146.46	15.04	79.65	116.65	96.71	82.91	15.82
武安市			193.30	20.85	60.03	116.03	106.76	92.01	19.87
永年县			187.24	19.44	90.45	169.36	174.12	102.81	28.35
鸡泽县			100.15	25.76	95.73	95.87	79.34	82.76	44.24

5-17-6 河北省1990-2000年产棉县棉花生产收购明细

县市名	耕地面积（万亩）	农业人口（万人）	棉田面积（万亩）	占耕地（%）	亩产（市斤）	产量（万担）	收购量（万担）	商品率（%）	人均交售（市斤）
全省合计			**9564.27**	**12.33**	**80.69**	**7717.58**	**4747.30**	**61.51**	**10.69**
保定市			**606.40**	**5.24**	**68.95**	**418.14**	**231.53**	**55.37**	**2.84**
定兴县			72.25	8.87	79.16	57.19	28.26	49.41	5.21
安国县			27.63	5.05	66.09	18.26	12.27	67.20	3.26
博野县			56.37	15.60	52.85	29.79	16.93	56.83	6.72
定州市			70.99	5.18	84.63	60.08	38.22	63.62	3.54
高阳县			43.68	7.86	75.87	33.14	13.94	42.06	4.71
蠡县			76.13	10.08	66.49	50.62	24.74	48.87	5.22
清苑县			31.49	3.08	82.44	25.96	15.71	60.52	2.31
容城县			18.96	5.18	63.24	11.99	5.03	41.95	2.12
唐县			19.47	3.97	74.52	14.51	7.74	53.34	1.49
雄县			15.43	2.54	73.62	11.36	6.86	60.39	2.09
易县			22.12	3.19	70.39	15.57	6.24	40.08	1.16
满城县			24.59	4.71	70.88	17.43	11.62	66.67	2.76
望都县			26.70	7.21	72.13	19.26	11.17	58.00	4.42
徐水县			24.13	3.06	51.22	12.36	6.82	55.18	1.21
高碑店			22.45	3.95	57.86	12.99	7.52	57.89	2.14
涿州市			14.89	2.09	52.65	7.84	7.46	95.15	1.75
安新县			0.44	1.01	34.09	0.15	0.10	66.67	0.27
涞水县			14.25	2.93	57.75	8.23	2.49	30.26	0.64
曲阳县			0.53	0.29	62.26	0.33			
顺平县			23.90	7.50	46.36	11.08	8.41	75.90	3.95
邢台市			**2084.37**	**18.91**	**76.58**	**1596.26**	**1081.32**	**67.74**	**18.03**
宁晋县			142.41	10.50	57.79	82.30	65.21	79.23	9.25
柏乡县			37.13	10.68	65.66	24.38	16.68	68.42	9.45
广宗县			119.53	21.29	76.02	90.87	34.02	37.44	12.60
巨鹿县			117.87	15.52	56.87	67.03	45.36	67.67	12.90
临城县			47.44	13.59	48.95	23.22	15.84	68.22	8.41
临西县			212.09	37.07	97.45	206.69	147.89	71.55	48.12
隆尧县			123.08	13.79	69.76	85.86	46.59	54.26	9.86
内邱县			41.38	9.16	55.41	22.93	16.03	69.91	6.29
南宫市			366.80	34.27	85.26	312.75	208.99	66.82	45.82
南和县			35.34	7.40	53.28	18.83	12.24	65.00	3.93
平乡县			41.00	8.68	44.98	18.44	16.58	89.91	6.04
清河县			96.64	17.23	56.84	54.93	31.43	57.22	9.12
沙河县			32.80	6.69	56.59	18.56	12.94	69.72	3.21
威县			468.67	41.15	92.65	434.20	311.98	71.85	56.83
新河县			90.77	21.82	74.66	67.77	39.42	58.17	24.85
邢台县			47.28	8.10	68.55	32.41	22.34	68.93	4.78
任县			64.14	12.33	54.71	35.09	37.78	107.67	12.33

5－17－6 续表 1

县市名	耕地面积（万亩）	农业人口（万人）	棉田面积（万亩）	占耕地（%）	亩产（市斤）	产量（万担）	收购量（万担）	商品率（%）	人均交售（市斤）
秦皇岛市									
昌黎县									
卢龙县									
抚宁县									
唐山市			**234.05**	**3.43**	**93.93**	**219.84**	**99.79**	**45.39**	**2.65**
迁西县			1.13	1.00	74.34	0.84			
丰润县			14.93	1.23	67.72	10.11	9.56	94.56	1.40
丰南县			104.46	12.64	109.73	114.62	27.12	23.66	5.70
乐亭县			63.66	6.08	89.24	56.81	32.48	57.17	6.62
滦南县			18.46	1.52	88.24	16.29	11.41	70.04	2.02
滦　县			0.54	0.32	151.85	0.82			
迁安县									
唐海县			0.15	0.21	100.00	0.15			
玉田县			26.02	2.13	63.80	16.60	16.24	97.83	2.54
遵化县			4.70	0.49	76.60	3.60	2.98	82.78	0.44
石家庄市			**666.49**	**7.15**	**76.24**	**508.14**	**335.24**	**65.97**	**4.92**
高邑县			25.07	9.07	63.98	16.04	11.08	69.08	6.38
鹿泉市			13.28	2.84	68.60	9.11	8.63	94.73	2.51
辛集市			194.68	16.82	101.57	197.74	111.53	56.40	18.27
赵　县			57.60	6.76	78.52	45.23	37.20	82.25	6.79
藁城市			54.30	5.95	74.99	40.72	33.25	81.66	4.51
栾城市			12.46	2.42	77.05	9.60	5.50	57.29	1.53
新乐市			16.94	3.66	104.13	17.64	8.93	50.62	2.11
正定市			22.98	4.10	83.25	19.13	10.81	56.51	1.96
晋州市			83.40	12.36	68.27	56.94	48.94	85.95	9.54
平山县			22.08	4.39	53.22	11.75	4.18	35.57	0.92
行唐县			28.90	4.71	48.96	14.15	5.95	42.05	1.46
井陉县			0.23	0.31	60.87	0.14			
元氏县			36.49	6.15	63.55	23.19	12.89	55.58	3.39
深泽县			28.66	8.53	64.62	18.52	14.99	80.94	6.33
灵寿县			20.49	4.80	29.28	6.00	3.15	52.50	1.03
无极县			40.77	6.99	50.18	20.46	15.29	74.73	3.16
赞皇县			8.16	2.63	21.81	1.78	2.92	164.04	1.30
廊坊市			**261.09**	**4.33**	**71.65**	**187.08**	**105.75**	**56.53**	**3.16**
安次区			47.69	5.51	91.03	43.41	19.57	45.08	4.03
大城县			31.67	3.59	48.12	15.24	8.52	55.91	1.96
文安县			35.58	3.73	38.25	13.61	12.09	88.83	2.75
霸州市			40.96	5.77	63.94	26.19	16.91	64.57	3.42
固安县			39.28	6.02	88.16	34.63	22.66	65.43	6.41
香河县			10.42	2.24	59.40	6.19	0.93	15.02	0.30
大厂回			4.46	2.30	56.28	2.51	1.06	42.23	1.05
三河县			12.71	2.01	76.24	9.69	2.33	24.05	0.63
永清县			38.32	5.67	92.93	35.61	21.68	60.88	5.89

5－17－6 续表2

县市名	耕地面积（万亩）	农业人口（万人）	棉田面积（万亩）	占耕地（%）	亩产（市斤）	产量（万担）	收购量（万担）	商品率（%）	人均交售（市斤）
衡水市			**1695.03**	**17.58**	**75.68**	**1282.83**	**783.14**	**61.05**	**20.27**
安平县			61.69	11.21	69.65	42.97	42.22	98.25	14.67
阜城县			140.00	17.99	71.21	99.70	55.65	55.82	17.13
故城县			217.06	23.59	89.47	194.21	103.91	53.50	23.35
景　县			196.46	14.97	67.40	132.42	97.71	73.79	19.96
饶阳县			108.64	17.03	82.85	90.01	43.64	48.48	15.33
深州市			211.81	15.08	67.32	142.58	77.87	54.61	13.61
桃城区			80.46	13.33	62.78	50.51	35.57	70.42	16.05
武强县			68.72	13.77	55.12	37.88	20.46	54.01	9.82
武邑县			126.57	14.34	61.90	78.35	53.73	68.58	16.83
枣强县			207.30	20.11	70.19	145.51	92.35	63.47	26.92
冀州市			276.32	27.08	97.24	268.69	160.03	59.56	43.71
沧州市			**1782.81**	**14.13**	**71.76**	**1279.36**	**742.57**	**58.04**	**12.69**
泊头市			75.47	7.21	43.21	32.61	28.56	87.58	5.97
沧　县			47.24	3.14	79.81	37.70	19.01	50.42	2.80
东光县			268.15	33.15	94.35	252.99	143.07	56.55	42.83
海兴县			24.29	5.10	47.39	11.51	4.54	39.44	2.32
河间市			213.34	13.77	56.99	121.58	66.52	54.71	8.77
黄骅县			39.40	4.45	58.86	23.19	6.99	30.14	1.85
孟村回			37.54	10.93	68.78	25.82	25.48	98.68	14.84
南皮县			219.12	28.91	59.07	129.44	61.06	47.17	18.02
青　县			50.91	5.44	70.69	35.99	16.82	46.74	4.71
任邱市			94.79	9.29	59.05	55.97	37.55	67.09	5.99
肃宁县			128.62	20.79	55.82	71.79	60.80	84.69	18.79
吴桥县			270.39	42.07	112.06	302.99	178.19	58.81	66.50
献县棉			160.83	13.67	53.24	85.63	52.55	61.37	9.62
盐山县			152.72	17.86	60.34	92.15	41.43	44.96	10.37
邯郸市			**2234.03**	**21.25**	**99.64**	**2225.93**	**1367.96**	**61.46**	**20.65**
肥乡县			242.46	36.38	114.58	277.82	156.88	56.47	50.53
大名县			206.66	17.10	81.73	168.91	73.49	43.51	10.08
磁　县			106.36	13.77	95.36	101.42	101.80	100.37	16.71
广平县			81.90	19.93	90.90	74.45	42.74	57.41	17.66
成安县			221.39	35.32	121.28	268.50	160.25	59.68	44.02
馆陶县			170.48	32.09	100.62	171.53	119.20	69.49	42.66
邯郸市郊			0.14	0.53	21.43	0.03			
邯郸县			58.19	9.86	70.17	40.83	37.07	90.79	9.69
临漳县			162.76	19.73	104.45	170.01	110.40	64.94	19.33
邱　县			254.72	46.59	133.36	339.69	202.52	59.62	99.34
曲周县			208.70	26.43	97.26	202.99	96.55	47.56	25.41
魏　县			167.38	15.78	84.24	141.00	95.19	67.51	11.95
武安市			149.26	15.02	57.80	86.27	44.56	51.65	6.60
永年县			99.42	9.59	77.81	77.36	44.59	57.64	5.54
鸡泽县			104.21	24.38	100.87	105.12	82.72	78.69	33.21

5－17－7　河北省1949年产棉县棉花生产收购明细

县市名	耕地面积（万亩）	农业人口（万人）	棉田面积（万亩）	占耕地（%）	亩产（市斤）	产量（万担）	收购量（万担）	商品率（%）	人均交售（市斤）
全省合计	**8835.79**	**2432.53**	**923.06**	**10.45**	**23.09**	**213.09**	**39.56**	**18.56**	**1.63**
保定市	**1343.35**	**453.20**	**135.32**	**10.07**	**16.64**	**22.52**			
定兴县	84.23	29.90	8.54	10.14	16.63	1.42			
安国县	56.90	21.83	10.52	18.49	16.63	1.75			
博野县	38.56	12.40	6.54	16.96	14.98	0.98			
定州市	128.55	53.93	22.93	17.84	14.44	3.31			
高阳县	56.20	15.79	7.43	13.22	16.69	1.24			
蠡　县	80.35	24.80	16.23	20.20	18.11	2.94			
清苑县	116.69	34.67	14.00	12.00	14.29	2.00			
容城县	36.14	13.89	3.87	10.71	22.74	0.88			
唐　县	58.33	22.67	4.76	8.16	18.07	0.86			
雄　县	68.20	15.80	1.93	2.83	18.13	0.35			
易　县	78.59	28.50	4.40	5.60	12.73	0.56			
满城县	54.95	20.44	6.13	11.16	20.23	1.24			
望都县	41.79	12.30	6.01	14.38	16.64	1.00			
徐水县	73.49	27.10	5.18	7.05	16.60	0.86			
高碑店	78.50	25.60	5.61	7.15	16.76	0.94			
涿州市	85.70	24.44	3.43	4.00	21.57	0.74			
安新县	59.60	18.10	1.20	2.01	16.67	0.20			
涞水县	45.10	15.24	0.41	0.91	12.20	0.05			
曲阳县	56.17	20.90	0.67	1.19	13.43	0.09			
顺平县	45.31	14.90	5.53	12.20	20.07	1.11			
邢台市	**1144.75**	**276.81**	**150.51**	**13.15**	**20.59**	**30.99**			
宁晋县	138.90	36.46	1.85	1.33	14.05	0.26			
柏乡县	32.67	7.93	6.41	19.62	22.78	1.46			
广宗县	53.50	10.70	7.93	14.82	20.18	1.60			
巨鹿县	74.55	15.50	12.20	16.36	18.03	2.20			
临城县	40.29	7.68	1.43	3.55	13.29	0.19			
临西县	62.18	15.34	14.99	24.11	21.21	3.18			
隆尧县	88.60	21.20	9.77	11.03	15.97	1.56			
内邱县	49.29	10.06	1.96	3.98	8.67	0.17			
南宫市	101.90	27.90	24.86	24.40	20.84	5.18			
南和县	49.48	13.60	1.61	3.25	17.39	0.28			
平乡县	47.57	11.28	4.29	9.02	20.05	0.86			
清河县	50.15	16.51	9.01	17.97	16.65	1.50			
沙河县	56.74	15.70	5.68	10.01	22.71	1.29			
威　县	134.82	24.24	32.27	23.94	23.33	7.53			
新河县	41.78	8.92	9.07	21.71	22.49	2.04			
邢台县	72.85	20.96	3.51	4.82	26.78	0.94			
任　县	49.48	12.83	3.67	7.42	20.44	0.75			

5－17－7 续表 1

县市名	耕地面积（万亩）	农业人口（万人）	棉田面积（万亩）	占耕地（%）	亩产（市斤）	产量（万担）	收购量（万担）	商品率（%）	人均交售（市斤）
秦皇岛市	**281.54**	**91.58**	**12.31**	**4.37**	**12.67**	**1.56**			
昌黎县	106.64	29.03	2.85	2.67	8.07	0.23			
卢龙县	76.15	24.81	4.36	5.73	8.03	0.35			
抚宁县	98.75	37.74	5.10	5.16	19.22	0.98			
唐山市	**912.47**	**280.80**	**45.33**	**4.97**	**11.82**	**5.36**			
迁西县	31.48	17.46	1.02	3.24	10.78	0.11			
丰润县	132.80	43.44	6.26	4.71	18.85	1.18			
丰南县	93.63	29.41	13.76	14.70	13.81	1.90			
乐亭县	100.69	29.41	6.00	5.96					
滦南县	129.80	32.04	7.12	5.49	8.29	0.59			
滦　县	94.70	24.48	2.50	2.64	10.40	0.26			
迁安县	91.89	29.34	1.86	2.02	22.58	0.42			
唐海县	19.29	5.03	1.36	7.05	30.15	0.41			
玉田县	129.30	37.47	3.18	2.46	1.26	0.04			
遵化县	88.89	32.72	2.27	2.55	19.82	0.45			
石家庄市	**985.27**	**332.37**	**168.51**	**17.10**	**31.51**	**53.09**			
高邑县	27.25	7.10	8.35	30.64	39.52	3.30			
鹿泉市	51.75	19.50	8.30	16.04	24.70	2.05			
辛集市	115.21	33.76	29.54	25.64	36.19	10.69			
赵　县	83.10	24.19	17.19	20.69	27.69	4.76			
藁城市	90.40	33.02	24.56	27.17	30.01	7.37			
栾城市	45.15	17.14	14.21	31.47	29.84	4.24			
新乐市	46.99	16.88	4.73	10.07	11.84	0.56			
正定市	56.73	25.70	10.46	18.44	38.15	3.99			
晋州市	72.43	20.89	13.69	18.90	46.97	6.43			
平山县	66.60	24.16	3.62	5.44	18.23	0.66			
行唐县	64.76	19.36	4.41	6.81	19.95	0.88			
井陉县	39.62	15.73	0.44	1.11	18.18	0.08			
元氏县	60.70	16.07	8.00	13.18	22.00	1.76			
深泽县	35.14	12.60	7.71	21.94	36.06	2.78			
灵寿县	43.85	14.15	3.34	7.62	28.14	0.94			
无极县	53.83	22.80	8.98	16.68	25.95	2.33			
赞皇县	31.76	9.32	0.98	3.09	27.55	0.27			
廊坊市	**674.35**	**162.79**	**41.24**	**6.12**	**21.17**	**8.73**			
安次区	114.24	22.80	13.20	11.55	26.59	3.51			
大城县	91.67	20.70	2.09	2.28	5.26	0.11			
文安县	74.15	18.80	3.15	4.25	20.63	0.65			
霸州市	83.02	22.60	10.19	12.27	16.98	1.73			
固安县	83.08	19.75	4.81	5.79	19.96	0.96			
香河县	55.22	15.15	1.83	3.31	18.03	0.33			
大厂回	20.20	5.25	0.33	1.63	27.27	0.09			
三河县	71.89	20.38	2.73	3.80	27.11	0.74			
永清县	80.88	17.36	2.91	3.60	20.96	0.61			

5－17－7 续表 2

县市名	耕地面积（万亩）	农业人口（万人）	棉田面积（万亩）	占耕地（%）	亩产（市斤）	产量（万担）	收购量（万担）	商品率（%）	人均交售（市斤）
衡水市	**1033.37**	**239.79**	**84.71**	**8.20**	**18.98**	**16.08**			
安平县	60.21	16.90	1.49	2.47	14.09	0.21			
阜城县	80.19	19.70	9.82	12.25	18.64	1.83			
故城县	107.00	25.66	7.20	6.73	20.28	1.46			
景　县	134.67	29.09	19.70	14.63	18.98	3.74			
饶阳县	80.58	16.10	2.13	2.64	20.19	0.43			
深州市	155.35	34.38	8.63	5.56	10.66	0.92			
桃城区	65.96	15.34	3.91	5.93	24.81	0.97			
武强县	52.00	12.64	0.89	1.71	15.73	0.14			
武邑县	94.89	19.45	4.53	4.77	10.15	0.46			
枣强县	92.62	26.40	6.83	7.37	9.96	0.68			
冀州市	109.90	24.13	19.58	17.82	26.76	5.24			
沧州市	**1384.81**	**313.09**	**95.80**	**6.92**	**26.28**	**25.18**			
泊头市	110.24	25.20	3.83	3.47	25.07	0.96			
沧　县	177.64	36.20	2.39	1.35	5.86	0.14			
东光县	84.44	20.73	24.36	28.85	17.73	4.32			
海兴县	45.64	9.77	0.19	0.42	21.05	0.04			
河间市	166.40	37.13	5.76	3.46	23.09	1.33			
黄骅县	112.67	19.00	0.79	0.70	10.13	0.08			
孟村回	36.97	8.94	0.92	2.49	23.91	0.22			
南皮县	87.70	21.20	10.36	11.81	27.99	2.90			
青　县	103.16	18.80	2.00	1.94	6.00	0.12			
任邱市	116.42	31.33	8.42	7.23	21.02	1.77			
肃宁县	57.82	16.40	2.51	4.34	14.74	0.37			
吴桥县	75.65	18.27	26.33	34.81	45.12	11.88			
献县棉	134.59	28.92	5.34	3.97	8.24	0.44			
盐山县	75.47	21.20	2.60	3.45	23.46	0.61			
邯郸市	**1075.88**	**282.10**	**189.33**	**17.60**	**26.19**	**49.58**	**39.56**	**79.79**	**14.02**
肥乡县	70.09	14.12	9.21	13.14	29.97	2.76	2.21	80.07	15.65
大名县	104.87	27.52	4.54	4.33	17.84	0.81	0.73	90.12	2.65
磁　县	82.11	26.30	25.43	30.97	38.77	9.86	7.89	80.02	30.00
广平县	38.01	10.03	3.62	9.52	12.43	0.45	0.36	80.00	3.59
成安县	56.30	14.50	14.38	25.54	28.30	4.07	3.26	80.10	22.48
馆陶县	56.41	12.97	11.86	21.02	15.85	1.88	1.48	78.72	11.41
邯郸市郊	38.10	13.10	7.33	19.24	40.25	2.95	2.36	80.00	18.02
邯郸县	61.90	14.66	20.00	32.31	23.00	4.60	3.68	80.00	25.10
临漳县	83.02	26.10	19.08	22.98	26.42	5.04	4.03	79.96	15.44
邱　县	49.13	7.61	13.54	27.56	20.01	2.71	1.97	72.69	25.89
曲周县	79.00	15.36	6.18	7.82	10.03	0.62	0.49	79.03	3.19
魏　县	108.61	26.32	9.62	8.86	26.20	2.52	2.05	81.35	7.79
武安市	103.74	32.20	21.30	20.53	25.63	5.46	4.37	80.04	13.57
永年县	101.40	31.21	18.92	18.66	24.00	4.54	3.63	79.96	11.63
鸡泽县	43.19	10.10	4.32	10.00	30.32	1.31	1.05	80.15	10.40

5－17－8　河北省1950年产棉县棉花生产收购明细

县市名	耕地面积（万亩）	农业人口（万人）	棉田面积（万亩）	占耕地（%）	亩产（市斤）	产量（万担）	收购量（万担）	商品率（%）	人均交售（市斤）
全省合计	**8900.76**	**2468.85**	**1217.87**	**13.68**	**29.09**	**354.24**	**66.52**	**18.78**	**2.69**
保定市	**1373.95**	**455.00**	**182.87**	**13.31**	**25.75**	**47.09**			
定兴县	80.00	30.00	14.86	18.58	24.97	3.71			
安国县	56.00	22.00	14.99	26.77	34.42	5.16			
博野县	38.00	12.00	12.18	32.05	39.98	4.87			
定州市	145.00	56.00	33.51	23.11	26.47	8.87			
高阳县	57.00	16.00	2.01	3.53	13.43	0.27			
蠡　县	80.00	24.00	21.73	27.16	21.35	4.64			
清苑县	126.00	33.00	7.24	5.75	21.69	1.57			
容城县	36.00	14.00	3.61	10.03	19.67	0.71			
唐　县	58.00	23.00	9.98	17.21	22.04	2.20			
雄　县	67.00	16.00	0.70	1.04	17.14	0.12			
易　县	80.00	29.00	9.75	12.19	24.92	2.43			
满城县	54.95	21.00	6.87	12.50	23.29	1.60			
望都县	41.00	12.00	10.08	24.59	23.31	2.35			
徐水县	81.00	27.00	9.26	11.43	21.71	2.01			
高碑店	82.00	25.00	5.83	7.11	21.61	1.26			
涿州市	84.00	26.00	5.05	6.01	21.58	1.09			
安新县	61.00	18.00	0.09	0.15	22.22	0.02			
涞水县	46.00	15.00	1.87	4.07	21.93	0.41			
曲阳县	56.00	21.00	2.70	4.82	36.30	0.98			
顺平县	45.00	15.00	10.56	23.47	26.70	2.82			
邢台市	**1163.64**	**282.60**	**224.33**	**19.28**	**23.33**	**52.34**			
宁晋县	137.90	36.80	12.53	9.09	17.88	2.24			
柏乡县	32.62	8.07	7.57	23.21	24.70	1.87			
广宗县	53.55	10.79	11.11	20.75	21.69	2.41			
巨鹿县	74.55	15.60	18.39	24.67	15.99	2.94			
临城县	40.29	7.77	4.03	10.00	23.08	0.93			
临西县	63.26	15.65	15.46	24.44	25.23	3.90			
隆尧县	88.89	21.51	14.67	16.50	26.65	3.91			
内邱县	49.29	10.30	5.25	10.65	26.67	1.40			
南宫市	101.80	28.00	32.64	32.06	20.68	6.75			
南和县	49.48	13.70	3.28	6.63	20.12	0.66			
平乡县	51.53	11.46	6.80	13.20	22.65	1.54			
清河县	57.32	16.46	11.76	20.52	28.32	3.33			
沙河县	56.74	16.00	9.93	17.50	29.31	2.91			
威　县	134.82	24.87	45.43	33.70	26.66	12.11			
新河县	41.78	9.00	11.74	28.10	16.70	1.96			
邢台县	80.34	23.69	7.88	9.81	26.27	2.07			
任　县	49.48	12.93	5.86	11.84	24.06	1.41			

5－17－8 续表 1

县市名	耕地面积（万亩）	农业人口（万人）	棉田面积（万亩）	占耕地（%）	亩产（市斤）	产量（万担）	收购量（万担）	商品率（%）	人均交售（市斤）
秦皇岛市	**281.54**	**91.58**	**13.44**	**4.77**	**29.54**	**3.97**			
昌黎县	106.64	29.03	3.10	2.91	27.10	0.84			
卢龙县	76.15	24.81	3.84	5.04	26.82	1.03			
抚宁县	98.75	37.74	6.50	6.58	32.31	2.10			
唐山市	**912.90**	**282.96**	**42.28**	**4.63**	**33.18**	**14.03**			
迁西县	31.48	17.46	1.05	3.34	6.67	0.07			
丰润县	132.53	43.66	5.45	4.11	26.61	1.45			
丰南县	93.51	29.49	13.58	14.52	42.86	5.82			
乐亭县	102.00	30.00	5.00	4.90	32.00	1.60			
滦南县	128.00	33.00	7.16	5.59	34.22	2.45			
滦　县	94.70	24.48	2.59	2.73	28.96	0.75			
迁安县	91.89	29.34	2.19	2.38	26.94	0.59			
唐海县	19.29	5.03	1.36	7.05	30.15	0.41			
玉田县	129.50	37.50	1.57	1.21	21.02	0.33			
遵化县	90.00	33.00	2.33	2.59	24.03	0.56			
石家庄市	**978.95**	**337.70**	**223.65**	**22.85**	**37.38**	**83.59**			
高邑县	27.25	7.20	8.60	31.56	42.33	3.64			
鹿泉市	51.70	19.00	13.40	25.92	25.90	3.47			
辛集市	115.91	33.92	29.70	25.62	37.00	10.99			
赵　县	83.00	24.50	32.03	38.59	35.34	11.32			
藁城市	93.60	33.77	30.25	32.32	36.00	10.89			
栾城市	45.40	17.40	19.34	42.60	42.30	8.18			
新乐市	47.00	17.00	5.33	11.34	24.95	1.33			
正定市	56.00	25.90	12.51	22.34	49.16	6.15			
晋州市	72.43	22.15	24.42	33.72	45.50	11.11			
平山县	65.00	25.00	6.46	9.94	23.84	1.54			
行唐县	64.50	19.50	5.04	7.81	43.25	2.18			
井陉县	40.00	16.00	0.55	1.38	14.55	0.08			
元氏县	60.50	16.20	11.10	18.35	23.33	2.59			
深泽县	27.00	13.20	7.75	28.70	41.29	3.20			
灵寿县	43.70	14.40	4.83	11.05	31.47	1.52			
无极县	54.00	23.00	10.39	19.24	46.58	4.84			
赞皇县	31.96	9.56	1.95	6.10	28.72	0.56			
廊坊市	**679.10**	**165.00**	**37.04**	**5.45**	**21.95**	**8.13**	**0.36**	**4.43**	**0.22**
安次区	114.00	23.00	15.89	13.94	16.61	2.64	0.15	5.68	0.65
大城县	95.00	21.00	1.40	1.47	11.43	0.16			
文安县	75.00	19.00	2.13	2.84	23.94	0.51	0.04	7.84	0.21
霸州市	84.00	23.00	4.52	5.38	34.07	1.54			
固安县	84.00	19.80	4.88	5.81	17.62	0.86	0.02	2.33	0.10
香河县	55.00	15.50	1.90	3.45	27.89	0.53			
大厂回	20.30	5.30	0.66	3.25	22.73	0.15	0.15	100.00	2.83
三河县	71.80	20.40	3.03	4.22	27.06	0.82			
永清县	80.00	18.00	2.63	3.29	34.98	0.92			

5－17－8 续表2

县市名	耕地面积（万亩）	农业人口（万人）	棉田面积（万亩）	占耕地（%）	亩产（市斤）	产量（万担）	收购量（万担）	商品率（%）	人均交售（市斤）
衡水市	**1038.13**	**244.94**	**117.01**	**11.27**	**26.56**	**31.08**			
安平县	59.77	17.11	2.36	3.95	29.24	0.69			
阜城县	80.19	19.80	12.33	15.38	27.66	3.41			
故城县	106.30	26.04	11.36	10.69	11.88	1.35			
景县	140.60	29.71	21.89	15.57	31.02	6.79			
饶阳县	80.58	16.10	1.99	2.47	46.73	0.93			
深州市	155.27	36.19	16.71	10.76	24.96	4.17			
桃城区	66.22	15.82	4.07	6.15	26.78	1.09			
武强县	52.00	12.64	0.98	1.88	12.24	0.12			
武邑县	94.70	21.00	4.80	5.07	22.08	1.06			
枣强县	92.60	26.40	10.35	11.18	23.09	2.39			
冀州市	109.90	24.13	30.17	27.45	30.10	9.08			
沧州市	**1381.29**	**319.87**	**106.06**	**7.68**	**29.29**	**31.06**			
泊头市	111.00	25.20	4.58	4.13	15.28	0.70			
沧县	182.00	37.70	2.47	1.36	12.96	0.32			
东光县	85.00	20.90	29.47	34.67	27.99	8.25			
海兴县	46.00	9.80	0.39	0.85	17.95	0.07			
河间市	168.00	37.20	7.20	4.29	30.00	2.16			
黄骅县	101.00	21.60	0.11	0.11	18.18	0.02			
孟村回	34.00	8.40	1.17	3.44	5.13	0.06			
南皮县	88.00	21.60	11.45	13.01	32.40	3.71			
青县	100.00	20.30	0.42	0.42	9.52	0.04			
任邱市	119.00	31.90	5.34	4.49	24.91	1.33			
肃宁县	58.00	16.60	3.27	5.64	14.37	0.47			
吴桥县	76.29	18.47	30.92	40.53	41.17	12.73			
献县棉	135.00	28.90	6.04	4.47	6.46	0.39			
盐山县	78.00	21.30	3.23	4.14	25.08	0.81			
邯郸市	**1091.26**	**289.20**	**271.19**	**24.85**	**30.59**	**82.95**	**66.16**	**79.76**	**22.88**
肥乡县	70.17	14.46	18.00	25.65	37.00	6.66	5.35	80.33	37.00
大名县	112.62	29.34	7.05	6.26	20.99	1.48	1.18	79.73	4.02
磁县	82.80	26.77	28.63	34.58	35.87	10.27	8.22	80.04	30.71
广平县	38.00	10.34	7.99	21.03	26.78	2.14	1.70	79.44	16.44
成安县	56.50	15.43	25.65	45.40	33.33	8.55	6.83	79.88	44.26
馆陶县	56.30	12.86	10.92	19.40	24.91	2.72	2.18	80.15	16.95
邯郸市郊	38.10	13.13	7.18	18.85	33.98	2.44	1.95	79.92	14.85
邯郸县	61.90	14.55	21.00	33.93	34.00	7.14	5.70	79.83	39.18
临漳县	83.90	25.30	21.15	25.21	28.42	6.01	4.82	80.20	19.05
邱县	49.86	8.09	21.87	43.86	25.10	5.49	4.39	79.96	54.26
曲周县	80.00	16.10	14.44	18.05	26.59	3.84	3.07	79.95	19.07
魏县	110.11	27.33	11.32	10.28	19.96	2.26	1.82	80.53	6.66
武安市	103.90	33.09	36.54	35.17	26.77	9.78	7.83	80.06	23.66
永年县	103.60	32.27	29.85	28.81	37.29	11.13	8.70	78.17	26.96
鸡泽县	43.50	10.14	9.60	22.07	31.67	3.04	2.42	79.61	23.87

5-17-9 河北省1951年产棉县棉花生产收购明细

县市名	耕地面积（万亩）	农业人口（万人）	棉田面积（万亩）	占耕地（%）	亩产（市斤）	产量（万担）	收购量（万担）	商品率（%）	人均交售（市斤）
全省合计	**8964.56**	**2501.84**	**1487.91**	**16.60**	**30.08**	**447.55**	**95.67**	**21.38**	**3.82**
保定市	**1380.95**	**461.50**	**226.14**	**16.38**	**27.88**	**63.04**			
定兴县	83.00	30.00	15.00	18.07	27.00	4.05			
安国县	59.00	23.00	17.72	30.03	33.35	5.91			
博野县	37.00	12.00	14.62	39.51	40.01	5.85			
定州市	144.00	57.00	37.51	26.05	33.32	12.50			
高阳县	58.00	16.00	4.90	8.45	18.98	0.93			
蠡　县	78.00	24.00	27.34	35.05	29.99	8.20			
清苑县	121.00	33.00	14.50	11.98	18.07	2.62			
容城县	37.00	15.00	4.89	13.22	24.54	1.20			
唐　县	58.00	23.00	10.00	17.24	21.00	2.10			
雄　县	66.00	16.00	1.50	2.27	20.00	0.30			
易　县	82.00	30.00	8.50	10.37	22.00	1.87			
满城县	54.95	21.50	11.70	21.29	30.17	3.53			
望都县	40.00	12.00	11.00	27.50	24.36	2.68			
徐水县	82.00	28.00	13.80	16.83	25.87	3.57			
高碑店	83.00	25.00	7.00	8.43	26.57	1.86			
涿州市	85.00	26.00	8.00	9.41	26.00	2.08			
安新县	65.00	19.00	0.64	0.98	17.19	0.11			
涞水县	45.00	15.00	3.00	6.67	20.00	0.60			
曲阳县	57.00	21.00	4.52	7.93	23.89	1.08			
顺平县	46.00	15.00	10.00	21.74	20.00	2.00			
邢台市	**1162.72**	**286.40**	**259.08**	**22.28**	**25.68**	**66.52**			
宁晋县	139.33	36.95	25.10	18.01	23.90	6.00			
柏乡县	31.97	8.18	8.09	25.30	42.15	3.41			
广宗县	53.48	10.92	10.91	20.40	20.26	2.21			
巨鹿县	74.88	15.72	17.49	23.36	18.58	3.25			
临城县	39.48	7.83	4.51	11.42	23.06	1.04			
临西县	68.27	15.96	21.68	31.76	19.05	4.13			
隆尧县	86.82	21.94	16.92	19.49	31.21	5.28			
内邱县	48.29	10.41	6.05	12.53	28.10	1.70			
南宫市	101.70	28.10	36.93	36.31	27.81	10.27			
南和县	48.49	13.83	4.61	9.51	23.21	1.07			
平乡县	50.50	11.69	7.22	14.30	21.33	1.54			
清河县	59.18	16.70	11.27	19.04	26.53	2.99			
沙河县	56.01	16.32	10.30	18.39	29.81	3.07			
威　县	134.82	25.64	48.56	36.02	26.79	13.01			
新河县	40.94	9.23	11.70	28.58	21.37	2.50			
邢台县	77.53	23.96	10.99	14.18	28.21	3.10			
任　县	51.03	13.02	6.75	13.23	28.89	1.95			

5－17－9 续表 1

县市名	耕地面积（万亩）	农业人口（万人）	棉田面积（万亩）	占耕地（%）	亩产（市斤）	产量（万担）	收购量（万担）	商品率（%）	人均交售（市斤）
秦皇岛市	**281.54**	**91.58**	**18.06**	**6.41**	**41.25**	**7.45**			
昌黎县	106.64	29.03	5.19	4.87	39.88	2.07			
卢龙县	76.15	24.81	6.14	8.06	29.64	1.82			
抚宁县	98.75	37.74	6.73	6.82	52.90	3.56			
唐山市	**916.55**	**285.51**	**46.54**	**5.08**	**35.52**	**16.53**			
迁西县	31.48	17.46	2.08	6.61	20.19	0.42			
丰润县	131.98	43.92	6.81	5.16	25.55	1.74			
丰南县	93.71	29.68	14.12	15.07	44.62	6.30			
乐亭县	104.00	31.00	5.00	4.81	37.00	1.85			
滦南县	127.00	34.00	7.35	5.79	37.69	2.77			
滦　县	94.70	24.48	2.10	2.22	30.48	0.64			
迁安县	91.89	29.34	2.22	2.42	27.93	0.62			
唐海县	19.29	5.03	1.36	7.05	30.15	0.41			
玉田县	129.50	37.50	3.05	2.36	30.16	0.92			
遵化县	93.00	33.10	2.45	2.63	35.10	0.86			
石家庄市	**974.30**	**343.51**	**254.88**	**26.16**	**37.42**	**95.38**			
高邑县	27.11	7.40	9.13	33.68	43.70	3.99			
鹿泉市	51.70	19.00	9.84	19.03	23.78	2.34			
辛集市	116.00	34.17	38.23	32.96	38.01	14.53			
赵　县	82.80	25.00	30.32	36.62	30.67	9.30			
藁城市	91.56	34.00	34.90	38.12	37.99	13.26			
栾城市	45.70	17.60	23.81	52.10	43.47	10.35			
新乐市	47.50	18.00	6.60	13.89	26.06	1.72			
正定市	56.00	26.20	14.22	25.39	55.06	7.83			
晋州市	70.67	22.47	29.89	42.30	40.82	12.20			
平山县	62.00	26.00	6.62	10.68	24.47	1.62			
行唐县	64.50	20.00	8.67	13.44	22.95	1.99			
井陉县	40.20	16.50	0.39	0.97	25.64	0.10			
元氏县	60.20	16.40	11.14	18.50	26.30	2.93			
深泽县	27.00	13.20	7.87	29.15	62.64	4.93			
灵寿县	43.50	14.50	6.60	15.17	33.94	2.24			
无极县	55.00	23.50	13.56	24.65	37.98	5.15			
赞皇县	32.86	9.57	3.09	9.40	29.13	0.90			
廊坊市	**686.20**	**168.10**	**41.98**	**6.12**	**26.75**	**11.23**	**3.54**	**31.52**	**2.11**
安次区	114.00	24.00	14.28	12.53	31.37	4.48	2.31	51.56	9.63
大城县	100.00	21.20	1.19	1.19	21.01	0.25			
文安县	75.00	20.00	3.39	4.52	27.73	0.94	0.21	22.34	1.05
霸州市	85.00	23.00	5.90	6.94	36.10	2.13	0.07	3.29	0.30
固安县	85.00	20.00	5.64	6.64	7.98	0.45	0.47	104.44	2.35
香河县	55.00	15.80	1.99	3.62	26.13	0.52	0.07	13.46	0.44
大厂回	20.40	5.40	1.66	8.14	24.70	0.41	0.41	100.00	7.59
三河县	71.80	20.50	3.21	4.47	27.10	0.87			
永清县	80.00	18.20	4.72	5.90	25.00	1.18			

5－17－9续表2

县市名	耕地面积（万亩）	农业人口（万人）	棉田面积（万亩）	占耕地（%）	亩产（市斤）	产量（万担）	收购量（万担）	商品率（%）	人均交售（市斤）
衡水市	**1048.85**	**244.19**	**162.28**	**15.47**	**23.82**	**38.65**			
安平县	58.79	16.93	3.50	5.95	25.43	0.89			
阜城县	80.19	19.97	23.48	29.28	24.32	5.71			
故城县	108.08	26.76	14.44	13.36	19.67	2.84			
景　县	141.09	30.34	24.00	17.01	28.00	6.72			
饶阳县	80.58	16.10	3.45	4.28	27.25	0.94			
深州市	154.86	36.49	21.65	13.98	21.99	4.76			
桃城区	67.23	15.52	6.74	10.03	16.77	1.13			
武强县	52.00	12.64	1.60	3.08	18.13	0.29			
武邑县	96.13	20.31	8.77	9.12	11.74	1.03			
枣强县	100.00	25.00	21.09	21.09	15.65	3.30			
冀州市	109.90	24.13	33.56	30.54	32.90	11.04			
沧州市	**1414.32**	**323.77**	**130.81**	**9.25**	**25.98**	**33.98**			
泊头市	113.00	25.80	6.67	5.90	25.49	1.70			
沧　县	182.00	38.40	2.70	1.48	12.96	0.35			
东光县	88.00	21.40	33.30	37.84	23.09	7.69			
海兴县	49.00	9.90	0.61	1.24	16.39	0.10			
河间市	167.00	36.60	12.81	7.67	27.01	3.46			
黄骅县	110.00	21.80	0.14	0.13	14.29	0.02			
孟村回	36.00	8.50	1.24	3.44	26.61	0.33			
南皮县	89.00	22.10	15.92	17.89	23.37	3.72			
青　县	110.00	20.40	0.51	0.46	17.65	0.09			
任邱市	115.00	32.60	5.14	4.47	25.10	1.29			
肃宁县	59.00	16.40	7.45	12.63	16.24	1.21			
吴桥县	76.32	18.57	36.10	47.30	35.15	12.69			
献县棉	136.00	29.70	4.78	3.51	9.21	0.44			
盐山县	84.00	21.60	3.44	4.10	25.87	0.89			
邯郸市	**1099.13**	**297.28**	**348.14**	**31.67**	**32.97**	**114.77**	**92.13**	**80.27**	**30.99**
肥乡县	70.30	14.72	27.00	38.41	38.00	10.26	8.21	80.02	55.77
大名县	114.91	31.18	10.00	8.70	19.10	1.91	1.53	80.10	4.91
磁　县	82.30	27.27	26.33	31.99	45.99	12.11	9.69	80.02	35.53
广平县	38.40	10.66	8.16	21.25	30.27	2.47	1.98	80.16	18.57
成安县	57.80	15.71	39.44	68.24	39.43	15.55	12.44	80.00	79.19
馆陶县	57.10	13.15	13.87	24.29	22.64	3.14	2.51	79.94	19.09
邯郸市郊	38.10	13.45	7.23	18.98	38.17	2.76	2.21	80.07	16.43
邯郸县	61.90	14.82	23.00	37.16	31.00	7.13	5.70	79.94	38.46
临漳县	84.70	25.49	22.27	26.29	30.31	6.75	5.40	80.00	21.18
邱　县	50.64	8.51	23.35	46.11	24.67	5.76	4.61	80.03	54.17
曲周县	80.10	16.42	18.60	23.22	25.00	4.65	3.71	79.78	22.59
魏　县	109.98	28.16	14.59	13.27	25.36	3.70	2.96	80.00	10.51
武安市	104.00	33.53	52.33	50.32	31.24	16.35	13.08	80.00	39.01
永年县	104.80	33.97	46.00	43.89	39.13	18.00	14.72	81.78	43.33
鸡泽县	44.10	10.24	15.97	36.21	26.49	4.23	3.38	79.91	33.01

5－17－10　河北省1952年产棉县棉花生产收购明细

县市名	耕地面积（万亩）	农业人口（万人）	棉田面积（万亩）	占耕地（%）	亩产（市斤）	产量（万担）	收购量（万担）	商品率（%）	人均交售（市斤）
全省合计	**9101.03**	**2534.41**	**1437.90**	**15.80**	**38.09**	**547.65**	**298.80**	**54.56**	**11.79**
保定市	**1399.32**	**480.78**	**193.62**	**13.84**	**39.95**	**77.36**			
定兴县	83.20	30.20	13.95	16.77	44.95	6.27			
安国县	60.33	23.06	16.75	27.76	45.67	7.65			
博野县	37.83	13.20	13.84	36.58	57.37	7.94			
定州市	147.89	58.20	27.64	18.69	32.92	9.10			
高阳县	60.30	16.86	3.62	6.00	25.41	0.92			
蠡　县	79.64	25.52	21.81	27.39	46.22	10.08			
清苑县	116.43	36.08	11.20	9.62	41.07	4.60			
容城县	36.96	14.21	4.00	10.82	41.75	1.67			
唐　县	58.00	23.89	8.72	15.03	38.42	3.35			
雄　县	67.30	16.90	1.76	2.62	30.11	0.53			
易　县	79.20	30.82	7.20	9.09	28.33	2.04			
满城县	54.96	21.83	11.48	20.89	38.50	4.42			
望都县	41.73	13.40	11.71	28.06	37.75	4.42			
徐水县	86.59	28.98	10.19	11.77	37.00	3.77			
高碑店	86.80	27.90	6.03	6.95	39.97	2.41			
涿州市	89.20	26.02	6.99	7.84	45.64	3.19			
安新县	64.90	19.60	0.38	0.59	34.21	0.13			
涞水县	45.80	16.27	3.93	8.58	34.35	1.35			
曲阳县	57.10	22.00	5.00	8.76	21.00	1.05			
顺平县	45.16	15.84	7.42	16.43	33.29	2.47			
邢台市	**1150.91**	**291.28**	**282.55**	**24.55**	**29.89**	**84.45**			
宁晋县	140.13	37.13	37.67	26.88	29.84	11.24			
柏乡县	33.18	8.34	8.62	25.98	59.63	5.14			
广宗县	53.83	11.35	10.70	19.88	18.97	2.03			
巨鹿县	76.40	15.83	16.59	21.71	21.04	3.49			
临城县	38.16	7.98	5.00	13.10	32.20	1.61			
临西县	68.73	16.73	16.61	24.17	30.04	4.99			
隆尧县	85.40	22.30	19.16	22.44	35.65	6.83			
内邱县	47.53	10.67	6.84	14.39	29.53	2.02			
南宫市	101.80	28.10	41.22	40.49	34.74	14.32			
南和县	50.45	13.93	5.94	11.77	26.26	1.56			
平乡县	47.50	12.01	7.64	16.08	20.03	1.53			
清河县	60.39	17.06	10.78	17.85	24.68	2.66			
沙河县	55.96	16.64	10.67	19.07	30.37	3.24			
威　县	121.73	26.49	51.69	42.46	27.01	13.96			
新河县	41.10	9.47	11.67	28.39	25.96	3.03			
邢台县	75.52	24.14	14.10	18.67	30.07	4.24			
任　县	53.10	13.11	7.65	14.41	33.46	2.56			

5－17－10 续表 1

县市名	耕地面积（万亩）	农业人口（万人）	棉田面积（万亩）	占耕地（%）	亩产（市斤）	产量（万担）	收购量（万担）	商品率（%）	人均交售（市斤）
秦皇岛市	**281.34**	**84.97**	**14.75**	**5.24**	**38.37**	**5.66**	**1.86**	**32.86**	**2.19**
昌黎县	113.77	31.37	3.88	3.41	35.05	1.36	0.32	23.53	1.02
卢龙县	74.65	24.98	4.60	6.16	35.22	1.62	0.69	42.59	2.76
抚宁县	92.92	28.62	6.27	6.75	42.74	2.68	0.85	31.72	2.97
唐山市	**934.16**	**290.75**	**47.46**	**5.08**	**42.65**	**20.24**	**14.72**	**72.73**	**5.06**
迁西县	38.57	18.00	1.45	3.76	41.38	0.60			
丰润县	131.32	44.21	6.18	4.71	38.03	2.35	1.04	44.26	2.35
丰南县	93.69	29.74	14.67	15.66	42.81	6.28	7.43	118.31	24.98
乐亭县	106.50	31.92	6.55	6.15	49.62	3.25	1.58	48.62	4.95
滦南县	126.18	34.70	7.30	5.79	43.56	3.18	1.60	50.31	4.61
滦　县	92.85	25.21	1.50	1.62	34.67	0.52	0.29	55.77	1.15
迁安县	92.65	30.88	2.37	2.56	27.00	0.64	0.03	4.69	0.10
唐海县	19.29	5.03	1.36	7.05	30.15	0.41			
玉田县	134.37	37.83	3.02	2.25	54.64	1.65	1.66	100.61	4.39
遵化县	98.74	33.23	3.06	3.10	44.44	1.36	1.09	80.15	3.28
石家庄市	**983.78**	**344.57**	**244.62**	**24.87**	**47.16**	**115.36**	**101.10**	**87.64**	**29.34**
高邑县	27.11	7.50	10.24	37.77	16.70	1.71	1.52	88.89	20.27
鹿泉市	51.65	18.40	8.67	16.79	34.14	2.96	3.84	129.73	20.87
辛集市	116.38	33.14	32.92	28.29	44.20	14.55	14.49	99.59	43.72
赵　县	82.54	25.29	31.73	38.44	51.15	16.23	15.45	95.19	61.09
藁城市	91.56	35.01	33.96	37.09	58.33	19.81	14.98	75.62	42.79
栾城市	45.92	17.94	20.80	45.30	62.26	12.95	11.06	85.41	61.65
新乐市	47.75	18.62	6.38	13.36	27.59	1.76	1.47	83.52	7.89
正定市	55.75	26.40	15.67	28.11	57.63	9.03	11.03	122.15	41.78
晋州市	70.38	23.05	24.16	34.33	55.71	13.46	12.23	90.86	53.06
平山县	61.80	25.70	7.23	11.70	26.97	1.95	1.20	61.54	4.67
行唐县	64.39	20.01	8.70	13.51	39.66	3.45	2.38	68.99	11.89
井陉县	40.49	16.75	1.09	2.69	33.94	0.37	0.24	64.86	1.43
元氏县	60.09	16.56	5.26	8.75	30.04	1.58	2.34	148.10	14.13
深泽县	35.27	12.18	8.15	23.11	37.42	3.05	3.04	99.67	24.96
灵寿县	43.41	14.63	7.43	17.12	45.49	3.38	2.26	66.86	15.45
无极县	56.43	23.80	18.05	31.99	42.44	7.66	2.87	37.47	12.06
赞皇县	32.86	9.59	4.18	12.72	34.93	1.46	0.70	47.95	7.30
廊坊市	**749.97**	**171.54**	**36.44**	**4.86**	**30.21**	**11.01**	**11.94**	**108.45**	**6.96**
安次区	121.31	25.00	13.06	10.77	34.30	4.48	4.84	108.04	19.36
大城县	110.89	21.40	2.07	1.87	10.14	0.21	0.03	14.29	0.14
文安县	116.91	21.16	1.32	1.13	23.48	0.31	0.26	83.87	1.23
霸州市	85.22	23.20	6.56	7.70	38.11	2.50	2.38	95.20	10.26
固安县	85.67	20.11	3.19	3.72	24.14	0.77	1.19	154.55	5.92
香河县	50.59	16.05	1.84	3.64	21.20	0.39	0.89	*	5.55
大厂回	20.51	5.53	1.46	7.12	27.40	0.40	0.40	100.00	7.23
三河县	71.79	20.68	2.39	3.33	38.08	0.91	0.45	49.45	2.18
永清县	87.08	18.41	4.55	5.23	22.86	1.04	1.50	144.23	8.15

5-17-10续表2

县市名	耕地面积（万亩）	农业人口（万人）	棉田面积（万亩）	占耕地（%）	亩产（市斤）	产量（万担）	收购量（万担）	商品率（%）	人均交售（市斤）
衡水市	**1055.64**	**244.33**	**144.09**	**13.65**	**25.40**	**36.60**	**18.96**	**51.80**	**7.76**
安平县	59.18	17.40	4.63	7.82	22.46	1.04	0.83	79.81	4.77
阜城县	80.83	20.20	14.66	18.14	35.33	5.18	0.39	7.53	1.93
故城县	109.00	26.76	14.08	12.92	28.62	4.03	1.85	45.91	6.91
景县	142.16	31.14	24.78	17.43	28.97	7.18	1.51	21.03	4.85
饶阳县	78.46	17.00	3.12	3.98	9.62	0.30	0.28	93.33	1.65
深州市	154.47	35.65	20.42	13.22	19.64	4.01	5.76	143.64	16.16
桃城区	68.29	15.20	6.11	8.95	7.20	0.44	0.21	47.73	1.38
武强县	51.00	11.89	1.67	3.27	17.96	0.30			
武邑县	96.13	19.21	7.00	7.28	20.29	1.42	0.89	62.68	4.63
枣强县	106.02	24.90	13.99	13.20	18.73	2.62	2.06	78.63	8.27
冀州市	110.10	24.98	33.63	30.54	29.97	10.08	5.18	51.39	20.74
沧州市	**1439.38**	**327.26**	**152.00**	**10.56**	**33.20**	**50.46**	**33.01**	**65.42**	**10.09**
泊头市	117.52	26.90	3.43	2.92	14.29	0.49			
沧县	178.28	37.90	2.75	1.54	12.00	0.33			
东光县	86.91	22.14	39.77	45.76	34.25	13.62	6.94	50.95	31.35
海兴县	53.71	10.17	0.87	1.62	24.14	0.21			
河间市	167.90	37.74	15.77	9.39	31.96	5.04	3.00	59.52	7.95
黄骅县	110.66	19.50	0.24	0.22	12.50	0.03			
孟村回	39.06	8.90	2.52	6.45	20.24	0.51			
南皮县	97.22	22.00	16.98	17.47	37.51	6.37	4.10	64.36	18.64
青县	103.06	19.60	0.50	0.49	26.00	0.13			
任邱市	125.12	33.49	9.98	7.98	20.54	2.05	1.52	74.15	4.54
肃宁县	62.19	17.10	6.70	10.77	16.72	1.12	0.89	79.46	5.20
吴桥县	74.12	18.91	39.49	53.28	45.38	17.92	15.80	88.17	83.55
献县棉	137.27	30.91	5.47	3.98	15.36	0.84	0.37	44.05	1.20
盐山县	86.36	22.00	7.53	8.72	23.90	1.80	0.39	21.67	1.77
邯郸市	**1106.53**	**298.93**	**322.37**	**29.13**	**45.45**	**146.51**	**117.21**	**80.00**	**39.21**
肥乡县	64.71	13.82	22.15	34.23	46.73	10.35	8.28	80.00	59.91
大名县	115.26	31.96	8.23	7.14	28.31	2.33	1.86	79.83	5.82
磁县	84.10	26.03	24.08	28.63	53.65	12.92	10.34	80.03	39.72
广平县	40.00	10.87	8.42	21.05	45.01	3.79	3.03	79.95	27.87
成安县	58.47	16.40	38.23	65.38	66.99	25.61	20.50	80.05	125.00
馆陶县	57.20	13.40	13.73	24.00	25.27	3.47	2.78	80.12	20.75
邯郸市郊	38.10	13.10	7.11	18.66	43.18	3.07	2.46	80.13	18.78
邯郸县	61.90	14.66	22.96	37.09	42.38	9.73	7.78	79.96	53.07
临漳县	85.60	25.66	24.26	28.34	49.01	11.89	9.51	79.98	37.06
邱县	56.56	8.53	19.03	33.65	40.57	7.72	6.18	80.05	72.45
曲周县	81.60	16.38	14.85	18.20	28.28	4.20	3.36	80.00	20.51
魏县	113.48	29.78	20.21	17.81	42.21	8.53	6.82	79.95	22.90
武安市	102.34	30.82	43.89	42.89	39.83	17.48	13.98	79.98	45.36
永年县	105.38	34.22	42.26	40.10	47.40	20.03	16.02	79.98	46.81
鸡泽县	41.83	13.30	12.96	30.98	41.59	5.39	4.31	79.96	32.41

5－17－11　河北省1953年产棉县棉花生产收购明细

县市名	耕地面积（万亩）	农业人口（万人）	棉田面积（万亩）	占耕地（%）	亩产（市斤）	产量（万担）	收购量（万担）	商品率（%）	人均交售（市斤）
全省合计	**9036.62**	**2551.29**	**1326.63**	**14.68**	**31.53**	**418.24**	**377.46**	**90.25**	**14.79**
保定市	**1387.40**	**468.97**	**183.87**	**13.25**	**34.63**	**63.67**	**67.01**	**105.25**	**14.29**
定兴县	84.34	30.40	12.97	15.38	44.64	5.79	5.99	103.45	19.70
安国县	58.14	15.72	11.27	19.38	21.83	2.46	3.70	150.41	23.54
博野县	38.64	13.00	11.26	29.14	49.29	5.55	5.90	106.31	45.38
定州市	149.00	60.00	28.52	19.14	23.35	6.66	6.02	90.39	10.03
高阳县	58.00	17.00	3.76	6.48	24.20	0.91	1.37	150.55	8.06
蠡　县	79.14	23.65	19.24	24.31	39.14	7.53	9.69	128.69	40.97
清苑县	117.00	35.00	9.65	8.25	40.93	3.95	5.13	129.87	14.66
容城县	37.00	15.00	4.13	11.16	35.35	1.46	1.42	97.26	9.47
唐　县	59.00	24.00	11.08	18.78	30.32	3.36	2.53	75.30	10.54
雄　县	67.00	17.00	1.66	2.48	28.31	0.47	0.49	104.26	2.88
易　县	83.00	32.00	6.66	8.02	29.13	1.94	1.73	89.18	5.41
满城县	50.14	17.20	14.37	28.66	44.40	6.38	5.95	93.26	34.59
望都县	39.00	13.00	10.18	26.10	33.89	3.45	4.65	134.78	35.77
徐水县	83.00	29.00	9.37	11.29	31.27	2.93	2.33	79.52	8.03
高碑店	87.00	26.00	4.29	4.93	34.97	1.50	1.74	116.00	6.69
涿州市	88.00	27.00	5.87	6.67	35.78	2.10	2.26	107.62	8.37
安新县	61.00	19.00	1.18	1.93	45.76	0.54			
涞水县	46.00	16.00	2.96	6.43	61.82	1.83	0.58	31.69	3.63
曲阳县	57.00	23.00	6.74	11.82	14.39	0.97	0.64	65.98	2.78
顺平县	46.00	16.00	8.71	18.93	44.66	3.89	4.89	125.71	30.56
邢台市	**1152.86**	**291.51**	**261.79**	**22.71**	**28.42**	**74.40**	**66.90**	**89.92**	**22.95**
宁晋县	140.57	32.97	24.75	17.61	25.78	6.38	6.59	103.29	19.99
柏乡县	33.03	8.72	9.60	29.06	47.40	4.55	4.78	105.05	54.82
广宗县	53.83	11.28	9.94	18.47	14.99	1.49	1.38	92.62	12.23
巨鹿县	76.63	16.14	15.77	20.58	15.98	2.52	2.65	105.16	16.42
临城县	38.24	8.25	4.99	13.05	33.67	1.68	4.41	*	53.45
临西县	68.63	16.52	15.85	23.09	24.42	3.87			
隆尧县	87.15	23.09	15.82	18.15	35.34	5.59	5.15	92.13	22.30
内邱县	47.55	10.69	5.92	12.45	34.97	2.07	2.04	98.55	19.08
南宫市	101.80	28.20	42.01	41.27	28.61	12.02	10.82	90.02	38.37
南和县	50.71	14.14	7.89	15.56	22.05	1.74	1.07	61.49	7.57
平乡县	47.46	12.16	6.48	13.65	12.35	0.80	0.74	92.50	6.09
清河县	60.40	17.28	10.78	17.85	29.96	3.23	1.82	56.35	10.53
沙河县	56.31	17.48	13.46	23.90	39.00	5.25	4.13	78.67	23.63
威　县	120.39	26.97	44.58	37.03	26.00	11.59	11.27	97.24	41.79
新河县	41.33	9.65	10.71	25.91	32.03	3.43	3.47	101.17	35.96
邢台县	75.73	24.61	14.71	19.42	39.97	5.88	4.33	73.64	17.59
任　县	53.10	13.36	8.53	16.06	27.08	2.31	2.25	97.40	16.84

5－17－11 续表 1

县市名	耕地面积（万亩）	农业人口（万人）	棉田面积（万亩）	占耕地（%）	亩产（市斤）	产量（万担）	收购量（万担）	商品率（%）	人均交售（市斤）
秦皇岛市	**281.34**	**84.97**	**10.50**	**3.73**	**28.29**	**2.97**	**1.52**	**51.18**	**1.79**
昌黎县	113.77	31.37	3.24	2.85	25.93	0.84	0.23	27.38	0.73
卢龙县	74.65	24.98	3.56	4.77	30.62	1.09	0.62	56.88	2.48
抚宁县	92.92	28.62	3.70	3.98	28.11	1.04	0.67	64.42	2.34
唐山市	**931.57**	**292.62**	**43.40**	**4.66**	**32.79**	**14.23**	**10.60**	**74.49**	**3.62**
迁西县	38.57	18.00	1.33	3.45	18.80	0.25	0.08	32.00	0.44
丰润县	131.35	44.56	4.33	3.30	29.10	1.26	0.69	54.76	1.55
丰南县	93.61	29.94	14.76	15.77	37.20	5.49	5.99	109.11	20.01
乐亭县	106.50	32.00	5.02	4.71	26.69	1.34	0.84	62.69	2.63
滦南县	125.00	35.00	6.83	5.46	30.01	2.05	1.00	48.78	2.86
滦　县	92.85	25.21	1.29	1.39	14.73	0.19	0.10	52.63	0.40
迁安县	92.65	30.88	1.99	2.15	25.63	0.51	0.05	9.80	0.16
唐海县	19.29	5.03	1.36	7.05	30.15	0.41			
玉田县	133.00	38.00	3.32	2.50	46.08	1.53	1.05	68.63	2.76
遵化县	98.75	34.00	3.17	3.21	37.85	1.20	0.80	66.67	2.35
石家庄市	**964.85**	**344.98**	**236.12**	**24.47**	**41.61**	**98.26**	**83.65**	**85.13**	**24.25**
高邑县	27.30	7.61	8.26	30.26	46.61	3.85	3.70	96.10	48.62
鹿泉市	52.63	19.30	11.50	21.85	39.22	4.51	5.88	130.38	30.47
辛集市	117.38	34.00	30.45	25.94	38.29	11.66	11.66	100.00	34.29
赵　县	82.54	26.24	31.99	38.76	48.33	15.46	13.75	88.94	52.40
藁城市	90.90	36.00	28.25	31.08	49.98	14.12	8.53	60.41	23.69
栾城市	44.85	15.96	16.73	37.30	48.83	8.17	6.32	77.36	39.60
新乐市	47.00	19.00	4.82	10.26	23.86	1.15	0.86	74.78	4.53
正定市	43.53	20.14	13.91	31.95	53.77	7.48	6.97	93.18	34.61
晋州市	70.33	23.73	23.81	33.85	46.66	11.11	10.02	90.19	42.23
平山县	62.00	27.00	8.34	13.45	35.97	3.00	2.80	93.33	10.37
行唐县	64.00	20.50	9.65	15.08	30.57	2.95	2.70	91.53	13.17
井陉县	40.50	17.00	1.73	4.27	24.86	0.43	0.30	69.77	1.76
元氏县	60.72	16.90	12.08	19.89	35.02	4.23	3.12	73.76	18.46
深泽县	27.00	13.50	7.88	29.19	29.70	2.34	2.31	98.72	17.11
灵寿县	43.40	14.90	8.14	18.76	33.78	2.75	1.40	50.91	9.40
无极县	57.93	23.69	15.01	25.91	26.12	3.92	2.46	62.76	10.38
赞皇县	32.84	9.51	3.57	10.87	31.65	1.13	0.87	76.99	9.15
廊坊市	**694.50**	**173.10**	**36.83**	**5.30**	**30.79**	**11.34**	**10.04**	**88.54**	**5.80**
安次区	120.00	25.00	12.89	10.74	35.07	4.52	4.28	94.69	17.12
大城县	110.00	21.40	1.19	1.08	20.17	0.24	0.06	25.00	0.28
文安县	75.00	21.30	0.87	1.16	13.79	0.12	0.28	*	1.31
霸州市	84.00	23.50	7.81	9.30	30.22	2.36	1.80	76.27	7.66
固安县	84.00	20.20	4.02	4.79	25.37	1.02	0.82	80.39	4.06
香河县	50.00	16.50	1.78	3.56	39.33	0.70	0.63	90.00	3.82
大厂回	20.50	5.60	1.61	7.85	28.57	0.46	0.49	106.52	8.75
三河县	71.00	21.00	1.56	2.20	30.77	0.48	0.41	85.42	1.95
永清县	80.00	18.60	5.10	6.38	28.24	1.44	1.27	88.19	6.83

5－17－11 续表 2

县市名	耕地面积（万亩）	农业人口（万人）	棉田面积（万亩）	占耕地（%）	亩产（市斤）	产量（万担）	收购量（万担）	商品率（%）	人均交售（市斤）
衡水市	**1056.34**	**250.61**	**130.34**	**12.34**	**19.00**	**24.76**	**12.62**	**50.97**	**5.04**
安平县	59.18	17.78	4.80	8.11	18.75	0.90	1.00	111.11	5.62
阜城县	80.83	20.99	11.49	14.22	14.27	1.64	1.76	107.32	8.38
故城县	107.80	27.39	14.06	13.04	19.84	2.79	1.59	56.99	5.81
景　县	141.68	32.26	19.46	13.74	9.30	1.81	2.69	148.62	8.34
饶阳县	78.46	17.00	2.43	3.10	11.52	0.28	0.33	117.86	1.94
深州市	154.47	36.46	16.02	10.37	29.15	4.67	0.42	8.99	1.15
桃城区	68.49	15.38	5.54	8.09	16.61	0.92	0.80	86.96	5.20
武强县	51.00	11.89	1.62	3.18	11.73	0.19			
武邑县	97.74	20.18	6.22	6.36	11.74	0.73	0.46	63.01	2.28
枣强县	105.94	25.85	15.96	15.07	19.99	3.19	1.72	53.92	6.65
冀州市	110.75	25.43	32.74	29.56	23.34	7.64	1.85	24.21	7.27
沧州市	**1459.71**	**331.59**	**108.95**	**7.46**	**25.72**	**28.02**	**19.87**	**70.91**	**5.99**
泊头市	118.00	27.10	2.81	2.38	11.74	0.33			
沧　县	182.00	39.80	1.82	1.00	12.64	0.23			
东光县	87.58	21.04	21.49	24.54	25.55	5.49	2.43	44.26	11.55
海兴县	54.00	10.40	0.66	1.22	10.61	0.07			
河间市	168.00	36.90	14.28	8.50	26.54	3.79	2.00	52.77	5.42
黄骅县	111.00	22.20	0.07	0.06					
孟村回	40.00	8.60	1.03	2.58	18.45	0.19			
南皮县	97.00	22.10	10.95	11.29	14.16	1.55	1.67	107.74	7.56
青　县	117.00	20.40	0.39	0.33	5.13	0.02			
任邱市	125.00	33.30	8.96	7.17	21.76	1.95	0.76	38.97	2.28
肃宁县	63.00	17.30	5.70	9.05	16.32	0.93	0.46	49.46	2.66
吴桥县	74.13	19.15	33.04	44.57	38.26	12.64	12.45	98.50	65.01
献县棉	137.00	30.80	3.14	2.29	7.64	0.24	0.04	16.67	0.13
盐山县	86.00	22.50	4.61	5.36	12.80	0.59	0.06	10.17	0.27
邯郸市	**1108.05**	**312.94**	**314.83**	**28.41**	**31.95**	**100.59**	**105.25**	**104.63**	**33.63**
肥乡县	64.71	14.17	20.87	32.25	30.95	6.46	6.25	96.75	44.11
大名县	121.62	31.05	6.66	5.48	14.41	0.96	1.42	147.92	4.57
磁　县	84.40	27.19	22.50	26.66	33.91	7.63	7.79	102.10	28.65
广平县	40.10	10.96	8.46	21.10	23.64	2.00	1.71	85.50	15.60
成安县	58.88	16.59	39.36	66.85	39.99	15.74	15.40	97.84	92.83
馆陶县	56.00	13.55	13.33	23.80	22.96	3.06	2.80	91.50	20.66
邯郸市郊	36.90	20.70	7.62	20.65	34.12	2.60	2.86	110.00	13.82
邯郸县	60.40	14.72	21.26	35.20	39.84	8.47	8.22	97.05	55.84
临漳县	86.30	26.46	21.55	24.97	26.91	5.80	8.95	154.31	33.82
邱　县	58.37	8.66	20.74	35.53	20.25	4.20	3.94	93.81	45.50
曲周县	82.60	16.91	14.57	17.64	19.35	2.82	3.03	107.45	17.92
魏　县	108.81	32.74	12.01	11.04	16.57	1.99	1.81	90.95	5.53
武安市	101.63	32.85	50.40	49.59	40.48	20.40	19.88	97.45	60.52
永年县	104.33	36.16	40.77	39.08	34.49	14.06	16.95	120.55	46.88
鸡泽县	43.00	10.23	14.73	34.26	29.87	4.40	4.24	96.36	41.45

5－17－12　河北省1954年产棉县棉花生产收购明细

县市名	耕地面积（万亩）	农业人口（万人）	棉田面积（万亩）	占耕地（%）	亩产（市斤）	产量（万担）	收购量（万担）	商品率（%）	人均交售（市斤）
全省合计	**9010.49**	**2602.19**	**1592.60**	**17.67**	**31.38**	**499.75**	**375.59**	**75.16**	**14.43**
保定市	**1382.55**	**481.18**	**269.57**	**19.50**	**10.57**	**28.50**	**21.93**	**76.95**	**4.56**
定兴县	78.80	31.26	22.40	28.43	15.54	3.48	3.33	95.69	10.65
安国县	58.09	15.97	16.65	28.66	10.33	1.72	1.47	85.47	9.20
博野县	38.63	13.75	16.43	42.53	4.38	0.72	1.62	*	11.78
定州市	149.00	62.00	35.81	24.03	12.20	4.37	1.75	40.05	2.82
高阳县	61.00	17.00	9.38	15.38	2.67	0.25	0.24	96.00	1.41
蠡　县	78.90	24.10	26.40	33.46	2.50	0.66	2.25	*	9.34
清苑县	116.00	36.00	14.90	12.84	1.14	0.17	0.48	*	1.33
容城县	37.00	15.00	8.32	22.49	3.37	0.28	0.25	89.29	1.67
唐　县	58.00	25.00	11.86	20.45	16.95	2.01	1.75	87.06	7.00
雄　县	67.00	17.00	3.62	5.40	0.55	0.02	0.02	100.00	0.12
易　县	83.00	33.00	9.47	11.41	23.44	2.22	0.97	43.69	2.94
满城县	50.13	18.10	16.25	32.42	20.18	3.28	1.89	57.62	10.44
望都县	39.00	13.00	13.90	35.64	3.24	0.45	0.79	175.56	6.08
徐水县	83.00	30.00	14.92	17.98	13.07	1.95	0.33	16.92	1.10
高碑店	87.00	27.00	7.41	8.52	11.07	0.82	0.60	73.17	2.22
涿州市	88.00	28.00	9.11	10.35	11.96	1.09	0.87	79.82	3.11
安新县	61.00	19.00	5.70	9.34					
涞水县	46.00	17.00	4.25	9.24	21.41	0.91	0.34	37.36	2.00
曲阳县	57.00	23.00	6.27	11.00	17.22	1.08	0.37	34.26	1.61
顺平县	46.00	16.00	16.52	35.91	18.28	3.02	2.61	86.42	16.31
邢台市	**1153.36**	**299.40**	**286.59**	**24.85**	**29.78**	**85.34**	**74.02**	**86.74**	**24.72**
宁晋县	140.75	33.39	27.37	19.45	20.72	5.67	5.46	96.30	16.35
柏乡县	33.03	8.92	10.79	32.67	43.56	4.70	6.06	128.94	67.94
广宗县	53.83	11.65	10.75	19.97	12.47	1.34	1.20	89.55	10.30
巨鹿县	76.63	16.60	15.95	20.81	24.08	3.84	3.15	82.03	18.98
临城县	38.23	8.49	7.04	18.41	22.02	1.55	1.74	112.26	20.49
临西县	68.22	17.16	13.97	20.48	25.41	3.55			
隆尧县	87.15	23.84	17.09	19.61	27.62	4.72	5.01	106.14	21.02
内邱县	47.57	11.03	7.05	14.82	33.33	2.35	2.63	111.91	23.84
南宫市	101.90	29.10	42.26	41.47	38.10	16.10	12.90	80.12	44.33
南和县	50.71	14.59	8.54	16.84	22.13	1.89	1.30	68.78	8.91
平乡县	47.46	12.49	7.30	15.38	10.14	0.74	0.62	83.78	4.96
清河县	60.40	17.72	11.72	19.40	27.90	3.27	2.71	82.87	15.29
沙河县	56.31	17.84	16.19	28.75	36.32	5.88	5.46	92.86	30.61
威　县	120.32	27.57	49.85	41.43	31.72	15.81	11.93	75.46	43.27
新河县	41.31	9.89	11.62	28.13	34.60	4.02	3.62	90.05	36.60
邢台县	75.83	25.34	19.28	25.43	35.74	6.89	7.40	107.40	29.20
任　县	53.71	13.78	9.82	18.28	30.75	3.02	2.83	93.71	20.54

5－17－12 续表 1

县市名	耕地面积（万亩）	农业人口（万人）	棉田面积（万亩）	占耕地（%）	亩产（市斤）	产量（万担）	收购量（万担）	商品率（%）	人均交售（市斤）
秦皇岛市	**281.34**	**84.97**	**19.44**	**6.91**	**35.60**	**6.92**	**2.26**	**32.66**	**2.66**
昌黎县	113.77	31.37	5.83	5.12	37.91	2.21	0.27	12.22	0.86
卢龙县	74.65	24.98	6.09	8.16	31.69	1.93	0.72	37.31	2.88
抚宁县	92.92	28.62	7.52	8.09	36.97	2.78	1.27	45.68	4.44
唐山市	**929.52**	**296.27**	**60.46**	**6.50**	**39.02**	**23.59**	**20.41**	**86.52**	**6.89**
迁西县	38.57	18.00	1.95	5.06	25.13	0.49	0.14	28.57	0.78
丰润县	130.67	44.62	8.43	6.45	36.30	3.06	1.42	46.41	3.18
丰南县	93.74	30.03	14.89	15.88	44.46	6.62	10.71	161.78	35.66
乐亭县	107.00	33.00	7.37	6.89	43.42	3.20	1.85	57.81	5.61
滦南县	124.00	35.50	8.42	6.79	40.38	3.40	2.58	75.88	7.27
滦　县	92.85	25.21	2.62	2.82	32.82	0.86	0.47	54.65	1.86
迁安县	92.65	30.88	2.93	3.16	29.35	0.86	0.14	16.28	0.45
唐海县	19.29	5.03	1.28	6.64	42.19	0.54			
玉田县	132.00	39.00	6.83	5.17	41.87	2.86	2.25	78.67	5.77
遵化县	98.75	35.00	5.74	5.81	29.62	1.70	0.85	50.00	2.43
石家庄市	**961.06**	**355.41**	**287.05**	**29.87**	**36.52**	**104.82**	**87.18**	**83.17**	**24.53**
高邑县	27.30	7.96	9.78	35.82	47.96	4.69	4.22	89.98	53.02
鹿泉市	52.59	19.80	15.44	29.36	29.02	4.48	3.97	88.62	20.05
辛集市	117.86	35.24	36.35	30.84	48.01	17.45	17.45	100.00	49.52
赵　县	82.80	27.19	36.57	44.17	39.16	14.32	13.84	96.65	50.90
藁城市	90.37	37.00	34.68	38.38	45.18	15.67	9.85	62.86	26.62
栾城市	44.86	16.31	20.04	44.67	39.52	7.92	7.40	93.43	45.37
新乐市	46.00	19.50	5.74	12.48	12.02	0.69	0.64	92.75	3.28
正定市	43.70	20.71	18.37	42.04	40.23	7.39	5.46	73.88	26.36
晋州市	70.38	24.00	28.16	40.01	41.73	11.75	8.97	76.34	37.38
平山县	62.00	28.00	9.80	15.81	25.71	2.52	1.99	78.97	7.11
行唐县	63.50	21.00	11.95	18.82	27.53	3.29	2.65	80.55	12.62
井陉县	40.50	18.50	2.34	5.78	16.24	0.38	0.27	71.05	1.46
元氏县	59.89	17.40	15.64	26.11	32.23	5.04	3.96	78.57	22.76
深泽县	27.50	13.50	8.38	30.47	14.56	1.22	1.17	95.90	8.67
灵寿县	43.40	15.20	10.83	24.95	28.07	3.04	1.52	50.00	10.00
无极县	55.44	24.33	18.49	33.35	20.98	3.88	2.93	75.52	12.04
赞皇县	32.97	9.77	4.49	13.62	24.28	1.09	0.89	81.65	9.11
廊坊市	**689.50**	**175.20**	**54.51**	**7.91**	**11.54**	**6.29**	**6.72**	**106.84**	**3.84**
安次区	118.00	25.00	15.89	13.47	17.75	2.82	3.01	106.74	12.04
大城县	109.00	21.40	2.52	2.31	4.76	0.12	0.01	8.33	0.05
文安县	75.00	21.60	1.82	2.43	0.55	0.01	0.11	*	0.51
霸州市	83.00	23.60	9.75	11.75	1.85	0.18	0.82	*	3.47
固安县	83.00	20.40	8.22	9.90	3.77	0.31	0.53	170.97	2.60
香河县	50.00	17.00	4.10	8.20	28.78	1.18	0.71	60.17	4.18
大厂回	20.50	5.70	1.79	8.73	26.82	0.48	0.56	116.67	9.82
三河县	71.00	21.50	3.97	5.59	24.43	0.97	0.49	50.52	2.28
永清县	80.00	19.00	6.45	8.06	3.41	0.22	0.48	*	2.53

5－17－12 续表 2

县市名	耕地面积（万亩）	农业人口（万人）	棉田面积（万亩）	占耕地（%）	亩产（市斤）	产量（万担）	收购量（万担）	商品率（%）	人均交售（市斤）
衡水市	**1054.17**	**256.55**	**143.88**	**13.65**	**31.16**	**44.84**	**23.95**	**53.41**	**9.34**
安平县	59.18	18.04	6.89	11.64	14.95	1.03	1.73	167.96	9.59
阜城县	80.63	21.73	11.72	14.54	31.48	3.69	1.27	34.42	5.84
故城县	108.20	28.41	14.31	13.23	38.71	5.54	1.84	33.21	6.48
景　县	141.76	33.89	21.30	15.03	36.71	7.82	3.94	50.38	11.63
饶阳县	78.46	17.00	3.90	4.97	11.28	0.44	0.37	84.09	2.18
深州市	154.70	37.57	23.60	15.26	26.31	6.21	5.44	87.60	14.48
桃城区	68.65	15.36	6.30	9.18	27.62	1.74	1.70	97.70	11.07
武强县	51.00	11.89	1.60	3.14	8.75	0.14			
武邑县	96.30	20.68	7.44	7.73	22.18	1.65	0.93	56.36	4.50
枣强县	105.55	26.25	15.52	14.70	31.64	4.91	2.19	44.60	8.34
冀州市	109.74	25.73	31.30	28.52	37.28	11.67	4.54	38.90	17.64
沧州市	**1450.82**	**341.99**	**138.55**	**9.55**	**30.49**	**42.24**	**21.80**	**51.61**	**6.37**
泊头市	118.00	27.20	4.81	4.08	10.60	0.51			
沧　县	182.00	40.70	2.68	1.47	8.21	0.22			
东光县	87.50	21.87	29.79	34.05	36.72	10.94	3.98	36.38	18.20
海兴县	55.00	10.70	0.66	1.20	22.73	0.15			
河间市	168.00	39.40	15.91	9.47	13.39	2.13	1.30	61.03	3.30
黄骅县	111.00	22.90	0.20	0.18	15.00	0.03			
孟村回	40.00	8.80	1.08	2.70	16.67	0.18			
南皮县	97.00	22.70	11.39	11.74	42.14	4.80	3.03	63.13	13.35
青　县	108.00	20.40	1.11	1.03	4.50	0.05			
任邱市	121.00	34.80	11.81	9.76	3.13	0.37	0.38	102.70	1.09
肃宁县	63.00	17.90	7.75	12.30	13.94	1.08	0.48	44.44	2.68
吴桥县	76.32	20.12	39.58	51.86	51.21	20.27	12.21	60.24	60.69
献县棉	137.00	31.30	7.10	5.18	6.48	0.46	0.14	30.43	0.45
盐山县	87.00	23.20	4.68	5.38	22.44	1.05	0.28	26.67	1.21
邯郸市	**1108.17**	**311.22**	**332.55**	**30.01**	**47.27**	**157.21**	**117.32**	**74.63**	**37.70**
肥乡县	65.35	14.81	19.75	30.22	53.16	10.50	10.28	97.90	69.41
大名县	120.23	32.28	8.54	7.10	29.16	2.49	1.07	42.97	3.31
磁　县	85.00	27.75	27.11	31.89	50.06	13.57	10.44	76.93	37.62
广平县	39.80	11.23	8.51	21.38	43.01	3.66	1.31	35.79	11.67
成安县	60.29	16.99	42.06	69.76	62.01	26.08	16.00	61.35	94.17
馆陶县	57.40	13.79	13.42	23.38	24.29	3.26	3.00	92.02	21.75
邯郸市郊	37.00	15.10	8.35	22.57	44.79	3.74	2.49	66.58	16.49
邯郸县	61.30	14.99	23.70	38.66	48.10	11.40	10.89	95.53	72.65
临漳县	87.00	25.95	20.47	23.53	50.46	10.33	6.32	61.18	24.35
邱　县	52.63	8.66	21.67	41.17	40.06	8.68	8.42	97.00	97.23
曲周县	82.10	17.35	15.99	19.48	33.33	5.33	4.71	88.37	27.15
魏　县	108.64	32.13	12.15	11.18	36.05	4.38	1.46	33.33	4.54
武安市	102.96	32.09	51.90	50.41	44.59	23.14	20.34	87.90	63.38
永年县	106.19	37.35	43.31	40.79	55.00	23.82	13.92	58.44	37.27
鸡泽县	42.28	10.75	15.62	36.94	43.73	6.83	6.67	97.66	62.05

5－17－13　河北省1955年产棉县棉花生产收购明细

县市名	耕地面积（万亩）	农业人口（万人）	棉田面积（万亩）	占耕地（%）	亩　产（市斤）	产　量（万担）	收购量（万担）	商品率（%）	人均交售（市斤）
全省合计	**8980.86**	**2662.53**	**1623.34**	**18.08**	**39.01**	**633.20**	**539.45**	**85.19**	**20.26**
保定市	**1370.82**	**494.43**	**226.70**	**16.54**	**30.16**	**68.38**	**54.66**	**79.94**	**11.06**
定兴县	78.61	31.47	21.27	27.06	30.51	6.49	5.70	87.83	18.11
安国县	57.54	16.24	18.42	32.01	41.64	7.67	4.95	64.54	30.48
博野县	37.93	14.01	13.06	34.43	39.82	5.20	4.90	94.23	34.98
定州市	148.00	63.00	28.93	19.55	28.14	8.14	5.55	68.18	8.81
高阳县	61.00	18.00	6.25	10.25	14.72	0.92	1.28	139.13	7.11
蠡　县	77.78	24.65	19.52	25.10	23.98	4.68	5.61	119.87	22.76
清苑县	116.00	37.00	11.13	9.59	27.04	3.01	2.88	95.68	7.78
容城县	37.00	16.00	5.04	13.62	19.64	0.99	0.73	73.74	4.56
唐　县	59.00	26.00	11.94	20.24	27.64	3.30	2.01	60.91	7.73
雄　县	67.00	17.00	1.29	1.93	18.60	0.24	0.12	50.00	0.71
易　县	83.00	34.00	10.00	12.05	29.30	2.93	2.04	69.62	6.00
满城县	49.96	19.06	18.02	36.07	32.96	5.94	4.88	82.15	25.60
望都县	41.00	14.00	8.80	21.46	30.80	2.71	3.12	115.13	22.29
徐水县	83.00	31.00	11.36	13.69	21.04	2.39	1.49	62.34	4.81
高碑店	86.00	28.00	6.93	8.06	41.27	2.86	1.93	67.48	6.89
涿州市	88.00	29.00	8.80	10.00	38.52	3.39	2.30	67.85	7.93
安新县	51.00	19.00	0.36	0.71	2.78	0.01			
涞水县	46.00	17.00	4.04	8.78	27.97	1.13	0.79	69.91	4.65
曲阳县	57.00	24.00	6.05	10.61	20.17	1.22	0.35	28.69	1.46
顺平县	46.00	16.00	15.49	33.67	33.31	5.16	4.03	78.10	25.19
邢台市	**1149.78**	**309.86**	**309.72**	**26.94**	**38.66**	**119.74**	**111.74**	**93.32**	**36.06**
宁晋县	140.15	34.89	28.23	20.14	38.89	10.98	8.69	79.14	24.91
柏乡县	33.18	9.18	11.67	35.17	58.01	6.77	7.15	105.61	77.89
广宗县	53.01	12.04	12.11	22.84	29.98	3.63	3.13	86.23	26.00
巨鹿县	76.56	17.36	18.83	24.60	29.58	5.57	5.75	103.23	33.12
临城县	38.20	8.85	7.05	18.46	37.73	2.66	2.90	109.02	32.77
临西县	68.73	17.63	16.60	24.15	31.39	5.21			
隆尧县	87.19	23.52	17.76	20.37	44.65	7.93	7.41	93.44	31.51
内邱县	47.68	11.33	7.36	15.44	37.50	2.76	3.12	113.04	27.54
南宫市	101.90	29.60	48.49	47.59	45.00	21.82	24.07	110.31	81.32
南和县	50.40	14.75	9.85	19.54	26.80	2.64	2.41	91.29	16.34
平乡县	47.12	12.82	7.32	15.53	21.99	1.61	1.25	77.64	9.75
清河县	60.07	18.49	12.55	20.89	36.02	4.52	4.32	95.58	23.36
沙河县	56.04	18.17	15.95	28.46	37.49	5.98	5.38	89.97	29.61
威　县	119.61	28.95	52.22	43.66	40.00	20.89	20.02	95.84	69.15
新河县	40.59	10.04	13.64	33.60	40.54	5.53	5.47	98.92	54.48
邢台县	75.70	28.08	19.39	25.61	42.24	8.19	7.68	93.77	27.35
任　县	53.65	14.16	10.70	19.94	28.50	3.05	2.99	98.03	21.12

5－17－13 续表 1

县市名	耕地面积（万亩）	农业人口（万人）	棉田面积（万亩）	占耕地（%）	亩产（市斤）	产量（万担）	收购量（万担）	商品率（%）	人均交售（市斤）
秦皇岛市	**281.34**	**84.97**	**19.30**	**6.86**	**35.18**	**6.79**	**4.95**	**72.90**	**5.83**
昌黎县	113.77	31.37	5.85	5.14	36.92	2.16	1.52	70.37	4.85
卢龙县	74.65	24.98	6.08	8.14	30.10	1.83	1.27	69.40	5.08
抚宁县	92.92	28.62	7.37	7.93	37.99	2.80	2.16	77.14	7.55
唐山市	**924.88**	**300.31**	**60.40**	**6.53**	**41.72**	**25.20**	**23.53**	**93.37**	**7.84**
迁西县	38.57	18.00	0.78	2.02	38.46	0.30	0.13	43.33	0.72
丰润县	129.56	45.18	8.04	6.21	36.44	2.93	2.19	74.74	4.85
丰南县	93.21	30.01	15.51	16.64	37.40	5.80	12.44	*	41.45
乐亭县	107.00	34.00	8.43	7.88	54.33	4.58	2.96	64.63	8.71
滦南县	123.00	36.00	8.46	6.88	43.14	3.65	1.65	45.21	4.58
滦　县	92.85	25.21	2.60	2.80	41.92	1.09	0.63	57.80	2.50
迁安县	92.65	30.88	2.72	2.94	30.88	0.84	0.27	32.14	0.87
唐海县	19.29	5.03	1.31	6.79	45.80	0.60			
玉田县	130.00	40.00	6.70	5.15	41.34	2.77	2.46	88.81	6.15
遵化县	98.75	36.00	5.85	5.92	45.13	2.64	0.80	30.30	2.22
石家庄市	**960.06**	**362.20**	**314.58**	**32.77**	**49.13**	**154.56**	**127.95**	**82.78**	**35.33**
高邑县	27.30	7.81	10.75	39.38	52.28	5.62	5.18	92.17	66.33
鹿泉市	52.36	19.86	15.38	29.37	46.29	7.12	7.19	100.98	36.20
辛集市	117.57	36.25	42.22	35.91	51.78	21.86	17.59	80.47	48.52
赵　县	83.17	27.91	40.94	49.22	52.39	21.45	19.59	91.33	70.19
藁城市	89.29	38.00	37.61	42.12	55.22	20.77	16.19	77.95	42.61
栾城市	44.79	16.28	23.36	52.15	57.41	13.41	12.01	89.56	73.77
新乐市	46.00	20.00	6.52	14.17	35.74	2.33	1.07	45.92	5.35
正定市	43.33	21.47	18.91	43.64	56.32	10.65	9.75	91.55	45.41
晋州市	69.94	24.68	32.69	46.74	53.81	17.59	11.78	66.97	47.73
平山县	62.00	28.00	9.10	14.68	30.55	2.78	2.47	88.85	8.82
行唐县	63.00	21.50	13.10	20.79	33.28	4.36	3.70	84.86	17.21
井陉县	40.50	19.00	3.43	8.47	21.87	0.75	0.53	70.67	2.79
元氏县	59.87	17.50	17.01	28.41	40.80	6.94	7.52	108.36	42.97
深泽县	28.00	13.50	8.86	31.64	50.00	4.43	3.70	83.52	27.41
灵寿县	43.40	15.60	10.51	24.22	28.45	2.99	2.22	74.25	14.23
无极县	56.55	25.01	18.56	32.82	53.56	9.94	6.25	62.88	24.99
赞皇县	32.99	9.83	5.63	17.07	27.89	1.57	1.21	77.07	12.31
廊坊市	**684.50**	**178.20**	**47.51**	**6.94**	**27.17**	**12.91**	**10.47**	**81.10**	**5.88**
安次区	116.00	26.00	14.26	12.29	28.05	4.00	3.35	83.75	12.88
大城县	108.00	21.40	1.41	1.31	15.60	0.22	0.08	36.36	0.37
文安县	75.00	21.90	0.76	1.01	26.32	0.20	0.04	20.00	0.18
霸州市	83.00	23.70	5.29	6.37	32.33	1.71	0.90	52.63	3.80
固安县	81.00	20.60	6.25	7.72	23.52	1.47	0.99	67.35	4.81
香河县	50.00	17.50	5.11	10.22	30.53	1.56	1.41	90.38	8.06
大厂回	20.50	5.80	5.08	24.78	26.97	1.37	1.72	125.55	29.66
三河县	71.00	21.90	5.54	7.80	30.87	1.71	1.48	86.55	6.76
永清县	80.00	19.40	3.81	4.76	17.59	0.67	0.50	74.63	2.58

5－17－13 续表 2

县市名	耕地面积（万亩）	农业人口（万人）	棉田面积（万亩）	占耕地（%）	亩产（市斤）	产量（万担）	收购量（万担）	商品率（%）	人均交售（市斤）
衡水市	**1053.34**	**261.20**	**166.36**	**15.79**	**37.36**	**62.15**	**39.81**	**64.05**	**15.24**
安平县	58.42	19.29	7.05	12.07	36.60	2.58	2.14	82.95	11.09
阜城县	80.63	21.83	12.50	15.50	39.12	4.89	1.26	25.77	5.77
故城县	107.60	28.94	17.58	16.34	32.71	5.75	3.70	64.35	12.79
景　县	142.89	34.58	22.09	15.46	35.63	7.87	3.94	50.06	11.39
饶阳县	78.46	17.00	3.47	4.42	11.53	0.40	0.68	170.00	4.00
深州市	153.75	38.24	28.80	18.73	36.98	10.65	8.65	81.22	22.62
桃城区	68.91	15.54	8.22	11.93	34.67	2.85	2.07	72.63	13.32
武强县	51.00	11.89	1.20	2.35	37.50	0.45			
武邑县	96.30	21.06	8.38	8.70	31.03	2.60	1.48	56.92	7.03
枣强县	105.53	26.37	19.54	18.52	33.78	6.60	5.83	88.33	22.11
冀州市	109.85	26.46	37.53	34.16	46.66	17.51	10.06	57.45	38.02
沧州市	**1450.07**	**349.35**	**146.99**	**10.14**	**36.85**	**54.17**	**41.39**	**76.41**	**11.85**
泊头市	113.00	27.90	4.81	4.26	31.19	1.50			
沧　县	182.00	41.60	3.17	1.74	24.61	0.78			
东光县	86.06	22.85	35.40	41.13	39.10	13.84	7.68	55.49	33.61
海兴县	55.00	10.80	0.57	1.04	28.07	0.16			
河间市	167.00	40.90	16.34	9.78	30.23	4.94	4.00	80.97	9.78
黄骅县	111.00	23.90	0.10	0.09	30.00	0.03			
孟村回	41.00	9.10	0.90	2.20	24.44	0.22			
南皮县	96.00	22.40	14.70	15.31	37.35	5.49	4.62	84.15	20.63
青　县	108.00	20.70	0.62	0.57	29.03	0.18			
任邱市	127.00	35.20	6.68	5.26	18.86	1.26	0.09	7.14	0.26
肃宁县	63.00	18.60	7.61	12.08	31.93	2.43	2.17	89.30	11.67
吴桥县	76.01	20.00	45.06	59.28	44.39	20.00	20.91	104.55	104.55
献县棉	138.00	31.90	6.99	5.07	31.47	2.20	1.24	56.36	3.89
盐山县	87.00	23.50	4.04	4.64	28.22	1.14	0.68	59.65	2.89
邯郸市	**1106.07**	**322.01**	**331.78**	**30.00**	**38.97**	**129.30**	**124.95**	**96.64**	**38.80**
肥乡县	65.38	15.61	23.62	36.13	42.80	10.11	9.88	97.73	63.29
大名县	117.22	33.48	8.09	6.90	33.50	2.71	2.49	91.88	7.44
磁　县	86.90	27.51	27.50	31.65	36.40	10.01	10.78	107.69	39.19
广平县	39.90	11.49	9.96	24.96	40.96	4.08	3.40	83.33	29.59
成安县	61.67	17.30	41.05	66.56	51.86	21.29	20.89	98.12	120.75
馆陶县	56.80	14.55	14.73	25.93	35.57	5.24	4.98	95.04	34.23
邯郸市郊	37.40	14.63	9.04	24.17	33.96	3.07	1.85	60.26	12.65
邯郸县	61.20	16.45	21.06	34.41	32.38	6.82	6.55	96.04	39.82
临漳县	84.90	28.01	24.07	28.35	41.84	10.07	9.91	98.41	35.38
邱　县	52.48	9.22	27.07	51.58	38.49	10.42	10.14	97.31	109.98
曲周县	82.00	18.38	18.55	22.62	28.36	5.26	5.53	105.13	30.09
魏　县	108.82	34.07	12.03	11.05	35.16	4.23	3.20	75.65	9.39
武安市	103.08	32.75	32.60	31.63	31.47	10.26	10.16	99.03	31.02
永年县	106.40	37.64	44.17	41.51	43.51	19.22	18.85	98.07	50.08
鸡泽县	41.92	10.92	18.24	43.51	35.69	6.51	6.34	97.39	58.06

5－17－14　河北省1956年产棉县棉花生产收购明细

县市名	耕地面积（万亩）	农业人口（万人）	棉田面积（万亩）	占耕地（%）	亩产（市斤）	产量（万担）	收购量（万担）	商品率（%）	人均交售（市斤）
全省合计	**8918.74**	**2695.37**	**1695.27**	**19.01**	**24.31**	**412.19**	**381.94**	**92.66**	**14.17**
保定市	**1356.15**	**495.70**	**229.68**	**16.94**	**14.26**	**32.75**	**24.51**	**74.84**	**4.94**
定兴县	78.24	31.62	18.90	24.16	22.43	4.24	3.00	70.75	9.49
安国县	56.98	16.24	18.96	33.27	12.08	2.29	2.17	94.76	13.36
博野县	37.51	13.70	18.01	48.01	10.44	1.88	2.21	117.55	16.13
定州市	147.00	63.00	28.13	19.14	8.25	2.32	1.62	69.83	2.57
高阳县	60.00	18.00	5.60	9.33	7.32	0.41	0.53	129.27	2.94
蠡　县	76.77	25.61	19.64	25.58	9.37	1.84	2.08	113.04	8.12
清苑县	114.00	37.00	12.58	11.04	10.17	1.28	1.21	94.53	3.27
容城县	37.00	14.00	5.90	15.95	12.03	0.71	0.66	92.96	4.71
唐　县	58.00	26.00	11.03	19.02	11.24	1.24	0.87	70.16	3.35
雄　县	66.00	18.00	3.14	4.76	7.01	0.22	0.17	77.27	0.94
易　县	82.00	34.00	7.95	9.70	27.92	2.22	1.15	51.80	3.38
满城县	50.65	20.03	17.14	33.84	25.09	4.30	2.62	60.93	13.08
望都县	40.00	13.00	11.13	27.83	7.55	0.84	0.85	101.19	6.54
徐水县	83.00	31.00	11.89	14.33	14.80	1.76	0.52	29.55	1.68
高碑店	84.00	28.00	7.03	8.37	13.66	0.96	0.84	87.50	3.00
涿州市	86.00	29.00	7.84	9.12	15.94	1.25	0.82	65.60	2.83
安新县	52.00	20.00	1.12	2.15	0.89	0.01			
涞水县	45.00	17.00	3.92	8.71	19.13	0.75	0.57	76.00	3.35
曲阳县	56.00	24.50	6.98	12.46	15.04	1.05	0.43	40.95	1.76
顺平县	46.00	16.00	12.79	27.80	24.86	3.18	2.19	68.87	13.69
邢台市	**1148.00**	**314.17**	**322.21**	**28.07**	**22.31**	**71.88**	**76.41**	**106.30**	**24.32**
宁晋县	139.27	35.63	27.24	19.56	18.58	5.06	5.00	98.81	14.03
柏乡县	32.99	9.27	12.70	38.50	38.82	4.93	6.04	122.52	65.16
广宗县	53.73	12.44	12.58	23.41	6.84	0.86	1.07	124.42	8.60
巨鹿县	76.67	17.56	19.81	25.84	13.63	2.70	3.46	128.15	19.70
临城县	38.13	8.95	7.64	20.04	31.02	2.37	2.19	92.41	24.47
临西县	68.75	18.07	17.26	25.11	13.44	2.32			
隆尧县	86.70	24.83	18.93	21.83	19.18	3.63	4.51	124.24	18.16
内邱县	47.52	11.45	8.13	17.11	31.86	2.59	2.44	94.21	21.31
南宫市	101.90	30.10	50.49	49.55	40.11	20.25	21.28	105.09	70.70
南和县	50.02	14.99	12.09	24.17	3.47	0.42	0.52	123.81	3.47
平乡县	48.43	13.04	7.70	15.90	3.38	0.26	0.36	138.46	2.76
清河县	59.43	18.79	12.71	21.39	11.80	1.50	1.85	123.33	9.85
沙河县	54.41	18.43	16.97	31.19	30.17	5.12	4.59	89.65	24.91
威　县	119.68	29.34	52.21	43.62	20.90	10.91	13.67	125.30	46.59
新河县	41.35	10.28	13.85	33.49	16.10	2.23	3.03	135.87	29.47
邢台县	74.73	26.56	20.66	27.65	26.62	5.50	5.42	98.55	20.41
任　县	54.29	14.44	11.24	20.70	10.94	1.23	0.98	79.67	6.79

5－17－14 续表 1

县市名	耕地面积（万亩）	农业人口（万人）	棉田面积（万亩）	占耕地（%）	亩产（市斤）	产量（万担）	收购量（万担）	商品率（%）	人均交售（市斤）
秦皇岛市	**281.34**	**84.97**	**20.13**	**7.16**	**40.54**	**8.16**	**6.94**	**85.05**	**8.17**
昌黎县	113.77	31.37	6.19	5.44	44.91	2.78	1.92	69.06	6.12
卢龙县	74.65	24.98	6.03	8.08	34.99	2.11	2.00	94.79	8.01
抚宁县	92.92	28.62	7.91	8.51	41.34	3.27	3.02	92.35	10.55
唐山市	**922.27**	**303.79**	**58.35**	**6.33**	**41.89**	**24.44**	**24.01**	**98.24**	**7.90**
迁西县	38.57	18.00	0.79	2.05	30.38	0.24	0.10	41.67	0.56
丰润县	129.08	45.23	4.87	3.77	40.45	1.97	1.69	85.79	3.74
丰南县	91.58	30.14	16.27	17.77	42.10	6.85	12.56	183.36	41.67
乐亭县	108.00	35.00	8.60	7.96	42.09	3.62	2.85	78.73	8.14
滦南县	122.50	36.30	8.22	6.71	41.48	3.41	1.34	39.30	3.69
滦　县	92.85	25.21	2.46	2.65	44.31	1.09	0.42	38.53	1.67
迁安县	92.65	30.88	2.71	2.92	29.15	0.79	0.25	31.65	0.81
唐海县	19.29	5.03	1.34	6.95	43.28	0.58	0.14	24.14	2.78
玉田县	129.00	41.00	6.99	5.42	44.92	3.14	2.88	91.72	7.02
遵化县	98.75	37.00	6.10	6.18	45.08	2.75	1.78	64.73	4.81
石家庄市	**951.22**	**372.43**	**319.41**	**33.58**	**31.84**	**101.69**	**92.71**	**91.17**	**24.89**
高邑县	27.10	8.19	9.80	36.16	37.76	3.70	3.32	89.73	40.54
鹿泉市	51.87	20.15	17.88	34.47	28.30	5.06	4.65	91.90	23.08
辛集市	116.11	37.00	42.67	36.75	30.70	13.10	13.10	100.00	35.41
赵　县	83.26	28.84	41.07	49.33	35.91	14.75	14.19	96.20	49.20
藁城市	88.44	40.00	37.68	42.61	34.18	12.88	11.95	92.78	29.88
栾城市	44.62	16.75	23.36	52.35	35.06	8.19	8.18	99.88	48.84
新乐市	45.00	20.50	7.19	15.98	20.58	1.48	1.00	67.57	4.88
正定市	42.82	21.51	19.88	46.43	38.43	7.64	6.98	91.36	32.45
晋州市	68.35	25.61	33.76	49.39	42.68	14.41	13.71	95.14	53.53
平山县	61.00	29.00	8.88	14.56	28.04	2.49	1.94	77.91	6.69
行唐县	63.00	22.00	13.49	21.41	27.95	3.77	3.35	88.86	15.23
井陉县	40.50	19.50	2.54	6.27	20.08	0.51	0.32	62.75	1.64
元氏县	59.53	18.29	17.25	28.98	33.51	5.78	4.14	71.63	22.64
深泽县	28.00	13.50	8.94	31.93	10.40	0.93	0.79	84.95	5.85
灵寿县	43.40	15.80	10.41	23.99	25.07	2.61	1.51	57.85	9.56
无极县	55.38	25.59	19.18	34.63	18.25	3.50	2.79	79.71	10.90
赞皇县	32.84	10.20	5.43	16.53	16.39	0.89	0.79	88.76	7.75
廊坊市	**679.50**	**180.10**	**51.64**	**7.60**	**16.09**	**8.31**	**7.72**	**92.90**	**4.29**
安次区	110.00	26.00	15.13	13.75	18.64	2.82	3.02	107.09	11.62
大城县	107.00	21.40	3.12	2.92	3.85	0.12	0.01	8.33	0.05
文安县	78.00	22.00	1.51	1.94	1.32	0.02	0.01	50.00	0.05
霸州市	83.00	24.00	6.26	7.54	13.26	0.83	1.04	125.30	4.33
固安县	80.00	21.00	5.01	6.26	6.59	0.33	0.46	139.39	2.19
香河县	50.00	18.00	5.11	10.22	25.44	1.30	1.00	76.92	5.56
大厂回	20.50	5.90	3.05	14.88	24.59	0.75	0.75	100.00	12.71
三河县	71.00	22.00	7.53	10.61	21.25	1.60	0.83	51.88	3.77
永清县	80.00	19.80	4.92	6.15	10.98	0.54	0.60	111.11	3.03

5－17－14 续表 2

县市名	耕地面积（万亩）	农业人口（万人）	棉田面积（万亩）	占耕地（%）	亩 产（市斤）	产 量（万担）	收购量（万担）	商品率（%）	人均交售（市斤）
衡水市	**1041.34**	**263.07**	**178.42**	**17.13**	**17.79**	**31.74**	**26.64**	**83.93**	**10.13**
安平县	57.75	19.26	8.03	13.90	2.62	0.21	0.42	*	2.18
阜城县	79.93	22.23	12.49	15.63	19.70	2.46	2.42	98.37	10.89
故城县	107.30	28.41	19.69	18.35	14.07	2.77	2.24	80.87	7.88
景 县	137.44	34.41	25.68	18.68	13.28	3.41	3.65	107.04	10.61
饶阳县	78.46	17.00	3.96	5.05	6.31	0.25	0.39	156.00	2.29
深州市	150.75	39.04	31.52	20.91	15.70	4.95	3.99	80.61	10.22
桃城区	68.55	15.96	8.56	12.49	12.50	1.07	0.90	84.11	5.64
武强县	51.00	11.89	1.87	3.67	2.14	0.04			
武邑县	96.05	21.48	8.87	9.23	9.92	0.88	0.71	80.68	3.31
枣强县	105.67	26.50	20.22	19.14	22.21	4.49	5.01	111.58	18.91
冀州市	108.44	26.89	37.53	34.61	29.87	11.21	6.91	61.64	25.70
沧州市	**1435.24**	**351.50**	**162.80**	**11.34**	**26.45**	**43.06**	**34.96**	**81.19**	**9.95**
泊头市	110.00	27.80	7.87	7.15	10.17	0.80			
沧 县	182.00	42.10	5.01	2.75	15.57	0.78			
东光县	85.92	22.76	35.61	41.45	26.68	9.50	9.09	95.68	39.94
海兴县	56.00	11.00	1.05	1.88	21.90	0.23			
河间市	165.00	41.20	20.82	12.62	13.02	2.71	2.70	99.63	6.55
黄骅县	111.00	23.80	0.28	0.25	232.14	0.65			
孟村回	41.00	9.90	2.22	5.41	27.48	0.61			
南皮县	96.00	22.80	13.55	14.11	36.90	5.00	3.62	72.40	15.88
青 县	106.00	20.40	4.07	3.84	16.46	0.67			
任邱市	127.00	35.30	9.06	7.13	24.28	2.20	0.22	10.00	0.62
肃宁县	63.00	18.70	7.76	12.32	6.57	0.51	0.50	98.04	2.67
吴桥县	74.32	20.44	43.02	57.88	42.17	18.14	18.00	99.23	88.06
献县棉	134.00	31.60	7.76	5.79	3.87	0.30	0.28	93.33	0.89
盐山县	84.00	23.70	4.72	5.62	20.34	0.96	0.55	57.29	2.32
邯郸市	**1103.68**	**329.64**	**352.63**	**31.95**	**25.57**	**90.16**	**88.04**	**97.65**	**26.71**
肥乡县	65.08	15.92	24.38	37.46	24.04	5.86	5.62	95.90	35.30
大名县	118.69	34.09	7.20	6.07	11.39	0.82	1.22	148.78	3.58
磁 县	86.20	28.89	30.41	35.28	26.80	8.15	7.35	90.18	25.44
广平县	39.70	11.98	9.17	23.10	25.95	2.38	1.76	73.95	14.69
成安县	61.76	17.87	38.89	62.97	34.87	13.56	13.17	97.12	73.70
馆陶县	54.30	14.66	13.63	25.10	8.00	1.09	0.82	75.23	5.59
邯郸市郊	36.10	15.72	11.31	31.33	21.40	2.42	3.76	155.37	23.92
邯郸县	61.20	16.63	23.33	38.12	18.30	4.27	3.98	93.21	23.93
临漳县	84.20	28.22	21.96	26.08	24.73	5.43	6.12	112.71	21.69
邱 县	53.96	9.38	27.56	51.07	13.24	3.65	3.37	92.33	35.93
曲周县	82.90	18.59	21.19	25.56	12.22	2.59	2.69	103.86	14.47
魏 县	107.70	34.52	13.15	12.21	19.62	2.58	1.48	57.36	4.29
武安市	102.85	33.42	47.08	45.78	39.97	18.82	18.62	98.94	55.72
永年县	106.71	38.65	45.01	42.18	35.26	15.87	15.49	97.61	40.08
鸡泽县	42.33	11.10	18.36	43.37	14.54	2.67	2.59	97.00	23.33

5－17－15 河北省1957年产棉县棉花生产收购明细

县市名	耕地面积（万亩）	农业人口（万人）	棉田面积（万亩）	占耕地（%）	亩产（市斤）	产量（万担）	收购量（万担）	商品率（%）	人均交售（市斤）
全省合计	**8831.64**	**2729.75**	**1387.67**	**15.71**	**42.56**	**590.57**	**512.76**	**86.82**	**18.78**
保定市	**1341.88**	**498.06**	**152.93**	**11.40**	**36.44**	**55.73**	**42.11**	**75.56**	**8.45**
定兴县	78.16	31.60	14.09	18.03	33.92	4.78	3.22	67.36	10.19
安国县	56.71	16.13	13.45	23.72	44.98	6.05	6.04	99.83	37.45
博野县	36.97	14.10	9.42	25.48	58.60	5.52	4.40	79.71	31.21
定州市	144.35	61.82	19.31	13.38	28.07	5.42	3.21	59.23	5.19
高阳县	58.90	17.97	3.19	5.42	37.93	1.21	1.07	88.43	5.95
蠡县	76.77	25.20	9.95	12.96	42.01	4.18	3.73	89.23	14.80
清苑县	114.73	37.97	8.36	7.29	39.95	3.34	2.44	73.05	6.43
容城县	36.39	14.81	3.44	9.45	39.53	1.36	1.06	77.94	7.16
唐县	58.00	25.90	7.90	13.62	26.08	2.06	1.47	71.36	5.68
雄县	62.80	18.20	1.20	1.91	48.33	0.58	0.31	53.45	1.70
易县	75.72	31.56	6.02	7.95	29.90	1.80	1.00	55.56	3.17
满城县	50.03	20.66	13.12	26.22	34.15	4.48	3.94	87.95	19.07
望都县	39.57	13.90	8.07	20.39	34.82	2.81	2.05	72.95	14.75
徐水县	85.58	31.50	6.73	7.86	35.96	2.42	1.61	66.53	5.11
高碑店	82.90	27.90	5.08	6.13	31.50	1.60	1.11	69.38	3.98
涿州市	83.30	28.41	4.88	5.86	31.97	1.56	0.96	61.54	3.38
安新县	55.60	20.40	0.19	0.34	21.05	0.04			
涞水县	44.40	17.94	3.01	6.78	22.92	0.69	0.33	47.83	1.84
曲阳县	55.40	25.00	4.47	8.07	35.79	1.60	0.73	45.63	2.92
顺平县	45.60	17.09	11.05	24.23	38.28	4.23	3.43	81.09	20.07
邢台市	**1133.31**	**316.48**	**279.18**	**24.63**	**41.56**	**116.02**	**109.01**	**93.96**	**34.44**
宁晋县	138.41	34.94	26.51	19.15	41.91	11.11	11.57	104.14	33.11
柏乡县	31.18	9.57	12.02	38.55	76.54	9.20	8.55	92.93	89.34
广宗县	53.57	12.59	10.78	20.12	25.97	2.80	2.56	91.43	20.33
巨鹿县	74.57	18.11	17.04	22.85	31.98	5.45	6.17	113.21	34.07
临城县	38.47	9.12	8.17	21.24	38.80	3.17	3.03	95.58	33.22
临西县	68.62	18.36	14.93	21.76	35.50	5.30	4.77	90.00	25.98
隆尧县	85.51	25.07	14.81	17.32	47.27	7.00	6.48	92.57	25.85
内邱县	45.94	11.74	8.63	18.79	36.96	3.19	4.04	126.65	34.41
南宫市	101.40	30.70	46.78	46.13	51.00	23.86	22.09	92.58	71.95
南和县	48.53	15.43	8.59	17.70	24.33	2.09	1.78	85.17	11.54
平乡县	47.51	13.42	4.51	9.49	26.83	1.21	1.24	102.48	9.24
清河县	59.26	18.95	8.16	13.77	41.18	3.36	3.02	89.88	15.94
沙河县	55.06	18.80	14.97	27.19	42.82	6.41	5.92	92.36	31.49
威县	118.35	30.11	44.89	37.93	39.01	17.51	14.75	84.24	48.99
新河县	41.25	10.38	12.48	30.25	32.69	4.08	4.54	111.27	43.74
邢台县	72.41	24.41	18.58	25.66	41.12	7.64	6.11	79.97	25.03
任县	53.27	14.78	7.33	13.76	36.02	2.64	2.39	90.53	16.17

5－17－15 续表 1

县市名	耕地面积（万亩）	农业人口（万人）	棉田面积（万亩）	占耕地（%）	亩产（市斤）	产量（万担）	收购量（万担）	商品率（%）	人均交售（市斤）
秦皇岛市	**280.30**	**93.03**	**15.53**	**5.54**	**40.89**	**6.35**	**4.39**	**69.13**	**4.72**
昌黎县	115.37	34.93	4.74	4.11	40.93	1.94	1.15	59.28	3.29
卢龙县	73.18	26.37	3.63	4.96	29.48	1.07	0.69	64.49	2.62
抚宁县	91.75	31.73	7.16	7.80	46.65	3.34	2.55	76.35	8.04
唐山市	**918.60**	**312.89**	**51.34**	**5.59**	**38.31**	**19.67**	**14.84**	**75.44**	**4.74**
迁西县	39.98	20.17	0.74	1.85	36.49	0.27	0.08	29.63	0.40
丰润县	128.32	45.43	4.30	3.35	40.47	1.74	1.27	72.99	2.80
丰南县	90.86	30.38	15.37	16.92	39.82	6.12	6.44	105.23	21.20
乐亭县	108.37	35.14	8.00	7.38	42.00	3.36	2.93	87.20	8.34
滦南县	122.84	36.68	7.40	6.02	35.27	2.61	0.84	32.18	2.29
滦　县	91.98	27.64	1.69	1.84	35.50	0.60	0.34	56.67	1.23
迁安县	89.60	33.58	1.72	1.92	37.79	0.65	0.24	36.92	0.71
唐海县	19.29	5.03	1.54	7.98	35.06	0.54	0.06	11.11	1.19
玉田县	128.57	41.51	5.13	3.99	36.45	1.87	1.58	84.49	3.81
遵化县	98.79	37.33	5.45	5.52	35.05	1.91	1.06	55.50	2.84
石家庄市	**948.98**	**376.41**	**268.20**	**28.26**	**52.40**	**140.54**	**125.01**	**88.95**	**33.21**
高邑县	26.99	8.37	10.02	37.12	46.91	4.70	4.52	96.17	54.00
鹿泉市	51.21	20.10	14.44	28.20	46.75	6.75	6.79	100.59	33.78
辛集市	115.77	37.23	42.31	36.55	51.22	21.67	21.66	99.95	58.18
赵　县	83.09	29.39	33.69	40.55	51.56	17.37	14.86	85.55	50.56
藁城市	87.32	40.00	32.23	36.91	69.50	22.40	15.97	71.29	39.93
栾城市	44.37	17.21	17.86	40.25	60.92	10.88	9.13	83.92	53.05
新乐市	44.57	21.00	5.61	12.59	28.52	1.60	1.42	88.75	6.76
正定市	42.57	22.01	16.38	38.48	49.39	8.09	8.27	102.22	37.57
晋州市	67.81	26.16	28.35	41.81	63.49	18.00	17.48	97.11	66.82
平山县	59.30	28.23	7.97	13.44	41.66	3.32	2.50	75.30	8.86
行唐县	62.83	22.72	10.53	16.76	47.01	4.95	4.67	94.34	20.55
井陉县	40.43	19.62	1.70	4.20	20.00	0.34	0.31	91.18	1.58
元氏县	59.30	18.77	15.78	26.61	43.47	6.86	6.29	91.69	33.51
深泽县	32.51	13.03	5.99	18.43	45.24	2.71	2.55	94.10	19.57
灵寿县	43.31	16.08	6.07	14.02	32.29	1.96	1.24	63.27	7.71
无极县	55.45	25.96	14.69	26.49	52.48	7.71	6.25	81.06	24.08
赞皇县	32.15	10.53	4.58	14.25	26.86	1.23	1.10	89.43	10.45
廊坊市	**677.26**	**184.47**	**35.10**	**5.18**	**29.17**	**10.24**	**8.61**	**84.08**	**4.67**
安次区	108.08	26.40	11.22	10.38	33.07	3.71	3.46	93.26	13.11
大城县	106.92	21.40	1.18	1.10	16.95	0.20	0.11	55.00	0.51
文安县	79.64	22.17	0.42	0.53	21.43	0.09	0.06	66.67	0.27
霸州市	82.25	25.60	4.26	5.18	32.39	1.38	1.08	78.26	4.22
固安县	78.63	21.91	3.41	4.34	28.15	0.96	0.83	86.46	3.79
香河县	50.95	18.04	3.43	6.73	22.45	0.77	0.92	119.48	5.10
大厂回	20.47	6.11	2.90	14.17	26.90	0.78	0.76	97.44	12.44
三河县	70.56	22.75	5.22	7.40	27.01	1.41	0.77	54.61	3.38
永清县	79.76	20.09	3.06	3.84	30.72	0.94	0.62	65.96	3.09

5－17－15 续表 2

县市名	耕地面积（万亩）	农业人口（万人）	棉田面积（万亩）	占耕地（%）	亩产（市斤）	产量（万担）	收购量（万担）	商品率（%）	人均交售（市斤）
衡水市	**1029.27**	**263.07**	**147.20**	**14.30**	**37.70**	**55.49**	**43.46**	**78.32**	**16.52**
安平县	57.40	19.10	4.63	8.07	42.55	1.97	1.38	70.05	7.23
阜城县	79.93	22.10	8.83	11.05	41.00	3.62	1.75	48.34	7.92
故城县	107.00	28.52	12.99	12.14	30.87	4.01	2.84	70.82	9.96
景县	133.54	33.81	17.05	12.77	37.54	6.40	5.50	85.94	16.27
饶阳县	70.82	17.60	2.07	2.92	9.66	0.20	0.63	*	3.58
深州市	150.84	38.93	27.03	17.92	32.45	8.77	8.92	101.71	22.91
桃城区	67.85	15.69	5.80	8.55	33.28	1.93	1.58	81.87	10.07
武强县	51.00	12.40	0.66	1.29	22.73	0.15	0.09	60.00	0.73
武邑县	96.05	21.12	9.52	9.91	34.66	3.30	2.51	76.06	11.88
枣强县	104.88	26.71	19.84	18.92	40.17	7.97	6.75	84.69	25.27
冀州市	109.96	27.09	38.78	35.27	44.28	17.17	11.51	67.04	42.49
沧州市	**1411.03**	**346.90**	**117.59**	**8.33**	**36.79**	**43.26**	**35.69**	**82.50**	**10.29**
泊头市	107.26	27.50	2.96	2.76	22.97	0.68			
沧县	175.73	41.20	1.85	1.05	23.78	0.44			
东光县	83.62	21.97	30.48	36.45	38.55	11.75	8.70	74.04	39.60
海兴县	55.94	11.27	0.30	0.54	26.67	0.08			
河间市	164.10	41.28	15.40	9.38	33.83	5.21	4.50	86.37	10.90
黄骅县	120.49	20.00	1.71	1.42	24.56	0.42			
孟村回	38.51	9.80	1.72	4.47	18.02	0.31			
南皮县	92.92	23.60	11.66	12.55	33.79	3.94	3.47	88.07	14.70
青县	98.61	20.40	0.55	0.56	21.82	0.12			
任邱市	124.49	35.64	5.14	4.13	26.46	1.36	0.70	51.47	1.96
肃宁县	62.90	18.80	3.28	5.21	38.41	1.26	1.06	84.13	5.64
吴桥县	71.69	20.43	36.23	50.54	44.77	16.22	16.05	98.95	78.56
献县棉	130.58	31.11	3.55	2.72	19.44	0.69	0.60	86.96	1.93
盐山县	84.19	23.90	2.76	3.28	28.26	0.78	0.61	78.21	2.55
邯郸市	**1091.01**	**338.44**	**320.60**	**29.39**	**44.69**	**143.27**	**129.64**	**90.49**	**38.31**
肥乡县	65.16	16.36	22.56	34.62	44.86	10.12	9.87	97.53	60.33
大名县	118.69	34.65	6.20	5.22	33.06	2.05	1.75	85.37	5.05
磁县	85.90	29.28	28.30	32.95	39.19	11.09	9.37	84.49	32.00
广平县	39.90	12.27	8.72	21.85	43.23	3.77	2.86	75.86	23.31
成安县	61.94	18.19	36.32	58.64	61.89	22.48	20.08	89.32	110.39
馆陶县	51.90	14.82	11.03	21.25	29.37	3.24	2.96	91.36	19.97
邯郸市郊	35.40	15.87	9.71	27.43	33.88	3.29	3.50	106.38	22.05
邯郸县	60.00	16.87	21.82	36.37	50.18	10.95	10.67	97.44	63.25
临漳县	81.00	29.63	20.78	25.65	43.12	8.96	7.47	83.37	25.21
邱县	53.96	9.87	21.95	40.68	41.78	9.17	8.87	96.73	89.87
曲周县	82.40	19.11	19.01	23.07	32.88	6.25	5.00	80.00	26.16
魏县	105.96	36.01	10.52	9.93	29.94	3.15	2.37	75.24	6.58
武安市	103.16	34.01	47.00	45.56	42.19	19.83	17.38	87.64	51.10
永年县	103.97	39.99	40.36	38.82	55.23	22.29	21.89	98.21	54.74
鸡泽县	41.67	11.51	16.32	39.16	40.63	6.63	5.60	84.46	48.65

5-17-16 河北省1958年产棉县棉花生产收购明细

县市名	耕地面积（万亩）	农业人口（万人）	棉田面积（万亩）	占耕地（%）	亩产（市斤）	产量（万担）	收购量（万担）	商品率（%）	人均交售（市斤）
全省合计	**8526.47**	**2717.29**	**1421.04**	**16.67**	**40.83**	**580.28**	**498.42**	**85.89**	**18.34**
保定市	**1280.77**	**491.33**	**163.31**	**12.75**	**37.18**	**60.72**	**51.19**	**84.31**	**10.42**
定兴县	76.59	29.63	15.79	20.62	27.30	4.31	5.09	118.10	17.18
安国县	52.94	14.89	12.85	24.27	35.02	4.50	4.48	99.56	30.09
博野县	34.57	14.00	13.07	37.81	53.86	7.04	3.96	56.25	28.29
定州市	140.00	62.00	18.33	13.09	30.01	5.50	5.18	94.18	8.35
高阳县	55.00	18.00	3.20	5.82	36.56	1.17	1.32	112.82	7.33
蠡　县	76.41	25.06	13.79	18.05	38.51	5.31	3.37	63.47	13.45
清苑县	105.00	36.00	8.03	7.65	48.07	3.86	3.35	86.79	9.31
容城县	37.00	14.00	3.04	8.22	37.50	1.14	1.07	93.86	7.64
唐　县	55.00	27.00	8.15	14.82	34.72	2.83	3.29	116.25	12.19
雄　县	60.00	17.00	1.28	2.13	31.25	0.40	0.33	82.50	1.94
易　县	77.00	34.00	7.81	10.14	33.55	2.62	1.96	74.81	5.76
满城县	49.26	19.75	12.82	26.03	39.39	5.05	4.38	86.73	22.18
望都县	36.00	13.00	8.01	22.25	29.96	2.40	2.78	115.83	21.38
徐水县	72.00	30.00	6.76	9.39	35.80	2.42	1.89	78.10	6.30
高碑店	78.00	27.00	4.59	5.88	35.08	1.61	1.22	75.78	4.52
涿州市	83.00	28.00	6.95	8.37	34.96	2.43	1.94	79.84	6.93
安新县	51.00	21.00	0.52	1.02	50.00	0.26			
涞水县	43.00	18.00	3.64	8.47	30.22	1.10	0.49	44.55	2.72
曲阳县	54.00	26.00	3.99	7.39	45.36	1.81	1.12	61.88	4.31
顺平县	45.00	17.00	10.69	23.76	46.40	4.96	3.97	80.04	23.35
邢台市	**1095.45**	**317.46**	**271.47**	**24.78**	**39.55**	**107.37**	**99.10**	**92.30**	**31.22**
宁晋县	134.82	35.46	25.00	18.54	53.20	13.30	9.84	73.98	27.75
柏乡县	31.58	9.69	12.32	39.01	78.08	9.62	8.62	89.60	88.96
广宗县	53.54	13.01	10.88	20.32	17.74	1.93	1.42	73.58	10.91
巨鹿县	74.46	17.66	21.07	28.30	31.37	6.61	5.88	88.96	33.30
临城县	35.57	9.27	8.91	25.05	38.95	3.47	4.64	133.72	50.05
临西县	62.94	17.91	14.89	23.66	28.88	4.30	4.02	93.49	22.45
隆尧县	84.87	25.16	19.65	23.15	38.73	7.61	8.65	113.67	34.38
内邱县	44.02	12.07	9.35	21.24	38.29	3.58	5.08	141.90	42.09
南宫市	101.40	31.20	37.54	37.02	44.09	16.55	18.11	109.43	58.04
南和县	45.22	15.29	7.85	17.36	29.04	2.28	1.87	82.02	12.23
平乡县	47.10	13.34	6.22	13.21	14.79	0.92	0.55	59.78	4.12
清河县	58.18	19.03	9.69	16.66	30.96	3.00	3.48	116.00	18.29
沙河县	52.30	18.44	16.62	31.78	45.91	7.63	6.67	87.42	36.17
威　县	112.61	29.88	33.90	30.10	41.98	14.23	8.66	60.86	28.98
新河县	37.97	10.32	12.34	32.50	32.01	3.95	3.70	93.67	35.85
邢台县	66.81	24.95	18.23	27.29	36.64	6.68	6.40	95.81	25.65
任　县	52.06	14.78	7.01	13.47	24.39	1.71	1.51	88.30	10.22

5-17-16 续表 1

县市名	耕地面积（万亩）	农业人口（万人）	棉田面积（万亩）	占耕地（%）	亩产（市斤）	产量（万担）	收购量（万担）	商品率（%）	人均交售（市斤）
秦皇岛市	**280.30**	**93.03**	**15.62**	**5.57**	**43.98**	**6.87**	**5.70**	**82.97**	**6.13**
昌黎县	115.37	34.93	4.56	3.95	37.06	1.69	1.19	70.41	3.41
卢龙县	73.18	26.37	4.05	5.53	39.26	1.59	1.53	96.23	5.80
抚宁县	91.75	31.73	7.01	7.64	51.21	3.59	2.98	83.01	9.39
唐山市	**901.72**	**312.25**	**53.62**	**5.95**	**43.23**	**23.18**	**16.72**	**72.13**	**5.35**
迁西县	39.98	20.17	0.74	1.85	33.78	0.25	0.16	64.00	0.79
丰润县	120.98	43.12	5.20	4.30	42.12	2.19	1.40	63.93	3.25
丰南县	86.19	30.11	14.99	17.39	46.70	7.00	4.95	70.71	16.44
乐亭县	105.00	36.00	7.86	7.49	45.04	3.54	3.13	88.42	8.69
滦南县	122.00	37.00	7.97	6.53	39.40	3.14	2.34	74.52	6.32
滦　县	91.98	27.64	1.27	1.38	40.16	0.51	0.36	70.59	1.30
迁安县	89.60	33.58	1.68	1.88	38.69	0.65	0.42	64.62	1.25
唐海县	19.29	5.03	1.73	8.97	36.99	0.64	0.01	1.56	0.20
玉田县	128.00	42.00	6.83	5.34	37.04	2.53	1.30	51.38	3.10
遵化县	98.70	37.60	5.35	5.42	51.03	2.73	2.65	97.07	7.05
石家庄市	**918.48**	**378.89**	**263.84**	**28.73**	**58.71**	**154.89**	**140.39**	**90.64**	**37.05**
高邑县	26.40	8.26	9.82	37.20	78.72	7.73	7.46	96.51	90.31
鹿泉市	48.61	20.23	14.38	29.58	63.77	9.17	8.41	91.71	41.57
辛集市	112.15	36.66	42.89	38.24	51.53	22.10	20.97	94.89	57.20
赵　县	79.09	29.03	30.69	38.80	57.02	17.50	17.26	98.63	59.46
藁城市	85.82	39.00	32.18	37.50	72.28	23.26	18.56	79.79	47.59
栾城市	43.59	15.83	16.00	36.71	66.19	10.59	9.90	93.48	62.54
新乐市	44.00	21.00	5.19	11.80	32.95	1.71	1.69	98.83	8.05
正定市	42.73	22.24	16.68	39.04	70.02	11.68	9.26	79.28	41.64
晋州市	65.90	26.70	28.03	42.53	71.89	20.15	19.61	97.32	73.45
平山县	54.00	30.00	7.68	14.22	47.27	3.63	3.15	86.78	10.50
行唐县	61.00	23.00	10.60	17.38	47.36	5.02	4.93	98.21	21.43
井陉县	40.00	20.00	1.63	4.08	30.06	0.49	0.42	85.71	2.10
元氏县	57.64	19.23	15.13	26.25	53.87	8.15	7.45	91.41	38.74
深泽县	29.00	14.00	6.00	20.69	48.50	2.91	2.60	89.35	18.57
灵寿县	43.30	16.50	7.95	18.36	28.68	2.28	2.05	89.91	12.42
无极县	54.84	26.34	14.44	26.33	48.82	7.05	5.46	77.45	20.73
赞皇县	30.41	10.87	4.55	14.96	32.31	1.47	1.21	82.31	11.13
廊坊市	**660.40**	**186.40**	**39.05**	**5.91**	**27.86**	**10.88**	**9.39**	**86.31**	**5.04**
安次区	100.00	27.00	11.10	11.10	35.77	3.97	3.83	96.47	14.19
大城县	103.00	21.40	1.54	1.50	12.34	0.19	0.03	15.79	0.14
文安县	80.00	22.20	1.20	1.50	26.67	0.32	0.14	43.75	0.63
霸州市	82.00	26.00	4.34	5.29	33.87	1.47	1.16	78.91	4.46
固安县	76.00	22.00	5.14	6.76	24.32	1.25	0.97	77.60	4.41
香河县	50.50	18.20	3.40	6.73	17.65	0.60	0.72	120.00	3.96
大厂回	20.40	6.20	2.91	14.26	27.49	0.80	0.93	116.25	15.00
三河县	70.50	23.00	4.87	6.91	27.10	1.32	0.96	72.73	4.17
永清县	78.00	20.40	4.55	5.83	21.10	0.96	0.65	67.71	3.19

5－17－16续表2

县市名	耕地面积（万亩）	农业人口（万人）	棉田面积（万亩）	占耕地（%）	亩产（市斤）	产量（万担）	收购量（万担）	商品率（%）	人均交售（市斤）
衡水市	**970.27**	**241.40**	**176.71**	**18.21**	**27.29**	**48.22**	**34.21**	**70.95**	**14.17**
安平县	52.26	18.91	6.63	12.69	23.68	1.57	1.47	93.63	7.77
阜城县	75.24	2.51	17.26	22.94	16.51	2.85	1.30	45.61	51.79
故城县	102.20	28.02	15.16	14.83	26.65	4.04	2.03	50.25	7.24
景　县	125.61	33.13	18.69	14.88	23.17	4.33	2.86	66.05	8.63
饶阳县	70.82	17.60	3.01	4.25	12.62	0.38	0.65	171.05	3.69
深州市	143.24	38.21	29.83	20.83	25.98	7.75	8.47	109.29	22.17
桃城区	58.52	16.18	8.96	15.31	25.89	2.32	2.14	92.24	13.23
武强县	51.00	12.40	0.55	1.08	21.82	0.12	0.07	58.33	0.56
武邑县	86.16	21.93	13.30	15.44	26.02	3.46	2.47	71.39	11.26
枣强县	105.67	25.60	23.29	22.04	33.96	7.91	6.51	82.30	25.43
冀州市	99.55	26.91	40.03	40.21	33.70	13.49	6.24	46.26	23.19
沧州市	**1364.69**	**347.47**	**113.28**	**8.30**	**28.35**	**32.12**	**20.65**	**64.29**	**5.94**
泊头市	103.00	28.00	4.86	4.72	11.93	0.58			
沧　县	162.00	40.00	1.71	1.06	9.94	0.17			
东光县	81.66	20.86	26.03	31.88	23.09	6.01	4.64	77.20	22.24
海兴县	53.00	10.00	0.82	1.55	18.29	0.15			
河间市	158.00	43.00	16.84	10.66	24.88	4.19	2.50	59.67	5.81
黄骅县	121.00	26.00	0.37	0.31	16.22	0.06			
孟村回	34.00	10.00	1.53	4.50	26.14	0.40			
南皮县	93.00	23.00	11.53	12.40	36.51	4.21	2.23	52.97	9.70
青　县	99.00	20.00	2.82	2.85	10.64	0.30			
任邱市	124.00	35.60	8.29	6.69	21.11	1.75	0.81	46.29	2.28
肃宁县	60.00	18.00	6.59	10.98	27.47	1.81	0.64	35.36	3.56
吴桥县	65.03	20.01	26.34	40.50	41.53	10.94	8.75	79.98	43.73
献县棉	127.00	29.00	1.49	1.17	39.60	0.59	0.12	20.34	0.41
盐山县	84.00	24.00	4.06	4.83	23.65	0.96	0.96	100.00	4.00
邯郸市	**1054.39**	**349.06**	**324.14**	**30.74**	**41.97**	**136.03**	**121.07**	**89.00**	**34.68**
肥乡县	63.12	16.38	24.23	38.39	29.80	7.22	6.97	96.54	42.55
大名县	113.50	33.74	5.68	5.00	25.00	1.42	1.45	102.11	4.30
磁　县	78.30	30.45	26.02	33.23	34.24	8.91	6.55	73.51	21.51
广平县	38.30	12.49	10.71	27.96	26.61	2.85	2.73	95.79	21.86
成安县	60.23	17.60	34.85	57.86	72.42	25.24	24.84	98.42	141.14
馆陶县	51.80	14.96	13.38	25.83	28.10	3.76	3.48	92.55	23.26
邯郸市郊	33.50	23.27	9.53	28.45	36.94	3.52	2.89	82.10	12.42
邯郸县	57.70	17.50	20.10	34.84	33.98	6.83	6.55	95.90	37.43
临漳县	80.40	29.46	20.73	25.78	51.37	10.65	10.35	97.18	35.13
邱　县	53.38	10.25	22.60	42.34	27.35	6.18	3.14	50.81	30.63
曲周县	81.00	19.85	19.64	24.25	27.65	5.43	4.22	77.72	21.26
魏　县	103.20	36.02	12.50	12.11	33.52	4.19	2.51	59.90	6.97
武安市	99.12	35.07	47.01	47.43	45.69	21.48	18.81	87.57	53.64
永年县	100.12	40.48	40.86	40.81	58.35	23.84	23.45	98.36	57.93
鸡泽县	40.72	11.54	16.30	40.03	27.67	4.51	3.13	69.40	27.12

5－17－17　河北省1959年产棉县棉花生产收购明细

县市名	耕地面积（万亩）	农业人口（万人）	棉田面积（万亩）	占耕地（%）	亩产（市斤）	产量（万担）	收购量（万担）	商品率（%）	人均交售（市斤）
全省合计	**8336.43**	**2750.49**	**1368.68**	**16.42**	**38.81**	**531.13**	**507.84**	**95.62**	**18.46**
保定市	**1249.62**	**498.98**	**147.72**	**11.82**	**31.44**	**46.44**	**41.44**	**89.23**	**8.30**
定兴县	75.74	29.66	14.59	19.26	24.47	3.57	4.79	134.17	16.15
安国县	52.16	15.94	12.45	23.87	42.25	5.26	6.17	117.30	38.71
博野县	34.05	14.10	13.96	41.00	39.04	5.45	4.63	84.95	32.84
定州市	133.00	63.00	20.44	15.37	22.11	4.52	5.03	111.28	7.98
高阳县	54.00	17.00	2.97	5.50	39.06	1.16	0.47	40.52	2.76
蠡　县	74.89	24.48	11.90	15.89	44.54	5.30	3.66	69.06	14.95
清苑县	105.00	36.00	7.81	7.44	19.46	1.52	0.91	59.87	2.53
容城县	37.00	14.00	4.26	11.51	34.51	1.47	1.27	86.39	9.07
唐　县	50.00	28.00	6.06	12.12	34.16	2.07	2.39	115.46	8.54
雄　县	60.00	18.00	1.03	1.72	29.13	0.30	0.33	110.00	1.83
易　县	75.00	35.00	8.47	11.29	27.15	2.30	1.46	63.48	4.17
满城县	47.78	19.80	8.79	18.40	39.59	3.48	1.36	39.08	6.87
望都县	36.00	13.00	6.52	18.11	21.01	1.37	1.75	127.74	13.46
徐水县	71.00	31.00	6.61	9.31	39.18	2.59	1.75	67.57	5.65
高碑店	75.00	28.00	4.69	6.25	24.95	1.17	0.81	69.23	2.89
涿州市	81.00	29.00	7.21	8.90	31.35	2.26	2.64	116.81	9.10
安新县	50.00	21.00	0.30	0.60	10.00	0.03			
涞水县	42.00	18.00	4.10	9.76	28.05	1.15	0.39	33.91	2.17
曲阳县	53.00	27.00	3.44	6.49	25.58	0.88	0.68	77.27	2.52
顺平县	43.00	17.00	2.12	4.93	27.83	0.59	0.95	161.02	5.59
邢台市	**1073.92**	**319.70**	**288.78**	**26.89**	**40.86**	**118.00**	**111.77**	**94.72**	**34.96**
宁晋县	130.26	35.77	28.44	21.83	52.81	15.02	12.03	80.09	33.63
柏乡县	31.17	9.70	11.73	37.63	75.62	8.87	9.37	105.64	96.60
广宗县	51.17	13.07	10.16	19.86	30.61	3.11	2.52	81.03	19.28
巨鹿县	71.99	18.08	22.09	30.68	33.36	7.37	6.82	92.54	37.72
临城县	34.53	9.33	9.45	27.37	35.03	3.31	4.28	129.31	45.87
临西县	60.09	18.08	12.72	21.17	39.47	5.02	4.84	96.41	26.77
隆尧县	83.81	25.44	17.77	21.20	41.81	7.43	8.12	109.29	31.92
内邱县	43.35	12.22	10.17	23.46	33.24	3.38	4.80	142.01	39.28
南宫市	100.10	31.30	43.78	43.74	47.81	20.93	21.43	102.39	68.47
南和县	44.90	15.28	7.79	17.35	31.45	2.45	2.52	102.86	16.49
平乡县	45.54	13.86	3.94	8.65	27.92	1.10	0.82	74.55	5.92
清河县	58.18	19.05	13.75	23.63	28.00	3.85	4.61	119.74	24.20
沙河县	51.77	18.23	16.32	31.52	42.59	6.95	6.84	98.42	37.52
威　县	112.61	30.20	44.10	39.16	41.00	18.08	12.24	67.70	40.53
新河县	36.82	10.52	10.14	27.54	33.23	3.37	3.27	97.03	31.08
邢台县	65.87	24.70	19.22	29.18	30.65	5.89	5.56	94.40	22.51
任　县	51.76	14.87	7.21	13.93	25.94	1.87	1.70	90.91	11.43

5－17－17 续表 1

县市名	耕地面积（万亩）	农业人口（万人）	棉田面积（万亩）	占耕地（%）	亩产（市斤）	产量（万担）	收购量（万担）	商品率（%）	人均交售（市斤）
秦皇岛市	**280.30**	**93.03**	**14.18**	**5.06**	**28.35**	**4.02**	**3.06**	**76.12**	**3.29**
昌黎县	115.37	34.93	4.79	4.15	27.97	1.34	0.88	65.67	2.52
卢龙县	73.18	26.37	4.12	5.63	28.40	1.17	0.87	74.36	3.30
抚宁县	91.75	31.73	5.27	5.74	28.65	1.51	1.31	86.75	4.13
唐山市	**889.36**	**313.79**	**56.11**	**6.31**	**28.28**	**15.87**	**13.96**	**87.96**	**4.45**
迁西县	39.98	20.17	0.59	1.48	25.42	0.15	0.13	86.67	0.64
丰润县	119.71	42.96	6.73	5.62	22.73	1.53	1.03	67.32	2.40
丰南县	82.30	30.01	13.02	15.82	35.71	4.65	5.56	119.57	18.53
乐亭县	100.00	37.00	8.84	8.84	34.62	3.06	2.19	71.57	5.92
滦南县	121.00	37.50	8.27	6.83	29.02	2.40	1.70	70.83	4.53
滦　县	91.98	27.64	1.72	1.87	34.30	0.59	0.37	62.71	1.34
迁安县	89.60	33.58	2.14	2.39	28.97	0.62	0.56	90.32	1.67
唐海县	19.29	5.03	1.84	9.54	30.43	0.56	0.06	10.71	1.19
玉田县	127.00	42.00	6.91	5.44	11.58	0.80	0.97	121.25	2.31
遵化县	98.50	37.90	6.05	6.14	24.96	1.51	1.39	92.05	3.67
石家庄市	**902.08**	**384.02**	**255.32**	**28.30**	**51.14**	**130.56**	**129.65**	**99.30**	**33.76**
高邑县	26.40	8.56	9.03	34.20	60.24	5.44	6.04	111.03	70.56
鹿泉市	48.04	20.27	12.89	26.83	52.75	6.80	6.53	96.03	32.22
辛集市	110.12	37.52	43.45	39.46	51.78	22.50	21.55	95.78	57.44
赵　县	78.09	28.88	29.36	37.60	50.00	14.68	16.99	115.74	58.83
藁城市	84.42	41.00	29.64	35.11	57.15	16.94	17.08	100.83	41.66
栾城市	43.38	15.66	15.00	34.58	53.53	8.03	7.86	97.88	50.19
新乐市	44.00	21.00	5.93	13.48	35.08	2.08	1.70	81.73	8.10
正定市	42.00	22.13	15.02	35.76	55.59	8.35	8.60	102.99	38.86
晋州市	63.80	26.88	28.71	45.00	64.89	18.63	18.22	97.80	67.78
平山县	47.00	30.00	6.67	14.19	28.04	1.87	1.72	91.98	5.73
行唐县	60.00	23.50	10.41	17.35	34.87	3.63	4.04	111.29	17.19
井陉县	39.50	20.50	1.52	3.85	45.39	0.69	0.40	57.97	1.95
元氏县	57.64	19.30	13.85	24.03	44.12	6.11	5.76	94.27	29.84
深泽县	29.00	14.00	6.45	22.24	59.69	3.85	2.98	77.40	21.29
灵寿县	43.30	17.00	7.63	17.62	33.55	2.56	2.31	90.23	13.59
无极县	54.47	26.72	15.29	28.07	46.30	7.08	6.62	93.50	24.78
赞皇县	30.92	11.10	4.47	14.46	29.53	1.32	1.25	94.70	11.26
廊坊市	**655.40**	**189.10**	**35.72**	**5.45**	**25.39**	**9.07**	**7.99**	**88.09**	**4.23**
安次区	95.00	28.00	8.93	9.40	33.93	3.03	3.15	103.96	11.25
大城县	100.00	21.40	1.26	1.26	18.25	0.23	0.02	8.70	0.09
文安县	85.00	22.20	0.62	0.73	29.03	0.18	0.06	33.33	0.27
霸州市	82.00	27.00	4.22	5.15	24.88	1.05	0.93	88.57	3.44
固安县	74.00	22.00	6.45	8.72	16.28	1.05	1.47	140.00	6.68
香河县	50.50	18.40	2.84	5.62	32.39	0.92	0.58	63.04	3.15
大厂回	20.40	6.30	4.40	21.57	27.27	1.20	0.35	29.17	5.56
三河县	70.50	23.00	3.71	5.26	22.64	0.84	0.62	73.81	2.70
永清县	78.00	20.80	3.29	4.22	17.33	0.57	0.81	142.11	3.89

5－17－17 续表 2

县市名	耕地面积（万亩）	农业人口（万人）	棉田面积（万亩）	占耕地（%）	亩产（市斤）	产量（万担）	收购量（万担）	商品率（%）	人均交售（市斤）
衡水市	**946.87**	**258.29**	**168.94**	**17.84**	**22.49**	**37.99**	**37.19**	**97.89**	**14.40**
安平县	52.81	19.34	7.19	13.61	28.93	2.08	2.39	114.90	12.36
阜城县	71.99	19.80	16.45	22.85	20.30	3.34	1.59	47.60	8.03
故城县	98.00	27.60	15.60	15.92	27.12	4.23	2.97	70.21	10.76
景　县	117.67	32.26	17.52	14.89	24.14	4.23	3.80	89.83	11.78
饶阳县	70.82	17.60	2.90	4.09	11.03	0.32	0.62	193.75	3.52
深州市	142.52	39.25	26.08	18.30	24.00	6.26	8.58	137.06	21.86
桃城区	58.53	15.97	10.37	17.72	15.43	1.60	3.49	*	21.85
武强县	51.00	12.40	0.70	1.37	44.29	0.31	0.10	32.26	0.81
武邑县	86.16	21.57	12.66	14.69	13.98	1.77	2.46	138.98	11.40
枣强县	97.82	25.35	20.20	20.65	23.12	4.67	5.21	111.56	20.55
冀州市	99.55	27.15	39.27	39.45	23.38	9.18	5.98	65.14	22.03
沧州市	**1298.89**	**344.82**	**103.12**	**7.94**	**25.77**	**26.57**	**23.94**	**90.10**	**6.94**
泊头市	100.00	27.00	3.84	3.84	11.72	0.45			
沧　县	154.00	39.00	1.88	1.22	13.30	0.25			
东光县	78.85	20.92	24.47	31.03	16.35	4.00	4.80	120.00	22.94
海兴县	49.00	9.90	0.95	1.94	20.00	0.19			
河间市	151.00	43.00	13.61	9.01	31.15	4.24	4.00	94.34	9.30
黄骅县	110.00	25.00	1.09	0.99	40.37	0.44			
孟村回	33.00	9.90	1.20	3.64	26.67	0.32			
南皮县	87.00	23.00	12.20	14.02	17.38	2.12	1.28	60.38	5.57
青　县	95.00	20.00	1.65	1.74	9.70	0.16			
任邱市	113.00	34.50	4.48	3.96	18.75	0.84	0.63	75.00	1.83
肃宁县	58.00	18.00	6.70	11.55	27.61	1.85	0.93	50.27	5.17
吴桥县	65.04	20.60	23.94	36.81	38.76	9.28	10.50	113.15	50.97
献县棉	126.00	31.00	2.55	2.02	40.00	1.02	0.68	66.67	2.19
盐山县	79.00	23.00	4.56	5.77	30.92	1.41	1.12	79.43	4.87
邯郸市	**1039.99**	**348.76**	**298.79**	**28.73**	**47.73**	**142.61**	**138.84**	**97.36**	**39.81**
肥乡县	64.48	16.69	22.48	34.86	36.92	8.30	8.05	96.99	48.23
大名县	112.09	34.83	7.50	6.69	33.73	2.53	1.34	52.96	3.85
磁　县	77.40	30.84	22.54	29.12	38.02	8.57	7.81	91.13	25.32
广平县	36.20	12.49	8.99	24.83	34.15	3.07	2.94	95.77	23.54
成安县	58.68	18.65	34.88	59.44	68.61	23.93	23.52	98.29	126.11
馆陶县	51.50	14.92	12.22	23.73	36.50	4.46	4.19	93.95	28.08
邯郸市郊	29.50	16.38	6.94	23.53	45.24	3.14	5.41	172.29	33.03
邯郸县	57.00	17.75	19.06	33.44	41.97	8.00	7.72	96.50	43.49
临漳县	78.00	30.15	21.31	27.32	52.42	11.17	11.66	104.39	38.67
邱　县	53.32	10.45	18.41	34.53	44.00	8.10	5.22	64.44	49.95
曲周县	80.90	20.23	16.81	20.78	39.02	6.56	6.22	94.82	30.75
魏　县	103.74	36.64	12.25	11.81	29.80	3.65	6.66	182.47	18.18
武安市	96.63	36.22	40.81	42.23	48.05	19.61	17.16	87.51	47.38
永年县	99.88	40.75	39.98	40.03	64.66	25.85	25.45	98.45	62.45
鸡泽县	40.67	11.77	14.61	35.92	38.81	5.67	5.49	96.83	46.64

5－17－18　河北省1960年产棉县棉花生产收购明细

县市名	耕地面积（万亩）	农业人口（万人）	棉田面积（万亩）	占耕地（%）	亩产（市斤）	产量（万担）	收购量（万担）	商品率（%）	人均交售（市斤）
全省合计	**8115.17**	**2767.48**	**1381.00**	**17.02**	**27.50**	**379.84**	**358.08**	**94.27**	**12.94**
保定市	**1211.45**	**497.87**	**170.04**	**14.04**	**26.44**	**44.96**	**40.29**	**89.61**	**8.09**
定兴县	75.03	30.21	14.11	18.81	27.78	3.92	3.57	91.07	11.82
安国县	51.63	15.63	12.83	24.85	26.03	3.34	3.34	100.00	21.37
博野县	33.70	13.50	11.39	33.80	15.54	1.77	2.21	124.86	16.37
定州市	128.00	64.00	23.49	18.35	23.67	5.56	5.56	100.00	8.69
高阳县	52.00	18.00	4.30	8.27	21.40	0.92	0.77	83.70	4.28
蠡　县	72.20	25.36	17.21	23.84	24.29	4.18	4.23	101.20	16.68
清苑县	98.00	36.00	8.70	8.88	27.47	2.39	1.74	72.80	4.83
容城县	37.00	14.00	4.54	12.27	39.43	1.79	1.36	75.98	9.71
唐　县	47.00	28.00	6.78	14.43	26.55	1.80	1.74	96.67	6.21
雄　县	59.00	17.00	2.65	4.49	27.92	0.74			
易　县	73.00	35.00	8.29	11.36	24.25	2.01	2.19	108.96	6.26
满城县	46.89	21.17	9.36	19.96	38.25	3.58	2.45	68.44	11.57
望都县	35.00	14.00	8.60	24.57	17.67	1.52	1.66	109.21	11.86
徐水县	70.00	29.00	6.66	9.51	41.89	2.79	1.78	63.80	6.14
高碑店	73.00	25.00	7.45	10.21	28.05	2.09	1.63	77.99	6.52
涿州市	78.00	29.00	9.38	12.03	32.94	3.09	3.67	118.77	12.66
安新县	50.00	20.00	0.19	0.38	26.32	0.05			
涞水县	39.00	18.00	3.85	9.87	24.94	0.96	0.34	35.42	1.89
曲阳县	52.00	28.00	1.76	3.38	18.18	0.32	0.44	137.50	1.57
顺平县	41.00	17.00	8.50	20.73	25.18	2.14	1.61	75.23	9.47
邢台市	**1059.25**	**327.16**	**285.86**	**26.99**	**22.11**	**63.20**	**60.67**	**96.00**	**18.54**
宁晋县	129.83	39.88	26.50	20.41	17.47	4.63	4.74	102.38	11.89
柏乡县	30.91	9.61	11.33	36.65	33.98	3.85	4.16	108.05	43.29
广宗县	51.17	13.58	10.45	20.42	9.86	1.03	0.85	82.52	6.26
巨鹿县	71.99	18.46	16.13	22.41	15.07	2.43	2.18	89.71	11.81
临城县	32.60	9.56	8.31	25.49	19.25	1.60	1.43	89.38	14.96
临西县	58.50	17.90	15.51	26.51	31.46	4.88	5.15	105.53	28.77
隆尧县	83.70	25.72	17.49	20.90	23.56	4.12	3.32	80.58	12.91
内邱县	42.42	12.39	8.27	19.50	19.23	1.59	1.93	121.38	15.58
南宫市	99.30	31.50	46.04	46.36	29.67	13.66	12.24	89.60	38.86
南和县	44.26	15.52	7.26	16.40	18.04	1.31	0.87	66.41	5.61
平乡县	45.07	13.91	3.93	8.72	5.85	0.23	0.01	4.35	0.07
清河县	57.73	19.50	15.12	26.19	19.97	3.02	3.81	126.16	19.54
沙河县	51.14	18.52	15.77	30.84	11.73	1.85	3.65	197.30	19.71
威　县	105.70	30.82	49.64	46.96	25.79	12.80	10.85	84.77	35.20
新河县	38.08	10.26	9.76	25.63	26.74	2.61	2.36	90.42	23.00
邢台县	65.37	25.23	18.10	27.69	15.75	2.85	2.47	86.67	9.79
任　县	51.48	14.80	6.25	12.14	11.84	0.74	0.65	87.84	4.39

5－17－18 续表 1

县市名	耕地面积（万亩）	农业人口（万人）	棉田面积（万亩）	占耕地（%）	亩产（市斤）	产量（万担）	收购量（万担）	商品率（%）	人均交售（市斤）
秦皇岛市	**249.79**	**96.27**	**13.26**	**5.31**	**21.64**	**2.87**	**2.21**	**77.00**	**2.30**
昌黎县	102.82	36.03	5.33	5.18	24.58	1.31	1.29	98.47	3.58
卢龙县	69.35	27.55	4.02	5.80	9.70	0.39	0.38	97.44	1.38
抚宁县	77.62	32.69	3.91	5.04	29.92	1.17	0.54	46.15	1.65
唐山市	**851.05**	**322.88**	**53.92**	**6.34**	**29.60**	**15.96**	**12.72**	**79.70**	**3.94**
迁西县	32.89	22.63	0.90	2.74	24.44	0.22	0.24	109.09	1.06
丰润县	118.02	42.49	7.72	6.54	21.11	1.63	1.52	93.25	3.58
丰南县	81.30	29.91	12.48	15.35	34.62	4.32	3.18	73.61	10.63
乐亭县	98.00	36.00	8.37	8.54	31.30	2.62	1.65	62.98	4.58
滦南县	113.02	38.00	7.98	7.06	32.21	2.57	2.01	78.21	5.29
滦　县	86.01	32.35	1.63	1.90	26.99	0.44	0.35	79.55	1.08
迁安县	78.68	36.88	1.90	2.41	21.05	0.40	0.31	77.50	0.84
唐海县	25.13	7.12	1.55	6.17	38.06	0.59	0.59	100.00	8.29
玉田县	123.00	39.50	6.62	5.38	27.04	1.79	1.57	87.71	3.97
遵化县	95.00	38.00	4.77	5.02	28.93	1.38	1.30	94.20	3.42
石家庄市	**881.40**	**387.24**	**247.77**	**28.11**	**45.68**	**113.18**	**112.14**	**99.08**	**28.96**
高邑县	26.02	8.64	9.62	36.97	43.24	4.16	4.59	110.34	53.13
鹿泉市	45.46	20.36	11.34	24.95	37.13	4.21	4.15	98.57	20.38
辛集市	108.06	37.20	42.45	39.28	43.65	18.53	18.56	100.16	49.89
赵　县	77.59	28.49	27.50	35.44	26.00	7.15	7.10	99.30	24.92
藁城市	84.93	42.00	29.49	34.72	59.78	17.63	16.77	95.12	39.93
栾城市	43.76	15.88	14.86	33.96	37.28	5.54	5.52	99.64	34.76
新乐市	42.10	21.50	6.01	14.28	34.28	2.06	2.02	98.06	9.40
正定市	41.17	21.87	15.49	37.62	57.33	8.88	9.27	104.39	42.39
晋州市	63.25	27.40	29.42	46.51	65.13	19.16	19.01	99.22	69.38
平山县	44.00	30.00	4.95	11.25	31.92	1.58	1.50	94.94	5.00
行唐县	58.00	24.00	9.70	16.72	40.41	3.92	3.97	101.28	16.54
井陉县	39.00	21.00	1.57	4.03	36.31	0.57	0.25	43.86	1.19
元氏县	56.30	19.12	13.78	24.48	35.12	4.84	5.19	107.23	27.14
深泽县	29.00	14.00	7.07	24.38	57.43	4.06	3.77	92.86	26.93
灵寿县	38.80	17.50	6.41	16.52	35.88	2.30	2.26	98.26	12.91
无极县	53.74	27.14	13.81	25.70	53.51	7.39	7.18	97.16	26.46
赞皇县	30.22	11.14	4.30	14.23	27.91	1.20	1.03	85.83	9.25
廊坊市	**627.00**	**193.10**	**37.08**	**5.91**	**23.71**	**8.79**	**7.88**	**89.65**	**4.08**
安次区	90.00	28.00	10.31	11.46	29.29	3.02	3.01	99.67	10.75
大城县	95.00	24.30	1.94	2.04	3.09	0.06	0.03	50.00	0.12
文安县	90.00	22.20	0.88	0.98	9.09	0.08	0.07	87.50	0.32
霸州市	80.00	27.00	2.93	3.66	23.89	0.70	0.53	75.71	1.96
固安县	72.00	22.50	5.77	8.01	13.69	0.79	0.67	84.81	2.98
香河县	47.00	18.60	3.09	6.57	36.25	1.12	1.11	99.11	5.97
大厂回	20.00	6.40	4.57	22.85	27.35	1.25	1.33	106.40	20.78
三河县	63.00	23.10	4.17	6.62	33.33	1.39	0.86	61.87	3.72
永清县	70.00	21.00	3.42	4.89	11.11	0.38	0.27	71.05	1.29

5－17－18 续表 2

县市名	耕地面积（万亩）	农业人口（万人）	棉田面积（万亩）	占耕地（%）	亩产（市斤）	产量（万担）	收购量（万担）	商品率（%）	人均交售（市斤）
衡水市	**943.05**	**255.09**	**158.61**	**16.82**	**18.58**	**29.47**	**22.49**	**76.31**	**8.82**
安平县	51.83	19.30	7.05	13.60	29.65	2.09	1.88	89.95	9.74
阜城县	71.99	19.65	17.11	23.77	16.13	2.76	1.27	46.01	6.46
故城县	95.60	27.42	14.99	15.68	19.68	2.95	1.65	55.93	6.02
景　县	117.56	32.22	13.95	11.87	17.78	2.48	2.66	107.26	8.26
饶阳县	70.82	17.60	2.57	3.63	16.73	0.43	0.56	130.23	3.18
深州市	142.20	39.31	24.83	17.46	21.06	5.23	5.23	100.00	13.30
桃城区	58.52	15.05	8.42	14.39	13.18	1.11	1.66	149.55	11.03
武强县	51.00	12.40	0.41	0.80	21.95	0.09	0.12	133.33	0.97
武邑县	86.16	20.67	9.17	10.64	6.87	0.63	0.44	69.84	2.13
枣强县	97.82	24.85	21.00	21.47	15.00	3.15	2.26	71.75	9.09
冀州市	99.55	26.62	39.11	39.29	21.86	8.55	4.76	55.67	17.88
沧州市	**1263.98**	**338.94**	**94.09**	**7.44**	**15.09**	**14.20**	**15.17**	**106.83**	**4.48**
泊头市	100.00	27.00	5.01	5.01	7.58	0.38			
沧　县	146.00	38.00	2.58	1.77	4.65	0.12			
东光县	77.10	18.14	16.28	21.12	13.45	2.19	4.82	*	26.57
海兴县	45.00	9.90	0.81	1.80	13.58	0.11			
河间市	151.00	43.00	12.24	8.11	9.40	1.15	1.00	86.96	2.33
黄骅县	108.00	25.00	1.09	1.01	21.10	0.23			
孟村回	32.00	9.90	1.20	3.75	15.00	0.18			
南皮县	81.00	23.00	11.89	14.68	14.89	1.77	1.12	63.28	4.87
青　县	90.00	21.00	1.16	1.29	1.72	0.02			
任邱市	110.00	33.60	4.81	4.37	10.40	0.50	0.09	18.00	0.27
肃宁县	58.00	18.00	5.62	9.69	9.43	0.53	0.30	56.60	1.67
吴桥县	63.88	19.40	23.91	37.43	25.76	6.16	6.86	111.36	35.36
献县棉	126.00	30.00	2.29	1.82	7.86	0.18	0.11	61.11	0.37
盐山县	76.00	23.00	5.20	6.84	13.08	0.68	0.87	127.94	3.78
邯郸市	**1028.20**	**348.93**	**320.37**	**31.16**	**27.22**	**87.21**	**84.51**	**96.90**	**24.22**
肥乡县	62.78	17.03	23.64	37.66	29.23	6.91	6.65	96.24	39.05
大名县	112.35	34.69	7.45	6.63	27.79	2.07	2.06	99.52	5.94
磁　县	76.90	30.06	22.34	29.05	14.32	3.20	2.50	78.13	8.32
广平县	35.80	12.63	10.48	29.27	24.43	2.56	2.43	94.92	19.24
成安县	59.45	18.47	34.04	57.26	36.84	12.54	12.19	97.21	66.00
馆陶县	51.40	14.34	13.05	25.39	16.17	2.11	1.85	87.68	12.90
邯郸市郊	29.50	14.31	7.12	24.14	24.86	1.77	4.59	259.32	32.08
邯郸县	55.80	17.92	20.09	36.00	32.21	6.47	6.17	95.36	34.43
临漳县	76.41	29.57	22.17	29.01	30.45	6.75	6.90	102.22	23.33
邱　县	52.02	10.72	22.94	44.10	17.48	4.01	2.45	61.10	22.85
曲周县	78.90	20.76	19.94	25.27	14.99	2.99	2.94	98.33	14.16
魏　县	102.13	38.51	12.79	12.52	28.85	3.69	3.29	89.16	8.54
武安市	95.80	36.81	45.10	47.08	32.99	14.88	13.82	92.88	37.54
永年县	99.28	41.03	42.68	42.99	34.56	14.75	14.34	97.22	34.95
鸡泽县	39.68	12.08	16.54	41.68	15.18	2.51	2.33	92.83	19.29

5－17－19 河北省1961年产棉县棉花生产收购明细

县市名	耕地面积（万亩）	农业人口（万人）	棉田面积（万亩）	占耕地（%）	亩产（市斤）	产量（万担）	收购量（万担）	商品率（%）	人均交售（市斤）
全省合计	**8035.59**	**2790.53**	**1147.46**	**14.28**	**19.77**	**226.84**	**193.05**	**85.10**	**6.92**
保定市	**1202.99**	**507.72**	**148.26**	**12.32**	**20.87**	**30.94**	**22.07**	**71.33**	**4.35**
定兴县	75.15	31.26	10.12	13.47	23.22	2.35	2.01	85.53	6.43
安国县	51.86	16.40	12.97	25.01	18.74	2.43	2.10	86.42	12.80
博野县	33.71	14.05	9.02	26.76	25.06	2.26	2.11	93.36	15.02
定州市	128.00	66.00	19.58	15.30	14.61	2.86	1.81	63.29	2.74
高阳县	51.00	18.00	2.67	5.24	19.85	0.53	0.49	92.45	2.72
蠡县	71.39	25.03	13.70	19.19	38.61	5.29	2.90	54.82	11.59
清苑县	96.00	36.00	6.56	6.83	12.96	0.85	0.32	37.65	0.89
容城县	35.00	13.00	3.64	10.40	19.51	0.71	0.57	80.28	4.38
唐县	47.00	29.00	7.18	15.28	22.42	1.61	0.81	50.31	2.79
雄县	59.00	17.00	2.39	4.05	23.01	0.55	0.26	47.27	1.53
易县	73.00	36.00	6.62	9.07	16.01	1.06	0.89	83.96	2.47
满城县	46.88	21.98	9.94	21.20	18.21	1.81	1.73	95.58	7.87
望都县	35.00	14.00	7.70	22.00	28.31	2.18	1.02	46.79	7.29
徐水县	73.00	30.00	5.31	7.27	14.12	0.75	0.32	42.67	1.07
高碑店	72.00	26.00	5.22	7.25	16.86	0.88	0.77	87.50	2.96
涿州市	74.00	29.00	9.65	13.04	21.04	2.03	2.13	104.93	7.34
安新县	51.00	19.00	0.20	0.39	20.00	0.04			
涞水县	39.00	19.00	3.23	8.28	14.24	0.46	0.31	67.39	1.63
曲阳县	50.00	29.00	2.80	5.60	19.64	0.55	0.18	32.73	0.62
顺平县	41.00	18.00	9.76	23.80	17.83	1.74	1.34	77.01	7.44
邢台市	**1053.45**	**337.19**	**212.83**	**20.20**	**18.23**	**38.79**	**34.38**	**88.63**	**10.20**
宁晋县	126.99	40.47	25.03	19.71	20.82	5.21	5.10	97.89	12.60
柏乡县	30.41	9.60	7.81	25.68	18.95	1.48	1.43	96.62	14.90
广宗县	51.94	14.17	6.70	12.90	8.21	0.55	0.34	61.82	2.40
巨鹿县	70.68	19.03	12.46	17.63	5.54	0.69	0.63	91.30	3.31
临城县	33.68	10.00	5.61	16.66	23.53	1.32	1.27	96.21	12.70
临西县	58.48	18.98	13.36	22.85	12.28	1.64	1.36	82.93	7.17
隆尧县	83.57	26.23	12.82	15.34	17.47	2.24	2.26	100.89	8.62
内邱县	42.47	12.95	7.19	16.93	21.00	1.51	1.60	105.96	12.36
南宫市	98.90	31.80	31.17	31.52	26.50	8.26	7.89	95.52	24.81
南和县	44.55	15.70	4.50	10.10	9.56	0.43	0.27	62.79	1.72
平乡县	44.73	14.32	1.32	2.95	7.58	0.10	0.02	20.00	0.14
清河县	57.18	20.30	13.30	23.26	10.38	1.38	1.17	84.78	5.76
沙河县	51.12	18.93	9.32	18.23	20.06	1.87	1.74	93.05	9.19
威县	105.35	31.89	33.00	31.32	20.00	6.60	3.80	57.58	11.92
新河县	37.49	10.63	10.55	28.14	21.80	2.30	2.18	94.78	20.51
邢台县	65.24	26.78	14.16	21.70	20.97	2.97	3.07	103.37	11.46
任县	50.67	15.41	4.53	8.94	5.30	0.24	0.25	104.17	1.62

5－17－19 续表 1

县市名	耕地面积（万亩）	农业人口（万人）	棉田面积（万亩）	占耕地（%）	亩产（市斤）	产量（万担）	收购量（万担）	商品率（%）	人均交售（市斤）
秦皇岛市	**249.79**	**96.27**	**9.20**	**3.68**	**15.65**	**1.44**	**0.56**	**38.89**	**0.58**
昌黎县	102.82	36.03	3.54	3.44	13.56	0.48	0.28	58.33	0.78
卢龙县	69.35	27.55	2.67	3.85	13.86	0.37	0.12	32.43	0.44
抚宁县	77.62	32.69	2.99	3.85	19.73	0.59	0.16	27.12	0.49
唐山市	**844.31**	**326.41**	**39.17**	**4.64**	**22.11**	**8.66**	**6.31**	**72.86**	**1.93**
迁西县	32.89	22.63	0.90	2.74	20.00	0.18	0.07	38.89	0.31
丰润县	117.91	43.19	6.49	5.50	20.18	1.31	1.18	90.08	2.73
丰南县	80.67	30.54	7.14	8.85	23.95	1.71	1.35	78.95	4.42
乐亭县	97.00	37.00	5.47	5.64	19.01	1.04	0.73	70.19	1.97
滦南县	113.02	38.20	6.14	5.43	20.36	1.25	0.61	48.80	1.60
滦　县	86.01	32.35	1.54	1.79	18.83	0.29	0.12	41.38	0.37
迁安县	78.68	36.88	1.70	2.16	30.59	0.52	0.01	1.92	0.03
唐海县	25.13	7.12	0.57	2.27	26.32	0.15	0.15	100.00	2.11
玉田县	120.00	39.50	4.88	4.07	22.54	1.10	1.22	110.91	3.09
遵化县	93.00	39.00	4.34	4.67	25.58	1.11	0.87	78.38	2.23
石家庄市	**880.29**	**394.88**	**235.76**	**26.78**	**31.30**	**73.79**	**67.59**	**91.60**	**17.12**
高邑县	26.20	8.73	8.55	32.63	36.61	3.13	3.00	95.85	34.36
鹿泉市	44.51	20.91	12.25	27.52	34.12	4.18	4.37	104.55	20.90
辛集市	107.38	37.55	39.13	36.44	28.95	11.33	10.40	91.79	27.70
赵　县	78.72	28.89	24.11	30.63	20.78	5.01	4.47	89.22	15.47
藁城市	84.66	42.00	28.81	34.03	39.95	11.51	10.95	95.13	26.07
栾城市	43.69	16.28	14.72	33.69	26.83	3.95	3.82	96.71	23.46
新乐市	42.10	22.00	5.37	12.76	15.27	0.82	0.56	68.29	2.55
正定市	41.17	22.36	13.86	33.67	39.90	5.53	5.07	91.68	22.67
晋州市	62.49	27.75	24.36	38.98	39.16	9.54	9.00	94.34	32.43
平山县	46.00	31.00	6.08	13.22	25.16	1.53	1.36	88.89	4.39
行唐县	57.00	24.50	9.46	16.60	23.04	2.18	1.78	81.65	7.27
井陉县	39.00	21.50	1.68	4.31	32.74	0.55	0.23	41.82	1.07
元氏县	55.78	19.63	14.09	25.26	34.49	4.86	4.63	95.27	23.59
深泽县	29.00	14.00	8.97	30.93	27.20	2.44	1.78	72.95	12.71
灵寿县	38.80	17.70	6.56	16.91	25.46	1.67	1.41	84.43	7.97
无极县	53.80	28.40	13.49	25.07	33.80	4.56	3.80	83.33	13.38
赞皇县	29.99	11.68	4.27	14.24	23.42	1.00	0.96	96.00	8.22
廊坊市	**619.50**	**196.70**	**33.40**	**5.39**	**21.44**	**7.16**	**5.92**	**82.68**	**3.01**
安次区	89.00	29.00	10.36	11.64	21.62	2.24	3.09	137.95	10.66
大城县	92.00	24.30	0.54	0.59	14.81	0.08			
文安县	95.00	22.50	0.53	0.56	15.09	0.08			
霸州市	75.00	28.00	2.77	3.69	36.82	1.02	0.25	24.51	0.89
固安县	71.00	23.00	6.10	8.59	11.15	0.68	0.49	72.06	2.13
香河县	47.00	18.80	2.75	5.85	32.36	0.89	0.45	50.56	2.39
大厂回	19.50	6.50	3.66	18.77	24.86	0.91	0.84	92.31	12.92
三河县	63.00	23.20	3.66	5.81	22.95	0.84	0.57	67.86	2.46
永清县	68.00	21.40	3.03	4.46	13.86	0.42	0.23	54.76	1.07

5－17－19续表2

县市名	耕地面积（万亩）	农业人口（万人）	棉田面积（万亩）	占耕地（%）	亩产（市斤）	产量（万担）	收购量（万担）	商品率（%）	人均交售（市斤）
衡水市	**933.79**	**259.32**	**137.32**	**14.71**	**14.12**	**19.39**	**15.15**	**78.13**	**5.84**
安平县	51.69	20.26	6.12	11.84	24.84	1.52	1.33	87.50	6.56
阜城县	71.99	20.66	10.96	15.22	18.43	2.02	1.15	56.93	5.57
故城县	93.00	27.94	12.30	13.23	11.06	1.36	0.36	26.47	1.29
景县	117.72	33.10	12.43	10.56	5.15	0.64	0.32	50.00	0.97
饶阳县	70.82	17.60	2.34	3.30	18.80	0.44	0.39	88.64	2.22
深州市	138.12	40.66	19.99	14.47	17.91	3.58	3.28	91.62	8.07
桃城区	58.52	14.95	7.33	12.53	10.23	0.75	0.71	94.67	4.75
武强县	51.00	12.40	0.83	1.63	15.66	0.13	0.02	15.38	0.16
武邑县	83.56	20.46	7.40	8.86	6.22	0.46	0.32	69.57	1.56
枣强县	97.82	25.61	19.88	20.32	11.37	2.26	1.34	59.29	5.23
冀州市	99.55	25.68	37.74	37.91	16.51	6.23	5.93	95.18	23.09
沧州市	**1231.90**	**334.02**	**73.42**	**5.96**	**8.36**	**6.14**	**2.50**	**40.72**	**0.75**
泊头市	100.00	28.00	3.65	3.65	14.25	0.52			
沧县	144.00	39.00	1.49	1.03	4.03	0.06			
东光县	77.23	12.02	15.37	19.90	4.16	0.64	0.28	43.75	2.33
海兴县	43.00	9.90	0.33	0.77	3.03	0.01			
河间市	149.00	43.00	7.32	4.91	24.04	1.76	1.00	56.82	2.33
黄骅县	91.00	20.00	0.67	0.74					
孟村回	31.00	10.30	1.30	4.19	3.08	0.04			
南皮县	79.00	22.00	8.46	10.71	6.50	0.55	0.04	7.27	0.18
青县	90.00	21.00	0.58	0.64	8.62	0.05			
任邱市	106.00	33.50	3.43	3.24	10.20	0.35	0.09	25.71	0.27
肃宁县	60.00	20.00	4.43	7.38	22.35	0.99	0.42	42.42	2.10
吴桥县	62.67	19.30	20.10	32.07	3.98	0.80	0.60	75.00	3.11
献县棉	126.00	32.00	2.60	2.06	8.85	0.23	0.02	8.70	0.06
盐山县	73.00	24.00	3.69	5.05	3.79	0.14	0.05	35.71	0.21
邯郸市	**1019.57**	**338.02**	**258.10**	**25.31**	**15.70**	**40.53**	**38.57**	**95.16**	**11.41**
肥乡县	61.97	17.05	20.26	32.69	18.02	3.65	3.39	92.88	19.88
大名县	112.35	36.80	5.93	5.28	8.09	0.48	0.39	81.25	1.06
磁县	72.90	30.66	15.25	20.92	11.67	1.78	1.20	67.42	3.91
广平县	35.30	13.10	8.27	23.43	12.82	1.06	1.30	122.64	9.92
成安县	59.35	18.21	31.38	52.87	23.10	7.25	6.95	95.86	38.17
馆陶县	51.40	14.78	7.97	15.51	5.02	0.40	0.46	115.00	3.11
邯郸市郊	29.10	14.89	4.50	15.46	13.11	0.59	1.63	*	10.95
邯郸县	56.10	18.57	18.80	33.51	14.15	2.66	2.37	89.10	12.76
临漳县	76.04	29.46	20.16	26.51	20.93	4.22	3.76	89.10	12.76
邱县	51.60	10.87	16.43	31.84	10.96	1.80	1.57	87.22	14.44
曲周县	78.20	1.06	12.33	15.77	9.81	1.21	1.35	111.57	127.36
魏县	101.31	40.20	12.46	12.30	18.62	2.32	1.81	78.02	4.50
武安市	95.22	38.97	35.51	37.29	12.81	4.55	4.31	94.73	11.06
永年县	99.37	41.15	36.74	36.97	19.73	7.25	6.93	95.59	16.84
鸡泽县	39.36	12.25	12.11	30.77	10.82	1.31	1.15	87.79	9.39

5－17－20　河北省1962年产棉县棉花生产收购明细

县市名	耕地面积（万亩）	农业人口（万人）	棉田面积（万亩）	占耕地（%）	亩产（市斤）	产量（万担）	收购量（万担）	商品率（%）	人均交售（市斤）
全省合计	**8004.00**	**2917.72**	**994.32**	**12.42**	**25.87**	**257.23**	**236.75**	**92.04**	**8.11**
保定市	**1203.25**	**536.99**	**109.46**	**9.10**	**24.55**	**26.87**	**23.74**	**88.35**	**4.42**
定兴县	75.15	33.20	8.57	11.40	28.94	2.48	2.28	91.94	6.87
安国县	51.75	17.13	8.76	16.93	18.26	1.60	1.49	93.13	8.70
博野县	33.18	14.81	8.95	26.97	30.06	2.69	2.81	104.46	18.97
定州市	128.24	69.80	15.02	11.71	20.64	3.10	2.65	85.48	3.80
高阳县	51.00	19.72	2.32	4.55	14.22	0.33	0.40	121.21	2.03
蠡　县	72.74	27.83	11.88	16.33	23.99	2.85	2.84	99.65	10.20
清苑县	100.46	39.49	3.51	3.49	27.35	0.96	0.56	58.33	1.42
容城县	35.89	13.83	2.12	5.91	24.53	0.52	0.35	67.31	2.53
唐　县	47.15	30.11	5.00	10.60	26.40	1.32	1.09	82.58	3.62
雄　县	58.20	18.30	1.26	2.16	15.87	0.20	0.19	95.00	1.04
易　县	71.16	35.03	5.28	7.42	26.52	1.40	1.05	75.00	3.00
满城县	46.85	23.98	7.41	15.82	30.23	2.24	2.02	90.18	8.42
望都县	35.11	15.20	5.45	15.52	20.00	1.09	1.06	97.25	6.97
徐水县	72.08	32.25	3.81	5.29	23.62	0.90	0.56	62.22	1.74
高碑店	72.50	27.90	3.12	4.30	14.74	0.46	0.37	80.43	1.33
涿州市	74.20	28.58	5.97	8.05	26.30	1.57	1.43	91.08	5.00
安新县	50.50	19.70	0.14	0.28	14.29	0.02			
涞水县	38.80	19.91	2.06	5.31	26.21	0.54	0.46	85.19	2.31
曲阳县	47.20	29.60	1.63	3.45	25.15	0.41	0.09	21.95	0.30
顺平县	41.09	20.62	7.20	17.52	30.42	2.19	2.04	93.15	9.89
邢台市	**1052.33**	**349.91**	**212.77**	**20.22**	**22.74**	**48.38**	**45.57**	**94.19**	**13.02**
宁晋县	127.12	42.43	20.67	16.26	23.61	4.88	4.55	93.24	10.72
柏乡县	30.28	9.85	7.03	23.22	24.32	1.71	1.61	94.15	16.35
广宗县	51.86	14.83	5.08	9.80	15.55	0.79	0.69	87.34	4.65
巨鹿县	70.94	19.67	12.48	17.59	13.86	1.73	1.56	90.17	7.93
临城县	33.68	10.56	4.95	14.70	27.68	1.37	1.28	93.43	12.12
临西县	59.18	19.72	8.18	13.82	19.32	1.58	1.35	85.44	6.85
隆尧县	83.78	27.22	12.30	14.68	26.02	3.20	2.59	80.94	9.52
内邱县	42.41	13.80	6.09	14.36	28.57	1.74	2.02	116.09	14.64
南宫市	99.10	31.20	42.08	42.46	26.14	11.00	10.73	97.55	34.39
南和县	44.46	15.99	4.21	9.47	11.88	0.50	0.38	76.00	2.38
平乡县	44.84	14.66	1.31	2.92	12.21	0.16	0.08	50.00	0.55
清河县	54.23	21.21	12.14	22.39	24.46	2.97	2.80	94.28	13.20
沙河县	51.36	20.23	8.38	16.32	25.30	2.12	1.92	90.57	9.49
威　县	105.70	32.90	42.42	40.13	21.19	8.99	8.38	93.21	25.47
新河县	37.52	11.00	10.58	28.20	23.82	2.52	2.42	96.03	22.00
邢台县	65.17	28.62	11.82	18.14	23.01	2.72	2.91	106.99	10.17
任　县	50.70	16.02	3.05	6.02	13.11	0.40	0.30	75.00	1.87

5－17－20续表1

县市名	耕地面积（万亩）	农业人口（万人）	棉田面积（万亩）	占耕地（%）	亩产（市斤）	产量（万担）	收购量（万担）	商品率（%）	人均交售（市斤）
秦皇岛市	**249.79**	**96.27**	**8.00**	**3.20**	**16.25**	**1.30**	**0.33**	**25.38**	**0.34**
昌黎县	102.82	36.03	3.10	3.01	10.32	0.32	0.05	15.63	0.14
卢龙县	69.35	27.55	2.15	3.10	19.07	0.41	0.08	19.51	0.29
抚宁县	77.62	32.69	2.75	3.54	20.73	0.57	0.20	35.09	0.61
唐山市	**841.96**	**330.80**	**42.39**	**5.03**	**17.29**	**7.33**	**4.83**	**65.89**	**1.46**
迁西县	32.89	22.63	1.07	3.25	27.10	0.29	0.07	24.14	0.31
丰润县	118.32	46.73	6.21	5.25	22.22	1.38	0.90	65.22	1.93
丰南县	79.72	30.52	8.24	10.34	17.23	1.42	1.11	78.17	3.64
乐亭县	96.98	37.06	6.22	6.41	5.63	0.35	0.51	145.71	1.38
滦南县	113.02	38.43	6.83	6.04	13.62	0.93	0.37	39.78	0.96
滦　县	86.01	32.35	1.54	1.79	18.83	0.29	0.06	20.69	0.19
迁安县	78.68	36.88	1.67	2.12	24.55	0.41	0.09	21.95	0.24
唐海县	25.13	7.12	0.76	3.02	23.68	0.18	0.14	77.78	1.97
玉田县	119.18	39.47	5.45	4.57	11.93	0.65	0.41	63.08	1.04
遵化县	92.03	39.61	4.40	4.78	32.50	1.43	1.17	81.82	2.95
石家庄市	**882.52**	**407.70**	**221.61**	**25.11**	**36.37**	**80.61**	**77.16**	**95.72**	**18.93**
高邑县	26.10	8.22	8.03	30.77	36.11	2.90	2.81	96.90	34.18
鹿泉市	44.74	21.04	11.21	25.06	41.39	4.64	4.57	98.49	21.72
辛集市	107.34	39.27	38.64	36.00	33.07	12.78	12.25	95.85	31.19
赵　县	78.76	30.00	21.88	27.78	29.52	6.46	6.11	94.58	20.37
藁城市	84.66	43.00	29.06	34.33	44.25	12.86	12.52	97.36	29.12
栾城市	43.72	17.42	14.72	33.67	33.22	4.89	4.55	93.05	26.12
新乐市	42.11	22.61	4.39	10.43	19.36	0.85	0.60	70.59	2.65
正定市	41.17	23.55	14.13	34.32	45.72	6.46	6.16	95.36	26.16
晋州市	62.53	29.19	23.12	36.97	50.43	11.66	11.64	99.83	39.88
平山县	47.40	30.83	4.67	9.85	34.48	1.61	1.57	97.52	5.09
行唐县	56.39	24.78	8.53	15.13	29.31	2.50	2.22	88.80	8.96
井陉县	38.70	22.02	1.47	3.80	25.85	0.38	0.26	68.42	1.18
元氏县	55.56	19.87	12.78	23.00	32.32	4.13	4.17	100.97	20.99
深泽县	30.88	15.92	6.38	20.66	20.22	1.29	1.18	91.47	7.41
灵寿县	38.77	17.96	5.62	14.50	29.18	1.64	1.55	94.51	8.63
无极县	53.75	29.72	13.24	24.63	34.74	4.60	4.14	90.00	13.93
赞皇县	29.94	12.30	3.74	12.49	25.67	0.96	0.86	89.58	6.99
廊坊市	**612.24**	**199.11**	**32.87**	**5.37**	**24.19**	**7.95**	**6.76**	**85.03**	**3.40**
安次区	87.94	29.30	8.03	9.13	26.15	2.10	2.10	100.00	7.17
大城县	90.47	24.30	0.45	0.50	6.67	0.03	0.01	33.33	0.04
文安县	95.82	22.85	1.00	1.04	12.00	0.12	0.01	8.33	0.04
霸州市	71.82	28.20	3.07	4.27	22.15	0.68	0.58	85.29	2.06
固安县	70.36	23.57	5.70	8.10	20.88	1.19	1.04	87.39	4.41
香河县	46.63	18.99	3.20	6.86	30.94	0.99	0.71	71.72	3.74
大厂回	19.02	6.66	3.69	19.40	28.73	1.06	1.00	94.34	15.02
三河县	63.14	23.39	4.73	7.49	23.47	1.11	0.81	72.97	3.46
永清县	67.04	21.85	3.00	4.47	22.33	0.67	0.50	74.63	2.29

5-17-20续表2

县市名	耕地面积（万亩）	农业人口（万人）	棉田面积（万亩）	占耕地（%）	亩产（市斤）	产量（万担）	收购量（万担）	商品率（%）	人均交售（市斤）
衡水市	**923.25**	**274.54**	**103.11**	**11.17**	**17.02**	**17.55**	**15.88**	**90.48**	**5.78**
安平县	52.22	22.10	5.14	9.84	21.79	1.12	1.09	97.32	4.93
阜城县	71.99	21.70	8.22	11.42	19.83	1.63	1.52	93.25	7.00
故城县	94.00	28.80	10.61	11.29	22.15	2.35	0.58	24.68	2.01
景县	120.11	35.23	6.45	5.37	12.40	0.80	0.47	58.75	1.33
饶阳县	58.48	19.80	2.67	4.57	20.22	0.54	0.47	87.04	2.37
深州市	137.83	40.87	19.07	13.84	20.19	3.85	4.21	109.35	10.30
桃城区	61.11	15.66	5.08	8.31	12.40	0.63	0.78	123.81	4.98
武强县	47.00	14.70	0.66	1.40	24.24	0.16	0.15	93.75	1.02
武邑县	83.85	21.04	4.77	5.69	8.18	0.39	0.37	94.87	1.76
枣强县	97.11	27.26	13.04	13.43	10.20	1.33	1.24	93.23	4.55
冀州市	99.55	27.38	27.40	27.52	17.34	4.75	5.00	105.26	18.26
沧州市	**1212.49**	**354.40**	**58.36**	**4.81**	**14.96**	**8.73**	**6.82**	**78.12**	**1.92**
泊头市	100.86	29.80	2.34	2.32	13.25	0.31			
沧县	143.35	40.70	0.91	0.63	4.40	0.04			
东光县	77.62	16.92	12.48	16.08	9.78	1.22	1.04	85.25	6.15
海兴县	42.29	11.46	0.19	0.45	10.53	0.02			
河间市	148.55	45.83	6.32	4.25	18.99	1.20	0.98	81.67	2.14
黄骅县	87.40	20.10	0.35	0.40	14.29	0.05			
孟村回	32.30	9.80	0.70	2.17	17.14	0.12			
南皮县	78.17	22.60	6.76	8.65	12.57	0.85	0.69	81.18	3.05
青县	86.92	21.70	0.31	0.36	6.45	0.02			
任邱市	106.11	35.17	2.38	2.24	11.34	0.27	0.11	40.74	0.31
肃宁县	60.18	21.50	4.48	7.44	25.45	1.14	0.89	78.07	4.14
吴桥县	63.08	19.48	16.19	25.67	17.54	2.84	2.78	97.89	14.27
献县棉	110.58	34.44	2.32	2.10	13.79	0.32			
盐山县	75.08	24.90	2.63	3.50	12.55	0.33	0.33	100.00	1.33
邯郸市	**1026.17**	**368.00**	**205.75**	**20.05**	**28.44**	**58.51**	**55.66**	**95.13**	**15.13**
肥乡县	62.12	17.50	16.32	26.27	29.11	4.75	4.48	94.32	25.60
大名县	113.65	38.71	4.04	3.55	18.81	0.76	0.67	88.16	1.73
磁县	72.60	32.08	11.28	15.54	25.80	2.91	2.47	84.88	7.70
广平县	38.60	13.66	6.80	17.62	27.79	1.89	1.86	98.41	13.62
成安县	59.41	18.56	27.29	45.94	39.50	10.78	10.43	96.75	56.20
馆陶县	51.20	15.16	4.91	9.59	15.27	0.75	0.55	73.33	3.63
邯郸市郊	29.50	12.69	1.31	4.44	24.43	0.32	0.76	*	5.99
邯郸县	56.30	19.29	12.13	21.55	25.56	3.10	2.81	90.65	14.57
临漳县	75.97	30.08	16.48	21.69	27.49	4.53	4.22	93.16	14.03
邱县	51.60	11.31	12.52	24.26	24.36	3.05	2.84	93.11	25.11
曲周县	78.60	21.72	9.82	12.49	23.63	2.32	2.15	92.67	9.90
魏县	98.96	42.53	10.00	10.11	24.80	2.48	2.16	87.10	5.08
武安市	98.78	39.97	27.58	27.92	34.16	9.42	9.27	98.41	23.19
永年县	99.47	42.38	35.37	35.56	27.00	9.55	9.13	95.60	21.54
鸡泽县	39.41	12.36	9.90	25.12	19.19	1.90	1.86	97.89	15.05

5－17－21　河北省1963年产棉县棉花生产收购明细

县市名	耕地面积（万亩）	农业人口（万人）	棉田面积（万亩）	占耕地（%）	亩产（市斤）	产量（万担）	收购量（万担）	商品率（%）	人均交售（市斤）
全省合计	**7980.71**	**2946.51**	**1227.59**	**15.38**	**15.18**	**186.33**	**171.08**	**91.82**	**5.81**
保定市	**1188.90**	**531.31**	**149.11**	**12.54**	**11.15**	**16.62**	**14.47**	**87.06**	**2.72**
定兴县	74.96	33.65	13.09	17.46	26.05	3.41	2.48	72.73	7.37
安国县	51.80	17.24	12.13	23.42	5.36	0.65	0.68	104.62	3.94
博野县	33.18	15.13	10.99	33.12	10.83	1.19	1.42	119.33	9.39
定州市	128.00	66.00	17.54	13.70	5.07	0.89	0.86	96.63	1.30
高阳县	50.00	19.00	2.32	4.64					
蠡　县	72.74	29.79	14.06	19.33	3.27	0.46	0.64	139.13	2.15
清苑县	97.00	38.00	7.52	7.75	1.33	0.10	0.10	100.00	0.26
容城县	36.00	14.00	3.02	8.39	12.25	0.37	0.26	70.27	1.86
唐　县	45.00	29.00	6.65	14.78	20.30	1.35	0.54	40.00	1.86
雄　县	58.00	18.00	2.12	3.66	9.91	0.21	0.34	161.90	1.89
易　县	70.00	37.00	6.09	8.70	22.50	1.37	0.89	64.96	2.41
满城县	44.82	24.00	12.13	27.06	14.01	1.70	1.62	95.29	6.75
望都县	35.00	15.00	7.01	20.03	2.28	0.16	0.18	112.50	1.20
徐水县	73.00	31.00	6.04	8.27	7.95	0.48	0.19	39.58	0.61
高碑店	72.00	27.00	5.54	7.69	18.23	1.01	1.07	105.94	3.96
涿州市	74.00	30.00	6.17	8.34	24.64	1.52	1.65	108.55	5.50
安新县	51.00	20.00	1.46	2.86					
涞水县	38.00	20.00	2.69	7.08	21.19	0.57	0.46	80.70	2.30
曲阳县	47.40	29.50	3.00	6.33	13.00	0.39	0.14	35.90	0.47
顺平县	37.00	18.00	9.54	25.78	8.28	0.79	0.95	120.25	5.28
邢台市	**1036.86**	**355.09**	**259.68**	**25.04**	**13.31**	**34.57**	**31.85**	**92.13**	**8.97**
宁晋县	126.48	42.83	26.56	21.00	6.66	1.77	1.60	90.40	3.74
柏乡县	30.28	10.09	10.05	33.19	9.65	0.97	0.90	92.78	8.92
广宗县	51.54	15.27	7.03	13.64	4.55	0.32	0.16	50.00	1.05
巨鹿县	70.99	20.16	15.08	21.24	1.79	0.27	0.22	81.48	1.09
临城县	30.88	10.84	6.50	21.05	18.15	1.18	1.06	89.83	9.78
临西县	60.96	19.92	15.09	24.75	3.84	0.58	0.32	55.17	1.61
隆尧县	83.78	27.25	17.56	20.96	5.07	0.89	0.79	88.76	2.90
内邱县	38.88	14.12	8.79	22.61	13.77	1.21	1.09	90.08	7.72
南宫市	99.10	32.40	43.31	43.70	29.92	12.96	12.63	97.45	38.98
南和县	43.74	16.18	4.41	10.08	3.63	0.16	0.02	12.50	0.12
平乡县	44.93	14.81	1.61	3.58	3.11	0.05			
清河县	54.05	21.47	12.64	23.39	10.68	1.35	1.34	99.26	6.24
沙河县	51.37	19.50	13.65	26.57	13.63	1.86	1.56	83.87	8.00
威　县	105.31	33.56	43.29	41.11	18.43	7.98	7.41	92.86	22.08
新河县	37.25	10.98	12.68	34.04					
邢台县	57.97	29.47	16.35	28.20	18.10	2.96	2.71	91.55	9.20
任　县	49.35	16.24	5.08	10.29	1.18	0.06	0.04	66.67	0.25

5－17－21 续表 1

县市名	耕地面积（万亩）	农业人口（万人）	棉田面积（万亩）	占耕地（%）	亩产（市斤）	产量（万担）	收购量（万担）	商品率（%）	人均交售（市斤）
秦皇岛市	**249.79**	**96.27**	**10.69**	**4.28**	**31.62**	**3.38**	**2.38**	**70.41**	**2.47**
昌黎县	102.82	36.03	3.45	3.36	32.46	1.12	0.80	71.43	2.22
卢龙县	69.35	27.55	2.93	4.22	28.33	0.83	0.38	45.78	1.38
抚宁县	77.62	32.69	4.31	5.55	33.18	1.43	1.20	83.92	3.67
唐山市	**840.79**	**337.39**	**48.10**	**5.72**	**41.46**	**19.94**	**17.77**	**89.12**	**5.27**
迁西县	32.89	22.63	1.14	3.47	33.33	0.38	0.13	34.21	0.57
丰润县	118.34	47.79	6.95	5.87	38.27	2.66	2.64	99.25	5.52
丰南县	79.72	33.62	10.27	12.88	46.93	4.82	4.64	96.27	13.80
乐亭县	97.00	38.00	6.16	6.35	41.40	2.55	2.36	92.55	6.21
滦南县	113.02	39.00	7.54	6.67	34.22	2.58	2.15	83.33	5.51
滦　县	86.01	32.35	2.00	2.33	29.00	0.58	0.24	41.38	0.74
迁安县	78.68	36.88	1.93	2.45	34.20	0.66	0.17	25.76	0.46
唐海县	25.13	7.12	0.91	3.62	54.95	0.50	0.43	86.00	6.04
玉田县	119.00	40.00	5.92	4.97	41.39	2.45	2.33	95.10	5.83
遵化县	91.00	40.00	5.28	5.80	52.27	2.76	2.68	97.10	6.70
石家庄市	**874.36**	**415.43**	**256.25**	**29.31**	**18.12**	**46.42**	**44.82**	**96.55**	**10.79**
高邑县	26.10	9.39	9.43	36.13	16.97	1.60	1.61	100.63	17.15
鹿泉市	44.69	21.27	13.20	29.54	31.14	4.11	4.04	98.30	18.99
辛集市	107.38	40.30	43.20	40.23	18.24	7.88	7.86	99.75	19.50
赵　县	78.75	30.28	26.66	33.85	9.83	2.62	2.49	95.04	8.22
藁城市	84.30	44.00	32.43	38.47	19.27	6.25	5.79	92.64	13.16
栾城市	43.77	17.70	17.22	39.34	16.09	2.77	2.54	91.70	14.35
新乐市	42.20	23.00	5.35	12.68	8.04	0.43	0.30	69.77	1.30
正定市	41.17	23.97	16.01	38.89	21.80	3.49	3.26	93.41	13.60
晋州市	61.83	30.26	25.52	41.27	20.38	5.20	5.01	96.35	16.56
平山县	47.00	32.00	5.65	12.02	24.78	1.40	1.37	97.86	4.28
行唐县	56.50	25.00	9.97	17.65	20.46	2.04	1.96	96.08	7.84
井陉县	38.50	22.50	1.17	3.04	23.08	0.27	0.32	118.52	1.42
元氏县	51.98	21.00	15.22	29.28	23.98	3.65	3.71	101.64	17.67
深泽县	30.00	14.00	7.80	26.00	3.72	0.29	0.23	79.31	1.64
灵寿县	38.70	18.00	6.87	17.75	17.61	1.21	1.31	108.26	7.28
无极县	53.75	30.06	16.21	30.16	14.99	2.43	2.38	97.94	7.92
赞皇县	27.74	12.70	4.34	15.65	17.97	0.78	0.64	82.05	5.04
廊坊市	**612.16**	**201.70**	**40.43**	**6.60**	**31.26**	**12.64**	**11.28**	**89.24**	**5.59**
安次区	88.00	30.00	10.11	11.49	35.71	3.61	3.50	96.95	11.67
大城县	90.00	24.40	0.67	0.74	7.46	0.05	0.01	20.00	0.04
文安县	96.00	23.00	1.04	1.08	1.92	0.02			
霸州市	72.00	28.50	4.84	6.72	28.10	1.36	1.28	94.12	4.49
固安县	70.36	24.00	6.60	9.38	26.52	1.75	1.40	80.00	5.83
香河县	46.60	19.00	3.64	7.81	38.19	1.39	1.33	95.68	7.00
大厂回	19.00	6.80	3.98	20.95	38.19	1.52	1.49	98.03	21.91
三河县	63.20	24.00	5.51	8.72	29.95	1.65	1.41	85.45	5.88
永清县	67.00	22.00	4.04	6.03	31.93	1.29	0.86	66.67	3.91

5－17－21 续表 2

县市名	耕地面积（万亩）	农业人口（万人）	棉田面积（万亩）	占耕地（%）	亩产（市斤）	产量（万担）	收购量（万担）	商品率（%）	人均交售（市斤）
衡水市	**922.56**	**275.17**	**117.92**	**12.78**	**8.57**	**10.11**	**9.46**	**93.57**	**3.44**
安平县	50.15	22.40	5.70	11.37	1.05	0.06	0.15	*	0.67
阜城县	72.03	21.64	8.78	12.19	22.55	1.98	1.92	96.97	8.87
故城县	94.00	28.96	13.02	13.85	12.44	1.62	0.43	26.54	1.48
景县	120.27	34.99	9.06	7.53	10.71	0.97	0.93	95.88	2.66
饶阳县	58.48	19.80	2.54	4.34	5.91	0.15	0.09	60.00	0.45
深州市	138.11	42.39	20.95	15.17	4.25	0.89	1.07	120.22	2.52
桃城区	61.40	15.92	5.59	9.10	0.72	0.04	0.35	*	2.20
武强县	47.00	14.70	0.71	1.51					
武邑县	83.76	21.23	4.89	5.84	5.73	0.28	0.16	57.14	0.75
枣强县	97.81	25.76	15.31	15.65	15.41	2.36	2.35	99.58	9.12
冀州市	99.55	27.38	31.37	31.51	5.61	1.76	2.01	114.20	7.34
沧州市	**1238.75**	**355.08**	**71.45**	**5.77**	**18.54**	**13.25**	**12.20**	**92.08**	**3.44**
泊头市	100.00	29.00	1.60	1.60	0.63	0.01			
沧县	148.00	41.00	0.64	0.43	6.25	0.04			
东光县	77.73	19.70	18.25	23.48	17.32	3.16	2.93	92.72	14.87
海兴县	42.00	9.80	0.28	0.67	10.71	0.03			
河间市	149.00	46.00	7.85	5.27	13.76	1.08	0.78	72.22	1.70
黄骅县	90.00	20.00	0.40	0.44	12.50	0.05			
孟村回	33.00	10.60	0.80	2.42	10.00	0.08			
南皮县	78.00	23.00	6.60	8.46	15.15	1.00	0.68	68.00	2.96
青县	90.00	21.40	0.41	0.46	4.88	0.02			
任邱市	106.00	35.20	4.20	3.96	5.95	0.25	0.04	16.00	0.11
肃宁县	60.00	21.00	4.55	7.58	4.84	0.22	0.07	31.82	0.33
吴桥县	63.02	19.38	18.92	30.02	36.42	6.89	7.46	108.27	38.49
献县棉	127.00	34.00	3.40	2.68	2.65	0.09			
盐山县	75.00	25.00	3.55	4.73	9.30	0.33	0.24	72.73	0.96
邯郸市	**1016.54**	**379.07**	**273.96**	**26.95**	**10.73**	**29.40**	**26.85**	**91.33**	**7.08**
肥乡县	62.20	17.74	21.85	35.13	7.60	1.66	1.40	84.34	7.89
大名县	113.12	39.91	3.12	2.76	17.63	0.55	0.48	87.27	1.20
磁县	73.40	33.15	21.73	29.60	13.48	2.93	2.66	90.78	8.02
广平县	38.50	13.81	9.12	23.69	19.63	1.79	1.75	97.77	12.67
成安县	59.35	18.77	31.13	52.45	9.16	2.85	2.65	92.98	14.12
馆陶县	51.60	15.52	10.10	19.57	1.39	0.14	0.15	107.14	0.97
邯郸市郊	29.50	17.08	3.47	11.76	15.27	0.53	0.66	124.53	3.86
邯郸县	56.30	19.85	18.77	33.34	4.48	0.84	0.24	28.57	1.21
临漳县	75.78	30.56	20.73	27.36	8.44	1.75	1.56	89.14	5.10
邱县	51.58	11.53	18.51	35.89	5.24	0.97	0.70	72.16	6.07
曲周县	78.70	22.06	12.85	16.33	7.55	0.97	0.94	96.91	4.26
魏县	98.27	42.97	8.05	8.19	11.93	0.96	0.81	84.38	1.89
武安市	95.77	41.45	41.69	43.53	24.59	10.25	9.90	96.59	23.88
永年县	93.00	42.13	40.89	43.97	7.29	2.98	2.79	93.62	6.62
鸡泽县	39.47	12.54	11.95	30.28	1.92	0.23	0.16	69.57	1.28

5－17－22　河北省1964年产棉县棉花生产收购明细

县市名	耕地面积（万亩）	农业人口（万人）	棉田面积（万亩）	占耕地（%）	亩　产（市斤）	产　量（万担）	收购量（万担）	商品率（%）	人均交售（市斤）
全省合计	**8014.02**	**2982.92**	**1083.33**	**13.52**	**29.44**	**318.96**	**296.87**	**93.07**	**9.95**
保定市	**1193.60**	**546.50**	**134.12**	**11.24**	**30.75**	**41.24**	**37.40**	**90.69**	**6.84**
定兴县	74.00	32.00	13.29	17.96	46.35	6.16	5.85	94.97	18.28
安国县	52.00	25.00	13.10	25.19	23.44	3.07	2.78	90.55	11.12
博野县	33.00	15.00	10.32	31.27	34.01	3.51	3.65	103.99	24.33
定州市	128.00	66.00	18.01	14.07	23.76	4.28	3.82	89.25	5.79
高阳县	51.00	19.00	2.77	5.43	17.69	0.49	0.64	130.61	3.37
蠡　县	73.00	27.00	12.97	17.77	31.30	4.06	3.82	94.09	14.15
清苑县	97.00	39.00	3.62	3.73	17.40	0.63	0.44	69.84	1.13
容城县	36.00	15.00	2.21	6.14	40.72	0.90	0.71	78.89	4.73
唐　县	46.00	30.00	6.10	13.26	24.43	1.49	1.17	78.52	3.90
雄　县	58.00	19.00	2.22	3.83	18.02	0.40	0.38	95.00	2.00
易　县	71.00	37.00	5.20	7.32	40.00	2.08	1.11	53.37	3.00
满城县	42.00	25.00	11.75	27.98	34.55	4.06	3.76	92.61	15.04
望都县	36.00	16.00	5.38	14.94	19.70	1.06	0.91	85.85	5.69
徐水县	73.00	32.00	4.68	6.41	29.91	1.40	0.97	69.29	3.03
高碑店	73.00	28.00	4.88	6.68	34.84	1.70	1.75	102.94	6.25
涿州市	74.00	31.00	5.97	8.07	38.86	2.32	2.47	106.47	7.97
安新县	50.00	21.00	0.20	0.40	15.00	0.03	0.01	33.33	0.05
涞水县	38.00	21.00	2.56	6.74	36.33	0.93	0.87	93.55	4.14
曲阳县	47.60	29.50	2.69	5.65	27.14	0.73	0.46	63.01	1.56
顺平县	41.00	19.00	6.20	15.12	31.29	1.94	1.83	94.33	9.63
邢台市	**1046.82**	**354.10**	**217.87**	**20.81**	**26.75**	**58.28**	**54.80**	**94.03**	**15.48**
宁晋县	127.41	42.07	24.18	18.98	25.14	6.08	5.72	94.08	13.60
柏乡县	32.77	10.18	10.34	31.55	28.53	2.95	2.85	96.61	28.00
广宗县	52.06	15.02	3.27	6.28	14.37	0.47	0.33	70.21	2.20
巨鹿县	71.45	20.38	9.35	13.09	11.23	1.05	0.89	84.76	4.37
临城县	32.11	11.05	6.29	19.59	28.46	1.79	1.71	95.53	15.48
临西县	61.22	19.41	14.51	23.70	25.57	3.71	3.56	95.96	18.34
隆尧县	83.50	27.55	13.93	16.68	22.04	3.07	2.85	92.83	10.34
内邱县	40.47	14.26	7.18	17.74	30.64	2.20	2.09	95.00	14.66
南宫市	99.20	32.00	43.53	43.88	35.75	15.56	15.17	97.49	47.41
南和县	45.29	16.41	2.16	4.77	13.89	0.30	0.19	63.33	1.16
平乡县	45.02	14.70	0.93	2.07	6.45	0.06			
清河县	54.00	19.85	8.69	16.09	38.20	3.32	3.11	93.67	15.67
沙河县	47.41	21.50	10.81	22.80	24.61	2.66	2.30	86.47	10.70
威　县	105.31	32.55	40.34	38.31	23.40	9.44	9.01	95.44	27.68
新河县	39.39	10.93	7.21	18.30	17.48	1.26	1.17	92.86	10.70
邢台县	60.10	30.01	11.99	19.95	31.03	3.72	3.38	90.86	11.26
任　县	50.11	16.23	3.16	6.31	20.25	0.64	0.47	73.44	2.90

5－17－22 续表 1

县市名	耕地面积（万亩）	农业人口（万人）	棉田面积（万亩）	占耕地（%）	亩产（市斤）	产量（万担）	收购量（万担）	商品率（%）	人均交售（市斤）
秦皇岛市	**249.79**	**96.27**	**12.87**	**5.15**	**39.47**	**5.08**	**3.66**	**72.05**	**3.80**
昌黎县	102.82	36.03	4.14	4.03	29.95	1.24	0.82	66.13	2.28
卢龙县	69.35	27.55	3.69	5.32	45.53	1.68	1.11	66.07	4.03
抚宁县	77.62	32.69	5.04	6.49	42.86	2.16	1.73	80.09	5.29
唐山市	**840.00**	**342.87**	**49.49**	**5.89**	**37.85**	**18.73**	**16.27**	**86.87**	**4.75**
迁西县	32.89	22.63	1.23	3.74	34.96	0.43	0.17	39.53	0.75
丰润县	118.20	48.72	7.04	5.96	37.36	2.63	2.30	87.45	4.72
丰南县	80.07	34.67	10.41	13.00	43.61	4.54	4.39	96.70	12.66
乐亭县	97.00	38.50	6.52	6.72	30.37	1.98	1.83	92.42	4.75
滦南县	113.02	40.00	7.98	7.06	29.32	2.34	1.83	78.21	4.58
滦　县	86.01	32.35	2.19	2.55	31.96	0.70	0.32	45.71	0.99
迁安县	78.68	36.88	2.18	2.77	41.74	0.91	0.27	29.67	0.73
唐海县	25.13	7.12	1.15	4.58	37.39	0.43	0.43	100.00	6.04
玉田县	119.00	41.00	6.16	5.18	32.14	1.98	1.84	92.93	4.49
遵化县	90.00	41.00	4.63	5.14	60.26	2.79	2.89	103.58	7.05
石家庄市	**880.39**	**428.25**	**225.59**	**25.62**	**36.02**	**81.25**	**78.37**	**96.46**	**18.30**
高邑县	26.00	9.60	7.25	27.88	35.72	2.59	2.52	97.30	26.25
鹿泉市	44.50	22.00	13.76	30.92	31.90	4.39	4.67	106.38	21.23
辛集市	107.43	40.39	37.17	34.60	35.65	13.25	12.74	96.15	31.54
赵　县	78.80	30.60	21.23	26.94	27.41	5.82	5.59	96.05	18.27
藁城市	83.81	44.00	29.62	35.34	37.91	11.23	10.87	96.79	24.70
栾城市	44.50	19.00	15.15	34.04	35.38	5.36	5.20	97.01	27.37
新乐市	42.30	23.50	3.69	8.72	30.35	1.12	0.81	72.32	3.45
正定市	45.00	30.00	13.98	31.07	46.14	6.45	6.14	95.19	20.47
晋州市	61.65	30.22	24.38	39.55	46.64	11.37	11.01	96.83	36.43
平山县	48.00	33.00	5.45	11.35	30.64	1.67	1.51	90.42	4.58
行唐县	56.60	25.50	9.45	16.70	34.81	3.29	3.95	120.06	15.49
井陉县	38.00	23.00	1.32	3.47	30.30	0.40	0.21	52.50	0.91
元氏县	53.00	22.00	13.72	25.89	34.18	4.69	4.48	95.52	20.36
深泽县	30.00	14.00	7.05	23.50	24.96	1.76	1.49	84.66	10.64
灵寿县	38.60	18.50	5.49	14.22	28.23	1.55	1.38	89.03	7.46
无极县	53.80	30.00	13.43	24.96	39.39	5.29	4.92	93.01	16.40
赞皇县	28.40	12.94	3.45	12.15	29.57	1.02	0.88	86.27	6.80
廊坊市	**614.86**	**207.00**	**40.24**	**6.54**	**38.15**	**15.35**	**16.25**	**105.86**	**7.85**
安次区	89.00	31.00	10.49	11.79	48.33	5.07	5.22	102.96	16.84
大城县	90.00	24.80	0.75	0.83	1.33	0.01			
文安县	97.00	24.00	0.96	0.99	15.63	0.15	0.04	26.67	0.17
霸州市	73.00	29.00	5.74	7.86	21.60	1.24	1.67	134.68	5.76
固安县	70.36	24.00	5.37	7.63	27.75	1.49	1.59	106.71	6.63
香河县	46.30	20.00	3.07	6.63	36.81	1.13	1.34	118.58	6.70
大厂回	19.00	6.90	4.07	21.42	43.73	1.78	1.90	106.74	27.54
三河县	63.20	24.30	5.21	8.24	49.71	2.59	2.30	88.80	9.47
永清县	67.00	23.00	4.58	6.84	41.27	1.89	2.19	115.87	9.52

5－17－22 续表2

县市名	耕地面积（万亩）	农业人口（万人）	棉田面积（万亩）	占耕地（%）	亩产（市斤）	产量（万担）	收购量（万担）	商品率（%）	人均交售（市斤）
衡水市	**923.36**	**272.36**	**73.94**	**8.01**	**22.50**	**16.64**	**12.88**	**77.40**	**4.73**
安平县	51.18	21.65	2.94	5.74	15.65	0.46	0.27	58.70	1.25
阜城县	72.09	21.42	8.47	11.75	12.99	1.10	1.03	93.64	4.81
故城县	94.20	28.69	8.40	8.92	32.98	2.77	0.81	29.24	2.82
景　县	121.00	33.74	6.06	5.01	17.49	1.06	0.59	55.66	1.75
饶阳县	58.48	19.80	2.08	3.56	7.69	0.16	0.10	62.50	0.51
深州市	136.73	41.93	12.61	9.22	18.24	2.30	2.07	90.00	4.94
桃城区	61.50	16.08	1.31	2.13	16.03	0.21	0.14	66.67	0.87
武强县	47.00	14.70	0.28	0.60	3.57	0.01			
武邑县	83.82	21.21	2.97	3.54	10.10	0.30	0.22	73.33	1.04
枣强县	97.81	25.76	10.38	10.61	31.21	3.24	2.95	91.05	11.45
冀州市	99.55	27.38	18.44	18.52	27.28	5.03	4.70	93.44	17.17
沧州市	**1243.00**	**354.36**	**73.23**	**5.89**	**17.41**	**12.75**	**11.55**	**90.59**	**3.26**
泊头市	100.00	29.00	1.10	1.10	2.73	0.03			
沧　县	149.00	41.00	1.23	0.83	3.25	0.04			
东光县	78.00	21.00	19.23	24.65	12.58	2.42	2.34	96.69	11.14
海兴县	41.00	11.00	0.34	0.83	8.82	0.03			
河间市	149.00	44.00	7.28	4.89	12.64	0.92	0.53	57.61	1.20
黄骅县	92.00	21.00	0.92	1.00	5.43	0.05			
孟村回	33.00	10.60	0.76	2.30	5.26	0.04			
南皮县	78.00	22.00	8.63	11.06	12.86	1.11	0.98	88.29	4.45
青　县	90.00	21.70	0.83	0.92	1.20	0.01			
任邱市	107.00	35.20	3.35	3.13	12.24	0.41	0.07	17.07	0.20
肃宁县	60.00	21.00	1.55	2.58	10.97	0.17	0.03	17.65	0.14
吴桥县	63.00	18.86	23.31	37.00	30.24	7.05	7.26	102.98	38.49
献县棉	127.00	33.00	1.75	1.38	2.29	0.04			
盐山县	76.00	25.00	2.95	3.88	14.58	0.43	0.34	79.07	1.36
邯郸市	**1022.20**	**381.21**	**255.98**	**25.04**	**27.21**	**69.64**	**65.69**	**94.33**	**17.23**
肥乡县	61.87	17.57	19.26	31.13	26.58	5.12	4.86	94.92	27.66
大名县	112.67	39.68	3.18	2.82	23.27	0.74	0.69	93.24	1.74
磁　县	72.70	33.58	21.28	29.27	30.12	6.41	5.77	90.02	17.18
广平县	38.40	13.61	6.96	18.13	32.18	2.24	1.69	75.45	12.42
成安县	59.30	19.09	30.79	51.92	26.14	8.05	7.75	96.27	40.60
馆陶县	50.60	15.96	12.50	24.70	32.08	4.01	2.73	68.08	17.11
邯郸市郊	29.40	17.64	3.87	13.16	28.42	1.10	1.64	149.09	9.30
邯郸县	56.20	19.95	18.05	32.12	27.20	4.91	4.61	93.89	23.11
临漳县	75.50	30.77	19.72	26.12	28.96	5.71	5.38	94.22	17.48
邱　县	51.57	11.57	12.10	23.46	16.36	1.98	2.69	135.86	23.25
曲周县	78.50	21.79	10.72	13.66	22.01	2.36	2.17	91.95	9.96
魏　县	97.89	42.81	6.25	6.38	27.84	1.74	1.48	85.06	3.46
武安市	98.70	42.17	44.45	45.04	30.57	13.59	13.27	97.65	31.47
永年县	99.50	42.42	40.54	40.74	24.81	10.06	9.50	94.43	22.40
鸡泽县	39.40	12.60	6.31	16.02	25.67	1.62	1.46	90.12	11.59

5－17－23　河北省1965年产棉县棉花生产收购明细

县市名	耕地面积（万亩）	农业人口（万人）	棉田面积（万亩）	占耕地（%）	亩　产（市斤）	产　量（万担）	收购量（万担）	商品率（%）	人均交售（市斤）
全省合计	**7998.00**	**3046.91**	**1062.49**	**13.28**	**48.28**	**513.00**	**478.72**	**93.32**	**15.71**
保定市	**1194.94**	**559.55**	**138.55**	**11.59**	**46.16**	**63.95**	**60.48**	**94.57**	**10.81**
定兴县	74.83	32.70	13.65	18.24	57.14	7.80	7.70	98.72	23.55
安国县	51.51	25.13	12.40	24.07	44.27	5.49	5.15	93.81	20.49
博野县	33.39	15.10	9.32	27.91	60.41	5.63	6.36	112.97	42.12
定州市	127.55	67.93	17.58	13.78	46.93	8.25	7.24	87.76	10.66
高阳县	50.50	19.82	3.04	6.02	33.88	1.03	1.04	100.97	5.25
蠡　县	71.43	28.43	12.83	17.96	52.61	6.75	6.63	98.22	23.32
清苑县	100.74	41.82	5.24	5.20	31.68	1.66	1.34	80.72	3.20
容城县	35.94	14.55	3.08	8.57	55.52	1.71	1.48	86.55	10.17
唐　县	46.00	31.18	6.04	13.13	38.91	2.35	1.82	77.45	5.84
雄　县	57.90	19.70	2.18	3.77	38.07	0.83	0.75	90.36	3.81
易　县	69.36	36.37	5.14	7.41	41.83	2.15	1.80	83.72	4.95
满城县	39.13	26.68	12.25	31.31	41.96	5.14	5.02	97.67	18.82
望都县	35.40	15.40	5.23	14.77	43.79	2.29	2.90	126.64	18.83
徐水县	73.99	33.00	4.52	6.11	43.81	1.98	1.38	69.70	4.18
高碑店	74.30	28.80	6.63	8.92	39.22	2.60	2.28	87.69	7.92
涿州市	75.30	30.63	6.26	8.31	46.17	2.89	2.78	96.19	9.08
安新县	50.50	21.70	0.40	0.79	27.50	0.11	0.01	9.09	0.05
涞水县	38.60	21.16	3.01	7.80	41.86	1.26	1.14	90.48	5.39
曲阳县	47.95	29.50	2.69	5.61	33.09	0.89	0.48	53.93	1.63
顺平县	40.62	19.95	7.06	17.38	44.48	3.14	3.18	101.27	15.94
邢台市	**1002.79**	**346.84**	**205.38**	**20.48**	**43.62**	**89.58**	**86.30**	**96.34**	**24.88**
宁晋县	127.11	43.19	25.94	20.41	46.26	12.00	11.62	96.83	26.90
柏乡县	32.77	10.45	10.07	30.73	48.86	4.92	4.79	97.36	45.84
广宗县	51.46	15.25	2.17	4.22	30.41	0.66	0.57	86.36	3.74
巨鹿县	70.08	20.87	3.32	4.74	48.49	1.61	1.48	91.93	7.09
临城县	32.51	11.38	6.53	20.09	34.30	2.24	2.29	102.23	20.12
临西县	61.38	19.96	13.27	21.62	35.87	4.76	4.52	94.96	22.65
隆尧县	83.60	28.20	13.48	16.12	41.54	5.60	5.35	95.54	18.97
内邱县	41.33	14.06	7.77	18.80	42.21	3.28	3.27	99.70	23.26
南宫市	99.20	32.30	41.22	41.55	48.52	20.00	19.62	98.10	60.74
南和县									
平乡县	44.70	15.02	0.22	0.49	27.27	0.06			
清河县	53.39	20.30	9.71	18.19	46.45	4.51	4.29	95.12	21.13
沙河县	49.43	22.72	11.37	23.00	34.74	3.95	3.77	95.44	16.59
威　县	104.23	33.33	39.76	38.15	41.30	16.42	15.86	96.59	47.58
新河县	38.29	11.23	7.25	18.93	47.86	3.47	3.28	94.52	29.21
邢台县	63.36	31.89	11.73	18.51	46.38	5.44	5.08	93.38	15.93
任　县	49.95	16.69	1.57	3.14	42.04	0.66	0.51	77.27	3.06

5-17-23 续表1

县市名	耕地面积（万亩）	农业人口（万人）	棉田面积（万亩）	占耕地（%）	亩产（市斤）	产量（万担）	收购量（万担）	商品率（%）	人均交售（市斤）
秦皇岛市	**250.58**	**104.70**	**12.52**	**5.00**	**42.41**	**5.31**	**3.80**	**71.56**	**3.63**
昌黎县	103.10	38.63	4.07	3.95	36.86	1.50	1.00	66.67	2.59
卢龙县	68.95	29.94	3.67	5.32	39.24	1.44	0.94	65.28	3.14
抚宁县	78.53	36.13	4.78	6.09	49.58	2.37	1.86	78.48	5.15
唐山市	**845.39**	**357.82**	**51.45**	**6.09**	**56.58**	**29.11**	**25.44**	**87.39**	**7.11**
迁西县	33.14	24.64	1.22	3.68	38.52	0.47	0.15	31.91	0.61
丰润县	116.79	49.73	6.94	5.94	50.00	3.47	3.01	86.74	6.05
丰南县	80.08	35.46	10.40	12.99	69.90	7.27	6.86	94.36	19.35
乐亭县	97.20	38.96	6.84	7.04	68.86	4.71	4.41	93.63	11.32
滦南县	113.02	41.38	8.05	7.12	52.92	4.26	3.48	81.69	8.41
滦　县	87.07	34.68	2.05	2.35	37.07	0.76	0.41	53.95	1.18
迁安县	80.02	40.13	2.16	2.70	40.74	0.88	0.37	42.05	0.92
唐海县	28.79	7.49	1.47	5.11	53.06	0.78	0.68	87.18	9.08
玉田县	118.62	42.40	6.38	5.38	56.58	3.61	3.43	95.01	8.09
遵化县	90.66	42.95	5.94	6.55	48.82	2.90	2.64	91.03	6.15
石家庄市	**890.93**	**441.96**	**222.78**	**25.01**	**62.84**	**139.99**	**133.84**	**95.61**	**30.28**
高邑县	25.62	10.00	7.12	27.79	60.81	4.33	4.22	97.46	42.20
鹿泉市	44.39	23.10	13.03	29.35	52.72	6.87	6.65	96.80	28.79
辛集市	107.31	41.16	36.97	34.45	67.60	24.99	24.58	98.36	59.72
赵　县	78.90	31.02	21.85	27.69	53.00	11.58	11.21	96.80	36.14
藁城市	84.15	45.06	29.51	35.07	72.01	21.25	20.77	97.74	46.09
栾城市	45.22	21.63	14.95	33.06	56.59	8.46	8.20	96.93	37.91
新乐市	42.30	23.93	3.33	7.87	49.85	1.66	1.27	76.51	5.31
正定市	53.53	33.50	14.50	27.09	77.72	11.27	10.66	94.59	31.82
晋州市	61.79	31.01	24.30	39.33	81.60	19.83	19.22	96.92	61.98
平山县	47.50	32.46	5.25	11.05	43.81	2.30	2.01	87.39	6.19
行唐县	56.70	25.81	9.10	16.05	54.29	4.94	4.54	91.90	17.59
井陉县	37.88	23.57	1.19	3.14	24.37	0.29	0.09	31.03	0.38
元氏县	54.66	22.17	13.30	24.33	50.90	6.77	6.67	98.52	30.09
深泽县	30.02	15.44	6.79	22.62	60.24	4.09	3.37	82.40	21.83
灵寿县	38.57	19.16	6.07	15.74	43.33	2.63	2.42	92.02	12.63
无极县	53.94	29.70	12.11	22.45	64.49	7.81	7.20	92.19	24.24
赞皇县	28.45	13.24	3.41	11.99	26.98	0.92	0.76	82.61	5.74
廊坊市	**622.99**	**212.41**	**40.71**	**6.53**	**49.13**	**20.00**	**17.43**	**87.15**	**8.21**
安次区	89.43	31.90	10.41	11.64	61.67	6.42	6.00	93.46	18.81
大城县	93.31	25.00	0.68	0.73	20.59	0.14	0.01	7.14	0.04
文安县	98.40	25.04	1.45	1.47	25.52	0.37	0.08	21.62	0.32
霸州市	73.91	30.40	5.07	6.86	36.29	1.84	1.50	81.52	4.93
固安县	70.32	24.53	6.04	8.59	40.07	2.42	1.80	74.38	7.34
香河县	46.19	20.77	3.43	7.43	63.85	2.19	1.85	84.47	8.91
大厂回	18.99	7.06	4.02	21.17	46.27	1.86	1.76	94.62	24.93
三河县	63.46	24.60	5.52	8.70	52.54	2.90	2.51	86.55	10.20
永清县	68.98	23.11	4.09	5.93	45.48	1.86	1.92	103.23	8.31

5－17－23 续表 2

县市名	耕地面积（万亩）	农业人口（万人）	棉田面积（万亩）	占耕地（%）	亩产（市斤）	产量（万担）	收购量（万担）	商品率（%）	人均交售（市斤）
衡水市	**919.34**	**273.80**	**83.51**	**9.08**	**39.24**	**32.77**	**29.92**	**91.30**	**10.93**
安平县	51.17	22.00	3.37	6.59	48.37	1.63	1.30	79.75	5.91
阜城县	69.07	21.70	7.56	10.95	37.04	2.80	2.70	96.43	12.44
故城县	93.74	29.25	15.54	16.58	36.29	5.64	5.26	93.26	17.98
景　县	120.24	34.16	6.58	5.47	28.42	1.87	1.38	73.80	4.04
饶阳县	60.74	20.10	2.07	3.41	29.47	0.61	0.47	77.05	2.34
深州市	135.40	41.47	11.59	8.56	40.29	4.67	4.31	92.29	10.39
桃城区	61.97	16.42	1.98	3.20	32.32	0.64	0.52	81.25	3.17
武强县	47.00	14.15	0.30	0.64	30.00	0.09			
武邑县	82.98	21.18	3.31	3.99	23.56	0.78	0.54	69.23	2.55
枣强县	96.53	25.80	11.24	11.64	37.81	4.25	4.05	95.29	15.70
冀州市	100.50	27.57	19.97	19.87	49.02	9.79	9.39	95.91	34.06
沧州市	**1254.73**	**361.60**	**67.22**	**5.36**	**34.31**	**23.06**	**20.06**	**86.99**	**5.55**
泊头市	98.69	29.30	0.74	0.75	9.46	0.07			
沧　县	148.73	42.10	0.42	0.28	19.05	0.08			
东光县	76.55	21.11	16.68	21.79	32.13	5.36	5.11	95.34	24.21
海兴县	43.68	11.54	0.24	0.55	25.00	0.06			
河间市	147.86	45.36	6.73	4.55	28.97	1.95	1.68	86.15	3.70
黄骅县	98.29	21.10	0.66	0.67	30.30	0.20			
孟村回	33.18	10.80	0.65	1.96	21.54	0.14			
南皮县	92.47	22.90	9.23	9.98	33.26	3.07	2.81	91.53	12.27
青　县	90.16	22.20	0.08	0.09	25.00	0.02			
任邱市	105.80	35.82	3.72	3.52	26.34	0.98	0.44	44.90	1.23
肃宁县	59.70	21.10	2.80	4.69	28.57	0.80	0.47	58.75	2.23
吴桥县	62.66	19.23	20.86	33.29	44.87	9.36	9.08	97.01	47.22
献县棉	121.44	33.64	1.80	1.48	15.56	0.28			
盐山县	75.52	25.40	2.61	3.46	26.44	0.69	0.47	68.12	1.85
邯郸市	**1016.31**	**388.23**	**240.37**	**23.65**	**45.44**	**109.23**	**101.45**	**92.88**	**26.13**
肥乡县	61.77	17.94	17.93	29.03	43.22	7.75	7.18	92.65	40.02
大名县	112.20	40.69	3.18	2.83	33.02	1.05	0.95	90.48	2.33
磁　县	73.65	34.56	19.29	26.19	42.25	8.15	7.68	94.23	22.22
广平县	38.40	13.81	6.77	17.63	45.94	3.11	2.90	93.25	21.00
成安县	58.60	19.42	30.66	52.32	54.79	16.80	16.05	95.54	82.65
馆陶县	50.50	15.98	12.17	24.10	36.32	4.42	2.11	47.74	13.20
邯郸市郊	29.30	18.06	3.51	11.98	34.76	1.22	0.94	77.05	5.20
邯郸县	56.20	20.33	16.81	29.91	40.81	6.86	6.55	95.48	32.22
临漳县	75.75	31.38	19.26	25.43	56.44	10.87	10.18	93.65	32.44
邱　县	50.38	11.73	12.46	24.73	46.31	5.77	5.55	96.19	47.31
曲周县	77.90	22.28	9.76	12.53	31.15	3.04	2.85	93.75	12.79
魏　县	97.97	43.76	6.19	6.32	46.53	2.88	2.51	87.15	5.74
武安市	97.11	43.04	39.69	40.87	39.86	15.82	15.48	97.85	35.97
永年县	97.30	42.35	37.74	38.79	51.56	19.46	18.72	96.20	44.20
鸡泽县	39.28	12.90	4.95	12.60	41.01	2.03	1.80	88.67	13.95

5－17－24　河北省1966年产棉县棉花生产收购明细

县市名	耕地面积（万亩）	农业人口（万人）	棉田面积（万亩）	占耕地（%）	亩产（市斤）	产量（万担）	收购量（万担）	商品率（%）	人均交售（市斤）
全省合计	**8020.75**	**3139.33**	**773.82**	**9.65**	**38.33**	**296.63**	**268.94**	**90.67**	**8.57**
保定市	**1201.80**	**576.00**	**86.79**	**7.22**	**52.31**	**45.40**	**40.78**	**89.82**	**7.08**
定兴县	75.00	34.00	10.08	13.44	65.08	6.56	6.37	97.10	18.74
安国县	51.00	26.00	8.03	15.75	53.42	4.29	3.96	92.31	15.23
博野县	33.00	16.00	7.14	21.64	69.05	4.93	4.68	94.93	29.25
定州市	128.00	70.00	13.00	10.16	41.15	5.35	4.53	84.67	6.47
高阳县	51.00	20.00	1.42	2.78	33.10	0.47	0.53	112.77	2.65
蠡　县	72.00	29.00	9.06	12.58	53.20	4.82	4.76	98.76	16.41
清苑县	101.00	43.00	2.68	2.65	43.66	1.17	0.91	77.78	2.12
容城县	36.00	15.00	1.80	5.00	60.56	1.09	0.97	88.99	6.47
唐　县	46.00	31.00	2.96	6.43	53.72	1.59	1.25	78.62	4.03
雄　县	58.00	20.00	1.29	2.22	33.33	0.43	0.39	90.70	1.95
易　县	72.00	39.00	2.71	3.76	39.48	1.07	0.80	74.77	2.05
满城县	42.00	27.00	7.69	18.31	57.48	4.42	4.16	94.12	15.41
望都县	35.00	16.00	2.19	6.26	62.10	1.36	1.16	85.29	7.25
徐水县	75.00	34.00	2.81	3.75	53.02	1.49	0.96	64.43	2.82
高碑店	74.00	30.00	3.66	4.95	37.43	1.37	1.15	83.94	3.83
涿州市	75.00	32.00	3.34	4.45	50.00	1.67	1.66	99.40	5.19
安新县	50.00	22.00	0.53	1.06	49.06	0.26			
涞水县	39.00	22.00	1.70	4.36	56.47	0.96	0.88	91.67	4.00
曲阳县	47.80	30.00	1.64	3.43	45.12	0.74	0.46	62.16	1.53
顺平县	41.00	20.00	3.06	7.46	44.44	1.36	1.20	88.24	6.00
邢台市	**1041.34**	**372.52**	**125.69**	**12.07**	**27.15**	**34.13**	**30.06**	**88.08**	**8.07**
宁晋县	127.07	44.22	17.13	13.48	19.91	3.41	3.17	92.96	7.17
柏乡县	32.64	10.73	8.50	26.04	34.94	2.97	2.88	96.97	26.84
广宗县	51.36	15.55	1.89	3.68	27.51	0.52	0.32	61.54	2.06
巨鹿县	69.91	21.19	3.46	4.95	26.01	0.90	0.61	67.78	2.88
临城县	33.12	11.57	3.86	11.65	13.73	0.53	0.39	73.58	3.37
临西县	60.66	20.29	6.61	10.90	30.26	2.00	1.24	62.00	6.11
隆尧县	83.56	28.43	8.33	9.97	34.45	2.87	2.59	90.24	9.11
内邱县	42.24	14.89	5.07	12.00	38.26	1.94	1.81	93.30	12.16
南宫市	91.00	33.80	20.95	23.02	31.12	6.52	6.09	93.40	18.02
南和县	45.35	17.34	0.05	0.11	40.00	0.02			
平乡县	44.90	15.29	0.14	0.31	28.57	0.04			
清河县	53.46	20.68	6.07	11.35	22.57	1.37	1.18	86.13	5.71
沙河县	49.40	23.30	6.00	12.15	26.33	1.58	1.33	84.18	5.71
威　县	104.23	33.90	24.20	23.22	22.89	5.54	5.18	93.50	15.28
新河县	38.78	11.58	3.34	8.61	21.56	0.72	0.58	80.56	5.01
邢台县	63.84	32.59	8.12	12.72	30.67	2.49	2.30	92.37	7.06
任　县	49.82	17.17	1.97	3.95	36.04	0.71	0.39	54.93	2.27

5－17－24 续表 1

县市名	耕地面积（万亩）	农业人口（万人）	棉田面积（万亩）	占耕地（%）	亩产（市斤）	产量（万担）	收购量（万担）	商品率（%）	人均交售（市斤）
秦皇岛市	**250.58**	**104.70**	**12.90**	**5.15**	**39.61**	**5.11**	**3.77**	**73.78**	**3.60**
昌黎县	103.10	38.63	4.24	4.11	29.95	1.27	0.86	67.72	2.23
卢龙县	68.95	29.94	4.34	6.29	44.93	1.95	1.47	75.38	4.91
抚宁县	78.53	36.13	4.32	5.50	43.75	1.89	1.44	76.19	3.99
唐山市	**844.94**	**363.59**	**49.43**	**5.85**	**52.46**	**25.93**	**23.49**	**90.59**	**6.46**
迁西县	33.14	24.64	1.18	3.56	42.37	0.50	0.21	42.00	0.85
丰润县	116.69	50.99	7.05	6.04	54.75	3.86	3.07	79.53	6.02
丰南县	80.51	36.66	10.51	13.05	67.08	7.05	6.83	96.88	18.63
乐亭县	97.00	39.00	7.17	7.39	55.65	3.99	3.79	94.99	9.72
滦南县	113.02	42.00	8.51	7.53	46.06	3.92	3.15	80.36	7.50
滦　县	87.07	34.68	2.05	2.35	40.49	0.83	0.45	54.22	1.30
迁安县	80.02	40.13	2.19	2.74	45.21	0.99	0.46	46.46	1.15
唐海县	28.79	7.49	1.38	4.79	45.65	0.63	0.61	96.83	8.14
玉田县	118.00	44.00	3.69	3.13	36.31	1.34	2.49	185.82	5.66
遵化县	90.70	44.00	5.70	6.28	49.47	2.82	2.43	86.17	5.52
石家庄市	**891.18**	**451.08**	**182.39**	**20.47**	**51.42**	**93.78**	**89.13**	**95.04**	**19.76**
高邑县	25.60	10.30	6.01	23.48	47.92	2.88	2.88	100.00	27.96
鹿泉市	44.50	23.50	10.73	24.11	46.97	5.04	4.87	96.63	20.72
辛集市	107.26	42.17	30.98	28.88	53.39	16.54	16.02	96.86	37.99
赵　县	78.80	32.00	18.05	22.91	34.63	6.25	5.89	94.24	18.41
藁城市	84.24	46.00	23.03	27.34	52.37	12.06	11.48	95.19	24.96
栾城市	45.20	22.00	11.98	26.50	49.67	5.95	5.64	94.79	25.64
新乐市	42.30	24.00	3.49	8.25	39.83	1.39	1.07	76.98	4.46
正定市	53.50	35.00	11.44	21.38	81.73	9.35	8.80	94.12	25.14
晋州市	61.82	31.72	18.51	29.94	69.58	12.88	12.55	97.44	39.56
平山县	48.00	34.00	3.98	8.29	42.71	1.70	1.51	88.82	4.44
行唐县	56.70	26.00	8.34	14.71	47.72	3.98	3.65	91.71	14.04
井陉县	37.80	24.00	0.86	2.28	6.98	0.06			
元氏县	54.60	23.00	10.92	20.00	39.10	4.27	4.05	94.85	17.61
深泽县	30.00	14.20	6.04	20.13	53.97	3.26	3.11	95.40	21.90
灵寿县	38.50	19.70	5.08	13.19	43.11	2.19	2.01	91.78	10.20
无极县	53.90	30.00	10.60	19.67	53.58	5.68	5.38	94.72	17.93
赞皇县	28.46	13.49	2.35	8.26	12.77	0.30	0.22	73.33	1.63
廊坊市	**621.71**	**216.90**	**41.53**	**6.68**	**38.21**	**15.87**	**14.07**	**88.66**	**6.49**
安次区	90.00	32.00	10.17	11.30	46.21	4.70	4.52	96.17	14.13
大城县	93.00	25.50	0.90	0.97	10.00	0.09	0.01	11.11	0.04
文安县	99.00	26.20	1.86	1.88	23.12	0.43	0.10	23.26	0.38
霸州市	74.00	31.00	4.84	6.54	30.58	1.48	1.24	83.78	4.00
固安县	70.32	25.00	6.18	8.79	29.94	1.85	1.64	88.65	6.56
香河县	46.00	21.00	3.87	8.41	52.97	2.05	1.84	89.76	8.76
大厂回	18.99	7.20	4.21	22.17	37.05	1.56	1.48	94.87	20.56
三河县	63.40	25.00	5.53	8.72	44.30	2.45	2.18	88.98	8.72
永清县	67.00	24.00	3.97	5.93	31.74	1.26	1.06	84.13	4.42

5－17－24 续表 2

县市名	耕地面积（万亩）	农业人口（万人）	棉田面积（万亩）	占耕地（%）	亩 产（市斤）	产 量（万担）	收购量（万担）	商品率（%）	人均交售（市斤）
衡水市	**914.30**	**280.10**	**65.84**	**7.20**	**23.92**	**15.75**	**13.52**	**85.84**	**4.83**
安平县	51.02	22.30	3.04	5.96	27.63	0.84	0.67	79.76	3.00
阜城县	69.51	22.29	4.49	6.46	23.39	1.05	0.91	86.67	4.08
故城县	90.12	29.83	11.90	13.20	22.86	2.72	2.44	89.71	8.18
景 县	120.36	35.00	5.25	4.36	15.43	0.81	0.47	58.02	1.34
饶阳县	60.74	20.10	1.60	2.63	18.13	0.29	0.24	82.76	1.19
深州市	134.87	43.33	8.40	6.23	25.71	2.16	1.77	81.94	4.08
桃城区	60.67	16.91	2.19	3.61	25.11	0.55	0.31	56.36	1.83
武强县	47.00	14.15	0.44	0.94	25.00	0.11	0.01	9.09	0.07
武邑县	82.98	22.82	2.50	3.01	18.00	0.45	0.30	66.67	1.31
枣强县	96.53	25.80	10.99	11.39	25.93	2.85	2.50	87.72	9.69
冀州市	100.50	27.57	15.04	14.97	26.06	3.92	3.90	99.49	14.15
沧州市	**1242.92**	**375.72**	**50.30**	**4.05**	**16.98**	**8.54**	**6.39**	**74.82**	**1.70**
泊头市	98.70	29.89	0.75	0.76	18.67	0.14			
沧 县	148.89	43.39	0.47	0.32	8.51	0.04			
东光县	76.18	21.78	9.80	12.86	16.73	1.64	1.32	80.49	6.06
海兴县	46.87	12.10	0.26	0.55	7.69	0.02			
河间市	146.40	46.56	7.43	5.08	18.71	1.39	0.99	71.22	2.13
黄骅县	103.30	25.57	2.27	2.20	1.76	0.04			
孟村回	33.32	10.92	0.58	1.74	10.34	0.06			
南皮县	77.29	23.58	4.88	6.31	15.98	0.78	0.53	67.95	2.25
青 县	89.29	23.04	0.02	0.02					
任邱市	105.45	37.12	3.67	3.48	13.62	0.50	0.46	92.00	1.24
肃宁县	59.64	21.50	3.64	6.10	18.41	0.67	0.28	41.79	1.30
吴桥县	62.64	19.81	13.46	21.49	22.07	2.97	2.77	93.27	13.98
献县棉	120.02	34.35	1.91	1.59	8.90	0.17			
盐山县	74.93	26.11	1.16	1.55	10.34	0.12	0.04	33.33	0.15
邯郸市	**1011.98**	**398.72**	**158.95**	**15.71**	**32.79**	**52.12**	**47.73**	**91.58**	**11.97**
肥乡县	61.45	18.28	10.90	17.74	24.31	2.65	2.38	89.81	13.02
大名县	112.08	41.68	2.62	2.34	19.08	0.50	0.31	62.00	0.74
磁 县	74.00	35.78	12.82	17.32	29.49	3.78	3.55	93.92	9.92
广平县	38.30	14.08	4.10	10.70	38.54	1.58	1.36	86.08	9.66
成安县	58.00	19.80	19.83	34.19	54.21	10.75	10.40	96.74	52.53
馆陶县	49.80	16.46	7.89	15.84	30.67	2.42	2.11	87.19	12.82
邯郸市郊	29.40	18.46	0.10	0.34	110.00	0.11			
邯郸县	56.30	20.89	10.73	19.06	30.85	3.31	3.00	90.63	14.36
临漳县	75.60	32.24	14.81	19.59	41.05	6.08	5.76	94.74	17.87
邱 县	50.18	12.04	9.04	18.02	27.65	2.50	2.25	90.00	18.69
曲周县	75.80	22.71	6.23	8.22	28.25	1.76	1.44	81.82	6.34
魏 县	97.97	44.90	6.00	6.12	31.67	1.90	1.26	66.32	2.81
武安市	97.10	43.69	24.58	25.31	19.61	4.82	4.57	94.81	10.46
永年县	96.90	44.54	27.30	28.17	34.14	9.32	8.84	94.85	19.85
鸡泽县	39.10	13.17	2.00	5.12	32.00	0.64	0.50	78.13	3.80

5－17－25　河北省1967年产棉县棉花生产收购明细

县市名	耕地面积（万亩）	农业人口（万人）	棉田面积（万亩）	占耕地（%）	亩　产（市斤）	产　量（万担）	收购量（万担）	商品率（%）	人均交售（市斤）
全省合计	**7995.62**	**3187.67**	**828.93**	**10.37**	**39.90**	**330.74**	**291.39**	**88.10**	**9.14**
保定市	**1192.80**	**584.50**	**92.66**	**7.77**	**45.78**	**42.42**	**34.97**	**82.44**	**5.98**
定兴县	75.00	34.00	9.97	13.29	50.35	5.02	4.94	98.41	14.53
安国县	51.00	26.00	8.02	15.73	43.02	3.45	3.03	87.83	11.65
博野县	33.00	16.00	7.19	21.79	59.67	4.29	4.11	95.80	25.69
定州市	127.00	71.00	12.39	9.76	39.87	4.94	3.33	67.41	4.69
高阳县	51.00	20.00	1.81	3.55	40.88	0.74	0.64	86.49	3.20
蠡　县	72.00	29.00	9.47	13.15	53.96	5.11	5.00	97.85	17.24
清苑县	100.00	44.00	3.62	3.62	41.99	1.52	0.99	65.13	2.25
容城县	36.00	16.00	2.54	7.06	49.61	1.26	1.14	90.48	7.13
唐　县	46.00	32.00	2.56	5.57	43.75	1.12	0.62	55.36	1.94
雄　县	58.00	20.00	1.66	2.86	34.34	0.57	0.34	59.65	1.70
易　县	72.00	40.00	2.97	4.13	36.03	1.07	0.69	64.49	1.73
满城县	44.00	27.50	7.60	17.27	56.32	4.28	3.08	71.96	11.20
望都县	36.00	16.00	2.92	8.11	38.36	1.12	0.86	76.79	5.38
徐水县	74.00	35.00	4.29	5.80	31.70	1.36	1.15	84.56	3.29
高碑店	73.00	30.00	3.60	4.93	35.00	1.26	1.18	93.65	3.93
涿州市	72.00	32.00	4.32	6.00	50.23	2.17	1.81	83.41	5.66
安新县	46.00	23.00	0.53	1.15	47.17	0.25			
涞水县	38.00	22.00	2.09	5.50	49.28	1.03	0.97	94.17	4.41
曲阳县	47.80	31.00	2.30	4.81	32.17	0.74	0.25	33.78	0.81
顺平县	41.00	20.00	2.81	6.85	39.86	1.12	0.84	75.00	4.20
邢台市	**1040.62**	**379.53**	**148.15**	**14.24**	**30.72**	**45.51**	**38.97**	**85.63**	**10.27**
宁晋县	126.88	44.92	19.22	15.15	28.88	5.55	4.65	83.78	10.35
柏乡县	32.61	10.98	9.52	29.19	36.66	3.49	3.32	95.13	30.24
广宗县	51.41	15.88	2.19	4.26	29.22	0.64	0.32	50.00	2.02
巨鹿县	69.73	21.61	4.54	6.51	26.87	1.22	0.75	61.48	3.47
临城县	33.01	11.20	4.70	14.24	22.98	1.08	0.93	86.11	8.30
临西县	60.59	20.67	6.51	10.74	27.80	1.81	1.44	79.56	6.97
隆尧县	83.57	28.87	11.28	13.50	35.02	3.95	3.40	86.08	11.78
内邱县	41.94	15.21	6.13	14.62	44.70	2.74	2.46	89.78	16.17
南宫市	91.50	34.60	25.66	28.04	27.86	7.15	6.64	92.87	19.19
南和县	45.26	17.78	2.00	4.42	37.00	0.74	0.43	58.11	2.42
平乡县	44.82	15.66	0.68	1.52	33.82	0.23			
清河县	53.46	21.02	7.31	13.67	32.69	2.39	2.04	85.36	9.71
沙河县	49.35	23.91	7.20	14.59	31.39	2.26	1.85	81.86	7.74
威　县	104.23	34.66	25.37	24.34	26.05	6.61	6.06	91.68	17.48
新河县	38.64	11.79	3.30	8.54	25.15	0.83	0.61	73.49	5.17
邢台县	63.82	33.22	9.36	14.67	36.75	3.44	3.04	88.37	9.15
任　县	49.80	17.55	3.18	6.39	43.40	1.38	1.03	74.64	5.87

5－17－25 续表 1

县市名	耕地面积（万亩）	农业人口（万人）	棉田面积（万亩）	占耕地（%）	亩 产（市斤）	产 量（万担）	收购量（万担）	商品率（%）	人均交售（市斤）
秦皇岛市	**250.58**	**104.70**	**10.01**	**3.99**	**37.06**	**3.71**	**2.29**	**61.73**	**2.19**
昌黎县	103.10	38.63	3.20	3.10	20.94	0.67	0.27	40.30	0.70
卢龙县	68.95	29.94	2.83	4.10	47.35	1.34	0.93	69.40	3.11
抚宁县	78.53	36.13	3.98	5.07	42.71	1.70	1.09	64.12	3.02
唐山市	**843.58**	**368.50**	**52.60**	**6.24**	**51.69**	**27.19**	**22.31**	**82.05**	**6.05**
迁西县	33.14	24.64	1.15	3.47	41.74	0.48	0.17	35.42	0.69
丰润县	116.41	51.57	7.13	6.12	59.05	4.21	3.58	85.04	6.94
丰南县	80.33	36.99	10.49	13.06	69.11	7.25	6.74	92.97	18.22
乐亭县	97.00	40.00	6.90	7.11	52.46	3.62	2.94	81.22	7.35
滦南县	113.02	43.00	8.71	7.71	42.14	3.67	2.92	79.56	6.79
滦 县	87.07	34.68	1.86	2.14	33.87	0.63	0.27	42.86	0.78
迁安县	80.02	40.13	2.13	2.66	36.62	0.78	0.27	34.62	0.67
唐海县	28.79	7.49	1.43	4.97	44.76	0.64	0.42	65.63	5.61
玉田县	117.00	45.00	6.41	5.48	42.43	2.72	2.27	83.46	5.04
遵化县	90.80	45.00	6.39	7.04	49.92	3.19	2.73	85.58	6.07
石家庄市	**890.31**	**461.05**	**188.56**	**21.18**	**48.61**	**91.66**	**84.21**	**91.87**	**18.26**
高邑县	25.60	10.70	6.00	23.44	38.00	2.28	2.14	93.86	20.00
鹿泉市	44.50	24.00	11.07	24.88	41.82	4.63	4.33	93.52	18.04
辛集市	107.03	42.59	31.77	29.68	51.09	16.23	15.59	96.06	36.60
赵 县	78.50	33.00	19.50	24.84	32.41	6.32	6.35	100.47	19.24
藁城市	83.92	47.00	23.14	27.57	59.98	13.88	13.26	95.53	28.21
栾城市	45.20	22.50	12.71	28.12	44.93	5.71	5.32	93.17	23.64
新乐市	42.30	25.00	4.00	9.46	35.25	1.41	0.99	70.21	3.96
正定市	53.40	36.00	12.11	22.68	78.12	9.46	8.79	92.92	24.42
晋州市	61.87	32.30	19.69	31.82	62.47	12.30	11.58	94.15	35.85
平山县	48.00	34.00	4.00	8.33	35.50	1.42	1.00	70.42	2.94
行唐县	56.70	27.00	8.60	15.17	38.02	3.27	2.89	88.38	10.70
井陉县	37.80	24.50	0.88	2.33	19.32	0.17	0.01	5.88	0.04
元氏县	54.60	23.50	11.00	20.15	35.09	3.86	3.54	91.71	15.06
深泽县	30.00	14.20	6.00	20.00	41.00	2.46	2.24	91.06	15.77
灵寿县	38.50	20.00	5.21	13.53	35.32	1.84	1.57	85.33	7.85
无极县	53.90	31.00	10.58	19.63	54.54	5.77	4.36	75.56	14.06
赞皇县	28.49	13.76	2.30	8.07	28.26	0.65	0.25	38.46	1.82
廊坊市	**620.71**	**221.60**	**42.68**	**6.88**	**41.68**	**17.79**	**14.77**	**83.02**	**6.67**
安次区	90.00	33.00	10.57	11.74	51.47	5.44	5.08	93.38	15.39
大城县	93.00	26.00	1.14	1.23	26.32	0.30	0.07	23.33	0.27
文安县	99.00	27.20	1.93	1.95	34.20	0.66	0.18	27.27	0.66
霸州市	73.00	32.00	5.05	6.92	35.45	1.79	1.42	79.33	4.44
固安县	70.32	25.00	6.15	8.75	40.98	2.52	2.22	88.10	8.88
香河县	46.00	21.50	4.02	8.74	47.01	1.89	1.52	80.42	7.07
大厂回	18.99	7.40	4.22	22.22	28.67	1.21	1.12	92.56	15.14
三河县	63.40	25.00	5.54	8.74	43.86	2.43	2.05	84.36	8.20
永清县	67.00	24.50	4.06	6.06	38.18	1.55	1.11	71.61	4.53

5－17－25 续表 2

县市名	耕地面积（万亩）	农业人口（万人）	棉田面积（万亩）	占耕地（%）	亩产（市斤）	产量（万担）	收购量（万担）	商品率（%）	人均交售（市斤）
衡水市	**911.00**	**282.41**	**68.13**	**7.48**	**29.44**	**20.06**	**15.34**	**76.47**	**5.43**
安平县	50.77	22.59	3.27	6.44	42.81	1.40	0.96	68.57	4.25
阜城县	69.47	22.69	5.42	7.80	24.35	1.32	0.99	75.00	4.36
故城县	89.90	30.32	9.47	10.53	33.26	3.15	2.68	85.08	8.84
景县	120.24	35.54	5.65	4.70	28.85	1.63	0.71	43.56	2.00
饶阳县	60.74	20.10	1.93	3.18	24.87	0.48	0.21	43.75	1.04
深州市	133.19	43.71	11.24	8.44	31.76	3.57	2.81	78.71	6.43
桃城区	60.45	17.15	2.99	4.95	26.76	0.80	0.49	61.25	2.86
武强县	47.00	14.15	0.38	0.81	15.79	0.06			
武邑县	82.21	22.79	2.97	3.61	20.20	0.60	0.30	50.00	1.32
枣强县	96.53	25.80	8.26	8.56	23.00	1.90	1.56	82.11	6.05
冀州市	100.50	27.57	16.55	16.47	31.12	5.15	4.63	89.90	16.79
沧州市	**1236.10**	**377.80**	**64.61**	**5.23**	**30.44**	**19.67**	**15.53**	**78.95**	**4.11**
泊头市	98.55	30.44	0.60	0.61	23.33	0.14			
沧县	148.57	44.24	0.54	0.36	20.37	0.11			
东光县	75.88	22.27	13.25	17.46	29.36	3.89	3.22	82.78	14.46
海兴县	46.70	12.06	0.24	0.51	20.83	0.05			
河间市	144.05	47.21	10.62	7.37	29.10	3.09	2.43	78.64	5.15
黄骅县	102.72	22.19	1.17	1.14	30.77	0.36			
孟村回	33.04	11.04	0.65	1.97	27.69	0.18			
南皮县	77.60	24.09	8.67	11.17	31.14	2.70	2.27	84.07	9.42
青县	87.60	23.17	0.05	0.06	20.00	0.01			
任邱市	105.39	37.65	4.52	4.29	21.46	0.97	0.46	47.42	1.22
肃宁县	59.57	21.79	3.58	6.01	25.14	0.90	0.58	64.44	2.66
吴桥县	62.64	20.19	17.32	27.65	38.57	6.68	6.34	94.91	31.40
献县棉	119.09	34.97	1.05	0.88	17.14	0.18			
盐山县	74.70	26.49	2.35	3.15	17.45	0.41	0.23	56.10	0.87
邯郸市	**1009.92**	**407.58**	**161.53**	**15.99**	**38.83**	**62.73**	**63.00**	**100.43**	**15.46**
肥乡县	61.36	18.73	10.43	17.00	38.73	4.04	9.87	*	52.70
大名县	111.74	42.60	3.35	3.00	25.97	0.87	0.54	62.07	1.27
磁县	74.00	36.52	13.65	18.45	35.60	4.86	4.44	91.36	12.16
广平县	38.20	14.36	4.11	10.76	42.34	1.74	1.46	83.91	10.17
成安县	58.00	20.20	20.17	34.78	43.33	8.74	8.38	95.88	41.49
馆陶县	49.50	16.80	9.70	19.60	34.64	3.36	3.06	91.07	18.21
邯郸市郊	29.20	19.00	1.34	4.59	40.30	0.54	0.26	48.15	1.37
邯郸县	56.20	21.25	10.44	18.58	41.67	4.35	4.03	92.64	18.96
临漳县	75.50	33.09	16.62	22.01	37.67	6.26	5.81	92.81	17.56
邱县	50.14	12.24	7.22	14.40	42.38	3.06	2.70	88.24	22.06
曲周县	75.40	23.13	4.79	6.35	32.36	1.55	1.25	80.65	5.40
魏县	97.98	46.18	6.32	6.45	38.77	2.45	1.73	70.61	3.75
武安市	97.00	44.42	23.68	24.41	35.30	8.36	7.78	93.06	17.51
永年县	96.70	45.63	27.71	28.66	40.13	11.12	10.61	95.41	23.25
鸡泽县	39.00	13.43	2.00	5.13	71.50	1.43	1.08	75.52	8.04

5-17-26 河北省1968年产棉县棉花生产收购明细

县市名	耕地面积（万亩）	农业人口（万人）	棉田面积（万亩）	占耕地（%）	亩产（市斤）	产量（万担）	收购量（万担）	商品率（%）	人均交售（市斤）
全省合计	**7977.11**	**3256.61**	**884.42**	**11.09**	**48.35**	**427.63**	**373.34**	**87.30**	**11.46**
保定市	**1187.80**	**594.50**	**96.69**	**8.14**	**46.84**	**45.29**	**31.62**	**69.82**	**5.32**
定兴县	74.00	35.00	10.20	13.78	60.78	6.20	5.58	90.00	15.94
安国县	51.00	26.00	8.27	16.22	40.15	3.32	2.43	73.19	9.35
博野县	33.00	16.00	7.15	21.67	54.13	3.87	3.04	78.55	19.00
定州市	124.00	72.00	12.20	9.84	38.36	4.68	2.50	53.42	3.47
高阳县	51.00	20.00	2.07	4.06	46.38	0.96	0.74	77.08	3.70
蠡县	72.00	29.00	9.47	13.15	54.38	5.15	3.91	75.92	13.48
清苑县	100.00	44.00	4.11	4.11	36.98	1.52	0.73	48.03	1.66
容城县	36.00	16.00	3.06	8.50	50.33	1.54	1.27	82.47	7.94
唐县	46.00	33.00	2.84	6.17	54.23	1.54	0.87	56.49	2.64
雄县	58.00	21.00	1.65	2.84	31.52	0.52	0.27	51.92	1.29
易县	71.00	41.00	3.64	5.13	34.89	1.27	0.61	48.03	1.49
满城县	47.00	28.00	8.98	19.11	44.88	4.03	3.15	78.16	11.25
望都县	34.00	16.00	3.14	9.24	42.04	1.32	1.03	78.03	6.44
徐水县	75.00	36.00	4.38	5.84	45.21	1.98	1.07	54.04	2.97
高碑店	72.00	31.00	3.50	4.86	30.00	1.05	0.96	91.43	3.10
涿州市	72.00	33.00	4.00	5.56	62.00	2.48	1.20	48.39	3.64
安新县	46.00	23.00	0.58	1.26	51.72	0.30			
涞水县	38.00	22.00	2.43	6.39	55.97	1.36	1.14	83.82	5.18
曲阳县	47.80	31.50	2.03	4.25	36.45	0.74	0.36	48.65	1.14
顺平县	40.00	21.00	2.99	7.48	48.83	1.46	0.76	52.05	3.62
邢台市	**1037.92**	**388.23**	**156.33**	**15.06**	**36.31**	**56.77**	**50.03**	**88.13**	**12.89**
宁晋县	125.98	46.12	18.35	14.57	41.63	7.64	6.97	91.23	15.11
柏乡县	32.62	11.29	9.10	27.90	50.44	4.59	4.39	95.64	38.88
广宗县	51.33	16.06	3.30	6.43	28.18	0.93	0.55	59.14	3.42
巨鹿县	69.71	22.19	4.87	6.99	31.62	1.54	0.96	62.34	4.33
临城县	33.10	12.10	4.86	14.68	29.42	1.43	1.34	93.71	11.07
临西县	60.53	20.90	7.64	12.62	41.62	3.18	2.77	87.11	13.25
隆尧县	83.45	29.78	11.47	13.74	41.41	4.75	4.27	89.89	14.34
内邱县	41.96	15.67	7.06	16.83	40.93	2.89	2.65	91.70	16.91
南宫市	91.00	34.20	28.51	31.33	29.74	8.48	7.72	91.04	22.57
南和县	45.17	18.21	2.63	5.82	39.54	1.04	0.74	71.15	4.06
平乡县	44.79	16.03	0.97	2.17	37.11	0.36	0.04	11.11	0.25
清河县	53.33	21.49	7.56	14.18	38.89	2.94	2.60	88.44	12.10
沙河县	49.16	24.61	7.03	14.30	40.97	2.88	2.60	90.28	10.56
威县	104.23	35.51	25.57	24.53	27.57	7.05	6.22	88.23	17.52
新河县	38.31	12.11	4.09	10.68	27.38	1.12	0.84	75.00	6.94
邢台县	63.75	33.97	10.04	15.75	44.52	4.47	4.27	95.53	12.57
任县	49.50	17.99	3.28	6.63	45.12	1.48	1.10	74.32	6.11

5－17－26 续表 1

县市名	耕地面积（万亩）	农业人口（万人）	棉田面积（万亩）	占耕地（%）	亩产（市斤）	产量（万担）	收购量（万担）	商品率（%）	人均交售（市斤）
秦皇岛市	**250.58**	**104.70**	**13.71**	**5.47**	**53.32**	**7.31**	**4.97**	**67.99**	**4.75**
昌黎县	103.10	38.63	4.66	4.52	46.78	2.18	1.37	62.84	3.55
卢龙县	68.95	29.94	4.41	6.40	56.01	2.47	1.77	71.66	5.91
抚宁县	78.53	36.13	4.64	5.91	57.33	2.66	1.83	68.80	5.07
唐山市	**843.54**	**375.69**	**53.84**	**6.38**	**66.08**	**35.58**	**27.89**	**78.39**	**7.42**
迁西县	33.14	24.64	1.16	3.50	56.90	0.66	0.30	45.45	1.22
丰润县	116.37	52.71	7.12	6.12	66.01	4.70	3.83	81.49	7.27
丰南县	80.23	38.04	10.58	13.19	73.82	7.81	6.84	87.58	17.98
乐亭县	97.00	41.00	7.70	7.94	73.38	5.65	4.26	75.40	10.39
滦南县	113.02	44.00	8.95	7.92	60.56	5.42	4.21	77.68	9.57
滦　县	87.07	34.68	1.99	2.29	47.24	0.94	0.38	40.43	1.10
迁安县	80.02	40.13	2.28	2.85	64.04	1.46	0.77	52.74	1.92
唐海县	28.79	7.49	1.54	5.35	57.79	0.89	0.71	79.78	9.48
玉田县	117.00	46.00	6.44	5.50	68.79	4.43	3.77	85.10	8.20
遵化县	90.90	47.00	6.08	6.69	59.54	3.62	2.82	77.90	6.00
石家庄市	**890.11**	**471.37**	**189.72**	**21.31**	**68.71**	**130.36**	**123.79**	**94.96**	**26.26**
高邑县	25.60	11.00	6.61	25.82	56.73	3.75	3.65	97.33	33.18
鹿泉市	44.50	24.50	10.93	24.56	56.36	6.16	5.83	94.64	23.80
辛集市	106.95	43.50	32.95	30.81	66.49	21.91	21.28	97.12	48.92
赵　县	78.40	33.50	19.72	25.15	53.45	10.54	10.07	95.54	30.06
藁城市	83.88	48.00	23.78	28.35	86.46	20.56	19.75	96.06	41.15
栾城市	45.20	23.00	13.14	29.07	73.36	9.64	9.73	100.93	42.30
新乐市	42.40	26.00	3.76	8.87	59.84	2.25	1.75	77.78	6.73
正定市	53.40	37.00	12.30	23.03	104.39	12.84	12.20	95.02	32.97
晋州市	61.88	33.12	19.38	31.32	83.80	16.24	15.68	96.55	47.34
平山县	48.00	34.00	4.07	8.48	49.39	2.01	1.59	79.10	4.68
行唐县	56.70	28.00	8.57	15.11	55.54	4.76	4.33	90.97	15.46
井陉县	37.70	25.00	0.71	1.88	33.80	0.24	0.03	12.50	0.12
元氏县	54.60	24.00	11.02	20.18	54.81	6.04	5.69	94.21	23.71
深泽县	30.00	14.20	6.17	20.57	62.56	3.86	3.57	92.49	25.14
灵寿县	38.40	20.50	5.18	13.49	43.05	2.23	1.96	87.89	9.56
无极县	53.90	32.00	10.28	19.07	66.93	6.88	6.39	92.88	19.97
赞皇县	28.60	14.05	1.15	4.02	39.13	0.45	0.29	64.44	2.06
廊坊市	**618.71**	**227.70**	**43.33**	**7.00**	**58.46**	**25.33**	**23.40**	**92.38**	**10.28**
安次区	90.00	34.00	10.11	11.23	62.02	6.27	6.11	97.45	17.97
大城县	93.00	27.00	1.24	1.33	29.84	0.37	0.11	29.73	0.41
文安县	99.00	28.20	1.95	1.97	42.56	0.83	0.41	49.40	1.45
霸州市	72.00	33.00	5.30	7.36	48.49	2.57	2.44	94.94	7.39
固安县	70.32	25.00	6.04	8.59	65.89	3.98	3.96	99.50	15.84
香河县	45.00	22.00	4.05	9.00	75.31	3.05	2.63	86.23	11.95
大厂回	18.99	7.50	4.19	22.06	58.71	2.46	2.38	96.75	31.73
三河县	63.40	26.00	6.07	9.57	56.18	3.41	3.05	89.44	11.73
永清县	67.00	25.00	4.38	6.54	54.57	2.39	2.31	96.65	9.24

5－17－26续表2

县市名	耕地面积（万亩）	农业人口（万人）	棉田面积（万亩）	占耕地（%）	亩产（市斤）	产量（万担）	收购量（万担）	商品率（%）	人均交售（市斤）
衡水市	**909.13**	**285.72**	**78.83**	**8.67**	**30.70**	**24.20**	**19.61**	**81.03**	**6.86**
安平县	50.56	22.83	4.14	8.19	44.44	1.84	1.45	78.80	6.35
阜城县	69.43	23.15	6.76	9.74	29.44	1.99	1.70	85.43	7.34
故城县	89.97	30.70	12.39	13.77	21.47	2.66	2.16	81.20	7.04
景　县	120.35	36.20	6.72	5.58	25.30	1.70	1.13	66.47	3.12
饶阳县	60.74	20.10	1.96	3.23	34.18	0.67	0.33	49.25	1.64
深州市	132.61	44.15	11.09	8.36	30.48	3.38	2.83	83.73	6.41
桃城区	59.74	17.66	3.54	5.93	36.44	1.29	0.74	57.36	4.19
武强县	47.00	14.15	0.34	0.72	17.65	0.06			
武邑县	81.70	23.41	3.48	4.26	25.57	0.89	0.49	55.06	2.09
枣强县	96.53	25.80	10.70	11.08	29.53	3.16	2.69	85.13	10.43
冀州市	100.50	27.57	17.71	17.62	37.04	6.56	6.09	92.84	22.09
沧州市	**1232.28**	**391.37**	**74.60**	**6.05**	**33.63**	**25.09**	**19.77**	**78.80**	**5.05**
泊头市	98.51	31.35	0.86	0.87	24.42	0.21			
沧　县	148.51	45.41	0.78	0.53	19.23	0.15			
东光县	75.79	22.79	14.34	18.92	40.03	5.74	5.41	94.25	23.74
海兴县	44.94	12.56	0.34	0.76	50.00	0.17			
河间市	144.05	48.00	12.23	8.49	24.69	3.02	1.74	57.62	3.63
黄骅县	103.22	27.17	1.42	1.38	40.85	0.58			
孟村回	32.94	11.30	0.74	2.25	33.78	0.25			
南皮县	77.66	24.73	8.17	10.52	47.98	3.92	3.47	88.52	14.03
青　县	87.58	24.18	0.14	0.16	35.71	0.05			
任邱市	105.42	38.62	6.08	5.77	22.53	1.37	0.79	57.66	2.05
肃宁县	59.57	22.12	6.38	10.71	26.80	1.71	1.34	78.36	6.06
吴桥县	62.62	20.66	18.70	29.86	35.99	6.73	6.42	95.39	31.07
献县棉	116.94	35.41	1.41	1.21	17.73	0.25			
盐山县	74.53	27.07	3.01	4.04	31.23	0.94	0.60	63.83	2.22
邯郸市	**1007.04**	**417.33**	**177.37**	**17.61**	**43.81**	**77.70**	**72.26**	**93.00**	**17.31**
肥乡县	61.21	19.19	12.33	20.14	38.04	4.69	4.35	92.75	22.67
大名县	111.45	43.80	4.26	3.82	38.97	1.66	1.36	81.93	3.11
磁　县	73.30	37.28	13.89	18.95	41.25	5.73	5.46	95.29	14.65
广平县	37.90	14.70	4.54	11.98	53.96	2.45	2.23	91.02	15.17
成安县	57.40	20.86	20.50	35.71	48.93	10.03	9.69	96.61	46.45
馆陶县	49.50	17.12	10.11	20.42	42.14	4.26	4.23	99.30	24.71
邯郸市郊	29.00	19.23	1.78	6.14	42.70	0.76	0.41	53.95	2.13
邯郸县	56.20	21.92	11.32	20.14	41.34	4.68	4.35	92.95	19.84
临漳县	75.50	33.96	16.53	21.89	53.60	8.86	8.36	94.36	24.62
邱　县	50.10	12.42	10.48	20.92	40.65	4.26	4.13	96.95	33.25
曲周县	75.00	23.66	6.97	9.29	37.16	2.59	2.44	94.21	10.31
魏　县	97.78	47.22	8.09	8.27	42.15	3.41	2.53	74.19	5.36
武安市	97.00	45.45	23.84	24.58	35.07	8.36	7.83	93.66	17.23
永年县	96.60	46.81	27.69	28.66	50.67	14.03	13.28	94.65	28.37
鸡泽县	39.10	13.71	5.04	12.89	38.29	1.93	1.61	83.42	11.74

5－17－27　河北省1969年产棉县棉花生产收购明细

县市名	耕地面积（万亩）	农业人口（万人）	棉田面积（万亩）	占耕地（%）	亩产（市斤）	产量（万担）	收购量（万担）	商品率（%）	人均交售（市斤）
全省合计	**7975.34**	**3327.05**	**882.17**	**11.06**	**44.95**	**396.54**	**347.97**	**87.75**	**10.46**
保定市	**1190.80**	**605.50**	**97.65**	**8.20**	**39.45**	**38.52**	**30.95**	**80.35**	**5.11**
定兴县	74.00	36.00	10.42	14.08	43.86	4.57	4.07	89.06	11.31
安国县	51.00	27.00	8.25	16.18	41.21	3.40	2.75	80.88	10.19
博野县	33.00	16.00	7.40	22.42	47.16	3.49	3.32	95.13	20.75
定州市	127.00	73.00	12.60	9.92	30.56	3.85	2.55	66.23	3.49
高阳县	50.00	21.00	2.05	4.10	45.37	0.93	0.98	105.38	4.67
蠡　县	72.00	30.00	10.26	14.25	50.49	5.18	5.34	103.09	17.80
清苑县	101.00	45.00	4.47	4.43	32.66	1.46	0.95	65.07	2.11
容城县	36.00	16.00	2.98	8.28	47.65	1.42	1.19	83.80	7.44
唐　县	46.00	33.00	2.98	6.48	46.64	1.39	0.65	46.76	1.97
雄　县	54.00	21.00	1.78	3.30	22.47	0.40	0.42	105.00	2.00
易　县	71.00	41.00	3.68	5.18	35.60	1.31	0.63	48.09	1.54
满城县	47.00	28.50	7.76	16.51	40.85	3.17	2.75	86.75	9.65
望都县	35.00	16.00	3.20	9.14	28.13	0.90	0.65	72.22	4.06
徐水县	75.00	36.00	3.95	5.27	29.11	1.15	0.54	46.96	1.50
高碑店	73.00	31.00	3.81	5.22	27.82	1.06	1.02	96.23	3.29
涿州市	71.00	34.00	3.16	4.45	44.30	1.40	0.95	67.86	2.79
安新县	48.00	25.00	0.87	1.81	39.08	0.34	0.07	20.59	0.28
涞水县	38.00	23.00	2.38	6.26	44.96	1.07	0.94	87.85	4.09
曲阳县	47.80	32.00	2.06	4.31	27.18	0.56	0.16	28.57	0.50
顺平县	41.00	21.00	3.59	8.76	40.95	1.47	1.02	69.39	4.86
邢台市	**1038.09**	**396.60**	**156.51**	**15.08**	**43.30**	**67.77**	**60.64**	**89.48**	**15.29**
宁晋县	125.92	46.92	20.46	16.25	39.39	8.06	7.51	93.18	16.01
柏乡县	32.62	11.55	9.92	30.41	54.23	5.38	5.28	98.14	45.71
广宗县	51.52	16.45	3.59	6.97	26.46	0.95	0.62	65.26	3.77
巨鹿县	69.56	22.58	5.50	7.91	41.64	2.29	1.54	67.25	6.82
临城县	33.09	12.38	5.43	16.41	50.64	2.75	2.59	94.18	20.92
临西县	60.55	21.22	7.83	12.93	43.68	3.42	3.09	90.35	14.56
隆尧县	83.45	30.30	13.45	16.12	51.45	6.92	6.44	93.06	21.25
内邱县	42.02	16.07	7.11	16.92	56.12	3.99	3.75	93.98	23.34
南宫市	90.70	35.10	23.93	26.38	43.38	10.38	9.30	89.60	26.50
南和县	45.19	18.72	3.05	6.75	41.97	1.28	1.00	78.13	5.34
平乡县	44.79	16.35	2.65	5.92	32.45	0.86	0.37	43.02	2.26
清河县	53.33	21.91	7.39	13.86	44.11	3.26	2.91	89.26	13.28
沙河县	49.51	25.34	6.87	13.88	43.52	2.99	2.62	87.63	10.34
威　县	104.23	36.27	21.00	20.15	27.86	5.85	5.33	91.11	14.70
新河县	38.29	12.31	4.24	11.07	29.95	1.27	1.03	81.10	8.37
邢台县	63.85	34.72	10.11	15.83	60.44	6.11	5.70	93.29	16.42
任　县	49.47	18.41	3.98	8.05	50.50	2.01	1.56	77.61	8.47

5－17－27 续表 1

县市名	耕地面积（万亩）	农业人口（万人）	棉田面积（万亩）	占耕地（%）	亩产（市斤）	产量（万担）	收购量（万担）	商品率（%）	人均交售（市斤）
秦皇岛市	**250.58**	**104.70**	**13.77**	**5.50**	**28.98**	**3.99**	**2.13**	**53.38**	**2.03**
昌黎县	103.10	38.63	4.69	4.55	20.47	0.96	0.40	41.67	1.04
卢龙县	68.95	29.94	4.37	6.34	36.38	1.59	1.00	62.89	3.34
抚宁县	78.53	36.13	4.71	6.00	30.57	1.44	0.73	50.69	2.02
唐山市	**843.69**	**382.76**	**53.96**	**6.40**	**36.10**	**19.48**	**13.60**	**69.82**	**3.55**
迁西县	33.14	24.64	1.18	3.56	50.85	0.60	0.23	38.33	0.93
丰润县	116.19	54.05	6.95	5.98	41.15	2.86	1.98	69.23	3.66
丰南县	80.46	39.27	10.66	13.25	42.50	4.53	3.83	84.55	9.75
乐亭县	97.00	42.00	7.49	7.72	34.71	2.60	1.84	70.77	4.38
滦南县	113.02	45.00	8.82	7.80	25.40	2.24	1.49	66.52	3.31
滦　县	87.07	34.68	2.13	2.45	21.13	0.45	0.07	15.56	0.20
迁安县	80.02	40.13	2.36	2.95	39.41	0.93	0.32	34.41	0.80
唐海县	28.79	7.49	1.69	5.87	27.22	0.46	0.30	65.22	4.01
玉田县	117.00	47.00	6.39	5.46	30.36	1.94	1.38	71.13	2.94
遵化县	91.00	48.50	6.29	6.91	45.63	2.87	2.16	75.26	4.45
石家庄市	**889.09**	**483.78**	**188.20**	**21.17**	**57.52**	**108.25**	**100.84**	**93.15**	**20.84**
高邑县	25.60	11.20	6.56	25.63	49.24	3.23	3.03	93.81	27.05
鹿泉市	45.00	25.00	11.12	24.71	47.12	5.24	4.79	91.41	19.16
辛集市	106.49	44.48	32.67	30.68	52.40	17.12	16.51	96.44	37.12
赵　县	78.30	34.00	19.58	25.01	48.52	9.50	8.97	94.42	26.38
藁城市	84.01	50.00	23.81	28.34	76.86	18.30	17.35	94.81	34.70
栾城市	45.20	24.20	13.13	29.05	57.50	7.55	7.25	96.03	29.96
新乐市	42.40	26.80	3.80	8.96	40.00	1.52	1.08	71.05	4.03
正定市	53.30	38.00	12.42	23.30	82.13	10.20	9.55	93.63	25.13
晋州市	61.88	33.99	19.21	31.04	75.38	14.48	14.02	96.82	41.25
平山县	47.00	35.00	4.11	8.74	47.20	1.94	1.48	76.29	4.23
行唐县	56.70	28.50	8.72	15.38	38.76	3.38	2.93	86.69	10.28
井陉县	37.70	25.30	0.76	2.02	48.68	0.37	0.07	18.92	0.28
元氏县	54.60	24.50	9.17	16.79	38.93	3.57	3.27	91.60	13.35
深泽县	30.00	15.00	6.20	20.67	49.52	3.07	2.75	89.58	18.33
灵寿县	38.40	21.00	5.25	13.67	38.10	2.00	1.72	86.00	8.19
无极县	53.90	32.80	10.14	18.81	61.34	6.22	5.78	92.93	17.62
赞皇县	28.61	14.01	1.55	5.42	36.13	0.56	0.29	51.79	2.07
廊坊市	**617.71**	**233.80**	**43.87**	**7.10**	**45.43**	**19.93**	**18.25**	**91.57**	**7.81**
安次区	90.00	35.00	10.42	11.58	45.39	4.73	4.53	95.77	12.94
大城县	93.00	28.00	1.47	1.58	16.33	0.24	0.04	16.67	0.14
文安县	99.00	29.20	1.87	1.89	27.81	0.52	0.22	42.31	0.75
霸州市	71.00	34.00	5.29	7.45	43.29	2.29	2.14	93.45	6.29
固安县	70.32	25.00	6.02	8.56	47.01	2.83	2.73	96.47	10.92
香河县	45.00	22.50	4.12	9.16	49.27	2.03	1.86	91.63	8.27
大厂回	18.99	7.60	4.24	22.33	53.07	2.25	2.18	96.89	28.68
三河县	63.40	27.00	6.05	9.54	51.74	3.13	2.77	88.50	10.26
永清县	67.00	25.50	4.39	6.55	43.51	1.91	1.78	93.19	6.98

5－17－27 续表 2

县市名	耕地面积（万亩）	农业人口（万人）	棉田面积（万亩）	占耕地（%）	亩产（市斤）	产量（万担）	收购量（万担）	商品率（%）	人均交售（市斤）
衡水市	**909.06**	**290.11**	**82.40**	**9.06**	**37.85**	**31.19**	**26.20**	**84.00**	**9.03**
安平县	50.66	23.28	4.42	8.72	43.89	1.94	1.59	81.96	6.83
阜城县	69.46	23.85	7.05	10.15	30.50	2.15	1.86	86.51	7.80
故城县	90.01	31.51	10.50	11.67	48.29	5.07	3.91	77.12	12.41
景　县	120.35	36.93	7.56	6.28	34.52	2.61	1.97	75.48	5.33
饶阳县	60.74	20.10	2.60	4.28	30.00	0.78	0.49	62.82	2.44
深州市	132.22	44.93	11.78	8.91	22.07	2.60	2.09	80.38	4.65
桃城区	59.89	18.06	4.62	7.71	32.90	1.52	1.26	82.89	6.98
武强县	47.00	14.15	0.65	1.38	12.31	0.08			
武邑县	81.70	23.93	4.44	5.43	28.60	1.27	0.97	76.38	4.05
枣强县	96.53	25.80	11.24	11.64	37.46	4.21	3.78	89.79	14.65
冀州市	100.50	27.57	17.54	17.45	51.08	8.96	8.28	92.41	30.03
沧州市	**1232.09**	**402.71**	**74.88**	**6.08**	**38.68**	**28.96**	**23.61**	**81.53**	**5.86**
泊头市	98.38	32.21	1.30	1.32	14.62	0.19			
沧　县	148.00	46.79	1.14	0.77	35.96	0.41			
东光县	76.02	23.52	15.15	19.93	42.97	6.51	5.80	89.09	24.66
海兴县	45.01	13.14	0.56	1.24	41.07	0.23			
河间市	144.13	49.22	11.04	7.66	27.81	3.07	2.03	66.12	4.12
黄骅县	103.92	28.39	1.65	1.59	18.79	0.31			
孟村回	32.93	11.54	0.64	1.94	28.13	0.18			
南皮县	77.72	25.58	7.51	9.66	38.22	2.87	2.48	86.41	9.70
青　县	87.56	25.10	0.31	0.35	12.90	0.04			
任邱市	105.27	39.48	5.92	5.62	21.45	1.27	0.82	64.57	2.08
肃宁县	59.54	22.55	6.72	11.29	31.85	2.14	1.68	78.50	7.45
吴桥县	62.39	21.17	17.14	27.47	58.81	10.08	9.82	97.42	46.39
献县棉	116.90	36.40	1.86	1.59	19.89	0.37			
盐山县	74.32	27.62	3.94	5.30	32.74	1.29	0.98	75.97	3.55
邯郸市	**1004.23**	**427.09**	**170.93**	**17.02**	**45.90**	**78.45**	**71.75**	**91.46**	**16.80**
肥乡县	61.10	19.58	10.18	16.66	42.73	4.35	4.04	92.87	20.63
大名县	110.09	44.74	7.51	6.82	22.64	1.70	1.16	68.24	2.59
磁　县	73.10	38.21	12.90	17.65	49.61	6.40	5.71	89.22	14.94
广平县	37.70	14.95	4.52	11.99	46.68	2.11	1.88	89.10	12.58
成安县	57.20	21.38	19.23	33.62	52.11	10.02	9.54	95.21	44.62
馆陶县	49.60	17.45	11.04	22.26	38.59	4.26	4.01	94.13	22.98
邯郸市郊	28.80	19.67	1.71	5.94	54.39	0.93	0.59	63.44	3.00
邯郸县	56.20	22.37	10.34	18.40	53.77	5.56	5.22	93.88	23.33
临漳县	75.50	34.71	16.31	21.60	54.87	8.95	8.38	93.63	24.14
邱　县	50.10	12.62	12.23	24.41	36.47	4.46	4.28	95.96	33.91
曲周县	74.50	24.16	6.79	9.11	40.50	2.75	2.42	88.00	10.02
魏　县	97.64	48.62	8.23	8.43	22.84	1.88	1.16	61.70	2.39
武安市	97.00	46.61	22.56	23.26	45.79	10.33	9.70	93.90	20.81
永年县	96.60	48.02	23.00	23.81	55.43	12.75	11.93	93.57	24.84
鸡泽县	39.10	14.00	4.38	11.20	45.66	2.00	1.73	86.50	12.36

5－17－28　河北省1970年产棉县棉花生产收购明细

县市名	耕地面积（万亩）	农业人口（万人）	棉田面积（万亩）	占耕地（%）	亩产（市斤）	产量（万担）	收购量（万担）	商品率（%）	人均交售（市斤）
全省合计	**7927.81**	**3424.32**	**864.00**	**10.90**	**57.76**	**499.06**	**449.19**	**90.01**	**13.12**
保定市	**1186.68**	**620.71**	**94.98**	**8.00**	**65.42**	**62.14**	**52.31**	**84.18**	**8.43**
定兴县	74.33	36.80	10.11	13.60	67.95	6.87	6.19	90.10	16.82
安国县	51.42	27.52	8.05	15.66	61.99	4.99	4.51	90.38	16.39
博野县	33.30	17.10	7.05	21.17	81.99	5.78	5.45	94.29	31.87
定州市	127.16	73.89	12.74	10.02	68.76	8.76	6.50	74.20	8.80
高阳县	50.40	21.53	2.54	5.04	46.06	1.17	1.26	107.69	5.85
蠡　县	71.65	30.73	9.87	13.78	76.80	7.58	7.18	94.72	23.36
清苑县	100.64	46.86	3.95	3.92	54.43	2.15	1.52	70.70	3.24
容城县	35.57	16.11	2.99	8.41	65.89	1.97	1.68	85.28	10.43
唐　县	45.93	34.33	2.87	6.25	63.41	1.82	1.34	73.63	3.90
雄　县	55.20	22.40	1.76	3.19	28.98	0.51	0.45	88.24	2.01
易　县	68.82	40.26	3.67	5.33	60.49	2.22	1.43	64.41	3.55
满城县	49.51	29.41	7.29	14.72	72.98	5.32	4.88	91.73	16.59
望都县	30.74	16.90	3.12	10.15	62.18	1.94	1.68	86.60	9.94
徐水县	74.07	36.65	3.72	5.02	49.46	1.84	1.23	66.85	3.36
高碑店	73.10	32.00	3.37	4.61	67.66	2.28	1.91	83.77	5.97
涿州市	72.80	33.99	3.75	5.15	49.33	1.85	1.44	77.84	4.24
安新县	45.60	26.20	0.69	1.51	56.52	0.39	0.07	17.95	0.27
涞水县	38.10	23.52	2.24	5.88	57.14	1.28	1.09	85.16	4.63
曲阳县	47.81	32.50	2.00	4.18	46.50	0.93	0.50	53.76	1.54
顺平县	40.53	22.01	3.20	7.90	77.81	2.49	2.00	80.32	9.09
邢台市	**1036.29**	**405.26**	**154.20**	**14.88**	**47.08**	**72.59**	**65.88**	**90.76**	**16.26**
宁晋县	125.86	47.91	20.02	15.91	50.45	10.10	9.19	90.99	19.18
柏乡县	32.27	11.82	9.66	29.93	65.73	6.35	6.16	97.01	52.12
广宗县	51.54	16.84	3.60	6.98	26.94	0.97	0.59	60.82	3.50
巨鹿县	69.53	23.05	4.88	7.02	43.44	2.12	1.69	79.72	7.33
临城县	33.06	12.70	5.21	15.76	57.20	2.98	2.78	93.29	21.89
临西县	58.72	21.53	7.45	12.69	51.01	3.80	3.53	92.89	16.40
隆尧县	83.60	31.10	12.93	15.47	48.65	6.29	5.76	91.57	18.52
内邱县	42.04	16.42	7.18	17.08	60.03	4.31	4.07	94.43	24.79
南宫市	90.50	36.00	23.71	26.20	35.85	8.50	7.74	91.06	21.50
南和县	46.54	19.20	3.13	6.73	49.20	1.54	1.27	82.47	6.61
平乡县	44.81	16.72	3.12	6.96	31.73	0.99	0.67	67.68	4.01
清河县	53.33	22.25	7.31	13.71	51.30	3.75	3.35	89.33	15.06
沙河县	49.18	25.83	7.19	14.62	53.82	3.87	3.46	89.41	13.40
威　县	104.23	37.01	20.65	19.81	32.45	6.70	6.07	90.60	16.40
新河县	38.46	12.57	3.91	10.17	39.39	1.54	1.42	92.21	11.30
邢台县	63.80	35.44	10.16	15.92	65.45	6.65	6.45	96.99	18.20
任　县	48.82	18.87	4.09	8.38	52.08	2.13	1.68	78.87	8.90

5－17－28 续表 1

县市名	耕地面积（万亩）	农业人口（万人）	棉田面积（万亩）	占耕地（%）	亩产（市斤）	产量（万担）	收购量（万担）	商品率（%）	人均交售（市斤）
秦皇岛市	**246.51**	**116.76**	**12.90**	**5.23**	**48.76**	**6.29**	**4.20**	**66.77**	**3.60**
昌黎县	100.28	42.49	4.24	4.23	42.69	1.81	1.12	61.88	2.64
卢龙县	68.19	33.33	4.01	5.88	52.87	2.12	1.43	67.45	4.29
抚宁县	78.04	40.94	4.65	5.96	50.75	2.36	1.65	69.92	4.03
唐山市	**846.86**	**401.61**	**51.67**	**6.10**	**64.52**	**33.34**	**26.66**	**79.96**	**6.64**
迁西县	32.86	27.37	1.10	3.35	60.00	0.66	0.28	42.42	1.02
丰润县	116.02	54.89	6.91	5.96	72.50	5.01	4.03	80.44	7.34
丰南县	80.65	40.54	9.91	12.29	78.00	7.73	6.87	88.87	16.95
乐亭县	97.58	42.81	7.11	7.29	76.51	5.44	4.71	86.58	11.00
滦南县	114.30	46.20	7.99	6.99	47.06	3.76	3.09	82.18	6.69
滦　县	86.55	39.58	2.00	2.31	46.50	0.93	0.23	24.73	0.58
迁安县	79.68	44.76	2.31	2.90	57.58	1.33	0.60	45.11	1.34
唐海县	31.00	8.97	1.71	5.52	58.48	1.00	0.87	87.00	9.70
玉田县	117.20	47.69	6.21	5.30	55.39	3.44	2.80	81.40	5.87
遵化县	91.02	48.80	6.42	7.05	62.93	4.04	3.18	78.71	6.52
石家庄市	**887.09**	**489.16**	**189.31**	**21.34**	**80.46**	**152.31**	**143.76**	**94.39**	**29.39**
高邑县	25.56	11.50	6.61	25.86	64.75	4.28	4.16	97.20	36.17
鹿泉市	44.15	25.40	11.06	25.05	64.74	7.16	6.75	94.27	26.57
辛集市	106.42	42.26	32.89	30.91	74.49	24.50	23.75	96.94	56.20
赵　县	78.06	35.14	19.64	25.16	72.61	14.26	13.69	96.00	38.96
藁城市	84.01	50.04	23.64	28.14	99.96	23.63	22.50	95.22	44.96
栾城市	44.65	24.55	12.71	28.47	80.57	10.24	9.75	95.21	39.71
新乐市	42.49	26.91	3.76	8.85	61.17	2.30	1.83	79.57	6.80
正定市	53.33	38.40	12.40	23.25	115.40	14.31	13.49	94.27	35.13
晋州市	61.89	34.79	19.32	31.22	89.03	17.20	16.54	96.16	47.54
平山县	46.70	34.89	4.12	8.82	67.96	2.80	2.30	82.14	6.59
行唐县	56.64	28.76	8.44	14.90	58.53	4.94	4.45	90.08	15.47
井陉县	37.59	25.62	0.74	1.97	60.81	0.45	0.08	17.78	0.31
元氏县	54.32	25.16	10.65	19.61	65.45	6.97	6.61	94.84	26.27
深泽县	30.86	16.93	6.26	20.29	77.64	4.86	4.63	95.27	27.35
灵寿县	38.34	21.21	5.41	14.11	59.52	3.22	2.96	91.93	13.96
无极县	53.49	32.90	10.07	18.83	103.67	10.44	9.75	93.39	29.64
赞皇县	28.59	14.70	1.59	5.56	47.17	0.75	0.52	69.33	3.54
廊坊市	**611.92**	**240.08**	**44.51**	**7.27**	**57.00**	**25.37**	**23.04**	**90.82**	**9.60**
安次区	90.26	35.50	10.52	11.66	58.46	6.15	5.97	97.07	16.82
大城县	93.13	28.90	1.88	2.02	34.04	0.64	0.27	42.19	0.93
文安县	100.23	29.96	1.80	1.80	36.11	0.65	0.25	38.46	0.83
霸州市	71.63	34.20	5.34	7.45	48.50	2.59	2.37	91.51	6.93
固安县	61.16	26.88	6.04	9.88	54.64	3.30	3.15	95.45	11.72
香河县	45.43	23.09	4.15	9.13	69.88	2.90	2.60	89.66	11.26
大厂回	18.99	7.81	4.21	22.17	70.07	2.95	2.87	97.29	36.75
三河县	63.40	27.64	6.12	9.65	67.81	4.15	3.76	90.60	13.60
永清县	67.69	26.10	4.45	6.57	45.84	2.04	1.80	88.24	6.90

县市名	耕地面积（万亩）	农业人口（万人）	棉田面积（万亩）	占耕地（%）	亩产（市斤）	产量（万担）	收购量（万担）	商品率（%）	人均交售（市斤）
衡水市	**901.35**	**301.41**	**76.35**	**8.47**	**42.92**	**32.77**	**28.51**	**87.00**	**9.46**
安平县	50.42	23.70	4.29	8.51	48.02	2.06	1.62	78.64	6.84
阜城县	69.40	24.50	6.80	9.80	35.88	2.44	2.19	89.75	8.94
故城县	88.65	32.30	10.18	11.48	51.57	5.25	4.76	90.67	14.74
景　县	120.30	37.59	6.86	5.70	27.11	1.86	1.24	66.67	3.30
饶阳县	59.07	21.80	2.63	4.45	41.83	1.10	0.86	78.18	3.94
深州市	131.49	44.70	10.20	7.76	29.61	3.02	2.64	87.42	5.91
桃城区	59.44	18.53	4.03	6.78	36.72	1.48	1.29	87.16	6.96
武强县	46.00	15.40	0.67	1.46	19.40	0.13			
武邑县	81.68	24.17	4.08	5.00	32.84	1.34	1.01	75.37	4.18
枣强县	95.80	28.50	10.06	10.50	50.00	5.03	4.30	85.49	15.09
冀州市	99.10	30.22	16.55	16.70	54.74	9.06	8.60	94.92	28.46
沧州市	**1208.99**	**413.51**	**72.92**	**6.03**	**39.00**	**28.44**	**23.81**	**83.72**	**5.76**
泊头市	98.36	33.10	1.09	1.11	21.10	0.23			
沧　县	148.49	48.60	0.99	0.67	24.24	0.24			
东光县	76.03	24.28	15.09	19.85	37.64	5.68	5.60	98.59	23.06
海兴县	45.28	13.54	0.58	1.28	34.48	0.20			
河间市	144.01	50.34	10.12	7.03	28.95	2.93	2.40	81.91	4.77
黄骅县	78.05	29.30	1.42	1.82	26.06	0.37	0.08	21.62	0.27
孟村回	32.78	11.80	0.60	1.83	30.00	0.18			
南皮县	77.73	26.30	7.88	10.14	39.34	3.10	2.70	87.10	10.27
青　县	89.12	25.80	0.25	0.28	28.00	0.07			
任邱市	105.14	40.37	6.56	6.24	36.43	2.39	1.97	82.43	4.88
肃宁县	59.47	22.90	6.48	10.90	39.97	2.59	2.37	91.51	10.35
吴桥县	62.50	21.73	16.85	26.96	53.06	8.94	8.69	97.20	39.99
献县棉	116.51	37.25	1.73	1.48	19.65	0.34			
盐山县	75.52	28.20	3.28	4.34	35.98	1.18			
邯郸市	**1002.12**	**435.82**	**167.16**	**16.68**	**51.33**	**85.81**	**81.02**	**94.42**	**18.59**
肥乡县	60.85	19.98	10.28	16.89	44.94	4.62	4.30	93.07	21.52
大名县	110.90	45.67	6.05	5.46	28.76	1.74	1.43	82.18	3.13
磁　县	72.21	39.00	12.19	16.88	50.04	6.10	5.64	92.46	14.46
广平县	37.54	15.15	5.50	14.65	56.91	3.13	2.95	94.25	19.47
成安县	57.22	21.83	19.00	33.21	60.79	11.55	11.23	97.23	51.44
馆陶县	49.30	17.79	10.22	20.73	47.26	4.83	4.60	95.24	25.86
邯郸市郊	28.80	20.16	1.74	6.04	64.37	1.12	0.77	68.75	3.82
邯郸县	55.80	22.97	10.28	18.42	60.12	6.18	5.81	94.01	25.29
临漳县	75.51	35.35	16.01	21.20	48.97	7.84	7.31	93.24	20.68
邱　县	50.10	12.88	11.94	23.83	41.04	4.90	4.72	96.33	36.65
曲周县	74.50	24.58	6.16	8.27	42.37	2.61	2.28	87.36	9.28
魏　县	97.63	49.50	6.05	6.20	28.76	1.74	1.43	82.18	2.89
武安市	96.77	47.52	23.24	24.02	51.42	11.95	11.30	94.56	23.78
永年县	96.59	49.19	24.30	25.16	64.03	15.56	15.48	99.49	31.47
鸡泽县	38.40	14.25	4.20	10.94	46.19	1.94	1.77	91.24	12.42

5－17－29　河北省1971年产棉县棉花生产收购明细

县市名	耕地面积（万亩）	农业人口（万人）	棉田面积（万亩）	占耕地（%）	亩产（市斤）	产量（万担）	收购量（万担）	商品率（%）	人均交售（市斤）
全省合计	**7913.06**	**3480.42**	**851.67**	**10.76**	**56.13**	**478.03**	**431.47**	**90.26**	**12.40**
保定市	**1186.80**	**630.00**	**95.29**	**8.03**	**69.80**	**66.51**	**54.93**	**82.59**	**8.72**
定兴县	74.00	37.00	10.08	13.62	69.94	7.05	6.29	89.22	17.00
安国县	51.00	28.00	8.06	15.80	61.29	4.94	4.43	89.68	15.82
博野县	33.00	17.00	7.07	21.42	89.82	6.35	5.60	88.19	32.94
定州市	126.00	75.00	12.66	10.05	80.09	10.14	6.34	62.52	8.45
高阳县	50.00	22.00	2.39	4.78	51.88	1.24	1.00	80.65	4.55
蠡　县	72.00	31.00	9.16	12.72	81.11	7.43	7.31	98.38	23.58
清苑县	100.00	47.00	3.98	3.98	61.81	2.46	1.63	66.26	3.47
容城县	36.00	16.00	2.82	7.83	80.14	2.26	1.93	85.40	12.06
唐　县	46.00	35.00	2.55	5.54	73.33	1.87	1.38	73.80	3.94
雄　县	56.00	23.00	1.67	2.98	25.75	0.43	0.28	65.12	1.22
易　县	71.00	43.00	3.88	5.46	61.60	2.39	2.05	85.77	4.77
满城县	47.00	28.00	7.61	16.19	72.54	5.52	5.01	90.76	17.89
望都县	35.00	17.00	3.17	9.06	79.81	2.53	2.13	84.19	12.53
徐水县	74.00	37.00	4.21	5.69	57.24	2.41	1.68	69.71	4.54
高碑店	72.00	33.00	3.66	5.08	62.30	2.28	1.93	84.65	5.85
涿州市	73.00	35.00	3.77	5.16	41.38	1.56	1.32	84.62	3.77
安新县	45.00	27.00	0.64	1.42	39.06	0.25	0.08	32.00	0.30
涞水县	38.00	24.00	2.13	5.61	66.67	1.42	1.33	93.66	5.54
曲阳县	47.80	33.00	1.96	4.10	42.86	0.84	0.46	54.76	1.39
顺平县	40.00	22.00	3.82	9.55	82.20	3.14	2.75	87.58	12.50
邢台市	**1033.56**	**412.33**	**153.67**	**14.87**	**49.32**	**75.79**	**70.14**	**92.55**	**17.01**
宁晋县	125.66	48.97	20.12	16.01	48.01	9.66	9.19	95.13	18.77
柏乡县	32.26	12.06	9.99	30.97	67.27	6.72	6.55	97.47	54.31
广宗县	51.53	17.08	3.36	6.52	35.12	1.18	0.76	64.41	4.45
巨鹿县	69.53	23.39	4.53	6.52	43.49	1.97	1.57	79.70	6.71
临城县	33.02	12.97	4.98	15.08	59.24	2.95	2.79	94.58	21.51
临西县	58.71	21.74	7.16	12.20	53.91	3.86	3.62	93.78	16.65
隆尧县	83.59	31.69	12.78	15.29	53.44	6.83	6.29	92.09	19.85
内邱县	42.02	16.69	7.11	16.92	62.17	4.42	4.32	97.74	25.88
南宫市	90.50	36.70	23.77	26.27	42.79	10.17	9.77	96.07	26.62
南和县	44.95	19.59	3.16	7.03	43.35	1.37	1.13	82.48	5.77
平乡县	44.79	16.97	3.07	6.85	23.45	0.72	0.38	52.78	2.24
清河县	53.32	22.47	7.26	13.62	53.58	3.89	3.50	89.97	15.58
沙河县	48.51	26.37	7.14	14.72	50.42	3.60	3.15	87.50	11.95
威　县	104.23	37.60	20.87	20.02	40.54	8.46	7.92	93.62	21.06
新河县	38.28	12.75	4.22	11.02	41.71	1.76	1.55	88.07	12.16
邢台县	63.84	36.00	9.93	15.55	65.76	6.53	6.25	95.71	17.36
任　县	48.82	19.29	4.22	8.64	40.28	1.70	1.40	82.35	7.26

5－17－29 续表 1

县市名	耕地面积（万亩）	农业人口（万人）	棉田面积（万亩）	占耕地（%）	亩　产（市斤）	产　量（万担）	收购量（万担）	商品率（%）	人均交售（市斤）
秦皇岛市	**246.51**	**116.76**	**12.58**	**5.10**	**42.77**	**5.38**	**3.49**	**64.87**	**2.99**
昌黎县	100.28	42.49	3.96	3.95	30.30	1.20	0.63	52.50	1.48
卢龙县	68.19	33.33	4.19	6.14	57.04	2.39	1.72	71.97	5.16
抚宁县	78.04	40.94	4.43	5.68	40.41	1.79	1.14	63.69	2.78
唐山市	**845.62**	**408.04**	**49.75**	**5.88**	**57.61**	**28.66**	**23.51**	**82.03**	**5.76**
迁西县	32.86	27.37	1.04	3.16	55.77	0.58	0.25	43.10	0.91
丰润县	115.79	55.97	6.87	5.93	66.67	4.58	4.07	88.86	7.27
丰南县	80.34	41.39	9.60	11.95	74.27	7.13	6.53	91.58	15.78
乐亭县	97.40	43.00	7.01	7.20	57.20	4.01	3.54	88.28	8.23
滦南县	114.00	47.00	7.93	6.96	46.41	3.68	3.06	83.15	6.51
滦　县	86.55	39.58	1.81	2.09	33.15	0.60	0.18	30.00	0.45
迁安县	79.68	44.76	2.21	2.77	57.01	1.26	0.07	5.56	0.16
唐海县	31.00	8.97	1.70	5.48	60.00	1.02	1.04	101.96	11.59
玉田县	117.00	48.00	6.05	5.17	51.24	3.10	2.55	82.26	5.31
遵化县	91.00	52.00	5.53	6.08	48.82	2.70	2.22	82.22	4.27
石家庄市	**886.71**	**499.43**	**189.55**	**21.38**	**79.42**	**150.55**	**142.26**	**94.49**	**28.48**
高邑县	25.50	11.70	6.71	26.31	76.45	5.13	4.92	95.91	42.05
鹿泉市	44.50	26.00	11.15	25.06	58.92	6.57	6.19	94.22	23.81
辛集市	106.39	45.71	32.80	30.83	67.99	22.30	21.59	96.82	47.23
赵　县	78.00	35.80	19.50	25.00	77.23	15.06	14.50	96.28	40.50
藁城市	83.98	52.00	24.00	28.58	87.13	20.91	19.92	95.27	38.31
栾城市	46.00	24.70	13.00	28.26	94.08	12.23	11.66	95.34	47.21
新乐市	42.48	27.50	3.86	9.09	66.06	2.55	2.07	81.18	7.53
正定市	53.30	38.80	12.43	23.32	120.27	14.95	14.16	94.72	36.49
晋州市	61.88	35.44	19.00	30.70	85.42	16.23	15.57	95.93	43.93
平山县	46.00	36.00	4.10	8.91	63.90	2.62	2.25	85.88	6.25
行唐县	56.64	29.00	8.40	14.83	57.86	4.86	4.42	90.95	15.24
井陉县	37.50	25.62	0.80	2.13	45.00	0.36	0.06	16.67	0.23
元氏县	54.30	25.50	10.50	19.34	74.10	7.78	7.39	94.99	28.98
深泽县	30.00	16.00	6.40	21.33	74.38	4.76	4.49	94.33	28.06
灵寿县	38.20	21.50	5.20	13.61	55.19	2.87	2.58	89.90	12.00
无极县	53.45	33.20	10.20	19.08	104.80	10.69	10.03	93.83	30.21
赞皇县	28.59	14.96	1.50	5.25	45.33	0.68	0.46	67.65	3.07
廊坊市	**598.50**	**242.45**	**44.10**	**7.37**	**56.64**	**24.98**	**24.80**	**99.28**	**10.23**
安次区	85.00	36.00	10.27	12.08	52.68	5.41	5.37	99.26	14.92
大城县	90.00	28.90	1.60	1.78	23.13	0.37	0.15	40.54	0.52
文安县	98.00	30.00	1.83	1.87	31.15	0.57	0.34	59.65	1.13
霸州市	70.00	35.00	5.26	7.51	43.92	2.31	2.26	97.84	6.46
固安县	65.00	27.00	6.38	9.82	62.38	3.98	4.78	120.10	17.70
香河县	45.00	23.20	3.87	8.60	68.22	2.64	2.47	93.56	10.65
大厂回	18.50	7.85	4.20	22.70	74.76	3.14	3.11	99.04	39.62
三河县	62.00	28.00	6.36	10.26	73.74	4.69	4.45	94.88	15.89
永清县	65.00	26.50	4.33	6.66	43.19	1.87	1.87	100.00	7.06

5－17－29 续表 2

县市名	耕地面积（万亩）	农业人口（万人）	棉田面积（万亩）	占耕地（%）	亩产（市斤）	产量（万担）	收购量（万担）	商品率（%）	人均交售（市斤）
衡水市	**877.02**	**307.09**	**72.15**	**8.23**	**41.00**	**29.58**	**24.60**	**83.16**	**8.01**
安平县	50.16	23.86	4.04	8.05	48.76	1.97	1.46	74.11	6.12
阜城县	57.00	24.84	6.51	11.42	31.03	2.02	1.76	87.13	7.09
故城县	83.48	33.78	10.00	11.98	53.30	5.33	3.60	67.54	10.66
景　县	120.30	38.33	5.95	4.95	19.50	1.16	0.61	52.59	1.59
饶阳县	59.07	21.80	2.39	4.05	35.98	0.86	0.65	75.58	2.98
深州市	131.24	46.43	8.99	6.85	27.92	2.51	2.01	80.08	4.33
桃城区	59.32	18.80	3.57	6.02	33.61	1.20	1.06	88.33	5.64
武强县	46.00	15.40	0.48	1.04	22.92	0.11	0.01	9.09	0.06
武邑县	75.55	25.13	3.57	4.73	30.81	1.10	0.82	74.55	3.26
枣强县	95.80	28.50	10.03	10.47	50.05	5.02	4.19	83.47	14.70
冀州市	99.10	30.22	16.62	16.77	49.94	8.30	8.43	101.57	27.90
沧州市	**1237.53**	**420.85**	**70.36**	**5.69**	**29.09**	**20.47**	**17.74**	**86.66**	**4.22**
泊头市	98.33	33.93	0.82	0.83	15.85	0.13			
沧　县	148.47	49.80	0.94	0.63	14.89	0.14			
东光县	76.04	24.83	14.78	19.44	22.60	3.34	3.00	89.82	12.08
海兴县	45.62	13.85	0.50	1.10	12.00	0.06			
河间市	148.47	49.80	9.04	6.09	21.24	1.92	1.28	66.67	2.57
黄骅县	107.32	30.19	1.44	1.34	8.33	0.12			
孟村回	32.66	12.03	0.64	1.96	14.06	0.09			
南皮县	77.55	26.81	7.41	9.56	30.50	2.26	1.94	85.84	7.24
青　县	88.12	26.39	0.30	0.34	23.33	0.07			
任邱市	103.96	41.02	6.69	6.44	22.27	1.49	1.20	80.54	2.93
肃宁县	59.39	23.28	6.35	10.69	32.44	2.06	2.16	104.85	9.28
吴桥县	61.19	22.08	16.62	27.16	47.29	7.86	7.61	96.82	34.47
献县棉	116.36	38.01	1.19	1.02	13.45	0.16	0.02	12.50	0.05
盐山县	74.05	28.83	3.64	4.92	21.15	0.77	0.53	68.83	1.84
邯郸市	**1000.81**	**443.47**	**164.22**	**16.41**	**46.35**	**76.11**	**70.00**	**91.97**	**15.78**
肥乡县	60.83	20.20	10.12	16.64	45.06	4.56	4.27	93.64	21.14
大名县	110.76	46.53	6.97	6.29	18.94	1.32	0.94	71.21	2.02
磁　县	72.30	39.79	11.88	16.43	37.63	4.47	3.96	88.59	9.95
广平县	37.50	15.27	5.58	14.88	48.39	2.70	2.47	91.48	16.18
成安县	57.20	22.11	19.02	33.25	61.67	11.73	11.29	96.25	51.06
馆陶县	49.40	18.15	10.86	21.98	43.74	4.75	4.47	94.11	24.63
邯郸市郊	28.40	20.65	1.57	5.53	42.04	0.66	0.39	59.09	1.89
邯郸县	55.70	23.44	10.06	18.06	47.32	4.76	4.39	92.23	18.73
临漳县	75.50	35.84	16.00	21.19	46.69	7.47	6.78	90.76	18.92
邱　县	50.10	13.06	10.03	20.02	49.85	5.00	4.81	96.20	36.83
曲周县	74.30	24.94	6.35	8.55	35.91	2.28	1.92	84.21	7.70
魏　县	97.62	50.47	6.97	7.14	18.94	1.32	0.94	71.21	1.86
武安市	96.00	48.32	22.53	23.47	40.04	9.02	8.40	93.13	17.38
永年县	96.60	50.20	22.32	23.11	63.93	14.27	13.35	93.55	26.59
鸡泽县	38.60	14.50	3.96	10.26	45.45	1.80	1.62	90.00	11.17

5-17-30　河北省1972年产棉县棉花生产收购明细

县市名	耕地面积（万亩）	农业人口（万人）	棉田面积（万亩）	占耕地（%）	亩产（市斤）	产量（万担）	收购量（万担）	商品率（%）	人均交售（市斤）
全省合计	**7893.30**	**3522.80**	**841.83**	**10.67**	**34.23**	**288.13**	**254.43**	**88.30**	**7.22**
保定市	**1188.95**	**635.77**	**94.83**	**7.98**	**35.90**	**34.04**	**28.05**	**82.40**	**4.41**
定兴县	74.43	37.66	9.98	13.41	36.77	3.67	4.03	109.81	10.70
安国县	51.23	28.03	7.33	14.31	40.25	2.95	2.46	83.39	8.78
博野县	33.34	17.45	7.06	21.18	40.51	2.86	2.82	98.60	16.16
定州市	126.42	75.46	12.53	9.91	45.09	5.65	3.16	55.93	4.19
高阳县	50.45	21.84	2.09	4.14	28.23	0.59	0.52	88.14	2.38
蠡　县	71.65	31.45	9.91	13.83	34.81	3.45	3.42	99.13	10.87
清苑县	100.49	47.68	4.38	4.36	27.17	1.19	0.86	72.27	1.80
容城县	35.56	16.35	2.89	8.13	47.06	1.36	1.09	80.15	6.67
唐　县	45.93	35.29	2.68	5.83	37.31	1.00	0.70	70.00	1.98
雄　县	56.86	22.75	1.60	2.81	23.13	0.37	0.26	70.27	1.14
易　县	70.88	43.46	3.58	5.05	34.08	1.22	1.01	82.79	2.32
满城县	47.27	28.01	7.81	16.52	30.35	2.37	2.01	84.81	7.18
望都县	34.57	17.21	3.54	10.24	40.40	1.43	1.19	83.22	6.91
徐水县	73.67	37.85	4.07	5.52	33.42	1.36	0.73	53.68	1.93
高碑店	72.20	32.98	3.63	5.03	27.55	1.00	0.95	95.00	2.88
涿州市	72.91	34.94	3.38	4.64	26.04	0.88	0.74	84.09	2.12
安新县	44.98	27.31	0.72	1.60	27.78	0.20	0.05	25.00	0.18
涞水县	38.00	24.16	2.16	5.68	36.57	0.79	0.83	105.06	3.44
曲阳县	47.71	33.38	1.74	3.65	20.69	0.36	0.09	25.00	0.27
顺平县	40.40	22.51	3.75	9.28	35.73	1.34	1.13	84.33	5.02
邢台市	**1032.46**	**417.05**	**155.89**	**15.10**	**28.43**	**44.32**	**37.96**	**85.65**	**9.10**
宁晋县	125.66	49.77	20.02	15.93	31.57	6.32	6.06	95.89	12.18
柏乡县	32.26	12.23	8.98	27.84	32.85	2.95	2.83	95.93	23.14
广宗县	51.53	17.31	4.25	8.25	20.00	0.85	0.54	63.53	3.12
巨鹿县	69.53	23.68	5.09	7.32	25.93	1.32	0.88	66.67	3.72
临城县	32.97	13.12	5.00	15.17	34.20	1.71	1.54	90.06	11.74
临西县	58.74	21.91	7.56	12.87	35.05	2.65	2.37	89.43	10.82
隆尧县	83.59	32.20	13.19	15.78	27.67	3.65	3.06	83.84	9.50
内邱县	42.02	16.98	7.07	16.83	38.61	2.73	2.43	89.01	14.31
南宫市	91.00	36.70	23.80	26.15	22.61	5.38	4.34	80.67	11.83
南和县	44.94	19.88	3.61	8.03	33.52	1.21	0.92	76.03	4.63
平乡县	44.79	17.18	3.77	8.42	16.71	0.63	0.34	53.97	1.98
清河县	52.16	22.64	7.43	14.24	25.03	1.86	1.59	85.48	7.02
沙河县	48.54	26.67	6.82	14.05	40.32	2.75	2.30	83.64	8.62
威　县	104.23	38.16	20.48	19.65	19.92	4.08	3.30	80.88	8.65
新河县	38.20	12.77	4.41	11.54	18.37	0.81	0.62	76.54	4.86
邢台县	63.49	36.24	10.15	15.99	42.66	4.33	4.11	94.92	11.34
任　县	48.81	19.61	4.26	8.73	25.59	1.09	0.73	66.97	3.72

5－17－30 续表 1

县市名	耕地面积（万亩）	农业人口（万人）	棉田面积（万亩）	占耕地（%）	亩产（市斤）	产量（万担）	收购量（万担）	商品率（%）	人均交售（市斤）
秦皇岛市	**245.69**	**117.50**	**12.96**	**5.27**	**13.73**	**1.78**	**0.69**	**38.76**	**0.59**
昌黎县	99.46	43.23	4.09	4.11	12.47	0.51	0.17	33.33	0.39
卢龙县	68.19	33.33	4.35	6.38	15.63	0.68	0.26	38.24	0.78
抚宁县	78.04	40.94	4.52	5.79	13.05	0.59	0.26	44.07	0.64
唐山市	**853.27**	**417.08**	**50.64**	**5.93**	**27.35**	**13.85**	**10.68**	**77.11**	**2.56**
迁西县	32.83	27.75	1.02	3.11	19.61	0.20	0.02	10.00	0.07
丰润县	115.61	56.09	6.96	6.02	28.30	1.97	1.57	79.70	2.80
丰南县	80.34	41.72	10.12	12.60	41.50	4.20	3.58	85.24	8.58
乐亭县	97.32	43.05	7.12	7.32	27.11	1.93	1.59	82.38	3.69
滦南县	113.92	47.59	8.12	7.13	23.65	1.92	1.28	66.67	2.69
滦　县	90.02	42.14	1.72	1.91	13.95	0.24	0.05	20.83	0.12
迁安县	79.64	46.17	2.20	2.76	18.64	0.41	0.20	48.78	0.43
唐海县	31.00	8.97	1.58	5.10	38.61	0.61	0.50	81.97	5.57
玉田县	116.74	48.45	6.05	5.18	24.46	1.48	1.24	83.78	2.56
遵化县	95.85	55.15	5.75	6.00	15.48	0.89	0.65	73.03	1.18
石家庄市	**889.69**	**505.06**	**186.77**	**20.99**	**51.69**	**96.54**	**90.20**	**93.43**	**17.86**
高邑县	25.50	11.87	6.18	24.24	42.23	2.61	2.47	94.64	20.81
鹿泉市	44.83	26.37	10.61	23.67	36.85	3.91	3.62	92.58	13.73
辛集市	106.37	45.69	32.50	30.55	51.85	16.85	16.34	96.97	35.76
赵　县	77.99	36.40	19.73	25.30	38.17	7.53	7.18	95.35	19.73
藁城市	83.97	52.52	23.49	27.97	60.32	14.17	13.46	94.99	25.63
栾城市	47.62	24.87	12.99	27.28	57.35	7.45	6.96	93.42	27.99
新乐市	42.48	27.89	3.79	8.92	39.58	1.50	1.05	70.00	3.76
正定市	53.30	39.21	12.44	23.34	77.49	9.64	8.93	92.63	22.77
晋州市	61.87	35.75	18.98	30.68	70.39	13.36	12.87	96.33	36.00
平山县	46.41	35.34	4.08	8.79	40.93	1.67	1.42	85.03	4.02
行唐县	56.64	29.60	8.14	14.37	34.89	2.84	2.44	85.92	8.24
井陉县	37.41	26.12	0.73	1.95	31.51	0.23	0.04	17.39	0.15
元氏县	54.29	25.79	10.50	19.34	38.67	4.06	3.80	93.60	14.73
深泽县	30.85	17.22	6.01	19.48	36.27	2.18	2.01	92.20	11.67
灵寿县	38.15	21.72	5.11	13.39	33.07	1.69	1.50	88.76	6.91
无极县	53.42	33.61	10.07	18.85	64.95	6.54	5.96	91.13	17.73
赞皇县	28.59	15.09	1.42	4.97	21.83	0.31	0.15	48.39	0.99
廊坊市	**581.41**	**244.88**	**43.65**	**7.51**	**27.31**	**11.92**	**10.75**	**90.18**	**4.39**
安次区	83.40	36.33	9.89	11.86	32.56	3.22	3.20	99.38	8.81
大城县	83.12	28.89	1.72	2.07	15.12	0.26	0.13	50.00	0.45
文安县	95.24	30.77	2.04	2.14	25.98	0.53	0.36	67.92	1.17
霸州市	67.70	35.05	4.99	7.37	31.46	1.57	1.31	83.44	3.74
固安县	67.18	27.26	6.40	9.53	29.69	1.90	1.84	96.84	6.75
香河县	44.12	23.49	4.00	9.07	32.75	1.31	1.14	87.02	4.85
大厂回	18.16	7.92	4.20	23.13	24.52	1.03	1.01	98.06	12.75
三河县	60.31	28.23	6.23	10.33	21.03	1.31	1.12	85.50	3.97
永清县	62.18	26.94	4.18	6.72	18.90	0.79	0.64	81.01	2.38

县市名	耕地面积（万亩）	农业人口（万人）	棉田面积（万亩）	占耕地（%）	亩产（市斤）	产量（万担）	收购量（万担）	商品率（%）	人均交售（市斤）
衡水市	**883.09**	**308.21**	**69.12**	**7.83**	**22.82**	**15.77**	**13.25**	**84.02**	**4.30**
安平县	50.16	23.87	4.10	8.17	32.20	1.32	0.76	57.58	3.18
阜城县	69.41	24.96	6.05	8.72	16.03	0.97	0.79	81.44	3.17
故城县	83.48	33.02	9.27	11.10	23.73	2.20	1.74	79.09	5.27
景　县	120.30	38.67	5.50	4.57	11.82	0.65	0.25	38.46	0.65
饶阳县	58.12	22.18	2.51	4.32	27.09	0.68	0.57	83.82	2.57
深州市	131.24	46.24	8.98	6.84	24.83	2.23	1.90	85.20	4.11
桃城区	59.14	18.68	3.19	5.39	22.57	0.72	0.64	88.89	3.43
武强县	45.84	15.57	0.54	1.18	18.52	0.10	0.30	*	1.93
武邑县	70.81	25.44	2.97	4.19	15.82	0.47	0.30	63.83	1.18
枣强县	95.47	28.94	9.96	10.43	15.16	1.51	1.14	75.50	3.94
冀州市	99.12	30.64	16.05	16.19	30.65	4.92	4.86	98.78	15.86
沧州市	**1227.29**	**426.23**	**64.54**	**5.26**	**21.60**	**13.94**	**11.78**	**84.51**	**2.76**
泊头市	98.34	34.44	0.47	0.48	8.51	0.04			
沧　县	146.17	50.58	0.64	0.44	9.38	0.06			
东光县	74.95	25.14	13.13	17.52	20.18	2.65	2.41	90.94	9.59
海兴县	45.77	14.04	0.32	0.70	18.75	0.06			
河间市	146.17	50.58	8.75	5.99	10.74	0.94	0.54	57.45	1.07
黄骅县	105.84	31.11	1.11	1.05	10.81	0.12			
孟村回	31.73	12.09	0.57	1.80	12.28	0.07			
南皮县	77.55	27.07	7.03	9.07	21.48	1.51	1.10	72.85	4.06
青　县	86.83	26.73	0.17	0.20	17.65	0.03			
任邱市	103.97	41.26	6.07	5.84	18.12	1.10	0.78	70.91	1.89
肃宁县	59.39	23.39	6.29	10.59	22.89	1.44	1.48	102.78	6.33
吴桥县	60.17	22.20	16.07	26.71	33.91	5.45	5.22	95.78	23.51
献县棉	116.36	38.48	0.91	0.78	8.79	0.08			
盐山县	74.05	29.12	3.01	4.06	12.96	0.39	0.25	64.10	0.86
邯郸市	**991.45**	**451.02**	**163.43**	**16.48**	**34.25**	**55.97**	**51.07**	**91.25**	**11.32**
肥乡县	60.77	20.52	10.65	17.53	28.83	3.07	2.81	91.53	13.69
大名县	109.76	47.43	5.01	4.56	21.76	1.09	0.78	71.56	1.64
磁　县	70.90	40.42	12.59	17.76	33.92	4.27	3.69	86.42	9.13
广平县	37.50	15.53	5.53	14.75	35.44	1.96	1.76	89.80	11.33
成安县	56.10	22.50	20.00	35.65	36.35	7.27	7.06	97.11	31.38
馆陶县	48.00	18.36	10.10	21.04	33.86	3.42	3.21	93.86	17.48
邯郸市郊	27.10	21.15	1.04	3.84	49.04	0.51	0.27	52.94	1.28
邯郸县	55.60	23.79	10.68	19.21	38.11	4.07	3.76	92.38	15.80
临漳县	74.60	36.52	16.04	21.50	30.24	4.85	4.46	91.96	12.21
邱　县	50.09	13.26	11.02	22.00	33.30	3.67	3.51	95.64	26.47
曲周县	72.50	25.33	7.00	9.66	28.71	2.01	1.61	80.10	6.36
魏　县	97.60	51.46	5.01	5.13	21.76	1.09	0.78	71.56	1.52
武安市	96.05	48.86	21.89	22.79	33.67	7.37	6.89	93.49	14.10
永年县	96.58	51.13	22.71	23.51	44.39	10.08	9.38	93.06	18.35
鸡泽县	38.30	14.76	4.16	10.86	29.81	1.24	1.10	88.71	7.45

5－17－31　河北省1973年产棉县棉花生产收购明细

县市名	耕地面积（万亩）	农业人口（万人）	棉田面积（万亩）	占耕地（%）	亩产（市斤）	产量（万担）	收购量（万担）	商品率（%）	人均交售（市斤）
全省合计	**7843.73**	**3554.79**	**815.95**	**10.40**	**46.00**	**375.37**	**335.01**	**89.25**	**9.42**
保定市	**1185.50**	**645.50**	**95.66**	**8.07**	**46.42**	**44.41**	**38.58**	**86.87**	**5.98**
定兴县	74.00	38.00	10.38	14.03	40.85	4.24	4.16	98.11	10.95
安国县	50.00	28.00	8.15	16.30	50.67	4.13	3.94	95.40	14.07
博野县	33.00	18.00	6.87	20.82	70.16	4.82	4.78	99.17	26.56
定州市	127.00	76.00	12.59	9.91	45.91	5.78	3.93	67.99	5.17
高阳县	51.00	22.00	2.27	4.45	37.00	0.84	0.69	82.14	3.14
蠡县	72.00	32.00	9.55	13.26	60.42	5.77	5.72	99.13	17.88
清苑县	100.00	48.00	4.35	4.35	44.14	1.92	0.99	51.56	2.06
容城县	35.00	17.00	3.04	8.69	45.72	1.39	1.15	82.73	6.76
唐县	46.00	38.00	3.04	6.61	34.87	1.06	0.73	68.87	1.92
雄县	56.00	23.00	1.04	1.86	13.46	0.14	0.09	64.29	0.39
易县	71.00	44.00	3.97	5.59	44.84	1.78	1.45	81.46	3.30
满城县	47.00	28.00	7.31	15.55	51.44	3.76	3.59	95.48	12.82
望都县	35.00	17.00	3.95	11.29	39.75	1.57	1.57	100.00	9.24
徐水县	73.00	38.00	3.88	5.32	33.76	1.31	0.82	62.60	2.16
高碑店	72.00	34.00	3.63	5.04	36.91	1.34	1.28	95.52	3.76
涿州市	73.00	36.00	3.37	4.62	36.80	1.24	1.12	90.32	3.11
安新县	45.00	28.00	0.77	1.71	27.27	0.21	0.05	23.81	0.18
涞水县	38.00	24.00	2.24	5.89	45.09	1.01	1.01	100.00	4.21
曲阳县	47.50	33.50	1.25	2.63	32.80	0.41	0.09	21.95	0.27
顺平县	40.00	23.00	4.01	10.03	42.14	1.69	1.42	84.02	6.17
邢台市	**1028.01**	**421.83**	**142.61**	**13.87**	**31.80**	**45.35**	**39.94**	**88.07**	**9.47**
宁晋县	124.35	50.38	19.15	15.40	42.72	8.18	7.82	95.60	15.52
柏乡县	32.24	12.43	9.45	29.31	64.76	6.12	5.92	96.73	47.63
广宗县	51.53	17.59	3.18	6.17	11.95	0.38	0.17	44.74	0.97
巨鹿县	69.53	23.98	4.18	6.01	21.77	0.91	0.51	56.04	2.13
临城县	32.97	13.35	4.30	13.04	46.74	2.01	1.86	92.54	13.93
临西县	57.76	21.79	8.02	13.89	33.92	2.72	2.32	85.29	10.65
隆尧县	83.27	32.82	12.22	14.68	44.11	5.39	4.90	90.91	14.93
内邱县	42.00	17.10	6.88	16.38	52.18	3.59	3.31	92.20	19.36
南宫市	91.20	36.20	23.00	25.22	15.57	3.58	2.93	81.84	8.09
南和县	44.46	20.28	3.54	7.96	33.05	1.17	0.89	76.07	4.39
平乡县	43.39	17.46	3.17	7.31	4.10	0.13	0.04	30.77	0.23
清河县	52.16	22.82	7.56	14.49	23.94	1.81	1.55	85.64	6.79
沙河县	48.60	27.19	5.03	10.35	41.35	2.08	1.74	83.65	6.40
威县	104.23	38.83	19.98	19.17	11.91	2.38	1.90	79.83	4.89
新河县	38.19	12.92	3.31	8.67	18.43	0.61	0.43	70.49	3.33
邢台县	63.54	36.75	6.14	9.66	52.77	3.24	2.97	91.67	8.08
任县	48.59	19.94	3.50	7.20	30.00	1.05	0.68	64.76	3.41

5－17－31 续表1

县市名	耕地面积（万亩）	农业人口（万人）	棉田面积（万亩）	占耕地（%）	亩产（市斤）	产量（万担）	收购量（万担）	商品率（%）	人均交售（市斤）
秦皇岛市	**245.69**	**117.50**	**12.36**	**5.03**	**19.58**	**2.42**	**0.91**	**37.60**	**0.77**
昌黎县	99.46	43.23	3.98	4.00	22.36	0.89	0.35	39.33	0.81
卢龙县	68.19	33.33	4.10	6.01	20.00	0.82	0.33	40.24	0.99
抚宁县	78.04	40.94	4.28	5.48	16.59	0.71	0.23	32.39	0.56
唐山市	**847.48**	**415.36**	**50.82**	**6.00**	**44.69**	**22.71**	**18.11**	**79.74**	**4.36**
迁西县	32.83	27.75	1.03	3.14	37.86	0.39	0.12	30.77	0.43
丰润县	115.04	56.02	7.16	6.22	48.74	3.49	2.86	81.95	5.11
丰南县	80.15	42.41	9.81	12.24	57.80	5.67	5.16	91.01	12.17
乐亭县	97.30	43.10	7.03	7.23	44.52	3.13	2.59	82.75	6.01
滦南县	113.50	47.90	8.12	7.15	38.18	3.10	2.27	73.23	4.74
滦　县	90.02	42.14	2.11	2.34	20.85	0.44	0.15	34.09	0.36
迁安县	79.64	46.17	2.21	2.77	26.70	0.59	0.19	32.20	0.41
唐海县	31.00	8.97	1.56	5.03	41.67	0.65	0.55	84.62	6.13
玉田县	116.00	48.90	6.12	5.28	43.63	2.67	2.22	83.15	4.54
遵化县	92.00	52.00	5.67	6.16	45.50	2.58	2.00	77.52	3.85
石家庄市	**886.90**	**509.01**	**190.55**	**21.48**	**76.18**	**145.16**	**136.78**	**94.23**	**26.87**
高邑县	25.50	12.00	6.52	25.57	75.61	4.93	4.73	95.94	39.42
鹿泉市	44.50	26.00	10.73	24.11	53.96	5.79	5.44	93.96	20.92
辛集市	106.33	46.19	32.40	30.47	77.62	25.15	24.45	97.22	52.93
赵　县	78.00	36.80	19.69	25.24	61.71	12.15	11.68	96.13	31.74
藁城市	83.95	53.00	23.59	28.10	80.97	19.10	18.11	94.82	34.17
栾城市	47.00	25.00	13.00	27.66	96.69	12.57	11.60	92.28	46.40
新乐市	42.45	28.00	4.17	9.82	55.40	2.31	1.85	80.09	6.61
正定市	53.00	39.70	12.74	24.04	106.36	13.55	12.77	94.24	32.17
晋州市	61.87	36.12	19.04	30.77	104.62	19.92	19.17	96.23	53.07
平山县	46.00	36.00	4.31	9.37	49.19	2.12	1.79	84.43	4.97
行唐县	56.64	30.00	8.69	15.34	51.55	4.48	4.06	90.63	13.53
井陉县	37.40	26.12	0.88	2.35	36.36	0.32	0.07	21.88	0.27
元氏县	54.29	26.00	10.30	18.97	63.69	6.56	6.18	94.21	23.77
深泽县	30.00	17.00	6.24	20.80	64.42	4.02	3.77	93.78	22.18
灵寿县	38.20	22.00	5.22	13.66	48.08	2.51	2.25	89.64	10.23
无极县	53.40	34.00	11.03	20.66	82.96	9.15	8.52	93.11	25.06
赞皇县	28.37	15.08	2.00	7.05	26.50	0.53	0.34	64.15	2.25
廊坊市	**574.68**	**246.35**	**44.79**	**7.79**	**39.72**	**17.79**	**16.55**	**93.03**	**6.72**
安次区	83.00	36.50	10.27	12.37	39.34	4.04	4.01	99.26	10.99
大城县	83.00	29.00	1.85	2.23	21.08	0.39	0.17	43.59	0.59
文安县	90.00	31.00	2.21	2.46	27.15	0.60	0.38	63.33	1.23
霸州市	67.50	35.50	5.10	7.56	33.53	1.71	1.59	92.98	4.48
固安县	67.18	27.40	6.50	9.68	33.08	2.15	2.11	98.14	7.70
香河县	44.00	23.50	4.10	9.32	44.63	1.83	1.63	89.07	6.94
大厂回	18.00	7.95	4.21	23.39	60.10	2.53	2.47	97.63	31.07
三河县	60.00	28.50	6.30	10.50	56.98	3.59	3.34	93.04	11.72
永清县	62.00	27.00	4.25	6.85	22.35	0.95	0.85	89.47	3.15

5－17－31续表2

县市名	耕地面积（万亩）	农业人口（万人）	棉田面积（万亩）	占耕地（%）	亩产（市斤）	产量（万担）	收购量（万担）	商品率（%）	人均交售（市斤）
衡水市	**878.73**	**310.46**	**63.01**	**7.17**	**24.95**	**15.72**	**11.94**	**75.95**	**3.85**
安平县	50.08	24.00	3.91	7.81	41.18	1.61	1.06	65.84	4.42
阜城县	55.98	25.25	6.12	10.93	22.88	1.40	1.20	85.71	4.75
故城县	84.82	33.41	9.08	10.71	27.42	2.49	1.90	76.31	5.69
景县	119.76	39.10	5.34	4.46	17.04	0.91	0.44	48.35	1.13
饶阳县	58.12	22.18	2.43	4.18	34.57	0.84	0.65	77.38	2.93
深州市	131.02	46.57	6.88	5.25	34.59	2.38	1.82	76.47	3.91
桃城区	57.61	18.91	2.40	4.17	18.33	0.44	0.25	56.82	1.32
武强县	45.84	15.57	0.34	0.74	17.65	0.06			
武邑县	80.91	25.89	2.32	2.87	19.40	0.45	0.19	42.22	0.73
枣强县	95.47	28.94	9.27	9.71	18.34	1.70	1.23	72.35	4.25
冀州市	99.12	30.64	14.92	15.05	23.06	3.44	3.20	93.02	10.44
沧州市	**1202.61**	**427.83**	**63.27**	**5.26**	**30.43**	**19.25**	**15.46**	**80.31**	**3.61**
泊头市	98.17	35.03	0.27	0.28	18.52	0.05			
沧县	147.95	51.69	0.89	0.60	14.61	0.13	0.01	7.69	0.02
东光县	75.86	25.56	11.97	15.78	23.22	2.78	2.50	89.93	9.78
海兴县	45.62	14.35	0.27	0.59	25.93	0.07			
河间市	147.95	51.69	8.93	6.04	26.09	2.33	1.69	72.53	3.27
黄骅县	78.17	26.48	0.77	0.99	16.88	0.13			
孟村回	32.48	12.30	0.59	1.82	18.64	0.11			
南皮县	76.62	27.36	7.16	9.34	28.21	2.02	1.65	81.68	6.03
青县	88.13	26.98	0.12	0.14	25.00	0.03			
任邱市	102.91	41.72	6.17	6.00	29.98	1.85	1.48	80.00	3.55
肃宁县	59.13	23.59	5.98	10.11	37.29	2.23	2.22	99.55	9.41
吴桥县	61.30	22.37	15.75	25.69	42.03	6.62	5.25	79.31	23.47
献县棉	114.85	39.06	1.22	1.06	13.93	0.17	0.07	41.18	0.18
盐山县	73.47	29.65	3.18	4.33	22.96	0.73	0.59	80.82	1.99
邯郸市	**994.13**	**460.95**	**152.88**	**15.38**	**40.92**	**62.56**	**56.74**	**90.70**	**12.31**
肥乡县	60.76	20.94	10.00	16.46	38.90	3.89	3.59	92.29	17.14
大名县	111.02	48.55	5.76	5.19	23.09	1.33	1.02	76.69	2.10
磁县	70.90	41.43	11.89	16.77	39.87	4.74	4.16	87.76	10.04
广平县	37.50	15.81	5.80	15.47	39.14	2.27	2.01	88.55	12.71
成安县	57.20	23.11	20.01	34.98	59.82	11.97	11.58	96.74	50.11
馆陶县	49.20	18.66	10.15	20.63	37.54	3.81	3.55	93.18	19.02
邯郸市郊	27.70	21.64	1.04	3.75	66.35	0.69	0.37	53.62	1.71
邯郸县	55.60	24.47	9.46	17.01	49.79	4.71	4.35	92.36	17.78
临漳县	75.50	37.24	16.05	21.26	42.87	6.88	6.28	91.28	16.86
邱县	50.05	13.45	10.72	21.42	21.92	2.35	2.16	91.91	16.06
曲周县	74.10	25.81	6.89	9.30	19.74	1.36	1.01	74.26	3.91
魏县	97.60	52.65	5.76	5.90	23.09	1.33	1.02	76.69	1.94
武安市	91.50	49.78	13.01	14.22	29.52	3.84	3.37	87.76	6.77
永年县	96.60	52.37	22.24	23.02	53.96	12.00	11.14	92.83	21.27
鸡泽县	38.90	15.04	4.10	10.54	33.90	1.39	1.13	81.29	7.51

5－17－32　河北省1974年产棉县棉花生产收购明细

县市名	耕地面积（万亩）	农业人口（万人）	棉田面积（万亩）	占耕地（%）	亩产（市斤）	产量（万担）	收购量（万担）	商品率（%）	人均交售（市斤）
全省合计	**7823.12**	**3592.82**	**855.99**	**10.94**	**49.10**	**420.30**	**377.25**	**89.76**	**10.50**
保定市	**1183.50**	**651.70**	**102.73**	**8.68**	**61.51**	**63.19**	**55.70**	**88.15**	**8.55**
定兴县	74.00	39.00	10.97	14.82	53.60	5.88	5.44	92.52	13.95
安国县	50.00	29.00	8.22	16.44	65.45	5.38	5.10	94.80	17.59
博野县	33.00	18.00	7.00	21.21	92.29	6.46	6.44	99.69	35.78
定州市	126.00	77.00	12.56	9.97	61.31	7.70	6.03	78.31	7.83
高阳县	51.00	22.00	2.58	5.06	52.71	1.36	1.28	94.12	5.82
蠡　县	71.00	32.00	9.76	13.75	81.05	7.91	7.91	100.00	24.72
清苑县	100.00	49.00	5.94	5.94	59.76	3.55	2.60	73.24	5.31
容城县	35.00	17.00	3.48	9.94	60.34	2.10	1.76	83.81	10.35
唐　县	46.00	36.00	3.18	6.91	45.60	1.45	1.12	77.24	3.11
雄　县	56.00	23.00	1.20	2.14	35.00	0.42			
易　县	68.00	42.00	4.05	5.96	49.14	1.99	1.81	90.95	4.31
满城县	49.00	31.00	7.66	15.63	80.03	6.13	4.99	81.40	16.10
望都县	35.00	18.00	5.00	14.29	61.00	3.05	2.86	93.77	15.89
徐水县	73.00	39.00	3.59	4.92	43.45	1.56	1.05	67.31	2.69
高碑店	72.00	34.00	4.98	6.92	42.77	2.13	2.11	99.06	6.21
涿州市	74.00	36.00	4.35	5.88	40.46	1.76	1.57	89.20	4.36
安新县	45.00	28.00	0.58	1.29	34.48	0.20			
涞水县	38.00	25.00	2.25	5.92	54.22	1.22	1.18	96.72	4.72
曲阳县	47.50	33.70	0.85	1.79	35.29	0.30			
顺平县	40.00	23.00	4.53	11.33	58.28	2.64	2.45	92.80	10.65
邢台市	**1025.27**	**424.56**	**153.73**	**14.99**	**38.80**	**59.64**	**53.49**	**89.69**	**12.60**
宁晋县	124.10	50.77	20.14	16.23	49.95	10.06	9.27	92.15	18.26
柏乡县	32.16	12.56	9.80	30.47	49.49	4.85	4.64	95.67	36.94
广宗县	51.53	17.78	2.43	4.72	32.10	0.78	0.41	52.56	2.31
巨鹿县	69.52	24.20	3.96	5.70	36.62	1.45	0.90	62.07	3.72
临城县	32.85	13.53	5.13	15.62	35.67	1.83	1.68	91.80	12.42
临西县	57.56	21.79	8.17	14.19	37.33	3.05	2.79	91.48	12.80
隆尧县	82.08	33.34	12.96	15.79	35.88	4.65	4.21	90.54	12.63
内邱县	42.01	17.59	7.65	18.21	47.06	3.60	3.37	93.61	19.16
南宫市	91.00	34.40	23.12	25.41	33.48	7.74	7.21	93.15	20.96
南和县	44.43	20.59	3.64	8.19	43.41	1.58	1.28	81.01	6.22
平乡县	43.39	17.74	2.17	5.00	23.50	0.51	0.31	60.78	1.75
清河县	52.26	22.87	7.68	14.70	30.73	2.36	2.13	90.25	9.31
沙河县	48.33	27.60	7.54	15.60	44.03	3.32	2.95	88.86	10.69
威　县	104.23	39.24	20.49	19.66	28.01	5.74	5.24	91.29	13.35
新河县	38.16	13.03	4.35	11.40	34.25	1.49	1.27	85.23	9.75
邢台县	63.54	37.06	10.81	17.01	50.32	5.44	4.99	91.73	13.46
任　县	48.12	20.47	3.69	7.67	32.25	1.19	0.84	70.59	4.10

5－17－32 续表1

县市名	耕地面积（万亩）	农业人口（万人）	棉田面积（万亩）	占耕地（%）	亩产（市斤）	产量（万担）	收购量（万担）	商品率（%）	人均交售（市斤）
秦皇岛市	**245.69**	**117.50**	**6.42**	**2.61**	**23.99**	**1.54**	**0.51**	**33.12**	**0.43**
昌黎县	99.46	43.23	1.42	1.43	32.39	0.46	0.13	28.26	0.30
卢龙县	68.19	33.33	3.27	4.80	20.80	0.68	0.27	39.71	0.81
抚宁县	78.04	40.94	1.73	2.22	23.12	0.40	0.11	27.50	0.27
唐山市	**843.40**	**414.85**	**56.43**	**6.69**	**42.41**	**23.93**	**19.90**	**83.16**	**4.80**
迁西县	32.83	27.75	0.53	1.61	30.19	0.16			
丰润县	114.78	56.68	8.41	7.33	39.71	3.34	2.73	81.74	4.82
丰南县	79.73	42.84	13.58	17.03	51.69	7.02	6.44	91.74	15.03
乐亭县	97.00	43.10	8.51	8.77	44.07	3.75	3.14	83.73	7.29
滦南县	113.40	48.20	8.48	7.48	35.26	2.99	2.30	76.92	4.77
滦　县	90.02	42.14	0.55	0.61	23.64	0.13			
迁安县	79.64	46.17	0.90	1.13	24.44	0.22			
唐海县	31.00	8.97	1.65	5.32	41.21	0.68	0.61	89.71	6.80
玉田县	115.00	49.00	6.99	6.08	38.77	2.71	2.34	86.35	4.78
遵化县	90.00	50.00	6.83	7.59	42.90	2.93	2.34	79.86	4.68
石家庄市	**885.44**	**516.94**	**190.25**	**21.49**	**70.42**	**133.97**	**126.23**	**94.22**	**24.42**
高邑县	25.50	12.20	6.53	25.61	61.72	4.03	3.77	93.55	30.90
鹿泉市	44.00	26.50	10.16	23.09	52.56	5.34	4.78	89.51	18.04
辛集市	106.32	46.56	32.57	30.63	71.11	23.16	22.52	97.24	48.37
赵　县	78.00	37.10	19.50	25.00	57.59	11.23	10.71	95.37	28.87
藁城市	83.94	54.00	23.16	27.59	71.89	16.65	15.87	95.32	29.39
栾城市	46.00	26.00	13.00	28.26	71.77	9.33	9.12	97.75	35.08
新乐市	42.45	28.50	4.74	11.17	66.03	3.13	2.58	82.43	9.05
正定市	53.00	40.00	12.71	23.98	101.97	12.96	12.14	93.67	30.35
晋州市	61.86	36.57	18.93	30.60	94.51	17.89	17.21	96.20	47.06
平山县	46.00	37.00	4.23	9.20	54.37	2.30	1.94	84.35	5.24
行唐县	56.50	30.20	8.51	15.06	65.45	5.57	5.00	89.77	16.56
井陉县	37.30	26.12	1.06	2.84	39.62	0.42	0.15	35.71	0.57
元氏县	54.29	26.40	10.50	19.34	52.00	5.46	5.17	94.69	19.58
深泽县	30.00	17.00	6.09	20.30	67.00	4.08	3.91	95.83	23.00
灵寿县	38.50	22.50	5.07	13.17	58.78	2.98	2.67	89.60	11.87
无极县	53.40	35.00	11.51	21.55	78.80	9.07	8.50	93.72	24.29
赞皇县	28.38	15.29	1.98	6.98	18.69	0.37	0.19	51.35	1.24
廊坊市	**573.18**	**249.10**	**46.35**	**8.09**	**44.10**	**20.44**	**18.93**	**92.61**	**7.60**
安次区	83.00	37.00	10.60	12.77	49.06	5.20	5.11	98.27	13.81
大城县	82.50	29.00	2.34	2.84	17.52	0.41	0.16	39.02	0.55
文安县	89.00	32.00	2.18	2.45	32.57	0.71	0.41	57.75	1.28
霸州市	67.50	36.00	5.19	7.69	40.08	2.08	1.94	93.27	5.39
固安县	67.18	27.60	6.39	9.51	36.31	2.32	2.31	99.57	8.37
香河县	44.00	23.60	4.80	10.91	54.38	2.61	2.35	90.04	9.96
大厂回	18.00	8.00	4.20	23.33	61.19	2.57	2.52	98.05	31.50
三河县	60.00	28.50	6.30	10.50	51.11	3.22	2.93	90.99	10.28
永清县	62.00	27.40	4.35	7.02	30.34	1.32	1.20	90.91	4.38

5－17－32 续表2

县市名	耕地面积（万亩）	农业人口（万人）	棉田面积（万亩）	占耕地（%）	亩产（市斤）	产量（万担）	收购量（万担）	商品率（%）	人均交售（市斤）
衡水市	**875.97**	**312.16**	**73.84**	**8.43**	**35.10**	**25.92**	**20.21**	**77.97**	**6.47**
安平县	50.07	24.10	4.18	8.35	59.57	2.49	1.53	61.45	6.35
阜城县	56.37	25.52	6.38	11.32	21.79	1.39	1.19	85.61	4.66
故城县	84.82	33.63	10.23	12.06	33.04	3.38	2.32	68.64	6.90
景　县	119.26	39.53	6.98	5.85	21.20	1.48	0.90	60.81	2.28
饶阳县	58.12	22.18	2.92	5.02	42.81	1.25	1.06	84.80	4.78
深州市	129.17	46.82	10.67	8.26	37.11	3.96	3.40	85.86	7.26
桃城区	56.78	19.04	3.05	5.37	33.11	1.01	0.74	73.27	3.89
武强县	45.84	15.57	0.26	0.57	26.92	0.07	0.01	14.29	0.06
武邑县	80.95	26.19	3.62	4.47	21.27	0.77	0.51	66.23	1.95
枣强县	95.47	28.94	10.01	10.48	31.67	3.17	2.39	75.39	8.26
冀州市	99.12	30.64	15.54	15.68	44.72	6.95	6.16	88.63	20.10
沧州市	**1194.00**	**436.54**	**69.68**	**5.84**	**29.72**	**20.71**	**17.41**	**84.07**	**3.99**
泊头市	95.48	35.59	0.29	0.30	13.79	0.04			
沧　县	148.23	52.68	0.44	0.30	13.64	0.06			
东光县	75.80	25.97	13.44	17.73	19.57	2.63	2.31	87.83	8.89
海兴县	44.98	14.65	0.25	0.56	20.00	0.05			
河间市	148.23	52.68	9.20	6.21	23.37	2.15	1.64	76.28	3.11
黄骅县	78.59	29.90	1.23	1.57	20.33	0.25			
孟村回	32.47	12.48	0.54	1.66	16.67	0.09			
南皮县	76.32	27.64	7.64	10.01	25.79	1.97	1.38	70.05	4.99
青　县	86.55	27.37	0.09	0.10	22.22	0.02			
任邱市	101.10	41.92	6.45	6.38	38.45	2.48	2.07	83.47	4.94
肃宁县	59.05	23.81	7.90	13.38	37.34	2.95	3.01	102.03	12.64
吴桥县	59.46	22.54	16.00	26.91	43.75	7.00	6.33	90.43	28.08
献县棉	114.27	39.33	3.10	2.71	14.19	0.44	0.24	54.55	0.61
盐山县	73.47	29.98	3.11	4.23	18.65	0.58	0.43	74.14	1.43
邯郸市	**996.67**	**469.47**	**156.56**	**15.71**	**45.32**	**70.96**	**64.87**	**91.42**	**13.82**
肥乡县	60.71	21.34	10.50	17.30	41.24	4.33	4.06	93.76	19.03
大名县	110.98	49.60	3.20	2.88	31.25	1.00	0.75	75.00	1.51
磁　县	70.90	42.39	12.69	17.90	38.93	4.94	4.52	91.50	10.66
广平县	37.50	16.07	5.96	15.89	43.96	2.62	2.28	87.02	14.19
成安县	57.20	23.45	20.00	34.97	53.25	10.65	10.17	95.49	43.37
馆陶县	49.00	19.03	10.01	20.43	41.36	4.14	3.87	93.48	20.34
邯郸市郊	27.50	22.45	0.51	1.85	70.59	0.36	0.13	36.11	0.58
邯郸县	55.40	24.90	10.77	19.44	50.14	5.40	5.02	92.96	20.16
临漳县	75.50	37.85	16.00	21.19	47.31	7.57	7.01	92.60	18.52
邱　县	50.04	13.69	11.09	22.16	27.50	3.05	3.01	98.69	21.99
曲周县	74.10	26.30	7.16	9.66	36.87	2.64	2.08	78.79	7.91
魏　县	97.54	53.30	3.20	3.28	31.25	1.00	0.75	75.00	1.41
武安市	94.90	50.42	19.56	20.61	44.94	8.79	8.17	92.95	16.20
永年县	96.50	53.40	21.51	22.29	58.95	12.68	11.60	91.48	21.72
鸡泽县	38.90	15.28	4.40	11.31	40.68	1.79	1.45	81.01	9.49

5－17－33　河北省1975年产棉县棉花生产收购明细

县市名	耕地面积（万亩）	农业人口（万人）	棉田面积（万亩）	占耕地（%）	亩产（市斤）	产量（万担）	收购量（万担）	商品率（%）	人均交售（市斤）
全省合计	**7793.56**	**3622.96**	**864.77**	**11.10**	**41.92**	**362.52**	**324.65**	**89.55**	**8.96**
保定市	**1183.08**	**658.27**	**105.30**	**8.90**	**38.12**	**40.14**	**34.36**	**85.60**	**5.22**
定兴县	74.36	38.90	11.11	14.94	34.29	3.81	3.55	93.18	9.13
安国县	50.25	28.92	8.50	16.92	32.59	2.77	2.33	84.12	8.06
博野县	33.01	17.90	7.03	21.30	54.05	3.80	3.96	104.21	22.12
定州市	126.50	77.95	12.63	9.98	39.03	4.93	3.07	62.27	3.94
高阳县	50.80	22.41	2.46	4.84	36.59	0.90	0.76	84.44	3.39
蠡　县	71.45	32.65	10.53	14.74	50.05	5.27	4.79	90.89	14.67
清苑县	100.06	49.34	6.07	6.07	27.02	1.64	1.27	77.44	2.57
容城县	34.89	16.77	3.53	10.12	34.84	1.23	1.06	86.18	6.32
唐　县	45.49	37.31	3.01	6.62	35.88	1.08	0.82	75.93	2.20
雄　县	56.00	23.50	0.29	0.52	37.93	0.11			
易　县	68.43	42.57	4.11	6.01	41.12	1.69	1.42	84.02	3.34
满城县	49.30	31.21	8.06	16.35	50.74	4.09	3.96	96.82	12.69
望都县	34.49	17.70	5.06	14.67	35.77	1.81	1.62	89.50	9.15
徐水县	73.21	39.31	4.36	5.96	27.75	1.21	0.66	54.55	1.68
高碑店	71.60	34.00	5.20	7.26	28.08	1.46	1.39	95.21	4.09
涿州市	73.60	35.94	5.30	7.20	30.00	1.59	1.50	94.34	4.17
安新县	44.00	28.80	0.51	1.16	35.29	0.18			
涞水县	37.80	24.94	2.17	5.74	47.93	1.04	1.06	101.92	4.25
曲阳县	47.41	34.90	0.61	1.29	26.23	0.16			
顺平县	40.43	23.25	4.76	11.77	28.78	1.37	1.14	83.21	4.90
邢台市	**1023.92**	**427.61**	**156.08**	**15.24**	**35.44**	**55.31**	**50.38**	**91.09**	**11.78**
宁晋县	123.85	51.03	20.65	16.67	42.18	8.71	8.15	93.57	15.97
柏乡县	32.07	12.68	9.99	31.15	51.55	5.15	4.97	96.50	39.20
广宗县	51.53	17.56	0.75	1.46	40.00	0.30	0.03	10.00	0.17
巨鹿县	69.53	24.40	4.74	6.82	27.22	1.29	0.86	66.67	3.52
临城县	32.84	13.67	5.32	16.20	42.67	2.27	2.16	95.15	15.80
临西县	57.56	21.88	8.51	14.78	37.25	3.17	2.88	90.85	13.16
隆尧县	81.70	33.80	12.91	15.80	35.01	4.52	4.02	88.94	11.89
内邱县	41.90	17.66	7.73	18.45	45.67	3.53	3.34	94.62	18.91
南宫市	91.50	35.00	23.11	25.26	27.78	6.42	5.98	93.15	17.09
南和县	44.14	20.82	4.99	11.30	33.87	1.69	1.37	81.07	6.58
平乡县	43.39	17.90	1.35	3.11	30.37	0.41	0.13	31.71	0.73
清河县	52.26	22.99	8.09	15.48	32.26	2.61	2.34	89.66	10.18
沙河县	47.82	27.74	7.78	16.27	37.79	2.94	2.72	92.52	9.81
威　县	104.23	39.58	20.14	19.32	23.93	4.82	4.48	92.95	11.32
新河县	38.20	12.92	4.85	12.70	27.01	1.31	1.24	94.66	9.60
邢台县	63.43	37.25	10.93	17.23	45.75	5.00	4.82	96.40	12.94
任　县	47.97	20.73	4.24	8.84	27.59	1.17	0.89	76.07	4.29

5－17－33 续表1

县市名	耕地面积（万亩）	农业人口（万人）	棉田面积（万亩）	占耕地（%）	亩产（市斤）	产量（万担）	收购量（万担）	商品率（%）	人均交售（市斤）
秦皇岛市	**243.47**	**119.81**	**5.87**	**2.41**	**31.69**	**1.86**	**0.61**	**32.80**	**0.51**
昌黎县	98.35	43.12	1.33	1.35	34.59	0.46	0.11	23.91	0.26
卢龙县	67.34	33.94	3.18	4.72	27.04	0.86	0.38	44.19	1.12
抚宁县	77.78	42.75	1.36	1.75	39.71	0.54	0.12	22.22	0.28
唐山市	**834.80**	**418.52**	**55.66**	**6.67**	**48.47**	**26.98**	**22.29**	**82.62**	**5.33**
迁西县	32.10	28.10	0.53	1.65	50.94	0.27			
丰润县	114.57	56.53	8.52	7.44	51.64	4.40	3.72	84.55	6.58
丰南县	78.86	43.33	13.48	17.09	53.86	7.26	6.66	91.74	15.37
乐亭县	96.87	43.12	8.52	8.80	45.19	3.85	3.24	84.16	7.51
滦南县	113.33	48.31	7.97	7.03	41.41	3.30	2.65	80.30	5.49
滦　县	86.14	42.56	0.58	0.67	32.76	0.19			
迁安县	78.82	46.90	0.97	1.23	43.30	0.42			
唐海县	31.09	9.10	1.68	5.40	54.76	0.92	0.83	90.22	9.12
玉田县	114.17	49.20	6.98	6.11	52.01	3.63	3.09	85.12	6.28
遵化县	88.85	51.37	6.43	7.24	42.61	2.74	2.10	76.64	4.09
石家庄市	**885.58**	**519.51**	**191.18**	**21.59**	**57.97**	**110.83**	**104.66**	**94.43**	**20.15**
高邑县	25.42	12.40	6.49	25.53	61.17	3.97	3.76	94.71	30.32
鹿泉市	43.92	25.30	9.97	22.70	40.42	4.03	3.75	93.05	14.82
辛集市	106.30	46.62	32.53	30.60	59.08	19.22	18.67	97.14	40.05
赵　县	78.02	37.59	19.50	24.99	56.26	10.97	10.48	95.53	27.88
藁城市	83.92	53.08	23.49	27.99	58.07	13.64	13.19	96.70	24.85
栾城市	45.06	26.70	13.00	28.85	73.62	9.57	9.15	95.61	34.27
新乐市	42.44	28.93	5.16	12.16	43.41	2.24	1.84	82.14	6.36
正定市	53.22	40.60	12.68	23.83	78.47	9.95	9.30	93.47	22.91
晋州市	61.88	36.91	19.03	30.75	81.87	15.58	14.97	96.08	40.56
平山县	46.30	35.76	4.23	9.14	38.77	1.64	1.41	85.98	3.94
行唐县	56.40	30.40	8.70	15.43	40.92	3.56	3.30	92.70	10.86
井陉县	37.22	26.59	1.07	2.87	30.84	0.33	0.12	36.36	0.45
元氏县	54.27	26.74	10.50	19.35	45.62	4.79	4.42	92.28	16.53
深泽县	30.84	17.78	6.09	19.75	44.17	2.69	2.55	94.80	14.34
灵寿县	38.66	22.95	5.31	13.74	34.09	1.81	1.59	87.85	6.93
无极县	53.35	35.70	11.50	21.56	55.13	6.34	5.88	92.74	16.47
赞皇县	28.36	15.46	1.93	6.81	25.91	0.50	0.28	56.00	1.81
廊坊市	**569.57**	**251.86**	**45.92**	**8.06**	**37.24**	**17.10**	**15.51**	**90.70**	**6.16**
安次区	82.78	37.50	10.66	12.88	35.18	3.75	3.61	96.27	9.63
大城县	82.05	29.80	1.91	2.33	17.28	0.33	0.13	39.39	0.44
文安县	88.21	32.33	2.15	2.44	28.84	0.62	0.34	54.84	1.05
霸州市	67.45	36.20	5.21	7.72	36.66	1.91	1.78	93.19	4.92
固安县	66.81	27.79	6.48	9.70	33.02	2.14	2.01	93.93	7.23
香河县	43.09	23.77	4.70	10.91	54.04	2.54	2.30	90.55	9.68
大厂回	17.91	8.05	4.19	23.39	39.86	1.67	1.61	96.41	20.00
三河县	59.41	28.66	6.34	10.67	42.90	2.72	2.45	90.07	8.55
永清县	61.86	27.76	4.28	6.92	33.18	1.42	1.28	90.14	4.61

5－17－33 续表2

县市名	耕地面积（万亩）	农业人口（万人）	棉田面积（万亩）	占耕地（%）	亩产（市斤）	产量（万担）	收购量（万担）	商品率（%）	人均交售（市斤）
衡水市	**884.90**	**314.51**	**75.68**	**8.55**	**31.14**	**23.57**	**19.21**	**81.50**	**6.11**
安平县	50.05	24.10	4.28	8.55	42.29	1.81	1.26	69.61	5.23
阜城县	69.13	25.70	6.40	9.26	30.00	1.92	1.70	88.54	6.61
故城县	84.82	33.82	9.96	11.74	34.94	3.48	2.39	68.68	7.07
景　县	119.50	39.83	7.21	6.03	26.91	1.94	1.30	67.01	3.26
饶阳县	58.10	22.40	3.00	5.16	32.33	0.97	0.79	81.44	3.53
深州市	129.12	47.00	11.46	8.88	29.93	3.43	2.97	86.59	6.32
桃城区	56.64	19.15	3.85	6.80	27.01	1.04	0.92	88.46	4.80
武强县	46.00	15.97	0.20	0.43	30.00	0.06			
武邑县	80.94	25.74	3.78	4.67	23.28	0.88	0.63	71.59	2.45
枣强县	94.70	29.70	10.00	10.56	27.10	2.71	2.15	79.34	7.24
冀州市	95.90	31.10	15.54	16.20	34.30	5.33	5.10	95.68	16.40
沧州市	**1172.93**	**438.78**	**70.00**	**5.97**	**28.69**	**20.08**	**17.08**	**85.06**	**3.89**
泊头市	93.10	36.00	0.16	0.17	18.75	0.03			
沧　县	146.18	53.50	0.31	0.21	22.58	0.07			
东光县	75.10	26.27	13.70	18.24	28.25	3.87	3.53	91.21	13.44
海兴县	45.23	14.90	0.20	0.44	35.00	0.07			
河间市	142.33	54.15	9.32	6.55	21.78	2.03	1.34	66.01	2.47
黄骅县	77.86	27.40	1.28	1.64	24.22	0.31			
孟村回	31.48	12.60	0.55	1.75	23.64	0.13			
南皮县	75.25	27.90	7.39	9.82	29.23	2.16	1.79	82.87	6.42
青　县	86.55	27.60	0.11	0.13	27.27	0.03			
任邱市	100.63	42.03	6.32	6.28	27.22	1.72	1.39	80.81	3.31
肃宁县	58.91	24.00	7.87	13.36	26.56	2.09	1.94	92.82	8.08
吴桥县	59.37	22.64	16.06	27.05	38.11	6.12	5.90	96.41	26.06
献县棉	107.79	39.59	3.56	3.30	19.94	0.71	0.61	85.92	1.54
盐山县	73.15	30.20	3.17	4.33	23.34	0.74	0.58	78.38	1.92
邯郸市	**995.31**	**474.09**	**159.08**	**15.98**	**41.90**	**66.65**	**60.55**	**90.85**	**12.77**
肥乡县	60.61	21.55	10.60	17.49	40.09	4.25	3.95	92.94	18.33
大名县	110.97	50.02	3.19	2.87	31.03	0.99	0.78	78.79	1.56
磁　县	70.80	42.84	12.00	16.95	36.83	4.42	3.98	90.05	9.29
广平县	37.46	16.19	5.99	15.99	41.90	2.51	2.25	89.64	13.90
成安县	57.20	23.74	23.00	40.21	47.00	10.81	10.50	97.13	44.23
馆陶县	48.80	19.42	10.12	20.74	41.01	4.15	3.68	88.67	18.95
邯郸市郊	27.20	22.30	0.52	1.91	50.00	0.26	0.09	34.62	0.40
邯郸县	55.30	25.18	11.00	19.89	42.64	4.69	4.35	92.75	17.28
临漳县	75.50	38.26	14.50	19.21	40.34	5.85	5.31	90.77	13.88
邱　县	50.03	13.87	11.00	21.99	34.55	3.80	3.55	93.42	25.59
曲周县	74.10	26.64	7.30	9.85	34.11	2.49	2.05	82.33	7.70
魏　县	97.52	53.81	3.19	3.27	31.03	0.99	0.78	78.79	1.45
武安市	94.42	50.75	19.14	20.27	39.71	7.60	6.56	86.32	12.93
永年县	96.50	54.05	23.00	23.83	52.70	12.12	11.33	93.48	20.96
鸡泽县	38.90	15.47	4.53	11.65	37.97	1.72	1.39	80.81	8.99

5-17-34 河北省1976年产棉县棉花生产收购明细

县市名	耕地面积（万亩）	农业人口（万人）	棉田面积（万亩）	占耕地（%）	亩产（市斤）	产量（万担）	收购量（万担）	商品率（%）	人均交售（市斤）
全省合计	**7633.93**	**3596.11**	**849.81**	**11.13**	**25.67**	**218.14**	**192.16**	**88.09**	**5.34**
保定市	**1180.40**	**664.00**	**100.61**	**8.52**	**22.01**	**22.14**	**15.97**	**72.13**	**2.41**
定兴县	74.00	39.00	10.87	14.69	16.74	1.82	1.44	79.12	3.69
安国县	50.00	29.00	8.86	17.72	19.30	1.71	1.19	69.59	4.10
博野县	33.00	18.00	7.06	21.39	33.00	2.33	2.56	109.87	14.22
定州市	126.00	79.00	12.46	9.89	26.57	3.31	1.28	38.67	1.62
高阳县	51.00	23.00	1.96	3.84	18.37	0.36	0.24	66.67	1.04
蠡　县	71.00	33.00	10.58	14.90	28.92	3.06	2.58	84.31	7.82
清苑县	100.00	49.00	5.30	5.30	18.49	0.98	0.52	53.06	1.06
容城县	35.00	17.00	3.30	9.43	23.03	0.76	0.57	75.00	3.35
唐　县	45.00	38.00	3.05	6.78	15.41	0.47	0.10	21.28	0.26
雄　县	56.00	24.00	0.28	0.50	7.14	0.02			
易　县	68.00	43.00	3.11	4.57	14.79	0.46	0.24	52.17	0.56
满城县	49.00	32.00	8.00	16.33	35.00	2.80	2.73	97.50	8.53
望都县	34.00	18.00	4.96	14.59	19.76	0.98	0.82	83.67	4.56
徐水县	73.00	40.00	3.77	5.16	16.71	0.63	0.07	11.11	0.18
高碑店	72.00	34.00	4.22	5.86	8.53	0.36	0.35	97.22	1.03
涿州市	74.00	36.00	5.30	7.16	10.94	0.58	0.40	68.97	1.11
安新县	44.00	29.00	0.35	0.80	22.86	0.08			
涞水县	38.00	25.00	1.98	5.21	16.67	0.33	0.29	87.88	1.16
曲阳县	47.40	35.00	0.52	1.10	13.46	0.07			
顺平县	40.00	23.00	4.68	11.70	22.01	1.03	0.59	57.28	2.57
邢台市	**1023.19**	**431.71**	**152.13**	**14.87**	**25.10**	**38.18**	**34.87**	**91.33**	**8.08**
宁晋县	123.85	51.27	20.56	16.60	28.36	5.83	5.70	97.77	11.12
柏乡县	31.95	12.76	8.97	28.08	35.56	3.19	3.03	94.98	23.75
广宗县	51.53	18.20	2.37	4.60	20.68	0.49	0.22	44.90	1.21
巨鹿县	69.53	24.59	4.55	6.54	17.80	0.81	0.54	66.67	2.20
临城县	32.94	13.76	5.24	15.91	22.14	1.16	1.12	96.55	8.14
临西县	57.55	21.87	8.50	14.77	29.65	2.52	2.37	94.05	10.84
隆尧县	81.61	34.11	12.92	15.83	24.61	3.18	2.91	91.51	8.53
内邱县	41.76	17.76	7.72	18.49	34.84	2.69	2.56	95.17	14.41
南宫市	92.50	36.30	20.06	21.69	23.78	4.77	4.18	87.63	11.52
南和县	44.14	21.05	4.56	10.33	22.59	1.03	0.86	83.50	4.09
平乡县	43.20	18.07	1.55	3.59	18.71	0.29	0.13	44.83	0.72
清河县	51.94	23.11	8.05	15.50	20.25	1.63	1.47	90.18	6.36
沙河县	47.52	27.75	7.50	15.78	24.13	1.81	1.77	97.79	6.38
威　县	104.23	39.73	20.10	19.28	18.91	3.80	3.45	90.79	8.68
新河县	38.13	13.13	4.80	12.59	17.08	0.82	0.75	91.46	5.71
邢台县	63.17	37.29	10.81	17.11	31.91	3.45	3.30	95.65	8.85
任　县	47.64	20.96	3.87	8.12	18.35	0.71	0.51	71.83	2.43

5－17－34 续表1

县市名	耕地面积（万亩）	农业人口（万人）	棉田面积（万亩）	占耕地（%）	亩产（市斤）	产量（万担）	收购量（万担）	商品率（%）	人均交售（市斤）
秦皇岛市	**243.47**	**119.81**	**5.22**	**2.14**	**13.98**	**0.73**	**0.16**	**21.92**	**0.13**
昌黎县	98.35	43.12	0.99	1.01	15.15	0.15			
卢龙县	67.34	33.94	2.93	4.35	12.63	0.37	0.14	37.84	0.41
抚宁县	77.78	42.75	1.30	1.67	16.15	0.21	0.02	9.52	0.05
唐山市	**831.97**	**415.04**	**55.05**	**6.62**	**20.54**	**11.31**	**8.65**	**76.48**	**2.08**
迁西县	32.10	28.10	0.54	1.68	5.56	0.03			
丰润县	114.13	55.36	8.80	7.71	22.95	2.02	1.56	77.23	2.82
丰南县	77.59	40.12	13.38	17.24	28.33	3.79	3.33	87.86	8.30
乐亭县	96.60	43.10	8.45	8.75	22.84	1.93	1.40	72.54	3.25
滦南县	113.00	48.40	7.95	7.04	14.21	1.13	0.68	60.18	1.40
滦　县	86.14	42.56	0.59	0.68	5.08	0.03			
迁安县	78.82	46.90	0.91	1.15	10.99	0.10			
唐海县	31.09	9.10	1.59	5.11	20.13	0.32	0.30	93.75	3.30
玉田县	114.00	49.60	6.76	5.93	21.01	1.42	1.13	79.58	2.28
遵化县	88.50	51.80	6.08	6.87	8.88	0.54	0.25	46.30	0.48
石家庄市	**884.57**	**524.91**	**192.28**	**21.74**	**33.61**	**64.63**	**61.76**	**95.56**	**11.77**
高邑县	25.42	12.40	6.47	25.45	38.02	2.46	2.40	97.56	19.35
鹿泉市	43.80	25.50	9.86	22.51	20.49	2.02	1.88	93.07	7.37
辛集市	106.27	47.00	34.02	32.01	34.22	11.64	11.17	95.96	23.77
赵　县	78.00	38.00	19.50	25.00	35.44	6.91	6.86	99.28	18.05
藁城市	83.76	55.00	23.43	27.97	36.66	8.59	8.45	98.37	15.36
栾城市	46.00	26.60	13.00	28.26	32.08	4.17	3.77	90.41	14.17
新乐市	42.40	29.50	5.73	13.51	29.49	1.69	1.35	79.88	4.58
正定市	53.00	41.00	12.59	23.75	45.12	5.68	5.48	96.48	13.37
晋州市	61.84	37.30	19.03	30.77	40.15	7.64	7.42	97.12	19.89
平山县	46.00	37.00	4.28	9.30	24.77	1.06	0.91	85.85	2.46
行唐县	56.40	30.70	9.14	16.21	27.13	2.48	2.29	92.34	7.46
井陉县	37.20	26.59	0.46	1.24	26.09	0.12			
元氏县	54.20	26.90	10.47	19.32	24.55	2.57	2.52	98.05	9.37
深泽县	30.00	17.00	6.63	22.10	26.40	1.75	1.71	97.71	10.06
灵寿县	38.66	23.00	5.26	13.61	25.29	1.33	1.20	90.23	5.22
无极县	53.35	35.80	12.00	22.49	36.67	4.40	4.35	98.86	12.15
赞皇县	28.27	15.62	0.41	1.45	29.27	0.12			
廊坊市	**568.06**	**253.74**	**44.32**	**7.80**	**16.85**	**7.47**	**6.40**	**85.68**	**2.52**
安次区	82.50	38.00	9.25	11.21	17.30	1.60	1.41	88.13	3.71
大城县	82.05	29.80	2.23	2.72	8.97	0.20	0.06	30.00	0.20
文安县	88.00	32.40	2.05	2.33	11.22	0.23	0.08	34.78	0.25
霸州市	67.00	37.00	4.99	7.45	13.03	0.65	0.47	72.31	1.27
固安县	66.81	28.00	6.47	9.68	19.78	1.28	1.20	93.75	4.29
香河县	43.00	23.77	4.76	11.07	22.06	1.05	0.84	80.00	3.53
大厂回	17.90	8.07	4.18	23.35	23.92	1.00	1.00	100.00	12.39
三河县	59.00	28.70	6.31	10.69	14.90	0.94	0.92	97.87	3.21
永清县	61.80	28.00	4.08	6.60	12.75	0.52	0.42	80.77	1.50

5－17－34 续表 2

县市名	耕地面积（万亩）	农业人口（万人）	棉田面积（万亩）	占耕地（%）	亩产（市斤）	产量（万担）	收购量（万担）	商品率（%）	人均交售（市斤）
衡水市	**884.04**	**316.68**	**72.47**	**8.20**	**20.42**	**14.80**	**11.64**	**78.65**	**3.68**
安平县	50.05	24.19	4.20	8.39	22.38	0.94	0.47	50.00	1.94
阜城县	68.97	25.89	6.38	9.25	16.77	1.07	0.93	86.92	3.59
故城县	84.72	34.10	9.92	11.71	20.46	2.03	1.27	62.56	3.72
景　县	119.40	40.18	5.50	4.61	20.55	1.13	0.83	73.45	2.07
饶阳县	58.10	22.40	2.80	4.82	18.93	0.53	0.33	62.26	1.47
深州市	129.00	47.20	10.91	8.46	16.32	1.78	1.52	85.39	3.22
桃城区	56.52	19.27	3.65	6.46	18.63	0.68	0.55	80.88	2.85
武强县	46.00	15.97	0.05	0.11	20.00	0.01			
武邑县	80.68	26.68	3.53	4.38	13.88	0.49	0.32	65.31	1.20
枣强县	94.70	29.70	9.98	10.54	21.24	2.12	1.47	69.34	4.95
冀州市	95.90	31.10	15.55	16.21	25.85	4.02	3.95	98.26	12.70
沧州市	**1023.84**	**392.34**	**67.88**	**6.63**	**20.06**	**13.62**	**10.81**	**79.37**	**2.76**
泊头市	92.62	40.77	0.14	0.15	14.29	0.02			
沧　县									
东光县	74.44	26.43	14.08	18.91	20.88	2.94	2.54	86.39	9.61
海兴县	44.20	14.80	0.16	0.36	12.50	0.02			
河间市	147.80	54.35	8.33	5.64	18.01	1.50	0.47	31.33	0.86
黄骅县	77.94	27.75	0.68	0.87	10.29	0.07			
孟村回	31.47	13.17	0.47	1.49	8.51	0.04			
南皮县	75.15	28.05	7.42	9.87	21.29	1.58	1.28	81.01	4.56
青　县	86.51	27.62	0.08	0.09	12.50	0.01			
任邱市	96.95	42.19	5.78	5.96	15.05	0.87	0.56	64.37	1.33
肃宁县	57.15	24.08	7.85	13.74	21.40	1.68	1.29	76.79	5.36
吴桥县	59.20	22.71	15.98	26.99	26.78	4.28	4.17	97.43	18.36
献县棉	107.53	39.91	3.09	2.87	6.80	0.21	0.16	76.19	0.40
盐山县	72.88	30.51	3.82	5.24	10.47	0.40	0.34	85.00	1.11
邯郸市	**994.39**	**477.88**	**159.85**	**16.08**	**28.31**	**45.26**	**41.90**	**92.58**	**8.77**
肥乡县	60.60	21.71	10.57	17.44	28.00	2.96	2.82	95.27	12.99
大名县	110.85	50.32	4.75	4.29	16.84	0.80	0.62	77.50	1.23
磁　县	70.60	43.14	12.00	17.00	25.75	3.09	2.91	94.17	6.75
广平县	37.50	16.27	6.00	16.00	29.00	1.74	1.52	87.36	9.34
成安县	57.10	24.02	22.00	38.53	40.36	8.88	8.99	101.24	37.43
馆陶县	48.70	19.74	10.08	20.70	31.35	3.16	2.88	91.14	14.59
邯郸市郊	27.10	22.73	0.09	0.33	33.33	0.03			
邯郸县	55.30	25.38	10.95	19.80	22.01	2.41	2.48	102.90	9.77
临漳县	75.40	38.56	14.00	18.57	24.71	3.46	2.97	85.84	7.70
邱　县	50.03	13.91	10.99	21.97	25.57	2.81	2.46	87.54	17.69
曲周县	74.00	26.90	7.27	9.82	26.96	1.96	1.54	78.57	5.72
魏　县	97.51	54.39	4.75	4.87	16.84	0.80	0.62	77.50	1.14
武安市	94.40	50.78	19.00	20.13	20.21	3.84	3.76	97.92	7.40
永年县	96.40	54.49	23.00	23.86	34.91	8.03	7.24	90.16	13.29
鸡泽县	38.90	15.54	4.40	11.31	29.32	1.29	1.09	84.50	7.01

5-17-35 河北省1977年产棉县棉花生产收购明细

县市名	耕地面积（万亩）	农业人口（万人）	棉田面积（万亩）	占耕地（%）	亩产（市斤）	产量（万担）	收购量（万担）	商品率（%）	人均交售（市斤）
全省合计	**7625.23**	**3621.31**	**809.44**	**10.62**	**24.26**	**196.34**	**172.56**	**87.89**	**4.77**
保定市	**1180.40**	**673.00**	**88.97**	**7.54**	**12.32**	**10.96**	**9.14**	**83.39**	**1.36**
定兴县	74.00	40.00	6.25	8.45	8.16	0.51	0.44	86.27	1.10
安国县	50.00	30.00	8.64	17.28	14.35	1.24	1.05	84.68	3.50
博野县	33.00	18.00	7.00	21.21	16.71	1.17	1.03	88.03	5.72
定州市	126.00	80.00	12.37	9.82	11.56	1.43	0.85	59.44	1.06
高阳县	51.00	23.00	2.21	4.33	4.98	0.11	0.11	100.00	0.48
蠡　县	71.00	33.00	10.25	14.44	7.12	0.73	0.74	101.37	2.24
清苑县	100.00	50.00	4.78	4.78	6.07	0.29	0.27	93.10	0.54
容城县	35.00	17.00	2.79	7.97	4.30	0.12	0.08	66.67	0.47
唐　县	45.00	38.00	3.04	6.76	24.34	0.74	0.39	52.70	1.03
雄　县	56.00	24.00	0.23	0.41					
易　县	68.00	43.00	2.96	4.35	5.74	0.17	0.12	70.59	0.28
满城县	49.00	32.00	7.93	16.18	29.51	2.34	2.09	89.32	6.53
望都县	34.00	18.00	4.95	14.56	14.95	0.74	0.87	117.57	4.83
徐水县	73.00	40.00	2.43	3.33	10.29	0.25	0.19	76.00	0.48
高碑店	72.00	35.00	3.08	4.28	7.47	0.23	0.24	104.35	0.69
涿州市	74.00	36.00	2.99	4.04	7.02	0.21	0.15	71.43	0.42
安新县	44.00	30.00	0.36	0.82	2.78	0.01			
涞水县	38.00	26.00	1.88	4.95	10.11	0.19	0.15	78.95	0.58
曲阳县	47.40	36.00	0.22	0.46	9.09	0.02			
顺平县	40.00	24.00	4.61	11.53	9.98	0.46	0.37	80.43	1.54
邢台市	**1021.40**	**434.01**	**150.73**	**14.76**	**23.82**	**35.91**	**31.18**	**86.83**	**7.18**
宁晋县	123.59	51.53	20.50	16.59	13.61	2.79	2.43	87.10	4.72
柏乡县	31.92	12.86	8.99	28.16	37.49	3.37	3.12	92.58	24.26
广宗县	51.53	18.49	2.00	3.88	23.00	0.46	0.29	63.04	1.57
巨鹿县	69.52	24.80	4.27	6.14	17.56	0.75	0.46	61.33	1.85
临城县	32.63	13.84	5.25	16.09	19.62	1.03	0.90	87.38	6.50
临西县	57.56	21.91	7.43	12.91	26.65	1.98	1.77	89.39	8.08
隆尧县	81.53	34.58	12.59	15.44	24.38	3.07	2.64	85.99	7.63
内邱县	41.66	17.90	7.49	17.98	24.57	1.84	1.59	86.41	8.88
南宫市	92.00	35.70	20.01	21.75	24.29	4.86	4.08	83.95	11.43
南和县	44.10	21.28	4.86	11.02	24.90	1.21	0.93	76.86	4.37
平乡县	43.20	18.26	2.07	4.79	13.53	0.28	0.11	39.29	0.60
清河县	51.91	23.27	8.13	15.66	23.00	1.87	1.68	89.84	7.22
沙河县	47.39	27.88	7.61	16.06	39.95	3.04	2.73	89.80	9.79
威　县	104.23	39.99	20.09	19.27	16.87	3.39	3.14	92.63	7.85
新河县	38.13	13.17	4.74	12.43	10.97	0.52	0.41	78.85	3.11
邢台县	62.95	37.35	10.66	16.93	45.31	4.83	4.56	94.41	12.21
任　县	47.55	21.20	4.04	8.50	15.35	0.62	0.34	54.84	1.60

5－17－35 续表 1

县市名	耕地面积（万亩）	农业人口（万人）	棉田面积（万亩）	占耕地（%）	亩产（市斤）	产量（万担）	收购量（万担）	商品率（%）	人均交售（市斤）
秦皇岛市	**243.47**	**119.81**	**4.94**	**2.03**	**25.10**	**1.24**	**0.53**	**42.74**	**0.44**
昌黎县	98.35	43.12	0.76	0.77	21.05	0.16			
卢龙县	67.34	33.94	2.99	4.44	25.08	0.75	0.44	58.67	1.30
抚宁县	77.78	42.75	1.19	1.53	27.73	0.33	0.09	27.27	0.21
唐山市	**829.28**	**415.21**	**55.27**	**6.66**	**26.40**	**14.59**	**11.65**	**79.85**	**2.81**
迁西县	32.10	28.10	0.51	1.59	25.49	0.13			
丰润县	113.77	54.70	8.72	7.66	25.34	2.21	1.74	78.73	3.18
丰南县	77.26	40.35	13.40	17.34	31.04	4.16	3.73	89.66	9.24
乐亭县	96.60	43.10	8.43	8.73	25.03	2.11	1.72	81.52	3.99
滦南县	112.00	48.40	8.15	7.28	15.58	1.27	0.91	71.65	1.88
滦　县	86.14	42.56	0.50	0.58	16.00	0.08			
迁安县	78.82	46.90	0.91	1.15	34.07	0.31			
唐海县	31.09	9.10	1.50	4.82	29.33	0.44	0.36	81.82	3.96
玉田县	113.00	50.00	7.00	6.19	38.14	2.67	2.36	88.39	4.72
遵化县	88.50	52.00	6.15	6.95	19.67	1.21	0.83	68.60	1.60
石家庄市	**885.19**	**527.71**	**177.57**	**20.06**	**34.91**	**61.99**	**57.22**	**92.31**	**10.84**
高邑县	25.42	12.40	6.49	25.53	68.57	4.45	4.18	93.93	33.71
鹿泉市	43.70	26.00	9.77	22.36	37.77	3.69	3.43	92.95	13.19
辛集市	106.25	47.22	33.63	31.65	13.17	4.43	3.97	89.62	8.41
赵　县	78.00	38.40	19.01	24.37	22.30	4.24	3.95	93.16	10.29
藁城市	83.68	55.00	20.05	23.96	40.15	8.05	7.64	94.91	13.89
栾城市	47.00	26.50	12.99	27.64	68.21	8.86	8.44	95.26	31.85
新乐市	42.40	29.90	5.34	12.59	24.16	1.29	0.99	76.74	3.31
正定市	53.00	41.30	11.46	21.62	80.28	9.20	8.65	94.02	20.94
晋州市	61.76	37.62	12.60	20.40	38.73	4.88	4.54	93.03	12.07
平山县	46.00	37.00	4.08	8.87	28.19	1.15	0.92	80.00	2.49
行唐县	56.40	30.90	8.57	15.20	17.04	1.46	1.26	86.30	4.08
井陉县	37.20	26.59	0.36	0.97	22.22	0.08			
元氏县	54.10	27.10	10.46	19.33	37.95	3.97	3.53	88.92	13.03
深泽县	30.00	17.00	5.96	19.87	18.79	1.12	0.99	88.39	5.82
灵寿县	38.66	23.10	5.12	13.24	26.76	1.37	1.23	89.78	5.32
无极县	53.35	35.90	11.32	21.22	32.42	3.67	3.50	95.37	9.75
赞皇县	28.27	15.78	0.36	1.27	22.22	0.08			
廊坊市	**567.06**	**254.45**	**47.35**	**8.35**	**16.75**	**7.93**	**7.18**	**90.54**	**2.82**
安次区	82.50	38.00	11.53	13.98	12.84	1.48	1.28	86.49	3.37
大城县	82.05	29.80	0.90	1.10	1.11	0.01			
文安县	88.00	32.50	1.10	1.25	0.91	0.01			
霸州市	66.00	37.00	5.73	8.68	7.16	0.41	0.39	95.12	1.05
固安县	66.81	28.30	7.02	10.51	21.79	1.53	1.47	96.08	5.19
香河县	43.00	23.77	4.39	10.21	25.28	1.11	0.99	89.19	4.16
大厂回	17.90	8.08	4.48	25.03	23.21	1.04	0.99	95.19	12.25
三河县	59.00	28.80	7.05	11.95	26.38	1.86	1.62	87.10	5.63
永清县	61.80	28.20	5.15	8.33	9.32	0.48	0.44	91.67	1.56

5－17－35 续表 2

县市名	耕地面积（万亩）	农业人口（万人）	棉田面积（万亩）	占耕地（%）	亩产（市斤）	产量（万担）	收购量（万担）	商品率（%）	人均交售（市斤）
衡水市	**883.31**	**317.94**	**71.65**	**8.11**	**10.73**	**7.69**	**6.28**	**81.66**	**1.98**
安平县	50.04	24.19	3.80	7.59	4.74	0.18	0.11	61.11	0.45
阜城县	68.97	26.12	6.21	9.00	7.89	0.49	0.40	81.63	1.53
故城县	84.42	34.33	10.04	11.89	19.02	1.91	1.59	83.25	4.63
景　县	119.45	40.44	5.50	4.60	7.27	0.40	0.25	62.50	0.62
饶阳县	58.10	22.40	3.01	5.18	17.61	0.53	0.33	62.26	1.47
深州市	128.99	47.40	10.38	8.05	3.47	0.36	0.22	61.11	0.46
桃城区	56.07	19.45	3.53	6.30	5.95	0.21	0.13	61.90	0.67
武强县	46.00	15.97	0.09	0.20					
武邑县	80.67	26.84	3.48	4.31	3.16	0.11	0.07	63.64	0.26
枣强县	94.70	29.70	10.12	10.69	13.83	1.40	1.23	87.86	4.14
冀州市	95.90	31.10	15.49	16.15	13.56	2.10	1.95	92.86	6.27
沧州市	**1021.80**	**396.19**	**63.24**	**6.19**	**4.24**	**2.68**	**1.91**	**71.27**	**0.48**
泊头市	92.52	36.68	0.07	0.08					
沧　县									
东光县	73.91	26.61	13.26	17.94	1.81	0.24	0.12	50.00	0.45
海兴县	44.21	15.20	0.10	0.23	10.00	0.01			
河间市	147.00	54.94	8.53	5.80	3.40	0.29	0.21	72.41	0.38
黄骅县	77.92	32.93	0.45	0.58	4.44	0.02			
孟村回	31.47	12.87	0.42	1.33					
南皮县	74.61	28.20	5.50	7.37	1.27	0.07	0.02	28.57	0.07
青　县	86.47	28.14	0.03	0.03					
任邱市	96.95	42.83	5.63	5.81	5.68	0.32	0.20	62.50	0.47
肃宁县	57.17	24.15	6.85	11.98	10.36	0.71	0.61	85.92	2.53
吴桥县	59.18	22.79	16.00	27.04	5.94	0.95	0.72	75.79	3.16
献县棉	107.51	40.21	2.96	2.75	1.01	0.03	0.02	66.67	0.05
盐山县	72.88	30.64	3.44	4.72	1.16	0.04	0.01	25.00	0.03
邯郸市	**993.32**	**482.99**	**149.72**	**15.07**	**35.63**	**53.35**	**47.47**	**88.98**	**9.83**
肥乡县	60.60	22.81	10.50	17.33	28.76	3.02	3.02	100.00	13.24
大名县	110.78	50.87	4.93	4.45	12.37	0.61	0.50	81.97	0.98
磁　县	70.60	43.50	11.55	16.36	39.91	4.61	4.38	95.01	10.07
广平县	37.40	16.35	6.00	16.04	30.00	1.80	1.61	89.44	9.85
成安县	57.10	24.22	21.00	36.78	43.05	9.04	8.71	96.35	35.96
馆陶县	48.70	20.00	10.02	20.57	23.45	2.35	0.23	9.79	1.15
邯郸市郊	26.90	23.02	0.03	0.11	100.00	0.03			
邯郸县	55.30	25.81	10.09	18.24	37.48	3.78	3.62	95.77	14.03
临漳县	75.50	38.92	5.00	6.62	101.40	5.07	4.48	88.36	11.51
邱　县	50.04	14.04	11.10	22.18	17.39	1.93	1.79	92.75	12.75
曲周县	74.00	26.90	8.23	11.12	25.76	2.12	1.79	84.43	6.65
魏　县	97.50	54.83	4.93	5.06	12.37	0.61	0.50	81.97	0.91
武安市	93.60	51.04	19.00	20.30	39.26	7.46	6.93	92.90	13.58
永年县	96.40	54.89	23.00	23.86	42.35	9.74	8.90	91.38	16.21
鸡泽县	38.90	15.79	4.34	11.16	27.19	1.18	1.01	85.59	6.40

5－17－36　河北省1978年产棉县棉花生产收购明细

县市名	耕地面积（万亩）	农业人口（万人）	棉田面积（万亩）	占耕地（%）	亩产（市斤）	产量（万担）	收购量（万担）	商品率（%）	人均交售（市斤）
全省合计	**7602.62**	**3631.10**	**862.77**	**11.35**	**27.05**	**233.36**	**205.58**	**88.10**	**5.66**
保定市	**1182.13**	**682.78**	**107.37**	**9.08**	**17.42**	**18.70**	**15.73**	**84.12**	**2.30**
定兴县	74.36	40.30	11.10	14.93	21.44	2.38	2.25	94.54	5.58
安国县	50.24	30.04	10.36	20.62	13.42	1.39	1.18	84.89	3.93
博野县	32.99	18.70	10.00	30.31	11.80	1.18	0.98	83.05	5.24
定州市	126.48	81.31	16.04	12.68	17.39	2.79	2.02	72.40	2.48
高阳县	50.79	22.92	0.48	0.95	41.67	0.20			
蠡　县	71.00	33.68	13.24	18.65	21.60	2.86	2.94	102.80	8.73
清苑县	100.00	50.80	5.87	5.87	13.29	0.78	0.58	74.36	1.14
容城县	34.70	17.40	5.00	14.41	20.40	1.02	0.87	85.29	5.00
唐　县	45.42	38.66	2.10	4.62	20.00	0.42	0.24	57.14	0.62
雄　县	56.10	24.20	0.09	0.16	22.22	0.02			
易　县	68.34	43.68	0.09	0.13	33.33	0.03			
满城县	49.37	32.30	10.11	20.48	14.74	1.49	1.33	89.26	4.12
望都县	34.47	18.50	5.16	14.97	19.77	1.02	0.90	88.24	4.86
徐水县	73.25	41.00	6.53	8.91	17.30	1.13	0.82	72.57	2.00
高碑店	71.59	35.20	5.18	7.24	15.44	0.80	0.71	88.75	2.02
涿州市	73.80	36.84	0.13	0.18	15.38	0.02			
安新县	43.88	30.60	0.22	0.50	22.73	0.05			
涞水县	37.60	25.91	0.06	0.16	50.00	0.03			
曲阳县	47.35	36.70	0.14	0.30	28.57	0.04			
顺平县	40.40	24.04	5.47	13.54	19.20	1.05	0.91	86.67	3.79
邢台市	**1020.43**	**436.10**	**154.94**	**15.18**	**28.44**	**44.06**	**39.24**	**89.06**	**9.00**
宁晋县	123.59	51.88	20.46	16.55	27.76	5.68	5.27	92.78	10.16
柏乡县	31.91	12.98	8.44	26.45	33.06	2.79	2.68	96.06	20.65
广宗县	51.04	18.85	5.01	9.82	18.96	0.95	0.65	68.42	3.45
巨鹿县	69.52	25.01	5.27	7.58	23.34	1.23	0.90	73.17	3.60
临城县	32.63	13.91	5.10	15.63	24.90	1.27	1.07	84.25	7.69
临西县	57.49	22.02	8.80	15.31	33.30	2.93	2.74	93.52	12.44
隆尧县	81.45	34.94	13.11	16.10	34.25	4.49	3.98	88.64	11.39
内邱县	41.66	18.09	7.70	18.48	41.56	3.20	2.94	91.88	16.25
南宫市	92.00	34.20	20.00	21.74	24.45	4.89	4.54	92.84	13.27
南和县	44.11	21.62	5.10	11.56	36.08	1.84	1.42	77.17	6.57
平乡县	43.20	18.56	0.52	1.20	23.08	0.12			
清河县	51.92	23.46	8.05	15.50	22.98	1.85	1.73	93.51	7.37
沙河县	47.36	27.98	7.84	16.55	36.22	2.84	2.49	87.68	8.90
威　县	104.23	40.26	20.10	19.28	16.67	3.35	3.28	97.91	8.15
新河县	38.13	13.24	5.16	13.53	19.77	1.02	0.90	88.24	6.80
邢台县	62.73	37.62	10.83	17.26	41.74	4.52	4.16	92.04	11.06
任　县	47.46	21.48	3.45	7.27	31.59	1.09	0.49	44.95	2.28

5－17－36 续表 1

县市名	耕地面积（万亩）	农业人口（万人）	棉田面积（万亩）	占耕地（%）	亩产（市斤）	产量（万担）	收购量（万担）	商品率（%）	人均交售（市斤）
秦皇岛市	**241.09**	**118.94**	**5.64**	**2.34**	**26.95**	**1.52**	**0.60**	**39.47**	**0.50**
昌黎县	97.54	43.80	0.83	0.85	31.33	0.26	0.01	3.85	0.02
卢龙县	65.86	34.29	2.95	4.48	23.73	0.70	0.37	52.86	1.08
抚宁县	77.69	40.85	1.86	2.39	30.11	0.56	0.22	39.29	0.54
唐山市	**827.88**	**419.46**	**55.75**	**6.73**	**24.00**	**13.38**	**10.36**	**77.43**	**2.47**
迁西县	31.89	28.15	0.51	1.60	27.45	0.14			
丰润县	113.58	55.82	8.94	7.87	12.86	1.15	0.77	66.96	1.38
丰南县	77.15	40.68	14.52	18.82	27.96	4.06	3.57	87.93	8.78
乐亭县	96.59	42.92	8.66	8.97	39.84	3.45	2.96	85.80	6.90
滦南县	111.97	48.45	7.98	7.13	25.69	2.05	1.54	75.12	3.18
滦县	86.05	43.04	0.56	0.65	17.86	0.10			
迁安县	77.78	47.96	0.96	1.23	22.92	0.22			
唐海县	31.37	9.80	0.81	2.58	40.74	0.33	0.26	78.79	2.65
玉田县	113.00	50.25	7.72	6.83	12.31	0.95	0.70	73.68	1.39
遵化县	88.50	52.39	5.09	5.75	18.27	0.93	0.56	60.22	1.07
石家庄市	**886.46**	**528.94**	**190.37**	**21.48**	**30.55**	**58.16**	**51.77**	**89.01**	**9.79**
高邑县	25.41	12.40	6.50	25.58	43.54	2.83	2.60	91.87	20.97
鹿泉市	43.66	26.45	9.54	21.85	31.34	2.99	2.59	86.62	9.79
辛集市	106.24	47.13	33.88	31.89	33.80	11.45	10.68	93.28	22.66
赵县	78.00	38.76	19.50	25.00	34.97	6.82	6.37	93.40	16.43
藁城市	83.62	54.07	23.36	27.94	23.84	5.57	4.91	88.15	9.08
栾城市	47.34	26.40	12.89	27.23	27.54	3.55	3.16	89.01	11.97
新乐市	42.38	29.94	5.68	13.40	19.01	1.08	0.80	74.07	2.67
正定市	53.11	41.40	12.60	23.72	34.52	4.35	3.89	89.43	9.40
晋州市	61.77	37.68	18.76	30.37	32.25	6.05	5.55	91.74	14.73
平山县	46.30	36.12	4.23	9.14	31.21	1.32	1.01	76.52	2.80
行唐县	56.39	31.03	8.82	15.64	20.86	1.84	1.40	76.09	4.51
井陉县	37.17	26.98	0.44	1.18	25.00	0.11			
元氏县	54.06	27.33	10.49	19.40	30.03	3.15	2.71	86.03	9.92
深泽县	30.75	18.04	6.01	19.54	29.95	1.80	1.58	87.78	8.76
灵寿县	38.65	23.20	5.28	13.66	27.84	1.47	1.23	83.67	5.30
无极县	53.34	36.10	12.00	22.50	30.58	3.67	3.29	89.65	9.11
赞皇县	28.27	15.91	0.39	1.38	28.21	0.11			
廊坊市	**565.08**	**255.89**	**46.48**	**8.23**	**16.33**	**7.59**	**6.98**	**91.96**	**2.73**
安次区	82.40	38.00	11.46	13.91	13.44	1.54	1.39	90.26	3.66
大城县	82.05	30.10	0.29	0.35	17.24	0.05			
文安县	87.54	32.63	0.93	1.06	16.13	0.15			
霸州市	65.73	37.40	5.57	8.47	13.64	0.76	0.62	81.58	1.66
固安县	65.81	28.61	7.09	10.77	19.46	1.38	1.33	96.38	4.65
香河县	43.00	23.77	4.70	10.93	20.64	0.97	0.81	83.51	3.41
大厂回	17.85	8.08	4.50	25.21	15.56	0.70	0.70	100.00	8.66
三河县	58.97	28.90	6.92	11.73	18.79	1.30	1.36	104.62	4.71
永清县	61.73	28.40	5.02	8.13	14.74	0.74	0.77	104.05	2.71

5－17－36 续表 2

县市名	耕地面积（万亩）	农业人口（万人）	棉田面积（万亩）	占耕地（%）	亩产（市斤）	产量（万担）	收购量（万担）	商品率（%）	人均交售（市斤）
衡水市	**880.51**	**318.79**	**76.85**	**8.73**	**24.88**	**19.12**	**16.60**	**86.82**	**5.21**
安平县	50.03	24.20	5.74	11.47	28.92	1.66	1.39	83.73	5.74
阜城县	68.97	26.40	7.22	10.47	21.47	1.55	1.40	90.32	5.30
故城县	84.42	34.44	10.35	12.26	21.06	2.18	1.82	83.49	5.28
景　县	119.44	40.45	8.04	6.73	14.05	1.13	0.71	62.83	1.76
饶阳县	58.00	22.50	5.48	9.45	24.82	1.36	1.17	86.03	5.20
深州市	128.99	47.58	10.99	8.52	30.94	3.40	3.00	88.24	6.31
桃城区	56.04	19.45	1.60	2.86	20.00	0.32	0.14	43.75	0.72
武强县	46.00	16.24	0.05	0.11	20.00	0.01			
武邑县	80.67	26.15	1.30	1.61	17.69	0.23	0.03	13.04	0.11
枣强县	94.30	30.30	10.42	11.05	23.99	2.50	2.25	90.00	7.43
冀州市	93.65	31.08	15.66	16.72	30.52	4.78	4.69	98.12	15.09
沧州市	**1006.03**	**383.37**	**67.77**	**6.74**	**18.02**	**12.21**	**10.54**	**86.32**	**2.75**
泊头市	92.48	36.90	0.03	0.03					
沧　县									
东光县	73.89	26.70	14.21	19.23	14.50	2.06	1.71	83.01	6.40
海兴县	44.29	15.17	0.09	0.20	22.22	0.02			
河间市	141.89	55.40	9.02	6.36	20.73	1.87	1.57	83.96	2.83
黄骅县	77.54	28.20	0.33	0.43	18.18	0.06			
孟村回	31.47	12.90	0.26	0.83	15.38	0.04			
南皮县	74.54	27.10	7.16	9.61	21.93	1.57	1.28	81.53	4.72
青　县	86.17	28.20	0.01	0.01					
任邱市	96.18	43.36	5.79	6.02	20.38	1.18	0.96	81.36	2.21
肃宁县	57.16	24.20	7.97	13.94	24.34	1.94	1.91	98.45	7.89
吴桥县	50.04	14.17	17.89	35.75	15.54	2.78	2.55	91.73	18.00
献县棉	107.50	40.47	0.09	0.08	22.22	0.02			
盐山县	72.88	30.60	4.92	6.75	13.62	0.67	0.56	83.58	1.83
邯郸市	**993.01**	**486.83**	**157.60**	**15.87**	**37.20**	**58.62**	**53.76**	**91.71**	**11.04**
肥乡县	60.60	21.89	10.62	17.52	35.40	3.76	3.69	98.14	16.86
大名县	110.78	51.33	3.01	2.72	30.23	0.91	0.81	89.01	1.58
磁　县	70.55	43.88	10.48	14.85	41.51	4.35	3.72	85.52	8.48
广平县	37.45	16.45	5.98	15.97	37.79	2.26	2.09	92.48	12.71
成安县	57.10	24.44	21.01	36.80	39.65	8.33	7.88	94.60	32.24
馆陶县	48.74	20.25	10.01	20.54	34.47	3.45	3.18	92.17	15.70
邯郸市郊	26.67	23.16	0.04	0.15	50.00	0.02			
邯郸县	55.18	26.11	10.08	18.27	31.25	3.15	2.92	92.70	11.18
临漳县	75.45	39.24	14.44	19.14	48.20	6.96	6.37	91.52	16.23
邱　县	50.04	14.17	13.14	26.26	22.45	2.95	2.76	93.56	19.48
曲周县	74.04	27.18	8.03	10.85	34.62	2.78	2.46	88.49	9.05
魏　县	97.60	56.56	3.01	3.08	30.23	0.91	0.81	89.01	1.43
武安市	93.52	51.15	17.38	18.58	39.70	6.90	6.30	91.30	12.32
永年县	96.40	55.05	22.98	23.84	43.86	10.08	9.22	91.47	16.75
鸡泽县	38.89	15.97	7.39	19.00	24.49	1.81	1.55	85.64	9.71

5－17－37　河北省1979年产棉县棉花生产收购明细

县市名	耕地面积（万亩）	农业人口（万人）	棉田面积（万亩）	占耕地（%）	亩产（市斤）	产量（万担）	收购量（万担）	商品率（%）	人均交售（市斤）
全省合计	**7301.77**	**3444.69**	**831.15**	**11.38**	**27.55**	**229.00**	**218.51**	**95.42**	**6.34**
保定市	**1089.00**	**617.00**	**101.31**	**9.30**	**22.52**	**22.82**	**24.03**	**105.30**	**3.89**
定兴县	74.00	41.00	10.90	14.73	16.70	1.82	2.38	130.77	5.80
安国县	50.00	30.00	9.98	19.96	18.34	1.83	2.00	109.29	6.67
博野县	33.00	19.00	9.99	30.27	31.63	3.16	3.16	100.00	16.63
定州市	126.00	82.00	14.90	11.83	23.62	3.52	3.06	86.93	3.73
高阳县	51.00	23.00	0.58	1.14	17.24	0.10	0.03	30.00	0.13
蠡　县	71.00	33.00	13.00	18.31	22.31	2.90	3.39	116.90	10.27
清苑县	100.00	51.00	5.01	5.01	15.57	0.78	0.72	92.31	1.41
容城县	35.00	17.00	4.40	12.57	19.77	0.87	1.01	116.09	5.94
唐　县	45.00	39.00	2.20	4.89	30.45	0.67	0.52	77.61	1.33
雄　县	56.00	24.00	0.08	0.14	12.50	0.01			
易　县	68.00	44.00	0.24	0.35	29.17	0.07			
满城县	49.00	32.00	10.03	20.47	26.02	2.61	2.85	109.20	8.91
望都县	34.00	19.00	5.03	14.79	29.62	1.49	1.92	128.86	10.11
徐水县	73.00	41.00	4.90	6.71	14.49	0.71	0.53	74.65	1.29
高碑店	72.00	35.00	4.80	6.67	7.92	0.38	0.50	131.58	1.43
涿州市	74.00	37.00	0.11	0.15	9.09	0.01			
安新县									
涞水县	38.00	26.00	0.06	0.16	16.67	0.01			
曲阳县									
顺平县	40.00	24.00	5.10	12.75	36.86	1.88	1.96	104.26	8.17
邢台市	**1018.04**	**439.56**	**153.04**	**15.03**	**23.52**	**35.99**	**34.48**	**95.80**	**7.84**
宁晋县	123.52	52.15	20.60	16.68	20.19	4.16	3.56	85.58	6.83
柏乡县	31.89	13.06	7.90	24.77	21.14	1.67	1.71	102.40	13.09
广宗县	51.04	19.05	0.90	1.76	32.22	0.29	0.13	44.83	0.68
巨鹿县	69.31	25.24	5.30	7.65	18.49	0.98	0.63	64.29	2.50
临城县	32.56	14.03	5.30	16.28	28.87	1.53	1.62	105.88	11.55
临西县	57.42	22.16	9.00	15.67	27.67	2.49	2.69	108.03	12.14
隆尧县	81.36	35.27	13.10	16.10	20.08	2.63	2.63	100.00	7.46
内邱县	41.66	18.27	7.60	18.24	32.24	2.45	2.26	92.24	12.37
南宫市	90.80	34.40	21.00	23.13	24.95	5.24	5.24	100.00	15.23
南和县	44.11	21.91	4.70	10.66	28.09	1.32	1.08	81.82	4.93
平乡县	43.20	18.85	0.60	1.39	30.00	0.18	0.03	16.67	0.16
清河县	51.45	23.66	8.10	15.74	17.16	1.39	1.55	111.51	6.55
沙河县	47.34	28.00	7.80	16.48	35.90	2.80	2.45	87.50	8.75
威　县	104.23	40.56	20.40	19.57	13.19	2.69	3.19	118.59	7.86
新河县	38.11	13.28	5.30	13.91	11.51	0.61	0.61	100.00	4.59
邢台县	62.58	37.97	11.04	17.64	44.20	4.88	4.55	93.24	11.98
任　县	47.46	21.70	4.40	9.27	15.45	0.68	0.55	80.88	2.53

5－17－37 续表 1

县市名	耕地面积（万亩）	农业人口（万人）	棉田面积（万亩）	占耕地（%）	亩产（市斤）	产量（万担）	收购量（万担）	商品率（%）	人均交售（市斤）
秦皇岛市	**143.55**	**75.14**	**4.30**	**3.00**	**27.21**	**1.17**	**0.54**	**46.15**	**0.72**
昌黎县									
卢龙县	65.86	34.29	2.50	3.80	25.60	0.64	0.34	53.13	0.99
抚宁县	77.69	40.85	1.80	2.32	29.44	0.53	0.20	37.74	0.49
唐山市	**598.98**	**291.35**	**39.60**	**6.61**	**33.48**	**13.26**	**11.47**	**86.50**	**3.94**
迁西县									
丰润县	113.14	55.81	6.50	5.75	19.08	1.24	0.85	68.55	1.52
丰南县	76.75	40.84	11.70	15.24	39.66	4.64	4.44	95.69	10.87
乐亭县	96.59	42.90	6.90	7.14	59.13	4.08	3.85	94.36	8.97
滦南县	111.00	48.60	5.50	4.95	27.45	1.51	1.04	68.87	2.14
滦　县									
迁安县									
唐海县									
玉田县	113.00	50.20	5.40	4.78	21.85	1.18	1.00	84.75	1.99
遵化县	88.50	53.00	3.60	4.07	16.94	0.61	0.29	47.54	0.55
石家庄市	**848.83**	**506.30**	**185.62**	**21.87**	**37.75**	**70.08**	**70.88**	**101.14**	**14.00**
高邑县	25.40	12.50	6.50	25.59	32.00	2.08	2.11	101.44	16.88
鹿泉市	43.60	27.00	9.80	22.48	46.53	4.56	4.34	95.18	16.07
辛集市	106.23	47.01	33.70	31.72	41.10	13.85	14.02	101.23	29.82
赵　县	78.00	39.00	19.50	25.00	22.56	4.40	5.03	114.32	12.90
藁城市	83.60	55.00	22.90	27.39	33.28	7.62	7.82	102.62	14.22
栾城市	47.50	27.00	11.80	24.84	35.00	4.13	4.11	99.52	15.22
新乐市	42.38	30.00	2.90	6.84	23.10	0.67	0.91	135.82	3.03
正定市	53.00	41.50	12.60	23.77	50.95	6.42	6.41	99.84	15.45
晋州市	61.76	37.59	19.30	31.25	51.30	9.90	10.53	106.36	28.01
平山县	46.00	37.00	3.90	8.48	36.67	1.43	1.30	90.91	3.51
行唐县	56.30	31.50	8.80	15.63	21.14	1.86	1.57	84.41	4.98
井陉县									
元氏县	54.10	27.50	10.40	19.22	32.60	3.39	3.02	89.09	10.98
深泽县	30.70	18.00	6.00	19.54	37.67	2.26	2.37	104.87	13.17
灵寿县	38.65	23.30	5.10	13.20	24.90	1.27	1.31	103.15	5.62
无极县	53.34	36.30	11.90	22.31	51.26	6.10	6.03	98.85	16.61
赞皇县	28.27	16.10	0.52	1.84	26.92	0.14			
廊坊市	**563.41**	**257.55**	**42.11**	**7.47**	**12.97**	**5.46**	**5.32**	**97.44**	**2.07**
安次区	82.50	38.00	10.40	12.61	9.90	1.03	0.96	93.20	2.53
大城县	82.05	30.20	0.28	0.34	3.57	0.01			
文安县	87.00	33.00	1.02	1.17	5.88	0.06			
霸州市	65.00	38.00	4.60	7.08	9.35	0.43	0.42	97.67	1.11
固安县	65.81	28.90	6.80	10.33	13.24	0.90	0.92	102.22	3.18
香河县	43.00	23.77	4.40	10.23	22.73	1.00	1.00	100.00	4.21
大厂回	17.85	8.08	3.01	16.86	19.60	0.59	0.62	105.08	7.67
三河县	58.50	29.00	6.90	11.79	17.25	1.19	1.12	94.12	3.86
永清县	61.70	28.60	4.70	7.62	5.32	0.25	0.28	112.00	0.98

5－17－37 续表 2

县市名	耕地面积（万亩）	农业人口（万人）	棉田面积（万亩）	占耕地（%）	亩产（市斤）	产量（万担）	收购量（万担）	商品率（%）	人均交售（市斤）
衡水市	**880.34**	**320.37**	**75.53**	**8.58**	**21.85**	**16.50**	**15.29**	**92.67**	**4.77**
安平县	50.03	24.14	5.60	11.19	20.89	1.17	0.98	83.76	4.06
阜城县	68.97	26.47	7.21	10.45	22.47	1.62	1.60	98.77	6.04
故城县	84.41	34.58	10.10	11.97	26.34	2.66	2.27	85.34	6.56
景　县	119.36	40.83	7.63	6.39	15.47	1.18	0.99	83.90	2.42
饶阳县	58.00	22.50	5.40	9.31	19.26	1.04	0.84	80.77	3.73
深州市	128.98	47.68	10.80	8.37	21.67	2.34	2.58	110.26	5.41
桃城区	55.97	19.48	1.30	2.32	14.62	0.19	0.04	21.05	0.21
武强县	46.00	16.24	0.09	0.20	22.22	0.02			
武邑县	80.67	27.07	1.40	1.74	22.14	0.31			
枣强县	94.30	30.30	10.30	10.92	25.73	2.65	2.36	89.06	7.79
冀州市	93.65	31.08	15.70	16.76	21.15	3.32	3.63	109.34	11.68
沧州市	**1167.05**	**446.98**	**66.52**	**5.70**	**16.19**	**10.77**	**11.43**	**106.13**	**2.56**
泊头市	92.00	36.70	0.03	0.03					
沧　县	147.00	51.40	0.13	0.09	15.38	0.02			
东光县	74.00	26.74	14.70	19.86	17.96	2.64	2.68	101.52	10.02
海兴县	44.00	15.60	0.08	0.18	12.50	0.01			
河间市	147.00	51.40	9.01	6.13	15.54	1.40	1.09	77.86	2.12
黄骅县	78.00	33.01	0.31	0.40	16.13	0.05			
孟村回	31.00	12.96	0.32	1.03	18.75	0.06			
南皮县	75.00	28.35	6.30	8.40	27.94	1.76	1.62	92.05	5.71
青　县	86.00	29.50	0.01	0.01					
任邱市	96.00	43.03	5.96	6.21	10.91	0.65	0.58	89.23	1.35
肃宁县	57.00	24.50	9.10	15.96	15.16	1.38	1.42	102.90	5.80
吴桥县	59.05	22.74	15.90	26.93	12.64	2.01	3.33	165.67	14.64
献县棉	108.00	40.30	0.07	0.06	14.29	0.01			
盐山县	73.00	30.75	4.60	6.30	16.96	0.78	0.71	91.03	2.31
邯郸市	**992.57**	**490.44**	**163.12**	**16.43**	**32.46**	**52.95**	**45.07**	**85.12**	**9.19**
肥乡县	60.60	22.07	11.10	18.32	26.40	2.93	2.85	97.27	12.91
大名县	110.78	51.89	3.10	2.80	23.87	0.74	0.75	101.35	1.45
磁　县	70.54	44.30	12.00	17.01	36.08	4.33	4.34	100.23	9.80
广平县	37.44	16.60	6.00	16.03	24.33	1.46	1.44	98.63	8.67
成安县	57.09	24.50	21.00	36.78	35.81	7.52	7.92	105.32	32.33
馆陶县	48.74	20.30	10.10	20.72	26.24	2.65	2.42	91.32	11.92
邯郸市郊	26.52	22.95	0.06	0.23	66.67	0.04	0.05	125.00	0.22
邯郸县	55.18	26.10	10.90	19.75	33.85	3.69	3.61	97.83	13.83
临漳县	75.45	39.70	14.20	18.82	38.73	5.50	5.31	96.55	13.38
邱　县	50.03	14.73	12.90	25.78	16.36	2.11	2.53	119.91	17.18
曲周县	74.04	27.60	7.80	10.53	28.72	2.24	2.41	107.59	8.73
魏　县	97.54	56.30	5.20	5.33	25.58	1.33	1.24	93.23	2.20
武安市	93.34	51.20	19.08	20.44	43.03	8.21			
永年县	96.39	56.00	22.78	23.63	37.75	8.60	8.49	98.72	15.16
鸡泽县	38.89	16.20	6.90	17.74	23.19	1.60	1.71	106.88	10.56

5－17－38　河北省1980年产棉县棉花生产收购明细

县市名	耕地面积（万亩）	农业人口（万人）	棉田面积（万亩）	占耕地（%）	亩　产（市斤）	产　量（万担）	收购量（万担）	商品率（%）	人均交售（市斤）
全省合计	**7186.78**	**3437.94**	**816.52**	**11.36**	**60.18**	**491.42**	**495.88**	**100.91**	**14.42**
保定市	**1089.60**	**625.10**	**98.25**	**9.02**	**40.91**	**40.19**	**41.51**	**103.28**	**6.64**
定兴县	74.27	41.00	10.19	13.72	43.47	4.43	4.47	100.90	10.90
安国县	50.24	30.58	9.45	18.81	34.29	3.24	3.46	106.79	11.31
博野县	32.91	19.10	9.19	27.92	45.05	4.14	4.63	111.84	24.24
定州市	126.46	83.03	14.52	11.48	39.12	5.68	5.63	99.12	6.78
高阳县	50.69	23.19	1.63	3.22	28.83	0.47	0.41	87.23	1.77
蠡　县	70.98	34.19	12.70	17.89	43.94	5.58	5.75	103.05	16.82
清苑县	99.64	51.61	5.00	5.02	29.80	1.49	1.37	91.95	2.65
容城县	34.70	17.70	3.62	10.43	42.27	1.53	1.85	120.92	10.45
唐　县	45.27	39.81	2.34	5.17	50.00	1.17	1.02	87.18	2.56
雄　县	56.10	24.80	0.03	0.05	33.33	0.01			
易　县	68.41	44.25	0.35	0.51	48.57	0.17	0.11	64.71	0.25
满城县	49.34	32.82	10.02	20.31	44.91	4.50	4.55	101.11	13.86
望都县	34.47	17.80	4.99	14.48	44.49	2.22	2.75	123.87	15.45
徐水县	73.17	41.72	4.43	6.05	30.47	1.35	1.22	90.37	2.92
高碑店	71.58	35.70	3.75	5.24	21.60	0.81	0.91	112.35	2.55
涿州市	73.40	37.23	0.03	0.04	33.33	0.01			
安新县									
涞水县	37.57	26.24	0.67	1.78	47.76	0.32	0.27	84.38	1.03
曲阳县									
顺平县	40.40	24.33	5.34	13.22	57.49	3.07	3.11	101.30	12.78
邢台市	**1012.32**	**441.37**	**155.66**	**15.38**	**50.13**	**78.04**	**79.24**	**101.54**	**17.95**
宁晋县	123.51	52.61	19.74	15.98	40.37	7.97	8.32	104.39	15.81
柏乡县	31.88	13.23	7.50	23.53	70.00	5.25	5.21	99.24	39.38
广宗县	51.04	19.36	1.16	2.27	35.34	0.41	0.37	90.24	1.91
巨鹿县	69.30	25.60	5.25	7.58	24.95	1.31	1.27	96.95	4.96
临城县	32.56	14.23	5.32	16.34	28.20	1.50	1.95	130.00	13.70
临西县	57.41	22.44	9.74	16.97	84.19	8.20	8.28	100.98	36.90
隆尧县	81.36	35.82	12.84	15.78	41.51	5.33	5.79	108.63	16.16
内邱县	41.66	18.61	7.65	18.36	38.69	2.96	2.91	98.31	15.64
南宫市	91.90	35.40	24.12	26.25	51.58	12.44	12.24	98.39	34.58
南和县	44.11	22.24	4.80	10.88	50.42	2.42	2.30	95.04	10.34
平乡县	43.08	19.25	0.89	2.07	33.71	0.30	0.31	103.33	1.61
清河县	51.45	24.02	8.29	16.11	73.58	6.10	6.41	105.08	26.69
沙河县	45.99	27.22	8.06	17.53	68.61	5.53	5.11	92.41	18.77
威　县	103.84	41.03	20.83	20.06	48.30	10.06	10.34	102.78	25.20
新河县	37.94	13.38	5.30	13.97	19.62	1.04	1.12	107.69	8.37
邢台县	57.83	34.80	10.13	17.52	55.58	5.63	5.49	97.51	15.78
任　县	47.46	22.13	4.04	8.51	39.36	1.59	1.82	114.47	8.22

5-17-38 续表1

县市名	耕地面积（万亩）	农业人口（万人）	棉田面积（万亩）	占耕地（%）	亩产（市斤）	产量（万担）	收购量（万担）	商品率（%）	人均交售（市斤）
秦皇岛市	**142.97**	**76.01**	**4.13**	**2.89**	**54.24**	**2.24**	**1.35**	**60.27**	**1.78**
昌黎县									
卢龙县	65.31	34.56	2.23	3.41	47.53	1.06	0.65	61.32	1.88
抚宁县	77.66	41.45	1.90	2.45	62.11	1.18	0.70	59.32	1.69
唐山市	**598.04**	**292.93**	**39.96**	**6.68**	**60.79**	**24.29**	**22.27**	**91.68**	**7.60**
迁西县									
丰润县	112.62	56.12	6.75	5.99	31.70	2.14	1.75	81.78	3.12
丰南县	76.63	41.10	12.27	16.01	66.34	8.14	7.89	96.93	19.20
乐亭县	96.16	42.80	8.24	8.57	94.90	7.82	7.67	98.08	17.92
滦南县	111.88	48.79	5.63	5.03	54.88	3.09	2.50	80.91	5.12
滦　县									
迁安县									
唐海县									
玉田县	112.40	51.05	4.37	3.89	48.51	2.12	1.91	90.09	3.74
遵化县	88.35	53.07	2.70	3.06	36.30	0.98	0.55	56.12	1.04
石家庄市	**847.83**	**507.82**	**181.64**	**21.42**	**83.48**	**151.63**	**147.95**	**97.57**	**29.13**
高邑县	25.38	12.40	6.46	25.45	92.11	5.95	5.97	100.34	48.15
鹿泉市	43.55	26.70	9.91	22.76	86.18	8.54	8.32	97.42	31.16
辛集市	106.21	47.26	33.84	31.86	71.07	24.05	23.67	98.42	50.08
赵　县	77.10	39.57	16.91	21.93	63.75	10.78	10.69	99.17	27.02
藁城市	83.59	55.05	22.42	26.82	80.73	18.10	17.82	98.45	32.37
栾城市	47.32	26.60	11.24	23.75	83.81	9.42	9.12	96.82	34.29
新乐市	42.34	31.91	2.58	6.09	75.58	1.95	1.65	84.62	5.17
正定市	53.08	39.90	11.92	22.46	136.58	16.28	15.72	96.56	39.40
晋州市	61.76	37.83	19.39	31.40	109.59	21.25	20.92	98.45	55.30
平山县	46.28	36.52	4.12	8.90	50.49	2.08	1.91	91.83	5.23
行唐县	56.23	31.74	8.76	15.58	50.34	4.41	4.18	94.78	13.17
井陉县									
元氏县	54.03	27.74	10.51	19.45	67.27	7.07	6.73	95.19	24.26
深泽县	30.74	18.32	5.99	19.49	78.13	4.68	4.69	100.21	25.60
灵寿县	38.65	23.46	5.08	13.14	50.20	2.55	2.45	96.08	10.44
无极县	53.31	36.50	11.99	22.49	119.85	14.37	14.11	98.19	38.66
赞皇县	28.26	16.32	0.52	1.84	28.85	0.15			
廊坊市	**564.03**	**257.57**	**33.46**	**5.93**	**39.60**	**13.25**	**13.80**	**104.15**	**5.36**
安次区	82.12	38.00	8.10	9.86	36.30	2.94	3.13	106.46	8.24
大城县	82.04	30.30	0.12	0.15	33.33	0.04			
文安县	87.41	32.80	0.65	0.74	26.15	0.17			
霸州市	65.63	37.90	4.00	6.09	36.50	1.46	1.60	109.59	4.22
固安县	65.64	28.96	5.94	9.05	57.74	3.43	3.85	112.24	13.29
香河县	42.94	23.78	2.90	6.75	36.55	1.06	1.00	94.34	4.21
大厂回	17.83	8.09	2.72	15.26	37.87	1.03	1.08	104.85	13.35
三河县	58.74	28.98	5.62	9.57	34.16	1.92	1.83	95.31	6.31
永清县	61.68	28.76	3.41	5.53	35.19	1.20	1.31	109.17	4.55

县市名	耕地面积（万亩）	农业人口（万人）	棉田面积（万亩）	占耕地（%）	亩产（市斤）	产量（万担）	收购量（万担）	商品率（%）	人均交售（市斤）
衡水市	**879.19**	**319.19**	**78.83**	**8.97**	**45.82**	**36.12**	**35.76**	**99.00**	**11.20**
安平县	50.03	24.20	5.56	11.11	29.50	1.64	1.67	101.83	6.90
阜城县	68.96	26.70	7.23	10.48	34.99	2.53	3.02	119.37	11.31
故城县	84.41	34.90	10.16	12.04	60.33	6.13	5.82	94.94	16.68
景县	119.42	40.74	7.64	6.40	30.37	2.32	2.43	104.74	5.96
饶阳县	58.00	22.50	5.10	8.79	35.29	1.80	1.64	91.11	7.29
深州市	128.92	46.09	10.82	8.39	46.40	5.02	5.13	102.19	11.13
桃城区	55.73	19.67	1.40	2.51	23.57	0.33	0.12	36.36	0.61
武强县	45.63	16.43	0.07	0.15	42.86	0.03			
武邑县	80.28	26.32	0.07	0.09	42.86	0.03	0.05	166.67	0.19
枣强县	94.30	30.60	10.55	11.19	52.99	5.59	5.57	99.64	18.20
冀州市	93.51	31.04	20.23	21.63	52.89	10.70	10.31	96.36	33.22
沧州市	**1063.28**	**419.81**	**61.81**	**5.81**	**45.04**	**27.84**	**31.59**	**113.47**	**7.52**
泊头市	92.45	36.90	0.04	0.04	25.00	0.01			
沧县	136.97	51.40	0.10	0.07	30.00	0.03			
东光县	73.61	26.97	13.78	18.72	37.52	5.17	5.68	109.86	21.06
海兴县	44.78	15.39	0.06	0.13	16.67	0.01			
河间市	141.69	56.51	7.81	5.51	27.02	2.11	2.13	100.95	3.77
黄骅县	77.03	28.60	0.33	0.43	30.30	0.10			
孟村回	31.46	13.10	0.26	0.83	23.08	0.06			
南皮县	74.54	27.30	6.08	8.16	46.71	2.84	3.40	119.72	12.45
青县									
任邱市	94.54	44.32	5.50	5.82	36.91	2.03	2.01	99.01	4.54
肃宁县	56.81	24.40	7.28	12.81	47.12	3.43	4.93	143.73	20.20
吴桥县	59.05	22.76	16.22	27.47	68.00	11.03	12.21	110.70	53.65
献县棉	107.47	41.26	0.04	0.04	25.00	0.01			
盐山县	72.88	30.90	4.31	5.91	23.43	1.01	1.23	121.78	3.98
邯郸市	**989.52**	**498.14**	**162.78**	**16.45**	**72.38**	**117.82**	**122.41**	**103.90**	**24.57**
肥乡县	60.63	22.40	11.24	18.54	61.83	6.95	7.55	108.63	33.71
大名县	110.45	52.83	3.09	2.80	53.07	1.64	1.66	101.22	3.14
磁县	70.33	44.40	12.77	18.16	70.87	9.05	8.99	99.34	20.25
广平县	37.39	16.98	5.99	16.02	63.61	3.81	4.05	106.30	23.85
成安县	57.09	24.90	21.00	36.78	93.00	19.53	20.06	102.71	80.56
馆陶县	48.57	20.87	10.01	20.61	89.81	8.99	9.40	104.56	45.04
邯郸市郊	26.50	23.00	0.26	0.98	84.62	0.22			
邯郸县	54.93	26.60	11.28	20.54	74.91	8.45	8.73	103.31	32.82
临漳县	75.36	40.40	14.07	18.67	86.28	12.14	12.76	105.11	31.58
邱县	50.00	15.00	11.60	23.20	48.45	5.62	6.16	109.61	41.07
曲周县	72.02	28.09	7.89	10.96	65.15	5.14	5.59	108.75	19.90
魏县	97.48	57.51	5.46	5.60	47.62	2.60	2.53	97.31	4.40
武安市	93.55	51.44	20.48	21.89	61.04	12.50	12.36	98.88	24.03
永年县	96.39	57.22	22.53	23.37	81.00	18.25	19.52	106.96	34.11
鸡泽县	38.83	16.50	5.11	13.16	57.34	2.93	3.05	104.10	18.48

5-17-39 河北省1981年产棉县棉花生产收购明细

县市名	耕地面积（万亩）	农业人口（万人）	棉田面积（万亩）	占耕地（%）	亩产（市斤）	产量（万担）	收购量（万担）	商品率（%）	人均交售（市斤）
全省合计	**7230.31**	**3507.56**	**790.55**	**10.93**	**55.83**	**441.36**	**455.70**	**103.25**	**12.99**
保定市	**1089.30**	**635.40**	**99.33**	**9.12**	**40.65**	**40.38**	**44.30**	**109.71**	**6.97**
定兴县	74.20	41.50	10.24	13.80	48.14	4.93	5.18	105.07	12.48
安国县	50.20	31.00	9.95	19.82	36.08	3.59	4.44	123.68	14.32
博野县	32.90	19.40	9.56	29.06	49.06	4.69	5.07	108.10	26.13
定州市	126.50	84.40	14.20	11.23	36.20	5.14	6.14	119.46	7.27
高阳县	50.70	23.40	1.69	3.33	24.26	0.41	0.61	148.78	2.61
蠡　县	71.00	34.80	13.26	18.68	37.03	4.91	4.96	101.02	14.25
清苑县	99.40	52.40	5.03	5.06	35.59	1.79	1.65	92.18	3.15
容城县	34.70	18.00	3.27	9.42	49.85	1.63	1.72	105.52	9.56
唐　县	45.30	40.40	2.88	6.36	48.96	1.41	1.33	94.33	3.29
雄　县	56.00	25.30	0.03	0.05	33.33	0.01			
易　县	68.40	44.70	0.91	1.33	37.36	0.34	0.44	129.41	0.98
满城县	49.30	33.30	9.94	20.16	31.39	3.12	3.28	105.13	9.85
望都县	34.50	19.30	5.08	14.72	57.09	2.90	4.25	146.55	22.02
徐水县	73.20	42.30	3.93	5.37	37.15	1.46	1.19	81.51	2.81
高碑店	71.60	36.20	3.05	4.26	29.51	0.90	0.96	106.67	2.65
涿州市	73.50	37.90	0.02	0.03	50.00	0.01			
安新县									
涞水县	37.50	26.60	1.30	3.47	40.00	0.52	0.59	113.46	2.22
曲阳县									
顺平县	40.40	24.50	4.99	12.35	52.51	2.62	2.49	95.04	10.16
邢台市	**1011.94**	**449.77**	**143.01**	**14.13**	**51.40**	**73.51**	**73.78**	**100.37**	**16.40**
宁晋县	123.50	53.60	18.82	15.24	41.23	7.76	8.12	104.64	15.15
柏乡县	31.90	13.50	7.47	23.42	60.37	4.51	4.36	96.67	32.30
广宗县	51.00	19.60	1.45	2.84	29.66	0.43	0.40	93.02	2.04
巨鹿县	69.20	26.20	3.90	5.64	25.64	1.00	1.06	106.00	4.05
临城县	32.50	14.50	3.88	11.94	51.55	2.00	2.18	109.00	15.03
临西县	57.40	22.90	10.15	17.68	72.22	7.33	6.80	92.77	29.69
隆尧县	81.40	36.50	11.88	14.59	41.84	4.97	5.24	105.43	14.36
内邱县	41.70	19.10	6.16	14.77	33.12	2.04	1.70	83.33	8.90
南宫市	91.80	35.80	24.09	26.24	61.02	14.70	14.38	97.82	40.17
南和县	44.10	22.70	4.90	11.11	44.29	2.17	1.89	87.10	8.33
平乡县	43.10	19.70	0.99	2.30	27.27	0.27	0.22	81.48	1.12
清河县	51.50	24.60	8.43	16.37	67.02	5.65	5.84	103.36	23.74
沙河县	45.80	27.90	5.46	11.92	54.58	2.98	3.10	104.03	11.11
威　县	103.84	41.67	17.74	17.08	62.63	11.11	11.15	100.36	26.76
新河县	37.90	13.50	5.31	14.01	15.25	0.81	1.27	156.79	9.41
邢台县	57.80	35.40	8.36	14.46	49.04	4.10	4.11	100.24	11.61
任　县	47.50	22.60	4.02	8.46	41.79	1.68	1.96	116.67	8.67

5－17－39 续表 1

县市名	耕地面积（万亩）	农业人口（万人）	棉田面积（万亩）	占耕地（%）	亩产（市斤）	产量（万担）	收购量（万担）	商品率（%）	人均交售（市斤）
秦皇岛市	**142.97**	**76.01**	**4.08**	**2.85**	**41.18**	**1.68**	**0.87**	**51.79**	**1.14**
昌黎县									
卢龙县	65.31	34.56	2.18	3.34	36.70	0.80	0.43	53.75	1.24
抚宁县	77.66	41.45	1.90	2.45	46.32	0.88	0.44	50.00	1.06
唐山市	**597.40**	**296.10**	**42.87**	**7.18**	**64.52**	**27.66**	**26.48**	**95.73**	**8.94**
迁西县									
丰润县	112.50	56.60	6.06	5.39	31.35	1.90	1.94	102.11	3.43
丰南县	76.60	41.50	12.43	16.23	70.39	8.75	8.55	97.71	20.60
乐亭县	96.10	43.20	10.87	11.31	99.36	10.80	10.50	97.22	24.31
滦南县	111.80	49.40	5.68	5.08	60.21	3.42	2.97	86.84	6.01
滦　县									
迁安县									
唐海县									
玉田县	112.20	51.80	5.01	4.47	36.93	1.85	2.03	109.73	3.92
遵化县	88.20	53.60	2.82	3.20	33.33	0.94	0.49	52.13	0.91
石家庄市	**848.70**	**516.99**	**180.60**	**21.28**	**68.39**	**123.51**	**124.49**	**100.79**	**24.08**
高邑县	25.40	12.80	6.37	25.08	52.75	3.36	3.69	109.82	28.83
鹿泉市	43.50	27.10	9.90	22.76	77.58	7.68	7.63	99.35	28.15
辛集市	106.20	47.69	33.91	31.93	56.53	19.17	19.72	102.87	41.35
赵　县	78.00	40.30	17.47	22.40	49.34	8.62	9.30	107.89	23.08
藁城市	83.60	56.30	22.55	26.97	84.88	19.14	18.87	98.59	33.52
栾城市	47.30	26.90	11.54	24.40	63.52	7.33	7.15	97.54	26.58
新乐市	42.30	31.60	2.80	6.62	55.71	1.56	1.62	103.85	5.13
正定市	53.10	42.30	12.08	22.75	125.33	15.14	14.66	96.83	34.66
晋州市	61.70	38.30	19.92	32.29	74.90	14.92	15.04	100.80	39.27
平山县	46.30	37.00	3.77	8.14	52.25	1.97	2.00	101.52	5.41
行唐县	56.30	32.30	7.54	13.39	36.74	2.77	2.56	92.42	7.93
井陉县									
元氏县	54.00	28.20	10.26	19.00	53.12	5.45	5.44	99.82	19.29
深泽县	30.70	18.60	6.14	20.00	71.34	4.38	4.67	106.62	25.11
灵寿县	38.60	23.90	4.04	10.47	54.95	2.22	2.39	107.66	10.00
无极县	53.30	37.00	11.75	22.05	82.04	9.64	9.75	101.14	26.35
赞皇县	28.40	16.70	0.56	1.97	28.57	0.16			
廊坊市	**563.80**	**260.70**	**32.14**	**5.70**	**42.69**	**13.72**	**14.87**	**108.38**	**5.70**
安次区	82.10	38.30	6.86	8.36	48.25	3.31	3.48	105.14	9.09
大城县	82.00	30.70	0.29	0.35	20.69	0.06			
文安县	87.40	33.40	0.74	0.85	18.92	0.14			
霸州市	65.60	38.50	3.74	5.70	51.34	1.92	1.97	102.60	5.12
固安县	65.50	29.50	6.07	9.27	57.99	3.52	4.54	128.98	15.39
香河县	43.00	23.80	3.38	7.86	34.62	1.17	1.08	92.31	4.54
大厂回	17.80	8.00	2.81	15.79	29.89	0.84	0.96	114.29	12.00
三河县	58.70	29.20	5.06	8.62	30.43	1.54	1.44	93.51	4.93
永清县	61.70	29.30	3.19	5.17	38.24	1.22	1.40	114.75	4.78

5－17－39 续表 2

县市名	耕地面积（万亩）	农业人口（万人）	棉田面积（万亩）	占耕地（%）	亩产（市斤）	产量（万担）	收购量（万担）	商品率（%）	人均交售（市斤）
衡水市	**880.70**	**323.30**	**84.84**	**9.63**	**48.77**	**41.38**	**43.32**	**104.69**	**13.40**
安平县	50.00	24.50	4.85	9.70	38.35	1.86	2.81	151.08	11.47
阜城县	69.00	27.00	7.23	10.48	29.18	2.11	2.72	128.91	10.07
故城县	84.40	35.50	10.68	12.65	87.08	9.30	9.12	98.06	25.69
景县	119.40	41.50	7.51	6.29	31.42	2.36	2.46	104.24	5.93
饶阳县	58.00	22.70	3.05	5.26	39.67	1.21	1.51	124.79	6.65
深州市	130.40	46.50	12.34	9.46	42.46	5.24	5.67	108.21	12.19
桃城区	55.80	20.00	2.13	3.82	32.86	0.70	0.48	68.57	2.40
武强县	45.60	16.60	0.17	0.37	23.53	0.04			
武邑县	80.30	26.60	3.02	3.76	27.15	0.82	0.28	34.15	1.05
枣强县	94.30	31.30	11.19	11.87	58.53	6.55	7.12	108.70	22.75
冀州市	93.50	31.10	22.67	24.25	49.36	11.19	11.15	99.64	35.85
沧州市	**1103.75**	**440.64**	**61.93**	**5.61**	**55.29**	**34.24**	**38.98**	**113.84**	**8.85**
泊头市	92.50	37.50	0.13	0.14	30.77	0.04			
沧县	136.90	52.20	0.08	0.06	12.50	0.01			
东光县	73.90	27.40	12.52	16.94	37.78	4.73	4.94	104.44	18.03
海兴县									
河间市	141.50	57.40	7.89	5.58	29.53	2.33	3.11	133.48	5.42
黄骅县	77.00	29.30	0.18	0.23	11.11	0.02			
孟村回	31.40	13.30	0.23	0.73	21.74	0.05			
南皮县	74.50	28.80	6.56	8.81	40.24	2.64	3.38	128.03	11.74
青县	85.30	28.30	0.05	0.06	20.00	0.01			
任邱市	94.50	45.40	4.81	5.09	37.21	1.79	2.19	122.35	4.82
肃宁县	56.80	24.70	8.46	14.89	45.27	3.83	5.11	133.42	20.69
吴桥县	59.05	23.04	17.76	30.08	102.53	18.21	18.77	103.08	81.47
献县棉	107.50	41.90	0.07	0.07	14.29	0.01			
盐山县	72.90	31.40	3.19	4.38	17.87	0.57	1.48	259.65	4.71
邯郸市	**991.75**	**508.65**	**141.75**	**14.29**	**60.16**	**85.28**	**88.61**	**103.90**	**17.42**
肥乡县	60.62	22.89	10.77	17.77	64.72	6.97	6.44	92.40	28.13
大名县	110.45	54.03	3.13	2.83	67.41	2.11	2.91	137.91	5.39
磁县	70.50	45.60	9.90	14.04	51.92	5.14	5.45	106.03	11.95
广平县	37.40	17.40	6.08	16.26	43.09	2.62	3.12	119.08	17.93
成安县	57.10	25.70	20.39	35.71	63.07	12.86	13.62	105.91	53.00
馆陶县	48.70	21.40	10.05	20.64	105.27	10.58	10.84	102.46	50.65
邯郸市郊	26.50	23.50	1.03	3.89	52.43	0.54	0.18	33.33	0.77
邯郸县	55.00	27.30	8.60	15.64	41.98	3.61	4.14	114.68	15.16
临漳县	75.50	41.20	14.15	18.74	74.13	10.49	10.42	99.33	25.29
邱县	50.00	15.10	8.96	17.92	46.21	4.14	4.92	118.84	32.58
曲周县	74.00	28.60	7.64	10.32	54.97	4.20	3.93	93.57	13.74
魏县	97.48	58.43	5.71	5.86	39.23	2.24	2.29	102.23	3.92
武安市	93.20	51.90	9.67	10.38	40.33	3.90	3.90	100.00	7.51
永年县	96.40	58.50	20.63	21.40	62.72	12.94	13.69	105.80	23.40
鸡泽县	38.90	17.10	5.04	12.96	58.33	2.94	2.76	93.88	16.14

5－17－40　河北省1982年产棉县棉花生产收购明细

县市名	耕地面积（万亩）	农业人口（万人）	棉田面积（万亩）	占耕地（%）	亩产（市斤）	产量（万担）	收购量（万担）	商品率（%）	人均交售（市斤）
全省合计	**7091.08**	**3484.73**	**1034.88**	**14.59**	**73.95**	**765.28**	**735.72**	**96.14**	**21.11**
保定市	**959.50**	**580.80**	**113.50**	**11.83**	**68.32**	**77.54**	**77.42**	**99.85**	**13.33**
定兴县	74.20	42.10	12.70	17.12	104.17	13.23	13.20	99.77	31.35
安国县	50.20	31.30	10.80	21.51	47.78	5.16	5.21	100.97	16.65
博野县	32.70	19.70	10.70	32.72	70.65	7.56	7.57	100.13	38.43
定州市	126.50	85.50	14.90	11.78	45.57	6.79	6.99	102.95	8.18
高阳县	50.70	23.80	2.00	3.94	45.00	0.90	0.97	107.78	4.08
蠡　县	71.00	35.40	15.40	21.69	68.57	10.56	9.42	89.20	26.61
清苑县	99.40	53.20	6.50	6.54	55.08	3.58	2.93	81.84	5.51
容城县	34.70	18.30	3.80	10.95	103.68	3.94	4.08	103.55	22.30
唐　县	45.20	40.90	3.40	7.52	49.12	1.67	2.00	119.76	4.89
雄　县									
易　县	68.40	45.20	1.60	2.34	58.13	0.93	1.30	139.78	2.88
满城县	49.30	33.90	10.00	20.28	54.10	5.41	6.28	116.08	18.53
望都县	34.50	19.80	6.20	17.97	80.81	5.01	4.96	99.00	25.05
徐水县	73.20	43.10	4.40	6.01	70.68	3.11	3.42	109.97	7.94
高碑店	71.60	36.90	3.60	5.03	81.11	2.92	2.93	100.34	7.94
涿州市									
安新县									
涞水县	37.50	26.90	2.10	5.60	71.43	1.50	1.45	96.67	5.39
曲阳县									
顺平县	40.40	24.80	5.40	13.37	97.59	5.27	4.71	89.37	18.99
邢台市	**1011.04**	**458.43**	**208.00**	**20.57**	**73.96**	**153.83**	**145.98**	**94.90**	**31.84**
宁晋县	123.50	54.40	21.50	17.41	58.00	12.47	11.64	93.34	21.40
柏乡县	31.80	13.80	8.40	26.42	104.40	8.77	8.42	96.01	61.01
广宗县	51.00	20.10	3.90	7.65	46.41	1.81	1.20	66.30	5.97
巨鹿县	69.30	26.90	13.20	19.05	43.48	5.74	4.17	72.65	15.50
临城县	32.50	14.80	5.30	16.31	66.23	3.51	3.52	100.28	23.78
临西县	57.40	23.30	16.00	27.87	94.63	15.14	14.17	93.59	60.82
隆尧县	81.30	37.20	12.90	15.87	69.30	8.94	8.67	96.98	23.31
内邱县	41.60	19.50	6.00	14.42	57.33	3.44	3.49	101.45	17.90
南宫市	91.10	36.10	30.00	32.93	101.37	30.41	29.48	96.94	81.66
南和县	44.10	23.20	5.50	12.47	48.36	2.66	2.25	84.59	9.70
平乡县	43.10	20.10	1.60	3.71	24.38	0.39	0.33	84.62	1.64
清河县	51.50	25.10	13.50	26.21	77.78	10.50	10.16	96.76	40.48
沙河县	45.80	28.70	11.70	25.55	31.28	3.66	3.81	104.10	13.28
威　县	103.84	42.53	35.80	34.48	92.79	33.22	32.45	97.68	76.30
新河县	37.90	13.60	8.10	21.37	57.53	4.66	3.90	83.69	28.68
邢台县	57.80	35.90	10.80	18.69	54.17	5.85	5.52	94.36	15.38
任　县	47.50	23.20	3.80	8.00	70.00	2.66	2.80	105.26	12.07

5－40－2 续表 1

县市名	耕地面积（万亩）	农业人口（万人）	棉田面积（万亩）	占耕地（%）	亩产（市斤）	产量（万担）	收购量（万担）	商品率（%）	人均交售（市斤）
秦皇岛市	**142.97**	**76.01**	**3.80**	**2.66**	**38.42**	**1.46**	**0.84**	**57.53**	**1.11**
昌黎县									
卢龙县	65.31	34.56	2.00	3.06	38.00	0.76	0.43	56.58	1.24
抚宁县	77.66	41.45	1.80	2.32	38.89	0.70	0.41	58.57	0.99
唐山市	**597.00**	**298.60**	**44.00**	**7.37**	**88.16**	**38.79**	**38.05**	**98.09**	**12.74**
迁西县									
丰润县	112.30	57.00	6.20	5.52	58.87	3.65	4.06	111.23	7.12
丰南县	76.60	42.30	12.90	16.84	106.67	13.76	13.00	94.48	30.73
乐亭县	96.00	43.50	12.50	13.02	110.32	13.79	13.70	99.35	31.49
滦南县	111.80	49.80	5.50	4.92	71.64	3.94	3.61	91.62	7.25
滦　县									
迁安县									
唐海县									
玉田县	112.10	52.00	4.50	4.01	59.33	2.67	3.01	112.73	5.79
遵化县	88.20	54.00	2.40	2.72	40.83	0.98	0.67	68.37	1.24
石家庄市	**820.19**	**508.77**	**182.20**	**22.21**	**77.23**	**140.72**	**138.95**	**98.74**	**27.31**
高邑县	25.40	13.00	6.50	25.59	92.46	6.01	5.85	97.34	45.00
鹿泉市	40.70	25.00	10.10	24.82	59.11	5.97	5.59	93.63	22.36
辛集市	106.19	48.17	35.00	32.96	81.74	28.61	28.65	100.14	59.48
赵　县	77.90	41.10	16.00	20.54	76.75	12.28	12.31	100.24	29.95
藁城市	83.60	57.20	21.40	25.60	89.35	19.12	18.89	98.80	33.02
栾城市	47.30	27.40	11.60	24.52	64.66	7.50	7.47	99.60	27.26
新乐市	42.30	32.40	2.90	6.86	50.00	1.45	1.65	113.79	5.09
正定市	53.10	42.90	13.10	24.67	87.56	11.47	10.77	93.90	25.10
晋州市	61.70	39.10	19.90	32.25	85.23	16.96	17.34	102.24	44.35
平山县	49.80	40.60	5.10	10.24	60.39	3.08	3.17	102.92	7.81
行唐县	56.30	32.90	8.20	14.56	60.49	4.96	4.73	95.36	14.38
井陉县									
元氏县	54.00	28.70	10.50	19.44	56.67	5.95	5.48	92.10	19.09
深泽县	30.70	19.00	6.00	19.54	95.50	5.73	5.73	100.00	30.16
灵寿县	37.90	23.60	4.40	11.61	54.32	2.39	2.58	107.95	10.93
无极县	53.30	37.70	11.50	21.58	80.35	9.24	8.74	94.59	23.18
赞皇县									
廊坊市	**546.20**	**255.60**	**40.90**	**7.49**	**111.17**	**45.47**	**46.27**	**101.76**	**18.10**
安次区	64.50	29.90	8.90	13.80	110.79	9.86	10.13	102.74	33.88
大城县	82.00	31.40					0.11		0.35
文安县	87.40	34.00					0.10		0.29
霸州市	65.60	39.10	4.60	7.01	118.48	5.45	6.02	110.46	15.40
固安县	65.50	30.00	9.80	14.96	154.49	15.14	14.76	97.49	49.20
香河县	43.00	24.00	4.00	9.30	76.50	3.06	2.99	97.71	12.46
大厂回	17.80	8.10	3.60	20.22	87.78	3.16	3.07	97.15	37.90
三河县	58.70	29.40	6.00	10.22	69.83	4.19	3.94	94.03	13.40
永清县	61.70	29.70	4.00	6.48	115.25	4.61	5.15	111.71	17.34

5－40－2 续表2

县市名	耕地面积（万亩）	农业人口（万人）	棉田面积（万亩）	占耕地（%）	亩产（市斤）	产量（万担）	收购量（万担）	商品率（%）	人均交售（市斤）
衡水市	**876.00**	**323.80**	**140.90**	**16.08**	**81.77**	**115.22**	**102.95**	**89.35**	**31.79**
安平县	50.00	24.90	7.70	15.40	81.30	6.26	5.30	84.66	21.29
阜城县	69.00	27.40	12.10	17.54	67.52	8.17	7.48	91.55	27.30
故城县	84.40	36.00	19.50	23.10	103.13	20.11	18.14	90.20	50.39
景　县	119.40	41.90	12.20	10.22	66.80	8.15	7.95	97.55	18.97
饶阳县	58.00	22.90	5.70	9.83	90.18	5.14	3.84	74.71	16.77
深州市	130.40	47.20	14.40	11.04	67.29	9.69	9.57	98.76	20.28
桃城区	51.10	16.80	6.30	12.33	68.57	4.32	3.59	83.10	21.37
武强县	45.60	16.80					0.13		0.77
武邑县	80.30	26.80	13.90	17.31	53.38	7.42	4.98	67.12	18.58
枣强县	94.30	31.70	21.60	22.91	81.81	17.67	15.30	86.59	48.26
冀州市	93.50	31.40	27.50	29.41	102.87	28.29	26.67	94.27	84.94
沧州市	**1146.74**	**464.09**	**98.58**	**8.60**	**79.14**	**78.02**	**75.40**	**96.64**	**16.25**
泊头市	92.50	38.20					0.17		0.45
沧　县	136.90	53.20					0.30		0.56
东光县	73.90	27.70	22.70	30.72	68.24	15.49	14.96	96.58	54.01
海兴县	44.50	15.90					0.02		0.13
河间市	141.50	58.70	12.20	8.62	59.84	7.30	5.90	80.82	10.05
黄骅县	77.00	30.00	0.18	0.23			0.15		0.50
孟村回	31.40	13.60					0.32		2.35
南皮县	74.50	29.10	10.40	13.96	82.40	8.57	7.80	91.02	26.80
青　县	85.00	28.70					0.07		0.24
任邱市	93.40	46.40	8.80	9.42	49.89	4.39	3.98	90.66	8.58
肃宁县	56.80	25.00	12.80	22.54	76.02	9.73	9.17	94.24	36.68
吴桥县	59.04	23.19	24.50	41.50	117.55	28.80	29.06	100.90	125.31
献县棉	107.40	42.70					0.22		0.52
盐山县	72.90	31.70	7.00	9.60	53.43	3.74	3.28	87.70	10.35
邯郸市	**991.44**	**518.63**	**203.00**	**20.48**	**56.27**	**114.23**	**109.86**	**96.17**	**21.18**
肥乡县	60.61	23.44	14.00	23.10	66.29	9.28	8.13	87.61	34.68
大名县	110.45	55.11	11.20	10.14	67.41	7.55	5.54	73.38	10.05
磁　县	70.40	46.30	13.30	18.89	22.33	2.97	3.62	121.89	7.82
广平县	37.40	17.90	8.50	22.73	63.41	5.39	5.20	96.47	29.05
成安县	57.10	26.40	22.20	38.88	52.70	11.70	12.62	107.86	47.80
馆陶县	48.70	21.80	15.00	30.80	124.93	18.74	19.38	103.42	88.90
邯郸市郊	26.50	24.00	1.20	4.53	29.17	0.35	0.12	34.29	0.50
邯郸县	55.00	28.00	12.90	23.45	31.78	4.10	3.67	89.51	13.11
临漳县	75.50	42.00	18.80	24.90	54.79	10.30	10.33	100.29	24.60
邱　县	50.00	15.30	16.50	33.00	71.27	11.76	10.59	90.05	69.22
曲周县	74.00	29.20	13.60	18.38	54.56	7.42	6.86	92.45	23.49
魏　县	97.48	59.28	9.10	9.34	51.32	4.67	4.42	94.65	7.46
武安市	93.00	52.20	13.10	14.09	24.05	3.15	3.57	113.33	6.84
永年县	96.40	60.20	24.50	25.41	54.45	13.34	11.93	89.43	19.82
鸡泽县	38.90	17.50	9.10	23.39	38.57	3.51	3.88	110.54	22.17

5－17－41　河北省1983年产棉县棉花生产收购明细

县市名	耕地面积（万亩）	农业人口（万人）	棉田面积（万亩）	占耕地（%）	亩产（市斤）	产量（万担）	收购量（万担）	商品率（%）	人均交售（市斤）
全省合计	**7299.12**	**3628.33**	**1235.10**	**16.92**	**122.95**	**1518.57**	**1510.07**	**99.44**	**41.62**
保定市	**1089.10**	**651.40**	**129.25**	**11.87**	**124.12**	**160.42**	**169.01**	**105.35**	**25.95**
定兴县	74.20	42.60	18.00	24.26	139.83	25.17	26.74	106.24	62.77
安国县	50.20	31.60	10.53	20.98	93.16	9.81	10.37	105.71	32.82
博野县	32.90	20.00	10.00	30.40	157.00	15.70	19.66	125.22	98.30
定州市	126.20	86.10	15.12	11.98	153.84	23.26	22.49	96.69	26.12
高阳县	50.70	23.90	3.30	6.51	81.21	2.68	2.90	108.21	12.13
蠡　县	71.00	35.70	16.80	23.66	132.68	22.29	21.92	98.34	61.40
清苑县	99.40	53.80	7.21	7.25	99.45	7.17	6.90	96.23	12.83
容城县	34.70	18.40	5.00	14.41	130.60	6.53	8.14	124.66	44.24
唐　县	45.30	41.50	3.31	7.31	105.14	3.48	4.65	133.62	11.20
雄　县	56.10	25.90	1.04	1.85	59.62	0.62	1.01	162.90	3.90
易　县	68.40	45.50	3.35	4.90	85.07	2.85	2.90	101.75	6.37
满城县	49.30	34.40	9.93	20.14	98.89	9.82	9.60	97.76	27.91
望都县	34.50	20.20	6.30	18.26	134.60	8.48	9.01	106.25	44.60
徐水县	73.20	43.60	5.81	7.94	119.97	6.97	6.95	99.71	15.94
高碑店	71.60	37.20	5.08	7.09	100.98	5.13	5.21	101.56	14.01
涿州市	73.50	38.90	0.20	0.27		0.11			
安新县									
涞水县	37.50	27.10	2.77	7.39	85.56	2.37	2.64	111.39	9.74
曲阳县									
顺平县	40.40	25.00	5.50	13.61	145.09	7.98	7.92	99.25	31.68
邢台市	**1009.72**	**464.64**	**233.93**	**23.17**	**116.55**	**272.64**	**271.59**	**99.61**	**58.45**
宁晋县	123.50	55.10	22.08	17.88	132.52	29.26	28.94	98.91	52.52
柏乡县	31.80	14.00	8.50	26.73	160.47	13.64	13.14	96.33	93.86
广宗县	51.00	20.30	8.83	17.31	54.81	4.84	3.91	80.79	19.26
巨鹿县	69.20	27.30	14.00	20.23	68.00	9.52	8.54	89.71	31.28
临城县	32.50	15.00	7.19	22.12	118.22	8.50	8.66	101.88	57.73
临西县	57.40	23.60	17.17	29.91	133.31	22.89	22.08	96.46	93.56
隆尧县	81.30	37.60	13.05	16.05	155.86	20.34	20.73	101.92	55.13
内邱县	41.60	19.90	8.07	19.40	119.83	9.67	9.42	97.41	47.34
南宫市	90.00	36.70	32.05	35.61	131.23	42.06	41.61	98.93	113.38
南和县	44.10	23.50	5.61	12.72	115.86	6.50	5.47	84.15	23.28
平乡县	43.10	20.40	3.03	7.03	40.59	1.23	1.83	148.78	8.97
清河县	51.50	25.40	16.73	32.49	119.55	20.00	20.49	102.45	80.67
沙河县	45.80	29.10	10.89	23.78	84.57	9.21	9.44	102.50	32.44
威　县	103.82	43.04	40.60	39.11	112.24	45.57	46.77	102.63	108.67
新河县	37.90	13.70	9.83	25.94	90.95	8.94	9.52	106.49	69.49
邢台县	57.70	36.40	11.23	19.46	121.19	13.61	13.04	95.81	35.82
任　县	47.50	23.60	5.07	10.67	135.31	6.86	8.00	116.62	33.90

5－17－41 续表 1

县市名	耕地面积（万亩）	农业人口（万人）	棉田面积（万亩）	占耕地（%）	亩产（市斤）	产量（万担）	收购量（万担）	商品率（%）	人均交售（市斤）
秦皇岛市	**142.97**	**76.01**	**3.38**	**2.36**	**69.23**	**2.34**	**1.45**	**61.97**	**1.91**
昌黎县									
卢龙县	65.31	34.56	1.90	2.91	77.37	1.47	0.83	56.46	2.40
抚宁县	77.66	41.45	1.48	1.91	58.78	0.87	0.62	71.26	1.50
唐山市	**626.64**	**309.67**	**45.06**	**7.19**	**136.02**	**61.29**	**63.91**	**104.27**	**20.64**
迁西县									
丰润县	112.20	57.10	6.30	5.61	87.46	5.51	8.17	148.28	14.31
丰南县	76.40	42.40	12.26	16.05	183.12	22.45	22.32	99.42	52.64
乐亭县	95.90	43.50	13.08	13.64	153.21	20.04	19.93	99.45	45.82
滦南县	111.00	49.80	5.54	4.99	106.68	5.91	6.17	104.40	12.39
滦　县									
迁安县									
唐海县	32.24	9.97	0.94	2.92	54.26	0.51	0.52	101.96	5.22
玉田县	110.70	52.80	4.72	4.26	106.99	5.05	5.48	108.51	10.38
遵化县	88.20	54.10	2.22	2.52	81.98	1.82	1.32	72.53	2.44
石家庄市	**848.28**	**532.02**	**196.49**	**23.16**	**143.86**	**282.68**	**284.05**	**100.48**	**53.39**
高邑县	25.40	13.10	6.73	26.50	150.82	10.15	9.96	98.13	76.03
鹿泉市	40.70	25.20	9.95	24.45	135.38	13.47	13.26	98.44	52.62
辛集市	106.18	48.52	36.06	33.96	151.75	54.72	55.89	102.14	115.19
赵　县	77.90	41.70	20.51	26.33	125.99	25.84	26.28	101.70	63.02
藁城市	83.60	58.00	23.65	28.29	153.02	36.19	33.72	93.17	58.14
栾城市	47.30	27.70	11.50	24.31	130.26	14.98	15.35	102.47	55.42
新乐市	42.30	33.20	2.73	6.45	150.55	4.11	3.90	94.89	11.75
正定市	53.00	43.30	14.47	27.30	164.96	23.87	22.13	92.71	51.11
晋州市	61.70	39.60	21.13	34.25	150.26	31.75	33.47	105.42	84.52
平山县	49.80	40.90	5.18	10.40	94.98	4.92	4.91	99.80	12.00
行唐县	56.20	33.10	8.76	15.59	119.98	10.51	10.56	100.48	31.90
井陉县									
元氏县	54.00	29.10	10.96	20.30	134.58	14.75	13.54	91.80	46.53
深泽县	30.70	19.20	7.01	22.83	171.04	11.99	12.35	103.00	64.32
灵寿县	37.90	23.90	4.74	12.51	100.21	4.75	5.48	115.37	22.93
无极县	53.20	38.10	12.62	23.72	161.97	20.44	23.25	113.75	61.02
赞皇县	28.40	17.40	0.49	1.73	48.98	0.24			
廊坊市	**563.60**	**266.30**	**63.82**	**11.32**	**128.80**	**82.20**	**95.04**	**115.62**	**35.69**
安次区	82.00	39.30	11.88	14.49	128.96	15.32	19.68	128.46	50.08
大城县	82.00	31.70	3.30	4.02	63.33	2.09	1.70	81.34	5.36
文安县	87.40	34.00	1.70	1.95	47.06	0.80	1.08	135.00	3.18
霸州市	65.60	39.30	7.39	11.27	140.73	10.40	12.20	117.31	31.04
固安县	65.40	30.30	12.80	19.57	167.97	21.50	22.83	106.19	75.35
香河县	43.00	24.10	4.99	11.60	121.24	6.05	9.48	156.69	39.34
大厂回	17.80	8.10	4.12	23.15	144.90	5.97	6.41	107.37	79.14
三河县	58.70	29.50	8.20	13.97	115.49	9.47	9.38	99.05	31.80
永清县	61.70	30.00	9.44	15.30	112.29	10.60	12.28	115.85	40.93

5－17－41 续表 2

县市名	耕地面积（万亩）	农业人口（万人）	棉田面积（万亩）	占耕地（%）	亩产（市斤）	产量（万担）	收购量（万担）	商品率（%）	人均交售（市斤）
衡水市	**880.60**	**329.40**	**194.92**	**22.13**	**113.36**	**220.97**	**217.40**	**98.38**	**66.00**
安平县	50.00	25.10	9.71	19.42	131.10	12.73	12.50	98.19	49.80
阜城县	69.00	27.50	18.34	26.58	110.52	20.27	20.35	100.39	74.00
故城县	84.40	36.40	23.10	27.37	135.89	31.39	33.35	106.24	91.62
景县	119.40	42.10	20.86	17.47	107.72	22.47	22.03	98.04	52.33
饶阳县	58.00	23.00	11.45	19.74	128.56	14.72	13.17	89.47	57.26
深州市	130.40	47.50	17.21	13.20	103.72	17.85	21.89	122.63	46.08
桃城区	55.80	20.50	11.76	21.08	94.90	11.16	9.91	88.80	48.34
武强县	45.60	17.10	4.39	9.63	62.19	2.73	1.26	46.15	7.37
武邑县	80.30	26.90	20.34	25.33	72.66	14.78	12.91	87.35	47.99
枣强县	94.30	31.80	27.13	28.77	116.48	31.60	29.47	93.26	92.67
冀州市	93.40	31.50	30.63	32.79	134.74	41.27	40.56	98.28	128.76
沧州市	**1147.04**	**472.14**	**143.89**	**12.54**	**132.55**	**190.73**	**157.19**	**82.41**	**33.29**
泊头市	95.70	39.40	2.81	2.94	61.57	1.73	1.60	92.49	4.06
沧县	136.90	53.70	2.66	1.94	72.56	1.93	1.57	81.35	2.92
东光县	73.90	27.80	27.06	36.62	118.51	32.07	32.31	100.75	116.22
海兴县	44.50	15.90	0.44	0.99	86.36	0.38	0.29	76.32	1.82
河间市	141.50	59.30	21.70	15.34	80.14	17.39	18.88	108.57	31.84
黄骅县	77.00	34.90	2.96	3.84	86.15	2.55	1.82	71.37	5.21
孟村回	31.40	13.70	2.10	6.69	86.67	1.82	1.63	89.56	11.90
南皮县	71.30	28.00	14.48	20.31	117.33	16.99	16.69	98.23	59.61
青县	85.30	29.00	1.57	1.84	54.14	0.85	0.62	72.94	2.14
任邱市	93.40	47.00	11.22	12.01	86.36	9.69	9.58	98.86	20.38
肃宁县	56.80	25.20	15.83	27.87	105.87	16.76	19.40	115.75	76.98
吴桥县	59.04	23.24	25.24	42.75	304.44	76.84	40.62	52.86	174.78
献县棉	107.40	43.10	3.17	2.95	53.63	1.70	2.60	152.94	6.03
盐山县	72.90	31.90	12.65	17.35	79.29	10.03	9.58	95.51	30.03
邯郸市	**991.17**	**526.75**	**224.36**	**22.64**	**109.33**	**245.30**	**250.43**	**102.09**	**47.54**
肥乡县	60.59	23.83	14.46	23.87	138.38	20.01	19.82	99.05	83.17
大名县	110.45	55.91	13.31	12.05	86.63	11.53	12.17	105.55	21.77
磁县	70.20	47.20	14.00	19.94	81.50	11.41	11.55	101.23	24.47
广平县	37.40	18.20	9.02	24.12	107.10	9.66	10.11	104.66	55.55
成安县	57.10	26.80	24.00	42.03	144.00	34.56	33.97	98.29	126.75
馆陶县	48.70	22.20	16.44	33.76	170.38	28.01	31.04	110.82	139.82
邯郸市郊	26.50	24.50	0.97	3.66	53.61	0.52	0.23	44.23	0.94
邯郸县	55.00	29.00	13.75	25.00	87.35	12.01	12.53	104.33	43.21
临漳县	75.50	42.40	19.00	25.17	159.89	30.38	29.10	95.79	68.63
邱县	50.00	15.80	17.23	34.46	107.14	18.46	18.88	102.28	119.49
曲周县	74.00	29.60	14.51	19.61	84.98	12.33	12.72	103.16	42.97
魏县	97.53	60.31	13.38	13.72	94.47	12.64	12.80	101.27	21.22
武安市	92.90	52.70	26.32	28.33	43.35	11.41	11.93	104.56	22.64
永年县	96.40	60.60	20.35	21.11	127.76	26.00	26.24	100.92	43.30
鸡泽县	38.90	17.70	7.62	19.59	83.60	6.37	7.34	115.23	41.47

5－17－42　河北省1984年产棉县棉花生产收购明细

县市名	耕地面积（万亩）	农业人口（万人）	棉田面积（万亩）	占耕地（%）	亩产（市斤）	产量（万担）	收购量（万担）	商品率（%）	人均交售（市斤）
全省合计	**7159.51**	**3600.87**	**1560.91**	**21.80**	**127.62**	**1992.01**	**2108.68**	**105.86**	**58.56**
保定市	**1088.00**	**658.04**	**167.36**	**15.38**	**136.07**	**227.73**	**257.69**	**113.16**	**39.16**
定兴县	74.20	43.12	26.20	35.31	162.10	42.47	44.65	105.13	103.55
安国县	50.20	31.93	9.69	19.30	117.03	11.34	12.16	107.23	38.08
博野县	32.90	20.18	11.34	34.47	134.66	15.27	21.92	143.55	108.62
定州市	126.10	86.66	16.72	13.26	156.10	26.10	32.50	124.52	37.50
高阳县	50.60	24.19	5.80	11.46	108.62	6.30	6.99	110.95	28.90
蠡　县	71.00	35.78	19.66	27.69	134.28	26.40	28.10	106.44	78.54
清苑县	99.30	54.43	10.21	10.28	116.85	11.93	13.03	109.22	23.94
容城县	34.70	18.64	6.38	18.39	150.94	9.63	12.50	129.80	67.06
唐　县	45.20	41.25	5.68	12.57	105.99	6.02	6.43	106.81	15.59
雄　县	56.10	26.15	4.70	8.38	101.49	4.77	3.93	82.39	15.03
易　县	68.30	45.76	4.42	6.47	119.00	5.26	5.52	104.94	12.06
满城县	49.30	35.15	10.00	20.28	120.00	12.00	11.00	91.67	31.29
望都县	34.40	20.70	6.94	20.17	144.96	10.06	12.35	122.76	59.66
徐水县	73.20	44.23	10.26	14.02	147.17	15.10	16.56	109.67	37.44
高碑店	71.60	37.84	7.20	10.06	112.78	8.12	9.50	117.00	25.11
涿州市	73.50	39.48	1.73	2.35	95.38	1.65	2.32	140.61	5.88
安新县									
涞水县	37.20	27.38	4.03	10.83	125.81	5.07	5.75	113.41	21.00
曲阳县									
顺平县	40.20	25.17	6.40	15.92	160.00	10.24	12.48	121.88	49.58
邢台市	**1010.51**	**467.98**	**258.07**	**25.54**	**144.38**	**372.60**	**416.23**	**111.71**	**88.94**
宁晋县	123.50	56.01	24.73	20.02	135.79	33.58	41.61	123.91	74.29
柏乡县	31.80	14.37	8.44	26.54	162.91	13.75	14.62	106.33	101.74
广宗县	51.00	20.78	13.53	26.53	95.05	12.86	10.01	77.84	48.17
巨鹿县	69.20	27.83	14.20	20.52	105.21	14.94	19.52	130.66	70.14
临城县	32.50	15.18	7.35	22.62	121.77	8.95	9.72	108.60	64.03
临西县	57.40	23.84	18.53	32.28	172.53	31.97	34.86	109.04	146.22
隆尧县	81.30	38.27	16.87	20.75	157.91	26.64	31.40	117.87	82.05
内邱县	41.60	20.10	8.03	19.30	146.20	11.74	13.82	117.72	68.76
南宫市	91.00	33.00	32.06	35.23	187.21	60.02	63.53	105.85	192.52
南和县	44.10	23.70	6.42	14.56	123.21	7.91	9.05	114.41	38.19
平乡县	43.10	20.95	6.43	14.92	75.74	4.87	2.83	58.11	13.51
清河县	51.40	26.12	19.78	38.48	132.36	26.18	31.71	121.12	121.40
沙河县	45.70	29.34	10.74	23.50	109.31	11.74	13.66	116.35	46.56
威　县	103.81	43.81	42.50	40.94	164.71	70.00	77.13	110.19	176.06
新河县	37.90	13.79	10.05	26.52	115.02	11.56	11.81	102.16	85.64
邢台县	57.70	37.00	11.37	19.71	143.10	16.27	17.70	108.79	47.84
任　县	47.50	23.89	7.04	14.82	136.65	9.62	13.25	137.73	55.46

5－17－42 续表 1

县市名	耕地面积（万亩）	农业人口（万人）	棉田面积（万亩）	占耕地（%）	亩 产（市斤）	产 量（万担）	收购量（万担）	商品率（%）	人均交售（市斤）
秦皇岛市	**142.97**	**76.01**	**4.00**	**2.80**	**68.75**	**2.75**	**3.14**	**114.18**	**4.13**
昌黎县									
卢龙县	65.31	34.56	2.00	3.06	60.00	1.20	1.35	112.50	3.91
抚宁县	77.66	41.45	2.00	2.58	77.50	1.55	1.79	115.48	4.32
唐山市	**626.54**	**310.44**	**59.29**	**9.46**	**136.77**	**81.09**	**92.36**	**113.90**	**29.75**
迁西县									
丰润县	112.10	57.46	7.52	6.71	99.73	7.50	11.09	147.87	19.30
丰南县	76.40	41.88	15.00	19.63	202.53	30.38	31.94	105.13	76.27
乐亭县	95.80	43.88	19.54	20.40	134.44	26.27	26.45	100.69	60.28
滦南县	111.30	49.91	6.41	5.76	88.92	5.70	8.16	143.16	16.35
滦 县									
迁安县									
唐海县	32.24	9.97	1.16	3.60	54.31	0.63	0.73	115.87	7.32
玉田县	110.60	53.11	6.44	5.82	97.67	6.29	10.34	164.39	19.47
遵化县	88.10	54.23	3.22	3.65	134.16	4.32	3.65	84.49	6.73
石家庄市	**848.14**	**536.74**	**192.60**	**22.71**	**141.03**	**271.62**	**275.68**	**101.49**	**51.36**
高邑县	25.40	13.30	7.05	27.76	159.72	11.26	8.85	78.60	66.54
鹿泉市	43.50	27.85	9.95	22.87					
辛集市	106.14	48.80	35.61	33.55	137.94	49.12	54.52	110.99	111.72
赵 县	77.90	42.23	19.10	24.52	140.10	26.76	27.91	104.30	66.09
藁城市	83.60	58.59	21.78	26.05	166.48	36.26	31.68	87.37	54.07
栾城市	47.30	27.93	10.15	21.46	114.19	11.59	10.01	86.37	35.84
新乐市	42.30	33.72	3.37	7.97	168.84	5.69	5.38	94.55	15.95
正定市	53.00	43.59	15.83	29.87	161.34	25.54	23.80	93.19	54.60
晋州市	61.70	39.85	20.74	33.61	165.24	34.27	34.66	101.14	86.98
平山县	46.30	37.81	3.80	8.21	104.21	3.96	4.37	110.35	11.56
行唐县	56.20	32.90	9.42	16.76	134.39	12.66	12.32	97.31	37.45
井陉县									
元氏县	54.00	29.64	10.41	19.28	137.27	14.29	14.24	99.65	48.04
深泽县	30.70	19.45	7.14	23.26	190.34	13.59	16.64	122.44	85.55
灵寿县	38.60	24.93	5.32	13.78	103.38	5.50	7.54	137.09	30.24
无极县	53.20	38.52	12.44	23.38	168.01	20.90	23.76	113.68	61.68
赞皇县	28.30	17.63	0.49	1.73	46.94	0.23			
廊坊市	**563.30**	**269.09**	**95.38**	**16.93**	**138.45**	**132.05**	**157.61**	**119.36**	**58.57**
安次区	82.00	39.62	16.99	20.72	162.15	27.55	34.13	123.88	86.14
大城县	82.00	32.27	10.51	12.82	73.64	7.74	5.70	73.64	17.66
文安县	87.30	34.42	4.83	5.53	88.82	4.29	3.87	90.21	11.24
霸州市	65.50	39.73	14.67	22.40	132.24	19.40	23.82	122.78	59.95
固安县	65.40	30.59	15.47	23.65	168.71	26.10	33.29	127.55	108.83
香河县	42.90	24.35	6.11	14.24	168.58	10.30	12.40	120.39	50.92
大厂回	17.80	8.22	4.08	22.92	153.43	6.26	8.49	135.62	103.28
三河县	58.70	29.71	8.84	15.06	145.36	12.85	14.92	116.11	50.22
永清县	61.70	30.18	13.88	22.50	126.51	17.56	20.99	119.53	69.55

5－17－42 续表2

县市名	耕地面积（万亩）	农业人口（万人）	棉田面积（万亩）	占耕地（%）	亩产（市斤）	产量（万担）	收购量（万担）	商品率（%）	人均交售（市斤）
衡水市	**880.40**	**328.62**	**260.92**	**29.64**	**110.38**	**288.01**	**293.15**	**101.78**	**89.21**
安平县	50.00	25.45	12.52	25.04	125.00	15.65	18.85	120.45	74.07
阜城县	69.00	27.38	24.85	36.01	96.02	23.86	26.72	111.99	97.59
故城县	84.40	36.30	27.44	32.51	145.81	40.01	40.25	100.60	110.88
景　县	119.40	42.23	33.39	27.96	97.21	32.46	31.29	96.40	74.09
饶阳县	58.00	23.17	20.27	34.95	92.11	18.67	18.37	98.39	79.28
深州市	130.40	47.79	28.96	22.21	100.83	29.20	32.95	112.84	68.95
桃城区	55.70	20.12	14.65	26.30	101.16	14.82	14.40	97.17	71.57
武强县	45.60	17.11	11.46	25.13	60.47	6.93	5.50	79.37	32.14
武邑县	80.30	26.46	25.97	32.34	71.47	18.56	17.61	94.88	66.55
枣强县	94.20	31.42	28.88	30.66	143.14	41.34	37.36	90.37	118.91
冀州市	93.40	31.19	32.53	34.83	142.98	46.51	49.85	107.18	159.83
沧州市	**1009.62**	**423.54**	**251.51**	**24.91**	**108.04**	**271.72**	**273.58**	**100.68**	**64.59**
泊头市	95.70	39.64	9.40	9.82	63.83	6.00	7.35	122.50	18.54
沧　县									
东光县	73.90	27.95	32.73	44.29	148.49	48.60	47.29	97.30	169.19
海兴县	44.50	16.05	2.21	4.97	115.38	2.55	1.27	49.80	7.91
河间市	141.50	60.11	41.97	29.66	79.58	33.40	38.69	115.84	64.37
黄骅县	76.50	35.14	11.21	14.65	104.46	11.71	7.09	60.55	20.18
孟村回	31.40	13.85	5.47	17.42	105.30	5.76	5.02	87.15	36.25
南皮县	71.30	27.92	23.01	32.27	115.43	26.56	25.39	95.59	90.94
青　县	85.30	29.21	13.50	15.83	57.85	7.81	5.63	72.09	19.27
任邱市	93.50	48.45	22.00	23.53	90.68	19.95	20.88	104.66	43.10
肃宁县	56.80	25.35	24.61	43.33	113.37	27.90	32.46	116.34	128.05
吴桥县	59.02	24.44	26.71	45.26	183.49	49.01	54.88	111.98	224.55
献县棉	107.40	43.47	14.19	13.21	55.18	7.83	10.74	137.16	24.71
盐山县	72.80	31.96	24.50	33.65	100.57	24.64	16.89	68.55	52.85
邯郸市	**990.03**	**530.41**	**271.78**	**27.45**	**126.73**	**344.44**	**339.24**	**98.49**	**63.96**
肥乡县	60.59	24.19	15.46	25.52	159.25	24.62	23.73	96.39	98.10
大名县	109.91	56.64	18.69	17.00	123.38	23.06	22.27	96.57	39.32
磁　县	70.20	47.86	13.78	19.63	97.31	13.41	15.40	114.84	32.18
广平县	37.40	18.32	9.60	25.67	130.00	12.48	13.40	107.37	73.14
成安县	57.10	27.29	24.03	42.08	144.57	34.74	32.11	92.43	117.66
馆陶县	48.70	22.53	21.04	43.20	171.15	36.01	37.98	105.47	168.58
邯郸市郊	26.50	25.00	13.77	51.96	103.20	14.21	14.81	104.22	59.24
邯郸县	54.80	28.45	12.71	23.19	105.04	13.35			
临漳县	75.50	42.52	22.22	29.43	137.31	30.51	29.68	97.28	69.80
邱　县	50.00	16.00	20.72	41.44	142.08	29.44	32.42	110.12	202.63
曲周县	74.00	29.47	18.62	25.16	112.24	20.90	24.40	116.75	82.80
魏　县	97.33	60.94	23.62	24.27	129.30	30.54	23.26	76.16	38.17
武安市	92.80	51.62	24.09	25.96	83.35	20.08	22.58	112.45	43.74
永年县	96.30	61.65	21.58	22.41	125.72	27.13	33.17	122.26	53.80
鸡泽县	38.90	17.93	11.85	30.46	117.81	13.96	14.03	100.50	78.25

5－17－43　河北省1985年产棉县棉花生产收购明细

县市名	耕地面积（万亩）	农业人口（万人）	棉田面积（万亩）	占耕地（%）	亩产（市斤）	产量（万担）	收购量（万担）	商品率（%）	人均交售（市斤）
全省合计	**6961.13**	**3506.43**	**1261.34**	**18.12**	**99.20**	**1251.29**	**1023.25**	**81.78**	**29.18**
保定市	**1086.42**	**664.62**	**126.84**	**11.68**	**100.73**	**127.77**	**104.28**	**81.62**	**15.69**
定兴县	74.20	43.50	18.09	24.38	113.27	20.49	15.38	75.06	35.36
安国县	50.23	32.62	7.14	14.21	74.65	5.33	6.75	126.64	20.69
博野县	32.91	20.40	10.20	30.99	72.84	7.43	9.53	128.26	46.72
定州市	126.12	87.13	13.63	10.81	138.15	18.83	12.24	65.00	14.05
高阳县	50.54	24.36	5.65	11.18	79.47	4.49	3.12	69.49	12.81
蠡　县	70.97	36.07	16.55	23.32	106.65	17.65	13.49	76.43	37.40
清苑县	98.78	55.02	8.28	8.38	80.31	6.65	5.15	77.44	9.36
容城县	34.69	18.80	5.37	15.48	85.47	4.59	4.12	89.76	21.91
唐　县	45.23	42.48	3.73	8.25	86.06	3.21	2.05	63.86	4.83
雄　县	55.99	26.50	1.56	2.79	142.95	2.23	1.59	71.30	6.00
易　县	68.22	46.01	4.36	6.39	100.69	4.39	2.66	60.59	5.78
满城县	49.25	35.58	5.60	11.37	110.00	6.16	5.60	90.91	15.74
望都县	34.38	20.90	5.97	17.36	90.45	5.40	5.62	104.07	26.89
徐水县	73.17	44.68	6.13	8.38	108.81	6.67	4.87	73.01	10.90
高碑店	71.52	38.10	4.16	5.82	106.01	4.41	3.41	77.32	8.95
涿州市	73.30	39.72	1.13	1.54	83.19	0.94	0.25	26.60	0.63
安新县									
涞水县	36.72	27.59	3.71	10.10	115.36	4.28	2.88	67.29	10.44
曲阳县									
顺平县	40.20	25.16	5.58	13.88	82.80	4.62	5.57	120.56	22.14
邢台市	**1011.04**	**471.56**	**230.35**	**22.78**	**107.87**	**248.48**	**210.10**	**84.55**	**44.55**
宁晋县	123.50	56.53	21.88	17.72	116.41	25.47	21.89	85.94	38.72
柏乡县	31.77	14.48	5.67	17.85	126.10	7.15	6.02	84.20	41.57
广宗县	51.04	20.97	7.99	15.65	49.31	3.94	5.28	134.01	25.18
巨鹿县	69.24	28.10	13.86	20.02	44.16	6.12	10.76	175.82	38.29
临城县	32.45	15.38	6.06	18.67	89.27	5.41	4.80	88.72	31.21
临西县	57.37	24.07	18.48	32.21	106.17	19.62	17.03	86.80	70.75
隆尧县	81.32	38.59	13.80	16.97	148.41	20.48	10.30	50.29	26.69
内邱县	41.62	20.32	5.67	13.62	126.10	7.15	6.02	84.20	29.63
南宫市	91.50	32.10	32.08	35.06	145.45	46.66	40.75	87.33	126.95
南和县	44.08	24.06	5.59	12.68	116.46	6.51	4.54	69.74	18.87
平乡县	43.08	21.19	5.19	12.05	67.63	3.51	2.20	62.68	10.38
清河县	51.45	26.51	16.00	31.10	103.69	16.59	14.15	85.29	53.38
沙河县	45.68	29.55	7.97	17.45	100.38	8.00	6.14	76.75	20.78
威　县	103.81	44.30	46.20	44.50	101.00	46.66	40.75	87.33	91.99
新河县	37.94	13.79	8.23	21.69	115.43	9.50	8.32	87.58	60.33
邢台县	57.73	37.49	9.09	15.75	105.83	9.62	6.80	70.69	18.14
任　县	47.46	24.13	6.59	13.89	92.41	6.09	4.35	71.43	18.03

5－17－43 续表1

县市名	耕地面积（万亩）	农业人口（万人）	棉田面积（万亩）	占耕地（%）	亩产（市斤）	产量（万担）	收购量（万担）	商品率（%）	人均交售（市斤）
秦皇岛市									
昌黎县									
卢龙县									
抚宁县									
唐山市	**626.29**	**311.78**	**46.70**	**7.46**	**80.90**	**37.78**	**27.53**	**72.87**	**8.83**
迁西县									
丰润县	111.88	57.41	4.93	4.41	67.95	3.35	2.26	67.46	3.94
丰南县	76.35	42.08	14.54	19.04	107.36	15.61	10.86	69.57	25.81
乐亭县	95.94	43.92	14.74	15.36	71.85	10.59	9.24	87.25	21.04
滦南县	111.24	49.98	5.34	4.80	70.04	3.74	1.46	39.04	2.92
滦　县									
迁安县									
唐海县	32.24	10.42	0.72	2.23	56.94	0.41	0.30	73.17	2.88
玉田县	110.56	53.48	4.73	4.28	60.25	2.85	3.14	110.18	5.87
遵化县	88.08	54.49	1.70	1.93	72.35	1.23	0.27	21.95	0.50
石家庄市	**824.77**	**523.48**	**163.78**	**19.86**	**117.61**	**192.62**	**160.70**	**83.43**	**30.70**
高邑县	25.35	13.40	6.10	24.06	104.59	6.38	4.80	75.24	35.82
鹿泉市	43.47	28.10	9.95	22.89	80.30	7.99			
辛集市	106.11	48.89	34.07	32.11	136.75	46.59	43.12	92.55	88.20
赵　县	77.85	42.59	16.45	21.13	102.31	16.83	15.06	89.48	35.36
藁城市	83.51	59.00	17.41	20.85	132.57	23.08	18.48	80.07	31.32
栾城市	47.19	28.20	5.89	12.48	103.90	6.12	4.60	75.16	16.31
新乐市	42.25	34.11	3.21	7.60	90.03	2.89	1.64	56.75	4.81
正定市	52.97	43.90	10.96	20.69	125.09	13.71	11.04	80.53	25.15
晋州市	61.72	40.21	18.19	29.47	135.51	24.65	23.50	95.33	58.44
平山县	46.25	37.93	3.52	7.61	74.15	2.61	2.27	86.97	5.98
行唐县	56.21	33.53	7.73	13.75	100.78	7.79	5.49	70.47	16.37
井陉县									
元氏县	54.02	29.86	8.11	15.01	107.27	8.70	6.85	78.74	22.94
深泽县	36.04	19.59	7.03	19.51	116.79	8.21	8.68	105.72	44.31
灵寿县	38.59	25.17	4.72	12.23	78.18	3.69	3.07	83.20	12.20
无极县	53.24	39.00	10.44	19.61	128.16	13.38	12.10	90.43	31.03
赞皇县									
廊坊市	**562.91**	**271.73**	**65.15**	**11.57**	**110.27**	**71.84**	**55.54**	**77.31**	**20.44**
安次区	81.87	40.10	12.69	15.50	130.65	16.58	11.05	66.65	27.56
大城县	82.01	32.60	6.63	8.08	54.15	3.59	3.06	85.24	9.39
文安县	87.06	34.76	4.33	4.97	76.67	3.32	3.39	102.11	9.75
霸州市	65.37	40.20	9.76	14.93	125.00	12.20	8.97	73.52	22.31
固安县	65.68	30.77	9.94	15.13	153.92	15.30	11.68	76.34	37.96
香河县	42.92	24.57	4.35	10.14	94.48	4.11	3.85	93.67	15.67
大厂回	17.80	8.32	2.76	15.51	101.09	2.79	1.74	62.37	20.91
三河县	58.52	30.05	6.12	10.46	81.70	5.00	3.21	64.20	10.68
永清县	61.68	30.36	8.57	13.89	104.43	8.95	8.59	95.98	28.29

5－17－43 续表 2

县市名	耕地面积（万亩）	农业人口（万人）	棉田面积（万亩）	占耕地（%）	亩产（市斤）	产量（万担）	收购量（万担）	商品率（%）	人均交售（市斤）
衡水市	**878.73**	**330.95**	**222.23**	**25.29**	**93.23**	**207.19**	**172.36**	**83.19**	**52.08**
安平县	50.00	25.70	11.25	22.50	90.67	10.20	10.10	99.02	39.30
阜城县	68.96	27.40	21.37	30.99	70.57	15.08	12.79	84.81	46.68
故城县	84.38	36.18	25.61	30.35	121.48	31.11	25.79	82.90	71.28
景　县	119.42	42.43	28.79	24.11	82.15	23.65	19.26	81.44	45.39
饶阳县	58.00	23.30	14.33	24.71	75.23	10.78	8.80	81.63	37.77
深州市	128.84	48.18	23.21	18.01	96.64	22.43	18.23	81.28	37.84
桃城区	55.67	20.34	12.04	21.63	90.28	10.87	9.10	83.72	44.74
武强县	45.56	17.25	8.18	17.95	27.51	2.25	1.73	76.89	10.03
武邑县	80.28	26.55	19.82	24.69	60.65	12.02	8.96	74.54	33.75
枣强县	94.20	32.00	25.85	27.44	107.58	27.81	21.60	77.67	67.50
冀州市	93.42	31.62	31.78	34.02	128.98	40.99	36.00	87.83	113.85
沧州市	**1009.42**	**419.83**	**185.63**	**18.39**	**92.85**	**172.35**	**136.64**	**79.28**	**32.55**
泊头市	95.67	39.70	7.43	7.77	56.93	4.23	2.26	53.43	5.69
沧　县									
东光县	73.89	27.94	30.85	41.75	83.31	25.70	29.90	116.34	107.02
海兴县	44.49	16.11	1.25	2.81	103.20	1.29	1.57	121.71	9.75
河间市	141.49	60.31	27.14	19.18	72.88	19.78	11.64	58.85	19.30
黄骅县	76.54	30.90	7.42	9.69	74.26	5.51	2.90	52.63	9.39
孟村回	31.37	14.00	3.61	11.51	87.26	3.15	2.79	88.57	19.93
南皮县	71.31	27.90	18.88	26.48	101.43	19.15	15.63	81.62	56.02
青　县	85.25	29.40	6.65	7.80	88.57	5.89	2.98	50.59	10.14
任邱市	93.47	49.01	14.69	15.72	84.28	12.38	7.12	57.51	14.53
肃宁县	56.69	25.50	16.73	29.51	90.85	15.20	11.92	78.42	46.75
吴桥县	59.00	23.41	25.84	43.80	145.28	37.54	33.50	89.24	143.10
献县棉	107.42	43.65	8.08	7.52	42.45	3.43	2.68	78.13	6.14
盐山县	72.83	32.00	17.06	23.42	111.96	19.10	11.75	61.52	36.72
邯郸市	**961.55**	**512.48**	**220.66**	**22.95**	**87.58**	**193.26**	**156.10**	**80.77**	**30.46**
肥乡县	60.59	24.40	15.41	25.43	112.39	17.32	13.08	75.52	53.61
大名县	110.01	57.42	14.05	12.77	78.15	10.98	11.88	108.20	20.69
磁　县	70.23	48.20	11.35	16.16	58.41	6.63	3.59	54.15	7.45
广平县	37.41	18.71	9.35	24.99	95.29	8.91	7.91	88.78	42.28
成安县	57.09	27.60	22.04	38.61	82.03	18.08	15.11	83.57	54.75
馆陶县	48.59	22.81	17.65	36.32	100.68	17.77	19.03	107.09	83.43
邯郸市郊									
邯郸县	54.74	29.13	9.45	17.26	58.52	5.53			
临漳县	75.36	43.10	17.37	23.05	73.86	12.83	9.34	72.80	21.67
邱　县	50.00	16.10	19.05	38.10	101.21	19.28	22.34	115.87	138.76
曲周县	71.98	29.73	17.73	24.63	98.70	17.50	13.05	74.57	43.90
魏　县	97.32	61.46	16.77	17.23	68.99	11.57	9.17	79.26	14.92
武安市	93.01	53.43	21.42	23.03	71.62	15.34	10.52	68.58	19.69
永年县	96.33	62.29	18.78	19.50	109.85	20.63	12.42	60.20	19.94
鸡泽县	38.89	18.10	10.24	26.33	106.35	10.89	8.66	79.52	47.85

5－17－44　河北省1986年产棉县棉花生产收购明细

县市名	耕地面积（万亩）	农业人口（万人）	棉田面积（万亩）	占耕地（%）	亩产（市斤）	产量（万担）	收购量（万担）	商品率（%）	人均交售（市斤）
全省合计	**7086.08**	**3599.13**	**1055.13**	**14.89**	**96.90**	**1022.46**	**927.93**	**90.75**	**25.78**
保定市	**1080.81**	**670.32**	**95.90**	**8.87**	**118.42**	**113.56**	**100.83**	**88.79**	**15.04**
定兴县	74.20	43.86	13.50	18.19	127.70	17.24	13.23	76.74	30.16
安国县	50.20	32.27	5.10	10.16	118.24	6.03	6.76	112.11	20.95
博野县	32.91	20.53	8.71	26.47	127.90	11.14	10.50	94.25	51.14
定州市	126.00	87.79	11.85	9.40	153.59	18.20	14.24	78.24	16.22
高阳县	50.50	24.55	3.53	6.99	94.90	3.35	3.57	106.57	14.54
蠡　县	70.70	36.54	14.18	20.06	120.94	17.15	16.81	98.02	46.00
清苑县	97.90	55.46	5.77	5.89	104.68	6.04	3.68	60.93	6.64
容城县	34.60	19.19	3.57	10.32	116.81	4.17	3.38	81.06	17.61
唐　县	45.20	42.82	2.73	6.04	86.45	2.36	1.61	68.22	3.76
雄　县	55.80	26.65	1.35	2.42	93.33	1.26	2.58	*	9.68
易　县	65.30	46.30	2.56	3.92	110.16	2.82	1.96	69.50	4.23
满城县	48.70	35.86	3.97	8.15	92.19	3.66	2.60	71.04	7.25
望都县	34.40	21.19	4.71	13.69	84.08	3.96	7.70	194.44	36.34
徐水县	73.20	45.18	4.42	6.04	121.27	5.36	3.80	70.90	8.41
高碑店	71.50	38.45	2.66	3.72	108.65	2.89	2.61	90.31	6.79
涿州市	73.00	40.60	0.42	0.58	88.10	0.37	0.13	35.14	0.32
安新县									
涞水县	36.50	27.87	2.19	6.00	112.33	2.46	1.42	57.72	5.10
曲阳县									
顺平县	40.20	25.21	4.68	11.64	108.97	5.10	4.25	83.33	16.86
邢台市	**1010.24**	**477.60**	**219.45**	**21.72**	**94.15**	**206.62**	**188.74**	**91.35**	**39.52**
宁晋县	123.50	57.04	20.85	16.88	103.98	21.68	20.40	94.10	35.76
柏乡县	31.80	14.53	5.47	17.20	85.19	4.66	4.28	91.85	29.46
广宗县	51.04	21.20	7.82	15.32	56.14	4.39	4.62	105.24	21.79
巨鹿县	69.20	28.27	14.12	20.40	42.78	6.04	9.33	154.47	33.00
临城县	32.40	15.56	5.82	17.96	64.95	3.78	3.74	98.94	24.04
临西县	57.40	24.25	17.53	30.54	104.11	18.25	18.96	103.89	78.19
隆尧县	81.30	38.86	13.42	16.51	131.15	17.60	10.64	60.45	27.38
内邱县	41.60	20.55	5.47	13.15	85.19	4.66	4.28	91.85	20.83
南宫市	91.00	34.00	34.00	37.36	113.41	38.56	34.30	88.95	100.88
南和县	44.10	24.30	5.17	11.72	96.32	4.98	5.16	103.61	21.23
平乡县	43.10	21.38	4.97	11.53	52.52	2.61	2.05	78.54	9.59
清河县	51.40	26.65	16.00	31.13	79.75	12.76	10.22	80.09	38.35
沙河县	45.60	29.75	6.75	14.80	88.89	6.00	4.87	81.17	16.37
威　县	103.80	45.10	40.26	38.79	95.78	38.56	34.30	88.95	76.05
新河县	37.90	13.77	8.68	22.90	111.18	9.65	8.64	89.53	62.75
邢台县	57.70	38.01	7.95	13.78	79.62	6.33	6.47	102.21	17.02
任　县	47.40	24.38	5.17	10.91	118.18	6.11	6.48	106.06	26.58

5－17－44 续表 1

县市名	耕地面积（万亩）	农业人口（万人）	棉田面积（万亩）	占耕地（%）	亩产（市斤）	产量（万担）	收购量（万担）	商品率（%）	人均交售（市斤）
秦皇岛市									
昌黎县									
卢龙县									
抚宁县									
唐山市	**625.50**	**313.80**	**26.07**	**4.17**	**87.34**	**22.77**	**13.84**	**60.78**	**4.41**
迁西县									
丰润县	111.80	57.90	2.80	2.50	73.57	2.06	3.55	172.33	6.13
丰南县	76.30	42.35	11.05	14.48	105.43	11.65	5.08	43.61	12.00
乐亭县	95.50	44.10	5.85	6.13	83.76	4.90	3.90	79.59	8.84
滦南县	111.10	50.17	2.38	2.14	68.49	1.63	0.33	20.25	0.66
滦　县									
迁安县									
唐海县	32.20	10.42	0.23	0.71	69.57	0.16	0.04	25.00	0.38
玉田县	110.50	53.95	2.96	2.68	62.84	1.86	0.92	49.46	1.71
遵化县	88.10	54.91	0.80	0.91	63.75	0.51	0.02	3.92	0.04
石家庄市	**818.72**	**527.67**	**111.06**	**13.57**	**127.29**	**141.37**	**136.31**	**96.42**	**25.83**
高邑县	25.30	13.47	2.91	11.50	101.72	2.96	1.95	65.88	14.48
鹿泉市	43.40	28.55	3.72	8.57	104.30	3.88	2.86	73.71	10.02
辛集市	105.92	48.34	30.26	28.57	138.86	42.02	41.22	98.10	85.27
赵　县	77.80	43.02	8.68	11.16	133.29	11.57	9.90	85.57	23.01
藁城市	83.40	59.86	10.82	12.97	144.18	15.60	13.37	85.71	22.34
栾城市	47.20	28.36	2.50	5.30	108.40	2.71	2.06	76.01	7.26
新乐市	42.30	34.49	1.00	2.36	157.00	1.57	0.90	57.32	2.61
正定市	52.90	44.46	4.82	9.11	149.17	7.19	5.40	75.10	12.15
晋州市	61.70	40.70	15.40	24.96	137.47	21.17	25.17	118.89	61.84
平山县	46.20	37.99	2.92	6.32	67.12	1.96	1.46	74.49	3.84
行唐县	56.20	33.83	5.64	10.04	100.00	5.64	4.12	73.05	12.18
井陉县									
元氏县	54.00	30.11	5.93	10.98	112.14	6.65	4.90	73.68	16.27
深泽县	30.60	19.80	5.71	18.66	115.41	6.59	12.80	194.23	64.65
灵寿县	38.60	25.27	3.50	9.07	86.00	3.01	3.23	107.31	12.78
无极县	53.20	39.42	7.25	13.63	122.07	8.85	6.97	78.76	17.68
赞皇县									
廊坊市	**562.20**	**274.97**	**43.55**	**7.75**	**106.68**	**46.46**	**33.97**	**73.12**	**12.35**
安次区	81.70	40.45	9.21	11.27	111.73	10.29	5.89	57.24	14.56
大城县	82.00	33.01	2.44	2.98	62.30	1.52	0.23	15.13	0.70
文安县	87.00	35.17	2.70	3.10	79.26	2.14	0.64	29.91	1.82
霸州市	65.30	40.66	5.91	9.05	130.12	7.69	6.20	80.62	15.25
固安县	65.40	31.13	8.36	12.78	158.25	13.23	12.20	92.21	39.19
香河县	42.90	24.85	2.68	6.25	59.33	1.59	1.12	70.44	4.51
大厂回	17.80	8.44	1.40	7.87	42.86	0.60	0.99	165.00	11.73
三河县	58.40	30.55	3.92	6.71	53.32	2.09	1.03	49.28	3.37
永清县	61.70	30.71	6.93	11.23	105.48	7.31	5.67	77.56	18.46

5－17－44 续表 2

县 市 名	耕地面积（万亩）	农业人口（万人）	棉田面积（万亩）	占耕地（%）	亩 产（市斤）	产 量（万担）	收购量（万担）	商品率（%）	人均交售（市斤）
衡水市	**880.00**	**332.82**	**215.83**	**24.53**	**85.69**	**184.94**	**147.88**	**79.96**	**44.43**
安平县	50.00	26.01	11.11	22.22	93.52	10.39	10.51	101.15	40.41
阜城县	69.00	27.49	17.72	25.68	76.41	13.54	10.40	76.81	37.83
故城县	84.20	36.31	26.06	30.95	99.69	25.98	24.50	94.30	67.47
景 县	119.40	42.30	29.35	24.58	61.81	18.14	14.67	80.87	34.68
饶阳县	58.00	23.42	12.63	21.78	91.45	11.55	6.42	55.58	27.41
深州市	130.40	48.40	23.54	18.05	94.73	22.30	16.81	75.38	34.73
桃城区	55.60	20.65	12.00	21.58	81.25	9.75	5.65	57.95	27.36
武强县	45.50	17.58	6.37	14.00	33.91	2.16	0.92	42.59	5.23
武邑县	80.30	26.97	17.25	21.48	44.58	7.69	5.44	70.74	20.17
枣强县	94.20	31.99	27.00	28.66	99.89	26.97	18.54	68.74	57.96
冀州市	93.40	31.70	32.80	35.12	111.19	36.47	34.02	93.28	107.32
沧州市	**1145.90**	**483.19**	**161.61**	**14.10**	**99.73**	**161.17**	**141.37**	**87.71**	**29.26**
泊头市	95.70	39.87	4.08	4.26	25.00	1.02	1.14	111.76	2.86
沧 县	136.70	55.61	2.04	1.49	93.14	1.90	1.67	87.89	3.00
东光县	73.90	27.94	30.51	41.29	112.52	34.33	33.00	96.13	118.11
海兴县	44.50	16.28	0.87	1.96	66.67	0.58	0.25	43.10	1.54
河间市	141.40	61.10	21.02	14.87	83.25	17.50	11.48	65.60	18.79
黄骅县	76.50	35.67	3.24	4.24	99.38	3.22	1.47	45.65	4.12
孟村回	31.40	14.11	2.50	7.96	87.20	2.18	2.48	113.76	17.58
南皮县	71.30	27.97	14.78	20.73	91.88	13.58	11.94	87.92	42.69
青 县	85.30	29.60	4.43	5.19	65.91	2.92	1.66	56.85	5.61
任邱市	93.50	49.78	12.20	13.05	83.28	10.16	6.35	62.50	12.76
肃宁县	56.70	25.61	17.56	30.97	107.00	18.79	15.32	81.53	59.82
吴桥县	58.80	23.45	28.90	49.15	131.35	37.96	37.78	99.53	161.11
献县棉	107.40	44.08	4.25	3.96	45.18	1.92	2.22	115.63	5.04
盐山县	72.80	32.12	15.23	20.92	99.21	15.11	14.61	96.69	45.49
邯郸市	**962.71**	**518.76**	**181.66**	**18.87**	**80.13**	**145.57**	**164.99**	**113.34**	**31.80**
肥乡县	60.50	24.58	15.13	25.01	101.12	15.30	14.03	91.70	57.08
大名县	110.02	58.49	10.85	9.86	54.01	5.86	7.88	134.47	13.47
磁 县	70.20	48.85	7.94	11.31	57.93	4.60	5.64	122.61	11.55
广平县	37.40	19.03	8.43	22.54	60.50	5.10	6.12	120.00	32.16
成安县	57.10	28.05	20.43	35.78	85.02	17.37	19.74	113.64	70.37
馆陶县	48.70	23.06	15.79	32.42	107.28	16.94	18.95	111.87	82.18
邯郸市郊									
邯郸县	54.30	29.11	5.26	9.69	52.09	2.74	4.57	166.79	15.70
临漳县	75.50	43.40	13.75	18.21	80.65	11.09	10.43	94.05	24.03
邱 县	49.97	16.31	17.28	34.58	105.44	18.22	21.43	117.62	131.39
曲周县	74.00	30.37	15.13	20.45	112.62	17.04	16.37	96.07	53.90
魏 县	97.32	62.27	12.66	13.01	50.00	6.33	7.91	124.96	12.70
武安市	92.50	54.29	16.29	17.61	39.84	6.49	8.98	138.37	16.54
永年县	96.30	62.68	12.78	13.27	64.71	8.27	14.02	169.53	22.37
鸡泽县	38.90	18.27	9.94	25.55	102.82	10.22	8.92	87.28	48.82

5－17－45 河北省1987年产棉县棉花生产收购明细

县市名	耕地面积（万亩）	农业人口（万人）	棉田面积（万亩）	占耕地（%）	亩产（市斤）	产量（万担）	收购量（万担）	商品率（%）	人均交售（市斤）
全省合计	**7079.24**	**3637.64**	**1231.99**	**17.40**	**102.15**	**1258.49**	**1242.10**	**98.70**	**34.15**
保定市	**1078.21**	**676.87**	**118.05**	**10.95**	**116.15**	**137.11**	**147.56**	**107.62**	**21.80**
定兴县	74.20	44.29	16.39	22.09	123.92	20.31	19.68	96.90	44.43
安国县	50.20	32.47	7.32	14.58	118.17	8.65	10.61	122.66	32.68
博野县	32.91	20.74	10.24	31.12	134.96	13.82	13.72	99.28	66.15
定州市	125.90	88.33	12.56	9.98	162.66	20.43	9.23	45.18	10.45
高阳县	50.50	24.72	5.72	11.33	83.22	4.76	6.17	129.62	24.96
蠡县	70.40	36.81	16.93	24.05	120.97	20.48	21.99	107.37	59.74
清苑县	97.50	56.06	6.24	6.40	103.53	6.46	6.80	105.26	12.13
容城县	34.50	19.69	4.27	12.38	111.71	4.77	5.64	118.24	28.64
唐县	45.10	43.21	2.68	5.94	88.81	2.38	1.72	72.27	3.98
雄县	55.50	26.94	2.51	4.52	37.85	0.95	4.84	*	17.97
易县	64.70	46.64	3.57	5.52	108.96	3.89	2.79	71.72	5.98
满城县	48.70	36.23	4.85	9.96	91.55	4.44	3.67	82.66	10.13
望都县	34.30	21.48	4.90	14.29	103.67	5.08	19.84	*	92.36
徐水县	73.20	45.59	5.41	7.39	112.57	6.09	5.84	95.89	12.81
高碑店	71.40	38.91	5.09	7.13	103.34	5.26	5.14	97.72	13.21
涿州市	72.70	41.02	1.37	1.88	95.62	1.31	1.18	90.08	2.88
安新县									
涞水县	36.30	28.14	2.85	7.85	99.65	2.84	2.30	80.99	8.17
曲阳县									
顺平县	40.20	25.60	5.15	12.81	100.78	5.19	6.40	123.31	25.00
邢台市	**1010.04**	**482.87**	**244.71**	**24.23**	**112.03**	**274.15**	**266.35**	**97.15**	**55.16**
宁晋县	123.40	57.69	21.72	17.60	110.31	23.96	28.41	118.57	49.25
柏乡县	31.80	14.65	5.77	18.14	55.29	3.19	3.10	97.18	21.16
广宗县	51.04	21.44	11.90	23.32	84.12	10.01	7.46	74.53	34.79
巨鹿县	69.20	28.48	14.14	20.43	57.28	8.10	12.89	159.14	45.26
临城县	32.40	15.73	7.08	21.85	50.28	3.56	4.46	125.28	28.35
临西县	57.40	22.56	20.97	36.53	133.14	27.92	28.58	102.36	126.68
隆尧县	81.40	39.09	14.55	17.87	149.69	21.78	17.03	78.19	43.57
内邱县	41.60	20.72	5.77	13.87	55.29	3.19	3.10	97.18	14.96
南宫市	90.80	37.00	36.92	40.66	149.35	55.14	51.23	92.91	138.46
南和县	44.10	24.52	5.26	11.93	109.13	5.74	7.31	127.35	29.81
平乡县	43.10	21.60	5.64	13.09	57.09	3.22	1.83	56.83	8.47
清河县	51.40	26.85	18.47	35.93	111.64	20.62	14.44	70.03	53.78
沙河县	45.60	30.09	6.87	15.07	92.87	6.38	6.33	99.22	21.04
威县	103.80	45.60	44.98	43.33	122.59	55.14	51.23	92.91	112.35
新河县	37.90	13.79	9.29	24.51	109.69	10.19	11.78	115.60	85.42
邢台县	57.70	38.49	8.14	14.11	90.29	7.35	7.27	98.91	18.89
任县	47.40	24.57	7.24	15.27	119.61	8.66	9.90	114.32	40.29

5－17－45 续表1

县市名	耕地面积（万亩）	农业人口（万人）	棉田面积（万亩）	占耕地（%）	亩产（市斤）	产量（万担）	收购量（万担）	商品率（%）	人均交售（市斤）
秦皇岛市									
昌黎县									
卢龙县									
抚宁县									
唐山市	**624.40**	**316.24**	**18.95**	**3.03**	**75.04**	**14.22**	**7.14**	**50.21**	**2.26**
迁西县									
丰润县	111.60	58.33	2.25	2.02	67.56	1.52	1.45	95.39	2.49
丰南县	76.20	42.66	5.15	6.76	91.07	4.69	2.36	50.32	5.53
乐亭县	95.40	44.40	5.50	5.77	80.18	4.41	2.68	60.77	6.04
滦南县	111.10	50.33	1.83	1.65	69.95	1.28	0.02	1.56	0.04
滦　县									
迁安县									
唐海县	32.20	10.44	0.05	0.16	100.00	0.05			
玉田县	110.50	54.45	3.35	3.03	55.82	1.87	0.38	20.32	0.70
遵化县	87.40	55.63	0.82	0.94	48.78	0.40	0.25	62.50	0.45
石家庄市	**817.77**	**534.90**	**115.97**	**14.18**	**124.28**	**144.13**	**161.57**	**112.10**	**30.21**
高邑县	25.30	13.57	2.23	8.81	115.25	2.57	1.96	76.26	14.44
鹿泉市	43.30	29.12	3.59	8.29	77.72	2.79	1.97	70.61	6.77
辛集市	105.77	48.98	31.55	29.83	140.06	44.19	50.55	114.39	103.21
赵　县	77.70	43.40	10.38	13.36	120.23	12.48	10.33	82.77	23.80
藁城市	83.30	60.51	10.96	13.16	150.91	16.54	13.45	81.32	22.23
栾城市	47.10	28.60	1.77	3.76	102.26	1.81	1.30	71.82	4.55
新乐市	42.20	35.07	1.33	3.15	163.91	2.18	1.55	71.10	4.42
正定市	52.80	45.78	4.91	9.30	144.60	7.10	5.93	83.52	12.95
晋州市	61.60	41.20	15.19	24.66	142.07	21.58	34.39	159.36	83.47
平山县	46.20	38.21	3.22	6.97	58.70	1.89	1.53	80.95	4.00
行唐县	56.20	34.22	6.68	11.89	77.99	5.21	5.33	102.30	15.58
井陉县									
元氏县	54.00	30.46	6.27	11.61	98.88	6.20	4.20	67.74	13.79
深泽县	30.60	20.14	6.19	20.23	127.79	7.91	17.97	*	89.23
灵寿县	38.50	25.62	4.68	12.16	64.74	3.03	3.79	125.08	14.79
无极县	53.20	40.02	7.02	13.20	123.22	8.65	7.32	84.62	18.29
赞皇县									
廊坊市	**561.80**	**279.02**	**52.33**	**9.31**	**104.70**	**54.79**	**50.69**	**92.52**	**18.17**
安次区	81.70	40.92	14.20	17.38	127.68	18.13	10.65	58.74	26.03
大城县	81.90	33.52	3.85	4.70	58.18	2.24	1.14	50.89	3.40
文安县	86.70	35.68	3.80	4.38	73.16	2.78	1.93	69.42	5.41
霸州市	65.30	41.26	8.25	12.63	104.24	8.60	10.73	124.77	26.01
固安县	65.40	31.47	8.88	13.58	144.93	12.87	13.55	105.28	43.06
香河县	42.90	25.41	2.67	6.22	59.18	1.58	0.87	55.06	3.42
大厂回	17.80	8.62	1.27	7.13	48.03	0.61	2.38	*	27.61
三河县	58.40	31.16	3.48	5.96	68.39	2.38	2.03	85.29	6.51
永清县	61.70	30.98	5.93	9.61	94.44	5.60	7.41	132.32	23.92

5－17－45 续表 2

县市名	耕地面积（万亩）	农业人口（万人）	棉田面积（万亩）	占耕地（%）	亩产（市斤）	产量（万担）	收购量（万担）	商品率（%）	人均交售（市斤）
衡水市	**879.90**	**335.08**	**256.38**	**29.14**	**87.33**	**223.90**	**201.85**	**90.15**	**60.24**
安平县	50.00	26.24	11.49	22.98	98.43	11.31	14.18	125.38	54.04
阜城县	69.00	27.62	24.29	35.20	92.96	22.58	16.91	74.89	61.22
故城县	84.20	36.70	32.72	38.86	110.67	36.21	34.10	94.17	92.92
景县	119.40	42.51	31.00	25.96	78.16	24.23	23.49	96.95	55.26
饶阳县	58.00	23.59	15.63	26.95	111.71	17.46	3.17	18.16	13.44
深州市	130.40	48.68	28.32	21.72	80.05	22.67	25.87	114.12	53.14
桃城区	55.60	21.11	12.91	23.22	85.82	11.08	8.14	73.47	38.56
武强县	45.50	17.75	7.83	17.21	44.06	3.45	3.17	91.88	17.86
武邑县	80.30	26.99	23.06	28.72	47.79	11.02	8.91	80.85	33.01
枣强县	94.20	32.04	32.92	34.95	72.93	24.01	23.62	98.38	73.72
冀州市	93.30	31.85	36.21	38.81	110.14	39.88	40.29	101.03	126.50
沧州市	**1144.90**	**487.11**	**202.62**	**17.70**	**93.83**	**190.12**	**191.78**	**100.87**	**39.37**
泊头市	95.10	39.99	6.94	7.30	57.06	3.96	3.32	83.84	8.30
沧县	136.60	56.16	2.73	2.00	97.07	2.65	3.67	138.49	6.53
东光县	73.80	28.07	34.51	46.76	112.98	38.99	43.78	112.29	155.97
海兴县	44.50	16.44	1.10	2.47	63.64	0.70	1.46	*	8.88
河间市	141.30	61.55	28.02	19.83	78.44	21.98	21.11	96.04	34.30
黄骅县	76.50	35.85	3.27	4.27	89.30	2.92	1.49	51.03	4.16
孟村回	31.40	14.30	2.91	9.27	79.73	2.32	4.31	185.78	30.14
南皮县	71.20	28.00	21.78	30.59	75.85	16.52	16.50	99.88	58.93
青县	85.30	29.80	4.98	5.84	90.96	4.53	3.57	78.81	11.98
任邱市	93.40	50.85	15.72	16.83	90.97	14.30	9.96	69.65	19.59
肃宁县	56.80	25.81	23.18	40.81	108.71	25.20	20.35	80.75	78.85
吴桥县	58.80	23.48	29.55	50.26	135.16	39.94	41.60	104.16	177.17
献县棉	107.40	44.46	7.10	6.61	53.52	3.80	4.78	125.79	10.75
盐山县	72.80	32.35	20.83	28.61	59.10	12.31	15.88	129.00	49.09
邯郸市	**962.22**	**525.55**	**222.98**	**23.17**	**98.69**	**220.07**	**215.16**	**97.77**	**40.94**
肥乡县	60.48	24.75	21.30	35.22	121.83	25.95	22.86	88.09	92.36
大名县	109.98	59.27	13.95	12.68	83.15	11.60	11.42	98.45	19.27
磁县	70.20	49.33	9.60	13.68	75.00	7.20	8.72	121.11	17.68
广平县	37.40	19.29	9.45	25.27	86.88	8.21	9.28	113.03	48.11
成安县	57.10	28.33	23.73	41.56	107.75	25.57	22.66	88.62	79.99
馆陶县	48.70	23.41	17.84	36.63	115.47	20.60	25.49	123.74	108.89
邯郸市郊									
邯郸县	54.30	29.84	8.51	15.67	68.86	5.86	6.46	110.24	21.65
临漳县	75.50	43.75	15.48	20.50	94.83	14.68	12.91	87.94	29.51
邱县	49.96	16.52	20.87	41.77	127.55	26.62	26.34	98.95	159.44
曲周县	74.00	30.68	18.27	24.69	114.40	20.90	18.77	89.81	61.18
魏县	97.30	62.97	17.69	18.18	67.44	11.93	10.40	87.18	16.52
武安市	92.10	56.00	19.99	21.70	74.84	14.96	13.11	87.63	23.41
永年县	96.30	62.95	14.33	14.88	81.72	11.71	16.11	137.57	25.59
鸡泽县	38.90	18.46	11.97	30.77	119.30	14.28	10.63	74.44	57.58

5-17-46 河北省1988年产棉县棉花生产收购明细

县市名	耕地面积（万亩）	农业人口（万人）	棉田面积（万亩）	占耕地（%）	亩产（市斤）	产量（万担）	收购量（万担）	商品率（%）	人均交售（市斤）
全省合计	**7025.58**	**3669.89**	**1386.40**	**19.73**	**83.44**	**1156.76**	**1025.55**	**88.66**	**27.94**
保定市	**1070.70**	**687.08**	**124.90**	**11.67**	**60.43**	**75.48**	**72.08**	**95.50**	**10.49**
定兴县	74.20	45.05	17.20	23.18	53.08	9.13	8.13	89.05	18.05
安国县	50.20	32.91	7.10	14.14	102.96	7.31	7.14	97.67	21.70
博野县	32.91	21.19	10.60	32.21	89.43	9.48	8.47	89.35	39.97
定州市	125.80	88.90	4.80	3.82	39.79	1.91	8.14	*	9.16
高阳县	55.00	25.02	6.70	12.18	47.31	3.17	4.01	126.50	16.03
蠡县	70.26	37.58	19.50	27.75	81.18	15.83	13.52	85.41	35.98
清苑县	97.20	57.16	6.80	7.00	44.85	3.05	2.70	88.52	4.72
容城县	34.49	20.00	4.90	14.21	52.86	2.59	2.12	81.85	10.60
唐县	34.20	43.70	2.80	8.19	41.07	1.15	0.25	21.74	0.57
雄县	55.54	27.18	2.30	4.14	37.39	0.86	0.98	113.95	3.61
易县	64.30	47.30	3.90	6.07	44.62	1.74	1.05	60.34	2.22
满城县	49.16	36.78	4.40	8.95	38.18	1.68	0.98	58.33	2.66
望都县	34.20	22.00	13.00	38.01	61.69	8.02	8.61	107.36	39.14
徐水县	73.20	46.85	5.10	6.97	40.98	2.09	1.24	59.33	2.65
高碑店	71.34	39.36	5.30	7.43	39.81	2.11	1.23	58.29	3.13
涿州市	72.60	41.40	2.50	3.44	36.00	0.90	0.52	57.78	1.26
安新县									
涞水县	36.20	28.70	2.80	7.73	63.21	1.77	1.00	56.50	3.48
曲阳县									
顺平县	39.90	26.00	5.20	13.03	51.73	2.69	1.99	73.98	7.65
邢台市	**1005.04**	**488.72**	**262.30**	**26.10**	**98.04**	**257.17**	**259.56**	**100.93**	**53.11**
宁晋县	123.40	58.46	23.00	18.64	91.87	21.13	23.70	112.16	40.54
柏乡县	32.00	14.74	6.00	18.75	49.17	2.95	5.73	194.24	38.87
广宗县	51.04	21.68	17.00	33.31	79.18	13.46	8.93	66.34	41.19
巨鹿县	69.21	28.80	15.00	21.67	66.47	9.97	11.29	113.24	39.20
临城县	32.00	15.92	6.00	18.75	69.67	4.18	4.91	117.46	30.84
临西县	57.36	22.86	22.00	38.35	119.64	26.32	26.98	102.51	118.02
隆尧县	81.00	39.32	15.00	18.52	130.00	19.50	18.10	92.82	46.03
内邱县	42.00	20.90	6.00	14.29	49.17	2.95	5.73	194.24	27.42
南宫市	91.00	36.00	36.00	39.56	141.92	51.09	46.01	90.06	127.81
南和县	44.00	24.85	5.00	11.36	105.00	5.25	8.22	156.57	33.08
平乡县	43.04	21.77	5.00	11.62	64.80	3.24	3.11	95.99	14.29
清河县	51.34	27.04	18.00	35.06	100.11	18.02	16.36	90.79	60.50
沙河县	46.00	31.48	7.00	15.22	59.14	4.14	3.22	77.78	10.23
威县	103.80	46.20	55.00	52.99	92.89	51.09	46.01	90.06	99.59
新河县	37.90	13.82	10.00	26.39	113.10	11.31	13.41	118.57	97.03
邢台县	52.95	40.13	8.30	15.68	66.51	5.52	9.53	172.64	23.75
任县	47.00	24.75	8.00	17.02	88.13	7.05	8.32	118.01	33.62

5－17－46 续表 1

县市名	耕地面积（万亩）	农业人口（万人）	棉田面积（万亩）	占耕地（%）	亩产（市斤）	产量（万担）	收购量（万担）	商品率（%）	人均交售（市斤）
秦皇岛市									
昌黎县									
卢龙县									
抚宁县									
唐山市	**589.71**	**309.90**	**26.00**	**4.41**	**83.92**	**21.82**	**8.81**	**40.38**	**2.84**
迁西县									
丰润县	111.59	59.04	2.60	2.33	71.92	1.87	1.24	66.31	2.10
丰南县	76.06	43.04	11.80	15.51	95.08	11.22	3.26	29.06	7.57
乐亭县	94.15	44.56	6.10	6.48	85.41	5.21	3.69	70.83	8.28
滦南县	111.03	50.52	2.40	2.16	64.17	1.54	0.41	26.62	0.81
滦　县									
迁安县									
唐海县									
玉田县	109.89	56.16	2.60	2.37	65.00	1.69	0.21	12.43	0.37
遵化县	87.00	56.58	0.50	0.57	58.00	0.29			
石家庄市	**817.33**	**545.42**	**119.50**	**14.62**	**74.74**	**89.32**	**85.12**	**95.30**	**15.61**
高邑县	25.30	13.69	2.10	8.30	48.10	1.01	0.87	86.14	6.36
鹿泉市	43.29	29.62	3.40	7.85	72.06	2.45	1.15	46.94	3.88
辛集市	105.66	50.12	32.70	30.95	102.17	33.41	34.66	103.74	69.15
赵　县	77.70	44.70	11.00	14.16	50.91	5.60	7.96	142.14	17.81
藁城市	83.20	61.80	11.10	13.34	72.43	8.04	5.02	62.44	8.12
栾城市	47.03	28.90	1.80	3.83	90.56	1.63	1.29	79.14	4.46
新乐市	42.20	35.82	2.30	5.45	51.30	1.18	0.63	53.39	1.76
正定市	52.74	46.50	4.50	8.53	94.22	4.24	5.45	128.54	11.72
晋州市	61.60	41.84	15.60	25.32	91.22	14.23	15.56	109.35	37.19
平山县	46.10	38.50	3.50	7.59	27.71	0.97	0.28	28.87	0.73
行唐县	56.20	34.76	6.60	11.74	35.45	2.34	1.25	53.42	3.60
井陉县									
元氏县	54.00	31.60	6.00	11.11	55.00	3.30	1.36	41.21	4.30
深泽县	30.60	20.40	6.70	21.90	100.15	6.71	7.10	105.81	34.80
灵寿县	38.50	25.87	5.00	12.99	27.20	1.36	0.98	72.06	3.79
无极县	53.20	41.30	7.20	13.53	39.58	2.85	1.56	54.74	3.78
赞皇县									
廊坊市	**561.00**	**282.69**	**66.00**	**11.76**	**51.00**	**33.66**	**22.75**	**67.59**	**8.05**
安次区	81.00	41.00	14.00	17.28	49.14	6.88	4.36	63.37	10.63
大城县	82.00	34.00	7.00	8.54	39.00	2.73	1.63	59.71	4.79
文安县	87.00	36.00	6.00	6.90	45.33	2.72	1.20	44.12	3.33
霸州市	65.00	41.90	8.00	12.31	66.63	5.33	5.10	95.68	12.17
固安县	65.00	32.00	13.00	20.00	60.00	7.80	6.61	84.74	20.66
香河县	43.00	26.00	3.00	6.98	22.33	0.67	0.04	5.97	0.15
大厂回	18.00	8.79	1.00	5.56	70.00	0.70	0.08	11.43	0.91
三河县	58.00	32.00	4.00	6.90	63.75	2.55	0.15	5.88	0.47
永清县	62.00	31.00	10.00	16.13	42.80	4.28	3.58	83.64	11.55

5－17－46 续表 2

县市名	耕地面积（万亩）	农业人口（万人）	棉田面积（万亩）	占耕地（%）	亩　产（市斤）	产　量（万担）	收购量（万担）	商品率（%）	人均交售（市斤）
衡水市	**877.00**	**339.00**	**283.00**	**32.27**	**84.58**	**239.37**	**183.12**	**76.50**	**54.02**
安平县	50.00	27.00	12.00	24.00	91.33	10.96	11.77	107.39	43.59
阜城县	69.00	28.00	23.00	33.33	86.87	19.98	7.61	38.09	27.18
故城县	84.00	37.00	36.00	42.86	102.78	37.00	32.86	88.81	88.81
景　县	119.00	43.00	35.00	29.41	82.86	29.00	25.96	89.52	60.37
饶阳县	58.00	24.00	20.00	34.48	83.70	16.74	11.71	69.95	48.79
深州市	130.00	49.00	40.00	30.77	78.68	31.47	14.33	45.54	29.24
桃城区	55.00	22.00	13.00	23.64	75.54	9.82	9.13	92.97	41.50
武强县	45.00	18.00	10.00	22.22	55.20	5.52	3.04	55.07	16.89
武邑县	80.00	27.00	24.00	30.00	65.83	15.80	8.98	56.84	33.26
枣强县	94.00	32.00	33.00	35.11	82.85	27.34	23.95	87.60	74.84
冀州市	93.00	32.00	37.00	39.78	96.59	35.74	33.78	94.52	105.56
沧州市	**1142.74**	**483.96**	**237.10**	**20.75**	**76.51**	**181.40**	**183.02**	**100.89**	**37.82**
泊头市	95.10	40.30	11.10	11.67	46.94	5.21	1.20	23.03	2.98
沧　县	135.19	56.90	7.10	5.25	67.46	4.79	5.03	105.01	8.84
东光县	73.80	28.20	35.30	47.83	95.69	33.78	39.11	115.78	138.69
海兴县	44.50	16.79	2.30	5.17	78.26	1.80	2.61	145.00	15.54
河间市	141.30	61.90	33.00	23.35	51.06	16.85	18.06	107.18	29.18
黄骅县	75.90	31.30	2.60	3.43	71.92	1.87	3.41	182.35	10.89
孟村回	31.40	14.50	4.10	13.06	83.66	3.43	5.98	174.34	41.24
南皮县	71.20	28.20	23.70	33.29	70.89	16.80	20.52	122.14	72.77
青　县	85.25	29.97	7.20	8.45	43.61	3.14	3.38	107.64	11.28
任邱市	93.40	48.90	15.60	16.70	79.29	12.37	8.82	71.30	18.04
肃宁县	56.70	26.00	25.00	44.09	73.32	18.33	13.62	74.30	52.38
吴桥县	58.80	23.50	30.10	51.19	115.61	34.80	39.17	112.56	166.68
献县棉	107.40	44.90	18.70	17.41	56.47	10.56	4.71	44.60	10.49
盐山县	72.80	32.60	21.30	29.26	82.96	17.67	17.40	98.47	53.37
邯郸市	**962.07**	**533.12**	**267.60**	**27.82**	**96.61**	**258.54**	**211.09**	**81.65**	**39.60**
肥乡县	60.48	25.42	25.30	41.83	116.21	29.40	21.26	72.31	83.63
大名县	109.96	60.51	22.50	20.46	84.36	18.98	13.80	72.71	22.81
磁　县	70.20	50.40	10.80	15.38	85.46	9.23	11.27	122.10	22.36
广平县	37.40	19.50	9.90	26.47	111.62	11.05	10.11	91.49	51.85
成安县	57.10	28.74	27.20	47.64	110.70	30.11	25.84	85.82	89.91
馆陶县	48.70	23.90	20.30	41.68	109.51	22.23	22.77	102.43	95.27
邯郸市郊									
邯郸县	54.34	30.43	10.00	18.40	58.50	5.85	7.16	122.39	23.53
临漳县	75.40	44.06	17.00	22.55	90.06	15.31	14.97	97.78	33.98
邱　县	49.96	16.52	22.70	45.44	120.62	27.38	25.29	92.37	153.09
曲周县	73.90	31.04	28.40	38.43	100.99	28.68	15.49	54.01	49.90
魏　县	97.29	63.73	21.10	21.69	74.64	15.75	11.43	72.57	17.94
武安市	92.14	56.68	22.00	23.88	63.45	13.96	9.53	68.27	16.81
永年县	96.30	63.39	16.00	16.61	102.38	16.38	12.86	78.51	20.29
鸡泽县	38.90	18.80	14.40	37.02	98.82	14.23	9.31	65.43	49.52

5－17－47　河北省1989年产棉县棉花生产收购明细

县市名	耕地面积（万亩）	农业人口（万人）	棉田面积（万亩）	占耕地（%）	亩产（市斤）	产量（万担）	收购量（万担）	商品率（%）	人均交售（市斤）
全省合计	**7063.68**	**3736.53**	**1312.81**	**18.59**	**81.47**	**1069.55**	**912.09**	**85.28**	**24.41**
保定市	**1075.69**	**696.92**	**112.61**	**10.47**	**85.75**	**96.56**	**81.12**	**84.01**	**11.64**
定兴县	74.20	45.99	14.15	19.07	96.96	13.72	16.02	116.76	34.83
安国县	50.19	33.24	6.95	13.85	92.23	6.41	5.61	87.52	16.88
博野县	32.91	21.42	10.00	30.39	119.30	11.93	10.37	86.92	48.41
定州市	125.70	89.50	12.10	9.63	120.41	14.57	11.89	81.61	13.28
高阳县	50.45	25.43	6.70	13.28	77.76	5.21	4.25	81.57	16.71
蠡　县	70.04	38.61	17.65	25.20	103.91	18.34	15.10	82.33	39.11
清苑县	96.60	57.91	5.21	5.39	78.12	4.07	2.57	63.14	4.44
容城县	34.34	20.19	3.24	9.44	79.94	2.59	1.51	58.30	7.48
唐　县	44.90	44.30	1.92	4.28	51.56	0.99	0.85	85.86	1.92
雄　县	55.50	27.34	2.60	4.68	84.62	2.20	0.67	30.45	2.45
易　县	64.30	47.80	2.85	4.43	58.60	1.67	0.78	46.71	1.63
满城县	49.14	37.59	5.35	10.89	53.64	2.87	1.56	54.36	4.15
望都县	34.20	22.10	4.48	13.10	48.66	2.18	5.01	*	22.67
徐水县	73.20	47.90	4.47	6.11	56.15	2.51	1.59	63.35	3.32
高碑店	71.32	39.90	4.54	6.37	71.81	3.26	1.22	37.42	3.06
涿州市	72.60	42.10	2.68	3.69	51.49	1.38	0.41	29.71	0.97
安新县									
涞水县	36.20	29.20	2.64	7.29	70.83	1.87	1.18	63.10	4.04
曲阳县									
顺平县	39.90	26.40	5.08	12.73	15.55	0.79	0.53	67.09	2.01
邢台市	**1005.82**	**497.65**	**270.05**	**26.85**	**84.09**	**227.09**	**199.42**	**87.82**	**40.07**
宁晋县	123.40	59.30	22.71	18.40	91.99	20.89	20.54	98.32	34.64
柏乡县	31.80	14.90	5.12	16.10	66.02	3.38	4.44	131.36	29.80
广宗县	51.04	22.10	19.00	37.23	57.79	10.98	9.76	88.89	44.16
巨鹿县	69.20	28.90	16.28	23.53	53.99	8.79	9.06	103.07	31.35
临城县	32.40	16.10	6.25	19.29	70.56	4.41	4.51	102.27	28.01
临西县	57.30	24.80	24.07	42.01	99.75	24.01	18.75	78.09	75.60
隆尧县	81.10	39.60	15.60	19.24	125.13	19.52	11.84	60.66	29.90
内邱县	41.60	21.10	5.12	12.31	66.02	3.38	4.44	131.36	21.04
南宫市	92.10	38.30	38.29	41.57	104.62	40.06	35.68	89.07	93.16
南和县	44.00	25.30	5.40	12.27	111.85	6.04	4.34	71.85	17.15
平乡县	43.00	22.00	7.02	16.33	62.39	4.38	3.01	68.72	13.68
清河县	51.30	27.20	16.96	33.06	62.91	10.67	10.07	94.38	37.02
沙河县	45.50	31.60	7.71	16.95	58.75	4.53	3.95	87.20	12.50
威　县	103.80	46.75	53.10	51.16	75.44	40.06	35.68	89.07	76.32
新河县	37.90	13.90	11.00	29.02	103.00	11.33	10.32	91.09	74.24
邢台县	53.08	40.40	8.19	15.43	80.59	6.60	4.52	68.48	11.19
任　县	47.30	25.40	8.23	17.40	97.93	8.06	8.51	105.58	33.50

5－17－47 续表 1

县市名	耕地面积（万亩）	农业人口（万人）	棉田面积（万亩）	占耕地（%）	亩产（市斤）	产量（万担）	收购量（万担）	商品率（%）	人均交售（市斤）
秦皇岛市									
昌黎县									
卢龙县									
抚宁县									
唐山市	**622.74**	**324.23**	**21.47**	**3.45**	**90.50**	**19.43**	**8.96**	**46.11**	**2.76**
迁西县									
丰润县	111.41	60.36	2.34	2.10	68.80	1.61	1.12	69.57	1.86
丰南县	76.00	43.06	9.51	12.51	102.31	9.73	3.88	39.88	9.01
乐亭县	94.12	44.78	5.35	5.68	98.13	5.25	3.26	62.10	7.28
滦南县	110.89	50.73	2.37	2.14	68.35	1.62	0.64	39.51	1.26
滦县									
迁安县									
唐海县	32.20	10.58	0.05	0.16	60.00	0.03			
玉田县	110.81	57.07	1.46	1.32	67.12	0.98	0.06	6.12	0.11
遵化县	87.31	57.65	0.39	0.45	53.85	0.21			
石家庄市	**816.98**	**559.99**	**93.88**	**11.49**	**88.80**	**83.37**	**69.93**	**83.88**	**12.49**
高邑县	25.30	14.58	2.11	8.34	81.04	1.71	0.50	29.24	3.43
鹿泉市	43.12	30.06	2.62	6.08	68.70	1.80	0.92	51.11	3.06
辛集市	105.64	52.00	28.00	26.51	92.89	26.01	33.36	128.26	64.15
赵县	77.60	46.40	9.42	12.14	89.81	8.46	6.16	72.81	13.28
藁城市	83.20	63.10	6.41	7.70	110.45	7.08	2.87	40.54	4.55
栾城市	47.00	29.64	1.57	3.34	91.72	1.44	0.12	8.33	0.40
新乐市	42.30	36.39	1.96	4.63	88.27	1.73	0.33	19.08	0.91
正定市	52.72	47.32	3.73	7.08	121.18	4.52	0.73	16.15	1.54
晋州市	61.60	43.12	10.47	17.00	110.32	11.55	14.85	128.57	34.44
平山县	46.10	40.50	2.69	5.84	52.79	1.42	0.52	36.62	1.28
行唐县	56.20	35.24	4.10	7.30	38.05	1.56	0.91	58.33	2.58
井陉县									
元氏县	53.90	32.30	5.03	9.33	72.96	3.67	0.77	20.98	2.38
深泽县	30.60	20.70	7.00	22.88	86.86	6.08	4.40	72.37	21.26
灵寿县	38.50	26.64	3.32	8.62	50.90	1.69	0.93	55.03	3.49
无极县	53.20	42.00	5.45	10.24	85.32	4.65	2.56	55.05	6.10
赞皇县									
廊坊市	**560.90**	**286.15**	**47.09**	**8.40**	**66.43**	**31.28**	**24.93**	**79.70**	**8.71**
安次区	81.30	41.70	10.18	12.52	74.95	7.63	4.88	63.96	11.70
大城县	81.90	34.90	4.97	6.07	50.70	2.52	1.52	60.32	4.36
文安县	86.70	36.60	4.25	4.90	37.18	1.58	1.20	75.95	3.28
霸州市	65.20	42.00	4.63	7.10	111.88	5.18	4.15	80.12	9.88
固安县	65.40	32.70	9.23	14.11	70.42	6.50	7.60	116.92	23.24
香河县	42.90	26.00	2.06	4.80	28.64	0.59	0.30	50.85	1.15
大厂回	17.70	9.08	1.33	7.51	15.04	0.20	0.03	15.00	0.33
三河县	58.20	32.10	2.55	4.38	40.78	1.04	0.45	43.27	1.40
永清县	61.60	31.07	7.89	12.81	76.55	6.04	4.80	79.47	15.45

5－17－47 续表 2

县市名	耕地面积（万亩）	农业人口（万人）	棉田面积（万亩）	占耕地（%）	亩产（市斤）	产量（万担）	收购量（万担）	商品率（%）	人均交售（市斤）
衡水市	**878.70**	**341.50**	**268.82**	**30.59**	**73.66**	**198.01**	**165.07**	**83.36**	**48.34**
安平县	49.90	27.20	12.96	25.97	99.07	12.84	10.08	78.50	37.06
阜城县	68.90	27.90	23.74	34.46	54.68	12.98	9.65	74.35	34.59
故城县	83.90	37.50	30.31	36.13	88.06	26.69	21.80	81.68	58.13
景县	119.30	42.90	34.75	29.13	47.88	16.64	17.45	104.87	40.68
饶阳县	58.00	24.00	15.00	25.86	105.00	15.75	15.37	97.59	64.04
深州市	130.30	49.80	36.30	27.86	87.74	31.85	20.10	63.11	40.36
桃城区	55.40	22.00	13.05	23.56	66.97	8.74	6.38	73.00	29.00
武强县	45.50	18.10	9.38	20.62	42.11	3.95	3.85	97.47	21.27
武邑县	80.30	27.10	23.00	28.64	52.17	12.00	11.63	96.92	42.92
枣强县	94.20	32.40	34.36	36.48	58.29	20.03	20.57	102.70	63.49
冀州市	93.00	32.60	35.97	38.68	101.58	36.54	28.19	77.15	86.47
沧州市	**1141.73**	**489.44**	**218.67**	**19.15**	**61.05**	**133.49**	**149.59**	**112.06**	**30.56**
泊头市	95.10	40.70	7.55	7.94	21.46	1.62	2.64	162.96	6.49
沧县	135.19	58.70	3.24	2.40	54.01	1.75	2.45	140.00	4.17
东光县	73.80	28.30	33.73	45.70	67.98	22.93	27.61	120.41	97.56
海兴县	44.20	16.30	2.18	4.93	24.31	0.53	1.38	*	8.47
河间市	141.30	62.60	35.00	24.77	37.14	13.00	16.77	129.00	26.79
黄骅县	75.80	31.80	1.60	2.11	58.13	0.93	1.09	117.20	3.43
孟村回	31.40	14.60	3.95	12.58	31.39	1.24	3.71	*	25.41
南皮县	70.80	28.10	22.92	32.37	47.86	10.97	13.55	123.52	48.22
青县	85.24	30.20	4.15	4.87	55.42	2.30	1.83	79.57	6.06
任邱市	93.20	49.60	16.20	17.38	81.79	13.25	8.01	60.45	16.15
肃宁县	56.60	26.50	23.08	40.78	97.83	22.58	17.03	75.42	64.26
吴桥县	58.90	23.64	29.71	50.44	102.96	30.59	37.85	123.73	160.11
献县棉	107.40	45.60	17.24	16.05	35.90	6.19	4.83	78.03	10.59
盐山县	72.80	32.80	18.12	24.89	30.96	5.61	10.84	193.23	33.05
邯郸市	**961.12**	**540.65**	**280.22**	**29.16**	**100.04**	**280.32**	**213.07**	**76.01**	**39.41**
肥乡县	60.48	25.71	29.72	49.14	116.99	34.77	21.33	61.35	82.96
大名县	109.90	61.97	29.25	26.62	94.43	27.62	14.50	52.50	23.40
磁县	70.10	50.60	10.26	14.64	91.52	9.39	11.05	117.68	21.84
广平县	37.40	20.00	10.99	29.39	105.73	11.62	7.58	65.23	37.90
成安县	57.00	29.10	26.97	47.32	114.42	30.86	21.64	70.12	74.36
馆陶县	48.70	24.20	20.61	42.32	107.96	22.25	18.11	81.39	74.83
邯郸市郊									
邯郸县	54.16	30.64	9.22	17.02	62.58	5.77	8.38	145.23	27.35
临漳县	75.40	44.50	17.78	23.58	100.62	17.89	12.04	67.30	27.06
邱县	49.96	16.84	24.87	49.78	110.57	27.50	24.83	90.29	147.45
曲周县	73.90	31.80	29.00	39.24	99.24	28.78	25.91	90.03	81.48
魏县	97.27	64.47	20.97	21.56	87.65	18.38	12.50	68.01	19.39
武安市	91.85	57.12	19.94	21.71	71.41	14.24	10.28	72.19	18.00
永年县	96.20	64.70	15.76	16.38	93.34	14.71	14.16	96.26	21.89
鸡泽县	38.80	19.00	14.88	38.35	111.16	16.54	10.76	65.05	56.63

5－17－48　河北省1990年产棉县棉花生产收购明细

县市名	耕地面积（万亩）	农业人口（万人）	棉田面积（万亩）	占耕地（%）	亩产（市斤）	产量（万担）	收购量（万担）	商品率（%）	人均交售（市斤）
全省合计	**7059.08**	**3924.48**	**1365.34**	**19.34**	**83.37**	**1138.34**	**973.83**	**85.55**	**24.81**
保定市	**1074.76**	**724.30**	**112.96**	**10.51**	**91.87**	**103.78**	**87.24**	**84.06**	**12.04**
定兴县	74.20	46.00	14.44	19.46	109.70	15.84	13.86	87.50	30.13
安国县	50.19	33.84	6.94	13.83	94.38	6.55	6.34	96.79	18.74
博野县	32.91	22.40	10.06	30.57	116.60	11.73	9.00	76.73	40.18
定州市	125.72	96.20	12.19	9.70	121.74	14.84	11.60	78.17	12.06
高阳县	50.45	26.23	6.86	13.60	82.94	5.69	4.40	77.33	16.77
蠡　县	70.00	41.25	16.51	23.59	77.89	12.86	9.88	76.83	23.95
清苑县	96.26	61.33	6.78	7.04	107.37	7.28	6.40	87.91	10.44
容城县	34.46	21.00	3.01	8.73	91.03	2.74	1.85	67.52	8.81
唐　县	44.82	45.52	2.25	5.02	52.44	1.18	1.65	139.83	3.62
雄　县	55.65	28.60	2.46	4.42	82.11	2.02	1.90	94.06	6.64
易　县	64.17	48.99	3.10	4.83	72.26	2.24	2.04	91.07	4.16
满城县	49.10	38.50	5.22	10.63	77.78	4.06	3.70	91.13	9.61
望都县	34.12	22.60	4.53	13.28	60.04	2.72	3.88	142.65	17.17
徐水县	72.94	50.57	4.47	6.13	63.53	2.84	2.67	94.01	5.28
高碑店	71.33	41.90	4.70	6.59	98.09	4.61	2.63	57.05	6.28
涿州市	72.45	42.96	2.70	3.73	82.59	2.23	2.17	97.31	5.05
安新县									
涞水县	36.10	30.00	2.47	6.84	79.35	1.96	1.37	69.90	4.57
曲阳县									
顺平县	39.89	26.41	4.27	10.70	55.97	2.39	1.90	79.50	7.19
邢台市	**1005.45**	**527.34**	**267.69**	**26.62**	**89.34**	**239.15**	**206.86**	**86.50**	**39.23**
宁晋县	123.38	62.45	23.91	19.38	71.39	17.07	15.20	89.05	24.34
柏乡县	31.74	15.78	6.07	19.12	90.61	5.50	5.00	90.91	31.69
广宗县	51.04	23.71	11.00	21.55	86.00	9.46	8.00	84.57	33.74
巨鹿县	69.20	30.80	14.45	20.88	72.73	10.51	9.70	92.29	31.49
临城县	32.38	16.63	8.28	25.57	70.65	5.85	5.20	88.89	31.27
临西县	57.34	26.65	24.38	42.52	106.73	26.02	20.80	79.94	78.05
隆尧县	81.18	41.94	17.16	21.14	101.98	17.50	15.60	89.14	37.20
内邱县	41.57	22.59	6.32	15.20	82.44	5.21	4.80	92.13	21.25
南宫市	92.00	40.00	37.20	40.43	102.42	38.10	35.90	94.23	89.75
南和县	44.00	27.45	5.80	13.18	104.83	6.08	4.60	75.66	16.76
平乡县	43.00	23.97	7.21	16.77	62.41	4.50	3.20	71.11	13.35
清河县	51.23	30.65	17.05	33.28	68.68	11.71	10.50	89.67	34.26
沙河县	45.38	35.46	8.28	18.25	70.65	5.85	5.20	88.89	14.66
威　县	103.80	47.25	53.10	51.16	93.45	49.62	40.76	82.14	86.26
新河县	37.81	14.45	11.00	29.09	86.00	9.46	8.00	84.57	55.36
邢台县	53.08	40.40	8.08	15.22	103.22	8.34	7.20	86.33	17.82
任　县	47.32	27.16	8.40	17.75	99.64	8.37	7.20	86.02	26.51

5－17－48 续表 1

县市名	耕地面积（万亩）	农业人口（万人）	棉田面积（万亩）	占耕地（%）	亩产（市斤）	产量（万担）	收购量（万担）	商品率（%）	人均交售（市斤）
秦皇岛市									
昌黎县									
卢龙县									
抚宁县									
唐山市	**591.13**	**320.16**	**28.64**	**4.84**	**98.50**	**28.21**	**22.50**	**79.76**	**7.03**
迁西县									
丰润县	111.35	62.72	2.45	2.20	79.59	1.95	1.30	66.67	2.07
丰南县	75.93	44.39	10.69	14.08	116.65	12.47	8.90	71.37	20.05
乐亭县	95.08	45.06	9.91	10.42	100.30	9.94	9.30	93.56	20.64
滦南县	110.85	51.03	2.37	2.14	79.32	1.88	1.40	74.47	2.74
滦　县									
迁安县									
唐海县									
玉田县	110.81	57.00	2.56	2.31	57.42	1.47	1.40	95.24	2.46
遵化县	87.11	59.96	0.66	0.76	75.76	0.50	0.20	40.00	0.33
石家庄市	**844.76**	**600.99**	**108.31**	**12.82**	**71.90**	**77.88**	**73.06**	**93.81**	**12.16**
高邑县	25.30	15.60	3.50	13.83	51.43	1.80	1.33	73.89	8.53
鹿泉市	43.09	31.10	3.00	6.96	56.00	1.68	2.52	150.00	8.10
辛集市	105.63	52.95	25.20	23.86	90.00	22.68	23.91	105.42	45.16
赵　县	77.59	48.16	9.47	12.21	89.97	8.52	9.13	107.16	18.96
藁城市	83.20	65.02	10.86	13.05	76.06	8.26	6.88	83.29	10.58
栾城市	47.00	31.40	2.00	4.26	82.00	1.64	1.46	89.02	4.65
新乐市	42.12	37.83	2.01	4.77	90.05	1.81	1.22	67.40	3.22
正定市	52.65	49.90	6.17	11.72	76.01	4.69	3.02	64.39	6.05
晋州市	61.50	45.78	13.46	21.89	80.01	10.77	13.37	124.14	29.20
平山县	46.09	40.99	3.39	7.36	40.12	1.36	0.50	36.76	1.22
行唐县	56.15	36.66	7.02	12.50	30.48	2.14	1.45	67.76	3.96
井陉县									
元氏县	53.93	32.96	5.47	10.14	69.47	3.80	3.23	85.00	9.80
深泽县	30.60	21.44	6.67	21.80	79.16	5.28	2.02	38.26	9.42
灵寿县	38.50	27.70	2.88	7.48	25.69	0.74	0.43	58.11	1.55
无极县	53.20	43.50	7.21	13.55	37.59	2.71	1.90	70.11	4.37
赞皇县	28.21	20.00					0.69		3.45
廊坊市	**560.73**	**303.16**	**41.72**	**7.44**	**111.39**	**46.47**	**44.90**	**96.62**	**14.81**
安次区	81.24	44.00	8.34	10.27	104.56	8.72	7.60	87.16	17.27
大城县	81.90	38.20	3.00	3.66	75.67	2.27	2.30	101.32	6.02
文安县	86.68	38.97	4.00	4.61	67.25	2.69	3.10	115.24	7.95
霸州市	65.14	44.80	7.01	10.76	98.86	6.93	6.90	99.57	15.40
固安县	65.41	34.30	8.00	12.23	143.75	11.50	11.70	101.74	34.11
香河县	42.84	27.45	2.37	5.53	40.93	0.97	0.30	30.93	1.09
大厂回	17.67	9.25	0.50	2.83	70.00	0.35	0.40	114.29	4.32
三河县	58.24	33.53	2.33	4.00	66.09	1.54	0.90	58.44	2.68
永清县	61.61	32.66	6.17	10.01	186.39	11.50	11.70	101.74	35.82

5－17－48 续表 2

县 市 名	耕地面积（万亩）	农业人口（万人）	棉田面积（万亩）	占耕地（%）	亩 产（市斤）	产 量（万担）	收购量（万担）	商品率（%）	人均交售（市斤）
衡水市	**876.96**	**351.68**	**283.79**	**32.36**	**74.29**	**210.82**	**175.24**	**83.12**	**49.83**
安平县	49.89	27.70	12.02	24.09	107.40	12.91	10.60	82.11	38.27
阜城县	68.86	29.00	24.24	35.20	70.87	17.18	15.00	87.31	51.72
故城县	83.93	40.02	33.63	40.07	68.69	23.10	17.15	74.24	42.85
景 县	119.31	43.85	38.21	32.03	46.38	17.72	14.69	82.90	33.50
饶阳县	58.00	24.90	18.77	32.36	109.00	20.46	14.90	72.83	59.84
深州市	128.70	50.85	37.52	29.15	79.40	29.79	20.90	70.16	41.10
桃城区	55.37	22.46	13.81	24.94	76.68	10.59	9.10	85.93	40.52
武强县	45.46	18.42	8.61	18.94	65.04	5.60	5.70	101.79	30.94
武邑县	80.26	28.02	23.00	28.66	69.87	16.07	15.10	93.96	53.89
枣强县	94.18	33.30	35.02	37.18	58.88	20.62	22.20	107.66	66.67
冀州市	93.00	33.16	38.96	41.89	94.40	36.78	29.90	81.29	90.17
沧州市	**1147.76**	**522.70**	**239.65**	**20.88**	**61.18**	**146.62**	**133.31**	**90.92**	**25.50**
泊头市	95.12	42.60	9.86	10.37	54.87	5.41	4.86	89.83	11.41
沧 县	135.48	59.70	4.43	3.27	72.01	3.19	3.20	100.31	5.36
东光县	73.83	29.66	36.50	49.44	65.86	24.04	21.48	89.35	72.42
海兴县	44.20	17.61	2.52	5.70	47.62	1.20	1.51	125.83	8.57
河间市	141.29	68.63	34.20	24.21	48.42	16.56	17.31	104.53	25.22
黄骅县	75.79	33.40	3.79	5.00	79.95	3.03	0.78	25.74	2.34
孟村回	31.30	15.30	4.53	14.47	56.51	2.56	3.58	139.84	23.40
南皮县	70.81	29.80	24.74	34.94	48.14	11.91	11.33	95.13	38.02
青 县	85.24	31.90	6.39	7.50	75.90	4.85	2.70	55.67	8.46
任邱市	93.11	57.55	17.40	18.69	69.94	12.17	10.51	86.36	18.26
肃宁县	56.55	28.80	22.63	40.02	66.55	15.06	11.52	76.49	40.00
吴桥县	58.87	24.31	31.19	52.98	82.24	25.65	28.29	110.29	116.37
献县棉	107.34	48.04	19.15	17.84	47.89	9.17	5.51	60.09	11.47
盐山县	78.83	35.40	22.32	28.31	52.96	11.82	10.73	90.78	30.31
邯郸市	**957.53**	**574.15**	**282.58**	**29.51**	**101.00**	**285.41**	**230.72**	**80.84**	**40.18**
肥乡县	60.48	26.83	28.30	46.79	114.66	32.45	30.91	95.25	115.21
大名县	109.90	64.07	30.85	28.07	105.77	32.63	12.36	37.88	19.29
磁 县	70.08	53.50	11.10	15.84	98.38	10.92	11.52	105.49	21.53
广平县	37.40	21.08	11.50	30.75	104.09	11.97	8.28	69.17	39.28
成安县	57.08	32.40	27.18	47.62	108.02	29.36	22.50	76.63	69.44
馆陶县	48.59	25.15	18.57	38.22	100.81	18.72	19.81	105.82	78.77
邯郸市郊									
邯郸县	54.14	34.12	9.03	16.68	88.26	7.97	7.30	91.59	21.40
临漳县	75.26	50.20	18.36	24.40	103.49	19.00	15.84	83.37	31.55
邱 县	49.70	17.54	25.70	51.71	113.07	29.06	21.50	73.98	122.58
曲周县	71.93	34.42	26.50	36.84	102.00	27.03	22.31	82.54	64.82
魏 县	97.27	69.10	23.10	23.75	81.77	18.89	18.20	96.35	26.34
武安市	91.96	59.44	20.41	22.19	67.56	13.79	11.60	84.12	19.52
永年县	94.88	64.70	15.69	16.54	96.88	15.20	15.04	98.95	23.25
鸡泽县	38.86	21.60	16.29	41.92	113.08	18.42	13.55	73.56	62.73

5－17－49　河北省1991年产棉县棉花生产收购明细

县市名	耕地面积（万亩）	农业人口（万人）	棉田面积（万亩）	占耕地（%）	亩产（市斤）	产量（万担）	收购量（万担）	商品率（%）	人均交售（市斤）
全省合计	**7095.64**	**3970.69**	**1415.77**	**19.95**	**90.06**	**1275.00**	**1202.58**	**94.32**	**30.29**
保定市	**1073.19**	**731.90**	**117.11**	**10.91**	**86.11**	**100.84**	**76.45**	**75.81**	**10.45**
定兴县	74.00	48.38	15.69	21.20	107.33	16.84	9.60	57.01	19.84
安国县	50.10	34.04	7.62	15.21	77.82	5.93	4.41	74.37	12.96
博野县	32.90	22.58	10.02	30.46	41.02	4.11	3.93	95.62	17.40
定州市	125.70	96.70	13.00	10.34	129.46	16.83	13.23	78.61	13.68
高阳县	50.00	26.48	6.80	13.60	89.85	6.11	5.66	92.64	21.37
蠡县	70.00	41.94	16.55	23.64	84.53	13.99	9.68	69.19	23.08
清苑县	96.10	62.21	7.86	8.18	102.29	8.04	4.11	51.12	6.61
容城县	34.40	20.99	3.37	9.80	66.17	2.23	1.77	79.37	8.43
唐县	44.80	46.31	2.30	5.13	72.17	1.66	1.82	109.64	3.93
雄县	55.40	28.86	2.50	4.51	82.00	2.05	3.10	151.22	10.74
易县	64.00	49.30	3.10	4.84	63.87	1.98	1.45	73.23	2.94
满城县	49.09	38.78	5.20	10.59	83.85	4.36	4.50	103.21	11.60
望都县	34.10	22.80	4.74	13.90	87.13	4.13	3.52	85.23	15.44
徐水县	72.90	51.08	4.21	5.78	64.61	2.72	1.71	62.87	3.35
高碑店	71.30	42.45	4.70	6.59	60.64	2.85	1.92	67.37	4.52
涿州市	72.40	42.00	2.70	3.73	70.00	1.89	2.16	114.29	5.14
安新县									
涞水县	36.10	30.20	2.44	6.76	59.43	1.45	0.67	46.21	2.22
曲阳县									
顺平县	39.90	26.80	4.31	10.80	85.15	3.67	3.21	87.47	11.98
邢台市	**1012.08**	**532.69**	**273.68**	**27.04**	**95.41**	**261.13**	**261.38**	**100.10**	**49.07**
宁晋县	123.40	63.20	24.06	19.50	66.79	16.07	19.54	121.59	30.92
柏乡县	31.70	16.20	6.24	19.68	101.60	6.34	6.06	95.58	37.41
广宗县	51.04	23.80	12.00	23.51	100.00	12.00	9.22	76.83	38.74
巨鹿县	69.20	31.01	17.03	24.61	73.75	12.56	16.84	134.08	54.31
临城县	32.40	16.80	7.48	23.09	79.81	5.97	4.00	67.00	23.81
临西县	57.30	27.18	23.55	41.10	116.18	27.36	28.86	105.48	106.18
隆尧县	81.20	42.40	20.81	25.63	104.47	21.74	18.40	84.64	43.40
内邱县	41.60	22.80	7.56	18.17	86.24	6.52	5.69	87.27	24.96
南宫市	97.95	40.50	37.70	38.49	106.63	40.20	39.20	97.51	96.79
南和县	44.00	27.70	8.80	20.00	83.41	7.34	6.27	85.42	22.64
平乡县	43.00	24.34	8.09	18.81	74.78	6.05	7.22	119.34	29.66
清河县	51.20	30.90	17.15	33.50	75.74	12.99	13.95	107.39	45.15
沙河县	45.40	34.20	7.48	16.48	79.81	5.97	4.00	67.00	11.70
威县	103.67	47.61	46.00	44.37	108.00	49.68	51.56	103.78	108.30
新河县	37.80	14.45	12.00	31.75	100.00	12.00	9.22	76.83	63.81
邢台县	53.92	42.10	8.38	15.54	100.48	8.42	7.79	92.52	18.50
任县	47.30	27.50	9.35	19.77	106.10	9.92	13.56	136.69	49.31

5－17－49 续表1

县市名	耕地面积（万亩）	农业人口（万人）	棉田面积（万亩）	占耕地（%）	亩产（市斤）	产量（万担）	收购量（万担）	商品率（%）	人均交售（市斤）
秦皇岛市									
昌黎县									
卢龙县									
抚宁县									
唐山市	**591.69**	**322.94**	**31.77**	**5.37**	**103.59**	**32.91**	**32.54**	**98.88**	**10.08**
迁西县									
丰润县	111.28	63.03	2.81	2.53	78.29	2.20	3.16	143.64	5.01
丰南县	75.81	44.65	11.13	14.68	127.49	14.19	11.45	80.69	25.64
乐亭县	93.94	45.28	10.93	11.64	97.26	10.63	10.55	99.25	23.30
滦南县	110.67	51.18	2.54	2.30	103.54	2.63	3.11	118.25	6.08
滦　县									
迁安县									
唐海县									
玉田县	113.00	58.40	3.63	3.21	73.00	2.65	2.54	95.85	4.35
遵化县	86.99	60.40	0.73	0.84	83.56	0.61	1.73	*	2.86
石家庄市	**844.32**	**606.95**	**122.28**	**14.48**	**85.51**	**104.56**	**97.94**	**93.67**	**16.14**
高邑县	25.30	15.70	4.81	19.01	80.04	3.85	3.21	83.38	20.45
鹿泉市	43.01	31.32	3.03	7.04	84.49	2.56	2.80	109.38	8.94
辛集市	105.60	53.46	29.00	27.46	120.00	34.80	33.02	94.89	61.77
赵　县	77.60	48.70	11.59	14.94	89.39	10.36	9.90	95.56	20.33
藁城市	83.20	66.10	11.50	13.82	78.17	8.99	8.56	95.22	12.95
栾城市	47.00	31.67	2.97	6.32	89.23	2.65	2.01	75.85	6.35
新乐市	42.10	38.50	2.00	4.75	107.50	2.15	1.95	90.70	5.06
正定市	52.60	50.46	5.04	9.58	103.97	5.24	5.20	99.24	10.31
晋州市	61.50	46.06	16.02	26.05	93.63	15.00	14.92	99.47	32.39
平山县	45.90	41.40	3.51	7.65	39.03	1.37	0.48	35.04	1.16
行唐县	56.10	36.88	6.50	11.59	22.00	1.43	1.19	83.22	3.23
井陉县									
元氏县	53.90	33.30	6.74	12.50	55.19	3.72	2.83	76.08	8.50
深泽县	30.60	21.40	7.14	23.33	84.03	6.00	5.94	99.00	27.76
灵寿县	38.50	28.00	3.37	8.75	29.97	1.01	1.10	108.91	3.93
无极县	53.20	44.00	8.00	15.04	62.50	5.00	4.43	88.60	10.07
赞皇县	28.21	20.00	1.06	3.76	40.57	0.43	0.40	93.02	2.00
廊坊市	**560.09**	**306.27**	**49.60**	**8.86**	**101.21**	**50.20**	**39.52**	**78.73**	**12.90**
安次区	81.00	44.66	9.26	11.43	111.34	10.31	8.35	80.99	18.70
大城县	81.90	38.56	5.00	6.11	90.20	4.51	4.43	98.23	11.49
文安县	86.68	39.23	6.14	7.08	54.07	3.32	4.36	131.33	11.11
霸州市	65.13	45.35	7.35	11.29	94.56	6.95	6.53	93.96	14.40
固安县	65.41	34.64	9.50	14.52	112.95	10.73	7.00	65.24	20.21
香河县	42.54	27.63	1.70	4.00	65.88	1.12	0.50	44.64	1.81
大厂回	17.67	9.30	1.05	5.94	44.76	0.47	0.44	93.62	4.73
三河县	58.19	33.98	2.49	4.28	82.73	2.06	0.91	44.17	2.68
永清县	61.57	32.92	7.11	11.55	150.91	10.73	7.00	65.24	21.26

5－17－49 续表 2

县市名	耕地面积（万亩）	农业人口（万人）	棉田面积（万亩）	占耕地（%）	亩产（市斤）	产量（万担）	收购量（万担）	商品率（%）	人均交售（市斤）
衡水市	**889.11**	**353.68**	**266.06**	**29.92**	**86.42**	**229.93**	**206.49**	**89.81**	**58.38**
安平县	53.90	28.00	12.31	22.84	104.87	12.91	16.10	124.71	57.50
阜城县	92.50	29.00	24.00	25.95	80.00	19.20	17.26	89.90	59.52
故城县	85.70	40.30	28.45	33.20	90.02	25.61	21.17	82.66	52.53
景　县	119.31	44.20	31.00	25.98	63.65	19.73	18.20	92.25	41.18
饶阳县	58.00	25.00	17.60	30.34	113.81	20.03	13.33	66.55	53.32
深州市	113.30	51.30	36.01	31.78	88.70	31.94	22.44	70.26	43.74
桃城区	53.60	22.60	12.20	22.76	91.64	11.18	8.27	73.97	36.59
武强县	45.43	18.40	11.22	24.70	82.71	9.28	10.76	115.95	58.48
武邑县	80.26	28.20	23.00	28.66	80.43	18.50	17.27	93.35	61.24
枣强县	94.16	33.30	35.02	37.19	67.05	23.48	23.64	100.68	70.99
冀州市	92.95	33.38	35.25	37.92	108.00	38.07	38.05	99.95	113.99
沧州市	**1171.01**	**530.46**	**277.43**	**23.69**	**77.08**	**213.85**	**190.82**	**89.23**	**35.97**
泊头市	95.12	43.05	11.26	11.84	68.21	7.68	7.03	91.54	16.33
沧　县	135.25	60.76	6.80	5.03	94.71	6.44	4.85	75.31	7.98
东光县	73.82	29.94	36.17	49.00	92.98	33.63	30.49	90.66	101.84
海兴县	43.79	17.61	4.65	10.62	32.90	1.53	1.39	90.85	7.89
河间市	140.40	68.00	36.00	25.64	61.94	22.30	21.70	97.31	31.91
黄骅县	103.52	37.41	5.90	5.70	95.76	5.65	1.69	29.91	4.52
孟村回	31.21	15.38	5.98	19.16	61.20	3.66	3.93	107.38	25.55
南皮县	70.66	30.35	29.38	41.58	60.69	17.83	18.98	106.45	62.54
青　县	85.00	32.24	8.05	9.47	87.70	7.06	5.59	79.18	17.34
任邱市	93.01	58.09	18.06	19.42	89.42	16.15	19.06	118.02	32.81
肃宁县	55.10	29.00	19.95	36.21	84.76	16.91	13.22	78.18	45.59
吴桥县	58.80	24.39	33.39	56.79	113.75	37.98	38.04	100.16	155.97
献县棉	106.50	48.70	34.99	32.85	55.99	19.59	11.13	56.81	22.85
盐山县	78.83	35.54	26.85	34.06	64.95	17.44	13.72	78.67	38.60
邯郸市	**954.15**	**585.80**	**277.84**	**29.12**	**101.35**	**281.58**	**297.44**	**105.63**	**50.78**
肥乡县	60.48	27.03	28.60	47.29	109.02	31.18	27.91	89.51	103.26
大名县	109.90	64.54	27.69	25.20	121.42	33.62	29.92	88.99	46.36
磁　县	70.10	54.80	11.97	17.08	84.29	10.09	10.95	108.52	19.98
广平县	37.40	21.50	11.86	31.71	91.99	10.91	10.95	100.37	50.93
成安县	57.10	32.90	27.02	47.32	90.04	24.33	27.91	114.71	84.83
馆陶县	48.70	25.30	20.17	41.42	104.07	20.99	28.38	135.21	112.17
邯郸市郊									
邯郸县	54.13	34.43	9.00	16.63	65.11	5.86	9.48	161.77	27.53
临漳县	75.30	50.80	20.99	27.88	97.28	20.42	24.15	118.27	47.54
邱　县	49.70	17.68	25.00	50.30	110.00	27.50	32.90	119.64	186.09
曲周县	71.93	34.36	26.50	36.84	100.15	26.54	26.23	98.83	76.34
魏　县	97.26	69.89	21.30	21.90	142.39	30.33	29.63	97.69	42.40
武安市	91.43	60.11	20.00	21.87	50.55	10.11	9.28	91.79	15.44
永年县	91.82	70.56	16.00	17.43	106.25	17.00	15.14	89.06	21.46
鸡泽县	38.90	21.90	11.74	30.18	108.18	12.70	14.61	115.04	66.71

5-17-50 河北省1992年棉花生产收购明细

县市名	耕地面积（万亩）	农业人口（万人）	棉田面积（万亩）	占耕地（%）	亩产（市斤）	产量（万担）	收购量（万担）	商品率（%）	人均交售（市斤）
全省合计	**7176.80**	**4090.70**	**1316.07**	**18.34**	**45.09**	**593.43**	**384.85**	**64.85**	**9.41**
保定市	**1161.18**	**819.47**	**108.42**	**9.34**	**35.19**	**38.15**	**19.79**	**51.87**	**2.41**
定兴县	74.04	48.60	11.80	15.94	28.31	3.34	1.16	34.73	2.39
安国县	50.18	34.47	5.59	11.14	10.55	0.59	0.02	3.39	0.06
博野县	32.91	22.73	10.00	30.39	23.70	2.37	0.25	10.55	1.10
定州市	125.40	97.10	12.55	10.01	43.11	5.41	5.11	94.45	5.26
高阳县	50.00	26.66	7.08	14.16	68.93	4.88	0.54	11.07	2.03
蠡县	69.76	42.25	16.60	23.80	36.20	6.01	0.98	16.31	2.32
清苑县	95.68	62.83	6.46	6.75	36.69	2.37	4.36	183.97	6.94
容城县	34.00	20.84	3.22	9.47	15.84	0.51	0.33	64.71	1.58
唐县	44.80	46.80	2.15	4.80	32.09	0.69	1.54	*	3.29
雄县	55.26	29.11	2.59	4.69	93.44	2.42	0.18	7.44	0.62
易县	63.80	49.40	3.32	5.20	29.22	0.97	0.20	20.62	0.40
满城县	49.10	38.70	5.00	10.18	29.00	1.45	1.55	106.90	4.01
望都县	34.08	22.90	4.70	13.79	55.53	2.61	0.77	29.50	3.36
徐水县	72.89	51.50	3.53	4.84	9.92	0.35	0.01	2.86	0.02
高碑店	71.30	42.80	4.48	6.28	22.10	0.99	0.82	82.83	1.92
涿州市	71.79	42.30	2.53	3.52	33.99	0.86	0.59	68.60	1.39
安新县	43.63	36.40	0.44	1.01	34.09	0.15	0.10	66.67	0.27
涞水县	36.13	30.30	1.88	5.20	12.77	0.24	0.04	16.67	0.13
曲阳县	46.57	46.78	0.20	0.43	55.00	0.11			
顺平县	39.86	27.00	4.30	10.79	42.56	1.83	1.24	67.76	4.59
邢台市	**1010.61**	**537.87**	**270.35**	**26.75**	**39.31**	**106.27**	**71.86**	**67.62**	**13.36**
宁晋县	123.37	63.70	22.62	18.34	28.65	6.48	8.48	130.86	13.31
柏乡县	31.72	16.10	6.70	21.12	35.52	2.38			
广宗县	51.04	24.10	13.32	26.10	15.02	2.00	1.59	79.50	6.60
巨鹿县	69.14	31.10	13.67	19.77	15.14	2.07	2.33	112.56	7.49
临城县	32.34	16.90	7.29	22.54	20.99	1.53	1.01	66.01	5.98
临西县	57.29	27.42	24.55	42.85	53.36	13.10	6.08	46.41	22.17
隆尧县	81.26	42.50	19.22	23.65	46.51	8.94			
内邱县	41.54	23.00	8.01	19.28	22.85	1.83	0.38	20.77	1.65
南宫市	97.95	41.00	38.90	39.71	46.53	18.10	17.10	94.48	41.71
南和县	44.01	28.00	7.95	18.06	22.52	1.79	0.35	19.55	1.25
平乡县	43.00	24.53	7.36	17.12	14.27	1.05	1.34	127.62	5.46
清河县	51.15	30.94	13.45	26.30	52.71	7.09	0.46	6.49	1.49
沙河县	45.36	35.60	7.23	15.94	21.99	1.59	0.61	38.36	1.71
威县	103.67	48.60	49.60	47.84	58.00	28.77	25.12	87.31	51.69
新河县	37.80	14.40	12.50	33.07	40.00	5.00	3.75	75.00	26.04
邢台县	52.65	42.28	8.37	15.90	28.55	2.39	0.53	22.18	1.25
任县	47.32	27.70	9.61	20.31	22.48	2.16	2.73	126.39	9.86

5－17－50 续表 1

县市名	耕地面积（万亩）	农业人口（万人）	棉田面积（万亩）	占耕地（%）	亩产（市斤）	产量（万担）	收购量（万担）	商品率（%）	人均交售（市斤）
秦皇岛市									
昌黎县									
卢龙县									
抚宁县									
唐山市	**624.39**	**355.84**	**32.28**	**5.17**	**58.27**	**18.81**	**10.37**	**55.13**	**2.91**
迁西县	28.60	32.00	0.14	0.49	92.86	0.13			
丰润县	111.15	62.97	2.98	2.68	48.66	1.45	0.56	38.62	0.89
丰南县	75.60	45.30	10.99	14.54	66.97	7.36	0.83	11.28	1.83
乐亭县	94.97	45.30	11.05	11.64	53.21	5.88	3.97	67.52	8.76
滦南县	110.56	51.09	2.54	2.30	69.29	1.76	2.30	130.68	4.50
滦　县									
迁安县									
唐海县									
玉田县	116.54	58.48	3.79	3.25	40.90	1.55	1.85	119.35	3.16
遵化县	86.97	60.70	0.79	0.91	86.08	0.68	0.86	126.47	1.42
石家庄市	**843.16**	**610.21**	**109.63**	**13.00**	**56.64**	**62.09**	**46.65**	**75.13**	**7.64**
高邑县	25.25	15.76	3.05	12.08	59.67	1.82	3.31	181.87	21.00
鹿泉市	42.91	31.25	3.02	7.04	68.21	2.06	1.60	77.67	5.12
辛集市	105.50	53.83	29.00	27.49	80.14	23.24	10.99	47.29	20.42
赵　县	77.53	49.00	11.98	15.45	51.92	6.22	7.11	114.31	14.51
藁城市	83.16	66.90	12.03	14.47	57.52	6.92	5.07	73.27	7.58
栾城市	46.99	32.13	2.99	6.36	36.12	1.08	0.70	64.81	2.18
新乐市	42.06	38.70	2.30	5.47	52.17	1.20	1.09	90.83	2.82
正定市	52.05	50.61	5.00	9.61	62.60	3.13	0.05	1.60	0.10
晋州市	61.49	45.89	14.00	22.77	52.43	7.34	9.08	123.71	19.79
平山县	45.85	41.50	2.72	5.93	47.79	1.30	0.80	61.54	1.93
行唐县	55.99	36.82	2.09	3.73	37.80	0.79	0.44	55.70	1.20
井陉县									
元氏县	53.91	33.80	6.84	12.69	30.70	2.10	1.82	86.67	5.38
深泽县	30.57	21.50	4.00	13.08	53.00	2.12	4.12	194.34	19.16
灵寿县	38.53	28.02	3.63	9.42	20.94	0.76	0.08	10.53	0.29
无极县	53.16	44.10	5.94	11.17	24.58	1.46	0.08	5.48	0.18
赞皇县	28.21	20.40	1.04	3.69	52.88	0.55	0.31	56.36	1.52
廊坊市	**559.88**	**306.81**	**44.75**	**7.99**	**46.73**	**20.91**	**6.57**	**31.42**	**2.14**
安次区	80.72	43.90	7.76	9.61	63.92	4.96	1.03	20.77	2.35
大城县	81.90	38.85	5.00	6.11	33.60	1.68	0.48	28.57	1.24
文安县	86.62	39.30	7.41	8.55	26.59	1.97	1.27	64.47	3.23
霸州市	65.04	45.76	6.46	9.93	46.28	2.99	0.69	23.08	1.51
固安县	65.41	35.00	6.80	10.40	52.21	3.55	1.55	43.66	4.43
香河县	42.78	27.80	1.35	3.16	65.93	0.89	0.12	13.48	0.43
大厂回	17.65	9.30	0.98	5.55	65.31	0.64	0.17	26.56	1.83
三河县	58.18	33.80	2.61	4.49	84.67	2.21	0.39	17.65	1.15
永清县	61.58	33.10	6.38	10.36	31.66	2.02	0.87	43.07	2.63

5－17－50 续表 2

县市名	耕地面积（万亩）	农业人口（万人）	棉田面积（万亩）	占耕地（%）	亩产（市斤）	产量（万担）	收购量（万担）	商品率（%）	人均交售（市斤）
衡水市	**878.04**	**355.20**	**213.16**	**24.28**	**41.67**	**88.83**	**57.35**	**64.56**	**16.15**
安平县	49.83	28.10	8.82	17.70	48.07	4.24	4.73	111.56	16.83
阜城县	68.85	29.20	21.16	30.73	33.41	7.07	5.02	71.00	17.19
故城县	83.85	40.40	26.49	31.59	54.85	14.53	11.03	75.91	27.30
景　县	119.31	44.70	16.78	14.06	30.81	5.17	3.44	66.54	7.70
饶阳县	58.00	25.20	17.47	30.12	43.67	7.63	1.11	14.55	4.40
深州市	130.22	51.70	34.13	26.21	31.06	10.60	0.78	7.36	1.51
桃城区	55.26	22.70	10.67	19.31	40.58	4.33	2.06	47.58	9.07
武强县	45.43	18.60	10.15	22.34	19.90	2.02	0.04	1.98	0.22
武邑县	80.26	28.30	17.47	21.77	32.11	5.61	2.65	47.24	9.36
枣强县	94.14	33.20	20.02	21.27	44.96	9.00	5.12	56.89	15.42
冀州市	92.89	33.10	30.00	32.30	62.10	18.63	21.37	114.71	64.56
沧州市	**1145.90**	**524.53**	**252.68**	**22.05**	**33.67**	**85.08**	**54.58**	**64.15**	**10.41**
泊头市	95.12	42.59	9.80	10.30	13.47	1.32	0.32	24.24	0.75
沧　县	135.23	60.60	8.76	6.48	49.43	4.33	2.20	50.81	3.63
东光县	73.81	30.10	31.78	43.06	44.71	14.21	7.72	54.33	25.65
海兴县	43.78	16.60	3.07	7.01	45.93	1.41	0.63	44.68	3.80
河间市	141.23	68.57	36.13	25.58	25.10	9.07	4.65	51.27	6.78
黄骅县	75.51	33.30	5.87	7.77	48.04	2.82	0.22	7.80	0.66
孟村回	31.15	15.30	5.16	16.57	36.05	1.86	3.17	170.43	20.72
南皮县	70.52	29.40	25.48	36.13	20.64	5.26	4.03	76.62	13.71
青　县	85.23	32.12	8.99	10.55	47.94	4.31	2.87	66.59	8.94
任邱市	92.80	57.53	17.99	19.39	27.52	4.95	2.04	41.21	3.55
肃宁县	56.55	29.30	16.70	29.53	24.85	4.15	5.39	129.88	18.40
吴桥县	58.80	24.49	31.55	53.66	73.12	23.07	18.57	80.49	75.83
献县棉	107.34	49.00	31.74	29.57	21.52	6.83	1.59	23.28	3.24
盐山县	78.83	35.63	19.66	24.94	7.58	1.49	1.18	79.19	3.31
邯郸市	**953.64**	**580.77**	**284.80**	**29.86**	**60.85**	**173.29**	**117.68**	**67.91**	**20.26**
肥乡县	60.48	27.15	29.36	48.54	73.13	21.47	18.98	88.40	69.91
大名县	109.90	65.05	30.58	27.83	91.86	28.09	5.38	19.15	8.27
磁　县	70.12	55.00	11.82	16.86	84.69	10.01	10.09	100.80	18.35
广平县	37.38	21.70	9.93	26.57	48.84	4.85	0.56	11.55	2.58
成安县	57.06	33.10	27.02	47.35	71.21	19.24	8.33	43.30	25.17
馆陶县	48.68	25.40	18.80	38.62	60.59	11.39	8.98	78.84	35.35
邯郸市郊									
邯郸县	54.11	34.64	8.96	16.56	17.30	1.55	2.80	180.65	8.08
临漳县	75.25	51.40	21.48	28.54	43.90	9.43	25.12	*	48.87
邱　县	49.70	18.03	24.00	48.29	82.50	19.80	15.90	80.30	88.19
曲周县	71.87	24.81	27.38	38.10	47.04	12.88	3.01	23.37	12.13
魏　县	97.25	70.45	28.18	28.98	42.23	11.90	11.20	94.12	15.90
武安市	91.27	60.28	19.37	21.22	22.30	4.32	2.86	66.20	4.74
永年县	91.71	71.66	16.00	17.45	62.63	10.02	0.70	6.99	0.98
鸡泽县	38.86	22.10	11.92	30.67	69.97	8.34	3.77	45.20	17.06

5－17－51　河北省1993年产棉县棉花生产收购明细

县市名	耕地面积（万亩）	农业人口（万人）	棉田面积（万亩）	占耕地（%）	亩产（市斤）	产量（万担）	收购量（万担）	商品率（%）	人均交售（市斤）
全省合计	**7044.33**	**4014.76**	**770.52**	**10.94**	**48.62**	**374.64**	**180.62**	**48.21**	**4.50**
保定市	**1065.57**	**741.72**	**59.01**	**5.54**	**37.54**	**22.15**	**5.63**	**25.42**	**0.76**
定兴县	74.04	49.20	8.10	10.94	72.47	5.87	0.61	10.39	1.24
安国县	47.30	34.52	2.46	5.20	15.04	0.37			
博野县	32.91	22.89	7.89	23.97	19.01	1.50	0.40	26.67	1.75
定州市	125.19	97.15	8.56	6.84	25.70	2.20	0.28	12.73	0.29
高阳县	50.00	27.00	5.50	11.00	34.55	1.90	0.29	15.26	1.07
蠡县	69.63	42.84	4.92	7.07	29.47	1.45	0.09	6.21	0.21
清苑县	94.64	63.33	2.61	2.76	45.21	1.18	0.16	13.56	0.25
容城县	33.93	21.58	1.25	3.68	62.40	0.78	0.20	25.64	0.93
唐县	45.00	47.00	1.93	4.29	83.42	1.61	1.12	69.57	2.38
雄县	55.30	29.30	2.13	3.85	20.19	0.43	0.04	9.30	0.14
易县	63.40	50.00	1.70	2.68	45.29	0.77	0.26	33.77	0.52
满城县	49.09	39.17	0.50	1.02	78.00	0.39	0.44	112.82	1.12
望都县	34.01	23.11	2.30	6.76	37.39	0.86	0.36	41.86	1.56
徐水县	72.48	51.48	2.30	3.17	9.57	0.22	0.02	9.09	0.04
高碑店	71.16	44.02	1.80	2.53	42.78	0.77	0.25	32.47	0.57
涿州市	71.79	42.32	1.50	2.09	39.33	0.59	0.64	108.47	1.51
安新县									
涞水县	35.84	30.49	1.24	3.46	67.74	0.84	0.09	10.71	0.30
曲阳县									
顺平县	39.86	26.32	2.32	5.82	18.10	0.42	0.38	90.48	1.44
邢台市	**1000.63**	**542.47**	**161.89**	**16.18**	**32.59**	**52.76**	**26.26**	**49.77**	**4.84**
宁晋县	123.33	64.15	7.56	6.13	45.90	3.47	3.78	108.93	5.89
柏乡县	31.71	16.14	0.90	2.84	22.22	0.20			
广宗县	51.04	24.28	9.80	19.20	39.29	3.85	1.35	35.06	5.56
巨鹿县	69.10	31.60	3.31	4.79	47.13	1.56	1.06	67.95	3.35
临城县	32.00	18.20	2.86	8.94	19.93	0.57	0.05	8.77	0.27
临西县	57.29	27.61	16.00	27.93	50.19	8.03	2.86	35.62	10.36
隆尧县	81.25	43.13	8.72	10.73	34.98	3.05	0.17	5.57	0.39
内邱县	41.48	23.11	1.76	4.24	37.50	0.66	0.02	3.03	0.09
南宫市	97.00	41.50	35.00	36.08	13.71	4.80	3.80	79.17	9.16
南和县	37.94	26.30	3.46	9.12	7.80	0.27			
平乡县	43.10	24.80	3.73	8.65	21.45	0.80	0.15	18.75	0.60
清河县	51.15	31.15	9.73	19.02	41.32	4.02	0.10	2.49	0.32
沙河县	45.30	35.99	0.75	1.66	29.33	0.22	0.03	13.64	0.08
威县	103.67	49.60	40.71	39.27	38.44	15.65	8.60	54.95	17.34
新河县	38.00	14.40	10.00	26.32	39.60	3.96	2.31	58.33	16.04
邢台县	49.98	42.54	3.64	7.28	12.64	0.46	0.07	15.22	0.16
任县	47.29	27.97	3.96	8.37	30.05	1.19	1.91	160.50	6.83

5－17－51 续表 1

县市名	耕地面积（万亩）	农业人口（万人）	棉田面积（万亩）	占耕地（%）	亩产（市斤）	产量（万担）	收购量（万担）	商品率（%）	人均交售（市斤）
秦皇岛市									
昌黎县									
卢龙县									
抚宁县									
唐山市	**591.33**	**322.27**	**17.84**	**3.02**	**99.66**	**17.78**	**5.29**	**29.75**	**1.64**
迁西县									
丰润县	111.01	63.00	0.92	0.83	83.70	0.77	1.78	*	2.83
丰南县	75.41	42.73	7.89	10.46	115.72	9.13	0.86	9.42	2.01
乐亭县	93.82	45.36	4.12	4.39	97.82	4.03	1.27	31.51	2.80
滦南县	110.45	51.15	2.13	1.93	91.55	1.95	0.47	24.10	0.92
滦　县									
迁安县									
唐海县									
玉田县	113.84	58.68	2.00	1.76	65.50	1.31	0.90	68.70	1.53
遵化县	86.80	61.35	0.78	0.90	75.64	0.59	0.01	1.69	0.02
石家庄市	**842.63**	**611.87**	**52.99**	**6.29**	**38.76**	**20.54**	**7.55**	**36.76**	**1.23**
高邑县	25.19	15.81	2.70	10.72	15.56	0.42	0.42	100.00	2.66
鹿泉市	42.78	31.50	0.66	1.54	78.79	0.52	0.01	1.92	0.03
辛集市	105.45	54.32	20.10	19.06	51.74	10.40	2.45	23.56	4.51
赵　县	77.50	49.40	4.30	5.55	51.16	2.20	2.33	105.91	4.72
藁城市	83.15	66.69	4.46	5.36	23.32	1.04	0.16	15.38	0.24
栾城市	46.98	32.37	0.44	0.94	86.36	0.38	0.03	7.89	0.09
新乐市	42.06	39.05	1.00	2.38	22.00	0.22	0.31	140.91	0.79
正定市	52.29	50.79	0.78	1.49	76.92	0.60	0.03	5.00	0.06
晋州市	61.45	46.14	6.16	10.02	31.01	1.91	0.42	21.99	0.91
平山县	45.69	41.21	1.83	4.01	28.42	0.52	0.40	76.92	0.97
行唐县	55.89	36.99	1.13	2.02	79.65	0.90	0.15	16.67	0.41
井陉县									
元氏县	53.91	33.89	1.76	3.26	21.59	0.38	0.09	23.68	0.27
深泽县	30.56	21.39	2.08	6.81	18.27	0.38	0.33	86.84	1.54
灵寿县	38.53	28.40	1.97	5.11	18.27	0.36	0.01	2.78	0.04
无极县	52.99	43.63	2.81	5.30	10.32	0.29	0.01	3.45	0.02
赞皇县	28.21	20.29	0.81	2.87	2.47	0.02	0.40	*	1.97
廊坊市	**541.91**	**307.55**	**18.28**	**3.37**	**70.30**	**12.85**	**3.25**	**25.29**	**1.06**
安次区	78.81	43.54	2.72	3.45	90.07	2.45	0.26	10.61	0.60
大城县	64.60	38.92	2.69	4.16	39.03	1.05	0.07	6.67	0.18
文安县	90.03	39.99	1.03	1.14	32.04	0.33	0.78	*	1.95
霸州市	64.58	46.00	3.85	5.96	52.73	2.03	0.21	10.34	0.46
固安县	65.21	35.12	2.49	3.82	118.07	2.94	1.19	40.48	3.39
香河县	41.38	27.83	1.07	2.59	61.68	0.66	0.01	1.52	0.04
大厂回	17.63	9.22	0.23	1.30	86.96	0.20	0.03	15.00	0.33
三河县	58.17	33.93	2.31	3.97	96.97	2.24	0.12	5.36	0.35
永清县	61.50	33.00	1.89	3.07	50.26	0.95	0.58	61.05	1.76

5－17－51 续表 2

县市名	耕地面积（万亩）	农业人口（万人）	棉田面积（万亩）	占耕地（%）	亩产（市斤）	产量（万担）	收购量（万担）	商品率（%）	人均交售（市斤）
衡水市	**876.19**	**358.07**	**133.96**	**15.29**	**26.35**	**35.30**	**18.26**	**51.73**	**5.10**
安平县	49.82	27.84	3.45	6.92	37.39	1.29	0.10	7.75	0.36
阜城县	69.00	29.70	10.78	15.62	29.04	3.13	0.71	22.68	2.39
故城县	83.59	40.44	21.91	26.21	24.33	5.33	6.14	115.20	15.18
景　县	119.31	44.67	17.43	14.61	17.84	3.11	1.62	52.09	3.63
饶阳县	58.00	25.53	5.61	9.67	53.48	3.00	1.01	33.67	3.96
深州市	128.60	52.07	16.89	13.13	12.31	2.08	0.22	10.58	0.42
桃城区	55.20	23.03	5.56	10.07	18.35	1.02	0.66	64.71	2.87
武强县	45.40	18.82	4.17	9.19	26.38	1.10	0.10	9.09	0.53
武邑县	80.26	28.40	8.48	10.57	24.41	2.07	2.47	119.32	8.70
枣强县	94.13	33.96	14.60	15.51	15.96	2.33	0.35	15.02	1.03
冀州市	92.88	33.61	25.08	27.00	43.22	10.84	4.88	45.02	14.52
沧州市	**1172.94**	**535.84**	**130.37**	**11.11**	**55.30**	**72.10**	**27.76**	**38.50**	**5.18**
泊头市	95.12	43.88	5.15	5.41	16.12	0.83			
沧　县	135.01	61.87	2.80	2.07	64.29	1.80	0.63	35.00	1.02
东光县	73.80	30.02	23.10	31.30	57.40	13.26	5.06	38.16	16.86
海兴县	43.76	17.88	1.87	4.27	75.40	1.41	0.01	0.71	0.06
河间市	140.99	68.94	7.33	5.20	71.62	5.25	1.82	34.67	2.64
黄骅县	103.16	37.02	2.80	2.71	10.71	0.30	0.33	110.00	0.89
孟村回	31.22	15.42	4.06	13.00	35.96	1.46	0.58	39.73	3.76
南皮县	70.52	29.71	22.21	31.49	33.68	7.48	1.18	15.78	3.97
青　县	85.22	32.43	3.57	4.19	53.50	1.91	0.59	30.89	1.82
任邱市	92.79	59.68	2.82	3.04	61.70	1.74	0.89	51.15	1.49
肃宁县	56.46	29.51	13.00	23.03	39.15	5.09	4.15	81.53	14.06
吴桥县	58.80	24.57	26.30	44.73	86.08	22.64	9.72	42.93	39.56
献县棉	107.26	49.27	9.62	8.97	58.21	5.60	1.97	35.18	4.00
盐山县	78.83	35.64	5.74	7.28	58.01	3.33	0.83	24.92	2.33
邯郸市	**953.13**	**594.97**	**196.18**	**20.58**	**71.95**	**141.16**	**86.62**	**61.36**	**14.56**
肥乡县	60.48	27.32	21.80	36.04	95.37	20.79	12.10	58.20	44.29
大名县	109.89	65.26	20.79	18.92	29.73	6.18	1.43	23.14	2.19
磁　县	70.25	54.87	10.28	14.63	83.95	8.63	13.82	160.14	25.19
广平县	37.00	21.70	6.96	18.81	72.84	5.07	0.65	12.82	3.00
成安县	57.06	33.35	16.55	29.00	92.99	15.39	11.11	72.19	33.31
馆陶县	48.48	25.54	15.50	31.97	95.10	14.74	5.47	37.11	21.42
邯郸市郊									
邯郸县	54.08	34.83	2.37	4.38	54.01	1.28	1.43	111.72	4.11
临漳县	75.25	51.71	15.68	20.84	94.01	14.74	13.67	92.74	26.44
邱　县	49.80	18.20	21.00	42.17	110.00	23.10	15.40	66.67	84.62
曲周县	71.83	35.62	17.00	23.67	64.06	10.89	1.93	17.72	5.42
魏　县	97.23	71.34	20.70	21.29	30.97	6.41	5.70	88.92	7.99
武安市	91.31	61.09	7.00	7.67	34.14	2.39	1.31	54.81	2.14
永年县	91.61	71.72	10.02	10.94	48.40	4.85	0.09	1.86	0.13
鸡泽县	38.86	22.42	10.53	27.10	63.63	6.70	2.51	37.46	11.20

5－17－52　河北省1994年产棉县棉花生产收购明细

县市名	耕地面积（万亩）	农业人口（万人）	棉田面积（万亩）	占耕地（%）	亩　产（市斤）	产　量（万担）	收购量（万担）	商品率（%）	人均交售（市斤）
全省合计	**7027.83**	**4027.07**	**1021.10**	**14.53**	**71.81**	**733.27**	**404.71**	**55.19**	**10.05**
保定市	**1064.57**	**743.54**	**61.15**	**5.74**	**65.41**	**40.00**	**18.00**	**45.00**	**2.42**
定兴县	74.04	49.38	8.26	11.16	65.98	5.45	1.48	27.16	3.00
安国县	50.10	34.41	1.51	3.01	99.34	1.50	0.75	50.00	2.18
博野县	32.90	22.91	5.93	18.02	22.09	1.31	1.31	100.00	5.72
定州市	125.09	97.75	9.38	7.50	97.97	9.19	4.30	46.79	4.40
高阳县	50.40	26.83	4.02	7.98	68.41	2.75	1.50	54.55	5.59
蠡　县	68.99	42.43	8.24	11.94	61.53	5.07	1.47	28.99	3.46
清苑县	94.26	63.43	0.81	0.86	80.25	0.65			
容城县	33.92	21.06	2.01	5.93	56.72	1.14	0.24	21.05	1.14
唐　县	44.71	47.27	1.50	3.35	102.00	1.53	0.77	50.33	1.63
雄　县	55.32	29.37	2.10	3.80	58.10	1.22	0.71	58.20	2.42
易　县	63.27	48.99	2.01	3.18	71.64	1.44	0.78	54.17	1.59
满城县	48.97	39.25	0.50	1.02	76.00	0.38			
望都县	33.94	22.92	2.97	8.75	93.27	2.77	0.94	33.94	4.10
徐水县	72.13	51.65	3.03	4.20	61.39	1.86	0.90	48.39	1.74
高碑店	71.10	45.32	3.06	4.30	44.12	1.35	0.91	67.41	2.01
涿州市	70.70	43.31	1.60	2.26	48.13	0.77	0.79	102.60	1.82
安新县									
涞水县	34.90	30.92	1.20	3.44	51.67	0.62	0.14	22.58	0.45
曲阳县									
顺平县	39.83	26.34	3.02	7.58	33.11	1.00	1.01	101.00	3.83
邢台市	**1004.90**	**546.75**	**221.02**	**21.99**	**55.39**	**122.42**	**83.96**	**68.58**	**15.36**
宁晋县	123.29	64.24	16.55	13.42	60.79	10.06	6.55	65.11	10.20
柏乡县	31.55	16.03	6.32	20.03	66.30	4.19	2.49	59.43	15.53
广宗县	51.04	24.51	16.60	32.52	49.16	8.16	3.12	38.24	12.73
巨鹿县	69.10	31.99	16.00	23.15	54.50	8.72	2.96	33.94	9.25
临城县	32.16	17.03	3.45	10.73	37.97	1.31	1.44	109.92	8.46
临西县	57.19	27.76	21.94	38.36	67.46	14.80	8.36	56.49	30.12
隆尧县	81.17	42.52	18.64	22.96	47.42	8.84	5.09	57.58	11.97
内邱县	41.33	23.32	4.01	9.70	60.10	2.41	2.20	91.29	9.43
南宫市	98.00	42.00	35.00	35.71	53.14	18.60	17.10	91.94	40.71
南和县	43.91	28.66	3.18	7.24	52.20	1.66	0.62	37.35	2.16
平乡县	42.95	25.02	4.19	9.76	44.39	1.86	1.21	65.05	4.84
清河县	50.90	31.57	11.03	21.67	37.08	4.09	2.55	62.35	8.08
沙河县	45.30	36.17	0.95	2.10	134.74	1.28	0.90	70.31	2.49
威　县	103.67	51.00	40.20	38.78	64.68	26.00	21.50	82.69	42.16
新河县	37.79	14.44	9.11	24.11	50.49	4.60	3.23	70.22	22.37
邢台县	48.26	42.60	1.81	3.75	73.48	1.33	1.06	79.70	2.49
任　县	47.29	27.89	12.04	25.46	37.46	4.51	3.58	79.38	12.84

5－17－52 续表 1

县市名	耕地面积（万亩）	农业人口（万人）	棉田面积（万亩）	占耕地（%）	亩产（市斤）	产量（万担）	收购量（万担）	商品率（%）	人均交售（市斤）
秦皇岛市									
昌黎县									
卢龙县									
抚宁县									
唐山市	**588.31**	**323.62**	**27.45**	**4.67**	**95.05**	**26.09**	**8.58**	**32.89**	**2.65**
迁西县									
丰润县	110.85	62.11	1.65	1.49	47.27	0.78	0.50	64.10	0.81
丰南县	75.19	42.79	11.10	14.76	116.58	12.94	1.24	9.58	2.90
乐亭县	94.89	45.38	8.10	8.54	87.90	7.12	3.02	42.42	6.65
滦南县	110.40	51.33	2.50	2.26	86.80	2.17	1.27	58.53	2.47
滦　县									
迁安县									
唐海县									
玉田县	110.12	60.81	3.62	3.29	75.14	2.72	2.54	93.38	4.18
遵化县	86.86	61.20	0.48	0.55	75.00	0.36	0.01	2.78	0.02
石家庄市	**841.66**	**613.87**	**76.06**	**9.04**	**71.63**	**54.48**	**26.83**	**49.25**	**4.37**
高邑县	25.15	15.99	3.22	12.80	80.12	2.58	0.79	30.62	4.94
鹿泉市	42.64	31.47	1.02	2.39	92.16	0.94	0.63	67.02	2.00
辛集市	105.42	54.50	19.35	18.36	97.57	18.88	6.84	36.23	12.55
赵　县	77.47	49.68	6.63	8.56	77.38	5.13	1.60	31.19	3.22
藁城市	82.99	66.82	6.86	8.27	102.92	7.06	4.85	68.70	7.26
栾城市	46.96	32.72	1.50	3.19	77.33	1.16	0.78	67.24	2.38
新乐市	42.06	38.00	2.01	4.78	88.06	1.77	0.87	49.15	2.29
正定市	51.68	50.99	1.10	2.13	78.18	0.86	0.79	91.86	1.55
晋州市	61.43	46.81	11.35	18.48	44.49	5.05	3.29	65.15	7.03
平山县	45.81	41.38	2.51	5.48	68.53	1.72	0.92	53.49	2.22
行唐县	55.86	37.07	3.53	6.32	36.83	1.30	0.96	73.85	2.59
井陉县									
元氏县	53.91	34.50	4.03	7.48	62.03	2.50	1.18	47.20	3.42
深泽县	30.56	21.46	3.76	12.30	39.89	1.50	0.75	50.00	3.49
灵寿县	38.53	28.40	2.84	7.37	35.21	1.00	0.71	71.00	2.50
无极县	52.98	43.76	5.21	9.83	49.52	2.58	1.64	63.57	3.75
赞皇县	28.21	20.32	1.14	4.04	39.47	0.45	0.23	51.11	1.13
廊坊市	**555.73**	**308.71**	**29.38**	**5.29**	**33.97**	**9.98**	**4.49**	**44.99**	**1.45**
安次区	78.65	43.20	4.36	5.54	63.99	2.79	0.95	34.05	2.20
大城县	81.78	39.60	5.11	6.25	30.14	1.54	0.77	50.00	1.94
文安县	86.56	40.15	6.02	6.95	21.10	1.27	1.13	88.98	2.81
霸州市	64.47	46.16	3.01	4.67	22.59	0.68	0.42	61.76	0.91
固安县	65.21	35.47	4.50	6.90	33.33	1.50	0.49	32.67	1.38
香河县	42.50	27.84	0.71	1.67	35.21	0.25			
大厂回	17.63	9.19	0.46	2.61	26.09	0.12	0.02	16.67	0.22
三河县	57.52	33.77	1.08	1.88	25.93	0.28	0.01	3.57	0.03
永清县	61.41	33.33	4.13	6.73	37.53	1.55	0.70	45.16	2.10

5－17－52 续表 2

县市名	耕地面积（万亩）	农业人口（万人）	棉田面积（万亩）	占耕地（%）	亩产（市斤）	产量（万担）	收购量（万担）	商品率（%）	人均交售（市斤）
衡水市	**877.01**	**360.66**	**162.45**	**18.52**	**61.16**	**99.36**	**59.12**	**59.50**	**16.39**
安平县	49.67	28.89	5.73	11.54	43.46	2.49	1.51	60.64	5.23
阜城县	68.85	29.60	13.50	19.61	60.00	8.10	5.28	65.19	17.84
故城县	83.48	40.23	17.00	20.36	68.00	11.56	6.52	56.40	16.21
景　县	119.31	44.81	19.30	16.18	62.54	12.07	9.71	80.45	21.67
饶阳县	58.00	25.84	11.45	19.74	67.77	7.76	4.18	53.87	16.18
深州市	129.99	53.05	20.37	15.67	37.85	7.71	5.11	66.28	9.63
桃城区	55.08	22.53	7.85	14.25	37.58	2.95	2.44	82.71	10.83
武强县	45.40	18.96	10.00	22.03	41.00	4.10	2.13	51.95	11.23
武邑县	80.26	29.17	14.00	17.44	61.93	8.67	5.07	58.48	17.38
枣强县	94.11	33.99	19.00	20.19	38.11	7.24	6.52	90.06	19.18
冀州市	92.86	33.59	24.25	26.11	110.14	26.71	10.65	39.87	31.71
沧州市	**1143.46**	**530.99**	**189.57**	**16.58**	**66.93**	**126.87**	**58.08**	**45.78**	**10.94**
泊头市	95.12	43.44	9.13	9.60	21.91	2.00	1.41	70.50	3.25
沧　县	134.09	61.64	5.63	4.20	95.38	5.37	3.79	70.58	6.15
东光县	73.79	30.50	22.75	30.83	104.44	23.76	11.16	46.97	36.59
海兴县	43.69	17.96	2.84	6.50	68.66	1.95	0.29	14.87	1.61
河间市	140.85	69.22	20.12	14.28	49.25	9.91	5.39	54.39	7.79
黄骅县	75.35	33.40	5.11	6.78	86.69	4.43	0.64	14.45	1.92
孟村回	31.22	15.51	3.96	12.68	90.15	3.57	2.10	58.82	13.54
南皮县	70.46	31.22	21.91	31.10	50.94	11.16	3.97	35.57	12.72
青　县	85.23	32.61	7.12	8.35	77.53	5.52	2.71	49.09	8.31
任邱市	92.78	55.67	10.44	11.25	33.05	3.45	1.72	49.86	3.09
肃宁县	56.39	29.45	17.41	30.87	16.14	2.81	4.46	158.72	15.14
吴桥县	58.40	24.58	26.30	45.03	107.30	28.22	14.19	50.28	57.73
献县棉	107.26	49.60	17.11	15.95	68.56	11.73	2.34	19.95	4.72
盐山县	78.83	36.19	19.74	25.04	65.81	12.99	3.91	30.10	10.80
邯郸市	**952.19**	**598.93**	**254.02**	**26.68**	**100.02**	**254.07**	**145.65**	**57.33**	**24.32**
肥乡县	60.45	27.41	30.23	50.01	76.05	22.99	16.02	69.68	58.45
大名县	110.09	65.29	25.28	22.96	94.11	23.79	9.68	40.69	14.83
磁　县	70.23	55.41	11.51	16.39	97.39	11.21	13.40	119.54	24.18
广平县	37.38	22.17	11.40	30.50	94.74	10.80	5.41	50.09	24.40
成安县	57.05	33.33	25.49	44.68	140.05	35.70	18.65	52.24	55.96
馆陶县	48.55	25.59	18.05	37.18	102.11	18.43	11.04	59.90	43.14
邯郸市郊									
邯郸县	53.82	34.87	6.41	11.91	87.68	5.62	3.62	64.41	10.38
临漳县	75.12	51.88	18.15	24.16	106.83	19.39	9.13	47.09	17.60
邱　县	49.80	18.20	24.00	48.19	139.29	33.43	16.60	49.66	91.21
曲周县	71.82	35.75	21.30	29.66	124.69	26.56	10.52	39.61	29.43
魏　县	97.23	72.10	18.12	18.64	69.09	12.52	11.80	94.25	16.37
武安市	90.79	61.28	18.02	19.85	55.22	9.95	9.25	92.96	15.09
永年县	91.00	73.00	14.71	16.16	74.03	10.89	4.38	40.22	6.00
鸡泽县	38.86	22.65	11.35	29.21	112.69	12.79	6.15	48.08	27.15

5－17－53　河北省1995年产棉县棉花生产收购明细

县市名	耕地面积（万亩）	农业人口（万人）	棉田面积（万亩）	占耕地（%）	亩产（市斤）	产量（万担）	收购量（万担）	商品率（%）	人均交售（市斤）
全省合计	**7028.00**	**4030.47**	**1025.34**	**14.59**	**69.60**	**713.64**	**326.64**	**45.77**	**8.10**
保定市	**1061.13**	**747.91**	**55.41**	**5.22**	**57.08**	**31.63**	**20.20**	**63.86**	**2.70**
定兴县	74.04	49.50	7.00	9.45	49.14	3.44	1.53	44.48	3.09
安国县	50.10	35.01	1.51	3.01	79.47	1.20	0.75	62.50	2.14
博野县	32.88	22.90	4.00	12.17	40.50	1.62	1.66	102.47	7.25
定州市	124.19	97.95	6.50	5.23	47.85	3.11	3.66	117.68	3.74
高阳县	50.33	26.88	4.00	7.95	90.25	3.61	1.04	28.81	3.87
蠡　县	67.99	43.16	6.10	8.97	64.26	3.92	1.53	39.03	3.54
清苑县	94.12	63.47	1.00	1.06	32.00	0.32	0.52	162.50	0.82
容城县	33.26	21.90	2.02	6.07	50.50	1.02	0.63	61.76	2.88
唐　县	44.69	47.42	2.00	4.48	64.50	1.29	0.84	65.12	1.77
雄　县	55.35	30.60	2.00	3.61	80.50	1.61	0.88	54.66	2.88
易　县	63.07	48.85	2.48	3.93	52.02	1.29	1.08	83.72	2.21
满城县	48.89	39.53	1.04	2.13	59.62	0.62	0.35	56.45	0.89
望都县	33.90	23.00	3.20	9.44	79.06	2.53	1.70	67.19	7.39
徐水县	71.84	52.28	3.09	4.30	40.13	1.24	1.51	121.77	2.89
高碑店	70.68	45.20	3.17	4.49	61.51	1.95	0.94	48.21	2.08
涿州市	70.55	43.09	1.66	2.35	57.23	0.95	0.77	81.05	1.79
安新县									
涞水县	35.45	30.67	1.56	4.40	58.33	0.91	0.14	15.38	0.46
曲阳县									
顺平县	39.80	26.50	3.08	7.74	32.47	1.00	0.67	67.00	2.53
邢台市	**1005.41**	**546.74**	**215.15**	**21.40**	**56.67**	**121.92**	**72.72**	**59.65**	**13.30**
宁晋县	123.23	63.90	16.00	12.98	55.44	8.87	4.86	54.79	7.61
柏乡县	31.55	15.84	5.02	15.91	69.52	3.49	1.81	51.86	11.43
广宗县	51.04	24.59	13.60	26.65	50.00	6.80	2.42	35.59	9.84
巨鹿县	69.08	32.00	15.92	23.05	45.29	7.21	0.78	10.82	2.44
临城县	32.07	16.94	4.50	14.03	32.00	1.44	0.98	68.06	5.79
临西县	57.16	28.10	20.96	36.67	72.04	15.10	6.24	41.32	22.21
隆尧县	81.07	43.37	14.15	17.45	62.47	8.84	4.09	46.27	9.43
内邱县	41.32	23.21	4.04	9.78	44.80	1.81	1.55	85.64	6.68
南宫市	97.90	41.80	36.50	37.28	69.04	25.20	18.00	71.43	43.06
南和县	44.02	28.52	4.50	10.22	25.33	1.14	0.40	35.09	1.40
平乡县	42.93	25.14	4.88	11.37	24.80	1.21	0.95	78.51	3.78
清河县	50.90	31.57	11.00	21.61	32.09	3.53	3.19	90.37	10.10
沙河县	44.48	36.05	3.00	6.74	41.00	1.23	0.63	51.22	1.75
威　县	103.67	51.00	40.42	38.99	61.85	25.00	20.60	82.40	40.39
新河县	37.79	14.26	10.10	26.73	53.07	5.36	2.98	55.60	20.90
邢台县	49.91	42.61	3.34	6.69	55.09	1.84	0.86	46.74	2.02
任　县	47.29	27.84	7.22	15.27	53.32	3.85	2.38	61.82	8.55

5－17－53 续表 1

县市名	耕地面积（万亩）	农业人口（万人）	棉田面积（万亩）	占耕地（%）	亩产（市斤）	产量（万担）	收购量（万担）	商品率（%）	人均交售（市斤）
秦皇岛市									
昌黎县									
卢龙县									
抚宁县									
唐山市	**592.38**	**321.39**	**23.17**	**3.91**	**87.10**	**20.18**	**7.49**	**37.12**	**2.33**
迁西县									
丰润县	110.75	61.92	1.20	1.08	58.33	0.70	0.69	98.57	1.11
丰南县	75.10	43.02	10.75	14.31	94.79	10.19	1.47	14.43	3.42
乐亭县	95.02	45.04	7.16	7.54	84.36	6.04	2.82	46.69	6.26
滦南县	110.33	51.49	0.22	0.20	140.91	0.31	0.92	*	1.79
滦　县									
迁安县									
唐海县									
玉田县	114.39	58.43	3.61	3.16	76.45	2.76	1.59	57.61	2.72
遵化县	86.79	61.49	0.23	0.27	78.26	0.18			
石家庄市	**841.19**	**613.29**	**64.02**	**7.61**	**82.68**	**52.93**	**34.28**	**64.76**	**5.59**
高邑县	25.08	16.00	2.49	9.93	99.60	2.48	1.09	43.95	6.81
鹿泉市	42.47	31.30	1.12	2.64	83.04	0.93	0.67	72.04	2.14
辛集市	105.30	54.47	19.57	18.58	96.17	18.82	9.59	50.96	17.61
赵　县	77.45	49.83	5.43	7.01	66.67	3.62	3.55	98.07	7.12
藁城市	82.94	66.70	6.47	7.80	95.83	6.20	3.62	58.39	5.43
栾城市	46.96	32.70	0.85	1.81	120.00	1.02	0.52	50.98	1.59
新乐市	42.06	38.08	1.95	4.64	120.00	2.34	1.66	70.94	4.36
正定市	51.83	50.70	1.02	1.97	99.02	1.01	0.82	81.19	1.62
晋州市	61.40	46.99	7.53	12.26	79.95	6.02	3.86	64.12	8.21
平山县	45.77	41.35	1.52	3.32	76.32	1.16	0.65	56.03	1.57
行唐县	55.76	37.14	2.53	4.54	79.84	2.02	1.02	50.50	2.75
井陉县									
元氏县	53.91	34.59	3.47	6.44	57.93	2.01	1.62	80.60	4.68
深泽县	30.56	21.50	2.52	8.25	59.92	1.51	1.73	114.57	8.05
灵寿县	38.52	27.67	1.90	4.93	56.32	1.07	0.66	61.68	2.39
无极县	52.97	43.90	3.63	6.85	69.97	2.54	2.80	110.24	6.38
赞皇县	28.21	20.37	2.02	7.16	8.91	0.18	0.42	*	2.06
廊坊市	**555.17**	**309.74**	**31.19**	**5.62**	**47.90**	**14.94**	**3.39**	**22.69**	**1.09**
安次区	78.57	44.50	4.00	5.09	83.25	3.33	0.57	17.12	1.28
大城县	81.77	39.60	7.20	8.81	37.22	2.68	0.47	17.54	1.19
文安县	86.47	40.10	7.42	8.58	20.22	1.50	0.81	54.00	2.02
霸州市	64.45	46.20	3.50	5.43	52.86	1.85	0.56	30.27	1.21
固安县	65.21	35.63	3.50	5.37	76.00	2.66	0.57	21.43	1.60
香河县	42.36	27.83	0.70	1.65	68.57	0.48			
大厂回	17.60	9.17	0.31	1.76	67.74	0.21			
三河县	57.32	33.40	0.44	0.77	59.09	0.26			
永清县	61.42	33.31	4.12	6.71	47.82	1.97	0.41	20.81	1.23

5－17－53 续表 2

县市名	耕地面积（万亩）	农业人口（万人）	棉田面积（万亩）	占耕地（%）	亩 产（市斤）	产 量（万担）	收购量（万担）	商品率（%）	人均交售（市斤）
衡水市	**874.31**	**349.16**	**195.21**	**22.33**	**63.71**	**124.36**	**54.42**	**43.76**	**15.59**
安平县	49.60	28.70	7.01	14.13	63.91	4.48	1.37	30.58	4.77
阜城县	68.41	29.70	16.00	23.39	61.19	9.79	2.71	27.68	9.12
故城县	83.28	40.38	23.03	27.65	79.94	18.41	6.74	36.61	16.69
景　县	119.31	44.61	24.17	20.26	51.18	12.37	8.20	66.29	18.38
饶阳县	58.00	26.20	13.60	23.45	76.40	10.39	2.44	23.48	9.31
深州市	128.15	53.24	22.75	17.75	42.86	9.75	5.68	58.26	10.67
桃城区	54.97	17.48	9.49	17.26	40.89	3.88	2.25	57.99	12.87
武强县	45.37	19.09	7.01	15.45	60.06	4.21	1.04	24.70	5.45
武邑县	80.26	29.30	17.00	21.18	53.41	9.08	2.78	30.62	9.49
枣强县	94.11	26.90	24.40	25.93	68.98	16.83	6.22	36.96	23.12
冀州市	92.85	33.56	30.75	33.12	81.85	25.17	14.99	59.56	44.67
沧州市	**1145.15**	**534.16**	**193.54**	**16.90**	**57.81**	**111.88**	**45.51**	**40.68**	**8.52**
泊头市	95.12	43.90	10.96	11.52	30.02	3.29	2.06	62.61	4.69
沧　县	138.50	61.80	6.53	4.71	94.33	6.16	1.00	16.23	1.62
东光县	73.77	30.53	24.38	33.05	58.53	14.27	7.00	49.05	22.93
海兴县	43.45	17.93	3.00	6.90	32.00	0.96	0.09	9.38	0.50
河间市	140.94	69.37	24.00	17.03	43.67	10.48	1.93	18.42	2.78
黄骅县	75.32	33.40	8.23	10.93	42.65	3.51	0.54	15.38	1.62
孟村回	31.22	15.60	5.67	18.16	97.35	5.52	2.54	46.01	16.28
南皮县	67.89	31.30	23.20	34.17	48.97	11.36	2.27	19.98	7.25
青　县	85.23	32.50	7.30	8.57	50.96	3.72	0.52	13.98	1.60
任邱市	92.73	57.64	10.99	11.85	35.40	3.89	1.35	34.70	2.34
肃宁县	56.37	29.50	13.62	24.16	30.25	4.12	3.50	84.95	11.86
吴桥县	58.80	24.50	23.20	39.46	103.88	24.10	18.50	76.76	75.51
献县棉	106.98	49.79	12.71	11.88	54.45	6.92	1.10	15.90	2.21
盐山县	78.83	36.40	19.75	25.05	68.76	13.58	3.11	22.90	8.54
邯郸市	**953.26**	**608.08**	**247.65**	**25.98**	**95.22**	**235.80**	**88.63**	**37.59**	**14.58**
肥乡县	61.50	31.50	28.80	46.83	136.11	39.20	10.92	27.86	34.67
大名县	109.89	66.65	23.20	21.11	64.01	14.85	6.92	46.60	10.38
磁　县	70.24	55.30	10.75	15.30	89.95	9.67	7.60	78.59	13.74
广平县	37.38	22.22	11.73	31.38	86.36	10.13	5.44	53.70	24.48
成安县	57.04	33.30	25.64	44.95	114.27	29.30	7.61	25.97	22.85
馆陶县	48.48	25.48	21.12	43.56	96.21	20.32	5.24	25.79	20.57
邯郸市郊									
邯郸县	53.57	34.54	5.65	10.55	84.25	4.76	3.17	66.60	9.18
临漳县	74.94	52.30	19.73	26.33	96.25	18.99	6.34	33.39	12.12
邱　县	49.74	19.00	24.00	48.26	126.58	30.38	9.17	30.18	48.26
曲周县	71.79	35.90	24.51	34.14	86.01	21.08	11.32	53.70	31.53
魏　县	93.00	74.00	8.00	8.60	130.00	10.40	6.53	62.79	8.82
武安市	90.74	61.68	18.27	20.13	62.67	11.45	4.48	39.13	7.26
永年县	96.09	73.51	14.14	14.72	36.00	5.09	0.62	12.18	0.84
鸡泽县	38.86	22.70	12.11	31.16	84.06	10.18	3.27	32.12	14.41

5-17-54　河北省1996年产棉县棉花生产收购明细

县市名	耕地面积（万亩）	农业人口（万人）	棉田面积（万亩）	占耕地（%）	亩产（市斤）	产量（万担）	收购量（万担）	商品率（%）	人均交售（市斤）
全省合计	**6945.80**	**3972.14**	**629.66**	**9.07**	**76.73**	**483.16**	**152.16**	**31.49**	**3.83**
保定市	**987.96**	**700.55**	**35.09**	**3.55**	**67.37**	**23.64**	**1.38**	**5.84**	**0.20**
定兴县	74.04	49.50	2.50	3.38	68.80	1.72	0.02	1.16	0.04
安国县	50.07	32.87	0.80	1.60	105.00	0.84			
博野县	32.87	23.00	3.50	10.65	46.00	1.61	0.17	10.56	0.74
定州市	124.16	98.12	2.30	1.85	76.52	1.76	0.01	0.57	0.01
高阳县	51.76	27.17	2.80	5.41	61.79	1.73			
蠡　县	67.96	43.21	2.50	3.68	68.80	1.72	0.21	12.21	0.49
清苑县	93.94	63.46	2.10	2.24	96.19	2.02	0.16	7.92	0.25
容城县	32.54	21.85	2.00	6.15	76.50	1.53			
唐　县	44.49	47.51	2.00	4.50	78.00	1.56			
雄　县	55.32	30.40	1.10	1.99	94.55	1.04	0.02	1.92	0.07
易　县	62.50	48.92	0.99	1.58	108.08	1.07	0.11	10.28	0.22
满城县	48.87	39.48	2.30	4.71	70.43	1.62	0.33	20.37	0.84
望都县	33.61	23.00	3.00	8.93	67.00	2.01			
徐水县	71.58	51.39	1.50	2.10	80.00	1.20			
高碑店									
涿州市	70.37	43.30	2.00	2.84	20.00	0.40	0.34	85.00	0.79
安新县									
涞水县	34.09	30.65	1.20	3.52	95.00	1.14	0.01	0.88	0.03
曲阳县									
顺平县	39.79	26.72	2.50	6.28	26.80	0.67			
邢台市	**1006.74**	**546.98**	**162.75**	**16.17**	**54.38**	**88.50**	**43.16**	**48.77**	**7.89**
宁晋县	123.19	63.90	10.70	8.69	26.45	2.83	0.91	32.16	1.42
柏乡县	31.55	15.83	3.80	12.04	16.32	0.62	0.02	3.23	0.13
广宗县	51.04	24.65	9.30	18.22	90.43	8.41	2.20	26.16	8.92
巨鹿县	69.03	32.10	7.40	10.72	51.62	3.82			
临城县	31.07	16.90	3.50	11.26	31.43	1.10	0.38	34.55	2.25
临西县	56.91	28.25	18.60	32.68	84.73	15.76	7.33	46.51	25.95
隆尧县	81.07	43.25	6.30	7.77	47.62	3.00	0.55	18.33	1.27
内邱县	40.00	23.17	4.10	10.25	23.41	0.96	0.25	26.04	1.08
南宫市	97.90	41.70	30.65	31.31	72.43	22.20	13.50	60.81	32.37
南和县	44.00	28.51	0.80	1.82	11.25	0.09			
平乡县	42.89	25.15	2.10	4.90	50.95	1.07			
清河县	50.90	31.55	5.10	10.02	40.59	2.07	0.57	27.54	1.81
沙河县	43.69	36.11	3.00	6.87	33.67	1.01	0.99	98.02	2.74
威　县	103.67	51.00	40.00	38.58	50.00	20.00	12.00	60.00	23.53
新河县	37.80	14.33	7.80	20.63	40.64	3.17	0.52	16.40	3.63
邢台县	54.74	42.84	4.00	7.31	44.75	1.79	3.74	*	8.73
任　县	47.29	27.74	5.60	11.84	10.71	0.60	0.20	33.33	0.72

5－17－54 续表 1

县市名	耕地面积（万亩）	农业人口（万人）	棉田面积（万亩）	占耕地（%）	亩产（市斤）	产量（万担）	收购量（万担）	商品率（%）	人均交售（市斤）
秦皇岛市									
昌黎县									
卢龙县									
抚宁县									
唐山市	**587.05**	**317.32**	**21.20**	**3.61**	**100.75**	**21.36**	**2.48**	**11.61**	**0.78**
迁西县									
丰润县	110.36	61.69	1.00	0.91	82.00	0.82	0.28	34.15	0.45
丰南县	75.00	40.75	9.00	12.00	112.78	10.15			
乐亭县	96.13	44.13	5.50	5.72	119.64	6.58	1.18	17.93	2.67
滦南县	110.29	51.66	2.20	1.99	100.00	2.20	0.32	14.55	0.62
滦　县									
迁安县									
唐海县									
玉田县	108.87	57.71	3.30	3.03	44.24	1.46	0.70	47.95	1.21
遵化县	86.40	61.38	0.20	0.23	75.00	0.15			
石家庄市	**839.17**	**614.93**	**44.62**	**5.32**	**66.14**	**29.51**	**8.79**	**29.79**	**1.43**
高邑县	25.07	15.90	1.90	7.58	18.42	0.35	0.37	105.71	2.33
鹿泉市	42.39	31.10	1.10	2.59	5.45	0.06	0.40	*	1.29
辛集市	105.30	54.76	12.42	11.79	85.83	10.66	4.13	38.74	7.54
赵　县	77.43	49.81	5.00	6.46	108.20	5.41	0.20	3.70	0.40
藁城市	82.94	67.40	0.60	0.72	86.67	0.52	0.78	150.00	1.16
栾城市	46.69	32.91	0.40	0.86	105.00	0.42			
新乐市	42.06	38.08	2.00	4.76	136.00	2.72	1.00	36.76	2.63
正定市	49.55	51.00	1.10	2.22	91.82	1.01	0.39	38.61	0.76
晋州市	61.38	46.99	5.90	9.61	61.69	3.64	0.46	12.64	0.98
平山县	45.77	41.32	2.50	5.46	30.00	0.75	0.07	9.33	0.17
行唐县	55.72	37.28	2.00	3.59	80.50	1.61	0.37	22.98	0.99
井陉县									
元氏县	53.91	34.74	2.40	4.45	40.00	0.96	0.13	13.54	0.37
深泽县	30.56	21.30	1.10	3.60	21.82	0.24	0.10	41.67	0.47
灵寿县	39.22	27.89	2.10	5.35	16.19	0.34	0.10	29.41	0.36
无极县	52.97	44.00	3.10	5.85	26.13	0.81	0.18	22.22	0.41
赞皇县	28.21	20.45	1.00	3.54	1.00	0.01	0.11	*	0.54
廊坊市	**554.81**	**308.01**	**18.90**	**3.41**	**56.30**	**10.64**	**0.45**	**4.23**	**0.15**
安次区	78.46	44.20	4.00	5.10	91.00	3.64	0.09	2.47	0.20
大城县	81.77	39.80	2.10	2.57	29.52	0.62			
文安县	86.47	39.99	0.70	0.81	31.43	0.22			
霸州市	64.42	44.30	3.50	5.43	33.43	1.17	0.30	25.64	0.68
固安县	65.20	35.65	3.50	5.37	36.29	1.27	0.05	3.94	0.14
香河县	42.29	27.82	0.70	1.66	71.43	0.50			
大厂回	17.57	9.13	0.30	1.71	40.00	0.12			
三河县	57.22	33.30	0.30	0.52	70.00	0.21			
永清县	61.41	33.82	3.80	6.19	76.05	2.89	0.01	0.35	0.03

5-17-54 续表 2

县市名	耕地面积（万亩）	农业人口（万人）	棉田面积（万亩）	占耕地（%）	亩产（市斤）	产量（万担）	收购量（万担）	商品率（%）	人均交售（市斤）
衡水市	**874.01**	**342.14**	**109.70**	**12.55**	**67.56**	**74.11**	**20.88**	**28.17**	**6.10**
安平县	49.59	23.60	3.70	7.46	13.24	0.49			
阜城县	68.40	29.80	5.20	7.60	64.42	3.35	0.68	20.30	2.28
故城县	83.28	40.34	13.80	16.57	105.43	14.55	2.95	20.27	7.31
景县	119.31	44.54	13.10	10.98	61.98	8.12	2.99	36.82	6.71
饶阳县	58.00	26.20	7.80	13.45	37.05	2.89	0.02	0.69	0.08
深州市	128.09	51.90	14.50	11.32	38.41	5.57	0.83	14.90	1.60
桃城区	54.91	17.25	5.50	10.02	48.55	2.67	0.76	28.46	4.41
武强县	45.37	19.05	4.50	9.92	20.67	0.93	0.06	6.45	0.31
武邑县	80.26	29.28	6.00	7.48	48.83	2.93	0.28	9.56	0.96
枣强县	94.04	26.90	15.70	16.70	72.68	11.41	1.18	10.34	4.39
冀州市	92.76	33.28	19.90	21.45	106.53	21.20	11.13	52.50	33.44
沧州市	**1144.67**	**533.40**	**93.00**	**8.12**	**75.56**	**70.27**	**27.23**	**38.75**	**5.10**
泊头市	95.12	43.70	2.60	2.73	82.69	2.15	1.36	63.26	3.11
沧县	138.50	61.90	2.80	2.02	172.14	4.82	0.31	6.43	0.50
东光县	73.75	30.52	18.70	25.36	80.53	15.06	6.41	42.56	21.00
海兴县	43.69	17.94	1.50	3.43	61.33	0.92	0.08	8.70	0.45
河间市	140.78	68.60	4.00	2.84	66.50	2.66	1.53	57.52	2.23
黄骅县	75.32	33.50	2.70	3.58	82.22	2.22	0.02	0.90	0.06
孟村回	31.21	15.60	3.80	12.18	106.84	4.06	1.75	43.10	11.22
南皮县	67.77	31.30	14.70	21.69	58.10	8.54	1.21	14.17	3.87
青县	85.23	32.60	1.70	1.99	70.59	1.20	0.28	23.33	0.86
任邱市	92.58	57.22	6.30	6.80	54.29	3.42	0.10	2.92	0.17
肃宁县	56.29	29.60	3.90	6.93	39.23	1.53	0.65	42.48	2.20
吴桥县	58.80	24.50	16.40	27.89	98.17	16.10	12.50	77.64	51.02
献县棉	106.80	50.02	5.10	4.78	32.55	1.66	0.56	33.73	1.12
盐山县	78.83	36.40	8.80	11.16	67.39	5.93	0.47	7.93	1.29
邯郸市	**951.39**	**608.81**	**144.40**	**15.18**	**114.36**	**165.13**	**47.79**	**28.94**	**7.85**
肥乡县	61.50	31.50	16.30	26.50	143.25	23.35	7.59	32.51	24.10
大名县	109.89	66.77	10.50	9.56	66.38	6.97	2.15	30.85	3.22
磁县	70.24	55.10	10.80	15.38	104.35	11.27	3.40	30.17	6.17
广平县	37.38	22.37	3.20	8.56	117.50	3.76	3.47	92.29	15.51
成安县	57.07	32.90	14.50	25.41	119.93	17.39	6.22	35.77	18.91
馆陶县	48.20	25.42	12.20	25.31	109.59	13.37	2.42	18.10	9.52
邯郸市郊									
邯郸县	53.47	34.65	5.50	10.29	87.27	4.80	2.15	44.79	6.20
临漳县	74.56	52.40	11.30	15.16	124.60	14.08	1.15	8.17	2.19
邱县	49.70	19.00	24.00	48.29	142.08	34.10	10.00	29.33	52.63
曲周县	71.79	35.50	9.70	13.51	118.87	11.53	2.50	21.68	7.04
魏县	93.00	75.00	5.00	5.38	100.00	5.00	2.51	50.20	3.35
武安市	89.65	61.66	14.00	15.62	86.29	12.08	2.64	21.85	4.28
永年县	96.08	73.74	2.50	2.60	90.00	2.25	0.54	24.00	0.73
鸡泽县	38.86	22.80	4.90	12.61	105.71	5.18	1.05	20.27	4.61

5－17－55　河北省1997年产棉县棉花生产收购明细

县市名	耕地面积（万亩）	农业人口（万人）	棉田面积（万亩）	占耕地（%）	亩产（市斤）	产量（万担）	收购量（万担）	商品率（%）	人均交售（市斤）
全省合计	**6870.56**	**3946.58**	**560.70**	**8.16**	**88.32**	**495.19**	**173.74**	**35.09**	**4.40**
保定市	**913.31**	**659.79**	**18.90**	**2.07**	**95.82**	**18.11**	**0.80**	**4.42**	**0.12**
定兴县	74.04	50.30	2.00	2.70	100.50	2.01			
安国县	50.07	33.14	0.30	0.60	120.00	0.36			
博野县	32.86	23.00	2.00	6.09	100.00	2.00			
定州市	123.89	98.75	2.60	2.10	90.00	2.34	0.03	1.28	0.03
高阳县	50.23	27.34	1.90	3.78	98.42	1.87			
蠡　县	67.83	44.10	0.80	1.18	103.75	0.83			
清苑县	93.75	63.26	1.10	1.17	110.91	1.22			
容城县	32.47	21.86	1.00	3.08	92.00	0.92			
唐　县	44.51	47.52	1.50	3.37	109.33	1.64			
雄　县	54.84	30.40	0.30	0.55	110.00	0.33	0.03	9.09	0.10
易　县	62.19	48.85	1.50	2.41	105.33	1.58	0.20	12.66	0.41
满城县	48.47	39.50	1.60	3.30	74.38	1.19	0.52	43.70	1.32
望都县	33.20	23.10	0.40	1.20	77.50	0.31			
徐水县	71.20	51.00	1.00	1.40	102.00	1.02			
高碑店									
涿州市									
安新县									
涞水县	34.02	30.78	0.80	2.35	48.75	0.39	0.02	5.13	0.06
曲阳县									
顺平县	39.74	26.89	0.10	0.25	100.00	0.10			
邢台市	**1008.20**	**549.78**	**144.40**	**14.32**	**87.28**	**126.03**	**57.12**	**45.32**	**10.39**
宁晋县	123.16	63.90	10.00	8.12	15.60	1.56	0.80	51.28	1.25
柏乡县	31.55	15.87	0.60	1.90	71.67	0.43			
广宗县	51.04	24.70	8.00	15.67	90.50	7.24	1.05	14.50	4.25
巨鹿县	69.02	32.20	9.40	13.62	16.60	1.56	0.74	47.44	2.30
临城县	31.09	16.92	3.00	9.65	20.00	0.60	1.36	*	8.04
临西县	56.90	28.39	18.80	33.04	114.89	21.60	5.14	23.80	18.10
隆尧县	81.07	43.26	8.60	10.61	54.19	4.66	0.12	2.58	0.28
内邱县	40.70	23.29	1.80	4.42	54.44	0.98	0.30	30.61	1.29
南宫市	98.00	41.88	30.50	31.12	110.52	33.71	15.15	44.94	36.17
南和县	44.00	28.54	0.40	0.91	30.00	0.12			
平乡县	42.89	25.22	0.80	1.87	2.50	0.02			
清河县	50.88	31.48	2.80	5.50	28.57	0.80			
沙河县	43.82	36.84	0.30	0.68	73.33	0.22			
威　县	103.67	52.00	37.80	36.46	120.66	45.61	28.76	63.06	55.31
新河县	37.80	14.28	3.70	9.79	88.38	3.27	1.57	48.01	10.99
邢台县	55.31	43.17	3.10	5.60	76.13	2.36	0.50	21.19	1.16
任　县	47.30	27.84	4.80	10.15	26.88	1.29	1.63	126.36	5.85

5－17－55 续表 1

县市名	耕地面积（万亩）	农业人口（万人）	棉田面积（万亩）	占耕地（%）	亩产（市斤）	产量（万担）	收购量（万担）	商品率（%）	人均交售（市斤）
秦皇岛市									
昌黎县									
卢龙县									
抚宁县									
唐山市	**586.14**	**317.39**	**17.10**	**2.92**	**96.90**	**16.57**	**3.11**	**18.77**	**0.98**
迁西县									
丰润县	110.29	61.79	1.00	0.91	68.00	0.68	0.15	22.06	0.24
丰南县	74.95	40.68	9.10	12.14	113.08	10.29	0.99	9.62	2.43
乐亭县	96.11	43.97	3.30	3.43	86.36	2.85	0.08	2.81	0.18
滦南县	109.91	51.85	2.00	1.82	76.00	1.52	0.80	52.63	1.54
滦　县									
迁安县									
唐海县									
玉田县	108.53	57.58	1.50	1.38	71.33	1.07	1.09	101.87	1.89
遵化县	86.35	61.52	0.20	0.23	80.00	0.16			
石家庄市	**838.44**	**621.20**	**30.80**	**3.67**	**102.50**	**31.57**	**11.22**	**35.54**	**1.81**
高邑县	25.05	15.80	1.80	7.19	53.33	0.96	0.08	8.33	0.51
鹿泉市	42.33	31.10	0.10	0.24	40.00	0.04			
辛集市	105.10	61.49	10.10	9.61	128.42	12.97	3.56	27.45	5.79
赵　县	77.42	49.79	2.10	2.71	111.43	2.34	1.19	50.85	2.39
藁城市	82.85	67.30	0.70	0.84	114.29	0.80	2.25	*	3.34
栾城市	46.69	33.10	0.50	1.07	94.00	0.47			
新乐市	42.06	38.70	1.10	2.62	149.09	1.64	0.30	18.29	0.78
正定市	49.37	50.90	1.10	2.23	90.91	1.00	0.50	50.00	0.98
晋州市	61.38	46.99	4.00	6.52	74.00	2.96	0.01	0.34	0.02
平山县	45.77	41.26	1.10	2.40	73.64	0.81	0.03	3.70	0.07
行唐县	55.56	36.76	1.10	1.98	90.91	1.00	0.12	12.00	0.33
井陉县									
元氏县	53.91	34.75	2.30	4.27	113.91	2.62	0.46	17.56	1.32
深泽县	30.55	21.33	1.00	3.27	103.00	1.03			
灵寿县	39.22	27.44	1.00	2.55	30.00	0.30	0.02	6.67	0.07
无极县	52.97	44.00	2.30	4.34	113.91	2.62	2.58	98.47	5.86
赞皇县	28.21	20.49	0.50	1.77	2.00	0.01	0.12	*	0.59
廊坊市	**552.89**	**309.58**	**8.30**	**1.50**	**57.23**	**4.75**	**0.46**	**9.68**	**0.15**
安次区	76.98	44.90	1.20	1.56	98.33	1.18	0.07	5.93	0.16
大城县	81.77	40.10	0.40	0.49	5.00	0.02			
文安县	86.44	40.19	0.80	0.93	7.50	0.06	0.14	*	0.35
霸州市	64.17	44.40	3.00	4.68	42.00	1.26	0.12	9.52	0.27
固安县	65.19	35.82	0.20	0.31	40.00	0.08	0.07	87.50	0.20
香河县	42.25	27.92	0.60	1.42	76.67	0.46			
大厂回	17.56	9.12	0.20	1.14	50.00	0.10			
三河县	57.12	33.07	0.30	0.53	70.00	0.21			
永清县	61.41	34.06	1.60	2.61	86.25	1.38	0.06	4.35	0.18

5－17－55 续表 2

县市名	耕地面积（万亩）	农业人口（万人）	棉田面积（万亩）	占耕地（%）	亩产（市斤）	产量（万担）	收购量（万担）	商品率（%）	人均交售（市斤）
衡水市	**874.23**	**343.31**	**75.60**	**8.65**	**65.77**	**49.72**	**7.56**	**15.21**	**2.20**
安平县	49.47	23.50	3.60	7.28	6.11	0.22			
阜城县	68.39	29.70	5.50	8.04	78.18	4.30	0.19	4.42	0.64
故城县	83.26	40.48	10.50	12.61	95.05	9.98	2.31	23.15	5.71
景县	119.31	44.64	8.50	7.12	64.82	5.51	1.37	24.86	3.07
饶阳县	58.00	26.40	4.20	7.24	41.43	1.74	0.04	2.30	0.15
深州市	129.60	51.80	5.10	3.94	70.59	3.60	0.87	24.17	1.68
桃城区	54.91	17.75	5.00	9.11	26.80	1.34	0.11	8.21	0.62
武强县	45.37	19.08	4.00	8.82	24.75	0.99			
武邑县	80.26	29.56	6.00	7.48	32.67	1.96			
枣强县	92.96	26.80	10.20	10.97	52.06	5.31	0.28	5.27	1.04
冀州市	92.70	33.60	13.00	14.02	113.62	14.77	2.39	16.18	7.11
沧州市	**1142.56**	**535.57**	**104.60**	**9.15**	**68.96**	**72.13**	**29.92**	**41.48**	**5.59**
泊头市	95.12	43.90	7.80	8.20	35.90	2.80	3.50	125.00	7.97
沧县	138.50	62.30	2.70	1.95	67.04	1.81	0.02	1.10	0.03
东光县	73.72	30.58	14.70	19.94	121.16	17.81	4.50	25.27	14.72
海兴县	42.14	18.16	1.60	3.80	3.75	0.06	0.06	100.00	0.33
河间市	140.78	69.17	8.80	6.25	40.34	3.55	3.94	110.99	5.70
黄骅县	75.32	34.20	3.00	3.98	1.67	0.05	0.70	*	2.05
孟村回	31.21	15.70	2.10	6.73	57.14	1.20	2.40	*	15.29
南皮县	67.71	31.50	15.10	22.30	80.86	12.21	2.32	19.00	7.37
青县	85.23	32.60	1.20	1.41	32.50	0.39	0.01	2.56	0.03
任邱市	92.54	56.79	3.60	3.89	38.33	1.38			
肃宁县	56.21	29.80	6.70	11.92	15.52	1.04			
吴桥县	58.45	24.20	20.00	34.22	131.25	26.25	5.60	21.33	23.14
献县棉	106.80	50.07	7.10	6.65	15.49	1.10	2.99	*	5.97
盐山县	78.83	36.60	10.20	12.94	24.31	2.48	3.88	156.45	10.60
邯郸市	**954.79**	**609.96**	**161.00**	**16.86**	**109.51**	**176.31**	**63.55**	**36.04**	**10.42**
肥乡县	60.45	27.58	17.30	28.62	146.82	25.40	4.31	16.97	15.63
大名县	110.02	70.19	14.10	12.82	39.93	5.63	0.26	4.62	0.37
磁县	70.35	55.80	10.30	14.64	103.01	10.61	6.43	60.60	11.52
广平县	37.38	22.76	5.90	15.78	82.20	4.85	0.56	11.55	2.46
成安县	56.99	32.90	13.90	24.39	167.12	23.23	14.94	64.31	45.41
馆陶县	48.16	25.36	13.70	28.45	83.14	11.39	8.98	78.84	35.41
邯郸市郊									
邯郸县	53.45	34.97	4.10	7.67	60.49	2.48	1.65	66.53	4.72
临漳县	74.80	52.40	7.70	10.29	128.44	9.89	3.19	32.25	6.09
邱县	49.77	19.50	22.70	45.61	156.04	35.42	16.11	45.48	82.62
曲周县	71.73	35.41	14.60	20.35	120.07	17.53	2.87	16.37	8.11
魏县	97.30	74.00	14.70	15.11	73.33	10.78	0.42	3.90	0.57
武安市	89.50	62.28	12.00	13.41	68.50	8.22	0.24	2.92	0.39
永年县	96.06	73.81	3.40	3.54	109.71	3.73	0.32	8.58	0.43
鸡泽县	38.83	23.00	6.60	17.00	108.33	7.15	3.27	45.73	14.22

5-17-56 河北省1998年产棉县棉花生产收购明细

县市名	耕地面积（万亩）	农业人口（万人）	棉田面积（万亩）	占耕地（%）	亩产（市斤）	产量（万担）	收购量（万担）	商品率（%）	人均交售（市斤）
全省合计	**7028.55**	**4092.02**	**515.84**	**7.34**	**125.14**	**645.51**	**333.16**	**51.61**	**8.14**
保定市	**988.50**	**727.61**	**15.85**	**1.60**	**99.62**	**15.79**	**0.45**	**2.85**	**0.06**
定兴县	74.04	50.70	1.55	2.09	107.10	1.66			
安国县	49.17	33.43	0.42	0.85	102.38	0.43			
博野县	32.76	23.10	1.00	3.05	113.00	1.13	0.01	0.88	0.04
定州市	123.60	99.44	1.76	1.42	120.45	2.12			
高阳县	50.86	27.38	2.22	4.36	95.05	2.11			
蠡　县	67.74	44.58	0.96	1.42	110.42	1.06	0.16	15.09	0.36
清苑县	93.38	63.22	1.14	1.22	100.00	1.14			
容城县	32.42	21.99	0.51	1.57	111.76	0.57	0.01	1.75	0.05
唐　县	44.44	47.65	1.54	3.47	78.57	1.21			
雄　县	54.78	30.50	0.21	0.38	95.24	0.20			
易　县	62.13	48.99	1.70	2.74	98.82	1.68	0.09	5.36	0.18
满城县	48.38	39.66	1.23	2.54	99.19	1.22	0.17	13.93	0.43
望都县	33.20	23.50	0.22	0.66	150.00	0.33			
徐水县	71.11	51.24	0.46	0.65	91.30	0.42			
高碑店									
涿州市	70.32	43.49	0.16	0.01		0.11			
安新县									
涞水县	33.98	30.84	0.66	1.94	50.00	0.33	0.01	3.03	0.03
曲阳县	46.19	47.90	0.11	0.24	63.64	0.07			
顺平县									
邢台市	**1007.96**	**553.82**	**125.74**	**12.47**	**126.64**	**159.24**	**97.27**	**61.08**	**17.56**
宁晋县	123.16	64.10	4.09	3.32	160.64	6.57	3.00	45.66	4.68
柏乡县	31.50	15.89	0.60	1.90	78.33	0.47	0.59	125.53	3.71
广宗县	51.04	24.89	8.14	15.95	120.02	9.77	2.10	21.49	8.44
巨鹿县	68.96	32.70	6.78	9.83	77.73	5.27	4.50	85.39	13.76
临城县	31.05	17.08	3.08	9.92	69.48	2.14	0.73	34.11	4.27
临西县	56.90	28.60	15.23	26.77	153.64	23.40	19.34	82.65	67.62
隆尧县	81.07	43.35	3.11	3.84	85.53	2.66	0.46	17.29	1.06
内邱县	40.74	23.44	2.16	5.30	62.04	1.34	0.84	62.69	3.58
南宫市	98.00	42.11	28.61	29.19	133.28	38.13	17.90	46.94	42.51
南和县	43.88	28.63	0.12	0.27	41.67	0.05			
平乡县	42.89	25.14	0.70	1.63	60.00	0.42	0.90	*	3.58
清河县	50.88	31.54	2.61	5.13	83.91	2.19	0.08	3.65	0.25
沙河县	43.82	38.41	0.88	2.01	61.36	0.54	0.58	107.41	1.51
威　县	103.67	52.10	39.51	38.11	137.18	54.20	41.04	75.72	78.77
新河县	37.80	14.42	6.00	15.87	134.00	8.04	1.62	20.15	11.23
邢台县	55.30	43.55	3.08	5.57	94.48	2.91	0.59	20.27	1.35
任　县	47.30	27.87	1.04	2.20	109.62	1.14	3.00	*	10.76

5－17－56 续表1

县市名	耕地面积（万亩）	农业人口（万人）	棉田面积（万亩）	占耕地（%）	亩产（市斤）	产量（万担）	收购量（万担）	商品率（%）	人均交售（市斤）
秦皇岛市									
昌黎县									
卢龙县									
抚宁县									
唐山市	**649.58**	**358.29**	**13.48**	**2.08**	**101.19**	**13.64**	**4.39**	**32.18**	**1.23**
迁西县	28.27	31.32	0.33	1.17	93.94	0.31			
丰润县	110.08	61.40	0.30	0.27	80.00	0.24	0.41	170.83	0.67
丰南县	74.62	40.28	8.92	11.95	107.40	9.58	0.99	10.33	2.46
乐亭县	95.60	43.69	1.59	1.66	100.00	1.59	0.24	15.09	0.55
滦南县	109.90	51.64	1.02	0.93	90.20	0.92	0.46	50.00	0.89
滦　县									
迁安县									
唐海县	36.35	10.91	0.08	0.22	112.50	0.09			
玉田县	108.43	57.63	1.01	0.93	73.27	0.74	2.29	*	3.97
遵化县	86.33	61.42	0.23	0.27	73.91	0.17			
石家庄市	**837.11**	**621.24**	**21.27**	**2.54**	**129.62**	**27.57**	**13.76**	**49.91**	**2.21**
高邑县	25.01	15.70	0.77	3.08	74.03	0.57	0.19	33.33	1.21
鹿泉市	42.19	30.90	0.04	0.09	100.00	0.04			
辛集市	104.80	61.75	10.20	9.73	163.53	16.68	5.75	34.47	9.31
赵　县	77.37	50.97	0.18	0.23	122.22	0.22	1.87	*	3.67
藁城市	82.85	68.10	0.32	0.39	90.63	0.29	1.08	*	1.59
栾城市	46.69	33.12	0.16	0.34	93.75	0.15			
新乐市	42.06	38.60	1.00	2.38	152.00	1.52	0.53	34.87	1.37
正定市	49.37	48.40	1.01	2.05	94.06	0.95	0.01	1.05	0.02
晋州市	61.38	47.06	3.00	4.89	80.33	2.41	0.56	23.24	1.19
平山县	45.34	41.18	1.00	2.21	90.00	0.90	0.33	36.67	0.80
行唐县	55.32	36.85	1.00	1.81	100.00	1.00	0.25	25.00	0.68
井陉县									
元氏县	53.91	35.17	1.08	2.00	150.00	1.62	1.24	76.54	3.53
深泽县	30.46	21.45	0.07	0.23	114.29	0.08			
灵寿县	39.18	27.36	0.18	0.46	50.00	0.09	0.04	44.44	0.15
无极县	52.97	44.10	1.06	2.00	95.28	1.01	1.67	165.35	3.79
赞皇县	28.21	20.53	0.20	0.71	20.00	0.04	0.24	*	1.17
廊坊市	**552.52**	**310.18**	**5.44**	**0.98**	**78.68**	**4.28**	**0.69**	**16.12**	**0.22**
安次区	76.95	44.10	1.27	1.65	96.85	1.23	0.10	8.13	0.23
大城县	81.77	40.20	0.37	0.45	43.24	0.16			
文安县	86.42	40.82	0.53	0.61	66.04	0.35	0.11	31.43	0.27
霸州市	64.17	44.50	1.26	1.96	73.02	0.92	0.48	52.17	1.08
固安县	65.12	36.00	0.09	0.14	55.56	0.05			
香河县	42.20	28.03	0.45	1.07	73.33	0.33			
大厂回	17.53	9.20	0.14	0.80	71.43	0.10			
三河县	56.96	33.00	0.28	0.49	92.86	0.26			
永清县	61.40	34.33	1.05	1.71	83.81	0.88			

5－17－56 续表 2

县市名	耕地面积（万亩）	农业人口（万人）	棉田面积（万亩）	占耕地（%）	亩产（市斤）	产量（万担）	收购量（万担）	商品率（%）	人均交售（市斤）
衡水市	**873.89**	**344.91**	**83.40**	**9.54**	**134.95**	**112.55**	**56.63**	**50.32**	**16.42**
安平县	49.57	23.80	2.52	5.08	40.48	1.02	0.99	97.06	4.16
阜城县	68.32	29.70	6.83	10.00	122.99	8.40	2.18	25.95	7.34
故城县	83.23	40.47	13.09	15.73	162.18	21.23	9.95	46.87	24.59
景　县	119.31	44.63	6.66	5.58	175.68	11.70	10.63	90.85	23.82
饶阳县	58.00	26.40	4.52	7.79	121.02	5.47	1.54	28.15	5.83
深州市	129.60	51.80	8.09	6.24	162.55	13.15	5.90	44.87	11.39
桃城区	54.76	18.62	4.37	7.98	110.53	4.83	3.05	63.15	16.38
武强县	45.31	19.20	4.00	8.83	93.00	3.72	0.41	11.02	2.14
武邑县	80.26	29.57	3.05	3.80	98.69	3.01	1.32	43.85	4.46
枣强县	92.96	26.90	10.20	10.97	144.61	14.75	7.78	52.75	28.92
冀州市	92.57	33.82	20.07	21.68	125.91	25.27	12.88	50.97	38.08
沧州市	**1138.90**	**537.93**	**101.19**	**8.88**	**121.50**	**122.95**	**51.82**	**42.15**	**9.63**
泊头市	95.12	44.10	4.38	4.60	92.24	4.04	2.13	52.72	4.83
沧　县	137.84	62.60	3.04	2.21	57.89	1.76	0.37	21.02	0.59
东光县	72.86	30.98	19.62	26.93	161.98	31.78	15.42	48.52	49.77
海兴县	42.14	18.36	1.31	3.11	66.41	0.87	0.09	10.34	0.49
河间市	140.76	69.31	12.33	8.76	85.32	10.52	3.79	36.03	5.47
黄骅县	75.21	34.40	1.33	1.77	70.68	0.94	0.27	28.72	0.78
孟村回	31.23	15.90	1.02	3.27	100.98	1.03	0.83	80.58	5.22
南皮县	67.22	31.50	15.13	22.51	100.73	15.24	3.85	25.26	12.22
青　县	84.55	32.70	1.91	2.26	82.72	1.58	0.39	24.68	1.19
任邱市	92.50	56.80	3.06	3.31	140.20	4.29	0.34	7.93	0.60
肃宁县	56.21	29.80	3.23	5.75	155.42	5.02	4.13	82.27	13.86
吴桥县	57.67	24.20	20.72	35.93	152.51	31.60	13.38	42.34	55.29
献县棉	106.76	50.28	6.96	6.52	90.23	6.28	5.96	94.90	11.85
盐山县	78.83	37.00	7.15	9.07	111.89	8.00	0.87	10.88	2.35
邯郸市	**980.09**	**638.04**	**149.47**	**15.25**	**126.77**	**189.49**	**108.15**	**57.07**	**16.95**
肥乡县	60.45	27.72	14.72	24.35	141.10	20.77	9.96	47.95	35.93
大名县	110.02	70.35	11.00	10.00	77.55	8.53	4.53	53.11	6.44
磁　县	70.35	55.90	10.48	14.90	106.87	11.20	4.77	42.59	8.53
广平县	37.38	23.05	2.28	6.10	130.70	2.98	1.67	56.04	7.25
成安县	56.98	33.10	15.09	26.48	169.05	25.51	11.34	44.45	34.26
馆陶县	47.91	25.39	12.41	25.90	125.22	15.54	17.25	111.00	67.94
邯郸市郊	26.50	25.00	0.14	0.53	21.43	0.03			
邯郸县	53.10	35.01	3.54	6.67	88.14	3.12	2.84	91.03	8.11
临漳县	74.76	52.90	11.33	15.16	147.48	16.71	4.47	26.75	8.45
邱　县	49.62	19.71	22.27	44.88	166.77	37.14	24.50	65.97	124.30
曲周县	71.73	35.80	14.46	20.16	114.18	16.51	8.89	53.85	24.83
魏　县	97.25	74.12	11.19	11.51	115.01	12.87	3.22	25.02	4.34
武安市	89.15	62.72	12.13	13.61	69.41	8.42	1.84	21.85	2.93
永年县	96.06	74.17	2.74	2.85	109.12	2.99	2.21	73.91	2.98
鸡泽县	38.83	23.10	5.69	14.65	126.01	7.17	10.66	148.68	46.15

5-17-57 河北省1999年产棉县棉花生产收购明细

县市名	耕地面积（万亩）	农业人口（万人）	棉田面积（万亩）	占耕地（%）	亩产（市斤）	产量（万担）	收购量（万担）	商品率（%）	人均交售（市斤）
全省合计	**7150.00**	**4192.90**	**449.14**	**6.28**	**125.96**	**565.73**	**310.47**	**54.88**	**7.40**
保定市	**1093.06**	**783.47**	**11.22**	**1.03**	**104.19**	**11.69**	**0.09**	**0.77**	**0.01**
定兴县	74.04	50.30	0.50	0.68	112.00	0.56			
安国县	49.73	35.20	0.24	0.48	100.00	0.24			
博野县	32.76	23.20	1.00	3.05	128.00	1.28			
定州市	123.11	99.77	1.45	1.18	104.83	1.52			
高阳县	50.87	26.90	1.14	2.24	85.09	0.97			
蠡县	67.65	44.10	0.96	1.42	119.79	1.15	0.08	6.96	0.18
清苑县	85.17	56.30	0.85	1.00	107.06	0.91			
容城县	32.43	22.30	0.34	1.05	97.06	0.33			
唐县	44.38	48.10	1.14	2.57	99.12	1.13			
雄县	54.67	30.60	0.02	0.04	100.00	0.02			
易县	62.11	48.30	1.12	1.80	114.29	1.28	0.01	0.78	0.02
满城县	40.91	34.30	1.01	2.47	109.90	1.11			
望都县	33.15	22.90	0.18	0.54	200.00	0.36			
徐水县	69.83	50.40	0.26	0.37	88.46	0.23			
高碑店	70.65	44.60	0.39	0.55	82.05	0.32			
涿州市	70.24	41.60	0.02	0.03	100.00	0.02			
安新县									
涞水县	85.17	56.30	0.50	0.59	38.00	0.19			
曲阳县	46.19	48.30	0.10	0.22	70.00	0.07			
顺平县									
邢台市	**979.24**	**556.00**	**114.75**	**11.72**	**122.53**	**140.60**	**86.47**	**61.50**	**15.55**
宁晋县	123.15	65.60	3.33	2.70	127.63	4.25	0.32	7.53	0.49
柏乡县	31.50	16.40	0.37	1.17	75.68	0.28	0.12	42.86	0.73
广宗县	51.04	25.40	8.11	15.89	119.98	9.73	1.74	17.88	6.85
巨鹿县	68.90	33.10	5.80	8.42	81.72	4.74	2.25	47.47	6.80
临城县	31.27	17.50	2.00	6.40	73.00	1.46	0.04	2.74	0.23
临西县	28.90	28.70	12.60	43.60	147.70	18.61	28.65	153.95	99.83
隆尧县	81.07	43.30	2.92	3.60	88.01	2.57	0.75	29.18	1.73
内邱县	40.74	23.50	0.95	2.33	71.58	0.68			
南宫市	97.74	41.80	27.29	27.92	119.05	32.49	17.80	54.79	42.58
南和县	43.98	29.40	0.13	0.30	76.92	0.10			
平乡县	42.89	25.70	0.78	1.82	64.10	0.50	1.07	*	4.16
清河县	50.85	31.70	2.34	4.60	88.03	2.06	0.02	0.97	0.06
沙河县	43.82	39.00	0.59	1.35	66.10	0.39			
威县	102.85	49.40	39.73	38.63	136.09	54.07	30.20	55.85	61.13
新河县	37.80	14.60	4.00	10.58	140.25	5.61	2.63	46.88	18.01
邢台县	55.45	42.40	2.61	4.71	73.95	1.93			
任县	47.29	28.50	1.20	2.54	94.17	1.13	0.88	77.88	3.09

5－17－57 续表 1

县市名	耕地面积（万亩）	农业人口（万人）	棉田面积（万亩）	占耕地（%）	亩产（市斤）	产量（万担）	收购量（万担）	商品率（%）	人均交售（市斤）
秦皇岛市									
昌黎县									
卢龙县									
抚宁县									
唐山市	**695.67**	**400.40**	**11.33**	**1.63**	**111.56**	**12.64**	**0.91**	**7.20**	**0.23**
迁西县	28.22	31.30	0.33	1.17	66.67	0.22			
丰润县	109.47	61.20	0.23	0.21	78.26	0.18	0.32	177.78	0.52
丰南县	74.56	45.50	8.36	11.21	117.34	9.81	0.24	2.45	0.53
乐亭县	95.59	43.80	0.86	0.90	103.49	0.89	0.05	5.62	0.11
滦南县	109.74	51.60	0.63	0.57	100.00	0.63	0.30	47.62	0.58
滦　县	83.50	47.30	0.25	0.30	168.00	0.42			
迁安县									
唐海县									
玉田县	108.41	57.80	0.47	0.43	82.98	0.39			
遵化县	86.18	61.90	0.20	0.23	50.00	0.10			
石家庄市	**872.19**	**647.31**	**19.09**	**2.19**	**134.89**	**25.75**	**5.17**	**20.08**	**0.80**
高邑县	25.01	15.70	0.44	1.76	159.09	0.70			
鹿泉市	42.10	31.10	0.07	0.17	171.43	0.12			
辛集市	104.80	54.50	10.31	9.84	155.97	16.08	4.29	26.68	7.87
赵　县	77.37	51.40	0.26	0.34	130.77	0.34			
藁城市	82.85	68.10	0.27	0.33	129.63	0.35			
栾城市	46.23	33.50	0.28	0.61	96.43	0.27			
新乐市	42.03	38.60	0.90	2.14	152.22	1.37			
正定市	49.32	48.40	0.42	0.85	95.24	0.40			
晋州市	61.05	47.10	1.20	1.97	88.33	1.06	0.88	83.02	1.87
平山县	45.34	41.40	1.00	2.21	92.00	0.92			
行唐县	55.40	37.50	1.00	1.81	100.00	1.00			
井陉县	36.00	29.21	0.13	0.36	46.15	0.06			
元氏县	53.91	36.00	1.20	2.23	150.00	1.80			
深泽县	30.44	22.10	0.09	0.30	111.11	0.10			
灵寿县	39.18	27.50	0.33	0.84	51.52	0.17			
无极县	52.95	44.20	1.00	1.89	96.00	0.96			
赞皇县	28.21	21.00	0.19	0.67	26.32	0.05			
廊坊市	**552.29**	**308.30**	**5.55**	**1.00**	**74.77**	**4.15**	**0.73**	**17.59**	**0.24**
安次区	76.95	44.10	1.52	1.98	97.37	1.48	0.10	6.76	0.23
大城县	81.74	40.00	0.18	0.22	61.11	0.11			
文安县	86.39	40.60	0.55	0.64	63.64	0.35	0.11	31.43	0.27
霸州市	64.15	43.80	0.99	1.54	70.71	0.70	0.48	68.57	1.10
固安县	65.12	35.70	0.70	1.07	50.00	0.35	0.04	11.43	0.11
香河县	42.20	27.80	0.43	1.02	67.44	0.29			
大厂回	17.52	9.00	0.15	0.86	66.67	0.10			
三河县	56.82	33.40	0.29	0.51	68.97	0.20			
永清县	61.40	33.90	0.74	1.21	77.03	0.57			

5－17－57 续表 2

县市名	耕地面积（万亩）	农业人口（万人）	棉田面积（万亩）	占耕地（%）	亩产（市斤）	产量（万担）	收购量（万担）	商品率（%）	人均交售（市斤）
衡水市	**873.14**	**351.92**	**73.49**	**8.42**	**142.17**	**104.48**	**54.17**	**51.85**	**15.39**
安平县	49.57	23.80	0.94	1.90	132.98	1.25	2.04	163.20	8.57
阜城县	68.32	29.70	4.68	6.85	132.48	6.20	2.36	38.06	7.95
故城县	83.23	41.00	12.69	15.25	159.65	20.26	9.71	47.93	23.68
景县	119.31	44.50	8.00	6.71	169.88	13.59	12.01	88.37	26.99
饶阳县	58.00	26.50	3.48	6.00	130.75	4.55	1.87	41.10	7.06
深州市	129.03	52.30	7.43	5.76	168.78	12.54	6.72	53.59	12.85
桃城区	54.76	18.62	2.17	3.96	113.36	2.46	2.43	98.78	13.05
武强县	45.17	19.40	2.44	5.40	96.72	2.36	0.02	0.85	0.10
武邑县	80.26	29.70	3.90	4.86	125.38	4.89	2.50	51.12	8.42
枣强县	92.96	33.90	10.25	11.03	139.80	14.33	8.53	59.53	25.16
冀州市	92.53	32.50	17.51	18.92	125.93	22.05	5.98	27.12	18.40
沧州市	**1132.87**	**533.50**	**98.38**	**8.68**	**116.52**	**114.63**	**51.86**	**45.24**	**9.72**
泊头市	95.12	43.60	1.95	2.05	27.69	0.54	3.50	*	8.03
沧县	137.55	62.50	2.75	2.00	25.09	0.69	0.85	123.19	1.36
东光县	72.85	30.60	19.79	27.17	150.28	29.74	12.21	41.06	39.90
海兴县	42.61	17.70	0.83	1.95	106.02	0.88	0.08	9.09	0.45
河间市	140.74	69.30	14.45	10.27	96.61	13.96	1.56	11.17	2.25
黄骅县	75.32	33.60	0.38	0.50	13.16	0.05	0.70	*	2.08
孟村回	31.20	16.00	0.84	2.69	63.10	0.53	0.70	132.08	4.38
南皮县	67.22	31.40	13.05	19.41	85.29	11.13	4.41	39.62	14.04
青县	84.53	32.60	2.23	2.64	100.00	2.23	0.28	12.56	0.86
任邱市	92.50	54.70	2.09	2.26	104.31	2.18	0.70	32.11	1.28
肃宁县	56.21	29.40	5.60	9.96	138.75	7.77	7.20	92.66	24.49
吴桥县	57.67	24.10	21.05	36.50	154.58	32.54	9.00	27.66	37.34
献县棉	106.55	50.70	7.40	6.95	87.30	6.46	10.40	160.99	20.51
盐山县	72.80	37.30	5.97	8.20	99.33	5.93	0.27	4.55	0.72
邯郸市	**951.54**	**612.00**	**115.33**	**12.12**	**131.61**	**151.79**	**111.07**	**73.17**	**18.15**
肥乡县	60.14	28.20	11.75	19.54	146.04	17.16	8.98	52.33	31.84
大名县	109.66	65.60	8.03	7.32	64.88	5.21	0.52	9.98	0.79
磁县	70.26	56.80	5.25	7.47	103.05	5.41	13.82	*	24.33
广平县	37.38	21.70	2.63	7.04	124.33	3.27	1.75	53.52	8.06
成安县	56.71	33.40	12.49	22.02	168.05	20.99	21.64	103.10	64.79
馆陶县	47.75	25.40	10.24	21.45	129.79	13.29	10.23	76.98	40.28
邯郸市郊									
邯郸县	53.07	35.20	1.13	2.13	90.27	1.02	1.15	112.75	3.27
临漳县	74.80	52.60	7.85	10.49	151.85	11.92	3.70	31.04	7.03
邱县	49.62	18.50	20.05	40.41	166.38	33.36	27.04	81.06	146.16
曲周县	71.67	36.20	12.04	16.80	117.94	14.20	5.37	37.82	14.83
魏县	96.80	73.40	9.38	9.69	126.44	11.86	1.18	9.95	1.61
武安市	89.12	62.30	6.56	7.36	63.87	4.19	0.66	15.75	1.06
永年县	95.73	79.30	1.74	1.82	121.84	2.12	2.15	101.42	2.71
鸡泽县	38.83	23.40	6.19	15.94	125.85	7.79	12.88	165.34	55.04

5-17-58 河北省2000年产棉县棉花生产收购明细

县市名	耕地面积（万亩）	农业人口（万人）	棉田面积（万亩）	占耕地（%）	亩产（市斤）	产量（万担）	收购量（万担）	商品率（%）	人均交售（市斤）
全省合计	**7122.40**	**4165.91**	**494.79**	**6.95**	**141.41**	**699.67**	**304.54**	**43.53**	**7.31**
保定市	**1093.06**	**783.50**	**11.28**	**1.03**	**109.57**	**12.36**	**1.50**	**12.14**	**0.19**
定兴县	74.04	50.30	0.41	0.55	112.20	0.46			
安国县	49.73	35.20	0.24	0.48	104.17	0.25			
博野县	32.76	23.20	0.97	2.96	116.49	1.13	0.20	17.70	0.86
定州市	123.11	99.80	0.70	0.57	108.57	0.76			
高阳县	50.87	26.90	1.36	2.67	111.76	1.52	0.51	33.55	1.90
蠡县	67.65	44.10	1.99	2.94	128.64	2.56	0.66	25.78	1.50
清苑县	85.17	56.30	0.78	0.92	106.41	0.83			
容城县	32.43	22.30	0.23	0.71	95.65	0.22			
唐县	44.38	48.10	1.16	2.61	87.07	1.01			
雄县	54.67	30.60	0.02	0.04	100.00	0.02			
易县	62.11	48.30	1.10	1.77	115.45	1.27	0.02	1.57	0.04
满城县	40.91	34.30	0.99	2.42	104.04	1.03	0.06	5.83	0.17
望都县	33.15	22.90	0.46	1.39	136.96	0.63			
徐水县	69.83	50.40	0.28	0.40	92.86	0.26			
高碑店	70.65	44.60	0.15	0.21	100.00	0.15	0.05	33.33	0.11
涿州市	70.24	41.60	0.02	0.03	100.00	0.02			
安新县									
涞水县	85.17	56.30	0.30	0.35	53.33	0.16			
曲阳县	46.19	48.30	0.12	0.26	66.67	0.08			
顺平县									
邢台市	**979.24**	**556.00**	**126.95**	**12.96**	**140.40**	**178.24**	**74.26**	**41.66**	**13.36**
宁晋县	123.15	65.60	3.59	2.92	141.23	5.07	1.77	34.91	2.70
柏乡县	31.50	16.40	0.51	1.62	94.12	0.48	0.59	122.92	3.60
广宗县	51.04	25.40	9.66	18.93	139.23	13.45	1.23	9.14	4.84
巨鹿县	68.90	33.10	8.11	11.77	111.10	9.01	4.20	46.61	12.69
临城县	31.27	17.50	2.00	6.40	62.50	1.25	0.65	52.00	3.71
临西县	28.90	28.70	15.48	53.56	148.00	22.91	14.23	62.11	49.58
隆尧县	81.07	43.30	3.45	4.26	117.68	4.06	1.36	33.50	3.14
内邱县	40.74	23.50	0.67	1.64	79.10	0.53			
南宫市	97.74	41.80	29.45	30.13	139.97	41.22	13.54	32.85	32.39
南和县	43.98	29.40	0.20	0.45	95.00	0.19			
平乡县	42.89	25.70	1.16	2.70	82.76	0.96	0.54	56.25	2.10
清河县	50.85	31.70	4.38	8.61	100.00	4.38	0.01	0.23	0.03
沙河县	43.82	39.00	0.34	0.78	76.47	0.26			
威县	102.85	49.40	41.60	40.45	157.69	65.60	31.84	48.54	64.45
新河县	37.80	14.60	4.56	12.06	160.09	7.30	3.59	49.18	24.59
邢台县	55.45	42.40	0.87	1.57	73.56	0.64			
任县	47.29	28.50	0.92	1.95	101.09	0.93	0.71	76.34	2.49

5－17－58 续表 1

县市名	耕地面积（万亩）	农业人口（万人）	棉田面积（万亩）	占耕地（%）	亩产（市斤）	产量（万担）	收购量（万担）	商品率（%）	人均交售（市斤）
秦皇岛市									
昌黎县									
卢龙县									
抚宁县									
唐山市	**732.02**	**411.31**	**9.79**	**1.34**	**119.00**	**11.65**	**2.13**	**18.28**	**0.52**
迁西县	28.22	31.30	0.33	1.17	54.55	0.18			
丰润县	109.47	61.20	0.39	0.36	87.18	0.34	0.41	120.59	0.67
丰南县	74.56	45.50	6.53	8.76	130.32	8.51	0.15	1.76	0.33
乐亭县	95.59	43.80	1.14	1.19	110.53	1.26			
滦南县	109.74	51.60	0.31	0.28	103.23	0.32	0.06	18.75	0.12
滦　县	83.50	47.30	0.29	0.35	137.93	0.40			
迁安县									
唐海县	36.35	10.91	0.07	0.19	85.71	0.06			
玉田县	108.41	57.80	0.53	0.49	90.57	0.48	1.34	*	2.32
遵化县	86.18	61.90	0.20	0.23	50.00	0.10	0.17	170.00	0.27
石家庄市	**873.36**	**645.08**	**17.42**	**1.99**	**122.04**	**21.26**	**9.99**	**46.99**	**1.55**
高邑县	25.01	15.70	0.39	1.56	130.77	0.51	0.29	56.86	1.85
鹿泉市	42.10	31.10	0.12	0.29	133.33	0.16			
辛集市	104.80	54.50	9.43	9.00	132.87	12.53	7.00	55.87	12.84
赵　县	77.37	51.40	0.66	0.85	131.82	0.87	0.32	36.78	0.62
藁城市	82.85	68.10	0.23	0.28	126.09	0.29			
栾城市	46.23	33.50	0.37	0.80	97.30	0.36			
新乐市	42.03	38.60	0.67	1.59	134.33	0.90			
正定市	49.32	48.40	0.24	0.49	100.00	0.24			
晋州市	61.05	47.10	0.78	1.28	100.00	0.78	2.09	*	4.44
平山县	45.34	41.40	1.00	2.21	94.00	0.94			
行唐县	55.40	37.50	1.00	1.81	96.00	0.96			
井陉县	37.17	26.98	0.10	0.27	80.00	0.08			
元氏县	53.91	36.00	1.20	2.23	140.00	1.68	0.29	17.26	0.81
深泽县	30.44	22.10	0.23	0.76	121.74	0.28			
灵寿县	39.18	27.50	0.29	0.74	55.17	0.16			
无极县	52.95	44.20	0.51	0.96	94.12	0.48			
赞皇县	28.21	21.00	0.20	0.71	20.00	0.04			
廊坊市	**487.17**	**272.60**	**7.98**	**1.64**	**99.12**	**7.91**	**1.30**	**16.43**	**0.48**
安次区	76.95	44.10	3.26	4.24	101.84	3.32	0.45	13.55	1.02
大城县	81.74	40.00	0.62	0.76	96.77	0.60			
文安县	86.39	40.60	0.98	1.13	158.16	1.55	0.28	18.06	0.69
霸州市	64.15	43.80	1.03	1.61	68.93	0.71	0.22	30.99	0.50
固安县									
香河县	42.20	27.80	0.34	0.81	70.59	0.24			
大厂回	17.52	9.00	0.14	0.80	71.43	0.10			
三河县	56.82	33.40	0.28	0.49	78.57	0.22			
永清县	61.40	33.90	1.33	2.17	87.97	1.17	0.35	29.91	1.03

5－17－58 续表2

县市名	耕地面积（万亩）	农业人口（万人）	棉田面积（万亩）	占耕地（%）	亩产（市斤）	产量（万担）	收购量（万担）	商品率（%）	人均交售（市斤）
衡水市	**873.14**	**351.92**	**98.21**	**11.25**	**156.17**	**153.37**	**73.02**	**47.61**	**20.75**
安平县	49.57	23.80	1.59	3.21	105.03	1.67	4.78	*	20.08
阜城县	68.32	29.70	8.11	11.87	160.05	12.98	4.26	32.82	14.34
故城县	83.23	41.00	16.47	19.79	180.02	29.65	10.24	34.54	24.98
景县	119.31	44.50	13.31	11.16	175.28	23.33	14.85	63.65	33.37
饶阳县	58.00	26.50	4.14	7.14	147.10	6.09	3.20	52.55	12.08
深州市	129.03	52.30	9.02	6.99	175.72	15.85	8.42	53.12	16.10
桃城区	54.76	18.62	3.84	7.01	136.98	5.26	4.44	84.41	23.85
武强县	45.17	19.40	2.62	5.80	136.26	3.57	0.20	5.60	1.03
武邑县	80.26	29.70	4.67	5.82	119.06	5.56	4.29	77.16	14.44
枣强县	92.96	33.90	12.89	13.87	156.79	20.21	10.53	52.10	31.06
冀州市	92.53	32.50	21.55	23.29	135.50	29.20	7.81	26.75	24.03
沧州市	**1132.87**	**533.50**	**102.40**	**9.04**	**139.63**	**142.98**	**71.68**	**50.13**	**13.44**
泊头市	95.12	43.60	2.58	2.71	98.84	2.55	2.39	93.73	5.48
沧县	137.55	62.50	1.00	0.73	133.00	1.33	1.79	134.59	2.86
东光县	72.85	30.60	20.66	28.36	171.49	35.43	21.62	61.02	70.65
海兴县	42.61	17.70	1.10	2.58	29.09	0.32	0.31	96.88	1.75
河间市	140.74	69.30	15.98	11.35	108.39	17.32	2.90	16.74	4.18
黄骅县	75.32	33.60	0.29	0.39	65.52	0.19	1.10	*	3.27
孟村回	31.20	16.00	0.42	1.35	88.10	0.37	3.90	*	24.38
南皮县	67.22	31.40	14.22	21.15	121.80	17.32	7.51	43.36	23.92
青县	84.53	32.60	2.45	2.90	131.43	3.22	0.88	27.33	2.70
任邱市	92.50	54.70	2.04	2.21	115.20	2.35	0.84	35.74	1.54
肃宁县	56.21	29.40	5.88	10.46	140.99	8.29	6.58	79.37	22.38
吴桥县	57.67	24.10	20.29	35.18	171.71	34.84	10.40	29.85	43.15
献县棉	106.55	50.70	8.95	8.40	114.97	10.29	9.00	87.46	17.75
盐山县	72.80	37.30	6.54	8.98	140.06	9.16	2.46	26.86	6.60
邯郸市	**951.54**	**612.00**	**120.76**	**12.69**	**142.35**	**171.90**	**70.66**	**41.11**	**11.55**
肥乡县	60.14	28.20	15.30	25.44	150.72	23.06	9.20	39.90	32.62
大名县	109.66	65.60	4.64	4.23	73.49	3.41	0.34	9.97	0.52
磁县	70.26	56.80	2.10	2.99	114.29	2.40	6.00	*	10.56
广平县	37.38	21.70	4.51	12.07	129.93	5.86	4.00	68.26	18.43
成安县	56.71	33.40	16.51	29.11	169.96	28.06	10.00	35.64	29.94
馆陶县	47.75	25.40	9.72	20.36	137.35	13.35	1.40	10.49	5.51
邯郸市郊									
邯郸县	53.07	35.20	2.50	4.71	94.80	2.37	1.48	62.45	4.20
临漳县	74.80	52.60	10.19	13.62	151.52	15.44	3.64	23.58	6.92
邱县	49.62	18.50	22.00	44.34	165.45	36.40	13.40	36.81	72.43
曲周县	71.67	36.20	14.71	20.52	124.00	18.24	1.60	8.77	4.42
魏县	96.80	73.40	7.71	7.96	130.22	10.04	4.80	47.81	6.54
武安市	89.12	62.30	1.50	1.68	90.00	1.35	0.40	29.63	0.64
永年县	95.73	79.30	2.48	2.59	129.84	3.22	3.40	105.59	4.29
鸡泽县	38.83	23.40	6.89	17.74	126.27	8.70	11.00	126.44	47.01

5－18－1　河北省定兴县历年棉花生产收购

年　度	耕地面积（万亩）	农业人口（万人）	棉田面积（万亩）	占耕地（%）	亩　产（市斤）	产　量（万担）	收购量（万担）	商品率（%）	人均交售（市斤）
52 年合计			**616.52**	**15.70**	**58.87**	**362.94**	**307.08**	**84.61**	**15.12**
11 年小计			**172.36**	**19.57**	**27.91**	**48.11**	**31.12**	**64.69**	**9.27**
占合计%			**27.96**			**13.26**	**10.13**		
1949	84.23	29.90	8.54	10.14	16.63	1.42			
1950	80.00	30.00	14.86	18.58	24.97	3.71			
1951	83.00	30.00	15.00	18.07	27.00	4.05			
1952	83.20	30.20	13.95	16.77	44.95	6.27			
1953	84.34	30.40	12.97	15.38	44.64	5.79	5.99	103.45	19.70
1954	78.80	31.26	22.40	28.43	15.54	3.48	3.33	95.69	10.65
1955	78.61	31.47	21.27	27.06	30.51	6.49	5.70	87.83	18.11
1956	78.24	31.62	18.90	24.16	22.43	4.24	3.00	70.75	9.49
1957	78.16	31.60	14.09	18.03	33.92	4.78	3.22	67.36	10.19
1958	76.59	29.63	15.79	20.62	27.30	4.31	5.09	118.10	17.18
1959	75.74	29.66	14.59	19.26	24.47	3.57	4.79	134.17	16.15
10 年小计			**113.50**	**15.19**	**42.70**	**48.47**	**44.85**	**92.53**	**13.51**
占合计%			**18.41**			**13.35**	**14.61**		
1960	75.03	30.21	14.11	18.81	27.78	3.92	3.57	91.07	11.82
1961	75.15	31.26	10.12	13.47	23.22	2.35	2.01	85.53	6.43
1962	75.15	33.20	8.57	11.40	28.94	2.48	2.28	91.94	6.87
1963	74.96	33.65	13.09	17.46	26.05	3.41	2.48	72.73	7.37
1964	74.00	32.00	13.29	17.96	46.35	6.16	5.85	94.97	18.28
1965	74.83	32.70	13.65	18.24	57.14	7.80	7.70	98.72	23.55
1966	75.00	34.00	10.08	13.44	65.08	6.56	6.37	97.10	18.74
1967	75.00	34.00	9.97	13.29	50.35	5.02	4.94	98.41	14.53
1968	74.00	35.00	10.20	13.78	60.78	6.20	5.58	90.00	15.94
1969	74.00	36.00	10.42	14.08	43.86	4.57	4.07	89.06	11.31
10 年小计			**101.75**	**13.72**	**37.40**	**38.05**	**36.17**	**95.06**	**9.33**
占合计%			**16.50**			**10.48**	**11.78**		
1970	74.33	36.80	10.11	13.60	67.95	6.87	6.19	90.10	16.82
1971	74.00	37.00	10.08	13.62	69.94	7.05	6.29	89.22	17.00
1972	74.43	37.66	9.98	13.41	36.77	3.67	4.03	109.81	10.70
1973	74.00	38.00	10.38	14.03	40.85	4.24	4.16	98.11	10.95
1974	74.00	39.00	10.97	14.82	53.60	5.88	5.44	92.52	13.95
1975	74.36	38.90	11.11	14.94	34.29	3.81	3.55	93.18	9.13
1976	74.00	39.00	10.87	14.69	16.74	1.82	1.44	79.12	3.69
1977	74.00	40.00	6.25	8.45	8.16	0.51	0.44	86.27	1.10
1978	74.36	40.30	11.10	14.93	21.44	2.38	2.25	94.54	5.58
1979	74.00	41.00	10.90	14.73	16.70	1.82	2.38	130.77	5.80
10 年小计			**156.66**	**21.11**	**109.23**	**171.12**	**166.68**	**97.41**	**38.49**
占合计%			**25.41**			**47.15**	**54.28**		
1980	74.27	41.00	10.19	13.72	43.47	4.43	4.47	100.90	10.90
1981	74.20	41.50	10.24	13.80	48.14	4.93	5.18	105.07	12.48
1982	74.20	42.10	12.70	17.12	104.17	13.23	13.20	99.77	31.35
1983	74.20	42.60	18.00	24.26	139.83	25.17	26.74	106.24	62.77
1984	74.20	43.12	26.20	35.31	162.10	42.47	44.65	105.13	103.55
1985	74.20	43.50	18.09	24.38	113.27	20.49	15.38	75.06	35.36
1986	74.20	43.86	13.50	18.19	127.70	17.24	13.23	76.74	30.16
1987	74.20	44.29	16.39	22.09	123.92	20.31	19.68	96.90	44.43
1988	74.20	45.05	17.20	23.18	53.08	9.13	8.13	89.05	18.05
1989	74.20	45.99	14.15	19.07	96.96	13.72	16.02	116.76	34.83
11 年小计			**72.25**	**8.87**	**79.16**	**57.19**	**28.26**	**49.41**	**5.21**
占合计%			**11.72**			**15.76**	**9.20**		
1990	74.20	46.00	14.44	19.46	109.70	15.84	13.86	87.50	30.13
1991	74.00	48.38	15.69	21.20	107.33	16.84	9.60	57.01	19.84
1992	74.04	48.60	11.80	15.94	28.31	3.34	1.16	34.73	2.39
1993	74.04	49.20	8.10	10.94	72.47	5.87	0.61	10.39	1.24
1994	74.04	49.38	8.26	11.16	65.98	5.45	1.48	27.16	3.00
1995	74.04	49.50	7.00	9.45	49.14	3.44	1.53	44.48	3.09
1996	74.04	49.50	2.50	3.38	68.80	1.72	0.02	1.16	0.04
1997	74.04	50.30	2.00	2.70	100.50	2.01			
1998	74.04	50.70	1.55	2.09	107.10	1.66			
1999	74.04	50.30	0.50	0.68	112.00	0.56			
2000	74.04	50.30	0.41	0.55	112.20	0.46			

5－18－2 河北省安国县历年棉花生产收购

年 度	耕地面积（万亩）	农业人口（万人）	棉田面积（万亩）	占耕地（%）	亩 产（市斤）	产 量（万担）	收购量（万担）	商品率（%）	人均交售（市斤）
52 年合计			**466.60**	**17.33**	**42.42**	**197.92**	**169.66**	**85.72**	**12.06**
11 年小计			**164.03**	**26.25**	**30.74**	**50.42**	**28.98**	**57.48**	**14.42**
占合计%			**35.15**			**25.47**	**17.08**		
1949	56.90	21.83	10.52	18.49	16.63	1.75			
1950	56.00	22.00	14.99	26.77	34.42	5.16			
1951	59.00	23.00	17.72	30.03	33.35	5.91			
1952	60.33	23.06	16.75	27.76	45.67	7.65			
1953	58.14	15.72	11.27	19.38	21.83	2.46	3.70	150.41	23.54
1954	58.09	15.97	16.65	28.66	10.33	1.72	1.47	85.47	9.20
1955	57.54	16.24	18.42	32.01	41.64	7.67	4.95	64.54	30.48
1956	56.98	16.24	18.96	33.27	12.08	2.29	2.17	94.76	13.36
1957	56.71	16.13	13.45	23.72	44.98	6.05	6.04	99.83	37.45
1958	52.94	14.89	12.85	24.27	35.02	4.50	4.48	99.56	30.09
1959	52.16	15.94	12.45	23.87	42.25	5.26	6.17	117.30	38.71
10 年小计			**104.76**	**20.36**	**29.63**	**31.04**	**27.71**	**89.27**	**12.51**
占合计%			**22.45**			**15.68**	**16.33**		
1960	51.63	15.63	12.83	24.85	26.03	3.34	3.34	100.00	21.37
1961	51.86	16.40	12.97	25.01	18.74	2.43	2.10	86.42	12.80
1962	51.75	17.13	8.76	16.93	18.26	1.60	1.49	93.13	8.70
1963	51.80	17.24	12.13	23.42	5.36	0.65	0.68	104.62	3.94
1964	52.00	25.00	13.10	25.19	23.44	3.07	2.78	90.55	11.12
1965	51.51	25.13	12.40	24.07	44.27	5.49	5.15	93.81	20.49
1966	51.00	26.00	8.03	15.75	53.42	4.29	3.96	92.31	15.23
1967	51.00	26.00	8.02	15.73	43.02	3.45	3.03	87.83	11.65
1968	51.00	26.00	8.27	16.22	40.15	3.32	2.43	73.19	9.35
1969	51.00	27.00	8.25	16.18	41.21	3.40	2.75	80.88	10.19
10 年小计			**86.15**	**17.09**	**36.37**	**31.33**	**28.19**	**89.98**	**9.77**
占合计%			**18.46**			**15.83**	**16.62**		
1970	51.42	27.52	8.05	15.66	61.99	4.99	4.51	90.38	16.39
1971	51.00	28.00	8.06	15.80	61.29	4.94	4.43	89.68	15.82
1972	51.23	28.03	7.33	14.31	40.25	2.95	2.46	83.39	8.78
1973	50.00	28.00	8.15	16.30	50.67	4.13	3.94	95.40	14.07
1974	50.00	29.00	8.22	16.44	65.45	5.38	5.10	94.80	17.59
1975	50.25	28.92	8.50	16.92	32.59	2.77	2.33	84.12	8.06
1976	50.00	29.00	8.86	17.72	19.30	1.71	1.19	69.59	4.10
1977	50.00	30.00	8.64	17.28	14.35	1.24	1.05	84.68	3.50
1978	50.24	30.04	10.36	20.62	13.42	1.39	1.18	84.89	3.93
1979	50.00	30.00	9.98	19.96	18.34	1.83	2.00	109.29	6.67
10 年小计			**84.03**	**16.74**	**79.58**	**66.87**	**72.51**	**108.43**	**22.67**
占合计%			**18.01**			**33.79**	**42.74**		
1980	50.24	30.58	9.45	18.81	34.29	3.24	3.46	106.79	11.31
1981	50.20	31.00	9.95	19.82	36.08	3.59	4.44	123.68	14.32
1982	50.20	31.30	10.80	21.51	47.78	5.16	5.21	100.97	16.65
1983	50.20	31.60	10.53	20.98	93.16	9.81	10.37	105.71	32.82
1984	50.20	31.93	9.69	19.30	117.03	11.34	12.16	107.23	38.08
1985	50.23	32.62	7.14	14.21	74.65	5.33	6.75	126.64	20.69
1986	50.20	32.27	5.10	10.16	118.24	6.03	6.76	112.11	20.95
1987	50.20	32.47	7.32	14.58	118.17	8.65	10.61	122.66	32.68
1988	50.20	32.91	7.10	14.14	102.96	7.31	7.14	97.67	21.70
1989	50.19	33.24	6.95	13.85	92.23	6.41	5.61	87.52	16.88
11 年小计			**27.63**	**5.05**	**66.09**	**18.26**	**12.27**	**67.20**	**3.26**
占合计%			**5.92**			**9.23**	**7.23**		
1990	50.19	33.84	6.94	13.83	94.38	6.55	6.34	96.79	18.74
1991	50.10	34.04	7.62	15.21	77.82	5.93	4.41	74.37	12.96
1992	50.18	34.47	5.59	11.14	10.55	0.59	0.02	3.39	0.06
1993	47.30	34.52	2.46	5.20	15.04	0.37			
1994	50.10	34.41	1.51	3.01	99.34	1.50	0.75	50.00	2.18
1995	50.10	35.01	1.51	3.01	79.47	1.20	0.75	62.50	2.14
1996	50.07	32.87	0.80	1.60	105.00	0.84			
1997	50.07	33.14	0.30	0.60	120.00	0.36			
1998	49.17	33.43	0.42	0.85	102.38	0.43			
1999	49.73	35.20	0.24	0.48	100.00	0.24			
2000	49.73	35.20	0.24	0.48	104.17	0.25			

5－18－3 河北省博野县历年棉花生产收购

年　度	耕地面积（万亩）	农业人口（万人）	棉田面积（万亩）	占耕地（%）	亩　产（市斤）	产　量（万担）	收购量（万担）	商品率（%）	人均交售（市斤）
52年合计			**464.30**	**26.34**	**54.60**	**253.49**	**226.48**	**89.34**	**24.31**
11年小计			**142.39**	**34.76**	**35.82**	**51.00**	**27.62**	**54.16**	**18.88**
占合计%			**30.67**			**20.12**	**12.20**		
1949	38.56	12.40	6.54	16.96	14.98	0.98			
1950	38.00	12.00	12.18	32.05	39.98	4.87			
1951	37.00	12.00	14.62	39.51	40.01	5.85			
1952	37.83	13.20	13.84	36.58	57.37	7.94			
1953	38.64	13.00	11.26	29.14	49.29	5.55	5.90	106.31	45.38
1954	38.63	13.75	16.43	42.53	4.38	0.72	1.62	*	11.78
1955	37.93	14.01	13.06	34.43	39.82	5.20	4.90	94.23	34.98
1956	37.51	13.70	18.01	48.01	10.44	1.88	2.21	117.55	16.13
1957	36.97	14.10	9.42	25.48	58.60	5.52	4.40	79.71	31.21
1958	34.57	14.00	13.07	37.81	53.86	7.04	3.96	56.25	28.29
1959	34.05	14.10	13.96	41.00	39.04	5.45	4.63	84.95	32.84
10年小计			**88.87**	**26.76**	**37.84**	**33.63**	**33.71**	**100.24**	**22.24**
占合计%			**19.14**			**13.27**	**14.88**		
1960	33.70	13.50	11.39	33.80	15.54	1.77	2.21	124.86	16.37
1961	33.71	14.05	9.02	26.76	25.06	2.26	2.11	93.36	15.02
1962	33.18	14.81	8.95	26.97	30.06	2.69	2.81	104.46	18.97
1963	33.18	15.13	10.99	33.12	10.83	1.19	1.42	119.33	9.39
1964	33.00	15.00	10.32	31.27	34.01	3.51	3.65	103.99	24.33
1965	33.39	15.10	9.32	27.91	60.41	5.63	6.36	112.97	42.12
1966	33.00	16.00	7.14	21.64	69.05	4.93	4.68	94.93	29.25
1967	33.00	16.00	7.19	21.79	59.67	4.29	4.11	95.80	25.69
1968	33.00	16.00	7.15	21.67	54.13	3.87	3.04	78.55	19.00
1969	33.00	16.00	7.40	22.42	47.16	3.49	3.32	95.13	20.75
10年小计			**76.13**	**23.03**	**49.80**	**37.91**	**36.78**	**97.02**	**20.53**
占合计%			**16.40**			**14.96**	**16.24**		
1970	33.30	17.10	7.05	21.17	81.99	5.78	5.45	94.29	31.87
1971	33.00	17.00	7.07	21.42	89.82	6.35	5.60	88.19	32.94
1972	33.34	17.45	7.06	21.18	40.51	2.86	2.82	98.60	16.16
1973	33.00	18.00	6.87	20.82	70.16	4.82	4.78	99.17	26.56
1974	33.00	18.00	7.00	21.21	92.29	6.46	6.44	99.69	35.78
1975	33.01	17.90	7.03	21.30	54.05	3.80	3.96	104.21	22.12
1976	33.00	18.00	7.06	21.39	33.00	2.33	2.56	109.87	14.22
1977	33.00	18.00	7.00	21.21	16.71	1.17	1.03	88.03	5.72
1978	32.99	18.70	10.00	30.31	11.80	1.18	0.98	83.05	5.24
1979	33.00	19.00	9.99	30.27	31.63	3.16	3.16	100.00	16.63
10年小计			**100.54**	**30.57**	**100.62**	**101.16**	**111.44**	**110.16**	**54.99**
占合计%			**21.65**			**39.91**	**49.21**		
1980	32.91	19.10	9.19	27.92	45.05	4.14	4.63	111.84	24.24
1981	32.90	19.40	9.56	29.06	49.06	4.69	5.07	108.10	26.13
1982	32.70	19.70	10.70	32.72	70.65	7.56	7.57	100.13	38.43
1983	32.90	20.00	10.00	30.40	157.00	15.70	19.66	125.22	98.30
1984	32.90	20.18	11.34	34.47	134.66	15.27	21.92	143.55	108.62
1985	32.91	20.40	10.20	30.99	72.84	7.43	9.53	128.26	46.72
1986	32.91	20.53	8.71	26.47	127.90	11.14	10.50	94.25	51.14
1987	32.91	20.74	10.24	31.12	134.96	13.82	13.72	99.28	66.15
1988	32.91	21.19	10.60	32.21	89.43	9.48	8.47	89.35	39.97
1989	32.91	21.42	10.00	30.39	119.30	11.93	10.37	86.92	48.41
11年小计			**56.37**	**15.60**	**52.85**	**29.79**	**16.93**	**56.83**	**6.72**
占合计%			**12.14**			**11.75**	**7.48**		
1990	32.91	22.40	10.06	30.57	116.60	11.73	9.00	76.73	40.18
1991	32.90	22.58	10.02	30.46	41.02	4.11	3.93	95.62	17.40
1992	32.91	22.73	10.00	30.39	23.70	2.37	0.25	10.55	1.10
1993	32.91	22.89	7.89	23.97	19.01	1.50	0.40	26.67	1.75
1994	32.90	22.91	5.93	18.02	22.09	1.31	1.31	100.00	5.72
1995	32.88	22.90	4.00	12.17	40.50	1.62	1.66	102.47	7.25
1996	32.87	23.00	3.50	10.65	46.00	1.61	0.17	10.56	0.74
1997	32.86	23.00	2.00	6.09	100.00	2.00			
1998	32.76	23.10	1.00	3.05	113.00	1.13	0.01	0.88	0.04
1999	32.76	23.20	1.00	3.05	128.00	1.28			
2000	32.76	23.20	0.97	2.96	116.49	1.13	0.20	17.70	0.86

5-18-4　河北省定州市历年棉花生产收购

年　度	耕地面积（万亩）	农业人口（万人）	棉田面积（万亩）	占耕地（%）	亩　产（市斤）	产　量（万担）	收购量（万担）	商品率（%）	人均交售（市斤）
52 年合计			**795.34**	**11.79**	**46.45**	**369.47**	**267.16**	**72.31**	**6.57**
11 年小计			**301.06**	**19.11**	**23.49**	**70.71**	**28.36**	**40.11**	**4.30**
占合计%			**37.85**			**19.14**	**10.62**		
1949	128.55	53.93	22.93	17.84	14.44	3.31			
1950	145.00	56.00	33.51	23.11	26.47	8.87			
1951	144.00	57.00	37.51	26.05	33.32	12.50			
1952	147.89	58.20	27.64	18.69	32.92	9.10			
1953	149.00	60.00	28.52	19.14	23.35	6.66	6.02	90.39	10.03
1954	149.00	62.00	35.81	24.03	12.20	4.37	1.75	40.05	2.82
1955	148.00	63.00	28.93	19.55	28.14	8.14	5.55	68.18	8.81
1956	147.00	63.00	28.13	19.14	8.25	2.32	1.62	69.83	2.57
1957	144.35	61.82	19.31	13.38	28.07	5.42	3.21	59.23	5.19
1958	140.00	62.00	18.33	13.09	30.01	5.50	5.18	94.18	8.35
1959	133.00	63.00	20.44	15.37	22.11	4.52	5.03	111.28	7.98
10 年小计			**161.41**	**12.67**	**27.11**	**43.76**	**34.85**	**79.64**	**5.08**
占合计%			**20.29**			**11.84**	**13.04**		
1960	128.00	64.00	23.49	18.35	23.67	5.56	5.56	100.00	8.69
1961	128.00	66.00	19.58	15.30	14.61	2.86	1.81	63.29	2.74
1962	128.24	69.80	15.02	11.71	20.64	3.10	2.65	85.48	3.80
1963	128.00	66.00	17.54	13.70	5.07	0.89	0.86	96.63	1.30
1964	128.00	66.00	18.01	14.07	23.76	4.28	3.82	89.25	5.79
1965	127.55	67.93	17.58	13.78	46.93	8.25	7.24	87.76	10.66
1966	128.00	70.00	13.00	10.16	41.15	5.35	4.53	84.67	6.47
1967	127.00	71.00	12.39	9.76	39.87	4.94	3.33	67.41	4.69
1968	124.00	72.00	12.20	9.84	38.36	4.68	2.50	53.42	3.47
1969	127.00	73.00	12.60	9.92	30.56	3.85	2.55	66.23	3.49
10 年小计			**131.48**	**10.41**	**41.08**	**54.01**	**36.24**	**67.10**	**4.66**
占合计%			**16.53**			**14.62**	**13.56**		
1970	127.16	73.89	12.74	10.02	68.76	8.76	6.50	74.20	8.80
1971	126.00	75.00	12.66	10.05	80.09	10.14	6.34	62.52	8.45
1972	126.42	75.46	12.53	9.91	45.09	5.65	3.16	55.93	4.19
1973	127.00	76.00	12.59	9.91	45.91	5.78	3.93	67.99	5.17
1974	126.00	77.00	12.56	9.97	61.31	7.70	6.03	78.31	7.83
1975	126.50	77.95	12.63	9.98	39.03	4.93	3.07	62.27	3.94
1976	126.00	79.00	12.46	9.89	26.57	3.31	1.28	38.67	1.62
1977	126.00	80.00	12.37	9.82	11.56	1.43	0.85	59.44	1.06
1978	126.48	81.31	16.04	12.68	17.39	2.79	2.02	72.40	2.48
1979	126.00	82.00	14.90	11.83	23.62	3.52	3.06	86.93	3.73
10 年小计			**130.40**	**10.34**	**108.06**	**140.91**	**129.49**	**91.90**	**14.93**
占合计%			**16.40**			**38.14**	**48.47**		
1980	126.46	83.03	14.52	11.48	39.12	5.68	5.63	99.12	6.78
1981	126.50	84.40	14.20	11.23	36.20	5.14	6.14	119.46	7.27
1982	126.50	85.50	14.90	11.78	45.57	6.79	6.99	102.95	8.18
1983	126.20	86.10	15.12	11.98	153.84	23.26	22.49	96.69	26.12
1984	126.10	86.66	16.72	13.26	156.10	26.10	32.50	124.52	37.50
1985	126.12	87.13	13.63	10.81	138.15	18.83	12.24	65.00	14.05
1986	126.00	87.79	11.85	9.40	153.59	18.20	14.24	78.24	16.22
1987	125.90	88.33	12.56	9.98	162.66	20.43	9.23	45.18	10.45
1988	125.80	88.90	4.80	3.82	39.79	1.91	8.14	*	9.16
1989	125.70	89.50	12.10	9.63	120.41	14.57	11.89	81.61	13.28
11 年小计			**70.99**	**5.18**	**84.63**	**60.08**	**38.22**	**63.62**	**3.54**
占合计%			**8.93**			**16.26**	**14.31**		
1990	125.72	96.20	12.19	9.70	121.74	14.84	11.60	78.17	12.06
1991	125.70	96.70	13.00	10.34	129.46	16.83	13.23	78.61	13.68
1992	125.40	97.10	12.55	10.01	43.11	5.41	5.11	94.45	5.26
1993	125.19	97.15	8.56	6.84	25.70	2.20	0.28	12.73	0.29
1994	125.09	97.75	9.38	7.50	97.97	9.19	4.30	46.79	4.40
1995	124.19	97.95	6.50	5.23	47.85	3.11	3.66	117.68	3.74
1996	124.16	98.12	2.30	1.85	76.52	1.76	0.01	0.57	0.01
1997	123.89	98.75	2.60	2.10	90.00	2.34	0.03	1.28	0.03
1998	123.60	99.44	1.76	1.42	120.45	2.12			
1999	123.11	99.77	1.45	1.18	104.83	1.52			
2000	123.11	99.80	0.70	0.57	108.57	0.76			

5－18－5　河北省高阳县历年棉花生产收购

年　度	耕地面积（万亩）	农业人口（万人）	棉田面积（万亩）	占耕地（%）	亩　产（市斤）	产　量（万担）	收购量（万担）	商品率（%）	人均交售（市斤）
52 年合计			**183.04**	**6.73**	**47.83**	**87.54**	**65.34**	**74.64**	**5.71**
11 年小计			**52.31**	**8.18**	**17.95**	**9.39**	**6.28**	**66.88**	**3.35**
占合计%			**28.58**			**10.73**	**9.61**		
1949	56.20	15.79	7.43	13.22	16.69	1.24			
1950	57.00	16.00	2.01	3.53	13.43	0.27			
1951	58.00	16.00	4.90	8.45	18.98	0.93			
1952	60.30	16.86	3.62	6.00	25.41	0.92			
1953	58.00	17.00	3.76	6.48	24.20	0.91	1.37	150.55	8.06
1954	61.00	17.00	9.38	15.38	2.67	0.25	0.24	96.00	1.41
1955	61.00	18.00	6.25	10.25	14.72	0.92	1.28	139.13	7.11
1956	60.00	18.00	5.60	9.33	7.32	0.41	0.53	129.27	2.94
1957	58.90	17.97	3.19	5.42	37.93	1.21	1.07	88.43	5.95
1958	55.00	18.00	3.20	5.82	36.56	1.17	1.32	112.82	7.33
1959	54.00	17.00	2.97	5.50	39.06	1.16	0.47	40.52	2.76
10 年小计			**24.77**	**4.87**	**25.84**	**6.40**	**6.23**	**97.34**	**3.20**
占合计%			**13.53**			**7.31**	**9.53**		
1960	52.00	18.00	4.30	8.27	21.40	0.92	0.77	83.70	4.28
1961	51.00	18.00	2.67	5.24	19.85	0.53	0.49	92.45	2.72
1962	51.00	19.72	2.32	4.55	14.22	0.33	0.40	121.21	2.03
1963	50.00	19.00	2.32	4.64					
1964	51.00	19.00	2.77	5.43	17.69	0.49	0.64	130.61	3.37
1965	50.50	19.82	3.04	6.02	33.88	1.03	1.04	100.97	5.25
1966	51.00	20.00	1.42	2.78	33.10	0.47	0.53	112.77	2.65
1967	51.00	20.00	1.81	3.55	40.88	0.74	0.64	86.49	3.20
1968	51.00	20.00	2.07	4.06	46.38	0.96	0.74	77.08	3.70
1969	50.00	21.00	2.05	4.10	45.37	0.93	0.98	105.38	4.67
10 年小计			**19.56**	**3.85**	**35.12**	**6.87**	**5.89**	**85.74**	**2.63**
占合计%			**10.69**			**7.85**	**9.01**		
1970	50.40	21.53	2.54	5.04	46.06	1.17	1.26	107.69	5.85
1971	50.00	22.00	2.39	4.78	51.88	1.24	1.00	80.65	4.55
1972	50.45	21.84	2.09	4.14	28.23	0.59	0.52	88.14	2.38
1973	51.00	22.00	2.27	4.45	37.00	0.84	0.69	82.14	3.14
1974	51.00	22.00	2.58	5.06	52.71	1.36	1.28	94.12	5.82
1975	50.80	22.41	2.46	4.84	36.59	0.90	0.76	84.44	3.39
1976	51.00	23.00	1.96	3.84	18.37	0.36	0.24	66.67	1.04
1977	51.00	23.00	2.21	4.33	4.98	0.11	0.11	100.00	0.48
1978	50.79	22.92	0.48	0.95	41.67	0.20			
1979	51.00	23.00	0.58	1.14	17.24	0.10	0.03	30.00	0.13
10 年小计			**42.72**	**8.37**	**74.30**	**31.74**	**33.00**	**103.97**	**13.60**
占合计%			**23.34**			**36.26**	**50.51**		
1980	50.69	23.19	1.63	3.22	28.83	0.47	0.41	87.23	1.77
1981	50.70	23.40	1.69	3.33	24.26	0.41	0.61	148.78	2.61
1982	50.70	23.80	2.00	3.94	45.00	0.90	0.97	107.78	4.08
1983	50.70	23.90	3.30	6.51	81.21	2.68	2.90	108.21	12.13
1984	50.60	24.19	5.80	11.46	108.62	6.30	6.99	110.95	28.90
1985	50.54	24.36	5.65	11.18	79.47	4.49	3.12	69.49	12.81
1986	50.50	24.55	3.53	6.99	94.90	3.35	3.57	106.57	14.54
1987	50.50	24.72	5.72	11.33	83.22	4.76	6.17	129.62	24.96
1988	55.00	25.02	6.70	12.18	47.31	3.17	4.01	126.50	16.03
1989	50.45	25.43	6.70	13.28	77.76	5.21	4.25	81.57	16.71
11 年小计			**43.68**	**7.86**	**75.87**	**33.14**	**13.94**	**42.06**	**4.71**
占合计%			**23.86**			**37.86**	**21.33**		
1990	50.45	26.23	6.86	13.60	82.94	5.69	4.40	77.33	16.77
1991	50.00	26.48	6.80	13.60	89.85	6.11	5.66	92.64	21.37
1992	50.00	26.66	7.08	14.16	68.93	4.88	0.54	11.07	2.03
1993	50.00	27.00	5.50	11.00	34.55	1.90	0.29	15.26	1.07
1994	50.40	26.83	4.02	7.98	68.41	2.75	1.50	54.55	5.59
1995	50.33	26.88	4.00	7.95	90.25	3.61	1.04	28.81	3.87
1996	51.76	27.17	2.80	5.41	61.79	1.73			
1997	50.23	27.34	1.90	3.78	98.42	1.87			
1998	50.86	27.38	2.22	4.36	95.05	2.11			
1999	50.87	26.90	1.14	2.24	85.09	0.97			
2000	50.87	26.90	1.36	2.67	111.76	1.52	0.51	33.55	1.90

5－18－6 河北省蠡县历年棉花生产收购

年度	耕地面积（万亩）	农业人口（万人）	棉田面积（万亩）	占耕地（%）	亩产（市斤）	产量（万担）	收购量（万担）	商品率（%）	人均交售（市斤）
52 年合计			**673.07**	**17.92**	**52.89**	**355.98**	**292.24**	**82.09**	**17.10**
11 年小计			**207.55**	**24.17**	**26.67**	**55.36**	**30.39**	**54.90**	**11.21**
占合计%			**30.84**			**15.55**	**10.40**		
1949	80.35	24.80	16.23	20.20	18.11	2.94			
1950	80.00	24.00	21.73	27.16	21.35	4.64			
1951	78.00	24.00	27.34	35.05	29.99	8.20			
1952	79.64	25.52	21.81	27.39	46.22	10.08			
1953	79.14	23.65	19.24	24.31	39.14	7.53	9.69	128.69	40.97
1954	78.90	24.10	26.40	33.46	2.50	0.66	2.25	*	9.34
1955	77.78	24.65	19.52	25.10	23.98	4.68	5.61	119.87	22.76
1956	76.77	25.61	19.64	25.58	9.37	1.84	2.08	113.04	8.12
1957	76.77	25.20	9.95	12.96	42.01	4.18	3.73	89.23	14.80
1958	76.41	25.06	13.79	18.05	38.51	5.31	3.37	63.47	13.45
1959	74.89	24.48	11.90	15.89	44.54	5.30	3.66	69.06	14.95
10 年小计			**120.91**	**16.76**	**36.27**	**43.85**	**40.07**	**91.38**	**14.29**
占合计%			**17.96**			**12.32**	**13.71**		
1960	72.20	25.36	17.21	23.84	24.29	4.18	4.23	101.20	16.68
1961	71.39	25.03	13.70	19.19	38.61	5.29	2.90	54.82	11.59
1962	72.74	27.83	11.88	16.33	23.99	2.85	2.84	99.65	10.20
1963	72.74	29.79	14.06	19.33	3.27	0.46	0.64	139.13	2.15
1964	73.00	27.00	12.97	17.77	31.30	4.06	3.82	94.09	14.15
1965	71.43	28.43	12.83	17.96	52.61	6.75	6.63	98.22	23.32
1966	72.00	29.00	9.06	12.58	53.20	4.82	4.76	98.76	16.41
1967	72.00	29.00	9.47	13.15	53.96	5.11	5.00	97.85	17.24
1968	72.00	29.00	9.47	13.15	54.38	5.15	3.91	75.92	13.48
1969	72.00	30.00	10.26	14.25	50.49	5.18	5.34	103.09	17.80
10 年小计			**105.85**	**14.83**	**44.36**	**46.96**	**45.98**	**97.91**	**14.26**
占合计%			**15.73**			**13.19**	**15.73**		
1970	71.65	30.73	9.87	13.78	76.80	7.58	7.18	94.72	23.36
1971	72.00	31.00	9.16	12.72	81.11	7.43	7.31	98.38	23.58
1972	71.65	31.45	9.91	13.83	34.81	3.45	3.42	99.13	10.87
1973	72.00	32.00	9.55	13.26	60.42	5.77	5.72	99.13	17.88
1974	71.00	32.00	9.76	13.75	81.05	7.91	7.91	100.00	24.72
1975	71.45	32.65	10.53	14.74	50.05	5.27	4.79	90.89	14.67
1976	71.00	33.00	10.58	14.90	28.92	3.06	2.58	84.31	7.82
1977	71.00	33.00	10.25	14.44	7.12	0.73	0.74	101.37	2.24
1978	71.00	33.68	13.24	18.65	21.60	2.86	2.94	102.80	8.73
1979	71.00	33.00	13.00	18.31	22.31	2.90	3.39	116.90	10.27
10 年小计			**162.63**	**22.99**	**97.88**	**159.19**	**151.06**	**94.89**	**41.79**
占合计%			**24.16**			**44.72**	**51.69**		
1980	70.98	34.19	12.70	17.89	43.94	5.58	5.75	103.05	16.82
1981	71.00	34.80	13.26	18.68	37.03	4.91	4.96	101.02	14.25
1982	71.00	35.40	15.40	21.69	68.57	10.56	9.42	89.20	26.61
1983	71.00	35.70	16.80	23.66	132.68	22.29	21.92	98.34	61.40
1984	71.00	35.78	19.66	27.69	134.28	26.40	28.10	106.44	78.54
1985	70.97	36.07	16.55	23.32	106.65	17.65	13.49	76.43	37.40
1986	70.70	36.54	14.18	20.06	120.94	17.15	16.81	98.02	46.00
1987	70.40	36.81	16.93	24.05	120.97	20.48	21.99	107.37	59.74
1988	70.26	37.58	19.50	27.75	81.18	15.83	13.52	85.41	35.98
1989	70.04	38.61	17.65	25.20	103.91	18.34	15.10	82.33	39.11
11 年小计			**76.13**	**10.08**	**66.49**	**50.62**	**24.74**	**48.87**	**5.22**
占合计%			**11.31**			**14.22**	**8.47**		
1990	70.00	41.25	16.51	23.59	77.89	12.86	9.88	76.83	23.95
1991	70.00	41.94	16.55	23.64	84.53	13.99	9.68	69.19	23.08
1992	69.76	42.25	16.6	23.80	36.20	6.01	0.98	16.31	2.32
1993	69.63	42.84	4.92	7.07	29.47	1.45	0.09	6.21	0.21
1994	68.99	42.43	8.24	11.94	61.53	5.07	1.47	28.99	3.46
1995	67.99	43.16	6.10	8.97	64.26	3.92	1.53	39.03	3.54
1996	67.96	43.21	2.50	3.68	68.80	1.72	0.21	12.21	0.49
1997	67.83	44.10	0.80	1.18	103.75	0.83			
1998	67.74	44.58	0.96	1.42	110.42	1.06	0.16	15.09	0.36
1999	67.65	44.10	0.96	1.42	119.79	1.15	0.08	6.96	0.18
2000	67.65	44.10	1.99	2.94	128.64	2.56	0.66	25.78	1.50

5－18－7　河北省清苑县历年棉花生产收购

年　　度	耕地面积（万亩）	农业人口（万人）	棉田面积（万亩）	占耕地（%）	亩　产（市斤）	产　量（万担）	收购量（万担）	商品率（%）	人均交售（市斤）
52年合计			**316.80**	**6.01**	**42.33**	**134.11**	**97.93**	**73.02**	**3.90**
11年小计			**119.40**	**9.42**	**23.38**	**27.92**	**16.40**	**58.74**	**4.19**
占合计%			**37.69**			**20.82**	**16.75**		
1949	116.69	34.67	14.00	12.00	14.29	2.00			
1950	126.00	33.00	7.24	5.75	21.69	1.57			
1951	121.00	33.00	14.50	11.98	18.07	2.62			
1952	116.43	36.08	11.20	9.62	41.07	4.60			
1953	117.00	35.00	9.65	8.25	40.93	3.95	5.13	129.87	14.66
1954	116.00	36.00	14.90	12.84	1.14	0.17	0.48	*	1.33
1955	116.00	37.00	11.13	9.59	27.04	3.01	2.88	95.68	7.78
1956	114.00	37.00	12.58	11.04	10.17	1.28	1.21	94.53	3.27
1957	114.73	37.97	8.36	7.29	39.95	3.34	2.44	73.05	6.43
1958	105.00	36.00	8.03	7.65	48.07	3.86	3.35	86.79	9.31
1959	105.00	36.00	7.81	7.44	19.46	1.52	0.91	59.87	2.53
10年小计			**50.03**	**5.05**	**24.51**	**12.26**	**8.08**	**65.91**	**1.99**
占合计%			**15.79**			**9.14**	**8.25**		
1960	98.00	36.00	8.70	8.88	27.47	2.39	1.74	72.80	4.83
1961	96.00	36.00	6.56	6.83	12.96	0.85	0.32	37.65	0.89
1962	100.46	39.49	3.51	3.49	27.35	0.96	0.56	58.33	1.42
1963	97.00	38.00	7.52	7.75	1.33	0.10	0.10	100.00	0.26
1964	97.00	39.00	3.62	3.73	17.40	0.63	0.44	69.84	1.13
1965	100.74	41.82	5.24	5.20	31.68	1.66	1.34	80.72	3.20
1966	101.00	43.00	2.68	2.65	43.66	1.17	0.91	77.78	2.12
1967	100.00	44.00	3.62	3.62	41.99	1.52	0.99	65.13	2.25
1968	100.00	44.00	4.11	4.11	36.98	1.52	0.73	48.03	1.66
1969	101.00	45.00	4.47	4.43	32.66	1.46	0.95	65.07	2.11
10年小计			**49.63**	**4.96**	**31.71**	**15.74**	**10.96**	**69.63**	**2.24**
占合计%			**15.67**			**11.74**	**11.19**		
1970	100.64	46.86	3.95	3.92	54.43	2.15	1.52	70.70	3.24
1971	100.00	47.00	3.98	3.98	61.81	2.46	1.63	66.26	3.47
1972	100.49	47.68	4.38	4.36	27.17	1.19	0.86	72.27	1.80
1973	100.00	48.00	4.35	4.35	44.14	1.92	0.99	51.56	2.06
1974	100.00	49.00	5.94	5.94	59.76	3.55	2.60	73.24	5.31
1975	100.06	49.34	6.07	6.07	27.02	1.64	1.27	77.44	2.57
1976	100.00	49.00	5.30	5.30	18.49	0.98	0.52	53.06	1.06
1977	100.00	50.00	4.78	4.78	6.07	0.29	0.27	93.10	0.54
1978	100.00	50.80	5.87	5.87	13.29	0.78	0.58	74.36	1.14
1979	100.00	51.00	5.01	5.01	15.57	0.78	0.72	92.31	1.41
10年小计			**66.25**	**6.73**	**78.84**	**52.23**	**46.78**	**89.57**	**8.55**
占合计%			**20.91**			**38.95**	**47.77**		
1980	99.64	51.61	5.00	5.02	29.80	1.49	1.37	91.95	2.65
1981	99.40	52.40	5.03	5.06	35.59	1.79	1.65	92.18	3.15
1982	99.40	53.20	6.50	6.54	55.08	3.58	2.93	81.84	5.51
1983	99.40	53.80	7.21	7.25	99.45	7.17	6.90	96.23	12.83
1984	99.30	54.43	10.21	10.28	116.85	11.93	13.03	109.22	23.94
1985	98.78	55.02	8.28	8.38	80.31	6.65	5.15	77.44	9.36
1986	97.90	55.46	5.77	5.89	104.68	6.04	3.68	60.93	6.64
1987	97.50	56.06	6.24	6.40	103.53	6.46	6.80	105.26	12.13
1988	97.20	57.16	6.80	7.00	44.85	3.05	2.70	88.52	4.72
1989	96.60	57.91	5.21	5.39	78.12	4.07	2.57	63.14	4.44
11年小计			**31.49**	**3.08**	**82.44**	**25.96**	**15.71**	**60.52**	**2.31**
占合计%			**9.94**			**19.36**	**16.04**		
1990	96.26	61.33	6.78	7.04	107.37	7.28	6.40	87.91	10.44
1991	96.10	62.21	7.86	8.18	102.29	8.04	4.11	51.12	6.61
1992	95.68	62.83	6.46	6.75	36.69	2.37	4.36	183.97	6.94
1993	94.64	63.33	2.61	2.76	45.21	1.18	0.16	13.56	0.25
1994	94.26	63.43	0.81	0.86	80.25	0.65			
1995	94.12	63.47	1.00	1.06	32.00	0.32	0.52	162.50	0.82
1996	93.94	63.46	2.1	2.24	96.19	2.02	0.16	7.92	0.25
1997	93.75	63.26	1.1	1.17	110.91	1.22			
1998	93.38	63.22	1.14	1.22	100.00	1.14			
1999	85.17	56.30	0.85	1.00	107.06	0.91			
2000	85.17	56.30	0.78	0.92	106.41	0.83			

5－18－8　河北省容城县历年棉花生产收购

年　度	耕地面积（万亩）	农业人口（万人）	棉田面积（万亩）	占耕地（%）	亩　产（市斤）	产　量（万担）	收购量（万担）	商品率（%）	人均交售（市斤）
52 年合计			**176.11**	**9.63**	**51.23**	**90.22**	**77.05**	**85.40**	**8.55**
11 年小计			**50.50**	**12.48**	**23.50**	**11.87**	**6.46**	**54.42**	**4.04**
占合计%			**28.68**			**13.16**	**8.38**		
1949	36.14	13.89	3.87	10.71	22.74	0.88			
1950	36.00	14.00	3.61	10.03	19.67	0.71			
1951	37.00	15.00	4.89	13.22	24.54	1.20			
1952	36.96	14.21	4.00	10.82	41.75	1.67			
1953	37.00	15.00	4.13	11.16	35.35	1.46	1.42	97.26	9.47
1954	37.00	15.00	8.32	22.49	3.37	0.28	0.25	89.29	1.67
1955	37.00	16.00	5.04	13.62	19.64	0.99	0.73	73.74	4.56
1956	37.00	14.00	5.90	15.95	12.03	0.71	0.66	92.96	4.71
1957	36.39	14.81	3.44	9.45	39.53	1.36	1.06	77.94	7.16
1958	37.00	14.00	3.04	8.22	37.50	1.14	1.07	93.86	7.64
1959	37.00	14.00	4.26	11.51	34.51	1.47	1.27	86.39	9.07
10 年小计			**28.99**	**8.06**	**39.01**	**11.31**	**9.30**	**82.23**	**6.31**
占合计%			**16.46**			**12.54**	**12.07**		
1960	37.00	14.00	4.54	12.27	39.43	1.79	1.36	75.98	9.71
1961	35.00	13.00	3.64	10.40	19.51	0.71	0.57	80.28	4.38
1962	35.89	13.83	2.12	5.91	24.53	0.52	0.35	67.31	2.53
1963	36.00	14.00	3.02	8.39	12.25	0.37	0.26	70.27	1.86
1964	36.00	15.00	2.21	6.14	40.72	0.90	0.71	78.89	4.73
1965	35.94	14.55	3.08	8.57	55.52	1.71	1.48	86.55	10.17
1966	36.00	15.00	1.80	5.00	60.56	1.09	0.97	88.99	6.47
1967	36.00	16.00	2.54	7.06	49.61	1.26	1.14	90.48	7.13
1968	36.00	16.00	3.06	8.50	50.33	1.54	1.27	82.47	7.94
1969	36.00	16.00	2.98	8.28	47.65	1.42	1.19	83.80	7.44
10 年小计			**34.24**	**9.74**	**38.20**	**13.08**	**11.20**	**85.63**	**6.68**
占合计%			**19.44**			**14.50**	**14.54**		
1970	35.57	16.11	2.99	8.41	65.89	1.97	1.68	85.28	10.43
1971	36.00	16.00	2.82	7.83	80.14	2.26	1.93	85.40	12.06
1972	35.56	16.35	2.89	8.13	47.06	1.36	1.09	80.15	6.67
1973	35.00	17.00	3.04	8.69	45.72	1.39	1.15	82.73	6.76
1974	35.00	17.00	3.48	9.94	60.34	2.10	1.76	83.81	10.35
1975	34.89	16.77	3.53	10.12	34.84	1.23	1.06	86.18	6.32
1976	35.00	17.00	3.30	9.43	23.03	0.76	0.57	75.00	3.35
1977	35.00	17.00	2.79	7.97	4.30	0.12	0.08	66.67	0.47
1978	34.70	17.40	5.00	14.41	20.40	1.02	0.87	85.29	5.00
1979	35.00	17.00	4.40	12.57	19.77	0.87	1.01	116.09	5.94
10 年小计			**43.42**	**12.54**	**96.66**	**41.97**	**45.06**	**107.36**	**23.85**
占合计%			**24.66**			**46.52**	**58.48**		
1980	34.70	17.70	3.62	10.43	42.27	1.53	1.85	120.92	10.45
1981	34.70	18.00	3.27	9.42	49.85	1.63	1.72	105.52	9.56
1982	34.70	18.30	3.80	10.95	103.68	3.94	4.08	103.55	22.30
1983	34.70	18.40	5.00	14.41	130.60	6.53	8.14	124.66	44.24
1984	34.70	18.64	6.38	18.39	150.94	9.63	12.50	129.80	67.06
1985	34.69	18.80	5.37	15.48	85.47	4.59	4.12	89.76	21.91
1986	34.60	19.19	3.57	10.32	116.81	4.17	3.38	81.06	17.61
1987	34.50	19.69	4.27	12.38	111.71	4.77	5.64	118.24	28.64
1988	34.49	20.00	4.90	14.21	52.86	2.59	2.12	81.85	10.60
1989	34.34	20.19	3.24	9.44	79.94	2.59	1.51	58.30	7.48
11 年小计			**18.96**	**5.18**	**63.24**	**11.99**	**5.03**	**41.95**	**2.12**
占合计%			**10.77**			**13.29**	**6.53**		
1990	34.46	21.00	3.01	8.73	91.03	2.74	1.85	67.52	8.81
1991	34.40	20.99	3.37	9.80	66.17	2.23	1.77	79.37	8.43
1992	34.00	20.84	3.22	9.47	15.84	0.51	0.33	64.71	1.58
1993	33.93	21.58	1.25	3.68	62.40	0.78	0.20	25.64	0.93
1994	33.92	21.06	2.01	5.93	56.72	1.14	0.24	21.05	1.14
1995	33.26	21.90	2.02	6.07	50.50	1.02	0.63	61.76	2.88
1996	32.54	21.85	2.00	6.15	76.50	1.53			
1997	32.47	21.86	1.00	3.08	92.00	0.92			
1998	32.42	21.99	0.51	1.57	111.76	0.57	0.01	1.75	0.05
1999	32.43	22.30	0.34	1.05	97.06	0.33			
2000	32.43	22.30	0.23	0.71	95.65	0.22			

5－18－9　河北省唐县历年棉花生产收购

年　度	耕地面积（万亩）	农业人口（万人）	棉田面积（万亩）	占耕地（%）	亩　产（市斤）	产　量（万担）	收购量（万担）	商品率（%）	人均交售（市斤）
52年合计			**229.23**	**9.25**	**39.21**	**89.87**	**61.86**	**68.83**	**3.27**
11年小计			**101.48**	**16.13**	**25.01**	**25.38**	**14.31**	**56.38**	**5.21**
占合计%			**44.27**			**28.24**	**23.13**		
1949	58.33	22.67	4.76	8.16	18.07	0.86			
1950	58.00	23.00	9.98	17.21	22.04	2.20			
1951	58.00	23.00	10.00	17.24	21.00	2.10			
1952	58.00	23.89	8.72	15.03	38.42	3.35			
1953	59.00	24.00	11.08	18.78	30.32	3.36	2.53	75.30	10.54
1954	58.00	25.00	11.86	20.45	16.95	2.01	1.75	87.06	7.00
1955	59.00	26.00	11.94	20.24	27.64	3.30	2.01	60.91	7.73
1956	58.00	26.00	11.03	19.02	11.24	1.24	0.87	70.16	3.35
1957	58.00	25.90	7.90	13.62	26.08	2.06	1.47	71.36	5.68
1958	55.00	27.00	8.15	14.82	34.72	2.83	3.29	116.25	12.19
1959	50.00	28.00	6.06	12.12	34.16	2.07	2.39	115.46	8.54
10年小计			**49.09**	**10.62**	**31.70**	**15.56**	**10.56**	**67.87**	**3.45**
占合计%			**21.42**			**17.31**	**17.07**		
1960	47.00	28.00	6.78	14.43	26.55	1.80	1.74	96.67	6.21
1961	47.00	29.00	7.18	15.28	22.42	1.61	0.81	50.31	2.79
1962	47.15	30.11	5.00	10.60	26.40	1.32	1.09	82.58	3.62
1963	45.00	29.00	6.65	14.78	20.30	1.35	0.54	40.00	1.86
1964	46.00	30.00	6.10	13.26	24.43	1.49	1.17	78.52	3.90
1965	46.00	31.18	6.04	13.13	38.91	2.35	1.82	77.45	5.84
1966	46.00	31.00	2.96	6.43	53.72	1.59	1.25	78.62	4.03
1967	46.00	32.00	2.56	5.57	43.75	1.12	0.62	55.36	1.94
1968	46.00	33.00	2.84	6.17	54.23	1.54	0.87	56.49	2.64
1969	46.00	33.00	2.98	6.48	46.64	1.39	0.65	46.76	1.97
10年小计			**27.72**	**6.08**	**38.17**	**10.58**	**7.34**	**69.38**	**1.99**
占合计%			**12.09**			**11.77**	**11.87**		
1970	45.93	34.33	2.87	6.25	63.41	1.82	1.34	73.63	3.90
1971	46.00	35.00	2.55	5.54	73.33	1.87	1.38	73.80	3.94
1972	45.93	35.29	2.68	5.83	37.31	1.00	0.70	70.00	1.98
1973	46.00	38.00	3.04	6.61	34.87	1.06	0.73	68.87	1.92
1974	46.00	36.00	3.18	6.91	45.60	1.45	1.12	77.24	3.11
1975	45.49	37.31	3.01	6.62	35.88	1.08	0.82	75.93	2.20
1976	45.00	38.00	3.05	6.78	15.41	0.47	0.10	21.28	0.26
1977	45.00	38.00	3.04	6.76	24.34	0.74	0.39	52.70	1.03
1978	45.42	38.66	2.10	4.62	20.00	0.42	0.24	57.14	0.62
1979	45.00	39.00	2.20	4.89	30.45	0.67	0.52	77.61	1.33
10年小计			**31.47**	**7.14**	**75.75**	**23.84**	**21.91**	**91.90**	**5.21**
占合计%			**13.73**			**26.53**	**35.42**		
1980	45.27	39.81	2.34	5.17	50.00	1.17	1.02	87.18	2.56
1981	45.30	40.40	2.88	6.36	48.96	1.41	1.33	94.33	3.29
1982	45.20	40.90	3.40	7.52	49.12	1.67	2.00	119.76	4.89
1983	45.30	41.50	3.31	7.31	105.14	3.48	4.65	133.62	11.20
1984	45.20	41.25	5.68	12.57	105.99	6.02	6.43	106.81	15.59
1985	45.23	42.48	3.73	8.25	86.06	3.21	2.05	63.86	4.83
1986	45.20	42.82	2.73	6.04	86.45	2.36	1.61	68.22	3.76
1987	45.10	43.21	2.68	5.94	88.81	2.38	1.72	72.27	3.98
1988	34.20	43.70	2.80	8.19	41.07	1.15	0.25	21.74	0.57
1989	44.90	44.30	1.92	4.28	51.56	0.99	0.85	85.86	1.92
11年小计			**19.47**	**3.97**	**74.52**	**14.51**	**7.74**	**53.34**	**1.49**
占合计%			**8.49**			**16.15**	**12.51**		
1990	44.82	45.52	2.25	5.02	52.44	1.18	1.65	139.83	3.62
1991	44.80	46.31	2.30	5.13	72.17	1.66	1.82	109.64	3.93
1992	44.80	46.80	2.15	4.80	32.09	0.69	1.54	*	3.29
1993	45.00	47.00	1.93	4.29	83.42	1.61	1.12	69.57	2.38
1994	44.71	47.27	1.50	3.35	102.00	1.53	0.77	50.33	1.63
1995	44.69	47.42	2.00	4.48	64.50	1.29	0.84	65.12	1.77
1996	44.49	47.51	2.00	4.50	78.00	1.56			
1997	44.51	47.52	1.50	3.37	109.33	1.64			
1998	44.44	47.65	1.54	3.47	78.57	1.21			
1999	44.38	48.10	1.14	2.57	99.12	1.13			
2000	44.38	48.10	1.16	2.61	87.07	1.01			

5-18-10 河北省雄县历年棉花生产收购

年　　度	耕地面积（万亩）	农业人口（万人）	棉田面积（万亩）	占耕地（%）	亩　产（市斤）	产　量（万担）	收购量（万担）	商品率（%）	人均交售（市斤）
52 年合计			**78.10**	**2.63**	**44.40**	**34.68**	**28.65**	**82.61**	**2.43**
11 年小计			**19.11**	**2.66**	**18.47**	**3.53**	**1.77**	**50.14**	**0.95**
占合计%			**24.47**			**10.18**	**6.18**		
1949	68.20	15.80	1.93	2.83	18.13	0.35			
1950	67.00	16.00	0.70	1.04	17.14	0.12			
1951	66.00	16.00	1.50	2.27	20.00	0.30			
1952	67.30	16.90	1.76	2.62	30.11	0.53			
1953	67.00	17.00	1.66	2.48	28.31	0.47	0.49	104.26	2.88
1954	67.00	17.00	3.62	5.40	0.55	0.02	0.02	100.00	0.12
1955	67.00	17.00	1.29	1.93	18.60	0.24	0.12	50.00	0.71
1956	66.00	18.00	3.14	4.76	7.01	0.22	0.17	77.27	0.94
1957	62.80	18.20	1.20	1.91	48.33	0.58	0.31	53.45	1.70
1958	60.00	17.00	1.28	2.13	31.25	0.40	0.33	82.50	1.94
1959	60.00	18.00	1.03	1.72	29.13	0.30	0.33	110.00	1.83
10 年小计			**19.20**	**3.32**	**25.26**	**4.85**	**3.34**	**68.87**	**1.75**
占合计%			**24.58**			**13.99**	**11.66**		
1960	59.00	17.00	2.65	4.49	27.92	0.74			
1961	59.00	17.00	2.39	4.05	23.01	0.55	0.26	47.27	1.53
1962	58.20	18.30	1.26	2.16	15.87	0.20	0.19	95.00	1.04
1963	58.00	18.00	2.12	3.66	9.91	0.21	0.34	161.90	1.89
1964	58.00	19.00	2.22	3.83	18.02	0.40	0.38	95.00	2.00
1965	57.90	19.70	2.18	3.77	38.07	0.83	0.75	90.36	3.81
1966	58.00	20.00	1.29	2.22	33.33	0.43	0.39	90.70	1.95
1967	58.00	20.00	1.66	2.86	34.34	0.57	0.34	59.65	1.70
1968	58.00	21.00	1.65	2.84	31.52	0.52	0.27	51.92	1.29
1969	54.00	21.00	1.78	3.30	22.47	0.40	0.42	105.00	2.00
10 年小计			**8.24**	**1.47**	**24.64**	**2.03**	**1.08**	**53.20**	**0.46**
占合计%			**10.55**			**5.85**	**3.77**		
1970	55.20	22.40	1.76	3.19	28.98	0.51	0.45	88.24	2.01
1971	56.00	23.00	1.67	2.98	25.75	0.43	0.28	65.12	1.22
1972	56.86	22.75	1.60	2.81	23.13	0.37	0.26	70.27	1.14
1973	56.00	23.00	1.04	1.86	13.46	0.14	0.09	64.29	0.39
1974	56.00	23.00	1.20	2.14	35.00	0.42			
1975	56.00	23.50	0.29	0.52	37.93	0.11			
1976	56.00	24.00	0.28	0.50	7.14	0.02			
1977	56.00	24.00	0.23	0.41					
1978	56.10	24.20	0.09	0.16	22.22	0.02			
1979	56.00	24.00	0.08	0.14	12.50	0.01			
10 年小计			**16.12**	**3.21**	**80.09**	**12.91**	**15.60**	**120.84**	**6.59**
占合计%			**20.64**			**37.23**	**54.45**		
1980	56.10	24.80	0.03	0.05	33.33	0.01			
1981	56.00	25.30	0.03	0.05	33.33	0.01			
1982									
1983	56.10	25.90	1.04	1.85	59.62	0.62	1.01	162.90	3.90
1984	56.10	26.15	4.70	8.38	101.49	4.77	3.93	82.39	15.03
1985	55.99	26.50	1.56	2.79	142.95	2.23	1.59	71.30	6.00
1986	55.80	26.65	1.35	2.42	93.33	1.26	2.58	*	9.68
1987	55.50	26.94	2.51	4.52	37.85	0.95	4.84	*	17.97
1988	55.54	27.18	2.30	4.14	37.39	0.86	0.98	113.95	3.61
1989	55.50	27.34	2.60	4.68	84.62	2.20	0.67	30.45	2.45
11 年小计			**15.43**	**2.54**	**73.62**	**11.36**	**6.86**	**60.39**	**2.09**
占合计%			**19.76**			**32.76**	**23.94**		
1990	55.65	28.60	2.46	4.42	82.11	2.02	1.90	94.06	6.64
1991	55.40	28.86	2.50	4.51	82.00	2.05	3.10	151.22	10.74
1992	55.26	29.11	2.59	4.69	93.44	2.42	0.18	7.44	0.62
1993	55.30	29.30	2.13	3.85	20.19	0.43	0.04	9.30	0.14
1994	55.32	29.37	2.10	3.80	58.10	1.22	0.71	58.20	2.42
1995	55.35	30.60	2.00	3.61	80.50	1.61	0.88	54.66	2.88
1996	55.32	30.40	1.10	1.99	94.55	1.04	0.02	1.92	0.07
1997	54.84	30.40	0.30	0.55	110.00	0.33	0.03	9.09	0.10
1998	54.78	30.50	0.21	0.38	95.24	0.20			
1999	54.67	30.60	0.02	0.04	100.00	0.02			
2000	54.67	30.60	0.02	0.04	100.00	0.02			

5－18－11 河北省易县历年棉花生产收购

年　　度	耕地面积（万亩）	农业人口（万人）	棉田面积（万亩）	占耕地（%）	亩　产（市斤）	产　量（万担）	收购量（万担）	商品率（%）	人均交售（市斤）
52 年合计			**215.50**	**5.91**	**41.47**	**89.37**	**56.25**	**62.94**	**2.61**
11 年小计			**86.23**	**9.82**	**26.59**	**22.93**	**10.31**	**44.96**	**2.93**
占合计%			**40.01**			**25.66**	**18.33**		
1949	78.59	28.50	4.40	5.60	12.73	0.56			
1950	80.00	29.00	9.75	12.19	24.92	2.43			
1951	82.00	30.00	8.50	10.37	22.00	1.87			
1952	79.20	30.82	7.20	9.09	28.33	2.04			
1953	83.00	32.00	6.66	8.02	29.13	1.94	1.73	89.18	5.41
1954	83.00	33.00	9.47	11.41	23.44	2.22	0.97	43.69	2.94
1955	83.00	34.00	10.00	12.05	29.30	2.93	2.04	69.62	6.00
1956	82.00	34.00	7.95	9.70	27.92	2.22	1.15	51.80	3.38
1957	75.72	31.56	6.02	7.95	29.90	1.80	1.00	55.56	3.17
1958	77.00	34.00	7.81	10.14	33.55	2.62	1.96	74.81	5.76
1959	75.00	35.00	8.47	11.29	27.15	2.30	1.46	63.48	4.17
10 年小计			**49.62**	**6.95**	**29.81**	**14.79**	**10.66**	**72.08**	**2.82**
占合计%			**23.03**			**16.55**	**18.95**		
1960	73.00	35.00	8.29	11.36	24.25	2.01	2.19	108.96	6.26
1961	73.00	36.00	6.62	9.07	16.01	1.06	0.89	83.96	2.47
1962	71.16	35.03	5.28	7.42	26.52	1.40	1.05	75.00	3.00
1963	70.00	37.00	6.09	8.70	22.50	1.37	0.89	64.96	2.41
1964	71.00	37.00	5.20	7.32	40.00	2.08	1.11	53.37	3.00
1965	69.36	36.37	5.14	7.41	41.83	2.15	1.80	83.72	4.95
1966	72.00	39.00	2.71	3.76	39.48	1.07	0.80	74.77	2.05
1967	72.00	40.00	2.97	4.13	36.03	1.07	0.69	64.49	1.73
1968	71.00	41.00	3.64	5.13	34.89	1.27	0.61	48.03	1.49
1969	71.00	41.00	3.68	5.18	35.60	1.31	0.63	48.09	1.54
10 年小计			**29.66**	**4.30**	**40.53**	**12.02**	**9.53**	**79.28**	**2.22**
占合计%			**13.76**			**13.45**	**16.94**		
1970	68.82	40.26	3.67	5.33	60.49	2.22	1.43	64.41	3.55
1971	71.00	43.00	3.88	5.46	61.60	2.39	2.05	85.77	4.77
1972	70.88	43.46	3.58	5.05	34.08	1.22	1.01	82.79	2.32
1973	71.00	44.00	3.97	5.59	44.84	1.78	1.45	81.46	3.30
1974	68.00	42.00	4.05	5.96	49.14	1.99	1.81	90.95	4.31
1975	68.43	42.57	4.11	6.01	41.12	1.69	1.42	84.02	3.34
1976	68.00	43.00	3.11	4.57	14.79	0.46	0.24	52.17	0.56
1977	68.00	43.00	2.96	4.35	5.74	0.17	0.12	70.59	0.28
1978	68.34	43.68	0.09	0.13	33.33	0.03			
1979	68.00	44.00	0.24	0.35	29.17	0.07			
10 年小计			**27.87**	**4.17**	**86.33**	**24.06**	**19.51**	**81.09**	**4.25**
占合计%			**12.93**			**26.92**	**34.68**		
1980	68.41	44.25	0.35	0.51	48.57	0.17	0.11	64.71	0.25
1981	68.40	44.70	0.91	1.33	37.36	0.34	0.44	129.41	0.98
1982	68.40	45.20	1.60	2.34	58.13	0.93	1.30	139.78	2.88
1983	68.40	45.50	3.35	4.90	85.07	2.85	2.90	101.75	6.37
1984	68.30	45.76	4.42	6.47	119.00	5.26	5.52	104.94	12.06
1985	68.22	46.01	4.36	6.39	100.69	4.39	2.66	60.59	5.78
1986	65.30	46.30	2.56	3.92	110.16	2.82	1.96	69.50	4.23
1987	64.70	46.64	3.57	5.52	108.96	3.89	2.79	71.72	5.98
1988	64.30	47.30	3.90	6.07	44.62	1.74	1.05	60.34	2.22
1989	64.30	47.80	2.85	4.43	58.60	1.67	0.78	46.71	1.63
11 年小计			**22.12**	**3.19**	**70.39**	**15.57**	**6.24**	**40.08**	**1.16**
占合计%			**10.26**			**17.42**	**11.09**		
1990	64.17	48.99	3.10	4.83	72.26	2.24	2.04	91.07	4.16
1991	64.00	49.30	3.10	4.84	63.87	1.98	1.45	73.23	2.94
1992	63.80	49.40	3.32	5.20	29.22	0.97	0.20	20.62	0.40
1993	63.40	50.00	1.70	2.68	45.29	0.77	0.26	33.77	0.52
1994	63.27	48.99	2.01	3.18	71.64	1.44	0.78	54.17	1.59
1995	63.07	48.85	2.48	3.93	52.02	1.29	1.08	83.72	2.21
1996	62.50	48.92	0.99	1.58	108.08	1.07	0.11	10.28	0.22
1997	62.19	48.85	1.50	2.41	105.33	1.58	0.20	12.66	0.41
1998	62.13	48.99	1.70	2.74	98.82	1.68	0.09	5.36	0.18
1999	62.11	48.30	1.12	1.80	114.29	1.28	0.01	0.78	0.02
2000	62.11	48.30	1.10	1.77	115.45	1.27	0.02	1.57	0.04

5－18－12　河北省满城县历年棉花生产收购

年　度	耕地面积（万亩）	农业人口（万人）	棉田面积（万亩）	占耕地（%）	亩　产（市斤）	产　量（万担）	收购量（万担）	商品率（%）	人均交售（市斤）
52 年合计			**412.02**	**16.40**	**45.06**	**185.65**	**148.94**	**80.23**	**9.61**
11 年小计			**136.69**	**24.08**	**31.97**	**43.70**	**25.02**	**57.25**	**11.41**
占合计%			**33.18**			**23.54**	**16.80**		
1949	54.95	20.44	6.13	11.16	20.23	1.24			
1950	54.95	21.00	6.87	12.50	23.29	1.60			
1951	54.95	21.50	11.70	21.29	30.17	3.53			
1952	54.96	21.83	11.48	20.89	38.50	4.42			
1953	50.14	17.20	14.37	28.66	44.40	6.38	5.95	93.26	34.59
1954	50.13	18.10	16.25	32.42	20.18	3.28	1.89	57.62	10.44
1955	49.96	19.06	18.02	36.07	32.96	5.94	4.88	82.15	25.60
1956	50.65	20.03	17.14	33.84	25.09	4.30	2.62	60.93	13.08
1957	50.03	20.66	13.12	26.22	34.15	4.48	3.94	87.95	19.07
1958	49.26	19.75	12.82	26.03	39.39	5.05	4.38	86.73	22.18
1959	47.78	19.80	8.79	18.40	39.59	3.48	1.36	39.08	6.87
10 年小计			**94.87**	**21.24**	**36.29**	**34.43**	**29.74**	**86.38**	**11.72**
占合计%			**23.03**			**18.55**	**19.97**		
1960	46.89	21.17	9.36	19.96	38.25	3.58	2.45	68.44	11.57
1961	46.88	21.98	9.94	21.20	18.21	1.81	1.73	95.58	7.87
1962	46.85	23.98	7.41	15.82	30.23	2.24	2.02	90.18	8.42
1963	44.82	24.00	12.13	27.06	14.01	1.70	1.62	95.29	6.75
1964	42.00	25.00	11.75	27.98	34.55	4.06	3.76	92.61	15.04
1965	39.13	26.68	12.25	31.31	41.96	5.14	5.02	97.67	18.82
1966	42.00	27.00	7.69	18.31	57.48	4.42	4.16	94.12	15.41
1967	44.00	27.50	7.60	17.27	56.32	4.28	3.08	71.96	11.20
1968	47.00	28.00	8.98	19.11	44.88	4.03	3.15	78.16	11.25
1969	47.00	28.50	7.76	16.51	40.85	3.17	2.75	86.75	9.65
10 年小计			**81.81**	**16.85**	**44.53**	**36.43**	**33.44**	**91.79**	**11.00**
占合计%			**19.86**			**19.62**	**22.45**		
1970	49.51	29.41	7.29	14.72	72.98	5.32	4.88	91.73	16.59
1971	47.00	28.00	7.61	16.19	72.54	5.52	5.01	90.76	17.89
1972	47.27	28.01	7.81	16.52	30.35	2.37	2.01	84.81	7.18
1973	47.00	28.00	7.31	15.55	51.44	3.76	3.59	95.48	12.82
1974	49.00	31.00	7.66	15.63	80.03	6.13	4.99	81.40	16.10
1975	49.30	31.21	8.06	16.35	50.74	4.09	3.96	96.82	12.69
1976	49.00	32.00	8.00	16.33	35.00	2.80	2.73	97.50	8.53
1977	49.00	32.00	7.93	16.18	29.51	2.34	2.09	89.32	6.53
1978	49.37	32.30	10.11	20.48	14.74	1.49	1.33	89.26	4.12
1979	49.00	32.00	10.03	20.47	26.02	2.61	2.85	109.20	8.91
10 年小计			**74.06**	**15.07**	**72.45**	**53.66**	**49.12**	**91.54**	**13.97**
占合计%			**17.97**			**28.90**	**32.98**		
1980	49.34	32.82	10.02	20.31	44.91	4.50	4.55	101.11	13.86
1981	49.30	33.30	9.94	20.16	31.39	3.12	3.28	105.13	9.85
1982	49.30	33.90	10.00	20.28	54.10	5.41	6.28	116.08	18.53
1983	49.30	34.40	9.93	20.14	98.89	9.82	9.60	97.76	27.91
1984	49.30	35.15	10.00	20.28	120.00	12.00	11.00	91.67	31.29
1985	49.25	35.58	5.60	11.37	110.00	6.16	5.60	90.91	15.74
1986	48.70	35.86	3.97	8.15	92.19	3.66	2.60	71.04	7.25
1987	48.70	36.23	4.85	9.96	91.55	4.44	3.67	82.66	10.13
1988	49.16	36.78	4.40	8.95	38.18	1.68	0.98	58.33	2.66
1989	49.14	37.59	5.35	10.89	53.64	2.87	1.56	54.36	4.15
11 年小计			**24.59**	**4.71**	**70.88**	**17.43**	**11.62**	**66.67**	**2.76**
占合计%			**5.97**			**9.39**	**7.80**		
1990	49.10	38.50	5.22	10.63	77.78	4.06	3.70	91.13	9.61
1991	49.09	38.78	5.20	10.59	83.85	4.36	4.50	103.21	11.60
1992	49.10	38.70	5.00	10.18	29.00	1.45	1.55	106.90	4.01
1993	49.09	39.17	0.50	1.02	78.00	0.39	0.44	112.82	1.12
1994	48.97	39.25	0.50	1.02	76.00	0.38			
1995	48.89	39.53	1.04	2.13	59.62	0.62	0.35	56.45	0.89
1996	48.87	39.48	2.30	4.71	70.43	1.62	0.33	20.37	0.84
1997	48.47	39.50	1.60	3.30	74.38	1.19	0.52	43.70	1.32
1998	48.38	39.66	1.23	2.54	99.19	1.22	0.17	13.93	0.43
1999	40.91	34.30	1.01	2.47	109.90	1.11			
2000	40.91	34.30	0.99	2.42	104.04	1.03	0.06	5.83	0.17

5－18－13 河北省望都县历年棉花生产收购

年　度	耕地面积（万亩）	农业人口（万人）	棉田面积（万亩）	占耕地（%）	亩　产（市斤）	产　量（万担）	收购量（万担）	商品率（%）	人均交售（市斤）
52 年合计			**289.44**	**15.71**	**43.74**	**126.61**	**134.25**	**106.03**	**14.41**
11 年小计			**105.41**	**24.23**	**23.22**	**24.48**	**15.99**	**65.32**	**11.21**
占合计%			**36.42**			**19.33**	**11.91**		
1949	41.79	12.30	6.01	14.38	16.64	1.00			
1950	41.00	12.00	10.08	24.59	23.31	2.35			
1951	40.00	12.00	11.00	27.50	24.36	2.68			
1952	41.73	13.40	11.71	28.06	37.75	4.42			
1953	39.00	13.00	10.18	26.10	33.89	3.45	4.65	134.78	35.77
1954	39.00	13.00	13.90	35.64	3.24	0.45	0.79	175.56	6.08
1955	41.00	14.00	8.80	21.46	30.80	2.71	3.12	115.13	22.29
1956	40.00	13.00	11.13	27.83	7.55	0.84	0.85	101.19	6.54
1957	39.57	13.90	8.07	20.39	34.82	2.81	2.05	72.95	14.75
1958	36.00	13.00	8.01	22.25	29.96	2.40	2.78	115.83	21.38
1959	36.00	13.00	6.52	18.11	21.01	1.37	1.75	127.74	13.46
10 年小计			**50.82**	**14.46**	**25.58**	**13.00**	**11.43**	**87.92**	**7.44**
占合计%			**17.56**			**10.27**	**8.51**		
1960	35.00	14.00	8.60	24.57	17.67	1.52	1.66	109.21	11.86
1961	35.00	14.00	7.70	22.00	28.31	2.18	1.02	46.79	7.29
1962	35.11	15.20	5.45	15.52	20.00	1.09	1.06	97.25	6.97
1963	35.00	15.00	7.01	20.03	2.28	0.16	0.18	112.50	1.20
1964	36.00	16.00	5.38	14.94	19.70	1.06	0.91	85.85	5.69
1965	35.40	15.40	5.23	14.77	43.79	2.29	2.90	126.64	18.83
1966	35.00	16.00	2.19	6.26	62.10	1.36	1.16	85.29	7.25
1967	36.00	16.00	2.92	8.11	38.36	1.12	0.86	76.79	5.38
1968	34.00	16.00	3.14	9.24	42.04	1.32	1.03	78.03	6.44
1969	35.00	16.00	3.20	9.14	28.13	0.90	0.65	72.22	4.06
10 年小计			**43.94**	**12.88**	**37.69**	**16.56**	**15.56**	**93.96**	**8.78**
占合计%			**15.18**			**13.08**	**11.59**		
1970	30.74	16.90	3.12	10.15	62.18	1.94	1.68	86.60	9.94
1971	35.00	17.00	3.17	9.06	79.81	2.53	2.13	84.19	12.53
1972	34.57	17.21	3.54	10.24	40.40	1.43	1.19	83.22	6.91
1973	35.00	17.00	3.95	11.29	39.75	1.57	1.57	100.00	9.24
1974	35.00	18.00	5.00	14.29	61.00	3.05	2.86	93.77	15.89
1975	34.49	17.70	5.06	14.67	35.77	1.81	1.62	89.50	9.15
1976	34.00	18.00	4.96	14.59	19.76	0.98	0.82	83.67	4.56
1977	34.00	18.00	4.95	14.56	14.95	0.74	0.87	117.57	4.83
1978	34.47	18.50	5.16	14.97	19.77	1.02	0.90	88.24	4.86
1979	34.00	19.00	5.03	14.79	29.62	1.49	1.92	128.86	10.11
10 年小计			**62.57**	**18.20**	**85.20**	**53.31**	**80.10**	**150.25**	**38.98**
占合计%			**21.62**			**42.11**	**59.66**		
1980	34.47	17.80	4.99	14.48	44.49	2.22	2.75	123.87	15.45
1981	34.50	19.30	5.08	14.72	57.09	2.90	4.25	146.55	22.02
1982	34.50	19.80	6.20	17.97	80.81	5.01	4.96	99.00	25.05
1983	34.50	20.20	6.30	18.26	134.60	8.48	9.01	106.25	44.60
1984	34.40	20.70	6.94	20.17	144.96	10.06	12.35	122.76	59.66
1985	34.38	20.90	5.97	17.36	90.45	5.40	5.62	104.07	26.89
1986	34.40	21.19	4.71	13.69	84.08	3.96	7.70	194.44	36.34
1987	34.30	21.48	4.90	14.29	103.67	5.08	19.84	*	92.36
1988	34.20	22.00	13.00	38.01	61.69	8.02	8.61	107.36	39.14
1989	34.20	22.10	4.48	13.10	48.66	2.18	5.01	*	22.67
11 年小计			**26.70**	**7.21**	**72.13**	**19.26**	**11.17**	**58.00**	**4.42**
占合计%			**9.22**			**15.21**	**8.32**		
1990	34.12	22.60	4.53	13.28	60.04	2.72	3.88	142.65	17.17
1991	34.10	22.80	4.74	13.90	87.13	4.13	3.52	85.23	15.44
1992	34.08	22.90	4.70	13.79	55.53	2.61	0.77	29.50	3.36
1993	34.01	23.11	2.30	6.76	37.39	0.86	0.36	41.86	1.56
1994	33.94	22.92	2.97	8.75	93.27	2.77	0.94	33.94	4.10
1995	33.90	23.00	3.20	9.44	79.06	2.53	1.70	67.19	7.39
1996	33.61	23.00	3.00	8.93	67.00	2.01			
1997	33.20	23.10	0.40	1.20	77.50	0.31			
1998	33.20	23.50	0.22	0.66	150.00	0.33			
1999	33.15	22.90	0.18	0.54	200.00	0.36			
2000	33.15	22.90	0.46	1.39	136.96	0.63			

5－18－14　河北省徐水县历年棉花生产收购

年　　度	耕地面积（万亩）	农业人口（万人）	棉田面积（万亩）	占耕地（%）	亩　产（市斤）	产　量（万担）	收购量（万担）	商品率（%）	人均交售（市斤）
52年合计			**272.47**	**7.04**	**42.73**	**116.43**	**80.12**	**68.81**	**3.91**
11年小计			**106.07**	**12.00**	**25.14**	**26.67**	**9.92**	**37.20**	**3.06**
占合计%			**38.93**			**22.91**	**12.38**		
1949	73.49	27.10	5.18	7.05	16.60	0.86			
1950	81.00	27.00	9.26	11.43	21.71	2.01			
1951	82.00	28.00	13.80	16.83	25.87	3.57			
1952	86.59	28.98	10.19	11.77	37.00	3.77			
1953	83.00	29.00	9.37	11.29	31.27	2.93	2.33	79.52	8.03
1954	83.00	30.00	14.92	17.98	13.07	1.95	0.33	16.92	1.10
1955	83.00	31.00	11.36	13.69	21.04	2.39	1.49	62.34	4.81
1956	83.00	31.00	11.89	14.33	14.80	1.76	0.52	29.55	1.68
1957	85.58	31.50	6.73	7.86	35.96	2.42	1.61	66.53	5.11
1958	72.00	30.00	6.76	9.39	35.80	2.42	1.89	78.10	6.30
1959	71.00	31.00	6.61	9.31	39.18	2.59	1.75	67.57	5.65
10年小计			**46.45**	**6.33**	**30.74**	**14.28**	**8.92**	**62.46**	**2.72**
占合计%			**17.05**			**12.26**	**11.13**		
1960	70.00	29.00	6.66	9.51	41.89	2.79	1.78	63.80	6.14
1961	73.00	30.00	5.31	7.27	14.12	0.75	0.32	42.67	1.07
1962	72.08	32.25	3.81	5.29	23.62	0.90	0.56	62.22	1.74
1963	73.00	31.00	6.04	8.27	7.95	0.48	0.19	39.58	0.61
1964	73.00	32.00	4.68	6.41	29.91	1.40	0.97	69.29	3.03
1965	73.99	33.00	4.52	6.11	43.81	1.98	1.38	69.70	4.18
1966	75.00	34.00	2.81	3.75	53.02	1.49	0.96	64.43	2.82
1967	74.00	35.00	4.29	5.80	31.70	1.36	1.15	84.56	3.29
1968	75.00	36.00	4.38	5.84	45.21	1.98	1.07	54.04	2.97
1969	75.00	36.00	3.95	5.27	29.11	1.15	0.54	46.96	1.50
10年小计			**41.46**	**5.65**	**29.93**	**12.41**	**7.78**	**62.69**	**2.00**
占合计%			**15.22**			**10.66**	**9.71**		
1970	74.07	36.65	3.72	5.02	49.46	1.84	1.23	66.85	3.36
1971	74.00	37.00	4.21	5.69	57.24	2.41	1.68	69.71	4.54
1972	73.67	37.85	4.07	5.52	33.42	1.36	0.73	53.68	1.93
1973	73.00	38.00	3.88	5.32	33.76	1.31	0.82	62.60	2.16
1974	73.00	39.00	3.59	4.92	43.45	1.56	1.05	67.31	2.69
1975	73.21	39.31	4.36	5.96	27.75	1.21	0.66	54.55	1.68
1976	73.00	40.00	3.77	5.16	16.71	0.63	0.07	11.11	0.18
1977	73.00	40.00	2.43	3.33	10.29	0.25	0.19	76.00	0.48
1978	73.25	41.00	6.53	8.91	17.30	1.13	0.82	72.57	2.00
1979	73.00	41.00	4.90	6.71	14.49	0.71	0.53	74.65	1.29
10年小计			**54.36**	**7.43**	**93.29**	**50.71**	**46.68**	**92.05**	**10.49**
占合计%			**19.95**			**43.55**	**58.26**		
1980	73.17	41.72	4.43	6.05	30.47	1.35	1.22	90.37	2.92
1981	73.20	42.30	3.93	5.37	37.15	1.46	1.19	81.51	2.81
1982	73.20	43.10	4.40	6.01	70.68	3.11	3.42	109.97	7.94
1983	73.20	43.60	5.81	7.94	119.97	6.97	6.95	99.71	15.94
1984	73.20	44.23	10.26	14.02	147.17	15.10	16.56	109.67	37.44
1985	73.17	44.68	6.13	8.38	108.81	6.67	4.87	73.01	10.90
1986	73.20	45.18	4.42	6.04	121.27	5.36	3.80	70.90	8.41
1987	73.20	45.59	5.41	7.39	112.57	6.09	5.84	95.89	12.81
1988	73.20	46.85	5.10	6.97	40.98	2.09	1.24	59.33	2.65
1989	73.20	47.90	4.47	6.11	56.15	2.51	1.59	63.35	3.32
11年小计			**24.13**	**3.06**	**51.22**	**12.36**	**6.82**	**55.18**	**1.21**
占合计%			**8.86**			**10.62**	**8.51**		
1990	72.94	50.57	4.47	6.13	63.53	2.84	2.67	94.01	5.28
1991	72.90	51.08	4.21	5.78	64.61	2.72	1.71	62.87	3.35
1992	72.89	51.50	3.53	4.84	9.92	0.35	0.01	2.86	0.02
1993	72.48	51.48	2.30	3.17	9.57	0.22	0.02	9.09	0.04
1994	72.13	51.65	3.03	4.20	61.39	1.86	0.90	48.39	1.74
1995	71.84	52.28	3.09	4.30	40.13	1.24	1.51	121.77	2.89
1996	71.58	51.39	1.50	2.10	80.00	1.20			
1997	71.20	51.00	1.00	1.40	102.00	1.02			
1998	71.11	51.24	0.46	0.65	91.30	0.42			
1999	69.83	50.40	0.26	0.37	88.46	0.23			
2000	69.83	50.40	0.28	0.40	92.86	0.26			

5－18－15　河北省高碑店市历年棉花生产收购

年　度	耕地面积（万亩）	农业人口（万人）	棉田面积（万亩）	占耕地（%）	亩　产（市斤）	产　量（万担）	收购量（万担）	商品率（%）	人均交售（市斤）
52 年合计			**220.53**	**6.05**	**41.50**	**91.53**	**72.44**	**79.14**	**4.39**
11 年小计			**64.49**	**7.09**	**26.35**	**16.99**	**8.25**	**48.56**	**2.79**
占合计%			**29.24**			**18.56**	**11.39**		
1949	78.50	25.60	5.61	7.15	16.76	0.94			
1950	82.00	25.00	5.83	7.11	21.61	1.26			
1951	83.00	25.00	7.00	8.43	26.57	1.86			
1952	86.80	27.90	6.03	6.95	39.97	2.41			
1953	87.00	26.00	4.29	4.93	34.97	1.50	1.74	116.00	6.69
1954	87.00	27.00	7.41	8.52	11.07	0.82	0.60	73.17	2.22
1955	86.00	28.00	6.93	8.06	41.27	2.86	1.93	67.48	6.89
1956	84.00	28.00	7.03	8.37	13.66	0.96	0.84	87.50	3.00
1957	82.90	27.90	5.08	6.13	31.50	1.60	1.11	69.38	3.98
1958	78.00	27.00	4.59	5.88	35.08	1.61	1.22	75.78	4.52
1959	75.00	28.00	4.69	6.25	24.95	1.17	0.81	69.23	2.89
10 年小计			**47.41**	**6.51**	**28.43**	**13.48**	**12.18**	**90.36**	**4.28**
占合计%			**21.50**			**14.73**	**16.81**		
1960	73.00	25.00	7.45	10.21	28.05	2.09	1.63	77.99	6.52
1961	72.00	26.00	5.22	7.25	16.86	0.88	0.77	87.50	2.96
1962	72.50	27.90	3.12	4.30	14.74	0.46	0.37	80.43	1.33
1963	72.00	27.00	5.54	7.69	18.23	1.01	1.07	105.94	3.96
1964	73.00	28.00	4.88	6.68	34.84	1.70	1.75	102.94	6.25
1965	74.30	28.80	6.63	8.92	39.22	2.60	2.28	87.69	7.92
1966	74.00	30.00	3.66	4.95	37.43	1.37	1.15	83.94	3.83
1967	73.00	30.00	3.60	4.93	35.00	1.26	1.18	93.65	3.93
1968	72.00	31.00	3.50	4.86	30.00	1.05	0.96	91.43	3.10
1969	73.00	31.00	3.81	5.22	27.82	1.06	1.02	96.23	3.29
10 年小计			**41.75**	**5.79**	**29.37**	**12.26**	**11.37**	**92.74**	**3.35**
占合计%			**18.93**			**13.39**	**15.70**		
1970	73.10	32.00	3.37	4.61	67.66	2.28	1.91	83.77	5.97
1971	72.00	33.00	3.66	5.08	62.30	2.28	1.93	84.65	5.85
1972	72.20	32.98	3.63	5.03	27.55	1.00	0.95	95.00	2.88
1973	72.00	34.00	3.63	5.04	36.91	1.34	1.28	95.52	3.76
1974	72.00	34.00	4.98	6.92	42.77	2.13	2.11	99.06	6.21
1975	71.60	34.00	5.20	7.26	28.08	1.46	1.39	95.21	4.09
1976	72.00	34.00	4.22	5.86	8.53	0.36	0.35	97.22	1.03
1977	72.00	35.00	3.08	4.28	7.47	0.23	0.24	104.35	0.69
1978	71.59	35.20	5.18	7.24	15.44	0.80	0.71	88.75	2.02
1979	72.00	35.00	4.80	6.67	7.92	0.38	0.50	131.58	1.43
10 年小计			**44.43**	**6.21**	**80.60**	**35.81**	**33.12**	**92.49**	**8.75**
占合计%			**20.15**			**39.12**	**45.72**		
1980	71.58	35.70	3.75	5.24	21.60	0.81	0.91	112.35	2.55
1981	71.60	36.20	3.05	4.26	29.51	0.90	0.96	106.67	2.65
1982	71.60	36.90	3.60	5.03	81.11	2.92	2.93	100.34	7.94
1983	71.60	37.20	5.08	7.09	100.98	5.13	5.21	101.56	14.01
1984	71.60	37.84	7.20	10.06	112.78	8.12	9.50	117.00	25.11
1985	71.52	38.10	4.16	5.82	106.01	4.41	3.41	77.32	8.95
1986	71.50	38.45	2.66	3.72	108.65	2.89	2.61	90.31	6.79
1987	71.40	38.91	5.09	7.13	103.34	5.26	5.14	97.72	13.21
1988	71.34	39.36	5.30	7.43	39.81	2.11	1.23	58.29	3.13
1989	71.32	39.90	4.54	6.37	71.81	3.26	1.22	37.42	3.06
11 年小计			**22.45**	**3.95**	**57.86**	**12.99**	**7.52**	**57.89**	**2.14**
占合计%			**10.18**			**14.19**	**10.38**		
1990	71.33	41.90	4.70	6.59	98.09	4.61	2.63	57.05	6.28
1991	71.30	42.45	4.70	6.59	60.64	2.85	1.92	67.37	4.52
1992	71.30	42.80	4.48	6.28	22.10	0.99	0.82	82.83	1.92
1993	71.16	44.02	1.80	2.53	42.78	0.77	0.25	32.47	0.57
1994	71.10	45.32	3.06	4.30	44.12	1.35	0.91	67.41	2.01
1995	70.68	45.20	3.17	4.49	61.51	1.95	0.94	48.21	2.08
1996									
1997									
1998									
1999	70.65	44.60	0.39	0.55	82.05	0.32			
2000	70.65	44.60	0.15	0.21	100.00	0.15	0.05	33.33	0.11

5－18－16　河北省涿州市历年棉花生产收购

年　度	耕地面积（万亩）	农业人口（万人）	棉田面积（万亩）	占耕地（%）	亩　产（市斤）	产　量（万担）	收购量（万担）	商品率（%）	人均交售（市斤）
52 年合计			**189.77**	**5.01**	**35.06**	**66.54**	**52.05**	**78.22**	**2.97**
11 年小计			**74.13**	**7.88**	**28.57**	**21.18**	**11.79**	**55.67**	**3.92**
占合计%			**39.06**			**31.83**	**22.65**		
1949	85.70	24.44	3.43	4.00	21.57	0.74			
1950	84.00	26.00	5.05	6.01	21.58	1.09			
1951	85.00	26.00	8.00	9.41	26.00	2.08			
1952	89.20	26.02	6.99	7.84	45.64	3.19			
1953	88.00	27.00	5.87	6.67	35.78	2.10	2.26	107.62	8.37
1954	88.00	28.00	9.11	10.35	11.96	1.09	0.87	79.82	3.11
1955	88.00	29.00	8.80	10.00	38.52	3.39	2.30	67.85	7.93
1956	86.00	29.00	7.84	9.12	15.94	1.25	0.82	65.60	2.83
1957	83.30	28.41	4.88	5.86	31.97	1.56	0.96	61.54	3.38
1958	83.00	28.00	6.95	8.37	34.96	2.43	1.94	79.84	6.93
1959	81.00	29.00	7.21	8.90	31.35	2.26	2.64	116.81	9.10
10 年小计			**58.22**	**7.87**	**36.31**	**21.14**	**19.75**	**93.42**	**6.39**
占合计%			**30.68**			**31.77**	**37.94**		
1960	78.00	29.00	9.38	12.03	32.94	3.09	3.67	118.77	12.66
1961	74.00	29.00	9.65	13.04	21.04	2.03	2.13	104.93	7.34
1962	74.20	28.58	5.97	8.05	26.30	1.57	1.43	91.08	5.00
1963	74.00	30.00	6.17	8.34	24.64	1.52	1.65	108.55	5.50
1964	74.00	31.00	5.97	8.07	38.86	2.32	2.47	106.47	7.97
1965	75.30	30.63	6.26	8.31	46.17	2.89	2.78	96.19	9.08
1966	75.00	32.00	3.34	4.45	50.00	1.67	1.66	99.40	5.19
1967	72.00	32.00	4.32	6.00	50.23	2.17	1.81	83.41	5.66
1968	72.00	33.00	4.00	5.56	62.00	2.48	1.20	48.39	3.64
1969	71.00	34.00	3.16	4.45	44.30	1.40	0.95	67.86	2.79
10 年小计			**32.45**	**4.41**	**29.89**	**9.70**	**8.24**	**84.95**	**2.30**
占合计%			**17.10**			**14.58**	**15.83**		
1970	72.80	33.99	3.75	5.15	49.33	1.85	1.44	77.84	4.24
1971	73.00	35.00	3.77	5.16	41.38	1.56	1.32	84.62	3.77
1972	72.91	34.94	3.38	4.64	26.04	0.88	0.74	84.09	2.12
1973	73.00	36.00	3.37	4.62	36.80	1.24	1.12	90.32	3.11
1974	74.00	36.00	4.35	5.88	40.46	1.76	1.57	89.20	4.36
1975	73.60	35.94	5.30	7.20	30.00	1.59	1.50	94.34	4.17
1976	74.00	36.00	5.30	7.16	10.94	0.58	0.40	68.97	1.11
1977	74.00	36.00	2.99	4.04	7.02	0.21	0.15	71.43	0.42
1978	73.80	36.84	0.13	0.18	15.38	0.02			
1979	74.00	37.00	0.11	0.15	9.09	0.01			
10 年小计			**10.08**	**1.53**	**66.27**	**6.68**	**4.81**	**72.01**	**1.34**
占合计%			**5.31**			**10.04**	**9.24**		
1980	73.40	37.23	0.03	0.04	33.33	0.01			
1981	73.50	37.90	0.02	0.03	50.00	0.01			
1982									
1983	73.50	38.90	0.20	0.27	55.00	0.11			
1984	73.50	39.48	1.73	2.35	95.38	1.65	2.32	140.61	5.88
1985	73.30	39.72	1.13	1.54	83.19	0.94	0.25	26.60	0.63
1986	73.00	40.60	0.42	0.58	88.10	0.37	0.13	35.14	0.32
1987	72.70	41.02	1.37	1.88	95.62	1.31	1.18	90.08	2.88
1988	72.60	41.40	2.50	3.44	36.00	0.90	0.52	57.78	1.26
1989	72.60	42.10	2.68	3.69	51.49	1.38	0.41	29.71	0.97
11 年小计			**14.89**	**2.09**	**52.65**	**7.84**	**7.46**	**95.15**	**1.75**
占合计%			**7.85**			**11.78**	**14.33**		
1990	72.45	42.96	2.70	3.73	82.59	2.23	2.17	97.31	5.05
1991	72.40	42.00	2.70	3.73	70.00	1.89	2.16	114.29	5.14
1992	71.79	42.30	2.53	3.52	33.99	0.86	0.59	68.60	1.39
1993	71.79	42.32	1.50	2.09	39.33	0.59	0.64	108.47	1.51
1994	70.70	43.31	1.60	2.26	48.13	0.77	0.79	102.60	1.82
1995	70.55	43.09	1.66	2.35	57.23	0.95	0.77	81.05	1.79
1996	70.37	43.30	2.00	2.84	20.00	0.40	0.34	85.00	0.79
1997									
1998	70.32	43.49	0.16	0.23	68.75	0.11			
1999	70.24	41.60	0.02	0.03	100.00	0.02			
2000	70.24	41.60	0.02	0.03	100.00	0.02			

5－18－17　河北省安新县历年棉花生产收购

年　度	耕地面积（万亩）	农业人口（万人）	棉田面积（万亩）	占耕地（%）	亩　产（市斤）	产　量（万担）	收购量（万担）	商品率（%）	人均交售（市斤）
52年合计			**22.06**	**1.40**	**20.26**	**4.47**	**0.44**	**9.84**	**0.06**
11年小计			**11.68**	**1.85**	**11.56**	**1.35**			
占合计%			**52.95**			**30.20**			
1949	59.60	18.10	1.20	2.01	16.67	0.20			
1950	61.00	18.00	0.09	0.15	22.22	0.02			
1951	65.00	19.00	0.64	0.98	17.19	0.11			
1952	64.90	19.60	0.38	0.59	34.21	0.13			
1953	61.00	19.00	1.18	1.93	45.76	0.54			
1954	61.00	19.00	5.70	9.34					
1955	51.00	19.00	0.36	0.71	2.78	0.01			
1956	52.00	20.00	1.12	2.15	0.89	0.01			
1957	55.60	20.40	0.19	0.34	21.05	0.04			
1958	51.00	21.00	0.52	1.02	50.00	0.26			
1959	50.00	21.00	0.30	0.60	10.00	0.03			
10年小计			**5.10**	**1.03**	**27.45**	**1.40**	**0.09**	**6.43**	**0.04**
占合计%			**23.12**			**31.32**	**20.45**		
1960	50.00	20.00	0.19	0.38	26.32	0.05			
1961	51.00	19.00	0.20	0.39	20.00	0.04			
1962	50.50	19.70	0.14	0.28	14.29	0.02			
1963	51.00	20.00	1.46	2.86					
1964	50.00	21.00	0.20	0.40	15.00	0.03	0.01	33.33	0.05
1965	50.50	21.70	0.40	0.79	27.50	0.11	0.01	9.09	0.05
1966	50.00	22.00	0.53	1.06	49.06	0.26			
1967	46.00	23.00	0.53	1.15	47.17	0.25			
1968	46.00	23.00	0.58	1.26	51.72	0.30			
1969	48.00	25.00	0.87	1.81	39.08	0.34	0.07	20.59	0.28
10年小计			**4.84**	**1.21**	**32.44**	**1.57**	**0.25**	**15.92**	**0.10**
占合计%			**21.94**			**35.12**	**56.82**		
1970	45.60	26.20	0.69	1.51	56.52	0.39	0.07	17.95	0.27
1971	45.00	27.00	0.64	1.42	39.06	0.25	0.08	32.00	0.30
1972	44.98	27.31	0.72	1.60	27.78	0.20	0.05	25.00	0.18
1973	45.00	28.00	0.77	1.71	27.27	0.21	0.05	23.81	0.18
1974	45.00	28.00	0.58	1.29	34.48	0.20			
1975	44.00	28.80	0.51	1.16	35.29	0.18			
1976	44.00	29.00	0.35	0.80	22.86	0.08			
1977	44.00	30.00	0.36	0.82	2.78	0.01			
1978	43.88	30.60	0.22	0.50	22.73	0.05			
1979									
10年小计									
占合计%									
1980									
1981									
1982									
1983									
1984									
1985									
1986									
1987									
1988									
1989									
11年小计			**0.44**	**1.01**	**34.09**	**0.15**	**0.10**	**66.67**	**0.27**
占合计%			**1.99**			**3.36**	**22.73**		
1990									
1991									
1992	43.63	36.40	0.44	1.01	34.09	0.15	0.10	66.67	0.27
1993									
1994									
1995									
1996									
1997									
1998									
1999									
2000									

5－18－18　河北省涞水县历年棉花生产收购

年　度	耕地面积（万亩）	农业人口（万人）	棉田面积（万亩）	占耕地（%）	亩　产（市斤）	产　量（万担）	收购量（万担）	商品率（%）	人均交售（市斤）
52 年合计			**117.61**	**5.56**	**49.03**	**57.66**	**39.91**	**69.22**	**3.06**
11 年小计			**35.13**	**7.11**	**28.38**	**9.97**	**3.49**	**35.01**	**1.91**
占合计%			**29.87**			**17.29**	**8.74**		
1949	45.10	15.24	0.41	0.91	12.20	0.05			
1950	46.00	15.00	1.87	4.07	21.93	0.41			
1951	45.00	15.00	3.00	6.67	20.00	0.60			
1952	45.80	16.27	3.93	8.58	34.35	1.35			
1953	46.00	16.00	2.96	6.43	61.82	1.83	0.58	31.69	3.63
1954	46.00	17.00	4.25	9.24	21.41	0.91	0.34	37.36	2.00
1955	46.00	17.00	4.04	8.78	27.97	1.13	0.79	69.91	4.65
1956	45.00	17.00	3.92	8.71	19.13	0.75	0.57	76.00	3.35
1957	44.40	17.94	3.01	6.78	22.92	0.69	0.33	47.83	1.84
1958	43.00	18.00	3.64	8.47	30.22	1.10	0.49	44.55	2.72
1959	42.00	18.00	4.10	9.76	28.05	1.15	0.39	33.91	2.17
10 年小计			**26.00**	**6.76**	**35.15**	**9.14**	**7.51**	**82.17**	**3.61**
占合计%			**22.11**			**15.85**	**18.82**		
1960	39.00	18.00	3.85	9.87	24.94	0.96	0.34	35.42	1.89
1961	39.00	19.00	3.23	8.28	14.24	0.46	0.31	67.39	1.63
1962	38.80	19.91	2.06	5.31	26.21	0.54	0.46	85.19	2.31
1963	38.00	20.00	2.69	7.08	21.19	0.57	0.46	80.70	2.30
1964	38.00	21.00	2.56	6.74	36.33	0.93	0.87	93.55	4.14
1965	38.60	21.16	3.01	7.80	41.86	1.26	1.14	90.48	5.39
1966	39.00	22.00	1.70	4.36	56.47	0.96	0.88	91.67	4.00
1967	38.00	22.00	2.09	5.50	49.28	1.03	0.97	94.17	4.41
1968	38.00	22.00	2.43	6.39	55.97	1.36	1.14	83.82	5.18
1969	38.00	23.00	2.38	6.26	44.96	1.07	0.94	87.85	4.09
10 年小计			**17.17**	**4.52**	**42.63**	**7.32**	**6.94**	**94.81**	**2.79**
占合计%			**14.60**			**12.70**	**17.39**		
1970	38.10	23.52	2.24	5.88	57.14	1.28	1.09	85.16	4.63
1971	38.00	24.00	2.13	5.61	66.67	1.42	1.33	93.66	5.54
1972	38.00	24.16	2.16	5.68	36.57	0.79	0.83	105.06	3.44
1973	38.00	24.00	2.24	5.89	45.09	1.01	1.01	100.00	4.21
1974	38.00	25.00	2.25	5.92	54.22	1.22	1.18	96.72	4.72
1975	37.80	24.94	2.17	5.74	47.93	1.04	1.06	101.92	4.25
1976	38.00	25.00	1.98	5.21	16.67	0.33	0.29	87.88	1.16
1977	38.00	26.00	1.88	4.95	10.11	0.19	0.15	78.95	0.58
1978	37.60	25.91	0.06	0.16	50.00	0.03			
1979	38.00	26.00	0.06	0.16	16.67	0.01			
10 年小计			**25.06**	**6.79**	**91.78**	**23.00**	**19.48**	**84.70**	**7.07**
占合计%			**21.31**			**39.89**	**48.81**		
1980	37.57	26.24	0.67	1.78	47.76	0.32	0.27	84.38	1.03
1981	37.50	26.60	1.30	3.47	40.00	0.52	0.59	113.46	2.22
1982	37.50	26.90	2.10	5.60	71.43	1.50	1.45	96.67	5.39
1983	37.50	27.10	2.77	7.39	85.56	2.37	2.64	111.39	9.74
1984	37.20	27.38	4.03	10.83	125.81	5.07	5.75	113.41	21.00
1985	36.72	27.59	3.71	10.10	115.36	4.28	2.88	67.29	10.44
1986	36.50	27.87	2.19	6.00	112.33	2.46	1.42	57.72	5.10
1987	36.30	28.14	2.85	7.85	99.65	2.84	2.30	80.99	8.17
1988	36.20	28.70	2.80	7.73	63.21	1.77	1.00	56.50	3.48
1989	36.20	29.20	2.64	7.29	70.83	1.87	1.18	63.10	4.04
11 年小计			**14.25**	**2.93**	**57.75**	**8.23**	**2.49**	**30.26**	**0.64**
占合计%			**12.12**			**14.27**	**6.24**		
1990	36.10	30.00	2.47	6.84	79.35	1.96	1.37	69.90	4.57
1991	36.10	30.20	2.44	6.76	59.43	1.45	0.67	46.21	2.22
1992	36.13	30.30	1.88	5.20	12.77	0.24	0.04	16.67	0.13
1993	35.84	30.49	1.24	3.46	67.74	0.84	0.09	10.71	0.30
1994	34.90	30.92	1.20	3.44	51.67	0.62	0.14	22.58	0.45
1995	35.45	30.67	1.56	4.40	58.33	0.91	0.14	15.38	0.46
1996	34.09	30.65	1.20	3.52	95.00	1.14	0.01	0.88	0.03
1997	34.02	30.78	0.80	2.35	48.75	0.39	0.02	5.13	0.06
1998	33.98	30.84	0.66	1.94	50.00	0.33	0.01	3.03	0.03
1999	85.17	56.30	0.50	0.59	38.00	0.19			
2000	85.17	56.30	0.30	0.35	53.33	0.16			

5－18－19 河北省曲阳县历年棉花生产收购

年 度	耕地面积（万亩）	农业人口（万人）	棉田面积（万亩）	占耕地（%）	亩 产（市斤）	产 量（万担）	收购量（万担）	商品率（%）	人均交售（市斤）
52 年合计			**83.25**	**4.86**	**25.63**	**21.34**	**8.48**	**39.74**	**0.80**
11 年小计			**50.83**	**8.26**	**23.23**	**11.81**	**4.32**	**36.58**	**1.68**
占合计%			**61.06**			**55.34**	**50.94**		
1949	56.17	20.90	0.67	1.19	13.43	0.09			
1950	56.00	21.00	2.70	4.82	36.30	0.98			
1951	57.00	21.00	4.52	7.93	23.89	1.08			
1952	57.10	22.00	5.00	8.76	21.00	1.05			
1953	57.00	23.00	6.74	11.82	14.39	0.97	0.64	65.98	2.78
1954	57.00	23.00	6.27	11.00	17.22	1.08	0.37	34.26	1.61
1955	57.00	24.00	6.05	10.61	20.17	1.22	0.35	28.69	1.46
1956	56.00	24.50	6.98	12.46	15.04	1.05	0.43	40.95	1.76
1957	55.40	25.00	4.47	8.07	35.79	1.60	0.73	45.63	2.92
1958	54.00	26.00	3.99	7.39	45.36	1.81	1.12	61.88	4.31
1959	53.00	27.00	3.44	6.49	25.58	0.88	0.68	77.27	2.52
10 年小计			**22.60**	**4.68**	**26.86**	**6.07**	**3.02**	**49.75**	**1.01**
占合计%			**27.15**			**28.44**	**35.61**		
1960	52.00	28.00	1.76	3.38	18.18	0.32	0.44	137.50	1.57
1961	50.00	29.00	2.80	5.60	19.64	0.55	0.18	32.73	0.62
1962	47.20	29.60	1.63	3.45	25.15	0.41	0.09	21.95	0.30
1963	47.40	29.50	3.00	6.33	13.00	0.39	0.14	35.90	0.47
1964	47.60	29.50	2.69	5.65	27.14	0.73	0.46	63.01	1.56
1965	47.95	29.50	2.69	5.61	33.09	0.89	0.48	53.93	1.63
1966	47.80	30.00	1.64	3.43	45.12	0.74	0.46	62.16	1.53
1967	47.80	31.00	2.30	4.81	32.17	0.74	0.25	33.78	0.81
1968	47.80	31.50	2.03	4.25	36.45	0.74	0.36	48.65	1.14
1969	47.80	32.00	2.06	4.31	27.18	0.56	0.16	28.57	0.50
10 年小计			**9.29**	**2.17**	**33.69**	**3.13**	**1.14**	**36.42**	**0.37**
占合计%			**11.16**			**14.67**	**13.44**		
1970	47.81	32.50	2.00	4.18	46.50	0.93	0.50	53.76	1.54
1971	47.80	33.00	1.96	4.10	42.86	0.84	0.46	54.76	1.39
1972	47.71	33.38	1.74	3.65	20.69	0.36	0.09	25.00	0.27
1973	47.50	33.50	1.25	2.63	32.80	0.41	0.09	21.95	0.27
1974	47.50	33.70	0.85	1.79	35.29	0.30			
1975	47.41	34.90	0.61	1.29	26.23	0.16			
1976	47.40	35.00	0.52	1.10	13.46	0.07			
1977	47.40	36.00	0.22	0.46	9.09	0.02			
1978	47.35	36.70	0.14	0.30	28.57	0.04			
1979									
10 年小计									
占合计%									
1980									
1981									
1982									
1983									
1984									
1985									
1986									
1987									
1988									
1989									
11 年小计			**0.53**	**0.29**	**62.26**	**0.33**			
占合计%			**0.64**			**1.55**			
1990									
1991									
1992	46.57	46.78	0.20	0.43	55.00	0.11			
1993									
1994									
1995									
1996									
1997									
1998	46.19	47.90	0.11	0.24	63.64	0.07			
1999	46.19	48.30	0.10	0.22	70.00	0.07			
2000	46.19	48.30	0.12	0.26	66.67	0.08			

5－18－20　河北省顺平县历年棉花生产收购

年　　度	耕地面积（万亩）	农业人口（万人）	棉田面积（万亩）	占耕地（%）	亩　产（市斤）	产　量（万担）	收购量（万担）	商品率（%）	人均交售（市斤）
52年合计			**292.74**	**14.45**	**43.22**	**126.52**	**109.42**	**86.48**	**10.26**
11年小计			**110.88**	**22.22**	**30.15**	**33.43**	**22.07**	**66.02**	**12.55**
占合计%			**37.88**			**26.42**	**20.17**		
1949	45.31	14.90	5.53	12.20	20.07	1.11			
1950	45.00	15.00	10.56	23.47	26.70	2.82			
1951	46.00	15.00	10.00	21.74	20.00	2.00			
1952	45.16	15.84	7.42	16.43	33.29	2.47			
1953	46.00	16.00	8.71	18.93	44.66	3.89	4.89	125.71	30.56
1954	46.00	16.00	16.52	35.91	18.28	3.02	2.61	86.42	16.31
1955	46.00	16.00	15.49	33.67	33.31	5.16	4.03	78.10	25.19
1956	46.00	16.00	12.79	27.80	24.86	3.18	2.19	68.87	13.69
1957	45.60	17.09	11.05	24.23	38.28	4.23	3.43	81.09	20.07
1958	45.00	17.00	10.69	23.76	46.40	4.96	3.97	80.04	23.35
1959	43.00	17.00	2.12	4.93	27.83	0.59	0.95	161.02	5.59
10年小计			**60.71**	**15.00**	**28.58**	**17.35**	**14.77**	**85.13**	**7.59**
占合计%			**20.74**			**13.71**	**13.50**		
1960	41.00	17.00	8.50	20.73	25.18	2.14	1.61	75.23	9.47
1961	41.00	18.00	9.76	23.80	17.83	1.74	1.34	77.01	7.44
1962	41.09	20.62	7.20	17.52	30.42	2.19	2.04	93.15	9.89
1963	37.00	18.00	9.54	25.78	8.28	0.79	0.95	120.25	5.28
1964	41.00	19.00	6.20	15.12	31.29	1.94	1.83	94.33	9.63
1965	40.62	19.95	7.06	17.38	44.48	3.14	3.18	101.27	15.94
1966	41.00	20.00	3.06	7.46	44.44	1.36	1.20	88.24	6.00
1967	41.00	20.00	2.81	6.85	39.86	1.12	0.84	75.00	4.20
1968	40.00	21.00	2.99	7.48	48.83	1.46	0.76	52.05	3.62
1969	41.00	21.00	3.59	8.76	40.95	1.47	1.02	69.39	4.86
10年小计			**43.93**	**10.93**	**38.90**	**17.09**	**14.72**	**86.13**	**6.38**
占合计%			**15.01**			**13.51**	**13.45**		
1970	40.53	22.01	3.20	7.90	77.81	2.49	2.00	80.32	9.09
1971	40.00	22.00	3.82	9.55	82.20	3.14	2.75	87.58	12.50
1972	40.40	22.51	3.75	9.28	35.73	1.34	1.13	84.33	5.02
1973	40.00	23.00	4.01	10.03	42.14	1.69	1.42	84.02	6.17
1974	40.00	23.00	4.53	11.33	58.28	2.64	2.45	92.80	10.65
1975	40.43	23.25	4.76	11.77	28.78	1.37	1.14	83.21	4.90
1976	40.00	23.00	4.68	11.70	22.01	1.03	0.59	57.28	2.57
1977	40.00	24.00	4.61	11.53	9.98	0.46	0.37	80.43	1.54
1978	40.40	24.04	5.47	13.54	19.20	1.05	0.91	86.67	3.79
1979	40.00	24.00	5.10	12.75	36.86	1.88	1.96	104.26	8.17
10年小计			**53.32**	**13.26**	**89.22**	**47.57**	**49.45**	**103.95**	**19.61**
占合计%			**18.21**			**37.60**	**45.19**		
1980	40.40	24.33	5.34	13.22	57.49	3.07	3.11	101.30	12.78
1981	40.40	24.50	4.99	12.35	52.51	2.62	2.49	95.04	10.16
1982	40.40	24.80	5.40	13.37	97.59	5.27	4.71	89.37	18.99
1983	40.40	25.00	5.50	13.61	145.09	7.98	7.92	99.25	31.68
1984	40.20	25.17	6.40	15.92	160.00	10.24	12.48	121.88	49.58
1985	40.20	25.16	5.58	13.88	82.80	4.62	5.57	120.56	22.14
1986	40.20	25.21	4.68	11.64	108.97	5.10	4.25	83.33	16.86
1987	40.20	25.60	5.15	12.81	100.78	5.19	6.40	123.31	25.00
1988	39.90	26.00	5.20	13.03	51.73	2.69	1.99	73.98	7.65
1989	39.90	26.40	5.08	12.73	15.55	0.79	0.53	67.09	2.01
11年小计			**23.90**	**7.50**	**46.36**	**11.08**	**8.41**	**75.90**	**3.95**
占合计%			**8.16**			**8.76**	**7.69**		
1990	39.89	26.41	4.27	10.70	55.97	2.39	1.90	79.50	7.19
1991	39.90	26.80	4.31	10.80	85.15	3.67	3.21	87.47	11.98
1992	39.86	27.00	4.30	10.79	42.56	1.83	1.24	67.76	4.59
1993	39.86	26.32	2.32	5.82	18.10	0.42	0.38	90.48	1.44
1994	39.83	26.34	3.02	7.58	33.11	1.00	1.01	101.00	3.83
1995	39.80	26.50	3.08	7.74	32.47	1.00	0.67	67.00	2.53
1996	39.79	26.72	2.50	6.28	26.80	0.67			
1997	39.74	26.89	0.10	0.25	100.00	0.10			
1998									
1999									
2000									

5-18-21 河北省宁晋县历年棉花生产收购

年　度	耕地面积（万亩）	农业人口（万人）	棉田面积（万亩）	占耕地（%）	亩产（市斤）	产量（万担）	收购量（万担）	商品率（%）	人均交售（市斤）
52年合计			**1050.39**	**15.85**	**48.03**	**504.45**	**460.23**	**91.23**	**17.74**
11年小计			**264.69**	**17.41**	**32.97**	**87.26**	**59.18**	**67.82**	**15.16**
占合计%			**25.20**			**17.30**	**12.86**		
1949	138.90	36.46	1.85	1.33	14.05	0.26			
1950	137.90	36.80	12.53	9.09	17.88	2.24			
1951	139.33	36.95	25.10	18.01	23.90	6.00			
1952	140.13	37.13	37.67	26.88	29.84	11.24			
1953	140.57	32.97	24.75	17.61	25.78	6.38	6.59	103.29	19.99
1954	140.75	33.39	27.37	19.45	20.72	5.67	5.46	96.30	16.35
1955	140.15	34.89	28.23	20.14	38.89	10.98	8.69	79.14	24.91
1956	139.27	35.63	27.24	19.56	18.58	5.06	5.00	98.81	14.03
1957	138.41	34.94	26.51	19.15	41.91	11.11	11.57	104.14	33.11
1958	134.82	35.46	25.00	18.54	53.20	13.30	9.84	73.98	27.75
1959	130.26	35.77	28.44	21.83	52.81	15.02	12.03	80.09	33.63
10年小计			**224.04**	**17.63**	**26.44**	**59.23**	**55.63**	**93.92**	**12.85**
占合计%			**21.33**			**11.74**	**12.09**		
1960	129.83	39.88	26.50	20.41	17.47	4.63	4.74	102.38	11.89
1961	126.99	40.47	25.03	19.71	20.82	5.21	5.10	97.89	12.60
1962	127.12	42.43	20.67	16.26	23.61	4.88	4.55	93.24	10.72
1963	126.48	42.83	26.56	21.00	6.66	1.77	1.60	90.40	3.74
1964	127.41	42.07	24.18	18.98	25.14	6.08	5.72	94.08	13.60
1965	127.11	43.19	25.94	20.41	46.26	12.00	11.62	96.83	26.90
1966	127.07	44.22	17.13	13.48	19.91	3.41	3.17	92.96	7.17
1967	126.88	44.92	19.22	15.15	28.88	5.55	4.65	83.78	10.35
1968	125.98	46.12	18.35	14.57	41.63	7.64	6.97	91.23	15.11
1969	125.92	46.92	20.46	16.25	39.39	8.06	7.51	93.18	16.01
10年小计			**202.22**	**16.26**	**35.35**	**71.49**	**66.64**	**93.22**	**13.18**
占合计%			**19.25**			**14.17**	**14.48**		
1970	125.86	47.91	20.02	15.91	50.45	10.10	9.19	90.99	19.18
1971	125.66	48.97	20.12	16.01	48.01	9.66	9.19	95.13	18.77
1972	125.66	49.77	20.02	15.93	31.57	6.32	6.06	95.89	12.18
1973	124.35	50.38	19.15	15.40	42.72	8.18	7.82	95.60	15.52
1974	124.10	50.77	20.14	16.23	49.95	10.06	9.27	92.15	18.26
1975	123.85	51.03	20.65	16.67	42.18	8.71	8.15	93.57	15.97
1976	123.85	51.27	20.56	16.60	28.36	5.83	5.70	97.77	11.12
1977	123.59	51.53	20.50	16.59	13.61	2.79	2.43	87.10	4.72
1978	123.59	51.88	20.46	16.55	27.76	5.68	5.27	92.78	10.16
1979	123.52	52.15	20.60	16.68	20.19	4.16	3.56	85.58	6.83
10年小计			**217.03**	**17.58**	**94.07**	**204.17**	**213.57**	**104.60**	**38.09**
占合计%			**20.66**			**40.47**	**46.41**		
1980	123.51	52.61	19.74	15.98	40.37	7.97	8.32	104.39	15.81
1981	123.50	53.60	18.82	15.24	41.23	7.76	8.12	104.64	15.15
1982	123.50	54.40	21.50	17.41	58.00	12.47	11.64	93.34	21.40
1983	123.50	55.10	22.08	17.88	132.52	29.26	28.94	98.91	52.52
1984	123.50	56.01	24.73	20.02	135.79	33.58	41.61	123.91	74.29
1985	123.50	56.53	21.88	17.72	116.41	25.47	21.89	85.94	38.72
1986	123.50	57.04	20.85	16.88	103.98	21.68	20.40	94.10	35.76
1987	123.40	57.69	21.72	17.60	110.31	23.96	28.41	118.57	49.25
1988	123.40	58.46	23.00	18.64	91.87	21.13	23.70	112.16	40.54
1989	123.40	59.30	22.71	18.40	91.99	20.89	20.54	98.32	34.64
11年小计			**142.41**	**10.50**	**57.79**	**82.30**	**65.21**	**79.23**	**9.25**
占合计%			**13.56**			**16.31**	**14.17**		
1990	123.38	62.45	23.91	19.38	71.39	17.07	15.20	89.05	24.34
1991	123.40	63.20	24.06	19.50	66.79	16.07	19.54	121.59	30.92
1992	123.37	63.70	22.62	18.34	28.65	6.48	8.48	130.86	13.31
1993	123.33	64.15	7.56	6.13	45.90	3.47	3.78	108.93	5.89
1994	123.29	64.24	16.55	13.42	60.79	10.06	6.55	65.11	10.20
1995	123.23	63.90	16.00	12.98	55.44	8.87	4.86	54.79	7.61
1996	123.19	63.90	10.70	8.69	26.45	2.83	0.91	32.16	1.42
1997	123.16	63.90	10.00	8.12	15.60	1.56	0.80	51.28	1.25
1998	123.16	64.10	4.09	3.32	160.64	6.57	3.00	45.66	4.68
1999	123.15	65.60	3.33	2.70	127.63	4.25	0.32	7.53	0.49
2000	123.15	65.60	3.59	2.92	141.23	5.07	1.77	34.91	2.70

5-18-22 河北省柏乡县历年棉花生产收购

年度	耕地面积（万亩）	农业人口（万人）	棉田面积（万亩）	占耕地（%）	亩产（市斤）	产量（万担）	收购量（万担）	商品率（%）	人均交售（市斤）
52年合计			**402.83**	**24.25**	**56.51**	**227.62**	**209.79**	**92.17**	**32.47**
11年小计			**111.52**	**31.27**	**54.27**	**60.52**	**50.57**	**83.56**	**51.83**
占合计%			**27.68**			**26.59**	**24.11**		
1949	32.67	7.93	6.41	19.62	22.78	1.46			
1950	32.62	8.07	7.57	23.21	24.70	1.87			
1951	31.97	8.18	8.09	25.30	42.15	3.41			
1952	33.18	8.34	8.62	25.98	59.63	5.14			
1953	33.03	8.72	9.60	29.06	47.40	4.55	4.78	105.05	54.82
1954	33.03	8.92	10.79	32.67	43.56	4.70	6.06	128.94	67.94
1955	33.18	9.18	11.67	35.17	58.01	6.77	7.15	105.61	77.89
1956	32.99	9.27	12.70	38.50	38.82	4.93	6.04	122.52	65.16
1957	31.18	9.57	12.02	38.55	76.54	9.20	8.55	92.93	89.34
1958	31.58	9.69	12.32	39.01	78.08	9.62	8.62	89.60	88.96
1959	31.17	9.70	11.73	37.63	75.62	8.87	9.37	105.64	96.60
10年小计			**93.67**	**29.46**	**34.49**	**32.31**	**31.61**	**97.83**	**30.30**
占合计%			**23.25**			**14.19**	**15.07**		
1960	30.91	9.61	11.33	36.65	33.98	3.85	4.16	108.05	43.29
1961	30.41	9.60	7.81	25.68	18.95	1.48	1.43	96.62	14.90
1962	30.28	9.85	7.03	23.22	24.32	1.71	1.61	94.15	16.35
1963	30.28	10.09	10.05	33.19	9.65	0.97	0.90	92.78	8.92
1964	32.77	10.18	10.34	31.55	28.53	2.95	2.85	96.61	28.00
1965	32.77	10.45	10.07	30.73	48.86	4.92	4.79	97.36	45.84
1966	32.64	10.73	8.50	26.04	34.94	2.97	2.88	96.97	26.84
1967	32.61	10.98	9.52	29.19	36.66	3.49	3.32	95.13	30.24
1968	32.62	11.29	9.10	27.90	50.44	4.59	4.39	95.64	38.88
1969	32.62	11.55	9.92	30.41	54.23	5.38	5.28	98.14	45.71
10年小计			**92.17**	**28.72**	**46.83**	**43.16**	**41.61**	**96.41**	**33.17**
占合计%			**22.88**			**18.96**	**19.83**		
1970	32.27	11.82	9.66	29.93	65.73	6.35	6.16	97.01	52.12
1971	32.26	12.06	9.99	30.97	67.27	6.72	6.55	97.47	54.31
1972	32.26	12.23	8.98	27.84	32.85	2.95	2.83	95.93	23.14
1973	32.24	12.43	9.45	29.31	64.76	6.12	5.92	96.73	47.63
1974	32.16	12.56	9.80	30.47	49.49	4.85	4.64	95.67	36.94
1975	32.07	12.68	9.99	31.15	51.55	5.15	4.97	96.50	39.20
1976	31.95	12.76	8.97	28.08	35.56	3.19	3.03	94.98	23.75
1977	31.92	12.86	8.99	28.16	37.49	3.37	3.12	92.58	24.26
1978	31.91	12.98	8.44	26.45	33.06	2.79	2.68	96.06	20.65
1979	31.89	13.06	7.90	24.77	21.14	1.67	1.71	102.40	13.09
10年小计			**68.34**	**21.47**	**98.41**	**67.25**	**69.32**	**103.08**	**48.75**
占合计%			**16.96**			**29.54**	**33.04**		
1980	31.88	13.23	7.50	23.53	70.00	5.25	5.21	99.24	39.38
1981	31.90	13.50	7.47	23.42	60.37	4.51	4.36	96.67	32.30
1982	31.80	13.80	8.40	26.42	104.40	8.77	8.42	96.01	61.01
1983	31.80	14.00	8.50	26.73	160.47	13.64	13.14	96.33	93.86
1984	31.80	14.37	8.44	26.54	162.91	13.75	14.62	106.33	101.74
1985	31.77	14.48	5.67	17.85	126.10	7.15	6.02	84.20	41.57
1986	31.80	14.53	5.47	17.20	85.19	4.66	4.28	91.85	29.46
1987	31.80	14.65	5.77	18.14	55.29	3.19	3.10	97.18	21.16
1988	32.00	14.74	6.00	18.75	49.17	2.95	5.73	194.24	38.87
1989	31.80	14.90	5.12	16.10	66.02	3.38	4.44	131.36	29.80
11年小计			**37.13**	**10.68**	**65.66**	**24.38**	**16.68**	**68.42**	**9.45**
占合计%			**9.22**			**10.71**	**7.95**		
1990	31.74	15.78	6.07	19.12	90.61	5.50	5.00	90.91	31.69
1991	31.70	16.20	6.24	19.68	101.60	6.34	6.06	95.58	37.41
1992	31.72	16.10	6.70	21.12	35.52	2.38			
1993	31.71	16.14	0.90	2.84	22.22	0.20			
1994	31.55	16.03	6.32	20.03	66.30	4.19	2.49	59.43	15.53
1995	31.55	15.84	5.02	15.91	69.52	3.49	1.81	51.86	11.43
1996	31.55	15.83	3.80	12.04	16.32	0.62	0.02	3.23	0.13
1997	31.55	15.87	0.60	1.90	71.67	0.43			
1998	31.50	15.89	0.60	1.90	78.33	0.47	0.59	125.53	3.71
1999	31.50	16.40	0.37	1.17	75.68	0.28	0.12	42.86	0.73
2000	31.50	16.40	0.51	1.62	94.12	0.48	0.59	122.92	3.60

5－18－23　河北省广宗县历年棉花生产收购

年　度	耕地面积（万亩）	农业人口（万人）	棉田面积（万亩）	占耕地（%）	亩　产（市斤）	产　量（万担）	收购量（万担）	商品率（%）	人均交售（市斤）
52年合计			**403.48**	**15.01**	**47.32**	**190.92**	**107.78**	**56.45**	**11.49**
11年小计			**117.85**	**20.08**	**19.86**	**23.41**	**13.28**	**56.73**	**10.23**
占合计%			**29.21**			**12.26**	**12.32**		
1949	53.50	10.70	7.93	14.82	20.18	1.60			
1950	53.55	10.79	11.11	20.75	21.69	2.41			
1951	53.48	10.92	10.91	20.40	20.26	2.21			
1952	53.83	11.35	10.70	19.88	18.97	2.03			
1953	53.83	11.28	9.94	18.47	14.99	1.49	1.38	92.62	12.23
1954	53.83	11.65	10.75	19.97	12.47	1.34	1.20	89.55	10.30
1955	53.01	12.04	12.11	22.84	29.98	3.63	3.13	86.23	26.00
1956	53.73	12.44	12.58	23.41	6.84	0.86	1.07	124.42	8.60
1957	53.57	12.59	10.78	20.12	25.97	2.80	2.56	91.43	20.33
1958	53.54	13.01	10.88	20.32	17.74	1.93	1.42	73.58	10.91
1959	51.17	13.07	10.16	19.86	30.61	3.11	2.52	81.03	19.28
10年小计			**45.67**	**8.86**	**15.02**	**6.86**	**4.75**	**69.24**	**3.12**
占合计%			**11.32**			**3.59**	**4.41**		
1960	51.17	13.58	10.45	20.42	9.86	1.03	0.85	82.52	6.26
1961	51.94	14.17	6.70	12.90	8.21	0.55	0.34	61.82	2.40
1962	51.86	14.83	5.08	9.80	15.55	0.79	0.69	87.34	4.65
1963	51.54	15.27	7.03	13.64	4.55	0.32	0.16	50.00	1.05
1964	52.06	15.02	3.27	6.28	14.37	0.47	0.33	70.21	2.20
1965	51.46	15.25	2.17	4.22	30.41	0.66	0.57	86.36	3.74
1966	51.36	15.55	1.89	3.68	27.51	0.52	0.32	61.54	2.06
1967	51.41	15.88	2.19	4.26	29.22	0.64	0.32	50.00	2.02
1968	51.33	16.06	3.30	6.43	28.18	0.93	0.55	59.14	3.42
1969	51.52	16.45	3.59	6.97	26.46	0.95	0.62	65.26	3.77
10年小计			**27.85**	**5.41**	**23.88**	**6.65**	**3.79**	**56.99**	**2.12**
占合计%			**6.90**			**3.48**	**3.52**		
1970	51.54	16.84	3.60	6.98	26.94	0.97	0.59	60.82	3.50
1971	51.53	17.08	3.36	6.52	35.12	1.18	0.76	64.41	4.45
1972	51.53	17.31	4.25	8.25	20.00	0.85	0.54	63.53	3.12
1973	51.53	17.59	3.18	6.17	11.95	0.38	0.17	44.74	0.97
1974	51.53	17.78	2.43	4.72	32.10	0.78	0.41	52.56	2.31
1975	51.53	17.56	0.75	1.46	40.00	0.30	0.03	10.00	0.17
1976	51.53	18.2	2.37	4.60	20.68	0.49	0.22	44.90	1.21
1977	51.53	18.49	2.00	3.88	23.00	0.46	0.29	63.04	1.57
1978	51.04	18.85	5.01	9.82	18.96	0.95	0.65	68.42	3.45
1979	51.04	19.05	0.90	1.76	32.22	0.29	0.13	44.83	0.68
10年小计			**92.58**	**18.14**	**68.19**	**63.13**	**51.94**	**82.27**	**25.03**
占合计%			**22.95**			**33.07**	**48.19**		
1980	51.04	19.36	1.16	2.27	35.34	0.41	0.37	90.24	1.91
1981	51.00	19.60	1.45	2.84	29.66	0.43	0.40	93.02	2.04
1982	51.00	20.10	3.90	7.65	46.41	1.81	1.20	66.30	5.97
1983	51.00	20.30	8.83	17.31	54.81	4.84	3.91	80.79	19.26
1984	51.00	20.78	13.53	26.53	95.05	12.86	10.01	77.84	48.17
1985	51.04	20.97	7.99	15.65	49.31	3.94	5.28	134.01	25.18
1986	51.04	21.20	7.82	15.32	56.14	4.39	4.62	105.24	21.79
1987	51.04	21.44	11.90	23.32	84.12	10.01	7.46	74.53	34.79
1988	51.04	21.68	17.00	33.31	79.18	13.46	8.93	66.34	41.19
1989	51.04	22.10	19.00	37.23	57.79	10.98	9.76	88.89	44.16
11年小计			**119.53**	**21.29**	**76.02**	**90.87**	**34.02**	**37.44**	**12.60**
占合计%			**29.62**			**47.60**	**31.56**		
1990	51.04	23.71	11.00	21.55	86.00	9.46	8.00	84.57	33.74
1991	51.04	23.80	12.00	23.51	100.00	12.00	9.22	76.83	38.74
1992	51.04	24.10	13.32	26.10	15.02	2.00	1.59	79.50	6.60
1993	51.04	24.28	9.80	19.20	39.29	3.85	1.35	35.06	5.56
1994	51.04	24.51	16.60	32.52	49.16	8.16	3.12	38.24	12.73
1995	51.04	24.59	13.60	26.65	50.00	6.80	2.42	35.59	9.84
1996	51.04	24.65	9.30	18.22	90.43	8.41	2.20	26.16	8.92
1997	51.04	24.70	8.00	15.67	90.50	7.24	1.05	14.50	4.25
1998	51.04	24.89	8.14	15.95	120.02	9.77	2.10	21.49	8.44
1999	51.04	25.40	8.11	15.89	119.98	9.73	1.74	17.88	6.85
2000	51.04	25.40	9.66	18.93	139.23	13.45	1.23	9.14	4.84

5－18－24　河北省巨鹿县历年棉花生产收购

年　度	耕地面积（万亩）	农业人口（万人）	棉田面积（万亩）	占耕地（%）	亩　产（市斤）	产　量（万担）	收购量（万担）	商品率（%）	人均交售（市斤）
52 年合计			**571.01**	**15.52**	**36.96**	**211.06**	**186.89**	**88.55**	**14.82**
11 年小计			**195.23**	**23.58**	**23.53**	**45.94**	**33.88**	**73.75**	**18.40**
占合计%			**34.19**			**21.77**	**18.13**		
1949	74.55	15.50	12.20	16.36	18.03	2.20			
1950	74.55	15.60	18.39	24.67	15.99	2.94			
1951	74.88	15.72	17.49	23.36	18.58	3.25			
1952	76.40	15.83	16.59	21.71	21.04	3.49			
1953	76.63	16.14	15.77	20.58	15.98	2.52	2.65	105.16	16.42
1954	76.63	16.60	15.95	20.81	24.08	3.84	3.15	82.03	18.98
1955	76.56	17.36	18.83	24.60	29.58	5.57	5.75	103.23	33.12
1956	76.67	17.56	19.81	25.84	13.63	2.70	3.46	128.15	19.70
1957	74.57	18.11	17.04	22.85	31.98	5.45	6.17	113.21	34.07
1958	74.46	17.66	21.07	28.30	31.37	6.61	5.88	88.96	33.30
1959	71.99	18.08	22.09	30.68	33.36	7.37	6.82	92.54	37.72
10 年小计			**87.19**	**12.37**	**15.75**	**13.73**	**10.82**	**78.81**	**5.25**
占合计%			**15.27**			**6.51**	**5.79**		
1960	71.99	18.46	16.13	22.41	15.07	2.43	2.18	89.71	11.81
1961	70.68	19.03	12.46	17.63	5.54	0.69	0.63	91.30	3.31
1962	70.94	19.67	12.48	17.59	13.86	1.73	1.56	90.17	7.93
1963	70.99	20.16	15.08	21.24	1.79	0.27	0.22	81.48	1.09
1964	71.45	20.38	9.35	13.09	11.23	1.05	0.89	84.76	4.37
1965	70.08	20.87	3.32	4.74	48.49	1.61	1.48	91.93	7.09
1966	69.91	21.19	3.46	4.95	26.01	0.90	0.61	67.78	2.88
1967	69.73	21.61	4.54	6.51	26.87	1.22	0.75	61.48	3.47
1968	69.71	22.19	4.87	6.99	31.62	1.54	0.96	62.34	4.33
1969	69.56	22.58	5.50	7.91	41.64	2.29	1.54	67.25	6.82
10 年小计			**46.77**	**6.73**	**27.43**	**12.83**	**8.94**	**69.68**	**3.69**
占合计%			**8.19**			**6.08**	**4.78**		
1970	69.53	23.05	4.88	7.02	43.44	2.12	1.69	79.72	7.33
1971	69.53	23.39	4.53	6.52	43.49	1.97	1.57	79.70	6.71
1972	69.53	23.68	5.09	7.32	25.93	1.32	0.88	66.67	3.72
1973	69.53	23.98	4.18	6.01	21.77	0.91	0.51	56.04	2.13
1974	69.52	24.20	3.96	5.70	36.62	1.45	0.90	62.07	3.72
1975	69.53	24.40	4.74	6.82	27.22	1.29	0.86	66.67	3.52
1976	69.53	24.59	4.55	6.54	17.80	0.81	0.54	66.67	2.20
1977	69.52	24.80	4.27	6.14	17.56	0.75	0.46	61.33	1.85
1978	69.52	25.01	5.27	7.58	23.34	1.23	0.90	73.17	3.60
1979	69.31	25.24	5.30	7.65	18.49	0.98	0.63	64.29	2.50
10 年小计			**123.95**	**17.91**	**57.71**	**71.53**	**87.89**	**122.87**	**31.80**
占合计%			**21.71**			**33.89**	**47.03**		
1980	69.30	25.60	5.25	7.58	24.95	1.31	1.27	96.95	4.96
1981	69.20	26.20	3.90	5.64	25.64	1.00	1.06	106.00	4.05
1982	69.30	26.90	13.20	19.05	43.48	5.74	4.17	72.65	15.50
1983	69.20	27.30	14.00	20.23	68.00	9.52	8.54	89.71	31.28
1984	69.20	27.83	14.20	20.52	105.21	14.94	19.52	130.66	70.14
1985	69.24	28.10	13.86	20.02	44.16	6.12	10.76	175.82	38.29
1986	69.20	28.27	14.12	20.40	42.78	6.04	9.33	154.47	33.00
1987	69.20	28.48	14.14	20.43	57.28	8.10	12.89	159.14	45.26
1988	69.21	28.80	15.00	21.67	66.47	9.97	11.29	113.24	39.20
1989	69.20	28.90	16.28	23.53	53.99	8.79	9.06	103.07	31.35
11 年小计			**117.87**	**15.52**	**56.87**	**67.03**	**45.36**	**67.67**	**12.90**
占合计%			**20.64**			**31.76**	**24.27**		
1990	69.20	30.80	14.45	20.88	72.73	10.51	9.70	92.29	31.49
1991	69.20	31.01	17.03	24.61	73.75	12.56	16.84	134.08	54.31
1992	69.14	31.10	13.67	19.77	15.14	2.07	2.33	112.56	7.49
1993	69.10	31.60	3.31	4.79	47.13	1.56	1.06	67.95	3.35
1994	69.10	31.99	16.00	23.15	54.50	8.72	2.96	33.94	9.25
1995	69.08	32.00	15.92	23.05	45.29	7.21	0.78	10.82	2.44
1996	69.03	32.10	7.40	10.72	51.62	3.82			
1997	69.02	32.20	9.40	13.62	16.60	1.56	0.74	47.44	2.30
1998	68.96	32.70	6.78	9.83	77.73	5.27	4.50	85.39	13.76
1999	68.90	33.10	5.80	8.42	81.72	4.74	2.25	47.47	6.80
2000	68.90	33.10	8.11	11.77	111.10	9.01	4.20	46.61	12.69

5-18-25 河北省临城县历年棉花生产收购

年　　度	耕地面积（万亩）	农业人口（万人）	棉田面积（万亩）	占耕地（%）	亩　产（市斤）	产　量（万担）	收购量（万担）	商品率（%）	人均交售（市斤）
52年合计			**283.78**	**16.22**	**44.06**	**125.03**	**119.29**	**95.41**	**17.55**
11年小计			**68.22**	**16.26**	**32.22**	**21.98**	**23.19**	**105.51**	**24.80**
占合计%			**24.04**			**17.58**	**19.44**		
1949	40.29	7.68	1.43	3.55	13.29	0.19			
1950	40.29	7.77	4.03	10.00	23.08	0.93			
1951	39.48	7.83	4.51	11.42	23.06	1.04			
1952	38.16	7.98	5.00	13.10	32.20	1.61			
1953	38.24	8.25	4.99	13.05	33.67	1.68	4.41	*	53.45
1954	38.23	8.49	7.04	18.41	22.02	1.55	1.74	112.26	20.49
1955	38.20	8.85	7.05	18.46	37.73	2.66	2.90	109.02	32.77
1956	38.13	8.95	7.64	20.04	31.02	2.37	2.19	92.41	24.47
1957	38.47	9.12	8.17	21.24	38.80	3.17	3.03	95.58	33.22
1958	35.57	9.27	8.91	25.05	38.95	3.47	4.64	133.72	50.05
1959	34.53	9.33	9.45	27.37	35.03	3.31	4.28	129.31	45.87
10年小计			**57.04**	**17.40**	**26.81**	**15.29**	**14.29**	**93.46**	**12.92**
占合计%			**20.10**			**12.23**	**11.98**		
1960	32.60	9.56	8.31	25.49	19.25	1.60	1.43	89.38	14.96
1961	33.68	10.00	5.61	16.66	23.53	1.32	1.27	96.21	12.70
1962	33.68	10.56	4.95	14.70	27.68	1.37	1.28	93.43	12.12
1963	30.88	10.84	6.50	21.05	18.15	1.18	1.06	89.83	9.78
1964	32.11	11.05	6.29	19.59	28.46	1.79	1.71	95.53	15.48
1965	32.51	11.38	6.53	20.09	34.30	2.24	2.29	102.23	20.12
1966	33.12	11.57	3.86	11.65	13.73	0.53	0.39	73.58	3.37
1967	33.01	11.20	4.70	14.24	22.98	1.08	0.93	86.11	8.30
1968	33.10	12.10	4.86	14.68	29.42	1.43	1.34	93.71	11.07
1969	33.09	12.38	5.43	16.41	50.64	2.75	2.59	94.18	20.92
10年小计			**50.83**	**15.47**	**36.87**	**18.74**	**17.52**	**93.49**	**12.99**
占合计%			**17.91**			**14.99**	**14.69**		
1970	33.06	12.70	5.21	15.76	57.20	2.98	2.78	93.29	21.89
1971	33.02	12.97	4.98	15.08	59.24	2.95	2.79	94.58	21.51
1972	32.97	13.12	5.00	15.17	34.20	1.71	1.54	90.06	11.74
1973	32.97	13.35	4.30	13.04	46.74	2.01	1.86	92.54	13.93
1974	32.85	13.53	5.13	15.62	35.67	1.83	1.68	91.80	12.42
1975	32.84	13.67	5.32	16.20	42.67	2.27	2.16	95.15	15.80
1976	32.94	13.76	5.24	15.91	22.14	1.16	1.12	96.55	8.14
1977	32.63	13.84	5.25	16.09	19.62	1.03	0.90	87.38	6.50
1978	32.63	13.91	5.10	15.63	24.90	1.27	1.07	84.25	7.69
1979	32.56	14.03	5.30	16.28	28.87	1.53	1.62	105.88	11.55
10年小计			**60.25**	**18.58**	**76.02**	**45.80**	**48.45**	**105.79**	**31.79**
占合计%			**21.23**			**36.63**	**40.62**		
1980	32.56	14.23	5.32	16.34	28.20	1.50	1.95	130.00	13.70
1981	32.50	14.50	3.88	11.94	51.55	2.00	2.18	109.00	15.03
1982	32.50	14.80	5.30	16.31	66.23	3.51	3.52	100.28	23.78
1983	32.50	15.00	7.19	22.12	118.22	8.50	8.66	101.88	57.73
1984	32.50	15.18	7.35	22.62	121.77	8.95	9.72	108.60	64.03
1985	32.45	15.38	6.06	18.67	89.27	5.41	4.80	88.72	31.21
1986	32.40	15.56	5.82	17.96	64.95	3.78	3.74	98.94	24.04
1987	32.40	15.73	7.08	21.85	50.28	3.56	4.46	125.28	28.35
1988	32.00	15.92	6.00	18.75	69.67	4.18	4.91	117.46	30.84
1989	32.40	16.10	6.25	19.29	70.56	4.41	4.51	102.27	28.01
11年小计			**47.44**	**13.59**	**48.95**	**23.22**	**15.84**	**68.22**	**8.41**
占合计%			**16.72**			**18.57**	**13.28**		
1990	32.38	16.63	8.28	25.57	70.65	5.85	5.20	88.89	31.27
1991	32.40	16.80	7.48	23.09	79.81	5.97	4.00	67.00	23.81
1992	32.34	16.90	7.29	22.54	20.99	1.53	1.01	66.01	5.98
1993	32.00	18.20	2.86	8.94	19.93	0.57	0.05	8.77	0.27
1994	32.16	17.03	3.45	10.73	37.97	1.31	1.44	109.92	8.46
1995	32.07	16.94	4.50	14.03	32.00	1.44	0.98	68.06	5.79
1996	31.07	16.90	3.50	11.26	31.43	1.10	0.38	34.55	2.25
1997	31.09	16.92	3.00	9.65	20.00	0.60	1.36	*	8.04
1998	31.05	17.08	3.08	9.92	69.48	2.14	0.73	34.11	4.27
1999	31.27	17.50	2.00	6.40	73.00	1.46	0.04	2.74	0.23
2000	31.27	17.50	2.00	6.40	62.50	1.25	0.65	52.00	3.71

5－18－26　河北省临西县历年棉花生产收购

年　度	耕地面积（万亩）	农业人口（万人）	棉田面积（万亩）	占耕地（%）	亩　产（市斤）	产　量（万担）	收购量（万担）	商品率（%）	人均交售（市斤）
52年合计			**750.80**	**24.57**	**68.04**	**510.84**	**409.89**	**80.24**	**35.74**
11年小计			**174.96**	**24.02**	**26.16**	**45.77**	**13.63**	**29.78**	**7.27**
占合计%			**23.30**			**8.96**	**3.33**		
1949	62.18	15.34	14.99	24.11	21.21	3.18			
1950	63.26	15.65	15.46	24.44	25.23	3.90			
1951	68.27	15.96	21.68	31.76	19.05	4.13			
1952	68.73	16.73	16.61	24.17	30.04	4.99			
1953	68.63	16.52	15.85	23.09	24.42	3.87			
1954	68.22	17.16	13.97	20.48	25.41	3.55			
1955	68.73	17.63	16.60	24.15	31.39	5.21			
1956	68.75	18.07	17.26	25.11	13.44	2.32			
1957	68.62	18.36	14.93	21.76	35.50	5.30	4.77	90.00	25.98
1958	62.94	17.91	14.89	23.66	28.88	4.30	4.02	93.49	22.45
1959	60.09	18.08	12.72	21.17	39.47	5.02	4.84	96.41	26.77
10年小计			**108.51**	**18.02**	**25.40**	**27.56**	**24.80**	**89.99**	**12.46**
占合计%			**14.45**			**5.40**	**6.05**		
1960	58.50	17.90	15.51	26.51	31.46	4.88	5.15	105.53	28.77
1961	58.48	18.98	13.36	22.85	12.28	1.64	1.36	82.93	7.17
1962	59.18	19.72	8.18	13.82	19.32	1.58	1.35	85.44	6.85
1963	60.96	19.92	15.09	24.75	3.84	0.58	0.32	55.17	1.61
1964	61.22	19.41	14.51	23.70	25.57	3.71	3.56	95.96	18.34
1965	61.38	19.96	13.27	21.62	35.87	4.76	4.52	94.96	22.65
1966	60.66	20.29	6.61	10.90	30.26	2.00	1.24	62.00	6.11
1967	60.59	20.67	6.51	10.74	27.80	1.81	1.44	79.56	6.97
1968	60.53	20.90	7.64	12.62	41.62	3.18	2.77	87.11	13.25
1969	60.55	21.22	7.83	12.93	43.68	3.42	3.09	90.35	14.56
10年小计			**80.60**	**13.92**	**36.19**	**29.17**	**27.08**	**92.84**	**12.39**
占合计%			**10.74**			**5.71**	**6.61**		
1970	58.72	21.53	7.45	12.69	51.01	3.80	3.53	92.89	16.40
1971	58.71	21.74	7.16	12.20	53.91	3.86	3.62	93.78	16.65
1972	58.74	21.91	7.56	12.87	35.05	2.65	2.37	89.43	10.82
1973	57.76	21.79	8.02	13.89	33.92	2.72	2.32	85.29	10.65
1974	57.56	21.79	8.17	14.19	37.33	3.05	2.79	91.48	12.80
1975	57.56	21.88	8.51	14.78	37.25	3.17	2.88	90.85	13.16
1976	57.55	21.87	8.50	14.77	29.65	2.52	2.37	94.05	10.84
1977	57.56	21.91	7.43	12.91	26.65	1.98	1.77	89.39	8.08
1978	57.49	22.02	8.80	15.31	33.30	2.93	2.74	93.52	12.44
1979	57.42	22.16	9.00	15.67	27.67	2.49	2.69	108.03	12.14
10年小计			**174.64**	**30.43**	**115.47**	**201.65**	**196.49**	**97.44**	**83.75**
占合计%			**23.26**			**39.47**	**47.94**		
1980	57.41	22.44	9.74	16.97	84.19	8.20	8.28	100.98	36.90
1981	57.40	22.90	10.15	17.68	72.22	7.33	6.80	92.77	29.69
1982	57.40	23.30	16.00	27.87	94.63	15.14	14.17	93.59	60.82
1983	57.40	23.60	17.17	29.91	133.31	22.89	22.08	96.46	93.56
1984	57.40	23.84	18.53	32.28	172.53	31.97	34.86	109.04	146.22
1985	57.37	24.07	18.48	32.21	106.17	19.62	17.03	86.80	70.75
1986	57.40	24.25	17.53	30.54	104.11	18.25	18.96	103.89	78.19
1987	57.40	22.56	20.97	36.53	133.14	27.92	28.58	102.36	126.68
1988	57.36	22.86	22.00	38.35	119.64	26.32	26.98	102.51	118.02
1989	57.30	24.80	24.07	42.01	99.75	24.01	18.75	78.09	75.60
11年小计			**212.09**	**37.07**	**97.45**	**206.69**	**147.89**	**71.55**	**48.12**
占合计%			**28.25**			**40.46**	**36.08**		
1990	57.34	26.65	24.38	42.52	106.73	26.02	20.80	79.94	78.05
1991	57.30	27.18	23.55	41.10	116.18	27.36	28.86	105.48	106.18
1992	57.29	27.42	24.55	42.85	53.36	13.10	6.08	46.41	22.17
1993	57.29	27.61	16.00	27.93	50.19	8.03	2.86	35.62	10.36
1994	57.19	27.76	21.94	38.36	67.46	14.80	8.36	56.49	30.12
1995	57.16	28.10	20.96	36.67	72.04	15.10	6.24	41.32	22.21
1996	56.91	28.25	18.60	32.68	84.73	15.76	7.33	46.51	25.95
1997	56.90	28.39	18.80	33.04	114.89	21.60	5.14	23.80	18.10
1998	56.90	28.60	15.23	26.77	153.64	23.40	19.34	82.65	67.62
1999	28.90	28.70	12.60	43.60	147.70	18.61	28.65	153.95	99.83
2000	28.90	28.70	15.48	53.56	148.00	22.91	14.23	62.11	49.58

5－18－27　河北省隆尧县历年棉花生产收购

年　度	耕地面积（万亩）	农业人口（万人）	棉田面积（万亩）	占耕地（%）	亩　产（市斤）	产　量（万担）	收购量（万担）	商品率（%）	人均交售（市斤）
52年合计			**706.16**	**16.36**	**55.90**	**394.76**	**305.92**	**77.50**	**17.74**
11年小计			**182.35**	**19.15**	**33.72**	**61.49**	**45.33**	**73.72**	**17.58**
占合计%			**25.82**			**15.58**	**14.82**		
1949	88.60	21.20	9.77	11.03	15.97	1.56			
1950	88.89	21.51	14.67	16.50	26.65	3.91			
1951	86.82	21.94	16.92	19.49	31.21	5.28			
1952	85.40	22.30	19.16	22.44	35.65	6.83			
1953	87.15	23.09	15.82	18.15	35.34	5.59	5.15	92.13	22.30
1954	87.15	23.84	17.09	19.61	27.62	4.72	5.01	106.14	21.02
1955	87.19	23.52	17.76	20.37	44.65	7.93	7.41	93.44	31.51
1956	86.70	24.83	18.93	21.83	19.18	3.63	4.51	124.24	18.16
1957	85.51	25.07	14.81	17.32	47.27	7.00	6.48	92.57	25.85
1958	84.87	25.16	19.65	23.15	38.73	7.61	8.65	113.67	34.38
1959	83.81	25.44	17.77	21.20	41.81	7.43	8.12	109.29	31.92
10年小计			**132.11**	**15.80**	**28.47**	**37.61**	**33.86**	**90.03**	**12.11**
占合计%			**18.71**			**9.53**	**11.07**		
1960	83.70	25.72	17.49	20.90	23.56	4.12	3.32	80.58	12.91
1961	83.57	26.23	12.82	15.34	17.47	2.24	2.26	100.89	8.62
1962	83.78	27.22	12.30	14.68	26.02	3.20	2.59	80.94	9.52
1963	83.78	27.25	17.56	20.96	5.07	0.89	0.79	88.76	2.90
1964	83.50	27.55	13.93	16.68	22.04	3.07	2.85	92.83	10.34
1965	83.60	28.20	13.48	16.12	41.54	5.60	5.35	95.54	18.97
1966	83.56	28.43	8.33	9.97	34.45	2.87	2.59	90.24	9.11
1967	83.57	28.87	11.28	13.50	35.02	3.95	3.40	86.08	11.78
1968	83.45	29.78	11.47	13.74	41.41	4.75	4.27	89.89	14.34
1969	83.45	30.30	13.45	16.12	51.45	6.92	6.44	93.06	21.25
10年小计			**128.71**	**15.62**	**34.73**	**44.70**	**40.40**	**90.38**	**12.10**
占合计%			**18.23**			**11.32**	**13.21**		
1970	83.60	31.10	12.93	15.47	48.65	6.29	5.76	91.57	18.52
1971	83.59	31.69	12.78	15.29	53.44	6.83	6.29	92.09	19.85
1972	83.59	32.20	13.19	15.78	27.67	3.65	3.06	83.84	9.50
1973	83.27	32.82	12.22	14.68	44.11	5.39	4.90	90.91	14.93
1974	82.08	33.34	12.96	15.79	35.88	4.65	4.21	90.54	12.63
1975	81.70	33.80	12.91	15.80	35.01	4.52	4.02	88.94	11.89
1976	81.61	34.11	12.92	15.83	24.61	3.18	2.91	91.51	8.53
1977	81.53	34.58	12.59	15.44	24.38	3.07	2.64	85.99	7.63
1978	81.45	34.94	13.11	16.10	34.25	4.49	3.98	88.64	11.39
1979	81.36	35.27	13.10	16.10	20.08	2.63	2.63	100.00	7.46
10年小计			**139.91**	**17.21**	**118.00**	**165.10**	**139.74**	**84.64**	**36.69**
占合计%			**19.81**			**41.82**	**45.68**		
1980	81.36	35.82	12.84	15.78	41.51	5.33	5.79	108.63	16.16
1981	81.40	36.50	11.88	14.59	41.84	4.97	5.24	105.43	14.36
1982	81.30	37.20	12.90	15.87	69.30	8.94	8.67	96.98	23.31
1983	81.30	37.60	13.05	16.05	155.86	20.34	20.73	101.92	55.13
1984	81.30	38.27	16.87	20.75	157.91	26.64	31.40	117.87	82.05
1985	81.32	38.59	13.80	16.97	148.41	20.48	10.30	50.29	26.69
1986	81.30	38.86	13.42	16.51	131.15	17.60	10.64	60.45	27.38
1987	81.40	39.09	14.55	17.87	149.69	21.78	17.03	78.19	43.57
1988	81.00	39.32	15.00	18.52	130.00	19.50	18.10	92.82	46.03
1989	81.10	39.60	15.60	19.24	125.13	19.52	11.84	60.66	29.90
11年小计			**123.08**	**13.79**	**69.76**	**85.86**	**46.59**	**54.26**	**9.86**
占合计%			**17.43**			**21.75**	**15.23**		
1990	81.18	41.94	17.16	21.14	101.98	17.50	15.60	89.14	37.20
1991	81.20	42.40	20.81	25.63	104.47	21.74	18.40	84.64	43.40
1992	81.26	42.50	19.22	23.65	46.51	8.94			
1993	81.25	43.13	8.72	10.73	34.98	3.05	0.17	5.57	0.39
1994	81.17	42.52	18.64	22.96	47.42	8.84	5.09	57.58	11.97
1995	81.07	43.37	14.15	17.45	62.47	8.84	4.09	46.27	9.43
1996	81.07	43.25	6.30	7.77	47.62	3.00	0.55	18.33	1.27
1997	81.07	43.26	8.60	10.61	54.19	4.66	0.12	2.58	0.28
1998	81.07	43.35	3.11	3.84	85.53	2.66	0.46	17.29	1.06
1999	81.07	43.30	2.92	3.60	88.01	2.57	0.75	29.18	1.73
2000	81.07	43.30	3.45	4.26	117.68	4.06	1.36	33.50	3.14

5－18－28 河北省内邱县历年棉花生产收购

年　度	耕地面积（万亩）	农业人口（万人）	棉田面积（万亩）	占耕地（%）	亩　产（市斤）	产　量（万担）	收购量（万担）	商品率（%）	人均交售（市斤）
52 年合计			**326.82**	**14.71**	**47.36**	**154.77**	**147.95**	**95.59**	**16.52**
11 年小计			**76.71**	**14.81**	**32.86**	**25.21**	**24.15**	**95.80**	**19.80**
占合计%			**23.47**			**16.29**	**16.32**		
1949	49.29	10.06	1.96	3.98	8.67	0.17			
1950	49.29	10.30	5.25	10.65	26.67	1.40			
1951	48.29	10.41	6.05	12.53	28.10	1.70			
1952	47.53	10.67	6.84	14.39	29.53	2.02			
1953	47.55	10.69	5.92	12.45	34.97	2.07	2.04	98.55	19.08
1954	47.57	11.03	7.05	14.82	33.33	2.35	2.63	111.91	23.84
1955	47.68	11.33	7.36	15.44	37.50	2.76	3.12	113.04	27.54
1956	47.52	11.45	8.13	17.11	31.86	2.59	2.44	94.21	21.31
1957	45.94	11.74	8.63	18.79	36.96	3.19	4.04	126.65	34.41
1958	44.02	12.07	9.35	21.24	38.29	3.58	5.08	141.90	42.09
1959	43.35	12.22	10.17	23.46	33.24	3.38	4.80	142.01	39.28
10 年小计			**70.66**	**16.98**	**32.68**	**23.09**	**22.67**	**98.18**	**15.81**
占合计%			**21.62**			**14.92**	**15.32**		
1960	42.42	12.39	8.27	19.50	19.23	1.59	1.93	121.38	15.58
1961	42.47	12.95	7.19	16.93	21.00	1.51	1.60	105.96	12.36
1962	42.41	13.80	6.09	14.36	28.57	1.74	2.02	116.09	14.64
1963	38.88	14.12	8.79	22.61	13.77	1.21	1.09	90.08	7.72
1964	40.47	14.26	7.18	17.74	30.64	2.20	2.09	95.00	14.66
1965	41.33	14.06	7.77	18.80	42.21	3.28	3.27	99.70	23.26
1966	42.24	14.89	5.07	12.00	38.26	1.94	1.81	93.30	12.16
1967	41.94	15.21	6.13	14.62	44.70	2.74	2.46	89.78	16.17
1968	41.96	15.67	7.06	16.83	40.93	2.89	2.65	91.70	16.91
1969	42.02	16.07	7.11	16.92	56.12	3.99	3.75	93.98	23.34
10 年小计			**74.13**	**17.70**	**43.65**	**32.36**	**30.19**	**93.29**	**17.30**
占合计%			**22.68**			**20.91**	**20.41**		
1970	42.04	16.42	7.18	17.08	60.03	4.31	4.07	94.43	24.79
1971	42.02	16.69	7.11	16.92	62.17	4.42	4.32	97.74	25.88
1972	42.02	16.98	7.07	16.83	38.61	2.73	2.43	89.01	14.31
1973	42.00	17.10	6.88	16.38	52.18	3.59	3.31	92.20	19.36
1974	42.01	17.59	7.65	18.21	47.06	3.60	3.37	93.61	19.16
1975	41.90	17.66	7.73	18.45	45.67	3.53	3.34	94.62	18.91
1976	41.76	17.76	7.72	18.49	34.84	2.69	2.56	95.17	14.41
1977	41.66	17.90	7.49	17.98	24.57	1.84	1.59	86.41	8.88
1978	41.66	18.09	7.70	18.48	41.56	3.20	2.94	91.88	16.25
1979	41.66	18.27	7.60	18.24	32.24	2.45	2.26	92.24	12.37
10 年小计			**63.94**	**15.35**	**80.04**	**51.18**	**54.91**	**107.29**	**27.35**
占合计%			**19.56**			**33.07**	**37.11**		
1980	41.66	18.61	7.65	18.36	38.69	2.96	2.91	98.31	15.64
1981	41.70	19.10	6.16	14.77	33.12	2.04	1.70	83.33	8.90
1982	41.60	19.50	6.00	14.42	57.33	3.44	3.49	101.45	17.90
1983	41.60	19.90	8.07	19.40	119.83	9.67	9.42	97.41	47.34
1984	41.60	20.10	8.03	19.30	146.20	11.74	13.82	117.72	68.76
1985	41.62	20.32	5.67	13.62	126.10	7.15	6.02	84.20	29.63
1986	41.60	20.55	5.47	13.15	85.19	4.66	4.28	91.85	20.83
1987	41.60	20.72	5.77	13.87	55.29	3.19	3.10	97.18	14.96
1988	42.00	20.90	6.00	14.29	49.17	2.95	5.73	194.24	27.42
1989	41.60	21.10	5.12	12.31	66.02	3.38	4.44	131.36	21.04
11 年小计			**41.38**	**9.16**	**55.41**	**22.93**	**16.03**	**69.91**	**6.29**
占合计%			**12.66**			**14.82**	**10.83**		
1990	41.57	22.59	6.32	15.20	82.44	5.21	4.80	92.13	21.25
1991	41.60	22.80	7.56	18.17	86.24	6.52	5.69	87.27	24.96
1992	41.54	23.00	8.01	19.28	22.85	1.83	0.38	20.77	1.65
1993	41.48	23.11	1.76	4.24	37.50	0.66	0.02	3.03	0.09
1994	41.33	23.32	4.01	9.70	60.10	2.41	2.20	91.29	9.43
1995	41.32	23.21	4.04	9.78	44.80	1.81	1.55	85.64	6.68
1996	40.00	23.17	4.10	10.25	23.41	0.96	0.25	26.04	1.08
1997	40.70	23.29	1.80	4.42	54.44	0.98	0.30	30.61	1.29
1998	40.74	23.44	2.16	5.30	62.04	1.34	0.84	62.69	3.58
1999	40.74	23.50	0.95	2.33	71.58	0.68			
2000	40.74	23.50	0.67	1.64	79.10	0.53			

5－18－29　河北省南宫市历年棉花生产收购

年　度	耕地面积（万亩）	农业人口（万人）	棉田面积（万亩）	占耕地（%）	亩　产（市斤）	产　量（万担）	收购量（万担）	商品率（%）	人均交售（市斤）
52 年合计			**1701.39**	**34.22**	**61.56**	**1047.46**	**872.94**	**83.34**	**48.04**
11 年小计			**447.00**	**40.00**	**37.60**	**168.05**	**130.70**	**77.77**	**40.55**
占合计%			**26.27**			**16.04**	**14.97**		
1949	101.90	27.90	24.86	24.40	20.84	5.18			
1950	101.80	28.00	32.64	32.06	20.68	6.75			
1951	101.70	28.10	36.93	36.31	27.81	10.27			
1952	101.80	28.10	41.22	40.49	34.74	14.32			
1953	101.80	28.20	42.01	41.27	28.61	12.02	10.82	90.02	38.37
1954	101.90	29.10	42.26	41.47	38.10	16.10	12.90	80.12	44.33
1955	101.90	29.60	48.49	47.59	45.00	21.82	24.07	110.31	81.32
1956	101.90	30.10	50.49	49.55	40.11	20.25	21.28	105.09	70.70
1957	101.40	30.70	46.78	46.13	51.00	23.86	22.09	92.58	71.95
1958	101.40	31.20	37.54	37.02	44.09	16.55	18.11	109.43	58.04
1959	100.10	31.30	43.78	43.74	47.81	20.93	21.43	102.39	68.47
10 年小计			**346.40**	**36.12**	**32.90**	**113.97**	**108.03**	**94.79**	**32.85**
占合计%			**20.36**			**10.88**	**12.38**		
1960	99.30	31.50	46.04	46.36	29.67	13.66	12.24	89.60	38.86
1961	98.90	31.80	31.17	31.52	26.50	8.26	7.89	95.52	24.81
1962	99.10	31.20	42.08	42.46	26.14	11.00	10.73	97.55	34.39
1963	99.10	32.40	43.31	43.70	29.92	12.96	12.63	97.45	38.98
1964	99.20	32.00	43.53	43.88	35.75	15.56	15.17	97.49	47.41
1965	99.20	32.30	41.22	41.55	48.52	20.00	19.62	98.10	60.74
1966	91.00	33.80	20.95	23.02	31.12	6.52	6.09	93.40	18.02
1967	91.50	34.60	25.66	28.04	27.86	7.15	6.64	92.87	19.19
1968	91.00	34.20	28.51	31.33	29.74	8.48	7.72	91.04	22.57
1969	90.70	35.10	23.93	26.38	43.38	10.38	9.30	89.60	26.50
10 年小计			**221.58**	**24.27**	**27.78**	**61.55**	**56.01**	**91.00**	**15.75**
占合计%			**13.02**			**5.88**	**6.42**		
1970	90.50	36.00	23.71	26.20	35.85	8.50	7.74	91.06	21.50
1971	90.50	36.70	23.77	26.27	42.79	10.17	9.77	96.07	26.62
1972	91.00	36.70	23.80	26.15	22.61	5.38	4.34	80.67	11.83
1973	91.20	36.20	23.00	25.22	15.57	3.58	2.93	81.84	8.09
1974	91.00	34.40	23.12	25.41	33.48	7.74	7.21	93.15	20.96
1975	91.50	35.00	23.11	25.26	27.78	6.42	5.98	93.15	17.09
1976	92.50	36.30	20.06	21.69	23.78	4.77	4.18	87.63	11.52
1977	92.00	35.70	20.01	21.75	24.29	4.86	4.08	83.95	11.43
1978	92.00	34.20	20.00	21.74	24.45	4.89	4.54	92.84	13.27
1979	90.80	34.40	21.00	23.13	24.95	5.24	5.24	100.00	15.23
10 年小计			**319.61**	**35.04**	**122.38**	**391.14**	**369.21**	**94.39**	**104.18**
占合计%			**18.79**			**37.34**	**42.30**		
1980	91.90	35.40	24.12	26.25	51.58	12.44	12.24	98.39	34.58
1981	91.80	35.80	24.09	26.24	61.02	14.70	14.38	97.82	40.17
1982	91.10	36.10	30.00	32.93	101.37	30.41	29.48	96.94	81.66
1983	90.00	36.70	32.05	35.61	131.23	42.06	41.61	98.93	113.38
1984	91.00	33.00	32.06	35.23	187.21	60.02	63.53	105.85	192.52
1985	91.50	32.10	32.08	35.06	145.45	46.66	40.75	87.33	126.95
1986	91.00	34.00	34.00	37.36	113.41	38.56	34.30	88.95	100.88
1987	90.80	37.00	36.92	40.66	149.35	55.14	51.23	92.91	138.46
1988	91.00	36.00	36.00	39.56	141.92	51.09	46.01	90.06	127.81
1989	92.10	38.30	38.29	41.57	104.62	40.06	35.68	89.07	93.16
11 年小计			**366.80**	**34.27**	**85.26**	**312.75**	**208.99**	**66.82**	**45.82**
占合计%			**21.56**			**29.86**	**23.94**		
1990	92.00	40.00	37.20	40.43	102.42	38.10	35.90	94.23	89.75
1991	97.95	40.50	37.70	38.49	106.63	40.20	39.20	97.51	96.79
1992	97.95	41.00	38.90	39.71	46.53	18.10	17.10	94.48	41.71
1993	97.00	41.50	35.00	36.08	13.71	4.80	3.80	79.17	9.16
1994	98.00	42.00	35.00	35.71	53.14	18.60	17.10	91.94	40.71
1995	97.90	41.80	36.50	37.28	69.04	25.20	18.00	71.43	43.06
1996	97.90	41.70	30.65	31.31	72.43	22.20	13.50	60.81	32.37
1997	98.00	41.88	30.50	31.12	110.52	33.71	15.15	44.94	36.17
1998	98.00	42.11	28.61	29.19	133.28	38.13	17.90	46.94	42.51
1999	97.74	41.80	27.29	27.92	119.05	32.49	17.80	54.79	42.58
2000	97.74	41.80	29.45	30.13	139.97	41.22	13.54	32.85	32.39

5-18-30 河北省南和县历年棉花生产收购

年　度	耕地面积（万亩）	农业人口（万人）	棉田面积（万亩）	占耕地（%）	亩　产（市斤）	产　量（万担）	收购量（万担）	商品率（%）	人均交售（市斤）
52年合计			**238.59**	**10.35**	**44.36**	**105.83**	**89.29**	**84.37**	**8.37**
11年小计			**78.04**	**14.50**	**21.89**	**17.08**	**11.47**	**67.15**	**7.19**
占合计%			**32.71**			**16.14**	**12.85**		
1949	49.48	13.60	1.61	3.25	17.39	0.28			
1950	49.48	13.70	3.28	6.63	20.12	0.66			
1951	48.49	13.83	4.61	9.51	23.21	1.07			
1952	50.45	13.93	5.94	11.77	26.26	1.56			
1953	50.71	14.14	7.89	15.56	22.05	1.74	1.07	61.49	7.57
1954	50.71	14.59	8.54	16.84	22.13	1.89	1.30	68.78	8.91
1955	50.40	14.75	9.85	19.54	26.80	2.64	2.41	91.29	16.34
1956	50.02	14.99	12.09	24.17	3.47	0.42	0.52	123.81	3.47
1957	48.53	15.43	8.59	17.70	24.33	2.09	1.78	85.17	11.54
1958	45.22	15.29	7.85	17.36	29.04	2.28	1.87	82.02	12.23
1959	44.90	15.28	7.79	17.35	31.45	2.45	2.52	102.86	16.49
10年小计			**30.27**	**7.51**	**19.09**	**5.78**	**3.90**	**67.47**	**2.57**
占合计%			**12.69**			**5.46**	**4.37**		
1960	44.26	15.52	7.26	16.40	18.04	1.31	0.87	66.41	5.61
1961	44.55	15.70	4.50	10.10	9.56	0.43	0.27	62.79	1.72
1962	44.46	15.99	4.21	9.47	11.88	0.50	0.38	76.00	2.38
1963	43.74	16.18	4.41	10.08	3.63	0.16	0.02	12.50	0.12
1964	45.29	16.41	2.16	4.77	13.89	0.30	0.19	63.33	1.16
1965									
1966	45.35	17.34	0.05	0.11	40.00	0.02			
1967	45.26	17.78	2.00	4.42	37.00	0.74	0.43	58.11	2.42
1968	45.17	18.21	2.63	5.82	39.54	1.04	0.74	71.15	4.06
1969	45.19	18.72	3.05	6.75	41.97	1.28	1.00	78.13	5.34
10年小计			**41.29**	**9.26**	**33.81**	**13.96**	**11.15**	**79.87**	**5.41**
占合计%			**17.31**			**13.19**	**12.49**		
1970	46.54	19.20	3.13	6.73	49.20	1.54	1.27	82.47	6.61
1971	44.95	19.59	3.16	7.03	43.35	1.37	1.13	82.48	5.77
1972	44.94	19.88	3.61	8.03	33.52	1.21	0.92	76.03	4.63
1973	44.46	20.28	3.54	7.96	33.05	1.17	0.89	76.07	4.39
1974	44.43	20.59	3.64	8.19	43.41	1.58	1.28	81.01	6.22
1975	44.14	20.82	4.99	11.30	33.87	1.69	1.37	81.07	6.58
1976	44.14	21.05	4.56	10.33	22.59	1.03	0.86	83.50	4.09
1977	44.10	21.28	4.86	11.02	24.90	1.21	0.93	76.86	4.37
1978	44.11	21.62	5.10	11.56	36.08	1.84	1.42	77.17	6.57
1979	44.11	21.91	4.70	10.66	28.09	1.32	1.08	81.82	4.93
10年小计			**53.65**	**12.17**	**93.53**	**50.18**	**50.53**	**100.70**	**21.20**
占合计%			**22.49**			**47.42**	**56.59**		
1980	44.11	22.24	4.80	10.88	50.42	2.42	2.30	95.04	10.34
1981	44.10	22.70	4.90	11.11	44.29	2.17	1.89	87.10	8.33
1982	44.10	23.20	5.50	12.47	48.36	2.66	2.25	84.59	9.70
1983	44.10	23.50	5.61	12.72	115.86	6.50	5.47	84.15	23.28
1984	44.10	23.70	6.42	14.56	123.21	7.91	9.05	114.41	38.19
1985	44.08	24.06	5.59	12.68	116.46	6.51	4.54	69.74	18.87
1986	44.10	24.30	5.17	11.72	96.32	4.98	5.16	103.61	21.23
1987	44.10	24.52	5.26	11.93	109.13	5.74	7.31	127.35	29.81
1988	44.00	24.85	5.00	11.36	105.00	5.25	8.22	156.57	33.08
1989	44.00	25.30	5.40	12.27	111.85	6.04	4.34	71.85	17.15
11年小计			**35.34**	**7.40**	**53.28**	**18.83**	**12.24**	**65.00**	**3.93**
占合计%			**14.81**			**17.79**	**13.71**		
1990	44.00	27.45	5.80	13.18	104.83	6.08	4.60	75.66	16.76
1991	44.00	27.70	8.80	20.00	83.41	7.34	6.27	85.42	22.64
1992	44.01	28.00	7.95	18.06	22.52	1.79	0.35	19.55	1.25
1993	37.94	26.30	3.46	9.12	7.80	0.27			
1994	43.91	28.66	3.18	7.24	52.20	1.66	0.62	37.35	2.16
1995	44.02	28.52	4.50	10.22	25.33	1.14	0.40	35.09	1.40
1996	44.00	28.51	0.80	1.82	11.25	0.09			
1997	44.00	28.54	0.40	0.91	30.00	0.12			
1998	43.88	28.63	0.12	0.27	41.67	0.05			
1999	43.98	29.40	0.13	0.30	76.92	0.10			
2000	43.98	29.40	0.20	0.45	95.00	0.19			

5-18-31 河北省平乡县历年棉花生产收购

年度	耕地面积（万亩）	农业人口（万人）	棉田面积（万亩）	占耕地（%）	亩产（市斤）	产量（万担）	收购量（万担）	商品率（%）	人均交售（市斤）
52年合计			**186.33**	**8.04**	**32.73**	**60.98**	**42.54**	**69.76**	**4.48**
11年小计			**69.42**	**13.15**	**17.44**	**12.11**	**5.58**	**46.08**	**4.06**
占合计%			**37.26**			**19.86**	**13.12**		
1949	47.57	11.28	4.29	9.02	20.05	0.86			
1950	51.53	11.46	6.80	13.20	22.65	1.54			
1951	50.50	11.69	7.22	14.30	21.33	1.54			
1952	47.50	12.01	7.64	16.08	20.03	1.53			
1953	47.46	12.16	6.48	13.65	12.35	0.80	0.74	92.50	6.09
1954	47.46	12.49	7.30	15.38	10.14	0.74	0.62	83.78	4.96
1955	47.12	12.82	7.32	15.53	21.99	1.61	1.25	77.64	9.75
1956	48.43	13.04	7.70	15.90	3.38	0.26	0.36	138.46	2.76
1957	47.51	13.42	4.51	9.49	26.83	1.21	1.24	102.48	9.24
1958	47.10	13.34	6.22	13.21	14.79	0.92	0.55	59.78	4.12
1959	45.54	13.86	3.94	8.65	27.92	1.10	0.82	74.55	5.92
10年小计			**13.76**	**3.07**	**15.63**	**2.15**	**0.52**	**24.19**	**0.34**
占合计%			**7.38**			**3.53**	**1.22**		
1960	45.07	13.91	3.93	8.72	5.85	0.23	0.01	4.35	0.07
1961	44.73	14.32	1.32	2.95	7.58	0.10	0.02	20.00	0.14
1962	44.84	14.66	1.31	2.92	12.21	0.16	0.08	50.00	0.55
1963	44.93	14.81	1.61	3.58	3.11	0.05			
1964	45.02	14.70	0.93	2.07	6.45	0.06			
1965	44.70	15.02	0.22	0.49	27.27	0.06			
1966	44.90	15.29	0.14	0.31	28.57	0.04			
1967	44.82	15.66	0.68	1.52	33.82	0.23			
1968	44.79	16.03	0.97	2.17	37.11	0.36	0.04	11.11	0.25
1969	44.79	16.35	2.65	5.92	32.45	0.86	0.37	43.02	2.26
10年小计			**21.39**	**4.89**	**19.92**	**4.26**	**2.14**	**50.23**	**1.20**
占合计%			**11.48**			**6.99**	**5.03**		
1970	44.81	16.72	3.12	6.96	31.73	0.99	0.67	67.68	4.01
1971	44.79	16.97	3.07	6.85	23.45	0.72	0.38	52.78	2.24
1972	44.79	17.18	3.77	8.42	16.71	0.63	0.34	53.97	1.98
1973	43.39	17.46	3.17	7.31	4.10	0.13	0.04	30.77	0.23
1974	43.39	17.74	2.17	5.00	23.50	0.51	0.31	60.78	1.75
1975	43.39	17.90	1.35	3.11	30.37	0.41	0.13	31.71	0.73
1976	43.20	18.07	1.55	3.59	18.71	0.29	0.13	44.83	0.72
1977	43.20	18.26	2.07	4.79	13.53	0.28	0.11	39.29	0.60
1978	43.20	18.56	0.52	1.20	23.08	0.12			
1979	43.20	18.85	0.60	1.39	30.00	0.18	0.03	16.67	0.16
10年小计			**40.76**	**9.46**	**58.93**	**24.02**	**17.72**	**73.77**	**8.51**
占合计%			**21.88**			**39.39**	**41.65**		
1980	43.08	19.25	0.89	2.07	33.71	0.30	0.31	103.33	1.61
1981	43.10	19.70	0.99	2.30	27.27	0.27	0.22	81.48	1.12
1982	43.10	20.10	1.60	3.71	24.38	0.39	0.33	84.62	1.64
1983	43.10	20.40	3.03	7.03	40.59	1.23	1.83	148.78	8.97
1984	43.10	20.95	6.43	14.92	75.74	4.87	2.83	58.11	13.51
1985	43.08	21.19	5.19	12.05	67.63	3.51	2.20	62.68	10.38
1986	43.10	21.38	4.97	11.53	52.52	2.61	2.05	78.54	9.59
1987	43.10	21.60	5.64	13.09	57.09	3.22	1.83	56.83	8.47
1988	43.04	21.77	5.00	11.62	64.80	3.24	3.11	95.99	14.29
1989	43.00	22.00	7.02	16.33	62.39	4.38	3.01	68.72	13.68
11年小计			**41.00**	**8.68**	**44.98**	**18.44**	**16.58**	**89.91**	**6.04**
占合计%			**22.00**			**30.24**	**38.98**		
1990	43.00	23.97	7.21	16.77	62.41	4.50	3.20	71.11	13.35
1991	43.00	24.34	8.09	18.81	74.78	6.05	7.22	119.34	29.66
1992	43.00	24.53	7.36	17.12	14.27	1.05	1.34	127.62	5.46
1993	43.10	24.80	3.73	8.65	21.45	0.80	0.15	18.75	0.60
1994	42.95	25.02	4.19	9.76	44.39	1.86	1.21	65.05	4.84
1995	42.93	25.14	4.88	11.37	24.80	1.21	0.95	78.51	3.78
1996	42.89	25.15	2.10	4.90	50.95	1.07			
1997	42.89	25.22	0.80	1.87	2.50	0.02			
1998	42.89	25.14	0.70	1.63	60.00	0.42	0.90	*	3.58
1999	42.89	25.70	0.78	1.82	64.10	0.5	1.07	*	4.16
2000	42.89	25.70	1.16	2.70	82.76	0.96	0.54	56.25	2.10

5－18－32　河北省清河县历年棉花生产收购

年　度	耕地面积（万亩）	农业人口（万人）	棉田面积（万亩）	占耕地（%）	亩　产（市斤）	产　量（万担）	收购量（万担）	商品率（%）	人均交售（市斤）
52 年合计			**548.57**	**19.70**	**51.91**	**284.76**	**239.23**	**84.01**	**19.33**
11 年小计			**122.18**	**19.00**	**27.18**	**33.21**	**21.81**	**65.67**	**11.13**
占合计%			**22.27**			**11.66**	**9.12**		
1949	50.15	16.51	9.01	17.97	16.65	1.50			
1950	57.32	16.46	11.76	20.52	28.32	3.33			
1951	59.18	16.70	11.27	19.04	26.53	2.99			
1952	60.39	17.06	10.78	17.85	24.68	2.66			
1953	60.40	17.28	10.78	17.85	29.96	3.23	1.82	56.35	10.53
1954	60.40	17.72	11.72	19.40	27.90	3.27	2.71	82.87	15.29
1955	60.07	18.49	12.55	20.89	36.02	4.52	4.32	95.58	23.36
1956	59.43	18.79	12.71	21.39	11.80	1.50	1.85	123.33	9.85
1957	59.26	18.95	8.16	13.77	41.18	3.36	3.02	89.88	15.94
1958	58.18	19.03	9.69	16.66	30.96	3.00	3.48	116.00	18.29
1959	58.18	19.05	13.75	23.63	28.00	3.85	4.61	119.74	24.20
10 年小计			**99.93**	**18.36**	**26.53**	**26.51**	**25.25**	**95.25**	**12.16**
占合计%			**18.22**			**9.31**	**10.55**		
1960	57.73	19.50	15.12	26.19	19.97	3.02	3.81	126.16	19.54
1961	57.18	20.30	13.30	23.26	10.38	1.38	1.17	84.78	5.76
1962	54.23	21.21	12.14	22.39	24.46	2.97	2.80	94.28	13.20
1963	54.05	21.47	12.64	23.39	10.68	1.35	1.34	99.26	6.24
1964	54.00	19.85	8.69	16.09	38.20	3.32	3.11	93.67	15.67
1965	53.39	20.30	9.71	18.19	46.45	4.51	4.29	95.12	21.13
1966	53.46	20.68	6.07	11.35	22.57	1.37	1.18	86.13	5.71
1967	53.46	21.02	7.31	13.67	32.69	2.39	2.04	85.36	9.71
1968	53.33	21.49	7.56	14.18	38.89	2.94	2.60	88.44	12.10
1969	53.33	21.91	7.39	13.86	44.11	3.26	2.91	89.26	13.28
10 年小计			**77.66**	**14.86**	**29.64**	**23.02**	**20.89**	**90.75**	**9.10**
占合计%			**14.16**			**8.08**	**8.73**		
1970	53.33	22.25	7.31	13.71	51.30	3.75	3.35	89.33	15.06
1971	53.32	22.47	7.26	13.62	53.58	3.89	3.50	89.97	15.58
1972	52.16	22.64	7.43	14.24	25.03	1.86	1.59	85.48	7.02
1973	52.16	22.82	7.56	14.49	23.94	1.81	1.55	85.64	6.79
1974	52.26	22.87	7.68	14.70	30.73	2.36	2.13	90.25	9.31
1975	52.26	22.99	8.09	15.48	32.26	2.61	2.34	89.66	10.18
1976	51.94	23.11	8.05	15.50	20.25	1.63	1.47	90.18	6.36
1977	51.91	23.27	8.13	15.66	23.00	1.87	1.68	89.84	7.22
1978	51.92	23.46	8.05	15.50	22.98	1.85	1.73	93.51	7.37
1979	51.45	23.66	8.10	15.74	17.16	1.39	1.55	111.51	6.55
10 年小计			**152.16**	**29.59**	**96.67**	**147.09**	**139.85**	**95.08**	**53.89**
占合计%			**27.74**			**51.65**	**58.46**		
1980	51.45	24.02	8.29	16.11	73.58	6.10	6.41	105.08	26.69
1981	51.50	24.60	8.43	16.37	67.02	5.65	5.84	103.36	23.74
1982	51.50	25.10	13.50	26.21	77.78	10.50	10.16	96.76	40.48
1983	51.50	25.40	16.73	32.49	119.55	20.00	20.49	102.45	80.67
1984	51.40	26.12	19.78	38.48	132.36	26.18	31.71	121.12	121.40
1985	51.45	26.51	16.00	31.10	103.69	16.59	14.15	85.29	53.38
1986	51.40	26.65	16.00	31.13	79.75	12.76	10.22	80.09	38.35
1987	51.40	26.85	18.47	35.93	111.64	20.62	14.44	70.03	53.78
1988	51.34	27.04	18.00	35.06	100.11	18.02	16.36	90.79	60.50
1989	51.30	27.20	16.96	33.06	62.91	10.67	10.07	94.38	37.02
11 年小计			**96.64**	**17.23**	**56.84**	**54.93**	**31.43**	**57.22**	**9.12**
占合计%			**17.62**			**19.29**	**13.14**		
1990	51.23	30.65	17.05	33.28	68.68	11.71	10.50	89.67	34.26
1991	51.20	30.90	17.15	33.50	75.74	12.99	13.95	107.39	45.15
1992	51.15	30.94	13.45	26.30	52.71	7.09	0.46	6.49	1.49
1993	51.15	31.15	9.73	19.02	41.32	4.02	0.10	2.49	0.32
1994	50.90	31.57	11.03	21.67	37.08	4.09	2.55	62.35	8.08
1995	50.90	31.57	11.00	21.61	32.09	3.53	3.19	90.37	10.10
1996	50.90	31.55	5.10	10.02	40.59	2.07	0.57	27.54	1.81
1997	50.88	31.48	2.80	5.50	28.57	0.80			
1998	50.88	31.54	2.61	5.13	83.91	2.19	0.08	3.65	0.25
1999	50.85	31.70	2.34	4.60	88.03	2.06	0.02	0.97	0.06
2000	50.85	31.70	4.38	8.61	100.00	4.38	0.01	0.23	0.03

5-18-33　河北省沙河市历年棉花生产收购

年　度	耕地面积（万亩）	农业人口（万人）	棉田面积（万亩）	占耕地（%）	亩　产（市斤）	产　量（万担）	收购量（万担）	商品率（%）	人均交售（市斤）
52年合计			**431.66**	**17.03**	**43.44**	**187.53**	**160.66**	**85.67**	**11.63**
11年小计			**147.06**	**24.20**	**36.54**	**53.73**	**38.99**	**72.57**	**20.30**
占合计%			**34.07**			**28.65**	**24.27**		
1949	56.74	15.70	5.68	10.01	22.71	1.29			
1950	56.74	16.00	9.93	17.50	29.31	2.91			
1951	56.01	16.32	10.30	18.39	29.81	3.07			
1952	55.96	16.64	10.67	19.07	30.37	3.24			
1953	56.31	17.48	13.46	23.90	39.00	5.25	4.13	78.67	23.63
1954	56.31	17.84	16.19	28.75	36.32	5.88	5.46	92.86	30.61
1955	56.04	18.17	15.95	28.46	37.49	5.98	5.38	89.97	29.61
1956	54.41	18.43	16.97	31.19	30.17	5.12	4.59	89.65	24.91
1957	55.06	18.80	14.97	27.19	42.82	6.41	5.92	92.36	31.49
1958	52.30	18.44	16.62	31.78	45.91	7.63	6.67	87.42	36.17
1959	51.77	18.23	16.32	31.52	42.59	6.95	6.84	98.42	37.52
10年小计			**96.40**	**19.31**	**24.92**	**24.02**	**23.34**	**97.17**	**10.68**
占合计%			**22.33**			**12.81**	**14.53**		
1960	51.14	18.52	15.77	30.84	11.73	1.85	3.65	197.30	19.71
1961	51.12	18.93	9.32	18.23	20.06	1.87	1.74	93.05	9.19
1962	51.36	20.23	8.38	16.32	25.30	2.12	1.92	90.57	9.49
1963	51.37	19.50	13.65	26.57	13.63	1.86	1.56	83.87	8.00
1964	47.41	21.50	10.81	22.80	24.61	2.66	2.30	86.47	10.70
1965	49.43	22.72	11.37	23.00	34.74	3.95	3.77	95.44	16.59
1966	49.40	23.30	6.00	12.15	26.33	1.58	1.33	84.18	5.71
1967	49.35	23.91	7.20	14.59	31.39	2.26	1.85	81.86	7.74
1968	49.16	24.61	7.03	14.30	40.97	2.88	2.60	90.28	10.56
1969	49.51	25.34	6.87	13.88	43.52	2.99	2.62	87.63	10.34
10年小计			**72.25**	**15.03**	**40.21**	**29.05**	**25.76**	**88.67**	**9.44**
占合计%			**16.74**			**15.49**	**16.03**		
1970	49.18	25.83	7.19	14.62	53.82	3.87	3.46	89.41	13.40
1971	48.51	26.37	7.14	14.72	50.42	3.60	3.15	87.50	11.95
1972	48.54	26.67	6.82	14.05	40.32	2.75	2.30	83.64	8.62
1973	48.60	27.19	5.03	10.35	41.35	2.08	1.74	83.65	6.40
1974	48.33	27.60	7.54	15.60	44.03	3.32	2.95	88.86	10.69
1975	47.82	27.74	7.78	16.27	37.79	2.94	2.72	92.52	9.81
1976	47.52	27.75	7.50	15.78	24.13	1.81	1.77	97.79	6.38
1977	47.39	27.88	7.61	16.06	39.95	3.04	2.73	89.80	9.79
1978	47.36	27.98	7.84	16.55	36.22	2.84	2.49	87.68	8.90
1979	47.34	28.00	7.80	16.48	35.90	2.80	2.45	87.50	8.75
10年小计			**83.15**	**18.18**	**74.77**	**62.17**	**59.63**	**95.91**	**20.23**
占合计%			**19.26**			**33.15**	**37.12**		
1980	45.99	27.22	8.06	17.53	68.61	5.53	5.11	92.41	18.77
1981	45.80	27.90	5.46	11.92	54.58	2.98	3.10	104.03	11.11
1982	45.80	28.70	11.70	25.55	31.28	3.66	3.81	104.10	13.28
1983	45.80	29.10	10.89	23.78	84.57	9.21	9.44	102.50	32.44
1984	45.70	29.34	10.74	23.50	109.31	11.74	13.66	116.35	46.56
1985	45.68	29.55	7.97	17.45	100.38	8.00	6.14	76.75	20.78
1986	45.60	29.75	6.75	14.80	88.89	6.00	4.87	81.17	16.37
1987	45.60	30.09	6.87	15.07	92.87	6.38	6.33	99.22	21.04
1988	46.00	31.48	7.00	15.22	59.14	4.14	3.22	77.78	10.23
1989	45.50	31.60	7.71	16.95	58.75	4.53	3.95	87.20	12.50
11年小计			**32.80**	**6.69**	**56.59**	**18.56**	**12.94**	**69.72**	**3.21**
占合计%			**7.60**			**9.90**	**8.05**		
1990	45.38	35.46	8.28	18.25	70.65	5.85	5.20	88.89	14.66
1991	45.40	34.20	7.48	16.48	79.81	5.97	4.00	67.00	11.70
1992	45.36	35.60	7.23	15.94	21.99	1.59	0.61	38.36	1.71
1993	45.30	35.99	0.75	1.66	29.33	0.22	0.03	13.64	0.08
1994	45.30	36.17	0.95	2.10	134.74	1.28	0.90	70.31	2.49
1995	44.48	36.05	3.00	6.74	41.00	1.23	0.63	51.22	1.75
1996	43.69	36.11	3.00	6.87	33.67	1.01	0.99	98.02	2.74
1997	43.82	36.84	0.30	0.68	73.33	0.22			
1998	43.82	38.41	0.88	2.01	61.36	0.54	0.58	107.41	1.51
1999	43.82	39.00	0.59	1.35	66.10	0.39			
2000	43.82	39.00	0.34	0.78	76.47	0.26			

5-18-34 河北省威县历年棉花生产收购

年　度	耕地面积（万亩）	农业人口（万人）	棉田面积（万亩）	占耕地（%）	亩　产（市斤）	产　量（万担）	收购量（万担）	商品率（%）	人均交售（市斤）
52年合计			**1913.27**	**34.06**	**58.75**	**1123.99**	**910.40**	**81.00**	**45.08**
11年小计			**499.70**	**37.02**	**31.14**	**155.63**	**92.54**	**59.46**	**30.41**
占合计%			**26.12**			**13.85**	**10.16**		
1949	134.82	24.24	32.27	23.94	23.33	7.53			
1950	134.82	24.87	45.43	33.70	26.66	12.11			
1951	134.82	25.64	48.56	36.02	26.79	13.01			
1952	121.73	26.49	51.69	42.46	27.01	13.96			
1953	120.39	26.97	44.58	37.03	26.00	11.59	11.27	97.24	41.79
1954	120.32	27.57	49.85	41.43	31.72	15.81	11.93	75.46	43.27
1955	119.61	28.95	52.22	43.66	40.00	20.89	20.02	95.84	69.15
1956	119.68	29.34	52.21	43.62	20.90	10.91	13.67	125.30	46.59
1957	118.35	30.11	44.89	37.93	39.01	17.51	14.75	84.24	48.99
1958	112.61	29.88	33.90	30.10	41.98	14.23	8.66	60.86	28.98
1959	112.61	30.20	44.10	39.16	41.00	18.08	12.24	67.70	40.53
10年小计			**344.59**	**32.86**	**25.33**	**87.28**	**78.10**	**89.48**	**23.29**
占合计%			**18.01**			**7.77**	**8.58**		
1960	105.70	30.82	49.64	46.96	25.79	12.80	10.85	84.77	35.20
1961	105.35	31.89	33.00	31.32	20.00	6.60	3.80	57.58	11.92
1962	105.70	32.90	42.42	40.13	21.19	8.99	8.38	93.21	25.47
1963	105.31	33.56	43.29	41.11	18.43	7.98	7.41	92.86	22.08
1964	105.31	32.55	40.34	38.31	23.40	9.44	9.01	95.44	27.68
1965	104.23	33.33	39.76	38.15	41.30	16.42	15.86	96.59	47.58
1966	104.23	33.90	24.20	23.22	22.89	5.54	5.18	93.50	15.28
1967	104.23	34.66	25.37	24.34	26.05	6.61	6.06	91.68	17.48
1968	104.23	35.51	25.57	24.53	27.57	7.05	6.22	88.23	17.52
1969	104.23	36.27	21.00	20.15	27.86	5.85	5.33	91.11	14.70
10年小计			**203.30**	**19.50**	**22.34**	**45.41**	**41.97**	**92.42**	**10.74**
占合计%			**10.63**			**4.04**	**4.61**		
1970	104.23	37.01	20.65	19.81	32.45	6.70	6.07	90.60	16.40
1971	104.23	37.60	20.87	20.02	40.54	8.46	7.92	93.62	21.06
1972	104.23	38.16	20.48	19.65	19.92	4.08	3.30	80.88	8.65
1973	104.23	38.83	19.98	19.17	11.91	2.38	1.90	79.83	4.89
1974	104.23	39.24	20.49	19.66	28.01	5.74	5.24	91.29	13.35
1975	104.23	39.58	20.14	19.32	23.93	4.82	4.48	92.95	11.32
1976	104.23	39.73	20.10	19.28	18.91	3.80	3.45	90.79	8.68
1977	104.23	39.99	20.09	19.27	16.87	3.39	3.14	92.63	7.85
1978	104.23	40.26	20.10	19.28	16.67	3.35	3.28	97.91	8.15
1979	104.23	40.56	20.40	19.57	13.19	2.69	3.19	118.59	7.86
10年小计			**397.01**	**38.24**	**101.12**	**401.47**	**385.81**	**96.10**	**87.68**
占合计%			**20.75**			**35.72**	**42.38**		
1980	103.84	41.03	20.83	20.06	48.30	10.06	10.34	102.78	25.20
1981	103.84	41.67	17.74	17.08	62.63	11.11	11.15	100.36	26.76
1982	103.84	42.53	35.80	34.48	92.79	33.22	32.45	97.68	76.30
1983	103.82	43.04	40.60	39.11	112.24	45.57	46.77	102.63	108.67
1984	103.81	43.81	42.50	40.94	164.71	70.00	77.13	110.19	176.06
1985	103.81	44.30	46.20	44.50	101.00	46.66	40.75	87.33	91.99
1986	103.80	45.10	40.26	38.79	95.78	38.56	34.30	88.95	76.05
1987	103.80	45.60	44.98	43.33	122.59	55.14	51.23	92.91	112.35
1988	103.80	46.20	55.00	52.99	92.89	51.09	46.01	90.06	99.59
1989	103.80	46.75	53.10	51.16	75.44	40.06	35.68	89.07	76.32
11年小计			**468.67**	**41.15**	**92.65**	**434.20**	**311.98**	**71.85**	**56.83**
占合计%			**24.50**			**38.63**	**34.27**		
1990	103.80	47.25	53.10	51.16	93.45	49.62	40.76	82.14	86.26
1991	103.67	47.61	46.00	44.37	108.00	49.68	51.56	103.78	108.30
1992	103.67	48.60	49.60	47.84	58.00	28.77	25.12	87.31	51.69
1993	103.67	49.60	40.71	39.27	38.44	15.65	8.60	54.95	17.34
1994	103.67	51.00	40.20	38.78	64.68	26.00	21.50	82.69	42.16
1995	103.67	51.00	40.42	38.99	61.85	25.00	20.60	82.40	40.39
1996	103.67	51.00	40.00	38.58	50.00	20.00	12.00	60.00	23.53
1997	103.67	52.00	37.80	36.46	120.66	45.61	28.76	63.06	55.31
1998	103.67	52.10	39.51	38.11	137.18	54.20	41.04	75.72	78.77
1999	102.85	49.40	39.73	38.63	136.09	54.07	30.20	55.85	61.13
2000	102.85	49.40	41.60	40.45	157.69	65.60	31.84	48.54	64.45

5-18-35　河北省新河县历年棉花生产收购

年　　度	耕地面积（万亩）	农业人口（万人）	棉田面积（万亩）	占耕地（%）	亩　产（市斤）	产　量（万担）	收购量（万担）	商品率（%）	人均交售（市斤）
52年合计			**423.57**	**21.12**	**49.46**	**209.49**	**170.28**	**81.28**	**26.36**
11年小计			**128.96**	**28.90**	**28.02**	**36.14**	**27.10**	**74.99**	**25.16**
占合计%			**30.45**			**17.25**	**15.91**		
1949	41.78	8.92	9.07	21.71	22.49	2.04			
1950	41.78	9.00	11.74	28.10	16.70	1.96			
1951	40.94	9.23	11.70	28.58	21.37	2.5			
1952	41.10	9.47	11.67	28.39	25.96	3.03			
1953	41.33	9.65	10.71	25.91	32.03	3.43	3.47	101.17	35.96
1954	41.31	9.89	11.62	28.13	34.60	4.02	3.62	90.05	36.60
1955	40.59	10.04	13.64	33.60	40.54	5.53	5.47	98.92	54.48
1956	41.35	10.28	13.85	33.49	16.10	2.23	3.03	135.87	29.47
1957	41.25	10.38	12.48	30.25	32.69	4.08	4.54	111.27	43.74
1958	37.97	10.32	12.34	32.50	32.01	3.95	3.70	93.67	35.85
1959	36.82	10.52	10.14	27.54	33.23	3.37	3.27	97.03	31.08
10年小计			**73.00**	**19.11**	**22.05**	**16.10**	**14.47**	**89.88**	**12.83**
占合计%			**17.23**			**7.69**	**8.50**		
1960	38.08	10.26	9.76	25.63	26.74	2.61	2.36	90.42	23.00
1961	37.49	10.63	10.55	28.14	21.80	2.30	2.18	94.78	20.51
1962	37.52	11.00	10.58	28.20	23.82	2.52	2.42	96.03	22.00
1963	37.25	10.98	12.68	34.04					
1964	39.39	10.93	7.21	18.30	17.48	1.26	1.17	92.86	10.70
1965	38.29	11.23	7.25	18.93	47.86	3.47	3.28	94.52	29.21
1966	38.78	11.58	3.34	8.61	21.56	0.72	0.58	80.56	5.01
1967	38.64	11.79	3.30	8.54	25.15	0.83	0.61	73.49	5.17
1968	38.31	12.11	4.09	10.68	27.38	1.12	0.84	75.00	6.94
1969	38.29	12.31	4.24	11.07	29.95	1.27	1.03	81.10	8.37
10年小计			**45.05**	**11.79**	**23.29**	**10.49**	**9.20**	**87.70**	**7.09**
占合计%			**10.64**			**5.01**	**5.40**		
1970	38.46	12.57	3.91	10.17	39.39	1.54	1.42	92.21	11.30
1971	38.28	12.75	4.22	11.02	41.71	1.76	1.55	88.07	12.16
1972	38.20	12.77	4.41	11.54	18.37	0.81	0.62	76.54	4.86
1973	38.19	12.92	3.31	8.67	18.43	0.61	0.43	70.49	3.33
1974	38.16	13.03	4.35	11.40	34.25	1.49	1.27	85.23	9.75
1975	38.20	12.92	4.85	12.70	27.01	1.31	1.24	94.66	9.60
1976	38.13	13.13	4.80	12.59	17.08	0.82	0.75	91.46	5.71
1977	38.13	13.17	4.74	12.43	10.97	0.52	0.41	78.85	3.11
1978	38.13	13.24	5.16	13.53	19.77	1.02	0.90	88.24	6.80
1979	38.11	13.28	5.30	13.91	11.51	0.61	0.61	100.00	4.59
10年小计			**85.79**	**22.63**	**92.07**	**78.99**	**80.09**	**101.39**	**58.44**
占合计%			**20.25**			**37.71**	**47.03**		
1980	37.94	13.38	5.30	13.97	19.62	1.04	1.12	107.69	8.37
1981	37.90	13.50	5.31	14.01	15.25	0.81	1.27	156.79	9.41
1982	37.90	13.60	8.10	21.37	57.53	4.66	3.90	83.69	28.68
1983	37.90	13.70	9.83	25.94	90.95	8.94	9.52	106.49	69.49
1984	37.90	13.79	10.05	26.52	115.02	11.56	11.81	102.16	85.64
1985	37.94	13.79	8.23	21.69	115.43	9.50	8.32	87.58	60.33
1986	37.90	13.77	8.68	22.90	111.18	9.65	8.64	89.53	62.75
1987	37.90	13.79	9.29	24.51	109.69	10.19	11.78	115.60	85.42
1988	37.90	13.82	10.00	26.39	113.10	11.31	13.41	118.57	97.03
1989	37.90	13.90	11.00	29.02	103.00	11.33	10.32	91.09	74.24
11年小计			**90.77**	**21.82**	**74.66**	**67.77**	**39.42**	**58.17**	**24.85**
占合计%			**21.43**			**32.35**	**23.15**		
1990	37.81	14.45	11.00	29.09	86.00	9.46	8.00	84.57	55.36
1991	37.80	14.45	12.00	31.75	100.00	12.00	9.22	76.83	63.81
1992	37.80	14.40	12.50	33.07	40.00	5.00	3.75	75.00	26.04
1993	38.00	14.40	10.00	26.32	39.60	3.96	2.31	58.33	16.04
1994	37.79	14.44	9.11	24.11	50.49	4.60	3.23	70.22	22.37
1995	37.79	14.26	10.10	26.73	53.07	5.36	2.98	55.60	20.90
1996	37.80	14.33	7.80	20.63	40.64	3.17	0.52	16.40	3.63
1997	37.80	14.28	3.70	9.79	88.38	3.27	1.57	48.01	10.99
1998	37.80	14.42	6.00	15.87	134.00	8.04	1.62	20.15	11.23
1999	37.80	14.60	4.00	10.58	140.25	5.61	2.63	46.88	18.01
2000	37.80	14.60	4.56	12.06	160.09	7.30	3.59	49.18	24.59

5－18－36　河北省邢台县历年棉花生产收购

年　度	耕地面积（万亩）	农业人口（万人）	棉田面积（万亩）	占耕地（%）	亩　产（市斤）	产　量（万担）	收购量（万担）	商品率（%）	人均交售（市斤）
52年合计			**530.63**	**16.42**	**48.31**	**256.35**	**226.78**	**88.46**	**12.69**
11年小计			**166.55**	**20.48**	**34.24**	**57.02**	**42.90**	**75.24**	**15.81**
占合计%			**31.39**			**22.24**	**18.92**		
1949	72.85	20.96	3.51	4.82	26.78	0.94			
1950	80.34	23.69	7.88	9.81	26.27	2.07			
1951	77.53	23.96	10.99	14.18	28.21	3.10			
1952	75.52	24.14	14.10	18.67	30.07	4.24			
1953	75.73	24.61	14.71	19.42	39.97	5.88	4.33	73.64	17.59
1954	75.83	25.34	19.28	25.43	35.74	6.89	7.40	107.40	29.20
1955	75.70	28.08	19.39	25.61	42.24	8.19	7.68	93.77	27.35
1956	74.73	26.56	20.66	27.65	26.62	5.50	5.42	98.55	20.41
1957	72.41	24.41	18.58	25.66	41.12	7.64	6.11	79.97	25.03
1958	66.81	24.95	18.23	27.29	36.64	6.68	6.40	95.81	25.65
1959	65.87	24.70	19.22	29.18	30.65	5.89	5.56	94.40	22.51
10年小计			**121.78**	**19.25**	**30.52**	**37.17**	**34.93**	**93.97**	**11.40**
占合计%			**22.95**			**14.50**	**15.40**		
1960	65.37	25.23	18.10	27.69	15.75	2.85	2.47	86.67	9.79
1961	65.24	26.78	14.16	21.70	20.97	2.97	3.07	103.37	11.46
1962	65.17	28.62	11.82	18.14	23.01	2.72	2.91	106.99	10.17
1963	57.97	29.47	16.35	28.20	18.10	2.96	2.71	91.55	9.20
1964	60.10	30.01	11.99	19.95	31.03	3.72	3.38	90.86	11.26
1965	63.36	31.89	11.73	18.51	46.38	5.44	5.08	93.38	15.93
1966	63.84	32.59	8.12	12.72	30.67	2.49	2.30	92.37	7.06
1967	63.82	33.22	9.36	14.67	36.75	3.44	3.04	88.37	9.15
1968	63.75	33.97	10.04	15.75	44.52	4.47	4.27	95.53	12.57
1969	63.85	34.72	10.11	15.83	60.44	6.11	5.70	93.29	16.42
10年小计			**101.46**	**16.03**	**48.17**	**48.87**	**46.16**	**94.45**	**12.51**
占合计%			**19.12**			**19.06**	**20.35**		
1970	63.80	35.44	10.16	15.92	65.45	6.65	6.45	96.99	18.20
1971	63.84	36.00	9.93	15.55	65.76	6.53	6.25	95.71	17.36
1972	63.49	36.24	10.15	15.99	42.66	4.33	4.11	94.92	11.34
1973	63.54	36.75	6.14	9.66	52.77	3.24	2.97	91.67	8.08
1974	63.54	37.06	10.81	17.01	50.32	5.44	4.99	91.73	13.46
1975	63.43	37.25	10.93	17.23	45.75	5.00	4.82	96.40	12.94
1976	63.17	37.29	10.81	17.11	31.91	3.45	3.30	95.65	8.85
1977	62.95	37.35	10.66	16.93	45.31	4.83	4.56	94.41	12.21
1978	62.73	37.62	10.83	17.26	41.74	4.52	4.16	92.04	11.06
1979	62.58	37.97	11.04	17.64	44.20	4.88	4.55	93.24	11.98
10年小计			**93.56**	**16.47**	**86.45**	**80.88**	**80.45**	**99.47**	**21.51**
占合计%			**17.63**			**31.55**	**35.47**		
1980	57.83	34.80	10.13	17.52	55.58	5.63	5.49	97.51	15.78
1981	57.80	35.40	8.36	14.46	49.04	4.10	4.11	100.24	11.61
1982	57.80	35.90	10.80	18.69	54.17	5.85	5.52	94.36	15.38
1983	57.70	36.40	11.23	19.46	121.19	13.61	13.04	95.81	35.82
1984	57.70	37.00	11.37	19.71	143.10	16.27	17.70	108.79	47.84
1985	57.73	37.49	9.09	15.75	105.83	9.62	6.80	70.69	18.14
1986	57.70	38.01	7.95	13.78	79.62	6.33	6.47	102.21	17.02
1987	57.70	38.49	8.14	14.11	90.29	7.35	7.27	98.91	18.89
1988	52.95	40.13	8.30	15.68	66.51	5.52	9.53	172.64	23.75
1989	53.08	40.40	8.19	15.43	80.59	6.60	4.52	68.48	11.19
11年小计			**47.28**	**8.10**	**68.55**	**32.41**	**22.34**	**68.93**	**4.78**
占合计%			**8.91**			**12.64**	**9.85**		
1990	53.08	40.40	8.08	15.22	103.22	8.34	7.20	86.33	17.82
1991	53.92	42.10	8.38	15.54	100.48	8.42	7.79	92.52	18.50
1992	52.65	42.28	8.37	15.90	28.55	2.39	0.53	22.18	1.25
1993	49.98	42.54	3.64	7.28	12.64	0.46	0.07	15.22	0.16
1994	48.26	42.60	1.81	3.75	73.48	1.33	1.06	79.70	2.49
1995	49.91	42.61	3.34	6.69	55.09	1.84	0.86	46.74	2.02
1996	54.74	42.84	4.00	7.31	44.75	1.79	3.74	*	8.73
1997	55.31	43.17	3.10	5.60	76.13	2.36	0.50	21.19	1.16
1998	55.30	43.55	3.08	5.57	94.48	2.91	0.59	20.27	1.35
1999	55.45	42.40	2.61	4.71	73.95	1.93			
2000	55.45	42.40	0.87	1.57	73.56	0.64			

5－18－37　河北省任县历年棉花生产收购

年　　度	耕地面积（万亩）	农业人口（万人）	棉田面积（万亩）	占耕地（%）	亩　产（市斤）	产　量（万担）	收购量（万担）	商品率（%）	人均交售（市斤）
52 年合计			**284.92**	**11.17**	**47.63**	**135.72**	**132.23**	**97.43**	**12.38**
11 年小计			**85.77**	**14.92**	**26.23**	**22.50**	**14.65**	**65.11**	**9.63**
占合计%			**30.10**			**16.58**	**11.08**		
1949	49.48	12.83	3.67	7.42	20.44	0.75			
1950	49.48	12.93	5.86	11.84	24.06	1.41			
1951	51.03	13.02	6.75	13.23	28.89	1.95			
1952	53.10	13.11	7.65	14.41	33.46	2.56			
1953	53.10	13.36	8.53	16.06	27.08	2.31	2.25	97.40	16.84
1954	53.71	13.78	9.82	18.28	30.75	3.02	2.83	93.71	20.54
1955	53.65	14.16	10.70	19.94	28.50	3.05	2.99	98.03	21.12
1956	54.29	14.44	11.24	20.70	10.94	1.23	0.98	79.67	6.79
1957	53.27	14.78	7.33	13.76	36.02	2.64	2.39	90.53	16.17
1958	52.06	14.78	7.01	13.47	24.39	1.71	1.51	88.30	10.22
1959	51.76	14.87	7.21	13.93	25.94	1.87	1.70	90.91	11.43
10 年小计			**36.05**	**7.20**	**23.08**	**8.32**	**6.30**	**75.72**	**3.78**
占合计%			**12.65**			**6.13**	**4.76**		
1960	51.48	14.80	6.25	12.14	11.84	0.74	0.65	87.84	4.39
1961	50.67	15.41	4.53	8.94	5.30	0.24	0.25	104.17	1.62
1962	50.70	16.02	3.05	6.02	13.11	0.40	0.30	75.00	1.87
1963	49.35	16.24	5.08	10.29	1.18	0.06	0.04	66.67	0.25
1964	50.11	16.23	3.16	6.31	20.25	0.64	0.47	73.44	2.90
1965	49.95	16.69	1.57	3.14	42.04	0.66	0.51	77.27	3.06
1966	49.82	17.17	1.97	3.95	36.04	0.71	0.39	54.93	2.27
1967	49.80	17.55	3.18	6.39	43.40	1.38	1.03	74.64	5.87
1968	49.50	17.99	3.28	6.63	45.12	1.48	1.10	74.32	6.11
1969	49.47	18.41	3.98	8.05	50.50	2.01	1.56	77.61	8.47
10 年小计			**39.76**	**8.26**	**28.75**	**11.43**	**8.11**	**70.95**	**3.97**
占合计%			**13.95**			**8.42**	**6.13**		
1970	48.82	18.87	4.09	8.38	52.08	2.13	1.68	78.87	8.90
1971	48.82	19.29	4.22	8.64	40.28	1.70	1.40	82.35	7.26
1972	48.81	19.61	4.26	8.73	25.59	1.09	0.73	66.97	3.72
1973	48.59	19.94	3.50	7.20	30.00	1.05	0.68	64.76	3.41
1974	48.12	20.47	3.69	7.67	32.25	1.19	0.84	70.59	4.10
1975	47.97	20.73	4.24	8.84	27.59	1.17	0.89	76.07	4.29
1976	47.64	20.96	3.87	8.12	18.35	0.71	0.51	71.83	2.43
1977	47.55	21.2	4.04	8.50	15.35	0.62	0.34	54.84	1.60
1978	47.46	21.48	3.45	7.27	31.59	1.09	0.49	44.95	2.28
1979	47.46	21.70	4.40	9.27	15.45	0.68	0.55	80.88	2.53
10 年小计			**59.20**	**12.49**	**98.61**	**58.38**	**65.39**	**112.01**	**27.40**
占合计%			**20.78**			**43.02**	**49.45**		
1980	47.46	22.13	4.04	8.51	39.36	1.59	1.82	114.47	8.22
1981	47.50	22.60	4.02	8.46	41.79	1.68	1.96	116.67	8.67
1982	47.50	23.20	3.80	8.00	70.00	2.66	2.80	105.26	12.07
1983	47.50	23.60	5.07	10.67	135.31	6.86	8.00	116.62	33.90
1984	47.50	23.89	7.04	14.82	136.65	9.62	13.25	137.73	55.46
1985	47.46	24.13	6.59	13.89	92.41	6.09	4.35	71.43	18.03
1986	47.40	24.38	5.17	10.91	118.18	6.11	6.48	106.06	26.58
1987	47.40	24.57	7.24	15.27	119.61	8.66	9.90	114.32	40.29
1988	47.00	24.75	8.00	17.02	88.13	7.05	8.32	118.01	33.62
1989	47.30	25.40	8.23	17.40	97.93	8.06	8.51	105.58	33.50
11 年小计			**64.14**	**12.33**	**54.71**	**35.09**	**37.78**	**107.67**	**12.33**
占合计%			**22.51**			**25.85**	**28.57**		
1990	47.32	27.16	8.40	17.75	99.64	8.37	7.20	86.02	26.51
1991	47.30	27.50	9.35	19.77	106.10	9.92	13.56	136.69	49.31
1992	47.32	27.70	9.61	20.31	22.48	2.16	2.73	126.39	9.86
1993	47.29	27.97	3.96	8.37	30.05	1.19	1.91	160.50	6.83
1994	47.29	27.89	12.04	25.46	37.46	4.51	3.58	79.38	12.84
1995	47.29	27.84	7.22	15.27	53.32	3.85	2.38	61.82	8.55
1996	47.29	27.74	5.60	11.84	10.71	0.60	0.20	33.33	0.72
1997	47.30	27.84	4.80	10.15	26.88	1.29	1.63	126.36	5.85
1998	47.30	27.87	1.04	2.20	109.62	1.14	3.00	*	10.76
1999	47.29	28.50	1.20	2.54	94.17	1.13	0.88	77.88	3.09
2000	47.29	28.50	0.92	1.95	101.09	0.93	0.71	76.34	2.49

5－18－38　河北省昌黎县历年棉花生产收购

年　　度	耕地面积（万亩）	农业人口（万人）	棉田面积（万亩）	占耕地（%）	亩　产（市斤）	产　量（万担）	收购量（万担）	商品率（%）	人均交售（市斤）
52 年合计			**112.24**	**3.56**	**30.66**	**34.41**	**17.14**	**49.81**	**1.54**
11 年小计			**50.22**	**4.07**	**34.77**	**17.46**	**7.48**	**42.84**	**2.14**
占合计%			**44.74**			**50.74**	**43.64**		
1949	106.64	29.03	2.85	2.67	8.07	0.23			
1950	106.64	29.03	3.10	2.91	27.10	0.84			
1951	106.64	29.03	5.19	4.87	39.88	2.07			
1952	113.77	31.37	3.88	3.41	35.05	1.36	0.32	23.53	1.02
1953	113.77	31.37	3.24	2.85	25.93	0.84	0.23	27.38	0.73
1954	113.77	31.37	5.83	5.12	37.91	2.21	0.27	12.22	0.86
1955	113.77	31.37	5.85	5.14	36.92	2.16	1.52	70.37	4.85
1956	113.77	31.37	6.19	5.44	44.91	2.78	1.92	69.06	6.12
1957	115.37	34.93	4.74	4.11	40.93	1.94	1.15	59.28	3.29
1958	115.37	34.93	4.56	3.95	37.06	1.69	1.19	70.41	3.41
1959	115.37	34.93	4.79	4.15	27.97	1.34	0.88	65.67	2.52
10 年小计			**40.42**	**3.93**	**27.34**	**11.05**	**7.14**	**64.62**	**1.91**
占合计%			**36.01**			**32.11**	**41.66**		
1960	102.82	36.03	5.33	5.18	24.58	1.31	1.29	98.47	3.58
1961	102.82	36.03	3.54	3.44	13.56	0.48	0.28	58.33	0.78
1962	102.82	36.03	3.10	3.01	10.32	0.32	0.05	15.63	0.14
1963	102.82	36.03	3.45	3.36	32.46	1.12	0.80	71.43	2.22
1964	102.82	36.03	4.14	4.03	29.95	1.24	0.82	66.13	2.28
1965	103.10	38.63	4.07	3.95	36.86	1.50	1.00	66.67	2.59
1966	103.10	38.63	4.24	4.11	29.95	1.27	0.86	67.72	2.23
1967	103.10	38.63	3.20	3.10	20.94	0.67	0.27	40.30	0.70
1968	103.10	38.63	4.66	4.52	46.78	2.18	1.37	62.84	3.55
1969	103.10	38.63	4.69	4.55	20.47	0.96	0.40	41.67	1.04
10 年小计			**21.60**	**2.42**	**27.31**	**5.90**	**2.52**	**42.71**	**0.65**
占合计%			**19.24**			**17.15**	**14.70**		
1970	100.28	42.49	4.24	4.23	42.69	1.81	1.12	61.88	2.64
1971	100.28	42.49	3.96	3.95	30.30	1.20	0.63	52.50	1.48
1972	99.46	43.23	4.09	4.11	12.47	0.51	0.17	33.33	0.39
1973	99.46	43.23	3.98	4.00	22.36	0.89	0.35	39.33	0.81
1974	99.46	43.23	1.42	1.43	32.39	0.46	0.13	28.26	0.30
1975	98.35	43.12	1.33	1.35	34.59	0.46	0.11	23.91	0.26
1976	98.35	43.12	0.99	1.01	15.15	0.15			
1977	98.35	43.12	0.76	0.77	21.05	0.16			
1978	97.54	43.80	0.83	0.85	31.33	0.26	0.01	3.85	0.02
1979									
10 年小计									
占合计%									
1980									
1981									
1982									
1983									
1984									
1985									
1986									
1987									
1988									
1989									
11 年小计									
占合计%									
1990									
1991									
1992									
1993									
1994									
1995									
1996									
1997									
1998									
1999									
2000									

5-18-39 河北省卢龙县历年棉花生产收购

年度	耕地面积（万亩）	农业人口（万人）	棉田面积（万亩）	占耕地（%）	亩产（市斤）	产量（万担）	收购量（万担）	商品率（%）	人均交售（市斤）
52年合计			**132.36**	**5.26**	**32.77**	**43.38**	**25.94**	**59.80**	**2.41**
11年小计			**52.50**	**6.39**	**29.73**	**15.61**	**8.39**	**53.75**	**3.01**
占合计%			**39.66**			**35.98**	**32.34**		
1949	76.15	24.81	4.36	5.73	8.03	0.35			
1950	76.15	24.81	3.84	5.04	26.82	1.03			
1951	76.15	24.81	6.14	8.06	29.64	1.82			
1952	74.65	24.98	4.60	6.16	35.22	1.62	0.69	42.59	2.76
1953	74.65	24.98	3.56	4.77	30.62	1.09	0.62	56.88	2.48
1954	74.65	24.98	6.09	8.16	31.69	1.93	0.72	37.31	2.88
1955	74.65	24.98	6.08	8.14	30.10	1.83	1.27	69.40	5.08
1956	74.65	24.98	6.03	8.08	34.99	2.11	2.00	94.79	8.01
1957	73.18	26.37	3.63	4.96	29.48	1.07	0.69	64.49	2.62
1958	73.18	26.37	4.05	5.53	39.26	1.59	1.53	96.23	5.80
1959	73.18	26.37	4.12	5.63	28.40	1.17	0.87	74.36	3.30
10年小计			**35.08**	**5.07**	**35.55**	**12.47**	**8.18**	**65.60**	**2.85**
占合计%			**26.50**			**28.75**	**31.53**		
1960	69.35	27.55	4.02	5.80	9.70	0.39	0.38	97.44	1.38
1961	69.35	27.55	2.67	3.85	13.86	0.37	0.12	32.43	0.44
1962	69.35	27.55	2.15	3.10	19.07	0.41	0.08	19.51	0.29
1963	69.35	27.55	2.93	4.22	28.33	0.83	0.38	45.78	1.38
1964	69.35	27.55	3.69	5.32	45.53	1.68	1.11	66.07	4.03
1965	68.95	29.94	3.67	5.32	39.24	1.44	0.94	65.28	3.14
1966	68.95	29.94	4.34	6.29	44.93	1.95	1.47	75.38	4.91
1967	68.95	29.94	2.83	4.10	47.35	1.34	0.93	69.40	3.11
1968	68.95	29.94	4.41	6.40	56.01	2.47	1.77	71.66	5.91
1969	68.95	29.94	4.37	6.34	36.38	1.59	1.00	62.89	3.34
10年小计			**34.47**	**5.11**	**29.04**	**10.01**	**5.68**	**56.74**	**1.69**
占合计%			**26.04**			**23.08**	**21.90**		
1970	68.19	33.33	4.01	5.88	52.87	2.12	1.43	67.45	4.29
1971	68.19	33.33	4.19	6.14	57.04	2.39	1.72	71.97	5.16
1972	68.19	33.33	4.35	6.38	15.63	0.68	0.26	38.24	0.78
1973	68.19	33.33	4.10	6.01	20.00	0.82	0.33	40.24	0.99
1974	68.19	33.33	3.27	4.80	20.80	0.68	0.27	39.71	0.81
1975	67.34	33.94	3.18	4.72	27.04	0.86	0.38	44.19	1.12
1976	67.34	33.94	2.93	4.35	12.63	0.37	0.14	37.84	0.41
1977	67.34	33.94	2.99	4.44	25.08	0.75	0.44	58.67	1.30
1978	65.86	34.29	2.95	4.48	23.73	0.70	0.37	52.86	1.08
1979	65.86	34.29	2.50	3.80	25.60	0.64	0.34	53.13	0.99
10年小计			**10.31**	**3.16**	**51.31**	**5.29**	**3.69**	**69.75**	**2.14**
占合计%			**7.79**			**12.19**	**14.23**		
1980	65.31	34.56	2.23	3.41	47.53	1.06	0.65	61.32	1.88
1981	65.31	34.56	2.18	3.34	36.70	0.80	0.43	53.75	1.24
1982	65.31	34.56	2.00	3.06	38.00	0.76	0.43	56.58	1.24
1983	65.31	34.56	1.90	2.91	77.37	1.47	0.83	56.46	2.40
1984	65.31	34.56	2.00	3.06	60.00	1.20	1.35	112.50	3.91
1985									
1986									
1987									
1988									
1989									
11年小计									
占合计%									
1990									
1991									
1992									
1993									
1994									
1995									
1996									
1997									
1998									
1999									
2000									

5－18－40　河北省抚宁县历年棉花生产收购

年　度	耕地面积（万亩）	农业人口（万人）	棉田面积（万亩）	占耕地（%）	亩　产（市斤）	产　量（万担）	收购量（万担）	商品率（%）	人均交售（市斤）
52年合计			**148.17**	**4.97**	**38.35**	**56.83**	**33.59**	**59.11**	**2.55**
11年小计			**70.54**	**6.81**	**39.20**	**27.65**	**14.81**	**53.56**	**4.21**
占合计%			**47.61**			**48.65**	**44.09**		
1949	98.75	37.74	5.10	5.16	19.22	0.98			
1950	98.75	37.74	6.50	6.58	32.31	2.10			
1951	98.75	37.74	6.73	6.82	52.90	3.56			
1952	92.92	28.62	6.27	6.75	42.74	2.68	0.85	31.72	2.97
1953	92.92	28.62	3.70	3.98	28.11	1.04	0.67	64.42	2.34
1954	92.92	28.62	7.52	8.09	36.97	2.78	1.27	45.68	4.44
1955	92.92	28.62	7.37	7.93	37.99	2.80	2.16	77.14	7.55
1956	92.92	28.62	7.91	8.51	41.34	3.27	3.02	92.35	10.55
1957	91.75	31.73	7.16	7.80	46.65	3.34	2.55	76.35	8.04
1958	91.75	31.73	7.01	7.64	51.21	3.59	2.98	83.01	9.39
1959	91.75	31.73	5.27	5.74	28.65	1.51	1.31	86.75	4.13
10年小计			**41.43**	**5.31**	**38.57**	**15.98**	**10.78**	**67.46**	**3.13**
占合计%			**27.96**			**28.12**	**32.09**		
1960	77.62	32.69	3.91	5.04	29.92	1.17	0.54	46.15	1.65
1961	77.62	32.69	2.99	3.85	19.73	0.59	0.16	27.12	0.49
1962	77.62	32.69	2.75	3.54	20.73	0.57	0.20	35.09	0.61
1963	77.62	32.69	4.31	5.55	33.18	1.43	1.20	83.92	3.67
1964	77.62	32.69	5.04	6.49	42.86	2.16	1.73	80.09	5.29
1965	78.53	36.13	4.78	6.09	49.58	2.37	1.86	78.48	5.15
1966	78.53	36.13	4.32	5.50	43.75	1.89	1.44	76.19	3.99
1967	78.53	36.13	3.98	5.07	42.71	1.70	1.09	64.12	3.02
1968	78.53	36.13	4.64	5.91	57.33	2.66	1.83	68.80	5.07
1969	78.53	36.13	4.71	6.00	30.57	1.44	0.73	50.69	2.02
10年小计			**27.12**	**3.48**	**29.57**	**8.02**	**4.04**	**50.37**	**0.97**
占合计%			**18.30**			**14.11**	**12.03**		
1970	78.04	40.94	4.65	5.96	50.75	2.36	1.65	69.92	4.03
1971	78.04	40.94	4.43	5.68	40.41	1.79	1.14	63.69	2.78
1972	78.04	40.94	4.52	5.79	13.05	0.59	0.26	44.07	0.64
1973	78.04	40.94	4.28	5.48	16.59	0.71	0.23	32.39	0.56
1974	78.04	40.94	1.73	2.22	23.12	0.40	0.11	27.50	0.27
1975	77.78	42.75	1.36	1.75	39.71	0.54	0.12	22.22	0.28
1976	77.78	42.75	1.30	1.67	16.15	0.21	0.02	9.52	0.05
1977	77.78	42.75	1.19	1.53	27.73	0.33	0.09	27.27	0.21
1978	77.69	40.85	1.86	2.39	30.11	0.56	0.22	39.29	0.54
1979	77.69	40.85	1.80	2.32	29.44	0.53	0.20	37.74	0.49
10年小计			**9.08**	**2.34**	**57.05**	**5.18**	**3.96**	**76.45**	**1.91**
占合计%			**6.13**			**9.11**	**11.79**		
1980	77.66	41.45	1.90	2.45	62.11	1.18	0.70	59.32	1.69
1981	77.66	41.45	1.90	2.45	46.32	0.88	0.44	50.00	1.06
1982	77.66	41.45	1.80	2.32	38.89	0.70	0.41	58.57	0.99
1983	77.66	41.45	1.48	1.91	58.78	0.87	0.62	71.26	1.50
1984	77.66	41.45	2.00	2.58	77.50	1.55	1.79	115.48	4.32
1985									
1986									
1987									
1988									
1989									
11年小计									
占合计%									
1990									
1991									
1992									
1993									
1994									
1995									
1996									
1997									
1998									
1999									
2000									

5－18－41　河北省迁西县历年棉花生产收购

年　度	耕地面积（万亩）	农业人口（万人）	棉田面积（万亩）	占耕地（%）	亩　产（市斤）	产　量（万担）	收购量（万担）	商品率（%）	人均交售（市斤）
52 年合计			**31.59**	**2.76**	**34.06**	**10.76**	**3.23**	**30.02**	**0.40**
11 年小计			**12.52**	**3.07**	**25.16**	**3.15**	**0.82**	**26.03**	**0.40**
占合计%			**39.63**			**29.28**	**25.39**		
1949	31.48	17.46	1.02	3.24	10.78	0.11			
1950	31.48	17.46	1.05	3.34	6.67	0.07			
1951	31.48	17.46	2.08	6.61	20.19	0.42			
1952	38.57	18.00	1.45	3.76	41.38	0.60			
1953	38.57	18.00	1.33	3.45	18.80	0.25	0.08	32.00	0.44
1954	38.57	18.00	1.95	5.06	25.13	0.49	0.14	28.57	0.78
1955	38.57	18.00	0.78	2.02	38.46	0.30	0.13	43.33	0.72
1956	38.57	18.00	0.79	2.05	30.38	0.24	0.10	41.67	0.56
1957	39.98	20.17	0.74	1.85	36.49	0.27	0.08	29.63	0.40
1958	39.98	20.17	0.74	1.85	33.78	0.25	0.16	64.00	0.79
1959	39.98	20.17	0.59	1.48	25.42	0.15	0.13	86.67	0.64
10 年小计			**11.13**	**3.37**	**37.83**	**4.21**	**1.74**	**41.33**	**0.74**
占合计%			**35.23**			**39.13**	**53.87**		
1960	32.89	22.63	0.90	2.74	24.44	0.22	0.24	109.09	1.06
1961	32.89	22.63	0.90	2.74	20.00	0.18	0.07	38.89	0.31
1962	32.89	22.63	1.07	3.25	27.10	0.29	0.07	24.14	0.31
1963	32.89	22.63	1.14	3.47	33.33	0.38	0.13	34.21	0.57
1964	32.89	22.63	1.23	3.74	34.96	0.43	0.17	39.53	0.75
1965	33.14	24.64	1.22	3.68	38.52	0.47	0.15	31.91	0.61
1966	33.14	24.64	1.18	3.56	42.37	0.50	0.21	42.00	0.85
1967	33.14	24.64	1.15	3.47	41.74	0.48	0.17	35.42	0.69
1968	33.14	24.64	1.16	3.50	56.90	0.66	0.30	45.45	1.22
1969	33.14	24.64	1.18	3.56	50.85	0.60	0.23	38.33	0.93
10 年小计			**6.81**	**2.33**	**37.59**	**2.56**	**0.67**	**26.17**	**0.27**
占合计%			**21.56**			**23.79**	**20.74**		
1970	32.86	27.37	1.10	3.35	60.00	0.66	0.28	42.42	1.02
1971	32.86	27.37	1.04	3.16	55.77	0.58	0.25	43.10	0.91
1972	32.83	27.75	1.02	3.11	19.61	0.20	0.02	10.00	0.07
1973	32.83	27.75	1.03	3.14	37.86	0.39	0.12	30.77	0.43
1974	32.83	27.75	0.53	1.61	30.19	0.16			
1975	32.10	28.10	0.53	1.65	50.94	0.27			
1976	32.10	28.10	0.54	1.68	5.56	0.03			
1977	32.10	28.10	0.51	1.59	25.49	0.13			
1978	31.89	28.15	0.51	1.60	27.45	0.14			
1979									
10 年小计									
占合计%									
1980									
1981									
1982									
1983									
1984									
1985									
1986									
1987									
1988									
1989									
11 年小计			**1.13**	**1.00**	**74.34**	**0.84**			
占合计%			**3.58**			**7.81**			
1990									
1991									
1992	28.60	32.00	0.14	0.49	92.86	0.13			
1993									
1994									
1995									
1996									
1997									
1998	28.27	31.32	0.33	1.17	93.94	0.31			
1999	28.22	31.30	0.33	1.17	66.67	0.22			
2000	28.22	31.30	0.33	1.17	54.55	0.18			

5－18－42　河北省丰润县历年棉花生产收购

年　度	耕地面积（万亩）	农业人口（万人）	棉田面积（万亩）	占耕地（%）	亩　产（市斤）	产　量（万担）	收购量（万担）	商品率（%）	人均交售（市斤）
52年合计			**276.67**	**4.55**	**43.64**	**120.74**	**104.83**	**86.82**	**3.75**
11年小计			**66.60**	**4.70**	**32.13**	**21.40**	**10.73**	**50.14**	**2.21**
占合计%			**24.07**			**17.72**	**10.24**		
1949	132.80	43.44	6.26	4.71	18.85	1.18			
1950	132.53	43.66	5.45	4.11	26.61	1.45			
1951	131.98	43.92	6.81	5.16	25.55	1.74			
1952	131.32	44.21	6.18	4.71	38.03	2.35	1.04	44.26	2.35
1953	131.35	44.56	4.33	3.30	29.10	1.26	0.69	54.76	1.55
1954	130.67	44.62	8.43	6.45	36.30	3.06	1.42	46.41	3.18
1955	129.56	45.18	8.04	6.21	36.44	2.93	2.19	74.74	4.85
1956	129.08	45.23	4.87	3.77	40.45	1.97	1.69	85.79	3.74
1957	128.32	45.43	4.30	3.35	40.47	1.74	1.27	72.99	2.80
1958	120.98	43.12	5.20	4.30	42.12	2.19	1.40	63.93	3.25
1959	119.71	42.96	6.73	5.62	22.73	1.53	1.03	67.32	2.40
10年小计			**69.60**	**5.93**	**41.25**	**28.71**	**24.01**	**83.63**	**4.92**
占合计%			**25.16**			**23.78**	**22.90**		
1960	118.02	42.49	7.72	6.54	21.11	1.63	1.52	93.25	3.58
1961	117.91	43.19	6.49	5.50	20.18	1.31	1.18	90.08	2.73
1962	118.32	46.73	6.21	5.25	22.22	1.38	0.90	65.22	1.93
1963	118.34	47.79	6.95	5.87	38.27	2.66	2.64	99.25	5.52
1964	118.2	48.72	7.04	5.96	37.36	2.63	2.30	87.45	4.72
1965	116.79	49.73	6.94	5.94	50.00	3.47	3.01	86.74	6.05
1966	116.69	50.99	7.05	6.04	54.75	3.86	3.07	79.53	6.02
1967	116.41	51.57	7.13	6.12	59.05	4.21	3.58	85.04	6.94
1968	116.37	52.71	7.12	6.12	66.01	4.70	3.83	81.49	7.27
1969	116.19	54.05	6.95	5.98	41.15	2.86	1.98	69.23	3.66
10年小计			**77.79**	**6.79**	**37.81**	**29.41**	**23.90**	**81.26**	**4.28**
占合计%			**28.12**			**24.36**	**22.80**		
1970	116.02	54.89	6.91	5.96	72.50	5.01	4.03	80.44	7.34
1971	115.79	55.97	6.87	5.93	66.67	4.58	4.07	88.86	7.27
1972	115.61	56.09	6.96	6.02	28.30	1.97	1.57	79.70	2.80
1973	115.04	56.02	7.16	6.22	48.74	3.49	2.86	81.95	5.11
1974	114.78	56.68	8.41	7.33	39.71	3.34	2.73	81.74	4.82
1975	114.57	56.53	8.52	7.44	51.64	4.40	3.72	84.55	6.58
1976	114.13	55.36	8.80	7.71	22.95	2.02	1.56	77.23	2.82
1977	113.77	54.70	8.72	7.66	25.34	2.21	1.74	78.73	3.18
1978	113.58	55.82	8.94	7.87	12.86	1.15	0.77	66.96	1.38
1979	113.14	55.81	6.50	5.75	19.08	1.24	0.85	68.55	1.52
10年小计			**47.75**	**4.26**	**65.15**	**31.11**	**36.63**	**117.74**	**6.34**
占合计%			**17.26**			**25.77**	**34.94**		
1980	112.62	56.12	6.75	5.99	31.70	2.14	1.75	81.78	3.12
1981	112.50	56.60	6.06	5.39	31.35	1.90	1.94	102.11	3.43
1982	112.30	57.00	6.20	5.52	58.87	3.65	4.06	111.23	7.12
1983	112.20	57.10	6.30	5.61	87.46	5.51	8.17	148.28	14.31
1984	112.10	57.46	7.52	6.71	99.73	7.50	11.09	147.87	19.30
1985	111.88	57.41	4.93	4.41	67.95	3.35	2.26	67.46	3.94
1986	111.80	57.90	2.80	2.50	73.57	2.06	3.55	172.33	6.13
1987	111.60	58.33	2.25	2.02	67.56	1.52	1.45	95.39	2.49
1988	111.59	59.04	2.60	2.33	71.92	1.87	1.24	66.31	2.10
1989	111.41	60.36	2.34	2.10	68.80	1.61	1.12	69.57	1.86
11年小计			**14.93**	**1.23**	**67.72**	**10.11**	**9.56**	**94.56**	**1.40**
占合计%			**5.40**			**8.37**	**9.12**		
1990	111.35	62.72	2.45	2.20	79.59	1.95	1.30	66.67	2.07
1991	111.28	63.03	2.81	2.53	78.29	2.20	3.16	143.64	5.01
1992	111.15	62.97	2.98	2.68	48.66	1.45	0.56	38.62	0.89
1993	111.01	63.00	0.92	0.83	83.70	0.77	1.78	*	2.83
1994	110.85	62.11	1.65	1.49	47.27	0.78	0.50	64.10	0.81
1995	110.75	61.92	1.20	1.08	58.33	0.70	0.69	98.57	1.11
1996	110.36	61.69	1.00	0.91	82.00	0.82	0.28	34.15	0.45
1997	110.29	61.79	1.00	0.91	68.00	0.68	0.15	22.06	0.24
1998	110.08	61.40	0.30	0.27	80.00	0.24	0.41	170.83	0.67
1999	109.47	61.20	0.23	0.21	78.26	0.18	0.32	177.78	0.52
2000	109.47	61.20	0.39	0.36	87.18	0.34	0.41	120.59	0.67

5－18－43 河北省丰南县历年棉花生产收购

年　　度	耕地面积（万亩）	农业人口（万人）	棉田面积（万亩）	占耕地（%）	亩　产（市斤）	产　量（万担）	收购量（万担）	商品率（%）	人均交售（市斤）
52 年合计			**602.99**	**14.40**	**69.69**	**420.21**	**298.42**	**71.02**	**15.02**
11 年小计			**160.94**	**16.00**	**39.04**	**62.83**	**66.08**	**105.17**	**20.09**
占合计%			**26.69**			**14.95**	**22.14**		
1949	93.63	29.41	13.76	14.70	13.81	1.90			
1950	93.51	29.49	13.58	14.52	42.86	5.82			
1951	93.71	29.68	14.12	15.07	44.62	6.30			
1952	93.69	29.74	14.67	15.66	42.81	6.28	7.43	118.31	24.98
1953	93.61	29.94	14.76	15.77	37.20	5.49	5.99	109.11	20.01
1954	93.74	30.03	14.89	15.88	44.46	6.62	10.71	161.78	35.66
1955	93.21	30.01	15.51	16.64	37.40	5.80	12.44	*	41.45
1956	91.58	30.14	16.27	17.77	42.10	6.85	12.56	*	41.67
1957	90.86	30.38	15.37	16.92	39.82	6.12	6.44	105.23	21.20
1958	86.19	30.11	14.99	17.39	46.70	7.00	4.95	70.71	16.44
1959	82.30	30.01	13.02	15.82	35.71	4.65	5.56	119.57	18.53
10 年小计			**101.18**	**12.60**	**50.13**	**50.72**	**45.77**	**90.24**	**13.24**
占合计%			**16.78**			**12.07**	**15.34**		
1960	81.30	29.91	12.48	15.35	34.62	4.32	3.18	73.61	10.63
1961	80.67	30.54	7.14	8.85	23.95	1.71	1.35	78.95	4.42
1962	79.72	30.52	8.24	10.34	17.23	1.42	1.11	78.17	3.64
1963	79.72	33.62	10.27	12.88	46.93	4.82	4.64	96.27	13.80
1964	80.07	34.67	10.41	13.00	43.61	4.54	4.39	96.70	12.66
1965	80.08	35.46	10.40	12.99	69.90	7.27	6.86	94.36	19.35
1966	80.51	36.66	10.51	13.05	67.08	7.05	6.83	96.88	18.63
1967	80.33	36.99	10.49	13.06	69.11	7.25	6.74	92.97	18.22
1968	80.23	38.04	10.58	13.19	73.82	7.81	6.84	87.58	17.98
1969	80.46	39.27	10.66	13.25	42.50	4.53	3.83	84.55	9.75
10 年小计			**119.50**	**15.15**	**46.58**	**55.66**	**50.31**	**90.39**	**12.15**
占合计%			**19.82**			**13.25**	**16.86**		
1970	80.65	40.54	9.91	12.29	78.00	7.73	6.87	88.87	16.95
1971	80.34	41.39	9.60	11.95	74.27	7.13	6.53	91.58	15.78
1972	80.34	41.72	10.12	12.60	41.50	4.20	3.58	85.24	8.58
1973	80.15	42.41	9.81	12.24	57.80	5.67	5.16	91.01	12.17
1974	79.73	42.84	13.58	17.03	51.69	7.02	6.44	91.74	15.03
1975	78.86	43.33	13.48	17.09	53.86	7.26	6.66	91.74	15.37
1976	77.59	40.12	13.38	17.24	28.33	3.79	3.33	87.86	8.30
1977	77.26	40.35	13.40	17.34	31.04	4.16	3.73	89.66	9.24
1978	77.15	40.68	14.52	18.82	27.96	4.06	3.57	87.93	8.78
1979	76.75	40.84	11.70	15.24	39.66	4.64	4.44	95.69	10.87
10 年小计			**116.91**	**15.31**	**116.65**	**136.38**	**109.14**	**80.03**	**25.84**
占合计%			**19.39**			**32.46**	**36.57**		
1980	76.63	41.10	12.27	16.01	66.34	8.14	7.89	96.93	19.20
1981	76.60	41.50	12.43	16.23	70.39	8.75	8.55	97.71	20.60
1982	76.60	42.30	12.90	16.84	106.67	13.76	13.00	94.48	30.73
1983	76.40	42.40	12.26	16.05	183.12	22.45	22.32	99.42	52.64
1984	76.40	41.88	15.00	19.63	202.53	30.38	31.94	105.13	76.27
1985	76.35	42.08	14.54	19.04	107.36	15.61	10.86	69.57	25.81
1986	76.30	42.35	11.05	14.48	105.43	11.65	5.08	43.61	12.00
1987	76.20	42.66	5.15	6.76	91.07	4.69	2.36	50.32	5.53
1988	76.06	43.04	11.80	15.51	95.08	11.22	3.26	29.06	7.57
1989	76.00	43.06	9.51	12.51	102.31	9.73	3.88	39.88	9.01
11 年小计			**104.46**	**12.64**	**109.73**	**114.62**	**27.12**	**23.66**	**5.70**
占合计%			**17.32**			**27.28**	**9.09**		
1990	75.93	44.39	10.69	14.08	116.65	12.47	8.90	71.37	20.05
1991	75.81	44.65	11.13	14.68	127.49	14.19	11.45	80.69	25.64
1992	75.60	45.30	10.99	14.54	66.97	7.36	0.83	11.28	1.83
1993	75.41	42.73	7.89	10.46	115.72	9.13	0.86	9.42	2.01
1994	75.19	42.79	11.10	14.76	116.58	12.94	1.24	9.58	2.90
1995	75.10	43.02	10.75	14.31	94.79	10.19	1.47	14.43	3.42
1996	75.00	40.75	9.00	12.00	112.78	10.15			
1997	74.95	40.68	9.10	12.14	113.08	10.29	0.99	9.62	2.43
1998	74.62	40.28	8.92	11.95	107.40	9.58	0.99	10.33	2.46
1999	74.56	45.50	8.36	11.21	117.34	9.81	0.24	2.45	0.53
2000	74.56	45.50	6.53	8.76	130.32	8.51	0.15	1.76	0.33

5-18-44 河北省乐亭县历年棉花生产收购

年度	耕地面积（万亩）	农业人口（万人）	棉田面积（万亩）	占耕地（%）	亩产（市斤）	产量（万担）	收购量（万担）	商品率（%）	人均交售（市斤）
52年合计			**388.68**	**7.62**	**66.40**	**258.08**	**204.89**	**79.39**	**9.70**
11年小计			**76.67**	**6.64**	**38.35**	**29.40**	**18.33**	**62.35**	**5.03**
占合计%			**19.73**			**11.39**	**8.95**		
1949	100.69	29.41	6.00	5.96					
1950	102.00	30.00	5.00	4.90	32.00	1.60			
1951	104.00	31.00	5.00	4.81	37.00	1.85			
1952	106.50	31.92	6.55	6.15	49.62	3.25	1.58	48.62	4.95
1953	106.50	32.00	5.02	4.71	26.69	1.34	0.84	62.69	2.63
1954	107.00	33.00	7.37	6.89	43.42	3.20	1.85	57.81	5.61
1955	107.00	34.00	8.43	7.88	54.33	4.58	2.96	64.63	8.71
1956	108.00	35.00	8.60	7.96	42.09	3.62	2.85	78.73	8.14
1957	108.37	35.14	8.00	7.38	42.00	3.36	2.93	87.20	8.34
1958	105.00	36.00	7.86	7.49	45.04	3.54	3.13	88.42	8.69
1959	100.00	37.00	8.84	8.84	34.62	3.06	2.19	71.57	5.92
10年小计			**68.84**	**7.09**	**42.29**	**29.11**	**24.32**	**83.55**	**6.28**
占合计%			**17.71**			**11.28**	**11.87**		
1960	98.00	36.00	8.37	8.54	31.30	2.62	1.65	62.98	4.58
1961	97.00	37.00	5.47	5.64	19.01	1.04	0.73	70.19	1.97
1962	96.98	37.06	6.22	6.41	5.63	0.35	0.51	145.71	1.38
1963	97.00	38.00	6.16	6.35	41.40	2.55	2.36	92.55	6.21
1964	97.00	38.50	6.52	6.72	30.37	1.98	1.83	92.42	4.75
1965	97.20	38.96	6.84	7.04	68.86	4.71	4.41	93.63	11.32
1966	97.00	39.00	7.17	7.39	55.65	3.99	3.79	94.99	9.72
1967	97.00	40.00	6.90	7.11	52.46	3.62	2.94	81.22	7.35
1968	97.00	41.00	7.70	7.94	73.38	5.65	4.26	75.40	10.39
1969	97.00	42.00	7.49	7.72	34.71	2.60	1.84	70.77	4.38
10年小计			**77.74**	**8.02**	**43.32**	**33.68**	**28.74**	**85.33**	**6.68**
占合计%			**20.00**			**13.05**	**14.03**		
1970	97.58	42.81	7.11	7.29	76.51	5.44	4.71	86.58	11.00
1971	97.40	43.00	7.01	7.20	57.20	4.01	3.54	88.28	8.23
1972	97.32	43.05	7.12	7.32	27.11	1.93	1.59	82.38	3.69
1973	97.30	43.10	7.03	7.23	44.52	3.13	2.59	82.75	6.01
1974	97.00	43.10	8.51	8.77	44.07	3.75	3.14	83.73	7.29
1975	96.87	43.12	8.52	8.80	45.19	3.85	3.24	84.16	7.51
1976	96.60	43.10	8.45	8.75	22.84	1.93	1.40	72.54	3.25
1977	96.60	43.10	8.43	8.73	25.03	2.11	1.72	81.52	3.99
1978	96.59	42.92	8.66	8.97	39.84	3.45	2.96	85.80	6.90
1979	96.59	42.90	6.90	7.14	59.13	4.08	3.85	94.36	8.97
10年小计			**101.77**	**10.66**	**107.18**	**109.08**	**101.02**	**92.61**	**23.03**
占合计%			**26.18**			**42.27**	**49.30**		
1980	96.16	42.80	8.24	8.57	94.90	7.82	7.67	98.08	17.92
1981	96.10	43.20	10.87	11.31	99.36	10.80	10.50	97.22	24.31
1982	96.00	43.50	12.50	13.02	110.32	13.79	13.70	99.35	31.49
1983	95.90	43.50	13.08	13.64	153.21	20.04	19.93	99.45	45.82
1984	95.80	43.88	19.54	20.40	134.44	26.27	26.45	100.69	60.28
1985	95.94	43.92	14.74	15.36	71.85	10.59	9.24	87.25	21.04
1986	95.50	44.10	5.85	6.13	83.76	4.90	3.90	79.59	8.84
1987	95.40	44.40	5.50	5.77	80.18	4.41	2.68	60.77	6.04
1988	94.15	44.56	6.10	6.48	85.41	5.21	3.69	70.83	8.28
1989	94.12	44.78	5.35	5.68	98.13	5.25	3.26	62.10	7.28
11年小计			**63.66**	**6.08**	**89.24**	**56.81**	**32.48**	**57.17**	**6.62**
占合计%			**16.38**			**22.01**	**15.85**		
1990	95.08	45.06	9.91	10.42	100.30	9.94	9.30	93.56	20.64
1991	93.94	45.28	10.93	11.64	97.26	10.63	10.55	99.25	23.30
1992	94.97	45.30	11.05	11.64	53.21	5.88	3.97	67.52	8.76
1993	93.82	45.36	4.12	4.39	97.82	4.03	1.27	31.51	2.80
1994	94.89	45.38	8.10	8.54	87.90	7.12	3.02	42.42	6.65
1995	95.02	45.04	7.16	7.54	84.36	6.04	2.82	46.69	6.26
1996	96.13	44.13	5.50	5.72	119.64	6.58	1.18	17.93	2.67
1997	96.11	43.97	3.30	3.43	86.36	2.85	0.08	2.81	0.18
1998	95.60	43.69	1.59	1.66	100.00	1.59	0.24	15.09	0.55
1999	95.59	43.80	0.86	0.90	103.49	0.89	0.05	5.62	0.11
2000	95.59	43.80	1.14	1.19	110.53	1.26			

5－18－45　河北省滦南县历年棉花生产收购

年　度	耕地面积（万亩）	农业人口（万人）	棉田面积（万亩）	占耕地（%）	亩　产（市斤）	产　量（万担）	收购量（万担）	商品率（%）	人均交售（市斤）
52年合计			**303.74**	**5.10**	**43.36**	**131.70**	**91.77**	**69.68**	**3.92**
11年小计			**84.50**	**6.16**	**35.09**	**29.65**	**13.05**	**44.01**	**3.37**
占合计%			**27.82**			**22.51**	**14.22**		
1949	129.80	32.04	7.12	5.49	8.29	0.59			
1950	128.00	33.00	7.16	5.59	34.22	2.45			
1951	127.00	34.00	7.35	5.79	37.69	2.77			
1952	126.18	34.70	7.30	5.79	43.56	3.18	1.60	50.31	4.61
1953	125.00	35.00	6.83	5.46	30.01	2.05	1.00	48.78	2.86
1954	124.00	35.50	8.42	6.79	40.38	3.40	2.58	75.88	7.27
1955	123.00	36.00	8.46	6.88	43.14	3.65	1.65	45.21	4.58
1956	122.50	36.30	8.22	6.71	41.48	3.41	1.34	39.30	3.69
1957	122.84	36.68	7.40	6.02	35.27	2.61	0.84	32.18	2.29
1958	122.00	37.00	7.97	6.53	39.40	3.14	2.34	74.52	6.32
1959	121.00	37.50	8.27	6.83	29.02	2.40	1.70	70.83	4.53
10年小计			**79.51**	**7.04**	**36.70**	**29.18**	**22.22**	**76.15**	**5.43**
占合计%			**26.18**			**22.16**	**24.21**		
1960	113.02	38.00	7.98	7.06	32.21	2.57	2.01	78.21	5.29
1961	113.02	38.20	6.14	5.43	20.36	1.25	0.61	48.80	1.60
1962	113.02	38.43	6.83	6.04	13.62	0.93	0.37	39.78	0.96
1963	113.02	39.00	7.54	6.67	34.22	2.58	2.15	83.33	5.51
1964	113.02	40.00	7.98	7.06	29.32	2.34	1.83	78.21	4.58
1965	113.02	41.38	8.05	7.12	52.92	4.26	3.48	81.69	8.41
1966	113.02	42.00	8.51	7.53	46.06	3.92	3.15	80.36	7.50
1967	113.02	43.00	8.71	7.71	42.14	3.67	2.92	79.56	6.79
1968	113.02	44.00	8.95	7.92	60.56	5.42	4.21	77.68	9.57
1969	113.02	45.00	8.82	7.80	25.40	2.24	1.49	66.52	3.31
10年小计			**78.19**	**6.92**	**31.60**	**24.71**	**18.82**	**76.16**	**3.93**
占合计%			**25.74**			**18.76**	**20.51**		
1970	114.30	46.20	7.99	6.99	47.06	3.76	3.09	82.18	6.69
1971	114.00	47.00	7.93	6.96	46.41	3.68	3.06	83.15	6.51
1972	113.92	47.59	8.12	7.13	23.65	1.92	1.28	66.67	2.69
1973	113.50	47.90	8.12	7.15	38.18	3.10	2.27	73.23	4.74
1974	113.40	48.20	8.48	7.48	35.26	2.99	2.30	76.92	4.77
1975	113.33	48.31	7.97	7.03	41.41	3.30	2.65	80.30	5.49
1976	113.00	48.40	7.95	7.04	14.21	1.13	0.68	60.18	1.40
1977	112.00	48.40	8.15	7.28	15.58	1.27	0.91	71.65	1.88
1978	111.97	48.45	7.98	7.13	25.69	2.05	1.54	75.12	3.18
1979	111.00	48.60	5.50	4.95	27.45	1.51	1.04	68.87	2.14
10年小计			**43.08**	**3.87**	**73.98**	**31.87**	**26.27**	**82.43**	**5.26**
占合计%			**14.18**			**24.20**	**28.63**		
1980	111.88	48.79	5.63	5.03	54.88	3.09	2.50	80.91	5.12
1981	111.80	49.40	5.68	5.08	60.21	3.42	2.97	86.84	6.01
1982	111.80	49.80	5.50	4.92	71.64	3.94	3.61	91.62	7.25
1983	111.00	49.80	5.54	4.99	106.68	5.91	6.17	104.40	12.39
1984	111.30	49.91	6.41	5.76	88.92	5.70	8.16	143.16	16.35
1985	111.24	49.98	5.34	4.80	70.04	3.74	1.46	39.04	2.92
1986	111.10	50.17	2.38	2.14	68.49	1.63	0.33	20.25	0.66
1987	111.10	50.33	1.83	1.65	69.95	1.28	0.02	1.56	0.04
1988	111.03	50.52	2.40	2.16	64.17	1.54	0.41	26.62	0.81
1989	110.89	50.73	2.37	2.14	68.35	1.62	0.64	39.51	1.26
11年小计			**18.46**	**1.52**	**88.24**	**16.29**	**11.41**	**70.04**	**2.02**
占合计%			**6.08**			**12.37**	**12.43**		
1990	110.85	51.03	2.37	2.14	79.32	1.88	1.40	74.47	2.74
1991	110.67	51.18	2.54	2.30	103.54	2.63	3.11	118.25	6.08
1992	110.56	51.09	2.54	2.30	69.29	1.76	2.30	130.68	4.50
1993	110.45	51.15	2.13	1.93	91.55	1.95	0.47	24.10	0.92
1994	110.40	51.33	2.50	2.26	86.80	2.17	1.27	58.53	2.47
1995	110.33	51.49	0.22	0.20	140.91	0.31	0.92	*	1.79
1996	110.29	51.66	2.20	1.99	100.00	2.20	0.32	14.55	0.62
1997	109.91	51.85	2.00	1.82	76.00	1.52	0.80	52.63	1.54
1998	109.90	51.64	1.02	0.93	90.20	0.92	0.46	50.00	0.89
1999	109.74	51.60	0.63	0.57	100.00	0.63	0.30	47.62	0.58
2000	109.74	51.60	0.31	0.28	103.23	0.32	0.06	18.75	0.12

5－18－46　河北省滦县历年棉花生产收购

年　　度	耕地面积（万亩）	农业人口（万人）	棉田面积（万亩）	占耕地（%）	亩　产（市斤）	产　量（万担）	收购量（万担）	商品率（%）	人均交售（市斤）
52 年合计			**52.28**	**1.84**	**31.69**	**16.57**	**6.26**	**37.78**	**0.58**
11 年小计			**22.34**	**2.18**	**31.78**	**7.10**	**2.98**	**41.97**	**1.06**
占合计%			**42.73**			**42.85**	**47.60**		
1949	94.70	24.48	2.50	2.64	10.40	0.26			
1950	94.70	24.48	2.59	2.73	28.96	0.75			
1951	94.70	24.48	2.10	2.22	30.48	0.64			
1952	92.85	25.21	1.50	1.62	34.67	0.52	0.29	55.77	1.15
1953	92.85	25.21	1.29	1.39	14.73	0.19	0.10	52.63	0.40
1954	92.85	25.21	2.62	2.82	32.82	0.86	0.47	54.65	1.86
1955	92.85	25.21	2.60	2.80	41.92	1.09	0.63	57.80	2.50
1956	92.85	25.21	2.46	2.65	44.31	1.09	0.42	38.53	1.67
1957	91.98	27.64	1.69	1.84	35.50	0.60	0.34	56.67	1.23
1958	91.98	27.64	1.27	1.38	40.16	0.51	0.36	70.59	1.30
1959	91.98	27.64	1.72	1.87	34.30	0.59	0.37	62.71	1.34
10 年小计			**18.98**	**2.19**	**31.14**	**5.91**	**2.67**	**45.18**	**0.80**
占合计%			**36.30**			**35.67**	**42.65**		
1960	86.01	32.35	1.63	1.90	26.99	0.44	0.35	79.55	1.08
1961	86.01	32.35	1.54	1.79	18.83	0.29	0.12	41.38	0.37
1962	86.01	32.35	1.54	1.79	18.83	0.29	0.06	20.69	0.19
1963	86.01	32.35	2.00	2.33	29.00	0.58	0.24	41.38	0.74
1964	86.01	32.35	2.19	2.55	31.96	0.70	0.32	45.71	0.99
1965	87.07	34.68	2.05	2.35	37.07	0.76	0.41	53.95	1.18
1966	87.07	34.68	2.05	2.35	40.49	0.83	0.45	54.22	1.30
1967	87.07	34.68	1.86	2.14	33.87	0.63	0.27	42.86	0.78
1968	87.07	34.68	1.99	2.29	47.24	0.94	0.38	40.43	1.10
1969	87.07	34.68	2.13	2.45	21.13	0.45	0.07	15.56	0.20
10 年小计			**10.42**	**1.32**	**26.30**	**2.74**	**0.61**	**22.26**	**0.16**
占合计%			**19.93**			**16.54**	**9.74**		
1970	86.55	39.58	2.00	2.31	46.50	0.93	0.23	24.73	0.58
1971	86.55	39.58	1.81	2.09	33.15	0.60	0.18	30.00	0.45
1972	90.02	42.14	1.72	1.91	13.95	0.24	0.05	20.83	0.12
1973	90.02	42.14	2.11	2.34	20.85	0.44	0.15	34.09	0.36
1974	90.02	42.14	0.55	0.61	23.64	0.13			
1975	86.14	42.56	0.58	0.67	32.76	0.19			
1976	86.14	42.56	0.59	0.68	5.08	0.03			
1977	86.14	42.56	0.50	0.58	16.00	0.08			
1978	86.05	43.04	0.56	0.65	17.86	0.10			
1979									
10 年小计									
占合计%									
1980									
1981									
1982									
1983									
1984									
1985									
1986									
1987									
1988									
1989									
11 年小计			**0.54**	**0.32**	**151.85**	**0.82**			
占合计%			**1.03**			**4.95**			
1990									
1991									
1992									
1993									
1994									
1995									
1996									
1997									
1998									
1999	83.50	47.30	0.25	0.30	168.00	0.42			
2000	83.50	47.30	0.29	0.35	137.93	0.40			

5－18－47　河北省迁安县历年棉花生产收购

年　度	耕地面积（万亩）	农业人口（万人）	棉田面积（万亩）	占耕地（%）	亩　产（市斤）	产　量（万担）	收购量（万担）	商品率（%）	人均交售（市斤）
52年合计			**58.61**	**2.33**	**34.11**	**19.99**	**6.06**	**30.32**	**0.53**
11年小计			**24.53**	**2.43**	**29.31**	**7.19**	**1.96**	**27.26**	**0.57**
占合计%			**41.85**			**35.97**	**32.34**		
1949	91.89	29.34	1.86	2.02	22.58	0.42			
1950	91.89	29.34	2.19	2.38	26.94	0.59			
1951	91.89	29.34	2.22	2.42	27.93	0.62			
1952	92.65	30.88	2.37	2.56	27.00	0.64	0.03	4.69	0.10
1953	92.65	30.88	1.99	2.15	25.63	0.51	0.05	9.80	0.16
1954	92.65	30.88	2.93	3.16	29.35	0.86	0.14	16.28	0.45
1955	92.65	30.88	2.72	2.94	30.88	0.84	0.27	32.14	0.87
1956	92.65	30.88	2.71	2.92	29.15	0.79	0.25	31.65	0.81
1957	89.60	33.58	1.72	1.92	37.79	0.65	0.24	36.92	0.71
1958	89.60	33.58	1.68	1.88	38.69	0.65	0.42	64.62	1.25
1959	89.60	33.58	2.14	2.39	28.97	0.62	0.56	90.32	1.67
10年小计			**20.50**	**2.58**	**38.73**	**7.94**	**3.04**	**38.29**	**0.79**
占合计%			**34.98**			**39.72**	**50.17**		
1960	78.68	36.88	1.90	2.41	21.05	0.40	0.31	77.50	0.84
1961	78.68	36.88	1.70	2.16	30.59	0.52	0.01	1.92	0.03
1962	78.68	36.88	1.67	2.12	24.55	0.41	0.09	21.95	0.24
1963	78.68	36.88	1.93	2.45	34.20	0.66	0.17	25.76	0.46
1964	78.68	36.88	2.18	2.77	41.74	0.91	0.27	29.67	0.73
1965	80.02	40.13	2.16	2.70	40.74	0.88	0.37	42.05	0.92
1966	80.02	40.13	2.19	2.74	45.21	0.99	0.46	46.46	1.15
1967	80.02	40.13	2.13	2.66	36.62	0.78	0.27	34.62	0.67
1968	80.02	40.13	2.28	2.85	64.04	1.46	0.77	52.74	1.92
1969	80.02	40.13	2.36	2.95	39.41	0.93	0.32	34.41	0.80
10年小计			**13.58**	**1.91**	**35.79**	**4.86**	**1.06**	**21.81**	**0.25**
占合计%			**23.17**			**24.31**	**17.49**		
1970	79.68	44.76	2.31	2.90	57.58	1.33	0.60	45.11	1.34
1971	79.68	44.76	2.21	2.77	57.01	1.26	0.07	5.56	0.16
1972	79.64	46.17	2.20	2.76	18.64	0.41	0.20	48.78	0.43
1973	79.64	46.17	2.21	2.77	26.70	0.59	0.19	32.20	0.41
1974	79.64	46.17	0.90	1.13	24.44	0.22			
1975	78.82	46.90	0.97	1.23	43.30	0.42			
1976	78.82	46.90	0.91	1.15	10.99	0.10			
1977	78.82	46.90	0.91	1.15	34.07	0.31			
1978	77.78	47.96	0.96	1.23	22.92	0.22			
1979									
10年小计									
占合计%									
1980									
1981									
1982									
1983									
1984									
1985									
1986									
1987									
1988									
1989									
11年小计									
占合计%									
1990									
1991									
1992									
1993									
1994									
1995									
1996									
1997									
1998									
1999									
2000									

5－18－48　河北省唐海县历年棉花生产收购

年　　度	耕地面积（万亩）	农业人口（万人）	棉田面积（万亩）	占耕地（%）	亩　产（市斤）	产　量（万担）	收购量（万担）	商品率（%）	人均交售（市斤）
52 年合计			**45.37**	**4.42**	**41.15**	**18.67**	**11.64**	**62.35**	**3.96**
11 年小计			**15.84**	**7.47**	**34.79**	**5.51**	**0.27**	**4.90**	**0.49**
占合计%			**34.91**			**29.51**	**2.32**		
1949	19.29	5.03	1.36	7.05	30.15	0.41			
1950	19.29	5.03	1.36	7.05	30.15	0.41			
1951	19.29	5.03	1.36	7.05	30.15	0.41			
1952	19.29	5.03	1.36	7.05	30.15	0.41			
1953	19.29	5.03	1.36	7.05	30.15	0.41			
1954	19.29	5.03	1.28	6.64	42.19	0.54			
1955	19.29	5.03	1.31	6.79	45.80	0.60			
1956	19.29	5.03	1.34	6.95	43.28	0.58	0.14	24.14	2.78
1957	19.29	5.03	1.54	7.98	35.06	0.54	0.06	11.11	1.19
1958	19.29	5.03	1.73	8.97	36.99	0.64	0.01	1.56	0.20
1959	19.29	5.03	1.84	9.54	30.43	0.56	0.06	10.71	1.19
10 年小计			**12.45**	**4.62**	**42.17**	**5.25**	**4.46**	**84.95**	**6.11**
占合计%			**27.44**			**28.12**	**38.32**		
1960	25.13	7.12	1.55	6.17	38.06	0.59	0.59	100.00	8.29
1961	25.13	7.12	0.57	2.27	26.32	0.15	0.15	100.00	2.11
1962	25.13	7.12	0.76	3.02	23.68	0.18	0.14	77.78	1.97
1963	25.13	7.12	0.91	3.62	54.95	0.50	0.43	86.00	6.04
1964	25.13	7.12	1.15	4.58	37.39	0.43	0.43	100.00	6.04
1965	28.79	7.49	1.47	5.11	53.06	0.78	0.68	87.18	9.08
1966	28.79	7.49	1.38	4.79	45.65	0.63	0.61	96.83	8.14
1967	28.79	7.49	1.43	4.97	44.76	0.64	0.42	65.63	5.61
1968	28.79	7.49	1.54	5.35	57.79	0.89	0.71	79.78	9.48
1969	28.79	7.49	1.69	5.87	27.22	0.46	0.30	65.22	4.01
10 年小计			**13.78**	**4.93**	**43.32**	**5.97**	**5.32**	**89.11**	**6.49**
占合计%			**30.37**			**31.98**	**45.70**		
1970	31.00	8.97	1.71	5.52	58.48	1.00	0.87	87.00	9.70
1971	31.00	8.97	1.70	5.48	60.00	1.02	1.04	101.96	11.59
1972	31.00	8.97	1.58	5.10	38.61	0.61	0.50	81.97	5.57
1973	31.00	8.97	1.56	5.03	41.67	0.65	0.55	84.62	6.13
1974	31.00	8.97	1.65	5.32	41.21	0.68	0.61	89.71	6.80
1975	31.09	9.10	1.68	5.40	54.76	0.92	0.83	90.22	9.12
1976	31.09	9.10	1.59	5.11	20.13	0.32	0.30	93.75	3.30
1977	31.09	9.10	1.50	4.82	29.33	0.44	0.36	81.82	3.96
1978	31.37	9.80	0.81	2.58	40.74	0.33	0.26	78.79	2.65
1979									
10 年小计			**3.15**	**1.63**	**56.83**	**1.79**	**1.59**	**88.83**	**2.57**
占合计%			**6.94**			**9.59**	**13.66**		
1980									
1981									
1982									
1983	32.24	9.97	0.94	2.92	54.26	0.51	0.52	101.96	5.22
1984	32.24	9.97	1.16	3.60	54.31	0.63	0.73	115.87	7.32
1985	32.24	10.42	0.72	2.23	56.94	0.41	0.30	73.17	2.88
1986	32.20	10.42	0.23	0.71	69.57	0.16	0.04	25.00	0.38
1987	32.20	10.44	0.05	0.16	100.00	0.05			
1988									
1989	32.20	10.58	0.05	0.16	60.00	0.03			
11 年小计			**0.15**	**0.21**	**100.00**	**0.15**			
占合计%			**0.33**			**0.80**			
1990									
1991									
1992									
1993									
1994									
1995									
1996									
1997									
1998	36.35	10.91	0.08	0.22	112.50	0.09			
1999									
2000	36.35	10.91	0.07	0.19	85.71	0.06			

5－18－49　河北省玉田县历年棉花生产收购

年　　度	耕地面积（万亩）	农业人口（万人）	棉田面积（万亩）	占耕地（%）	亩　产（市斤）	产　量（万担）	收购量（万担）	商品率（%）	人均交售（市斤）
52年合计			**243.31**	**3.99**	**44.19**	**107.53**	**98.01**	**91.15**	**3.88**
11年小计			**53.53**	**3.74**	**34.45**	**18.44**	**14.15**	**76.74**	**3.26**
占合计%			**22.00**			**17.15**	**14.44**		
1949	129.30	37.47	3.18	2.46	1.26	0.04			
1950	129.50	37.50	1.57	1.21	21.02	0.33			
1951	129.50	37.50	3.05	2.36	30.16	0.92			
1952	134.37	37.83	3.02	2.25	54.64	1.65	1.66	100.61	4.39
1953	133.00	38.00	3.32	2.50	46.08	1.53	1.05	68.63	2.76
1954	132.00	39.00	6.83	5.17	41.87	2.86	2.25	78.67	5.77
1955	130.00	40.00	6.70	5.15	41.34	2.77	2.46	88.81	6.15
1956	129.00	41.00	6.99	5.42	44.92	3.14	2.88	91.72	7.02
1957	128.57	41.51	5.13	3.99	36.45	1.87	1.58	84.49	3.81
1958	128.00	42.00	6.83	5.34	37.04	2.53	1.30	51.38	3.10
1959	127.00	42.00	6.91	5.44	11.58	0.80	0.97	121.25	2.31
10年小计			**58.34**	**4.91**	**37.73**	**22.01**	**20.71**	**94.09**	**4.89**
占合计%			**23.98**			**20.47**	**21.13**		
1960	123.00	39.50	6.62	5.38	27.04	1.79	1.57	87.71	3.97
1961	120.00	39.50	4.88	4.07	22.54	1.10	1.22	110.91	3.09
1962	119.18	39.47	5.45	4.57	11.93	0.65	0.41	63.08	1.04
1963	119.00	40.00	5.92	4.97	41.39	2.45	2.33	95.10	5.83
1964	119.00	41.00	6.16	5.18	32.14	1.98	1.84	92.93	4.49
1965	118.62	42.40	6.38	5.38	56.58	3.61	3.43	95.01	8.09
1966	118.00	44.00	3.69	3.13	36.31	1.34	2.49	185.82	5.66
1967	117.00	45.00	6.41	5.48	42.43	2.72	2.27	83.46	5.04
1968	117.00	46.00	6.44	5.50	68.79	4.43	3.77	85.10	8.20
1969	117.00	47.00	6.39	5.46	30.36	1.94	1.38	71.13	2.94
10年小计			**65.28**	**5.68**	**35.62**	**23.25**	**19.43**	**83.57**	**3.95**
占合计%			**26.83**			**21.62**	**19.82**		
1970	117.20	47.69	6.21	5.30	55.39	3.44	2.80	81.40	5.87
1971	117.00	48.00	6.05	5.17	51.24	3.10	2.55	82.26	5.31
1972	116.74	48.45	6.05	5.18	24.46	1.48	1.24	83.78	2.56
1973	116.00	48.90	6.12	5.28	43.63	2.67	2.22	83.15	4.54
1974	115.00	49.00	6.99	6.08	38.77	2.71	2.34	86.35	4.78
1975	114.17	49.20	6.98	6.11	52.01	3.63	3.09	85.12	6.28
1976	114.00	49.60	6.76	5.93	21.01	1.42	1.13	79.58	2.28
1977	113.00	50.00	7.00	6.19	38.14	2.67	2.36	88.39	4.72
1978	113.00	50.25	7.72	6.83	12.31	0.95	0.70	73.68	1.39
1979	113.00	50.20	5.40	4.78	21.85	1.18	1.00	84.75	1.99
10年小计			**40.14**	**3.62**	**67.84**	**27.23**	**27.48**	**100.92**	**5.13**
占合计%			**16.50**			**25.32**	**28.04**		
1980	112.40	51.05	4.37	3.89	48.51	2.12	1.91	90.09	3.74
1981	112.20	51.80	5.01	4.47	36.93	1.85	2.03	109.73	3.92
1982	112.10	52.00	4.50	4.01	59.33	2.67	3.01	112.73	5.79
1983	110.70	52.80	4.72	4.26	106.99	5.05	5.48	108.51	10.38
1984	110.60	53.11	6.44	5.82	97.67	6.29	10.34	164.39	19.47
1985	110.56	53.48	4.73	4.28	60.25	2.85	3.14	110.18	5.87
1986	110.50	53.95	2.96	2.68	62.84	1.86	0.92	49.46	1.71
1987	110.50	54.45	3.35	3.03	55.82	1.87	0.38	20.32	0.70
1988	109.89	56.16	2.60	2.37	65.00	1.69	0.21	12.43	0.37
1989	110.81	57.07	1.46	1.32	67.12	0.98	0.06	6.12	0.11
11年小计			**26.02**	**2.13**	**63.80**	**16.60**	**16.24**	**97.83**	**2.54**
占合计%			**10.69**			**15.44**	**16.57**		
1990	110.81	57.00	2.56	2.31	57.42	1.47	1.40	95.24	2.46
1991	113.00	58.40	3.63	3.21	73.00	2.65	2.54	95.85	4.35
1992	116.54	58.48	3.79	3.25	40.90	1.55	1.85	119.35	3.16
1993	113.84	58.68	2.00	1.76	65.50	1.31	0.90	68.70	1.53
1994	110.12	60.81	3.62	3.29	75.14	2.72	2.54	93.38	4.18
1995	114.39	58.43	3.61	3.16	76.45	2.76	1.59	57.61	2.72
1996	108.87	57.71	3.30	3.03	44.24	1.46	0.70	47.95	1.21
1997	108.53	57.58	1.50	1.38	71.33	1.07	1.09	101.87	1.89
1998	108.43	57.63	1.01	0.93	73.27	0.74	2.29	*	3.97
1999	108.41	57.80	0.47	0.43	82.98	0.39			
2000	108.41	57.80	0.53	0.49	90.57	0.48	1.34	*	2.32

5－18－50　河北省遵化县历年棉花生产收购

年　度	耕地面积（万亩）	农业人口（万人）	棉田面积（万亩）	占耕地（%）	亩　产（市斤）	产　量（万担）	收购量（万担）	商品率（%）	人均交售（市斤）
52 年合计			**181.46**	**3.85**	**42.43**	**76.99**	**56.73**	**73.68**	**2.22**
11 年小计			**47.82**	**4.50**	**36.95**	**17.67**	**10.42**	**58.97**	**2.69**
占合计%			**26.35**			**22.95**	**18.37**		
1949	88.89	32.72	2.27	2.55	19.82	0.45			
1950	90.00	33.00	2.33	2.59	24.03	0.56			
1951	93.00	33.10	2.45	2.63	35.10	0.86			
1952	98.74	33.23	3.06	3.10	44.44	1.36	1.09	80.15	3.28
1953	98.75	34.00	3.17	3.21	37.85	1.20	0.80	66.67	2.35
1954	98.75	35.00	5.74	5.81	29.62	1.70	0.85	50.00	2.43
1955	98.75	36.00	5.85	5.92	45.13	2.64	0.80	30.30	2.22
1956	98.75	37.00	6.10	6.18	45.08	2.75	1.78	64.73	4.81
1957	98.79	37.33	5.45	5.52	35.05	1.91	1.06	55.50	2.84
1958	98.70	37.60	5.35	5.42	51.03	2.73	2.65	97.07	7.05
1959	98.50	37.90	6.05	6.14	24.96	1.51	1.39	92.05	3.67
10 年小计			**53.82**	**5.88**	**46.21**	**24.87**	**21.69**	**87.21**	**5.10**
占合计%			**29.66**			**32.30**	**38.23**		
1960	95.00	38.00	4.77	5.02	28.93	1.38	1.30	94.20	3.42
1961	93.00	39.00	4.34	4.67	25.58	1.11	0.87	78.38	2.23
1962	92.03	39.61	4.40	4.78	32.50	1.43	1.17	81.82	2.95
1963	91.00	40.00	5.28	5.80	52.27	2.76	2.68	97.10	6.70
1964	90.00	41.00	4.63	5.14	60.26	2.79	2.89	103.58	7.05
1965	90.66	42.95	5.94	6.55	48.82	2.90	2.64	91.03	6.15
1966	90.70	44.00	5.70	6.28	49.47	2.82	2.43	86.17	5.52
1967	90.80	45.00	6.39	7.04	49.92	3.19	2.73	85.58	6.07
1968	90.90	47.00	6.08	6.69	59.54	3.62	2.82	77.90	6.00
1969	91.00	48.50	6.29	6.91	45.63	2.87	2.16	75.26	4.45
10 年小计			**57.55**	**6.38**	**33.31**	**19.17**	**14.42**	**75.22**	**2.78**
占合计%			**31.71**			**24.90**	**25.42**		
1970	91.02	48.80	6.42	7.05	62.93	4.04	3.18	78.71	6.52
1971	91.00	52.00	5.53	6.08	48.82	2.70	2.22	82.22	4.27
1972	95.85	55.15	5.75	6.00	15.48	0.89	0.65	73.03	1.18
1973	92.00	52.00	5.67	6.16	45.50	2.58	2.00	77.52	3.85
1974	90.00	50.00	6.83	7.59	42.90	2.93	2.34	79.86	4.68
1975	88.85	51.37	6.43	7.24	42.61	2.74	2.10	76.64	4.09
1976	88.50	51.80	6.08	6.87	8.88	0.54	0.25	46.30	0.48
1977	88.50	52.00	6.15	6.95	19.67	1.21	0.83	68.60	1.60
1978	88.50	52.39	5.09	5.75	18.27	0.93	0.56	60.22	1.07
1979	88.50	53.00	3.60	4.07	16.94	0.61	0.29	47.54	0.55
10 年小计			**17.57**	**2.00**	**66.48**	**11.68**	**7.22**	**61.82**	**1.32**
占合计%			**9.68**			**15.17**	**12.73**		
1980	88.35	53.07	2.70	3.06	36.30	0.98	0.55	56.12	1.04
1981	88.20	53.60	2.82	3.20	33.33	0.94	0.49	52.13	0.91
1982	88.20	54.00	2.40	2.72	40.83	0.98	0.67	68.37	1.24
1983	88.20	54.10	2.22	2.52	81.98	1.82	1.32	72.53	2.44
1984	88.10	54.23	3.22	3.65	134.16	4.32	3.65	84.49	6.73
1985	88.08	54.49	1.70	1.93	72.35	1.23	0.27	21.95	0.50
1986	88.10	54.91	0.80	0.91	63.75	0.51	0.02	3.92	0.04
1987	87.40	55.63	0.82	0.94	48.78	0.40	0.25	62.50	0.45
1988	87.00	56.58	0.50	0.57	58.00	0.29			
1989	87.31	57.65	0.39	0.45	53.85	0.21			
11 年小计			**4.70**	**0.49**	**76.60**	**3.60**	**2.98**	**82.78**	**0.44**
占合计%			**2.59**			**4.68**	**5.25**		
1990	87.11	59.96	0.66	0.76	75.76	0.50	0.20	40.00	0.33
1991	86.99	60.40	0.73	0.84	83.56	0.61	1.73	*	2.86
1992	86.97	60.70	0.79	0.91	86.08	0.68	0.86	126.47	1.42
1993	86.80	61.35	0.78	0.90	75.64	0.59	0.01	1.69	0.02
1994	86.86	61.20	0.48	0.55	75.00	0.36	0.01	2.78	0.02
1995	86.79	61.49	0.23	0.27	78.26	0.18			
1996	86.40	61.38	0.20	0.23	75.00	0.15			
1997	86.35	61.52	0.20	0.23	80.00	0.16			
1998	86.33	61.42	0.23	0.27	73.91	0.17			
1999	86.18	61.90	0.20	0.23	50.00	0.10			
2000	86.18	61.90	0.20	0.23	50.00	0.10	0.17	170.00	0.27

5－18－51 河北省高邑县历年棉花生产收购

年 度	耕地面积（万亩）	农业人口（万人）	棉田面积（万亩）	占耕地（%）	亩 产（市斤）	产 量（万担）	收购量（万担）	商品率（%）	人均交售（市斤）
52 年合计			**317.59**	**23.69**	**57.74**	**183.39**	**156.99**	**85.60**	**25.65**
11 年小计			**103.78**	**34.88**	**46.61**	**48.37**	**35.96**	**74.34**	**41.83**
占合计%			**32.68**			**26.38**	**22.91**		
1949	27.25	7.10	8.35	30.64	39.52	3.30			
1950	27.25	7.20	8.60	31.56	42.33	3.64			
1951	27.11	7.40	9.13	33.68	43.70	3.99			
1952	27.11	7.50	10.24	37.77	16.70	1.71	1.52	88.89	20.27
1953	27.30	7.61	8.26	30.26	46.61	3.85	3.70	96.10	48.62
1954	27.30	7.96	9.78	35.82	47.96	4.69	4.22	89.98	53.02
1955	27.30	7.81	10.75	39.38	52.28	5.62	5.18	92.17	66.33
1956	27.10	8.19	9.80	36.16	37.76	3.70	3.32	89.73	40.54
1957	26.99	8.37	10.02	37.12	46.91	4.70	4.52	96.17	54.00
1958	26.40	8.26	9.82	37.20	78.72	7.73	7.46	96.51	90.31
1959	26.40	8.56	9.03	34.20	60.24	5.44	6.04	111.03	70.56
10 年小计			**75.18**	**29.09**	**41.03**	**30.85**	**30.45**	**98.70**	**31.14**
占合计%			**23.67**			**16.82**	**19.40**		
1960	26.02	8.64	9.62	36.97	43.24	4.16	4.59	110.34	53.13
1961	26.20	8.73	8.55	32.63	36.61	3.13	3.00	95.85	34.36
1962	26.10	8.22	8.03	30.77	36.11	2.90	2.81	96.90	34.18
1963	26.10	9.39	9.43	36.13	16.97	1.60	1.61	100.63	17.15
1964	26.00	9.60	7.25	27.88	35.72	2.59	2.52	97.30	26.25
1965	25.62	10.00	7.12	27.79	60.81	4.33	4.22	97.46	42.20
1966	25.60	10.30	6.01	23.48	47.92	2.88	2.88	100.00	27.96
1967	25.60	10.70	6.00	23.44	38.00	2.28	2.14	93.86	20.00
1968	25.60	11.00	6.61	25.82	56.73	3.75	3.65	97.33	33.18
1969	25.60	11.20	6.56	25.63	49.24	3.23	3.03	93.81	27.05
10 年小计			**65.00**	**25.53**	**56.57**	**36.77**	**35.10**	**95.46**	**28.92**
占合计%			**20.47**			**20.05**	**22.36**		
1970	25.56	11.50	6.61	25.86	64.75	4.28	4.16	97.20	36.17
1971	25.50	11.70	6.71	26.31	76.45	5.13	4.92	95.91	42.05
1972	25.50	11.87	6.18	24.24	42.23	2.61	2.47	94.64	20.81
1973	25.50	12.00	6.52	25.57	75.61	4.93	4.73	95.94	39.42
1974	25.50	12.20	6.53	25.61	61.72	4.03	3.77	93.55	30.90
1975	25.42	12.40	6.49	25.53	61.17	3.97	3.76	94.71	30.32
1976	25.42	12.40	6.47	25.45	38.02	2.46	2.40	97.56	19.35
1977	25.42	12.40	6.49	25.53	68.57	4.45	4.18	93.93	33.71
1978	25.41	12.40	6.50	25.58	43.54	2.83	2.60	91.87	20.97
1979	25.40	12.50	6.50	25.59	32.00	2.08	2.11	101.44	16.88
10 年小计			**48.56**	**19.15**	**105.77**	**51.36**	**44.40**	**86.45**	**33.31**
占合计%			**15.29**			**28.01**	**28.28**		
1980	25.38	12.40	6.46	25.45	92.11	5.95	5.97	100.34	48.15
1981	25.40	12.80	6.37	25.08	52.75	3.36	3.69	109.82	28.83
1982	25.40	13.00	6.50	25.59	92.46	6.01	5.85	97.34	45.00
1983	25.40	13.10	6.73	26.50	150.82	10.15	9.96	98.13	76.03
1984	25.40	13.30	7.05	27.76	159.72	11.26	8.85	78.60	66.54
1985	25.35	13.40	6.10	24.06	104.59	6.38	4.80	75.24	35.82
1986	25.30	13.47	2.91	11.50	101.72	2.96	1.95	65.88	14.48
1987	25.30	13.57	2.23	8.81	115.25	2.57	1.96	76.26	14.44
1988	25.30	13.69	2.10	8.30	48.10	1.01	0.87	86.14	6.36
1989	25.30	14.58	2.11	8.34	81.04	1.71	0.50	29.24	3.43
11 年小计			**25.07**	**9.07**	**63.98**	**16.04**	**11.08**	**69.08**	**6.38**
占合计%			**7.89**			**8.75**	**7.06**		
1990	25.30	15.60	3.50	13.83	51.43	1.80	1.33	73.89	8.53
1991	25.30	15.70	4.81	19.01	80.04	3.85	3.21	83.38	20.45
1992	25.25	15.76	3.05	12.08	59.67	1.82	3.31	181.87	21.00
1993	25.19	15.81	2.70	10.72	15.56	0.42	0.42	100.00	2.66
1994	25.15	15.99	3.22	12.80	80.12	2.58	0.79	30.62	4.94
1995	25.08	16.00	2.49	9.93	99.60	2.48	1.09	43.95	6.81
1996	25.07	15.90	1.90	7.58	18.42	0.35	0.37	105.71	2.33
1997	25.05	15.80	1.80	7.19	53.33	0.96	0.08	8.33	0.51
1998	25.01	15.70	0.77	3.08	74.03	0.57	0.19	33.33	1.21
1999	25.01	15.70	0.44	1.76	159.09	0.70			
2000	25.01	15.70	0.39	1.56	130.77	0.51	0.29	56.86	1.85

5－18－52　河北省鹿泉市历年棉花生产收购

年　　度	耕地面积（万亩）	农业人口（万人）	棉田面积（万亩）	占耕地（%）	亩　产（市斤）	产　量（万担）	收购量（万担）	商品率（%）	人均交售（市斤）
52 年合计			**449.78**	**19.16**	**47.56**	**213.92**	**188.63**	**88.18**	**14.26**
11 年小计			**142.12**	**25.19**	**38.50**	**54.71**	**47.26**	**86.38**	**21.92**
占合计%			**31.60**			**25.57**	**25.05**		
1949	51.75	19.50	8.30	16.04	24.70	2.05			
1950	51.70	19.00	13.40	25.92	25.90	3.47			
1951	51.70	19.00	9.84	19.03	23.78	2.34			
1952	51.65	18.40	8.67	16.79	34.14	2.96	3.84	129.73	20.87
1953	52.63	19.30	11.50	21.85	39.22	4.51	5.88	130.38	30.47
1954	52.59	19.80	15.44	29.36	29.02	4.48	3.97	88.62	20.05
1955	52.36	19.86	15.38	29.37	46.29	7.12	7.19	100.98	36.20
1956	51.87	20.15	17.88	34.47	28.30	5.06	4.65	91.90	23.08
1957	51.21	20.10	14.44	28.20	46.75	6.75	6.79	100.59	33.78
1958	48.61	20.23	14.38	29.58	63.77	9.17	8.41	91.71	41.57
1959	48.04	20.27	12.89	26.83	52.75	6.80	6.53	96.03	32.22
10 年小计			**118.64**	**26.55**	**41.70**	**49.47**	**48.27**	**97.57**	**21.39**
占合计%			**26.38**			**23.13**	**25.59**		
1960	45.46	20.36	11.34	24.95	37.13	4.21	4.15	98.57	20.38
1961	44.51	20.91	12.25	27.52	34.12	4.18	4.37	104.55	20.90
1962	44.74	21.04	11.21	25.06	41.39	4.64	4.57	98.49	21.72
1963	44.69	21.27	13.20	29.54	31.14	4.11	4.04	98.30	18.99
1964	44.50	22.00	13.76	30.92	31.90	4.39	4.67	106.38	21.23
1965	44.39	23.10	13.03	29.35	52.72	6.87	6.65	96.80	28.79
1966	44.50	23.50	10.73	24.11	46.97	5.04	4.87	96.63	20.72
1967	44.50	24.00	11.07	24.88	41.82	4.63	4.33	93.52	18.04
1968	44.50	24.50	10.93	24.56	56.36	6.16	5.83	94.64	23.80
1969	45.00	25.00	11.12	24.71	47.12	5.24	4.79	91.41	19.16
10 年小计			**102.65**	**23.29**	**44.87**	**46.06**	**42.77**	**92.86**	**16.42**
占合计%			**22.82**			**21.53**	**22.67**		
1970	44.15	25.40	11.06	25.05	64.74	7.16	6.75	94.27	26.57
1971	44.50	26.00	11.15	25.06	58.92	6.57	6.19	94.22	23.81
1972	44.83	26.37	10.61	23.67	36.85	3.91	3.62	92.58	13.73
1973	44.50	26.00	10.73	24.11	53.96	5.79	5.44	93.96	20.92
1974	44.00	26.50	10.16	23.09	52.56	5.34	4.78	89.51	18.04
1975	43.92	25.30	9.97	22.70	40.42	4.03	3.75	93.05	14.82
1976	43.80	25.50	9.86	22.51	20.49	2.02	1.88	93.07	7.37
1977	43.70	26.00	9.77	22.36	37.77	3.69	3.43	92.95	13.19
1978	43.66	26.45	9.54	21.85	31.34	2.99	2.59	86.62	9.79
1979	43.60	27.00	9.80	22.48	46.53	4.56	4.34	95.18	16.07
10 年小计			**73.09**	**17.06**	**74.66**	**54.57**	**41.70**	**76.42**	**15.04**
占合计%			**16.25**			**25.51**	**22.11**		
1980	43.55	26.70	9.91	22.76	86.18	8.54	8.32	97.42	31.16
1981	43.50	27.10	9.90	22.76	77.58	7.68	7.63	99.35	28.15
1982	40.70	25.00	10.10	24.82	59.11	5.97	5.59	93.63	22.36
1983	40.70	25.20	9.95	24.45	135.38	13.47	13.26	98.44	52.62
1984	43.50	27.85	9.95	22.87					
1985	43.47	28.10	9.95	22.89	80.30	7.99			
1986	43.40	28.55	3.72	8.57	104.30	3.88	2.86	73.71	10.02
1987	43.30	29.12	3.59	8.29	77.72	2.79	1.97	70.61	6.77
1988	43.29	29.62	3.40	7.85	72.06	2.45	1.15	46.94	3.88
1989	43.12	30.06	2.62	6.08	68.70	1.80	0.92	51.11	3.06
11 年小计			**13.28**	**2.84**	**68.60**	**9.11**	**8.63**	**94.73**	**2.51**
占合计%			**2.95**			**4.26**	**4.58**		
1990	43.09	31.10	3.00	6.96	56.00	1.68	2.52	150.00	8.10
1991	43.01	31.32	3.03	7.04	84.49	2.56	2.80	109.38	8.94
1992	42.91	31.25	3.02	7.04	68.21	2.06	1.60	77.67	5.12
1993	42.78	31.5	0.66	1.54	78.79	0.52	0.01	1.92	0.03
1994	42.64	31.47	1.02	2.39	92.16	0.94	0.63	67.02	2.00
1995	42.47	31.30	1.12	2.64	83.04	0.93	0.67	72.04	2.14
1996	42.39	31.10	1.10	2.59	5.45	0.06	0.40	*	1.29
1997	42.33	31.10	0.10	0.24	40.00	0.04			
1998	42.19	30.90	0.04	0.09	100.00	0.04			
1999	42.10	31.10	0.07	0.17	171.43	0.12			
2000	42.10	31.10	0.12	0.29	133.33	0.16			

5－18－53 河北省辛集市历年棉花生产收购

年度	耕地面积（万亩）	农业人口（万人）	棉田面积（万亩）	占耕地（%）	亩产（市斤）	产量（万担）	收购量（万担）	商品率（%）	人均交售（市斤）
52 年合计			**1633.26**	**29.04**	**66.12**	**1079.84**	**958.31**	**88.75**	**40.64**
11 年小计			**410.73**	**32.33**	**44.09**	**181.10**	**138.47**	**76.46**	**35.61**
占合计%			**25.15**			**16.77**	**14.45**		
1949	115.21	33.76	29.54	25.64	36.19	10.69			
1950	115.91	33.92	29.70	25.62	37.00	10.99			
1951	116.00	34.17	38.23	32.96	38.01	14.53			
1952	116.38	33.14	32.92	28.29	44.20	14.55	14.49	99.59	43.72
1953	117.38	34.00	30.45	25.94	38.29	11.66	11.66	100.00	34.29
1954	117.86	35.24	36.35	30.84	48.01	17.45	17.45	100.00	49.52
1955	117.57	36.25	42.22	35.91	51.78	21.86	17.59	80.47	48.52
1956	116.11	37.00	42.67	36.75	30.70	13.10	13.10	100.00	35.41
1957	115.77	37.23	42.31	36.55	51.22	21.67	21.66	99.95	58.18
1958	112.15	36.66	42.89	38.24	51.53	22.10	20.97	94.89	57.20
1959	110.12	37.52	43.45	39.46	51.78	22.50	21.55	95.78	57.44
10 年小计			**365.93**	**34.12**	**43.88**	**160.56**	**155.79**	**97.03**	**38.13**
占合计%			**22.40**			**14.87**	**16.26**		
1960	108.06	37.20	42.45	39.28	43.65	18.53	18.56	100.16	49.89
1961	107.38	37.55	39.13	36.44	28.95	11.33	10.40	91.79	27.70
1962	107.34	39.27	38.64	36.00	33.07	12.78	12.25	95.85	31.19
1963	107.38	40.30	43.20	40.23	18.24	7.88	7.86	99.75	19.50
1964	107.43	40.39	37.17	34.60	35.65	13.25	12.74	96.15	31.54
1965	107.31	41.16	36.97	34.45	67.60	24.99	24.58	98.36	59.72
1966	107.26	42.17	30.98	28.88	53.39	16.54	16.02	96.86	37.99
1967	107.03	42.59	31.77	29.68	51.09	16.23	15.59	96.06	36.60
1968	106.95	43.50	32.95	30.81	66.49	21.91	21.28	97.12	48.92
1969	106.49	44.48	32.67	30.68	52.40	17.12	16.51	96.44	37.12
10 年小计			**330.92**	**31.13**	**52.14**	**172.55**	**167.16**	**96.88**	**36.23**
占合计%			**20.26**			**15.98**	**17.44**		
1970	106.42	42.26	32.89	30.91	74.49	24.50	23.75	96.94	56.20
1971	106.39	45.71	32.80	30.83	67.99	22.30	21.59	96.82	47.23
1972	106.37	45.69	32.50	30.55	51.85	16.85	16.34	96.97	35.76
1973	106.33	46.19	32.40	30.47	77.62	25.15	24.45	97.22	52.93
1974	106.32	46.56	32.57	30.63	71.11	23.16	22.52	97.24	48.37
1975	106.30	46.62	32.53	30.60	59.08	19.22	18.67	97.14	40.05
1976	106.27	47.00	34.02	32.01	34.22	11.64	11.17	95.96	23.77
1977	106.25	47.22	33.63	31.65	13.17	4.43	3.97	89.62	8.41
1978	106.24	47.13	33.88	31.89	33.80	11.45	10.68	93.28	22.66
1979	106.23	47.01	33.70	31.72	41.10	13.85	14.02	101.23	29.82
10 年小计			**331.00**	**31.23**	**111.15**	**367.89**	**385.36**	**104.75**	**78.84**
占合计%			**20.27**			**34.07**	**40.21**		
1980	106.21	47.26	33.84	31.86	71.07	24.05	23.67	98.42	50.08
1981	106.20	47.69	33.91	31.93	56.53	19.17	19.72	102.87	41.35
1982	106.19	48.17	35.00	32.96	81.74	28.61	28.65	100.14	59.48
1983	106.18	48.52	36.06	33.96	151.75	54.72	55.89	102.14	115.19
1984	106.14	48.80	35.61	33.55	137.94	49.12	54.52	110.99	111.72
1985	106.11	48.89	34.07	32.11	136.75	46.59	43.12	92.55	88.20
1986	105.92	48.34	30.26	28.57	138.86	42.02	41.22	98.10	85.27
1987	105.77	48.98	31.55	29.83	140.06	44.19	50.55	114.39	103.21
1988	105.66	50.12	32.70	30.95	102.17	33.41	34.66	103.74	69.15
1989	105.64	52.00	28.00	26.51	92.89	26.01	33.36	128.26	64.15
11 年小计			**194.68**	**16.82**	**101.57**	**197.74**	**111.53**	**56.40**	**18.27**
占合计%			**11.92**			**18.31**	**11.64**		
1990	105.63	52.95	25.20	23.86	90.00	22.68	23.91	105.42	45.16
1991	105.60	53.46	29.00	27.46	120.00	34.80	33.02	94.89	61.77
1992	105.50	53.83	29.00	27.49	80.14	23.24	10.99	47.29	20.42
1993	105.45	54.32	20.10	19.06	51.74	10.40	2.45	23.56	4.51
1994	105.42	54.50	19.35	18.36	97.57	18.88	6.84	36.23	12.55
1995	105.30	54.47	19.57	18.58	96.17	18.82	9.59	50.96	17.61
1996	105.30	54.76	12.42	11.79	85.83	10.66	4.13	38.74	7.54
1997	105.10	61.49	10.10	9.61	128.42	12.97	3.56	27.45	5.79
1998	104.80	61.75	10.20	9.73	163.53	16.68	5.75	34.47	9.31
1999	104.80	54.50	10.31	9.84	155.97	16.08	4.29	26.68	7.87
2000	104.80	54.50	9.43	9.00	132.87	12.53	7.00	55.87	12.84

5－18－54　河北省赵县历年棉花生产收购

年　　度	耕地面积（万亩）	农业人口（万人）	棉田面积（万亩）	占耕地（%）	亩　产（市斤）	产　量（万担）	收购量（万担）	商品率（%）	人均交售（市斤）
52 年合计			**974.25**	**23.77**	**51.98**	**506.41**	**457.73**	**90.39**	**23.42**
11 年小计			**355.58**	**39.36**	**44.19**	**157.14**	**125.93**	**80.14**	**42.48**
占合计%			**36.50**			**31.03**	**27.51**		
1949	83.10	24.19	17.19	20.69	27.69	4.76			
1950	83.00	24.50	32.03	38.59	35.34	11.32			
1951	82.80	25.00	30.32	36.62	30.67	9.30			
1952	82.54	25.29	31.73	38.44	51.15	16.23	15.45	95.19	61.09
1953	82.54	26.24	31.99	38.76	48.33	15.46	13.75	88.94	52.40
1954	82.80	27.19	36.57	44.17	39.16	14.32	13.84	96.65	50.90
1955	83.17	27.91	40.94	49.22	52.39	21.45	19.59	91.33	70.19
1956	83.26	28.84	41.07	49.33	35.91	14.75	14.19	96.20	49.20
1957	83.09	29.39	33.69	40.55	51.56	17.37	14.86	85.55	50.56
1958	79.09	29.03	30.69	38.80	57.02	17.50	17.26	98.63	59.46
1959	78.09	28.88	29.36	37.60	50.00	14.68	16.99	115.74	58.83
10 年小计			**220.08**	**28.02**	**32.37**	**71.25**	**68.25**	**95.79**	**21.89**
占合计%			**22.59**			**14.07**	**14.91**		
1960	77.59	28.49	27.50	35.44	26.00	7.15	7.10	99.30	24.92
1961	78.72	28.89	24.11	30.63	20.78	5.01	4.47	89.22	15.47
1962	78.76	30.00	21.88	27.78	29.52	6.46	6.11	94.58	20.37
1963	78.75	30.28	26.66	33.85	9.83	2.62	2.49	95.04	8.22
1964	78.80	30.60	21.23	26.94	27.41	5.82	5.59	96.05	18.27
1965	78.90	31.02	21.85	27.69	53.00	11.58	11.21	96.80	36.14
1966	78.80	32.00	18.05	22.91	34.63	6.25	5.89	94.24	18.41
1967	78.50	33.00	19.50	24.84	32.41	6.32	6.35	100.47	19.24
1968	78.40	33.50	19.72	25.15	53.45	10.54	10.07	95.54	30.06
1969	78.30	34.00	19.58	25.01	48.52	9.50	8.97	94.42	26.38
10 年小计			**195.07**	**25.01**	**47.97**	**93.57**	**90.45**	**96.67**	**24.25**
占合计%			**20.02**			**18.48**	**19.76**		
1970	78.06	35.14	19.64	25.16	72.61	14.26	13.69	96.00	38.96
1971	78.00	35.80	19.50	25.00	77.23	15.06	14.50	96.28	40.50
1972	77.99	36.40	19.73	25.30	38.17	7.53	7.18	95.35	19.73
1973	78.00	36.80	19.69	25.24	61.71	12.15	11.68	96.13	31.74
1974	78.00	37.10	19.50	25.00	57.59	11.23	10.71	95.37	28.87
1975	78.02	37.59	19.50	24.99	56.26	10.97	10.48	95.53	27.88
1976	78.00	38.00	19.50	25.00	35.44	6.91	6.86	99.28	18.05
1977	78.00	38.40	19.01	24.37	22.30	4.24	3.95	93.16	10.29
1978	78.00	38.76	19.50	25.00	34.97	6.82	6.37	93.40	16.43
1979	78.00	39.00	19.50	25.00	22.56	4.40	5.03	114.32	12.90
10 年小计			**145.92**	**18.77**	**95.41**	**139.22**	**135.90**	**97.62**	**31.98**
占合计%			**14.98**			**27.49**	**29.69**		
1980	77.10	39.57	16.91	21.93	63.75	10.78	10.69	99.17	27.02
1981	78.00	40.30	17.47	22.40	49.34	8.62	9.30	107.89	23.08
1982	77.90	41.10	16.00	20.54	76.75	12.28	12.31	100.24	29.95
1983	77.90	41.70	20.51	26.33	125.99	25.84	26.28	101.70	63.02
1984	77.90	42.23	19.10	24.52	140.10	26.76	27.91	104.30	66.09
1985	77.85	42.59	16.45	21.13	102.31	16.83	15.06	89.48	35.36
1986	77.80	43.02	8.68	11.16	133.29	11.57	9.90	85.57	23.01
1987	77.70	43.40	10.38	13.36	120.23	12.48	10.33	82.77	23.80
1988	77.70	44.70	11.00	14.16	50.91	5.60	7.96	142.14	17.81
1989	77.60	46.40	9.42	12.14	89.81	8.46	6.16	72.81	13.28
11 年小计			**57.60**	**6.76**	**78.52**	**45.23**	**37.20**	**82.25**	**6.79**
占合计%			**5.91**			**8.93**	**8.13**		
1990	77.59	48.16	9.47	12.21	89.97	8.52	9.13	107.16	18.96
1991	77.60	48.70	11.59	14.94	89.39	10.36	9.90	95.56	20.33
1992	77.53	49.00	11.98	15.45	51.92	6.22	7.11	114.31	14.51
1993	77.50	49.40	4.30	5.55	51.16	2.20	2.33	105.91	4.72
1994	77.47	49.68	6.63	8.56	77.38	5.13	1.60	31.19	3.22
1995	77.45	49.83	5.43	7.01	66.67	3.62	3.55	98.07	7.12
1996	77.43	49.81	5.00	6.46	108.20	5.41	0.20	3.70	0.40
1997	77.42	49.79	2.10	2.71	111.43	2.34	1.19	50.85	2.39
1998	77.37	50.97	0.18	0.23	122.22	0.22	1.87	*	3.67
1999	77.37	51.40	0.26	0.34	130.77	0.34			
2000	77.37	51.40	0.66	0.85	131.82	0.87	0.32	36.78	0.62

5-18-55 河北省藁城市历年棉花生产收购

年　度	耕地面积（万亩）	农业人口（万人）	棉田面积（万亩）	占耕地（%）	亩　产（市斤）	产　量（万担）	收购量（万担）	商品率（%）	人均交售（市斤）
52年合计			**1082.53**	**24.53**	**64.73**	**700.70**	**591.91**	**84.47**	**21.78**
11年小计			**355.94**	**36.18**	**49.83**	**177.37**	**113.11**	**63.77**	**27.80**
占合计%			**32.88**			**25.31**	**19.11**		
1949	90.40	33.02	24.56	27.17	30.01	7.37			
1950	93.60	33.77	30.25	32.32	36.00	10.89			
1951	91.56	34.00	34.90	38.12	37.99	13.26			
1952	91.56	35.01	33.96	37.09	58.33	19.81	14.98	75.62	42.79
1953	90.90	36.00	28.25	31.08	49.98	14.12	8.53	60.41	23.69
1954	90.37	37.00	34.68	38.38	45.18	15.67	9.85	62.86	26.62
1955	89.29	38.00	37.61	42.12	55.22	20.77	16.19	77.95	42.61
1956	88.44	40.00	37.68	42.61	34.18	12.88	11.95	92.78	29.88
1957	87.32	40.00	32.23	36.91	69.50	22.40	15.97	71.29	39.93
1958	85.82	39.00	32.18	37.50	72.28	23.26	18.56	79.79	47.59
1959	84.42	41.00	29.64	35.11	57.15	16.94	17.08	100.83	41.66
10年小计			**272.68**	**32.36**	**53.37**	**145.53**	**139.51**	**95.86**	**30.93**
占合计%			**25.19**			**20.77**	**23.57**		
1960	84.93	42.00	29.49	34.72	59.78	17.63	16.77	95.12	39.93
1961	84.66	42.00	28.81	34.03	39.95	11.51	10.95	95.13	26.07
1962	84.66	43.00	29.06	34.33	44.25	12.86	12.52	97.36	29.12
1963	84.30	44.00	32.43	38.47	19.27	6.25	5.79	92.64	13.16
1964	83.81	44.00	29.62	35.34	37.91	11.23	10.87	96.79	24.70
1965	84.15	45.06	29.51	35.07	72.01	21.25	20.77	97.74	46.09
1966	84.24	46.00	23.03	27.34	52.37	12.06	11.48	95.19	24.96
1967	83.92	47.00	23.14	27.57	59.98	13.88	13.26	95.53	28.21
1968	83.88	48.00	23.78	28.35	86.46	20.56	19.75	96.06	41.15
1969	84.01	50.00	23.81	28.34	76.86	18.30	17.35	94.81	34.70
10年小计			**231.11**	**27.56**	**59.68**	**137.93**	**131.87**	**95.61**	**24.71**
占合计%			**21.35**			**19.68**	**22.28**		
1970	84.01	50.04	23.64	28.14	99.96	23.63	22.50	95.22	44.96
1971	83.98	52.00	24.00	28.58	87.13	20.91	19.92	95.27	38.31
1972	83.97	52.52	23.49	27.97	60.32	14.17	13.46	94.99	25.63
1973	83.95	53.00	23.59	28.10	80.97	19.10	18.11	94.82	34.17
1974	83.94	54.00	23.16	27.59	71.89	16.65	15.87	95.32	29.39
1975	83.92	53.08	23.49	27.99	58.07	13.64	13.19	96.70	24.85
1976	83.76	55.00	23.43	27.97	36.66	8.59	8.45	98.37	15.36
1977	83.68	55.00	20.05	23.96	40.15	8.05	7.64	94.91	13.89
1978	83.62	54.07	23.36	27.94	23.84	5.57	4.91	88.15	9.08
1979	83.60	55.00	22.90	27.39	33.28	7.62	7.82	102.62	14.22
10年小计			**168.50**	**20.19**	**118.19**	**199.15**	**174.17**	**87.46**	**29.55**
占合计%			**15.57**			**28.42**	**29.43**		
1980	83.59	55.05	22.42	26.82	80.73	18.10	17.82	98.45	32.37
1981	83.60	56.30	22.55	26.97	84.88	19.14	18.87	98.59	33.52
1982	83.60	57.20	21.40	25.60	89.35	19.12	18.89	98.80	33.02
1983	83.60	58.00	23.65	28.29	153.02	36.19	33.72	93.17	58.14
1984	83.60	58.59	21.78	26.05	166.48	36.26	31.68	87.37	54.07
1985	83.51	59.00	17.41	20.85	132.57	23.08	18.48	80.07	31.32
1986	83.40	59.86	10.82	12.97	144.18	15.60	13.37	85.71	22.34
1987	83.30	60.51	10.96	13.16	150.91	16.54	13.45	81.32	22.23
1988	83.20	61.80	11.10	13.34	72.43	8.04	5.02	62.44	8.12
1989	83.20	63.10	6.41	7.70	110.45	7.08	2.87	40.54	4.55
11年小计			**54.30**	**5.95**	**74.99**	**40.72**	**33.25**	**81.66**	**4.51**
占合计%			**5.02**			**5.81**	**5.62**		
1990	83.20	65.02	10.86	13.05	76.06	8.26	6.88	83.29	10.58
1991	83.20	66.10	11.50	13.82	78.17	8.99	8.56	95.22	12.95
1992	83.16	66.90	12.03	14.47	57.52	6.92	5.07	73.27	7.58
1993	83.15	66.69	4.46	5.36	23.32	1.04	0.16	15.38	0.24
1994	82.99	66.82	6.86	8.27	102.92	7.06	4.85	68.70	7.26
1995	82.94	66.70	6.47	7.80	95.83	6.20	3.62	58.39	5.43
1996	82.94	67.40	0.60	0.72	86.67	0.52	0.78	150.00	1.16
1997	82.85	67.30	0.70	0.84	114.29	0.80	2.25	*	3.34
1998	82.85	68.10	0.32	0.39	90.63	0.29	1.08	*	1.59
1999	82.85	68.10	0.27	0.33	129.63	0.35			
2000	82.85	68.10	0.23	0.28	126.09	0.29			

5－18－56　河北省栾城市历年棉花生产收购

年　　度	耕地面积（万亩）	农业人口（万人）	棉田面积（万亩）	占耕地（%）	亩　产（市斤）	产　量（万担）	收购量（万担）	商品率（%）	人均交售（市斤）
52年合计			**563.49**	**23.59**	**56.60**	**318.96**	**271.32**	**85.06**	**21.17**
11年小计			**210.51**	**42.73**	**48.89**	**102.91**	**71.86**	**69.83**	**39.04**
占合计%			**37.36**			**32.26**	**26.49**		
1949	45.15	17.14	14.21	31.47	29.84	4.24			
1950	45.40	17.40	19.34	42.60	42.30	8.18			
1951	45.70	17.60	23.81	52.10	43.47	10.35			
1952	45.92	17.94	20.80	45.30	62.26	12.95	11.06	85.41	61.65
1953	44.85	15.96	16.73	37.30	48.83	8.17	6.32	77.36	39.60
1954	44.86	16.31	20.04	44.67	39.52	7.92	7.40	93.43	45.37
1955	44.79	16.28	23.36	52.15	57.41	13.41	12.01	89.56	73.77
1956	44.62	16.75	23.36	52.35	35.06	8.19	8.18	99.88	48.84
1957	44.37	17.21	17.86	40.25	60.92	10.88	9.13	83.92	53.05
1958	43.59	15.83	16.00	36.71	66.19	10.59	9.90	93.48	62.54
1959	43.38	15.66	15.00	34.58	53.53	8.03	7.86	97.88	50.19
10年小计			**142.58**	**32.01**	**41.96**	**59.82**	**57.77**	**96.57**	**28.94**
占合计%			**25.30**			**18.75**	**21.29**		
1960	43.76	15.88	14.86	33.96	37.28	5.54	5.52	99.64	34.76
1961	43.69	16.28	14.72	33.69	26.83	3.95	3.82	96.71	23.46
1962	43.72	17.42	14.72	33.67	33.22	4.89	4.55	93.05	26.12
1963	43.77	17.70	17.22	39.34	16.09	2.77	2.54	91.70	14.35
1964	44.50	19.00	15.15	34.04	35.38	5.36	5.20	97.01	27.37
1965	45.22	21.63	14.95	33.06	56.59	8.46	8.20	96.93	37.91
1966	45.20	22.00	11.98	26.50	49.67	5.95	5.64	94.79	25.64
1967	45.20	22.50	12.71	28.12	44.93	5.71	5.32	93.17	23.64
1968	45.20	23.00	13.14	29.07	73.36	9.64	9.73	100.93	42.30
1969	45.20	24.20	13.13	29.05	57.50	7.55	7.25	96.03	29.96
10年小计			**128.38**	**27.66**	**63.95**	**82.10**	**77.72**	**94.67**	**30.09**
占合计%			**22.78**			**25.74**	**28.65**		
1970	44.65	24.55	12.71	28.47	80.57	10.24	9.75	95.21	39.71
1971	46.00	24.70	13.00	28.26	94.08	12.23	11.66	95.34	47.21
1972	47.62	24.87	12.99	27.28	57.35	7.45	6.96	93.42	27.99
1973	47.00	25.00	13.00	27.66	96.69	12.57	11.60	92.28	46.40
1974	46.00	26.00	13.00	28.26	71.77	9.33	9.12	97.75	35.08
1975	45.06	26.70	13.00	28.85	73.62	9.57	9.15	95.61	34.27
1976	46.00	26.60	13.00	28.26	32.08	4.17	3.77	90.41	14.17
1977	47.00	26.50	12.99	27.64	68.21	8.86	8.44	95.26	31.85
1978	47.34	26.40	12.89	27.23	27.54	3.55	3.16	89.01	11.97
1979	47.50	27.00	11.80	24.84	35.00	4.13	4.11	99.52	15.22
10年小计			**69.56**	**14.74**	**92.77**	**64.53**	**58.47**	**90.61**	**20.87**
占合计%			**12.34**			**20.23**	**21.55**		
1980	47.32	26.60	11.24	23.75	83.81	9.42	9.12	96.82	34.29
1981	47.30	26.90	11.54	24.40	63.52	7.33	7.15	97.54	26.58
1982	47.30	27.40	11.60	24.52	64.66	7.50	7.47	99.60	27.26
1983	47.30	27.70	11.50	24.31	130.26	14.98	15.35	102.47	55.42
1984	47.30	27.93	10.15	21.46	114.19	11.59	10.01	86.37	35.84
1985	47.19	28.20	5.89	12.48	103.90	6.12	4.60	75.16	16.31
1986	47.20	28.36	2.50	5.30	108.40	2.71	2.06	76.01	7.26
1987	47.10	28.60	1.77	3.76	102.26	1.81	1.30	71.82	4.55
1988	47.03	28.9	1.80	3.83	90.56	1.63	1.29	79.14	4.46
1989	47.00	29.64	1.57	3.34	91.72	1.44	0.12	8.33	0.40
11年小计			**12.46**	**2.42**	**77.05**	**9.60**	**5.50**	**57.29**	**1.53**
占合计%			**2.21**			**3.01**	**2.03**		
1990	47.00	31.40	2.00	4.26	82.00	1.64	1.46	89.02	4.65
1991	47.00	31.67	2.97	6.32	89.23	2.65	2.01	75.85	6.35
1992	46.99	32.13	2.99	6.36	36.12	1.08	0.70	64.81	2.18
1993	46.98	32.37	0.44	0.94	86.36	0.38	0.03	7.89	0.09
1994	46.96	32.72	1.50	3.19	77.33	1.16	0.78	67.24	2.38
1995	46.96	32.70	0.85	1.81	120.00	1.02	0.52	50.98	1.59
1996	46.69	32.91	0.40	0.86	105.00	0.42			
1997	46.69	33.10	0.50	1.07	94.00	0.47			
1998	46.69	33.12	0.16	0.34	93.75	0.15			
1999	46.23	33.50	0.28	0.61	96.43	0.27			
2000	46.23	33.50	0.37	0.80	97.30	0.36			

5-18-57　河北省新乐市历年棉花生产收购

年　度	耕地面积（万亩）	农业人口（万人）	棉田面积（万亩）	占耕地（%）	亩　产（市斤）	产　量（万担）	收购量（万担）	商品率（%）	人均交售（市斤）
52年合计			**193.48**	**8.64**	**46.84**	**90.63**	**63.75**	**70.34**	**4.25**
11年小计			**64.04**	**12.66**	**25.62**	**16.41**	**9.85**	**60.02**	**4.64**
占合计%			**33.10**			**18.11**	**15.45**		
1949	46.99	16.88	4.73	10.07	11.84	0.56			
1950	47.00	17.00	5.33	11.34	24.95	1.33			
1951	47.50	18.00	6.60	13.89	26.06	1.72			
1952	47.75	18.62	6.38	13.36	27.59	1.76	1.47	83.52	7.89
1953	47.00	19.00	4.82	10.26	23.86	1.15	0.86	74.78	4.53
1954	46.00	19.50	5.74	12.48	12.02	0.69	0.64	92.75	3.28
1955	46.00	20.00	6.52	14.17	35.74	2.33	1.07	45.92	5.35
1956	45.00	20.50	7.19	15.98	20.58	1.48	1.00	67.57	4.88
1957	44.57	21.00	5.61	12.59	28.52	1.60	1.42	88.75	6.76
1958	44.00	21.00	5.19	11.80	32.95	1.71	1.69	98.83	8.05
1959	44.00	21.00	5.93	13.48	35.08	2.08	1.70	81.73	8.10
10年小计			**43.19**	**10.22**	**31.28**	**13.51**	**10.45**	**77.35**	**4.38**
占合计%			**22.32**			**14.91**	**16.39**		
1960	42.10	21.50	6.01	14.28	34.28	2.06	2.02	98.06	9.40
1961	42.10	22.00	5.37	12.76	15.27	0.82	0.56	68.29	2.55
1962	42.11	22.61	4.39	10.43	19.36	0.85	0.60	70.59	2.65
1963	42.20	23.00	5.35	12.68	8.04	0.43	0.30	69.77	1.30
1964	42.30	23.50	3.69	8.72	30.35	1.12	0.81	72.32	3.45
1965	42.30	23.93	3.33	7.87	49.85	1.66	1.27	76.51	5.31
1966	42.30	24.00	3.49	8.25	39.83	1.39	1.07	76.98	4.46
1967	42.30	25.00	4.00	9.46	35.25	1.41	0.99	70.21	3.96
1968	42.40	26.00	3.76	8.87	59.84	2.25	1.75	77.78	6.73
1969	42.40	26.80	3.80	8.96	40.00	1.52	1.08	71.05	4.03
10年小计			**45.13**	**10.64**	**41.57**	**18.76**	**15.27**	**81.40**	**5.32**
占合计%			**23.33**			**20.70**	**23.95**		
1970	42.49	26.91	3.76	8.85	61.17	2.30	1.83	79.57	6.80
1971	42.48	27.50	3.86	9.09	66.06	2.55	2.07	81.18	7.53
1972	42.48	27.89	3.79	8.92	39.58	1.50	1.05	70.00	3.76
1973	42.45	28.00	4.17	9.82	55.40	2.31	1.85	80.09	6.61
1974	42.45	28.50	4.74	11.17	66.03	3.13	2.58	82.43	9.05
1975	42.44	28.93	5.16	12.16	43.41	2.24	1.84	82.14	6.36
1976	42.40	29.50	5.73	13.51	29.49	1.69	1.35	79.88	4.58
1977	42.40	29.90	5.34	12.59	24.16	1.29	0.99	76.74	3.31
1978	42.38	29.94	5.68	13.40	19.01	1.08	0.80	74.07	2.67
1979	42.38	30.00	2.90	6.84	23.10	0.67	0.91	135.82	3.03
10年小计			**24.18**	**5.72**	**100.54**	**24.31**	**19.25**	**79.19**	**5.68**
占合计%			**12.50**			**26.82**	**30.20**		
1980	42.34	31.91	2.58	6.09	75.58	1.95	1.65	84.62	5.17
1981	42.30	31.60	2.80	6.62	55.71	1.56	1.62	103.85	5.13
1982	42.30	32.40	2.90	6.86	50.00	1.45	1.65	113.79	5.09
1983	42.30	33.20	2.73	6.45	150.55	4.11	3.90	94.89	11.75
1984	42.30	33.72	3.37	7.97	168.84	5.69	5.38	94.55	15.95
1985	42.25	34.11	3.21	7.60	90.03	2.89	1.64	56.75	4.81
1986	42.30	34.49	1.00	2.36	157.00	1.57	0.90	57.32	2.61
1987	42.20	35.07	1.33	3.15	163.91	2.18	1.55	71.10	4.42
1988	42.20	35.82	2.30	5.45	51.30	1.18	0.63	53.39	1.76
1989	42.30	36.39	1.96	4.63	88.27	1.73	0.33	19.08	0.91
11年小计			**16.94**	**3.66**	**104.13**	**17.64**	**8.93**	**50.62**	**2.11**
占合计%			**8.76**			**19.46**	**14.01**		
1990	42.12	37.83	2.01	4.77	90.05	1.81	1.22	67.40	3.22
1991	42.10	38.50	2.00	4.75	107.50	2.15	1.95	90.70	5.06
1992	42.06	38.70	2.30	5.47	52.17	1.20	1.09	90.83	2.82
1993	42.06	39.05	1.00	2.38	22.00	0.22	0.31	140.91	0.79
1994	42.06	38.00	2.01	4.78	88.06	1.77	0.87	49.15	2.29
1995	42.06	38.08	1.95	4.64	120.00	2.34	1.66	70.94	4.36
1996	42.06	38.08	2.00	4.76	136.00	2.72	1.00	36.76	2.63
1997	42.06	38.70	1.10	2.62	149.09	1.64	0.30	18.29	0.78
1998	42.06	38.60	1.00	2.38	152.00	1.52	0.53	34.87	1.37
1999	42.03	38.60	0.90	2.14	152.22	1.37			
2000	42.03	38.60	0.67	1.59	134.33	0.90			

5-18-58 河北省正定市历年棉花生产收购

年　度	耕地面积（万亩）	农业人口（万人）	棉田面积（万亩）	占耕地（%）	亩　产（市斤）	产　量（万担）	收购量（万担）	商品率（%）	人均交售（市斤）
52年合计			**552.20**	**21.05**	**76.31**	**421.41**	**367.88**	**87.30**	**18.88**
11年小计			**172.01**	**32.75**	**51.32**	**88.28**	**66.32**	**75.12**	**26.07**
占合计%			**31.15**			**20.95**	**18.03**		
1949	56.73	25.70	10.46	18.44	38.15	3.99			
1950	56.00	25.90	12.51	22.34	49.16	6.15			
1951	56.00	26.20	14.22	25.39	55.06	7.83			
1952	55.75	26.40	15.67	28.11	57.63	9.03	11.03	122.15	41.78
1953	43.53	20.14	13.91	31.95	53.77	7.48	6.97	93.18	34.61
1954	43.70	20.71	18.37	42.04	40.23	7.39	5.46	73.88	26.36
1955	43.33	21.47	18.91	43.64	56.32	10.65	9.75	91.55	45.41
1956	42.82	21.51	19.88	46.43	38.43	7.64	6.98	91.36	32.45
1957	42.57	22.01	16.38	38.48	49.39	8.09	8.27	102.22	37.57
1958	42.73	22.24	16.68	39.04	70.02	11.68	9.26	79.28	41.64
1959	42.00	22.13	15.02	35.76	55.59	8.35	8.60	102.99	38.86
10年小计			**136.24**	**28.57**	**61.60**	**83.93**	**79.90**	**95.20**	**26.52**
占合计%			**24.67**			**19.92**	**21.72**		
1960	41.17	21.87	15.49	37.62	57.33	8.88	9.27	104.39	42.39
1961	41.17	22.36	13.86	33.67	39.90	5.53	5.07	91.68	22.67
1962	41.17	23.55	14.13	34.32	45.72	6.46	6.16	95.36	26.16
1963	41.17	23.97	16.01	38.89	21.80	3.49	3.26	93.41	13.60
1964	45.00	30.00	13.98	31.07	46.14	6.45	6.14	95.19	20.47
1965	53.53	33.50	14.50	27.09	77.72	11.27	10.66	94.59	31.82
1966	53.50	35.00	11.44	21.38	81.73	9.35	8.80	94.12	25.14
1967	53.40	36.00	12.11	22.68	78.12	9.46	8.79	92.92	24.42
1968	53.40	37.00	12.30	23.03	104.39	12.84	12.20	95.02	32.97
1969	53.30	38.00	12.42	23.30	82.13	10.20	9.55	93.63	25.13
10年小计			**124.65**	**23.46**	**81.03**	**101.01**	**95.22**	**94.27**	**23.69**
占合计%			**22.57**			**23.97**	**25.88**		
1970	53.33	38.40	12.40	23.25	115.40	14.31	13.49	94.27	35.13
1971	53.30	38.80	12.43	23.32	120.27	14.95	14.16	94.72	36.49
1972	53.30	39.21	12.44	23.34	77.49	9.64	8.93	92.63	22.77
1973	53.00	39.70	12.74	24.04	106.36	13.55	12.77	94.24	32.17
1974	53.00	40.00	12.71	23.98	101.97	12.96	12.14	93.67	30.35
1975	53.22	40.60	12.68	23.83	78.47	9.95	9.30	93.47	22.91
1976	53.00	41.00	12.59	23.75	45.12	5.68	5.48	96.48	13.37
1977	53.00	41.30	11.46	21.62	80.28	9.20	8.65	94.02	20.94
1978	53.11	41.40	12.60	23.72	34.52	4.35	3.89	89.43	9.40
1979	53.00	41.50	12.60	23.77	50.95	6.42,	6.41	99.84	15.45
10年小计			**96.32**	**18.19**	**133.99**	**129.06**	**115.63**	**89.59**	**26.28**
占合计%			**17.44**			**30.63**	**31.43**		
1980	53.08	39.90	11.92	22.46	136.58	16.28	15.72	96.56	39.40
1981	53.10	42.30	12.08	22.75	125.33	15.14	14.66	96.83	34.66
1982	53.10	42.90	13.10	24.67	87.56	11.47	10.77	93.90	25.10
1983	53.00	43.30	14.47	27.30	164.96	23.87	22.13	92.71	51.11
1984	53.00	43.59	15.83	29.87	161.34	25.54	23.80	93.19	54.60
1985	52.97	43.90	10.96	20.69	125.09	13.71	11.04	80.53	25.15
1986	52.90	44.46	4.82	9.11	149.17	7.19	5.40	75.10	12.15
1987	52.80	45.78	4.91	9.30	144.60	7.10	5.93	83.52	12.95
1988	52.74	46.50	4.50	8.53	94.22	4.24	5.45	128.54	11.72
1989	52.72	47.32	3.73	7.08	121.18	4.52	0.73	16.15	1.54
11年小计			**22.98**	**4.10**	**83.25**	**19.13**	**10.81**	**56.51**	**1.96**
占合计%			**4.16**			**4.54**	**2.94**		
1990	52.65	49.90	6.17	11.72	76.01	4.69	3.02	64.39	6.05
1991	52.60	50.46	5.04	9.58	103.97	5.24	5.20	99.24	10.31
1992	52.05	50.61	5.00	9.61	62.60	3.13	0.05	1.60	0.10
1993	52.29	50.79	0.78	1.49	76.92	0.60	0.03	5.00	0.06
1994	51.68	50.99	1.10	2.13	78.18	0.86	0.79	91.86	1.55
1995	51.83	50.70	1.02	1.97	99.02	1.01	0.82	81.19	1.62
1996	49.55	51.00	1.10	2.22	91.82	1.01	0.39	38.61	0.76
1997	49.37	50.90	1.10	2.23	90.91	1.00	0.50	50.00	0.98
1998	49.37	48.40	1.01	2.05	94.06	0.95	0.01	1.05	0.02
1999	49.32	48.40	0.42	0.85	95.24	0.4			
2000	49.32	48.40	0.24	0.49	100.00	0.24			

5-18-59 河北省晋州市历年棉花生产收购

年度	耕地面积（万亩）	农业人口（万人）	棉田面积（万亩）	占耕地（%）	亩产（市斤）	产量（万担）	收购量（万担）	商品率（%）	人均交售（市斤）
52年合计			**966.88**	**29.36**	**70.89**	**685.42**	**648.95**	**94.68**	**35.01**
11年小计			**295.67**	**38.78**	**52.37**	**154.84**	**112.02**	**72.35**	**42.06**
占合计%			**30.58**			**22.59**	**17.26**		
1949	72.43	20.89	13.69	18.90	46.97	6.43			
1950	72.43	22.15	24.42	33.72	45.50	11.11			
1951	70.67	22.47	29.89	42.30	40.82	12.20			
1952	70.38	23.05	24.16	34.33	55.71	13.46	12.23	90.86	53.06
1953	70.33	23.73	23.81	33.85	46.66	11.11	10.02	90.19	42.23
1954	70.38	24.00	28.16	40.01	41.73	11.75	8.97	76.34	37.38
1955	69.94	24.68	32.69	46.74	53.81	17.59	11.78	66.97	47.73
1956	68.35	25.61	33.76	49.39	42.68	14.41	13.71	95.14	53.53
1957	67.81	26.16	28.35	41.81	63.49	18.00	17.48	97.11	66.82
1958	65.90	26.70	28.03	42.53	71.89	20.15	19.61	97.32	73.45
1959	63.80	26.88	28.71	45.00	64.89	18.63	18.22	97.80	67.78
10年小计			**227.89**	**36.70**	**58.21**	**132.66**	**128.72**	**97.03**	**41.93**
占合计%			**23.57**			**19.35**	**19.84**		
1960	63.25	27.40	29.42	46.51	65.13	19.16	19.01	99.22	69.38
1961	62.49	27.75	24.36	38.98	39.16	9.54	9.00	94.34	32.43
1962	62.53	29.19	23.12	36.97	50.43	11.66	11.64	99.83	39.88
1963	61.83	30.26	25.52	41.27	20.38	5.20	5.01	96.35	16.56
1964	61.65	30.22	24.38	39.55	46.64	11.37	11.01	96.83	36.43
1965	61.79	31.01	24.30	39.33	81.60	19.83	19.22	96.92	61.98
1966	61.82	31.72	18.51	29.94	69.58	12.88	12.55	97.44	39.56
1967	61.87	32.30	19.69	31.82	62.47	12.30	11.58	94.15	35.85
1968	61.88	33.12	19.38	31.32	83.80	16.24	15.68	96.55	47.34
1969	61.88	33.99	19.21	31.04	75.38	14.48	14.02	96.82	41.25
10年小计			**183.99**	**29.75**	**69.92**	**128.65**	**124.37**	**96.67**	**34.00**
占合计%			**19.03**			**18.77**	**19.16**		
1970	61.89	34.79	19.32	31.22	89.03	17.20	16.54	96.16	47.54
1971	61.88	35.44	19.00	30.70	85.42	16.23	15.57	95.93	43.93
1972	61.87	35.75	18.98	30.68	70.39	13.36	12.87	96.33	36.00
1973	61.87	36.12	19.04	30.77	104.62	19.92	19.17	96.23	53.07
1974	61.86	36.57	18.93	30.60	94.51	17.89	17.21	96.20	47.06
1975	61.88	36.91	19.03	30.75	81.87	15.58	14.97	96.08	40.56
1976	61.84	37.30	19.03	30.77	40.15	7.64	7.42	97.12	19.89
1977	61.76	37.62	12.60	20.40	38.73	4.88	4.54	93.03	12.07
1978	61.77	37.68	18.76	30.37	32.25	6.05	5.55	91.74	14.73
1979	61.76	37.59	19.30	31.25	51.30	9.90	10.53	106.36	28.01
10年小计			**175.93**	**28.52**	**120.69**	**212.33**	**234.90**	**110.63**	**58.47**
占合计%			**18.20**			**30.98**	**36.20**		
1980	61.76	37.83	19.39	31.40	109.59	21.25	20.92	98.45	55.30
1981	61.70	38.30	19.92	32.29	74.90	14.92	15.04	100.80	39.27
1982	61.70	39.10	19.90	32.25	85.23	16.96	17.34	102.24	44.35
1983	61.70	39.60	21.13	34.25	150.26	31.75	33.47	105.42	84.52
1984	61.70	39.85	20.74	33.61	165.24	34.27	34.66	101.14	86.98
1985	61.72	40.21	18.19	29.47	135.51	24.65	23.50	95.33	58.44
1986	61.70	40.70	15.40	24.96	137.47	21.17	25.17	118.89	61.84
1987	61.60	41.20	15.19	24.66	142.07	21.58	34.39	159.36	83.47
1988	61.60	41.84	15.60	25.32	91.22	14.23	15.56	109.35	37.19
1989	61.60	43.12	10.47	17.00	110.32	11.55	14.85	128.57	34.44
11年小计			**83.40**	**12.36**	**68.27**	**56.94**	**48.94**	**85.95**	**9.54**
占合计%			**8.63**			**8.31**	**7.54**		
1990	61.50	45.78	13.46	21.89	80.01	10.77	13.37	124.14	29.20
1991	61.50	46.06	16.02	26.05	93.63	15.00	14.92	99.47	32.39
1992	61.49	45.89	14.00	22.77	52.43	7.34	9.08	123.71	19.79
1993	61.45	46.14	6.16	10.02	31.01	1.91	0.42	21.99	0.91
1994	61.43	46.81	11.35	18.48	44.49	5.05	3.29	65.15	7.03
1995	61.40	46.99	7.53	12.26	79.95	6.02	3.86	64.12	8.21
1996	61.38	46.99	5.90	9.61	61.69	3.64	0.46	12.64	0.98
1997	61.38	46.99	4.00	6.52	74.00	2.96	0.01	0.34	0.02
1998	61.38	47.06	3.00	4.89	80.33	2.41	0.56	23.24	1.19
1999	61.05	47.10	1.20	1.97	88.33	1.06	0.88	83.02	1.87
2000	61.05	47.10	0.78	1.28	100.00	0.78	2.09	*	4.44

5－18－60　河北省平山县历年棉花生产收购

年　　度	耕地面积（万亩）	农业人口（万人）	棉田面积（万亩）	占耕地（%）	亩　产（市斤）	产　量（万担）	收购量（万担）	商品率（%）	人均交售（市斤）
52 年合计			**232.04**	**9.04**	**41.92**	**97.26**	**74.52**	**76.62**	**4.07**
11 年小计			**82.37**	**12.43**	**30.81**	**25.38**	**17.77**	**70.02**	**5.90**
占合计%			**35.50**			**26.10**	**23.85**		
1949	66.60	24.16	3.62	5.44	18.23	0.66			
1950	65.00	25.00	6.46	9.94	23.84	1.54			
1951	62.00	26.00	6.62	10.68	24.47	1.62			
1952	61.80	25.70	7.23	11.70	26.97	1.95	1.20	61.54	4.67
1953	62.00	27.00	8.34	13.45	35.97	3.00	2.80	93.33	10.37
1954	62.00	28.00	9.80	15.81	25.71	2.52	1.99	78.97	7.11
1955	62.00	28.00	9.10	14.68	30.55	2.78	2.47	88.85	8.82
1956	61.00	29.00	8.88	14.56	28.04	2.49	1.94	77.91	6.69
1957	59.30	28.23	7.97	13.44	41.66	3.32	2.50	75.30	8.86
1958	54.00	30.00	7.68	14.22	47.27	3.63	3.15	86.78	10.50
1959	47.00	30.00	6.67	14.19	28.04	1.87	1.72	91.98	5.73
10 年小计			**48.21**	**10.24**	**35.59**	**17.16**	**14.90**	**86.83**	**4.57**
占合计%			**20.78**			**17.64**	**19.99**		
1960	44.00	30.00	4.95	11.25	31.92	1.58	1.50	94.94	5.00
1961	46.00	31.00	6.08	13.22	25.16	1.53	1.36	88.89	4.39
1962	47.40	30.83	4.67	9.85	34.48	1.61	1.57	97.52	5.09
1963	47.00	32.00	5.65	12.02	24.78	1.40	1.37	97.86	4.28
1964	48.00	33.00	5.45	11.35	30.64	1.67	1.51	90.42	4.58
1965	47.50	32.46	5.25	11.05	43.81	2.30	2.01	87.39	6.19
1966	48.00	34.00	3.98	8.29	42.71	1.70	1.51	88.82	4.44
1967	48.00	34.00	4.00	8.33	35.50	1.42	1.00	70.42	2.94
1968	48.00	34.00	4.07	8.48	49.39	2.01	1.59	79.10	4.68
1969	47.00	35.00	4.11	8.74	47.20	1.94	1.48	76.29	4.23
10 年小计			**41.56**	**9.00**	**43.58**	**18.11**	**15.25**	**84.21**	**4.21**
占合计%			**17.91**			**18.62**	**20.46**		
1970	46.70	34.89	4.12	8.82	67.96	2.80	2.30	82.14	6.59
1971	46.00	36.00	4.10	8.91	63.90	2.62	2.25	85.88	6.25
1972	46.41	35.34	4.08	8.79	40.93	1.67	1.42	85.03	4.02
1973	46.00	36.00	4.31	9.37	49.19	2.12	1.79	84.43	4.97
1974	46.00	37.00	4.23	9.20	54.37	2.30	1.94	84.35	5.24
1975	46.30	35.76	4.23	9.14	38.77	1.64	1.41	85.98	3.94
1976	46.00	37.00	4.28	9.30	24.77	1.06	0.91	85.85	2.46
1977	46.00	37.00	4.08	8.87	28.19	1.15	0.92	80.00	2.49
1978	46.30	36.12	4.23	9.14	31.21	1.32	1.01	76.52	2.80
1979	46.00	37.00	3.90	8.48	36.67	1.43	1.30	90.91	3.51
10 年小计			**37.82**	**8.06**	**65.73**	**24.86**	**22.42**	**90.19**	**5.81**
占合计%			**16.30**			**25.56**	**30.09**		
1980	46.28	36.52	4.12	8.90	50.49	2.08	1.91	91.83	5.23
1981	46.30	37.00	3.77	8.14	52.25	1.97	2.00	101.52	5.41
1982	49.80	40.60	5.10	10.24	60.39	3.08	3.17	102.92	7.81
1983	49.80	40.90	5.18	10.40	94.98	4.92	4.91	99.80	12.00
1984	46.30	37.81	3.80	8.21	104.21	3.96	4.37	110.35	11.56
1985	46.25	37.93	3.52	7.61	74.15	2.61	2.27	86.97	5.98
1986	46.20	37.99	2.92	6.32	67.12	1.96	1.46	74.49	3.84
1987	46.20	38.21	3.22	6.97	58.70	1.89	1.53	80.95	4.00
1988	46.10	38.50	3.50	7.59	27.71	0.97	0.28	28.87	0.73
1989	46.10	40.50	2.69	5.84	52.79	1.42	0.52	36.62	1.28
11 年小计			**22.08**	**4.39**	**53.22**	**11.75**	**4.18**	**35.57**	**0.92**
占合计%			**9.52**			**12.08**	**5.61**		
1990	46.09	40.99	3.39	7.36	40.12	1.36	0.50	36.76	1.22
1991	45.90	41.40	3.51	7.65	39.03	1.37	0.48	35.04	1.16
1992	45.85	41.50	2.72	5.93	47.79	1.30	0.80	61.54	1.93
1993	45.69	41.21	1.83	4.01	28.42	0.52	0.40	76.92	0.97
1994	45.81	41.38	2.51	5.48	68.53	1.72	0.92	53.49	2.22
1995	45.77	41.35	1.52	3.32	76.32	1.16	0.65	56.03	1.57
1996	45.77	41.32	2.50	5.46	30.00	0.75	0.07	9.33	0.17
1997	45.77	41.26	1.10	2.40	73.64	0.81	0.03	3.70	0.07
1998	45.34	41.18	1.00	2.21	90.00	0.90	0.33	36.67	0.80
1999	45.34	41.40	1.00	2.21	92.00	0.92			
2000	45.34	41.40	1.00	2.21	94.00	0.94			

5－18－61　河北省行唐县历年棉花生产收购

年　度	耕地面积（万亩）	农业人口（万人）	棉田面积（万亩）	占耕地（%）	亩　产（市斤）	产　量（万担）	收购量（万担）	商品率（%）	人均交售（市斤）
52年合计			**385.53**	**12.83**	**45.81**	**176.62**	**148.23**	**83.93**	**9.65**
11年小计			**106.55**	**15.32**	**34.23**	**36.47**	**28.42**	**77.93**	**12.19**
占合计%			**27.64**			**20.65**	**19.17**		
1949	64.76	19.36	4.41	6.81	19.95	0.88			
1950	64.50	19.50	5.04	7.81	43.25	2.18			
1951	64.50	20.00	8.67	13.44	22.95	1.99			
1952	64.39	20.01	8.70	13.51	39.66	3.45	2.38	68.99	11.89
1953	64.00	20.50	9.65	15.08	30.57	2.95	2.70	91.53	13.17
1954	63.50	21.00	11.95	18.82	27.53	3.29	2.65	80.55	12.62
1955	63.00	21.50	13.10	20.79	33.28	4.36	3.70	84.86	17.21
1956	63.00	22.00	13.49	21.41	27.95	3.77	3.35	88.86	15.23
1957	62.83	22.72	10.53	16.76	47.01	4.95	4.67	94.34	20.55
1958	61.00	23.00	10.60	17.38	47.36	5.02	4.93	98.21	21.43
1959	60.00	23.50	10.41	17.35	34.87	3.63	4.04	111.29	17.19
10年小计			**90.44**	**15.92**	**37.88**	**34.26**	**32.22**	**94.05**	**12.44**
占合计%			**23.46**			**19.40**	**21.74**		
1960	58.00	24.00	9.70	16.72	40.41	3.92	3.97	101.28	16.54
1961	57.00	24.50	9.46	16.60	23.04	2.18	1.78	81.65	7.27
1962	56.39	24.78	8.53	15.13	29.31	2.50	2.22	88.80	8.96
1963	56.50	25.00	9.97	17.65	20.46	2.04	1.96	96.08	7.84
1964	56.60	25.50	9.45	16.70	34.81	3.29	3.95	120.06	15.49
1965	56.70	25.81	9.10	16.05	54.29	4.94	4.54	91.90	17.59
1966	56.70	26.00	8.34	14.71	47.72	3.98	3.65	91.71	14.04
1967	56.70	27.00	8.60	15.17	38.02	3.27	2.89	88.38	10.70
1968	56.70	28.00	8.57	15.11	55.54	4.76	4.33	90.97	15.46
1969	56.70	28.50	8.72	15.38	38.76	3.38	2.93	86.69	10.28
10年小计			**86.21**	**15.26**	**39.31**	**33.89**	**30.19**	**89.08**	**9.99**
占合计%			**22.36**			**19.19**	**20.37**		
1970	56.64	28.76	8.44	14.90	58.53	4.94	4.45	90.08	15.47
1971	56.64	29.00	8.40	14.83	57.86	4.86	4.42	90.95	15.24
1972	56.64	29.60	8.14	14.37	34.89	2.84	2.44	85.92	8.24
1973	56.64	30.00	8.69	15.34	51.55	4.48	4.06	90.63	13.53
1974	56.50	30.20	8.51	15.06	65.45	5.57	5.00	89.77	16.56
1975	56.40	30.40	8.70	15.43	40.92	3.56	3.30	92.70	10.86
1976	56.40	30.70	9.14	16.21	27.13	2.48	2.29	92.34	7.46
1977	56.40	30.90	8.57	15.20	17.04	1.46	1.26	86.30	4.08
1978	56.39	31.03	8.82	15.64	20.86	1.84	1.40	76.09	4.51
1979	56.30	31.50	8.80	15.63	21.14	1.86	1.57	84.41	4.98
10年小计			**73.43**	**13.06**	**78.78**	**57.85**	**51.45**	**88.94**	**15.38**
占合计%			**19.05**			**32.75**	**34.71**		
1980	56.23	31.74	8.76	15.58	50.34	4.41	4.18	94.78	13.17
1981	56.30	32.30	7.54	13.39	36.74	2.77	2.56	92.42	7.93
1982	56.30	32.90	8.20	14.56	60.49	4.96	4.73	95.36	14.38
1983	56.20	33.10	8.76	15.59	119.98	10.51	10.56	100.48	31.90
1984	56.20	32.90	9.42	16.76	134.39	12.66	12.32	97.31	37.45
1985	56.21	33.53	7.73	13.75	100.78	7.79	5.49	70.47	16.37
1986	56.20	33.83	5.64	10.04	100.00	5.64	4.12	73.05	12.18
1987	56.20	34.22	6.68	11.89	77.99	5.21	5.33	102.30	15.58
1988	56.20	34.76	6.60	11.74	35.45	2.34	1.25	53.42	3.60
1989	56.20	35.24	4.10	7.30	38.05	1.56	0.91	58.33	2.58
11年小计			**28.90**	**4.71**	**48.96**	**14.15**	**5.95**	**42.05**	**1.46**
占合计%			**7.50**			**8.01**	**4.01**		
1990	56.15	36.66	7.02	12.50	30.48	2.14	1.45	67.76	3.96
1991	56.10	36.88	6.50	11.59	22.00	1.43	1.19	83.22	3.23
1992	55.99	36.82	2.09	3.73	37.80	0.79	0.44	55.70	1.20
1993	55.89	36.99	1.13	2.02	79.65	0.90	0.15	16.67	0.41
1994	55.86	37.07	3.53	6.32	36.83	1.30	0.96	73.85	2.59
1995	55.76	37.14	2.53	4.54	79.84	2.02	1.02	50.50	2.75
1996	55.72	37.28	2.00	3.59	80.50	1.61	0.37	22.98	0.99
1997	55.56	36.76	1.10	1.98	90.91	1.00	0.12	12.00	0.33
1998	55.32	36.85	1.00	1.81	100.00	1.00	0.25	25.00	0.68
1999	55.40	37.50	1.00	1.81	100.00	1.00			
2000	55.40	37.50	1.00	1.81	96.00	0.96			

5-18-62　河北省井陉县历年棉花生产收购

年　　度	耕地面积（万亩）	农业人口（万人）	棉田面积（万亩）	占耕地（%）	亩　产（市斤）	产　量（万担）	收购量（万担）	商品率（%）	人均交售（市斤）
52年合计			**35.74**	**2.90**	**28.20**	**10.08**	**4.78**	**47.42**	**0.66**
11年小计			**17.36**	**3.93**	**24.31**	**4.22**	**2.79**	**66.11**	**1.40**
占合计%			**48.57**			**41.87**	**58.37**		
1949	39.62	15.73	0.44	1.11	18.18	0.08			
1950	40.00	16.00	0.55	1.38	14.55	0.08			
1951	40.20	16.50	0.39	0.97	25.64	0.10			
1952	40.49	16.75	1.09	2.69	33.94	0.37	0.24	64.86	1.43
1953	40.50	17.00	1.73	4.27	24.86	0.43	0.30	69.77	1.76
1954	40.50	18.50	2.34	5.78	16.24	0.38	0.27	71.05	1.46
1955	40.50	19.00	3.43	8.47	21.87	0.75	0.53	70.67	2.79
1956	40.50	19.50	2.54	6.27	20.08	0.51	0.32	62.75	1.64
1957	40.43	19.62	1.70	4.20	20.00	0.34	0.31	91.18	1.58
1958	40.00	20.00	1.63	4.08	30.06	0.49	0.42	85.71	2.10
1959	39.50	20.50	1.52	3.85	45.39	0.69	0.40	57.97	1.95
10年小计			**11.61**	**3.04**	**28.42**	**3.30**	**1.47**	**44.55**	**0.63**
占合计%			**32.48**			**32.74**	**30.75**		
1960	39.00	21.00	1.57	4.03	36.31	0.57	0.25	43.86	1.19
1961	39.00	21.50	1.68	4.31	32.74	0.55	0.23	41.82	1.07
1962	38.70	22.02	1.47	3.80	25.85	0.38	0.26	68.42	1.18
1963	38.50	22.50	1.17	3.04	23.08	0.27	0.32	118.52	1.42
1964	38.00	23.00	1.32	3.47	30.30	0.40	0.21	52.50	0.91
1965	37.88	23.57	1.19	3.14	24.37	0.29	0.09	31.03	0.38
1966	37.80	24.00	0.86	2.28	6.98	0.06			
1967	37.80	24.50	0.88	2.33	19.32	0.17	0.01	5.88	0.04
1968	37.70	25.00	0.71	1.88	33.80	0.24	0.03	12.50	0.12
1969	37.70	25.30	0.76	2.02	48.68	0.37	0.07	18.92	0.28
10年小计			**6.54**	**1.95**	**37.00**	**2.42**	**0.52**	**21.49**	**0.22**
占合计%			**18.30**			**24.01**	**10.88**		
1970	37.59	25.62	0.74	1.97	60.81	0.45	0.08	17.78	0.31
1971	37.50	25.62	0.80	2.13	45.00	0.36	0.06	16.67	0.23
1972	37.41	26.12	0.73	1.95	31.51	0.23	0.04	17.39	0.15
1973	37.40	26.12	0.88	2.35	36.36	0.32	0.07	21.88	0.27
1974	37.30	26.12	1.06	2.84	39.62	0.42	0.15	35.71	0.57
1975	37.22	26.59	1.07	2.87	30.84	0.33	0.12	36.36	0.45
1976	37.20	26.59	0.46	1.24	26.09	0.12			
1977	37.20	26.59	0.36	0.97	22.22	0.08			
1978	37.17	26.98	0.44	1.18	25.00	0.11			
1979									
10年小计									
占合计%									
1980									
1981									
1982									
1983									
1984									
1985									
1986									
1987									
1988									
1989									
11年小计			**0.23**	**0.31**	**60.87**	**0.14**			
占合计%			**0.64**			**1.39**			
1990									
1991									
1992									
1993									
1994									
1995									
1996									
1997									
1998									
1999	36.00	29.21	0.13	0.36	46.15	0.06			
2000	37.17	26.98	0.10	0.27	80.00	0.08			

5－18－63　河北省元氏县历年棉花生产收购

年　度	耕地面积（万亩）	农业人口（万人）	棉田面积（万亩）	占耕地（%）	亩　产（市斤）	产　量（万担）	收购量（万担）	商品率（%）	人均交售（市斤）
52 年合计			**492.48**	**17.12**	**50.07**	**246.57**	**207.73**	**84.25**	**15.35**
11 年小计			**142.24**	**21.68**	**36.54**	**51.97**	**40.58**	**78.08**	**21.07**
占合计%			**28.88**			**21.08**	**19.53**		
1949	60.70	16.07	8.00	13.18	22.00	1.76			
1950	60.50	16.20	11.10	18.35	23.33	2.59			
1951	60.20	16.40	11.14	18.50	26.30	2.93			
1952	60.09	16.56	5.26	8.75	30.04	1.58	2.34	148.10	14.13
1953	60.72	16.90	12.08	19.89	35.02	4.23	3.12	73.76	18.46
1954	59.89	17.40	15.64	26.11	32.23	5.04	3.96	78.57	22.76
1955	59.87	17.50	17.01	28.41	40.80	6.94	7.52	108.36	42.97
1956	59.53	18.29	17.25	28.98	33.51	5.78	4.14	71.63	22.64
1957	59.30	18.77	15.78	26.61	43.47	6.86	6.29	91.69	33.51
1958	57.64	19.23	15.13	26.25	53.87	8.15	7.45	91.41	38.74
1959	57.64	19.30	13.85	24.03	44.12	6.11	5.76	94.27	29.84
10 年小计			**125.00**	**22.91**	**37.34**	**46.68**	**45.40**	**97.26**	**20.75**
占合计%			**25.38**			**18.93**	**21.86**		
1960	56.30	19.12	13.78	24.48	35.12	4.84	5.19	107.23	27.14
1961	55.78	19.63	14.09	25.26	34.49	4.86	4.63	95.27	23.59
1962	55.56	19.87	12.78	23.00	32.32	4.13	4.17	100.97	20.99
1963	51.98	21.00	15.22	29.28	23.98	3.65	3.71	101.64	17.67
1964	53.00	22.00	13.72	25.89	34.18	4.69	4.48	95.52	20.36
1965	54.66	22.17	13.30	24.33	50.90	6.77	6.67	98.52	30.09
1966	54.60	23.00	10.92	20.00	39.10	4.27	4.05	94.85	17.61
1967	54.60	23.50	11.00	20.15	35.09	3.86	3.54	91.71	15.06
1968	54.60	24.00	11.02	20.18	54.81	6.04	5.69	94.21	23.71
1969	54.60	24.50	9.17	16.79	38.93	3.57	3.27	91.60	13.35
10 年小计			**104.77**	**19.32**	**46.48**	**48.70**	**45.35**	**93.12**	**17.15**
占合计%			**21.27**			**19.75**	**21.83**		
1970	54.32	25.16	10.65	19.61	65.45	6.97	6.61	94.84	26.27
1971	54.30	25.50	10.50	19.34	74.10	7.78	7.39	94.99	28.98
1972	54.29	25.79	10.50	19.34	38.67	4.06	3.80	93.60	14.73
1973	54.29	26.00	10.30	18.97	63.69	6.56	6.18	94.21	23.77
1974	54.29	26.40	10.50	19.34	52.00	5.46	5.17	94.69	19.58
1975	54.27	26.74	10.50	19.35	45.62	4.79	4.42	92.28	16.53
1976	54.20	26.90	10.47	19.32	24.55	2.57	2.52	98.05	9.37
1977	54.10	27.10	10.46	19.33	37.95	3.97	3.53	88.92	13.03
1978	54.06	27.33	10.49	19.40	30.03	3.15	2.71	86.03	9.92
1979	54.10	27.50	10.40	19.22	32.60	3.39	3.02	89.09	10.98
10 年小计			**83.98**	**15.55**	**90.53**	**76.03**	**63.51**	**83.53**	**21.33**
占合计%			**17.05**			**30.84**	**30.57**		
1980	54.03	27.74	10.51	19.45	67.27	7.07	6.73	95.19	24.26
1981	54.00	28.20	10.26	19.00	53.12	5.45	5.44	99.82	19.29
1982	54.00	28.70	10.50	19.44	56.67	5.95	5.48	92.10	19.09
1983	54.00	29.10	10.96	20.30	134.58	14.75	13.54	91.80	46.53
1984	54.00	29.64	10.41	19.28	137.27	14.29	14.24	99.65	48.04
1985	54.02	29.86	8.11	15.01	107.27	8.70	6.85	78.74	22.94
1986	54.00	30.11	5.93	10.98	112.14	6.65	4.90	73.68	16.27
1987	54.00	30.46	6.27	11.61	98.88	6.20	4.20	67.74	13.79
1988	54.00	31.60	6.00	11.11	55.00	3.30	1.36	41.21	4.30
1989	53.90	32.30	5.03	9.33	72.96	3.67	0.77	20.98	2.38
11 年小计			**36.49**	**6.15**	**63.55**	**23.19**	**12.89**	**55.58**	**3.39**
占合计%			**7.41**			**9.41**	**6.21**		
1990	53.93	32.96	5.47	10.14	69.47	3.80	3.23	85.00	9.80
1991	53.90	33.30	6.74	12.50	55.19	3.72	2.83	76.08	8.50
1992	53.91	33.80	6.84	12.69	30.70	2.10	1.82	86.67	5.38
1993	53.91	33.89	1.76	3.26	21.59	0.38	0.09	23.68	0.27
1994	53.91	34.50	4.03	7.48	62.03	2.50	1.18	47.20	3.42
1995	53.91	34.59	3.47	6.44	57.93	2.01	1.62	80.60	4.68
1996	53.91	34.74	2.40	4.45	40.00	0.96	0.13	13.54	0.37
1997	53.91	34.75	2.30	4.27	113.91	2.62	0.46	17.56	1.32
1998	53.91	35.17	1.08	2.00	150.00	1.62	1.24	76.54	3.53
1999	53.91	36.00	1.20	2.23	150.00	1.80			
2000	53.91	36.00	1.20	2.23	140.00	1.68	0.29	17.26	0.81

5－18－64　河北省深泽县历年棉花生产收购

年　度	耕地面积（万亩）	农业人口（万人）	棉田面积（万亩）	占耕地（%）	亩　产（市斤）	产　量（万担）	收购量（万担）	商品率（%）	人均交售（市斤）
52 年合计			**307.71**	**19.52**	**59.42**	**182.84**	**180.66**	**98.81**	**20.18**
11 年小计			**83.98**	**25.81**	**38.52**	**32.35**	**19.14**	**59.17**	**13.09**
占合计%			**27.29**			**17.69**	**10.59**		
1949	35.14	12.60	7.71	21.94	36.06	2.78			
1950	27.00	13.20	7.75	28.70	41.29	3.20			
1951	27.00	13.20	7.87	29.15	62.64	4.93			
1952	35.27	12.18	8.15	23.11	37.42	3.05	3.04	99.67	24.96
1953	27.00	13.50	7.88	29.19	29.70	2.34	2.31	98.72	17.11
1954	27.50	13.50	8.38	30.47	14.56	1.22	1.17	95.90	8.67
1955	28.00	13.50	8.86	31.64	50.00	4.43	3.70	83.52	27.41
1956	28.00	13.50	8.94	31.93	10.40	0.93	0.79	84.95	5.85
1957	32.51	13.03	5.99	18.43	45.24	2.71	2.55	94.10	19.57
1958	29.00	14.00	6.00	20.69	48.50	2.91	2.60	89.35	18.57
1959	29.00	14.00	6.45	22.24	59.69	3.85	2.98	77.40	21.29
10 年小计			**68.47**	**22.91**	**38.82**	**26.58**	**23.49**	**88.37**	**16.20**
占合计%			**22.25**			**14.54**	**13.00**		
1960	29.00	14.00	7.07	24.38	57.43	4.06	3.77	92.86	26.93
1961	29.00	14.00	8.97	30.93	27.20	2.44	1.78	72.95	12.71
1962	30.88	15.92	6.38	20.66	20.22	1.29	1.18	91.47	7.41
1963	30.00	14.00	7.80	26.00	3.72	0.29	0.23	79.31	1.64
1964	30.00	14.00	7.05	23.50	24.96	1.76	1.49	84.66	10.64
1965	30.02	15.44	6.79	22.62	60.24	4.09	3.37	82.40	21.83
1966	30.00	14.20	6.04	20.13	53.97	3.26	3.11	95.40	21.90
1967	30.00	14.20	6.00	20.00	41.00	2.46	2.24	91.06	15.77
1968	30.00	14.20	6.17	20.57	62.56	3.86	3.57	92.49	25.14
1969	30.00	15.00	6.20	20.67	49.52	3.07	2.75	89.58	18.33
10 年小计			**61.69**	**20.29**	**47.85**	**29.52**	**28.01**	**94.88**	**16.29**
占合计%			**20.05**			**16.15**	**15.50**		
1970	30.86	16.93	6.26	20.29	77.64	4.86	4.63	95.27	27.35
1971	30.00	16.00	6.40	21.33	74.38	4.76	4.49	94.33	28.06
1972	30.85	17.22	6.01	19.48	36.27	2.18	2.01	92.20	11.67
1973	30.00	17.00	6.24	20.80	64.42	4.02	3.77	93.78	22.18
1974	30.00	17.00	6.09	20.30	67.00	4.08	3.91	95.83	23.00
1975	30.84	17.78	6.09	19.75	44.17	2.69	2.55	94.80	14.34
1976	30.00	17.00	6.63	22.10	26.40	1.75	1.71	97.71	10.06
1977	30.00	17.00	5.96	19.87	18.79	1.12	0.99	88.39	5.82
1978	30.75	18.04	6.01	19.54	29.95	1.80	1.58	87.78	8.76
1979	30.70	18.00	6.00	19.54	37.67	2.26	2.37	104.87	13.17
10 年小计			**64.91**	**20.81**	**116.88**	**75.87**	**95.03**	**125.25**	**48.68**
占合计%			**21.09**			**41.50**	**52.60**		
1980	30.74	18.32	5.99	19.49	78.13	4.68	4.69	100.21	25.60
1981	30.70	18.60	6.14	20.00	71.34	4.38	4.67	106.62	25.11
1982	30.70	19.00	6.00	19.54	95.50	5.73	5.73	100.00	30.16
1983	30.70	19.20	7.01	22.83	171.04	11.99	12.35	103.00	64.32
1984	30.70	19.45	7.14	23.26	190.34	13.59	16.64	122.44	85.55
1985	36.04	19.59	7.03	19.51	116.79	8.21	8.68	105.72	44.31
1986	30.60	19.80	5.71	18.66	115.41	6.59	12.80	194.23	64.65
1987	30.60	20.14	6.19	20.23	127.79	7.91	17.97	*	89.23
1988	30.60	20.40	6.70	21.90	100.15	6.71	7.10	105.81	34.80
1989	30.60	20.70	7.00	22.88	86.86	6.08	4.40	72.37	21.26
11 年小计			**28.66**	**8.53**	**64.62**	**18.52**	**14.99**	**80.94**	**6.33**
占合计%			**9.31**			**10.13**	**8.30**		
1990	30.60	21.44	6.67	21.80	79.16	5.28	2.02	38.26	9.42
1991	30.60	21.40	7.14	23.33	84.03	6.00	5.94	99.00	27.76
1992	30.57	21.50	4.00	13.08	53.00	2.12	4.12	194.34	19.16
1993	30.56	21.39	2.08	6.81	18.27	0.38	0.33	86.84	1.54
1994	30.56	21.46	3.76	12.30	39.89	1.50	0.75	50.00	3.49
1995	30.56	21.50	2.52	8.25	59.92	1.51	1.73	114.57	8.05
1996	30.56	21.30	1.10	3.60	21.82	0.24	0.10	41.67	0.47
1997	30.55	21.33	1.00	3.27	103.00	1.03			
1998	30.46	21.45	0.07	0.23	114.29	0.08			
1999	30.44	22.10	0.09	0.30	111.11	0.10			
2000	30.44	22.10	0.23	0.76	121.74	0.28			

5－18－65　河北省灵寿县历年棉花生产收购

年　度	耕地面积（万亩）	农业人口（万人）	棉田面积（万亩）	占耕地（%）	亩　产（市斤）	产　量（万担）	收购量（万担）	商品率（%）	人均交售（市斤）
52年合计			**258.85**	**12.56**	**39.50**	**102.24**	**86.21**	**84.32**	**7.58**
11年小计			**83.74**	**17.52**	**31.37**	**26.27**	**14.51**	**55.23**	**8.60**
占合计%			**32.35**			**25.69**	**16.83**		
1949	43.85	14.15	3.34	7.62	28.14	0.94			
1950	43.70	14.40	4.83	11.05	31.47	1.52			
1951	43.50	14.50	6.60	15.17	33.94	2.24			
1952	43.41	14.63	7.43	17.12	45.49	3.38	2.26	66.86	15.45
1953	43.40	14.90	8.14	18.76	33.78	2.75	1.40	50.91	9.40
1954	43.40	15.20	10.83	24.95	28.07	3.04	1.52	50.00	10.00
1955	43.40	15.60	10.51	24.22	28.45	2.99	2.22	74.25	14.23
1956	43.40	15.80	10.41	23.99	25.07	2.61	1.51	57.85	9.56
1957	43.31	16.08	6.07	14.02	32.29	1.96	1.24	63.27	7.71
1958	43.30	16.50	7.95	18.36	28.68	2.28	2.05	89.91	12.42
1959	43.30	17.00	7.63	17.62	33.55	2.56	2.31	90.23	13.59
10年小计			**57.74**	**14.96**	**33.36**	**19.26**	**17.59**	**91.33**	**9.26**
占合计%			**22.31**			**18.84**	**20.40**		
1960	38.80	17.50	6.41	16.52	35.88	2.30	2.26	98.26	12.91
1961	38.80	17.70	6.56	16.91	25.46	1.67	1.41	84.43	7.97
1962	38.77	17.96	5.62	14.50	29.18	1.64	1.55	94.51	8.63
1963	38.70	18.00	6.87	17.75	17.61	1.21	1.31	108.26	7.28
1964	38.60	18.50	5.49	14.22	28.23	1.55	1.38	89.03	7.46
1965	38.57	19.16	6.07	15.74	43.33	2.63	2.42	92.02	12.63
1966	38.50	19.70	5.08	13.19	43.11	2.19	2.01	91.78	10.20
1967	38.50	20.00	5.21	13.53	35.32	1.84	1.57	85.33	7.85
1968	38.40	20.50	5.18	13.49	43.05	2.23	1.96	87.89	9.56
1969	38.40	21.00	5.25	13.67	38.10	2.00	1.72	86.00	8.19
10年小计			**52.08**	**13.54**	**39.40**	**20.52**	**18.52**	**90.25**	**8.25**
占合计%			**20.12**			**20.07**	**21.48**		
1970	38.34	21.21	5.41	14.11	59.52	3.22	2.96	91.93	13.96
1971	38.20	21.50	5.20	13.61	55.19	2.87	2.58	89.90	12.00
1972	38.15	21.72	5.11	13.39	33.07	1.69	1.50	88.76	6.91
1973	38.20	22.00	5.22	13.66	48.08	2.51	2.25	89.64	10.23
1974	38.50	22.50	5.07	13.17	58.78	2.98	2.67	89.60	11.87
1975	38.66	22.95	5.31	13.74	34.09	1.81	1.59	87.85	6.93
1976	38.66	23.00	5.26	13.61	25.29	1.33	1.20	90.23	5.22
1977	38.66	23.10	5.12	13.24	26.76	1.37	1.23	89.78	5.32
1978	38.65	23.20	5.28	13.66	27.84	1.47	1.23	83.67	5.30
1979	38.65	23.30	5.10	13.20	24.90	1.27	1.31	103.15	5.62
10年小计			**44.80**	**11.66**	**67.39**	**30.19**	**32.44**	**107.45**	**13.06**
占合计%			**17.31**			**29.53**	**37.63**		
1980	38.65	23.46	5.08	13.14	50.20	2.55	2.45	96.08	10.44
1981	38.60	23.90	4.04	10.47	54.95	2.22	2.39	107.66	10.00
1982	37.90	23.60	4.40	11.61	54.32	2.39	2.58	107.95	10.93
1983	37.90	23.90	4.74	12.51	100.21	4.75	5.48	115.37	22.93
1984	38.60	24.93	5.32	13.78	103.38	5.50	7.54	137.09	30.24
1985	38.59	25.17	4.72	12.23	78.18	3.69	3.07	83.20	12.20
1986	38.60	25.27	3.50	9.07	86.00	3.01	3.23	107.31	12.78
1987	38.50	25.62	4.68	12.16	64.74	3.03	3.79	125.08	14.79
1988	38.50	25.87	5.00	12.99	27.20	1.36	0.98	72.06	3.79
1989	38.50	26.64	3.32	8.62	50.90	1.69	0.93	55.03	3.49
11年小计			**20.49**	**4.80**	**29.28**	**6.00**	**3.15**	**52.50**	**1.03**
占合计%			**7.92**			**5.87**	**3.65**		
1990	38.50	27.70	2.88	7.48	25.69	0.74	0.43	58.11	1.55
1991	38.50	28.00	3.37	8.75	29.97	1.01	1.10	108.91	3.93
1992	38.53	28.02	3.63	9.42	20.94	0.76	0.08	10.53	0.29
1993	38.53	28.40	1.97	5.11	18.27	0.36	0.01	2.78	0.04
1994	38.53	28.40	2.84	7.37	35.21	1.00	0.71	71.00	2.50
1995	38.52	27.67	1.90	4.93	56.32	1.07	0.66	61.68	2.39
1996	39.22	27.89	2.10	5.35	16.19	0.34	0.10	29.41	0.36
1997	39.22	27.44	1.00	2.55	30.00	0.30	0.02	6.67	0.07
1998	39.18	27.36	0.18	0.46	50.00	0.09	0.04	44.44	0.15
1999	39.18	27.50	0.33	0.84	51.52	0.17			
2000	39.18	27.50	0.29	0.74	55.17	0.16			

5－18－66　河北省无极县历年棉花生产收购

年　　度	耕地面积（万亩）	农业人口（万人）	棉田面积（万亩）	占耕地（%）	亩　产（市斤）	产　量（万担）	收购量（万担）	商品率（%）	人均交售（市斤）
52年合计			**540.56**	**19.32**	**59.79**	**323.19**	**278.38**	**86.14**	**15.53**
11年小计			**166.64**	**27.35**	**37.84**	**63.06**	**35.63**	**56.50**	**13.16**
占合计%			**30.83**			**19.51**	**12.80**		
1949	53.83	22.80	8.98	16.68	25.95	2.33			
1950	54.00	23.00	10.39	19.24	46.58	4.84			
1951	55.00	23.50	13.56	24.65	37.98	5.15			
1952	56.43	23.80	18.05	31.99	42.44	7.66	2.87	37.47	12.06
1953	57.93	23.69	15.01	25.91	26.12	3.92	2.46	62.76	10.38
1954	55.44	24.33	18.49	33.35	20.98	3.88	2.93	75.52	12.04
1955	56.55	25.01	18.56	32.82	53.56	9.94	6.25	62.88	24.99
1956	55.38	25.59	19.18	34.63	18.25	3.50	2.79	79.71	10.90
1957	55.45	25.96	14.69	26.49	52.48	7.71	6.25	81.06	24.08
1958	54.84	26.34	14.44	26.33	48.82	7.05	5.46	77.45	20.73
1959	54.47	26.72	15.29	28.07	46.30	7.08	6.62	93.50	24.78
10年小计			**123.89**	**23.01**	**45.71**	**56.63**	**51.53**	**90.99**	**17.13**
占合计%			**22.92**			**17.52**	**18.51**		
1960	53.74	27.14	13.81	25.70	53.51	7.39	7.18	97.16	26.46
1961	53.80	28.40	13.49	25.07	33.80	4.56	3.80	83.33	13.38
1962	53.75	29.72	13.24	24.63	34.74	4.60	4.14	90.00	13.93
1963	53.75	30.06	16.21	30.16	14.99	2.43	2.38	97.94	7.92
1964	53.80	30.00	13.43	24.96	39.39	5.29	4.92	93.01	16.40
1965	53.94	29.70	12.11	22.45	64.49	7.81	7.20	92.19	24.24
1966	53.90	30.00	10.60	19.67	53.58	5.68	5.38	94.72	17.93
1967	53.90	31.00	10.58	19.63	54.54	5.77	4.36	75.56	14.06
1968	53.90	32.00	10.28	19.07	66.93	6.88	6.39	92.88	19.97
1969	53.90	32.80	10.14	18.81	61.34	6.22	5.78	92.93	17.62
10年小计			**111.60**	**20.90**	**62.79**	**70.07**	**65.81**	**93.92**	**18.88**
占合计%			**20.65**			**21.68**	**23.64**		
1970	53.49	32.90	10.07	18.83	103.67	10.44	9.75	93.39	29.64
1971	53.45	33.20	10.20	19.08	104.80	10.69	10.03	93.83	30.21
1972	53.42	33.61	10.07	18.85	64.95	6.54	5.96	91.13	17.73
1973	53.40	34.00	11.03	20.66	82.96	9.15	8.52	93.11	25.06
1974	53.40	35.00	11.51	21.55	78.80	9.07	8.50	93.72	24.29
1975	53.35	35.70	11.50	21.56	55.13	6.34	5.88	92.74	16.47
1976	53.35	35.80	12.00	22.49	36.67	4.40	4.35	98.86	12.15
1977	53.35	35.90	11.32	21.22	32.42	3.67	3.50	95.37	9.75
1978	53.34	36.10	12.00	22.50	30.58	3.67	3.29	89.65	9.11
1979	53.34	36.30	11.90	22.31	51.26	6.10	6.03	98.85	16.61
10年小计			**97.66**	**18.35**	**115.68**	**112.97**	**110.12**	**97.48**	**28.27**
占合计%			**18.07**			**34.95**	**39.56**		
1980	53.31	36.50	11.99	22.49	119.85	14.37	14.11	98.19	38.66
1981	53.30	37.00	11.75	22.05	82.04	9.64	9.75	101.14	26.35
1982	53.30	37.70	11.50	21.58	80.35	9.24	8.74	94.59	23.18
1983	53.20	38.10	12.62	23.72	161.97	20.44	23.25	113.75	61.02
1984	53.20	38.52	12.44	23.38	168.01	20.90	23.76	113.68	61.68
1985	53.24	39.00	10.44	19.61	128.16	13.38	12.10	90.43	31.03
1986	53.20	39.42	7.25	13.63	122.07	8.85	6.97	78.76	17.68
1987	53.20	40.02	7.02	13.20	123.22	8.65	7.32	84.62	18.29
1988	53.20	41.30	7.20	13.53	39.58	2.85	1.56	54.74	3.78
1989	53.20	42.00	5.45	10.24	85.32	4.65	2.56	55.05	6.10
11年小计			**40.77**	**6.99**	**50.18**	**20.46**	**15.29**	**74.73**	**3.16**
占合计%			**7.54**			**6.33**	**5.49**		
1990	53.20	43.50	7.21	13.55	37.59	2.71	1.90	70.11	4.37
1991	53.20	44.00	8.00	15.04	62.50	5.00	4.43	88.60	10.07
1992	53.16	44.10	5.94	11.17	24.58	1.46	0.08	5.48	0.18
1993	52.99	43.63	2.81	5.30	10.32	0.29	0.01	3.45	0.02
1994	52.98	43.76	5.21	9.83	49.52	2.58	1.64	63.57	3.75
1995	52.97	43.90	3.63	6.85	69.97	2.54	2.80	110.24	6.38
1996	52.97	44.00	3.10	5.85	26.13	0.81	0.18	22.22	0.41
1997	52.97	44.00	2.30	4.34	113.91	2.62	2.58	98.47	5.86
1998	52.97	44.10	1.06	2.00	95.28	1.01	1.67	165.35	3.79
1999	52.95	44.20	1.00	1.89	96.00	0.96			
2000	52.95	44.20	0.51	0.96	94.12	0.48			

5－18－67 河北省赞皇县历年棉花生产收购

年　度	耕地面积（万亩）	农业人口（万人）	棉田面积（万亩）	占耕地（%）	亩　产（市斤）	产　量（万担）	收购量（万担）	商品率（%）	人均交售（市斤）
52年合计			**96.10**	**7.11**	**26.93**	**25.88**	**19.06**	**73.65**	**2.78**
11年小计			**42.92**	**12.11**	**27.70**	**11.89**	**8.02**	**67.45**	**7.30**
占合计%			**44.66**			**45.94**	**42.08**		
1949	31.76	9.32	0.98	3.09	27.55	0.27			
1950	31.96	9.56	1.95	6.10	28.72	0.56			
1951	32.86	9.57	3.09	9.40	29.13	0.90			
1952	32.86	9.59	4.18	12.72	34.93	1.46	0.70	47.95	7.30
1953	32.84	9.51	3.57	10.87	31.65	1.13	0.87	76.99	9.15
1954	32.97	9.77	4.49	13.62	24.28	1.09	0.89	81.65	9.11
1955	32.99	9.83	5.63	17.07	27.89	1.57	1.21	77.07	12.31
1956	32.84	10.20	5.43	16.53	16.39	0.89	0.79	88.76	7.75
1957	32.15	10.53	4.58	14.25	26.86	1.23	1.10	89.43	10.45
1958	30.41	10.87	4.55	14.96	32.31	1.47	1.21	82.31	11.13
1959	30.92	11.10	4.47	14.46	29.53	1.32	1.25	94.70	11.26
10年小计			**30.86**	**10.68**	**25.41**	**7.84**	**6.18**	**78.83**	**4.78**
占合计%			**32.11**			**30.29**	**32.42**		
1960	30.22	11.14	4.30	14.23	27.91	1.20	1.03	85.83	9.25
1961	29.99	11.68	4.27	14.24	23.42	1.00	0.96	96.00	8.22
1962	29.94	12.30	3.74	12.49	25.67	0.96	0.86	89.58	6.99
1963	27.74	12.70	4.34	15.65	17.97	0.78	0.64	82.05	5.04
1964	28.40	12.94	3.45	12.15	29.57	1.02	0.88	86.27	6.80
1965	28.45	13.24	3.41	11.99	26.98	0.92	0.76	82.61	5.74
1966	28.46	13.49	2.35	8.26	12.77	0.30	0.22	73.33	1.63
1967	28.49	13.76	2.30	8.07	28.26	0.65	0.25	38.46	1.82
1968	28.60	14.05	1.15	4.02	39.13	0.45	0.29	64.44	2.06
1969	28.61	14.01	1.55	5.42	36.13	0.56	0.29	51.79	2.07
10年小计			**12.10**	**4.26**	**29.67**	**3.59**	**1.94**	**54.04**	**1.26**
占合计%			**12.59**			**13.87**	**10.18**		
1970	28.59	14.70	1.59	5.56	47.17	0.75	0.52	69.33	3.54
1971	28.59	14.96	1.50	5.25	45.33	0.68	0.46	67.65	3.07
1972	28.59	15.09	1.42	4.97	21.83	0.31	0.15	48.39	0.99
1973	28.37	15.08	2.00	7.05	26.50	0.53	0.34	64.15	2.25
1974	28.38	15.29	1.98	6.98	18.69	0.37	0.19	51.35	1.24
1975	28.36	15.46	1.93	6.81	25.91	0.50	0.28	56.00	1.81
1976	28.27	15.62	0.41	1.45	29.27	0.12			
1977	28.27	15.78	0.36	1.27	22.22	0.08			
1978	28.27	15.91	0.39	1.38	28.21	0.11			
1979	28.27	16.10	0.52	1.84	26.92	0.14			
10年小计			**2.06**	**1.82**	**37.86**	**0.78**			
占合计%			**2.14**			**3.01**			
1980	28.26	16.32	0.52	1.84	28.85	0.15			
1981	28.40	16.70	0.56	1.97	28.57	0.16			
1982									
1983	28.40	17.40	0.49	1.73	48.98	0.24			
1984	28.30	17.63	0.49	1.73	46.94	0.23			
1985									
1986									
1987									
1988									
1989									
11年小计			**8.16**	**2.63**	**21.81**	**1.78**	**2.92**	**164.04**	**1.30**
占合计%			**8.49**			**6.88**	**15.32**		
1990	28.21	20.00					0.69		3.45
1991	28.21	20.00	1.06	3.76	40.57	0.43	0.40	93.02	2.00
1992	28.21	20.40	1.04	3.69	52.88	0.55	0.31	56.36	1.52
1993	28.21	20.29	0.81	2.87	2.47	0.02	0.40	*	1.97
1994	28.21	20.32	1.14	4.04	39.47	0.45	0.23	51.11	1.13
1995	28.21	20.37	2.02	7.16	8.91	0.18	0.42	*	2.06
1996	28.21	20.45	1.00	3.54	1.00	0.01	0.11	*	0.54
1997	28.21	20.49	0.50	1.77	2.00	0.01	0.12	*	0.59
1998	28.21	20.53	0.20	0.71	20.00	0.04	0.24	*	1.17
1999	28.21	21.00	0.19	0.67	26.32	0.05			
2000	28.21	21.00	0.20	0.71	20.00	0.04			

5-18-68 河北省安次县历年棉花生产收购

年　度	耕地面积（万亩）	农业人口（万人）	棉田面积（万亩）	占耕地（%）	亩　产（市斤）	产　量（万担）	收购量（万担）	商品率（%）	人均交售（市斤）
52 年合计			**512.38**	**11.07**	**54.43**	**278.90**	**233.82**	**83.84**	**12.73**
11 年小计			**145.85**	**11.85**	**27.41**	**39.98**	**31.40**	**78.54**	**11.29**
占合计%			**28.47**			**14.33**	**13.43**		
1949	114.24	22.80	13.20	11.55	26.59	3.51			
1950	114.00	23.00	15.89	13.94	16.61	2.64	0.15	5.68	0.65
1951	114.00	24.00	14.28	12.53	31.37	4.48	2.31	51.56	9.63
1952	121.31	25.00	13.06	10.77	34.30	4.48	4.84	108.04	19.36
1953	120.00	25.00	12.89	10.74	35.07	4.52	4.28	94.69	17.12
1954	118.00	25.00	15.89	13.47	17.75	2.82	3.01	106.74	12.04
1955	116.00	26.00	14.26	12.29	28.05	4.00	3.35	83.75	12.88
1956	110.00	26.00	15.13	13.75	18.64	2.82	3.02	107.09	11.62
1957	108.08	26.40	11.22	10.38	33.07	3.71	3.46	93.26	13.11
1958	100.00	27.00	11.10	11.10	35.77	3.97	3.83	96.47	14.19
1959	95.00	28.00	8.93	9.40	33.93	3.03	3.15	103.96	11.25
10 年小计			**100.98**	**11.30**	**43.18**	**43.60**	**43.16**	**98.99**	**13.78**
占合计%			**19.71**			**15.63**	**18.46**		
1960	90.00	28.00	10.31	11.46	29.29	3.02	3.01	99.67	10.75
1961	89.00	29.00	10.36	11.64	21.62	2.24	3.09	137.95	10.66
1962	87.94	29.30	8.03	9.13	26.15	2.10	2.10	100.00	7.17
1963	88.00	30.00	10.11	11.49	35.71	3.61	3.50	96.95	11.67
1964	89.00	31.00	10.49	11.79	48.33	5.07	5.22	102.96	16.84
1965	89.43	31.90	10.41	11.64	61.67	6.42	6.00	93.46	18.81
1966	90.00	32.00	10.17	11.30	46.21	4.70	4.52	96.17	14.13
1967	90.00	33.00	10.57	11.74	51.47	5.44	5.08	93.38	15.39
1968	90.00	34.00	10.11	11.23	62.02	6.27	6.11	97.45	17.97
1969	90.00	35.00	10.42	11.58	45.39	4.73	4.53	95.77	12.94
10 年小计			**104.85**	**12.52**	**31.87**	**33.42**	**32.31**	**96.68**	**8.71**
占合计%			**20.46**			**11.98**	**13.82**		
1970	90.26	35.50	10.52	11.66	58.46	6.15	5.97	97.07	16.82
1971	85.00	36.00	10.27	12.08	52.68	5.41	5.37	99.26	14.92
1972	83.40	36.33	9.89	11.86	32.56	3.22	3.20	99.38	8.81
1973	83.00	36.50	10.27	12.37	39.34	4.04	4.01	99.26	10.99
1974	83.00	37.00	10.60	12.77	49.06	5.20	5.11	98.27	13.81
1975	82.78	37.50	10.66	12.88	35.18	3.75	3.61	96.27	9.63
1976	82.50	38.00	9.25	11.21	17.30	1.60	1.41	88.13	3.71
1977	82.50	38.00	11.53	13.98	12.84	1.48	1.28	86.49	3.37
1978	82.40	38.00	11.46	13.91	13.44	1.54	1.39	90.26	3.66
1979	82.50	38.00	10.40	12.61	9.90	1.03	0.96	93.20	2.53
10 年小计			**113.01**	**14.12**	**104.85**	**118.49**	**107.38**	**90.62**	**27.58**
占合计%			**22.06**			**42.48**	**45.92**		
1980	82.12	38.00	8.10	9.86	36.30	2.94	3.13	106.46	8.24
1981	82.10	38.30	6.86	8.36	48.25	3.31	3.48	105.14	9.09
1982	64.50	29.90	8.90	13.80	110.79	9.86	10.13	102.74	33.88
1983	82.00	39.30	11.88	14.49	128.96	15.32	19.68	128.46	50.08
1984	82.00	39.62	16.99	20.72	162.15	27.55	34.13	123.88	86.14
1985	81.87	40.10	12.69	15.50	130.65	16.58	11.05	66.65	27.56
1986	81.70	40.45	9.21	11.27	111.73	10.29	5.89	57.24	14.56
1987	81.70	40.92	14.20	17.38	127.68	18.13	10.65	58.74	26.03
1988	81.00	41.00	14.00	17.28	49.14	6.88	4.36	63.37	10.63
1989	81.30	41.70	10.18	12.52	74.95	7.63	4.88	63.96	11.70
11 年小计			**47.69**	**5.51**	**91.03**	**43.41**	**19.57**	**45.08**	**4.03**
占合计%			**9.31**			**15.56**	**8.37**		
1990	81.24	44.00	8.34	10.27	104.56	8.72	7.60	87.16	17.27
1991	81.00	44.66	9.26	11.43	111.34	10.31	8.35	80.99	18.70
1992	80.72	43.90	7.76	9.61	63.92	4.96	1.03	20.77	2.35
1993	78.81	43.54	2.72	3.45	90.07	2.45	0.26	10.61	0.60
1994	78.65	43.20	4.36	5.54	63.99	2.79	0.95	34.05	2.20
1995	78.57	44.50	4.00	5.09	83.25	3.33	0.57	17.12	1.28
1996	78.46	44.20	4.00	5.10	91.00	3.64	0.09	2.47	0.20
1997	76.98	44.90	1.20	1.56	98.33	1.18	0.07	5.93	0.16
1998	76.95	44.10	1.27	1.65	96.85	1.23	0.10	8.13	0.23
1999	76.95	44.10	1.52	1.98	97.37	1.48	0.10	6.76	0.23
2000	76.95	44.10	3.26	4.24	101.84	3.32	0.45	13.55	1.02

5－18－69　河北省大城县历年棉花生产收购

年　度	耕地面积（万亩）	农业人口（万人）	棉田面积（万亩）	占耕地（%）	亩　产（市斤）	产　量（万担）	收购量（万担）	商品率（%）	人均交售（市斤）
52年合计			**114.53**	**2.49**	**38.30**	**43.86**	**25.32**	**57.73**	**1.64**
11年小计			**18.97**	**1.66**	**10.81**	**2.05**	**0.35**	**17.07**	**0.15**
占合计%			**16.56**			**4.67**	**1.38**		
1949	91.67	20.70	2.09	2.28	5.26	0.11			
1950	95.00	21.00	1.40	1.47	11.43	0.16			
1951	100.00	21.20	1.19	1.19	21.01	0.25			
1952	110.89	21.40	2.07	1.87	10.14	0.21	0.03	14.29	0.14
1953	110.00	21.40	1.19	1.08	20.17	0.24	0.06	25.00	0.28
1954	109.00	21.40	2.52	2.31	4.76	0.12	0.01	8.33	0.05
1955	108.00	21.40	1.41	1.31	15.60	0.22	0.08	36.36	0.37
1956	107.00	21.40	3.12	2.92	3.85	0.12	0.01	8.33	0.05
1957	106.92	21.40	1.18	1.10	16.95	0.20	0.11	55.00	0.51
1958	103.00	21.40	1.54	1.50	12.34	0.19	0.03	15.79	0.14
1959	100.00	21.40	1.26	1.26	18.25	0.23	0.02	8.70	0.09
10年小计			**9.78**	**1.06**	**14.01**	**1.37**	**0.29**	**21.17**	**0.11**
占合计%			**8.54**			**3.12**	**1.15**		
1960	95.00	24.30	1.94	2.04	3.09	0.06	0.03	50.00	0.12
1961	92.00	24.30	0.54	0.59	14.81	0.08			
1962	90.47	24.30	0.45	0.50	6.67	0.03	0.01	33.33	0.04
1963	90.00	24.40	0.67	0.74	7.46	0.05	0.01	20.00	0.04
1964	90.00	24.80	0.75	0.83	1.33	0.01			
1965	93.31	25.00	0.68	0.73	20.59	0.14	0.01	7.14	0.04
1966	93.00	25.50	0.90	0.97	10.00	0.09	0.01	11.11	0.04
1967	93.00	26.00	1.14	1.23	26.32	0.30	0.07	23.33	0.27
1968	93.00	27.00	1.24	1.33	29.84	0.37	0.11	29.73	0.41
1969	93.00	28.00	1.47	1.58	16.33	0.24	0.04	16.67	0.14
10年小计			**15.00**	**1.78**	**17.80**	**2.67**	**1.07**	**40.07**	**0.36**
占合计%			**13.10**			**6.09**	**4.23**		
1970	93.13	28.90	1.88	2.02	34.04	0.64	0.27	42.19	0.93
1971	90.00	28.90	1.60	1.78	23.13	0.37	0.15	40.54	0.52
1972	83.12	28.89	1.72	2.07	15.12	0.26	0.13	50.00	0.45
1973	83.00	29.00	1.85	2.23	21.08	0.39	0.17	43.59	0.59
1974	82.50	29.00	2.34	2.84	17.52	0.41	0.16	39.02	0.55
1975	82.05	29.80	1.91	2.33	17.28	0.33	0.13	39.39	0.44
1976	82.05	29.80	2.23	2.72	8.97	0.20	0.06	30.00	0.20
1977	82.05	29.80	0.90	1.10	1.11	0.01			
1978	82.05	30.10	0.29	0.35	17.24	0.05			
1979	82.05	30.20	0.28	0.34	3.57	0.01			
10年小计			**39.11**	**4.77**	**57.61**	**22.53**	**15.09**	**66.98**	**4.65**
占合计%			**34.15**			**51.37**	**59.60**		
1980	82.04	30.30	0.12	0.15	33.33	0.04			
1981	82.00	30.70	0.29	0.35	20.69	0.06			
1982	82.00	31.40					0.11		0.35
1983	82.00	31.70	3.30	4.02	63.33	2.09	1.70	81.34	5.36
1984	82.00	32.27	10.51	12.82	73.64	7.74	5.70	73.64	17.66
1985	82.01	32.60	6.63	8.08	54.15	3.59	3.06	85.24	9.39
1986	82.00	33.01	2.44	2.98	62.30	1.52	0.23	15.13	0.70
1987	81.90	33.52	3.85	4.70	58.18	2.24	1.14	50.89	3.40
1988	82.00	34.00	7.00	8.54	39.00	2.73	1.63	59.71	4.79
1989	81.90	34.90	4.97	6.07	50.70	2.52	1.52	60.32	4.36
11年小计			**31.67**	**3.59**	**48.12**	**15.24**	**8.52**	**55.91**	**1.96**
占合计%			**27.65**			**34.75**	**33.65**		
1990	81.90	38.20	3.00	3.66	75.67	2.27	2.30	101.32	6.02
1991	81.90	38.56	5.00	6.11	90.20	4.51	4.43	98.23	11.49
1992	81.90	38.85	5.00	6.11	33.60	1.68	0.48	28.57	1.24
1993	64.60	38.92	2.69	4.16	39.03	1.05	0.07	6.67	0.18
1994	81.78	39.60	5.11	6.25	30.14	1.54	0.77	50.00	1.94
1995	81.77	39.60	7.20	8.81	37.22	2.68	0.47	17.54	1.19
1996	81.77	39.80	2.10	2.57	29.52	0.62			
1997	81.77	40.10	0.40	0.49	5.00	0.02			
1998	81.77	40.20	0.37	0.45	43.24	0.16			
1999	81.74	40.00	0.18	0.22	61.11	0.11			
2000	81.74	40.00	0.62	0.76	96.77	0.60			

5-18-70 河北省文安县历年棉花生产收购

年度	耕地面积（万亩）	农业人口（万人）	棉田面积（万亩）	占耕地（%）	亩产（市斤）	产量（万担）	收购量（万担）	商品率（%）	人均交售（市斤）
52年合计			**112.55**	**2.45**	**37.57**	**42.29**	**29.98**	**70.89**	**1.89**
11年小计			**17.19**	**1.93**	**19.49**	**3.35**	**1.21**	**36.12**	**0.52**
占合计%			**15.27**			**7.92**	**4.04**		
1949	74.15	18.80	3.15	4.25	20.63	0.65			
1950	75.00	19.00	2.13	2.84	23.94	0.51	0.04	7.84	0.21
1951	75.00	20.00	3.39	4.52	27.73	0.94	0.21	22.34	1.05
1952	116.91	21.16	1.32	1.13	23.48	0.31	0.26	83.87	1.23
1953	75.00	21.30	0.87	1.16	13.79	0.12	0.28	*	1.31
1954	75.00	21.60	1.82	2.43	0.55	0.01	0.11	*	0.51
1955	75.00	21.90	0.76	1.01	26.32	0.20	0.04	20.00	0.18
1956	78.00	22.00	1.51	1.94	1.32	0.02	0.01	50.00	0.05
1957	79.64	22.17	0.42	0.53	21.43	0.09	0.06	66.67	0.27
1958	80.00	22.20	1.20	1.50	26.67	0.32	0.14	43.75	0.63
1959	85.00	22.20	0.62	0.73	29.03	0.18	0.06	33.33	0.27
10年小计			**13.47**	**1.39**	**24.20**	**3.26**	**1.11**	**34.05**	**0.44**
占合计%			**11.97**			**7.71**	**3.70**		
1960	90.00	22.20	0.88	0.98	9.09	0.08	0.07	87.50	0.32
1961	95.00	22.50	0.53	0.56	15.09	0.08			
1962	95.82	22.85	1.00	1.04	12.00	0.12	0.01	8.33	0.04
1963	96.00	23.00	1.04	1.08	1.92	0.02			
1964	97.00	24.00	0.96	0.99	15.63	0.15	0.04	26.67	0.17
1965	98.40	25.04	1.45	1.47	25.52	0.37	0.08	21.62	0.32
1966	99.00	26.20	1.86	1.88	23.12	0.43	0.10	23.26	0.38
1967	99.00	27.20	1.93	1.95	34.20	0.66	0.18	27.27	0.66
1968	99.00	28.20	1.95	1.97	42.56	0.83	0.41	49.40	1.45
1969	99.00	29.20	1.87	1.89	27.81	0.52	0.22	42.31	0.75
10年小计			**17.31**	**1.90**	**23.86**	**4.13**	**2.16**	**52.30**	**0.68**
占合计%			**15.38**			**9.77**	**7.20**		
1970	100.23	29.96	1.80	1.80	36.11	0.65	0.25	38.46	0.83
1971	98.00	30.00	1.83	1.87	31.15	0.57	0.34	59.65	1.13
1972	95.24	30.77	2.04	2.14	25.98	0.53	0.36	67.92	1.17
1973	90.00	31.00	2.21	2.46	27.15	0.60	0.38	63.33	1.23
1974	89.00	32.00	2.18	2.45	32.57	0.71	0.41	57.75	1.28
1975	88.21	32.33	2.15	2.44	28.84	0.62	0.34	54.84	1.05
1976	88.00	32.40	2.05	2.33	11.22	0.23	0.08	34.78	0.25
1977	88.00	32.50	1.10	1.25	0.91	0.01			
1978	87.54	32.63	0.93	1.06	16.13	0.15			
1979	87.00	33.00	1.02	1.17	5.88	0.06			
10年小计			**29.00**	**3.33**	**61.86**	**17.94**	**13.41**	**74.75**	**3.87**
占合计%			**25.77**			**42.42**	**44.73**		
1980	87.41	32.80	0.65	0.74	26.15	0.17			
1981	87.40	33.40	0.74	0.85	18.92	0.14			
1982	87.40	34.00					0.10		0.29
1983	87.40	34.00	1.70	1.95	47.06	0.80	1.08	135.00	3.18
1984	87.30	34.42	4.83	5.53	88.82	4.29	3.87	90.21	11.24
1985	87.06	34.76	4.33	4.97	76.67	3.32	3.39	102.11	9.75
1986	87.00	35.17	2.70	3.10	79.26	2.14	0.64	29.91	1.82
1987	86.70	35.68	3.80	4.38	73.16	2.78	1.93	69.42	5.41
1988	87.00	36.00	6.00	6.90	45.33	2.72	1.20	44.12	3.33
1989	86.70	36.60	4.25	4.90	37.18	1.58	1.20	75.95	3.28
11年小计			**35.58**	**3.73**	**38.25**	**13.61**	**12.09**	**88.83**	**2.75**
占合计%			**31.61**			**32.18**	**40.33**		
1990	86.68	38.97	4.00	4.61	67.25	2.69	3.10	115.24	7.95
1991	86.68	39.23	6.14	7.08	54.07	3.32	4.36	131.33	11.11
1992	86.62	39.30	7.41	8.55	26.59	1.97	1.27	64.47	3.23
1993	90.03	39.99	1.03	1.14	32.04	0.33	0.78	*	1.95
1994	86.56	40.15	6.02	6.95	21.10	1.27	1.13	88.98	2.81
1995	86.47	40.10	7.42	8.58	20.22	1.50	0.81	54.00	2.02
1996	86.47	39.99	0.70	0.81	31.43	0.22			
1997	86.44	40.19	0.80	0.93	7.50	0.06	0.14	*	0.35
1998	86.42	40.82	0.53	0.61	66.04	0.35	0.11	31.43	0.27
1999	86.39	40.60	0.55	0.64	63.64	0.35	0.11	31.43	0.27
2000	86.39	40.60	0.98	1.13	158.16	1.55	0.28	18.06	0.69

5-18-71 河北省霸州市历年棉花生产收购

年　度	耕地面积（万亩）	农业人口（万人）	棉田面积（万亩）	占耕地（%）	亩　产（市斤）	产　量（万担）	收购量（万担）	商品率（%）	人均交售（市斤）
52 年合计			**277.89**	**7.53**	**54.01**	**150.09**	**134.05**	**89.31**	**7.35**
11 年小计			**69.10**	**7.54**	**24.43**	**16.88**	**10.18**	**60.31**	**3.84**
占合计%			**24.87**			**11.25**	**7.59**		
1949	83.02	22.60	10.19	12.27	16.98	1.73			
1950	84.00	23.00	4.52	5.38	34.07	1.54			
1951	85.00	23.00	5.90	6.94	36.10	2.13	0.07	3.29	0.30
1952	85.22	23.20	6.56	7.70	38.11	2.50	2.38	95.20	10.26
1953	84.00	23.50	7.81	9.30	30.22	2.36	1.80	76.27	7.66
1954	83.00	23.60	9.75	11.75	1.85	0.18	0.82	*	3.47
1955	83.00	23.70	5.29	6.37	32.33	1.71	0.90	52.63	3.80
1956	83.00	24.00	6.26	7.54	13.26	0.83	1.04	125.30	4.33
1957	82.25	25.60	4.26	5.18	32.39	1.38	1.08	78.26	4.22
1958	82.00	26.00	4.34	5.29	33.87	1.47	1.16	78.91	4.46
1959	82.00	27.00	4.22	5.15	24.88	1.05	0.93	88.57	3.44
10 年小计			**44.90**	**6.10**	**33.34**	**14.97**	**13.05**	**87.17**	**4.33**
占合计%			**16.16**			**9.97**	**9.74**		
1960	80.00	27.00	2.93	3.66	23.89	0.70	0.53	75.71	1.96
1961	75.00	28.00	2.77	3.69	36.82	1.02	0.25	24.51	0.89
1962	71.82	28.20	3.07	4.27	22.15	0.68	0.58	85.29	2.06
1963	72.00	28.50	4.84	6.72	28.10	1.36	1.28	94.12	4.49
1964	73.00	29.00	5.74	7.86	21.60	1.24	1.67	134.68	5.76
1965	73.91	30.40	5.07	6.86	36.29	1.84	1.50	81.52	4.93
1966	74.00	31.00	4.84	6.54	30.58	1.48	1.24	83.78	4.00
1967	73.00	32.00	5.05	6.92	35.45	1.79	1.42	79.33	4.44
1968	72.00	33.00	5.30	7.36	48.49	2.57	2.44	94.94	7.39
1969	71.00	34.00	5.29	7.45	43.29	2.29	2.14	93.45	6.29
10 年小计			**51.98**	**7.69**	**27.74**	**14.42**	**13.15**	**91.19**	**3.64**
占合计%			**18.71**			**9.61**	**9.81**		
1970	71.63	34.20	5.34	7.45	48.50	2.59	2.37	91.51	6.93
1971	70.00	35.00	5.26	7.51	43.92	2.31	2.26	97.84	6.46
1972	67.70	35.05	4.99	7.37	31.46	1.57	1.31	83.44	3.74
1973	67.50	35.50	5.10	7.56	33.53	1.71	1.59	92.98	4.48
1974	67.50	36.00	5.19	7.69	40.08	2.08	1.94	93.27	5.39
1975	67.45	36.20	5.21	7.72	36.66	1.91	1.78	93.19	4.92
1976	67.00	37.00	4.99	7.45	13.03	0.65	0.47	72.31	1.27
1977	66.00	37.00	5.73	8.68	7.16	0.41	0.39	95.12	1.05
1978	65.73	37.40	5.57	8.47	13.64	0.76	0.62	81.58	1.66
1979	65.00	38.00	4.60	7.08	9.35	0.43	0.42	97.67	1.11
10 年小计			**70.95**	**10.85**	**109.42**	**77.63**	**80.76**	**104.03**	**20.16**
占合计%			**25.53**			**51.72**	**60.25**		
1980	65.63	37.90	4.00	6.09	36.50	1.46	1.60	109.59	4.22
1981	65.60	38.50	3.74	5.70	51.34	1.92	1.97	102.60	5.12
1982	65.60	39.10	4.60	7.01	118.48	5.45	6.02	110.46	15.40
1983	65.60	39.30	7.39	11.27	140.73	10.40	12.20	117.31	31.04
1984	65.50	39.73	14.67	22.40	132.24	19.40	23.82	122.78	59.95
1985	65.37	40.20	9.76	14.93	125.00	12.20	8.97	73.52	22.31
1986	65.30	40.66	5.91	9.05	130.12	7.69	6.20	80.62	15.25
1987	65.30	41.26	8.25	12.63	104.24	8.60	10.73	124.77	26.01
1988	65.00	41.90	8.00	12.31	66.63	5.33	5.10	95.68	12.17
1989	65.20	42.00	4.63	7.10	111.88	5.18	4.15	80.12	9.88
11 年小计			**40.96**	**5.77**	**63.94**	**26.19**	**16.91**	**64.57**	**3.42**
占合计%			**14.74**			**17.45**	**12.61**		
1990	65.14	44.80	7.01	10.76	98.86	6.93	6.90	99.57	15.40
1991	65.13	45.35	7.35	11.29	94.56	6.95	6.53	93.96	14.40
1992	65.04	45.76	6.46	9.93	46.28	2.99	0.69	23.08	1.51
1993	64.58	46.00	3.85	5.96	52.73	2.03	0.21	10.34	0.46
1994	64.47	46.16	3.01	4.67	22.59	0.68	0.42	61.76	0.91
1995	64.45	46.20	3.50	5.43	52.86	1.85	0.56	30.27	1.21
1996	64.42	44.30	3.50	5.43	33.43	1.17	0.30	25.64	0.68
1997	64.17	44.40	3.00	4.68	42.00	1.26	0.12	9.52	0.27
1998	64.17	44.50	1.26	1.96	73.02	0.92	0.48	52.17	1.08
1999	64.15	43.80	0.99	1.54	70.71	0.70	0.48	68.57	1.10
2000	64.15	43.80	1.03	1.61	68.93	0.71	0.22	30.99	0.50

5-18-72 河北省固安县历年棉花生产收购

年　度	耕地面积（万亩）	农业人口（万人）	棉田面积（万亩）	占耕地（%）	亩　产（市斤）	产　量（万担）	收购量（万担）	商品率（%）	人均交售（市斤）
52年合计			**321.33**	**9.01**	**65.30**	**209.83**	**199.98**	**95.31**	**14.20**
11年小计			**57.02**	**6.38**	**16.54**	**9.43**	**7.75**	**82.18**	**3.40**
占合计%			**17.74**			**4.49**	**3.88**		
1949	83.08	19.75	4.81	5.79	19.96	0.96			
1950	84.00	19.80	4.88	5.81	17.62	0.86	0.02	2.33	0.10
1951	85.00	20.00	5.64	6.64	7.98	0.45	0.47	104.44	2.35
1952	85.67	20.11	3.19	3.72	24.14	0.77	1.19	154.55	5.92
1953	84.00	20.20	4.02	4.79	25.37	1.02	0.82	80.39	4.06
1954	83.00	20.40	8.22	9.90	3.77	0.31	0.53	170.97	2.60
1955	81.00	20.60	6.25	7.72	23.52	1.47	0.99	67.35	4.81
1956	80.00	21.00	5.01	6.26	6.59	0.33	0.46	139.39	2.19
1957	78.63	21.91	3.41	4.34	28.15	0.96	0.83	86.46	3.79
1958	76.00	22.00	5.14	6.76	24.32	1.25	0.97	77.60	4.41
1959	74.00	22.00	6.45	8.72	16.28	1.05	1.47	140.00	6.68
10年小计			**59.97**	**8.50**	**32.52**	**19.50**	**17.54**	**89.95**	**7.26**
占合计%			**18.66**			**9.29**	**8.77**		
1960	72.00	22.50	5.77	8.01	13.69	0.79	0.67	84.81	2.98
1961	71.00	23.00	6.10	8.59	11.15	0.68	0.49	72.06	2.13
1962	70.36	23.57	5.70	8.10	20.88	1.19	1.04	87.39	4.41
1963	70.36	24.00	6.60	9.38	26.52	1.75	1.40	80.00	5.83
1964	70.36	24.00	5.37	7.63	27.75	1.49	1.59	106.71	6.63
1965	70.32	24.53	6.04	8.59	40.07	2.42	1.80	74.38	7.34
1966	70.32	25.00	6.18	8.79	29.94	1.85	1.64	88.65	6.56
1967	70.32	25.00	6.15	8.75	40.98	2.52	2.22	88.10	8.88
1968	70.32	25.00	6.04	8.59	65.89	3.98	3.96	99.50	15.84
1969	70.32	25.00	6.02	8.56	47.01	2.83	2.73	96.47	10.92
10年小计			**65.57**	**9.94**	**31.84**	**20.88**	**21.12**	**101.15**	**7.60**
占合计%			**20.41**			**9.95**	**10.56**		
1970	61.16	26.88	6.04	9.88	54.64	3.30	3.15	95.45	11.72
1971	65.00	27.00	6.38	9.82	62.38	3.98	4.78	120.10	17.70
1972	67.18	27.26	6.40	9.53	29.69	1.90	1.84	96.84	6.75
1973	67.18	27.40	6.50	9.68	33.08	2.15	2.11	98.14	7.70
1974	67.18	27.60	6.39	9.51	36.31	2.32	2.31	99.57	8.37
1975	66.81	27.79	6.48	9.70	33.02	2.14	2.01	93.93	7.23
1976	66.81	28.00	6.47	9.68	19.78	1.28	1.20	93.75	4.29
1977	66.81	28.30	7.02	10.51	21.79	1.53	1.47	96.08	5.19
1978	65.81	28.61	7.09	10.77	19.46	1.38	1.33	96.38	4.65
1979	65.81	28.90	6.80	10.33	13.24	0.90	0.92	102.22	3.18
10年小计			**99.49**	**15.21**	**126.03**	**125.39**	**130.91**	**104.40**	**42.58**
占合计%			**30.96**			**59.76**	**65.46**		
1980	65.64	28.96	5.94	9.05	57.74	3.43	3.85	112.24	13.29
1981	65.50	29.50	6.07	9.27	57.99	3.52	4.54	128.98	15.39
1982	65.50	30.00	9.80	14.96	154.49	15.14	14.76	97.49	49.20
1983	65.40	30.30	12.80	19.57	167.97	21.50	22.83	106.19	75.35
1984	65.40	30.59	15.47	23.65	168.71	26.10	33.29	127.55	108.83
1985	65.68	30.77	9.94	15.13	153.92	15.30	11.68	76.34	37.96
1986	65.40	31.13	8.36	12.78	158.25	13.23	12.20	92.21	39.19
1987	65.40	31.47	8.88	13.58	144.93	12.87	13.55	105.28	43.06
1988	65.00	32.00	13.00	20.00	60.00	7.80	6.61	84.74	20.66
1989	65.40	32.70	9.23	14.11	70.42	6.50	7.60	116.92	23.24
11年小计			**39.28**	**6.02**	**88.16**	**34.63**	**22.66**	**65.43**	**6.41**
占合计%			**12.22**			**16.50**	**11.33**		
1990	65.41	34.30	8.00	12.23	143.75	11.50	11.70	101.74	34.11
1991	65.41	34.64	9.50	14.52	112.95	10.73	7.00	65.24	20.21
1992	65.41	35.00	6.80	10.40	52.21	3.55	1.55	43.66	4.43
1993	65.21	35.12	2.49	3.82	118.07	2.94	1.19	40.48	3.39
1994	65.21	35.47	4.50	6.90	33.33	1.50	0.49	32.67	1.38
1995	65.21	35.63	3.50	5.37	76.00	2.66	0.57	21.43	1.60
1996	65.20	35.65	3.50	5.37	36.29	1.27	0.05	3.94	0.14
1997	65.19	35.82	0.20	0.31	40.00	0.08	0.07	87.50	0.20
1998	65.12	36.00	0.09	0.14	55.56	0.05			
1999	65.12	35.70	0.70	1.07	50.00	0.35	0.04	11.43	0.11
2000									

5－18－73　河北省香河县历年棉花生产收购

年　度	耕地面积（万亩）	农业人口（万人）	棉田面积（万亩）	占耕地（%）	亩　产（市斤）	产　量（万担）	收购量（万担）	商品率（%）	人均交售（市斤）
52年合计			**159.00**	**6.73**	**50.23**	**79.86**	**71.76**	**89.86**	**6.09**
11年小计			**33.33**	**5.87**	**26.40**	**8.80**	**6.93**	**78.75**	**3.72**
占合计%			**20.96**			**11.02**	**9.66**		
1949	55.22	15.15	1.83	3.31	18.03	0.33			
1950	55.00	15.50	1.90	3.45	27.89	0.53			
1951	55.00	15.80	1.99	3.62	26.13	0.52	0.07	13.46	0.44
1952	50.59	16.05	1.84	3.64	21.20	0.39	0.89	*	5.55
1953	50.00	16.50	1.78	3.56	39.33	0.70	0.63	90.00	3.82
1954	50.00	17.00	4.10	8.20	28.78	1.18	0.71	60.17	4.18
1955	50.00	17.50	5.11	10.22	30.53	1.56	1.41	90.38	8.06
1956	50.00	18.00	5.11	10.22	25.44	1.30	1.00	76.92	5.56
1957	50.95	18.04	3.43	6.73	22.45	0.77	0.92	119.48	5.10
1958	50.50	18.20	3.40	6.73	17.65	0.60	0.72	120.00	3.96
1959	50.50	18.40	2.84	5.62	32.39	0.92	0.58	63.04	3.15
10年小计			**35.24**	**7.63**	**47.47**	**16.73**	**14.64**	**87.51**	**7.21**
占合计%			**22.16**			**20.95**	**20.40**		
1960	47.00	18.60	3.09	6.57	36.25	1.12	1.11	99.11	5.97
1961	47.00	18.80	2.75	5.85	32.36	0.89	0.45	50.56	2.39
1962	46.63	18.99	3.20	6.86	30.94	0.99	0.71	71.72	3.74
1963	46.60	19.00	3.64	7.81	38.19	1.39	1.33	95.68	7.00
1964	46.30	20.00	3.07	6.63	36.81	1.13	1.34	118.58	6.70
1965	46.19	20.77	3.43	7.43	63.85	2.19	1.85	84.47	8.91
1966	46.00	21.00	3.87	8.41	52.97	2.05	1.84	89.76	8.76
1967	46.00	21.50	4.02	8.74	47.01	1.89	1.52	80.42	7.07
1968	45.00	22.00	4.05	9.00	75.31	3.05	2.63	86.23	11.95
1969	45.00	22.50	4.12	9.16	49.27	2.03	1.86	91.63	8.27
10年小计			**43.87**	**10.02**	**40.94**	**17.96**	**16.13**	**89.81**	**6.84**
占合计%			**27.59**			**22.49**	**22.48**		
1970	45.43	23.09	4.15	9.13	69.88	2.90	2.60	89.66	11.26
1971	45.00	23.20	3.87	8.60	68.22	2.64	2.47	93.56	10.65
1972	44.12	23.49	4.00	9.07	32.75	1.31	1.14	87.02	4.85
1973	44.00	23.50	4.10	9.32	44.63	1.83	1.63	89.07	6.94
1974	44.00	23.60	4.80	10.91	54.38	2.61	2.35	90.04	9.96
1975	43.09	23.77	4.70	10.91	54.04	2.54	2.30	90.55	9.68
1976	43.00	23.77	4.76	11.07	22.06	1.05	0.84	80.00	3.53
1977	43.00	23.77	4.39	10.21	25.28	1.11	0.99	89.19	4.16
1978	43.00	23.77	4.70	10.93	20.64	0.97	0.81	83.51	3.41
1979	43.00	23.77	4.40	10.23	22.73	1.00	1.00	100.00	4.21
10年小计			**36.14**	**8.42**	**83.51**	**30.18**	**33.13**	**109.77**	**13.42**
占合计%			**22.73**			**37.79**	**46.17**		
1980	42.94	23.78	2.90	6.75	36.55	1.06	1.00	94.34	4.21
1981	43.00	23.80	3.38	7.86	34.62	1.17	1.08	92.31	4.54
1982	43.00	24.00	4.00	9.30	76.50	3.06	2.99	97.71	12.46
1983	43.00	24.10	4.99	11.60	121.24	6.05	9.48	156.69	39.34
1984	42.90	24.35	6.11	14.24	168.58	10.30	12.40	120.39	50.92
1985	42.92	24.57	4.35	10.14	94.48	4.11	3.85	93.67	15.67
1986	42.90	24.85	2.68	6.25	59.33	1.59	1.12	70.44	4.51
1987	42.90	25.41	2.67	6.22	59.18	1.58	0.87	55.06	3.42
1988	43.00	26.00	3.00	6.98	22.33	0.67	0.04	5.97	0.15
1989	42.90	26.00	2.06	4.80	28.64	0.59	0.30	50.85	1.15
11年小计			**10.42**	**2.24**	**59.40**	**6.19**	**0.93**	**15.02**	**0.30**
占合计%			**6.55**			**7.75**	**1.30**		
1990	42.84	27.45	2.37	5.53	40.93	0.97	0.30	30.93	1.09
1991	42.54	27.63	1.70	4.00	65.88	1.12	0.50	44.64	1.81
1992	42.78	27.80	1.35	3.16	65.93	0.89	0.12	13.48	0.43
1993	41.38	27.83	1.07	2.59	61.68	0.66	0.01	1.52	0.04
1994	42.50	27.84	0.71	1.67	35.21	0.25			
1995	42.36	27.83	0.70	1.65	68.57	0.48			
1996	42.29	27.82	0.70	1.66	71.43	0.50			
1997	42.25	27.92	0.60	1.42	76.67	0.46			
1998	42.20	28.03	0.45	1.07	73.33	0.33			
1999	42.20	27.80	0.43	1.02	67.44	0.29			
2000	42.20	27.80	0.34	0.81	70.59	0.24			

5－18－74　河北省大厂回族自治县历年棉花生产收购

年　度	耕地面积（万亩）	农业人口（万人）	棉田面积（万亩）	占耕地（%）	亩　产（市斤）	产　量（万担）	收购量（万担）	商品率（%）	人均交售（市斤）
52 年合计			**137.63**	**14.20**	**46.97**	**64.64**	**65.19**	**100.85**	**16.39**
11 年小计			**25.85**	**11.51**	**26.65**	**6.89**	**6.52**	**94.63**	**10.33**
占合计%			**18.78**			**10.66**	**10.00**		
1949	20.20	5.25	0.33	1.63	27.27	0.09			
1950	20.30	5.30	0.66	3.25	22.73	0.15	0.15	100.00	2.83
1951	20.40	5.40	1.66	8.14	24.70	0.41	0.41	100.00	7.59
1952	20.51	5.53	1.46	7.12	27.40	0.40	0.40	100.00	7.23
1953	20.50	5.60	1.61	7.85	28.57	0.46	0.49	106.52	8.75
1954	20.50	5.70	1.79	8.73	26.82	0.48	0.56	116.67	9.82
1955	20.50	5.80	5.08	24.78	26.97	1.37	1.72	125.55	29.66
1956	20.50	5.90	3.05	14.88	24.59	0.75	0.75	100.00	12.71
1957	20.47	6.11	2.90	14.17	26.90	0.78	0.76	97.44	12.44
1958	20.40	6.20	2.91	14.26	27.49	0.80	0.93	116.25	15.00
1959	20.40	6.30	4.40	21.57	27.27	1.20	0.35	29.17	5.56
10 年小计			**40.85**	**21.33**	**38.82**	**15.86**	**15.48**	**97.60**	**22.11**
占合计%			**29.68**			**24.54**	**23.75**		
1960	20.00	6.40	4.57	22.85	27.35	1.25	1.33	106.40	20.78
1961	19.50	6.50	3.66	18.77	24.86	0.91	0.84	92.31	12.92
1962	19.02	6.66	3.69	19.40	28.73	1.06	1.00	94.34	15.02
1963	19.00	6.80	3.98	20.95	38.19	1.52	1.49	98.03	21.91
1964	19.00	6.90	4.07	21.42	43.73	1.78	1.90	106.74	27.54
1965	18.99	7.06	4.02	21.17	46.27	1.86	1.76	94.62	24.93
1966	18.99	7.20	4.21	22.17	37.05	1.56	1.48	94.87	20.56
1967	18.99	7.40	4.22	22.22	28.67	1.21	1.12	92.56	15.14
1968	18.99	7.50	4.19	22.06	58.71	2.46	2.38	96.75	31.73
1969	18.99	7.60	4.24	22.33	53.07	2.25	2.18	96.89	28.68
10 年小计			**41.38**	**22.85**	**41.61**	**17.22**	**16.90**	**98.14**	**21.15**
占合计%			**30.07**			**26.64**	**25.92**		
1970	18.99	7.81	4.21	22.17	70.07	2.95	2.87	97.29	36.75
1971	18.50	7.85	4.20	22.70	74.76	3.14	3.11	99.04	39.62
1972	18.16	7.92	4.20	23.13	24.52	1.03	1.01	98.06	12.75
1973	18.00	7.95	4.21	23.39	60.10	2.53	2.47	97.63	31.07
1974	18.00	8.00	4.20	23.33	61.19	2.57	2.52	98.05	31.50
1975	17.91	8.05	4.19	23.39	39.86	1.67	1.61	96.41	20.00
1976	17.90	8.07	4.18	23.35	23.92	1.00	1.00	100.00	12.39
1977	17.90	8.08	4.48	25.03	23.21	1.04	0.99	95.19	12.25
1978	17.85	8.08	4.50	25.21	15.56	0.70	0.70	100.00	8.66
1979	17.85	8.08	3.01	16.86	19.60	0.59	0.62	105.08	7.67
10 年小计			**25.09**	**14.09**	**88.32**	**22.16**	**25.23**	**113.85**	**30.12**
占合计%			**18.23**			**34.28**	**38.70**		
1980	17.83	8.09	2.72	15.26	37.87	1.03	1.08	104.85	13.35
1981	17.80	8.00	2.81	15.79	29.89	0.84	0.96	114.29	12.00
1982	17.80	8.10	3.60	20.22	87.78	3.16	3.07	97.15	37.90
1983	17.80	8.10	4.12	23.15	144.90	5.97	6.41	107.37	79.14
1984	17.80	8.22	4.08	22.92	153.43	6.26	8.49	135.62	103.28
1985	17.80	8.32	2.76	15.51	101.09	2.79	1.74	62.37	20.91
1986	17.80	8.44	1.40	7.87	42.86	0.60	0.99	165.00	11.73
1987	17.80	8.62	1.27	7.13	48.03	0.61	2.38	*	27.61
1988	18.00	8.79	1.00	5.56	70.00	0.70	0.08	11.43	0.91
1989	17.70	9.08	1.33	7.51	15.04	0.20	0.03	15.00	0.33
11 年小计			**4.46**	**2.30**	**56.28**	**2.51**	**1.06**	**42.23**	**1.05**
占合计%			**3.24**			**3.88**	**1.63**		
1990	17.67	9.25	0.50	2.83	70.00	0.35	0.40	114.29	4.32
1991	17.67	9.30	1.05	5.94	44.76	0.47	0.44	93.62	4.73
1992	17.65	9.30	0.98	5.55	65.31	0.64	0.17	26.56	1.83
1993	17.63	9.22	0.23	1.30	86.96	0.20	0.03	15.00	0.33
1994	17.63	9.19	0.46	2.61	26.09	0.12	0.02	16.67	0.22
1995	17.60	9.17	0.31	1.76	67.74	0.21			
1996	17.57	9.13	0.30	1.71	40.00	0.12			
1997	17.56	9.12	0.20	1.14	50.00	0.10			
1998	17.53	9.20	0.14	0.80	71.43	0.10			
1999	17.52	9.00	0.15	0.86	66.67	0.10			
2000	17.52	9.00	0.14	0.80	71.43	0.10			

5-18-75 河北省三河县历年棉花生产收购

年度	耕地面积（万亩）	农业人口（万人）	棉田面积（万亩）	占耕地（%）	亩产（市斤）	产量（万担）	收购量（万担）	商品率（%）	人均交售（市斤）
52年合计			**227.08**	**7.02**	**49.00**	**111.26**	**88.30**	**79.36**	**6.14**
11年小计			**43.76**	**5.59**	**26.67**	**11.67**	**6.01**	**51.50**	**2.53**
占合计%			**19.27**			**10.49**	**6.81**		
1949	71.89	20.38	2.73	3.80	27.11	0.74			
1950	71.80	20.4	3.03	4.22	27.06	0.82			
1951	71.80	20.5	3.21	4.47	27.10	0.87			
1952	71.79	20.68	2.39	3.33	38.08	0.91	0.45	49.45	2.18
1953	71.00	21.00	1.56	2.20	30.77	0.48	0.41	85.42	1.95
1954	71.00	21.50	3.97	5.59	24.43	0.97	0.49	50.52	2.28
1955	71.00	21.90	5.54	7.80	30.87	1.71	1.48	86.55	6.76
1956	71.00	22.00	7.53	10.61	21.25	1.60	0.83	51.88	3.77
1957	70.56	22.75	5.22	7.40	27.01	1.41	0.77	54.61	3.38
1958	70.50	23.00	4.87	6.91	27.10	1.32	0.96	72.73	4.17
1959	70.50	23.00	3.71	5.26	22.64	0.84	0.62	73.81	2.70
10年小计			**51.99**	**8.22**	**42.12**	**21.90**	**18.51**	**84.52**	**7.54**
占合计%			**22.90**			**19.68**	**20.96**		
1960	63.00	23.10	4.17	6.62	33.33	1.39	0.86	61.87	3.72
1961	63.00	23.20	3.66	5.81	22.95	0.84	0.57	67.86	2.46
1962	63.14	23.39	4.73	7.49	23.47	1.11	0.81	72.97	3.46
1963	63.20	24.00	5.51	8.72	29.95	1.65	1.41	85.45	5.88
1964	63.20	24.30	5.21	8.24	49.71	2.59	2.30	88.80	9.47
1965	63.46	24.60	5.52	8.70	52.54	2.90	2.51	86.55	10.20
1966	63.40	25.00	5.53	8.72	44.30	2.45	2.18	88.98	8.72
1967	63.40	25.00	5.54	8.74	43.86	2.43	2.05	84.36	8.20
1968	63.40	26.00	6.07	9.57	56.18	3.41	3.05	89.44	11.73
1969	63.40	27.00	6.05	9.54	51.74	3.13	2.77	88.50	10.26
10年小计			**64.83**	**10.79**	**38.52**	**24.97**	**23.07**	**92.39**	**8.10**
占合计%			**28.55**			**22.44**	**26.13**		
1970	63.40	27.64	6.12	9.65	67.81	4.15	3.76	90.60	13.60
1971	62.00	28.00	6.36	10.26	73.74	4.69	4.45	94.88	15.89
1972	60.31	28.23	6.23	10.33	21.03	1.31	1.12	85.50	3.97
1973	60.00	28.50	6.30	10.50	56.98	3.59	3.34	93.04	11.72
1974	60.00	28.50	6.30	10.50	51.11	3.22	2.93	90.99	10.28
1975	59.41	28.66	6.34	10.67	42.90	2.72	2.45	90.07	8.55
1976	59.00	28.70	6.31	10.69	14.90	0.94	0.92	97.87	3.21
1977	59.00	28.80	7.05	11.95	26.38	1.86	1.62	87.10	5.63
1978	58.97	28.90	6.92	11.73	18.79	1.30	1.36	104.62	4.71
1979	58.50	29.00	6.90	11.79	17.25	1.19	1.12	94.12	3.86
10年小计			**53.79**	**9.19**	**80.00**	**43.03**	**38.38**	**89.19**	**12.68**
占合计%			**23.69**			**38.68**	**43.47**		
1980	58.74	28.98	5.62	9.57	34.16	1.92	1.83	95.31	6.31
1981	58.70	29.20	5.06	8.62	30.43	1.54	1.44	93.51	4.93
1982	58.70	29.40	6.00	10.22	69.83	4.19	3.94	94.03	13.40
1983	58.70	29.50	8.20	13.97	115.49	9.47	9.38	99.05	31.80
1984	58.70	29.71	8.84	15.06	145.36	12.85	14.92	116.11	50.22
1985	58.52	30.05	6.12	10.46	81.70	5.00	3.21	64.20	10.68
1986	58.40	30.55	3.92	6.71	53.32	2.09	1.03	49.28	3.37
1987	58.40	31.16	3.48	5.96	68.39	2.38	2.03	85.29	6.51
1988	58.00	32.00	4.00	6.90	63.75	2.55	0.15	5.88	0.47
1989	58.20	32.10	2.55	4.38	40.78	1.04	0.45	43.27	1.40
11年小计			**12.71**	**2.01**	**76.24**	**9.69**	**2.33**	**24.05**	**0.63**
占合计%			**5.60**			**8.71**	**2.64**		
1990	58.24	33.53	2.33	4.00	66.09	1.54	0.90	58.44	2.68
1991	58.19	33.98	2.49	4.28	82.73	2.06	0.91	44.17	2.68
1992	58.18	33.80	2.61	4.49	84.67	2.21	0.39	17.65	1.15
1993	58.17	33.93	2.31	3.97	96.97	2.24	0.12	5.36	0.35
1994	57.52	33.77	1.08	1.88	25.93	0.28	0.01	3.57	0.03
1995	57.32	33.40	0.44	0.77	59.09	0.26			
1996	57.22	33.30	0.30	0.52	70.00	0.21			
1997	57.12	33.07	0.30	0.53	70.00	0.21			
1998	56.96	33.00	0.28	0.49	92.86	0.26			
1999	56.82	33.40	0.29	0.51	68.97	0.20			
2000	56.82	33.40	0.28	0.49	78.57	0.22			

5－18－76　河北省永清县历年棉花生产收购

年　　度	耕地面积（万亩）	农业人口（万人）	棉田面积（万亩）	占耕地（%）	亩　产（市斤）	产　量（万担）	收购量（万担）	商品率（%）	人均交售（市斤）
52 年合计			**241.30**	**6.93**	**56.39**	**136.07**	**121.07**	**88.98**	**8.73**
11 年小计			**45.99**	**5.20**	**19.77**	**9.09**	**6.43**	**70.74**	**3.06**
占合计%			**19.06**			**6.68**	**5.31**		
1949	80.88	17.36	2.91	3.60	20.96	0.61	0.00		
1950	80.00	18.00	2.63	3.29	34.98	0.92	0.00		
1951	80.00	18.20	4.72	5.90	25.00	1.18	0.00		
1952	87.08	18.41	4.55	5.23	22.86	1.04	1.50	144.23	8.15
1953	80.00	18.60	5.10	6.38	28.24	1.44	1.27	88.19	6.83
1954	80.00	19.00	6.45	8.06	3.41	0.22	0.48	*	2.53
1955	80.00	19.40	3.81	4.76	17.59	0.67	0.50	74.63	2.58
1956	80.00	19.80	4.92	6.15	10.98	0.54	0.60	111.11	3.03
1957	79.76	20.09	3.06	3.84	30.72	0.94	0.62	65.96	3.09
1958	78.00	20.40	4.55	5.83	21.10	0.96	0.65	67.71	3.19
1959	78.00	20.80	3.29	4.22	17.33	0.57	0.81	142.11	3.89
10 年小计			**38.96**	**5.76**	**34.96**	**13.62**	**12.23**	**89.79**	**5.29**
占合计%			**16.15**			**10.01**	**10.10**		
1960	70.00	21.00	3.42	4.89	11.11	0.38	0.27	71.05	1.29
1961	68.00	21.40	3.03	4.46	13.86	0.42	0.23	54.76	1.07
1962	67.04	21.85	3.00	4.47	22.33	0.67	0.50	74.63	2.29
1963	67.00	22.00	4.04	6.03	31.93	1.29	0.86	66.67	3.91
1964	67.00	23.00	4.58	6.84	41.27	1.89	2.19	115.87	9.52
1965	68.98	23.11	4.09	5.93	45.48	1.86	1.92	103.23	8.31
1966	67.00	24.00	3.97	5.93	31.74	1.26	1.06	84.13	4.42
1967	67.00	24.50	4.06	6.06	38.18	1.55	1.11	71.61	4.53
1968	67.00	25.00	4.38	6.54	54.57	2.39	2.31	96.65	9.24
1969	67.00	25.50	4.39	6.55	43.51	1.91	1.78	93.19	6.98
10 年小计			**44.79**	**7.13**	**23.17**	**10.38**	**9.55**	**92.00**	**3.47**
占合计%			**18.56**			**7.63**	**7.89**		
1970	67.69	26.10	4.45	6.57	45.84	2.04	1.80	88.24	6.90
1971	65.00	26.50	4.33	6.66	43.19	1.87	1.87	100.00	7.06
1972	62.18	26.94	4.18	6.72	18.90	0.79	0.64	81.01	2.38
1973	62.00	27.00	4.25	6.85	22.35	0.95	0.85	89.47	3.15
1974	62.00	27.40	4.35	7.02	30.34	1.32	1.20	90.91	4.38
1975	61.86	27.76	4.28	6.92	33.18	1.42	1.28	90.14	4.61
1976	61.80	28.00	4.08	6.60	12.75	0.52	0.42	80.77	1.50
1977	61.80	28.20	5.15	8.33	9.32	0.48	0.44	91.67	1.56
1978	61.73	28.40	5.02	8.13	14.74	0.74	0.77	104.05	2.71
1979	61.70	28.60	4.70	7.62	5.32	0.25	0.28	112.00	0.98
10 年小计			**73.24**	**11.87**	**91.99**	**67.37**	**71.18**	**105.66**	**23.56**
占合计%			**30.35**			**49.51**	**58.79**		
1980	61.68	28.76	3.41	5.53	35.19	1.20	1.31	109.17	4.55
1981	61.70	29.30	3.19	5.17	38.24	1.22	1.40	114.75	4.78
1982	61.70	29.70	4.00	6.48	115.25	4.61	5.15	111.71	17.34
1983	61.70	30.00	9.44	15.30	112.29	10.60	12.28	115.85	40.93
1984	61.70	30.18	13.88	22.50	126.51	17.56	20.99	119.53	69.55
1985	61.68	30.36	8.57	13.89	104.43	8.95	8.59	95.98	28.29
1986	61.70	30.71	6.93	11.23	105.48	7.31	5.67	77.56	18.46
1987	61.70	30.98	5.93	9.61	94.44	5.60	7.41	132.32	23.92
1988	62.00	31.00	10.00	16.13	42.80	4.28	3.58	83.64	11.55
1989	61.60	31.07	7.89	12.81	76.55	6.04	4.80	79.47	15.45
11 年小计			**38.32**	**5.67**	**92.93**	**35.61**	**21.68**	**60.88**	**5.89**
占合计%			**15.88**			**26.17**	**17.91**		
1990	61.61	32.66	6.17	10.01	186.39	11.50	11.70	101.74	35.82
1991	61.57	32.92	7.11	11.55	150.91	10.73	7.00	65.24	21.26
1992	61.58	33.10	6.38	10.36	31.66	2.02	0.87	43.07	2.63
1993	61.50	33.00	1.89	3.07	50.26	0.95	0.58	61.05	1.76
1994	61.41	33.33	4.13	6.73	37.53	1.55	0.70	45.16	2.10
1995	61.42	33.31	4.12	6.71	47.82	1.97	0.41	20.81	1.23
1996	61.41	33.82	3.80	6.19	76.05	2.89	0.01	0.35	0.03
1997	61.41	34.06	1.60	2.61	86.25	1.38	0.06	4.35	0.18
1998	61.40	34.33	1.05	1.71	83.81	0.88			
1999	61.40	33.90	0.74	1.21	77.03	0.57			
2000	61.40	33.90	1.33	2.17	87.97	1.17	0.35	29.91	1.03

5-18-77 河北省安平县历年棉花生产收购

年 度	耕地面积（万亩）	农业人口（万人）	棉田面积（万亩）	占耕地（%）	亩 产（市斤）	产 量（万担）	收购量（万担）	商品率（%）	人均交售（市斤）
52 年合计			**307.37**	**11.39**	**57.94**	**178.09**	**172.68**	**96.96**	**14.35**
11 年小计			**57.20**	**9.01**	**23.02**	**13.17**	**11.36**	**86.26**	**5.68**
占合计%			**18.61**			**7.40**	**6.58**		
1949	60.21	16.90	1.49	2.47	14.09	0.21			
1950	59.77	17.11	2.36	3.95	29.24	0.69			
1951	58.79	16.93	3.50	5.95	25.43	0.89			
1952	59.18	17.40	4.63	7.82	22.46	1.04	0.83	79.81	4.77
1953	59.18	17.78	4.80	8.11	18.75	0.90	1.00	111.11	5.62
1954	59.18	18.04	6.89	11.64	14.95	1.03	1.73	167.96	9.59
1955	58.42	19.29	7.05	12.07	36.60	2.58	2.14	82.95	11.09
1956	57.75	19.26	8.03	13.90	2.62	0.21	0.42	*	2.18
1957	57.40	19.10	4.63	8.07	42.55	1.97	1.38	70.05	7.23
1958	52.26	18.91	6.63	12.69	23.68	1.57	1.47	93.63	7.77
1959	52.81	19.34	7.19	13.61	28.93	2.08	2.39	114.90	12.36
10 年小计			**45.19**	**8.84**	**28.55**	**12.90**	**10.69**	**82.87**	**4.89**
占合计%			**14.70**			**7.24**	**6.19**		
1960	51.83	19.30	7.05	13.60	29.65	2.09	1.88	89.95	9.74
1961	51.69	20.26	6.12	11.84	24.84	1.52	1.33	87.50	6.56
1962	52.22	22.10	5.14	9.84	21.79	1.12	1.09	97.32	4.93
1963	50.15	22.40	5.70	11.37	1.05	0.06	0.15	*	0.67
1964	51.18	21.65	2.94	5.74	15.65	0.46	0.27	58.70	1.25
1965	51.17	22.00	3.37	6.59	48.37	1.63	1.30	79.75	5.91
1966	51.02	22.30	3.04	5.96	27.63	0.84	0.67	79.76	3.00
1967	50.77	22.59	3.27	6.44	42.81	1.40	0.96	68.57	4.25
1968	50.56	22.83	4.14	8.19	44.44	1.84	1.45	78.80	6.35
1969	50.66	23.28	4.42	8.72	43.89	1.94	1.59	81.96	6.83
10 年小计			**44.14**	**8.81**	**34.46**	**15.21**	**10.64**	**69.95**	**4.43**
占合计%			**14.36**			**8.54**	**6.16**		
1970	50.42	23.70	4.29	8.51	48.02	2.06	1.62	78.64	6.84
1971	50.16	23.86	4.04	8.05	48.76	1.97	1.46	74.11	6.12
1972	50.16	23.87	4.10	8.17	32.20	1.32	0.76	57.58	3.18
1973	50.08	24.00	3.91	7.81	41.18	1.61	1.06	65.84	4.42
1974	50.07	24.10	4.18	8.35	59.57	2.49	1.53	61.45	6.35
1975	50.05	24.10	4.28	8.55	42.29	1.81	1.26	69.61	5.23
1976	50.05	24.19	4.20	8.39	22.38	0.94	0.47	50.00	1.94
1977	50.04	24.19	3.80	7.59	4.74	0.18	0.11	61.11	0.45
1978	50.03	24.20	5.74	11.47	28.92	1.66	1.39	83.73	5.74
1979	50.03	24.14	5.60	11.19	20.89	1.17	0.98	83.76	4.06
10 年小计			**99.15**	**19.83**	**94.64**	**93.84**	**97.77**	**104.19**	**38.15**
占合计%			**32.26**			**52.69**	**56.62**		
1980	50.03	24.20	5.56	11.11	29.50	1.64	1.67	101.83	6.90
1981	50.00	24.50	4.85	9.70	38.35	1.86	2.81	151.08	11.47
1982	50.00	24.90	7.70	15.40	81.30	6.26	5.30	84.66	21.29
1983	50.00	25.10	9.71	19.42	131.10	12.73	12.50	98.19	49.80
1984	50.00	25.45	12.52	25.04	125.00	15.65	18.85	120.45	74.07
1985	50.00	25.70	11.25	22.50	90.67	10.20	10.10	99.02	39.30
1986	50.00	26.01	11.11	22.22	93.52	10.39	10.51	101.15	40.41
1987	50.00	26.24	11.49	22.98	98.43	11.31	14.18	125.38	54.04
1988	50.00	27.00	12.00	24.00	91.33	10.96	11.77	107.39	43.59
1989	49.90	27.20	12.96	25.97	99.07	12.84	10.08	78.50	37.06
11 年小计			**61.69**	**11.21**	**69.65**	**42.97**	**42.22**	**98.25**	**14.67**
占合计%			**20.07**			**24.13**	**24.45**		
1990	49.89	27.70	12.02	24.09	107.40	12.91	10.60	82.11	38.27
1991	53.90	28.00	12.31	22.84	104.87	12.91	16.10	124.71	57.50
1992	49.83	28.10	8.82	17.70	48.07	4.24	4.73	111.56	16.83
1993	49.82	27.84	3.45	6.92	37.39	1.29	0.10	7.75	0.36
1994	49.67	28.89	5.73	11.54	43.46	2.49	1.51	60.64	5.23
1995	49.60	28.70	7.01	14.13	63.91	4.48	1.37	30.58	4.77
1996	49.59	23.60	3.70	7.46	13.24	0.49			
1997	49.47	23.50	3.60	7.28	6.11	0.22			
1998	49.57	23.80	2.52	5.08	40.48	1.02	0.99	97.06	4.16
1999	49.57	23.80	0.94	1.90	132.98	1.25	2.04	163.20	8.57
2000	49.57	23.80	1.59	3.21	105.03	1.67	4.78	*	20.08

5-18-78 河北省阜城县历年棉花生产收购

年　度	耕地面积（万亩）	农业人口（万人）	棉田面积（万亩）	占耕地（%）	亩　产（市斤）	产　量（万担）	收购量（万担）	商品率（%）	人均交售（市斤）
52年合计			**621.00**	**16.79**	**50.42**	**313.09**	**213.25**	**68.11**	**16.60**
11年小计			**151.03**	**17.35**	**25.57**	**38.62**	**11.74**	**30.40**	**5.57**
占合计%			**24.32**			**12.34**	**5.51**		
1949	80.19	19.70	9.82	12.25	18.64	1.83			
1950	80.19	19.80	12.33	15.38	27.66	3.41			
1951	80.19	19.97	23.48	29.28	24.32	5.71			
1952	80.83	20.20	14.66	18.14	35.33	5.18	0.39	7.53	1.93
1953	80.83	20.99	11.49	14.22	14.27	1.64	1.76	107.32	8.38
1954	80.63	21.73	11.72	14.54	31.48	3.69	1.27	34.42	5.84
1955	80.63	21.83	12.50	15.50	39.12	4.89	1.26	25.77	5.77
1956	79.93	22.23	12.49	15.63	19.70	2.46	2.42	98.37	10.89
1957	79.93	22.10	8.83	11.05	41.00	3.62	1.75	48.34	7.92
1958	75.24	2.51	17.26	22.94	16.51	2.85	1.30	45.61	51.79
1959	71.99	19.8	16.45	22.85	20.30	3.34	1.59	47.60	8.03
10年小计			**84.82**	**12.00**	**22.16**	**18.80**	**15.05**	**80.05**	**6.88**
占合计%			**13.66**			**6.00**	**7.06**		
1960	71.99	19.65	17.11	23.77	16.13	2.76	1.27	46.01	6.46
1961	71.99	20.66	10.96	15.22	18.43	2.02	1.15	56.93	5.57
1962	71.99	21.70	8.22	11.42	19.83	1.63	1.52	93.25	7.00
1963	72.03	21.64	8.78	12.19	22.55	1.98	1.92	96.97	8.87
1964	72.09	21.42	8.47	11.75	12.99	1.10	1.03	93.64	4.81
1965	69.07	21.70	7.56	10.95	37.04	2.80	2.70	96.43	12.44
1966	69.51	22.29	4.49	6.46	23.39	1.05	0.91	86.67	4.08
1967	69.47	22.69	5.42	7.80	24.35	1.32	0.99	75.00	4.36
1968	69.43	23.15	6.76	9.74	29.44	1.99	1.70	85.43	7.34
1969	69.46	23.85	7.05	10.15	30.50	2.15	1.86	86.51	7.80
10年小计			**65.28**	**9.99**	**22.78**	**14.87**	**13.16**	**88.50**	**5.15**
占合计%			**10.51**			**4.75**	**6.17**		
1970	69.40	24.50	6.80	9.80	35.88	2.44	2.19	89.75	8.94
1971	57.00	24.84	6.51	11.42	31.03	2.02	1.76	87.13	7.09
1972	69.41	24.96	6.05	8.72	16.03	0.97	0.79	81.44	3.17
1973	55.98	25.25	6.12	10.93	22.88	1.40	1.20	85.71	4.75
1974	56.37	25.52	6.38	11.32	21.79	1.39	1.19	85.61	4.66
1975	69.13	25.70	6.40	9.26	30.00	1.92	1.70	88.54	6.61
1976	68.97	25.89	6.38	9.25	16.77	1.07	0.93	86.92	3.59
1977	68.97	26.12	6.21	9.00	7.89	0.49	0.40	81.63	1.53
1978	68.97	26.40	7.22	10.47	21.47	1.55	1.40	90.32	5.30
1979	68.97	26.47	7.21	10.45	22.47	1.62	1.60	98.77	6.04
10年小计			**179.87**	**26.07**	**78.45**	**141.10**	**117.65**	**83.38**	**42.88**
占合计%			**28.96**			**45.07**	**55.17**		
1980	68.96	26.70	7.23	10.48	34.99	2.53	3.02	119.37	11.31
1981	69.00	27.00	7.23	10.48	29.18	2.11	2.72	128.91	10.07
1982	69.00	27.40	12.10	17.54	67.52	8.17	7.48	91.55	27.30
1983	69.00	27.50	18.34	26.58	110.52	20.27	20.35	100.39	74.00
1984	69.00	27.38	24.85	36.01	96.02	23.86	26.72	111.99	97.59
1985	68.96	27.40	21.37	30.99	70.57	15.08	12.79	84.81	46.68
1986	69.00	27.49	17.72	25.68	76.41	13.54	10.40	76.81	37.83
1987	69.00	27.62	24.29	35.20	92.96	22.58	16.91	74.89	61.22
1988	69.00	28.00	23.00	33.33	86.87	19.98	7.61	38.09	27.18
1989	68.90	27.90	23.74	34.46	54.68	12.98	9.65	74.35	34.59
11年小计			**140.00**	**17.99**	**71.21**	**99.70**	**55.65**	**55.82**	**17.13**
占合计%			**22.54**			**31.84**	**26.10**		
1990	68.86	29.00	24.24	35.20	70.87	17.18	15.00	87.31	51.72
1991	92.50	29.00	24.00	25.95	80.00	19.20	17.26	89.90	59.52
1992	68.85	29.20	21.16	30.73	33.41	7.07	5.02	71.00	17.19
1993	69.00	29.70	10.78	15.62	29.04	3.13	0.71	22.68	2.39
1994	68.85	29.60	13.50	19.61	60.00	8.10	5.28	65.19	17.84
1995	68.41	29.70	16.00	23.39	61.19	9.79	2.71	27.68	9.12
1996	68.40	29.80	5.20	7.60	64.42	3.35	0.68	20.30	2.28
1997	68.39	29.70	5.50	8.04	78.18	4.30	0.19	4.42	0.64
1998	68.32	29.70	6.83	10.00	122.99	8.40	2.18	25.95	7.34
1999	68.32	29.70	4.68	6.85	132.48	6.20	2.36	38.06	7.95
2000	68.32	29.70	8.11	11.87	160.05	12.98	4.26	32.82	14.34

5－18－79　河北省故城县历年棉花生产收购

年　度	耕地面积（万亩）	农业人口（万人）	棉田面积（万亩）	占耕地（%）	亩　产（市斤）	产　量（万担）	收购量（万担）	商品率（%）	人均交售（市斤）
52 年合计			**833.36**	**17.72**	**66.98**	**558.15**	**412.64**	**73.93**	**23.70**
11 年小计			**156.47**	**13.39**	**24.80**	**38.81**	**19.06**	**49.11**	**6.30**
占合计%			**18.78**			**6.95**	**4.62**		
1949	107.00	25.66	7.20	6.73	20.28	1.46			
1950	106.30	26.04	11.36	10.69	11.88	1.35			
1951	108.08	26.76	14.44	13.36	19.67	2.84			
1952	109.00	26.76	14.08	12.92	28.62	4.03	1.85	45.91	6.91
1953	107.80	27.39	14.06	13.04	19.84	2.79	1.59	56.99	5.81
1954	108.20	28.41	14.31	13.23	38.71	5.54	1.84	33.21	6.48
1955	107.60	28.94	17.58	16.34	32.71	5.75	3.70	64.35	12.79
1956	107.30	28.41	19.69	18.35	14.07	2.77	2.24	80.87	7.88
1957	107.00	28.52	12.99	12.14	30.87	4.01	2.84	70.82	9.96
1958	102.20	28.02	15.16	14.83	26.65	4.04	2.03	50.25	7.24
1959	98.00	27.60	15.60	15.92	27.12	4.23	2.97	70.21	10.76
10 年小计			**119.12**	**12.88**	**25.43**	**30.29**	**20.28**	**66.95**	**6.91**
占合计%			**14.29**			**5.43**	**4.91**		
1960	95.60	27.42	14.99	15.68	19.68	2.95	1.65	55.93	6.02
1961	93.00	27.94	12.30	13.23	11.06	1.36	0.36	26.47	1.29
1962	94.00	28.80	10.61	11.29	22.15	2.35	0.58	24.68	2.01
1963	94.00	28.96	13.02	13.85	12.44	1.62	0.43	26.54	1.48
1964	94.20	28.69	8.40	8.92	32.98	2.77	0.81	29.24	2.82
1965	93.74	29.25	15.54	16.58	36.29	5.64	5.26	93.26	17.98
1966	90.12	29.83	11.90	13.20	22.86	2.72	2.44	89.71	8.18
1967	89.90	30.32	9.47	10.53	33.26	3.15	2.68	85.08	8.84
1968	89.97	30.70	12.39	13.77	21.47	2.66	2.16	81.20	7.04
1969	90.01	31.51	10.50	11.67	48.29	5.07	3.91	77.12	12.41
10 年小计			**99.13**	**11.69**	**31.18**	**30.91**	**23.66**	**76.54**	**7.01**
占合计%			**11.90**			**5.54**	**5.73**		
1970	88.65	32.30	10.18	11.48	51.57	5.25	4.76	90.67	14.74
1971	83.48	33.78	10.00	11.98	53.30	5.33	3.60	67.54	10.66
1972	83.48	33.02	9.27	11.10	23.73	2.20	1.74	79.09	5.27
1973	84.82	33.41	9.08	10.71	27.42	2.49	1.90	76.31	5.69
1974	84.82	33.63	10.23	12.06	33.04	3.38	2.32	68.64	6.90
1975	84.82	33.82	9.96	11.74	34.94	3.48	2.39	68.68	7.07
1976	84.72	34.10	9.92	11.71	20.46	2.03	1.27	62.56	3.72
1977	84.42	34.33	10.04	11.89	19.02	1.91	1.59	83.25	4.63
1978	84.42	34.44	10.35	12.26	21.06	2.18	1.82	83.49	5.28
1979	84.41	34.58	10.10	11.97	26.34	2.66	2.27	85.34	6.56
10 年小计			**241.58**	**28.67**	**109.25**	**263.93**	**245.73**	**93.10**	**67.73**
占合计%			**28.99**			**47.29**	**59.55**		
1980	84.41	34.90	10.16	12.04	60.33	6.13	5.82	94.94	16.68
1981	84.40	35.50	10.68	12.65	87.08	9.30	9.12	98.06	25.69
1982	84.40	36.00	19.50	23.10	103.13	20.11	18.14	90.20	50.39
1983	84.40	36.40	23.10	27.37	135.89	31.39	33.35	106.24	91.62
1984	84.40	36.30	27.44	32.51	145.81	40.01	40.25	100.60	110.88
1985	84.38	36.18	25.61	30.35	121.48	31.11	25.79	82.90	71.28
1986	84.20	36.31	26.06	30.95	99.69	25.98	24.50	94.30	67.47
1987	84.20	36.70	32.72	38.86	110.67	36.21	34.10	94.17	92.92
1988	84.00	37.00	36.00	42.86	102.78	37.00	32.86	88.81	88.81
1989	83.90	37.50	30.31	36.13	88.06	26.69	21.80	81.68	58.13
11 年小计			**217.06**	**23.59**	**89.47**	**194.21**	**103.91**	**53.50**	**23.35**
占合计%			**26.05**			**34.80**	**25.18**		
1990	83.93	40.02	33.63	40.07	68.69	23.10	17.15	74.24	42.85
1991	85.70	40.30	28.45	33.20	90.02	25.61	21.17	82.66	52.53
1992	83.85	40.40	26.49	31.59	54.85	14.53	11.03	75.91	27.30
1993	83.59	40.44	21.91	26.21	24.33	5.33	6.14	115.20	15.18
1994	83.48	40.23	17.00	20.36	68.00	11.56	6.52	56.40	16.21
1995	83.28	40.38	23.03	27.65	79.94	18.41	6.74	36.61	16.69
1996	83.28	40.34	13.80	16.57	105.43	14.55	2.95	20.27	7.31
1997	83.26	40.48	10.50	12.61	95.05	9.98	2.31	23.15	5.71
1998	83.23	40.47	13.09	15.73	162.18	21.23	9.95	46.87	24.59
1999	83.23	41.00	12.69	15.25	159.65	20.26	9.71	47.93	23.68
2000	83.23	41.00	16.47	19.79	180.02	29.65	10.24	34.54	24.98

5-18-80　河北省景县历年棉花生产收购

年　度	耕地面积（万亩）	农业人口（万人）	棉田面积（万亩）	占耕地（%）	亩　产（市斤）	产　量（万担）	收购量（万担）	商品率（%）	人均交售（市斤）
52 年合计			**813.33**	**12.71**	**49.00**	**398.55**	**310.74**	**77.97**	**15.48**
11 年小计			**232.16**	**15.49**	**25.97**	**60.30**	**27.89**	**46.25**	**7.86**
占合计%			**28.54**			**15.13**	**8.98**		
1949	134.67	29.09	19.70	14.63	18.98	3.74			
1950	140.60	29.71	21.89	15.57	31.02	6.79			
1951	141.09	30.34	24.00	17.01	28.00	6.72			
1952	142.16	31.14	24.78	17.43	28.97	7.18	1.51	21.03	4.85
1953	141.68	32.26	19.46	13.74	9.30	1.81	2.69	148.62	8.34
1954	141.76	33.89	21.30	15.03	36.71	7.82	3.94	50.38	11.63
1955	142.89	34.58	22.09	15.46	35.63	7.87	3.94	50.06	11.39
1956	137.44	34.41	25.68	18.68	13.28	3.41	3.65	107.04	10.61
1957	133.54	33.81	17.05	12.77	37.54	6.40	5.50	85.94	16.27
1958	125.61	33.13	18.69	14.88	23.17	4.33	2.86	66.05	8.63
1959	117.67	32.26	17.52	14.89	24.14	4.23	3.80	89.83	11.78
10 年小计			**79.71**	**6.65**	**18.28**	**14.57**	**10.63**	**72.96**	**3.06**
占合计%			**9.80**			**3.66**	**3.42**		
1960	117.56	32.22	13.95	11.87	17.78	2.48	2.66	107.26	8.26
1961	117.72	33.10	12.43	10.56	5.15	0.64	0.32	50.00	0.97
1962	120.11	35.23	6.45	5.37	12.40	0.80	0.47	58.75	1.33
1963	120.27	34.99	9.06	7.53	10.71	0.97	0.93	95.88	2.66
1964	121.00	33.74	6.06	5.01	17.49	1.06	0.59	55.66	1.75
1965	120.24	34.16	6.58	5.47	28.42	1.87	1.38	73.80	4.04
1966	120.36	35.00	5.25	4.36	15.43	0.81	0.47	58.02	1.34
1967	120.24	35.54	5.65	4.70	28.85	1.63	0.71	43.56	2.00
1968	120.35	36.20	6.72	5.58	25.30	1.70	1.13	66.47	3.12
1969	120.35	36.93	7.56	6.28	34.52	2.61	1.97	75.48	5.33
10 年小计			**64.51**	**5.39**	**18.35**	**11.84**	**7.52**	**63.51**	**1.90**
占合计%			**7.93**			**2.97**	**2.42**		
1970	120.30	37.59	6.86	5.70	27.11	1.86	1.24	66.67	3.30
1971	120.30	38.33	5.95	4.95	19.50	1.16	0.61	52.59	1.59
1972	120.30	38.67	5.50	4.57	11.82	0.65	0.25	38.46	0.65
1973	119.76	39.10	5.34	4.46	17.04	0.91	0.44	48.35	1.13
1974	119.26	39.53	6.98	5.85	21.20	1.48	0.90	60.81	2.28
1975	119.50	39.83	7.21	6.03	26.91	1.94	1.30	67.01	3.26
1976	119.40	40.18	5.50	4.61	20.55	1.13	0.83	73.45	2.07
1977	119.45	40.44	5.50	4.60	7.27	0.40	0.25	62.50	0.62
1978	119.44	40.45	8.04	6.73	14.05	1.13	0.71	62.83	1.76
1979	119.36	40.83	7.63	6.39	15.47	1.18	0.99	83.90	2.42
10 年小计			**240.49**	**20.15**	**74.61**	**179.42**	**166.99**	**93.07**	**39.61**
占合计%			**29.57**			**45.02**	**53.74**		
1980	119.42	40.74	7.64	6.40	30.37	2.32	2.43	104.74	5.96
1981	119.40	41.50	7.51	6.29	31.42	2.36	2.46	104.24	5.93
1982	119.40	41.90	12.20	10.22	66.80	8.15	7.95	97.55	18.97
1983	119.40	42.10	20.86	17.47	107.72	22.47	22.03	98.04	52.33
1984	119.40	42.23	33.39	27.96	97.21	32.46	31.29	96.40	74.09
1985	119.42	42.43	28.79	24.11	82.15	23.65	19.26	81.44	45.39
1986	119.40	42.30	29.35	24.58	61.81	18.14	14.67	80.87	34.68
1987	119.40	42.51	31.00	25.96	78.16	24.23	23.49	96.95	55.26
1988	119.00	43.00	35.00	29.41	82.86	29.00	25.96	89.52	60.37
1989	119.30	42.90	34.75	29.13	47.88	16.64	17.45	104.87	40.68
11 年小计			**196.46**	**14.97**	**67.40**	**132.42**	**97.71**	**73.79**	**19.96**
占合计%			**24.16**			**33.23**	**31.44**		
1990	119.31	43.85	38.21	32.03	46.38	17.72	14.69	82.90	33.50
1991	119.31	44.20	31.00	25.98	63.65	19.73	18.20	92.25	41.18
1992	119.31	44.70	16.78	14.06	30.81	5.17	3.44	66.54	7.70
1993	119.31	44.67	17.43	14.61	17.84	3.11	1.62	52.09	3.63
1994	119.31	44.81	19.30	16.18	62.54	12.07	9.71	80.45	21.67
1995	119.31	44.61	24.17	20.26	51.18	12.37	8.20	66.29	18.38
1996	119.31	44.54	13.10	10.98	61.98	8.12	2.99	36.82	6.71
1997	119.31	44.64	8.50	7.12	64.82	5.51	1.37	24.86	3.07
1998	119.31	44.63	6.66	5.58	175.68	11.70	10.63	90.85	23.82
1999	119.31	44.50	8.00	6.71	169.88	13.59	12.01	88.37	26.99
2000	119.31	44.50	13.31	11.16	175.28	23.33	14.85	63.65	33.37

5－18－81　河北省饶阳县历年棉花生产收购

年　度	耕地面积（万亩）	农业人口（万人）	棉田面积（万亩）	占耕地（%）	亩　产（市斤）	产　量（万担）	收购量（万担）	商品率（%）	人均交售（市斤）
52 年合计			**319.16**	**9.77**	**69.69**	**222.41**	**142.19**	**63.93**	**12.69**
11 年小计			**32.43**	**3.83**	**15.02**	**4.87**	**3.95**	**81.11**	**2.12**
占合计%			**10.16**			**2.19**	**2.78**		
1949	80.58	16.10	2.13	2.64	20.19	0.43			
1950	80.58	16.10	1.99	2.47	46.73	0.93			
1951	80.58	16.10	3.45	4.28	27.25	0.94			
1952	78.46	17.00	3.12	3.98	9.62	0.30	0.28	93.33	1.65
1953	78.46	17.00	2.43	3.10	11.52	0.28	0.33	117.86	1.94
1954	78.46	17.00	3.90	4.97	11.28	0.44	0.37	84.09	2.18
1955	78.46	17.00	3.47	4.42	11.53	0.40	0.68	170.00	4.00
1956	78.46	17.00	3.96	5.05	6.31	0.25	0.39	156.00	2.29
1957	70.82	17.60	2.07	2.92	9.66	0.20	0.63	*	3.58
1958	70.82	17.60	3.01	4.25	12.62	0.38	0.65	171.05	3.69
1959	70.82	17.60	2.90	4.09	11.03	0.32	0.62	193.75	3.52
10 年小计			**22.36**	**3.60**	**20.35**	**4.55**	**3.35**	**73.63**	**1.72**
占合计%			**7.01**			**2.05**	**2.36**		
1960	70.82	17.60	2.57	3.63	16.73	0.43	0.56	130.23	3.18
1961	70.82	17.60	2.34	3.30	18.80	0.44	0.39	88.64	2.22
1962	58.48	19.80	2.67	4.57	20.22	0.54	0.47	87.04	2.37
1963	58.48	19.80	2.54	4.34	5.91	0.15	0.09	60.00	0.45
1964	58.48	19.80	2.08	3.56	7.69	0.16	0.10	62.50	0.51
1965	60.74	20.10	2.07	3.41	29.47	0.61	0.47	77.05	2.34
1966	60.74	20.10	1.60	2.63	18.13	0.29	0.24	82.76	1.19
1967	60.74	20.10	1.93	3.18	24.87	0.48	0.21	43.75	1.04
1968	60.74	20.10	1.96	3.23	34.18	0.67	0.33	49.25	1.64
1969	60.74	20.10	2.60	4.28	30.00	0.78	0.49	62.82	2.44
10 年小计			**32.57**	**5.59**	**28.12**	**9.16**	**7.25**	**79.15**	**3.26**
占合计%			**10.20**			**4.12**	**5.10**		
1970	59.07	21.80	2.63	4.45	41.83	1.10	0.86	78.18	3.94
1971	59.07	21.80	2.39	4.05	35.98	0.86	0.65	75.58	2.98
1972	58.12	22.18	2.51	4.32	27.09	0.68	0.57	83.82	2.57
1973	58.12	22.18	2.43	4.18	34.57	0.84	0.65	77.38	2.93
1974	58.12	22.18	2.92	5.02	42.81	1.25	1.06	84.80	4.78
1975	58.10	22.40	3.00	5.16	32.33	0.97	0.79	81.44	3.53
1976	58.10	22.40	2.80	4.82	18.93	0.53	0.33	62.26	1.47
1977	58.10	22.40	3.01	5.18	17.61	0.53	0.33	62.26	1.47
1978	58.00	22.50	5.48	9.45	24.82	1.36	1.17	86.03	5.20
1979	58.00	22.50	5.40	9.31	19.26	1.04	0.84	80.77	3.73
10 年小计			**123.16**	**21.23**	**92.42**	**113.82**	**84.00**	**73.80**	**36.12**
占合计%			**38.59**			**51.18**	**59.08**		
1980	58.00	22.50	5.10	8.79	35.29	1.80	1.64	91.11	7.29
1981	58.00	22.70	3.05	5.26	39.67	1.21	1.51	124.79	6.65
1982	58.00	22.90	5.70	9.83	90.18	5.14	3.84	74.71	16.77
1983	58.00	23.00	11.45	19.74	128.56	14.72	13.17	89.47	57.26
1984	58.00	23.17	20.27	34.95	92.11	18.67	18.37	98.39	79.28
1985	58.00	23.30	14.33	24.71	75.23	10.78	8.80	81.63	37.77
1986	58.00	23.42	12.63	21.78	91.45	11.55	6.42	55.58	27.41
1987	58.00	23.59	15.63	26.95	111.71	17.46	3.17	18.16	13.44
1988	58.00	24.00	20.00	34.48	83.70	16.74	11.71	69.95	48.79
1989	58.00	24.00	15.00	25.86	105.00	15.75	15.37	97.59	64.04
11 年小计			**108.64**	**17.03**	**82.85**	**90.01**	**43.64**	**48.48**	**15.33**
占合计%			**34.04**			**40.47**	**30.69**		
1990	58.00	24.90	18.77	32.36	109.00	20.46	14.90	72.83	59.84
1991	58.00	25.00	17.60	30.34	113.81	20.03	13.33	66.55	53.32
1992	58.00	25.20	17.47	30.12	43.67	7.63	1.11	14.55	4.40
1993	58.00	25.53	5.61	9.67	53.48	3.00	1.01	33.67	3.96
1994	58.00	25.84	11.45	19.74	67.77	7.76	4.18	53.87	16.18
1995	58.00	26.20	13.60	23.45	76.40	10.39	2.44	23.48	9.31
1996	58.00	26.20	7.80	13.45	37.05	2.89	0.02	0.69	0.08
1997	58.00	26.40	4.20	7.24	41.43	1.74	0.04	2.30	0.15
1998	58.00	26.40	4.52	7.79	121.02	5.47	1.54	28.15	5.83
1999	58.00	26.50	3.48	6.00	130.75	4.55	1.87	41.10	7.06
2000	58.00	26.50	4.14	7.14	147.10	6.09	3.20	52.55	12.08

5-18-82 河北省深州市历年棉花生产收购

年　度	耕地面积（万亩）	农业人口（万人）	棉田面积（万亩）	占耕地（%）	亩　产（市斤）	产　量（万担）	收购量（万担）	商品率（%）	人均交售（市斤）
52年合计			**949.01**	**13.49**	**48.58**	**461.06**	**350.38**	**75.99**	**14.90**
11年小计			**250.29**	**14.99**	**25.22**	**63.12**	**50.23**	**79.58**	**12.24**
占合计%			**26.37**			**13.69**	**14.34**		
1949	155.35	34.38	8.63	5.56	10.66	0.92			
1950	155.27	36.19	16.71	10.76	24.96	4.17			
1951	154.86	36.49	21.65	13.98	21.99	4.76			
1952	154.47	35.65	20.42	13.22	19.64	4.01	5.76	143.64	16.16
1953	154.47	36.46	16.02	10.37	29.15	4.67	0.42	8.99	1.15
1954	154.70	37.57	23.60	15.26	26.31	6.21	5.44	87.60	14.48
1955	153.75	38.24	28.80	18.73	36.98	10.65	8.65	81.22	22.62
1956	150.75	39.04	31.52	20.91	15.70	4.95	3.99	80.61	10.22
1957	150.84	38.93	27.03	17.92	32.45	8.77	8.92	101.71	22.91
1958	143.24	38.21	29.83	20.83	25.98	7.75	8.47	109.29	22.17
1959	142.52	39.25	26.08	18.30	24.00	6.26	8.58	137.06	21.86
10年小计			**151.55**	**11.13**	**21.27**	**32.23**	**29.67**	**92.06**	**7.02**
占合计%			**15.97**			**6.99**	**8.47**		
1960	142.20	39.31	24.83	17.46	21.06	5.23	5.23	100.00	13.30
1961	138.12	40.66	19.99	14.47	17.91	3.58	3.28	91.62	8.07
1962	137.83	40.87	19.07	13.84	20.19	3.85	4.21	109.35	10.30
1963	138.11	42.39	20.95	15.17	4.25	0.89	1.07	120.22	2.52
1964	136.73	41.93	12.61	9.22	18.24	2.30	2.07	90.00	4.94
1965	135.40	41.47	11.59	8.56	40.29	4.67	4.31	92.29	10.39
1966	134.87	43.33	8.40	6.23	25.71	2.16	1.77	81.94	4.08
1967	133.19	43.71	11.24	8.44	31.76	3.57	2.81	78.71	6.43
1968	132.61	44.15	11.09	8.36	30.48	3.38	2.83	83.73	6.41
1969	132.22	44.93	11.78	8.91	22.07	2.60	2.09	80.38	4.65
10年小计			**100.26**	**7.72**	**25.34**	**25.41**	**22.06**	**86.82**	**4.72**
占合计%			**10.56**			**5.51**	**6.30**		
1970	131.49	44.70	10.20	7.76	29.61	3.02	2.64	87.42	5.91
1971	131.24	46.43	8.99	6.85	27.92	2.51	2.01	80.08	4.33
1972	131.24	46.24	8.98	6.84	24.83	2.23	1.90	85.20	4.11
1973	131.02	46.57	6.88	5.25	34.59	2.38	1.82	76.47	3.91
1974	129.17	46.82	10.67	8.26	37.11	3.96	3.40	85.86	7.26
1975	129.12	47.00	11.46	8.88	29.93	3.43	2.97	86.59	6.32
1976	129.00	47.20	10.91	8.46	16.32	1.78	1.52	85.39	3.22
1977	128.99	47.40	10.38	8.05	3.47	0.36	0.22	61.11	0.46
1978	128.99	47.58	10.99	8.52	30.94	3.40	3.00	88.24	6.31
1979	128.98	47.68	10.80	8.37	21.67	2.34	2.58	110.26	5.41
10年小计			**235.10**	**18.08**	**84.10**	**197.72**	**170.55**	**86.26**	**35.60**
占合计%			**24.77**			**42.88**	**48.68**		
1980	128.92	46.09	10.82	8.39	46.40	5.02	5.13	102.19	11.13
1981	130.40	46.50	12.34	9.46	42.46	5.24	5.67	108.21	12.19
1982	130.40	47.20	14.40	11.04	67.29	9.69	9.57	98.76	20.28
1983	130.40	47.50	17.21	13.20	103.72	17.85	21.89	122.63	46.08
1984	130.40	47.79	28.96	22.21	100.83	29.20	32.95	112.84	68.95
1985	128.84	48.18	23.21	18.01	96.64	22.43	18.23	81.28	37.84
1986	130.40	48.40	23.54	18.05	94.73	22.30	16.81	75.38	34.73
1987	130.40	48.68	28.32	21.72	80.05	22.67	25.87	114.12	53.14
1988	130.00	49.00	40.00	30.77	78.68	31.47	14.33	45.54	29.24
1989	130.30	49.80	36.30	27.86	87.74	31.85	20.10	63.11	40.36
11年小计			**211.81**	**15.08**	**67.32**	**142.58**	**77.87**	**54.61**	**13.61**
占合计%			**22.32**			**30.92**	**22.22**		
1990	128.70	50.85	37.52	29.15	79.40	29.79	20.90	70.16	41.10
1991	113.30	51.30	36.01	31.78	88.70	31.94	22.44	70.26	43.74
1992	130.22	51.70	34.13	26.21	31.06	10.60	0.78	7.36	1.51
1993	128.60	52.07	16.89	13.13	12.31	2.08	0.22	10.58	0.42
1994	129.99	53.05	20.37	15.67	37.85	7.71	5.11	66.28	9.63
1995	128.15	53.24	22.75	17.75	42.86	9.75	5.68	58.26	10.67
1996	128.09	51.90	14.50	11.32	38.41	5.57	0.83	14.90	1.60
1997	129.60	51.80	5.10	3.94	70.59	3.60	0.87	24.17	1.68
1998	129.60	51.80	8.09	6.24	162.55	13.15	5.90	44.87	11.39
1999	129.03	52.30	7.43	5.76	168.78	12.54	6.72	53.59	12.85
2000	129.03	52.30	9.02	6.99	175.72	15.85	8.42	53.12	16.10

5－18－83　河北省衡水市桃城区历年棉花生产收购统计表

年　度	耕地面积（万亩）	农业人口（万人）	棉田面积（万亩）	占耕地（%）	亩　产（市斤）	产　量（万担）	收购量（万担）	商品率（%）	人均交售（市斤）
52年合计			**327.50**	**10.70**	**49.77**	**162.99**	**128.08**	**78.58**	**13.46**
11年小计			**74.58**	**10.26**	**21.53**	**16.06**	**12.89**	**80.26**	**7.50**
占合计%			**22.77**			**9.85**	**10.06**		
1949	65.96	15.34	3.91	5.93	24.81	0.97			
1950	66.22	15.82	4.07	6.15	26.78	1.09			
1951	67.23	15.52	6.74	10.03	16.77	1.13			
1952	68.29	15.20	6.11	8.95	7.20	0.44	0.21	47.73	1.38
1953	68.49	15.38	5.54	8.09	16.61	0.92	0.80	86.96	5.20
1954	68.65	15.36	6.30	9.18	27.62	1.74	1.70	97.70	11.07
1955	68.91	15.54	8.22	11.93	34.67	2.85	2.07	72.63	13.32
1956	68.55	15.96	8.56	12.49	12.50	1.07	0.90	84.11	5.64
1957	67.85	15.69	5.80	8.55	33.28	1.93	1.58	81.87	10.07
1958	58.52	16.18	8.96	15.31	25.89	2.32	2.14	92.24	13.23
1959	58.53	15.97	10.37	17.72	15.43	1.60	3.49	*	21.85
10年小计			**43.05**	**7.13**	**17.51**	**7.54**	**6.96**	**92.31**	**4.25**
占合计%			**13.15**			**4.63**	**5.43**		
1960	58.52	15.05	8.42	14.39	13.18	1.11	1.66	149.55	11.03
1961	58.52	14.95	7.33	12.53	10.23	0.75	0.71	94.67	4.75
1962	61.11	15.66	5.08	8.31	12.40	0.63	0.78	123.81	4.98
1963	61.40	15.92	5.59	9.10	0.72	0.04	0.35	*	2.20
1964	61.50	16.08	1.31	2.13	16.03	0.21	0.14	66.67	0.87
1965	61.97	16.42	1.98	3.20	32.32	0.64	0.52	81.25	3.17
1966	60.67	16.91	2.19	3.61	25.11	0.55	0.31	56.36	1.83
1967	60.45	17.15	2.99	4.95	26.76	0.80	0.49	61.25	2.86
1968	59.74	17.66	3.54	5.93	36.44	1.29	0.74	57.36	4.19
1969	59.89	18.06	4.62	7.71	32.90	1.52	1.26	82.89	6.98
10年小计			**30.17**	**5.26**	**24.16**	**7.29**	**5.76**	**79.01**	**3.02**
占合计%			**9.21**			**4.47**	**4.50**		
1970	59.44	18.53	4.03	6.78	36.72	1.48	1.29	87.16	6.96
1971	59.32	18.80	3.57	6.02	33.61	1.20	1.06	88.33	5.64
1972	59.14	18.68	3.19	5.39	22.57	0.72	0.64	88.89	3.43
1973	57.61	18.91	2.40	4.17	18.33	0.44	0.25	56.82	1.32
1974	56.78	19.04	3.05	5.37	33.11	1.01	0.74	73.27	3.89
1975	56.64	19.15	3.85	6.80	27.01	1.04	0.92	88.46	4.80
1976	56.52	19.27	3.65	6.46	18.63	0.68	0.55	80.88	2.85
1977	56.07	19.45	3.53	6.30	5.95	0.21	0.13	61.90	0.67
1978	56.04	19.45	1.60	2.86	20.00	0.32	0.14	43.75	0.72
1979	55.97	19.48	1.30	2.32	14.62	0.19	0.04	21.05	0.21
10年小计			**99.24**	**18.00**	**82.21**	**81.59**	**66.90**	**82.00**	**32.92**
占合计%			**30.30**			**50.06**	**52.23**		
1980	55.73	19.67	1.40	2.51	23.57	0.33	0.12	36.36	0.61
1981	55.80	20.00	2.13	3.82	32.86	0.70	0.48	68.57	2.40
1982	51.10	16.80	6.30	12.33	68.57	4.32	3.59	83.10	21.37
1983	55.80	20.50	11.76	21.08	94.90	11.16	9.91	88.80	48.34
1984	55.70	20.12	14.65	26.30	101.16	14.82	14.40	97.17	71.57
1985	55.67	20.34	12.04	21.63	90.28	10.87	9.10	83.72	44.74
1986	55.60	20.65	12.00	21.58	81.25	9.75	5.65	57.95	27.36
1987	55.60	21.11	12.91	23.22	85.82	11.08	8.14	73.47	38.56
1988	55.00	22.00	13.00	23.64	75.54	9.82	9.13	92.97	41.50
1989	55.40	22.00	13.05	23.56	66.97	8.74	6.38	73.00	29.00
11年小计			**80.46**	**13.33**	**62.78**	**50.51**	**35.57**	**70.42**	**16.05**
占合计%			**24.57**			**30.99**	**27.77**		
1990	55.37	22.46	13.81	24.94	76.68	10.59	9.10	85.93	40.52
1991	53.60	22.60	12.20	22.76	91.64	11.18	8.27	73.97	36.59
1992	55.26	22.70	10.67	19.31	40.58	4.33	2.06	47.58	9.07
1993	55.20	23.03	5.56	10.07	18.35	1.02	0.66	64.71	2.87
1994	55.08	22.53	7.85	14.25	37.58	2.95	2.44	82.71	10.83
1995	54.97	17.48	9.49	17.26	40.89	3.88	2.25	57.99	12.87
1996	54.91	17.25	5.50	10.02	48.55	2.67	0.76	28.46	4.41
1997	54.91	17.75	5.00	9.11	26.80	1.34	0.11	8.21	0.62
1998	54.76	18.62	4.37	7.98	110.53	4.83	3.05	63.15	16.38
1999	54.76	18.62	2.17	3.96	113.36	2.46	2.43	98.78	13.05
2000	54.76	18.62	3.84	7.01	136.98	5.26	4.44	84.41	23.85

5－18－84　河北省武强县历年棉花生产收购

年　　度	耕地面积（万亩）	农业人口（万人）	棉田面积（万亩）	占耕地（%）	亩　产（市斤）	产　量（万担）	收购量（万担）	商品率（%）	人均交售（市斤）
52 年合计			**147.68**	**6.01**	**46.42**	**68.55**	**40.94**	**59.72**	**5.03**
11 年小计			**13.34**	**2.37**	**16.87**	**2.25**	**0.26**	**11.56**	**0.19**
占合计%			**9.03**			**3.28**	**0.64**		
1949	52.00	12.64	0.89	1.71	15.73	0.14			
1950	52.00	12.64	0.98	1.88	12.24	0.12			
1951	52.00	12.64	1.60	3.08	18.13	0.29			
1952	51.00	11.89	1.67	3.27	17.96	0.30			
1953	51.00	11.89	1.62	3.18	11.73	0.19			
1954	51.00	11.89	1.60	3.14	8.75	0.14			
1955	51.00	11.89	1.20	2.35	37.50	0.45			
1956	51.00	11.89	1.87	3.67	2.14	0.04			
1957	51.00	12.40	0.66	1.29	22.73	0.15	0.09	60.00	0.73
1958	51.00	12.40	0.55	1.08	21.82	0.12	0.07	58.33	0.56
1959	51.00	12.40	0.70	1.37	44.29	0.31	0.10	32.26	0.81
10 年小计			**5.00**	**1.05**	**15.80**	**0.79**	**0.30**	**37.97**	**0.21**
占合计%			**3.39**			**1.15**	**0.73**		
1960	51.00	12.40	0.41	0.80	21.95	0.09	0.12	133.33	0.97
1961	51.00	12.40	0.83	1.63	15.66	0.13	0.02	15.38	0.16
1962	47.00	14.70	0.66	1.40	24.24	0.16	0.15	93.75	1.02
1963	47.00	14.70	0.71	1.51					
1964	47.00	14.70	0.28	0.60	3.57	0.01			
1965	47.00	14.15	0.30	0.64	30.00	0.09			
1966	47.00	14.15	0.44	0.94	25.00	0.11	0.01	9.09	0.07
1967	47.00	14.15	0.38	0.81	15.79	0.06			
1968	47.00	14.15	0.34	0.72	17.65	0.06			
1969	47.00	14.15	0.65	1.38	12.31	0.08			
10 年小计			**2.77**	**0.60**	**20.58**	**0.57**	**0.32**	**56.14**	**0.20**
占合计%			**1.88**			**0.83**	**0.78**		
1970	46.00	15.40	0.67	1.46	19.40	0.13			
1971	46.00	15.40	0.48	1.04	22.92	0.11	0.01	9.09	0.06
1972	45.84	15.57	0.54	1.18	18.52	0.10	0.30	*	1.93
1973	45.84	15.57	0.34	0.74	17.65	0.06			
1974	45.84	15.57	0.26	0.57	26.92	0.07	0.01	14.29	0.06
1975	46.00	15.97	0.20	0.43	30.00	0.06			
1976	46.00	15.97	0.05	0.11	20.00	0.01			
1977	46.00	15.97	0.09	0.20					
1978	46.00	16.24	0.05	0.11	20.00	0.01			
1979	46.00	16.24	0.09	0.20	22.22	0.02			
10 年小计			**57.85**	**12.71**	**46.78**	**27.06**	**19.60**	**72.43**	**11.35**
占合计%			**39.17**			**39.47**	**47.87**		
1980	45.63	16.43	0.07	0.15	42.86	0.03			
1981	45.60	16.60	0.17	0.37	23.53	0.04			
1982	45.60	16.80					0.13		0.77
1983	45.60	17.10	4.39	9.63	62.19	2.73	1.26	46.15	7.37
1984	45.60	17.11	11.46	25.13	60.47	6.93	5.50	79.37	32.14
1985	45.56	17.25	8.18	17.95	27.51	2.25	1.73	76.89	10.03
1986	45.50	17.58	6.37	14.00	33.91	2.16	0.92	42.59	5.23
1987	45.50	17.75	7.83	17.21	44.06	3.45	3.17	91.88	17.86
1988	45.00	18.00	10.00	22.22	55.20	5.52	3.04	55.07	16.89
1989	45.50	18.10	9.38	20.62	42.11	3.95	3.85	97.47	21.27
11 年小计			**68.72**	**13.77**	**55.12**	**37.88**	**20.46**	**54.01**	**9.82**
占合计%			**46.53**			**55.26**	**49.98**		
1990	45.46	18.42	8.61	18.94	65.04	5.60	5.70	101.79	30.94
1991	45.43	18.40	11.22	24.70	82.71	9.28	10.76	115.95	58.48
1992	45.43	18.60	10.15	22.34	19.90	2.02	0.04	1.98	0.22
1993	45.40	18.82	4.17	9.19	26.38	1.10	0.10	9.09	0.53
1994	45.40	18.96	10.00	22.03	41.00	4.10	2.13	51.95	11.23
1995	45.37	19.09	7.01	15.45	60.06	4.21	1.04	24.70	5.45
1996	45.37	19.05	4.50	9.92	20.67	0.93	0.06	6.45	0.31
1997	45.37	19.08	4.00	8.82	24.75	0.99			
1998	45.31	19.20	4.00	8.83	93.00	3.72	0.41	11.02	2.14
1999	45.17	19.40	2.44	5.40	96.72	2.36	0.02	0.85	0.10
2000	45.17	19.40	2.62	5.80	136.26	3.57	0.20	5.60	1.03

5-18-85　河北省武邑县历年棉花生产收购

年　度	耕地面积（万亩）	农业人口（万人）	棉田面积（万亩）	占耕地（%）	亩　产（市斤）	产　量（万担）	收购量（万担）	商品率（%）	人均交售（市斤）
52年合计			**464.44**	**10.68**	**45.01**	**209.05**	**153.38**	**73.37**	**11.86**
11年小计			**91.49**	**8.83**	**20.07**	**18.36**	**11.91**	**64.87**	**5.22**
占合计%			**19.70**			**8.78**	**7.77**		
1949	94.89	19.45	4.53	4.77	10.15	0.46			
1950	94.70	21.00	4.80	5.07	22.08	1.06			
1951	96.13	20.31	8.77	9.12	11.74	1.03			
1952	96.13	19.21	7.00	7.28	20.29	1.42	0.89	62.68	4.63
1953	97.74	20.18	6.22	6.36	11.74	0.73	0.46	63.01	2.28
1954	96.30	20.68	7.44	7.73	22.18	1.65	0.93	56.36	4.50
1955	96.30	21.06	8.38	8.70	31.03	2.60	1.48	56.92	7.03
1956	96.05	21.48	8.87	9.23	9.92	0.88	0.71	80.68	3.31
1957	96.05	21.12	9.52	9.91	34.66	3.30	2.51	76.06	11.88
1958	86.16	21.93	13.30	15.44	26.02	3.46	2.47	71.39	11.26
1959	86.16	21.57	12.66	14.69	13.98	1.77	2.46	138.98	11.40
10年小计			**45.90**	**5.51**	**13.18**	**6.05**	**4.11**	**67.93**	**1.88**
占合计%			**9.88**			**2.89**	**2.68**		
1960	86.16	20.67	9.17	10.64	6.87	0.63	0.44	69.84	2.13
1961	83.56	20.46	7.40	8.86	6.22	0.46	0.32	69.57	1.56
1962	83.85	21.04	4.77	5.69	8.18	0.39	0.37	94.87	1.76
1963	83.76	21.23	4.89	5.84	5.73	0.28	0.16	57.14	0.75
1964	83.82	21.21	2.97	3.54	10.10	0.30	0.22	73.33	1.04
1965	82.98	21.18	3.31	3.99	23.56	0.78	0.54	69.23	2.55
1966	82.98	22.82	2.50	3.01	18.00	0.45	0.30	66.67	1.31
1967	82.21	22.79	2.97	3.61	20.20	0.60	0.30	50.00	1.32
1968	81.70	23.41	3.48	4.26	25.57	0.89	0.49	55.06	2.09
1969	81.70	23.93	4.44	5.43	28.60	1.27	0.97	76.38	4.05
10年小计			**30.05**	**3.79**	**20.47**	**6.15**	**3.88**	**63.09**	**1.50**
占合计%			**6.47**			**2.94**	**2.53**		
1970	81.68	24.17	4.08	5.00	32.84	1.34	1.01	75.37	4.18
1971	75.55	25.13	3.57	4.73	30.81	1.10	0.82	74.55	3.26
1972	70.81	25.44	2.97	4.19	15.82	0.47	0.30	63.83	1.18
1973	80.91	25.89	2.32	2.87	19.40	0.45	0.19	42.22	0.73
1974	80.95	26.19	3.62	4.47	21.27	0.77	0.51	66.23	1.95
1975	80.94	25.74	3.78	4.67	23.28	0.88	0.63	71.59	2.45
1976	80.68	26.68	3.53	4.38	13.88	0.49	0.32	65.31	1.20
1977	80.67	26.84	3.48	4.31	3.16	0.11	0.07	63.64	0.26
1978	80.67	26.15	1.30	1.61	17.69	0.23	0.03	13.04	0.11
1979	80.67	27.07	1.40	1.74	22.14	0.31			
10年小计			**170.43**	**21.23**	**58.76**	**100.14**	**79.75**	**79.64**	**29.79**
占合计%			**36.70**			**47.90**	**52.00**		
1980	80.28	26.32	0.07	0.09	42.86	0.03	0.05	166.67	0.19
1981	80.30	26.60	3.02	3.76	27.15	0.82	0.28	34.15	1.05
1982	80.30	26.80	13.90	17.31	53.38	7.42	4.98	67.12	18.58
1983	80.30	26.90	20.34	25.33	72.66	14.78	12.91	87.35	47.99
1984	80.30	26.46	25.97	32.34	71.47	18.56	17.61	94.88	66.55
1985	80.28	26.55	19.82	24.69	60.65	12.02	8.96	74.54	33.75
1986	80.30	26.97	17.25	21.48	44.58	7.69	5.44	70.74	20.17
1987	80.30	26.99	23.06	28.72	47.79	11.02	8.91	80.85	33.01
1988	80.00	27.00	24.00	30.00	65.83	15.80	8.98	56.84	33.26
1989	80.30	27.10	23.00	28.64	52.17	12.00	11.63	96.92	42.92
11年小计			**126.57**	**14.34**	**61.90**	**78.35**	**53.73**	**68.58**	**16.83**
占合计%			**27.25**			**37.48**	**35.03**		
1990	80.26	28.02	23.00	28.66	69.87	16.07	15.10	93.96	53.89
1991	80.26	28.20	23.00	28.66	80.43	18.50	17.27	93.35	61.24
1992	80.26	28.30	17.47	21.77	32.11	5.61	2.65	47.24	9.36
1993	80.26	28.40	8.48	10.57	24.41	2.07	2.47	119.32	8.70
1994	80.26	29.17	14.00	17.44	61.93	8.67	5.07	58.48	17.38
1995	80.26	29.30	17.00	21.18	53.41	9.08	2.78	30.62	9.49
1996	80.26	29.28	6.00	7.48	48.83	2.93	0.28	9.56	0.96
1997	80.26	29.56	6.00	7.48	32.67	1.96			
1998	80.26	29.57	3.05	3.80	98.69	3.01	1.32	43.85	4.46
1999	80.26	29.70	3.90	4.86	125.38	4.89	2.50	51.12	8.42
2000	80.26	29.70	4.67	5.82	119.06	5.56	4.29	77.16	14.44

5－18－86　河北省枣强县历年棉花生产收购

年　度	耕地面积（万亩）	农业人口（万人）	棉田面积（万亩）	占耕地（%）	亩　产（市斤）	产　量（万担）	收购量（万担）	商品率（%）	人均交售（市斤）
52 年合计			**878.80**	**17.52**	**54.58**	**479.67**	**378.16**	**78.84**	**25.25**
11 年小计			**186.83**	**16.65**	**26.08**	**48.73**	**35.28**	**72.40**	**12.36**
占合计%			**21.26**			**10.16**	**9.33**		
1949	92.62	26.40	6.83	7.37	9.96	0.68			
1950	92.60	26.40	10.35	11.18	23.09	2.39			
1951	100.00	25.00	21.09	21.09	15.65	3.30			
1952	106.02	24.90	13.99	13.20	18.73	2.62	2.06	78.63	8.27
1953	105.94	25.85	15.96	15.07	19.99	3.19	1.72	53.92	6.65
1954	105.55	26.25	15.52	14.70	31.64	4.91	2.19	44.60	8.34
1955	105.53	26.37	19.54	18.52	33.78	6.60	5.83	88.33	22.11
1956	105.67	26.50	20.22	19.14	22.21	4.49	5.01	111.58	18.91
1957	104.88	26.71	19.84	18.92	40.17	7.97	6.75	84.69	25.27
1958	105.67	25.60	23.29	22.04	33.96	7.91	6.51	82.30	25.43
1959	97.82	25.35	20.20	20.65	23.12	4.67	5.21	111.56	20.55
10 年小计			**132.04**	**13.60**	**21.74**	**28.71**	**24.72**	**86.10**	**9.57**
占合计%			**15.03**			**5.99**	**6.54**		
1960	97.82	24.85	21.00	21.47	15.00	3.15	2.26	71.75	9.09
1961	97.82	25.61	19.88	20.32	11.37	2.26	1.34	59.29	5.23
1962	97.11	27.26	13.04	13.43	10.20	1.33	1.24	93.23	4.55
1963	97.81	25.76	15.31	15.65	15.41	2.36	2.35	99.58	9.12
1964	97.81	25.76	10.38	10.61	31.21	3.24	2.95	91.05	11.45
1965	96.53	25.80	11.24	11.64	37.81	4.25	4.05	95.29	15.70
1966	96.53	25.80	10.99	11.39	25.93	2.85	2.50	87.72	9.69
1967	96.53	25.80	8.26	8.56	23.00	1.90	1.56	82.11	6.05
1968	96.53	25.80	10.70	11.08	29.53	3.16	2.69	85.13	10.43
1969	96.53	25.80	11.24	11.64	37.46	4.21	3.78	89.79	14.65
10 年小计			**100.15**	**10.53**	**27.77**	**27.81**	**22.71**	**81.66**	**7.74**
占合计%			**11.40**			**5.80**	**6.01**		
1970	95.80	28.50	10.06	10.50	50.00	5.03	4.30	85.49	15.09
1971	95.80	28.50	10.03	10.47	50.05	5.02	4.19	83.47	14.70
1972	95.47	28.94	9.96	10.43	15.16	1.51	1.14	75.50	3.94
1973	95.47	28.94	9.27	9.71	18.34	1.70	1.23	72.35	4.25
1974	95.47	28.94	10.01	10.48	31.67	3.17	2.39	75.39	8.26
1975	94.70	29.70	10.00	10.56	27.10	2.71	2.15	79.34	7.24
1976	94.70	29.70	9.98	10.54	21.24	2.12	1.47	69.34	4.95
1977	94.70	29.70	10.12	10.69	13.83	1.40	1.23	87.86	4.14
1978	94.30	30.30	10.42	11.05	23.99	2.50	2.25	90.00	7.43
1979	94.30	30.30	10.30	10.92	25.73	2.65	2.36	89.06	7.79
10 年小计			**252.48**	**26.80**	**90.66**	**228.91**	**203.10**	**88.72**	**64.02**
占合计%			**28.73**			**47.72**	**53.71**		
1980	94.30	30.60	10.55	11.19	52.99	5.59	5.57	99.64	18.20
1981	94.30	31.30	11.19	11.87	58.53	6.55	7.12	108.70	22.75
1982	94.30	31.70	21.60	22.91	81.81	17.67	15.30	86.59	48.26
1983	94.30	31.80	27.13	28.77	116.48	31.60	29.47	93.26	92.67
1984	94.20	31.42	28.88	30.66	143.14	41.34	37.36	90.37	118.91
1985	94.20	32.00	25.85	27.44	107.58	27.81	21.60	77.67	67.50
1986	94.20	31.99	27.00	28.66	99.89	26.97	18.54	68.74	57.96
1987	94.20	32.04	32.92	34.95	72.93	24.01	23.62	98.38	73.72
1988	94.00	32.00	33.00	35.11	82.85	27.34	23.95	87.60	74.84
1989	94.20	32.40	34.36	36.48	58.29	20.03	20.57	102.70	63.49
11 年小计			**207.30**	**20.11**	**70.19**	**145.51**	**92.35**	**63.47**	**26.92**
占合计%			**23.59**			**30.34**	**24.42**		
1990	94.18	33.30	35.02	37.18	58.88	20.62	22.20	107.66	66.67
1991	94.16	33.30	35.02	37.19	67.05	23.48	23.64	100.68	70.99
1992	94.14	33.20	20.02	21.27	44.96	9.00	5.12	56.89	15.42
1993	94.13	33.96	14.60	15.51	15.96	2.33	0.35	15.02	1.03
1994	94.11	33.99	19.00	20.19	38.11	7.24	6.52	90.06	19.18
1995	94.11	26.90	24.40	25.93	68.98	16.83	6.22	36.96	23.12
1996	94.04	26.90	15.70	16.70	72.68	11.41	1.18	10.34	4.39
1997	92.96	26.80	10.20	10.97	52.06	5.31	0.28	5.27	1.04
1998	92.96	26.90	10.20	10.97	144.61	14.75	7.78	52.75	28.92
1999	92.96	33.90	10.25	11.03	139.80	14.33	8.53	59.53	25.16
2000	92.96	33.90	12.89	13.87	156.79	20.21	10.53	52.10	31.06

5-18-87 河北省冀州市历年棉花生产收购

年度	耕地面积（万亩）	农业人口（万人）	棉田面积（万亩）	占耕地（%）	亩产（市斤）	产量（万担）	收购量（万担）	商品率（%）	人均交售（市斤）
52年合计			**1356.25**	**26.53**	**61.38**	**832.50**	**628.38**	**75.48**	**40.67**
11年小计			**374.12**	**31.50**	**32.96**	**123.31**	**52.27**	**42.39**	**18.47**
占合计%			**27.58**			**14.81**	**8.32**		
1949	109.90	24.13	19.58	17.82	26.76	5.24	0.00		
1950	109.90	24.13	30.17	27.45	30.10	9.08	0.00		
1951	109.90	24.13	33.56	30.54	32.90	11.04	0.00		
1952	110.10	24.98	33.63	30.54	29.97	10.08	5.18	51.39	20.74
1953	110.75	25.43	32.74	29.56	23.34	7.64	1.85	24.21	7.27
1954	109.74	25.73	31.30	28.52	37.28	11.67	4.54	38.90	17.64
1955	109.85	26.46	37.53	34.16	46.66	17.51	10.06	57.45	38.02
1956	108.44	26.89	37.53	34.61	29.87	11.21	6.91	61.64	25.70
1957	109.96	27.09	38.78	35.27	44.28	17.17	11.51	67.04	42.49
1958	99.55	26.91	40.03	40.21	33.70	13.49	6.24	46.26	23.19
1959	99.55	27.15	39.27	39.45	23.38	9.18	5.98	65.14	22.03
10年小计			**240.87**	**24.08**	**25.20**	**60.70**	**54.69**	**90.10**	**20.09**
占合计%			**17.76**			**7.29**	**8.70**		
1960	99.55	26.62	39.11	39.29	21.86	8.55	4.76	55.67	17.88
1961	99.55	25.68	37.74	37.91	16.51	6.23	5.93	95.18	23.09
1962	99.55	27.38	27.40	27.52	17.34	4.75	5.00	105.26	18.26
1963	99.55	27.38	31.37	31.51	5.61	1.76	2.01	114.20	7.34
1964	99.55	27.38	18.44	18.52	27.28	5.03	4.70	93.44	17.17
1965	100.50	27.57	19.97	19.87	49.02	9.79	9.39	95.91	34.06
1966	100.50	27.57	15.04	14.97	26.06	3.92	3.90	99.49	14.15
1967	100.50	27.57	16.55	16.47	31.12	5.15	4.63	89.90	16.79
1968	100.50	27.57	17.71	17.62	37.04	6.56	6.09	92.84	22.09
1969	100.50	27.57	17.54	17.45	51.08	8.96	8.28	92.41	30.03
10年小计			**157.62**	**16.24**	**33.13**	**52.22**	**50.57**	**96.84**	**16.43**
占合计%			**11.62**			**6.27**	**8.05**		
1970	99.10	30.22	16.55	16.70	54.74	9.06	8.60	94.92	28.46
1971	99.10	30.22	16.62	16.77	49.94	8.30	8.43	101.57	27.90
1972	99.12	30.64	16.05	16.19	30.65	4.92	4.86	98.78	15.86
1973	99.12	30.64	14.92	15.05	23.06	3.44	3.20	93.02	10.44
1974	99.12	30.64	15.54	15.68	44.72	6.95	6.16	88.63	20.10
1975	95.90	31.10	15.54	16.20	34.30	5.33	5.10	95.68	16.40
1976	95.90	31.10	15.55	16.21	25.85	4.02	3.95	98.26	12.70
1977	95.90	31.10	15.49	16.15	13.56	2.10	1.95	92.86	6.27
1978	93.65	31.08	15.66	16.72	30.52	4.78	4.69	98.12	15.09
1979	93.65	31.08	15.70	16.76	21.15	3.32	3.63	109.34	11.68
10年小计			**307.32**	**32.92**	**106.59**	**327.58**	**310.82**	**94.88**	**98.36**
占合计%			**22.66**			**39.35**	**49.46**		
1980	93.51	31.04	20.23	21.63	52.89	10.70	10.31	96.36	33.22
1981	93.50	31.10	22.67	24.25	49.36	11.19	11.15	99.64	35.85
1982	93.50	31.40	27.50	29.41	102.87	28.29	26.67	94.27	84.94
1983	93.40	31.50	30.63	32.79	134.74	41.27	40.56	98.28	128.76
1984	93.40	31.19	32.53	34.83	142.98	46.51	49.85	107.18	159.83
1985	93.42	31.62	31.78	34.02	128.98	40.99	36.00	87.83	113.85
1986	93.40	31.70	32.80	35.12	111.19	36.47	34.02	93.28	107.32
1987	93.30	31.85	36.21	38.81	110.14	39.88	40.29	101.03	126.50
1988	93.00	32.00	37.00	39.78	96.59	35.74	33.78	94.52	105.56
1989	93.00	32.60	35.97	38.68	101.58	36.54	28.19	77.15	86.47
11年小计			**276.32**	**27.08**	**97.24**	**268.69**	**160.03**	**59.56**	**43.71**
占合计%			**20.37**			**32.28**	**25.47**		
1990	93.00	33.16	38.96	41.89	94.40	36.78	29.90	81.29	90.17
1991	92.95	33.38	35.25	37.92	108.00	38.07	38.05	99.95	113.99
1992	92.89	33.10	30.00	32.30	62.10	18.63	21.37	114.71	64.56
1993	92.88	33.61	25.08	27.00	43.22	10.84	4.88	45.02	14.52
1994	92.86	33.59	24.25	26.11	110.14	26.71	10.65	39.87	31.71
1995	92.85	33.56	30.75	33.12	81.85	25.17	14.99	59.56	44.67
1996	92.76	33.28	19.90	21.45	106.53	21.20	11.13	52.50	33.44
1997	92.70	33.60	13.00	14.02	113.62	14.77	2.39	16.18	7.11
1998	92.57	33.82	20.07	21.68	125.91	25.27	12.88	50.97	38.08
1999	92.53	32.50	17.51	18.92	125.93	22.05	5.98	27.12	18.40
2000	92.53	32.50	21.55	23.29	135.50	29.20	7.81	26.75	24.03

5-18-88 河北省泊头市历年棉花生产收购

年度	耕地面积（万亩）	农业人口（万人）	棉田面积（万亩）	占耕地（%）	亩产（市斤）	产量（万担）	收购量（万担）	商品率（%）	人均交售（市斤）
52年合计			**196.74**	**3.81**	**34.40**	**67.67**	**48.24**	**71.29**	**2.65**
11年小计			**50.47**	**4.13**	**17.24**	**8.70**			
占合计%			**25.65**			**12.86**			
1949	110.24	25.20	3.83	3.47	25.07	0.96			
1950	111.00	25.20	4.58	4.13	15.28	0.70			
1951	113.00	25.80	6.67	5.90	25.49	1.70			
1952	117.52	26.90	3.43	2.92	14.29	0.49			
1953	118.00	27.10	2.81	2.38	11.74	0.33			
1954	118.00	27.20	4.81	4.08	10.60	0.51			
1955	113.00	27.90	4.81	4.26	31.19	1.50			
1956	110.00	27.80	7.87	7.15	10.17	0.80			
1957	107.26	27.50	2.96	2.76	22.97	0.68			
1958	103.00	28.00	4.86	4.72	11.93	0.58			
1959	100.00	27.00	3.84	3.84	11.72	0.45			
10年小计			**17.95**	**1.81**	**11.14**	**2.00**			
占合计%			**9.12**			**2.96**			
1960	100.00	27.00	5.01	5.01	7.58	0.38			
1961	100.00	28.00	3.65	3.65	14.25	0.52			
1962	100.86	29.80	2.34	2.32	13.25	0.31			
1963	100.00	29.00	1.60	1.60	0.63	0.01			
1964	100.00	29.00	1.10	1.10	2.73	0.03			
1965	98.69	29.30	0.74	0.75	9.46	0.07			
1966	98.70	29.89	0.75	0.76	18.67	0.14			
1967	98.55	30.44	0.60	0.61	23.33	0.14			
1968	98.51	31.35	0.86	0.87	24.42	0.21			
1969	98.38	32.21	1.30	1.32	14.62	0.19			
10年小计			**3.37**	**0.35**	**16.02**	**0.54**			
占合计%			**1.71**			**0.80**			
1970	98.36	33.10	1.09	1.11	21.10	0.23			
1971	98.33	33.93	0.82	0.83	15.85	0.13			
1972	98.34	34.44	0.47	0.48	8.51	0.04			
1973	98.17	35.03	0.27	0.28	18.52	0.05			
1974	95.48	35.59	0.29	0.30	13.79	0.04			
1975	93.10	36.00	0.16	0.17	18.75	0.03			
1976	92.62	40.77	0.14	0.15	14.29	0.02			
1977	92.52	36.68	0.07	0.08					
1978	92.48	36.90	0.03	0.03					
1979	92.00	36.70	0.03	0.03					
10年小计			**49.48**	**5.23**	**48.14**	**23.82**	**19.68**	**82.62**	**5.02**
占合计%			**25.15**			**35.20**	**40.80**		
1980	92.45	36.90	0.04	0.04	25.00	0.01			
1981	92.50	37.50	0.13	0.14	30.77	0.04			
1982	92.50	38.20					0.17		0.45
1983	95.70	39.40	2.81	2.94	61.57	1.73	1.60	92.49	4.06
1984	95.70	39.64	9.40	9.82	63.83	6.00	7.35	122.50	18.54
1985	95.67	39.70	7.43	7.77	56.93	4.23	2.26	53.43	5.69
1986	95.70	39.87	4.08	4.26	25.00	1.02	1.14	111.76	2.86
1987	95.10	39.99	6.94	7.30	57.06	3.96	3.32	83.84	8.30
1988	95.10	40.30	11.10	11.67	46.94	5.21	1.20	23.03	2.98
1989	95.10	40.70	7.55	7.94	21.46	1.62	2.64	162.96	6.49
11年小计			**75.47**	**7.21**	**43.21**	**32.61**	**28.56**	**87.58**	**5.97**
占合计%			**38.36**			**48.19**	**59.20**		
1990	95.12	42.60	9.86	10.37	54.87	5.41	4.86	89.83	11.41
1991	95.12	43.05	11.26	11.84	68.21	7.68	7.03	91.54	16.33
1992	95.12	42.59	9.80	10.30	13.47	1.32	0.32	24.24	0.75
1993	95.12	43.88	5.15	5.41	16.12	0.83			
1994	95.12	43.44	9.13	9.60	21.91	2.00	1.41	70.50	3.25
1995	95.12	43.90	10.96	11.52	30.02	3.29	2.06	62.61	4.69
1996	95.12	43.70	2.60	2.73	82.69	2.15	1.36	63.26	3.11
1997	95.12	43.90	7.80	8.20	35.90	2.80	3.50	125.00	7.97
1998	95.12	44.10	4.38	4.60	92.24	4.04	2.13	52.72	4.83
1999	95.12	43.60	1.95	2.05	27.69	0.54	3.50	*	8.03
2000	95.12	43.60	2.58	2.71	98.84	2.55	2.39	93.73	5.48

5－18－89　河北省沧县历年棉花生产收购

年　度	耕地面积（万亩）	农业人口（万人）	棉田面积（万亩）	占耕地（%）	亩　产（市斤）	产　量（万担）	收购量（万担）	商品率（%）	人均交售（市斤）
52 年合计			**108.16**	**1.54**	**52.31**	**56.58**	**33.71**	**59.58**	**1.45**
11 年小计			**28.43**	**1.47**	**14.10**	**4.01**			
占合计%			**26.29**			**7.09**			
1949	177.64	36.20	2.39	1.35	5.86	0.14			
1950	182.00	37.70	2.47	1.36	12.96	0.32			
1951	182.00	38.40	2.70	1.48	12.96	0.35			
1952	178.28	37.90	2.75	1.54	12.00	0.33			
1953	182.00	39.80	1.82	1.00	12.64	0.23			
1954	182.00	40.70	2.68	1.47	8.21	0.22			
1955	182.00	41.60	3.17	1.74	24.61	0.78			
1956	182.00	42.10	5.01	2.75	15.57	0.78			
1957	175.73	41.20	1.85	1.05	23.78	0.44			
1958	162.00	40.00	1.71	1.06	9.94	0.17			
1959	154.00	39.00	1.88	1.22	13.30	0.25			
10 年小计			**10.20**	**0.69**	**10.69**	**1.09**			
占合计%			**9.43**			**1.93**			
1960	146.00	38.00	2.58	1.77	4.65	0.12			
1961	144.00	39.00	1.49	1.03	4.03	0.06			
1962	143.35	40.70	0.91	0.63	4.40	0.04			
1963	148.00	41.00	0.64	0.43	6.25	0.04			
1964	149.00	41.00	1.23	0.83	3.25	0.04			
1965	148.73	42.10	0.42	0.28	19.05	0.08			
1966	148.89	43.39	0.47	0.32	8.51	0.04			
1967	148.57	44.24	0.54	0.36	20.37	0.11			
1968	148.51	45.41	0.78	0.53	19.23	0.15			
1969	148.00	46.79	1.14	0.77	35.96	0.41			
10 年小计			**4.34**	**0.42**	**16.59**	**0.72**	**0.01**	**1.39**	
占合计%			**4.01**			**1.27**	**0.03**		
1970	148.49	48.60	0.99	0.67	24.24	0.24			
1971	148.47	49.80	0.94	0.63	14.89	0.14			
1972	146.17	50.58	0.64	0.44	9.38	0.06			
1973	147.95	51.69	0.89	0.60	14.61	0.13	0.01	7.69	0.02
1974	148.23	52.68	0.44	0.30	13.64	0.06			
1975	146.18	53.50	0.31	0.21	22.58	0.07			
1976									
1977									
1978									
1979	147.00	51.40	0.13	0.09	15.38	0.02			
10 年小计			**17.95**	**1.64**	**72.76**	**13.06**	**14.69**	**112.48**	**3.35**
占合计%			**16.60**			**23.08**	**43.58**		
1980	136.97	51.40	0.10	0.07	30.00	0.03			
1981	136.90	52.20	0.08	0.06	12.50	0.01			
1982	136.90	53.20					0.30		0.56
1983	136.90	53.70	2.66	1.94	72.56	1.93	1.57	81.35	2.92
1984									
1985									
1986	136.70	55.61	2.04	1.49	93.14	1.90	1.67	87.89	3.00
1987	136.60	56.16	2.73	2.00	97.07	2.65	3.67	138.49	6.53
1988	135.19	56.90	7.10	5.25	67.46	4.79	5.03	105.01	8.84
1989	135.19	58.70	3.24	2.40	54.01	1.75	2.45	140.00	4.17
11 年小计			**47.24**	**3.14**	**79.81**	**37.70**	**19.01**	**50.42**	**2.80**
占合计%			**43.68**			**66.63**	**56.39**		
1990	135.48	59.70	4.43	3.27	72.01	3.19	3.20	100.31	5.36
1991	135.25	60.76	6.80	5.03	94.71	6.44	4.85	75.31	7.98
1992	135.23	60.60	8.76	6.48	49.43	4.33	2.20	50.81	3.63
1993	135.01	61.87	2.80	2.07	64.29	1.80	0.63	35.00	1.02
1994	134.09	61.64	5.63	4.20	95.38	5.37	3.79	70.58	6.15
1995	138.50	61.80	6.53	4.71	94.33	6.16	1.00	16.23	1.62
1996	138.50	61.90	2.80	2.02	172.14	4.82	0.31	6.43	0.50
1997	138.50	62.30	2.70	1.95	67.04	1.81	0.02	1.10	0.03
1998	137.84	62.60	3.04	2.21	57.89	1.76	0.37	21.02	0.59
1999	137.55	62.50	2.75	2.00	25.09	0.69	0.85	123.19	1.36
2000	137.55	62.50	1.00	0.73	133.00	1.33	1.79	134.59	2.86

5-18-90 河北省东光县历年棉花生产收购

年　度	耕地面积（万亩）	农业人口（万人）	棉田面积（万亩）	占耕地（%）	亩　产（市斤）	产　量（万担）	收购量（万担）	商品率（%）	人均交售（市斤）
52 年合计			**1161.20**	**29.02**	**57.85**	**671.79**	**528.58**	**78.68**	**40.43**
11 年小计			**330.17**	**35.29**	**28.90**	**95.41**	**48.26**	**50.58**	**20.33**
占合计%			**28.43**			**14.20**	**9.13**		
1949	84.44	20.73	24.36	28.85	17.73	4.32			
1950	85.00	20.90	29.47	34.67	27.99	8.25			
1951	88.00	21.40	33.30	37.84	23.09	7.69			
1952	86.91	22.14	39.77	45.76	34.25	13.62	6.94	50.95	31.35
1953	87.58	21.04	21.49	24.54	25.55	5.49	2.43	44.26	11.55
1954	87.50	21.87	29.79	34.05	36.72	10.94	3.98	36.38	18.20
1955	86.06	22.85	35.40	41.13	39.10	13.84	7.68	55.49	33.61
1956	85.92	22.76	35.61	41.45	26.68	9.50	9.09	95.68	39.94
1957	83.62	21.97	30.48	36.45	38.55	11.75	8.70	74.04	39.60
1958	81.66	20.86	26.03	31.88	23.09	6.01	4.64	77.20	22.24
1959	78.85	20.92	24.47	31.03	16.35	4.00	4.80	120.00	22.94
10 年小计			**150.83**	**19.64**	**21.73**	**32.77**	**32.27**	**98.47**	**16.20**
占合计%			**12.99**			**4.88**	**6.11**		
1960	77.10	18.14	16.28	21.12	13.45	2.19	4.82	*	26.57
1961	77.23	12.02	15.37	19.90	4.16	0.64	0.28	43.75	2.33
1962	77.62	16.92	12.48	16.08	9.78	1.22	1.04	85.25	6.15
1963	77.73	19.70	18.25	23.48	17.32	3.16	2.93	92.72	14.87
1964	78.00	21.00	19.23	24.65	12.58	2.42	2.34	96.69	11.14
1965	76.55	21.11	16.68	21.79	32.13	5.36	5.11	95.34	24.21
1966	76.18	21.78	9.80	12.86	16.73	1.64	1.32	80.49	6.06
1967	75.88	22.27	13.25	17.46	29.36	3.89	3.22	82.78	14.46
1968	75.79	22.79	14.34	18.92	40.03	5.74	5.41	94.25	23.74
1969	76.02	23.52	15.15	19.93	42.97	6.51	5.80	89.09	24.66
10 年小计			**138.36**	**18.45**	**20.84**	**28.83**	**26.40**	**91.57**	**10.21**
占合计%			**11.92**			**4.29**	**4.99**		
1970	76.03	24.28	15.09	19.85	37.64	5.68	5.60	98.59	23.06
1971	76.04	24.83	14.78	19.44	22.60	3.34	3.00	89.82	12.08
1972	74.95	25.14	13.13	17.52	20.18	2.65	2.41	90.94	9.59
1973	75.86	25.56	11.97	15.78	23.22	2.78	2.50	89.93	9.78
1974	75.80	25.97	13.44	17.73	19.57	2.63	2.31	87.83	8.89
1975	75.10	26.27	13.70	18.24	28.25	3.87	3.53	91.21	13.44
1976	74.44	26.43	14.08	18.91	20.88	2.94	2.54	86.39	9.61
1977	73.91	26.61	13.26	17.94	1.81	0.24	0.12	50.00	0.45
1978	73.89	26.70	14.21	19.23	14.50	2.06	1.71	83.01	6.40
1979	74.00	26.74	14.70	19.86	17.96	2.64	2.68	101.52	10.02
10 年小计			**273.69**	**37.07**	**95.65**	**261.79**	**278.58**	**106.41**	**100.11**
占合计%			**23.57**			**38.97**	**52.70**		
1980	73.61	26.97	13.78	18.72	37.52	5.17	5.68	109.86	21.06
1981	73.90	27.40	12.52	16.94	37.78	4.73	4.94	104.44	18.03
1982	73.90	27.70	22.70	30.72	68.24	15.49	14.96	96.58	54.01
1983	73.90	27.80	27.06	36.62	118.51	32.07	32.31	100.75	116.22
1984	73.90	27.95	32.73	44.29	148.49	48.60	47.29	97.30	169.19
1985	73.89	27.94	30.85	41.75	83.31	25.70	29.90	116.34	107.02
1986	73.90	27.94	30.51	41.29	112.52	34.33	33.00	96.13	118.11
1987	73.80	28.07	34.51	46.76	112.98	38.99	43.78	112.29	155.97
1988	73.80	28.20	35.30	47.83	95.69	33.78	39.11	115.78	138.69
1989	73.80	28.30	33.73	45.70	67.98	22.93	27.61	120.41	97.56
11 年小计			**268.15**	**33.15**	**94.35**	**252.99**	**143.07**	**56.55**	**42.83**
占合计%			**23.09**			**37.66**	**27.07**		
1990	73.83	29.66	36.50	49.44	65.86	24.04	21.48	89.35	72.42
1991	73.82	29.94	36.17	49.00	92.98	33.63	30.49	90.66	101.84
1992	73.81	30.10	31.78	43.06	44.71	14.21	7.72	54.33	25.65
1993	73.80	30.02	23.10	31.30	57.40	13.26	5.06	38.16	16.86
1994	73.79	30.5	22.75	30.83	104.44	23.76	11.16	46.97	36.59
1995	73.77	30.53	24.38	33.05	58.53	14.27	7.00	49.05	22.93
1996	73.75	30.52	18.70	25.36	80.53	15.06	6.41	42.56	21.00
1997	73.72	30.58	14.70	19.94	121.16	17.81	4.50	25.27	14.72
1998	72.86	30.98	19.62	26.93	161.98	31.78	15.42	48.52	49.77
1999	72.85	30.60	19.79	27.17	150.28	29.74	12.21	41.06	39.90
2000	72.85	30.60	20.66	28.36	171.49	35.43	21.62	61.02	70.65

5-18-91　河北省海兴县历年棉花生产收购

年　　度	耕地面积（万亩）	农业人口（万人）	棉田面积（万亩）	占耕地（%）	亩　产（市斤）	产　量（万担）	收购量（万担）	商品率（%）	人均交售（市斤）
52年合计			**47.91**	**2.05**	**46.13**	**22.10**	**13.39**	**60.59**	**1.88**
11年小计			**7.07**	**1.24**	**20.51**	**1.45**			
占合计%			**14.76**			**6.56**			
1949	45.64	9.77	0.19	0.42	21.05	0.04			
1950	46.00	9.80	0.39	0.85	17.95	0.07			
1951	49.00	9.90	0.61	1.24	16.39	0.10			
1952	53.71	10.17	0.87	1.62	24.14	0.21			
1953	54.00	10.40	0.66	1.22	10.61	0.07			
1954	55.00	10.70	0.66	1.20	22.73	0.15			
1955	55.00	10.80	0.57	1.04	28.07	0.16			
1956	56.00	11.00	1.05	1.88	21.90	0.23			
1957	55.94	11.27	0.30	0.54	26.67	0.08			
1958	53.00	10.00	0.82	1.55	18.29	0.15			
1959	49.00	9.90	0.95	1.94	20.00	0.19			
10年小计			**3.59**	**0.82**	**20.33**	**0.73**			
占合计%			**7.49**			**3.30**			
1960	45.00	9.90	0.81	1.80	13.58	0.11			
1961	43.00	9.90	0.33	0.77	3.03	0.01			
1962	42.29	11.46	0.19	0.45	10.53	0.02			
1963	42.00	9.80	0.28	0.67	10.71	0.03			
1964	41.00	11.00	0.34	0.83	8.82	0.03			
1965	43.68	11.54	0.24	0.55	25.00	0.06			
1966	46.87	12.10	0.26	0.55	7.69	0.02			
1967	46.70	12.06	0.24	0.51	20.83	0.05			
1968	44.94	12.56	0.34	0.76	50.00	0.17			
1969	45.01	13.14	0.56	1.24	41.07	0.23			
10年小计			**2.55**	**0.57**	**22.35**	**0.57**			
占合计%			**5.32**			**2.58**			
1970	45.28	13.54	0.58	1.28	34.48	0.20			
1971	45.62	13.85	0.50	1.10	12.00	0.06			
1972	45.77	14.04	0.32	0.70	18.75	0.06			
1973	45.62	14.35	0.27	0.59	25.93	0.07			
1974	44.98	14.65	0.25	0.56	20.00	0.05			
1975	45.23	14.90	0.20	0.44	35.00	0.07			
1976	44.20	14.80	0.16	0.36	12.50	0.02			
1977	44.21	15.20	0.10	0.23	10.00	0.01			
1978	44.29	15.17	0.09	0.20	22.22	0.02			
1979	44.00	15.60	0.08	0.18	12.50	0.01			
10年小计			**10.41**	**2.60**	**75.31**	**7.84**	**8.85**	**112.88**	**6.10**
占合计%			**21.73**			**35.48**	**66.09**		
1980	44.78	15.39	0.06	0.13	16.67	0.01			
1981									
1982	44.50	15.90					0.02		0.13
1983	44.50	15.90	0.44	0.99	86.36	0.38	0.29	76.32	1.82
1984	44.50	16.05	2.21	4.97	115.38	2.55	1.27	49.80	7.91
1985	44.49	16.11	1.25	2.81	103.20	1.29	1.57	121.71	9.75
1986	44.50	16.28	0.87	1.96	66.67	0.58	0.25	43.10	1.54
1987	44.50	16.44	1.10	2.47	63.64	0.70	1.46	*	8.88
1988	44.50	16.79	2.30	5.17	78.26	1.80	2.61	145.00	15.54
1989	44.20	16.30	2.18	4.93	24.31	0.53	1.38	*	8.47
11年小计			**24.29**	**5.10**	**47.39**	**11.51**	**4.54**	**39.44**	**2.32**
占合计%			**50.70**			**52.08**	**33.91**		
1990	44.20	17.61	2.52	5.70	47.62	1.20	1.51	125.83	8.57
1991	43.79	17.61	4.65	10.62	32.90	1.53	1.39	90.85	7.89
1992	43.78	16.60	3.07	7.01	45.93	1.41	0.63	44.68	3.80
1993	43.76	17.88	1.87	4.27	75.40	1.41	0.01	0.71	0.06
1994	43.69	17.96	2.84	6.50	68.66	1.95	0.29	14.87	1.61
1995	43.45	17.93	3.00	6.90	32.00	0.96	0.09	9.38	0.50
1996	43.69	17.94	1.50	3.43	61.33	0.92	0.08	8.70	0.45
1997	42.14	18.16	1.60	3.80	3.75	0.06	0.06	100.00	0.33
1998	42.14	18.36	1.31	3.11	66.41	0.87	0.09	10.34	0.49
1999	42.61	17.70	0.83	1.95	106.02	0.88	0.08	9.09	0.45
2000	42.61	17.70	1.10	2.58	29.09	0.32	0.31	96.88	1.75

5-18-92 河北省河间市历年棉花生产收购

年　度	耕地面积（万亩）	农业人口（万人）	棉田面积（万亩）	占耕地（%）	亩　产（市斤）	产　量（万担）	收购量（万担）	商品率（%）	人均交售（市斤）
52年合计			**783.14**	**10.16**	**44.49**	**348.41**	**263.68**	**75.68**	**9.50**
11年小计			**154.74**	**8.55**	**25.33**	**39.20**	**24.00**	**61.22**	**5.53**
占合计%			**19.76**			**11.25**	**9.10**		
1949	166.40	37.13	5.76	3.46	23.09	1.33			
1950	168.00	37.20	7.20	4.29	30.00	2.16			
1951	167.00	36.60	12.81	7.67	27.01	3.46			
1952	167.90	37.74	15.77	9.39	31.96	5.04	3.00	59.52	7.95
1953	168.00	36.90	14.28	8.50	26.54	3.79	2.00	52.77	5.42
1954	168.00	39.40	15.91	9.47	13.39	2.13	1.30	61.03	3.30
1955	167.00	40.90	16.34	9.78	30.23	4.94	4.00	80.97	9.78
1956	165.00	41.20	20.82	12.62	13.02	2.71	2.70	99.63	6.55
1957	164.10	41.28	15.40	9.38	33.83	5.21	4.50	86.37	10.90
1958	158.00	43.00	16.84	10.66	24.88	4.19	2.50	59.67	5.81
1959	151.00	43.00	13.61	9.01	31.15	4.24	4.00	94.34	9.30
10年小计			**89.06**	**6.05**	**20.92**	**18.63**	**13.16**	**70.64**	**2.87**
占合计%			**11.37**			**5.35**	**4.99**		
1960	151.00	43.00	12.24	8.11	9.40	1.15	1.00	86.96	2.33
1961	149.00	43.00	7.32	4.91	24.04	1.76	1.00	56.82	2.33
1962	148.55	45.83	6.32	4.25	18.99	1.20	0.98	81.67	2.14
1963	149.00	46.00	7.85	5.27	13.76	1.08	0.78	72.22	1.70
1964	149.00	44.00	7.28	4.89	12.64	0.92	0.53	57.61	1.20
1965	147.86	45.36	6.73	4.55	28.97	1.95	1.68	86.15	3.70
1966	146.40	46.56	7.43	5.08	18.71	1.39	0.99	71.22	2.13
1967	144.05	47.21	10.62	7.37	29.10	3.09	2.43	78.64	5.15
1968	144.05	48.00	12.23	8.49	24.69	3.02	1.74	57.62	3.63
1969	144.13	49.22	11.04	7.66	27.81	3.07	2.03	66.12	4.12
10年小计			**90.25**	**6.18**	**19.24**	**17.36**	**12.23**	**70.45**	**2.33**
占合计%			**11.52**			**4.98**	**4.64**		
1970	144.01	50.34	10.12	7.03	28.95	2.93	2.40	81.91	4.77
1971	148.47	49.80	9.04	6.09	21.24	1.92	1.28	66.67	2.57
1972	146.17	50.58	8.75	5.99	10.74	0.94	0.54	57.45	1.07
1973	147.95	51.69	8.93	6.04	26.09	2.33	1.69	72.53	3.27
1974	148.23	52.68	9.20	6.21	23.37	2.15	1.64	76.28	3.11
1975	142.33	54.15	9.32	6.55	21.78	2.03	1.34	66.01	2.47
1976	147.80	54.35	8.33	5.64	18.01	1.50	0.47	31.33	0.86
1977	147.00	54.94	8.53	5.80	3.40	0.29	0.21	72.41	0.38
1978	141.89	55.40	9.02	6.36	20.73	1.87	1.57	83.96	2.83
1979	147.00	51.40	9.01	6.13	15.54	1.40	1.09	77.86	2.12
10年小计			**235.75**	**16.67**	**64.32**	**151.64**	**147.77**	**97.45**	**24.65**
占合计%			**30.10**			**43.52**	**56.04**		
1980	141.69	56.51	7.81	5.51	27.02	2.11	2.13	100.95	3.77
1981	141.50	57.40	7.89	5.58	29.53	2.33	3.11	133.48	5.42
1982	141.50	58.70	12.20	8.62	59.84	7.30	5.90	80.82	10.05
1983	141.50	59.30	21.70	15.34	80.14	17.39	18.88	108.57	31.84
1984	141.50	60.11	41.97	29.66	79.58	33.40	38.69	115.84	64.37
1985	141.49	60.31	27.14	19.18	72.88	19.78	11.64	58.85	19.30
1986	141.40	61.10	21.02	14.87	83.25	17.50	11.48	65.60	18.79
1987	141.30	61.55	28.02	19.83	78.44	21.98	21.11	96.04	34.30
1988	141.30	61.90	33.00	23.35	51.06	16.85	18.06	107.18	29.18
1989	141.30	62.60	35.00	24.77	37.14	13.00	16.77	129.00	26.79
11年小计			**213.34**	**13.77**	**56.99**	**121.58**	**66.52**	**54.71**	**8.77**
占合计%			**27.24**			**34.90**	**25.23**		
1990	141.29	68.63	34.20	24.21	48.42	16.56	17.31	104.53	25.22
1991	140.40	68.00	36.00	25.64	61.94	22.30	21.70	97.31	31.91
1992	141.23	68.57	36.13	25.58	25.10	9.07	4.65	51.27	6.78
1993	140.99	68.94	7.33	5.20	71.62	5.25	1.82	34.67	2.64
1994	140.85	69.22	20.12	14.28	49.25	9.91	5.39	54.39	7.79
1995	140.94	69.37	24.00	17.03	43.67	10.48	1.93	18.42	2.78
1996	140.78	68.60	4.00	2.84	66.50	2.66	1.53	57.52	2.23
1997	140.78	69.17	8.80	6.25	40.34	3.55	3.94	110.99	5.70
1998	140.76	69.31	12.33	8.76	85.32	10.52	3.79	36.03	5.47
1999	140.74	69.30	14.45	10.27	96.61	13.96	1.56	11.17	2.25
2000	140.74	69.30	15.98	11.35	108.39	17.32	2.90	16.74	4.18

5－18－93　河北省黄骅县历年棉花生产收购

年　度	耕地面积（万亩）	农业人口（万人）	棉田面积（万亩）	占耕地（%）	亩　产（市斤）	产　量（万担）	收购量（万担）	商品率（%）	人均交售（市斤）
52 年合计			**97.11**	**2.07**	**58.87**	**57.17**	**26.49**	**46.34**	**1.80**
11 年小计			**5.10**	**0.41**	**34.90**	**1.78**			
占合计%			**5.25**			**3.11**			
1949	112.67	19.00	0.79	0.70	10.13	0.08			
1950	101.00	21.60	0.11	0.11	18.18	0.02			
1951	110.00	21.80	0.14	0.13	14.29	0.02			
1952	110.66	19.50	0.24	0.22	12.50	0.03			
1953	111.00	22.20	0.07	0.06					
1954	111.00	22.90	0.20	0.18	15.00	0.03			
1955	111.00	23.90	0.10	0.09	30.00	0.03			
1956	111.00	23.80	0.28	0.25	232.14	0.65			
1957	120.49	20.00	1.71	1.42	24.56	0.42			
1958	121.00	26.00	0.37	0.31	16.22	0.06			
1959	110.00	25.00	1.09	0.99	40.37	0.44			
10 年小计			**10.60**	**1.08**	**17.64**	**1.87**			
占合计%			**10.92**			**3.27**			
1960	108.00	25.00	1.09	1.01	21.10	0.23			
1961	91.00	20.00	0.67	0.74					
1962	87.40	20.10	0.35	0.40	14.29	0.05			
1963	90.00	20.00	0.40	0.44	12.50	0.05			
1964	92.00	21.00	0.92	1.00	5.43	0.05			
1965	98.29	21.10	0.66	0.67	30.30	0.20			
1966	103.30	25.57	2.27	2.20	1.76	0.04			
1967	102.72	22.19	1.17	1.14	30.77	0.36			
1968	103.22	27.17	1.42	1.38	40.85	0.58			
1969	103.92	28.39	1.65	1.59	18.79	0.31			
10 年小计			**9.02**	**1.08**	**16.63**	**1.50**	**0.08**	**5.33**	**0.03**
占合计%			**9.29**			**2.62**	**0.30**		
1970	78.05	29.30	1.42	1.82	26.06	0.37	0.08	21.62	0.27
1971	107.32	30.19	1.44	1.34	8.33	0.12			
1972	105.84	31.11	1.11	1.05	10.81	0.12			
1973	78.17	26.48	0.77	0.99	16.88	0.13			
1974	78.59	29.90	1.23	1.57	20.33	0.25			
1975	77.86	27.40	1.28	1.64	24.22	0.31			
1976	77.94	27.75	0.68	0.87	10.29	0.07			
1977	77.92	32.93	0.45	0.58	4.44	0.02			
1978	77.54	28.20	0.33	0.43	18.18	0.06			
1979	78.00	33.01	0.31	0.40	16.13	0.05			
10 年小计			**32.99**	**4.31**	**87.39**	**28.83**	**19.42**	**67.36**	**6.00**
占合计%			**33.97**			**50.43**	**73.31**		
1980	77.03	28.60	0.33	0.43	30.30	0.10			
1981	77.00	29.30	0.18	0.23	11.11	0.02			
1982	77.00	30.00	0.18	0.23			0.15		0.50
1983	77.00	34.90	2.96	3.84	86.15	2.55	1.82	71.37	5.21
1984	76.50	35.14	11.21	14.65	104.46	11.71	7.09	60.55	20.18
1985	76.54	30.90	7.42	9.69	74.26	5.51	2.90	52.63	9.39
1986	76.50	35.67	3.24	4.24	99.38	3.22	1.47	45.65	4.12
1987	76.50	35.85	3.27	4.27	89.30	2.92	1.49	51.03	4.16
1988	75.90	31.30	2.60	3.43	71.92	1.87	3.41	182.35	10.89
1989	75.80	31.80	1.60	2.11	58.13	0.93	1.09	117.20	3.43
11 年小计			**39.40**	**4.45**	**58.86**	**23.19**	**6.99**	**30.14**	**1.85**
占合计%			**40.57**			**40.56**	**26.39**		
1990	75.79	33.40	3.79	5.00	79.95	3.03	0.78	25.74	2.34
1991	103.52	37.41	5.90	5.70	95.76	5.65	1.69	29.91	4.52
1992	75.51	33.30	5.87	7.77	48.04	2.82	0.22	7.80	0.66
1993	103.16	37.02	2.80	2.71	10.71	0.30	0.33	110.00	0.89
1994	75.35	33.40	5.11	6.78	86.69	4.43	0.64	14.45	1.92
1995	75.32	33.40	8.23	10.93	42.65	3.51	0.54	15.38	1.62
1996	75.32	33.50	2.70	3.58	82.22	2.22	0.02	0.90	0.06
1997	75.32	34.20	3.00	3.98	1.67	0.05	0.70	*	2.05
1998	75.21	34.40	1.33	1.77	70.68	0.94	0.27	28.72	0.78
1999	75.32	33.60	0.38	0.50	13.16	0.05	0.70	*	2.08
2000	75.32	33.60	0.29	0.39	65.52	0.19	1.10	*	3.27

5－18－94　河北省孟村回族自治县历年棉花生产收购

年　度	耕地面积（万亩）	农业人口（万人）	棉田面积（万亩）	占耕地（%）	亩　产（市斤）	产　量（万担）	收购量（万担）	商品率（%）	人均交售（市斤）
52 年合计			**91.18**	**5.31**	**56.22**	**51.26**	**51.72**	**100.90**	**8.04**
11 年小计			**15.53**	**3.76**	**21.57**	**3.35**			
占合计%			**17.03**			**6.54**			
1949	36.97	8.94	0.92	2.49	23.91	0.22			
1950	34.00	8.40	1.17	3.44	5.13	0.06			
1951	36.00	8.50	1.24	3.44	26.61	0.33			
1952	39.06	8.90	2.52	6.45	20.24	0.51			
1953	40.00	8.60	1.03	2.58	18.45	0.19			
1954	40.00	8.80	1.08	2.70	16.67	0.18			
1955	41.00	9.10	0.90	2.20	24.44	0.22			
1956	41.00	9.90	2.22	5.41	27.48	0.61			
1957	38.51	9.80	1.72	4.47	18.02	0.31			
1958	34.00	10.00	1.53	4.50	26.14	0.40			
1959	33.00	9.90	1.20	3.64	26.67	0.32			
10 年小计			**8.02**	**2.45**	**15.84**	**1.27**			
占合计%			**8.80**			**2.48**			
1960	32.00	9.90	1.20	3.75	15.00	0.18			
1961	31.00	10.30	1.30	4.19	3.08	0.04			
1962	32.30	9.80	0.70	2.17	17.14	0.12			
1963	33.00	10.60	0.80	2.42	10.00	0.08			
1964	33.00	10.60	0.76	2.30	5.26	0.04			
1965	33.18	10.80	0.65	1.96	21.54	0.14			
1966	33.32	10.92	0.58	1.74	10.34	0.06			
1967	33.04	11.04	0.65	1.97	27.69	0.18			
1968	32.94	11.30	0.74	2.25	33.78	0.25			
1969	32.93	11.54	0.64	1.94	28.13	0.18			
10 年小计			**4.96**	**1.55**	**16.33**	**0.81**			
占合计%			**5.44**			**1.58**			
1970	32.78	11.80	0.60	1.83	30.00	0.18			
1971	32.66	12.03	0.64	1.96	14.06	0.09			
1972	31.73	12.09	0.57	1.80	12.28	0.07			
1973	32.48	12.30	0.59	1.82	18.64	0.11			
1974	32.47	12.48	0.54	1.66	16.67	0.09			
1975	31.48	12.60	0.55	1.75	23.64	0.13			
1976	31.47	13.17	0.47	1.49	8.51	0.04			
1977	31.47	12.87	0.42	1.33					
1978	31.47	12.90	0.26	0.83	15.38	0.04			
1979	31.00	12.96	0.32	1.03	18.75	0.06			
10 年小计			**25.13**	**8.00**	**79.63**	**20.01**	**26.24**	**131.13**	**18.87**
占合计%			**27.56**			**39.04**	**50.73**		
1980	31.46	13.10	0.26	0.83	23.08	0.06			
1981	31.40	13.30	0.23	0.73	21.74	0.05			
1982	31.40	13.60					0.32		2.35
1983	31.40	13.70	2.10	6.69	86.67	1.82	1.63	89.56	11.90
1984	31.40	13.85	5.47	17.42	105.30	5.76	5.02	87.15	36.25
1985	31.37	14.00	3.61	11.51	87.26	3.15	2.79	88.57	19.93
1986	31.40	14.11	2.50	7.96	87.20	2.18	2.48	113.76	17.58
1987	31.40	14.30	2.91	9.27	79.73	2.32	4.31	185.78	30.14
1988	31.40	14.50	4.10	13.06	83.66	3.43	5.98	174.34	41.24
1989	31.40	14.60	3.95	12.58	31.39	1.24	3.71	*	25.41
11 年小计			**37.54**	**10.93**	**68.78**	**25.82**	**25.48**	**98.68**	**14.84**
占合计%			**41.17**			**50.37**	**49.27**		
1990	31.30	15.30	4.53	14.47	56.51	2.56	3.58	139.84	23.40
1991	31.21	15.38	5.98	19.16	61.20	3.66	3.93	107.38	25.55
1992	31.15	15.30	5.16	16.57	36.05	1.86	3.17	170.43	20.72
1993	31.22	15.42	4.06	13.00	35.96	1.46	0.58	39.73	3.76
1994	31.22	15.51	3.96	12.68	90.15	3.57	2.10	58.82	13.54
1995	31.22	15.60	5.67	18.16	97.35	5.52	2.54	46.01	16.28
1996	31.21	15.60	3.80	12.18	106.84	4.06	1.75	43.10	11.22
1997	31.21	15.70	2.10	6.73	57.14	1.20	2.40	*	15.29
1998	31.23	15.90	1.02	3.27	100.98	1.03	0.83	80.58	5.22
1999	31.20	16.00	0.84	2.69	63.10	0.53	0.70	132.08	4.38
2000	31.20	16.00	0.42	1.35	88.10	0.37	3.90	*	24.38

5－18－95　河北省南皮县历年棉花生产收购

年　度	耕地面积（万亩）	农业人口（万人）	棉田面积（万亩）	占耕地（%）	亩　产（市斤）	产　量（万担）	收购量（万担）	商品率（%）	人均交售（市斤）
52 年合计			**674.09**	**16.61**	**51.10**	**344.49**	**249.71**	**72.49**	**18.16**
11 年小计			**140.69**	**13.78**	**31.14**	**43.81**	**24.02**	**54.83**	**9.74**
占合计%			**20.87**			**12.72**	**9.62**		
1949	87.70	21.20	10.36	11.81	27.99	2.90			
1950	88.00	21.60	11.45	13.01	32.40	3.71			
1951	89.00	22.10	15.92	17.89	23.37	3.72			
1952	97.22	22.00	16.98	17.47	37.51	6.37	4.10	64.36	18.64
1953	97.00	22.10	10.95	11.29	14.16	1.55	1.67	107.74	7.56
1954	97.00	22.70	11.39	11.74	42.14	4.80	3.03	63.13	13.35
1955	96.00	22.40	14.70	15.31	37.35	5.49	4.62	84.15	20.63
1956	96.00	22.80	13.55	14.11	36.90	5.00	3.62	72.40	15.88
1957	92.92	23.60	11.66	12.55	33.79	3.94	3.47	88.07	14.70
1958	93.00	23.00	11.53	12.40	36.51	4.21	2.23	52.97	9.70
1959	87.00	23.00	12.20	14.02	17.38	2.12	1.28	60.38	5.57
10 年小计			**80.80**	**10.14**	**23.04**	**18.62**	**15.07**	**80.93**	**6.45**
占合计%			**11.99**			**5.41**	**6.04**		
1960	81.00	23.00	11.89	14.68	14.89	1.77	1.12	63.28	4.87
1961	79.00	22.00	8.46	10.71	6.50	0.55	0.04	7.27	0.18
1962	78.17	22.60	6.76	8.65	12.57	0.85	0.69	81.18	3.05
1963	78.00	23.00	6.60	8.46	15.15	1.00	0.68	68.00	2.96
1964	78.00	22.00	8.63	11.06	12.86	1.11	0.98	88.29	4.45
1965	92.47	22.90	9.23	9.98	33.26	3.07	2.81	91.53	12.27
1966	77.29	23.58	4.88	6.31	15.98	0.78	0.53	67.95	2.25
1967	77.60	24.09	8.67	11.17	31.14	2.70	2.27	84.07	9.42
1968	77.66	24.73	8.17	10.52	47.98	3.92	3.47	88.52	14.03
1969	77.72	25.58	7.51	9.66	38.22	2.87	2.48	86.41	9.70
10 年小计			**70.89**	**9.32**	**25.39**	**18.00**	**14.76**	**82.00**	**5.37**
占合计%			**10.52**			**5.23**	**5.91**		
1970	77.73	26.30	7.88	10.14	39.34	3.10	2.70	87.10	10.27
1971	77.55	26.81	7.41	9.56	30.50	2.26	1.94	85.84	7.24
1972	77.55	27.07	7.03	9.07	21.48	1.51	1.10	72.85	4.06
1973	76.62	27.36	7.16	9.34	28.21	2.02	1.65	81.68	6.03
1974	76.32	27.64	7.64	10.01	25.79	1.97	1.38	70.05	4.99
1975	75.25	27.90	7.39	9.82	29.23	2.16	1.79	82.87	6.42
1976	75.15	28.05	7.42	9.87	21.29	1.58	1.28	81.01	4.56
1977	74.61	28.20	5.50	7.37	1.27	0.07	0.02	28.57	0.07
1978	74.54	27.10	7.16	9.61	21.93	1.57	1.28	81.53	4.72
1979	75.00	28.35	6.30	8.40	27.94	1.76	1.62	92.05	5.71
10 年小计			**162.59**	**22.52**	**82.80**	**134.62**	**134.80**	**100.13**	**47.92**
占合计%			**24.12**			**39.08**	**53.98**		
1980	74.54	27.30	6.08	8.16	46.71	2.84	3.40	119.72	12.45
1981	74.50	28.80	6.56	8.81	40.24	2.64	3.38	128.03	11.74
1982	74.50	29.10	10.40	13.96	82.40	8.57	7.80	91.02	26.80
1983	71.30	28.00	14.48	20.31	117.33	16.99	16.69	98.23	59.61
1984	71.30	27.92	23.01	32.27	115.43	26.56	25.39	95.59	90.94
1985	71.31	27.90	18.88	26.48	101.43	19.15	15.63	81.62	56.02
1986	71.30	27.97	14.78	20.73	91.88	13.58	11.94	87.92	42.69
1987	71.20	28.00	21.78	30.59	75.85	16.52	16.50	99.88	58.93
1988	71.20	28.20	23.70	33.29	70.89	16.80	20.52	122.14	72.77
1989	70.80	28.10	22.92	32.37	47.86	10.97	13.55	123.52	48.22
11 年小计			**219.12**	**28.91**	**59.07**	**129.44**	**61.06**	**47.17**	**18.02**
占合计%			**32.51**			**37.57**	**24.45**		
1990	70.81	29.80	24.74	34.94	48.14	11.91	11.33	95.13	38.02
1991	70.66	30.35	29.38	41.58	60.69	17.83	18.98	106.45	62.54
1992	70.52	29.40	25.48	36.13	20.64	5.26	4.03	76.62	13.71
1993	70.52	29.71	22.21	31.49	33.68	7.48	1.18	15.78	3.97
1994	70.46	31.22	21.91	31.10	50.94	11.16	3.97	35.57	12.72
1995	67.89	31.30	23.20	34.17	48.97	11.36	2.27	19.98	7.25
1996	67.77	31.30	14.70	21.69	58.10	8.54	1.21	14.17	3.87
1997	67.71	31.50	15.10	22.30	80.86	12.21	2.32	19.00	7.37
1998	67.22	31.50	15.13	22.51	100.73	15.24	3.85	25.26	12.22
1999	67.22	31.40	13.05	19.41	85.29	11.13	4.41	39.62	14.04
2000	67.22	31.40	14.22	21.15	121.80	17.32	7.51	43.36	23.92

5－18－96　河北省青县历年棉花生产收购

年　度	耕地面积（万亩）	农业人口（万人）	棉田面积（万亩）	占耕地（%）	亩　产（市斤）	产　量（万担）	收购量（万担）	商品率（%）	人均交售（市斤）
52 年合计			**113.14**	**2.45**	**58.18**	**65.82**	**36.56**	**55.55**	**2.73**
11 年小计			**14.64**	**1.28**	**12.84**	**1.88**			
占合计%			**12.94**			**2.86**			
1949	103.16	18.80	2.00	1.94	6.00	0.12			
1950	100.00	20.30	0.42	0.42	9.52	0.04			
1951	110.00	20.40	0.51	0.46	17.65	0.09			
1952	103.06	19.60	0.50	0.49	26.00	0.13			
1953	117.00	20.40	0.39	0.33	5.13	0.02			
1954	108.00	20.40	1.11	1.03	4.50	0.05			
1955	108.00	20.70	0.62	0.57	29.03	0.18			
1956	106.00	20.40	4.07	3.84	16.46	0.67			
1957	98.61	20.40	0.55	0.56	21.82	0.12			
1958	99.00	20.00	2.82	2.85	10.64	0.30			
1959	95.00	20.00	1.65	1.74	9.70	0.16			
10 年小计			**3.89**	**0.44**	**6.17**	**0.24**			
占合计%			**3.44**			**0.36**			
1960	90.00	21.00	1.16	1.29	1.72	0.02			
1961	90.00	21.00	0.58	0.64	8.62	0.05			
1962	86.92	21.70	0.31	0.36	6.45	0.02			
1963	90.00	21.40	0.41	0.46	4.88	0.02			
1964	90.00	21.70	0.83	0.92	1.20	0.01			
1965	90.16	22.20	0.08	0.09	25.00	0.02			
1966	89.29	23.04	0.02	0.02					
1967	87.60	23.17	0.05	0.06	20.00	0.01			
1968	87.58	24.18	0.14	0.16	35.71	0.05			
1969	87.56	25.10	0.31	0.35	12.90	0.04			
10 年小计			**1.17**	**0.13**	**22.22**	**0.26**			
占合计%			**1.03**			**0.40**			
1970	89.12	25.80	0.25	0.28	28.00	0.07			
1971	88.12	26.39	0.30	0.34	23.33	0.07			
1972	86.83	26.73	0.17	0.20	17.65	0.03			
1973	88.13	26.98	0.12	0.14	25.00	0.03			
1974	86.55	27.37	0.09	0.10	22.22	0.02			
1975	86.55	27.60	0.11	0.13	27.27	0.03			
1976	86.51	27.62	0.08	0.09	12.50	0.01			
1977	86.47	28.14	0.03	0.03					
1978	86.17	28.20	0.01	0.01					
1979	86.00	29.50	0.01	0.01					
10 年小计			**42.53**	**5.54**	**64.54**	**27.45**	**19.74**	**71.91**	**7.47**
占合计%			**37.59**			**41.70**	**53.99**		
1980									
1981	85.30	28.30	0.05	0.06	20.00	0.01			
1982	85.00	28.70					0.07		0.24
1983	85.30	29.00	1.57	1.84	54.14	0.85	0.62	72.94	2.14
1984	85.30	29.21	13.50	15.83	57.85	7.81	5.63	72.09	19.27
1985	85.25	29.40	6.65	7.80	88.57	5.89	2.98	50.59	10.14
1986	85.30	29.60	4.43	5.19	65.91	2.92	1.66	56.85	5.61
1987	85.30	29.80	4.98	5.84	90.96	4.53	3.57	78.81	11.98
1988	85.25	29.97	7.20	8.45	43.61	3.14	3.38	107.64	11.28
1989	85.24	30.20	4.15	4.87	55.42	2.30	1.83	79.57	6.06
11 年小计			**50.91**	**5.44**	**70.69**	**35.99**	**16.82**	**46.74**	**4.71**
占合计%			**45.00**			**54.68**	**46.01**		
1990	85.24	31.90	6.39	7.50	75.90	4.85	2.70	55.67	8.46
1991	85.00	32.24	8.05	9.47	87.70	7.06	5.59	79.18	17.34
1992	85.23	32.12	8.99	10.55	47.94	4.31	2.87	66.59	8.94
1993	85.22	32.43	3.57	4.19	53.50	1.91	0.59	30.89	1.82
1994	85.23	32.61	7.12	8.35	77.53	5.52	2.71	49.09	8.31
1995	85.23	32.50	7.30	8.57	50.96	3.72	0.52	13.98	1.60
1996	85.23	32.60	1.70	1.99	70.59	1.20	0.28	23.33	0.86
1997	85.23	32.60	1.20	1.41	32.50	0.39	0.01	2.56	0.03
1998	84.55	32.70	1.91	2.26	82.72	1.58	0.39	24.68	1.19
1999	84.53	32.60	2.23	2.64	100.00	2.23	0.28	12.56	0.86
2000	84.53	32.60	2.45	2.90	131.43	3.22	0.88	27.33	2.70

5－18－97　河北省任邱市历年棉花生产收购

年　　度	耕地面积（万亩）	农业人口（万人）	棉田面积（万亩）	占耕地（%）	亩　产（市斤）	产　量（万担）	收购量（万担）	商品率（%）	人均交售（市斤）
52 年合计			**408.33**	**7.62**	**47.36**	**193.37**	**136.12**	**70.39**	**6.02**
11 年小计			**83.30**	**6.23**	**19.41**	**16.17**	**5.11**	**31.60**	**1.37**
占合计%			**20.40**			**8.36**	**3.75**		
1949	116.42	31.33	8.42	7.23	21.02	1.77			
1950	119.00	31.90	5.34	4.49	24.91	1.33			
1951	115.00	32.60	5.14	4.47	25.10	1.29			
1952	125.12	33.49	9.98	7.98	20.54	2.05	1.52	74.15	4.54
1953	125.00	33.30	8.96	7.17	21.76	1.95	0.76	38.97	2.28
1954	121.00	34.80	11.81	9.76	3.13	0.37	0.38	102.70	1.09
1955	127.00	35.20	6.68	5.26	18.86	1.26	0.09	7.14	0.26
1956	127.00	35.30	9.06	7.13	24.28	2.20	0.22	10.00	0.62
1957	124.49	35.64	5.14	4.13	26.46	1.36	0.70	51.47	1.96
1958	124.00	35.60	8.29	6.69	21.11	1.75	0.81	46.29	2.28
1959	113.00	34.50	4.48	3.96	18.75	0.84	0.63	75.00	1.83
10 年小计			**42.08**	**3.96**	**16.33**	**6.87**	**3.37**	**49.05**	**0.93**
占合计%			**10.31**			**3.55**	**2.48**		
1960	110.00	33.60	4.81	4.37	10.40	0.50	0.09	18.00	0.27
1961	106.00	33.50	3.43	3.24	10.20	0.35	0.09	25.71	0.27
1962	106.11	35.17	2.38	2.24	11.34	0.27	0.11	40.74	0.31
1963	106.00	35.20	4.20	3.96	5.95	0.25	0.04	16.00	0.11
1964	107.00	35.20	3.35	3.13	12.24	0.41	0.07	17.07	0.20
1965	105.80	35.82	3.72	3.52	26.34	0.98	0.44	44.90	1.23
1966	105.45	37.12	3.67	3.48	13.62	0.50	0.46	92.00	1.24
1967	105.39	37.65	4.52	4.29	21.46	0.97	0.46	47.42	1.22
1968	105.42	38.62	6.08	5.77	22.53	1.37	0.79	57.66	2.05
1969	105.27	39.48	5.92	5.62	21.45	1.27	0.82	64.57	2.08
10 年小计			**61.42**	**6.12**	**22.88**	**14.05**	**11.19**	**79.64**	**2.67**
占合计%			**15.04**			**7.27**	**8.22**		
1970	105.14	40.37	6.56	6.24	36.43	2.39	1.97	82.43	4.88
1971	103.96	41.02	6.69	6.44	22.27	1.49	1.20	80.54	2.93
1972	103.97	41.26	6.07	5.84	18.12	1.10	0.78	70.91	1.89
1973	102.91	41.72	6.17	6.00	29.98	1.85	1.48	80.00	3.55
1974	101.10	41.92	6.45	6.38	38.45	2.48	2.07	83.47	4.94
1975	100.63	42.03	6.32	6.28	27.22	1.72	1.39	80.81	3.31
1976	96.95	42.19	5.78	5.96	15.05	0.87	0.56	64.37	1.33
1977	96.95	42.83	5.63	5.81	5.68	0.32	0.20	62.50	0.47
1978	96.18	43.36	5.79	6.02	20.38	1.18	0.96	81.36	2.21
1979	96.00	43.03	5.96	6.21	10.91	0.65	0.58	89.23	1.35
10 年小计			**126.74**	**13.54**	**79.15**	**100.31**	**78.90**	**78.66**	**16.45**
占合计%			**31.04**			**51.87**	**57.96**		
1980	94.54	44.32	5.50	5.82	36.91	2.03	2.01	99.01	4.54
1981	94.50	45.40	4.81	5.09	37.21	1.79	2.19	122.35	4.82
1982	93.40	46.40	8.80	9.42	49.89	4.39	3.98	90.66	8.58
1983	93.40	47.00	11.22	12.01	86.36	9.69	9.58	98.86	20.38
1984	93.50	48.45	22.00	23.53	90.68	19.95	20.88	104.66	43.10
1985	93.47	49.01	14.69	15.72	84.28	12.38	7.12	57.51	14.53
1986	93.50	49.78	12.20	13.05	83.28	10.16	6.35	62.50	12.76
1987	93.40	50.85	15.72	16.83	90.97	14.30	9.96	69.65	19.59
1988	93.40	48.90	15.60	16.70	79.29	12.37	8.82	71.30	18.04
1989	93.20	49.60	16.20	17.38	81.79	13.25	8.01	60.45	16.15
11 年小计			**94.79**	**9.29**	**59.05**	**55.97**	**37.55**	**67.09**	**5.99**
占合计%			**23.21**			**28.94**	**27.59**		
1990	93.11	57.55	17.40	18.69	69.94	12.17	10.51	86.36	18.26
1991	93.01	58.09	18.06	19.42	89.42	16.15	19.06	118.02	32.81
1992	92.80	57.53	17.99	19.39	27.52	4.95	2.04	41.21	3.55
1993	92.79	59.68	2.82	3.04	61.70	1.74	0.89	51.15	1.49
1994	92.78	55.67	10.44	11.25	33.05	3.45	1.72	49.86	3.09
1995	92.73	57.64	10.99	11.85	35.40	3.89	1.35	34.70	2.34
1996	92.58	57.22	6.30	6.80	54.29	3.42	0.10	2.92	0.17
1997	92.54	56.79	3.60	3.89	38.33	1.38			
1998	92.50	56.80	3.06	3.31	140.20	4.29	0.34	7.93	0.60
1999	92.50	54.70	2.09	2.26	104.31	2.18	0.70	32.11	1.28
2000	92.50	54.70	2.04	2.21	115.20	2.35	0.84	35.74	1.54

5－18－98　河北省肃宁县历年棉花生产收购

年　度	耕地面积（万亩）	农业人口（万人）	棉田面积（万亩）	占耕地（%）	亩　产（市斤）	产　量（万担）	收购量（万担）	商品率（%）	人均交售（市斤）
52 年合计			**484.86**	**15.97**	**56.70**	**274.92**	**241.71**	**87.92**	**19.81**
11 年小计			**65.32**	**9.75**	**19.96**	**13.04**	**7.13**	**54.68**	**3.68**
占合计%			**13.47**			**4.74**	**2.95**		
1949	57.82	16.40	2.51	4.34	14.74	0.37			
1950	58.00	16.60	3.27	5.64	14.37	0.47			
1951	59.00	16.40	7.45	12.63	16.24	1.21			
1952	62.19	17.10	6.70	10.77	16.72	1.12	0.89	79.46	5.20
1953	63.00	17.30	5.70	9.05	16.32	0.93	0.46	49.46	2.66
1954	63.00	17.90	7.75	12.30	13.94	1.08	0.48	44.44	2.68
1955	63.00	18.60	7.61	12.08	31.93	2.43	2.17	89.30	11.67
1956	63.00	18.70	7.76	12.32	6.57	0.51	0.50	98.04	2.67
1957	62.90	18.80	3.28	5.21	38.41	1.26	1.06	84.13	5.64
1958	60.00	18.00	6.59	10.98	27.47	1.81	0.64	35.36	3.56
1959	58.00	18.00	6.70	11.55	27.61	1.85	0.93	50.27	5.17
10 年小计			**43.75**	**7.34**	**21.19**	**9.27**	**6.06**	**65.37**	**2.88**
占合计%			**9.02**			**3.37**	**2.51**		
1960	58.00	18.00	5.62	9.69	9.43	0.53	0.30	56.60	1.67
1961	60.00	20.00	4.43	7.38	22.35	0.99	0.42	42.42	2.10
1962	60.18	21.50	4.48	7.44	25.45	1.14	0.89	78.07	4.14
1963	60.00	21.00	4.55	7.58	4.84	0.22	0.07	31.82	0.33
1964	60.00	21.00	1.55	2.58	10.97	0.17	0.03	17.65	0.14
1965	59.70	21.10	2.80	4.69	28.57	0.80	0.47	58.75	2.23
1966	59.64	21.50	3.64	6.10	18.41	0.67	0.28	41.79	1.30
1967	59.57	21.79	3.58	6.01	25.14	0.90	0.58	64.44	2.66
1968	59.57	22.12	6.38	10.71	26.80	1.71	1.34	78.36	6.06
1969	59.54	22.55	6.72	11.29	31.85	2.14	1.68	78.50	7.45
10 年小计			**72.64**	**12.44**	**26.25**	**19.07**	**18.41**	**96.54**	**7.74**
占合计%			**14.98**			**6.94**	**7.62**		
1970	59.47	22.90	6.48	10.90	39.97	2.59	2.37	91.51	10.35
1971	59.39	23.28	6.35	10.69	32.44	2.06	2.16	104.85	9.28
1972	59.39	23.39	6.29	10.59	22.89	1.44	1.48	102.78	6.33
1973	59.13	23.59	5.98	10.11	37.29	2.23	2.22	99.55	9.41
1974	59.05	23.81	7.90	13.38	37.34	2.95	3.01	102.03	12.64
1975	58.91	24.00	7.87	13.36	26.56	2.09	1.94	92.82	8.08
1976	57.15	24.08	7.85	13.74	21.40	1.68	1.29	76.79	5.36
1977	57.17	24.15	6.85	11.98	10.36	0.71	0.61	85.92	2.53
1978	57.16	24.20	7.97	13.94	24.34	1.94	1.91	98.45	7.89
1979	57.00	24.50	9.10	15.96	15.16	1.38	1.42	102.90	5.80
10 年小计			**174.53**	**30.75**	**92.68**	**161.75**	**149.31**	**92.31**	**58.77**
占合计%			**36.00**			**58.84**	**61.77**		
1980	56.81	24.40	7.28	12.81	47.12	3.43	4.93	143.73	20.20
1981	56.80	24.70	8.46	14.89	45.27	3.83	5.11	133.42	20.69
1982	56.80	25.00	12.80	22.54	76.02	9.73	9.17	94.24	36.68
1983	56.80	25.20	15.83	27.87	105.87	16.76	19.40	115.75	76.98
1984	56.80	25.35	24.61	43.33	113.37	27.90	32.46	116.34	128.05
1985	56.69	25.50	16.73	29.51	90.85	15.20	11.92	78.42	46.75
1986	56.70	25.61	17.56	30.97	107.00	18.79	15.32	81.53	59.82
1987	56.80	25.81	23.18	40.81	108.71	25.20	20.35	80.75	78.85
1988	56.70	26.00	25.00	44.09	73.32	18.33	13.62	74.30	52.38
1989	56.60	26.50	23.08	40.78	97.83	22.58	17.03	75.42	64.26
11 年小计			**128.62**	**20.79**	**55.82**	**71.79**	**60.80**	**84.69**	**18.79**
占合计%			**26.53**			**26.11**	**25.15**		
1990	56.55	28.80	22.63	40.02	66.55	15.06	11.52	76.49	40.00
1991	55.10	29.00	19.95	36.21	84.76	16.91	13.22	78.18	45.59
1992	56.55	29.30	16.70	29.53	24.85	4.15	5.39	129.88	18.40
1993	56.46	29.51	13.00	23.03	39.15	5.09	4.15	81.53	14.06
1994	56.39	29.45	17.41	30.87	16.14	2.81	4.46	158.72	15.14
1995	56.37	29.50	13.62	24.16	30.25	4.12	3.50	84.95	11.86
1996	56.29	29.60	3.90	6.93	39.23	1.53	0.65	42.48	2.20
1997	56.21	29.80	6.70	11.92	15.52	1.04			
1998	56.21	29.80	3.23	5.75	155.42	5.02	4.13	82.27	13.86
1999	56.21	29.40	5.60	9.96	138.75	7.77	7.20	92.66	24.49
2000	56.21	29.40	5.88	10.46	140.99	8.29	6.58	79.37	22.38

5－18－99　河北省吴桥县历年棉花生产收购

年　　度	耕地面积（万亩）	农业人口（万人）	棉田面积（万亩）	占耕地（%）	亩　产（市斤）	产　量（万担）	收购量（万担）	商品率（%）	人均交售（市斤）
52 年合计			**1258.00**	**38.62**	**74.88**	**941.99**	**747.46**	**79.35**	**66.12**
11 年小计			**380.05**	**47.22**	**42.81**	**162.71**	**114.67**	**70.48**	**53.34**
占合计%			**30.21**			**17.27**	**15.34**		
1949	75.65	18.27	26.33	34.81	45.12	11.88			
1950	76.29	18.47	30.92	40.53	41.17	12.73			
1951	76.32	18.57	36.10	47.30	35.15	12.69			
1952	74.12	18.91	39.49	53.28	45.38	17.92	15.80	88.17	83.55
1953	74.13	19.15	33.04	44.57	38.26	12.64	12.45	98.50	65.01
1954	76.32	20.12	39.58	51.86	51.21	20.27	12.21	60.24	60.69
1955	76.01	20.00	45.06	59.28	44.39	20.00	20.91	104.55	104.55
1956	74.32	20.44	43.02	57.88	42.17	18.14	18.00	99.23	88.06
1957	71.69	20.43	36.23	50.54	44.77	16.22	16.05	98.95	78.56
1958	65.03	20.01	26.34	40.50	41.53	10.94	8.75	79.98	43.73
1959	65.04	20.60	23.94	36.81	38.76	9.28	10.50	113.15	50.97
10 年小计			**189.91**	**30.21**	**31.36**	**59.56**	**59.39**	**99.71**	**30.07**
占合计%			**15.10**			**6.32**	**7.95**		
1960	63.88	19.40	23.91	37.43	25.76	6.16	6.86	111.36	35.36
1961	62.67	19.30	20.10	32.07	3.98	0.80	0.60	75.00	3.11
1962	63.08	19.48	16.19	25.67	17.54	2.84	2.78	97.89	14.27
1963	63.02	19.38	18.92	30.02	36.42	6.89	7.46	108.27	38.49
1964	63.00	18.86	23.31	37.00	30.24	7.05	7.26	102.98	38.49
1965	62.66	19.23	20.86	33.29	44.87	9.36	9.08	97.01	47.22
1966	62.64	19.81	13.46	21.49	22.07	2.97	2.77	93.27	13.98
1967	62.64	20.19	17.32	27.65	38.57	6.68	6.34	94.91	31.40
1968	62.62	20.66	18.70	29.86	35.99	6.73	6.42	95.39	31.07
1969	62.39	21.17	17.14	27.47	58.81	10.08	9.82	97.42	46.39
10 年小计			**163.12**	**27.58**	**31.88**	**52.01**	**49.77**	**95.69**	**23.04**
占合计%			**12.97**			**5.52**	**6.66**		
1970	62.50	21.73	16.85	26.96	53.06	8.94	8.69	97.20	39.99
1971	61.19	22.08	16.62	27.16	47.29	7.86	7.61	96.82	34.47
1972	60.17	22.20	16.07	26.71	33.91	5.45	5.22	95.78	23.51
1973	61.30	22.37	15.75	25.69	42.03	6.62	5.25	79.31	23.47
1974	59.46	22.54	16.00	26.91	43.75	7.00	6.33	90.43	28.08
1975	59.37	22.64	16.06	27.05	38.11	6.12	5.90	96.41	26.06
1976	59.20	22.71	15.98	26.99	26.78	4.28	4.17	97.43	18.36
1977	59.18	22.79	16.00	27.04	5.94	0.95	0.72	75.79	3.16
1978	50.04	14.17	17.89	35.75	15.54	2.78	2.55	91.73	18.00
1979	59.05	22.74	15.90	26.93	12.64	2.01	3.33	165.67	14.64
10 年小计			**254.53**	**43.18**	**143.29**	**364.72**	**345.44**	**94.71**	**147.53**
占合计%			**20.23**			**38.72**	**46.22**		
1980	59.05	22.76	16.22	27.47	68.00	11.03	12.21	110.70	53.65
1981	59.05	23.04	17.76	30.08	102.53	18.21	18.77	103.08	81.47
1982	59.04	23.19	24.50	41.50	117.55	28.80	29.06	100.90	125.31
1983	59.04	23.24	25.24	42.75	304.44	76.84	40.62	52.86	174.78
1984	59.02	24.44	26.71	45.26	183.49	49.01	54.88	111.98	224.55
1985	59.00	23.41	25.84	43.80	145.28	37.54	33.50	89.24	143.10
1986	58.80	23.45	28.90	49.15	131.35	37.96	37.78	99.53	161.11
1987	58.80	23.48	29.55	50.26	135.16	39.94	41.60	104.16	177.17
1988	58.80	23.50	30.10	51.19	115.61	34.80	39.17	112.56	166.68
1989	58.90	23.64	29.71	50.44	102.96	30.59	37.85	123.73	160.11
11 年小计			**270.39**	**42.07**	**112.06**	**302.99**	**178.19**	**58.81**	**66.50**
占合计%			**21.49**			**32.16**	**23.84**		
1990	58.87	24.31	31.19	52.98	82.24	25.65	28.29	110.29	116.37
1991	58.80	24.39	33.39	56.79	113.75	37.98	38.04	100.16	155.97
1992	58.80	24.49	31.55	53.66	73.12	23.07	18.57	80.49	75.83
1993	58.80	24.57	26.30	44.73	86.08	22.64	9.72	42.93	39.56
1994	58.40	24.58	26.30	45.03	107.30	28.22	14.19	50.28	57.73
1995	58.80	24.50	23.20	39.46	103.88	24.10	18.50	76.76	75.51
1996	58.80	24.50	16.40	27.89	98.17	16.10	12.50	77.64	51.02
1997	58.45	24.20	20.00	34.22	131.25	26.25	5.60	21.33	23.14
1998	57.67	24.20	20.72	35.93	152.51	31.60	13.38	42.34	55.29
1999	57.67	24.10	21.05	36.50	154.58	32.54	9.00	27.66	37.34
2000	57.67	24.10	20.29	35.18	171.71	34.84	10.40	29.85	43.15

5－18－100　河北省献县历年棉花生产收购

年　度	耕地面积（万亩）	农业人口（万人）	棉田面积（万亩）	占耕地（%）	亩　产（市斤）	产　量（万担）	收购量（万担）	商品率（%）	人均交售（市斤）
52年合计			**326.19**	**5.39**	**40.76**	**132.97**	**90.05**	**67.72**	**4.40**
11年小计			**54.21**	**3.68**	**14.04**	**7.61**	**3.47**	**45.60**	**1.04**
占合计%			**16.62**			**5.72**	**3.85**		
1949	134.59	28.92	5.34	3.97	8.24	0.44			
1950	135.00	28.90	6.04	4.47	6.46	0.39			
1951	136.00	29.70	4.78	3.51	9.21	0.44			
1952	137.27	30.91	5.47	3.98	15.36	0.84	0.37	44.05	1.20
1953	137.00	30.80	3.14	2.29	7.64	0.24	0.04	16.67	0.13
1954	137.00	31.30	7.10	5.18	6.48	0.46	0.14	30.43	0.45
1955	138.00	31.90	6.99	5.07	31.47	2.20	1.24	56.36	3.89
1956	134.00	31.60	7.76	5.79	3.87	0.30	0.28	93.33	0.89
1957	130.58	31.11	3.55	2.72	19.44	0.69	0.60	86.96	1.93
1958	127.00	29.00	1.49	1.17	39.60	0.59	0.12	20.34	0.41
1959	126.00	31.00	2.55	2.02	40.00	1.02	0.68	66.67	2.19
10年小计			**20.39**	**1.68**	**10.35**	**2.11**	**0.13**	**6.16**	**0.04**
占合计%			**6.25**			**1.59**	**0.14**		
1960	126.00	30.00	2.29	1.82	7.86	0.18	0.11	61.11	0.37
1961	126.00	32.00	2.60	2.06	8.85	0.23	0.02	8.70	0.06
1962	110.58	34.44	2.32	2.10	13.79	0.32			
1963	127.00	34.00	3.40	2.68	2.65	0.09			
1964	127.00	33.00	1.75	1.38	2.29	0.04			
1965	121.44	33.64	1.80	1.48	15.56	0.28			
1966	120.02	34.35	1.91	1.59	8.90	0.17			
1967	119.09	34.97	1.05	0.88	17.14	0.18			
1968	116.94	35.41	1.41	1.21	17.73	0.25			
1969	116.90	36.40	1.86	1.59	19.89	0.37			
10年小计			**17.92**	**1.60**	**12.11**	**2.17**	**1.12**	**51.61**	**0.29**
占合计%			**5.49**			**1.63**	**1.24**		
1970	116.51	37.25	1.73	1.48	19.65	0.34			
1971	116.36	38.01	1.19	1.02	13.45	0.16	0.02	12.50	0.05
1972	116.36	38.48	0.91	0.78	8.79	0.08			
1973	114.85	39.06	1.22	1.06	13.93	0.17	0.07	41.18	0.18
1974	114.27	39.33	3.10	2.71	14.19	0.44	0.24	54.55	0.61
1975	107.79	39.59	3.56	3.30	19.94	0.71	0.61	85.92	1.54
1976	107.53	39.91	3.09	2.87	6.80	0.21	0.16	76.19	0.40
1977	107.51	40.21	2.96	2.75	1.01	0.03	0.02	66.67	0.05
1978	107.50	40.47	0.09	0.08	22.22	0.02			
1979	108.00	40.30	0.07	0.06	14.29	0.01			
10年小计			**72.84**	**6.78**	**48.67**	**35.45**	**32.78**	**92.47**	**7.53**
占合计%			**22.33**			**26.66**	**36.40**		
1980	107.47	41.26	0.04	0.04	25.00	0.01			
1981	107.50	41.90	0.07	0.07	14.29	0.01			
1982	107.40	42.70					0.22		0.52
1983	107.40	43.10	3.17	2.95	53.63	1.70	2.60	152.94	6.03
1984	107.40	43.47	14.19	13.21	55.18	7.83	10.74	137.16	24.71
1985	107.42	43.65	8.08	7.52	42.45	3.43	2.68	78.13	6.14
1986	107.40	44.08	4.25	3.96	45.18	1.92	2.22	115.63	5.04
1987	107.40	44.46	7.10	6.61	53.52	3.80	4.78	125.79	10.75
1988	107.40	44.90	18.70	17.41	56.47	10.56	4.71	44.60	10.49
1989	107.40	45.60	17.24	16.05	35.90	6.19	4.83	78.03	10.59
11年小计			**160.83**	**13.67**	**53.24**	**85.63**	**52.55**	**61.37**	**9.62**
占合计%			**49.31**			**64.40**	**58.36**		
1990	107.34	48.04	19.15	17.84	47.89	9.17	5.51	60.09	11.47
1991	106.50	48.70	34.99	32.85	55.99	19.59	11.13	56.81	22.85
1992	107.34	49.00	31.74	29.57	21.52	6.83	1.59	23.28	3.24
1993	107.26	49.27	9.62	8.97	58.21	5.60	1.97	35.18	4.00
1994	107.26	49.60	17.11	15.95	68.56	11.73	2.34	19.95	4.72
1995	106.98	49.79	12.71	11.88	54.45	6.92	1.10	15.90	2.21
1996	106.80	50.02	5.10	4.78	32.55	1.66	0.56	33.73	1.12
1997	106.80	50.07	7.10	6.65	15.49	1.10	2.99	*	5.97
1998	106.76	50.28	6.96	6.52	90.23	6.28	5.96	94.90	11.85
1999	106.55	50.70	7.40	6.95	87.30	6.46	10.40	160.99	20.51
2000	106.55	50.70	8.95	8.40	114.97	10.29	9.00	87.46	17.75

5－18－101 河北省盐山县历年棉花生产收购

年　度	耕地面积（万亩）	农业人口（万人）	棉田面积（万亩）	占耕地（%）	亩　产（市斤）	产　量（万担）	收购量（万担）	商品率（%）	人均交售（市斤）
52 年合计			**410.40**	**10.30**	**54.72**	**224.58**	**157.17**	**69.98**	**10.33**
11 年小计			**46.23**	**5.05**	**23.79**	**11.00**	**4.65**	**42.27**	**1.86**
占合计%			**11.26**			**4.90**	**2.96**		
1949	75.47	21.20	2.60	3.45	23.46	0.61	0.00		
1950	78.00	21.30	3.23	4.14	25.08	0.81	0.00		
1951	84.00	21.60	3.44	4.10	25.87	0.89	0.00		
1952	86.36	22.00	7.53	8.72	23.90	1.80	0.39	21.67	1.77
1953	86.00	22.50	4.61	5.36	12.80	0.59	0.06	10.17	0.27
1954	87.00	23.20	4.68	5.38	22.44	1.05	0.28	26.67	1.21
1955	87.00	23.50	4.04	4.64	28.22	1.14	0.68	59.65	2.89
1956	84.00	23.70	4.72	5.62	20.34	0.96	0.55	57.29	2.32
1957	84.19	23.90	2.76	3.28	28.26	0.78	0.61	78.21	2.55
1958	84.00	24.00	4.06	4.83	23.65	0.96	0.96	100.00	4.00
1959	79.00	23.00	4.56	5.77	30.92	1.41	1.12	79.43	4.87
10 年小计			**31.09**	**4.15**	**17.24**	**5.36**	**4.15**	**77.43**	**1.63**
占合计%			**7.58**			**2.39**	**2.64**		
1960	76.00	23.00	5.20	6.84	13.08	0.68	0.87	127.94	3.78
1961	73.00	24.00	3.69	5.05	3.79	0.14	0.05	35.71	0.21
1962	75.08	24.90	2.63	3.50	12.55	0.33	0.33	100.00	1.33
1963	75.00	25.00	3.55	4.73	9.30	0.33	0.24	72.73	0.96
1964	76.00	25.00	2.95	3.88	14.58	0.43	0.34	79.07	1.36
1965	75.52	25.40	2.61	3.46	26.44	0.69	0.47	68.12	1.85
1966	74.93	26.11	1.16	1.55	10.34	0.12	0.04	33.33	0.15
1967	74.70	26.49	2.35	3.15	17.45	0.41	0.23	56.10	0.87
1968	74.53	27.07	3.01	4.04	31.23	0.94	0.60	63.83	2.22
1969	74.32	27.62	3.94	5.30	32.74	1.29	0.98	75.97	3.55
10 年小计			**36.17**	**4.92**	**17.36**	**6.28**	**4.00**	**63.69**	**1.34**
占合计%			**8.81**			**2.80**	**2.55**		
1970	75.52	28.20	3.28	4.34	35.98	1.18			
1971	74.05	28.83	3.64	4.92	21.15	0.77	0.53	68.83	1.84
1972	74.05	29.12	3.01	4.06	12.96	0.39	0.25	64.10	0.86
1973	73.47	29.65	3.18	4.33	22.96	0.73	0.59	80.82	1.99
1974	73.47	29.98	3.11	4.23	18.65	0.58	0.43	74.14	1.43
1975	73.15	30.20	3.17	4.33	23.34	0.74	0.58	78.38	1.92
1976	72.88	30.51	3.82	5.24	10.47	0.40	0.34	85.00	1.11
1977	72.88	30.64	3.44	4.72	1.16	0.04	0.01	25.00	0.03
1978	72.88	30.60	4.92	6.75	13.62	0.67	0.56	83.58	1.83
1979	73.00	30.75	4.60	6.30	16.96	0.78	0.71	91.03	2.31
10 年小计			**144.19**	**19.80**	**76.14**	**109.79**	**102.94**	**93.76**	**32.20**
占合计%			**35.13**			**48.89**	**65.50**		
1980	72.88	30.90	4.31	5.91	23.43	1.01	1.23	121.78	3.98
1981	72.90	31.40	3.19	4.38	17.87	0.57	1.48	*	4.71
1982	72.90	31.70	7.00	9.60	53.43	3.74	3.28	87.70	10.35
1983	72.90	31.90	12.65	17.35	79.29	10.03	9.58	95.51	30.03
1984	72.80	31.96	24.50	33.65	100.57	24.64	16.89	68.55	52.85
1985	72.83	32.00	17.06	23.42	111.96	19.10	11.75	61.52	36.72
1986	72.80	32.12	15.23	20.92	99.21	15.11	14.61	96.69	45.49
1987	72.80	32.35	20.83	28.61	59.10	12.31	15.88	129.00	49.09
1988	72.80	32.60	21.30	29.26	82.96	17.67	17.40	98.47	53.37
1989	72.80	32.80	18.12	24.89	30.96	5.61	10.84	193.23	33.05
11 年小计			**152.72**	**17.86**	**60.34**	**92.15**	**41.43**	**44.96**	**10.37**
占合计%			**37.21**			**41.03**	**26.36**		
1990	78.83	35.40	22.32	28.31	52.96	11.82	10.73	90.78	30.31
1991	78.83	35.54	26.85	34.06	64.95	17.44	13.72	78.67	38.60
1992	78.83	35.63	19.66	24.94	7.58	1.49	1.18	79.19	3.31
1993	78.83	35.64	5.74	7.28	58.01	3.33	0.83	24.92	2.33
1994	78.83	36.19	19.74	25.04	65.81	12.99	3.91	30.10	10.80
1995	78.83	36.40	19.75	25.05	68.76	13.58	3.11	22.90	8.54
1996	78.83	36.40	8.80	11.16	67.39	5.93	0.47	7.93	1.29
1997	78.83	36.60	10.20	12.94	24.31	2.48	3.88	156.45	10.60
1998	78.83	37.00	7.15	9.07	111.89	8.00	0.87	10.88	2.35
1999	72.80	37.30	5.97	8.20	99.33	5.93	0.27	4.55	0.72
2000	72.80	37.30	6.54	8.98	140.06	9.16	2.46	26.86	6.60

5－18－102 河北省肥乡县历年棉花生产收购

年 度	耕地面积（万亩）	农业人口（万人）	棉田面积（万亩）	占耕地（%）	亩 产（市斤）	产 量（万担）	收购量（万担）	商品率（%）	人均交售（市斤）
52 年合计			**917.54**	**28.45**	**69.75**	**639.95**	**480.04**	**75.01**	**43.14**
11 年小计			**234.25**	**32.15**	**37.82**	**88.60**	**80.97**	**91.39**	**48.47**
占合计%			**25.53**			**13.84**	**16.87**		
1949	70.09	14.12	9.21	13.14	29.97	2.76	2.21	80.07	15.65
1950	70.17	14.46	18.00	25.65	37.00	6.66	5.35	80.33	37.00
1951	70.30	14.72	27.00	38.41	38.00	10.26	8.21	80.02	55.77
1952	64.71	13.82	22.15	34.23	46.73	10.35	8.28	80.00	59.91
1953	64.71	14.17	20.87	32.25	30.95	6.46	6.25	96.75	44.11
1954	65.35	14.81	19.75	30.22	53.16	10.50	10.28	97.90	69.41
1955	65.38	15.61	23.62	36.13	42.80	10.11	9.88	97.73	63.29
1956	65.08	15.92	24.38	37.46	24.04	5.86	5.62	95.90	35.30
1957	65.16	16.36	22.56	34.62	44.86	10.12	9.87	97.53	60.33
1958	63.12	16.38	24.23	38.39	29.80	7.22	6.97	96.54	42.55
1959	64.48	16.69	22.48	34.86	36.92	8.30	8.05	96.99	48.23
10 年小计			**163.10**	**26.40**	**27.94**	**45.57**	**48.60**	**106.65**	**26.91**
占合计%			**17.78**			**7.12**	**10.12**		
1960	62.78	17.03	23.64	37.66	29.23	6.91	6.65	96.24	39.05
1961	61.97	17.05	20.26	32.69	18.02	3.65	3.39	92.88	19.88
1962	62.12	17.50	16.32	26.27	29.11	4.75	4.48	94.32	25.60
1963	62.20	17.74	21.85	35.13	7.60	1.66	1.40	84.34	7.89
1964	61.87	17.57	19.26	31.13	26.58	5.12	4.86	94.92	27.66
1965	61.77	17.94	17.93	29.03	43.22	7.75	7.18	92.65	40.02
1966	61.45	18.28	10.90	17.74	24.31	2.65	2.38	89.81	13.02
1967	61.36	18.73	10.43	17.00	38.73	4.04	9.87	*	52.70
1968	61.21	19.19	12.33	20.14	38.04	4.69	4.35	92.75	22.67
1969	61.10	19.58	10.18	16.66	42.73	4.35	4.04	92.87	20.63
10 年小计			**104.94**	**17.29**	**35.63**	**37.39**	**35.36**	**94.57**	**16.60**
占合计%			**11.44**			**5.84**	**7.37**		
1970	60.85	19.98	10.28	16.89	44.94	4.62	4.30	93.07	21.52
1971	60.83	20.20	10.12	16.64	45.06	4.56	4.27	93.64	21.14
1972	60.77	20.52	10.65	17.53	28.83	3.07	2.81	91.53	13.69
1973	60.76	20.94	10.00	16.46	38.90	3.89	3.59	92.29	17.14
1974	60.71	21.34	10.50	17.30	41.24	4.33	4.06	93.76	19.03
1975	60.61	21.55	10.60	17.49	40.09	4.25	3.95	92.94	18.33
1976	60.60	21.71	10.57	17.44	28.00	2.96	2.82	95.27	12.99
1977	60.60	22.81	10.50	17.33	28.76	3.02	3.02	100.00	13.24
1978	60.60	21.89	10.62	17.52	35.40	3.76	3.69	98.14	16.86
1979	60.60	22.07	11.10	18.32	26.40	2.93	2.85	97.27	12.91
10 年小计			**172.79**	**28.53**	**110.29**	**190.57**	**158.23**	**83.03**	**65.49**
占合计%			**18.83**			**29.78**	**32.96**		
1980	60.63	22.40	11.24	18.54	61.83	6.95	7.55	108.63	33.71
1981	60.62	22.89	10.77	17.77	64.72	6.97	6.44	92.40	28.13
1982	60.61	23.44	14.00	23.10	66.29	9.28	8.13	87.61	34.68
1983	60.59	23.83	14.46	23.87	138.38	20.01	19.82	99.05	83.17
1984	60.59	24.19	15.46	25.52	159.25	24.62	23.73	96.39	98.10
1985	60.59	24.40	15.41	25.43	112.39	17.32	13.08	75.52	53.61
1986	60.50	24.58	15.13	25.01	101.12	15.30	14.03	91.70	57.08
1987	60.48	24.75	21.30	35.22	121.83	25.95	22.86	88.09	92.36
1988	60.48	25.42	25.30	41.83	116.21	29.40	21.26	72.31	83.63
1989	60.48	25.71	29.72	49.14	116.99	34.77	21.33	61.35	82.96
11 年小计			**242.46**	**36.38**	**114.58**	**277.82**	**156.88**	**56.47**	**50.53**
占合计%			**26.43**			**43.41**	**32.68**		
1990	60.48	26.83	28.30	46.79	114.66	32.45	30.91	95.25	115.21
1991	60.48	27.03	28.60	47.29	109.02	31.18	27.91	89.51	103.26
1992	60.48	27.15	29.36	48.54	73.13	21.47	18.98	88.40	69.91
1993	60.48	27.32	21.80	36.04	95.37	20.79	12.10	58.20	44.29
1994	60.45	27.41	30.23	50.01	76.05	22.99	16.02	69.68	58.45
1995	61.50	31.50	28.80	46.83	136.11	39.20	10.92	27.86	34.67
1996	61.50	31.50	16.30	26.50	143.25	23.35	7.59	32.51	24.10
1997	60.45	27.58	17.30	28.62	146.82	25.40	4.31	16.97	15.63
1998	60.45	27.72	14.72	24.35	141.10	20.77	9.96	47.95	35.93
1999	60.14	28.20	11.75	19.54	146.04	17.16	8.98	52.33	31.84
2000	60.14	28.20	15.30	25.44	150.72	23.06	9.20	39.90	32.62

5－18－103　河北省大名县历年棉花生产收购

年　　度	耕地面积（万亩）	农业人口（万人）	棉田面积（万亩）	占耕地（%）	亩　产（市斤）	产　量（万担）	收购量（万担）	商品率（%）	人均交售（市斤）
52 年合计			**516.98**	**8.90**	**63.88**	**330.26**	**210.55**	**63.75**	**8.25**
11 年小计			**79.69**	**6.28**	**24.48**	**19.51**	**16.04**	**82.21**	**4.53**
占合计%			**15.41**			**5.91**	**7.62**		
1949	104.87	27.52	4.54	4.33	17.84	0.81	0.73	90.12	2.65
1950	112.62	29.34	7.05	6.26	20.99	1.48	1.18	79.73	4.02
1951	114.91	31.18	10.00	8.70	19.10	1.91	1.53	80.10	4.91
1952	115.26	31.96	8.23	7.14	28.31	2.33	1.86	79.83	5.82
1953	121.62	31.05	6.66	5.48	14.41	0.96	1.42	147.92	4.57
1954	120.23	32.28	8.54	7.10	29.16	2.49	1.07	42.97	3.31
1955	117.22	33.48	8.09	6.90	33.50	2.71	2.49	91.88	7.44
1956	118.69	34.09	7.2	6.07	11.39	0.82	1.22	148.78	3.58
1957	118.69	34.65	6.2	5.22	33.06	2.05	1.75	85.37	5.05
1958	113.50	33.74	5.68	5.00	25.00	1.42	1.45	102.11	4.30
1959	112.09	34.83	7.5	6.69	33.73	2.53	1.34	52.96	3.85
10 年小计			**44.64**	**3.98**	**23.25**	**10.38**	**8.61**	**82.95**	**2.13**
占合计%			**8.63**			**3.14**	**4.09**		
1960	112.35	34.69	7.45	6.63	27.79	2.07	2.06	99.52	5.94
1961	112.35	36.80	5.93	5.28	8.09	0.48	0.39	81.25	1.06
1962	113.65	38.71	4.04	3.55	18.81	0.76	0.67	88.16	1.73
1963	113.12	39.91	3.12	2.76	17.63	0.55	0.48	87.27	1.20
1964	112.67	39.68	3.18	2.82	23.27	0.74	0.69	93.24	1.74
1965	112.20	40.69	3.18	2.83	33.02	1.05	0.95	90.48	2.33
1966	112.08	41.68	2.62	2.34	19.08	0.50	0.31	62.00	0.74
1967	111.74	42.60	3.35	3.00	25.97	0.87	0.54	62.07	1.27
1968	111.45	43.80	4.26	3.82	38.97	1.66	1.36	81.93	3.11
1969	110.09	44.74	7.51	6.82	22.64	1.70	1.16	68.24	2.59
10 年小计			**45.97**	**4.15**	**22.91**	**10.53**	**8.38**	**79.58**	**1.70**
占合计%			**8.89**			**3.19**	**3.98**		
1970	110.90	45.67	6.05	5.46	28.76	1.74	1.43	82.18	3.13
1971	110.76	46.53	6.97	6.29	18.94	1.32	0.94	71.21	2.02
1972	109.76	47.43	5.01	4.56	21.76	1.09	0.78	71.56	1.64
1973	111.02	48.55	5.76	5.19	23.09	1.33	1.02	76.69	2.10
1974	110.98	49.60	3.20	2.88	31.25	1.00	0.75	75.00	1.51
1975	110.97	50.02	3.19	2.87	31.03	0.99	0.78	78.79	1.56
1976	110.85	50.32	4.75	4.29	16.84	0.80	0.62	77.50	1.23
1977	110.78	50.87	4.93	4.45	12.37	0.61	0.50	81.97	0.98
1978	110.78	51.33	3.01	2.72	30.23	0.91	0.81	89.01	1.58
1979	110.78	51.89	3.10	2.80	23.87	0.74	0.75	101.35	1.45
10 年小计			**140.02**	**12.71**	**86.37**	**120.93**	**104.03**	**86.02**	**18.18**
占合计%			**27.08**			**36.62**	**49.41**		
1980	110.45	52.83	3.09	2.80	53.07	1.64	1.66	101.22	3.14
1981	110.45	54.03	3.13	2.83	67.41	2.11	2.91	137.91	5.39
1982	110.45	55.11	11.20	10.14	67.41	7.55	5.54	73.38	10.05
1983	110.45	55.91	13.31	12.05	86.63	11.53	12.17	105.55	21.77
1984	109.91	56.64	18.69	17.00	123.38	23.06	22.27	96.57	39.32
1985	110.01	57.42	14.05	12.77	78.15	10.98	11.88	108.20	20.69
1986	110.02	58.49	10.85	9.86	54.01	5.86	7.88	134.47	13.47
1987	109.98	59.27	13.95	12.68	83.15	11.60	11.42	98.45	19.27
1988	109.96	60.51	22.50	20.46	84.36	18.98	13.80	72.71	22.81
1989	109.90	61.97	29.25	26.62	94.43	27.62	14.50	52.50	23.40
11 年小计			**206.66**	**17.10**	**81.73**	**168.91**	**73.49**	**43.51**	**10.08**
占合计%			**39.97**			**51.14**	**34.90**		
1990	109.90	64.07	30.85	28.07	105.77	32.63	12.36	37.88	19.29
1991	109.90	64.54	27.69	25.20	121.42	33.62	29.92	88.99	46.36
1992	109.90	65.05	30.58	27.83	91.86	28.09	5.38	19.15	8.27
1993	109.89	65.26	20.79	18.92	29.73	6.18	1.43	23.14	2.19
1994	110.09	65.29	25.28	22.96	94.11	23.79	9.68	40.69	14.83
1995	109.89	66.65	23.20	21.11	64.01	14.85	6.92	46.60	10.38
1996	109.89	66.77	10.50	9.56	66.38	6.97	2.15	30.85	3.22
1997	110.02	70.19	14.10	12.82	39.93	5.63	0.26	4.62	0.37
1998	110.02	70.35	11.00	10.00	77.55	8.53	4.53	53.11	6.44
1999	109.66	65.60	8.03	7.32	64.88	5.21	0.52	9.98	0.79
2000	109.66	65.60	4.64	4.23	73.49	3.41	0.34	9.97	0.52

5－18－104 河北省磁县历年棉花生产收购

年　度	耕地面积（万亩）	农业人口（万人）	棉田面积（万亩）	占耕地（%）	亩　产（市斤）	产　量（万担）	收购量（万担）	商品率（%）	人均交售（市斤）
52年合计			**792.61**	**20.66**	**48.57**	**385.01**	**366.05**	**95.08**	**16.96**
11年小计			**288.85**	**31.55**	**39.15**	**113.09**	**96.23**	**85.09**	**31.22**
占合计%			**36.44**			**29.37**	**26.29**		
1949	82.11	26.30	25.43	30.97	38.77	9.86	7.89	80.02	30.00
1950	82.80	26.77	28.63	34.58	35.87	10.27	8.22	80.04	30.71
1951	82.30	27.27	26.33	31.99	45.99	12.11	9.69	80.02	35.53
1952	84.10	26.03	24.08	28.63	53.65	12.92	10.34	80.03	39.72
1953	84.40	27.19	22.50	26.66	33.91	7.63	7.79	102.10	28.65
1954	85.00	27.75	27.11	31.89	50.06	13.57	10.44	76.93	37.62
1955	86.90	27.51	27.50	31.65	36.40	10.01	10.78	107.69	39.19
1956	86.20	28.89	30.41	35.28	26.80	8.15	7.35	90.18	25.44
1957	85.90	29.28	28.30	32.95	39.19	11.09	9.37	84.49	32.00
1958	78.30	30.45	26.02	33.23	34.24	8.91	6.55	73.51	21.51
1959	77.40	30.84	22.54	29.12	38.02	8.57	7.81	91.13	25.32
10年小计			**164.43**	**22.32**	**28.07**	**46.15**	**41.44**	**89.79**	**12.12**
占合计%			**20.75**			**11.99**	**11.32**		
1960	76.90	30.06	22.34	29.05	14.32	3.20	2.50	78.13	8.32
1961	72.90	30.66	15.25	20.92	11.67	1.78	1.20	67.42	3.91
1962	72.60	32.08	11.28	15.54	25.80	2.91	2.47	84.88	7.70
1963	73.40	33.15	21.73	29.60	13.48	2.93	2.66	90.78	8.02
1964	72.70	33.58	21.28	29.27	30.12	6.41	5.77	90.02	17.18
1965	73.65	34.56	19.29	26.19	42.25	8.15	7.68	94.23	22.22
1966	74.00	35.78	12.82	17.32	29.49	3.78	3.55	93.92	9.92
1967	74.00	36.52	13.65	18.45	35.60	4.86	4.44	91.36	12.16
1968	73.30	37.28	13.89	18.95	41.25	5.73	5.46	95.29	14.65
1969	73.10	38.21	12.9	17.65	49.61	6.4	5.71	89.22	14.94
10年小计			**119.27**	**16.79**	**38.00**	**45.32**	**41.30**	**91.13**	**9.82**
占合计%			**15.05**			**11.77**	**11.28**		
1970	72.21	39.00	12.19	16.88	50.04	6.10	5.64	92.46	14.46
1971	72.30	39.79	11.88	16.43	37.63	4.47	3.96	88.59	9.95
1972	70.90	40.42	12.59	17.76	33.92	4.27	3.69	86.42	9.13
1973	70.90	41.43	11.89	16.77	39.87	4.74	4.16	87.76	10.04
1974	70.90	42.39	12.69	17.90	38.93	4.94	4.52	91.50	10.66
1975	70.80	42.84	12.00	16.95	36.83	4.42	3.98	90.05	9.29
1976	70.60	43.14	12.00	17.00	25.75	3.09	2.91	94.17	6.75
1977	70.60	43.50	11.55	16.36	39.91	4.61	4.38	95.01	10.07
1978	70.55	43.88	10.48	14.85	41.51	4.35	3.72	85.52	8.48
1979	70.54	44.30	12.00	17.01	36.08	4.33	4.34	100.23	9.80
10年小计			**113.70**	**16.18**	**69.51**	**79.03**	**85.28**	**107.91**	**17.81**
占合计%			**14.35**			**20.53**	**23.30**		
1980	70.33	44.40	12.77	18.16	70.87	9.05	8.99	99.34	20.25
1981	70.50	45.60	9.90	14.04	51.92	5.14	5.45	106.03	11.95
1982	70.40	46.30	13.30	18.89	22.33	2.97	3.62	121.89	7.82
1983	70.20	47.20	14.00	19.94	81.50	11.41	11.55	101.23	24.47
1984	70.20	47.86	13.78	19.63	97.31	13.41	15.40	114.84	32.18
1985	70.23	48.20	11.35	16.16	58.41	6.63	3.59	54.15	7.45
1986	70.20	48.85	7.94	11.31	57.93	4.60	5.64	122.61	11.55
1987	70.20	49.33	9.60	13.68	75.00	7.20	8.72	121.11	17.68
1988	70.20	50.40	10.80	15.38	85.46	9.23	11.27	122.10	22.36
1989	70.10	50.60	10.26	14.64	91.52	9.39	11.05	117.68	21.84
11年小计			**106.36**	**13.77**	**95.36**	**101.42**	**101.80**	**100.37**	**16.71**
占合计%			**13.42**			**26.34**	**27.81**		
1990	70.08	53.50	11.10	15.84	98.38	10.92	11.52	105.49	21.53
1991	70.10	54.80	11.97	17.08	84.29	10.09	10.95	108.52	19.98
1992	70.12	55.00	11.82	16.86	84.69	10.01	10.09	100.80	18.35
1993	70.25	54.87	10.28	14.63	83.95	8.63	13.82	160.14	25.19
1994	70.23	55.41	11.51	16.39	97.39	11.21	13.40	119.54	24.18
1995	70.24	55.30	10.75	15.30	89.95	9.67	7.60	78.59	13.74
1996	70.24	55.10	10.80	15.38	104.35	11.27	3.40	30.17	6.17
1997	70.35	55.80	10.30	14.64	103.01	10.61	6.43	60.60	11.52
1998	70.35	55.90	10.48	14.90	106.87	11.20	4.77	42.59	8.53
1999	70.26	56.80	5.25	7.47	103.05	5.41	13.82	*	24.33
2000	70.26	56.80	2.10	2.99	114.29	2.40	6.00	*	10.56

5－18－105 河北省广平县历年棉花生产收购

年　　度	耕地面积（万亩）	农业人口（万人）	棉田面积（万亩）	占耕地（%）	亩　产（市斤）	产　量（万担）	收购量（万担）	商品率（%）	人均交售（市斤）
52年合计			385.93	19.64	58.80	226.94	182.64	80.48	21.47
11年小计			92.71	21.65	33.07	30.66	23.78	77.56	19.05
占合计%			24.02			13.51	13.02		
1949	38.01	10.03	3.62	9.52	12.43	0.45	0.36	80.00	3.59
1950	38.00	10.34	7.99	21.03	26.78	2.14	1.70	79.44	16.44
1951	38.40	10.66	8.16	21.25	30.27	2.47	1.98	80.16	18.57
1952	40.00	10.87	8.42	21.05	45.01	3.79	3.03	79.95	27.87
1953	40.10	10.96	8.46	21.10	23.64	2.00	1.71	85.50	15.60
1954	39.80	11.23	8.51	21.38	43.01	3.66	1.31	35.79	11.67
1955	39.90	11.49	9.96	24.96	40.96	4.08	3.40	83.33	29.59
1956	39.70	11.98	9.17	23.10	25.95	2.38	1.76	73.95	14.69
1957	39.90	12.27	8.72	21.85	43.23	3.77	2.86	75.86	23.31
1958	38.30	12.49	10.71	27.96	26.61	2.85	2.73	95.79	21.86
1959	36.20	12.49	8.99	24.83	34.15	3.07	2.94	95.77	23.54
10年小计			65.67	17.41	31.26	20.53	18.86	91.87	13.60
占合计%			17.02			9.05	10.33		
1960	35.80	12.63	10.48	29.27	24.43	2.56	2.43	94.92	19.24
1961	35.30	13.10	8.27	23.43	12.82	1.06	1.30	122.64	9.92
1962	38.60	13.66	6.80	17.62	27.79	1.89	1.86	98.41	13.62
1963	38.50	13.81	9.12	23.69	19.63	1.79	1.75	97.77	12.67
1964	38.40	13.61	6.96	18.13	32.18	2.24	1.69	75.45	12.42
1965	38.40	13.81	6.77	17.63	45.94	3.11	2.90	93.25	21.00
1966	38.30	14.08	4.10	10.70	38.54	1.58	1.36	86.08	9.66
1967	38.20	14.36	4.11	10.76	42.34	1.74	1.46	83.91	10.17
1968	37.90	14.70	4.54	11.98	53.96	2.45	2.23	91.02	15.17
1969	37.70	14.95	4.52	11.99	46.68	2.11	1.88	89.10	12.58
10年小计			58.34	15.57	38.48	22.45	20.38	90.78	12.76
占合计%			15.12			9.89	11.16		
1970	37.54	15.15	5.50	14.65	56.91	3.13	2.95	94.25	19.47
1971	37.50	15.27	5.58	14.88	48.39	2.70	2.47	91.48	16.18
1972	37.50	15.53	5.53	14.75	35.44	1.96	1.76	89.80	11.33
1973	37.50	15.81	5.80	15.47	39.14	2.27	2.01	88.55	12.71
1974	37.50	16.07	5.96	15.89	43.96	2.62	2.28	87.02	14.19
1975	37.46	16.19	5.99	15.99	41.90	2.51	2.25	89.64	13.90
1976	37.50	16.27	6.00	16.00	29.00	1.74	1.52	87.36	9.34
1977	37.40	16.35	6.00	16.04	30.00	1.80	1.61	89.44	9.85
1978	37.45	16.45	5.98	15.97	37.79	2.26	2.09	92.48	12.71
1979	37.44	16.60	6.00	16.03	24.33	1.46	1.44	98.63	8.67
10年小计			87.31	23.34	90.31	78.85	76.88	97.50	41.48
占合计%			22.62			34.74	42.09		
1980	37.39	16.98	5.99	16.02	63.61	3.81	4.05	106.30	23.85
1981	37.40	17.40	6.08	16.26	43.09	2.62	3.12	119.08	17.93
1982	37.40	17.90	8.50	22.73	63.41	5.39	5.20	96.47	29.05
1983	37.40	18.20	9.02	24.12	107.10	9.66	10.11	104.66	55.55
1984	37.40	18.32	9.60	25.67	130.00	12.48	13.40	107.37	73.14
1985	37.41	18.71	9.35	24.99	95.29	8.91	7.91	88.78	42.28
1986	37.40	19.03	8.43	22.54	60.50	5.10	6.12	120.00	32.16
1987	37.40	19.29	9.45	25.27	86.88	8.21	9.28	113.03	48.11
1988	37.40	19.50	9.90	26.47	111.62	11.05	10.11	91.49	51.85
1989	37.40	20.00	10.99	29.39	105.73	11.62	7.58	65.23	37.90
11年小计			81.90	19.93	90.90	74.45	42.74	57.41	17.66
占合计%			21.22			32.81	23.40		
1990	37.40	21.08	11.50	30.75	104.09	11.97	8.28	69.17	39.28
1991	37.40	21.50	11.86	31.71	91.99	10.91	10.95	100.37	50.93
1992	37.38	21.70	9.93	26.57	48.84	4.85	0.56	11.55	2.58
1993	37.00	21.70	6.96	18.81	72.84	5.07	0.65	12.82	3.00
1994	37.38	22.17	11.40	30.50	94.74	10.80	5.41	50.09	24.40
1995	37.38	22.22	11.73	31.38	86.36	10.13	5.44	53.70	24.48
1996	37.38	22.37	3.20	8.56	117.50	3.76	3.47	92.29	15.51
1997	37.38	22.76	5.90	15.78	82.20	4.85	0.56	11.55	2.46
1998	37.38	23.05	2.28	6.10	130.70	2.98	1.67	56.04	7.25
1999	37.38	21.70	2.63	7.04	124.33	3.27	1.75	53.52	8.06
2000	37.38	21.70	4.51	12.07	129.93	5.86	4.00	68.26	18.43

5－18－106　河北省成安县历年棉花生产收购

年　度	耕地面积（万亩）	农业人口（万人）	棉田面积（万亩）	占耕地（%）	亩　产（市斤）	产　量（万担）	收购量（万担）	商品率（%）	人均交售（市斤）
52 年合计			**1309.55**	**43.55**	**68.84**	**901.54**	**743.91**	**82.52**	**59.47**
11 年小计			**385.11**	**59.02**	**52.48**	**202.10**	**176.93**	**87.55**	**95.52**
占合计%			**29.41**			**22.42**	**23.78**		
1949	56.30	14.50	14.38	25.54	28.30	4.07	3.26	80.10	22.48
1950	56.50	15.43	25.65	45.40	33.33	8.55	6.83	79.88	44.26
1951	57.80	15.71	39.44	68.24	39.43	15.55	12.44	80.00	79.19
1952	58.47	16.40	38.23	65.38	66.99	25.61	20.50	80.05	125.00
1953	58.88	16.59	39.36	66.85	39.99	15.74	15.40	97.84	92.83
1954	60.29	16.99	42.06	69.76	62.01	26.08	16.00	61.35	94.17
1955	61.67	17.30	41.05	66.56	51.86	21.29	20.89	98.12	120.75
1956	61.76	17.87	38.89	62.97	34.87	13.56	13.17	97.12	73.70
1957	61.94	18.19	36.32	58.64	61.89	22.48	20.08	89.32	110.39
1958	60.23	17.60	34.85	57.86	72.42	25.24	24.84	98.42	141.14
1959	58.68	18.65	34.88	59.44	68.61	23.93	23.52	98.29	126.11
10 年小计			**265.02**	**45.22**	**36.91**	**97.81**	**94.03**	**96.14**	**48.28**
占合计%			**20.24**			**10.85**	**12.64**		
1960	59.45	18.47	34.04	57.26	36.84	12.54	12.19	97.21	66.00
1961	59.35	18.21	31.38	52.87	23.10	7.25	6.95	95.86	38.17
1962	59.41	18.56	27.29	45.94	39.50	10.78	10.43	96.75	56.20
1963	59.35	18.77	31.13	52.45	9.16	2.85	2.65	92.98	14.12
1964	59.30	19.09	30.79	51.92	26.14	8.05	7.75	96.27	40.60
1965	58.60	19.42	30.66	52.32	54.79	16.8	16.05	95.54	82.65
1966	58.00	19.80	19.83	34.19	54.21	10.75	10.40	96.74	52.53
1967	58.00	20.20	20.17	34.78	43.33	8.74	8.38	95.88	41.49
1968	57.40	20.86	20.5	35.71	48.93	10.03	9.69	96.61	46.45
1969	57.20	21.38	19.23	33.62	52.11	10.02	9.54	95.21	44.62
10 年小计			**206.04**	**36.12**	**47.44**	**97.75**	**95.33**	**97.52**	**40.75**
占合计%			**15.73**			**10.84**	**12.81**		
1970	57.22	21.83	19.00	33.21	60.79	11.55	11.23	97.23	51.44
1971	57.20	22.11	19.02	33.25	61.67	11.73	11.29	96.25	51.06
1972	56.10	22.50	20.00	35.65	36.35	7.27	7.06	97.11	31.38
1973	57.20	23.11	20.01	34.98	59.82	11.97	11.58	96.74	50.11
1974	57.20	23.45	20.00	34.97	53.25	10.65	10.17	95.49	43.37
1975	57.20	23.74	23.00	40.21	47.00	10.81	10.50	97.13	44.23
1976	57.10	24.02	22.00	38.53	40.36	8.88	8.99	101.24	37.43
1977	57.10	24.22	21.00	36.78	43.05	9.04	8.71	96.35	35.96
1978	57.10	24.44	21.01	36.80	39.65	8.33	7.88	94.60	32.24
1979	57.09	24.50	21.00	36.78	35.81	7.52	7.92	105.32	32.33
10 年小计			**231.99**	**40.64**	**101.46**	**235.38**	**217.37**	**92.35**	**79.65**
占合计%			**17.72**			**26.11**	**29.22**		
1980	57.09	24.90	21.00	36.78	93.00	19.53	20.06	102.71	80.56
1981	57.10	25.70	20.39	35.71	63.07	12.86	13.62	105.91	53.00
1982	57.10	26.40	22.20	38.88	52.70	11.70	12.62	107.86	47.80
1983	57.10	26.80	24.00	42.03	144.00	34.56	33.97	98.29	126.75
1984	57.10	27.29	24.03	42.08	144.57	34.74	32.11	92.43	117.66
1985	57.09	27.60	22.04	38.61	82.03	18.08	15.11	83.57	54.75
1986	57.10	28.05	20.43	35.78	85.02	17.37	19.74	113.64	70.37
1987	57.10	28.33	23.73	41.56	107.75	25.57	22.66	88.62	79.99
1988	57.10	28.74	27.20	47.64	110.70	30.11	25.84	85.82	89.91
1989	57.00	29.10	26.97	47.32	114.42	30.86	21.64	70.12	74.36
11 年小计			**221.39**	**35.32**	**121.28**	**268.50**	**160.25**	**59.68**	**44.02**
占合计%			**16.91**			**29.78**	**21.54**		
1990	57.08	32.40	27.18	47.62	108.02	29.36	22.50	76.63	69.44
1991	57.10	32.90	27.02	47.32	90.04	24.33	27.91	114.71	84.83
1992	57.06	33.10	27.02	47.35	71.21	19.24	8.33	43.30	25.17
1993	57.06	33.35	16.55	29.00	92.99	15.39	11.11	72.19	33.31
1994	57.05	33.33	25.49	44.68	140.05	35.70	18.65	52.24	55.96
1995	57.04	33.30	25.64	44.95	114.27	29.30	7.61	25.97	22.85
1996	57.07	32.90	14.50	25.41	119.93	17.39	6.22	35.77	18.91
1997	56.99	32.90	13.90	24.39	167.12	23.23	14.94	64.31	45.41
1998	56.98	33.10	15.09	26.48	169.05	25.51	11.34	44.45	34.26
1999	56.71	33.40	12.49	22.02	168.05	20.99	21.64	103.10	64.79
2000	56.71	33.40	16.51	29.11	169.96	28.06	10.00	35.64	29.94

5-18-107 河北省馆陶县历年棉花生产收购

年 度	耕地面积（万亩）	农业人口（万人）	棉田面积（万亩）	占耕地（%）	亩 产（市斤）	产 量（万担）	收购量（万担）	商品率（%）	人均交售（市斤）
52 年合计			**678.44**	**25.91**	**69.54**	**471.81**	**416.72**	**88.32**	**41.24**
11 年小计			**142.12**	**23.42**	**24.85**	**35.32**	**31.18**	**88.28**	**20.30**
占合计%			**20.95**			**7.49**	**7.48**		
1949	56.41	12.97	11.86	21.02	15.85	1.88	1.48	78.72	11.41
1950	56.30	12.86	10.92	19.40	24.91	2.72	2.18	80.15	16.95
1951	57.10	13.15	13.87	24.29	22.64	3.14	2.51	79.94	19.09
1952	57.20	13.40	13.73	24.00	25.27	3.47	2.78	80.12	20.75
1953	56.00	13.55	13.33	23.80	22.96	3.06	2.80	91.50	20.66
1954	57.40	13.79	13.42	23.38	24.29	3.26	3.00	92.02	21.75
1955	56.80	14.55	14.73	25.93	35.57	5.24	4.98	95.04	34.23
1956	54.30	14.66	13.63	25.10	8.00	1.09	0.82	75.23	5.59
1957	51.90	14.82	11.03	21.25	29.37	3.24	2.96	91.36	19.97
1958	51.80	14.96	13.38	25.83	28.10	3.76	3.48	92.55	23.26
1959	51.50	14.92	12.22	23.73	36.50	4.46	4.19	93.95	28.08
10 年小计			**99.44**	**19.69**	**26.28**	**26.13**	**21.26**	**81.36**	**13.32**
占合计%			**14.66**			**5.54**	**5.10**		
1960	51.40	14.34	13.05	25.39	16.17	2.11	1.85	87.68	12.90
1961	51.40	14.78	7.97	15.51	5.02	0.40	0.46	115.00	3.11
1962	51.20	15.16	4.91	9.59	15.27	0.75	0.55	73.33	3.63
1963	51.60	15.52	10.10	19.57	1.39	0.14	0.15	107.14	0.97
1964	50.60	15.96	12.50	24.70	32.08	4.01	2.73	68.08	17.11
1965	50.50	15.98	12.17	24.10	36.32	4.42	2.11	47.74	13.20
1966	49.80	16.46	7.89	15.84	30.67	2.42	2.11	87.19	12.82
1967	49.50	16.80	9.70	19.60	34.64	3.36	3.06	91.07	18.21
1968	49.50	17.12	10.11	20.42	42.14	4.26	4.23	99.30	24.71
1969	49.60	17.45	11.04	22.26	38.59	4.26	4.01	94.13	22.98
10 年小计			**101.67**	**20.81**	**36.11**	**36.71**	**32.09**	**87.41**	**16.74**
占合计%			**14.99**			**7.78**	**7.70**		
1970	49.30	17.79	10.22	20.73	47.26	4.83	4.60	95.24	25.86
1971	49.40	18.15	10.86	21.98	43.74	4.75	4.47	94.11	24.63
1972	48.00	18.36	10.10	21.04	33.86	3.42	3.21	93.86	17.48
1973	49.20	18.66	10.15	20.63	37.54	3.81	3.55	93.18	19.02
1974	49.00	19.03	10.01	20.43	41.36	4.14	3.87	93.48	20.34
1975	48.80	19.42	10.12	20.74	41.01	4.15	3.68	88.67	18.95
1976	48.70	19.74	10.08	20.70	31.35	3.16	2.88	91.14	14.59
1977	48.70	20.00	10.02	20.57	23.45	2.35	0.23	9.79	1.15
1978	48.74	20.25	10.01	20.54	34.47	3.45	3.18	92.17	15.70
1979	48.74	20.30	10.10	20.72	26.24	2.65	2.42	91.32	11.92
10 年小计			**164.73**	**33.84**	**122.70**	**202.12**	**212.99**	**105.38**	**94.17**
占合计%			**24.28**			**42.84**	**51.11**		
1980	48.57	20.87	10.01	20.61	89.81	8.99	9.40	104.56	45.04
1981	48.70	21.40	10.05	20.64	105.27	10.58	10.84	102.46	50.65
1982	48.70	21.80	15.00	30.80	124.93	18.74	19.38	103.42	88.90
1983	48.70	22.20	16.44	33.76	170.38	28.01	31.04	110.82	139.82
1984	48.70	22.53	21.04	43.20	171.15	36.01	37.98	105.47	168.58
1985	48.59	22.81	17.65	36.32	100.68	17.77	19.03	107.09	83.43
1986	48.70	23.06	15.79	32.42	107.28	16.94	18.95	111.87	82.18
1987	48.70	23.41	17.84	36.63	115.47	20.60	25.49	123.74	108.89
1988	48.70	23.90	20.30	41.68	109.51	22.23	22.77	102.43	95.27
1989	48.70	24.20	20.61	42.32	107.96	22.25	18.11	81.39	74.83
11 年小计			**170.48**	**32.09**	**100.62**	**171.53**	**119.20**	**69.49**	**42.66**
占合计%			**25.13**			**36.36**	**28.60**		
1990	48.59	25.15	18.57	38.22	100.81	18.72	19.81	105.82	78.77
1991	48.70	25.30	20.17	41.42	104.07	20.99	28.38	135.21	112.17
1992	48.68	25.40	18.80	38.62	60.59	11.39	8.98	78.84	35.35
1993	48.48	25.54	15.50	31.97	95.10	14.74	5.47	37.11	21.42
1994	48.55	25.59	18.05	37.18	102.11	18.43	11.04	59.90	43.14
1995	48.48	25.48	21.12	43.56	96.21	20.32	5.24	25.79	20.57
1996	48.20	25.42	12.20	25.31	109.59	13.37	2.42	18.10	9.52
1997	48.16	25.36	13.70	28.45	83.14	11.39	8.98	78.84	35.41
1998	47.91	25.39	12.41	25.90	125.22	15.54	17.25	111.00	67.94
1999	47.75	25.40	10.24	21.45	129.79	13.29	10.23	76.98	40.28
2000	47.75	25.40	9.72	20.36	137.35	13.35	1.40	10.49	5.51

5-18-108 河北省邯郸市郊区历年棉花生产收购

年　度	耕地面积（万亩）	农业人口（万人）	棉田面积（万亩）	占耕地（%）	亩　产（市斤）	产　量（万担）	收购量（万担）	商品率（%）	人均交售（市斤）
52 年合计			**144.07**	**12.82**	**41.97**	**60.46**	**60.63**	**100.28**	**8.53**
11 年小计			**91.35**	**22.94**	**36.12**	**33.00**	**31.74**	**96.18**	**18.19**
占合计%			**63.41**			**54.58**	**52.35**		
1949	38.10	13.10	7.33	19.24	40.25	2.95	2.36	80.00	18.02
1950	38.10	13.13	7.18	18.85	33.98	2.44	1.95	79.92	14.85
1951	38.10	13.45	7.23	18.98	38.17	2.76	2.21	80.07	16.43
1952	38.10	13.10	7.11	18.66	43.18	3.07	2.46	80.13	18.78
1953	36.90	20.70	7.62	20.65	34.12	2.60	2.86	110.00	13.82
1954	37.00	15.10	8.35	22.57	44.79	3.74	2.49	66.58	16.49
1955	37.40	14.63	9.04	24.17	33.96	3.07	1.85	60.26	12.65
1956	36.10	15.72	11.31	31.33	21.40	2.42	3.76	155.37	23.92
1957	35.40	15.87	9.71	27.43	33.88	3.29	3.50	106.38	22.05
1958	33.50	23.27	9.53	28.45	36.94	3.52	2.89	82.10	12.42
1959	29.50	16.38	6.94	23.53	45.24	3.14	5.41	172.29	33.03
10 年小计			**28.71**	**9.81**	**27.41**	**7.87**	**11.48**	**145.87**	**6.71**
占合计%			**19.93**			**13.02**	**18.93**		
1960	29.50	14.31	7.12	24.14	24.86	1.77	4.59	*	32.08
1961	29.10	14.89	4.50	15.46	13.11	0.59	1.63	*	10.95
1962	29.50	12.69	1.31	4.44	24.43	0.32	0.76	*	5.99
1963	29.50	17.08	3.47	11.76	15.27	0.53	0.66	124.53	3.86
1964	29.40	17.64	3.87	13.16	28.42	1.10	1.64	149.09	9.30
1965	29.30	18.06	3.51	11.98	34.76	1.22	0.94	77.05	5.20
1966	29.40	18.46	0.10	0.34	110.00	0.11			
1967	29.20	19.00	1.34	4.59	40.30	0.54	0.26	48.15	1.37
1968	29.00	19.23	1.78	6.14	42.70	0.76	0.41	53.95	2.13
1969	28.80	19.67	1.71	5.94	54.39	0.93	0.59	63.44	3.00
10 年小计			**6.64**	**2.42**	**56.02**	**3.72**	**2.07**	**55.65**	**0.94**
占合计%			**4.61**			**6.15**	**3.41**		
1970	28.80	20.16	1.74	6.04	64.37	1.12	0.77	68.75	3.82
1971	28.40	20.65	1.57	5.53	42.04	0.66	0.39	59.09	1.89
1972	27.10	21.15	1.04	3.84	49.04	0.51	0.27	52.94	1.28
1973	27.70	21.64	1.04	3.75	66.35	0.69	0.37	53.62	1.71
1974	27.50	22.45	0.51	1.85	70.59	0.36	0.13	36.11	0.58
1975	27.20	22.30	0.52	1.91	50.00	0.26	0.09	34.62	0.40
1976	27.10	22.73	0.09	0.33	33.33	0.03			
1977	26.90	23.02	0.03	0.11	100.00	0.03			
1978	26.67	23.16	0.04	0.15	50.00	0.02			
1979	26.52	22.95	0.06	0.23	66.67	0.04	0.05	125.00	0.22
10 年小计			**17.23**	**13.00**	**91.93**	**15.84**	**15.34**	**96.84**	**12.78**
占合计%			**11.96**			**26.20**	**25.30**		
1980	26.50	23.00	0.26	0.98	84.62	0.22			
1981	26.50	23.50	1.03	3.89	52.43	0.54	0.18	33.33	0.77
1982	26.50	24.00	1.20	4.53	29.17	0.35	0.12	34.29	0.50
1983	26.50	24.50	0.97	3.66	53.61	0.52	0.23	44.23	0.94
1984	26.50	25.00	13.77	51.96	103.20	14.21	14.81	104.22	59.24
1985									
1986									
1987									
1988									
1989									
11 年小计			**0.14**	**0.53**	**21.43**	**0.03**			
占合计%			**0.10**			**0.05**			
1990									
1991									
1992									
1993									
1994									
1995									
1996									
1997									
1998	26.50	25.00	0.14	0.53	21.43	0.03			
1999									
2000									

5－18－109　河北省邯郸县历年棉花生产收购

年　度	耕地面积（万亩）	农业人口（万人）	棉田面积（万亩）	占耕地（%）	亩　产（市斤）	产　量（万担）	收购量（万担）	商品率（%）	人均交售（市斤）
52 年合计			**648.91**	**22.23**	**43.00**	**279.02**	**249.81**	**89.53**	**19.29**
11 年小计			**237.29**	**35.61**	**35.96**	**85.34**	**77.44**	**90.74**	**44.61**
占合计%			**36.57**			**30.59**	**31.00**		
1949	61.90	14.66	20.00	32.31	23.00	4.60	3.68	80.00	25.10
1950	61.90	14.55	21.00	33.93	34.00	7.14	5.70	79.83	39.18
1951	61.90	14.82	23.00	37.16	31.00	7.13	5.70	79.94	38.46
1952	61.90	14.66	22.96	37.09	42.38	9.73	7.78	79.96	53.07
1953	60.40	14.72	21.26	35.20	39.84	8.47	8.22	97.05	55.84
1954	61.30	14.99	23.70	38.66	48.10	11.40	10.89	95.53	72.65
1955	61.20	16.45	21.06	34.41	32.38	6.82	6.55	96.04	39.82
1956	61.20	16.63	23.33	38.12	18.30	4.27	3.98	93.21	23.93
1957	60.00	16.87	21.82	36.37	50.18	10.95	10.67	97.44	63.25
1958	57.70	17.50	20.10	34.84	33.98	6.83	6.55	95.90	37.43
1959	57.00	17.75	19.06	33.44	41.97	8.00	7.72	96.50	43.49
10 年小计			**147.48**	**26.25**	**28.98**	**42.74**	**39.35**	**92.07**	**19.45**
占合计%			**22.73**			**15.32**	**15.75**		
1960	55.80	17.92	20.09	36.00	32.21	6.47	6.17	95.36	34.43
1961	56.10	18.57	18.80	33.51	14.15	2.66	2.37	89.10	12.76
1962	56.30	19.29	12.13	21.55	25.56	3.10	2.81	90.65	14.57
1963	56.30	19.85	18.77	33.34	4.48	0.84	0.24	28.57	1.21
1964	56.20	19.95	18.05	32.12	27.20	4.91	4.61	93.89	23.11
1965	56.20	20.33	16.81	29.91	40.81	6.86	6.55	95.48	32.22
1966	56.30	20.89	10.73	19.06	30.85	3.31	3.00	90.63	14.36
1967	56.20	21.25	10.44	18.58	41.67	4.35	4.03	92.64	18.96
1968	56.20	21.92	11.32	20.14	41.34	4.68	4.35	92.95	19.84
1969	56.20	22.37	10.34	18.40	53.77	5.56	5.22	93.88	23.33
10 年小计			**104.27**	**18.81**	**41.09**	**42.84**	**40.31**	**94.09**	**16.24**
占合计%			**16.07**			**15.35**	**16.14**		
1970	55.80	22.97	10.28	18.42	60.12	6.18	5.81	94.01	25.29
1971	55.70	23.44	10.06	18.06	47.32	4.76	4.39	92.23	18.73
1972	55.60	23.79	10.68	19.21	38.11	4.07	3.76	92.38	15.80
1973	55.60	24.47	9.46	17.01	49.79	4.71	4.35	92.36	17.78
1974	55.40	24.90	10.77	19.44	50.14	5.40	5.02	92.96	20.16
1975	55.30	25.18	11.00	19.89	42.64	4.69	4.35	92.75	17.28
1976	55.30	25.38	10.95	19.80	22.01	2.41	2.48	102.90	9.77
1977	55.30	25.81	10.09	18.24	37.48	3.78	3.62	95.77	14.03
1978	55.18	26.11	10.08	18.27	31.25	3.15	2.92	92.70	11.18
1979	55.18	26.10	10.90	19.75	33.85	3.69	3.61	97.83	13.83
10 年小计			**101.68**	**18.60**	**66.16**	**67.27**	**55.64**	**82.71**	**19.29**
占合计%			**15.67**			**24.11**	**22.27**		
1980	54.93	26.60	11.28	20.54	74.91	8.45	8.73	103.31	32.82
1981	55.00	27.30	8.60	15.64	41.98	3.61	4.14	114.68	15.16
1982	55.00	28.00	12.90	23.45	31.78	4.10	3.67	89.51	13.11
1983	55.00	29.00	13.75	25.00	87.35	12.01	12.53	104.33	43.21
1984	54.80	28.45	12.71	23.19	105.04	13.35			
1985	54.74	29.13	9.45	17.26	58.52	5.53			
1986	54.30	29.11	5.26	9.69	52.09	2.74	4.57	166.79	15.70
1987	54.30	29.84	8.51	15.67	68.86	5.86	6.46	110.24	21.65
1988	54.34	30.43	10.00	18.40	58.50	5.85	7.16	122.39	23.53
1989	54.16	30.64	9.22	17.02	62.58	5.77	8.38	145.23	27.35
11 年小计			**58.19**	**9.86**	**70.17**	**40.83**	**37.07**	**90.79**	**9.69**
占合计%			**8.97**			**14.63**	**14.84**		
1990	54.14	34.12	9.03	16.68	88.26	7.97	7.30	91.59	21.40
1991	54.13	34.43	9.00	16.63	65.11	5.86	9.48	161.77	27.53
1992	54.11	34.64	8.96	16.56	17.30	1.55	2.80	180.65	8.08
1993	54.08	34.83	2.37	4.38	54.01	1.28	1.43	111.72	4.11
1994	53.82	34.87	6.41	11.91	87.68	5.62	3.62	64.41	10.38
1995	53.57	34.54	5.65	10.55	84.25	4.76	3.17	66.60	9.18
1996	53.47	34.65	5.50	10.29	87.27	4.80	2.15	44.79	6.20
1997	53.45	34.97	4.10	7.67	60.49	2.48	1.65	66.53	4.72
1998	53.10	35.01	3.54	6.67	88.14	3.12	2.84	91.03	8.11
1999	53.07	35.20	1.13	2.13	90.27	1.02	1.15	112.75	3.27
2000	53.07	35.20	2.50	4.71	94.80	2.37	1.48	62.45	4.20

5-18-110 河北省临漳县历年棉花生产收购

年度	耕地面积（万亩）	农业人口（万人）	棉田面积（万亩）	占耕地（%）	亩产（市斤）	产量（万担）	收购量（万担）	商品率（%）	人均交售（市斤）
52年合计			895.04	22.32	61.80	553.16	463.51	83.79	23.27
11年小计			237.63	25.86	38.76	92.10	84.54	91.79	28.14
占合计%			26.55			16.65	18.24		
1949	83.02	26.10	19.08	22.98	26.42	5.04	4.03	79.96	15.44
1950	83.90	25.30	21.15	25.21	28.42	6.01	4.82	80.20	19.05
1951	84.70	25.49	22.27	26.29	30.31	6.75	5.40	80.00	21.18
1952	85.60	25.66	24.26	28.34	49.01	11.89	9.51	79.98	37.06
1953	86.30	26.46	21.55	24.97	26.91	5.80	8.95	154.31	33.82
1954	87.00	25.95	20.47	23.53	50.46	10.33	6.32	61.18	24.35
1955	84.90	28.01	24.07	28.35	41.84	10.07	9.91	98.41	35.38
1956	84.20	28.22	21.96	26.08	24.73	5.43	6.12	112.71	21.69
1957	81.00	29.63	20.78	25.65	43.12	8.96	7.47	83.37	25.21
1958	80.40	29.46	20.73	25.78	51.37	10.65	10.35	97.18	35.13
1959	78.00	30.15	21.31	27.32	52.42	11.17	11.66	104.39	38.67
10年小计			182.79	24.13	35.00	63.98	60.31	94.26	19.10
占合计%			20.42			11.57	13.01		
1960	76.41	29.57	22.17	29.01	30.45	6.75	6.90	102.22	23.33
1961	76.04	29.46	20.16	26.51	20.93	4.22	3.76	89.10	12.76
1962	75.97	30.08	16.48	21.69	27.49	4.53	4.22	93.16	14.03
1963	75.78	30.56	20.73	27.36	8.44	1.75	1.56	89.14	5.10
1964	75.50	30.77	19.72	26.12	28.96	5.71	5.38	94.22	17.48
1965	75.75	31.38	19.26	25.43	56.44	10.87	10.18	93.65	32.44
1966	75.60	32.24	14.81	19.59	41.05	6.08	5.76	94.74	17.87
1967	75.50	33.09	16.62	22.01	37.67	6.26	5.81	92.81	17.56
1968	75.50	33.96	16.53	21.89	53.60	8.86	8.36	94.36	24.62
1969	75.50	34.71	16.31	21.60	54.87	8.95	8.38	93.63	24.14
10年小计			142.24	18.87	43.20	61.45	56.28	91.59	14.91
占合计%			15.89			11.11	12.14		
1970	75.51	35.35	16.01	21.20	48.97	7.84	7.31	93.24	20.68
1971	75.50	35.84	16.00	21.19	46.69	7.47	6.78	90.76	18.92
1972	74.60	36.52	16.04	21.50	30.24	4.85	4.46	91.96	12.21
1973	75.50	37.24	16.05	21.26	42.87	6.88	6.28	91.28	16.86
1974	75.50	37.85	16.00	21.19	47.31	7.57	7.01	92.60	18.52
1975	75.50	38.26	14.50	19.21	40.34	5.85	5.31	90.77	13.88
1976	75.40	38.56	14.00	18.57	24.71	3.46	2.97	85.84	7.70
1977	75.50	38.92	5.00	6.62	101.40	5.07	4.48	88.36	11.51
1978	75.45	39.24	14.44	19.14	48.20	6.96	6.37	91.52	16.23
1979	75.45	39.70	14.20	18.82	38.73	5.5	5.31	96.55	13.38
10年小计			169.62	22.48	97.64	165.62	151.98	91.76	35.57
占合计%			18.95			29.94	32.79		
1980	75.36	40.40	14.07	18.67	86.28	12.14	12.76	105.11	31.58
1981	75.50	41.20	14.15	18.74	74.13	10.49	10.42	99.33	25.29
1982	75.50	42.00	18.80	24.90	54.79	10.30	10.33	100.29	24.60
1983	75.50	42.40	19.00	25.17	159.89	30.38	29.10	95.79	68.63
1984	75.50	42.52	22.22	29.43	137.31	30.51	29.68	97.28	69.80
1985	75.36	43.10	17.37	23.05	73.86	12.83	9.34	72.80	21.67
1986	75.50	43.40	13.75	18.21	80.65	11.09	10.43	94.05	24.03
1987	75.50	43.75	15.48	20.50	94.83	14.68	12.91	87.94	29.51
1988	75.40	44.06	17.00	22.55	90.06	15.31	14.97	97.78	33.98
1989	75.40	44.50	17.78	23.58	100.62	17.89	12.04	67.30	27.06
11年小计			162.76	19.73	104.45	170.01	110.40	64.94	19.33
占合计%			18.18			30.73	23.82		
1990	75.26	50.20	18.36	24.40	103.49	19.00	15.84	83.37	31.55
1991	75.30	50.80	20.99	27.88	97.28	20.42	24.15	118.27	47.54
1992	75.25	51.40	21.48	28.54	43.90	9.43	25.12	*	48.87
1993	75.25	51.71	15.68	20.84	94.01	14.74	13.67	92.74	26.44
1994	75.12	51.88	18.15	24.16	106.83	19.39	9.13	47.09	17.60
1995	74.94	52.30	19.73	26.33	96.25	18.99	6.34	33.39	12.12
1996	74.56	52.40	11.30	15.16	124.60	14.08	1.15	8.17	2.19
1997	74.80	52.40	7.70	10.29	128.44	9.89	3.19	32.25	6.09
1998	74.76	52.90	11.33	15.16	147.48	16.71	4.47	26.75	8.45
1999	74.80	52.60	7.85	10.49	151.85	11.92	3.70	31.04	7.03
2000	74.80	52.60	10.19	13.62	151.52	15.44	3.64	23.58	6.92

5－18－111 河北省邱县历年棉花生产收购

年　度	耕地面积（万亩）	农业人口（万人）	棉田面积（万亩）	占耕地（%）	亩　产（市斤）	产　量（万担）	收购量（万担）	商品率（%）	人均交售（市斤）
52年合计			**920.15**	**34.84**	**72.23**	**664.62**	**516.43**	**77.70**	**72.06**
11年小计			**237.79**	**40.70**	**30.31**	**72.08**	**60.25**	**83.59**	**60.72**
占合计%			**25.84**			**10.85**	**11.67**		
1949	49.13	7.61	13.54	27.56	20.01	2.71	1.97	72.69	25.89
1950	49.86	8.09	21.87	43.86	25.10	5.49	4.39	79.96	54.26
1951	50.64	8.51	23.35	46.11	24.67	5.76	4.61	80.03	54.17
1952	56.56	8.53	19.03	33.65	40.57	7.72	6.18	80.05	72.45
1953	58.37	8.66	20.74	35.53	20.25	4.20	3.94	93.81	45.50
1954	52.63	8.66	21.67	41.17	40.06	8.68	8.42	97.00	97.23
1955	52.48	9.22	27.07	51.58	38.49	10.42	10.14	97.31	109.98
1956	53.96	9.38	27.56	51.07	13.24	3.65	3.37	92.33	35.93
1957	53.96	9.87	21.95	40.68	41.78	9.17	8.87	96.73	89.87
1958	53.38	10.25	22.6	42.34	27.35	6.18	3.14	50.81	30.63
1959	53.32	10.45	18.41	34.53	44.00	8.10	5.22	64.44	49.95
10年小计			**133.93**	**26.30**	**23.79**	**31.86**	**29.16**	**91.53**	**24.91**
占合计%			**14.56**			**4.79**	**5.65**		
1960	52.02	10.72	22.94	44.10	17.48	4.01	2.45	61.10	22.85
1961	51.60	10.87	16.43	31.84	10.96	1.80	1.57	87.22	14.44
1962	51.60	11.31	12.52	24.26	24.36	3.05	2.84	93.11	25.11
1963	51.58	11.53	18.51	35.89	5.24	0.97	0.70	72.16	6.07
1964	51.57	11.57	12.10	23.46	16.36	1.98	2.69	135.86	23.25
1965	50.38	11.73	12.46	24.73	46.31	5.77	5.55	96.19	47.31
1966	50.18	12.04	9.04	18.02	27.65	2.50	2.25	90.00	18.69
1967	50.14	12.24	7.22	14.40	42.38	3.06	2.70	88.24	22.06
1968	50.10	12.42	10.48	20.92	40.65	4.26	4.13	96.95	33.25
1969	50.10	12.62	12.23	24.41	36.47	4.46	4.28	95.96	33.91
10年小计			**113.93**	**22.76**	**28.59**	**32.57**	**31.30**	**96.10**	**22.84**
占合计%			**12.38**			**4.90**	**6.06**		
1970	50.10	12.88	11.94	23.83	41.04	4.90	4.72	96.33	36.65
1971	50.10	13.06	10.03	20.02	49.85	5.00	4.81	96.20	36.83
1972	50.09	13.26	11.02	22.00	33.30	3.67	3.51	95.64	26.47
1973	50.05	13.45	10.72	21.42	21.92	2.35	2.16	91.91	16.06
1974	50.04	13.69	11.09	22.16	27.50	3.05	3.01	98.69	21.99
1975	50.03	13.87	11.00	21.99	34.55	3.80	3.55	93.42	25.59
1976	50.03	13.91	10.99	21.97	25.57	2.81	2.46	87.54	17.69
1977	50.04	14.04	11.10	22.18	17.39	1.93	1.79	92.75	12.75
1978	50.04	14.17	13.14	26.26	22.45	2.95	2.76	93.56	19.48
1979	50.03	14.73	12.90	25.78	16.36	2.11	2.53	119.91	17.18
10年小计			**179.78**	**35.97**	**104.81**	**188.42**	**193.20**	**102.54**	**121.14**
占合计%			**19.54**			**28.35**	**37.41**		
1980	50.00	15.00	11.60	23.20	48.45	5.62	6.16	109.61	41.07
1981	50.00	15.10	8.96	17.92	46.21	4.14	4.92	118.84	32.58
1982	50.00	15.30	16.50	33.00	71.27	11.76	10.59	90.05	69.22
1983	50.00	15.80	17.23	34.46	107.14	18.46	18.88	102.28	119.49
1984	50.00	16.00	20.72	41.44	142.08	29.44	32.42	110.12	202.63
1985	50.00	16.10	19.05	38.10	101.21	19.28	22.34	115.87	138.76
1986	49.97	16.31	17.28	34.58	105.44	18.22	21.43	117.62	131.39
1987	49.96	16.52	20.87	41.77	127.55	26.62	26.34	98.95	159.44
1988	49.96	16.52	22.70	45.44	120.62	27.38	25.29	92.37	153.09
1989	49.96	16.84	24.87	49.78	110.57	27.5	24.83	90.29	147.45
11年小计			**254.72**	**46.59**	**133.36**	**339.69**	**202.52**	**59.62**	**99.34**
占合计%			**27.68**			**51.11**	**39.22**		
1990	49.70	17.54	25.70	51.71	113.07	29.06	21.50	73.98	122.58
1991	49.70	17.68	25.00	50.30	110.00	27.50	32.90	119.64	186.09
1992	49.70	18.03	24.00	48.29	82.50	19.80	15.90	80.30	88.19
1993	49.80	18.20	21.00	42.17	110.00	23.10	15.40	66.67	84.62
1994	49.80	18.20	24.00	48.19	139.29	33.43	16.60	49.66	91.21
1995	49.74	19.00	24.00	48.26	126.58	30.38	9.17	30.18	48.26
1996	49.70	19.00	24.00	48.29	142.08	34.1	10.00	29.33	52.63
1997	49.77	19.50	22.70	45.61	156.04	35.42	16.11	45.48	82.62
1998	49.62	19.71	22.27	44.88	166.77	37.14	24.50	65.97	124.30
1999	49.62	18.50	20.05	40.41	166.38	33.36	27.04	81.06	146.16
2000	49.62	18.50	22.00	44.34	165.45	36.40	13.40	36.81	72.43

5－18－112 河北省曲周县历年棉花生产收购

年　度	耕地面积（万亩）	农业人口（万人）	棉田面积（万亩）	占耕地（％）	亩　产（市斤）	产　量（万担）	收购量（万担）	商品率（％）	人均交售（市斤）
52 年合计			**731.71**	**18.61**	**62.52**	**457.46**	**320.77**	**70.12**	**23.96**
11 年小计			**179.83**	**20.10**	**26.44**	**47.55**	**42.03**	**88.39**	**21.59**
占合计％			**24.58**			**10.39**	**13.10**		
1949	79.00	15.36	6.18	7.82	10.03	0.62	0.49	79.03	3.19
1950	80.00	16.10	14.44	18.05	26.59	3.84	3.07	79.95	19.07
1951	80.10	16.42	18.60	23.22	25.00	4.65	3.71	79.78	22.59
1952	81.60	16.38	14.85	18.20	28.28	4.20	3.36	80.00	20.51
1953	82.60	16.91	14.57	17.64	19.35	2.82	3.03	107.45	17.92
1954	82.10	17.35	15.99	19.48	33.33	5.33	4.71	88.37	27.15
1955	82.00	18.38	18.55	22.62	28.36	5.26	5.53	105.13	30.09
1956	82.90	18.59	21.19	25.56	12.22	2.59	2.69	103.86	14.47
1957	82.40	19.11	19.01	23.07	32.88	6.25	5.00	80.00	26.16
1958	81.00	19.85	19.64	24.25	27.65	5.43	4.22	77.72	21.26
1959	80.90	20.23	16.81	20.78	39.02	6.56	6.22	94.82	30.75
10 年小计			**100.20**	**12.99**	**21.50**	**21.54**	**19.95**	**92.62**	**9.81**
占合计％			**13.69**			**4.71**	**6.22**		
1960	78.90	20.76	19.94	25.27	14.99	2.99	2.94	98.33	14.16
1961	78.20	1.06	12.33	15.77	9.81	1.21	1.35	111.57	127.36
1962	78.60	21.72	9.82	12.49	23.63	2.32	2.15	92.67	9.90
1963	78.70	22.06	12.85	16.33	7.55	0.97	0.94	96.91	4.26
1964	78.50	21.79	10.72	13.66	22.01	2.36	2.17	91.95	9.96
1965	77.90	22.28	9.76	12.53	31.15	3.04	2.85	93.75	12.79
1966	75.80	22.71	6.23	8.22	28.25	1.76	1.44	81.82	6.34
1967	75.40	23.13	4.79	6.35	32.36	1.55	1.25	80.65	5.40
1968	75.00	23.66	6.97	9.29	37.16	2.59	2.44	94.21	10.31
1969	74.50	24.16	6.79	9.11	40.50	2.75	2.42	88.00	10.02
10 年小计			**72.19**	**9.76**	**31.15**	**22.49**	**19.15**	**85.15**	**7.30**
占合计％			**9.87**			**4.92**	**5.97**		
1970	74.50	24.58	6.16	8.27	42.37	2.61	2.28	87.36	9.28
1971	74.30	24.94	6.35	8.55	35.91	2.28	1.92	84.21	7.70
1972	72.50	25.33	7.00	9.66	28.71	2.01	1.61	80.10	6.36
1973	74.10	25.81	6.89	9.30	19.74	1.36	1.01	74.26	3.91
1974	74.10	26.30	7.16	9.66	36.87	2.64	2.08	78.79	7.91
1975	74.10	26.64	7.30	9.85	34.11	2.49	2.05	82.33	7.70
1976	74.00	26.90	7.27	9.82	26.96	1.96	1.54	78.57	5.72
1977	74.00	26.90	8.23	11.12	25.76	2.12	1.79	84.43	6.65
1978	74.04	27.18	8.03	10.85	34.62	2.78	2.46	88.49	9.05
1979	74.04	27.60	7.80	10.53	28.72	2.24	2.41	107.59	8.73
10 年小计			**170.79**	**23.21**	**95.37**	**162.89**	**143.09**	**87.84**	**47.92**
占合计％			**23.34**			**35.61**	**44.61**		
1980	72.02	28.09	7.89	10.96	65.15	5.14	5.59	108.75	19.90
1981	74.00	28.60	7.64	10.32	54.97	4.20	3.93	93.57	13.74
1982	74.00	29.20	13.60	18.38	54.56	7.42	6.86	92.45	23.49
1983	74.00	29.60	14.51	19.61	84.98	12.33	12.72	103.16	42.97
1984	74.00	29.47	18.62	25.16	112.24	20.90	24.40	116.75	82.80
1985	71.98	29.73	17.73	24.63	98.70	17.50	13.05	74.57	43.90
1986	74.00	30.37	15.13	20.45	112.62	17.04	16.37	96.07	53.90
1987	74.00	30.68	18.27	24.69	114.40	20.90	18.77	89.81	61.18
1988	73.90	31.04	28.40	38.43	100.99	28.68	15.49	54.01	49.90
1989	73.90	31.80	29.00	39.24	99.24	28.78	25.91	90.03	81.48
11 年小计			**208.70**	**26.43**	**97.26**	**202.99**	**96.55**	**47.56**	**25.41**
占合计％			**28.52**			**44.37**	**30.10**		
1990	71.93	34.42	26.50	36.84	102.00	27.03	22.31	82.54	64.82
1991	71.93	34.36	26.50	36.84	100.15	26.54	26.23	98.83	76.34
1992	71.87	24.81	27.38	38.10	47.04	12.88	3.01	23.37	12.13
1993	71.83	35.62	17.00	23.67	64.06	10.89	1.93	17.72	5.42
1994	71.82	35.75	21.30	29.66	124.69	26.56	10.52	39.61	29.43
1995	71.79	35.90	24.51	34.14	86.01	21.08	11.32	53.70	31.53
1996	71.79	35.50	9.70	13.51	118.87	11.53	2.50	21.68	7.04
1997	71.73	35.41	14.60	20.35	120.07	17.53	2.87	16.37	8.11
1998	71.73	35.80	14.46	20.16	114.18	16.51	8.89	53.85	24.83
1999	71.67	36.20	12.04	16.80	117.94	14.20	5.37	37.82	14.83
2000	71.67	36.20	14.71	20.52	124.00	18.24	1.60	8.77	4.42

5－18－113　河北省魏县历年棉花生产收购

年　度	耕地面积（万亩）	农业人口（万人）	棉田面积（万亩）	占耕地（%）	亩　产（市斤）	产　量（万担）	收购量（万担）	商品率（%）	人均交售（市斤）
52 年合计			**586.64**	**11.31**	**56.88**	**333.66**	**252.65**	**75.72**	**9.24**
11 年小计			**140.35**	**11.80**	**29.34**	**41.18**	**33.14**	**80.48**	**9.37**
占合计%			**23.92**			**12.34**	**13.12**		
1949	108.61	26.32	9.62	8.86	26.20	2.52	2.05	81.35	7.79
1950	110.11	27.33	11.32	10.28	19.96	2.26	1.82	80.53	6.66
1951	109.98	28.16	14.59	13.27	25.36	3.70	2.96	80.00	10.51
1952	113.48	29.78	20.21	17.81	42.21	8.53	6.82	79.95	22.90
1953	108.81	32.74	12.01	11.04	16.57	1.99	1.81	90.95	5.53
1954	108.64	32.13	12.15	11.18	36.05	4.38	1.46	33.33	4.54
1955	108.82	34.07	12.03	11.05	35.16	4.23	3.20	75.65	9.39
1956	107.70	34.52	13.15	12.21	19.62	2.58	1.48	57.36	4.29
1957	105.96	36.01	10.52	9.93	29.94	3.15	2.37	75.24	6.58
1958	103.20	36.02	12.50	12.11	33.52	4.19	2.51	59.90	6.97
1959	103.74	36.64	12.25	11.81	29.80	3.65	6.66	182.47	18.18
10 年小计			**84.38**	**8.54**	**28.10**	**23.71**	**18.74**	**79.04**	**4.28**
占合计%			**14.38**			**7.11**	**7.42**		
1960	102.13	38.51	12.79	12.52	28.85	3.69	3.29	89.16	8.54
1961	101.31	40.20	12.46	12.30	18.62	2.32	1.81	78.02	4.50
1962	98.96	42.53	10.00	10.11	24.80	2.48	2.16	87.10	5.08
1963	98.27	42.97	8.05	8.19	11.93	0.96	0.81	84.38	1.89
1964	97.89	42.81	6.25	6.38	27.84	1.74	1.48	85.06	3.46
1965	97.97	43.76	6.19	6.32	46.53	2.88	2.51	87.15	5.74
1966	97.97	44.90	6.00	6.12	31.67	1.90	1.26	66.32	2.81
1967	97.98	46.18	6.32	6.45	38.77	2.45	1.73	70.61	3.75
1968	97.78	47.22	8.09	8.27	42.15	3.41	2.53	74.19	5.36
1969	97.64	48.62	8.23	8.43	22.84	1.88	1.16	61.70	2.39
10 年小计			**48.07**	**4.93**	**23.13**	**11.12**	**8.87**	**79.77**	**1.66**
占合计%			**8.19**			**3.33**	**3.51**		
1970	97.63	49.50	6.05	6.20	28.76	1.74	1.43	82.18	2.89
1971	97.62	50.47	6.97	7.14	18.94	1.32	0.94	71.21	1.86
1972	97.60	51.46	5.01	5.13	21.76	1.09	0.78	71.56	1.52
1973	97.60	52.65	5.76	5.90	23.09	1.33	1.02	76.69	1.94
1974	97.54	53.30	3.20	3.28	31.25	1.00	0.75	75.00	1.41
1975	97.52	53.81	3.19	3.27	31.03	0.99	0.78	78.79	1.45
1976	97.51	54.39	4.75	4.87	16.84	0.80	0.62	77.50	1.14
1977	97.50	54.83	4.93	5.06	12.37	0.61	0.50	81.97	0.91
1978	97.60	56.56	3.01	3.08	30.23	0.91	0.81	89.01	1.43
1979	97.54	56.30	5.20	5.33	25.58	1.33	1.24	93.23	2.20
10 年小计			**146.46**	**15.04**	**79.65**	**116.65**	**96.71**	**82.91**	**15.82**
占合计%			**24.97**			**34.96**	**38.28**		
1980	97.48	57.51	5.46	5.60	47.62	2.60	2.53	97.31	4.40
1981	97.48	58.43	5.71	5.86	39.23	2.24	2.29	102.23	3.92
1982	97.48	59.28	9.10	9.34	51.32	4.67	4.42	94.65	7.46
1983	97.53	60.31	13.38	13.72	94.47	12.64	12.80	101.27	21.22
1984	97.33	60.94	23.62	24.27	129.30	30.54	23.26	76.16	38.17
1985	97.32	61.46	16.77	17.23	68.99	11.57	9.17	79.26	14.92
1986	97.32	62.27	12.66	13.01	50.00	6.33	7.91	124.96	12.70
1987	97.30	62.97	17.69	18.18	67.44	11.93	10.40	87.18	16.52
1988	97.29	63.73	21.10	21.69	74.64	15.75	11.43	72.57	17.94
1989	97.27	64.47	20.97	21.56	87.65	18.38	12.50	68.01	19.39
11 年小计			**167.38**	**15.78**	**84.24**	**141.00**	**95.19**	**67.51**	**11.95**
占合计%			**28.53**			**42.26**	**37.68**		
1990	97.27	69.10	23.10	23.75	81.77	18.89	18.20	96.35	26.34
1991	97.26	69.89	21.30	21.90	142.39	30.33	29.63	97.69	42.40
1992	97.25	70.45	28.18	28.98	42.23	11.90	11.20	94.12	15.90
1993	97.23	71.34	20.70	21.29	30.97	6.41	5.70	88.92	7.99
1994	97.23	72.10	18.12	18.64	69.09	12.52	11.80	94.25	16.37
1995	93.00	74.00	8.00	8.60	130.00	10.40	6.53	62.79	8.82
1996	93.00	75.00	5.00	5.38	100.00	5.00	2.51	50.20	3.35
1997	97.30	74.00	14.70	15.11	73.33	10.78	0.42	3.90	0.57
1998	97.25	74.12	11.19	11.51	115.01	12.87	3.22	25.02	4.34
1999	96.80	73.40	9.38	9.69	126.44	11.86	1.18	9.95	1.61
2000	96.80	73.40	7.71	7.96	130.22	10.04	4.80	47.81	6.54

5-18-114　河北省武安市历年棉花生产收购

年　度	耕地面积（万亩）	农业人口（万人）	棉田面积（万亩）	占耕地（%）	亩　产（市斤）	产　量（万担）	收购量（万担）	商品率（%）	人均交售（市斤）
52年合计			**1335.93**	**26.94**	**41.94**	**560.27**	**470.54**	**83.98**	**18.81**
11年小计			**470.86**	**41.91**	**38.78**	**182.61**	**161.61**	**88.50**	**44.15**
占合计%			**35.25**			**32.59**	**34.35**		
1949	103.74	32.20	21.30	20.53	25.63	5.46	4.37	80.04	13.57
1950	103.90	33.09	36.54	35.17	26.77	9.78	7.83	80.06	23.66
1951	104.00	33.53	52.33	50.32	31.24	16.35	13.08	80.00	39.01
1952	102.34	30.82	43.89	42.89	39.83	17.48	13.98	79.98	45.36
1953	101.63	32.85	50.40	49.59	40.48	20.40	19.88	97.45	60.52
1954	102.96	32.09	51.90	50.41	44.59	23.14	20.34	87.90	63.38
1955	103.08	32.75	32.60	31.63	31.47	10.26	10.16	99.03	31.02
1956	102.85	33.42	47.08	45.78	39.97	18.82	18.62	98.94	55.72
1957	103.16	34.01	47.00	45.56	42.19	19.83	17.38	87.64	51.10
1958	99.12	35.07	47.01	47.43	45.69	21.48	18.81	87.57	53.64
1959	96.63	36.22	40.81	42.23	48.05	19.61	17.16	87.51	47.38
10年小计			**328.68**	**33.90**	**30.54**	**100.38**	**95.93**	**95.57**	**22.70**
占合计%			**24.60**			**17.92**	**20.39**		
1960	95.80	36.81	45.10	47.08	32.99	14.88	13.82	92.88	37.54
1961	95.22	38.97	35.51	37.29	12.81	4.55	4.31	94.73	11.06
1962	98.78	39.97	27.58	27.92	34.16	9.42	9.27	98.41	23.19
1963	95.77	41.45	41.69	43.53	24.59	10.25	9.90	96.59	23.88
1964	98.70	42.17	44.45	45.04	30.57	13.59	13.27	97.65	31.47
1965	97.11	43.04	39.69	40.87	39.86	15.82	15.48	97.85	35.97
1966	97.10	43.69	24.58	25.31	19.61	4.82	4.57	94.81	10.46
1967	97.00	44.42	23.68	24.41	35.30	8.36	7.78	93.06	17.51
1968	97.00	45.45	23.84	24.58	35.07	8.36	7.83	93.66	17.23
1969	97.00	46.61	22.56	23.26	45.79	10.33	9.70	93.90	20.81
10年小计			**193.83**	**20.52**	**38.68**	**74.98**	**61.68**	**82.26**	**12.34**
占合计%			**14.51**			**13.38**	**13.11**		
1970	96.77	47.52	23.24	24.02	51.42	11.95	11.30	94.56	23.78
1971	96.00	48.32	22.53	23.47	40.04	9.02	8.40	93.13	17.38
1972	96.05	48.86	21.89	22.79	33.67	7.37	6.89	93.49	14.10
1973	91.50	49.78	13.01	14.22	29.52	3.84	3.37	87.76	6.77
1974	94.90	50.42	19.56	20.61	44.94	8.79	8.17	92.95	16.20
1975	94.42	50.75	19.14	20.27	39.71	7.60	6.56	86.32	12.93
1976	94.40	50.78	19.00	20.13	20.21	3.84	3.76	97.92	7.40
1977	93.60	51.04	19.00	20.30	39.26	7.46	6.93	92.90	13.58
1978	93.52	51.15	17.38	18.58	39.70	6.90	6.30	91.30	12.32
1979	93.34	51.20	19.08	20.44	43.03	8.21			
10年小计			**193.30**	**20.85**	**60.03**	**116.03**	**106.76**	**92.01**	**19.87**
占合计%			**14.47**			**20.71**	**22.69**		
1980	93.55	51.44	20.48	21.89	61.04	12.50	12.36	98.88	24.03
1981	93.20	51.90	9.67	10.38	40.33	3.90	3.90	100.00	7.51
1982	93.00	52.20	13.10	14.09	24.05	3.15	3.57	113.33	6.84
1983	92.90	52.70	26.32	28.33	43.35	11.41	11.93	104.56	22.64
1984	92.80	51.62	24.09	25.96	83.35	20.08	22.58	112.45	43.74
1985	93.01	53.43	21.42	23.03	71.62	15.34	10.52	68.58	19.69
1986	92.50	54.29	16.29	17.61	39.84	6.49	8.98	138.37	16.54
1987	92.10	56.00	19.99	21.70	74.84	14.96	13.11	87.63	23.41
1988	92.14	56.68	22.00	23.88	63.45	13.96	9.53	68.27	16.81
1989	91.85	57.12	19.94	21.71	71.41	14.24	10.28	72.19	18.00
11年小计			**149.26**	**15.02**	**57.80**	**86.27**	**44.56**	**51.65**	**6.60**
占合计%			**11.17**			**15.40**	**9.47**		
1990	91.96	59.44	20.41	22.19	67.56	13.79	11.60	84.12	19.52
1991	91.43	60.11	20.00	21.87	50.55	10.11	9.28	91.79	15.44
1992	91.27	60.28	19.37	21.22	22.30	4.32	2.86	66.20	4.74
1993	91.31	61.09	7.00	7.67	34.14	2.39	1.31	54.81	2.14
1994	90.79	61.28	18.02	19.85	55.22	9.95	9.25	92.96	15.09
1995	90.74	61.68	18.27	20.13	62.67	11.45	4.48	39.13	7.26
1996	89.65	61.66	14.00	15.62	86.29	12.08	2.64	21.85	4.28
1997	89.50	62.28	12.00	13.41	68.50	8.22	0.24	2.92	0.39
1998	89.15	62.72	12.13	13.61	69.41	8.42	1.84	21.85	2.93
1999	89.12	62.30	6.56	7.36	63.87	4.19	0.66	15.75	1.06
2000	89.12	62.30	1.50	1.68	90.00	1.35	0.40	29.63	0.64

5-18-115 河北省永年县历年棉花生产收购

年度	耕地面积（万亩）	农业人口（万人）	棉田面积（万亩）	占耕地（%）	亩产（市斤）	产量（万担）	收购量（万担）	商品率（%）	人均交售（市斤）
52年合计			**1285.65**	**25.30**	**52.10**	**669.80**	**609.98**	**91.07**	**21.87**
11年小计			**431.49**	**37.76**	**46.04**	**198.65**	**179.07**	**90.14**	**44.47**
占合计%			**33.56**			**29.66**	**29.36**		
1949	101.40	31.21	18.92	18.66	24.00	4.54	3.63	79.96	11.63
1950	103.60	32.27	29.85	28.81	37.29	11.13	8.70	78.17	26.96
1951	104.80	33.97	46.00	43.89	39.13	18.00	14.72	81.78	43.33
1952	105.38	34.22	42.26	40.10	47.40	20.03	16.02	79.98	46.81
1953	104.33	36.16	40.77	39.08	34.49	14.06	16.95	120.55	46.88
1954	106.19	37.35	43.31	40.79	55.00	23.82	13.92	58.44	37.27
1955	106.40	37.64	44.17	41.51	43.51	19.22	18.85	98.07	50.08
1956	106.71	38.65	45.01	42.18	35.26	15.87	15.49	97.61	40.08
1957	103.97	39.99	40.36	38.82	55.23	22.29	21.89	98.21	54.74
1958	100.12	40.48	40.86	40.81	58.35	23.84	23.45	98.36	57.93
1959	99.88	40.75	39.98	40.03	64.66	25.85	25.45	98.45	62.45
10年小计			**339.66**	**34.85**	**32.76**	**111.27**	**106.07**	**95.33**	**24.30**
占合计%			**26.42**			**16.61**	**17.39**		
1960	99.28	41.03	42.68	42.99	34.56	14.75	14.34	97.22	34.95
1961	99.37	41.15	36.74	36.97	19.73	7.25	6.93	95.59	16.84
1962	99.47	42.38	35.37	35.56	27.00	9.55	9.13	95.60	21.54
1963	93.00	42.13	40.89	43.97	7.29	2.98	2.79	93.62	6.62
1964	99.50	42.42	40.54	40.74	24.81	10.06	9.50	94.43	22.40
1965	97.30	42.35	37.74	38.79	51.56	19.46	18.72	96.20	44.20
1966	96.90	44.54	27.30	28.17	34.14	9.32	8.84	94.85	19.85
1967	96.70	45.63	27.71	28.66	40.13	11.12	10.61	95.41	23.25
1968	96.60	46.81	27.69	28.66	50.67	14.03	13.28	94.65	28.37
1969	96.60	48.02	23.00	23.81	55.43	12.75	11.93	93.57	24.84
10年小计			**227.84**	**23.61**	**49.67**	**113.16**	**106.13**	**93.79**	**20.00**
占合计%			**17.72**			**16.89**	**17.40**		
1970	96.59	49.19	24.30	25.16	64.03	15.56	15.48	99.49	31.47
1971	96.60	50.20	22.32	23.11	63.93	14.27	13.35	93.55	26.59
1972	96.58	51.13	22.71	23.51	44.39	10.08	9.38	93.06	18.35
1973	96.60	52.37	22.24	23.02	53.96	12.00	11.14	92.83	21.27
1974	96.50	53.40	21.51	22.29	58.95	12.68	11.60	91.48	21.72
1975	96.50	54.05	23.00	23.83	52.70	12.12	11.33	93.48	20.96
1976	96.40	54.49	23.00	23.86	34.91	8.03	7.24	90.16	13.29
1977	96.40	54.89	23.00	23.86	42.35	9.74	8.90	91.38	16.21
1978	96.40	55.05	22.98	23.84	43.86	10.08	9.22	91.47	16.75
1979	96.39	56.00	22.78	23.63	37.75	8.60	8.49	98.72	15.16
10年小计			**187.24**	**19.44**	**90.45**	**169.36**	**174.12**	**102.81**	**28.35**
占合计%			**14.56**			**25.29**	**28.55**		
1980	96.39	57.22	22.53	23.37	81.00	18.25	19.52	106.96	34.11
1981	96.40	58.50	20.63	21.40	62.72	12.94	13.69	105.80	23.40
1982	96.40	60.20	24.50	25.41	54.45	13.34	11.93	89.43	19.82
1983	96.40	60.60	20.35	21.11	127.76	26.00	26.24	100.92	43.30
1984	96.30	61.65	21.58	22.41	125.72	27.13	33.17	122.26	53.80
1985	96.33	62.29	18.78	19.50	109.85	20.63	12.42	60.20	19.94
1986	96.30	62.68	12.78	13.27	64.71	8.27	14.02	169.53	22.37
1987	96.30	62.95	14.33	14.88	81.72	11.71	16.11	137.57	25.59
1988	96.30	63.39	16.00	16.61	102.38	16.38	12.86	78.51	20.29
1989	96.20	64.70	15.76	16.38	93.34	14.71	14.16	96.26	21.89
11年小计			**99.42**	**9.59**	**77.81**	**77.36**	**44.59**	**57.64**	**5.54**
占合计%			**7.73**			**11.55**	**7.31**		
1990	94.88	64.70	15.69	16.54	96.88	15.20	15.04	98.95	23.25
1991	91.82	70.56	16.00	17.43	106.25	17.00	15.14	89.06	21.46
1992	91.71	71.66	16.00	17.45	62.63	10.02	0.70	6.99	0.98
1993	91.61	71.72	10.02	10.94	48.40	4.85	0.09	1.86	0.13
1994	91.00	73.00	14.71	16.16	74.03	10.89	4.38	40.22	6.00
1995	96.09	73.51	14.14	14.72	36.00	5.09	0.62	12.18	0.84
1996	96.08	73.74	2.50	2.60	90.00	2.25	0.54	24.00	0.73
1997	96.06	73.81	3.40	3.54	109.71	3.73	0.32	8.58	0.43
1998	96.06	74.17	2.74	2.85	109.12	2.99	2.21	73.91	2.98
1999	95.73	79.30	1.74	1.82	121.84	2.12	2.15	101.42	2.71
2000	95.73	79.30	2.48	2.59	129.84	3.22	3.40	105.59	4.29

5－18－116　河北省鸡泽县历年棉花生产收购

年　　度	耕地面积（万亩）	农业人口（万人）	棉田面积（万亩）	占耕地（%）	亩　产（市斤）	产　量（万担）	收购量（万担）	商品率（%）	人均交售（市斤）
52 年合计			**484.95**	**23.52**	**58.47**	**283.54**	**234.78**	**82.80**	**28.22**
11 年小计			**157.03**	**33.75**	**32.60**	**51.19**	**45.22**	**88.34**	**37.19**
占合计%			**32.38**			**18.05**	**19.26**		
1949	43.19	10.10	4.32	10.00	30.32	1.31	1.05	80.15	10.40
1950	43.50	10.14	9.60	22.07	31.67	3.04	2.42	79.61	23.87
1951	44.10	10.24	15.97	36.21	26.49	4.23	3.38	79.91	33.01
1952	41.83	13.30	12.96	30.98	41.59	5.39	4.31	79.96	32.41
1953	43.00	10.23	14.73	34.26	29.87	4.40	4.24	96.36	41.45
1954	42.28	10.75	15.62	36.94	43.73	6.83	6.67	97.66	62.05
1955	41.92	10.92	18.24	43.51	35.69	6.51	6.34	97.39	58.06
1956	42.33	11.10	18.36	43.37	14.54	2.67	2.59	97.00	23.33
1957	41.67	11.51	16.32	39.16	40.63	6.63	5.60	84.46	48.65
1958	40.72	11.54	16.30	40.03	27.67	4.51	3.13	69.40	27.12
1959	40.67	11.77	14.61	35.92	38.81	5.67	5.49	96.83	46.64
10 年小计			**75.18**	**19.13**	**20.75**	**15.60**	**13.68**	**87.69**	**10.60**
占合计%			**15.50**			**5.50**	**5.83**		
1960	39.68	12.08	16.54	41.68	15.18	2.51	2.33	92.83	19.29
1961	39.36	12.25	12.11	30.77	10.82	1.31	1.15	87.79	9.39
1962	39.41	12.36	9.90	25.12	19.19	1.90	1.86	97.89	15.05
1963	39.47	12.54	11.95	30.28	1.92	0.23	0.16	69.57	1.28
1964	39.40	12.60	6.31	16.02	25.67	1.62	1.46	90.12	11.59
1965	39.28	12.90	4.95	12.60	41.01	2.03	1.80	88.67	13.95
1966	39.10	13.17	2.00	5.12	32.00	0.64	0.50	78.13	3.80
1967	39.00	13.43	2.00	5.13	71.50	1.43	1.08	75.52	8.04
1968	39.10	13.71	5.04	12.89	38.29	1.93	1.61	83.42	11.74
1969	39.10	14.00	4.38	11.20	45.66	2.00	1.73	86.50	12.36
10 年小计			**48.38**	**12.48**	**32.58**	**15.76**	**13.82**	**87.69**	**9.04**
占合计%			**9.98**			**5.56**	**5.89**		
1970	38.40	14.25	4.20	10.94	46.19	1.94	1.77	91.24	12.42
1971	38.60	14.50	3.96	10.26	45.45	1.80	1.62	90.00	11.17
1972	38.30	14.76	4.16	10.86	29.81	1.24	1.10	88.71	7.45
1973	38.90	15.04	4.10	10.54	33.90	1.39	1.13	81.29	7.51
1974	38.90	15.28	4.40	11.31	40.68	1.79	1.45	81.01	9.49
1975	38.90	15.47	4.53	11.65	37.97	1.72	1.39	80.81	8.99
1976	38.90	15.54	4.40	11.31	29.32	1.29	1.09	84.50	7.01
1977	38.90	15.79	4.34	11.16	27.19	1.18	1.01	85.59	6.40
1978	38.89	15.97	7.39	19.00	24.49	1.81	1.55	85.64	9.71
1979	38.89	16.20	6.90	17.74	23.19	1.60	1.71	106.88	10.56
10 年小计			**100.15**	**25.76**	**95.73**	**95.87**	**79.34**	**82.76**	**44.24**
占合计%			**20.65**			**33.81**	**33.79**		
1980	38.83	16.50	5.11	13.16	57.34	2.93	3.05	104.10	18.48
1981	38.90	17.10	5.04	12.96	58.33	2.94	2.76	93.88	16.14
1982	38.90	17.50	9.10	23.39	38.57	3.51	3.88	110.54	22.17
1983	38.90	17.70	7.62	19.59	83.60	6.37	7.34	115.23	41.47
1984	38.90	17.93	11.85	30.46	117.81	13.96	14.03	100.50	78.25
1985	38.89	18.10	10.24	26.33	106.35	10.89	8.66	79.52	47.85
1986	38.90	18.27	9.94	25.55	102.82	10.22	8.92	87.28	48.82
1987	38.90	18.46	11.97	30.77	119.30	14.28	10.63	74.44	57.58
1988	38.90	18.80	14.40	37.02	98.82	14.23	9.31	65.43	49.52
1989	38.80	19.00	14.88	38.35	111.16	16.54	10.76	65.05	56.63
11 年小计			**104.21**	**24.38**	**100.87**	**105.12**	**82.72**	**78.69**	**33.21**
占合计%			**21.49**			**37.07**	**35.23**		
1990	38.86	21.60	16.29	41.92	113.08	18.42	13.55	73.56	62.73
1991	38.90	21.90	11.74	30.18	108.18	12.70	14.61	115.04	66.71
1992	38.86	22.10	11.92	30.67	69.97	8.34	3.77	45.20	17.06
1993	38.86	22.42	10.53	27.10	63.63	6.70	2.51	37.46	11.20
1994	38.86	22.65	11.35	29.21	112.69	12.79	6.15	48.08	27.15
1995	38.86	22.70	12.11	31.16	84.06	10.18	3.27	32.12	14.41
1996	38.86	22.80	4.90	12.61	105.71	5.18	1.05	20.27	4.61
1997	38.83	23.00	6.60	17.00	108.33	7.15	3.27	45.73	14.22
1998	38.83	23.10	5.69	14.65	126.01	7.17	10.66	148.68	46.15
1999	38.83	23.40	6.19	15.94	125.85	7.79	12.88	165.34	55.04
2000	38.83	23.40	6.89	17.74	126.27	8.70	11.00	126.44	47.01

1949-2000

中国棉花统计资料汇编

中华全国供销合作总社棉麻局
中国棉麻流通经济研究会 编

中国统计出版社
China Statistics Press

5－19－1　山东省1949－2000年产棉县棉花生产收购明细

县市名	耕地面积（万亩）	农业人口（万人）	棉田面积（万亩）	占耕地（%）	亩产（市斤）	产量（万担）	收购量（万担）	商品率（%）	人均交售（市斤）
全省合计			**62217.11**	**12.74**	**73.32**	**45616.12**	**37348.06**	**81.87**	**15.34**
聊城市			**11786.97**	**24.89**	**75.54**	**8903.65**	**7729.82**	**86.82**	**39.31**
阳谷县			1118.30	19.60	84.86	949.04	859.72	90.59	31.08
莘　县			1373.33	18.67	78.94	1084.12	902.39	83.24	26.98
茌平县			1344.75	22.23	73.65	990.41	851.42	85.97	38.66
东阿县			754.84	18.37	80.74	609.43	527.49	86.55	30.55
冠　县			1799.50	28.23	67.33	1211.55	1137.37	93.88	42.19
高唐县			1782.46	34.61	71.07	1266.84	1067.77	84.29	58.68
临清县			2105.79	38.41	77.93	1641.01	1423.74	86.76	60.37
东昌府区			1508.00	21.18	76.34	1151.25	959.92	83.38	34.90
德州市			**11371.15**	**22.06**	**76.37**	**8684.68**	**7482.43**	**86.16**	**37.40**
德州区			176.97	17.79	86.67	153.38	153.50	100.08	28.76
陵　县			1478.82	21.54	80.71	1193.62	1065.21	89.24	43.45
平原县			1197.14	23.10	78.43	938.92	852.32	90.78	45.38
夏津县			1974.63	43.10	75.75	1495.83	1345.71	89.96	70.61
武城县			1162.58	31.18	78.43	911.78	830.59	91.10	58.19
齐河县			985.09	13.35	84.30	830.48	665.63	80.15	25.16
禹城县			857.35	17.89	79.16	678.72	563.76	83.06	29.66
乐陵县			997.46	17.21	75.17	749.76	587.16	78.31	24.50
临邑县			1231.89	24.04	63.57	783.11	650.48	83.06	34.31
宁津县			1130.60	24.75	71.14	804.32	680.78	84.64	36.47
庆云县			178.62	7.02	81.04	144.76	87.29	60.30	7.91
滨州地区			**7411.82**	**20.96**	**64.83**	**4805.29**	**4049.65**	**84.27**	**28.56**
惠民县			1493.21	22.96	69.87	1043.30	857.74	82.21	34.51
滨州县			1367.69	36.69	62.43	853.84	715.99	83.86	42.02
阳信县			716.13	17.50	63.22	452.77	404.87	89.42	23.45
无棣县			376.95	8.34	75.45	284.40	215.73	75.85	12.87
沾化县			933.74	17.47	54.37	507.64	405.47	79.87	23.59
博兴县			1017.81	22.39	62.65	637.64	555.11	87.06	27.50
邹平县			1506.29	22.74	68.09	1025.70	894.74	87.23	31.36
菏泽地区			**10214.25**	**16.99**	**74.90**	**7650.71**	**5828.04**	**76.18**	**19.87**
菏泽县			1030.64	14.32	66.19	682.16	565.77	82.94	14.39
曹　县			2041.26	22.97	69.32	1415.10	1142.95	80.77	23.68
定陶县			852.09	19.34	80.94	689.66	530.69	76.95	25.39
成武县			905.83	19.94	92.93	841.75	637.92	75.78	29.07
单　县			1380.19	16.82	62.57	863.65	754.44	87.35	18.55
巨野县			1434.04	21.32	86.25	1236.90	918.66	74.27	30.50
郓城县			1367.67	15.33	84.74	1158.93	742.10	64.03	18.39
鄄城县			527.15	9.71	67.83	357.57	229.87	64.29	8.38
东明县			675.38	11.62	59.96	404.99	305.64	75.47	12.56
潍坊市			**5184.40**	**8.64**	**76.09**	**3944.95**	**3375.30**	**85.56**	**11.29**
潍　县			135.81	3.09	65.13	88.45	73.73	83.36	3.77
高密县			1620.51	20.89	74.81	1212.33	1090.88	89.98	31.58
诸城县			1075.82	11.58	57.01	613.28	528.93	86.25	12.15
昌邑县			798.77	12.84	91.70	732.44	654.57	89.37	22.46
昌乐县			293.11	5.79	69.11	202.58	158.46	78.22	7.06
安丘县			357.09	4.09	92.13	329.00	262.30	79.73	5.87
寿光县			608.78	7.65	82.46	502.00	378.12	75.32	9.41
青州县			51.96	0.96	77.17	40.10	28.85	71.95	0.91
寒亭区			151.10	15.94	118.19	178.58	153.47	85.94	30.80
坊子区			21.06	3.85	95.11	20.03	28.33	141.44	8.41
潍城区			17.46	4.20	108.25	18.90	13.30	70.37	4.09
临朐县			52.93	1.62	13.72	7.26	4.36	60.06	0.20

5－19－1　续表

县市名	耕地面积（万亩）	农业人口（万人）	棉田面积（万亩）	占耕地（%）	亩　产（市斤）	产　量（万担）	收购量（万担）	商品率（%）	人均交售（市斤）
济宁市			**4115.98**	**8.53**	**94.30**	**3881.50**	**2946.59**	**75.91**	**11.23**
济宁县			152.38	3.46	76.75	116.96	94.83	81.08	4.29
任城区			277.23	7.21	88.46	245.25	188.16	76.72	8.17
兖州市			269.21	7.26	84.49	227.46	158.26	69.58	8.44
邹城市			188.23	3.15	59.74	112.44	68.42	60.85	1.94
鱼台县			240.94	6.82	134.03	322.93	199.41	61.75	13.61
金乡县			710.47	14.30	106.06	753.49	601.63	79.85	28.15
嘉祥县			695.60	12.49	87.74	610.34	474.70	77.78	16.58
微山县			40.69	1.68	113.59	46.22	28.29	61.21	1.27
汶上县			819.02	17.26	113.49	929.52	765.71	82.38	29.15
梁山县			594.46	11.05	81.11	482.16	349.12	72.41	12.23
泗水县			127.75	3.42	27.19	34.73	18.06	52.00	0.84
东营市			**2259.51**	**17.42**	**62.76**	**1418.05**	**1048.20**	**73.92**	**22.52**
东营区			134.80	32.06	113.27	152.69	126.47	82.83	53.09
河口区			78.06	15.91	63.46	49.54	31.97	64.53	26.01
垦利县			471.34	13.62	45.19	212.99	132.96	62.43	12.46
利津县			647.48	17.71	55.20	357.41	245.06	68.57	20.53
广饶县			927.83	18.76	69.56	645.42	511.74	79.29	25.17
临沂市			**1632.92**	**2.89**	**48.72**	**795.53**	**627.61**	**78.89**	**1.85**
临沂县			220.36	3.03	56.03	123.46	138.83	112.45	2.65
郯城县			191.63	3.41	63.25	121.21	111.52	92.01	3.28
苍山县			273.90	3.72	67.59	185.14	121.61	65.69	2.92
沂水县			289.77	4.13	48.83	141.49	90.87	64.22	2.14
蒙阴县			128.98	4.40	33.42	43.11	31.93	74.07	1.68
莒南县			95.50	1.50	50.61	48.33	32.64	67.54	0.86
平邑县			95.06	2.49	27.21	25.87	8.38	32.39	0.38
费　县			134.15	2.43	29.38	39.41	15.91	40.37	0.47
沂南县			154.01	2.50	31.48	48.48	23.97	49.44	0.70
临沭县			49.56	1.10	38.40	19.03	51.95	*	2.29
泰安市			**1078.26**	**4.21**	**58.14**	**626.88**	**420.70**	**67.11**	**2.54**
泰安县			127.33	1.94	42.51	54.13	28.56	52.76	0.59
肥城县			301.24	5.48	59.44	179.05	130.86	73.09	3.69
宁阳县			238.72	4.71	74.23	177.20	123.28	69.57	4.03
东平县			318.73	7.65	59.38	189.25	131.13	69.29	5.03
新泰县			92.24	2.14	29.55	27.25	6.87	25.19	0.27
枣庄市			**541.12**	**5.14**	**93.77**	**507.39**	**316.12**	**62.30**	**4.20**
滕州县			248.74	3.12	76.32	189.84	101.28	53.35	1.73
薛城区			66.77	8.85	118.66	79.23	40.80	51.50	6.67
峄城区			109.39	11.89	115.50	126.35	75.77	59.97	12.71
台儿庄			116.22	13.30	96.34	111.97	98.27	87.76	21.01
济南市			**3372.25**	**11.30**	**65.99**	**2225.49**	**1709.63**	**76.82**	**11.06**
章丘县			593.70	8.83	61.17	363.16	274.02	75.45	6.89
平阴县			166.68	5.96	53.70	89.51	60.91	68.05	3.97
商河县			1500.21	24.23	66.91	1003.76	822.98	81.99	35.15
济阳县			929.88	16.48	74.31	691.03	520.25	75.29	24.20
历城区			69.92	1.37	59.30	41.46	14.81	35.72	0.44
长清县			111.86	3.30	32.69	36.57	16.66	45.56	0.80
青岛市			**1585.13**	**6.18**	**67.99**	**1077.66**	**957.63**	**88.86**	**8.88**
平度县			1427.04	9.76	71.23	1016.49	920.79	90.59	16.25
胶南县			30.75	0.94	25.33	7.79	0.33	4.24	0.02
胶　县			100.97	2.81	45.06	45.50	36.51	80.24	2.36
即墨县			26.37	0.63	29.88	7.88			
淄博市			**1294.19**	**14.05**	**71.76**	**928.66**	**734.72**	**79.12**	**14.89**
桓台县			145.56	5.28	95.58	139.13	135.31	97.25	6.90
高青县			1059.93	24.97	71.63	759.24	585.15	77.07	37.00
沂源县			88.70	4.02	34.15	30.29	14.26	47.08	1.02
日照市			**286.82**	**2.77**	**49.17**	**141.03**	**117.50**	**83.32**	**1.85**
莒　县			198.46	2.93	43.71	86.74	64.40	74.24	1.55
五莲县			88.36	2.47	61.44	54.29	53.10	97.81	2.39
莱芜市			**82.34**	**1.72**	**29.94**	**24.65**	**4.13**	**16.75**	**0.11**
莱芜县			82.34	1.72	29.94	24.65	4.13	16.75	0.11

5－19－2　山东省1949－1959年产棉县棉花生产收购明细

县市名	耕地面积（万亩）	农业人口（万人）	棉田面积（万亩）	占耕地（%）	亩产（市斤）	产量（万担）	收购量（万担）	商品率（%）	人均交售（市斤）
全省合计			**11149.08**	**8.98**	**31.95**	**3562.20**	**2351.24**	**66.01**	**5.67**
聊城市			**2166.10**	**18.81**	**34.29**	**742.81**	**560.18**	**75.41**	**16.89**
阳谷县			70.40	4.98	26.08	18.36	5.49	29.90	1.16
莘　县			162.30	8.75	23.60	38.30	14.09	36.79	2.63
茌平县			167.20	11.34	28.38	47.45	26.54	55.93	6.28
东阿县			55.20	5.38	44.08	24.33	16.13	66.30	4.70
冠　县			433.80	28.39	31.32	135.85	135.85	100.00	34.66
高唐县			432.50	35.39	39.87	172.43	142.69	82.75	42.00
临清县			615.00	47.52	38.67	237.85	170.18	71.55	46.31
东昌府区			229.70	13.47	29.71	68.24	49.21	72.11	11.08
德州市			**2166.58**	**15.78**	**34.14**	**739.60**	**559.10**	**75.59**	**15.18**
德州区			29.70	18.55	23.30	6.92	9.17	132.51	19.35
陵　县			233.20	11.40	27.40	63.89	26.67	41.74	5.55
平原县			238.48	15.94	34.04	81.19	45.51	56.05	12.05
夏津县			468.50	42.26	43.55	204.01	199.24	97.66	61.61
武城县			211.90	21.86	33.77	71.56	68.67	95.96	26.61
齐河县			149.90	7.30	26.04	39.04	20.43	52.33	3.76
禹城县			153.10	12.01	28.45	43.55	25.75	59.13	7.22
乐陵县			160.00	10.54	30.14	48.22	31.14	64.58	7.28
临邑县			247.70	18.25	39.31	97.38	64.36	66.09	18.37
宁津县			262.00	23.88	31.24	81.84	68.16	83.28	19.53
庆云县			12.10	1.86	16.53	2.00			
滨州地区			**1658.23**	**17.84**	**34.78**	**576.65**	**384.00**	**66.59**	**15.40**
惠民县			259.30	14.87	34.89	90.47	67.44	74.54	15.04
滨州县			403.15	39.84	41.22	166.17	114.15	68.69	37.97
阳信县			111.60	10.36	28.21	31.48	17.89	56.83	5.83
无棣县			33.20	3.06	14.43	4.79	1.01	21.09	0.38
沾化县			224.10	14.71	25.90	58.04	40.18	69.23	12.70
博兴县			296.00	22.91	35.48	105.02	67.51	64.28	17.92
邹平县			330.88	21.17	36.47	120.68	75.82	62.83	15.92
菏泽地区			**1142.90**	**7.63**	**32.72**	**373.92**	**167.21**	**44.72**	**3.39**
菏泽县			123.00	7.04	22.72	27.94	19.28	69.01	3.05
曹　县			265.90	11.45	26.78	71.20	40.98	57.56	5.12
定陶县			74.30	6.74	24.62	18.29	7.82	42.76	2.27
成武县			77.70	6.29	19.73	15.33	4.26	27.79	1.08
单　县			191.70	9.83	24.53	47.02	22.06	46.92	3.32
巨野县			113.70	6.49	19.70	22.40	5.97	26.65	1.17
郓城县			147.90	6.86	93.85	138.80	54.96	39.60	7.38
鄄城县			56.20	4.30	25.80	14.50	3.95	27.24	0.92
东明县			92.50	6.60	19.94	18.44	7.93	43.00	1.88
潍坊市			**1096.41**	**7.40**	**26.49**	**290.42**	**212.51**	**73.17**	**4.12**
潍　县			23.00	1.55	29.26	6.73	5.45	80.98	1.01
高密县			359.97	19.34	41.53	149.51	130.03	86.97	21.63
诸城县			373.24	16.60	10.77	40.21	24.11	59.96	3.13
昌邑县			117.50	7.63	30.93	36.34	26.43	72.73	4.94
昌乐县			66.40	5.45	29.08	19.31	9.86	51.06	2.80
安丘县			54.90	2.51	20.89	11.47	9.25	80.65	1.26
寿光县			57.60	3.06	28.65	16.50	6.72	40.73	1.00
青州县			16.20	1.25	25.99	4.21	0.20	4.75	0.04
寒亭区									
坊子区									
潍城区									
临朐县			27.60	2.48	22.25	6.14	0.46	7.49	0.10

5－19－2　续表

县市名	耕地面积（万亩）	农业人口（万人）	棉田面积（万亩）	占耕地（%）	亩产（市斤）	产量（万担）	收购量（万担）	商品率（%）	人均交售（市斤）
济宁市			**280.40**	**2.33**	**22.52**	**63.14**	**20.87**	**33.05**	**0.50**
济宁县			13.50	1.27	29.77	4.02	0.56	13.93	0.18
任城区			12.60	1.44	27.86	3.51	0.97	27.64	0.27
兖州市			11.50	1.28	25.91	2.98	1.05	35.23	0.35
邹城市			33.10	2.21	23.32	7.72	1.52	19.69	0.28
鱼台县			8.60	0.92	22.44	1.93			
金乡县			33.20	2.77	16.96	5.63	0.29	5.15	0.08
嘉祥县			51.60	3.62	20.58	10.62	10.06	94.73	2.12
微山县			4.90	0.82	33.47	1.64	0.19	11.59	0.06
汶上县			25.30	2.23	27.43	6.94	1.08	15.56	0.26
梁山县			37.70	2.57	22.41	8.45	1.58	18.70	0.31
泗水县			48.40	5.26	20.04	9.70	3.57	36.80	1.08
东营市			**560.86**	**19.75**	**32.72**	**183.53**	**134.72**	**73.40**	**19.08**
东营区									
河口区									
垦利县			175.20	20.17	34.32	60.12	16.07	26.73	8.42
利津县			204.90	23.41	28.06	57.49	43.00	74.80	22.61
广饶县			180.76	16.49	36.47	65.92	75.65	114.76	23.28
临沂市			**395.80**	**2.74**	**21.27**	**84.18**	**17.07**	**20.28**	**0.33**
临沂县			22.30	1.14	19.64	4.38	0.41	9.36	0.05
郯城县			12.60	0.91	36.27	4.57	0.12	2.63	0.03
苍山县			35.50	1.93	20.37	7.23	0.81	11.20	0.14
沂水县			81.40	4.75	19.95	16.24	4.75	29.25	0.75
蒙阴县			58.10	7.67	20.34	11.82	4.88	41.29	1.77
莒南县			20.60	1.31	38.64	7.96	0.84	10.55	0.15
平邑县			36.80	2.90	20.19	7.43	1.23	16.55	0.25
费　县			57.40	4.24	19.43	11.15	1.77	15.87	0.37
沂南县			60.30	3.99	18.86	11.37	2.15	18.91	0.41
临沭县			10.80	0.99	18.80	2.03	0.11	5.42	0.03
泰安市			**218.60**	**3.38**	**25.56**	**55.88**	**17.61**	**31.52**	**0.61**
泰安县			40.40	2.44	23.54	9.51	1.45	15.25	0.17
肥城县			64.40	4.99	27.86	17.94	8.22	45.82	1.41
宁阳县			27.90	2.36	24.09	6.72	1.68	25.00	0.35
东平县			45.50	5.13	24.57	11.18	3.60	32.20	0.89
新泰县			40.40	2.76	26.06	10.53	2.66	25.28	0.47
枣庄市			**35.40**	**1.73**	**21.75**	**7.70**	**1.80**	**23.38**	**0.19**
滕州县			35.40	1.73	21.75	7.70	1.80	23.38	0.19
薛城区									
峄城区									
台儿庄									
济南市			**667.70**	**8.72**	**33.17**	**221.48**	**151.49**	**68.40**	**5.51**
章丘县			101.10	6.03	36.51	36.91	20.39	55.24	3.04
平阴县			31.10	4.64	22.41	6.97	2.01	28.84	0.76
商河县			309.80	18.88	32.67	101.21	85.83	84.80	19.05
济阳县			153.40	10.54	35.02	53.72	36.23	67.44	9.22
历城区			28.20	2.01	30.14	8.50			
长清县			44.10	5.44	32.13	14.17	7.03	49.61	2.03
青岛市			**314.90**	**3.90**	**27.80**	**87.55**	**51.15**	**58.42**	**1.83**
平度县			234.60	6.64	28.53	66.94	46.33	69.21	4.51
胶南县			20.80	1.55	22.16	4.61	0.33	7.16	0.06
胶　县			37.80	2.71	26.03	9.84	4.49	45.63	0.91
即墨县			21.70	1.21	28.39	6.16			
淄博市			**326.00**	**12.99**	**34.59**	**112.76**	**69.94**	**62.03**	**7.48**
桓台县			19.00	3.06	30.05	5.71	1.62	28.37	0.47
高青县			277.20	23.74	36.00	99.80	66.50	66.63	21.93
沂源县			29.80	4.13	24.33	7.25	1.82	25.10	0.63
日照市			**76.40**	**2.96**	**16.06**	**12.27**	**1.91**	**15.57**	**0.19**
莒　县			53.80	3.19	16.10	8.66	1.52	17.55	0.24
五莲县			22.60	2.52	15.97	3.61	0.39	10.80	0.10
莱芜市			**42.80**	**3.62**	**24.09**	**10.31**	**1.68**	**16.29**	**0.27**
莱芜县			42.80	3.62	24.09	10.31	1.68	16.29	0.27

5－19－3　山东省1960－1969年产棉县棉花生产收购明细

县市名	耕地面积（万亩）	农业人口（万人）	棉田面积（万亩）	占耕地（%）	亩产（市斤）	产量（万担）	收购量（万担）	商品率（%）	人均交售（市斤）
全省合计			**8906.28**	**9.02**	**31.88**	**2839.72**	**2379.13**	**83.78**	**5.67**
聊城市			**1939.80**	**21.12**	**33.81**	**655.86**	**617.06**	**94.08**	**19.26**
阳谷县			160.40	14.63	37.44	60.05	56.26	93.69	12.84
莘　县			194.70	13.74	25.13	48.92	41.23	84.28	7.79
茌平县			208.20	17.74	32.18	66.99	63.63	94.98	17.50
东阿县			92.90	11.85	35.57	33.04	29.55	89.44	10.34
冠　县			324.90	25.90	32.00	103.96	103.96	100.00	24.01
高唐县			346.20	34.48	30.66	106.16	100.69	94.85	32.78
临清县			367.60	34.42	42.39	155.81	149.51	95.96	37.90
东昌府区			244.90	17.66	33.05	80.93	72.23	89.25	15.98
德州市			**1770.90**	**17.16**	**26.90**	**476.41**	**425.11**	**89.23**	**12.92**
德州区			13.20	10.98	30.83	4.07	4.96	121.87	10.85
陵　县			228.70	15.93	23.24	53.15	47.28	88.96	11.01
平原县			186.80	17.62	23.84	44.53	45.85	102.96	14.80
夏津县			366.00	41.97	29.72	108.76	106.41	97.84	33.91
武城县			183.30	25.69	35.11	64.36	64.36	100.00	26.81
齐河县			98.40	6.41	19.73	19.41	14.51	74.76	3.32
禹城县			109.60	11.21	22.27	24.41	17.24	70.63	5.65
乐陵县			146.60	12.80	22.51	33.00	27.12	82.18	6.75
临邑县			241.30	22.96	24.37	58.80	48.43	82.36	15.54
宁津县			188.00	20.72	34.10	64.11	48.95	76.35	15.56
庆云县			9.00	1.78	20.11	1.81			
滨州地区			**1078.16**	**15.60**	**26.27**	**283.18**	**256.73**	**90.66**	**10.78**
惠民县			223.10	17.81	24.81	55.34	51.25	92.61	12.28
滨州县			223.10	31.34	35.83	79.93	78.01	97.60	27.82
阳信县			85.10	10.37	19.19	16.33	13.27	81.26	4.71
无棣县			19.80	2.31	18.48	3.66	1.38	37.70	0.50
沾化县			115.80	11.30	18.11	20.97	17.31	82.55	5.99
博兴县			169.60	18.59	18.35	31.13	24.30	78.06	6.92
邹平县			241.66	18.14	31.37	75.82	71.21	93.92	14.69
菏泽地区			**1122.80**	**9.41**	**32.39**	**363.66**	**265.73**	**73.07**	**5.73**
菏泽县			123.60	8.65	32.39	40.03	30.91	77.22	4.86
曹　县			277.80	16.61	30.26	84.07	72.07	85.73	9.56
定陶县			74.50	8.53	25.49	18.99	15.22	80.15	4.42
成武县			53.80	5.85	23.38	12.58	8.55	67.97	2.54
单　县			193.40	11.98	35.95	69.52	51.46	74.02	8.24
巨野县			93.10	6.64	29.40	27.37	16.14	58.97	3.48
郓城县			176.10	9.85	42.78	75.33	45.78	60.77	6.99
鄄城县			72.40	6.82	35.43	25.65	18.47	72.01	4.06
东明县			58.10	4.97	17.42	10.12	7.13	70.45	1.92
潍坊市			**828.78**	**6.71**	**48.33**	**400.55**	**350.84**	**87.59**	**6.56**
潍　县			23.10	1.85	27.27	6.30	1.97	31.27	0.36
高密县			387.78	24.90	58.02	225.00	217.37	96.61	37.31
诸城县			161.80	8.65	47.56	76.95	64.24	83.48	8.21
昌邑县			109.00	8.69	47.22	51.47	47.95	93.16	9.28
昌乐县			49.00	4.69	36.02	17.65	9.10	51.56	2.38
安丘县			31.80	1.80	35.97	11.44	9.17	80.16	1.17
寿光县			41.10	2.67	20.19	8.30	0.96	11.57	0.14
青州县			7.10	0.63	46.48	3.30	0.08	2.42	0.01
寒亭区									
坊子区									
潍城区									
临朐县			18.10	1.91	0.77	0.14			

5－19－3　续表

县市名	耕地面积（万亩）	农业人口（万人）	棉田面积（万亩）	占耕地（%）	亩　产（市斤）	产　量（万担）	收购量（万担）	商品率（%）	人均交售（市斤）
济宁市			**307.70**	**3.19**	**40.81**	**125.57**	**93.85**	**74.74**	**2.17**
济宁县			12.30	1.34	41.63	5.12	2.25	43.95	0.61
任城区			24.60	3.22	36.99	9.10	8.08	88.79	2.06
兖州市			19.10	2.49	44.71	8.54	6.55	76.70	2.02
邹城市			29.60	2.43	27.74	8.21	3.55	43.24	0.60
鱼台县			6.20	0.85	29.68	1.84	6.20	*	2.73
金乡县			32.40	3.27	37.78	12.24	6.12	50.00	1.79
嘉祥县			36.40	3.30	23.87	8.69	8.25	94.94	1.70
微山县			2.20	0.44	54.55	1.20			
汶上县			67.30	7.35	69.48	46.76	40.02	85.59	9.56
梁山县			42.60	4.29	34.72	14.79	8.16	55.17	1.78
泗水县			35.00	4.56	25.94	9.08	4.67	51.43	1.31
东营市			**320.74**	**12.36**	**23.46**	**75.25**	**61.34**	**81.51**	**8.22**
东营区									
河口区									
垦利县			97.20	11.21	20.45	19.88	12.42	62.47	6.02
利津县			69.70	10.53	16.48	11.49	8.12	70.67	4.41
广饶县			153.84	14.42	28.52	43.88	40.80	92.98	11.46
临沂市			**297.50**	**2.65**	**36.11**	**107.44**	**51.22**	**47.67**	**0.89**
临沂县			30.10	2.70	52.79	15.89	8.39	52.80	0.99
郯城县			16.60	1.49	36.93	6.13	3.71	60.52	0.68
苍山县			22.90	1.57	36.94	8.46	4.07	48.11	0.61
沂水县			64.60	4.64	35.43	22.89	12.65	55.26	1.83
蒙阴县			32.70	5.61	31.19	10.20	5.73	56.18	1.86
莒南县			16.10	1.27	71.18	11.46	5.27	45.99	0.83
平邑县			29.40	2.77	28.91	8.50	2.03	23.88	0.35
费　县			33.90	2.97	25.52	8.65	3.30	38.15	0.63
沂南县			40.70	3.36	29.41	11.97	5.10	42.61	0.91
临沭县			10.50	1.16	31.33	3.29	0.97	29.48	0.26
泰安市			**135.70**	**2.53**	**23.01**	**31.22**	**13.30**	**42.61**	**0.43**
泰安县			18.40	1.37	30.27	5.57	0.56	10.05	0.06
肥城县			36.00	3.21	25.28	9.10	3.90	42.86	0.62
宁阳县			14.80	1.48	23.78	3.52	1.20	34.09	0.23
东平县			41.70	5.90	14.53	6.06	6.47	106.77	1.50
新泰县			24.80	2.09	28.12	6.97	1.17	16.82	0.18
枣庄市			**31.20**	**1.82**	**29.90**	**9.33**	**3.48**	**37.30**	**0.33**
滕州县			31.20	1.82	29.90	9.33	3.48	37.30	0.33
薛城区									
峄城区									
台儿庄									
济南市			**511.00**	**8.49**	**22.32**	**114.03**	**86.00**	**75.42**	**3.11**
章丘县			96.00	7.32	29.69	28.50	18.71	65.65	2.78
平阴县			31.10	5.48	19.49	6.06	3.17	52.31	1.13
商河县			246.40	19.44	21.70	53.47	48.16	90.07	13.03
济阳县			105.00	9.53	15.74	16.53	13.28	80.34	3.79
历城区			6.60	0.60	39.24	2.59			
长清县			25.90	3.82	26.56	6.88	2.68	38.95	0.71
青岛市			**286.30**	**4.48**	**45.56**	**130.44**	**112.40**	**86.17**	**4.32**
平度县			258.70	8.87	46.05	119.12	105.77	88.79	10.75
胶南县			6.90	0.65	33.62	2.32			
胶　县			18.20	1.62	44.62	8.12	6.63	81.65	1.38
即墨县			2.50	0.19	35.20	0.88			
淄博市			**202.50**	**10.31**	**23.43**	**47.44**	**35.92**	**75.72**	**3.76**
桓台县			7.90	1.45	27.97	2.21	0.03	1.36	0.01
高青县			161.90	19.85	21.85	35.38	30.75	86.91	11.40
沂源县			32.70	5.41	30.12	9.85	5.14	52.18	1.43
日照市			**54.40**	**2.61**	**27.10**	**14.74**	**5.68**	**38.53**	**0.53**
莒　县			45.00	3.28	26.67	12.00	5.27	43.92	0.79
五莲县			9.40	1.33	29.15	2.74	0.41	14.96	0.10
莱芜市			**18.80**	**1.86**	**24.47**	**4.60**	**0.47**	**10.22**	**0.07**
莱芜县			18.80	1.86	24.47	4.60	0.47	10.22	0.07

5-19-4 山东省1970-1979年产棉县棉花生产收购明细

县市名	耕地面积（万亩）	农业人口（万人）	棉田面积（万亩）	占耕地（%）	亩产（市斤）	产量（万担）	收购量（万担）	商品率（%）	人均交售（市斤）
全省合计			**9486.60**	**10.29**	**42.98**	**4076.96**	**3565.34**	**87.45**	**7.14**
聊城市			**1832.23**	**20.75**	**48.23**	**883.62**	**830.63**	**94.00**	**21.71**
阳谷县			219.47	20.80	56.35	123.68	112.16	90.69	20.95
莘县			210.93	15.59	41.01	86.50	79.30	91.68	12.33
茌平县			221.10	19.69	33.27	73.56	69.70	94.75	16.22
东阿县			120.99	15.88	34.41	41.63	33.86	81.34	10.18
冠县			264.46	22.06	55.32	146.31	140.12	95.77	26.70
高唐县			249.71	25.78	40.86	102.04	97.33	95.38	27.37
临清县			271.88	26.33	59.74	162.43	157.99	97.27	34.00
东昌府区			273.69	20.47	53.88	147.47	140.17	95.05	25.96
德州市			**1547.32**	**16.70**	**33.22**	**513.98**	**469.02**	**91.25**	**11.86**
德州区			22.71	13.31	44.34	10.07	9.20	91.36	9.71
陵县			197.56	16.36	32.10	63.41	56.27	88.74	11.37
平原县			189.13	20.51	37.62	71.16	67.38	94.69	17.62
夏津县			267.12	31.40	33.04	88.25	87.39	99.03	23.52
武城县			177.13	26.61	45.08	79.85	79.85	100.00	28.46
齐河县			88.29	6.60	26.24	23.17	16.49	71.17	3.07
禹城县			93.53	10.97	26.54	24.82	23.15	93.27	6.30
乐陵县			143.70	14.07	25.69	36.91	30.64	83.01	6.57
临邑县			185.70	20.48	25.56	47.47	36.75	77.42	9.90
宁津县			171.90	19.76	38.84	66.77	61.90	92.71	16.66
庆云县			10.55	2.29	19.91	2.10			
滨州地区			**958.61**	**14.69**	**29.39**	**281.71**	**250.50**	**88.92**	**8.57**
惠民县			200.85	17.21	27.38	55.00	50.47	91.76	10.04
滨州县			203.17	31.05	28.69	58.28	55.92	95.95	16.44
阳信县			81.53	11.17	22.51	18.35	13.72	74.77	3.95
无棣县			16.50	1.97	18.55	3.06	1.06	34.64	0.31
沾化县			90.03	8.81	21.40	19.27	14.39	74.68	3.91
博兴县			123.62	14.12	27.49	33.98	29.73	87.49	6.82
邹平县			242.91	19.60	38.60	93.77	85.21	90.87	14.50
菏泽地区			**1502.07**	**13.52**	**39.68**	**595.99**	**489.74**	**82.17**	**8.59**
菏泽县			138.37	10.17	33.62	46.52	35.73	76.81	4.57
曹县			322.23	20.03	42.76	137.80	122.17	88.66	12.91
定陶县			126.53	15.41	35.61	45.06	40.05	88.88	9.61
成武县			117.71	14.21	56.47	66.47	58.32	87.74	13.97
单县			285.29	18.49	40.52	115.61	104.56	90.44	13.53
巨野县			168.97	14.14	36.26	61.27	41.27	67.36	7.15
郓城县			221.94	13.30	42.71	94.80	69.45	73.26	8.99
鄄城县			58.62	5.78	29.10	17.06	11.04	64.71	1.99
东明县			62.41	5.83	18.27	11.40	7.15	62.72	1.55
潍坊市			**857.44**	**7.98**	**71.46**	**612.74**	**560.29**	**91.44**	**9.77**
潍县			47.28	3.88	57.68	27.27	21.11	77.41	3.29
高密县			327.64	22.47	75.82	248.41	231.84	93.33	32.34
诸城县			166.71	9.44	72.34	120.59	112.46	93.26	12.19
昌邑县			141.39	12.11	82.11	116.09	110.58	95.25	18.43
昌乐县			51.20	5.34	75.25	38.53	36.39	94.45	7.84
安丘县			57.50	3.56	58.09	33.40	29.52	88.38	3.26
寿光县			60.58	4.04	43.66	26.45	18.39	69.53	2.25
青州县			3.14	0.32	63.69	2.00			
寒亭区									
坊子区									
潍城区									
临朐县			2.00	2.19					

5－19－4　续表

县市名	耕地面积（万亩）	农业人口（万人）	棉田面积（万亩）	占耕地（%）	亩　产（市斤）	产　量（万担）	收购量（万担）	商品率（%）	人均交售（市斤）
济宁市			**667.95**	**7.28**	**48.63**	**324.82**	**273.52**	**84.21**	**5.14**
济宁县			38.64	4.59	42.00	16.23	11.77	72.52	2.55
任城区			58.88	7.99	53.67	31.60	24.67	78.07	5.23
兖州市			72.91	10.20	47.41	34.57	30.37	87.85	7.86
邹城市			45.77	4.08	39.50	18.08	12.25	67.75	1.68
鱼台县			5.71	0.91	39.40	2.25	0.02	0.89	0.01
金乡县			79.18	8.35	37.28	29.52	23.57	79.84	5.81
嘉祥县			84.37	8.06	30.54	25.77	24.65	95.65	4.30
微山县			1.65	0.37	56.36	0.93			
汶上县			158.91	17.45	75.76	120.39	112.07	93.09	21.33
梁山县			81.39	7.75	40.53	32.99	24.33	73.75	4.02
泗水县			40.54	5.56	30.81	12.49	9.82	78.62	2.23
东营市			**244.80**	**9.79**	**30.27**	**74.09**	**61.27**	**82.70**	**6.23**
东营区									
河口区									
垦利县			52.54	7.71	24.78	13.02	10.08	77.42	3.87
利津县			49.37	6.39	19.67	9.71	6.88	70.85	2.59
广饶县			142.89	13.65	35.94	51.36	44.31	86.27	9.67
临沂市			**459.49**	**4.15**	**38.17**	**175.40**	**125.40**	**71.49**	**1.75**
临沂县			92.76	6.13	42.30	39.24	31.05	79.13	2.86
郯城县			56.14	5.32	32.54	18.27	16.50	90.31	2.41
苍山县			67.02	4.87	30.44	20.40	16.94	83.04	2.03
沂水县			64.45	4.78	44.70	28.81	20.13	69.87	2.38
蒙阴县			24.55	4.71	45.05	11.06	6.22	56.24	1.59
莒南县			49.27	4.08	42.97	21.17	13.87	65.52	1.77
平邑县			27.31	2.73	33.91	9.26	5.07	54.75	0.69
费　县			32.84	3.12	37.12	12.19	6.45	52.91	0.97
沂南县			38.65	3.34	33.76	13.05	8.02	61.46	1.17
临沭县			6.50	0.77	30.00	1.95	1.15	58.97	0.24
泰安市			**214.42**	**4.14**	**42.45**	**91.02**	**58.55**	**64.33**	**1.56**
泰安县			39.21	3.03	44.45	17.43	9.58	54.96	0.89
肥城县			50.02	4.71	38.58	19.30	13.45	69.69	1.84
宁阳县			35.11	3.68	42.55	14.94	9.88	66.13	1.57
东平县			63.78	8.57	46.96	29.95	22.65	75.63	4.67
新泰县			26.30	2.34	35.74	9.40	2.99	31.81	0.36
枣庄市			**70.69**	**4.34**	**48.49**	**34.28**	**22.08**	**64.41**	**1.70**
滕州县			70.69	4.34	48.49	34.28	22.08	64.41	1.70
薛城区									
峄城区									
台儿庄									
济南市			**493.81**	**8.74**	**27.81**	**137.33**	**106.68**	**77.68**	**3.47**
章丘县			133.87	10.52	30.84	41.28	31.49	76.28	3.84
平阴县			39.36	6.99	34.81	13.70	8.40	61.31	2.60
商河县			204.70	18.32	26.19	53.62	46.99	87.64	10.26
济阳县			76.57	7.52	21.12	16.17	12.85	79.47	3.01
历城区			2.60	0.26	46.15	1.20			
长清县			36.71	5.59	30.95	11.36	6.95	61.18	1.54
青岛市			**372.19**	**6.48**	**67.95**	**252.91**	**245.27**	**96.98**	**8.44**
平度县			322.00	11.85	69.46	223.67	219.88	98.31	18.74
胶南县			3.05	0.35	28.20	0.86			
胶　县			44.97	4.17	61.24	27.54	25.39	92.19	4.43
即墨县			2.17	0.20	38.71	0.84			
淄博市			**171.03**	**9.29**	**33.23**	**56.83**	**43.30**	**76.19**	**3.83**
桓台县			19.50	3.61	52.56	10.25	5.93	57.85	1.48
高青县			129.02	16.44	27.41	35.36	31.34	88.63	9.63
沂源县			22.51	4.36	49.84	11.22	6.03	53.74	1.49
日照市			**77.92**	**3.99**	**47.23**	**36.80**	**27.16**	**73.80**	**2.10**
莒　县			53.07	4.09	42.17	22.38	13.87	61.97	1.67
五莲县			24.85	3.78	58.03	14.42	13.29	92.16	2.88
莱芜市			**16.63**	**1.78**	**32.71**	**5.44**	**1.93**	**35.48**	**0.22**
莱芜县			16.63	1.78	32.71	5.44	1.93	35.48	0.22

5－19－5 山东省1980－1989年产棉县棉花生产收购明细

县市名	耕地面积（万亩）	农业人口（万人）	棉田面积（万亩）	占耕地（%）	亩 产（市斤）	产 量（万担）	收购量（万担）	商品率（%）	人均交售（市斤）
全省合计			**18495.34**	**21.85**	**118.02**	**21828.91**	**19476.96**	**89.23**	**38.00**
聊城市			**3813.19**	**44.36**	**125.29**	**4777.72**	**4420.54**	**92.52**	**105.44**
阳谷县			453.87	44.08	128.62	583.78	548.18	93.90	93.21
莘 县			535.80	40.80	128.12	686.49	585.62	85.31	80.86
茌平县			517.39	47.26	115.99	600.12	565.84	94.29	125.71
东阿县			325.83	44.29	118.89	387.38	340.42	87.88	98.65
冠 县			513.40	44.50	118.72	609.53	597.10	97.96	99.05
高唐县			446.25	47.40	131.18	585.37	556.79	95.12	146.45
临清县			504.03	50.18	139.56	703.43	658.49	93.61	128.72
东昌府区			516.62	39.07	120.32	621.62	568.10	91.39	96.21
德州市			**3384.75**	**38.23**	**138.88**	**4700.84**	**4421.11**	**94.05**	**103.89**
德州区			52.17	28.74	166.24	86.73	96.19	110.91	81.02
陵 县			481.53	43.12	146.59	705.87	670.84	95.04	128.05
平原县			374.56	43.61	150.70	564.46	548.99	97.26	141.14
夏津县			447.61	53.58	134.79	603.32	624.17	103.46	148.84
武城县			286.62	43.88	145.07	415.80	391.41	94.13	129.03
齐河县			424.40	33.88	134.70	571.68	509.52	89.13	91.32
禹城县			295.50	36.52	141.94	419.42	379.20	90.41	95.27
乐陵县			318.44	31.77	130.52	415.62	375.95	90.46	73.63
临邑县			317.97	36.66	133.73	425.22	396.51	93.25	98.66
宁津县			302.10	36.43	133.01	401.83	365.00	90.83	93.20
庆云县			83.85	18.74	108.40	90.89	63.33	69.68	26.26
滨州地区			**1964.18**	**32.64**	**109.77**	**2156.14**	**1938.94**	**89.93**	**64.52**
惠民县			444.05	39.40	116.46	517.14	452.31	87.46	85.74
滨州县			295.48	48.74	116.41	343.97	307.56	89.41	89.16
阳信县			248.92	35.40	102.06	254.05	236.07	92.92	63.60
无棣县			129.42	15.66	105.21	136.16	108.45	79.65	29.26
沾化县			246.45	28.79	96.44	237.68	202.16	85.06	56.89
博兴县			225.77	31.08	117.41	265.08	250.83	94.62	59.84
邹平县			374.09	31.91	107.48	402.06	381.56	94.90	61.92
菏泽地区			**3466.36**	**32.79**	**102.04**	**3537.03**	**3064.62**	**86.64**	**48.60**
菏泽县			395.85	30.96	92.42	365.84	333.44	91.14	38.43
曹 县			629.75	40.10	92.12	580.12	540.14	93.11	51.02
定陶县			308.62	40.18	111.85	345.18	301.47	87.34	67.27
成武县			334.54	44.61	123.27	412.38	344.72	83.59	75.47
单 县			416.98	28.23	97.47	406.43	392.41	96.55	45.13
巨野县			497.57	44.56	108.78	541.26	473.55	87.49	75.10
郓城县			443.99	27.89	118.53	526.25	405.08	76.97	48.17
鄄城县			186.95	19.11	85.03	158.96	111.77	70.31	18.78
东明县			252.11	24.20	79.57	200.61	162.04	80.77	30.09
潍坊市			**1330.92**	**12.59**	**118.32**	**1574.73**	**1378.44**	**87.54**	**22.34**
潍 县			42.43	9.63	113.48	48.15	45.20	93.87	19.57
高密县			306.72	22.01	112.48	345.00	317.01	91.89	43.22
诸城县			210.83	12.75	110.19	232.31	213.21	91.78	24.03
昌邑县			234.97	21.44	132.78	312.00	292.84	93.86	48.99
昌乐县			76.31	8.46	115.29	87.98	69.32	78.79	14.54
安丘县			104.30	6.85	128.76	134.30	108.10	80.49	11.53
寿光县			251.65	16.91	115.20	289.89	231.84	79.98	26.87
青州县			11.72	1.17	140.87	16.51	12.98	78.62	1.83
寒亭区			65.26	18.89	127.87	83.45	69.27	83.01	38.93
坊子区			11.38	5.68	106.15	12.08	9.52	78.81	7.75
潍城区			10.80	5.86	119.26	12.88	9.13	70.89	6.32
临朐县			4.55	1.33	3.96	0.18	0.02	11.11	0.01

5－19－5　续表

县市名	耕地面积（万亩）	农业人口（万人）	棉田面积（万亩）	占耕地（%）	亩　产（市斤）	产　量（万担）	收购量（万担）	商品率（%）	人均交售（市斤）
济宁市			**1534.08**	**17.79**	**123.98**	**1901.90**	**1543.68**	**81.17**	**27.08**
济宁县			56.31	6.96	91.07	51.28	55.46	108.15	10.96
任城区			120.41	17.06	118.32	142.47	115.39	80.99	23.16
兖州市			123.30	18.63	110.91	136.75	96.98	70.92	24.06
邹城市			40.89	3.94	102.86	42.06	34.44	81.88	4.54
鱼台县			73.73	12.41	151.81	111.93	65.82	58.80	20.84
金乡县			251.69	28.16	124.49	313.33	270.56	86.35	59.83
嘉祥县			302.77	30.70	117.58	356.01	281.92	79.19	46.48
微山县			17.53	4.11	129.21	22.65	16.84	74.35	3.42
汶上县			331.30	38.45	146.90	486.69	425.70	87.47	74.73
梁山县			214.36	22.31	111.21	238.39	180.57	75.75	29.26
泗水县			1.79	0.26	18.99	0.34			
东营市			**558.71**	**23.88**	**107.24**	**599.16**	**462.15**	**77.13**	**45.38**
东营区			37.87	35.57	122.10	46.24	48.93	105.82	76.72
河口区			29.53	16.25	80.29	23.71	17.86	75.33	41.74
垦利县			78.86	15.03	96.23	75.89	66.08	87.07	31.26
利津县			148.24	22.70	103.60	153.57	111.93	72.89	41.79
广饶县			264.21	30.25	113.45	299.75	217.35	72.51	50.23
临沂市			**289.47**	**2.90**	**80.43**	**232.83**	**213.50**	**91.70**	**2.85**
临沂县			64.59	4.55	82.80	53.48	53.99	100.95	4.51
郯城县			62.84	6.25	76.46	48.05	51.13	106.41	6.77
苍山县			76.78	5.88	95.85	73.59	58.48	79.47	6.33
沂水县			44.26	3.55	82.49	36.51	30.12	82.50	3.20
蒙阴县			8.39	1.65	49.58	4.16	4.07	97.84	0.95
莒南县			7.42	0.65	80.05	5.94	5.86	98.65	0.70
平邑县			1.55	0.32	43.87	0.68	0.05	7.35	0.01
费　县			7.87	0.81	60.36	4.75	1.06	22.32	0.14
沂南县			5.25	0.47	56.38	2.96	1.07	36.15	0.14
临沭县			10.52	1.31	25.76	2.71	7.67	*	1.50
泰安市			**242.95**	**5.44**	**96.25**	**233.85**	**190.65**	**81.53**	**5.46**
泰安县			15.04	1.27	63.63	9.57	8.20	85.68	0.77
肥城县			71.70	7.12	102.78	73.69	60.90	82.64	8.08
宁阳县			81.89	8.83	100.32	82.15	67.20	81.80	10.04
东平县			73.58	9.06	92.54	68.09	54.31	79.76	9.94
新泰县			0.74	0.14	47.30	0.35	0.04	11.43	0.01
枣庄市			**211.72**	**8.19**	**110.02**	**232.94**	**157.71**	**67.70**	**8.00**
滕州县			61.08	4.59	125.38	76.58	48.17	62.90	3.96
薛城区			39.98	10.65	117.91	47.14	29.19	61.92	10.49
峄城区			55.65	12.41	114.32	63.62	41.98	65.99	15.75
台儿庄			55.01	12.80	82.89	45.60	38.37	84.14	18.19
济南市			**940.66**	**18.27**	**113.61**	**1068.71**	**961.12**	**89.93**	**30.02**
章丘县			158.32	13.11	96.65	153.02	131.00	85.61	15.24
平阴县			45.07	8.81	99.71	44.94	33.42	74.37	10.26
商河县			390.45	36.45	123.78	483.31	463.58	95.92	93.74
济阳县			337.85	34.07	111.98	378.34	333.12	88.05	74.14
历城区			6.68	0.90	119.46	7.98			
长清县			2.29	0.37	48.91	1.12			
青岛市			**382.46**	**14.65**	**104.44**	**399.44**	**374.24**	**93.69**	**32.15**
平度县			382.46	14.65	104.44	399.44	374.24	93.69	32.15
胶南县									
胶　县									
即墨县									
淄博市			**325.16**	**20.96**	**112.24**	**364.95**	**307.82**	**84.35**	**30.43**
桓台县			61.68	11.82	114.94	70.89	74.17	104.62	17.35
高青县			260.02	34.61	112.46	292.41	233.29	79.78	68.71
沂源县			3.46	1.24	47.69	1.65	0.36	21.82	0.15
日照市			**49.09**	**2.66**	**97.09**	**47.66**	**42.39**	**88.94**	**3.09**
莒　县			29.52	2.43	90.07	26.59	20.85	78.41	2.28
五莲县			19.57	3.09	107.66	21.07	21.54	102.23	4.70
莱芜市			**1.64**	**0.19**	**61.59**	**1.01**	**0.05**	**4.95**	**0.01**
莱芜县			1.64	0.19	61.59	1.01	0.05	4.95	0.01

5－19－6　山东省1990－2000年产棉县棉花生产收购明细

县市名	耕地面积（万亩）	农业人口（万人）	棉田面积（万亩）	占耕地（%）	亩产（市斤）	产量（万担）	收购量（万担）	商品率（%）	人均交售（市斤）
全省合计			**14179.81**	**16.02**	**93.85**	**13308.33**	**9575.39**	**71.95**	**16.26**
聊城市			**2035.65**	**22.08**	**90.57**	**1843.64**	**1301.41**	**70.59**	**25.38**
阳谷县			214.16	19.28	76.19	163.17	137.63	84.35	18.78
莘　县			269.60	19.01	83.05	223.91	182.15	81.35	19.96
茌平县			230.86	19.50	87.62	202.29	125.71	62.14	23.43
东阿县			159.92	19.95	76.94	123.05	107.53	87.39	25.59
冠　县			262.94	21.23	82.11	215.90	160.34	74.27	21.57
高唐县			307.80	30.34	97.74	300.84	170.27	56.60	38.96
临清县			347.28	32.07	109.85	381.49	287.57	75.38	46.36
东昌府区			243.09	17.74	95.85	232.99	130.21	55.89	17.99
德州市			**2501.60**	**26.66**	**90.10**	**2253.85**	**1608.09**	**71.35**	**33.34**
德州区			59.19	16.32	77.02	45.59	33.98	74.53	14.96
陵　县			337.83	31.95	90.96	307.30	264.15	85.96	50.48
平原县			208.17	24.61	85.31	177.58	144.59	81.42	34.52
夏津县			425.40	46.49	115.54	491.49	328.50	66.84	68.78
武城县			303.63	41.78	92.29	280.21	226.30	80.76	65.56
齐河县			224.10	18.65	79.06	177.18	104.68	59.08	18.38
禹城县			205.62	23.42	80.98	166.52	118.42	71.11	25.00
乐陵县			228.72	20.62	94.44	216.01	122.31	56.62	20.71
临邑县			239.22	25.39	64.48	154.24	104.43	67.71	22.67
宁津县			206.60	23.90	91.85	189.77	136.77	72.07	31.08
庆云县			63.12	13.09	75.98	47.96	23.96	49.96	8.07
滨州地区			**1752.64**	**26.54**	**86.02**	**1507.61**	**1219.48**	**80.89**	**36.08**
惠民县			365.91	30.16	88.92	325.35	236.27	72.62	40.07
滨州县			242.79	32.66	84.64	205.49	160.35	78.03	36.62
阳信县			188.98	24.85	70.14	132.56	123.92	93.48	29.55
无棣县			178.03	19.48	76.80	136.73	103.83	75.94	24.78
沾化县			257.36	28.04	66.71	171.68	131.43	76.56	33.72
博兴县			202.82	27.43	99.81	202.43	182.74	90.27	41.94
邹平县			316.75	24.06	105.25	333.37	280.94	84.27	40.81
菏泽地区			**2980.12**	**25.81**	**93.29**	**2780.11**	**1840.74**	**66.21**	**23.75**
菏泽县			249.82	18.06	80.79	201.83	146.41	72.54	14.45
曹　县			545.58	31.84	99.33	541.91	367.59	67.83	29.00
定陶县			268.14	31.85	97.76	262.14	166.13	63.37	30.95
成武县			322.08	39.79	104.01	334.99	222.07	66.29	37.75
单　县			292.82	18.08	76.86	225.07	183.95	81.73	16.17
巨野县			560.70	44.38	104.26	584.60	381.73	65.30	45.97
郓城县			377.74	21.98	85.71	323.75	166.83	51.53	16.30
鄄城县			152.98	14.32	92.43	141.40	84.64	59.86	11.91
东明县			210.26	18.63	78.20	164.42	121.39	73.83	18.94
潍坊市			**1070.85**	**9.28**	**99.59**	**1066.51**	**873.22**	**81.88**	**11.67**
潍　县									
高密县			238.40	16.03	102.52	244.41	194.63	79.63	23.73
诸城县			163.24	9.33	87.74	143.22	114.91	80.23	11.57
昌邑县			195.91	16.85	110.53	216.54	176.77	81.63	26.58
昌乐县			50.20	5.32	77.91	39.11	33.79	86.40	5.96
安丘县			108.59	6.59	127.44	138.39	106.26	76.78	9.64
寿光县			197.85	12.76	81.30	160.86	120.21	74.73	12.11
青州县			13.80	1.33	102.03	14.08	15.59	110.72	1.92
寒亭区			85.84	14.25	110.82	95.13	84.20	88.51	26.28
坊子区			9.68	2.79	82.13	7.95	18.81	*	8.79
潍城区			6.66	2.88	90.39	6.02	4.17	69.27	2.31
临朐县			0.68	0.09	117.65	0.80	3.88	*	0.48

5-19-6 续表

县市名	耕地面积（万亩）	农业人口（万人）	棉田面积（万亩）	占耕地（%）	亩产（市斤）	产量（万担）	收购量（万担）	商品率（%）	人均交售（市斤）
济宁市			**1325.85**	**15.07**	**110.58**	**1466.07**	**1014.67**	**69.21**	**15.09**
济宁县			31.63	4.10	127.44	40.31	24.79	61.50	4.43
任城区			60.74	7.97	96.43	58.57	39.05	66.67	6.67
兖州市			42.40	6.36	105.24	44.62	23.31	52.24	5.07
邹城市			38.87	3.57	93.57	36.37	16.66	45.81	1.84
鱼台县			146.70	22.88	139.73	204.98	127.37	62.14	31.43
金乡县			314.00	33.39	125.09	392.77	301.09	76.66	51.85
嘉祥县			220.46	21.90	94.92	209.25	149.82	71.60	20.68
微山县			14.41	3.21	137.40	19.80	11.26	56.87	1.81
汶上县			236.21	25.54	113.77	268.74	186.84	69.52	26.96
梁山县			218.41	24.03	85.87	187.54	134.48	71.71	20.39
泗水县			2.02	0.32	154.46	3.12			
东营市			**574.40**	**21.29**	**84.61**	**486.02**	**328.72**	**67.64**	**27.39**
东营区			96.93	30.88	109.82	106.45	77.54	72.84	44.45
河口区			48.53	15.71	53.22	25.83	14.11	54.63	17.61
垦利县			67.54	12.99	65.27	44.08	28.31	64.22	14.29
利津县			175.27	25.27	71.40	125.15	75.13	60.03	26.25
广饶县			186.13	21.60	99.13	184.51	133.63	72.42	28.97
临沂市			**190.66**	**1.94**	**102.63**	**195.68**	**220.42**	**112.64**	**2.59**
临沂县			10.61	0.82	98.68	10.47	44.99	*	3.32
郯城县			43.45	4.07	101.70	44.19	40.06	90.65	4.28
苍山县			71.70	5.18	105.24	75.46	41.31	54.74	3.53
沂水县			35.06	2.66	105.65	37.04	23.22	62.69	2.05
蒙阴县			5.24	0.94	112.02	5.87	11.03	187.90	2.18
莒南县			2.11	0.18	85.31	1.80	6.80	*	0.69
平邑县									
费县			2.14	0.21	124.77	2.67	3.33	124.72	0.36
沂南县			9.11	0.78	100.22	9.13	7.63	83.57	0.84
临沭县			11.24	1.32	80.52	9.05	42.05	*	7.16
泰安市			**266.59**	**6.47**	**80.61**	**214.91**	**140.58**	**65.41**	**4.24**
泰安县			14.28	1.32	84.38	12.05	8.77	72.78	0.91
肥城县			79.12	7.78	74.60	59.02	44.39	75.21	5.25
宁阳县			79.02	7.89	88.42	69.87	43.32	62.00	5.65
东平县			94.17	9.25	78.55	73.97	44.10	59.62	5.97
新泰县									
枣庄市			**192.11**	**7.56**	**116.15**	**223.14**	**131.05**	**58.73**	**5.72**
滕州县			50.37	4.04	122.99	61.95	25.75	41.57	1.88
薛城区			26.79	7.06	119.78	32.09	11.61	36.18	3.48
峄城区			53.74	11.40	116.73	62.73	33.79	53.87	10.25
台儿庄			61.21	13.78	108.43	66.37	59.90	90.25	23.33
济南市			**759.08**	**14.15**	**90.10**	**683.94**	**404.34**	**59.12**	**11.02**
章丘县			104.41	8.31	99.08	103.45	72.43	70.01	7.61
平阴县			20.05	4.15	88.98	17.84	13.91	77.97	4.10
商河县			348.86	31.85	89.48	312.15	178.42	57.16	31.40
济阳县			257.06	23.93	88.02	226.27	124.77	55.14	23.54
历城区			25.84	3.08	82.00	21.19	14.81	69.89	1.79
长清县			2.86	0.46	106.29	3.04			
青岛市			**229.28**	**8.06**	**90.42**	**207.32**	**174.57**	**84.20**	**13.27**
平度县			229.28	8.06	90.42	207.32	174.57	84.20	13.27
胶南县									
胶县									
即墨县									
淄博市			**269.50**	**20.07**	**128.64**	**346.68**	**277.74**	**80.11**	**30.72**
桓台县			37.48	7.06	133.59	50.07	53.56	106.97	11.54
高青县			231.79	32.01	127.83	296.29	223.27	75.36	65.02
沂源县			0.23	0.26	139.13	0.32	0.91	*	0.94
日照市			**29.01**	**1.54**	**101.90**	**29.56**	**40.36**	**136.54**	**2.51**
莒县			17.07	1.41	100.23	17.11	22.89	133.78	2.06
五莲县			11.94	1.75	104.27	12.45	17.47	140.32	3.52
莱芜市			**2.47**	**0.32**	**133.20**	**3.29**			
莱芜县			2.47	0.32	133.20	3.29			

5－19－7　山东省 1949 年产棉县棉花生产收购明细

县市名	耕地面积（万亩）	农业人口（万人）	棉田面积（万亩）	占耕地（％）	亩产（市斤）	产量（万担）	收购量（万担）	商品率（％）	人均交售（市斤）
全省合计	**10756.19**	**3422.99**	**676.59**	**6.29**	**24.45**	**165.44**	**32.10**	**19.40**	**0.94**
聊城市	**1042.50**	**280.30**	**137.60**	**13.20**	**25.90**	**35.64**	**11.17**	**31.34**	**3.99**
阳谷县	133.80	40.00	1.60	1.20	17.50	0.28			
莘　县	176.10	43.20	9.60	5.45	22.19	2.13			
茌平县	127.80	36.80	3.40	2.66	17.94	0.61			
东阿县	94.30	31.70	2.60	2.76	30.38	0.79			
冠　县	140.60	32.50	31.80	22.62	20.35	6.47	6.47	100.00	19.91
高唐县	102.20	28.50	28.50	27.89	28.00	7.98	4.70	58.90	16.49
临清县	111.80	30.00	49.70	44.45	29.26	14.54			
东昌府区	155.90	37.60	10.40	6.67	27.31	2.84			
德州市	**1250.10**	**316.90**	**132.20**	**10.58**	**23.68**	**31.30**	**15.05**	**48.08**	**4.75**
德州区	15.00	4.00	2.90	19.33	16.90	0.49			
陵　县	190.90	41.60	16.90	8.85	21.95	3.71			
平原县	139.30	33.00	15.70	11.27	26.69	4.19			
夏津县	102.30	27.50	35.30	34.51	28.39	10.02	10.20	101.80	37.09
武城县	91.20	22.00	18.60	20.39	24.62	4.58	4.35	94.98	19.77
齐河县	190.00	47.70	5.30	2.79	20.94	1.11			
禹城县	112.30	31.10	5.30	4.72	25.09	1.33			
乐陵县	136.70	36.80	8.10	5.93	20.86	1.69			
临邑县	123.60	29.30	10.40	8.41	19.81	2.06			
宁津县	94.30	29.80	12.80	13.57	15.78	2.02	0.50	24.75	1.68
庆云县	54.50	14.10	0.90	1.65	11.11	0.10			
滨州地区	**817.70**	**212.70**	**96.49**	**11.80**	**29.13**	**28.11**			
惠民县	150.10	39.20	9.00	6.00	26.00	2.34			
滨州县	97.30	26.00	27.00	27.75	30.00	8.10			
阳信县	87.10	25.40	4.40	5.05	14.09	0.62			
无棣县	93.40	22.60	1.90	2.03	1.05	0.02			
沾化县	129.80	27.40	9.70	7.47	26.19	2.54			
博兴县	118.00	31.20	18.90	16.02	38.89	7.35			
邹平县	142.00	40.90	25.59	18.02	27.90	7.14			
菏泽地区	**1220.90**	**416.10**	**78.00**	**6.39**	**26.82**	**20.92**	**2.29**	**10.95**	**0.55**
菏泽县	153.10	53.20	9.10	5.94	23.19	2.11	1.90	90.05	3.57
曹　县	170.30	66.50	15.60	9.16	18.78	2.93			
定陶县	87.40	29.60	5.60	6.41	21.79	1.22	0.19	15.57	0.64
成武县	87.00	33.70	5.50	6.32	18.91	1.04	0.20	19.23	0.59
单　县	154.40	55.10	15.00	9.72	20.93	3.14			
巨野县	164.20	41.60	5.70	3.47	21.75	1.24			
郓城县	176.00	65.00	11.10	6.31	64.14	7.12			
鄄城县	118.50	36.40	3.80	3.21	25.26	0.96			
东明县	110.00	35.00	6.60	6.00	17.58	1.16			
潍坊市	**1305.31**	**413.19**	**35.40**	**2.71**	**19.15**	**6.78**	**2.46**	**36.28**	**0.60**
潍　县	132.80	44.60	1.10	0.83	27.27	0.30			
高密县	156.56	43.79	8.00	5.11	28.00	2.24	1.68	75.00	3.84
诸城县	201.50	59.20	9.50	4.71	12.11	1.15			
昌邑县	140.20	47.40	3.20	2.28	25.00	0.80	0.60	75.00	1.27
昌乐县	100.00	26.60	3.60	3.60	20.00	0.72			
安丘县	197.35	60.70	3.00	1.52	7.67	0.23	0.18	78.26	0.30
寿光县	167.10	55.00	3.00	1.80	18.00	0.54			
青州县	116.30	40.50	2.10	1.81	21.90	0.46			
寒亭区									
坊子区									
潍城区									
临朐县	93.50	35.40	1.90	2.03	17.89	0.34			

5－19－7 续表

县市名	耕地面积（万亩）	农业人口（万人）	棉田面积（万亩）	占耕地（%）	亩产（市斤）	产量（万担）	收购量（万担）	商品率（%）	人均交售（市斤）
济宁市	**1064.90**	**344.80**	**21.30**	**2.00**	**14.88**	**3.17**	**0.55**	**17.35**	**0.16**
济宁县	88.00	24.70	1.30	1.48	17.69	0.23			
任城区	74.20	30.30	0.70	0.94	27.14	0.19			
兖州市	82.30	25.20	0.50	0.61	16.00	0.08			
邹城市	137.10	43.00	2.50	1.82	15.60	0.39			
鱼台县	80.80	19.10	0.80	0.99	18.75	0.15			
金乡县	104.50	30.20	2.10	2.01	18.10	0.38			
嘉祥县	131.70	40.00	5.00	3.80	11.00	0.55	0.55	100.00	1.38
微山县	55.00	27.20	0.40	0.73	12.50	0.05			
汶上县	104.40	35.50	2.30	2.20	15.22	0.35			
梁山县	122.80	42.30	2.20	1.79	6.82	0.15			
泗水县	84.10	27.30	3.50	4.16	18.57	0.65			
东营市	**236.80**	**59.20**	**35.70**	**15.08**	**26.69**	**9.53**			
东营区									
河口区									
垦利县	70.30	15.80	11.40	16.22	27.46	3.13			
利津县	82.80	16.40	13.70	16.55	21.61	2.96			
广饶县	83.70	27.00	10.60	12.66	32.45	3.44			
临沂市	**1258.20**	**418.20**	**38.00**	**3.02**	**15.45**	**5.87**			
临沂县	168.00	62.80	1.60	0.95	15.00	0.24			
郯城县	125.20	39.40	1.50	1.20	34.67	0.52			
苍山县	159.30	46.80	3.80	2.39	19.74	0.75			
沂水县	153.00	50.00	8.00	5.23	11.00	0.88			
蒙阴县	70.10	21.70	5.40	7.70	18.89	1.02			
莒南县	134.00	46.40	3.20	2.39	16.56	0.53			
平邑县	114.90	39.90	2.70	2.35	12.96	0.35			
费　县	96.60	40.10	5.30	5.49	15.09	0.80			
沂南县	142.70	44.40	5.40	3.78	11.11	0.60			
临沭县	94.40	26.70	1.10	1.17	16.36	0.18			
泰安市	**559.30**	**243.70**	**16.70**	**2.99**	**24.19**	**4.04**			
泰安县	151.10	70.20	3.70	2.45	22.70	0.84			
肥城县	98.10	48.90	3.90	3.98	26.92	1.05			
宁阳县	96.20	41.90	1.80	1.87	21.11	0.38			
东平县	79.20	35.60	3.40	4.29	20.88	0.71			
新泰县	134.70	47.10	3.90	2.90	27.18	1.06			
枣庄市	**169.38**	**75.90**	**3.40**	**2.01**	**10.88**	**0.37**			
滕州县	169.38	75.90	3.40	2.01	10.88	0.37			
薛城区									
峄城区									
台儿庄									
济南市	**690.40**	**237.90**	**35.80**	**5.19**	**29.58**	**10.59**	**0.58**	**5.48**	**0.24**
章丘县	145.80	58.00	5.20	3.57	33.85	1.76			
平阴县	57.20	24.20	1.50	2.62	21.33	0.32			
商河县	149.60	38.90	19.70	13.17	31.47	6.20			
济阳县	134.20	34.80	4.20	3.13	27.14	1.14	0.58	50.88	1.67
历城区	130.20	51.70	2.20	1.69	20.00	0.44			
长清县	73.40	30.30	3.00	4.09	24.33	0.73			
青岛市	**591.90**	**191.60**	**12.80**	**2.16**	**19.38**	**2.48**			
平度县	321.00	88.10	10.50	3.27	20.19	2.12			
胶南县	147.20	62.50	1.50	1.02	15.33	0.23			
胶　县	123.70	41.00	0.80	0.65	16.25	0.13			
即墨县									
淄博市	**228.80**	**79.50**	**20.50**	**8.96**	**24.63**	**5.05**			
桓台县	51.60	29.50	1.20	2.33	35.83	0.43			
高青县	110.50	27.00	17.00	15.38	25.00	4.25			
沂源县	66.70	23.00	2.30	3.45	16.09	0.37			
日照市	**229.70**	**81.80**	**7.80**	**3.40**	**10.38**	**0.81**			
莒　县	148.00	50.70	5.30	3.58	10.00	0.53			
五莲县	81.70	31.10	2.50	3.06	11.20	0.28			
莱芜市	**90.30**	**51.20**	**4.90**	**5.43**	**15.92**	**0.78**			
莱芜县	90.30	51.20	4.90	5.43	15.92	0.78			

5－19－8　山东省1950年产棉县棉花生产收购明细

县市名	耕地面积（万亩）	农业人口（万人）	棉田面积（万亩）	占耕地（%）	亩产（市斤）	产量（万担）	收购量（万担）	商品率（%）	人均交售（市斤）
全省合计	**11120.30**	**3564.42**	**767.35**	**6.90**	**26.99**	**207.07**	**50.11**	**24.20**	**1.41**
聊城市	**1051.40**	**285.80**	**146.90**	**13.97**	**30.87**	**45.35**	**15.01**	**33.10**	**5.25**
阳谷县	133.80	40.70	2.70	2.02	29.26	0.79	0.08	10.13	0.20
莘　县	175.70	44.60	10.80	6.15	23.52	2.54			
茌平县	132.00	37.10	7.80	5.91	26.79	2.09			
东阿县	95.30	32.40	3.50	3.67	25.14	0.88			
冠　县	141.00	32.90	32.00	22.70	29.34	9.39	9.39	100.00	28.54
高唐县	104.30	29.20	28.10	26.94	32.92	9.25	5.54	59.89	18.97
临清县	113.40	30.60	51.10	45.06	35.68	18.23			
东昌府区	155.90	38.30	10.90	6.99	20.00	2.18			
德州市	**1259.90**	**321.10**	**158.40**	**12.57**	**25.93**	**41.07**	**17.43**	**42.44**	**5.43**
德州区	15.00	4.10	2.90	19.33	21.03	0.61			
陵　县	190.90	42.00	17.40	9.11	23.68	4.12			
平原县	139.30	33.00	16.80	12.06	30.24	5.08			
夏津县	101.90	27.90	37.50	36.80	29.76	11.16	11.16	100.00	40.00
武城县	91.20	22.70	18.70	20.50	26.84	5.02	4.77	95.02	21.01
齐河县	190.00	48.20	9.50	5.00	14.95	1.42			
禹城县	112.60	31.30	10.30	9.15	30.10	3.10			
乐陵县	136.70	36.90	8.90	6.51	21.91	1.95			
临邑县	123.20	29.40	12.70	10.31	28.43	3.61			
宁津县	103.50	31.50	22.80	22.03	21.49	4.90	1.50	30.61	4.76
庆云县	55.60	14.10	0.90	1.62	11.11	0.10			
滨州地区	**849.10**	**216.80**	**106.37**	**12.53**	**30.72**	**32.68**			
惠民县	151.60	40.40	11.60	7.65	27.50	3.19			
滨州县	96.80	26.20	28.12	29.05	30.41	8.55			
阳信县	87.50	26.00	6.30	7.20	28.41	1.79			
无棣县	93.00	22.90	1.80	1.94	9.44	0.17			
沾化县	159.80	27.80	12.90	8.07	15.89	2.05			
博兴县	118.10	32.00	19.10	16.17	49.42	9.44			
邹平县	142.30	41.50	26.55	18.66	28.21	7.49			
菏泽地区	**1276.60**	**428.90**	**90.10**	**7.06**	**27.80**	**25.05**	**7.00**	**27.94**	**1.63**
菏泽县	143.70	53.90	9.20	6.40	26.09	2.40	2.00	83.33	3.71
曹　县	182.20	70.60	17.80	9.77	30.11	5.36	3.28	61.19	4.65
定陶县	97.60	29.90	6.30	6.45	28.57	1.80	0.22	12.22	0.74
成武县	102.70	34.50	7.30	7.11	20.00	1.46	0.28	19.18	0.81
单　县	168.10	56.60	15.40	9.16	18.83	2.90	1.22	42.07	2.16
巨野县	164.50	42.50	10.50	6.38	13.71	1.44			
郓城县	187.80	66.10	12.00	6.39	60.33	7.24			
鄄城县	119.00	38.30	5.70	4.79	24.74	1.41			
东明县	111.00	36.50	5.90	5.32	17.63	1.04			
潍坊市	**1322.10**	**426.92**	**54.98**	**4.16**	**21.28**	**11.70**	**4.64**	**39.66**	**1.09**
潍　县	132.80	47.00	1.10	0.83	28.18	0.31			
高密县	156.60	47.22	12.58	8.03	29.01	3.65	2.14	58.63	4.53
诸城县	203.10	61.00	14.00	6.89	15.14	2.12			
昌邑县	140.40	48.10	7.20	5.13	22.22	1.60	1.40	87.50	2.91
昌乐县	109.00	27.00	4.10	3.76	20.49	0.84			
安丘县	198.30	61.90	7.00	3.53	19.57	1.37	1.10	80.29	1.78
寿光县	167.20	57.20	3.60	2.15	20.83	0.75			
青州县	116.30	41.10	2.70	2.32	18.15	0.49			
寒亭区									
坊子区									
潍城区									
临朐县	98.40	36.40	2.70	2.74	21.11	0.57			

5－19－8 续表

县市名	耕地面积（万亩）	农业人口（万人）	棉田面积（万亩）	占耕地（%）	亩产（市斤）	产量（万担）	收购量（万担）	商品率（%）	人均交售（市斤）
济宁市	**1072.80**	**359.30**	**23.80**	**2.22**	**21.64**	**5.15**	**0.60**	**11.65**	**0.17**
济宁县	88.40	27.60	1.30	1.47	41.54	0.54			
任城区	74.20	30.40	0.90	1.21	26.67	0.24			
兖州市	82.30	25.70	0.90	1.09	26.67	0.24			
邹城市	137.20	44.50	2.70	1.97	15.93	0.43			
鱼台县	80.80	19.00	0.60	0.74	26.67	0.16			
金乡县	104.50	30.80	3.20	3.06	19.06	0.61			
嘉祥县	131.70	42.10	3.50	2.66	17.71	0.62	0.60	96.77	1.43
微山县	55.00	27.60	0.50	0.91	26.00	0.13			
汶上县	104.40	35.90	2.60	2.49	22.69	0.59			
梁山县	130.20	47.90	2.60	2.00	23.46	0.61			
泗水县	84.10	27.80	5.00	5.95	19.60	0.98			
东营市	**242.60**	**59.80**	**36.00**	**14.84**	**25.28**	**9.10**			
东营区									
河口区									
垦利县	71.80	16.20	11.60	16.16	28.36	3.29			
利津县	83.10	16.70	13.50	16.25	15.41	2.08			
广饶县	87.70	26.90	10.90	12.43	34.22	3.73			
临沂市	**1289.70**	**427.80**	**40.30**	**3.12**	**18.41**	**7.42**			
临沂县	169.20	64.40	2.10	1.24	19.05	0.40			
郯城县	126.40	40.50	1.40	1.11	37.14	0.52			
苍山县	163.40	47.80	4.00	2.45	25.25	1.01			
沂水县	155.30	51.30	8.00	5.15	11.63	0.93			
蒙阴县	70.60	22.40	5.60	7.93	22.68	1.27			
莒南县	134.80	47.90	2.90	2.15	27.24	0.79			
平邑县	115.70	40.70	2.60	2.25	16.54	0.43			
费　县	108.80	41.00	5.50	5.06	18.00	0.99			
沂南县	141.90	45.00	6.70	4.72	12.99	0.87			
临沭县	103.60	26.80	1.50	1.45	14.00	0.21			
泰安市	**565.20**	**246.90**	**16.60**	**2.94**	**25.78**	**4.28**			
泰安县	151.10	71.20	3.80	2.51	26.05	0.99			
肥城县	104.10	49.80	3.30	3.17	27.58	0.91			
宁阳县	96.20	42.30	2.00	2.08	22.50	0.45			
东平县	79.10	35.60	3.50	4.42	21.14	0.74			
新泰县	134.70	48.00	4.00	2.97	29.75	1.19			
枣庄市	**170.90**	**77.10**	**3.50**	**2.05**	**19.43**	**0.68**			
滕州县	170.90	77.10	3.50	2.05	19.43	0.68			
薛城区									
峄城区									
台儿庄									
济南市	**698.40**	**241.00**	**45.60**	**6.53**	**32.57**	**14.85**	**5.43**	**36.57**	**2.25**
章丘县	148.20	59.00	5.80	3.91	23.97	1.39			
平阴县	60.50	24.40	1.70	2.81	24.12	0.41			
商河县	151.30	39.40	23.60	15.60	31.91	7.53	4.78	63.48	12.13
济阳县	134.80	34.90	9.00	6.68	42.56	3.83	0.65	16.97	1.86
历城区	130.40	52.70	2.50	1.92	30.00	0.75			
长清县	73.20	30.60	3.00	4.10	31.33	0.94			
青岛市	**764.30**	**256.80**	**8.30**	**1.09**	**20.84**	**1.73**			
平度县	321.70	89.30	5.50	1.71	20.55	1.13			
胶南县	148.30	63.50	1.70	1.15	20.59	0.35			
胶　县	124.50	41.90	1.00	0.80	22.00	0.22			
即墨县	169.80	62.10	0.10	0.06	30.00	0.03			
淄博市	**228.60**	**80.20**	**22.60**	**9.89**	**24.51**	**5.54**			
桓台县	51.60	29.60	1.00	1.94	26.00	0.26			
高青县	110.50	27.10	19.10	17.29	25.13	4.80			
沂源县	66.50	23.50	2.50	3.76	19.20	0.48			
日照市	**238.00**	**84.40**	**8.40**	**3.53**	**13.21**	**1.11**			
莒　县	156.30	52.00	6.10	3.90	12.95	0.79			
五莲县	81.70	32.40	2.30	2.82	13.91	0.32			
莱芜市	**90.70**	**51.60**	**5.50**	**6.06**	**24.73**	**1.36**			
莱芜县	90.70	51.60	5.50	6.06	24.73	1.36			

5-19-9 山东省1951年产棉县棉花生产收购明细

县市名	耕地面积（万亩）	农业人口（万人）	棉田面积（万亩）	占耕地（%）	亩产（市斤）	产量（万担）	收购量（万担）	商品率（%）	人均交售（市斤）
全省合计	**11405.14**	**3626.68**	**1049.16**	**9.20**	**23.27**	**244.19**	**54.39**	**22.27**	**1.50**
聊城市	**1067.00**	**292.00**	**218.60**	**20.49**	**24.83**	**54.27**	**17.57**	**32.38**	**6.02**
阳谷县	130.60	41.80	9.00	6.89	34.44	3.10	0.10	3.23	0.24
莘　县	175.50	46.50	13.30	7.58	24.96	3.32			
茌平县	135.10	37.30	25.40	18.80	19.29	4.90			
东阿县	95.80	32.70	9.10	9.50	17.91	1.63			
冠　县	141.20	33.60	40.60	28.75	26.43	10.73	10.73	100.00	31.93
高唐县	112.10	29.90	38.60	34.43	24.61	9.50	6.74	70.95	22.54
临清县	120.80	31.20	70.60	58.44	27.66	19.53			
东昌府区	155.90	39.00	12.00	7.70	13.00	1.56			
德州市	**1266.40**	**325.30**	**194.90**	**15.39**	**21.02**	**40.97**	**14.53**	**35.46**	**4.47**
德州区	15.00	4.10	2.90	19.33	16.55	0.48			
陵　县	190.40	42.30	19.30	10.14	21.24	4.10			
平原县	138.90	33.80	18.80	13.53	28.51	5.36			
夏津县	101.60	28.40	37.80	37.20	22.25	8.41	6.41	76.22	22.57
武城县	91.10	22.80	21.80	23.93	15.32	3.34	3.17	94.91	13.90
齐河县	190.20	48.50	15.60	8.20	19.04	2.97	0.85	28.62	1.75
禹城县	116.40	32.00	16.30	14.00	11.29	1.84			
乐陵县	136.70	37.00	13.10	9.58	30.46	3.99			
临邑县	123.90	30.90	21.80	17.59	24.04	5.24			
宁津县	103.30	31.10	26.10	25.27	19.43	5.07	4.10	80.87	13.18
庆云县	58.90	14.40	1.40	2.38	12.14	0.17			
滨州地区	**863.40**	**218.70**	**163.48**	**18.93**	**25.48**	**41.66**			
惠民县	165.30	39.70	26.90	16.27	28.03	7.54			
滨州县	95.50	26.50	36.24	37.95	29.94	10.85			
阳信县	103.20	26.50	10.80	10.47	15.56	1.68			
无棣县	100.80	23.20	5.40	5.36	11.85	0.64			
沾化县	134.90	28.10	23.80	17.64	20.17	4.80			
博兴县	120.70	32.70	31.30	25.93	28.79	9.01			
邹平县	143.00	42.00	29.04	20.31	24.59	7.14			
菏泽地区	**1344.40**	**440.30**	**124.50**	**9.26**	**26.45**	**32.93**	**6.68**	**20.29**	**1.52**
菏泽县	153.20	55.10	9.80	6.40	21.02	2.06	1.60	77.67	2.90
曹　县	209.00	71.00	25.70	12.30	34.12	8.77	3.07	35.01	4.32
定陶县	99.40	30.40	6.80	6.84	30.44	2.07	0.49	23.67	1.61
成武县	110.00	35.00	10.90	9.91	20.00	2.18	0.26	11.93	0.74
单　县	178.40	60.40	19.00	10.65	19.68	3.74	1.26	33.69	2.09
巨野县	164.00	44.30	16.30	9.94	15.58	2.54			
郓城县	196.40	67.60	18.10	9.22	45.80	8.29			
鄄城县	122.00	38.40	8.00	6.56	24.88	1.99			
东明县	112.00	38.10	9.90	8.84	13.03	1.29			
潍坊市	**1331.54**	**438.98**	**81.28**	**6.10**	**19.51**	**15.86**	**7.55**	**47.60**	**1.72**
潍　县	134.60	47.80	1.90	1.41	20.53	0.39			
高密县	156.64	47.58	20.68	13.20	31.29	6.47	5.51	85.16	11.58
诸城县	204.70	64.20	25.10	12.26	10.72	2.69			
昌邑县	140.20	48.20	10.70	7.63	16.07	1.72	1.50	87.21	3.11
昌乐县	111.10	30.60	5.30	4.77	30.57	1.62			
安丘县	200.20	63.80	8.00	4.00	8.50	0.68	0.54	79.41	0.85
寿光县	168.10	57.10	4.10	2.44	24.63	1.01			
青州县	117.10	42.40	2.60	2.22	26.15	0.68			
寒亭区									
坊子区									
潍城区									
临朐县	98.90	37.30	2.90	2.93	20.69	0.60			

5－19－9 续表

县市名	耕地面积（万亩）	农业人口（万人）	棉田面积（万亩）	占耕地（%）	亩产（市斤）	产量（万担）	收购量（万担）	商品率（%）	人均交售（市斤）
济宁市	**1093.40**	**361.40**	**27.20**	**2.49**	**23.49**	**6.39**	**1.29**	**20.19**	**0.36**
济宁县	93.20	26.50	1.40	1.50	37.14	0.52	0.01	1.92	0.04
任城区	81.50	30.60	1.30	1.60	21.54	0.28	0.07	25.00	0.23
兖州市	82.30	26.20	1.30	1.58	16.15	0.21			
邹城市	137.30	45.30	2.90	2.11	13.79	0.40			
鱼台县	83.60	19.20	0.80	0.96	15.00	0.12			
金乡县	107.00	31.30	3.30	3.08	22.12	0.73			
嘉祥县	130.80	40.70	5.30	4.05	22.83	1.21	1.21	100.00	2.97
微山县	54.90	28.00	0.60	1.09	23.33	0.14			
汶上县	104.40	36.30	2.60	2.49	31.15	0.81			
梁山县	134.20	49.00	2.70	2.01	35.19	0.95			
泗水县	84.20	28.30	5.00	5.94	20.40	1.02			
东营市	**250.50**	**60.90**	**49.00**	**19.56**	**25.86**	**12.67**			
东营区									
河口区									
垦利县	73.10	16.70	14.60	19.97	28.42	4.15			
利津县	84.50	17.00	18.00	21.30	18.61	3.35			
广饶县	92.90	27.20	16.40	17.65	31.52	5.17			
临沂市	**1325.50**	**436.70**	**43.50**	**3.28**	**18.76**	**8.16**			
临沂县	176.30	66.00	2.60	1.47	17.31	0.45			
郯城县	127.80	41.10	1.40	1.10	37.14	0.52			
苍山县	165.80	48.80	4.00	2.41	21.25	0.85			
沂水县	157.60	52.70	8.80	5.58	12.05	1.06			
蒙阴县	70.70	22.90	6.00	8.49	17.00	1.02			
莒南县	147.50	49.00	3.10	2.10	39.68	1.23			
平邑县	116.20	41.40	3.40	2.93	18.82	0.64			
费　县	120.70	41.90	5.70	4.72	19.47	1.11			
沂南县	141.10	45.70	6.60	4.68	13.94	0.92			
临沭县	101.80	27.20	1.90	1.87	18.95	0.36			
泰安市	**598.50**	**250.50**	**24.00**	**4.01**	**19.08**	**4.58**			
泰安县	151.00	72.40	5.50	3.64	14.00	0.77			
肥城县	121.80	50.70	5.70	4.68	17.02	0.97			
宁阳县	111.40	42.80	3.70	3.32	22.43	0.83			
东平县	80.20	35.80	4.40	5.49	24.32	1.07			
新泰县	134.10	48.80	4.70	3.50	20.00	0.94			
枣庄市	**190.50**	**78.50**	**3.50**	**1.84**	**15.43**	**0.54**			
滕州县	190.50	78.50	3.50	1.84	15.43	0.54			
薛城区									
峄城区									
台儿庄									
济南市	**705.70**	**242.90**	**52.50**	**7.44**	**18.50**	**9.71**	**6.77**	**69.72**	**2.79**
章丘县	152.30	59.80	7.10	4.66	20.14	1.43			
平阴县	62.70	23.80	2.90	4.63	20.00	0.58			
商河县	150.20	39.80	25.30	16.84	15.89	4.02	6.34	157.71	15.93
济阳县	136.40	34.90	11.60	8.50	22.93	2.66	0.43	16.17	1.23
历城区	130.80	53.80	2.70	2.06	19.26	0.52			
长清县	73.30	30.80	2.90	3.96	17.24	0.50			
青岛市	**783.70**	**259.60**	**21.70**	**2.77**	**24.84**	**5.39**			
平度县	322.70	89.60	12.40	3.84	25.08	3.11			
胶南县	148.30	64.50	4.40	2.97	22.27	0.98			
胶　县	129.80	42.70	3.80	2.93	26.32	1.00			
即墨县	182.90	62.80	1.10	0.60	27.27	0.30			
淄博市	**233.10**	**81.30**	**30.00**	**12.87**	**28.83**	**8.65**			
桓台县	56.00	29.90	1.40	2.50	19.29	0.27			
高青县	110.60	27.40	25.70	23.24	30.16	7.75			
沂源县	66.50	24.00	2.90	4.36	21.72	0.63			
日照市	**241.00**	**86.50**	**9.50**	**3.94**	**17.79**	**1.69**			
莒　县	159.20	53.30	6.30	3.96	19.52	1.23			
五莲县	81.80	33.20	3.20	3.91	14.38	0.46			
莱芜市	**110.50**	**53.10**	**5.50**	**4.98**	**13.09**	**0.72**			
莱芜县	110.50	53.10	5.50	4.98	13.09	0.72			

5－19－10　山东省1952年产棉县棉花生产收购明细

县市名	耕地面积（万亩）	农业人口（万人）	棉田面积（万亩）	占耕地（%）	亩产（市斤）	产量（万担）	收购量（万担）	商品率（%）	人均交售（市斤）
全省合计	**11579.64**	**3677.44**	**1042.90**	**9.01**	**32.80**	**342.07**	**194.46**	**56.85**	**5.29**
聊城市	**1078.60**	**295.00**	**201.60**	**18.69**	**34.30**	**69.15**	**46.81**	**67.69**	**15.87**
阳谷县	131.70	42.60	8.20	6.23	29.76	2.44	0.17	6.97	0.40
莘　县	175.20	48.10	16.00	9.13	24.00	3.84	1.16	30.21	2.41
茌平县	139.70	37.50	16.60	11.88	29.04	4.82	1.24	25.73	3.31
东阿县	96.20	30.80	6.90	7.17	26.23	1.81	0.08	4.42	0.26
冠　县	142.20	34.10	39.70	27.92	30.91	12.27	12.27	100.00	35.98
高唐县	116.10	30.10	36.00	31.01	35.56	12.80	7.20	56.25	23.92
临清县	121.60	31.80	56.20	46.22	41.46	23.30	20.48	87.90	64.40
东昌府区	155.90	40.00	22.00	14.11	35.77	7.87	4.21	53.49	10.53
德州市	**1270.80**	**327.10**	**207.60**	**16.34**	**33.18**	**68.89**	**46.48**	**67.47**	**14.21**
德州区	15.00	4.20	2.70	18.00	21.11	0.57	0.03	5.26	0.71
陵　县	189.90	42.80	18.20	9.58	27.47	5.00	2.34	46.80	5.47
平原县	138.30	34.70	19.10	13.81	30.99	5.92	2.70	45.61	7.78
夏津县	102.60	28.80	41.20	40.16	43.64	17.98	17.24	95.88	59.86
武城县	91.70	22.90	18.10	19.74	36.30	6.57	6.24	94.98	27.25
齐河县	190.10	48.80	16.80	8.84	26.13	4.39	1.48	33.71	3.03
禹城县	118.10	32.00	13.70	11.60	30.73	4.21	3.08	73.16	9.63
乐陵县	136.70	37.10	21.40	15.65	31.21	6.68	2.87	42.96	7.74
临邑县	126.40	30.20	25.40	20.09	40.24	10.22	5.20	50.88	17.22
宁津县	100.60	31.00	29.10	28.93	24.19	7.04	5.30	75.28	17.10
庆云县	61.40	14.60	1.90	3.09	16.32	0.31			
滨州地区	**879.80**	**221.20**	**146.71**	**16.68**	**37.13**	**54.47**	**25.48**	**46.78**	**11.52**
惠民县	166.20	39.60	22.10	13.30	34.25	7.57	4.29	56.67	10.83
滨州县	95.50	26.80	38.00	39.79	44.68	16.98	7.47	43.99	27.87
阳信县	103.20	27.00	10.70	10.37	30.28	3.24	0.69	21.30	2.56
无棣县	102.90	23.60	3.80	3.69	26.32	1.00	0.11	11.00	0.47
沾化县	144.50	28.40	19.20	13.29	38.07	7.31	3.92	53.63	13.80
博兴县	123.80	33.40	26.30	21.24	35.44	9.32	3.39	36.37	10.15
邹平县	143.70	42.40	26.61	18.52	34.01	9.05	5.61	61.99	13.23
菏泽地区	**1409.40**	**438.20**	**103.10**	**7.32**	**34.61**	**35.68**	**15.54**	**43.55**	**3.55**
菏泽县	155.30	56.40	12.10	7.79	30.00	3.63	2.62	72.18	4.65
曹　县	228.80	69.60	21.50	9.40	27.16	5.84	4.93	84.42	7.08
定陶县	104.00	30.30	6.90	6.63	31.74	2.19	0.97	44.29	3.20
成武县	123.60	35.90	6.70	5.42	24.63	1.65	0.42	25.45	1.17
单　县	184.20	58.60	18.10	9.83	24.64	4.46	1.89	42.38	3.23
巨野县	161.70	45.20	12.20	7.54	24.26	2.96	0.13	4.39	0.29
郓城县	200.90	67.10	11.50	5.72	103.22	11.87	3.86	32.52	5.75
鄄城县	122.70	36.80	5.30	4.32	21.13	1.12	0.29	25.89	0.79
东明县	128.20	38.30	8.80	6.86	22.27	1.96	0.43	21.94	1.12
潍坊市	**1360.94**	**455.24**	**102.09**	**7.50**	**28.64**	**29.24**	**18.31**	**62.62**	**4.02**
潍　县	134.10	48.60	1.20	0.89	25.00	0.30	0.01	3.33	0.02
高密县	176.04	51.94	35.15	19.97	41.22	14.49	12.00	82.82	23.10
诸城县	205.30	68.30	33.14	16.14	13.73	4.55	1.56	34.29	2.28
昌邑县	140.60	48.30	11.90	8.46	32.27	3.84	2.58	67.19	5.34
昌乐县	113.60	32.00	5.70	5.02	40.88	2.33	1.05	45.06	3.28
安丘县	201.50	64.90	6.30	3.13	20.79	1.31	1.10	83.97	1.69
寿光县	169.90	59.30	3.90	2.30	29.23	1.14			
青州县	118.90	43.60	1.70	1.43	26.47	0.45			
寒亭区									
坊子区									
潍城区									
临朐县	101.00	38.30	3.10	3.07	26.77	0.83	0.01	1.20	0.03

5－19－10　续表

县市名	耕地面积（万亩）	农业人口（万人）	棉田面积（万亩）	占耕地（%）	亩产（市斤）	产量（万担）	收购量（万担）	商品率（%）	人均交售（市斤）
济宁市	**1105.10**	**364.90**	**25.90**	**2.34**	**27.30**	**7.07**	**1.80**	**25.46**	**0.49**
济宁县	95.20	26.50	1.50	1.58	48.00	0.72	0.07	9.72	0.26
任城区	81.50	31.60	1.10	1.35	36.36	0.40	0.06	15.00	0.19
兖州市	82.60	26.70	1.10	1.33	26.36	0.29	0.14	48.28	0.52
邹城市	137.80	46.10	2.60	1.89	21.92	0.57	0.13	22.81	0.28
鱼台县	86.10	19.70	0.90	1.05	24.44	0.22			
金乡县	110.20	31.40	3.80	3.45	20.00	0.76			
嘉祥县	130.50	41.80	4.30	3.30	27.91	1.20	1.08	90.00	2.58
微山县	54.90	28.40	0.50	0.91	42.00	0.21			
汶上县	104.40	36.90	2.50	2.39	33.60	0.84	0.01	1.19	0.03
梁山县	137.20	47.10	3.70	2.70	27.57	1.02			
泗水县	84.70	28.70	3.90	4.60	21.54	0.84	0.31	36.90	1.08
东营市	**265.00**	**61.80**	**53.70**	**20.26**	**41.08**	**22.06**	**16.69**	**75.66**	**27.01**
东营区									
河口区									
垦利县	80.70	16.70	15.60	19.33	44.23	6.90	5.65	81.88	33.83
利津县	87.60	17.30	20.60	23.52	35.24	7.26	4.38	60.33	25.32
广饶县	96.70	27.80	17.50	18.10	45.14	7.90	6.66	84.30	23.96
临沂市	**1338.80**	**446.30**	**43.00**	**3.21**	**18.16**	**7.81**	**0.77**	**9.86**	**0.17**
临沂县	179.60	67.70	2.50	1.39	16.40	0.41			
郯城县	128.80	41.90	1.50	1.16	36.00	0.54			
苍山县	167.60	50.00	4.40	2.63	21.14	0.93			
沂水县	157.60	54.10	7.60	4.82	13.95	1.06	0.20	18.87	0.37
蒙阴县	68.50	23.70	5.30	7.74	13.96	0.74	0.38	51.35	1.60
莒南县	147.60	49.50	2.90	1.96	19.66	0.57	0.01	1.75	0.02
平邑县	116.70	42.30	4.10	3.51	22.68	0.93	0.08	8.60	0.19
费　县	130.40	42.70	6.60	5.06	21.36	1.41			
沂南县	140.20	46.70	6.40	4.56	12.66	0.81	0.10	12.35	0.21
临沭县	101.80	27.70	1.70	1.67	24.12	0.41			
泰安市	**605.00**	**254.40**	**18.90**	**3.12**	**27.04**	**5.11**	**0.50**	**9.82**	**0.20**
泰安县	152.40	74.00	4.20	2.76	25.00	1.05			
肥城县	121.30	51.50	4.60	3.79	26.30	1.21	0.36	29.75	0.70
宁阳县	111.70	43.40	2.40	2.15	30.83	0.74	0.04	5.41	0.09
东平县	85.50	35.80	3.50	4.09	29.43	1.03	0.09	8.74	0.25
新泰县	134.10	49.70	4.20	3.13	25.71	1.08	0.01	1.11	0.02
枣庄市	**191.00**	**80.10**	**3.00**	**1.57**	**17.00**	**0.51**	**0.09**	**17.65**	**0.11**
滕州县	191.00	80.10	3.00	1.57	17.00	0.51	0.09	17.65	0.11
薛城区									
峄城区									
台儿庄									
济南市	**705.50**	**245.70**	**59.80**	**8.48**	**32.78**	**19.60**	**9.93**	**50.66**	**4.04**
章丘县	151.80	60.70	7.40	4.87	30.27	2.24	0.86	38.39	1.42
平阴县	62.70	24.00	2.40	3.83	26.25	0.63	0.12	19.05	0.50
商河县	148.90	40.20	31.10	20.89	35.31	10.98	7.44	67.76	18.51
济阳县	136.80	34.90	13.80	10.09	31.52	4.35	1.14	26.21	3.27
历城区	131.40	54.80	2.20	1.67	30.45	0.67			
长清县	73.90	31.10	2.90	3.92	25.17	0.73	0.37	50.68	1.19
青岛市	**787.90**	**262.80**	**37.10**	**4.71**	**31.51**	**11.69**	**5.48**	**46.88**	**2.09**
平度县	323.90	89.90	20.00	6.17	34.40	6.88	4.78	69.48	5.32
胶南县	149.90	65.50	5.40	3.60	25.74	1.39	0.16	11.51	0.24
胶　县	130.70	43.80	6.60	5.05	25.61	1.69	0.54	31.95	1.23
即墨县	183.40	63.60	5.10	2.78	33.92	1.73			
淄博市	**234.10**	**82.40**	**26.60**	**11.36**	**31.24**	**8.31**	**6.57**	**79.06**	**7.97**
桓台县	58.10	30.30	1.50	2.58	22.00	0.33			
高青县	110.50	27.40	22.40	20.27	34.60	7.75	6.51	84.00	23.76
沂源县	65.50	24.70	2.70	4.12	8.52	0.23	0.06	26.09	0.24
日照市	**236.30**	**89.10**	**9.10**	**3.85**	**13.19**	**1.20**	**0.01**	**0.83**	**0.01**
莒　县	154.40	54.40	5.10	3.30	11.18	0.57	0.01	1.75	0.02
五莲县	81.90	34.70	4.00	4.88	15.75	0.63			
莱芜市	**111.40**	**53.20**	**4.70**	**4.22**	**27.23**	**1.28**			
莱芜县	111.40	53.20	4.70	4.22	27.23	1.28			

5-19-11　山东省1953年产棉县棉花生产收购明细

县市名	耕地面积（万亩）	农业人口（万人）	棉田面积（万亩）	占耕地（%）	亩产（市斤）	产量（万担）	收购量（万担）	商品率（%）	人均交售（市斤）
全省合计	**11698.43**	**3744.47**	**958.34**	**8.19**	**28.33**	**271.52**	**185.03**	**68.15**	**4.94**
聊城市	**1079.60**	**299.30**	**184.70**	**17.11**	**25.69**	**47.45**	**36.01**	**75.89**	**12.03**
阳谷县	132.10	44.10	6.40	4.84	10.31	0.66	0.01	1.52	0.02
莘县	172.80	48.00	12.70	7.35	16.69	2.12	0.26	12.26	0.54
茌平县	140.20	37.90	11.50	8.20	7.65	0.88	0.31	35.23	0.82
东阿县	97.80	31.40	2.80	2.86	13.21	0.37	0.10	27.03	0.32
冠县	142.40	34.70	40.60	28.51	26.40	10.72	10.72	100.00	30.89
高唐县	116.40	30.50	32.50	27.92	24.52	7.97	4.92	61.73	16.13
临清县	121.60	32.30	58.70	48.27	33.73	19.80	17.50	88.38	54.18
东昌府区	156.30	40.40	19.50	12.48	25.28	4.93	2.19	44.42	5.42
德州市	**1283.90**	**331.50**	**180.70**	**14.07**	**25.60**	**46.26**	**37.06**	**80.11**	**11.18**
德州区	15.00	4.40	2.70	18.00	22.96	0.62	0.04	6.45	0.91
陵县	196.90	43.40	18.40	9.34	26.03	4.79	1.97	41.13	4.54
平原县	138.90	34.80	18.50	13.32	31.51	5.83	3.54	60.72	10.17
夏津县	102.60	29.30	35.20	34.31	39.35	13.85	16.51	119.21	56.35
武城县	91.10	23.40	17.50	19.21	23.26	4.07	3.87	95.09	16.54
齐河县	190.10	49.30	16.30	8.57	10.18	1.66	0.37	22.29	0.75
禹城县	119.70	31.80	13.20	11.03	11.74	1.55	1.50	96.77	4.72
乐陵县	139.60	37.70	15.00	10.74	18.40	2.76	1.31	47.46	3.47
临邑县	125.50	30.90	20.80	16.57	28.61	5.95	4.05	68.07	13.11
宁津县	101.90	31.40	20.90	20.51	22.54	4.71	3.90	82.80	12.42
庆云县	62.60	15.10	2.20	3.51	21.36	0.47			
滨州地区	**881.00**	**224.20**	**144.10**	**16.36**	**35.02**	**50.47**	**39.92**	**79.10**	**17.81**
惠民县	167.30	40.10	17.80	10.64	42.42	7.55	4.17	55.23	10.40
滨州县	95.60	27.20	38.00	39.75	40.50	15.39	13.54	87.98	49.78
阳信县	103.20	27.50	9.50	9.21	31.58	3.00	1.84	61.33	6.69
无棣县	102.90	24.00	3.30	3.21	9.09	0.30	0.01	3.33	0.04
沾化县	144.50	28.60	18.50	12.80	19.03	3.52	2.26	64.20	7.90
博兴县	123.60	33.80	28.20	22.82	35.35	9.97	8.76	87.86	25.92
邹平县	143.90	43.00	28.80	20.01	37.29	10.74	9.34	86.96	21.72
菏泽地区	**1443.50**	**445.80**	**86.50**	**5.99**	**26.81**	**23.19**	**11.03**	**47.56**	**2.47**
菏泽县	164.70	58.10	9.20	5.59	16.96	1.56	0.43	27.56	0.74
曹县	235.80	70.50	21.20	8.99	18.40	3.90	3.61	92.56	5.12
定陶县	106.70	31.00	6.80	6.37	15.44	1.05	0.66	62.86	2.13
成武县	124.20	36.40	5.30	4.27	10.38	0.55	0.16	29.09	0.44
单县	185.20	59.70	13.40	7.24	20.30	2.72	1.23	45.22	2.06
巨野县	161.20	46.50	8.50	5.27	16.00	1.36	0.13	9.56	0.28
郓城县	205.20	67.70	10.40	5.07	102.31	10.64	4.58	43.05	6.77
鄄城县	122.70	38.20	4.50	3.67	10.00	0.45			
东明县	137.80	37.70	7.20	5.22	13.33	0.96	0.23	23.96	0.61
潍坊市	**1366.23**	**468.17**	**95.74**	**7.01**	**29.47**	**28.21**	**18.11**	**64.20**	**3.87**
潍县	134.30	48.90	1.80	1.34	24.44	0.44	0.09	20.45	0.18
高密县	176.43	55.67	31.14	17.65	46.40	14.45	11.86	82.08	21.30
诸城县	208.40	70.30	31.10	14.92	11.70	3.64	1.26	34.62	1.79
昌邑县	141.10	49.30	9.90	7.02	37.27	3.69	2.62	71.00	5.31
昌乐县	113.30	32.80	5.80	5.12	31.38	1.82	0.84	46.15	2.56
安丘县	201.50	65.80	6.00	2.98	21.83	1.31	1.00	76.34	1.52
寿光县	171.10	60.80	5.30	3.10	32.08	1.70	0.42	24.71	0.69
青州县	119.10	45.30	1.70	1.43	32.94	0.56			
寒亭区									
坊子区									
潍城区									
临朐县	101.00	39.30	3.00	2.97	20.00	0.60	0.02	3.33	0.05

5－19－11　续表

县 市 名	耕地面积（万亩）	农业人口（万人）	棉田面积（万亩）	占耕地（%）	亩　产（市斤）	产　量（万担）	收购量（万担）	商品率（%）	人均交售（市斤）
济宁市	**1120.40**	**371.30**	**26.10**	**2.33**	**20.34**	**5.31**	**1.79**	**33.71**	**0.48**
济宁县	101.80	28.00	1.60	1.57	25.00	0.40	0.02	5.00	0.07
任城区	81.50	31.80	1.30	1.60	24.62	0.32	0.13	40.63	0.41
兖州市	82.30	27.20	1.10	1.34	28.18	0.31	0.13	41.94	0.48
邹城市	137.90	46.70	2.80	2.03	15.71	0.44	0.09	20.45	0.19
鱼台县	88.60	20.00	0.90	1.02	11.11	0.10			
金乡县	112.10	31.40	3.80	3.39	12.89	0.49	0.01	2.04	0.03
嘉祥县	131.10	42.00	4.40	3.36	27.05	1.19	1.14	95.80	2.71
微山县	54.80	28.80	0.50	0.91	48.00	0.24			
汶上县	105.40	37.80	2.60	2.47	31.92	0.83	0.01	1.20	0.03
梁山县	140.20	48.10	2.80	2.00	12.50	0.35			
泗水县	84.70	29.50	4.30	5.08	14.88	0.64	0.26	40.63	0.88
东营市	**273.90**	**63.30**	**50.20**	**18.33**	**36.75**	**18.45**	**16.43**	**89.05**	**25.96**
东营区									
河口区									
垦利县	80.80	17.30	15.40	19.06	39.61	6.10	1.08	17.70	6.24
利津县	92.80	17.60	18.00	19.40	31.28	5.63	5.90	104.80	33.52
广饶县	100.30	28.40	16.80	16.75	40.00	6.72	9.45	140.63	33.27
临沂市	**1339.40**	**454.70**	**38.30**	**2.86**	**18.93**	**7.25**	**0.68**	**9.38**	**0.15**
临沂县	180.20	67.60	2.50	1.39	20.80	0.52			
郯城县	127.10	42.80	1.30	1.02	36.15	0.47			
苍山县	169.10	51.10	3.90	2.31	22.31	0.87			
沂水县	158.10	55.50	7.10	4.49	18.45	1.31	0.14	10.69	0.25
蒙阴县	67.80	24.60	4.80	7.08	15.83	0.76	0.39	51.32	1.59
莒南县	147.60	51.00	2.10	1.42	41.90	0.88	0.02	2.27	0.04
平邑县	116.20	43.10	4.20	3.61	12.38	0.52	0.08	15.38	0.19
费　县	130.60	43.60	5.30	4.06	16.04	0.85			
沂南县	141.20	47.10	6.10	4.32	15.08	0.92	0.05	5.43	0.11
临沭县	101.50	28.30	1.00	0.99	15.00	0.15			
泰安市	**607.40**	**257.50**	**20.90**	**3.44**	**24.11**	**5.04**	**0.38**	**7.54**	**0.15**
泰安县	152.40	74.80	4.40	2.89	17.73	0.78			
肥城县	121.00	52.40	6.30	5.21	24.29	1.53	0.30	19.61	0.57
宁阳县	111.70	42.90	3.00	2.69	23.33	0.70			
东平县	88.20	36.90	3.80	4.31	30.79	1.17	0.07	5.98	0.19
新泰县	134.10	50.50	3.40	2.54	25.29	0.86	0.01	1.16	0.02
枣庄市	**192.10**	**82.10**	**3.20**	**1.67**	**30.00**	**0.96**	**0.13**	**13.54**	**0.16**
滕州县	192.10	82.10	3.20	1.67	30.00	0.96	0.13	13.54	0.16
薛城区									
峄城区									
台儿庄									
济南市	**738.30**	**246.70**	**57.90**	**7.84**	**27.56**	**15.96**	**9.10**	**57.02**	**3.69**
章丘县	181.80	61.10	10.30	5.67	37.96	3.91	1.38	35.29	2.26
平阴县	62.80	23.50	2.60	4.14	16.15	0.42	0.04	9.52	0.17
商河县	151.30	40.50	27.40	18.11	31.42	8.61	6.70	77.82	16.54
济阳县	137.10	35.20	11.10	8.10	17.21	1.91	0.85	44.50	2.41
历城区	131.00	55.70	2.70	2.06	22.22	0.60			
长清县	74.30	30.70	3.80	5.11	13.42	0.51	0.13	25.49	0.42
青岛市	**790.70**	**269.10**	**28.40**	**3.59**	**35.49**	**10.08**	**5.94**	**58.93**	**2.21**
平度县	327.50	93.60	18.00	5.50	40.72	7.33	5.30	72.31	5.66
胶南县	149.70	66.00	3.00	2.00	21.00	0.63	0.03	4.76	0.05
胶　县	130.20	44.20	4.80	3.69	32.29	1.55	0.61	39.35	1.38
即墨县	183.30	65.30	2.60	1.42	21.92	0.57			
淄博市	**234.00**	**83.80**	**29.80**	**12.74**	**35.17**	**10.48**	**8.40**	**80.15**	**10.02**
桓台县	58.50	30.70	2.50	4.27	27.60	0.69	0.08	11.59	0.26
高青县	110.10	27.50	24.50	22.25	38.24	9.37	8.28	88.37	30.11
沂源县	65.40	25.60	2.80	4.28	15.00	0.42	0.04	9.52	0.16
日照市	**236.50**	**92.10**	**7.60**	**3.21**	**19.08**	**1.45**	**0.05**	**3.45**	**0.05**
莒　县	154.30	56.50	4.60	2.98	19.13	0.88	0.02	2.27	0.04
五莲县	82.20	35.60	3.00	3.65	19.00	0.57	0.03	5.26	0.08
莱芜市	**111.50**	**54.90**	**4.20**	**3.77**	**22.86**	**0.96**			
莱芜县	111.50	54.90	4.20	3.77	22.86	0.96			

5-19-12　山东省1954年产棉县棉花生产收购明细

县市名	耕地面积（万亩）	农业人口（万人）	棉田面积（万亩）	占耕地（%）	亩产（市斤）	产量（万担）	收购量（万担）	商品率（%）	人均交售（市斤）
全省合计	**11687.80**	**3818.60**	**940.04**	**8.04**	**33.78**	**317.59**	**210.79**	**66.37**	**5.52**
聊城市	**1080.80**	**306.50**	**179.90**	**16.65**	**31.84**	**57.28**	**45.16**	**78.84**	**14.73**
阳谷县	132.20	44.50	5.30	4.01	24.15	1.28	0.11	8.59	0.25
莘　县	172.90	49.60	12.00	6.94	25.58	3.07	0.89	28.99	1.79
茌平县	140.00	38.60	11.50	8.21	20.43	2.35	1.31	55.74	3.39
东阿县	97.80	31.70	3.20	3.27	31.25	1.00	0.22	22.00	0.69
冠　县	142.60	36.20	36.10	25.32	32.83	11.85	11.85	100.00	32.73
高唐县	116.80	31.50	41.20	35.27	33.30	13.72	11.20	81.63	35.56
临清县	121.70	33.80	52.60	43.22	34.98	18.40	15.49	84.18	45.83
东昌府区	156.80	40.60	18.00	11.48	31.17	5.61	4.09	72.91	10.07
德州市	**1280.80**	**337.00**	**178.50**	**13.94**	**35.74**	**63.79**	**49.26**	**77.22**	**14.62**
德州区	15.00	4.40	2.80	18.67	25.00	0.70	0.05	7.14	1.14
陵　县	189.90	44.00	19.10	10.06	27.85	5.32	1.97	37.03	4.48
平原县	138.00	35.20	18.30	13.26	31.26	5.72	3.85	67.31	10.94
夏津县	102.60	29.70	37.90	36.94	41.85	15.86	17.85	112.55	60.10
武城县	91.40	23.70	18.00	19.69	39.83	7.17	6.81	94.98	28.73
齐河县	192.30	49.70	13.20	6.86	22.95	3.03	0.75	24.75	1.51
禹城县	119.80	32.70	10.90	9.10	36.51	3.98	2.25	56.53	6.88
乐陵县	139.90	38.40	12.30	8.79	23.74	2.92	1.96	67.12	5.10
临邑县	126.60	32.40	19.70	15.56	41.22	8.12	4.67	57.51	14.41
宁津县	102.20	31.40	25.10	24.56	42.47	10.66	9.10	85.37	28.98
庆云县	63.10	15.40	1.20	1.90	25.83	0.31			
滨州地区	**879.70**	**228.30**	**144.52**	**16.43**	**38.92**	**56.25**	**35.68**	**63.43**	**15.63**
惠民县	167.20	40.40	21.50	12.86	33.72	7.25	4.69	64.69	11.61
滨州县	93.60	28.60	37.21	39.75	46.01	17.12	11.13	65.01	38.92
阳信县	102.90	28.10	8.30	8.07	31.93	2.65	0.83	31.32	2.95
无棣县	102.10	24.50	3.00	2.94	22.00	0.66	0.06	9.09	0.24
沾化县	146.40	28.60	19.10	13.05	33.40	6.38	3.40	53.29	11.89
博兴县	123.10	34.50	26.50	21.53	39.55	10.48	8.52	81.30	24.70
邹平县	144.40	43.60	28.91	20.02	40.51	11.71	7.05	60.20	16.17
菏泽地区	**1451.10**	**452.97**	**90.30**	**6.22**	**36.92**	**33.34**	**15.23**	**45.68**	**3.36**
菏泽县	169.40	56.40	8.80	5.19	25.00	2.20	1.37	62.27	2.43
曹　县	236.60	72.30	21.00	8.88	31.14	6.54	3.33	50.92	4.61
定陶县	106.90	31.40	7.40	6.92	15.81	1.17	0.22	18.80	0.70
成武县	124.30	37.00	5.20	4.18	24.81	1.29	0.12	9.30	0.32
单　县	185.90	61.47	14.30	7.69	34.90	4.99	1.49	29.86	2.42
巨野县	162.90	47.70	9.60	5.89	17.19	1.65	1.40	84.85	2.94
郓城县	205.30	68.60	12.00	5.85	110.33	13.24	6.33	47.81	9.23
鄄城县	122.10	39.20	4.30	3.52	20.47	0.88	0.65	73.86	1.66
东明县	137.70	38.90	7.70	5.59	17.92	1.38	0.32	23.19	0.82
潍坊市	**1377.10**	**474.63**	**96.02**	**6.97**	**29.90**	**28.71**	**18.44**	**64.23**	**3.89**
潍　县	137.90	49.00	1.60	1.16	21.88	0.35	0.09	25.71	0.18
高密县	176.30	57.43	32.12	18.22	53.27	17.11	13.62	79.60	23.72
诸城县	210.10	72.10	32.10	15.28	8.10	2.60	1.19	45.77	1.65
昌邑县	140.30	49.70	10.50	7.48	34.95	3.67	1.83	49.86	3.68
昌乐县	113.30	33.20	5.20	4.59	25.19	1.31	0.40	30.53	1.20
安丘县	201.70	67.30	4.90	2.43	20.82	1.02	0.83	81.37	1.23
寿光县	175.80	59.20	5.80	3.30	31.21	1.81	0.46	25.41	0.78
青州县	119.90	46.50	1.30	1.08	20.00	0.26			
寒亭区									
坊子区									
潍城区									
临朐县	101.80	40.20	2.50	2.46	23.20	0.58	0.02	3.45	0.05

5－19－12　续表

县市名	耕地面积（万亩）	农业人口（万人）	棉田面积（万亩）	占耕地（%）	亩　产（市斤）	产　量（万担）	收购量（万担）	商品率（%）	人均交售（市斤）
济宁市	**1120.30**	**384.30**	**24.30**	**2.17**	**24.57**	**5.97**	**2.36**	**39.53**	**0.61**
济宁县	100.30	29.00	1.10	1.10	30.91	0.34	0.10	29.41	0.34
任城区	82.00	32.70	1.00	1.22	28.00	0.28	0.13	46.43	0.40
兖州市	83.20	27.80	1.10	1.32	26.36	0.29	0.14	48.28	0.50
邹城市	138.00	49.00	2.40	1.74	22.50	0.54	0.17	31.48	0.35
鱼台县	88.60	21.10	0.80	0.90	27.50	0.22			
金乡县	111.70	33.00	2.40	2.15	16.67	0.40	0.01	2.50	0.03
嘉祥县	131.40	43.40	5.00	3.81	26.80	1.34	1.31	97.76	3.02
微山县	54.70	29.60	0.50	0.91	40.00	0.20	0.01	5.00	0.03
汶上县	105.40	38.50	2.50	2.37	31.20	0.78	0.12	15.38	0.31
梁山县	140.30	49.60	3.50	2.49	19.43	0.68	0.01	1.47	0.02
泗水县	84.70	30.60	4.00	4.72	22.50	0.90	0.36	40.00	1.18
东营市	**276.70**	**65.10**	**53.90**	**19.48**	**33.19**	**17.89**	**13.79**	**77.08**	**21.18**
东营区									
河口区									
垦利县	83.70	16.70	15.80	18.88	37.97	6.00	1.58	26.33	9.46
利津县	90.60	18.00	20.70	22.85	32.13	6.65	4.48	67.37	24.89
广饶县	102.40	30.40	17.40	16.99	30.11	5.24	7.73	147.52	25.43
临沂市	**1340.00**	**464.90**	**30.00**	**2.24**	**24.60**	**7.38**	**2.29**	**31.03**	**0.49**
临沂县	180.20	68.80	1.40	0.78	22.14	0.31	0.02	6.45	0.03
郯城县	127.80	43.20	1.40	1.10	30.71	0.43	0.01	2.33	0.02
苍山县	169.00	52.30	2.90	1.72	23.45	0.68	0.23	33.82	0.44
沂水县	158.20	57.50	5.60	3.54	20.00	1.12	0.36	32.14	0.63
蒙阴县	67.70	25.20	3.60	5.32	25.83	0.93	0.59	63.44	2.34
莒南县	147.20	51.90	1.20	0.82	58.33	0.70	0.18	25.71	0.35
平邑县	116.80	44.50	3.40	2.91	24.71	0.84	0.29	34.52	0.65
费　县	130.50	44.60	4.70	3.60	22.98	1.08	0.33	30.56	0.74
沂南县	141.30	48.00	4.70	3.33	23.62	1.11	0.27	24.32	0.56
临沭县	101.30	28.90	1.10	1.09	16.36	0.18	0.01	5.56	0.03
泰安市	**608.80**	**261.80**	**20.00**	**3.29**	**23.50**	**4.70**	**1.20**	**25.53**	**0.46**
泰安县	152.50	76.00	3.80	2.49	19.21	0.73			
肥城县	121.50	53.30	5.90	4.86	21.69	1.28	0.42	32.81	0.79
宁阳县	112.60	43.40	2.90	2.58	23.45	0.68	0.18	26.47	0.41
东平县	88.20	37.70	4.20	4.76	29.05	1.22	0.50	40.98	1.33
新泰县	134.00	51.40	3.20	2.39	24.69	0.79	0.10	12.66	0.19
枣庄市	**193.30**	**84.20**	**3.10**	**1.60**	**25.48**	**0.79**	**0.32**	**40.51**	**0.38**
滕州县	193.30	84.20	3.10	1.60	25.48	0.79	0.32	40.51	0.38
薛城区									
峄城区									
台儿庄									
济南市	**707.20**	**251.00**	**56.40**	**7.98**	**36.28**	**20.46**	**14.26**	**69.70**	**5.68**
章丘县	151.80	62.40	8.30	5.47	29.76	2.47	1.42	57.49	2.28
平阴县	62.80	23.90	2.60	4.14	25.00	0.65	0.11	16.92	0.46
商河县	151.20	41.50	25.70	17.00	43.04	11.06	10.30	93.13	24.82
济阳县	136.90	35.70	12.80	9.35	33.20	4.25	1.94	45.65	5.43
历城区	130.20	56.40	2.80	2.15	30.00	0.84			
长清县	74.30	31.10	4.20	5.65	28.33	1.19	0.49	41.18	1.58
青岛市	**790.00**	**272.80**	**26.30**	**3.33**	**32.24**	**8.48**	**5.65**	**66.63**	**2.07**
平度县	327.60	94.70	17.00	5.19	35.18	5.98	4.89	81.77	5.16
胶南县	149.70	67.20	2.30	1.54	22.61	0.52	0.08	15.38	0.12
胶　县	130.10	45.90	3.80	2.92	30.00	1.14	0.68	59.65	1.48
即墨县	182.60	65.00	3.20	1.75	26.25	0.84			
淄博市	**233.90**	**85.40**	**27.10**	**11.59**	**39.96**	**10.83**	**6.87**	**63.43**	**8.04**
桓台县	58.60	31.30	2.10	3.58	32.38	0.68	0.10	14.71	0.32
高青县	110.00	27.60	23.00	20.91	42.00	9.66	6.71	69.46	24.31
沂源县	65.30	26.50	2.00	3.06	24.50	0.49	0.06	12.24	0.23
日照市	**236.70**	**93.80**	**5.90**	**2.49**	**18.81**	**1.11**	**0.24**	**21.62**	**0.26**
莒　县	154.40	57.20	3.50	2.27	20.00	0.70	0.18	25.71	0.31
五莲县	82.30	36.60	2.40	2.92	17.08	0.41	0.06	14.63	0.16
莱芜市	**111.40**	**55.90**	**3.80**	**3.41**	**16.05**	**0.61**	**0.04**	**6.56**	**0.07**
莱芜县	111.40	55.90	3.80	3.41	16.05	0.61	0.04	6.56	0.07

5-19-13 山东省1955年产棉县棉花生产收购明细

县市名	耕地面积（万亩）	农业人口（万人）	棉田面积（万亩）	占耕地（%）	亩产（市斤）	产量（万担）	收购量（万担）	商品率（%）	人均交售（市斤）
全省合计	**11691.51**	**3905.97**	**1148.60**	**9.82**	**37.14**	**426.61**	**335.37**	**78.61**	**8.59**
聊城市	**1079.40**	**313.10**	**224.50**	**20.80**	**40.12**	**90.08**	**80.23**	**89.07**	**25.62**
阳谷县	131.80	45.50	8.00	6.07	27.00	2.16	0.85	39.35	1.87
莘　县	172.30	51.20	17.10	9.92	28.30	4.84	3.06	63.22	5.98
茌平县	140.00	39.20	17.30	12.36	38.03	6.58	5.21	79.18	13.29
东阿县	97.60	31.70	5.50	5.64	90.18	4.96	4.55	91.73	14.35
冠　县	142.60	37.60	45.30	31.77	38.87	17.61	17.61	100.00	46.84
高唐县	116.90	31.90	45.40	38.84	41.83	18.99	16.67	87.78	52.26
临清县	121.70	34.80	61.20	50.29	43.63	26.70	26.20	98.13	75.29
东昌府区	156.50	41.20	24.70	15.78	33.36	8.24	6.08	73.79	14.76
德州市	**1281.00**	**342.10**	**228.90**	**17.87**	**41.05**	**93.97**	**75.99**	**80.87**	**22.21**
德州区	14.90	4.50	2.60	17.45	30.77	0.80	0.06	7.50	1.33
陵　县	189.90	44.30	25.60	13.48	34.96	8.95	5.19	57.99	11.72
平原县	138.10	35.90	30.50	22.09	36.36	11.09	6.85	61.77	19.08
夏津县	103.00	30.30	48.70	47.28	46.67	22.73	21.14	93.00	69.77
武城县	91.00	24.20	23.50	25.82	45.91	10.79	10.25	95.00	42.36
齐河县	192.30	50.70	14.00	7.28	33.93	4.75	2.64	55.58	5.21
禹城县	119.30	32.90	14.50	12.15	41.79	6.06	5.64	93.07	17.14
乐陵县	140.40	39.30	16.20	11.54	36.91	5.98	4.51	75.42	11.48
临邑县	126.70	32.70	25.80	20.36	42.40	10.94	9.01	82.36	27.55
宁津县	102.40	31.80	26.30	25.68	44.26	11.64	10.70	91.92	33.65
庆云县	63.00	15.50	1.20	1.90	20.00	0.24			
滨州地区	**877.40**	**231.70**	**169.14**	**19.28**	**38.83**	**65.67**	**63.11**	**96.10**	**27.24**
惠民县	168.10	41.10	26.00	15.47	36.00	9.36	9.45	100.96	22.99
滨州县	94.30	27.70	42.26	44.81	42.00	17.75	17.60	99.15	63.54
阳信县	102.80	28.70	9.50	9.24	28.95	2.75	1.93	70.18	6.72
无棣县	103.10	24.80	2.10	2.04	28.57	0.60	0.13	21.67	0.52
沾化县	143.30	29.20	25.20	17.59	34.96	8.81	8.45	95.91	28.94
博兴县	121.20	35.20	30.30	25.00	39.74	12.04	11.71	97.26	33.27
邹平县	144.60	45.00	33.78	23.36	42.51	14.36	13.84	96.38	30.76
菏泽地区	**1452.70**	**462.90**	**111.30**	**7.66**	**38.02**	**42.32**	**22.06**	**52.13**	**4.77**
菏泽县	171.20	57.70	10.20	5.96	20.59	2.10	1.34	63.81	2.32
曹　县	236.70	74.90	30.90	13.05	33.33	10.30	6.92	67.18	9.24
定陶县	106.80	31.90	7.40	6.93	29.05	2.15	0.99	46.05	3.10
成武县	125.30	37.50	7.50	5.99	25.33	1.90	0.57	30.00	1.52
单　县	186.30	62.60	20.10	10.79	32.29	6.49	3.45	53.16	5.51
巨野县	164.70	48.90	10.70	6.50	26.92	2.88	1.09	37.85	2.23
郓城县	202.90	69.40	12.80	6.31	104.69	13.40	7.01	52.31	10.10
鄄城县	120.90	40.10	4.80	3.97	26.25	1.26	0.14	11.11	0.35
东明县	137.90	39.90	6.90	5.00	26.67	1.84	0.55	29.89	1.38
潍坊市	**1379.41**	**488.47**	**119.96**	**8.70**	**31.15**	**37.37**	**27.41**	**73.35**	**5.61**
潍　县	138.00	50.60	2.00	1.45	34.00	0.68	0.27	39.71	0.53
高密县	177.21	58.07	43.06	24.30	47.45	20.43	16.81	82.28	28.95
诸城县	210.20	74.30	43.10	20.50	13.25	5.71	4.35	76.18	5.85
昌邑县	140.80	50.30	11.70	8.31	35.64	4.17	3.21	76.98	6.38
昌乐县	113.20	34.10	7.30	6.45	32.74	2.39	0.98	41.00	2.87
安丘县	201.70	69.20	4.30	2.13	29.53	1.27	1.10	86.61	1.59
寿光县	176.40	62.50	5.00	2.83	37.20	1.86	0.68	36.56	1.09
青州县	119.80	47.50	1.00	0.83	25.00	0.25			
寒亭区									
坊子区									
潍城区									
临朐县	102.10	41.90	2.50	2.45	24.40	0.61	0.01	1.64	0.02

5-19-13 续表

县市名	耕地面积（万亩）	农业人口（万人）	棉田面积（万亩）	占耕地（%）	亩产（市斤）	产量（万担）	收购量（万担）	商品率（%）	人均交售（市斤）
济宁市	**1117.10**	**391.80**	**26.90**	**2.41**	**26.99**	**7.26**	**2.52**	**34.71**	**0.64**
济宁县	100.50	29.80	1.20	1.19	30.00	0.36	0.10	27.78	0.34
任城区	82.00	33.60	1.20	1.46	21.67	0.26	0.13	50.00	0.39
兖州市	82.70	28.20	1.10	1.33	28.18	0.31	0.14	45.16	0.50
邹城市	138.10	50.90	2.70	1.96	28.52	0.77	0.17	22.08	0.33
鱼台县	87.90	21.80	1.00	1.14	34.00	0.34			
金乡县	111.00	33.40	3.40	3.06	21.18	0.72	0.02	2.78	0.06
嘉祥县	129.80	44.80	5.30	4.08	25.28	1.34	1.32	98.51	2.95
微山县	54.70	30.70	0.50	0.91	50.00	0.25	0.12	48.00	0.39
汶上县	105.40	39.40	2.40	2.28	35.42	0.85	0.10	11.76	0.25
梁山县	140.10	47.70	3.80	2.71	26.58	1.01	0.06	5.94	0.13
泗水县	84.90	31.50	4.30	5.06	24.42	1.05	0.36	34.29	1.14
东营市	**281.20**	**67.10**	**59.40**	**21.12**	**36.01**	**21.39**	**20.37**	**95.23**	**30.36**
东营区									
河口区									
垦利县	86.40	18.00	18.30	21.18	38.96	7.13	1.53	21.46	8.50
利津县	86.40	18.30	22.50	26.04	32.53	7.32	7.83	106.97	42.79
广饶县	108.40	30.80	18.60	17.16	37.31	6.94	11.01	158.65	35.75
临沂市	**1340.40**	**474.40**	**34.30**	**2.56**	**27.67**	**9.49**	**3.06**	**32.24**	**0.65**
临沂县	182.00	69.60	1.50	0.82	24.67	0.37	0.01	2.70	0.01
郯城县	128.20	44.00	1.10	0.86	43.64	0.48	0.06	12.50	0.14
苍山县	168.30	53.80	3.00	1.78	23.33	0.70	0.17	24.29	0.32
沂水县	157.70	59.20	6.80	4.31	29.85	2.03	0.70	34.48	1.18
蒙阴县	67.90	25.70	5.70	8.39	27.02	1.54	1.12	72.73	4.36
莒南县	146.90	52.30	1.40	0.95	70.00	0.98	0.10	10.20	0.19
平邑县	117.00	45.90	3.30	2.82	23.33	0.77	0.05	6.49	0.11
费　县	130.10	45.60	5.10	3.92	21.37	1.09	0.37	33.94	0.81
沂南县	141.50	49.00	5.40	3.82	24.63	1.33	0.48	36.09	0.98
临沭县	100.80	29.30	1.00	0.99	20.00	0.20			
泰安市	**605.50**	**268.00**	**19.50**	**3.22**	**30.31**	**5.91**	**1.93**	**32.66**	**0.72**
泰安县	153.10	77.70	3.40	2.22	28.24	0.96	0.06	6.25	0.08
肥城县	121.40	54.40	6.40	5.27	31.88	2.04	0.96	47.06	1.76
宁阳县	112.90	45.50	2.80	2.48	24.64	0.69	0.16	23.19	0.35
东平县	83.90	37.90	3.80	4.53	33.42	1.27	0.65	51.18	1.72
新泰县	134.20	52.50	3.10	2.31	30.65	0.95	0.10	10.53	0.19
枣庄市	**194.60**	**87.10**	**3.20**	**1.64**	**27.81**	**0.89**	**0.32**	**35.96**	**0.37**
滕州县	194.60	87.10	3.20	1.64	27.81	0.89	0.32	35.96	0.37
薛城区									
峄城区									
台儿庄									
济南市	**709.10**	**257.30**	**67.80**	**9.56**	**36.43**	**24.70**	**20.03**	**81.09**	**7.78**
章丘县	152.10	63.90	10.00	6.57	34.10	3.41	1.73	50.73	2.71
平阴县	63.10	24.50	2.90	4.60	27.93	0.81	0.38	46.91	1.55
商河县	151.90	42.00	31.10	20.47	34.73	10.80	10.77	99.72	25.64
济阳县	136.60	36.40	16.60	12.15	41.93	6.96	6.27	90.09	17.23
历城区	130.20	58.40	2.70	2.07	33.33	0.90			
长清县	75.20	32.10	4.50	5.98	40.44	1.82	0.88	48.35	2.74
青岛市	**789.80**	**281.50**	**39.40**	**4.99**	**26.45**	**10.42**	**6.21**	**59.60**	**2.21**
平度县	327.00	97.20	28.10	8.59	28.11	7.90	4.94	62.53	5.08
胶南县	149.80	68.50	2.20	1.47	20.91	0.46	0.06	13.04	0.09
胶　县	130.30	46.70	4.90	3.76	20.20	0.99	1.21	122.22	2.59
即墨县	182.70	69.10	4.20	2.30	25.48	1.07			
淄博市	**234.20**	**86.80**	**35.30**	**15.07**	**42.38**	**14.96**	**11.94**	**79.81**	**13.76**
桓台县	58.50	31.60	2.40	4.10	33.75	0.81	0.27	33.33	0.85
高青县	109.90	28.20	30.30	27.57	44.29	13.42	11.37	84.72	40.32
沂源县	65.80	27.00	2.60	3.95	28.08	0.73	0.30	41.10	1.11
日照市	**236.80**	**96.10**	**5.90**	**2.49**	**23.73**	**1.40**	**0.14**	**10.00**	**0.15**
莒　县	154.40	58.70	3.80	2.46	25.79	0.98	0.10	10.20	0.17
五莲县	82.40	37.40	2.10	2.55	20.00	0.42	0.04	9.52	0.11
莱芜市	**112.90**	**57.60**	**3.10**	**2.75**	**25.16**	**0.78**	**0.05**	**6.41**	**0.09**
莱芜县	112.90	57.60	3.10	2.75	25.16	0.78	0.05	6.41	0.09

5-19-14 山东省1956年产棉县棉花生产收购明细

县市名	耕地面积（万亩）	农业人口（万人）	棉田面积（万亩）	占耕地（%）	亩产（市斤）	产量（万担）	收购量（万担）	商品率（%）	人均交售（市斤）
全省合计	**11666.09**	**3971.08**	**1262.18**	**10.82**	**35.39**	**446.66**	**313.63**	**70.22**	**7.90**
聊城市	**1068.30**	**316.50**	**243.20**	**22.77**	**37.64**	**91.53**	**77.18**	**84.32**	**24.39**
阳谷县	127.70	45.70	8.20	6.42	24.76	2.03	0.72	35.47	1.58
莘县	171.20	51.50	20.30	11.86	15.12	3.07	1.91	62.21	3.71
茌平县	139.60	39.90	19.00	13.61	29.95	5.69	4.07	71.53	10.20
东阿县	95.90	31.30	5.60	5.84	148.39	8.31	7.88	94.83	25.18
冠县	141.30	37.90	46.70	33.05	29.96	13.99	13.99	100.00	36.91
高唐县	115.20	32.50	48.80	42.36	50.88	24.83	21.08	84.90	64.86
临清县	120.90	35.80	65.60	54.26	38.11	25.00	20.28	81.12	56.65
东昌府区	156.50	41.90	29.00	18.53	29.69	8.61	7.25	84.20	17.30
德州市	**1266.30**	**347.90**	**225.40**	**17.80**	**39.63**	**89.32**	**71.31**	**79.84**	**20.50**
德州区	14.50	4.50	2.80	19.31	23.93	0.67	0.06	8.96	1.33
陵县	189.30	45.00	23.10	12.20	26.28	6.07	3.00	49.42	6.67
平原县	137.80	36.10	22.80	16.55	30.66	6.99	5.21	74.54	14.43
夏津县	102.80	30.60	50.30	48.93	56.70	28.52	25.19	88.32	82.32
武城县	91.00	24.30	23.40	25.71	35.04	8.20	7.79	95.00	32.06
齐河县	189.70	51.10	14.20	7.49	33.45	4.75	2.64	55.58	5.17
禹城县	119.30	33.60	15.10	12.66	34.30	5.18	3.68	71.04	10.95
乐陵县	140.20	40.70	17.20	12.27	35.00	6.02	4.47	74.25	10.98
临邑县	123.30	33.50	25.10	20.36	45.02	11.30	8.61	76.19	25.70
宁津县	99.40	32.60	30.20	30.38	38.28	11.56	10.66	92.21	32.70
庆云县	59.00	15.90	1.20	2.03	5.00	0.06			
滨州地区	**872.80**	**234.80**	**195.45**	**22.39**	**33.75**	**65.96**	**55.10**	**83.54**	**23.47**
惠民县	163.70	41.10	31.80	19.43	36.98	11.76	10.53	89.54	25.62
滨州县	94.00	27.90	46.34	49.30	41.41	19.19	16.69	86.97	59.82
阳信县	100.60	29.30	12.90	12.82	28.60	3.69	1.91	51.76	6.52
无棣县	105.10	25.60	6.10	5.80	9.67	0.59	0.19	32.20	0.74
沾化县	143.40	30.00	29.70	20.71	20.94	6.22	4.41	70.90	14.70
博兴县	120.50	35.90	34.20	28.38	31.43	10.75	10.75	100.00	29.94
邹平县	145.50	45.00	34.41	23.65	39.99	13.76	10.62	77.18	23.60
菏泽地区	**1450.60**	**468.90**	**139.90**	**9.64**	**40.08**	**56.07**	**21.90**	**39.06**	**4.67**
菏泽县	171.60	59.40	15.00	8.74	18.67	2.80	2.19	78.21	3.69
曹县	237.50	76.60	38.20	16.08	27.02	10.32	5.27	51.07	6.88
定陶县	106.10	32.00	8.20	7.73	30.98	2.54	0.91	35.83	2.84
成武县	124.90	38.00	10.00	8.01	21.20	2.12	0.55	25.94	1.45
单县	184.30	62.80	25.30	13.73	39.37	9.96	3.36	33.73	5.35
巨野县	162.80	49.50	11.60	7.13	26.03	3.02	0.22	7.28	0.44
郓城县	203.30	69.70	16.00	7.87	132.00	21.12	8.13	38.49	11.66
鄄城县	121.50	40.50	5.60	4.61	30.00	1.68	0.39	23.21	0.96
东明县	138.60	40.40	10.00	7.22	25.10	2.51	0.88	35.06	2.18
潍坊市	**1383.89**	**498.98**	**135.93**	**9.82**	**27.85**	**37.86**	**28.98**	**76.55**	**5.81**
潍县	137.00	51.30	2.60	1.90	39.62	1.03	0.76	73.79	1.48
高密县	178.69	60.18	44.23	24.75	41.04	18.15	16.61	91.52	27.60
诸城县	209.80	75.60	52.20	24.88	8.58	4.48	4.09	91.29	5.41
昌邑县	140.50	50.60	14.40	10.25	43.33	6.24	3.63	58.17	7.17
昌乐县	113.20	34.80	7.70	6.80	37.66	2.90	1.80	62.07	5.17
安丘县	201.70	71.00	4.30	2.13	30.00	1.29	1.10	85.27	1.55
寿光县	179.00	63.30	7.30	4.08	36.71	2.68	0.99	36.94	1.56
青州县	119.80	48.60	0.90	0.75	38.89	0.35			
寒亭区									
坊子区									
潍城区									
临朐县	104.20	43.60	2.30	2.21	32.17	0.74			

5－19－14　续表

县市名	耕地面积（万亩）	农业人口（万人）	棉田面积（万亩）	占耕地（％）	亩产（市斤）	产量（万担）	收购量（万担）	商品率（％）	人均交售（市斤）
济宁市	**1116.60**	**400.00**	**31.00**	**2.78**	**29.23**	**9.06**	**2.72**	**30.02**	**0.68**
济宁县	100.40	30.70	1.50	1.49	24.67	0.37	0.08	21.62	0.26
任城区	82.00	34.10	1.60	1.95	46.25	0.74	0.09	12.16	0.26
兖州市	82.60	28.70	1.50	1.82	27.33	0.41	0.19	46.34	0.66
邹城市	138.40	51.70	3.80	2.75	36.84	1.40	0.25	17.86	0.48
鱼台县	87.90	22.80	0.80	0.91	32.50	0.26			
金乡县	111.00	34.00	3.60	3.24	24.17	0.87	0.01	1.15	0.03
嘉祥县	131.90	45.00	5.60	4.25	22.14	1.24	1.22	98.39	2.71
微山县	54.00	31.50	0.50	0.93	42.00	0.21			
汶上县	105.20	40.20	2.40	2.28	37.50	0.90	0.23	25.56	0.57
梁山县	138.40	49.50	4.30	3.11	32.56	1.40	0.15	10.71	0.30
泗水县	84.80	31.80	5.40	6.37	23.33	1.26	0.50	39.68	1.57
东营市	**281.50**	**68.30**	**64.00**	**22.74**	**31.88**	**20.40**	**16.44**	**80.59**	**24.07**
东营区									
河口区									
垦利县	88.10	18.10	20.80	23.61	35.48	7.38	1.34	18.16	7.40
利津县	83.40	18.60	22.90	27.46	22.62	5.18	5.08	98.07	27.31
广饶县	110.00	31.60	20.30	18.45	38.62	7.84	10.02	127.81	31.71
临沂市	**1341.40**	**486.60**	**42.20**	**3.15**	**27.70**	**11.69**	**0.77**	**6.59**	**0.16**
临沂县	182.70	70.90	3.20	1.75	25.63	0.82			
郯城县	128.00	45.00	0.90	0.70	22.22	0.20			
苍山县	170.30	55.30	3.40	2.00	19.12	0.65			
沂水县	157.20	60.80	8.10	5.15	32.59	2.64	0.20	7.58	0.33
蒙阴县	68.60	25.90	7.40	10.79	29.05	2.15	0.38	17.67	1.47
莒南县	145.60	54.00	1.80	1.24	61.67	1.11	0.01	0.90	0.02
平邑县	117.00	47.00	4.10	3.50	28.05	1.15	0.08	6.96	0.17
费　县	129.70	46.50	6.10	4.70	18.52	1.13			
沂南县	141.80	50.80	6.60	4.65	26.36	1.74	0.10	5.75	0.20
临沭县	100.50	30.40	0.60	0.60	16.67	0.10			
泰安市	**608.60**	**270.80**	**23.20**	**3.81**	**32.72**	**7.59**	**1.83**	**24.11**	**0.68**
泰安县	156.80	79.20	3.70	2.36	31.35	1.16	0.03	2.59	0.04
肥城县	122.70	55.10	7.90	6.44	37.85	2.99	1.21	40.47	2.20
宁阳县	113.50	45.20	2.90	2.56	26.90	0.78	0.32	41.03	0.71
东平县	81.60	38.00	4.70	5.76	32.13	1.51	0.07	4.64	0.18
新泰县	134.00	53.30	4.00	2.99	28.75	1.15	0.20	17.39	0.38
枣庄市	**195.50**	**89.30**	**3.80**	**1.94**	**31.84**	**1.21**	**0.21**	**17.36**	**0.24**
滕州县	195.50	89.30	3.80	1.94	31.84	1.21	0.21	17.36	0.24
薛城区									
峄城区									
台儿庄									
济南市	**707.50**	**256.40**	**71.10**	**10.05**	**37.09**	**26.37**	**19.09**	**72.39**	**7.45**
章丘县	152.60	63.20	11.10	7.27	39.19	4.35	2.39	54.94	3.78
平阴县	63.10	24.20	4.20	6.66	29.29	1.23	0.21	17.07	0.87
商河县	151.40	42.10	30.70	20.28	34.95	10.73	10.60	98.79	25.18
济阳县	135.20	36.90	17.10	12.65	39.94	6.83	4.94	72.33	13.39
历城区	130.00	58.00	3.50	2.69	32.86	1.15			
长清县	75.20	32.00	4.50	5.98	46.22	2.08	0.95	45.67	2.97
青岛市	**786.30**	**287.80**	**40.20**	**5.11**	**31.09**	**12.50**	**8.91**	**71.28**	**3.10**
平度县	326.90	99.00	31.10	9.51	32.28	10.04	8.40	83.67	8.48
胶南县	149.90	70.00	0.30	0.20	13.33	0.04			
胶　县	129.30	47.10	4.20	3.25	24.76	1.04	0.51	49.04	1.08
即墨县	180.20	71.70	4.60	2.55	30.00	1.38			
淄博市	**233.40**	**87.30**	**36.90**	**15.81**	**39.65**	**14.63**	**9.11**	**62.27**	**10.44**
桓台县	58.50	32.20	2.10	3.59	30.95	0.65	0.09	13.85	0.28
高青县	108.50	28.00	31.60	29.12	40.25	12.72	8.96	70.44	32.00
沂源县	66.40	27.10	3.20	4.82	39.38	1.26	0.06	4.76	0.22
日照市	**238.30**	**98.60**	**6.40**	**2.69**	**20.00**	**1.28**	**0.07**	**5.47**	**0.07**
莒　县	154.30	60.50	5.40	3.50	20.56	1.11	0.01	0.90	0.02
五莲县	84.00	38.10	1.00	1.19	17.00	0.17	0.06	35.29	0.16
莱芜市	**115.10**	**58.90**	**3.50**	**3.04**	**34.00**	**1.19**	**0.01**	**0.84**	**0.02**
莱芜县	115.10	58.90	3.50	3.04	34.00	1.19	0.01	0.84	0.02

5-19-15 山东省1957年产棉县棉花生产收购明细

县市名	耕地面积（万亩）	农业人口（万人）	棉田面积（万亩）	占耕地（%）	亩产（市斤）	产量（万担）	收购量（万担）	商品率（%）	人均交售（市斤）
全省合计	**11572.66**	**4030.06**	**1183.88**	**10.23**	**30.75**	**363.99**	**285.77**	**78.51**	**7.09**
聊城市	**1060.70**	**320.60**	**233.90**	**22.05**	**38.47**	**89.98**	**81.37**	**90.43**	**25.38**
阳谷县	128.10	46.60	8.10	6.32	26.05	2.11	1.19	56.40	2.55
莘　县	168.20	52.40	20.00	11.89	24.65	4.93	1.73	35.09	3.30
茌平县	138.30	40.50	20.80	15.04	31.97	6.65	5.27	79.25	13.01
东阿县	95.40	31.80	5.50	5.77	25.45	1.40	1.07	76.43	3.36
冠　县	138.30	38.60	44.80	32.39	35.27	15.80	15.80	100.00	40.93
高唐县	115.70	32.50	49.90	43.13	49.46	24.68	23.94	97.00	73.66
临清县	120.00	36.50	55.40	46.17	46.03	25.50	24.12	94.59	66.08
东昌府区	156.70	41.70	29.40	18.76	30.31	8.91	8.25	92.59	19.78
德州市	**1259.10**	**350.70**	**220.30**	**17.50**	**37.82**	**83.31**	**69.13**	**82.98**	**19.71**
德州区	14.00	4.60	2.30	16.43	27.83	0.64	2.92	*	63.48
陵　县	188.30	45.90	23.80	12.64	24.45	5.82	2.88	49.48	6.27
平原县	136.70	35.90	24.70	18.07	28.26	6.98	5.52	79.08	15.38
夏津县	101.30	31.20	51.60	50.94	52.91	27.30	26.00	95.24	83.33
武城县	90.50	24.10	19.70	21.77	40.56	7.99	7.59	94.99	31.49
齐河县	187.80	51.30	14.50	7.72	28.55	4.14	2.99	72.22	5.83
禹城县	117.30	34.10	15.80	13.47	31.96	5.05	1.82	36.04	5.34
乐陵县	141.90	40.30	14.70	10.36	29.39	4.32	3.53	81.71	8.76
临邑县	123.30	34.10	28.10	22.79	39.79	11.18	6.98	62.43	20.47
宁津县	99.40	32.90	24.60	24.75	39.88	9.81	8.90	90.72	27.05
庆云县	58.60	16.30	0.50	0.85	16.00	0.08			
滨州地区	**855.10**	**238.80**	**178.45**	**20.87**	**30.80**	**54.97**	**42.05**	**76.50**	**17.61**
惠民县	158.10	42.80	30.80	19.48	40.00	12.32	11.04	89.61	25.79
滨州县	93.00	28.30	42.43	45.62	31.51	13.37	12.08	90.35	42.69
阳信县	100.90	29.30	12.50	12.39	31.92	3.99	2.98	74.69	10.17
无棣县	99.40	25.80	2.60	2.62	14.62	0.38	0.14	36.84	0.54
沾化县	141.90	30.20	25.70	18.11	22.57	5.80	4.48	77.24	14.83
博兴县	117.40	36.60	29.70	25.30	22.49	6.68	6.41	95.96	17.51
邹平县	144.40	45.80	34.72	24.04	35.80	12.43	4.92	39.58	10.74
菏泽地区	**1444.00**	**477.60**	**125.80**	**8.71**	**26.53**	**33.37**	**19.25**	**57.69**	**4.03**
菏泽县	171.30	60.70	14.00	8.17	24.00	3.36	2.05	61.01	3.38
曹　县	236.30	78.90	34.00	14.39	16.09	5.47	2.37	43.33	3.00
定陶县	105.80	32.70	7.50	7.09	16.13	1.21	0.78	64.46	2.39
成武县	123.60	37.60	8.00	6.47	4.75	0.38	0.21	55.26	0.56
单　县	184.20	64.10	20.50	11.13	13.90	2.85	1.60	56.14	2.50
巨野县	162.90	50.60	11.00	6.75	10.73	1.18	0.17	14.41	0.34
郓城县	201.30	70.80	15.40	7.65	98.96	15.24	10.36	67.98	14.63
鄄城县	121.90	41.20	5.30	4.35	35.09	1.86	0.50	26.88	1.21
东明县	136.70	41.00	10.10	7.39	18.02	1.82	1.21	66.48	2.95
潍坊市	**1377.66**	**506.66**	**129.83**	**9.42**	**21.44**	**27.84**	**21.85**	**78.48**	**4.31**
潍　县	136.90	51.90	2.30	1.68	30.00	0.69	0.58	84.06	1.12
高密县	176.56	61.26	45.73	25.90	35.99	16.46	14.32	87.00	23.38
诸城县	208.40	76.50	45.70	21.93	6.98	3.19	2.08	65.20	2.72
昌邑县	142.20	50.40	14.70	10.34	19.73	2.90	2.56	88.28	5.08
昌乐县	112.90	34.80	7.50	6.64	20.40	1.53	0.81	52.94	2.33
安丘县	200.70	72.50	4.10	2.04	25.12	1.03	0.80	77.67	1.10
寿光县	174.00	64.60	6.70	3.85	22.99	1.54	0.70	45.45	1.08
青州县	119.80	49.60	0.70	0.58	30.00	0.21			
寒亭区									
坊子区									
潍城区									
临朐县	106.20	45.10	2.40	2.26	12.08	0.29			

5－19－15　续表

县市名	耕地面积（万亩）	农业人口（万人）	棉田面积（万亩）	占耕地（%）	亩　产（市斤）	产　量（万担）	收购量（万担）	商品率（%）	人均交售（市斤）
济宁市	**1106.20**	**405.10**	**28.30**	**2.56**	**11.02**	**3.12**	**0.94**	**30.13**	**0.23**
济宁县	100.80	30.70	1.00	0.99	10.00	0.10	0.02	20.00	0.07
任城区	81.00	34.60	1.50	1.85	12.00	0.18	0.04	22.22	0.12
兖州市	80.80	29.00	1.10	1.36	25.45	0.28	0.06	21.43	0.21
邹城市	137.30	53.60	3.60	2.62	15.28	0.55	0.09	16.36	0.17
鱼台县	86.50	22.20	0.90	1.04	2.22	0.02			
金乡县	109.50	33.50	3.00	2.74	0.67	0.02			
嘉祥县	129.00	46.00	5.00	3.88	5.00	0.25	0.23	92.00	0.50
微山县	54.00	31.90	0.40	0.74	12.50	0.05	0.01	20.00	0.03
汶上县	104.80	40.70	2.70	2.58	10.37	0.28	0.10	35.71	0.25
梁山县	138.50	50.50	4.50	3.25	17.56	0.79	0.09	11.39	0.18
泗水县	84.00	32.40	4.60	5.48	13.04	0.60	0.30	50.00	0.93
东营市	**275.90**	**68.60**	**60.10**	**21.78**	**34.58**	**20.78**	**16.34**	**78.63**	**23.82**
东营区									
河口区									
垦利县	86.60	18.30	19.90	22.98	32.71	6.51	1.75	26.88	9.56
利津县	81.60	19.00	22.50	27.57	33.33	7.50	4.20	56.00	22.11
广饶县	107.70	31.30	17.70	16.43	38.25	6.77	10.39	153.47	33.19
临沂市	**1325.40**	**495.60**	**32.20**	**2.43**	**15.03**	**4.84**	**1.26**	**26.03**	**0.25**
临沂县	183.20	72.20	1.70	0.93	9.41	0.16			
郯城县	126.50	45.80	0.90	0.71	26.67	0.24	0.01	4.17	0.02
苍山县	168.70	56.70	2.50	1.48	6.80	0.17	0.05	29.41	0.09
沂水县	157.10	62.20	7.00	4.46	17.00	1.19	0.25	21.01	0.40
蒙阴县	68.60	27.70	5.60	8.16	11.43	0.64	0.40	62.50	1.44
莒南县	144.60	54.70	0.80	0.55	42.50	0.34	0.06	17.65	0.11
平邑县	115.90	48.50	3.90	3.36	11.28	0.44	0.06	13.64	0.12
费　县	130.00	47.30	5.00	3.85	13.00	0.65	0.25	38.46	0.53
沂南县	131.20	49.40	4.50	3.43	20.22	0.91	0.18	19.78	0.36
临沭县	99.60	31.10	0.30	0.30	33.33	0.10			
泰安市	**605.00**	**275.30**	**21.80**	**3.60**	**18.85**	**4.11**	**1.87**	**45.50**	**0.68**
泰安县	155.20	79.20	3.30	2.13	25.15	0.83	0.01	1.20	0.01
肥城县	122.40	56.20	7.60	6.21	20.66	1.57	0.91	57.96	1.62
宁阳县	112.10	45.70	2.40	2.14	19.58	0.47	0.20	42.55	0.44
东平县	82.00	39.30	4.60	5.61	16.09	0.74	0.53	71.62	1.35
新泰县	133.30	54.90	3.90	2.93	12.82	0.50	0.22	44.00	0.40
枣庄市	**192.00**	**92.30**	**3.60**	**1.88**	**20.00**	**0.72**	**0.14**	**19.44**	**0.15**
滕州县	192.00	92.30	3.60	1.88	20.00	0.72	0.14	19.44	0.15
薛城区									
峄城区									
台儿庄									
济南市	**703.60**	**258.00**	**74.40**	**10.57**	**31.08**	**23.12**	**18.74**	**81.06**	**7.26**
章丘县	151.70	61.70	12.70	8.37	31.26	3.97	2.86	72.04	4.64
平阴县	63.10	24.70	3.60	5.71	19.17	0.69	0.15	21.74	0.61
商河县	151.00	43.30	32.40	21.46	30.80	9.98	9.30	93.19	21.48
济阳县	132.10	37.30	17.70	13.40	32.99	5.84	5.53	94.69	14.83
历城区	129.50	58.30	3.10	2.39	35.16	1.09			
长清县	76.20	32.70	4.90	6.43	31.63	1.55	0.90	58.06	2.75
青岛市	**787.00**	**291.00**	**34.00**	**4.32**	**20.68**	**7.03**	**5.23**	**74.40**	**1.80**
平度县	325.50	99.20	30.70	9.43	20.00	6.14	4.90	79.80	4.94
胶南县	149.60	70.20				0.01			
胶　县	129.00	47.60	2.80	2.17	26.43	0.74	0.33	44.59	0.69
即墨县	182.90	74.00	0.50	0.27	28.00	0.14			
淄博市	**228.50**	**89.30**	**33.60**	**14.70**	**29.08**	**9.77**	**7.53**	**77.07**	**8.43**
桓台县	58.40	32.90	1.70	2.91	28.82	0.49	0.31	63.27	0.94
高青县	103.50	27.80	29.00	28.02	29.59	8.58	7.03	81.93	25.29
沂源县	66.60	28.60	2.90	4.35	24.14	0.70	0.19	27.14	0.66
日照市	**237.30**	**100.30**	**4.60**	**1.94**	**9.35**	**0.43**	**0.06**	**13.95**	**0.06**
莒　县	154.10	61.30	3.80	2.47	8.95	0.34	0.06	17.65	0.10
五莲县	83.20	39.00	0.80	0.96	11.25	0.09			
莱芜市	**115.20**	**60.20**	**3.00**	**2.60**	**20.00**	**0.60**	**0.01**	**1.67**	**0.02**
莱芜县	115.20	60.20	3.00	2.60	20.00	0.60	0.01	1.67	0.02

5-19-16　山东省1958年产棉县棉花生产收购明细

县市名	耕地面积（万亩）	农业人口（万人）	棉田面积（万亩）	占耕地（%）	亩　产（市斤）	产　量（万担）	收购量（万担）	商品率（%）	人均交售（市斤）
全省合计	**10747.38**	**3890.46**	**1082.82**	**10.08**	**40.46**	**438.07**	**391.70**	**89.41**	**10.07**
聊城市	**979.00**	**308.70**	**210.80**	**21.53**	**41.09**	**86.62**	**80.56**	**93.00**	**26.10**
阳谷县	119.70	41.70	6.30	5.26	29.68	1.87	1.16	62.03	2.78
莘　县	150.40	50.70	16.90	11.24	26.51	4.48	2.64	58.93	5.21
茌平县	124.10	39.70	18.40	14.83	38.53	7.09	5.75	81.10	14.48
东阿县	83.40	30.10	5.60	6.71	28.75	1.61	1.54	95.65	5.12
冠　县	131.50	36.90	41.20	31.33	34.98	14.41	14.41	100.00	39.05
高唐县	106.70	32.10	44.90	42.08	52.32	23.49	22.00	93.66	68.54
临清县	112.20	35.40	50.50	45.01	49.47	24.98	24.67	98.76	69.69
东昌府区	151.00	42.10	27.00	17.88	32.19	8.69	8.39	96.55	19.93
德州市	**1212.40**	**347.40**	**216.50**	**17.86**	**45.78**	**99.11**	**90.90**	**91.72**	**26.17**
德州区	13.80	4.30	2.50	18.12	28.00	0.70	3.42	*	79.53
陵　县	171.70	45.10	24.50	14.27	32.61	7.99	4.46	55.82	9.89
平原县	136.00	34.80	26.00	19.12	51.88	13.49	11.21	83.10	32.21
夏津县	99.00	29.90	50.00	50.51	56.78	28.39	26.97	95.00	90.20
武城县	79.30	24.50	18.30	23.08	46.72	8.55	8.55	100.00	34.90
齐河县	180.90	50.20	13.00	7.19	38.00	4.94	3.98	80.57	7.93
禹城县	115.20	33.00	16.80	14.58	33.39	5.61	5.36	95.54	16.24
乐陵县	139.20	42.20	16.80	12.07	37.56	6.31	5.76	91.28	13.65
临邑县	122.40	34.20	28.00	22.88	60.14	16.84	15.39	91.39	45.00
宁津县	96.60	32.90	20.50	21.22	30.54	6.26	5.80	92.65	17.63
庆云县	58.30	16.30	0.10	0.17	30.00	0.03			
滨州地区	**781.90**	**234.70**	**156.22**	**19.98**	**48.49**	**75.75**	**71.17**	**93.95**	**30.32**
惠民县	150.50	42.50	28.30	18.80	44.88	12.70	12.70	100.00	29.88
滨州县	80.00	27.90	35.33	44.16	72.04	25.45	21.43	84.20	76.81
阳信县	96.80	29.80	12.00	12.40	32.92	3.95	3.95	100.00	13.26
无棣县	92.60	25.50	1.60	1.73	13.75	0.22	0.18	81.82	0.71
沾化县	120.20	29.00	21.20	17.64	27.03	5.73	5.73	100.00	19.76
博兴县	108.10	35.80	26.00	24.05	44.54	11.58	10.58	91.36	29.55
邹平县	133.70	44.20	31.79	23.78	50.71	16.12	16.60	102.98	37.56
菏泽地区	**1270.90**	**462.60**	**99.50**	**7.83**	**39.77**	**39.57**	**26.40**	**66.72**	**5.71**
菏泽县	146.60	60.40	12.50	8.53	28.00	3.50	2.02	57.71	3.34
曹　县	185.00	77.00	21.20	11.46	35.09	7.44	4.68	62.90	6.08
定陶县	92.40	32.60	5.50	5.95	26.55	1.46	1.15	78.77	3.53
成武县	96.40	36.50	6.60	6.85	24.09	1.59	0.88	55.35	2.41
单　县	173.60	62.80	17.30	9.97	19.88	3.44	2.05	59.59	3.26
巨野县	141.00	47.70	8.30	5.89	24.34	2.02	1.72	85.15	3.61
郓城县	191.60	68.40	14.10	7.36	117.16	16.52	10.74	65.01	15.70
鄄城县	111.70	39.50	4.40	3.94	35.00	1.54	1.10	71.43	2.78
东明县	132.60	37.70	9.60	7.24	21.46	2.06	2.06	100.00	5.46
潍坊市	**1337.88**	**494.06**	**126.60**	**9.46**	**32.11**	**40.65**	**38.93**	**95.77**	**7.88**
潍　县	133.10	50.40	1.80	1.35	44.44	0.80	1.59	198.75	3.15
高密县	168.28	59.86	45.80	27.22	47.49	21.75	21.39	98.34	35.73
诸城县	196.40	75.10	45.80	23.32	13.12	6.01	5.44	90.52	7.24
昌邑县	140.50	47.40	13.30	9.47	39.62	5.27	4.40	83.49	9.28
昌乐县	110.40	33.50	7.30	6.61	35.62	2.60	2.73	105.00	8.15
安丘县	193.70	68.30	3.60	1.86	28.06	1.01	0.80	79.21	1.17
寿光县	175.90	65.70	6.20	3.52	39.52	2.45	2.45	100.00	3.73
青州县	115.70	49.30	0.50	0.43	44.00	0.22			
寒亭区									
坊子区									
潍城区									
临朐县	103.90	44.50	2.30	2.21	23.48	0.54	0.13	24.07	0.29

5－19－16 续表

县市名	耕地面积（万亩）	农业人口（万人）	棉田面积（万亩）	占耕地（%）	亩产（市斤）	产量（万担）	收购量（万担）	商品率（%）	人均交售（市斤）
济宁市	**1065.30**	**398.10**	**23.40**	**2.20**	**24.32**	**5.69**	**3.16**	**55.54**	**0.79**
济宁县	97.10	31.00	0.60	0.62	25.00	0.15	0.13	86.67	0.42
任城区	78.50	33.60	1.20	1.53	35.83	0.43	0.19	44.19	0.57
兖州市	78.50	28.80	1.10	1.40	34.55	0.38	0.08	21.05	0.28
邹城市	132.20	51.60	4.30	3.25	35.58	1.53	0.30	19.61	0.58
鱼台县	86.50	23.10	0.50	0.58	8.00	0.04			
金乡县	109.60	34.60	1.50	1.37	21.33	0.32	0.07	21.88	0.20
嘉祥县	128.20	46.00	4.10	3.20	21.22	0.87	0.85	97.70	1.85
微山县	53.70	31.50	0.30	0.56	36.67	0.11	0.01	9.09	0.03
汶上县	96.70	39.90	1.40	1.45	15.00	0.21	0.06	28.57	0.15
梁山县	123.00	46.70	4.00	3.25	19.25	0.77	0.71	92.21	1.52
泗水县	81.30	31.30	4.40	5.41	20.00	0.88	0.76	86.36	2.43
东营市	**228.40**	**66.50**	**53.90**	**23.60**	**35.03**	**18.88**	**19.99**	**105.88**	**30.06**
东营区									
河口区									
垦利县	74.80	18.70	18.70	25.00	32.19	6.02	2.11	35.05	11.28
利津县	51.80	15.70	18.50	35.71	28.92	5.35	6.15	114.95	39.17
广饶县	101.80	32.10	16.70	16.40	44.97	7.51	11.73	156.19	36.54
临沂市	**1292.10**	**494.60**	**26.40**	**2.04**	**28.60**	**7.55**	**4.37**	**57.88**	**0.88**
临沂县	175.70	71.10	1.30	0.74	19.23	0.25	0.17	68.00	0.24
郯城县	119.00	46.30	0.60	0.50	65.00	0.39			
苍山县	173.00	55.50	1.70	0.98	20.00	0.34	0.22	64.71	0.40
沂水县	153.40	63.20	6.70	4.37	30.00	2.01	1.63	81.09	2.58
蒙阴县	68.60	27.40	4.70	6.85	21.06	0.99	1.10	111.11	4.01
莒南县	142.20	55.10	0.20	0.14	40.00	0.08	0.07	87.50	0.13
平邑县	114.40	49.50	3.10	2.71	30.32	0.94	0.37	39.36	0.75
费　县	124.70	45.60	3.90	3.13	31.03	1.21	0.46	38.02	1.01
沂南县	123.50	49.50	3.90	3.16	32.05	1.25	0.26	20.80	0.53
临沭县	97.60	31.40	0.30	0.31	30.00	0.09	0.09	100.00	0.29
泰安市	**567.80**	**268.60**	**19.20**	**3.38**	**29.95**	**5.75**	**5.75**	**100.00**	**2.14**
泰安县	142.10	77.90	2.20	1.55	25.00	0.55	0.55	100.00	0.71
肥城县	120.80	55.30	6.60	5.46	36.06	2.38	2.38	100.00	4.30
宁阳县	103.80	43.20	2.10	2.02	26.19	0.55	0.55	100.00	1.27
东平县	72.00	36.20	4.80	6.67	17.92	0.86	0.86	100.00	2.38
新泰县	129.10	56.00	3.50	2.71	40.29	1.41	1.41	100.00	2.52
枣庄市	**182.40**	**92.50**	**2.00**	**1.10**	**29.50**	**0.59**	**0.31**	**52.54**	**0.34**
滕州县	182.40	92.50	2.00	1.10	29.50	0.59	0.31	52.54	0.34
薛城区									
峄城区									
台儿庄									
济南市	**668.00**	**256.70**	**73.20**	**10.96**	**42.02**	**30.76**	**28.06**	**91.22**	**10.93**
章丘县	146.60	61.50	11.80	8.05	53.14	6.27	6.27	100.00	10.20
平阴县	57.00	24.10	3.70	6.49	17.84	0.66	0.65	98.48	2.70
商河县	149.10	41.90	29.60	19.85	39.09	11.57	10.40	89.89	24.82
济阳县	122.30	36.20	20.90	17.09	45.07	9.42	8.72	92.57	24.09
历城区	120.20	60.60	2.40	2.00	34.17	0.82			
长清县	72.80	32.40	4.80	6.59	42.08	2.02	2.02	100.00	6.23
青岛市	**606.20**	**216.50**	**34.40**	**5.67**	**29.80**	**10.25**	**9.08**	**88.59**	**4.19**
平度县	313.30	96.30	31.60	10.09	29.97	9.47	8.62	91.02	8.95
胶南县									
胶　县	122.70	45.70	2.70	2.20	27.78	0.75	0.46	61.33	1.01
即墨县	170.20	74.50	0.10	0.06	30.00	0.03			
淄博市	**216.10**	**88.70**	**32.60**	**15.09**	**45.40**	**14.80**	**10.96**	**74.05**	**12.36**
桓台县	56.30	31.70	1.60	2.84	34.38	0.55	0.55	100.00	1.74
高青县	95.80	27.80	28.30	29.54	46.57	13.18	9.98	75.72	35.90
沂源县	64.00	29.20	2.70	4.22	39.63	1.07	0.43	40.19	1.47
日照市	**229.90**	**101.10**	**5.50**	**2.39**	**16.18**	**0.89**	**0.84**	**94.38**	**0.83**
莒　县	149.00	62.60	4.90	3.29	15.92	0.78	0.75	96.15	1.20
五莲县	80.90	38.50	0.60	0.74	18.33	0.11	0.09	81.82	0.23
莱芜市	**109.10**	**59.70**	**2.60**	**2.38**	**46.54**	**1.21**	**1.22**	**100.83**	**2.04**
莱芜县	109.10	59.70	2.60	2.38	46.54	1.21	1.22	100.83	2.04

5－19－17　山东省1959年产棉县棉花生产收购明细

县市名	耕地面积（万亩）	农业人口（万人）	棉田面积（万亩）	占耕地（%）	亩产（市斤）	产量（万担）	收购量（万担）	商品率（%）	人均交售（市斤）
全省合计	**10234.27**	**3821.70**	**1037.22**	**10.13**	**32.68**	**338.99**	**297.89**	**87.88**	**7.79**
聊城市	**930.80**	**298.70**	**184.40**	**19.81**	**40.92**	**75.46**	**69.11**	**91.58**	**23.14**
阳谷县	111.90	38.90	6.60	5.90	24.85	1.64	1.10	67.07	2.83
莘　县	144.00	49.90	13.60	9.44	29.12	3.96	2.44	61.62	4.89
茌平县	118.00	38.00	15.50	13.14	37.35	5.79	3.38	58.38	8.89
东阿县	76.00	27.30	4.90	6.45	32.04	1.57	0.69	43.95	2.53
冠　县	124.50	36.90	35.00	28.11	36.03	12.61	12.61	100.00	34.17
高唐县	99.80	31.00	38.60	38.68	49.79	19.22	18.70	97.29	60.32
临清县	108.50	35.30	43.40	40.00	50.39	21.87	21.44	98.03	60.74
东昌府区	148.10	41.40	26.80	18.10	32.84	8.80	8.75	99.43	21.14
德州市	**1099.90**	**335.30**	**223.18**	**20.29**	**36.57**	**81.61**	**71.96**	**88.18**	**21.46**
德州区	12.90	4.30	2.60	20.16	24.62	0.64	2.59	*	60.23
陵　县	158.40	43.90	26.90	16.98	29.81	8.02	4.86	60.60	11.07
平原县	114.80	30.60	27.28	23.76	38.64	10.54	6.63	62.90	21.67
夏津县	89.00	29.80	43.00	48.31	46.02	19.79	20.57	103.94	69.03
武城县	70.00	23.50	14.30	20.43	36.92	5.28	5.28	100.00	22.47
齐河县	160.00	48.00	17.50	10.94	33.60	5.88	4.73	80.44	9.85
禹城县	104.50	32.00	21.20	20.29	26.60	5.64	2.42	42.91	7.56
乐陵县	130.00	41.40	16.30	12.54	34.36	5.60	6.73	120.18	16.26
临邑县	112.00	32.70	29.90	26.70	39.87	11.92	10.45	87.67	31.96
宁津县	93.40	32.60	23.60	25.27	34.62	8.17	7.70	94.25	23.62
庆云县	54.90	16.50	0.60	1.09	21.67	0.13			
滨州地区	**737.50**	**230.90**	**157.30**	**21.33**	**32.21**	**50.66**	**51.49**	**101.64**	**22.30**
惠民县	136.00	41.40	33.50	24.63	26.54	8.89	10.57	118.90	25.53
滨州县	76.20	27.50	32.22	42.28	41.65	13.42	14.21	105.89	51.67
阳信县	89.40	29.20	14.70	16.44	28.03	4.12	3.76	91.26	12.88
无棣县	88.10	25.20	1.60	1.82	13.13	0.21	0.19	90.48	0.75
沾化县	114.30	29.20	19.10	16.71	25.55	4.88	7.53	154.30	25.79
博兴县	97.70	35.60	25.50	26.10	32.94	8.40	7.39	87.98	20.76
邹平县	135.80	42.80	30.68	22.59	35.01	10.74	7.84	73.00	18.32
菏泽地区	**1210.70**	**444.50**	**93.90**	**7.76**	**33.53**	**31.48**	**19.83**	**62.99**	**4.46**
菏泽县	146.00	60.20	13.10	8.97	16.95	2.22	1.76	79.28	2.92
曹　县	165.00	72.10	18.80	11.39	23.03	4.33	3.52	81.29	4.88
定陶县	89.30	32.00	5.90	6.61	24.24	1.43	1.24	86.71	3.88
成武县	93.90	33.60	4.70	5.01	24.89	1.17	0.61	52.14	1.82
单　县	166.50	60.00	13.30	7.99	17.52	2.33	4.51	193.56	7.52
巨野县	141.10	44.50	9.30	6.59	22.69	2.11	1.11	52.61	2.49
郓城县	184.40	64.60	14.50	7.86	97.38	14.12	3.95	27.97	6.11
鄄城县	104.80	39.50	4.50	4.29	30.00	1.35	0.88	65.19	2.23
东明县	119.70	38.00	9.80	8.19	24.69	2.42	2.25	92.98	5.92
潍坊市	**1279.97**	**487.50**	**118.58**	**9.26**	**22.09**	**26.20**	**25.83**	**98.59**	**5.30**
潍　县	128.30	47.10	5.60	4.36	25.71	1.44	2.06	143.06	4.37
高密县	161.97	58.10	41.48	25.61	34.50	14.31	14.09	98.46	24.25
诸城县	190.50	73.50	41.50	21.78	9.81	4.07	4.14	101.72	5.63
昌邑县	133.60	45.60	10.00	7.49	24.40	2.44	2.10	86.07	4.61
昌乐县	108.00	33.20	6.90	6.39	18.12	1.25	1.25	100.00	3.77
安丘县	186.80	69.90	3.40	1.82	27.94	0.95	0.70	73.68	1.00
寿光县	156.60	66.00	6.70	4.28	15.22	1.02	1.02	100.00	1.55
青州县	114.40	48.50	1.00	0.87	28.00	0.28	0.20	71.43	0.41
寒亭区									
坊子区									
潍城区									
临朐县	99.80	45.60	2.00	2.00	22.00	0.44	0.27	61.36	0.59

5－19－17　续表

县市名	耕地面积（万亩）	农业人口（万人）	棉田面积（万亩）	占耕地（%）	亩　产（市斤）	产　量（万担）	收购量（万担）	商品率（%）	人均交售（市斤）
济宁市	**1033.00**	**381.20**	**22.20**	**2.15**	**22.29**	**4.95**	**3.14**	**63.43**	**0.82**
济宁县	96.90	31.00	1.00	1.04	28.91	0.29	0.03	10.34	0.10
任城区	77.70	33.60	0.80	1.03	23.75	0.19	0.13	68.42	0.39
兖州市	77.30	28.50	0.70	0.91	25.71	0.18	0.17	94.44	0.60
邹城市	129.40	51.40	2.80	2.16	25.00	0.70	0.32	45.71	0.62
鱼台县	81.40	21.80	0.60	0.74	50.00	0.30			
金乡县	106.10	33.00	3.10	2.92	10.65	0.33	0.17	51.52	0.52
嘉祥县	120.10	43.70	4.10	3.41	19.76	0.81	0.55	67.90	1.26
微山县	53.60	31.60	0.20	0.37	25.00	0.05	0.04	80.00	0.13
汶上县	91.50	39.10	1.30	1.42	38.46	0.50	0.45	90.00	1.15
梁山县	121.20	36.10	3.60	2.97	20.00	0.72	0.56	77.78	1.55
泗水县	77.80	31.40	4.00	5.14	22.00	0.88	0.72	81.82	2.29
东营市	**227.20**	**65.40**	**44.96**	**19.79**	**27.54**	**12.38**	**14.67**	**118.50**	**22.43**
东营区									
河口区									
垦利县	72.20	18.40	13.10	18.14	26.79	3.51	1.03	29.34	5.60
利津县	50.50	15.60	14.00	27.72	30.07	4.21	4.98	118.29	31.92
广饶县	104.50	31.40	17.86	17.09	26.09	4.66	8.66	185.84	27.58
临沂市	**1248.50**	**501.30**	**27.60**	**2.21**	**24.35**	**6.72**	**3.87**	**57.59**	**0.77**
临沂县	171.30	73.70	1.90	1.11	23.68	0.45	0.21	46.67	0.28
郯城县	114.00	47.20	0.60	0.53	43.33	0.26	0.04	15.38	0.08
苍山县	165.20	56.90	1.90	1.15	14.74	0.28	0.14	50.00	0.25
沂水县	150.10	64.30	7.70	5.13	26.10	2.01	1.27	63.18	1.98
蒙阴县	68.60	28.20	4.00	5.83	19.00	0.76	0.52	68.42	1.84
莒南县	131.60	55.70	1.00	0.76	75.00	0.75	0.39	52.00	0.70
平邑县	110.20	48.50	2.00	1.81	21.00	0.42	0.22	52.38	0.45
费　县	120.50	45.60	4.20	3.49	19.76	0.83	0.36	43.37	0.79
沂南县	123.50	49.70	4.00	3.24	22.75	0.91	0.71	78.02	1.43
临沭县	93.50	31.50	0.30	0.32	16.67	0.05	0.01	20.00	0.03
泰安市	**545.30**	**270.20**	**17.80**	**3.26**	**26.80**	**4.77**	**4.15**	**87.00**	**1.54**
泰安县	135.40	77.90	2.40	1.77	35.42	0.85	0.80	94.12	1.03
肥城县	115.70	55.40	6.20	5.36	32.42	2.01	1.68	83.58	3.03
宁阳县	102.20	43.70	1.90	1.86	23.68	0.45	0.23	51.11	0.53
东平县	66.40	36.40	4.80	7.23	17.92	0.86	0.83	96.51	2.28
新泰县	125.60	56.80	2.50	1.99	24.00	0.60	0.61	101.67	1.07
枣庄市	**179.60**	**94.80**	**3.10**	**1.73**	**14.19**	**0.44**	**0.28**	**63.64**	**0.30**
滕州县	179.60	94.80	3.10	1.73	14.19	0.44	0.28	63.64	0.30
薛城区									
峄城区									
台儿庄									
济南市	**620.60**	**255.10**	**73.20**	**11.80**	**34.64**	**25.36**	**19.50**	**76.89**	**7.64**
章丘县	141.00	59.30	11.40	8.09	50.09	5.71	3.48	60.95	5.87
平阴县	55.30	24.10	3.00	5.42	19.00	0.57	0.35	61.40	1.45
商河县	134.80	41.00	33.20	24.63	29.31	9.73	9.20	94.55	22.44
济阳县	112.50	35.90	18.60	16.53	35.11	6.53	5.18	79.33	14.43
历城区	108.00	62.40	1.40	1.30	51.43	0.72			
长清县	69.00	32.40	5.60	8.12	37.50	2.10	1.29	61.43	3.98
青岛市	**588.00**	**207.60**	**32.30**	**5.49**	**23.22**	**7.50**	**4.65**	**62.00**	**2.24**
平度县	297.80	90.60	29.70	9.97	23.03	6.84	4.50	65.79	4.97
胶南县									
胶　县	116.90	44.80	2.40	2.05	24.58	0.59	0.15	25.42	0.33
即墨县	173.30	72.20	0.20	0.12	35.00	0.07			
淄博市	**204.30**	**89.80**	**31.00**	**15.17**	**31.42**	**9.74**	**8.56**	**87.89**	**9.53**
桓台县	54.10	33.10	1.50	2.77	36.67	0.55	0.22	40.00	0.66
高青县	87.90	27.40	26.30	29.92	31.63	8.32	7.66	92.07	27.96
沂源县	62.30	29.30	3.20	5.14	27.19	0.87	0.68	78.16	2.32
日照市	**223.50**	**98.90**	**5.70**	**2.55**	**15.79**	**0.90**	**0.50**	**55.56**	**0.51**
莒　县	147.00	60.60	5.00	3.40	15.00	0.75	0.39	52.00	0.64
五莲县	76.50	38.30	0.70	0.92	21.43	0.15	0.11	73.33	0.29
莱芜市	**105.40**	**60.50**	**2.00**	**1.90**	**41.00**	**0.82**	**0.35**	**42.68**	**0.58**
莱芜县	105.40	60.50	2.00	1.90	41.00	0.82	0.35	42.68	0.58

5-19-18 山东省1960年产棉县棉花生产收购明细

县市名	耕地面积（万亩）	农业人口（万人）	棉田面积（万亩）	占耕地（%）	亩产（市斤）	产量（万担）	收购量（万担）	商品率（%）	人均交售（市斤）
全省合计	**9731.07**	**3620.89**	**926.73**	**9.52**	**17.02**	**157.75**			
聊城市	**904.40**	**288.30**	**188.60**	**20.85**	**29.11**	**54.90**	**48.47**	**88.29**	**16.81**
阳谷县	110.70	38.40	7.10	6.41	18.17	1.29	0.65	50.39	1.69
莘　县	142.80	47.80	13.50	9.45	19.70	2.66	0.93	34.96	1.95
茌平县	113.70	33.10	11.80	10.38	12.20	1.44	1.53	106.25	4.62
东阿县	73.50	25.60	4.60	6.26	16.74	0.77	0.31	40.26	1.21
冠　县	124.70	37.60	35.50	28.47	24.20	8.59	8.59	100.00	22.85
高唐县	96.10	30.40	42.90	44.64	26.60	11.41	10.85	95.09	35.69
临清县	105.70	35.20	46.20	43.71	49.57	22.90	21.37	93.32	60.71
东昌府区	137.20	40.20	27.00	19.68	21.63	5.84	4.24	72.60	10.55
德州市	**1064.30**	**313.10**	**214.30**	**20.14**	**17.22**	**36.91**	**32.67**	**88.51**	**10.43**
德州区	12.60	4.30	1.50	11.90	12.00	0.18	0.54	*	12.56
陵　县	148.60	40.00	25.00	16.82	11.28	2.82	2.05	72.70	5.13
平原县	111.10	27.80	25.00	22.50	9.36	2.34	2.68	114.53	9.64
夏津县	86.30	30.10	39.00	45.19	28.13	10.97	9.46	86.24	31.43
武城县	68.30	22.40	19.50	28.55	21.38	4.17	4.17	100.00	18.62
齐河县	155.00	42.00	15.00	9.68	16.27	2.44	2.10	86.07	5.00
禹城县	101.80	28.80	20.00	19.65	11.95	2.39	1.05	43.93	3.65
乐陵县	121.90	39.30	16.80	13.78	18.33	3.08	2.74	88.96	6.97
临邑县	111.70	30.90	29.20	26.14	16.47	4.81	4.68	97.30	15.15
宁津县	92.30	30.90	22.90	24.81	16.07	3.68	3.20	86.96	10.36
庆云县	54.70	16.60	0.40	0.73	7.50	0.03			
滨州地区	**716.40**	**224.98**	**137.73**	**19.23**	**12.15**	**16.74**	**13.27**	**79.27**	**5.90**
惠民县	134.40	41.30	31.70	23.59	11.23	3.56	2.98	83.71	7.22
滨州县	72.40	26.80	31.70	43.78	12.65	4.01	3.53	88.03	13.17
阳信县	88.40	27.00	9.80	11.09	13.06	1.28	0.91	71.09	3.37
无棣县	86.40	25.68	5.10	5.90	12.16	0.62	0.05	8.06	0.19
沾化县	106.80	27.20	10.80	10.11	16.02	1.73	1.57	90.75	5.77
博兴县	92.30	33.30	21.30	23.08	6.34	1.35	1.02	75.56	3.06
邹平县	135.70	43.70	27.33	20.14	15.33	4.19	3.21	76.61	7.35
菏泽地区	**1191.30**	**414.10**	**78.60**	**6.60**	**15.52**	**12.20**	**8.31**	**68.11**	**2.01**
菏泽县	142.20	56.70	11.50	8.09	10.96	1.26	1.05	83.33	1.85
曹　县	164.30	68.20	17.30	10.53	19.65	3.40	2.82	82.94	4.13
定陶县	87.20	30.90	6.30	7.22	9.84	0.62	0.57	91.94	1.84
成武县	92.20	29.10	6.00	6.51	7.17	0.43	0.35	81.40	1.20
单　县	159.00	52.90	12.20	7.67	10.33	1.26	1.09	86.51	2.06
巨野县	141.00	40.60	4.20	2.98	10.71	0.45	0.36	80.00	0.89
郓城县	179.80	60.00	11.50	6.40	33.04	3.80	1.27	33.42	2.12
鄄城县	105.30	39.40	4.00	3.80	15.50	0.62	0.28	45.16	0.71
东明县	120.30	36.30	5.60	4.66	6.43	0.36	0.52	144.44	1.43
潍坊市	**1252.97**	**465.31**	**91.63**	**7.31**	**12.73**	**11.66**	**10.84**	**92.97**	**2.33**
潍　县	126.40	45.20	3.70	2.93	12.16	0.45	0.50	111.11	1.11
高密县	157.77	53.01	41.93	26.58	16.43	6.89	6.63	96.23	12.51
诸城县	187.70	71.00	15.50	8.26	11.23	1.74	2.14	122.99	3.01
昌邑县	126.80	43.30	11.30	8.91	5.04	0.57	0.54	94.74	1.25
昌乐县	107.40	32.70	6.00	5.59	2.33	0.14	0.06	42.86	0.18
安丘县	180.30	68.00	3.00	1.66	21.67	0.65	0.52	80.00	0.76
寿光县	155.20	60.50	7.90	5.09	14.18	1.12	0.40	35.71	0.66
青州县	113.50	46.30	0.40	0.35	22.50	0.09	0.05	55.56	0.11
寒亭区									
坊子区									
潍城区									
临朐县	97.90	45.30	1.90	1.94	0.53	0.01			

5－19－18　续表

县市名	耕地面积（万亩）	农业人口（万人）	棉田面积（万亩）	占耕地（%）	亩产（市斤）	产量（万担）	收购量（万担）	商品率（%）	人均交售（市斤）
济宁市	**957.80**	**366.10**	**18.20**	**1.90**	**18.35**	**3.34**	**1.50**	**44.91**	**0.41**
济宁县	93.90	30.50	0.50	0.53	20.00	0.10	0.02	20.00	0.07
任城区	76.30	33.80	1.10	1.44	61.82	0.68	0.02	2.94	0.06
兖州市	76.20	27.50	0.50	0.66	14.00	0.07	0.02	28.57	0.07
邹城市	124.70	50.50	3.30	2.65	14.24	0.47	0.12	25.53	0.24
鱼台县	75.80	19.80	0.10	0.13	20.00	0.02	0.10	*	0.51
金乡县	101.40	30.60	1.20	1.18	10.83	0.13	0.04	30.77	0.13
嘉祥县	113.20	42.20	3.60	3.18	16.39	0.59	0.55	93.22	1.30
微山县	52.60	30.70	0.10	0.19	50.00	0.05			
汶上县	91.50	35.40	0.70	0.77	14.29	0.10	0.04	40.00	0.11
梁山县	74.80	34.70	2.60	3.48	17.31	0.45	0.15	33.33	0.43
泗水县	77.40	30.40	4.50	5.81	15.11	0.68	0.44	64.71	1.45
东营市	**259.60**	**62.50**	**36.17**	**13.93**	**9.34**	**3.38**	**2.76**	**81.66**	**4.42**
东营区									
河口区									
垦利县	94.00	17.10	11.10	11.81	9.01	1.00	0.77	77.00	4.50
利津县	56.40	14.20	7.80	13.83	7.31	0.57	0.64	112.28	4.51
广饶县	109.20	31.20	17.27	15.82	10.48	1.81	1.35	74.59	4.33
临沂市	**1147.20**	**498.60**	**26.20**	**2.28**	**15.38**	**4.03**	**1.61**	**39.95**	**0.32**
临沂县	113.50	74.50	1.90	1.67	6.32	0.12	0.04	33.33	0.05
郯城县	113.50	48.50	0.90	0.79	16.67	0.15	0.01	6.67	0.02
苍山县	148.30	57.70	1.40	0.94	14.29	0.20	0.02	10.00	0.03
沂水县	142.20	60.70	8.10	5.70	18.64	1.51	0.78	51.66	1.29
蒙阴县	62.50	25.70	3.40	5.44	14.12	0.48	0.30	62.50	1.17
莒南县	129.70	56.40	0.40	0.31	67.50	0.27	0.03	11.11	0.05
平邑县	108.10	48.00	2.20	2.04	18.64	0.41	0.04	9.76	0.08
费　县	116.10	44.50	3.70	3.19	5.68	0.21	0.16	76.19	0.36
沂南县	122.70	50.60	3.80	3.10	16.05	0.61	0.22	36.07	0.43
临沭县	90.60	32.00	0.40	0.44	17.50	0.07	0.01	14.29	0.03
泰安市	**531.90**	**272.10**	**10.20**	**1.92**	**20.49**	**2.09**	**1.10**	**52.78**	**0.41**
泰安县	132.10	78.30	1.10	0.83	20.91	0.23	0.03	13.04	0.04
肥城县	113.20	55.50	3.10	2.74	27.10	0.84	0.51	60.71	0.92
宁阳县	99.70	44.10	1.10	1.10	18.18	0.20	0.06	30.00	0.14
东平县	65.30	37.50	3.00	4.59	10.67	0.32	0.36	112.50	0.96
新泰县	121.60	56.70	1.90	1.56	26.32	0.50	0.14	28.60	0.25
枣庄市	**173.20**	**88.60**	**4.00**	**2.31**	**11.75**	**0.47**	**0.24**	**51.06**	**0.27**
滕州县	173.20	88.60	4.00	2.31	11.75	0.47	0.24	51.06	0.27
薛城区									
峄城区									
台儿庄									
济南市	**606.70**	**247.40**	**56.40**	**9.30**	**12.22**	**6.89**	**4.97**	**72.13**	**2.01**
章丘县	133.60	57.50	6.20	4.64	24.68	1.53			
平阴县	55.00	23.60	2.50	4.55	12.80	0.32	0.25	78.13	1.06
商河县	133.20	36.10	30.90	23.20	9.64	2.98	2.84	95.30	7.87
济阳县	112.60	34.30	14.90	13.23	11.07	1.65	1.65	100.00	4.81
历城区	104.20	63.00	0.20	0.19	35.00	0.07			
长清县	68.10	32.90	1.70	2.50	20.00	0.34	0.23	67.65	0.70
青岛市	**408.30**	**134.90**	**30.20**	**7.40**	**4.60**	**1.39**	**1.01**	**72.66**	**0.75**
平度县	296.40	89.40	29.50	9.95	4.51	1.33	0.96	72.18	1.07
胶南县									
胶　县	111.90	45.50	0.70	0.63	8.57	0.06	0.05	83.33	0.11
即墨县									
淄博市	**202.10**	**86.80**	**29.70**	**14.70**	**10.88**	**3.23**	**1.71**	**52.94**	**1.97**
桓台县	54.30	31.00	1.00	1.84	19.00	0.19	0.01	5.26	0.03
高青县	86.00	25.60	25.30	29.42	10.04	2.54	1.31	51.57	5.12
沂源县	61.80	30.20	3.40	5.50	14.71	0.50	0.39	78.00	1.29
日照市	**211.90**	**97.50**	**3.60**	**1.70**	**7.78**	**0.28**	**0.04**	**14.29**	**0.04**
莒　县	139.40	60.00	3.40	2.44	7.94	0.27	0.03	11.11	0.05
五莲县	72.50	37.50	0.20	0.28	5.00	0.01	0.01	100.00	0.03
莱芜市	**103.00**	**60.60**	**1.20**	**1.17**	**20.00**	**0.24**	**0.05**	**20.83**	**0.08**
莱芜县	103.00	60.60	1.20	1.17	20.00	0.24	0.05	20.83	0.08

5－19－19　山东省1961年产棉县棉花生产收购明细

县市名	耕地面积（万亩）	农业人口（万人）	棉田面积（万亩）	占耕地（%）	亩产（市斤）	产量（万担）	收购量（万担）	商品率（%）	人均交售（市斤）
全省合计	**9836.27**	**3812.16**	**585.94**	**5.96**	**12.12**	**71.01**			
聊城市	**902.20**	**305.10**	**123.60**	**13.70**	**8.96**	**11.07**	**7.04**	**63.60**	**2.31**
阳谷县	111.50	43.50	3.70	3.32	7.30	0.27	0.01	3.70	0.02
莘　县	135.20	50.60	8.60	6.36	9.53	0.82	0.02	2.44	0.04
茌平县	114.20	34.70	9.10	7.97	0.55	0.05	0.02	40.00	0.06
东阿县	74.40	27.20	3.40	4.57	12.35	0.42	0.01	2.38	0.04
冠　县	124.80	39.80	26.10	20.91	8.35	2.18	2.18	100.00	5.48
高唐县	96.90	30.90	27.90	28.79	0.47	0.13	0.01	7.69	0.03
临清县	106.30	36.40	36.00	33.87	13.89	5.00	4.29	85.80	11.79
东昌府区	138.90	42.00	8.80	6.34	25.00	2.20	0.50	22.73	1.19
德州市	**1055.70**	**316.50**	**125.70**	**11.91**	**4.92**	**6.19**	**2.28**	**36.83**	**0.72**
德州区	12.40	4.30	0.30	2.42	13.33	0.04	0.01	25.00	0.23
陵　县	149.40	41.00	13.30	8.90	2.26	0.30	0.03	10.00	0.07
平原县	111.00	29.90	10.10	9.10	0.50	0.05	0.02	40.00	0.07
夏津县	86.30	29.80	27.90	32.33	3.30	0.92	0.43	46.74	1.44
武城县	70.50	23.30	11.70	16.60	4.79	0.56	0.56	100.00	2.40
齐河县	153.50	41.90	9.40	6.12	6.06	0.57	0.33	57.89	0.79
禹城县	100.70	29.30	9.20	9.14	1.96	0.18	0.02	11.11	0.07
乐陵县	119.40	39.80	13.20	11.06	12.12	1.60	0.16	10.00	0.40
临邑县	109.40	31.00	15.60	14.26	2.24	0.35	0.07	20.00	0.23
宁津县	91.50	29.00	14.40	15.74	11.18	1.61	0.65	40.37	2.24
庆云县	51.60	17.20	0.60	1.16	1.67	0.01			
滨州地区	**699.40**	**222.97**	**70.91**	**10.14**	**7.74**	**5.49**	**3.87**	**70.49**	**1.74**
惠民县	129.20	37.70	16.40	12.69	4.09	0.67	0.44	65.67	1.17
滨州县	72.00	26.50	16.40	22.78	11.46	1.88	1.47	78.19	5.55
阳信县	87.40	27.40	7.30	8.35	3.56	0.26	0.08	30.77	0.29
无棣县	86.90	25.77	0.90	1.04	2.22	0.02			
沾化县	100.00	27.60	7.70	7.70	4.94	0.38	0.23	60.53	0.83
博兴县	88.50	33.40	9.20	10.40	4.35	0.40	0.18	45.00	0.54
邹平县	135.40	44.60	13.01	9.61	14.45	1.88	1.47	78.19	3.30
菏泽地区	**1190.50**	**443.30**	**67.60**	**5.68**	**19.50**	**13.18**	**5.18**	**39.30**	**1.17**
菏泽县	142.20	60.30	9.60	6.75	16.98	1.63	0.44	26.99	0.73
曹　县	164.60	71.50	16.60	10.09	9.82	1.63	0.44	26.99	0.62
定陶县	87.40	32.60	4.40	5.03	10.68	0.47	0.11	23.40	0.34
成武县	92.30	32.60	3.90	4.23	7.95	0.31	0.06	19.35	0.18
单　县	161.00	59.30	10.00	6.21	7.00	0.70	0.09	12.86	0.15
巨野县	141.00	45.00	5.40	3.83	14.07	0.76	0.15	19.74	0.33
郓城县	179.60	63.70	11.70	6.51	59.91	7.01	3.80	54.21	5.97
鄄城县	105.00	42.10	2.80	2.67	15.00	0.42	0.03	7.14	0.07
东明县	117.40	36.20	3.20	2.73	7.81	0.25	0.06	24.00	0.17
潍坊市	**1247.47**	**478.79**	**61.93**	**4.96**	**27.48**	**17.02**	**15.43**	**90.66**	**3.22**
潍　县	127.00	47.90	2.60	2.05	23.08	0.60	0.28	46.67	0.58
高密县	157.77	53.39	31.13	19.73	36.27	11.29	11.20	99.20	20.98
诸城县	187.50	71.20	11.60	6.19	19.66	2.28	2.18	95.61	3.06
昌邑县	124.40	46.00	5.70	4.58	18.07	1.03	0.85	82.52	1.85
昌乐县	106.90	34.10	2.90	2.71	16.55	0.48	0.23	47.92	0.67
安丘县	180.50	69.90	2.70	1.50	24.44	0.66	0.54	81.82	0.77
寿光县	153.70	60.50	3.10	2.02	16.13	0.50	0.13	26.00	0.21
青州县	113.50	48.50	0.30	0.26	23.33	0.07	0.02	28.57	0.04
寒亭区									
坊子区									
潍城区									
临朐县	96.20	47.30	1.90	1.98	5.79	0.11			

5－19－19　续表

县市名	耕地面积（万亩）	农业人口（万人）	棉田面积（万亩）	占耕地（%）	亩　产（市斤）	产　量（万担）	收购量（万担）	商品率（%）	人均交售（市斤）
济宁市	**955.50**	**392.20**	**17.30**	**1.81**	**19.94**	**3.45**	**1.23**	**35.65**	**0.31**
济宁县	93.70	32.90	0.70	0.75	17.14	0.12	0.01	8.33	0.03
任城区	76.60	35.20	0.90	1.17	44.44	0.40	0.01	2.50	0.03
兖州市	76.20	28.40	0.80	1.05	17.50	0.14	0.01	7.14	0.04
邹城市	124.70	53.70	2.80	2.25	17.50	0.49	0.02	4.08	0.04
鱼台县	75.30	21.10	0.40	0.53	5.00	0.02	0.40	*	1.90
金乡县	100.90	32.10	2.00	1.98	22.00	0.44	0.02	4.55	0.06
嘉祥县	112.40	45.30	2.70	2.40	28.52	0.77	0.61	79.22	1.35
微山县	53.00	32.90	0.20	0.38	25.00	0.05			
汶上县	90.90	38.10	1.80	1.98	20.00	0.36	0.04	11.11	0.10
梁山县	74.30	40.50	1.70	2.29	15.29	0.26	0.01	3.85	0.02
泗水县	77.50	32.00	3.30	4.26	12.12	0.40	0.10	25.00	0.31
东营市	**252.90**	**63.80**	**11.90**	**4.71**	**8.24**	**0.98**	**0.50**	**51.02**	**0.78**
东营区									
河口区									
垦利县	87.60	16.50	3.50	4.00	6.57	0.23	0.16	69.57	0.97
利津县	62.50	15.40	2.20	3.52	12.27	0.27	0.07	25.93	0.45
广饶县	102.80	31.90	6.20	6.03	7.74	0.48	0.27	56.25	0.85
临沂市	**1128.40**	**513.50**	**19.80**	**1.75**	**18.54**	**3.67**	**0.79**	**21.53**	**0.15**
临沂县	106.70	75.20	0.90	0.84	17.78	0.16	0.01	6.25	0.01
郯城县	106.70	49.40	0.40	0.37	22.50	0.09	0.02	22.22	0.04
苍山县	148.20	58.90	1.20	0.81	11.67	0.14	0.02	14.29	0.03
沂水县	139.50	63.20	5.70	4.09	18.42	1.05	0.44	41.90	0.70
蒙阴县	62.00	27.50	3.00	4.84	16.67	0.50	0.18	36.00	0.65
莒南县	127.80	57.20	0.70	0.55	45.71	0.32	0.03	9.38	0.05
平邑县	107.50	50.40	2.30	2.14	23.04	0.53	0.01	1.89	0.02
费　县	116.40	46.80	2.40	2.06	15.00	0.36	0.03	8.33	0.06
沂南县	122.20	51.60	2.90	2.37	16.21	0.47	0.05	10.64	0.10
临沭县	91.40	33.30	0.30	0.33	16.67	0.05			
泰安市	**532.50**	**282.10**	**12.00**	**2.25**	**19.03**	**2.28**	**0.33**	**14.45**	**0.12**
泰安县	133.00	81.20	1.80	1.35	27.22	0.49	0.01	2.04	0.01
肥城县	113.90	57.10	3.00	2.63	19.67	0.59	0.13	22.03	0.23
宁阳县	100.00	46.40	1.80	1.80	17.22	0.31	0.01	3.23	0.02
东平县	65.40	38.90	2.80	4.28	12.50	0.35	0.14	40.00	0.36
新泰县	120.20	58.50	2.60	2.16	20.88	0.54	0.04	7.37	0.07
枣庄市	**173.70**	**93.90**	**1.90**	**1.09**	**12.63**	**0.24**	**0.05**	**20.83**	**0.05**
滕州县	173.70	93.90	1.90	1.09	12.63	0.24	0.05	20.83	0.05
薛城区									
峄城区									
台儿庄									
济南市	**612.00**	**252.50**	**37.70**	**6.16**	**6.76**	**2.55**	**0.97**	**38.04**	**0.38**
章丘县	133.20	59.40	5.80	4.35	17.24	1.00	0.28	28.00	0.47
平阴县	55.10	25.80	2.60	4.72	13.46	0.35	0.15	42.86	0.58
商河县	131.30	36.40	18.00	13.71	2.28	0.41	0.39	95.12	1.07
济阳县	114.90	32.10	8.60	7.48	1.98	0.17	0.12	70.59	0.37
历城区	109.40	64.60	0.90	0.82	42.22	0.38			
长清县	68.10	34.20	1.80	2.64	13.33	0.24	0.03	12.50	0.09
青岛市	**570.70**	**197.20**	**16.80**	**2.94**	**19.29**	**3.24**	**2.49**	**76.85**	**1.26**
平度县	297.40	89.00	16.20	5.45	19.38	3.14	2.42	77.07	2.72
胶南县									
胶　县	112.70	44.00	0.60	0.53	15.00	0.09	0.07	77.78	0.16
即墨县	160.60	64.20				0.01			
淄博市	**199.80**	**87.60**	**13.50**	**6.76**	**6.74**	**0.91**	**0.33**	**36.26**	**0.38**
桓台县	52.90	29.90	0.30	0.57	10.00	0.03	0.02	66.67	0.07
高青县	84.40	25.70	10.20	12.09	2.55	0.26	0.09	34.62	0.35
沂源县	62.50	32.00	3.00	4.80	20.67	0.62	0.22	35.48	0.69
日照市	**212.10**	**99.40**	**3.80**	**1.79**	**10.26**	**0.39**	**0.03**	**7.69**	**0.03**
莒　县	139.60	61.10	3.20	2.29	10.00	0.32	0.03	9.38	0.05
五莲县	72.50	38.30	0.60	0.83	11.67	0.07			
莱芜市	**103.40**	**63.30**	**1.50**	**1.45**	**23.33**	**0.35**	**0.02**	**5.71**	**0.03**
莱芜县	103.40	63.30	1.50	1.45	23.33	0.35	0.02	5.71	0.03

5－19－20　山东省1962年产棉县棉花生产收购明细

县市名	耕地面积（万亩）	农业人口（万人）	棉田面积（万亩）	占耕地（%）	亩产（市斤）	产量（万担）	收购量（万担）	商品率（%）	人均交售（市斤）
全省合计	**9868.74**	**3983.82**	**560.25**	**5.68**	**15.01**	**84.11**	**59.70**	**70.98**	**1.50**
聊城市	**925.60**	**315.10**	**84.30**	**9.11**	**18.70**	**15.76**	**13.54**	**85.91**	**4.30**
阳谷县	112.40	44.80	4.20	3.74	14.05	0.59	0.09	15.25	0.20
莘　县	143.20	51.70	6.50	4.54	7.54	0.49	0.12	24.49	0.23
茌平县	120.30	35.80	5.90	4.90	7.63	0.45	0.26	57.78	0.73
东阿县	76.20	29.20	2.10	2.76	14.76	0.31	0.06	19.35	0.21
冠　县	129.20	41.30	20.30	15.71	23.69	4.81	4.81	100.00	11.65
高唐县	99.50	30.90	9.60	9.65	10.00	0.96	0.56	58.33	1.81
临清县	105.90	38.20	23.50	22.19	28.51	6.70	6.48	96.72	16.96
东昌府区	138.90	43.20	12.20	8.78	11.89	1.45	1.16	80.00	2.69
德州市	**1057.20**	**317.90**	**124.70**	**11.80**	**16.12**	**20.10**	**17.10**	**85.07**	**5.38**
德州区	12.80	4.40	0.80	6.25	18.75	0.15	0.51	*	11.59
陵　县	149.00	41.40	10.60	7.11	14.81	1.57	0.79	50.32	1.91
平原县	109.20	29.50	9.00	8.24	5.67	0.51	0.62	121.57	2.10
夏津县	84.60	30.10	33.90	40.07	22.42	7.60	7.26	95.53	24.12
武城县	73.70	23.50	13.20	17.91	27.88	3.68	3.68	100.00	15.66
齐河县	152.90	42.20	9.30	6.08	8.71	0.81	0.27	33.33	0.64
禹城县	100.80	29.50	6.70	6.65	10.60	0.71	0.59	83.10	2.00
乐陵县	120.60	39.40	11.50	9.54	16.52	1.90	0.71	37.37	1.80
临邑县	109.50	30.30	17.60	16.07	8.35	1.47	1.37	93.20	4.52
宁津县	91.60	30.00	11.70	12.77	14.44	1.69	1.30	76.92	4.33
庆云县	52.50	17.60	0.40	0.76	2.50	0.01			
滨州地区	**698.90**	**220.01**	**56.32**	**8.06**	**9.00**	**5.07**	**3.75**	**73.96**	**1.70**
惠民县	127.50	39.50	10.80	8.47	6.02	0.65	0.42	64.62	1.06
滨州县	72.20	26.80	10.80	14.96	16.39	1.77	1.39	78.53	5.19
阳信县	86.20	26.60	4.90	5.68	2.24	0.11	0.05	45.45	0.19
无棣县	86.60	26.11	0.60	0.69	5.00	0.03			
沾化县	100.30	23.60	8.50	8.47	5.18	0.44	0.31	70.45	1.31
博兴县	90.10	32.60	9.50	10.54	3.16	0.30	0.19	63.33	0.58
邹平县	136.00	44.80	11.22	8.25	15.78	1.77	1.39	78.53	3.10
菏泽地区	**1192.70**	**465.90**	**60.30**	**5.06**	**17.48**	**10.54**	**4.93**	**46.77**	**1.06**
菏泽县	142.60	63.60	8.90	6.24	11.91	1.06	0.37	34.91	0.58
曹　县	167.50	75.00	14.20	8.48	7.46	1.06	0.37	34.91	0.49
定陶县	87.40	33.80	3.90	4.46	4.87	0.19	0.02	10.53	0.06
成武县	92.30	33.70	4.00	4.33	6.00	0.24	0.08	33.33	0.24
单　县	162.00	64.30	8.80	5.43	9.66	0.85	0.22	25.88	0.34
巨野县	141.00	47.50	4.70	3.33	8.09	0.38	0.07	18.42	0.15
郓城县	180.10	67.30	9.70	5.39	63.20	6.13	3.58	58.40	5.32
鄄城县	105.00	44.30	3.80	3.62	15.79	0.60	0.22	36.67	0.50
东明县	114.80	36.40	2.30	2.00	1.30	0.03			
潍坊市	**1262.74**	**506.91**	**73.36**	**5.81**	**17.16**	**12.59**	**10.72**	**85.15**	**2.11**
潍　县	127.10	51.80	3.00	2.36	18.33	0.55	0.39	70.91	0.75
高密县	158.24	55.91	36.26	22.91	22.48	8.15	7.77	95.34	13.90
诸城县	198.50	74.20	13.60	6.85	9.56	1.30	1.04	80.00	1.40
昌邑县	126.90	49.70	6.40	5.04	12.97	0.83	0.75	90.36	1.51
昌乐县	106.70	36.10	3.90	3.66	16.15	0.63	0.24	38.10	0.66
安丘县	181.00	74.10	3.20	1.77	17.50	0.56	0.45	80.36	0.61
寿光县	154.00	63.50	4.50	2.92	10.00	0.45	0.07	15.56	0.11
青州县	113.60	51.20	0.40	0.35	25.00	0.10	0.01	10.00	0.02
寒亭区									
坊子区									
潍城区									
临朐县	96.70	50.40	2.10	2.17	0.95	0.02			

5－19－20　续表

县市名	耕地面积（万亩）	农业人口（万人）	棉田面积（万亩）	占耕地（%）	亩产（市斤）	产量（万担）	收购量（万担）	商品率（%）	人均交售（市斤）
济宁市	**959.30**	**417.70**	**18.80**	**1.96**	**17.61**	**3.31**	**1.64**	**49.55**	**0.39**
济宁县	93.60	34.70	0.60	0.64	21.67	0.13	0.04	30.77	0.12
任城区	77.60	37.10	1.10	1.42	44.55	0.49	0.08	16.33	0.22
兖州市	76.50	32.60	0.90	1.18	17.78	0.16	0.09	56.25	0.28
邹城市	124.80	56.60	2.60	2.08	20.00	0.52	0.21	40.38	0.37
鱼台县	75.30	22.60	0.50	0.66	18.00	0.09	0.50	*	2.21
金乡县	101.00	34.50	2.70	2.67	12.22	0.33	0.03	9.09	0.09
嘉祥县	112.70	48.20	2.60	2.31	11.92	0.31	0.29	93.55	0.60
微山县	53.00	34.70	0.20	0.38	25.00	0.05			
汶上县	92.80	40.20	2.30	2.48	19.13	0.44	0.17	38.64	0.42
梁山县	74.40	42.50	2.00	2.69	15.00	0.30	0.02	6.67	0.05
泗水县	77.60	34.00	3.30	4.25	14.85	0.49	0.21	42.86	0.62
东营市	**250.90**	**74.20**	**17.07**	**6.80**	**6.39**	**1.09**	**0.56**	**51.38**	**0.75**
东营区									
河口区									
垦利县	85.00	23.30	4.00	4.71	5.75	0.23	0.16	69.57	0.69
利津县	64.90	15.80	3.80	5.86	8.16	0.31	0.07	22.58	0.44
广饶县	101.00	35.10	9.27	9.18	5.93	0.55	0.33	60.00	0.94
临沂市	**1143.30**	**543.20**	**26.70**	**2.34**	**17.00**	**4.54**	**1.04**	**22.91**	**0.19**
临沂县	113.40	80.30	1.50	1.32	18.00	0.27	0.03	11.11	0.04
郯城县	113.40	51.50	1.00	0.88	29.00	0.29	0.06	20.69	0.12
苍山县	147.10	63.10	2.10	1.43	15.24	0.32	0.11	34.38	0.17
沂水县	139.50	65.70	6.40	4.59	16.88	1.08	0.37	34.26	0.56
蒙阴县	61.00	29.30	3.60	5.90	15.83	0.57	0.19	33.33	0.65
莒南县	128.70	60.50	1.50	1.17	30.67	0.46	0.05	10.87	0.08
平邑县	108.10	54.10	3.00	2.78	18.33	0.55	0.05	9.09	0.09
费　县	116.30	50.10	3.10	2.67	10.32	0.32	0.05	15.63	0.10
沂南县	123.40	53.60	3.40	2.76	13.53	0.46	0.11	23.91	0.21
临沭县	92.40	35.00	1.10	1.19	20.00	0.22	0.02	9.09	0.06
泰安市	**535.30**	**297.40**	**12.30**	**2.30**	**19.84**	**2.44**	**0.87**	**35.66**	**0.29**
泰安县	134.00	85.00	1.70	1.27	18.82	0.32	0.05	15.63	0.06
肥城县	113.90	60.10	3.90	3.42	21.03	0.82	0.37	45.12	0.62
宁阳县	101.00	48.70	1.30	1.29	16.92	0.22	0.06	27.27	0.12
东平县	65.30	41.20	3.10	4.75	13.23	0.41	0.28	68.29	0.68
新泰县	121.10	62.40	2.30	1.90	29.13	0.67	0.11	16.42	0.18
枣庄市	**174.80**	**100.30**	**2.10**	**1.20**	**12.86**	**0.27**	**0.13**	**48.15**	**0.13**
滕州县	174.80	100.30	2.10	1.20	12.86	0.27	0.13	48.15	0.13
薛城区									
峄城区									
台儿庄									
济南市	**609.80**	**262.30**	**40.10**	**6.58**	**10.37**	**4.16**	**2.62**	**62.98**	**1.00**
章丘县	132.20	63.30	6.90	5.22	16.23	1.12	0.56	50.00	0.88
平阴县	56.00	27.70	2.50	4.46	16.40	0.41	0.21	51.22	0.76
商河县	130.80	34.90	19.60	14.98	6.22	1.22	1.16	95.08	3.32
济阳县	113.80	32.90	7.70	6.77	9.35	0.72	0.46	63.89	1.40
历城区	108.90	67.60	1.00	0.92	25.00	0.25			
长清县	68.10	35.90	2.40	3.52	18.33	0.44	0.23	52.27	0.64
青岛市	**544.60**	**204.00**	**23.70**	**4.35**	**10.80**	**2.56**	**2.44**	**95.31**	**1.20**
平度县	296.00	91.20	22.90	7.74	10.83	2.48	2.38	95.97	2.61
胶南县	135.20	67.50	0.20	0.15	5.00	0.01			
胶　县	113.40	45.30	0.60	0.53	11.67	0.07	0.06	85.71	0.13
即墨县									
淄博市	**193.50**	**89.40**	**12.60**	**6.51**	**5.79**	**0.73**	**0.27**	**36.99**	**0.30**
桓台县	53.80	30.20	0.60	1.12	13.33	0.08			
高青县	77.60	25.60	8.40	10.82	3.10	0.26	0.15	57.69	0.59
沂源县	62.10	33.60	3.60	5.80	10.83	0.39	0.12	30.77	0.36
日照市	**216.80**	**103.40**	**6.10**	**2.81**	**9.34**	**0.57**	**0.05**	**8.77**	**0.05**
莒　县	144.30	63.30	5.10	3.53	9.02	0.46	0.05	10.87	0.08
五莲县	72.50	40.10	1.00	1.38	11.00	0.11			
莱芜市	**103.30**	**66.10**	**1.80**	**1.74**	**21.11**	**0.38**	**0.04**	**10.53**	**0.06**
莱芜县	103.30	66.10	1.80	1.74	21.11	0.38	0.04	10.53	0.06

5－19－21　山东省1963年产棉县棉花生产收购明细

县市名	耕地面积（万亩）	农业人口（万人）	棉田面积（万亩）	占耕地（%）	亩产（市斤）	产量（万担）	收购量（万担）	商品率（%）	人均交售（市斤）
全省合计	**10052.20**	**4124.68**	**764.06**	**7.60**	**22.96**	**175.41**	**149.31**	**85.12**	**3.62**
聊城市	**939.80**	**313.70**	**160.20**	**17.05**	**29.26**	**46.88**	**43.80**	**93.43**	**13.96**
阳谷县	111.00	43.80	8.00	7.21	14.13	1.13	0.56	49.56	1.28
莘　县	145.80	52.00	10.80	7.41	12.13	1.31	0.56	42.75	1.08
茌平县	121.50	35.10	15.10	12.43	23.58	3.56	3.25	91.29	9.26
东阿县	82.10	27.90	3.90	4.75	14.10	0.55	0.25	45.45	0.90
冠　县	129.10	42.50	29.30	22.70	34.91	10.23	10.23	100.00	24.07
高唐县	101.10	29.40	35.50	35.11	28.56	10.14	9.47	93.39	32.21
临清县	108.00	38.90	36.10	33.43	42.38	15.30	15.30	100.00	39.33
东昌府区	141.20	44.10	21.50	15.23	21.67	4.66	4.18	89.70	9.48
德州市	**1062.80**	**316.10**	**163.10**	**15.35**	**23.92**	**39.02**	**32.78**	**84.01**	**10.37**
德州区	12.90	4.10	1.50	11.63	20.00	0.30	0.23	76.67	5.61
陵　县	150.30	41.80	17.50	11.64	24.51	4.29	3.22	75.06	7.70
平原县	105.30	29.40	11.90	11.30	11.34	1.35	2.30	170.37	7.82
夏津县	87.50	30.40	42.50	48.57	33.58	14.27	14.27	100.00	46.94
武城县	75.00	23.50	19.70	26.27	23.71	4.67	4.67	100.00	19.87
齐河县	155.90	41.00	11.60	7.44	8.88	1.03	0.56	54.37	1.37
禹城县	100.50	29.40	7.90	7.86	9.11	0.72	0.73	101.39	2.48
乐陵县	120.30	38.80	12.70	10.56	16.06	2.04	1.87	91.67	4.82
临邑县	110.90	29.40	22.90	20.65	24.41	5.59	0.53	9.48	1.80
宁津县	91.60	30.60	14.60	15.94	32.47	4.74	4.40	92.83	14.38
庆云县	52.60	17.70	0.30	0.57	6.67	0.02			
滨州地区	**705.60**	**227.27**	**89.70**	**12.71**	**26.00**	**23.32**	**22.15**	**94.98**	**9.75**
惠民县	128.00	39.90	19.20	15.00	25.89	4.97	4.69	94.37	11.75
滨州县	71.90	27.00	19.20	26.70	51.67	9.92	10.05	101.31	37.22
阳信县	86.10	26.50	6.20	7.20	14.52	0.90	0.76	84.44	2.87
无棣县	88.80	26.07	1.60	1.80	5.63	0.09			
沾化县	105.20	28.30	9.20	8.75	12.17	1.12	0.82	73.21	2.90
博兴县	89.30	33.10	12.50	14.00	24.64	3.08	3.01	97.73	9.09
邹平县	136.30	46.40	21.80	15.99	14.86	3.24	2.82	87.04	6.08
菏泽地区	**1198.30**	**466.00**	**88.90**	**7.42**	**13.09**	**11.64**	**6.48**	**55.67**	**1.39**
菏泽县	143.30	63.70	9.80	6.84	8.98	0.88	0.47	53.41	0.74
曹　县	168.10	74.90	20.60	12.25	12.86	2.65	1.85	69.81	2.47
定陶县	87.40	34.00	6.10	6.98	12.46	0.76	0.34	44.74	1.00
成武县	92.30	33.60	6.70	7.26	10.45	0.70	0.39	55.71	1.16
单　县	162.00	63.90	14.20	8.77	7.18	1.02	0.46	45.10	0.72
巨野县	141.00	46.60	9.90	7.02	9.49	0.94	0.45	47.87	0.97
郓城县	180.30	67.50	13.60	7.54	23.90	3.25	2.37	72.92	3.51
鄄城县	106.60	45.10	4.90	4.60	27.76	1.36	0.15	11.03	0.33
东明县	117.30	36.70	3.10	2.64	2.58	0.08			
潍坊市	**1259.00**	**523.21**	**77.66**	**6.17**	**30.88**	**23.98**	**21.91**	**91.37**	**4.19**
潍　县	127.70	54.30	2.90	2.27	18.28	0.53			
高密县	158.80	56.91	36.26	22.83	44.15	16.01	15.36	95.94	26.99
诸城县	191.00	75.80	15.00	7.85	25.87	3.88	3.50	90.21	4.62
昌邑县	127.00	51.30	7.80	6.14	27.05	2.11	1.97	93.36	3.84
昌乐县	107.30	37.40	4.60	4.29	14.78	0.68	0.53	77.94	1.42
安丘县	181.60	76.30	4.20	2.31	10.00	0.42	0.50	119.05	0.66
寿光县	156.60	66.00	4.70	3.00	5.96	0.28	0.05	17.86	0.08
青州县	113.30	52.90	0.40	0.35	17.50	0.07			
寒亭区									
坊子区									
潍城区									
临朐县	95.70	52.30	1.80	1.88					

5－19－21　续表

县市名	耕地面积（万亩）	农业人口（万人）	棉田面积（万亩）	占耕地（%）	亩产（市斤）	产量（万担）	收购量（万担）	商品率（%）	人均交售（市斤）
济宁市	**960.40**	**428.20**	**22.40**	**2.33**	**10.09**	**2.26**	**1.41**	**62.39**	**0.33**
济宁县	93.10	36.60	0.60	0.64	25.00	0.15	0.01	6.67	0.03
任城区	77.70	37.90	1.10	1.42	34.55	0.38	0.05	13.16	0.13
兖州市	76.60	33.50	0.90	1.17	8.89	0.08	0.03	37.50	0.09
邹城市	124.30	58.30	2.90	2.33	11.03	0.32	0.14	43.75	0.24
鱼台县	75.80	22.50	0.50	0.66	4.00	0.02	0.50	*	2.22
金乡县	101.00	34.50	2.40	2.38	4.58	0.11			
嘉祥县	112.60	48.90	3.70	3.29	5.14	0.19	0.15	78.95	0.31
微山县	53.40	35.60	0.20	0.37	10.00	0.02			
汶上县	92.90	41.10	2.70	2.91	11.85	0.32	0.15	46.88	0.36
梁山县	75.30	43.90	3.90	5.18	7.95	0.31	0.23	74.19	0.52
泗水县	77.70	35.40	3.50	4.50	10.29	0.36	0.15	41.67	0.42
东营市	**258.90**	**73.90**	**25.60**	**9.89**	**22.34**	**5.72**	**4.87**	**85.14**	**6.59**
东营区									
河口区									
垦利县	95.20	21.60	7.50	7.88	16.67	1.25	0.58	46.40	2.69
利津县	59.40	17.10	6.30	10.61	12.54	0.79	0.68	86.08	3.98
广饶县	104.30	35.20	11.80	11.31	31.19	3.68	3.61	98.10	10.26
临沂市	**1138.60**	**558.70**	**28.40**	**2.49**	**16.37**	**4.65**	**1.92**	**41.29**	**0.34**
临沂县	114.40	82.10	1.80	1.57	13.33	0.24	0.04	16.67	0.05
郯城县	114.40	53.10	0.80	0.70	35.00	0.28	0.05	17.86	0.09
苍山县	147.20	64.70	2.30	1.56	30.43	0.70	0.60	85.71	0.93
沂水县	140.00	67.90	7.20	5.14	20.28	1.46	0.72	49.32	1.06
蒙阴县	57.50	30.10	3.80	6.61	13.16	0.50	0.25	50.00	0.83
莒南县	128.50	62.10	1.60	1.25	29.38	0.47	0.11	23.40	0.18
平邑县	107.20	55.80	3.40	3.17	7.35	0.25	0.04	16.00	0.07
费　县	115.30	51.50	2.90	2.52	8.28	0.24	0.11	45.83	0.21
沂南县	122.60	55.10	3.90	3.18	9.74	0.38			
临沭县	91.50	36.30	0.70	0.77	18.57	0.13			
泰安市	**535.50**	**305.20**	**11.10**	**2.07**	**12.79**	**1.42**	**0.54**	**38.03**	**0.18**
泰安县	135.40	87.60	1.10	0.81	14.55	0.16	0.01	6.25	0.01
肥城县	113.10	61.50	3.20	2.83	19.06	0.61	0.31	50.82	0.50
宁阳县	101.00	49.80	1.00	0.99	8.00	0.08	0.03	37.50	0.06
东平县	64.90	42.00	3.60	5.55	10.83	0.39	0.15	38.46	0.36
新泰县	121.10	64.30	2.20	1.82	8.18	0.18	0.04	22.22	0.06
枣庄市	**174.80**	**103.50**	**2.30**	**1.32**	**8.70**	**0.20**	**0.11**	**55.00**	**0.11**
滕州县	174.80	103.50	2.30	1.32	8.70	0.20	0.11	55.00	0.11
薛城区									
峄城区									
台儿庄									
济南市	**612.50**	**267.80**	**46.40**	**7.58**	**16.64**	**7.72**	**6.08**	**78.76**	**2.27**
章丘县	132.50	65.40	7.10	5.36	18.87	1.34	0.98	73.13	1.50
平阴县	57.30	28.00	2.60	4.54	15.00	0.39	0.18	46.15	0.64
商河县	130.70	34.70	23.50	17.98	21.15	4.97	4.30	86.52	12.39
济阳县	112.90	33.30	11.00	9.74	5.73	0.63	0.49	77.78	1.47
历城区	110.00	69.70	0.50	0.45	18.00	0.09			
长清县	69.10	36.70	1.70	2.46	17.65	0.30	0.13	43.33	0.35
青岛市	**703.00**	**278.60**	**25.90**	**3.68**	**19.27**	**4.99**	**4.82**	**96.59**	**1.73**
平度县	296.90	96.20	25.10	8.45	19.52	4.90	4.74	96.73	4.93
胶南县	135.60	67.90				0.01			
胶　县	111.50	46.20	0.60	0.54	6.67	0.04	0.08	200.00	0.17
即墨县	159.00	68.30	0.20	0.13	20.00	0.04			
淄博市	**191.80**	**91.60**	**14.30**	**7.46**	**20.00**	**2.86**	**2.31**	**80.77**	**2.52**
桓台县	53.80	31.00	0.40	0.74	20.00	0.08			
高青县	77.00	25.80	10.10	13.12	21.19	2.14	1.93	90.19	7.48
沂源县	61.00	34.80	3.80	6.23	16.84	0.64	0.38	59.38	1.09
日照市	**209.50**	**102.60**	**6.40**	**3.05**	**8.59**	**0.55**	**0.11**	**20.00**	**0.11**
莒　县	137.00	61.90	5.30	3.87	8.87	0.47	0.11	23.40	0.18
五莲县	72.50	40.70	1.10	1.52	7.27	0.08			
莱芜市	**101.70**	**68.30**	**1.70**	**1.67**	**11.76**	**0.20**	**0.02**	**10.00**	**0.03**
莱芜县	101.70	68.30	1.70	1.67	11.76	0.20	0.02	10.00	0.03

5－19－22　山东省1964年产棉县棉花生产收购明细

县市名	耕地面积（万亩）	农业人口（万人）	棉田面积（万亩）	占耕地（％）	亩　产（市斤）	产　量（万担）	收购量（万担）	商品率（％）	人均交售（市斤）
全省合计	**10076.30**	**4152.08**	**991.38**	**9.84**	**24.77**	**245.59**	**213.32**	**86.86**	**5.14**
聊城市	**942.40**	**313.10**	**235.00**	**24.94**	**31.34**	**73.66**	**70.31**	**95.45**	**22.46**
阳谷县	110.80	42.00	11.60	10.47	23.97	2.78	2.40	86.33	5.71
莘　县	146.80	51.80	20.70	14.10	22.90	4.74	4.01	84.60	7.74
茌平县	120.70	35.50	25.90	21.46	22.12	5.73	5.70	99.48	16.06
东阿县	80.20	27.80	6.70	8.35	25.52	1.71	1.45	84.80	5.22
冠　县	128.30	43.10	42.00	32.74	33.21	13.95	13.95	100.00	32.37
高唐县	105.70	29.20	52.10	49.29	33.63	17.52	16.90	96.46	57.88
临清县	108.30	38.70	50.60	46.72	41.11	20.80	20.02	96.25	51.73
东昌府区	141.60	45.00	25.40	17.94	25.31	6.43	5.88	91.45	13.07
德州市	**1057.60**	**322.10**	**203.30**	**19.22**	**26.17**	**53.20**	**50.13**	**94.23**	**15.56**
德州区	12.90	4.60	2.30	17.83	43.48	1.00	1.60	160.00	34.78
陵　县	147.20	42.00	31.20	21.20	18.11	5.65	4.44	78.58	10.57
平原县	105.00	30.70	18.40	17.52	26.03	4.79	6.40	133.61	20.85
夏津县	88.00	31.10	46.90	53.30	37.36	17.52	17.51	99.94	56.30
武城县	72.70	23.70	19.20	26.41	39.43	7.57	7.57	100.00	31.94
齐河县	156.80	42.00	11.60	7.40	12.67	1.47	1.34	91.16	3.19
禹城县	100.10	29.70	12.40	12.39	14.11	1.75	1.89	108.00	6.36
乐陵县	120.50	39.00	16.20	13.44	16.23	2.63	2.58	98.10	6.62
临邑县	110.90	30.00	27.20	24.53	20.48	5.57	1.90	34.11	6.33
宁津县	91.50	31.10	17.40	19.02	30.00	5.22	4.90	93.87	15.76
庆云县	52.00	18.20	0.50	0.96	6.00	0.03			
滨州地区	**701.10**	**231.89**	**142.90**	**20.38**	**17.05**	**24.37**	**22.28**	**91.42**	**9.61**
惠民县	124.80	40.50	28.20	22.60	18.40	5.19	4.90	94.41	12.10
滨州县	73.50	27.20	28.20	38.37	25.04	7.06	6.98	98.87	25.66
阳信县	80.80	27.00	9.50	11.76	13.37	1.27	1.11	87.40	4.11
无棣县	87.60	27.29	2.20	2.51	12.73	0.28	0.05	17.86	0.18
沾化县	103.90	28.10	18.70	18.00	12.03	2.25	1.69	75.11	6.01
博兴县	92.40	33.80	24.40	26.41	7.30	1.78	1.76	98.88	5.21
邹平县	138.10	48.00	31.70	22.95	20.63	6.54	5.79	88.53	12.06
菏泽地区	**1194.00**	**452.90**	**99.80**	**8.36**	**29.83**	**29.77**	**22.57**	**75.81**	**4.98**
菏泽县	143.50	62.00	9.80	6.83	35.00	3.43	2.26	65.89	3.65
曹　县	168.10	73.20	31.50	18.74	33.56	10.57	9.55	90.35	13.05
定陶县	87.70	33.80	4.50	5.13	23.33	1.05	0.52	49.52	1.54
成武县	92.30	32.90	3.60	3.90	18.89	0.68	0.28	41.18	0.85
单　县	161.70	61.20	17.70	10.95	32.37	5.73	4.60	80.28	7.52
巨野县	140.00	45.20	9.80	7.00	22.24	2.18	1.58	72.48	3.50
郓城县	178.50	64.00	15.10	8.46	29.74	4.49	3.10	69.04	4.84
鄄城县	105.80	45.20	4.30	4.06	27.91	1.20	0.55	45.83	1.22
东明县	116.40	35.40	3.50	3.01	12.57	0.44	0.13	29.55	0.37
潍坊市	**1251.40**	**531.89**	**87.88**	**7.02**	**23.73**	**20.85**	**18.98**	**91.03**	**3.57**
潍　县	127.30	54.90	2.60	2.04	25.00	0.65	0.24	36.92	0.44
高密县	158.20	56.89	41.08	25.97	28.80	11.83	11.37	96.11	19.99
诸城县	189.20	77.00	17.90	9.46	30.50	5.46	5.19	95.05	6.74
昌邑县	127.50	51.90	12.20	9.57	10.00	1.22	1.20	98.36	2.31
昌乐县	105.80	38.20	4.70	4.44	15.11	0.71	0.49	69.01	1.28
安丘县	178.80	78.10	2.90	1.62	18.62	0.54	0.42	77.78	0.54
寿光县	155.40	66.60	4.30	2.77	8.60	0.37	0.07	18.92	0.11
青州县	113.60	54.60	0.40	0.35	17.50	0.07			
寒亭区									
坊子区									
潍城区									
临朐县	95.60	53.70	1.80	1.88					

5－19－22　续表

县市名	耕地面积（万亩）	农业人口（万人）	棉田面积（万亩）	占耕地（%）	亩产（市斤）	产量（万担）	收购量（万担）	商品率（%）	人均交售（市斤）
济宁市	**999.00**	**429.50**	**20.80**	**2.08**	**24.23**	**5.04**	**2.99**	**59.33**	**0.70**
济宁县	92.60	37.10	1.00	1.08	27.00	0.27	0.22	81.48	0.59
任城区	77.40	38.60	1.10	1.42	72.73	0.80	0.17	21.25	0.44
兖州市	76.70	32.20	0.80	1.04	17.50	0.14	0.09	64.29	0.28
邹城市	124.00	59.00	2.40	1.94	23.75	0.57	0.29	50.88	0.49
鱼台县	75.70	22.00	0.30	0.40	13.33	0.04	0.30	*	1.36
金乡县	100.60	34.80	2.00	1.99	12.50	0.25	0.04	16.00	0.11
嘉祥县	111.80	48.30	3.80	3.40	12.89	0.49	0.45	91.84	0.93
微山县	51.70	35.70	0.20	0.39	20.00	0.04			
汶上县	93.00	41.30	3.40	3.66	35.00	1.19	0.86	72.27	2.08
梁山县	117.80	45.50	2.50	2.12	18.00	0.45	0.05	11.11	0.11
泗水县	77.70	35.00	3.30	4.25	24.24	0.80	0.52	65.00	1.49
东营市	**261.40**	**66.40**	**45.50**	**17.41**	**15.65**	**7.12**	**3.56**	**50.00**	**5.36**
东营区									
河口区									
垦利县	96.30	21.00	14.50	15.06	14.90	2.16	0.39	18.06	1.86
利津县	58.40	13.40	9.90	16.95	19.19	1.90	0.35	18.42	2.61
广饶县	106.70	32.00	21.10	19.78	14.50	3.06	2.82	92.16	8.81
临沂市	**1134.50**	**564.50**	**25.10**	**2.21**	**31.39**	**7.88**	**4.04**	**51.27**	**0.72**
临沂县	112.90	82.50	1.90	1.68	47.89	0.91	0.23	25.27	0.28
郯城县	112.90	53.90	0.80	0.71	28.75	0.23	0.15	65.22	0.28
苍山县	146.20	65.20	1.40	0.96	22.14	0.31	0.19	61.29	0.29
沂水县	140.40	68.50	6.40	4.56	33.44	2.14	1.24	57.94	1.81
蒙阴县	57.60	30.60	3.10	5.38	30.32	0.94	0.60	63.83	1.96
莒南县	128.20	62.80	0.90	0.70	86.67	0.78	0.56	71.79	0.89
平邑县	106.70	56.70	2.90	2.72	25.52	0.74	0.14	18.92	0.25
费　县	115.30	51.90	3.20	2.78	20.00	0.64	0.31	48.44	0.60
沂南县	122.40	55.80	4.10	3.35	26.59	1.09	0.59	54.13	1.06
临沭县	91.90	36.60	0.40	0.44	25.00	0.10	0.03	30.00	0.08
泰安市	**534.70**	**309.80**	**11.80**	**2.21**	**18.90**	**2.23**	**0.85**	**38.12**	**0.27**
泰安县	135.50	88.90	1.70	1.25	17.65	0.30	0.04	13.33	0.04
肥城县	112.60	62.50	3.40	3.02	26.47	0.90	0.43	47.78	0.69
宁阳县	101.10	50.50	1.20	1.19	14.17	0.17	0.05	29.41	0.10
东平县	64.70	42.50	3.30	5.10	15.45	0.51	0.21	41.18	0.49
新泰县	120.80	65.40	2.20	1.82	15.91	0.35	0.12	34.29	0.18
枣庄市	**174.60**	**103.20**	**2.20**	**1.26**	**25.45**	**0.56**	**0.31**	**55.36**	**0.30**
滕州县	174.60	103.20	2.20	1.26	25.45	0.56	0.31	55.36	0.30
薛城区									
峄城区									
台儿庄									
济南市	**612.80**	**274.20**	**57.40**	**9.37**	**19.79**	**11.36**	**9.46**	**83.27**	**3.45**
章丘县	132.80	66.80	9.10	6.85	27.14	2.47	1.80	72.87	2.69
平阴县	57.90	28.20	3.10	5.35	16.45	0.51	0.25	49.02	0.89
商河县	130.00	36.00	28.70	22.08	20.98	6.02	5.87	97.51	16.31
济阳县	112.90	34.40	13.20	11.69	11.14	1.47	1.27	86.39	3.69
历城区	110.50	71.40	0.70	0.63	31.43	0.22			
长清县	68.70	37.40	2.60	3.78	25.77	0.67	0.27	40.30	0.72
青岛市	**708.70**	**282.90**	**28.60**	**4.04**	**14.44**	**4.13**	**4.22**	**102.18**	**1.49**
平度县	297.50	98.20	27.40	9.21	14.64	4.01	4.09	102.00	4.16
胶南县	135.40	68.10				0.01			
胶　县	112.30	47.10	0.90	0.80	10.00	0.09	0.13	144.44	0.28
即墨县	163.50	69.50	0.30	0.18	6.67	0.02			
淄博市	**192.70**	**93.50**	**24.40**	**12.66**	**15.04**	**3.67**	**3.04**	**82.83**	**3.25**
桓台县	53.90	31.70	0.60	1.11	10.00	0.06			
高青县	78.30	26.20	20.70	26.44	13.04	2.70	2.35	87.04	8.97
沂源县	60.50	35.60	3.10	5.12	29.35	0.91	0.69	75.82	1.94
日照市	**209.70**	**106.70**	**4.90**	**2.34**	**29.18**	**1.43**	**0.56**	**39.16**	**0.52**
莒　县	137.20	65.60	4.30	3.13	30.70	1.32	0.56	42.42	0.85
五莲县	72.50	41.10	0.60	0.83	18.33	0.11			
莱芜市	**101.70**	**69.50**	**1.80**	**1.77**	**17.78**	**0.32**	**0.02**	**6.25**	**0.03**
莱芜县	101.70	69.50	1.80	1.77	17.78	0.32	0.02	6.25	0.03

5－19－23　山东省1965年产棉县棉花生产收购明细

县市名	耕地面积（万亩）	农业人口（万人）	棉田面积（万亩）	占耕地（%）	亩　产（市斤）	产　量（万担）	收购量（万担）	商品率（%）	人均交售（市斤）
全省合计	**10014.05**	**4224.93**	**1012.22**	**10.11**	**38.55**	**390.19**	**321.46**	**82.39**	**7.61**
聊城市	**929.90**	**318.90**	**255.60**	**27.49**	**43.68**	**111.64**	**107.90**	**96.65**	**33.84**
阳谷县	108.30	42.90	23.90	22.07	48.91	11.69	11.03	94.35	25.71
莘　县	146.80	52.60	25.40	17.30	31.14	7.91	7.25	91.66	13.78
茌平县	119.00	36.00	29.30	24.62	41.84	12.26	11.67	95.19	32.42
东阿县	81.00	28.00	10.10	12.47	44.46	4.49	4.55	101.34	16.25
冠　县	125.60	44.00	42.30	33.68	38.96	16.48	16.48	100.00	37.45
高唐县	102.80	30.00	45.60	44.36	42.96	19.59	18.80	95.97	62.67
临清县	107.40	39.60	47.00	43.76	56.13	26.38	25.82	97.88	65.20
东昌府区	139.00	45.80	32.00	23.02	40.13	12.84	12.30	95.79	26.86
德州市	**1030.70**	**322.50**	**195.00**	**18.92**	**38.82**	**75.70**	**63.56**	**83.96**	**19.71**
德州区	11.90	4.10	1.10	9.24	50.91	0.56	0.40	71.43	9.76
陵　县	141.90	42.00	28.30	19.94	29.89	8.46	8.32	98.35	19.81
平原县	104.90	30.70	20.70	19.73	29.61	6.13	6.23	101.63	20.29
夏津县	88.80	31.10	43.10	48.54	45.20	19.48	19.48	100.00	62.64
武城县	72.00	23.60	20.40	28.33	49.07	10.01	10.01	100.00	42.42
齐河县	156.00	42.30	7.90	5.06	30.51	2.41	2.07	85.89	4.89
禹城县	99.60	29.90	7.70	7.73	34.94	2.69	2.61	97.03	8.73
乐陵县	112.00	39.20	17.10	15.27	30.35	5.19	4.98	95.95	12.70
临邑县	102.60	30.30	27.00	26.32	31.74	8.57	8.36	97.55	27.59
宁津县	90.20	31.10	21.40	23.73	56.82	12.16	1.10	9.05	3.54
庆云县	50.80	18.20	0.30	0.59	13.33	0.04			
滨州地区	**691.00**	**237.49**	**134.60**	**19.48**	**39.28**	**52.87**	**49.89**	**94.36**	**21.01**
惠民县	123.00	41.00	27.70	22.52	41.59	11.52	10.81	93.84	26.37
滨州县	71.00	28.00	27.70	39.01	53.32	14.77	14.20	96.14	50.71
阳信县	79.00	28.00	9.40	11.90	30.53	2.87	2.50	87.11	8.93
无棣县	86.00	27.69	0.80	0.93	20.00	0.16			
沾化县	101.00	29.00	16.60	16.44	21.87	3.63	3.31	91.18	11.41
博兴县	93.00	35.00	21.40	23.01	28.79	6.16	5.96	96.75	17.03
邹平县	138.00	48.80	31.00	22.46	44.39	13.76	13.11	95.28	26.86
菏泽地区	**1195.60**	**453.90**	**119.30**	**9.98**	**25.48**	**30.40**	**23.46**	**77.17**	**5.17**
菏泽县	143.10	62.50	10.50	7.34	38.95	4.09	3.06	74.82	4.90
曹　县	168.10	73.60	32.30	19.21	12.66	4.09	3.06	74.82	4.16
定陶县	87.80	34.10	8.20	9.34	22.44	1.84	1.50	81.52	4.40
成武县	92.30	32.90	3.80	4.12	12.89	0.49	0.17	34.69	0.52
单　县	161.90	61.30	23.80	14.70	30.17	7.18	6.21	86.49	10.13
巨野县	139.50	45.40	10.50	7.53	20.10	2.11	1.63	77.25	3.59
郓城县	179.00	63.00	17.30	9.66	38.73	6.70	4.88	72.84	7.75
鄄城县	106.80	45.40	6.40	5.99	40.16	2.57	2.03	78.99	4.47
东明县	117.10	35.70	6.50	5.55	20.46	1.33	0.92	69.17	2.58
潍坊市	**1245.75**	**545.24**	**81.92**	**6.58**	**52.73**	**43.20**	**29.67**	**68.68**	**5.44**
潍　县	126.40	56.50	1.20	0.95	30.00	0.36			
高密县	157.05	58.54	40.62	25.86	61.13	24.83	24.14	97.22	41.24
诸城县	187.30	78.90	17.60	9.40	50.85	8.95			
昌邑县	127.60	53.20	10.20	7.99	46.57	4.75	4.61	97.05	8.67
昌乐县	104.70	39.10	5.70	5.44	41.58	2.37			
安丘县	177.90	79.40	2.50	1.41	40.40	1.01	0.92	91.09	1.16
寿光县	156.60	68.10	2.10	1.34	36.19	0.76			
青州县	113.20	56.20	0.40	0.35	42.50	0.17			
寒亭区									
坊子区									
潍城区									
临朐县	95.00	55.30	1.60	1.68					

5－19－23　续表

县市名	耕地面积（万亩）	农业人口（万人）	棉田面积（万亩）	占耕地（%）	亩　产（市斤）	产　量（万担）	收购量（万担）	商品率（%）	人均交售（市斤）
济宁市	**981.20**	**434.60**	**26.00**	**2.65**	**40.96**	**10.65**	**7.21**	**67.70**	**1.66**
济宁县	88.50	37.80	1.00	1.13	36.00	0.36	0.30	83.33	0.79
任城区	76.30	39.60	1.20	1.57	56.67	0.68	0.25	36.76	0.63
兖州市	77.80	32.60	0.70	0.90	35.71	0.25	0.25	100.00	0.77
邹城市	121.30	60.20	2.40	1.98	22.08	0.53	0.25	47.17	0.42
鱼台县	73.00	22.00	0.40	0.55	10.00	0.04	0.40	*	1.82
金乡县	99.00	33.00	1.70	1.72	58.24	0.99			
嘉祥县	111.00	48.00	3.00	2.70	8.00	0.24	0.21	87.50	0.44
微山县	48.20	36.60	0.10	0.21	100.00	0.10			
汶上县	91.40	42.00	10.30	11.27	60.10	6.19	5.08	82.07	12.10
梁山县	117.70	46.90	2.10	1.78	28.10	0.59	0.10	16.95	0.21
泗水县	77.00	35.90	3.10	4.03	21.94	0.68	0.37	54.41	1.03
东营市	**278.70**	**68.50**	**43.90**	**15.75**	**27.02**	**11.86**	**11.23**	**94.69**	**16.39**
东营区									
河口区									
垦利县	85.70	16.20	14.10	16.45	27.66	3.90	1.83	46.92	11.30
利津县	81.90	18.80	10.20	12.45	20.10	2.05	2.14	104.39	11.38
广饶县	111.10	33.50	19.60	17.64	30.15	5.91	7.26	122.84	21.67
临沂市	**1130.00**	**579.50**	**29.40**	**2.60**	**37.82**	**11.12**	**6.04**	**54.32**	**1.04**
临沂县	113.00	84.90	2.60	2.30	53.08	1.38	0.70	50.72	0.82
郯城县	113.00	55.00	1.30	1.15	26.92	0.35	0.40	114.29	0.73
苍山县	146.00	67.00	2.50	1.71	33.20	0.83	0.42	50.60	0.63
沂水县	140.00	69.80	6.20	4.43	44.35	2.75	1.68	61.09	2.41
蒙阴县	57.00	31.40	3.20	5.61	36.88	1.18	0.81	68.64	2.58
莒南县	128.00	65.00	1.40	1.09	92.14	1.29	0.69	53.49	1.06
平邑县	106.00	58.50	3.00	2.83	27.00	0.81	0.24	29.63	0.41
费　县	115.00	53.50	3.80	3.30	18.68	0.71	0.43	60.56	0.80
沂南县	120.40	56.80	4.50	3.74	36.00	1.62	0.60	37.04	1.06
临沭县	91.60	37.60	0.90	0.98	22.22	0.20	0.07	35.00	0.19
泰安市	**540.80**	**316.30**	**12.20**	**2.26**	**23.85**	**2.91**	**0.80**	**27.49**	**0.25**
泰安县	135.70	90.70	1.80	1.33	25.56	0.46			
肥城县	114.40	63.50	3.70	3.23	27.30	1.01	0.45	44.55	0.71
宁阳县	99.10	51.30	0.90	0.91	16.67	0.15			
东平县	71.60	43.80	3.40	4.75	21.18	0.72	0.22	30.56	0.50
新泰县	120.00	67.00	2.40	2.00	23.75	0.57	0.13	22.81	0.19
枣庄市	**172.00**	**105.50**	**2.00**	**1.16**	**21.00**	**0.42**	**0.15**	**35.71**	**0.14**
滕州县	172.00	105.50	2.00	1.16	21.00	0.42	0.15	35.71	0.14
薛城区									
峄城区									
台儿庄									
济南市	**603.40**	**278.80**	**52.50**	**8.70**	**31.77**	**16.68**	**13.01**	**78.00**	**4.67**
章丘县	131.70	68.60	9.10	6.91	35.60	3.24	2.20	67.90	3.21
平阴县	57.50	28.20	2.90	5.04	24.83	0.72	0.25	34.72	0.89
商河县	126.00	36.00	28.90	22.94	32.87	9.50	8.60	90.53	23.89
济阳县	109.20	34.60	8.60	7.88	25.58	2.20	1.71	77.73	4.94
历城区	111.20	73.10	0.50	0.45	52.00	0.26			
长清县	67.80	38.30	2.50	3.69	30.40	0.76	0.25	32.89	0.65
青岛市	**702.70**	**287.90**	**29.10**	**4.14**	**41.44**	**12.06**			
平度县	293.20	99.70	28.50	9.72	41.82	11.92			
胶南县	135.10	69.50	0.20	0.15	35.00	0.07			
胶　县	112.30	47.60	0.30	0.27	20.00	0.06			
即墨县	162.10	71.10	0.10	0.06	10.00	0.01			
淄博市	**202.20**	**95.80**	**23.50**	**11.62**	**37.02**	**8.70**	**7.76**	**89.20**	**8.10**
桓台县	56.00	32.60	0.40	0.71	30.00	0.12			
高青县	86.20	26.60	19.90	23.09	37.19	7.40	6.81	92.03	25.60
沂源县	60.00	36.60	3.20	5.33	36.88	1.18	0.95	80.51	2.60
日照市	**209.50**	**108.80**	**5.10**	**2.43**	**29.22**	**1.49**	**0.69**	**46.31**	**0.63**
莒　县	137.00	67.00	4.30	3.14	30.00	1.29	0.69	53.49	1.03
五莲县	72.50	41.80	0.80	1.10	25.00	0.20			
莱芜市	**100.60**	**71.20**	**2.10**	**2.09**	**23.33**	**0.49**	**0.09**	**18.37**	**0.13**
莱芜县	100.60	71.20	2.10	2.09	23.33	0.49	0.09	18.37	0.13

5－19－24　山东省1966年产棉县棉花生产收购明细

县市名	耕地面积（万亩）	农业人口（万人）	棉田面积（万亩）	占耕地（%）	亩产（市斤）	产量（万担）	收购量（万担）	商品率（%）	人均交售（市斤）
全省合计	**9908.02**	**4349.58**	**996.99**	**10.06**	**38.02**	**379.05**	**327.42**	**86.38**	**7.53**
聊城市	**917.10**	**328.00**	**248.00**	**27.04**	**37.08**	**91.95**	**90.95**	**98.91**	**27.73**
阳谷县	108.30	44.10	30.30	27.98	34.69	10.51	11.88	113.04	26.94
莘　县	140.80	54.10	32.40	23.01	28.55	9.25	8.84	95.57	16.34
茌平县	117.00	37.40	29.10	24.87	38.01	11.06	10.58	95.66	28.29
东阿县	79.40	29.10	17.70	22.29	46.95	8.31	7.88	94.83	27.08
冠　县	124.00	45.00	37.10	29.92	29.03	10.77	10.77	100.00	23.93
高唐县	102.50	30.60	36.20	35.32	33.34	12.07	11.67	96.69	38.14
临清县	107.40	40.70	35.00	32.59	56.29	19.70	19.51	99.04	47.94
东昌府区	137.70	47.00	30.20	21.93	34.04	10.28	9.82	95.53	20.89
德州市	**1014.20**	**334.30**	**183.00**	**18.04**	**30.92**	**56.58**	**53.64**	**94.80**	**16.05**
德州区	11.40	4.80	0.80	7.02	45.00	0.36	0.31	86.11	6.46
陵　县	139.60	43.60	24.10	17.26	29.46	7.10	6.64	93.52	15.23
平原县	104.40	31.90	21.80	20.88	22.52	4.91	4.77	97.15	14.95
夏津县	88.10	31.90	37.30	42.34	31.50	11.75	11.75	100.00	36.83
武城县	71.50	24.30	19.00	26.57	38.32	7.28	7.28	100.00	29.96
齐河县	154.40	44.50	6.30	4.08	26.03	1.64	0.99	60.37	2.22
禹城县	95.50	31.00	10.80	11.31	21.11	2.28	1.94	85.09	6.26
乐陵县	110.00	40.30	13.10	11.91	19.85	2.60	2.02	77.69	5.01
临邑县	100.40	31.30	27.50	27.39	32.80	9.02	8.54	94.68	27.28
宁津县	90.10	32.00	22.00	24.42	43.73	9.62	9.40	97.71	29.38
庆云县	48.80	18.70	0.30	0.61	6.67	0.02			
滨州地区	**684.20**	**243.85**	**116.30**	**17.00**	**26.05**	**30.30**	**28.50**	**94.06**	**11.69**
惠民县	123.10	42.80	23.00	18.68	20.39	4.69	4.54	96.80	10.61
滨州县	70.30	28.50	23.00	32.72	42.00	9.66	9.83	101.76	34.49
阳信县	79.00	28.00	9.50	12.03	17.58	1.67	1.17	70.06	4.18
无棣县	83.70	28.55	0.80	0.96	2.50	0.02			
沾化县	104.00	30.00	10.80	10.38	12.50	1.35	1.22	90.37	4.07
博兴县	93.30	35.90	20.00	21.44	13.70	2.74	2.50	91.24	6.96
邹平县	130.80	50.10	29.20	22.32	34.83	10.17	9.24	90.86	18.44
菏泽地区	**1195.50**	**466.80**	**124.70**	**10.43**	**37.44**	**46.69**	**27.78**	**59.50**	**5.95**
菏泽县	143.10	64.00	12.50	8.74	52.00	6.50	5.79	89.08	9.05
曹　县	168.20	76.00	34.60	20.57	18.79	6.50	5.79	89.08	7.62
定陶县	87.70	34.90	8.50	9.69	29.06	2.47	1.87	75.71	5.36
成武县	92.30	33.80	2.70	2.93	30.00	0.81	0.29	35.80	0.86
单　县	162.00	62.90	20.80	12.84	59.57	12.39	1.16	9.36	1.84
巨野县	139.40	46.80	9.40	6.74	39.68	3.73	2.90	77.75	6.20
郓城县	179.00	64.80	18.70	10.45	37.11	6.94	3.95	56.92	6.10
鄄城县	106.80	46.70	9.70	9.08	55.36	5.37	4.44	82.68	9.51
东明县	117.00	36.90	7.80	6.67	25.38	1.98	1.59	80.30	4.31
潍坊市	**1219.82**	**559.53**	**90.89**	**7.45**	**73.80**	**67.08**	**60.67**	**90.44**	**10.84**
潍　县	123.00	57.00	1.90	1.54	31.05	0.59			
高密县	153.62	59.73	42.39	27.59	93.32	39.56	37.84	95.65	63.35
诸城县	184.40	81.20	17.70	9.60	75.48	13.36	12.29	91.99	15.14
昌邑县	124.90	53.80	13.60	10.89	56.99	7.75	6.33	81.68	11.77
昌乐县	103.00	40.10	6.30	6.12	49.84	3.14	2.98	94.90	7.43
安丘县	172.80	82.60	2.80	1.62	46.43	1.30	1.12	86.15	1.36
寿光县	153.60	69.90	3.30	2.15	24.85	0.82	0.11	13.41	0.16
青州县	111.20	57.70	1.20	1.08	46.67	0.56			
寒亭区									
坊子区									
潍城区									
临朐县	93.30	57.50	1.70	1.82					

5－19－24 续表

县市名	耕地面积（万亩）	农业人口（万人）	棉田面积（万亩）	占耕地（%）	亩产（市斤）	产量（万担）	收购量（万担）	商品率（%）	人均交售（市斤）
济宁市	**977.00**	**446.90**	**34.40**	**3.52**	**60.29**	**20.74**	**17.45**	**84.14**	**3.90**
济宁县	98.00	38.90	1.40	1.43	44.29	0.62	0.42	67.74	1.08
任城区	76.00	40.50	3.90	5.13	28.46	1.11	2.11	190.09	5.21
兖州市	77.00	33.20	2.70	3.51	58.15	1.57	1.49	94.90	4.49
邹城市	120.00	61.70	2.70	2.25	40.74	1.10	0.47	42.73	0.76
鱼台县	71.00	23.10	0.40	0.56	32.50	0.13	0.40	*	1.73
金乡县	98.00	34.70	3.10	3.16	51.94	1.61	0.87	54.04	2.51
嘉祥县	108.00	49.10	2.90	2.69	23.45	0.68	0.66	97.06	1.34
微山县	44.00	36.60	0.20	0.45	100.00	0.20			
汶上县	91.00	43.20	11.00	12.09	103.09	11.34	9.99	88.10	23.13
梁山县	118.00	49.10	2.80	2.37	45.36	1.27	0.41	32.28	0.84
泗水县	76.00	36.80	3.30	4.34	33.64	1.11	0.63	56.76	1.71
东营市	**260.40**	**79.10**	**38.70**	**14.86**	**22.76**	**8.81**	**7.70**	**87.40**	**9.73**
东营区									
河口区									
垦利县	82.80	19.10	11.70	14.13	21.71	2.54	2.05	80.71	10.73
利津县	68.80	21.20	8.60	12.50	13.95	1.20	0.90	75.00	4.25
广饶县	108.80	38.80	18.40	16.91	27.55	5.07	4.75	93.69	12.24
临沂市	**1124.50**	**595.20**	**32.60**	**2.90**	**42.12**	**13.73**	**7.40**	**53.90**	**1.24**
临沂县	112.00	87.70	3.50	3.13	66.00	2.31	1.31	56.71	1.49
郯城县	112.00	56.60	2.10	1.88	41.90	0.88	1.07	121.59	1.89
苍山县	145.20	68.90	2.80	1.93	41.07	1.15	0.67	58.26	0.97
沂水县	139.00	71.40	6.10	4.39	49.51	3.02	1.57	51.99	2.20
蒙阴县	59.20	32.30	3.30	5.57	36.97	1.22	0.75	61.48	2.32
莒南县	126.00	66.00	1.90	1.51	60.53	1.15	0.43	37.39	0.65
平邑县	105.00	60.20	3.10	2.95	38.06	1.18	0.27	22.88	0.45
费　县	115.00	55.00	3.70	3.22	29.19	1.08	0.51	47.22	0.93
沂南县	119.80	58.10	4.30	3.59	28.37	1.22	0.59	48.36	1.02
临沭县	91.30	39.00	1.80	1.97	28.89	0.52	0.23	44.23	0.59
泰安市	**543.10**	**323.20**	**13.30**	**2.45**	**23.91**	**3.18**	**1.15**	**36.16**	**0.36**
泰安县	135.40	93.00	2.10	1.55	28.10	0.59			
肥城县	111.00	64.90	3.40	3.06	26.47	0.90	0.33	36.67	0.51
宁阳县	101.10	52.30	1.00	0.99	28.00	0.28	0.04	14.29	0.08
东平县	77.90	44.90	4.20	5.39	13.81	0.58	0.61	105.17	1.36
新泰县	117.70	68.10	2.60	2.21	31.92	0.83	0.17	20.48	0.25
枣庄市	**171.00**	**108.10**	**2.10**	**1.23**	**37.14**	**0.78**	**0.30**	**38.46**	**0.28**
滕州县	171.00	108.10	2.10	1.23	37.14	0.78	0.30	38.46	0.28
薛城区									
峄城区									
台儿庄									
济南市	**599.40**	**285.70**	**51.70**	**8.63**	**25.67**	**13.27**	**9.93**	**74.83**	**3.48**
章丘县	129.60	70.60	11.40	8.80	27.89	3.18	2.44	76.73	3.46
平阴县	57.30	28.10	3.30	5.76	17.58	0.58	0.20	34.48	0.71
商河县	125.50	37.30	24.10	19.20	28.09	6.77	5.80	85.67	15.55
济阳县	108.70	35.70	9.40	8.65	18.51	1.74	1.29	74.14	3.61
历城区	111.00	74.70	0.70	0.63	44.29	0.31			
长清县	67.30	39.30	2.80	4.16	24.64	0.69	0.20	28.99	0.51
青岛市	**695.10**	**295.60**	**31.10**	**4.47**	**61.00**	**18.97**	**17.60**	**92.78**	**5.95**
平度县	289.80	101.70	26.80	9.25	64.81	17.37	17.00	97.87	16.72
胶南县	132.00	71.10	1.70	1.29	31.18	0.53			
胶　县	112.10	49.90	2.50	2.23	39.60	0.99	0.60	60.61	1.20
即墨县	161.20	72.90	0.10	0.06	80.00	0.08			
淄博市	**200.10**	**99.10**	**22.70**	**11.34**	**21.10**	**4.79**	**3.78**	**78.91**	**3.81**
桓台县	55.50	33.80	0.90	1.62	28.89	0.26			
高青县	84.60	27.70	18.50	21.87	18.27	3.38	2.99	88.46	10.79
沂源县	60.00	37.60	3.30	5.50	34.85	1.15	0.79	68.70	2.10
日照市	**206.40**	**111.00**	**5.30**	**2.57**	**29.43**	**1.56**	**0.43**	**27.56**	**0.39**
莒　县	137.00	68.80	4.00	2.92	28.75	1.15	0.43	37.39	0.63
五莲县	69.40	42.20	1.30	1.87	31.54	0.41			
莱芜市	**100.20**	**73.20**	**2.20**	**2.20**	**28.18**	**0.62**	**0.14**	**22.58**	**0.19**
莱芜县	100.20	73.20	2.20	2.20	28.18	0.62	0.14	22.58	0.19

5－19－25　山东省1967年产棉县棉花生产收购明细

县市名	耕地面积（万亩）	农业人口（万人）	棉田面积（万亩）	占耕地（%）	亩产（市斤）	产量（万担）	收购量（万担）	商品率（%）	人均交售（市斤）
全省合计	**9810.62**	**4431.41**	**1034.26**	**10.54**	**41.21**	**426.19**	**366.87**	**86.08**	**8.28**
聊城市	**911.20**	**332.40**	**222.50**	**24.42**	**38.76**	**86.25**	**81.15**	**94.09**	**24.41**
阳谷县	108.30	44.80	25.90	23.92	43.59	11.29	10.83	95.93	24.17
莘　县	139.60	54.70	29.00	20.77	25.69	7.45	6.76	90.74	12.36
茌平县	116.10	37.70	28.00	24.12	37.86	10.60	9.83	92.74	26.07
东阿县	79.40	29.60	16.00	20.15	34.88	5.58	5.10	91.40	17.23
冠　县	123.00	45.60	30.60	24.88	41.67	12.75	12.75	100.00	27.96
高唐县	100.20	31.10	32.00	31.94	35.88	11.48	10.72	93.38	34.47
临清县	106.30	41.30	32.00	30.10	46.00	14.72	13.88	94.29	33.61
东昌府区	138.30	47.60	29.00	20.97	42.69	12.38	11.28	91.11	23.70
德州市	**1003.70**	**340.80**	**186.90**	**18.62**	**34.86**	**65.15**	**60.36**	**92.65**	**17.71**
德州区	10.90	4.90	1.40	12.84	34.29	0.48	0.42	87.50	8.57
陵　县	138.90	44.60	24.50	17.64	30.20	7.40	6.87	92.84	15.40
平原县	103.80	32.40	22.10	21.29	32.58	7.20	6.40	88.89	19.75
夏津县	87.50	32.40	33.90	38.74	36.25	12.29	12.29	100.00	37.93
武城县	70.60	24.70	20.30	28.75	48.97	9.94	9.94	100.00	40.24
齐河县	152.80	45.70	7.30	4.78	30.00	2.19	1.36	62.10	2.98
禹城县	94.30	31.60	10.90	11.56	25.96	2.83	2.42	85.51	7.66
乐陵县	108.00	40.90	15.00	13.89	28.20	4.23	3.40	80.38	8.31
临邑县	99.80	32.10	27.30	27.35	32.64	8.91	8.26	92.70	25.73
宁津县	89.50	32.50	22.80	25.47	41.32	9.42	9.00	95.54	27.69
庆云县	47.60	19.00	1.40	2.94	18.57	0.26			
滨州地区	**674.10**	**250.86**	**112.20**	**16.64**	**37.49**	**42.06**	**39.68**	**94.34**	**15.82**
惠民县	121.00	44.00	22.50	18.60	36.13	8.13	7.60	93.48	17.27
滨州县	70.90	29.20	22.50	31.73	49.02	11.03	11.06	100.27	37.88
阳信县	77.80	29.30	9.50	12.21	24.84	2.36	2.10	88.98	7.17
无棣县	83.70	29.16	2.30	2.75	27.83	0.64	0.52	81.25	1.78
沾化县	100.00	30.70	10.70	10.70	31.21	3.34	2.68	80.24	8.73
博兴县	91.90	36.90	17.70	19.26	27.12	4.80	4.57	95.21	12.38
邹平县	128.80	51.60	27.00	20.96	43.56	11.76	11.15	94.81	21.61
菏泽地区	**1193.00**	**474.70**	**169.60**	**14.22**	**40.51**	**68.71**	**55.81**	**81.23**	**11.76**
菏泽县	143.00	65.30	17.10	11.96	38.95	6.66	5.50	82.58	8.42
曹　县	168.10	77.50	38.70	23.02	48.06	18.60	17.04	91.61	21.99
定陶县	87.20	35.90	12.10	13.88	32.31	3.91	3.20	81.84	8.91
成武县	91.30	34.60	7.60	8.32	28.29	2.15	1.49	69.30	4.31
单　县	161.60	63.30	30.30	18.75	47.82	14.49	12.95	89.37	20.46
巨野县	139.50	47.00	14.50	10.39	39.72	5.76	3.19	55.38	6.79
郓城县	179.00	66.00	24.90	13.91	38.92	9.69	6.59	68.01	9.98
鄄城县	106.90	47.40	13.30	12.44	36.77	4.89	3.98	81.39	8.40
东明县	116.40	37.70	11.10	9.54	23.06	2.56	1.87	73.05	4.96
潍坊市	**1209.02**	**569.05**	**85.56**	**7.08**	**68.19**	**58.34**	**51.30**	**87.93**	**9.02**
潍　县	122.70	57.80	1.40	1.14	38.57	0.54			
高密县	152.02	61.25	39.26	25.83	81.46	31.98	30.53	95.47	49.84
诸城县	181.60	82.70	16.80	9.25	69.23	11.63	11.20	96.30	13.54
昌邑县	124.90	54.80	13.40	10.73	65.30	8.75	8.60	98.29	15.69
昌乐县	101.70	40.70	5.70	5.60	48.07	2.74			
安丘县	170.60	83.80	3.00	1.76	40.00	1.20	0.97	80.83	1.16
寿光县	151.90	71.00	3.30	2.17	26.97	0.89			
青州县	111.20	59.10	1.10	0.99	55.45	0.61			
寒亭区									
坊子区									
潍城区									
临朐县	92.40	57.90	1.60	1.73					

5－19－25 续表

县市名	耕地面积（万亩）	农业人口（万人）	棉田面积（万亩）	占耕地（%）	亩产（市斤）	产量（万担）	收购量（万担）	商品率（%）	人均交售（市斤）
济宁市	**964.50**	**454.50**	**48.50**	**5.03**	**47.38**	**22.98**	**17.69**	**76.98**	**3.89**
济宁县	87.20	39.20	2.00	2.29	40.50	0.81	0.27	33.33	0.69
任城区	75.70	41.30	5.30	7.00	25.09	1.33	1.61	121.05	3.90
兖州市	77.20	33.90	4.10	5.31	44.39	1.82	1.05	57.69	3.10
邹城市	119.40	62.70	3.60	3.02	32.22	1.16	0.63	54.31	1.00
鱼台县	70.30	23.50	0.90	1.28	43.33	0.39	0.90	*	3.83
金乡县	96.50	34.80	5.20	5.39	48.08	2.50	1.63	65.20	4.68
嘉祥县	107.20	49.90	3.90	3.64	30.00	1.17	1.15	98.29	2.30
微山县	46.80	37.20	0.40	0.85	50.00	0.20			
汶上县	90.40	43.80	11.70	12.94	69.83	8.17	7.16	87.64	16.35
梁山县	118.00	50.60	7.90	6.69	51.90	4.10	2.59	63.17	5.12
泗水县	75.80	37.60	3.50	4.62	38.00	1.33	0.70	52.63	1.86
东营市	**258.70**	**80.00**	**36.60**	**14.15**	**30.11**	**11.02**	**9.56**	**86.75**	**11.95**
东营区									
河口区									
垦利县	82.00	19.60	11.40	13.90	24.82	2.83	2.50	88.34	12.76
利津县	68.80	21.70	8.20	11.92	20.85	1.71	1.11	64.91	5.12
广饶县	107.90	38.70	17.00	15.76	38.12	6.48	5.95	91.82	15.37
临沂市	**1109.90**	**605.90**	**36.90**	**3.32**	**44.88**	**16.56**	**7.69**	**46.44**	**1.27**
临沂县	111.00	89.00	5.50	4.95	59.82	3.29	1.96	59.57	2.20
郯城县	111.00	58.00	3.40	3.06	36.18	1.23	0.46	37.40	0.79
苍山县	143.30	70.60	3.20	2.23	45.94	1.47	0.37	25.17	0.52
沂水县	137.60	73.00	6.00	4.36	51.33	3.08	1.63	52.92	2.23
蒙阴县	57.60	32.00	3.10	5.38	40.65	1.26	0.64	50.79	2.00
莒南县	124.50	66.90	2.50	2.01	59.60	1.49	0.60	40.27	0.90
平邑县	104.20	61.90	3.20	3.07	35.00	1.12	0.34	30.36	0.55
费　县	111.10	55.80	3.70	3.33	37.84	1.40	0.67	47.86	1.20
沂南县	119.00	59.00	4.50	3.78	34.67	1.56	0.74	47.44	1.25
临沭县	90.60	39.70	1.80	1.99	36.67	0.66	0.28	42.42	0.71
泰安市	**537.00**	**333.10**	**16.60**	**3.09**	**24.46**	**4.06**	**2.08**	**51.23**	**0.62**
泰安县	134.30	97.60	2.00	1.49	39.00	0.78	0.03	3.85	0.03
肥城县	110.70	65.70	4.10	3.70	26.83	1.10	0.45	40.91	0.68
宁阳县	99.30	54.40	2.10	2.11	29.52	0.62	0.30	48.39	0.55
东平县	76.80	45.50	5.80	7.55	13.79	0.80	1.20	150.00	2.64
新泰县	115.90	69.90	2.60	2.24	29.23	0.76	0.10	13.16	0.14
枣庄市	**170.00**	**110.70**	**4.90**	**2.88**	**30.61**	**1.50**	**0.50**	**33.33**	**0.45**
滕州县	170.00	110.70	4.90	2.88	30.61	1.50	0.50	33.33	0.45
薛城区									
峄城区									
台儿庄									
济南市	**590.70**	**292.20**	**53.80**	**9.11**	**29.39**	**15.81**	**12.28**	**77.67**	**4.20**
章丘县	129.30	72.00	12.80	9.90	33.91	4.34	2.99	68.89	4.15
平阴县	56.90	29.40	3.60	6.33	22.22	0.80	0.82	102.50	2.79
商河县	121.00	38.00	24.00	19.83	29.17	7.00	6.10	87.14	16.05
济阳县	106.00	36.70	9.70	9.15	27.01	2.62	2.08	79.39	5.67
历城区	110.40	75.80	0.60	0.54	48.33	0.29			
长清县	67.10	40.30	3.10	4.62	24.52	0.76	0.29	38.16	0.72
青岛市	**689.10**	**298.90**	**31.60**	**4.59**	**76.46**	**24.16**	**22.68**	**93.87**	**7.59**
平度县	285.50	103.70	27.00	9.46	82.63	22.31	21.87	98.03	21.09
胶南县	131.00	71.30	1.50	1.15	27.33	0.41			
胶　县	112.10	49.90	2.90	2.59	47.93	1.39	0.81	58.27	1.62
即墨县	160.50	74.00	0.20	0.12	25.00	0.05			
淄博市	**196.50**	**101.00**	**21.30**	**10.84**	**32.82**	**6.99**	**5.48**	**78.40**	**5.43**
桓台县	54.90	34.30	1.00	1.82	29.00	0.29			
高青县	82.20	28.20	17.20	20.92	30.70	5.28	4.72	89.39	16.74
沂源县	59.40	38.50	3.10	5.22	45.81	1.42	0.76	53.52	1.97
日照市	**203.50**	**112.30**	**5.00**	**2.46**	**36.00**	**1.80**	**0.60**	**33.33**	**0.53**
莒　县	135.00	70.00	4.00	2.96	37.25	1.49	0.60	40.27	0.86
五莲县	68.50	42.30	1.00	1.46	31.00	0.31			
莱芜市	**99.70**	**75.00**	**2.30**	**2.31**	**34.78**	**0.80**	**0.01**	**1.25**	**0.01**
莱芜县	99.70	75.00	2.30	2.31	34.78	0.80	0.01	1.25	0.01

5－19－26　山东省1968年产棉县棉花生产收购明细

县市名	耕地面积（万亩）	农业人口（万人）	棉田面积（万亩）	占耕地（%）	亩　产（市斤）	产　量（万担）	收购量（万担）	商品率（%）	人均交售（市斤）
全省合计	**9759.92**	**4551.93**	**1026.32**	**10.52**	**43.16**	**442.91**	**373.76**	**84.39**	**8.21**
聊城市	**911.10**	**339.50**	**220.40**	**24.19**	**38.32**	**84.46**	**79.73**	**94.40**	**23.48**
阳谷县	108.30	45.50	23.30	21.51	45.11	10.51	9.82	93.43	21.58
莘　县	139.60	56.00	25.80	18.48	32.33	8.34	7.62	91.37	13.61
茌平县	116.10	38.60	27.70	23.86	42.17	11.68	11.30	96.75	29.27
东阿县	79.40	30.30	14.80	18.64	39.32	5.82	5.30	91.07	17.49
冠　县	122.90	46.50	31.20	25.39	41.41	12.92	12.92	100.00	27.78
高唐县	100.20	31.80	34.40	34.33	31.19	10.73	10.48	97.67	32.96
临清县	106.30	42.50	33.20	31.23	36.17	12.01	11.01	91.67	25.91
东昌府区	138.30	48.30	30.00	21.69	41.50	12.45	11.28	90.60	23.35
德州市	**985.50**	**347.80**	**192.60**	**19.54**	**28.87**	**55.60**	**49.05**	**88.22**	**14.10**
德州区	11.10	5.00	1.80	16.22	23.89	0.43	0.44	102.33	8.80
陵　县	136.10	45.90	28.70	21.09	21.39	6.14	6.17	100.49	13.44
平原县	103.00	33.30	26.00	25.24	28.46	7.40	7.12	96.22	21.38
夏津县	87.50	33.20	33.00	37.71	19.97	6.59	6.59	100.00	19.85
武城县	68.00	25.20	21.00	30.88	32.52	6.83	6.83	100.00	27.10
齐河县	145.50	47.30	8.20	5.64	42.93	3.52	2.80	79.55	5.92
禹城县	92.30	32.50	11.90	12.89	55.04	6.55	2.10	32.06	6.46
乐陵县	106.50	42.10	15.60	14.65	30.64	4.78	4.33	90.59	10.29
临邑县	99.00	32.50	24.40	24.65	24.30	5.93	6.37	107.42	19.60
宁津县	89.40	33.30	20.00	22.37	34.30	6.86	6.30	91.84	18.92
庆云县	47.10	17.50	2.00	4.25	28.50	0.57			
滨州地区	**672.80**	**256.84**	**107.60**	**15.99**	**34.80**	**37.44**	**31.82**	**84.99**	**12.39**
惠民县	121.20	44.70	21.80	17.99	34.31	7.48	7.19	96.12	16.09
滨州县	70.00	29.70	21.80	31.14	39.36	8.58	8.63	100.58	29.06
阳信县	77.80	30.30	9.40	12.08	30.32	2.85	2.39	83.86	7.89
无棣县	83.50	29.94	2.50	2.99	28.40	0.71	0.32	45.07	1.07
沾化县	101.10	31.70	11.20	11.08	33.21	3.72	3.24	87.10	10.22
博兴县	91.20	37.90	16.80	18.42	32.44	5.45	0.85	15.60	2.24
邹平县	128.00	52.60	24.10	18.83	35.89	8.65	9.20	106.36	17.49
菏泽地区	**1192.90**	**490.80**	**158.50**	**13.29**	**46.44**	**73.60**	**60.43**	**82.11**	**12.31**
菏泽县	143.00	67.40	16.40	11.47	47.99	7.87	6.71	85.26	9.96
曹　县	168.10	80.40	36.70	21.83	51.01	18.72	17.22	91.99	21.42
定陶县	87.20	36.50	10.40	11.93	35.96	3.74	3.68	98.40	10.08
成武县	91.30	35.70	7.80	8.54	41.28	3.22	2.61	81.06	7.31
单　县	161.60	66.10	28.00	17.33	45.89	12.85	12.00	93.39	18.15
巨野县	139.50	48.70	12.30	8.82	47.97	5.90	3.10	52.54	6.37
郓城县	178.90	67.80	26.20	14.65	51.07	13.38	8.57	64.05	12.64
鄄城县	106.90	49.00	12.50	11.69	46.40	5.80	4.92	84.83	10.04
东明县	116.40	39.20	8.20	7.04	25.85	2.12	1.62	76.42	4.13
潍坊市	**1206.52**	**579.89**	**87.22**	**7.23**	**77.77**	**67.83**	**60.68**	**89.46**	**10.46**
潍　县	122.50	59.10	1.70	1.39	52.35	0.89			
高密县	152.02	62.39	39.72	26.13	90.84	36.08	35.16	97.45	56.36
诸城县	181.80	83.70	17.90	9.85	73.13	13.09	12.20	93.20	14.58
昌邑县	122.60	55.70	13.80	11.26	78.84	10.88	10.40	95.59	18.67
昌乐县	101.70	41.70	4.10	4.03	72.93	2.99	1.17	39.13	2.81
安丘县	170.70	85.10	3.50	2.05	54.29	1.90	1.75	92.11	2.06
寿光县	152.00	72.30	3.70	2.43	38.65	1.43			
青州县	111.20	60.50	1.10	0.99	51.82	0.57			
寒亭区									
坊子区									
潍城区									
临朐县	92.00	59.40	1.70	1.85					

5－19－26 续表

县市名	耕地面积（万亩）	农业人口（万人）	棉田面积（万亩）	占耕地（%）	亩产（市斤）	产量（万担）	收购量（万担）	商品率（%）	人均交售（市斤）
济宁市	**959.70**	**469.20**	**50.30**	**5.24**	**56.10**	**28.22**	**22.35**	**79.20**	**4.76**
济宁县	87.20	39.30	2.00	2.29	59.00	1.18	0.54	45.76	1.37
任城区	74.80	43.10	4.60	6.15	37.61	1.73	1.60	92.49	3.71
兖州市	76.60	34.80	3.90	5.09	59.23	2.31	1.62	70.13	4.66
邹城市	119.30	64.50	3.50	2.93	39.71	1.39	0.60	43.17	0.93
鱼台县	68.50	24.50	1.10	1.61	37.27	0.41	1.10	*	4.49
金乡县	96.10	35.80	6.00	6.24	52.67	3.16	2.24	70.89	6.26
嘉祥县	106.90	51.30	4.90	4.58	48.16	2.36	2.32	98.31	4.52
微山县	46.70	38.70	0.30	0.64	80.00	0.24			
汶上县	91.00	46.10	11.40	12.53	80.00	9.12	8.25	90.46	17.90
梁山县	118.00	51.20	9.00	7.63	51.00	4.59	3.29	71.68	6.43
泗水县	74.60	39.90	3.60	4.83	48.06	1.73	0.79	45.66	1.98
东营市	**257.80**	**88.80**	**32.40**	**12.57**	**44.04**	**14.27**	**10.77**	**75.47**	**12.13**
东营区									
河口区									
垦利县	83.50	26.50	10.00	11.98	34.20	3.42	1.84	53.80	6.94
利津县	66.80	22.90	6.40	9.58	22.34	1.43	1.33	93.01	5.81
广饶县	107.50	39.40	16.00	14.88	58.88	9.42	7.60	80.68	19.29
临沂市	**1098.60**	**626.20**	**36.30**	**3.30**	**59.23**	**21.50**	**11.45**	**53.26**	**1.83**
临沂县	110.00	93.30	5.40	4.91	73.52	3.97	2.31	58.19	2.48
郯城县	110.00	59.90	3.10	2.82	52.90	1.64	0.70	42.68	1.17
苍山县	143.00	72.90	3.00	2.10	61.67	1.85	0.74	40.00	1.02
沂水县	138.00	74.90	6.20	4.49	56.61	3.51	2.29	65.24	3.06
蒙阴县	54.00	33.40	3.10	5.74	54.52	1.69	1.01	59.76	3.02
莒南县	124.00	68.90	2.60	2.10	101.54	2.64	1.48	56.06	2.15
平邑县	104.00	64.00	3.10	2.98	45.16	1.40	0.52	37.14	0.81
费　县	110.00	57.90	3.70	3.36	47.03	1.74	0.98	56.32	1.69
沂南县	119.00	60.20	4.40	3.70	49.55	2.18	1.13	51.83	1.88
临沭县	86.60	40.80	1.70	1.96	51.76	0.88	0.29	32.95	0.71
泰安市	**534.80**	**339.60**	**17.80**	**3.33**	**25.79**	**4.59**	**2.93**	**63.83**	**0.86**
泰安县	133.40	97.10	2.40	1.80	35.42	0.85	0.12	14.12	0.12
肥城县	110.20	67.50	4.10	3.72	23.90	0.98	0.38	38.78	0.56
宁阳县	98.70	56.10	2.20	2.23	35.00	0.77	0.39	50.65	0.70
东平县	77.10	46.40	6.30	8.17	14.60	0.92	1.90	206.52	4.09
新泰县	115.40	72.50	2.80	2.43	38.21	1.07	0.14	13.08	0.19
枣庄市	**167.00**	**113.10**	**5.00**	**2.99**	**52.40**	**2.62**	**0.94**	**35.88**	**0.83**
滕州县	167.00	113.10	5.00	2.99	52.40	2.62	0.94	35.88	0.83
薛城区									
峄城区									
台儿庄									
济南市	**589.40**	**299.30**	**55.20**	**9.37**	**26.30**	**14.52**	**10.84**	**74.66**	**3.62**
章丘县	128.50	74.10	13.00	10.12	31.62	4.11	3.01	73.24	4.06
平阴县	57.10	30.40	4.00	7.01	23.00	0.92	0.41	44.57	1.35
商河县	122.10	39.60	25.00	20.48	22.36	5.59	4.80	85.87	12.12
济阳县	105.10	37.40	9.00	8.56	27.00	2.43	2.17	89.30	5.80
历城区	109.70	76.80	0.60	0.55	46.67	0.28			
长清县	66.90	41.00	3.60	5.38	33.06	1.19	0.45	37.82	1.10
青岛市	**687.30**	**306.80**	**33.60**	**4.89**	**79.97**	**26.87**	**25.28**	**94.08**	**8.24**
平度县	284.60	105.70	27.30	9.59	86.23	23.54	23.24	98.73	21.99
胶南县	131.20	73.20	1.50	1.14	41.33	0.62			
胶　县	111.10	51.60	4.20	3.78	58.10	2.44	2.04	83.61	3.95
即墨县	160.40	76.30	0.60	0.37	45.00	0.27			
淄博市	**194.80**	**102.60**	**20.70**	**10.63**	**36.96**	**7.65**	**5.97**	**78.04**	**5.82**
桓台县	54.50	35.20	1.30	2.39	37.69	0.49			
高青县	81.30	28.60	16.30	20.05	35.03	5.71	5.21	91.24	18.22
沂源县	59.00	38.80	3.10	5.25	46.77	1.45	0.76	52.41	1.96
日照市	**202.50**	**114.50**	**6.70**	**3.31**	**46.72**	**3.13**	**1.48**	**47.28**	**1.29**
莒　县	134.00	72.10	5.60	4.18	47.14	2.64	1.48	56.06	2.05
五莲县	68.50	42.40	1.10	1.61	44.55	0.49			
莱芜市	**99.20**	**77.00**	**2.00**	**2.02**	**30.50**	**0.61**	**0.04**	**6.56**	**0.05**
莱芜县	99.20	77.00	2.00	2.02	30.50	0.61	0.04	6.56	0.05

5－19－27 山东省1969年产棉县棉花生产收购明细

县市名	耕地面积（万亩）	农业人口（万人）	棉田面积（万亩）	占耕地（%）	亩产（市斤）	产量（万担）	收购量（万担）	商品率（%）	人均交售（市斤）
全省合计	**9680.47**	**4692.49**	**1008.13**	**10.41**	**46.37**	**467.51**	**398.20**	**85.17**	**8.49**
聊城市	**900.00**	**349.80**	**201.60**	**22.40**	**39.33**	**79.29**	**74.17**	**93.54**	**21.20**
阳谷县	106.70	48.30	22.40	20.99	44.60	9.99	8.99	89.99	18.61
莘　县	136.30	58.20	22.00	16.14	27.05	5.95	5.12	86.05	8.80
茌平县	114.70	39.70	26.30	22.93	38.63	10.16	9.49	93.41	23.90
东阿县	78.50	31.20	13.60	17.32	37.35	5.08	4.64	91.34	14.87
冠　县	122.80	47.60	30.50	24.84	36.98	11.28	11.28	100.00	23.70
高唐县	99.20	32.90	30.00	30.24	40.43	12.13	11.23	92.58	34.13
临清县	106.50	43.00	28.00	26.29	43.93	12.30	11.83	96.18	27.51
东昌府区	135.30	48.90	28.80	21.29	43.06	12.40	11.59	93.47	23.70
德州市	**990.40**	**359.10**	**182.30**	**18.41**	**37.28**	**67.96**	**63.54**	**93.50**	**17.69**
德州区	11.30	5.20	1.70	15.04	33.53	0.57	0.50	87.72	9.62
陵　县	134.70	47.10	25.50	18.93	36.94	9.42	8.75	92.89	18.58
平原县	102.40	34.30	21.80	21.29	45.18	9.85	9.31	94.52	27.14
夏津县	87.40	33.70	28.50	32.61	25.86	7.37	7.37	100.00	21.87
武城县	71.10	25.90	19.30	27.14	50.00	9.65	9.65	100.00	37.26
齐河县	151.90	48.60	11.80	7.77	28.22	3.33	2.69	80.78	5.53
禹城县	92.20	33.30	12.10	13.12	35.62	4.31	3.89	90.26	11.68
乐陵县	106.20	43.10	15.40	14.50	32.14	4.95	4.33	87.47	10.05
临邑县	96.60	33.90	22.60	23.40	37.96	8.58	8.35	97.32	24.63
宁津县	89.50	34.10	20.80	23.24	43.80	9.11	8.70	95.50	25.51
庆云县	47.10	19.90	2.80	5.94	29.29	0.82			
滨州地区	**667.30**	**264.36**	**109.90**	**16.47**	**41.42**	**45.52**	**41.52**	**91.21**	**15.71**
惠民县	120.40	45.80	21.80	18.11	38.90	8.48	7.68	90.57	16.77
滨州县	67.60	30.70	21.80	32.25	51.61	11.25	10.87	96.62	35.41
阳信县	77.90	31.40	9.60	12.32	28.75	2.76	2.20	79.71	7.01
无棣县	83.40	30.66	3.00	3.60	36.33	1.09	0.44	40.37	1.44
沾化县	102.90	32.60	11.60	11.27	25.95	3.01	2.24	74.42	6.87
博兴县	90.10	39.10	16.80	18.65	30.18	5.07	4.26	84.02	10.90
邹平县	125.00	54.10	25.30	20.24	54.78	13.86	13.83	99.78	25.56
菏泽地区	**1183.10**	**511.70**	**155.50**	**13.14**	**43.04**	**66.93**	**50.78**	**75.87**	**9.92**
菏泽县	143.00	70.40	17.50	12.24	38.00	6.65	5.26	79.10	7.47
曹　县	167.00	83.90	35.30	21.14	47.73	16.85	13.93	82.67	16.60
定陶县	86.20	37.80	10.10	11.72	39.01	3.94	3.41	86.55	9.02
成武县	91.20	37.30	7.70	8.44	46.10	3.55	2.83	79.72	7.59
单　县	161.00	69.20	27.60	17.14	47.28	13.05	12.68	97.16	18.32
巨野县	139.50	51.60	12.40	8.89	41.61	5.16	2.71	52.52	5.25
郓城县	173.00	70.50	27.40	15.84	50.88	13.94	7.67	55.02	10.88
鄄城县	106.90	50.40	10.70	10.01	26.36	2.82	1.87	66.31	3.71
东明县	115.30	40.60	6.80	5.90	14.26	0.97	0.42	43.30	1.03
潍坊市	**1196.07**	**587.13**	**90.73**	**7.59**	**85.97**	**78.00**	**70.64**	**90.56**	**12.03**
潍　县	121.10	60.90	2.10	1.73	54.29	1.14	0.56	49.12	0.92
高密县	151.87	64.53	39.13	25.77	98.08	38.38	37.37	97.37	57.91
诸城县	182.00	86.50	18.20	10.00	83.85	15.26	14.50	95.02	16.76
昌邑县	121.70	56.80	14.60	12.00	93.01	13.58	12.70	93.52	22.36
昌乐县	98.60	42.90	5.10	5.17	73.92	3.77	3.40	90.19	7.93
安丘县	168.70	87.00	4.00	2.37	80.00	3.20	1.98	61.88	2.28
寿光县	150.00	75.00	4.20	2.80	40.00	1.68	0.13	7.74	0.17
青州县	110.30	62.50	1.40	1.27	70.71	0.99			
寒亭区									
坊子区									
潍城区									
临朐县	91.80	51.00	2.00	2.18					

5－19－27　续表

县市名	耕地面积（万亩）	农业人口（万人）	棉田面积（万亩）	占耕地（%）	亩　产（市斤）	产　量（万担）	收购量（万担）	商品率（%）	人均交售（市斤）
济宁市	**944.10**	**485.50**	**51.00**	**5.40**	**50.16**	**25.58**	**20.38**	**79.67**	**4.20**
济宁县	87.10	40.80	2.50	2.87	55.20	1.38	0.42	30.43	1.03
任城区	75.20	44.30	4.30	5.72	34.88	1.50	2.18	145.33	4.92
兖州市	75.60	36.00	3.80	5.03	52.63	2.00	1.90	95.00	5.28
邹城市	117.70	66.40	3.40	2.89	48.82	1.66	0.82	49.40	1.23
鱼台县	67.80	26.00	1.60	2.36	42.50	0.68	1.60	*	6.15
金乡县	95.70	37.40	6.10	6.37	44.59	2.72	1.25	45.96	3.34
嘉祥县	106.20	53.10	5.30	4.99	35.66	1.89	1.86	98.41	3.50
微山县	46.70	39.70	0.30	0.64	83.33	0.25			
汶上县	90.60	47.40	12.00	13.25	79.42	9.53	8.28	86.88	17.47
梁山县	105.70	54.10	8.10	7.66	30.49	2.47	1.31	53.04	2.42
泗水县	75.80	40.30	3.60	4.75	41.67	1.50	0.76	50.67	1.89
东营市	**256.60**	**89.20**	**32.90**	**12.82**	**33.43**	**11.00**	**9.83**	**89.36**	**11.02**
东营区									
河口区									
垦利县	74.70	25.50	9.40	12.58	24.68	2.32	2.14	92.24	8.39
利津县	74.20	23.60	6.30	8.49	20.00	1.26	0.83	65.87	3.52
广饶县	107.70	40.10	17.20	15.97	43.14	7.42	6.86	92.45	17.11
临沂市	**1090.00**	**647.50**	**36.10**	**3.31**	**54.74**	**19.76**	**9.24**	**46.76**	**1.43**
临沂县	108.00	96.50	5.10	4.72	63.53	3.24	1.76	54.32	1.82
郯城县	108.00	61.70	2.80	2.59	35.36	0.99	0.79	79.80	1.28
苍山县	141.70	75.30	3.00	2.12	49.67	1.49	0.93	62.42	1.24
沂水县	136.00	77.20	6.30	4.63	52.22	3.29	1.93	58.66	2.50
蒙阴县	54.20	35.30	3.10	5.72	60.00	1.86	1.00	53.76	2.83
莒南县	123.00	71.20	2.60	2.11	99.62	2.59	1.29	49.81	1.81
平邑县	103.50	65.00	3.20	3.09	47.19	1.51	0.38	25.17	0.58
费　县	109.20	60.30	3.70	3.39	52.70	1.95	0.05	2.56	0.08
沂南县	118.20	62.20	4.90	4.15	48.57	2.38	1.07	44.96	1.72
临沭县	88.20	42.80	1.40	1.59	32.86	0.46	0.04	8.70	0.09
泰安市	**533.10**	**349.50**	**18.40**	**3.45**	**32.72**	**6.02**	**2.65**	**44.02**	**0.76**
泰安县	133.20	100.00	2.70	2.03	51.48	1.39	0.27	19.42	0.27
肥城县	109.40	69.00	4.10	3.75	32.93	1.35	0.54	40.00	0.78
宁阳县	98.30	57.80	2.20	2.24	32.73	0.72	0.26	36.11	0.45
东平县	77.30	47.60	6.20	8.02	17.10	1.06	1.40	132.08	2.94
新泰县	114.90	75.10	3.20	2.79	46.88	1.50	0.18	12.00	0.24
枣庄市	**167.50**	**118.10**	**4.70**	**2.81**	**48.30**	**2.27**	**0.75**	**33.04**	**0.64**
滕州县	167.50	118.10	4.70	2.81	48.30	2.27	0.75	33.04	0.64
薛城区									
峄城区									
台儿庄									
济南市	**581.90**	**307.70**	**59.80**	**10.28**	**35.23**	**21.07**	**15.84**	**75.18**	**5.15**
章丘县	127.50	75.70	14.60	11.45	42.26	6.17	4.45	72.12	5.88
平阴县	57.00	30.70	4.00	7.02	26.50	1.06	0.45	42.45	1.47
商河县	117.20	40.70	23.70	20.22	38.02	9.01	8.30	92.12	20.39
济阳县	105.80	38.80	12.90	12.19	22.48	2.90	2.04	70.34	5.26
历城区	107.30	79.90	0.90	0.84	48.89	0.44			
长清县	67.10	41.90	3.70	5.51	40.27	1.49	0.60	40.27	1.43
青岛市	**682.90**	**317.90**	**35.70**	**5.23**	**89.83**	**32.07**	**31.86**	**99.35**	**10.02**
平度县	280.30	109.30	28.00	9.99	100.43	28.12	29.07	103.38	26.60
胶南县	131.00	76.00	1.80	1.37	36.67	0.66			
胶　县	111.20	53.30	4.90	4.41	58.98	2.89	2.79	96.54	5.23
即墨县	160.40	79.30	1.00	0.62	40.00	0.40			
淄博市	**191.00**	**107.00**	**19.80**	**10.37**	**39.95**	**7.91**	**5.27**	**66.62**	**4.93**
桓台县	54.80	36.40	1.40	2.55	43.57	0.61			
高青县	78.20	29.70	15.30	19.57	37.32	5.71	5.19	90.89	17.47
沂源县	58.00	40.90	3.10	5.34	51.29	1.59	0.08	5.03	0.20
日照市	**198.90**	**119.10**	**7.50**	**3.77**	**47.20**	**3.54**	**1.69**	**47.74**	**1.42**
莒　县	131.10	75.50	5.80	4.42	44.66	2.59	1.29	49.81	1.71
五莲县	67.80	43.60	1.70	2.51	55.88	0.95	0.40	42.11	0.92
莱芜市	**97.60**	**78.90**	**2.20**	**2.25**	**26.82**	**0.59**	**0.04**	**6.78**	**0.05**
莱芜县	97.60	78.90	2.20	2.25	26.82	0.59	0.04	6.78	0.05

5－19－28　山东省1970年产棉县棉花生产收购明细

县市名	耕地面积（万亩）	农业人口（万人）	棉田面积（万亩）	占耕地（%）	亩　产（市斤）	产　量（万担）	收购量（万担）	商品率（%）	人均交售（市斤）
全省合计	**9621.71**	**4830.45**	**1030.37**	**10.71**	**52.17**	**537.56**	**445.19**	**82.82**	**9.22**
聊城市	**902.00**	**359.20**	**196.80**	**21.82**	**54.00**	**106.27**	**98.40**	**92.59**	**27.39**
阳谷县	107.90	49.60	22.40	20.76	56.70	12.70	9.96	78.43	20.08
莘　县	137.30	59.70	22.30	16.24	36.32	8.10	7.10	87.65	11.89
茌平县	114.10	40.80	24.80	21.74	52.34	12.98	12.53	96.53	30.71
东阿县	78.90	31.90	12.80	16.22	46.88	6.00	5.54	92.33	17.37
冠　县	122.10	48.50	28.00	22.93	61.07	17.10	16.33	95.50	33.67
高唐县	98.90	33.50	29.80	30.13	44.97	13.40	12.37	92.31	36.93
临清县	106.50	44.10	28.50	26.76	69.47	19.80	19.09	96.41	43.29
东昌府区	136.30	51.10	28.20	20.69	57.41	16.19	15.48	95.61	30.29
德州市	**979.80**	**369.40**	**178.00**	**18.17**	**46.91**	**83.50**	**72.80**	**87.19**	**19.71**
德州区	11.20	5.40	1.10	9.82	48.18	0.53	0.44	83.02	8.15
陵　县	133.50	48.70	22.10	16.55	44.21	9.77	8.76	89.66	17.99
平原县	102.30	35.10	22.30	21.80	51.03	11.38	10.56	92.79	30.09
夏津县	87.40	34.40	31.10	35.58	43.25	13.45	13.05	97.03	37.94
武城县	68.30	26.50	18.30	26.79	71.37	13.06	13.06	100.00	49.28
齐河县	148.60	50.00	10.80	7.27	30.83	3.33	2.69	80.78	5.38
禹城县	91.30	34.50	12.30	13.47	30.65	3.77	3.43	90.98	9.94
乐陵县	105.50	44.40	16.60	15.73	38.61	6.41	5.91	92.20	13.31
临邑县	95.20	34.90	22.10	23.21	39.59	8.75	3.32	37.94	9.51
宁津县	89.40	35.00	18.00	20.13	66.61	11.99	11.58	96.58	33.09
庆云县	47.10	20.50	3.30	7.01	32.12	1.06			
滨州地区	**660.90**	**273.12**	**118.14**	**17.88**	**46.66**	**55.13**	**51.05**	**92.60**	**18.69**
惠民县	118.00	47.20	24.20	20.51	46.03	11.14	10.80	96.95	22.88
滨州县	67.90	32.34	24.04	35.41	52.95	12.73	12.22	95.99	37.79
阳信县	75.60	32.30	10.70	14.15	40.75	4.36	3.75	86.01	11.61
无棣县	83.30	31.68	4.30	5.16	29.07	1.25	0.70	56.00	2.21
沾化县	101.70	33.80	11.50	11.31	38.78	4.46	3.80	85.20	11.24
博兴县	89.70	40.50	17.00	18.95	35.35	6.01	5.47	91.01	13.51
邹平县	124.70	55.30	26.40	21.17	57.50	15.18	14.31	94.27	25.88
菏泽地区	**1155.50**	**526.80**	**165.70**	**14.34**	**40.93**	**67.82**	**54.14**	**79.83**	**10.28**
菏泽县	142.30	72.20	17.80	12.51	36.69	6.53	5.56	85.15	7.70
曹　县	162.50	86.70	35.80	22.03	42.85	15.34	13.00	84.75	14.99
定陶县	86.00	38.70	13.30	15.47	42.78	5.69	5.14	90.33	13.28
成武县	90.30	38.80	9.10	10.08	50.44	4.59	3.97	86.49	10.23
单　县	161.00	71.40	28.80	17.89	43.13	12.42	11.14	89.69	15.60
巨野县	125.30	53.60	13.40	10.69	35.60	4.77	1.63	34.17	3.04
郓城县	173.10	71.80	28.90	16.70	44.05	12.73	9.42	74.00	13.12
鄄城县	103.90	51.90	11.90	11.45	38.32	4.56	3.51	76.97	6.76
东明县	111.10	41.70	6.70	6.03	17.76	1.19	0.77	64.71	1.85
潍坊市	**1194.11**	**615.43**	**89.13**	**7.46**	**89.97**	**80.19**	**63.96**	**79.76**	**10.39**
潍　县	123.70	61.90	2.40	1.94	44.17	1.06			
高密县	150.91	68.23	37.43	24.80	107.56	40.26	28.79	71.51	42.20
诸城县	180.20	88.80	17.40	9.66	84.94	14.78	14.06	95.13	15.83
昌邑县	122.60	58.70	14.90	12.15	98.19	14.63	14.63	100.00	24.92
昌乐县	99.50	44.30	5.30	5.33	84.34	4.47	4.08	91.28	9.21
安丘县	166.80	89.40	4.10	2.46	53.66	2.20	2.02	91.82	2.26
寿光县	150.00	77.10	4.20	2.80	45.48	1.91	0.38	19.90	0.49
青州县	109.20	64.20	1.40	1.28	62.86	0.88			
寒亭区									
坊子区									
潍城区									
临朐县	91.20	62.80	2.00	2.19					

5－19－28 续表

县市名	耕地面积（万亩）	农业人口（万人）	棉田面积（万亩）	占耕地（%）	亩产（市斤）	产量（万担）	收购量（万担）	商品率（%）	人均交售（市斤）
济宁市	**936.50**	**499.50**	**56.10**	**5.99**	**52.37**	**29.38**	**15.05**	**51.23**	**3.01**
济宁县	85.90	41.80	2.50	2.91	57.20	1.43			
任城区	75.00	45.40	4.70	6.27	37.02	1.74			
兖州市	75.80	36.70	4.70	6.20	61.06	2.87			
邹城市	117.10	68.30	4.80	4.10	55.42	2.66			
鱼台县	65.80	26.90	1.80	2.74	46.11	0.83			
金乡县	95.00	38.30	6.00	6.32	41.50	2.49	1.40	56.22	3.66
嘉祥县	104.80	54.30	5.20	4.96	28.27	1.47	1.38	93.88	2.54
微山县	45.90	41.40	0.40	0.87	57.50	0.23			
汶上县	90.40	48.70	12.00	13.27	86.42	10.37	9.04	87.17	18.56
梁山县	107.00	56.40	10.10	9.44	35.15	3.55	2.13	60.00	3.78
泗水县	73.80	41.30	3.90	5.28	44.62	1.74	1.10	63.22	2.66
东营市	**261.30**	**86.60**	**34.50**	**13.20**	**38.64**	**13.33**	**11.80**	**88.52**	**13.63**
东营区									
河口区									
垦利县	73.50	21.10	9.30	12.65	29.89	2.78	2.56	92.09	12.13
利津县	79.50	24.50	7.00	8.81	31.14	2.18	1.87	85.78	7.63
广饶县	108.30	41.00	18.20	16.81	45.99	8.37	7.37	88.05	17.98
临沂市	**1086.00**	**666.90**	**39.10**	**3.60**	**52.25**	**20.43**	**14.56**	**71.27**	**2.18**
临沂县	107.40	99.30	5.80	5.40	58.45	3.39	2.68	79.06	2.70
郯城县	107.40	63.50	3.10	2.89	39.35	1.22	1.21	99.18	1.91
苍山县	140.90	77.30	3.30	2.34	51.21	1.69	1.17	69.23	1.51
沂水县	135.90	79.50	7.10	5.22	55.07	3.91	2.36	60.36	2.97
蒙阴县	53.10	35.80	3.20	6.03	59.06	1.89	1.24	65.61	3.46
莒南县	123.30	73.40	2.80	2.27	60.71	1.70	2.10	123.53	2.86
平邑县	102.50	68.20	3.30	3.22	55.15	1.82	0.74	40.66	1.09
费县	108.90	62.30	3.90	3.58	48.21	1.88	1.28	68.09	2.05
沂南县	117.80	63.90	5.00	4.24	49.00	2.45	1.53	62.45	2.39
临沭县	88.80	43.70	1.60	1.80	30.00	0.48	0.25	52.08	0.57
泰安市	**528.70**	**356.30**	**19.00**	**3.59**	**45.79**	**8.70**	**4.48**	**51.49**	**1.26**
泰安县	132.80	101.70	2.90	2.18	51.72	1.50	0.51	34.00	0.50
肥城县	108.30	70.40	4.10	3.79	44.39	1.82	0.99	54.40	1.41
宁阳县	98.30	59.20	2.30	2.34	41.74	0.96	0.51	53.13	0.86
东平县	75.00	47.90	6.10	8.13	48.03	2.93	2.17	74.06	4.53
新泰县	114.30	77.10	3.60	3.15	41.39	1.49	0.30	20.13	0.39
枣庄市	**166.90**	**121.90**	**7.50**	**4.49**	**52.67**	**3.95**			
滕州县	166.90	121.90	7.50	4.49	52.67	3.95			
薛城区									
峄城区									
台儿庄									
济南市	**583.40**	**314.70**	**57.90**	**9.92**	**37.69**	**21.82**	**17.24**	**79.01**	**5.48**
章丘县	128.00	77.50	15.30	11.95	40.85	6.25	4.98	79.68	6.43
平阴县	57.00	31.30	3.90	6.84	38.97	1.52	0.85	55.92	2.72
商河县	119.60	42.00	23.50	19.65	36.00	8.46	7.80	92.20	18.57
济阳县	104.00	40.00	10.30	9.90	36.21	3.73	2.79	74.80	6.98
历城区	107.70	81.00	0.80	0.74	60.00	0.48			
长清县	67.10	42.90	4.10	6.11	33.66	1.38	0.82	59.42	1.91
青岛市	**676.90**	**327.40**	**36.20**	**5.35**	**89.92**	**32.55**	**30.80**	**94.62**	**9.41**
平度县	280.40	112.30	28.20	10.06	101.95	28.75	28.34	98.57	25.24
胶南县	128.10	78.40	1.70	1.33	31.76	0.54			
胶县	110.90	54.80	5.50	4.96	55.82	3.07	2.46	80.13	4.49
即墨县	157.50	81.90	0.80	0.51	23.75	0.19			
淄博市	**192.40**	**109.90**	**21.30**	**11.07**	**44.55**	**9.49**	**7.84**	**82.61**	**7.13**
桓台县	54.90	37.30	1.60	2.91	45.63	0.73	0.12	16.44	0.32
高青县	79.50	30.70	16.50	20.75	42.55	7.02	6.67	95.01	21.73
沂源县	58.00	41.90	3.20	5.52	54.38	1.74	1.05	60.34	2.51
日照市	**200.30**	**122.40**	**8.60**	**4.29**	**48.37**	**4.16**	**2.98**	**71.63**	**2.43**
莒县	132.90	77.60	6.60	4.97	44.09	2.91	2.10	72.16	2.71
五莲县	67.40	44.80	2.00	2.97	62.50	1.25	0.88	70.40	1.96
莱芜市	**97.00**	**80.90**	**2.40**	**2.47**	**35.00**	**0.84**	**0.09**	**10.71**	**0.11**
莱芜县	97.00	80.90	2.40	2.47	35.00	0.84	0.09	10.71	0.11

5－19－29　山东省1971年产棉县棉花生产收购明细

县市名	耕地面积（万亩）	农业人口（万人）	棉田面积（万亩）	占耕地（％）	亩产（市斤）	产量（万担）	收购量（万担）	商品率（％）	人均交售（市斤）
全省合计	**9519.67**	**4813.66**	**976.10**	**10.25**	**49.51**	**483.25**	**424.10**	**87.76**	**8.81**
聊城市	**896.76**	**364.40**	**184.60**	**20.59**	**56.38**	**104.08**	**92.93**	**89.29**	**25.50**
阳谷县	106.85	50.72	22.30	20.87	56.19	12.53	9.24	73.74	18.22
莘　县	137.32	60.40	21.40	15.58	33.64	7.20	7.00	97.22	11.59
茌平县	114.70	41.40	22.60	19.70	40.58	9.17	8.68	94.66	20.97
东阿县	76.86	32.33	12.80	16.65	34.53	4.42	0.01	0.23	0.03
冠　县	121.35	49.32	26.50	21.84	67.47	17.88	17.07	95.47	34.61
高唐县	98.72	34.09	24.50	24.82	47.88	11.73	11.36	96.85	33.32
临清县	105.76	44.65	27.00	25.53	91.85	24.80	24.06	97.02	53.89
东昌府区	135.20	51.49	27.50	20.34	59.45	16.35	15.51	94.86	30.12
德州市	**963.59**	**376.92**	**178.30**	**18.50**	**43.18**	**76.99**	**71.43**	**92.78**	**18.95**
德州区	10.89	5.43	1.10	10.10	30.91	0.34	0.28	82.35	5.16
陵　县	132.60	49.63	22.00	16.59	41.73	9.18	8.44	91.94	17.01
平原县	99.90	35.98	21.60	21.62	57.87	12.50	11.78	94.24	32.74
夏津县	86.90	34.92	29.70	34.18	43.87	13.03	13.03	100.00	37.31
武城县	67.10	26.80	19.30	28.76	61.66	11.90	11.90	100.00	44.40
齐河县	143.00	51.73	10.50	7.34	24.19	2.54	1.67	65.75	3.23
禹城县	89.20	34.91	11.60	13.00	31.90	3.70	3.17	85.68	9.08
乐陵县	104.10	44.96	17.30	16.62	32.83	5.68	4.91	86.44	10.92
临邑县	93.60	35.31	21.20	22.65	31.51	6.68	5.63	84.28	15.94
宁津县	89.40	36.63	20.70	23.15	53.24	11.02	10.62	96.37	28.99
庆云县	46.90	20.62	3.30	7.04	12.73	0.42			
滨州地区	**657.53**	**277.62**	**111.65**	**16.98**	**30.84**	**34.43**	**33.99**	**98.72**	**12.24**
惠民县	117.80	48.13	22.50	19.10	27.73	6.24	5.97	95.67	12.40
滨州县	67.90	33.31	23.15	34.09	21.17	4.90	7.40	151.02	22.22
阳信县	74.53	32.78	9.30	12.48	26.67	2.48	2.05	82.66	6.25
无棣县	81.80	32.16	3.10	3.79	12.58	0.39	0.23	58.97	0.72
沾化县	101.76	34.55	12.00	11.79	21.58	2.59	1.90	73.36	5.50
博兴县	89.10	41.09	16.30	18.29	30.98	5.05	4.40	87.13	10.71
邹平县	124.64	55.60	25.30	20.30	50.51	12.78	12.04	94.21	21.65
菏泽地区	**1145.20**	**536.19**	**148.80**	**12.99**	**37.74**	**56.15**	**43.18**	**76.90**	**8.05**
菏泽县	137.60	73.45	13.20	9.59	27.27	3.60	2.79	77.50	3.80
曹　县	162.40	88.41	31.30	19.27	39.71	12.43	10.57	85.04	11.96
定陶县	84.50	39.30	10.50	12.43	33.71	3.54	2.99	84.46	7.61
成武县	90.30	39.42	10.20	11.30	54.12	5.52	4.75	86.05	12.05
单　县	160.70	72.40	27.10	16.86	41.59	11.27	9.73	86.34	13.44
巨野县	123.20	54.49	14.20	11.53	37.04	5.26	3.02	57.41	5.54
郓城县	172.60	73.61	26.10	15.12	42.49	11.09	7.54	67.99	10.24
鄄城县	103.90	52.66	8.70	8.37	26.55	2.31	1.15	49.78	2.18
东明县	110.00	42.45	7.50	6.82	15.07	1.13	0.64	56.64	1.51
潍坊市	**1097.87**	**558.18**	**88.50**	**8.06**	**97.46**	**86.25**	**81.84**	**94.89**	**14.66**
潍　县	123.19	62.72	1.80	1.46	43.89	0.79	0.17	21.52	0.27
高密县	149.98	69.80	37.20	24.80	99.01	36.83	36.69	99.62	52.56
诸城县	179.80	90.23	18.10	10.07	97.90	17.72	17.32	97.74	19.20
昌邑县	122.30	59.37	14.10	11.53	117.45	16.56	15.82	95.53	26.65
昌乐县	97.90	44.61	4.70	4.80	112.34	5.28	4.93	93.37	11.05
安丘县	165.70	88.00	5.70	3.44	85.96	4.90	4.65	94.90	5.28
寿光县	150.00	78.17	6.00	4.00	60.00	3.60	2.26	62.78	2.89
青州县	109.00	65.28	0.90	0.83	63.33	0.57			
寒亭区									
坊子区									
潍城区									
临朐县									

5－19－29　续表

县市名	耕地面积（万亩）	农业人口（万人）	棉田面积（万亩）	占耕地（%）	亩　产（市斤）	产　量（万担）	收购量（万担）	商品率（%）	人均交售（市斤）
济宁市	**929.40**	**507.90**	**55.20**	**5.94**	**51.49**	**28.42**	**23.66**	**83.25**	**4.66**
济宁县	84.13	43.85	2.70	3.21	40.00	1.08	0.67	62.04	1.53
任城区	74.78	45.57	5.00	6.69	49.00	2.45	2.10	85.71	4.61
兖州市	74.99	37.17	6.10	8.13	46.72	2.85	2.68	94.04	7.21
邹城市	115.49	69.34	4.80	4.16	39.38	1.89	1.27	67.20	1.83
鱼台县	65.02	27.63	0.90	1.38	30.00	0.27			
金乡县	94.17	38.98	5.70	6.05	39.12	2.23	1.48	66.37	3.80
嘉祥县	105.56	55.01	7.00	6.63	32.00	2.24	2.20	98.21	4.00
微山县	45.35	41.34	0.20	0.44	40.00	0.08			
汶上县	89.45	49.59	11.60	12.97	102.24	11.86	11.01	92.83	22.20
梁山县	107.60	57.45	7.60	7.06	34.74	2.64	1.69	64.02	2.94
泗水县	72.86	41.97	3.60	4.94	23.06	0.83	0.56	67.47	1.33
东营市	**258.87**	**91.49**	**29.60**	**11.43**	**32.91**	**9.74**	**8.41**	**86.34**	**9.19**
东营区									
河口区									
垦利县	72.29	22.82	7.80	10.79	25.77	2.01	1.48	73.63	6.49
利津县	79.58	25.02	5.70	7.16	11.05	0.63	0.52	82.54	2.08
广饶县	107.00	43.65	16.10	15.05	44.10	7.10	6.41	90.28	14.68
临沂市	**1136.50**	**678.44**	**36.30**	**3.19**	**41.85**	**15.19**	**9.29**	**61.16**	**1.37**
临沂县	162.14	100.53	4.80	2.96	52.50	2.52	1.90	75.40	1.89
郯城县	107.60	64.27	2.20	2.04	41.36	0.91	0.31	34.07	0.48
苍山县	140.63	78.43	2.70	1.92	40.74	1.10	0.52	47.27	0.66
沂水县	135.60	80.43	6.60	4.87	48.79	3.22	2.15	66.77	2.67
蒙阴县	52.41	36.97	2.90	5.53	48.28	1.40	0.92	65.71	2.49
莒南县	123.30	75.52	5.20	4.22	39.81	2.07	1.38	66.67	1.83
平邑县	101.91	69.33	3.00	2.94	31.67	0.95	0.40	42.11	0.58
费　县	107.10	63.20	3.40	3.17	35.59	1.21	0.67	55.37	1.06
沂南县	117.71	64.82	4.40	3.74	34.32	1.51	0.88	58.28	1.36
临沭县	88.10	44.94	1.10	1.25	27.27	0.30	0.16	53.33	0.36
泰安市	**527.81**	**359.59**	**18.30**	**3.47**	**45.79**	**8.38**	**4.74**	**56.56**	**1.32**
泰安县	132.41	102.86	2.70	2.04	59.63	1.61	0.71	44.10	0.69
肥城县	108.10	70.91	4.30	3.98	47.21	2.03	1.18	58.13	1.66
宁阳县	97.20	59.80	2.10	2.16	42.38	0.89	0.53	59.55	0.89
东平县	75.90	48.04	6.00	7.91	46.00	2.76	2.05	74.28	4.27
新泰县	114.20	77.98	3.20	2.80	34.06	1.09	0.27	24.77	0.35
枣庄市	**166.48**	**124.11**	**5.40**	**3.24**	**32.96**	**1.78**	**0.56**	**31.46**	**0.45**
滕州县	166.48	124.11	5.40	3.24	32.96	1.78	0.56	31.46	0.45
薛城区									
峄城区									
台儿庄									
济南市	**579.33**	**291.05**	**55.50**	**9.58**	**31.55**	**17.51**	**13.48**	**76.98**	**4.63**
章丘县	127.95	77.85	13.90	10.86	39.93	5.55	4.06	73.15	5.22
平阴县	56.83	31.26	3.80	6.69	33.68	1.28	0.67	52.34	2.14
商河县	118.20	42.96	23.50	19.88	32.51	7.64	6.93	90.71	16.13
济阳县	103.40	40.72	10.20	9.86	15.69	1.60	1.18	73.75	2.90
历城区	106.00	54.98	0.60	0.57	41.67	0.25			
长清县	66.95	43.28	3.50	5.23	34.00	1.19	0.64	53.78	1.48
青岛市	**674.38**	**330.19**	**34.85**	**5.17**	**92.11**	**32.10**	**31.41**	**97.85**	**9.51**
平度县	278.80	113.67	28.30	10.15	101.45	28.71	28.67	99.86	25.22
胶南县	127.20	78.56	0.80	0.63	25.00	0.20			
胶　县	110.60	55.44	5.50	4.97	56.00	3.08	2.74	88.96	4.94
即墨县	157.78	82.52	0.25	0.16	44.00	0.11			
淄博市	**191.28**	**111.50**	**19.70**	**10.30**	**41.07**	**8.09**	**6.60**	**81.58**	**5.92**
桓台县	54.83	37.86	2.00	3.65	36.50	0.73	0.30	41.10	0.79
高青县	78.80	31.19	14.60	18.53	38.97	5.69	5.23	91.92	16.77
沂源县	57.65	42.45	3.10	5.38	53.87	1.67	1.07	64.07	2.52
日照市	**198.22**	**124.47**	**7.30**	**3.68**	**47.81**	**3.49**	**2.49**	**71.35**	**2.00**
莒　县	131.52	78.71	5.20	3.95	39.81	2.07	1.38	66.67	1.75
五莲县	66.70	45.76	2.10	3.15	67.62	1.42	1.11	78.17	2.43
莱芜市	**96.45**	**81.61**	**2.10**	**2.18**	**30.95**	**0.65**	**0.09**	**13.85**	**0.11**
莱芜县	96.45	81.61	2.10	2.18	30.95	0.65	0.09	13.85	0.11

5－19－30　山东省1972年产棉县棉花生产收购明细

县市名	耕地面积（万亩）	农业人口（万人）	棉田面积（万亩）	占耕地（%）	亩　产（市斤）	产　量（万担）	收购量（万担）	商品率（%）	人均交售（市斤）
全省合计	**9455.01**	**4911.65**	**907.07**	**9.59**	**43.50**	**394.55**	**345.60**	**87.59**	**7.04**
聊城市	**890.88**	**370.21**	**181.80**	**20.41**	**45.30**	**82.35**	**78.71**	**95.58**	**21.26**
阳谷县	106.24	51.44	22.30	20.99	56.01	12.49	11.90	95.28	23.13
莘　县	136.53	61.60	20.10	14.72	37.31	7.50	6.90	92.00	11.20
茌平县	113.74	42.12	22.30	19.61	31.66	7.06	6.64	94.05	15.76
东阿县	76.67	32.69	12.60	16.43	39.13	4.93	4.59	93.10	14.04
冠　县	120.67	50.23	26.60	22.04	49.17	13.08	12.57	96.10	25.02
高唐县	97.89	34.48	23.40	23.90	43.16	10.10	9.90	98.02	28.71
临清县	104.49	45.19	27.10	25.94	50.18	13.60	13.25	97.43	29.32
东昌府区	134.65	52.46	27.40	20.35	49.60	13.59	12.96	95.36	24.70
德州市	**939.20**	**382.14**	**157.40**	**16.76**	**34.50**	**54.31**	**49.22**	**90.63**	**12.88**
德州区	10.60	5.64	0.60	5.66	55.00	0.33	0.32	96.97	5.67
陵　县	129.40	50.08	22.00	17.00	33.59	7.39	7.20	97.43	14.38
平原县	97.30	36.64	19.20	19.73	48.65	9.34	8.92	95.50	24.34
夏津县	85.00	35.87	25.80	30.35	28.60	7.38	6.92	93.77	19.29
武城县	66.80	27.30	17.40	26.05	44.02	7.66	7.66	100.00	28.06
齐河县	134.00	52.28	8.20	6.12	35.24	2.89	1.41	48.79	2.70
禹城县	86.40	35.65	10.50	12.15	33.52	3.52	3.36	95.45	9.42
乐陵县	104.60	45.58	14.90	14.24	27.99	4.17	3.14	75.30	6.89
临邑县	92.20	36.03	19.10	20.72	29.74	5.68	5.09	89.61	14.13
宁津县	87.60	36.04	18.00	20.55	31.83	5.73	5.20	90.75	14.43
庆云县	45.30	21.03	1.70	3.75	12.94	0.22			
滨州地区	**661.60**	**286.56**	**87.70**	**13.26**	**27.84**	**24.42**	**21.47**	**87.92**	**7.49**
惠民县	118.00	49.06	18.50	15.68	25.14	4.65	4.30	92.47	8.76
滨州县	67.20	36.10	16.30	24.26	27.98	4.56	4.19	91.89	11.61
阳信县	74.60	33.57	7.30	9.79	24.25	1.77	1.28	72.32	3.81
无棣县	82.80	32.74	1.60	1.93	12.50	0.20	0.04	20.00	0.12
沾化县	104.10	35.66	8.10	7.78	18.52	1.50	1.06	70.67	2.97
博兴县	89.50	42.15	11.80	13.18	27.54	3.25	3.27	100.62	7.76
邹平县	125.40	57.28	24.10	19.22	35.23	8.49	7.33	86.34	12.80
菏泽地区	**1136.80**	**549.67**	**133.50**	**11.74**	**44.23**	**59.05**	**49.40**	**83.66**	**8.99**
菏泽县	140.70	74.97	10.80	7.68	40.74	4.40	3.10	70.45	4.13
曹　县	161.80	90.56	30.90	19.10	44.82	13.85	12.83	92.64	14.17
定陶县	84.60	40.42	10.30	12.17	38.35	3.95	3.15	79.75	7.79
成武县	89.30	40.76	9.90	11.09	70.71	7.00	6.30	90.00	15.46
单　县	160.30	74.34	26.60	16.59	51.50	13.70	12.14	88.61	16.33
巨野县	121.30	56.12	13.60	11.21	47.06	6.40	4.69	73.28	8.36
郓城县	169.00	75.05	22.00	13.02	32.45	7.14	5.57	78.01	7.42
鄄城县	101.80	53.80	4.50	4.42	35.11	1.58	1.05	66.46	1.95
东明县	108.00	43.65	4.90	4.54	21.02	1.03	0.57	55.34	1.31
潍坊市	**1093.34**	**566.49**	**91.22**	**8.34**	**72.78**	**66.39**	**57.02**	**85.89**	**10.07**
潍　县	123.00	63.44	5.20	4.23	63.46	3.30	2.31	70.00	3.64
高密县	148.14	70.97	37.20	25.11	59.95	22.30	21.50	96.41	30.29
诸城县	178.60	92.08	17.32	9.70	107.39	18.60	12.85	69.09	13.96
昌邑县	122.60	59.58	14.00	11.42	81.43	11.40	11.00	96.49	18.46
昌乐县	97.50	45.48	5.40	5.54	79.26	4.28	4.22	98.60	9.28
安丘县	165.10	89.10	5.60	3.39	64.29	3.60	3.40	94.44	3.82
寿光县	150.10	79.78	6.10	4.06	43.61	2.66	1.74	65.41	2.18
青州县	108.30	66.06	0.40	0.37	62.50	0.25			
寒亭区									
坊子区									
潍城区									
临朐县									

5－19－30 续表

县市名	耕地面积（万亩）	农业人口（万人）	棉田面积（万亩）	占耕地（%）	亩产（市斤）	产量（万担）	收购量（万担）	商品率（%）	人均交售（市斤）
济宁市	**923.17**	**514.52**	**57.88**	**6.27**	**57.86**	**33.49**	**29.64**	**88.50**	**5.76**
济宁县	84.14	44.66	1.90	2.26	47.37	0.90	0.76	84.44	1.70
任城区	74.17	46.50	4.40	5.93	59.09	2.60	2.21	85.00	4.75
兖州市	74.13	37.71	6.80	9.17	50.44	3.43	3.46	100.87	9.18
邹城市	115.00	70.83	3.50	3.04	45.71	1.60	1.31	81.88	1.85
鱼台县	64.44	28.02	0.35	0.54	34.29	0.12			
金乡县	93.26	39.50	7.40	7.93	45.95	3.40	2.88	84.71	7.29
嘉祥县	102.76	56.21	7.70	7.49	48.96	3.77	3.50	92.84	6.23
微山县	45.69	41.08	0.33	0.72	57.58	0.19			
汶上县	92.08	50.91	12.70	13.79	98.50	12.51	11.65	93.13	22.88
梁山县	105.50	56.26	7.10	6.73	44.79	3.18	2.04	64.15	3.63
泗水县	72.00	42.84	5.70	7.92	31.40	1.79	1.83	102.23	4.27
东营市	**256.10**	**96.74**	**24.00**	**9.37**	**25.67**	**6.16**	**5.11**	**82.95**	**5.28**
东营区									
河口区									
垦利县	70.30	26.18	5.40	7.68	17.41	0.94	0.71	75.53	2.71
利津县	78.30	25.78	4.80	6.13	16.46	0.79	0.56	70.89	2.17
广饶县	107.50	44.78	13.80	12.84	32.10	4.43	3.84	86.68	8.58
临沂市	**1132.45**	**691.93**	**32.90**	**2.91**	**40.91**	**13.46**	**10.25**	**76.15**	**1.48**
临沂县	160.31	103.35	3.80	2.37	50.00	1.90	1.43	75.26	1.38
郯城县	107.40	65.78	2.30	2.14	33.91	0.78	0.91	116.67	1.38
苍山县	140.31	80.48	2.60	1.85	38.08	0.99	0.79	79.80	0.98
沂水县	136.00	82.30	6.10	4.49	47.54	2.90	2.13	73.45	2.59
蒙阴县	52.59	37.94	2.90	5.51	52.41	1.52	1.17	76.97	3.08
莒南县	123.00	74.02	4.40	3.58	37.50	1.65	1.22	73.94	1.65
平邑县	101.19	71.32	2.80	2.77	36.79	1.03	1.01	98.06	1.42
费　县	106.73	64.61	3.10	2.90	37.42	1.16	0.47	40.52	0.73
沂南县	117.32	66.06	4.10	3.49	30.98	1.27	0.88	69.29	1.33
临沭县	87.60	46.07	0.80	0.91	32.50	0.26	0.24	92.31	0.52
泰安市	**523.60**	**367.76**	**17.80**	**3.40**	**47.58**	**8.47**	**5.65**	**66.71**	**1.54**
泰安县	131.90	105.45	2.70	2.05	52.59	1.42	0.80	56.34	0.76
肥城县	107.40	71.78	4.20	3.91	51.19	2.15	1.48	68.84	2.06
宁阳县	96.31	61.40	2.10	2.18	53.33	1.12	0.81	72.32	1.32
东平县	74.30	48.41	6.10	8.21	48.52	2.96	2.36	79.73	4.88
新泰县	113.69	80.72	2.70	2.37	30.37	0.82	0.20	24.39	0.25
枣庄市	**165.92**	**126.21**	**9.60**	**5.79**	**49.17**	**4.72**	**4.33**	**91.74**	**3.43**
滕州县	165.92	126.21	9.60	5.79	49.17	4.72	4.33	91.74	3.43
薛城区									
峄城区									
台儿庄									
济南市	**575.16**	**297.21**	**50.89**	**8.85**	**26.90**	**13.69**	**10.56**	**77.14**	**3.55**
章丘县	127.96	79.79	13.20	10.32	24.85	3.28	2.34	71.34	2.93
平阴县	56.77	31.84	4.00	7.05	38.00	1.52	0.96	63.16	3.02
商河县	114.30	44.06	20.10	17.59	27.61	5.55	4.97	89.55	11.28
济阳县	103.90	41.49	9.10	8.76	19.78	1.80	1.34	74.44	3.23
历城区	105.31	55.98	0.49	0.47	34.69	0.17			
长清县	66.92	44.05	4.00	5.98	34.25	1.37	0.95	69.34	2.16
青岛市	**670.37**	**337.07**	**35.58**	**5.31**	**54.38**	**19.35**	**18.85**	**97.42**	**5.59**
平度县	278.04	116.00	30.50	10.97	54.03	16.48	16.25	98.60	14.01
胶南县	125.30	80.31	0.20	0.16	25.00	0.05			
胶　县	109.30	56.63	4.80	4.39	58.13	2.79	2.60	93.19	4.59
即墨县	157.73	84.13	0.08	0.05	37.50	0.03			
淄博市	**192.75**	**114.69**	**18.50**	**9.60**	**27.62**	**5.11**	**2.76**	**54.01**	**2.41**
桓台县	54.70	38.78	1.80	3.29	40.00	0.72	0.26	36.11	0.67
高青县	80.00	31.84	13.70	17.13	21.68	2.97	2.34	78.79	7.35
沂源县	58.05	44.07	3.00	5.17	47.33	1.42	0.16	11.27	0.36
日照市	**197.84**	**126.51**	**6.60**	**3.34**	**45.30**	**2.99**	**2.47**	**82.61**	**1.95**
莒　县	131.44	80.42	4.40	3.35	37.50	1.65	1.22	73.94	1.52
五莲县	66.40	46.09	2.20	3.31	60.91	1.34	1.25	93.28	2.71
莱芜市	**95.83**	**83.94**	**1.70**	**1.77**	**34.71**	**0.59**	**0.16**	**27.12**	**0.19**
莱芜县	95.83	83.94	1.70	1.77	34.71	0.59	0.16	27.12	0.19

5－19－31　山东省1973年产棉县棉花生产收购明细

县市名	耕地面积（万亩）	农业人口（万人）	棉田面积（万亩）	占耕地（%）	亩产（市斤）	产量（万担）	收购量（万担）	商品率（%）	人均交售（市斤）
全省合计	**9417.04**	**4989.76**	**979.44**	**10.40**	**53.15**	**520.55**	**471.80**	**90.63**	**9.46**
聊城市	**887.66**	**376.49**	**183.80**	**20.71**	**55.17**	**101.41**	**96.23**	**94.89**	**25.56**
阳谷县	106.31	52.73	22.20	20.88	66.80	14.83	13.90	93.73	26.36
莘县	136.37	63.00	21.40	15.69	42.99	9.20	8.40	91.30	13.33
茌平县	112.43	42.52	22.30	19.83	32.78	7.31	6.86	93.84	16.13
东阿县	76.50	33.15	12.70	16.60	39.29	4.99	4.57	91.58	13.79
冠县	120.54	51.23	26.40	21.90	61.06	16.12	15.45	95.84	30.16
高唐县	97.35	35.10	24.30	24.96	46.91	11.40	10.70	93.86	30.48
临清县	103.71	45.68	27.10	26.13	66.05	17.90	17.66	98.66	38.66
东昌府区	134.45	53.08	27.40	20.38	71.75	19.66	18.69	95.07	35.21
德州市	**934.50**	**387.59**	**160.50**	**17.17**	**40.31**	**64.70**	**59.85**	**92.50**	**15.44**
德州区	20.70	10.46	3.20	15.46	55.00	1.76	1.66	94.32	15.87
陵县	122.70	48.09	19.90	16.22	46.48	9.25	7.91	85.51	16.45
平原县	90.40	35.23	18.10	20.02	47.13	8.53	7.94	93.08	22.54
夏津县	85.20	36.39	26.90	31.57	38.29	10.30	10.30	100.00	28.30
武城县	68.90	27.64	16.50	23.95	48.97	8.08	8.08	100.00	29.23
齐河县	133.20	53.18	10.10	7.58	25.25	2.55	2.06	80.78	3.87
禹城县	86.20	36.26	10.80	12.53	32.87	3.55	3.39	95.49	9.35
乐陵县	102.50	45.83	16.20	15.80	29.44	4.77	4.26	89.31	9.30
临邑县	92.00	36.65	19.10	20.76	33.35	6.37	5.55	87.13	15.14
宁津县	87.70	36.56	18.50	21.09	50.32	9.31	8.70	93.45	23.80
庆云县	45.00	21.30	1.20	2.67	19.17	0.23			
滨州地区	**654.76**	**288.01**	**91.97**	**14.05**	**35.17**	**32.35**	**28.34**	**87.60**	**9.84**
惠民县	117.50	49.90	19.80	16.85	29.29	5.80	5.25	90.52	10.52
滨州县	66.10	32.80	17.04	25.78	35.50	6.05	5.81	96.03	17.71
阳信县	73.56	34.35	8.00	10.88	31.25	2.50	1.51	60.40	4.40
无棣县	82.40	33.39	2.20	2.67	15.91	0.35	0.08	22.86	0.24
沾化县	102.21	36.42	9.45	9.25	23.39	2.21	1.68	76.02	4.61
博兴县	88.28	42.89	11.30	12.80	31.50	3.56	3.00	84.27	6.99
邹平县	124.71	58.26	24.18	19.39	49.13	11.88	11.01	92.68	18.90
菏泽地区	**1127.30**	**560.52**	**153.30**	**13.60**	**50.58**	**77.54**	**66.24**	**85.43**	**11.82**
菏泽县	139.90	76.73	13.00	9.29	40.00	5.20	4.00	76.92	5.21
曹县	161.80	92.88	32.50	20.09	61.42	19.96	18.26	91.48	19.66
定陶县	84.60	41.20	12.10	14.30	43.47	5.26	5.09	96.77	12.35
成武县	90.00	41.11	12.60	14.00	78.57	9.90	9.00	90.91	21.89
单县	152.10	75.67	28.70	18.87	60.73	17.43	15.62	89.62	20.64
巨野县	121.60	56.94	18.30	15.05	50.27	9.20	7.08	76.96	12.43
郓城县	168.50	76.21	24.10	14.30	29.42	7.09	5.14	72.50	6.74
鄄城县	101.20	55.06	6.10	6.03	35.08	2.14	1.33	62.15	2.42
东明县	107.60	44.72	5.90	5.48	23.05	1.36	0.72	52.94	1.61
潍坊市	**1090.07**	**572.23**	**91.70**	**8.41**	**89.47**	**82.04**	**78.74**	**95.98**	**13.76**
潍县	123.40	64.12	5.40	4.38	72.78	3.93	3.66	93.13	5.71
高密县	147.77	71.59	37.00	25.04	95.14	35.20	34.50	98.01	48.19
诸城县	178.00	92.85	18.50	10.39	77.41	14.32	14.24	99.44	15.34
昌邑县	120.80	60.05	14.00	11.59	114.29	16.00	15.60	97.50	25.98
昌乐县	96.60	46.22	5.20	5.38	105.58	5.49	5.28	96.17	11.42
安丘县	164.80	89.50	5.40	3.28	83.33	4.50	3.90	86.67	4.36
寿光县	150.50	81.06	6.00	3.99	40.83	2.45	1.56	63.67	1.92
青州县	108.20	66.84	0.20	0.18	75.00	0.15			
寒亭区									
坊子区									
潍城区									
临朐县									

5－19－31 续表

县市名	耕地面积（万亩）	农业人口（万人）	棉田面积（万亩）	占耕地（%）	亩产（市斤）	产量（万担）	收购量（万担）	商品率（%）	人均交售（市斤）
济宁市	**933.39**	**525.56**	**77.68**	**8.32**	**66.94**	**52.00**	**48.48**	**93.23**	**9.22**
济宁县	84.13	45.23	4.90	5.82	72.45	3.55	2.96	83.38	6.54
任城区	74.14	47.10	7.70	10.39	75.45	5.81	5.68	97.76	12.06
兖州市	72.72	38.16	9.10	12.51	64.73	5.89	6.00	101.87	15.72
邹城市	113.56	72.08	5.70	5.02	56.14	3.20	2.98	93.13	4.13
鱼台县	64.05	28.28	0.66	1.03	40.91	0.27			
金乡县	98.19	39.91	9.50	9.68	55.79	5.30	4.60	86.79	11.53
嘉祥县	108.70	56.87	11.60	10.67	46.98	5.45	5.24	96.15	9.21
微山县	45.42	42.52	0.32	0.70	59.38	0.19			
汶上县	93.80	51.93	13.10	13.97	112.44	14.73	14.60	99.12	28.11
梁山县	104.50	59.97	9.10	8.71	54.62	4.97	3.93	79.07	6.55
泗水县	74.18	43.51	6.00	8.09	44.00	2.64	2.49	94.32	5.72
东营市	**255.99**	**98.18**	**24.40**	**9.53**	**34.63**	**8.45**	**7.06**	**83.55**	**7.19**
东营区									
河口区									
垦利县	70.66	26.21	5.10	7.22	26.67	1.36	0.89	65.44	3.40
利津县	77.73	26.41	5.00	6.43	24.60	1.23	0.84	68.29	3.18
广饶县	107.60	45.56	14.30	13.29	40.98	5.86	5.33	90.96	11.70
临沂市	**1127.84**	**707.26**	**47.20**	**4.18**	**47.25**	**22.30**	**18.91**	**84.80**	**2.67**
临沂县	159.80	105.63	9.20	5.76	63.15	5.81	5.34	91.91	5.06
郯城县	106.53	67.04	5.90	5.54	42.20	2.49	2.74	110.04	4.09
苍山县	139.74	82.02	5.30	3.79	46.23	2.45	2.22	90.61	2.71
沂水县	136.22	83.75	6.20	4.55	42.26	2.62	2.72	103.82	3.25
蒙阴县	52.58	38.56	2.90	5.52	54.48	1.58	1.00	63.29	2.59
莒南县	122.42	77.27	5.60	4.57	46.43	2.60	1.85	71.15	2.39
平邑县	100.63	72.88	2.80	2.78	42.86	1.20	0.74	61.67	1.02
费　县	106.21	65.92	3.90	3.67	38.72	1.51	0.95	62.91	1.44
沂南县	117.35	67.27	4.50	3.83	38.22	1.72	1.14	66.28	1.69
临沭县	86.36	46.92	0.90	1.04	35.56	0.32	0.21	65.63	0.45
泰安市	**520.74**	**373.58**	**22.40**	**4.30**	**63.21**	**14.16**	**10.13**	**71.54**	**2.71**
泰安县	130.70	107.14	4.00	3.06	72.75	2.91	1.99	68.38	1.86
肥城县	106.99	72.74	5.90	5.51	60.85	3.59	2.67	74.37	3.67
宁阳县	95.87	62.39	3.40	3.55	71.18	2.42	1.82	75.21	2.92
东平县	74.00	48.57	6.40	8.65	61.88	3.96	3.15	79.55	6.49
新泰县	113.18	82.74	2.70	2.39	47.41	1.28	0.50	39.06	0.60
枣庄市	**165.18**	**127.87**	**10.10**	**6.11**	**66.34**	**6.70**	**5.47**	**81.64**	**4.28**
滕州县	165.18	127.87	10.10	6.11	66.34	6.70	5.47	81.64	4.28
薛城区									
峄城区									
台儿庄									
济南市	**568.66**	**302.25**	**53.59**	**9.42**	**33.89**	**18.16**	**14.69**	**80.89**	**4.86**
章丘县	127.72	81.27	13.10	10.26	31.22	4.09	3.02	73.84	3.72
平阴县	56.62	32.37	4.00	7.06	52.25	2.09	1.45	69.38	4.48
商河县	111.70	45.02	21.80	19.52	34.59	7.54	6.80	90.19	15.10
济阳县	102.50	42.21	10.30	10.05	26.80	2.76	2.35	85.14	5.57
历城区	103.37	56.65	0.19	0.18	47.37	0.09			
长清县	66.75	44.73	4.20	6.29	37.86	1.59	1.07	67.30	2.39
青岛市	**667.46**	**340.16**	**34.90**	**5.23**	**83.93**	**29.29**	**28.86**	**98.53**	**8.48**
平度县	276.70	117.21	30.30	10.95	85.02	25.76	25.52	99.07	21.77
胶南县	124.00	80.67	0.20	0.16	20.00	0.04			
胶　县	109.30	57.11	4.30	3.93	80.00	3.44	3.34	97.09	5.85
即墨县	157.46	85.17	0.10	0.06	50.00	0.05			
淄博市	**191.72**	**116.07**	**18.30**	**9.55**	**34.86**	**6.38**	**5.08**	**79.62**	**4.38**
桓台县	54.60	39.48	2.00	3.66	44.50	0.89	0.41	46.07	1.04
高青县	79.47	32.00	13.40	16.86	26.49	3.55	3.15	88.73	9.84
沂源县	57.65	44.59	2.90	5.03	66.90	1.94	1.52	78.35	3.41
日照市	**197.11**	**128.40**	**7.70**	**3.91**	**54.94**	**4.23**	**3.39**	**80.14**	**2.64**
莒　县	130.96	81.98	5.60	4.28	46.43	2.60	1.85	71.15	2.26
五莲县	66.15	46.42	2.10	3.17	77.62	1.63	1.54	94.48	3.32
莱芜市	**94.66**	**85.59**	**1.90**	**2.01**	**44.21**	**0.84**	**0.33**	**39.29**	**0.39**
莱芜县	94.66	85.59	1.90	2.01	44.21	0.84	0.33	39.29	0.39

5－19－32 山东省1974年产棉县棉花生产收购明细

县市名	耕地面积（万亩）	农业人口（万人）	棉田面积（万亩）	占耕地（%）	亩产（市斤）	产量（万担）	收购量（万担）	商品率（%）	人均交售（市斤）
全省合计	**9364.86**	**5053.50**	**964.60**	**10.30**	**39.45**	**380.54**	**336.37**	**88.39**	**6.66**
聊城市	**885.98**	**382.81**	**182.60**	**20.61**	**45.96**	**83.92**	**78.68**	**93.76**	**20.55**
阳谷县	105.81	53.75	22.00	20.79	50.95	11.21	10.50	93.67	19.53
莘　县	135.91	64.10	20.90	15.38	38.28	8.00	7.30	91.25	11.39
茌平县	112.38	43.08	22.30	19.84	32.78	7.31	6.77	92.61	15.71
东阿县	76.21	33.56	12.30	16.14	36.59	4.50	4.00	88.89	11.92
冠　县	120.64	52.31	26.30	21.80	53.31	14.02	13.40	95.58	25.62
高唐县	97.16	35.61	24.40	25.11	37.09	9.05	8.58	94.81	24.09
临清县	103.31	46.37	27.00	26.13	53.70	14.50	13.61	93.86	29.35
东昌府区	134.56	54.03	27.40	20.36	55.95	15.33	14.52	94.72	26.87
德州市	**925.90**	**392.67**	**155.70**	**16.82**	**27.78**	**43.25**	**39.69**	**91.77**	**10.11**
德州区	20.50	10.69	3.10	15.12	54.84	1.70	1.50	88.24	14.03
陵　县	121.30	48.59	20.00	16.49	27.20	5.44	4.41	81.07	9.08
平原县	91.00	35.81	17.70	19.45	24.75	4.38	3.96	90.41	11.06
夏津县	84.80	36.96	25.70	30.31	26.07	6.70	6.69	99.85	18.10
武城县	65.80	27.95	16.50	25.08	43.88	7.24	7.24	100.00	25.90
齐河县	132.40	53.96	9.50	7.18	24.42	2.32	1.72	74.14	3.19
禹城县	85.50	36.71	9.80	11.46	23.27	2.28	2.18	95.61	5.94
乐陵县	101.30	46.33	15.70	15.50	20.83	3.27	2.81	85.93	6.07
临邑县	90.80	37.19	18.80	20.70	18.24	3.43	3.08	89.80	8.28
宁津县	87.60	36.93	18.60	21.23	34.73	6.46	6.10	94.43	16.52
庆云县	44.90	21.55	0.30	0.67	10.00	0.03			
滨州地区	**651.11**	**292.40**	**88.55**	**13.60**	**22.21**	**19.67**	**15.05**	**76.51**	**5.15**
惠民县	116.62	50.53	18.72	16.05	19.50	3.65	3.21	87.95	6.35
滨州县	66.06	33.34	17.87	27.05	22.94	4.10	2.27	55.37	6.81
阳信县	73.19	34.84	7.10	9.70	13.80	0.98	0.69	70.41	1.98
无棣县	82.40	34.06	1.00	1.21	11.00	0.11			
沾化县	102.66	37.10	8.83	8.60	13.70	1.21	1.04	85.95	2.80
博兴县	87.73	43.50	10.70	12.20	17.66	1.89	1.47	77.78	3.38
邹平县	122.45	59.03	24.33	19.87	31.77	7.73	6.37	82.41	10.79
菏泽地区	**1117.70**	**569.56**	**155.30**	**13.89**	**38.86**	**60.35**	**48.73**	**80.75**	**8.56**
菏泽县	139.60	78.04	14.20	10.17	32.39	4.60	3.30	71.74	4.23
曹　县	161.80	94.32	33.20	20.52	44.40	14.74	13.26	89.96	14.06
定陶县	84.50	41.72	13.50	15.98	37.11	5.01	4.42	88.22	10.59
成武县	80.80	41.69	13.50	16.71	50.37	6.80	6.10	89.71	14.63
单　县	152.70	76.84	29.30	19.19	44.06	12.91	11.54	89.39	15.02
巨野县	121.50	57.91	20.10	16.54	31.34	6.30	4.15	65.87	7.17
郓城县	168.10	77.47	20.70	12.31	37.15	7.69	4.84	62.94	6.25
鄄城县	101.70	55.91	5.70	5.60	22.46	1.28	0.69	53.91	1.23
东明县	107.00	45.66	5.10	4.77	20.00	1.02	0.43	42.16	0.94
潍坊市	**1086.28**	**577.47**	**88.70**	**8.17**	**65.24**	**57.87**	**56.10**	**96.94**	**9.71**
潍　县	123.20	64.51	5.70	4.63	54.74	3.12	2.99	95.83	4.63
高密县	146.77	72.33	36.00	24.53	66.94	24.10	23.60	97.93	32.63
诸城县	177.70	93.72	15.30	8.61	64.71	9.90	10.14	102.42	10.82
昌邑县	119.70	60.35	14.00	11.70	83.57	11.70	11.30	96.58	18.72
昌乐县	96.20	46.64	5.00	5.20	73.60	3.68	3.58	97.28	7.68
安丘县	164.10	90.50	6.40	3.90	48.44	3.10	2.80	90.32	3.09
寿光县	150.51	81.88	6.20	4.12	35.65	2.21	1.69	76.47	2.06
青州县	108.10	67.54	0.10	0.09	60.00	0.06			
寒亭区									
坊子区									
潍城区									
临朐县									

5－19－32　续表

县市名	耕地面积（万亩）	农业人口（万人）	棉田面积（万亩）	占耕地（%）	亩　产（市斤）	产　量（万担）	收购量（万担）	商品率（%）	人均交售（市斤）
济宁市	**928.75**	**531.02**	**72.81**	**7.84**	**41.29**	**30.06**	**26.75**	**88.99**	**5.04**
济宁县	84.15	45.81	4.10	4.87	36.59	1.50	1.39	92.67	3.03
任城区	74.13	47.43	5.68	7.66	59.33	3.37	3.48	103.26	7.34
兖州市	71.70	38.70	8.70	12.13	40.92	3.56	3.80	106.74	9.82
邹城市	112.82	72.80	5.80	5.14	40.69	2.36	2.22	94.07	3.05
鱼台县	63.29	28.52	0.78	1.23	39.74	0.31			
金乡县	97.96	40.29	9.60	9.80	32.29	3.10	2.25	72.58	5.58
嘉祥县	108.01	57.03	8.90	8.24	25.06	2.23	2.21	99.10	3.88
微山县	44.87	43.15	0.15	0.33	53.33	0.08			
汶上县	93.99	52.52	12.90	13.72	64.88	8.37	7.38	88.17	14.05
梁山县	104.00	60.84	9.80	9.42	36.33	3.56	2.68	75.28	4.40
泗水县	73.83	43.93	6.40	8.67	25.31	1.62	1.34	82.72	3.05
东营市	**252.07**	**99.79**	**23.00**	**9.12**	**22.83**	**5.25**	**3.82**	**72.76**	**3.83**
东营区									
河口区									
垦利县	68.55	26.62	4.50	6.56	18.22	0.82	0.51	62.20	1.92
利津县	75.92	26.81	5.00	6.59	18.00	0.90	0.58	64.44	2.16
广饶县	107.60	46.36	13.50	12.55	26.15	3.53	2.73	77.34	5.89
临沂市	**1121.86**	**717.51**	**47.74**	**4.26**	**36.95**	**17.64**	**12.93**	**73.30**	**1.80**
临沂县	158.91	107.71	10.50	6.61	34.29	3.60	2.78	77.22	2.58
郯城县	106.48	67.96	2.74	2.57	60.22	1.65	2.08	126.06	3.06
苍山县	139.37	83.07	7.80	5.60	30.00	2.34	2.41	102.99	2.90
沂水县	136.00	84.64	6.40	4.71	44.06	2.82	1.99	70.57	2.35
蒙阴县	52.23	39.11	2.60	4.98	43.46	1.13	0.54	47.79	1.38
莒南县	121.64	78.44	6.10	5.01	34.59	2.11	1.32	62.56	1.68
平邑县	100.27	73.84	2.90	2.89	35.17	1.02	0.43	42.16	0.58
费　县	105.86	66.93	4.20	3.97	38.10	1.60	0.69	43.13	1.03
沂南县	115.46	68.28	3.80	3.29	31.32	1.19	0.66	55.46	0.97
临沭县	85.64	47.53	0.70	0.82	25.71	0.18	0.03	16.67	0.06
泰安市	**519.59**	**377.45**	**25.00**	**4.81**	**38.60**	**9.65**	**7.14**	**73.99**	**1.89**
泰安县	130.40	108.22	5.60	4.29	35.71	2.00	1.27	63.50	1.17
肥城县	106.37	73.40	5.70	5.36	34.04	1.94	1.31	67.53	1.78
宁阳县	95.25	63.10	3.90	4.09	40.00	1.56	1.91	122.44	3.03
东平县	74.59	48.71	6.60	8.85	45.00	2.97	2.27	76.43	4.66
新泰县	112.98	84.02	3.20	2.83	36.88	1.18	0.38	32.20	0.45
枣庄市	**164.81**	**129.22**	**9.10**	**5.52**	**49.34**	**4.49**	**3.60**	**80.18**	**2.79**
滕州县	164.81	129.22	9.10	5.52	49.34	4.49	3.60	80.18	2.79
薛城区									
峄城区									
台儿庄									
济南市	**565.35**	**305.90**	**53.25**	**9.42**	**24.21**	**12.89**	**10.40**	**80.68**	**3.40**
章丘县	127.58	82.29	11.90	9.33	24.29	2.89	1.96	67.82	2.38
平阴县	56.67	32.61	4.80	8.47	31.88	1.53	1.07	69.93	3.28
商河县	110.30	45.78	21.90	19.85	23.61	5.17	4.90	94.78	10.70
济阳县	101.40	42.83	10.10	9.96	17.23	1.74	1.51	86.78	3.53
历城区	102.77	57.19	0.25	0.24	36.00	0.09			
长清县	66.63	45.20	4.30	6.45	34.19	1.47	0.96	65.31	2.12
青岛市	**663.26**	**343.13**	**35.75**	**5.39**	**77.20**	**27.60**	**27.83**	**100.83**	**8.11**
平度县	275.70	118.09	30.40	11.03	78.39	23.83	24.02	100.80	20.34
胶南县	122.80	81.28	0.10	0.08	20.00	0.02			
胶　县	108.80	57.56	5.20	4.78	71.54	3.72	3.81	102.42	6.62
即墨县	155.96	86.20	0.05	0.03	60.00	0.03			
淄博市	**191.28**	**117.87**	**16.70**	**8.73**	**22.28**	**3.72**	**2.68**	**72.04**	**2.27**
桓台县	54.36	40.05	1.80	3.31	47.22	0.85	0.42	49.41	1.05
高青县	79.39	32.65	12.10	15.24	13.47	1.63	1.43	87.73	4.38
沂源县	57.53	45.17	2.80	4.87	44.29	1.24	0.83	66.94	1.84
日照市	**196.69**	**130.16**	**8.40**	**4.27**	**43.33**	**3.64**	**2.81**	**77.20**	**2.16**
莒　县	130.70	83.27	6.10	4.67	34.59	2.11	1.32	62.56	1.59
五莲县	65.99	46.89	2.30	3.49	66.52	1.53	1.49	97.39	3.18
莱芜市	**94.23**	**86.54**	**2.00**	**2.12**	**27.00**	**0.54**	**0.16**	**29.63**	**0.18**
莱芜县	94.23	86.54	2.00	2.12	27.00	0.54	0.16	29.63	0.18

5－19－33　山东省1975年产棉县棉花生产收购明细

县市名	耕地面积（万亩）	农业人口（万人）	棉田面积（万亩）	占耕地（%）	亩产（市斤）	产量（万担）	收购量（万担）	商品率（%）	人均交售（市斤）
全省合计	**9305.45**	**5117.41**	**941.41**	**10.12**	**51.59**	**485.65**	**433.84**	**89.33**	**8.48**
聊城市	**881.99**	**387.76**	**181.40**	**20.57**	**56.07**	**101.72**	**97.39**	**95.74**	**25.12**
阳谷县	105.52	54.56	22.10	20.94	67.29	14.87	13.90	93.48	25.48
莘　县	135.03	65.10	20.00	14.81	52.00	10.40	9.70	93.27	14.90
茌平县	112.29	43.49	22.20	19.77	36.31	8.06	7.78	96.53	17.89
东阿县	75.83	33.72	12.30	16.22	37.15	4.57	4.09	89.50	12.13
冠　县	120.51	53.28	26.30	21.82	64.83	17.05	17.05	100.00	32.00
高唐县	96.97	36.05	24.20	24.96	48.88	11.83	11.44	96.70	31.73
临清县	102.40	46.89	27.00	26.37	61.96	16.73	16.05	95.94	34.23
东昌府区	133.44	54.67	27.30	20.46	66.70	18.21	17.38	95.44	31.79
德州市	**918.96**	**397.65**	**146.07**	**15.90**	**34.96**	**51.06**	**46.51**	**91.09**	**11.70**
德州区	20.27	11.05	3.30	16.28	60.61	2.00	1.90	95.00	17.19
陵　县	116.90	49.12	17.40	14.88	32.76	5.70	4.44	77.89	9.04
平原县	90.10	36.35	17.20	19.09	36.05	6.20	5.72	92.26	15.74
夏津县	84.84	37.63	24.60	29.00	34.55	8.50	8.40	98.82	22.32
武城县	65.82	28.33	17.50	26.59	47.94	8.39	8.39	100.00	29.62
齐河县	130.80	54.57	9.10	6.96	33.63	3.06	2.53	82.68	4.64
禹城县	84.54	37.09	9.10	10.76	30.77	2.80	2.54	90.71	6.85
乐陵县	101.09	46.84	14.80	14.64	25.00	3.70	3.20	86.49	6.83
临邑县	90.40	37.50	16.30	18.03	26.99	4.40	3.79	86.14	10.11
宁津县	87.40	37.38	16.50	18.88	37.88	6.25	5.60	89.60	14.98
庆云县	46.80	21.79	0.27	0.58	22.22	0.06			
滨州地区	**654.10**	**296.42**	**92.12**	**14.08**	**35.90**	**33.07**	**30.15**	**91.17**	**10.17**
惠民县	116.63	51.14	18.94	16.24	30.20	5.72	5.20	90.91	10.17
滨州县	65.41	34.00	19.51	29.83	37.42	7.30	7.00	95.89	20.59
阳信县	72.59	35.24	7.90	10.88	22.78	1.80	1.43	79.44	4.06
无棣县	86.10	34.66	1.10	1.28	21.82	0.24	0.01	4.17	0.03
沾化县	101.07	37.60	9.05	8.95	28.29	2.56	2.03	79.30	5.40
博兴县	87.16	44.09	11.70	13.42	36.75	4.30	3.90	90.70	8.85
邹平县	125.14	59.69	23.92	19.11	46.61	11.15	10.58	94.89	17.72
菏泽地区	**1114.53**	**578.71**	**139.20**	**12.49**	**56.13**	**78.13**	**68.93**	**88.22**	**11.91**
菏泽县	139.01	79.65	12.10	8.70	47.93	5.80	5.20	89.66	6.53
曹　县	161.48	96.21	31.90	19.75	56.65	18.07	17.45	96.57	18.14
定陶县	84.40	42.39	12.40	14.69	54.92	6.81	6.32	92.80	14.91
成武县	80.16	42.31	11.70	14.60	82.91	9.70	9.00	92.78	21.27
单　县	152.51	78.28	27.90	18.29	54.70	15.26	14.09	92.33	18.00
巨野县	121.40	58.65	16.30	13.43	52.15	8.50	7.30	85.88	12.45
郓城县	167.53	78.59	17.70	10.57	64.35	11.39	7.80	68.48	9.92
鄄城县	101.71	55.70	3.60	3.54	33.33	1.20	0.81	67.50	1.45
东明县	106.33	46.93	5.60	5.27	25.00	1.40	0.96	68.57	2.05
潍坊市	**1075.00**	**581.47**	**87.67**	**8.16**	**86.63**	**75.95**	**71.82**	**94.56**	**12.35**
潍　县	122.81	64.85	5.30	4.32	98.11	5.20	4.82	92.69	7.43
高密县	144.09	72.52	33.08	22.96	87.36	28.90	27.80	96.19	38.33
诸城县	176.10	94.28	16.30	9.26	78.53	12.80	12.63	98.67	13.40
昌邑县	118.80	60.71	14.00	11.78	102.14	14.30	13.60	95.10	22.40
昌乐县	95.96	47.09	5.10	5.31	101.96	5.20	4.78	91.92	10.15
安丘县	160.46	90.90	6.20	3.86	80.65	5.00	4.30	86.00	4.73
寿光县	149.30	82.79	7.60	5.09	59.21	4.50	3.89	86.44	4.70
青州县	107.48	68.33	0.09	0.08	55.56	0.05			
寒亭区									
坊子区									
潍城区									
临朐县									

5－19－33　续表

县 市 名	耕地面积（万亩）	农业人口（万人）	棉田面积（万亩）	占耕地（%）	亩　产（市斤）	产　量（万担）	收购量（万担）	商品率（%）	人均交售（市斤）
济宁市	**921.00**	**537.89**	**73.43**	**7.97**	**50.17**	**36.84**	**32.06**	**87.02**	**5.96**
济宁县	84.16	46.50	5.20	6.18	42.31	2.20	1.68	76.36	3.61
任城区	73.64	47.74	6.90	9.37	53.62	3.70	3.13	84.59	6.56
兖州市	70.84	39.10	9.50	13.41	45.26	4.30	3.84	89.30	9.82
邹城市	112.16	73.61	5.40	4.81	36.85	1.99	1.40	70.35	1.90
鱼台县	62.43	28.95	0.61	0.98	40.98	0.25			
金乡县	97.53	40.86	8.70	8.92	43.45	3.78	3.38	89.42	8.27
嘉祥县	106.13	57.56	10.80	10.18	33.43	3.61	3.51	97.23	6.10
微山县	44.16	44.04	0.12	0.27	50.00	0.06			
汶上县	93.04	53.39	13.70	14.72	85.26	11.68	10.97	93.92	20.55
梁山县	103.11	61.70	7.60	7.37	49.61	3.77	3.02	80.11	4.89
泗水县	73.80	44.44	4.90	6.64	30.61	1.50	1.13	75.33	2.54
东营市	**250.50**	**100.66**	**24.10**	**9.62**	**41.49**	**10.00**	**8.64**	**86.40**	**8.58**
东营区									
河口区									
垦利县	68.68	26.51	4.80	6.99	39.58	1.90	1.59	83.68	6.00
利津县	74.75	26.99	5.60	7.49	28.57	1.60	1.24	77.50	4.59
广饶县	107.07	47.16	13.70	12.80	47.45	6.50	5.81	89.38	12.32
临沂市	**1112.33**	**730.93**	**54.65**	**4.91**	**42.89**	**23.44**	**14.76**	**62.97**	**2.02**
临沂县	156.97	110.52	10.60	6.75	52.83	5.60	2.89	51.61	2.61
郯城县	105.34	69.44	7.20	6.84	37.50	2.70	2.04	75.56	2.94
苍山县	137.71	84.60	8.00	5.81	32.50	2.60	2.02	77.69	2.39
沂水县	135.58	85.81	6.70	4.94	55.22	3.70	2.40	64.86	2.80
蒙阴县	52.23	39.89	2.30	4.40	39.13	0.90	0.48	53.33	1.20
莒南县	120.58	79.86	6.50	5.39	53.85	3.50	1.82	52.00	2.28
平邑县	100.08	74.76	4.00	4.00	30.00	1.20	0.73	60.83	0.98
费　县	104.39	68.05	4.30	4.12	37.21	1.60	1.18	73.75	1.73
沂南县	115.13	69.74	4.60	4.00	32.61	1.50	1.02	68.00	1.46
临沭县	84.32	48.26	0.45	0.53	31.11	0.14	0.18	128.57	0.37
泰安市	**517.81**	**380.50**	**25.00**	**4.83**	**45.60**	**11.40**	**8.36**	**73.33**	**2.20**
泰安县	129.36	109.08	4.60	3.56	43.48	2.00	1.41	70.50	1.29
肥城县	106.20	73.80	5.70	5.37	43.86	2.50	1.93	77.20	2.62
宁阳县	95.15	63.61	4.60	4.83	43.48	2.00	1.41	70.50	2.22
东平县	74.44	48.75	7.10	9.54	53.52	3.80	3.07	80.79	6.30
新泰县	112.66	85.26	3.00	2.66	36.67	1.10	0.54	49.09	0.63
枣庄市	**163.42**	**130.89**	**10.00**	**6.12**	**51.00**	**5.10**	**3.31**	**64.90**	**2.53**
滕州县	163.42	130.89	10.00	6.12	51.00	5.10	3.31	64.90	2.53
薛城区									
峄城区									
台儿庄									
济南市	**563.41**	**309.03**	**49.31**	**8.75**	**30.83**	**15.20**	**12.13**	**79.80**	**3.93**
章丘县	127.46	83.00	11.20	8.79	33.04	3.70	2.83	76.49	3.41
平阴县	56.38	32.72	4.70	8.34	40.43	1.90	1.32	69.47	4.03
商河县	110.17	46.48	19.60	17.79	28.78	5.64	4.70	83.33	10.11
济阳县	101.25	43.33	9.30	9.19	28.17	2.62	2.37	90.46	5.47
历城区	101.63	57.95	0.11	0.11	36.36	0.04			
长清县	66.52	45.55	4.40	6.61	29.55	1.30	0.91	70.00	2.00
青岛市	**652.67**	**347.05**	**31.86**	**4.88**	**96.74**	**30.82**	**29.75**	**96.53**	**8.57**
平度县	269.90	119.48	27.00	10.00	100.00	27.00	26.33	97.52	22.04
胶南县	121.93	81.94	0.04	0.03	25.00	0.01			
胶　县	107.78	58.07	4.80	4.45	79.17	3.80	3.42	90.00	5.89
即墨县	153.06	87.56	0.02	0.01	50.00	0.01			
淄博市	**190.42**	**119.39**	**16.60**	**8.72**	**42.29**	**7.02**	**6.17**	**87.89**	**5.17**
桓台县	53.87	40.64	2.00	3.71	65.00	1.30	0.81	62.31	1.99
高青县	79.20	32.96	12.00	15.15	35.17	4.22	4.16	98.58	12.62
沂源县	57.35	45.79	2.60	4.53	57.69	1.50	1.20	80.00	2.62
日照市	**195.84**	**131.71**	**8.60**	**4.39**	**62.79**	**5.40**	**3.66**	**67.78**	**2.78**
莒　县	130.12	84.94	6.50	5.00	53.85	3.50	1.82	52.00	2.14
五莲县	65.72	46.77	2.10	3.20	90.48	1.90	1.84	96.84	3.93
莱芜市	**93.47**	**87.35**	**1.40**	**1.50**	**35.71**	**0.50**	**0.20**	**40.00**	**0.23**
莱芜县	93.47	87.35	1.40	1.50	35.71	0.50	0.20	40.00	0.23

5－19－34　山东省1976年产棉县棉花生产收购明细

县市名	耕地面积（万亩）	农业人口（万人）	棉田面积（万亩）	占耕地（%）	亩产（市斤）	产量（万担）	收购量（万担）	商品率（%）	人均交售（市斤）
全省合计	**9038.66**	**5089.11**	**954.41**	**10.56**	**33.79**	**322.49**	**272.90**	**84.62**	**5.36**
聊城市	**874.39**	**391.31**	**176.70**	**20.21**	**34.92**	**61.70**	**58.65**	**95.06**	**14.99**
阳谷县	104.37	54.85	20.00	19.16	48.05	9.61	9.37	97.50	17.08
莘　县	134.32	66.20	20.00	14.89	30.00	6.00	5.40	90.00	8.16
茌平县	111.20	43.77	20.20	18.17	26.83	5.42	5.03	92.80	11.49
东阿县	75.62	33.83	12.20	16.13	25.00	3.05	2.72	89.18	8.04
冠　县	118.75	54.02	26.00	21.89	40.35	10.49	10.03	95.61	18.57
高唐县	95.80	36.34	24.00	25.05	29.13	6.99	6.75	96.57	18.57
临清县	101.86	47.22	27.00	26.51	32.22	8.70	8.61	98.97	18.23
东昌府区	132.47	55.08	27.30	20.61	41.90	11.44	10.74	93.88	19.50
德州市	**911.50**	**420.37**	**151.92**	**16.67**	**24.25**	**36.84**	**32.96**	**89.47**	**7.84**
德州区	19.77	11.21	3.20	16.19	29.38	0.94	0.82	87.23	7.31
陵　县	115.30	49.56	20.20	17.52	22.18	4.48	3.86	86.16	7.79
平原县	89.00	55.03	18.60	20.90	24.03	4.47	4.16	93.06	7.56
夏津县	84.60	38.23	26.30	31.09	24.33	6.40	6.40	100.00	16.74
武城县	65.81	28.68	17.00	25.83	37.29	6.34	6.34	100.00	22.11
齐河县	130.17	55.03	9.40	7.22	23.94	2.25	1.48	65.78	2.69
禹城县	83.31	37.57	9.10	10.92	16.59	1.51	1.45	96.03	3.86
乐陵县	100.98	47.32	14.10	13.96	20.14	2.84	2.41	84.86	5.09
临邑县	89.36	37.89	16.80	18.80	16.13	2.71	2.04	75.28	5.38
宁津县	86.50	37.79	17.00	19.65	28.59	4.86	4.00	82.30	10.58
庆云县	46.70	22.06	0.22	0.47	18.18	0.04			
滨州地区	**651.67**	**299.56**	**97.23**	**14.92**	**20.03**	**19.48**	**15.80**	**81.11**	**5.27**
惠民县	116.24	51.64	20.63	17.75	18.57	3.83	3.22	84.07	6.24
滨州县	64.64	34.26	19.91	30.80	22.40	4.46	3.96	88.79	11.56
阳信县	71.58	35.58	9.40	13.13	13.83	1.30	0.91	70.00	2.56
无棣县	85.80	35.13	1.10	1.28	10.91	0.12			
沾化县	102.06	37.91	9.16	8.98	14.52	1.33	0.98	73.68	2.59
博兴县	86.69	44.78	12.80	14.77	19.14	2.45	1.54	62.86	3.44
邹平县	124.66	60.26	24.23	19.44	24.72	5.99	5.19	86.64	8.61
菏泽地区	**1090.60**	**585.45**	**149.40**	**13.70**	**36.24**	**54.15**	**42.14**	**77.82**	**7.20**
菏泽县	130.38	80.45	12.00	9.20	33.33	4.00	2.96	74.00	3.68
曹　县	160.62	97.39	32.60	20.30	33.96	11.07	10.00	90.33	10.27
定陶县	78.57	42.79	12.60	16.04	30.40	3.83	3.33	86.95	7.78
成武县	78.83	42.65	13.00	16.49	47.62	6.19	5.40	87.24	12.66
单　县	151.82	79.21	28.00	18.44	33.43	9.36	8.92	95.30	11.26
巨野县	118.34	58.97	18.30	15.46	31.75	5.81	1.78	30.64	3.02
郓城县	163.90	79.09	21.30	13.00	55.73	11.87	8.50	71.61	10.75
鄄城县	101.65	57.17	4.00	3.94	23.75	0.95	0.54	56.84	0.94
东明县	106.49	47.73	7.60	7.14	14.08	1.07	0.71	66.36	1.49
潍坊市	**1058.10**	**583.30**	**84.42**	**7.98**	**52.05**	**43.94**	**41.93**	**95.43**	**7.19**
潍　县	120.17	64.89	5.70	4.74	52.46	2.99	2.80	93.65	4.31
高密县	143.33	72.93	30.00	20.93	48.90	14.67	14.49	98.77	19.87
诸城县	174.40	93.74	16.30	9.35	57.18	9.32	9.31	99.89	9.93
昌邑县	110.06	60.44	13.20	11.99	63.03	8.32	7.81	93.87	12.92
昌乐县	95.20	47.26	5.10	5.36	61.96	3.16	2.93	92.72	6.20
安丘县	158.20	91.70	6.40	4.05	42.19	2.70	2.30	85.19	2.51
寿光县	149.88	83.67	7.70	5.14	35.97	2.77	2.29	82.67	2.74
青州县	106.86	68.67	0.02	0.02	50.00	0.01			
寒亭区									
坊子区									
潍城区									
临朐县									

5－19－34　续表

县市名	耕地面积（万亩）	农业人口（万人）	棉田面积（万亩）	占耕地（%）	亩　产（市斤）	产　量（万担）	收购量（万担）	商品率（%）	人均交售（市斤）
济宁市	**906.29**	**542.24**	**70.74**	**7.81**	**38.42**	**27.18**	**22.58**	**83.08**	**4.16**
济宁县	83.34	47.07	5.00	6.00	34.60	1.73	1.39	80.35	2.95
任城区	73.06	47.59	7.20	9.85	46.39	3.34	2.80	83.83	5.88
兖州市	69.56	39.16	8.30	11.93	35.30	2.93	2.55	87.03	6.51
邹城市	110.06	74.21	5.20	4.72	29.81	1.55	1.20	77.42	1.62
鱼台县	62.07	29.20	0.28	0.45	42.86	0.12			
金乡县	94.79	41.35	9.30	9.81	29.57	2.75	2.06	74.91	4.98
嘉祥县	104.16	57.98	9.70	9.31	24.12	2.34	2.12	90.60	3.66
微山县	42.89	44.68	0.06	0.14	66.67	0.04			
汶上县	91.56	53.86	12.90	14.09	63.02	8.13	7.12	87.58	13.22
梁山县	101.91	62.19	8.20	8.05	36.95	3.03	2.46	81.19	3.96
泗水县	72.89	44.95	4.60	6.31	26.52	1.22	0.88	72.13	1.96
东营市	**248.54**	**100.62**	**24.60**	**9.90**	**20.93**	**5.15**	**3.97**	**77.09**	**3.95**
东营区									
河口区									
垦利县	67.23	26.21	5.10	7.59	18.82	0.96	0.72	75.00	2.75
利津县	77.27	27.19	5.20	6.73	12.31	0.64	0.38	59.38	1.40
广饶县	104.04	47.22	14.30	13.74	24.83	3.55	2.87	80.85	6.08
临沂市	**1102.18**	**739.01**	**56.34**	**5.11**	**35.68**	**20.10**	**13.62**	**67.76**	**1.84**
临沂县	155.14	112.34	11.70	7.54	36.92	4.32	3.70	85.65	3.29
郯城县	104.20	70.38	7.60	7.29	32.63	2.48	1.96	79.03	2.78
苍山县	136.14	85.80	8.30	6.10	30.36	2.52	2.16	85.71	2.52
沂水县	133.99	86.44	7.00	5.22	41.29	2.89	1.93	66.78	2.23
蒙阴县	51.95	40.37	3.00	5.77	39.33	1.18	0.51	43.22	1.26
莒南县	119.60	80.58	6.30	5.27	50.48	3.18	1.58	49.69	1.96
平邑县	99.71	75.42	3.60	3.61	22.50	0.81	0.63	77.78	0.84
费　县	104.01	68.57	4.00	3.85	34.50	1.38	0.41	29.71	0.60
沂南县	114.52	70.36	4.50	3.93	27.78	1.25	0.73	58.40	1.04
临沭县	82.92	48.75	0.34	0.41	26.47	0.09	0.01	11.11	0.02
泰安市	**514.87**	**382.85**	**23.60**	**4.58**	**44.32**	**10.46**	**5.83**	**55.74**	**1.52**
泰安县	128.33	109.76	3.90	3.04	55.38	2.16	0.75	34.72	0.68
肥城县	105.26	74.18	5.80	5.51	31.72	1.84	1.41	76.63	1.90
宁阳县	94.83	64.07	3.90	4.11	55.38	2.16	0.75	34.72	1.17
东平县	74.30	48.60	6.90	9.29	48.70	3.36	2.50	74.40	5.14
新泰县	112.15	86.24	3.10	2.76	30.32	0.94	0.42	44.68	0.49
枣庄市	**162.23**	**131.93**	**9.20**	**5.67**	**41.63**	**3.83**	**2.81**	**73.37**	**2.13**
滕州县	162.23	131.93	9.20	5.67	41.63	3.83	2.81	73.37	2.13
薛城区									
峄城区									
台儿庄									
济南市	**559.69**	**311.47**	**49.65**	**8.87**	**20.48**	**10.17**	**7.62**	**74.93**	**2.45**
章丘县	127.16	83.61	11.40	8.97	24.56	2.80	2.02	72.14	2.42
平阴县	56.14	32.75	5.00	8.91	31.40	1.57	1.08	68.79	3.30
商河县	109.05	47.11	19.80	18.16	17.73	3.51	2.90	82.62	6.16
济阳县	101.13	43.68	8.60	8.50	11.74	1.01	0.80	79.21	1.83
历城区	99.79	58.64	0.05	0.05	40.00	0.02			
长清县	66.42	45.68	4.80	7.23	26.25	1.26	0.82	65.08	1.80
青岛市	**484.54**	**259.72**	**31.41**	**6.48**	**63.10**	**19.82**	**18.94**	**95.56**	**7.29**
平度县	266.34	119.59	26.40	9.91	65.61	17.32	16.61	95.90	13.89
胶南县	111.90	81.87	0.01	0.01					
胶　县	106.30	58.26	5.00	4.70	50.00	2.50	2.33	93.20	4.00
即墨县									
淄博市	**188.66**	**121.22**	**18.70**	**9.91**	**23.32**	**4.36**	**2.42**	**55.50**	**2.00**
桓台县	53.39	41.78	2.20	4.12	40.91	0.90	0.60	66.67	1.44
高青县	78.13	33.26	13.90	17.79	18.42	2.56	1.81	70.70	5.44
沂源县	57.14	46.18	2.60	4.55	34.62	0.90	0.01	1.11	0.02
日照市	**192.98**	**132.18**	**8.40**	**4.35**	**55.83**	**4.69**	**3.01**	**64.18**	**2.28**
莒　县	127.78	85.64	6.30	4.93	50.48	3.18	1.58	49.69	1.84
五莲县	65.20	46.54	2.10	3.22	71.90	1.51	1.43	94.70	3.07
莱芜市	**92.42**	**87.88**	**2.10**	**2.27**	**29.52**	**0.62**	**0.62**	**100.00**	**0.71**
莱芜县	92.42	87.88	2.10	2.27	29.52	0.62	0.62	100.00	0.71

5－19－35　山东省1977年产棉县棉花生产收购明细

县市名	耕地面积（万亩）	农业人口（万人）	棉田面积（万亩）	占耕地（%）	亩产（市斤）	产量（万担）	收购量（万担）	商品率（%）	人均交售（市斤）
全省合计	**8911.60**	**5047.66**	**980.70**	**11.00**	**30.95**	**303.50**	**260.94**	**85.98**	**5.17**
聊城市	**873.09**	**395.24**	**180.10**	**20.63**	**34.18**	**61.55**	**58.37**	**94.83**	**14.77**
阳谷县	104.20	55.41	22.10	21.21	46.92	10.37	10.18	98.17	18.37
莘　县	133.89	66.90	20.00	14.94	38.00	7.60	7.00	92.11	10.46
茌平县	110.98	44.05	21.90	19.73	15.66	3.43	3.14	91.55	7.13
东阿县	75.54	33.95	12.00	15.89	15.92	1.91	1.66	86.91	4.89
冠　县	118.41	54.72	26.10	22.04	46.05	12.02	11.34	94.34	20.72
高唐县	95.63	36.64	24.00	25.10	22.63	5.43	5.27	97.05	14.38
临清县	101.72	47.88	27.00	26.54	41.11	11.10	10.61	95.59	22.16
东昌府区	132.72	55.69	27.00	20.34	35.89	9.69	9.17	94.63	16.47
德州市	**903.48**	**406.51**	**145.45**	**16.10**	**16.96**	**24.67**	**20.56**	**83.34**	**5.06**
德州区	19.27	11.43	2.80	14.53	21.79	0.61	0.54	88.52	4.72
陵　县	112.50	50.01	18.00	16.00	16.56	2.98	2.38	79.87	4.76
平原县	88.19	37.23	17.40	19.73	14.94	2.60	2.30	88.46	6.18
夏津县	84.50	38.76	25.70	30.41	19.57	5.03	5.18	102.98	13.36
武城县	65.77	29.00	18.30	27.82	24.54	4.49	4.49	100.00	15.48
齐河县	129.28	55.39	8.10	6.27	16.79	1.36	0.97	71.32	1.75
禹城县	82.65	38.05	7.40	8.95	9.86	0.73	0.60	82.19	1.58
乐陵县	100.71	47.91	13.80	13.70	18.84	2.60	0.87	33.46	1.82
临邑县	88.96	38.25	16.50	18.55	14.97	2.47	1.93	78.14	5.05
宁津县	85.30	38.14	17.30	20.28	10.29	1.78	1.30	73.03	3.41
庆云县	46.35	22.34	0.15	0.32	13.33	0.02			
滨州地区	**647.59**	**300.40**	**103.88**	**16.04**	**19.90**	**20.67**	**18.76**	**90.76**	**6.25**
惠民县	115.99	50.05	20.76	17.90	18.26	3.79	3.26	86.02	6.51
滨州县	63.71	34.53	29.58	46.43	14.23	4.21	4.13	98.10	11.96
阳信县	71.47	35.96	9.70	13.57	12.58	1.22	0.77	63.11	2.14
无棣县	84.70	35.60	0.80	0.94	11.25	0.09			
沾化县	102.21	38.25	8.34	8.16	17.63	1.47	0.78	53.06	2.04
博兴县	86.60	45.36	12.00	13.86	23.33	2.80	3.28	117.14	7.23
邹平县	122.91	60.65	22.70	18.47	31.23	7.09	6.54	92.24	10.78
菏泽地区	**1085.26**	**591.26**	**153.00**	**14.10**	**33.41**	**51.12**	**41.54**	**81.26**	**7.03**
菏泽县	130.63	81.12	14.00	10.72	32.86	4.60	3.58	77.83	4.41
曹　县	159.94	98.54	31.70	19.82	35.62	11.29	9.88	87.51	10.03
定陶县	78.55	43.11	14.60	18.59	26.92	3.93	3.37	85.75	7.82
成武县	77.24	43.13	12.20	15.79	44.59	5.44	4.40	80.88	10.20
单　县	151.78	80.40	29.90	19.70	31.74	9.49	9.12	96.10	11.34
巨野县	118.38	59.47	19.20	16.22	24.58	4.72	2.71	57.42	4.56
郓城县	163.30	79.58	20.50	12.55	49.32	10.11	7.61	75.27	9.56
鄄城县	101.00	57.47	3.80	3.76	21.84	0.83	0.42	50.60	0.73
东明县	104.44	48.44	7.10	6.80	10.00	0.71	0.45	63.38	0.93
潍坊市	**946.40**	**515.13**	**84.25**	**8.90**	**54.02**	**45.51**	**42.01**	**92.31**	**8.16**
潍　县	120.28	65.06	6.35	5.28	46.30	2.94	2.77	94.22	4.26
高密县	142.67	72.92	30.00	21.03	58.20	17.46	16.74	95.88	22.96
诸城县	173.80	93.13	15.49	8.91	47.90	7.42	7.02	94.61	7.54
昌邑县	109.99	60.47	13.91	12.65	61.90	8.61	7.78	90.36	12.87
昌乐县	93.40	47.42	5.00	5.35	61.00	3.05	2.90	95.08	6.12
安丘县	156.70	91.90	5.90	3.77	50.85	3.00	2.50	83.33	2.72
寿光县	149.56	84.23	7.60	5.08	39.87	3.03	2.30	75.91	2.73
青州县									
寒亭区									
坊子区									
潍城区									
临朐县									

5－19－35　续表

县 市 名	耕地面积（万亩）	农业人口（万人）	棉田面积（万亩）	占耕地（%）	亩　产（市斤）	产　量（万担）	收购量（万担）	商品率（%）	人均交售（市斤）
济宁市	**903.45**	**548.93**	**69.00**	**7.64**	**39.17**	**27.03**	**23.08**	**85.39**	**4.20**
济宁县	84.42	48.06	4.80	5.69	35.00	1.68	1.34	79.76	2.79
任城区	72.93	47.93	6.20	8.50	46.45	2.88	2.34	81.25	4.88
兖州市	68.82	39.66	7.40	10.75	36.22	2.68	2.52	94.03	6.35
邹城市	108.92	75.20	5.40	4.96	31.11	1.68	1.29	76.79	1.72
鱼台县	61.21	29.54	0.16	0.26	6.25	0.01			
金乡县	93.28	41.88	8.30	8.90	23.13	1.92	1.62	84.38	3.87
嘉祥县	103.11	58.75	9.80	9.50	21.12	2.07	2.00	96.62	3.40
微山县	42.65	45.36	0.04	0.09	50.00	0.02			
汶上县	89.88	54.37	15.60	17.36	66.35	10.35	9.38	90.63	17.25
梁山县	105.93	62.79	7.20	6.80	40.14	2.89	2.10	72.66	3.34
泗水县	72.30	45.39	4.10	5.67	20.73	0.85	0.49	57.65	1.08
东营市	**245.65**	**101.14**	**22.80**	**9.28**	**28.68**	**6.54**	**5.17**	**79.05**	**5.11**
东营区									
河口区									
垦利县	65.63	26.33	4.50	6.86	25.11	1.13	0.88	77.88	3.34
利津县	77.05	27.44	4.40	5.71	18.64	0.82	0.52	63.41	1.90
广饶县	102.97	47.37	13.90	13.50	33.02	4.59	3.77	82.14	7.96
临沂市	**1092.17**	**745.20**	**57.42**	**5.26**	**29.12**	**16.72**	**12.50**	**74.76**	**1.68**
临沂县	151.10	113.87	11.40	7.54	29.82	3.40	3.10	91.18	2.72
郯城县	104.49	71.15	10.20	9.76	21.08	2.15	1.89	87.91	2.66
苍山县	134.41	86.62	10.20	7.59	23.63	2.41	2.23	92.53	2.57
沂水县	133.14	87.02	6.60	4.96	44.09	2.91	1.67	57.39	1.92
蒙阴县	51.68	40.67	2.00	3.87	41.00	0.82	0.34	41.46	0.84
莒南县	118.80	81.21	5.90	4.97	30.85	1.82	1.36	74.73	1.67
平邑县	99.09	75.76	3.00	3.03	24.33	0.73	0.36	49.32	0.48
费　县	103.40	69.07	4.00	3.87	31.25	1.25	0.80	64.00	1.16
沂南县	114.03	70.64	3.80	3.33	29.74	1.13	0.74	65.49	1.05
临沭县	82.03	49.19	0.32	0.39	31.25	0.10	0.01	10.00	0.02
泰安市	**512.06**	**385.83**	**21.60**	**4.22**	**38.24**	**8.26**	**4.59**	**55.57**	**1.19**
泰安县	127.24	110.58	3.40	2.67	45.88	1.56	0.59	37.82	0.53
肥城县	104.93	74.70	5.10	4.86	25.49	1.30	0.94	72.31	1.26
宁阳县	94.43	64.77	3.40	3.60	45.88	1.56	0.59	37.82	0.91
东平县	73.98	48.59	6.80	9.19	42.50	2.89	2.09	72.32	4.30
新泰县	111.48	87.19	2.90	2.60	32.76	0.95	0.38	40.00	0.44
枣庄市	**158.99**	**133.30**	**8.70**	**5.47**	**37.93**	**3.30**	**2.00**	**60.61**	**1.50**
滕州县	158.99	133.30	8.70	5.47	37.93	3.30	2.00	60.61	1.50
薛城区									
峄城区									
台儿庄									
济南市	**552.51**	**314.00**	**45.53**	**8.24**	**18.47**	**8.41**	**6.19**	**73.60**	**1.97**
章丘县	126.65	84.42	11.80	9.32	27.12	3.20	2.43	75.94	2.88
平阴县	55.85	32.87	4.00	7.16	26.50	1.06	0.67	63.21	2.04
商河县	108.27	47.85	18.40	16.99	13.48	2.48	1.80	72.58	3.76
济阳县	100.52	44.03	7.40	7.36	8.78	0.65	0.51	78.46	1.16
历城区	97.75	58.86	0.03	0.03	33.33	0.01			
长清县	63.47	45.97	3.90	6.14	25.90	1.01	0.78	77.23	1.70
青岛市	**519.23**	**267.57**	**60.43**	**11.64**	**34.95**	**21.12**	**19.78**	**93.66**	**7.39**
平度县	264.85	119.69	54.56	20.60	32.90	17.95	17.32	96.49	14.47
胶南县									
胶　县	105.30	58.53	5.00	4.75	55.00	2.75	2.46	89.45	4.20
即墨县	149.08	89.35	0.87	0.58	48.28	0.42			
淄博市	**187.09**	**122.00**	**14.90**	**7.96**	**31.95**	**4.76**	**3.45**	**72.48**	**2.83**
桓台县	53.17	41.72	2.10	3.95	63.81	1.34	0.95	70.90	2.28
高青县	77.21	33.56	11.30	14.64	25.04	2.83	2.31	81.63	6.88
沂源县	56.71	46.72	1.50	2.65	39.33	0.59	0.19	32.20	0.41
日照市	**193.11**	**132.38**	**11.84**	**6.13**	**27.87**	**3.30**	**2.76**	**83.64**	**2.08**
莒　县	128.01	86.35	5.90	4.61	30.85	1.82	1.36	74.73	1.57
五莲县	65.10	46.03	5.94	9.12	24.92	1.48	1.40	94.59	3.04
莱芜市	**91.52**	**88.77**	**1.80**	**1.97**	**30.00**	**0.54**	**0.18**	**33.33**	**0.20**
莱芜县	91.52	88.77	1.80	1.97	30.00	0.54	0.18	33.33	0.20

5－19－36　山东省1978年产棉县棉花生产收购明细

县市名	耕地面积（万亩）	农业人口（万人）	棉田面积（万亩）	占耕地（%）	亩产（市斤）	产量（万担）	收购量（万担）	商品率（%）	人均交售（市斤）
全省合计	**8753.74**	**5008.73**	**937.00**	**10.70**	**33.33**	**312.27**	**267.40**	**85.63**	**5.34**
聊城市	**870.18**	**397.56**	**180.70**	**20.77**	**41.36**	**74.73**	**70.32**	**94.10**	**17.69**
阳谷县	104.10	55.89	22.00	21.13	49.86	10.97	10.31	93.98	18.45
莘　县	133.58	67.80	22.00	16.47	38.18	8.40	7.60	90.48	11.21
茌平县	110.51	44.09	22.10	20.00	25.66	5.67	5.19	91.53	11.77
东阿县	75.05	33.40	10.40	13.86	26.06	2.71	2.32	85.61	6.95
冠　县	118.20	55.29	26.10	22.08	48.05	12.54	11.74	93.62	21.23
高唐县	95.11	36.82	24.00	25.23	42.54	10.21	9.66	94.61	26.24
临清县	101.56	48.26	27.10	26.68	43.91	11.90	11.90	100.00	24.66
东昌府区	132.07	56.01	27.00	20.44	45.67	12.33	11.60	94.08	20.71
德州市	**894.82**	**409.15**	**141.66**	**15.83**	**24.65**	**34.92**	**32.56**	**93.24**	**7.96**
德州区	18.83	11.64	2.20	11.68	39.55	0.87	0.78	89.66	6.70
陵　县	110.87	50.24	17.70	15.96	21.58	3.82	3.36	87.96	6.69
平原县	87.25	37.42	18.90	21.66	29.05	5.49	4.95	90.16	13.23
夏津县	83.81	39.06	25.80	30.78	28.02	7.23	7.53	104.15	19.28
武城县	65.65	29.12	19.40	29.55	25.31	4.91	4.91	100.00	16.86
齐河县	128.93	55.65	6.90	5.35	21.59	1.49	1.07	71.81	1.92
禹城县	81.96	38.24	6.40	7.81	22.81	1.46	1.44	98.63	3.77
乐陵县	100.19	48.24	11.00	10.98	15.55	1.71	1.36	79.53	2.82
临邑县	87.29	38.53	18.60	21.31	19.57	3.64	3.06	84.07	7.94
宁津县	84.50	38.45	14.70	17.40	29.18	4.29	4.10	95.57	10.66
庆云县	45.54	22.56	0.06	0.13	16.67	0.01			
滨州地区	**644.45**	**303.52**	**90.53**	**14.05**	**21.47**	**19.44**	**15.64**	**80.45**	**5.15**
惠民县	115.44	52.22	19.31	16.73	24.18	4.67	4.04	86.51	7.74
滨州县	63.05	34.62	19.12	30.33	22.23	4.25	3.66	86.12	10.57
阳信县	71.39	36.18	7.80	10.93	14.10	1.10	0.65	59.09	1.80
无棣县	84.40	35.89	0.60	0.71	23.33	0.14			
沾化县	102.21	38.41	8.28	8.10	11.59	0.96	0.55	57.29	1.43
博兴县	85.52	45.54	11.60	13.56	19.31	2.24	1.55	69.20	3.40
邹平县	122.44	60.66	23.82	19.45	25.52	6.08	5.19	85.36	8.56
菏泽地区	**1074.49**	**596.97**	**158.10**	**14.71**	**31.50**	**49.80**	**40.12**	**80.56**	**6.72**
菏泽县	130.92	82.49	16.30	12.45	24.05	3.92	2.97	75.77	3.60
曹　县	158.60	99.83	31.70	19.99	33.06	10.48	8.06	76.91	8.07
定陶县	78.49	43.39	14.40	18.35	25.97	3.74	3.16	84.49	7.28
成武县	76.03	43.48	12.90	16.97	42.09	5.43	4.80	88.40	11.04
单　县	151.51	81.33	30.30	20.00	26.50	8.03	6.97	86.80	8.57
巨野县	112.42	60.01	19.60	17.43	27.45	5.38	4.29	79.74	7.15
郓城县	161.82	80.02	21.50	13.29	48.93	10.52	8.44	80.23	10.55
鄄城县	99.49	57.17	5.70	5.73	20.70	1.18	0.63	53.39	1.10
东明县	105.21	49.25	5.70	5.42	19.65	1.12	0.80	71.43	1.62
潍坊市	**1051.16**	**583.55**	**81.84**	**7.79**	**46.30**	**37.89**	**32.26**	**85.14**	**5.53**
潍　县	120.20	64.99	6.40	5.32	36.88	2.36	0.07	2.97	0.11
高密县	142.32	72.84	25.03	17.59	59.77	14.96	14.24	95.19	19.55
诸城县	173.50	92.25	16.10	9.28	46.96	7.56	7.12	94.18	7.72
昌邑县	110.42	60.24	14.90	13.49	40.87	6.09	5.27	86.54	8.75
昌乐县	93.05	47.48	5.40	5.80	37.22	2.01	1.85	92.04	3.90
安丘县	156.00	92.00	6.10	3.91	37.70	2.30	1.95	84.78	2.12
寿光县	149.42	84.36	7.90	5.29	32.91	2.60	1.76	67.69	2.09
青州县	106.25	69.39	0.01	0.01	100.00	0.01			
寒亭区									
坊子区									
潍城区									
临朐县									

5－19－36　续表

县市名	耕地面积（万亩）	农业人口（万人）	棉田面积（万亩）	占耕地（%）	亩产（市斤）	产量（万担）	收购量（万担）	商品率（%）	人均交售（市斤）
济宁市	**898.57**	**553.94**	**79.18**	**8.81**	**41.36**	**32.75**	**26.65**	**81.37**	**4.81**
济宁县	83.87	49.14	5.10	6.08	29.02	1.48	1.13	76.35	2.30
任城区	72.52	48.12	6.30	8.69	48.73	3.07	0.62	20.20	1.29
兖州市	68.56	39.94	7.10	10.36	40.14	2.85	2.35	82.46	5.88
邹城市	108.15	75.81	4.60	4.25	21.30	0.98	0.57	58.16	0.75
鱼台县	60.78	29.45	0.12	0.20	41.67	0.05			
金乡县	92.50	42.20	8.40	9.08	27.98	2.35	1.86	79.15	4.41
嘉祥县	102.03	59.23	8.30	8.13	16.99	1.41	1.38	97.87	2.33
微山县	44.09	45.87	0.02	0.05	100.00	0.02			
汶上县	88.45	54.83	30.50	34.48	57.34	17.49	16.70	95.48	30.46
梁山县	105.55	63.48	7.70	7.30	36.62	2.82	2.04	72.34	3.21
泗水县	72.07	45.87	1.04	1.44	22.12	0.23			
东营市	**236.28**	**103.92**	**21.70**	**9.18**	**19.03**	**4.13**	**2.84**	**68.77**	**2.73**
东营区									
河口区									
垦利县	62.62	29.02	4.10	6.55	12.93	0.53	0.31	58.49	1.07
利津县	75.98	27.50	4.00	5.26	9.00	0.36	0.12	33.33	0.44
广饶县	97.68	47.40	13.60	13.92	23.82	3.24	2.41	74.38	5.08
临沂市	**1086.65**	**748.66**	**57.61**	**5.30**	**29.53**	**17.01**	**12.98**	**76.31**	**1.73**
临沂县	150.64	115.02	17.00	11.29	30.59	5.20	4.87	93.65	4.23
郯城县	102.91	71.85	9.40	9.13	28.40	2.67	2.11	79.03	2.94
苍山县	133.81	87.16	12.20	9.12	23.93	2.92	2.30	78.77	2.64
沂水县	132.66	87.33	8.00	6.03	34.75	2.78	2.09	75.18	2.39
蒙阴县	51.09	40.22	1.42	2.78	26.76	0.38	0.01	2.63	0.02
莒南县	118.30	81.34	3.90	3.30	36.67	1.43	1.14	79.72	1.40
平邑县	98.42	75.91	1.19	1.21	23.53	0.28	0.02	7.14	0.03
费　县	102.87	69.37	1.21	1.18	31.40	0.38			
沂南县	114.21	71.12	3.10	2.71	29.35	0.91	0.44	48.35	0.62
临沭县	81.74	49.34	0.19	0.23	31.58	0.06			
泰安市	**508.50**	**387.50**	**24.57**	**4.83**	**27.76**	**6.82**	**4.60**	**67.45**	**1.19**
泰安县	125.37	110.97	5.30	4.23	22.26	1.18	0.87	73.73	0.78
肥城县	104.74	74.91	5.50	5.25	22.91	1.26	0.87	69.05	1.16
宁阳县	93.94	65.23	5.30	5.64	22.26	1.18	0.87	73.73	1.33
东平县	73.74	48.42	7.00	9.49	39.29	2.75	1.99	72.36	4.11
新泰县	110.71	87.97	1.47	1.33	30.61	0.45			
枣庄市	**158.31**	**134.59**	**0.80**	**0.51**	**36.25**	**0.29**			
滕州县	158.31	134.59	0.80	0.51	36.25	0.29			
薛城区									
峄城区									
台儿庄									
济南市	**550.05**	**314.49**	**46.39**	**8.43**	**22.94**	**10.64**	**7.40**	**69.55**	**2.35**
章丘县	125.94	84.61	20.80	16.52	25.96	5.40	4.42	81.85	5.22
平阴县	55.57	32.92	2.76	4.97	23.55	0.65			
商河县	107.85	48.25	19.30	17.90	19.64	3.79	2.98	78.63	6.18
济阳县	100.15	44.10	0.69	0.69	18.84	0.13			
历城区	97.22	58.47	0.04	0.04	50.00	0.02			
长清县	63.32	46.14	2.80	4.42	23.21	0.65			
青岛市	**368.22**	**177.54**	**33.00**	**8.96**	**52.82**	**17.43**	**16.80**	**96.39**	**9.46**
平度县	263.42	119.00	28.20	10.71	53.51	15.09	14.57	96.55	12.24
胶南县									
胶　县	104.80	58.54	4.80	4.58	48.75	2.34	2.23	95.30	3.81
即墨县									
淄博市	**129.86**	**75.43**	**14.21**	**10.94**	**25.83**	**3.67**	**2.93**	**79.84**	**3.88**
桓台县	53.16	41.80	2.01	3.78	60.20	1.21	0.78	64.46	1.87
高青县	76.70	33.63	12.20	15.91	20.16	2.46	2.15	87.40	6.39
沂源县									
日照市	**191.50**	**132.76**	**5.90**	**3.08**	**42.88**	**2.53**	**2.22**	**87.75**	**1.67**
莒　县	126.55	86.67	3.90	3.08	36.67	1.43	1.14	79.72	1.32
五莲县	64.95	46.09	2.00	3.08	55.00	1.10	1.08	98.18	2.34
莱芜市	**90.70**	**89.15**	**0.81**	**0.89**	**27.16**	**0.22**	**0.08**	**36.36**	**0.09**
莱芜县	90.70	89.15	0.81	0.89	27.16	0.22	0.08	36.36	0.09

5－19－37　山东省1979年产棉县棉花生产收购明细

县市名	耕地面积（万亩）	农业人口（万人）	棉田面积（万亩）	占耕地（%）	亩产（市斤）	产量（万担）	收购量（万担）	商品率（%）	人均交售（市斤）
全省合计	**8775.71**	**5092.04**	**815.50**	**9.29**	**41.28**	**336.60**	**307.20**	**91.27**	**6.03**
聊城市	**866.97**	**401.11**	**183.73**	**21.19**	**57.63**	**105.89**	**100.95**	**95.33**	**25.17**
阳谷县	103.89	56.35	22.07	21.24	63.89	14.10	12.90	91.49	22.89
莘　县	132.97	68.60	22.83	17.17	61.76	14.10	12.90	91.49	18.80
茌平县	110.37	44.35	20.40	18.48	35.05	7.15	7.08	99.02	15.96
东阿县	74.81	34.14	10.89	14.56	41.78	4.55	4.36	95.82	12.77
冠　县	117.79	55.87	26.16	22.21	61.20	16.01	15.14	94.57	27.10
高唐县	94.92	37.02	27.11	28.56	43.90	11.90	11.30	94.96	30.52
临清县	101.33	48.44	27.08	26.72	86.41	23.40	23.15	98.93	47.79
东昌府区	130.89	56.34	27.19	20.77	53.99	14.68	14.12	96.19	25.06
德州市	**893.92**	**412.33**	**132.32**	**14.80**	**33.06**	**43.74**	**43.44**	**99.31**	**10.54**
德州区	18.57	11.77	2.11	11.36	46.92	0.99	0.96	96.97	8.16
陵　县	112.49	50.68	18.26	16.23	29.57	5.40	5.51	102.04	10.87
平原县	86.84	37.67	18.13	20.88	34.58	6.27	7.09	113.08	18.82
夏津县	83.74	39.41	25.52	30.48	40.09	10.23	9.89	96.68	25.10
武城县	65.65	29.28	16.93	25.79	45.95	7.78	7.78	100.00	26.57
齐河县	127.90	55.84	5.69	4.45	24.25	1.38	0.89	64.49	1.59
禹城县	81.74	38.60	6.53	7.99	22.97	1.50	1.59	106.00	4.12
乐陵县	100.20	48.64	9.30	9.28	18.92	1.76	1.77	100.57	3.64
临邑县	86.93	38.97	17.20	19.79	19.42	3.34	3.26	97.60	8.37
宁津县	84.50	38.64	12.60	14.91	40.32	5.08	4.70	92.52	12.16
庆云县	45.36	22.83	0.05	0.11	20.00	0.01			
滨州地区	**641.89**	**305.77**	**76.84**	**11.97**	**30.00**	**23.05**	**20.25**	**87.85**	**6.62**
惠民县	115.09	52.59	17.49	15.20	31.50	5.51	5.22	94.74	9.93
滨州县	62.46	34.81	16.65	26.66	34.35	5.72	5.28	92.31	15.17
阳信县	71.16	36.56	4.33	6.08	19.40	0.84	0.68	80.95	1.86
无棣县	84.00	36.18	0.70	0.83	24.29	0.17			
沾化县	101.55	38.68	5.32	5.24	18.42	0.98	0.57	58.16	1.47
博兴县	85.42	45.86	8.42	9.86	28.86	2.43	1.85	76.13	4.03
邹平县	122.21	61.09	23.93	19.58	30.92	7.40	6.65	89.86	10.89
菏泽地区	**1064.98**	**606.75**	**145.77**	**13.69**	**28.73**	**41.88**	**35.32**	**84.34**	**5.82**
菏泽县	129.62	83.49	14.97	11.55	25.85	3.87	2.27	58.66	2.72
曹　县	157.89	101.61	30.63	19.40	34.51	10.57	8.86	83.82	8.72
定陶县	77.09	43.86	12.83	16.64	25.72	3.30	3.08	93.33	7.02
成武县	75.15	44.18	12.61	16.78	46.79	5.90	4.60	77.97	10.41
单　县	148.75	82.90	28.69	19.29	20.01	5.74	5.29	92.16	6.38
巨野县	111.70	61.05	15.97	14.30	30.87	4.93	4.62	93.71	7.57
郓城县	161.10	81.16	19.14	11.88	27.01	5.17	4.59	88.78	5.66
鄄城县	98.45	58.21	4.62	4.69	22.29	1.03	0.91	88.35	1.56
东明县	105.23	50.29	6.31	6.00	21.71	1.37	1.10	80.29	2.19
潍坊市	**1048.70**	**583.08**	**70.01**	**6.68**	**52.44**	**36.71**	**34.61**	**94.28**	**5.94**
潍　县	120.09	64.97	3.03	2.52	52.15	1.58	1.52	96.20	2.34
高密县	141.89	72.70	24.70	17.41	55.59	13.73	13.49	98.25	18.56
诸城县	173.00	91.11	15.90	9.19	51.38	8.17	7.77	95.10	8.53
昌邑县	110.48	60.03	14.38	13.02	58.97	8.48	7.77	91.63	12.94
昌乐县	93.03	47.62	5.00	5.37	38.20	1.91	1.84	96.34	3.86
安丘县	155.30	92.40	5.70	3.67	36.84	2.10	1.70	80.95	1.84
寿光县	149.05	84.52	1.28	0.86	56.25	0.72	0.52	72.22	0.62
青州县	105.86	69.73	0.02	0.02	100.00	0.02			
寒亭区									
坊子区									
潍城区									
临朐县									

5-19-37 续表

县市名	耕地面积（万亩）	农业人口（万人）	棉田面积（万亩）	占耕地（%）	亩产（市斤）	产量（万担）	收购量（万担）	商品率（%）	人均交售（市斤）
济宁市	**893.01**	**560.09**	**55.93**	**6.26**	**49.47**	**27.67**	**25.57**	**92.41**	**4.57**
济宁县	82.83	49.78	2.44	2.95	27.87	0.68	0.45	66.18	0.90
任城区	72.23	48.44	4.80	6.65	55.00	2.64	2.31	87.50	4.77
兖州市	68.02	40.16	5.21	7.66	61.61	3.21	3.17	98.75	7.89
邹城市	107.60	76.41	0.57	0.53	29.82	0.17	0.01	5.88	0.01
鱼台县	60.78	30.20	0.05	0.08	40.00	0.02	0.02	100.00	0.07
金乡县	91.58	42.63	6.28	6.86	35.03	2.20	2.04	92.73	4.79
嘉祥县	101.49	59.76	5.37	5.29	21.97	1.18	1.11	94.07	1.86
微山县	43.67	46.48	0.01	0.02	200.00	0.02			
汶上县	87.85	55.32	23.91	27.22	62.32	14.90	14.22	95.44	25.70
梁山县	105.45	64.53	6.99	6.63	36.91	2.58	2.24	86.82	3.47
泗水县	71.51	46.38	0.30	0.42	23.33	0.07			
东营市	**235.66**	**104.45**	**16.10**	**6.83**	**33.17**	**5.34**	**4.45**	**83.33**	**4.26**
东营区									
河口区									
垦利县	61.62	29.29	1.94	3.15	30.41	0.59	0.43	72.88	1.47
利津县	76.88	27.65	2.67	3.47	20.97	0.56	0.25	44.64	0.90
广饶县	97.16	47.51	11.49	11.83	36.47	4.19	3.77	89.98	7.94
临沂市	**1082.53**	**754.36**	**30.23**	**2.79**	**30.14**	**9.11**	**5.60**	**61.47**	**0.74**
临沂县	149.83	115.97	7.96	5.31	43.97	3.50	2.36	67.43	2.04
郯城县	102.46	72.46	5.50	5.37	22.18	1.22	1.25	102.46	1.73
苍山县	133.20	87.87	6.62	4.97	20.85	1.38	1.12	81.16	1.27
沂水县	132.35	88.00	3.75	2.83	28.27	1.06	0.69	65.09	0.78
蒙阴县	50.96	40.50	1.33	2.61	19.55	0.26	0.01	3.85	0.02
莒南县	117.72	81.69	2.57	2.18	43.19	1.11	0.10	9.01	0.12
平邑县	97.95	76.48	0.72	0.74	30.56	0.22	0.01	4.55	0.01
费　县	102.45	70.15	0.83	0.81	26.51	0.22			
沂南县	114.06	71.67	0.85	0.75	14.12	0.12			
临沭县	81.55	49.57	0.10	0.12	20.00	0.02	0.06	300.00	0.12
泰安市	**507.00**	**389.56**	**17.15**	**3.38**	**27.52**	**4.72**	**3.03**	**64.19**	**0.78**
泰安县	124.80	111.42	4.11	3.29	26.52	1.09	0.68	62.39	0.61
肥城县	104.62	75.18	3.72	3.56	23.39	0.87	0.67	77.01	0.89
宁阳县	93.79	65.67	4.11	4.38	26.52	1.09	0.68	62.39	1.04
东平县	73.79	48.57	4.78	6.48	32.85	1.57	1.00	63.69	2.06
新泰县	110.00	88.72	0.43	0.39	23.26	0.10			
枣庄市	**157.70**	**135.76**	**0.29**	**0.18**	**41.38**	**0.12**			
滕州县	157.70	135.76	0.29	0.18	41.38	0.12			
薛城区									
峄城区									
台儿庄									
济南市	**549.89**	**315.76**	**31.80**	**5.78**	**27.80**	**8.84**	**6.97**	**78.85**	**2.21**
章丘县	126.60	85.07	11.27	8.90	36.56	4.12	3.43	83.25	4.03
平阴县	55.55	32.88	2.40	4.32	24.17	0.58	0.33	56.90	1.00
商河县	107.97	48.62	16.80	15.56	22.86	3.84	3.21	83.59	6.60
济阳县	100.13	44.45	0.58	0.58	22.41	0.13			
历城区	96.47	58.38	0.04	0.04	75.00	0.03			
长清县	63.17	46.36	0.71	1.12	19.72	0.14			
青岛市	**366.97**	**177.10**	**38.21**	**10.41**	**59.75**	**22.83**	**22.25**	**97.46**	**12.56**
平度县	262.59	118.41	38.14	14.52	59.73	22.78	22.25	97.67	18.79
胶南县									
胶　县	104.38	58.69	0.07	0.07	71.43	0.05			
即墨县									
淄博市	**185.85**	**123.41**	**12.12**	**6.52**	**34.90**	**4.23**	**3.37**	**79.67**	**2.73**
桓台县	53.12	41.94	1.99	3.75	79.40	1.58	1.28	81.01	3.05
高青县	76.54	33.81	9.32	12.18	26.07	2.43	2.09	86.01	6.18
沂源县	56.19	47.66	0.81	1.44	27.16	0.22			
日照市	**190.53**	**132.92**	**4.58**	**2.40**	**51.75**	**2.37**	**1.37**	**57.81**	**1.03**
莒　县	126.14	87.23	2.57	2.04	43.19	1.11	0.10	9.01	0.11
五莲县	64.39	45.69	2.01	3.12	62.69	1.26	1.27	100.79	2.78
莱芜市	**90.11**	**89.59**	**0.42**	**0.47**	**23.81**	**0.10**	**0.02**	**20.00**	**0.02**
莱芜县	90.11	89.59	0.42	0.47	23.81	0.10	0.02	20.00	0.02

5－19－38　山东省1980年产棉县棉花生产收购明细

县市名	耕地面积（万亩）	农业人口（万人）	棉田面积（万亩）	占耕地（%）	亩产（市斤）	产量（万担）	收购量（万担）	商品率（%）	人均交售（市斤）
全省合计	**8855.70**	**5196.88**	**1104.13**	**12.47**	**96.76**	**1068.40**	**1041.86**	**97.52**	**20.05**
聊城市	**865.01**	**404.10**	**266.57**	**30.82**	**119.87**	**319.55**	**315.96**	**98.88**	**78.19**
阳谷县	103.73	56.90	32.48	31.31	127.52	41.42	41.19	99.44	72.39
莘　县	132.54	69.30	33.90	25.58	122.18	41.42	41.19	99.44	59.44
茌平县	110.21	44.58	32.87	29.82	103.53	34.03	33.69	99.00	75.57
东阿县	74.14	34.14	21.45	28.93	119.02	25.53	24.98	97.85	73.17
冠　县	117.80	56.50	34.91	29.63	131.82	46.02	44.43	96.54	78.64
高唐县	94.81	37.27	34.80	36.70	101.06	35.17	34.40	97.81	92.30
临清县	101.23	48.64	41.29	40.79	124.90	51.57	51.51	99.88	105.90
东昌府区	130.55	56.77	34.87	26.71	127.30	44.39	44.57	100.41	78.51
德州市	**893.49**	**415.04**	**198.00**	**22.16**	**91.49**	**181.15**	**180.69**	**99.75**	**43.54**
德州区	18.51	11.83	2.62	14.15	138.93	3.64	3.95	108.52	33.39
陵　县	112.48	51.09	25.39	22.57	90.74	23.04	23.15	100.48	45.31
平原县	87.03	37.85	24.42	28.06	105.69	25.81	26.32	101.98	69.54
夏津县	83.70	39.83	33.29	39.77	101.11	33.66	33.35	99.08	83.73
武城县	65.63	29.36	20.29	30.92	117.20	23.78	22.12	93.02	75.34
齐河县	127.53	55.91	16.20	12.70	74.63	12.09	11.80	97.60	21.11
禹城县	81.73	38.99	13.97	17.09	74.23	10.37	10.96	105.69	28.11
乐陵县	100.12	49.04	14.17	14.15	71.00	10.06	10.14	100.80	20.68
临邑县	87.10	39.37	24.06	27.62	66.50	16.00	16.53	103.31	41.99
宁津县	84.30	38.72	22.30	26.45	100.04	22.31	22.00	98.61	56.82
庆云县	45.36	23.05	1.29	2.84	30.23	0.39	0.37	94.87	1.61
滨州地区	**637.73**	**302.95**	**102.28**	**16.04**	**63.77**	**65.22**	**65.52**	**100.46**	**21.63**
惠民县	114.94	48.16	26.14	22.74	66.49	17.38	17.94	103.22	37.25
滨州县	62.12	35.17	21.96	35.35	55.33	12.15	11.88	97.78	33.78
阳信县	71.25	36.71	8.21	11.52	44.21	3.63	5.14	141.60	14.00
无棣县	83.60	36.66	1.20	1.44	40.00	0.48			
沾化县	100.40	38.88	7.42	7.39	27.63	2.05	2.08	101.46	5.35
博兴县	84.85	46.09	9.11	10.74	51.37	4.68	4.41	94.23	9.57
邹平县	120.57	61.28	28.24	23.42	88.00	24.85	24.07	96.86	39.28
菏泽地区	**1062.72**	**616.53**	**202.90**	**19.09**	**99.06**	**201.00**	**194.03**	**96.53**	**31.47**
菏泽县	129.13	84.73	22.71	17.59	105.90	24.05	22.46	93.39	26.51
曹　县	157.64	103.35	37.18	23.59	98.52	36.63	34.89	95.25	33.76
定陶县	77.00	44.36	21.16	27.48	106.00	22.43	21.86	97.46	49.28
成武县	75.11	45.01	21.82	29.05	112.92	24.64	24.66	100.08	54.79
单　县	148.25	84.46	31.74	21.41	82.80	26.28	24.61	93.65	29.14
巨野县	111.74	62.06	28.88	25.85	112.71	32.55	32.15	98.77	51.80
郓城县	160.57	82.09	27.23	16.96	100.00	27.23	27.00	99.16	32.89
鄄城县	98.01	59.05	5.26	5.37	52.66	2.77	2.32	83.75	3.93
东明县	105.27	51.42	6.92	6.57	63.87	4.42	4.08	92.31	7.93
潍坊市	**1127.15**	**646.73**	**72.67**	**6.45**	**97.81**	**71.08**	**69.42**	**97.66**	**10.73**
潍　县	111.06	58.10	3.87	3.48	95.09	3.68	3.71	100.82	6.39
高密县	141.89	72.70	24.70	17.41	102.39	25.29	24.77	97.94	34.07
诸城县	172.73	91.00	18.81	10.89	81.18	15.27	14.90	97.58	16.37
昌邑县	110.68	59.72	14.91	13.47	113.82	16.97	16.53	97.41	27.68
昌乐县	92.91	47.69	5.23	5.63	107.07	5.60	5.47	97.68	11.47
安丘县	155.10	92.56	3.80	2.45	97.37	3.70	3.60	97.30	3.89
寿光县	148.79	84.81	1.29	0.87	40.31	0.52	0.21	40.38	0.25
青州县	105.72	69.81	0.02	0.02	200.00	0.04	0.21	*	0.30
寒亭区									
坊子区									
潍城区									
临朐县	88.27	70.34	0.04	0.05	25.00	0.01	0.02	200.00	0.03

5－19－38 续表

县市名	耕地面积（万亩）	农业人口（万人）	棉田面积（万亩）	占耕地（%）	亩产（市斤）	产量（万担）	收购量（万担）	商品率（%）	人均交售（市斤）
济宁市	**890.72**	**563.90**	**75.55**	**8.48**	**127.97**	**96.68**	**94.16**	**97.39**	**16.70**
济宁县	82.49	50.04	0.64	0.78	75.00	0.48	0.74	154.17	1.48
任城区	72.02	48.47	5.79	8.04	121.24	7.02	7.00	99.72	14.44
兖州市	67.62	40.18	7.35	10.87	124.49	9.15	9.21	100.66	22.92
邹城市	107.13	76.42	0.45	0.42	68.89	0.31	0.16	51.61	0.21
鱼台县	60.24	30.60	0.05	0.08	60.00	0.03	0.02	66.67	0.07
金乡县	91.22	42.94	10.73	11.76	101.12	10.85	10.57	97.42	24.62
嘉祥县	101.20	60.12	10.51	10.39	122.55	12.88	11.92	92.55	19.83
微山县	43.17	46.99	0.01	0.02	100.00	0.01			
汶上县	89.45	55.89	32.52	36.36	150.49	48.94	48.24	98.57	86.31
梁山县	105.07	65.56	7.38	7.02	94.04	6.94	6.30	90.78	9.61
泗水县	71.11	46.69	0.12	0.17	58.33	0.07			
东营市	**231.69**	**104.51**	**20.53**	**8.86**	**59.28**	**12.17**	**11.15**	**91.62**	**10.67**
东营区									
河口区									
垦利县	60.02	29.22	2.99	4.98	45.48	1.36	1.23	90.44	4.21
利津县	74.49	27.73	3.19	4.28	26.65	0.85	0.86	101.18	3.10
广饶县	97.18	47.56	14.35	14.77	69.41	9.96	9.06	90.96	19.05
临沂市	**1079.68**	**759.16**	**33.28**	**3.08**	**68.36**	**22.75**	**20.05**	**88.13**	**2.64**
临沂县	149.44	116.69	9.22	6.17	70.93	6.54	6.10	93.27	5.23
郯城县	102.06	73.11	7.77	7.61	74.39	5.78	5.43	93.94	7.43
苍山县	132.75	87.76	7.80	5.88	66.41	5.18	5.01	96.72	5.71
沂水县	132.01	88.72	5.12	3.88	78.52	4.02	3.39	84.33	3.82
蒙阴县	50.94	40.78	1.31	2.57	38.93	0.51	0.07	13.73	0.17
莒南县	117.43	81.82	0.23	0.20	43.48	0.10	0.03	30.00	0.04
平邑县	97.54	77.26	0.60	0.62	31.67	0.19	0.01	5.26	0.01
费　县	102.18	70.82	0.65	0.64	40.00	0.26	0.01	3.85	0.01
沂南县	113.92	72.24	0.53	0.47	30.19	0.16			
临沭县	81.41	49.96	0.05	0.06	20.00	0.01			
泰安市	**505.80**	**391.52**	**18.08**	**3.57**	**70.80**	**12.80**	**10.64**	**83.13**	**2.72**
泰安县	124.53	111.89	4.12	3.31	57.77	2.38	1.81	76.05	1.62
肥城县	104.42	75.38	4.35	4.17	72.87	3.17	2.56	80.76	3.40
宁阳县	93.54	65.98	4.06	4.34	77.09	3.13	2.66	84.98	4.03
东平县	73.69	48.73	5.31	7.21	75.71	4.02	3.60	89.55	7.39
新泰县	109.62	89.54	0.24	0.22	41.67	0.10	0.01	10.00	0.01
枣庄市	**286.56**	**211.11**	**1.19**	**0.42**	**67.23**	**0.80**			
滕州县	156.87	136.57	0.45	0.29	64.44	0.29			
薛城区	38.74	27.82	0.04	0.10	75.00	0.03			
峄城区	46.26	25.88	0.36	0.78	77.78	0.28			
台儿庄	44.69	20.84	0.34	0.76	58.82	0.20			
济南市	**547.08**	**316.53**	**47.11**	**8.61**	**63.30**	**29.82**	**27.04**	**90.68**	**8.54**
章丘县	125.28	85.31	12.30	9.82	83.50	10.27	9.56	93.09	11.21
平阴县	55.54	32.87	2.30	4.14	52.61	1.21	0.82	67.77	2.49
商河县	107.84	49.02	25.55	23.69	61.68	15.76	14.38	91.24	29.33
济阳县	100.10	44.70	6.45	6.44	37.05	2.39	2.28	95.40	5.10
历城区	95.31	58.12	0.03	0.03	66.67	0.02			
长清县	63.01	46.51	0.48	0.76	35.42	0.17			
青岛市	**262.48**	**117.86**	**42.68**	**16.26**	**91.78**	**39.17**	**38.43**	**98.11**	**32.61**
平度县	262.48	117.86	42.68	16.26	91.78	39.17	38.43	98.11	32.61
胶南县									
胶　县									
即墨县									
淄博市	**185.88**	**123.99**	**18.08**	**9.73**	**65.49**	**11.84**	**10.56**	**89.19**	**8.52**
桓台县	53.06	42.12	2.43	4.58	131.28	3.19	2.69	84.33	6.39
高青县	76.84	33.87	15.03	19.56	55.76	8.38	7.87	93.91	23.24
沂源县	55.98	48.00	0.62	1.11	43.55	0.27			
日照市	**189.88**	**133.04**	**5.04**	**2.65**	**85.52**	**4.31**	**4.20**	**97.45**	**3.16**
莒　县	125.60	87.63	2.84	2.26	83.45	2.37	2.29	96.62	2.61
五莲县	64.28	45.41	2.20	3.42	88.18	1.94	1.91	98.45	4.21
莱芜市	**89.83**	**89.91**	**0.17**	**0.19**	**35.29**	**0.06**	**0.01**	**16.67**	**0.01**
莱芜县	89.83	89.91	0.17	0.19	35.29	0.06	0.01	16.67	0.01

5－19－39 山东省1981年产棉县棉花生产收购明细

县市名	耕地面积（万亩）	农业人口（万人）	棉田面积（万亩）	占耕地（%）	亩产（市斤）	产量（万担）	收购量（万担）	商品率（%）	人均交售（市斤）
全省合计	**8744.99**	**5207.15**	**1404.77**	**16.06**	**99.53**	**1398.12**	**1297.06**	**92.77**	**24.91**
聊城市	**863.66**	**407.18**	**320.23**	**37.08**	**113.53**	**363.56**	**343.24**	**94.41**	**84.30**
阳谷县	103.53	57.27	33.05	31.92	127.66	42.19	40.25	95.40	70.28
莘　县	132.50	70.75	45.70	34.49	108.84	49.74	46.80	94.09	66.15
茌平县	110.16	44.44	42.69	38.75	99.55	42.50	41.25	97.06	92.82
东阿县	73.89	33.83	33.64	45.53	119.50	40.20	32.50	80.85	96.07
冠　县	117.67	57.64	39.65	33.70	117.98	46.78	45.03	96.26	78.12
高唐县	94.70	37.57	36.78	38.84	111.94	41.17	40.50	98.37	107.80
临清县	101.03	48.73	46.24	45.77	109.04	50.42	49.32	97.82	101.21
东昌府区	130.18	56.95	42.48	32.63	119.02	50.56	47.59	94.13	83.56
德州市	**893.27**	**416.26**	**271.13**	**30.35**	**107.51**	**291.48**	**279.21**	**95.79**	**67.08**
德州区	18.68	11.83	2.62	14.03	138.93	3.64	3.95	108.52	33.39
陵　县	112.76	51.41	38.49	34.13	120.65	46.44	45.62	98.23	88.74
平原县	86.97	37.71	32.78	37.69	120.23	39.41	40.39	102.49	107.11
夏津县	83.69	40.34	33.64	40.20	104.28	35.08	33.10	94.36	82.05
武城县	65.62	29.54	23.32	35.54	118.65	27.67	26.29	95.01	89.00
齐河县	127.51	56.15	29.99	23.52	105.24	31.56	29.14	92.33	51.90
禹城县	81.52	38.49	20.92	25.66	104.68	21.90	20.14	91.96	52.33
乐陵县	100.09	49.58	27.19	27.17	91.76	24.95	22.66	90.82	45.70
临邑县	86.93	39.19	28.96	33.31	91.02	26.36	25.35	96.17	64.68
宁津县	84.20	38.78	28.90	34.32	109.90	31.76	31.00	97.61	79.94
庆云县	45.30	23.24	4.32	9.54	62.73	2.71	1.57	57.93	6.76
滨州地区	**576.75**	**307.83**	**136.18**	**23.61**	**78.81**	**107.33**	**100.96**	**94.07**	**32.80**
惠民县	114.32	52.84	36.11	31.59	78.21	28.24	27.04	95.75	51.17
滨州县	61.72	35.65	27.81	45.06	84.72	23.56	22.53	95.63	63.20
阳信县	70.96	36.84	14.69	20.70	66.58	9.78	9.19	93.97	24.95
无棣县	83.60	36.53	1.50	1.79	59.33	0.89	0.59	66.29	1.62
沾化县	72.85	38.51	8.93	12.26	54.65	4.88	3.55	72.75	9.22
博兴县	53.00	46.11	13.01	24.55	67.79	8.82	8.07	91.50	17.50
邹平县	120.30	61.35	34.13	28.37	91.30	31.16	29.99	96.25	48.88
菏泽地区	**1061.52**	**618.98**	**249.21**	**23.48**	**96.11**	**239.51**	**206.72**	**86.31**	**33.40**
菏泽县	128.86	85.31	34.43	26.72	88.44	30.45	27.29	89.62	31.99
曹　县	157.33	103.32	41.98	26.68	84.87	35.63	31.78	89.19	30.76
定陶县	76.90	44.27	21.94	28.53	100.14	21.97	20.56	93.58	46.44
成武县	74.95	44.63	21.96	29.30	116.30	25.54	24.92	97.57	55.84
单　县	148.16	85.72	33.72	22.76	99.50	33.55	28.50	84.95	33.25
巨野县	111.74	61.87	42.72	38.23	101.94	43.55	38.08	87.44	61.55
郓城县	160.34	82.39	33.90	21.14	115.99	39.32	27.29	69.40	33.12
鄄城县	98.04	59.08	9.60	9.79	68.75	6.60	5.12	77.58	8.67
东明县	105.20	52.39	8.96	8.52	32.37	2.90	3.18	109.66	6.07
潍坊市	**1122.66**	**648.84**	**83.95**	**7.48**	**89.76**	**75.35**	**72.40**	**96.08**	**11.16**
潍　县	109.96	57.13	6.22	5.66	109.81	6.83	6.78	99.27	11.87
高密县	141.80	73.14	25.05	17.67	71.06	17.80	17.29	97.13	23.64
诸城县	172.59	95.09	17.41	10.09	87.82	15.29	15.02	98.23	15.80
昌邑县	110.79	58.94	16.49	14.88	109.52	18.06	17.34	96.01	29.42
昌乐县	92.74	47.47	5.10	5.50	112.94	5.76	5.01	86.98	10.55
安丘县	154.80	93.10	5.80	3.75	101.72	5.90	5.70	96.61	6.12
寿光县	148.81	83.52	7.79	5.23	71.89	5.60	5.26	93.93	6.30
青州县	103.57	69.86	0.07	0.07	157.14	0.11			
寒亭区									
坊子区									
潍城区									
临朐县	87.60	70.59	0.02	0.02					

5-19-39 续表

县市名	耕地面积（万亩）	农业人口（万人）	棉田面积（万亩）	占耕地（%）	亩产（市斤）	产量（万担）	收购量（万担）	商品率（%）	人均交售（市斤）
济宁市	**884.23**	**567.75**	**110.23**	**12.47**	**120.94**	**133.31**	**124.65**	**93.50**	**21.96**
济宁县	81.73	49.72	1.70	2.08	84.12	1.43	2.23	155.94	4.49
任城区	71.67	48.26	9.78	13.65	111.76	10.93	10.53	96.34	21.82
兖州市	67.62	39.76	10.45	15.45	130.33	13.62	12.88	94.57	32.39
邹城市	106.64	75.98	1.07	1.00	95.33	1.02	0.59	57.84	0.78
鱼台县	60.24	30.73	0.75	1.25	101.33	0.76	0.51	67.11	1.66
金乡县	90.38	47.94	16.72	18.50	120.33	20.12	19.64	97.61	40.97
嘉祥县	100.23	59.82	28.02	27.96	114.74	32.15	27.00	83.98	45.14
微山县	43.03	47.23	0.01	0.02	100.00	0.01			
汶上县	86.85	55.51	32.04	36.89	137.39	44.02	42.17	95.80	75.97
梁山县	104.99	66.11	9.56	9.11	96.55	9.23	9.10	98.59	13.76
泗水县	70.85	46.69	0.13	0.18	15.38	0.02			
东营市	**230.01**	**98.53**	**29.73**	**12.93**	**76.86**	**22.85**	**21.47**	**93.96**	**21.79**
东营区									
河口区									
垦利县	60.05	23.97	4.98	8.29	56.22	2.80	2.37	84.64	9.89
利津县	72.85	27.77	5.69	7.81	34.80	1.98	1.83	92.42	6.59
广饶县	97.11	46.79	19.06	19.63	94.81	18.07	17.27	95.57	36.91
临沂市	**1076.82**	**764.53**	**31.58**	**2.93**	**80.30**	**25.36**	**21.60**	**85.17**	**2.83**
临沂县	148.75	116.32	9.79	6.58	87.03	8.52	7.73	90.73	6.65
郯城县	101.84	73.50	7.22	7.09	77.29	5.58	5.41	96.95	7.36
苍山县	132.54	89.65	8.13	6.13	81.06	6.59	5.33	80.88	5.95
沂水县	131.70	89.84	3.73	2.83	88.74	3.31	2.91	87.92	3.24
蒙阴县	50.88	41.09	1.22	2.40	47.54	0.58	0.09	15.52	0.22
莒南县	117.24	82.20	0.17	0.15	64.71	0.11	0.10	90.91	0.12
平邑县	97.01	77.83	0.24	0.25	58.33	0.14	0.01	7.14	0.01
费　县	101.66	71.48	0.52	0.51	46.15	0.24	0.01	4.17	0.01
沂南县	113.91	72.52	0.52	0.46	51.92	0.27	0.01	3.70	0.01
临沭县	81.29	50.10	0.04	0.05	50.00	0.02			
泰安市	**504.91**	**389.75**	**23.94**	**4.74**	**97.12**	**23.25**	**21.62**	**92.99**	**5.55**
泰安县	124.22	111.46	1.58	1.27	69.62	1.10	0.86	78.18	0.77
肥城县	104.37	74.23	7.04	6.75	99.86	7.03	6.12	87.06	8.24
宁阳县	93.35	65.87	7.32	7.84	112.30	8.22	8.58	104.38	13.03
东平县	73.56	48.19	7.88	10.71	86.80	6.84	6.05	88.45	12.55
新泰县	109.41	90.00	0.12	0.11	50.00	0.06	0.01	16.67	0.01
枣庄市	**285.56**	**210.76**	**3.96**	**1.39**	**97.22**	**3.85**			
滕州县	156.37	136.38	0.82	0.52	76.83	0.63			
薛城区	38.57	27.98	1.25	3.24	104.80	1.31			
峄城区	46.09	25.82	1.25	2.71	104.80	1.31			
台儿庄	44.53	20.58	0.64	1.44	93.75	0.60			
济南市	**519.63**	**312.28**	**72.79**	**14.01**	**86.65**	**63.07**	**58.04**	**92.02**	**18.59**
章丘县	125.23	85.19	14.36	11.47	96.38	13.84	13.78	99.57	16.18
平阴县	55.02	32.43	5.17	9.40	88.39	4.57	3.90	85.34	12.03
商河县	107.83	48.41	33.38	30.96	92.33	30.82	29.32	95.13	60.57
济阳县	100.02	44.55	19.50	19.50	70.05	13.66	11.04	80.82	24.78
历城区	68.59	55.20	0.07	0.10	100.00	0.07			
长清县	62.94	46.50	0.31	0.49	35.48	0.11			
青岛市	**261.47**	**116.11**	**42.48**	**16.25**	**59.32**	**25.20**	**24.99**	**99.17**	**21.52**
平度县	261.47	116.11	42.48	16.25	59.32	25.20	24.99	99.17	21.52
胶南县									
胶　县									
即墨县									
淄博市	**185.79**	**125.16**	**24.35**	**13.11**	**78.64**	**19.15**	**17.41**	**90.91**	**13.91**
桓台县	53.00	42.69	3.66	6.91	122.95	4.50	3.74	83.11	8.76
高青县	77.01	34.04	20.28	26.33	71.30	14.46	13.67	94.54	40.16
沂源县	55.78	48.43	0.41	0.74	46.34	0.19			
日照市	**189.18**	**133.31**	**4.87**	**2.57**	**97.95**	**4.77**	**4.74**	**99.37**	**3.56**
莒　县	124.93	87.80	2.72	2.18	98.53	2.68	2.62	97.76	2.98
五莲县	64.25	45.51	2.15	3.35	97.21	2.09	2.12	101.44	4.66
莱芜市	**89.53**	**89.88**	**0.14**	**0.16**	**57.14**	**0.08**	**0.01**	**12.50**	**0.01**
莱芜县	89.53	89.88	0.14	0.16	57.14	0.08	0.01	12.50	0.01

5-19-40　山东省1982年产棉县棉花生产收购明细

县市名	耕地面积（万亩）	农业人口（万人）	棉田面积（万亩）	占耕地（%）	亩产（市斤）	产量（万担）	收购量（万担）	商品率（%）	人均交售（市斤）
全省合计	**8784.76**	**5244.45**	**2006.29**	**22.84**	**103.21**	**2070.72**	**1839.04**	**88.81**	**35.07**
聊城市	**862.44**	**411.12**	**420.45**	**48.75**	**112.13**	**471.45**	**447.42**	**94.90**	**108.83**
阳谷县	103.55	57.75	52.48	50.68	118.16	62.01	59.68	96.24	103.34
莘　县	132.47	71.40	58.10	43.86	110.41	64.15	57.80	90.10	80.95
茌平县	109.88	44.48	57.54	52.37	99.76	57.40	53.81	93.75	120.98
东阿县	73.78	34.35	44.76	60.67	100.54	45.00	43.63	96.96	127.02
冠　县	117.59	57.86	52.85	44.94	106.00	56.02	54.61	97.48	94.38
高唐县	94.57	37.70	48.40	51.18	116.67	56.47	54.09	95.79	143.47
临清县	100.67	49.38	50.93	50.59	126.06	64.20	61.46	95.73	124.46
东昌府区	129.93	58.20	55.39	42.63	119.52	66.20	62.34	94.17	107.11
德州市	**891.97**	**419.63**	**353.20**	**39.60**	**115.84**	**409.14**	**381.84**	**93.33**	**90.99**
德州区	18.39	11.83	5.35	29.09	153.46	8.21	8.67	105.60	73.29
陵　县	112.73	51.48	52.50	46.57	118.08	61.99	60.76	98.02	118.03
平原县	86.91	37.94	40.21	46.27	137.48	55.28	53.20	96.24	140.22
夏津县	83.65	41.03	41.42	49.52	122.77	50.85	50.53	99.37	123.15
武城县	65.60	29.89	27.45	41.84	124.99	34.31	33.29	97.03	111.38
齐河县	127.26	56.42	52.33	41.12	106.13	55.54	49.54	89.20	87.81
禹城县	81.18	38.75	31.34	38.61	119.50	37.45	35.92	95.91	92.70
乐陵县	100.08	50.28	34.82	34.79	104.11	36.25	29.38	81.05	58.43
临邑县	86.86	39.75	28.45	32.75	101.12	28.77	26.26	91.28	66.06
宁津县	84.10	38.87	33.70	40.07	106.74	35.97	32.00	88.96	82.33
庆云县	45.21	23.39	5.63	12.45	80.28	4.52	2.29	50.66	9.79
滨州地区	**634.19**	**312.80**	**204.68**	**32.27**	**83.75**	**171.41**	**149.29**	**87.10**	**47.73**
惠民县	113.93	52.86	52.49	46.07	87.65	46.01	37.90	82.37	71.70
滨州县	61.29	39.39	35.30	57.60	105.13	37.11	35.48	95.61	90.07
阳信县	70.86	36.91	23.75	33.52	87.07	20.68	16.31	78.87	44.19
无棣县	83.60	36.77	4.60	5.50	58.26	2.68	1.66	61.94	4.51
沾化县	99.70	39.02	19.09	19.15	62.23	11.88	8.26	69.53	21.17
博兴县	84.87	46.20	25.59	30.15	84.37	21.59	19.40	89.86	41.99
邹平县	119.94	61.65	43.86	36.57	71.73	31.46	30.28	96.25	49.12
菏泽地区	**1059.93**	**624.14**	**330.95**	**31.22**	**104.33**	**345.28**	**286.05**	**82.85**	**45.83**
菏泽县	128.57	85.64	41.26	32.09	100.39	41.42	32.00	77.26	37.37
曹　县	157.15	104.87	50.91	32.40	81.59	41.54	40.99	98.68	39.09
定陶县	76.88	44.62	29.72	38.66	109.15	32.44	29.95	92.32	67.12
成武县	74.88	45.25	31.19	41.65	111.54	34.79	27.52	79.10	60.82
单　县	147.86	86.28	48.21	32.61	101.64	49.00	41.40	84.49	47.98
巨野县	111.30	62.23	50.56	45.43	115.72	58.51	50.26	85.90	80.76
郓城县	160.08	83.13	49.24	30.76	128.01	63.03	43.45	68.94	52.27
鄄城县	98.06	59.17	15.78	16.09	91.51	14.44	11.22	77.70	18.96
东明县	105.15	52.95	14.08	13.39	71.80	10.11	9.26	91.59	17.49
潍坊市	**1120.93**	**647.63**	**131.79**	**11.76**	**99.49**	**131.12**	**121.35**	**92.55**	**18.74**
潍　县	109.79	57.72	14.10	12.84	106.38	15.00	14.16	94.40	24.53
高密县	141.80	73.42	34.90	24.61	89.71	31.31	28.93	92.40	39.40
诸城县	172.52	89.66	24.26	14.06	102.27	24.81	24.22	97.62	27.01
昌邑县	110.69	59.07	23.30	21.05	118.71	27.66	26.03	94.11	44.07
昌乐县	92.50	47.79	7.32	7.91	106.56	7.80	6.97	89.36	14.58
安丘县	153.90	93.20	9.10	5.91	100.00	9.10	8.40	92.31	9.01
寿光县	148.86	84.80	17.77	11.94	78.90	14.02	12.03	85.81	14.19
青州县	103.47	70.18	1.04	1.01	136.54	1.42	0.61	42.96	0.87
寒亭区									
坊子区									
潍城区									
临朐县	87.40	71.79							

5－19－40　续表

县市名	耕地面积（万亩）	农业人口（万人）	棉田面积（万亩）	占耕地（%）	亩产（市斤）	产量（万担）	收购量（万担）	商品率（%）	人均交售（市斤）
济宁市	**881.40**	**569.09**	**181.21**	**20.56**	**118.00**	**213.82**	**177.18**	**82.86**	**31.13**
济宁县	81.34	50.62	9.96	12.24	20.48	2.04	2.23	109.31	4.41
任城区	71.71	48.62	17.79	24.81	119.11	21.19	20.09	94.81	41.32
兖州市	67.28	40.29	18.39	27.33	123.22	22.66	16.40	72.37	40.70
邹城市	106.12	76.31	7.23	6.81	90.73	6.56	4.54	69.21	5.95
鱼台县	60.12	31.25	7.42	12.34	117.52	8.72	4.99	57.22	15.97
金乡县	90.54	43.68	25.57	28.24	128.63	32.89	29.40	89.39	67.31
嘉祥县	99.55	60.40	39.78	39.96	125.89	50.08	36.00	71.88	59.60
微山县	42.99	47.90	0.81	1.88	117.28	0.95	0.57	60.00	1.19
汶上县	86.57	56.19	39.29	45.39	134.23	52.74	47.47	90.01	84.48
梁山县	104.97	66.57	14.34	13.66	110.88	15.90	15.49	97.42	23.27
泗水县	70.21	47.26	0.63	0.90	14.29	0.09			
东营市	**231.40**	**99.84**	**54.37**	**23.50**	**82.93**	**45.09**	**40.53**	**89.89**	**40.59**
东营区									
河口区									
垦利县	62.12	24.17	5.80	9.34	72.76	4.22	4.16	98.58	17.21
利津县	71.81	27.81	9.11	12.69	50.93	4.64	4.42	95.26	15.89
广饶县	97.47	47.86	39.46	40.48	91.81	36.23	31.95	88.19	66.76
临沂市	**1072.12**	**773.00**	**60.09**	**5.60**	**79.96**	**48.05**	**35.64**	**74.17**	**4.61**
临沂县	147.14	117.50	18.20	12.37	85.00	15.47	12.66	81.84	10.77
郯城县	101.40	73.93	12.08	11.91	79.14	9.56	8.34	87.24	11.28
苍山县	132.34	90.90	11.12	8.40	90.56	10.07	6.39	63.46	7.03
沂水县	131.54	91.13	8.49	6.45	90.46	7.68	5.71	74.35	6.27
蒙阴县	50.89	41.63	1.72	3.38	62.79	1.08	0.43	39.81	1.03
莒南县	116.54	82.11	0.58	0.50	72.41	0.42	0.17	40.48	0.21
平邑县	96.24	78.71	0.51	0.53	49.02	0.25	0.01	4.00	0.01
费　县	101.32	72.83	2.96	2.92	62.16	1.84	0.64	34.78	0.88
沂南县	113.58	73.46	2.06	1.81	66.02	1.36	0.34	25.00	0.46
临沭县	81.13	50.80	2.37	2.92	13.50	0.32	0.95	*	1.87
泰安市	**502.23**	**392.65**	**43.10**	**8.58**	**92.46**	**39.85**	**35.41**	**88.86**	**9.02**
泰安县	123.89	112.41	3.65	2.95	69.32	2.53	1.64	64.82	1.46
肥城县	102.93	74.44	13.34	12.96	97.68	13.03	11.95	91.71	16.05
宁阳县	93.22	66.27	14.16	15.19	97.53	13.81	12.77	92.47	19.27
东平县	73.55	48.34	11.75	15.98	88.17	10.36	9.04	87.26	18.70
新泰县	108.64	91.19	0.20	0.18	60.00	0.12	0.01	8.33	0.01
枣庄市	**283.94**	**212.50**	**28.32**	**9.97**	**102.54**	**29.04**	**14.85**	**51.14**	**6.99**
滕州县	155.65	137.55	11.68	7.50	101.97	11.91	6.90	57.93	5.02
薛城区	38.13	28.04	3.87	10.15	98.19	3.80	1.26	33.16	4.49
峄城区	45.96	26.21	6.03	13.12	106.14	6.40	3.10	48.44	11.83
台儿庄	44.20	20.70	6.74	15.25	102.82	6.93	3.59	51.80	17.34
济南市	**518.95**	**314.39**	**99.24**	**19.12**	**91.52**	**90.82**	**81.52**	**89.76**	**25.93**
章丘县	125.10	85.77	21.36	17.07	65.59	14.01	13.83	98.72	16.12
平阴县	54.94	32.54	8.24	15.00	89.81	7.40	6.71	90.68	20.62
商河县	107.70	48.88	39.48	36.66	105.57	41.68	39.20	94.05	80.20
济阳县	99.93	44.63	29.01	29.03	92.69	26.89	21.78	81.00	48.80
历城区	68.36	55.91	0.60	0.88	88.33	0.53			
长清县	62.92	46.66	0.55	0.87	56.36	0.31			
青岛市	**261.71**	**117.05**	**46.93**	**17.93**	**72.32**	**33.94**	**33.39**	**98.38**	**28.53**
平度县	261.71	117.05	46.93	17.93	72.32	33.94	33.39	98.38	28.53
胶南县									
胶　县									
即墨县									
淄博市	**185.54**	**125.84**	**40.82**	**22.00**	**78.22**	**31.93**	**26.79**	**83.90**	**21.29**
桓台县	52.81	42.62	9.51	18.01	91.80	8.73	7.74	88.66	18.16
高青县	76.99	34.08	29.61	38.46	75.31	22.30	18.76	84.13	55.05
沂源县	55.74	49.14	1.70	3.05	52.94	0.90	0.29	32.22	0.59
日照市	**188.81**	**134.17**	**10.41**	**5.51**	**89.43**	**9.31**	**7.77**	**83.46**	**5.79**
莒　县	124.62	89.01	7.36	5.91	82.47	6.07	4.30	70.84	4.83
五莲县	64.19	45.16	3.05	4.75	106.23	3.24	3.47	107.10	7.68
莱芜市	**89.20**	**90.60**	**0.73**	**0.82**	**64.38**	**0.47**	**0.01**	**2.13**	**0.01**
莱芜县	89.20	90.60	0.73	0.82	64.38	0.47	0.01	2.13	0.01

5-19-41　山东省1983年产棉县棉花生产收购明细

县市名	耕地面积（万亩）	农业人口（万人）	棉田面积（万亩）	占耕地（%）	亩产（市斤）	产量（万担）	收购量（万担）	商品率（%）	人均交售（市斤）
全省合计	**8756.80**	**5252.11**	**2235.79**	**25.53**	**120.21**	**2687.75**	**2326.50**	**86.56**	**44.30**
聊城市	**861.54**	**415.03**	**466.74**	**54.18**	**126.65**	**591.12**	**556.79**	**94.19**	**134.16**
阳谷县	103.56	58.19	57.46	55.48	139.23	80.00	77.80	97.25	133.70
莘　县	132.42	71.71	61.94	46.78	136.36	84.46	77.49	91.75	108.06
茌平县	109.91	45.11	67.00	60.96	114.51	76.72	74.41	96.99	164.95
东阿县	73.74	34.61	44.76	60.70	125.11	56.00	42.16	75.29	121.81
冠　县	117.18	59.01	58.86	50.23	113.32	66.70	65.52	98.23	111.03
高唐县	94.49	37.97	52.83	55.91	119.33	63.04	61.04	96.83	160.76
临清县	100.65	50.00	55.25	54.89	136.72	75.54	72.85	96.44	145.70
东昌府区	129.59	58.43	68.64	52.97	129.17	88.66	85.52	96.46	146.36
德州市	**890.91**	**423.59**	**363.22**	**40.77**	**154.52**	**561.23**	**539.14**	**96.06**	**127.28**
德州区	18.37	11.90	6.84	37.23	205.41	14.05	15.76	112.17	132.44
陵　县	112.66	51.93	54.00	47.93	167.04	90.20	88.77	98.41	170.94
平原县	86.81	38.58	42.45	48.90	183.63	77.95	74.14	95.11	192.17
夏津县	83.57	42.47	42.47	50.82	115.23	48.94	51.36	104.94	120.93
武城县	65.61	30.15	28.31	43.15	167.01	47.28	46.24	97.80	153.37
齐河县	126.96	56.45	47.19	37.17	155.39	73.33	70.51	96.15	124.91
·禹城县	81.02	38.93	34.04	42.01	151.18	51.46	47.25	91.82	121.37
乐陵县	100.08	50.55	35.86	35.83	149.19	53.50	47.84	89.42	94.64
临邑县	86.83	39.95	33.53	38.62	149.12	50.00	46.68	93.36	116.85
宁津县	83.80	38.88	33.20	39.62	146.48	48.63	46.00	94.59	118.31
庆云县	45.20	23.80	5.33	11.79	110.51	5.89	4.59	77.93	19.29
滨州地区	**622.55**	**300.54**	**225.82**	**36.27**	**109.48**	**247.22**	**209.24**	**84.64**	**69.62**
惠民县	113.45	52.99	53.11	46.81	122.65	65.14	58.91	90.44	111.17
滨州县	56.03	29.47	33.58	59.93	127.64	42.86	38.98	90.95	132.27
阳信县	70.75	37.18	27.91	39.45	111.90	31.23	27.19	87.06	73.13
无棣县	82.70	37.01	8.30	10.04	63.73	5.29	4.09	77.32	11.05
沾化县	99.59	39.04	30.27	30.39	86.79	26.27	18.09	68.86	46.34
博兴县	80.17	43.12	30.19	37.66	109.84	33.16	21.33	64.32	49.47
邹平县	119.86	61.73	42.46	35.42	101.91	43.27	40.65	93.94	65.85
菏泽地区	**1057.73**	**625.85**	**442.08**	**41.80**	**99.09**	**438.07**	**362.19**	**82.68**	**57.87**
菏泽县	127.90	85.85	53.97	42.20	81.71	44.10	42.10	95.46	49.04
曹　县	157.00	105.24	91.49	58.27	88.22	80.71	69.99	86.72	66.51
定陶县	76.85	44.60	36.13	47.01	120.81	43.65	35.64	81.65	79.91
成武县	74.91	45.39	39.82	53.16	118.94	47.36	38.93	82.20	85.77
单　县	147.70	86.56	54.08	36.61	77.66	42.00	41.60	99.05	48.06
巨野县	111.30	62.43	56.37	50.65	100.37	56.58	43.33	76.58	69.41
郓城县	159.91	83.38	61.18	38.26	128.00	78.31	56.49	72.14	67.75
鄄城县	97.93	59.21	27.20	27.77	101.65	27.65	20.99	75.91	35.45
东明县	104.23	53.19	21.84	20.95	81.09	17.71	13.12	74.08	24.67
潍坊市	**1120.32**	**650.27**	**159.87**	**14.27**	**127.08**	**203.16**	**186.03**	**91.57**	**28.61**
潍　县	109.66	58.04	18.24	16.63	124.12	22.64	20.55	90.77	35.41
高密县	141.68	73.70	35.14	24.80	139.87	49.15	45.80	93.18	62.14
诸城县	172.44	89.79	28.30	16.41	116.18	32.88	31.45	95.65	35.03
昌邑县	110.64	59.10	24.81	22.42	151.75	37.65	36.83	97.82	62.32
昌乐县	92.39	48.00	11.60	12.56	106.21	12.32	10.00	81.17	20.83
安丘县	154.00	94.20	11.40	7.40	124.56	14.20	11.60	81.69	12.31
寿光县	148.89	85.02	28.33	19.03	112.85	31.97	28.57	89.37	33.60
青州县	103.44	70.35	2.04	1.97	114.71	2.34	1.23	52.56	1.75
寒亭区									
坊子区									
潍城区									
临朐县	87.18	72.07	0.01	0.01	100.00	0.01			

5-19-41 续表

县市名	耕地面积（万亩）	农业人口（万人）	棉田面积（万亩）	占耕地（%）	亩产（市斤）	产量（万担）	收购量（万担）	商品率（%）	人均交售（市斤）
济宁市	**878.25**	**572.03**	**180.88**	**20.60**	**126.08**	**228.05**	**185.51**	**81.35**	**32.43**
济宁县	81.15	50.81	8.10	9.98	94.44	7.65	7.09	92.68	13.95
任城区	71.38	49.33	16.11	22.57	124.77	20.10	11.03	54.88	22.36
兖州市	66.95	40.43	15.63	23.35	89.57	14.00	9.58	68.43	23.70
邹城市	105.16	76.52	7.08	6.73	76.27	5.40	2.83	52.41	3.70
鱼台县	59.74	31.12	1.31	2.19	140.46	1.84	1.08	58.70	3.47
金乡县	90.07	44.08	28.80	31.98	133.19	38.36	35.73	93.14	81.06
嘉祥县	99.56	60.78	38.23	38.40	113.00	43.20	40.00	92.59	65.81
微山县	42.83	48.21	8.43	19.68	129.54	10.92	7.89	72.25	16.37
汶上县	86.42	56.43	28.80	33.33	192.99	55.58	48.12	86.58	85.27
梁山县	104.89	66.81	27.99	26.69	110.54	30.94	22.16	71.62	33.17
泗水县	70.10	47.51	0.40	0.57	15.00	0.06			
东营市	**227.86**	**93.00**	**67.96**	**29.83**	**102.71**	**69.80**			
东营区									
河口区									
垦利县	60.87	24.38	8.87	14.57	99.77	8.85			
利津县	69.53	27.72	18.19	26.16	87.63	15.94			
广饶县	97.46	40.90	40.90	41.97	110.05	45.01			
临沂市	**1071.04**	**778.01**	**57.75**	**5.39**	**72.16**	**41.67**	**26.09**	**62.61**	**3.35**
临沂县	147.50	118.33	12.63	8.56	77.43	9.78	5.74	58.69	4.85
郯城县	101.29	74.31	11.30	11.16	71.59	8.09	7.10	87.76	9.55
苍山县	132.35	91.45	13.05	9.86	92.87	12.12	6.71	55.36	7.34
沂水县	131.26	92.09	10.42	7.94	65.26	6.80	4.77	70.15	5.18
蒙阴县	50.87	42.16	1.69	3.32	40.83	0.69	0.31	44.93	0.74
莒南县	116.24	82.62	2.53	2.18	65.61	1.66	0.21	12.65	0.25
平邑县	96.04	79.13	0.14	0.15	50.00	0.07	0.01	14.29	0.01
费　县	101.22	73.16	2.20	2.17	65.91	1.45	0.23	15.86	0.31
沂南县	113.18	73.93	1.24	1.10	55.65	0.69	0.12	17.39	0.16
临沭县	81.09	50.83	2.55	3.14	12.55	0.32	0.89	*	1.75
泰安市	**501.32**	**395.24**	**36.23**	**7.23**	**87.97**	**31.87**	**25.08**	**78.69**	**6.35**
泰安县	123.75	112.97	2.43	1.96	59.67	1.45	0.75	51.72	0.66
肥城县	102.60	74.53	10.39	10.13	96.44	10.02	8.27	82.53	11.10
宁阳县	93.11	66.42	12.50	13.42	83.84	10.48	8.05	76.81	12.12
东平县	73.51	48.69	10.79	14.68	91.57	9.88	8.00	80.97	16.43
新泰县	108.35	92.63	0.12	0.11	33.33	0.04	0.01	25.00	0.01
枣庄市	**282.79**	**213.40**	**36.47**	**12.90**	**110.12**	**40.16**	**23.66**	**58.91**	**11.09**
滕州县	154.79	137.50	12.02	7.77	100.92	12.13	6.00	49.46	4.36
薛城区	38.02	28.14	8.01	21.07	116.60	9.34	4.47	47.86	15.88
峄城区	45.78	26.34	8.01	17.50	117.73	9.43	4.47	47.40	16.97
台儿庄	44.20	21.42	8.43	19.07	109.85	9.26	8.72	94.17	40.71
济南市	**518.35**	**315.44**	**104.73**	**20.20**	**122.35**	**128.14**	**114.77**	**89.57**	**36.38**
章丘县	124.95	86.17	19.32	15.46	80.38	15.53	14.14	91.05	16.41
平阴县	54.94	32.45	6.68	12.16	94.91	6.34	0.01	0.16	0.03
商河县	107.65	49.17	39.55	36.74	147.66	58.40	57.25	98.03	116.43
济阳县	99.85	44.88	38.53	38.59	122.71	47.28	43.37	91.73	96.64
历城区	68.34	56.10	0.32	0.47	121.88	0.39			
长清县	62.62	46.67	0.33	0.53	60.61	0.20			
青岛市	**261.41**	**116.72**	**45.78**	**17.51**	**127.50**	**58.37**	**57.13**	**97.88**	**48.95**
平度县	261.41	116.72	45.78	17.51	127.50	58.37	57.13	97.88	48.95
胶南县									
胶　县									
即墨县									
淄博市	**185.50**	**126.26**	**39.33**	**21.20**	**106.08**	**41.72**	**35.14**	**84.23**	**27.83**
桓台县	52.68	42.46	8.10	15.38	96.30	7.80	7.50	96.15	17.66
高青县	77.31	34.36	30.75	39.77	109.76	33.75	27.59	81.75	80.30
沂源县	55.51	49.44	0.48	0.86	35.42	0.17	0.05	29.41	0.10
日照市	**188.27**	**135.31**	**8.69**	**4.62**	**80.78**	**7.02**	**5.72**	**81.48**	**4.23**
莒　县	124.15	89.45	5.71	4.60	76.71	4.38	3.26	74.43	3.64
五莲县	64.12	45.86	2.98	4.65	88.59	2.64	2.46	93.18	5.36
莱芜市	**88.96**	**91.42**	**0.24**	**0.27**	**62.50**	**0.15**	**0.01**	**6.67**	**0.01**
莱芜县	88.96	91.42	0.24	0.27	62.50	0.15	0.01	6.67	0.01

5－19－42　山东省1984年产棉县棉花生产收购明细

县市名	耕地面积（万亩）	农业人口（万人）	棉田面积（万亩）	占耕地（%）	亩产（市斤）	产量（万担）	收购量（万担）	商品率（%）	人均交售（市斤）
全省合计	**8675.84**	**5272.36**	**2544.69**	**29.33**	**139.83**	**3558.34**	**3283.17**	**92.27**	**62.27**
聊城市	**858.98**	**418.84**	**489.65**	**57.00**	**147.84**	**723.89**	**695.15**	**96.03**	**165.97**
阳谷县	103.00	58.71	58.47	56.77	162.48	95.00	93.00	97.89	158.41
莘　县	132.40	72.19	79.76	60.24	146.00	116.45	107.86	92.62	149.41
茌平县	109.32	45.38	69.01	63.13	134.59	92.88	92.46	99.55	203.75
东阿县	73.70	34.65	40.59	55.07	142.01	57.64	47.31	82.08	136.54
冠　县	116.48	59.97	64.78	55.61	141.54	91.69	90.56	98.77	151.01
高唐县	94.42	38.14	54.50	57.72	148.62	81.00	76.90	94.94	201.63
临清县	100.40	50.76	55.89	55.67	174.99	97.80	96.95	99.13	191.00
东昌府区	129.26	59.04	66.65	51.56	137.18	91.43	90.11	98.56	152.63
德州市	**889.58**	**426.23**	**398.97**	**44.85**	**185.36**	**739.53**	**724.07**	**97.91**	**169.88**
德州区	18.37	11.50	8.06	43.88	203.85	16.43	19.18	116.74	166.78
陵　县	112.66	52.19	55.00	48.82	199.56	109.76	106.94	97.43	204.91
平原县	86.69	39.07	42.59	49.13	192.42	81.95	86.22	105.21	220.68
夏津县	83.51	42.08	51.60	61.79	184.83	95.37	93.92	98.48	223.19
武城县	65.63	30.49	30.09	45.85	217.08	65.32	60.37	92.42	198.00
齐河县	126.27	56.59	53.94	42.72	181.87	98.10	93.06	94.86	164.45
禹城县	80.86	40.00	35.83	44.31	179.32	64.25	61.22	95.28	153.05
乐陵县	100.08	50.65	38.70	38.67	163.62	63.32	65.52	103.47	129.36
临邑县	86.94	40.35	38.29	44.04	198.49	76.00	74.80	98.42	185.38
宁津县	83.50	39.20	34.40	41.20	165.41	56.90	52.00	91.39	132.65
庆云县	45.07	24.11	10.47	23.23	115.85	12.13	10.84	89.37	44.96
滨州地区	**592.88**	**291.09**	**252.71**	**42.62**	**139.46**	**352.43**	**335.27**	**95.13**	**115.18**
惠民县	112.40	53.04	57.99	51.59	139.97	81.17	78.74	97.01	148.45
滨州县	55.88	29.48	34.23	61.26	159.04	54.44	52.14	95.78	176.87
阳信县	70.73	37.16	31.65	44.75	133.27	42.18	41.92	99.38	112.81
无棣县	82.20	37.17	14.60	17.76	107.88	15.75	14.83	94.16	39.90
沾化县	80.62	33.19	32.25	40.00	124.09	40.02	33.91	84.73	102.17
博兴县	72.09	39.84	34.08	47.27	142.52	48.57	44.87	92.38	112.63
邹平县	118.96	61.21	47.91	40.27	146.73	70.30	68.86	97.95	112.50
菏泽地区	**1056.49**	**625.81**	**542.99**	**51.40**	**111.03**	**602.88**	**559.67**	**92.83**	**89.43**
菏泽县	127.73	86.40	62.22	48.71	104.47	65.00	63.70	98.00	73.73
曹　县	157.00	105.54	106.33	67.73	106.27	113.00	101.82	90.11	96.48
定陶县	76.83	44.72	45.54	59.27	122.24	55.67	47.44	85.22	106.08
成武县	75.09	45.52	46.01	61.27	134.75	62.00	56.69	91.44	124.54
单　县	147.66	84.13	58.84	39.85	127.46	75.00	74.30	99.07	88.32
巨野县	111.24	62.50	66.92	60.16	112.34	75.18	73.13	97.27	117.01
郓城县	159.03	83.97	74.42	46.80	110.00	81.86	74.72	91.28	88.98
鄄城县	97.86	59.38	36.37	37.17	100.27	36.47	30.67	84.10	51.65
东明县	104.05	53.65	46.34	44.54	83.51	38.70	37.20	96.12	69.34
潍坊市	**1122.74**	**670.41**	**193.61**	**17.24**	**144.67**	**280.10**	**268.42**	**95.83**	**40.04**
潍　县									
高密县	141.69	72.99	41.33	29.17	146.46	60.53	56.74	93.74	77.74
诸城县	172.34	90.17	28.91	16.77	135.66	39.22	37.79	96.35	41.91
昌邑县	110.67	59.44	32.06	28.97	160.95	51.60	50.84	98.53	85.53
昌乐县	90.77	47.68	11.87	13.08	126.20	14.98	13.06	87.18	27.39
安丘县	152.30	91.90	15.40	10.11	147.40	22.70	19.70	86.78	21.44
寿光县	148.75	85.19	39.48	26.54	142.22	56.15	54.14	96.42	63.55
青州县	100.48	70.88	2.88	2.87	133.68	3.85	3.31	85.97	4.67
寒亭区	59.09	30.34	14.69	24.86	156.91	23.05	24.65	106.94	81.25
坊子区	33.70	22.34	3.59	10.65	106.69	3.83	4.31	112.53	19.29
潍城区	32.19	23.74	3.40	10.56	123.24	4.19	3.88	92.60	16.34
临朐县	80.76	75.74							

5－19－42　续表

县市名	耕地面积（万亩）	农业人口（万人）	棉田面积（万亩）	占耕地（%）	亩产（市斤）	产量（万担）	收购量（万担）	商品率（%）	人均交售（市斤）
济宁市	**874.06**	**573.71**	**247.44**	**28.31**	**129.35**	**320.07**	**207.47**	**64.82**	**36.16**
济宁县	81.02	50.65	13.13	16.21	108.23	14.21	8.88	62.49	17.53
任城区	70.82	49.02	21.28	30.05	124.72	26.54	19.49	73.44	39.76
兖州市	66.62	40.86	22.42	33.65	109.32	24.51	15.19	61.97	37.18
邹城市	104.16	76.38	8.75	8.40	110.51	9.67	5.73	59.26	7.50
鱼台县	59.49	31.26	12.50	21.01	145.44	18.18	12.40	68.21	39.67
金乡县	89.66	44.40	36.55	40.77	133.90	48.94	29.39	60.05	66.19
嘉祥县	99.56	60.97	45.86	46.06	123.57	56.67	30.00	52.94	49.20
微山县	41.88	48.29	2.53	6.04	137.94	3.49	2.44	69.91	5.05
汶上县	86.55	56.42	39.98	46.19	154.35	61.71	48.31	78.29	85.63
梁山县	104.84	67.40	44.22	42.18	126.91	56.12	35.64	63.51	52.88
泗水县	69.46	48.06	0.22	0.32	13.64	0.03			
东营市	**236.72**	**96.89**	**76.83**	**32.46**	**117.45**	**90.24**	**92.55**	**102.56**	**95.52**
东营区	5.72	4.18	1.64	28.67	114.63	1.88	1.29	68.62	30.86
河口区	36.17	7.18	8.30	22.95	82.29	6.83	5.31	77.75	73.96
垦利县	50.75	18.30	11.29	22.25	107.62	12.15	17.27	142.14	94.37
利津县	62.16	26.38	21.76	35.01	116.91	25.44	25.86	101.65	98.03
广饶县	81.92	40.85	33.84	41.31	129.85	43.94	42.82	97.45	104.82
临沂市	**1062.75**	**792.07**	**37.03**	**3.48**	**84.12**	**31.15**	**26.95**	**86.52**	**3.40**
临沂县	143.68	119.92	4.97	3.46	81.09	4.03	4.37	108.44	3.64
郯城县	101.09	77.82	10.00	9.89	75.10	7.51	6.37	84.82	8.19
苍山县	131.90	91.89	11.20	8.49	107.05	11.99	8.53	71.14	9.28
沂水县	130.99	97.44	6.84	5.22	87.87	6.01	5.61	93.34	5.76
蒙阴县	50.85	42.10	1.21	2.38	43.80	0.53	0.84	158.49	2.00
莒南县	115.82	83.57	0.11	0.09	72.73	0.08	0.28	*	0.34
平邑县	95.53	79.59	0.06	0.06	50.00	0.03	0.01	33.33	0.01
费县	99.62	74.01	0.82	0.82	58.54	0.48	0.12	25.00	0.16
沂南县	112.86	74.65	0.60	0.53	46.67	0.28	0.20	71.43	0.27
临沭县	80.41	51.08	1.22	1.52	17.21	0.21	0.62	*	1.21
泰安市	**493.87**	**404.05**	**40.68**	**8.24**	**112.51**	**45.77**	**32.60**	**71.23**	**8.07**
泰安县	123.33	112.99	1.84	1.49	74.46	1.37			
肥城县	102.11	74.86	12.96	12.69	120.91	15.67	12.35	78.81	16.50
宁阳县	93.00	66.85	14.95	16.08	113.38	16.95	11.99	70.74	17.94
东平县	73.32	48.56	10.87	14.83	108.10	11.75	8.26	70.30	17.01
新泰县	102.11	100.79	0.06	0.06	50.00	0.03			
枣庄市	**248.69**	**184.53**	**47.66**	**19.16**	**91.00**	**43.37**	**23.80**	**54.88**	**12.90**
滕州县	122.62	109.15	12.06	9.84	123.55	14.90	10.04	67.38	9.20
薛城区	37.60	27.73	7.56	20.11	119.31	9.02	4.56	50.55	16.44
峄城区	45.40	26.63	15.12	33.30	118.06	17.85	7.99	44.76	30.00
台儿庄	43.07	21.02	12.92	30.00	12.38	1.60	1.21	75.63	5.76
济南市	**517.44**	**317.09**	**121.91**	**23.56**	**149.60**	**182.38**	**178.84**	**98.06**	**56.40**
章丘县	124.71	86.33	21.16	16.97	143.71	30.41	31.04	102.07	35.96
平阴县	54.92	32.66	7.47	13.60	116.60	8.71	11.98	137.54	36.68
商河县	107.50	49.31	43.98	40.91	157.34	69.20	68.30	98.70	138.51
济阳县	99.47	44.95	48.63	48.89	150.36	73.12	67.52	92.34	150.21
历城区	68.30	56.47	0.45	0.66	184.44	0.83			
长清县	62.54	47.37	0.22	0.35	50.00	0.11			
青岛市	**261.34**	**116.23**	**45.92**	**17.57**	**166.79**	**76.59**	**72.94**	**95.23**	**62.75**
平度县	261.34	116.23	45.92	17.57	166.79	76.59	72.94	95.23	62.75
胶南县									
胶县									
即墨县									
淄博市	**185.01**	**126.81**	**41.87**	**22.63**	**146.91**	**61.51**	**57.71**	**93.82**	**45.51**
桓台县	52.39	43.00	9.18	17.52	134.31	12.33	13.91	112.81	32.35
高青县	77.30	34.24	32.44	41.97	151.23	49.06	43.78	89.24	127.86
沂源县	55.32	49.57	0.25	0.45	48.00	0.12	0.02	16.67	0.04
日照市	**186.63**	**136.89**	**7.27**	**3.90**	**114.44**	**8.32**	**7.72**	**92.79**	**5.64**
莒县	123.62	91.05	4.38	3.54	103.65	4.54	3.70	81.50	4.06
五莲县	63.01	45.84	2.89	4.59	130.80	3.78	4.02	106.35	8.77
莱芜市	**88.66**	**91.71**	**0.15**	**0.17**	**73.33**	**0.11**	**0.01**	**9.09**	**0.01**
莱芜县	88.66	91.71	0.15	0.17	73.33	0.11	0.01	9.09	0.01

5－19－43　山东省1985年产棉县棉花生产收购明细

县市名	耕地面积（万亩）	农业人口（万人）	棉田面积（万亩）	占耕地（%）	亩　产（市斤）	产　量（万担）	收购量（万担）	商品率（%）	人均交售（市斤）
全省合计	**8320.63**	**5042.65**	**1725.88**	**20.74**	**121.73**	**2100.92**	**1818.99**	**86.58**	**36.07**
聊城市	**854.22**	**422.48**	**341.63**	**39.99**	**115.78**	**395.54**	**349.06**	**88.25**	**82.62**
阳谷县	102.76	59.21	42.89	41.74	117.67	50.47	49.27	97.62	83.21
莘　县	132.37	72.71	47.60	35.96	131.37	62.53	47.40	75.80	65.19
茌平县	109.17	45.13	44.67	40.92	102.01	45.57	38.64	84.79	85.62
东河县	73.57	34.78	25.75	35.00	105.75	27.23	24.40	89.61	70.16
冠　县	113.96	61.21	47.75	41.90	98.95	47.25	45.99	97.33	75.13
高唐县	94.19	38.26	38.86	41.26	131.21	50.99	47.69	93.53	124.65
临清县	100.19	51.32	45.38	45.29	143.23	65.00	55.97	86.11	109.06
东昌府区	128.01	59.86	48.73	38.07	95.42	46.50	39.70	85.38	66.32
德州市	**887.36**	**428.25**	**305.23**	**34.40**	**150.01**	**457.87**	**400.27**	**87.42**	**93.47**
德州区	18.06	11.64	5.02	27.80	175.90	8.83	6.31	71.46	54.21
陵　县	112.14	52.45	43.08	38.42	155.52	67.00	65.09	97.15	124.10
平原县	86.20	39.07	34.07	39.52	142.41	48.52	43.86	90.40	112.26
夏津县	83.49	42.93	40.53	48.54	143.01	57.96	56.22	97.00	130.96
武城县	65.48	30.62	26.05	39.78	162.53	42.34	39.37	92.99	128.58
齐河县	126.11	56.34	36.20	28.71	139.53	50.51	43.24	85.61	76.75
禹城县	80.65	40.07	26.30	32.61	157.49	41.42	33.36	80.54	83.25
乐陵县	100.08	51.20	26.69	26.67	177.33	47.33	34.76	73.44	67.89
临邑县	86.60	40.42	31.08	35.89	149.42	46.44	39.44	84.93	97.58
宁津县	83.50	39.20	28.30	33.89	133.32	37.73	32.00	84.81	81.63
庆云县	45.05	24.31	7.91	17.56	123.77	9.79	6.62	67.62	27.23
滨州地区	**591.04**	**291.25**	**189.59**	**32.08**	**117.26**	**222.32**	**194.41**	**87.45**	**66.75**
惠民县	111.86	53.14	40.86	36.53	119.73	48.92	42.34	86.55	79.68
滨州县	55.56	29.35	25.49	45.88	146.33	37.30	27.72	74.32	94.45
阳信县	70.55	37.20	22.36	31.69	100.67	22.51	22.73	100.98	61.10
无棣县	82.00	37.16	13.70	16.71	111.09	15.22	12.95	85.09	34.85
沾化县	80.78	33.35	26.79	33.16	108.70	29.12	24.41	83.83	73.19
博兴县	71.58	39.58	24.25	33.88	118.56	28.75	25.12	87.37	63.47
邹平县	118.71	61.47	36.14	30.44	112.06	40.50	39.14	96.64	63.67
菏泽地区	**1055.28**	**634.44**	**301.18**	**28.54**	**109.52**	**329.84**	**290.15**	**87.97**	**45.73**
菏泽县	127.61	86.97	40.19	31.49	94.68	38.05	34.62	90.99	39.81
曹　县	157.00	106.60	56.75	36.15	83.98	47.66	44.46	93.29	41.71
定陶县	76.76	44.83	25.16	32.78	115.62	29.09	26.76	91.99	59.69
成武县	75.07	45.77	25.60	34.10	137.30	35.15	40.06	113.97	87.52
单　县	147.59	87.05	40.05	27.14	99.88	40.00	38.90	97.25	44.69
巨野县	111.16	62.59	45.56	40.99	105.79	48.20	44.89	93.13	71.72
郓城县	158.71	84.29	22.81	14.37	223.02	50.87	37.42	73.56	44.39
鄄城县	97.83	59.49	19.61	20.04	93.37	18.31	9.38	51.23	15.77
东明县	103.55	56.85	25.45	24.58	88.45	22.51	13.66	60.68	24.03
潍坊市	**1106.53**	**668.09**	**171.64**	**15.51**	**119.83**	**205.67**	**168.75**	**82.05**	**25.26**
潍　县									
高密县	139.28	71.42	33.40	23.98	100.45	33.55	30.11	89.75	42.16
诸城县	168.26	90.13	22.95	13.64	116.43	26.72	21.82	81.66	24.21
昌邑县	110.34	60.88	29.62	26.84	128.87	38.17	35.65	93.40	58.56
昌乐县	90.02	47.77	9.90	11.00	120.30	11.91	9.00	75.57	18.84
安丘县	151.00	91.90	16.10	10.66	134.16	21.60	13.70	63.43	14.91
寿光县	148.35	85.49	35.58	23.98	139.74	49.72	38.47	77.37	45.00
青州县	98.07	71.13	1.62	1.65	138.89	2.25	1.64	72.89	2.31
寒亭区	57.87	29.94	12.95	22.38	120.31	15.58	14.24	91.40	47.56
坊子区	33.58	21.16	2.60	7.74	119.23	3.10	2.06	66.45	9.74
潍城区	31.22	23.86	2.44	7.82	119.26	2.91	2.06	70.79	8.63
临朐县	78.54	74.41	4.48	5.70	3.57	0.16			

5－19－43 续表

县市名	耕地面积（万亩）	农业人口（万人）	棉田面积（万亩）	占耕地（%）	亩产（市斤）	产量（万担）	收购量（万担）	商品率（%）	人均交售（市斤）
济宁市	**870.67**	**576.73**	**151.09**	**17.35**	**121.43**	**183.47**	**170.43**	**92.89**	**29.55**
济宁县	80.80	50.34	5.44	6.73	117.10	6.37	5.07	79.59	10.07
任城区	70.46	49.29	13.08	18.56	121.48	15.89	13.26	83.45	26.90
兖州市	65.93	40.93	12.30	18.66	106.42	13.09	8.57	65.47	20.94
邹城市	103.14	76.42	3.61	3.50	115.79	4.18	3.07	73.44	4.02
鱼台县	59.17	31.31	7.99	13.50	132.17	10.56	5.40	51.14	17.25
金乡县	89.06	44.71	25.09	28.17	116.70	29.28	31.78	108.54	71.08
嘉祥县	99.54	60.38	30.76	30.90	121.13	37.26	39.00	104.67	64.59
微山县	43.27	50.08	1.70	3.93	114.12	1.94	1.35	69.59	2.70
汶上县	85.59	57.10	28.04	32.76	136.48	38.27	32.93	86.05	57.67
梁山县	104.77	67.90	22.87	21.83	116.31	26.60	30.00	112.78	44.18
泗水县	68.94	48.27	0.21	0.30	14.29	0.03			
东营市	**228.80**	**97.38**	**50.76**	**22.19**	**124.03**	**62.96**	**45.41**	**72.13**	**46.63**
东营区	5.08	4.32	1.09	21.46	109.17	1.19	0.96	80.67	22.22
河口区	33.21	7.08	4.71	14.18	81.53	3.84	2.55	66.41	36.02
垦利县	48.44	18.15	9.45	19.51	116.93	11.05	8.42	76.20	46.39
利津县	60.95	26.04	13.87	22.76	123.29	17.10	12.90	75.44	49.54
广饶县	81.12	41.79	21.64	26.68	137.62	29.78	20.58	69.11	49.25
临沂市	**935.82**	**710.77**	**17.84**	**1.91**	**90.81**	**16.20**	**11.47**	**70.80**	**1.61**
临沂县	141.17	120.06	2.40	1.70	87.50	2.10	2.02	96.19	1.68
郯城县	100.66	75.49	4.30	4.27	87.91	3.78	2.94	77.78	3.89
苍山县	130.81	92.73	4.54	3.47	123.13	5.59	3.73	66.73	4.02
沂水县	113.54	94.57	2.45	2.16	86.94	2.13	1.00	46.95	1.06
蒙阴县	51.02	42.97	0.47	0.92	57.45	0.27	0.23	85.19	0.54
莒南县	111.81	83.96	1.83	1.64	94.54	1.73	1.50	86.71	1.79
平邑县									
费县	95.88	74.83	0.56	0.58	62.50	0.35			
沂南县	110.69	74.82	0.06	0.05	50.00	0.03			
临沭县	80.24	51.34	1.23	1.53	17.89	0.22	0.05	22.73	0.10
泰安市	**380.67**	**289.64**	**18.90**	**4.96**	**110.37**	**20.86**	**15.66**	**75.07**	**5.41**
泰安县	113.03	99.90	0.72	0.64	40.28	0.29			
肥城县	101.63	74.74	6.46	6.36	117.03	7.56	5.32	70.37	7.12
宁阳县	92.91	66.58	6.91	7.44	115.77	8.00	5.92	74.00	8.89
东平县	73.10	48.42	4.81	6.58	104.16	5.01	4.42	88.22	9.13
新泰县									
枣庄市	**245.33**	**186.10**	**20.48**	**8.35**	**117.38**	**24.04**	**20.64**	**85.86**	**11.09**
滕州县	120.42	110.32	4.84	4.02	131.40	6.36	5.87	92.30	5.32
薛城区	37.32	27.61	3.28	8.79	119.51	3.92	2.61	66.58	9.45
峄城区	44.52	27.13	5.58	12.53	120.97	6.75	5.39	79.85	19.87
台儿庄	43.07	21.04	6.78	15.74	103.39	7.01	6.77	96.58	32.18
济南市	**503.99**	**315.61**	**85.12**	**16.89**	**112.39**	**95.67**	**81.43**	**85.12**	**25.80**
章丘县	117.60	85.62	14.16	12.04	105.08	14.88	10.50	70.56	12.26
平阴县	49.57	32.64	3.30	6.66	126.36	4.17	2.64	63.31	8.09
商河县	107.41	49.67	35.21	32.78	117.38	41.33	39.70	96.06	79.93
济阳县	98.89	44.89	31.81	32.17	108.96	34.66	28.59	82.49	63.69
历城区	68.01	56.44	0.43	0.63	123.26	0.53			
长清县	62.51	46.35	0.21	0.34	47.62	0.10			
青岛市	**261.15**	**115.62**	**35.19**	**13.48**	**107.84**	**37.95**	**31.90**	**84.06**	**27.59**
平度县	261.15	115.62	35.19	13.48	107.84	37.95	31.90	84.06	27.59
胶南县									
胶县									
即墨县									
淄博市	**126.98**	**76.97**	**32.52**	**25.61**	**133.80**	**43.51**	**35.48**	**81.54**	**46.10**
桓台县	51.92	42.80	7.12	13.71	113.95	8.11	7.58	93.43	17.71
高青县	75.06	34.17	25.40	33.84	139.37	35.40	27.90	78.81	81.65
沂源县									
日照市	**185.14**	**137.48**	**4.65**	**2.51**	**107.10**	**4.98**	**3.93**	**78.92**	**2.86**
莒县	122.20	91.27	2.70	2.21	102.96	2.78	1.20	43.17	1.31
五莲县	62.94	46.21	1.95	3.10	112.82	2.20	2.73	124.09	5.91
莱芜市	**87.65**	**91.84**	**0.06**	**0.07**	**66.67**	**0.04**			
莱芜县	87.65	91.84	0.06	0.07	66.67	0.04			

5-19-44 山东省1986年产棉县棉花生产收购明细

县市名	耕地面积（万亩）	农业人口（万人）	棉田面积（万亩）	占耕地（%）	亩产（市斤）	产量（万担）	收购量（万担）	商品率（%）	人均交售（市斤）
全省合计	**8264.05**	**5054.56**	**1512.62**	**18.30**	**123.35**	**1865.78**	**1586.53**	**85.03**	**31.39**
聊城市	**850.49**	**424.45**	**319.71**	**37.59**	**128.74**	**411.60**	**364.33**	**88.52**	**85.84**
阳谷县	102.74	59.54	37.21	36.22	116.15	43.22	34.37	79.52	57.73
莘县	130.04	73.58	41.70	32.07	139.78	58.29	45.30	77.71	61.57
茌平县	109.14	45.15	41.65	38.16	125.35	52.21	46.53	89.12	103.06
东阿县	73.27	34.62	24.74	33.77	119.68	29.61	27.19	91.83	78.54
冠县	113.64	61.71	46.44	40.87	123.32	57.27	55.99	97.76	90.73
高唐县	94.08	38.27	39.92	42.43	139.30	55.61	51.76	93.08	135.25
临清县	100.17	51.67	44.99	44.91	145.14	65.30	63.50	97.24	122.90
东昌府区	127.41	59.91	43.06	33.80	116.33	50.09	39.69	79.24	66.25
德州市	**884.76**	**429.30**	**302.15**	**34.15**	**149.83**	**452.70**	**406.72**	**89.84**	**94.74**
德州区	18.06	11.88	4.75	26.30	151.16	7.18	7.47	104.04	62.88
陵县	111.46	52.93	42.29	37.94	151.10	63.90	59.11	92.50	111.68
平原县	85.39	39.17	33.65	39.41	156.76	52.75	49.63	94.09	126.70
夏津县	83.47	42.22	40.23	48.20	165.80	66.70	70.02	104.98	165.85
武城县	65.27	30.64	25.94	39.74	154.78	40.15	35.37	88.09	115.44
齐河县	126.06	56.29	35.15	27.88	143.27	50.36	39.19	77.82	69.62
禹城县	80.57	40.36	26.57	32.98	161.54	42.92	39.91	92.99	98.89
乐陵县	100.08	51.79	29.30	29.28	149.25	43.73	31.54	72.12	60.90
临邑县	86.54	40.53	30.44	35.17	130.42	39.70	38.84	97.83	95.83
宁津县	82.90	39.11	27.10	32.69	142.99	38.75	31.00	80.00	79.26
庆云县	44.96	24.38	6.73	14.97	97.47	6.56	4.64	70.73	19.03
滨州地区	**585.93**	**290.53**	**171.08**	**29.20**	**110.28**	**188.67**	**164.86**	**87.38**	**56.74**
惠民县	111.66	53.12	37.73	33.79	131.51	49.62	35.68	71.91	67.17
滨州县	55.77	29.38	25.80	46.26	92.25	23.80	23.30	97.90	79.31
阳信县	69.95	37.08	19.93	28.49	92.52	18.44	18.35	99.51	49.49
无棣县	81.90	37.26	10.70	13.06	106.07	11.35	10.04	88.46	26.95
沾化县	80.51	32.83	21.18	26.31	84.32	17.86	16.62	93.06	50.62
博兴县	71.19	39.52	21.07	29.60	123.87	26.10	20.48	78.47	51.82
邹平县	114.95	61.34	34.67	30.16	119.70	41.50	40.39	97.33	65.85
菏泽地区	**1054.74**	**633.15**	**258.54**	**24.51**	**102.60**	**265.26**	**215.48**	**81.23**	**34.03**
菏泽县	127.44	86.48	30.06	23.59	85.50	25.70	19.30	75.10	22.32
曹县	156.91	107.30	35.80	22.82	91.59	32.79	29.30	89.36	27.31
定陶县	76.74	44.88	23.55	30.69	99.24	23.37	19.74	84.47	43.98
成武县	75.03	45.94	25.11	33.47	128.59	32.29	29.53	91.45	64.28
单县	147.50	87.49	29.50	20.00	101.69	30.00	29.20	97.33	33.38
巨野县	111.05	62.94	40.99	36.91	110.49	45.29	39.17	86.49	62.23
郓城县	158.62	84.51	37.63	23.72	130.00	48.92	30.54	62.43	36.14
鄄城县	97.67	59.59	10.73	10.99	84.81	9.10	5.23	57.47	8.78
东明县	103.78	54.02	25.17	24.25	70.72	17.80	13.47	75.67	24.94
潍坊市	**1097.89**	**670.86**	**125.67**	**11.45**	**122.96**	**154.53**	**116.74**	**75.55**	**17.40**
潍县									
高密县	139.28	73.63	27.90	20.03	115.77	32.30	27.65	85.60	37.55
诸城县	164.47	89.84	17.54	10.66	126.91	22.26	13.80	61.99	15.36
昌邑县	109.26	60.60	22.00	20.14	136.36	30.00	29.10	97.00	48.02
昌乐县	88.74	47.34	6.71	7.56	116.69	7.83	4.48	57.22	9.46
安丘县	150.80	93.80	9.60	6.37	137.50	13.20	7.80	59.09	8.32
寿光县	148.12	85.90	27.46	18.54	116.57	32.01	20.37	63.64	23.71
青州县	97.31	71.21	0.78	0.80	144.87	1.13	1.20	106.19	1.69
寒亭区	57.75	29.48	10.65	18.44	114.93	12.24	10.40	84.97	35.28
坊子区	33.41	19.98	1.57	4.70	108.28	1.70	0.83	48.82	4.15
潍城区	30.77	23.93	1.46	4.74	127.40	1.86	1.11	59.68	4.64
临朐县	77.98	75.15							

5-19-44 续表

县市名	耕地面积（万亩）	农业人口（万人）	棉田面积（万亩）	占耕地（%）	亩产（市斤）	产量（万担）	收购量（万担）	商品率（%）	人均交售（市斤）
济宁市	**842.57**	**560.53**	**124.59**	**14.79**	**125.42**	**156.26**	**116.61**	**74.63**	**20.80**
济宁县	80.52	50.46	3.78	4.69	123.02	4.65	7.57	162.80	15.00
任城区	70.09	50.21	8.27	11.80	114.87	9.50	8.89	93.58	17.71
兖州市	65.61	39.77	7.93	12.09	110.72	8.78	5.23	59.57	13.15
邹城市	102.38	73.78	1.94	1.89	114.95	2.23	3.40	152.47	4.61
鱼台县	59.02	31.44	6.10	10.34	154.59	9.43	5.36	56.84	17.05
金乡县	88.57	45.11	20.11	22.71	128.49	25.84	22.81	88.27	50.57
嘉祥县	98.70	60.98	26.67	27.02	124.78	33.28	21.00	63.10	34.44
微山县	42.55	50.00	0.91	2.14	129.67	1.18	0.82	69.49	1.64
汶上县	85.37	57.30	30.55	35.79	137.51	42.01	31.37	74.67	54.75
梁山县	82.95	53.04	18.31	22.07	105.68	19.35	10.16	52.51	19.16
泗水县	66.81	48.44	0.02	0.03	50.00	0.01			
东营市	**221.98**	**98.02**	**38.82**	**17.49**	**104.84**	**40.70**	**35.15**	**86.36**	**35.86**
东营区	5.86	5.36	0.60	10.24	91.67	0.55	2.09	*	38.99
河口区	28.32	7.10	3.07	10.84	74.92	2.30	1.31	56.96	18.45
垦利县	46.42	18.20	6.36	13.70	80.50	5.12	4.48	87.50	24.62
利津县	60.74	26.00	9.48	15.61	111.71	10.59	8.78	82.91	33.77
广饶县	80.64	41.36	19.31	23.95	114.66	22.14	18.49	83.51	44.71
临沂市	**929.84**	**716.84**	**11.42**	**1.23**	**88.62**	**10.12**	**12.77**	**126.19**	**1.78**
临沂县	137.70	120.99	2.27	1.65	99.12	2.25	2.59	115.11	2.14
郯城县	99.57	75.67	1.61	1.62	90.06	1.45	3.50	*	4.63
苍山县	129.15	93.39	4.33	3.35	100.00	4.33	3.74	86.37	4.00
沂水县	116.77	95.39	0.88	0.75	94.32	0.83	0.47	56.63	0.49
蒙阴县	51.00	43.29	0.28	0.55	60.71	0.17	0.65	*	1.50
莒南县	111.04	84.08	0.82	0.74	98.78	0.81	1.44	177.78	1.71
平邑县									
费　县	94.99	77.53	0.09	0.09	66.67	0.06			
沂南县	109.49	75.20	0.04	0.04	50.00	0.02			
临沭县	80.13	51.30	1.10	1.37	18.18	0.20	0.38	190.00	0.74
泰安市	**398.94**	**305.94**	**14.07**	**3.53**	**99.86**	**14.05**	**9.89**	**70.39**	**3.23**
泰安县	112.63	99.89	0.06	0.05	83.33	0.05	0.45	*	0.45
肥城县	99.25	75.93	3.78	3.81	107.14	4.05	2.82	69.63	3.71
宁阳县	92.48	67.00	5.16	5.58	105.43	5.44	3.59	65.99	5.36
东平县	94.58	63.12	5.07	5.36	88.95	4.51	3.03	67.18	4.80
新泰县									
枣庄市	**239.86**	**186.08**	**14.04**	**5.85**	**110.61**	**15.53**	**12.95**	**83.39**	**6.96**
滕州县	117.16	110.39	4.07	3.47	153.32	6.24	4.95	79.33	4.48
薛城区	36.94	27.47	1.90	5.14	128.95	2.45	2.21	90.20	8.05
峄城区	43.91	26.97	3.57	8.13	126.05	4.50	3.78	84.00	14.02
台儿庄	41.85	21.25	4.50	10.75	52.00	2.34	2.01	85.90	9.46
济南市	**499.58**	**316.89**	**80.22**	**16.06**	**112.67**	**90.38**	**77.67**	**85.94**	**24.51**
章丘县	116.86	85.72	11.86	10.15	106.24	12.60	9.30	73.81	10.85
平阴县	46.71	32.55	2.35	5.03	111.91	2.63	1.65	62.74	5.07
商河县	107.41	49.87	33.42	31.11	124.96	41.76	38.67	92.60	77.54
济阳县	98.92	45.08	32.35	32.70	102.16	33.05	28.05	84.87	62.22
历城区	67.31	57.78	0.18	0.27	166.67	0.30			
长清县	62.37	45.89	0.06	0.10	66.67	0.04			
青岛市	**260.91**	**115.44**	**23.48**	**9.00**	**122.53**	**28.77**	**23.24**	**80.78**	**20.13**
平度县	260.91	115.44	23.48	9.00	122.53	28.77	23.24	80.78	20.13
胶南县									
胶　县									
即墨县									
淄博市	**126.55**	**77.06**	**26.98**	**21.32**	**130.02**	**35.08**	**27.54**	**78.51**	**35.74**
桓台县	51.72	42.78	5.04	9.74	130.95	6.60	6.50	98.48	15.19
高青县	74.83	34.28	21.94	29.32	129.81	28.48	21.04	73.88	61.38
沂源县									
日照市	**182.83**	**137.63**	**1.80**	**0.98**	**116.67**	**2.10**	**2.58**	**122.86**	**1.87**
莒　县	119.94	92.17	0.82	0.68	98.78	0.81	1.44	177.78	1.56
五莲县	62.89	45.46	0.98	1.56	131.63	1.29	1.14	88.37	2.51
莱芜市	**87.18**	**91.84**	**0.05**	**0.06**	**60.00**	**0.03**			
莱芜县	87.18	91.84	0.05	0.06	60.00	0.03			

5-19-45 山东省1987年产棉县棉花生产收购明细

县市名	耕地面积（万亩）	农业人口（万人）	棉田面积（万亩）	占耕地（%）	亩产（市斤）	产量（万担）	收购量（万担）	商品率（%）	人均交售（市斤）
全省合计	**8159.01**	**5025.38**	**1849.42**	**22.67**	**134.99**	**2496.58**	**2304.41**	**92.30**	**45.86**
聊城市	**849.36**	**427.14**	**374.31**	**44.07**	**139.24**	**521.19**	**504.13**	**96.73**	**118.02**
阳谷县	102.69	59.91	42.46	41.35	136.65	58.02	55.33	95.36	92.36
莘县	129.61	73.69	53.00	40.89	133.92	70.98	61.15	86.15	82.98
茌平县	109.04	45.22	50.23	46.07	141.49	71.07	71.94	101.22	159.09
东阿县	73.24	34.63	30.28	41.34	137.38	41.60	38.34	92.16	110.71
冠县	113.34	62.34	53.36	47.08	123.76	66.04	65.76	99.58	105.49
高唐县	93.98	38.29	44.48	47.33	157.37	70.00	67.69	96.70	176.78
临清县	100.10	53.29	49.75	49.70	161.21	80.20	78.53	97.92	147.36
东昌府区	127.36	59.77	50.75	39.85	124.69	63.28	65.39	103.33	109.40
德州市	**881.83**	**431.28**	**373.85**	**42.39**	**158.95**	**594.23**	**597.22**	**100.50**	**138.48**
德州区	17.90	12.04	5.72	31.96	155.07	8.87	14.95	168.55	124.17
陵县	110.00	53.20	53.26	48.42	169.43	90.24	91.45	101.34	171.90
平原县	85.01	39.46	37.91	44.59	168.53	63.89	67.59	105.79	171.29
夏津县	83.45	42.75	56.06	67.18	157.53	88.31	99.46	112.63	232.65
武城县	64.83	30.47	32.77	50.55	159.38	52.23	51.46	98.53	168.89
齐河县	125.81	56.54	44.66	35.50	161.40	72.08	63.97	88.75	113.14
禹城县	80.63	40.47	31.52	39.09	171.54	54.07	52.21	96.56	129.01
乐陵县	100.08	52.02	33.84	33.81	140.75	47.63	49.21	103.32	94.60
临邑县	86.47	40.61	35.24	40.75	167.28	58.95	56.13	95.22	138.22
宁津县	82.80	39.21	31.90	38.53	139.59	44.53	41.00	92.07	104.57
庆云县	44.85	24.51	10.97	24.46	122.42	13.43	9.79	72.90	39.94
滨州地区	**591.12**	**299.73**	**214.92**	**36.36**	**131.01**	**281.57**	**258.68**	**91.87**	**86.30**
惠民县	111.50	53.50	44.16	39.61	142.21	62.80	57.06	90.86	106.65
滨州县	64.25	37.39	27.78	43.24	125.49	34.86	31.32	89.85	83.77
阳信县	69.46	37.37	32.04	46.13	114.23	36.60	30.76	84.04	82.31
无棣县	81.70	37.34	19.70	24.11	123.35	24.30	17.54	72.18	46.97
沾化县	80.31	32.86	32.04	39.90	114.23	36.60	30.76	84.04	93.61
博兴县	70.62	39.48	22.62	32.03	138.86	31.41	36.96	117.67	93.62
邹平县	113.28	61.79	36.58	32.29	150.36	55.00	54.28	98.69	87.85
菏泽地区	**1053.95**	**637.46**	**330.57**	**31.36**	**111.77**	**369.49**	**307.35**	**83.18**	**48.21**
菏泽县	127.21	88.33	32.48	25.53	100.28	32.57	31.00	95.18	35.10
曹县	156.80	107.49	66.10	42.16	101.82	67.30	54.49	80.97	50.69
定陶县	76.70	45.05	29.71	38.74	123.76	36.77	33.00	89.75	73.25
成武县	75.00	46.07	35.87	47.83	136.27	48.88	33.81	69.17	73.39
单县	147.43	88.14	32.54	22.07	128.15	41.70	45.20	108.39	51.28
巨野县	111.06	63.26	46.74	42.09	122.14	57.09	40.58	71.08	64.15
郓城县	158.47	85.18	41.19	25.99	108.01	44.49	36.06	81.05	42.33
鄄城县	97.64	59.75	17.28	17.70	99.48	17.19	10.49	61.02	17.56
东明县	103.64	54.19	28.66	27.65	82.00	23.50	22.72	96.68	41.93
潍坊市	**985.34**	**587.80**	**133.77**	**13.58**	**131.52**	**175.93**	**132.66**	**75.40**	**22.57**
潍县									
高密县	135.32	73.95	28.00	20.69	139.36	39.02	31.28	80.16	42.30
诸城县	135.32	72.45	16.62	12.28	119.55	19.87	17.81	89.63	24.58
昌邑县	108.00	59.33	24.53	22.71	145.01	35.57	30.44	85.58	51.31
昌乐县	87.85	47.49	6.13	6.98	121.21	7.43	5.68	76.45	11.96
安丘县	150.50	94.90	11.20	7.44	143.75	16.10	12.80	79.50	13.49
寿光县	150.50	94.97	34.58	22.98	119.55	41.34	29.77	72.01	31.35
青州县	97.03	71.41	1.08	1.11	168.52	1.82	1.47	80.77	2.06
寒亭区	57.45	29.50	8.59	14.95	133.64	11.48	1.30	11.32	4.41
坊子区	33.33	19.72	1.61	4.83	98.14	1.58	1.30	82.28	6.59
潍城区	30.04	24.08	1.43	4.76	120.28	1.72	0.81	47.09	3.36
临朐县									

5－19－45 续表

县市名	耕地面积（万亩）	农业人口（万人）	棉田面积（万亩）	占耕地（%）	亩产（市斤）	产量（万担）	收购量（万担）	商品率（%）	人均交售（市斤）
济宁市	**837.24**	**564.36**	**136.01**	**16.25**	**136.89**	**186.19**	**169.10**	**90.82**	**29.96**
济宁县	80.24	50.63	3.49	4.35	128.94	4.50	7.24	160.89	14.30
任城区	69.61	50.79	7.83	11.25	117.50	9.20	12.11	131.63	23.84
兖州市	65.00	39.80	10.29	15.83	115.35	11.87	7.18	60.49	18.04
邹城市	101.64	73.94	2.57	2.53	126.07	3.24	5.03	155.25	6.80
鱼台县	58.84	31.22	9.37	15.92	170.44	15.97	9.11	57.04	29.18
金乡县	88.33	45.76	25.43	28.79	136.73	34.77	33.67	96.84	73.58
嘉祥县	97.52	61.24	25.90	26.56	136.06	35.24	30.00	85.13	48.99
微山县	42.41	50.72	0.84	1.98	135.71	1.14	0.97	85.09	1.91
汶上县	85.11	57.55	32.56	38.26	148.16	48.24	44.47	92.18	77.27
梁山县	82.85	53.84	17.72	21.39	124.21	22.01	19.32	87.78	35.88
泗水县	65.69	48.87	0.01	0.02	100.00	0.01			
东营市	**242.92**	**109.73**	**73.96**	**30.45**	**119.04**	**88.04**	**72.00**	**81.78**	**65.62**
东营区	29.84	16.67	12.13	40.65	118.63	14.39	13.34	92.70	80.02
河口区	27.28	7.09	5.09	18.66	91.16	4.64	3.30	71.12	46.54
垦利县	45.01	18.33	10.23	22.73	100.10	10.24	9.43	92.09	51.45
利津县	60.28	26.05	20.91	34.69	122.76	25.67	19.50	75.96	74.86
广饶县	80.51	41.59	25.60	31.80	129.30	33.10	26.43	79.85	63.55
临沂市	**924.88**	**722.65**	**12.32**	**1.33**	**100.00**	**12.32**	**25.54**	＊	**3.53**
临沂县	136.26	121.23	3.00	2.20	103.33	3.10	8.53	＊	7.04
郯城县	99.30	76.63	1.66	1.67	96.39	1.60	4.50	＊	5.87
苍山县	128.38	94.30	4.76	3.71	106.30	5.06	5.25	103.75	5.57
沂水县	117.11	96.40	1.58	1.35	107.59	1.70	2.25	132.35	2.33
蒙阴县	50.98	43.66	0.21	0.41	57.14	0.12	0.81	＊	1.86
莒南县	110.31	85.47	0.15	0.14	93.33	0.14	1.10	＊	1.29
平邑县									
费　县	94.62	77.77	0.04	0.04	75.00	0.03			
沂南县	108.04	75.70	0.02	0.02	50.00	0.01			
临沭县	79.88	51.49	0.90	1.13	62.22	0.56	3.10	＊	6.02
泰安市	**394.68**	**306.18**	**14.58**	**3.69**	**110.77**	**16.15**	**17.26**	**106.87**	**5.64**
泰安县	112.03	99.78	0.34	0.30	76.47	0.26	2.24	＊	2.24
肥城县	98.17	75.27	3.56	3.63	126.69	4.51	5.58	123.73	7.41
宁阳县	92.25	67.43	5.34	5.79	106.55	5.69	4.72	82.95	7.00
东平县	92.23	63.70	5.34	5.79	106.55	5.69	4.72	82.95	7.41
新泰县									
枣庄市	**238.07**	**187.17**	**17.58**	**7.38**	**141.35**	**24.85**	**21.38**	**86.04**	**11.42**
滕州县	116.02	111.37	4.93	4.25	157.81	7.78	5.38	69.15	4.83
薛城区	36.82	27.65	4.15	11.27	135.42	5.62	5.39	95.91	19.49
峄城区	43.66	26.92	4.15	9.51	135.42	5.62	5.39	95.91	20.02
台儿庄	41.57	21.23	4.35	10.46	134.02	5.83	5.22	89.54	24.59
济南市	**506.41**	**327.98**	**98.57**	**19.46**	**137.90**	**135.93**	**124.27**	**91.42**	**37.89**
章丘县	116.09	86.01	14.09	12.14	132.58	18.68	16.35	87.53	19.01
平阴县	46.43	32.63	3.20	6.89	105.94	3.39			
商河县	107.37	50.23	40.61	37.82	146.22	59.38	58.60	98.69	116.66
济阳县	98.60	44.99	40.50	41.08	134.12	54.32	49.32	90.80	109.62
历城区	75.65	68.23	0.11	0.15	118.18	0.13			
长清县	62.27	45.89	0.06	0.10	50.00	0.03			
青岛市	**260.60**	**115.65**	**33.61**	**12.90**	**126.78**	**42.61**	**36.32**	**85.24**	**31.41**
平度县	260.60	115.65	33.61	12.90	126.78	42.61	36.32	85.24	31.41
胶南县									
胶　县									
即墨县									
淄博市	**125.65**	**77.06**	**32.68**	**26.01**	**138.37**	**45.22**	**35.35**	**78.17**	**45.87**
桓台县	51.42	42.77	5.70	11.09	130.88	7.46	8.75	117.29	20.46
高青县	74.23	34.29	26.98	36.35	139.96	37.76	26.60	70.44	77.57
沂源县									
日照市	**180.29**	**139.10**	**2.64**	**1.46**	**106.82**	**2.82**	**3.15**	**111.70**	**2.26**
莒　县	117.97	93.10	1.76	1.49	96.59	1.70	2.04	120.00	2.19
五莲县	62.32	46.00	0.88	1.41	127.27	1.12	1.11	99.11	2.41
莱芜市	**86.67**	**92.09**	**0.05**	**0.06**	**80.00**	**0.04**			
莱芜县	86.67	92.09	0.05	0.06	80.00	0.04			

5-19-46　山东省1988年产棉县棉花生产收购明细

县市名	耕地面积（万亩）	农业人口（万人）	棉田面积（万亩）	占耕地（%）	亩产（市斤）	产量（万担）	收购量（万担）	商品率（%）	人均交售（市斤）
全省合计	**8161.30**	**5065.32**	**2117.47**	**25.95**	**111.86**	**2368.55**	**2123.73**	**89.66**	**41.93**
聊城市	**848.02**	**429.74**	**417.62**	**49.25**	**118.21**	**493.68**	**450.94**	**91.34**	**104.93**
阳谷县	102.20	60.16	48.10	47.06	111.87	53.81	47.97	89.15	79.74
莘　县	129.61	74.19	59.40	45.83	118.08	70.14	57.37	81.79	77.33
茌平县	109.23	45.27	59.22	54.22	112.66	66.72	64.19	96.21	141.79
东阿县	73.20	34.69	32.40	44.26	96.11	31.14	31.48	101.09	90.75
冠　县	113.02	63.00	59.67	52.80	119.91	71.55	70.27	98.21	111.54
高唐县	93.38	38.28	49.68	53.20	134.70	66.92	64.83	96.88	169.36
临清县	100.06	53.64	54.34	54.31	135.08	73.40	63.57	86.61	118.51
东昌府区	127.32	60.51	54.81	43.05	109.47	60.00	51.26	85.43	84.71
德州市	**877.50**	**434.17**	**430.25**	**49.03**	**123.50**	**531.34**	**491.63**	**92.53**	**113.23**
德州区	17.60	12.10	5.81	33.01	137.52	7.99	8.95	112.02	73.97
陵　县	110.00	53.50	59.01	53.65	133.25	78.63	65.93	83.85	123.23
平原县	84.55	39.94	47.48	56.16	129.23	61.36	56.16	91.53	140.61
夏津县	83.42	42.88	54.43	65.25	124.80	67.93	74.62	109.85	174.02
武城县	64.74	31.08	39.46	60.95	118.70	46.84	44.90	95.86	144.47
齐河县	125.70	57.01	55.93	44.49	110.12	61.59	59.57	96.72	104.49
禹城县	80.55	40.59	41.74	51.82	121.42	50.68	39.98	78.89	98.50
乐陵县	99.48	52.02	39.87	40.08	112.49	44.85	44.84	99.98	86.20
临邑县	86.43	40.38	37.92	43.87	123.95	47.00	41.00	87.23	101.54
宁津县	80.30	39.82	33.80	42.09	139.79	47.25	44.00	93.12	110.50
庆云县	44.73	24.85	14.80	33.09	116.35	17.22	11.68	67.83	47.00
滨州地区	**590.24**	**303.49**	**234.06**	**39.66**	**112.83**	**264.08**	**228.89**	**86.67**	**75.42**
惠民县	111.54	53.88	49.37	44.26	127.32	62.86	47.78	76.01	88.68
滨州县	64.30	39.78	30.51	47.45	129.47	39.50	28.94	73.27	72.75
阳信县	69.37	37.22	35.12	50.63	102.96	36.16	32.52	89.93	87.37
无棣县	82.60	37.24	25.80	31.23	116.71	30.11	23.49	78.01	63.08
沾化县	80.50	33.70	35.12	43.63	102.96	36.16	32.52	89.93	96.50
博兴县	69.12	39.60	22.74	32.90	136.76	31.10	39.24	126.17	99.09
邹平县	112.81	62.07	35.40	31.38	79.63	28.19	24.40	86.56	39.31
菏泽地区	**1053.16**	**641.44**	**416.52**	**39.55**	**91.34**	**380.45**	**360.18**	**94.67**	**56.15**
菏泽县	127.11	88.63	40.33	31.73	76.57	30.88	29.31	94.92	33.07
曹　县	156.80	107.87	74.26	47.36	90.61	67.29	78.90	117.25	73.14
定陶县	76.70	45.29	37.85	49.35	106.79	40.42	38.09	94.24	84.10
成武县	74.96	46.49	46.27	61.73	109.66	50.74	40.00	78.83	86.04
单　县	147.37	89.25	43.70	29.65	100.46	43.90	43.80	99.77	49.08
巨野县	111.04	63.61	62.48	56.27	95.04	59.38	50.47	84.99	79.34
郓城县	158.16	85.72	49.87	31.53	86.04	42.91	42.00	97.88	49.00
鄄城县	97.58	59.97	23.80	24.39	60.13	14.31	10.76	75.19	17.94
东明县	103.44	54.61	37.96	36.70	80.66	30.62	26.85	87.69	49.17
潍坊市	**1007.49**	**594.66**	**131.41**	**13.04**	**113.29**	**148.87**	**124.07**	**83.34**	**20.86**
潍　县									
高密县	135.30	72.50	30.10	22.25	108.37	32.62	31.96	97.98	44.08
诸城县	161.95	89.41	17.68	10.92	115.89	20.49	15.94	77.79	17.83
昌邑县	107.37	59.78	24.88	23.17	121.34	30.19	24.34	80.62	40.72
昌乐县	87.31	47.69	4.88	5.59	127.25	6.21	4.25	68.44	8.91
安丘县	150.30	93.80	10.80	7.19	132.41	14.30	11.80	82.52	12.58
寿光县	148.55	86.20	30.41	20.47	98.88	30.07	23.70	78.82	27.49
青州县	96.71	71.93	1.10	1.14	176.36	1.94	2.01	103.61	2.79
寒亭区	56.59	29.29	9.75	17.23	115.08	11.22	9.29	82.80	31.72
坊子区	33.21	19.81	0.71	2.14	91.55	0.65	0.26	40.00	1.31
潍城区	30.20	24.25	1.10	3.64	107.27	1.18	0.52	44.07	2.14
临朐县									

5－19－46 续表

县市名	耕地面积（万亩）	农业人口（万人）	棉田面积（万亩）	占耕地（%）	亩产（市斤）	产量（万担）	收购量（万担）	商品率（%）	人均交售（市斤）
济宁市	**834.31**	**572.39**	**165.34**	**19.82**	**123.50**	**204.19**	**166.89**	**81.73**	**29.16**
济宁县	79.98	51.04	3.80	4.75	136.58	5.19	8.98	173.03	17.59
任城区	69.18	51.44	12.27	17.74	113.94	13.98	8.22	58.80	15.98
兖州市	64.76	40.32	12.27	18.95	113.94	13.98	8.32	59.51	20.63
邹城市	101.48	75.40	3.51	3.46	107.69	3.78	4.76	125.93	6.31
鱼台县	58.75	32.89	13.44	22.88	161.01	21.64	13.87	64.09	42.17
金乡县	88.02	46.37	32.47	36.89	130.95	42.52	29.57	69.54	63.77
嘉祥县	97.25	61.65	27.90	28.69	94.09	26.25	30.00	114.29	48.66
微山县	42.16	50.90	1.04	2.47	123.08	1.28	1.41	110.16	2.77
汶上县	84.95	58.27	34.31	40.39	152.93	52.47	45.33	86.39	77.79
梁山县	82.80	54.56	24.31	29.36	94.98	23.09	16.43	71.16	30.11
泗水县	64.98	49.55	0.02	0.03	50.00	0.01			
东营市	**242.83**	**109.84**	**77.28**	**31.82**	**115.52**	**89.27**	**73.64**	**82.49**	**67.04**
东营区	30.20	16.84	11.29	37.38	130.29	14.71	15.88	107.95	94.30
河口区	26.83	7.13	5.34	19.90	76.40	4.08	3.28	80.39	46.00
垦利县	45.42	18.28	10.19	22.44	107.16	10.92	9.82	89.93	53.72
利津县	59.98	26.05	24.16	40.28	110.06	26.59	19.32	72.66	74.17
广饶县	80.40	41.54	26.30	32.71	125.36	32.97	25.34	76.86	61.00
临沂市	**923.48**	**727.89**	**13.19**	**1.43**	**98.64**	**13.01**	**20.52**	**157.72**	**2.82**
临沂县	134.83	122.01	0.11	0.08	90.91	0.10	3.22	*	2.64
郯城县	99.17	77.19	2.83	2.85	84.45	2.39	4.99	*	6.46
苍山县	127.53	95.24	6.48	5.08	111.27	7.21	8.01	111.10	8.41
沂水县	120.95	97.07	2.22	1.84	93.24	2.07	1.89	91.30	1.95
蒙阴县	50.95	44.15	0.16	0.31	68.75	0.11	0.46	*	1.04
莒南县	109.60	86.20	0.80	0.73	87.50	0.70	0.80	114.29	0.93
平邑县									
费　县	92.95	78.20	0.02	0.02	150.00	0.03			
沂南县	107.94	76.14	0.02	0.02	50.00	0.01			
临沭县	79.56	51.69	0.55	0.69	70.91	0.39	1.15	*	2.22
泰安市	**392.24**	**307.69**	**16.81**	**4.29**	**104.76**	**17.61**	**14.84**	**84.27**	**4.82**
泰安县	111.45	99.54	0.11	0.10	81.82	0.09	0.22	*	0.22
肥城县	96.58	75.60	5.04	5.22	113.49	5.72	4.57	79.90	6.04
宁阳县	92.06	68.56	6.14	6.67	107.33	6.59	5.57	84.52	8.12
东平县	92.15	63.99	5.52	5.99	94.38	5.21	4.48	85.99	7.00
新泰县									
枣庄市	**236.90**	**187.98**	**22.68**	**9.57**	**131.08**	**29.73**	**24.33**	**81.84**	**12.94**
滕州县	115.36	112.11	5.69	4.93	157.29	8.95	5.43	60.67	4.84
薛城区	36.80	27.66	5.72	15.54	124.30	7.11	6.46	90.86	23.36
峄城区	43.50	27.17	5.72	13.15	124.30	7.11	6.46	90.86	23.78
台儿庄	41.24	21.04	5.55	13.46	118.20	6.56	5.98	91.16	28.42
济南市	**504.74**	**329.75**	**120.82**	**23.94**	**107.09**	**129.39**	**110.40**	**85.32**	**33.48**
章丘县	115.87	87.22	15.81	13.64	84.38	13.34	1.95	14.62	2.24
平阴县	46.84	32.38	3.24	6.92	121.91	3.95	2.71	68.61	8.37
商河县	106.87	50.53	55.27	51.72	121.13	66.95	65.76	98.22	130.14
济阳县	97.94	45.01	46.34	47.31	97.07	44.98	39.98	88.88	88.82
历城区	75.02	68.71	0.12	0.16	116.67	0.14			
长清县	62.20	45.90	0.04	0.06	75.00	0.03			
青岛市	**259.76**	**116.37**	**34.53**	**13.29**	**80.05**	**27.64**	**26.77**	**96.85**	**23.00**
平度县	259.76	116.37	34.53	13.29	80.05	27.64	26.77	96.85	23.00
胶南县									
胶　县									
即墨县									
淄博市	**125.41**	**77.30**	**35.07**	**27.96**	**106.24**	**37.26**	**29.18**	**78.31**	**37.75**
桓台县	51.37	43.00	6.29	12.24	115.10	7.24	8.61	118.92	20.02
高青县	74.04	34.30	28.78	38.87	104.31	30.02	20.57	68.52	59.97
沂源县									
日照市	**178.93**	**140.59**	**1.87**	**1.05**	**107.49**	**2.01**	**1.45**	**72.14**	**1.03**
莒　县	116.63	94.21	0.65	0.56	98.46	0.64			
五莲县	62.30	46.38	1.22	1.96	112.30	1.37	1.45	105.84	3.13
莱芜市	**86.29**	**92.02**	**0.02**	**0.02**	**100.00**	**0.02**			
莱芜县	86.29	92.02	0.02	0.02	100.00	0.02			

5－19－47　山东省1989年产棉县棉花生产收购明细

县市名	耕地面积（万亩）	农业人口（万人）	棉田面积（万亩）	占耕地（%）	亩产（市斤）	产量（万担）	收购量（万担）	商品率（%）	人均交售（市斤）
全省合计	**8180.25**	**5120.15**	**1994.28**	**24.38**	**111.00**	**2213.75**	**1855.67**	**83.82**	**36.24**
聊城市	**881.46**	**432.44**	**396.28**	**44.96**	**122.68**	**486.14**	**393.52**	**80.95**	**91.00**
阳谷县	101.86	60.46	49.27	48.37	116.99	57.64	49.32	85.57	81.57
莘　县	129.40	74.70	54.70	42.27	124.92	68.33	43.26	63.31	57.91
茌平县	108.72	45.35	52.51	48.30	116.21	61.02	48.92	80.17	107.87
东阿县	73.13	34.77	27.46	37.55	121.74	33.43	28.43	85.04	81.77
冠　县	112.92	63.57	55.13	48.82	109.21	60.21	58.94	97.89	92.72
高唐县	92.91	38.43	46.00	49.51	141.30	65.00	57.89	89.06	150.64
临清县	100.00	54.15	59.97	59.97	133.40	80.00	64.83	81.04	119.72
东昌府区	162.52	61.01	51.24	31.53	118.09	60.51	41.93	69.29	68.73
德州市	**863.27**	**431.76**	**388.75**	**45.03**	**124.03**	**482.17**	**420.32**	**87.17**	**97.35**
德州区	17.59	12.18	5.38	30.59	146.65	7.89	7.00	88.72	57.47
陵　县	109.74	53.69	58.51	53.32	127.62	74.67	64.02	85.74	119.24
平原县	83.36	40.18	39.00	46.79	147.54	57.54	51.48	89.47	128.12
夏津县	83.38	42.83	53.94	64.69	108.49	58.52	61.59	105.25	143.80
武城县	64.76	31.11	32.94	50.86	108.93	35.88	32.00	89.19	102.86
齐河县	113.61	50.25	52.81	46.48	125.96	66.52	49.50	74.41	98.51
禹城县	80.38	41.36	33.27	41.39	134.96	44.90	38.25	85.19	92.48
乐陵县	102.17	53.46	38.00	37.19	115.79	44.00	40.06	91.05	74.93
临邑县	86.57	41.36	30.00	34.65	120.00	36.00	31.48	87.44	76.11
宁津县	79.90	39.82	28.50	35.67	133.33	38.00	34.00	89.47	85.38
庆云县	41.81	25.52	16.40	39.23	111.28	18.25	10.94	59.95	42.87
滨州地区	**595.26**	**304.84**	**232.86**	**39.12**	**109.89**	**255.89**	**231.82**	**90.59**	**76.05**
惠民县	111.36	54.02	46.09	41.39	119.33	55.00	48.92	88.95	90.56
滨州县	69.37	39.90	33.02	47.60	116.26	38.39	35.27	91.87	88.40
阳信县	69.36	37.49	33.26	47.95	98.74	32.84	31.96	97.32	85.25
无棣县	82.58	37.52	29.32	35.50	102.63	30.09	23.26	77.30	61.99
沾化县	80.78	33.98	33.36	41.30	98.44	32.84	31.96	97.32	94.06
博兴县	69.00	39.62	23.11	33.49	133.71	30.90	30.95	100.16	78.12
邹平县	112.81	62.31	34.70	30.76	103.26	35.83	29.50	82.33	47.34
菏泽地区	**1056.44**	**648.12**	**391.42**	**37.05**	**93.31**	**365.25**	**282.80**	**77.43**	**43.63**
菏泽县	126.94	89.39	38.20	30.09	88.01	33.62	31.66	94.17	35.42
曹　县	156.76	107.19	68.95	43.98	83.50	57.57	53.52	92.97	49.93
定陶县	76.69	45.51	37.86	49.37	103.99	39.37	28.43	72.21	62.47
成武县	74.86	46.70	40.89	54.62	124.70	50.99	28.60	56.09	61.24
单　县	147.35	90.35	44.60	30.27	56.05	25.00	24.90	99.60	27.56
巨野县	114.92	67.11	56.35	49.03	115.23	64.93	61.49	94.70	91.63
郓城县	157.93	86.31	46.52	29.46	106.00	49.31	30.11	61.06	34.89
鄄城县	97.57	60.33	21.32	21.85	56.85	12.12	5.59	46.12	9.27
东明县	103.42	55.23	36.73	35.52	88.05	32.34	18.50	57.20	33.50
潍坊市	**1006.17**	**606.74**	**126.54**	**12.58**	**101.88**	**128.92**	**118.60**	**92.00**	**19.55**
潍　县									
高密县	135.31	75.98	26.20	19.36	89.43	23.43	22.48	95.95	29.59
诸城县	161.40	89.76	18.35	11.37	84.47	15.50	20.46	132.00	22.79
昌邑县	107.60	60.94	22.37	20.79	116.81	26.13	25.74	98.51	42.24
昌乐县	86.91	47.95	7.57	8.71	107.53	8.14	5.40	66.34	11.26
安丘县	150.20	98.60	11.10	7.39	121.62	13.50	13.00	96.30	13.18
寿光县	148.47	86.99	28.96	19.51	98.38	28.49	19.32	67.81	22.21
青州县	96.55	72.63	1.09	1.13	147.71	1.61	1.30	80.75	1.79
寒亭区	56.79	29.39	8.63	15.20	114.48	9.88	9.39	95.04	31.95
坊子区	33.01	19.86	1.30	3.94	93.85	1.22	0.76	62.30	3.83
潍城区	29.93	24.64	0.97	3.24	105.15	1.02	0.75	73.53	3.04
临朐县									

5－19－47　续表

县市名	耕地面积（万亩）	农业人口（万人）	棉田面积（万亩）	占耕地（%）	亩　产（市斤）	产　量（万担）	收购量（万担）	商品率（%）	人均交售（市斤）
济宁市	**828.61**	**579.97**	**161.74**	**19.52**	**111.20**	**179.86**	**131.68**	**73.21**	**22.70**
济宁县	79.87	51.86	6.27	7.85	75.92	4.76	5.43	114.08	10.47
任城区	68.98	52.87	8.21	11.90	98.90	8.12	4.77	58.74	9.02
兖州市	64.58	40.71	6.27	9.71	81.18	5.09	4.42	86.84	10.86
邹城市	101.28	76.70	4.68	4.62	121.15	5.67	4.33	76.37	5.65
鱼台县	58.70	34.09	14.80	25.21	167.57	24.80	13.08	52.74	38.37
金乡县	87.95	47.21	30.22	34.36	98.48	29.76	28.00	94.09	59.31
嘉祥县	93.17	60.18	29.14	31.28	99.52	29.00	17.00	58.62	28.25
微山县	41.96	51.41	1.25	2.98	138.40	1.73	1.39	80.35	2.70
汶上县	84.87	59.00	33.21	39.13	128.61	42.71	37.29	87.31	63.20
梁山县	82.77	55.34	27.66	33.42	101.99	28.21	15.97	56.61	28.86
泗水县	64.48	50.60	0.03	0.05	33.33	0.01			
东营市	**245.07**	**110.72**	**68.47**	**27.94**	**113.98**	**78.04**	**70.25**	**90.02**	**63.45**
东营区	29.78	16.41	11.12	37.34	121.58	13.52	15.37	113.68	93.66
河口区	29.86	7.21	3.02	10.11	66.89	2.02	2.11	104.46	29.26
垦利县	45.50	18.39	8.70	19.12	105.52	9.18	8.90	96.95	48.40
利津县	60.30	26.26	21.88	36.29	113.21	24.77	18.46	74.53	70.30
广饶县	79.63	42.45	23.75	29.83	120.21	28.55	25.41	89.00	59.86
临沂市	**921.59**	**738.95**	**14.97**	**1.62**	**81.50**	**12.20**	**12.87**	**105.49**	**1.74**
临沂县	134.32	124.53	2.00	1.49	79.50	1.59	1.03	64.78	0.83
郯城县	99.06	78.04	4.07	4.11	56.76	2.31	2.55	110.39	3.27
苍山县	127.13	96.16	5.37	4.22	101.49	5.45	5.78	106.06	6.01
沂水县	121.17	98.20	2.53	2.09	77.47	1.96	2.12	108.16	2.16
蒙阴县	50.90	45.03	0.12	0.24	83.33	0.10	0.18	180.00	0.40
莒南县	109.52	87.99	0.20	0.18	95.00	0.19	0.23	121.05	0.26
平邑县									
费　县	92.52	79.61	0.01	0.01	100.00	0.01	0.05	*	0.06
沂南县	107.71	77.19	0.16	0.15	81.25	0.13	0.40	*	0.52
临沭县	79.26	52.20	0.51	0.64	90.20	0.46	0.53	115.22	1.02
泰安市	**390.76**	**311.77**	**16.56**	**4.24**	**70.29**	**11.64**	**7.65**	**65.72**	**2.45**
泰安县	111.18	99.70	0.19	0.17	26.32	0.05	0.23	*	0.23
肥城县	94.88	78.92	4.78	5.04	61.30	2.93	1.36	46.42	1.72
宁阳县	91.95	68.67	5.35	5.82	71.78	3.84	3.35	87.24	4.88
东平县	92.75	64.48	6.24	6.73	77.24	4.82	2.71	56.22	4.20
新泰县									
枣庄市	**236.58**	**190.96**	**19.34**	**8.17**	**111.53**	**21.57**	**16.10**	**74.64**	**8.43**
滕州县	115.52	113.57	4.52	3.91	163.50	7.39	3.60	48.71	3.17
薛城区	36.52	28.18	4.20	11.50	108.10	4.54	2.23	49.12	7.91
峄城区	43.30	27.44	5.86	13.53	74.57	4.37	5.40	123.57	19.68
台儿庄	41.24	21.77	4.76	11.54	110.71	5.27	4.87	92.41	22.37
济南市	**512.59**	**335.95**	**110.15**	**21.49**	**111.77**	**123.11**	**107.14**	**87.03**	**31.89**
章丘县	115.52	86.24	13.90	12.03	68.06	9.46	10.55	111.52	12.23
平阴县	46.83	32.63	3.12	6.66	82.37	2.57	3.00	116.73	9.19
商河县	103.59	49.43	44.00	42.48	131.89	58.03	52.40	90.30	106.01
济阳县	97.82	45.61	44.73	45.73	107.29	47.99	41.19	85.83	90.31
历城区	86.72	75.94	4.37	5.04	115.33	5.04			
长清县	62.11	46.10	0.03	0.05	66.67	0.02			
青岛市	**259.65**	**117.14**	**31.86**	**12.27**	**91.65**	**29.20**	**29.13**	**99.76**	**24.87**
平度县	259.65	117.14	31.86	12.27	91.65	29.20	29.13	99.76	24.87
胶南县									
胶　县									
即墨县									
淄博市	**119.06**	**75.03**	**33.46**	**28.10**	**112.76**	**37.73**	**32.66**	**86.56**	**43.53**
桓台县	51.29	43.15	4.65	9.07	106.02	4.93	7.15	145.03	16.57
高青县	67.77	31.88	28.81	42.51	113.85	32.80	25.51	77.77	80.02
沂源县									
日照市	**177.77**	**143.41**	**1.85**	**1.04**	**109.19**	**2.02**	**1.13**	**55.94**	**0.79**
莒　县	115.49	97.01	0.58	0.50	106.90	0.62			
五莲县	62.28	46.40	1.27	2.04	110.24	1.40	1.13	80.71	2.44
莱芜市	**85.97**	**92.35**	**0.03**	**0.03**	**33.33**	**0.01**			
莱芜县	85.97	92.35	0.03	0.03	33.33	0.01			

5－19－48　山东省1990年产棉县棉花生产收购明细

县市名	耕地面积（万亩）	农业人口（万人）	棉田面积（万亩）	占耕地（%）	亩产（市斤）	产量（万担）	收购量（万担）	商品率（%）	人均交售（市斤）
全省合计	**8118.88**	**5234.17**	**2127.54**	**26.20**	**100.04**	**2128.32**	**1803.63**	**84.74**	**34.46**
聊城市	**844.42**	**449.80**	**465.14**	**55.08**	**102.70**	**477.71**	**399.54**	**83.64**	**88.83**
阳谷县	101.60	61.15	53.68	52.83	98.73	53.00	50.92	96.08	83.27
莘县	129.38	78.35	78.35	60.56	95.93	75.16	66.10	87.95	84.37
茌平县	108.60	46.45	60.83	56.01	100.31	61.02	48.92	80.17	105.32
东阿县	73.11	38.19	33.03	45.18	101.21	33.43	28.43	85.04	74.44
冠县	112.72	64.61	66.37	58.88	66.60	44.20	40.20	90.95	62.22
高唐县	92.62	38.79	56.70	61.22	118.87	67.40	54.30	80.56	139.98
临清县	99.91	55.01	61.58	61.64	134.78	83.00	68.86	82.96	125.18
东昌府区	126.48	67.25	54.60	43.17	110.81	60.50	41.81	69.11	62.17
德州市	**865.73**	**434.93**	**360.25**	**41.61**	**89.65**	**322.95**	**310.67**	**96.20**	**71.43**
德州区	17.35	12.15	5.09	29.34	102.16	5.20	4.93	94.81	40.58
陵县	109.61	53.89	52.27	47.69	96.23	50.30	46.07	91.59	85.49
平原县	84.15	40.71	31.80	37.79	88.52	28.15	35.59	126.43	87.42
夏津县	83.35	43.36	46.00	55.19	108.00	49.68	51.55	103.76	118.89
武城县	64.76	31.47	29.27	45.20	86.40	25.29	23.48	92.84	74.61
齐河县	113.44	51.72	40.57	35.76	88.42	35.87	33.48	93.34	64.73
禹城县	80.34	41.78	32.65	40.64	92.16	30.09	29.55	98.21	70.73
乐陵县	101.92	53.74	35.52	34.85	93.64	33.26	30.92	92.96	57.54
临邑县	86.49	40.51	35.23	40.73	65.29	23.00	19.49	84.74	48.11
宁津县	79.60	40.17	42.30	53.14	75.65	32.00	29.00	90.63	72.19
庆云县	44.72	25.43	9.55	21.36	105.86	10.11	6.61	65.38	25.99
滨州地区	**592.75**	**309.66**	**295.07**	**49.78**	**70.29**	**207.39**	**174.98**	**84.37**	**56.51**
惠民县	110.70	54.23	56.68	51.20	75.44	42.76	38.92	91.02	71.77
滨州县	68.76	40.57	36.72	53.40	52.97	19.45	20.39	104.83	50.26
阳信县	69.36	38.22	41.41	59.70	42.45	17.58	18.56	105.57	48.56
无棣县	84.22	38.51	38.51	45.73	78.21	30.12	19.33	64.18	50.19
沾化县	81.47	35.67	41.65	51.12	34.17	14.23	12.37	86.93	34.68
博兴县	67.67	39.74	32.90	48.62	113.92	37.48	31.99	85.35	80.50
邹平县	110.57	62.72	47.20	42.69	96.97	45.77	33.42	73.02	53.28
菏泽地区	**1054.80**	**668.88**	**394.04**	**37.36**	**112.22**	**442.21**	**371.84**	**84.09**	**55.59**
菏泽县	126.90	90.21	34.80	27.42	115.09	40.05	27.30	68.16	30.26
曹县	156.75	111.04	77.94	49.72	134.72	105.00	99.50	94.76	89.61
定陶县	76.68	46.08	34.50	44.99	123.45	42.59	32.24	75.70	69.97
成武县	73.50	47.82	39.75	54.08	139.12	55.30	44.00	79.57	92.01
单县	147.34	98.65	42.53	28.87	68.19	29.00	28.80	99.31	29.19
巨野县	114.91	69.12	69.76	60.71	97.74	68.18	59.32	87.00	85.82
郓城县	157.90	86.98	44.18	27.98	123.99	54.78	38.67	70.59	44.46
鄄城县	97.46	61.32	20.19	20.72	95.64	19.31	16.07	83.22	26.21
东明县	103.36	57.66	30.39	29.40	92.14	28.00	25.94	92.64	44.99
潍坊市	**997.17**	**609.09**	**136.03**	**13.64**	**122.08**	**166.07**	**143.58**	**86.46**	**23.57**
潍县									
高密县	135.25	76.74	30.00	22.18	122.97	36.89	34.46	93.41	44.90
诸城县	160.76	89.98	18.55	11.54	107.82	20.00	17.27	86.35	19.19
昌邑县	107.05	61.43	24.65	23.03	129.90	32.02	29.00	90.57	47.21
昌乐县	86.28	48.87	8.06	9.34	121.96	9.83	7.03	71.52	14.39
安丘县	150.20	101.70	12.00	7.99	150.00	18.00	16.70	92.78	16.42
寿光县	148.00	88.64	28.86	19.50	111.43	32.16	24.06	74.81	27.14
青州县	96.16	74.00	1.79	1.86	145.81	2.61	1.43	54.79	1.93
寒亭区	56.47	29.70	9.61	17.02	122.79	11.80	11.45	97.03	38.55
坊子区	32.59	20.11	1.45	4.45	100.00	1.45	0.98	67.59	4.87
潍城区	24.41	17.92	1.06	4.34	123.58	1.31	1.20	91.60	6.70
临朐县									

5－19－48 续表

县市名	耕地面积（万亩）	农业人口（万人）	棉田面积（万亩）	占耕地（%）	亩产（市斤）	产量（万担）	收购量（万担）	商品率（%）	人均交售（市斤）
济宁市	**825.76**	**593.56**	**172.02**	**20.83**	**121.63**	**209.22**	**149.52**	**71.47**	**25.19**
济宁县	78.82	52.62	3.50	4.44	136.00	4.76	5.04	105.88	9.58
任城区	68.99	53.56	11.14	16.15	107.27	11.95	9.52	79.67	17.77
兖州市	64.13	41.53	7.29	11.37	79.42	5.79	3.23	55.79	7.78
邹城市	100.94	78.13	7.73	7.66	123.03	9.51	6.20	65.19	7.94
鱼台县	58.67	35.00	15.73	26.81	161.98	25.48	14.00	54.95	40.00
金乡县	87.71	49.13	34.51	39.35	133.47	46.06	32.20	69.91	65.54
嘉祥县	92.82	61.33	28.32	30.51	97.53	27.62	20.00	72.41	32.61
微山县	41.77	53.85	1.32	3.16	132.58	1.75	1.62	92.57	3.01
汶上县	84.80	59.68	36.08	42.55	134.42	48.50	39.46	81.36	66.12
梁山县	82.76	56.84	26.39	31.89	105.31	27.79	18.25	65.67	32.11
泗水县	64.35	51.89	0.01	0.02	100.00	0.01			
东营市	**247.00**	**111.24**	**48.98**	**19.83**	**121.25**	**59.39**	**53.29**	**89.73**	**47.91**
东营区	29.30	16.69	7.42	25.32	118.73	8.81	12.10	137.34	72.50
河口区	30.06	7.33	2.81	9.35	57.30	1.61	1.75	108.70	23.87
垦利县	47.30	18.15	4.19	8.86	111.22	4.66	4.53	97.21	24.96
利津县	60.90	26.68	9.65	15.85	107.77	10.40	6.33	60.87	23.73
广饶县	79.44	42.39	24.91	31.36	136.13	33.91	28.58	84.28	67.42
临沂市	**920.17**	**778.72**	**17.58**	**1.91**	**87.88**	**15.45**	**16.49**	**106.73**	**2.12**
临沂县	133.89	136.34	2.00	1.49	78.00	1.56	2.56	164.10	1.88
郯城县	99.00	82.52	3.48	3.52	62.64	2.18	2.73	125.23	3.31
苍山县	127.01	104.20	7.55	5.94	93.64	7.07	5.73	81.05	5.50
沂水县	121.15	104.27	3.46	2.86	104.34	3.61	2.25	62.33	2.16
蒙阴县	50.89	45.94	0.17	0.33	70.59	0.12	0.81	*	1.76
莒南县	109.35	89.29	0.02	0.02	100.00	0.02	0.03	150.00	0.03
平邑县									
费　县	92.26	82.54	0.17	0.18	70.59	0.12	0.81	*	0.98
沂南县	107.55	80.99	0.27	0.25	125.93	0.34	0.44	129.41	0.54
临沭县	79.07	52.63	0.46	0.58	93.48	0.43	1.13	*	2.15
泰安市	**390.62**	**317.57**	**20.95**	**5.36**	**83.77**	**17.55**	**13.73**	**78.23**	**4.32**
泰安县	111.05	100.36	0.26	0.23	84.62	0.22	0.15	68.18	0.15
肥城县	95.03	80.79	6.63	6.98	90.35	5.99	4.86	81.14	6.02
宁阳县	91.88	70.93	7.54	8.21	74.54	5.62	4.55	80.96	6.41
东平县	92.66	65.49	6.52	7.04	87.73	5.72	4.17	72.90	6.37
新泰县									
枣庄市	**235.34**	**199.22**	**22.97**	**9.76**	**121.42**	**27.89**	**15.75**	**56.47**	**7.91**
滕州县	114.88	118.27	6.57	5.72	128.46	8.44	4.00	47.39	3.38
薛城区	36.37	29.52	3.73	10.26	128.95	4.81	2.11	43.87	7.15
峄城区	43.21	28.62	6.83	15.81	115.37	7.88	3.51	44.54	12.26
台儿庄	40.88	22.81	5.84	14.29	115.75	6.76	6.13	90.68	26.87
济南市	**509.67**	**341.38**	**128.46**	**25.20**	**82.71**	**106.25**	**84.23**	**79.28**	**24.67**
章丘县	115.05	86.60	14.91	12.96	118.51	17.67	13.69	77.48	15.81
平阴县	46.81	32.82	2.61	5.58	113.03	2.95	1.69	57.29	5.15
商河县	102.54	52.40	59.73	58.25	66.97	40.00	33.71	84.28	64.33
济阳县	97.71	46.54	46.96	48.06	91.99	43.20	32.14	74.40	69.06
历城区	85.65	76.70	4.22	4.93	57.11	2.41	3.00	124.48	3.91
长清县	61.91	46.32	0.03	0.05	66.67	0.02			
青岛市	**259.59**	**118.80**	**31.74**	**12.23**	**109.39**	**34.72**	**34.90**	**100.52**	**29.38**
平度县	259.59	118.80	31.74	12.23	109.39	34.72	34.90	100.52	29.38
胶南县									
胶　县									
即墨县									
淄博市	**119.18**	**75.42**	**31.00**	**26.01**	**122.87**	**38.09**	**30.85**	**80.99**	**40.90**
桓台县	51.14	43.37	4.37	8.55	120.37	5.26	4.93	93.73	11.37
高青县	68.04	32.05	26.63	39.14	123.28	32.83	25.92	78.95	80.87
沂源县									
日照市	**177.27**	**146.44**	**3.14**	**1.77**	**103.18**	**3.24**	**4.26**	**131.48**	**2.91**
莒　县	115.01	99.78	1.75	1.52	96.57	1.69	3.05	180.47	3.06
五莲县	62.26	46.66	1.39	2.23	111.51	1.55	1.21	78.06	2.59
莱芜市	**79.41**	**79.46**	**0.17**	**0.21**	**111.76**	**0.19**			
莱芜县	79.41	79.46	0.17	0.21	111.76	0.19			

5-19-49　山东省1991年产棉县棉花生产收购明细

县市名	耕地面积（万亩）	农业人口（万人）	棉田面积（万亩）	占耕地（%）	亩产（市斤）	产量（万担）	收购量（万担）	商品率（%）	人均交售（市斤）
全省合计	**8138.95**	**5396.04**	**2341.63**	**28.77**	**117.46**	**2750.53**	**2449.42**	**89.05**	**45.39**
聊城市	**843.73**	**457.22**	**426.99**	**50.61**	**102.19**	**436.32**	**397.81**	**91.17**	**87.01**
阳谷县	101.51	66.21	50.00	49.26	87.76	43.88	42.00	95.72	63.43
莘县	129.26	80.60	70.00	54.15	95.89	67.12	60.20	89.69	74.69
茌平县	108.56	47.96	55.15	50.80	87.16	48.07	30.16	62.74	62.89
东阿县	73.10	38.33	32.70	44.73	106.36	34.78	52.93	152.19	138.09
冠县	112.65	65.76	57.29	50.86	92.46	52.97	45.55	85.99	69.27
高唐县	92.55	39.44	57.58	62.22	105.59	60.80	57.30	94.24	145.28
临清县	99.71	56.45	50.00	50.15	146.80	73.40	64.60	88.01	114.44
东昌府区	126.39	62.47	54.27	42.94	101.90	55.30	45.07	81.50	72.15
德州市	**863.98**	**438.19**	**432.86**	**50.10**	**105.54**	**456.84**	**398.40**	**87.21**	**90.92**
德州区	17.31	12.00	5.19	29.98	151.83	7.88	7.29	92.51	60.75
陵县	109.44	54.09	60.30	55.10	107.79	65.00	64.31	98.94	118.89
平原县	83.43	41.10	41.70	49.98	122.81	51.21	51.21	100.00	124.60
夏津县	83.35	43.91	50.40	60.47	121.43	61.20	54.78	89.51	124.76
武城县	64.74	32.03	39.58	61.14	114.30	45.24	38.21	84.46	119.29
齐河县	113.43	51.87	55.41	48.85	90.22	49.99	26.11	52.23	50.34
禹城县	80.33	42.72	35.75	44.50	113.59	40.61	39.74	97.86	93.02
乐陵县	101.71	54.01	46.55	45.77	101.10	47.06	45.47	96.62	84.19
临邑县	86.42	40.75	36.73	42.50	76.23	28.00	23.26	83.07	57.08
宁津县	79.10	40.53	42.80	54.11	95.14	40.72	38.00	93.32	93.76
庆云县	44.72	25.18	18.45	41.26	108.02	19.93	10.02	50.28	39.79
滨州地区	**595.80**	**311.12**	**307.48**	**51.61**	**97.62**	**300.16**	**261.48**	**87.11**	**84.04**
惠民县	110.62	54.22	59.18	53.50	102.11	60.43	54.84	90.75	101.14
滨州县	68.85	40.79	39.53	57.41	115.96	45.84	36.75	80.17	90.10
阳信县	69.35	38.46	39.00	56.24	91.03	35.50	30.45	85.77	79.17
无棣县	84.48	38.73	40.06	47.42	88.27	35.36	29.07	82.21	75.06
沾化县	82.67	36.29	44.28	53.56	81.75	36.20	32.54	89.89	89.67
博兴县	69.26	39.77	38.03	54.91	101.87	38.74	33.11	85.47	83.25
邹平县	110.57	62.86	47.40	42.87	101.46	48.09	44.72	92.99	71.14
菏泽地区	**1055.71**	**681.00**	**443.26**	**41.99**	**134.35**	**595.54**	**540.59**	**90.77**	**79.38**
菏泽县	126.95	90.53	38.56	30.37	130.47	50.31	45.50	90.44	50.26
曹县	156.73	113.50	90.25	57.58	134.27	121.18	109.11	90.04	96.13
定陶县	76.66	46.99	35.15	45.85	150.38	52.86	47.65	90.14	101.40
成武县	74.82	49.10	41.51	55.48	150.37	62.42	58.18	93.21	118.49
单县	147.33	101.27	48.05	32.61	107.18	51.50	51.30	99.61	50.66
巨野县	114.90	70.19	71.41	62.15	146.48	104.60	102.40	97.90	145.89
郓城县	157.64	90.10	62.16	39.43	130.00	80.81	54.72	67.71	60.73
鄄城县	97.41	61.76	25.17	25.84	132.98	33.47	31.79	94.98	51.47
东明县	103.27	57.56	31.00	30.02	123.84	38.39	39.94	104.04	69.39
潍坊市	**1074.70**	**698.37**	**147.89**	**13.76**	**150.86**	**223.10**	**227.82**	**102.12**	**32.62**
潍县									
高密县	135.59	77.08	32.00	23.60	156.41	50.05	47.30	94.51	61.36
诸城县	160.31	90.90	19.73	12.31	152.91	30.17	30.49	101.06	33.54
昌邑县	106.17	61.77	24.08	22.68	170.27	41.00	39.81	97.10	64.45
昌乐县	85.94	50.43	8.20	9.54	129.27	10.60	10.76	101.51	21.34
安丘县	150.60	102.50	16.00	10.62	171.25	27.40	27.20	99.27	26.54
寿光县	147.41	90.34	30.80	20.89	123.38	38.00	36.69	96.55	40.61
青州县	96.72	74.27	2.84	2.94	137.68	3.91	2.04	52.17	2.75
寒亭区	56.35	30.04	11.50	20.41	160.00	18.40	18.92	102.83	62.98
坊子区	32.55	19.97	1.63	5.01	121.47	1.98	14.06	*	70.41
潍城区	24.29	18.20	1.10	4.53	143.64	1.58	0.55	34.81	3.02
临朐县	78.77	82.87	0.01	0.01	100.00	0.01			

县市名	耕地面积（万亩）	农业人口（万人）	棉田面积（万亩）	占耕地（%）	亩产（市斤）	产量（万担）	收购量（万担）	商品率（%）	人均交售（市斤）
济宁市	**823.13**	**611.43**	**201.05**	**24.43**	**135.75**	**272.93**	**228.03**	**83.55**	**37.29**
济宁县	78.21	54.64	6.20	7.93	135.48	8.40	7.85	93.45	14.37
任城区	68.97	54.18	12.04	17.46	122.34	14.73	14.55	98.78	26.85
兖州市	63.04	42.16	10.32	16.37	135.76	14.01	8.12	57.96	19.26
邹城市	100.69	79.08	6.30	6.26	31.90	2.01	1.08	53.73	1.37
鱼台县	58.64	35.80	15.15	25.84	170.03	25.76	21.60	83.85	60.34
金乡县	87.25	51.33	44.76	51.30	153.19	68.57	48.00	70.00	93.51
嘉祥县	92.61	65.14	36.25	39.14	116.44	42.21	39.00	92.40	59.87
微山县	41.63	56.11	2.54	6.10	144.09	3.66	2.95	80.60	5.26
汶上县	84.69	60.82	36.63	43.25	150.15	55.00	49.28	89.60	81.03
梁山县	82.76	59.02	30.81	37.23	124.99	38.51	35.60	92.44	60.32
泗水县	64.64	53.15	0.05	0.08	140.00	0.07			
东营市	**247.65**	**112.55**	**102.44**	**41.36**	**97.24**	**99.61**	**85.25**	**85.58**	**75.74**
东营区	29.35	16.79	14.55	49.57	127.29	18.52	20.67	111.61	123.11
河口区	28.55	7.40	16.43	57.55	35.91	5.90	3.35	56.78	45.27
垦利县	48.84	18.94	13.02	26.66	92.93	12.10	9.64	79.67	50.90
利津县	61.88	26.70	29.97	48.43	85.22	25.54	19.48	76.27	72.96
广饶县	79.03	42.72	28.47	36.02	131.89	37.55	32.11	85.51	75.16
临沂市	**917.84**	**790.22**	**28.47**	**3.10**	**106.60**	**30.35**	**30.57**	**100.72**	**3.87**
临沂县	133.45	137.02	3.08	2.31	85.39	2.63	6.11	*	4.46
郯城县	98.88	83.07	5.01	5.07	101.60	5.09	6.38	125.34	7.68
苍山县	126.78	106.47	10.80	8.52	113.43	12.25	7.61	62.12	7.15
沂水县	121.14	105.30	4.36	3.60	110.09	4.80	3.27	68.13	3.11
蒙阴县	50.86	46.72	1.03	2.03	99.03	1.02	2.24	*	4.79
莒南县	109.11	90.82	0.73	0.67	86.30	0.63	0.75	119.05	0.83
平邑县									
费　县	91.70	83.86	0.63	0.69	107.94	0.68	0.62	91.18	0.74
沂南县	107.09	83.27	1.75	1.63	120.00	2.10	1.64	78.10	1.97
临沭县	78.83	53.69	1.08	1.37	106.48	1.15	1.95	169.57	3.63
泰安市	**389.70**	**320.17**	**38.10**	**9.78**	**107.30**	**40.88**	**34.21**	**83.68**	**10.68**
泰安县	111.04	100.31	1.54	1.39	97.40	1.50	1.19	79.33	1.19
肥城县	94.49	81.36	9.43	9.98	108.48	10.23	9.07	88.66	11.15
宁阳县	91.85	71.36	12.01	13.08	114.74	13.78	10.48	76.05	14.69
东平县	92.32	67.14	15.12	16.38	101.65	15.37	13.47	87.64	20.06
新泰县									
枣庄市	**234.95**	**203.86**	**33.73**	**14.36**	**122.71**	**41.39**	**30.83**	**74.49**	**15.12**
滕州县	114.63	120.69	9.65	8.42	136.27	13.15	8.34	63.42	6.91
薛城区	36.27	30.44	4.03	11.11	131.76	5.31	3.58	67.42	11.76
峄城区	43.14	29.04	10.08	23.37	123.02	12.40	9.01	72.66	31.03
台儿庄	40.91	23.69	9.97	24.37	105.62	10.53	9.90	94.02	41.79
济南市	**460.52**	**343.89**	**107.19**	**23.28**	**126.54**	**135.64**	**114.45**	**84.38**	**33.28**
章丘县	114.66	86.91	17.16	14.97	117.13	20.10	15.33	76.27	17.64
平阴县	46.11	32.97	2.72	5.90	118.01	3.21	2.92	90.97	8.86
商河县	100.13	52.06	48.62	48.56	125.48	61.01	56.02	91.82	107.61
济阳县	97.52	48.51	33.87	34.73	135.37	45.85	36.30	79.17	74.83
历城区	40.23	77.15	4.79	11.91	113.57	5.44	3.88	71.32	5.03
长清县	61.87	46.29	0.03	0.05	100.00	0.03			
青岛市	**259.50**	**120.46**	**32.30**	**12.45**	**155.42**	**50.20**	**51.82**	**103.23**	**43.02**
平度县	259.50	120.46	32.30	12.45	155.42	50.20	51.82	103.23	43.02
胶南县									
胶　县									
即墨县									
淄博市	**117.53**	**75.28**	**35.07**	**29.84**	**176.48**	**61.89**	**41.91**	**67.72**	**55.67**
桓台县	50.75	43.45	9.15	18.03	151.15	13.83	4.36	31.53	10.03
高青县	66.78	31.83	25.92	38.81	185.42	48.06	37.55	78.13	117.97
沂源县									
日照市	**174.96**	**148.82**	**4.26**	**2.43**	**119.72**	**5.10**	**6.25**	**122.55**	**4.20**
莒　县	112.86	101.80	2.67	2.37	102.62	2.74	2.38	86.86	2.34
五莲县	62.10	47.02	1.59	2.56	148.43	2.36	3.87	163.98	8.23
莱芜市	**79.25**	**83.46**	**0.54**	**0.68**	**107.41**	**0.58**			
莱芜县	79.25	83.46	0.54	0.68	107.41	0.58			

5－19－50　山东省1992年产棉县棉花生产收购明细

县市名	耕地面积（万亩）	农业人口（万人）	棉田面积（万亩）	占耕地（%）	亩产（市斤）	产量（万担）	收购量（万担）	商品率（%）	人均交售（市斤）
全省合计	**8157.06**	**5433.70**	**2215.28**	**27.16**	**61.22**	**1356.16**	**1021.84**	**75.35**	**18.81**
聊城市	**842.68**	**462.07**	**344.68**	**40.90**	**56.95**	**196.29**	**146.81**	**74.79**	**31.77**
阳谷县	101.31	67.27	39.68	39.17	35.28	14.00	11.53	82.36	17.14
莘　县	129.27	81.23	46.90	36.28	44.05	20.66	18.00	87.12	22.16
茌平县	108.50	48.47	28.33	26.11	60.43	17.12	14.94	87.27	30.82
东阿县	73.09	38.30	44.65	61.09	40.45	18.06	11.06	61.24	28.88
冠　县	112.62	66.90	43.00	38.18	73.58	31.64	26.95	85.18	40.28
高唐县	92.40	39.60	47.88	51.82	43.38	20.77	17.77	85.56	44.87
临清县	99.52	56.54	51.32	51.57	72.88	37.40	34.68	92.73	61.34
东昌府区	125.97	63.76	42.92	34.07	85.37	36.64	11.88	32.42	18.63
德州市	**861.66**	**442.45**	**407.88**	**47.34**	**49.78**	**203.04**	**135.75**	**66.86**	**30.68**
德州区	37.79	22.92	14.44	38.21	64.68	9.34	5.83	62.42	25.44
陵　县	93.02	46.48	46.40	49.88	42.56	19.75	13.46	68.15	28.96
平原县	78.11	38.53	44.88	57.46	37.01	16.61	14.78	88.98	38.36
夏津县	83.29	44.31	48.52	58.25	72.14	35.00	27.31	78.03	61.63
武城县	64.64	31.84	37.79	58.47	81.03	30.62	23.21	75.80	72.90
齐河县	113.13	52.85	44.51	39.34	45.25	20.14	12.45	61.82	23.56
禹城县	80.14	43.20	37.86	47.24	41.86	15.85	11.35	71.61	26.27
乐陵县	101.55	54.08	42.05	41.41	34.53	14.52	7.73	53.24	14.29
临邑县	86.36	41.16	38.45	44.52	33.81	13.00	6.03	46.38	14.65
宁津县	79.00	40.76	38.60	48.86	53.65	20.71	12.00	57.94	29.44
庆云县	44.63	26.32	14.38	32.22	52.16	7.50	1.60	21.33	6.08
滨州地区	**592.71**	**311.69**	**267.33**	**45.10**	**46.70**	**124.85**	**106.22**	**85.08**	**34.08**
惠民县	110.30	54.49	58.83	53.34	32.62	19.19	16.93	88.22	31.07
滨州县	68.32	41.17	24.13	35.32	89.64	21.63	12.87	59.50	31.26
阳信县	69.32	38.55	35.05	50.56	29.10	10.20	10.08	98.82	26.15
无棣县	84.17	38.75	30.20	35.88	59.37	17.93	15.71	87.62	40.54
沾化县	82.53	36.44	41.39	50.15	46.53	19.26	14.55	75.55	39.93
博兴县	67.50	39.65	33.83	50.12	45.99	15.56	15.41	99.04	38.87
邹平县	110.57	62.64	43.90	39.70	48.02	21.08	20.67	98.06	33.00
菏泽地区	**1055.83**	**689.17**	**466.92**	**44.22**	**52.45**	**244.90**	**206.95**	**84.50**	**30.03**
菏泽县	126.87	91.72	38.21	30.12	54.96	21.00	19.70	93.81	21.48
曹　县	156.70	114.42	92.29	58.90	40.63	37.50	26.87	71.65	23.48
定陶县	76.66	47.21	45.12	58.86	55.41	25.00	19.26	77.04	40.80
成武县	74.80	50.52	40.09	53.60	62.36	25.00	22.54	90.16	44.62
单　县	148.37	102.86	50.51	34.04	35.64	18.00	17.80	98.89	17.31
巨野县	114.90	70.40	78.43	68.26	74.23	58.22	55.30	94.98	78.55
郓城县	157.32	91.68	59.94	38.10	52.00	31.17	25.20	80.85	27.49
鄄城县	97.30	62.52	28.32	29.11	52.01	14.73	10.76	73.05	17.21
东明县	102.91	57.84	34.01	33.05	41.99	14.28	9.52	66.67	16.46
潍坊市	**1072.97**	**704.23**	**150.18**	**14.00**	**89.03**	**133.70**	**99.38**	**74.33**	**14.11**
潍　县									
高密县	135.69	76.71	32.00	23.58	100.50	32.16	26.60	82.71	34.68
诸城县	160.31	91.54	20.50	12.79	78.83	16.16	13.94	86.26	15.23
昌邑县	106.01	61.76	24.24	22.87	107.30	26.01	19.03	73.16	30.81
昌乐县	85.83	51.84	8.62	10.04	69.61	6.00	2.42	40.33	4.67
安丘县	150.80	102.60	18.00	11.94	113.89	20.50	11.70	57.07	11.40
寿光县	146.27	91.05	29.68	20.29	64.59	19.17	11.34	59.15	12.45
青州县	94.70	74.11	2.70	2.85	85.19	2.30	1.70	73.91	2.29
寒亭区	56.06	29.97	11.45	20.42	75.02	8.59	9.20	107.10	30.70
坊子区	32.46	20.13	1.70	5.24	77.65	1.32	0.61	46.21	3.03
潍城区	24.14	18.22	1.14	4.72	115.79	1.32	1.49	112.88	8.18
临朐县	80.70	86.30	0.15	0.19	113.33	0.17	1.35	*	1.56

5－19－50　续表

县市名	耕地面积（万亩）	农业人口（万人）	棉田面积（万亩）	占耕地（%）	亩　产（市斤）	产　量（万担）	收购量（万担）	商品率（%）	人均交售（市斤）
济宁市	**820.11**	**617.66**	**190.60**	**23.24**	**98.50**	**187.75**	**143.07**	**76.20**	**23.16**
济宁县	78.01	55.45	7.15	9.17	120.56	8.62	4.48	51.97	8.08
任城区	68.70	54.49	11.40	16.59	79.74	9.09	8.30	91.31	15.23
兖州市	62.20	42.36	10.68	17.17	93.45	9.98	6.48	64.93	15.30
邹城市	100.19	80.23	6.62	6.61	82.63	5.47	4.39	80.26	5.47
鱼台县	58.62	35.96	15.20	25.93	143.42	21.80	8.00	36.70	22.25
金乡县	87.02	52.14	39.76	45.69	111.72	44.42	36.00	81.04	69.04
嘉祥县	92.41	66.89	34.24	37.05	89.57	30.67	31.00	101.08	46.34
微山县	41.28	54.87	2.45	5.94	115.51	2.83	2.84	100.35	5.18
汶上县	84.58	62.07	27.07	32.01	111.56	30.20	20.52	67.95	33.06
梁山县	82.71	59.77	35.89	43.39	68.32	24.52	21.06	85.89	35.24
泗水县	64.39	53.43	0.14	0.22	107.14	0.15			
东营市	**246.39**	**112.30**	**81.56**	**33.10**	**44.87**	**36.60**	**17.57**	**48.01**	**15.65**
东营区	29.20	16.85	13.30	45.55	45.26	6.02	1.36	22.59	8.07
河口区	27.65	7.38	4.31	15.59	63.81	2.75	0.69	25.09	9.35
垦利县	48.15	18.68	9.11	18.92	43.25	3.94	0.22	5.58	1.18
利津县	62.48	26.73	28.81	46.11	29.61	8.53	4.49	52.64	16.80
广饶县	78.91	42.66	26.03	32.99	59.01	15.36	10.81	70.38	25.34
临沂市	**914.23**	**796.43**	**30.88**	**3.38**	**86.88**	**26.83**	**32.98**	**122.92**	**4.14**
临沂县	132.26	137.70	2.19	1.66	86.30	1.89	9.70	*	7.04
郯城县	98.63	83.24	4.79	4.86	85.59	4.10	5.91	144.15	7.10
苍山县	126.41	107.57	10.85	8.58	105.53	11.45	6.34	55.37	5.89
沂水县	121.07	106.00	4.50	3.72	79.78	3.59	2.75	76.60	2.59
蒙阴县	50.80	46.98	0.63	1.24	80.95	0.51	2.24	*	4.77
莒南县	108.43	91.34	0.91	0.84	50.55	0.46	0.75	163.04	0.82
平邑县									
费　县	91.43	84.93	0.43	0.47	125.58	0.54	0.62	114.81	0.73
沂南县	106.66	84.75	2.65	2.48	87.92	2.33	1.64	70.39	1.94
临沭县	78.54	53.92	3.93	5.00	49.87	1.96	3.03	154.59	5.62
泰安市	**387.17**	**319.44**	**48.11**	**12.43**	**78.32**	**37.68**	**20.12**	**53.40**	**6.30**
泰安县	110.35	99.87	2.34	2.12	62.82	1.47	1.50	102.04	1.50
肥城县	93.12	81.33	12.94	13.90	81.76	10.58	7.00	66.16	8.61
宁阳县	91.69	70.88	12.26	13.37	73.49	9.01	6.83	75.80	9.64
东平县	92.01	67.36	20.57	22.36	80.80	16.62	4.79	28.82	7.11
新泰县									
枣庄市	**233.93**	**204.97**	**28.85**	**12.33**	**109.50**	**31.59**	**16.67**	**52.77**	**8.13**
滕州县	114.17	122.15	7.97	6.98	123.46	9.84	3.49	35.47	2.86
薛城区	35.93	30.51	3.00	8.35	117.33	3.52	1.97	55.97	6.46
峄城区	43.06	29.77	9.28	21.55	115.95	10.76	4.86	45.17	16.33
台儿庄	40.77	22.54	8.60	21.09	86.86	7.47	6.35	85.01	28.17
济南市	**503.59**	**344.82**	**129.83**	**25.78**	**61.67**	**80.06**	**49.60**	**61.95**	**14.38**
章丘县	114.18	87.10	17.22	15.08	71.08	12.24	11.41	93.22	13.10
平阴县	45.63	33.00	2.82	6.18	73.76	2.08	1.22	58.65	3.70
商河县	99.78	52.16	55.43	55.55	60.67	33.63	22.07	65.63	42.31
济阳县	97.52	48.69	48.12	49.34	58.02	27.92	12.87	46.10	26.43
历城区	84.64	77.33	3.92	4.63	50.26	1.97	2.03	103.05	2.63
长清县	61.84	46.54	2.32	3.75	95.69	2.22			
青岛市	**259.31**	**120.64**	**32.30**	**12.46**	**50.00**	**16.15**	**18.76**	**116.16**	**15.55**
平度县	259.31	120.64	32.30	12.46	50.00	16.15	18.76	116.16	15.55
胶南县									
胶　县									
即墨县									
淄博市	**115.78**	**75.10**	**32.03**	**27.66**	**102.68**	**32.89**	**26.85**	**81.64**	**35.75**
桓台县	49.60	43.28	6.92	13.95	130.49	9.03	8.61	95.35	19.89
高青县	66.18	31.82	25.11	37.94	95.02	23.86	18.24	76.45	57.32
沂源县									
日照市	**171.93**	**149.31**	**3.69**	**2.15**	**89.97**	**3.32**	**1.11**	**33.43**	**0.74**
莒　县	109.92	102.53	2.07	1.88	56.04	1.16	1.11	95.69	1.08
五莲县	62.01	46.78	1.62	2.61	133.33	2.16			
莱芜市	**78.77**	**83.42**	**0.44**	**0.56**	**115.91**	**0.51**			
莱芜县	78.77	83.42	0.44	0.56	115.91	0.51			

5-19-51 山东省1993年产棉县棉花生产收购明细

县市名	耕地面积（万亩）	农业人口（万人）	棉田面积（万亩）	占耕地（%）	亩产（市斤）	产量（万担）	收购量（万担）	商品率（%）	人均交售（市斤）
全省合计	**8122.22**	**5441.75**	**1628.33**	**20.05**	**55.83**	**909.12**	**425.56**	**46.81**	**7.82**
聊城市	**840.14**	**468.35**	**187.70**	**22.34**	**56.42**	**105.90**	**51.22**	**48.37**	**10.94**
阳谷县	101.24	67.75	18.03	17.81	16.64	3.00	1.80	60.00	2.66
莘　县	129.20	82.12	25.00	19.35	58.00	14.50	13.60	93.79	16.56
茌平县	108.01	49.16	13.46	12.46	53.12	7.15	4.99	69.79	10.15
东阿县	73.07	38.35	13.43	18.38	47.58	6.39	0.92	14.40	2.40
冠　县	112.60	68.90	26.00	23.09	57.69	15.00	8.42	56.13	12.22
高唐县	92.39	39.65	24.18	26.17	49.63	12.00	2.89	24.08	7.29
临清县	98.60	57.17	47.51	48.18	71.56	34.00	13.40	39.41	23.44
东昌府区	125.03	65.25	20.09	16.07	68.99	13.86	5.20	37.52	7.97
德州市	**855.04**	**445.28**	**284.84**	**33.31**	**43.59**	**124.17**	**30.16**	**24.29**	**6.77**
德州区	37.72	22.49	12.43	32.95	22.69	2.82	0.73	25.89	3.25
陵　县	92.94	46.73	35.96	38.69	22.53	8.10	4.22	52.10	9.03
平原县	75.96	38.58	20.26	26.67	45.26	9.17	2.00	21.81	5.18
夏津县	83.28	44.35	44.03	52.87	68.23	30.04	6.12	20.37	13.80
武城县	64.50	31.78	38.01	58.93	53.64	20.39	4.50	22.07	14.16
齐河县	109.87	52.56	20.93	19.05	40.32	8.44	1.25	14.81	2.38
禹城县	79.97	44.64	34.11	42.65	28.47	9.71	1.68	17.30	3.76
乐陵县	101.35	54.70	20.00	19.73	55.00	11.00	2.07	18.82	3.78
临邑县	85.84	42.31	36.15	42.11	35.96	13.00	2.14	16.46	5.06
宁津县	79.00	40.81	15.00	18.99	66.67	10.00	5.00	50.00	12.25
庆云县	44.61	26.33	7.96	17.84	18.84	1.50	0.45	30.00	1.71
滨州地区	**590.36**	**310.06**	**152.63**	**25.85**	**59.94**	**91.48**	**59.90**	**65.48**	**19.32**
惠民县	110.24	54.38	34.80	31.57	62.04	21.59	9.95	46.09	18.30
滨州县	68.43	40.71	25.33	37.02	52.51	13.30	5.20	39.10	12.77
阳信县	69.31	38.28	13.14	18.96	47.18	6.20	4.85	78.23	12.67
无棣县	83.12	38.54	15.48	18.62	49.81	7.71	6.87	89.11	17.83
沾化县	83.44	36.53	32.63	39.11	39.20	12.79	5.43	42.46	14.86
博兴县	67.36	39.77	10.98	16.30	93.72	10.29	10.41	101.17	26.18
邹平县	108.46	61.85	20.27	18.69	96.69	19.60	17.19	87.70	27.79
菏泽地区	**1053.76**	**695.69**	**384.83**	**36.52**	**35.85**	**137.95**	**59.70**	**43.28**	**8.58**
菏泽县	126.65	92.36	35.10	27.71	11.40	4.00	1.88	47.00	2.04
曹　县	156.29	115.22	70.48	45.10	53.06	37.40	15.22	40.70	13.21
定陶县	76.46	47.31	37.20	48.65	44.68	16.62	4.15	24.97	8.77
成武县	74.80	51.26	40.15	53.68	38.11	15.30	12.41	81.11	24.21
单　县	147.29	103.03	31.42	21.33	15.91	5.00	3.84	76.80	3.73
巨野县	114.89	71.48	66.67	58.03	47.01	31.34	13.79	44.00	19.29
郓城县	157.16	93.31	54.11	34.43	28.50	15.42	3.20	20.75	3.43
鄄城县	97.29	63.52	16.34	16.80	40.45	6.61	0.36	5.45	0.57
东明县	102.93	58.20	33.36	32.41	18.76	6.26	4.85	77.48	8.33
潍坊市	**1065.84**	**700.07**	**144.90**	**13.59**	**90.37**	**130.95**	**60.32**	**46.06**	**8.62**
潍　县									
高密县	135.59	76.43	30.00	22.13	108.33	32.50	17.50	53.85	22.90
诸城县	159.81	91.76	24.33	15.22	84.05	20.45	9.67	47.29	10.54
昌邑县	105.82	60.86	27.23	25.73	91.55	24.93	8.22	32.97	13.51
昌乐县	85.51	52.22	4.50	5.26	97.11	4.37	0.58	13.27	1.11
安丘县	150.90	102.50	17.80	11.80	119.66	21.30	8.60	40.38	8.39
寿光县	143.35	91.04	26.58	18.54	56.43	15.00	7.20	48.00	7.91
青州县	94.46	74.09	2.65	2.81	86.79	2.30	0.50	21.74	0.67
寒亭区	55.01	29.93	8.38	15.23	93.56	7.84	6.66	84.95	22.25
坊子区	32.23	19.64	1.17	3.63	107.69	1.26	0.27	21.43	1.37
潍城区	23.79	18.32	2.13	8.95	39.91	0.85	0.48	56.47	2.62
临朐县	79.37	83.28	0.13	0.16	115.38	0.15	0.64	*	0.77

5－19－51　续表

县市名	耕地面积（万亩）	农业人口（万人）	棉田面积（万亩）	占耕地（%）	亩产（市斤）	产量（万担）	收购量（万担）	商品率（%）	人均交售（市斤）
济宁市	**815.29**	**622.71**	**177.65**	**21.79**	**65.29**	**115.99**	**59.34**	**51.16**	**9.53**
济宁县	77.44	55.87	6.48	8.37	125.00	8.10	0.50	6.17	0.89
任城区	68.48	53.32	8.82	12.88	71.09	6.27	1.00	15.95	1.88
兖州市	60.31	42.34	5.16	8.56	78.10	4.03	0.50	12.41	1.18
邹城市	99.65	80.95	4.82	4.84	68.88	3.32	1.26	37.95	1.56
鱼台县	58.37	36.33	22.40	38.38	114.73	25.70	12.00	46.69	33.03
金乡县	86.86	52.82	33.54	38.61	56.65	19.00	16.90	88.95	32.00
嘉祥县	92.14	66.91	28.85	31.31	23.99	6.92	4.00	57.80	5.98
微山县	41.07	57.75	1.94	4.72	143.81	2.79	1.14	40.86	1.97
汶上县	84.14	62.48	30.40	36.13	98.06	29.81	14.04	47.10	22.47
梁山县	82.67	60.05	35.21	42.59	28.40	10.00	8.00	80.00	13.32
泗水县	64.16	53.89	0.03	0.05	166.67	0.05			
东营市	**246.46**	**112.23**	**73.78**	**29.94**	**39.16**	**28.89**	**3.51**	**12.15**	**3.13**
东营区	28.31	16.83	12.84	45.35	58.96	7.57	1.18	15.59	7.01
河口区	28.04	7.33	5.77	20.58	20.62	1.19	0.29	24.37	3.96
垦利县	47.64	18.55	10.28	21.58	27.14	2.79	0.17	6.09	0.92
利津县	63.72	26.75	21.50	33.74	28.00	6.02	0.99	16.45	3.70
广饶县	78.75	42.77	23.39	29.70	48.40	11.32	0.88	7.77	2.06
临沂市	**911.06**	**793.41**	**17.67**	**1.94**	**74.59**	**13.18**	**19.83**	**150.46**	**2.50**
临沂县	130.86	136.50	0.63	0.48	60.32	0.38	2.02	*	1.48
郯城县	98.25	84.36	4.12	4.19	61.89	2.55	4.31	169.02	5.11
苍山县	126.17	106.91	6.66	5.28	85.89	5.72	4.60	80.42	4.30
沂水县	121.03	105.00	4.04	3.34	67.33	2.72	1.61	59.19	1.53
蒙阴县	50.80	46.76	0.39	0.77	71.79	0.28	2.49	*	5.33
莒南县	107.84	91.33	0.10	0.09	170.00	0.17	0.80	*	0.88
平邑县									
费　县	91.68	85.30	0.04	0.04	75.00	0.03	0.09	*	0.11
沂南县	106.31	83.50	1.40	1.32	75.00	1.05	2.29	*	2.74
临沭县	78.12	53.75	0.29	0.37	96.55	0.28	1.62	*	3.01
泰安市	**386.74**	**317.12**	**42.50**	**10.99**	**57.27**	**24.34**	**9.92**	**40.76**	**3.13**
泰安县	110.08	98.89	1.50	1.36	80.00	1.20	0.90	75.00	0.91
肥城县	93.11	80.21	12.73	13.67	54.44	6.93	3.26	47.04	4.06
宁阳县	91.62	70.96	8.71	9.51	68.31	5.95	3.20	53.78	4.51
东平县	91.93	67.06	19.56	21.28	52.45	10.26	2.56	24.95	3.82
新泰县									
枣庄市	**232.61**	**206.06**	**19.13**	**8.22**	**98.43**	**18.83**	**10.34**	**54.91**	**5.02**
滕州县	113.76	123.97	3.71	3.26	113.75	4.22	1.25	29.62	1.01
薛城区	35.06	30.01	3.79	10.81	89.97	3.41	0.92	26.98	3.07
峄城区	42.99	30.24	5.32	12.37	88.72	4.72	2.53	53.60	8.37
台儿庄	40.80	21.84	6.31	15.47	102.69	6.48	5.64	87.04	25.82
济南市	**501.46**	**344.70**	**79.14**	**15.78**	**69.36**	**54.89**	**22.45**	**40.90**	**6.51**
章丘县	114.10	87.12	12.16	10.66	62.42	7.59	7.76	102.24	8.91
平阴县	44.88	33.02	1.97	4.39	83.76	1.65	0.40	24.24	1.21
商河县	99.47	52.51	37.72	37.92	65.22	24.60	8.76	35.61	16.68
济阳县	97.30	48.16	24.29	24.96	77.27	18.77	5.27	28.08	10.94
历城区	83.87	77.33	2.74	3.27	66.06	1.81	0.26	14.36	0.34
长清县	61.84	46.56	0.26	0.42	180.77	0.47			
青岛市	**258.93**	**120.62**	**37.87**	**14.63**	**81.04**	**30.69**	**8.09**	**26.36**	**6.71**
平度县	258.93	120.62	37.87	14.63	81.04	30.69	8.09	26.36	6.71
胶南县									
胶　县									
即墨县									
淄博市	**114.69**	**74.39**	**23.39**	**20.39**	**127.96**	**29.93**	**26.21**	**87.57**	**35.23**
桓台县	48.99	42.75	4.69	9.57	105.12	4.93	6.75	136.92	15.79
高青县	65.70	31.64	18.70	28.46	133.69	25.00	19.46	77.84	61.50
沂源县									
日照市	**171.44**	**149.83**	**2.00**	**1.17**	**75.00**	**1.50**	**4.57**	*	**3.05**
莒　县	109.43	102.67	0.69	0.63	62.32	0.43	3.17	*	3.09
五莲县	62.01	47.16	1.31	2.11	81.68	1.07	1.40	130.84	2.97
莱芜市	**78.40**	**81.23**	**0.30**	**0.38**	**143.33**	**0.43**			
莱芜县	78.40	81.23	0.30	0.38	143.33	0.43			

5-19-52　山东省1994年产棉县棉花生产收购明细

县市名	耕地面积（万亩）	农业人口（万人）	棉田面积（万亩）	占耕地（%）	亩产（市斤）	产量（万担）	收购量（万担）	商品率（%）	人均交售（市斤）
全省合计	**8085.02**	**5429.80**	**1395.28**	**17.26**	**78.27**	**1092.03**	**764.32**	**69.99**	**14.08**
聊城市	**838.65**	**468.36**	**167.97**	**20.03**	**86.47**	**145.24**	**82.24**	**56.62**	**17.56**
阳谷县	101.05	67.64	15.71	15.55	74.03	11.63	9.80	84.26	14.49
莘　县	129.13	82.32	10.00	7.74	50.00	5.00	4.50	90.00	5.47
茌平县	107.65	49.16	28.94	26.88	75.57	21.87	11.38	52.03	23.15
东阿县	72.93	38.54	12.45	17.07	64.26	8.00	6.00	75.00	15.57
冠　县	112.58	68.33	19.57	17.38	81.76	16.00	10.04	62.75	14.69
高唐县	92.38	39.66	28.49	30.84	102.21	29.12	12.41	42.62	31.29
临清县	98.36	57.11	35.68	36.27	107.06	38.20	17.18	44.97	30.08
东昌府区	124.57	65.60	17.13	13.75	90.02	15.42	10.93	70.88	16.66
德州市	**851.43**	**442.61**	**232.23**	**27.28**	**76.05**	**176.60**	**133.88**	**75.81**	**30.25**
德州区	37.44	22.52	9.62	25.69	62.37	6.00	5.01	83.50	22.25
陵　县	92.52	46.81	21.87	23.64	73.25	16.02	18.47	115.29	39.46
平原县	75.56	37.38	21.87	28.94	73.25	16.02	13.78	86.02	36.86
夏津县	83.27	43.50	30.13	36.18	116.59	35.13	20.35	57.93	46.78
武城县	64.25	31.54	32.49	50.57	75.99	24.69	16.70	67.64	52.95
齐河县	108.04	52.23	18.23	16.87	65.44	11.93	11.22	94.05	21.48
禹城县	79.67	44.64	18.11	22.73	90.56	16.40	12.77	77.87	28.61
乐陵县	101.01	54.92	20.13	19.93	73.57	14.81	9.66	65.23	17.59
临邑县	86.16	42.50	31.89	37.01	47.04	15.00	11.67	77.80	27.46
宁津县	78.90	40.46	19.70	24.97	81.22	16.00	12.50	78.13	30.89
庆云县	44.61	26.11	8.19	18.36	56.17	4.60	1.75	38.04	6.70
滨州地区	**588.80**	**305.94**	**157.30**	**26.72**	**84.46**	**132.86**	**92.96**	**69.97**	**30.39**
惠民县	110.17	51.94	35.80	32.50	83.77	29.99	20.76	69.22	39.97
滨州县	67.83	40.31	25.64	37.80	83.46	21.40	3.98	18.60	9.87
阳信县	69.30	38.06	16.27	23.48	81.56	13.27	12.30	92.69	32.32
无棣县	83.10	38.64	16.60	19.98	66.33	11.01	10.01	90.92	25.91
沾化县	83.43	36.45	15.00	17.98	80.00	12.00	11.20	93.33	30.73
博兴县	67.34	39.64	17.80	26.43	92.08	16.39	10.01	61.07	25.25
邹平县	107.63	60.90	30.19	28.05	95.40	28.80	24.70	85.76	40.56
菏泽地区	**1050.85**	**711.48**	**302.71**	**28.81**	**60.01**	**181.66**	**129.63**	**71.36**	**18.22**
菏泽县	125.45	93.01	25.50	20.33	33.14	8.45	6.43	76.09	6.91
曹　县	155.81	116.19	55.29	35.49	75.96	42.00	26.41	62.88	22.73
定陶县	76.46	50.01	30.14	39.42	62.94	18.97	13.88	73.17	27.75
成武县	74.79	55.18	35.18	47.04	63.50	22.34	19.81	88.68	35.90
单　县	147.26	103.54	25.35	17.21	35.50	9.00	8.00	88.89	7.73
巨野县	114.88	77.66	57.35	49.92	76.55	43.90	35.10	79.95	45.20
郓城县	156.66	93.95	40.74	26.01	39.27	16.00	8.11	50.69	8.63
鄄城县	97.21	63.58	13.00	13.37	85.08	11.06	3.13	28.30	4.92
东明县	102.33	58.36	20.16	19.70	49.31	9.94	8.76	88.13	15.01
潍坊市	**1058.44**	**694.32**	**131.39**	**12.41**	**60.10**	**78.96**	**74.35**	**94.16**	**10.71**
潍　县									
高密县	135.00	75.11	30.00	22.22	50.20	15.06	14.86	98.67	19.78
诸城县	159.48	91.04	18.51	11.61	68.50	12.68	12.06	95.11	13.25
昌邑县	105.65	60.46	25.50	24.14	53.92	13.75	11.06	80.44	18.29
昌乐县	85.28	51.48	6.00	7.04	45.83	2.75	2.94	106.91	5.71
安丘县	151.00	102.60	14.10	9.34	85.82	12.10	9.70	80.17	9.45
寿光县	138.84	90.19	24.53	17.67	53.81	13.20	14.00	106.06	15.52
青州县	94.20	73.67	1.07	1.14	60.75	0.65	0.60	92.31	0.81
寒亭区	54.25	29.25	9.56	17.62	84.21	8.05	8.30	103.11	28.38
坊子区	31.92	19.42	1.51	4.73	25.17	0.38	0.35	92.11	1.80
潍城区	23.72	18.33	0.53	2.23	39.62	0.21	0.24	114.29	1.31
临朐县	79.10	82.77	0.08	0.10	162.50	0.13	0.24	184.62	0.29

5－19－52 续表

县市名	耕地面积（万亩）	农业人口（万人）	棉田面积（万亩）	占耕地（%）	亩产（市斤）	产量（万担）	收购量（万担）	商品率（%）	人均交售（市斤）
济宁市	**811.48**	**624.92**	**147.39**	**18.16**	**114.03**	**168.07**	**101.45**	**60.36**	**16.23**
济宁县	77.04	56.94	3.49	4.53	122.92	4.29	1.28	29.84	2.25
任城区	68.05	53.02	5.94	8.73	102.36	6.08	2.33	38.32	4.39
兖州市	59.90	42.08	4.21	7.03	119.24	5.02	0.80	15.94	1.90
邹城市	99.42	82.24	4.15	4.17	118.80	4.93	1.44	29.21	1.75
鱼台县	58.35	36.76	16.18	27.73	169.96	27.50	16.00	58.18	43.53
金乡县	86.24	53.65	30.27	35.10	126.00	38.14	30.65	80.36	57.13
嘉祥县	91.53	65.71	20.82	22.75	102.50	21.34	8.00	37.49	12.17
微山县	40.74	57.61	2.27	5.57	157.71	3.58	0.99	27.65	1.72
汶上县	84.00	63.23	29.94	35.64	150.47	45.05	29.96	66.50	47.38
梁山县	82.67	60.18	30.00	36.29	40.00	12.00	10.00	83.33	16.62
泗水县	63.54	53.50	0.12	0.19	116.67	0.14			
东营市	**243.46**	**110.63**	**63.99**	**26.28**	**70.64**	**45.20**	**29.11**	**64.40**	**26.31**
东营区	28.05	16.57	9.44	33.65	125.00	11.80	6.20	52.54	37.42
河口区	28.01	7.13	4.26	15.21	49.53	2.11	1.34	63.51	18.79
垦利县	45.93	18.24	7.69	16.74	33.16	2.55	1.81	70.98	9.92
利津县	62.94	26.46	20.69	32.87	60.22	12.46	7.97	63.96	30.12
广饶县	78.53	42.23	21.91	27.90	74.30	16.28	11.79	72.42	27.92
临沂市	**907.19**	**793.55**	**18.69**	**2.06**	**78.38**	**14.65**	**22.50**	**153.58**	**2.84**
临沂县	129.19	137.33	0.50	0.39	188.00	0.94	8.97	*	6.53
郯城县	97.89	85.41	3.68	3.76	116.03	4.27	2.42	56.67	2.83
苍山县	125.96	106.97	9.37	7.44	53.36	5.00	3.80	76.00	3.55
沂水县	120.52	104.80	3.18	2.64	85.85	2.73	1.99	72.89	1.90
蒙阴县	50.78	46.39	0.33	0.65	84.85	0.28	0.73	*	1.57
莒南县	107.59	90.69	0.01	0.01	100.00	0.01	0.06	*	0.07
平邑县									
费　县	91.47	85.26	0.17	0.19	111.76	0.19	0.92	*	1.08
沂南县	106.07	83.61	1.02	0.96	78.43	0.80	1.11	138.75	1.33
临沭县	77.72	53.09	0.43	0.55	100.00	0.43	2.50	*	4.71
泰安市	**382.15**	**309.36**	**22.80**	**5.97**	**83.46**	**19.03**	**13.50**	**70.94**	**4.36**
泰安县	107.01	96.37	1.70	1.59	69.41	1.18	0.42	35.59	0.44
肥城县	92.33	76.75	8.00	8.66	66.25	5.30	4.06	76.60	5.29
宁阳县	91.39	70.01	8.00	8.75	98.25	7.86	3.23	41.09	4.61
东平县	91.42	66.23	5.10	5.58	91.96	4.69	5.79	123.45	8.74
新泰县									
枣庄市	**231.52**	**208.10**	**16.82**	**7.27**	**113.50**	**19.09**	**9.66**	**50.60**	**4.64**
滕州县	113.60	124.71	4.71	4.15	110.40	5.20	1.80	34.62	1.44
薛城区	34.29	31.04	2.80	8.17	126.07	3.53	0.61	17.28	1.97
峄城区	42.94	30.39	3.21	7.48	115.89	3.72	1.80	48.39	5.92
台儿庄	40.69	21.96	6.10	14.99	108.85	6.64	5.45	82.08	24.82
济南市	**499.51**	**339.81**	**74.09**	**14.83**	**72.48**	**53.70**	**34.17**	**63.63**	**10.06**
章丘县	113.88	86.49	11.54	10.13	89.60	10.34	7.73	74.76	8.94
平阴县	44.54	31.70	1.39	3.12	97.84	1.36	0.91	66.91	2.87
商河县	99.47	51.92	30.99	31.16	71.06	22.02	14.34	65.12	27.62
济阳县	97.49	47.94	26.45	27.13	71.15	18.82	9.98	53.03	20.82
历城区	82.42	77.00	3.68	4.46	30.16	1.11	1.21	109.01	1.57
长清县	61.71	44.76	0.04	0.06	125.00	0.05			
青岛市	**258.82**	**120.10**	**28.05**	**10.84**	**58.93**	**16.53**	**15.48**	**93.65**	**12.89**
平度县	258.82	120.10	28.05	10.84	58.93	16.53	15.48	93.65	12.89
胶南县									
胶　县									
即墨县									
淄博市	**113.74**	**73.19**	**27.91**	**24.54**	**131.53**	**36.71**	**22.88**	**62.33**	**31.26**
桓台县	48.24	41.99	3.48	7.21	147.99	5.15	1.60	31.07	3.81
高青县	65.50	31.20	24.43	37.30	129.19	31.56	21.28	67.43	68.21
沂源县									
日照市	**170.95**	**147.56**	**3.77**	**2.21**	**91.78**	**3.46**	**2.51**	**72.54**	**1.70**
莒　县	108.85	102.04	2.26	2.08	92.48	2.09	1.52	72.73	1.49
五莲县	62.10	45.52	1.51	2.43	90.73	1.37	0.99	72.26	2.17
莱芜市	**78.03**	**79.87**	**0.17**	**0.22**	**158.82**	**0.27**			
莱芜县	78.03	79.87	0.17	0.22	158.82	0.27			

5－19－53　山东省1995年产棉县棉花生产收购明细

县市名	耕地面积（万亩）	农业人口（万人）	棉田面积（万亩）	占耕地（%）	亩产（市斤）	产量（万担）	收购量（万担）	商品率（%）	人均交售（市斤）
全省合计	**8121.71**	**5420.73**	**1016.19**	**12.51**	**90.02**	**914.78**	**668.35**	**73.06**	**12.33**
聊城市	**837.40**	**471.11**	**115.58**	**13.80**	**80.81**	**93.40**	**74.08**	**79.31**	**15.72**
阳谷县	101.05	67.50	11.63	11.51	89.77	10.44	10.20	97.70	15.11
莘　县	129.00	85.00	10.00	7.75	85.00	8.50	7.80	91.76	9.18
茌平县	107.44	49.25	15.49	14.42	60.81	9.42	6.54	69.43	13.28
东阿县	72.82	38.58	7.39	10.15	74.56	5.51	4.08	74.05	10.58
冠　县	112.40	68.26	14.84	13.20	67.39	10.00	8.60	86.00	12.60
高唐县	92.35	39.70	19.87	21.52	79.97	15.89	7.27	45.75	18.31
临清县	98.11	57.20	22.05	22.47	102.04	22.50	21.80	96.89	38.11
东昌府区	124.23	65.62	14.31	11.52	77.85	11.14	7.79	69.93	11.87
德州市	**845.71**	**439.45**	**173.47**	**20.51**	**89.31**	**154.93**	**92.52**	**59.72**	**21.05**
德州区	36.06	22.54	3.83	10.62	72.85	2.79	1.90	68.10	8.43
陵　县	92.58	46.87	30.29	32.72	86.17	26.10	13.05	50.00	27.84
平原县	75.38	37.36	12.36	16.40	99.84	12.34	7.62	61.75	20.40
夏津县	83.18	43.28	34.58	41.57	106.71	36.90	16.58	44.93	38.31
武城县	64.20	31.17	23.39	36.43	95.51	22.34	19.81	88.68	63.55
齐河县	105.47	51.89	13.01	12.34	72.94	9.49	6.76	71.23	13.03
禹城县	79.67	43.41	14.90	18.70	89.66	13.36	8.73	65.34	20.11
乐陵县	100.81	54.98	13.61	13.50	85.08	11.58	3.84	33.16	6.98
临邑县	85.99	42.26	19.99	23.25	60.03	12.00	7.38	61.50	17.46
宁津县	78.00	40.00	6.50	8.33	107.69	7.00	6.00	85.71	15.00
庆云县	44.37	25.69	1.01	2.28	101.98	1.03	0.85	82.52	3.31
滨州地区	**650.89**	**312.09**	**117.01**	**17.98**	**103.92**	**121.60**	**97.52**	**80.20**	**31.25**
惠民县	110.10	53.57	23.05	20.94	121.13	27.92	20.51	73.46	38.29
滨州县	67.65	39.87	27.65	40.87	88.97	24.60	20.91	85.00	52.45
阳信县	69.26	38.22	11.33	16.36	101.41	11.49	9.01	78.42	23.57
无棣县	82.80	38.45	5.71	6.90	87.74	5.01	4.17	83.23	10.85
沾化县	83.71	35.05	11.00	13.14	74.55	8.20	8.12	99.02	23.17
博兴县	67.37	39.68	13.27	19.70	108.36	14.38	9.80	68.15	24.70
邹平县	170.00	67.25	25.00	14.71	120.00	30.00	25.00	83.33	37.17
菏泽地区	**1048.45**	**715.60**	**176.65**	**16.85**	**86.99**	**153.67**	**129.86**	**84.51**	**18.15**
菏泽县	125.16	93.38	15.70	12.54	60.06	9.43	8.13	86.21	8.71
曹　县	155.40	116.52	31.03	19.97	84.43	26.20	27.74	105.88	23.81
定陶县	76.42	50.02	15.95	20.87	100.31	16.00	11.98	74.88	23.95
成武县	74.50	55.70	18.45	24.77	54.20	10.00	8.30	83.00	14.90
单　县	147.22	104.06	18.23	12.38	123.31	22.48	22.00	97.86	21.14
巨野县	114.88	78.20	31.16	27.12	76.96	23.98	21.50	89.66	27.49
郓城县	155.44	94.62	24.58	15.81	97.64	24.00	13.50	56.25	14.27
鄄城县	97.09	64.73	10.05	10.35	110.75	11.13	8.02	72.06	12.39
东明县	102.34	58.37	11.50	11.24	90.87	10.45	8.69	83.16	14.89
潍坊市	**1056.62**	**688.09**	**99.49**	**9.42**	**78.38**	**77.98**	**61.14**	**78.40**	**8.89**
潍　县									
高密县	135.40	74.17	22.10	16.32	90.95	20.10	15.78	78.51	21.28
诸城县	159.14	90.34	18.61	11.69	64.48	12.00	9.09	75.75	10.06
昌邑县	105.45	59.60	17.00	16.12	83.00	14.11	14.00	99.22	23.49
昌乐县	85.11	50.62	5.01	5.89	27.54	1.38	1.69	122.46	3.34
安丘县	151.00	99.57	10.00	6.62	120.00	12.00	4.65	38.75	4.67
寿光县	137.81	92.59	16.00	11.61	50.00	8.00	7.50	93.75	8.10
青州县	94.08	73.57	0.66	0.70	56.06	0.37	0.37	100.00	0.50
寒亭区	54.22	28.88	8.74	16.12	105.26	9.20	7.42	80.65	25.69
坊子区	31.36	18.85	1.03	3.28	40.78	0.42	0.25	59.52	1.33
潍城区	23.57	18.22	0.24	1.02	125.00	0.30	0.21	70.00	1.15
临朐县	79.48	81.68	0.10	0.13	100.00	0.10	0.18	180.00	0.22

5－19－53 续表

县市名	耕地面积（万亩）	农业人口（万人）	棉田面积（万亩）	占耕地（%）	亩产（市斤）	产量（万担）	收购量（万担）	商品率（%）	人均交售（市斤）
济宁市	**807.43**	**624.88**	**107.46**	**13.31**	**90.80**	**97.57**	**80.45**	**82.45**	**12.87**
济宁县	76.40	57.32	1.67	2.19	125.15	2.09	2.40	114.83	4.19
任城区	67.60	51.71	3.89	5.75	82.01	3.19	0.90	28.21	1.74
兖州市	59.78	41.60	0.98	1.64	114.29	1.12	0.99	88.39	2.38
邹城市	99.08	84.74	3.43	3.46	121.57	4.17	0.76	18.23	0.90
鱼台县	58.24	36.94	15.30	26.27	117.65	18.00	16.00	88.89	43.31
金乡县	84.60	53.36	27.40	32.39	124.09	34.00	30.65	90.15	57.44
嘉祥县	91.25	66.01	15.00	16.44	100.00	15.00	10.00	66.67	15.15
微山县	40.58	57.31	1.31	3.23	133.59	1.75	0.95	54.29	1.66
汶上县	83.92	63.09	30.03	35.78	28.54	8.57	9.20	107.35	14.58
梁山县	82.67	60.00	8.10	9.80	111.11	9.00	8.60	95.56	14.33
泗水县	63.31	52.80	0.35	0.55	194.29	0.68			
东营市	**244.08**	**109.08**	**43.67**	**17.89**	**88.92**	**38.83**	**21.03**	**54.16**	**19.28**
东营区	28.42	16.41	7.38	25.97	127.24	9.39	5.41	57.61	32.97
河口区	28.00	7.25	3.07	10.96	75.90	2.33	0.92	39.48	12.69
垦利县	46.71	17.85	4.26	9.12	51.41	2.19	0.96	43.84	5.38
利津县	62.74	25.84	14.06	22.41	76.60	10.77	5.50	51.07	21.28
广饶县	78.21	41.73	14.90	19.05	94.97	14.15	8.24	58.23	19.75
临沂市	**901.17**	**786.07**	**20.35**	**2.26**	**120.39**	**24.50**	**14.37**	**58.65**	**1.83**
临沂县	127.16	137.57	0.76	0.60	109.21	0.83	2.46	*	1.79
郯城县	97.30	85.36	5.61	5.77	115.86	6.50	3.50	53.85	4.10
苍山县	125.61	106.10	7.37	5.87	129.99	9.58	3.41	35.59	3.21
沂水县	120.17	101.95	4.02	3.35	117.16	4.71	2.20	46.71	2.16
蒙阴县	50.77	46.04	0.55	1.08	120.00	0.66	0.48	72.73	1.04
莒南县	106.77	89.43	0.10	0.09	140.00	0.14	0.46	*	0.51
平邑县									
费　县	90.74	84.77	0.10	0.11	200.00	0.20	0.15	75.00	0.18
沂南县	105.59	81.90	0.86	0.81	126.74	1.09	0.21	19.27	0.26
临沭县	77.06	52.95	0.98	1.27	80.61	0.79	1.50	189.87	2.83
泰安市	**382.14**	**306.14**	**21.70**	**5.68**	**73.73**	**16.00**	**13.70**	**85.63**	**4.48**
泰安县	107.25	95.59	1.35	1.26	88.89	1.20	1.07	89.17	1.12
肥城县	92.24	75.61	5.56	6.03	60.43	3.36	5.01	149.11	6.63
宁阳县	91.16	69.34	7.29	8.00	78.05	5.69	3.28	57.64	4.73
东平县	91.49	65.60	7.50	8.20	76.67	5.75	4.34	75.48	6.62
新泰县									
枣庄市	**229.84**	**214.13**	**20.90**	**9.09**	**120.81**	**25.25**	**16.56**	**65.58**	**7.73**
滕州县	113.25	126.75	5.37	4.74	118.44	6.36	2.52	39.62	1.99
薛城区	33.84	30.88	2.63	7.77	122.43	3.22	0.64	19.88	2.07
峄城区	42.75	30.50	4.00	9.36	116.75	4.67	2.70	57.82	8.85
台儿庄	40.00	26.00	8.90	22.25	123.60	11.00	10.70	97.27	41.15
济南市	**498.62**	**338.60**	**55.39**	**11.11**	**89.66**	**49.66**	**32.31**	**65.06**	**9.54**
章丘县	113.86	86.07	6.90	6.06	119.71	8.26	4.03	48.79	4.68
平阴县	44.48	31.45	2.03	4.56	61.08	1.24	1.52	122.58	4.83
商河县	99.37	51.95	25.31	25.47	71.12	18.00	15.00	83.33	28.87
济阳县	97.48	47.79	19.10	19.59	102.62	19.60	10.00	51.02	20.92
历城区	81.85	76.87	2.00	2.44	125.00	2.50	1.76	70.40	2.29
长清县	61.58	44.47	0.05	0.08	120.00	0.06			
青岛市	**258.62**	**119.75**	**20.88**	**8.07**	**78.30**	**16.35**	**13.70**	**83.79**	**11.44**
平度县	258.62	119.75	20.88	8.07	78.30	16.35	13.70	83.79	11.44
胶南县									
胶　县									
即墨县									
淄博市	**113.12**	**72.42**	**39.45**	**34.87**	**104.33**	**41.16**	**19.74**	**47.96**	**27.26**
桓台县	47.81	41.66	1.90	3.97	140.53	2.67	0.51	19.10	1.22
高青县	65.31	30.76	37.55	57.50	102.50	38.49	19.23	49.96	62.52
沂源县									
日照市	**169.27**	**145.40**	**4.01**	**2.37**	**89.28**	**3.58**	**1.37**	**38.27**	**0.94**
莒　县	107.35	100.75	2.27	2.11	103.08	2.34	0.75	32.05	0.74
五莲县	61.92	44.65	1.74	2.81	71.26	1.24	0.62	50.00	1.39
莱芜市	**78.35**	**77.92**	**0.18**	**0.23**	**166.67**	**0.30**			
莱芜县	78.35	77.92	0.18	0.23	166.67	0.30			

5－19－54　山东省1996年产棉县棉花生产收购明细

县市名	耕地面积（万亩）	农业人口（万人）	棉田面积（万亩）	占耕地（%）	亩　产（市斤）	产　量（万担）	收购量（万担）	商品率（%）	人均交售（市斤）
全省合计	**8142.75**	**5418.43**	**762.77**	**9.37**	**88.60**	**675.78**	**400.89**	**59.32**	**7.40**
聊城市	**838.52**	**471.06**	**71.96**	**8.58**	**84.63**	**60.90**	**29.73**	**48.82**	**6.31**
阳谷县	101.05	67.50	6.46	6.39	112.69	7.28	6.50	89.29	9.63
莘　县	129.00	85.00	2.00	1.55	100.00	2.00	1.20	60.00	1.41
茌平县	107.65	49.20	4.07	3.78	121.87	4.96	0.05	1.01	0.10
东阿县	72.93	38.58	5.56	7.62	85.43	4.75	1.90	40.00	4.92
冠　县	112.58	68.26	7.79	6.92	102.70	8.00	6.40	80.00	9.38
高唐县	92.38	39.70	13.00	14.07	94.38	12.27	2.12	17.28	5.34
临清县	98.36	57.20	18.77	19.08	55.94	10.50	8.96	85.33	15.66
东昌府区	124.57	65.62	14.31	11.49	77.85	11.14	2.60	23.34	3.96
德州市	**850.53**	**439.45**	**100.65**	**11.83**	**90.45**	**91.04**	**32.55**	**35.75**	**7.41**
德州区	37.44	22.54	2.00	5.34	100.00	2.00	0.99	49.50	4.39
陵　县	92.52	46.87	8.50	9.19	70.59	6.00	3.43	57.17	7.32
平原县	75.56	37.36	6.90	9.13	94.20	6.50	1.40	21.54	3.75
夏津县	83.27	43.28	35.00	42.03	140.00	49.00	14.57	29.73	33.66
武城县	64.25	31.17	24.00	37.36	33.83	8.12	6.09	75.00	19.54
齐河县	108.04	51.89	5.65	5.23	83.54	4.72	1.00	21.19	1.93
禹城县	79.67	43.41	4.00	5.02	75.00	3.00	1.42	47.33	3.27
乐陵县	101.01	54.98	3.00	2.97	100.00	3.00	0.29	9.67	0.53
临邑县	86.16	42.26	8.00	9.29	62.50	5.00	1.00	20.00	2.37
宁津县	78.00	40.00	2.50	3.21	108.00	2.70	2.30	85.19	5.75
庆云县	44.61	25.69	1.10	2.47	90.91	1.00	0.06	6.00	0.23
滨州地区	**651.13**	**311.59**	**96.11**	**14.76**	**91.34**	**87.79**	**65.55**	**74.67**	**21.04**
惠民县	110.17	53.57	14.00	12.71	121.43	17.00	15.01	88.29	28.02
滨州县	67.83	39.37	23.44	34.56	63.05	14.78	12.56	84.98	31.90
阳信县	69.30	38.22	6.40	9.24	78.13	5.00	4.50	90.00	11.77
无棣县	83.06	38.45	4.00	4.82	65.75	2.63	1.46	55.51	3.80
沾化县	83.43	35.05	12.00	14.38	75.00	9.00	8.77	97.44	25.02
博兴县	67.34	39.68	13.27	19.71	108.36	14.38	5.25	36.51	13.23
邹平县	170.00	67.25	23.00	13.53	108.70	25.00	18.00	72.00	26.77
菏泽地区	**1050.71**	**715.00**	**137.93**	**13.13**	**76.65**	**105.72**	**50.75**	**48.00**	**7.10**
菏泽县	125.45	93.38	8.80	7.01	90.91	8.00	6.14	76.75	6.58
曹　县	155.67	116.52	20.00	12.85	115.00	23.00	7.39	32.13	6.34
定陶县	76.46	50.02	8.00	10.46	125.00	10.00	4.61	46.10	9.22
成武县	74.79	55.70	17.00	22.73	47.06	8.00	6.50	81.25	11.67
单　县	147.26	104.06	15.00	10.19	56.00	8.40	7.70	91.67	7.40
巨野县	114.88	78.20	23.00	20.02	88.00	20.24	11.40	56.32	14.58
郓城县	156.66	94.02	24.58	15.69	26.44	6.50	3.00	46.15	3.19
鄄城县	97.21	64.73	10.05	10.34	110.75	11.13	1.74	15.63	2.69
东明县	102.33	58.37	11.50	11.24	90.87	10.45	2.27	21.72	3.89
潍坊市	**1056.44**	**687.10**	**82.48**	**7.81**	**83.97**	**69.26**	**59.23**	**85.52**	**8.62**
潍　县									
高密县	135.40	74.17	13.10	9.68	102.29	13.40	11.58	86.42	15.61
诸城县	159.48	90.34	18.61	11.67	64.54	12.01	9.70	80.77	10.74
昌邑县	105.65	59.60	17.00	16.09	110.59	18.80	18.50	98.40	31.04
昌乐县	85.28	50.62	5.01	5.87	35.53	1.78	0.98	55.06	1.94
安丘县	148.60	98.61	4.70	3.16	129.79	6.10	3.62	59.34	3.67
寿光县	138.84	92.56	16.00	11.52	50.63	8.10	5.62	69.38	6.07
青州县	94.20	73.57	0.66	0.70	56.06	0.37	0.45	121.62	0.61
寒亭区	54.25	28.88	7.00	12.90	117.14	8.20	8.30	101.22	28.74
坊子区	31.92	18.85	0.10	0.31	110.00	0.11	0.07	63.64	0.37
潍城区	23.72	18.22	0.20	0.84	145.00	0.29			
临朐县	79.10	81.68	0.10	0.13	100.00	0.10	0.41	*	0.50

5－19－54　续表

县市名	耕地面积（万亩）	农业人口（万人）	棉田面积（万亩）	占耕地（%）	亩产（市斤）	产量（万担）	收购量（万担）	商品率（%）	人均交售（市斤）
济宁市	**810.74**	**624.34**	**86.05**	**10.61**	**103.81**	**89.33**	**53.06**	**59.40**	**8.50**
济宁县	77.04	57.32	1.67	2.17	125.15	2.09	1.20	57.42	2.09
任城区	68.05	51.71	3.82	5.61	83.25	3.18	0.53	16.67	1.02
兖州市	59.90	41.06	0.98	1.64	114.29	1.12	0.06	5.36	0.15
邹城市	99.42	84.74	3.43	3.45	121.57	4.17	1.20	28.78	1.42
鱼台县	58.12	36.94	15.30	26.32	91.50	14.00	12.00	85.71	32.49
金乡县	86.24	53.36	17.70	20.52	120.00	21.24	17.06	80.32	31.97
嘉祥县	91.53	66.01	15.00	16.39	98.00	14.70	7.00	47.62	10.60
微山县	40.23	57.31	1.31	3.26	133.59	1.75	0.31	17.71	0.54
汶上县	84.00	63.09	13.99	16.65	100.07	14.00	7.10	50.71	11.25
梁山县	82.67	60.00	12.50	15.12	99.20	12.40	6.60	53.23	11.00
泗水县	63.54	52.80	0.35	0.55	194.29	0.68			
东营市	**243.46**	**109.08**	**39.91**	**16.39**	**101.03**	**40.32**	**24.72**	**61.31**	**22.66**
东营区	28.05	16.41	6.40	22.82	124.38	7.96	5.64	70.85	34.37
河口区	28.01	7.25	1.80	6.43	124.44	2.24	0.70	31.25	9.66
垦利县	45.93	17.85	4.26	9.27	63.15	2.69	3.02	112.27	16.92
利津县	62.94	25.84	14.05	22.32	76.65	10.77	7.07	65.65	27.36
广饶县	78.53	41.73	13.40	17.06	124.33	16.66	8.29	49.76	19.87
临沂市	**907.19**	**786.07**	**15.39**	**1.70**	**121.38**	**18.68**	**19.94**	**106.75**	**2.54**
临沂县	129.19	137.57	0.52	0.40	165.38	0.86	6.02	*	4.38
郯城县	97.89	85.36	5.61	5.73	115.86	6.50	3.98	61.23	4.66
苍山县	125.96	106.10	5.07	4.03	120.71	6.12	5.13	83.82	4.84
沂水县	120.52	101.95	2.51	2.08	127.89	3.21	1.46	45.48	1.43
蒙阴县	50.78	46.04	0.55	1.08	120.00	0.66	0.16	24.24	0.35
莒南县	107.59	89.43	0.07	0.07	142.86	0.10	0.92	*	1.03
平邑县									
费　县	91.47	84.77	0.10	0.11	130.00	0.13	0.12	92.31	0.14
沂南县	106.07	81.90	0.23	0.22	134.78	0.31	0.30	96.77	0.37
临沭县	77.72	52.95	0.73	0.94	108.22	0.79	1.85	*	3.49
泰安市	**382.15**	**306.14**	**25.42**	**6.65**	**62.94**	**16.00**	**10.35**	**64.69**	**3.38**
泰安县	107.01	95.59	1.45	1.36	82.76	1.20	0.88	73.33	0.92
肥城县	92.33	75.61	8.03	8.70	41.84	3.36	3.57	106.25	4.72
宁阳县	91.39	69.34	7.38	8.08	77.10	5.69	3.39	59.58	4.89
东平县	91.42	65.60	8.56	9.36	67.17	5.75	2.51	43.65	3.83
新泰县									
枣庄市	**230.83**	**214.51**	**20.41**	**8.84**	**114.85**	**23.44**	**11.84**	**50.51**	**5.52**
滕州县	113.60	126.75	5.37	4.73	118.44	6.36	1.01	15.88	0.80
薛城区	34.29	30.88	2.64	7.70	121.59	3.21	0.34	10.59	1.10
峄城区	42.94	30.88	4.00	9.32	116.75	4.67	1.69	36.19	5.47
台儿庄	40.00	26.00	8.40	21.00	109.52	9.20	8.80	95.65	33.85
济南市	**499.51**	**338.60**	**48.40**	**9.69**	**74.13**	**35.88**	**21.50**	**59.92**	**6.35**
章丘县	113.88	86.07	6.90	6.06	119.86	8.27	4.50	54.41	5.23
平阴县	44.54	31.45	2.04	4.58	61.27	1.25	0.80	64.00	2.54
商河县	97.49	47.79	19.10	19.59	68.06	13.00	11.00	84.62	23.02
济阳县	99.47	51.95	18.31	18.41	58.98	10.80	4.50	41.67	8.66
历城区	82.42	76.87	2.00	2.43	125.00	2.50	0.70	28.00	0.91
长清县	61.71	44.47	0.05	0.08	120.00	0.06			
青岛市	**258.82**	**119.75**	**20.88**	**8.07**	**78.26**	**16.34**	**5.76**	**35.25**	**4.81**
平度县	258.82	119.75	20.88	8.07	78.26	16.34	5.76	35.25	4.81
胶南县									
胶　县									
即墨县									
淄博市	**113.74**	**72.42**	**14.10**	**12.40**	**119.50**	**16.85**	**13.11**	**77.80**	**18.10**
桓台县	48.24	41.66	2.50	5.18	100.00	2.50	1.30	52.00	3.12
高青县	65.50	30.76	11.60	17.71	123.71	14.35	11.81	82.30	38.39
沂源县									
日照市	**170.95**	**145.40**	**2.90**	**1.70**	**135.52**	**3.93**	**2.80**	**71.25**	**1.93**
莒　县	108.85	100.75	2.00	1.84	151.50	3.03	1.90	62.71	1.89
五莲县	62.10	44.65	0.90	1.45	100.00	0.90	0.90	100.00	2.02
莱芜市	**78.03**	**77.92**	**0.18**	**0.23**	**166.67**	**0.30**			
莱芜县	78.03	77.92	0.18	0.23	166.67	0.30			

5－19－55　山东省1997年产棉县棉花生产收购明细

县市名	耕地面积（万亩）	农业人口（万人）	棉田面积（万亩）	占耕地（%）	亩产（市斤）	产量（万担）	收购量（万担）	商品率（%）	人均交售（市斤）
全省合计	**8043.80**	**5394.70**	**727.87**	**9.05**	**101.40**	**738.05**	**316.34**	**42.86**	**5.86**
聊城市	**836.22**	**469.61**	**70.87**	**8.48**	**91.17**	**64.61**	**22.90**	**35.44**	**4.88**
阳谷县	100.97	67.07	6.46	6.40	89.63	5.79	0.88	15.20	1.31
莘　县	128.96	83.73	5.86	4.54	85.49	5.01	3.16	63.07	3.77
茌平县	107.39	49.28	4.97	4.63	99.80	4.96	1.32	26.61	2.68
东阿县	72.82	38.60	5.56	7.64	85.43	4.75	0.79	16.63	2.05
冠　县	112.32	68.27	7.79	6.94	96.66	7.53	3.52	46.75	5.16
高唐县	92.43	40.04	13.51	14.62	90.82	12.27	4.43	36.10	11.06
临清县	97.73	56.56	18.77	19.21	91.32	17.14	6.88	40.14	12.16
东昌府区	123.60	66.06	7.95	6.43	90.06	7.16	1.92	26.82	2.91
德州市	**847.83**	**434.28**	**123.45**	**14.56**	**105.24**	**129.92**	**41.14**	**31.67**	**9.47**
德州区	35.97	22.48	1.61	4.48	111.80	1.80	0.83	46.11	3.69
陵　县	94.51	45.08	23.01	24.35	86.92	20.00	5.10	25.50	11.31
平原县	75.00	36.88	8.02	10.69	119.83	9.61	1.00	10.41	2.71
夏津县	83.14	43.14	35.33	42.49	121.45	42.91	16.73	38.99	38.78
武城县	63.89	31.20	20.02	31.34	90.76	18.17	7.07	38.91	22.66
齐河县	107.11	51.18	5.65	5.27	83.19	4.70	0.16	3.40	0.31
禹城县	79.67	42.89	8.40	10.54	128.21	10.77	2.67	24.79	6.23
乐陵县	100.20	54.00	4.72	4.71	107.84	5.09	0.17	3.34	0.31
临邑县	85.65	42.58	8.64	10.09	92.59	8.00	3.46	43.25	8.13
宁津县	78.32	39.16	7.40	9.45	110.81	8.20	3.93	47.93	10.04
庆云县	44.37	25.69	0.65	1.46	103.08	0.67	0.02	2.99	0.08
滨州地区	**587.09**	**304.67**	**96.29**	**16.40**	**90.38**	**87.03**	**76.94**	**88.41**	**25.25**
惠民县	110.07	53.69	24.14	21.93	74.86	18.07	16.17	89.49	30.12
滨州县	67.01	39.37	10.82	16.15	80.31	8.69	8.38	96.43	21.29
阳信县	69.26	37.78	6.66	9.62	101.05	6.73	6.50	96.58	17.20
无棣县	82.79	38.07	5.98	7.22	43.98	2.63	1.95	74.14	5.12
沾化县	83.71	35.08	14.00	16.72	92.86	13.00	6.76	52.00	19.27
博兴县	66.74	39.77	11.57	17.34	105.88	12.25	16.50	134.69	41.49
邹平县	107.51	60.91	23.12	21.50	110.99	25.66	20.68	80.59	33.95
菏泽地区	**1047.79**	**717.91**	**142.00**	**13.55**	**107.60**	**152.79**	**45.08**	**29.50**	**6.28**
菏泽县	125.16	93.75	10.49	8.38	111.82	11.73	4.81	41.01	5.13
曹　县	155.22	116.30	20.20	13.01	123.37	24.92	9.09	36.48	7.82
定陶县	76.40	50.04	9.91	12.97	104.64	10.37	4.30	41.47	8.59
成武县	74.50	55.89	20.97	28.15	107.34	22.51	5.40	23.99	9.66
单　县	147.18	104.68	18.09	12.29	105.80	19.14	8.90	46.50	8.50
巨野县	114.88	78.43	27.11	23.60	99.23	26.90	6.33	23.53	8.07
郓城县	154.96	94.31	16.20	10.45	110.86	17.96	1.40	7.80	1.48
鄄城县	96.97	65.82	7.45	7.68	101.48	7.56	2.47	32.67	3.75
东明县	102.52	58.69	11.58	11.30	101.04	11.70	2.38	20.34	4.06
潍坊市	**1050.85**	**682.42**	**71.50**	**6.80**	**95.05**	**67.96**	**33.73**	**49.63**	**4.94**
潍　县									
高密县	134.45	71.15	21.59	16.06	85.22	18.40	7.00	38.04	9.84
诸城县	159.04	90.29	13.23	8.32	75.59	10.00	5.20	52.00	5.76
昌邑县	105.39	59.98	11.63	11.04	135.00	15.70	7.60	48.41	12.67
昌乐县	87.38	53.22	2.77	3.17	28.52	0.79	0.50	63.29	0.94
安丘县	148.59	98.55	4.75	3.20	108.42	5.15	5.00	97.09	5.07
寿光县	137.90	89.74	9.30	6.74	89.25	8.30	2.50	30.12	2.79
青州县	93.94	73.59	0.58	0.62	115.52	0.67	0.70	104.48	0.95
寒亭区	53.94	28.71	7.14	13.24	119.47	8.53	5.00	58.62	17.42
坊子区	31.17	19.11	0.28	0.90	103.57	0.29	0.19	65.52	0.99
潍城区	22.28	18.12	0.21	0.94	52.38	0.11			
临朐县	76.77	79.96	0.02	0.03	100.00	0.02	0.04	200.00	0.05

5－19－55　续表

县市名	耕地面积（万亩）	农业人口（万人）	棉田面积（万亩）	占耕地（%）	亩产（市斤）	产量（万担）	收购量（万担）	商品率（%）	人均交售（市斤）
济宁市	**806.03**	**624.85**	**71.01**	**8.81**	**111.08**	**78.88**	**32.81**	**41.59**	**5.25**
济宁县	76.23	57.36	0.73	0.96	145.21	1.06	0.92	86.79	1.60
任城区	67.10	50.97	2.07	3.08	90.82	1.88	0.14	7.45	0.27
兖州市	59.97	41.52	0.77	1.28	118.18	0.91	0.08	8.79	0.19
邹城市	98.68	84.31	1.08	1.09	124.07	1.34	0.12	8.96	0.14
鱼台县	58.35	37.00	7.42	12.72	119.95	8.90	6.24	70.11	16.86
金乡县	84.41	53.78	17.71	20.98	119.99	21.25	17.65	83.06	32.82
嘉祥县	90.93	66.08	14.01	15.41	114.13	15.99	3.94	24.64	5.96
微山县	40.74	57.30	0.55	1.35	140.00	0.77	0.32	41.56	0.56
汶上县	83.82	63.69	13.98	16.68	100.14	14.00	1.71	12.21	2.68
梁山县	82.62	60.01	12.51	15.14	99.36	12.43	1.69	13.60	2.82
泗水县	63.18	52.83	0.18	0.28	194.44	0.35			
东营市	**242.09**	**107.53**	**36.77**	**15.19**	**109.22**	**40.16**	**14.84**	**36.95**	**13.80**
东营区	28.36	16.12	6.68	23.55	140.87	9.41	6.31	67.06	39.14
河口区	26.91	7.22	2.52	9.36	69.84	1.76	0.66	37.50	9.14
垦利县	46.59	17.67	4.11	8.82	88.08	3.62	0.98	27.07	5.55
利津县	62.36	25.33	12.08	19.37	107.28	12.96	3.71	28.63	14.65
广饶县	77.87	41.19	11.38	14.61	109.05	12.41	3.18	25.62	7.72
临沂市	**896.25**	**784.55**	**15.22**	**1.70**	**126.08**	**19.19**	**10.64**	**55.45**	**1.36**
临沂县	125.46	137.17	0.39	0.31	123.08	0.48	2.40	*	1.75
郯城县	97.02	85.46	4.12	4.25	120.15	4.95	2.46	49.70	2.88
苍山县	125.41	106.18	5.87	4.68	138.16	8.11	1.96	24.17	1.85
沂水县	118.91	101.39	2.51	2.11	127.49	3.20	1.04	32.50	1.03
蒙阴县	51.20	45.84	0.44	0.86	136.36	0.60	0.16	26.67	0.35
莒南县	106.68	89.24	0.08	0.07	125.00	0.10	0.60	*	0.67
平邑县									
费　县	90.23	84.45	0.10	0.11	130.00	0.13			
沂南县	104.91	81.78	0.24	0.23	129.17	0.31			
临沭县	76.43	53.04	1.47	1.92	89.12	1.31	2.02	154.20	3.81
泰安市	**385.39**	**308.23**	**17.17**	**4.46**	**86.84**	**14.91**	**5.94**	**39.84**	**1.93**
泰安县	108.23	95.59	1.48	1.37	100.68	1.49	0.78	52.35	0.82
肥城县	92.03	75.21	5.02	5.45	77.09	3.87	2.39	61.76	3.18
宁阳县	91.05	68.85	5.70	6.26	92.46	5.27	2.39	45.35	3.47
东平县	94.08	68.58	4.97	5.28	86.12	4.28	0.38	8.88	0.55
新泰县									
枣庄市	**229.77**	**212.04**	**14.64**	**6.37**	**119.33**	**17.47**	**6.32**	**36.18**	**2.98**
滕州县	113.12	127.06	5.15	4.55	120.39	6.20	0.38	6.13	0.30
薛城区	33.56	30.27	2.29	6.82	117.03	2.68	0.51	19.03	1.68
峄城区	42.59	30.49	4.04	9.49	123.27	4.98	1.84	36.95	6.03
台儿庄	40.50	24.22	3.16	7.80	114.24	3.61	3.59	99.45	14.82
济南市	**495.51**	**334.16**	**37.23**	**7.51**	**102.47**	**38.15**	**6.82**	**17.88**	**2.04**
章丘县	113.87	86.52	4.24	3.72	118.16	5.01	0.21	4.19	0.24
平阴县	41.56	28.05	1.00	2.41	88.00	0.88	0.32	36.36	1.14
商河县	99.35	51.16	15.50	15.60	119.87	18.58	2.82	15.18	5.51
济阳县	97.48	47.70	15.80	16.21	79.56	12.57	3.43	27.29	7.19
历城区	81.75	76.35	0.67	0.82	161.19	1.08	0.04	3.70	0.05
长清县	61.50	44.38	0.02	0.03	150.00	0.03			
青岛市	**258.36**	**119.15**	**10.02**	**3.88**	**79.84**	**8.00**	**2.18**	**27.25**	**1.83**
平度县	258.36	119.15	10.02	3.88	79.84	8.00	2.18	27.25	1.83
胶南县									
胶　县									
即墨县									
淄博市	**112.86**	**72.13**	**19.33**	**17.13**	**84.22**	**16.28**	**14.10**	**86.61**	**19.55**
桓台县	47.61	41.37	1.65	3.47	116.97	1.93	2.40	124.35	5.80
高青县	65.25	30.76	17.68	27.10	81.17	14.35	11.70	81.53	38.04
沂源县									
日照市	**169.37**	**144.19**	**2.20**	**1.30**	**111.36**	**2.45**	**2.90**	**118.37**	**2.01**
莒　县	107.52	99.87	1.42	1.32	114.08	1.62	1.56	96.30	1.56
五莲县	61.85	44.32	0.78	1.26	106.41	0.83	1.34	161.45	3.02
莱芜市	**78.39**	**78.98**	**0.17**	**0.22**	**147.06**	**0.25**			
莱芜县	78.39	78.98	0.17	0.22	147.06	0.25			

5－19－56　山东省1998年产棉县棉花生产收购明细

县市名	耕地面积（万亩）	农业人口（万人）	棉田面积（万亩）	占耕地（%）	亩　产（市斤）	产　量（万担）	收购量（万担）	商品率（%）	人均交售（市斤）
全省合计	**8019.44**	**5327.79**	**606.99**	**7.57**	**117.26**	**711.77**	**586.15**	**82.35**	**11.00**
聊城市	**835.01**	**469.62**	**44.16**	**5.29**	**124.62**	**55.03**	**37.13**	**67.47**	**7.91**
阳谷县	100.31	67.15	3.52	3.51	133.24	4.69	3.11	66.31	4.63
莘　县	128.90	84.19	3.63	2.82	70.52	2.56	3.88	151.56	4.61
茌平县	107.00	49.42	4.24	3.96	119.34	5.06	2.60	51.38	5.26
东阿县	72.58	37.42	1.79	2.47	122.91	2.20	0.49	22.27	1.31
冠　县	112.89	67.97	4.25	3.76	128.71	5.47	6.79	124.13	9.99
高唐县	92.41	40.04	13.75	14.88	142.18	19.55	3.37	17.24	8.42
临清县	97.55	56.27	9.30	9.53	130.97	12.18	14.79	121.43	26.28
东昌府区	123.37	67.16	3.68	2.98	90.22	3.32	2.10	63.25	3.13
德州市	**863.92**	**423.85**	**97.55**	**11.29**	**136.71**	**133.36**	**97.49**	**73.10**	**23.00**
德州区	36.26	22.48	0.76	2.10	132.89	1.01	1.81	179.21	8.05
陵　县	93.56	45.33	12.23	13.07	163.53	20.00	21.07	105.35	46.48
平原县	74.92	36.85	3.92	5.23	122.70	4.81	1.46	30.35	3.96
夏津县	83.11	42.85	30.51	36.71	124.55	38.00	36.46	95.95	85.09
武城县	83.11	30.91	16.00	19.25	135.25	21.64	15.61	72.13	50.50
齐河县	108.20	51.08	2.99	2.76	110.37	3.30	1.46	44.24	2.86
禹城县	79.67	42.45	4.63	5.81	141.04	6.53	3.51	53.75	8.27
乐陵县	100.04	45.33	12.23	12.23	163.53	20.00	3.96	19.80	8.74
临邑县	84.61	42.06	5.87	6.94	144.29	8.47	5.39	63.64	12.82
宁津县	78.23	38.94	8.00	10.23	116.25	9.30	5.23	56.24	13.43
庆云县	42.21	25.57	0.41	0.97	73.17	0.30	1.53	*	5.98
滨州地区	**585.02**	**301.29**	**91.52**	**15.64**	**115.25**	**105.48**	**113.45**	**107.56**	**37.65**
惠民县	110.34	53.59	19.55	17.72	136.42	26.67	18.77	70.38	35.03
滨州县	66.83	38.91	11.03	16.50	95.74	10.56	19.65	186.08	50.50
阳信县	69.25	37.98	7.58	10.95	92.88	7.04	8.58	121.88	22.59
无棣县	82.19	36.88	4.50	5.48	52.44	2.36	3.41	144.49	9.25
沾化县	82.84	34.19	14.70	17.75	81.63	12.00	9.91	82.58	28.99
博兴县	66.29	39.26	12.92	19.49	123.84	16.00	14.35	89.69	36.55
邹平县	107.28	60.48	21.24	19.80	145.24	30.85	38.78	125.71	64.12
菏泽地区	**1043.58**	**714.80**	**135.60**	**12.99**	**118.15**	**160.21**	**116.28**	**72.58**	**16.27**
菏泽县	125.16	90.37	12.61	10.08	110.07	13.88	11.22	80.84	12.42
曹　县	154.87	115.53	20.11	12.99	120.59	24.25	22.75	93.81	19.69
定陶县	76.51	49.56	14.78	19.32	107.04	15.82	8.80	55.63	17.76
成武县	70.62	56.19	15.52	21.98	149.10	23.14	13.53	58.47	24.08
单　县	146.93	104.89	13.81	9.40	117.81	16.27	14.18	87.15	13.52
巨野县	114.88	78.48	30.07	26.18	121.22	36.45	25.20	69.14	32.11
郓城县	154.99	94.41	13.29	8.57	123.85	16.46	7.05	42.83	7.47
鄄城县	96.82	66.56	6.90	7.13	90.43	6.24	2.10	33.65	3.16
东明县	102.80	58.81	8.51	8.28	90.48	7.70	11.45	148.70	19.47
潍坊市	**1025.75**	**658.46**	**51.31**	**5.00**	**98.46**	**50.52**	**54.39**	**107.66**	**8.26**
潍　县									
高密县	135.05	71.54	15.41	11.41	85.66	13.20	12.23	92.65	17.10
诸城县	157.46	89.24	7.20	4.57	76.39	5.50	5.68	103.27	6.36
昌邑县	105.15	59.38	10.89	10.36	107.25	11.68	13.73	117.55	23.12
昌乐县	87.35	52.19	1.02	1.17	43.14	0.44	3.76	*	7.20
安丘县	148.50	97.57	4.04	2.72	110.15	4.45	6.06	136.18	6.21
寿光县	137.61	88.30	6.38	4.64	119.28	7.61	6.80	89.36	7.70
青州县	93.81	73.75	0.43	0.46	95.35	0.41	0.04	9.76	0.05
寒亭区	53.65	28.37	5.69	10.61	123.20	7.01	5.58	79.60	19.67
坊子区	30.41	19.03	0.22	0.72	81.82	0.18	0.47	*	2.47
潍城区									
临朐县	76.76	79.09	0.03	0.04	133.33	0.04	0.04	100.00	0.05

5－19－56　续表

县市名	耕地面积（万亩）	农业人口（万人）	棉田面积（万亩）	占耕地（%）	亩　产（市斤）	产　量（万担）	收购量（万担）	商品率（%）	人均交售（市斤）
济宁市	**805.50**	**624.02**	**55.56**	**6.90**	**121.26**	**67.37**	**58.62**	**87.01**	**9.39**
济宁县	76.17	56.17	0.49	0.64	130.61	0.64	1.02	159.38	1.82
任城区	66.84	50.53	0.84	1.26	108.33	0.91	0.01	1.10	0.02
兖州市	59.83	41.48	0.72	1.20	122.22	0.88	0.43	48.86	1.04
邹城市	98.40	83.26	0.55	0.56	156.36	0.86	0.12	13.95	0.14
鱼台县	58.07	37.27	8.61	14.83	140.53	12.10	8.02	66.28	21.52
金乡县	83.91	53.69	17.87	21.30	117.52	21.00	23.98	114.19	44.66
嘉祥县	91.10	66.44	11.35	12.46	106.26	12.06	11.00	91.21	16.56
微山县	41.64	57.11	0.29	0.70	120.69	0.35	0.14	40.00	0.25
汶上县	83.68	64.42	6.64	7.93	125.30	8.32	6.29	75.60	9.76
梁山县	82.56	60.58	7.97	9.65	123.21	9.82	7.61	77.49	12.56
泗水县	63.30	53.07	0.23	0.36	186.96	0.43			
东营市	**243.45**	**104.83**	**32.39**	**13.30**	**94.16**	**30.50**	**28.52**	**93.51**	**27.21**
东营区	28.35	13.97	6.49	22.89	124.81	8.10	8.49	104.81	60.77
河口区	27.72	7.17	2.85	10.28	44.56	1.27	0.71	55.91	9.90
垦利县	47.65	17.43	4.00	8.39	71.50	2.86	3.98	139.16	22.83
利津县	62.86	25.34	10.12	16.10	83.79	8.48	6.44	75.94	25.41
广饶县	76.87	40.92	8.93	11.62	109.63	9.79	8.90	90.91	21.75
临沂市	**890.96**	**770.71**	**12.23**	**1.37**	**111.77**	**13.67**	**20.96**	**153.33**	**2.72**
临沂县	123.52	127.98	0.30	0.24	186.67	0.56	3.75	*	2.93
郯城县	95.75	85.23	3.65	3.81	101.10	3.69	3.21	86.99	3.77
苍山县	125.11	104.98	3.99	3.19	130.83	5.22	1.28	24.52	1.22
沂水县	118.74	100.96	2.27	1.91	94.71	2.15	2.92	135.81	2.89
蒙阴县	51.20	45.29	0.41	0.80	129.27	0.53	0.56	105.66	1.24
莒南县	106.48	88.60	0.04	0.04	150.00	0.06	0.50	*	0.56
平邑县									
费　县	89.81	83.08	0.10	0.11	120.00	0.12			
沂南县	104.27	81.50	0.27	0.26	92.59	0.25			
临沭县	76.08	53.09	1.20	1.58	90.83	1.09	8.74	*	16.46
泰安市	**383.89**	**303.64**	**16.10**	**4.19**	**84.41**	**13.59**	**9.29**	**68.36**	**3.06**
泰安县	108.31	92.94	1.34	1.24	97.76	1.31	0.96	73.28	1.03
肥城县	91.10	74.34	5.56	6.10	77.70	4.32	2.38	55.09	3.20
宁阳县	90.54	68.50	5.86	6.47	92.66	5.43	2.63	48.43	3.84
东平县	93.94	67.86	3.34	3.56	75.75	2.53	3.32	131.23	4.89
新泰县									
枣庄市	**229.94**	**210.29**	**7.02**	**3.05**	**122.65**	**8.61**	**5.39**	**62.60**	**2.56**
滕州县	113.39	127.23	1.53	1.35	115.69	1.77	1.02	57.63	0.80
薛城区	33.64	30.18	1.21	3.60	114.88	1.39	0.57	41.01	1.89
峄城区	42.67	29.21	2.88	6.75	128.47	3.70	2.68	72.43	9.17
台儿庄	40.24	23.67	1.40	3.48	125.00	1.75	1.12	64.00	4.73
济南市	**494.12**	**334.39**	**34.96**	**7.08**	**110.70**	**38.70**	**10.80**	**27.91**	**3.23**
章丘县	114.05	86.36	5.41	4.74	109.61	5.93	1.16	19.56	1.34
平阴县	41.52	28.03	1.22	2.94	83.61	1.02	0.40	39.22	1.43
商河县	99.34	51.97	16.81	16.92	121.24	20.38	3.26	16.00	6.27
济阳县	97.44	47.53	10.60	10.88	96.32	10.21	5.38	52.69	11.32
历城区	80.38	75.96	0.89	1.11	124.72	1.11	0.60	54.05	0.79
长清县	61.39	44.54	0.03	0.05	166.67	0.05			
青岛市	**257.61**	**118.50**	**8.00**	**3.11**	**100.00**	**8.00**	**9.18**	**114.75**	**7.75**
平度县	257.61	118.50	8.00	3.11	100.00	8.00	9.18	114.75	7.75
胶南县									
胶　县									
即墨县									
淄博市	**112.68**	**72.15**	**18.07**	**16.04**	**133.98**	**24.21**	**21.49**	**88.76**	**29.79**
桓台县	47.19	41.38	0.99	2.10	122.22	1.21	3.77	*	9.11
高青县	65.49	30.77	17.08	26.08	134.66	23.00	17.72	77.04	57.59
沂源县									
日照市	**170.15**	**143.09**	**2.35**	**1.38**	**96.60**	**2.27**	**3.16**	**139.21**	**2.21**
莒　县	108.56	99.42	1.73	1.59	102.31	1.77	2.23	125.99	2.24
五莲县	61.59	43.67	0.62	1.01	80.65	0.50	0.93	186.00	2.13
莱芜市	**77.86**	**78.15**	**0.17**	**0.22**	**147.06**	**0.25**			
莱芜县	77.86	78.15	0.17	0.22	147.06	0.25			

5－19－57　山东省1999年产棉县棉花生产收购明细

县市名	耕地面积（万亩）	农业人口（万人）	棉田面积（万亩）	占耕地（%）	亩产（市斤）	产量（万担）	收购量（万担）	商品率（%）	人均交售（市斤）
全省合计	**8041.40**	**5427.54**	**546.55**	**6.80**	**143.20**	**782.68**	**465.76**	**59.51**	**8.58**
聊城市	**832.79**	**469.80**	**50.54**	**6.07**	**153.44**	**77.55**	**34.40**	**44.36**	**7.32**
阳谷县	100.31	67.10	4.34	4.33	113.36	4.92	0.25	5.08	0.37
莘　县	128.52	84.40	4.97	3.87	147.28	7.32	2.93	40.03	3.47
茌平县	106.66	49.20	4.25	3.98	156.24	6.64	2.29	34.49	4.65
东阿县	72.51	37.70	1.05	1.45	177.14	1.86	0.33	17.74	0.88
冠　县	112.51	68.00	4.11	3.65	199.51	8.20	2.62	31.95	3.85
高唐县	91.48	40.20	12.54	13.71	145.93	18.30	4.17	22.79	10.37
临清县	97.49	55.60	13.25	13.59	173.21	22.95	21.36	93.07	38.42
东昌府区	123.31	67.60	6.03	4.89	122.06	7.36	0.45	6.11	0.67
德州市	**840.42**	**447.90**	**84.25**	**10.02**	**157.88**	**133.01**	**70.26**	**52.82**	**15.69**
德州区	34.78	22.50	1.50	4.31	144.00	2.16	1.87	86.57	8.31
陵　县	93.42	45.50	12.00	12.85	169.42	20.33	12.00	59.03	26.37
平原县	74.05	37.00	5.52	7.45	154.35	8.52	0.68	7.98	1.84
夏津县	82.92	42.80	21.18	25.54	157.03	33.26	21.99	66.12	51.38
武城县	64.21	31.00	11.04	17.19	125.91	13.90	16.73	120.36	53.97
齐河县	107.63	51.10	3.32	3.08	180.12	5.98	3.00	50.17	5.87
禹城县	79.39	42.20	4.81	6.06	118.71	5.71	2.00	35.03	4.74
乐陵县	99.97	54.90	10.77	10.77	180.13	19.40	2.00	10.31	3.64
临邑县	84.32	42.10	6.52	7.73	159.97	10.43	4.50	43.14	10.69
宁津县	78.07	39.40	6.90	8.84	184.06	12.70	5.24	41.26	13.30
庆云县	41.66	39.40	0.69	1.66	89.86	0.62	0.25	40.32	0.63
滨州地区	**585.15**	**300.80**	**82.43**	**14.09**	**134.91**	**111.21**	**62.18**	**55.91**	**20.67**
惠民县	110.28	53.10	17.78	16.12	152.76	27.16	8.78	32.33	16.53
滨州县	66.00	38.40	8.50	12.88	125.18	10.64	14.66	137.78	38.18
阳信县	68.35	37.80	5.74	8.40	164.81	9.46	9.54	100.85	25.24
无棣县	81.98	37.00	8.12	9.90	97.04	7.88	5.49	69.67	14.84
沾化县	85.09	34.50	15.14	17.79	105.68	16.00	7.22	45.13	20.93
博兴县	66.25	39.30	9.22	13.92	141.32	13.03	6.91	53.03	17.58
邹平县	107.20	60.70	17.93	16.73	150.81	27.04	9.58	35.43	15.78
菏泽地区	**1042.68**	**718.80**	**158.63**	**15.21**	**147.35**	**233.74**	**111.56**	**47.73**	**15.52**
菏泽县	124.97	92.00	12.21	9.77	127.93	15.62	8.70	55.70	9.46
曹　县	154.74	115.80	28.59	18.48	129.10	36.91	13.37	36.22	11.55
定陶县	76.60	49.70	13.64	17.81	147.29	20.09	9.06	45.10	18.23
成武县	70.73	55.70	23.41	33.10	169.37	39.65	17.70	44.64	31.78
单　县	146.89	105.10	9.62	6.55	132.85	12.78	7.76	60.72	7.38
巨野县	114.68	79.10	45.05	39.28	157.62	71.01	32.53	45.81	41.13
郓城县	154.94	94.60	14.27	9.21	153.75	21.94	9.64	43.94	10.19
鄄城县	96.88	67.90	5.12	5.28	123.05	6.30	8.20	130.16	12.08
东明县	102.25	58.90	6.72	6.57	140.48	9.44	4.60	48.73	7.81
潍坊市	**1044.26**	**678.60**	**30.25**	**2.90**	**113.29**	**34.27**	**33.96**	**99.10**	**5.00**
潍　县									
高密县	135.03	73.20	7.38	5.47	85.23	6.29	6.05	96.18	8.27
诸城县	156.96	88.20	2.28	1.45	85.53	1.95	0.24	12.31	0.27
昌邑县	105.15	60.30	7.01	6.67	126.53	8.87	10.22	115.22	16.95
昌乐县	86.31	52.80	0.63	0.73	142.86	0.90	1.30	144.44	2.46
安丘县	148.20	97.90	3.60	2.43	161.67	5.82	6.07	104.30	6.20
寿光县	137.37	89.00	4.81	3.50	117.05	5.63	1.33	23.62	1.49
青州县	93.13	73.90	0.22	0.24	122.73	0.27	5.96	*	8.06
寒亭区	54.17	28.10	3.98	7.35	105.03	4.18	1.35	32.30	4.80
坊子区	30.27	19.30	0.28	0.93	103.57	0.29	0.78	*	4.04
潍城区	20.49	17.60	0.03	0.15	100.00	0.03			
临朐县	77.18	78.30	0.03	0.04	133.33	0.04	0.66	*	0.84

5－19－57 续表

县市名	耕地面积（万亩）	农业人口（万人）	棉田面积（万亩）	占耕地（%）	亩 产（市斤）	产 量（万担）	收购量（万担）	商品率（%）	人均交售（市斤）
济宁市	**808.69**	**631.35**	**47.50**	**5.87**	**147.12**	**69.88**	**51.26**	**73.35**	**8.12**
济宁县	75.74	55.85	0.25	0.33	104.00	0.26	0.10	38.46	0.18
任城区	75.10	56.10	0.36	0.48	169.44	0.61	0.57	93.44	1.02
兖州市	59.06	41.70	0.51	0.86	150.98	0.77	1.13	146.75	2.71
邹城市	97.21	83.40	0.38	0.39	63.16	0.24			
鱼台县	58.07	38.40	5.58	9.61	164.70	9.19	5.09	55.39	13.26
金乡县	83.57	53.70	18.63	22.29	155.23	28.92	26.18	90.53	48.75
嘉祥县	90.50	66.70	5.85	6.46	127.86	7.48	7.86	105.08	11.78
微山县	39.98	56.60	0.25	0.63	120.00	0.30			
汶上县	83.69	64.80	5.60	6.69	121.79	6.82	3.68	53.96	5.68
梁山县	82.47	61.20	9.53	11.56	154.56	14.73	6.65	45.15	10.87
泗水县	63.30	52.90	0.56	0.88	100.00	0.56			
东营市	**246.94**	**105.20**	**22.45**	**9.09**	**120.67**	**27.09**	**21.62**	**79.81**	**20.55**
东营区	28.25	13.90	5.71	20.21	145.36	8.30	4.60	55.42	33.09
河口区	28.02	7.40	1.94	6.92	58.25	1.13	1.00	88.50	13.51
垦利县	47.75	17.50	3.23	6.76	88.24	2.85	1.64	57.54	9.37
利津县	65.26	25.20	4.96	7.60	127.42	6.32	5.80	91.77	23.02
广饶县	77.66	41.20	6.61	8.51	128.44	8.49	8.58	101.06	20.83
临沂市	**883.04**	**776.30**	**7.89**	**0.89**	**124.84**	**9.85**	**18.99**	**192.79**	**2.45**
临沂县	121.70	128.40	0.24	0.20	141.67	0.34	1.00	*	0.78
郯城县	93.57	87.20	2.25	2.40	120.00	2.70	2.38	88.15	2.73
苍山县	124.51	106.50	2.04	1.64	114.22	2.33	0.58	24.89	0.54
沂水县	118.14	100.80	2.40	2.03	132.50	3.18	2.96	93.08	2.94
蒙阴县	50.72	45.30	0.37	0.73	154.05	0.57	0.88	154.39	1.94
莒南县	105.43	88.50	0.04	0.04	225.00	0.09	1.28	*	1.45
平邑县									
费　县	90.02	84.20	0.11	0.12	145.45	0.16			
沂南县	103.39	81.40	0.24	0.23	112.50	0.27			
临沭县	75.56	54.00	0.20	0.26	105.00	0.21	9.91	*	18.35
泰安市	**374.64**	**296.10**	**8.26**	**2.20**	**101.82**	**8.41**	**6.91**	**82.16**	**2.33**
泰安县	100.75	86.20	1.32	1.31	96.97	1.28	0.92	71.88	1.07
肥城县	90.73	73.20	3.30	3.64	93.03	3.07	1.64	53.42	2.24
宁阳县	89.68	68.20	2.21	2.46	123.98	2.74	2.62	95.62	3.84
东平县	93.48	68.50	1.43	1.53	92.31	1.32	1.73	131.06	2.53
新泰县									
枣庄市	**227.57**	**208.10**	**4.82**	**2.12**	**121.58**	**5.86**	**1.78**	**30.38**	**0.86**
滕州县	111.93	127.60	0.18	0.16	116.67	0.21	0.20	95.24	0.16
薛城区	33.32	29.70	0.39	1.17	148.72	0.58	0.12	20.69	0.40
峄城区	42.58	30.30	2.65	6.22	122.64	3.25	1.21	37.23	3.99
台儿庄	39.74	20.50	1.60	4.03	113.75	1.82	0.25	13.74	1.22
济南市	**491.77**	**334.16**	**28.04**	**5.70**	**135.27**	**37.93**	**9.74**	**25.68**	**2.91**
章丘县	114.49	86.10	3.80	3.32	98.16	3.73			
平阴县	41.46	28.60	1.10	2.65	95.45	1.05	3.60	*	12.59
商河县	99.23	52.10	18.20	18.34	145.82	26.54	4.34	16.35	8.33
济阳县	97.43	47.60	4.22	4.33	135.78	5.73	1.40	24.43	2.94
历城区	78.36	75.20	0.69	0.88	120.29	0.83	0.40	48.19	0.53
长清县	60.80	44.56	0.03	0.05	166.67	0.05			
青岛市	**257.15**	**118.70**	**5.00**	**1.94**	**137.60**	**6.88**	**7.74**	**112.50**	**6.52**
平度县	257.15	118.70	5.00	1.94	137.60	6.88	7.74	112.50	6.52
胶南县									
胶　县									
即墨县									
淄博市	**156.12**	**120.70**	**15.92**	**10.20**	**165.70**	**26.38**	**30.56**	**115.85**	**25.32**
桓台县	46.37	41.80	1.04	2.24	171.15	1.78	10.79	*	25.81
高青县	65.36	30.80	14.79	22.63	165.38	24.46	18.97	77.56	61.59
沂源县	44.39	48.10	0.09	0.20	155.56	0.14	0.80	*	1.66
日照市	**172.58**	**143.00**	**0.42**	**0.24**	**97.62**	**0.41**	**4.80**	*	**3.36**
莒　县	110.42	99.90	0.06	0.05	100.00	0.06	3.55	*	3.55
五莲县	62.16	43.10	0.36	0.58	97.22	0.35	1.25	*	2.90
莱芜市	**77.60**	**78.03**	**0.15**	**0.19**	**140.00**	**0.21**			
莱芜县	77.60	78.03	0.15	0.19	140.00	0.21			

5－19－58　山东省2000年产棉县棉花生产收购明细

县市名	耕地面积（万亩）	农业人口（万人）	棉田面积（万亩）	占耕地（%）	亩产（市斤）	产量（万担）	收购量（万担）	商品率（%）	人均交售（市斤）
全省合计	**7497.78**	**4964.86**	**811.38**	**10.82**	**153.95**	**1249.11**	**673.13**	**53.89**	**13.56**
聊城市	**831.22**	**469.73**	**90.06**	**10.83**	**145.11**	**130.69**	**25.55**	**19.55**	**5.44**
阳谷县	100.29	66.59	4.65	4.64	97.63	4.54	0.64	14.10	0.96
莘　县	127.92	85.47	12.89	10.08	124.75	16.08	0.78	4.85	0.91
茌平县	106.44	48.95	11.13	10.46	143.94	16.02	2.52	15.73	5.15
东阿县	72.53	37.63	2.31	3.18	143.72	3.32	0.60	18.07	1.59
冠　县	112.53	68.23	11.93	10.60	141.58	16.89	1.25	7.40	1.83
高唐县	91.05	40.18	20.30	22.30	159.95	32.47	4.24	13.06	10.55
临清县	97.38	55.15	19.05	19.56	158.64	30.22	15.06	49.83	27.31
东昌府区	123.08	67.53	7.80	6.34	142.95	11.15	0.46	4.13	0.68
德州市	**838.85**	**434.90**	**204.17**	**24.34**	**160.65**	**327.99**	**265.27**	**80.88**	**61.00**
德州区	34.47	22.50	2.72	7.89	168.75	4.59	2.79	60.78	12.40
陵　县	93.41	45.63	35.00	37.47	159.14	55.70	62.97	113.05	138.00
平原县	73.92	37.13	10.94	14.80	133.82	14.64	15.07	102.94	40.59
夏津县	82.91	42.82	49.72	59.97	161.65	80.37	62.06	77.22	144.93
武城县	64.19	31.09	32.04	49.91	155.46	49.81	54.89	110.20	176.55
齐河县	107.12	51.10	13.83	12.91	163.56	22.62	7.79	34.44	15.24
禹城县	79.39	42.40	10.40	13.10	139.33	14.49	5.00	34.51	11.79
乐陵县	99.66	54.90	20.14	20.21	180.19	36.29	16.20	44.64	29.51
临邑县	84.06	42.17	11.75	13.98	156.09	18.34	20.11	109.65	47.69
宁津县	78.07	39.81	16.90	21.65	180.12	30.44	17.57	57.72	44.13
庆云县	41.65	25.35	0.73	1.75	95.89	0.70	0.82	117.14	3.23
滨州地区	**585.06**	**301.07**	**89.47**	**15.29**	**153.97**	**137.76**	**108.30**	**78.61**	**35.97**
惠民县	110.25	52.90	22.10	20.05	156.43	34.57	15.63	45.21	29.55
滨州县	65.96	38.46	10.00	15.16	146.00	14.60	5.00	34.25	13.00
阳信县	68.35	37.81	6.40	9.36	157.66	10.09	9.55	94.65	25.26
无棣县	82.01	37.03	8.87	10.82	158.85	14.09	6.36	45.14	17.18
沾化县	85.60	34.50	15.57	18.19	122.03	19.00	14.56	76.63	42.20
博兴县	66.26	39.45	9.03	13.63	154.26	13.93	29.00	*	73.51
邹平县	106.63	60.92	17.50	16.41	179.89	31.48	28.20	89.58	46.29
菏泽地区	**1043.27**	**720.55**	**237.55**	**22.77**	**156.48**	**371.72**	**78.50**	**21.12**	**10.89**
菏泽县	124.76	92.83	17.84	14.30	108.52	19.36	6.60	34.09	7.11
曹　县	155.55	116.46	39.40	25.33	161.29	63.55	10.14	15.96	8.71
定陶县	76.57	49.77	23.75	31.02	142.40	33.82	10.20	30.16	20.49
成武县	71.52	55.28	30.05	42.02	170.82	51.33	13.70	26.69	24.78
单　县	146.88	105.13	20.21	13.76	165.76	33.50	13.67	40.81	13.00
巨野县	114.68	79.11	60.69	52.92	164.41	99.78	18.86	18.90	23.84
郓城县	155.04	95.28	23.69	15.28	163.40	38.71	2.34	6.04	2.46
鄄城县	96.73	68.45	10.39	10.74	133.40	13.86			
东明县	101.54	58.24	11.53	11.36	154.47	17.81	2.99	16.79	5.13
潍坊市	**1039.60**	**681.99**	**25.43**	**2.45**	**132.68**	**33.74**	**25.32**	**75.04**	**3.71**
潍　县									
高密县	134.71	73.89	4.82	3.58	131.95	6.36	1.27	19.97	1.72
诸城县	156.62	89.15	1.69	1.08	136.09	2.30	1.57	68.26	1.76
昌邑县	105.05	59.99	6.68	6.36	144.76	9.67	5.60	57.91	9.33
昌乐县	83.81	52.78	0.38	0.45	71.05	0.27	1.83	*	3.47
安丘县	148.18	98.19	3.60	2.43	154.72	5.57	6.96	124.96	7.09
寿光县	137.38	89.45	4.91	3.57	115.89	5.69	3.17	55.71	3.54
青州县	93.04	74.05	0.20	0.21	110.00	0.22	1.80	*	2.43
寒亭区	54.15	28.56	2.79	5.15	119.35	3.33	2.02	60.66	7.07
坊子区	29.72	19.57	0.31	1.04	87.10	0.27	0.78	*	3.99
潍城区	20.50	17.71	0.02	0.10	100.00	0.02			
临朐县	76.44	78.65	0.03	0.04	133.33	0.04	0.32	*	0.41

5－19－58　续表

县市名	耕地面积（万亩）	农业人口（万人）	棉田面积（万亩）	占耕地（%）	亩　产（市斤）	产　量（万担）	收购量（万担）	商品率（%）	人均交售（市斤）
济宁市	**665.62**	**526.60**	**69.56**	**10.45**	**156.81**	**109.08**	**57.06**	**52.31**	**10.84**
济宁县									
任城区	74.62	56.13	0.42	0.56	161.90	0.68	1.20	176.47	2.14
兖州市	58.73	41.96	0.78	1.33	126.92	0.99	1.49	150.51	3.55
邹城市	96.57	83.81	0.38	0.39	92.11	0.35	0.09	25.71	0.11
鱼台县	57.62	38.91	9.83	17.06	168.36	16.55	8.42	50.88	21.64
金乡县	82.51	53.69	31.85	38.60	157.52	50.17	21.82	43.49	40.64
嘉祥县	90.06	67.38	10.77	11.96	141.69	15.26	8.02	52.56	11.90
微山县	39.41	57.30	0.18	0.46	150.00	0.27			
汶上县	83.63	65.58	5.85	7.00	144.79	8.47	5.60	66.12	8.54
梁山县	82.47	61.84	9.50	11.52	172.00	16.34	10.42	63.77	16.85
泗水县									
东营市	**247.27**	**105.36**	**28.46**	**11.51**	**138.55**	**39.43**	**29.26**	**74.21**	**27.77**
东营区	28.28	13.92	6.72	23.76	157.29	10.57	5.58	52.79	40.09
河口区	27.91	7.25	2.77	9.92	127.80	3.54	2.70	76.27	37.24
垦利县	47.50	17.20	3.39	7.14	112.98	3.83	1.36	35.51	7.91
利津县	65.55	25.29	9.38	14.31	137.53	12.90	7.35	56.98	29.06
广饶县	78.03	41.70	6.20	7.95	138.55	8.59	12.27	142.84	29.42
临沂市	**756.48**	**651.48**	**6.29**	**0.83**	**148.33**	**9.33**	**13.15**	**140.94**	**2.02**
临沂县									
郯城县	93.30	88.93	1.13	1.21	146.90	1.66	2.78	167.47	3.13
苍山县	124.35	108.12	2.13	1.71	122.54	2.61	0.87	33.33	0.80
沂水县	117.64	100.46	1.81	1.54	173.48	3.14	0.77	24.52	0.77
蒙阴县	50.66	44.76	0.37	0.73	172.97	0.64	0.28	43.75	0.63
莒南县	104.69	88.51	0.01	0.01	200.00	0.02	0.65	*	0.73
平邑县									
费　县	89.45	85.30	0.19	0.21	194.74	0.37			
沂南县	102.60	81.41	0.18	0.18	155.56	0.28			
临沭县	73.79	53.99	0.47	0.64	129.79	0.61	7.80	*	14.45
泰安市	**272.83**	**208.25**	**5.48**	**2.01**	**118.98**	**6.52**	**2.91**	**44.63**	**1.40**
泰安县									
肥城县	90.75	71.05	1.92	2.12	104.69	2.01	1.15	57.21	1.62
宁阳县	88.68	68.27	2.06	2.32	137.38	2.83	0.72	25.44	1.05
东平县	93.40	68.93	1.50	1.61	112.00	1.68	1.04	61.90	1.51
新泰县									
枣庄市	**225.88**	**208.34**	**2.82**	**1.25**	**131.91**	**3.72**	**5.91**	**158.87**	**2.84**
滕州县	110.96	124.42	0.16	0.14	125.00	0.20	1.74	*	1.40
薛城区	32.70	30.30	0.28	0.86	153.57	0.43	0.24	55.81	0.79
峄城区	42.55	30.07	1.45	3.41	136.55	1.98	1.96	98.99	6.52
台儿庄	39.67	23.55	0.93	2.34	119.35	1.11	1.97	177.48	8.37
济南市	**411.10**	**274.20**	**36.35**	**8.84**	**146.02**	**53.08**	**18.27**	**34.42**	**6.66**
章丘县	114.49	86.76	4.17	3.64	103.36	4.31	6.61	153.36	7.62
平阴县	41.46	28.58	1.15	2.77	100.00	1.15	0.13	11.30	0.45
商河县	99.23	52.18	21.45	21.62	160.33	34.39	7.10	20.65	13.61
济阳县	97.43	47.65	9.34	9.59	137.04	12.80	3.50	27.34	7.35
历城区	58.49	59.03	0.24	0.41	179.17	0.43	0.93	*	1.58
长清县									
青岛市	**256.68**	**119.10**	**2.24**	**0.87**	**154.46**	**3.46**	**6.96**	*	**5.84**
平度县	256.68	119.10	2.24	0.87	154.46	3.46	6.96	*	5.84
胶南县									
胶　县									
即墨县									
淄博市	**153.23**	**120.81**	**13.23**	**8.63**	**168.48**	**22.29**	**30.04**	**134.77**	**24.86**
桓台县	44.72	41.50	0.79	1.77	225.32	1.78	8.54	*	20.58
高青县	65.07	31.02	12.30	18.90	165.28	20.33	21.39	105.21	68.95
沂源县	43.44	48.29	0.14	0.32	128.57	0.18	0.11	61.11	0.23
日照市	**170.69**	**142.48**	**0.27**	**0.16**	**111.11**	**0.30**	**6.63**	*	**4.65**
莒　县	108.79	99.64	0.15	0.14	120.00	0.18	1.67	*	1.68
五莲县	61.90	42.84	0.12	0.19	100.00	0.12	4.96	*	11.58
莱芜市									
莱芜县									

5－20－1　山东省阳谷县历年棉花生产收购

年　度	耕地面积（万亩）	农业人口（万人）	棉田面积（万亩）	占耕地（%）	亩　产（市斤）	产　量（万担）	收购量（万担）	商品率（%）	人均交售（市斤）
52年合计			**1118.30**	**19.60**	**84.86**	**949.04**	**859.72**	**90.59**	**31.08**
11年小计			**70.40**	**4.98**	**26.08**	**18.36**	**5.49**	**29.90**	**1.16**
占合计%			**6.30**			**1.93**	**0.64**		
1949	133.80	40.00	1.60	1.20	17.50	0.28			
1950	133.80	40.70	2.70	2.02	29.26	0.79	0.08	10.13	0.20
1951	130.60	41.80	9.00	6.89	34.44	3.10	0.10	3.23	0.24
1952	131.70	42.60	8.20	6.23	29.76	2.44	0.17	6.97	0.40
1953	132.10	44.10	6.40	4.84	10.31	0.66	0.01	1.52	0.02
1954	132.20	44.50	5.30	4.01	24.15	1.28	0.11	8.59	0.25
1955	131.80	45.50	8.00	6.07	27.00	2.16	0.85	39.35	1.87
1956	127.70	45.70	8.20	6.42	24.76	2.03	0.72	35.47	1.58
1957	128.10	46.60	8.10	6.32	26.05	2.11	1.19	56.40	2.55
1958	119.70	41.70	6.30	5.26	29.68	1.87	1.16	62.03	2.78
1959	111.90	38.90	6.60	5.90	24.85	1.64	1.10	67.07	2.83
10年小计			**160.40**	**14.63**	**37.44**	**60.05**	**56.26**	**93.69**	**12.84**
占合计%			**14.34**			**6.33**	**6.54**		
1960	110.70	38.40	7.10	6.41	18.17	1.29	0.65	50.39	1.69
1961	111.50	43.50	3.70	3.32	7.30	0.27	0.01	3.70	0.02
1962	112.40	44.80	4.20	3.74	14.05	0.59	0.09	15.25	0.20
1963	111.00	43.80	8.00	7.21	14.13	1.13	0.56	49.56	1.28
1964	110.80	42.00	11.60	10.47	23.97	2.78	2.40	86.33	5.71
1965	108.30	42.90	23.90	22.07	48.91	11.69	11.03	94.35	25.71
1966	108.30	44.10	30.30	27.98	34.69	10.51	11.88	113.04	26.94
1967	108.30	44.80	25.90	23.92	43.59	11.29	10.83	95.93	24.17
1968	108.30	45.50	23.30	21.51	45.11	10.51	9.82	93.43	21.58
1969	106.70	48.30	22.40	20.99	44.60	9.99	8.99	89.99	18.61
10年小计			**219.47**	**20.80**	**56.35**	**123.68**	**112.16**	**90.69**	**20.95**
占合计%			**19.63**			**13.03**	**13.05**		
1970	107.90	49.60	22.40	20.76	56.70	12.70	9.96	78.43	20.08
1971	106.85	50.72	22.30	20.87	56.19	12.53	9.24	73.74	18.22
1972	106.24	51.44	22.30	20.99	56.01	12.49	11.90	95.28	23.13
1973	106.31	52.73	22.20	20.88	66.80	14.83	13.90	93.73	26.36
1974	105.81	53.75	22.00	20.79	50.95	11.21	10.50	93.67	19.53
1975	105.52	54.56	22.10	20.94	67.29	14.87	13.90	93.48	25.48
1976	104.37	54.85	20.00	19.16	48.05	9.61	9.37	97.50	17.08
1977	104.20	55.41	22.10	21.21	46.92	10.37	10.18	98.17	18.37
1978	104.10	55.89	22.00	21.13	49.86	10.97	10.31	93.98	18.45
1979	103.89	56.35	22.07	21.24	63.89	14.10	12.90	91.49	22.89
10年小计			**453.87**	**44.08**	**128.62**	**583.78**	**548.18**	**93.90**	**93.21**
占合计%			**40.59**			**61.51**	**63.76**		
1980	103.73	56.90	32.48	31.31	127.52	41.42	41.19	99.44	72.39
1981	103.53	57.27	33.05	31.92	127.66	42.19	40.25	95.40	70.28
1982	103.55	57.75	52.48	50.68	118.16	62.01	59.68	96.24	103.34
1983	103.56	58.19	57.46	55.48	139.23	80.00	77.80	97.25	133.70
1984	103.00	58.71	58.47	56.77	162.48	95.00	93.00	97.89	158.41
1985	102.76	59.21	42.89	41.74	117.67	50.47	49.27	97.62	83.21
1986	102.74	59.54	37.21	36.22	116.15	43.22	34.37	79.52	57.73
1987	102.69	59.91	42.46	41.35	136.65	58.02	55.33	95.36	92.36
1988	102.20	60.16	48.10	47.06	111.87	53.81	47.97	89.15	79.74
1989	101.86	60.46	49.27	48.37	116.99	57.64	49.32	85.57	81.57
11年小计			**214.16**	**19.28**	**76.19**	**163.17**	**137.63**	**84.35**	**18.78**
占合计%			**19.15**			**17.19**	**16.01**		
1990	101.60	61.15	53.68	52.83	98.73	53.00	50.92	96.08	83.27
1991	101.51	66.21	50.00	49.26	87.76	43.88	42.00	95.72	63.43
1992	101.31	67.27	39.68	39.17	35.28	14.00	11.53	82.36	17.14
1993	101.24	67.75	18.03	17.81	16.64	3.00	1.80	60.00	2.66
1994	101.05	67.64	15.71	15.55	74.03	11.63	9.80	84.26	14.49
1995	101.05	67.50	11.63	11.51	89.77	10.44	10.20	97.70	15.11
1996	101.05	67.50	6.46	6.39	112.69	7.28	6.50	89.29	9.63
1997	100.97	67.07	6.46	6.40	89.63	5.79	0.88	15.20	1.31
1998	100.31	67.15	3.52	3.51	133.24	4.69	3.11	66.31	4.63
1999	100.31	67.10	4.34	4.33	113.36	4.92	0.25	5.08	0.37
2000	100.29	66.59	4.65	4.64	97.63	4.54	0.64	14.10	0.96

5-20-2　山东省莘县历年棉花生产收购

年　度	耕地面积（万亩）	农业人口（万人）	棉田面积（万亩）	占耕地（%）	亩　产（市斤）	产　量（万担）	收购量（万担）	商品率（%）	人均交售（市斤）
52 年合计			**1373.33**	**18.67**	**78.94**	**1084.12**	**902.39**	**83.24**	**26.98**
11 年小计			**162.30**	**8.75**	**23.60**	**38.30**	**14.09**	**36.79**	**2.63**
占合计%			**11.82**			**3.53**	**1.56**		
1949	176.10	43.20	9.60	5.45	22.19	2.13			
1950	175.70	44.60	10.80	6.15	23.52	2.54			
1951	175.50	46.50	13.30	7.58	24.96	3.32			
1952	175.20	48.10	16.00	9.13	24.00	3.84	1.16	30.21	2.41
1953	172.80	48.00	12.70	7.35	16.69	2.12	0.26	12.26	0.54
1954	172.90	49.60	12.00	6.94	25.58	3.07	0.89	28.99	1.79
1955	172.30	51.20	17.10	9.92	28.30	4.84	3.06	63.22	5.98
1956	171.20	51.50	20.30	11.86	15.12	3.07	1.91	62.21	3.71
1957	168.20	52.40	20.00	11.89	24.65	4.93	1.73	35.09	3.30
1958	150.40	50.70	16.90	11.24	26.51	4.48	2.64	58.93	5.21
1959	144.00	49.90	13.60	9.44	29.12	3.96	2.44	61.62	4.89
10 年小计			**194.70**	**13.74**	**25.13**	**48.92**	**41.23**	**84.28**	**7.79**
占合计%			**14.18**			**4.51**	**4.57**		
1960	142.80	47.80	13.50	9.45	19.70	2.66	0.93	34.96	1.95
1961	135.20	50.60	8.60	6.36	9.53	0.82	0.02	2.44	0.04
1962	143.20	51.70	6.50	4.54	7.54	0.49	0.12	24.49	0.23
1963	145.80	52.00	10.80	7.41	12.13	1.31	0.56	42.75	1.08
1964	146.80	51.80	20.70	14.10	22.90	4.74	4.01	84.60	7.74
1965	146.80	52.60	25.40	17.30	31.14	7.91	7.25	91.66	13.78
1966	140.80	54.10	32.40	23.01	28.55	9.25	8.84	95.57	16.34
1967	139.60	54.70	29.00	20.77	25.69	7.45	6.76	90.74	12.36
1968	139.60	56.00	25.80	18.48	32.33	8.34	7.62	91.37	13.61
1969	136.30	58.20	22.00	16.14	27.05	5.95	5.12	86.05	8.80
10 年小计			**210.93**	**15.59**	**41.01**	**86.50**	**79.30**	**91.68**	**12.33**
占合计%			**15.36**			**7.98**	**8.79**		
1970	137.30	59.70	22.30	16.24	36.32	8.10	7.10	87.65	11.89
1971	137.32	60.40	21.40	15.58	33.64	7.20	7.00	97.22	11.59
1972	136.53	61.60	20.10	14.72	37.31	7.50	6.90	92.00	11.20
1973	136.37	63.00	21.40	15.69	42.99	9.20	8.40	91.30	13.33
1974	135.91	64.10	20.90	15.38	38.28	8.00	7.30	91.25	11.39
1975	135.03	65.10	20.00	14.81	52.00	10.40	9.70	93.27	14.90
1976	134.32	66.20	20.00	14.89	30.00	6.00	5.40	90.00	8.16
1977	133.89	66.90	20.00	14.94	38.00	7.60	7.00	92.11	10.46
1978	133.58	67.80	22.00	16.47	38.18	8.40	7.60	90.48	11.21
1979	132.97	68.60	22.83	17.17	61.76	14.10	12.90	91.49	18.80
10 年小计			**535.80**	**40.80**	**128.12**	**686.49**	**585.62**	**85.31**	**80.86**
占合计%			**39.01**			**63.32**	**64.90**		
1980	132.54	69.30	33.90	25.58	122.18	41.42	41.19	99.44	59.44
1981	132.50	70.75	45.70	34.49	108.84	49.74	46.80	94.09	66.15
1982	132.47	71.40	58.10	43.86	110.41	64.15	57.80	90.10	80.95
1983	132.42	71.71	61.94	46.78	136.36	84.46	77.49	91.75	108.06
1984	132.40	72.19	79.76	60.24	146.00	116.45	107.86	92.62	149.41
1985	132.37	72.71	47.60	35.96	131.37	62.53	47.40	75.80	65.19
1986	130.04	73.58	41.70	32.07	139.78	58.29	45.30	77.71	61.57
1987	129.61	73.69	53.00	40.89	133.92	70.98	61.15	86.15	82.98
1988	129.61	74.19	59.40	45.83	118.08	70.14	57.37	81.79	77.33
1989	129.40	74.70	54.70	42.27	124.92	68.33	43.26	63.31	57.91
11 年小计			**269.60**	**19.01**	**83.05**	**223.91**	**182.15**	**81.35**	**19.96**
占合计%			**19.63**			**20.65**	**20.19**		
1990	129.38	78.35	78.35	60.56	95.93	75.16	66.10	87.95	84.37
1991	129.26	80.60	70.00	54.15	95.89	67.12	60.20	89.69	74.69
1992	129.27	81.23	46.90	36.28	44.05	20.66	18.00	87.12	22.16
1993	129.20	82.12	25.00	19.35	58.00	14.50	13.60	93.79	16.56
1994	129.13	82.32	10.00	7.74	50.00	5.00	4.50	90.00	5.47
1995	129.00	85.00	10.00	7.75	85.00	8.50	7.80	91.76	9.18
1996	129.00	85.00	2.00	1.55	100.00	2.00	1.20	60.00	1.41
1997	128.96	83.73	5.86	4.54	85.49	5.01	3.16	63.07	3.77
1998	128.90	84.19	3.63	2.82	70.52	2.56	3.88	151.56	4.61
1999	128.52	84.40	4.97	3.87	147.28	7.32	2.93	40.03	3.47
2000	127.92	85.47	12.89	10.08	124.75	16.08	0.78	4.85	0.91

5-20-3 山东省茌平县历年棉花生产收购

年度	耕地面积（万亩）	农业人口（万人）	棉田面积（万亩）	占耕地（%）	亩产（市斤）	产量（万担）	收购量（万担）	商品率（%）	人均交售（市斤）
52年合计			**1344.75**	**22.23**	**73.65**	**990.41**	**851.42**	**85.97**	**38.66**
11年小计			**167.20**	**11.34**	**28.38**	**47.45**	**26.54**	**55.93**	**6.28**
占合计%			**12.43**			**4.79**	**3.12**		
1949	127.80	36.80	3.40	2.66	17.94	0.61			
1950	132.00	37.10	7.80	5.91	26.79	2.09			
1951	135.10	37.30	25.40	18.80	19.29	4.90			
1952	139.70	37.50	16.60	11.88	29.04	4.82	1.24	25.73	3.31
1953	140.20	37.90	11.50	8.20	7.65	0.88	0.31	35.23	0.82
1954	140.00	38.60	11.50	8.21	20.43	2.35	1.31	55.74	3.39
1955	140.00	39.20	17.30	12.36	38.03	6.58	5.21	79.18	13.29
1956	139.60	39.90	19.00	13.61	29.95	5.69	4.07	71.53	10.20
1957	138.30	40.50	20.80	15.04	31.97	6.65	5.27	79.25	13.01
1958	124.10	39.70	18.40	14.83	38.53	7.09	5.75	81.10	14.48
1959	118.00	38.00	15.50	13.14	37.35	5.79	3.38	58.38	8.89
10年小计			**208.20**	**17.74**	**32.18**	**66.99**	**63.63**	**94.98**	**17.50**
占合计%			**15.48**			**6.76**	**7.47**		
1960	113.70	33.10	11.80	10.38	12.20	1.44	1.53	106.25	4.62
1961	114.20	34.70	9.10	7.97	0.55	0.05	0.02	40.00	0.06
1962	120.30	35.80	5.90	4.90	7.63	0.45	0.26	57.78	0.73
1963	121.50	35.10	15.10	12.43	23.58	3.56	3.25	91.29	9.26
1964	120.70	35.50	25.90	21.46	22.12	5.73	5.70	99.48	16.06
1965	119.00	36.00	29.30	24.62	41.84	12.26	11.67	95.19	32.42
1966	117.00	37.40	29.10	24.87	38.01	11.06	10.58	95.66	28.29
1967	116.10	37.70	28.00	24.12	37.86	10.60	9.83	92.74	26.07
1968	116.10	38.60	27.70	23.86	42.17	11.68	11.30	96.75	29.27
1969	114.70	39.70	26.30	22.93	38.63	10.16	9.49	93.41	23.90
10年小计			**221.10**	**19.69**	**33.27**	**73.56**	**69.70**	**94.75**	**16.22**
占合计%			**16.44**			**7.43**	**8.19**		
1970	114.10	40.80	24.80	21.74	52.34	12.98	12.53	96.53	30.71
1971	114.70	41.40	22.60	19.70	40.58	9.17	8.68	94.66	20.97
1972	113.74	42.12	22.30	19.61	31.66	7.06	6.64	94.05	15.76
1973	112.43	42.52	22.30	19.83	32.78	7.31	6.86	93.84	16.13
1974	112.38	43.08	22.30	19.84	32.78	7.31	6.77	92.61	15.71
1975	112.29	43.49	22.20	19.77	36.31	8.06	7.78	96.53	17.89
1976	111.20	43.77	20.20	18.17	26.83	5.42	5.03	92.80	11.49
1977	110.98	44.05	21.90	19.73	15.66	3.43	3.14	91.55	7.13
1978	110.51	44.09	22.10	20.00	25.66	5.67	5.19	91.53	11.77
1979	110.37	44.35	20.40	18.48	35.05	7.15	7.08	99.02	15.96
10年小计			**517.39**	**47.26**	**115.99**	**600.12**	**565.84**	**94.29**	**125.71**
占合计%			**38.47**			**60.59**	**66.46**		
1980	110.21	44.58	32.87	29.82	103.53	34.03	33.69	99.00	75.57
1981	110.16	44.44	42.69	38.75	99.55	42.50	41.25	97.06	92.82
1982	109.88	44.48	57.54	52.37	99.76	57.40	53.81	93.75	120.98
1983	109.91	45.11	67.00	60.96	114.51	76.72	74.41	96.99	164.95
1984	109.32	45.38	69.01	63.13	134.59	92.88	92.46	99.55	203.75
1985	109.17	45.13	44.67	40.92	102.01	45.57	38.64	84.79	85.62
1986	109.14	45.15	41.65	38.16	125.35	52.21	46.53	89.12	103.06
1987	109.04	45.22	50.23	46.07	141.49	71.07	71.94	101.22	159.09
1988	109.23	45.27	59.22	54.22	112.66	66.72	64.19	96.21	141.79
1989	108.72	45.35	52.51	48.30	116.21	61.02	48.92	80.17	107.87
11年小计			**230.86**	**19.50**	**87.62**	**202.29**	**125.71**	**62.14**	**23.43**
占合计%			**17.17**			**20.42**	**14.76**		
1990	108.60	46.45	60.83	56.01	100.31	61.02	48.92	80.17	105.32
1991	108.56	47.96	55.15	50.80	87.16	48.07	30.16	62.74	62.89
1992	108.50	48.47	28.33	26.11	60.43	17.12	14.94	87.27	30.82
1993	108.01	49.16	13.46	12.46	53.12	7.15	4.99	69.79	10.15
1994	107.65	49.16	28.94	26.88	75.57	21.87	11.38	52.03	23.15
1995	107.44	49.25	15.49	14.42	60.81	9.42	6.54	69.43	13.28
1996	107.65	49.20	4.07	3.78	121.87	4.96	0.05	1.01	0.10
1997	107.39	49.28	4.97	4.63	99.80	4.96	1.32	26.61	2.68
1998	107.00	49.42	4.24	3.96	119.34	5.06	2.60	51.38	5.26
1999	106.66	49.20	4.25	3.98	156.24	6.64	2.29	34.49	4.65
2000	106.44	48.95	11.13	10.46	143.94	16.02	2.52	15.73	5.15

5－20－4　山东省东阿县历年棉花生产收购

年　　度	耕地面积（万亩）	农业人口（万人）	棉田面积（万亩）	占耕地（%）	亩　产（市斤）	产　量（万担）	收购量（万担）	商品率（%）	人均交售（市斤）
52 年合计			**754.84**	**18.37**	**80.74**	**609.43**	**527.49**	**86.55**	**30.55**
11 年小计			**55.20**	**5.38**	**44.08**	**24.33**	**16.13**	**66.30**	**4.70**
占合计%			**7.31**			**3.99**	**3.06**		
1949	94.30	31.70	2.60	2.76	30.38	0.79			
1950	95.30	32.40	3.50	3.67	25.14	0.88			
1951	95.80	32.70	9.10	9.50	17.91	1.63			
1952	96.20	30.80	6.90	7.17	26.23	1.81	0.08	4.42	0.26
1953	97.80	31.40	2.80	2.86	13.21	0.37	0.10	27.03	0.32
1954	97.80	31.70	3.20	3.27	31.25	1.00	0.22	22.00	0.69
1955	97.60	31.70	5.50	5.64	90.18	4.96	4.55	91.73	14.35
1956	95.90	31.30	5.60	5.84	148.39	8.31	7.88	94.83	25.18
1957	95.40	31.80	5.50	5.77	25.45	1.40	1.07	76.43	3.36
1958	83.40	30.10	5.60	6.71	28.75	1.61	1.54	95.65	5.12
1959	76.00	27.30	4.90	6.45	32.04	1.57	0.69	43.95	2.53
10 年小计			**92.90**	**11.85**	**35.57**	**33.04**	**29.55**	**89.44**	**10.34**
占合计%			**12.31**			**5.42**	**5.60**		
1960	73.50	25.60	4.60	6.26	16.74	0.77	0.31	40.26	1.21
1961	74.40	27.20	3.40	4.57	12.35	0.42	0.01	2.38	0.04
1962	76.20	29.20	2.10	2.76	14.76	0.31	0.06	19.35	0.21
1963	82.10	27.90	3.90	4.75	14.10	0.55	0.25	45.45	0.90
1964	80.20	27.80	6.70	8.35	25.52	1.71	1.45	84.80	5.22
1965	81.00	28.00	10.10	12.47	44.46	4.49	4.55	101.34	16.25
1966	79.40	29.10	17.70	22.29	46.95	8.31	7.88	94.83	27.08
1967	79.40	29.60	16.00	20.15	34.88	5.58	5.10	91.40	17.23
1968	79.40	30.30	14.80	18.64	39.32	5.82	5.30	91.07	17.49
1969	78.50	31.20	13.60	17.32	37.35	5.08	4.64	91.34	14.87
10 年小计			**120.99**	**15.88**	**34.41**	**41.63**	**33.86**	**81.34**	**10.18**
占合计%			**16.03**			**6.83**	**6.42**		
1970	78.90	31.90	12.80	16.22	46.88	6.00	5.54	92.33	17.37
1971	76.86	32.33	12.80	16.65	34.53	4.42	0.01	0.23	0.03
1972	76.67	32.69	12.60	16.43	39.13	4.93	4.59	93.10	14.04
1973	76.50	33.15	12.70	16.60	39.29	4.99	4.57	91.58	13.79
1974	76.21	33.56	12.30	16.14	36.59	4.50	4.00	88.89	11.92
1975	75.83	33.72	12.30	16.22	37.15	4.57	4.09	89.50	12.13
1976	75.62	33.83	12.20	16.13	25.00	3.05	2.72	89.18	8.04
1977	75.54	33.95	12.00	15.89	15.92	1.91	1.66	86.91	4.89
1978	75.05	33.40	10.40	13.86	26.06	2.71	2.32	85.61	6.95
1979	74.81	34.14	10.89	14.56	41.78	4.55	4.36	95.82	12.77
10 年小计			**325.83**	**44.29**	**118.89**	**387.38**	**340.42**	**87.88**	**98.65**
占合计%			**43.17**			**63.56**	**64.54**		
1980	74.14	34.14	21.45	28.93	119.02	25.53	24.98	97.85	73.17
1981	73.89	33.83	33.64	45.53	119.50	40.20	32.50	80.85	96.07
1982	73.78	34.35	44.76	60.67	100.54	45.00	43.63	96.96	127.02
1983	73.74	34.61	44.76	60.70	125.11	56.00	42.16	75.29	121.81
1984	73.70	34.65	40.59	55.07	142.01	57.64	47.31	82.08	136.54
1985	73.57	34.78	25.75	35.00	105.75	27.23	24.40	89.61	70.16
1986	73.27	34.62	24.74	33.77	119.68	29.61	27.19	91.83	78.54
1987	73.24	34.63	30.28	41.34	137.38	41.60	38.34	92.16	110.71
1988	73.20	34.69	32.40	44.26	96.11	31.14	31.48	101.09	90.75
1989	73.13	34.77	27.46	37.55	121.74	33.43	28.43	85.04	81.77
11 年小计			**159.92**	**19.95**	**76.94**	**123.05**	**107.53**	**87.39**	**25.59**
占合计%			**21.19**			**20.19**	**20.39**		
1990	73.11	38.19	33.03	45.18	101.21	33.43	28.43	85.04	74.44
1991	73.10	38.33	32.70	44.73	106.36	34.78	52.93	152.19	138.09
1992	73.09	38.30	44.65	61.09	40.45	18.06	11.06	61.24	28.88
1993	73.07	38.35	13.43	18.38	47.58	6.39	0.92	14.40	2.40
1994	72.93	38.54	12.45	17.07	64.26	8.00	6.00	75.00	15.57
1995	72.82	38.58	7.39	10.15	74.56	5.51	4.08	74.05	10.58
1996	72.93	38.58	5.56	7.62	85.43	4.75	1.90	40.00	4.92
1997	72.82	38.60	5.56	7.64	85.43	4.75	0.79	16.63	2.05
1998	72.58	37.42	1.79	2.47	122.91	2.20	0.49	22.27	1.31
1999	72.51	37.70	1.05	1.45	177.14	1.86	0.33	17.74	0.88
2000	72.53	37.63	2.31	3.18	143.72	3.32	0.60	18.07	1.59

5-20-5 山东省冠县历年棉花生产收购

年 度	耕地面积（万亩）	农业人口（万人）	棉田面积（万亩）	占耕地（%）	亩 产（市斤）	产 量（万担）	收购量（万担）	商品率（%）	人均交售（市斤）
52年合计			**1799.50**	**28.23**	**67.33**	**1211.55**	**1137.37**	**93.88**	**42.19**
11年小计			**433.80**	**28.39**	**31.32**	**135.85**	**135.85**	**100.00**	**34.66**
占合计%			**24.11**			**11.21**	**11.94**		
1949	140.60	32.50	31.80	22.62	20.35	6.47	6.47	100.00	19.91
1950	141.00	32.90	32.00	22.70	29.34	9.39	9.39	100.00	28.54
1951	141.20	33.60	40.60	28.75	26.43	10.73	10.73	100.00	31.93
1952	142.20	34.10	39.70	27.92	30.91	12.27	12.27	100.00	35.98
1953	142.40	34.70	40.60	28.51	26.40	10.72	10.72	100.00	30.89
1954	142.60	36.20	36.10	25.32	32.83	11.85	11.85	100.00	32.73
1955	142.60	37.60	45.30	31.77	38.87	17.61	17.61	100.00	46.84
1956	141.30	37.90	46.70	33.05	29.96	13.99	13.99	100.00	36.91
1957	138.30	38.60	44.80	32.39	35.27	15.80	15.80	100.00	40.93
1958	131.50	36.90	41.20	31.33	34.98	14.41	14.41	100.00	39.05
1959	124.50	36.90	35.00	28.11	36.03	12.61	12.61	100.00	34.17
10年小计			**324.90**	**25.90**	**32.00**	**103.96**	**103.96**	**100.00**	**24.01**
占合计%			**18.06**			**8.58**	**9.14**		
1960	124.70	37.60	35.50	28.47	24.20	8.59	8.59	100.00	22.85
1961	124.80	39.80	26.10	20.91	8.35	2.18	2.18	100.00	5.48
1962	129.20	41.30	20.30	15.71	23.69	4.81	4.81	100.00	11.65
1963	129.10	42.50	29.30	22.70	34.91	10.23	10.23	100.00	24.07
1964	128.30	43.10	42.00	32.74	33.21	13.95	13.95	100.00	32.37
1965	125.60	44.00	42.30	33.68	38.96	16.48	16.48	100.00	37.45
1966	124.00	45.00	37.10	29.92	29.03	10.77	10.77	100.00	23.93
1967	123.00	45.60	30.60	24.88	41.67	12.75	12.75	100.00	27.96
1968	122.90	46.50	31.20	25.39	41.41	12.92	12.92	100.00	27.78
1969	122.80	47.60	30.50	24.84	36.98	11.28	11.28	100.00	23.70
10年小计			**264.46**	**22.06**	**55.32**	**146.31**	**140.12**	**95.77**	**26.70**
占合计%			**14.70**			**12.08**	**12.32**		
1970	122.10	48.50	28.00	22.93	61.07	17.10	16.33	95.50	33.67
1971	121.35	49.32	26.50	21.84	67.47	17.88	17.07	95.47	34.61
1972	120.67	50.23	26.60	22.04	49.17	13.08	12.57	96.10	25.02
1973	120.54	51.23	26.40	21.90	61.06	16.12	15.45	95.84	30.16
1974	120.64	52.31	26.30	21.80	53.31	14.02	13.40	95.58	25.62
1975	120.51	53.28	26.30	21.82	64.83	17.05	17.05	100.00	32.00
1976	118.75	54.02	26.00	21.89	40.35	10.49	10.03	95.61	18.57
1977	118.41	54.72	26.10	22.04	46.05	12.02	11.34	94.34	20.72
1978	118.20	55.29	26.10	22.08	48.05	12.54	11.74	93.62	21.23
1979	117.79	55.87	26.16	22.21	61.20	16.01	15.14	94.57	27.10
10年小计			**513.40**	**44.50**	**118.72**	**609.53**	**597.10**	**97.96**	**99.05**
占合计%			**28.53**			**50.31**	**52.50**		
1980	117.80	56.50	34.91	29.63	131.82	46.02	44.43	96.54	78.64
1981	117.67	57.64	39.65	33.70	117.98	46.78	45.03	96.26	78.12
1982	117.59	57.86	52.85	44.94	106.00	56.02	54.61	97.48	94.38
1983	117.18	59.01	58.86	50.23	113.32	66.70	65.52	98.23	111.03
1984	116.48	59.97	64.78	55.61	141.54	91.69	90.56	98.77	151.01
1985	113.96	61.21	47.75	41.90	98.95	47.25	45.99	97.33	75.13
1986	113.64	61.71	46.44	40.87	123.32	57.27	55.99	97.76	90.73
1987	113.34	62.34	53.36	47.08	123.76	66.04	65.76	99.58	105.49
1988	113.02	63.00	59.67	52.80	119.91	71.55	70.27	98.21	111.54
1989	112.92	63.57	55.13	48.82	109.21	60.21	58.94	97.89	92.72
11年小计			**262.94**	**21.23**	**82.11**	**215.90**	**160.34**	**74.27**	**21.57**
占合计%			**14.61**			**17.82**	**14.10**		
1990	112.72	64.61	66.37	58.88	66.60	44.20	40.20	90.95	62.22
1991	112.65	65.76	57.29	50.86	92.46	52.97	45.55	85.99	69.27
1992	112.62	66.90	43.00	38.18	73.58	31.64	26.95	85.18	40.28
1993	112.60	68.90	26.00	23.09	57.69	15.00	8.42	56.13	12.22
1994	112.58	68.33	19.57	17.38	81.76	16.00	10.04	62.75	14.69
1995	112.40	68.26	14.84	13.20	67.39	10.00	8.60	86.00	12.60
1996	112.58	68.26	7.79	6.92	102.70	8.00	6.40	80.00	9.38
1997	112.32	68.27	7.79	6.94	96.66	7.53	3.52	46.75	5.16
1998	112.89	67.97	4.25	3.76	128.71	5.47	6.79	124.13	9.99
1999	112.51	68.00	4.11	3.65	199.51	8.20	2.62	31.95	3.85
2000	112.53	68.23	11.93	10.60	141.58	16.89	1.25	7.40	1.83

5-20-6 山东省高唐县历年棉花生产收购

年 度	耕地面积（万亩）	农业人口（万人）	棉田面积（万亩）	占耕地（%）	亩 产（市斤）	产 量（万担）	收购量（万担）	商品率（%）	人均交售（市斤）
52年合计			**1782.46**	**34.61**	**71.07**	**1266.84**	**1067.77**	**84.29**	**58.68**
11年小计			**432.50**	**35.39**	**39.87**	**172.43**	**142.69**	**82.75**	**42.00**
占合计%			**24.26**			**13.61**	**13.36**		
1949	102.20	28.50	28.50	27.89	28.00	7.98	4.70	58.90	16.49
1950	104.30	29.20	28.10	26.94	32.92	9.25	5.54	59.89	18.97
1951	112.10	29.90	38.60	34.43	24.61	9.50	6.74	70.95	22.54
1952	116.10	30.10	36.00	31.01	35.56	12.80	7.20	56.25	23.92
1953	116.40	30.50	32.50	27.92	24.52	7.97	4.92	61.73	16.13
1954	116.80	31.50	41.20	35.27	33.30	13.72	11.20	81.63	35.56
1955	116.90	31.90	45.40	38.84	41.83	18.99	16.67	87.78	52.26
1956	115.20	32.50	48.80	42.36	50.88	24.83	21.08	84.90	64.86
1957	115.70	32.50	49.90	43.13	49.46	24.68	23.94	97.00	73.66
1958	106.70	32.10	44.90	42.08	52.32	23.49	22.00	93.66	68.54
1959	99.80	31.00	38.60	38.68	49.79	19.22	18.70	97.29	60.32
10年小计			**346.20**	**34.48**	**30.66**	**106.16**	**100.69**	**94.85**	**32.78**
占合计%			**19.42**			**8.38**	**9.43**		
1960	96.10	30.40	42.90	44.64	26.60	11.41	10.85	95.09	35.69
1961	96.90	30.90	27.90	28.79	0.47	0.13	0.01	7.69	0.03
1962	99.50	30.90	9.60	9.65	10.00	0.96	0.56	58.33	1.81
1963	101.10	29.40	35.50	35.11	28.56	10.14	9.47	93.39	32.21
1964	105.70	29.20	52.10	49.29	33.63	17.52	16.90	96.46	57.88
1965	102.80	30.00	45.60	44.36	42.96	19.59	18.80	95.97	62.67
1966	102.50	30.60	36.20	35.32	33.34	12.07	11.67	96.69	38.14
1967	100.20	31.10	32.00	31.94	35.88	11.48	10.72	93.38	34.47
1968	100.20	31.80	34.40	34.33	31.19	10.73	10.48	97.67	32.96
1969	99.20	32.90	30.00	30.24	40.43	12.13	11.23	92.58	34.13
10年小计			**249.71**	**25.78**	**40.86**	**102.04**	**97.33**	**95.38**	**27.37**
占合计%			**14.01**			**8.05**	**9.12**		
1970	98.90	33.50	29.80	30.13	44.97	13.40	12.37	92.31	36.93
1971	98.72	34.09	24.50	24.82	47.88	11.73	11.36	96.85	33.32
1972	97.89	34.48	23.40	23.90	43.16	10.10	9.90	98.02	28.71
1973	97.35	35.10	24.30	24.96	46.91	11.40	10.70	93.86	30.48
1974	97.16	35.61	24.40	25.11	37.09	9.05	8.58	94.81	24.09
1975	96.97	36.05	24.20	24.96	48.88	11.83	11.44	96.70	31.73
1976	95.80	36.34	24.00	25.05	29.13	6.99	6.75	96.57	18.57
1977	95.63	36.64	24.00	25.10	22.63	5.43	5.27	97.05	14.38
1978	95.11	36.82	24.00	25.23	42.54	10.21	9.66	94.61	26.24
1979	94.92	37.02	27.11	28.56	43.90	11.90	11.30	94.96	30.52
10年小计			**446.25**	**47.40**	**131.18**	**585.37**	**556.79**	**95.12**	**146.45**
占合计%			**25.04**			**46.21**	**52.15**		
1980	94.81	37.27	34.80	36.70	101.06	35.17	34.40	97.81	92.30
1981	94.70	37.57	36.78	38.84	111.94	41.17	40.50	98.37	107.80
1982	94.57	37.70	48.40	51.18	116.67	56.47	54.09	95.79	143.47
1983	94.49	37.97	52.83	55.91	119.33	63.04	61.04	96.83	160.76
1984	94.42	38.14	54.50	57.72	148.62	81.00	76.90	94.94	201.63
1985	94.19	38.26	38.86	41.26	131.21	50.99	47.69	93.53	124.65
1986	94.08	38.27	39.92	42.43	139.30	55.61	51.76	93.08	135.25
1987	93.98	38.29	44.48	47.33	157.37	70.00	67.69	96.70	176.78
1988	93.38	38.28	49.68	53.20	134.70	66.92	64.83	96.88	169.36
1989	92.91	38.43	46.00	49.51	141.30	65.00	57.89	89.06	150.64
11年小计			**307.80**	**30.34**	**97.74**	**300.84**	**170.27**	**56.60**	**38.96**
占合计%			**17.27**			**23.75**	**15.95**		
1990	92.62	38.79	56.70	61.22	118.87	67.40	54.30	80.56	139.98
1991	92.55	39.44	57.58	62.22	105.59	60.80	57.30	94.24	145.28
1992	92.40	39.60	47.88	51.82	43.38	20.77	17.77	85.56	44.87
1993	92.39	39.65	24.18	26.17	49.63	12.00	2.89	24.08	7.29
1994	92.38	39.66	28.49	30.84	102.21	29.12	12.41	42.62	31.29
1995	92.35	39.70	19.87	21.52	79.97	15.89	7.27	45.75	18.31
1996	92.38	39.70	13.00	14.07	94.38	12.27	2.12	17.28	5.34
1997	92.43	40.04	13.51	14.62	90.82	12.27	4.43	36.10	11.06
1998	92.41	40.04	13.75	14.88	142.18	19.55	3.37	17.24	8.42
1999	91.48	40.20	12.54	13.71	145.93	18.30	4.17	22.79	10.37
2000	91.05	40.18	20.30	22.30	159.95	32.47	4.24	13.06	10.55

5－20－7　山东省临清市历年棉花生产收购

年　度	耕地面积（万亩）	农业人口（万人）	棉田面积（万亩）	占耕地（%）	亩　产（市斤）	产　量（万担）	收购量（万担）	商品率（%）	人均交售（市斤）
52年合计			**2105.79**	**38.41**	**77.93**	**1641.01**	**1423.74**	**86.76**	**60.37**
11年小计			**615.00**	**47.52**	**38.67**	**237.85**	**170.18**	**71.55**	**46.31**
占合计%			**29.21**			**14.49**	**11.95**		
1949	111.80	30.00	49.70	44.45	29.26	14.54			
1950	113.40	30.60	51.10	45.06	35.68	18.23			
1951	120.80	31.20	70.60	58.44	27.66	19.53			
1952	121.60	31.80	56.20	46.22	41.46	23.30	20.48	87.90	64.40
1953	121.60	32.30	58.70	48.27	33.73	19.80	17.50	88.38	54.18
1954	121.70	33.80	52.60	43.22	34.98	18.40	15.49	84.18	45.83
1955	121.70	34.80	61.20	50.29	43.63	26.70	26.20	98.13	75.29
1956	120.90	35.80	65.60	54.26	38.11	25.00	20.28	81.12	56.65
1957	120.00	36.50	55.40	46.17	46.03	25.50	24.12	94.59	66.08
1958	112.20	35.40	50.50	45.01	49.47	24.98	24.67	98.76	69.69
1959	108.50	35.30	43.40	40.00	50.39	21.87	21.44	98.03	60.74
10年小计			**367.60**	**34.42**	**42.39**	**155.81**	**149.51**	**95.96**	**37.90**
占合计%			**17.46**			**9.49**	**10.50**		
1960	105.70	35.20	46.20	43.71	49.57	22.90	21.37	93.32	60.71
1961	106.30	36.40	36.00	33.87	13.89	5.00	4.29	85.80	11.79
1962	105.90	38.20	23.50	22.19	28.51	6.70	6.48	96.72	16.96
1963	108.00	38.90	36.10	33.43	42.38	15.30	15.30	100.00	39.33
1964	108.30	38.70	50.60	46.72	41.11	20.80	20.02	96.25	51.73
1965	107.40	39.60	47.00	43.76	56.13	26.38	25.82	97.88	65.20
1966	107.40	40.70	35.00	32.59	56.29	19.70	19.51	99.04	47.94
1967	106.30	41.30	32.00	30.10	46.00	14.72	13.88	94.29	33.61
1968	106.30	42.50	33.20	31.23	36.17	12.01	11.01	91.67	25.91
1969	106.50	43.00	28.00	26.29	43.93	12.30	11.83	96.18	27.51
10年小计			**271.88**	**26.33**	**59.74**	**162.43**	**157.99**	**97.27**	**34.00**
占合计%			**12.91**			**9.90**	**11.10**		
1970	106.50	44.10	28.50	26.76	69.47	19.80	19.09	96.41	43.29
1971	105.76	44.65	27.00	25.53	91.85	24.80	24.06	97.02	53.89
1972	104.49	45.19	27.10	25.94	50.18	13.60	13.25	97.43	29.32
1973	103.71	45.68	27.10	26.13	66.05	17.90	17.66	98.66	38.66
1974	103.31	46.37	27.00	26.13	53.70	14.50	13.61	93.86	29.35
1975	102.40	46.89	27.00	26.37	61.96	16.73	16.05	95.94	34.23
1976	101.86	47.22	27.00	26.51	32.22	8.70	8.61	98.97	18.23
1977	101.72	47.88	27.00	26.54	41.11	11.10	10.61	95.59	22.16
1978	101.56	48.26	27.10	26.68	43.91	11.90	11.90	100.00	24.66
1979	101.33	48.44	27.08	26.72	86.41	23.40	23.15	98.93	47.79
10年小计			**504.03**	**50.18**	**139.56**	**703.43**	**658.49**	**93.61**	**128.72**
占合计%			**23.94**			**42.87**	**46.25**		
1980	101.23	48.64	41.29	40.79	124.90	51.57	51.51	99.88	105.90
1981	101.03	48.73	46.24	45.77	109.04	50.42	49.32	97.82	101.21
1982	100.67	49.38	50.93	50.59	126.06	64.20	61.46	95.73	124.46
1983	100.65	50.00	55.25	54.89	136.72	75.54	72.85	96.44	145.70
1984	100.40	50.76	55.89	55.67	174.99	97.80	96.95	99.13	191.00
1985	100.19	51.32	45.38	45.29	143.23	65.00	55.97	86.11	109.06
1986	100.17	51.67	44.99	44.91	145.14	65.30	63.50	97.24	122.90
1987	100.10	53.29	49.75	49.70	161.21	80.20	78.53	97.92	147.36
1988	100.06	53.64	54.34	54.31	135.08	73.40	63.57	86.61	118.51
1989	100.00	54.15	59.97	59.97	133.40	80.00	64.83	81.04	119.72
11年小计			**347.28**	**32.07**	**109.85**	**381.49**	**287.57**	**75.38**	**46.36**
占合计%			**16.49**			**23.25**	**20.20**		
1990	99.91	55.01	61.58	61.64	134.78	83.00	68.86	82.96	125.18
1991	99.71	56.45	50.00	50.15	146.80	73.40	64.60	88.01	114.44
1992	99.52	56.54	51.32	51.57	72.88	37.40	34.68	92.73	61.34
1993	98.60	57.17	47.51	48.18	71.56	34.00	13.40	39.41	23.44
1994	98.36	57.11	35.68	36.27	107.06	38.20	17.18	44.97	30.08
1995	98.11	57.20	22.05	22.47	102.04	22.50	21.80	96.89	38.11
1996	98.36	57.20	18.77	19.08	55.94	10.50	8.96	85.33	15.66
1997	97.73	56.56	18.77	19.21	91.32	17.14	6.88	40.14	12.16
1998	97.55	56.27	9.30	9.53	130.97	12.18	14.79	121.43	26.28
1999	97.49	55.60	13.25	13.59	173.21	22.95	21.36	93.07	38.42
2000	97.38	55.15	19.05	19.56	158.64	30.22	15.06	49.83	27.31

5－20－8　山东省聊城市东昌府区历年棉花生产收购

年　　度	耕地面积（万亩）	农业人口（万人）	棉田面积（万亩）	占耕地（%）	亩　产（市斤）	产　量（万担）	收购量（万担）	商品率（%）	人均交售（市斤）
52 年合计			**1508.00**	**21.18**	**76.34**	**1151.25**	**959.92**	**83.38**	**34.90**
11 年小计			**229.70**	**6.67**	**27.31**	**68.24**	**49.21**	**72.11**	**11.08**
占合计%			**15.23**			**5.93**	**5.13**		
1949	155.90	37.60	10.40	6.67	27.31	2.84			
1950	155.90	38.30	10.90	6.99	20.00	2.18			
1951	155.90	39.00	12.00	7.70	13.00	1.56			
1952	155.90	40.00	22.00	14.11	35.77	7.87	4.21	53.49	10.53
1953	156.30	40.40	19.50	12.48	25.28	4.93	2.19	44.42	5.42
1954	156.80	40.60	18.00	11.48	31.17	5.61	4.09	72.91	10.07
1955	156.50	41.20	24.70	15.78	33.36	8.24	6.08	73.79	14.76
1956	156.50	41.90	29.00	18.53	29.69	8.61	7.25	84.20	17.30
1957	156.70	41.70	29.40	18.76	30.31	8.91	8.25	92.59	19.78
1958	151.00	42.10	27.00	17.88	32.19	8.69	8.39	96.55	19.93
1959	148.10	41.40	26.80	18.10	32.84	8.80	8.75	99.43	21.14
10 年小计			**244.90**	**17.66**	**33.05**	**80.93**	**72.23**	**89.25**	**15.98**
占合计%			**16.24**			**7.03**	**7.52**		
1960	137.20	40.20	27.00	19.68	21.63	5.84	4.24	72.60	10.55
1961	138.90	42.00	8.80	6.34	25.00	2.20	0.50	22.73	1.19
1962	138.90	43.20	12.20	8.78	11.89	1.45	1.16	80.00	2.69
1963	141.20	44.10	21.50	15.23	21.67	4.66	4.18	89.70	9.48
1964	141.60	45.00	25.40	17.94	25.31	6.43	5.88	91.45	13.07
1965	139.00	45.80	32.00	23.02	40.13	12.84	12.30	95.79	26.86
1966	137.70	47.00	30.20	21.93	34.04	10.28	9.82	95.53	20.89
1967	138.30	47.60	29.00	20.97	42.69	12.38	11.28	91.11	23.70
1968	138.30	48.30	30.00	21.69	41.50	12.45	11.28	90.60	23.35
1969	135.30	48.90	28.80	21.29	43.06	12.40	11.59	93.47	23.70
10 年小计			**273.69**	**20.47**	**53.88**	**147.47**	**140.17**	**95.05**	**25.96**
占合计%			**18.15**			**12.81**	**14.60**		
1970	136.30	51.10	28.20	20.69	57.41	16.19	15.48	95.61	30.29
1971	135.20	51.49	27.50	20.34	59.45	16.35	15.51	94.86	30.12
1972	134.65	52.46	27.40	20.35	49.60	13.59	12.96	95.36	24.70
1973	134.45	53.08	27.40	20.38	71.75	19.66	18.69	95.07	35.21
1974	134.56	54.03	27.40	20.36	55.95	15.33	14.52	94.72	26.87
1975	133.44	54.67	27.30	20.46	66.70	18.21	17.38	95.44	31.79
1976	132.47	55.08	27.30	20.61	41.90	11.44	10.74	93.88	19.50
1977	132.72	55.69	27.00	20.34	35.89	9.69	9.17	94.63	16.47
1978	132.07	56.01	27.00	20.44	45.67	12.33	11.60	94.08	20.71
1979	130.89	56.34	27.19	20.77	53.99	14.68	14.12	96.19	25.06
10 年小计			**516.62**	**39.07**	**120.32**	**621.62**	**568.10**	**91.39**	**96.21**
占合计%			**34.26**			**54.00**	**59.18**		
1980	130.55	56.77	34.87	26.71	127.30	44.39	44.57	100.41	78.51
1981	130.18	56.95	42.48	32.63	119.02	50.56	47.59	94.13	83.56
1982	129.93	58.20	55.39	42.63	119.52	66.20	62.34	94.17	107.11
1983	129.59	58.43	68.64	52.97	129.17	88.66	85.52	96.46	146.36
1984	129.26	59.04	66.65	51.56	137.18	91.43	90.11	98.56	152.63
1985	128.01	59.86	48.73	38.07	95.42	46.50	39.70	85.38	66.32
1986	127.41	59.91	43.06	33.80	116.33	50.09	39.69	79.24	66.25
1987	127.36	59.77	50.75	39.85	124.69	63.28	65.39	103.33	109.40
1988	127.32	60.51	54.81	43.05	109.47	60.00	51.26	85.43	84.71
1989	162.52	61.01	51.24	31.53	118.09	60.51	41.93	69.29	68.73
11 年小计			**243.09**	**18.86**	**93.59**	**232.99**	**130.21**	**59.63**	**20.01**
占合计%			**16.12**			**20.24**	**13.56**		
1990	126.48	67.25	54.60	43.17	110.81	60.50	41.81	69.11	62.17
1991	126.39	62.47	54.27	42.94	101.90	55.30	45.07	81.50	72.15
1992	125.97	63.76	42.92	34.07	85.37	36.64	11.88	32.42	18.63
1993	125.03	65.25	20.09	16.07	68.99	13.86	5.20	37.52	7.97
1994	124.57	65.60	17.13	13.75	90.02	15.42	10.93	70.88	16.66
1995	124.23	65.62	14.31	11.52	77.85	11.14	7.79	69.93	11.87
1996	124.57	65.62	14.31	11.49	77.85	11.14	2.60	23.34	3.96
1997	123.60	66.06	7.95	6.43	90.06	7.16	1.92	26.82	2.91
1998	123.37	67.16	3.68	2.98	90.22	3.32	2.10	63.25	3.13
1999	123.31	67.60	6.03	4.89	122.06	7.36	0.45	6.11	0.67
2000	123.08	67.53	7.80	6.34	142.95	11.15	0.46	4.13	0.68

5-20-9 山东省德州市德州区历年棉花生产收购

年 度	耕地面积（万亩）	农业人口（万人）	棉田面积（万亩）	占耕地（%）	亩 产（市斤）	产 量（万担）	收购量（万担）	商品率（%）	人均交售（市斤）
52年合计			**176.97**	**17.79**	**86.67**	**153.38**	**153.50**	**100.08**	**28.76**
11年小计			**29.70**	**18.55**	**23.30**	**6.92**	**9.17**	**132.51**	**19.35**
占合计%			**16.78**			**4.51**	**5.97**		
1949	15.00	4.00	2.90	19.33	16.90	0.49			
1950	15.00	4.10	2.90	19.33	21.03	0.61			
1951	15.00	4.10	2.90	19.33	16.55	0.48			
1952	15.00	4.20	2.70	18.00	21.11	0.57	0.03	5.26	0.71
1953	15.00	4.40	2.70	18.00	22.96	0.62	0.04	6.45	0.91
1954	15.00	4.40	2.80	18.67	25.00	0.70	0.05	7.14	1.14
1955	14.90	4.50	2.60	17.45	30.77	0.80	0.06	7.50	1.33
1956	14.50	4.50	2.80	19.31	23.93	0.67	0.06	8.96	1.33
1957	14.00	4.60	2.30	16.43	27.83	0.64	2.92	*	63.48
1958	13.80	4.30	2.50	18.12	28.00	0.70	3.42	*	79.53
1959	12.90	4.30	2.60	20.16	24.62	0.64	2.59	*	60.23
10年小计			**13.20**	**10.98**	**30.83**	**4.07**	**4.96**	**121.87**	**10.85**
占合计%			**7.46**			**2.65**	**3.23**		
1960	12.60	4.30	1.50	11.90	12.00	0.18	0.54	*	12.56
1961	12.40	4.30	0.30	2.42	13.33	0.04	0.01	25.00	0.23
1962	12.80	4.40	0.80	6.25	18.75	0.15	0.51	*	11.59
1963	12.90	4.10	1.50	11.63	20.00	0.30	0.23	76.67	5.61
1964	12.90	4.60	2.30	17.83	43.48	1.00	1.60	160.00	34.78
1965	11.90	4.10	1.10	9.24	50.91	0.56	0.40	71.43	9.76
1966	11.40	4.80	0.80	7.02	45.00	0.36	0.31	86.11	6.46
1967	10.90	4.90	1.40	12.84	34.29	0.48	0.42	87.50	8.57
1968	11.10	5.00	1.80	16.22	23.89	0.43	0.44	102.33	8.80
1969	11.30	5.20	1.70	15.04	33.53	0.57	0.50	87.72	9.62
10年小计			**22.71**	**13.31**	**44.34**	**10.07**	**9.20**	**91.36**	**9.71**
占合计%			**12.83**			**6.57**	**5.99**		
1970	11.20	5.40	1.10	9.82	48.18	0.53	0.44	83.02	8.15
1971	10.89	5.43	1.10	10.10	30.91	0.34	0.28	82.35	5.16
1972	10.60	5.64	0.60	5.66	55.00	0.33	0.32	96.97	5.67
1973	20.70	10.46	3.20	15.46	55.00	1.76	1.66	94.32	15.87
1974	20.50	10.69	3.10	15.12	54.84	1.70	1.50	88.24	14.03
1975	20.27	11.05	3.30	16.28	60.61	2.00	1.90	95.00	17.19
1976	19.77	11.21	3.20	16.19	29.38	0.94	0.82	87.23	7.31
1977	19.27	11.43	2.80	14.53	21.79	0.61	0.54	88.52	4.72
1978	18.83	11.64	2.20	11.68	39.55	0.87	0.78	89.66	6.70
1979	18.57	11.77	2.11	11.36	46.92	0.99	0.96	96.97	8.16
10年小计			**52.17**	**140.02**	**166.24**	**86.73**	**96.19**	**110.91**	**81.02**
占合计%			**29.48**			**56.55**	**62.66**		
1980	18.51	11.83	2.62	14.15	138.93	3.64	3.95	108.52	33.39
1981	18.68	11.83	2.62	14.03	138.93	3.64	3.95	108.52	33.39
1982	18.39	11.83	5.35	29.09	153.46	8.21	8.67	105.60	73.29
1983	18.37	11.90	6.84	37.23	205.41	14.05	15.76	112.17	132.44
1984	18.37	11.50	8.06	43.88	203.85	16.43	19.18	116.74	166.78
1985	18.06	11.64	5.02	27.80	175.90	8.83	6.31	71.46	54.21
1986	18.06	11.88	4.75	26.30	151.16	7.18	7.47	104.04	62.88
1987	17.90	12.04	5.72	31.96	155.07	8.87	14.95	168.55	124.17
1988	17.60	12.10	5.81	33.01	137.52	7.99	8.95	112.02	73.97
1989	17.59	12.18	5.38	30.59	146.65	7.89	7.00	88.72	57.47
11年小计			**59.19**	**16.32**	**77.02**	**45.59**	**33.98**	**74.53**	**14.96**
占合计%			**33.45**			**29.72**	**22.14**		
1990	17.35	12.15	5.09	29.34	102.16	5.20	4.93	94.81	40.58
1991	17.31	12.00	5.19	29.98	151.83	7.88	7.29	92.51	60.75
1992	37.79	22.92	14.44	38.21	64.68	9.34	5.83	62.42	25.44
1993	37.72	22.49	12.43	32.95	22.69	2.82	0.73	25.89	3.25
1994	37.44	22.52	9.62	25.69	62.37	6.00	5.01	83.50	22.25
1995	36.06	22.54	3.83	10.62	72.85	2.79	1.90	68.10	8.43
1996	37.44	22.54	2.00	5.34	100.00	2.00	0.99	49.50	4.39
1997	35.97	22.48	1.61	4.48	111.80	1.80	0.83	46.11	3.69
1998	36.26	22.48	0.76	2.10	132.89	1.01	1.81	179.21	8.05
1999	34.78	22.50	1.50	4.31	144.00	2.16	1.87	86.57	8.31
2000	34.47	22.50	2.72	7.89	168.75	4.59	2.79	60.78	12.40

5-20-10 山东省陵县历年棉花生产收购

年 度	耕地面积（万亩）	农业人口（万人）	棉田面积（万亩）	占耕地（%）	亩 产（市斤）	产 量（万担）	收购量（万担）	商品率（%）	人均交售（市斤）
52 年合计			**1478.82**	**21.54**	**80.71**	**1193.62**	**1065.21**	**89.24**	**43.45**
11 年小计			**233.20**	**11.40**	**27.40**	**63.89**	**26.67**	**41.74**	**5.55**
占合计%			**15.77**			**5.35**	**2.50**		
1949	190.90	41.60	16.90	8.85	21.95	3.71			
1950	190.90	42.00	17.40	9.11	23.68	4.12			
1951	190.40	42.30	19.30	10.14	21.24	4.10			
1952	189.90	42.80	18.20	9.58	27.47	5.00	2.34	46.80	5.47
1953	196.90	43.40	18.40	9.34	26.03	4.79	1.97	41.13	4.54
1954	189.90	44.00	19.10	10.06	27.85	5.32	1.97	37.03	4.48
1955	189.90	44.30	25.60	13.48	34.96	8.95	5.19	57.99	11.72
1956	189.30	45.00	23.10	12.20	26.28	6.07	3.00	49.42	6.67
1957	188.30	45.90	23.80	12.64	24.45	5.82	2.88	49.48	6.27
1958	171.70	45.10	24.50	14.27	32.61	7.99	4.46	55.82	9.89
1959	158.40	43.90	26.90	16.98	29.81	8.02	4.86	60.60	11.07
10 年小计			**228.70**	**15.93**	**23.24**	**53.15**	**47.28**	**88.96**	**11.01**
占合计%			**15.47**			**4.45**	**4.44**		
1960	148.60	40.00	25.00	16.82	11.28	2.82	2.05	72.70	5.13
1961	149.40	41.00	13.30	8.90	2.26	0.30	0.03	10.00	0.07
1962	149.00	41.40	10.60	7.11	14.81	1.57	0.79	50.32	1.91
1963	150.30	41.80	17.50	11.64	24.51	4.29	3.22	75.06	7.70
1964	147.20	42.00	31.20	21.20	18.11	5.65	4.44	78.58	10.57
1965	141.90	42.00	28.30	19.94	29.89	8.46	8.32	98.35	19.81
1966	139.60	43.60	24.10	17.26	29.46	7.10	6.64	93.52	15.23
1967	138.90	44.60	24.50	17.64	30.20	7.40	6.87	92.84	15.40
1968	136.10	45.90	28.70	21.09	21.39	6.14	6.17	100.49	13.44
1969	134.70	47.10	25.50	18.93	36.94	9.42	8.75	92.89	18.58
10 年小计			**197.56**	**16.36**	**32.10**	**63.41**	**56.27**	**88.74**	**11.37**
占合计%			**13.36**			**5.31**	**5.28**		
1970	133.50	48.70	22.10	16.55	44.21	9.77	8.76	89.66	17.99
1971	132.60	49.63	22.00	16.59	41.73	9.18	8.44	91.94	17.01
1972	129.40	50.08	22.00	17.00	33.59	7.39	7.20	97.43	14.38
1973	122.70	48.09	19.90	16.22	46.48	9.25	7.91	85.51	16.45
1974	121.30	48.59	20.00	16.49	27.20	5.44	4.41	81.07	9.08
1975	116.90	49.12	17.40	14.88	32.76	5.70	4.44	77.89	9.04
1976	115.30	49.56	20.20	17.52	22.18	4.48	3.86	86.16	7.79
1977	112.50	50.01	18.00	16.00	16.56	2.98	2.38	79.87	4.76
1978	110.87	50.24	17.70	15.96	21.58	3.82	3.36	87.96	6.69
1979	112.49	50.68	18.26	16.23	29.57	5.40	5.51	102.04	10.87
10 年小计			**481.53**	**27.98**	**146.59**	**705.87**	**670.84**	**95.04**	**128.05**
占合计%			**32.56**			**59.14**	**62.98**		
1980	112.48	51.09	25.39	22.57	90.74	23.04	23.15	100.48	45.31
1981	112.76	51.41	38.49	34.13	120.65	46.44	45.62	98.23	88.74
1982	112.73	51.48	52.50	46.57	118.08	61.99	60.76	98.02	118.03
1983	112.66	51.93	54.00	47.93	167.04	90.20	88.77	98.41	170.94
1984	112.66	52.19	55.00	48.82	199.56	109.76	106.94	97.43	204.91
1985	112.14	52.45	43.08	38.42	155.52	67.00	65.09	97.15	124.10
1986	111.46	52.93	42.29	37.94	151.10	63.90	59.11	92.50	111.68
1987	110.00	53.20	53.26	48.42	169.43	90.24	91.45	101.34	171.90
1988	110.00	53.50	59.01	53.65	133.25	78.63	65.93	83.85	123.23
1989	109.74	53.69	58.51	53.32	127.62	74.67	64.02	85.74	119.24
11 年小计			**337.83**	**31.95**	**90.96**	**307.30**	**264.15**	**85.96**	**50.48**
占合计%			**22.84**			**25.75**	**24.80**		
1990	109.61	53.89	52.27	47.69	96.23	50.30	46.07	91.59	85.49
1991	109.44	54.09	60.30	55.10	107.79	65.00	64.31	98.94	118.89
1992	93.02	46.48	46.40	49.88	42.56	19.75	13.46	68.15	28.96
1993	92.94	46.73	35.96	38.69	22.53	8.10	4.22	52.10	9.03
1994	92.52	46.81	21.87	23.64	73.25	16.02	18.47	115.29	39.46
1995	92.58	46.87	30.29	32.72	86.17	26.10	13.05	50.00	27.84
1996	92.52	46.87	8.50	9.19	70.59	6.00	3.43	57.17	7.32
1997	94.51	45.08	23.01	24.35	86.92	20.00	5.10	25.50	11.31
1998	93.56	45.33	12.23	13.07	163.53	20.00	21.07	105.35	46.48
1999	93.42	45.50	12.00	12.85	169.42	20.33	12.00	59.03	26.37
2000	93.41	45.63	35.00	37.47	159.14	55.70	62.97	113.05	138.00

5-20-11 山东省平原县历年棉花生产收购

年　度	耕地面积（万亩）	农业人口（万人）	棉田面积（万亩）	占耕地（%）	亩产（市斤）	产量（万担）	收购量（万担）	商品率（%）	人均交售（市斤）
52 年合计			**1197.14**	**23.10**	**78.43**	**938.92**	**852.32**	**90.78**	**45.38**
11 年小计			**238.48**	**15.94**	**34.04**	**81.19**	**45.51**	**56.05**	**12.05**
占合计%			**19.92**			**8.65**	**5.34**		
1949	139.30	33.00	15.70	11.27	26.69	4.19			
1950	139.30	33.00	16.80	12.06	30.24	5.08			
1951	138.90	33.80	18.80	13.53	28.51	5.36			
1952	138.30	34.70	19.10	13.81	30.99	5.92	2.70	45.61	7.78
1953	138.90	34.80	18.50	13.32	31.51	5.83	3.54	60.72	10.17
1954	138.00	35.20	18.30	13.26	31.26	5.72	3.85	67.31	10.94
1955	138.10	35.90	30.50	22.09	36.36	11.09	6.85	61.77	19.08
1956	137.80	36.10	22.80	16.55	30.66	6.99	5.21	74.54	14.43
1957	136.70	35.90	24.70	18.07	28.26	6.98	5.52	79.08	15.38
1958	136.00	34.80	26.00	19.12	51.88	13.49	11.21	83.10	32.21
1959	114.80	30.60	27.28	23.76	38.64	10.54	6.63	62.90	21.67
10 年小计			**186.80**	**17.62**	**23.84**	**44.53**	**45.85**	**102.96**	**14.80**
占合计%			**15.60**			**4.74**	**5.38**		
1960	111.10	27.80	25.00	22.50	9.36	2.34	2.68	114.53	9.64
1961	111.00	29.90	10.10	9.10	0.50	0.05	0.02	40.00	0.07
1962	109.20	29.50	9.00	8.24	5.67	0.51	0.62	121.57	2.10
1963	105.30	29.40	11.90	11.30	11.34	1.35	2.30	170.37	7.82
1964	105.00	30.70	18.40	17.52	26.03	4.79	6.40	133.61	20.85
1965	104.90	30.70	20.70	19.73	29.61	6.13	6.23	101.63	20.29
1966	104.40	31.90	21.80	20.88	22.52	4.91	4.77	97.15	14.95
1967	103.80	32.40	22.10	21.29	32.58	7.20	6.40	88.89	19.75
1968	103.00	33.30	26.00	25.24	28.46	7.40	7.12	96.22	21.38
1969	102.40	34.30	21.80	21.29	45.18	9.85	9.31	94.52	27.14
10 年小计			**189.13**	**20.51**	**37.62**	**71.16**	**67.38**	**94.69**	**17.62**
占合计%			**15.80**			**7.58**	**7.91**		
1970	102.30	35.10	22.30	21.80	51.03	11.38	10.56	92.79	30.09
1971	99.90	35.98	21.60	21.62	57.87	12.50	11.78	94.24	32.74
1972	97.30	36.64	19.20	19.73	48.65	9.34	8.92	95.50	24.34
1973	90.40	35.23	18.10	20.02	47.13	8.53	7.94	93.08	22.54
1974	91.00	35.81	17.70	19.45	24.75	4.38	3.96	90.41	11.06
1975	90.10	36.35	17.20	19.09	36.05	6.20	5.72	92.26	15.74
1976	89.00	55.03	18.60	20.90	24.03	4.47	4.16	93.06	7.56
1977	88.19	37.23	17.40	19.73	14.94	2.60	2.30	88.46	6.18
1978	87.25	37.42	18.90	21.66	29.05	5.49	4.95	90.16	13.23
1979	86.84	37.67	18.13	20.88	34.58	6.27	7.09	113.08	18.82
10 年小计			**374.56**	**38.74**	**150.70**	**564.46**	**548.99**	**97.26**	**141.14**
占合计%			**31.29**			**60.12**	**64.41**		
1980	87.03	37.85	24.42	28.06	105.69	25.81	26.32	101.98	69.54
1981	86.97	37.71	32.78	37.69	120.23	39.41	40.39	102.49	107.11
1982	86.91	37.94	40.21	46.27	137.48	55.28	53.20	96.24	140.22
1983	86.81	38.58	42.45	48.90	183.63	77.95	74.14	95.11	192.17
1984	86.69	39.07	42.59	49.13	192.42	81.95	86.22	105.21	220.68
1985	86.20	39.07	34.07	39.52	142.41	48.52	43.86	90.40	112.26
1986	85.39	39.17	33.65	39.41	156.76	52.75	49.63	94.09	126.70
1987	85.01	39.46	37.91	44.59	168.53	63.89	67.59	105.79	171.29
1988	84.55	39.94	47.48	56.16	129.23	61.36	56.16	91.53	140.61
1989	83.36	40.18	39.00	46.79	147.54	57.54	51.48	89.47	128.12
11 年小计			**208.17**	**24.61**	**85.31**	**177.58**	**144.59**	**81.42**	**34.52**
占合计%			**17.39**			**18.91**	**16.96**		
1990	84.15	40.71	31.80	37.79	88.52	28.15	35.59	126.43	87.42
1991	83.43	41.10	41.70	49.98	122.81	51.21	51.21	100.00	124.60
1992	78.11	38.53	44.88	57.46	37.01	16.61	14.78	88.98	38.36
1993	75.96	38.58	20.26	26.67	45.26	9.17	2.00	21.81	5.18
1994	75.56	37.38	21.87	28.94	73.25	16.02	13.78	86.02	36.86
1995	75.38	37.36	12.36	16.40	99.84	12.34	7.62	61.75	20.40
1996	75.56	37.36	6.90	9.13	94.20	6.50	1.40	21.54	3.75
1997	75.00	36.88	8.02	10.69	119.83	9.61	1.00	10.41	2.71
1998	74.92	36.85	3.92	5.23	122.70	4.81	1.46	30.35	3.96
1999	74.05	37.00	5.52	7.45	154.35	8.52	0.68	7.98	1.84
2000	73.92	37.13	10.94	14.80	133.82	14.64	15.07	102.94	40.59

5-20-12 山东省夏津县历年棉花生产收购

年度	耕地面积（万亩）	农业人口（万人）	棉田面积（万亩）	占耕地（%）	亩产（市斤）	产量（万担）	收购量（万担）	商品率（%）	人均交售（市斤）
52年合计			**1974.63**	**43.10**	**75.75**	**1495.83**	**1345.71**	**89.96**	**70.61**
11年小计			**468.50**	**42.26**	**43.55**	**204.01**	**199.24**	**97.66**	**61.61**
占合计%			**23.73**			**13.64**	**14.81**		
1949	102.30	27.50	35.30	34.51	28.39	10.02	10.20	101.80	37.09
1950	101.90	27.90	37.50	36.80	29.76	11.16	11.16	100.00	40.00
1951	101.60	28.40	37.80	37.20	22.25	8.41	6.41	76.22	22.57
1952	102.60	28.80	41.20	40.16	43.64	17.98	17.24	95.88	59.86
1953	102.60	29.30	35.20	34.31	39.35	13.85	16.51	119.21	56.35
1954	102.60	29.70	37.90	36.94	41.85	15.86	17.85	112.55	60.10
1955	103.00	30.30	48.70	47.28	46.67	22.73	21.14	93.00	69.77
1956	102.80	30.60	50.30	48.93	56.70	28.52	25.19	88.32	82.32
1957	101.30	31.20	51.60	50.94	52.91	27.30	26.00	95.24	83.33
1958	99.00	29.90	50.00	50.51	56.78	28.39	26.97	95.00	90.20
1959	89.00	29.80	43.00	48.31	46.02	19.79	20.57	103.94	69.03
10年小计			**366.00**	**41.97**	**29.72**	**108.76**	**106.41**	**97.84**	**33.91**
占合计%			**18.54**			**7.27**	**7.91**		
1960	86.30	30.10	39.00	45.19	28.13	10.97	9.46	86.24	31.43
1961	86.30	29.80	27.90	32.33	3.30	0.92	0.43	46.74	1.44
1962	84.60	30.10	33.90	40.07	22.42	7.60	7.26	95.53	24.12
1963	87.50	30.40	42.50	48.57	33.58	14.27	14.27	100.00	46.94
1964	88.00	31.10	46.90	53.30	37.36	17.52	17.51	99.94	56.30
1965	88.80	31.10	43.10	48.54	45.20	19.48	19.48	100.00	62.64
1966	88.10	31.90	37.30	42.34	31.50	11.75	11.75	100.00	36.83
1967	87.50	32.40	33.90	38.74	36.25	12.29	12.29	100.00	37.93
1968	87.50	33.20	33.00	37.71	19.97	6.59	6.59	100.00	19.85
1969	87.40	33.70	28.50	32.61	25.86	7.37	7.37	100.00	21.87
10年小计			**267.12**	**31.40**	**33.04**	**88.25**	**87.39**	**99.03**	**23.52**
占合计%			**13.53**			**5.90**	**6.49**		
1970	87.40	34.40	31.10	35.58	43.25	13.45	13.05	97.03	37.94
1971	86.90	34.92	29.70	34.18	43.87	13.03	13.03	100.00	37.31
1972	85.00	35.87	25.80	30.35	28.60	7.38	6.92	93.77	19.29
1973	85.20	36.39	26.90	31.57	38.29	10.30	10.30	100.00	28.30
1974	84.80	36.96	25.70	30.31	26.07	6.70	6.69	99.85	18.10
1975	84.84	37.63	24.60	29.00	34.55	8.50	8.40	98.82	22.32
1976	84.60	38.23	26.30	31.09	24.33	6.40	6.40	100.00	16.74
1977	84.50	38.76	25.70	30.41	19.57	5.03	5.18	102.98	13.36
1978	83.81	39.06	25.80	30.78	28.02	7.23	7.53	104.15	19.28
1979	83.74	39.41	25.52	30.48	40.09	10.23	9.89	96.68	25.10
10年小计			**447.61**	**32.14**	**134.79**	**603.32**	**624.17**	**103.46**	**148.84**
占合计%			**22.67**			**40.33**	**46.38**		
1980	83.70	39.83	33.29	39.77	101.11	33.66	33.35	99.08	83.73
1981	83.69	40.34	33.64	40.20	104.28	35.08	33.10	94.36	82.05
1982	83.65	41.03	41.42	49.52	122.77	50.85	50.53	99.37	123.15
1983	83.57	42.47	42.47	50.82	115.23	48.94	51.36	104.94	120.93
1984	83.51	42.08	51.60	61.79	184.83	95.37	93.92	98.48	223.19
1985	83.49	42.93	40.53	48.54	143.01	57.96	56.22	97.00	130.96
1986	83.47	42.22	40.23	48.20	165.80	66.70	70.02	104.98	165.85
1987	83.45	42.75	56.06	67.18	157.53	88.31	99.46	112.63	232.65
1988	83.42	42.88	54.43	65.25	124.80	67.93	74.62	109.85	174.02
1989	83.38	42.83	53.94	64.69	108.49	58.52	61.59	105.25	143.80
11年小计			**425.40**	**46.49**	**115.54**	**491.49**	**328.50**	**66.84**	**68.78**
占合计%			**21.54**			**32.86**	**24.41**		
1990	83.35	43.36	46.00	55.19	108.00	49.68	51.55	103.76	118.89
1991	83.35	43.91	50.40	60.47	121.43	61.20	54.78	89.51	124.76
1992	83.29	44.31	48.52	58.25	72.14	35.00	27.31	78.03	61.63
1993	83.28	44.35	44.03	52.87	68.23	30.04	6.12	20.37	13.80
1994	83.27	43.50	30.13	36.18	116.59	35.13	20.35	57.93	46.78
1995	83.18	43.28	34.58	41.57	106.71	36.90	16.58	44.93	38.31
1996	83.27	43.28	35.00	42.03	140.00	49.00	14.57	29.73	33.66
1997	83.14	43.14	35.33	42.49	121.45	42.91	16.73	38.99	38.78
1998	83.11	42.85	30.51	36.71	124.55	38.00	36.46	95.95	85.09
1999	82.92	42.80	21.18	25.54	157.03	33.26	21.99	66.12	51.38
2000	82.91	42.82	49.72	59.97	161.65	80.37	62.06	77.22	144.93

5－20－13　山东省武城县历年棉花生产收购

年　　度	耕地面积（万亩）	农业人口（万人）	棉田面积（万亩）	占耕地（%）	亩　产（市斤）	产　量（万担）	收购量（万担）	商品率（%）	人均交售（市斤）
52年合计			**1162.58**	**31.18**	**78.43**	**911.78**	**830.59**	**91.10**	**58.19**
11年小计			**211.90**	**21.86**	**33.77**	**71.56**	**68.67**	**95.96**	**26.61**
占合计%			**18.23**			**7.85**	**8.27**		
1949	91.20	22.00	18.60	20.39	24.62	4.58	4.35	94.98	19.77
1950	91.20	22.70	18.70	20.50	26.84	5.02	4.77	95.02	21.01
1951	91.10	22.80	21.80	23.93	15.32	3.34	3.17	94.91	13.90
1952	91.70	22.90	18.10	19.74	36.30	6.57	6.24	94.98	27.25
1953	91.10	23.40	17.50	19.21	23.26	4.07	3.87	95.09	16.54
1954	91.40	23.70	18.00	19.69	39.83	7.17	6.81	94.98	28.73
1955	91.00	24.20	23.50	25.82	45.91	10.79	10.25	95.00	42.36
1956	91.00	24.30	23.40	25.71	35.04	8.20	7.79	95.00	32.06
1957	90.50	24.10	19.70	21.77	40.56	7.99	7.59	94.99	31.49
1958	79.30	24.50	18.30	23.08	46.72	8.55	8.55	100.00	34.90
1959	70.00	23.50	14.30	20.43	36.92	5.28	5.28	100.00	22.47
10年小计			**183.30**	**25.69**	**35.11**	**64.36**	**64.36**	**100.00**	**26.81**
占合计%			**15.77**			**7.06**	**7.75**		
1960	68.30	22.40	19.50	28.55	21.38	4.17	4.17	100.00	18.62
1961	70.50	23.30	11.70	16.60	4.79	0.56	0.56	100.00	2.40
1962	73.70	23.50	13.20	17.91	27.88	3.68	3.68	100.00	15.66
1963	75.00	23.50	19.70	26.27	23.71	4.67	4.67	100.00	19.87
1964	72.70	23.70	19.20	26.41	39.43	7.57	7.57	100.00	31.94
1965	72.00	23.60	20.40	28.33	49.07	10.01	10.01	100.00	42.42
1966	71.50	24.30	19.00	26.57	38.32	7.28	7.28	100.00	29.96
1967	70.60	24.70	20.30	28.75	48.97	9.94	9.94	100.00	40.24
1968	68.00	25.20	21.00	30.88	32.52	6.83	6.83	100.00	27.10
1969	71.10	25.90	19.30	27.14	50.00	9.65	9.65	100.00	37.26
10年小计			**177.13**	**26.61**	**45.08**	**79.85**	**79.85**	**100.00**	**28.46**
占合计%			**15.24**			**8.76**	**9.61**		
1970	68.30	26.50	18.30	26.79	71.37	13.06	13.06	100.00	49.28
1971	67.10	26.80	19.30	28.76	61.66	11.90	11.90	100.00	44.40
1972	66.80	27.30	17.40	26.05	44.02	7.66	7.66	100.00	28.06
1973	68.90	27.64	16.50	23.95	48.97	8.08	8.08	100.00	29.23
1974	65.80	27.95	16.50	25.08	43.88	7.24	7.24	100.00	25.90
1975	65.82	28.33	17.50	26.59	47.94	8.39	8.39	100.00	29.62
1976	65.81	28.68	17.00	25.83	37.29	6.34	6.34	100.00	22.11
1977	65.77	29.00	18.30	27.82	24.54	4.49	4.49	100.00	15.48
1978	65.65	29.12	19.40	29.55	25.31	4.91	4.91	100.00	16.86
1979	65.65	29.28	16.93	25.79	45.95	7.78	7.78	100.00	26.57
10年小计			**286.62**	**47.82**	**145.07**	**415.80**	**391.41**	**94.13**	**129.03**
占合计%			**24.65**			**45.60**	**47.12**		
1980	65.63	29.36	20.29	30.92	117.20	23.78	22.12	93.02	75.34
1981	65.62	29.54	23.32	35.54	118.65	27.67	26.29	95.01	89.00
1982	65.60	29.89	27.45	41.84	124.99	34.31	33.29	97.03	111.38
1983	65.61	30.15	28.31	43.15	167.01	47.28	46.24	97.80	153.37
1984	65.63	30.49	30.09	45.85	217.08	65.32	60.37	92.42	198.00
1985	65.48	30.62	26.05	39.78	162.53	42.34	39.37	92.99	128.58
1986	65.27	30.64	25.94	39.74	154.78	40.15	35.37	88.09	115.44
1987	64.83	30.47	32.77	50.55	159.38	52.23	51.46	98.53	168.89
1988	64.74	31.08	39.46	60.95	118.70	46.84	44.90	95.86	144.47
1989	64.76	31.11	32.94	50.86	108.93	35.88	32.00	89.19	102.86
11年小计			**303.63**	**41.78**	**92.29**	**280.21**	**226.30**	**80.76**	**65.56**
占合计%			**26.12**			**30.73**	**27.25**		
1990	64.76	31.47	29.27	45.20	86.40	25.29	23.48	92.84	74.61
1991	64.74	32.03	39.58	61.14	114.30	45.24	38.21	84.46	119.29
1992	64.64	31.84	37.79	58.47	81.03	30.62	23.21	75.80	72.90
1993	64.50	31.78	38.01	58.93	53.64	20.39	4.50	22.07	14.16
1994	64.25	31.54	32.49	50.57	75.99	24.69	16.70	67.64	52.95
1995	64.20	31.17	23.39	36.43	95.51	22.34	19.81	88.68	63.55
1996	64.25	31.17	24.00	37.36	33.83	8.12	6.09	75.00	19.54
1997	63.89	31.20	20.02	31.34	90.76	18.17	7.07	38.91	22.66
1998	83.11	30.91	16.00	19.25	135.25	21.64	15.61	72.13	50.50
1999	64.21	31.00	11.04	17.19	125.91	13.90	16.73	120.36	53.97
2000	64.19	31.09	32.04	49.91	155.46	49.81	54.89	110.20	176.55

5-20-14 山东省齐河县历年棉花生产收购

年　度	耕地面积（万亩）	农业人口（万人）	棉田面积（万亩）	占耕地（%）	亩　产（市斤）	产　量（万担）	收购量（万担）	商品率（%）	人均交售（市斤）
52年合计			**985.09**	**13.35**	**84.30**	**830.48**	**665.63**	**80.15**	**25.16**
11年小计			**149.90**	**7.30**	**26.04**	**39.04**	**20.43**	**52.33**	**3.76**
占合计%			**15.22**			**4.70**	**3.07**		
1949	190.00	47.70	5.30	2.79	20.94	1.11			
1950	190.00	48.20	9.50	5.00	14.95	1.42			
1951	190.20	48.50	15.60	8.20	19.04	2.97	0.85	28.62	1.75
1952	190.10	48.80	16.80	8.84	26.13	4.39	1.48	33.71	3.03
1953	190.10	49.30	16.30	8.57	10.18	1.66	0.37	22.29	0.75
1954	192.30	49.70	13.20	6.86	22.95	3.03	0.75	24.75	1.51
1955	192.30	50.70	14.00	7.28	33.93	4.75	2.64	55.58	5.21
1956	189.70	51.10	14.20	7.49	33.45	4.75	2.64	55.58	5.17
1957	187.80	51.30	14.50	7.72	28.55	4.14	2.99	72.22	5.83
1958	180.90	50.20	13.00	7.19	38.00	4.94	3.98	80.57	7.93
1959	160.00	48.00	17.50	10.94	33.60	5.88	4.73	80.44	9.85
10年小计			**98.40**	**6.41**	**19.73**	**19.41**	**14.51**	**74.76**	**3.32**
占合计%			**9.99**			**2.34**	**2.18**		
1960	155.00	42.00	15.00	9.68	16.27	2.44	2.10	86.07	5.00
1961	153.50	41.90	9.40	6.12	6.06	0.57	0.33	57.89	0.79
1962	152.90	42.20	9.30	6.08	8.71	0.81	0.27	33.33	0.64
1963	155.90	41.00	11.60	7.44	8.88	1.03	0.56	54.37	1.37
1964	156.80	42.00	11.60	7.40	12.67	1.47	1.34	91.16	3.19
1965	156.00	42.30	7.90	5.06	30.51	2.41	2.07	85.89	4.89
1966	154.40	44.50	6.30	4.08	26.03	1.64	0.99	60.37	2.22
1967	152.80	45.70	7.30	4.78	30.00	2.19	1.36	62.10	2.98
1968	145.50	47.30	8.20	5.64	42.93	3.52	2.80	79.55	5.92
1969	151.90	48.60	11.80	7.77	28.22	3.33	2.69	80.78	5.53
10年小计			**88.29**	**6.60**	**26.24**	**23.17**	**16.49**	**71.17**	**3.07**
占合计%			**8.96**			**2.79**	**2.48**		
1970	148.60	50.00	10.80	7.27	30.83	3.33	2.69	80.78	5.38
1971	143.00	51.73	10.50	7.34	24.19	2.54	1.67	65.75	3.23
1972	134.00	52.28	8.20	6.12	35.24	2.89	1.41	48.79	2.70
1973	133.20	53.18	10.10	7.58	25.25	2.55	2.06	80.78	3.87
1974	132.40	53.96	9.50	7.18	24.42	2.32	1.72	74.14	3.19
1975	130.80	54.57	9.10	6.96	33.63	3.06	2.53	82.68	4.64
1976	130.17	55.03	9.40	7.22	23.94	2.25	1.48	65.78	2.69
1977	129.28	55.39	8.10	6.27	16.79	1.36	0.97	71.32	1.75
1978	128.93	55.65	6.90	5.35	21.59	1.49	1.07	71.81	1.92
1979	127.90	55.84	5.69	4.45	24.25	1.38	0.89	64.49	1.59
10年小计			**424.40**	**24.14**	**134.70**	**571.68**	**509.52**	**89.13**	**91.32**
占合计%			**43.08**			**68.84**	**76.55**		
1980	127.53	55.91	16.20	12.70	74.63	12.09	11.80	97.60	21.11
1981	127.51	56.15	29.99	23.52	105.24	31.56	29.14	92.33	51.90
1982	127.26	56.42	52.33	41.12	106.13	55.54	49.54	89.20	87.81
1983	126.96	56.45	47.19	37.17	155.39	73.33	70.51	96.15	124.91
1984	126.27	56.59	53.94	42.72	181.87	98.10	93.06	94.86	164.45
1985	126.11	56.34	36.20	28.71	139.53	50.51	43.24	85.61	76.75
1986	126.06	56.29	35.15	27.88	143.27	50.36	39.19	77.82	69.62
1987	125.81	56.54	44.66	35.50	161.40	72.08	63.97	88.75	113.14
1988	125.70	57.01	55.93	44.49	110.12	61.59	59.57	96.72	104.49
1989	113.61	50.25	52.81	46.48	125.96	66.52	49.50	74.41	98.51
11年小计			**224.10**	**18.65**	**79.06**	**177.18**	**104.68**	**59.08**	**18.38**
占合计%			**22.75**			**21.33**	**15.73**		
1990	113.44	51.72	40.57	35.76	88.42	35.87	33.48	93.34	64.73
1991	113.43	51.87	55.41	48.85	90.22	49.99	26.11	52.23	50.34
1992	113.13	52.85	44.51	39.34	45.25	20.14	12.45	61.82	23.56
1993	109.87	52.56	20.93	19.05	40.32	8.44	1.25	14.81	2.38
1994	108.04	52.23	18.23	16.87	65.44	11.93	11.22	94.05	21.48
1995	105.47	51.89	13.01	12.34	72.94	9.49	6.76	71.23	13.03
1996	108.04	51.89	5.65	5.23	83.54	4.72	1.00	21.19	1.93
1997	107.11	51.18	5.65	5.27	83.19	4.70	0.16	3.40	0.31
1998	108.20	51.08	2.99	2.76	110.37	3.30	1.46	44.24	2.86
1999	107.63	51.10	3.32	3.08	180.12	5.98	3.00	50.17	5.87
2000	107.12	51.10	13.83	12.91	163.56	22.62	7.79	34.44	15.24

5-20-15　山东省禹城县历年棉花生产收购

年　度	耕地面积（万亩）	农业人口（万人）	棉田面积（万亩）	占耕地（%）	亩　产（市斤）	产　量（万担）	收购量（万担）	商品率（%）	人均交售（市斤）
52 年合计			**857.35**	**17.89**	**79.16**	**678.72**	**563.76**	**83.06**	**29.66**
11 年小计			**153.10**	**12.01**	**28.45**	**43.55**	**25.75**	**59.13**	**7.22**
占合计%			**17.86**			**6.42**	**4.57**		
1949	112.30	31.10	5.30	4.72	25.09	1.33			
1950	112.60	31.30	10.30	9.15	30.10	3.10			
1951	116.40	32.00	16.30	14.00	11.29	1.84			
1952	118.10	32.00	13.70	11.60	30.73	4.21	3.08	73.16	9.63
1953	119.70	31.80	13.20	11.03	11.74	1.55	1.50	96.77	4.72
1954	119.80	32.70	10.90	9.10	36.51	3.98	2.25	56.53	6.88
1955	119.30	32.90	14.50	12.15	41.79	6.06	5.64	93.07	17.14
1956	119.30	33.60	15.10	12.66	34.30	5.18	3.68	71.04	10.95
1957	117.30	34.10	15.80	13.47	31.96	5.05	1.82	36.04	5.34
1958	115.20	33.00	16.80	14.58	33.39	5.61	5.36	95.54	16.24
1959	104.50	32.00	21.20	20.29	26.60	5.64	2.42	42.91	7.56
10 年小计			**109.60**	**11.21**	**22.27**	**24.41**	**17.24**	**70.63**	**5.65**
占合计%			**12.78**			**3.60**	**3.06**		
1960	101.80	28.80	20.00	19.65	11.95	2.39	1.05	43.93	3.65
1961	100.70	29.30	9.20	9.14	1.96	0.18	0.02	11.11	0.07
1962	100.80	29.50	6.70	6.65	10.60	0.71	0.59	83.10	2.00
1963	100.50	29.40	7.90	7.86	9.11	0.72	0.73	101.39	2.48
1964	100.10	29.70	12.40	12.39	14.11	1.75	1.89	108.00	6.36
1965	99.60	29.90	7.70	7.73	34.94	2.69	2.61	97.03	8.73
1966	95.50	31.00	10.80	11.31	21.11	2.28	1.94	85.09	6.26
1967	94.30	31.60	10.90	11.56	25.96	2.83	2.42	85.51	7.66
1968	92.30	32.50	11.90	12.89	55.04	6.55	2.10	32.06	6.46
1969	92.20	33.30	12.10	13.12	35.62	4.31	3.89	90.26	11.68
10 年小计			**93.53**	**10.97**	**26.54**	**24.82**	**23.15**	**93.27**	**6.30**
占合计%			**10.91**			**3.66**	**4.11**		
1970	91.30	34.50	12.30	13.47	30.65	3.77	3.43	90.98	9.94
1971	89.20	34.91	11.60	13.00	31.90	3.70	3.17	85.68	9.08
1972	86.40	35.65	10.50	12.15	33.52	3.52	3.36	95.45	9.42
1973	86.20	36.26	10.80	12.53	32.87	3.55	3.39	95.49	9.35
1974	85.50	36.71	9.80	11.46	23.27	2.28	2.18	95.61	5.94
1975	84.54	37.09	9.10	10.76	30.77	2.80	2.54	90.71	6.85
1976	83.31	37.57	9.10	10.92	16.59	1.51	1.45	96.03	3.86
1977	82.65	38.05	7.40	8.95	9.86	0.73	0.60	82.19	1.58
1978	81.96	38.24	6.40	7.81	22.81	1.46	1.44	98.63	3.77
1979	81.74	38.60	6.53	7.99	22.97	1.50	1.59	106.00	4.12
10 年小计			**295.50**	**35.66**	**141.94**	**419.42**	**379.20**	**90.41**	**95.27**
占合计%			**34.47**			**61.80**	**67.26**		
1980	81.73	38.99	13.97	17.09	74.23	10.37	10.96	105.69	28.11
1981	81.52	38.49	20.92	25.66	104.68	21.90	20.14	91.96	52.33
1982	81.18	38.75	31.34	38.61	119.50	37.45	35.92	95.91	92.70
1983	81.02	38.93	34.04	42.01	151.18	51.46	47.25	91.82	121.37
1984	80.86	40.00	35.83	44.31	179.32	64.25	61.22	95.28	153.05
1985	80.65	40.07	26.30	32.61	157.49	41.42	33.36	80.54	83.25
1986	80.57	40.36	26.57	32.98	161.54	42.92	39.91	92.99	98.89
1987	80.63	40.47	31.52	39.09	171.54	54.07	52.21	96.56	129.01
1988	80.55	40.59	41.74	51.82	121.42	50.68	39.98	78.89	98.50
1989	80.38	41.36	33.27	41.39	134.96	44.90	38.25	85.19	92.48
11 年小计			**205.62**	**23.42**	**80.98**	**166.52**	**118.42**	**71.11**	**25.00**
占合计%			**23.98**			**24.53**	**21.01**		
1990	80.34	41.78	32.65	40.64	92.16	30.09	29.55	98.21	70.73
1991	80.33	42.72	35.75	44.50	113.59	40.61	39.74	97.86	93.02
1992	80.14	43.20	37.86	47.24	41.86	15.85	11.35	71.61	26.27
1993	79.97	44.64	34.11	42.65	28.47	9.71	1.68	17.30	3.76
1994	79.67	44.64	18.11	22.73	90.56	16.40	12.77	77.87	28.61
1995	79.67	43.41	14.90	18.70	89.66	13.36	8.73	65.34	20.11
1996	79.67	43.41	4.00	5.02	75.00	3.00	1.42	47.33	3.27
1997	79.67	42.89	8.40	10.54	128.21	10.77	2.67	24.79	6.23
1998	79.67	42.45	4.63	5.81	141.04	6.53	3.51	53.75	8.27
1999	79.39	42.20	4.81	6.06	118.71	5.71	2.00	35.03	4.74
2000	79.39	42.40	10.40	13.10	139.33	14.49	5.00	34.51	11.79

5－20－16 山东省乐陵市历年棉花生产收购

年 度	耕地面积（万亩）	农业人口（万人）	棉田面积（万亩）	占耕地（%）	亩 产（市斤）	产 量（万担）	收购量（万担）	商品率（%）	人均交售（市斤）
52 年合计			**997.46**	**17.21**	**75.17**	**749.76**	**587.16**	**78.31**	**24.50**
11 年小计			**160.00**	**10.54**	**30.14**	**48.22**	**31.14**	**64.58**	**7.28**
占合计%			**16.04**			**6.43**	**5.30**		
1949	136.70	36.80	8.10	5.93	20.86	1.69			
1950	136.70	36.90	8.90	6.51	21.91	1.95			
1951	136.70	37.00	13.10	9.58	30.46	3.99			
1952	136.70	37.10	21.40	15.65	31.21	6.68	2.87	42.96	7.74
1953	139.60	37.70	15.00	10.74	18.40	2.76	1.31	47.46	3.47
1954	139.90	38.40	12.30	8.79	23.74	2.92	1.96	67.12	5.10
1955	140.40	39.30	16.20	11.54	36.91	5.98	4.51	75.42	11.48
1956	140.20	40.70	17.20	12.27	35.00	6.02	4.47	74.25	10.98
1957	141.90	40.30	14.70	10.36	29.39	4.32	3.53	81.71	8.76
1958	139.20	42.20	16.80	12.07	37.56	6.31	5.76	91.28	13.65
1959	130.00	41.40	16.30	12.54	34.36	5.60	6.73	120.18	16.26
10 年小计			**146.60**	**12.80**	**22.51**	**33.00**	**27.12**	**82.18**	**6.75**
占合计%			**14.70**			**4.40**	**4.62**		
1960	121.90	39.30	16.80	13.78	18.33	3.08	2.74	88.96	6.97
1961	119.40	39.80	13.20	11.06	12.12	1.60	0.16	10.00	0.40
1962	120.60	39.40	11.50	9.54	16.52	1.90	0.71	37.37	1.80
1963	120.30	38.80	12.70	10.56	16.06	2.04	1.87	91.67	4.82
1964	120.50	39.00	16.20	13.44	16.23	2.63	2.58	98.10	6.62
1965	112.00	39.20	17.10	15.27	30.35	5.19	4.98	95.95	12.70
1966	110.00	40.30	13.10	11.91	19.85	2.60	2.02	77.69	5.01
1967	108.00	40.90	15.00	13.89	28.20	4.23	3.40	80.38	8.31
1968	106.50	42.10	15.60	14.65	30.64	4.78	4.33	90.59	10.29
1969	106.20	43.10	15.40	14.50	32.14	4.95	4.33	87.47	10.05
10 年小计			**143.70**	**14.07**	**25.69**	**36.91**	**30.64**	**83.01**	**6.57**
占合计%			**14.41**			**4.92**	**5.22**		
1970	105.50	44.40	16.60	15.73	38.61	6.41	5.91	92.20	13.31
1971	104.10	44.96	17.30	16.62	32.83	5.68	4.91	86.44	10.92
1972	104.60	45.58	14.90	14.24	27.99	4.17	3.14	75.30	6.89
1973	102.50	45.83	16.20	15.80	29.44	4.77	4.26	89.31	9.30
1974	101.30	46.33	15.70	15.50	20.83	3.27	2.81	85.93	6.07
1975	101.09	46.84	14.80	14.64	25.00	3.70	3.20	86.49	6.83
1976	100.98	47.32	14.10	13.96	20.14	2.84	2.41	84.86	5.09
1977	100.71	47.91	13.80	13.70	18.84	2.60	0.87	33.46	1.82
1978	100.19	48.24	11.00	10.98	15.55	1.71	1.36	79.53	2.82
1979	100.20	48.64	9.30	9.28	18.92	1.76	1.77	100.57	3.64
10 年小计			**318.44**	**25.56**	**130.52**	**415.62**	**375.95**	**90.46**	**73.63**
占合计%			**31.93**			**55.43**	**64.03**		
1980	100.12	49.04	14.17	14.15	71.00	10.06	10.14	100.80	20.68
1981	100.09	49.58	27.19	27.17	91.76	24.95	22.66	90.82	45.70
1982	100.08	50.28	34.82	34.79	104.11	36.25	29.38	81.05	58.43
1983	100.08	50.55	35.86	35.83	149.19	53.50	47.84	89.42	94.64
1984	100.08	50.65	38.70	38.67	163.62	63.32	65.52	103.47	129.36
1985	100.08	51.20	26.69	26.67	177.33	47.33	34.76	73.44	67.89
1986	100.08	51.79	29.30	29.28	149.25	43.73	31.54	72.12	60.90
1987	100.08	52.02	33.84	33.81	140.75	47.63	49.21	103.32	94.60
1988	99.48	52.02	39.87	40.08	112.49	44.85	44.84	99.98	86.20
1989	102.17	53.46	38.00	37.19	115.79	44.00	40.06	91.05	74.93
11 年小计			**228.72**	**20.62**	**94.44**	**216.01**	**122.31**	**56.62**	**20.71**
占合计%			**22.93**			**28.81**	**20.83**		
1990	101.92	53.74	35.52	34.85	93.64	33.26	30.92	92.96	57.54
1991	101.71	54.01	46.55	45.77	101.10	47.06	45.47	96.62	84.19
1992	101.55	54.08	42.05	41.41	34.53	14.52	7.73	53.24	14.29
1993	101.35	54.70	20.00	19.73	55.00	11.00	2.07	18.82	3.78
1994	101.01	54.92	20.13	19.93	73.57	14.81	9.66	65.23	17.59
1995	100.81	54.98	13.61	13.50	85.08	11.58	3.84	33.16	6.98
1996	101.01	54.98	3.00	2.97	100.00	3.00	0.29	9.67	0.53
1997	100.20	54.00	4.72	4.71	107.84	5.09	0.17	3.34	0.31
1998	100.04	45.33	12.23	12.23	163.53	20.00	3.96	19.80	8.74
1999	99.97	54.90	10.77	10.77	180.13	19.40	2.00	10.31	3.64
2000	99.66	54.90	20.14	20.21	180.19	36.29	16.20	44.64	29.51

5-20-17 山东省临邑县历年棉花生产收购

年　度	耕地面积（万亩）	农业人口（万人）	棉田面积（万亩）	占耕地（%）	亩　产（市斤）	产　量（万担）	收购量（万担）	商品率（%）	人均交售（市斤）
52年合计			**1231.89**	**24.04**	**63.57**	**783.11**	**650.48**	**83.06**	**34.31**
11年小计			**247.70**	**18.25**	**39.31**	**97.38**	**64.36**	**66.09**	**18.37**
占合计%			**20.11**			**12.44**	**9.89**		
1949	123.60	29.30	10.40	8.41	19.81	2.06			
1950	123.20	29.40	12.70	10.31	28.43	3.61			
1951	123.90	30.90	21.80	17.59	24.04	5.24			
1952	126.40	30.20	25.40	20.09	40.24	10.22	5.20	50.88	17.22
1953	125.50	30.90	20.80	16.57	28.61	5.95	4.05	68.07	13.11
1954	126.60	32.40	19.70	15.56	41.22	8.12	4.67	57.51	14.41
1955	126.70	32.70	25.80	20.36	42.40	10.94	9.01	82.36	27.55
1956	123.30	33.50	25.10	20.36	45.02	11.30	8.61	76.19	25.70
1957	123.30	34.10	28.10	22.79	39.79	11.18	6.98	62.43	20.47
1958	122.40	34.20	28.00	22.88	60.14	16.84	15.39	91.39	45.00
1959	112.00	32.70	29.90	26.70	39.87	11.92	10.45	87.67	31.96
10年小计			**241.30**	**22.96**	**24.37**	**58.80**	**48.43**	**82.36**	**15.54**
占合计%			**19.59**			**7.51**	**7.45**		
1960	111.70	30.90	29.20	26.14	16.47	4.81	4.68	97.30	15.15
1961	109.40	31.00	15.60	14.26	2.24	0.35	0.07	20.00	0.23
1962	109.50	30.30	17.60	16.07	8.35	1.47	1.37	93.20	4.52
1963	110.90	29.40	22.90	20.65	24.41	5.59	0.53	9.48	1.80
1964	110.90	30.00	27.20	24.53	20.48	5.57	1.90	34.11	6.33
1965	102.60	30.30	27.00	26.32	31.74	8.57	8.36	97.55	27.59
1966	100.40	31.30	27.50	27.39	32.80	9.02	8.54	94.68	27.28
1967	99.80	32.10	27.30	27.35	32.64	8.91	8.26	92.70	25.73
1968	99.00	32.50	24.40	24.65	24.30	5.93	6.37	107.42	19.60
1969	96.60	33.90	22.60	23.40	37.96	8.58	8.35	97.32	24.63
10年小计			**185.70**	**20.48**	**25.56**	**47.47**	**36.75**	**77.42**	**9.90**
占合计%			**15.07**			**6.06**	**5.65**		
1970	95.20	34.90	22.10	23.21	39.59	8.75	3.32	37.94	9.51
1971	93.60	35.31	21.20	22.65	31.51	6.68	5.63	84.28	15.94
1972	92.20	36.03	19.10	20.72	29.74	5.68	5.09	89.61	14.13
1973	92.00	36.65	19.10	20.76	33.35	6.37	5.55	87.13	15.14
1974	90.80	37.19	18.80	20.70	18.24	3.43	3.08	89.80	8.28
1975	90.40	37.50	16.30	18.03	26.99	4.40	3.79	86.14	10.11
1976	89.36	37.89	16.80	18.80	16.13	2.71	2.04	75.28	5.38
1977	88.96	38.25	16.50	18.55	14.97	2.47	1.93	78.14	5.05
1978	87.29	38.53	18.60	21.31	19.57	3.64	3.06	84.07	7.94
1979	86.93	38.97	17.20	19.79	19.42	3.34	3.26	97.60	8.37
10年小计			**317.97**	**33.27**	**133.73**	**425.22**	**396.51**	**93.25**	**98.66**
占合计%			**25.81**			**54.30**	**60.96**		
1980	87.10	39.37	24.06	27.62	66.50	16.00	16.53	103.31	41.99
1981	86.93	39.19	28.96	33.31	91.02	26.36	25.35	96.17	64.68
1982	86.86	39.75	28.45	32.75	101.12	28.77	26.26	91.28	66.06
1983	86.83	39.95	33.53	38.62	149.12	50.00	46.68	93.36	116.85
1984	86.94	40.35	38.29	44.04	198.49	76.00	74.80	98.42	185.38
1985	86.60	40.42	31.08	35.89	149.42	46.44	39.44	84.93	97.58
1986	86.54	40.53	30.44	35.17	130.42	39.70	38.84	97.83	95.83
1987	86.47	40.61	35.24	40.75	167.28	58.95	56.13	95.22	138.22
1988	86.43	40.38	37.92	43.87	123.95	47.00	41.00	87.23	101.54
1989	86.57	41.36	30.00	34.65	120.00	36.00	31.48	87.44	76.11
11年小计			**239.22**	**25.39**	**64.48**	**154.24**	**104.43**	**67.71**	**22.67**
占合计%			**19.42**			**19.70**	**16.05**		
1990	86.49	40.51	35.23	40.73	65.29	23.00	19.49	84.74	48.11
1991	86.42	40.75	36.73	42.50	76.23	28.00	23.26	83.07	57.08
1992	86.36	41.16	38.45	44.52	33.81	13.00	6.03	46.38	14.65
1993	85.84	42.31	36.15	42.11	35.96	13.00	2.14	16.46	5.06
1994	86.16	42.50	31.89	37.01	47.04	15.00	11.67	77.80	27.46
1995	85.99	42.26	19.99	23.25	60.03	12.00	7.38	61.50	17.46
1996	86.16	42.26	8.00	9.29	62.50	5.00	1.00	20.00	2.37
1997	85.65	42.58	8.64	10.09	92.59	8.00	3.46	43.25	8.13
1998	84.61	42.06	5.87	6.94	144.29	8.47	5.39	63.64	12.82
1999	84.32	42.10	6.52	7.73	159.97	10.43	4.50	43.14	10.69
2000	84.06	42.17	11.75	13.98	156.09	18.34	20.11	109.65	47.69

5-20-18　山东省宁津县历年棉花生产收购

年　度	耕地面积（万亩）	农业人口（万人）	棉田面积（万亩）	占耕地（%）	亩　产（市斤）	产　量（万担）	收购量（万担）	商品率（%）	人均交售（市斤）
52 年合计			**1130.60**	**24.75**	**71.14**	**804.32**	**680.78**	**84.64**	**36.47**
11 年小计			**262.00**	**23.88**	**31.24**	**81.84**	**68.16**	**83.28**	**19.53**
占合计%			**23.17**			**10.18**	**10.01**		
1949	94.30	29.80	12.80	13.57	15.78	2.02	0.50	24.75	1.68
1950	103.50	31.50	22.80	22.03	21.49	4.90	1.50	30.61	4.76
1951	103.30	31.10	26.10	25.27	19.43	5.07	4.10	80.87	13.18
1952	100.60	31.00	29.10	28.93	24.19	7.04	5.30	75.28	17.10
1953	101.90	31.40	20.90	20.51	22.54	4.71	3.90	82.80	12.42
1954	102.20	31.40	25.10	24.56	42.47	10.66	9.10	85.37	28.98
1955	102.40	31.80	26.30	25.68	44.26	11.64	10.70	91.92	33.65
1956	99.40	32.60	30.20	30.38	38.28	11.56	10.66	92.21	32.70
1957	99.40	32.90	24.60	24.75	39.88	9.81	8.90	90.72	27.05
1958	96.60	32.90	20.50	21.22	30.54	6.26	5.80	92.65	17.63
1959	93.40	32.60	23.60	25.27	34.62	8.17	7.70	94.25	23.62
10 年小计			**188.00**	**20.72**	**34.10**	**64.11**	**48.95**	**76.35**	**15.56**
占合计%			**16.63**			**7.97**	**7.19**		
1960	92.30	30.90	22.90	24.81	16.07	3.68	3.20	86.96	10.36
1961	91.50	29.00	14.40	15.74	11.18	1.61	0.65	40.37	2.24
1962	91.60	30.00	11.70	12.77	14.44	1.69	1.30	76.92	4.33
1963	91.60	30.60	14.60	15.94	32.47	4.74	4.40	92.83	14.38
1964	91.50	31.10	17.40	19.02	30.00	5.22	4.90	93.87	15.76
1965	90.20	31.10	21.40	23.73	56.82	12.16	1.10	9.05	3.54
1966	90.10	32.00	22.00	24.42	43.73	9.62	9.40	97.71	29.38
1967	89.50	32.50	22.80	25.47	41.32	9.42	9.00	95.54	27.69
1968	89.40	33.30	20.00	22.37	34.30	6.86	6.30	91.84	18.92
1969	89.50	34.10	20.80	23.24	43.80	9.11	8.70	95.50	25.51
10 年小计			**171.90**	**19.76**	**38.84**	**66.77**	**61.90**	**92.71**	**16.66**
占合计%			**15.20**			**8.30**	**9.09**		
1970	89.40	35.00	18.00	20.13	66.61	11.99	11.58	96.58	33.09
1971	89.40	36.63	20.70	23.15	53.24	11.02	10.62	96.37	28.99
1972	87.60	36.04	18.00	20.55	31.83	5.73	5.20	90.75	14.43
1973	87.70	36.56	18.50	21.09	50.32	9.31	8.70	93.45	23.80
1974	87.60	36.93	18.60	21.23	34.73	6.46	6.10	94.43	16.52
1975	87.40	37.38	16.50	18.88	37.88	6.25	5.60	89.60	14.98
1976	86.50	37.79	17.00	19.65	28.59	4.86	4.00	82.30	10.58
1977	85.30	38.14	17.30	20.28	10.29	1.78	1.30	73.03	3.41
1978	84.50	38.45	14.70	17.40	29.18	4.29	4.10	95.57	10.66
1979	84.50	38.64	12.60	14.91	40.32	5.08	4.70	92.52	12.16
10 年小计			**302.10**	**33.97**	**133.01**	**401.83**	**365.00**	**90.83**	**93.20**
占合计%			**26.72**			**49.96**	**53.61**		
1980	84.30	38.72	22.30	26.45	100.04	22.31	22.00	98.61	56.82
1981	84.20	38.78	28.90	34.32	109.90	31.76	31.00	97.61	79.94
1982	84.10	38.87	33.70	40.07	106.74	35.97	32.00	88.96	82.33
1983	83.80	38.88	33.20	39.62	146.48	48.63	46.00	94.59	118.31
1984	83.50	39.20	34.40	41.20	165.41	56.90	52.00	91.39	132.65
1985	83.50	39.20	28.30	33.89	133.32	37.73	32.00	84.81	81.63
1986	82.90	39.11	27.10	32.69	142.99	38.75	31.00	80.00	79.26
1987	82.80	39.21	31.90	38.53	139.59	44.53	41.00	92.07	104.57
1988	80.30	39.82	33.80	42.09	139.79	47.25	44.00	93.12	110.50
1989	79.90	39.82	28.50	35.67	133.33	38.00	34.00	89.47	85.38
11 年小计			**206.60**	**23.90**	**91.85**	**189.77**	**136.77**	**72.07**	**31.08**
占合计%			**18.27**			**23.59**	**20.09**		
1990	79.60	40.17	42.30	53.14	75.65	32.00	29.00	90.63	72.19
1991	79.10	40.53	42.80	54.11	95.14	40.72	38.00	93.32	93.76
1992	79.00	40.76	38.60	48.86	53.65	20.71	12.00	57.94	29.44
1993	79.00	40.81	15.00	18.99	66.67	10.00	5.00	50.00	12.25
1994	78.90	40.46	19.70	24.97	81.22	16.00	12.50	78.13	30.89
1995	78.00	40.00	6.50	8.33	107.69	7.00	6.00	85.71	15.00
1996	78.00	40.00	2.50	3.21	108.00	2.70	2.30	85.19	5.75
1997	78.32	39.16	7.40	9.45	110.81	8.20	3.93	47.93	10.04
1998	78.23	38.94	8.00	10.23	116.25	9.30	5.23	56.24	13.43
1999	78.07	39.40	6.90	8.84	184.06	12.70	5.24	41.26	13.30
2000	78.07	39.81	16.90	21.65	180.12	30.44	17.57	57.72	44.13

5-20-19　山东省庆云县历年棉花生产收购

年　度	耕地面积（万亩）	农业人口（万人）	棉田面积（万亩）	占耕地（%）	亩　产（市斤）	产　量（万担）	收购量（万担）	商品率（%）	人均交售（市斤）
52年合计			**178.62**	**7.02**	**81.04**	**144.76**	**87.29**	**60.30**	**7.91**
11年小计			**12.10**	**1.86**	**16.53**	**2.00**			
占合计%			**6.77**			**1.38**			
1949	54.50	14.10	0.90	1.65	11.11	0.10			
1950	55.60	14.10	0.90	1.62	11.11	0.10			
1951	58.90	14.40	1.40	2.38	12.14	0.17			
1952	61.40	14.60	1.90	3.09	16.32	0.31			
1953	62.60	15.10	2.20	3.51	21.36	0.47			
1954	63.10	15.40	1.20	1.90	25.83	0.31			
1955	63.00	15.50	1.20	1.90	20.00	0.24			
1956	59.00	15.90	1.20	2.03	5.00	0.06			
1957	58.60	16.30	0.50	0.85	16.00	0.08			
1958	58.30	16.30	0.10	0.17	30.00	0.03			
1959	54.90	16.50	0.60	1.09	21.67	0.13			
10年小计			**9.00**	**1.78**	**20.11**	**1.81**			
占合计%			**5.04**			**1.25**			
1960	54.70	16.60	0.40	0.73	7.50	0.03			
1961	51.60	17.20	0.60	1.16	1.67	0.01			
1962	52.50	17.60	0.40	0.76	2.50	0.01			
1963	52.60	17.70	0.30	0.57	6.67	0.02			
1964	52.00	18.20	0.50	0.96	6.00	0.03			
1965	50.80	18.20	0.30	0.59	13.33	0.04			
1966	48.80	18.70	0.30	0.61	6.67	0.02			
1967	47.60	19.00	1.40	2.94	18.57	0.26			
1968	47.10	17.50	2.00	4.25	28.50	0.57			
1969	47.10	19.90	2.80	5.94	29.29	0.82			
10年小计			**10.55**	**2.29**	**19.91**	**2.10**			
占合计%			**5.91**			**1.45**			
1970	47.10	20.50	3.30	7.01	32.12	1.06			
1971	46.90	20.62	3.30	7.04	12.73	0.42			
1972	45.30	21.03	1.70	3.75	12.94	0.22			
1973	45.00	21.30	1.20	2.67	19.17	0.23			
1974	44.90	21.55	0.30	0.67	10.00	0.03			
1975	46.80	21.79	0.27	0.58	22.22	0.06			
1976	46.70	22.06	0.22	0.47	18.18	0.04			
1977	46.35	22.34	0.15	0.32	13.33	0.02			
1978	45.54	22.56	0.06	0.13	16.67	0.01			
1979	45.36	22.83	0.05	0.11	20.00	0.01			
10年小计			**83.85**	**44.95**	**108.40**	**90.89**	**63.33**	**69.68**	**26.26**
占合计%			**46.94**			**62.79**	**72.55**		
1980	45.36	23.05	1.29	2.84	30.23	0.39	0.37	94.87	1.61
1981	45.30	23.24	4.32	9.54	62.73	2.71	1.57	57.93	6.76
1982	45.21	23.39	5.63	12.45	80.28	4.52	2.29	50.66	9.79
1983	45.20	23.80	5.33	11.79	110.51	5.89	4.59	77.93	19.29
1984	45.07	24.11	10.47	23.23	115.85	12.13	10.84	89.37	44.96
1985	45.05	24.31	7.91	17.56	123.77	9.79	6.62	67.62	27.23
1986	44.96	24.38	6.73	14.97	97.47	6.56	4.64	70.73	19.03
1987	44.85	24.51	10.97	24.46	122.42	13.43	9.79	72.90	39.94
1988	44.73	24.85	14.80	33.09	116.35	17.22	11.68	67.83	47.00
1989	41.81	25.52	16.40	39.23	111.28	18.25	10.94	59.95	42.87
11年小计			**63.12**	**13.09**	**75.98**	**47.96**	**23.96**	**49.96**	**8.07**
占合计%			**35.34**			**33.13**	**27.45**		
1990	44.72	25.43	9.55	21.36	105.86	10.11	6.61	65.38	25.99
1991	44.72	25.18	18.45	41.26	108.02	19.93	10.02	50.28	39.79
1992	44.63	26.32	14.38	32.22	52.16	7.50	1.60	21.33	6.08
1993	44.61	26.33	7.96	17.84	18.84	1.50	0.45	30.00	1.71
1994	44.61	26.11	8.19	18.36	56.17	4.60	1.75	38.04	6.70
1995	44.37	25.69	1.01	2.28	101.98	1.03	0.85	82.52	3.31
1996	44.61	25.69	1.10	2.47	90.91	1.00	0.06	6.00	0.23
1997	44.37	25.69	0.65	1.46	103.08	0.67	0.02	2.99	0.08
1998	42.21	25.57	0.41	0.97	73.17	0.30	1.53	*	5.98
1999	41.66	39.40	0.69	1.66	89.86	0.62	0.25	40.32	0.63
2000	41.65	25.35	0.73	1.75	95.89	0.70	0.82	117.14	3.23

5－20－20　山东省惠民县历年棉花生产收购

年　度	耕地面积（万亩）	农业人口（万人）	棉田面积（万亩）	占耕地（%）	亩　产（市斤）	产　量（万担）	收购量（万担）	商品率（%）	人均交售（市斤）
52 年合计			**1493.21**	**22.96**	**69.87**	**1043.30**	**857.74**	**82.21**	**34.51**
11 年小计			**259.30**	**14.87**	**34.89**	**90.47**	**67.44**	**74.54**	**15.04**
占合计%			**17.37**			**8.67**	**7.86**		
1949	150.10	39.20	9.00	6.00	26.00	2.34			
1950	151.60	40.40	11.60	7.65	27.50	3.19			
1951	165.30	39.70	26.90	16.27	28.03	7.54			
1952	166.20	39.60	22.10	13.30	34.25	7.57	4.29	56.67	10.83
1953	167.30	40.10	17.80	10.64	42.42	7.55	4.17	55.23	10.40
1954	167.20	40.40	21.50	12.86	33.72	7.25	4.69	64.69	11.61
1955	168.10	41.10	26.00	15.47	36.00	9.36	9.45	100.96	22.99
1956	163.70	41.10	31.80	19.43	36.98	11.76	10.53	89.54	25.62
1957	158.10	42.80	30.80	19.48	40.00	12.32	11.04	89.61	25.79
1958	150.50	42.50	28.30	18.80	44.88	12.70	12.70	100.00	29.88
1959	136.00	41.40	33.50	24.63	26.54	8.89	10.57	118.90	25.53
10 年小计			**223.10**	**17.81**	**24.81**	**55.34**	**51.25**	**92.61**	**12.28**
占合计%			**14.94**			**5.30**	**5.98**		
1960	134.40	41.30	31.70	23.59	11.23	3.56	2.98	83.71	7.22
1961	129.20	37.70	16.40	12.69	4.09	0.67	0.44	65.67	1.17
1962	127.50	39.50	10.80	8.47	6.02	0.65	0.42	64.62	1.06
1963	128.00	39.90	19.20	15.00	25.89	4.97	4.69	94.37	11.75
1964	124.80	40.50	28.20	22.60	18.40	5.19	4.90	94.41	12.10
1965	123.00	41.00	27.70	22.52	41.59	11.52	10.81	93.84	26.37
1966	123.10	42.80	23.00	18.68	20.39	4.69	4.54	96.80	10.61
1967	121.00	44.00	22.50	18.60	36.13	8.13	7.60	93.48	17.27
1968	121.20	44.70	21.80	17.99	34.31	7.48	7.19	96.12	16.09
1969	120.40	45.80	21.80	18.11	38.90	8.48	7.68	90.57	16.77
10 年小计			**200.85**	**17.21**	**27.38**	**55.00**	**50.47**	**91.76**	**10.04**
占合计%			**13.45**			**5.27**	**5.88**		
1970	118.00	47.20	24.20	20.51	46.03	11.14	10.80	96.95	22.88
1971	117.80	48.13	22.50	19.10	27.73	6.24	5.97	95.67	12.40
1972	118.00	49.06	18.50	15.68	25.14	4.65	4.30	92.47	8.76
1973	117.50	49.90	19.80	16.85	29.29	5.80	5.25	90.52	10.52
1974	116.62	50.53	18.72	16.05	19.50	3.65	3.21	87.95	6.35
1975	116.63	51.14	18.94	16.24	30.20	5.72	5.20	90.91	10.17
1976	116.24	51.64	20.63	17.75	18.57	3.83	3.22	84.07	6.24
1977	115.99	50.05	20.76	17.90	18.26	3.79	3.26	86.02	6.51
1978	115.44	52.22	19.31	16.73	24.18	4.67	4.04	86.51	7.74
1979	115.09	52.59	17.49	15.20	31.50	5.51	5.22	94.74	9.93
10 年小计			**444.05**	**39.40**	**116.46**	**517.14**	**452.31**	**87.46**	**85.74**
占合计%			**29.74**			**49.57**	**52.73**		
1980	114.94	48.16	26.14	22.74	66.49	17.38	17.94	103.22	37.25
1981	114.32	52.84	36.11	31.59	78.21	28.24	27.04	95.75	51.17
1982	113.93	52.86	52.49	46.07	87.65	46.01	37.90	82.37	71.70
1983	113.45	52.99	53.11	46.81	122.65	65.14	58.91	90.44	111.17
1984	112.40	53.04	57.99	51.59	139.97	81.17	78.74	97.01	148.45
1985	111.86	53.14	40.86	36.53	119.73	48.92	42.34	86.55	79.68
1986	111.66	53.12	37.73	33.79	131.51	49.62	35.68	71.91	67.17
1987	111.50	53.50	44.16	39.61	142.21	62.80	57.06	90.86	106.65
1988	111.54	53.88	49.37	44.26	127.32	62.86	47.78	76.01	88.68
1989	111.36	54.02	46.09	41.39	119.33	55.00	48.92	88.95	90.56
11 年小计			**365.91**	**30.16**	**88.92**	**325.35**	**236.27**	**72.62**	**40.07**
占合计%			**24.50**			**31.18**	**27.55**		
1990	110.70	54.23	56.68	51.20	75.44	42.76	38.92	91.02	71.77
1991	110.62	54.22	59.18	53.50	102.11	60.43	54.84	90.75	101.14
1992	110.30	54.49	58.83	53.34	32.62	19.19	16.93	88.22	31.07
1993	110.24	54.38	34.80	31.57	62.04	21.59	9.95	46.09	18.30
1994	110.17	51.94	35.80	32.50	83.77	29.99	20.76	69.22	39.97
1995	110.10	53.57	23.05	20.94	121.13	27.92	20.51	73.46	38.29
1996	110.17	53.57	14.00	12.71	121.43	17.00	15.01	88.29	28.02
1997	110.07	53.69	24.14	21.93	74.86	18.07	16.17	89.49	30.12
1998	110.34	53.59	19.55	17.72	136.42	26.67	18.77	70.38	35.03
1999	110.28	53.10	17.78	16.12	152.76	27.16	8.78	32.33	16.53
2000	110.25	52.90	22.10	20.05	156.43	34.57	15.63	45.21	29.55

5－20－21　山东省滨州县历年棉花生产收购

年　度	耕地面积（万亩）	农业人口（万人）	棉田面积（万亩）	占耕地（%）	亩　产（市斤）	产　量（万担）	收购量（万担）	商品率（%）	人均交售（市斤）
52 年合计			**1367.69**	**36.69**	**62.43**	**853.84**	**715.99**	**83.86**	**42.02**
11 年小计			**403.15**	**39.84**	**41.22**	**166.17**	**114.15**	**68.69**	**37.97**
占合计%			**29.48**			**19.46**	**15.94**		
1949	97.30	26.00	27.00	27.75	30.00	8.10			
1950	96.80	26.20	28.12	29.05	30.41	8.55			
1951	95.50	26.50	36.24	37.95	29.94	10.85			
1952	95.50	26.80	38.00	39.79	44.68	16.98	7.47	43.99	27.87
1953	95.60	27.20	38.00	39.75	40.50	15.39	13.54	87.98	49.78
1954	93.60	28.60	37.21	39.75	46.01	17.12	11.13	65.01	38.92
1955	94.30	27.70	42.26	44.81	42.00	17.75	17.60	99.15	63.54
1956	94.00	27.90	46.34	49.30	41.41	19.19	16.69	86.97	59.82
1957	93.00	28.30	42.43	45.62	31.51	13.37	12.08	90.35	42.69
1958	80.00	27.90	35.33	44.16	72.04	25.45	21.43	84.20	76.81
1959	76.20	27.50	32.22	42.28	41.65	13.42	14.21	105.89	51.67
10 年小计			**223.10**	**31.34**	**35.83**	**79.93**	**78.01**	**97.60**	**27.82**
占合计%			**16.31**			**9.36**	**10.90**		
1960	72.40	26.80	31.70	43.78	12.65	4.01	3.53	88.03	13.17
1961	72.00	26.50	16.40	22.78	11.46	1.88	1.47	78.19	5.55
1962	72.20	26.80	10.80	14.96	16.39	1.77	1.39	78.53	5.19
1963	71.90	27.00	19.20	26.70	51.67	9.92	10.05	101.31	37.22
1964	73.50	27.20	28.20	38.37	25.04	7.06	6.98	98.87	25.66
1965	71.00	28.00	27.70	39.01	53.32	14.77	14.20	96.14	50.71
1966	70.30	28.50	23.00	32.72	42.00	9.66	9.83	101.76	34.49
1967	70.90	29.20	22.50	31.73	49.02	11.03	11.06	100.27	37.88
1968	70.00	29.70	21.80	31.14	39.36	8.58	8.63	100.58	29.06
1969	67.60	30.70	21.80	32.25	51.61	11.25	10.87	96.62	35.41
10 年小计			**203.17**	**31.05**	**28.69**	**58.28**	**55.92**	**95.95**	**16.44**
占合计%			**14.85**			**6.83**	**7.81**		
1970	67.90	32.34	24.04	35.41	52.95	12.73	12.22	95.99	37.79
1971	67.90	33.31	23.15	34.09	21.17	4.90	7.40	151.02	22.22
1972	67.20	36.10	16.30	24.26	27.98	4.56	4.19	91.89	11.61
1973	66.10	32.80	17.04	25.78	35.50	6.05	5.81	96.03	17.71
1974	66.06	33.34	17.87	27.05	22.94	4.10	2.27	55.37	6.81
1975	65.41	34.00	19.51	29.83	37.42	7.30	7.00	95.89	20.59
1976	64.64	34.26	19.91	30.80	22.40	4.46	3.96	88.79	11.56
1977	63.71	34.53	29.58	46.43	14.23	4.21	4.13	98.10	11.96
1978	63.05	34.62	19.12	30.33	22.23	4.25	3.66	86.12	10.57
1979	62.46	34.81	16.65	26.66	34.35	5.72	5.28	92.31	15.17
10 年小计			**295.48**	**48.74**	**116.41**	**343.97**	**307.56**	**89.41**	**89.16**
占合计%			**21.60**			**40.29**	**42.96**		
1980	62.12	35.17	21.96	35.35	55.33	12.15	11.88	97.78	33.78
1981	61.72	35.65	27.81	45.06	84.72	23.56	22.53	95.63	63.20
1982	61.29	39.39	35.30	57.60	105.13	37.11	35.48	95.61	90.07
1983	56.03	29.47	33.58	59.93	127.64	42.86	38.98	90.95	132.27
1984	55.88	29.48	34.23	61.26	159.04	54.44	52.14	95.78	176.87
1985	55.56	29.35	25.49	45.88	146.33	37.30	27.72	74.32	94.45
1986	55.77	29.38	25.80	46.26	92.25	23.80	23.30	97.90	79.31
1987	64.25	37.39	27.78	43.24	125.49	34.86	31.32	89.85	83.77
1988	64.30	39.78	30.51	47.45	129.47	39.50	28.94	73.27	72.75
1989	69.37	39.90	33.02	47.60	116.26	38.39	35.27	91.87	88.40
11 年小计			**242.79**	**32.66**	**84.64**	**205.49**	**160.35**	**78.03**	**36.62**
占合计%			**17.75**			**24.07**	**22.40**		
1990	68.76	40.57	36.72	53.40	52.97	19.45	20.39	104.83	50.26
1991	68.85	40.79	39.53	57.41	115.96	45.84	36.75	80.17	90.10
1992	68.32	41.17	24.13	35.32	89.64	21.63	12.87	59.50	31.26
1993	68.43	40.71	25.33	37.02	52.51	13.30	5.20	39.10	12.77
1994	67.83	40.31	25.64	37.80	83.46	21.40	3.98	18.60	9.87
1995	67.65	39.87	27.65	40.87	88.97	24.60	20.91	85.00	52.45
1996	67.83	39.37	23.44	34.56	63.05	14.78	12.56	84.98	31.90
1997	67.01	39.37	10.82	16.15	80.31	8.69	8.38	96.43	21.29
1998	66.83	38.91	11.03	16.50	95.74	10.56	19.65	186.08	50.50
1999	66.00	38.40	8.50	12.88	125.18	10.64	14.66	137.78	38.18
2000	65.96	38.46	10.00	15.16	146.00	14.6	5.00	34.25	13.00

5-20-22 山东省阳信县历年棉花生产收购

年度	耕地面积（万亩）	农业人口（万人）	棉田面积（万亩）	占耕地（%）	亩产（市斤）	产量（万担）	收购量（万担）	商品率（%）	人均交售（市斤）
52年合计			**716.13**	**17.50**	**63.22**	**452.77**	**404.87**	**89.42**	**23.45**
11年小计			**111.60**	**10.36**	**28.21**	**31.48**	**17.89**	**56.83**	**5.83**
占合计%			**15.58**			**6.95**	**4.42**		
1949	87.10	25.40	4.40	5.05	14.09	0.62			
1950	87.50	26.00	6.30	7.20	28.41	1.79			
1951	103.20	26.50	10.80	10.47	15.56	1.68			
1952	103.20	27.00	10.70	10.37	30.28	3.24	0.69	21.30	2.56
1953	103.20	27.50	9.50	9.21	31.58	3.00	1.84	61.33	6.69
1954	102.90	28.10	8.30	8.07	31.93	2.65	0.83	31.32	2.95
1955	102.80	28.70	9.50	9.24	28.95	2.75	1.93	70.18	6.72
1956	100.60	29.30	12.90	12.82	28.60	3.69	1.91	51.76	6.52
1957	100.90	29.30	12.50	12.39	31.92	3.99	2.98	74.69	10.17
1958	96.80	29.80	12.00	12.40	32.92	3.95	3.95	100.00	13.26
1959	89.40	29.20	14.70	16.44	28.03	4.12	3.76	91.26	12.88
10年小计			**85.10**	**10.37**	**19.19**	**16.33**	**13.27**	**81.26**	**4.71**
占合计%			**11.88**			**3.61**	**3.28**		
1960	88.40	27.00	9.80	11.09	13.06	1.28	0.91	71.09	3.37
1961	87.40	27.40	7.30	8.35	3.56	0.26	0.08	30.77	0.29
1962	86.20	26.60	4.90	5.68	2.24	0.11	0.05	45.45	0.19
1963	86.10	26.50	6.20	7.20	14.52	0.90	0.76	84.44	2.87
1964	80.80	27.00	9.50	11.76	13.37	1.27	1.11	87.40	4.11
1965	79.00	28.00	9.40	11.90	30.53	2.87	2.50	87.11	8.93
1966	79.00	28.00	9.50	12.03	17.58	1.67	1.17	70.06	4.18
1967	77.80	29.30	9.50	12.21	24.84	2.36	2.10	88.98	7.17
1968	77.80	30.30	9.40	12.08	30.32	2.85	2.39	83.86	7.89
1969	77.90	31.40	9.60	12.32	28.75	2.76	2.20	79.71	7.01
10年小计			**81.53**	**11.17**	**22.51**	**18.35**	**13.72**	**74.77**	**3.95**
占合计%			**11.38**			**4.05**	**3.39**		
1970	75.60	32.30	10.70	14.15	40.75	4.36	3.75	86.01	11.61
1971	74.53	32.78	9.30	12.48	26.67	2.48	2.05	82.66	6.25
1972	74.60	33.57	7.30	9.79	24.25	1.77	1.28	72.32	3.81
1973	73.56	34.35	8.00	10.88	31.25	2.50	1.51	60.40	4.40
1974	73.19	34.84	7.10	9.70	13.80	0.98	0.69	70.41	1.98
1975	72.59	35.24	7.90	10.88	22.78	1.80	1.43	79.44	4.06
1976	71.58	35.58	9.40	13.13	13.83	1.30	0.91	70.00	2.56
1977	71.47	35.96	9.70	13.57	12.58	1.22	0.77	63.11	2.14
1978	71.39	36.18	7.80	10.93	14.10	1.10	0.65	59.09	1.80
1979	71.16	36.56	4.33	6.08	19.40	0.84	0.68	80.95	1.86
10年小计			**248.92**	**35.40**	**102.06**	**254.05**	**236.07**	**92.92**	**63.60**
占合计%			**34.76**			**56.11**	**58.31**		
1980	71.25	36.71	8.21	11.52	44.21	3.63	5.14	141.60	14.00
1981	70.96	36.84	14.69	20.70	66.58	9.78	9.19	93.97	24.95
1982	70.86	36.91	23.75	33.52	87.07	20.68	16.31	78.87	44.19
1983	70.75	37.18	27.91	39.45	111.90	31.23	27.19	87.06	73.13
1984	70.73	37.16	31.65	44.75	133.27	42.18	41.92	99.38	112.81
1985	70.55	37.20	22.36	31.69	100.67	22.51	22.73	100.98	61.10
1986	69.95	37.08	19.93	28.49	92.52	18.44	18.35	99.51	49.49
1987	69.46	37.37	32.04	46.13	114.23	36.60	30.76	84.04	82.31
1988	69.37	37.22	35.12	50.63	102.96	36.16	32.52	89.93	87.37
1989	69.36	37.49	33.26	47.95	98.74	32.84	31.96	97.32	85.25
11年小计			**188.98**	**24.85**	**70.14**	**132.56**	**123.92**	**93.48**	**29.55**
占合计%			**26.39**			**29.28**	**30.61**		
1990	69.36	38.22	41.41	59.70	42.45	17.58	18.56	105.57	48.56
1991	69.35	38.46	39.00	56.24	91.03	35.50	30.45	85.77	79.17
1992	69.32	38.55	35.05	50.56	29.10	10.20	10.08	98.82	26.15
1993	69.31	38.28	13.14	18.96	47.18	6.20	4.85	78.23	12.67
1994	69.30	38.06	16.27	23.48	81.56	13.27	12.30	92.69	32.32
1995	69.26	38.22	11.33	16.36	101.41	11.49	9.01	78.42	23.57
1996	69.30	38.22	6.40	9.24	78.13	5.00	4.50	90.00	11.77
1997	69.26	37.78	6.66	9.62	101.05	6.73	6.50	96.58	17.20
1998	69.25	37.98	7.58	10.95	92.88	7.04	8.58	121.88	22.59
1999	68.35	37.80	5.74	8.40	164.81	9.46	9.54	100.85	25.24
2000	68.35	37.81	6.40	9.36	157.66	10.09	9.55	94.65	25.26

5－20－23　山东省无棣县历年棉花生产收购

年　度	耕地面积（万亩）	农业人口（万人）	棉田面积（万亩）	占耕地（%）	亩　产（市斤）	产　量（万担）	收购量（万担）	商品率（%）	人均交售（市斤）
52 年合计			**376.95**	**8.34**	**75.45**	**284.40**	**215.73**	**75.85**	**12.87**
11 年小计			**33.20**	**3.06**	**14.43**	**4.79**	**1.01**	**21.09**	**0.38**
占合计%			**8.81**			**1.68**	**0.47**		
1949	93.40	22.60	1.90	2.03	1.05	0.02			
1950	93.00	22.90	1.80	1.94	9.44	0.17			
1951	100.80	23.20	5.40	5.36	11.85	0.64			
1952	102.90	23.60	3.80	3.69	26.32	1.00	0.11	11.00	0.47
1953	102.90	24.00	3.30	3.21	9.09	0.30	0.01	3.33	0.04
1954	102.10	24.50	3.00	2.94	22.00	0.66	0.06	9.09	0.24
1955	103.10	24.80	2.10	2.04	28.57	0.60	0.13	21.67	0.52
1956	105.10	25.60	6.10	5.80	9.67	0.59	0.19	32.20	0.74
1957	99.40	25.80	2.60	2.62	14.62	0.38	0.14	36.84	0.54
1958	92.60	25.50	1.60	1.73	13.75	0.22	0.18	81.82	0.71
1959	88.10	25.20	1.60	1.82	13.13	0.21	0.19	90.48	0.75
10 年小计			**19.80**	**2.31**	**18.48**	**3.66**	**1.38**	**37.70**	**0.50**
占合计%			**5.25**			**1.29**	**0.64**		
1960	86.40	25.68	5.10	5.90	12.16	0.62	0.05	8.06	0.19
1961	86.90	25.77	0.90	1.04	2.22	0.02			
1962	86.60	26.11	0.60	0.69	5.00	0.03			
1963	88.80	26.07	1.60	1.80	5.63	0.09			
1964	87.60	27.29	2.20	2.51	12.73	0.28	0.05	17.86	0.18
1965	86.00	27.69	0.80	0.93	20.00	0.16			
1966	83.70	28.55	0.80	0.96	2.50	0.02			
1967	83.70	29.16	2.30	2.75	27.83	0.64	0.52	81.25	1.78
1968	83.50	29.94	2.50	2.99	28.40	0.71	0.32	45.07	1.07
1969	83.40	30.66	3.00	3.60	36.33	1.09	0.44	40.37	1.44
10 年小计			**16.50**	**1.97**	**18.55**	**3.06**	**1.06**	**34.64**	**0.31**
占合计%			**4.38**			**1.08**	**0.49**		
1970	83.30	31.68	4.30	5.16	29.07	1.25	0.70	56.00	2.21
1971	81.80	32.16	3.10	3.79	12.58	0.39	0.23	58.97	0.72
1972	82.80	32.74	1.60	1.93	12.50	0.20	0.04	20.00	0.12
1973	82.40	33.39	2.20	2.67	15.91	0.35	0.08	22.86	0.24
1974	82.40	34.06	1.00	1.21	11.00	0.11			
1975	86.10	34.66	1.10	1.28	21.82	0.24	0.01	4.17	0.03
1976	85.80	35.13	1.10	1.28	10.91	0.12			
1977	84.70	35.60	0.80	0.94	11.25	0.09			
1978	84.40	35.89	0.60	0.71	23.33	0.14			
1979	84.00	36.18	0.70	0.83	24.29	0.17			
10 年小计			**129.42**	**15.66**	**105.21**	**136.16**	**108.45**	**79.65**	**29.26**
占合计%			**34.33**			**47.88**	**50.27**		
1980	83.60	36.66	1.20	1.44	40.00	0.48			
1981	83.60	36.53	1.50	1.79	59.33	0.89	0.59	66.29	1.62
1982	83.60	36.77	4.60	5.50	58.26	2.68	1.66	61.94	4.51
1983	82.70	37.01	8.30	10.04	63.73	5.29	4.09	77.32	11.05
1984	82.20	37.17	14.60	17.76	107.88	15.75	14.83	94.16	39.90
1985	82.00	37.16	13.70	16.71	111.09	15.22	12.95	85.09	34.85
1986	81.90	37.26	10.70	13.06	106.07	11.35	10.04	88.46	26.95
1987	81.70	37.34	19.70	24.11	123.35	24.30	17.54	72.18	46.97
1988	82.60	37.24	25.80	31.23	116.71	30.11	23.49	78.01	63.08
1989	82.58	37.52	29.32	35.50	102.63	30.09	23.26	77.30	61.99
11 年小计			**178.03**	**19.48**	**76.80**	**136.73**	**103.83**	**75.94**	**24.78**
占合计%			**47.23**			**48.08**	**48.13**		
1990	84.22	38.51	38.51	45.73	78.21	30.12	19.33	64.18	50.19
1991	84.48	38.73	40.06	47.42	88.27	35.36	29.07	82.21	75.06
1992	84.17	38.75	30.20	35.88	59.37	17.93	15.71	87.62	40.54
1993	83.12	38.54	15.48	18.62	49.81	7.71	6.87	89.11	17.83
1994	83.10	38.64	16.60	19.98	66.33	11.01	10.01	90.92	25.91
1995	82.80	38.45	5.71	6.90	87.74	5.01	4.17	83.23	10.85
1996	83.06	38.45	4.00	4.82	65.75	2.63	1.46	55.51	3.80
1997	82.79	38.07	5.98	7.22	43.98	2.63	1.95	74.14	5.12
1998	82.19	36.88	4.50	5.48	52.44	2.36	3.41	144.49	9.25
1999	81.98	37.00	8.12	9.90	97.04	7.88	5.49	69.67	14.84
2000	82.01	37.03	8.87	10.82	158.85	14.09	6.36	45.14	17.18

5－20－24　山东省沾化县历年棉花生产收购

年　　度	耕地面积（万亩）	农业人口（万人）	棉田面积（万亩）	占耕地（%）	亩　产（市斤）	产　量（万担）	收购量（万担）	商品率（%）	人均交售（市斤）
52 年合计			**933.74**	**17.47**	**54.37**	**507.64**	**405.47**	**79.87**	**23.59**
11 年小计			**224.10**	**14.71**	**25.90**	**58.04**	**40.18**	**69.23**	**12.70**
占合计%			**24.00**			**11.43**	**9.91**		
1949	129.80	27.40	9.70	7.47	26.19	2.54			
1950	159.80	27.80	12.90	8.07	15.89	2.05			
1951	134.90	28.10	23.80	17.64	20.17	4.80			
1952	144.50	28.40	19.20	13.29	38.07	7.31	3.92	53.63	13.80
1953	144.50	28.60	18.50	12.80	19.03	3.52	2.26	64.20	7.90
1954	146.40	28.60	19.10	13.05	33.40	6.38	3.40	53.29	11.89
1955	143.30	29.20	25.20	17.59	34.96	8.81	8.45	95.91	28.94
1956	143.40	30.00	29.70	20.71	20.94	6.22	4.41	70.90	14.70
1957	141.90	30.20	25.70	18.11	22.57	5.80	4.48	77.24	14.83
1958	120.20	29.00	21.20	17.64	27.03	5.73	5.73	100.00	19.76
1959	114.30	29.20	19.10	16.71	25.55	4.88	7.53	154.30	25.79
10 年小计			**115.80**	**11.30**	**18.11**	**20.97**	**17.31**	**82.55**	**5.99**
占合计%			**12.40**			**4.13**	**4.27**		
1960	106.80	27.20	10.80	10.11	16.02	1.73	1.57	90.75	5.77
1961	100.00	27.60	7.70	7.70	4.94	0.38	0.23	60.53	0.83
1962	100.30	23.60	8.50	8.47	5.18	0.44	0.31	70.45	1.31
1963	105.20	28.30	9.20	8.75	12.17	1.12	0.82	73.21	2.90
1964	103.90	28.10	18.70	18.00	12.03	2.25	1.69	75.11	6.01
1965	101.00	29.00	16.60	16.44	21.87	3.63	3.31	91.18	11.41
1966	104.00	30.00	10.80	10.38	12.50	1.35	1.22	90.37	4.07
1967	100.00	30.70	10.70	10.70	31.21	3.34	2.68	80.24	8.73
1968	101.10	31.70	11.20	11.08	33.21	3.72	3.24	87.10	10.22
1969	102.90	32.60	11.60	11.27	25.95	3.01	2.24	74.42	6.87
10 年小计			**90.03**	**8.81**	**21.40**	**19.27**	**14.39**	**74.68**	**3.91**
占合计%			**9.64**			**3.80**	**3.55**		
1970	101.70	33.80	11.50	11.31	38.78	4.46	3.80	85.20	11.24
1971	101.76	34.55	12.00	11.79	21.58	2.59	1.90	73.36	5.50
1972	104.10	35.66	8.10	7.78	18.52	1.50	1.06	70.67	2.97
1973	102.21	36.42	9.45	9.25	23.39	2.21	1.68	76.02	4.61
1974	102.66	37.10	8.83	8.60	13.70	1.21	1.04	85.95	2.80
1975	101.07	37.60	9.05	8.95	28.29	2.56	2.03	79.30	5.40
1976	102.06	37.91	9.16	8.98	14.52	1.33	0.98	73.68	2.59
1977	102.21	38.25	8.34	8.16	17.63	1.47	0.78	53.06	2.04
1978	102.21	38.41	8.28	8.10	11.59	0.96	0.55	57.29	1.43
1979	101.55	38.68	5.32	5.24	18.42	0.98	0.57	58.16	1.47
10 年小计			**246.45**	**28.79**	**96.44**	**237.68**	**202.16**	**85.06**	**56.89**
占合计%			**26.39**			**46.82**	**49.86**		
1980	100.40	38.88	7.42	7.39	27.63	2.05	2.08	101.46	5.35
1981	72.85	38.51	8.93	12.26	54.65	4.88	3.55	72.75	9.22
1982	99.70	39.02	19.09	19.15	62.23	11.88	8.26	69.53	21.17
1983	99.59	39.04	30.27	30.39	86.79	26.27	18.09	68.86	46.34
1984	80.62	33.19	32.25	40.00	124.09	40.02	33.91	84.73	102.17
1985	80.78	33.35	26.79	33.16	108.70	29.12	24.41	83.83	73.19
1986	80.51	32.83	21.18	26.31	84.32	17.86	16.62	93.06	50.62
1987	80.31	32.86	32.04	39.90	114.23	36.60	30.76	84.04	93.61
1988	80.50	33.70	35.12	43.63	102.96	36.16	32.52	89.93	96.50
1989	80.78	33.98	33.36	41.30	98.44	32.84	31.96	97.32	94.06
11 年小计			**257.36**	**28.04**	**66.71**	**171.68**	**131.43**	**76.56**	**33.72**
占合计%			**27.56**			**33.82**	**32.41**		
1990	81.47	35.67	41.65	51.12	34.17	14.23	12.37	86.93	34.68
1991	82.67	36.29	44.28	53.56	81.75	36.20	32.54	89.89	89.67
1992	82.53	36.44	41.39	50.15	46.53	19.26	14.55	75.55	39.93
1993	83.44	36.53	32.63	39.11	39.20	12.79	5.43	42.46	14.86
1994	83.43	36.45	15.00	17.98	80.00	12.00	11.20	93.33	30.73
1995	83.71	35.05	11.00	13.14	74.55	8.20	8.12	99.02	23.17
1996	83.43	35.05	12.00	14.38	75.00	9.00	8.77	97.44	25.02
1997	83.71	35.08	14.00	16.72	92.86	13.00	6.76	52.00	19.27
1998	82.84	34.19	14.70	17.75	81.63	12.00	9.91	82.58	28.99
1999	85.09	34.50	15.14	17.79	105.68	16.00	7.22	45.13	20.93
2000	85.6	34.50	15.57	18.19	122.03	19.00	14.56	76.63	42.20

5－20－25　山东省博兴县历年棉花生产收购

年　度	耕地面积（万亩）	农业人口（万人）	棉田面积（万亩）	占耕地（%）	亩　产（市斤）	产　量（万担）	收购量（万担）	商品率（%）	人均交售（市斤）
52 年合计			**1017.81**	**22.39**	**62.65**	**637.64**	**555.11**	**87.06**	**27.50**
11 年小计			**296.00**	**22.91**	**35.48**	**105.02**	**67.51**	**64.28**	**17.92**
占合计%			**29.08**			**16.47**	**12.16**		
1949	118.00	31.20	18.90	16.02	38.89	7.35			
1950	118.10	32.00	19.10	16.17	49.42	9.44			
1951	120.70	32.70	31.30	25.93	28.79	9.01			
1952	123.80	33.40	26.30	21.24	35.44	9.32	3.39	36.37	10.15
1953	123.60	33.80	28.20	22.82	35.35	9.97	8.76	87.86	25.92
1954	123.10	34.50	26.50	21.53	39.55	10.48	8.52	81.30	24.70
1955	121.20	35.20	30.30	25.00	39.74	12.04	11.71	97.26	33.27
1956	120.50	35.90	34.20	28.38	31.43	10.75	10.75	100.00	29.94
1957	117.40	36.60	29.70	25.30	22.49	6.68	6.41	95.96	17.51
1958	108.10	35.80	26.00	24.05	44.54	11.58	10.58	91.36	29.55
1959	97.70	35.60	25.50	26.10	32.94	8.40	7.39	87.98	20.76
10 年小计			**169.60**	**18.59**	**18.35**	**31.13**	**24.30**	**78.06**	**6.92**
占合计%			**16.66**			**4.88**	**4.38**		
1960	92.30	33.30	21.30	23.08	6.34	1.35	1.02	75.56	3.06
1961	88.50	33.40	9.20	10.40	4.35	0.40	0.18	45.00	0.54
1962	90.10	32.60	9.50	10.54	3.16	0.30	0.19	63.33	0.58
1963	89.30	33.10	12.50	14.00	24.64	3.08	3.01	97.73	9.09
1964	92.40	33.80	24.40	26.41	7.30	1.78	1.76	98.88	5.21
1965	93.00	35.00	21.40	23.01	28.79	6.16	5.96	96.75	17.03
1966	93.30	35.90	20.00	21.44	13.70	2.74	2.50	91.24	6.96
1967	91.90	36.90	17.70	19.26	27.12	4.80	4.57	95.21	12.38
1968	91.20	37.90	16.80	18.42	32.44	5.45	0.85	15.60	2.24
1969	90.10	39.10	16.80	18.65	30.18	5.07	4.26	84.02	10.90
10 年小计			**123.62**	**14.12**	**27.49**	**33.98**	**29.73**	**87.49**	**6.82**
占合计%			**12.15**			**5.33**	**5.36**		
1970	89.70	40.50	17.00	18.95	35.35	6.01	5.47	91.01	13.51
1971	89.10	41.09	16.30	18.29	30.98	5.05	4.40	87.13	10.71
1972	89.50	42.15	11.80	13.18	27.54	3.25	3.27	100.62	7.76
1973	88.28	42.89	11.30	12.80	31.50	3.56	3.00	84.27	6.99
1974	87.73	43.50	10.70	12.20	17.66	1.89	1.47	77.78	3.38
1975	87.16	44.09	11.70	13.42	36.75	4.30	3.90	90.70	8.85
1976	86.69	44.78	12.80	14.77	19.14	2.45	1.54	62.86	3.44
1977	86.60	45.36	12.00	13.86	23.33	2.80	3.28	117.14	7.23
1978	85.52	45.54	11.60	13.56	19.31	2.24	1.55	69.20	3.40
1979	85.42	45.86	8.42	9.86	28.86	2.43	1.85	76.13	4.03
10 年小计			**225.77**	**31.08**	**117.41**	**265.08**	**250.83**	**94.62**	**59.84**
占合计%			**22.18**			**41.57**	**45.19**		
1980	84.85	46.09	9.11	10.74	51.37	4.68	4.41	94.23	9.57
1981	53.00	46.11	13.01	24.55	67.79	8.82	8.07	91.50	17.50
1982	84.87	46.20	25.59	30.15	84.37	21.59	19.40	89.86	41.99
1983	80.17	43.12	30.19	37.66	109.84	33.16	21.33	64.32	49.47
1984	72.09	39.84	34.08	47.27	142.52	48.57	44.87	92.38	112.63
1985	71.58	39.58	24.25	33.88	118.56	28.75	25.12	87.37	63.47
1986	71.19	39.52	21.07	29.60	123.87	26.10	20.48	78.47	51.82
1987	70.62	39.48	22.62	32.03	138.86	31.41	36.96	117.67	93.62
1988	69.12	39.60	22.74	32.90	136.76	31.10	39.24	126.17	99.09
1989	69.00	39.62	23.11	33.49	133.71	30.90	30.95	100.16	78.12
11 年小计			**202.82**	**27.43**	**99.81**	**202.43**	**182.74**	**90.27**	**41.94**
占合计%			**19.93**			**31.75**	**32.92**		
1990	67.67	39.74	32.90	48.62	113.92	37.48	31.99	85.35	80.50
1991	69.26	39.77	38.03	54.91	101.87	38.74	33.11	85.47	83.25
1992	67.50	39.65	33.83	50.12	45.99	15.56	15.41	99.04	38.87
1993	67.36	39.77	10.98	16.30	93.72	10.29	10.41	101.17	26.18
1994	67.34	39.64	17.80	26.43	92.08	16.39	10.01	61.07	25.25
1995	67.37	39.68	13.27	19.70	108.36	14.38	9.80	68.15	24.70
1996	67.34	39.68	13.27	19.71	108.36	14.38	5.25	36.51	13.23
1997	66.74	39.77	11.57	17.34	105.88	12.25	16.50	134.69	41.49
1998	66.29	39.26	12.92	19.49	123.84	16.00	14.35	89.69	36.55
1999	66.25	39.30	9.22	13.92	141.32	13.03	6.91	53.03	17.58
2000	66.26	39.45	9.03	13.63	154.26	13.93	29.00	*	73.51

5-20-26 山东省邹平县历年棉花生产收购

年　度	耕地面积（万亩）	农业人口（万人）	棉田面积（万亩）	占耕地（%）	亩　产（市斤）	产　量（万担）	收购量（万担）	商品率（%）	人均交售（市斤）
52 年合计			**1506.29**	**22.74**	**68.09**	**1025.70**	**894.74**	**87.23**	**31.36**
11 年小计			**330.88**	**21.17**	**36.47**	**120.68**	**75.82**	**62.83**	**15.92**
占合计%			**21.97**			**11.77**	**8.47**		
1949	142.00	40.90	25.59	18.02	27.90	7.14			
1950	142.30	41.50	26.55	18.66	28.21	7.49			
1951	143.00	42.00	29.04	20.31	24.59	7.14			
1952	143.70	42.40	26.61	18.52	34.01	9.05	5.61	61.99	13.23
1953	143.90	43.00	28.80	20.01	37.29	10.74	9.34	86.96	21.72
1954	144.40	43.60	28.91	20.02	40.51	11.71	7.05	60.20	16.17
1955	144.60	45.00	33.78	23.36	42.51	14.36	13.84	96.38	30.76
1956	145.50	45.00	34.41	23.65	39.99	13.76	10.62	77.18	23.60
1957	144.40	45.80	34.72	24.04	35.80	12.43	4.92	39.58	10.74
1958	133.70	44.20	31.79	23.78	50.71	16.12	16.60	102.98	37.56
1959	135.80	42.80	30.68	22.59	35.01	10.74	7.84	73.00	18.32
10 年小计			**241.66**	**18.14**	**31.37**	**75.82**	**71.21**	**93.92**	**14.69**
占合计%			**16.04**			**7.39**	**7.96**		
1960	135.70	43.70	27.33	20.14	15.33	4.19	3.21	76.61	7.35
1961	135.40	44.60	13.01	9.61	14.45	1.88	1.47	78.19	3.30
1962	136.00	44.80	11.22	8.25	15.78	1.77	1.39	78.53	3.10
1963	136.30	46.40	21.80	15.99	14.86	3.24	2.82	87.04	6.08
1964	138.10	48.00	31.70	22.95	20.63	6.54	5.79	88.53	12.06
1965	138.00	48.80	31.00	22.46	44.39	13.76	13.11	95.28	26.86
1966	130.80	50.10	29.20	22.32	34.83	10.17	9.24	90.86	18.44
1967	128.80	51.60	27.00	20.96	43.56	11.76	11.15	94.81	21.61
1968	128.00	52.60	24.10	18.83	35.89	8.65	9.20	106.36	17.49
1969	125.00	54.10	25.30	20.24	54.78	13.86	13.83	99.78	25.56
10 年小计			**242.91**	**19.60**	**38.60**	**93.77**	**85.21**	**90.87**	**14.50**
占合计%			**16.13**			**9.14**	**9.52**		
1970	124.70	55.30	26.40	21.17	57.50	15.18	14.31	94.27	25.88
1971	124.64	55.60	25.30	20.30	50.51	12.78	12.04	94.21	21.65
1972	125.40	57.28	24.10	19.22	35.23	8.49	7.33	86.34	12.80
1973	124.71	58.26	24.18	19.39	49.13	11.88	11.01	92.68	18.90
1974	122.45	59.03	24.33	19.87	31.77	7.73	6.37	82.41	10.79
1975	125.14	59.69	23.92	19.11	46.61	11.15	10.58	94.89	17.72
1976	124.66	60.26	24.23	19.44	24.72	5.99	5.19	86.64	8.61
1977	122.91	60.65	22.70	18.47	31.23	7.09	6.54	92.24	10.78
1978	122.44	60.66	23.82	19.45	25.52	6.08	5.19	85.36	8.56
1979	122.21	61.09	23.93	19.58	30.92	7.40	6.65	89.86	10.89
10 年小计			**374.09**	**31.91**	**107.48**	**402.06**	**381.56**	**94.90**	**61.92**
占合计%			**24.84**			**39.20**	**42.64**		
1980	120.57	61.28	28.24	23.42	88.00	24.85	24.07	96.86	39.28
1981	120.30	61.35	34.13	28.37	91.30	31.16	29.99	96.25	48.88
1982	119.94	61.65	43.86	36.57	71.73	31.46	30.28	96.25	49.12
1983	119.86	61.73	42.46	35.42	101.91	43.27	40.65	93.94	65.85
1984	118.96	61.21	47.91	40.27	146.73	70.30	68.86	97.95	112.50
1985	118.71	61.47	36.14	30.44	112.06	40.50	39.14	96.64	63.67
1986	114.95	61.34	34.67	30.16	119.70	41.50	40.39	97.33	65.85
1987	113.28	61.79	36.58	32.29	150.36	55.00	54.28	98.69	87.85
1988	112.81	62.07	35.40	31.38	79.63	28.19	24.40	86.56	39.31
1989	112.81	62.31	34.70	30.76	103.26	35.83	29.50	82.33	47.34
11 年小计			**316.75**	**24.06**	**105.25**	**333.37**	**280.94**	**84.27**	**40.81**
占合计%			**21.03**			**32.50**	**31.40**		
1990	110.57	62.72	47.2	42.69	96.97	45.77	33.42	73.02	53.28
1991	110.57	62.86	47.40	42.87	101.46	48.09	44.72	92.99	71.14
1992	110.57	62.64	43.90	39.70	48.02	21.08	20.67	98.06	33.00
1993	108.46	61.85	20.27	18.69	96.69	19.60	17.19	87.70	27.79
1994	107.63	60.90	30.19	28.05	95.40	28.80	24.70	85.76	40.56
1995	170.00	67.25	25.00	14.71	120.00	30.00	25.00	83.33	37.17
1996	170.00	67.25	23.00	13.53	108.70	25.00	18.00	72.00	26.77
1997	107.51	60.91	23.12	21.50	110.99	25.66	20.68	80.59	33.95
1998	107.28	60.48	21.24	19.80	145.24	30.85	38.78	125.71	64.12
1999	107.20	60.70	17.93	16.73	150.81	27.04	9.58	35.43	15.78
2000	106.63	60.92	17.50	16.41	179.89	31.48	28.20	89.58	46.29

5-20-27 山东省菏泽县历年棉花生产收购

年 度	耕地面积（万亩）	农业人口（万人）	棉田面积（万亩）	占耕地（%）	亩 产（市斤）	产 量（万担）	收购量（万担）	商品率（%）	人均交售（市斤）
52年合计			**1030.64**	**14.32**	**66.19**	**682.16**	**565.77**	**82.94**	**14.39**
11年小计			**123.00**	**7.04**	**22.72**	**27.94**	**19.28**	**69.01**	**3.05**
占合计%			**11.93**			**4.10**	**3.41**		
1949	153.10	53.20	9.10	5.94	23.19	2.11	1.90	90.05	3.57
1950	143.70	53.90	9.20	6.40	26.09	2.40	2.00	83.33	3.71
1951	153.20	55.10	9.80	6.40	21.02	2.06	1.60	77.67	2.90
1952	155.30	56.40	12.10	7.79	30.00	3.63	2.62	72.18	4.65
1953	164.70	58.10	9.20	5.59	16.96	1.56	0.43	27.56	0.74
1954	169.40	56.40	8.80	5.19	25.00	2.20	1.37	62.27	2.43
1955	171.20	57.70	10.20	5.96	20.59	2.10	1.34	63.81	2.32
1956	171.60	59.40	15.00	8.74	18.67	2.80	2.19	78.21	3.69
1957	171.30	60.70	14.00	8.17	24.00	3.36	2.05	61.01	3.38
1958	146.60	60.40	12.50	8.53	28.00	3.50	2.02	57.71	3.34
1959	146.00	60.20	13.10	8.97	16.95	2.22	1.76	79.28	2.92
10年小计			**123.60**	**8.65**	**32.39**	**40.03**	**30.91**	**77.22**	**4.86**
占合计%			**11.99**			**5.87**	**5.46**		
1960	142.20	56.70	11.50	8.09	10.96	1.26	1.05	83.33	1.85
1961	142.20	60.30	9.60	6.75	16.98	1.63	0.44	26.99	0.73
1962	142.60	63.60	8.90	6.24	11.91	1.06	0.37	34.91	0.58
1963	143.30	63.70	9.80	6.84	8.98	0.88	0.47	53.41	0.74
1964	143.50	62.00	9.80	6.83	35.00	3.43	2.26	65.89	3.65
1965	143.10	62.50	10.50	7.34	38.95	4.09	3.06	74.82	4.90
1966	143.10	64.00	12.50	8.74	52.00	6.50	5.79	89.08	9.05
1967	143.00	65.30	17.10	11.96	38.95	6.66	5.50	82.58	8.42
1968	143.00	67.40	16.40	11.47	47.99	7.87	6.71	85.26	9.96
1969	143.00	70.40	17.50	12.24	38.00	6.65	5.26	79.10	7.47
10年小计			**138.37**	**10.17**	**33.62**	**46.52**	**35.73**	**76.81**	**4.57**
占合计%			**13.43**			**6.82**	**6.32**		
1970	142.30	72.20	17.80	12.51	36.69	6.53	5.56	85.15	7.70
1971	137.60	73.45	13.20	9.59	27.27	3.60	2.79	77.50	3.80
1972	140.70	74.97	10.80	7.68	40.74	4.40	3.10	70.45	4.13
1973	139.90	76.73	13.00	9.29	40.00	5.20	4.00	76.92	5.21
1974	139.60	78.04	14.20	10.17	32.39	4.60	3.30	71.74	4.23
1975	139.01	79.65	12.10	8.70	47.93	5.80	5.20	89.66	6.53
1976	130.38	80.45	12.00	9.20	33.33	4.00	2.96	74.00	3.68
1977	130.63	81.12	14.00	10.72	32.86	4.60	3.58	77.83	4.41
1978	130.92	82.49	16.30	12.45	24.05	3.92	2.97	75.77	3.60
1979	129.62	83.49	14.97	11.55	25.85	3.87	2.27	58.66	2.72
10年小计			**395.85**	**30.96**	**92.42**	**365.84**	**333.44**	**91.14**	**38.43**
占合计%			**38.41**			**53.63**	**58.94**		
1980	129.13	84.73	22.71	17.59	105.90	24.05	22.46	93.39	26.51
1981	128.86	85.31	34.43	26.72	88.44	30.45	27.29	89.62	31.99
1982	128.57	85.64	41.26	32.09	100.39	41.42	32.00	77.26	37.37
1983	127.90	85.85	53.97	42.20	81.71	44.10	42.10	95.46	49.04
1984	127.73	86.40	62.22	48.71	104.47	65.00	63.70	98.00	73.73
1985	127.61	86.97	40.19	31.49	94.68	38.05	34.62	90.99	39.81
1986	127.44	86.48	30.06	23.59	85.50	25.70	19.30	75.10	22.32
1987	127.21	88.33	32.48	25.53	100.28	32.57	31.00	95.18	35.10
1988	127.11	88.63	40.33	31.73	76.57	30.88	29.31	94.92	33.07
1989	126.94	89.39	38.20	30.09	88.01	33.62	31.66	94.17	35.42
11年小计			**249.82**	**18.06**	**80.79**	**201.83**	**146.41**	**72.54**	**14.45**
占合计%			**24.24**			**29.59**	**25.88**		
1990	126.90	90.21	34.80	27.42	115.09	40.05	27.30	68.16	30.26
1991	126.95	90.53	38.56	30.37	130.47	50.31	45.50	90.44	50.26
1992	126.87	91.72	38.21	30.12	54.96	21.00	19.70	93.81	21.48
1993	126.65	92.36	35.10	27.71	11.40	4.00	1.88	47.00	2.04
1994	125.45	93.01	25.50	20.33	33.14	8.45	6.43	76.09	6.91
1995	125.16	93.38	15.70	12.54	60.06	9.43	8.13	86.21	8.71
1996	125.45	93.38	8.80	7.01	90.91	8.00	6.14	76.75	6.58
1997	125.16	93.75	10.49	8.38	111.82	11.73	4.81	41.01	5.13
1998	125.16	90.37	12.61	10.08	110.07	13.88	11.22	80.84	12.42
1999	124.97	92.00	12.21	9.77	127.93	15.62	8.70	55.70	9.46
2000	124.76	92.83	17.84	14.30	108.52	19.36	6.60	34.09	7.11

5-20-28 山东省曹县历年棉花生产收购

年度	耕地面积（万亩）	农业人口（万人）	棉田面积（万亩）	占耕地（%）	亩产（市斤）	产量（万担）	收购量（万担）	商品率（%）	人均交售（市斤）
52年合计			**2041.26**	**22.97**	**69.32**	**1415.10**	**1142.95**	**80.77**	**23.68**
11年小计			**265.90**	**11.45**	**26.78**	**71.20**	**40.98**	**57.56**	**5.12**
占合计%			**13.03**			**5.03**	**3.59**		
1949	170.30	66.50	15.60	9.16	18.78	2.93			
1950	182.20	70.60	17.80	9.77	30.11	5.36	3.28	61.19	4.65
1951	209.00	71.00	25.70	12.30	34.12	8.77	3.07	35.01	4.32
1952	228.80	69.60	21.50	9.40	27.16	5.84	4.93	84.42	7.08
1953	235.80	70.50	21.20	8.99	18.40	3.90	3.61	92.56	5.12
1954	236.60	72.30	21.00	8.88	31.14	6.54	3.33	50.92	4.61
1955	236.70	74.90	30.90	13.05	33.33	10.30	6.92	67.18	9.24
1956	237.50	76.60	38.20	16.08	27.02	10.32	5.27	51.07	6.88
1957	236.30	78.90	34.00	14.39	16.09	5.47	2.37	43.33	3.00
1958	185.00	77.00	21.20	11.46	35.09	7.44	4.68	62.90	6.08
1959	165.00	72.10	18.80	11.39	23.03	4.33	3.52	81.29	4.88
10年小计			**277.80**	**16.61**	**30.26**	**84.07**	**72.07**	**85.73**	**9.56**
占合计%			**13.61**			**5.94**	**6.31**		
1960	164.30	68.20	17.30	10.53	19.65	3.40	2.82	82.94	4.13
1961	164.60	71.50	16.60	10.09	9.82	1.63	0.44	26.99	0.62
1962	167.50	75.00	14.20	8.48	7.46	1.06	0.37	34.91	0.49
1963	168.10	74.90	20.60	12.25	12.86	2.65	1.85	69.81	2.47
1964	168.10	73.20	31.50	18.74	33.56	10.57	9.55	90.35	13.05
1965	168.10	73.60	32.30	19.21	12.66	4.09	3.06	74.82	4.16
1966	168.20	76.00	34.60	20.57	18.79	6.50	5.79	89.08	7.62
1967	168.10	77.50	38.70	23.02	48.06	18.60	17.04	91.61	21.99
1968	168.10	80.40	36.70	21.83	51.01	18.72	17.22	91.99	21.42
1969	167.00	83.90	35.30	21.14	47.73	16.85	13.93	82.67	16.60
10年小计			**322.23**	**20.03**	**42.76**	**137.80**	**122.17**	**88.66**	**12.91**
占合计%			**15.79**			**9.74**	**10.69**		
1970	162.50	86.70	35.80	22.03	42.85	15.34	13.00	84.75	14.99
1971	162.40	88.41	31.30	19.27	39.71	12.43	10.57	85.04	11.96
1972	161.80	90.56	30.90	19.10	44.82	13.85	12.83	92.64	14.17
1973	161.80	92.88	32.50	20.09	61.42	19.96	18.26	91.48	19.66
1974	161.80	94.32	33.20	20.52	44.40	14.74	13.26	89.96	14.06
1975	161.48	96.21	31.90	19.75	56.65	18.07	17.45	96.57	18.14
1976	160.62	97.39	32.60	20.30	33.96	11.07	10.00	90.33	10.27
1977	159.94	98.54	31.70	19.82	35.62	11.29	9.88	87.51	10.03
1978	158.60	99.83	31.70	19.99	33.06	10.48	8.06	76.91	8.07
1979	157.89	101.61	30.63	19.40	34.51	10.57	8.86	83.82	8.72
10年小计			**629.75**	**40.10**	**92.12**	**580.12**	**540.14**	**93.11**	**51.02**
占合计%			**30.85**			**40.99**	**47.26**		
1980	157.64	103.35	37.18	23.59	98.52	36.63	34.89	95.25	33.76
1981	157.33	103.32	41.98	26.68	84.87	35.63	31.78	89.19	30.76
1982	157.15	104.87	50.91	32.40	81.59	41.54	40.99	98.68	39.09
1983	157.00	105.24	91.49	58.27	88.22	80.71	69.99	86.72	66.51
1984	157.00	105.54	106.33	67.73	106.27	113.00	101.82	90.11	96.48
1985	157.00	106.60	56.75	36.15	83.98	47.66	44.46	93.29	41.71
1986	156.91	107.30	35.80	22.82	91.59	32.79	29.30	89.36	27.31
1987	156.80	107.49	66.10	42.16	101.82	67.30	54.49	80.97	50.69
1988	156.80	107.87	74.26	47.36	90.61	67.29	78.90	117.25	73.14
1989	156.76	107.19	68.95	43.98	83.50	57.57	53.52	92.97	49.93
11年小计			**545.58**	**31.84**	**99.33**	**541.91**	**367.59**	**67.83**	**29.00**
占合计%			**26.73**			**38.29**	**32.16**		
1990	156.75	111.04	77.94	49.72	134.72	105.00	99.50	94.76	89.61
1991	156.73	113.50	90.25	57.58	134.27	121.18	109.11	90.04	96.13
1992	156.70	114.42	92.29	58.90	40.63	37.50	26.87	71.65	23.48
1993	156.29	115.22	70.48	45.10	53.06	37.40	15.22	40.70	13.21
1994	155.81	116.19	55.29	35.49	75.96	42.00	26.41	62.88	22.73
1995	155.40	116.52	31.03	19.97	84.43	26.20	27.74	105.88	23.81
1996	155.67	116.52	20.00	12.85	115.00	23.00	7.39	32.13	6.34
1997	155.22	116.30	20.20	13.01	123.37	24.92	9.09	36.48	7.82
1998	154.87	115.53	20.11	12.99	120.59	24.25	22.75	93.81	19.69
1999	154.74	115.80	28.59	18.48	129.10	36.91	13.37	36.22	11.55
2000	155.55	116.46	39.40	25.33	161.29	63.55	10.14	15.96	8.71

5－20－29　山东省定陶县历年棉花生产收购

年　度	耕地面积（万亩）	农业人口（万人）	棉田面积（万亩）	占耕地（%）	亩　产（市斤）	产　量（万担）	收购量（万担）	商品率（%）	人均交售（市斤）
52 年合计			**852.09**	**19.34**	**80.94**	**689.66**	**530.69**	**76.95**	**25.39**
11 年小计			**74.30**	**6.74**	**24.62**	**18.29**	**7.82**	**42.76**	**2.27**
占合计%			**8.72**			**2.65**	**1.47**		
1949	87.40	29.60	5.60	6.41	21.79	1.22	0.19	15.57	0.64
1950	97.60	29.90	6.30	6.45	28.57	1.80	0.22	12.22	0.74
1951	99.40	30.40	6.80	6.84	30.44	2.07	0.49	23.67	1.61
1952	104.00	30.30	6.90	6.63	31.74	2.19	0.97	44.29	3.20
1953	106.70	31.00	6.80	6.37	15.44	1.05	0.66	62.86	2.13
1954	106.90	31.40	7.40	6.92	15.81	1.17	0.22	18.80	0.70
1955	106.80	31.90	7.40	6.93	29.05	2.15	0.99	46.05	3.10
1956	106.10	32.00	8.20	7.73	30.98	2.54	0.91	35.83	2.84
1957	105.80	32.70	7.50	7.09	16.13	1.21	0.78	64.46	2.39
1958	92.40	32.60	5.50	5.95	26.55	1.46	1.15	78.77	3.53
1959	89.30	32.00	5.90	6.61	24.24	1.43	1.24	86.71	3.88
10 年小计			**74.50**	**8.53**	**25.49**	**18.99**	**15.22**	**80.15**	**4.42**
占合计%			**8.74**			**2.75**	**2.87**		
1960	87.20	30.90	6.30	7.22	9.84	0.62	0.57	91.94	1.84
1961	87.40	32.60	4.40	5.03	10.68	0.47	0.11	23.40	0.34
1962	87.40	33.80	3.90	4.46	4.87	0.19	0.02	10.53	0.06
1963	87.40	34.00	6.10	6.98	12.46	0.76	0.34	44.74	1.00
1964	87.70	33.80	4.50	5.13	23.33	1.05	0.52	49.52	1.54
1965	87.80	34.10	8.20	9.34	22.44	1.84	1.50	81.52	4.40
1966	87.70	34.90	8.50	9.69	29.06	2.47	1.87	75.71	5.36
1967	87.20	35.90	12.10	13.88	32.31	3.91	3.20	81.84	8.91
1968	87.20	36.50	10.40	11.93	35.96	3.74	3.68	98.40	10.08
1969	86.20	37.80	10.10	11.72	39.01	3.94	3.41	86.55	9.02
10 年小计			**126.53**	**15.41**	**35.61**	**45.06**	**40.05**	**88.88**	**9.61**
占合计%			**14.85**			**6.53**	**7.55**		
1970	86.00	38.70	13.30	15.47	42.78	5.69	5.14	90.33	13.28
1971	84.50	39.30	10.50	12.43	33.71	3.54	2.99	84.46	7.61
1972	84.60	40.42	10.30	12.17	38.35	3.95	3.15	79.75	7.79
1973	84.60	41.20	12.10	14.30	43.47	5.26	5.09	96.77	12.35
1974	84.50	41.72	13.50	15.98	37.11	5.01	4.42	88.22	10.59
1975	84.40	42.39	12.40	14.69	54.92	6.81	6.32	92.80	14.91
1976	78.57	42.79	12.60	16.04	30.40	3.83	3.33	86.95	7.78
1977	78.55	43.11	14.60	18.59	26.92	3.93	3.37	85.75	7.82
1978	78.49	43.39	14.40	18.35	25.97	3.74	3.16	84.49	7.28
1979	77.09	43.86	12.83	16.64	25.72	3.30	3.08	93.33	7.02
10 年小计			**308.62**	**40.18**	**111.85**	**345.18**	**301.47**	**87.34**	**67.27**
占合计%			**36.22**			**50.05**	**56.81**		
1980	77.00	44.36	21.16	27.48	106.00	22.43	21.86	97.46	49.28
1981	76.90	44.27	21.94	28.53	100.14	21.97	20.56	93.58	46.44
1982	76.88	44.62	29.72	38.66	109.15	32.44	29.95	92.32	67.12
1983	76.85	44.60	36.13	47.01	120.81	43.65	35.64	81.65	79.91
1984	76.83	44.72	45.54	59.27	122.24	55.67	47.44	85.22	106.08
1985	76.76	44.83	25.16	32.78	115.62	29.09	26.76	91.99	59.69
1986	76.74	44.88	23.55	30.69	99.24	23.37	19.74	84.47	43.98
1987	76.70	45.05	29.71	38.74	123.76	36.77	33.00	89.75	73.25
1988	76.70	45.29	37.85	49.35	106.79	40.42	38.09	94.24	84.10
1989	76.69	45.51	37.86	49.37	103.99	39.37	28.43	72.21	62.47
11 年小计			**268.14**	**31.85**	**97.76**	**262.14**	**166.13**	**63.37**	**30.95**
占合计%			**31.47**			**38.01**	**31.30**		
1990	76.68	46.08	34.50	44.99	123.45	42.59	32.24	75.70	69.97
1991	76.66	46.99	35.15	45.85	150.38	52.86	47.65	90.14	101.40
1992	76.66	47.21	45.12	58.86	55.41	25.00	19.26	77.04	40.80
1993	76.46	47.31	37.20	48.65	44.68	16.62	4.15	24.97	8.77
1994	76.46	50.01	30.14	39.42	62.94	18.97	13.88	73.17	27.75
1995	76.42	50.02	15.95	20.87	100.31	16.00	11.98	74.88	23.95
1996	76.46	50.02	8.00	10.46	125.00	10.00	4.61	46.10	9.22
1997	76.40	50.04	9.91	12.97	104.64	10.37	4.30	41.47	8.59
1998	76.51	49.56	14.78	19.32	107.04	15.82	8.80	55.63	17.76
1999	76.60	49.70	13.64	17.81	147.29	20.09	9.06	45.10	18.23
2000	76.57	49.77	23.75	31.02	142.40	33.82	10.20	30.16	20.49

5-20-30 山东省成武县历年棉花生产收购

年　度	耕地面积（万亩）	农业人口（万人）	棉田面积（万亩）	占耕地（%）	亩产（市斤）	产量（万担）	收购量（万担）	商品率（%）	人均交售（市斤）
52年合计			**905.83**	**19.94**	**92.93**	**841.75**	**637.92**	**75.78**	**29.07**
11年小计			**77.70**	**6.29**	**19.73**	**15.33**	**4.26**	**27.79**	**1.08**
占合计%			**8.58**			**1.82**	**0.67**		
1949	87.00	33.70	5.50	6.32	18.91	1.04	0.20	19.23	0.59
1950	102.70	34.50	7.30	7.11	20.00	1.46	0.28	19.18	0.81
1951	110.00	35.00	10.90	9.91	20.00	2.18	0.26	11.93	0.74
1952	123.60	35.90	6.70	5.42	24.63	1.65	0.42	25.45	1.17
1953	124.20	36.40	5.30	4.27	10.38	0.55	0.16	29.09	0.44
1954	124.30	37.00	5.20	4.18	24.81	1.29	0.12	9.30	0.32
1955	125.30	37.50	7.50	5.99	25.33	1.90	0.57	30.00	1.52
1956	124.90	38.00	10.00	8.01	21.20	2.12	0.55	25.94	1.45
1957	123.60	37.60	8.00	6.47	4.75	0.38	0.21	55.26	0.56
1958	96.40	36.50	6.60	6.85	24.09	1.59	0.88	55.35	2.41
1959	93.90	33.60	4.70	5.01	24.89	1.17	0.61	52.14	1.82
10年小计			**53.80**	**5.85**	**23.38**	**12.58**	**8.55**	**67.97**	**2.54**
占合计%			**5.94**			**1.49**	**1.34**		
1960	92.20	29.10	6.00	6.51	7.17	0.43	0.35	81.40	1.20
1961	92.30	32.60	3.90	4.23	7.95	0.31	0.06	19.35	0.18
1962	92.30	33.70	4.00	4.33	6.00	0.24	0.08	33.33	0.24
1963	92.30	33.60	6.70	7.26	10.45	0.70	0.39	55.71	1.16
1964	92.30	32.90	3.60	3.90	18.89	0.68	0.28	41.18	0.85
1965	92.30	32.90	3.80	4.12	12.89	0.49	0.17	34.69	0.52
1966	92.30	33.80	2.70	2.93	30.00	0.81	0.29	35.80	0.86
1967	91.30	34.60	7.60	8.32	28.29	2.15	1.49	69.30	4.31
1968	91.30	35.70	7.80	8.54	41.28	3.22	2.61	81.06	7.31
1969	91.20	37.30	7.70	8.44	46.10	3.55	2.83	79.72	7.59
10年小计			**117.71**	**14.21**	**56.47**	**66.47**	**58.32**	**87.74**	**13.97**
占合计%			**12.99**			**7.90**	**9.14**		
1970	90.30	38.80	9.10	10.08	50.44	4.59	3.97	86.49	10.23
1971	90.30	39.42	10.20	11.30	54.12	5.52	4.75	86.05	12.05
1972	89.30	40.76	9.90	11.09	70.71	7.00	6.30	90.00	15.46
1973	90.00	41.11	12.60	14.00	78.57	9.90	9.00	90.91	21.89
1974	80.80	41.69	13.50	16.71	50.37	6.80	6.10	89.71	14.63
1975	80.16	42.31	11.70	14.60	82.91	9.70	9.00	92.78	21.27
1976	78.83	42.65	13.00	16.49	47.62	6.19	5.40	87.24	12.66
1977	77.24	43.13	12.20	15.79	44.59	5.44	4.40	80.88	10.20
1978	76.03	43.48	12.90	16.97	42.09	5.43	4.80	88.40	11.04
1979	75.15	44.18	12.61	16.78	46.79	5.90	4.60	77.97	10.41
10年小计			**334.54**	**44.61**	**123.27**	**412.38**	**344.72**	**83.59**	**75.47**
占合计%			**36.93**			**48.99**	**54.04**		
1980	75.11	45.01	21.82	29.05	112.92	24.64	24.66	100.08	54.79
1981	74.95	44.63	21.96	29.30	116.30	25.54	24.92	97.57	55.84
1982	74.88	45.25	31.19	41.65	111.54	34.79	27.52	79.10	60.82
1983	74.91	45.39	39.82	53.16	118.94	47.36	38.93	82.20	85.77
1984	75.09	45.52	46.01	61.27	134.75	62.00	56.69	91.44	124.54
1985	75.07	45.77	25.60	34.10	137.30	35.15	40.06	113.97	87.52
1986	75.03	45.94	25.11	33.47	128.59	32.29	29.53	91.45	64.28
1987	75.00	46.07	35.87	47.83	136.27	48.88	33.81	69.17	73.39
1988	74.96	46.49	46.27	61.73	109.66	50.74	40.00	78.83	86.04
1989	74.86	46.70	40.89	54.62	124.70	50.99	28.60	56.09	61.24
11年小计			**322.08**	**39.79**	**104.01**	**334.99**	**222.07**	**66.29**	**37.75**
占合计%			**35.56**			**39.80**	**34.81**		
1990	73.50	47.82	39.75	54.08	139.12	55.30	44.00	79.57	92.01
1991	74.82	49.10	41.51	55.48	150.37	62.42	58.18	93.21	118.49
1992	74.80	50.52	40.09	53.60	62.36	25.00	22.54	90.16	44.62
1993	74.80	51.26	40.15	53.68	38.11	15.30	12.41	81.11	24.21
1994	74.79	55.18	35.18	47.04	63.50	22.34	19.81	88.68	35.90
1995	74.50	55.70	18.45	24.77	54.20	10.00	8.30	83.00	14.90
1996	74.79	55.70	17.00	22.73	47.06	8.00	6.50	81.25	11.67
1997	74.50	55.89	20.97	28.15	107.34	22.51	5.40	23.99	9.66
1998	70.62	56.19	15.52	21.98	149.10	23.14	13.53	58.47	24.08
1999	70.73	55.70	23.41	33.10	169.37	39.65	17.70	44.64	31.78
2000	71.52	55.28	30.05	42.02	170.82	51.33	13.70	26.69	24.78

5-20-31 山东省单县历年棉花生产收购

年度	耕地面积（万亩）	农业人口（万人）	棉田面积（万亩）	占耕地（%）	亩产（市斤）	产量（万担）	收购量（万担）	商品率（%）	人均交售（市斤）
52年合计			**1380.19**	**16.82**	**62.57**	**863.65**	**754.44**	**87.35**	**18.55**
11年小计			**191.70**	**9.83**	**24.53**	**47.02**	**22.06**	**46.92**	**3.32**
占合计%			**13.89**			**5.44**	**2.92**		
1949	154.40	55.10	15.00	9.72	20.93	3.14			
1950	168.10	56.60	15.40	9.16	18.83	2.90	1.22	42.07	2.16
1951	178.40	60.40	19.00	10.65	19.68	3.74	1.26	33.69	2.09
1952	184.20	58.60	18.10	9.83	24.64	4.46	1.89	42.38	3.23
1953	185.20	59.70	13.40	7.24	20.30	2.72	1.23	45.22	2.06
1954	185.90	61.47	14.30	7.69	34.90	4.99	1.49	29.86	2.42
1955	186.30	62.60	20.10	10.79	32.29	6.49	3.45	53.16	5.51
1956	184.30	62.80	25.30	13.73	39.37	9.96	3.36	33.73	5.35
1957	184.20	64.10	20.50	11.13	13.90	2.85	1.60	56.14	2.50
1958	173.60	62.80	17.30	9.97	19.88	3.44	2.05	59.59	3.26
1959	166.50	60.00	13.30	7.99	17.52	2.33	4.51	193.56	7.52
10年小计			**193.40**	**11.98**	**35.95**	**69.52**	**51.46**	**74.02**	**8.24**
占合计%			**14.01**			**8.05**	**6.82**		
1960	159.00	52.90	12.20	7.67	10.33	1.26	1.09	86.51	2.06
1961	161.00	59.30	10.00	6.21	7.00	0.70	0.09	12.86	0.15
1962	162.00	64.30	8.80	5.43	9.66	0.85	0.22	25.88	0.34
1963	162.00	63.90	14.20	8.77	7.18	1.02	0.46	45.10	0.72
1964	161.70	61.20	17.70	10.95	32.37	5.73	4.60	80.28	7.52
1965	161.90	61.30	23.80	14.70	30.17	7.18	6.21	86.49	10.13
1966	162.00	62.90	20.80	12.84	59.57	12.39	1.16	9.36	1.84
1967	161.60	63.30	30.30	18.75	47.82	14.49	12.95	89.37	20.46
1968	161.60	66.10	28.00	17.33	45.89	12.85	12.00	93.39	18.15
1969	161.00	69.20	27.60	17.14	47.28	13.05	12.68	97.16	18.32
10年小计			**285.29**	**18.49**	**40.52**	**115.61**	**104.56**	**90.44**	**13.53**
占合计%			**20.67**			**13.39**	**13.86**		
1970	161.00	71.40	28.80	17.89	43.13	12.42	11.14	89.69	15.60
1971	160.70	72.40	27.10	16.86	41.59	11.27	9.73	86.34	13.44
1972	160.30	74.34	26.60	16.59	51.50	13.70	12.14	88.61	16.33
1973	152.10	75.67	28.70	18.87	60.73	17.43	15.62	89.62	20.64
1974	152.70	76.84	29.30	19.19	44.06	12.91	11.54	89.39	15.02
1975	152.51	78.28	27.90	18.29	54.70	15.26	14.09	92.33	18.00
1976	151.82	79.21	28.00	18.44	33.43	9.36	8.92	95.30	11.26
1977	151.78	80.40	29.90	19.70	31.74	9.49	9.12	96.10	11.34
1978	151.51	81.33	30.30	20.00	26.50	8.03	6.97	86.80	8.57
1979	148.75	82.90	28.69	19.29	20.01	5.74	5.29	92.16	6.38
10年小计			**416.98**	**28.23**	**97.47**	**406.43**	**392.41**	**96.55**	**45.13**
占合计%			**30.21**			**47.06**	**52.01**		
1980	148.25	84.46	31.74	21.41	82.80	26.28	24.61	93.65	29.14
1981	148.16	85.72	33.72	22.76	99.50	33.55	28.50	84.95	33.25
1982	147.86	86.28	48.21	32.61	101.64	49.00	41.40	84.49	47.98
1983	147.70	86.56	54.08	36.61	77.66	42.00	41.60	99.05	48.06
1984	147.66	84.13	58.84	39.85	127.46	75.00	74.30	99.07	88.32
1985	147.59	87.05	40.05	27.14	99.88	40.00	38.90	97.25	44.69
1986	147.50	87.49	29.50	20.00	101.69	30.00	29.20	97.33	33.38
1987	147.43	88.14	32.54	22.07	128.15	41.70	45.20	108.39	51.28
1988	147.37	89.25	43.70	29.65	100.46	43.90	43.80	99.77	49.08
1989	147.35	90.35	44.60	30.27	56.05	25.00	24.90	99.60	27.56
11年小计			**292.82**	**18.08**	**76.86**	**225.07**	**183.95**	**81.73**	**16.17**
占合计%			**21.22**			**26.06**	**24.38**		
1990	147.34	98.65	42.53	28.87	68.19	29.00	28.80	99.31	29.19
1991	147.33	101.27	48.05	32.61	107.18	51.50	51.30	99.61	50.66
1992	148.37	102.86	50.51	34.04	35.64	18.00	17.80	98.89	17.31
1993	147.29	103.03	31.42	21.33	15.91	5.00	3.84	76.80	3.73
1994	147.26	103.54	25.35	17.21	35.50	9.00	8.00	88.89	7.73
1995	147.22	104.06	18.23	12.38	123.31	22.48	22.00	97.86	21.14
1996	147.26	104.06	15.00	10.19	56.00	8.40	7.70	91.67	7.40
1997	147.18	104.68	18.09	12.29	105.80	19.14	8.90	46.50	8.50
1998	146.93	104.89	13.81	9.40	117.81	16.27	14.18	87.15	13.52
1999	146.89	105.10	9.62	6.55	132.85	12.78	7.76	60.72	7.38
2000	146.88	105.13	20.21	13.76	165.76	33.5	13.67	40.81	13.00

5-20-32 山东省巨野县历年棉花生产收购

年度	耕地面积（万亩）	农业人口（万人）	棉田面积（万亩）	占耕地（%）	亩产（市斤）	产量（万担）	收购量（万担）	商品率（%）	人均交售（市斤）
52 年合计			**1434.04**	**21.32**	**86.25**	**1236.90**	**918.66**	**74.27**	**30.50**
11 年小计			**113.70**	**6.49**	**19.70**	**22.40**	**5.97**	**26.65**	**1.17**
占合计%			**7.93**			**1.81**	**0.65**		
1949	164.20	41.60	5.70	3.47	21.75	1.24			
1950	164.50	42.50	10.50	6.38	13.71	1.44			
1951	164.00	44.30	16.30	9.94	15.58	2.54			
1952	161.70	45.20	12.20	7.54	24.26	2.96	0.13	4.39	0.29
1953	161.20	46.50	8.50	5.27	16.00	1.36	0.13	9.56	0.28
1954	162.90	47.70	9.60	5.89	17.19	1.65	1.40	84.85	2.94
1955	164.70	48.90	10.70	6.50	26.92	2.88	1.09	37.85	2.23
1956	162.80	49.50	11.60	7.13	26.03	3.02	0.22	7.28	0.44
1957	162.90	50.60	11.00	6.75	10.73	1.18	0.17	14.41	0.34
1958	141.00	47.70	8.30	5.89	24.34	2.02	1.72	85.15	3.61
1959	141.10	44.50	9.30	6.59	22.69	2.11	1.11	52.61	2.49
10 年小计			**93.10**	**6.64**	**29.40**	**27.37**	**16.14**	**58.97**	**3.48**
占合计%			**6.49**			**2.21**	**1.76**		
1960	141.00	40.60	4.20	2.98	10.71	0.45	0.36	80.00	0.89
1961	141.00	45.00	5.40	3.83	14.07	0.76	0.15	19.74	0.33
1962	141.00	47.50	4.70	3.33	8.09	0.38	0.07	18.42	0.15
1963	141.00	46.60	9.90	7.02	9.49	0.94	0.45	47.87	0.97
1964	140.00	45.20	9.80	7.00	22.24	2.18	1.58	72.48	3.50
1965	139.50	45.40	10.50	7.53	20.10	2.11	1.63	77.25	3.59
1966	139.40	46.80	9.40	6.74	39.68	3.73	2.90	77.75	6.20
1967	139.50	47.00	14.50	10.39	39.72	5.76	3.19	55.38	6.79
1968	139.50	48.70	12.30	8.82	47.97	5.90	3.10	52.54	6.37
1969	139.50	51.60	12.40	8.89	41.61	5.16	2.71	52.52	5.25
10 年小计			**168.97**	**14.14**	**36.26**	**61.27**	**41.27**	**67.36**	**7.15**
占合计%			**11.78**			**4.95**	**4.49**		
1970	125.30	53.60	13.40	10.69	35.60	4.77	1.63	34.17	3.04
1971	123.20	54.49	14.20	11.53	37.04	5.26	3.02	57.41	5.54
1972	121.30	56.12	13.60	11.21	47.06	6.40	4.69	73.28	8.36
1973	121.60	56.94	18.30	15.05	50.27	9.20	7.08	76.96	12.43
1974	121.50	57.91	20.10	16.54	31.34	6.30	4.15	65.87	7.17
1975	121.40	58.65	16.30	13.43	52.15	8.50	7.30	85.88	12.45
1976	118.34	58.97	18.30	15.46	31.75	5.81	1.78	30.64	3.02
1977	118.38	59.47	19.20	16.22	24.58	4.72	2.71	57.42	4.56
1978	112.42	60.01	19.60	17.43	27.45	5.38	4.29	79.74	7.15
1979	111.70	61.05	15.97	14.30	30.87	4.93	4.62	93.71	7.57
10 年小计			**497.57**	**44.56**	**108.78**	**541.26**	**473.55**	**87.49**	**75.10**
占合计%			**34.70**			**43.76**	**51.55**		
1980	111.74	62.06	28.88	25.85	112.71	32.55	32.15	98.77	51.80
1981	111.74	61.87	42.72	38.23	101.94	43.55	38.08	87.44	61.55
1982	111.30	62.23	50.56	45.43	115.72	58.51	50.26	85.90	80.76
1983	111.30	62.43	56.37	50.65	100.37	56.58	43.33	76.58	69.41
1984	111.24	62.50	66.92	60.16	112.34	75.18	73.13	97.27	117.01
1985	111.16	62.59	45.56	40.99	105.79	48.20	44.89	93.13	71.72
1986	111.05	62.94	40.99	36.91	110.49	45.29	39.17	86.49	62.23
1987	111.06	63.26	46.74	42.09	122.14	57.09	40.58	71.08	64.15
1988	111.04	63.61	62.48	56.27	95.04	59.38	50.47	84.99	79.34
1989	114.92	67.11	56.35	49.03	115.23	64.93	61.49	94.70	91.63
11 年小计			**560.70**	**44.38**	**104.26**	**584.60**	**381.73**	**65.30**	**45.97**
占合计%			**39.10**			**47.26**	**41.55**		
1990	114.91	69.12	69.76	60.71	97.74	68.18	59.32	87.00	85.82
1991	114.90	70.19	71.41	62.15	146.48	104.60	102.40	97.90	145.89
1992	114.90	70.40	78.43	68.26	74.23	58.22	55.30	94.98	78.55
1993	114.89	71.48	66.67	58.03	47.01	31.34	13.79	44.00	19.29
1994	114.88	77.66	57.35	49.92	76.55	43.90	35.10	79.95	45.20
1995	114.88	78.20	31.16	27.12	76.96	23.98	21.50	89.66	27.49
1996	114.88	78.20	23.00	20.02	88.00	20.24	11.40	56.32	14.58
1997	114.88	78.43	27.11	23.60	99.23	26.90	6.33	23.53	8.07
1998	114.88	78.48	30.07	26.18	121.22	36.45	25.20	69.14	32.11
1999	114.68	79.10	45.05	39.28	157.62	71.01	32.53	45.81	41.13
2000	114.68	79.11	60.69	52.92	164.41	99.78	18.86	18.90	23.84

5-20-33 山东省郓城县历年棉花生产收购

年　度	耕地面积（万亩）	农业人口（万人）	棉田面积（万亩）	占耕地（%）	亩　产（市斤）	产　量（万担）	收购量（万担）	商品率（%）	人均交售（市斤）
52年合计			**1367.67**	**15.33**	**84.74**	**1158.93**	**742.10**	**64.03**	**18.39**
11年小计			**147.90**	**6.86**	**93.85**	**138.80**	**54.96**	**39.60**	**7.38**
占合计%			**10.81**			**11.98**	**7.41**		
1949	176.00	65.00	11.10	6.31	64.14	7.12			
1950	187.80	66.10	12.00	6.39	60.33	7.24			
1951	196.40	67.60	18.10	9.22	45.80	8.29			
1952	200.90	67.10	11.50	5.72	103.22	11.87	3.86	32.52	5.75
1953	205.20	67.70	10.40	5.07	102.31	10.64	4.58	43.05	6.77
1954	205.30	68.60	12.00	5.85	110.33	13.24	6.33	47.81	9.23
1955	202.90	69.40	12.80	6.31	104.69	13.40	7.01	52.31	10.10
1956	203.30	69.70	16.00	7.87	132.00	21.12	8.13	38.49	11.66
1957	201.30	70.80	15.40	7.65	98.96	15.24	10.36	67.98	14.63
1958	191.60	68.40	14.10	7.36	117.16	16.52	10.74	65.01	15.70
1959	184.40	64.60	14.50	7.86	97.38	14.12	3.95	27.97	6.11
10年小计			**176.10**	**9.85**	**42.78**	**75.33**	**45.78**	**60.77**	**6.99**
占合计%			**12.88**			**6.50**	**6.17**		
1960	179.80	60.00	11.50	6.40	33.04	3.80	1.27	33.42	2.12
1961	179.60	63.70	11.70	6.51	59.91	7.01	3.80	54.21	5.97
1962	180.10	67.30	9.70	5.39	63.20	6.13	3.58	58.40	5.32
1963	180.30	67.50	13.60	7.54	23.90	3.25	2.37	72.92	3.51
1964	178.50	64.00	15.10	8.46	29.74	4.49	3.10	69.04	4.84
1965	179.00	63.00	17.30	9.66	38.73	6.70	4.88	72.84	7.75
1966	179.00	64.80	18.70	10.45	37.11	6.94	3.95	56.92	6.10
1967	179.00	66.00	24.90	13.91	38.92	9.69	6.59	68.01	9.98
1968	178.90	67.80	26.20	14.65	51.07	13.38	8.57	64.05	12.64
1969	173.00	70.50	27.40	15.84	50.88	13.94	7.67	55.02	10.88
10年小计			**221.94**	**13.30**	**42.71**	**94.80**	**69.45**	**73.26**	**8.99**
占合计%			**16.23**			**8.18**	**9.36**		
1970	173.10	71.80	28.90	16.70	44.05	12.73	9.42	74.00	13.12
1971	172.60	73.61	26.10	15.12	42.49	11.09	7.54	67.99	10.24
1972	169.00	75.05	22.00	13.02	32.45	7.14	5.57	78.01	7.42
1973	168.50	76.21	24.10	14.30	29.42	7.09	5.14	72.50	6.74
1974	168.10	77.47	20.70	12.31	37.15	7.69	4.84	62.94	6.25
1975	167.53	78.59	17.70	10.57	64.35	11.39	7.80	68.48	9.92
1976	163.90	79.09	21.30	13.00	55.73	11.87	8.50	71.61	10.75
1977	163.30	79.58	20.50	12.55	49.32	10.11	7.61	75.27	9.56
1978	161.82	80.02	21.50	13.29	48.93	10.52	8.44	80.23	10.55
1979	161.10	81.16	19.14	11.88	27.01	5.17	4.59	88.78	5.66
10年小计			**443.99**	**27.89**	**118.53**	**526.25**	**405.08**	**76.97**	**48.17**
占合计%			**32.46**			**45.41**	**54.59**		
1980	160.57	82.09	27.23	16.96	100.00	27.23	27.00	99.16	32.89
1981	160.34	82.39	33.90	21.14	115.99	39.32	27.29	69.40	33.12
1982	160.08	83.13	49.24	30.76	128.01	63.03	43.45	68.94	52.27
1983	159.91	83.38	61.18	38.26	128.00	78.31	56.49	72.14	67.75
1984	159.03	83.97	74.42	46.80	110.00	81.86	74.72	91.28	88.98
1985	158.71	84.29	22.81	14.37	223.02	50.87	37.42	73.56	44.39
1986	158.62	84.51	37.63	23.72	130.00	48.92	30.54	62.43	36.14
1987	158.47	85.18	41.19	25.99	108.01	44.49	36.06	81.05	42.33
1988	158.16	85.72	49.87	31.53	86.04	42.91	42.00	97.88	49.00
1989	157.93	86.31	46.52	29.46	106.00	49.31	30.11	61.06	34.89
11年小计			**377.74**	**21.98**	**85.71**	**323.75**	**166.83**	**51.53**	**16.30**
占合计%			**27.62**			**27.94**	**22.48**		
1990	157.90	86.98	44.18	27.98	123.99	54.78	38.67	70.59	44.46
1991	157.64	90.10	62.16	39.43	130.00	80.81	54.72	67.71	60.73
1992	157.32	91.68	59.94	38.10	52.00	31.17	25.20	80.85	27.49
1993	157.16	93.31	54.11	34.43	28.50	15.42	3.20	20.75	3.43
1994	156.66	93.95	40.74	26.01	39.27	16.00	8.11	50.69	8.63
1995	155.44	94.62	24.58	15.81	97.64	24.00	13.50	56.25	14.27
1996	156.66	94.02	24.58	15.69	26.44	6.50	3.00	46.15	3.19
1997	154.96	94.31	16.20	10.45	110.86	17.96	1.40	7.80	1.48
1998	154.99	94.41	13.29	8.57	123.85	16.46	7.05	42.83	7.47
1999	154.94	94.60	14.27	9.21	153.75	21.94	9.64	43.94	10.19
2000	155.04	95.28	23.69	15.28	163.40	38.71	2.34	6.04	2.46

5-20-34　山东省鄄城县历年棉花生产收购

年　　度	耕地面积（万亩）	农业人口（万人）	棉田面积（万亩）	占耕地（%）	亩　产（市斤）	产　量（万担）	收购量（万担）	商品率（%）	人均交售（市斤）
52年合计			**527.15**	**9.71**	**67.83**	**357.57**	**229.87**	**64.29**	**8.38**
11年小计			**56.20**	**4.30**	**25.80**	**14.50**	**3.95**	**27.24**	**0.92**
占合计%			**10.66**			**4.06**	**1.72**		
1949	118.50	36.40	3.80	3.21	25.26	0.96			
1950	119.00	38.30	5.70	4.79	24.74	1.41			
1951	122.00	38.40	8.00	6.56	24.88	1.99			
1952	122.70	36.80	5.30	4.32	21.13	1.12	0.29	25.89	0.79
1953	122.70	38.20	4.50	3.67	10.00	0.45			
1954	122.10	39.20	4.30	3.52	20.47	0.88	0.65	73.86	1.66
1955	120.90	40.10	4.80	3.97	26.25	1.26	0.14	11.11	0.35
1956	121.50	40.50	5.60	4.61	30.00	1.68	0.39	23.21	0.96
1957	121.90	41.20	5.30	4.35	35.09	1.86	0.50	26.88	1.21
1958	111.70	39.50	4.40	3.94	35.00	1.54	1.10	71.43	2.78
1959	104.80	39.50	4.50	4.29	30.00	1.35	0.88	65.19	2.23
10年小计			**72.40**	**6.82**	**35.43**	**25.65**	**18.47**	**72.01**	**4.06**
占合计%			**13.73**			**7.17**	**8.03**		
1960	105.30	39.40	4.00	3.80	15.50	0.62	0.28	45.16	0.71
1961	105.00	42.10	2.80	2.67	15.00	0.42	0.03	7.14	0.07
1962	105.00	44.30	3.80	3.62	15.79	0.60	0.22	36.67	0.50
1963	106.60	45.10	4.90	4.60	27.76	1.36	0.15	11.03	0.33
1964	105.80	45.20	4.30	4.06	27.91	1.20	0.55	45.83	1.22
1965	106.80	45.40	6.40	5.99	40.16	2.57	2.03	78.99	4.47
1966	106.80	46.70	9.70	9.08	55.36	5.37	4.44	82.68	9.51
1967	106.90	47.40	13.30	12.44	36.77	4.89	3.98	81.39	8.40
1968	106.90	49.00	12.50	11.69	46.40	5.80	4.92	84.83	10.04
1969	106.90	50.40	10.70	10.01	26.36	2.82	1.87	66.31	3.71
10年小计			**58.62**	**5.78**	**29.10**	**17.06**	**11.04**	**64.71**	**1.99**
占合计%			**11.12**			**4.77**	**4.80**		
1970	103.90	51.90	11.90	11.45	38.32	4.56	3.51	76.97	6.76
1971	103.90	52.66	8.70	8.37	26.55	2.31	1.15	49.78	2.18
1972	101.80	53.80	4.50	4.42	35.11	1.58	1.05	66.46	1.95
1973	101.20	55.06	6.10	6.03	35.08	2.14	1.33	62.15	2.42
1974	101.70	55.91	5.70	5.60	22.46	1.28	0.69	53.91	1.23
1975	101.71	55.70	3.60	3.54	33.33	1.20	0.81	67.50	1.45
1976	101.65	57.17	4.00	3.94	23.75	0.95	0.54	56.84	0.94
1977	101.00	57.47	3.80	3.76	21.84	0.83	0.42	50.60	0.73
1978	99.49	57.17	5.70	5.73	20.70	1.18	0.63	53.39	1.10
1979	98.45	58.21	4.62	4.69	22.29	1.03	0.91	88.35	1.56
10年小计			**186.95**	**19.11**	**85.03**	**158.96**	**111.77**	**70.31**	**18.78**
占合计%			**35.46**			**44.46**	**48.62**		
1980	98.01	59.05	5.26	5.37	52.66	2.77	2.32	83.75	3.93
1981	98.04	59.08	9.60	9.79	68.75	6.60	5.12	77.58	8.67
1982	98.06	59.17	15.78	16.09	91.51	14.44	11.22	77.70	18.96
1983	97.93	59.21	27.20	27.77	101.65	27.65	20.99	75.91	35.45
1984	97.86	59.38	36.37	37.17	100.27	36.47	30.67	84.10	51.65
1985	97.83	59.49	19.61	20.04	93.37	18.31	9.38	51.23	15.77
1986	97.67	59.59	10.73	10.99	84.81	9.10	5.23	57.47	8.78
1987	97.64	59.75	17.28	17.70	99.48	17.19	10.49	61.02	17.56
1988	97.58	59.97	23.80	24.39	60.13	14.31	10.76	75.19	17.94
1989	97.57	60.33	21.32	21.85	56.85	12.12	5.59	46.12	9.27
11年小计			**152.98**	**14.32**	**92.43**	**141.40**	**84.64**	**59.86**	**11.91**
占合计%			**29.02**			**39.54**	**36.82**		
1990	97.46	61.32	20.19	20.72	95.64	19.31	16.07	83.22	26.21
1991	97.41	61.76	25.17	25.84	132.98	33.47	31.79	94.98	51.47
1992	97.30	62.52	28.32	29.11	52.01	14.73	10.76	73.05	17.21
1993	97.29	63.52	16.34	16.80	40.45	6.61	0.36	5.45	0.57
1994	97.21	63.58	13.00	13.37	85.08	11.06	3.13	28.30	4.92
1995	97.09	64.73	10.05	10.35	110.75	11.13	8.02	72.06	12.39
1996	97.21	64.73	10.05	10.34	110.75	11.13	1.74	15.63	2.69
1997	96.97	65.82	7.45	7.68	101.48	7.56	2.47	32.67	3.75
1998	96.82	66.56	6.90	7.13	90.43	6.24	2.10	33.65	3.16
1999	96.88	67.90	5.12	5.28	123.05	6.30	8.20	130.16	12.08
2000	96.73	68.45	10.39	10.74	133.40	13.86			

5－20－35　山东省东明县历年棉花生产收购

年　度	耕地面积（万亩）	农业人口（万人）	棉田面积（万亩）	占耕地（%）	亩　产（市斤）	产　量（万担）	收购量（万担）	商品率（%）	人均交售（市斤）
52 年合计			**675.38**	**11.62**	**59.96**	**404.99**	**305.64**	**75.47**	**12.56**
11 年小计			**92.50**	**6.60**	**19.94**	**18.44**	**7.93**	**43.00**	**1.88**
占合计%			**13.70**			**4.55**	**2.59**		
1949	110.00	35.00	6.60	6.00	17.58	1.16			
1950	111.00	36.50	5.90	5.32	17.63	1.04			
1951	112.00	38.10	9.90	8.84	13.03	1.29			
1952	128.20	38.30	8.80	6.86	22.27	1.96	0.43	21.94	1.12
1953	137.80	37.70	7.20	5.22	13.33	0.96	0.23	23.96	0.61
1954	137.70	38.90	7.70	5.59	17.92	1.38	0.32	23.19	0.82
1955	137.90	39.90	6.90	5.00	26.67	1.84	0.55	29.89	1.38
1956	138.60	40.40	10.00	7.22	25.10	2.51	0.88	35.06	2.18
1957	136.70	41.00	10.10	7.39	18.02	1.82	1.21	66.48	2.95
1958	132.60	37.70	9.60	7.24	21.46	2.06	2.06	100.00	5.46
1959	119.70	38.00	9.80	8.19	24.69	2.42	2.25	92.98	5.92
10 年小计			**58.10**	**4.97**	**17.42**	**10.12**	**7.13**	**70.45**	**1.92**
占合计%			**8.60**			**2.50**	**2.33**		
1960	120.30	36.30	5.60	4.66	6.43	0.36	0.52	144.44	1.43
1961	117.40	36.20	3.20	2.73	7.81	0.25	0.06	24.00	0.17
1962	114.80	36.40	2.30	2.00	1.30	0.03			
1963	117.30	36.70	3.10	2.64	2.58	0.08			
1964	116.40	35.40	3.50	3.01	12.57	0.44	0.13	29.55	0.37
1965	117.10	35.70	6.50	5.55	20.46	1.33	0.92	69.17	2.58
1966	117.00	36.90	7.80	6.67	25.38	1.98	1.59	80.30	4.31
1967	116.40	37.70	11.10	9.54	23.06	2.56	1.87	73.05	4.96
1968	116.40	39.20	8.20	7.04	25.85	2.12	1.62	76.42	4.13
1969	115.30	40.60	6.80	5.90	14.26	0.97	0.42	43.30	1.03
10 年小计			**62.41**	**5.83**	**18.27**	**11.40**	**7.15**	**62.72**	**1.55**
占合计%			**9.24**			**2.81**	**2.34**		
1970	111.10	41.70	6.70	6.03	17.76	1.19	0.77	64.71	1.85
1971	110.00	42.45	7.50	6.82	15.07	1.13	0.64	56.64	1.51
1972	108.00	43.65	4.90	4.54	21.02	1.03	0.57	55.34	1.31
1973	107.60	44.72	5.90	5.48	23.05	1.36	0.72	52.94	1.61
1974	107.00	45.66	5.10	4.77	20.00	1.02	0.43	42.16	0.94
1975	106.33	46.93	5.60	5.27	25.00	1.40	0.96	68.57	2.05
1976	106.49	47.73	7.60	7.14	14.08	1.07	0.71	66.36	1.49
1977	104.44	48.44	7.10	6.80	10.00	0.71	0.45	63.38	0.93
1978	105.21	49.25	5.70	5.42	19.65	1.12	0.80	71.43	1.62
1979	105.23	50.29	6.31	6.00	21.71	1.37	1.10	80.29	2.19
10 年小计			**252.11**	**24.20**	**79.57**	**200.61**	**162.04**	**80.77**	**30.09**
占合计%			**37.33**			**49.53**	**53.02**		
1980	105.27	51.42	6.92	6.57	63.87	4.42	4.08	92.31	7.93
1981	105.20	52.39	8.96	8.52	32.37	2.90	3.18	109.66	6.07
1982	105.15	52.95	14.08	13.39	71.80	10.11	9.26	91.59	17.49
1983	104.23	53.19	21.84	20.95	81.09	17.71	13.12	74.08	24.67
1984	104.05	53.65	46.34	44.54	83.51	38.70	37.20	96.12	69.34
1985	103.55	56.85	25.45	24.58	88.45	22.51	13.66	60.68	24.03
1986	103.78	54.02	25.17	24.25	70.72	17.80	13.47	75.67	24.94
1987	103.64	54.19	28.66	27.65	82.00	23.50	22.72	96.68	41.93
1988	103.44	54.61	37.96	36.70	80.66	30.62	26.85	87.69	49.17
1989	103.42	55.23	36.73	35.52	88.05	32.34	18.50	57.20	33.50
11 年小计			**210.26**	**18.63**	**78.20**	**164.42**	**121.39**	**73.83**	**18.94**
占合计%			**31.13**			**40.60**	**39.72**		
1990	103.36	57.66	30.39	29.40	92.14	28.00	25.94	92.64	44.99
1991	103.27	57.56	31.00	30.02	123.84	38.39	39.94	104.04	69.39
1992	102.91	57.84	34.01	33.05	41.99	14.28	9.52	66.67	16.46
1993	102.93	58.20	33.36	32.41	18.76	6.26	4.85	77.48	8.33
1994	102.33	58.36	20.16	19.70	49.31	9.94	8.76	88.13	15.01
1995	102.34	58.37	11.50	11.24	90.87	10.45	8.69	83.16	14.89
1996	102.33	58.37	11.50	11.24	90.87	10.45	2.27	21.72	3.89
1997	102.52	58.69	11.58	11.30	101.04	11.70	2.38	20.34	4.06
1998	102.80	58.81	8.51	8.28	90.48	7.70	11.45	148.70	19.47
1999	102.25	58.90	6.72	6.57	140.48	9.44	4.60	48.73	7.81
2000	101.54	58.24	11.53	11.36	154.47	17.81	2.99	16.79	5.13

5-20-36 山东省潍县棉花生产收购统计表

年 度	耕地面积（万亩）	农业人口（万人）	棉田面积（万亩）	占耕地（%）	亩 产（市斤）	产 量（万担）	收购量（万担）	商品率（%）	人均交售（市斤）
52年合计			**135.81**	**3.09**	**65.13**	**88.45**	**73.73**	**83.36**	**3.77**
11年小计			**23.00**	**1.55**	**29.26**	**6.73**	**5.45**	**80.98**	**1.01**
占合计%			**16.94**			**7.61**	**7.39**		
1949	132.80	44.60	1.10	0.83	27.27	0.30			
1950	132.80	47.00	1.10	0.83	28.18	0.31			
1951	134.60	47.80	1.90	1.41	20.53	0.39			
1952	134.10	48.60	1.20	0.89	25.00	0.30	0.01	3.33	0.02
1953	134.30	48.90	1.80	1.34	24.44	0.44	0.09	20.45	0.18
1954	137.90	49.00	1.60	1.16	21.88	0.35	0.09	25.71	0.18
1955	138.00	50.60	2.00	1.45	34.00	0.68	0.27	39.71	0.53
1956	137.00	51.30	2.60	1.90	39.62	1.03	0.76	73.79	1.48
1957	136.90	51.90	2.30	1.68	30.00	0.69	0.58	84.06	1.12
1958	133.10	50.40	1.80	1.35	44.44	0.80	1.59	198.75	3.15
1959	128.30	47.10	5.60	4.36	25.71	1.44	2.06	143.06	4.37
10年小计			**23.10**	**1.85**	**27.27**	**6.30**	**1.97**	**31.27**	**0.36**
占合计%			**17.01**			**7.12**	**2.67**		
1960	126.40	45.20	3.70	2.93	12.16	0.45	0.50	111.11	1.11
1961	127.00	47.90	2.60	2.05	23.08	0.60	0.28	46.67	0.58
1962	127.10	51.80	3.00	2.36	18.33	0.55	0.39	70.91	0.75
1963	127.70	54.30	2.90	2.27	18.28	0.53			
1964	127.30	54.90	2.60	2.04	25.00	0.65	0.24	36.92	0.44
1965	126.40	56.50	1.20	0.95	30.00	0.36			
1966	123.00	57.00	1.90	1.54	31.05	0.59			
1967	122.70	57.80	1.40	1.14	38.57	0.54			
1968	122.50	59.10	1.70	1.39	52.35	0.89			
1969	121.10	60.90	2.10	1.73	54.29	1.14	0.56	49.12	0.92
10年小计			**47.28**	**3.88**	**57.68**	**27.27**	**21.11**	**77.41**	**3.29**
占合计%			**34.81**			**30.83**	**28.63**		
1970	123.70	61.90	2.40	1.94	44.17	1.06			
1971	123.19	62.72	1.80	1.46	43.89	0.79	0.17	21.52	0.27
1972	123.00	63.44	5.20	4.23	63.46	3.30	2.31	70.00	3.64
1973	123.40	64.12	5.40	4.38	72.78	3.93	3.66	93.13	5.71
1974	123.20	64.51	5.70	4.63	54.74	3.12	2.99	95.83	4.63
1975	122.81	64.85	5.30	4.32	98.11	5.20	4.82	92.69	7.43
1976	120.17	64.89	5.70	4.74	52.46	2.99	2.80	93.65	4.31
1977	120.28	65.06	6.35	5.28	46.30	2.94	2.77	94.22	4.26
1978	120.20	64.99	6.40	5.32	36.88	2.36	0.07	2.97	0.11
1979	120.09	64.97	3.03	2.52	52.15	1.58	1.52	96.20	2.34
10年小计			**42.43**	**9.63**	**113.48**	**48.15**	**45.20**	**93.87**	**19.57**
占合计%			**31.24**			**54.44**	**61.30**		
1980	111.06	58.10	3.87	3.48	95.09	3.68	3.71	100.82	6.39
1981	109.96	57.13	6.22	5.66	109.81	6.83	6.78	99.27	11.87
1982	109.79	57.72	14.10	12.84	106.38	15.00	14.16	94.40	24.53
1983	109.66	58.04	18.24	16.63	124.12	22.64	20.55	90.77	35.41
1984									
1985									
1986									
1987									
1988									
1989									
11年小计									
占合计%									
1990									
1991									
1992									
1993									
1994									
1995									
1996									
1997									
1998									
1999									
2000									

5-20-37 山东省高密市历年棉花生产收购

年度	耕地面积（万亩）	农业人口（万人）	棉田面积（万亩）	占耕地（%）	亩产（市斤）	产量（万担）	收购量（万担）	商品率（%）	人均交售（市斤）
52年合计			**1620.51**	**20.89**	**74.81**	**1212.33**	**1090.88**	**89.98**	**31.58**
11年小计			**359.97**	**19.34**	**41.53**	**149.51**	**130.03**	**86.97**	**21.63**
占合计%			**22.21**			**12.33**	**11.92**		
1949	156.56	43.79	8.00	5.11	28.00	2.24	1.68	75.00	3.84
1950	156.60	47.22	12.58	8.03	29.01	3.65	2.14	58.63	4.53
1951	156.64	47.58	20.68	13.20	31.29	6.47	5.51	85.16	11.58
1952	176.04	51.94	35.15	19.97	41.22	14.49	12.00	82.82	23.10
1953	176.43	55.67	31.14	17.65	46.40	14.45	11.86	82.08	21.30
1954	176.30	57.43	32.12	18.22	53.27	17.11	13.62	79.60	23.72
1955	177.21	58.07	43.06	24.30	47.45	20.43	16.81	82.28	28.95
1956	178.69	60.18	44.23	24.75	41.04	18.15	16.61	91.52	27.60
1957	176.56	61.26	45.73	25.90	35.99	16.46	14.32	87.00	23.38
1958	168.28	59.86	45.80	27.22	47.49	21.75	21.39	98.34	35.73
1959	161.97	58.10	41.48	25.61	34.50	14.31	14.09	98.46	24.25
10年小计			**387.78**	**24.90**	**58.02**	**225.00**	**217.37**	**96.61**	**37.31**
占合计%			**23.93**			**18.56**	**19.93**		
1960	157.77	53.01	41.93	26.58	16.43	6.89	6.63	96.23	12.51
1961	157.77	53.39	31.13	19.73	36.27	11.29	11.20	99.20	20.98
1962	158.24	55.91	36.26	22.91	22.48	8.15	7.77	95.34	13.90
1963	158.80	56.91	36.26	22.83	44.15	16.01	15.36	95.94	26.99
1964	158.20	56.89	41.08	25.97	28.80	11.83	11.37	96.11	19.99
1965	157.05	58.54	40.62	25.86	61.13	24.83	24.14	97.22	41.24
1966	153.62	59.73	42.39	27.59	93.32	39.56	37.84	95.65	63.35
1967	152.02	61.25	39.26	25.83	81.46	31.98	30.53	95.47	49.84
1968	152.02	62.39	39.72	26.13	90.84	36.08	35.16	97.45	56.36
1969	151.87	64.53	39.13	25.77	98.08	38.38	37.37	97.37	57.91
10年小计			**327.64**	**22.47**	**75.82**	**248.41**	**231.84**	**93.33**	**32.34**
占合计%			**20.22**			**20.49**	**21.25**		
1970	150.91	68.23	37.43	24.80	107.56	40.26	28.79	71.51	42.20
1971	149.98	69.80	37.20	24.80	99.01	36.83	36.69	99.62	52.56
1972	148.14	70.97	37.20	25.11	59.95	22.30	21.50	96.41	30.29
1973	147.77	71.59	37.00	25.04	95.14	35.20	34.50	98.01	48.19
1974	146.77	72.33	36.00	24.53	66.94	24.10	23.60	97.93	32.63
1975	144.09	72.52	33.08	22.96	87.36	28.90	27.80	96.19	38.33
1976	143.33	72.93	30.00	20.93	48.90	14.67	14.49	98.77	19.87
1977	142.67	72.92	30.00	21.03	58.20	17.46	16.74	95.88	22.96
1978	142.32	72.84	25.03	17.59	59.77	14.96	14.24	95.19	19.55
1979	141.89	72.70	24.70	17.41	55.59	13.73	13.49	98.25	18.56
10年小计			**306.72**	**22.01**	**112.48**	**345.00**	**317.01**	**91.89**	**43.22**
占合计%			**18.93**			**28.46**	**29.06**		
1980	141.89	72.70	24.70	17.41	102.39	25.29	24.77	97.94	34.07
1981	141.80	73.14	25.05	17.67	71.06	17.80	17.29	97.13	23.64
1982	141.80	73.42	34.90	24.61	89.71	31.31	28.93	92.40	39.40
1983	141.68	73.70	35.14	24.80	139.87	49.15	45.80	93.18	62.14
1984	141.69	72.99	41.33	29.17	146.46	60.53	56.74	93.74	77.74
1985	139.28	71.42	33.40	23.98	100.45	33.55	30.11	89.75	42.16
1986	139.28	73.63	27.90	20.03	115.77	32.30	27.65	85.60	37.55
1987	135.32	73.95	28.00	20.69	139.36	39.02	31.28	80.16	42.30
1988	135.30	72.50	30.10	22.25	108.37	32.62	31.96	97.98	44.08
1989	135.31	75.98	26.20	19.36	89.43	23.43	22.48	95.95	29.59
11年小计			**238.40**	**16.03**	**102.52**	**244.41**	**194.63**	**79.63**	**23.73**
占合计%			**14.71**			**20.16**	**17.84**		
1990	135.25	76.74	30.00	22.18	122.97	36.89	34.46	93.41	44.90
1991	135.59	77.08	32.00	23.60	156.41	50.05	47.30	94.51	61.36
1992	135.69	76.71	32.00	23.58	100.50	32.16	26.60	82.71	34.68
1993	135.59	76.43	30.00	22.13	108.33	32.50	17.50	53.85	22.90
1994	135.00	75.11	30.00	22.22	50.20	15.06	14.86	98.67	19.78
1995	135.40	74.17	22.10	16.32	90.95	20.10	15.78	78.51	21.28
1996	135.40	74.17	13.10	9.68	102.29	13.40	11.58	86.42	15.61
1997	134.45	71.15	21.59	16.06	85.22	18.40	7.00	38.04	9.84
1998	135.05	71.54	15.41	11.41	85.66	13.20	12.23	92.65	17.10
1999	135.03	73.20	7.38	5.47	85.23	6.29	6.05	96.18	8.27
2000	134.71	73.89	4.82	3.58	131.95	6.36	1.27	19.97	1.72

5-20-38 山东省诸城市历年棉花生产收购

年度	耕地面积（万亩）	农业人口（万人）	棉田面积（万亩）	占耕地（%）	亩产（市斤）	产量（万担）	收购量（万担）	商品率（%）	人均交售（市斤）
52年合计			**1075.82**	**11.58**	**57.01**	**613.28**	**528.93**	**86.25**	**12.15**
11年小计			**373.24**	**16.60**	**10.77**	**40.21**	**24.11**	**59.96**	**3.13**
占合计%			**34.69**			**6.56**	**4.56**		
1949	201.50	59.20	9.50	4.71	12.11	1.15			
1950	203.10	61.00	14.00	6.89	15.14	2.12			
1951	204.70	64.20	25.10	12.26	10.72	2.69			
1952	205.30	68.30	33.14	16.14	13.73	4.55	1.56	34.29	2.28
1953	208.40	70.30	31.10	14.92	11.70	3.64	1.26	34.62	1.79
1954	210.10	72.10	32.10	15.28	8.10	2.60	1.19	45.77	1.65
1955	210.20	74.30	43.10	20.50	13.25	5.71	4.35	76.18	5.85
1956	209.80	75.60	52.20	24.88	8.58	4.48	4.09	91.29	5.41
1957	208.40	76.50	45.70	21.93	6.98	3.19	2.08	65.20	2.72
1958	196.40	75.10	45.80	23.32	13.12	6.01	5.44	90.52	7.24
1959	190.50	73.50	41.50	21.78	9.81	4.07	4.14	101.72	5.63
10年小计			**161.80**	**8.65**	**47.56**	**76.95**	**64.24**	**83.48**	**8.21**
占合计%			**15.04**			**12.55**	**12.15**		
1960	187.70	71.00	15.50	8.26	11.23	1.74	2.14	122.99	3.01
1961	187.50	71.20	11.60	6.19	19.66	2.28	2.18	95.61	3.06
1962	198.50	74.20	13.60	6.85	9.56	1.30	1.04	80.00	1.40
1963	191.00	75.80	15.00	7.85	25.87	3.88	3.50	90.21	4.62
1964	189.20	77.00	17.90	9.46	30.50	5.46	5.19	95.05	6.74
1965	187.30	78.90	17.60	9.40	50.85	8.95			
1966	184.40	81.20	17.70	9.60	75.48	13.36	12.29	91.99	15.14
1967	181.60	82.70	16.80	9.25	69.23	11.63	11.20	96.30	13.54
1968	181.80	83.70	17.90	9.85	73.13	13.09	12.20	93.20	14.58
1969	182.00	86.50	18.20	10.00	83.85	15.26	14.50	95.02	16.76
10年小计			**166.71**	**9.44**	**72.34**	**120.59**	**112.46**	**93.26**	**12.19**
占合计%			**15.50**			**19.66**	**21.26**		
1970	180.20	88.80	17.40	9.66	84.94	14.78	14.06	95.13	15.83
1971	179.80	90.23	18.10	10.07	97.90	17.72	17.32	97.74	19.20
1972	178.60	92.08	17.32	9.70	107.39	18.60	12.85	69.09	13.96
1973	178.00	92.85	18.50	10.39	77.41	14.32	14.24	99.44	15.34
1974	177.70	93.72	15.30	8.61	64.71	9.90	10.14	102.42	10.82
1975	176.10	94.28	16.30	9.26	78.53	12.80	12.63	98.67	13.40
1976	174.40	93.74	16.30	9.35	57.18	9.32	9.31	99.89	9.93
1977	173.80	93.13	15.49	8.91	47.90	7.42	7.02	94.61	7.54
1978	173.50	92.25	16.10	9.28	46.96	7.56	7.12	94.18	7.72
1979	173.00	91.11	15.90	9.19	51.38	8.17	7.77	95.10	8.53
10年小计			**210.83**	**12.75**	**110.19**	**232.31**	**213.21**	**91.78**	**24.03**
占合计%			**19.60**			**37.88**	**40.31**		
1980	172.73	91.00	18.81	10.89	81.18	15.27	14.90	97.58	16.37
1981	172.59	95.09	17.41	10.09	87.82	15.29	15.02	98.23	15.80
1982	172.52	89.66	24.26	14.06	102.27	24.81	24.22	97.62	27.01
1983	172.44	89.79	28.30	16.41	116.18	32.88	31.45	95.65	35.03
1984	172.34	90.17	28.91	16.77	135.66	39.22	37.79	96.35	41.91
1985	168.26	90.13	22.95	13.64	116.43	26.72	21.82	81.66	24.21
1986	164.47	89.84	17.54	10.66	126.91	22.26	13.80	61.99	15.36
1987	135.32	72.45	16.62	12.28	119.55	19.87	17.81	89.63	24.58
1988	161.95	89.41	17.68	10.92	115.89	20.49	15.94	77.79	17.83
1989	161.40	89.76	18.35	11.37	84.47	15.50	20.46	132.00	22.79
11年小计			**163.24**	**9.33**	**87.74**	**143.22**	**114.91**	**80.23**	**11.57**
占合计%			**15.17**			**23.35**	**21.72**		
1990	160.76	89.98	18.55	11.54	107.82	20.00	17.27	86.35	19.19
1991	160.31	90.90	19.73	12.31	152.91	30.17	30.49	101.06	33.54
1992	160.31	91.54	20.50	12.79	78.83	16.16	13.94	86.26	15.23
1993	159.81	91.76	24.33	15.22	84.05	20.45	9.67	47.29	10.54
1994	159.48	91.04	18.51	11.61	68.50	12.68	12.06	95.11	13.25
1995	159.14	90.34	18.61	11.69	64.48	12.00	9.09	75.75	10.06
1996	159.48	90.34	18.61	11.67	64.54	12.01	9.70	80.77	10.74
1997	159.04	90.29	13.23	8.32	75.59	10.00	5.20	52.00	5.76
1998	157.46	89.24	7.20	4.57	76.39	5.50	5.68	103.27	6.36
1999	156.96	88.20	2.28	1.45	85.53	1.95	0.24	12.31	0.27
2000	156.62	89.15	1.69	1.08	136.09	2.30	1.57	68.26	1.76

5-20-39　山东省昌邑市历年棉花生产收购

年　度	耕地面积（万亩）	农业人口（万人）	棉田面积（万亩）	占耕地（%）	亩　产（市斤）	产　量（万担）	收购量（万担）	商品率（%）	人均交售（市斤）
52年合计			**798.77**	**12.84**	**91.70**	**732.44**	**654.57**	**89.37**	**22.46**
11年小计			**117.50**	**7.63**	**30.93**	**36.34**	**26.43**	**72.73**	**4.94**
占合计%			**14.71**			**4.96**	**4.04**	**81.38**	
1949	140.20	47.40	3.20	2.28	25.00	0.80	0.60	75.00	1.27
1950	140.40	48.10	7.20	5.13	22.22	1.60	1.40	87.50	2.91
1951	140.20	48.20	10.70	7.63	16.07	1.72	1.50	87.21	3.11
1952	140.60	48.30	11.90	8.46	32.27	3.84	2.58	67.19	5.34
1953	141.10	49.30	9.90	7.02	37.27	3.69	2.62	71.00	5.31
1954	140.30	49.70	10.50	7.48	34.95	3.67	1.83	49.86	3.68
1955	140.80	50.30	11.70	8.31	35.64	4.17	3.21	76.98	6.38
1956	140.50	50.60	14.40	10.25	43.33	6.24	3.63	58.17	7.17
1957	142.20	50.40	14.70	10.34	19.73	2.90	2.56	88.28	5.08
1958	140.50	47.40	13.30	9.47	39.62	5.27	4.40	83.49	9.28
1959	133.60	45.60	10.00	7.49	24.40	2.44	2.10	86.07	4.61
10年小计			**109.00**	**8.69**	**47.22**	**51.47**	**47.95**	**93.16**	**9.28**
占合计%			**13.65**			**7.03**	**7.33**		
1960	126.80	43.30	11.30	8.91	5.04	0.57	0.54	94.74	1.25
1961	124.40	46.00	5.70	4.58	18.07	1.03	0.85	82.52	1.85
1962	126.90	49.70	6.40	5.04	12.97	0.83	0.75	90.36	1.51
1963	127.00	51.30	7.80	6.14	27.05	2.11	1.97	93.36	3.84
1964	127.50	51.90	12.20	9.57	10.00	1.22	1.20	98.36	2.31
1965	127.60	53.20	10.20	7.99	46.57	4.75	4.61	97.05	8.67
1966	124.90	53.80	13.60	10.89	56.99	7.75	6.33	81.68	11.77
1967	124.90	54.80	13.40	10.73	65.30	8.75	8.60	98.29	15.69
1968	122.60	55.70	13.80	11.26	78.84	10.88	10.40	95.59	18.67
1969	121.70	56.80	14.60	12.00	93.01	13.58	12.70	93.52	22.36
10年小计			**141.39**	**12.11**	**82.11**	**116.09**	**110.58**	**95.25**	**18.43**
占合计%			**17.70**			**15.85**	**16.89**		
1970	122.60	58.70	14.90	12.15	98.19	14.63	14.63	100.00	24.92
1971	122.30	59.37	14.10	11.53	117.45	16.56	15.82	95.53	26.65
1972	122.60	59.58	14.00	11.42	81.43	11.40	11.00	96.49	18.46
1973	120.80	60.05	14.00	11.59	114.29	16.00	15.60	97.50	25.98
1974	119.70	60.35	14.00	11.70	83.57	11.70	11.30	96.58	18.72
1975	118.80	60.71	14.00	11.78	102.14	14.30	13.60	95.10	22.40
1976	110.06	60.44	13.20	11.99	63.03	8.32	7.81	93.87	12.92
1977	109.99	60.47	13.91	12.65	61.90	8.61	7.78	90.36	12.87
1978	110.42	60.24	14.90	13.49	40.87	6.09	5.27	86.54	8.75
1979	110.48	60.03	14.38	13.02	58.97	8.48	7.77	91.63	12.94
10年小计			**234.97**	**21.44**	**132.78**	**312.00**	**292.84**	**93.86**	**48.99**
占合计%			**29.42**			**42.60**	**44.74**		
1980	110.68	59.72	14.91	13.47	113.82	16.97	16.53	97.41	27.68
1981	110.79	58.94	16.49	14.88	109.52	18.06	17.34	96.01	29.42
1982	110.69	59.07	23.30	21.05	118.71	27.66	26.03	94.11	44.07
1983	110.64	59.10	24.81	22.42	151.75	37.65	36.83	97.82	62.32
1984	110.67	59.44	32.06	28.97	160.95	51.60	50.84	98.53	85.53
1985	110.34	60.88	29.62	26.84	128.87	38.17	35.65	93.40	58.56
1986	109.26	60.60	22.00	20.14	136.36	30.00	29.10	97.00	48.02
1987	108.00	59.33	24.53	22.71	145.01	35.57	30.44	85.58	51.31
1988	107.37	59.78	24.88	23.17	121.34	30.19	24.34	80.62	40.72
1989	107.60	60.94	22.37	20.79	116.81	26.13	25.74	98.51	42.24
11年小计			**195.91**	**16.85**	**110.53**	**216.54**	**176.77**	**81.63**	**26.58**
占合计%			**24.53**			**29.56**	**27.01**		
1990	107.05	61.43	24.65	23.03	129.90	32.02	29.00	90.57	47.21
1991	106.17	61.77	24.08	22.68	170.27	41.00	39.81	97.10	64.45
1992	106.01	61.76	24.24	22.87	107.30	26.01	19.03	73.16	30.81
1993	105.82	60.86	27.23	25.73	91.55	24.93	8.22	32.97	13.51
1994	105.65	60.46	25.50	24.14	53.92	13.75	11.06	80.44	18.29
1995	105.45	59.60	17.00	16.12	83.00	14.11	14.00	99.22	23.49
1996	105.65	59.60	17.00	16.09	110.59	18.80	18.50	98.40	31.04
1997	105.39	59.98	11.63	11.04	135.00	15.70	7.60	48.41	12.67
1998	105.15	59.38	10.89	10.36	107.25	11.68	13.73	117.55	23.12
1999	105.15	60.30	7.01	6.67	126.53	8.87	10.22	115.22	16.95
2000	105.05	59.99	6.68	6.36	144.76	9.67	5.6	57.91	9.33

5-20-40 山东省昌乐县历年棉花生产收购

年　度	耕地面积（万亩）	农业人口（万人）	棉田面积（万亩）	占耕地（%）	亩　产（市斤）	产　量（万担）	收购量（万担）	商品率（%）	人均交售（市斤）
52年合计			**293.11**	**5.79**	**69.11**	**202.58**	**158.46**	**78.22**	**7.06**
11年小计			**66.40**	**5.45**	**29.08**	**19.31**	**9.86**	**51.06**	**2.80**
占合计%			**22.65**			**9.53**	**6.22**		
1949	100.00	26.60	3.60	3.60	20.00	0.72			
1950	109.00	27.00	4.10	3.76	20.49	0.84			
1951	111.10	30.60	5.30	4.77	30.57	1.62			
1952	113.60	32.00	5.70	5.02	40.88	2.33	1.05	45.06	3.28
1953	113.30	32.80	5.80	5.12	31.38	1.82	0.84	46.15	2.56
1954	113.30	33.20	5.20	4.59	25.19	1.31	0.40	30.53	1.20
1955	113.20	34.10	7.30	6.45	32.74	2.39	0.98	41.00	2.87
1956	113.20	34.80	7.70	6.80	37.66	2.90	1.80	62.07	5.17
1957	112.90	34.80	7.50	6.64	20.40	1.53	0.81	52.94	2.33
1958	110.40	33.50	7.30	6.61	35.62	2.60	2.73	105.00	8.15
1959	108.00	33.20	6.90	6.39	18.12	1.25	1.25	100.00	3.77
10年小计			**49.00**	**4.69**	**36.02**	**17.65**	**9.10**	**51.56**	**2.38**
占合计%			**16.72**			**8.71**	**5.74**		
1960	107.40	32.70	6.00	5.59	2.33	0.14	0.06	42.86	0.18
1961	106.90	34.10	2.90	2.71	16.55	0.48	0.23	47.92	0.67
1962	106.70	36.10	3.90	3.66	16.15	0.63	0.24	38.10	0.66
1963	107.30	37.40	4.60	4.29	14.78	0.68	0.53	77.94	1.42
1964	105.80	38.20	4.70	4.44	15.11	0.71	0.49	69.01	1.28
1965	104.70	39.10	5.70	5.44	41.58	2.37			
1966	103.00	40.10	6.30	6.12	49.84	3.14	2.98	94.90	7.43
1967	101.70	40.70	5.70	5.60	48.07	2.74			
1968	101.70	41.70	4.10	4.03	72.93	2.99	1.17	39.13	2.81
1969	98.60	42.90	5.10	5.17	73.92	3.77	3.40	90.19	7.93
10年小计			**51.20**	**5.34**	**75.25**	**38.53**	**36.39**	**94.45**	**7.84**
占合计%			**17.47**			**19.02**	**22.96**		
1970	99.50	44.30	5.30	5.33	84.34	4.47	4.08	91.28	9.21
1971	97.90	44.61	4.70	4.80	112.34	5.28	4.93	93.37	11.05
1972	97.50	45.48	5.40	5.54	79.26	4.28	4.22	98.60	9.28
1973	96.60	46.22	5.20	5.38	105.58	5.49	5.28	96.17	11.42
1974	96.20	46.64	5.00	5.20	73.60	3.68	3.58	97.28	7.68
1975	95.96	47.09	5.10	5.31	101.96	5.20	4.78	91.92	10.15
1976	95.20	47.26	5.10	5.36	61.96	3.16	2.93	92.72	6.20
1977	93.40	47.42	5.00	5.35	61.00	3.05	2.90	95.08	6.12
1978	93.05	47.48	5.40	5.80	37.22	2.01	1.85	92.04	3.90
1979	93.03	47.62	5.00	5.37	38.20	1.91	1.84	96.34	3.86
10年小计			**76.31**	**8.46**	**115.29**	**87.98**	**69.32**	**78.79**	**14.54**
占合计%			**26.03**			**43.43**	**43.75**		
1980	92.91	47.69	5.23	5.63	107.07	5.60	5.47	97.68	11.47
1981	92.74	47.47	5.10	5.50	112.94	5.76	5.01	86.98	10.55
1982	92.50	47.79	7.32	7.91	106.56	7.80	6.97	89.36	14.58
1983	92.39	48.00	11.60	12.56	106.21	12.32	10.00	81.17	20.83
1984	90.77	47.68	11.87	13.08	126.20	14.98	13.06	87.18	27.39
1985	90.02	47.77	9.90	11.00	120.30	11.91	9.00	75.57	18.84
1986	88.74	47.34	6.71	7.56	116.69	7.83	4.48	57.22	9.46
1987	87.85	47.49	6.13	6.98	121.21	7.43	5.68	76.45	11.96
1988	87.31	47.69	4.88	5.59	127.25	6.21	4.25	68.44	8.91
1989	86.91	47.95	7.57	8.71	107.53	8.14	5.40	66.34	11.26
11年小计			**50.20**	**5.32**	**77.91**	**39.11**	**33.79**	**86.40**	**5.96**
占合计%			**17.13**			**19.31**	**21.32**		
1990	86.28	48.87	8.06	9.34	121.96	9.83	7.03	71.52	14.39
1991	85.94	50.43	8.20	9.54	129.27	10.60	10.76	101.51	21.34
1992	85.83	51.84	8.62	10.04	69.61	6.00	2.42	40.33	4.67
1993	85.51	52.22	4.50	5.26	97.11	4.37	0.58	13.27	1.11
1994	85.28	51.48	6.00	7.04	45.83	2.75	2.94	106.91	5.71
1995	85.11	50.62	5.01	5.89	27.54	1.38	1.69	122.46	3.34
1996	85.28	50.62	5.01	5.87	35.53	1.78	0.98	55.06	1.94
1997	87.38	53.22	2.77	3.17	28.52	0.79	0.50	63.29	0.94
1998	87.35	52.19	1.02	1.17	43.14	0.44	3.76	*	7.20
1999	86.31	52.80	0.63	0.73	142.86	0.90	1.30	144.44	2.46
2000	83.81	52.78	0.38	0.45	71.05	0.27	1.83	*	3.47

5-20-41　山东省安丘县历年棉花生产收购

年　　度	耕地面积（万亩）	农业人口（万人）	棉田面积（万亩）	占耕地（%）	亩　产（市斤）	产　量（万担）	收购量（万担）	商品率（%）	人均交售（市斤）
52 年合计			**357.09**	**4.09**	**92.13**	**329.00**	**262.30**	**79.73**	**5.87**
11 年小计			**54.90**	**2.51**	**20.89**	**11.47**	**9.25**	**80.65**	**1.26**
占合计%			**15.37**			**3.49**	**3.53**		
1949	197.35	60.70	3.00	1.52	7.67	0.23	0.18	78.26	0.30
1950	198.30	61.90	7.00	3.53	19.57	1.37	1.10	80.29	1.78
1951	200.20	63.80	8.00	4.00	8.50	0.68	0.54	79.41	0.85
1952	201.50	64.90	6.30	3.13	20.79	1.31	1.10	83.97	1.69
1953	201.50	65.80	6.00	2.98	21.83	1.31	1.00	76.34	1.52
1954	201.70	67.30	4.90	2.43	20.82	1.02	0.83	81.37	1.23
1955	201.70	69.20	4.30	2.13	29.53	1.27	1.10	86.61	1.59
1956	201.70	71.00	4.30	2.13	30.00	1.29	1.10	85.27	1.55
1957	200.70	72.50	4.10	2.04	25.12	1.03	0.80	77.67	1.10
1958	193.70	68.30	3.60	1.86	28.06	1.01	0.80	79.21	1.17
1959	186.80	69.90	3.40	1.82	27.94	0.95	0.70	73.68	1.00
10 年小计			**31.80**	**1.80**	**35.97**	**11.44**	**9.17**	**80.16**	**1.17**
占合计%			**8.91**			**3.48**	**3.50**		
1960	180.30	68.00	3.00	1.66	21.67	0.65	0.52	80.00	0.76
1961	180.50	69.90	2.70	1.50	24.44	0.66	0.54	81.82	0.77
1962	181.00	74.10	3.20	1.77	17.50	0.56	0.45	80.36	0.61
1963	181.60	76.30	4.20	2.31	10.00	0.42	0.50	119.05	0.66
1964	178.80	78.10	2.90	1.62	18.62	0.54	0.42	77.78	0.54
1965	177.90	79.40	2.50	1.41	40.40	1.01	0.92	91.09	1.16
1966	172.80	82.60	2.80	1.62	46.43	1.30	1.12	86.15	1.36
1967	170.60	83.80	3.00	1.76	40.00	1.20	0.97	80.83	1.16
1968	170.70	85.10	3.50	2.05	54.29	1.90	1.75	92.11	2.06
1969	168.70	87.00	4.00	2.37	80.00	3.20	1.98	61.88	2.28
10 年小计			**57.50**	**3.56**	**58.09**	**33.40**	**29.52**	**88.38**	**3.26**
占合计%			**16.10**			**10.15**	**11.25**		
1970	166.80	89.40	4.10	2.46	53.66	2.20	2.02	91.82	2.26
1971	165.70	88.00	5.70	3.44	85.96	4.90	4.65	94.90	5.28
1972	165.10	89.10	5.60	3.39	64.29	3.60	3.40	94.44	3.82
1973	164.80	89.50	5.40	3.28	83.33	4.50	3.90	86.67	4.36
1974	164.10	90.50	6.40	3.90	48.44	3.10	2.80	90.32	3.09
1975	160.46	90.90	6.20	3.86	80.65	5.00	4.30	86.00	4.73
1976	158.20	91.70	6.40	4.05	42.19	2.70	2.30	85.19	2.51
1977	156.70	91.90	5.90	3.77	50.85	3.00	2.50	83.33	2.72
1978	156.00	92.00	6.10	3.91	37.70	2.30	1.95	84.78	2.12
1979	155.30	92.40	5.70	3.67	36.84	2.10	1.70	80.95	1.84
10 年小计			**104.30**	**6.85**	**128.76**	**134.30**	**108.10**	**80.49**	**11.53**
占合计%			**29.21**			**40.82**	**41.21**		
1980	155.10	92.56	3.80	2.45	97.37	3.70	3.60	97.30	3.89
1981	154.80	93.10	5.80	3.75	101.72	5.90	5.70	96.61	6.12
1982	153.90	93.20	9.10	5.91	100.00	9.10	8.40	92.31	9.01
1983	154.00	94.20	11.40	7.40	124.56	14.20	11.60	81.69	12.31
1984	152.30	91.90	15.40	10.11	147.40	22.70	19.70	86.78	21.44
1985	151.00	91.90	16.10	10.66	134.16	21.60	13.70	63.43	14.91
1986	150.80	93.80	9.60	6.37	137.50	13.20	7.80	59.09	8.32
1987	150.50	94.90	11.20	7.44	143.75	16.10	12.80	79.50	13.49
1988	150.30	93.80	10.80	7.19	132.41	14.30	11.80	82.52	12.58
1989	150.20	98.60	11.10	7.39	121.62	13.50	13.00	96.30	13.18
11 年小计			**108.59**	**6.59**	**127.44**	**138.39**	**106.26**	**76.78**	**9.64**
占合计%			**30.41**			**42.06**	**40.51**		
1990	150.20	101.70	12.00	7.99	150.00	18.00	16.70	92.78	16.42
1991	150.60	102.50	16.00	10.62	171.25	27.40	27.20	99.27	26.54
1992	150.80	102.60	18.00	11.94	113.89	20.50	11.70	57.07	11.40
1993	150.90	102.50	17.80	11.80	119.66	21.30	8.60	40.38	8.39
1994	151.00	102.60	14.10	9.34	85.82	12.10	9.70	80.17	9.45
1995	151.00	99.57	10.00	6.62	120.00	12.00	4.65	38.75	4.67
1996	148.60	98.61	4.70	3.16	129.79	6.10	3.62	59.34	3.67
1997	148.59	98.55	4.75	3.20	108.42	5.15	5.00	97.09	5.07
1998	148.50	97.57	4.04	2.72	110.15	4.45	6.06	136.18	6.21
1999	148.20	97.90	3.60	2.43	161.67	5.82	6.07	104.30	6.20
2000	148.18	98.19	3.60	2.43	154.72	5.57	6.96	124.96	7.09

5-20-42　山东省寿光县历年棉花生产收购

年　度	耕地面积（万亩）	农业人口（万人）	棉田面积（万亩）	占耕地（%）	亩　产（市斤）	产　量（万担）	收购量（万担）	商品率（%）	人均交售（市斤）
52 年合计			**608.78**	**7.65**	**82.46**	**502.00**	**378.12**	**75.32**	**9.41**
11 年小计			**57.60**	**3.06**	**28.65**	**16.50**	**6.72**	**40.73**	**1.00**
占合计%			**9.46**			**3.29**	**1.78**		
1949	167.10	55.00	3.00	1.80	18.00	0.54			
1950	167.20	57.20	3.60	2.15	20.83	0.75			
1951	168.10	57.10	4.10	2.44	24.63	1.01			
1952	169.90	59.30	3.90	2.30	29.23	1.14			
1953	171.10	60.80	5.30	3.10	32.08	1.70	0.42	24.71	0.69
1954	175.80	59.20	5.80	3.30	31.21	1.81	0.46	25.41	0.78
1955	176.40	62.50	5.00	2.83	37.20	1.86	0.68	36.56	1.09
1956	179.00	63.30	7.30	4.08	36.71	2.68	0.99	36.94	1.56
1957	174.00	64.60	6.70	3.85	22.99	1.54	0.70	45.45	1.08
1958	175.90	65.70	6.20	3.52	39.52	2.45	2.45	100.00	3.73
1959	156.60	66.00	6.70	4.28	15.22	1.02	1.02	100.00	1.55
10 年小计			**41.10**	**2.67**	**20.19**	**8.30**	**0.96**	**11.57**	**0.14**
占合计%			**6.75**			**1.65**	**0.25**		
1960	155.20	60.50	7.90	5.09	14.18	1.12	0.40	35.71	0.66
1961	153.70	60.50	3.10	2.02	16.13	0.50	0.13	26.00	0.21
1962	154.00	63.50	4.50	2.92	10.00	0.45	0.07	15.56	0.11
1963	156.60	66.00	4.70	3.00	5.96	0.28	0.05	17.86	0.08
1964	155.40	66.60	4.30	2.77	8.60	0.37	0.07	18.92	0.11
1965	156.60	68.10	2.10	1.34	36.19	0.76			
1966	153.60	69.90	3.30	2.15	24.85	0.82	0.11	13.41	0.16
1967	151.90	71.00	3.30	2.17	26.97	0.89			
1968	152.00	72.30	3.70	2.43	38.65	1.43			
1969	150.00	75.00	4.20	2.80	40.00	1.68	0.13	7.74	0.17
10 年小计			**60.58**	**4.04**	**43.66**	**26.45**	**18.39**	**69.53**	**2.25**
占合计%			**9.95**			**5.27**	**4.86**		
1970	150.00	77.10	4.20	2.80	45.48	1.91	0.38	19.90	0.49
1971	150.00	78.17	6.00	4.00	60.00	3.60	2.26	62.78	2.89
1972	150.10	79.78	6.10	4.06	43.61	2.66	1.74	65.41	2.18
1973	150.50	81.06	6.00	3.99	40.83	2.45	1.56	63.67	1.92
1974	150.51	81.88	6.20	4.12	35.65	2.21	1.69	76.47	2.06
1975	149.30	82.79	7.60	5.09	59.21	4.50	3.89	86.44	4.70
1976	149.88	83.67	7.70	5.14	35.97	2.77	2.29	82.67	2.74
1977	149.56	84.23	7.60	5.08	39.87	3.03	2.30	75.91	2.73
1978	149.42	84.36	7.90	5.29	32.91	2.60	1.76	67.69	2.09
1979	149.05	84.52	1.28	0.86	56.25	0.72	0.52	72.22	0.62
10 年小计			**251.65**	**16.91**	**115.20**	**289.89**	**231.84**	**79.98**	**26.87**
占合计%			**41.34**			**57.75**	**61.31**		
1980	148.79	84.81	1.29	0.87	40.31	0.52	0.21	40.38	0.25
1981	148.81	83.52	7.79	5.23	71.89	5.60	5.26	93.93	6.30
1982	148.86	84.80	17.77	11.94	78.90	14.02	12.03	85.81	14.19
1983	148.89	85.02	28.33	19.03	112.85	31.97	28.57	89.37	33.60
1984	148.75	85.19	39.48	26.54	142.22	56.15	54.14	96.42	63.55
1985	148.35	85.49	35.58	23.98	139.74	49.72	38.47	77.37	45.00
1986	148.12	85.90	27.46	18.54	116.57	32.01	20.37	63.64	23.71
1987	150.50	94.97	34.58	22.98	119.55	41.34	29.77	72.01	31.35
1988	148.55	86.20	30.41	20.47	98.88	30.07	23.70	78.82	27.49
1989	148.47	86.99	28.96	19.51	98.38	28.49	19.32	67.81	22.21
11 年小计			**197.85**	**12.76**	**81.30**	**160.86**	**120.21**	**74.73**	**12.11**
占合计%			**32.50**			**32.04**	**31.79**		
1990	148.00	88.64	28.86	19.50	111.43	32.16	24.06	74.81	27.14
1991	147.41	90.34	30.80	20.89	123.38	38.00	36.69	96.55	40.61
1992	146.27	91.05	29.68	20.29	64.59	19.17	11.34	59.15	12.45
1993	143.35	91.04	26.58	18.54	56.43	15.00	7.20	48.00	7.91
1994	138.84	90.19	24.53	17.67	53.81	13.20	14.00	106.06	15.52
1995	137.81	92.59	16.00	11.61	50.00	8.00	7.50	93.75	8.10
1996	138.84	92.56	16.00	11.52	50.63	8.10	5.62	69.38	6.07
1997	137.90	89.74	9.30	6.74	89.25	8.30	2.50	30.12	2.79
1998	137.61	88.30	6.38	4.64	119.28	7.61	6.80	89.36	7.70
1999	137.37	89.00	4.81	3.50	117.05	5.63	1.33	23.62	1.49
2000	137.38	89.45	4.91	3.57	115.89	5.69	3.17	55.71	3.54

5－20－43　山东省青州县历年棉花生产收购

年　度	耕地面积（万亩）	农业人口（万人）	棉田面积（万亩）	占耕地（%）	亩　产（市斤）	产　量（万担）	收购量（万担）	商品率（%）	人均交售（市斤）
52年合计			**51.96**	**0.96**	**77.17**	**40.10**	**28.85**	**71.95**	**0.91**
11年小计			**16.20**	**1.25**	**25.99**	**4.21**	**0.20**	**4.75**	**0.04**
占合计%			**31.18**			**10.50**	**0.69**		
1949	116.30	40.50	2.10	1.81	21.90	0.46			
1950	116.30	41.10	2.70	2.32	18.15	0.49			
1951	117.10	42.40	2.60	2.22	26.15	0.68			
1952	118.90	43.60	1.70	1.43	26.47	0.45			
1953	119.10	45.30	1.70	1.43	32.94	0.56			
1954	119.90	46.50	1.30	1.08	20.00	0.26			
1955	119.80	47.50	1.00	0.83	25.00	0.25			
1956	119.80	48.60	0.90	0.75	38.89	0.35			
1957	119.80	49.60	0.70	0.58	30.00	0.21			
1958	115.70	49.30	0.50	0.43	44.00	0.22			
1959	114.40	48.50	1.00	0.87	28.00	0.28	0.20	71.43	0.41
10年小计			**7.10**	**0.63**	**46.48**	**3.30**	**0.08**	**2.42**	**0.01**
占合计%			**13.66**			**8.23**	**0.28**		
1960	113.50	46.30	0.40	0.35	22.50	0.09	0.05	55.56	0.11
1961	113.50	48.50	0.30	0.26	23.33	0.07	0.02	28.57	0.04
1962	113.60	51.20	0.40	0.35	25.00	0.10	0.01	10.00	0.02
1963	113.30	52.90	0.40	0.35	17.50	0.07			
1964	113.60	54.60	0.40	0.35	17.50	0.07			
1965	113.20	56.20	0.40	0.35	42.50	0.17			
1966	111.20	57.70	1.20	1.08	46.67	0.56			
1967	111.20	59.10	1.10	0.99	55.45	0.61			
1968	111.20	60.50	1.10	0.99	51.82	0.57			
1969	110.30	62.50	1.40	1.27	70.71	0.99			
10年小计			**3.14**	**0.32**	**63.69**	**2.00**			
占合计%			**6.04**			**4.99**			
1970	109.20	64.20	1.40	1.28	62.86	0.88			
1971	109.00	65.28	0.90	0.83	63.33	0.57			
1972	108.30	66.06	0.40	0.37	62.50	0.25			
1973	108.20	66.84	0.20	0.18	75.00	0.15			
1974	108.10	67.54	0.10	0.09	60.00	0.06			
1975	107.48	68.33	0.09	0.08	55.56	0.05			
1976	106.86	68.67	0.02	0.02	50.00	0.01			
1977									
1978	106.25	69.39	0.01	0.01	100.00	0.01			
1979	105.86	69.73	0.02	0.02	100.00	0.02			
10年小计			**11.72**	**1.17**	**140.87**	**16.51**	**12.98**	**78.62**	**1.83**
占合计%			**22.56**			**41.17**	**44.99**		
1980	105.72	69.81	0.02	0.02	200.00	0.04	0.21	525.00	0.30
1981	103.57	69.86	0.07	0.07	157.14	0.11			
1982	103.47	70.18	1.04	1.01	136.54	1.42	0.61	42.96	0.87
1983	103.44	70.35	2.04	1.97	114.71	2.34	1.23	52.56	1.75
1984	100.48	70.88	2.88	2.87	133.68	3.85	3.31	85.97	4.67
1985	98.07	71.13	1.62	1.65	138.89	2.25	1.64	72.89	2.31
1986	97.31	71.21	0.78	0.80	144.87	1.13	1.20	106.19	1.69
1987	97.03	71.41	1.08	1.11	168.52	1.82	1.47	80.77	2.06
1988	96.71	71.93	1.10	1.14	176.36	1.94	2.01	103.61	2.79
1989	96.55	72.63	1.09	1.13	147.71	1.61	1.30	80.75	1.79
11年小计			**13.80**	**1.33**	**102.03**	**14.08**	**15.59**	**110.72**	**1.92**
占合计%			**26.56**			**35.11**	**54.04**		
1990	96.16	74.00	1.79	1.86	145.81	2.61	1.43	54.79	1.93
1991	96.72	74.27	2.84	2.94	137.68	3.91	2.04	52.17	2.75
1992	94.70	74.11	2.70	2.85	85.19	2.30	1.70	73.91	2.29
1993	94.46	74.09	2.65	2.81	86.79	2.30	0.50	21.74	0.67
1994	94.20	73.67	1.07	1.14	60.75	0.65	0.60	92.31	0.81
1995	94.08	73.57	0.66	0.70	56.06	0.37	0.37	100.00	0.50
1996	94.20	73.57	0.66	0.70	56.06	0.37	0.45	121.62	0.61
1997	93.94	73.59	0.58	0.62	115.52	0.67	0.70	104.48	0.95
1998	93.81	73.75	0.43	0.46	95.35	0.41	0.04	9.76	0.05
1999	93.13	73.90	0.22	0.24	122.73	0.27	5.96	*	8.06
2000	93.04	74.05	0.20	0.21	110.00	0.22	1.80	*	2.43

5－20－44　山东省潍坊市寒亭区历年棉花生产收购

年　度	耕地面积（万亩）	农业人口（万人）	棉田面积（万亩）	占耕地（%）	亩　产（市斤）	产　量（万担）	收购量（万担）	商品率（%）	人均交售（市斤）
52 年合计			**151.10**	**15.94**	**118.19**	**178.58**	**153.47**	**85.94**	**30.80**
11 年小计									
占合计%									
1949									
1950									
1951									
1952									
1953									
1954									
1955									
1956									
1957									
1958									
1959									
10 年小计									
占合计%									
1960									
1961									
1962									
1963									
1964									
1965									
1966									
1967									
1968									
1969									
10 年小计									
占合计%									
1970									
1971									
1972									
1973									
1974									
1975									
1976									
1977									
1978									
1979									
10 年小计			**65.26**	**18.89**	**127.87**	**83.45**	**69.27**	**83.01**	**38.93**
占合计%			**43.19**			**46.73**	**45.14**		
1980									
1981									
1982									
1983									
1984	59.09	30.34	14.69	24.86	156.91	23.05	24.65	106.94	81.25
1985	57.87	29.94	12.95	22.38	120.31	15.58	14.24	91.40	47.56
1986	57.75	29.48	10.65	18.44	114.93	12.24	10.40	84.97	35.28
1987	57.45	29.50	8.59	14.95	133.64	11.48	1.30	11.32	4.41
1988	56.59	29.29	9.75	17.23	115.08	11.22	9.29	82.80	31.72
1989	56.79	29.39	8.63	15.20	114.48	9.88	9.39	95.04	31.95
11 年小计			**85.84**	**14.25**	**110.82**	**95.13**	**84.20**	**88.51**	**26.28**
占合计%			**56.81**			**53.27**	**54.86**		
1990	56.47	29.70	9.61	17.02	122.79	11.80	11.45	97.03	38.55
1991	56.35	30.04	11.50	20.41	160.00	18.40	18.92	102.83	62.98
1992	56.06	29.97	11.45	20.42	75.02	8.59	9.20	107.10	30.70
1993	55.01	29.93	8.38	15.23	93.56	7.84	6.66	84.95	22.25
1994	54.25	29.25	9.56	17.62	84.21	8.05	8.30	103.11	28.38
1995	54.22	28.88	8.74	16.12	105.26	9.20	7.42	80.65	25.69
1996	54.25	28.88	7.00	12.90	117.14	8.20	8.30	101.22	28.74
1997	53.94	28.71	7.14	13.24	119.47	8.53	5.00	58.62	17.42
1998	53.65	28.37	5.69	10.61	123.20	7.01	5.58	79.60	19.67
1999	54.17	28.10	3.98	7.35	105.03	4.18	1.35	32.30	4.80
2000	54.15	28.56	2.79	5.15	119.35	3.33	2.02	60.66	7.07

5-20-45 山东省潍坊市坊子区历年棉花生产收购

年度	耕地面积（万亩）	农业人口（万人）	棉田面积（万亩）	占耕地（%）	亩产（市斤）	产量（万担）	收购量（万担）	商品率（%）	人均交售（市斤）
52年合计			**21.06**	**3.85**	**95.11**	**20.03**	**28.33**	**141.44**	**8.41**
11年小计									
占合计%									
1949									
1950									
1951									
1952									
1953									
1954									
1955									
1956									
1957									
1958									
1959									
10年小计									
占合计%									
1960									
1961									
1962									
1963									
1964									
1965									
1966									
1967									
1968									
1969									
10年小计									
占合计%									
1970									
1971									
1972									
1973									
1974									
1975									
1976									
1977									
1978									
1979									
10年小计			**11.38**	**5.68**	**106.15**	**12.08**	**9.52**	**78.81**	**7.75**
占合计%			**54.04**			**60.31**	**33.60**		
1980									
1981									
1982									
1983									
1984	33.70	22.34	3.59	10.65	106.69	3.83	4.31	112.53	19.29
1985	33.58	21.16	2.60	7.74	119.23	3.10	2.06	66.45	9.74
1986	33.41	19.98	1.57	4.70	108.28	1.70	0.83	48.82	4.15
1987	33.33	19.72	1.61	4.83	98.14	1.58	1.30	82.28	6.59
1988	33.21	19.81	0.71	2.14	91.55	0.65	0.26	40.00	1.31
1989	33.01	19.86	1.30	3.94	93.85	1.22	0.76	62.30	3.83
11年小计			**9.68**	**2.79**	**82.13**	**7.95**	**18.81**	**236.60**	**8.79**
占合计%			**45.96**			**39.69**	**66.40**		
1990	32.59	20.11	1.45	4.45	100.00	1.45	0.98	67.59	4.87
1991	32.55	19.97	1.63	5.01	121.47	1.98	14.06	710.10	70.41
1992	32.46	20.13	1.70	5.24	77.65	1.32	0.61	46.21	3.03
1993	32.23	19.64	1.17	3.63	107.69	1.26	0.27	21.43	1.37
1994	31.92	19.42	1.51	4.73	25.17	0.38	0.35	92.11	1.80
1995	31.36	18.85	1.03	3.28	40.78	0.42	0.25	59.52	1.33
1996	31.92	18.85	0.10	0.31	110.00	0.11	0.07	63.64	0.37
1997	31.17	19.11	0.28	0.90	103.57	0.29	0.19	65.52	0.99
1998	30.41	19.03	0.22	0.72	81.82	0.18	0.47	*	2.47
1999	30.27	19.30	0.28	0.93	103.57	0.29	0.78	*	4.04
2000	29.72	19.57	0.31	1.04	87.10	0.27	0.78	*	3.99

5－20－46　山东省潍坊市潍城区历年棉花生产收购

年　度	耕地面积（万亩）	农业人口（万人）	棉田面积（万亩）	占耕地（%）	亩　产（市斤）	产　量（万担）	收购量（万担）	商品率（%）	人均交售（市斤）
52 年合计			**17.46**	**4.20**	**108.25**	**18.90**	**13.30**	**70.37**	**4.09**
11 年小计									
占合计%									
1949									
1950									
1951									
1952									
1953									
1954									
1955									
1956									
1957									
1958									
1959									
10 年小计									
占合计%									
1960									
1961									
1962									
1963									
1964									
1965									
1966									
1967									
1968									
1969									
10 年小计									
占合计%									
1970									
1971									
1972									
1973									
1974									
1975									
1976									
1977									
1978									
1979									
10 年小计			**10.80**	**5.86**	**119.26**	**12.88**	**9.13**	**70.89**	**6.32**
占合计%			**61.86**			**68.15**	**68.65**		
1980									
1981									
1982									
1983									
1984	32.19	23.74	3.40	10.56	123.24	4.19	3.88	92.60	16.34
1985	31.22	23.86	2.44	7.82	119.26	2.91	2.06	70.79	8.63
1986	30.77	23.93	1.46	4.74	127.40	1.86	1.11	59.68	4.64
1987	30.04	24.08	1.43	4.76	120.28	1.72	0.81	47.09	3.36
1988	30.20	24.25	1.10	3.64	107.27	1.18	0.52	44.07	2.14
1989	29.93	24.64	0.97	3.24	105.15	1.02	0.75	73.53	3.04
11 年小计			**6.66**	**2.88**	**90.39**	**6.02**	**4.17**	**69.27**	**2.31**
占合计%			**38.14**			**31.85**	**31.35**		
1990	24.41	17.92	1.06	4.34	123.58	1.31	1.20	91.60	6.70
1991	24.29	18.20	1.10	4.53	143.64	1.58	0.55	34.81	3.02
1992	24.14	18.22	1.14	4.72	115.79	1.32	1.49	112.88	8.18
1993	23.79	18.32	2.13	8.95	39.91	0.85	0.48	56.47	2.62
1994	23.72	18.33	0.53	2.23	39.62	0.21	0.24	114.29	1.31
1995	23.57	18.22	0.24	1.02	125.00	0.30	0.21	70.00	1.15
1996	23.72	18.22	0.20	0.84	145.00	0.29			
1997	22.28	18.12	0.21	0.94	52.38	0.11			
1998									
1999	20.49	17.60	0.03	0.15	100.00	0.03			
2000	20.50	17.71	0.02	0.10	100.00	0.02			

5－20－47　山东省临朐县历年棉花生产收购

年　　度	耕地面积（万亩）	农业人口（万人）	棉田面积（万亩）	占耕地（%）	亩　产（市斤）	产　量（万担）	收购量（万担）	商品率（%）	人均交售（市斤）
52 年合计			**52.93**	**1.62**	**13.72**	**7.26**	**4.36**	**60.06**	**0.20**
11 年小计			**27.60**	**2.48**	**22.25**	**6.14**	**0.46**	**7.49**	**0.10**
占合计%			**52.14**			**84.57**	**10.55**		
1949	93.50	35.40	1.90	2.03	17.89	0.34			
1950	98.40	36.40	2.70	2.74	21.11	0.57			
1951	98.90	37.30	2.90	2.93	20.69	0.60			
1952	101.00	38.30	3.10	3.07	26.77	0.83	0.01	1.20	0.03
1953	101.00	39.30	3.00	2.97	20.00	0.60	0.02	3.33	0.05
1954	101.80	40.20	2.50	2.46	23.20	0.58	0.02	3.45	0.05
1955	102.10	41.90	2.50	2.45	24.40	0.61	0.01	1.64	0.02
1956	104.20	43.60	2.30	2.21	32.17	0.74			
1957	106.20	45.10	2.40	2.26	12.08	0.29			
1958	103.90	44.50	2.30	2.21	23.48	0.54	0.13	24.07	0.29
1959	99.80	45.60	2.00	2.00	22.00	0.44	0.27	61.36	0.59
10 年小计			**18.10**	**1.91**	**0.77**	**0.14**			
占合计%			**34.20**			**1.93**			
1960	97.90	45.30	1.90	1.94	0.53	0.01			
1961	96.20	47.30	1.90	1.98	5.79	0.11			
1962	96.70	50.40	2.10	2.17	0.95	0.02			
1963	95.70	52.30	1.80	1.88					
1964	95.60	53.70	1.80	1.88					
1965	95.00	55.30	1.60	1.68					
1966	93.30	57.50	1.70	1.82					
1967	92.40	57.90	1.60	1.73					
1968	92.00	59.40	1.70	1.85					
1969	91.80	51.00	2.00	2.18					
10 年小计			**2.00**	**2.19**					
占合计%			**3.78**						
1970	91.20	62.80	2.00	2.19					
1971									
1972									
1973									
1974									
1975									
1976									
1977									
1978									
1979									
10 年小计			**4.55**	**1.33**	**3.96**	**0.18**	**0.02**	**11.11**	**0.01**
占合计%			**8.60**			**2.48**	**0.46**		
1980	88.27	70.34	0.04	0.05	25.00	0.01	0.02	200.00	0.03
1981	87.60	70.59	0.02	0.02					
1982									
1983	87.18	72.07	0.01	0.01	100.00	0.01			
1984									
1985	78.54	74.41	4.48	5.70	3.57	0.16			
1986									
1987									
1988									
1989									
11 年小计			**0.68**	**0.09**	**117.65**	**0.80**	**3.88**	**485.00**	**0.48**
占合计%			**1.28**			**11.02**	**88.99**		
1990									
1991	78.77	82.87	0.01	0.01	100.00	0.01			
1992	80.70	86.30	0.15	0.19	113.33	0.17	1.35	*	1.56
1993	79.37	83.28	0.13	0.16	115.38	0.15	0.64	*	0.77
1994	79.10	82.77	0.08	0.10	162.50	0.13	0.24	184.62	0.29
1995	79.48	81.68	0.10	0.13	100.00	0.10	0.18	180.00	0.22
1996	79.10	81.68	0.10	0.13	100.00	0.10	0.41	*	0.50
1997	76.77	79.96	0.02	0.03	100.00	0.02	0.04	200.00	0.05
1998	76.76	79.09	0.03	0.04	133.33	0.04	0.04	100.00	0.05
1999	77.18	78.30	0.03	0.04	133.33	0.04	0.66	*	0.84
2000	76.44	78.65	0.03	0.04	133.33	0.04	0.32	*	0.41

5-20-48 山东省济宁县历年棉花生产收购

年　度	耕地面积（万亩）	农业人口（万人）	棉田面积（万亩）	占耕地（%）	亩　产（市斤）	产　量（万担）	收购量（万担）	商品率（%）	人均交售（市斤）
52 年合计			**152.38**	**3.46**	**76.75**	**116.96**	**94.83**	**81.08**	**4.29**
11 年小计			**13.50**	**1.27**	**29.77**	**4.02**	**0.56**	**13.93**	**0.18**
占合计%			**8.86**			**3.44**	**0.59**		
1949	88.00	24.70	1.30	1.48	17.69	0.23			
1950	88.40	27.60	1.30	1.47	41.54	0.54			
1951	93.20	26.50	1.40	1.50	37.14	0.52	0.01	1.92	0.04
1952	95.20	26.50	1.50	1.58	48.00	0.72	0.07	9.72	0.26
1953	101.80	28.00	1.60	1.57	25.00	0.40	0.02	5.00	0.07
1954	100.30	29.00	1.10	1.10	30.91	0.34	0.10	29.41	0.34
1955	100.50	29.80	1.20	1.19	30.00	0.36	0.10	27.78	0.34
1956	100.40	30.70	1.50	1.49	24.67	0.37	0.08	21.62	0.26
1957	100.80	30.70	1.00	0.99	10.00	0.10	0.02	20.00	0.07
1958	97.10	31.00	0.60	0.62	25.00	0.15	0.13	86.67	0.42
1959	96.90	31.00	1.00	1.04	28.91	0.29	0.03	10.34	0.10
10 年小计			**12.30**	**1.34**	**41.63**	**5.12**	**2.25**	**43.95**	**0.61**
占合计%			**8.07**			**4.38**	**2.37**		
1960	93.90	30.50	0.50	0.53	20.00	0.10	0.02	20.00	0.07
1961	93.70	32.90	0.70	0.75	17.14	0.12	0.01	8.33	0.03
1962	93.60	34.70	0.60	0.64	21.67	0.13	0.04	30.77	0.12
1963	93.10	36.60	0.60	0.64	25.00	0.15	0.01	6.67	0.03
1964	92.60	37.10	1.00	1.08	27.00	0.27	0.22	81.48	0.59
1965	88.50	37.80	1.00	1.13	36.00	0.36	0.30	83.33	0.79
1966	98.00	38.90	1.40	1.43	44.29	0.62	0.42	67.74	1.08
1967	87.20	39.20	2.00	2.29	40.50	0.81	0.27	33.33	0.69
1968	87.20	39.30	2.00	2.29	59.00	1.18	0.54	45.76	1.37
1969	87.10	40.80	2.50	2.87	55.20	1.38	0.42	30.43	1.03
10 年小计			**38.64**	**4.59**	**42.00**	**16.23**	**11.77**	**72.52**	**2.55**
占合计%			**25.36**			**13.88**	**12.41**		
1970	85.90	41.80	2.50	2.91	57.20	1.43			
1971	84.13	43.85	2.70	3.21	40.00	1.08	0.67	62.04	1.53
1972	84.14	44.66	1.90	2.26	47.37	0.90	0.76	84.44	1.70
1973	84.13	45.23	4.90	5.82	72.45	3.55	2.96	83.38	6.54
1974	84.15	45.81	4.10	4.87	36.59	1.50	1.39	92.67	3.03
1975	84.16	46.50	5.20	6.18	42.31	2.20	1.68	76.36	3.61
1976	83.34	47.07	5.00	6.00	34.60	1.73	1.39	80.35	2.95
1977	84.42	48.06	4.80	5.69	35.00	1.68	1.34	79.76	2.79
1978	83.87	49.14	5.10	6.08	29.02	1.48	1.13	76.35	2.30
1979	82.83	49.78	2.44	2.95	27.87	0.68	0.45	66.18	0.90
10 年小计			**56.31**	**6.96**	**91.07**	**51.28**	**55.46**	**108.15**	**10.96**
占合计%			**36.95**			**43.84**	**58.48**		
1980	82.49	50.04	0.64	0.78	75.00	0.48	0.74	154.17	1.48
1981	81.73	49.72	1.70	2.08	84.12	1.43	2.23	155.94	4.49
1982	81.34	50.62	9.96	12.24	20.48	2.04	2.23	109.31	4.41
1983	81.15	50.81	8.10	9.98	94.44	7.65	7.09	92.68	13.95
1984	81.02	50.65	13.13	16.21	108.23	14.21	8.88	62.49	17.53
1985	80.80	50.34	5.44	6.73	117.10	6.37	5.07	79.59	10.07
1986	80.52	50.46	3.78	4.69	123.02	4.65	7.57	162.80	15.00
1987	80.24	50.63	3.49	4.35	128.94	4.50	7.24	160.89	14.30
1988	79.98	51.04	3.80	4.75	136.58	5.19	8.98	173.03	17.59
1989	79.87	51.86	6.27	7.85	75.92	4.76	5.43	114.08	10.47
11 年小计			**31.63**	**4.10**	**127.44**	**40.31**	**24.79**	**61.50**	**4.43**
占合计%			**20.76**			**34.46**	**26.14**		
1990	78.82	52.62	3.50	4.44	136.00	4.76	5.04	105.88	9.58
1991	78.21	54.64	6.20	7.93	135.48	8.40	7.85	93.45	14.37
1992	78.01	55.45	7.15	9.17	120.56	8.62	4.48	51.97	8.08
1993	77.44	55.87	6.48	8.37	125.00	8.10	0.50	6.17	0.89
1994	77.04	56.94	3.49	4.53	122.92	4.29	1.28	29.84	2.25
1995	76.40	57.32	1.67	2.19	125.15	2.09	2.40	114.83	4.19
1996	77.04	57.32	1.67	2.17	125.15	2.09	1.20	57.42	2.09
1997	76.23	57.36	0.73	0.96	145.21	1.06	0.92	86.79	1.60
1998	76.17	56.17	0.49	0.64	130.61	0.64	1.02	159.38	1.82
1999	75.74	55.85	0.25	0.33	104.00	0.26	0.10	38.46	0.18
2000									

5－20－49　山东省济宁市任城区历年棉花生产收购

年　　度	耕地面积（万亩）	农业人口（万人）	棉田面积（万亩）	占耕地（%）	亩　产（市斤）	产　量（万担）	收购量（万担）	商品率（%）	人均交售（市斤）
52 年合计			**277.23**	**7.21**	**88.46**	**245.25**	**188.16**	**76.72**	**8.17**
11 年小计			**12.60**	**1.44**	**27.86**	**3.51**	**0.97**	**27.64**	**0.27**
占合计%			**4.54**			**1.43**	**0.52**		
1949	74.20	30.30	0.70	0.94	27.14	0.19			
1950	74.20	30.40	0.90	1.21	26.67	0.24			
1951	81.50	30.60	1.30	1.60	21.54	0.28	0.07	25.00	0.23
1952	81.50	31.60	1.10	1.35	36.36	0.40	0.06	15.00	0.19
1953	81.50	31.80	1.30	1.60	24.62	0.32	0.13	40.63	0.41
1954	82.00	32.70	1.00	1.22	28.00	0.28	0.13	46.43	0.40
1955	82.00	33.60	1.20	1.46	21.67	0.26	0.13	50.00	0.39
1956	82.00	34.10	1.60	1.95	46.25	0.74	0.09	12.16	0.26
1957	81.00	34.60	1.50	1.85	12.00	0.18	0.04	22.22	0.12
1958	78.50	33.60	1.20	1.53	35.83	0.43	0.19	44.19	0.57
1959	77.70	33.60	0.80	1.03	23.75	0.19	0.13	68.42	0.39
10 年小计			**24.60**	**3.22**	**36.99**	**9.10**	**8.08**	**88.79**	**2.06**
占合计%			**8.87**			**3.71**	**4.29**		
1960	76.30	33.80	1.10	1.44	61.82	0.68	0.02	2.94	0.06
1961	76.60	35.20	0.90	1.17	44.44	0.40	0.01	2.50	0.03
1962	77.60	37.10	1.10	1.42	44.55	0.49	0.08	16.33	0.22
1963	77.70	37.90	1.10	1.42	34.55	0.38	0.05	13.16	0.13
1964	77.40	38.60	1.10	1.42	72.73	0.80	0.17	21.25	0.44
1965	76.30	39.60	1.20	1.57	56.67	0.68	0.25	36.76	0.63
1966	76.00	40.50	3.90	5.13	28.46	1.11	2.11	190.09	5.21
1967	75.70	41.30	5.30	7.00	25.09	1.33	1.61	121.05	3.90
1968	74.80	43.10	4.60	6.15	37.61	1.73	1.60	92.49	3.71
1969	75.20	44.30	4.30	5.72	34.88	1.50	2.18	145.33	4.92
10 年小计			**58.88**	**7.99**	**53.67**	**31.60**	**24.67**	**78.07**	**5.23**
占合计%			**21.24**			**12.88**	**13.11**		
1970	75.00	45.40	4.70	6.27	37.02	1.74			
1971	74.78	45.57	5.00	6.69	49.00	2.45	2.10	85.71	4.61
1972	74.17	46.50	4.40	5.93	59.09	2.60	2.21	85.00	4.75
1973	74.14	47.10	7.70	10.39	75.45	5.81	5.68	97.76	12.06
1974	74.13	47.43	5.68	7.66	59.33	3.37	3.48	103.26	7.34
1975	73.64	47.74	6.90	9.37	53.62	3.70	3.13	84.59	6.56
1976	73.06	47.59	7.20	9.85	46.39	3.34	2.80	83.83	5.88
1977	72.93	47.93	6.20	8.50	46.45	2.88	2.34	81.25	4.88
1978	72.52	48.12	6.30	8.69	48.73	3.07	0.62	20.20	1.29
1979	72.23	48.44	4.80	6.65	55.00	2.64	2.31	87.50	4.77
10 年小计			**120.41**	**17.06**	**118.32**	**142.47**	**115.39**	**80.99**	**23.16**
占合计%			**43.43**			**58.09**	**61.33**		
1980	72.02	48.47	5.79	8.04	121.24	7.02	7.00	99.72	14.44
1981	71.67	48.26	9.78	13.65	111.76	10.93	10.53	96.34	21.82
1982	71.71	48.62	17.79	24.81	119.11	21.19	20.09	94.81	41.32
1983	71.38	49.33	16.11	22.57	124.77	20.10	11.03	54.88	22.36
1984	70.82	49.02	21.28	30.05	124.72	26.54	19.49	73.44	39.76
1985	70.46	49.29	13.08	18.56	121.48	15.89	13.26	83.45	26.90
1986	70.09	50.21	8.27	11.80	114.87	9.50	8.89	93.58	17.71
1987	69.61	50.79	7.83	11.25	117.50	9.20	12.11	131.63	23.84
1988	69.18	51.44	12.27	17.74	113.94	13.98	8.22	58.80	15.98
1989	68.98	52.87	8.21	11.90	98.90	8.12	4.77	58.74	9.02
11 年小计			**60.74**	**7.97**	**96.43**	**58.57**	**39.05**	**66.67**	**6.67**
占合计%			**21.91**			**23.88**	**20.75**		
1990	68.99	53.56	11.14	16.15	107.27	11.95	9.52	79.67	17.77
1991	68.97	54.18	12.04	17.46	122.34	14.73	14.55	98.78	26.85
1992	68.70	54.49	11.40	16.59	79.74	9.09	8.30	91.31	15.23
1993	68.48	53.32	8.82	12.88	71.09	6.27	1.00	15.95	1.88
1994	68.05	53.02	5.94	8.73	102.36	6.08	2.33	38.32	4.39
1995	67.60	51.71	3.89	5.75	82.01	3.19	0.90	28.21	1.74
1996	68.05	51.71	3.82	5.61	83.25	3.18	0.53	16.67	1.02
1997	67.10	50.97	2.07	3.08	90.82	1.88	0.14	7.45	0.27
1998	66.84	50.53	0.84	1.26	108.33	0.91	0.01	1.10	0.02
1999	75.10	56.10	0.36	0.48	169.44	0.61	0.57	93.44	1.02
2000	74.62	56.13	0.42	0.56	161.90	0.68	1.20	176.47	2.14

5－20－50　山东省兖州市历年棉花生产收购

年　　度	耕地面积（万亩）	农业人口（万人）	棉田面积（万亩）	占耕地（%）	亩　产（市斤）	产　量（万担）	收购量（万担）	商品率（%）	人均交售（市斤）
52 年合计			**269.21**	**7.26**	**84.49**	**227.46**	**158.26**	**69.58**	**8.44**
11 年小计			**11.50**	**1.28**	**25.91**	**2.98**	**1.05**	**35.23**	**0.35**
占合计%			**4.27**			**1.31**	**0.66**		
1949	82.30	25.20	0.50	0.61	16.00	0.08			
1950	82.30	25.70	0.90	1.09	26.67	0.24			
1951	82.30	26.20	1.30	1.58	16.15	0.21			
1952	82.60	26.70	1.10	1.33	26.36	0.29	0.14	48.28	0.52
1953	82.30	27.20	1.10	1.34	28.18	0.31	0.13	41.94	0.48
1954	83.20	27.80	1.10	1.32	26.36	0.29	0.14	48.28	0.50
1955	82.70	28.20	1.10	1.33	28.18	0.31	0.14	45.16	0.50
1956	82.60	28.70	1.50	1.82	27.33	0.41	0.19	46.34	0.66
1957	80.80	29.00	1.10	1.36	25.45	0.28	0.06	21.43	0.21
1958	78.50	28.80	1.10	1.40	34.55	0.38	0.08	21.05	0.28
1959	77.30	28.50	0.70	0.91	25.71	0.18	0.17	94.44	0.60
10 年小计			**19.10**	**2.49**	**44.71**	**8.54**	**6.55**	**76.70**	**2.02**
占合计%			**7.09**			**3.75**	**4.14**		
1960	76.20	27.50	0.50	0.66	14.00	0.07	0.02	28.57	0.07
1961	76.20	28.40	0.80	1.05	17.50	0.14	0.01	7.14	0.04
1962	76.50	32.60	0.90	1.18	17.78	0.16	0.09	56.25	0.28
1963	76.60	33.50	0.90	1.17	8.89	0.08	0.03	37.50	0.09
1964	76.70	32.20	0.80	1.04	17.50	0.14	0.09	64.29	0.28
1965	77.80	32.60	0.70	0.90	35.71	0.25	0.25	100.00	0.77
1966	77.00	33.20	2.70	3.51	58.15	1.57	1.49	94.90	4.49
1967	77.20	33.90	4.10	5.31	44.39	1.82	1.05	57.69	3.10
1968	76.60	34.80	3.90	5.09	59.23	2.31	1.62	70.13	4.66
1969	75.60	36.00	3.80	5.03	52.63	2.00	1.90	95.00	5.28
10 年小计			**72.91**	**10.20**	**47.41**	**34.57**	**30.37**	**87.85**	**7.86**
占合计%			**27.08**			**15.20**	**19.19**		
1970	75.80	36.70	4.70	6.20	61.06	2.87			
1971	74.99	37.17	6.10	8.13	46.72	2.85	2.68	94.04	7.21
1972	74.13	37.71	6.80	9.17	50.44	3.43	3.46	100.87	9.18
1973	72.72	38.16	9.10	12.51	64.73	5.89	6.00	101.87	15.72
1974	71.70	38.70	8.70	12.13	40.92	3.56	3.80	106.74	9.82
1975	70.84	39.10	9.50	13.41	45.26	4.30	3.84	89.30	9.82
1976	69.56	39.16	8.30	11.93	35.30	2.93	2.55	87.03	6.51
1977	68.82	39.66	7.40	10.75	36.22	2.68	2.52	94.03	6.35
1978	68.56	39.94	7.10	10.36	40.14	2.85	2.35	82.46	5.88
1979	68.02	40.16	5.21	7.66	61.61	3.21	3.17	98.75	7.89
10 年小计			**123.30**	**18.63**	**110.91**	**136.75**	**96.98**	**70.92**	**24.06**
占合计%			**45.80**			**60.12**	**61.28**		
1980	67.62	40.18	7.35	10.87	124.49	9.15	9.21	100.66	22.92
1981	67.62	39.76	10.45	15.45	130.33	13.62	12.88	94.57	32.39
1982	67.28	40.29	18.39	27.33	123.22	22.66	16.40	72.37	40.70
1983	66.95	40.43	15.63	23.35	89.57	14.00	9.58	68.43	23.70
1984	66.62	40.86	22.42	33.65	109.32	24.51	15.19	61.97	37.18
1985	65.93	40.93	12.30	18.66	106.42	13.09	8.57	65.47	20.94
1986	65.61	39.77	7.93	12.09	110.72	8.78	5.23	59.57	13.15
1987	65.00	39.80	10.29	15.83	115.35	11.87	7.18	60.49	18.04
1988	64.76	40.32	12.27	18.95	113.94	13.98	8.32	59.51	20.63
1989	64.58	40.71	6.27	9.71	81.18	5.09	4.42	86.84	10.86
11 年小计			**42.40**	**6.36**	**105.24**	**44.62**	**23.31**	**52.24**	**5.07**
占合计%			**15.75**			**19.62**	**14.73**		
1990	64.13	41.53	7.29	11.37	79.42	5.79	3.23	55.79	7.78
1991	63.04	42.16	10.32	16.37	135.76	14.01	8.12	57.96	19.26
1992	62.20	42.36	10.68	17.17	93.45	9.98	6.48	64.93	15.30
1993	60.31	42.34	5.16	8.56	78.10	4.03	0.50	12.41	1.18
1994	59.90	42.08	4.21	7.03	119.24	5.02	0.80	15.94	1.90
1995	59.78	41.60	0.98	1.64	114.29	1.12	0.99	88.39	2.38
1996	59.90	41.06	0.98	1.64	114.29	1.12	0.06	5.36	0.15
1997	59.97	41.52	0.77	1.28	118.18	0.91	0.08	8.79	0.19
1998	59.83	41.48	0.72	1.20	122.22	0.88	0.43	48.86	1.04
1999	59.06	41.70	0.51	0.86	150.98	0.77	1.13	146.75	2.71
2000	58.73	41.96	0.78	1.33	126.92	0.99	1.49	150.51	3.55

5－20－51　山东省邹城市历年棉花生产收购

年　　度	耕地面积（万亩）	农业人口（万人）	棉田面积（万亩）	占耕地（%）	亩　产（市斤）	产　量（万担）	收购量（万担）	商品率（%）	人均交售（市斤）
52 年合计			**188.23**	**3.15**	**59.74**	**112.44**	**68.42**	**60.85**	**1.94**
11 年小计			**33.10**	**2.21**	**23.32**	**7.72**	**1.52**	**19.69**	**0.28**
占合计%			**17.58**			**6.87**	**2.22**		
1949	137.10	43.00	2.50	1.82	15.60	0.39			
1950	137.20	44.50	2.70	1.97	15.93	0.43			
1951	137.30	45.30	2.90	2.11	13.79	0.40			
1952	137.80	46.10	2.60	1.89	21.92	0.57	0.13	22.81	0.28
1953	137.90	46.70	2.80	2.03	15.71	0.44	0.09	20.45	0.19
1954	138.00	49.00	2.40	1.74	22.50	0.54	0.17	31.48	0.35
1955	138.10	50.90	2.70	1.96	28.52	0.77	0.17	22.08	0.33
1956	138.40	51.70	3.80	2.75	36.84	1.40	0.25	17.86	0.48
1957	137.30	53.60	3.60	2.62	15.28	0.55	0.09	16.36	0.17
1958	132.20	51.60	4.30	3.25	35.58	1.53	0.30	19.61	0.58
1959	129.40	51.40	2.80	2.16	25.00	0.70	0.32	45.71	0.62
10 年小计			**29.60**	**2.43**	**27.74**	**8.21**	**3.55**	**43.24**	**0.60**
占合计%			**15.73**			**7.30**	**5.19**		
1960	124.70	50.50	3.30	2.65	14.24	0.47	0.12	25.53	0.24
1961	124.70	53.70	2.80	2.25	17.50	0.49	0.02	4.08	0.04
1962	124.80	56.60	2.60	2.08	20.00	0.52	0.21	40.38	0.37
1963	124.30	58.30	2.90	2.33	11.03	0.32	0.14	43.75	0.24
1964	124.00	59.00	2.40	1.94	23.75	0.57	0.29	50.88	0.49
1965	121.30	60.20	2.40	1.98	22.08	0.53	0.25	47.17	0.42
1966	120.00	61.70	2.70	2.25	40.74	1.10	0.47	42.73	0.76
1967	119.40	62.70	3.60	3.02	32.22	1.16	0.63	54.31	1.00
1968	119.30	64.50	3.50	2.93	39.71	1.39	0.60	43.17	0.93
1969	117.70	66.40	3.40	2.89	48.82	1.66	0.82	49.40	1.23
10 年小计			**45.77**	**4.08**	**39.50**	**18.08**	**12.25**	**67.75**	**1.68**
占合计%			**24.32**			**16.08**	**17.90**		
1970	117.10	68.30	4.80	4.10	55.42	2.66			
1971	115.49	69.34	4.80	4.16	39.38	1.89	1.27	67.20	1.83
1972	115.00	70.83	3.50	3.04	45.71	1.60	1.31	81.88	1.85
1973	113.56	72.08	5.70	5.02	56.14	3.20	2.98	93.13	4.13
1974	112.82	72.80	5.80	5.14	40.69	2.36	2.22	94.07	3.05
1975	112.16	73.61	5.40	4.81	36.85	1.99	1.40	70.35	1.90
1976	110.06	74.21	5.20	4.72	29.81	1.55	1.20	77.42	1.62
1977	108.92	75.20	5.40	4.96	31.11	1.68	1.29	76.79	1.72
1978	108.15	75.81	4.60	4.25	21.30	0.98	0.57	58.16	0.75
1979	107.60	76.41	0.57	0.53	29.82	0.17	0.01	5.88	0.01
10 年小计			**40.89**	**3.94**	**102.86**	**42.06**	**34.44**	**81.88**	**4.54**
占合计%			**21.72**			**37.41**	**50.34**		
1980	107.13	76.42	0.45	0.42	68.89	0.31	0.16	51.61	0.21
1981	106.64	75.98	1.07	1.00	95.33	1.02	0.59	57.84	0.78
1982	106.12	76.31	7.23	6.81	90.73	6.56	4.54	69.21	5.95
1983	105.16	76.52	7.08	6.73	76.27	5.40	2.83	52.41	3.70
1984	104.16	76.38	8.75	8.40	110.51	9.67	5.73	59.26	7.50
1985	103.14	76.42	3.61	3.50	115.79	4.18	3.07	73.44	4.02
1986	102.38	73.78	1.94	1.89	114.95	2.23	3.40	152.47	4.61
1987	101.64	73.94	2.57	2.53	126.07	3.24	5.03	155.25	6.80
1988	101.48	75.40	3.51	3.46	107.69	3.78	4.76	125.93	6.31
1989	101.28	76.70	4.68	4.62	121.15	5.67	4.33	76.37	5.65
11 年小计			**38.87**	**3.57**	**93.57**	**36.37**	**16.66**	**45.81**	**1.84**
占合计%			**20.65**			**32.35**	**24.35**		
1990	100.94	78.13	7.73	7.66	123.03	9.51	6.20	65.19	7.94
1991	100.69	79.08	6.30	6.26	31.90	2.01	1.08	53.73	1.37
1992	100.19	80.23	6.62	6.61	82.63	5.47	4.39	80.26	5.47
1993	99.65	80.95	4.82	4.84	68.88	3.32	1.26	37.95	1.56
1994	99.42	82.24	4.15	4.17	118.80	4.93	1.44	29.21	1.75
1995	99.08	84.74	3.43	3.46	121.57	4.17	0.76	18.23	0.90
1996	99.42	84.74	3.43	3.45	121.57	4.17	1.20	28.78	1.42
1997	98.68	84.31	1.08	1.09	124.07	1.34	0.12	8.96	0.14
1998	98.40	83.26	0.55	0.56	156.36	0.86	0.12	13.95	0.14
1999	97.21	83.40	0.38	0.39	63.16	0.24			
2000	96.57	83.81	0.38	0.39	92.11	0.35	0.09	25.71	0.11

5－20－52　山东省鱼台县历年棉花生产收购

年　度	耕地面积（万亩）	农业人口（万人）	棉田面积（万亩）	占耕地（%）	亩　产（市斤）	产　量（万担）	收购量（万担）	商品率（%）	人均交售（市斤）
52 年合计			**240.94**	**6.82**	**134.03**	**322.93**	**199.41**	**61.75**	**13.61**
11 年小计			**8.60**	**0.92**	**22.44**	**1.93**			
占合计%			**3.57**			**0.60**			
1949	80.80	19.10	0.80	0.99	18.75	0.15			
1950	80.80	19.00	0.60	0.74	26.67	0.16			
1951	83.60	19.20	0.80	0.96	15.00	0.12			
1952	86.10	19.70	0.90	1.05	24.44	0.22			
1953	88.60	20.00	0.90	1.02	11.11	0.10			
1954	88.60	21.10	0.80	0.90	27.50	0.22			
1955	87.90	21.80	1.00	1.14	34.00	0.34			
1956	87.90	22.80	0.80	0.91	32.50	0.26			
1957	86.50	22.20	0.90	1.04	2.22	0.02			
1958	86.50	23.10	0.50	0.58	8.00	0.04			
1959	81.40	21.80	0.60	0.74	50.00	0.30			
10 年小计			**6.20**	**0.85**	**29.68**	**1.84**	**6.20**	*	**2.73**
占合计%			**2.57**			**0.57**	**3.11**		
1960	75.80	19.80	0.10	0.13	20.00	0.02	0.10	*	0.51
1961	75.30	21.10	0.40	0.53	5.00	0.02	0.40	*	1.90
1962	75.30	22.60	0.50	0.66	18.00	0.09	0.50	*	2.21
1963	75.80	22.50	0.50	0.66	4.00	0.02	0.50	*	2.22
1964	75.70	22.00	0.30	0.40	13.33	0.04	0.30	*	1.36
1965	73.00	22.00	0.40	0.55	10.00	0.04	0.40	*	1.82
1966	71.00	23.10	0.40	0.56	32.50	0.13	0.40	*	1.73
1967	70.30	23.50	0.90	1.28	43.33	0.39	0.90	*	3.83
1968	68.50	24.50	1.10	1.61	37.27	0.41	1.10	*	4.49
1969	67.80	26.00	1.60	2.36	42.50	0.68	1.60	*	6.15
10 年小计			**5.71**	**0.91**	**39.40**	**2.25**	**0.02**	**0.89**	**0.01**
占合计%			**2.37**			**0.70**	**0.01**		
1970	65.80	26.90	1.80	2.74	46.11	0.83			
1971	65.02	27.63	0.90	1.38	30.00	0.27			
1972	64.44	28.02	0.35	0.54	34.29	0.12			
1973	64.05	28.28	0.66	1.03	40.91	0.27			
1974	63.29	28.52	0.78	1.23	39.74	0.31			
1975	62.43	28.95	0.61	0.98	40.98	0.25			
1976	62.07	29.20	0.28	0.45	42.86	0.12			
1977	61.21	29.54	0.16	0.26	6.25	0.01			
1978	60.78	29.45	0.12	0.20	41.67	0.05			
1979	60.78	30.20	0.05	0.08	40.00	0.02	0.02	100.00	0.07
10 年小计			**73.73**	**12.41**	**151.81**	**111.93**	**65.82**	**58.80**	**20.84**
占合计%			**30.60**			**34.66**	**33.01**		
1980	60.24	30.60	0.05	0.08	60.00	0.03	0.02	66.67	0.07
1981	60.24	30.73	0.75	1.25	101.33	0.76	0.51	67.11	1.66
1982	60.12	31.25	7.42	12.34	117.52	8.72	4.99	57.22	15.97
1983	59.74	31.12	1.31	2.19	140.46	1.84	1.08	58.70	3.47
1984	59.49	31.26	12.50	21.01	145.44	18.18	12.40	68.21	39.67
1985	59.17	31.31	7.99	13.50	132.17	10.56	5.40	51.14	17.25
1986	59.02	31.44	6.10	10.34	154.59	9.43	5.36	56.84	17.05
1987	58.84	31.22	9.37	15.92	170.44	15.97	9.11	57.04	29.18
1988	58.75	32.89	13.44	22.88	161.01	21.64	13.87	64.09	42.17
1989	58.70	34.09	14.80	25.21	167.57	24.80	13.08	52.74	38.37
11 年小计			**146.70**	**22.88**	**139.73**	**204.98**	**127.37**	**62.14**	**31.43**
占合计%			**60.89**			**63.48**	**63.87**		
1990	58.67	35.00	15.73	26.81	161.98	25.48	14.00	54.95	40.00
1991	58.64	35.80	15.15	25.84	170.03	25.76	21.60	83.85	60.34
1992	58.62	35.96	15.20	25.93	143.42	21.80	8.00	36.70	22.25
1993	58.37	36.33	22.40	38.38	114.73	25.70	12.00	46.69	33.03
1994	58.35	36.76	16.18	27.73	169.96	27.50	16.00	58.18	43.53
1995	58.24	36.94	15.30	26.27	117.65	18.00	16.00	88.89	43.31
1996	58.12	36.94	15.30	26.32	91.50	14.00	12.00	85.71	32.49
1997	58.35	37.00	7.42	12.72	119.95	8.90	6.24	70.11	16.86
1998	58.07	37.27	8.61	14.83	140.53	12.10	8.02	66.28	21.52
1999	58.07	38.40	5.58	9.61	164.70	9.19	5.09	55.39	13.26
2000	57.62	38.91	9.83	17.06	168.36	16.55	8.42	50.88	21.64

5－20－53　山东省金乡县历年棉花生产收购

年　度	耕地面积（万亩）	农业人口（万人）	棉田面积（万亩）	占耕地（%）	亩　产（市斤）	产　量（万担）	收购量（万担）	商品率（%）	人均交售（市斤）
52 年合计			**710.47**	**14.30**	**106.06**	**753.49**	**601.63**	**79.85**	**28.15**
11 年小计			**33.20**	**2.77**	**16.96**	**5.63**	**0.29**	**5.15**	**0.08**
占合计%			**4.67**			**0.75**	**0.05**		
1949	104.50	30.20	2.10	2.01	18.10	0.38			
1950	104.50	30.80	3.20	3.06	19.06	0.61			
1951	107.00	31.30	3.30	3.08	22.12	0.73			
1952	110.20	31.40	3.80	3.45	20.00	0.76			
1953	112.10	31.40	3.80	3.39	12.89	0.49	0.01	2.04	0.03
1954	111.70	33.00	2.40	2.15	16.67	0.40	0.01	2.50	0.03
1955	111.00	33.40	3.40	3.06	21.18	0.72	0.02	2.78	0.06
1956	111.00	34.00	3.60	3.24	24.17	0.87	0.01	1.15	0.03
1957	109.50	33.50	3.00	2.74	0.67	0.02			
1958	109.60	34.60	1.50	1.37	21.33	0.32	0.07	21.88	0.20
1959	106.10	33.00	3.10	2.92	10.65	0.33	0.17	51.52	0.52
10 年小计			**32.40**	**3.27**	**37.78**	**12.24**	**6.12**	**50.00**	**1.79**
占合计%			**4.56**			**1.62**	**1.02**		
1960	101.40	30.60	1.20	1.18	10.83	0.13	0.04	30.77	0.13
1961	100.90	32.10	2.00	1.98	22.00	0.44	0.02	4.55	0.06
1962	101.00	34.50	2.70	2.67	12.22	0.33	0.03	9.09	0.09
1963	101.00	34.50	2.40	2.38	4.58	0.11			
1964	100.60	34.80	2.00	1.99	12.50	0.25	0.04	16.00	0.11
1965	99.00	33.00	1.70	1.72	58.24	0.99			
1966	98.00	34.70	3.10	3.16	51.94	1.61	0.87	54.04	2.51
1967	96.50	34.80	5.20	5.39	48.08	2.50	1.63	65.20	4.68
1968	96.10	35.80	6.00	6.24	52.67	3.16	2.24	70.89	6.26
1969	95.70	37.40	6.10	6.37	44.59	2.72	1.25	45.96	3.34
10 年小计			**79.18**	**8.35**	**37.28**	**29.52**	**23.57**	**79.84**	**5.81**
占合计%			**11.14**			**3.92**	**3.92**		
1970	95.00	38.30	6.00	6.32	41.50	2.49	1.40	56.22	3.66
1971	94.17	38.98	5.70	6.05	39.12	2.23	1.48	66.37	3.80
1972	93.26	39.50	7.40	7.93	45.95	3.40	2.88	84.71	7.29
1973	98.19	39.91	9.50	9.68	55.79	5.30	4.60	86.79	11.53
1974	97.96	40.29	9.60	9.80	32.29	3.10	2.25	72.58	5.58
1975	97.53	40.86	8.70	8.92	43.45	3.78	3.38	89.42	8.27
1976	94.79	41.35	9.30	9.81	29.57	2.75	2.06	74.91	4.98
1977	93.28	41.88	8.30	8.90	23.13	1.92	1.62	84.38	3.87
1978	92.50	42.20	8.40	9.08	27.98	2.35	1.86	79.15	4.41
1979	91.58	42.63	6.28	6.86	35.03	2.20	2.04	92.73	4.79
10 年小计			**251.69**	**28.16**	**124.49**	**313.33**	**270.56**	**86.35**	**59.83**
占合计%			**35.43**			**41.58**	**44.97**		
1980	91.22	42.94	10.73	11.76	101.12	10.85	10.57	97.42	24.62
1981	90.38	47.94	16.72	18.50	120.33	20.12	19.64	97.61	40.97
1982	90.54	43.68	25.57	28.24	128.63	32.89	29.40	89.39	67.31
1983	90.07	44.08	28.80	31.98	133.19	38.36	35.73	93.14	81.06
1984	89.66	44.40	36.55	40.77	133.90	48.94	29.39	60.05	66.19
1985	89.06	44.71	25.09	28.17	116.70	29.28	31.78	108.54	71.08
1986	88.57	45.11	20.11	22.71	128.49	25.84	22.81	88.27	50.57
1987	88.33	45.76	25.43	28.79	136.73	34.77	33.67	96.84	73.58
1988	88.02	46.37	32.47	36.89	130.95	42.52	29.57	69.54	63.77
1989	87.95	47.21	30.22	34.36	98.48	29.76	28.00	94.09	59.31
11 年小计			**314.00**	**33.39**	**125.09**	**392.77**	**301.09**	**76.66**	**51.85**
占合计%			**44.20**			**52.13**	**50.05**		
1990	87.71	49.13	34.51	39.35	133.47	46.06	32.20	69.91	65.54
1991	87.25	51.33	44.76	51.30	153.19	68.57	48.00	70.00	93.51
1992	87.02	52.14	39.76	45.69	111.72	44.42	36.00	81.04	69.04
1993	86.86	52.82	33.54	38.61	56.65	19.00	16.90	88.95	32.00
1994	86.24	53.65	30.27	35.10	126.00	38.14	30.65	80.36	57.13
1995	84.60	53.36	27.40	32.39	124.09	34.00	30.65	90.15	57.44
1996	86.24	53.36	17.70	20.52	120.00	21.24	17.06	80.32	31.97
1997	84.41	53.78	17.71	20.98	119.99	21.25	17.65	83.06	32.82
1998	83.91	53.69	17.87	21.30	117.52	21.00	23.98	114.19	44.66
1999	83.57	53.70	18.63	22.29	155.23	28.92	26.18	90.53	48.75
2000	82.51	53.69	31.85	38.60	157.52	50.17	21.82	43.49	40.64

5-20-54 山东省嘉祥县历年棉花生产收购

年　度	耕地面积（万亩）	农业人口（万人）	棉田面积（万亩）	占耕地（%）	亩　产（市斤）	产　量（万担）	收购量（万担）	商品率（%）	人均交售（市斤）
52 年合计			**695.60**	**12.49**	**87.74**	**610.34**	**474.70**	**77.78**	**16.58**
11 年小计			**51.60**	**3.62**	**20.58**	**10.62**	**10.06**	**94.73**	**2.12**
占合计%			**7.42**			**1.74**	**2.12**		
1949	131.70	40.00	5.00	3.80	11.00	0.55	0.55	100.00	1.38
1950	131.70	42.10	3.50	2.66	17.71	0.62	0.60	96.77	1.43
1951	130.80	40.70	5.30	4.05	22.83	1.21	1.21	100.00	2.97
1952	130.50	41.80	4.30	3.30	27.91	1.20	1.08	90.00	2.58
1953	131.10	42.00	4.40	3.36	27.05	1.19	1.14	95.80	2.71
1954	131.40	43.40	5.00	3.81	26.80	1.34	1.31	97.76	3.02
1955	129.80	44.80	5.30	4.08	25.28	1.34	1.32	98.51	2.95
1956	131.90	45.00	5.60	4.25	22.14	1.24	1.22	98.39	2.71
1957	129.00	46.00	5.00	3.88	5.00	0.25	0.23	92.00	0.50
1958	128.20	46.00	4.10	3.20	21.22	0.87	0.85	97.70	1.85
1959	120.10	43.70	4.10	3.41	19.76	0.81	0.55	67.90	1.26
10 年小计			**36.40**	**3.30**	**23.87**	**8.69**	**8.25**	**94.94**	**1.70**
占合计%			**5.23**			**1.42**	**1.74**		
1960	113.20	42.20	3.60	3.18	16.39	0.59	0.55	93.22	1.30
1961	112.40	45.30	2.70	2.40	28.52	0.77	0.61	79.22	1.35
1962	112.70	48.20	2.60	2.31	11.92	0.31	0.29	93.55	0.60
1963	112.60	48.90	3.70	3.29	5.14	0.19	0.15	78.95	0.31
1964	111.80	48.30	3.80	3.40	12.89	0.49	0.45	91.84	0.93
1965	111.00	48.00	3.00	2.70	8.00	0.24	0.21	87.50	0.44
1966	108.00	49.10	2.90	2.69	23.45	0.68	0.66	97.06	1.34
1967	107.20	49.90	3.90	3.64	30.00	1.17	1.15	98.29	2.30
1968	106.90	51.30	4.90	4.58	48.16	2.36	2.32	98.31	4.52
1969	106.20	53.10	5.30	4.99	35.66	1.89	1.86	98.41	3.50
10 年小计			**84.37**	**8.06**	**30.54**	**25.77**	**24.65**	**95.65**	**4.30**
占合计%			**12.13**			**4.22**	**5.19**		
1970	104.80	54.30	5.20	4.96	28.27	1.47	1.38	93.88	2.54
1971	105.56	55.01	7.00	6.63	32.00	2.24	2.20	98.21	4.00
1972	102.76	56.21	7.70	7.49	48.96	3.77	3.50	92.84	6.23
1973	108.70	56.87	11.60	10.67	46.98	5.45	5.24	96.15	9.21
1974	108.01	57.03	8.90	8.24	25.06	2.23	2.21	99.10	3.88
1975	106.13	57.56	10.80	10.18	33.43	3.61	3.51	97.23	6.10
1976	104.16	57.98	9.70	9.31	24.12	2.34	2.12	90.60	3.66
1977	103.11	58.75	9.80	9.50	21.12	2.07	2.00	96.62	3.40
1978	102.03	59.23	8.30	8.13	16.99	1.41	1.38	97.87	2.33
1979	101.49	59.76	5.37	5.29	21.97	1.18	1.11	94.07	1.86
10 年小计			**302.77**	**30.70**	**117.58**	**356.01**	**281.92**	**79.19**	**46.48**
占合计%			**43.53**			**58.33**	**59.39**		
1980	101.20	60.12	10.51	10.39	122.55	12.88	11.92	92.55	19.83
1981	100.23	59.82	28.02	27.96	114.74	32.15	27.00	83.98	45.14
1982	99.55	60.40	39.78	39.96	125.89	50.08	36.00	71.88	59.60
1983	99.56	60.78	38.23	38.40	113.00	43.20	40.00	92.59	65.81
1984	99.56	60.97	45.86	46.06	123.57	56.67	30.00	52.94	49.20
1985	99.54	60.38	30.76	30.90	121.13	37.26	39.00	104.67	64.59
1986	98.70	60.98	26.67	27.02	124.78	33.28	21.00	63.10	34.44
1987	97.52	61.24	25.90	26.56	136.06	35.24	30.00	85.13	48.99
1988	97.25	61.65	27.90	28.69	94.09	26.25	30.00	114.29	48.66
1989	93.17	60.18	29.14	31.28	99.52	29.00	17.00	58.62	28.25
11 年小计			**220.46**	**21.90**	**94.92**	**209.25**	**149.82**	**71.60**	**20.68**
占合计%			**31.69**			**34.28**	**31.56**		
1990	92.82	61.33	28.32	30.51	97.53	27.62	20.00	72.41	32.61
1991	92.61	65.14	36.25	39.14	116.44	42.21	39.00	92.40	59.87
1992	92.41	66.89	34.24	37.05	89.57	30.67	31.00	101.08	46.34
1993	92.14	66.91	28.85	31.31	23.99	6.92	4.00	57.80	5.98
1994	91.53	65.71	20.82	22.75	102.50	21.34	8.00	37.49	12.17
1995	91.25	66.01	15.00	16.44	100.00	15.00	10.00	66.67	15.15
1996	91.53	66.01	15.00	16.39	98.00	14.70	7.00	47.62	10.60
1997	90.93	66.08	14.01	15.41	114.13	15.99	3.94	24.64	5.96
1998	91.10	66.44	11.35	12.46	106.26	12.06	11.00	91.21	16.56
1999	90.50	66.70	5.85	6.46	127.86	7.48	7.86	105.08	11.78
2000	90.06	67.38	10.77	11.96	141.69	15.26	8.02	52.56	11.90

5－20－55　山东省微山县历年棉花生产收购

年　度	耕地面积（万亩）	农业人口（万人）	棉田面积（万亩）	占耕地（%）	亩　产（市斤）	产　量（万担）	收购量（万担）	商品率（%）	人均交售（市斤）
52 年合计			**40.69**	**1.68**	**113.59**	**46.22**	**28.29**	**61.21**	**1.27**
11 年小计			**4.90**	**0.82**	**33.47**	**1.64**	**0.19**	**11.59**	**0.06**
占合计%			**12.04**			**3.55**	**0.67**		
1949	55.00	27.20	0.40	0.73	12.50	0.05			
1950	55.00	27.60	0.50	0.91	26.00	0.13			
1951	54.90	28.00	0.60	1.09	23.33	0.14			
1952	54.90	28.40	0.50	0.91	42.00	0.21			
1953	54.80	28.80	0.50	0.91	48.00	0.24			
1954	54.70	29.60	0.50	0.91	40.00	0.20	0.01	5.00	0.03
1955	54.70	30.70	0.50	0.91	50.00	0.25	0.12	48.00	0.39
1956	54.00	31.50	0.50	0.93	42.00	0.21			
1957	54.00	31.90	0.40	0.74	12.50	0.05	0.01	20.00	0.03
1958	53.70	31.50	0.30	0.56	36.67	0.11	0.01	9.09	0.03
1959	53.60	31.60	0.20	0.37	25.00	0.05	0.04	80.00	0.13
10 年小计			**2.20**	**0.44**	**54.55**	**1.20**			
占合计%			**5.41**			**2.60**			
1960	52.60	30.70	0.10	0.19	50.00	0.05			
1961	53.00	32.90	0.20	0.38	25.00	0.05			
1962	53.00	34.70	0.20	0.38	25.00	0.05			
1963	53.40	35.60	0.20	0.37	10.00	0.02			
1964	51.70	35.70	0.20	0.39	20.00	0.04			
1965	48.20	36.60	0.10	0.21	100.00	0.10			
1966	44.00	36.60	0.20	0.45	100.00	0.20			
1967	46.80	37.20	0.40	0.85	50.00	0.20			
1968	46.70	38.70	0.30	0.64	80.00	0.24			
1969	46.70	39.70	0.30	0.64	83.33	0.25			
10 年小计			**1.65**	**0.37**	**56.36**	**0.93**			
占合计%			**4.06**			**2.01**			
1970	45.90	41.40	0.40	0.87	57.50	0.23			
1971	45.35	41.34	0.20	0.44	40.00	0.08			
1972	45.69	41.08	0.33	0.72	57.58	0.19			
1973	45.42	42.52	0.32	0.70	59.38	0.19			
1974	44.87	43.15	0.15	0.33	53.33	0.08			
1975	44.16	44.04	0.12	0.27	50.00	0.06			
1976	42.89	44.68	0.06	0.14	66.67	0.04			
1977	42.65	45.36	0.04	0.09	50.00	0.02			
1978	44.09	45.87	0.02	0.05	100.00	0.02			
1979	43.67	46.48	0.01	0.02	200.00	0.02			
10 年小计			**17.53**	**4.11**	**129.21**	**22.65**	**16.84**	**74.35**	**3.42**
占合计%			**43.08**			**49.00**	**59.53**		
1980	43.17	46.99	0.01	0.02	100.00	0.01			
1981	43.03	47.23	0.01	0.02	100.00	0.01			
1982	42.99	47.90	0.81	1.88	117.28	0.95	0.57	60.00	1.19
1983	42.83	48.21	8.43	19.68	129.54	10.92	7.89	72.25	16.37
1984	41.88	48.29	2.53	6.04	137.94	3.49	2.44	69.91	5.05
1985	43.27	50.08	1.70	3.93	114.12	1.94	1.35	69.59	2.70
1986	42.55	50.00	0.91	2.14	129.67	1.18	0.82	69.49	1.64
1987	42.41	50.72	0.84	1.98	135.71	1.14	0.97	85.09	1.91
1988	42.16	50.90	1.04	2.47	123.08	1.28	1.41	110.16	2.77
1989	41.96	51.41	1.25	2.98	138.40	1.73	1.39	80.35	2.70
11 年小计			**14.41**	**3.21**	**137.40**	**19.80**	**11.26**	**56.87**	**1.81**
占合计%			**35.41**			**42.84**	**39.80**		
1990	41.77	53.85	1.32	3.16	132.58	1.75	1.62	92.57	3.01
1991	41.63	56.11	2.54	6.10	144.09	3.66	2.95	80.60	5.26
1992	41.28	54.87	2.45	5.94	115.51	2.83	2.84	100.35	5.18
1993	41.07	57.75	1.94	4.72	143.81	2.79	1.14	40.86	1.97
1994	40.74	57.61	2.27	5.57	157.71	3.58	0.99	27.65	1.72
1995	40.58	57.31	1.31	3.23	133.59	1.75	0.95	54.29	1.66
1996	40.23	57.31	1.31	3.26	133.59	1.75	0.31	17.71	0.54
1997	40.74	57.30	0.55	1.35	140.00	0.77	0.32	41.56	0.56
1998	41.64	57.11	0.29	0.70	120.69	0.35	0.14	40.00	0.25
1999	39.98	56.60	0.25	0.63	120.00	0.30			
2000	39.41	57.3	0.18	0.46	150.00	0.27			

5－20－56　山东省汶上县历年棉花生产收购

年　　度	耕地面积（万亩）	农业人口（万人）	棉田面积（万亩）	占耕地（%）	亩　产（市斤）	产　量（万担）	收购量（万担）	商品率（%）	人均交售（市斤）
52年合计			**819.02**	**17.26**	**113.49**	**929.52**	**765.71**	**82.38**	**29.15**
11年小计			**25.30**	**2.23**	**27.43**	**6.94**	**1.08**	**15.56**	**0.26**
占合计%			**3.09**			**0.75**	**0.14**		
1949	104.40	35.50	2.30	2.20	15.22	0.35			
1950	104.40	35.90	2.60	2.49	22.69	0.59			
1951	104.40	36.30	2.60	2.49	31.15	0.81			
1952	104.40	36.90	2.50	2.39	33.60	0.84	0.01	1.19	0.03
1953	105.40	37.80	2.60	2.47	31.92	0.83	0.01	1.20	0.03
1954	105.40	38.50	2.50	2.37	31.20	0.78	0.12	15.38	0.31
1955	105.40	39.40	2.40	2.28	35.42	0.85	0.10	11.76	0.25
1956	105.20	40.20	2.40	2.28	37.50	0.90	0.23	25.56	0.57
1957	104.80	40.70	2.70	2.58	10.37	0.28	0.10	35.71	0.25
1958	96.70	39.90	1.40	1.45	15.00	0.21	0.06	28.57	0.15
1959	91.50	39.10	1.30	1.42	38.46	0.50	0.45	90.00	1.15
10年小计			**67.30**	**7.35**	**69.48**	**46.76**	**40.02**	**85.59**	**9.56**
占合计%			**8.22**			**5.03**	**5.23**		
1960	91.50	35.40	0.70	0.77	14.29	0.10	0.04	40.00	0.11
1961	90.90	38.10	1.80	1.98	20.00	0.36	0.04	11.11	0.10
1962	92.80	40.20	2.30	2.48	19.13	0.44	0.17	38.64	0.42
1963	92.90	41.10	2.70	2.91	11.85	0.32	0.15	46.88	0.36
1964	93.00	41.30	3.40	3.66	35.00	1.19	0.86	72.27	2.08
1965	91.40	42.00	10.30	11.27	60.10	6.19	5.08	82.07	12.10
1966	91.00	43.20	11.00	12.09	103.09	11.34	9.99	88.10	23.13
1967	90.40	43.80	11.70	12.94	69.83	8.17	7.16	87.64	16.35
1968	91.00	46.10	11.40	12.53	80.00	9.12	8.25	90.46	17.90
1969	90.60	47.40	12.00	13.25	79.42	9.53	8.28	86.88	17.47
10年小计			**158.91**	**17.45**	**75.76**	**120.39**	**112.07**	**93.09**	**21.33**
占合计%			**19.40**			**12.95**	**14.64**		
1970	90.40	48.70	12.00	13.27	86.42	10.37	9.04	87.17	18.56
1971	89.45	49.59	11.60	12.97	102.24	11.86	11.01	92.83	22.20
1972	92.08	50.91	12.70	13.79	98.50	12.51	11.65	93.13	22.88
1973	93.80	51.93	13.10	13.97	112.44	14.73	14.60	99.12	28.11
1974	93.99	52.52	12.90	13.72	64.88	8.37	7.38	88.17	14.05
1975	93.04	53.39	13.70	14.72	85.26	11.68	10.97	93.92	20.55
1976	91.56	53.86	12.90	14.09	63.02	8.13	7.12	87.58	13.22
1977	89.88	54.37	15.60	17.36	66.35	10.35	9.38	90.63	17.25
1978	88.45	54.83	30.50	34.48	57.34	17.49	16.70	95.48	30.46
1979	87.85	55.32	23.91	27.22	62.32	14.90	14.22	95.44	25.70
10年小计			**331.30**	**38.45**	**146.90**	**486.69**	**425.70**	**87.47**	**74.73**
占合计%			**40.45**			**52.36**	**55.60**		
1980	89.45	55.89	32.52	36.36	150.49	48.94	48.24	98.57	86.31
1981	86.85	55.51	32.04	36.89	137.39	44.02	42.17	95.80	75.97
1982	86.57	56.19	39.29	45.39	134.23	52.74	47.47	90.01	84.48
1983	86.42	56.43	28.80	33.33	192.99	55.58	48.12	86.58	85.27
1984	86.55	56.42	39.98	46.19	154.35	61.71	48.31	78.29	85.63
1985	85.59	57.10	28.04	32.76	136.48	38.27	32.93	86.05	57.67
1986	85.37	57.30	30.55	35.79	137.51	42.01	31.37	74.67	54.75
1987	85.11	57.55	32.56	38.26	148.16	48.24	44.47	92.18	77.27
1988	84.95	58.27	34.31	40.39	152.93	52.47	45.33	86.39	77.79
1989	84.87	59.00	33.21	39.13	128.61	42.71	37.29	87.31	63.20
11年小计			**236.21**	**25.54**	**113.77**	**268.74**	**186.84**	**69.52**	**26.96**
占合计%			**28.84**			**28.91**	**24.40**		
1990	84.80	59.68	36.08	42.55	134.42	48.50	39.46	81.36	66.12
1991	84.69	60.82	36.63	43.25	150.15	55.00	49.28	89.60	81.03
1992	84.58	62.07	27.07	32.01	111.56	30.20	20.52	67.95	33.06
1993	84.14	62.48	30.40	36.13	98.06	29.81	14.04	47.10	22.47
1994	84.00	63.23	29.94	35.64	150.47	45.05	29.96	66.50	47.38
1995	83.92	63.09	30.03	35.78	28.54	8.57	9.20	107.35	14.58
1996	84.00	63.09	13.99	16.65	100.07	14.00	7.10	50.71	11.25
1997	83.82	63.69	13.98	16.68	100.14	14.00	1.71	12.21	2.68
1998	83.68	64.42	6.64	7.93	125.30	8.32	6.29	75.60	9.76
1999	83.69	64.80	5.60	6.69	121.79	6.82	3.68	53.96	5.68
2000	83.63	65.58	5.85	7.00	144.79	8.47	5.60	66.12	8.54

5-20-57　山东省梁山县历年棉花生产收购

年　度	耕地面积（万亩）	农业人口（万人）	棉田面积（万亩）	占耕地（%）	亩　产（市斤）	产　量（万担）	收购量（万担）	商品率（%）	人均交售（市斤）
52年合计			**594.46**	**11.05**	**81.11**	**482.16**	**349.12**	**72.41**	**12.23**
11年小计			**37.70**	**2.57**	**22.41**	**8.45**	**1.58**	**18.70**	**0.31**
占合计%			**6.34**			**1.75**	**0.45**		
1949	122.80	42.30	2.20	1.79	6.82	0.15			
1950	130.20	47.90	2.60	2.00	23.46	0.61			
1951	134.20	49.00	2.70	2.01	35.19	0.95			
1952	137.20	47.10	3.70	2.70	27.57	1.02			
1953	140.20	48.10	2.80	2.00	12.50	0.35			
1954	140.30	49.60	3.50	2.49	19.43	0.68	0.01	1.47	0.02
1955	140.10	47.70	3.80	2.71	26.58	1.01	0.06	5.94	0.13
1956	138.40	49.50	4.30	3.11	32.56	1.40	0.15	10.71	0.30
1957	138.50	50.50	4.50	3.25	17.56	0.79	0.09	11.39	0.18
1958	123.00	46.70	4.00	3.25	19.25	0.77	0.71	92.21	1.52
1959	121.20	36.10	3.60	2.97	20.00	0.72	0.56	77.78	1.55
10年小计			**42.60**	**4.29**	**34.72**	**14.79**	**8.16**	**55.17**	**1.78**
占合计%			**7.17**			**3.07**	**2.34**		
1960	74.80	34.70	2.60	3.48	17.31	0.45	0.15	33.33	0.43
1961	74.30	40.50	1.70	2.29	15.29	0.26	0.01	3.85	0.02
1962	74.40	42.50	2.00	2.69	15.00	0.30	0.02	6.67	0.05
1963	75.30	43.90	3.90	5.18	7.95	0.31	0.23	74.19	0.52
1964	117.80	45.50	2.50	2.12	18.00	0.45	0.05	11.11	0.11
1965	117.70	46.90	2.10	1.78	28.10	0.59	0.10	16.95	0.21
1966	118.00	49.10	2.80	2.37	45.36	1.27	0.41	32.28	0.84
1967	118.00	50.60	7.90	6.69	51.90	4.10	2.59	63.17	5.12
1968	118.00	51.20	9.00	7.63	51.00	4.59	3.29	71.68	6.43
1969	105.70	54.10	8.10	7.66	30.49	2.47	1.31	53.04	2.42
10年小计			**81.39**	**7.75**	**40.53**	**32.99**	**24.33**	**73.75**	**4.02**
占合计%			**13.69**			**6.84**	**6.97**		
1970	107.00	56.40	10.10	9.44	35.15	3.55	2.13	60.00	3.78
1971	107.60	57.45	7.60	7.06	34.74	2.64	1.69	64.02	2.94
1972	105.50	56.26	7.10	6.73	44.79	3.18	2.04	64.15	3.63
1973	104.50	59.97	9.10	8.71	54.62	4.97	3.93	79.07	6.55
1974	104.00	60.84	9.80	9.42	36.33	3.56	2.68	75.28	4.40
1975	103.11	61.70	7.60	7.37	49.61	3.77	3.02	80.11	4.89
1976	101.91	62.19	8.20	8.05	36.95	3.03	2.46	81.19	3.96
1977	105.93	62.79	7.20	6.80	40.14	2.89	2.10	72.66	3.34
1978	105.55	63.48	7.70	7.30	36.62	2.82	2.04	72.34	3.21
1979	105.45	64.53	6.99	6.63	36.91	2.58	2.24	86.82	3.47
10年小计			**214.36**	**22.31**	**111.21**	**238.39**	**180.57**	**75.75**	**29.26**
占合计%			**36.06**			**49.44**	**51.72**		
1980	105.07	65.56	7.38	7.02	94.04	6.94	6.30	90.78	9.61
1981	104.99	66.11	9.56	9.11	96.55	9.23	9.10	98.59	13.76
1982	104.97	66.57	14.34	13.66	110.88	15.90	15.49	97.42	23.27
1983	104.89	66.81	27.99	26.69	110.54	30.94	22.16	71.62	33.17
1984	104.84	67.40	44.22	42.18	126.91	56.12	35.64	63.51	52.88
1985	104.77	67.90	22.87	21.83	116.31	26.60	30.00	112.78	44.18
1986	82.95	53.04	18.31	22.07	105.68	19.35	10.16	52.51	19.16
1987	82.85	53.84	17.72	21.39	124.21	22.01	19.32	87.78	35.88
1988	82.80	54.56	24.31	29.36	94.98	23.09	16.43	71.16	30.11
1989	82.77	55.34	27.66	33.42	101.99	28.21	15.97	56.61	28.86
11年小计			**218.41**	**24.03**	**85.87**	**187.54**	**134.48**	**71.71**	**20.39**
占合计%			**36.74**			**38.90**	**38.52**		
1990	82.76	56.84	26.39	31.89	105.31	27.79	18.25	65.67	32.11
1991	82.76	59.02	30.81	37.23	124.99	38.51	35.60	92.44	60.32
1992	82.71	59.77	35.89	43.39	68.32	24.52	21.06	85.89	35.24
1993	82.67	60.05	35.21	42.59	28.40	10.00	8.00	80.00	13.32
1994	82.67	60.18	30.00	36.29	40.00	12.00	10.00	83.33	16.62
1995	82.67	60.00	8.10	9.80	111.11	9.00	8.60	95.56	14.33
1996	82.67	60.00	12.50	15.12	99.20	12.40	6.60	53.23	11.00
1997	82.62	60.01	12.51	15.14	99.36	12.43	1.69	13.60	2.82
1998	82.56	60.58	7.97	9.65	123.21	9.82	7.61	77.49	12.56
1999	82.47	61.20	9.53	11.56	154.56	14.73	6.65	45.15	10.87
2000	82.47	61.84	9.5	11.52	172.00	16.34	10.42	63.77	16.85

5－20－58　山东省泗水县历年棉花生产收购

年　度	耕地面积（万亩）	农业人口（万人）	棉田面积（万亩）	占耕地（%）	亩　产（市斤）	产　量（万担）	收购量（万担）	商品率（%）	人均交售（市斤）
52 年合计			**127.75**	**3.42**	**27.19**	**34.73**	**18.06**	**52.00**	**0.84**
11 年小计			**48.40**	**5.26**	**20.04**	**9.70**	**3.57**	**36.80**	**1.08**
占合计%			**37.89**			**27.93**	**19.77**		
1949	84.10	27.30	3.50	4.16	18.57	0.65			
1950	84.10	27.80	5.00	5.95	19.60	0.98			
1951	84.20	28.30	5.00	5.94	20.40	1.02			
1952	84.70	28.70	3.90	4.60	21.54	0.84	0.31	36.90	1.08
1953	84.70	29.50	4.30	5.08	14.88	0.64	0.26	40.63	0.88
1954	84.70	30.60	4.00	4.72	22.50	0.90	0.36	40.00	1.18
1955	84.90	31.50	4.30	5.06	24.42	1.05	0.36	34.29	1.14
1956	84.80	31.80	5.40	6.37	23.33	1.26	0.50	39.68	1.57
1957	84.00	32.40	4.60	5.48	13.04	0.60	0.30	50.00	0.93
1958	81.30	31.30	4.40	5.41	20.00	0.88	0.76	86.36	2.43
1959	77.80	31.40	4.00	5.14	22.00	0.88	0.72	81.82	2.29
10 年小计			**35.00**	**4.56**	**25.94**	**9.08**	**4.67**	**51.43**	**1.31**
占合计%			**27.40**			**26.14**	**25.86**		
1960	77.40	30.40	4.50	5.81	15.11	0.68	0.44	64.71	1.45
1961	77.50	32.00	3.30	4.26	12.12	0.40	0.10	25.00	0.31
1962	77.60	34.00	3.30	4.25	14.85	0.49	0.21	42.86	0.62
1963	77.70	35.40	3.50	4.50	10.29	0.36	0.15	41.67	0.42
1964	77.70	35.00	3.30	4.25	24.24	0.80	0.52	65.00	1.49
1965	77.00	35.90	3.10	4.03	21.94	0.68	0.37	54.41	1.03
1966	76.00	36.80	3.30	4.34	33.64	1.11	0.63	56.76	1.71
1967	75.80	37.60	3.50	4.62	38.00	1.33	0.70	52.63	1.86
1968	74.60	39.90	3.60	4.83	48.06	1.73	0.79	45.66	1.98
1969	75.80	40.30	3.60	4.75	41.67	1.50	0.76	50.67	1.89
10 年小计			**40.54**	**5.56**	**30.81**	**12.49**	**9.82**	**78.62**	**2.23**
占合计%			**31.73**			**35.96**	**54.37**		
1970	73.80	41.30	3.90	5.28	44.62	1.74	1.10	63.22	2.66
1971	72.86	41.97	3.60	4.94	23.06	0.83	0.56	67.47	1.33
1972	72.00	42.84	5.70	7.92	31.40	1.79	1.83	102.23	4.27
1973	74.18	43.51	6.00	8.09	44.00	2.64	2.49	94.32	5.72
1974	73.83	43.93	6.40	8.67	25.31	1.62	1.34	82.72	3.05
1975	73.80	44.44	4.90	6.64	30.61	1.50	1.13	75.33	2.54
1976	72.89	44.95	4.60	6.31	26.52	1.22	0.88	72.13	1.96
1977	72.30	45.39	4.10	5.67	20.73	0.85	0.49	57.65	1.08
1978	72.07	45.87	1.04	1.44	22.12	0.23			
1979	71.51	46.38	0.30	0.42	23.33	0.07			
10 年小计			**1.79**	**0.26**	**18.99**	**0.34**			
占合计%			**1.40**			**0.98**			
1980	71.11	46.69	0.12	0.17	58.33	0.07			
1981	70.85	46.69	0.13	0.18	15.38	0.02			
1982	70.21	47.26	0.63	0.90	14.29	0.09			
1983	70.10	47.51	0.40	0.57	15.00	0.06			
1984	69.46	48.06	0.22	0.32	13.64	0.03			
1985	68.94	48.27	0.21	0.30	14.29	0.03			
1986	66.81	48.44	0.02	0.03	50.00	0.01			
1987	65.69	48.87	0.01	0.02	100.00	0.01			
1988	64.98	49.55	0.02	0.03	50.00	0.01			
1989	64.48	50.60	0.03	0.05	33.33	0.01			
11 年小计			**2.02**	**0.32**	**154.46**	**3.12**			
占合计%			**1.58**			**8.98**			
1990	64.35	51.89	0.01	0.02	100.00	0.01			
1991	64.64	53.15	0.05	0.08	140.00	0.07			
1992	64.39	53.43	0.14	0.22	107.14	0.15			
1993	64.16	53.89	0.03	0.05	166.67	0.05			
1994	63.54	53.50	0.12	0.19	116.67	0.14			
1995	63.31	52.80	0.35	0.55	194.29	0.68			
1996	63.54	52.80	0.35	0.55	194.29	0.68			
1997	63.18	52.83	0.18	0.28	194.44	0.35			
1998	63.30	53.07	0.23	0.36	186.96	0.43			
1999	63.30	52.90	0.56	0.88	100.00	0.56			
2000									

5-20-59 山东省东营市东营区历年棉花生产收购

年　度	耕地面积（万亩）	农业人口（万人）	棉田面积（万亩）	占耕地（%）	亩　产（市斤）	产　量（万担）	收购量（万担）	商品率（%）	人均交售（市斤）
52 年合计			**134.80**	**32.06**	**113.27**	**152.69**	**126.47**	**82.83**	**53.09**
11 年小计									
占合计%									
1949									
1950									
1951									
1952									
1953									
1954									
1955									
1956									
1957									
1958									
1959									
10 年小计									
占合计%									
1960									
1961									
1962									
1963									
1964									
1965									
1966									
1967									
1968									
1969									
10 年小计									
占合计%									
1970									
1971									
1972									
1973									
1974									
1975									
1976									
1977									
1978									
1979									
10 年小计			**37.87**	**35.57**	**122.10**	**46.24**	**48.93**	**105.82**	**76.72**
占合计%			**28.09**			**30.28**	**38.69**		
1980									
1981									
1982									
1983									
1984	5.72	4.18	1.64	28.67	114.63	1.88	1.29	68.62	30.86
1985	5.08	4.32	1.09	21.46	109.17	1.19	0.96	80.67	22.22
1986	5.86	5.36	0.60	10.24	91.67	0.55	2.09	*	38.99
1987	29.84	16.67	12.13	40.65	118.63	14.39	13.34	92.70	80.02
1988	30.20	16.84	11.29	37.38	130.29	14.71	15.88	107.95	94.30
1989	29.78	16.41	11.12	37.34	121.58	13.52	15.37	113.68	93.66
11 年小计			**96.93**	**30.88**	**109.82**	**106.45**	**77.54**	**72.84**	**44.45**
占合计%			**71.91**			**69.72**	**61.31**		
1990	29.30	16.69	7.42	25.32	118.73	8.81	12.10	137.34	72.50
1991	29.35	16.79	14.55	49.57	127.29	18.52	20.67	111.61	123.11
1992	29.20	16.85	13.30	45.55	45.26	6.02	1.36	22.59	8.07
1993	28.31	16.83	12.84	45.35	58.96	7.57	1.18	15.59	7.01
1994	28.05	16.57	9.44	33.65	125.00	11.80	6.20	52.54	37.42
1995	28.42	16.41	7.38	25.97	127.24	9.39	5.41	57.61	32.97
1996	28.05	16.41	6.40	22.82	124.38	7.96	5.64	70.85	34.37
1997	28.36	16.12	6.68	23.55	140.87	9.41	6.31	67.06	39.14
1998	28.35	13.97	6.49	22.89	124.81	8.10	8.49	104.81	60.77
1999	28.25	13.90	5.71	20.21	145.36	8.30	4.60	55.42	33.09
2000	28.28	13.92	6.72	23.76	157.29	10.57	5.58	52.79	40.09

5－20－60　山东省东营市河口区历年棉花生产收购

年　度	耕地面积（万亩）	农业人口（万人）	棉田面积（万亩）	占耕地（%）	亩　产（市斤）	产　量（万担）	收购量（万担）	商品率（%）	人均交售（市斤）
52年合计			**78.06**	**15.91**	**63.46**	**49.54**	**31.97**	**64.53**	**26.01**
11年小计									
占合计%									
1949									
1950									
1951									
1952									
1953									
1954									
1955									
1956									
1957									
1958									
1959									
10年小计									
占合计%									
1960									
1961									
1962									
1963									
1964									
1965									
1966									
1967									
1968									
1969									
10年小计									
占合计%									
1970									
1971									
1972									
1973									
1974									
1975									
1976									
1977									
1978									
1979									
10年小计			**29.53**	**16.25**	**80.29**	**23.71**	**17.86**	**75.33**	**41.74**
占合计%			**37.83**			**47.86**	**55.86**		
1980									
1981									
1982									
1983									
1984	36.17	7.18	8.30	22.95	82.29	6.83	5.31	77.75	73.96
1985	33.21	7.08	4.71	14.18	81.53	3.84	2.55	66.41	36.02
1986	28.32	7.10	3.07	10.84	74.92	2.30	1.31	56.96	18.45
1987	27.28	7.09	5.09	18.66	91.16	4.64	3.30	71.12	46.54
1988	26.83	7.13	5.34	19.90	76.40	4.08	3.28	80.39	46.00
1989	29.86	7.21	3.02	10.11	66.89	2.02	2.11	104.46	29.26
11年小计			**48.53**	**15.71**	**53.22**	**25.83**	**14.11**	**54.63**	**17.61**
占合计%			**62.17**			**52.14**	**44.14**		
1990	30.06	7.33	2.81	9.35	57.30	1.61	1.75	108.70	23.87
1991	28.55	7.40	16.43	57.55	35.91	5.90	3.35	56.78	45.27
1992	27.65	7.38	4.31	15.59	63.81	2.75	0.69	25.09	9.35
1993	28.04	7.33	5.77	20.58	20.62	1.19	0.29	24.37	3.96
1994	28.01	7.13	4.26	15.21	49.53	2.11	1.34	63.51	18.79
1995	28.00	7.25	3.07	10.96	75.90	2.33	0.92	39.48	12.69
1996	28.01	7.25	1.80	6.43	124.44	2.24	0.70	31.25	9.66
1997	26.91	7.22	2.52	9.36	69.84	1.76	0.66	37.50	9.14
1998	27.72	7.17	2.85	10.28	44.56	1.27	0.71	55.91	9.90
1999	28.02	7.40	1.94	6.92	58.25	1.13	1.00	88.50	13.51
2000	27.91	7.25	2.77	9.92	127.80	3.54	2.70	76.27	37.24

5-20-61　山东省垦利县历年棉花生产收购

年　　度	耕地面积（万亩）	农业人口（万人）	棉田面积（万亩）	占耕地（%）	亩　产（市斤）	产　量（万担）	收购量（万担）	商品率（%）	人均交售（市斤）
52年合计			**471.34**	**13.62**	**45.19**	**212.99**	**132.96**	**62.43**	**12.46**
11年小计			**175.20**	**20.17**	**34.32**	**60.12**	**16.07**	**26.73**	**8.42**
占合计%			**37.17**			**28.23**	**12.09**		
1949	70.30	15.80	11.40	16.22	27.46	3.13			
1950	71.80	16.20	11.60	16.16	28.36	3.29			
1951	73.10	16.70	14.60	19.97	28.42	4.15			
1952	80.70	16.70	15.60	19.33	44.23	6.90	5.65	81.88	33.83
1953	80.80	17.30	15.40	19.06	39.61	6.10	1.08	17.70	6.24
1954	83.70	16.70	15.80	18.88	37.97	6.00	1.58	26.33	9.46
1955	86.40	18.00	18.30	21.18	38.96	7.13	1.53	21.46	8.50
1956	88.10	18.10	20.80	23.61	35.48	7.38	1.34	18.16	7.40
1957	86.60	18.30	19.90	22.98	32.71	6.51	1.75	26.88	9.56
1958	74.80	18.70	18.70	25.00	32.19	6.02	2.11	72.20	18.40
1959	72.20	18.40	13.10	18.14	26.79	3.51	1.03	29.34	5.60
10年小计			**97.20**	**11.21**	**20.45**	**19.88**	**12.42**	**62.47**	**6.02**
占合计%			**20.62**			**9.33**	**9.34**		
1960	94.00	17.10	11.10	11.81	9.01	1.00	0.77	77.00	4.50
1961	87.60	16.50	3.50	4.00	6.57	0.23	0.16	69.57	0.97
1962	85.00	23.30	4.00	4.71	5.75	0.23	0.16	69.57	0.69
1963	95.20	21.60	7.50	7.88	16.67	1.25	0.58	46.40	2.69
1964	96.30	21.00	14.50	15.06	14.90	2.16	0.39	18.06	1.86
1965	85.70	16.20	14.10	16.45	27.66	3.90	1.83	46.92	11.30
1966	82.80	19.10	11.70	14.13	21.71	2.54	2.05	80.71	10.73
1967	82.00	19.60	11.40	13.90	24.82	2.83	2.50	88.34	12.76
1968	83.50	26.50	10.00	11.98	34.20	3.42	1.84	53.80	6.94
1969	74.70	25.50	9.40	12.58	24.68	2.32	2.14	92.24	8.39
10年小计			**52.54**	**7.71**	**24.78**	**13.02**	**10.08**	**77.42**	**3.87**
占合计%			**11.15**			**6.11**	**7.58**		
1970	73.50	21.10	9.30	12.65	29.89	2.78	2.56	92.09	12.13
1971	72.29	22.82	7.80	10.79	25.77	2.01	1.48	73.63	6.49
1972	70.30	26.18	5.40	7.68	17.41	0.94	0.71	75.53	2.71
1973	70.66	26.21	5.10	7.22	26.67	1.36	0.89	65.44	3.40
1974	68.55	26.62	4.50	6.56	18.22	0.82	0.51	62.20	1.92
1975	68.68	26.51	4.80	6.99	39.58	1.90	1.59	83.68	6.00
1976	67.23	26.21	5.10	7.59	18.82	0.96	0.72	75.00	2.75
1977	65.63	26.33	4.50	6.86	25.11	1.13	0.88	77.88	3.34
1978	62.62	29.02	4.10	6.55	12.93	0.53	0.31	58.49	1.07
1979	61.62	29.29	1.94	3.15	30.41	0.59	0.43	72.88	1.47
10年小计			**78.86**	**15.03**	**96.23**	**75.89**	**66.08**	**87.07**	**31.26**
占合计%			**16.73**			**35.63**	**49.70**		
1980	60.02	29.22	2.99	4.98	45.48	1.36	1.23	90.44	4.21
1981	60.05	23.97	4.98	8.29	56.22	2.80	2.37	84.64	9.89
1982	62.12	24.17	5.80	9.34	72.76	4.22	4.16	98.58	17.21
1983	60.87	24.38	8.87	14.57	99.77	8.85			
1984	50.75	18.30	11.29	22.25	107.62	12.15	17.27	142.14	94.37
1985	48.44	18.15	9.45	19.51	116.93	11.05	8.42	76.20	46.39
1986	46.42	18.20	6.36	13.70	80.50	5.12	4.48	87.50	24.62
1987	45.01	18.33	10.23	22.73	100.10	10.24	9.43	92.09	51.45
1988	45.42	18.28	10.19	22.44	107.16	10.92	9.82	89.93	53.72
1989	45.50	18.39	8.70	19.12	105.52	9.18	8.90	96.95	48.40
11年小计			**67.54**	**12.99**	**65.27**	**44.08**	**28.31**	**64.22**	**14.29**
占合计%			**14.33**			**20.70**	**21.29**		
1990	47.30	18.15	4.19	8.86	111.22	4.66	4.53	97.21	24.96
1991	48.84	18.94	13.02	26.66	92.93	12.10	9.64	79.67	50.90
1992	48.15	18.68	9.11	18.92	43.25	3.94	0.22	5.58	1.18
1993	47.64	18.55	10.28	21.58	27.14	2.79	0.17	6.09	0.92
1994	45.93	18.24	7.69	16.74	33.16	2.55	1.81	70.98	9.92
1995	46.71	17.85	4.26	9.12	51.41	2.19	0.96	43.84	5.38
1996	45.93	17.85	4.26	9.27	63.15	2.69	3.02	112.27	16.92
1997	46.59	17.67	4.11	8.82	88.08	3.62	0.98	27.07	5.55
1998	47.65	17.43	4.00	8.39	71.50	2.86	3.98	139.16	22.83
1999	47.75	17.50	3.23	6.76	88.24	2.85	1.64	57.54	9.37
2000	47.50	17.20	3.39	7.14	112.98	3.83	1.36	35.51	7.91

5－20－62　山东省利津县历年棉花生产收购

年　度	耕地面积（万亩）	农业人口（万人）	棉田面积（万亩）	占耕地（%）	亩　产（市斤）	产　量（万担）	收购量（万担）	商品率（%）	人均交售（市斤）
52 年合计			**647.48**	**17.71**	**55.20**	**357.41**	**245.06**	**68.57**	**20.53**
11 年小计			**204.90**	**23.41**	**28.06**	**57.49**	**43.00**	**74.80**	**22.61**
占合计%			**31.65**			**16.09**	**17.55**		
1949	82.80	16.40	13.70	16.55	21.61	2.96			
1950	83.10	16.70	13.50	16.25	15.41	2.08			
1951	84.50	17.00	18.00	21.30	18.61	3.35			
1952	87.60	17.30	20.60	23.52	35.24	7.26	4.38	60.33	25.32
1953	92.80	17.60	18.00	19.40	31.28	5.63	5.90	104.80	33.52
1954	90.60	18.00	20.70	22.85	32.13	6.65	4.48	67.37	24.89
1955	86.40	18.30	22.50	26.04	32.53	7.32	7.83	106.97	42.79
1956	83.40	18.60	22.90	27.46	22.62	5.18	5.08	98.07	27.31
1957	81.60	19.00	22.50	27.57	33.33	7.50	4.20	56.00	22.11
1958	51.80	15.70	18.50	35.71	28.92	5.35	6.15	114.95	39.17
1959	50.50	15.60	14.00	27.72	30.07	4.21	4.98	118.29	31.92
10 年小计			**69.70**	**10.53**	**16.48**	**11.49**	**8.12**	**70.67**	**4.41**
占合计%			**10.76**			**3.21**	**3.31**		
1960	56.40	14.20	7.80	13.83	7.31	0.57	0.64	112.28	4.51
1961	62.50	15.40	2.20	3.52	12.27	0.27	0.07	25.93	0.45
1962	64.90	15.80	3.80	5.86	8.16	0.31	0.07	22.58	0.44
1963	59.40	17.10	6.30	10.61	12.54	0.79	0.68	86.08	3.98
1964	58.40	13.40	9.90	16.95	19.19	1.90	0.35	18.42	2.61
1965	81.90	18.80	10.20	12.45	20.10	2.05	2.14	104.39	11.38
1966	68.80	21.20	8.60	12.50	13.95	1.20	0.90	75.00	4.25
1967	68.80	21.70	8.20	11.92	20.85	1.71	1.11	64.91	5.12
1968	66.80	22.90	6.40	9.58	22.34	1.43	1.33	93.01	5.81
1969	74.20	23.60	6.30	8.49	20.00	1.26	0.83	65.87	3.52
10 年小计			**49.37**	**6.39**	**19.67**	**9.71**	**6.88**	**70.85**	**2.59**
占合计%			**7.62**			**2.72**	**2.81**		
1970	79.50	24.50	7.00	8.81	31.14	2.18	1.87	85.78	7.63
1971	79.58	25.02	5.70	7.16	11.05	0.63	0.52	82.54	2.08
1972	78.30	25.78	4.80	6.13	16.46	0.79	0.56	70.89	2.17
1973	77.73	26.41	5.00	6.43	24.60	1.23	0.84	68.29	3.18
1974	75.92	26.81	5.00	6.59	18.00	0.90	0.58	64.44	2.16
1975	74.75	26.99	5.60	7.49	28.57	1.60	1.24	77.50	4.59
1976	77.27	27.19	5.20	6.73	12.31	0.64	0.38	59.38	1.40
1977	77.05	27.44	4.40	5.71	18.64	0.82	0.52	63.41	1.90
1978	75.98	27.50	4.00	5.26	9.00	0.36	0.12	33.33	0.44
1979	76.88	27.65	2.67	3.47	20.97	0.56	0.25	44.64	0.90
10 年小计			**148.24**	**22.70**	**103.60**	**153.57**	**111.93**	**72.89**	**41.79**
占合计%			**22.89**			**42.97**	**45.67**		
1980	74.49	27.73	3.19	4.28	26.65	0.85	0.86	101.18	3.10
1981	72.85	27.77	5.69	7.81	34.80	1.98	1.83	92.42	6.59
1982	71.81	27.81	9.11	12.69	50.93	4.64	4.42	95.26	15.89
1983	69.53	27.72	18.19	26.16	87.63	15.94			
1984	62.16	26.38	21.76	35.01	116.91	25.44	25.86	101.65	98.03
1985	60.95	26.04	13.87	22.76	123.29	17.10	12.90	75.44	49.54
1986	60.74	26.00	9.48	15.61	111.71	10.59	8.78	82.91	33.77
1987	60.28	26.05	20.91	34.69	122.76	25.67	19.50	75.96	74.86
1988	59.98	26.05	24.16	40.28	110.06	26.59	19.32	72.66	74.17
1989	60.30	26.26	21.88	36.29	113.21	24.77	18.46	74.53	70.30
11 年小计			**175.27**	**25.27**	**71.40**	**125.15**	**75.13**	**60.03**	**26.25**
占合计%			**27.07**			**35.02**	**30.66**		
1990	60.90	26.68	9.65	15.85	107.77	10.40	6.33	60.87	23.73
1991	61.88	26.70	29.97	48.43	85.22	25.54	19.48	76.27	72.96
1992	62.48	26.73	28.81	46.11	29.61	8.53	4.49	52.64	16.80
1993	63.72	26.75	21.50	33.74	28.00	6.02	0.99	16.45	3.70
1994	62.94	26.46	20.69	32.87	60.22	12.46	7.97	63.96	30.12
1995	62.74	25.84	14.06	22.41	76.60	10.77	5.50	51.07	21.28
1996	62.94	25.84	14.05	22.32	76.65	10.77	7.07	65.65	27.36
1997	62.36	25.33	12.08	19.37	107.28	12.96	3.71	28.63	14.65
1998	62.86	25.34	10.12	16.10	83.79	8.48	6.44	75.94	25.41
1999	65.26	25.20	4.96	7.60	127.42	6.32	5.80	91.77	23.02
2000	65.55	25.29	9.38	14.31	137.53	12.9	7.35	56.98	29.06

5－20－63　山东省广饶县历年棉花生产收购

年　度	耕地面积（万亩）	农业人口（万人）	棉田面积（万亩）	占耕地（%）	亩　产（市斤）	产　量（万担）	收购量（万担）	商品率（%）	人均交售（市斤）
52年合计			**927.83**	**18.76**	**69.56**	**645.42**	**511.74**	**79.29**	**25.17**
11年小计			**180.76**	**16.49**	**36.47**	**65.92**	**75.65**	**114.76**	**23.28**
占合计%			**19.48**			**10.21**	**14.78**		
1949	83.70	27.00	10.60	12.66	32.45	3.44			
1950	87.70	26.90	10.90	12.43	34.22	3.73			
1951	92.90	27.20	16.40	17.65	31.52	5.17			
1952	96.70	27.80	17.50	18.10	45.14	7.90	6.66	84.30	23.96
1953	100.30	28.40	16.80	16.75	40.00	6.72	9.45	140.63	33.27
1954	102.40	30.40	17.40	16.99	30.11	5.24	7.73	147.52	25.43
1955	108.40	30.80	18.60	17.16	37.31	6.94	11.01	158.65	35.75
1956	110.00	31.60	20.30	18.45	38.62	7.84	10.02	127.81	31.71
1957	107.70	31.30	17.70	16.43	38.25	6.77	10.39	153.47	33.19
1958	101.80	32.10	16.70	16.40	44.97	7.51	11.73	156.19	36.54
1959	104.50	31.40	17.86	17.09	26.09	4.66	8.66	185.84	27.58
10年小计			**153.84**	**14.42**	**28.52**	**43.88**	**40.80**	**92.98**	**11.46**
占合计%			**16.58**			**6.80**	**7.97**		
1960	109.20	31.20	17.27	15.82	10.48	1.81	1.35	74.59	4.33
1961	102.80	31.90	6.20	6.03	7.74	0.48	0.27	56.25	0.85
1962	101.00	35.10	9.27	9.18	5.93	0.55	0.33	60.00	0.94
1963	104.30	35.20	11.80	11.31	31.19	3.68	3.61	98.10	10.26
1964	106.70	32.00	21.10	19.78	14.50	3.06	2.82	92.16	8.81
1965	111.10	33.50	19.60	17.64	30.15	5.91	7.26	122.84	21.67
1966	108.80	38.80	18.40	16.91	27.55	5.07	4.75	93.69	12.24
1967	107.90	38.70	17.00	15.76	38.12	6.48	5.95	91.82	15.37
1968	107.50	39.40	16.00	14.88	58.88	9.42	7.60	80.68	19.29
1969	107.70	40.10	17.20	15.97	43.14	7.42	6.86	92.45	17.11
10年小计			**142.89**	**13.65**	**35.94**	**51.36**	**44.31**	**86.27**	**9.67**
占合计%			**15.40**			**7.96**	**8.66**		
1970	108.30	41.00	18.20	16.81	45.99	8.37	7.37	88.05	17.98
1971	107.00	43.65	16.10	15.05	44.10	7.10	6.41	90.28	14.68
1972	107.50	44.78	13.80	12.84	32.10	4.43	3.84	86.68	8.58
1973	107.60	45.56	14.30	13.29	40.98	5.86	5.33	90.96	11.70
1974	107.60	46.36	13.50	12.55	26.15	3.53	2.73	77.34	5.89
1975	107.07	47.16	13.70	12.80	47.45	6.50	5.81	89.38	12.32
1976	104.04	47.22	14.30	13.74	24.83	3.55	2.87	80.85	6.08
1977	102.97	47.37	13.90	13.50	33.02	4.59	3.77	82.14	7.96
1978	97.68	47.40	13.60	13.92	23.82	3.24	2.41	74.38	5.08
1979	97.16	47.51	11.49	11.83	36.47	4.19	3.77	89.98	7.94
10年小计			**264.21**	**30.25**	**113.45**	**299.75**	**217.35**	**72.51**	**50.23**
占合计%			**28.48**			**46.44**	**42.47**		
1980	97.18	47.56	14.35	14.77	69.41	9.96	9.06	90.96	19.05
1981	97.11	46.79	19.06	19.63	94.81	18.07	17.27	95.57	36.91
1982	97.47	47.86	39.46	40.48	91.81	36.23	31.95	88.19	66.76
1983	97.46	40.90	40.90	41.97	110.05	45.01			
1984	81.92	40.85	33.84	41.31	129.85	43.94	42.82	97.45	104.82
1985	81.12	41.79	21.64	26.68	137.62	29.78	20.58	69.11	49.25
1986	80.64	41.36	19.31	23.95	114.66	22.14	18.49	83.51	44.71
1987	80.51	41.59	25.60	31.80	129.30	33.10	26.43	79.85	63.55
1988	80.40	41.54	26.30	32.71	125.36	32.97	25.34	76.86	61.00
1989	79.63	42.45	23.75	29.83	120.21	28.55	25.41	89.00	59.86
11年小计			**186.13**	**21.60**	**99.13**	**184.51**	**133.63**	**72.42**	**28.97**
占合计%			**20.06**			**28.59**	**26.11**		
1990	79.44	42.39	24.91	31.36	136.13	33.91	28.58	84.28	67.42
1991	79.03	42.72	28.47	36.02	131.89	37.55	32.11	85.51	75.16
1992	78.91	42.66	26.03	32.99	59.01	15.36	10.81	70.38	25.34
1993	78.75	42.77	23.39	29.70	48.40	11.32	0.88	7.77	2.06
1994	78.53	42.23	21.91	27.90	74.30	16.28	11.79	72.42	27.92
1995	78.21	41.73	14.90	19.05	94.97	14.15	8.24	58.23	19.75
1996	78.53	41.73	13.40	17.06	124.33	16.66	8.29	49.76	19.87
1997	77.87	41.19	11.38	14.61	109.05	12.41	3.18	25.62	7.72
1998	76.87	40.92	8.93	11.62	109.63	9.79	8.90	90.91	21.75
1999	77.66	41.20	6.61	8.51	128.44	8.49	8.58	101.06	20.83
2000	78.03	41.7	6.20	7.95	138.55	8.59	12.27	142.84	29.42

5－20－64　山东省临沂县历年棉花生产收购

年　度	耕地面积（万亩）	农业人口（万人）	棉田面积（万亩）	占耕地（%）	亩　产（市斤）	产　量（万担）	收购量（万担）	商品率（%）	人均交售（市斤）
52 年合计			**220.36**	**3.03**	**56.03**	**123.46**	**138.83**	**112.45**	**2.65**
11 年小计			**22.30**	**1.14**	**19.64**	**4.38**	**0.41**	**9.36**	**0.05**
占合计%			**10.12**			**3.55**	**0.30**		
1949	168.00	62.80	1.60	0.95	15.00	0.24			
1950	169.20	64.40	2.10	1.24	19.05	0.40			
1951	176.30	66.00	2.60	1.47	17.31	0.45			
1952	179.60	67.70	2.50	1.39	16.40	0.41			
1953	180.20	67.60	2.50	1.39	20.80	0.52			
1954	180.20	68.80	1.40	0.78	22.14	0.31	0.02	6.45	0.03
1955	182.00	69.60	1.50	0.82	24.67	0.37	0.01	2.70	0.01
1956	182.70	70.90	3.20	1.75	25.63	0.82			
1957	183.20	72.20	1.70	0.93	9.41	0.16			
1958	175.70	71.10	1.30	0.74	19.23	0.25	0.17	68.00	0.24
1959	171.30	73.70	1.90	1.11	23.68	0.45	0.21	46.67	0.28
10 年小计			**30.10**	**2.70**	**52.79**	**15.89**	**8.39**	**52.80**	**0.99**
占合计%			**13.66**			**12.87**	**6.04**		
1960	113.50	74.50	1.90	1.67	6.32	0.12	0.04	33.33	0.05
1961	106.70	75.20	0.90	0.84	17.78	0.16	0.01	6.25	0.01
1962	113.40	80.30	1.50	1.32	18.00	0.27	0.03	11.11	0.04
1963	114.40	82.10	1.80	1.57	13.33	0.24	0.04	16.67	0.05
1964	112.90	82.50	1.90	1.68	47.89	0.91	0.23	25.27	0.28
1965	113.00	84.90	2.60	2.30	53.08	1.38	0.70	50.72	0.82
1966	112.00	87.70	3.50	3.13	66.00	2.31	1.31	56.71	1.49
1967	111.00	89.00	5.50	4.95	59.82	3.29	1.96	59.57	2.20
1968	110.00	93.30	5.40	4.91	73.52	3.97	2.31	58.19	2.48
1969	108.00	96.50	5.10	4.72	63.53	3.24	1.76	54.32	1.82
10 年小计			**92.76**	**6.13**	**42.30**	**39.24**	**31.05**	**79.13**	**2.86**
占合计%			**42.09**			**31.78**	**22.37**		
1970	107.40	99.30	5.80	5.40	58.45	3.39	2.68	79.06	2.70
1971	162.14	100.53	4.80	2.96	52.50	2.52	1.90	75.40	1.89
1972	160.31	103.35	3.80	2.37	50.00	1.90	1.43	75.26	1.38
1973	159.80	105.63	9.20	5.76	63.15	5.81	5.34	91.91	5.06
1974	158.91	107.71	10.50	6.61	34.29	3.60	2.78	77.22	2.58
1975	156.97	110.52	10.60	6.75	52.83	5.60	2.89	51.61	2.61
1976	155.14	112.34	11.70	7.54	36.92	4.32	3.70	85.65	3.29
1977	151.10	113.87	11.40	7.54	29.82	3.40	3.10	91.18	2.72
1978	150.64	115.02	17.00	11.29	30.59	5.20	4.87	93.65	4.23
1979	149.83	115.97	7.96	5.31	43.97	3.50	2.36	67.43	2.04
10 年小计			**64.59**	**4.55**	**82.80**	**53.48**	**53.99**	**100.95**	**4.51**
占合计%			**29.31**			**43.32**	**38.89**		
1980	149.44	116.69	9.22	6.17	70.93	6.54	6.10	93.27	5.23
1981	148.75	116.32	9.79	6.58	87.03	8.52	7.73	90.73	6.65
1982	147.14	117.50	18.20	12.37	85.00	15.47	12.66	81.84	10.77
1983	147.50	118.33	12.63	8.56	77.43	9.78	5.74	58.69	4.85
1984	143.68	119.92	4.97	3.46	81.09	4.03	4.37	108.44	3.64
1985	141.17	120.06	2.40	1.70	87.50	2.10	2.02	96.19	1.68
1986	137.70	120.99	2.27	1.65	99.12	2.25	2.59	115.11	2.14
1987	136.26	121.23	3.00	2.20	103.33	3.10	8.53	275.16	7.04
1988	134.83	122.01	0.11	0.08	90.91	0.10	3.22	*	2.64
1989	134.32	124.53	2.00	1.49	79.50	1.59	1.03	64.78	0.83
11 年小计			**10.61**	**0.82**	**98.68**	**10.47**	**44.99**	*	**3.32**
占合计%			**4.81**			**8.48**	**32.41**		
1990	133.89	136.34	2.00	1.49	78.00	1.56	2.56	164.10	1.88
1991	133.45	137.02	3.08	2.31	85.39	2.63	6.11	*	4.46
1992	132.26	137.70	2.19	1.66	86.30	1.89	9.70	*	7.04
1993	130.86	136.50	0.63	0.48	60.32	0.38	2.02	*	1.48
1994	129.19	137.33	0.50	0.39	188.00	0.94	8.97	*	6.53
1995	127.16	137.57	0.76	0.60	109.21	0.83	2.46	*	1.79
1996	129.19	137.57	0.52	0.40	165.38	0.86	6.02	*	4.38
1997	125.46	137.17	0.39	0.31	123.08	0.48	2.40	*	1.75
1998	123.52	127.98	0.30	0.24	186.67	0.56	3.75	*	2.93
1999	121.70	128.40	0.24	0.20	141.67	0.34	1.00	*	0.78
2000									

5-20-65 山东省郯城县历年棉花生产收购

年　度	耕地面积（万亩）	农业人口（万人）	棉田面积（万亩）	占耕地（%）	亩　产（市斤）	产　量（万担）	收购量（万担）	商品率（%）	人均交售（市斤）
52 年合计			**191.63**	**3.41**	**63.25**	**121.21**	**111.52**	**92.01**	**3.28**
11 年小计			**12.60**	**0.91**	**36.27**	**4.57**	**0.12**	**2.63**	**0.03**
占合计%			**6.58**			**3.77**	**0.11**		
1949	125.20	39.40	1.50	1.20	34.67	0.52			
1950	126.40	40.50	1.40	1.11	37.14	0.52			
1951	127.80	41.10	1.40	1.10	37.14	0.52			
1952	128.80	41.90	1.50	1.16	36.00	0.54			
1953	127.10	42.80	1.30	1.02	36.15	0.47			
1954	127.80	43.20	1.40	1.10	30.71	0.43	0.01	2.33	0.02
1955	128.20	44.00	1.10	0.86	43.64	0.48	0.06	12.50	0.14
1956	128.00	45.00	0.90	0.70	22.22	0.20			
1957	126.50	45.80	0.90	0.71	26.67	0.24	0.01	4.17	0.02
1958	119.00	46.30	0.60	0.50	65.00	0.39			
1959	114.00	47.20	0.60	0.53	43.33	0.26	0.04	15.38	0.08
10 年小计			**16.60**	**1.49**	**36.93**	**6.13**	**3.71**	**60.52**	**0.68**
占合计%			**8.66**			**5.06**	**3.33**		
1960	113.50	48.50	0.90	0.79	16.67	0.15	0.01	6.67	0.02
1961	106.70	49.40	0.40	0.37	22.50	0.09	0.02	22.22	0.04
1962	113.40	51.50	1.00	0.88	29.00	0.29	0.06	20.69	0.12
1963	114.40	53.10	0.80	0.70	35.00	0.28	0.05	17.86	0.09
1964	112.90	53.90	0.80	0.71	28.75	0.23	0.15	65.22	0.28
1965	113.00	55.00	1.30	1.15	26.92	0.35	0.40	114.29	0.73
1966	112.00	56.60	2.10	1.88	41.90	0.88	1.07	121.59	1.89
1967	111.00	58.00	3.40	3.06	36.18	1.23	0.46	37.40	0.79
1968	110.00	59.90	3.10	2.82	52.90	1.64	0.70	42.68	1.17
1969	108.00	61.70	2.80	2.59	35.36	0.99	0.79	79.80	1.28
10 年小计			**56.14**	**5.32**	**32.54**	**18.27**	**16.50**	**90.31**	**2.41**
占合计%			**29.30**			**15.07**	**14.80**		
1970	107.40	63.50	3.10	2.89	39.35	1.22	1.21	99.18	1.91
1971	107.60	64.27	2.20	2.04	41.36	0.91	0.31	34.07	0.48
1972	107.40	65.78	2.30	2.14	33.91	0.78	0.91	116.67	1.38
1973	106.53	67.04	5.90	5.54	42.20	2.49	2.74	110.04	4.09
1974	106.48	67.96	2.74	2.57	60.22	1.65	2.08	126.06	3.06
1975	105.34	69.44	7.20	6.84	37.50	2.70	2.04	75.56	2.94
1976	104.20	70.38	7.60	7.29	32.63	2.48	1.96	79.03	2.78
1977	104.49	71.15	10.20	9.76	21.08	2.15	1.89	87.91	2.66
1978	102.91	71.85	9.40	9.13	28.40	2.67	2.11	79.03	2.94
1979	102.46	72.46	5.50	5.37	22.18	1.22	1.25	102.46	1.73
10 年小计			**62.84**	**6.25**	**76.46**	**48.05**	**51.13**	**106.41**	**6.77**
占合计%			**32.79**			**39.64**	**45.85**		
1980	102.06	73.11	7.77	7.61	74.39	5.78	5.43	93.94	7.43
1981	101.84	73.50	7.22	7.09	77.29	5.58	5.41	96.95	7.36
1982	101.40	73.93	12.08	11.91	79.14	9.56	8.34	87.24	11.28
1983	101.29	74.31	11.30	11.16	71.59	8.09	7.10	87.76	9.55
1984	101.09	77.82	10.00	9.89	75.10	7.51	6.37	84.82	8.19
1985	100.66	75.49	4.30	4.27	87.91	3.78	2.94	77.78	3.89
1986	99.57	75.67	1.61	1.62	90.06	1.45	3.50	*	4.63
1987	99.30	76.63	1.66	1.67	96.39	1.60	4.50	*	5.87
1988	99.17	77.19	2.83	2.85	84.45	2.39	4.99	*	6.46
1989	99.06	78.04	4.07	4.11	56.76	2.31	2.55	110.39	3.27
11 年小计			**43.45**	**4.07**	**101.70**	**44.19**	**40.06**	**90.65**	**4.28**
占合计%			**22.67**			**36.46**	**35.92**		
1990	99.00	82.52	3.48	3.52	62.64	2.18	2.73	125.23	3.31
1991	98.88	83.07	5.01	5.07	101.60	5.09	6.38	125.34	7.68
1992	98.63	83.24	4.79	4.86	85.59	4.10	5.91	144.15	7.10
1993	98.25	84.36	4.12	4.19	61.89	2.55	4.31	169.02	5.11
1994	97.89	85.41	3.68	3.76	116.03	4.27	2.42	56.67	2.83
1995	97.30	85.36	5.61	5.77	115.86	6.50	3.50	53.85	4.10
1996	97.89	85.36	5.61	5.73	115.86	6.50	3.98	61.23	4.66
1997	97.02	85.46	4.12	4.25	120.15	4.95	2.46	49.70	2.88
1998	95.75	85.23	3.65	3.81	101.10	3.69	3.21	86.99	3.77
1999	93.57	87.20	2.25	2.40	120.00	2.70	2.38	88.15	2.73
2000	93.30	88.93	1.13	1.21	146.90	1.66	2.78	167.47	3.13

5-20-66 山东省仓山县历年棉花生产收购

年度	耕地面积（万亩）	农业人口（万人）	棉田面积（万亩）	占耕地（%）	亩产（市斤）	产量（万担）	收购量（万担）	商品率（%）	人均交售（市斤）
52 年合计			**273.90**	**3.72**	**67.59**	**185.14**	**121.61**	**65.69**	**2.92**
11 年小计			**35.50**	**1.93**	**20.37**	**7.23**	**0.81**	**11.20**	**0.14**
占合计%			**12.96**			**3.91**	**0.67**		
1949	159.30	46.80	3.80	2.39	19.74	0.75			
1950	163.40	47.80	4.00	2.45	25.25	1.01			
1951	165.80	48.80	4.00	2.41	21.25	0.85			
1952	167.60	50.00	4.40	2.63	21.14	0.93			
1953	169.10	51.10	3.90	2.31	22.31	0.87			
1954	169.00	52.30	2.90	1.72	23.45	0.68	0.23	33.82	0.44
1955	168.30	53.80	3.00	1.78	23.33	0.70	0.17	24.29	0.32
1956	170.30	55.30	3.40	2.00	19.12	0.65			
1957	168.70	56.70	2.50	1.48	6.80	0.17	0.05	29.41	0.09
1958	173.00	55.50	1.70	0.98	20.00	0.34	0.22	64.71	0.40
1959	165.20	56.90	1.90	1.15	14.74	0.28	0.14	50.00	0.25
10 年小计			**22.90**	**1.57**	**36.94**	**8.46**	**4.07**	**48.11**	**0.61**
占合计%			**8.36**			**4.57**	**3.35**		
1960	148.30	57.70	1.40	0.94	14.29	0.20	0.02	10.00	0.03
1961	148.20	58.90	1.20	0.81	11.67	0.14	0.02	14.29	0.03
1962	147.10	63.10	2.10	1.43	15.24	0.32	0.11	34.38	0.17
1963	147.20	64.70	2.30	1.56	30.43	0.70	0.60	85.71	0.93
1964	146.20	65.20	1.40	0.96	22.14	0.31	0.19	61.29	0.29
1965	146.00	67.00	2.50	1.71	33.20	0.83	0.42	50.60	0.63
1966	145.20	68.90	2.80	1.93	41.07	1.15	0.67	58.26	0.97
1967	143.30	70.60	3.20	2.23	45.94	1.47	0.37	25.17	0.52
1968	143.00	72.90	3.00	2.10	61.67	1.85	0.74	40.00	1.02
1969	141.70	75.30	3.00	2.12	49.67	1.49	0.93	62.42	1.24
10 年小计			**67.02**	**4.87**	**30.44**	**20.40**	**16.94**	**83.04**	**2.03**
占合计%			**24.47**			**11.02**	**13.93**		
1970	140.90	77.30	3.30	2.34	51.21	1.69	1.17	69.23	1.51
1971	140.63	78.43	2.70	1.92	40.74	1.10	0.52	47.27	0.66
1972	140.31	80.48	2.60	1.85	38.08	0.99	0.79	79.80	0.98
1973	139.74	82.02	5.30	3.79	46.23	2.45	2.22	90.61	2.71
1974	139.37	83.07	7.80	5.60	30.00	2.34	2.41	102.99	2.90
1975	137.71	84.60	8.00	5.81	32.50	2.60	2.02	77.69	2.39
1976	136.14	85.80	8.30	6.10	30.36	2.52	2.16	85.71	2.52
1977	134.41	86.62	10.20	7.59	23.63	2.41	2.23	92.53	2.57
1978	133.81	87.16	12.20	9.12	23.93	2.92	2.30	78.77	2.64
1979	133.20	87.87	6.62	4.97	20.85	1.38	1.12	81.16	1.27
10 年小计			**76.78**	**5.88**	**95.85**	**73.59**	**58.48**	**79.47**	**6.33**
占合计%			**28.03**			**39.75**	**48.09**		
1980	132.75	87.76	7.80	5.88	66.41	5.18	5.01	96.72	5.71
1981	132.54	89.65	8.13	6.13	81.06	6.59	5.33	80.88	5.95
1982	132.34	90.90	11.12	8.40	90.56	10.07	6.39	63.46	7.03
1983	132.35	91.45	13.05	9.86	92.87	12.12	6.71	55.36	7.34
1984	131.90	91.89	11.20	8.49	107.05	11.99	8.53	71.14	9.28
1985	130.81	92.73	4.54	3.47	123.13	5.59	3.73	66.73	4.02
1986	129.15	93.39	4.33	3.35	100.00	4.33	3.74	86.37	4.00
1987	128.38	94.30	4.76	3.71	106.30	5.06	5.25	103.75	5.57
1988	127.53	95.24	6.48	5.08	111.27	7.21	8.01	111.10	8.41
1989	127.13	96.16	5.37	4.22	101.49	5.45	5.78	106.06	6.01
11 年小计			**71.70**	**5.18**	**105.24**	**75.46**	**41.31**	**54.74**	**3.53**
占合计%			**26.18**			**40.76**	**33.97**		
1990	127.01	104.20	7.55	5.94	93.64	7.07	5.73	81.05	5.50
1991	126.78	106.47	10.80	8.52	113.43	12.25	7.61	62.12	7.15
1992	126.41	107.57	10.85	8.58	105.53	11.45	6.34	55.37	5.89
1993	126.17	106.91	6.66	5.28	85.89	5.72	4.60	80.42	4.30
1994	125.96	106.97	9.37	7.44	53.36	5.00	3.80	76.00	3.55
1995	125.61	106.10	7.37	5.87	129.99	9.58	3.41	35.59	3.21
1996	125.96	106.10	5.07	4.03	120.71	6.12	5.13	83.82	4.84
1997	125.41	106.18	5.87	4.68	138.16	8.11	1.96	24.17	1.85
1998	125.11	104.98	3.99	3.19	130.83	5.22	1.28	24.52	1.22
1999	124.51	106.50	2.04	1.64	114.22	2.33	0.58	24.89	0.54
2000	124.35	108.12	2.13	1.71	122.54	2.61	0.87	33.33	0.80

5-20-67 山东省沂水县历年棉花生产收购

年 度	耕地面积（万亩）	农业人口（万人）	棉田面积（万亩）	占耕地（%）	亩 产（市斤）	产 量（万担）	收购量（万担）	商品率（%）	人均交售（市斤）
52年合计			**289.77**	**4.13**	**48.83**	**141.49**	**90.87**	**64.22**	**2.14**
11年小计			**81.40**	**4.75**	**19.95**	**16.24**	**4.75**	**29.25**	**0.75**
占合计%			**28.09**			**11.48**	**5.23**		
1949	153.00	50.00	8.00	5.23	11.00	0.88			
1950	155.30	51.30	8.00	5.15	11.63	0.93			
1951	157.60	52.70	8.80	5.58	12.05	1.06			
1952	157.60	54.10	7.60	4.82	13.95	1.06	0.20	18.87	0.37
1953	158.10	55.50	7.10	4.49	18.45	1.31	0.14	10.69	0.25
1954	158.20	57.50	5.60	3.54	20.00	1.12	0.36	32.14	0.63
1955	157.70	59.20	6.80	4.31	29.85	2.03	0.70	34.48	1.18
1956	157.20	60.80	8.10	5.15	32.59	2.64	0.20	7.58	0.33
1957	157.10	62.20	7.00	4.46	17.00	1.19	0.25	21.01	0.40
1958	153.40	63.20	6.70	4.37	30.00	2.01	1.63	81.09	2.58
1959	150.10	64.30	7.70	5.13	26.10	2.01	1.27	63.18	1.98
10年小计			**64.60**	**4.64**	**35.43**	**22.89**	**12.65**	**55.26**	**1.83**
占合计%			**22.29**			**16.18**	**13.92**		
1960	142.20	60.70	8.10	5.70	18.64	1.51	0.78	51.66	1.29
1961	139.50	63.20	5.70	4.09	18.42	1.05	0.44	41.90	0.70
1962	139.50	65.70	6.40	4.59	16.88	1.08	0.37	34.26	0.56
1963	140.00	67.90	7.20	5.14	20.28	1.46	0.72	49.32	1.06
1964	140.40	68.50	6.40	4.56	33.44	2.14	1.24	57.94	1.81
1965	140.00	69.80	6.20	4.43	44.35	2.75	1.68	61.09	2.41
1966	139.00	71.40	6.10	4.39	49.51	3.02	1.57	51.99	2.20
1967	137.60	73.00	6.00	4.36	51.33	3.08	1.63	52.92	2.23
1968	138.00	74.90	6.20	4.49	56.61	3.51	2.29	65.24	3.06
1969	136.00	77.20	6.30	4.63	52.22	3.29	1.93	58.66	2.50
10年小计			**64.45**	**4.78**	**44.70**	**28.81**	**20.13**	**69.87**	**2.38**
占合计%			**22.24**			**20.36**	**22.15**		
1970	135.90	79.50	7.10	5.22	55.07	3.91	2.36	60.36	2.97
1971	135.60	80.43	6.60	4.87	48.79	3.22	2.15	66.77	2.67
1972	136.00	82.30	6.10	4.49	47.54	2.90	2.13	73.45	2.59
1973	136.22	83.75	6.20	4.55	42.26	2.62	2.72	103.82	3.25
1974	136.00	84.64	6.40	4.71	44.06	2.82	1.99	70.57	2.35
1975	135.58	85.81	6.70	4.94	55.22	3.70	2.40	64.86	2.80
1976	133.99	86.44	7.00	5.22	41.29	2.89	1.93	66.78	2.23
1977	133.14	87.02	6.60	4.96	44.09	2.91	1.67	57.39	1.92
1978	132.66	87.33	8.00	6.03	34.75	2.78	2.09	75.18	2.39
1979	132.35	88.00	3.75	2.83	28.27	1.06	0.69	65.09	0.78
10年小计			**44.26**	**3.55**	**82.49**	**36.51**	**30.12**	**82.50**	**3.20**
占合计%			**15.27**			**25.80**	**33.15**		
1980	132.01	88.72	5.12	3.88	78.52	4.02	3.39	84.33	3.82
1981	131.70	89.84	3.73	2.83	88.74	3.31	2.91	87.92	3.24
1982	131.54	91.13	8.49	6.45	90.46	7.68	5.71	74.35	6.27
1983	131.26	92.09	10.42	7.94	65.26	6.80	4.77	70.15	5.18
1984	130.99	97.44	6.84	5.22	87.87	6.01	5.61	93.34	5.76
1985	113.54	94.57	2.45	2.16	86.94	2.13	1.00	46.95	1.06
1986	116.77	95.39	0.88	0.75	94.32	0.83	0.47	56.63	0.49
1987	117.11	96.40	1.58	1.35	107.59	1.70	2.25	132.35	2.33
1988	120.95	97.07	2.22	1.84	93.24	2.07	1.89	91.30	1.95
1989	121.17	98.20	2.53	2.09	77.47	1.96	2.12	108.16	2.16
11年小计			**35.06**	**2.66**	**105.65**	**37.04**	**23.22**	**62.69**	**2.05**
占合计%			**12.10**			**26.18**	**25.55**		
1990	121.15	104.27	3.46	2.86	104.34	3.61	2.25	62.33	2.16
1991	121.14	105.30	4.36	3.60	110.09	4.80	3.27	68.13	3.11
1992	121.07	106.00	4.50	3.72	79.78	3.59	2.75	76.60	2.59
1993	121.03	105.00	4.04	3.34	67.33	2.72	1.61	59.19	1.53
1994	120.52	104.80	3.18	2.64	85.85	2.73	1.99	72.89	1.90
1995	120.17	101.95	4.02	3.35	117.16	4.71	2.20	46.71	2.16
1996	120.52	101.95	2.51	2.08	127.89	3.21	1.46	45.48	1.43
1997	118.91	101.39	2.51	2.11	127.49	3.20	1.04	32.50	1.03
1998	118.74	100.96	2.27	1.91	94.71	2.15	2.92	135.81	2.89
1999	118.14	100.80	2.40	2.03	132.50	3.18	2.96	93.08	2.94
2000	117.64	100.46	1.81	1.54	173.48	3.14	0.77	24.52	0.77

5－20－68　山东省蒙阴县历年棉花生产收购

年　度	耕地面积（万亩）	农业人口（万人）	棉田面积（万亩）	占耕地（%）	亩　产（市斤）	产　量（万担）	收购量（万担）	商品率（%）	人均交售（市斤）
52 年合计			**128.98**	**4.40**	**33.42**	**43.11**	**31.93**	**74.07**	**1.68**
11 年小计			**58.10**	**7.67**	**20.34**	**11.82**	**4.88**	**41.29**	**1.77**
占合计%			**45.05**			**27.42**	**15.28**		
1949	70.10	21.70	5.40	7.70	18.89	1.02			
1950	70.60	22.40	5.60	7.93	22.68	1.27			
1951	70.70	22.90	6.00	8.49	17.00	1.02			
1952	68.50	23.70	5.30	7.74	13.96	0.74	0.38	51.35	1.60
1953	67.80	24.60	4.80	7.08	15.83	0.76	0.39	51.32	1.59
1954	67.70	25.20	3.60	5.32	25.83	0.93	0.59	63.44	2.34
1955	67.90	25.70	5.70	8.39	27.02	1.54	1.12	72.73	4.36
1956	68.60	25.90	7.40	10.79	29.05	2.15	0.38	17.67	1.47
1957	68.60	27.70	5.60	8.16	11.43	0.64	0.40	62.50	1.44
1958	68.60	27.40	4.70	6.85	21.06	0.99	1.10	111.11	4.01
1959	68.60	28.20	4.00	5.83	19.00	0.76	0.52	68.42	1.84
10 年小计			**32.70**	**5.61**	**31.19**	**10.20**	**5.73**	**56.18**	**1.86**
占合计%			**25.35**			**23.66**	**17.95**		
1960	62.50	25.70	3.40	5.44	14.12	0.48	0.30	62.50	1.17
1961	62.00	27.50	3.00	4.84	16.67	0.50	0.18	36.00	0.65
1962	61.00	29.30	3.60	5.90	15.83	0.57	0.19	33.33	0.65
1963	57.50	30.10	3.80	6.61	13.16	0.50	0.25	50.00	0.83
1964	57.60	30.60	3.10	5.38	30.32	0.94	0.60	63.83	1.96
1965	57.00	31.40	3.20	5.61	36.88	1.18	0.81	68.64	2.58
1966	59.20	32.30	3.30	5.57	36.97	1.22	0.75	61.48	2.32
1967	57.60	32.00	3.10	5.38	40.65	1.26	0.64	50.79	2.00
1968	54.00	33.40	3.10	5.74	54.52	1.69	1.01	59.76	3.02
1969	54.20	35.30	3.10	5.72	60.00	1.86	1.00	53.76	2.83
10 年小计			**24.55**	**4.71**	**45.05**	**11.06**	**6.22**	**56.24**	**1.59**
占合计%			**19.03**			**25.66**	**19.48**		
1970	53.10	35.80	3.20	6.03	59.06	1.89	1.24	65.61	3.46
1971	52.41	36.97	2.90	5.53	48.28	1.40	0.92	65.71	2.49
1972	52.59	37.94	2.90	5.51	52.41	1.52	1.17	76.97	3.08
1973	52.58	38.56	2.90	5.52	54.48	1.58	1.00	63.29	2.59
1974	52.23	39.11	2.60	4.98	43.46	1.13	0.54	47.79	1.38
1975	52.23	39.89	2.30	4.40	39.13	0.90	0.48	53.33	1.20
1976	51.95	40.37	3.00	5.77	39.33	1.18	0.51	43.22	1.26
1977	51.68	40.67	2.00	3.87	41.00	0.82	0.34	41.46	0.84
1978	51.09	40.22	1.42	2.78	26.76	0.38	0.01	2.63	0.02
1979	50.96	40.50	1.33	2.61	19.55	0.26	0.01	3.85	0.02
10 年小计			**8.39**	**1.65**	**49.58**	**4.16**	**4.07**	**97.84**	**0.95**
占合计%			**6.50**			**9.65**	**12.75**		
1980	50.94	40.78	1.31	2.57	38.93	0.51	0.07	13.73	0.17
1981	50.88	41.09	1.22	2.40	47.54	0.58	0.09	15.52	0.22
1982	50.89	41.63	1.72	3.38	62.79	1.08	0.43	39.81	1.03
1983	50.87	42.16	1.69	3.32	40.83	0.69	0.31	44.93	0.74
1984	50.85	42.10	1.21	2.38	43.80	0.53	0.84	158.49	2.00
1985	51.02	42.97	0.47	0.92	57.45	0.27	0.23	85.19	0.54
1986	51.00	43.29	0.28	0.55	60.71	0.17	0.65	*	1.50
1987	50.98	43.66	0.21	0.41	57.14	0.12	0.81	*	1.86
1988	50.95	44.15	0.16	0.31	68.75	0.11	0.46	*	1.04
1989	50.90	45.03	0.12	0.24	83.33	0.10	0.18	180.00	0.40
11 年小计			**5.24**	**0.94**	**112.02**	**5.87**	**11.03**	**187.90**	**2.18**
占合计%			**4.06**			**13.62**	**34.54**		
1990	50.89	45.94	0.17	0.33	70.59	0.12	0.81	*	1.76
1991	50.86	46.72	1.03	2.03	99.03	1.02	2.24	*	4.79
1992	50.80	46.98	0.63	1.24	80.95	0.51	2.24	*	4.77
1993	50.80	46.76	0.39	0.77	71.79	0.28	2.49	*	5.33
1994	50.78	46.39	0.33	0.65	84.85	0.28	0.73	*	1.57
1995	50.77	46.04	0.55	1.08	120.00	0.66	0.48	72.73	1.04
1996	50.78	46.04	0.55	1.08	120.00	0.66	0.16	24.24	0.35
1997	51.20	45.84	0.44	0.86	136.36	0.60	0.16	26.67	0.35
1998	51.20	45.29	0.41	0.80	129.27	0.53	0.56	105.66	1.24
1999	50.72	45.30	0.37	0.73	154.05	0.57	0.88	154.39	1.94
2000	50.66	44.76	0.37	0.73	172.97	0.64	0.28	43.75	0.63

5-20-69　山东省吕南县历年棉花生产收购

年　度	耕地面积（万亩）	农业人口（万人）	棉田面积（万亩）	占耕地（%）	亩　产（市斤）	产　量（万担）	收购量（万担）	商品率（%）	人均交售（市斤）
52年合计			**95.50**	**1.50**	**50.61**	**48.33**	**32.64**	**67.54**	**0.86**
11年小计			**20.60**	**1.31**	**38.64**	**7.96**	**0.84**	**10.55**	**0.15**
占合计%			**21.57**			**16.47**	**2.57**		
1949	134.00	46.40	3.20	2.39	16.56	0.53			
1950	134.80	47.90	2.90	2.15	27.24	0.79			
1951	147.50	49.00	3.10	2.10	39.68	1.23			
1952	147.60	49.50	2.90	1.96	19.66	0.57	0.01	1.75	0.02
1953	147.60	51.00	2.10	1.42	41.90	0.88	0.02	2.27	0.04
1954	147.20	51.90	1.20	0.82	58.33	0.70	0.18	25.71	0.35
1955	146.90	52.30	1.40	0.95	70.00	0.98	0.10	10.20	0.19
1956	145.60	54.00	1.80	1.24	61.67	1.11	0.01	0.90	0.02
1957	144.60	54.70	0.80	0.55	42.50	0.34	0.06	17.65	0.11
1958	142.20	55.10	0.20	0.14	40.00	0.08	0.07	87.50	0.13
1959	131.60	55.70	1.00	0.76	75.00	0.75	0.39	52.00	0.70
10年小计			**16.10**	**1.27**	**71.18**	**11.46**	**5.27**	**45.99**	**0.83**
占合计%			**16.86**			**23.71**	**16.15**		
1960	129.70	56.40	0.40	0.31	67.50	0.27	0.03	11.11	0.05
1961	127.80	57.20	0.70	0.55	45.71	0.32	0.03	9.38	0.05
1962	128.70	60.50	1.50	1.17	30.67	0.46	0.05	10.87	0.08
1963	128.50	62.10	1.60	1.25	29.38	0.47	0.11	23.40	0.18
1964	128.20	62.80	0.90	0.70	86.67	0.78	0.56	71.79	0.89
1965	128.00	65.00	1.40	1.09	92.14	1.29	0.69	53.49	1.06
1966	126.00	66.00	1.90	1.51	60.53	1.15	0.43	37.39	0.65
1967	124.50	66.90	2.50	2.01	59.60	1.49	0.60	40.27	0.90
1968	124.00	68.90	2.60	2.10	101.54	2.64	1.48	56.06	2.15
1969	123.00	71.20	2.60	2.11	99.62	2.59	1.29	49.81	1.81
10年小计			**49.27**	**4.08**	**42.97**	**21.17**	**13.87**	**65.52**	**1.77**
占合计%			**51.59**			**43.80**	**42.49**		
1970	123.30	73.40	2.80	2.27	60.71	1.70	2.10	123.53	2.86
1971	123.30	75.52	5.20	4.22	39.81	2.07	1.38	66.67	1.83
1972	123.00	74.02	4.40	3.58	37.50	1.65	1.22	73.94	1.65
1973	122.42	77.27	5.60	4.57	46.43	2.60	1.85	71.15	2.39
1974	121.64	78.44	6.10	5.01	34.59	2.11	1.32	62.56	1.68
1975	120.58	79.86	6.50	5.39	53.85	3.50	1.82	52.00	2.28
1976	119.60	80.58	6.30	5.27	50.48	3.18	1.58	49.69	1.96
1977	118.80	81.21	5.90	4.97	30.85	1.82	1.36	74.73	1.67
1978	118.30	81.34	3.90	3.30	36.67	1.43	1.14	79.72	1.40
1979	117.72	81.69	2.57	2.18	43.19	1.11	0.10	9.01	0.12
10年小计			**7.42**	**0.65**	**80.05**	**5.94**	**5.86**	**98.65**	**0.70**
占合计%			**7.77**			**12.29**	**17.95**		
1980	117.43	81.82	0.23	0.20	43.48	0.10	0.03	30.00	0.04
1981	117.24	82.20	0.17	0.15	64.71	0.11	0.10	90.91	0.12
1982	116.54	82.11	0.58	0.50	72.41	0.42	0.17	40.48	0.21
1983	116.24	82.62	2.53	2.18	65.61	1.66	0.21	12.65	0.25
1984	115.82	83.57	0.11	0.09	72.73	0.08	0.28	*	0.34
1985	111.81	83.96	1.83	1.64	94.54	1.73	1.50	86.71	1.79
1986	111.04	84.08	0.82	0.74	98.78	0.81	1.44	177.78	1.71
1987	110.31	85.47	0.15	0.14	93.33	0.14	1.10	*	1.29
1988	109.60	86.20	0.80	0.73	87.50	0.70	0.80	114.29	0.93
1989	109.52	87.99	0.20	0.18	95.00	0.19	0.23	121.05	0.26
11年小计			**2.11**	**0.18**	**85.31**	**1.80**	**6.80**	*	**0.69**
占合计%			**2.21**			**3.72**	**20.83**		
1990	109.35	89.29	0.02	0.02	100.00	0.02	0.03	150.00	0.03
1991	109.11	90.82	0.73	0.67	86.30	0.63	0.75	119.05	0.83
1992	108.43	91.34	0.91	0.84	50.55	0.46	0.75	163.04	0.82
1993	107.84	91.33	0.10	0.09	170.00	0.17	0.80	*	0.88
1994	107.59	90.69	0.01	0.01	100.00	0.01	0.06	*	0.07
1995	106.77	89.43	0.10	0.09	140.00	0.14	0.46	*	0.51
1996	107.59	89.43	0.07	0.07	142.86	0.10	0.92	*	1.03
1997	106.68	89.24	0.08	0.07	125.00	0.10	0.60	*	0.67
1998	106.48	88.60	0.04	0.04	150.00	0.06	0.50	*	0.56
1999	105.43	88.50	0.04	0.04	225.00	0.09	1.28	*	1.45
2000	104.69	88.51	0.01	0.01	200.00	0.02	0.65	*	0.73

5－20－70　山东省平邑县历年棉花生产收购

年　　度	耕地面积（万亩）	农业人口（万人）	棉田面积（万亩）	占耕地（%）	亩　产（市斤）	产　量（万担）	收购量（万担）	商品率（%）	人均交售（市斤）
52年合计			**95.06**	**2.49**	**27.21**	**25.87**	**8.38**	**32.39**	**0.38**
11年小计			**36.80**	**2.90**	**20.19**	**7.43**	**1.23**	**16.55**	**0.25**
占合计%			**38.71**			**28.72**	**14.68**		
1949	114.90	39.90	2.70	2.35	12.96	0.35			
1950	115.70	40.70	2.60	2.25	16.54	0.43			
1951	116.20	41.40	3.40	2.93	18.82	0.64			
1952	116.70	42.30	4.10	3.51	22.68	0.93	0.08	8.60	0.19
1953	116.20	43.10	4.20	3.61	12.38	0.52	0.08	15.38	0.19
1954	116.80	44.50	3.40	2.91	24.71	0.84	0.29	34.52	0.65
1955	117.00	45.90	3.30	2.82	23.33	0.77	0.05	6.49	0.11
1956	117.00	47.00	4.10	3.50	28.05	1.15	0.08	6.96	0.17
1957	115.90	48.50	3.90	3.36	11.28	0.44	0.06	13.64	0.12
1958	114.40	49.50	3.10	2.71	30.32	0.94	0.37	39.36	0.75
1959	110.20	48.50	2.00	1.81	21.00	0.42	0.22	52.38	0.45
10年小计			**29.40**	**2.77**	**28.91**	**8.50**	**2.03**	**23.88**	**0.35**
占合计%			**30.93**			**32.86**	**24.22**		
1960	108.10	48.00	2.20	2.04	18.64	0.41	0.04	9.76	0.08
1961	107.50	50.40	2.30	2.14	23.04	0.53	0.01	1.89	0.02
1962	108.10	54.10	3.00	2.78	18.33	0.55	0.05	9.09	0.09
1963	107.20	55.80	3.40	3.17	7.35	0.25	0.04	16.00	0.07
1964	106.70	56.70	2.90	2.72	25.52	0.74	0.14	18.92	0.25
1965	106.00	58.50	3.00	2.83	27.00	0.81	0.24	29.63	0.41
1966	105.00	60.20	3.10	2.95	38.06	1.18	0.27	22.88	0.45
1967	104.20	61.90	3.20	3.07	35.00	1.12	0.34	30.36	0.55
1968	104.00	64.00	3.10	2.98	45.16	1.40	0.52	37.14	0.81
1969	103.50	65.00	3.20	3.09	47.19	1.51	0.38	25.17	0.58
10年小计			**27.31**	**2.73**	**33.91**	**9.26**	**5.07**	**54.75**	**0.69**
占合计%			**28.73**			**35.79**	**60.50**		
1970	102.50	68.20	3.30	3.22	55.15	1.82	0.74	40.66	1.09
1971	101.91	69.33	3.00	2.94	31.67	0.95	0.40	42.11	0.58
1972	101.19	71.32	2.80	2.77	36.79	1.03	1.01	98.06	1.42
1973	100.63	72.88	2.80	2.78	42.86	1.20	0.74	61.67	1.02
1974	100.27	73.84	2.90	2.89	35.17	1.02	0.43	42.16	0.58
1975	100.08	74.76	4.00	4.00	30.00	1.20	0.73	60.83	0.98
1976	99.71	75.42	3.60	3.61	22.50	0.81	0.63	77.78	0.84
1977	99.09	75.76	3.00	3.03	24.33	0.73	0.36	49.32	0.48
1978	98.42	75.91	1.19	1.21	23.53	0.28	0.02	7.14	0.03
1979	97.95	76.48	0.72	0.74	30.56	0.22	0.01	4.55	0.01
10年小计			**1.55**	**0.32**	**43.87**	**0.68**	**0.05**	**7.35**	**0.01**
占合计%			**1.63**			**2.63**	**0.60**		
1980	97.54	77.26	0.60	0.62	31.67	0.19	0.01	5.26	0.01
1981	97.01	77.83	0.24	0.25	58.33	0.14	0.01	7.14	0.01
1982	96.24	78.71	0.51	0.53	49.02	0.25	0.01	4.00	0.01
1983	96.04	79.13	0.14	0.15	50.00	0.07	0.01	14.29	0.01
1984	95.53	79.59	0.06	0.06	50.00	0.03	0.01	33.33	0.01
1985									
1986									
1987									
1988									
1989									
11年小计									
占合计%									
1990									
1991									
1992									
1993									
1994									
1995									
1996									
1997									
1998									
1999									
2000									

5－20－71　山东省费县历年棉花生产收购

年　　度	耕地面积（万亩）	农业人口（万人）	棉田面积（万亩）	占耕地（%）	亩　产（市斤）	产　量（万担）	收购量（万担）	商品率（%）	人均交售（市斤）
52年合计			**134.15**	**2.43**	**29.38**	**39.41**	**15.86**	**40.24**	**0.47**
11年小计			**57.40**	**4.24**	**19.43**	**11.15**	**1.77**	**15.87**	**0.37**
占合计%			**42.79**			**28.29**	**11.16**		
1949	96.60	40.10	5.30	5.49	15.09	0.80			
1950	108.80	41.00	5.50	5.06	18.00	0.99			
1951	120.70	41.90	5.70	4.72	19.47	1.11			
1952	130.40	42.70	6.60	5.06	21.36	1.41			
1953	130.60	43.60	5.30	4.06	16.04	0.85			
1954	130.50	44.60	4.70	3.60	22.98	1.08	0.33	30.56	0.74
1955	130.10	45.60	5.10	3.92	21.37	1.09	0.37	33.94	0.81
1956	129.70	46.50	6.10	4.70	18.52	1.13			
1957	130.00	47.30	5.00	3.85	13.00	0.65	0.25	38.46	0.53
1958	124.70	45.60	3.90	3.13	31.03	1.21	0.46	38.02	1.01
1959	120.50	45.60	4.20	3.49	19.76	0.83	0.36	43.37	0.79
10年小计			**33.90**	**2.97**	**25.52**	**8.65**	**3.30**	**38.15**	**0.63**
占合计%			**25.27**			**21.95**	**20.81**		
1960	116.10	44.50	3.70	3.19	5.68	0.21	0.16	76.19	0.36
1961	116.40	46.80	2.40	2.06	15.00	0.36	0.03	8.33	0.06
1962	116.30	50.10	3.10	2.67	10.32	0.32	0.05	15.63	0.10
1963	115.30	51.50	2.90	2.52	8.28	0.24	0.11	45.83	0.21
1964	115.30	51.90	3.20	2.78	20.00	0.64	0.31	48.44	0.60
1965	115.00	53.50	3.80	3.30	18.68	0.71	0.43	60.56	0.80
1966	115.00	55.00	3.70	3.22	29.19	1.08	0.51	47.22	0.93
1967	111.10	55.80	3.70	3.33	37.84	1.40	0.67	47.86	1.20
1968	110.00	57.90	3.70	3.36	47.03	1.74	0.98	56.32	1.69
1969	109.20	60.30	3.70	3.39	52.70	1.95	0.05	2.56	0.08
10年小计			**32.84**	**3.12**	**37.12**	**12.19**	**6.45**	**52.91**	**0.97**
占合计%			**24.48**			**30.93**	**40.67**		
1970	108.90	62.30	3.90	3.58	48.21	1.88	1.28	68.09	2.05
1971	107.10	63.20	3.40	3.17	35.59	1.21	0.67	55.37	1.06
1972	106.73	64.61	3.10	2.90	37.42	1.16	0.47	40.52	0.73
1973	106.21	65.92	3.90	3.67	38.72	1.51	0.95	62.91	1.44
1974	105.86	66.93	4.20	3.97	38.10	1.60	0.69	43.13	1.03
1975	104.39	68.05	4.30	4.12	37.21	1.60	1.18	73.75	1.73
1976	104.01	68.57	4.00	3.85	34.50	1.38	0.41	29.71	0.60
1977	103.40	69.07	4.00	3.87	31.25	1.25	0.80	64.00	1.16
1978	102.87	69.37	1.21	1.18	31.40	0.38			
1979	102.45	70.15	0.83	0.81	26.51	0.22			
10年小计			**7.87**	**0.81**	**60.36**	**4.75**	**1.01**	**21.26**	**0.13**
占合计%			**5.87**			**12.05**	**6.37**		
1980	102.18	70.82	0.65	0.64	40.00	0.26	0.01	3.85	0.01
1981	101.66	71.48	0.52	0.51	46.15	0.24	0.01	4.17	0.01
1982	101.32	72.83	2.96	2.92	62.16	1.84	0.64	34.78	0.88
1983	101.22	73.16	2.20	2.17	65.91	1.45	0.23	15.86	0.31
1984	99.62	74.01	0.82	0.82	58.54	0.48	0.12	25.00	0.16
1985	95.88	74.83	0.56	0.58	62.50	0.35			
1986	94.99	77.53	0.09	0.09	66.67	0.06			
1987	94.62	77.77	0.04	0.04	75.00	0.03			
1988	92.95	78.20	0.02	0.02	150.00	0.03			
1989	92.52	79.61	0.01	0.01	100.00	0.01			
11年小计			**2.14**	**0.21**	**124.77**	**2.67**	**3.33**	**124.72**	**0.36**
占合计%			**1.60**			**6.77**	**21.00**		
1990	92.26	82.54	0.17	0.18	70.59	0.12	0.81	*	0.98
1991	91.70	83.86	0.63	0.69	107.94	0.68	0.62	91.18	0.74
1992	91.43	84.93	0.43	0.47	125.58	0.54	0.62	114.81	0.73
1993	91.68	85.30	0.04	0.04	75.00	0.03	0.09	*	0.11
1994	91.47	85.26	0.17	0.19	111.76	0.19	0.92	*	1.08
1995	90.74	84.77	0.10	0.11	200.00	0.20	0.15	75.00	0.18
1996	91.47	84.77	0.10	0.11	130.00	0.13	0.12	92.31	0.14
1997	90.23	84.45	0.10	0.11	130.00	0.13			
1998	89.81	83.08	0.10	0.11	120.00	0.12			
1999	90.02	84.20	0.11	0.12	145.45	0.16			
2000	89.45	85.3	0.19	0.21	194.74	0.37			

5－20－72　山东省沂南县历年棉花生产收购

年　　度	耕地面积（万亩）	农业人口（万人）	棉田面积（万亩）	占耕地（%）	亩　产（市斤）	产　量（万担）	收购量（万担）	商品率（%）	人均交售（市斤）
52 年合计			**154.01**	**2.50**	**31.48**	**48.48**	**23.97**	**49.44**	**0.70**
11 年小计			**60.30**	**3.99**	**18.86**	**11.37**	**2.15**	**18.91**	**0.41**
占合计%			**39.15**			**23.45**	**8.97**		
1949	142.70	44.40	5.40	3.78	11.11	0.60			
1950	141.90	45.00	6.70	4.72	12.99	0.87			
1951	141.10	45.70	6.60	4.68	13.94	0.92			
1952	140.20	46.70	6.40	4.56	12.66	0.81	0.10	12.35	0.21
1953	141.20	47.10	6.10	4.32	15.08	0.92	0.05	5.43	0.11
1954	141.30	48.00	4.70	3.33	23.62	1.11	0.27	24.32	0.56
1955	141.50	49.00	5.40	3.82	24.63	1.33	0.48	36.09	0.98
1956	141.80	50.80	6.60	4.65	26.36	1.74	0.10	5.75	0.20
1957	131.20	49.40	4.50	3.43	20.22	0.91	0.18	19.78	0.36
1958	123.50	49.50	3.90	3.16	32.05	1.25	0.26	20.80	0.53
1959	123.50	49.70	4.00	3.24	22.75	0.91	0.71	78.02	1.43
10 年小计			**40.70**	**3.36**	**29.41**	**11.97**	**5.10**	**42.61**	**0.91**
占合计%			**26.43**			**24.69**	**21.28**		
1960	122.70	50.60	3.80	3.10	16.05	0.61	0.22	36.07	0.43
1961	122.20	51.60	2.90	2.37	16.21	0.47	0.05	10.64	0.10
1962	123.40	53.60	3.40	2.76	13.53	0.46	0.11	23.91	0.21
1963	122.60	55.10	3.90	3.18	9.74	0.38			
1964	122.40	55.80	4.10	3.35	26.59	1.09	0.59	54.13	1.06
1965	120.40	56.80	4.50	3.74	36.00	1.62	0.60	37.04	1.06
1966	119.80	58.10	4.30	3.59	28.37	1.22	0.59	48.36	1.02
1967	119.00	59.00	4.50	3.78	34.67	1.56	0.74	47.44	1.25
1968	119.00	60.20	4.40	3.70	49.55	2.18	1.13	51.83	1.88
1969	118.20	62.20	4.90	4.15	48.57	2.38	1.07	44.96	1.72
10 年小计			**38.65**	**3.34**	**33.76**	**13.05**	**8.02**	**61.46**	**1.17**
占合计%			**25.10**			**26.92**	**33.46**		
1970	117.80	63.90	5.00	4.24	49.00	2.45	1.53	62.45	2.39
1971	117.71	64.82	4.40	3.74	34.32	1.51	0.88	58.28	1.36
1972	117.32	66.06	4.10	3.49	30.98	1.27	0.88	69.29	1.33
1973	117.35	67.27	4.50	3.83	38.22	1.72	1.14	66.28	1.69
1974	115.46	68.28	3.80	3.29	31.32	1.19	0.66	55.46	0.97
1975	115.13	69.74	4.60	4.00	32.61	1.50	1.02	68.00	1.46
1976	114.52	70.36	4.50	3.93	27.78	1.25	0.73	58.40	1.04
1977	114.03	70.64	3.80	3.33	29.74	1.13	0.74	65.49	1.05
1978	114.21	71.12	3.10	2.71	29.35	0.91	0.44	48.35	0.62
1979	114.06	71.67	0.85	0.75	14.12	0.12			
10 年小计			**5.25**	**0.47**	**56.38**	**2.96**	**1.07**	**36.15**	**0.14**
占合计%			**3.41**			**6.11**	**4.46**		
1980	113.92	72.24	0.53	0.47	30.19	0.16			
1981	113.91	72.52	0.52	0.46	51.92	0.27	0.01	3.70	0.01
1982	113.58	73.46	2.06	1.81	66.02	1.36	0.34	25.00	0.46
1983	113.18	73.93	1.24	1.10	55.65	0.69	0.12	17.39	0.16
1984	112.86	74.65	0.60	0.53	46.67	0.28	0.20	71.43	0.27
1985	110.69	74.82	0.06	0.05	50.00	0.03			
1986	109.49	75.20	0.04	0.04	50.00	0.02			
1987	108.04	75.70	0.02	0.02	50.00	0.01			
1988	107.94	76.14	0.02	0.02	50.00	0.01			
1989	107.71	77.19	0.16	0.15	81.25	0.13	0.40	*	0.52
11 年小计			**9.11**	**0.78**	**100.22**	**9.13**	**7.63**	**83.57**	**0.84**
占合计%			**5.92**			**18.83**	**31.83**		
1990	107.55	80.99	0.27	0.25	125.93	0.34	0.44	129.41	0.54
1991	107.09	83.27	1.75	1.63	120.00	2.10	1.64	78.10	1.97
1992	106.66	84.75	2.65	2.48	87.92	2.33	1.64	70.39	1.94
1993	106.31	83.50	1.40	1.32	75.00	1.05	2.29	*	2.74
1994	106.07	83.61	1.02	0.96	78.43	0.80	1.11	138.75	1.33
1995	105.59	81.90	0.86	0.81	126.74	1.09	0.21	19.27	0.26
1996	106.07	81.90	0.23	0.22	134.78	0.31	0.30	96.77	0.37
1997	104.91	81.78	0.24	0.23	129.17	0.31			
1998	104.27	81.50	0.27	0.26	92.59	0.25			
1999	103.39	81.40	0.24	0.23	112.50	0.27			
2000	102.6	81.41	0.18	0.18	155.56	0.28			

5－20－73　山东省临沭县历年棉花生产收购

年　度	耕地面积（万亩）	农业人口（万人）	棉田面积（万亩）	占耕地（%）	亩　产（市斤）	产　量（万担）	收购量（万担）	商品率（%）	人均交售（市斤）
52 年合计			**49.56**	**1.10**	**38.40**	**19.03**	**51.95**	*	**2.29**
11 年小计			**10.80**	**0.99**	**18.80**	**2.03**	**0.11**	**5.42**	**0.03**
占合计%			**21.79**			**10.67**	**0.21**		
1949	94.40	26.70	1.10	1.17	16.36	0.18			
1950	103.60	26.80	1.50	1.45	14.00	0.21			
1951	101.80	27.20	1.90	1.87	18.95	0.36			
1952	101.80	27.70	1.70	1.67	24.12	0.41			
1953	101.50	28.30	1.00	0.99	15.00	0.15			
1954	101.30	28.90	1.10	1.09	16.36	0.18	0.01	5.56	0.03
1955	100.80	29.30	1.00	0.99	20.00	0.20			
1956	100.50	30.40	0.60	0.60	16.67	0.10			
1957	99.60	31.10	0.30	0.30	33.33	0.10			
1958	97.60	31.40	0.30	0.31	30.00	0.09	0.09	100.00	0.29
1959	93.50	31.50	0.30	0.32	16.67	0.05	0.01	20.00	0.03
10 年小计			**10.50**	**1.16**	**31.33**	**3.29**	**0.97**	**29.48**	**0.26**
占合计%			**21.19**			**17.29**	**1.87**		
1960	90.60	32.00	0.40	0.44	17.50	0.07	0.01	14.29	0.03
1961	91.40	33.30	0.30	0.33	16.67	0.05			
1962	92.40	35.00	1.10	1.19	20.00	0.22	0.02	9.09	0.06
1963	91.50	36.30	0.70	0.77	18.57	0.13			
1964	91.90	36.60	0.40	0.44	25.00	0.10	0.03	30.00	0.08
1965	91.60	37.60	0.90	0.98	22.22	0.20	0.07	35.00	0.19
1966	91.30	39.00	1.80	1.97	28.89	0.52	0.23	44.23	0.59
1967	90.60	39.70	1.80	1.99	36.67	0.66	0.28	42.42	0.71
1968	86.60	40.80	1.70	1.96	51.76	0.88	0.29	32.95	0.71
1969	88.20	42.80	1.40	1.59	32.86	0.46	0.04	8.70	0.09
10 年小计			**6.50**	**0.77**	**30.00**	**1.95**	**1.15**	**58.97**	**0.24**
占合计%			**13.12**			**10.25**	**2.21**		
1970	88.80	43.70	1.60	1.80	30.00	0.48	0.25	52.08	0.57
1971	88.10	44.94	1.10	1.25	27.27	0.30	0.16	53.33	0.36
1972	87.60	46.07	0.80	0.91	32.50	0.26	0.24	92.31	0.52
1973	86.36	46.92	0.90	1.04	35.56	0.32	0.21	65.63	0.45
1974	85.64	47.53	0.70	0.82	25.71	0.18	0.03	16.67	0.06
1975	84.32	48.26	0.45	0.53	31.11	0.14	0.18	128.57	0.37
1976	82.92	48.75	0.34	0.41	26.47	0.09	0.01	11.11	0.02
1977	82.03	49.19	0.32	0.39	31.25	0.10	0.01	10.00	0.02
1978	81.74	49.34	0.19	0.23	31.58	0.06			
1979	81.55	49.57	0.10	0.12	20.00	0.02	0.06	*	0.12
10 年小计			**10.52**	**1.31**	**25.76**	**2.71**	**7.67**	*	**1.50**
占合计%			**21.23**			**14.24**	**14.76**		
1980	81.41	49.96	0.05	0.06	20.00	0.01			
1981	81.29	50.10	0.04	0.05	50.00	0.02			
1982	81.13	50.80	2.37	2.92	13.50	0.32	0.95	296.88	1.87
1983	81.09	50.83	2.55	3.14	12.55	0.32	0.89	278.13	1.75
1984	80.41	51.08	1.22	1.52	17.21	0.21	0.62	295.24	1.21
1985	80.24	51.34	1.23	1.53	17.89	0.22	0.05	22.73	0.10
1986	80.13	51.30	1.10	1.37	18.18	0.20	0.38	190.00	0.74
1987	79.88	51.49	0.90	1.13	62.22	0.56	3.10	*	6.02
1988	79.56	51.69	0.55	0.69	70.91	0.39	1.15	294.87	2.22
1989	79.26	52.20	0.51	0.64	90.20	0.46	0.53	115.22	1.02
11 年小计			**11.24**	**1.32**	**80.52**	**9.05**	**42.05**	*	**7.16**
占合计%			**22.68**			**47.56**	**80.94**		
1990	79.07	52.63	0.46	0.58	93.48	0.43	1.13	*	2.15
1991	78.83	53.69	1.08	1.37	106.48	1.15	1.95	169.57	3.63
1992	78.54	53.92	3.93	5.00	49.87	1.96	3.03	154.59	5.62
1993	78.12	53.75	0.29	0.37	96.55	0.28	1.62	*	3.01
1994	77.72	53.09	0.43	0.55	100.00	0.43	2.50	*	4.71
1995	77.06	52.95	0.98	1.27	80.61	0.79	1.50	189.87	2.83
1996	77.72	52.95	0.73	0.94	108.22	0.79	1.85	*	3.49
1997	76.43	53.04	1.47	1.92	89.12	1.31	2.02	154.20	3.81
1998	76.08	53.09	1.20	1.58	90.83	1.09	8.74	*	16.46
1999	75.56	54.00	0.20	0.26	105.00	0.21	9.91	*	18.35
2000	73.79	53.99	0.47	0.64	129.79	0.61	7.80	*	14.45

5－20－74　山东省泰安县历年棉花生产收购

年　　度	耕地面积（万亩）	农业人口（万人）	棉田面积（万亩）	占耕地（%）	亩　产（市斤）	产　量（万担）	收购量（万担）	商品率（%）	人均交售（市斤）
52 年合计			**127.33**	**1.94**	**42.51**	**54.13**	**28.56**	**52.76**	**0.59**
11 年小计			**40.40**	**2.44**	**23.54**	**9.51**	**1.45**	**15.25**	**0.17**
占合计%			**31.73**			**17.57**	**5.08**		
1949	151.10	70.20	3.70	2.45	22.70	0.84			
1950	151.10	71.20	3.80	2.51	26.05	0.99			
1951	151.00	72.40	5.50	3.64	14.00	0.77			
1952	152.40	74.00	4.20	2.76	25.00	1.05			
1953	152.40	74.80	4.40	2.89	17.73	0.78			
1954	152.50	76.00	3.80	2.49	19.21	0.73			
1955	153.10	77.70	3.40	2.22	28.24	0.96	0.06	6.25	0.08
1956	156.80	79.20	3.70	2.36	31.35	1.16	0.03	2.59	0.04
1957	155.20	79.20	3.30	2.13	25.15	0.83	0.01	1.20	0.01
1958	142.10	77.90	2.20	1.55	25.00	0.55	0.55	100.00	0.71
1959	135.40	77.90	2.40	1.77	35.42	0.85	0.80	94.12	1.03
10 年小计			**18.40**	**1.37**	**30.27**	**5.57**	**0.56**	**10.05**	**0.06**
占合计%			**14.45**			**10.29**	**1.96**		
1960	132.10	78.30	1.10	0.83	20.91	0.23	0.03	13.04	0.04
1961	133.00	81.20	1.80	1.35	27.22	0.49	0.01	2.04	0.01
1962	134.00	85.00	1.70	1.27	18.82	0.32	0.05	15.63	0.06
1963	135.40	87.60	1.10	0.81	14.55	0.16	0.01	6.25	0.01
1964	135.50	88.90	1.70	1.25	17.65	0.30	0.04	13.33	0.04
1965	135.70	90.70	1.80	1.33	25.56	0.46			
1966	135.40	93.00	2.10	1.55	28.10	0.59			
1967	134.30	97.60	2.00	1.49	39.00	0.78	0.03	3.85	0.03
1968	133.40	97.10	2.40	1.80	35.42	0.85	0.12	14.12	0.12
1969	133.20	100.00	2.70	2.03	51.48	1.39	0.27	19.42	0.27
10 年小计			**39.21**	**3.03**	**44.45**	**17.43**	**9.58**	**54.96**	**0.89**
占合计%			**30.79**			**32.20**	**33.54**		
1970	132.80	101.70	2.90	2.18	51.72	1.50	0.51	34.00	0.50
1971	132.41	102.86	2.70	2.04	59.63	1.61	0.71	44.10	0.69
1972	131.90	105.45	2.70	2.05	52.59	1.42	0.80	56.34	0.76
1973	130.70	107.14	4.00	3.06	72.75	2.91	1.99	68.38	1.86
1974	130.40	108.22	5.60	4.29	35.71	2.00	1.27	63.50	1.17
1975	129.36	109.08	4.60	3.56	43.48	2.00	1.41	70.50	1.29
1976	128.33	109.76	3.90	3.04	55.38	2.16	0.75	34.72	0.68
1977	127.24	110.58	3.40	2.67	45.88	1.56	0.59	37.82	0.53
1978	125.37	110.97	5.30	4.23	22.26	1.18	0.87	73.73	0.78
1979	124.80	111.42	4.11	3.29	26.52	1.09	0.68	62.39	0.61
10 年小计	**1180.04**	**1060.53**	**15.04**	**1.27**	**63.63**	**9.57**	**8.20**	**85.68**	**0.77**
占合计%			**11.81**			**17.68**	**28.71**		
1980	124.53	111.89	4.12	3.31	57.77	2.38	1.81	76.05	1.62
1981	124.22	111.46	1.58	1.27	69.62	1.10	0.86	78.18	0.77
1982	123.89	112.41	3.65	2.95	69.32	2.53	1.64	64.82	1.46
1983	123.75	112.97	2.43	1.96	59.67	1.45	0.75	51.72	0.66
1984	123.33	112.99	1.84	1.49	74.46	1.37			
1985	113.03	99.90	0.72	0.64	40.28	0.29			
1986	112.63	99.89	0.06	0.05	83.33	0.05	0.45	*	0.45
1987	112.03	99.78	0.34	0.30	76.47	0.26	2.24	*	2.24
1988	111.45	99.54	0.11	0.10	81.82	0.09	0.22	*	0.22
1989	111.18	99.70	0.19	0.17	26.32	0.05	0.23	*	0.23
11 年小计			**14.28**	**1.32**	**84.38**	**12.05**	**8.77**	**72.78**	**0.91**
占合计%			**11.21**			**22.26**	**30.71**		
1990	111.05	100.36	0.26	0.23	84.62	0.22	0.15	68.18	0.15
1991	111.04	100.31	1.54	1.39	97.40	1.50	1.19	79.33	1.19
1992	110.35	99.87	2.34	2.12	62.82	1.47	1.50	102.04	1.50
1993	110.08	98.89	1.50	1.36	80.00	1.20	0.90	75.00	0.91
1994	107.01	96.37	1.70	1.59	69.41	1.18	0.42	35.59	0.44
1995	107.25	95.59	1.35	1.26	88.89	1.20	1.07	89.17	1.12
1996	107.01	95.59	1.45	1.36	82.76	1.20	0.88	73.33	0.92
1997	108.23	95.59	1.48	1.37	100.68	1.49	0.78	52.35	0.82
1998	108.31	92.94	1.34	1.24	97.76	1.31	0.96	73.28	1.03
1999	100.75	86.20	1.32	1.31	96.97	1.28	0.92	71.88	1.07
2000									

5-20-75 山东省肥城县历年棉花生产收购

年度	耕地面积（万亩）	农业人口（万人）	棉田面积（万亩）	占耕地（%）	亩产（市斤）	产量（万担）	收购量（万担）	商品率（%）	人均交售（市斤）
52 年合计			**301.24**	**5.48**	**59.44**	**179.05**	**130.86**	**73.09**	**3.69**
11 年小计			**64.40**	**4.99**	**27.86**	**17.94**	**8.22**	**45.82**	**1.41**
占合计%			**21.38**			**10.02**	**6.28**		
1949	98.10	48.90	3.90	3.98	26.92	1.05			
1950	104.10	49.80	3.30	3.17	27.58	0.91			
1951	121.80	50.70	5.70	4.68	17.02	0.97			
1952	121.30	51.50	4.60	3.79	26.30	1.21	0.36	29.75	0.70
1953	121.00	52.40	6.30	5.21	24.29	1.53	0.30	19.61	0.57
1954	121.50	53.30	5.90	4.86	21.69	1.28	0.42	32.81	0.79
1955	121.40	54.40	6.40	5.27	31.88	2.04	0.96	47.06	1.76
1956	122.70	55.10	7.90	6.44	37.85	2.99	1.21	40.47	2.20
1957	122.40	56.20	7.60	6.21	20.66	1.57	0.91	57.96	1.62
1958	120.80	55.30	6.60	5.46	36.06	2.38	2.38	100.00	4.30
1959	115.70	55.40	6.20	5.36	32.42	2.01	1.68	83.58	3.03
10 年小计			**36.00**	**3.21**	**25.28**	**9.10**	**3.90**	**42.86**	**0.62**
占合计%			**11.95**			**5.08**	**2.98**		
1960	113.20	55.50	3.10	2.74	27.10	0.84	0.51	60.71	0.92
1961	113.90	57.10	3.00	2.63	19.67	0.59	0.13	22.03	0.23
1962	113.90	60.10	3.90	3.42	21.03	0.82	0.37	45.12	0.62
1963	113.10	61.50	3.20	2.83	19.06	0.61	0.31	50.82	0.50
1964	112.60	62.50	3.40	3.02	26.47	0.90	0.43	47.78	0.69
1965	114.40	63.50	3.70	3.23	27.30	1.01	0.45	44.55	0.71
1966	111.00	64.90	3.40	3.06	26.47	0.90	0.33	36.67	0.51
1967	110.70	65.70	4.10	3.70	26.83	1.10	0.45	40.91	0.68
1968	110.20	67.50	4.10	3.72	23.90	0.98	0.38	38.78	0.56
1969	109.40	69.00	4.10	3.75	32.93	1.35	0.54	40.00	0.78
10 年小计			**50.02**	**4.71**	**38.58**	**19.30**	**13.45**	**69.69**	**1.84**
占合计%			**16.60**			**10.78**	**10.28**		
1970	108.30	70.40	4.10	3.79	44.39	1.82	0.99	54.40	1.41
1971	108.10	70.91	4.30	3.98	47.21	2.03	1.18	58.13	1.66
1972	107.40	71.78	4.20	3.91	51.19	2.15	1.48	68.84	2.06
1973	106.99	72.74	5.90	5.51	60.85	3.59	2.67	74.37	3.67
1974	106.37	73.40	5.70	5.36	34.04	1.94	1.31	67.53	1.78
1975	106.20	73.80	5.70	5.37	43.86	2.50	1.93	77.20	2.62
1976	105.26	74.18	5.80	5.51	31.72	1.84	1.41	76.63	1.90
1977	104.93	74.70	5.10	4.86	25.49	1.30	0.94	72.31	1.26
1978	104.74	74.91	5.50	5.25	22.91	1.26	0.87	69.05	1.16
1979	104.62	75.18	3.72	3.56	23.39	0.87	0.67	77.01	0.89
10 年小计			**71.70**	**7.12**	**102.78**	**73.69**	**60.90**	**82.64**	**8.08**
占合计%			**23.80**			**41.16**	**46.54**		
1980	104.42	75.38	4.35	4.17	72.87	3.17	2.56	80.76	3.40
1981	104.37	74.23	7.04	6.75	99.86	7.03	6.12	87.06	8.24
1982	102.93	74.44	13.34	12.96	97.68	13.03	11.95	91.71	16.05
1983	102.60	74.53	10.39	10.13	96.44	10.02	8.27	82.53	11.10
1984	102.11	74.86	12.96	12.69	120.91	15.67	12.35	78.81	16.50
1985	101.63	74.74	6.46	6.36	117.03	7.56	5.32	70.37	7.12
1986	99.25	75.93	3.78	3.81	107.14	4.05	2.82	69.63	3.71
1987	98.17	75.27	3.56	3.63	126.69	4.51	5.58	123.73	7.41
1988	96.58	75.60	5.04	5.22	113.49	5.72	4.57	79.90	6.04
1989	94.88	78.92	4.78	5.04	61.30	2.93	1.36	46.42	1.72
11 年小计			**79.12**	**7.78**	**74.60**	**59.02**	**44.39**	**75.21**	**5.25**
占合计%			**26.26**			**32.96**	**33.92**		
1990	95.03	80.79	6.63	6.98	90.35	5.99	4.86	81.14	6.02
1991	94.49	81.36	9.43	9.98	108.48	10.23	9.07	88.66	11.15
1992	93.12	81.33	12.94	13.90	81.76	10.58	7.00	66.16	8.61
1993	93.11	80.21	12.73	13.67	54.44	6.93	3.26	47.04	4.06
1994	92.33	76.75	8.00	8.66	66.25	5.30	4.06	76.60	5.29
1995	92.24	75.61	5.56	6.03	60.43	3.36	5.01	149.11	6.63
1996	92.33	75.61	8.03	8.70	41.84	3.36	3.57	106.25	4.72
1997	92.03	75.21	5.02	5.45	77.09	3.87	2.39	61.76	3.18
1998	91.10	74.34	5.56	6.10	77.70	4.32	2.38	55.09	3.20
1999	90.73	73.20	3.30	3.64	93.03	3.07	1.64	53.42	2.24
2000	90.75	71.05	1.92	2.12	104.69	2.01	1.15	57.21	1.62

5-20-76 山东省宁阳县历年棉花生产收购

年　　度	耕地面积（万亩）	农业人口（万人）	棉田面积（万亩）	占耕地（%）	亩　产（市斤）	产　量（万担）	收购量（万担）	商品率（%）	人均交售（市斤）
52 年合计			**238.72**	**4.71**	**74.23**	**177.20**	**123.28**	**69.57**	**4.03**
11 年小计			**27.90**	**2.36**	**24.09**	**6.72**	**1.68**	**25.00**	**0.35**
占合计%			**11.69**			**3.79**	**1.36**		
1949	96.20	41.90	1.80	1.87	21.11	0.38			
1950	96.20	42.30	2.00	2.08	22.50	0.45			
1951	111.40	42.80	3.70	3.32	22.43	0.83			
1952	111.70	43.40	2.40	2.15	30.83	0.74	0.04	5.41	0.09
1953	111.70	42.90	3.00	2.69	23.33	0.70			
1954	112.60	43.40	2.90	2.58	23.45	0.68	0.18	26.47	0.41
1955	112.90	45.50	2.80	2.48	24.64	0.69	0.16	23.19	0.35
1956	113.50	45.20	2.90	2.56	26.90	0.78	0.32	41.03	0.71
1957	112.10	45.70	2.40	2.14	19.58	0.47	0.20	42.55	0.44
1958	103.80	43.20	2.10	2.02	26.19	0.55	0.55	100.00	1.27
1959	102.20	43.70	1.90	1.86	23.68	0.45	0.23	51.11	0.53
10 年小计			**14.80**	**1.48**	**23.78**	**3.52**	**1.20**	**34.09**	**0.23**
占合计%			**6.20**			**1.99**	**0.97**		
1960	99.70	44.10	1.10	1.10	18.18	0.20	0.06	30.00	0.14
1961	100.00	46.40	1.80	1.80	17.22	0.31	0.01	3.23	0.02
1962	101.00	48.70	1.30	1.29	16.92	0.22	0.06	27.27	0.12
1963	101.00	49.80	1.00	0.99	8.00	0.08	0.03	37.50	0.06
1964	101.10	50.50	1.20	1.19	14.17	0.17	0.05	29.41	0.10
1965	99.10	51.30	0.90	0.91	16.67	0.15			
1966	101.10	52.30	1.00	0.99	28.00	0.28	0.04	14.29	0.08
1967	99.30	54.40	2.10	2.11	29.52	0.62	0.30	48.39	0.55
1968	98.70	56.10	2.20	2.23	35.00	0.77	0.39	50.65	0.70
1969	98.30	57.80	2.20	2.24	32.73	0.72	0.26	36.11	0.45
10 年小计			**35.11**	**3.68**	**42.55**	**14.94**	**9.88**	**66.13**	**1.57**
占合计%			**14.71**			**8.43**	**8.01**		
1970	98.30	59.20	2.30	2.34	41.74	0.96	0.51	53.13	0.86
1971	97.20	59.80	2.10	2.16	42.38	0.89	0.53	59.55	0.89
1972	96.31	61.40	2.10	2.18	53.33	1.12	0.81	72.32	1.32
1973	95.87	62.39	3.40	3.55	71.18	2.42	1.82	75.21	2.92
1974	95.25	63.10	3.90	4.09	40.00	1.56	1.91	122.44	3.03
1975	95.15	63.61	4.60	4.83	43.48	2.00	1.41	70.50	2.22
1976	94.83	64.07	3.90	4.11	55.38	2.16	0.75	34.72	1.17
1977	94.43	64.77	3.40	3.60	45.88	1.56	0.59	37.82	0.91
1978	93.94	65.23	5.30	5.64	22.26	1.18	0.87	73.73	1.33
1979	93.79	65.67	4.11	4.38	26.52	1.09	0.68	62.39	1.04
10 年小计			**81.89**	**8.83**	**100.32**	**82.15**	**67.20**	**81.80**	**10.04**
占合计%			**34.30**			**46.36**	**54.51**		
1980	93.54	65.98	4.06	4.34	77.09	3.13	2.66	84.98	4.03
1981	93.35	65.87	7.32	7.84	112.30	8.22	8.58	104.38	13.03
1982	93.22	66.27	14.16	15.19	97.53	13.81	12.77	92.47	19.27
1983	93.11	66.42	12.50	13.42	83.84	10.48	8.05	76.81	12.12
1984	93.00	66.85	14.95	16.08	113.38	16.95	11.99	70.74	17.94
1985	92.91	66.58	6.91	7.44	115.77	8.00	5.92	74.00	8.89
1986	92.48	67.00	5.16	5.58	105.43	5.44	3.59	65.99	5.36
1987	92.25	67.43	5.34	5.79	106.55	5.69	4.72	82.95	7.00
1988	92.06	68.56	6.14	6.67	107.33	6.59	5.57	84.52	8.12
1989	91.95	68.67	5.35	5.82	71.78	3.84	3.35	87.24	4.88
11 年小计			**79.02**	**7.89**	**88.42**	**69.87**	**43.32**	**62.00**	**5.65**
占合计%			**33.10**			**39.43**	**35.14**		
1990	91.88	70.93	7.54	8.21	74.54	5.62	4.55	80.96	6.41
1991	91.85	71.36	12.01	13.08	114.74	13.78	10.48	76.05	14.69
1992	91.69	70.88	12.26	13.37	73.49	9.01	6.83	75.80	9.64
1993	91.62	70.96	8.71	9.51	68.31	5.95	3.20	53.78	4.51
1994	91.39	70.01	8.00	8.75	98.25	7.86	3.23	41.09	4.61
1995	91.16	69.34	7.29	8.00	78.05	5.69	3.28	57.64	4.73
1996	91.39	69.34	7.38	8.08	77.10	5.69	3.39	59.58	4.89
1997	91.05	68.85	5.70	6.26	92.46	5.27	2.39	45.35	3.47
1998	90.54	68.50	5.86	6.47	92.66	5.43	2.63	48.43	3.84
1999	89.68	68.20	2.21	2.46	123.98	2.74	2.62	95.62	3.84
2000	88.68	68.27	2.06	2.32	137.38	2.83	0.72	25.44	1.05

5-20-77 山东省东平县历年棉花生产收购

年 度	耕地面积（万亩）	农业人口（万人）	棉田面积（万亩）	占耕地（%）	亩 产（市斤）	产 量（万担）	收购量（万担）	商品率（%）	人均交售（市斤）
52年合计			**318.73**	**7.65**	**59.38**	**189.25**	**131.13**	**69.29**	**5.03**
11年小计			**45.50**	**5.13**	**24.57**	**11.18**	**3.60**	**32.20**	**0.89**
占合计%			**14.28**			**5.91**	**2.75**		
1949	79.20	35.60	3.40	4.29	20.88	0.71			
1950	79.10	35.60	3.50	4.42	21.14	0.74			
1951	80.20	35.80	4.40	5.49	24.32	1.07			
1952	85.50	35.80	3.50	4.09	29.43	1.03	0.09	8.74	0.25
1953	88.20	36.90	3.80	4.31	30.79	1.17	0.07	5.98	0.19
1954	88.20	37.70	4.20	4.76	29.05	1.22	0.50	40.98	1.33
1955	83.90	37.90	3.80	4.53	33.42	1.27	0.65	51.18	1.72
1956	81.60	38.00	4.70	5.76	32.13	1.51	0.07	4.64	0.18
1957	82.00	39.30	4.60	5.61	16.09	0.74	0.53	71.62	1.35
1958	72.00	36.20	4.80	6.67	17.92	0.86	0.86	100.00	2.38
1959	66.40	36.40	4.80	7.23	17.92	0.86	0.83	96.51	2.28
10年小计			**41.70**	**5.90**	**14.53**	**6.06**	**6.47**	**106.77**	**1.50**
占合计%			**13.08**			**3.20**	**4.93**		
1960	65.30	37.50	3.00	4.59	10.67	0.32	0.36	112.50	0.96
1961	65.40	38.90	2.80	4.28	12.50	0.35	0.14	40.00	0.36
1962	65.30	41.20	3.10	4.75	13.23	0.41	0.28	68.29	0.68
1963	64.90	42.00	3.60	5.55	10.83	0.39	0.15	38.46	0.36
1964	64.70	42.50	3.30	5.10	15.45	0.51	0.21	41.18	0.49
1965	71.60	43.80	3.40	4.75	21.18	0.72	0.22	30.56	0.50
1966	77.90	44.90	4.20	5.39	13.81	0.58	0.61	105.17	1.36
1967	76.80	45.50	5.80	7.55	13.79	0.80	1.20	150.00	2.64
1968	77.10	46.40	6.30	8.17	14.60	0.92	1.90	206.52	4.09
1969	77.30	47.60	6.20	8.02	17.10	1.06	1.40	132.08	2.94
10年小计			**63.78**	**8.57**	**46.96**	**29.95**	**22.65**	**75.63**	**4.67**
占合计%			**20.01**			**15.83**	**17.27**		
1970	75.00	47.90	6.10	8.13	48.03	2.93	2.17	74.06	4.53
1971	75.90	48.04	6.00	7.91	46.00	2.76	2.05	74.28	4.27
1972	74.30	48.41	6.10	8.21	48.52	2.96	2.36	79.73	4.88
1973	74.00	48.57	6.40	8.65	61.88	3.96	3.15	79.55	6.49
1974	74.59	48.71	6.60	8.85	45.00	2.97	2.27	76.43	4.66
1975	74.44	48.75	7.10	9.54	53.52	3.80	3.07	80.79	6.30
1976	74.30	48.60	6.90	9.29	48.70	3.36	2.50	74.40	5.14
1977	73.98	48.59	6.80	9.19	42.50	2.89	2.09	72.32	4.30
1978	73.74	48.42	7.00	9.49	39.29	2.75	1.99	72.36	4.11
1979	73.79	48.57	4.78	6.48	32.85	1.57	1.00	63.69	2.06
10年小计			**73.58**	**9.06**	**92.54**	**68.09**	**54.31**	**79.76**	**9.94**
占合计%			**23.09**			**35.98**	**41.42**		
1980	73.69	48.73	5.31	7.21	75.71	4.02	3.60	89.55	7.39
1981	73.56	48.19	7.88	10.71	86.80	6.84	6.05	88.45	12.55
1982	73.55	48.34	11.75	15.98	88.17	10.36	9.04	87.26	18.70
1983	73.51	48.69	10.79	14.68	91.57	9.88	8.00	80.97	16.43
1984	73.32	48.56	10.87	14.83	108.10	11.75	8.26	70.30	17.01
1985	73.10	48.42	4.81	6.58	104.16	5.01	4.42	88.22	9.13
1986	94.58	63.12	5.07	5.36	88.95	4.51	3.03	67.18	4.80
1987	92.23	63.70	5.34	5.79	106.55	5.69	4.72	82.95	7.41
1988	92.15	63.99	5.52	5.99	94.38	5.21	4.48	85.99	7.00
1989	92.75	64.48	6.24	6.73	77.24	4.82	2.71	56.22	4.20
11年小计			**94.17**	**9.25**	**78.55**	**73.97**	**44.10**	**59.62**	**5.97**
占合计%			**29.55**			**39.09**	**33.63**		
1990	92.66	65.49	6.52	7.04	87.73	5.72	4.17	72.90	6.37
1991	92.32	67.14	15.12	16.38	101.65	15.37	13.47	87.64	20.06
1992	92.01	67.36	20.57	22.36	80.80	16.62	4.79	28.82	7.11
1993	91.93	67.06	19.56	21.28	52.45	10.26	2.56	24.95	3.82
1994	91.42	66.23	5.10	5.58	91.96	4.69	5.79	123.45	8.74
1995	91.49	65.60	7.50	8.20	76.67	5.75	4.34	75.48	6.62
1996	91.42	65.60	8.56	9.36	67.17	5.75	2.51	43.65	3.83
1997	94.08	68.58	4.97	5.28	86.12	4.28	0.38	8.88	0.55
1998	93.94	67.86	3.34	3.56	75.75	2.53	3.32	131.23	4.89
1999	93.48	68.50	1.43	1.53	92.31	1.32	1.73	131.06	2.53
2000	93.40	68.93	1.50	1.61	112.00	1.68	1.04	61.90	1.51

5－20－78　山东省新泰县历年棉花生产收购

年　度	耕地面积（万亩）	农业人口（万人）	棉田面积（万亩）	占耕地（％）	亩　产（市斤）	产　量（万担）	收购量（万担）	商品率（％）	人均交售（市斤）
52年合计			**92.24**	**2.14**	**29.55**	**27.25**	**6.87**	**25.19**	**0.27**
11年小计			**40.40**	**2.76**	**26.06**	**10.53**	**2.66**	**25.28**	**0.47**
占合计%			**43.80**			**38.64**	**38.78**		
1949	134.70	47.10	3.90	2.90	27.18	1.06			
1950	134.70	48.00	4.00	2.97	29.75	1.19			
1951	134.10	48.80	4.70	3.50	20.00	0.94			
1952	134.10	49.70	4.20	3.13	25.71	1.08	0.01	1.11	0.02
1953	134.10	50.50	3.40	2.54	25.29	0.86	0.01	1.16	0.02
1954	134.00	51.40	3.20	2.39	24.69	0.79	0.10	12.66	0.19
1955	134.20	52.50	3.10	2.31	30.65	0.95	0.10	10.53	0.19
1956	134.00	53.30	4.00	2.99	28.75	1.15	0.20	17.39	0.38
1957	133.30	54.90	3.90	2.93	12.82	0.50	0.22	44.00	0.40
1958	129.10	56.00	3.50	2.71	40.29	1.41	1.41	100.00	2.52
1959	125.60	56.80	2.50	1.99	24.00	0.60	0.61	101.67	1.07
10年小计			**24.80**	**2.09**	**28.12**	**6.97**	**1.17**	**16.82**	**0.18**
占合计%			**26.89**			**25.59**	**17.09**		
1960	121.60	56.70	1.90	1.56	26.32	0.50	0.14	28.60	0.25
1961	120.20	58.50	2.60	2.16	20.88	0.54	0.04	7.37	0.07
1962	121.10	62.40	2.30	1.90	29.13	0.67	0.11	16.42	0.18
1963	121.10	64.30	2.20	1.82	8.18	0.18	0.04	22.22	0.06
1964	120.80	65.40	2.20	1.82	15.91	0.35	0.12	34.29	0.18
1965	120.00	67.00	2.40	2.00	23.75	0.57	0.13	22.81	0.19
1966	117.70	68.10	2.60	2.21	31.92	0.83	0.17	20.48	0.25
1967	115.90	69.90	2.60	2.24	29.23	0.76	0.10	13.16	0.14
1968	115.40	72.50	2.80	2.43	38.21	1.07	0.14	13.08	0.19
1969	114.90	75.10	3.20	2.79	46.88	1.50	0.18	12.00	0.24
10年小计			**26.30**	**2.34**	**35.74**	**9.40**	**2.99**	**31.81**	**0.36**
占合计%			**28.51**			**34.49**	**43.55**		
1970	114.30	77.10	3.60	3.15	41.39	1.49	0.30	20.13	0.39
1971	114.20	77.98	3.20	2.80	34.06	1.09	0.27	24.77	0.35
1972	113.69	80.72	2.70	2.37	30.37	0.82	0.20	24.39	0.25
1973	113.18	82.74	2.70	2.39	47.41	1.28	0.50	39.06	0.60
1974	112.98	84.02	3.20	2.83	36.88	1.18	0.38	32.20	0.45
1975	112.66	85.26	3.00	2.66	36.67	1.10	0.54	49.09	0.63
1976	112.15	86.24	3.10	2.76	30.32	0.94	0.42	44.68	0.49
1977	111.48	87.19	2.90	2.60	32.76	0.95	0.38	40.00	0.44
1978	110.71	87.97	1.47	1.33	30.61	0.45			
1979	110.00	88.72	0.43	0.39	23.26	0.10			
10年小计			**0.74**	**0.14**	**47.30**	**0.35**	**0.04**	**11.43**	**0.01**
占合计%			**0.80**			**1.28**	**0.58**		
1980	109.62	89.54	0.24	0.22	41.67	0.10	0.01	10.00	0.01
1981	109.41	90.00	0.12	0.11	50.00	0.06	0.01	16.67	0.01
1982	108.64	91.19	0.20	0.18	60.00	0.12	0.01	8.33	0.01
1983	108.35	92.63	0.12	0.11	33.33	0.04	0.01	25.00	0.01
1984	102.11	100.79	0.06	0.06	50.00	0.03			
1985									
1986									
1987									
1988									
1989									
11年小计									
占合计%									
1990									
1991									
1992									
1993									
1994									
1995									
1996									
1997									
1998									
1999									
2000									

5-20-79 山东省滕州县历年棉花生产收购

年　度	耕地面积（万亩）	农业人口（万人）	棉田面积（万亩）	占耕地（%）	亩　产（市斤）	产　量（万担）	收购量（万担）	商品率（%）	人均交售（市斤）
52 年合计			**248.74**	**3.12**	**76.32**	**189.84**	**101.28**	**53.35**	**1.73**
11 年小计			**35.40**	**1.73**	**21.75**	**7.70**	**1.80**	**23.38**	**0.19**
占合计%			**14.23**			**4.06**	**1.78**	**43.82**	
1949	169.38	75.90	3.40	2.01	10.88	0.37			
1950	170.90	77.10	3.50	2.05	19.43	0.68			
1951	190.50	78.50	3.50	1.84	15.43	0.54			
1952	191.00	80.10	3.00	1.57	17.00	0.51	0.09	17.65	0.11
1953	192.10	82.10	3.20	1.67	30.00	0.96	0.13	13.54	0.16
1954	193.30	84.20	3.10	1.60	25.48	0.79	0.32	40.51	0.38
1955	194.60	87.10	3.20	1.64	27.81	0.89	0.32	35.96	0.37
1956	195.50	89.30	3.80	1.94	31.84	1.21	0.21	17.36	0.24
1957	192.00	92.30	3.60	1.88	20.00	0.72	0.14	19.44	0.15
1958	182.40	92.50	2.00	1.10	29.50	0.59	0.31	52.54	0.34
1959	179.60	94.80	3.10	1.73	14.19	0.44	0.28	63.64	0.30
10 年小计			**31.20**	**1.82**	**29.90**	**9.33**	**3.48**	**37.30**	**0.33**
占合计%			**12.54**			**4.91**	**3.44**		
1960	173.20	88.60	4.00	2.31	11.75	0.47	0.24	51.06	0.27
1961	173.70	93.90	1.90	1.09	12.63	0.24	0.05	20.83	0.05
1962	174.80	100.30	2.10	1.20	12.86	0.27	0.13	48.15	0.13
1963	174.80	103.50	2.30	1.32	8.70	0.20	0.11	55.00	0.11
1964	174.60	103.20	2.20	1.26	25.45	0.56	0.31	55.36	0.30
1965	172.00	105.50	2.00	1.16	21.00	0.42	0.15	35.71	0.14
1966	171.00	108.10	2.10	1.23	37.14	0.78	0.30	38.46	0.28
1967	170.00	110.70	4.90	2.88	30.61	1.50	0.50	33.33	0.45
1968	167.00	113.10	5.00	2.99	52.40	2.62	0.94	35.88	0.83
1969	167.50	118.10	4.70	2.81	48.30	2.27	0.75	33.04	0.64
10 年小计			**70.69**	**4.34**	**48.49**	**34.28**	**22.08**	**64.41**	**1.70**
占合计%			**28.42**			**18.06**	**21.80**		
1970	166.90	121.90	7.50	4.49	52.67	3.95			
1971	166.48	124.11	5.40	3.24	32.96	1.78	0.56	31.46	0.45
1972	165.92	126.21	9.60	5.79	49.17	4.72	4.33	91.74	3.43
1973	165.18	127.87	10.10	6.11	66.34	6.70	5.47	81.64	4.28
1974	164.81	129.22	9.10	5.52	49.34	4.49	3.60	80.18	2.79
1975	163.42	130.89	10.00	6.12	51.00	5.10	3.31	64.90	2.53
1976	162.23	131.93	9.20	5.67	41.63	3.83	2.81	73.37	2.13
1977	158.99	133.30	8.70	5.47	37.93	3.30	2.00	60.61	1.50
1978	158.31	134.59	0.80	0.51	36.25	0.29			
1979	157.70	135.76	0.29	0.18	41.38	0.12			
10 年小计			**61.08**	**4.59**	**125.38**	**76.58**	**48.17**	**62.90**	**3.96**
占合计%			**24.56**			**40.34**	**47.56**		
1980	156.87	136.57	0.45	0.29	64.44	0.29			
1981	156.37	136.38	0.82	0.52	76.83	0.63			
1982	155.65	137.55	11.68	7.50	101.97	11.91	6.90	57.93	5.02
1983	154.79	137.50	12.02	7.77	100.92	12.13	6.00	49.46	4.36
1984	122.62	109.15	12.06	9.84	123.55	14.90	10.04	67.38	9.20
1985	120.42	110.32	4.84	4.02	131.40	6.36	5.87	92.30	5.32
1986	117.16	110.39	4.07	3.47	153.32	6.24	4.95	79.33	4.48
1987	116.02	111.37	4.93	4.25	157.81	7.78	5.38	69.15	4.83
1988	115.36	112.11	5.69	4.93	157.29	8.95	5.43	60.67	4.84
1989	115.52	113.57	4.52	3.91	163.50	7.39	3.60	48.71	3.17
11 年小计			**50.37**	**4.04**	**122.99**	**61.95**	**25.75**	**41.57**	**1.88**
占合计%			**20.25**			**32.63**	**25.42**		
1990	114.88	118.27	6.57	5.72	128.46	8.44	4.00	47.39	3.38
1991	114.63	120.69	9.65	8.42	136.27	13.15	8.34	63.42	6.91
1992	114.17	122.15	7.97	6.98	123.46	9.84	3.49	35.47	2.86
1993	113.76	123.97	3.71	3.26	113.75	4.22	1.25	29.62	1.01
1994	113.60	124.71	4.71	4.15	110.40	5.20	1.80	34.62	1.44
1995	113.25	126.75	5.37	4.74	118.44	6.36	2.52	39.62	1.99
1996	113.60	126.75	5.37	4.73	118.44	6.36	1.01	15.88	0.80
1997	113.12	127.06	5.15	4.55	120.39	6.20	0.38	6.13	0.30
1998	113.39	127.23	1.53	1.35	115.69	1.77	1.02	57.63	0.80
1999	111.93	127.60	0.18	0.16	116.67	0.21	0.20	95.24	0.16
2000	110.96	124.42	0.16	0.14	125.00	0.20	1.74	*	1.40

5－20－80　山东省枣庄市薛城区历年棉花生产收购

年　　度	耕地面积（万亩）	农业人口（万人）	棉田面积（万亩）	占耕地（%）	亩　产（市斤）	产　量（万担）	收购量（万担）	商品率（%）	人均交售（市斤）
52 年合计			**66.77**	**8.85**	**118.66**	**79.23**	**40.80**	**51.50**	**6.67**
11 年小计									
占合计%									
1949									
1950									
1951									
1952									
1953									
1954									
1955									
1956									
1957									
1958									
1959									
10 年小计									
占合计%									
1960									
1961									
1962									
1963									
1964									
1965									
1966									
1967									
1968									
1969									
10 年小计									
占合计%									
1970									
1971									
1972									
1973									
1974									
1975									
1976									
1977									
1978									
1979									
10 年小计			**39.98**	**10.65**	**117.91**	**47.14**	**29.19**	**61.92**	**10.49**
占合计%			**59.88**			**59.50**	**71.54**		
1980	38.74	27.82	0.04	0.10	75.00	0.03			
1981	38.57	27.98	1.25	3.24	104.80	1.31			
1982	38.13	28.04	3.87	10.15	98.19	3.80	1.26	33.16	4.49
1983	38.02	28.14	8.01	21.07	116.60	9.34	4.47	47.86	15.88
1984	37.60	27.73	7.56	20.11	119.31	9.02	4.56	50.55	16.44
1985	37.32	27.61	3.28	8.79	119.51	3.92	2.61	66.58	9.45
1986	36.94	27.47	1.90	5.14	128.95	2.45	2.21	90.20	8.05
1987	36.82	27.65	4.15	11.27	135.42	5.62	5.39	95.91	19.49
1988	36.80	27.66	5.72	15.54	124.30	7.11	6.46	90.86	23.36
1989	36.52	28.18	4.20	11.50	108.10	4.54	2.23	49.12	7.91
11 年小计			**26.79**	**7.06**	**119.78**	**32.09**	**11.61**	**36.18**	**3.48**
占合计%			**40.12**			**40.50**	**28.46**		
1990	36.37	29.52	3.73	10.26	128.95	4.81	2.11	43.87	7.15
1991	36.27	30.44	4.03	11.11	131.76	5.31	3.58	67.42	11.76
1992	35.93	30.51	3.00	8.35	117.33	3.52	1.97	55.97	6.46
1993	35.06	30.01	3.79	10.81	89.97	3.41	0.92	26.98	3.07
1994	34.29	31.04	2.80	8.17	126.07	3.53	0.61	17.28	1.97
1995	33.84	30.88	2.63	7.77	122.43	3.22	0.64	19.88	2.07
1996	34.29	30.88	2.64	7.70	121.59	3.21	0.34	10.59	1.10
1997	33.56	30.27	2.29	6.82	117.03	2.68	0.51	19.03	1.68
1998	33.64	30.18	1.21	3.60	114.88	1.39	0.57	41.01	1.89
1999	33.32	29.70	0.39	1.17	148.72	0.58	0.12	20.69	0.40
2000	32.70	30.30	0.28	0.86	153.57	0.43	0.24	55.81	0.79

5－20－81　山东省枣庄市峰城区历年棉花生产收购

年　　度	耕地面积（万亩）	农业人口（万人）	棉田面积（万亩）	占耕地（%）	亩　产（市斤）	产　量（万担）	收购量（万担）	商品率（%）	人均交售（市斤）
52年合计			**109.39**	**11.89**	**115.50**	**126.35**	**75.77**	**59.97**	**12.71**
11年小计									
占合计%									
1949									
1950									
1951									
1952									
1953									
1954									
1955									
1956									
1957									
1958									
1959									
10年小计									
占合计%									
1960									
1961									
1962									
1963									
1964									
1965									
1966									
1967									
1968									
1969									
10年小计									
占合计%									
1970									
1971									
1972									
1973									
1974									
1975									
1976									
1977									
1978									
1979									
10年小计			**55.65**	**12.41**	**114.32**	**63.62**	**41.98**	**65.99**	**15.75**
占合计%			**50.87**			**50.35**	**55.40**		
1980	46.26	25.88	0.36	0.78	77.78	0.28			
1981	46.09	25.82	1.25	2.71	104.80	1.31			
1982	45.96	26.21	6.03	13.12	106.14	6.40	3.10	48.44	11.83
1983	45.78	26.34	8.01	17.50	117.73	9.43	4.47	47.40	16.97
1984	45.40	26.63	15.12	33.30	118.06	17.85	7.99	44.76	30.00
1985	44.52	27.13	5.58	12.53	120.97	6.75	5.39	79.85	19.87
1986	43.91	26.97	3.57	8.13	126.05	4.50	3.78	84.00	14.02
1987	43.66	26.92	4.15	9.51	135.42	5.62	5.39	95.91	20.02
1988	43.50	27.17	5.72	13.15	124.30	7.11	6.46	90.86	23.78
1989	43.30	27.44	5.86	13.53	74.57	4.37	5.40	123.57	19.68
11年小计			**53.74**	**11.40**	**116.73**	**62.73**	**33.79**	**53.87**	**10.25**
占合计%			**49.13**			**49.65**	**44.60**		
1990	43.21	28.62	6.83	15.81	115.37	7.88	3.51	44.54	12.26
1991	43.14	29.04	10.08	23.37	123.02	12.40	9.01	72.66	31.03
1992	43.06	29.77	9.28	21.55	115.95	10.76	4.86	45.17	16.33
1993	42.99	30.24	5.32	12.37	88.72	4.72	2.53	53.60	8.37
1994	42.94	30.39	3.21	7.48	115.89	3.72	1.80	48.39	5.92
1995	42.75	30.50	4.00	9.36	116.75	4.67	2.70	57.82	8.85
1996	42.94	30.88	4.00	9.32	116.75	4.67	1.69	36.19	5.47
1997	42.59	30.49	4.04	9.49	123.27	4.98	1.84	36.95	6.03
1998	42.67	29.21	2.88	6.75	128.47	3.70	2.68	72.43	9.17
1999	42.58	30.30	2.65	6.22	122.64	3.25	1.21	37.23	3.99
2000	42.55	30.07	1.45	3.41	136.55	1.98	1.96	98.99	6.52

5－20－82　山东省枣庄市台儿庄区历年棉花生产收购

年　　度	耕地面积（万亩）	农业人口（万人）	棉田面积（万亩）	占耕地（%）	亩　产（市斤）	产　量（万担）	收购量（万担）	商品率（%）	人均交售（市斤）
52 年合计			**116.22**	**13.30**	**96.34**	**111.97**	**98.27**	**87.76**	**21.01**
11 年小计									
占合计%									
1949									
1950									
1951									
1952									
1953									
1954									
1955									
1956									
1957									
1958									
1959									
10 年小计									
占合计%									
1960									
1961									
1962									
1963									
1964									
1965									
1966									
1967									
1968									
1969									
10 年小计									
占合计%									
1970									
1971									
1972									
1973									
1974									
1975									
1976									
1977									
1978									
1979									
10 年小计			**55.01**	**12.80**	**82.89**	**45.60**	**38.37**	**84.14**	**18.19**
占合计%			**47.33**			**40.73**	**39.05**		
1980	44.69	20.84	0.34	0.76	58.82	0.20			
1981	44.53	20.58	0.64	1.44	93.75	0.60			
1982	44.20	20.70	6.74	15.25	102.82	6.93	3.59	51.80	17.34
1983	44.20	21.42	8.43	19.07	109.85	9.26	8.72	94.17	40.71
1984	43.07	21.02	12.92	30.00	12.38	1.60	1.21	75.63	5.76
1985	43.07	21.04	6.78	15.74	103.39	7.01	6.77	96.58	32.18
1986	41.85	21.25	4.50	10.75	52.00	2.34	2.01	85.90	9.46
1987	41.57	21.23	4.35	10.46	134.02	5.83	5.22	89.54	24.59
1988	41.24	21.04	5.55	13.46	118.20	6.56	5.98	91.16	28.42
1989	41.24	21.77	4.76	11.54	110.71	5.27	4.87	92.41	22.37
11 年小计			**61.21**	**13.78**	**108.43**	**66.37**	**59.90**	**90.25**	**23.33**
占合计%			**52.67**			**59.27**	**60.95**		
1990	40.88	22.81	5.84	14.29	115.75	6.76	6.13	90.68	26.87
1991	40.91	23.69	9.97	24.37	105.62	10.53	9.90	94.02	41.79
1992	40.77	22.54	8.60	21.09	86.86	7.47	6.35	85.01	28.17
1993	40.80	21.84	6.31	15.47	102.69	6.48	5.64	87.04	25.82
1994	40.69	21.96	6.10	14.99	108.85	6.64	5.45	82.08	24.82
1995	40.00	26.00	8.90	22.25	123.60	11.00	10.70	97.27	41.15
1996	40.00	26.00	8.40	21.00	109.52	9.20	8.80	95.65	33.85
1997	40.50	24.22	3.16	7.80	114.24	3.61	3.59	99.45	14.82
1998	40.24	23.67	1.40	3.48	125.00	1.75	1.12	64.00	4.73
1999	39.74	20.50	1.60	4.03	113.75	1.82	0.25	13.74	1.22
2000	39.67	23.55	0.93	2.34	119.35	1.11	1.97	177.48	8.37

5-20-83　山东省章丘县历年棉花生产收购

年　度	耕地面积（万亩）	农业人口（万人）	棉田面积（万亩）	占耕地（%）	亩　产（市斤）	产　量（万担）	收购量（万担）	商品率（%）	人均交售（市斤）
52 年合计			**593.70**	**8.83**	**61.17**	**363.16**	**274.02**	**75.45**	**6.89**
11 年小计			**101.10**	**6.03**	**36.51**	**36.91**	**20.39**	**55.24**	**3.04**
占合计%			**17.03**			**10.16**	**7.44**		
1949	145.80	58.00	5.20	3.57	33.85	1.76			
1950	148.20	59.00	5.80	3.91	23.97	1.39			
1951	152.30	59.80	7.10	4.66	20.14	1.43			
1952	151.80	60.70	7.40	4.87	30.27	2.24	0.86	38.39	1.42
1953	181.80	61.10	10.30	5.67	37.96	3.91	1.38	35.29	2.26
1954	151.80	62.40	8.30	5.47	29.76	2.47	1.42	57.49	2.28
1955	152.10	63.90	10.00	6.57	34.10	3.41	1.73	50.73	2.71
1956	152.60	63.20	11.10	7.27	39.19	4.35	2.39	54.94	3.78
1957	151.70	61.70	12.70	8.37	31.26	3.97	2.86	72.04	4.64
1958	146.60	61.50	11.80	8.05	53.14	6.27	6.27	100.00	10.20
1959	141.00	59.30	11.40	8.09	50.09	5.71	3.48	60.95	5.87
10 年小计			**96.00**	**7.32**	**29.69**	**28.50**	**18.71**	**65.65**	**2.78**
占合计%			**16.17**			**7.85**	**6.83**		
1960	133.60	57.50	6.20	4.64	24.68	1.53			
1961	133.20	59.40	5.80	4.35	17.24	1.00	0.28	28.00	0.47
1962	132.20	63.30	6.90	5.22	16.23	1.12	0.56	50.00	0.88
1963	132.50	65.40	7.10	5.36	18.87	1.34	0.98	73.13	1.50
1964	132.80	66.80	9.10	6.85	27.14	2.47	1.80	72.87	2.69
1965	131.70	68.60	9.10	6.91	35.60	3.24	2.20	67.90	3.21
1966	129.60	70.60	11.40	8.80	27.89	3.18	2.44	76.73	3.46
1967	129.30	72.00	12.80	9.90	33.91	4.34	2.99	68.89	4.15
1968	128.50	74.10	13.00	10.12	31.62	4.11	3.01	73.24	4.06
1969	127.50	75.70	14.60	11.45	42.26	6.17	4.45	72.12	5.88
10 年小计			**133.87**	**10.52**	**30.84**	**41.28**	**31.49**	**76.28**	**3.84**
占合计%			**22.55**			**11.37**	**11.49**		
1970	128.00	77.50	15.30	11.95	40.85	6.25	4.98	79.68	6.43
1971	127.95	77.85	13.90	10.86	39.93	5.55	4.06	73.15	5.22
1972	127.96	79.79	13.20	10.32	24.85	3.28	2.34	71.34	2.93
1973	127.72	81.27	13.10	10.26	31.22	4.09	3.02	73.84	3.72
1974	127.58	82.29	11.90	9.33	24.29	2.89	1.96	67.82	2.38
1975	127.46	83.00	11.20	8.79	33.04	3.70	2.83	76.49	3.41
1976	127.16	83.61	11.40	8.97	24.56	2.80	2.02	72.14	2.42
1977	126.65	84.42	11.80	9.32	27.12	3.20	2.43	75.94	2.88
1978	125.94	84.61	20.80	16.52	25.96	5.40	4.42	81.85	5.22
1979	126.60	85.07	11.27	8.90	36.56	4.12	3.43	83.25	4.03
10 年小计			**158.32**	**13.11**	**96.65**	**153.02**	**131.00**	**85.61**	**15.24**
占合计%			**26.67**			**42.14**	**47.81**		
1980	125.28	85.31	12.30	9.82	83.50	10.27	9.56	93.09	11.21
1981	125.23	85.19	14.36	11.47	96.38	13.84	13.78	99.57	16.18
1982	125.10	85.77	21.36	17.07	65.59	14.01	13.83	98.72	16.12
1983	124.95	86.17	19.32	15.46	80.38	15.53	14.14	91.05	16.41
1984	124.71	86.33	21.16	16.97	143.71	30.41	31.04	102.07	35.96
1985	117.60	85.62	14.16	12.04	105.08	14.88	10.50	70.56	12.26
1986	116.86	85.72	11.86	10.15	106.24	12.60	9.30	73.81	10.85
1987	116.09	86.01	14.09	12.14	132.58	18.68	16.35	87.53	19.01
1988	115.87	87.22	15.81	13.64	84.38	13.34	1.95	14.62	2.24
1989	115.52	86.24	13.90	12.03	68.06	9.46	10.55	111.52	12.23
11 年小计			**104.41**	**8.31**	**99.08**	**103.45**	**72.43**	**70.01**	**7.61**
占合计%			**17.59**			**28.49**	**26.43**		
1990	115.05	86.60	14.91	12.96	118.51	17.67	13.69	77.48	15.81
1991	114.66	86.91	17.16	14.97	117.13	20.10	15.33	76.27	17.64
1992	114.18	87.10	17.22	15.08	71.08	12.24	11.41	93.22	13.10
1993	114.10	87.12	12.16	10.66	62.42	7.59	7.76	102.24	8.91
1994	113.88	86.49	11.54	10.13	89.60	10.34	7.73	74.76	8.94
1995	113.86	86.07	6.90	6.06	119.71	8.26	4.03	48.79	4.68
1996	113.88	86.07	6.90	6.06	119.86	8.27	4.50	54.41	5.23
1997	113.87	86.52	4.24	3.72	118.16	5.01	0.21	4.19	0.24
1998	114.05	86.36	5.41	4.74	109.61	5.93	1.16	19.56	1.34
1999	114.49	86.10	3.80	3.32	98.16	3.73			
2000	114.49	86.76	4.17	3.64	103.36	4.31	6.61	153.36	7.62

5-20-84　山东省平阴县历年棉花生产收购

年　度	耕地面积（万亩）	农业人口（万人）	棉田面积（万亩）	占耕地（%）	亩　产（市斤）	产　量（万担）	收购量（万担）	商品率（%）	人均交售（市斤）
52 年合计			**166.68**	**5.96**	**53.70**	**89.51**	**60.91**	**68.05**	**3.97**
11 年小计			**31.10**	**4.64**	**22.41**	**6.97**	**2.01**	**28.84**	**0.76**
占合计%			**18.66**			**7.79**	**3.30**		
1949	57.20	24.20	1.50	2.62	21.33	0.32			
1950	60.50	24.40	1.70	2.81	24.12	0.41			
1951	62.70	23.80	2.90	4.63	20.00	0.58			
1952	62.70	24.00	2.40	3.83	26.25	0.63	0.12	19.05	0.50
1953	62.80	23.50	2.60	4.14	16.15	0.42	0.04	9.52	0.17
1954	62.80	23.90	2.60	4.14	25.00	0.65	0.11	16.92	0.46
1955	63.10	24.50	2.90	4.60	27.93	0.81	0.38	46.91	1.55
1956	63.10	24.20	4.20	6.66	29.29	1.23	0.21	17.07	0.87
1957	63.10	24.70	3.60	5.71	19.17	0.69	0.15	21.74	0.61
1958	57.00	24.10	3.70	6.49	17.84	0.66	0.65	98.48	2.70
1959	55.30	24.10	3.00	5.42	19.00	0.57	0.35	61.40	1.45
10 年小计			**31.10**	**5.48**	**19.49**	**6.06**	**3.17**	**52.31**	**1.13**
占合计%			**18.66**			**6.77**	**5.20**		
1960	55.00	23.60	2.50	4.55	12.80	0.32	0.25	78.13	1.06
1961	55.10	25.80	2.60	4.72	13.46	0.35	0.15	42.86	0.58
1962	56.00	27.70	2.50	4.46	16.40	0.41	0.21	51.22	0.76
1963	57.30	28.00	2.60	4.54	15.00	0.39	0.18	46.15	0.64
1964	57.90	28.20	3.10	5.35	16.45	0.51	0.25	49.02	0.89
1965	57.50	28.20	2.90	5.04	24.83	0.72	0.25	34.72	0.89
1966	57.30	28.10	3.30	5.76	17.58	0.58	0.20	34.48	0.71
1967	56.90	29.40	3.60	6.33	22.22	0.80	0.82	102.50	2.79
1968	57.10	30.40	4.00	7.01	23.00	0.92	0.41	44.57	1.35
1969	57.00	30.70	4.00	7.02	26.50	1.06	0.45	42.45	1.47
10 年小计			**39.36**	**6.99**	**34.81**	**13.70**	**8.40**	**61.31**	**2.60**
占合计%			**23.61**			**15.31**	**13.79**		
1970	57.00	31.30	3.90	6.84	38.97	1.52	0.85	55.92	2.72
1971	56.83	31.26	3.80	6.69	33.68	1.28	0.67	52.34	2.14
1972	56.77	31.84	4.00	7.05	38.00	1.52	0.96	63.16	3.02
1973	56.62	32.37	4.00	7.06	52.25	2.09	1.45	69.38	4.48
1974	56.67	32.61	4.80	8.47	31.88	1.53	1.07	69.93	3.28
1975	56.38	32.72	4.70	8.34	40.43	1.90	1.32	69.47	4.03
1976	56.14	32.75	5.00	8.91	31.40	1.57	1.08	68.79	3.30
1977	55.85	32.87	4.00	7.16	26.50	1.06	0.67	63.21	2.04
1978	55.57	32.92	2.76	4.97	23.55	0.65			
1979	55.55	32.88	2.40	4.32	24.17	0.58	0.33	56.90	1.00
10 年小计			**45.07**	**8.81**	**99.71**	**44.94**	**33.42**	**74.37**	**10.26**
占合计%			**27.04**			**50.21**	**54.87**		
1980	55.54	32.87	2.30	4.14	52.61	1.21	0.82	67.77	2.49
1981	55.02	32.43	5.17	9.40	88.39	4.57	3.90	85.34	12.03
1982	54.94	32.54	8.24	15.00	89.81	7.40	6.71	90.68	20.62
1983	54.94	32.45	6.68	12.16	94.91	6.34	0.01	0.16	0.03
1984	54.92	32.66	7.47	13.60	116.60	8.71	11.98	137.54	36.68
1985	49.57	32.64	3.30	6.66	126.36	4.17	2.64	63.31	8.09
1986	46.71	32.55	2.35	5.03	111.91	2.63	1.65	62.74	5.07
1987	46.43	32.63	3.20	6.89	105.94	3.39			
1988	46.84	32.38	3.24	6.92	121.91	3.95	2.71	68.61	8.37
1989	46.83	32.63	3.12	6.66	82.37	2.57	3.00	116.73	9.19
11 年小计			**20.05**	**4.15**	**88.98**	**17.84**	**13.91**	**77.97**	**4.10**
占合计%			**12.03**			**19.93**	**22.84**		
1990	46.81	32.82	2.61	5.58	113.03	2.95	1.69	57.29	5.15
1991	46.11	32.97	2.72	5.90	118.01	3.21	2.92	90.97	8.86
1992	45.63	33.00	2.82	6.18	73.76	2.08	1.22	58.65	3.70
1993	44.88	33.02	1.97	4.39	83.76	1.65	0.40	24.24	1.21
1994	44.54	31.70	1.39	3.12	97.84	1.36	0.91	66.91	2.87
1995	44.48	31.45	2.03	4.56	61.08	1.24	1.52	122.58	4.83
1996	44.54	31.45	2.04	4.58	61.27	1.25	0.80	64.00	2.54
1997	41.56	28.05	1.00	2.41	88.00	0.88	0.32	36.36	1.14
1998	41.52	28.03	1.22	2.94	83.61	1.02	0.40	39.22	1.43
1999	41.46	28.60	1.10	2.65	95.45	1.05	3.60	*	12.59
2000	41.46	28.58	1.15	2.77	100.00	1.15	0.13	11.30	0.45

5-20-85　山东省商河县历年棉花生产收购

年　　度	耕地面积（万亩）	农业人口（万人）	棉田面积（万亩）	占耕地（%）	亩　产（市斤）	产　量（万担）	收购量（万担）	商品率（%）	人均交售（市斤）
52 年合计			**1500.21**	**24.23**	**66.91**	**1003.76**	**822.98**	**81.99**	**35.15**
11 年小计			**309.80**	**18.88**	**32.67**	**101.21**	**85.83**	**84.80**	**19.05**
占合计%			**20.65**			**10.08**	**10.43**		
1949	149.60	38.90	19.70	13.17	31.47	6.20			
1950	151.30	39.40	23.60	15.60	31.91	7.53	4.78	63.48	12.13
1951	150.20	39.80	25.30	16.84	15.89	4.02	6.34	157.71	15.93
1952	148.90	40.20	31.10	20.89	35.31	10.98	7.44	67.76	18.51
1953	151.30	40.50	27.40	18.11	31.42	8.61	6.70	77.82	16.54
1954	151.20	41.50	25.70	17.00	43.04	11.06	10.30	93.13	24.82
1955	151.90	42.00	31.10	20.47	34.73	10.80	10.77	99.72	25.64
1956	151.40	42.10	30.70	20.28	34.95	10.73	10.60	98.79	25.18
1957	151.00	43.30	32.40	21.46	30.80	9.98	9.30	93.19	21.48
1958	149.10	41.90	29.60	19.85	39.09	11.57	10.40	89.89	24.82
1959	134.80	41.00	33.20	24.63	29.31	9.73	9.20	94.55	22.44
10 年小计			**246.40**	**19.44**	**21.70**	**53.47**	**48.16**	**90.07**	**13.03**
占合计%			**16.42**			**5.33**	**5.85**		
1960	133.20	36.10	30.90	23.20	9.64	2.98	2.84	95.30	7.87
1961	131.30	36.40	18.00	13.71	2.28	0.41	0.39	95.12	1.07
1962	130.80	34.90	19.60	14.98	6.22	1.22	1.16	95.08	3.32
1963	130.70	34.70	23.50	17.98	21.15	4.97	4.30	86.52	12.39
1964	130.00	36.00	28.70	22.08	20.98	6.02	5.87	97.51	16.31
1965	126.00	36.00	28.90	22.94	32.87	9.50	8.60	90.53	23.89
1966	125.50	37.30	24.10	19.20	28.09	6.77	5.80	85.67	15.55
1967	121.00	38.00	24.00	19.83	29.17	7.00	6.10	87.14	16.05
1968	122.10	39.60	25.00	20.48	22.36	5.59	4.80	85.87	12.12
1969	117.20	40.70	23.70	20.22	38.02	9.01	8.30	92.12	20.39
10 年小计			**204.70**	**18.32**	**26.19**	**53.62**	**46.99**	**87.64**	**10.26**
占合计%			**13.64**			**5.34**	**5.71**		
1970	119.60	42.00	23.50	19.65	36.00	8.46	7.80	92.20	18.57
1971	118.20	42.96	23.50	19.88	32.51	7.64	6.93	90.71	16.13
1972	114.30	44.06	20.10	17.59	27.61	5.55	4.97	89.55	11.28
1973	111.70	45.02	21.80	19.52	34.59	7.54	6.80	90.19	15.10
1974	110.30	45.78	21.90	19.85	23.61	5.17	4.90	94.78	10.70
1975	110.17	46.48	19.60	17.79	28.78	5.64	4.70	83.33	10.11
1976	109.05	47.11	19.80	18.16	17.73	3.51	2.90	82.62	6.16
1977	108.27	47.85	18.40	16.99	13.48	2.48	1.80	72.58	3.76
1978	107.85	48.25	19.30	17.90	19.64	3.79	2.98	78.63	6.18
1979	107.97	48.62	16.80	15.56	22.86	3.84	3.21	83.59	6.60
10 年小计			**390.45**	**36.45**	**123.78**	**483.31**	**463.58**	**95.92**	**93.74**
占合计%			**26.03**			**48.15**	**56.33**		
1980	107.84	49.02	25.55	23.69	61.68	15.76	14.38	91.24	29.33
1981	107.83	48.41	33.38	30.96	92.33	30.82	29.32	95.13	60.57
1982	107.70	48.88	39.48	36.66	105.57	41.68	39.20	94.05	80.20
1983	107.65	49.17	39.55	36.74	147.66	58.40	57.25	98.03	116.43
1984	107.50	49.31	43.98	40.91	157.34	69.20	68.30	98.70	138.51
1985	107.41	49.67	35.21	32.78	117.38	41.33	39.70	96.06	79.93
1986	107.41	49.87	33.42	31.11	124.96	41.76	38.67	92.60	77.54
1987	107.37	50.23	40.61	37.82	146.22	59.38	58.60	98.69	116.66
1988	106.87	50.53	55.27	51.72	121.13	66.95	65.76	98.22	130.14
1989	103.59	49.43	44.00	42.48	131.89	58.03	52.40	90.30	106.01
11 年小计			**348.86**	**31.85**	**89.48**	**312.15**	**178.42**	**57.16**	**31.40**
占合计%			**23.25**			**31.10**	**21.68**		
1990	102.54	52.40	59.73	58.25	66.97	40.00	33.71	84.28	64.33
1991	100.13	52.06	48.62	48.56	125.48	61.01	56.02	91.82	107.61
1992	99.78	52.16	55.43	55.55	60.67	33.63	22.07	65.63	42.31
1993	99.47	52.51	37.72	37.92	65.22	24.60	8.76	35.61	16.68
1994	99.47	51.92	30.99	31.16	71.06	22.02	14.34	65.12	27.62
1995	99.37	51.95	25.31	25.47	71.12	18.00	15.00	83.33	28.87
1996	97.49	47.79	19.10	19.59	68.06	13.00	11.00	84.62	23.02
1997	99.35	51.16	15.50	15.60	119.87	18.58	2.82	15.18	5.51
1998	99.34	51.97	16.81	16.92	121.24	20.38	3.26	16.00	6.27
1999	99.23	52.10	18.20	18.34	145.82	26.54	4.34	16.35	8.33
2000	99.23	52.18	21.45	21.62	160.33	34.39	7.10	20.65	13.61

5-20-86 山东省济阳县历年棉花生产收购

年　度	耕地面积（万亩）	农业人口（万人）	棉田面积（万亩）	占耕地（%）	亩　产（市斤）	产　量（万担）	收购量（万担）	商品率（%）	人均交售（市斤）
52年合计			**929.88**	**16.48**	**74.31**	**691.03**	**520.25**	**75.29**	**24.20**
11年小计			**153.40**	**10.54**	**35.02**	**53.72**	**36.23**	**67.44**	**9.22**
占合计%			**16.50**			**7.77**	**6.96**		
1949	134.20	34.80	4.20	3.13	27.14	1.14	0.58	50.88	1.67
1950	134.80	34.90	9.00	6.68	42.56	3.83	0.65	16.97	1.86
1951	136.40	34.90	11.60	8.50	22.93	2.66	0.43	16.17	1.23
1952	136.80	34.90	13.80	10.09	31.52	4.35	1.14	26.21	3.27
1953	137.10	35.20	11.10	8.10	17.21	1.91	0.85	44.50	2.41
1954	136.90	35.70	12.80	9.35	33.20	4.25	1.94	45.65	5.43
1955	136.60	36.40	16.60	12.15	41.93	6.96	6.27	90.09	17.23
1956	135.20	36.90	17.10	12.65	39.94	6.83	4.94	72.33	13.39
1957	132.10	37.30	17.70	13.40	32.99	5.84	5.53	94.69	14.83
1958	122.30	36.20	20.90	17.09	45.07	9.42	8.72	92.57	24.09
1959	112.50	35.90	18.60	16.53	35.11	6.53	5.18	79.33	14.43
10年小计			**105.00**	**9.53**	**15.74**	**16.53**	**13.28**	**80.34**	**3.79**
占合计%			**11.29**			**2.39**	**2.55**		
1960	112.60	34.30	14.90	13.23	11.07	1.65	1.65	100.00	4.81
1961	114.90	32.10	8.60	7.48	1.98	0.17	0.12	70.59	0.37
1962	113.80	32.90	7.70	6.77	9.35	0.72	0.46	63.89	1.40
1963	112.90	33.30	11.00	9.74	5.73	0.63	0.49	77.78	1.47
1964	112.90	34.40	13.20	11.69	11.14	1.47	1.27	86.39	3.69
1965	109.20	34.60	8.60	7.88	25.58	2.20	1.71	77.73	4.94
1966	108.70	35.70	9.40	8.65	18.51	1.74	1.29	74.14	3.61
1967	106.00	36.70	9.70	9.15	27.01	2.62	2.08	79.39	5.67
1968	105.10	37.40	9.00	8.56	27.00	2.43	2.17	89.30	5.80
1969	105.80	38.80	12.90	12.19	22.48	2.90	2.04	70.34	5.26
10年小计			**76.57**	**7.52**	**21.12**	**16.17**	**12.85**	**79.47**	**3.01**
占合计%			**8.23**			**2.34**	**2.47**		
1970	104.00	40.00	10.30	9.90	36.21	3.73	2.79	74.80	6.98
1971	103.40	40.72	10.20	9.86	15.69	1.60	1.18	73.75	2.90
1972	103.90	41.49	9.10	8.76	19.78	1.80	1.34	74.44	3.23
1973	102.50	42.21	10.30	10.05	26.80	2.76	2.35	85.14	5.57
1974	101.40	42.83	10.10	9.96	17.23	1.74	1.51	86.78	3.53
1975	101.25	43.33	9.30	9.19	28.17	2.62	2.37	90.46	5.47
1976	101.13	43.68	8.60	8.50	11.74	1.01	0.80	79.21	1.83
1977	100.52	44.03	7.40	7.36	8.78	0.65	0.51	78.46	1.16
1978	100.15	44.10	0.69	0.69	18.84	0.13			
1979	100.13	44.45	0.58	0.58	22.41	0.13			
10年小计			**337.85**	**34.07**	**111.98**	**378.34**	**333.12**	**88.05**	**74.14**
占合计%			**36.33**			**54.75**	**64.03**		
1980	100.10	44.70	6.45	6.44	37.05	2.39	2.28	95.40	5.10
1981	100.02	44.55	19.50	19.50	70.05	13.66	11.04	80.82	24.78
1982	99.93	44.63	29.01	29.03	92.69	26.89	21.78	81.00	48.80
1983	99.85	44.88	38.53	38.59	122.71	47.28	43.37	91.73	96.64
1984	99.47	44.95	48.63	48.89	150.36	73.12	67.52	92.34	150.21
1985	98.89	44.89	31.81	32.17	108.96	34.66	28.59	82.49	63.69
1986	98.92	45.08	32.35	32.70	102.16	33.05	28.05	84.87	62.22
1987	98.60	44.99	40.50	41.08	134.12	54.32	49.32	90.80	109.62
1988	97.94	45.01	46.34	47.31	97.07	44.98	39.98	88.88	88.82
1989	97.82	45.61	44.73	45.73	107.29	47.99	41.19	85.83	90.31
11年小计			**257.06**	**23.93**	**88.02**	**226.27**	**124.77**	**55.14**	**23.54**
占合计%			**27.64**			**32.74**	**23.98**		
1990	97.71	46.54	46.96	48.06	91.99	43.20	32.14	74.40	69.06
1991	97.52	48.51	33.87	34.73	135.37	45.85	36.30	79.17	74.83
1992	97.52	48.69	48.12	49.34	58.02	27.92	12.87	46.10	26.43
1993	97.30	48.16	24.29	24.96	77.27	18.77	5.27	28.08	10.94
1994	97.49	47.94	26.45	27.13	71.15	18.82	9.98	53.03	20.82
1995	97.48	47.79	19.10	19.59	102.62	19.60	10.00	51.02	20.92
1996	99.47	51.95	18.31	18.41	58.98	10.80	4.50	41.67	8.66
1997	97.48	47.70	15.80	16.21	79.56	12.57	3.43	27.29	7.19
1998	97.44	47.53	10.60	10.88	96.32	10.21	5.38	52.69	11.32
1999	97.43	47.60	4.22	4.33	135.78	5.73	1.40	24.43	2.94
2000	97.43	47.65	9.34	9.59	137.04	12.80	3.50	27.34	7.35

5－20－87　山东省历城县历年棉花生产收购

年　　度	耕地面积（万亩）	农业人口（万人）	棉田面积（万亩）	占耕地（%）	亩　产（市斤）	产　量（万担）	收购量（万担）	商品率（%）	人均交售（市斤）
52 年合计			**69.92**	**1.37**	**59.30**	**41.46**	**14.81**	**35.72**	**0.44**
11 年小计			**28.20**	**2.01**	**30.14**	**8.50**			
占合计%			**40.33**			**20.50**			
1949	130.20	51.70	2.20	1.69	20.00	0.44			
1950	130.40	52.70	2.50	1.92	30.00	0.75			
1951	130.80	53.80	2.70	2.06	19.26	0.52			
1952	131.40	54.80	2.20	1.67	30.45	0.67			
1953	131.00	55.70	2.70	2.06	22.22	0.60			
1954	130.20	56.40	2.80	2.15	30.00	0.84			
1955	130.20	58.40	2.70	2.07	33.33	0.90			
1956	130.00	58.00	3.50	2.69	32.86	1.15			
1957	129.50	58.30	3.10	2.39	35.16	1.09			
1958	120.20	60.60	2.40	2.00	34.17	0.82			
1959	108.00	62.40	1.40	1.30	51.43	0.72			
10 年小计			**6.60**	**0.60**	**39.24**	**2.59**			
占合计%			**9.44**			**6.25**			
1960	104.20	63.00	0.20	0.19	35.00	0.07			
1961	109.40	64.60	0.90	0.82	42.22	0.38			
1962	108.90	67.60	1.00	0.92	25.00	0.25			
1963	110.00	69.70	0.50	0.45	18.00	0.09			
1964	110.50	71.40	0.70	0.63	31.43	0.22			
1965	111.20	73.10	0.50	0.45	52.00	0.26			
1966	111.00	74.70	0.70	0.63	44.29	0.31			
1967	110.40	75.80	0.60	0.54	48.33	0.29			
1968	109.70	76.80	0.60	0.55	46.67	0.28			
1969	107.30	79.90	0.90	0.84	48.89	0.44			
10 年小计			**2.60**	**0.26**	**46.15**	**1.20**			
占合计%			**3.72**			**2.89**			
1970	107.70	81.00	0.80	0.74	60.00	0.48			
1971	106.00	54.98	0.60	0.57	41.67	0.25			
1972	105.31	55.98	0.49	0.47	34.69	0.17			
1973	103.37	56.65	0.19	0.18	47.37	0.09			
1974	102.77	57.19	0.25	0.24	36.00	0.09			
1975	101.63	57.95	0.11	0.11	36.36	0.04			
1976	99.79	58.64	0.05	0.05	40.00	0.02			
1977	97.75	58.86	0.03	0.03	33.33	0.01			
1978	97.22	58.47	0.04	0.04	50.00	0.02			
1979	96.47	58.38	0.04	0.04	75.00	0.03			
10 年小计			**6.68**	**0.90**	**119.46**	**7.98**			
占合计%			**9.55**			**19.25**			
1980	95.31	58.12	0.03	0.03	66.67	0.02			
1981	68.59	55.20	0.07	0.10	100.00	0.07			
1982	68.36	55.91	0.60	0.88	88.33	0.53			
1983	68.34	56.10	0.32	0.47	121.88	0.39			
1984	68.30	56.47	0.45	0.66	184.44	0.83			
1985	68.01	56.44	0.43	0.63	123.26	0.53			
1986	67.31	57.78	0.18	0.27	166.67	0.30			
1987	75.65	68.23	0.11	0.15	118.18	0.13			
1988	75.02	68.71	0.12	0.16	116.67	0.14			
1989	86.72	75.94	4.37	5.04	115.33	5.04			
11 年小计			**25.84**	**3.08**	**82.00**	**21.19**	**14.81**	**69.89**	**1.79**
占合计%			**36.96**			**51.11**	**100.00**		
1990	85.65	76.70	4.22	4.93	57.11	2.41	3.00	124.48	3.91
1991	40.23	77.15	4.79	11.91	113.57	5.44	3.88	71.32	5.03
1992	84.64	77.33	3.92	4.63	50.26	1.97	2.03	103.05	2.63
1993	83.87	77.33	2.74	3.27	66.06	1.81	0.26	14.36	0.34
1994	82.42	77.00	3.68	4.46	30.16	1.11	1.21	109.01	1.57
1995	81.85	76.87	2.00	2.44	125.00	2.50	1.76	70.40	2.29
1996	82.42	76.87	2.00	2.43	125.00	2.50	0.70	28.00	0.91
1997	81.75	76.35	0.67	0.82	161.19	1.08	0.04	3.70	0.05
1998	80.38	75.96	0.89	1.11	124.72	1.11	0.60	54.05	0.79
1999	78.36	75.20	0.69	0.88	120.29	0.83	0.40	48.19	0.53
2000	58.49	59.03	0.24	0.41	179.17	0.43	0.93	216.28	1.58

5－20－88　山东省长清县历年棉花生产收购

年　　度	耕地面积（万亩）	农业人口（万人）	棉田面积（万亩）	占耕地（%）	亩　产（市斤）	产　量（万担）	收购量（万担）	商品率（%）	人均交售（市斤）
52年合计			**111.86**	**3.30**	**32.69**	**36.57**	**16.66**	**45.56**	**0.80**
11年小计			**44.10**	**5.44**	**32.13**	**14.17**	**7.03**	**49.61**	**2.03**
占合计%			**39.42**			**38.75**	**42.20**		
1949	73.40	30.30	3.00	4.09	24.33	0.73			
1950	73.20	30.60	3.00	4.10	31.33	0.94			
1951	73.30	30.80	2.90	3.96	17.24	0.50			
1952	73.90	31.10	2.90	3.92	25.17	0.73	0.37	50.68	1.19
1953	74.30	30.70	3.80	5.11	13.42	0.51	0.13	25.49	0.42
1954	74.30	31.10	4.20	5.65	28.33	1.19	0.49	41.18	1.58
1955	75.20	32.10	4.50	5.98	40.44	1.82	0.88	48.35	2.74
1956	75.20	32.00	4.50	5.98	46.22	2.08	0.95	45.67	2.97
1957	76.20	32.70	4.90	6.43	31.63	1.55	0.90	58.06	2.75
1958	72.80	32.40	4.80	6.59	42.08	2.02	2.02	100.00	6.23
1959	69.00	32.40	5.60	8.12	37.50	2.10	1.29	61.43	3.98
10年小计			**25.90**	**3.82**	**26.56**	**6.88**	**2.68**	**38.95**	**0.71**
占合计%			**23.15**			**18.81**	**16.09**		
1960	68.10	32.90	1.70	2.50	20.00	0.34	0.23	67.65	0.70
1961	68.10	34.20	1.80	2.64	13.33	0.24	0.03	12.50	0.09
1962	68.10	35.90	2.40	3.52	18.33	0.44	0.23	52.27	0.64
1963	69.10	36.70	1.70	2.46	17.65	0.30	0.13	43.33	0.35
1964	68.70	37.40	2.60	3.78	25.77	0.67	0.27	40.30	0.72
1965	67.80	38.30	2.50	3.69	30.40	0.76	0.25	32.89	0.65
1966	67.30	39.30	2.80	4.16	24.64	0.69	0.20	28.99	0.51
1967	67.10	40.30	3.10	4.62	24.52	0.76	0.29	38.16	0.72
1968	66.90	41.00	3.60	5.38	33.06	1.19	0.45	37.82	1.10
1969	67.10	41.90	3.70	5.51	40.27	1.49	0.60	40.27	1.43
10年小计			**36.71**	**5.59**	**30.95**	**11.36**	**6.95**	**61.18**	**1.54**
占合计%			**32.82**			**31.06**	**41.72**		
1970	67.10	42.90	4.10	6.11	33.66	1.38	0.82	59.42	1.91
1971	66.95	43.28	3.50	5.23	34.00	1.19	0.64	53.78	1.48
1972	66.92	44.05	4.00	5.98	34.25	1.37	0.95	69.34	2.16
1973	66.75	44.73	4.20	6.29	37.86	1.59	1.07	67.30	2.39
1974	66.63	45.20	4.30	6.45	34.19	1.47	0.96	65.31	2.12
1975	66.52	45.55	4.40	6.61	29.55	1.30	0.91	70.00	2.00
1976	66.42	45.68	4.80	7.23	26.25	1.26	0.82	65.08	1.80
1977	63.47	45.97	3.90	6.14	25.90	1.01	0.78	77.23	1.70
1978	63.32	46.14	2.80	4.42	23.21	0.65			
1979	63.17	46.36	0.71	1.12	19.72	0.14			
10年小计			**2.29**	**0.37**	**48.91**	**1.12**			
占合计%			**2.05**		**149.60**	**3.06**			
1980	63.01	46.51	0.48	0.76	35.42	0.17			
1981	62.94	46.50	0.31	0.49	35.48	0.11			
1982	62.92	46.66	0.55	0.87	56.36	0.31			
1983	62.62	46.67	0.33	0.53	60.61	0.20			
1984	62.54	47.37	0.22	0.35	50.00	0.11			
1985	62.51	46.35	0.21	0.34	47.62	0.10			
1986	62.37	45.89	0.06	0.10	66.67	0.04			
1987	62.27	45.89	0.06	0.10	50.00	0.03			
1988	62.20	45.90	0.04	0.06	75.00	0.03			
1989	62.11	46.10	0.03	0.05	66.67	0.02			
11年小计			**2.86**	**0.46**	**106.29**	**3.04**			
占合计%			**2.56**		**325.13**	**8.31**			
1990	61.91	46.32	0.03	0.05	66.67	0.02			
1991	61.87	46.29	0.03	0.05	100.00	0.03			
1992	61.84	46.54	2.32	3.75	95.69	2.22			
1993	61.84	46.56	0.26	0.42	180.77	0.47			
1994	61.71	44.76	0.04	0.06	125.00	0.05			
1995	61.58	44.47	0.05	0.08	120.00	0.06			
1996	61.71	44.47	0.05	0.08	120.00	0.06			
1997	61.50	44.38	0.02	0.03	150.00	0.03			
1998	61.39	44.54	0.03	0.05	166.67	0.05			
1999	60.80	44.56	0.03	0.05	166.67	0.05			
2000									

5－20－89　山东省平度县历年棉花生产收购

年　　度	耕地面积（万亩）	农业人口（万人）	棉田面积（万亩）	占耕地（%）	亩　产（市斤）	产　量（万担）	收购量（万担）	商品率（%）	人均交售（市斤）
52 年合计			**1427.04**	**9.76**	**71.23**	**1016.49**	**920.79**	**90.59**	**16.25**
11 年小计			**234.60**	**6.64**	**28.53**	**66.94**	**46.33**	**69.21**	**4.51**
占合计%			**16.44**			**6.59**	**5.03**		
1949	321.00	88.10	10.50	3.27	20.19	2.12			
1950	321.70	89.30	5.50	1.71	20.55	1.13			
1951	322.70	89.60	12.40	3.84	25.08	3.11			
1952	323.90	89.90	20.00	6.17	34.40	6.88	4.78	69.48	5.32
1953	327.50	93.60	18.00	5.50	40.72	7.33	5.30	72.31	5.66
1954	327.60	94.70	17.00	5.19	35.18	5.98	4.89	81.77	5.16
1955	327.00	97.20	28.10	8.59	28.11	7.90	4.94	62.53	5.08
1956	326.90	99.00	31.10	9.51	32.28	10.04	8.40	83.67	8.48
1957	325.50	99.20	30.70	9.43	20.00	6.14	4.90	79.80	4.94
1958	313.30	96.30	31.60	10.09	29.97	9.47	8.62	91.02	8.95
1959	297.80	90.60	29.70	9.97	23.03	6.84	4.50	65.79	4.97
10 年小计			**258.70**	**8.87**	**46.05**	**119.12**	**105.77**	**88.79**	**10.75**
占合计%			**18.13**			**11.72**	**11.49**		
1960	296.40	89.40	29.50	9.95	4.51	1.33	0.96	72.18	1.07
1961	297.40	89.00	16.20	5.45	19.38	3.14	2.42	77.07	2.72
1962	296.00	91.20	22.90	7.74	10.83	2.48	2.38	95.97	2.61
1963	296.90	96.20	25.10	8.45	19.52	4.90	4.74	96.73	4.93
1964	297.50	98.20	27.40	9.21	14.64	4.01	4.09	102.00	4.16
1965	293.20	99.70	28.50	9.72	41.82	11.92			
1966	289.80	101.70	26.80	9.25	64.81	17.37	17.00	97.87	16.72
1967	285.50	103.70	27.00	9.46	82.63	22.31	21.87	98.03	21.09
1968	284.60	105.70	27.30	9.59	86.23	23.54	23.24	98.73	21.99
1969	280.30	109.30	28.00	9.99	100.43	28.12	29.07	103.38	26.60
10 年小计			**322.00**	**11.85**	**69.46**	**223.67**	**219.88**	**98.31**	**18.74**
占合计%			**22.56**			**22.00**	**23.88**		
1970	280.40	112.30	28.20	10.06	101.95	28.75	28.34	98.57	25.24
1971	278.80	113.67	28.30	10.15	101.45	28.71	28.67	99.86	25.22
1972	278.04	116.00	30.50	10.97	54.03	16.48	16.25	98.60	14.01
1973	276.70	117.21	30.30	10.95	85.02	25.76	25.52	99.07	21.77
1974	275.70	118.09	30.40	11.03	78.39	23.83	24.02	100.80	20.34
1975	269.90	119.48	27.00	10.00	100.00	27.00	26.33	97.52	22.04
1976	266.34	119.59	26.40	9.91	65.61	17.32	16.61	95.90	13.89
1977	264.85	119.69	54.56	20.60	32.90	17.95	17.32	96.49	14.47
1978	263.42	119.00	28.20	10.71	53.51	15.09	14.57	96.55	12.24
1979	262.59	118.41	38.14	14.52	59.73	22.78	22.25	97.67	18.79
10 年小计			**382.46**	**14.65**	**104.44**	**399.44**	**374.24**	**93.69**	**32.15**
占合计%			**26.80**			**39.30**	**40.64**		
1980	262.48	117.86	42.68	16.26	91.78	39.17	38.43	98.11	32.61
1981	261.47	116.11	42.48	16.25	59.32	25.20	24.99	99.17	21.52
1982	261.71	117.05	46.93	17.93	72.32	33.94	33.39	98.38	28.53
1983	261.41	116.72	45.78	17.51	127.50	58.37	57.13	97.88	48.95
1984	261.34	116.23	45.92	17.57	166.79	76.59	72.94	95.23	62.75
1985	261.15	115.62	35.19	13.48	107.84	37.95	31.90	84.06	27.59
1986	260.91	115.44	23.48	9.00	122.53	28.77	23.24	80.78	20.13
1987	260.60	115.65	33.61	12.90	126.78	42.61	36.32	85.24	31.41
1988	259.76	116.37	34.53	13.29	80.05	27.64	26.77	96.85	23.00
1989	259.65	117.14	31.86	12.27	91.65	29.20	29.13	99.76	24.87
11 年小计			**229.28**	**8.06**	**90.42**	**207.32**	**174.57**	**84.20**	**13.27**
占合计%			**16.07**			**20.40**	**18.96**		
1990	259.59	118.80	31.74	12.23	109.39	34.72	34.90	100.52	29.38
1991	259.50	120.46	32.30	12.45	155.42	50.20	51.82	103.23	43.02
1992	259.31	120.64	32.30	12.46	50.00	16.15	18.76	116.16	15.55
1993	258.93	120.62	37.87	14.63	81.04	30.69	8.09	26.36	6.71
1994	258.82	120.10	28.05	10.84	58.93	16.53	15.48	93.65	12.89
1995	258.62	119.75	20.88	8.07	78.30	16.35	13.70	83.79	11.44
1996	258.82	119.75	20.88	8.07	78.26	16.34	5.76	35.25	4.81
1997	258.36	119.15	10.02	3.88	79.84	8.00	2.18	27.25	1.83
1998	257.61	118.50	8.00	3.11	100.00	8.00	9.18	114.75	7.75
1999	257.15	118.70	5.00	1.94	137.60	6.88	7.74	112.50	6.52
2000	256.68	119.10	2.24	0.87	154.46	3.46	6.96	*	5.84

5-20-90 山东省胶南县历年棉花生产收购

年　度	耕地面积（万亩）	农业人口（万人）	棉田面积（万亩）	占耕地（%）	亩　产（市斤）	产　量（万担）	收购量（万担）	商品率（%）	人均交售（市斤）
52年合计			**30.75**	**0.94**	**25.33**	**7.79**	**0.33**	**4.24**	**0.02**
11年小计			**20.80**	**1.55**	**22.16**	**4.61**	**0.33**	**7.16**	**0.06**
占合计%			**67.64**			**59.18**	**100.00**		
1949	147.20	62.50	1.50	1.02	15.33	0.23			
1950	148.30	63.50	1.70	1.15	20.59	0.35			
1951	148.30	64.50	4.40	2.97	22.27	0.98			
1952	149.90	65.50	5.40	3.60	25.74	1.39	0.16	11.51	0.24
1953	149.70	66.00	3.00	2.00	21.00	0.63	0.03	4.76	0.05
1954	149.70	67.20	2.30	1.54	22.61	0.52	0.08	15.38	0.12
1955	149.80	68.50	2.20	1.47	20.91	0.46	0.06	13.04	0.09
1956	149.90	70.00	0.30	0.20	13.33	0.04			
1957	149.60	70.20				0.01			
1958									
1959									
10年小计			**6.90**	**0.65**	**33.62**	**2.32**			
占合计%			**22.44**			**29.78**			
1960									
1961									
1962	135.20	67.50	0.20	0.15	5.00	0.01			
1963	135.60	67.90				0.01			
1964	135.40	68.10				0.01			
1965	135.10	69.50	0.20	0.15	35.00	0.07			
1966	132.00	71.10	1.70	1.29	31.18	0.53			
1967	131.00	71.30	1.50	1.15	27.33	0.41			
1968	131.20	73.20	1.50	1.14	41.33	0.62			
1969	131.00	76.00	1.80	1.37	36.67	0.66			
10年小计			**3.05**	**0.35**	**28.20**	**0.86**			
占合计%			**9.92**			**11.04**			
1970	128.10	78.40	1.70	1.33	31.76	0.54			
1971	127.20	78.56	0.80	0.63	25.00	0.20			
1972	125.30	80.31	0.20	0.16	25.00	0.05			
1973	124.00	80.67	0.20	0.16	20.00	0.04			
1974	122.80	81.28	0.10	0.08	20.00	0.02			
1975	121.93	81.94	0.04	0.03	25.00	0.01			
1976	111.90	81.87	0.01	0.01					
1977									
1978									
1979									
10年小计									
占合计%									
1980									
1981									
1982									
1983									
1984									
1985									
1986									
1987									
1988									
1989									
11年小计									
占合计%									
1990									
1991									
1992									
1993									
1994									
1995									
1996									
1997									
1998									
1999									
2000									

5-20-91 山东省胶县历年棉花生产收购

年　度	耕地面积（万亩）	农业人口（万人）	棉田面积（万亩）	占耕地（%）	亩　产（市斤）	产　量（万担）	收购量（万担）	商品率（%）	人均交售（市斤）
52年合计			**100.97**	**2.81**	**45.06**	**45.50**	**36.51**	**80.24**	**2.36**
11年小计			**37.80**	**2.71**	**26.03**	**9.84**	**4.49**	**45.63**	**0.91**
占合计%			**37.44**			**21.63**	**12.30**		
1949	123.70	41.00	0.80	0.65	16.25	0.13			
1950	124.50	41.90	1.00	0.80	22.00	0.22			
1951	129.80	42.70	3.80	2.93	26.32	1.00			
1952	130.70	43.80	6.60	5.05	25.61	1.69	0.54	31.95	1.23
1953	130.20	44.20	4.80	3.69	32.29	1.55	0.61	39.35	1.38
1954	130.10	45.90	3.80	2.92	30.00	1.14	0.68	59.65	1.48
1955	130.30	46.70	4.90	3.76	20.20	0.99	1.21	122.22	2.59
1956	129.30	47.10	4.20	3.25	24.76	1.04	0.51	49.04	1.08
1957	129.00	47.60	2.80	2.17	26.43	0.74	0.33	44.59	0.69
1958	122.70	45.70	2.70	2.20	27.78	0.75	0.46	61.33	1.01
1959	116.90	44.80	2.40	2.05	24.58	0.59	0.15	25.42	0.33
10年小计			**18.20**	**1.62**	**44.62**	**8.12**	**6.63**	**81.65**	**1.38**
占合计%			**18.03**			**17.85**	**18.16**		
1960	111.90	45.50	0.70	0.63	8.57	0.06	0.05	83.33	0.11
1961	112.70	44.00	0.60	0.53	15.00	0.09	0.07	77.78	0.16
1962	113.40	45.30	0.60	0.53	11.67	0.07	0.06	85.71	0.13
1963	111.50	46.20	0.60	0.54	6.67	0.04	0.08	200.00	0.17
1964	112.30	47.10	0.90	0.80	10.00	0.09	0.13	144.44	0.28
1965	112.30	47.60	0.30	0.27	20.00	0.06			
1966	112.10	49.90	2.50	2.23	39.60	0.99	0.60	60.61	1.20
1967	112.10	49.90	2.90	2.59	47.93	1.39	0.81	58.27	1.62
1968	111.10	51.60	4.20	3.78	58.10	2.44	2.04	83.61	3.95
1969	111.20	53.30	4.90	4.41	58.98	2.89	2.79	96.54	5.23
10年小计			**44.97**	**4.17**	**61.24**	**27.54**	**25.39**	**92.19**	**4.43**
占合计%			**44.54**			**60.53**	**69.54**		
1970	110.90	54.80	5.50	4.96	55.82	3.07	2.46	80.13	4.49
1971	110.60	55.44	5.50	4.97	56.00	3.08	2.74	88.96	4.94
1972	109.30	56.63	4.80	4.39	58.13	2.79	2.60	93.19	4.59
1973	109.30	57.11	4.30	3.93	80.00	3.44	3.34	97.09	5.85
1974	108.80	57.56	5.20	4.78	71.54	3.72	3.81	102.42	6.62
1975	107.78	58.07	4.80	4.45	79.17	3.80	3.42	90.00	5.89
1976	106.30	58.26	5.00	4.70	50.00	2.50	2.33	93.20	4.00
1977	105.30	58.53	5.00	4.75	55.00	2.75	2.46	89.45	4.20
1978	104.80	58.54	4.80	4.58	48.75	2.34	2.23	95.30	3.81
1979	104.38	58.69	0.07	0.07	71.43	0.05			
10年小计									
占合计%									
1980									
1981									
1982									
1983									
1984									
1985									
1986									
1987									
1988									
1989									
11年小计									
占合计%									
1990									
1991									
1992									
1993									
1994									
1995									
1996									
1997									
1998									
1999									
2000									

5－20－92　山东省即墨县历年棉花生产收购

年　度	耕地面积（万亩）	农业人口（万人）	棉田面积（万亩）	占耕地（%）	亩　产（市斤）	产　量（万担）	收购量（万担）	商品率（%）	人均交售（市斤）
52 年合计			**26.37**	**0.63**	**29.88**	**7.88**			
11 年小计			**21.70**	**1.21**	**28.39**	**6.16**			
占合计%			**82.29**			**78.17**			
1949									
1950	169.80	62.10	0.10	0.06	30.00	0.03			
1951	182.90	62.80	1.10	0.60	27.27	0.30			
1952	183.40	63.60	5.10	2.78	33.92	1.73			
1953	183.30	65.30	2.60	1.42	21.92	0.57			
1954	182.60	65.00	3.20	1.75	26.25	0.84			
1955	182.70	69.10	4.20	2.30	25.48	1.07			
1956	180.20	71.70	4.60	2.55	30.00	1.38			
1957	182.90	74.00	0.50	0.27	28.00	0.14			
1958	170.20	74.50	0.10	0.06	30.00	0.03			
1959	173.30	72.20	0.20	0.12	35.00	0.07			
10 年小计			**2.50**	**0.19**	**35.20**	**0.88**			
占合计%			**9.48**			**11.17**			
1960									
1961	160.60	64.20				0.01			
1962									
1963	159.00	68.30	0.20	0.13	20.00	0.04			
1964	163.50	69.50	0.30	0.18	6.67	0.02			
1965	162.10	71.10	0.10	0.06	10.00	0.01			
1966	161.20	72.90	0.10	0.06	80.00	0.08			
1967	160.50	74.00	0.20	0.12	25.00	0.05			
1968	160.40	76.30	0.60	0.37	45.00	0.27			
1969	160.40	79.30	1.00	0.62	40.00	0.40			
10 年小计			**2.17**	**0.20**	**38.71**	**0.84**			
占合计%			**8.23**			**10.66**			
1970	157.50	81.90	0.80	0.51	23.75	0.19			
1971	157.78	82.52	0.25	0.16	44.00	0.11			
1972	157.73	84.13	0.08	0.05	37.50	0.03			
1973	157.46	85.17	0.10	0.06	50.00	0.05			
1974	155.96	86.20	0.05	0.03	60.00	0.03			
1975	153.06	87.56	0.02	0.01	50.00	0.01			
1976									
1977	149.08	89.35	0.87	0.58	48.28	0.42			
1978									
1979									
10 年小计									
占合计%									
1980									
1981									
1982									
1983									
1984									
1985									
1986									
1987									
1988									
1989									
11 年小计									
占合计%									
1990									
1991									
1992									
1993									
1994									
1995									
1996									
1997									
1998									
1999									
2000									

5－20－93　山东省桓台县历年棉花生产收购

年　度	耕地面积（万亩）	农业人口（万人）	棉田面积（万亩）	占耕地（%）	亩　产（市斤）	产　量（万担）	收购量（万担）	商品率（%）	人均交售（市斤）
52年合计			**145.56**	**5.28**	**95.58**	**139.13**	**135.31**	**97.25**	**6.90**
11年小计			**19.00**	**3.06**	**30.05**	**5.71**	**1.62**	**28.37**	**0.47**
占合计%			**13.05**			**4.10**	**1.20**		
1949	51.60	29.50	1.20	2.33	35.83	0.43			
1950	51.60	29.60	1.00	1.94	26.00	0.26			
1951	56.00	29.90	1.40	2.50	19.29	0.27			
1952	58.10	30.30	1.50	2.58	22.00	0.33			
1953	58.50	30.70	2.50	4.27	27.60	0.69	0.08	11.59	0.26
1954	58.60	31.30	2.10	3.58	32.38	0.68	0.10	14.71	0.32
1955	58.50	31.60	2.40	4.10	33.75	0.81	0.27	33.33	0.85
1956	58.50	32.20	2.10	3.59	30.95	0.65	0.09	13.85	0.28
1957	58.40	32.90	1.70	2.91	28.82	0.49	0.31	63.27	0.94
1958	56.30	31.70	1.60	2.84	34.38	0.55	0.55	100.00	1.74
1959	54.10	33.10	1.50	2.77	36.67	0.55	0.22	40.00	0.66
10年小计			**7.90**	**1.45**	**27.97**	**2.21**	**0.03**	**1.36**	**0.01**
占合计%			**5.43**			**1.59**	**0.02**		
1960	54.30	31.00	1.00	1.84	19.00	0.19	0.01	5.26	0.03
1961	52.90	29.90	0.30	0.57	10.00	0.03	0.02	66.67	0.07
1962	53.80	30.20	0.60	1.12	13.33	0.08			
1963	53.80	31.00	0.40	0.74	20.00	0.08			
1964	53.90	31.70	0.60	1.11	10.00	0.06			
1965	56.00	32.60	0.40	0.71	30.00	0.12			
1966	55.50	33.80	0.90	1.62	28.89	0.26			
1967	54.90	34.30	1.00	1.82	29.00	0.29			
1968	54.50	35.20	1.30	2.39	37.69	0.49			
1969	54.80	36.40	1.40	2.55	43.57	0.61			
10年小计			**19.50**	**3.61**	**52.56**	**10.25**	**5.93**	**57.85**	**1.48**
占合计%			**13.40**			**7.37**	**4.38**		
1970	54.90	37.30	1.60	2.91	45.63	0.73	0.12	16.44	0.32
1971	54.83	37.86	2.00	3.65	36.50	0.73	0.30	41.10	0.79
1972	54.70	38.78	1.80	3.29	40.00	0.72	0.26	36.11	0.67
1973	54.60	39.48	2.00	3.66	44.50	0.89	0.41	46.07	1.04
1974	54.36	40.05	1.80	3.31	47.22	0.85	0.42	49.41	1.05
1975	53.87	40.64	2.00	3.71	65.00	1.30	0.81	62.31	1.99
1976	53.39	41.78	2.20	4.12	40.91	0.90	0.60	66.67	1.44
1977	53.17	41.72	2.10	3.95	63.81	1.34	0.95	70.90	2.28
1978	53.16	41.80	2.01	3.78	60.20	1.21	0.78	64.46	1.87
1979	53.12	41.94	1.99	3.75	79.40	1.58	1.28	81.01	3.05
10年小计			**61.68**	**11.82**	**114.94**	**70.89**	**74.17**	**104.62**	**17.35**
占合计%			**42.37**			**50.95**	**54.81**		
1980	53.06	42.12	2.43	4.58	131.28	3.19	2.69	84.33	6.39
1981	53.00	42.69	3.66	6.91	122.95	4.50	3.74	83.11	8.76
1982	52.81	42.62	9.51	18.01	91.80	8.73	7.74	88.66	18.16
1983	52.68	42.46	8.10	15.38	96.30	7.80	7.50	96.15	17.66
1984	52.39	43.00	9.18	17.52	134.31	12.33	13.91	112.81	32.35
1985	51.92	42.80	7.12	13.71	113.95	8.11	7.58	93.43	17.71
1986	51.72	42.78	5.04	9.74	130.95	6.60	6.50	98.48	15.19
1987	51.42	42.77	5.70	11.09	130.88	7.46	8.75	117.29	20.46
1988	51.37	43.00	6.29	12.24	115.10	7.24	8.61	118.92	20.02
1989	51.29	43.15	4.65	9.07	106.02	4.93	7.15	145.03	16.57
11年小计			**37.48**	**7.06**	**133.59**	**50.07**	**53.56**	**106.97**	**11.54**
占合计%			**25.75**			**35.99**	**39.58**		
1990	51.14	43.37	4.37	8.55	120.37	5.26	4.93	93.73	11.37
1991	50.75	43.45	9.15	18.03	151.15	13.83	4.36	31.53	10.03
1992	49.60	43.28	6.92	13.95	130.49	9.03	8.61	95.35	19.89
1993	48.99	42.75	4.69	9.57	105.12	4.93	6.75	136.92	15.79
1994	48.24	41.99	3.48	7.21	147.99	5.15	1.60	31.07	3.81
1995	47.81	41.66	1.90	3.97	140.53	2.67	0.51	19.10	1.22
1996	48.24	41.66	2.50	5.18	100.00	2.50	1.30	52.00	3.12
1997	47.61	41.37	1.65	3.47	116.97	1.93	2.40	124.35	5.80
1998	47.19	41.38	0.99	2.10	122.22	1.21	3.77	*	9.11
1999	46.37	41.80	1.04	2.24	171.15	1.78	10.79	*	25.81
2000	44.72	41.50	0.79	1.77	225.32	1.78	8.54	*	20.58

5-20-94　山东省高青县历年棉花生产收购

年　度	耕地面积（万亩）	农业人口（万人）	棉田面积（万亩）	占耕地（%）	亩　产（市斤）	产　量（万担）	收购量（万担）	商品率（%）	人均交售（市斤）
52 年合计			**1059.93**	**24.97**	**71.63**	**759.24**	**585.15**	**77.07**	**37.00**
11 年小计			**277.20**	**23.74**	**36.00**	**99.80**	**66.50**	**66.63**	**21.93**
占合计%			**26.15**			**13.14**	**11.36**		
1949	110.50	27.00	17.00	15.38	25.00	4.25			
1950	110.50	27.10	19.10	17.29	25.13	4.80			
1951	110.60	27.40	25.70	23.24	30.16	7.75			
1952	110.50	27.40	22.40	20.27	34.60	7.75	6.51	84.00	23.76
1953	110.10	27.50	24.50	22.25	38.24	9.37	8.28	88.37	30.11
1954	110.00	27.60	23.00	20.91	42.00	9.66	6.71	69.46	24.31
1955	109.90	28.20	30.30	27.57	44.29	13.42	11.37	84.72	40.32
1956	108.50	28.00	31.60	29.12	40.25	12.72	8.96	70.44	32.00
1957	103.50	27.80	29.00	28.02	29.59	8.58	7.03	81.93	25.29
1958	95.80	27.80	28.30	29.54	46.57	13.18	9.98	75.72	35.90
1959	87.90	27.40	26.30	29.92	31.63	8.32	7.66	92.07	27.96
10 年小计			**161.90**	**19.85**	**21.85**	**35.38**	**30.75**	**86.91**	**11.40**
占合计%			**15.27**			**4.66**	**5.26**		
1960	86.00	25.60	25.30	29.42	10.04	2.54	1.31	51.57	5.12
1961	84.40	25.70	10.20	12.09	2.55	0.26	0.09	34.62	0.35
1962	77.60	25.60	8.40	10.82	3.10	0.26	0.15	57.69	0.59
1963	77.00	25.80	10.10	13.12	21.19	2.14	1.93	90.19	7.48
1964	78.30	26.20	20.70	26.44	13.04	2.70	2.35	87.04	8.97
1965	86.20	26.60	19.90	23.09	37.19	7.40	6.81	92.03	25.60
1966	84.60	27.70	18.50	21.87	18.27	3.38	2.99	88.46	10.79
1967	82.20	28.20	17.20	20.92	30.70	5.28	4.72	89.39	16.74
1968	81.30	28.60	16.30	20.05	35.03	5.71	5.21	91.24	18.22
1969	78.20	29.70	15.30	19.57	37.32	5.71	5.19	90.89	17.47
10 年小计			**129.02**	**16.44**	**27.41**	**35.36**	**31.34**	**88.63**	**9.63**
占合计%			**12.17**			**4.66**	**5.36**		
1970	79.50	30.70	16.50	20.75	42.55	7.02	6.67	95.01	21.73
1971	78.80	31.19	14.60	18.53	38.97	5.69	5.23	91.92	16.77
1972	80.00	31.84	13.70	17.13	21.68	2.97	2.34	78.79	7.35
1973	79.47	32.00	13.40	16.86	26.49	3.55	3.15	88.73	9.84
1974	79.39	32.65	12.10	15.24	13.47	1.63	1.43	87.73	4.38
1975	79.20	32.96	12.00	15.15	35.17	4.22	4.16	98.58	12.62
1976	78.13	33.26	13.90	17.79	18.42	2.56	1.81	70.70	5.44
1977	77.21	33.56	11.30	14.64	25.04	2.83	2.31	81.63	6.88
1978	76.70	33.63	12.20	15.91	20.16	2.46	2.15	87.40	6.39
1979	76.54	33.81	9.32	12.18	26.07	2.43	2.09	86.01	6.18
10 年小计			**260.02**	**34.61**	**112.46**	**292.41**	**233.29**	**79.78**	**68.71**
占合计%			**24.53**			**38.51**	**39.87**		
1980	76.84	33.87	15.03	19.56	55.76	8.38	7.87	93.91	23.24
1981	77.01	34.04	20.28	26.33	71.30	14.46	13.67	94.54	40.16
1982	76.99	34.08	29.61	38.46	75.31	22.30	18.76	84.13	55.05
1983	77.31	34.36	30.75	39.77	109.76	33.75	27.59	81.75	80.30
1984	77.30	34.24	32.44	41.97	151.23	49.06	43.78	89.24	127.86
1985	75.06	34.17	25.40	33.84	139.37	35.40	27.90	78.81	81.65
1986	74.83	34.28	21.94	29.32	129.81	28.48	21.04	73.88	61.38
1987	74.23	34.29	26.98	36.35	139.96	37.76	26.60	70.44	77.57
1988	74.04	34.30	28.78	38.87	104.31	30.02	20.57	68.52	59.97
1989	67.77	31.88	28.81	42.51	113.85	32.80	25.51	77.77	80.02
11 年小计			**231.79**	**32.01**	**127.83**	**296.29**	**223.27**	**75.36**	**65.02**
占合计%			**21.87**			**39.02**	**38.16**		
1990	68.04	32.05	26.63	39.14	123.28	32.83	25.92	78.95	80.87
1991	66.78	31.83	25.92	38.81	185.42	48.06	37.55	78.13	117.97
1992	66.18	31.82	25.11	37.94	95.02	23.86	18.24	76.45	57.32
1993	65.70	31.64	18.70	28.46	133.69	25.00	19.46	77.84	61.50
1994	65.50	31.20	24.43	37.30	129.19	31.56	21.28	67.43	68.21
1995	65.31	30.76	37.55	57.50	102.50	38.49	19.23	49.96	62.52
1996	65.50	30.76	11.60	17.71	123.71	14.35	11.81	82.30	38.39
1997	65.25	30.76	17.68	27.10	81.17	14.35	11.70	81.53	38.04
1998	65.49	30.77	17.08	26.08	134.66	23.00	17.72	77.04	57.59
1999	65.36	30.80	14.79	22.63	165.38	24.46	18.97	77.56	61.59
2000	65.07	31.02	12.30	18.90	165.28	20.33	21.39	105.21	68.95

5-20-95 山东省沂源县历年棉花生产收购

年　度	耕地面积（万亩）	农业人口（万人）	棉田面积（万亩）	占耕地（%）	亩　产（市斤）	产　量（万担）	收购量（万担）	商品率（%）	人均交售（市斤）
52年合计			**88.70**	**4.02**	**34.15**	**30.29**	**14.26**	**47.08**	**1.02**
11年小计			**29.80**	**4.13**	**24.33**	**7.25**	**1.82**	**25.10**	**0.63**
占合计%			**33.60**			**23.94**	**12.76**		
1949	66.70	23.00	2.30	3.45	16.09	0.37			
1950	66.50	23.50	2.50	3.76	19.20	0.48			
1951	66.50	24.00	2.90	4.36	21.72	0.63			
1952	65.50	24.70	2.70	4.12	8.52	0.23	0.06	26.09	0.24
1953	65.40	25.60	2.80	4.28	15.00	0.42	0.04	9.52	0.16
1954	65.30	26.50	2.00	3.06	24.50	0.49	0.06	12.24	0.23
1955	65.80	27.00	2.60	3.95	28.08	0.73	0.30	41.10	1.11
1956	66.40	27.10	3.20	4.82	39.38	1.26	0.06	4.76	0.22
1957	66.60	28.60	2.90	4.35	24.14	0.70	0.19	27.14	0.66
1958	64.00	29.20	2.70	4.22	39.63	1.07	0.43	40.19	1.47
1959	62.30	29.30	3.20	5.14	27.19	0.87	0.68	78.16	2.32
10年小计			**32.70**	**5.41**	**30.12**	**9.85**	**5.14**	**52.18**	**1.43**
占合计%			**36.87**			**32.52**	**36.04**		
1960	61.80	30.20	3.40	5.50	14.71	0.50	0.39	78.00	1.29
1961	62.50	32.00	3.00	4.80	20.67	0.62	0.22	35.48	0.69
1962	62.10	33.60	3.60	5.80	10.83	0.39	0.12	30.77	0.36
1963	61.00	34.80	3.80	6.23	16.84	0.64	0.38	59.38	1.09
1964	60.50	35.60	3.10	5.12	29.35	0.91	0.69	75.82	1.94
1965	60.00	36.60	3.20	5.33	36.88	1.18	0.95	80.51	2.60
1966	60.00	37.60	3.30	5.50	34.85	1.15	0.79	68.70	2.10
1967	59.40	38.50	3.10	5.22	45.81	1.42	0.76	53.52	1.97
1968	59.00	38.80	3.10	5.25	46.77	1.45	0.76	52.41	1.96
1969	58.00	40.90	3.10	5.34	51.29	1.59	0.08	5.03	0.20
10年小计			**22.51**	**4.36**	**49.84**	**11.22**	**6.03**	**53.74**	**1.49**
占合计%			**25.38**			**37.04**	**42.29**		
1970	58.00	41.90	3.20	5.52	54.38	1.74	1.05	60.34	2.51
1971	57.65	42.45	3.10	5.38	53.87	1.67	1.07	64.07	2.52
1972	58.05	44.07	3.00	5.17	47.33	1.42	0.16	11.27	0.36
1973	57.65	44.59	2.90	5.03	66.90	1.94	1.52	78.35	3.41
1974	57.53	45.17	2.80	4.87	44.29	1.24	0.83	66.94	1.84
1975	57.35	45.79	2.60	4.53	57.69	1.50	1.20	80.00	2.62
1976	57.14	46.18	2.60	4.55	34.62	0.90	0.01	1.11	0.02
1977	56.71	46.72	1.50	2.65	39.33	0.59	0.19	32.20	0.41
1978									
1979	56.19	47.66	0.81	1.44	27.16	0.22			
10年小计			**3.46**	**1.24**	**47.69**	**1.65**	**0.36**	**21.82**	**0.15**
占合计%			**3.90**			**5.45**	**2.52**		
1980	55.98	48.00	0.62	1.11	43.55	0.27			
1981	55.78	48.43	0.41	0.74	46.34	0.19			
1982	55.74	49.14	1.70	3.05	52.94	0.90	0.29	32.22	0.59
1983	55.51	49.44	0.48	0.86	35.42	0.17	0.05	29.41	0.10
1984	55.32	49.57	0.25	0.45	48.00	0.12	0.02	16.67	0.04
1985									
1986									
1987									
1988									
1989									
11年小计			**0.23**	**0.26**	**139.13**	**0.32**	**0.91**	*	**0.94**
占合计%			**0.26**			**1.06**	**6.38**		
1990									
1991									
1992									
1993									
1994									
1995									
1996									
1997									
1998									
1999	44.39	48.10	0.09	0.20	155.56	0.14	0.80	*	1.66
2000	43.44	48.29	0.14	0.32	128.57	0.18	0.11	61.11	0.23

5-20-96 山东省莒县历年棉花生产收购

年度	耕地面积（万亩）	农业人口（万人）	棉田面积（万亩）	占耕地（%）	亩产（市斤）	产量（万担）	收购量（万担）	商品率（%）	人均交售（市斤）
52年合计			**198.46**	**2.93**	**43.71**	**86.74**	**64.40**	**74.24**	**1.55**
11年小计			**53.80**	**3.19**	**16.10**	**8.66**	**1.52**	**17.55**	**0.24**
占合计%			**27.11**			**9.98**	**2.36**		
1949	148.00	50.70	5.30	3.58	10.00	0.53			
1950	156.30	52.00	6.10	3.90	12.95	0.79			
1951	159.20	53.30	6.30	3.96	19.52	1.23			
1952	154.40	54.40	5.10	3.30	11.18	0.57	0.01	1.75	0.02
1953	154.30	56.50	4.60	2.98	19.13	0.88	0.02	2.27	0.04
1954	154.40	57.20	3.50	2.27	20.00	0.70	0.18	25.71	0.31
1955	154.40	58.70	3.80	2.46	25.79	0.98	0.10	10.20	0.17
1956	154.30	60.50	5.40	3.50	20.56	1.11	0.01	0.90	0.02
1957	154.10	61.30	3.80	2.47	8.95	0.34	0.06	17.65	0.10
1958	149.00	62.60	4.90	3.29	15.92	0.78	0.75	96.15	1.20
1959	147.00	60.60	5.00	3.40	15.00	0.75	0.39	52.00	0.64
10年小计			**45.00**	**3.28**	**26.67**	**12.00**	**5.27**	**43.92**	**0.79**
占合计%			**22.67**			**13.83**	**8.18**		
1960	139.40	60.00	3.40	2.44	7.94	0.27	0.03	11.11	0.05
1961	139.60	61.10	3.20	2.29	10.00	0.32	0.03	9.38	0.05
1962	144.30	63.30	5.10	3.53	9.02	0.46	0.05	10.87	0.08
1963	137.00	61.90	5.30	3.87	8.87	0.47	0.11	23.40	0.18
1964	137.20	65.60	4.30	3.13	30.70	1.32	0.56	42.42	0.85
1965	137.00	67.00	4.30	3.14	30.00	1.29	0.69	53.49	1.03
1966	137.00	68.80	4.00	2.92	28.75	1.15	0.43	37.39	0.63
1967	135.00	70.00	4.00	2.96	37.25	1.49	0.60	40.27	0.86
1968	134.00	72.10	5.60	4.18	47.14	2.64	1.48	56.06	2.05
1969	131.10	75.50	5.80	4.42	44.66	2.59	1.29	49.81	1.71
10年小计			**53.07**	**4.09**	**42.17**	**22.38**	**13.87**	**61.97**	**1.67**
占合计%			**26.74**			**25.80**	**21.54**		
1970	132.90	77.60	6.60	4.97	44.09	2.91	2.10	72.16	2.71
1971	131.52	78.71	5.20	3.95	39.81	2.07	1.38	66.67	1.75
1972	131.44	80.42	4.40	3.35	37.50	1.65	1.22	73.94	1.52
1973	130.96	81.98	5.60	4.28	46.43	2.60	1.85	71.15	2.26
1974	130.70	83.27	6.10	4.67	34.59	2.11	1.32	62.56	1.59
1975	130.12	84.94	6.50	5.00	53.85	3.50	1.82	52.00	2.14
1976	127.78	85.64	6.30	4.93	50.48	3.18	1.58	49.69	1.84
1977	128.01	86.35	5.90	4.61	30.85	1.82	1.36	74.73	1.57
1978	126.55	86.67	3.90	3.08	36.67	1.43	1.14	79.72	1.32
1979	126.14	87.23	2.57	2.04	43.19	1.11	0.10	9.01	0.11
10年小计			**29.52**	**2.43**	**90.07**	**26.59**	**20.85**	**78.41**	**2.28**
占合计%			**14.87**			**30.65**	**32.38**		
1980	125.60	87.63	2.84	2.26	83.45	2.37	2.29	96.62	2.61
1981	124.93	87.80	2.72	2.18	98.53	2.68	2.62	97.76	2.98
1982	124.62	89.01	7.36	5.91	82.47	6.07	4.30	70.84	4.83
1983	124.15	89.45	5.71	4.60	76.71	4.38	3.26	74.43	3.64
1984	123.62	91.05	4.38	3.54	103.65	4.54	3.70	81.50	4.06
1985	122.20	91.27	2.70	2.21	102.96	2.78	1.20	43.17	1.31
1986	119.94	92.17	0.82	0.68	98.78	0.81	1.44	177.78	1.56
1987	117.97	93.10	1.76	1.49	96.59	1.70	2.04	120.00	2.19
1988	116.63	94.21	0.65	0.56	98.46	0.64			
1989	115.49	97.01	0.58	0.50	106.90	0.62			
11年小计			**17.07**	**1.41**	**100.23**	**17.11**	**22.89**	**133.78**	**2.06**
占合计%			**8.60**			**19.73**	**35.54**		
1990	115.01	99.78	1.75	1.52	96.57	1.69	3.05	180.47	3.06
1991	112.86	101.80	2.67	2.37	102.62	2.74	2.38	86.86	2.34
1992	109.92	102.53	2.07	1.88	56.04	1.16	1.11	95.69	1.08
1993	109.43	102.67	0.69	0.63	62.32	0.43	3.17	*	3.09
1994	108.85	102.04	2.26	2.08	92.48	2.09	1.52	72.73	1.49
1995	107.35	100.75	2.27	2.11	103.08	2.34	0.75	32.05	0.74
1996	108.85	100.75	2.00	1.84	151.50	3.03	1.90	62.71	1.89
1997	107.52	99.87	1.42	1.32	114.08	1.62	1.56	96.30	1.56
1998	108.56	99.42	1.73	1.59	102.31	1.77	2.23	125.99	2.24
1999	110.42	99.90	0.06	0.05	100.00	0.06	3.55	*	3.55
2000	108.79	99.64	0.15	0.14	120.00	0.18	1.67	*	1.68

5－20－97　山东省五莲县历年棉花生产收购

年　度	耕地面积（万亩）	农业人口（万人）	棉田面积（万亩）	占耕地（%）	亩　产（市斤）	产　量（万担）	收购量（万担）	商品率（%）	人均交售（市斤）
52年合计			**88.36**	**2.47**	**61.44**	**54.29**	**53.10**	**97.81**	**2.39**
11年小计			**22.60**	**2.52**	**15.97**	**3.61**	**0.39**	**10.80**	**0.10**
占合计%			**25.58**			**6.65**	**0.73**		
1949	81.70	31.10	2.50	3.06	11.20	0.28			
1950	81.70	32.40	2.30	2.82	13.91	0.32			
1951	81.80	33.20	3.20	3.91	14.38	0.46			
1952	81.90	34.70	4.00	4.88	15.75	0.63			
1953	82.20	35.60	3.00	3.65	19.00	0.57	0.03	5.26	0.08
1954	82.30	36.60	2.40	2.92	17.08	0.41	0.06	14.63	0.16
1955	82.40	37.40	2.10	2.55	20.00	0.42	0.04	9.52	0.11
1956	84.00	38.10	1.00	1.19	17.00	0.17	0.06	35.29	0.16
1957	83.20	39.00	0.80	0.96	11.25	0.09			
1958	80.90	38.50	0.60	0.74	18.33	0.11	0.09	81.82	0.23
1959	76.50	38.30	0.70	0.92	21.43	0.15	0.11	73.33	0.29
10年小计			**9.40**	**1.33**	**29.15**	**2.74**	**0.41**	**14.96**	**0.10**
占合计%			**10.64**			**5.05**	**0.77**		
1960	72.50	37.50	0.20	0.28	5.00	0.01	0.01	100.00	0.03
1961	72.50	38.30	0.60	0.83	11.67	0.07			
1962	72.50	40.10	1.00	1.38	11.00	0.11			
1963	72.50	40.70	1.10	1.52	7.27	0.08			
1964	72.50	41.10	0.60	0.83	18.33	0.11			
1965	72.50	41.80	0.80	1.10	25.00	0.20			
1966	69.40	42.20	1.30	1.87	31.54	0.41			
1967	68.50	42.30	1.00	1.46	31.00	0.31			
1968	68.50	42.40	1.10	1.61	44.55	0.49			
1969	67.80	43.60	1.70	2.51	55.88	0.95	0.40	42.11	0.92
10年小计			**24.85**	**3.78**	**58.03**	**14.42**	**13.29**	**92.16**	**2.88**
占合计%			**28.12**			**26.56**	**25.03**		
1970	67.40	44.80	2.00	2.97	62.50	1.25	0.88	70.40	1.96
1971	66.70	45.76	2.10	3.15	67.62	1.42	1.11	78.17	2.43
1972	66.40	46.09	2.20	3.31	60.91	1.34	1.25	93.28	2.71
1973	66.15	46.42	2.10	3.17	77.62	1.63	1.54	94.48	3.32
1974	65.99	46.89	2.30	3.49	66.52	1.53	1.49	97.39	3.18
1975	65.72	46.77	2.10	3.20	90.48	1.90	1.84	96.84	3.93
1976	65.20	46.54	2.10	3.22	71.90	1.51	1.43	94.70	3.07
1977	65.10	46.03	5.94	9.12	24.92	1.48	1.40	94.59	3.04
1978	64.95	46.09	2.00	3.08	55.00	1.10	1.08	98.18	2.34
1979	64.39	45.69	2.01	3.12	62.69	1.26	1.27	100.79	2.78
10年小计			**19.57**	**3.09**	**107.66**	**21.07**	**21.54**	**102.23**	**4.70**
占合计%			**22.15**			**38.81**	**40.56**		
1980	64.28	45.41	2.20	3.42	88.18	1.94	1.91	98.45	4.21
1981	64.25	45.51	2.15	3.35	97.21	2.09	2.12	101.44	4.66
1982	64.19	45.16	3.05	4.75	106.23	3.24	3.47	107.10	7.68
1983	64.12	45.86	2.98	4.65	88.59	2.64	2.46	93.18	5.36
1984	63.01	45.84	2.89	4.59	130.80	3.78	4.02	106.35	8.77
1985	62.94	46.21	1.95	3.10	112.82	2.20	2.73	124.09	5.91
1986	62.89	45.46	0.98	1.56	131.63	1.29	1.14	88.37	2.51
1987	62.32	46.00	0.88	1.41	127.27	1.12	1.11	99.11	2.41
1988	62.30	46.38	1.22	1.96	112.30	1.37	1.45	105.84	3.13
1989	62.28	46.40	1.27	2.04	110.24	1.40	1.13	80.71	2.44
11年小计			**11.94**	**1.75**	**104.27**	**12.45**	**17.47**	**140.32**	**3.52**
占合计%			**13.51**			**22.93**	**32.90**		
1990	62.26	46.66	1.39	2.23	111.51	1.55	1.21	78.06	2.59
1991	62.10	47.02	1.59	2.56	148.43	2.36	3.87	163.98	8.23
1992	62.01	46.78	1.62	2.61	133.33	2.16			
1993	62.01	47.16	1.31	2.11	81.68	1.07	1.40	130.84	2.97
1994	62.10	45.52	1.51	2.43	90.73	1.37	0.99	72.26	2.17
1995	61.92	44.65	1.74	2.81	71.26	1.24	0.62	50.00	1.39
1996	62.10	44.65	0.90	1.45	100.00	0.90	0.90	100.00	2.02
1997	61.85	44.32	0.78	1.26	106.41	0.83	1.34	161.45	3.02
1998	61.59	43.67	0.62	1.01	80.65	0.50	0.93	186.00	2.13
1999	62.16	43.10	0.36	0.58	97.22	0.35	1.25	*	2.90
2000	61.90	42.84	0.12	0.19	100.00	0.12	4.96	*	11.58

5－20－98　山东省莱芜县历年棉花生产收购

年　度	耕地面积（万亩）	农业人口（万人）	棉田面积（万亩）	占耕地（%）	亩　产（市斤）	产　量（万担）	收购量（万担）	商品率（%）	人均交售（市斤）
52 年合计			**82.34**	**1.72**	**29.94**	**24.65**	**4.13**	**16.75**	**0.11**
11 年小计			**42.80**	**5.43**	**15.92**	**10.31**	**1.68**	**16.29**	**0.27**
占合计%			**51.98**			**41.83**	**40.68**		
1949	90.30	51.20	4.90	5.43	15.92	0.78			
1950	90.70	51.60	5.50	6.06	24.73	1.36			
1951	110.50	53.10	5.50	4.98	13.09	0.72			
1952	111.40	53.20	4.70	4.22	27.23	1.28			
1953	111.50	54.90	4.20	3.77	22.86	0.96			
1954	111.40	55.90	3.80	3.41	16.05	0.61	0.04	6.56	0.07
1955	112.90	57.60	3.10	2.75	25.16	0.78	0.05	6.41	0.09
1956	115.10	58.90	3.50	3.04	34.00	1.19	0.01	0.84	0.02
1957	115.20	60.20	3.00	2.60	20.00	0.60	0.01	1.67	0.02
1958	109.10	59.70	2.60	2.38	46.54	1.21	1.22	100.83	2.04
1959	105.40	60.50	2.00	1.90	41.00	0.82	0.35	42.68	0.58
10 年小计			**18.80**	**1.86**	**24.47**	**4.60**	**0.47**	**10.22**	**0.07**
占合计%			**22.83**			**18.66**	**11.38**		
1960	103.00	60.60	1.20	1.17	20.00	0.24	0.05	20.83	0.08
1961	103.40	63.30	1.50	1.45	23.33	0.35	0.02	5.71	0.03
1962	103.30	66.10	1.80	1.74	21.11	0.38	0.04	10.53	0.06
1963	101.70	68.30	1.70	1.67	11.76	0.20	0.02	10.00	0.03
1964	101.70	69.50	1.80	1.77	17.78	0.32	0.02	6.25	0.03
1965	100.60	71.20	2.10	2.09	23.33	0.49	0.09	18.37	0.13
1966	100.20	73.20	2.20	2.20	28.18	0.62	0.14	22.58	0.19
1967	99.70	75.00	2.30	2.31	34.78	0.80	0.01	1.25	0.01
1968	99.20	77.00	2.00	2.02	30.50	0.61	0.04	6.56	0.05
1969	97.60	78.90	2.20	2.25	26.82	0.59	0.04	6.78	0.05
10 年小计			**16.63**	**1.78**	**32.71**	**5.44**	**1.93**	**35.48**	**0.22**
占合计%			**20.20**			**22.07**	**46.73**		
1970	97.00	80.90	2.40	2.47	35.00	0.84	0.09	10.71	0.11
1971	96.45	81.61	2.10	2.18	30.95	0.65	0.09	13.85	0.11
1972	95.83	83.94	1.70	1.77	34.71	0.59	0.16	27.12	0.19
1973	94.66	85.59	1.90	2.01	44.21	0.84	0.33	39.29	0.39
1974	94.23	86.54	2.00	2.12	27.00	0.54	0.16	29.63	0.18
1975	93.47	87.35	1.40	1.50	35.71	0.50	0.20	40.00	0.23
1976	92.42	87.88	2.10	2.27	29.52	0.62	0.62	100.00	0.71
1977	91.52	88.77	1.80	1.97	30.00	0.54	0.18	33.33	0.20
1978	90.70	89.15	0.81	0.89	27.16	0.22	0.08	36.36	0.09
1979	90.11	89.59	0.42	0.47	23.81	0.10	0.02	20.00	0.02
10 年小计			**1.64**	**0.19**	**61.59**	**1.01**	**0.05**	**4.95**	**0.01**
占合计%			**1.99**			**4.10**	**1.21**		
1980	89.83	89.91	0.17	0.19	35.29	0.06	0.01	16.67	0.01
1981	89.53	89.88	0.14	0.16	57.14	0.08	0.01	12.50	0.01
1982	89.20	90.60	0.73	0.82	64.38	0.47	0.01	2.13	0.01
1983	88.96	91.42	0.24	0.27	62.50	0.15	0.01	6.67	0.01
1984	88.66	91.71	0.15	0.17	73.33	0.11	0.01	9.09	0.01
1985	87.65	91.84	0.06	0.07	66.67	0.04			
1986	87.18	91.84	0.05	0.06	60.00	0.03			
1987	86.67	92.09	0.05	0.06	80.00	0.04			
1988	86.29	92.02	0.02	0.02	100.00	0.02			
1989	85.97	92.35	0.03	0.03	33.33	0.01			
11 年小计			**2.47**	**0.32**	**133.20**	**3.29**			
占合计%			**3.00**			**13.35**			
1990	79.41	79.46	0.17	0.21	111.76	0.19			
1991	79.25	83.46	0.54	0.68	107.41	0.58			
1992	78.77	83.42	0.44	0.56	115.91	0.51			
1993	78.40	81.23	0.30	0.38	143.33	0.43			
1994	78.03	79.87	0.17	0.22	158.82	0.27			
1995	78.35	77.92	0.18	0.23	166.67	0.30			
1996	78.03	77.92	0.18	0.23	166.67	0.30			
1997	78.39	78.98	0.17	0.22	147.06	0.25			
1998	77.86	78.15	0.17	0.22	147.06	0.25			
1999	77.60	78.03	0.15	0.19	140.00	0.21			
2000									

5－21－1　河南省1949－2000年产棉县棉花生产收购明细

县市名	耕地面积（万亩）	农业人口（万人）	棉田面积（万亩）	占耕地（%）	亩产（市斤）	产量（万担）	收购量（万担）	商品率（%）	人均交售（市斤）
全省合计			**52659.17**	**11.00**	**72.39**	**38121.88**	**25930.24**	**68.02**	**10.71**
郑州市			**521.74**	**4.19**	**53.95**	**281.47**	**267.46**	**95.02**	**3.66**
新郑市			77.04	1.90	36.03	27.76	43.52	156.77	2.00
巩义市			262.56	8.43	38.75	101.73	89.67	88.15	3.19
中牟县			182.14	3.45	83.44	151.98	134.27	88.35	5.79
开封市			**3992.08**	**12.58**	**86.08**	**3436.19**	**1976.58**	**57.52**	**14.89**
开封县			459.29	6.64	65.46	300.66	131.67	43.79	5.23
杞　县			1231.83	14.36	89.49	1102.41	595.74	54.04	16.92
通许县			724.62	16.84	85.26	617.81	367.09	59.42	18.59
尉氏县			953.09	14.45	95.11	906.52	528.19	58.27	17.69
兰考县			623.25	11.67	81.63	508.79	353.89	69.56	15.54
洛阳市			**2595.17**	**8.63**	**35.64**	**924.92**	**852.52**	**92.17**	**5.16**
偃师市			577.64	14.14	51.76	298.98	273.88	91.60	9.13
孟津县			292.57	8.92	40.11	117.34	104.37	88.94	6.06
新安县			163.33	4.81	28.77	46.99	32.28	68.70	1.72
宜阳县			422.92	8.33	32.60	137.87	124.96	90.64	5.48
伊川县			569.88	12.48	29.23	166.58	180.65	108.45	7.27
汝阳县			215.99	9.45	34.16	73.79	77.23	104.66	5.16
嵩　县			165.19	5.28	26.34	43.51	31.57	72.56	1.60
洛宁县			187.65	4.42	21.24	39.86	27.58	69.19	1.62
三门峡市			**1648.37**	**18.66**	**44.64**	**735.75**	**676.73**	**91.98**	**18.33**
灵宝县			1256.33	22.53	44.86	563.60	495.20	87.86	20.05
陕　县			392.04	12.04	43.91	172.15	181.53	105.45	14.85
平顶山市			**587.31**	**10.61**	**32.39**	**190.21**	**157.19**	**82.64**	**5.04**
汝州市			587.31	10.61	32.39	190.21	157.19	82.64	5.04
焦作市			**1626.42**	**11.42**	**66.95**	**1088.90**	**857.22**	**78.72**	**9.85**
孟州市			336.09	15.51	65.56	220.35	170.61	77.43	13.34
沁阳市			193.12	8.50	64.85	125.24	109.82	87.69	7.38
武陟县			312.29	9.01	61.49	192.04	149.10	77.64	6.85
温　县			190.39	9.12	64.40	122.62	83.96	68.47	5.92
博爱县			260.96	12.73	76.53	199.72	172.46	86.35	12.61
修武县			333.57	15.14	68.63	228.93	171.27	74.81	17.65
鹤壁市			**830.53**	**10.94**	**80.75**	**670.66**	**592.09**	**88.28**	**18.54**
浚　县			520.78	9.20	91.59	476.99	422.15	88.50	17.89
淇　县			309.75	15.99	62.52	193.67	169.94	87.75	20.39
新乡市			**3898.84**	**12.20**	**74.39**	**2900.29**	**2158.44**	**74.42**	**13.42**
新乡县			750.25	28.13	103.00	772.73	712.51	92.21	48.13
卫辉县			391.54	12.04	73.34	287.16	189.41	65.96	12.81
获嘉县			596.13	24.33	73.15	436.08	362.49	83.12	28.00
辉　县			439.17	8.79	46.96	206.25	194.79	94.44	7.36
原阳县			369.78	7.82	66.59	246.22	166.58	67.65	7.82
延津县			497.90	13.64	75.13	374.05	218.29	58.36	12.24
封丘县			526.09	10.19	75.44	396.90	206.93	52.14	8.32
长垣县			327.98	6.48	55.16	180.90	107.44	59.39	3.86
安阳市			**5060.63**	**18.28**	**67.88**	**3434.91**	**2320.47**	**67.56**	**15.04**
安阳县			1991.76	28.70	55.77	1110.83	871.47	78.45	21.22
林　县			326.29	7.13	47.13	153.77	110.84	72.08	2.99
内黄县			684.73	23.14	116.55	798.07	391.28	49.03	22.66
滑　县			1104.65	11.96	76.68	847.07	497.76	58.76	11.63
汤阴县			953.20	24.05	55.10	525.17	449.12	85.52	27.80
许昌市			**818.45**	**28.32**	**119.78**	**980.36**	**540.18**	**55.10**	**34.75**
鄢陵县			818.45	28.32	119.78	980.36	540.18	55.10	34.75

5－21－1续表

县市名	耕地面积（万亩）	农业人口（万人）	棉田面积（万亩）	占耕地（%）	亩　产（市斤）	产　量（万担）	收购量（万担）	商品率（%）	人均交售（市斤）
濮阳市			**2009.12**	**10.56**	**67.69**	**1360.05**	**820.76**	**60.35**	**8.56**
濮阳县			705.95	8.50	57.78	407.87	227.41	55.76	5.76
清丰县			718.86	15.68	69.43	499.08	320.08	64.13	13.56
南乐县			403.35	12.68	85.21	343.70	208.97	60.80	12.53
范　县			180.96	6.11	60.46	109.40	64.30	58.78	3.99
漯河市			**496.16**	**4.98**	**94.49**	**468.80**	**231.87**	**49.46**	**4.00**
临颍县			237.46	5.55	110.86	263.25	137.47	52.22	5.69
偃城县			258.70	4.56	79.45	205.55	94.40	45.93	2.80
南阳市			**7369.43**	**11.61**	**76.13**	**5610.19**	**4256.12**	**75.86**	**14.16**
宛城区			1625.73	19.67	97.29	1581.65	1352.17	85.49	34.88
邓州市			1276.99	10.39	67.52	862.25	648.61	75.22	12.08
新野县			1093.90	20.02	89.74	981.67	766.01	78.03	28.93
唐河县			1353.68	12.30	65.31	884.15	614.00	69.45	13.42
卧龙区			155.54	15.61	96.83	150.61	131.05	87.01	18.73
内乡县			243.85	6.02	53.54	130.55	98.23	75.24	3.96
方城县			587.00	6.59	52.74	309.56	217.45	70.24	5.71
社旗县			537.48	12.85	81.74	439.36	271.41	61.77	15.07
镇平县			335.46	5.89	64.64	216.84	116.38	53.67	3.40
桐柏县			159.80	6.05	33.51	53.55	40.81	76.21	2.96
商丘市			**6763.69**	**13.04**	**78.70**	**5322.76**	**3702.55**	**69.56**	**14.16**
商丘县			1270.01	15.62	83.98	1066.51	687.74	64.49	17.91
永城县			914.50	9.90	71.49	653.79	388.34	59.40	8.55
民权县			836.79	15.26	81.51	682.03	472.79	69.32	17.66
睢　县			776.03	15.90	72.41	561.90	416.63	74.15	15.77
柘城县			813.87	14.23	95.83	779.91	762.10	97.72	24.52
宁陵县			383.39	10.34	77.75	298.08	177.71	59.62	9.23
虞城县			1032.19	13.55	76.41	788.72	492.00	62.38	13.29
夏邑县			736.91	10.40	66.74	491.82	305.24	62.06	8.25
周口地区			**9176.27**	**14.50**	**88.92**	**8159.37**	**4957.12**	**60.75**	**14.57**
扶沟县			1757.86	27.96	108.36	1904.80	1390.08	72.98	57.26
西华县			1072.00	17.73	94.69	1015.07	581.36	57.27	20.55
鹿邑县			865.35	12.54	102.43	886.34	496.74	56.04	12.80
郸城县			869.61	10.62	79.44	690.82	346.35	50.14	8.10
淮阳县			994.05	12.56	78.50	780.31	473.72	60.71	10.52
太康县			2173.48	23.18	87.54	1902.61	1183.18	62.19	26.82
商水县			570.06	7.52	64.08	365.32	173.20	47.41	4.32
沈丘县			459.49	8.21	73.16	336.15	171.32	50.97	4.31
项城县			414.37	7.70	67.08	277.95	141.17	50.79	3.80
信阳地区			**1990.20**	**4.83**	**46.33**	**922.05**	**527.54**	**57.21**	**2.41**
罗山县			200.02	4.20	42.20	84.41	48.19	57.09	1.95
信阳县			229.44	4.07	38.27	87.80	43.57	49.62	1.21
光山县			235.40	5.15	36.12	85.03	38.10	44.81	1.36
息　县			507.49	6.33	61.53	312.26	195.01	62.45	6.43
淮滨县			262.34	5.60	60.91	159.80	81.33	50.89	3.81
潢川县			252.94	4.82	34.99	88.50	60.11	67.92	2.38
固始县			302.57	3.65	34.45	104.25	61.23	58.73	1.15
驻马店地区			**3274.76**	**5.77**	**49.93**	**1634.99**	**1035.40**	**63.33**	**4.03**
上蔡县			606.08	7.11	48.69	295.12	223.03	75.57	4.77
正阳县			231.29	2.80	34.56	79.93	30.52	38.18	1.19
确山县			135.99	2.32	29.02	39.46	20.66	52.36	0.94
泌阳县			501.94	6.52	54.17	271.88	181.63	66.81	5.58
汝南县			393.05	5.32	45.23	177.79	105.63	59.41	3.50
平舆县			401.92	6.22	40.49	162.74	108.28	66.54	3.27
西平县			237.61	4.43	49.25	117.03	104.72	89.48	3.39
新蔡县			766.88	10.59	64.03	491.04	260.93	53.14	7.30

5-21-2 河南省1949-1959年产棉县棉花生产收购明细

县市名	耕地面积（万亩）	农业人口（万人）	棉田面积（万亩）	占耕地（%）	亩产（市斤）	产量（万担）	收购量（万担）	商品率（%）	人均交售（市斤）
全省合计			**9842.64**	**8.83**	**27.77**	**2733.12**	**1931.44**	**70.67**	**5.55**
郑州市			**179.99**	**5.88**	**32.35**	**58.22**	**34.82**	**59.81**	**3.14**
新郑市			28.37	2.77	17.98	5.10	1.15	22.55	0.35
巩义市			137.01	18.02	36.74	50.34	32.38	64.32	7.18
中牟县			14.61	1.15	19.03	2.78	1.29	46.40	0.40
开封市			**568.49**	**7.18**	**26.88**	**152.83**	**96.74**	**63.30**	**5.13**
开封县			124.62	6.40	24.50	30.53	20.81	68.16	5.13
杞县			194.80	7.93	31.57	61.50	43.60	70.89	8.83
通许县			105.57	10.48	26.65	28.13	18.24	64.84	6.38
尉氏县			77.60	5.13	22.90	17.77	6.87	38.66	1.59
兰考县			65.90	6.66	22.61	14.90	7.22	48.46	2.70
洛阳市			**984.90**	**13.74**	**23.45**	**230.95**	**150.98**	**65.37**	**6.17**
偃师市			175.37	19.69	34.95	61.30	45.23	73.78	10.41
孟津县			115.47	15.16	33.13	38.26	21.09	55.12	7.42
新安县			72.20	8.82	18.82	13.59	5.82	42.83	2.15
宜阳县			146.55	12.04	18.18	26.64	16.13	60.55	4.75
伊川县			257.16	24.52	20.73	53.32	42.84	80.35	12.06
汝阳县			69.65	12.22	18.74	13.05	6.80	52.10	3.22
嵩县			65.98	8.35	16.37	10.80	3.64	33.70	1.23
洛宁县			82.52	7.72	16.95	13.99	9.43	67.41	3.69
三门峡市			**653.69**	**29.58**	**43.74**	**285.95**	**257.21**	**89.95**	**49.79**
灵宝县			499.09	34.11	44.29	221.06	187.35	84.75	54.15
陕县			154.60	20.70	41.97	64.89	69.86	107.66	40.95
平顶山市			**215.27**	**15.68**	**24.84**	**53.47**	**35.16**	**65.76**	**8.06**
汝州市			215.27	15.68	24.84	53.47	35.16	65.76	8.06
焦作市			**458.54**	**12.57**	**29.08**	**133.35**	**104.76**	**78.56**	**8.18**
孟州市			103.01	19.78	33.22	34.22	26.96	78.78	12.57
沁阳市			44.22	8.29	28.34	12.53	8.58	68.48	4.08
武陟县			86.42	10.55	34.66	29.95	22.43	74.89	6.81
温县			49.85	10.17	26.26	13.09	7.51	57.37	3.66
博爱县			87.06	13.77	25.01	21.77	19.64	90.22	11.95
修武县			87.98	13.48	24.77	21.79	19.64	90.13	12.49
鹤壁市			**210.94**	**11.23**	**26.82**	**56.57**	**26.52**	**46.88**	**5.43**
浚县			134.51	9.46	25.69	34.55	26.52	76.76	7.13
淇县			76.43	16.76	28.81	22.02			
新乡市			**899.69**	**11.17**	**30.49**	**274.29**	**234.84**	**85.62**	**8.96**
新乡县			232.19	34.23	41.34	95.98	95.10	99.08	45.05
卫辉县			65.45	8.42	31.05	20.32	15.04	74.02	7.48
获嘉县			163.62	28.05	39.34	64.37	56.10	87.15	29.08
辉县			145.13	12.13	25.96	37.68	29.10	77.23	7.58
原阳县			104.46	7.87	19.26	20.12	16.11	80.07	4.67
延津县			70.14	7.03	18.63	13.07	10.18	77.89	2.26
封丘县			56.91	4.66	18.96	10.79	5.80	53.75	1.53
长垣县			61.79	4.84	19.36	11.96	7.41	61.96	1.63
安阳市			**1235.06**	**19.87**	**36.11**	**445.93**	**329.87**	**73.97**	**15.23**
安阳县			618.40	38.63	39.97	247.18	173.62	70.24	30.40
林县			115.50	10.71	34.85	40.25	29.46	73.19	5.33
内黄县									
滑县			187.15	8.41	25.62	47.95	28.77	60.00	4.12
汤阴县			314.01	23.91	35.21	110.55	98.02	88.67	28.58
许昌市									
鄢陵县									

5－21－2 续表

县市名	耕地面积（万亩）	农业人口（万人）	棉田面积（万亩）	占耕地（%）	亩产（市斤）	产量（万担）	收购量（万担）	商品率（%）	人均交售（市斤）
濮阳市			**390.03**	**8.08**	**39.74**	**155.01**	**110.30**	**71.16**	**7.11**
濮阳县			162.87	7.19	35.43	57.71	39.40	68.27	5.62
清丰县			144.78	13.99	50.86	73.64	55.50	75.37	15.13
南乐县			61.90	8.24	37.64	23.30	15.40	66.09	6.43
范　县			20.48	2.63	1.76	0.36			
漯河市			**65.97**	**2.73**	**19.78**	**13.05**	**3.14**	**24.06**	**0.35**
临颍县			29.20	2.83	19.21	5.61	1.37	24.42	0.37
偃城县			36.77	2.65	20.23	7.44	1.77	23.79	0.33
南阳市			**911.06**	**7.15**	**23.43**	**213.43**	**162.60**	**76.18**	**3.99**
宛城区			89.89	4.68	30.94	27.81	24.05	86.48	4.02
邓州市			210.23	10.17	24.05	50.55	39.77	78.67	6.63
新野县			144.05	11.72	31.46	45.32	40.62	89.63	10.90
唐河县			213.88	9.13	20.21	43.23	29.52	68.29	4.20
卧龙区			12.62	8.51	38.67	4.88	1.92	39.34	4.09
内乡县			48.84	5.25	16.69	8.15	4.20	51.53	1.01
方城县			100.44	4.42	14.00	14.06	10.90	77.52	1.66
社旗县									
镇平县			32.81	2.71	26.97	8.85	5.50	62.15	1.09
桐柏县			58.30	9.46	18.15	10.58	6.12	57.84	3.43
商丘市			**1070.13**	**8.93**	**23.63**	**252.85**	**154.11**	**60.95**	**4.24**
商丘县			195.60	10.62	22.85	44.69	21.30	47.66	3.83
永城县			149.96	6.61	20.36	30.53	16.34	53.52	2.39
民权县			97.75	8.15	21.96	21.47	19.77	92.08	5.74
睢　县			168.17	13.79	27.13	45.62	33.93	74.38	8.99
柘城县			109.37	8.63	24.28	26.55	14.23	53.60	3.33
宁陵县			73.53	8.87	26.21	19.27	13.35	69.28	5.83
虞城县			146.76	8.49	22.29	32.72	20.36	62.22	3.96
夏邑县			128.99	7.90	24.81	32.00	14.83	46.34	2.93
周口地区			**1038.38**	**7.15**	**25.34**	**263.10**	**164.31**	**62.45**	**3.51**
扶沟县			117.94	8.12	26.79	31.60	25.60	81.01	7.08
西华县			86.19	6.02	25.95	22.37	12.02	53.73	3.30
鹿邑县			59.59	3.66	25.57	15.24	7.19	47.18	1.24
郸城县			83.39	4.66	18.84	15.71	9.47	60.28	1.67
淮阳县			148.09	8.39	23.49	34.78	19.63	56.44	3.21
太康县			333.55	15.74	31.19	104.03	80.50	77.38	13.71
商水县			100.93	5.50	16.34	16.49			
沈丘县			53.62	4.17	24.43	13.10	4.61	35.19	0.85
项城县			55.08	4.54	17.76	9.78	5.29	54.09	1.11
信阳地区			**377.60**	**3.77**	**11.57**	**43.69**	**9.46**	**21.65**	**0.30**
罗山县			42.40	3.66	10.66	4.52	1.54	34.07	0.48
信阳县			47.70	3.65	14.86	7.09	0.94	13.26	0.20
光山县			65.10	6.07	13.13	8.55	2.59	30.29	0.58
息　县			68.30	3.57	11.74	8.02	0.59	7.36	0.13
淮滨县			36.20	2.89	7.18	2.60	1.32	50.77	0.37
潢川县			42.50	3.61	7.01	2.98	1.02	34.23	0.29
固始县			75.40	3.55	13.17	9.93	1.46	14.70	0.19
驻马店地区			**582.90**	**4.34**	**17.23**	**100.43**	**56.62**	**56.38**	**1.49**
上蔡县			104.36	5.44	21.37	22.30	12.58	56.41	1.93
正阳县			69.73	3.55	14.56	10.15	3.77	37.14	0.94
确山县			34.27	2.49	13.63	4.67	2.11	45.18	0.67
泌阳县			85.93	4.74	16.29	14.00	13.25	94.64	2.77
汝南县			72.74	3.84	20.65	15.02	9.87	65.71	2.04
平舆县			75.38	4.76	12.60	9.50	3.74	39.37	0.76
西平县			39.99	3.55	22.46	8.98	3.89	43.32	0.87
新蔡县			100.50	5.76	15.73	15.81	7.41	46.87	1.37

5－21－3　河南省1960－1969年产棉县棉花生产收购明细

县市名	耕地面积（万亩）	农业人口（万人）	棉田面积（万亩）	占耕地（%）	亩产（市斤）	产量（万担）	收购量（万担）	商品率（%）	人均交售（市斤）
全省合计			**7084.65**	**7.58**	**39.40**	**2791.32**	**2311.96**	**82.83**	**6.16**
郑州市			**112.39**	**4.58**	**35.13**	**39.48**	**29.15**	**73.83**	**2.52**
新郑市			12.11	1.50	31.21	3.78	1.00	26.46	0.29
巩义市			79.62	12.86	37.53	29.88	25.57	85.58	5.83
中牟县			20.66	2.02	28.17	5.82	2.58	44.33	0.69
开封市			**350.69**	**5.71**	**31.75**	**111.35**	**86.24**	**77.45**	**4.14**
开封县			50.17	3.89	19.15	9.61	7.18	74.71	1.80
杞　县			106.30	6.02	32.64	34.70	27.40	78.96	4.99
通许县			70.53	8.39	29.80	21.02	16.21	77.12	5.26
尉氏县			78.04	5.98	42.58	33.23	26.73	80.43	5.65
兰考县			45.65	4.85	28.02	12.79	8.72	68.18	2.47
洛阳市			**601.50**	**9.94**	**31.38**	**188.72**	**167.53**	**88.77**	**6.30**
偃师市			125.59	15.40	40.27	50.58	43.47	85.94	8.94
孟津县			74.69	11.28	36.74	27.44	24.60	89.65	8.68
新安县			33.30	4.94	19.43	6.47	2.62	40.49	0.86
宜阳县			96.70	9.55	33.63	32.52	28.43	87.42	8.01
伊川县			140.59	15.62	25.91	36.43	32.21	88.42	8.51
汝阳县			47.58	10.47	34.83	16.57	16.39	98.91	6.80
嵩　县			39.51	5.98	23.32	9.21	12.70	137.85	3.78
洛宁县			43.54	5.00	21.82	9.50	7.11	74.84	2.58
三门峡市			**406.81**	**22.44**	**34.30**	**139.52**	**135.72**	**97.28**	**22.21**
灵宝县			307.30	26.89	35.63	109.48	106.09	96.90	26.29
陕　县			99.51	14.86	30.19	30.04	29.63	98.64	14.27
平顶山市			**135.05**	**12.55**	**17.12**	**23.12**	**22.69**	**98.14**	**4.71**
汝州市			135.05	12.55	17.12	23.12	22.69	98.14	4.71
焦作市			**320.52**	**11.57**	**37.12**	**118.98**	**105.17**	**88.39**	**7.37**
孟州市			74.08	16.31	38.97	28.87	26.74	92.62	11.81
沁阳市			37.49	8.41	38.57	14.46	10.31	71.30	4.13
武陟县			62.73	9.26	33.06	20.74	18.11	87.32	5.31
温　县			40.73	9.18	34.27	13.96	10.42	74.64	4.18
博爱县			43.05	12.00	45.67	19.66	18.63	94.75	8.80
修武县			62.44	15.94	34.10	21.29	20.96	98.45	14.08
鹤壁市			**155.62**	**10.69**	**174.41**	**271.42**	**215.83**	**79.52**	**43.99**
浚　县			84.53	7.76	257.51	217.67	193.12	88.72	53.24
淇　县			71.09	19.41	75.61	53.75	22.71	42.25	17.76
新乡市			**576.71**	**9.52**	**43.28**	**249.60**	**221.47**	**88.73**	**8.89**
新乡县			127.74	25.59	68.57	87.59	85.34	97.43	36.58
卫辉县			60.36	9.57	33.48	20.21	17.30	85.60	7.51
获嘉县			119.70	25.57	48.36	57.89	55.30	95.53	27.59
辉　县			102.26	10.63	32.83	33.57	28.57	85.11	6.41
原阳县			42.66	4.91	29.18	12.45	9.61	77.19	2.85
延津县			35.44	5.33	25.51	9.04	6.91	76.44	2.86
封丘县			39.07	3.97	26.87	10.50	5.61	53.43	1.48
长垣县			49.48	5.05	37.09	18.35	12.83	69.92	3.02
安阳市			**822.80**	**17.27**	**42.82**	**352.32**	**325.27**	**92.32**	**15.35**
安阳县			449.20	33.18	47.66	214.08	202.49	94.59	32.14
林　县			56.60	6.35	35.27	19.96	13.39	67.08	2.24
内黄县									
滑　县			113.91	6.44	35.06	39.94	33.88	84.83	5.34
汤阴县			203.09	27.11	38.57	78.34	75.51	96.39	29.26
许昌市									
鄢陵县									

5－21－3 续表

县市名	耕地面积（万亩）	农业人口（万人）	棉田面积（万亩）	占耕地（%）	亩产（市斤）	产量（万担）	收购量（万担）	商品率（%）	人均交售（市斤）
濮阳市			**282.90**	**7.39**	**30.12**	**85.22**	**59.08**	**69.33**	**3.65**
濮阳县			81.56	4.66	29.92	24.40	17.85	73.16	2.53
清丰县			148.08	17.00	30.35	44.94	31.63	70.38	8.11
南乐县			27.34	4.27	32.59	8.91	6.22	69.81	2.34
范　县			25.92	4.59	26.89	6.97	3.38	48.49	1.31
漯河市			**64.09**	**3.28**	**37.28**	**23.89**	**35.31**	**147.80**	**3.73**
临颍县			20.30	2.39	30.20	6.13	22.68	*	5.91
郾城县			43.79	3.96	40.56	17.76	12.63	71.11	2.25
南阳市			**1003.92**	**7.77**	**40.97**	**411.32**	**352.60**	**85.72**	**7.41**
宛城区			161.68	9.43	52.26	84.49	74.57	88.26	11.47
邓州市			203.82	7.53	28.65	58.39	49.46	84.71	5.23
新野县			121.16	11.12	52.11	63.14	57.32	90.78	14.16
唐河县			194.22	8.59	42.64	82.82	70.86	85.56	10.33
卧龙区			13.92	10.77	59.48	8.28	6.80	82.13	11.03
内乡县			44.57	5.51	33.97	15.14	12.04	79.52	2.96
方城县			112.07	6.16	29.73	33.32	29.20	87.64	4.76
社旗县			66.76	9.34	56.10	37.45	32.27	86.17	14.61
镇平县			52.26	4.62	36.53	19.09	12.84	67.26	2.31
桐柏县			33.46	6.15	27.50	9.20	7.24	78.70	3.42
商丘市			**547.85**	**5.36**	**29.81**	**163.32**	**107.18**	**65.63**	**2.57**
商丘县			93.40	5.99	22.68	21.18	15.70	74.13	2.71
永城县			72.37	3.84	34.41	24.90	14.70	59.04	2.04
民权县			68.34	6.19	37.59	25.69	18.25	71.04	4.33
睢　县			76.95	8.23	35.87	27.60	21.13	76.57	5.03
柘城县			60.54	5.35	32.66	19.77	12.66	64.04	2.54
宁陵县			28.30	3.87	28.76	8.14	4.20	51.60	1.33
虞城县			83.86	5.62	22.56	18.92	10.96	57.93	1.79
夏邑县			64.09	4.62	26.71	17.12	9.58	55.96	1.59
周口地区			**802.48**	**6.43**	**36.86**	**295.82**	**228.74**	**77.32**	**4.30**
扶沟县			119.23	9.67	42.00	50.08	44.81	89.48	11.55
西华县			91.84	7.83	36.78	33.78	31.23	92.45	7.09
鹿邑县			54.75	4.12	44.04	24.11	15.56	64.54	2.73
郸城县			71.41	4.37	33.71	24.07	14.21	59.04	2.14
淮阳县			91.70	5.83	29.66	27.20	23.72	87.21	3.38
太康县			201.79	10.77	36.42	73.49	63.52	86.43	9.31
商水县			78.01	5.26	33.46	26.10	16.38	62.76	2.49
沈丘县			51.10	4.57	43.09	22.02	14.23	64.62	2.28
项城县			42.65	4.03	35.10	14.97	5.08	33.93	0.86
信阳地区			**319.70**	**3.85**	**28.25**	**90.31**	**49.92**	**55.28**	**1.52**
罗山县			32.80	3.52	25.55	8.38	4.20	50.12	1.09
信阳县			41.20	3.55	25.95	10.69	5.04	47.15	0.87
光山县			42.60	4.32	25.14	10.71	3.17	29.60	0.76
息　县			56.30	3.52	44.05	24.80	15.09	60.85	3.54
淮滨县			30.70	3.36	25.24	7.75	4.82	62.19	1.61
潢川县			47.00	4.41	24.39	11.46	6.34	55.32	1.61
固始县			69.10	4.18	23.91	16.52	11.26	68.16	1.44
驻马店地区			**581.61**	**5.19**	**39.02**	**226.92**	**170.06**	**74.94**	**4.37**
上蔡县			116.33	6.86	41.54	48.32	39.49	81.73	5.58
正阳县			44.45	2.69	22.95	10.20	6.32	61.96	1.67
确山县			34.47	3.01	18.36	6.33	3.36	53.08	1.00
泌阳县			84.35	5.47	45.71	38.56	32.77	84.98	6.51
汝南县			75.81	5.32	41.82	31.70	15.51	48.93	3.38
平舆县			75.16	5.90	35.19	26.45	21.88	82.72	4.49
西平县			56.79	5.42	44.25	25.13	19.73	78.51	3.84
新蔡县			94.25	6.67	42.68	40.23	31.00	77.06	6.06

5-21-4 河南省1970-1979年产棉县棉花生产收购明细

县市名	耕地面积（万亩）	农业人口（万人）	棉田面积（万亩）	占耕地（%）	亩产（市斤）	产量（万担）	收购量（万担）	商品率（%）	人均交售（市斤）
全省合计			**8525.66**	**9.33**	**55.39**	**4722.11**	**4069.16**	**86.17**	**8.41**
郑州市			**65.24**	**2.74**	**33.94**	**22.14**	**10.14**	**45.80**	**0.70**
新郑市			19.45	2.49	31.31	6.09	2.63	43.19	0.60
巩义市			17.54	2.93	46.58	8.17	4.35	53.24	0.79
中牟县			28.25	2.81	27.89	7.88	3.16	40.10	0.67
开封市			**383.89**	**6.34**	**44.11**	**169.33**	**125.92**	**74.36**	**4.86**
开封县			47.92	3.84	28.69	13.75	7.16	52.07	1.47
杞县			102.50	6.10	38.83	39.80	26.60	66.83	3.90
通许县			67.66	8.27	49.22	33.30	27.88	83.72	7.29
尉氏县			107.01	8.45	59.66	63.84	50.65	79.34	8.57
兰考县			58.80	5.64	31.70	18.64	13.63	73.12	3.03
洛阳市			**571.30**	**9.99**	**47.63**	**272.13**	**234.52**	**86.18**	**7.06**
偃师市			134.83	16.95	61.60	83.06	73.01	87.90	12.02
孟津县			66.67	10.57	47.70	31.80	27.05	85.06	7.75
新安县			35.47	5.49	48.35	17.15	12.93	75.39	3.35
宜阳县			101.08	10.54	49.57	50.11	45.35	90.50	10.05
伊川县			99.73	11.46	42.86	42.74	36.70	85.87	7.61
汝阳县			53.31	12.50	45.26	24.13	22.00	91.17	7.39
嵩县			35.12	5.88	33.43	11.74	8.67	73.85	2.13
洛宁县			45.09	5.68	25.28	11.40	8.81	77.28	2.60
三门峡市			**296.49**	**17.91**	**50.14**	**148.67**	**142.16**	**95.62**	**18.47**
灵宝县			220.77	21.58	50.31	111.06	106.66	96.04	20.90
陕县			75.72	11.97	49.67	37.61	35.50	94.39	13.68
平顶山市			**126.45**	**12.14**	**32.08**	**40.56**	**35.01**	**86.32**	**5.72**
汝州市			126.45	12.14	32.08	40.56	35.01	86.32	5.72
焦作市			**329.11**	**12.40**	**74.84**	**246.32**	**227.67**	**92.43**	**12.92**
孟州市			70.83	16.47	71.11	50.37	47.68	94.66	17.94
沁阳市			43.92	10.14	78.98	34.69	30.21	87.09	10.05
武陟县			61.36	9.25	56.01	34.37	30.07	87.49	6.93
温县			42.33	10.89	78.79	33.35	29.42	88.22	10.44
博爱县			45.16	12.95	103.10	46.56	45.98	98.75	15.96
修武县			65.51	16.82	71.71	46.98	44.31	94.32	23.08
鹤壁市			**162.16**	**11.63**	**51.30**	**83.18**	**75.06**	**90.24**	**11.70**
浚县			89.50	8.58	42.15	37.72	32.05	84.97	6.82
淇县			72.66	20.69	62.57	45.46	43.01	94.61	25.06
新乡市			**591.38**	**9.96**	**61.26**	**362.27**	**327.18**	**90.31**	**10.42**
新乡县			114.55	23.33	115.29	132.07	125.16	94.77	42.27
卫辉县			67.24	10.95	51.41	34.57	31.22	90.31	10.41
获嘉县			110.66	23.89	70.87	78.43	75.04	95.68	29.12
辉县			92.62	9.77	51.99	48.15	44.49	92.40	8.15
原阳县			44.89	5.37	44.44	19.95	16.40	82.21	3.89
延津县			40.43	6.15	34.55	13.97	11.28	80.74	3.67
封丘县			53.80	5.48	27.75	14.93	8.30	55.59	1.70
长垣县			67.19	7.07	30.06	20.20	15.29	75.69	2.93
安阳市			**796.55**	**14.35**	**53.66**	**427.46**	**371.54**	**86.92**	**11.81**
安阳县			351.40	26.66	61.56	216.33	204.43	94.50	25.06
林县			49.00	5.51	66.06	32.37	28.84	89.09	3.89
内黄县			63.58	6.50	42.64	27.11			
滑县			165.66	9.66	40.53	67.14	57.58	85.76	7.13
汤阴县			166.91	25.72	50.63	84.51	80.69	95.48	26.93
许昌市			**88.71**	**9.30**	**82.10**	**72.83**	**61.36**	**84.25**	**14.12**
鄢陵县			88.71	9.30	82.10	72.83	61.36	84.25	14.12

5－21－4 续表

县 市 名	耕地面积（万亩）	农业人口（万人）	棉田面积（万亩）	占耕地（%）	亩 产（市斤）	产 量（万担）	收购量（万担）	商品率（%）	人均交售（市斤）
濮阳市			**292.10**	**7.80**	**38.67**	**112.96**	**88.49**	**78.34**	**4.49**
濮阳县			117.88	6.84	33.76	39.80	29.37	73.79	3.38
清丰县			90.65	10.41	48.22	43.71	37.59	86.00	8.12
南乐县			58.30	9.62	43.16	25.16	20.05	79.69	6.21
范　县			25.27	4.65	16.98	4.29	1.48	34.50	0.47
漯河市			**46.66**	**2.52**	**55.77**	**26.02**	**31.34**	**120.45**	**2.73**
临颍县			14.56	1.83	46.84	6.82	19.43	*	4.12
偃城县			32.10	3.04	59.81	19.20	11.91	62.03	1.76
南阳市			**1287.49**	**10.25**	**64.44**	**829.66**	**746.77**	**90.01**	**12.38**
宛城区			294.29	17.80	84.45	248.52	235.00	94.56	28.48
邓州市			185.46	7.32	54.45	100.99	85.43	84.59	7.72
新野县			138.16	13.27	90.55	125.10	115.15	92.04	22.18
唐河县			229.25	10.88	50.89	116.66	104.07	89.21	11.73
卧龙区			13.76	12.11	79.43	10.93	9.98	91.31	12.01
内乡县			51.82	6.72	51.60	26.74	22.49	84.11	4.56
方城县			136.81	8.64	52.79	72.22	63.40	87.79	8.78
社旗县			129.02	11.17	58.30	75.22	68.58	91.17	15.50
镇平县			71.68	6.50	51.90	37.20	30.23	81.26	4.52
桐柏县			37.24	7.50	43.18	16.08	12.44	77.36	4.35
商丘市			**1061.25**	**10.81**	**51.70**	**548.69**	**463.27**	**84.43**	**9.14**
商丘县			171.36	11.01	55.81	95.63	82.50	86.27	11.39
永城县			165.37	9.77	55.90	92.45	77.32	83.63	8.88
民权县			128.78	12.11	50.04	64.44	54.22	84.14	10.24
睢　县			110.14	12.26	56.18	61.88	52.51	84.86	10.14
柘城县			124.95	11.22	56.95	71.16	61.76	86.79	10.29
宁陵县			46.09	6.47	43.13	19.88	14.06	70.72	3.72
虞城县			167.89	11.62	49.47	83.06	71.14	85.65	9.81
夏邑县			146.67	11.01	41.04	60.19	49.76	82.67	6.88
周口地区			**1168.36**	**9.74**	**63.10**	**737.21**	**605.14**	**82.09**	**9.02**
扶沟县			134.57	11.12	65.97	88.78	72.48	81.64	15.74
西华县			100.18	8.78	54.79	54.89	49.14	89.52	8.63
鹿邑县			140.58	10.79	55.74	78.36	67.28	85.86	9.07
郸城县			131.68	8.49	66.56	87.64	58.67	66.94	7.03
淮阳县			150.59	10.09	62.53	94.17	83.90	89.09	9.44
太康县			221.85	12.45	68.31	151.54	126.80	83.67	14.46
商水县			104.30	7.33	60.73	63.34	52.29	82.55	6.43
沈丘县			92.93	8.74	68.07	63.26	52.23	82.56	6.68
项城县			91.68	8.96	60.24	55.23	42.35	76.68	5.71
信阳地区			**511.50**	**6.72**	**44.91**	**229.69**	**185.64**	**80.82**	**4.15**
罗山县			43.90	4.94	46.92	20.60	15.48	75.15	2.97
信阳县			57.60	5.48	38.75	22.32	17.05	76.39	2.27
光山县			53.60	6.40	45.41	24.34	16.50	67.79	2.84
息　县			127.90	8.57	48.15	61.58	53.21	86.41	8.96
淮滨县			67.70	8.10	45.26	30.64	24.26	79.18	5.81
潢川县			87.20	8.76	45.70	39.85	35.11	88.11	6.70
固始县			73.60	4.89	41.25	30.36	24.03	79.15	2.22
驻马店地区			**747.02**	**7.14**	**52.61**	**392.99**	**337.95**	**85.99**	**6.61**
上蔡县			155.08	9.61	56.41	87.48	75.14	85.89	8.08
正阳县			58.87	3.90	38.95	22.93	14.53	63.37	2.87
确山县			46.62	4.36	34.15	15.92	12.01	75.44	2.69
泌阳县			101.79	7.14	60.70	61.79	53.74	86.97	8.41
汝南县			88.71	6.65	41.18	36.53	31.76	86.94	5.28
平舆县			93.72	7.99	55.07	51.61	42.16	81.69	6.52
西平县			75.63	7.36	54.04	40.87	45.54	111.43	7.09
新蔡县			126.60	9.62	59.92	75.86	63.07	83.14	8.99

5－21－5　河南省1980－1989年产棉县棉花生产收购明细

县市名	耕地面积（万亩）	农业人口（万人）	棉田面积（万亩）	占耕地（%）	亩产（市斤）	产量（万担）	收购量（万担）	商品率（%）	人均交售（市斤）
全省合计			**11455.25**	**13.03**	**89.80**	**10287.35**	**9051.97**	**87.99**	**16.72**
郑州市			**76.82**	**3.38**	**65.14**	**50.04**	**70.46**	**140.81**	**4.26**
新郑市			10.10	1.36	59.80	6.04	12.19	*	2.48
巩义市			13.28	2.35	42.70	5.67	11.60	*	1.83
中牟县			53.44	5.53	71.73	38.33	46.67	121.76	8.86
开封市			**1154.22**	**20.40**	**99.16**	**1144.47**	**907.02**	**79.25**	**30.41**
开封县			93.70	7.88	76.97	72.12	53.06	73.57	9.67
杞　县			355.90	27.43	101.99	363.00	280.30	77.22	35.44
通许县			213.08	26.93	95.99	204.54	171.77	83.98	39.44
尉氏县			293.64	24.29	108.06	317.31	227.42	71.67	34.09
兰考县			197.90	16.91	94.74	187.50	174.47	93.05	32.28
洛阳市			**310.07**	**5.70**	**48.25**	**149.60**	**163.41**	**109.23**	**4.44**
偃师市			100.20	13.09	71.63	71.77	75.34	104.97	11.29
孟津县			26.13	4.37	49.38	12.90	14.22	110.21	3.81
新安县			15.29	2.45	36.89	5.64	4.49	79.61	1.05
宜阳县			59.14	6.49	32.18	19.03	19.45	102.21	3.77
伊川县			52.65	6.29	35.00	18.43	29.22	158.55	5.16
汝阳县			32.19	7.94	39.02	12.56	17.62	140.29	5.31
嵩　县			12.77	2.37	58.89	7.52	2.11	28.06	0.49
洛宁县			11.70	1.55	14.96	1.75	0.96	54.86	0.26
三门峡市			**206.29**	**13.02**	**53.83**	**111.04**	**107.03**	**96.39**	**13.09**
灵宝县			162.76	16.80	51.52	83.86	78.47	93.57	14.36
陕　县			43.53	7.08	62.44	27.18	28.56	105.08	10.54
平顶山市			**63.59**	**6.31**	**57.13**	**36.33**	**33.44**	**92.05**	**4.83**
汝州市			63.59	6.31	57.13	36.33	33.44	92.05	4.83
焦作市			**311.91**	**12.45**	**105.26**	**328.31**	**294.48**	**89.70**	**15.30**
孟州市			53.40	14.43	106.48	56.86	50.30	88.46	19.04
沁阳市			48.27	11.64	90.78	43.82	36.92	84.25	11.17
武陟县			55.60	8.80	95.32	53.00	53.87	101.64	11.18
温　县			33.27	8.95	89.42	29.75	24.66	82.89	7.98
博爱县			54.87	15.98	129.27	70.93	63.40	89.38	19.70
修武县			66.50	17.77	111.20	73.95	65.33	88.34	30.09
鹤壁市			**142.10**	**10.29**	**72.59**	**103.15**	**118.08**	**114.47**	**16.66**
浚　县			88.97	8.54	72.77	64.74	65.57	101.28	12.54
淇　县			53.13	15.68	72.29	38.41	52.51	136.71	28.29
新乡市			**868.00**	**15.05**	**109.56**	**950.96**	**860.11**	**90.45**	**24.73**
新乡县			141.04	29.09	190.48	268.66	259.31	96.52	77.71
卫辉县			90.95	15.31	104.05	94.63	76.89	81.25	22.48
获嘉县			112.89	25.11	115.55	130.44	124.97	95.81	43.59
辉　县			72.90	7.91	85.93	62.64	53.85	85.97	10.10
原阳县			77.82	9.54	97.48	75.86	75.52	99.55	16.20
延津县			144.00	22.51	82.54	118.86	116.28	97.83	32.72
封丘县			156.60	16.30	91.07	142.61	105.95	74.29	19.06
长垣县			71.80	7.98	79.75	57.26	47.34	82.68	7.82
安阳市			**1007.72**	**19.05**	**89.33**	**900.23**	**800.49**	**88.92**	**22.62**
安阳县			316.52	24.86	74.79	236.74	214.18	90.47	22.96
林　县			48.90	5.75	46.48	22.73	22.11	97.27	2.75
内黄县			243.54	25.92	112.06	272.91	244.64	89.64	44.16
滑　县			271.31	16.38	98.95	268.45	213.76	79.63	22.57
汤阴县			127.45	22.39	77.99	99.40	105.80	106.44	35.22
许昌市			**264.32**	**28.61**	**116.40**	**307.68**	**209.32**	**68.03**	**41.88**
鄢陵县			264.32	28.61	116.40	307.68	209.32	68.03	41.88

5－21－5 续表

县市名	耕地面积（万亩）	农业人口（万人）	棉田面积（万亩）	占耕地（%）	亩产（市斤）	产量（万担）	收购量（万担）	商品率（%）	人均交售（市斤）
濮阳市			**436.46**	**14.20**	**96.20**	**419.88**	**323.87**	**77.13**	**17.24**
濮阳县			97.41	8.79	82.52	80.38	61.24	76.19	9.61
清丰县			161.35	18.67	95.31	153.79	131.02	85.19	25.61
南乐县			117.22	20.09	111.59	130.80	107.96	82.54	29.44
范　县			60.48	11.70	90.79	54.91	23.65	43.07	6.51
漯河市			**35.75**	**1.97**	**74.74**	**26.72**	**41.57**	**155.58**	**3.24**
临颍县			10.49	1.35	114.87	12.05	26.67	*	5.00
偃城县			25.26	2.44	58.08	14.67	14.90	101.57	1.99
南阳市			**1655.75**	**13.52**	**87.13**	**1442.71**	**1320.59**	**91.53**	**19.16**
宛城区			547.35	33.75	100.29	548.92	535.73	97.60	56.05
邓州市			219.45	9.08	87.67	192.40	180.05	93.58	14.56
新野县			261.37	25.54	94.41	246.77	239.77	97.16	39.96
唐河县			265.95	12.92	73.59	195.70	173.19	88.50	16.67
卧龙区			17.28	16.07	98.67	17.05	9.62	56.42	9.31
内乡县			41.69	5.55	61.33	25.57	21.66	84.69	4.04
方城县			108.36	6.88	64.53	69.92	50.46	72.17	6.15
社旗县			129.53	11.50	87.89	113.85	82.27	72.26	15.97
镇平县			50.39	4.63	55.25	27.84	21.94	78.81	2.88
桐柏县			14.38	2.99	32.61	4.69	5.90	125.80	1.82
商丘市			**1527.37**	**16.03**	**89.86**	**1372.44**	**1380.21**	**100.57**	**24.10**
商丘县			281.88	18.63	100.02	281.93	238.02	84.43	28.28
永城县			183.05	11.22	71.34	130.59	96.76	74.09	9.83
民权县			191.13	18.65	82.61	157.90	162.86	103.14	26.79
睢　县			140.82	16.10	87.08	122.62	135.19	110.25	23.44
柘城县			197.52	18.66	121.05	239.09	366.81	153.42	54.81
宁陵县			45.62	6.60	71.11	32.44	30.50	94.02	7.07
虞城县			298.59	20.99	82.34	245.85	218.13	88.72	27.06
夏邑县			188.76	14.42	85.83	162.02	131.94	81.43	16.31
周口地区			**2523.35**	**21.60**	**98.27**	**2479.65**	**2063.96**	**83.24**	**27.09**
扶沟县			575.33	50.14	124.16	714.31	628.38	87.97	113.25
西华县			264.72	24.05	99.47	263.33	231.51	87.92	35.87
鹿邑县			268.80	21.12	111.43	299.53	231.93	77.43	26.78
郸城县			254.47	16.25	73.98	188.26	155.42	82.56	16.17
淮阳县			246.46	16.51	96.10	236.85	198.60	83.85	19.56
太康县			532.77	31.02	92.02	490.23	413.70	84.39	41.05
商水县			146.51	10.79	73.05	107.03	62.60	58.49	7.52
沈丘县			126.58	12.37	92.52	117.11	82.71	70.63	9.24
项城县			107.71	10.76	58.49	63.00	59.11	93.83	7.02
信阳地区			**298.64**	**4.01**	**57.55**	**171.86**	**130.55**	**75.96**	**2.65**
罗山县			30.98	3.55	47.71	14.78	11.40	77.13	2.03
信阳县			24.20	2.30	34.01	8.23	6.04	73.39	0.72
光山县			30.10	3.63	33.12	9.97	5.78	57.97	0.93
息　县			92.50	6.35	82.32	76.15	60.02	78.82	8.87
淮滨县			47.10	5.80	78.28	36.87	26.23	71.14	5.61
潢川县			42.20	4.36	36.59	15.44	12.52	81.09	2.21
固始县			31.56	2.17	33.02	10.42	8.56	82.15	0.71
驻马店地区			**572.89**	**5.57**	**51.02**	**292.28**	**227.38**	**77.80**	**3.90**
上蔡县			121.10	7.67	46.27	56.03	61.88	110.44	5.81
正阳县			27.80	1.87	49.50	13.76	4.17	30.31	0.73
确山县			11.60	1.05	41.90	4.86	2.43	50.00	0.45
泌阳县			105.55	7.59	56.03	59.14	42.71	72.22	5.82
汝南县			45.08	3.55	44.21	19.93	11.09	55.64	1.65
平舆县			76.04	6.60	34.52	26.25	17.71	67.47	2.34
西平县			35.00	3.46	46.71	16.35	18.15	111.01	2.64
新蔡县			150.72	11.63	63.67	95.96	69.24	72.16	8.57

5－21－6　河南省1990－2000年产棉县棉花生产收购明细

县市名	耕地面积（万亩）	农业人口（万人）	棉田面积（万亩）	占耕地（%）	亩产（市斤）	产量（万担）	收购量（万担）	商品率（%）	人均交售（市斤）
全省合计			**15750.98**	**16.69**	**111.66**	**17587.97**	**8565.71**	**48.70**	**12.74**
郑州市			**87.30**	**3.84**	**127.82**	**111.59**	**122.89**	**110.13**	**6.38**
新郑市			7.01	1.01	96.29	6.75	26.55	*	4.68
巩义市			15.11	2.64	50.76	7.67	15.77	*	2.15
中牟县			65.18	6.47	149.08	97.17	80.57	82.92	12.85
开封市			**1534.79**	**25.72**	**121.07**	**1858.21**	**760.66**	**40.94**	**20.37**
开封县			142.88	11.45	122.24	174.65	43.46	24.88	6.42
杞　县			472.33	34.32	127.75	603.41	217.84	36.10	21.65
通许县			267.78	31.71	123.54	330.82	132.99	40.20	23.67
尉氏县			396.80	30.45	119.55	474.37	216.52	45.64	26.33
兰考县			255.00	21.33	107.83	274.96	149.85	54.50	22.50
洛阳市			**127.40**	**2.24**	**65.55**	**83.51**	**136.08**	**162.94**	**3.08**
偃师市			41.65	5.10	77.48	32.27	36.83	114.13	4.58
孟津县			9.61	1.53	72.22	6.94	17.41	*	4.02
新安县			7.07	1.12	58.56	4.14	6.42	155.07	1.32
宜阳县			19.45	1.99	49.20	9.57	15.60	163.01	2.52
伊川县			19.75	2.17	79.29	15.66	39.68	*	5.63
汝阳县			13.26	3.08	56.41	7.48	14.42	192.78	3.47
嵩　县			11.81	2.18	35.84	4.23	4.45	105.13	0.89
洛宁县			4.80	0.64	67.08	3.22	1.27	39.44	0.27
三门峡市			**85.09**	**5.42**	**59.43**	**50.57**	**34.61**	**68.44**	**3.54**
灵宝县			66.41	6.79	57.43	38.14	16.63	43.60	2.51
陕　县			18.68	3.16	66.54	12.43	17.98	144.65	5.74
平顶山市			**46.95**	**4.52**	**78.23**	**36.73**	**30.89**	**84.10**	**3.45**
汝州市			46.95	4.52	78.23	36.73	30.89	84.10	3.45
焦作市			**206.34**	**7.74**	**126.95**	**261.94**	**125.14**	**47.77**	**5.43**
孟州市			34.77	8.89	143.89	50.03	18.93	37.84	6.14
沁阳市			19.22	4.33	102.71	19.74	23.80	120.57	5.99
武陟县			46.18	6.85	116.89	53.98	24.62	45.61	4.18
温　县			24.21	6.15	134.12	32.47	11.95	36.80	3.20
博爱县			30.82	8.40	132.38	40.80	24.81	60.81	6.51
修武县			51.14	12.93	126.95	64.92	21.03	32.39	8.25
鹤壁市			**159.71**	**10.74**	**97.89**	**156.34**	**156.60**	**100.17**	**18.13**
浚　县			123.27	11.60	99.22	122.31	104.89	85.76	16.58
淇　县			36.44	8.58	93.39	34.03	51.71	151.95	22.37
新乡市			**963.06**	**15.67**	**110.39**	**1063.17**	**514.84**	**48.42**	**11.82**
新乡县			134.73	26.20	139.86	188.43	147.60	78.33	36.33
卫辉县			107.54	16.95	109.20	117.43	48.96	41.69	12.10
获嘉县			89.26	18.38	117.58	104.95	51.08	48.67	14.32
辉　县			26.26	2.72	92.19	24.21	38.78	160.18	5.25
原阳县			99.95	11.38	117.90	117.84	48.94	41.53	8.74
延津县			207.89	30.12	105.40	219.11	73.64	33.61	17.18
封丘县			219.71	21.58	99.25	218.07	81.27	37.27	11.84
长垣县			77.72	8.11	94.09	73.13	24.57	33.60	3.18
安阳市			**1198.50**	**20.47**	**109.22**	**1308.97**	**493.30**	**37.69**	**11.06**
安阳县			256.24	18.38	76.69	196.50	76.75	39.06	6.63
林　县			56.29	6.51	68.32	38.46	17.04	44.31	1.69
内黄县			377.61	36.26	131.90	498.05	146.64	29.44	21.25
滑　县			366.62	19.59	115.54	423.59	163.77	38.66	13.73
汤阴县			141.74	20.76	107.50	152.37	89.10	58.48	21.50
许昌市			**465.42**	**45.98**	**128.88**	**599.85**	**269.50**	**44.93**	**43.47**
鄢陵县			465.42	45.98	128.88	599.85	269.50	44.93	43.47

5－21－6 续表

县市名	耕地面积（万亩）	农业人口（万人）	棉田面积（万亩）	占耕地（%）	亩产（市斤）	产量（万担）	收购量（万担）	商品率（%）	人均交售（市斤）
濮阳市			**607.63**	**17.07**	**96.60**	**586.98**	**239.02**	**40.72**	**9.30**
濮阳县			246.23	16.89	83.49	205.58	79.55	38.70	7.68
清丰县			174.00	18.42	105.17	183.00	64.34	35.16	10.24
南乐县			138.59	23.14	112.22	155.53	59.34	38.15	12.55
范　县			48.81	8.74	87.83	42.87	35.79	83.48	8.26
漯河市			**283.69**	**14.77**	**133.64**	**379.12**	**120.51**	**31.79**	**8.00**
临颍县			162.91	19.62	142.80	232.64	67.32	28.94	10.24
偃城县			120.78	11.08	121.28	146.48	53.19	36.31	6.27
南阳市			**2511.21**	**19.26**	**108.04**	**2713.07**	**1673.56**	**61.69**	**20.18**
宛城区			532.52	39.27	126.18	671.91	482.82	71.86	56.98
邓州市			458.03	17.85	100.41	459.92	293.90	63.90	19.88
新野县			429.16	39.75	116.82	501.34	313.15	62.46	41.67
唐河县			450.38	20.15	98.97	445.74	236.36	53.03	18.76
卧龙区			97.96	19.69	111.75	109.47	102.73	93.84	25.39
内乡县			56.93	7.24	96.52	54.95	37.84	68.86	6.03
方城县			129.32	7.78	92.82	120.04	63.49	52.89	6.40
社旗县			212.17	17.89	100.32	212.84	88.29	41.48	14.17
镇平县			128.32	11.00	96.52	123.86	45.87	37.03	4.95
桐柏县			16.42	3.27	79.17	13.00	9.11	70.08	2.40
商丘市			**2557.09**	**24.78**	**116.75**	**2985.46**	**1597.78**	**53.52**	**21.19**
商丘县			527.77	31.76	118.06	623.08	330.22	53.00	28.97
永城县			343.75	19.49	109.18	375.32	183.22	48.82	14.25
民权县			350.79	32.07	117.60	412.53	217.69	52.77	28.14
睢　县			279.95	29.35	108.66	304.18	173.87	57.16	23.19
柘城县			321.49	28.02	131.68	423.34	306.64	72.43	33.59
宁陵县			189.85	25.49	115.01	218.35	115.60	52.94	20.25
虞城县			335.09	21.90	121.81	408.17	171.41	41.99	16.38
夏邑县			208.40	14.65	105.80	220.49	99.13	44.96	9.36
周口地区			**3643.70**	**28.91**	**120.31**	**4383.59**	**1894.97**	**43.23**	**19.52**
扶沟县			810.79	65.18	125.81	1020.03	618.81	60.67	93.36
西华县			529.07	44.09	121.10	640.70	257.46	40.18	31.78
鹿邑县			341.63	25.02	137.31	469.10	174.78	37.26	15.52
郸城县			328.66	19.97	114.14	375.14	108.58	28.94	8.68
淮阳县			357.21	22.49	108.43	387.31	147.87	38.18	11.52
太康县			883.52	46.90	122.61	1083.32	498.66	46.03	39.62
商水县			140.31	9.49	108.59	152.36	41.93	27.52	3.77
沈丘县			135.26	12.23	89.21	120.66	17.54	14.54	1.55
项城县			117.25	10.76	115.11	134.97	29.34	21.74	2.74
信阳地区			**482.76**	**6.17**	**80.06**	**386.50**	**151.97**	**39.32**	**2.52**
罗山县			49.94	5.50	72.35	36.13	15.57	43.09	2.29
信阳县			58.74	5.53	67.19	39.47	14.50	36.74	1.49
光山县			44.00	5.21	71.50	31.46	10.06	31.98	1.35
息　县			162.49	10.47	87.21	141.71	66.10	46.64	7.65
淮滨县			80.64	9.25	101.61	81.94	24.70	30.14	4.15
潢川县			34.04	3.26	55.14	18.77	5.12	27.28	0.74
固始县			52.91	3.43	69.97	37.02	15.92	43.00	1.07
驻马店地区			**790.34**	**6.92**	**78.75**	**622.37**	**243.39**	**39.11**	**3.46**
上蔡县			109.21	6.34	74.16	80.99	33.94	41.91	2.57
正阳县			30.44	1.85	75.20	22.89	1.73	7.56	0.25
确山县			9.03	0.78	85.05	7.68	0.75	9.77	0.13
泌阳县			124.32	8.12	79.14	98.39	39.16	39.80	4.34
汝南县			110.71	7.55	67.39	74.61	37.40	50.13	4.68
平舆县			81.62	6.39	59.95	48.93	22.79	46.58	2.47
西平县			30.20	2.62	85.10	25.70	17.41	67.74	2.18
新蔡县			294.81	20.01	89.27	263.18	90.21	34.28	8.92

5－21－7　河南省1949年产棉县棉花生产收购明细

县市名	耕地面积（万亩）	农业人口（万人）	棉田面积（万亩）	占耕地（%）	亩产（市斤）	产量（万担）	收购量（万担）	商品率（%）	人均交售（市斤）
全省合计	**5900.95**	**1762.01**	**349.72**	**5.93**	**19.89**	**69.54**	**1.11**	**1.60**	**0.06**
郑州市	**249.41**	**90.21**	**9.40**	**3.77**	**60.64**	**5.70**			
新郑市	82.84	26.10	0.50	0.60	8.00	0.04			
巩义市	59.10	37.10	8.49	14.37	66.08	5.61			
中牟县	107.47	27.01	0.41	0.38	12.20	0.05			
开封市	**486.07**	**110.67**	**18.20**	**3.74**	**15.66**	**2.85**	**0.35**	**12.28**	**0.32**
开封县	184.52	32.00	4.00	2.17	22.50	0.90			
杞　县									
通许县	87.05	23.92	4.91	5.64	20.37	1.00			
尉氏县	124.50	36.55	3.69	2.96					
兰考县	90.00	18.20	5.60	6.22	16.96	0.95	0.35	36.84	1.92
洛阳市	**546.69**	**171.35**	**50.19**	**9.18**	**12.91**	**6.48**			
偃师市									
孟津县	69.49	25.00	7.60	10.94	18.82	1.43			
新安县	75.00	22.20	3.95	5.27	15.70	0.62			
宜阳县	98.90	29.60	8.31	8.40	13.96	1.16			
伊川县	87.60	30.80	14.01	15.99	6.00	0.84			
汝阳县	53.40	18.05	6.70	12.55	15.10	1.01			
嵩　县	63.10	23.80	4.63	7.34	15.98	0.74			
洛宁县	99.20	21.90	4.99	5.03	13.63	0.68			
三门峡市	**137.00**	**29.00**	**43.00**	**31.39**	**38.00**	**16.34**			
灵宝县	137.00	29.00	43.00	31.39	38.00	16.34			
陕　县									
平顶山市	**128.60**	**35.70**	**13.60**	**10.58**	**18.01**	**2.45**			
汝州市	128.60	35.70	13.60	10.58	18.01	2.45			
焦作市	**268.00**	**102.60**	**15.68**	**5.85**	**21.43**	**3.36**			
孟州市	41.00	14.60	5.47	13.34	27.97	1.53			
沁阳市	44.00	16.80	1.37	3.11	20.44	0.28			
武陟县	72.20	27.30	1.73	2.40	13.29	0.23			
温　县	42.80	15.80	3.19	7.45	24.45	0.78			
博爱县	30.00	17.60	1.50	5.00	17.33	0.26			
修武县	38.00	10.50	2.42	6.37	11.57	0.28			
鹤壁市	**139.70**	**41.74**	**4.43**	**3.17**	**17.61**	**0.78**			
浚　县	100.00	32.74	3.07	3.07	17.92	0.55			
淇　县	39.70	9.00	1.36	3.43	16.91	0.23			
新乡市	**697.80**	**207.78**	**44.55**	**6.38**	**16.03**	**7.14**			
新乡县	65.50	19.70	12.70	19.39	25.28	3.21			
卫辉县	74.00	16.98				0.17			
获嘉县	50.00	16.90	5.48	10.96	14.05	0.77			
辉　县	111.50	30.70	10.24	9.18	12.01	1.23			
原阳县	104.10	29.30	3.23	3.10	7.12	0.23			
延津县	84.70	21.10	6.00	7.08	13.67	0.82			
封丘县	93.00	32.40	1.91	2.05	5.24	0.10			
长垣县	115.00	40.70	4.99	4.34	12.22	0.61			
安阳市	**488.80**	**166.14**	**44.53**	**9.11**	**23.13**	**10.30**	**0.76**	**7.38**	**0.46**
安阳县	135.00	46.70	19.90	14.74	30.20	6.01			
林　县	98.00	44.90	5.50	5.61	22.18	1.22			
内黄县									
滑　县	184.80	57.64	15.38	8.32	15.15	2.33	0.02	0.86	0.03
汤阴县	71.00	16.90	3.75	5.28	19.73	0.74	0.74	100.00	4.38
许昌市									
鄢陵县									

5－21－7 续表

县市名	耕地面积（万亩）	农业人口（万人）	棉田面积（万亩）	占耕地（%）	亩产（市斤）	产量（万担）	收购量（万担）	商品率（%）	人均交售（市斤）
濮阳市	**288.60**	**76.90**	**12.45**	**4.31**	**23.37**	**2.91**			
濮阳县	217.00	57.60	11.07	5.10	23.04	2.55			
清丰县									
南乐县									
范　县	71.60	19.30	1.38	1.93	26.09	0.36			
漯河市	**216.90**	**78.70**	**5.81**	**2.68**	**18.24**	**1.06**			
临颍县	96.20	31.90	3.60	3.74	17.22	0.62			
偃城县	120.70	46.80	2.21	1.83	19.91	0.44			
南阳市	**287.10**	**101.10**	**13.76**	**4.79**	**9.67**	**1.33**			
宛城区									
邓州市									
新野县									
唐河县									
卧龙区									
内乡县	78.00	36.40	3.94	5.05	10.66	0.42			
方城县	160.00	49.60	5.82	3.64	6.53	0.38			
社旗县									
镇平县									
桐柏县	49.10	15.10	4.00	8.15	13.25	0.53			
商丘市	**218.79**	**63.69**	**7.50**	**3.43**	**13.47**	**1.01**			
商丘县									
永城县									
民权县	114.00	32.60	7.50	6.58	13.47	1.01			
睢　县	104.79	31.09							
柘城县									
宁陵县									
虞城县									
夏邑县									
周口地区	**322.91**	**96.80**	**12.70**	**3.93**	**14.33**	**1.82**			
扶沟县									
西华县									
鹿邑县	151.21	48.10	3.30	2.18	16.67	0.55			
郸城县									
淮阳县									
太康县									
商水县	171.70	48.70	9.40	5.47	13.51	1.27			
沈丘县									
项城县									
信阳地区	**540.60**	**160.30**	**19.00**	**3.51**	**8.37**	**1.59**			
罗山县	89.00	25.60	3.40	3.82	6.76	0.23			
信阳县									
光山县									
息　县	161.90	37.60	4.10	2.53	10.00	0.41			
淮滨县	114.00	29.30	2.50	2.19	2.80	0.07			
潢川县									
固始县	175.70	67.80	9.00	5.12	9.78	0.88			
驻马店地区	**883.98**	**229.33**	**34.92**	**3.95**	**12.66**	**4.42**			
上蔡县									
正阳县	151.80	32.90	5.89	3.88	18.51	1.09			
确山县	125.70	26.50	2.49	1.98	14.46	0.36			
泌阳县	162.10	41.90	6.02	3.71	13.29	0.80			
汝南县	162.20	38.90	4.12	2.54	11.65	0.48			
平舆县	132.60	43.30	5.55	4.19	10.99	0.61			
西平县									
新蔡县	149.58	45.83	10.85	7.25	9.95	1.08			

5－21－8　河南省1950年产棉县棉花生产收购明细

县市名	耕地面积（万亩）	农业人口（万人）	棉田面积（万亩）	占耕地（%）	亩产（市斤）	产量（万担）	收购量（万担）	商品率（%）	人均交售（市斤）
全省合计	**9891.89**	**3167.41**	**631.05**	**6.38**	**22.34**	**140.97**	**54.84**	**38.90**	**1.73**
郑州市	**253.12**	**96.52**	**10.60**	**4.19**	**16.42**	**1.74**			
新郑市	82.84	26.83	1.37	1.65	18.98	0.26			
巩义市	62.81	42.27	8.83	14.06	16.31	1.44			
中牟县	107.47	27.42	0.40	0.37	10.00	0.04			
开封市	**728.20**	**163.95**	**27.32**	**3.75**	**23.94**	**6.54**	**1.86**	**28.44**	**1.13**
开封县	184.93	35.12	4.14	2.24	22.71	0.94			
杞　县	241.40	47.00	10.10	4.18	25.74	2.60	1.50	57.69	3.19
通许县	87.05	24.62	4.84	5.56	23.14	1.12			
尉氏县	124.82	36.91	3.84	3.08	23.44	0.90			
兰考县	90.00	20.30	4.40	4.89	22.27	0.98	0.36	36.73	1.77
洛阳市	**632.16**	**216.30**	**68.25**	**10.80**	**21.96**	**14.99**	**4.51**	**30.09**	**2.09**
偃师市	85.80	42.90	15.33	17.87	32.68	5.01	1.80	35.93	4.20
孟津县	68.66	25.40	8.12	11.83	22.29	1.81			
新安县	75.00	23.50	5.07	6.76	17.55	0.89			
宜阳县	99.50	29.90	9.13	9.18	12.92	1.18			
伊川县	87.60	31.00	17.15	19.58	25.19	4.32	2.71	62.73	8.74
汝阳县	53.30	18.20	4.03	7.56	14.89	0.60			
嵩　县	63.10	24.30	4.53	7.18	17.44	0.79			
洛宁县	99.20	21.10	4.89	4.93	7.98	0.39			
三门峡市	**210.60**	**45.70**	**49.69**	**23.59**	**36.51**	**18.14**	**12.86**	**70.89**	**28.14**
灵宝县	137.00	29.50	43.00	31.39	40.00	17.20	9.55	55.52	32.37
陕　县	73.60	16.20	6.69	9.09	14.05	0.94	3.31	*	20.43
平顶山市	**109.75**	**38.68**	**13.63**	**12.42**	**25.24**	**3.44**	**0.60**	**17.44**	**1.55**
汝州市	109.75	38.68	13.63	12.42	25.24	3.44	0.60	17.44	1.55
焦作市	**356.12**	**113.64**	**25.38**	**7.13**	**26.71**	**6.78**	**2.74**	**40.41**	**2.41**
孟州市	40.78	15.88	6.99	17.14	31.47	2.20	1.28	58.18	8.06
沁阳市	47.01	18.06	2.28	4.85	21.93	0.50	0.11	22.00	0.61
武陟县	74.78	28.40	3.66	4.89	27.87	1.02	0.13	12.75	0.46
温　县	45.89	14.72	3.47	7.56	24.21	0.84	0.30	35.71	2.04
博爱县	73.83	18.29	4.49	6.08	24.72	1.11	0.46	41.44	2.52
修武县	73.83	18.29	4.49	6.08	24.72	1.11	0.46	41.44	2.52
鹤壁市	**168.50**	**42.44**	**6.74**	**4.00**	**17.51**	**1.18**	**0.01**	**0.85**	**0.02**
浚　县	127.00	32.74	3.71	2.92	18.06	0.67	0.01	1.49	0.03
淇　县	41.50	9.70	3.03	7.30	16.83	0.51			
新乡市	**718.20**	**410.02**	**55.55**	**7.73**	**18.76**	**10.42**	**7.15**	**68.62**	**1.74**
新乡县	65.40	18.50	15.69	23.99	25.43	3.99	4.40	110.28	23.78
卫辉县	74.00	17.32	2.60	3.51	9.23	0.24	0.10	41.67	0.58
获嘉县	50.20	17.10	9.68	19.28	26.03	2.52	1.80	71.43	10.53
辉　县	111.50	31.90	10.58	9.49	13.99	1.48	0.60	40.54	1.88
原阳县	113.70	29.90	3.56	3.13	9.55	0.34	0.01	2.94	0.03
延津县	90.40	221.40	6.10	6.75	15.08	0.92	0.03	3.26	0.01
封丘县	97.00	33.10	2.35	2.42	13.62	0.32	0.20	62.50	0.60
长垣县	116.00	40.80	4.99	4.30	12.22	0.61	0.01	1.64	0.02
安阳市	**539.19**	**179.66**	**76.26**	**14.14**	**27.88**	**21.26**	**12.73**	**59.88**	**7.09**
安阳县	137.00	47.70	36.30	26.50	34.63	12.57	9.26	73.67	19.41
林　县	99.00	45.70	9.30	9.39	20.11	1.87	1.00	53.48	2.19
内黄县									
滑　县	199.20	59.41	14.93	7.49	17.21	2.57	0.41	15.95	0.69
汤阴县	103.99	26.85	15.73	15.13	27.02	4.25	2.06	48.47	7.67
许昌市									
鄢陵县									

5－21－8 续表

县市名	耕地面积（万亩）	农业人口（万人）	棉田面积（万亩）	占耕地（%）	亩产（市斤）	产量（万担）	收购量（万担）	商品率（%）	人均交售（市斤）
濮阳市	**469.50**	**136.40**	**30.01**	**6.39**	**24.03**	**7.21**	**3.76**	**52.15**	**2.76**
濮阳县	213.80	58.60	11.30	5.29	25.13	2.84	1.85	65.14	3.16
清丰县	108.00	34.60	11.40	10.56	29.56	3.37	1.71	50.74	4.94
南乐县	72.90	22.40	5.40	7.41	18.52	1.00	0.20	20.00	0.89
范县	74.80	20.80	1.91	2.55					
漯河市	**217.80**	**80.70**	**5.36**	**2.46**	**21.27**	**1.14**			
临颍县	96.50	33.00	2.90	3.01	21.72	0.63			
偃城县	121.30	47.70	2.46	2.03	20.73	0.51			
南阳市	**939.65**	**310.09**	**35.94**	**3.82**	**11.88**	**4.27**	**1.11**	**26.00**	**0.36**
宛城区	193.77	57.09	4.65	2.40	13.33	0.62	0.01	1.61	0.02
邓州市									
新野县	125.90	34.10	7.69	6.11	18.99	1.46	1.08	73.97	3.17
唐河县	206.26	65.79	9.07	4.40	6.39	0.58			
卧龙区	15.00	4.30	0.58	3.87	17.24	0.10			
内乡县	78.05	35.69	3.68	4.71	11.14	0.41			
方城县	159.75	49.60	4.64	2.90	7.11	0.33			
社旗县									
镇平县	111.73	48.36	1.53	1.37	13.73	0.21			
桐柏县	49.19	15.16	4.10	8.34	13.66	0.56	0.02	3.57	0.13
商丘市	**1162.47**	**307.25**	**75.06**	**6.46**	**22.12**	**16.60**	**4.35**	**26.20**	**1.42**
商丘县	189.23	49.24	16.50	8.72	18.91	3.12	0.15	4.81	0.30
永城县	236.18	64.10	12.02	5.09	19.97	2.40	0.78	32.50	1.22
民权县	88.60	25.43	4.89	5.52	20.25	0.99	0.32	32.32	1.26
睢县	114.86	31.74	9.43	8.21	27.47	2.59	1.44	55.60	4.54
柘城县	133.14	40.46	7.73	5.81	21.86	1.69	0.25	14.79	0.62
宁陵县	75.00	2.33	4.81	6.41	27.44	1.32	0.85	64.39	36.48
虞城县	168.02	46.19	8.50	5.06	21.41	1.82	0.56	30.77	1.21
夏邑县	157.44	47.76	11.18	7.10	23.88	2.67			
周口地区	**1373.01**	**415.36**	**72.03**	**5.25**	**23.07**	**16.62**	**3.14**	**18.89**	**0.76**
扶沟县	156.12	29.12	8.02	5.14	21.95	1.76	1.19	67.61	4.09
西华县	120.93	32.96	4.67	3.86	24.41	1.14			
鹿邑县	151.21	49.32	3.82	2.53	18.06	0.69			
郸城县	176.29	51.35	5.78	3.28	24.91	1.44			
淮阳县	176.25	55.71	10.39	5.90	13.86	1.44			
太康县	181.81	52.90	18.00	9.90	33.11	5.96	1.95	32.72	3.69
商水县	171.70	49.40	9.37	5.46	15.05	1.41			
沈丘县	133.00	50.40	5.58	4.20	18.28	1.02			
项城县	105.70	44.20	6.40	6.05	27.50	1.76			
信阳地区	**848.50**	**276.70**	**32.20**	**3.79**	**11.71**	**3.77**			
罗山县	95.10	26.60	3.20	3.36	11.56	0.37			
信阳县	132.70	42.60	4.90	3.69	14.29	0.70			
光山县	95.00	40.90	4.60	4.84	15.87	0.73			
息县	161.90	38.80	5.30	3.27	11.51	0.61			
淮滨县	114.00	29.70	2.80	2.46	2.86	0.08			
潢川县	71.20	31.30	2.00	2.81	10.00	0.20			
固始县	178.60	66.80	9.40	5.26	11.49	1.08			
驻马店地区	**1165.12**	**334.00**	**47.03**	**4.04**	**14.61**	**6.87**	**0.02**	**0.29**	**0.01**
上蔡县	186.00	60.80	7.64	4.11	24.48	1.87			
正阳县	150.80	33.50	5.77	3.83	15.60	0.90			
确山县	125.70	26.60	2.49	1.98	14.46	0.36			
泌阳县	162.10	42.40	7.39	4.56	9.20	0.68	0.02	2.94	0.05
汝南县	162.20	40.70	4.17	2.57	10.07	0.42			
平舆县	132.60	44.10	5.13	3.87	9.75	0.50			
西平县	94.80	39.40	3.21	3.39	16.82	0.54			
新蔡县	150.92	46.50	11.23	7.44	14.25	1.60			

5－21－9　河南省1951年产棉县棉花生产收购明细

县市名	耕地面积（万亩）	农业人口（万人）	棉田面积（万亩）	占耕地（%）	亩产（市斤）	产量（万担）	收购量（万担）	商品率（%）	人均交售（市斤）
全省合计	**10377.89**	**3055.58**	**835.42**	**8.05**	**23.30**	**194.67**	**107.64**	**55.29**	**3.52**
郑州市	**261.07**	**96.96**	**15.35**	**5.88**	**27.04**	**4.15**			
新郑市	76.11	26.67	3.24	4.26	18.21	0.59			
巩义市	68.89	42.62	11.38	16.52	29.96	3.41			
中牟县	116.07	27.67	0.73	0.63	20.55	0.15			
开封市	**755.32**	**165.65**	**38.92**	**5.15**	**25.26**	**9.83**	**2.43**	**24.72**	**1.47**
开封县	185.45	35.86	6.90	3.72	20.58	1.42			
杞　县	254.20	47.00	14.40	5.66	30.56	4.40	2.00	45.45	4.26
通许县	88.88	24.79	6.42	7.22	28.82	1.85			
尉氏县	136.79	36.30	5.50	4.02	19.64	1.08			
兰考县	90.00	21.70	5.70	6.33	18.95	1.08	0.43	39.81	1.98
洛阳市	**661.89**	**219.56**	**84.19**	**12.72**	**21.06**	**17.73**	**8.54**	**48.17**	**3.89**
偃师市	89.80	43.00	15.24	16.97	27.95	4.26	3.65	85.68	8.49
孟津县	68.79	25.70	8.46	12.30	25.65	2.17			
新安县	75.00	24.00	8.02	10.69	17.33	1.39			
宜阳县	114.80	30.10	12.81	11.16	11.48	1.47			
伊川县	97.70	31.10	21.31	21.81	23.70	5.05	4.37	86.53	14.05
汝阳县	53.20	18.36	6.57	12.35	21.92	1.44			
嵩　县	63.40	25.20	5.63	8.88	16.87	0.95			
洛宁县	99.20	22.10	6.15	6.20	16.26	1.00	0.52	52.00	2.35
三门峡市	**214.20**	**46.50**	**52.74**	**24.62**	**37.85**	**19.96**	**22.77**	**114.08**	**48.97**
灵宝县	137.00	29.80	43.00	31.39	40.00	17.20	16.69	97.03	56.01
陕　县	77.20	16.70	9.74	12.62	28.34	2.76	6.08	*	36.41
平顶山市	**128.09**	**39.41**	**20.00**	**15.61**	**22.50**	**4.50**	**4.63**	**102.89**	**11.75**
汝州市	128.09	39.41	20.00	15.61	22.50	4.50	4.63	102.89	11.75
焦作市	**379.26**	**123.28**	**37.83**	**9.97**	**29.79**	**11.27**	**7.60**	**67.44**	**6.16**
孟州市	47.28	19.33	6.07	12.84	43.33	2.63	1.86	70.72	9.62
沁阳市	48.70	18.34	4.39	9.01	27.11	1.19	0.71	59.66	3.87
武陟县	77.91	29.44	5.68	7.29	27.99	1.59	0.82	51.57	2.79
温　县	45.99	18.09	5.53	12.02	30.02	1.66	0.61	36.75	3.37
博爱县	79.69	19.04	8.08	10.14	25.99	2.10	1.80	85.71	9.45
修武县	79.69	19.04	8.08	10.14	25.99	2.10	1.80	85.71	9.45
鹤壁市	**177.50**	**42.72**	**15.99**	**9.01**	**21.26**	**3.40**	**0.51**	**15.00**	**1.19**
浚　县	136.00	32.72	8.76	6.44	17.69	1.55	0.51	32.90	1.56
淇　县	41.50	10.00	7.23	17.42	25.59	1.85			
新乡市	**749.20**	**213.35**	**71.23**	**9.51**	**24.15**	**17.20**	**11.34**	**65.93**	**5.32**
新乡县	65.20	17.90	20.37	31.24	32.01	6.52	6.30	96.63	35.20
卫辉县	73.00	17.65	5.99	8.21	22.04	1.32	0.20	15.15	1.13
获嘉县	50.40	17.20	11.06	21.94	32.01	3.54	2.10	59.32	12.21
辉　县	111.80	33.70	11.09	9.92	15.96	1.77	1.00	56.50	2.97
原阳县	125.60	30.40	6.26	4.98	21.09	1.32	0.80	60.61	2.63
延津县	92.20	21.60	5.33	5.78	14.82	0.79	0.34	43.04	1.57
封丘县	111.00	34.30	6.34	5.71	20.19	1.28	0.40	31.25	1.17
长垣县	120.00	40.60	4.79	3.99	13.78	0.66	0.20	30.30	0.49
安阳市	**544.86**	**185.31**	**112.02**	**20.56**	**22.14**	**24.80**	**22.38**	**90.24**	**12.08**
安阳县	142.00	48.60	55.00	38.73	23.93	13.16	16.13	122.57	33.19
林　县	99.00	47.50	9.50	9.60	28.42	2.70	1.02	37.78	2.15
内黄县									
滑　县	199.21	62.15	16.49	8.28	16.56	2.73	0.52	19.05	0.84
汤阴县	104.65	27.06	31.03	29.65	20.01	6.21	4.71	75.85	17.41
许昌市									
鄢陵县									

5－21－9续表

县市名	耕地面积（万亩）	农业人口（万人）	棉田面积（万亩）	占耕地（%）	亩产（市斤）	产量（万担）	收购量（万担）	商品率（%）	人均交售（市斤）
濮阳市	**477.20**	**137.90**	**37.08**	**7.77**	**34.09**	**12.64**	**9.88**	**78.16**	**7.16**
濮阳县	219.50	58.80	14.10	6.42	29.72	4.19	1.38	32.94	2.35
清丰县	109.40	35.20	13.00	11.88	48.85	6.35	8.30	130.71	23.58
南乐县	73.30	22.90	7.10	9.69	29.58	2.10	0.20	9.52	0.87
范　县	75.00	21.00	2.88	3.84					
漯河市	**227.00**	**80.50**	**6.47**	**2.85**	**43.89**	**2.84**			
临颍县	96.50	33.10	2.50	2.59	33.20	0.83			
偃城县	130.50	47.40	3.97	3.04	50.63	2.01			
南阳市	**1045.64**	**326.51**	**59.07**	**5.65**	**13.00**	**7.68**	**2.40**	**31.25**	**0.74**
宛城区	193.85	58.17	5.12	2.64	13.48	0.69	0.31	44.93	0.53
邓州市									
新野县	125.80	35.10	12.15	9.66	13.00	1.58	0.88	55.70	2.51
唐河县	241.02	67.22	19.28	8.00	12.03	2.32			
卧龙区	15.10	4.40	0.64	4.24	20.31	0.13			
内乡县	83.51	36.79	4.16	4.98	12.98	0.54	0.06	11.11	0.16
方城县	208.13	59.75	7.19	3.45	6.95	0.50	0.31	62.00	0.52
社旗县									
镇平县	121.87	49.92	2.62	2.15	14.12	0.37			
桐柏县	56.36	15.16	7.91	14.03	19.60	1.55	0.84	54.19	5.54
商丘市	**1168.79**	**333.99**	**94.89**	**8.12**	**21.19**	**20.11**	**7.80**	**38.79**	**2.34**
商丘县	188.66	50.19	16.50	8.75	19.88	3.28	0.35	10.67	0.70
永城县	235.53	65.05	12.28	5.21	22.23	2.73	1.54	56.41	2.37
民权县	97.48	26.07	8.63	8.85	20.97	1.81	1.18	65.19	4.53
睢　县	115.09	32.34	18.15	15.77	23.97	4.35	2.16	49.66	6.68
柘城县	124.09	41.22	9.29	7.49	17.98	1.67	0.32	19.16	0.78
宁陵县	75.00	23.71	6.33	8.44	21.96	1.39	0.94	67.63	3.96
虞城县	171.03	47.14	12.51	7.31	16.63	2.08	1.29	62.02	2.74
夏邑县	161.91	48.27	11.20	6.92	25.00	2.80	0.02	0.71	0.04
周口地区	**1458.25**	**420.72**	**99.72**	**6.84**	**23.88**	**23.81**	**6.78**	**28.48**	**1.61**
扶沟县	156.12	29.15	10.25	6.57	24.88	2.55	2.01	78.82	6.90
西华县	148.14	32.42	7.85	5.30	19.11	1.50			
鹿邑县	151.33	50.24	3.90	2.58	22.05	0.86			
郸城县	178.46	52.16	7.90	4.43	19.24	1.52			
淮阳县	185.44	55.95	15.48	8.35	23.64	3.66	0.71	19.40	1.27
太康县	214.46	53.60	29.83	13.91	31.71	9.46	4.06	42.92	7.57
商水县	171.70	50.70	9.85	5.74	18.48	1.82			
沈丘县	133.00	51.10	6.60	4.96	17.27	1.14			
项城县	119.60	45.40	8.06	6.74	16.13	1.30			
信阳地区	**869.90**	**287.30**	**36.70**	**4.22**	**16.38**	**6.01**			
罗山县	103.60	26.90	2.40	2.32	12.92	0.31			
信阳县	128.70	46.90	6.20	4.82	17.74	1.10			
光山县	99.00	42.00	4.80	4.85	19.58	0.94			
息　县	161.90	40.00	9.50	5.87	20.84	1.98			
淮滨县	114.00	31.10	3.00	2.63	4.00	0.12			
潢川县	83.00	33.40	3.10	3.73	9.35	0.29			
固始县	179.70	67.00	7.70	4.28	16.49	1.27			
驻马店地区	**1259.71**	**335.92**	**53.22**	**4.22**	**16.42**	**8.74**	**0.58**	**6.64**	**0.17**
上蔡县	196.00	61.40	10.41	5.31	16.81	1.75			
正阳县	180.40	34.10	7.39	4.10	18.27	1.35			
确山县	124.30	26.10	2.75	2.21	17.82	0.49			
泌阳县	162.10	42.40	9.18	5.66	12.53	1.15	0.58	50.43	1.37
汝南县	180.70	41.30	4.08	2.26	13.24	0.54			
平舆县	148.10	43.00	4.54	3.07	21.15	0.96			
西平县	105.30	40.50	3.86	3.67	13.47	0.52			
新蔡县	162.81	47.12	11.01	6.76	17.98	1.98			

5－21－10　河南省1952年产棉县棉花生产收购明细

县市名	耕地面积（万亩）	农业人口（万人）	棉田面积（万亩）	占耕地（%）	亩产（市斤）	产量（万担）	收购量（万担）	商品率（%）	人均交售（市斤）
全省合计	**10619.68**	**3100.30**	**876.07**	**8.25**	**26.01**	**227.90**	**144.11**	**63.23**	**4.65**
郑州市	**295.76**	**98.87**	**19.79**	**6.69**	**18.24**	**3.61**			
新郑市	98.83	29.78	5.43	5.49	13.81	0.75			
巩义市	74.31	40.80	13.15	17.70	20.15	2.65			
中牟县	122.62	28.29	1.21	0.99	17.36	0.21			
开封市	**754.53**	**169.19**	**47.58**	**6.31**	**33.96**	**16.16**	**5.99**	**37.07**	**3.54**
开封县	186.21	35.96	8.81	4.73	22.70	2.00			
杞　县	249.00	48.00	18.80	7.55	46.28	8.70	5.60	64.37	11.67
通许县	90.99	25.10	7.40	8.13	35.14	2.60			
尉氏县	138.33	38.03	6.77	4.89	27.47	1.86			
兰考县	90.00	22.10	5.80	6.44	17.24	1.00	0.39	39.00	1.76
洛阳市	**679.84**	**221.24**	**89.04**	**13.10**	**21.24**	**18.91**	**11.85**	**62.67**	**5.36**
偃师市	92.10	42.90	15.93	17.30	29.25	4.66	2.26	48.50	5.27
孟津县	69.94	26.00	8.81	12.60	28.60	2.52	0.44	17.46	1.69
新安县	76.00	23.80	7.49	9.86	19.63	1.47	0.57	38.78	2.39
宜阳县	115.00	30.30	12.88	11.20	15.30	1.97	1.47	74.62	4.85
伊川县	98.50	31.10	23.75	24.11	21.73	5.16	4.70	91.09	15.11
汝阳县	53.00	18.34	6.53	12.32	19.75	1.29	1.00	77.52	5.45
嵩　县	75.80	26.00	6.11	8.06	15.22	0.93	0.33	35.48	1.27
洛宁县	99.50	22.80	7.54	7.58	12.07	0.91	1.08	118.68	4.74
三门峡市	**210.30**	**46.10**	**60.00**	**28.53**	**37.07**	**22.24**	**30.01**	**134.94**	**65.10**
灵宝县	135.90	30.10	43.30	31.86	40.02	17.33	21.38	123.37	71.03
陕　县	74.40	16.00	16.70	22.45	29.40	4.91	8.63	175.76	53.94
平顶山市	**130.59**	**39.67**	**23.83**	**18.25**	**27.99**	**6.67**	**5.71**	**85.61**	**14.39**
汝州市	130.59	39.67	23.83	18.25	27.99	6.67	5.71	85.61	14.39
焦作市	**369.64**	**121.15**	**45.28**	**12.25**	**29.46**	**13.34**	**8.55**	**64.09**	**7.06**
孟州市	49.97	21.17	8.82	17.65	24.94	2.20	2.13	96.82	10.06
沁阳市	55.32	19.49	5.14	9.29	40.08	2.06	0.74	35.92	3.80
武陟县	77.92	29.70	7.80	10.01	32.82	2.56	1.46	57.03	4.92
温　县	46.23	19.05	4.94	10.69	26.72	1.32	0.76	57.58	3.99
博爱县	70.10	15.87	9.29	13.25	27.99	2.60	1.73	66.54	10.90
修武县	70.10	15.87	9.29	13.25	27.99	2.60	1.73	66.54	10.90
鹤壁市	**178.70**	**43.33**	**15.91**	**8.90**	**25.20**	**4.01**	**1.08**	**26.93**	**2.49**
浚　县	137.00	33.03	9.52	6.95	23.84	2.27	1.08	47.58	3.27
淇　县	41.70	10.30	6.39	15.32	27.23	1.74			
新乡市	**764.90**	**215.90**	**74.56**	**9.75**	**26.90**	**20.06**	**16.36**	**81.56**	**7.58**
新乡县	65.10	17.90	21.41	32.89	34.98	7.49	8.60	114.82	48.04
卫辉县	73.00	17.80	5.67	7.77	27.34	1.55	0.30	19.35	1.69
获嘉县	55.60	17.40	12.21	21.96	33.99	4.15	4.60	110.84	26.44
辉　县	112.70	33.90	10.99	9.75	23.02	2.53	1.20	47.43	3.54
原阳县	132.60	30.90	8.73	6.58	22.11	1.93	1.10	56.99	3.56
延津县	93.90	21.90	5.53	5.89	20.80	1.15	0.36	31.30	1.64
封丘县	111.00	35.00	4.84	4.36	16.53	0.80			
长垣县	121.00	41.10	5.18	4.28	8.88	0.46	0.20	43.48	0.49
安阳市	**564.40**	**189.78**	**102.72**	**18.20**	**36.89**	**37.89**	**33.10**	**87.36**	**17.44**
安阳县	145.00	49.60	51.60	35.59	40.27	20.78	23.56	113.38	47.50
林　县	100.00	49.60	10.00	10.00	24.10	2.41	1.20	49.79	2.42
内黄县									
滑　县	212.26	64.06	15.18	7.15	31.36	4.76	1.41	29.62	2.20
汤阴县	107.14	26.52	25.94	24.21	38.32	9.94	6.93	69.72	26.13
许昌市									
鄢陵县									

5-21-10 续表

县市名	耕地面积（万亩）	农业人口（万人）	棉田面积（万亩）	占耕地（%）	亩产（市斤）	产量（万担）	收购量（万担）	商品率（%）	人均交售（市斤）
濮阳市	**478.00**	**144.90**	**33.73**	**7.06**	**32.02**	**10.80**	**3.67**	**33.98**	**2.53**
濮阳县	219.80	63.30	14.50	6.60	30.00	4.35	1.52	34.94	2.40
清丰县	109.30	35.60	13.60	12.44	39.34	5.35	1.75	32.71	4.92
南乐县	73.30	24.70	3.60	4.91	30.56	1.10	0.40	36.36	1.62
范　县	75.60	21.30	2.03	2.69					
漯河市	**228.80**	**80.70**	**7.91**	**3.46**	**20.35**	**1.61**			
临颍县	96.50	33.20	3.60	3.73	27.22	0.98			
郾城县	132.30	47.50	4.31	3.26	14.62	0.63			
南阳市	**1058.59**	**326.89**	**68.48**	**6.47**	**12.51**	**8.57**	**4.99**	**58.23**	**1.53**
宛城区	194.95	58.29	7.76	3.98	7.86	0.61	0.17	27.87	0.29
邓州市									
新野县	125.70	36.20	14.23	11.32	13.98	1.99	1.48	74.37	4.09
唐河县	241.16	69.15	21.69	8.99	13.14	2.85	1.86	65.26	2.69
卧龙区	15.10	4.50	0.75	4.97	21.33	0.16			
内乡县	85.11	35.99	3.67	4.31	9.81	0.36	0.15	41.67	0.42
方城县	214.52	58.00	9.11	4.25	10.10	0.92	0.36	39.13	0.62
社旗县									
镇平县	123.32	49.50	3.18	2.58	8.49	0.27			
桐柏县	58.73	15.26	8.09	13.77	17.43	1.41	0.97	68.79	6.36
商丘市	**1191.53**	**339.29**	**91.70**	**7.70**	**24.05**	**22.05**	**10.14**	**45.99**	**2.99**
商丘县	186.82	52.97	16.70	8.94	22.51	3.76	0.58	15.43	1.09
永城县	235.42	65.15	14.89	6.32	22.77	3.39	1.03	30.38	1.58
民权县	100.98	26.08	7.78	7.70	21.85	1.70	1.62	95.29	6.21
睢　县	115.11	32.38	14.92	12.96	30.50	4.55	3.15	69.23	9.73
柘城县	125.23	41.67	9.32	7.44	22.96	2.14	0.94	43.93	2.26
宁陵县	85.00	23.99	6.56	7.72	32.93	2.16	1.02	47.22	4.25
虞城县	177.23	48.28	12.23	6.90	19.95	2.44	1.32	54.10	2.73
夏邑县	165.74	48.77	9.30	5.61	20.54	1.91	0.48	25.13	0.98
周口地区	**1473.57**	**435.81**	**96.25**	**6.53**	**29.79**	**28.67**	**10.96**	**38.23**	**2.51**
扶沟县	156.00	35.19	9.84	6.31	31.10	3.06	2.58	84.31	7.33
西华县	153.42	34.24	9.82	6.40	32.48	3.19			
鹿邑县	151.40	52.00	4.19	2.77	23.87	1.00			
郸城县	181.73	52.90	8.19	4.51	19.66	1.61	0.02	1.24	0.04
淮阳县	182.38	58.48	12.60	6.91	33.49	4.22	2.30	54.50	3.93
太康县	215.64	54.90	28.78	13.35	40.97	11.79	6.06	51.40	11.04
商水县	171.80	51.30	10.50	6.11	12.76	1.34			
沈丘县	133.00	51.90	6.13	4.61	29.53	1.81			
项城县	128.20	44.90	6.20	4.84	10.48	0.65			
信阳地区	**963.80**	**288.40**	**46.10**	**4.78**	**12.58**	**5.80**	**0.12**	**2.07**	**0.04**
罗山县	108.70	27.70	6.90	6.35	7.39	0.51			
信阳县	130.10	44.70	4.30	3.31	17.44	0.75			
光山县	108.00	43.80	10.00	9.26	15.50	1.55	0.05	3.23	0.11
息　县	179.60	41.30	7.70	4.29	15.32	1.18	0.01	0.85	0.02
淮滨县	114.00	31.20	4.00	3.51	5.25	0.21			
潢川县	124.50	32.60	6.10	4.90	7.87	0.48	0.06	12.50	0.18
固始县	198.90	67.10	7.10	3.57	15.77	1.12			
驻马店地区	**1276.73**	**339.08**	**53.19**	**4.17**	**14.12**	**7.51**	**1.58**	**21.04**	**0.47**
上蔡县	197.00	61.60	9.43	4.79	15.06	1.42	0.30	21.13	0.49
正阳县	182.10	34.70	6.54	3.59	7.34	0.48	0.07	14.58	0.20
确山县	127.00	26.30	3.39	2.67	10.62	0.36	0.02	5.56	0.08
泌阳县	166.30	42.00	8.03	4.83	14.20	1.14	1.05	92.11	2.50
汝南县	182.80	42.80	4.27	2.34	15.69	0.67			
平舆县	149.50	43.70	7.80	5.22	14.87	1.16			
西平县	107.80	41.00	4.16	3.86	22.84	0.95			
新蔡县	164.23	46.98	9.57	5.83	13.90	1.33	0.14	10.53	0.30

5－21－11　河南省1953年产棉县棉花生产收购明细

县市名	耕地面积（万亩）	农业人口（万人）	棉田面积（万亩）	占耕地（%）	亩产（市斤）	产量（万担）	收购量（万担）	商品率（%）	人均交售（市斤）
全省合计	**11000.47**	**3201.76**	**881.40**	**8.01**	**23.60**	**208.02**	**128.40**	**61.72**	**4.01**
郑州市	**299.14**	**97.46**	**18.73**	**6.26**	**26.48**	**4.96**	**3.02**	**60.89**	**3.10**
新郑市	103.11	30.05	4.14	4.02	14.25	0.59	0.01	1.69	0.03
巩义市	73.56	39.03	12.18	16.56	31.94	3.89	3.01	77.38	7.71
中牟县	122.47	28.38	2.41	1.97	19.92	0.48			
开封市	**775.33**	**171.91**	**45.63**	**5.89**	**19.33**	**8.82**	**5.21**	**59.07**	**3.03**
开封县	185.45	36.30	11.08	5.97	21.21	2.35	0.33	14.04	0.91
杞　县	262.90	48.00	14.40	5.48	20.14	2.90	3.30	113.79	6.88
通许县	95.84	25.41	8.20	8.56	19.02	1.56	1.03	66.03	4.05
尉氏县	141.14	38.80	6.55	4.64	20.00	1.31	0.27	20.61	0.70
兰考县	90.00	23.40	5.40	6.00	12.96	0.70	0.28	40.00	1.20
洛阳市	**681.50**	**222.04**	**87.76**	**12.88**	**25.57**	**22.44**	**13.30**	**59.27**	**5.99**
偃师市	92.10	42.90	16.61	18.03	37.57	6.24	3.58	57.37	8.34
孟津县	70.80	26.20	9.17	12.95	34.35	3.15	0.36	11.43	1.37
新安县	76.00	23.60	7.08	9.32	16.81	1.19	0.25	21.01	1.06
宜阳县	115.00	30.40	12.58	10.94	17.57	2.21	1.29	58.37	4.24
伊川县	98.60	31.20	21.78	22.09	26.22	5.71	5.76	100.88	18.46
汝阳县	52.80	18.64	6.16	11.67	20.94	1.29	0.82	63.57	4.40
嵩　县	76.40	26.10	6.05	7.92	16.53	1.00	0.23	23.00	0.88
洛宁县	99.80	23.00	8.33	8.35	19.81	1.65	1.01	61.21	4.39
三门峡市	**213.90**	**46.90**	**57.44**	**26.85**	**42.69**	**24.52**	**23.59**	**96.21**	**50.30**
灵宝县	136.60	30.60	43.43	31.79	37.65	16.35	16.56	101.28	54.12
陕　县	77.30	16.30	14.01	18.12	58.32	8.17	7.03	86.05	43.13
平顶山市	**130.43**	**39.82**	**22.67**	**17.38**	**30.30**	**6.87**	**2.45**	**35.66**	**6.15**
汝州市	130.43	39.82	22.67	17.38	30.30	6.87	2.45	35.66	6.15
焦作市	**357.35**	**117.56**	**42.37**	**11.86**	**21.19**	**8.98**	**7.04**	**78.40**	**5.99**
孟州市	50.08	20.29	8.51	16.99	25.85	2.20	1.67	75.91	8.23
沁阳市	51.19	18.69	2.91	5.68	26.46	0.77	0.57	74.03	3.05
武陟县	80.34	29.40	7.79	9.70	22.85	1.78	1.26	70.79	4.29
温　县	46.52	19.26	5.32	11.44	19.36	1.03	0.54	52.43	2.80
博爱县	64.61	14.96	8.92	13.81	17.94	1.60	1.50	93.75	10.03
修武县	64.61	14.96	8.92	13.81	17.94	1.60	1.50	93.75	10.03
鹤壁市	**179.50**	**43.17**	**14.12**	**7.87**	**21.32**	**3.01**	**1.06**	**35.22**	**2.46**
浚　县	137.00	32.87	9.31	6.80	18.90	1.76	1.06	60.23	3.22
淇　县	42.50	10.30	4.81	11.32	25.99	1.25			
新乡市	**778.70**	**214.73**	**75.85**	**9.74**	**22.41**	**17.00**	**12.84**	**75.53**	**5.98**
新乡县	62.10	18.50	19.86	31.98	30.66	6.09	5.20	85.39	28.11
卫辉县	73.00	17.93	5.36	7.34	19.96	1.07	0.40	37.38	2.23
获嘉县	56.40	17.10	12.99	23.03	29.02	3.77	3.30	87.53	19.30
辉　县	111.80	34.50	11.01	9.85	17.98	1.98	1.80	90.91	5.22
原阳县	132.60	30.50	10.42	7.86	18.04	1.88	1.50	79.79	4.92
延津县	96.80	22.40	5.70	5.89	14.56	0.83	0.14	16.87	0.63
封丘县	123.00	33.80	4.74	3.85	12.45	0.59			
长垣县	123.00	40.00	5.77	4.69	13.69	0.79	0.50	63.29	1.25
安阳市	**564.74**	**189.84**	**94.27**	**16.69**	**34.92**	**32.92**	**24.17**	**73.42**	**12.73**
安阳县	153.00	51.20	51.90	33.92	39.77	20.64	17.38	84.21	33.95
林　县	100.00	50.70	7.60	7.60	29.21	2.22	0.87	39.19	1.72
内黄县									
滑　县	212.28	61.81	15.23	7.17	21.54	3.28	0.49	14.94	0.79
汤阴县	99.46	26.13	19.54	19.65	34.70	6.78	5.43	80.09	20.78
许昌市									
鄢陵县									

5-21-11 续表

县市名	耕地面积（万亩）	农业人口（万人）	棉田面积（万亩）	占耕地（%）	亩产（市斤）	产量（万担）	收购量（万担）	商品率（%）	人均交售（市斤）
濮阳市	**474.00**	**142.60**	**25.27**	**5.33**	**16.30**	**4.12**	**2.76**	**66.99**	**1.94**
濮阳县	214.10	62.70	10.80	5.04	17.04	1.84	1.23	66.85	1.96
清丰县	106.80	34.70	8.74	8.18	19.22	1.68	1.43	85.12	4.12
南乐县	80.10	23.10	4.30	5.37	13.95	0.60	0.10	16.67	0.43
范　县	73.00	22.10	1.43	1.96					
漯河市	**229.30**	**80.80**	**5.59**	**2.44**	**19.50**	**1.09**			
临颍县	96.50	33.30	2.50	2.59	28.00	0.70			
偃城县	132.80	47.50	3.09	2.33	12.62	0.39			
南阳市	**1360.17**	**409.66**	**97.73**	**7.19**	**16.42**	**16.05**	**6.25**	**38.94**	**1.53**
宛城区	194.99	59.81	6.95	3.56	15.83	1.10	0.07	6.36	0.12
邓州市	296.78	80.95	30.64	10.32	17.00	5.21	2.99	57.39	3.69
新野县	125.90	36.30	13.41	10.65	19.02	2.55	1.57	61.57	4.33
唐河县	238.50	68.62	20.69	8.68	14.98	3.10	1.29	41.61	1.88
卧龙区	15.00	4.60	0.82	5.47	24.39	0.20			
内乡县	85.10	35.89	4.41	5.18	14.06	0.62			
方城县	219.74	59.09	11.16	5.08	16.04	1.79	0.02	1.12	0.03
社旗县									
镇平县	125.21	48.99	3.36	2.68	16.07	0.54			
桐柏县	58.95	15.41	6.29	10.67	14.94	0.94	0.31	32.98	2.01
商丘市	**1205.42**	**343.22**	**96.86**	**8.04**	**22.53**	**21.82**	**9.49**	**43.49**	**2.76**
商丘县	189.14	52.90	17.70	9.36	22.09	3.91	0.63	16.11	1.19
永城县	236.25	65.42	15.21	6.44	24.00	3.65	1.48	40.55	2.26
民权县	102.74	26.75	6.97	6.78	19.37	1.35	1.51	111.85	5.64
睢　县	115.45	33.01	13.92	12.06	24.43	3.40	2.40	70.59	7.27
柘城县	126.36	42.28	9.13	7.23	23.00	2.10	0.49	23.33	1.16
宁陵县	88.00	24.22	7.06	8.02	21.39	1.51	1.14	75.50	4.71
虞城县	177.71	49.55	14.10	7.93	18.79	2.65	1.47	55.47	2.97
夏邑县	169.77	49.09	12.77	7.52	25.45	3.25	0.37	11.38	0.75
周口地区	**1476.41**	**440.82**	**89.55**	**6.07**	**28.83**	**25.82**	**16.42**	**63.59**	**3.72**
扶沟县	145.22	35.28	9.58	6.60	28.29	2.71	1.85	68.27	5.24
西华县	154.87	35.24	9.66	6.24	19.46	1.88	1.10	58.51	3.12
鹿邑县	151.39	51.96	4.90	3.24	26.33	1.29	0.53	41.09	1.02
郸城县	183.58	54.11	8.65	4.71	11.56	1.00	0.19	19.00	0.35
淮阳县	187.91	59.03	12.26	6.52	29.77	3.65	1.57	43.01	2.66
太康县	220.64	55.90	27.68	12.55	47.87	13.25	11.09	83.70	19.84
商水县	171.80	51.80	8.87	5.16	8.46	0.75			
沈丘县	132.00	52.00	4.20	3.18	25.00	1.05	0.09	8.57	0.17
项城县	129.00	45.50	3.75	2.91	6.40	0.24			
信阳地区	**982.80**	**295.00**	**55.10**	**5.61**	**8.33**	**4.59**			
罗山县	108.80	28.90	4.50	4.14	6.44	0.29			
信阳县	134.50	45.80	6.30	4.68	11.75	0.74			
光山县	110.00	43.70	10.60	9.64	9.15	0.97			
息　县	179.60	42.60	5.70	3.17	5.96	0.34			
淮滨县	117.00	32.00	7.80	6.67	6.67	0.52			
潢川县	129.70	33.40	9.60	7.40	6.35	0.61			
固始县	203.20	68.60	10.60	5.22	10.57	1.12			
驻马店地区	**1291.78**	**346.23**	**52.46**	**4.06**	**9.55**	**5.01**	**0.80**	**15.97**	**0.23**
上蔡县	197.00	62.60	9.25	4.70	7.35	0.68			
正阳县	183.80	35.40	8.02	4.36	6.98	0.56	0.56	100.00	1.58
确山县	127.90	27.10	2.88	2.25	13.54	0.39			
泌阳县	168.40	42.30	8.19	4.86	7.33	0.60	0.24	40.00	0.57
汝南县	181.10	42.60	4.79	2.64	4.80	0.23			
平舆县	148.50	43.70	7.98	5.37	9.52	0.76			
西平县	121.70	44.70	3.75	3.08	16.53	0.62			
新蔡县	163.38	47.83	7.60	4.65	15.39	1.17			

5－21－12　河南省1954年产棉县棉花生产收购明细

县市名	耕地面积（万亩）	农业人口（万人）	棉田面积（万亩）	占耕地（%）	亩产（市斤）	产量（万担）	收购量（万担）	商品率（%）	人均交售（市斤）
全省合计	**11073.05**	**3301.33**	**929.95**	**8.40**	**25.50**	**237.17**	**151.93**	**64.06**	**4.60**
郑州市	**300.69**	**100.89**	**18.47**	**6.14**	**31.56**	**5.83**	**3.83**	**65.69**	**3.80**
新郑市	102.91	31.04	4.23	4.11	18.20	0.77	0.29	37.66	0.93
巩义市	74.54	40.40	12.54	16.82	38.60	4.84	3.48	71.90	8.61
中牟县	123.24	29.45	1.70	1.38	12.94	0.22	0.06	27.27	0.20
开封市	**780.35**	**176.39**	**45.06**	**5.77**	**36.80**	**16.58**	**7.69**	**46.38**	**4.36**
开封县	186.76	37.43	9.49	5.08	32.03	3.04	1.35	44.41	3.61
杞　县	260.30	49.00	16.30	6.26	46.01	7.50	4.20	56.00	8.57
通许县	96.50	26.26	8.29	8.59	36.07	2.99	1.26	42.14	4.80
尉氏县	146.79	39.20	6.38	4.35	30.72	1.96	0.37	18.88	0.94
兰考县	90.00	24.50	4.60	5.11	23.70	1.09	0.51	46.79	2.08
洛阳市	**683.26**	**227.02**	**92.24**	**13.50**	**22.50**	**20.75**	**9.55**	**46.02**	**4.21**
偃师市	91.60	43.60	16.72	18.25	34.93	5.84	3.66	62.67	8.39
孟津县	70.76	26.40	9.55	13.50	34.76	3.32	0.46	13.86	1.74
新安县	76.00	24.00	6.13	8.07	18.11	1.11	0.36	32.43	1.50
宜阳县	117.80	31.20	13.86	11.77	19.55	2.71	1.06	39.11	3.40
伊川县	98.60	32.50	24.31	24.66	16.99	4.13	2.58	62.47	7.94
汝阳县	52.30	18.82	6.66	12.73	16.97	1.13	0.55	48.67	2.92
嵩　县	76.30	26.50	6.26	8.20	13.10	0.82	0.29	35.37	1.09
洛宁县	99.90	24.00	8.75	8.76	19.31	1.69	0.59	34.91	2.46
三门峡市	**215.40**	**48.00**	**57.96**	**26.91**	**40.11**	**23.25**	**20.88**	**89.81**	**43.50**
灵宝县	137.80	31.00	42.55	30.88	40.99	17.44	15.90	91.17	51.29
陕　县	77.60	17.00	15.41	19.86	37.70	5.81	4.98	85.71	29.29
平顶山市	**128.80**	**39.97**	**19.84**	**15.40**	**25.40**	**5.04**	**2.32**	**46.03**	**5.80**
汝州市	128.80	39.97	19.84	15.40	25.40	5.04	2.32	46.03	5.80
焦作市	**360.54**	**118.62**	**44.02**	**12.21**	**25.92**	**11.41**	**8.06**	**70.64**	**6.79**
孟州市	49.92	20.34	8.22	16.47	36.25	2.98	1.85	62.08	9.10
沁阳市	51.65	18.47	3.89	7.53	17.74	0.69	0.48	69.57	2.60
武陟县	80.21	30.17	8.53	10.63	31.18	2.66	1.62	60.90	5.37
温　县	46.02	19.36	5.32	11.56	18.05	0.96	0.55	57.29	2.84
博爱县	66.37	15.14	9.03	13.61	22.81	2.06	1.78	86.41	11.76
修武县	66.37	15.14	9.03	13.61	22.81	2.06	1.78	86.41	11.76
鹤壁市	**178.30**	**43.55**	**17.94**	**10.06**	**27.54**	**4.94**	**1.97**	**39.88**	**4.52**
浚　县	136.00	32.95	10.80	7.94	26.02	2.81	1.97	70.11	5.98
淇　县	42.30	10.60	7.14	16.88	29.83	2.13			
新乡市	**778.00**	**219.64**	**83.68**	**10.76**	**25.96**	**21.72**	**17.44**	**80.29**	**7.94**
新乡县	61.90	18.70	21.21	34.26	35.55	7.54	8.60	114.06	45.99
卫辉县	73.00	18.04	6.21	8.51	22.54	1.40	1.04	74.29	5.76
获嘉县	56.40	17.50	14.58	25.85	34.02	4.96	3.90	78.63	22.29
辉　县	112.00	35.10	11.87	10.60	20.98	2.49	0.70	28.11	1.99
原阳县	131.60	31.60	12.79	9.72	21.58	2.76	1.80	65.22	5.70
延津县	97.10	23.10	6.55	6.75	13.59	0.89	0.50	56.18	2.16
封丘县	123.00	34.70	4.92	4.00	18.09	0.89	0.40	44.94	1.15
长垣县	123.00	40.90	5.55	4.51	14.23	0.79	0.50	63.29	1.22
安阳市	**613.25**	**207.94**	**129.01**	**21.04**	**38.62**	**49.83**	**41.70**	**83.68**	**20.05**
安阳县	152.00	52.60	63.40	41.71	43.00	27.26	27.61	101.28	52.49
林　县	100.00	51.70	12.00	12.00	32.83	3.94	2.38	60.41	4.60
内黄县									
滑　县	212.24	64.66	15.27	7.19	28.09	4.29	1.11	25.87	1.72
汤阴县	149.01	38.98	38.34	25.73	37.40	14.34	10.60	73.92	27.19
许昌市									
鄢陵县									

5－21－12 续表

县市名	耕地面积（万亩）	农业人口（万人）	棉田面积（万亩）	占耕地（%）	亩产（市斤）	产量（万担）	收购量（万担）	商品率（%）	人均交售（市斤）
濮阳市	**474.90**	**147.50**	**27.80**	**5.85**	**26.94**	**7.49**	**3.16**	**42.19**	**2.14**
濮阳县	214.10	64.70	12.10	5.65	24.88	3.01	1.66	55.15	2.57
清丰县	106.80	36.10	10.69	10.01	33.49	3.58	1.30	36.31	3.60
南乐县	80.10	23.70	3.50	4.37	25.71	0.90	0.20	22.22	0.84
范　县	73.90	23.00	1.51	2.04					
漯河市	**228.50**	**82.60**	**6.26**	**2.74**	**8.79**	**0.55**	**0.05**	**9.09**	**0.06**
临颍县	96.60	33.50	2.40	2.48	5.83	0.14	0.05	35.71	0.15
偃城县	131.90	49.10	3.86	2.93	10.62	0.41			
南阳市	**1361.34**	**418.42**	**101.11**	**7.43**	**15.88**	**16.06**	**6.98**	**43.46**	**1.67**
宛城区	195.35	60.88	7.40	3.79	14.05	1.04	0.56	53.85	0.92
邓州市	297.29	82.79	31.48	10.59	13.66	4.30	1.99	46.28	2.40
新野县	125.70	37.20	13.77	10.95	18.01	2.48	1.25	50.40	3.36
唐河县	238.37	69.61	22.31	9.36	18.29	4.08	1.55	37.99	2.23
卧龙区	15.00	4.70	0.96	6.40	30.21	0.29			
内乡县	85.21	37.22	5.27	6.18	15.18	0.80	0.40	50.00	1.07
方城县	220.17	61.69	11.13	5.06	15.27	1.70	0.58	34.12	0.94
社旗县									
镇平县	125.20	48.73	3.72	2.97	13.98	0.52	0.15	28.85	0.31
桐柏县	59.05	15.60	5.07	8.59	16.77	0.85	0.50	58.82	3.21
商丘市	**1207.99**	**351.23**	**95.30**	**7.89**	**25.54**	**24.34**	**12.19**	**50.08**	**3.47**
商丘县	187.38	53.71	16.30	8.70	27.12	4.42	1.61	36.43	3.00
永城县	236.25	67.49	12.70	5.38	16.38	2.08	1.46	70.19	2.16
民权县	102.89	27.44	7.79	7.57	28.75	2.24	1.84	82.14	6.71
睢　县	115.33	34.22	15.74	13.65	30.50	4.80	2.32	48.33	6.78
柘城县	128.87	42.87	9.94	7.71	26.96	2.68	1.36	50.75	3.17
宁陵县	88.00	24.25	7.22	8.20	27.42	1.98	1.05	53.03	4.33
虞城县	178.95	50.98	13.95	7.80	22.44	3.13	1.63	52.08	3.20
夏邑县	170.32	50.27	11.66	6.85	25.81	3.01	0.92	30.56	1.83
周口地区	**1478.62**	**455.42**	**97.51**	**6.59**	**24.16**	**23.56**	**15.30**	**64.94**	**3.36**
扶沟县	145.81	37.12	10.92	7.49	26.47	2.89	2.15	74.39	5.79
西华县	154.88	36.12	9.97	6.44	16.05	1.60	0.58	36.25	1.61
鹿邑县	151.43	52.91	5.26	3.47	15.21	0.80	0.10	12.50	0.19
郸城县	184.54	56.48	7.90	4.28	4.43	0.35	0.08	22.86	0.14
淮阳县	187.23	61.19	12.79	6.83	14.00	1.79	0.12	6.70	0.20
太康县	220.63	56.80	32.93	14.93	42.00	13.83	12.14	87.78	21.37
商水县	171.70	53.20	8.70	5.07	4.71	0.41			
沈丘县	131.80	54.20	3.81	2.89	47.24	1.80	0.12	6.67	0.22
项城县	130.60	47.40	5.23	4.00	1.72	0.09	0.01	11.11	0.02
信阳地区	**984.40**	**303.30**	**41.70**	**4.24**	**6.09**	**2.54**	**0.16**	**6.30**	**0.05**
罗山县	109.80	29.10	4.30	3.92	6.51	0.28			
信阳县	135.00	46.70	5.80	4.30	4.48	0.26			
光山县	110.00	45.40	11.30	10.27	5.40	0.61			
息　县	179.60	44.80	7.90	4.40	2.03	0.16			
淮滨县	117.00	33.30	3.00	2.56	11.33	0.34			
潢川县	130.60	33.70	4.40	3.37	1.82	0.08			
固始县	202.40	70.30	5.00	2.47	16.20	0.81	0.16	19.75	0.23
驻马店地区	**1298.71**	**360.84**	**52.05**	**4.01**	**6.30**	**3.28**	**0.65**	**19.82**	**0.18**
上蔡县	197.00	64.70	9.45	4.80	6.35	0.60			
正阳县	186.60	36.70	6.71	3.60	5.37	0.36			
确山县	128.50	28.10	2.44	1.90	3.28	0.08			
泌阳县	169.90	44.60	9.68	5.70	13.12	1.27	0.65	51.18	1.46
汝南县	181.40	45.40	3.71	2.05	1.89	0.07			
平舆县	148.90	45.50	7.25	4.87	2.48	0.18			
西平县	123.10	45.90	4.42	3.59	8.37	0.37			
新蔡县	163.31	49.94	8.39	5.14	4.17	0.35			

5－21－13　河南省1955年产棉县棉花生产收购明细

县市名	耕地面积（万亩）	农业人口（万人）	棉田面积（万亩）	占耕地（%）	亩产（市斤）	产量（万担）	收购量（万担）	商品率（%）	人均交售（市斤）
全省合计	**11038.54**	**3375.61**	**1035.87**	**9.38**	**28.34**	**293.54**	**188.67**	**64.27**	**5.59**
郑州市	**301.52**	**102.34**	**18.93**	**6.28**	**33.65**	**6.37**	**3.81**	**59.81**	**3.72**
新郑市	102.54	31.43	3.48	3.39	20.98	0.73	0.22	30.14	0.70
巩义市	74.88	40.95	13.83	18.47	38.25	5.29	3.50	66.16	8.55
中牟县	124.10	29.96	1.62	1.31	21.60	0.35	0.09	25.71	0.30
开封市	**766.41**	**180.17**	**57.88**	**7.55**	**36.04**	**20.86**	**16.65**	**79.82**	**9.24**
开封县	180.11	38.22	12.39	6.88	33.58	4.16	3.56	85.58	9.31
杞县	254.40	50.00	22.60	8.88	44.69	10.10	7.50	74.26	15.00
通许县	96.36	26.56	10.47	10.87	33.81	3.54	4.21	118.93	15.85
尉氏县	145.54	40.19	6.12	4.21	23.86	1.46	0.48	32.88	1.19
兰考县	90.00	25.20	6.30	7.00	25.40	1.60	0.90	56.25	3.57
洛阳市	**683.72**	**232.28**	**97.95**	**14.33**	**27.39**	**26.83**	**12.90**	**48.08**	**5.55**
偃师市	91.60	44.30	18.86	20.59	32.66	6.16	3.77	61.20	8.51
孟津县	70.72	26.50	10.95	15.48	39.18	4.29	0.84	19.58	3.17
新安县	76.00	25.30	6.19	8.14	19.22	1.19	0.69	57.98	2.73
宜阳县	118.10	31.40	15.59	13.20	22.19	3.46	1.53	44.22	4.87
伊川县	98.70	33.20	25.02	25.35	29.98	7.50	4.40	58.67	13.25
汝阳县	52.70	19.48	6.32	11.99	22.94	1.45	0.67	46.21	3.44
嵩县	76.30	27.70	6.70	8.78	17.01	1.14	0.34	29.82	1.23
洛宁县	99.60	24.40	8.32	8.35	19.71	1.64	0.66	40.24	2.70
三门峡市	**215.50**	**49.30**	**63.99**	**29.69**	**40.08**	**25.65**	**19.45**	**75.83**	**39.45**
灵宝县	137.40	31.80	47.28	34.41	40.40	19.10	14.15	74.08	44.50
陕县	78.10	17.50	16.71	21.40	39.20	6.55	5.30	80.92	30.29
平顶山市	**128.90**	**39.88**	**21.22**	**16.46**	**26.01**	**5.52**	**2.66**	**48.19**	**6.67**
汝州市	128.90	39.88	21.22	16.46	26.01	5.52	2.66	48.19	6.67
焦作市	**356.32**	**120.50**	**50.49**	**14.17**	**28.66**	**14.47**	**9.93**	**68.62**	**8.24**
孟州市	49.97	20.72	8.49	16.99	36.51	3.10	1.59	51.29	7.67
沁阳市	50.47	19.23	4.49	8.90	30.29	1.36	0.70	51.47	3.64
武陟县	78.36	30.68	10.96	13.99	33.03	3.62	2.32	64.09	7.56
温县	45.60	19.85	5.03	11.03	30.02	1.51	0.88	58.28	4.43
博爱县	65.46	15.01	10.76	16.44	22.68	2.44	2.22	90.98	14.79
修武县	66.46	15.01	10.76	16.19	22.68	2.44	2.22	90.98	14.79
鹤壁市	**179.00**	**45.45**	**24.66**	**13.78**	**26.60**	**6.56**	**2.36**	**35.98**	**5.19**
浚县	136.00	34.45	16.09	11.83	26.66	4.29	2.36	55.01	6.85
淇县	43.00	11.00	8.57	19.93	26.49	2.27			
新乡市	**773.50**	**224.43**	**90.99**	**11.76**	**30.85**	**28.07**	**20.68**	**73.67**	**9.21**
新乡县	62.00	19.30	24.07	38.82	41.46	9.98	8.80	88.18	45.60
卫辉县	72.00	18.33	6.66	9.25	22.97	1.53	0.90	58.82	4.91
获嘉县	55.90	17.80	17.51	31.32	37.58	6.58	5.60	85.11	31.46
辉县	110.70	35.70	12.46	11.26	23.03	2.87	1.40	48.78	3.92
原阳县	131.10	32.30	12.95	9.88	23.94	3.10	1.90	61.29	5.88
延津县	96.80	24.00	6.64	6.86	20.48	1.36	0.78	57.35	3.25
封丘县	123.00	35.20	5.31	4.32	19.40	1.03	0.40	38.83	1.14
长垣县	122.00	41.80	5.39	4.42	30.06	1.62	0.90	55.56	2.15
安阳市	**615.79**	**208.80**	**135.73**	**22.04**	**35.84**	**48.64**	**40.06**	**82.36**	**19.19**
安阳县	153.00	53.40	66.60	43.53	41.08	27.36	24.12	88.16	45.17
林县	100.00	50.90	12.90	12.90	30.54	3.94	2.57	65.23	5.05
内黄县									
滑县	212.51	65.55	15.12	7.11	30.49	4.61	2.31	50.11	3.52
汤阴县	150.28	38.95	41.11	27.36	30.97	12.73	11.06	86.88	28.40
许昌市									
鄢陵县									

5－21－13 续表

县市名	耕地面积（万亩）	农业人口（万人）	棉田面积（万亩）	占耕地（%）	亩产（市斤）	产量（万担）	收购量（万担）	商品率（%）	人均交售（市斤）
濮阳市	**470.80**	**151.00**	**34.76**	**7.38**	**32.97**	**11.46**	**6.04**	**52.71**	**4.00**
濮阳县	210.90	66.10	14.50	6.88	30.07	4.36	2.12	48.62	3.21
清丰县	106.50	37.10	13.67	12.84	40.97	5.60	3.12	55.71	8.41
南乐县	80.00	24.30	4.70	5.88	31.91	1.50	0.80	53.33	3.29
范　县	73.40	23.50	1.89	2.57					
漯河市	**228.40**	**84.30**	**5.43**	**2.38**	**16.02**	**0.87**	**0.11**	**12.64**	**0.13**
临颍县	96.60	34.30	2.10	2.17	11.90	0.25	0.06	24.00	0.17
偃城县	131.80	50.00	3.33	2.53	18.62	0.62	0.05	8.06	0.10
南阳市	**1363.83**	**429.09**	**98.86**	**7.25**	**12.71**	**12.57**	**5.45**	**43.36**	**1.27**
宛城区	195.05	61.79	7.58	3.89	15.04	1.14	0.75	65.79	1.21
邓州市	296.73	84.45	28.54	9.62	13.91	3.97	1.67	42.07	1.98
新野县	125.70	37.90	15.06	11.98	14.01	2.11	1.31	62.09	3.46
唐河县	238.48	71.30	21.76	9.12	8.96	1.95	0.67	34.36	0.94
卧龙区	15.10	4.70	1.06	7.02	38.68	0.41			
内乡县	89.32	39.14	5.05	5.65	10.89	0.55	0.20	36.36	0.51
方城县	219.91	62.30	11.04	5.02	11.23	1.24	0.37	29.84	0.59
社旗县									
镇平县	125.17	51.13	2.97	2.37	14.48	0.43	0.12	27.91	0.23
桐柏县	58.37	16.38	5.80	9.94	13.28	0.77	0.36	46.75	2.20
商丘市	**1199.79**	**362.85**	**121.92**	**10.16**	**29.03**	**35.39**	**22.02**	**62.22**	**6.07**
商丘县	187.29	57.69	22.60	12.07	27.92	6.31	3.70	58.64	6.41
永城县	233.42	69.31	16.85	7.22	25.99	4.38	1.95	44.52	2.81
民权县	98.99	27.67	8.57	8.66	27.19	2.33	3.00	128.76	10.84
睢　县	115.50	35.63	21.14	18.30	35.00	7.40	5.03	67.97	14.12
柘城县	129.14	43.75	12.48	9.66	35.02	4.37	2.28	52.17	5.21
宁陵县	86.00	25.40	8.94	10.40	29.98	2.68	1.55	57.84	6.10
虞城县	179.46	52.37	16.87	9.40	24.18	4.08	2.52	61.76	4.81
夏邑县	169.99	51.03	14.47	8.51	26.54	3.84	1.99	51.82	3.90
周口地区	**1474.56**	**466.94**	**117.37**	**7.96**	**31.70**	**37.21**	**23.65**	**63.56**	**5.06**
扶沟县	145.84	38.20	12.22	8.38	29.79	3.64	3.12	85.71	8.17
西华县	152.80	37.52	10.44	6.83	27.30	2.85	0.54	18.95	1.44
鹿邑县	150.94	53.75	6.07	4.02	28.34	1.72	0.55	31.98	1.02
郸城县	185.58	56.92	8.30	4.47	21.57	1.79	0.44	24.58	0.77
淮阳县	186.23	62.25	15.99	8.59	28.02	4.48	1.56	34.82	2.51
太康县	221.67	60.20	42.80	19.31	43.32	18.54	17.07	92.07	28.36
商水县	171.40	54.90	9.43	5.50	22.69	2.14			
沈丘县	130.30	55.10	6.27	4.81	17.70	1.11	0.29	26.13	0.53
项城县	129.80	48.10	5.85	4.51	16.07	0.94	0.08	8.51	0.17
信阳地区	**986.00**	**309.40**	**45.60**	**4.62**	**10.66**	**4.86**	**0.76**	**15.64**	**0.25**
罗山县	109.50	30.50	4.60	4.20	10.87	0.50	0.03	6.00	0.10
信阳县	132.30	47.00	4.90	3.70	17.96	0.88	0.15	17.05	0.32
光山县	113.00	46.60	10.10	8.94	8.61	0.87	0.15	17.24	0.32
息　县	179.60	45.50	7.40	4.12	14.32	1.06	0.27	25.47	0.59
淮滨县	118.00	33.40	4.20	3.56	10.24	0.43	0.13	30.23	0.39
潢川县	131.90	35.00	5.40	4.09	6.30	0.34	0.03	8.82	0.09
固始县	201.70	71.40	9.00	4.46	8.67	0.78			
驻马店地区	**1294.50**	**368.88**	**50.09**	**3.87**	**16.39**	**8.21**	**2.14**	**26.07**	**0.58**
上蔡县	196.00	66.70	8.62	4.40	14.27	1.23	0.19	15.45	0.28
正阳县	186.70	37.50	6.53	3.50	22.36	1.46	0.40	27.40	1.07
确山县	128.10	29.60	3.27	2.55	17.43	0.57	0.09	15.79	0.30
泌阳县	168.90	45.00	8.71	5.16	10.91	0.95	0.46	48.42	1.02
汝南县	181.50	45.90	4.00	2.20	18.50	0.74	0.20	27.03	0.44
平舆县	148.90	46.30	6.83	4.59	18.30	1.25	0.23	18.40	0.50
西平县	121.10	48.10	3.90	3.22	13.33	0.52	0.05	9.62	0.10
新蔡县	163.30	49.78	8.23	5.04	18.10	1.49	0.52	34.90	1.04

5-21-14　河南省1956年产棉县棉花生产收购明细

县市名	耕地面积（万亩）	农业人口（万人）	棉田面积（万亩）	占耕地（%）	亩产（市斤）	产量（万担）	收购量（万担）	商品率（%）	人均交售（市斤）
全省合计	**10960.90**	**3417.69**	**1116.27**	**10.18**	**22.41**	**250.12**	**171.83**	**68.70**	**5.03**
郑州市	**292.19**	**105.75**	**18.45**	**6.31**	**27.64**	**5.10**	**3.71**	**72.75**	**3.51**
新郑市	101.10	32.18	2.22	2.20	19.82	0.44	0.14	31.82	0.44
巩义市	72.89	42.48	14.65	20.10	29.69	4.35	3.53	81.15	8.31
中牟县	118.20	31.09	1.58	1.34	19.62	0.31	0.04	12.90	0.13
开封市	**756.65**	**184.48**	**77.18**	**10.20**	**26.09**	**20.14**	**14.90**	**73.98**	**8.08**
开封县	174.51	39.01	19.18	10.99	28.78	5.52	3.59	65.04	9.20
杞县	252.00	51.00	28.10	11.15	26.33	7.40	7.30	98.65	14.31
通许县	96.07	27.04	13.52	14.07	27.74	3.75	2.29	61.07	8.47
尉氏县	144.07	41.33	7.88	5.47	18.53	1.46	0.62	42.47	1.50
兰考县	90.00	26.10	8.50	9.44	23.65	2.01	1.10	54.73	4.21
洛阳市	**668.84**	**231.91**	**106.97**	**15.99**	**17.70**	**18.93**	**12.55**	**66.30**	**5.41**
偃师市	90.00	43.10	19.68	21.87	29.37	5.78	4.25	73.53	9.86
孟津县	69.74	26.00	12.95	18.57	26.25	3.40	2.72	80.00	10.46
新安县	75.00	25.60	7.33	9.77	18.83	1.38	0.22	15.94	0.86
宜阳县	112.90	31.50	16.11	14.27	10.18	1.64	1.18	71.95	3.75
伊川县	98.10	33.50	27.66	28.20	10.56	2.92	2.53	86.64	7.55
汝阳县	52.50	20.11	7.34	13.98	13.90	1.02	0.47	46.08	2.34
嵩县	75.90	28.20	6.98	9.20	18.19	1.27	0.43	33.86	1.52
洛宁县	94.70	23.90	8.92	9.42	17.04	1.52	0.75	49.34	3.14
三门峡市	**212.20**	**49.90**	**67.99**	**32.04**	**50.88**	**34.59**	**27.75**	**80.23**	**55.61**
灵宝县	135.40	32.10	50.16	37.05	54.72	27.45	21.37	77.85	66.57
陕县	76.80	17.80	17.83	23.22	40.04	7.14	6.38	89.36	35.84
平顶山市	**127.09**	**39.77**	**20.29**	**15.97**	**19.71**	**4.00**	**2.35**	**58.75**	**5.91**
汝州市	127.09	39.77	20.29	15.97	19.71	4.00	2.35	58.75	5.91
焦作市	**345.72**	**113.07**	**51.87**	**15.00**	**22.61**	**11.73**	**7.52**	**64.11**	**6.65**
孟州市	49.98	20.22	12.87	25.75	24.40	3.14	2.53	80.57	12.51
沁阳市	50.47	19.45	4.78	9.47	16.95	0.81	0.33	40.74	1.70
武陟县	70.91	30.72	9.77	13.78	22.82	2.23	1.85	82.96	6.02
温县	44.80	19.38	4.51	10.07	21.06	0.95	0.45	47.37	2.32
博爱县	64.78	11.65	9.97	15.39	23.07	2.30	1.18	51.30	10.13
修武县	64.78	11.65	9.97	15.39	23.07	2.30	1.18	51.30	10.13
鹤壁市	**177.40**	**45.90**	**29.18**	**16.45**	**17.51**	**5.11**	**2.88**	**56.36**	**6.27**
浚县	135.00	34.80	18.77	13.90	19.13	3.59	2.88	80.22	8.28
淇县	42.40	11.10	10.41	24.55	14.60	1.52			
新乡市	**760.30**	**226.53**	**104.13**	**13.70**	**22.31**	**23.23**	**18.37**	**79.08**	**8.11**
新乡县	60.90	19.50	28.28	46.44	25.35	7.17	7.10	99.02	36.41
卫辉县	71.00	19.03	6.70	9.44	24.03	1.61	1.20	74.53	6.31
获嘉县	55.00	17.60	20.40	37.09	22.79	4.65	4.20	90.32	23.86
辉县	109.30	36.00	12.84	11.75	23.99	3.08	1.70	55.19	4.72
原阳县	129.00	32.10	13.55	10.50	13.87	1.88	1.40	74.47	4.36
延津县	96.10	24.40	8.37	8.71	21.98	1.84	1.37	74.46	5.61
封丘县	119.00	35.30	8.15	6.85	16.07	1.31	0.60	45.80	1.70
长垣县	120.00	42.60	5.84	4.87	28.94	1.69	0.80	47.34	1.88
安阳市	**610.53**	**206.77**	**141.84**	**23.23**	**25.60**	**36.31**	**35.06**	**96.56**	**16.96**
安阳县	151.00	54.60	71.10	47.09	25.37	18.04	22.61	125.33	41.41
林县	98.00	51.70	12.10	12.35	32.31	3.91	3.02	77.24	5.84
内黄县									
滑县	210.81	66.87	18.76	8.90	31.08	5.83	3.02	51.80	4.52
汤阴县	150.72	33.60	39.88	26.46	21.39	8.53	6.41	75.15	19.08
许昌市									
鄢陵县									

5－21－14 续表

县市名	耕地面积（万亩）	农业人口（万人）	棉田面积（万亩）	占耕地（%）	亩产（市斤）	产量（万担）	收购量（万担）	商品率（%）	人均交售（市斤）
濮阳市	**469.90**	**152.50**	**43.06**	**9.16**	**34.72**	**14.95**	**11.89**	**79.53**	**7.80**
濮阳县	210.70	67.00	16.60	7.88	34.64	5.75	4.10	71.30	6.12
清丰县	107.10	37.60	16.74	15.63	43.01	7.20	6.49	90.14	17.26
南乐县	79.50	24.30	7.40	9.31	27.03	2.00	1.30	65.00	5.35
范　县	72.60	23.60	2.32	3.20					
漯河市	**221.20**	**84.40**	**6.07**	**2.74**	**7.58**	**0.46**	**0.05**	**10.87**	**0.06**
临颍县	93.60	34.00	2.50	2.67	2.40	0.06	0.02	33.33	0.06
偃城县	127.60	50.40	3.57	2.80	11.20	0.40	0.03	7.50	0.06
南阳市	**1360.32**	**434.61**	**99.58**	**7.32**	**22.10**	**22.01**	**12.65**	**57.47**	**2.91**
宛城区	194.95	62.42	8.70	4.46	29.66	2.58	1.35	52.33	2.16
邓州市	297.73	85.87	30.22	10.15	20.62	6.23	4.55	73.03	5.30
新野县	123.50	38.60	17.20	13.93	34.01	5.85	4.15	70.94	10.75
唐河县	237.22	72.08	23.18	9.77	16.91	3.92	2.04	52.04	2.83
卧龙区	14.80	4.80	1.64	11.08	40.24	0.66			
内乡县	88.24	39.53	3.75	4.25	17.07	0.64	0.06	9.38	0.15
方城县	220.47	63.04	8.73	3.96	12.03	1.05	0.38	36.19	0.60
社旗县									
镇平县	125.20	51.72	2.73	2.18	32.60	0.89	0.08	8.99	0.15
桐柏县	58.21	16.55	3.43	5.89	5.54	0.19	0.04	21.05	0.24
商丘市	**1219.87**	**379.58**	**136.99**	**11.23**	**21.74**	**29.78**	**13.68**	**45.94**	**3.60**
商丘县	187.29	61.62	23.90	12.76	24.06	5.75	2.36	41.04	3.83
永城县	229.23	69.69	20.08	8.76	14.69	2.95	0.54	18.31	0.77
民权县	130.07	36.59	13.47	10.36	24.50	3.30	1.63	49.39	4.45
睢　县	114.27	36.23	21.80	19.08	26.97	5.88	4.12	70.07	11.37
柘城县	127.86	44.07	13.43	10.50	20.03	2.69	1.19	44.24	2.70
宁陵县	85.15	26.09	9.28	10.90	25.54	2.37	1.21	51.05	4.64
虞城县	178.65	53.24	19.08	10.68	22.01	4.20	1.76	41.90	3.31
夏邑县	167.35	52.05	15.95	9.53	16.55	2.64	0.87	32.95	1.67
周口地区	**1459.94**	**478.51**	**117.47**	**8.05**	**15.16**	**17.81**	**7.72**	**43.35**	**1.61**
扶沟县	141.75	40.28	14.30	10.09	20.14	2.88	1.53	53.13	3.80
西华县	150.80	38.65	7.80	5.17	18.46	1.44	0.82	56.94	2.12
鹿邑县	150.54	54.20	6.31	4.19	23.93	1.51	0.42	27.81	0.77
郸城县	187.04	58.62	9.00	4.81	17.33	1.56	0.19	12.18	0.32
淮阳县	185.11	64.06	17.10	9.24	12.98	2.22	0.87	39.19	1.36
太康县	220.90	62.50	41.82	18.93	15.59	6.52	3.82	58.59	6.11
商水县	167.70	55.80	10.21	6.09	7.74	0.79			
沈丘县	129.90	55.60	5.10	3.93	8.82	0.45	0.03	6.67	0.05
项城县	126.20	48.80	5.83	4.62	7.55	0.44	0.04	9.09	0.08
信阳地区	**988.60**	**314.20**	**29.50**	**2.98**	**4.03**	**1.19**	**0.19**	**15.97**	**0.06**
罗山县	112.20	31.80	4.40	3.92	4.09	0.18			
信阳县	132.20	48.30	3.70	2.80	3.78	0.14			
光山县	112.00	46.50	3.10	2.77	4.84	0.15			
息　县	179.60	46.80	5.30	2.95	1.89	0.10			
淮滨县	116.00	33.60	2.30	1.98	3.48	0.08			
潢川县	135.20	36.20	5.00	3.70	2.60	0.13			
固始县	201.40	71.00	5.70	2.83	7.19	0.41	0.19	46.34	0.27
驻马店地区	**1290.15**	**369.81**	**65.70**	**5.09**	**7.28**	**4.78**	**0.56**	**11.72**	**0.15**
上蔡县	195.00	67.30	12.90	6.62	12.02	1.55	0.30	19.35	0.45
正阳县	187.60	38.70	6.68	3.56	10.33	0.69			
确山县	128.40	29.90	4.47	3.48	4.47	0.20			
泌阳县	165.60	44.00	5.70	3.44	10.00	0.57	0.26	45.61	0.59
汝南县	181.90	46.40	14.75	8.11	5.36	0.79			
平舆县	148.80	45.70	10.08	6.77	2.88	0.29			
西平县	121.30	47.20	4.03	3.32	12.90	0.52			
新蔡县	161.55	50.61	7.09	4.39	2.40	0.17			

5－21－15　河南省1957年产棉县棉花生产收购明细

县市名	耕地面积（万亩）	农业人口（万人）	棉田面积（万亩）	占耕地（%）	亩　产（市斤）	产　量（万担）	收购量（万担）	商品率（%）	人均交售（市斤）
全省合计	**10815.77**	**3484.31**	**1045.74**	**9.67**	**28.57**	**298.73**	**271.21**	**90.79**	**7.78**
郑州市	**286.58**	**106.99**	**17.25**	**6.02**	**35.36**	**6.10**	**5.43**	**89.02**	**5.08**
新郑市	100.34	32.68	1.32	1.32	18.18	0.24	0.09	37.50	0.28
巩义市	70.64	42.64	14.62	20.70	38.58	5.64	5.27	93.44	12.36
中牟县	115.60	31.67	1.31	1.13	16.79	0.22	0.07	31.82	0.22
开封市	**761.01**	**188.50**	**79.01**	**10.38**	**16.19**	**12.79**	**9.36**	**73.18**	**4.97**
开封县	173.55	39.68	19.01	10.95	17.57	3.34	3.11	93.11	7.84
杞　县	259.20	52.00	28.10	10.84	13.88	3.90	2.90	74.36	5.58
通许县	94.75	27.50	14.03	14.81	11.97	1.68	1.52	90.48	5.53
尉氏县	143.51	41.92	10.57	7.37	19.58	2.07	0.95	45.89	2.27
兰考县	90.00	27.40	7.30	8.11	24.66	1.80	0.88	48.89	3.21
洛阳市	**666.36**	**234.36**	**104.50**	**15.68**	**23.18**	**24.22**	**21.36**	**88.19**	**9.11**
偃师市	87.90	43.50	19.32	21.98	37.47	7.24	6.75	93.23	15.52
孟津县	69.46	25.70	13.29	19.13	33.56	4.46	4.40	98.65	17.12
新安县	75.00	26.00	7.23	9.64	19.23	1.39	1.21	87.05	4.65
宜阳县	114.10	31.50	15.45	13.54	15.02	2.32	1.92	82.76	6.10
伊川县	97.60	33.90	27.27	27.94	19.84	5.41	4.08	75.42	12.04
汝阳县	52.40	20.36	6.37	12.16	16.17	1.03	0.79	76.70	3.88
嵩　县	76.20	29.20	6.63	8.70	14.63	0.97	0.82	84.54	2.81
洛宁县	93.70	24.20	8.94	9.54	15.66	1.40	1.39	99.29	5.74
三门峡市	**207.00**	**51.70**	**66.71**	**32.23**	**38.35**	**25.58**	**26.12**	**102.11**	**50.52**
灵宝县	131.20	33.90	49.70	37.88	37.48	18.63	19.28	103.49	56.87
陕　县	75.80	17.80	17.01	22.44	40.86	6.95	6.84	98.42	38.43
平顶山市	**125.00**	**40.78**	**21.20**	**16.96**	**22.78**	**4.83**	**4.29**	**88.82**	**10.52**
汝州市	125.00	40.78	21.20	16.96	22.78	4.83	4.29	88.82	10.52
焦作市	**311.71**	**115.45**	**54.83**	**17.59**	**29.87**	**16.38**	**15.75**	**96.15**	**13.64**
孟州市	49.25	20.23	14.29	29.02	30.86	4.41	4.30	97.51	21.26
沁阳市	50.26	20.01	5.35	10.64	28.79	1.54	1.31	85.06	6.55
武陟县	73.08	31.32	11.12	15.22	31.65	3.52	3.17	90.06	10.12
温　县	44.58	19.73	4.85	10.88	27.01	1.31	1.09	83.21	5.52
博爱县	47.27	12.08	9.61	20.33	29.14	2.80	2.94	105.00	24.34
修武县	47.27	12.08	9.61	20.33	29.14	2.80	2.94	105.00	24.34
鹤壁市	**177.40**	**46.84**	**29.55**	**16.66**	**23.69**	**7.00**	**3.99**	**57.00**	**8.52**
浚　县	135.00	35.24	20.08	14.87	23.16	4.65	3.99	85.81	11.32
淇　县	42.40	11.60	9.47	22.33	24.82	2.35			
新乡市	**741.50**	**231.57**	**103.78**	**14.00**	**34.66**	**35.97**	**35.40**	**98.42**	**15.29**
新乡县	60.50	20.00	24.59	40.64	58.36	14.35	14.20	98.95	71.00
卫辉县	67.00	19.37	7.28	10.87	32.97	2.40	2.10	87.50	10.84
获嘉县	54.40	18.00	21.44	39.41	37.78	8.10	9.40	116.05	52.22
辉　县	107.70	37.20	13.80	12.81	33.91	4.68	4.30	91.88	11.56
原阳县	127.90	32.80	13.37	10.45	17.58	2.35	2.20	93.62	6.71
延津县	96.00	25.40	8.16	8.50	20.71	1.69	1.80	106.51	7.09
封丘县	117.00	35.70	8.61	7.36	15.56	1.34	0.90	67.16	2.52
长垣县	111.00	43.10	6.53	5.88	16.23	1.06	0.50	47.17	1.16
安阳市	**592.12**	**213.77**	**127.67**	**21.56**	**35.94**	**45.89**	**50.69**	**110.46**	**23.71**
安阳县	149.00	56.30	67.80	45.50	39.60	26.85	32.95	122.72	58.53
林　县	98.00	52.90	11.40	11.63	33.07	3.77	3.34	88.59	6.31
内黄县									
滑　县	208.82	67.21	20.80	9.96	18.99	3.95	3.51	88.86	5.22
汤阴县	136.30	37.36	27.67	20.30	40.91	11.32	10.89	96.20	29.15
许昌市									
鄢陵县									

5－21－15 续表

县市名	耕地面积（万亩）	农业人口（万人）	棉田面积（万亩）	占耕地（%）	亩产（市斤）	产量（万担）	收购量（万担）	商品率（%）	人均交售（市斤）
濮阳市	**462.30**	**155.00**	**47.61**	**10.30**	**43.44**	**20.68**	**16.33**	**78.97**	**10.54**
濮阳县	208.80	68.30	18.00	8.62	42.44	7.64	5.82	76.18	8.52
清丰县	106.70	38.20	19.49	18.27	54.08	10.54	8.41	79.79	22.02
南乐县	77.50	24.90	8.00	10.32	31.25	2.50	2.10	84.00	8.43
范　县	69.30	23.60	2.12	3.06					
漯河市	**217.40**	**87.30**	**6.69**	**3.08**	**10.31**	**0.69**	**0.40**	**57.97**	**0.46**
临颍县	91.90	36.40	2.40	2.61	5.00	0.12	0.14	116.67	0.38
偃城县	125.50	50.90	4.29	3.42	13.29	0.57	0.26	45.61	0.51
南阳市	**1353.00**	**438.34**	**96.80**	**7.15**	**36.39**	**35.23**	**34.05**	**96.65**	**7.77**
宛城区	194.22	62.51	10.66	5.49	43.90	4.68	5.08	108.55	8.13
邓州市	298.62	87.32	28.84	9.66	41.99	12.11	11.35	93.72	13.00
新野县	122.00	38.90	12.74	10.44	51.02	6.50	8.87	136.46	22.80
唐河县	236.98	72.12	21.55	9.09	27.42	5.91	5.28	89.34	7.32
卧龙区	14.60	4.80	2.18	14.93	48.62	1.06			
内乡县	87.69	39.93	4.25	4.85	24.47	1.04	0.73	70.19	1.83
方城县	218.05	63.30	8.88	4.07	15.88	1.41	0.88	62.41	1.39
社旗县									
镇平县	123.41	52.38	3.62	2.93	39.78	1.44	0.82	56.94	1.57
桐柏县	57.43	17.08	4.08	7.10	26.47	1.08	1.04	96.30	6.09
商丘市	**1208.89**	**387.27**	**108.44**	**8.97**	**18.31**	**19.85**	**18.28**	**92.09**	**4.72**
商丘县	187.14	61.04	23.30	12.45	20.90	4.87	3.62	74.33	5.93
永城县	223.84	73.72	13.93	6.22	20.60	2.87	2.01	70.03	2.73
民权县	127.28	37.41	10.95	8.60	12.97	1.42	2.35	165.49	6.28
睢　县	112.78	36.92	14.44	12.80	12.67	1.83	3.65	199.45	9.89
柘城县	127.86	44.45	10.96	8.57	18.52	2.03	1.82	89.66	4.09
宁陵县	85.50	26.33	7.72	9.03	13.47	1.04	0.89	85.58	3.38
虞城县	176.55	54.33	14.92	8.45	17.90	2.67	1.99	74.53	3.66
夏邑县	167.94	53.07	12.22	7.28	25.53	3.12	1.95	62.50	3.67
周口地区	**1445.25**	**490.19**	**102.83**	**7.12**	**24.87**	**25.57**	**18.30**	**71.57**	**3.73**
扶沟县	141.11	39.19	15.34	10.87	22.82	3.50	2.73	78.00	6.97
西华县	148.84	39.85	1.13	0.76	203.54	2.30	2.30	100.00	5.77
鹿邑县	143.34	55.73	6.26	4.37	32.27	2.02	1.32	65.35	2.37
郸城县	187.64	60.20	9.10	4.85	25.16	2.29	1.17	51.09	1.94
淮阳县	184.09	65.82	16.98	9.22	25.74	4.37	3.14	71.85	4.77
太康县	218.43	64.30	35.51	16.26	19.35	6.87	6.06	88.21	9.42
商水县	168.80	57.70	8.42	4.99	24.70	2.08			
沈丘县	127.10	57.20	5.58	4.39	22.58	1.26	0.38	30.16	0.66
项城县	125.90	50.20	4.51	3.58	19.51	0.88	1.20	136.36	2.39
信阳地区	**979.60**	**321.50**	**28.50**	**2.91**	**19.89**	**5.67**	**2.95**	**52.03**	**0.92**
罗山县	113.80	33.20	3.70	3.25	19.19	0.71	0.33	46.48	0.99
信阳县	132.00	50.00	4.40	3.33	25.23	1.11	0.79	71.17	1.58
光山县	110.00	47.70	4.30	3.91	28.37	1.22	0.64	52.46	1.34
息　县	179.60	46.40	5.40	3.01	16.30	0.88	0.18	20.45	0.39
淮滨县	114.00	34.10	2.10	1.84	13.81	0.29	0.07	24.14	0.21
潢川县	125.50	37.10	3.30	2.63	12.12	0.40	0.25	62.50	0.67
固始县	204.70	73.00	5.30	2.59	20.00	1.06	0.69	65.09	0.95
驻马店地区	**1280.65**	**374.75**	**50.37**	**3.93**	**24.38**	**12.28**	**8.51**	**69.30**	**2.27**
上蔡县	192.00	68.10	11.58	6.03	27.03	3.13	2.23	71.25	3.27
正阳县	187.50	39.50	5.48	2.92	17.70	0.97	0.63	64.95	1.59
确山县	129.90	31.00	2.77	2.13	24.91	0.69	0.35	50.72	1.13
泌阳县	165.50	43.70	7.03	4.25	25.75	1.81	1.84	101.66	4.21
汝南县	177.60	47.10	6.96	3.92	32.18	2.24	1.86	83.04	3.95
平舆县	147.10	46.70	5.31	3.61	20.53	1.09	0.52	47.71	1.11
西平县	119.40	47.30	4.01	3.36	23.94	0.96	0.28	29.17	0.59
新蔡县	161.65	51.35	7.23	4.47	19.23	1.39	0.80	57.55	1.56

5-21-16 河南省1958年产棉县棉花生产收购明细

县市名	耕地面积（万亩）	农业人口（万人）	棉田面积（万亩）	占耕地（%）	亩产（市斤）	产量（万担）	收购量（万担）	商品率（%）	人均交售（市斤）
全省合计	**9988.86**	**3482.93**	**1054.42**	**10.56**	**40.31**	**425.06**	**356.78**	**83.94**	**10.24**
郑州市	**264.74**	**112.22**	**16.51**	**6.24**	**47.49**	**7.84**	**8.07**	**102.93**	**7.19**
新郑市	89.08	33.13	1.28	1.44	26.56	0.34	0.20	58.82	0.60
巩义市	64.69	47.15	13.66	21.12	52.34	7.15	7.43	103.92	15.76
中牟县	110.97	31.94	1.57	1.41	22.29	0.35	0.44	125.71	1.38
开封市	**675.06**	**185.54**	**69.47**	**10.29**	**27.55**	**19.14**	**13.05**	**68.18**	**7.03**
开封县	155.70	38.11	16.01	10.28	23.30	3.73	3.84	102.95	10.08
杞县	202.70	50.00	23.10	11.40	33.33	7.70	3.50	45.45	7.00
通许县	90.43	27.20	13.92	15.39	25.07	3.49	3.27	93.70	12.02
尉氏县	136.23	41.53	10.04	7.37	24.10	2.42	1.62	66.94	3.90
兰考县	90.00	28.70	6.40	7.11	28.13	1.80	0.82	45.56	2.86
洛阳市	**635.67**	**235.67**	**103.63**	**16.30**	**30.56**	**31.67**	**28.45**	**89.83**	**12.07**
偃师市	86.20	44.40	18.67	21.66	47.94	8.95	8.41	93.97	18.94
孟津县	66.87	25.90	13.27	19.84	46.50	6.17	6.21	100.65	23.98
新安县	70.00	26.10	7.44	10.63	18.68	1.39	1.08	77.70	4.14
宜阳县	107.00	32.30	15.41	14.40	27.00	4.16	3.52	84.62	10.90
伊川县	94.50	33.40	27.46	29.06	24.98	6.86	5.75	83.82	17.22
汝阳县	47.50	20.27	6.71	14.13	22.35	1.50	1.38	92.00	6.81
嵩县	72.00	29.20	6.74	9.36	17.21	1.16	0.72	62.07	2.47
洛宁县	91.60	24.10	7.93	8.66	18.66	1.48	1.38	93.24	5.73
三门峡市	**187.30**	**51.50**	**63.85**	**34.09**	**65.39**	**41.75**	**40.44**	**96.86**	**78.52**
灵宝县	120.10	34.00	48.35	40.26	61.16	29.57	29.08	98.34	85.53
陕县	67.20	17.50	15.50	23.07	78.58	12.18	11.36	93.27	64.91
平顶山市	**120.87**	**41.23**	**19.40**	**16.05**	**26.55**	**5.15**	**5.27**	**102.33**	**12.78**
汝州市	120.87	41.23	19.40	16.05	26.55	5.15	5.27	102.33	12.78
焦作市	**272.32**	**118.78**	**43.65**	**16.03**	**40.53**	**17.69**	**17.93**	**101.36**	**15.10**
孟州市	46.43	20.95	12.28	26.45	46.01	5.65	5.49	97.17	26.21
沁阳市	39.00	20.91	4.21	10.79	34.20	1.44	1.19	82.64	5.69
武陟县	68.93	32.02	8.35	12.11	51.14	4.27	4.32	101.17	13.49
温县	41.16	20.10	3.35	8.14	34.93	1.17	1.15	98.29	5.72
博爱县	35.00	12.40	7.73	22.09	33.38	2.58	2.89	112.02	23.31
修武县	41.80	12.40	7.73	18.49	33.38	2.58	2.89	112.02	23.31
鹤壁市	**171.30**	**47.39**	**24.20**	**14.13**	**31.69**	**7.67**	**5.03**	**65.58**	**10.61**
浚县	131.00	35.69	16.00	12.21	26.94	4.31	5.03	116.71	14.09
淇县	40.30	11.70	8.20	20.35	40.98	3.36			
新乡市	**661.20**	**230.72**	**99.86**	**15.10**	**46.15**	**46.09**	**48.56**	**105.36**	**21.05**
新乡县	54.80	20.30	21.83	39.84	69.13	15.09	17.70	117.30	87.19
卫辉县	64.00	19.12	8.94	13.97	42.51	3.80	3.60	94.74	18.83
获嘉县	50.00	18.50	20.27	40.54	68.18	13.82	12.20	88.28	65.95
辉县	100.60	37.60	19.49	19.37	34.33	6.69	6.80	101.64	18.09
原阳县	108.30	33.00	11.60	10.71	16.64	1.93	2.90	150.26	8.79
延津县	77.50	23.10	6.45	8.32	24.96	1.61	2.36	146.58	10.22
封丘县	103.00	36.10	4.84	4.70	24.79	1.20	1.20	100.00	3.32
长垣县	103.00	43.00	6.44	6.25	30.28	1.95	1.80	92.31	4.19
安阳市	**548.60**	**209.41**	**133.49**	**24.33**	**51.18**	**68.32**	**31.08**	**45.49**	**14.84**
安阳县	143.00	56.00	68.10	47.62	55.27	37.64			
林县	94.00	52.90	12.10	12.87	60.17	7.28	6.78	93.13	12.82
内黄县									
滑县	188.36	65.06	19.38	10.29	40.35	7.82	7.18	91.82	11.04
汤阴县	123.24	35.45	33.91	27.52	45.95	15.58	17.12	109.88	48.29
许昌市									
鄢陵县									

5－21－16 续表

县市名	耕地面积（万亩）	农业人口（万人）	棉田面积（万亩）	占耕地（%）	亩产（市斤）	产量（万担）	收购量（万担）	商品率（%）	人均交售（市斤）
濮阳市	**376.30**	**150.00**	**45.36**	**12.05**	**74.05**	**33.59**	**27.15**	**80.83**	**18.10**
濮阳县	157.80	63.60	19.40	12.29	55.26	10.72	9.96	92.91	15.66
清丰县	87.00	39.20	17.45	20.06	102.98	17.97	12.89	71.73	32.88
南乐县	70.50	23.90	7.20	10.21	68.06	4.90	4.30	87.76	17.99
范　县	61.00	23.30	1.31	2.15					
漯河市	**203.70**	**83.00**	**4.67**	**2.29**	**28.27**	**1.32**	**1.05**	**79.55**	**1.27**
临颍县	84.80	33.10	2.30	2.71	28.26	0.65	0.54	83.08	1.63
偃城县	118.90	49.90	2.37	1.99	28.27	0.67	0.51	76.12	1.02
南阳市	**1316.96**	**436.62**	**114.28**	**8.68**	**49.46**	**56.52**	**55.77**	**98.67**	**12.77**
宛城区	187.04	55.69	13.71	7.33	57.99	7.95	8.61	108.30	15.46
邓州市	290.59	88.66	30.37	10.45	40.24	12.22	12.22	100.00	13.78
新野县	117.10	39.20	18.50	15.80	78.00	14.43	13.86	96.05	35.36
唐河县	232.81	72.29	25.84	11.10	51.74	13.37	11.48	85.86	15.88
卧龙区	14.86	5.10	1.81	12.18	55.25	1.00	1.05	105.00	20.59
内乡县	85.23	40.17	4.52	5.30	31.64	1.43	1.37	95.80	3.41
方城县	218.63	65.35	10.43	4.77	23.01	2.40	3.59	149.58	5.49
社旗县									
镇平县	117.51	51.97	4.03	3.43	52.85	2.13	2.55	119.72	4.91
桐柏县	53.19	18.19	5.07	9.53	31.36	1.59	1.04	65.41	5.72
商丘市	**1124.13**	**387.17**	**120.89**	**10.75**	**26.27**	**31.76**	**23.57**	**74.21**	**6.09**
商丘县	175.00	59.05	21.60	12.34	22.13	4.78	4.13	86.40	6.99
永城县	200.44	73.31	16.31	8.14	19.99	3.26	2.13	65.34	2.91
民权县	119.02	38.51	10.77	9.05	28.04	3.02	2.70	89.40	7.01
睢　县	102.38	36.90	19.45	19.00	29.00	5.64	4.87	86.35	13.20
柘城县	127.86	44.06	13.41	10.49	27.96	3.75	1.99	53.07	4.52
宁陵县	81.00	26.41	8.28	10.22	29.95	2.48	1.67	67.34	6.32
虞城县	164.07	55.84	16.04	9.78	27.00	4.33	2.95	68.13	5.28
夏邑县	154.36	53.09	15.03	9.74	29.94	4.50	3.13	69.56	5.90
周口地区	**1273.82**	**488.61**	**115.33**	**9.05**	**26.25**	**30.27**	**26.32**	**86.95**	**5.39**
扶沟县	134.41	38.58	13.69	10.19	29.51	4.04	4.01	99.26	10.39
西华县	126.13	37.00	12.50	9.91	24.56	3.07	2.80	91.21	7.57
鹿邑县	142.41	55.78	7.36	5.17	33.97	2.50	2.27	90.80	4.07
郸城县	157.61	62.83	8.40	5.33	23.93	2.01	2.91	144.78	4.63
淮阳县	120.00	66.12	16.90	14.08	28.99	4.90	4.19	85.51	6.34
太康县	211.86	63.40	40.10	18.93	19.88	7.97	7.77	97.49	12.26
商水县	150.50	57.80	7.17	4.76	32.22	2.31			
沈丘县	120.00	56.70	4.84	4.03	34.92	1.69	0.89	52.66	1.57
项城县	110.90	50.40	4.37	3.94	40.73	1.78	1.48	83.15	2.94
信阳地区	**953.80**	**327.00**	**22.60**	**2.37**	**21.37**	**4.83**	**3.60**	**74.53**	**1.10**
罗山县	107.10	31.60	2.70	2.52	30.37	0.82	0.77	93.90	2.44
信阳县	129.70	52.80	3.90	3.01	20.77	0.81			
光山县	110.00	48.20	3.30	3.00	28.48	0.94	1.20	127.66	2.49
息　县	179.60	47.40	5.00	2.78	16.00	0.80	0.08	10.00	0.17
淮滨县	107.00	33.80	2.00	1.87	19.50	0.39	0.66	169.23	1.95
潢川县	129.60	39.10	2.40	1.85	12.92	0.31	0.47	151.61	1.20
固始县	190.80	74.10	3.30	1.73	23.03	0.76	0.42	55.26	0.57
驻马店地区	**1203.09**	**378.07**	**57.23**	**4.76**	**37.48**	**21.45**	**21.44**	**99.95**	**5.67**
上蔡县	183.00	68.40	11.04	6.03	50.54	5.58	5.32	95.34	7.78
正阳县	184.00	38.30	5.67	3.08	23.99	1.36	1.13	83.09	2.95
确山县	118.40	32.90	3.05	2.58	26.89	0.82	0.64	78.05	1.95
泌阳县	159.20	44.70	7.69	4.83	33.55	2.58	3.26	126.36	7.29
汝南县	152.70	45.80	9.69	6.35	47.06	4.56	4.00	87.72	8.73
平舆县	140.60	47.30	7.06	5.02	19.97	1.41	1.65	117.02	3.49
西平县	112.00	48.10	3.64	3.25	34.89	1.27	1.27	100.00	2.64
新蔡县	153.19	52.57	9.39	6.13	41.21	3.87	4.17	107.75	7.93

5－21－17 河南省1959年产棉县棉花生产收购明细

县市名	耕地面积（万亩）	农业人口（万人）	棉田面积（万亩）	占耕地（%）	亩产（市斤）	产量（万担）	收购量（万担）	商品率（%）	人均交售（市斤）
全省合计	**9770.48**	**3454.29**	**1086.73**	**11.12**	**35.65**	**387.40**	**354.92**	**91.62**	**10.27**
郑州市	**254.82**	**100.74**	**16.51**	**6.48**	**41.31**	**6.82**	**6.95**	**101.91**	**6.90**
新郑市	83.45	33.16	1.16	1.39	30.17	0.35	0.20	57.14	0.60
巩义市	63.90	35.71	13.68	21.41	44.37	6.07	6.16	101.48	17.25
中牟县	107.47	31.87	1.67	1.55	23.95	0.40	0.59	147.50	1.85
开封市	**674.52**	**188.59**	**62.24**	**9.23**	**30.72**	**19.12**	**19.25**	**100.68**	**10.21**
开封县	148.54	37.69	13.61	9.16	23.00	3.13	5.03	160.70	13.35
杞　县	221.10	52.00	18.90	8.55	33.33	6.30	5.80	92.06	11.15
通许县	83.77	27.47	13.57	16.20	33.53	4.55	4.66	102.42	16.96
尉氏县	131.11	41.43	10.26	7.83	31.68	3.25	2.56	78.77	6.18
兰考县	90.00	30.00	5.90	6.56	32.03	1.89	1.20	63.49	4.00
洛阳市	**626.33**	**234.38**	**100.18**	**15.99**	**27.95**	**28.00**	**27.97**	**99.89**	**11.93**
偃师市	83.70	43.80	19.01	22.71	37.66	7.16	7.10	99.16	16.21
孟津县	66.63	25.50	13.30	19.96	41.65	5.54	5.66	102.17	22.20
新安县	70.00	26.00	6.27	8.96	25.04	1.57	1.44	91.72	5.54
宜阳县	103.70	31.40	14.42	13.91	30.24	4.36	4.16	95.41	13.25
伊川县	91.40	33.40	27.44	30.02	19.75	5.42	5.96	109.96	17.84
汝阳县	46.70	20.58	6.26	13.40	20.61	1.29	1.12	86.82	5.44
嵩　县	72.00	29.40	5.72	7.94	18.01	1.03	0.48	46.60	1.63
洛宁县	92.20	24.30	7.76	8.42	21.01	1.63	2.05	125.77	8.44
三门峡市	**186.60**	**52.00**	**70.32**	**37.68**	**48.25**	**33.93**	**33.34**	**98.26**	**64.12**
灵宝县	117.90	34.20	45.32	38.44	53.95	24.45	23.39	95.66	68.39
陕　县	68.70	17.80	25.00	36.39	37.92	9.48	9.95	104.96	55.90
平顶山市	**114.77**	**41.46**	**19.59**	**17.07**	**25.52**	**5.00**	**4.88**	**97.60**	**11.77**
汝州市	114.77	41.46	19.59	17.07	25.52	5.00	4.88	97.60	11.77
焦作市	**272.19**	**116.36**	**47.14**	**17.32**	**38.06**	**17.94**	**19.64**	**109.48**	**16.88**
孟州市	46.18	20.78	11.00	23.82	38.00	4.18	4.26	101.91	20.50
沁阳市	45.65	20.85	5.41	11.85	34.94	1.89	2.44	129.10	11.70
武陟县	64.83	30.19	11.03	17.01	58.66	6.47	5.48	84.70	18.15
温　县	40.63	19.92	4.34	10.68	35.94	1.56	1.18	75.64	5.92
博爱县	35.00	12.31	7.68	21.94	25.00	1.92	3.14	163.54	25.51
修武县	39.90	12.31	7.68	19.25	25.00	1.92	3.14	163.54	25.51
鹤壁市	**150.80**	**46.22**	**28.22**	**18.71**	**45.75**	**12.91**	**7.63**	**59.10**	**16.51**
浚　县	112.00	34.52	18.40	16.43	44.02	8.10	7.63	94.20	22.10
淇　县	38.80	11.70	9.82	25.31	48.98	4.81			
新乡市	**634.30**	**225.80**	**95.51**	**15.06**	**49.62**	**47.39**	**46.70**	**98.54**	**20.68**
新乡县	54.90	20.80	22.18	40.40	65.60	14.55	14.20	97.59	68.27
卫辉县	63.00	19.60	10.04	15.94	52.09	5.23	5.20	99.43	26.53
获嘉县	49.10	17.80	18.00	36.66	63.94	11.51	9.00	78.19	50.56
辉　县	97.00	37.50	20.76	21.40	42.77	8.88	9.60	108.11	25.60
原阳县	90.50	31.90	8.00	8.84	30.00	2.40	2.50	104.17	7.84
延津县	75.80	22.60	5.31	7.01	22.03	1.17	2.50	*	11.06
封丘县	102.00	34.70	4.90	4.80	39.39	1.93	1.70	88.08	4.90
长垣县	102.00	40.90	6.32	6.20	27.22	1.72	2.00	116.28	4.89
安阳市	**534.69**	**208.37**	**137.52**	**25.72**	**50.73**	**69.77**	**38.14**	**54.67**	**18.30**
安阳县	141.00	54.50	66.70	47.30	55.28	36.87			
林　县	92.00	54.10	13.10	14.24	53.36	6.99	7.28	104.15	13.46
内黄县									
滑　县	183.97	64.65	20.61	11.20	28.04	5.78	8.79	152.08	13.60
汤阴县	117.72	35.12	37.11	31.52	54.24	20.13	22.07	109.64	62.84
许昌市									
鄢陵县									

5－21－17 续表

县市名	耕地面积（万亩）	农业人口（万人）	棉田面积（万亩）	占耕地（%）	亩产（市斤）	产量（万担）	收购量（万担）	商品率（%）	人均交售（市斤）
濮阳市	**388.20**	**157.00**	**52.90**	**13.63**	**55.12**	**29.16**	**25.66**	**88.00**	**16.34**
濮阳县	180.00	69.90	20.50	11.39	51.02	10.46	9.76	93.31	13.96
清丰县	87.00	38.60	20.00	22.99	60.00	12.00	10.10	84.17	26.17
南乐县	64.00	25.20	10.70	16.72	62.62	6.70	5.80	86.57	23.02
范　县	57.20	23.30	1.70	2.97					
漯河市	**198.10**	**85.30**	**5.71**	**2.88**	**24.87**	**1.42**	**1.48**	**104.23**	**1.74**
临颍县	84.30	34.80	2.40	2.85	26.25	0.63	0.56	88.89	1.61
偃城县	113.80	50.50	3.31	2.91	23.87	0.79	0.92	116.46	1.82
南阳市	**1293.69**	**446.78**	**125.45**	**9.70**	**26.42**	**33.14**	**32.95**	**99.43**	**7.37**
宛城区	175.78	61.46	17.36	9.88	42.63	7.40	7.14	96.49	11.62
邓州市	289.89	90.10	30.14	10.40	21.60	6.51	5.00	76.80	5.55
新野县	112.00	39.20	19.30	17.23	33.01	6.37	6.17	96.86	15.74
唐河县	232.30	74.25	28.51	12.27	18.06	5.15	5.35	103.88	7.21
卧龙区	13.70	5.00	2.18	15.91	39.91	0.87	0.87	100.00	17.40
内乡县	84.26	39.97	6.14	7.29	21.82	1.34	1.23	91.79	3.08
方城县	214.69	66.56	12.31	5.73	19.01	2.34	4.41	188.46	6.63
社旗县									
镇平县	113.35	51.89	5.05	4.46	40.59	2.05	1.78	86.83	3.43
桐柏县	57.72	18.35	4.46	7.73	24.89	1.11	1.00	90.09	5.45
商丘市	**1077.25**	**382.71**	**120.58**	**11.19**	**25.00**	**30.14**	**32.59**	**108.13**	**8.52**
商丘县	163.39	57.26	20.50	12.55	21.90	4.49	4.17	92.87	7.28
永城县	200.44	70.91	15.69	7.83	17.97	2.82	3.42	121.28	4.82
民权县	116.82	39.69	10.43	8.93	22.05	2.30	3.62	157.39	9.12
睢　县	93.60	36.98	19.18	20.49	27.01	5.18	4.79	92.47	12.95
柘城县	117.33	42.98	13.68	11.66	25.07	3.43	3.59	104.66	8.35
宁陵县	80.00	26.39	7.33	9.16	31.92	2.34	3.03	129.49	11.48
虞城县	157.16	55.70	18.56	11.81	28.66	5.32	4.87	91.54	8.74
夏邑县	148.51	52.80	15.21	10.24	28.01	4.26	5.10	119.72	9.66
周口地区	**1282.40**	**487.13**	**117.62**	**9.17**	**27.16**	**31.94**	**35.72**	**111.83**	**7.33**
扶沟县	129.23	39.43	13.78	10.66	33.16	4.57	4.43	96.94	11.24
西华县	121.30	40.23	12.35	10.18	27.53	3.40	3.88	114.12	9.64
鹿邑县	134.42	53.76	8.22	6.12	27.98	2.30	2.00	86.96	3.72
郸城县	166.87	61.25	10.17	6.09	21.04	2.14	4.47	*	7.30
淮阳县	170.68	63.86	17.60	10.31	23.01	4.05	5.17	127.65	8.10
太康县	192.90	62.70	36.10	18.71	27.26	9.84	10.48	106.50	16.71
商水县	144.80	58.70	9.01	6.22	24.08	2.17			
沈丘县	115.00	56.00	5.51	4.79	32.12	1.77	2.81	158.76	5.02
项城县	107.20	51.20	4.88	4.55	34.84	1.70	2.48	145.88	4.84
信阳地区	**905.60**	**306.60**	**20.60**	**2.27**	**13.79**	**2.84**	**1.68**	**59.15**	**0.55**
罗山县	101.80	31.90	2.30	2.26	13.91	0.32	0.41	128.13	1.29
信阳县	120.00	50.60	3.30	2.75	18.18	0.60			
光山县	105.00	41.30	3.00	2.86	19.00	0.57	0.55	96.49	1.33
息　县	169.00	39.60	5.00	2.96	10.00	0.50	0.05	10.00	0.13
淮滨县	106.00	35.60	2.50	2.36	2.80	0.07	0.46	*	1.29
潢川县	116.60	37.70	1.20	1.03	11.67	0.14	0.21	150.00	0.56
固始县	187.20	69.90	3.30	1.76	19.39	0.64			
驻马店地区	**1176.22**	**374.85**	**66.64**	**5.67**	**26.83**	**17.88**	**20.34**	**113.76**	**5.43**
上蔡县	178.00	71.30	14.04	7.89	31.98	4.49	4.24	94.43	5.95
正阳县	184.10	37.70	5.05	2.74	18.42	0.93	0.98	105.38	2.60
确山县	114.30	30.90	4.27	3.74	8.20	0.35	1.01	*	3.27
泌阳县	162.30	45.50	8.31	5.12	29.48	2.45	4.89	199.59	10.75
汝南县	150.80	46.40	12.20	8.09	35.08	4.28	3.81	89.02	8.21
平舆县	137.40	45.20	7.85	5.71	16.43	1.29	1.34	103.88	2.96
西平县	99.20	46.60	5.01	5.05	54.09	2.71	2.29	84.50	4.91
新蔡县	150.12	51.25	9.91	6.60	13.93	1.38	1.78	128.99	3.47

5 - 21 - 18　河南省1960年产棉县棉花生产收购明细

县市名	耕地面积（万亩）	农业人口（万人）	棉田面积（万亩）	占耕地（%）	亩产（市斤）	产量（万担）	收购量（万担）	商品率（%）	人均交售（市斤）
全省合计	**9586.14**	**3372.90**	**1006.63**	**10.50**	**31.00**	**312.08**	**276.89**	**88.72**	**8.21**
郑州市	**252.43**	**102.33**	**14.86**	**5.89**	**32.17**	**4.78**	**4.74**	**99.16**	**4.63**
新郑市	82.23	32.15	0.80	0.97	11.25	0.09	0.07	77.78	0.22
巩义市	62.60	37.67	12.40	19.81	34.27	4.25	4.20	98.82	11.15
中牟县	107.60	32.51	1.66	1.54	26.51	0.44	0.47	106.82	1.45
开封市	**644.40**	**188.76**	**57.18**	**8.87**	**25.94**	**14.83**	**14.62**	**98.58**	**7.75**
开封县	138.37	36.87	11.92	8.61	18.96	2.26	2.58	114.16	7.00
杞　县	201.90	51.00	17.40	8.62	30.46	5.30	5.90	111.32	11.57
通许县	83.57	27.93	12.23	14.63	30.01	3.67	3.59	97.82	12.85
尉氏县	130.56	41.66	9.53	7.30	24.13	2.30	1.82	79.13	4.37
兰考县	90.00	31.30	6.10	6.78	21.31	1.30	0.73	56.15	2.33
洛阳市	**613.07**	**236.93**	**96.49**	**15.74**	**19.15**	**18.48**	**17.42**	**94.26**	**7.35**
偃师市	82.70	42.90	17.23	20.83	24.43	4.21	4.08	96.91	9.51
孟津县	66.67	24.90	12.62	18.93	24.72	3.12	3.01	96.47	12.09
新安县	70.00	27.40	6.14	8.77	16.29	1.00	0.87	87.00	3.18
宜阳县	102.40	31.80	15.05	14.70	20.27	3.05	2.98	97.70	9.37
伊川县	90.60	33.70	25.68	28.34	14.99	3.85	4.08	105.97	12.11
汝阳县	46.40	21.63	5.86	12.63	20.99	1.23	1.09	88.62	5.04
嵩　县	65.00	30.00	5.84	8.98	13.01	0.76	0.35	46.05	1.17
洛宁县	89.30	24.60	8.07	9.04	15.61	1.26	0.96	76.19	3.90
三门峡市	**186.50**	**53.00**	**56.99**	**30.56**	**35.20**	**20.06**	**20.87**	**104.04**	**39.38**
灵宝县	119.90	34.90	45.77	38.17	34.54	15.81	15.88	100.44	45.50
陕　县	66.60	18.10	11.22	16.85	37.88	4.25	4.99	117.41	27.57
平顶山市	**108.89**	**44.31**	**20.04**	**18.40**	**30.09**	**6.03**	**6.28**	**104.15**	**14.17**
汝州市	108.89	44.31	20.04	18.40	30.09	6.03	6.28	104.15	14.17
焦作市	**316.16**	**143.46**	**44.74**	**14.15**	**26.26**	**11.75**	**10.54**	**89.70**	**7.35**
孟州市	45.86	19.28	10.42	22.72	23.13	2.41	2.39	99.17	12.40
沁阳市	45.80	22.00	4.07	8.89	32.43	1.32	1.45	109.85	6.59
武陟县	64.83	30.74	9.46	14.59	31.50	2.98	2.93	98.32	9.53
温　县	86.27	40.14	5.81	6.73	21.34	1.24	0.55	44.35	1.37
博爱县	35.00	18.80	7.49	21.40	25.37	1.90	1.61	84.74	8.56
修武县	38.40	12.50	7.49	19.51	25.37	1.90	1.61	84.74	12.88
鹤壁市	**145.50**	**44.39**	**27.70**	**19.04**	**110.65**	**30.65**	**3.03**	**9.89**	**6.83**
浚　县	108.00	32.99	17.40	16.11	17.53	3.05	3.03	99.34	9.18
淇　县	37.50	11.40	10.30	27.47	267.96	27.60			
新乡市	**622.20**	**221.50**	**91.17**	**14.65**	**41.30**	**37.65**	**37.55**	**99.73**	**16.95**
新乡县	51.50	20.30	20.06	38.95	77.02	15.45	15.90	102.91	78.33
卫辉县	63.00	19.80	10.02	15.90	27.25	2.73	2.00	73.26	10.10
获嘉县	49.20	17.20	17.02	34.59	55.05	9.37	9.40	100.32	54.65
辉　县	96.20	38.20	18.86	19.60	26.56	5.01	5.30	105.79	13.87
原阳县	90.00	30.20	7.98	8.87	29.70	2.37	2.40	101.27	7.95
延津县	74.30	22.60	5.82	7.83	19.59	1.14	0.95	83.33	4.20
封丘县	99.00	33.30	4.56	4.61	15.13	0.69	0.60	86.96	1.80
长垣县	99.00	39.90	6.85	6.92	12.99	0.89	1.00	112.36	2.51
安阳市	**525.07**	**204.34**	**135.99**	**25.90**	**36.50**	**49.63**	**52.55**	**105.88**	**25.72**
安阳县	136.00	54.90	66.00	48.53	42.61	28.12	30.44	108.25	55.45
林　县	87.00	54.10	13.00	14.94	43.62	5.67	5.70	100.53	10.54
内黄县									
滑　县	181.71	59.95	19.93	10.97	16.06	3.20	3.14	98.13	5.24
汤阴县	120.36	35.39	37.06	30.79	34.11	12.64	13.27	104.98	37.50
许昌市									
鄢陵县									

5－21－18 续表

县市名	耕地面积（万亩）	农业人口（万人）	棉田面积（万亩）	占耕地（%）	亩产（市斤）	产量（万担）	收购量（万担）	商品率（%）	人均交售（市斤）
濮阳市	**389.00**	**149.33**	**45.06**	**11.58**	**30.65**	**13.81**	**13.46**	**97.47**	**9.01**
濮阳县	181.60	65.40	15.90	8.76	21.07	3.35	3.50	104.48	5.35
清丰县	87.00	37.23	16.60	19.08	38.92	6.46	6.06	93.81	16.28
南乐县	64.00	24.60	9.90	15.47	40.40	4.00	3.90	97.50	15.85
范　县	56.40	22.10	2.66	4.72					
漯河市	**196.00**	**85.40**	**6.67**	**3.40**	**25.64**	**1.71**	**1.43**	**83.63**	**1.67**
临颍县	82.90	34.70	3.30	3.98	19.39	0.64	0.55	85.94	1.59
偃城县	113.10	50.70	3.37	2.98	31.75	1.07	0.88	82.24	1.74
南阳市	**1283.76**	**423.74**	**115.60**	**9.00**	**29.20**	**33.75**	**33.56**	**99.44**	**7.92**
宛城区	176.79	59.68	18.76	10.61	42.16	7.91	7.55	95.45	12.65
邓州市	288.40	86.72	23.70	8.22	26.12	6.19	6.19	100.00	7.14
新野县	110.00	36.60	19.40	17.64	40.98	7.95	7.94	99.87	21.69
唐河县	232.15	63.88	24.45	10.53	19.18	4.69	4.67	99.57	7.31
卧龙区	12.50	5.30	1.89	15.12	41.80	0.79			
内乡县	84.20	38.45	4.70	5.58	20.00	0.94	0.92	97.87	2.39
方城县	211.92	62.92	13.12	6.19	19.97	2.62	3.63	138.55	5.77
社旗县									
镇平县	112.92	51.80	5.68	5.03	38.91	2.21	2.21	100.00	4.27
桐柏县	54.88	18.39	3.90	7.11	11.54	0.45	0.45	100.00	2.45
商丘市	**1047.58**	**372.15**	**104.74**	**10.00**	**19.22**	**20.13**	**18.71**	**92.95**	**5.03**
商丘县	156.60	54.80	18.20	11.62	15.11	2.75	3.13	113.82	5.71
永城县	191.53	65.14	18.21	9.51	15.54	2.83	2.46	86.93	3.78
民权县	111.95	39.10	9.91	8.85	20.48	2.03	0.28	13.79	0.72
睢　县	95.38	38.20	14.68	15.39	33.38	4.90	4.86	99.18	12.72
柘城县	113.15	42.54	11.76	10.39	19.98	2.35	2.35	100.00	5.52
宁陵县	78.37	27.34	5.69	7.26	26.54	1.51	1.55	102.65	5.67
虞城县	153.13	53.48	15.27	9.97	12.77	1.95	2.09	107.18	3.91
夏邑县	147.47	51.55	11.02	7.47	16.42	1.81	1.99	109.94	3.86
周口地区	**1246.77**	**478.09**	**117.26**	**9.41**	**28.47**	**33.38**	**29.39**	**88.05**	**6.15**
扶沟县	124.42	35.17	14.57	11.71	37.41	5.45	5.28	96.88	15.01
西华县	107.10	39.90	11.80	11.02	20.34	2.40	2.65	110.42	6.64
鹿邑县	132.52	51.15	8.90	6.72	28.09	2.50	2.22	88.80	4.34
郸城县	165.33	58.54	8.30	5.02	26.87	2.23	2.29	102.69	3.91
淮阳县	160.70	63.33	18.02	11.21	23.03	4.15	4.09	98.55	6.46
太康县	190.30	60.80	34.38	18.07	31.68	10.89	10.56	96.97	17.37
商水县	144.60	61.20	8.82	6.10	23.47	2.07			
沈丘县	115.40	57.40	6.11	5.29	22.91	1.40	1.38	98.57	2.40
项城县	106.40	50.60	6.36	5.98	36.01	2.29	0.92	40.17	1.82
信阳地区	**872.70**	**276.00**	**12.40**	**1.42**	**9.27**	**1.15**	**0.07**	**6.09**	**0.03**
罗山县	97.40	31.80	1.60	1.64	9.38	0.15	0.02	13.33	0.06
信阳县	117.90	50.20	2.80	2.37	8.57	0.24			
光山县	100.00	34.10	1.90	1.90	5.79	0.11			
息　县	162.40	36.40	2.40	1.48	5.42	0.13	0.05	38.46	0.14
淮滨县	95.00	25.00	1.50	1.58	16.00	0.24			
潢川县	116.60	34.70	0.50	0.43	10.00	0.05			
固始县	183.40	63.80	1.70	0.93	13.53	0.23			
驻马店地区	**1136.11**	**349.17**	**59.74**	**5.26**	**23.92**	**14.29**	**12.67**	**88.66**	**3.63**
上蔡县	176.00	64.50	12.39	7.04	34.30	4.25	4.09	96.24	6.34
正阳县	170.10	33.60	2.97	1.75	20.54	0.61	0.05	8.20	0.15
确山县	111.40	30.00	4.86	4.36	8.44	0.41	0.21	51.22	0.70
泌阳县	153.90	45.20	8.88	5.77	22.64	2.01	2.86	142.29	6.33
汝南县	142.40	42.10	7.76	5.45	24.87	1.93	0.93	48.19	2.21
平舆县	134.30	43.30	7.54	5.61	14.72	1.11	0.93	83.78	2.15
西平县	100.00	45.00	6.01	6.01	45.42	2.73	2.53	92.67	5.62
新蔡县	148.01	45.47	9.33	6.30	13.29	1.24	1.07	86.29	2.35

5－21－19　河南省1961年产棉县棉花生产收购明细

县市名	耕地面积（万亩）	农业人口（万人）	棉田面积（万亩）	占耕地（％）	亩产（市斤）	产量（万担）	收购量（万担）	商品率（％）	人均交售（市斤）
全省合计	**9435.68**	**3393.89**	**529.10**	**5.61**	**18.30**	**96.81**	**54.53**	**56.33**	**1.61**
郑州市	**239.00**	**100.07**	**8.74**	**3.66**	**20.01**	**1.75**	**1.17**	**66.86**	**1.17**
新郑市	80.39	31.83	0.60	0.75	10.00	0.06			
巩义市	62.00	35.55	7.27	11.73	20.48	1.49	1.12	75.17	3.15
中牟县	96.61	32.69	0.87	0.90	22.99	0.20	0.05	25.00	0.15
开封市	**651.21**	**192.43**	**26.91**	**4.13**	**14.68**	**3.95**	**2.03**	**51.39**	**1.05**
开封县	140.05	37.44	2.85	2.03	11.93	0.34	0.16	47.06	0.43
杞　县	209.60	51.00	9.70	4.63	14.43	1.40	0.80	57.14	1.57
通许县	83.58	29.14	6.43	7.69	16.02	1.03	0.47	45.63	1.61
尉氏县	127.98	43.15	5.13	4.01	15.79	0.81	0.42	51.85	0.97
兰考县	90.00	31.70	2.80	3.11	13.21	0.37	0.18	48.65	0.57
洛阳市	**609.96**	**240.57**	**39.31**	**6.44**	**9.79**	**3.85**	**2.69**	**69.87**	**1.12**
偃师市	81.80	43.50	6.09	7.44	16.26	0.99	0.89	89.90	2.05
孟津县	66.76	25.20	3.84	5.75	15.63	0.60	0.38	63.33	1.51
新安县	68.00	27.40	1.74	2.56	6.90	0.12	0.05	41.67	0.18
宜阳县	100.30	32.50	7.13	7.11	7.99	0.57	0.27	47.37	0.83
伊川县	90.10	34.80	11.21	12.44	6.07	0.68	0.44	64.71	1.26
汝阳县	45.50	21.97	3.27	7.19	9.79	0.32	0.24	75.00	1.09
嵩　县	66.90	30.30	3.25	4.86	9.23	0.30	0.20	66.67	0.66
洛宁县	90.60	24.90	2.78	3.07	9.71	0.27	0.22	81.48	0.88
三门峡市	**180.47**	**54.30**	**37.34**	**20.69**	**25.92**	**9.68**	**9.83**	**101.55**	**18.10**
灵宝县	113.80	35.80	29.49	25.91	26.38	7.78	7.92	101.80	22.12
陕　县	66.67	18.50	7.85	11.77	24.20	1.90	1.91	100.53	10.32
平顶山市	**107.56**	**43.05**	**8.69**	**8.08**	**12.54**	**1.09**	**0.67**	**61.47**	**1.56**
汝州市	107.56	43.05	8.69	8.08	12.54	1.09	0.67	61.47	1.56
焦作市	**272.02**	**119.94**	**26.33**	**9.68**	**24.53**	**6.46**	**2.97**	**45.98**	**2.48**
孟州市	45.24	19.97	5.87	12.98	19.59	1.15	0.94	81.74	4.71
沁阳市	43.58	22.59	2.96	6.79	101.35	3.00	0.11	3.67	0.49
武陟县	66.06	30.64	5.31	8.04	14.12	0.75	0.56	74.67	1.83
温　县	40.08	20.46	2.49	6.21	10.44	0.26	0.10	38.46	0.49
博爱县	38.53	13.14	4.85	12.59	13.40	0.65	0.63	96.92	4.79
修武县	38.53	13.14	4.85	12.59	13.40	0.65	0.63	96.92	4.79
鹤壁市	**145.80**	**43.21**	**9.69**	**6.65**	**17.23**	**1.67**	**0.58**	**34.73**	**1.34**
浚　县	109.00	32.91	5.80	5.32	12.76	0.74	0.58	78.38	1.76
淇　县	36.80	10.30	3.89	10.57	23.91	0.93			
新乡市	**607.30**	**224.52**	**45.87**	**7.55**	**23.96**	**10.99**	**9.02**	**82.07**	**4.02**
新乡县	50.20	21.20	13.16	26.22	34.80	4.58	4.40	96.07	20.75
卫辉县	63.00	20.22	2.62	4.16	17.56	0.46	0.30	65.22	1.48
获嘉县	45.40	17.70	13.34	29.38	24.44	3.26	2.90	88.96	16.38
辉　县	96.60	38.90	7.47	7.73	15.53	1.16	0.90	77.59	2.31
原阳县	87.70	30.40	3.17	3.61	18.93	0.60	0.30	50.00	0.99
延津县	68.40	22.50	1.87	2.73	14.44	0.27	0.06	22.22	0.27
封丘县	95.00	32.60	1.51	1.59	15.89	0.24	0.06	25.00	0.18
长垣县	101.00	41.00	2.73	2.70	15.38	0.42	0.10	23.81	0.24
安阳市	**502.80**	**202.20**	**54.95**	**10.93**	**19.11**	**10.50**	**3.41**	**32.48**	**1.69**
安阳县	136.00	55.70	26.80	19.71	22.35	5.99			
林　县	87.00	54.20	8.40	9.66	20.83	1.75	1.10	62.86	2.03
内黄县									
滑　县	176.69	60.03	8.39	4.75	10.73	0.90	0.62	68.89	1.03
汤阴县	103.11	32.27	11.36	11.02	16.37	1.86	1.69	90.86	5.24
许昌市									
鄢陵县									

5－21－19 续表

县市名	耕地面积（万亩）	农业人口（万人）	棉田面积（万亩）	占耕地（%）	亩产（市斤）	产量（万担）	收购量（万担）	商品率（%）	人均交售（市斤）
濮阳市	**382.84**	**153.27**	**48.83**	**12.75**	**13.54**	**6.61**	**0.76**	**11.50**	**0.50**
濮阳县	176.00	66.20	3.00	1.70	17.00	0.51	0.24	47.06	0.36
清丰县	87.14	37.87	43.82	50.29	13.24	5.80	0.42	7.24	1.11
南乐县	64.30	24.80	1.20	1.87	25.00	0.30	0.10	33.33	0.40
范县	55.40	24.40	0.81	1.46					
漯河市	**196.30**	**86.00**	**3.43**	**1.75**	**18.66**	**0.64**	**0.64**	**100.00**	**0.74**
临颍县	83.90	34.70	1.00	1.19	14.00	0.14	0.55	*	1.59
偃城县	112.40	51.30	2.43	2.16	20.58	0.50	0.09	18.00	0.18
南阳市	**1280.77**	**425.67**	**61.52**	**4.80**	**19.03**	**11.71**	**7.56**	**64.56**	**1.78**
宛城区	174.23	60.39	9.98	5.73	28.36	2.83	1.79	63.25	2.96
邓州市	289.45	88.98	14.08	4.86	8.24	1.16	0.83	71.55	0.93
新野县	108.92	36.60	7.99	7.34	21.03	1.68	1.10	65.48	3.01
唐河县	230.53	62.62	13.43	5.83	21.74	2.92	1.67	57.19	2.67
卧龙区	12.80	5.40	0.73	5.70	41.10	0.30	0.28	93.33	5.19
内乡县	81.75	37.06	2.70	3.30	12.96	0.35	0.19	54.29	0.51
方城县	211.80	63.31	7.13	3.37	19.64	1.40	0.94	67.14	1.48
社旗县									
镇平县	116.55	52.56	3.10	2.66	15.48	0.48	0.25	52.08	0.48
桐柏县	54.74	18.75	2.38	4.35	24.79	0.59	0.51	86.44	2.72
商丘市	**1033.65**	**374.94**	**48.98**	**4.74**	**15.19**	**7.44**	**2.06**	**27.69**	**0.55**
商丘县	155.25	54.15	8.20	5.28	6.59	0.54	0.41	75.93	0.76
永城县	191.64	65.84	8.48	4.42	16.51	1.40	0.34	24.29	0.52
民权县	108.51	38.78	5.53	5.10	13.20	0.73	0.35	47.95	0.90
睢县	95.18	38.45	6.19	6.50	21.32	1.32	0.36	27.27	0.94
柘城县	113.37	43.56	5.86	5.17	25.60	1.50	0.29	19.33	0.67
宁陵县	73.96	27.26	2.00	2.70	18.50	0.37	0.12	32.43	0.44
虞城县	153.10	53.78	6.35	4.15	9.76	0.62	0.08	12.90	0.15
夏邑县	142.64	53.12	6.37	4.47	15.07	0.96	0.11	11.46	0.21
周口地区	**1240.94**	**490.62**	**60.47**	**4.87**	**17.89**	**10.82**	**6.44**	**59.52**	**1.31**
扶沟县	123.64	35.44	7.81	6.32	25.99	2.03	1.56	76.85	4.40
西华县	107.43	39.00	4.48	4.17	15.18	0.68	0.57	83.82	1.46
鹿邑县	132.79	52.92	4.90	3.69	14.90	0.73	0.40	54.79	0.76
郸城县	164.96	61.28	6.57	3.98	15.07	0.99	0.46	46.46	0.75
淮阳县	159.90	64.68	8.24	5.15	10.80	0.89	0.71	79.78	1.10
太康县	188.72	63.10	17.38	9.21	18.87	3.28	2.36	71.95	3.74
商水县	145.40	61.40	5.26	3.62	19.39	1.02			
沈丘县	112.00	59.40	3.61	3.22	19.94	0.72	0.30	41.67	0.51
项城县	106.10	53.40	2.22	2.09	21.62	0.48	0.08	16.67	0.15
信阳地区	**849.30**	**289.30**	**13.70**	**1.61**	**17.30**	**2.37**	**0.72**	**30.38**	**0.25**
罗山县	96.30	35.20	1.60	1.66	15.00	0.24	0.07	29.17	0.20
信阳县	114.60	51.50	2.30	2.01	21.30	0.49	0.15	30.61	0.29
光山县	106.00	36.80	2.40	2.26	13.75	0.33			
息县	162.50	37.40	2.60	1.60	20.38	0.53	0.35	66.04	0.94
淮滨县	97.00	26.30	1.30	1.34	10.00	0.13			
潢川县	109.30	35.00	1.40	1.28	25.71	0.36	0.07	19.44	0.20
固始县	163.60	67.10	2.10	1.28	13.81	0.29	0.08	27.59	0.12
驻马店地区	**1135.76**	**353.80**	**34.34**	**3.02**	**21.20**	**7.28**	**3.98**	**54.67**	**1.12**
上蔡县	173.00	65.60	6.16	3.56	27.11	1.67	1.06	63.47	1.62
正阳县	167.00	33.50	3.17	1.90	11.04	0.35	0.05	14.29	0.15
确山县	117.10	29.20	2.46	2.10	15.04	0.37	0.13	35.14	0.45
泌阳县	159.80	46.30	5.73	3.59	22.86	1.31	0.97	74.05	2.10
汝南县	142.10	42.10	3.91	2.75	21.74	0.85	0.32	37.65	0.76
平舆县	128.30	44.30	4.38	3.41	16.21	0.71	0.32	45.07	0.72
西平县	100.70	46.60	3.53	3.51	31.73	1.12	0.69	61.61	1.48
新蔡县	147.76	46.20	5.00	3.38	18.00	0.90	0.44	48.89	0.95

5－21－20　河南省1962年产棉县棉花生产收购明细

县市名	耕地面积（万亩）	农业人口（万人）	棉田面积（万亩）	占耕地（%）	亩产（市斤）	产量（万担）	收购量（万担）	商品率（%）	人均交售（市斤）
全省合计	**9388.31**	**3517.10**	**439.76**	**4.68**	**16.97**	**74.62**	**50.40**	**67.54**	**1.43**
郑州市	**240.05**	**101.38**	**5.57**	**2.32**	**17.77**	**0.99**	**0.69**	**69.70**	**0.68**
新郑市	80.77	32.83	0.52	0.64	15.38	0.08	0.01	12.50	0.03
巩义市	62.30	35.21	4.61	7.40	18.00	0.83	0.67	80.72	1.90
中牟县	96.98	33.34	0.44	0.45	18.18	0.08	0.01	12.50	0.03
开封市	**642.82**	**196.36**	**16.99**	**2.64**	**12.12**	**2.06**	**0.93**	**45.15**	**0.47**
开封县	142.84	38.30	1.58	1.11	5.06	0.08	0.04	50.00	0.10
杞县	196.90	52.00	7.10	3.61	14.08	1.00	0.40	40.00	0.77
通许县	84.12	29.74	3.46	4.11	9.25	0.32	0.13	40.63	0.44
尉氏县	128.96	44.32	4.25	3.30	14.82	0.63	0.35	55.56	0.79
兰考县	90.00	32.00	0.60	0.67	5.00	0.03	0.01	33.33	0.03
洛阳市	**612.75**	**247.73**	**40.60**	**6.63**	**8.47**	**3.44**	**1.98**	**57.56**	**0.80**
偃师市	81.80	45.10	5.48	6.70	17.70	0.97	0.78	80.41	1.73
孟津县	66.75	26.40	4.75	7.12	9.05	0.43	0.29	67.44	1.10
新安县	68.00	27.40	0.77	1.13	7.79	0.06	0.01	16.67	0.04
宜阳县	102.90	33.40	4.33	4.21	9.24	0.40	0.19	47.50	0.57
伊川县	90.10	35.50	17.32	19.22	3.46	0.60	0.32	53.33	0.90
汝阳县	45.60	22.43	2.95	6.47	15.25	0.45	0.22	48.89	0.98
嵩县	68.80	31.50	2.71	3.94	12.55	0.34	0.08	23.53	0.25
洛宁县	88.80	26.00	2.29	2.58	8.30	0.19	0.09	47.37	0.35
三门峡市	**181.30**	**57.50**	**40.11**	**22.12**	**21.82**	**8.75**	**8.49**	**97.03**	**14.77**
灵宝县	114.30	38.30	30.84	26.98	22.21	6.85	6.31	92.12	16.48
陕县	67.00	19.20	9.27	13.84	20.50	1.90	2.18	114.74	11.35
平顶山市	**107.93**	**44.33**	**8.02**	**7.43**	**16.58**	**1.33**	**0.90**	**67.67**	**2.03**
汝州市	107.93	44.33	8.02	7.43	16.58	1.33	0.90	67.67	2.03
焦作市	**272.21**	**126.03**	**14.30**	**5.25**	**17.83**	**2.55**	**2.31**	**90.59**	**1.83**
孟州市	45.40	21.16	2.94	6.48	22.79	0.67	0.61	91.04	2.88
沁阳市	43.61	23.69	1.44	3.30	21.53	0.31	0.19	61.29	0.80
武陟县	66.06	31.94	2.80	4.24	17.14	0.48	0.35	72.92	1.10
温县	40.08	21.44	1.88	4.69	23.94	0.45	0.30	66.67	1.40
博爱县	38.53	13.90	2.62	6.80	12.21	0.32	0.43	134.38	3.09
修武县	38.53	13.90	2.62	6.80	12.21	0.32	0.43	134.38	3.09
鹤壁市	**146.50**	**45.71**	**8.95**	**6.11**	**14.08**	**1.26**	**0.27**	**21.43**	**0.59**
浚县	110.00	33.91	3.62	3.29	10.50	0.38	0.27	71.05	0.80
淇县	36.50	11.80	5.33	14.60	16.51	0.88			
新乡市	**609.70**	**234.62**	**28.46**	**4.67**	**18.55**	**5.28**	**4.92**	**93.18**	**2.10**
新乡县	49.80	21.60	8.54	17.15	30.21	2.58	2.70	104.65	12.50
卫辉县	64.00	21.12	2.92	4.56	17.81	0.52	0.40	76.92	1.89
获嘉县	45.40	18.50	5.94	13.08	13.30	0.79	0.80	101.27	4.32
辉县	96.80	41.20	6.32	6.53	16.46	1.04	0.90	86.54	2.18
原阳县	87.50	31.70	1.49	1.70	9.40	0.14	0.10	71.43	0.32
延津县	65.20	23.10	0.75	1.15	9.33	0.07	0.02	28.57	0.09
封丘县	97.00	34.50	0.98	1.01	5.10	0.05			
长垣县	104.00	42.90	1.52	1.46	5.92	0.09			
安阳市	**463.80**	**196.55**	**35.27**	**7.60**	**23.56**	**8.31**	**7.75**	**93.26**	**3.94**
安阳县	136.00	58.50	19.30	14.19	30.31	5.85	5.71	97.61	9.76
林县	87.00	55.80	2.50	2.87	23.60	0.59	0.39	66.10	0.70
内黄县									
滑县	177.25	60.55	3.18	1.79	6.92	0.22	0.07	31.82	0.12
汤阴县	63.55	21.70	10.29	16.19	16.03	1.65	1.58	95.76	7.28
许昌市									
鄢陵县									

5－21－20 续表

县市名	耕地面积（万亩）	农业人口（万人）	棉田面积（万亩）	占耕地（%）	亩 产（市斤）	产 量（万担）	收购量（万担）	商品率（%）	人均交售（市斤）
濮阳市	**384.78**	**157.62**	**26.89**	**6.99**	**15.54**	**4.18**	**0.30**	**7.18**	**0.19**
濮阳县	176.10	68.80	2.10	1.19	16.67	0.35	0.06	17.14	0.09
清丰县	87.18	38.72	23.27	26.69	16.03	3.73	0.19	5.09	0.49
南乐县	64.30	25.20	0.70	1.09	14.29	0.10	0.05	50.00	0.20
范　县	57.20	24.90	0.82	1.43					
漯河市	**196.90**	**89.70**	**4.04**	**2.05**	**25.25**	**1.02**	**0.58**	**56.86**	**0.65**
临颍县	84.50	36.10	1.60	1.89	18.75	0.30	0.45	150.00	1.25
偃城县	112.40	53.60	2.44	2.17	29.51	0.72	0.13	18.06	0.24
南阳市	**1274.55**	**442.07**	**59.79**	**4.69**	**16.78**	**10.03**	**6.69**	**66.70**	**1.51**
宛城区	175.28	62.37	10.18	5.81	20.24	2.06	1.42	68.93	2.28
邓州市	284.32	92.44	8.98	3.16	8.80	0.79	0.61	77.22	0.66
新野县	109.00	38.50	7.09	6.50	19.89	1.41	0.98	69.50	2.55
唐河县	227.34	64.76	15.66	6.89	16.16	2.53	1.78	70.36	2.75
卧龙区	13.20	5.87	0.75	5.68	33.33	0.25	0.26	104.00	4.43
内乡县	81.77	38.10	3.28	4.01	15.24	0.50	0.20	40.00	0.52
方城县	212.35	66.28	7.74	3.64	15.25	1.18	0.68	57.63	1.03
社旗县									
镇平县	116.55	54.22	3.55	3.05	21.13	0.75	0.34	45.33	0.63
桐柏县	54.74	19.53	2.56	4.68	21.88	0.56	0.42	75.00	2.15
商丘市	**1022.19**	**385.19**	**37.84**	**3.70**	**11.95**	**4.52**	**1.43**	**31.64**	**0.37**
商丘县	156.39	55.09	7.70	4.92	9.74	0.75	0.26	34.67	0.47
永城县	188.83	67.19	5.39	2.85	8.53	0.46	0.12	26.09	0.18
民权县	112.05	39.36	3.19	2.85	9.72	0.31	0.10	32.26	0.25
睢　县	91.94	40.75	4.11	4.47	16.55	0.68	0.24	35.29	0.59
柘城县	108.97	44.79	4.92	4.52	12.80	0.63	0.17	26.98	0.38
宁陵县	72.45	28.34	1.48	2.04	12.84	0.19	0.08	42.11	0.28
虞城县	153.10	55.26	5.04	3.29	14.48	0.73	0.21	28.77	0.38
夏邑县	138.46	54.41	6.01	4.34	12.81	0.77	0.25	32.47	0.46
周口地区	**1255.27**	**510.26**	**55.93**	**4.46**	**18.83**	**10.53**	**7.72**	**73.31**	**1.51**
扶沟县	123.17	38.58	7.52	6.11	27.39	2.06	1.55	75.24	4.02
西华县	122.70	44.06	6.46	5.26	17.65	1.14	0.76	66.67	1.72
鹿邑县	132.89	50.47	3.40	2.56	17.65	0.60	0.24	40.00	0.48
郸城县	162.87	63.86	5.47	3.36	14.81	0.81	0.34	41.98	0.53
淮阳县	159.90	67.39	5.32	3.33	15.04	0.80	2.30	*	3.41
太康县	186.24	65.50	14.75	7.92	18.71	2.76	2.13	77.17	3.25
商水县	148.30	62.70	5.80	3.91	18.10	1.05			
沈丘县	113.00	61.40	4.19	3.71	16.47	0.69	0.27	39.13	0.44
项城县	106.20	56.30	3.02	2.84	20.53	0.62	0.13	20.97	0.23
信阳地区	**839.30**	**310.10**	**17.30**	**2.06**	**17.80**	**3.08**	**1.50**	**48.70**	**0.48**
罗山县	93.90	36.50	1.70	1.81	18.24	0.31	0.19	61.29	0.52
信阳县	116.30	55.30	2.30	1.98	18.70	0.43	0.22	51.16	0.40
光山县	101.00	38.70	2.60	2.57	18.46	0.48	0.16	33.33	0.41
息　县	162.70	38.80	3.50	2.15	12.29	0.43	0.26	60.47	0.67
淮滨县	95.00	28.20	2.20	2.32	12.27	0.27	0.13	48.15	0.46
潢川县	106.00	37.60	1.90	1.79	31.58	0.60	0.21	35.00	0.56
固始县	164.40	75.00	3.10	1.89	18.06	0.56	0.33	58.93	0.44
驻马店地区	**1138.26**	**371.95**	**39.70**	**3.49**	**18.36**	**7.29**	**3.94**	**54.05**	**1.06**
上蔡县	171.00	66.50	8.27	4.84	17.65	1.46	0.78	53.42	1.17
正阳县	168.20	35.90	3.31	1.97	19.03	0.63	0.28	44.44	0.78
确山县	115.90	31.30	2.87	2.48	20.21	0.58	0.26	44.83	0.83
泌阳县	159.40	47.60	5.81	3.64	19.28	1.12	0.92	82.14	1.93
汝南县	141.60	44.30	4.69	3.31	14.29	0.67	0.34	50.75	0.77
平舆县	128.90	47.80	5.30	4.11	15.66	0.83	0.34	40.96	0.71
西平县	106.00	49.60	3.84	3.62	25.26	0.97	0.62	63.92	1.25
新蔡县	147.26	48.95	5.61	3.81	18.36	1.03	0.40	38.83	0.82

5－21－21　河南省1963年产棉县棉花生产收购明细

县市名	耕地面积（万亩）	农业人口（万人）	棉田面积（万亩）	占耕地（%）	亩产（市斤）	产量（万担）	收购量（万担）	商品率（%）	人均交售（市斤）
全省合计	**9198.76**	**3673.47**	**577.63**	**6.28**	**14.21**	**82.07**	**62.48**	**76.13**	**1.70**
郑州市	**243.67**	**112.43**	**10.44**	**4.28**	**20.31**	**2.12**	**1.65**	**77.83**	**1.47**
新郑市	80.50	32.70	1.49	1.85	8.72	0.13	0.03	23.08	0.09
巩义市	62.50	43.50	7.45	11.92	24.97	1.86	1.59	85.48	3.66
中牟县	100.67	36.23	1.50	1.49	8.67	0.13	0.03	23.08	0.08
开封市	**558.07**	**203.26**	**20.89**	**3.74**	**8.66**	**1.81**	**0.93**	**51.38**	**0.46**
开封县	110.94	39.19	3.10	2.79	7.74	0.24	0.12	50.00	0.31
杞　县	143.00	53.70	6.60	4.62	7.58	0.50	0.20	40.00	0.37
通许县	84.08	30.60	4.23	5.03	6.38	0.27	0.09	33.33	0.29
尉氏县	129.05	45.67	6.41	4.97	11.54	0.74	0.49	66.22	1.07
兰考县	91.00	34.10	0.55	0.60	10.91	0.06	0.03	50.00	0.09
洛阳市	**611.13**	**257.90**	**52.57**	**8.60**	**18.17**	**9.55**	**7.53**	**78.85**	**2.92**
偃师市	81.70	47.00	12.74	15.59	29.98	3.82	3.27	85.60	6.96
孟津县	66.83	27.50	6.50	9.73	30.00	1.95	1.73	88.72	6.29
新安县	68.00	29.40	1.78	2.62	10.11	0.18	0.03	16.67	0.10
宜阳县	102.70	34.40	7.14	6.95	11.76	0.84	0.60	71.43	1.74
伊川县	90.20	36.70	12.68	14.06	12.07	1.53	1.26	82.35	3.43
汝阳县	46.10	23.40	4.30	9.33	13.26	0.57	0.39	68.42	1.67
嵩　县	66.90	32.50	3.64	5.44	8.79	0.32	0.06	18.75	0.18
洛宁县	88.70	27.00	3.79	4.27	8.97	0.34	0.19	55.88	0.70
三门峡市	**181.10**	**59.90**	**44.75**	**24.71**	**25.99**	**11.63**	**11.22**	**96.47**	**18.73**
灵宝县	113.40	39.60	33.08	29.17	28.14	9.31	8.96	96.24	22.63
陕　县	67.70	20.30	11.67	17.24	19.88	2.32	2.26	97.41	11.13
平顶山市	**107.90**	**46.10**	**12.67**	**11.74**	**4.50**	**0.57**	**0.39**	**68.42**	**0.85**
汝州市	107.90	46.10	12.67	11.74	4.50	0.57	0.39	68.42	0.85
焦作市	**268.11**	**138.50**	**29.97**	**11.18**	**16.05**	**4.81**	**4.22**	**87.73**	**3.05**
孟州市	45.40	22.10	7.62	16.78	23.10	1.76	1.77	100.57	8.01
沁阳市	43.40	24.70	3.55	8.18	12.11	0.43	0.36	83.72	1.46
武陟县	66.11	32.90	5.78	8.74	10.03	0.58	0.43	74.14	1.31
温　县	39.50	22.20	4.60	11.65	23.26	1.07	0.57	53.27	2.57
博爱县	35.20	22.10	2.74	7.78	17.88	0.49	0.51	104.08	2.31
修武县	38.50	14.50	5.68	14.75	8.45	0.48	0.58	120.83	4.00
鹤璧市	**146.50**	**47.40**	**8.01**	**5.47**	**7.37**	**0.59**	**0.38**	**64.41**	**0.80**
浚　县	110.00	35.10	3.76	3.42	6.38	0.24	0.15	62.50	0.43
淇　县	36.50	12.30	4.25	11.64	8.24	0.35	0.23	65.71	1.87
新乡市	**602.80**	**241.44**	**45.54**	**7.55**	**13.29**	**6.05**	**4.95**	**81.82**	**2.05**
新乡县	48.80	22.60	11.76	24.10	27.98	3.29	2.90	88.15	12.83
卫辉县	64.00	22.04	5.28	8.25	4.92	0.26	0.19	73.08	0.86
获嘉县	45.50	19.40	9.92	21.80	14.52	1.44	1.40	97.22	7.22
辉　县	96.20	43.00	8.21	8.53	6.94	0.57	0.20	35.09	0.47
原阳县	86.30	32.50	2.20	2.55	9.09	0.20	0.20	100.00	0.62
延津县	63.00	23.20	2.76	4.38	2.54	0.07	0.03	42.86	0.13
封丘县	96.00	35.20	2.51	2.61	3.98	0.10	0.01	10.00	0.03
长垣县	103.00	43.50	2.90	2.82	4.14	0.12	0.02	16.67	0.05
安阳市	**465.51**	**202.18**	**71.89**	**15.44**	**14.72**	**10.58**	**9.08**	**85.82**	**4.49**
安阳县	135.00	60.70	44.10	32.67	18.25	8.05	7.65	95.03	12.60
林　县	87.00	57.70	5.70	6.55	26.84	1.53	0.69	45.10	1.20
内黄县									
滑　县	177.50	61.28	4.92	2.77	3.25	0.16	0.05	31.25	0.08
汤阴县	66.01	22.50	17.17	26.01	4.89	0.84	0.69	82.14	3.07
许昌市									
鄢陵县									

5－21－21 续表

县市名	耕地面积（万亩）	农业人口（万人）	棉田面积（万亩）	占耕地（%）	亩产（市斤）	产量（万担）	收购量（万担）	商品率（%）	人均交售（市斤）
濮阳市	**384.80**	**159.00**	**13.77**	**3.58**	**7.77**	**1.07**	**0.24**	**22.43**	**0.15**
濮阳县	176.00	69.50	6.96	3.95	3.74	0.26	0.06	23.08	0.09
清丰县	87.10	38.20	3.41	3.92	12.32	0.42	0.14	33.33	0.37
南乐县	64.00	25.90	1.64	2.56	7.93	0.13	0.04	30.77	0.15
范　县	57.70	25.40	1.76	3.05	14.77	0.26			
漯河市	**195.30**	**92.80**	**5.63**	**2.88**	**7.99**	**0.45**	**0.10**	**22.22**	**0.11**
临颍县	84.60	37.60	2.10	2.48	3.81	0.08	0.03	37.50	0.08
偃城县	110.70	55.20	3.53	3.19	10.48	0.37	0.07	18.92	0.13
南阳市	**1206.68**	**438.36**	**75.46**	**6.25**	**18.12**	**13.67**	**9.27**	**67.81**	**2.11**
宛城区	171.78	62.53	12.62	7.35	28.21	3.56	2.81	78.93	4.49
邓州市	264.00	94.39	15.00	5.68	10.60	1.59	0.75	47.17	0.79
新野县	110.70	39.00	10.42	9.41	19.00	1.98	1.51	76.26	3.87
唐河县	227.10	66.34	17.38	7.65	18.76	3.26	2.54	77.91	3.83
卧龙区	13.10	6.00	0.97	7.40	44.33	0.43	0.42	97.67	7.00
内乡县	81.00	39.00	4.67	5.77	14.78	0.69	0.23	33.33	0.59
方城县	170.70	56.50	7.21	4.22	13.59	0.98	0.46	46.94	0.81
社旗县									
镇平县	113.40	54.90	4.35	3.84	22.07	0.96	0.36	37.50	0.66
桐柏县	54.90	19.70	2.84	5.17	7.75	0.22	0.19	86.36	0.96
商丘市	**1006.09**	**459.91**	**31.67**	**3.15**	**6.63**	**2.10**	**0.96**	**45.71**	**0.21**
商丘县	155.96	55.80	8.60	5.51	3.26	0.28	0.11	39.29	0.20
永城县	189.07	84.99	0.90	0.48			0.01		0.01
民权县	110.84	40.11	2.33	2.10	11.59	0.27	0.12	44.44	0.30
睢　县	93.22	40.68	5.17	5.55	12.77	0.66	0.31	46.97	0.76
柘城县	103.13	59.15	3.94	3.82	8.38	0.33	0.26	78.79	0.44
宁陵县	71.66	36.92	2.11	2.94	9.00	0.19	0.03	15.79	0.08
虞城县	148.49	71.29	7.10	4.78	3.38	0.24	0.07	29.17	0.10
夏邑县	133.72	70.97	1.52	1.14	8.55	0.13	0.05	38.46	0.07
周口地区	**1254.24**	**521.74**	**78.87**	**6.29**	**12.49**	**9.85**	**7.51**	**76.24**	**1.44**
扶沟县	123.19	39.52	11.57	9.39	20.66	2.39	1.91	79.92	4.83
西华县	121.14	43.22	9.80	8.09	11.22	1.10	0.76	69.09	1.76
鹿邑县	132.26	56.28	3.04	2.30	8.88	0.27	0.08	29.63	0.14
郸城县	164.89	64.10	6.40	3.88	4.69	0.30	0.03	10.00	0.05
淮阳县	159.90	69.32	9.69	6.06	7.74	0.75	1.57	*	2.26
太康县	186.86	67.40	19.62	10.50	13.81	2.71	1.97	72.69	2.92
商水县	148.20	65.10	8.60	5.80	13.14	1.13	0.49	43.36	0.75
沈丘县	111.60	59.30	5.61	5.03	11.59	0.65	0.16	24.62	0.27
项城县	106.20	57.50	4.54	4.27	12.11	0.55	0.54	98.18	0.94
信阳地区	**836.90**	**313.20**	**22.50**	**2.69**	**11.11**	**2.50**	**1.39**	**55.60**	**0.44**
罗山县	93.80	36.60	2.40	2.56	12.92	0.31	0.19	61.29	0.52
信阳县	116.90	56.40	3.30	2.82	8.18	0.27	0.18	66.67	0.32
光山县	101.00	38.00	3.60	3.56	15.83	0.57	0.10	17.54	0.26
息　县	161.10	39.90	3.40	2.11	6.47	0.22	0.16	72.73	0.40
淮滨县	93.00	28.70	1.90	2.04	10.53	0.20	0.11	55.00	0.38
潢川县	104.90	37.90	2.90	2.76	9.66	0.28	0.19	67.86	0.50
固始县	166.20	75.70	5.00	3.01	13.00	0.65	0.46	70.77	0.61
驻马店地区	**1129.96**	**379.35**	**53.00**	**4.69**	**8.91**	**4.72**	**2.66**	**56.36**	**0.70**
上蔡县	170.00	66.70	11.83	6.96	8.54	1.01	0.62	61.39	0.93
正阳县	164.00	37.10	3.06	1.87	6.21	0.19	0.14	73.68	0.38
确山县	114.50	32.10	2.67	2.33	2.62	0.07	0.07	100.00	0.22
泌阳县	155.80	48.80	6.40	4.11	10.47	0.67	0.49	73.13	1.00
汝南县	143.70	45.50	8.27	5.76	6.77	0.56	0.15	26.79	0.33
平舆县	127.90	49.10	6.75	5.28	4.89	0.33	0.11	33.33	0.22
西平县	106.80	50.20	5.66	5.30	20.32	1.15	0.75	65.22	1.49
新蔡县	147.26	49.85	8.36	5.68	8.85	0.74	0.33	44.59	0.66

5－21－22 河南省1964年产棉县棉花生产收购明细

县市名	耕地面积（万亩）	农业人口（万人）	棉田面积（万亩）	占耕地（%）	亩产（市斤）	产量（万担）	收购量（万担）	商品率（%）	人均交售（市斤）
全省合计	**9346.53**	**3723.78**	**721.58**	**7.72**	**30.69**	**221.48**	**173.38**	**78.28**	**4.66**
郑州市	**245.24**	**115.01**	**12.87**	**5.25**	**23.78**	**3.06**	**2.10**	**68.63**	**1.83**
新郑市	80.50	33.50	2.41	2.99	18.26	0.44	0.10	22.73	0.30
巩义市	62.50	44.60	8.53	13.65	25.91	2.21	1.88	85.07	4.22
中牟县	102.24	36.91	1.93	1.89	21.24	0.41	0.12	29.27	0.33
开封市	**562.94**	**205.31**	**32.37**	**5.75**	**23.32**	**7.55**	**4.99**	**66.09**	**2.43**
开封县	112.05	39.03	5.41	4.83	14.42	0.78	0.56	71.79	1.43
杞县	143.00	54.10	9.60	6.71	29.17	2.80	1.80	64.29	3.33
通许县	84.08	30.35	6.15	7.31	18.70	1.15	0.86	74.78	2.83
尉氏县	127.81	46.63	7.01	5.48	29.53	2.07	1.45	70.05	3.11
兰考县	96.00	35.20	4.20	4.38	17.86	0.75	0.32	42.67	0.91
洛阳市	**610.73**	**261.74**	**65.97**	**10.80**	**22.51**	**14.85**	**12.38**	**83.37**	**4.73**
偃师市	81.70	47.80	13.23	16.19	39.91	5.28	4.65	88.07	9.73
孟津县	66.83	27.90	7.68	11.49	42.97	3.30	2.95	89.39	10.57
新安县	68.00	30.00	4.74	6.97	7.59	0.36	0.14	38.89	0.47
宜阳县	102.50	34.70	11.29	11.01	15.50	1.75	1.58	90.29	4.55
伊川县	90.20	37.10	14.32	15.88	19.62	2.81	2.23	79.36	6.01
汝阳县	46.10	23.74	4.55	9.87	14.07	0.64	0.42	65.63	1.77
嵩县	66.90	33.30	4.77	7.13	7.34	0.35	0.12	34.29	0.36
洛宁县	88.50	27.20	5.39	6.09	6.68	0.36	0.29	80.56	1.07
三门峡市	**181.10**	**60.30**	**47.08**	**26.00**	**27.23**	**12.82**	**12.15**	**94.77**	**20.15**
灵宝县	113.40	39.60	33.91	29.90	30.85	10.46	9.82	93.88	24.80
陕县	67.70	20.70	13.17	19.45	17.92	2.36	2.33	98.73	11.26
平顶山市	**107.90**	**46.90**	**13.72**	**12.72**	**4.66**	**0.64**	**0.42**	**65.63**	**0.90**
汝州市	107.90	46.90	13.72	12.72	4.66	0.64	0.42	65.63	0.90
焦作市	**272.10**	**140.40**	**34.55**	**12.70**	**24.17**	**8.35**	**7.01**	**83.95**	**4.99**
孟州市	45.40	22.60	8.34	18.37	28.42	2.37	2.08	87.76	9.20
沁阳市	44.50	24.50	4.20	9.44	20.00	0.84	0.70	83.33	2.86
武陟县	69.00	33.50	6.16	8.93	17.53	1.08	0.94	87.04	2.81
温县	39.50	22.70	4.80	12.15	28.13	1.35	0.90	66.67	3.96
博爱县	35.20	22.40	4.08	11.59	26.96	1.10	1.04	94.55	4.64
修武县	38.50	14.70	6.97	18.10	23.10	1.61	1.35	83.85	9.18
鹤壁市	**146.50**	**47.60**	**15.91**	**10.86**	**152.86**	**24.32**	**21.44**	**88.16**	**45.04**
浚县	110.00	35.00	9.02	8.20	251.22	22.66	19.94	88.00	56.97
淇县	36.50	12.60	6.89	18.88	24.09	1.66	1.50	90.36	11.90
新乡市	**600.00**	**243.07**	**62.04**	**10.34**	**30.67**	**19.03**	**16.12**	**84.71**	**6.63**
新乡县	49.20	23.00	13.20	26.83	53.56	7.07	6.60	93.35	28.70
卫辉县	63.00	22.57	6.29	9.98	20.99	1.32	1.06	80.30	4.70
获嘉县	45.50	19.50	12.30	27.03	39.02	4.80	4.40	91.67	22.56
辉县	96.20	44.00	11.19	11.63	23.32	2.61	2.20	84.29	5.00
原阳县	86.00	32.90	5.32	6.19	17.29	0.92	0.75	81.52	2.28
延津县	64.10	23.20	3.91	6.10	12.53	0.49	0.26	53.06	1.12
封丘县	99.00	37.60	4.86	4.91	12.35	0.60	0.19	31.67	0.51
长垣县	97.00	40.30	4.97	5.12	24.55	1.22	0.66	54.10	1.64
安阳市	**471.51**	**204.30**	**91.21**	**19.34**	**47.32**	**43.16**	**39.78**	**92.17**	**19.47**
安阳县	136.00	62.10	52.40	38.53	56.26	29.48	28.03	95.08	45.14
林县	92.00	59.00	6.50	7.07	36.92	2.40	1.39	57.92	2.36
内黄县									
滑县	177.50	60.60	9.92	5.59	24.09	2.39	1.56	65.27	2.57
汤阴县	66.01	22.60	22.39	33.92	39.71	8.89	8.80	98.99	38.94
许昌市									
鄢陵县									

5－21－22 续表

县市名	耕地面积（万亩）	农业人口（万人）	棉田面积（万亩）	占耕地（%）	亩产（市斤）	产量（万担）	收购量（万担）	商品率（%）	人均交售（市斤）
濮阳市	**384.70**	**156.52**	**22.50**	**5.85**	**28.53**	**6.42**	**3.92**	**61.06**	**2.50**
濮阳县	176.00	67.80	8.51	4.84	23.38	1.99	1.19	59.80	1.76
清丰县	87.10	37.50	8.25	9.47	40.48	3.34	2.27	67.96	6.05
南乐县	64.00	26.02	3.02	4.72	16.89	0.51	0.24	47.06	0.92
范　县	57.60	25.20	2.72	4.72	21.32	0.58	0.22	37.93	0.87
漯河市	**195.30**	**93.20**	**4.38**	**2.24**	**15.30**	**0.67**	**0.58**	**86.57**	**0.62**
临颍县	84.60	37.90	1.30	1.54	12.31	0.16	0.10	62.50	0.26
偃城县	110.70	55.30	3.08	2.78	16.56	0.51	0.48	94.12	0.87
南阳市	**1326.86**	**475.01**	**97.57**	**7.35**	**27.80**	**27.12**	**19.88**	**73.30**	**4.19**
宛城区	171.96	62.66	13.50	7.85	34.30	4.63	3.81	82.29	6.08
邓州市	264.00	94.60	24.52	9.29	22.15	5.43	4.34	79.93	4.59
新野县	110.70	39.30	10.91	9.86	38.04	4.15	3.28	79.04	8.35
唐河县	227.10	66.45	19.65	8.65	30.28	5.95	5.14	86.39	7.74
卧龙区	13.10	6.20	1.15	8.78	55.65	0.64	0.57	89.06	9.19
内乡县	81.00	39.50	4.49	5.54	15.81	0.71	0.28	39.44	0.71
方城县	170.70	57.00	8.14	4.77	20.27	1.65	0.98	59.39	1.72
社旗县	120.00	34.30	7.07	5.89	34.37	2.43	0.75	30.86	2.19
镇平县	113.40	54.20	4.61	4.07	21.69	1.00	0.44	44.00	0.81
桐柏县	54.90	20.80	3.53	6.43	15.01	0.53	0.29	54.72	1.39
商丘市	**1014.15**	**467.15**	**54.52**	**5.38**	**19.50**	**10.63**	**4.16**	**39.13**	**0.89**
商丘县	155.96	55.40	7.80	5.00	17.18	1.34	0.28	20.90	0.51
永城县	189.07	86.77	6.71	3.55	23.10	1.55	0.27	17.42	0.31
民权县	110.37	41.17	6.47	5.86	26.89	1.74	1.28	73.56	3.11
睢　县	93.22	40.55	8.29	8.89	29.19	2.42	1.58	65.29	3.90
柘城县	112.06	60.35	5.12	4.57	17.38	0.89	0.18	20.22	0.30
宁陵县	71.27	37.85	2.90	4.07	15.17	0.44	0.09	20.45	0.24
虞城县	148.49	72.56	9.39	6.32	11.71	1.10	0.23	20.91	0.32
夏邑县	133.71	72.50	7.84	5.86	14.67	1.15	0.25	21.74	0.34
周口地区	**1257.14**	**517.14**	**81.95**	**6.52**	**29.99**	**24.58**	**17.86**	**72.66**	**3.45**
扶沟县	123.19	39.42	14.39	11.68	39.75	5.72	5.63	98.43	14.28
西华县	121.05	43.51	9.90	8.18	31.21	3.09	3.27	105.83	7.52
鹿邑县	132.80	55.23	4.10	3.09	18.05	0.74	0.30	40.54	0.54
郸城县	164.90	64.55	6.15	3.73	19.35	1.19	0.22	18.49	0.34
淮阳县	160.10	67.83	7.65	4.78	23.53	1.80	0.12	6.67	0.18
太康县	187.50	65.70	22.99	12.26	33.41	7.68	6.61	86.07	10.06
商水县	149.80	63.70	8.08	5.39	27.23	2.20	1.34	60.91	2.10
沈丘县	111.60	59.90	4.79	4.29	24.43	1.17	0.30	25.64	0.50
项城县	106.20	57.30	3.90	3.67	25.38	0.99	0.07	7.07	0.12
信阳地区	**836.30**	**314.00**	**26.20**	**3.13**	**19.28**	**5.05**	**1.84**	**36.43**	**0.59**
罗山县	92.40	37.00	2.80	3.03	18.93	0.53	0.18	33.96	0.49
信阳县	116.90	55.70	3.50	2.99	18.29	0.64	0.21	32.81	0.38
光山县	101.00	39.90	4.00	3.96	26.75	1.07	0.18	16.82	0.45
息　县	161.10	41.00	5.00	3.10	18.40	0.92	0.34	36.96	0.83
淮滨县	93.00	28.20	2.90	3.12	15.17	0.44	0.23	52.27	0.82
潢川县	104.90	37.10	3.10	2.96	20.03	0.62	0.28	45.09	0.75
固始县	167.00	75.10	4.90	2.93	16.94	0.83	0.42	50.60	0.56
驻马店地区	**1134.06**	**376.13**	**58.74**	**5.18**	**22.52**	**13.23**	**8.75**	**66.14**	**2.33**
上蔡县	170.00	68.20	12.65	7.44	30.67	3.88	2.58	66.49	3.78
正阳县	167.90	36.30	4.43	2.64	14.90	0.66	0.70	106.06	1.93
确山县	114.50	32.50	3.38	2.95	13.31	0.45	0.24	53.33	0.74
泌阳县	155.80	49.40	7.29	4.68	15.78	1.15	0.90	78.26	1.82
汝南县	142.30	43.90	8.22	5.78	19.10	1.57	1.05	66.88	2.39
平舆县	128.90	46.10	6.96	5.40	23.13	1.61	0.67	41.61	1.45
西平县	107.40	50.90	6.60	6.15	25.45	1.68	1.26	75.00	2.48
新蔡县	147.26	48.83	9.21	6.25	24.21	2.23	1.35	60.54	2.76

5－21－23　河南省1965年产棉县棉花生产收购明细

县市名	耕地面积（万亩）	农业人口（万人）	棉田面积（万亩）	占耕地（%）	亩产（市斤）	产量（万担）	收购量（万担）	商品率（%）	人均交售（市斤）
全省合计	**9325.59**	**3741.74**	**668.29**	**7.17**	**40.00**	**267.32**	**207.33**	**77.56**	**5.54**
郑州市	**247.61**	**117.93**	**12.35**	**4.99**	**38.70**	**4.78**	**3.15**	**65.90**	**2.67**
新郑市	81.10	34.40	1.88	2.32	30.32	0.57	0.14	24.56	0.41
巩义市	61.90	45.80	8.39	13.55	41.60	3.49	2.76	79.08	6.03
中牟县	104.61	37.73	2.08	1.99	34.62	0.72	0.25	34.72	0.66
开封市	**571.31**	**207.47**	**31.38**	**5.49**	**27.26**	**8.55**	**5.23**	**61.15**	**2.52**
开封县	122.64	38.65	4.08	3.33	19.36	0.79	0.37	46.84	0.96
杞　县	137.70	54.80	9.90	7.19	31.31	3.10	1.70	54.84	3.10
通许县	84.29	30.61	6.64	7.88	24.70	1.64	1.12	68.29	3.66
尉氏县	130.68	47.51	7.16	5.48	29.51	2.11	1.67	79.03	3.52
兰考县	96.00	35.90	3.60	3.75	25.28	0.91	0.37	40.66	1.03
洛阳市	**606.46**	**268.06**	**60.72**	**10.01**	**38.90**	**23.62**	**18.73**	**79.30**	**6.99**
偃师市	81.30	49.10	14.02	17.24	49.57	6.95	5.62	80.86	11.45
孟津县	65.86	28.80	8.42	12.78	51.43	4.33	3.76	86.84	13.06
新安县	67.00	30.90	3.92	5.85	25.51	1.00	0.12	12.00	0.39
宜阳县	102.00	35.50	9.51	9.32	41.85	3.98	3.47	87.19	9.77
伊川县	90.20	38.00	13.24	14.68	32.25	4.27	3.74	87.59	9.84
汝阳县	46.10	24.26	4.43	9.61	30.70	1.36	1.09	80.15	4.49
嵩　县	67.50	33.70	4.14	6.13	23.19	0.96	0.41	42.71	1.22
洛宁县	86.50	27.80	3.04	3.51	25.33	0.77	0.52	67.53	1.87
三门峡市	**181.60**	**61.80**	**42.08**	**23.17**	**51.31**	**21.59**	**20.52**	**95.04**	**33.20**
灵宝县	114.30	40.80	31.55	27.60	52.58	16.59	15.74	94.88	38.58
陕　县	67.30	21.00	10.53	15.65	47.48	5.00	4.78	95.60	22.76
平顶山市	**107.60**	**48.40**	**14.30**	**13.29**	**9.51**	**1.36**	**1.09**	**80.15**	**2.25**
汝州市	107.60	48.40	14.30	13.29	9.51	1.36	1.09	80.15	2.25
焦作市	**276.10**	**143.70**	**33.34**	**12.08**	**36.47**	**12.16**	**11.16**	**91.78**	**7.77**
孟州市	45.40	23.20	8.23	18.13	46.78	3.85	3.49	90.65	15.04
沁阳市	44.90	25.00	3.93	8.75	32.57	1.28	1.02	79.69	4.08
武陟县	70.60	34.20	6.43	9.11	32.50	2.09	1.78	85.17	5.20
温　县	39.60	23.30	4.87	12.30	30.60	1.49	1.32	88.59	5.67
博爱县	35.20	22.90	3.79	10.77	43.01	1.63	1.50	92.02	6.55
修武县	40.40	15.10	6.09	15.07	29.89	1.82	2.05	112.64	13.58
鹤壁市	**146.50**	**49.00**	**15.95**	**10.89**	**194.23**	**30.98**	**26.90**	**86.83**	**54.90**
浚　县	110.00	36.00	8.02	7.29	346.63	27.80	24.05	86.51	66.81
淇　县	36.50	13.00	7.93	21.73	40.10	3.18	2.85	89.62	21.92
新乡市	**608.60**	**251.13**	**59.74**	**9.82**	**42.17**	**25.19**	**22.59**	**89.68**	**9.00**
新乡县	50.00	23.60	13.13	26.26	67.48	8.86	9.30	104.97	39.41
卫辉县	63.00	23.33	6.25	9.92	23.20	1.45	1.07	73.79	4.59
获嘉县	47.00	20.40	13.73	29.21	52.00	7.14	6.80	95.24	33.33
辉　县	96.10	45.40	10.67	11.10	36.27	3.87	3.20	82.69	7.05
原阳县	87.40	34.00	4.51	5.16	28.38	1.28	0.70	54.69	2.06
延津县	65.10	24.00	3.36	5.16	16.96	0.57	0.35	61.40	1.46
封丘县	103.00	38.80	3.74	3.63	18.18	0.68	0.37	54.41	0.95
长垣县	97.00	41.60	4.35	4.48	30.80	1.34	0.80	59.70	1.92
安阳市	**471.51**	**210.37**	**90.18**	**19.13**	**53.59**	**48.33**	**43.96**	**90.96**	**20.90**
安阳县	136.00	64.00	52.00	38.24	62.19	32.34	30.88	95.49	48.25
林　县	92.00	60.50	6.00	6.52	40.50	2.43	1.31	53.91	2.17
内黄县									
滑　县	177.50	62.57	10.04	5.66	28.88	2.90	2.06	71.03	3.29
汤阴县	66.01	23.30	22.14	33.54	48.15	10.66	9.71	91.09	41.67
许昌市									
鄢陵县									

5－21－23 续表

县市名	耕地面积（万亩）	农业人口（万人）	棉田面积（万亩）	占耕地（%）	亩产（市斤）	产量（万担）	收购量（万担）	商品率（%）	人均交售（市斤）
濮阳市	**381.80**	**161.37**	**24.22**	**6.34**	**38.23**	**9.26**	**6.86**	**74.08**	**4.25**
濮阳县	173.00	70.30	6.32	3.65	28.64	1.81	0.96	53.04	1.37
清丰县	87.10	38.50	14.60	16.76	43.97	6.42	5.74	89.41	14.91
南乐县	64.00	26.77	1.36	2.13	27.21	0.37	0.03	8.11	0.11
范　县	57.70	25.80	1.94	3.36	34.02	0.66	0.13	19.70	0.50
漯河市	**195.60**	**95.00**	**3.32**	**1.70**	**8.13**	**0.27**	**0.23**	**85.19**	**0.24**
临颍县	85.80	38.60	1.20	1.40	6.67	0.08	0.05	62.50	0.13
偃城县	109.80	56.40	2.12	1.93	8.96	0.19	0.18	94.74	0.32
南阳市	**1316.35**	**485.39**	**87.77**	**6.67**	**36.41**	**31.96**	**25.93**	**81.13**	**5.34**
宛城区	170.34	64.55	13.23	7.77	51.17	6.77	5.79	85.52	8.97
邓州市	264.00	95.10	22.60	8.56	32.61	7.37	6.17	83.72	6.49
新野县	109.20	40.40	10.69	9.79	47.99	5.13	4.48	87.33	11.09
唐河县	223.21	68.44	14.38	6.44	29.69	4.27	3.52	82.44	5.14
卧龙区	12.90	6.40	1.21	9.38	73.55	0.89	0.81	91.01	12.66
内乡县	81.00	40.50	3.81	4.70	22.31	0.85	0.41	48.24	1.01
方城县	169.20	58.90	8.55	5.05	30.88	2.64	1.87	70.83	3.17
社旗县	119.00	34.50	7.05	5.92	36.60	2.58	2.08	80.62	6.03
镇平县	113.40	55.20	3.94	3.47	30.20	1.19	0.67	56.30	1.21
桐柏县	54.10	21.40	2.31	4.27	11.69	0.27	0.13	48.15	0.61
商丘市	**1009.24**	**397.46**	**40.87**	**4.05**	**13.24**	**5.41**	**2.08**	**38.45**	**0.52**
商丘县	155.96	57.03	7.10	4.55	9.01	0.64	0.18	28.13	0.32
永城县	180.07	66.00	4.83	2.68	4.97	0.24			
民权县	109.92	42.12	4.76	4.33	25.42	1.21	0.72	59.50	1.71
睢　县	93.29	41.65	6.07	6.51	27.84	1.69	1.04	61.54	2.50
柘城县	109.79	46.37	2.73	2.49	11.72	0.32	0.09	28.13	0.19
宁陵县	72.39	29.83	1.84	2.54	14.13	0.26	0.01	3.85	0.03
虞城县	148.49	57.64	9.60	6.47	2.50	0.24	0.01	4.17	0.02
夏邑县	139.33	56.82	3.94	2.83	20.56	0.81	0.03	3.70	0.05
周口地区	**1250.42**	**530.37**	**69.85**	**5.59**	**22.10**	**15.44**	**10.49**	**67.94**	**1.98**
扶沟县	123.10	39.59	14.26	11.58	25.88	3.69	3.03	82.11	7.65
西华县	119.11	45.00	8.95	7.51	16.76	1.50	1.50	100.00	3.33
鹿邑县	132.98	57.10	2.64	1.99	90.15	2.38	0.14	5.88	0.25
郸城县	164.48	65.83	5.83	3.54	10.29	0.60	0.12	20.00	0.18
淮阳县	156.39	69.55	6.60	4.22	16.06	1.06	1.56	147.17	2.24
太康县	186.86	67.50	15.88	8.50	23.55	3.74	3.28	87.70	4.86
商水县	149.70	65.20	7.04	4.70	9.80	0.69	0.28	40.58	0.43
沈丘县	111.60	61.80	4.63	4.15	24.84	1.15	0.33	28.70	0.53
项城县	106.20	58.80	4.02	3.79	15.67	0.63	0.25	39.68	0.43
信阳地区	**832.90**	**327.30**	**27.80**	**3.34**	**31.58**	**8.78**	**2.37**	**26.99**	**0.72**
罗山县	92.50	38.70	2.60	2.81	35.38	0.92	0.15	16.30	0.39
信阳县	117.30	57.80	2.60	2.22	25.77	0.67	0.09	13.43	0.16
光山县	101.00	41.60	4.60	4.55	34.78	1.60	0.21	13.13	0.50
息　县	159.70	42.60	5.20	3.26	24.04	1.25	0.44	35.20	1.03
淮滨县	90.00	29.70	2.90	3.22	26.21	0.76	0.27	35.53	0.91
潢川县	107.20	38.60	4.20	3.92	25.48	1.07	0.30	28.04	0.78
固始县	165.20	78.30	5.70	3.45	44.04	2.51	0.91	36.25	1.16
驻马店地区	**1121.99**	**386.99**	**54.42**	**4.85**	**36.09**	**19.64**	**6.04**	**30.75**	**1.56**
上蔡县	169.00	70.20	10.55	6.24	11.09	1.17	0.71	60.68	1.01
正阳县	168.50	37.50	5.59	3.32	20.93	1.17	0.60	51.28	1.60
确山县	114.50	33.70	3.20	2.79	7.50	0.24	0.12	50.00	0.36
泌阳县	153.40	50.80	6.91	4.50	12.45	0.86	0.46	53.49	0.91
汝南县	142.40	44.90	7.70	5.41	125.97	9.70	0.58	5.98	1.29
平舆县	128.90	47.80	7.14	5.54	18.77	1.34	0.78	58.21	1.63
西平县	106.40	51.60	4.05	3.81	18.27	0.74	0.48	64.86	0.93
新蔡县	138.89	50.49	9.28	6.68	47.63	4.42	2.31	52.26	4.58

5-21-24 河南省1966年产棉县棉花生产收购明细

县市名	耕地面积（万亩）	农业人口（万人）	棉田面积（万亩）	占耕地（%）	亩产（市斤）	产量（万担）	收购量（万担）	商品率（%）	人均交售（市斤）
全省合计	**9311.96**	**3851.42**	**740.84**	**7.96**	**60.45**	**447.84**	**384.80**	**85.92**	**9.99**
郑州市	**248.51**	**121.75**	**12.15**	**4.89**	**61.15**	**7.43**	**5.70**	**76.72**	**4.68**
新郑市	81.10	35.50	1.14	1.41	73.68	0.84	0.35	41.67	0.99
巩义市	61.80	47.30	8.24	13.33	68.20	5.62	4.85	86.30	10.25
中牟县	105.61	38.95	2.77	2.62	35.02	0.97	0.50	51.55	1.28
开封市	**587.48**	**213.60**	**39.07**	**6.65**	**55.57**	**21.71**	**18.14**	**83.56**	**8.49**
开封县	132.89	40.58	6.21	4.67	33.49	2.08	1.56	75.00	3.84
杞县	138.00	56.10	11.20	8.12	59.82	6.70	5.60	83.58	9.98
通许县	85.27	31.21	7.36	8.63	49.86	3.67	3.25	88.56	10.41
尉氏县	134.32	48.61	9.40	7.00	76.17	7.16	6.13	85.61	12.61
兰考县	97.00	37.10	4.90	5.05	42.86	2.10	1.60	76.19	4.31
洛阳市	**602.96**	**275.46**	**60.56**	**10.04**	**53.62**	**32.47**	**27.23**	**83.86**	**9.89**
偃师市	81.20	50.60	14.18	17.46	64.10	9.09	7.40	81.41	14.62
孟津县	65.76	29.60	8.32	12.65	54.45	4.53	4.06	89.62	13.72
新安县	67.00	31.70	3.49	5.21	32.66	1.14	0.20	17.54	0.63
宜阳县	101.00	36.50	10.17	10.07	57.03	5.80	5.21	89.83	14.27
伊川县	90.00	38.90	12.13	13.48	50.45	6.12	5.59	91.34	14.37
汝阳县	45.30	24.96	5.29	11.68	47.07	2.49	2.25	90.36	9.01
嵩县	66.10	34.80	3.69	5.58	43.09	1.59	1.18	74.21	3.39
洛宁县	86.60	28.40	3.29	3.80	51.98	1.71	1.34	78.36	4.72
三门峡市	**180.60**	**63.60**	**38.05**	**21.07**	**51.38**	**19.55**	**18.37**	**93.96**	**28.88**
灵宝县	113.70	41.90	28.16	24.77	54.47	15.34	14.56	94.92	34.75
陕县	66.90	21.70	9.89	14.78	42.57	4.21	3.81	90.50	17.56
平顶山市	**107.40**	**49.90**	**14.26**	**13.28**	**17.46**	**2.49**	**2.25**	**90.36**	**4.51**
汝州市	107.40	49.90	14.26	13.28	17.46	2.49	2.25	90.36	4.51
焦作市	**275.00**	**147.40**	**32.34**	**11.76**	**56.18**	**18.17**	**16.52**	**90.92**	**11.21**
孟州市	45.40	23.80	7.50	16.52	64.00	4.80	4.57	95.21	19.20
沁阳市	45.10	25.60	4.18	9.27	36.84	1.54	1.31	85.06	5.12
武陟县	69.20	35.20	6.38	9.22	50.16	3.20	2.67	83.44	7.59
温县	39.60	23.80	3.83	9.67	49.87	1.91	1.41	73.82	5.92
博爱县	35.30	23.50	4.14	11.73	85.27	3.53	3.43	97.17	14.60
修武县	40.40	15.50	6.31	15.62	50.55	3.19	3.13	98.12	20.19
鹤壁市	**146.50**	**50.60**	**17.32**	**11.82**	**286.72**	**49.66**	**43.10**	**86.79**	**85.18**
浚县	110.00	37.20	9.07	8.25	490.63	44.50	38.20	85.84	102.69
淇县	36.50	13.40	8.25	22.60	62.55	5.16	4.90	94.96	36.57
新乡市	**605.80**	**257.85**	**57.06**	**9.42**	**62.34**	**35.57**	**31.64**	**88.95**	**12.27**
新乡县	50.10	24.20	12.52	24.99	93.69	11.73	10.80	92.07	44.63
卫辉县	63.00	24.05	6.01	9.54	36.94	2.22	1.87	84.23	7.78
获嘉县	47.30	20.90	13.15	27.80	68.67	9.03	9.10	100.78	43.54
辉县	96.40	46.70	9.24	9.59	57.25	5.29	4.80	90.74	10.28
原阳县	87.50	35.00	4.49	5.13	39.42	1.77	1.29	72.88	3.69
延津县	65.50	24.70	3.00	4.58	44.00	1.32	0.96	72.73	3.89
封丘县	99.00	39.90	3.82	3.86	40.84	1.56	1.28	82.05	3.21
长垣县	97.00	42.40	4.83	4.98	54.87	2.65	1.54	58.11	3.63
安阳市	**465.64**	**216.51**	**91.30**	**19.61**	**55.15**	**50.35**	**47.57**	**94.48**	**21.97**
安阳县	135.00	66.30	51.50	38.15	58.74	30.25	29.43	97.29	44.39
林县	90.00	61.90	4.30	4.78	27.67	1.19	0.57	47.90	0.92
内黄县									
滑县	174.63	64.31	12.79	7.32	56.14	7.18	6.22	86.63	9.67
汤阴县	66.01	24.00	22.71	34.40	51.65	11.73	11.35	96.76	47.29
许昌市									
鄢陵县									

5－21－24 续表

县市名	耕地面积（万亩）	农业人口（万人）	棉田面积（万亩）	占耕地（%）	亩　产（市斤）	产　量（万担）	收购量（万担）	商品率（%）	人均交售（市斤）
濮阳市	**380.60**	**164.02**	**24.43**	**6.42**	**37.17**	**9.08**	**7.16**	**78.85**	**4.37**
濮阳县	173.00	71.20	8.34	4.82	33.93	2.83	2.08	73.50	2.92
清丰县	87.10	39.10	12.13	13.93	41.30	5.01	4.72	94.21	12.07
南乐县	64.00	27.32	1.07	1.67	33.64	0.36	0.03	8.33	0.11
范　县	56.50	26.40	2.89	5.12	30.45	0.88	0.33	37.50	1.25
漯河市	**195.60**	**97.00**	**6.57**	**3.36**	**65.14**	**4.28**	**8.64**	*	**8.91**
临颍县	86.00	39.50	1.80	2.09	75.56	1.36	6.39	*	16.18
偃城县	109.60	57.50	4.77	4.35	61.22	2.92	2.25	77.05	3.91
南阳市	**1309.81**	**498.03**	**120.89**	**9.23**	**56.43**	**68.22**	**60.83**	**89.17**	**12.21**
宛城区	169.20	66.72	19.47	11.51	63.38	12.34	11.47	92.95	17.19
邓州市	264.00	96.40	28.90	10.95	33.01	9.54	9.12	95.60	9.46
新野县	108.40	41.80	13.63	12.57	71.97	9.81	9.04	92.15	21.63
唐河县	223.21	70.31	20.35	9.12	64.96	13.22	11.33	85.70	16.11
卧龙区	12.90	6.60	1.65	12.79	69.70	1.15	1.04	90.43	15.76
内乡县	79.40	41.80	4.85	6.11	47.42	2.30	1.89	82.17	4.52
方城县	167.70	60.20	11.99	7.15	67.22	8.06	7.06	87.59	11.73
社旗县	119.00	35.60	11.37	9.55	62.01	7.05	6.49	92.06	18.23
镇平县	111.90	56.40	5.03	4.50	55.86	2.81	1.70	60.50	3.01
桐柏县	54.10	22.20	3.65	6.75	53.15	1.94	1.69	87.11	7.61
商丘市	**1024.03**	**408.59**	**35.17**	**3.43**	**53.45**	**18.80**	**12.95**	**68.88**	**3.17**
商丘县	155.96	58.64	5.10	3.27	50.78	2.59	1.78	68.73	3.04
永城县	189.07	67.88	3.68	1.95	59.24	2.18	1.29	59.17	1.90
民权县	109.96	43.29	6.36	5.78	62.58	3.98	3.54	88.94	8.18
睢　县	93.29	42.79	7.09	7.60	55.71	3.95	3.22	81.52	7.53
柘城县	118.93	47.92	2.93	2.46	58.70	1.72	1.05	61.05	2.19
宁陵县	72.55	30.59	1.79	2.47	37.99	0.68	0.34	50.00	1.11
虞城县	146.64	58.97	4.11	2.80	45.01	1.85	0.79	42.70	1.34
夏邑县	137.63	58.51	4.11	2.99	45.01	1.85	0.94	50.81	1.61
周口地区	**1246.08**	**545.27**	**73.26**	**5.88**	**57.94**	**42.45**	**31.82**	**74.96**	**5.84**
扶沟县	123.10	39.98	10.87	8.83	62.37	6.78	6.77	99.85	16.93
西华县	119.03	45.68	8.50	7.14	66.00	5.61	5.50	98.04	12.04
鹿邑县	132.93	59.10	4.32	3.25	55.79	2.41	1.55	64.32	2.62
郸城县	163.53	67.96	5.94	3.63	54.21	3.22	2.01	62.42	2.96
淮阳县	154.83	71.65	8.68	5.61	55.07	4.78	0.87	18.20	1.21
太康县	186.86	69.30	19.01	10.17	58.50	11.12	9.57	86.06	13.81
商水县	149.60	67.10	7.99	5.34	51.94	4.15	3.62	87.23	5.39
沈丘县	111.00	63.80	4.70	4.23	62.98	2.96	1.71	57.77	2.68
项城县	105.20	60.70	3.25	3.09	43.69	1.42	0.22	15.49	0.36
信阳地区	**825.70**	**341.70**	**56.70**	**6.87**	**46.54**	**26.39**	**19.15**	**72.57**	**5.60**
罗山县	92.40	40.40	5.50	5.95	39.45	2.17	1.44	66.36	3.56
信阳县	116.10	59.90	6.10	5.25	49.51	3.02	2.11	69.87	3.52
光山县	99.00	43.80	6.60	6.67	30.91	2.04	0.86	42.16	1.96
息　县	157.30	44.40	8.00	5.09	105.50	8.44	5.30	62.80	11.94
淮滨县	90.00	30.80	5.30	5.89	45.66	2.42	2.11	87.19	6.85
潢川县	106.80	40.50	8.20	7.68	23.54	1.93	1.96	101.55	4.84
固始县	164.10	81.90	17.00	10.36	37.47	6.37	5.37	84.30	6.56
驻马店地区	**1110.25**	**400.14**	**61.71**	**5.56**	**66.80**	**41.22**	**33.73**	**81.83**	**8.43**
上蔡县	168.00	72.40	12.55	7.47	72.75	9.13	7.31	80.07	10.10
正阳县	167.20	39.30	6.67	3.99	47.83	3.19	2.05	64.26	5.22
确山县	114.50	35.00	3.34	2.92	46.41	1.55	1.15	74.19	3.29
泌阳县	152.60	52.10	7.72	5.06	75.00	5.79	5.08	87.74	9.75
汝南县	142.40	46.50	7.34	5.15	58.58	4.30	3.83	89.07	8.24
平舆县	125.70	49.40	7.74	6.16	65.63	5.08	3.97	78.15	8.04
西平县	105.00	52.90	5.33	5.08	75.80	4.04	3.00	74.26	5.67
新蔡县	134.85	52.54	11.02	8.17	73.87	8.14	7.34	90.17	13.97

5-21-25 河南省1967年产棉县棉花生产收购明细

县市名	耕地面积（万亩）	农业人口（万人）	棉田面积（万亩）	占耕地（%）	亩产（市斤）	产量（万担）	收购量（万担）	商品率（%）	人均交售（市斤）
全省合计	**9353.34**	**3941.54**	**826.60**	**8.84**	**57.60**	**476.08**	**403.89**	**84.84**	**10.25**
郑州市	**246.15**	**124.66**	**12.76**	**5.18**	**56.19**	**7.17**	**5.21**	**72.66**	**4.18**
新郑市	80.60	37.20	0.96	1.19	75.00	0.72	0.15	20.83	0.40
巩义市	61.50	48.50	8.31	13.51	63.66	5.29	4.62	87.33	9.53
中牟县	104.05	38.96	3.49	3.35	33.24	1.16	0.44	37.93	1.13
开封市	**651.00**	**218.38**	**47.30**	**7.27**	**46.87**	**22.17**	**16.75**	**75.55**	**7.67**
开封县	132.33	41.61	6.29	4.75	25.44	1.60	0.87	54.38	2.09
杞县	203.00	56.80	12.60	6.21	57.94	7.30	5.80	79.45	10.21
通许县	85.27	32.04	9.26	10.86	43.95	4.07	2.77	68.06	8.65
尉氏县	133.40	50.13	10.65	7.98	60.09	6.40	5.21	81.41	10.39
兰考县	97.00	37.80	8.50	8.76	32.94	2.80	2.10	75.00	5.56
洛阳市	**596.65**	**282.74**	**62.42**	**10.46**	**53.00**	**33.08**	**28.38**	**85.79**	**10.04**
偃师市	81.20	52.00	14.32	17.64	59.78	8.56	7.62	89.02	14.65
孟津县	65.75	30.20	8.28	12.59	46.14	3.82	3.41	89.27	11.29
新安县	66.00	32.70	3.51	5.32	27.64	0.97	0.27	27.84	0.83
宜阳县	100.20	37.50	10.95	10.93	55.43	6.07	5.50	90.61	14.67
伊川县	90.00	40.00	11.20	12.44	56.25	6.30	5.60	88.89	14.00
汝阳县	44.50	25.54	5.46	12.27	67.03	3.66	3.24	88.52	12.69
嵩县	64.70	35.70	3.86	5.97	43.78	1.69	1.22	72.19	3.42
洛宁县	84.30	29.10	4.84	5.74	41.53	2.01	1.52	75.62	5.22
三门峡市	**179.60**	**64.80**	**37.71**	**21.00**	**40.49**	**15.27**	**15.06**	**98.62**	**23.24**
灵宝县	112.80	42.80	27.82	24.66	40.69	11.32	11.38	100.53	26.59
陕县	66.80	22.00	9.89	14.81	39.94	3.95	3.68	93.16	16.73
平顶山市	**107.40**	**51.40**	**14.35**	**13.36**	**25.44**	**3.65**	**3.24**	**88.77**	**6.30**
汝州市	107.40	51.40	14.35	13.36	25.44	3.65	3.24	88.77	6.30
焦作市	**272.90**	**151.10**	**35.13**	**12.87**	**54.75**	**19.23**	**18.19**	**94.58**	**12.04**
孟州市	45.40	24.20	7.68	16.92	55.99	4.30	3.92	91.16	16.20
沁阳市	45.10	26.30	4.35	9.65	43.45	1.89	1.78	94.18	6.77
武陟县	68.50	36.10	7.00	10.22	51.71	3.62	3.28	90.61	9.09
温县	39.70	24.40	3.80	9.57	53.68	2.04	1.72	84.31	7.05
博爱县	35.30	24.10	4.40	12.46	67.11	2.95	2.86	96.85	11.87
修武县	38.90	16.00	7.90	20.31	56.08	4.43	4.63	104.51	28.94
鹤壁市	**146.50**	**52.30**	**16.00**	**10.92**	**250.63**	**40.10**	**37.54**	**93.62**	**71.78**
浚县	110.00	38.50	8.00	7.27	451.25	36.10	33.80	93.63	87.79
淇县	36.50	13.80	8.00	21.92	50.00	4.00	3.74	93.50	27.10
新乡市	**604.50**	**263.09**	**61.79**	**10.22**	**57.27**	**35.39**	**29.18**	**82.45**	**11.09**
新乡县	50.20	24.80	11.86	23.63	83.56	9.91	9.50	95.86	38.31
卫辉县	63.00	24.69	7.03	11.16	48.79	3.43	3.12	90.96	12.64
获嘉县	47.60	21.50	11.63	24.43	58.99	6.86	6.40	93.29	29.77
辉县	96.30	48.00	10.48	10.88	49.05	5.14	3.10	60.31	6.46
原阳县	88.50	35.70	5.10	5.76	37.45	1.91	1.45	75.92	4.06
延津县	65.90	25.30	4.74	7.19	38.82	1.84	1.53	83.15	6.05
封丘县	99.00	40.70	5.96	6.02	46.14	2.75	1.48	53.82	3.64
长垣县	94.00	42.40	4.99	5.31	71.14	3.55	2.60	73.24	6.13
安阳市	**467.36**	**220.99**	**88.47**	**18.93**	**50.67**	**44.83**	**41.13**	**91.75**	**18.61**
安阳县	135.00	67.80	50.40	37.33	51.71	26.06	24.67	94.67	36.39
林县	90.00	63.00	1.30	1.44	41.54	0.54			
内黄县									
滑县	176.35	65.79	14.01	7.94	57.10	8.00	6.97	87.13	10.59
汤阴县	66.01	24.40	22.76	34.48	44.95	10.23	9.49	92.77	38.89
许昌市									
鄢陵县									

5－21－25 续表

县市名	耕地面积（万亩）	农业人口（万人）	棉田面积（万亩）	占耕地（%）	亩产（市斤）	产量（万担）	收购量（万担）	商品率（%）	人均交售（市斤）
濮阳市	**379.40**	**167.40**	**20.10**	**5.30**	**44.98**	**9.04**	**7.43**	**82.19**	**4.44**
濮阳县	172.00	72.80	8.00	4.65	43.63	3.49	2.77	79.37	3.80
清丰县	87.10	39.90	8.00	9.18	49.38	3.95	3.55	89.87	8.90
南乐县	64.00	27.80	0.50	0.78	32.00	0.16	0.01	6.25	0.04
范　县	56.30	26.90	3.60	6.39	40.00	1.44	1.10	76.39	4.09
漯河市	**195.00**	**98.60**	**8.70**	**4.46**	**56.09**	**4.88**	**9.31**	**190.78**	**9.44**
临颍县	85.40	40.30	2.10	2.46	64.76	1.36	6.85	*	17.00
郾城县	109.60	58.30	6.60	6.02	53.33	3.52	2.46	69.89	4.22
南阳市	**1307.71**	**510.02**	**128.54**	**9.83**	**68.85**	**88.50**	**78.82**	**89.06**	**15.45**
宛城区	169.10	68.22	20.89	12.35	80.52	16.82	15.20	90.37	22.28
邓州市	262.50	97.90	22.56	8.59	38.96	8.79	7.53	85.67	7.69
新野县	108.10	42.70	15.46	14.30	67.01	10.36	9.68	93.44	22.67
唐河县	223.21	72.20	22.25	9.97	83.37	18.55	16.32	87.98	22.60
卧龙区	12.80	6.60	1.77	13.83	86.44	1.53	1.35	88.24	20.45
内乡县	79.40	42.80	4.99	6.28	66.33	3.31	2.91	87.92	6.80
方城县	167.60	61.30	15.28	9.12	85.60	13.08	12.09	92.43	19.72
社旗县	119.00	37.90	13.41	11.27	82.03	11.00	10.20	92.73	26.91
镇平县	111.90	57.60	7.39	6.60	41.14	3.04	2.09	68.75	3.63
桐柏县	54.10	22.80	4.54	8.39	44.49	2.02	1.45	71.78	6.36
商丘市	**1024.00**	**416.65**	**65.19**	**6.37**	**48.41**	**31.56**	**20.19**	**63.97**	**4.85**
商丘县	155.96	58.97	10.60	6.80	40.28	4.27	3.36	78.69	5.70
永城县	189.07	68.23	7.76	4.10	53.09	4.12	2.37	57.52	3.47
民权县	109.97	44.02	9.75	8.87	64.00	6.24	4.39	70.35	9.97
睢　县	93.29	44.19	8.82	9.45	52.27	4.61	3.41	73.97	7.72
柘城县	118.93	49.41	7.55	6.35	43.97	3.32	2.10	63.25	4.25
宁陵县	72.56	31.39	3.69	5.09	59.62	2.20	0.62	28.18	1.98
虞城县	146.59	60.30	9.31	6.35	42.00	3.91	2.30	58.82	3.81
夏邑县	137.63	60.14	7.71	5.60	37.48	2.89	1.64	56.75	2.73
周口地区	**1244.42**	**554.97**	**86.19**	**6.93**	**52.19**	**44.98**	**33.19**	**73.79**	**5.98**
扶沟县	123.10	39.99	12.22	9.93	57.45	7.02	6.11	87.04	15.28
西华县	118.12	46.03	10.60	8.97	54.91	5.82	5.54	95.19	12.04
鹿邑县	132.88	60.40	6.42	4.83	52.49	3.37	2.27	67.36	3.76
郸城县	163.53	68.64	8.30	5.08	43.01	3.57	1.76	49.30	2.56
淮阳县	154.83	73.21	9.16	5.92	41.59	3.81	3.14	82.41	4.29
太康县	186.86	71.40	19.92	10.66	57.03	11.36	8.61	75.79	12.06
商水县	149.60	68.10	8.63	5.77	48.44	4.18	3.10	74.16	4.55
沈丘县	110.50	65.30	5.34	4.83	64.04	3.42	2.11	61.70	3.23
项城县	105.00	61.90	5.60	5.33	43.39	2.43	0.55	22.63	0.89
信阳地区	**822.50**	**354.50**	**62.60**	**7.61**	**40.03**	**25.06**	**16.96**	**67.68**	**4.78**
罗山县	91.10	41.00	5.90	6.48	32.03	1.89	1.27	67.20	3.10
信阳县	116.10	61.60	8.40	7.24	33.10	2.78	1.56	56.12	2.53
光山县	98.00	46.20	7.30	7.45	29.73	2.17	1.11	51.15	2.40
息　县	158.60	46.50	10.50	6.62	84.10	8.83	5.83	66.02	12.54
淮滨县	90.00	32.60	6.40	7.11	37.81	2.42	1.72	71.07	5.28
潢川县	106.00	42.20	11.30	10.66	34.87	3.94	2.29	58.12	5.43
固始县	162.70	84.40	12.80	7.87	23.67	3.03	3.18	104.95	3.77
驻马店地区	**1108.25**	**409.94**	**79.35**	**7.16**	**64.49**	**51.17**	**43.31**	**84.64**	**10.56**
上蔡县	167.00	74.50	13.73	8.22	65.91	9.05	7.99	88.29	10.72
正阳县	167.20	40.00	7.61	4.55	29.17	2.22	1.43	64.41	3.58
确山县	114.50	35.00	4.42	3.86	32.35	1.43	0.27	18.88	0.77
泌阳县	152.60	53.30	12.00	7.86	85.92	10.31	8.65	83.90	16.23
汝南县	142.40	47.80	11.17	7.84	64.55	7.21	4.79	66.44	10.02
平舆县	124.70	50.90	10.73	8.60	62.26	6.68	7.96	119.16	15.64
西平县	105.00	54.50	6.75	6.43	70.67	4.77	4.26	89.31	7.82
新蔡县	134.85	53.94	12.94	9.60	73.42	9.50	7.96	83.79	14.76

5－21－26　河南省1968年产棉县棉花生产收购明细

县市名	耕地面积（万亩）	农业人口（万人）	棉田面积（万亩）	占耕地（%）	亩产（市斤）	产量（万担）	收购量（万担）	商品率（%）	人均交售（市斤）
全省合计	**9313.83**	**4070.06**	**803.37**	**8.63**	**50.69**	**407.21**	**355.07**	**87.20**	**8.72**
郑州市	**245.75**	**129.34**	**12.23**	**4.98**	**34.42**	**4.21**	**2.89**	**68.65**	**2.23**
新郑市	80.60	38.00	1.15	1.43	41.74	0.48	0.12	25.00	0.32
巩义市	61.10	49.60	8.07	13.21	34.82	2.81	2.39	85.05	4.82
中牟县	104.05	41.74	3.01	2.89	30.56	0.92	0.38	41.30	0.91
开封市	**639.81**	**225.03**	**43.43**	**6.79**	**38.73**	**16.82**	**13.96**	**83.00**	**6.20**
开封县	132.41	42.93	4.89	3.69	25.36	1.24	0.63	50.81	1.47
杞　县	194.70	58.40	12.50	6.42	33.60	4.20	3.70	88.10	6.34
通许县	83.20	32.68	8.79	10.56	37.54	3.30	2.63	79.70	8.05
尉氏县	132.50	52.02	9.45	7.13	55.87	5.28	4.70	89.02	9.03
兰考县	97.00	39.00	7.80	8.04	35.90	2.80	2.30	82.14	5.90
洛阳市	**595.80**	**290.93**	**62.70**	**10.52**	**40.89**	**25.64**	**29.81**	**116.26**	**10.25**
偃师市	81.20	53.50	14.20	17.49	42.04	5.97	5.19	86.93	9.70
孟津县	65.70	31.00	7.12	10.84	45.22	3.22	3.04	94.41	9.81
新安县	66.00	33.60	3.93	5.95	20.87	0.82	0.48	58.54	1.43
宜阳县	99.50	38.70	11.03	11.09	44.33	4.89	4.32	88.34	11.16
伊川县	90.00	41.30	11.50	12.78	43.48	5.00	4.47	89.40	10.82
汝阳县	44.60	26.23	5.58	12.51	54.48	3.04	3.58	117.76	13.65
嵩　县	64.50	36.60	3.92	6.08	36.48	1.43	7.91	*	21.61
洛宁县	84.30	30.00	5.42	6.43	23.43	1.27	0.82	64.57	2.73
三门峡市	**179.60**	**67.10**	**32.97**	**18.36**	**28.81**	**9.50**	**9.42**	**99.16**	**14.04**
灵宝县	112.80	44.30	24.72	21.91	31.51	7.79	7.93	101.80	17.90
陕　县	66.80	22.80	8.25	12.35	20.73	1.71	1.49	87.13	6.54
平顶山市	**105.90**	**52.50**	**14.60**	**13.79**	**20.82**	**3.04**	**3.58**	**117.76**	**6.82**
汝州市	105.90	52.50	14.60	13.79	20.82	3.04	3.58	117.76	6.82
焦作市	**272.40**	**155.00**	**35.74**	**13.12**	**47.93**	**17.13**	**15.63**	**91.24**	**10.08**
孟州市	45.40	24.80	7.87	17.33	50.44	3.97	3.82	96.22	15.40
沁阳市	45.00	26.90	4.47	9.93	37.81	1.69	1.45	85.80	5.39
武陟县	68.20	37.00	6.87	10.07	44.25	3.04	2.57	84.54	6.95
温　县	39.70	24.90	4.24	10.68	46.46	1.97	1.56	79.19	6.27
博爱县	35.30	24.90	4.60	13.03	68.91	3.17	3.03	95.58	12.17
修武县	38.80	16.50	7.69	19.82	42.78	3.29	3.20	97.26	19.39
鹤壁市	**142.60**	**54.20**	**18.81**	**13.19**	**287.88**	**54.15**	**48.18**	**88.98**	**88.89**
浚　县	106.10	39.80	10.56	9.95	462.12	48.80	43.00	88.11	108.04
淇　县	36.50	14.40	8.25	22.60	64.85	5.35	5.18	96.82	35.97
新乡市	**598.80**	**272.43**	**63.90**	**10.67**	**55.15**	**35.24**	**30.03**	**85.22**	**11.02**
新乡县	49.70	25.60	11.85	23.84	89.28	10.58	10.07	95.18	39.34
卫辉县	63.00	25.63	6.88	10.92	53.49	3.68	3.49	94.84	13.62
获嘉县	47.60	22.30	11.82	24.83	55.41	6.55	6.10	93.13	27.35
辉　县	96.20	49.40	9.93	10.32	44.81	4.45	4.00	89.89	8.10
原阳县	84.40	36.90	4.22	5.00	35.78	1.51	1.10	72.85	2.98
延津县	65.90	26.10	4.45	6.75	34.38	1.53	1.33	86.93	5.10
封丘县	98.00	42.00	5.77	5.89	36.92	2.13	0.28	13.15	0.67
长垣县	94.00	44.50	8.98	9.55	53.56	4.81	3.66	76.09	8.22
安阳市	**467.36**	**227.34**	**86.07**	**18.42**	**57.50**	**49.49**	**46.13**	**93.21**	**20.29**
安阳县	135.00	69.10	47.90	35.48	60.50	28.98	27.70	95.58	40.09
林　县	90.00	64.30	3.60	4.00	43.06	1.55	0.72	46.45	1.12
内黄县									
滑　县	176.35	68.44	15.68	8.89	48.98	7.68	6.91	89.97	10.10
汤阴县	66.01	25.50	18.89	28.62	59.71	11.28	10.80	95.74	42.35
许昌市									
鄢陵县									

5－21－26 续表

县市名	耕地面积（万亩）	农业人口（万人）	棉田面积（万亩）	占耕地（%）	亩产（市斤）	产量（万担）	收购量（万担）	商品率（%）	人均交售（市斤）
濮阳市	**378.60**	**172.22**	**29.01**	**7.66**	**46.19**	**13.40**	**10.58**	**78.96**	**6.14**
濮阳县	172.00	75.20	11.63	6.76	42.56	4.95	3.71	74.95	4.93
清丰县	87.10	41.00	9.00	10.33	58.00	5.22	4.73	90.61	11.54
南乐县	64.00	28.52	3.16	4.94	41.46	1.31	0.85	64.89	2.98
范县	55.50	27.50	5.22	9.41	36.78	1.92	1.29	67.19	4.69
漯河市	**194.60**	**102.80**	**10.18**	**5.23**	**46.07**	**4.69**	**5.63**	**120.04**	**5.48**
临颍县	85.40	41.50	2.90	3.40	31.72	0.92	2.75	*	6.63
偃城县	109.20	61.30	7.28	6.67	51.79	3.77	2.88	76.39	4.70
南阳市	**1307.65**	**521.46**	**129.01**	**9.87**	**47.14**	**60.82**	**51.75**	**85.09**	**9.92**
宛城区	168.65	70.37	21.54	12.77	58.91	12.69	10.87	85.66	15.45
邓州市	262.50	99.20	21.25	8.10	45.88	9.75	7.55	77.44	7.61
新野县	108.10	44.40	12.93	11.96	64.04	8.28	7.81	94.32	17.59
唐河县	223.20	73.49	23.10	10.35	60.00	13.86	11.36	81.96	15.46
卧龙区	13.00	6.20	1.94	14.92	64.95	1.26	1.13	89.68	18.23
内乡县	79.40	43.90	5.64	7.10	53.37	3.01	2.81	93.36	6.40
方城县	169.20	63.00	16.51	9.76	5.51	0.91	0.75	82.42	1.19
社旗县	119.00	38.80	14.52	12.20	44.01	6.39	5.95	93.11	15.34
镇平县	110.50	58.80	7.61	6.89	46.39	3.53	2.58	73.09	4.39
桐柏县	54.10	23.30	3.97	7.34	28.72	1.14	0.94	82.46	4.03
商丘市	**1027.21**	**434.58**	**65.03**	**6.33**	**47.62**	**30.97**	**22.00**	**71.05**	**5.06**
商丘县	155.96	63.02	10.80	6.92	38.33	4.14	3.15	76.09	5.00
永城县	189.07	71.86	7.91	4.18	66.12	5.23	3.32	63.48	4.62
民权县	111.34	45.85	10.54	9.47	49.72	5.24	4.13	78.82	9.01
睢县	93.29	45.68	9.03	9.68	42.86	3.87	3.36	86.90	7.36
柘城县	118.93	51.01	7.17	6.03	49.79	3.57	2.81	78.71	5.51
宁陵县	72.57	32.41	3.40	4.69	32.65	1.11	0.66	59.46	2.04
虞城县	148.42	62.78	8.63	5.81	50.17	4.33	2.49	57.51	3.97
夏邑县	137.63	61.97	7.55	5.49	46.09	3.48	2.08	59.77	3.36
周口地区	**1242.62**	**571.87**	**82.43**	**6.63**	**55.43**	**45.69**	**41.07**	**89.89**	**7.18**
扶沟县	123.10	40.01	12.75	10.36	54.12	6.90	6.57	95.22	16.42
西华县	120.06	46.54	10.32	8.60	59.50	6.14	6.34	103.26	13.62
鹿邑县	132.93	62.17	5.88	4.42	57.14	3.36	2.75	81.85	4.42
郸城县	160.33	72.55	7.94	4.95	54.91	4.36	2.95	67.66	4.07
淮阳县	154.04	75.20	8.64	5.61	55.44	4.79	4.19	87.47	5.57
太康县	186.86	74.40	18.41	9.85	54.48	10.03	9.98	99.50	13.41
商水县	149.60	69.30	8.91	5.96	47.47	4.23	4.36	103.07	6.29
沈丘县	110.50	67.30	5.17	4.68	74.85	3.87	2.72	70.28	4.04
项城县	105.20	64.40	4.41	4.19	45.58	2.01	1.21	60.20	1.88
信阳地区	**811.40**	**368.10**	**41.90**	**5.16**	**16.21**	**6.79**	**2.01**	**29.60**	**0.55**
罗山县	90.10	42.10	4.80	5.33	11.88	0.57	0.04	7.02	0.10
信阳县	116.10	63.80	5.40	4.65	19.07	1.03	0.19	18.45	0.30
光山县	90.00	48.70	5.40	6.00	17.59	0.95	0.21	22.11	0.43
息县	158.70	48.70	7.10	4.47	22.39	1.59	0.96	60.38	1.97
淮滨县	90.00	34.00	3.40	3.78	13.82	0.47	0.13	27.66	0.38
潢川县	103.80	43.90	6.10	5.88	17.54	1.07	0.21	19.63	0.48
固始县	162.70	86.90	9.70	5.96	11.44	1.11	0.27	24.32	0.31
驻马店地区	**1103.73**	**425.16**	**75.36**	**6.83**	**39.32**	**29.63**	**22.40**	**75.60**	**5.27**
上蔡县	166.00	78.30	14.15	8.52	50.81	7.19	6.12	85.12	7.82
正阳县	167.20	40.80	5.03	3.01	13.32	0.67	0.37	55.22	0.91
确山县	114.50	37.30	3.79	3.31	7.65	0.29	0.27	93.10	0.72
泌阳县	150.00	54.30	12.90	8.60	56.51	7.29	5.33	73.11	9.82
汝南县	142.40	50.10	9.98	7.01	22.85	2.28	1.36	59.65	2.71
平舆县	124.70	52.90	9.87	7.91	35.97	3.55	2.55	71.83	4.82
西平县	105.00	55.70	7.32	6.97	43.99	3.22	2.38	73.91	4.27
新蔡县	133.93	55.76	12.32	9.20	41.72	5.14	4.02	78.21	7.21

5－21－27 河南省产棉县1969年棉花生产收购

县市名	耕地面积（万亩）	农业人口（万人）	棉田面积（万亩）	占耕地（%）	亩产（市斤）	产量（万担）	收购量（万担）	商品率（%）	人均交售（市斤）
全省合计	**9230.24**	**4220.51**	**770.84**	**8.35**	**52.64**	**405.80**	**343.19**	**84.57**	**8.13**
郑州市	**243.98**	**132.76**	**10.42**	**4.27**	**30.61**	**3.19**	**1.85**	**57.99**	**1.39**
新郑市	80.30	39.40	1.16	1.44	31.90	0.37	0.03	8.11	0.08
巩义市	60.90	51.00	6.35	10.43	31.97	2.03	1.49	73.40	2.92
中牟县	102.78	42.36	2.91	2.83	27.15	0.79	0.33	41.77	0.78
开封市	**635.10**	**232.03**	**35.17**	**5.54**	**33.84**	**11.90**	**8.66**	**72.77**	**3.73**
开封县	125.95	44.52	3.84	3.05	5.21	0.20	0.29	145.00	0.65
杞县	198.70	60.70	9.70	4.88	24.74	2.40	1.50	62.50	2.47
通许县	83.02	34.04	5.98	7.20	31.77	1.90	1.30	68.42	3.82
尉氏县	130.43	53.57	9.05	6.94	63.31	5.73	4.49	78.36	8.38
兰考县	97.00	39.20	6.60	6.80	25.30	1.67	1.08	64.67	2.76
洛阳市	**590.42**	**299.13**	**60.16**	**10.19**	**39.47**	**23.74**	**21.38**	**90.05**	**7.15**
偃师市	80.90	54.90	14.10	17.43	33.62	4.74	3.97	83.76	7.23
孟津县	65.02	32.00	7.16	11.01	29.89	2.14	1.97	92.06	6.16
新安县	66.00	34.60	3.28	4.97	25.00	0.82	0.45	54.88	1.30
宜阳县	98.70	40.00	10.10	10.23	51.19	5.17	4.31	83.37	10.78
伊川县	88.80	42.50	11.31	12.74	46.60	5.27	4.48	85.01	10.54
汝阳县	44.20	26.93	5.89	13.33	47.71	2.81	3.87	137.72	14.37
嵩县	63.70	37.70	3.69	5.79	39.92	1.47	1.17	79.43	3.10
洛宁县	83.10	30.50	4.63	5.57	28.51	1.32	1.16	87.88	3.80
三门峡市	**180.80**	**68.90**	**29.73**	**16.44**	**35.89**	**10.67**	**9.79**	**91.75**	**14.21**
灵宝县	114.50	45.50	21.96	19.18	37.48	8.23	7.59	92.22	16.68
陕县	66.30	23.40	7.77	11.72	31.40	2.44	2.20	90.16	9.40
平顶山市	**107.30**	**54.70**	**14.40**	**13.42**	**20.28**	**2.92**	**3.87**	**132.53**	**7.07**
汝州市	107.30	54.70	14.40	13.42	20.28	2.92	3.87	132.53	7.07
焦作市	**274.30**	**160.90**	**34.08**	**12.42**	**53.90**	**18.37**	**16.62**	**90.47**	**10.33**
孟州市	45.40	25.30	7.61	16.76	47.17	3.59	3.15	87.74	12.45
沁阳市	44.70	28.20	4.34	9.71	49.77	2.16	1.94	89.81	6.88
武陟县	68.70	38.70	6.54	9.52	44.65	2.92	2.60	89.04	6.72
温县	39.50	25.80	4.41	11.16	49.43	2.18	1.99	91.28	7.71
博爱县	35.30	25.90	4.34	12.29	90.32	3.92	3.59	91.58	13.86
修武县	40.70	17.00	6.84	16.81	52.63	3.60	3.35	93.06	19.71
鹤壁市	**142.60**	**56.20**	**17.28**	**12.12**	**220.14**	**38.04**	**34.41**	**90.46**	**61.23**
浚县	106.10	41.30	9.28	8.75	359.91	33.40	30.10	90.12	72.88
淇县	36.50	14.90	8.00	21.92	58.00	4.64	4.31	92.89	28.93
新乡市	**597.60**	**281.78**	**61.14**	**10.23**	**64.13**	**39.21**	**35.47**	**90.46**	**12.59**
新乡县	49.60	26.40	11.66	23.51	116.12	13.54	13.17	97.27	49.89
卫辉县	62.00	26.88	7.06	11.39	58.64	4.14	3.80	91.79	14.14
获嘉县	47.60	23.00	10.85	22.79	79.72	8.65	8.00	92.49	34.78
辉县	95.00	50.80	9.89	10.41	44.79	4.43	3.97	89.62	7.81
原阳县	84.40	38.00	4.18	4.95	41.87	1.75	1.32	75.43	3.47
延津县	67.00	26.90	4.78	7.13	36.40	1.74	1.42	81.61	5.28
封丘县	98.00	43.40	5.36	5.47	31.72	1.70	1.34	78.82	3.09
长垣县	94.00	46.40	7.36	7.83	44.29	3.26	2.45	75.15	5.28
安阳市	**464.62**	**234.19**	**77.47**	**16.67**	**47.94**	**37.14**	**33.91**	**91.30**	**14.48**
安阳县	134.00	71.00	38.80	28.96	48.87	18.96	17.98	94.83	25.32
林县	90.00	66.20	5.30	5.89	43.58	2.31	1.52	65.80	2.30
内黄县									
滑县	174.61	70.59	15.05	8.62	48.57	7.31	6.28	85.91	8.90
汤阴县	66.01	26.40	18.32	27.75	46.72	8.56	8.13	94.98	30.80
许昌市									
鄢陵县									

5－21－27 续表

县市名	耕地面积（万亩）	农业人口（万人）	棉田面积（万亩）	占耕地（%）	亩产（市斤）	产量（万担）	收购量（万担）	商品率（%）	人均交售（市斤）
濮阳市	**379.10**	**177.63**	**28.09**	**7.41**	**43.97**	**12.35**	**8.37**	**67.77**	**4.71**
濮阳县	173.00	78.10	10.80	6.24	45.00	4.86	3.28	67.49	4.20
清丰县	87.10	42.00	9.00	10.33	51.00	4.59	3.81	83.01	9.07
南乐县	64.00	29.03	4.79	7.48	34.86	1.67	0.97	58.08	3.34
范　县	55.00	28.50	3.50	6.36	35.14	1.23	0.31	25.20	1.09
漯河市	**194.60**	**105.40**	**11.17**	**5.74**	**47.27**	**5.28**	**8.17**	**154.73**	**7.75**
临颍县	85.40	42.60	3.00	3.51	36.33	1.09	4.96	*	11.64
偃城县	109.20	62.80	8.17	7.48	51.29	4.19	3.21	76.61	5.11
南阳市	**1302.59**	**537.50**	**127.77**	**9.81**	**51.30**	**65.54**	**58.31**	**88.97**	**10.85**
宛城区	167.48	72.81	21.51	12.84	69.18	14.88	13.86	93.15	19.04
邓州市	262.00	100.30	22.23	8.48	35.00	7.78	6.37	81.88	6.35
新野县	106.40	45.50	12.64	11.88	98.02	12.39	11.50	92.82	25.27
唐河县	223.21	77.39	23.57	10.56	57.57	13.57	12.53	92.34	16.19
卧龙区	12.90	7.10	1.86	14.42	55.91	1.04	0.94	90.38	13.24
内乡县	79.40	45.00	5.44	6.85	45.59	2.48	2.20	88.71	4.89
方城县	167.60	64.20	16.40	9.79	4.88	0.80	0.74	92.50	1.15
社旗县	119.00	39.80	13.34	11.21	59.97	8.00	6.80	85.00	17.09
镇平县	110.80	60.80	7.00	6.32	44.57	3.12	2.20	70.51	3.62
桐柏县	53.80	24.60	3.78	7.03	39.15	1.48	1.17	79.05	4.76
商丘市	**1017.27**	**452.01**	**63.84**	**6.28**	**49.75**	**31.76**	**22.64**	**71.28**	**5.01**
商丘县	155.96	65.86	9.30	5.96	41.72	3.88	3.04	78.35	4.62
永城县	189.07	75.95	8.50	4.50	81.06	6.89	4.52	65.60	5.95
民权县	108.99	47.49	9.50	8.72	41.47	3.94	3.34	84.77	7.03
睢　县	93.29	46.98	7.50	8.04	46.67	3.50	2.75	78.57	5.85
柘城县	115.11	53.18	8.56	7.44	60.05	5.14	3.36	65.37	6.32
宁陵县	72.57	33.63	3.40	4.69	35.00	1.19	0.70	58.82	2.08
虞城县	144.65	64.78	9.06	6.26	43.60	3.95	2.69	68.10	4.15
夏邑县	137.63	64.14	8.02	5.83	40.77	3.27	2.24	68.50	3.49
周口地区	**1237.50**	**594.76**	**96.27**	**7.78**	**60.35**	**58.10**	**43.25**	**74.44**	**7.27**
扶沟县	123.00	40.21	13.27	10.79	60.59	8.04	6.40	79.60	15.92
西华县	117.25	47.50	11.03	9.41	57.12	6.30	4.34	68.89	9.14
鹿邑县	132.49	65.13	11.15	8.42	69.51	7.75	5.61	72.39	8.61
郸城县	160.33	75.77	10.51	6.56	64.70	6.80	4.03	59.26	5.32
淮阳县	153.47	79.75	9.70	6.32	45.05	4.37	5.17	118.31	6.48
太康县	186.86	77.00	19.45	10.41	51.00	9.92	8.45	85.18	10.97
商水县	149.60	73.00	8.88	5.94	60.59	5.38	3.19	59.29	4.37
沈丘县	110.00	69.80	6.95	6.32	86.19	5.99	4.95	82.64	7.09
项城县	104.50	66.60	5.33	5.10	66.60	3.55	1.11	31.27	1.67
信阳地区	**784.50**	**389.90**	**38.60**	**4.92**	**23.68**	**9.14**	**3.91**	**42.78**	**1.00**
罗山县	91.40	45.30	3.90	4.27	33.08	1.29	0.65	50.39	1.43
信阳县	110.80	66.70	4.50	4.06	24.89	1.12	0.33	29.46	0.49
光山县	88.00	51.40	4.20	4.77	33.10	1.39	0.34	24.46	0.66
息　县	155.70	51.00	8.60	5.52	28.60	2.46	1.40	56.91	2.75
淮滨县	82.00	35.40	2.90	3.54	13.79	0.40	0.12	30.00	0.34
潢川县	101.00	45.80	7.40	7.33	20.81	1.54	0.83	53.90	1.81
固始县	155.60	94.30	7.10	4.56	13.24	0.94	0.24	25.53	0.25
驻马店地区	**1077.96**	**442.72**	**65.25**	**6.05**	**58.93**	**38.45**	**32.58**	**84.73**	**7.36**
上蔡县	165.00	81.30	14.05	8.52	67.69	9.51	8.23	86.54	10.12
正阳县	148.00	43.40	2.61	1.76	19.54	0.51	0.65	127.45	1.50
确山县	114.50	38.70	3.48	3.04	27.01	0.94	0.64	68.09	1.65
泌阳县	147.90	55.20	10.71	7.24	75.16	8.05	7.11	88.32	12.88
汝南县	142.40	51.60	6.77	4.75	38.85	2.63	2.16	82.13	4.19
平舆县	122.50	55.70	8.75	7.14	59.54	5.21	4.25	81.57	7.63
西平县	104.70	57.30	7.70	7.35	61.17	4.71	3.76	79.83	6.56
新蔡县	132.96	59.52	11.18	8.41	61.63	6.89	5.78	83.89	9.71

5－21－28　河南省1970年产棉县棉花生产收购明细

县市名	耕地面积（万亩）	农业人口（万人）	棉田面积（万亩）	占耕地（%）	亩产（市斤）	产量（万担）	收购量（万担）	商品率（%）	人均交售（市斤）
全省合计	**9351.11**	**4404.04**	**816.78**	**8.73**	**63.38**	**517.71**	**443.45**	**85.66**	**10.07**
郑州市	**244.22**	**136.02**	**5.13**	**2.10**	**40.94**	**2.10**	**0.83**	**39.52**	**0.61**
新郑市	79.90	40.40	1.59	1.99	35.22	0.56	0.16	28.57	0.40
巩义市	60.90	52.10	1.67	2.74	61.68	1.03	0.56	54.37	1.07
中牟县	103.42	43.52	1.87	1.81	27.27	0.51	0.11	21.57	0.25
开封市	**641.70**	**237.61**	**24.52**	**3.82**	**48.33**	**11.85**	**8.93**	**75.36**	**3.76**
开封县	130.59	45.27	2.04	1.56	27.45	0.56	0.22	39.29	0.49
杞　县	196.70	62.00	5.90	3.00	45.76	2.70	1.80	66.67	2.90
通许县	84.14	34.93	5.02	5.97	40.64	2.04	1.69	82.84	4.84
尉氏县	131.27	54.91	8.16	6.22	69.24	5.65	4.73	83.72	8.61
兰考县	99.00	40.50	3.40	3.43	26.47	0.90	0.49	54.44	1.21
洛阳市	**586.63**	**305.66**	**60.46**	**10.31**	**61.02**	**36.89**	**32.07**	**86.93**	**10.49**
偃师市	80.60	56.20	13.86	17.20	61.33	8.50	7.33	86.24	13.04
孟津县	65.03	32.60	7.21	11.09	71.43	5.15	4.72	91.65	14.48
新安县	66.00	35.40	3.54	5.36	50.85	1.80	1.38	76.67	3.90
宜阳县	98.60	40.90	10.15	10.29	70.94	7.20	6.52	90.56	15.94
伊川县	88.50	43.40	10.74	12.14	58.01	6.23	5.04	80.90	11.61
汝阳县	43.70	27.46	5.77	13.20	73.31	4.23	3.80	89.83	13.84
嵩　县	63.00	38.60	4.16	6.60	45.67	1.90	1.66	87.37	4.30
洛宁县	81.20	31.10	5.03	6.19	37.38	1.88	1.62	86.17	5.21
三门峡市	**172.50**	**70.10**	**30.34**	**17.59**	**62.36**	**18.92**	**17.78**	**93.97**	**25.36**
灵宝县	107.10	46.20	22.05	20.59	68.44	15.09	14.20	94.10	30.74
陕　县	65.40	23.90	8.29	12.68	46.20	3.83	3.58	93.47	14.98
平顶山市	**105.30**	**56.20**	**13.84**	**13.14**	**30.56**	**4.23**	**3.80**	**89.83**	**6.76**
汝州市	105.30	56.20	13.84	13.14	30.56	4.23	3.80	89.83	6.76
焦作市	**271.20**	**164.40**	**32.90**	**12.13**	**69.06**	**22.72**	**20.99**	**92.39**	**12.77**
孟州市	44.00	25.80	7.13	16.20	66.48	4.74	4.50	94.94	17.44
沁阳市	44.40	28.30	4.01	9.03	56.61	2.27	1.97	86.78	6.96
武陟县	68.30	39.70	6.64	9.72	50.00	3.32	2.81	84.64	7.08
温　县	39.40	26.50	4.24	10.76	72.17	3.06	2.71	88.56	10.23
博爱县	35.10	26.60	4.43	12.62	107.22	4.75	4.53	95.37	17.03
修武县	40.00	17.50	6.45	16.13	71.01	4.58	4.47	97.60	25.54
鹤壁市	**139.71**	**57.70**	**16.91**	**12.10**	**62.68**	**10.60**	**9.75**	**91.98**	**16.90**
浚　县	104.49	42.30	8.85	8.47	47.23	4.18	3.60	86.12	8.51
淇　县	35.22	15.40	8.06	22.88	79.65	6.42	6.15	95.79	39.94
新乡市	**594.80**	**288.11**	**61.45**	**10.33**	**72.99**	**44.85**	**41.23**	**91.93**	**14.31**
新乡县	49.30	27.10	11.52	23.37	138.02	15.90	15.66	98.49	57.79
卫辉县	62.00	27.41	6.91	11.15	70.62	4.88	4.40	90.16	16.05
获嘉县	46.70	23.60	11.70	25.05	90.09	10.54	10.04	95.26	42.54
辉　县	95.30	51.90	9.09	9.54	61.17	5.56	5.01	90.11	9.65
原阳县	83.20	38.90	4.27	5.13	47.07	2.01	1.62	80.60	4.16
延津县	66.30	27.60	5.05	7.62	39.80	2.01	1.55	77.11	5.62
封丘县	98.00	44.50	5.84	5.96	29.11	1.70	1.21	71.18	2.72
长垣县	94.00	47.10	7.07	7.52	31.82	2.25	1.74	77.33	3.69
安阳市	**557.57**	**285.42**	**80.95**	**14.52**	**57.83**	**46.81**	**42.54**	**90.88**	**14.90**
安阳县	133.00	73.40	36.40	27.37	69.59	25.33	24.50	96.72	33.38
林　县	89.00	68.80	4.90	5.51	72.24	3.54	3.54	100.00	5.15
内黄县	97.72	43.80	7.66	7.84	28.98	2.22			
滑　县	171.85	72.22	13.86	8.07	49.57	6.87	6.00	87.34	8.31
汤阴县	66.00	27.20	18.13	27.47	48.81	8.85	8.50	96.05	31.25
许昌市	**96.77**	**39.46**	**9.00**	**9.30**	**103.00**	**9.27**	**8.42**	**90.83**	**21.34**
鄢陵县	96.77	39.46	9.00	9.30	103.00	9.27	8.42	90.83	21.34

5－21－28 续表

县市名	耕地面积（万亩）	农业人口（万人）	棉田面积（万亩）	占耕地（%）	亩产（市斤）	产量（万担）	收购量（万担）	商品率（%）	人均交售（市斤）
濮阳市	**377.80**	**175.40**	**30.20**	**7.99**	**39.07**	**11.80**	**8.66**	**73.39**	**4.94**
濮阳县	173.00	80.00	11.85	6.85	34.09	4.04	2.70	66.83	3.38
清丰县	87.10	42.90	9.04	10.38	51.99	4.70	4.10	87.23	9.56
南乐县	62.00	29.80	5.10	8.23	40.98	2.09	1.36	65.07	4.56
范　县	55.70	22.70	4.21	7.56	23.04	0.97	0.50	51.55	2.20
漯河市	**189.70**	**107.40**	**10.62**	**5.60**	**59.42**	**6.31**	**8.49**	**134.55**	**7.91**
临颍县	80.70	43.70	3.10	3.84	33.87	1.05	4.47	*	10.23
偃城县	109.00	63.70	7.52	6.90	69.95	5.26	4.02	76.43	6.31
南阳市	**1274.10**	**549.83**	**121.30**	**9.52**	**62.70**	**76.05**	**68.42**	**89.97**	**12.44**
宛城区	166.20	74.65	19.47	11.71	94.20	18.34	16.87	91.98	22.60
邓州市	261.00	102.00	21.15	8.10	43.31	9.16	8.14	88.86	7.98
新野县	106.20	46.90	12.93	12.18	71.00	9.18	8.52	92.81	18.17
唐河县	213.70	79.88	22.85	10.69	57.90	13.23	11.89	89.87	14.88
卧龙区	12.00	7.30	1.65	13.75	89.09	1.47	1.34	91.16	18.36
内乡县	77.50	45.90	4.94	6.37	53.85	2.66	2.40	90.23	5.23
方城县	154.00	65.90	14.60	9.48	57.40	8.38	7.62	90.93	11.56
社旗县	119.00	39.80	13.04	10.96	64.42	8.40	7.51	89.40	18.87
镇平县	110.80	62.20	6.75	6.09	53.04	3.58	2.74	76.54	4.41
桐柏县	53.70	25.30	3.92	7.30	42.09	1.65	1.39	84.24	5.49
商丘市	**1014.50**	**464.70**	**90.21**	**8.89**	**60.02**	**54.14**	**43.15**	**79.70**	**9.29**
商丘县	155.96	67.84	14.10	9.04	60.14	8.48	6.79	80.07	10.01
永城县	189.07	78.49	10.03	5.30	89.43	8.97	7.07	78.82	9.01
民权县	107.54	48.60	11.17	10.39	52.55	5.87	5.17	88.07	10.64
睢　县	93.29	47.91	10.11	10.84	63.20	6.39	5.59	87.48	11.67
柘城县	113.58	54.52	10.38	9.14	60.40	6.27	4.89	77.99	8.97
宁陵县	72.57	34.22	5.18	7.14	39.96	2.07	1.60	77.29	4.68
虞城县	144.86	66.81	17.40	12.01	60.29	10.49	7.90	75.31	11.82
夏邑县	137.63	66.31	11.84	8.60	47.30	5.60	4.14	73.93	6.24
周口地区	**1236.35**	**610.72**	**108.62**	**8.79**	**79.58**	**86.44**	**68.01**	**78.68**	**11.14**
扶沟县	122.94	40.21	11.60	9.44	72.76	8.44	7.65	90.64	19.03
西华县	118.76	51.60	10.70	9.01	60.00	6.42	5.60	87.23	10.85
鹿邑县	132.31	66.92	11.94	9.02	69.43	8.29	5.55	66.95	8.29
郸城县	162.05	77.09	12.00	7.41	75.50	9.06	7.10	78.37	9.21
淮阳县	153.35	81.69	13.18	8.59	80.35	10.59	8.93	84.32	10.93
太康县	184.94	78.51	21.96	11.87	72.68	15.96	14.22	89.10	18.11
商水县	147.90	75.40	9.20	6.22	100.87	9.28	8.70	93.75	11.54
沈丘县	109.90	71.30	9.23	8.40	102.17	9.43	7.69	81.55	10.79
项城县	104.20	68.00	8.81	8.45	101.82	8.97	2.57	28.65	3.78
信阳地区	**777.70**	**398.50**	**50.10**	**6.44**	**49.42**	**24.76**	**17.46**	**70.52**	**4.38**
罗山县	89.60	46.20	4.70	5.25	51.70	2.43	1.50	61.73	3.25
信阳县	109.10	68.40	5.90	5.41	41.86	2.47	1.64	66.40	2.40
光山县	85.00	52.20	4.80	5.65	40.63	1.95	1.04	53.33	1.99
息　县	155.60	52.30	11.90	7.65	73.19	8.71	7.73	88.75	14.78
淮滨县	82.00	36.60	5.80	7.07	69.14	4.01	2.80	69.83	7.65
潢川县	102.60	46.60	7.70	7.50	31.04	2.39	1.49	62.34	3.20
固始县	153.80	96.20	9.30	6.05	30.11	2.80	1.26	45.00	1.31
驻马店地区	**1070.56**	**456.81**	**70.23**	**6.56**	**71.15**	**49.97**	**42.92**	**85.89**	**9.40**
上蔡县	166.00	83.30	14.44	8.70	84.21	12.16	10.71	88.08	12.86
正阳县	149.20	44.60	4.55	3.05	57.80	2.63	1.64	62.36	3.68
确山县	108.40	39.70	4.54	4.19	52.86	2.40	2.00	83.33	5.04
泌阳县	146.00	57.80	10.52	7.21	82.70	8.70	7.30	83.91	12.63
汝南县	142.40	53.20	8.30	5.83	30.96	2.57	2.87	111.67	5.39
平舆县	121.90	57.20	9.00	7.38	74.56	6.71	5.62	83.76	9.83
西平县	103.70	59.40	7.36	7.10	65.76	4.84	4.07	84.09	6.85
新蔡县	132.96	61.61	11.52	8.66	86.46	9.96	8.71	87.45	14.14

5－21－29　河南省1971年产棉县棉花生产收购明细

县市名	耕地面积（万亩）	农业人口（万人）	棉田面积（万亩）	占耕地（%）	亩产（市斤）	产量（万担）	收购量（万担）	商品率（%）	人均交售（市斤）
全省合计	**9347.42**	**4506.70**	**841.79**	**9.01**	**51.37**	**432.39**	**366.93**	**84.86**	**8.14**
郑州市	**243.28**	**138.79**	**5.97**	**2.45**	**38.36**	**2.29**	**0.92**	**40.17**	**0.66**
新郑市	80.30	41.20	1.32	1.64	47.73	0.63	0.08	12.70	0.19
巩义市	61.00	53.00	2.54	4.16	46.85	1.19	0.72	60.50	1.36
中牟县	101.98	44.59	2.11	2.07	22.27	0.47	0.12	25.53	0.27
开封市	**635.57**	**242.30**	**27.37**	**4.31**	**41.07**	**11.24**	**4.45**	**39.59**	**1.84**
开封县	126.50	45.40	2.28	1.80	15.79	0.36	0.02	5.56	0.04
杞　县	194.20	63.40	7.50	3.86	32.00	2.40	1.60	66.67	2.52
通许县	84.34	35.84	4.54	5.38	36.34	1.65	1.11	67.27	3.10
尉氏县	131.53	56.06	9.35	7.11	65.13	6.09	1.34	22.00	2.39
兰考县	99.00	41.60	3.70	3.74	20.00	0.74	0.38	51.35	0.91
洛阳市	**585.95**	**311.08**	**61.22**	**10.45**	**49.75**	**30.46**	**26.68**	**87.59**	**8.58**
偃师市	80.60	57.10	13.78	17.10	59.00	8.13	7.17	88.19	12.56
孟津县	64.95	33.20	7.22	11.12	51.25	3.70	3.26	88.11	9.82
新安县	65.00	36.00	3.92	6.03	37.24	1.46	1.14	78.08	3.17
宜阳县	98.30	41.80	10.12	10.30	60.47	6.12	5.44	88.89	13.01
伊川县	88.30	44.20	10.87	12.31	49.13	5.34	4.79	89.70	10.84
汝阳县	43.60	27.88	5.92	13.58	50.17	2.97	2.61	87.88	9.36
嵩　县	63.40	39.20	4.00	6.31	36.75	1.47	1.14	77.55	2.91
洛宁县	81.80	31.70	5.39	6.59	23.56	1.27	1.13	88.98	3.56
三门峡市	**172.40**	**71.80**	**29.19**	**16.93**	**39.33**	**11.48**	**10.65**	**92.77**	**14.83**
灵宝县	107.00	47.30	21.15	19.77	39.20	8.29	7.72	93.12	16.32
陕　县	65.40	24.50	8.04	12.29	39.68	3.19	2.93	91.85	11.96
平顶山市	**105.20**	**56.20**	**14.08**	**13.38**	**21.09**	**2.97**	**2.61**	**87.88**	**4.64**
汝州市	105.20	56.20	14.08	13.38	21.09	2.97	2.61	87.88	4.64
焦作市	**271.60**	**167.80**	**33.95**	**12.50**	**70.16**	**23.82**	**21.57**	**90.55**	**12.85**
孟州市	44.00	26.20	7.31	16.61	67.58	4.94	4.61	93.32	17.60
沁阳市	45.30	28.90	4.49	9.91	66.15	2.97	2.09	70.37	7.23
武陟县	68.10	40.70	6.58	9.66	46.05	3.03	2.56	84.49	6.29
温　县	39.30	26.80	4.32	10.99	61.11	2.64	2.40	90.91	8.96
博爱县	34.90	27.20	4.43	12.69	121.22	5.37	5.18	96.46	19.04
修武县	40.00	18.00	6.82	17.05	71.41	4.87	4.73	97.13	26.28
鹤壁市	**139.71**	**59.10**	**17.71**	**12.68**	**49.35**	**8.74**	**7.94**	**90.85**	**13.43**
浚　县	104.49	43.40	9.63	9.22	35.20	3.39	2.81	82.89	6.47
淇　县	35.22	15.70	8.08	22.94	66.21	5.35	5.13	95.89	32.68
新乡市	**599.90**	**294.75**	**58.87**	**9.81**	**65.89**	**38.79**	**35.70**	**92.03**	**12.11**
新乡县	49.70	27.70	11.50	23.14	131.22	15.09	14.50	96.09	52.35
卫辉县	62.00	28.15	6.82	11.00	59.24	4.04	3.66	90.59	13.00
获嘉县	46.90	24.00	11.06	23.58	82.37	9.11	8.80	96.60	36.67
辉　县	95.00	53.10	9.84	10.36	53.76	5.29	5.02	94.90	9.45
原阳县	84.90	39.90	4.01	4.72	36.41	1.46	1.13	77.40	2.83
延津县	66.40	28.40	4.00	6.02	28.00	1.12	0.83	74.11	2.92
封丘县	99.00	45.40	5.04	5.09	23.21	1.17	0.78	66.67	1.72
长垣县	96.00	48.10	6.60	6.88	22.88	1.51	0.98	64.90	2.04
安阳市	**555.47**	**291.78**	**78.30**	**14.10**	**55.40**	**43.38**	**39.00**	**89.90**	**13.37**
安阳县	133.00	75.10	34.20	25.71	72.43	24.77	23.45	94.67	31.23
林　县	89.00	70.10	5.00	5.62	63.00	3.15	3.14	99.68	4.48
内黄县	95.70	44.51	6.58	6.88	24.77	1.63			
滑　县	171.77	74.37	15.67	9.12	33.38	5.23	4.20	80.31	5.65
汤阴县	66.00	27.70	16.85	25.53	51.04	8.60	8.21	95.47	29.64
许昌市	**98.16**	**40.36**	**8.55**	**8.71**	**92.98**	**7.95**	**6.70**	**84.28**	**16.60**
鄢陵县	98.16	40.36	8.55	8.71	92.98	7.95	6.70	84.28	16.60

5-21-29 续表

县市名	耕地面积（万亩）	农业人口（万人）	棉田面积（万亩）	占耕地（%）	亩产（市斤）	产量（万担）	收购量（万担）	商品率（%）	人均交售（市斤）
濮阳市	**377.80**	**184.07**	**37.60**	**9.95**	**25.27**	**9.50**	**7.01**	**73.79**	**3.81**
濮阳县	172.00	80.50	16.06	9.34	22.35	3.59	2.55	71.03	3.17
清丰县	87.10	43.60	9.63	11.06	39.88	3.84	3.20	83.33	7.34
南乐县	63.00	30.37	5.78	9.17	24.74	1.43	1.03	72.03	3.39
范县	55.70	29.60	6.13	11.01	10.44	0.64	0.23	35.94	0.78
漯河市	**188.80**	**110.10**	**9.02**	**4.78**	**44.46**	**4.01**	**4.81**	**119.95**	**4.37**
临颍县	80.50	44.70	2.50	3.11	32.40	0.81	2.87	*	6.42
郾城县	108.30	65.40	6.52	6.02	49.08	3.20	1.94	60.63	2.97
南阳市	**1275.77**	**561.08**	**125.18**	**9.81**	**49.54**	**62.02**	**54.70**	**88.20**	**9.75**
宛城区	166.26	75.93	21.56	12.97	72.63	15.66	14.32	91.44	18.86
邓州市	260.40	104.50	21.14	8.12	30.32	6.41	5.28	82.37	5.05
新野县	106.10	47.90	13.07	12.32	65.03	8.50	7.58	89.18	15.82
唐河县	215.71	81.55	23.73	11.00	46.06	10.93	9.80	89.66	12.02
卧龙区	11.90	7.70	1.69	14.20	76.92	1.30	1.24	95.38	16.10
内乡县	77.30	46.60	4.92	6.36	40.04	1.97	1.65	83.76	3.54
方城县	160.00	67.00	14.76	9.23	45.19	6.67	5.91	88.61	8.82
社旗县	118.00	40.60	12.97	10.99	50.50	6.55	5.93	90.53	14.61
镇平县	110.50	63.20	7.36	6.66	35.05	2.58	1.85	71.71	2.93
桐柏县	49.60	26.10	3.98	8.02	36.43	1.45	1.14	78.62	4.37
商丘市	**1010.77**	**473.81**	**81.42**	**8.06**	**54.75**	**44.58**	**34.76**	**77.97**	**7.34**
商丘县	155.96	69.14	13.40	8.59	51.64	6.92	5.64	81.50	8.16
永城县	189.07	80.22	10.78	5.70	75.23	8.11	6.49	80.02	8.09
民权县	108.91	49.64	10.63	9.76	47.04	5.00	3.81	76.20	7.68
睢县	91.66	48.97	9.10	9.93	63.41	5.77	5.10	88.39	10.41
柘城县	113.57	55.71	10.30	9.07	59.03	6.08	4.55	74.84	8.17
宁陵县	71.68	34.99	3.94	5.50	37.56	1.48	0.84	56.76	2.40
虞城县	146.30	67.84	13.22	9.04	51.89	6.86	4.86	70.85	7.16
夏邑县	133.62	67.30	10.05	7.52	43.38	4.36	3.47	79.59	5.16
周口地区	**1235.33**	**624.76**	**111.96**	**9.06**	**59.69**	**66.83**	**59.23**	**88.63**	**9.48**
扶沟县	122.94	42.18	12.18	9.91	40.07	4.88	4.32	88.52	10.24
西华县	117.44	52.35	10.30	8.77	48.16	4.96	4.80	96.77	9.17
鹿邑县	132.20	68.47	11.90	9.00	47.56	5.66	5.49	97.00	8.02
郸城县	161.75	79.13	11.30	6.99	64.87	7.33	5.78	78.85	7.30
淮阳县	153.56	83.30	12.81	8.34	75.57	9.68	8.36	86.36	10.04
太康县	184.94	80.53	21.90	11.84	55.48	12.15	10.93	89.96	13.57
商水县	149.90	76.70	10.35	6.90	78.36	8.11	7.07	87.18	9.22
沈丘县	108.50	72.70	10.14	9.35	64.10	6.50	5.13	78.92	7.06
项城县	104.10	69.40	11.08	10.64	68.23	7.56	7.35	97.22	10.59
信阳地区	**776.90**	**408.80**	**48.60**	**6.26**	**36.75**	**17.86**	**11.06**	**61.93**	**2.71**
罗山县	88.40	47.50	4.20	4.75	43.33	1.82	0.82	45.05	1.73
信阳县	109.10	70.10	5.60	5.13	34.11	1.91	1.07	56.02	1.53
光山县	85.00	53.40	4.50	5.29	35.56	1.60	0.61	38.13	1.14
息县	155.60	53.30	14.60	9.38	45.27	6.61	4.72	71.41	8.86
淮滨县	83.00	37.60	6.70	8.07	35.37	2.37	1.77	74.68	4.71
潢川县	101.80	48.30	7.00	6.88	29.00	2.03	1.40	68.97	2.90
固始县	154.00	98.60	6.00	3.90	25.33	1.52	0.67	44.08	0.68
驻马店地区	**1074.81**	**470.12**	**92.80**	**8.63**	**50.08**	**46.47**	**39.14**	**84.23**	**8.33**
上蔡县	165.00	85.60	18.59	11.27	59.60	11.08	9.72	87.73	11.36
正阳县	153.80	46.20	11.50	7.48	33.83	3.89	2.67	68.64	5.78
确山县	108.20	40.80	6.29	5.81	30.68	1.93	1.73	89.64	4.24
泌阳县	145.40	59.20	11.36	7.81	62.50	7.10	6.27	88.31	10.59
汝南县	142.40	55.20	11.15	7.83	33.27	3.71	3.12	84.10	5.65
平舆县	121.70	58.90	10.52	8.64	54.94	5.78	4.63	80.10	7.86
西平县	103.70	60.50	10.10	9.74	53.07	5.36	4.86	90.67	8.03
新蔡县	134.61	63.72	13.29	9.87	57.34	7.62	6.14	80.58	9.64

5－21－30　河南省1972年产棉县棉花生产收购明细

县 市 名	耕地面积（万亩）	农业人口（万人）	棉田面积（万亩）	占耕地（%）	亩　产（市斤）	产　量（万担）	收购量（万担）	商品率（%）	人均交售（市斤）
全省合计	**9327.12**	**4616.85**	**845.86**	**9.07**	**50.56**	**427.65**	**363.68**	**85.04**	**7.88**
郑州市	**243.03**	**141.16**	**6.19**	**2.55**	**31.83**	**1.97**	**0.87**	**44.16**	**0.62**
新郑市	80.10	42.20	1.40	1.75	30.71	0.43	0.09	20.93	0.21
巩义市	60.80	53.70	2.60	4.28	33.46	0.87	0.55	63.22	1.02
中牟县	102.13	45.26	2.19	2.14	30.59	0.67	0.23	34.33	0.51
开封市	**650.59**	**248.27**	**31.70**	**4.87**	**48.23**	**15.29**	**11.25**	**73.58**	**4.53**
开封县	126.23	46.25	3.51	2.78	24.79	0.87	0.43	49.43	0.93
杞　县	208.10	65.40	7.60	3.65	43.42	3.30	2.20	66.67	3.36
通许县	84.37	36.81	5.08	6.02	47.05	2.39	1.89	79.08	5.13
尉氏县	129.89	57.41	11.21	8.63	67.17	7.53	5.89	78.22	10.26
兰考县	102.00	42.40	4.30	4.22	27.91	1.20	0.84	70.00	1.98
洛阳市	**584.09**	**317.14**	**59.82**	**10.24**	**32.30**	**19.32**	**15.82**	**81.88**	**4.99**
偃师市	80.30	58.10	13.76	17.14	42.73	5.88	4.99	84.86	8.59
孟津县	64.19	33.80	7.10	11.06	35.49	2.52	2.23	88.49	6.60
新安县	65.00	36.80	3.77	5.80	19.10	0.72	0.33	45.83	0.90
宜阳县	97.80	42.60	10.13	10.36	35.24	3.57	3.07	85.99	7.21
伊川县	88.20	45.20	10.68	12.11	27.62	2.95	2.43	82.37	5.38
汝阳县	43.80	28.44	5.48	12.51	33.03	1.81	1.48	81.77	5.20
嵩　县	63.40	39.90	3.92	6.18	25.51	1.00	0.67	67.00	1.68
洛宁县	81.40	32.30	4.98	6.12	17.47	0.87	0.62	71.26	1.92
三门峡市	**172.40**	**73.30**	**30.06**	**17.44**	**23.69**	**7.12**	**6.37**	**89.47**	**8.69**
灵宝县	107.00	48.80	22.40	20.93	25.09	5.62	5.08	90.39	10.41
陕　县	65.40	24.50	7.66	11.71	19.58	1.50	1.29	86.00	5.27
平顶山市	**105.10**	**57.90**	**14.14**	**13.45**	**12.80**	**1.81**	**1.48**	**81.77**	**2.56**
汝州市	105.10	57.90	14.14	13.45	12.80	1.81	1.48	81.77	2.56
焦作市	**269.30**	**170.10**	**33.80**	**12.55**	**69.35**	**23.44**	**21.37**	**91.17**	**12.56**
孟州市	44.00	26.40	7.30	16.59	66.03	4.82	4.58	95.02	17.35
沁阳市	44.40	29.30	4.63	10.43	69.98	3.24	2.86	88.27	9.76
武陟县	67.50	41.50	6.26	9.27	50.96	3.19	2.63	82.45	6.34
温　县	39.30	27.00	4.36	11.09	68.58	2.99	2.64	88.29	9.78
博爱县	35.10	27.70	4.45	12.68	115.73	5.15	4.92	95.53	17.76
修武县	39.00	18.20	6.80	17.44	59.56	4.05	3.74	92.35	20.55
鹤璧市	**139.71**	**60.80**	**16.59**	**11.87**	**44.79**	**7.43**	**6.54**	**88.02**	**10.76**
浚　县	104.49	44.60	8.70	8.33	35.63	3.10	2.51	80.97	5.63
淇　县	35.22	16.20	7.89	22.40	54.88	4.33	4.03	93.07	24.88
新乡市	**600.90**	**300.51**	**59.45**	**9.89**	**60.81**	**36.15**	**32.22**	**89.13**	**10.72**
新乡县	49.40	28.20	11.50	23.28	120.09	13.81	12.90	93.41	45.74
卫辉县	62.00	28.61	6.76	10.90	50.59	3.42	3.03	88.60	10.59
获嘉县	46.70	24.60	11.28	24.15	74.20	8.37	8.00	95.58	32.52
辉　县	95.20	53.60	9.64	10.13	37.14	3.58	3.10	86.59	5.78
原阳县	85.30	40.90	4.32	5.06	42.13	1.82	1.42	78.02	3.47
延津县	66.30	29.00	3.68	5.55	37.77	1.39	1.07	76.98	3.69
封丘县	99.00	46.30	5.42	5.47	34.50	1.87	1.27	67.91	2.74
长垣县	97.00	49.30	6.85	7.06	27.59	1.89	1.43	75.66	2.90
安阳市	**560.12**	**298.98**	**80.18**	**14.31**	**48.03**	**38.51**	**33.81**	**87.80**	**11.31**
安阳县	132.00	76.80	35.90	27.20	58.13	20.87	19.48	93.34	25.36
林　县	89.00	71.80	5.00	5.62	52.40	2.62	2.61	99.62	3.64
内黄县	100.55	45.83	6.37	6.34	28.73	1.83			
滑　县	172.57	76.25	15.51	8.99	40.68	6.31	5.35	84.79	7.02
汤阴县	66.00	28.30	17.40	26.36	39.54	6.88	6.37	92.59	22.51
许昌市	**97.70**	**41.47**	**9.01**	**9.22**	**87.01**	**7.84**	**7.07**	**90.18**	**17.05**
鄢陵县	97.70	41.47	9.01	9.22	87.01	7.84	7.07	90.18	17.05

5-21-30 续表

县市名	耕地面积（万亩）	农业人口（万人）	棉田面积（万亩）	占耕地（%）	亩产（市斤）	产量（万担）	收购量（万担）	商品率（%）	人均交售（市斤）
濮阳市	**378.80**	**188.33**	**31.89**	**8.42**	**38.66**	**12.33**	**9.13**	**74.05**	**4.85**
濮阳县	173.00	82.80	13.35	7.72	33.56	4.48	3.22	71.88	3.89
清丰县	87.10	44.30	8.98	10.31	49.67	4.46	3.75	84.08	8.47
南乐县	63.00	30.93	6.00	9.52	46.00	2.76	1.98	71.74	6.40
范县	55.70	30.30	3.56	6.39	17.70	0.63	0.18	28.57	0.59
漯河市	**186.60**	**110.70**	**8.92**	**4.78**	**64.69**	**5.77**	**7.58**	**131.37**	**6.85**
临颍县	80.60	45.40	2.50	3.10	49.20	1.23	5.17	*	11.39
偃城县	106.00	65.30	6.42	6.06	70.72	4.54	2.41	53.08	3.69
南阳市	**1272.84**	**572.64**	**120.11**	**9.44**	**46.40**	**55.73**	**48.63**	**87.26**	**8.49**
宛城区	166.36	77.68	21.07	12.67	61.18	12.89	11.64	90.30	14.98
邓州市	259.50	105.70	18.51	7.13	25.99	4.81	4.30	89.40	4.07
新野县	105.10	49.00	12.98	12.35	69.03	8.96	8.02	89.51	16.37
唐河县	214.28	83.66	23.41	10.92	42.97	10.06	8.70	86.48	10.40
卧龙区	11.70	7.80	1.61	13.76	61.49	0.99	0.86	86.87	11.03
内乡县	78.00	47.50	4.87	6.24	34.29	1.67	1.28	76.65	2.69
方城县	160.00	68.50	14.17	8.86	46.51	6.59	5.76	87.41	8.41
社旗县	118.00	41.80	12.52	10.61	48.00	6.01	5.38	89.52	12.87
镇平县	110.30	64.10	7.20	6.53	33.61	2.42	1.71	70.66	2.67
桐柏县	49.60	26.90	3.77	7.60	35.28	1.33	0.98	73.68	3.64
商丘市	**998.85**	**487.09**	**96.81**	**9.69**	**61.14**	**59.19**	**47.50**	**80.25**	**9.75**
商丘县	158.26	71.19	15.20	9.60	56.38	8.57	7.27	84.83	10.21
永城县	175.61	82.63	13.55	7.72	87.23	11.82	8.84	74.79	10.70
民权县	108.62	50.96	12.01	11.06	52.87	6.35	5.48	86.30	10.75
睢县	91.60	49.97	10.36	11.31	64.77	6.71	5.46	81.37	10.93
柘城县	113.24	57.42	12.18	10.76	70.69	8.61	6.57	76.31	11.44
宁陵县	71.75	36.07	4.49	6.26	39.64	1.78	1.32	74.16	3.66
虞城县	146.30	69.59	15.37	10.51	53.68	8.25	6.77	82.06	9.73
夏邑县	133.47	69.26	13.65	10.23	52.01	7.10	5.79	81.55	8.36
周口地区	**1223.73**	**640.18**	**113.87**	**9.31**	**60.31**	**68.68**	**59.20**	**86.20**	**9.25**
扶沟县	122.53	43.56	11.81	9.64	47.67	5.63	4.97	88.28	11.41
西华县	115.10	54.21	9.90	8.60	50.81	5.03	4.70	93.44	8.67
鹿邑县	132.14	70.76	13.90	10.52	60.43	8.40	6.93	82.50	9.79
郸城县	161.42	80.89	13.00	8.05	44.31	5.76	4.39	76.22	5.43
淮阳县	151.61	84.77	13.71	9.04	85.56	11.73	10.53	89.77	12.42
太康县	184.93	82.79	21.80	11.79	71.88	15.67	14.19	90.56	17.14
商水县	143.40	77.30	9.73	6.79	54.68	5.32	4.17	78.38	5.39
沈丘县	108.50	74.50	9.95	9.17	46.83	4.66	3.67	78.76	4.93
项城县	104.10	71.40	10.07	9.67	64.35	6.48	5.65	87.19	7.91
信阳地区	**775.50**	**425.00**	**49.80**	**6.42**	**38.92**	**19.38**	**14.48**	**74.72**	**3.41**
罗山县	87.30	49.50	3.80	4.35	39.21	1.49	0.90	60.40	1.82
信阳县	106.20	72.70	5.80	5.46	31.03	1.80	1.25	69.44	1.72
光山县	85.00	55.40	4.40	5.18	44.77	1.97	0.73	37.06	1.32
息县	154.70	55.40	14.90	9.63	42.28	6.30	5.46	86.67	9.86
淮滨县	86.00	39.40	6.90	8.02	44.93	3.10	2.41	77.74	6.12
潢川县	102.10	50.00	6.90	6.76	36.09	2.49	2.05	82.33	4.10
固始县	154.20	102.60	7.10	4.60	31.41	2.23	1.68	75.34	1.64
驻马店地区	**1067.86**	**483.28**	**83.52**	**7.82**	**57.10**	**47.69**	**40.36**	**84.63**	**8.35**
上蔡县	163.00	88.10	17.58	10.79	67.92	11.94	10.33	86.52	11.73
正阳县	151.50	47.60	8.13	5.37	27.80	2.26	1.45	64.16	3.05
确山县	107.70	42.10	5.83	5.41	28.99	1.69	1.25	73.96	2.97
泌阳县	144.50	60.40	10.48	7.25	59.06	6.19	5.47	88.37	9.06
汝南县	142.40	56.90	8.97	6.30	41.14	3.69	3.28	88.89	5.76
平舆县	121.50	60.50	10.88	8.95	68.01	7.40	6.26	84.59	10.35
西平县	104.80	61.70	9.83	9.38	66.73	6.56	5.58	85.06	9.04
新蔡县	132.46	65.98	11.82	8.92	67.34	7.96	6.74	84.67	10.22

5-21-31 河南省1973年产棉县棉花生产收购明细

县市名	耕地面积（万亩）	农业人口（万人）	棉田面积（万亩）	占耕地（%）	亩产（市斤）	产量（万担）	收购量（万担）	商品率（%）	人均交售（市斤）
全省合计	**9241.97**	**4738.75**	**849.89**	**9.20**	**72.02**	**612.12**	**534.78**	**87.37**	**11.29**
郑州市	**241.07**	**144.26**	**7.38**	**3.06**	**54.47**	**4.02**	**2.79**	**69.40**	**1.93**
新郑市	79.90	43.20	2.29	2.87	46.72	1.07	0.69	64.49	1.60
巩义市	60.50	54.50	2.44	4.03	73.36	1.79	1.42	79.33	2.61
中牟县	100.67	46.56	2.65	2.63	43.77	1.16	0.68	58.62	1.46
开封市	**649.70**	**255.07**	**34.38**	**5.29**	**63.76**	**21.92**	**18.03**	**82.25**	**7.07**
开封县	128.24	47.98	3.41	2.66	37.54	1.28	0.82	64.06	1.71
杞县	207.40	67.10	8.10	3.91	53.09	4.30	3.10	72.09	4.62
通许县	84.18	37.76	6.19	7.35	71.57	4.43	3.83	86.46	10.14
尉氏县	127.88	58.63	11.28	8.82	84.31	9.51	8.68	91.27	14.80
兰考县	102.00	43.60	5.40	5.29	44.44	2.40	1.60	66.67	3.67
洛阳市	**581.73**	**325.15**	**59.62**	**10.25**	**61.27**	**36.53**	**32.17**	**88.06**	**9.89**
偃师市	80.10	59.50	13.64	17.03	88.34	12.05	10.90	90.46	18.32
孟津县	63.83	34.40	7.11	11.14	70.46	5.01	4.48	89.42	13.02
新安县	65.00	37.60	3.81	5.86	36.48	1.39	1.02	73.38	2.71
宜阳县	97.40	43.80	10.08	10.35	65.48	6.60	5.95	90.15	13.58
伊川县	87.80	46.80	10.51	11.97	52.43	5.51	4.86	88.20	10.38
汝阳县	43.50	29.05	5.31	12.21	49.91	2.65	2.31	87.17	7.95
嵩县	62.90	40.90	3.98	6.33	35.93	1.43	1.07	74.83	2.62
洛宁县	81.20	33.10	5.18	6.38	36.49	1.89	1.58	83.60	4.77
三门峡市	**172.80**	**75.50**	**30.10**	**17.42**	**59.24**	**17.83**	**16.62**	**93.21**	**22.01**
灵宝县	107.50	50.10	22.12	20.58	58.09	12.85	12.04	93.70	24.03
陕县	65.30	25.40	7.98	12.22	62.41	4.98	4.58	91.97	18.03
平顶山市	**104.50**	**59.40**	**13.99**	**13.39**	**18.94**	**2.65**	**2.31**	**87.17**	**3.89**
汝州市	104.50	59.40	13.99	13.39	18.94	2.65	2.31	87.17	3.89
焦作市	**267.80**	**173.40**	**32.91**	**12.29**	**104.65**	**34.44**	**31.71**	**92.07**	**18.29**
孟州市	44.00	26.60	7.30	16.59	102.60	7.49	7.09	94.66	26.65
沁阳市	43.70	29.60	4.42	10.11	108.37	4.79	4.32	90.19	14.59
武陟县	67.00	42.60	5.80	8.66	80.00	4.64	4.05	87.28	9.51
温县	39.00	27.80	4.26	10.92	103.29	4.40	4.17	94.77	15.00
博爱县	35.10	28.20	4.40	12.54	143.86	6.33	6.11	96.52	21.67
修武县	39.00	18.60	6.73	17.26	100.89	6.79	5.97	87.92	32.10
鹤壁市	**139.71**	**62.50**	**16.59**	**11.87**	**60.10**	**9.97**	**8.91**	**89.37**	**14.26**
浚县	104.49	45.90	9.01	8.62	49.28	4.44	3.67	82.66	8.00
淇县	35.22	16.60	7.58	21.52	72.96	5.53	5.24	94.76	31.57
新乡市	**598.20**	**307.51**	**60.41**	**10.10**	**77.16**	**46.61**	**42.44**	**91.05**	**13.80**
新乡县	49.20	28.80	11.50	23.37	140.00	16.10	15.30	95.03	53.13
卫辉县	62.00	29.41	6.84	11.03	69.59	4.76	4.28	89.92	14.55
获嘉县	46.70	25.10	11.07	23.70	94.40	10.45	10.06	96.27	40.08
辉县	94.90	54.20	9.46	9.97	68.50	6.48	5.90	91.05	10.89
原阳县	85.20	41.90	3.91	4.59	55.24	2.16	1.71	79.17	4.08
延津县	66.20	29.80	3.90	5.89	44.87	1.75	1.30	74.29	4.36
封丘县	98.00	47.60	6.20	6.33	41.94	2.60	1.97	75.77	4.14
长垣县	96.00	50.70	7.53	7.84	30.68	2.31	1.92	83.12	3.79
安阳市	**557.12**	**307.61**	**81.63**	**14.65**	**68.01**	**55.52**	**49.21**	**88.63**	**16.00**
安阳县	132.00	78.90	36.10	27.35	79.22	28.60	27.05	94.58	34.28
林县	89.00	73.60	5.00	5.62	87.20	4.36	4.25	97.48	5.77
内黄县	97.55	47.30	6.97	7.15	44.76	3.12			
滑县	172.57	78.61	15.75	9.13	54.98	8.66	7.34	84.76	9.34
汤阴县	66.00	29.20	17.81	26.98	60.53	10.78	10.57	98.05	36.20
许昌市	**97.70**	**42.59**	**9.05**	**9.26**	**87.96**	**7.96**	**7.07**	**88.82**	**16.60**
鄢陵县	97.70	42.59	9.05	9.26	87.96	7.96	7.07	88.82	16.60

5－21－31 续表

县市名	耕地面积（万亩）	农业人口（万人）	棉田面积（万亩）	占耕地（%）	亩产（市斤）	产量（万担）	收购量（万担）	商品率（%）	人均交售（市斤）
濮阳市	**376.40**	**193.81**	**33.01**	**8.77**	**43.77**	**14.45**	**11.56**	**80.00**	**5.96**
濮阳县	173.00	85.20	13.47	7.79	35.49	4.78	3.60	75.31	4.23
清丰县	87.10	45.50	9.00	10.33	58.22	5.24	4.67	89.12	10.26
南乐县	62.00	31.81	6.50	10.48	57.08	3.71	3.02	81.40	9.49
范　县	54.30	31.30	4.04	7.44	17.82	0.72	0.27	37.50	0.86
漯河市	**185.30**	**112.90**	**8.51**	**4.59**	**70.62**	**6.01**	**9.74**	**162.06**	**8.63**
临颍县	79.70	46.30	2.50	3.14	78.00	1.95	6.69	*	14.45
郾城县	105.60	66.60	6.01	5.69	67.55	4.06	3.05	75.12	4.58
南阳市	**1269.32**	**587.01**	**118.90**	**9.37**	**68.01**	**80.87**	**73.40**	**90.76**	**12.50**
宛城区	166.08	80.02	21.00	12.64	88.29	18.54	18.25	98.44	22.81
邓州市	258.10	107.80	17.73	6.87	41.12	7.29	6.30	86.42	5.84
新野县	104.50	50.30	12.84	12.29	99.98	12.84	11.92	92.83	23.70
唐河县	213.84	85.89	23.02	10.77	56.56	13.02	11.53	88.56	13.42
卧龙区	11.60	8.10	1.55	13.36	95.48	1.48	1.34	90.54	16.54
内乡县	77.30	48.50	4.93	6.38	53.75	2.65	2.06	77.74	4.25
方城县	160.00	70.30	13.97	8.73	72.08	10.07	8.92	88.58	12.69
社旗县	118.00	43.00	12.80	10.85	73.59	9.42	8.73	92.68	20.30
镇平县	110.30	65.50	7.36	6.67	53.13	3.91	3.01	76.98	4.60
桐柏县	49.60	27.60	3.70	7.46	44.59	1.65	1.34	81.21	4.86
商丘市	**960.65**	**500.05**	**100.92**	**10.51**	**72.66**	**73.33**	**64.69**	**88.22**	**12.94**
商丘县	158.26	73.08	15.20	9.60	81.64	12.41	10.87	87.59	14.87
永城县	137.50	84.99	13.86	10.08	82.83	11.48	9.59	83.54	11.28
民权县	108.60	52.48	13.03	12.00	66.62	8.68	7.89	90.90	15.03
睢　县	91.53	51.17	10.67	11.66	78.26	8.35	7.45	89.22	14.56
柘城县	113.13	59.15	11.78	10.41	85.65	10.09	9.30	92.17	15.72
宁陵县	71.66	36.92	4.67	6.52	51.82	2.42	1.82	75.21	4.93
虞城县	146.25	71.29	16.00	10.94	70.38	11.26	10.13	89.96	14.21
夏邑县	133.72	70.97	15.71	11.75	55.00	8.64	7.64	88.43	10.77
周口地区	**1213.17**	**655.95**	**116.43**	**9.60**	**94.30**	**109.79**	**88.54**	**80.64**	**13.50**
扶沟县	122.11	43.97	11.89	9.74	81.75	9.72	8.83	90.84	20.08
西华县	115.03	56.55	10.42	9.06	74.38	7.75	7.00	90.32	12.38
鹿邑县	131.53	70.73	15.40	11.71	74.87	11.53	9.83	85.26	13.90
郸城县	159.24	83.04	13.00	8.16	126.15	16.40	8.21	50.06	9.89
淮阳县	150.58	86.91	14.28	9.48	102.31	14.61	13.45	92.06	15.48
太康县	179.18	85.55	22.00	12.28	97.00	21.34	20.26	94.94	23.68
商水县	143.60	79.40	10.00	6.96	104.00	10.40	8.35	80.29	10.52
沈丘县	108.50	76.60	9.54	8.79	95.70	9.13	7.59	83.13	9.91
项城县	103.40	73.20	9.90	9.57	90.00	8.91	5.02	56.34	6.86
信阳地区	**762.50**	**438.50**	**46.30**	**6.07**	**54.64**	**25.30**	**18.98**	**75.02**	**4.33**
罗山县	89.00	51.10	3.50	3.93	54.29	1.90	1.17	61.58	2.29
信阳县	105.90	72.90	5.40	5.10	40.56	2.19	1.60	73.06	2.19
光山县	84.00	57.60	4.30	5.12	51.40	2.21	1.19	53.85	2.07
息　县	145.80	57.70	12.00	8.23	64.92	7.79	7.20	92.43	12.48
淮滨县	84.00	40.90	6.20	7.38	65.81	4.08	2.98	73.04	7.29
潢川县	101.30	51.90	8.10	8.00	59.14	4.79	3.23	67.43	6.22
固始县	152.50	106.40	6.80	4.46	34.41	2.34	1.61	68.80	1.51
驻马店地区	**1064.30**	**497.54**	**79.76**	**7.49**	**81.39**	**64.92**	**56.61**	**87.20**	**11.38**
上蔡县	162.00	90.60	17.35	10.71	94.24	16.35	14.71	89.97	16.24
正阳县	151.10	49.10	5.23	3.46	43.02	2.25	1.49	66.22	3.03
确山县	107.70	43.30	4.99	4.63	38.88	1.94	1.58	81.44	3.65
泌阳县	144.20	62.00	10.87	7.54	82.80	9.00	8.05	89.44	12.98
汝南县	141.60	58.70	9.56	6.75	68.93	6.59	5.48	83.16	9.34
平舆县	121.50	62.70	10.49	8.63	86.46	9.07	8.02	88.42	12.79
西平县	103.80	63.10	9.54	9.19	98.01	9.35	7.98	85.35	12.65
新蔡县	132.40	68.04	11.73	8.86	88.41	10.37	9.30	89.68	13.67

5－21－32　河南省1974年产棉县棉花生产收购明细

县市名	耕地面积（万亩）	农业人口（万人）	棉田面积（万亩）	占耕地（%）	亩产（市斤）	产量（万担）	收购量（万担）	商品率（%）	人均交售（市斤）
全省合计	**9204.61**	**4821.56**	**895.15**	**9.73**	**62.59**	**560.29**	**479.70**	**85.62**	**9.95**
郑州市	**238.61**	**146.27**	**10.82**	**4.53**	**41.31**	**4.47**	**3.03**	**67.79**	**2.07**
新郑市	78.60	43.80	4.63	5.89	36.50	1.69	1.24	73.37	2.83
巩义市	60.00	55.00	2.64	4.40	54.17	1.43	0.94	65.73	1.71
中牟县	100.01	47.47	3.55	3.55	38.03	1.35	0.85	62.96	1.79
开封市	**646.81**	**260.14**	**44.56**	**6.89**	**63.24**	**28.18**	**20.98**	**74.45**	**8.06**
开封县	126.81	48.79	6.96	5.49	48.71	3.39	2.19	64.60	4.49
杞　县	203.90	68.50	12.00	5.89	58.33	7.00	4.50	64.29	6.57
通许县	83.94	38.42	6.65	7.92	75.04	4.99	4.22	84.57	10.98
尉氏县	127.16	59.63	11.85	9.32	77.64	9.20	7.23	78.59	12.12
兰考县	105.00	44.80	7.10	6.76	50.70	3.60	2.84	78.89	6.34
洛阳市	**577.72**	**332.38**	**60.11**	**10.40**	**46.73**	**28.09**	**23.62**	**84.09**	**7.11**
偃师市	79.80	60.70	13.67	17.13	59.62	8.15	6.96	85.40	11.47
孟津县	63.42	34.90	7.10	11.20	44.93	3.19	2.70	84.64	7.74
新安县	65.00	38.60	3.48	5.35	48.85	1.70	1.29	75.88	3.34
宜阳县	96.80	44.90	10.40	10.74	51.83	5.39	4.84	89.80	10.78
伊川县	87.40	47.80	10.49	12.00	42.14	4.42	3.69	83.48	7.72
汝阳县	43.20	29.68	5.33	12.34	41.28	2.20	1.89	85.91	6.37
嵩　县	61.70	41.90	4.43	7.18	35.89	1.59	1.18	74.21	2.82
洛宁县	80.40	33.90	5.21	6.48	27.83	1.45	1.07	73.79	3.16
三门峡市	**166.40**	**77.40**	**29.67**	**17.83**	**50.72**	**15.05**	**13.72**	**91.16**	**17.73**
灵宝县	101.20	51.30	21.71	21.45	50.67	11.00	10.07	91.55	19.63
陕　县	65.20	26.10	7.96	12.21	50.88	4.05	3.65	90.12	13.98
平顶山市	**104.30**	**60.80**	**14.12**	**13.54**	**15.58**	**2.20**	**1.89**	**85.91**	**3.11**
汝州市	104.30	60.80	14.12	13.54	15.58	2.20	1.89	85.91	3.11
焦作市	**267.00**	**176.20**	**33.11**	**12.40**	**82.21**	**27.22**	**25.07**	**92.10**	**14.23**
孟州市	44.00	26.90	7.18	16.32	71.03	5.10	4.85	95.10	18.03
沁阳市	43.40	30.00	4.49	10.35	84.63	3.80	3.57	93.95	11.90
武陟县	66.50	43.40	6.28	9.44	70.54	4.43	3.83	86.46	8.82
温　县	39.00	28.20	4.24	10.87	90.57	3.84	3.26	84.90	11.56
博爱县	35.10	28.70	4.42	12.59	106.56	4.71	4.48	95.12	15.61
修武县	39.00	19.00	6.50	16.67	82.15	5.34	5.08	95.13	26.74
鹤璧市	**139.71**	**64.20**	**16.48**	**11.80**	**54.61**	**9.00**	**8.23**	**91.44**	**12.82**
浚　县	104.49	47.00	9.01	8.62	47.28	4.26	3.86	90.61	8.21
淇　县	35.22	17.20	7.47	21.21	63.45	4.74	4.37	92.19	25.41
新乡市	**597.10**	**313.69**	**59.63**	**9.99**	**64.10**	**38.22**	**33.41**	**87.41**	**10.65**
新乡县	49.20	29.50	11.50	23.37	105.04	12.08	11.10	91.89	37.63
卫辉县	61.00	29.99	6.98	11.44	40.97	2.86	2.42	84.62	8.07
获嘉县	46.50	25.70	11.12	23.91	81.38	9.05	8.60	95.03	33.46
辉　县	95.00	54.70	9.04	9.52	52.77	4.77	4.20	88.05	7.68
原阳县	85.20	42.70	4.20	4.93	62.86	2.64	2.22	84.09	5.20
延津县	66.20	30.50	4.12	6.22	33.74	1.39	1.16	83.45	3.80
封丘县	98.00	48.80	6.07	6.19	36.90	2.24	1.64	73.21	3.36
长垣县	96.00	51.80	6.60	6.88	48.33	3.19	2.07	64.89	4.00
安阳市	**558.98**	**314.81**	**80.27**	**14.36**	**64.16**	**51.50**	**44.75**	**86.89**	**14.21**
安阳县	132.00	80.90	35.80	27.12	73.07	26.16	24.68	94.34	30.51
林　县	89.00	75.00	4.90	5.51	81.84	4.01	4.01	100.00	5.35
内黄县	100.41	48.34	7.42	7.39	45.15	3.35			
滑　县	172.57	80.67	15.46	8.96	53.56	8.28	6.97	84.18	8.64
汤阴县	65.00	29.90	16.69	25.68	58.12	9.70	9.09	93.71	30.40
许昌市	**96.73**	**43.40**	**9.02**	**9.32**	**68.96**	**6.22**	**5.47**	**87.94**	**12.60**
鄢陵县	96.73	43.40	9.02	9.32	68.96	6.22	5.47	87.94	12.60

5-21-32 续表

县市名	耕地面积（万亩）	农业人口（万人）	棉田面积（万亩）	占耕地（%）	亩产（市斤）	产量（万担）	收购量（万担）	商品率（%）	人均交售（市斤）
濮阳市	**374.10**	**198.23**	**27.83**	**7.44**	**52.25**	**14.54**	**11.57**	**79.57**	**5.84**
濮阳县	173.00	87.30	10.50	6.07	45.71	4.80	3.63	75.63	4.16
清丰县	87.10	46.30	9.00	10.33	58.78	5.29	4.57	86.39	9.87
南乐县	60.00	32.53	6.00	10.00	63.33	3.80	3.21	84.47	9.87
范　县	54.00	32.10	2.33	4.31	27.90	0.65	0.16	24.62	0.50
漯河市	**184.90**	**114.70**	**3.44**	**1.86**	**47.97**	**1.65**	**0.60**	**36.36**	**0.52**
临颍县	79.40	47.10	1.05	1.32	50.48	0.53	0.14	26.42	0.30
偃城县	105.50	67.60	2.39	2.27	46.86	1.12	0.46	41.07	0.68
南阳市	**1258.79**	**598.58**	**122.29**	**9.71**	**69.62**	**85.14**	**75.76**	**88.98**	**12.66**
宛城区	165.63	82.03	20.53	12.40	86.90	17.84	16.22	90.92	19.77
邓州市	254.00	109.10	18.30	7.20	58.47	10.70	9.50	88.79	8.71
新野县	104.10	51.30	13.10	12.58	120.00	15.72	14.62	93.00	28.50
唐河县	212.56	87.75	24.10	11.34	63.90	15.40	13.90	90.26	15.84
卧龙区	11.40	8.30	1.50	13.16	56.67	0.85	0.75	88.24	9.04
内乡县	77.30	49.30	5.29	6.84	62.00	3.28	2.75	83.84	5.58
方城县	158.80	71.80	14.83	9.34	51.99	7.71	6.45	83.66	8.98
社旗县	115.00	43.90	13.08	11.37	57.87	7.57	6.64	87.71	15.13
镇平县	110.50	66.70	7.49	6.78	49.27	3.69	2.92	79.13	4.38
桐柏县	49.50	28.40	4.07	8.22	58.48	2.38	2.01	84.45	7.08
商丘市	**989.75**	**489.90**	**124.58**	**12.59**	**61.69**	**76.85**	**65.87**	**85.71**	**13.45**
商丘县	155.76	54.64	20.90	13.42	68.52	14.32	12.67	88.48	23.19
永城县	172.47	86.77	19.20	11.13	63.02	12.10	9.99	82.56	11.51
民权县	108.34	53.18	14.74	13.61	62.96	9.28	8.01	86.31	15.06
睢　县	90.85	52.05	12.01	13.22	68.78	8.26	6.93	83.90	13.31
柘城县	112.06	60.35	14.10	12.58	64.89	9.15	8.13	88.85	13.47
宁陵县	71.27	37.85	6.04	8.47	61.75	3.73	3.07	82.31	8.11
虞城县	145.29	72.56	19.90	13.70	56.48	11.24	9.60	85.41	13.23
夏邑县	133.71	72.50	17.69	13.23	49.58	8.77	7.47	85.18	10.30
周口地区	**1201.48**	**670.96**	**120.18**	**10.00**	**69.58**	**83.62**	**71.86**	**85.94**	**10.71**
扶沟县	122.05	45.14	12.34	10.11	85.90	10.60	9.40	88.68	20.82
西华县	115.00	58.00	10.20	8.87	60.59	6.18	5.22	84.47	9.00
鹿邑县	131.05	73.99	14.70	11.22	55.65	8.18	7.10	86.80	9.60
郸城县	157.94	84.44	14.12	8.94	59.84	8.45	6.92	81.89	8.20
淮阳县	146.02	88.48	18.58	12.72	67.28	12.50	9.75	78.00	11.02
太康县	177.82	87.71	22.00	12.37	71.82	15.80	14.06	88.99	16.03
商水县	142.60	81.10	10.00	7.01	76.60	7.66	6.29	82.11	7.76
沈丘县	106.00	78.00	8.13	7.67	85.12	6.92	5.61	81.07	7.19
项城县	103.00	74.10	10.11	9.82	72.50	7.33	7.51	102.46	10.13
信阳地区	**761.50**	**450.40**	**49.70**	**6.53**	**63.68**	**31.65**	**25.90**	**81.83**	**5.75**
罗山县	89.80	52.70	3.90	4.34	67.18	2.62	1.99	75.95	3.78
信阳县	105.40	75.10	5.60	5.31	58.93	3.30	2.54	76.97	3.38
光山县	83.00	59.00	4.50	5.42	58.67	2.64	1.69	64.02	2.86
息　县	145.80	59.20	12.30	8.44	71.38	8.78	7.64	87.02	12.91
淮滨县	86.00	42.10	7.20	8.37	72.64	5.23	4.33	82.79	10.29
潢川县	100.30	53.00	9.40	9.37	57.34	5.39	4.90	90.91	9.25
固始县	151.20	109.30	6.80	4.50	54.26	3.69	2.81	76.15	2.57
驻马店地区	**1040.73**	**509.50**	**89.34**	**8.58**	**63.45**	**56.69**	**47.97**	**84.62**	**9.42**
上蔡县	161.00	92.70	19.91	12.37	52.39	10.43	8.84	84.76	9.54
正阳县	151.40	50.60	6.87	4.54	55.02	3.78	2.88	76.19	5.69
确山县	106.00	44.50	6.86	6.47	48.10	3.30	2.63	79.70	5.91
泌阳县	144.00	63.20	11.18	7.76	68.25	7.63	6.74	88.34	10.66
汝南县	129.20	60.20	10.10	7.82	67.03	6.77	5.74	84.79	9.53
平舆县	114.10	64.10	10.50	9.20	81.62	8.57	7.30	85.18	11.39
西平县	103.60	64.10	9.83	9.49	48.52	4.77	3.91	81.97	6.10
新蔡县	131.43	70.10	14.09	10.72	81.19	11.44	9.93	86.80	14.17

5-21-33　河南省1975年产棉县棉花生产收购明细

县市名	耕地面积（万亩）	农业人口（万人）	棉田面积（万亩）	占耕地（%）	亩产（市斤）	产量（万担）	收购量（万担）	商品率（%）	人均交售（市斤）
全省合计	**9057.82**	**4927.48**	**863.62**	**9.53**	**56.96**	**491.92**	**437.50**	**88.94**	**8.88**
郑州市	**236.59**	**147.72**	**5.60**	**2.37**	**32.14**	**1.80**	**0.78**	**43.33**	**0.53**
新郑市	77.19	44.40	2.37	3.07	25.74	0.61	0.27	44.26	0.61
巩义市	59.58	55.40	0.61	1.02	45.90	0.28			
中牟县	99.82	47.92	2.62	2.62	34.73	0.91	0.51	56.04	1.06
开封市	**568.68**	**263.83**	**35.84**	**6.30**	**57.53**	**20.62**	**16.81**	**81.52**	**6.37**
开封县	124.81	49.49	6.66	5.34	42.64	2.84	2.31	81.34	4.67
杞　县	134.80	69.50	7.60	5.64	51.32	3.90	2.70	69.23	3.88
通许县	79.55	39.08	6.59	8.28	74.20	4.89	4.19	85.69	10.72
尉氏县	124.52	60.16	8.09	6.50	72.81	5.89	5.20	88.29	8.64
兰考县	105.00	45.60	6.90	6.57	44.93	3.10	2.41	77.74	5.29
洛阳市	**565.30**	**337.96**	**57.57**	**10.18**	**40.61**	**23.38**	**20.05**	**85.76**	**5.93**
偃师市	79.40	61.60	13.60	17.13	57.94	7.88	6.82	86.55	11.07
孟津县	63.20	35.30	6.92	10.95	39.31	2.72	2.36	86.76	6.69
新安县	64.00	39.30	3.46	5.41	50.87	1.76	1.35	76.70	3.44
宜阳县	95.20	45.90	10.22	10.74	40.22	4.11	3.76	91.48	8.19
伊川县	86.70	48.90	10.11	11.66	35.31	3.57	3.01	84.31	6.16
汝阳县	42.10	30.26	5.13	12.19	29.24	1.50	1.50	100.00	4.96
嵩　县	57.00	42.20	4.01	7.04	26.93	1.08	0.81	75.00	1.92
洛宁县	77.70	34.50	4.12	5.30	18.45	0.76	0.44	57.89	1.28
三门峡市	**159.90**	**79.00**	**29.27**	**18.31**	**40.52**	**11.86**	**12.86**	**108.43**	**16.28**
灵宝县	98.70	52.40	22.07	22.36	39.96	8.82	9.89	112.13	18.87
陕　县	61.20	26.60	7.20	11.76	42.22	3.04	2.97	97.70	11.17
平顶山市	**103.90**	**62.00**	**13.04**	**12.55**	**11.96**	**1.56**	**1.50**	**96.15**	**2.42**
汝州市	103.90	62.00	13.04	12.55	11.96	1.56	1.50	96.15	2.42
焦作市	**265.00**	**178.30**	**32.20**	**12.15**	**78.17**	**25.17**	**22.50**	**89.39**	**12.62**
孟州市	44.00	27.10	7.06	16.05	66.29	4.68	4.49	95.94	16.57
沁阳市	43.10	30.20	4.30	9.98	78.84	3.39	2.78	82.01	9.21
武陟县	65.70	44.00	5.91	9.00	62.94	3.72	3.29	88.44	7.48
温　县	38.70	28.50	4.20	10.85	77.38	3.25	2.89	88.92	10.14
博爱县	35.00	29.00	4.41	12.60	86.39	3.81	3.63	95.28	12.52
修武县	38.50	19.50	6.32	16.42	100.00	6.32	5.42	85.76	27.79
鹤壁市	**139.71**	**65.64**	**16.46**	**11.78**	**60.27**	**9.92**	**9.08**	**91.53**	**13.83**
浚　县	104.49	47.99	8.91	8.53	51.85	4.62	4.05	87.66	8.44
淇　县	35.22	17.65	7.55	21.44	70.20	5.30	5.03	94.91	28.50
新乡市	**593.90**	**318.83**	**60.55**	**10.20**	**60.08**	**36.38**	**32.16**	**88.40**	**10.09**
新乡县	48.90	30.10	11.50	23.52	100.70	11.58	10.30	88.95	34.22
卫辉县	61.00	30.43	6.89	11.30	48.19	3.32	3.00	90.36	9.86
获嘉县	46.30	26.20	10.98	23.71	70.40	7.73	7.10	91.85	27.10
辉　县	94.60	55.30	9.09	9.61	50.94	4.63	4.50	97.19	8.14
原阳县	83.90	43.00	5.50	6.56	45.09	2.48	2.08	83.87	4.84
延津县	66.20	31.20	4.56	6.89	37.94	1.73	1.48	85.55	4.74
封丘县	98.00	49.60	5.55	5.66	35.14	1.95	1.43	73.33	2.88
长垣县	95.00	53.00	6.48	6.82	45.68	2.96	2.27	76.69	4.28
安阳市	**557.98**	**320.62**	**80.01**	**14.34**	**59.41**	**47.53**	**41.15**	**86.58**	**12.83**
安阳县	132.00	82.80	35.00	26.52	65.60	22.96	21.37	93.07	25.81
林　县	89.00	75.70	4.90	5.51	63.67	3.12	3.12	100.00	4.12
内黄县	100.41	49.28	7.41	7.38	41.97	3.11			
滑　县	172.57	82.24	15.60	9.04	51.35	8.01	6.85	85.52	8.33
汤阴县	64.00	30.60	17.10	26.72	60.41	10.33	9.81	94.97	32.06
许昌市	**94.47**	**44.20**	**9.10**	**9.63**	**77.36**	**7.04**	**6.33**	**89.91**	**14.32**
鄢陵县	94.47	44.20	9.10	9.63	77.36	7.04	6.33	89.91	14.32

5－21－33 续表

县市名	耕地面积（万亩）	农业人口（万人）	棉田面积（万亩）	占耕地（%）	亩产（市斤）	产量（万担）	收购量（万担）	商品率（%）	人均交售（市斤）
濮阳市	**373.99**	**201.48**	**28.88**	**7.72**	**49.97**	**14.43**	**12.16**	**84.27**	**6.04**
濮阳县	172.58	88.75	12.00	6.95	38.00	4.56	3.67	80.48	4.14
清丰县	87.13	47.15	9.00	10.33	60.78	5.47	4.89	89.40	10.37
南乐县	60.00	32.88	6.09	10.15	65.85	4.01	3.48	86.78	10.58
范　县	54.28	32.70	1.79	3.30	21.79	0.39	0.12	30.77	0.37
漯河市	**184.50**	**116.40**	**1.89**	**1.02**	**22.22**	**0.42**	**0.03**	**7.14**	**0.03**
临颍县	79.00	47.90	0.84	1.06	34.52	0.29			
偃城县	105.50	68.50	1.05	1.00	12.38	0.13	0.03	23.08	0.04
南阳市	**1251.41**	**610.77**	**121.21**	**9.69**	**68.01**	**82.44**	**76.10**	**92.31**	**12.46**
宛城区	165.13	83.44	20.32	12.31	99.80	20.28	20.77	102.42	24.89
邓州市	252.10	111.40	19.01	7.54	68.96	13.11	11.99	91.46	10.76
新野县	103.50	52.40	13.04	12.60	114.03	14.87	13.81	92.87	26.35
唐河县	210.78	89.43	23.18	11.00	38.52	8.93	7.91	88.58	8.84
卧龙区	11.30	8.40	1.41	12.48	83.69	1.18	1.11	94.07	13.21
内乡县	77.00	50.00	5.23	6.79	61.76	3.23	2.83	87.62	5.66
方城县	158.00	74.00	14.58	9.23	52.33	7.63	6.45	84.53	8.72
社旗县	114.00	44.90	12.92	11.33	56.81	7.34	6.53	88.96	14.54
镇平县	110.20	67.60	7.46	6.77	60.86	4.54	3.73	82.16	5.52
桐柏县	49.40	29.20	4.06	8.22	32.76	1.33	0.97	72.93	3.32
商丘市	**976.18**	**518.83**	**121.21**	**12.42**	**67.92**	**82.32**	**72.39**	**87.94**	**13.95**
商丘县	155.41	75.98	19.00	12.23	80.63	15.32	13.40	87.47	17.64
永城县	166.07	88.75	19.20	11.56	70.31	13.50	12.01	88.96	13.53
民权县	105.48	53.89	14.94	14.16	63.59	9.50	7.73	81.37	14.34
睢　县	89.88	52.67	12.06	13.42	71.48	8.62	7.70	89.33	14.62
柘城县	111.22	61.31	14.74	13.25	70.56	10.40	9.28	89.23	15.14
宁陵县	71.16	38.47	6.00	8.43	54.33	3.26	2.73	83.74	7.10
虞城县	143.96	73.97	19.00	13.20	68.21	12.96	11.88	91.67	16.06
夏邑县	133.00	73.79	16.27	12.23	53.84	8.76	7.66	87.44	10.38
周口地区	**1190.97**	**681.24**	**112.40**	**9.44**	**76.25**	**85.70**	**77.75**	**90.72**	**11.41**
扶沟县	122.00	46.21	11.53	9.45	97.31	11.22	9.84	87.70	21.29
西华县	114.69	58.86	8.04	7.01	72.26	5.81	5.30	91.22	9.00
鹿邑县	129.33	75.31	12.00	9.28	83.00	9.96	8.81	88.45	11.70
郸城县	151.90	85.60	13.50	8.89	80.81	10.91	8.75	80.20	10.22
淮阳县	145.53	89.93	15.61	10.73	77.83	12.15	11.23	92.43	12.49
太康县	177.22	89.13	21.89	12.35	88.49	19.37	17.46	90.14	19.59
商水县	142.80	82.40	10.04	7.03	53.59	5.38	4.62	85.87	5.61
沈丘县	105.40	79.10	9.52	9.03	71.53	6.81	6.10	89.57	7.71
项城县	102.10	74.70	10.27	10.06	39.82	4.09	5.64	137.90	7.55
信阳地区	**759.10**	**459.90**	**50.60**	**6.67**	**40.77**	**20.63**	**17.92**	**86.86**	**3.90**
罗山县	89.50	53.70	3.90	4.36	46.67	1.82	1.52	83.52	2.83
信阳县	105.00	76.80	5.50	5.24	31.09	1.71	1.33	77.78	1.73
光山县	83.00	59.70	5.90	7.11	57.97	3.42	2.98	87.13	4.99
息　县	147.40	60.70	13.10	8.89	37.56	4.92	4.19	85.16	6.90
淮滨县	86.00	43.00	6.70	7.79	37.01	2.48	2.20	88.71	5.12
潢川县	98.50	54.00	9.30	9.44	38.60	3.59	3.38	94.15	6.26
固始县	149.70	112.00	6.20	4.14	43.39	2.69	2.32	86.25	2.07
驻马店地区	**1036.24**	**520.76**	**87.79**	**8.47**	**23.60**	**20.72**	**17.93**	**86.53**	**3.44**
上蔡县	160.00	94.50	17.55	10.97	13.68	2.40	2.20	91.67	2.33
正阳县	151.10	52.20	8.36	5.53	33.25	2.78	1.40	50.36	2.68
确山县	106.60	45.60	6.02	5.65	21.59	1.30	0.84	64.62	1.84
泌阳县	143.20	64.40	9.65	6.74	43.63	4.21	3.79	90.02	5.89
汝南县	128.00	61.40	11.88	9.28	22.31	2.65	2.58	97.36	4.20
平舆县	113.30	65.90	11.65	10.28	5.67	0.66	0.95	143.94	1.44
西平县	103.10	65.00	8.35	8.10	21.68	1.81	1.53	84.53	2.35
新蔡县	130.94	71.76	14.33	10.94	34.26	4.91	4.64	94.50	6.47

5－21－34　河南省1976年产棉县棉花生产收购明细

县市名	耕地面积（万亩）	农业人口（万人）	棉田面积（万亩）	占耕地（%）	亩产（市斤）	产量（万担）	收购量（万担）	商品率（%）	人均交售（市斤）
全省合计	**9007.39**	**4991.08**	**865.57**	**9.61**	**47.87**	**414.34**	**354.82**	**85.63**	**7.11**
郑州市	**235.11**	**148.76**	**5.19**	**2.21**	**23.51**	**1.22**	**0.28**	**22.95**	**0.19**
新郑市	76.60	44.60	1.61	2.10	14.91	0.24	0.04	16.67	0.09
巩义市	59.20	55.80	1.27	2.15	40.16	0.51	0.08	15.69	0.14
中牟县	99.31	48.36	2.31	2.33	20.35	0.47	0.16	34.04	0.33
开封市	**564.92**	**265.66**	**43.31**	**7.67**	**30.85**	**13.36**	**9.08**	**67.96**	**3.42**
开封县	121.26	49.94	6.93	5.71	21.93	1.52			
杞　县	134.20	70.20	10.50	7.82	24.76	2.60	1.50	57.69	2.14
通许县	79.43	39.45	7.95	10.01	41.01	3.26	2.77	84.97	7.02
尉氏县	125.03	59.67	9.63	7.70	42.37	4.08	3.44	84.31	5.77
兰考县	105.00	46.40	8.30	7.90	22.89	1.90	1.37	72.11	2.95
洛阳市	**562.63**	**341.65**	**55.67**	**9.89**	**40.65**	**22.63**	**17.70**	**78.21**	**5.18**
偃师市	79.00	62.70	13.34	16.89	52.47	7.00	6.07	86.71	9.68
孟津县	63.03	35.70	6.11	9.69	29.95	1.83	0.15	8.20	0.42
新安县	64.00	39.80	3.43	5.36	50.73	1.74	1.13	64.94	2.84
宜阳县	94.50	46.70	10.05	10.63	39.30	3.95	3.56	90.13	7.62
伊川县	86.30	50.30	10.01	11.60	38.36	3.84	3.36	87.50	6.68
汝阳县	41.80	30.75	5.05	12.08	44.16	2.23	2.06	92.38	6.70
嵩　县	56.50	40.70	3.47	6.14	32.85	1.14	0.82	71.93	2.01
洛宁县	77.50	35.00	4.21	5.43	21.38	0.90	0.55	61.11	1.57
三门峡市	**159.90**	**79.80**	**28.65**	**17.92**	**59.93**	**17.17**	**16.09**	**93.71**	**20.16**
灵宝县	98.70	52.90	21.29	21.57	59.61	12.69	11.83	93.22	22.36
陕　县	61.20	26.90	7.36	12.03	60.87	4.48	4.26	95.09	15.84
平顶山市	**103.80**	**63.50**	**12.81**	**12.34**	**42.39**	**5.43**	**4.47**	**82.32**	**7.04**
汝州市	103.80	63.50	12.81	12.34	42.39	5.43	4.47	82.32	7.04
焦作市	**264.00**	**180.70**	**33.52**	**12.70**	**49.13**	**16.47**	**14.94**	**90.71**	**8.27**
孟州市	44.00	27.40	7.97	18.11	43.79	3.49	3.25	93.12	11.86
沁阳市	42.50	30.50	4.41	10.38	59.41	2.62	2.20	83.97	7.21
武陟县	65.60	44.60	6.05	9.22	38.18	2.31	2.00	86.58	4.48
温　县	38.50	28.80	4.17	10.83	54.68	2.28	1.91	83.77	6.63
博爱县	34.90	29.60	4.42	12.66	66.29	2.93	2.81	95.90	9.49
修武县	38.50	19.80	6.50	16.88	43.69	2.84	2.77	97.54	13.99
鹤壁市	**139.20**	**66.40**	**16.01**	**11.50**	**44.53**	**7.13**	**6.41**	**89.90**	**9.65**
浚　县	104.00	48.50	8.93	8.59	39.08	3.49	2.94	84.24	6.06
淇　县	35.20	17.90	7.08	20.11	51.41	3.64	3.47	95.33	19.39
新乡市	**591.60**	**323.09**	**61.27**	**10.36**	**40.00**	**24.51**	**20.96**	**85.52**	**6.49**
新乡县	48.80	30.50	11.50	23.57	73.04	8.40	7.78	92.62	25.51
卫辉县	61.00	30.79	7.01	11.49	33.38	2.34	2.08	88.89	6.76
获嘉县	46.00	26.40	11.05	24.02	41.99	4.64	4.44	95.69	16.82
辉　县	94.70	55.40	9.11	9.62	39.41	3.59	3.30	91.92	5.96
原阳县	82.70	43.00	4.42	5.34	32.81	1.45	1.11	76.55	2.58
延津县	65.40	31.80	4.57	6.99	26.70	1.22	0.95	77.87	2.99
封丘县	98.00	50.40	6.42	6.55	19.31	1.24			
长垣县	95.00	54.80	7.19	7.57	22.67	1.63	1.30	79.75	2.37
安阳市	**555.11**	**325.12**	**79.49**	**14.32**	**39.93**	**31.74**	**27.56**	**86.83**	**8.48**
安阳县	132.00	84.60	35.30	26.74	43.29	15.28	14.37	94.04	16.99
林　县	89.00	75.80	5.00	5.62	49.20	2.46	1.72	69.92	2.27
内黄县	97.54	50.03	7.82	8.02	21.48	1.68			
滑　县	172.57	83.69	15.78	9.14	32.26	5.09	4.22	82.91	5.04
汤阴县	64.00	31.00	15.59	24.36	46.38	7.23	7.25	100.28	23.39
许昌市	**94.21**	**44.77**	**8.72**	**9.26**	**71.44**	**6.23**	**4.83**	**77.53**	**10.79**
鄢陵县	94.21	44.77	8.72	9.26	71.44	6.23	4.83	77.53	10.79

5－21－34 续表

县市名	耕地面积（万亩）	农业人口（万人）	棉田面积（万亩）	占耕地（%）	亩产（市斤）	产量（万担）	收购量（万担）	商品率（%）	人均交售（市斤）
濮阳市	**374.00**	**203.51**	**27.07**	**7.24**	**26.34**	**7.13**	**5.68**	**79.66**	**2.79**
濮阳县	173.00	89.70	10.80	6.24	23.06	2.49	1.87	75.10	2.08
清丰县	87.10	47.50	9.00	10.33	34.56	3.11	2.58	82.96	5.43
南乐县	60.00	33.11	6.00	10.00	23.83	1.43	1.21	84.62	3.65
范　县	53.90	33.20	1.27	2.36	7.87	0.10	0.02	20.00	0.06
漯河市	**183.20**	**116.90**	**1.36**	**0.74**	**41.18**	**0.56**			
临颍县	79.10	48.40	0.70	0.88	47.14	0.33			
偃城县	104.10	68.50	0.66	0.63	34.85	0.23			
南阳市	**1244.79**	**620.41**	**128.23**	**10.30**	**72.00**	**92.32**	**84.10**	**91.10**	**13.56**
宛城区	165.19	85.01	30.14	18.25	89.88	27.09	25.38	93.69	29.86
邓州市	250.20	113.60	18.93	7.57	50.18	9.50	8.26	86.95	7.27
新野县	103.30	53.50	13.27	12.85	112.96	14.99	13.99	93.33	26.15
唐河县	206.60	91.10	22.60	10.94	63.36	14.32	12.95	90.43	14.22
卧龙区	11.20	8.60	1.45	12.95	86.90	1.26	1.15	91.27	13.37
内乡县	76.90	50.60	5.55	7.22	52.61	2.92	2.49	85.27	4.92
方城县	158.00	74.00	12.97	8.21	56.44	7.32	6.44	87.98	8.70
社旗县	114.00	45.60	12.68	11.12	70.58	8.95	8.34	93.18	18.29
镇平县	110.20	68.60	7.22	6.55	55.26	3.99	4.05	101.50	5.90
桐柏县	49.20	29.80	3.42	6.95	57.89	1.98	1.05	53.03	3.52
商丘市	**972.39**	**524.26**	**127.08**	**13.07**	**39.81**	**50.59**	**43.23**	**85.45**	**8.25**
商丘县	155.26	76.76	19.54	12.59	50.51	9.87	8.50	86.12	11.07
永城县	166.07	90.39	23.30	14.03	39.31	9.16	8.29	90.50	9.17
民权县	105.12	54.19	14.94	14.21	36.81	5.50	4.46	81.09	8.23
睢　县	88.50	53.02	11.78	13.31	37.61	4.43	3.73	84.20	7.04
柘城县	109.98	61.92	14.41	13.10	39.49	5.69	5.10	89.63	8.24
宁陵县	71.16	38.74	6.10	8.57	27.70	1.69	1.12	66.27	2.89
虞城县	143.74	74.70	19.00	13.22	42.11	8.00	7.00	87.50	9.37
夏邑县	132.56	74.54	18.01	13.59	34.70	6.25	5.03	80.48	6.75
周口地区	**1181.56**	**691.68**	**119.10**	**10.08**	**51.21**	**60.99**	**50.92**	**83.49**	**7.36**
扶沟县	121.59	47.54	12.40	10.20	57.74	7.16	5.94	82.96	12.49
西华县	114.40	59.90	9.98	8.72	47.29	4.72	3.94	83.47	6.58
鹿邑县	129.33	76.61	15.00	11.60	51.00	7.65	6.35	83.01	8.29
郸城县	149.04	86.62	14.00	9.39	57.14	8.00	6.47	80.88	7.47
淮阳县	145.52	91.31	16.81	11.55	46.28	7.78	7.13	91.65	7.81
太康县	175.38	90.40	22.00	12.54	56.50	12.43	10.87	87.45	12.02
商水县	140.70	83.40	11.48	8.16	39.11	4.49	3.50	77.95	4.20
沈丘县	104.00	80.10	9.36	9.00	50.53	4.73	3.84	81.18	4.79
项城县	101.60	75.80	8.07	7.94	49.94	4.03	2.88	71.46	3.80
信阳地区	**752.30**	**465.50**	**53.90**	**7.16**	**44.95**	**24.23**	**20.78**	**85.76**	**4.46**
罗山县	89.00	54.40	4.40	4.94	46.36	2.04	1.99	97.55	3.66
信阳县	103.10	77.60	5.90	5.72	48.14	2.84	2.37	83.45	3.05
光山县	83.00	60.30	6.80	8.19	46.32	3.15	2.34	74.29	3.88
息　县	148.50	62.00	12.90	8.69	35.58	4.59	3.88	84.53	6.26
淮滨县	83.00	43.50	7.00	8.43	29.29	2.05	1.19	58.05	2.74
潢川县	97.60	54.40	9.80	10.04	54.80	5.37	5.26	97.95	9.67
固始县	148.10	113.30	7.10	4.79	59.01	4.19	3.75	89.50	3.31
驻马店地区	**1028.67**	**529.37**	**64.19**	**6.24**	**50.83**	**32.63**	**27.79**	**85.17**	**5.25**
上蔡县	159.00	96.00	10.62	6.68	55.18	5.86	4.29	73.21	4.47
正阳县	151.10	53.00	6.53	4.32	40.28	2.63	1.62	61.60	3.06
确山县	106.50	46.40	5.59	5.25	36.85	2.06	1.47	71.36	3.17
泌阳县	139.70	65.80	8.57	6.13	72.35	6.20	4.88	78.71	7.42
汝南县	127.30	62.40	8.49	6.67	43.70	3.71	3.00	80.86	4.81
平舆县	112.60	67.10	7.24	6.43	54.42	3.94	2.75	69.80	4.10
西平县	101.70	65.80	4.99	4.91	43.29	2.16	4.89	*	7.43
新蔡县	130.77	72.87	12.16	9.30	49.92	6.07	4.89	80.56	6.71

5-21-35 河南省1977年产棉县棉花生产收购明细

县市名	耕地面积（万亩）	农业人口（万人）	棉田面积（万亩）	占耕地（%）	亩产（市斤）	产量（万担）	收购量（万担）	商品率（%）	人均交售（市斤）
全省合计	**8968.29**	**5063.90**	**869.12**	**9.69**	**50.13**	**435.71**	**355.31**	**81.55**	**7.02**
郑州市	**233.79**	**150.02**	**3.80**	**1.63**	**27.89**	**1.06**	**0.11**	**10.38**	**0.07**
新郑市	75.90	45.00	1.19	1.57	16.81	0.20	0.01	5.00	0.02
巩义市	58.90	56.40	0.89	1.51	58.43	0.52	0.03	5.77	0.05
中牟县	98.99	48.62	1.72	1.74	19.77	0.34	0.07	20.59	0.14
开封市	**562.44**	**269.89**	**48.89**	**8.69**	**29.70**	**14.52**	**10.53**	**72.52**	**3.90**
开封县	121.93	50.59	6.90	5.66	13.48	0.93	0.68	73.12	1.34
杞县	133.60	71.10	13.30	9.96	27.82	3.70	1.90	51.35	2.67
通许县	78.83	39.83	9.17	11.63	35.22	3.23	2.76	85.45	6.93
尉氏县	123.08	61.17	12.92	10.50	39.94	5.16	3.95	76.55	6.46
兰考县	105.00	47.20	6.60	6.29	22.73	1.50	1.24	82.67	2.63
洛阳市	**561.20**	**346.43**	**53.73**	**9.57**	**48.87**	**26.26**	**22.96**	**87.43**	**6.63**
偃师市	78.80	63.50	13.22	16.78	68.76	9.09	8.04	88.45	12.66
孟津县	62.80	36.10	5.99	9.54	41.07	2.46	2.29	93.09	6.34
新安县	64.00	40.40	3.42	5.34	65.79	2.25	1.71	76.00	4.23
宜阳县	94.00	47.50	10.10	10.74	46.34	4.68	4.24	90.60	8.93
伊川县	86.10	51.20	8.44	9.80	40.88	3.45	2.93	84.93	5.72
汝阳县	41.60	31.13	5.20	12.50	42.69	2.22	2.05	92.34	6.59
嵩县	56.30	41.00	3.45	6.13	33.62	1.16	0.84	72.41	2.05
洛宁县	77.60	35.60	3.91	5.04	24.30	0.95	0.86	90.53	2.42
三门峡市	**159.90**	**80.60**	**28.83**	**18.03**	**56.37**	**16.25**	**15.40**	**94.76**	**19.11**
灵宝县	98.70	53.40	21.97	22.26	52.89	11.62	10.99	94.57	20.58
陕县	61.20	27.20	6.86	11.21	67.49	4.63	4.41	95.25	16.21
平顶山市	**103.50**	**64.50**	**10.06**	**9.72**	**66.70**	**6.71**	**5.51**	**82.12**	**8.54**
汝州市	103.50	64.50	10.06	9.72	66.70	6.71	5.51	82.12	8.54
焦作市	**262.90**	**183.20**	**33.08**	**12.58**	**76.09**	**25.17**	**24.45**	**97.14**	**13.35**
孟州市	44.00	27.80	7.06	16.05	78.05	5.51	5.25	95.28	18.88
沁阳市	42.10	30.80	4.39	10.43	110.25	4.84	3.90	80.58	12.66
武陟县	65.30	45.20	5.87	8.99	43.95	2.58	2.28	88.37	5.04
温县	38.50	29.10	4.16	10.81	100.24	4.17	3.82	91.61	13.13
博爱县	34.50	30.10	5.40	15.65	76.30	4.12	5.26	127.67	17.48
修武县	38.50	20.20	6.20	16.10	63.71	3.95	3.94	99.75	19.50
鹤璧市	**139.20**	**67.50**	**15.91**	**11.43**	**45.38**	**7.22**	**6.46**	**89.47**	**9.57**
浚县	104.00	49.40	8.83	8.49	40.43	3.57	3.02	84.59	6.11
淇县	35.20	18.10	7.08	20.11	51.55	3.65	3.44	94.25	19.01
新乡市	**589.50**	**326.57**	**59.03**	**10.01**	**46.65**	**27.54**	**24.73**	**89.80**	**7.57**
新乡县	48.80	31.00	11.01	22.56	97.09	10.69	10.08	94.29	32.52
卫辉县	61.00	31.37	6.88	11.28	40.99	2.82	2.64	93.62	8.42
获嘉县	45.90	26.90	10.38	22.61	36.99	3.84	3.68	95.83	13.68
辉县	94.60	55.70	9.06	9.58	54.53	4.94	4.64	93.93	8.33
原阳县	81.50	43.30	4.60	5.64	28.91	1.33	1.01	75.94	2.33
延津县	64.70	32.50	4.07	6.29	27.52	1.12	0.87	77.68	2.68
封丘县	98.00	51.10	5.70	5.82	11.40	0.65			
长垣县	95.00	54.70	7.33	7.72	29.33	2.15	1.81	84.19	3.31
安阳市	**552.89**	**329.96**	**79.14**	**14.31**	**47.04**	**37.23**	**31.04**	**83.37**	**9.41**
安阳县	132.00	86.50	34.80	26.36	48.22	16.78	15.48	92.25	17.90
林县	89.00	76.10	5.00	5.62	73.60	3.68	2.75	74.73	3.61
内黄县	98.35	50.59	7.92	8.05	32.83	2.60			
滑县	169.54	85.27	15.78	9.31	36.88	5.82	4.92	84.54	5.77
汤阴县	64.00	31.50	15.64	24.44	53.39	8.35	7.89	94.49	25.05
许昌市	**92.38**	**45.52**	**8.76**	**9.48**	**60.96**	**5.34**	**3.77**	**70.60**	**8.28**
鄢陵县	92.38	45.52	8.76	9.48	60.96	5.34	3.77	70.60	8.28

5－21－35 续表

县市名	耕地面积（万亩）	农业人口（万人）	棉田面积（万亩）	占耕地（%）	亩产（市斤）	产量（万担）	收购量（万担）	商品率（%）	人均交售（市斤）
濮阳市	**372.40**	**206.07**	**26.87**	**7.22**	**41.91**	**11.26**	**9.29**	**82.50**	**4.51**
濮阳县	173.00	90.90	11.41	6.60	38.83	4.43	3.59	81.04	3.95
清丰县	87.10	48.10	9.00	10.33	52.11	4.69	4.00	85.29	8.32
南乐县	59.00	33.47	6.00	10.17	34.33	2.06	1.70	82.52	5.08
范　县	53.30	33.60	0.46	0.86	17.39	0.08			
漯河市	**182.70**	**118.50**	**1.10**	**0.60**	**42.73**	**0.47**			
临颍县	78.30	49.40	0.51	0.65	39.22	0.20			
偃城县	104.40	69.10	0.59	0.57	45.76	0.27			
南阳市	**1238.26**	**633.49**	**127.44**	**10.29**	**63.34**	**80.72**	**72.67**	**90.02**	**11.47**
宛城区	164.96	86.99	30.05	18.22	84.39	25.36	23.80	93.85	27.36
邓州市	246.30	115.80	18.79	7.63	58.49	10.99	10.04	91.36	8.67
新野县	102.90	54.90	13.28	12.91	90.99	12.08	11.29	93.44	20.56
唐河县	206.70	93.60	21.98	10.63	41.36	9.09	8.06	88.67	8.61
卧龙区	10.90	8.80	1.26	11.56	88.10	1.11	1.00	90.09	11.36
内乡县	76.70	51.30	5.29	6.90	56.71	3.00	2.49	83.00	4.85
方城县	158.00	76.00	13.16	8.33	45.21	5.95	5.08	85.38	6.68
社旗县	113.00	46.70	13.13	11.62	52.32	6.87	6.29	91.56	13.47
镇平县	110.20	69.00	6.97	6.32	69.58	4.85	3.50	72.16	5.07
桐柏县	48.60	30.40	3.53	7.26	40.23	1.42	1.12	78.87	3.68
商丘市	**968.32**	**530.46**	**128.85**	**13.31**	**33.48**	**43.14**	**36.20**	**83.91**	**6.82**
商丘县	155.26	77.74	20.54	13.23	36.71	7.54	6.47	85.81	8.32
永城县	166.39	91.66	23.70	14.24	32.57	7.72	6.50	84.20	7.09
民权县	104.01	54.76	14.09	13.55	40.81	5.75	4.46	77.57	8.14
睢　县	87.24	53.52	12.24	14.03	37.83	4.63	3.45	74.51	6.45
柘城县	109.75	62.47	14.83	13.51	31.69	4.70	4.00	85.11	6.40
宁陵县	70.60	39.63	6.00	8.50	25.17	1.51	1.12	74.17	2.83
虞城县	143.08	75.46	19.00	13.28	31.58	6.00	6.00	100.00	7.95
夏邑县	131.99	75.22	18.45	13.98	28.67	5.29	4.20	79.40	5.58
周口地区	**1170.88**	**700.30**	**121.79**	**10.40**	**64.78**	**78.90**	**45.23**	**57.33**	**6.46**
扶沟县	121.59	48.01	11.74	9.66	107.33	12.60	5.37	42.62	11.19
西华县	110.20	58.50	10.00	9.07	56.70	5.67	4.88	86.07	8.34
鹿邑县	128.39	77.92	16.00	12.46	34.00	5.44	5.11	93.93	6.56
郸城县	148.96	87.80	14.88	9.99	90.73	13.50	4.41	32.67	5.02
淮阳县	145.32	92.73	16.03	11.03	40.24	6.45	6.06	93.95	6.54
太康县	173.22	92.14	22.00	12.70	100.00	22.00	8.87	40.32	9.63
商水县	138.30	84.60	10.98	7.94	42.53	4.67	3.45	73.88	4.08
沈丘县	104.50	81.50	10.15	9.71	50.54	5.13	4.28	83.43	5.25
项城县	100.40	77.10	10.01	9.97	34.37	3.44	2.80	81.40	3.63
信阳地区	**748.80**	**471.40**	**54.90**	**7.33**	**49.36**	**27.10**	**24.42**	**90.11**	**5.18**
罗山县	88.90	55.00	4.80	5.40	58.33	2.80	2.40	85.71	4.36
信阳县	102.90	79.10	5.80	5.64	35.00	2.03	1.81	89.16	2.29
光山县	83.00	60.60	6.70	8.07	55.82	3.74	3.12	83.42	5.15
息　县	147.00	63.20	12.80	8.71	39.84	5.10	4.30	84.31	6.80
淮滨县	82.00	44.30	7.20	8.78	40.97	2.95	2.62	88.81	5.91
潢川县	97.40	54.90	10.00	10.27	62.30	6.23	6.13	98.39	11.17
固始县	147.60	114.30	7.60	5.15	55.92	4.25	4.04	95.06	3.53
驻马店地区	**1029.23**	**539.49**	**66.94**	**6.50**	**40.07**	**26.82**	**22.54**	**84.04**	**4.18**
上蔡县	159.00	97.90	13.31	8.37	44.25	5.89	4.95	84.04	5.06
正阳县	150.70	53.90	2.86	1.90	31.47	0.90	0.37	41.11	0.69
确山县	106.50	47.20	3.96	3.72	14.65	0.58	0.33	56.90	0.70
泌阳县	139.40	67.20	9.22	6.61	41.11	3.79	3.25	85.75	4.84
汝南县	126.60	63.50	9.13	7.21	35.49	3.24	2.56	79.01	4.03
平舆县	115.50	68.50	9.47	8.20	39.28	3.72	2.50	67.20	3.65
西平县	101.10	66.70	5.92	5.86	42.57	2.52	4.29	170.24	6.43
新蔡县	130.43	74.59	13.07	10.02	47.28	6.18	4.29	69.42	5.75

5－21－36　河南省1978年产棉县棉花生产收购明细

县市名	耕地面积（万亩）	农业人口（万人）	棉田面积（万亩）	占耕地（%）	亩　产（市斤）	产　量（万担）	收购量（万担）	商品率（%）	人均交售（市斤）
全省合计	**8953.34**	**5135.72**	**879.31**	**9.82**	**50.17**	**441.13**	**380.34**	**86.22**	**7.41**
郑州市	**233.48**	**150.85**	**9.30**	**3.98**	**22.69**	**2.11**	**0.05**	**2.37**	**0.03**
新郑市	76.10	45.30	1.71	2.25	21.64	0.37	0.04	10.81	0.09
巩义市	58.80	56.80	1.35	2.30	18.52	0.25			
中牟县	98.58	48.75	6.24	6.33	23.88	1.49	0.01	0.67	0.02
开封市	**567.15**	**272.80**	**50.74**	**8.95**	**32.52**	**16.50**	**12.84**	**77.82**	**4.71**
开封县	120.85	51.08	6.24	5.16	23.88	1.49	0.17	11.41	0.33
杞　县	133.50	72.10	13.30	9.96	28.57	3.80	3.30	86.84	4.58
通许县	79.81	40.12	9.15	11.46	40.33	3.69	2.90	78.59	7.23
尉氏县	122.99	61.50	14.35	11.67	38.47	5.52	4.98	90.22	8.10
兰考县	110.00	48.00	7.70	7.00	25.97	2.00	1.49	74.50	3.10
洛阳市	**557.73**	**350.14**	**52.18**	**9.36**	**42.20**	**22.02**	**18.43**	**83.70**	**5.26**
偃师市	78.60	63.90	13.25	16.86	56.08	7.43	6.37	85.73	9.97
孟津县	60.23	36.60	5.98	9.93	38.46	2.30	2.08	90.43	5.68
新安县	64.00	40.70	3.41	5.33	63.34	2.16	1.63	75.46	4.00
宜阳县	93.50	48.30	10.16	10.87	40.85	4.15	3.69	88.92	7.64
伊川县	85.70	51.90	8.78	10.25	34.05	2.99	2.43	81.27	4.68
汝阳县	41.60	31.44	5.07	12.19	35.31	1.79	1.63	91.06	5.18
嵩　县	56.50	41.30	2.11	3.73	24.17	0.51	0.21	41.18	0.51
洛宁县	77.60	36.00	3.42	4.41	20.18	0.69	0.39	56.52	1.08
三门峡市	**159.80**	**81.10**	**29.28**	**18.32**	**59.46**	**17.41**	**16.77**	**96.32**	**20.68**
灵宝县	98.70	53.80	21.99	22.28	60.89	13.39	12.89	96.27	23.96
陕　县	61.10	27.30	7.29	11.93	55.14	4.02	3.88	96.52	14.21
平顶山市	**103.10**	**65.20**	**10.19**	**9.88**	**60.94**	**6.21**	**5.09**	**81.96**	**7.81**
汝州市	103.10	65.20	10.19	9.88	60.94	6.21	5.09	81.96	7.81
焦作市	**258.70**	**183.60**	**31.94**	**12.35**	**69.66**	**22.25**	**20.36**	**91.51**	**11.09**
孟州市	40.00	25.80	6.26	15.65	67.09	4.20	3.85	91.67	14.92
沁阳市	42.20	31.30	4.42	10.47	70.59	3.12	2.90	92.95	9.27
武陟县	65.00	46.10	6.07	9.34	58.48	3.55	3.11	87.61	6.75
温　县	38.50	29.40	4.21	10.94	70.31	2.96	2.52	85.14	8.57
博爱县	34.50	30.50	4.40	12.75	99.55	4.38	4.08	93.15	13.38
修武县	38.50	20.50	6.58	17.09	61.40	4.04	3.90	96.53	19.02
鹤壁市	**138.80**	**68.60**	**14.05**	**10.12**	**50.11**	**7.04**	**5.98**	**84.94**	**8.72**
浚　县	104.00	50.20	8.33	8.01	44.18	3.68	2.89	78.53	5.76
淇　县	34.80	18.40	5.72	16.44	58.74	3.36	3.09	91.96	16.79
新乡市	**588.60**	**330.84**	**58.08**	**9.87**	**62.67**	**36.40**	**32.75**	**89.97**	**9.90**
新乡县	48.80	31.40	11.51	23.59	121.89	14.03	13.30	94.80	42.36
卫辉县	61.00	31.84	6.60	10.82	49.39	3.26	2.94	90.18	9.23
获嘉县	45.90	27.50	11.00	23.97	67.73	7.45	7.08	95.03	25.75
辉　县	94.50	56.10	9.09	9.62	61.39	5.58	5.32	95.34	9.48
原阳县	81.60	43.70	4.90	6.00	45.71	2.24	1.88	83.93	4.30
延津县	64.80	33.10	3.41	5.26	36.66	1.25	0.95	76.00	2.87
封丘县	98.00	51.70	4.32	4.41	22.45	0.97			
长垣县	94.00	55.50	7.25	7.71	22.34	1.62	1.28	79.01	2.31
安阳市	**550.29**	**334.65**	**79.66**	**14.48**	**56.20**	**44.77**	**33.83**	**75.56**	**10.11**
安阳县	132.00	88.10	33.30	25.23	56.22	18.72	17.29	92.36	19.63
林　县	89.00	76.70	5.00	5.62	58.60	2.93	2.13	72.70	2.78
内黄县	95.75	51.22	2.63	2.75	266.16	7.00			
滑　县	169.54	86.63	22.46	13.25	37.18	8.35	7.13	85.39	8.23
汤阴县	64.00	32.00	16.27	25.42	47.76	7.77	7.28	93.69	22.75
许昌市	**92.94**	**46.16**	**8.14**	**8.76**	**84.03**	**6.84**	**5.49**	**80.26**	**11.89**
鄢陵县	92.94	46.16	8.14	8.76	84.03	6.84	5.49	80.26	11.89

5－21－36 续表

县市名	耕地面积（万亩）	农业人口（万人）	棉田面积（万亩）	占耕地（%）	亩产（市斤）	产量（万担）	收购量（万担）	商品率（%）	人均交售（市斤）
濮阳市	**372.70**	**208.60**	**27.06**	**7.26**	**39.43**	**10.67**	**8.02**	**75.16**	**3.84**
濮阳县	173.00	91.90	11.09	6.41	36.70	4.07	2.85	70.02	3.10
清丰县	87.10	48.70	9.00	10.33	42.22	3.80	3.05	80.26	6.26
南乐县	59.00	33.90	6.42	10.88	41.90	2.69	2.12	78.81	6.25
范　县	53.60	34.10	0.55	1.03	20.00	0.11			
漯河市	**182.90**	**119.50**	**1.01**	**0.55**	**50.50**	**0.51**	**0.03**	**5.88**	**0.03**
临颍县	78.30	49.00	0.48	0.61	56.25	0.27	0.03	11.11	0.06
郾城县	104.60	70.50	0.53	0.51	45.28	0.24			
南阳市	**1236.02**	**645.22**	**150.64**	**12.19**	**72.63**	**109.41**	**100.36**	**91.73**	**15.55**
宛城区	163.72	88.22	55.03	33.61	89.42	49.21	46.83	95.16	53.08
邓州市	245.50	118.20	16.40	6.68	75.55	12.39	11.18	90.23	9.46
新野县	102.80	56.00	13.56	13.19	98.01	13.29	11.99	90.22	21.41
唐河县	206.70	96.20	23.58	11.41	48.98	11.55	10.35	89.61	10.76
卧龙区	10.80	9.00	1.11	10.28	80.18	0.89	0.83	93.26	9.22
内乡县	76.70	51.90	5.32	6.94	50.75	2.70	2.19	81.11	4.22
方城县	158.00	77.00	11.87	7.51	53.58	6.36	5.56	87.42	7.22
社旗县	113.00	47.70	13.10	11.59	55.34	7.25	6.71	92.55	14.07
镇平县	110.20	70.00	7.05	6.40	58.01	4.09	3.31	80.93	4.73
桐柏县	48.60	31.00	3.62	7.45	46.41	1.68	1.41	83.93	4.55
商丘市	**963.97**	**536.67**	**114.04**	**11.83**	**34.91**	**39.81**	**33.09**	**83.12**	**6.17**
商丘县	155.26	78.70	19.45	12.53	40.00	7.78	6.98	89.72	8.87
永城县	165.24	92.45	20.25	12.25	32.99	6.68	5.81	86.98	6.28
民权县	103.19	55.50	14.00	13.57	35.14	4.92	4.10	83.33	7.39
睢　县	87.16	54.12	12.71	14.58	37.92	4.82	3.95	81.95	7.30
柘城县	108.66	63.30	13.23	12.18	38.10	5.04	4.50	89.29	7.11
宁陵县	70.32	40.30	2.40	3.41	62.50	1.50	0.22	14.67	0.55
虞城县	142.51	76.29	18.00	12.63	33.33	6.00	5.00	83.33	6.55
夏邑县	131.63	76.01	14.00	10.64	21.93	3.07	2.53	82.41	3.33
周口地区	**1169.69**	**715.11**	**121.38**	**10.38**	**39.18**	**47.56**	**40.78**	**85.74**	**5.70**
扶沟县	116.84	51.20	12.35	10.57	53.77	6.64	5.89	88.70	11.50
西华县	110.30	59.40	10.44	9.47	50.19	5.24	4.60	87.79	7.74
鹿邑县	128.69	79.72	14.76	11.47	35.09	5.18	4.71	90.93	5.91
郸城县	148.96	89.25	14.15	9.50	31.87	4.51	3.80	84.26	4.26
淮阳县	150.31	94.27	15.18	10.10	33.27	5.05	4.37	86.53	4.64
太康县	172.69	93.97	22.13	12.81	42.07	9.31	8.47	90.98	9.01
商水县	137.00	86.10	12.30	8.98	35.53	4.37	3.30	75.51	3.83
沈丘县	104.60	82.90	9.88	9.45	41.40	4.09	3.21	78.48	3.87
项城县	100.30	78.30	10.19	10.16	31.11	3.17	2.43	76.66	3.10
信阳地区	**747.60**	**476.80**	**58.60**	**7.84**	**41.86**	**24.53**	**22.13**	**90.22**	**4.64**
罗山县	88.90	55.40	5.50	6.19	38.55	2.12	1.81	85.38	3.27
信阳县	103.00	79.90	6.40	6.21	41.56	2.66	2.26	84.96	2.83
光山县	83.00	61.10	7.60	9.16	27.37	2.08	1.58	75.96	2.59
息　县	146.20	64.90	13.40	9.17	43.96	5.89	5.61	95.25	8.64
淮滨县	82.00	44.80	7.10	8.66	33.52	2.38	2.16	90.76	4.82
潢川县	97.30	55.30	9.90	10.17	49.70	4.92	4.75	96.54	8.59
固始县	147.20	115.40	8.70	5.91	51.49	4.48	3.96	88.39	3.43
驻马店地区	**1029.87**	**549.88**	**63.02**	**6.12**	**42.99**	**27.09**	**24.34**	**89.85**	**4.43**
上蔡县	159.00	99.80	13.50	8.49	43.04	5.81	4.54	78.14	4.55
正阳县	150.80	54.80	2.87	1.90	40.42	1.16	0.51	43.97	0.93
确山县	106.70	48.00	1.10	1.03	38.18	0.42	0.05	11.90	0.10
泌阳县	139.40	68.80	10.26	7.36	43.96	4.51	3.92	86.92	5.70
汝南县	126.40	64.60	6.59	5.21	37.18	2.45	2.06	84.08	3.19
平舆县	115.30	70.40	9.56	8.29	42.36	4.05	2.98	73.58	4.23
西平县	101.30	67.50	5.70	5.63	38.25	2.18	5.14	*	7.61
新蔡县	130.97	75.98	13.44	10.26	48.44	6.51	5.14	78.96	6.76

5－21－37　河南省1979年产棉县棉花生产收购明细

县市名	耕地面积（万亩）	农业人口（万人）	棉田面积（万亩）	占耕地（%）	亩产（市斤）	产量（万担）	收购量（万担）	商品率（%）	人均交售（市斤）
全省合计	**8914.41**	**5178.96**	**798.57**	**8.96**	**48.69**	**388.85**	**352.65**	**90.69**	**6.81**
郑州市	**233.76**	**151.12**	**5.86**	**2.51**	**18.77**	**1.10**	**0.48**	**43.64**	**0.32**
新郑市	76.10	45.40	1.34	1.76	21.64	0.29	0.01	3.45	0.02
巩义市	58.80	56.90	1.53	2.60	19.61	0.30	0.05	16.67	0.09
中牟县	98.86	48.82	2.99	3.02	17.06	0.51	0.42	82.35	0.86
开封市	**565.75**	**275.33**	**42.58**	**7.53**	**37.22**	**15.85**	**13.02**	**82.15**	**4.73**
开封县	120.47	51.26	2.99	2.48	17.06	0.51	0.32	62.75	0.62
杞　县	133.20	72.60	16.70	12.54	36.53	6.10	4.00	65.57	5.51
通许县	79.72	40.37	7.32	9.18	37.30	2.73	2.52	92.31	6.24
尉氏县	122.36	62.00	10.17	8.31	51.23	5.21	5.21	100.00	8.40
兰考县	110.00	49.10	5.40	4.91	24.07	1.30	0.97	74.62	1.98
洛阳市	**556.64**	**352.24**	**50.92**	**9.15**	**52.14**	**26.55**	**25.02**	**94.24**	**7.10**
偃师市	78.30	64.00	12.71	16.23	70.42	8.95	8.36	93.41	13.06
孟津县	60.04	36.60	5.93	9.88	49.24	2.92	2.78	95.21	7.60
新安县	64.00	40.90	3.23	5.05	67.18	2.17	1.95	89.86	4.77
宜阳县	93.10	48.70	9.67	10.39	44.88	4.34	4.28	98.62	8.79
伊川县	85.40	52.50	9.10	10.66	48.79	4.44	4.16	93.69	7.92
汝阳县	41.50	31.64	5.05	12.17	50.10	2.53	2.67	105.53	8.44
嵩　县	56.70	41.70	1.59	2.80	28.93	0.46	0.27	58.70	0.65
洛宁县	77.60	36.20	3.64	4.69	20.33	0.74	0.55	74.32	1.52
三门峡市	**159.70**	**81.20**	**31.10**	**19.47**	**50.10**	**15.58**	**15.90**	**102.05**	**19.58**
灵宝县	98.60	54.10	24.02	24.36	48.67	11.69	11.95	102.22	22.09
陕　县	61.10	27.10	7.08	11.59	54.94	3.89	3.95	101.54	14.58
平顶山市	**103.00**	**66.10**	**10.18**	**9.88**	**66.70**	**6.79**	**6.35**	**93.52**	**9.61**
汝州市	103.00	66.10	10.18	9.88	66.70	6.79	6.35	93.52	9.61
焦作市	**256.20**	**184.60**	**31.70**	**12.37**	**80.82**	**25.62**	**24.71**	**96.45**	**13.39**
孟州市	38.00	25.80	6.26	16.47	86.26	5.40	5.21	96.48	20.19
沁阳市	42.10	31.70	4.36	10.36	83.72	3.65	3.62	99.18	11.42
武陟县	64.70	46.30	5.90	9.12	61.02	3.60	3.51	97.50	7.58
温　县	38.50	29.60	4.17	10.83	90.17	3.76	3.10	82.45	10.47
博爱县	34.50	30.50	4.40	12.75	113.86	5.01	4.98	99.40	16.33
修武县	38.40	20.70	6.61	17.21	63.54	4.20	4.29	102.14	20.72
鹤壁市	**138.60**	**69.20**	**15.45**	**11.15**	**39.68**	**6.13**	**5.76**	**93.96**	**8.32**
浚　县	104.00	50.70	9.30	8.94	32.15	2.99	2.70	90.30	5.33
淇　县	34.60	18.50	6.15	17.77	51.06	3.14	3.06	97.45	16.54
新乡市	**585.60**	**334.60**	**52.64**	**8.99**	**62.35**	**32.82**	**31.58**	**96.22**	**9.44**
新乡县	48.80	31.80	11.51	23.59	125.02	14.39	14.24	98.96	44.78
卫辉县	61.00	31.90	5.55	9.10	51.71	2.87	2.77	96.52	8.68
获嘉县	45.70	27.70	11.02	24.11	65.79	7.25	7.24	99.86	26.14
辉　县	94.50	56.20	9.20	9.74	40.54	3.73	3.50	93.83	6.23
原阳县	81.70	44.40	4.76	5.83	49.58	2.36	2.22	94.07	5.00
延津县	64.90	33.70	3.07	4.73	32.25	0.99	1.12	113.13	3.32
封丘县	97.00	52.70	3.24	3.34	16.67	0.54			
长垣县	92.00	56.20	4.29	4.66	16.08	0.69	0.49	71.01	0.87
安阳市	**544.56**	**337.64**	**76.92**	**14.13**	**39.61**	**30.47**	**28.65**	**94.03**	**8.49**
安阳县	128.00	88.70	34.60	27.03	48.73	16.86	16.76	99.41	18.90
林　县	89.00	77.20	4.30	4.83	58.14	2.50	1.57	62.80	2.03
内黄县	94.02	51.75	2.80	2.98	20.36	0.57			
滑　县	169.54	87.79	19.79	11.67	22.84	4.52	4.60	101.77	5.24
汤阴县	64.00	32.20	15.43	24.11	39.01	6.02	5.72	95.02	17.76
许昌市	**92.73**	**46.63**	**9.36**	**10.09**	**86.97**	**8.14**	**6.21**	**76.29**	**13.32**
鄢陵县	92.73	46.63	9.36	10.09	86.97	8.14	6.21	76.29	13.32

5－21－37 续表

县市名	耕地面积（万亩）	农业人口（万人）	棉田面积（万亩）	占耕地（%）	亩产（市斤）	产量（万担）	收购量（万担）	商品率（%）	人均交售（市斤）
濮阳市	**366.30**	**210.36**	**21.69**	**5.92**	**31.58**	**6.85**	**5.41**	**78.98**	**2.57**
濮阳县	168.00	92.30	7.35	4.38	34.83	2.56	1.69	66.02	1.83
清丰县	86.80	49.00	9.00	10.37	34.56	3.11	2.78	89.39	5.67
南乐县	58.00	34.16	4.41	7.60	26.76	1.18	0.94	79.66	2.75
范　县	53.50	34.90	0.93	1.74					
漯河市	**182.20**	**121.30**	**0.79**	**0.43**	**39.24**	**0.31**	**0.06**	**19.35**	**0.05**
临颍县	78.00	49.60	0.38	0.49	42.11	0.16	0.06	37.50	0.12
郾城县	104.20	71.70	0.41	0.39	36.59	0.15			
南阳市	**1234.36**	**655.07**	**152.19**	**12.33**	**68.97**	**104.96**	**92.63**	**88.25**	**14.14**
宛城区	163.56	91.17	55.12	33.70	78.57	43.31	40.92	94.48	44.88
邓州市	245.00	119.00	15.50	6.33	107.29	16.63	10.44	62.78	8.77
新野县	102.80	56.90	20.09	19.54	73.02	14.67	13.41	91.41	23.57
唐河县	206.60	97.80	20.80	10.07	48.70	10.13	8.98	88.65	9.18
卧龙区	10.80	9.10	0.53	4.91	75.47	0.40	0.36	90.00	3.96
内乡县	76.30	52.10	5.48	7.18	48.54	2.66	2.35	88.35	4.51
方城县	158.00	78.00	11.90	7.53	46.55	5.54	5.21	94.04	6.68
社旗县	113.00	48.40	12.78	11.31	53.68	6.86	6.52	95.04	13.47
镇平县	109.80	71.20	6.82	6.21	52.05	3.55	3.41	96.06	4.79
桐柏县	48.50	31.40	3.17	6.54	38.17	1.21	1.03	85.12	3.28
商丘市	**958.38**	**542.66**	**76.13**	**7.94**	**32.50**	**24.74**	**22.39**	**90.50**	**4.13**
商丘县	151.48	79.05	14.03	9.26	31.50	4.42	3.91	88.46	4.95
永城县	164.70	94.10	11.50	6.98	25.30	2.91	2.73	93.81	2.90
民权县	103.21	56.37	9.23	8.94	38.89	3.59	3.11	86.63	5.52
睢　县	86.87	54.53	9.10	10.48	42.86	3.90	3.15	80.77	5.78
柘城县	108.11	64.18	9.00	8.32	57.00	5.13	5.44	106.04	8.48
宁陵县	69.96	40.74	1.27	1.82	34.65	0.44	0.22	50.00	0.54
虞城县	142.79	76.81	11.00	7.70	18.18	2.00	2.00	100.00	2.60
夏邑县	131.26	76.88	11.00	8.38	21.36	2.35	1.83	77.87	2.38
周口地区	**1166.88**	**717.47**	**122.63**	**10.51**	**39.71**	**48.70**	**43.62**	**89.57**	**6.08**
扶沟县	116.00	52.59	26.73	23.04	44.48	11.89	10.27	86.38	19.53
西华县	110.25	59.99	10.20	9.25	30.49	3.11	3.10	99.68	5.17
鹿邑县	128.46	81.69	14.98	11.66	53.87	8.07	7.40	91.70	9.06
郸城县	148.96	80.63	11.73	7.87	31.71	3.72	2.84	76.34	3.52
淮阳县	150.25	95.76	14.40	9.58	25.21	3.63	4.09	112.67	4.27
太康县	171.86	95.91	24.17	14.06	31.07	7.51	7.47	99.47	7.79
商水县	137.00	87.00	10.22	7.46	35.81	3.66	2.84	77.60	3.26
沈丘县	103.90	84.80	7.03	6.77	83.36	5.86	5.11	87.20	6.03
项城县	100.20	79.10	3.17	3.16	39.43	1.25	0.50	40.00	0.63
信阳地区	**745.10**	**477.80**	**49.00**	**6.58**	**29.08**	**14.25**	**12.51**	**87.79**	**2.62**
罗山县	88.90	55.30	5.20	5.85	30.00	1.56	1.38	88.46	2.50
信阳县	101.10	79.10	5.70	5.64	24.74	1.41	1.18	83.69	1.49
光山县	83.00	61.20	4.10	4.94	38.54	1.58	1.22	77.22	1.99
息　县	145.90	65.10	10.00	6.85	28.90	2.89	2.48	85.81	3.81
淮滨县	82.00	45.30	6.90	8.41	28.84	1.99	1.80	90.45	3.97
潢川县	97.00	55.50	9.10	9.38	29.12	2.65	2.52	95.09	4.54
固始县	147.20	116.30	8.00	5.43	27.13	2.17	1.93	88.94	1.66
驻马店地区	**1024.65**	**555.64**	**49.43**	**4.82**	**40.44**	**19.99**	**18.35**	**91.80**	**3.30**
上蔡县	159.00	101.70	12.23	7.69	45.46	5.56	4.85	87.23	4.77
正阳县	148.20	53.90	1.97	1.33	32.99	0.65	0.50	76.92	0.93
确山县	105.20	48.60	1.44	1.37	20.83	0.30	0.13	43.33	0.27
泌阳县	139.60	69.90	9.68	6.93	46.07	4.46	4.07	91.26	5.82
汝南县	126.70	65.20	4.54	3.58	25.33	1.15	1.07	93.04	1.64
平舆县	115.30	71.20	4.41	3.82	38.78	1.71	1.15	67.25	1.62
西平县	101.30	68.10	4.01	3.96	32.92	1.32	3.29	*	4.83
新蔡县	129.35	77.04	11.15	8.62	43.41	4.84	3.29	67.98	4.27

5－21－38　河南省1980年产棉县棉花生产收购明细

县市名	耕地面积（万亩）	农业人口（万人）	棉田面积（万亩）	占耕地（%）	亩产（市斤）	产量（万担）	收购量（万担）	商品率（%）	人均交售（市斤）
全省合计	**8913.56**	**5182.31**	**909.45**	**10.20**	**86.97**	**790.91**	**748.93**	**94.69**	**14.45**
郑州市	**232.86**	**154.00**	**4.14**	**1.78**	**43.48**	**1.80**	**0.88**	**48.89**	**0.57**
新郑市	75.80	46.30	0.90	1.19	30.00	0.27	0.02	7.41	0.04
巩义市	58.30	57.90	1.85	3.17	56.76	1.05	0.62	59.05	1.07
中牟县	98.76	49.80	1.39	1.41	34.53	0.48	0.24	50.00	0.48
开封市	**565.05**	**278.39**	**49.91**	**8.83**	**95.61**	**47.72**	**46.17**	**96.75**	**16.58**
开封县	120.50	51.58	2.34	1.94	34.62	0.81	0.99	122.22	1.92
杞　县	132.60	73.40	19.70	14.86	92.89	18.30	17.40	95.08	23.71
通许县	79.72	40.80	9.95	12.48	109.85	10.93	10.34	94.60	25.34
尉氏县	122.23	62.61	14.32	11.72	109.50	15.68	15.68	100.00	25.04
兰考县	110.00	50.00	3.60	3.27	55.56	2.00	1.76	88.00	3.52
洛阳市	**555.67**	**353.22**	**53.17**	**9.57**	**68.23**	**36.28**	**30.24**	**83.35**	**8.56**
偃师市	78.20	63.94	13.07	16.71	96.40	12.60	12.10	96.03	18.92
孟津县	59.97	36.50	5.96	9.94	55.54	3.31	3.02	91.24	8.27
新安县	63.67	41.05	3.43	5.39	57.14	1.96	1.69	86.22	4.12
宜阳县	92.93	48.97	10.16	10.93	46.65	4.74	4.87	102.74	9.94
伊川县	85.16	52.82	10.37	12.18	49.86	5.17	4.76	92.07	9.01
汝阳县	41.51	31.86	5.27	12.70	57.69	3.04	3.27	107.57	10.26
嵩　县	56.53	41.79	1.74	3.08	275.29	4.79	0.12	2.51	0.29
洛宁县	77.70	36.29	3.17	4.08	21.14	0.67	0.41	61.19	1.13
三门峡市	**159.67**	**80.74**	**32.14**	**20.13**	**69.04**	**22.19**	**22.65**	**102.07**	**28.05**
灵宝县	98.59	53.87	24.25	24.60	70.76	17.16	17.53	102.16	32.54
陕　县	61.08	26.87	7.89	12.92	63.75	5.03	5.12	101.79	19.05
平顶山市	**102.94**	**66.80**	**10.45**	**10.15**	**75.41**	**7.88**	**7.52**	**95.43**	**11.26**
汝州市	102.94	66.80	10.45	10.15	75.41	7.88	7.52	95.43	11.26
焦作市	**255.47**	**185.69**	**32.34**	**12.66**	**138.13**	**44.67**	**45.04**	**100.83**	**24.26**
孟州市	37.67	25.78	6.37	16.91	132.50	8.44	8.25	97.75	32.00
沁阳市	42.11	31.95	4.44	10.54	121.40	5.39	5.42	100.56	16.96
武陟县	64.41	46.63	6.30	9.78	136.35	8.59	8.73	101.63	18.72
温　县	38.36	29.87	4.18	10.90	110.05	4.60	4.69	101.96	15.70
博爱县	34.53	30.71	4.47	12.95	162.86	7.28	7.39	101.51	24.06
修武县	38.39	20.75	6.58	17.14	157.60	10.37	10.56	101.83	50.89
鹤壁市	**138.70**	**69.55**	**16.27**	**11.73**	**81.01**	**13.18**	**13.17**	**99.92**	**18.94**
浚　县	104.43	50.91	9.57	9.16	66.56	6.37	6.49	101.88	12.75
淇　县	34.27	18.64	6.70	19.55	101.64	6.81	6.68	98.09	35.84
新乡市	**584.13**	**338.54**	**57.90**	**9.91**	**136.96**	**79.30**	**78.59**	**99.10**	**23.21**
新乡县	48.77	31.64	11.50	23.58	256.52	29.50	29.24	99.12	92.41
卫辉县	60.12	32.11	6.50	10.81	109.23	7.10	7.22	101.69	22.49
获嘉县	45.54	27.78	11.00	24.15	170.00	18.70	18.70	100.00	67.31
辉　县	94.53	56.60	9.20	9.73	110.87	10.20	10.21	100.10	18.04
原阳县	81.71	44.97	4.80	5.87	104.17	5.00	5.06	101.20	11.25
延津县	64.67	35.03	4.00	6.19	75.00	3.00	2.95	98.33	8.42
封丘县	97.04	53.48	5.60	5.77	60.71	3.40	3.00	88.24	5.61
长垣县	91.75	56.93	5.30	5.78	45.28	2.40	2.21	92.08	3.88
安阳市	**539.62**	**342.71**	**81.35**	**15.08**	**72.15**	**58.69**	**47.43**	**80.81**	**13.84**
安阳县	127.58	90.59	35.36	27.72	90.44	31.98	31.39	98.16	34.65
林　县	88.22	78.10	5.16	5.85	7.56	0.39	2.62	*	3.35
内黄县	94.02	52.37	4.62	4.91	45.02	2.08			
滑　县	166.02	89.05	22.31	13.44	53.97	12.04	1.33	11.05	1.49
汤阴县	63.78	32.60	13.90	21.79	87.77	12.20	12.09	99.10	37.09
许昌市	**92.73**	**47.31**	**13.40**	**14.45**	**157.01**	**21.04**	**18.59**	**88.36**	**39.29**
鄢陵县	92.73	47.31	13.40	14.45	157.01	21.04	18.59	88.36	39.29

县市名	耕地面积（万亩）	农业人口（万人）	棉田面积（万亩）	占耕地（%）	亩　产（市斤）	产　量（万担）	收购量（万担）	商品率（%）	人均交售（市斤）
濮阳市	**365.71**	**213.77**	**27.20**	**7.44**	**72.06**	**19.60**	**18.19**	**92.81**	**8.51**
濮阳县	167.82	92.97	11.22	6.69	60.07	6.74	5.27	78.19	5.67
清丰县	86.65	49.36	10.12	11.68	86.66	8.77	8.57	97.72	17.36
南乐县	58.25	34.48	4.92	8.45	76.42	3.76	4.35	115.69	12.62
范　县	52.99	36.96	0.94	1.77	35.11	0.33			
漯河市	**182.78**	**124.50**	**0.41**	**0.22**	**41.46**	**0.17**	**0.98**	*	**0.79**
临颍县	78.25	50.45	0.13	0.17	53.85	0.07	0.98	*	1.94
偃城县	104.53	74.05	0.28	0.27	35.71	0.10			
南阳市	**1233.38**	**662.60**	**169.76**	**13.76**	**74.66**	**126.75**	**121.99**	**96.24**	**18.41**
宛城区	163.00	92.00	55.00	33.74	90.95	50.02	47.82	95.60	51.98
邓州市	244.52	120.00	17.80	7.28	74.55	13.27	13.00	97.97	10.83
新野县	102.80	57.60	25.10	24.42	96.10	24.12	22.80	94.52	39.58
唐河县	206.71	99.60	22.80	11.03	61.49	14.02	12.90	92.01	12.95
卧龙区	10.49	9.30	8.58	81.79	8.28	0.71	0.69	97.18	7.42
内乡县	76.24	52.50	5.56	7.29	57.01	3.17	3.02	95.27	5.75
方城县	158.37	78.80	11.74	7.41	61.24	7.19	6.95	96.66	8.82
社旗县	113.12	49.20	13.08	11.56	78.21	10.23	10.60	103.62	21.54
镇平县	109.73	72.00	6.86	6.25	47.52	3.26	3.41	104.60	4.74
桐柏县	48.40	31.60	3.24	6.69	23.46	0.76	0.80	105.26	2.53
商丘市	**961.01**	**546.60**	**111.27**	**11.58**	**81.60**	**90.80**	**88.83**	**97.83**	**16.25**
商丘县	151.42	80.24	19.58	12.93	102.40	20.05	18.37	91.62	22.89
永城县	165.20	95.20	18.80	11.38	56.91	10.70	11.24	105.05	11.81
民权县	103.23	56.24	14.03	13.59	86.03	12.07	11.86	98.26	21.09
睢　县	87.00	55.00	12.20	14.02	92.54	11.29	11.57	102.48	21.04
柘城县	107.60	64.90	13.40	12.45	121.94	16.34	16.35	100.06	25.19
宁陵县	69.72	40.74	1.27	1.82	47.24	0.60	0.59	98.33	1.45
虞城县	142.69	76.81	16.55	11.60	66.47	11.00	11.00	100.00	14.32
夏邑县	134.15	77.47	15.44	11.51	56.67	8.75	7.85	89.71	10.13
周口地区	**1166.00**	**669.09**	**139.11**	**11.93**	**127.40**	**177.23**	**170.77**	**96.36**	**25.52**
扶沟县	115.30	53.70	27.90	24.20	146.95	41.00	39.74	96.93	74.00
西华县	110.20	61.80	11.05	10.03	120.27	13.29	13.81	103.91	22.35
鹿邑县	128.46	83.35	18.40	14.32	157.23	28.93	27.66	95.61	33.19
郸城县	148.90	92.00	13.80	9.27	109.13	15.06	13.61	90.37	14.79
淮阳县	150.32	97.99	15.87	10.56	117.90	18.71	18.92	101.12	19.31
太康县	171.84	97.30	24.99	14.54	129.33	32.32	31.66	97.96	32.54
商水县	136.95	17.66	11.42	8.34	80.74	9.22	8.86	96.10	50.17
沈丘县	103.86	85.95	10.25	9.87	145.85	14.95	13.37	89.43	15.56
项城县	100.17	79.34	5.43	5.42	69.06	3.75	3.14	83.73	3.96
信阳地区	**740.00**	**481.60**	**46.40**	**6.27**	**29.87**	**13.86**	**12.19**	**87.95**	**2.53**
罗山县	84.97	55.90	4.40	5.18	26.59	1.17	0.98	83.76	1.75
信阳县	101.98	80.56	5.30	5.20	19.06	1.01	0.73	72.28	0.91
光山县	81.65	61.15	4.50	5.51	29.33	1.32	1.12	84.85	1.83
息　县	145.44	66.04	10.40	7.15	43.27	4.50	4.22	93.78	6.39
淮滨县	81.90	45.30	5.90	7.20	31.69	1.87	1.50	80.21	3.31
潢川县	97.18	56.02	8.40	8.64	32.98	2.77	2.75	99.28	4.91
固始县	146.88	116.63	7.50	5.11	16.27	1.22	0.89	72.95	0.76
驻马店地区	**1037.84**	**567.20**	**64.23**	**6.19**	**46.32**	**29.75**	**25.70**	**86.39**	**4.53**
上蔡县	158.35	103.10	16.33	10.31	55.91	9.13	8.39	91.89	8.14
正阳县	148.88	54.83	1.96	1.32	37.76	0.74	0.66	89.19	1.20
确山县	117.46	54.36	1.26	1.07	23.81	0.30			
泌阳县	139.41	69.95	11.32	8.12	49.82	5.64	5.23	92.73	7.48
汝南县	126.93	65.67	5.37	4.23	31.84	1.71	1.16	67.84	1.77
平舆县	115.19	72.72	8.76	7.60	37.67	3.30	2.59	78.48	3.56
西平县	101.58	68.67	5.38	5.30	39.78	2.14	1.91	89.25	2.78
新蔡县	130.04	77.90	13.85	10.65	49.03	6.79	5.76	84.83	7.39

5－21－39 河南省1981年产棉县棉花生产收购明细

县市名	耕地面积（万亩）	农业人口（万人）	棉田面积（万亩）	占耕地（%）	亩产（市斤）	产量（万担）	收购量（万担）	商品率（%）	人均交售（市斤）
全省合计	**8907.05**	**5302.63**	**918.59**	**10.31**	**76.50**	**702.69**	**675.91**	**96.19**	**12.75**
郑州市	**231.77**	**158.92**	**4.48**	**1.93**	**40.40**	**1.81**	**1.01**	**55.80**	**0.64**
新郑市	75.29	47.92	0.56	0.74	37.50	0.21	0.04	19.05	0.08
巩义市	58.10	59.80	1.92	3.30	30.73	0.59	0.30	50.85	0.50
中牟县	98.38	51.20	2.00	2.03	50.50	1.01	0.67	66.34	1.31
开封市	**564.68**	**283.49**	**55.19**	**9.77**	**76.14**	**42.02**	**36.06**	**85.82**	**12.72**
开封县	120.59	52.32	2.99	2.48	43.48	1.30	1.05	80.77	2.01
杞　县	132.10	74.90	20.60	15.59	76.70	15.80	12.70	80.38	16.96
通许县	79.76	41.47	10.98	13.77	75.77	8.32	7.52	90.38	18.13
尉氏县	122.23	63.30	15.32	12.53	84.86	13.00	11.58	89.08	18.29
兰考县	110.00	51.50	5.30	4.82	67.92	3.60	3.21	89.17	6.23
洛阳市	**554.78**	**361.64**	**51.00**	**9.19**	**41.00**	**20.91**	**20.83**	**99.62**	**5.76**
偃师市	78.07	65.74	13.12	16.81	59.68	7.83	7.44	95.02	11.32
孟津县	59.94	36.98	4.59	7.66	40.31	1.85	1.64	88.65	4.43
新安县	63.56	41.89	3.42	5.38	41.52	1.42	1.13	79.58	2.70
宜阳县	92.72	50.07	10.07	10.86	32.57	3.28	3.28	100.00	6.55
伊川县	84.89	54.62	9.97	11.74	38.52	3.84	3.81	99.22	6.98
汝阳县	41.44	32.54	5.16	12.45	42.44	2.19	3.15	143.84	9.68
嵩　县	56.29	42.94	1.69	3.00	28.99	0.49	0.15	30.61	0.35
洛宁县	77.87	36.86	2.98	3.83	0.34	0.01	0.23	*	0.62
三门峡市	**160.29**	**80.92**	**30.15**	**18.81**	**36.22**	**10.92**	**13.42**	**122.89**	**16.58**
灵宝县	99.32	54.05	24.24	24.41	44.02	10.67	10.81	101.31	20.00
陕　县	60.97	26.87	5.91	9.69	4.23	0.25	2.61	*	9.71
平顶山市	**102.89**	**67.08**	**10.44**	**10.15**	**50.77**	**5.30**	**5.42**	**102.26**	**8.08**
汝州市	102.89	67.08	10.44	10.15	50.77	5.30	5.42	102.26	8.08
焦作市	**254.41**	**188.43**	**34.96**	**13.74**	**95.85**	**33.51**	**34.84**	**103.97**	**18.49**
孟州市	37.70	25.83	6.67	17.69	99.10	6.61	6.59	99.70	25.51
沁阳市	41.99	32.28	4.68	11.15	88.03	4.12	3.95	95.87	12.24
武陟县	63.90	47.28	7.86	12.30	77.86	6.12	6.81	111.27	14.40
温　县	37.99	30.18	4.50	11.85	91.56	4.12	4.60	111.65	15.24
博爱县	34.53	31.69	4.76	13.79	130.04	6.19	6.19	100.00	19.53
修武县	38.30	21.17	6.49	16.95	97.84	6.35	6.70	105.51	31.65
鹤壁市	**138.89**	**64.62**	**16.21**	**11.67**	**47.38**	**7.68**	**7.78**	**101.30**	**12.04**
浚　县	104.43	50.59	9.73	9.32	38.95	3.79	3.90	102.90	7.71
淇　县	34.46	14.03	6.48	18.80	60.03	3.89	3.88	99.74	27.66
新乡市	**583.61**	**341.37**	**63.90**	**10.95**	**79.75**	**50.96**	**50.73**	**99.55**	**14.86**
新乡县	48.77	32.14	11.50	23.58	150.43	17.30	16.72	96.65	52.02
卫辉县	59.96	32.43	7.40	12.34	55.41	4.10	4.33	105.61	13.35
获嘉县	45.30	28.10	11.00	24.28	94.00	10.34	10.19	98.55	36.26
辉　县	94.49	57.44	9.40	9.95	62.98	5.92	5.82	98.31	10.13
原阳县	81.71	45.15	6.10	7.47	72.13	4.40	4.73	107.50	10.48
延津县	64.75	34.53	5.40	8.34	40.74	2.20	2.74	124.55	7.94
封丘县	96.88	54.09	7.90	8.15	58.23	4.60	4.00	86.96	7.40
长垣县	91.75	57.49	5.20	5.67	40.38	2.10	2.20	104.76	3.83
安阳市	**539.21**	**346.09**	**73.04**	**13.55**	**54.42**	**39.75**	**36.31**	**91.35**	**10.49**
安阳县	127.38	91.46	26.60	20.88	71.84	19.11	18.81	98.43	20.57
林　县	88.18	78.53	4.17	4.73	46.52	1.94	1.15	59.28	1.46
内黄县	94.02	53.08	5.77	6.14	51.47	2.97			
滑　县	165.95	90.42	22.47	13.54	34.98	7.86	8.58	109.16	9.49
汤阴县	63.68	32.60	14.03	22.03	56.09	7.87	7.77	98.73	23.83
许昌市	**92.74**	**48.18**	**14.40**	**15.53**	**114.03**	**16.42**	**12.82**	**78.08**	**26.61**
鄢陵县	92.74	48.18	14.40	15.53	114.03	16.42	12.82	78.08	26.61

5－21－39 续表

县 市 名	耕地面积（万亩）	农业人口（万人）	棉田面积（万亩）	占耕地（%）	亩 产（市斤）	产 量（万担）	收购量（万担）	商品率（%）	人均交售（市斤）
濮阳市	**365.71**	**211.77**	**31.69**	**8.67**	**65.16**	**20.65**	**17.38**	**84.16**	**8.21**
濮阳县	167.82	91.93	11.64	6.94	53.18	6.19	4.82	77.87	5.24
清丰县	86.63	49.81	11.75	13.56	70.55	8.29	7.29	87.94	14.64
南乐县	58.25	34.92	6.78	11.64	80.38	5.45	4.60	84.40	13.17
范 县	53.01	35.11	1.52	2.87	47.37	0.72	0.67	93.06	1.91
漯河市	**182.53**	**123.27**	**0.36**	**0.20**	**69.44**	**0.25**	**0.94**	*	**0.76**
临颍县	78.11	51.17	0.10	0.13	80.00	0.08	0.94	*	1.84
偃城县	104.42	72.10	0.26	0.25	65.38	0.17			
南阳市	**1233.20**	**671.71**	**156.53**	**12.69**	**90.74**	**142.04**	**129.89**	**91.45**	**19.34**
宛城区	163.50	93.40	50.10	30.64	103.01	51.61	50.13	97.13	53.67
邓州市	244.52	121.88	18.20	7.44	79.34	14.44	14.14	97.92	11.60
新野县	102.70	58.50	25.00	24.34	103.88	25.97	25.14	96.80	42.97
唐河县	206.71	100.65	23.15	11.20	70.80	16.39	16.59	101.22	16.48
卧龙区	10.36	9.42	1.01	9.75	950.50	9.60	1.00	10.42	10.62
内乡县	76.18	53.06	5.68	7.46	50.70	2.88	2.73	94.79	5.15
方城县	158.23	79.75	11.59	7.32	67.21	7.79	7.35	94.35	9.22
社旗县	113.02	50.06	13.18	11.66	68.89	9.08	9.16	100.88	18.30
镇平县	109.71	73.42	6.93	6.32	51.95	3.60	3.28	91.11	4.47
桐柏县	48.27	31.57	1.69	3.50	40.24	0.68	0.37	54.41	1.17
商丘市	**957.68**	**553.91**	**113.52**	**11.85**	**69.04**	**78.37**	**96.58**	**123.24**	**17.44**
商丘县	151.41	81.40	18.73	12.37	90.66	16.98	16.18	95.29	19.88
永城县	164.40	96.18	19.10	11.62	50.99	9.74	9.73	99.90	10.12
民权县	103.20	56.30	15.48	15.00	60.66	9.39	8.42	89.67	14.96
睢 县	87.30	55.63	12.40	14.20	70.56	8.75	9.36	106.97	16.83
柘城县	107.40	65.97	13.70	12.76	124.16	17.01	36.21	*	54.89
宁陵县	70.11	41.62	1.50	2.14	52.67	0.79	0.41	51.90	0.99
虞城县	142.76	78.48	17.18	12.03	48.49	8.33	9.00	108.04	11.47
夏邑县	131.10	78.33	15.43	11.77	47.83	7.38	7.27	98.51	9.28
周口地区	**1164.54**	**747.08**	**157.32**	**13.51**	**106.49**	**167.53**	**157.49**	**94.01**	**21.08**
扶沟县	115.23	53.88	29.10	25.25	130.00	37.83	37.12	98.12	68.89
西华县	110.27	61.96	13.40	12.15	111.42	14.93	14.50	97.12	23.40
鹿邑县	127.90	83.35	18.79	14.69	110.22	20.71	19.20	92.71	23.04
郸城县	148.90	94.21	15.94	10.71	74.91	11.94	9.22	77.22	9.79
淮阳县	150.20	98.58	18.17	12.10	107.71	19.57	19.15	97.85	19.43
太康县	171.80	98.12	24.19	14.08	114.18	27.62	26.69	96.63	27.20
商水县	136.64	88.52	15.16	11.09	72.76	11.03	10.37	94.02	11.71
沈丘县	103.44	87.06	11.85	11.46	133.33	15.80	14.77	93.48	16.97
项城县	100.16	81.40	10.72	10.70	75.56	8.10	6.47	79.88	7.95
信阳地区	**741.84**	**482.35**	**42.90**	**5.78**	**58.25**	**24.99**	**23.50**	**94.04**	**4.87**
罗山县	84.89	54.57	4.30	5.07	50.47	2.17	2.11	97.24	3.87
信阳县	102.62	81.29	2.20	2.14	35.45	0.78	0.48	61.54	0.59
光山县	81.52	62.40	4.60	5.64	41.09	1.89	1.62	85.71	2.60
息 县	147.03	66.28	10.60	7.21	82.92	8.79	7.77	88.40	11.72
淮滨县	81.81	45.64	6.00	7.33	63.50	3.81	3.99	104.72	8.74
潢川县	97.18	55.64	8.30	8.54	49.16	4.08	4.08	100.00	7.33
固始县	146.79	116.53	6.90	4.70	50.29	3.47	3.45	99.42	2.96
驻马店地区	**1038.28**	**571.80**	**62.50**	**6.02**	**63.33**	**39.58**	**30.91**	**78.09**	**5.41**
上蔡县	158.38	103.62	17.03	10.75	61.60	10.49	8.77	83.60	8.46
正阳县	149.08	55.50	2.04	1.37	65.20	1.33	0.40	30.08	0.72
确山县	117.50	54.77	0.83	0.71	39.76	0.33			
泌阳县	139.39	70.66	10.60	7.60	66.98	7.10	6.93	97.61	9.81
汝南县	126.95	66.04	5.52	4.35	63.95	3.53	2.65	75.07	4.01
平舆县	115.24	73.34	8.70	7.55	69.31	6.03	3.87	64.18	5.28
西平县	101.81	69.32	4.63	4.55	48.60	2.25	1.63	72.44	2.35
新蔡县	129.93	78.55	13.15	10.12	64.79	8.52	6.66	78.17	8.48

5－21－40　河南省1982年产棉县棉花生产收购明细

县市名	耕地面积（万亩）	农业人口（万人）	棉田面积（万亩）	占耕地（%）	亩产（市斤）	产量（万担）	收购量（万担）	商品率（%）	人均交售（市斤）
全省合计	**8893.55**	**5379.41**	**1090.05**	**12.26**	**57.67**	**628.66**	**597.62**	**95.06**	**11.11**
郑州市	**231.30**	**161.40**	**13.07**	**5.65**	**48.43**	**6.33**	**3.62**	**57.19**	**2.24**
新郑市	75.09	48.74	2.32	3.09	59.48	1.38	0.82	59.42	1.68
巩义市	58.07	60.17	3.21	5.53	31.15	1.00	0.47	47.00	0.78
中牟县	98.14	52.49	7.54	7.68	52.39	3.95	2.33	58.99	4.44
开封市	**563.99**	**288.01**	**93.20**	**16.53**	**77.29**	**72.03**	**61.03**	**84.73**	**21.19**
开封县	120.03	53.47	7.75	6.46	47.35	3.67	2.65	72.21	4.96
杞　县	132.00	76.00	30.00	22.73	83.33	25.00	19.40	77.60	25.53
通许县	79.81	42.34	17.73	22.22	72.02	12.77	12.74	99.77	30.09
尉氏县	122.15	64.00	21.42	17.54	92.39	19.79	17.14	86.61	26.78
兰考县	110.00	52.20	16.30	14.82	66.26	10.80	9.10	84.29	17.44
洛阳市	**549.61**	**361.64**	**46.09**	**8.39**	**22.48**	**10.36**	**9.85**	**95.08**	**2.72**
偃师市	77.87	65.74	10.92	14.02	38.00	4.15	4.13	99.52	6.28
孟津县	60.29	36.98	4.10	6.80	23.66	0.97	1.26	129.90	3.41
新安县	63.41	41.89	3.14	4.95	18.15	0.57	0.44	77.19	1.05
宜阳县	91.81	50.07	9.84	10.72	15.14	1.49	1.42	95.30	2.84
伊川县	84.54	54.62	9.34	11.05	14.45	1.35	1.20	88.89	2.20
汝阳县	40.88	32.54	4.92	12.04	21.14	1.04	1.01	97.12	3.10
嵩　县	53.23	42.94	1.55	2.91	23.87	0.37	0.30	81.08	0.70
洛宁县	77.58	36.86	2.28	2.94	18.42	0.42	0.09	21.43	0.24
三门峡市	**159.56**	**81.19**	**30.77**	**19.28**	**64.22**	**19.76**	**19.78**	**100.10**	**24.36**
灵宝县	99.29	54.10	24.00	24.17	64.04	15.37	15.20	98.89	28.10
陕　县	60.27	27.09	6.77	11.23	64.84	4.39	4.58	104.33	16.91
平顶山市	**102.76**	**68.20**	**9.73**	**9.47**	**23.02**	**2.24**	**2.32**	**103.57**	**3.40**
汝州市	102.76	68.20	9.73	9.47	23.02	2.24	2.32	103.57	3.40
焦作市	**254.06**	**191.64**	**37.09**	**14.60**	**81.34**	**30.17**	**31.59**	**104.71**	**16.48**
孟州市	37.64	26.83	6.43	17.08	85.69	5.51	5.57	101.09	20.76
沁阳市	41.77	33.04	5.33	12.76	68.29	3.64	3.85	105.77	11.65
武陟县	63.72	48.23	7.32	11.49	82.51	6.04	6.12	101.32	12.69
温　县	37.91	30.45	4.66	12.29	62.23	2.90	3.37	116.21	11.07
博爱县	34.50	31.53	6.17	17.88	106.32	6.56	6.41	97.71	20.33
修武县	38.52	21.56	7.18	18.64	76.88	5.52	6.27	113.59	29.08
鹤壁市	**138.64**	**70.75**	**16.48**	**11.89**	**45.93**	**7.57**	**8.01**	**105.81**	**11.32**
浚　县	104.25	51.64	10.32	9.90	41.47	4.28	4.31	100.70	8.35
淇　县	34.39	19.11	6.16	17.91	53.41	3.29	3.70	112.46	19.36
新乡市	**582.90**	**347.20**	**87.50**	**15.01**	**69.03**	**60.40**	**57.80**	**95.70**	**16.65**
新乡县	48.70	33.00	13.00	26.69	153.85	20.00	18.07	90.35	54.76
卫辉县	59.80	33.10	8.50	14.21	55.29	4.70	4.52	96.17	13.66
获嘉县	45.20	28.50	12.10	26.77	67.77	8.20	8.75	106.71	30.70
辉　县	94.00	58.30	10.30	10.96	47.57	4.90	5.29	107.96	9.07
原阳县	81.70	45.90	8.10	9.91	61.73	5.00	5.34	106.80	11.63
延津县	64.90	35.20	13.90	21.42	46.76	6.50	5.98	92.00	16.99
封丘县	96.90	54.90	14.40	14.86	59.03	8.50	7.30	85.88	13.30
长垣县	91.70	58.30	7.20	7.85	36.11	2.60	2.55	98.08	4.37
安阳市	**539.01**	**351.16**	**86.92**	**16.13**	**45.59**	**39.63**	**28.99**	**73.15**	**8.26**
安阳县	127.36	93.19	33.94	26.65	33.29	11.30	9.68	85.66	10.39
林　县	88.05	79.52	5.25	5.96	9.71	0.51	0.07	13.73	0.09
内黄县	94.02	53.66	11.20	11.91	78.57	8.80			
滑　县	165.95	91.84	22.63	13.64	57.00	12.90	14.55	112.79	15.84
汤阴县	63.63	32.95	13.90	21.85	44.03	6.12	4.69	76.63	14.23
许昌市	**92.70**	**48.83**	**13.90**	**14.99**	**108.99**	**15.15**	**12.88**	**85.02**	**26.38**
鄢陵县	92.70	48.83	13.90	14.99	108.99	15.15	12.88	85.02	26.38

5－21－40 续表

县市名	耕地面积（万亩）	农业人口（万人）	棉田面积（万亩）	占耕地（%）	亩产（市斤）	产量（万担）	收购量（万担）	商品率（%）	人均交售（市斤）
濮阳市	**365.51**	**216.57**	**46.53**	**12.73**	**44.79**	**20.84**	**28.43**	**136.42**	**13.13**
濮阳县	167.73	94.80	14.85	8.85	60.67	9.01	7.87	87.35	8.30
清丰县	86.48	50.50	15.52	17.95	0.77	0.12	11.03	*	21.84
南乐县	58.27	35.80	10.68	18.33	76.59	8.18	7.40	90.46	20.67
范　县	53.03	35.47	5.48	10.33	64.42	3.53	2.13	60.34	6.01
漯河市	**182.53**	**126.51**	**0.35**	**0.19**	**22.86**	**0.08**	**1.12**	*	**0.89**
临颍县	78.11	52.26	0.06	0.08	66.67	0.04	0.81	*	1.55
偃城县	104.42	74.25	0.29	0.28	13.79	0.04	0.31	*	0.42
南阳市	**1230.32**	**680.49**	**165.71**	**13.47**	**40.01**	**66.30**	**62.72**	**94.60**	**9.22**
宛城区	162.20	94.10	54.77	33.77	47.00	25.74	24.91	96.78	26.47
邓州市	242.60	121.85	18.60	7.67	45.22	8.41	7.76	92.27	6.37
新野县	102.60	59.60	25.10	24.46	55.26	13.87	12.49	90.05	20.96
唐河县	206.54	102.80	24.47	11.85	38.70	9.47	9.51	100.42	9.25
卧龙区	11.44	10.55	1.44	12.59	38.89	0.56	1.03	183.93	9.76
内乡县	76.17	53.50	5.50	7.22	32.36	1.78	1.10	61.80	2.06
方城县	158.24	80.20	12.58	7.95	18.76	2.36	1.95	82.63	2.43
社旗县	112.82	50.53	13.58	12.04	20.84	2.83	2.75	97.17	5.44
镇平县	109.62	74.96	6.55	5.98	14.66	0.96	0.92	95.83	1.23
桐柏县	48.09	32.40	3.12	6.49	10.26	0.32	0.30	93.75	0.93
商丘市	**958.03**	**562.55**	**140.00**	**14.61**	**73.53**	**102.94**	**109.99**	**106.85**	**19.55**
商丘县	151.41	82.50	25.08	16.56	100.00	25.08	22.64	90.27	27.44
永城县	164.90	97.25	22.10	13.40	20.45	4.52	8.50	188.05	8.74
民权县	103.26	58.12	20.12	19.48	73.96	14.88	12.89	86.63	22.18
睢　县	87.70	56.38	14.20	16.19	73.52	10.44	12.58	120.50	22.31
柘城县	106.90	66.79	17.00	15.90	145.00	24.65	25.96	105.31	38.87
宁陵县	70.08	42.18	2.50	3.57	45.60	1.14	0.64	56.14	1.52
虞城县	142.76	80.00	20.83	14.59	67.21	14.00	19.00	135.71	23.75
夏邑县	131.02	79.33	18.17	13.87	45.29	8.23	7.78	94.53	9.81
周口地区	**1163.86**	**760.08**	**195.02**	**16.76**	**78.20**	**152.51**	**139.59**	**91.53**	**18.37**
扶沟县	115.10	54.33	36.50	31.71	126.30	46.10	45.22	98.09	83.23
西华县	110.25	62.88	15.22	13.80	96.32	14.66	14.92	101.77	23.73
鹿邑县	127.90	85.04	19.85	15.52	59.04	11.72	12.28	104.78	14.44
郸城县	148.90	95.78	15.90	10.68	47.80	7.60			
淮阳县	150.17	100.25	20.57	13.70	84.01	17.28	16.62	96.18	16.58
太康县	171.80	99.91	37.66	21.92	71.91	27.08	29.15	107.64	29.18
商水县	136.27	90.36	14.22	10.44	53.09	7.55	6.28	83.18	6.95
沈丘县	103.31	88.39	23.90	23.13	52.30	12.50	9.68	77.44	10.95
项城县	100.16	83.14	11.20	11.18	71.61	8.02	5.44	67.83	6.54
信阳地区	**741.37**	**484.97**	**47.70**	**6.43**	**29.73**	**14.18**	**12.96**	**91.40**	**2.67**
罗山县	84.87	54.78	4.80	5.66	13.96	0.67	0.77	114.93	1.41
信阳县	102.16	82.15	3.40	3.33	8.82	0.30	0.45	150.00	0.55
光山县	81.41	62.50	5.90	7.25	16.78	0.99	0.58	58.59	0.93
息　县	147.30	66.72	11.70	7.94	51.54	6.03	5.56	92.21	8.33
淮滨县	81.80	46.05	5.70	6.97	61.40	3.50	3.33	95.14	7.23
潢川县	97.09	55.62	8.70	8.96	15.86	1.38	1.01	73.19	1.82
固始县	146.74	117.15	7.50	5.11	17.47	1.31	1.26	96.18	1.08
驻马店地区	**1037.40**	**578.22**	**59.99**	**5.78**	**13.62**	**8.17**	**6.94**	**84.94**	**1.20**
上蔡县	158.41	104.13	15.55	9.82	13.25	2.06	1.78	86.41	1.71
正阳县	148.63	56.08	1.45	0.98			0.52		0.93
确山县	117.48	55.38	0.86	0.73	9.30	0.08	0.01	12.50	0.02
泌阳县	139.18	72.84	11.08	7.96	20.58	2.28	1.96	85.96	2.69
汝南县	127.18	66.48	5.62	4.42	12.99	0.73	0.54	73.97	0.81
平舆县	115.23	74.40	8.00	6.94	7.88	0.63	0.47	74.60	0.63
西平县	101.49	69.44	4.09	4.03	7.33	0.30	0.20	66.67	0.29
新蔡县	129.80	79.47	13.34	10.28	15.67	2.09	1.46	69.86	1.84

5－21－41　河南省1983年产棉县棉花生产收购明细

县市名	耕地面积（万亩）	农业人口（万人）	棉田面积（万亩）	占耕地（%）	亩产（市斤）	产量（万担）	收购量（万担）	商品率（%）	人均交售（市斤）
全省合计	**8895.05**	**5413.49**	**1150.73**	**12.94**	**108.41**	**1247.52**	**1183.66**	**94.88**	**21.87**
郑州市	**230.80**	**162.33**	**10.33**	**4.48**	**64.09**	**6.62**	**6.39**	**96.53**	**3.94**
新郑市	75.00	48.53	1.81	2.41	64.09	1.16	0.71	61.21	1.46
巩义市	57.90	61.50	2.02	3.49	50.50	1.02	0.46	45.10	0.75
中牟县	97.90	52.30	6.50	6.64	68.31	4.44	5.22	117.57	9.98
开封市	**562.88**	**294.26**	**105.77**	**18.79**	**114.64**	**121.26**	**114.07**	**94.07**	**38.77**
开封县	119.93	56.14	8.75	7.30	68.11	5.96	7.94	133.22	14.14
杞　县	131.50	77.00	34.20	26.01	128.65	44.00	39.70	90.23	51.56
通许县	79.62	43.06	19.32	24.27	134.21	25.93	25.49	98.30	59.20
尉氏县	121.83	64.86	24.20	19.86	119.71	28.97	26.14	90.23	40.30
兰考县	110.00	53.20	19.30	17.55	84.97	16.40	14.80	90.24	27.82
洛阳市	**548.40**	**362.72**	**45.54**	**8.30**	**44.31**	**20.18**	**17.34**	**85.93**	**4.78**
偃师市	77.59	65.93	12.79	16.48	80.14	10.25	8.70	84.88	13.20
孟津县	60.28	37.14	3.76	6.24	49.73	1.87	1.92	102.67	5.17
新安县	63.02	42.36	2.64	4.19	27.65	0.73	0.25	34.25	0.59
宜阳县	91.83	50.71	9.45	10.29	25.29	2.39	2.34	97.91	4.61
伊川县	84.59	55.10	8.65	10.23	31.33	2.71	2.13	78.60	3.87
汝阳县	40.88	32.63	4.85	11.86	30.93	1.50	1.73	115.33	5.30
嵩　县	52.97	42.21	1.61	3.04	24.22	0.39	0.25	64.10	0.59
洛宁县	77.24	36.64	1.79	2.32	18.99	0.34	0.02	5.88	0.05
三门峡市	**159.52**	**81.15**	**30.49**	**19.11**	**44.74**	**13.64**	**10.88**	**79.77**	**13.41**
灵宝县	99.26	54.03	24.03	24.21	39.20	9.42	7.76	82.38	14.36
陕　县	60.26	27.12	6.46	10.72	65.33	4.22	3.12	73.93	11.50
平顶山市	**102.21**	**68.75**	**9.40**	**9.20**	**38.09**	**3.58**	**3.58**	**100.00**	**5.21**
汝州市	102.21	68.75	9.40	9.20	38.09	3.58	3.58	100.00	5.21
焦作市	**253.58**	**193.07**	**37.59**	**14.82**	**120.59**	**45.33**	**47.33**	**104.41**	**24.51**
孟州市	37.71	26.93	6.71	17.79	144.86	9.72	10.36	106.58	38.47
沁阳市	41.73	32.92	6.43	15.41	97.05	6.24	7.07	113.30	21.48
武陟县	63.63	48.28	7.41	11.65	102.70	7.61	8.07	106.04	16.71
温　县	37.79	30.66	4.49	11.88	106.46	4.78	4.61	96.44	15.04
博爱县	34.51	32.68	5.19	15.04	144.51	7.50	7.78	103.73	23.81
修武县	38.21	21.60	7.36	19.26	128.80	9.48	9.44	99.58	43.70
鹤壁市	**138.58**	**71.57**	**17.33**	**12.51**	**101.27**	**17.55**	**17.19**	**97.95**	**24.02**
浚　县	104.17	52.67	10.23	9.82	93.26	9.54	9.20	96.44	17.47
淇　县	34.41	18.90	7.10	20.63	112.82	8.01	7.99	99.75	42.27
新乡市	**582.01**	**349.06**	**86.98**	**14.94**	**122.28**	**106.36**	**105.90**	**99.57**	**30.34**
新乡县	48.71	33.18	13.00	26.69	233.08	30.30	29.90	98.68	90.11
卫辉县	59.87	33.21	8.28	13.83	118.36	9.80	9.30	94.90	28.00
获嘉县	45.07	28.43	12.10	26.85	117.36	14.20	16.40	115.49	57.69
辉　县	94.07	59.11	9.70	10.31	91.96	8.92	9.20	103.14	15.56
原阳县	81.66	46.23	8.00	9.80	110.00	8.80	9.60	109.09	20.77
延津县	64.15	35.00	13.30	20.73	100.00	13.30	13.10	98.50	37.43
封丘县	96.73	54.76	15.70	16.23	98.98	15.54	12.90	83.01	23.56
长垣县	91.75	59.14	6.90	7.52	79.71	5.50	5.50	100.00	9.30
安阳市	**538.98**	**354.45**	**96.44**	**17.89**	**99.81**	**96.26**	**96.57**	**100.32**	**27.25**
安阳县	127.35	93.75	36.64	28.77	90.75	33.25	31.57	94.95	33.67
林　县	88.04	80.12	5.06	5.75	32.41	1.64	1.29	78.66	1.61
内黄县	94.02	54.72	16.44	17.49	123.91	20.37	18.00	88.37	32.89
滑　县	165.95	92.92	24.26	14.62	111.01	26.93	32.00	118.83	34.44
汤阴县	63.62	32.94	14.04	22.07	100.21	14.07	13.71	97.44	41.62
许昌市	**92.65**	**49.16**	**20.63**	**22.27**	**123.99**	**25.58**	**22.69**	**88.70**	**46.16**
鄢陵县	92.65	49.16	20.63	22.27	123.99	25.58	22.69	88.70	46.16

5-21-41 续表

县市名	耕地面积（万亩）	农业人口（万人）	棉田面积（万亩）	占耕地（%）	亩产（市斤）	产量（万担）	收购量（万担）	商品率（%）	人均交售（市斤）
濮阳市	**365.20**	**216.55**	**47.31**	**12.95**	**113.32**	**53.61**	**45.70**	**85.25**	**21.10**
濮阳县	167.73	94.80	15.09	9.00	90.59	13.67	11.41	83.47	12.04
清丰县	86.36	50.27	15.69	18.17	135.05	21.19	18.99	89.62	37.78
南乐县	58.27	35.97	9.76	16.75	125.41	12.24	11.17	91.26	31.05
范　县	52.84	35.51	6.77	12.81	96.16	6.51	4.13	63.44	11.63
漯河市	**182.13**	**127.36**	**1.67**	**0.92**	**156.29**	**2.61**	**0.53**	**20.31**	**0.42**
临颍县	78.10	52.58	0.13	0.17	1230.77	1.60	0.02	1.25	0.04
偃城县	104.03	74.78	1.54	1.48	65.58	1.01	0.51	50.50	0.68
南阳市	**1229.40**	**686.46**	**158.00**	**12.85**	**114.14**	**180.34**	**169.09**	**93.76**	**24.63**
宛城区	162.19	95.28	54.67	33.71	122.48	66.96	66.76	99.70	70.07
邓州市	242.10	122.64	18.98	7.84	125.03	23.73	23.05	97.13	18.79
新野县	102.50	59.90	25.07	24.46	132.99	33.34	32.51	97.51	54.27
唐河县	206.54	104.02	24.82	12.02	103.71	25.74	21.96	85.31	21.11
卧龙区	11.23	10.54	1.39	12.38	113.67	1.58	1.42	89.87	13.47
内乡县	76.16	53.83	3.90	5.12	82.82	3.23	2.92	90.40	5.42
方城县	158.22	81.03	11.38	7.19	84.89	9.66	7.71	79.81	9.51
社旗县	112.79	51.20	12.00	10.64	103.75	12.45	9.84	79.04	19.22
镇平县	109.58	75.90	4.54	4.14	69.60	3.16	2.45	77.53	3.23
桐柏县	48.09	32.12	1.25	2.60	39.20	0.49	0.47	95.92	1.46
商丘市	**956.63**	**565.34**	**140.77**	**14.72**	**111.68**	**157.21**	**176.79**	**112.45**	**31.27**
商丘县	151.40	82.93	26.18	17.29	124.90	32.70	32.70	100.00	39.43
永城县	164.89	97.73	11.10	6.73	99.82	11.08	9.48	85.56	9.70
民权县	103.28	58.57	19.62	19.00	113.91	22.35	21.40	95.75	36.54
睢　县	87.66	56.67	14.90	17.00	118.05	17.59	21.01	119.44	37.07
柘城县	106.60	67.14	27.50	25.80	142.69	39.24	51.76	131.91	77.09
宁陵县	69.50	42.44	3.33	4.79	76.88	2.56	2.66	103.91	6.27
虞城县	142.59	79.96	22.93	16.08	84.78	19.44	24.88	127.98	31.12
夏邑县	130.71	79.90	15.21	11.64	80.54	12.25	12.90	105.31	16.15
周口地区	**1174.44**	**759.88**	**236.10**	**20.10**	**137.46**	**324.55**	**295.12**	**90.93**	**38.84**
扶沟县	115.00	54.50	58.44	50.82	156.21	91.29	89.80	98.37	164.77
西华县	110.22	62.20	25.20	22.86	144.17	36.33	32.90	90.56	52.89
鹿邑县	127.90	85.00	22.86	17.87	150.92	34.50	32.80	95.07	38.59
郸城县	159.90	95.90	15.40	9.63	85.00	13.09	11.20	85.56	11.68
淮阳县	150.19	100.64	25.21	16.79	136.81	34.49	33.43	96.93	33.22
太康县	171.79	99.86	43.18	25.14	150.53	65.00	61.33	94.35	61.42
商水县	136.01	90.37	15.30	11.25	97.39	14.90	8.83	59.26	9.77
沈丘县	103.27	88.45	18.50	17.91	118.97	22.01	15.58	70.79	17.61
项城县	100.16	82.96	12.01	11.99	107.74	12.94	9.25	71.48	11.15
信阳地区	**740.75**	**487.52**	**45.80**	**6.18**	**69.93**	**32.03**	**29.21**	**91.20**	**5.99**
罗山县	84.86	55.18	4.40	5.19	62.05	2.73	2.48	90.84	4.49
信阳县	102.14	82.78	3.70	3.62	47.03	1.74	1.46	83.91	1.76
光山县	81.41	61.92	5.90	7.25	32.20	1.90	1.59	83.68	2.57
息　县	147.07	67.19	11.50	7.82	121.13	13.93	13.21	94.83	19.66
淮滨县	81.50	46.32	5.60	6.87	106.07	5.94	4.98	83.84	10.75
潢川县	97.10	56.03	7.70	7.93	40.26	3.10	2.84	91.61	5.07
固始县	146.67	118.10	7.00	4.77	38.43	2.69	2.65	98.51	2.24
驻马店地区	**1036.89**	**583.86**	**60.58**	**5.84**	**67.37**	**40.81**	**25.28**	**61.95**	**4.33**
上蔡县	158.15	105.89	12.75	8.06	66.12	8.43	4.13	48.99	3.90
正阳县	148.64	57.41	2.73	1.84	47.25	1.29	0.64	49.61	1.11
确山县	117.48	55.94	1.09	0.93	41.28	0.45	0.07	15.56	0.13
泌阳县	139.12	72.58	11.13	8.00	76.46	8.51	7.08	83.20	9.75
汝南县	127.17	67.44	4.86	3.82	68.93	3.35	2.15	64.18	3.19
平舆县	115.21	74.61	8.72	7.57	64.22	5.60	2.53	45.18	3.39
西平县	101.31	70.10	5.32	5.25	62.59	3.33	1.82	54.65	2.60
新蔡县	129.81	79.89	13.98	10.77	70.46	9.85	6.86	69.64	8.59

5－21－42　河南省1984年产棉县棉花生产收购明细

县市名	耕地面积（万亩）	农业人口（万人）	棉田面积（万亩）	占耕地（%）	亩产（市斤）	产量（万担）	收购量（万担）	商品率（%）	人均交售（市斤）
全省合计	**8893.18**	**5451.76**	**1682.04**	**18.91**	**99.14**	**1667.59**	**1499.47**	**89.92**	**27.50**
郑州市	**229.60**	**163.50**	**12.53**	**5.46**	**68.64**	**8.60**	**15.06**	**175.12**	**9.21**
新郑市	74.90	48.80	1.76	2.35	77.27	1.36	3.04	*	6.23
巩义市	57.30	62.30	1.39	2.43	78.42	1.09	2.23	204.59	3.58
中牟县	97.40	52.40	9.38	9.63	65.57	6.15	9.79	159.19	18.68
开封市	**571.25**	**295.27**	**202.04**	**35.37**	**104.13**	**210.38**	**142.84**	**67.90**	**48.38**
开封县	120.01	54.85	19.01	15.84	84.22	16.01	11.96	74.70	21.80
杞　县	130.40	77.50	55.40	42.48	117.33	65.00	21.50	33.08	27.74
通许县	79.52	43.31	43.09	54.19	98.00	42.23	36.01	85.27	83.14
尉氏县	121.32	65.71	44.94	37.04	104.90	47.14	35.57	75.46	54.13
兰考县	120.00	53.90	39.60	33.00	101.01	40.00	37.80	94.50	70.13
洛阳市	**546.93**	**364.15**	**43.34**	**7.92**	**58.38**	**25.30**	**22.17**	**87.63**	**6.09**
偃师市	77.32	66.10	15.86	20.51	83.54	13.25	9.11	68.75	13.78
孟津县	60.22	37.14	2.97	4.93	66.33	1.97	2.37	120.30	6.38
新安县	62.70	42.19	1.17	1.87	42.74	0.50	0.25	50.00	0.59
宜阳县	91.80	50.85	9.13	9.95	39.43	3.60	3.11	86.39	6.12
伊川县	84.44	55.48	6.70	7.93	46.27	3.10	3.59	115.81	6.47
汝阳县	40.77	32.75	5.07	12.44	46.15	2.34	3.47	148.29	10.60
嵩　县	52.60	42.75	1.51	2.87	24.50	0.37	0.27	72.97	0.63
洛宁县	77.08	36.89	0.93	1.21	18.28	0.17			
三门峡市	**158.70**	**81.04**	**27.48**	**17.32**	**19.40**	**5.33**	**14.26**	*	**17.60**
灵宝县	97.89	53.98	21.64	22.11	5.87	1.27	9.62	*	17.82
陕　县	60.81	27.06	5.84	9.60	69.52	4.06	4.64	114.29	17.15
平顶山市	**102.06**	**68.48**	**11.40**	**11.17**	**75.88**	**8.65**	**4.57**	**52.83**	**6.67**
汝州市	102.06	68.48	11.40	11.17	75.88	8.65	4.57	52.83	6.67
焦作市	**252.33**	**191.70**	**42.16**	**16.71**	**112.29**	**47.34**	**45.91**	**96.98**	**23.95**
孟州市	37.21	25.60	8.09	21.74	124.97	10.11	9.47	93.67	36.99
沁阳市	41.72	33.06	7.74	18.55	94.57	7.32	4.79	65.44	14.49
武陟县	63.33	48.48	7.84	12.38	106.38	8.34	8.48	101.68	17.49
温　县	37.60	30.84	4.89	13.01	96.32	4.71	3.84	81.53	12.45
博爱县	34.54	32.03	5.75	16.65	141.04	8.11	8.77	108.14	27.38
修武县	37.93	21.69	7.85	20.70	111.46	8.75	10.56	120.69	48.69
鹤壁市	**138.48**	**70.52**	**15.00**	**10.83**	**80.00**	**12.00**	**22.67**	**188.92**	**32.15**
浚　县	104.12	51.78	10.00	9.60	100.00	10.00	11.83	118.30	22.85
淇　县	34.36	18.74	5.00	14.55	40.00	2.00	10.84	*	57.84
新乡市	**582.73**	**361.93**	**125.80**	**21.59**	**117.01**	**147.20**	**141.30**	**95.99**	**39.04**
新乡县	48.71	34.91	13.00	26.69	257.69	33.50	34.00	101.49	97.39
卫辉县	59.87	39.82	14.00	23.38	112.86	15.80	13.60	86.08	34.15
获嘉县	45.15	28.61	12.70	28.13	123.62	15.70	20.20	128.66	70.60
辉　县	94.08	58.14	11.10	11.80	91.89	10.20	12.20	119.61	20.98
原阳县	81.66	46.39	11.40	13.96	102.63	11.70	12.50	106.84	26.95
延津县	64.55	35.69	22.10	34.24	94.57	20.90	19.30	92.34	54.08
封丘县	96.96	55.53	30.30	31.25	92.74	28.10	20.50	72.95	36.92
长垣县	91.75	62.84	11.20	12.21	100.89	11.30	9.00	79.65	14.32
安阳市	**538.98**	**360.52**	**156.60**	**29.05**	**113.14**	**177.18**	**160.65**	**90.67**	**44.56**
安阳县	127.35	96.16	43.10	33.84	107.29	46.24	44.88	97.06	46.67
林　县	88.04	82.87	5.00	5.68	80.80	4.04	2.98	73.76	3.60
内黄县	94.13	54.84	43.00	45.68	117.44	50.50	45.00	89.11	82.06
滑　县	165.87	93.70	43.15	26.01	124.54	53.74	45.94	85.49	49.03
汤阴县	63.59	32.95	22.35	35.15	101.39	22.66	21.85	96.43	66.31
许昌市	**92.26**	**49.50**	**38.62**	**41.86**	**96.01**	**37.08**	**28.87**	**77.86**	**58.32**
鄢陵县	92.26	49.50	38.62	41.86	96.01	37.08	28.87	77.86	58.32

5－21－42 续表

县市名	耕地面积（万亩）	农业人口（万人）	棉田面积（万亩）	占耕地（%）	亩产（市斤）	产量（万担）	收购量（万担）	商品率（%）	人均交售（市斤）
濮阳市	**364.10**	**217.68**	**71.42**	**19.62**	**119.35**	**85.24**	**71.38**	**83.74**	**32.79**
濮阳县	167.73	94.80	22.37	13.34	99.73	22.31	17.90	80.23	18.88
清丰县	86.33	50.81	24.27	28.11	135.97	33.00	27.49	83.30	54.10
南乐县	58.26	36.57	15.10	25.92	131.79	19.90	21.08	105.93	57.64
范　县	51.78	35.50	9.68	18.69	103.62	10.03	4.91	48.95	13.83
漯河市	**182.13**	**127.93**	**11.78**	**6.47**	**55.86**	**6.58**	**9.54**	**144.98**	**7.46**
临颍县	78.10	53.15	1.90	2.43	91.58	1.74	5.75	*	10.82
偃城县	104.03	74.78	9.88	9.50	48.99	4.84	3.79	78.31	5.07
南阳市	**1228.94**	**689.14**	**176.29**	**14.34**	**117.24**	**206.68**	**195.22**	**94.46**	**28.33**
宛城区	162.10	95.80	56.37	34.77	131.51	74.13	75.26	101.52	78.56
邓州市	241.87	123.89	31.17	12.89	122.17	38.08	36.56	96.01	29.51
新野县	102.50	60.20	25.10	24.49	139.00	34.89	35.74	102.44	59.37
唐河县	206.35	103.90	28.25	13.69	97.66	27.59	20.96	75.97	20.17
卧龙区	11.14	10.60	1.42	12.75	106.34	1.51	1.66	109.93	15.66
内乡县	76.16	53.42	4.26	5.59	82.16	3.50	3.77	107.71	7.06
方城县	158.22	81.42	12.08	7.63	82.86	10.01	7.48	74.73	9.19
社旗县	112.87	51.30	12.14	10.76	106.67	12.95	10.81	83.47	21.07
镇平县	109.63	76.12	4.26	3.89	82.16	3.50	1.40	40.00	1.84
桐柏县	48.10	32.49	1.24	2.58	41.94	0.52	1.58	*	4.86
商丘市	**954.95**	**567.94**	**216.37**	**22.66**	**107.09**	**231.70**	**216.04**	**93.24**	**38.04**
商丘县	151.40	83.06	41.59	27.47	120.44	50.09	27.53	54.96	33.14
永城县	164.32	98.16	23.65	14.39	78.31	18.52	17.53	94.65	17.86
民权县	103.21	59.34	28.47	27.58	106.01	30.18	37.03	122.70	62.40
睢　县	87.57	56.80	22.99	26.25	96.82	22.26	17.86	80.23	31.44
柘城县	105.90	67.41	31.92	30.14	142.54	45.50	72.34	158.99	107.31
宁陵县	69.50	42.74	6.19	8.91	77.54	4.80	4.83	100.63	11.30
虞城县	142.49	80.20	41.45	29.09	94.84	39.31	23.88	60.75	29.78
夏邑县	130.56	80.23	20.11	15.40	104.62	21.04	15.04	71.48	18.75
周口地区	**1174.07**	**767.92**	**404.38**	**34.44**	**95.00**	**384.15**	**348.54**	**90.73**	**45.39**
扶沟县	114.92	55.12	66.99	58.29	153.66	102.94	92.29	89.65	167.43
西华县	110.10	65.34	44.30	40.24	84.67	37.51	35.41	94.40	54.19
鹿邑县	127.90	87.00	43.69	34.16	124.24	54.28	52.00	95.80	59.77
郸城县	159.95	96.16	39.00	24.38	70.00	27.30	23.39	85.68	24.32
淮阳县	150.15	100.74	44.12	29.38	82.00	36.18	22.56	62.35	22.39
太康县	171.79	100.20	87.40	50.88	97.73	85.42	85.10	99.63	84.93
商水县	136.00	90.51	26.66	19.60	72.43	19.31	11.01	57.02	12.16
沈丘县	103.15	89.03	24.06	23.33	87.57	21.07	13.91	66.02	15.62
项城县	100.11	83.82	28.16	28.13	0.50	0.14	12.87	*	15.35
信阳地区	**739.49**	**489.40**	**38.10**	**5.15**	**78.48**	**29.90**	**22.54**	**75.38**	**4.61**
罗山县	84.71	55.22	4.20	4.96	56.67	2.38	2.19	92.02	3.97
信阳县	102.08	83.10	2.80	2.74	47.14	1.32	1.64	124.24	1.97
光山县	81.25	61.96	3.70	4.55	45.95	1.70	0.72	42.35	1.16
息　县	147.00	67.25	14.90	10.14	97.58	14.54	11.01	75.72	16.37
淮滨县	81.25	46.57	5.90	7.26	106.78	6.30	5.19	82.38	11.14
潢川县	97.10	56.20	4.70	4.84	47.23	2.22	1.58	71.17	2.81
固始县	146.10	119.10	1.90	1.30	75.79	1.44	0.21	14.58	0.18
驻马店地区	**1036.18**	**585.14**	**88.73**	**8.56**	**49.90**	**44.28**	**37.91**	**85.61**	**6.48**
上蔡县	158.02	106.40	16.25	10.28	31.75	5.16	7.10	137.60	6.67
正阳县	148.59	57.41	5.72	3.85	50.87	2.91	0.65	22.34	1.13
确山县	117.48	55.93	3.24	2.76	38.89	1.26	2.20	174.60	3.93
泌阳县	139.10	72.57	16.66	11.98	66.39	11.06	7.49	67.72	10.32
汝南县	127.16	67.39	6.81	5.36	51.10	3.48	1.83	52.59	2.72
平舆县	115.18	75.01	11.21	9.73	20.16	2.26	4.01	177.43	5.35
西平县	101.08	70.11	6.62	6.55	56.50	3.74	2.37	63.37	3.38
新蔡县	129.57	80.32	22.22	17.15	64.85	14.41	12.26	85.08	15.26

5－21－43　河南省1985年产棉县棉花生产收购明细

县市名	耕地面积（万亩）	农业人口（万人）	棉田面积（万亩）	占耕地（%）	亩产（市斤）	产量（万担）	收购量（万担）	商品率（%）	人均交售（市斤）
全省合计	**8672.58**	**5358.00**	**1171.17**	**13.50**	**89.23**	**1045.05**	**902.24**	**86.33**	**16.84**
郑州市	**227.70**	**165.32**	**6.66**	**2.92**	**75.98**	**5.06**	**6.51**	**128.66**	**3.94**
新郑市	74.50	48.72	0.97	1.30	36.08	0.35	0.88	*	1.81
巩义市	56.60	64.10	0.70	1.24	2.86	0.02	0.03	150.00	0.05
中牟县	96.60	52.50	4.99	5.17	93.99	4.69	5.60	119.40	10.67
开封市	**569.73**	**296.74**	**113.33**	**19.89**	**95.86**	**108.64**	**107.96**	**99.37**	**36.38**
开封县	118.37	54.52	8.90	7.52	82.47	7.34	4.82	65.67	8.84
杞　县	129.90	77.60	32.30	24.87	95.67	30.90	49.60	160.52	63.92
通许县	78.93	43.61	21.50	27.24	89.49	19.24	15.12	78.59	34.67
尉氏县	120.53	66.51	32.53	26.99	106.55	34.66	23.72	68.44	35.66
兰考县	122.00	54.50	18.10	14.84	91.16	16.50	14.70	89.09	26.97
洛阳市	**540.83**	**364.29**	**23.08**	**4.27**	**51.52**	**11.89**	**22.00**	**185.03**	**6.04**
偃师市	76.48	65.94	10.58	13.83	72.97	7.72	14.78	191.45	22.41
孟津县	59.93	36.64	1.57	2.62	58.60	0.92	1.77	192.39	4.83
新安县	62.31	42.37	0.51	0.82	27.45	0.14	0.14	100.00	0.33
宜阳县	90.99	51.22	4.09	4.49	30.81	1.26	1.78	141.27	3.48
伊川县	83.07	56.08	3.06	3.68	31.37	0.96	2.77	*	4.94
汝阳县	40.47	32.75	2.00	4.94	32.00	0.64	0.76	118.75	2.32
嵩　县	51.90	42.57	1.11	2.14	19.82	0.22			
洛宁县	75.68	36.72	0.16	0.21	18.75	0.03			
三门峡市	**156.54**	**81.43**	**14.26**	**9.11**	**59.61**	**8.50**	**5.78**	**68.00**	**7.10**
灵宝县	97.76	54.49	11.30	11.56	54.78	6.19	3.34	53.96	6.13
陕　县	58.78	26.94	2.96	5.04	78.04	2.31	2.44	105.63	9.06
平顶山市	**100.07**	**69.10**	**6.09**	**6.09**	**58.46**	**3.56**	**1.08**	**30.34**	**1.56**
汝州市	100.07	69.10	6.09	6.09	58.46	3.56	1.08	30.34	1.56
焦作市	**248.87**	**192.96**	**30.82**	**12.38**	**69.92**	**21.55**	**22.07**	**102.41**	**11.44**
孟州市	36.56	26.61	6.02	16.47	81.06	4.88	4.51	92.42	16.95
沁阳市	41.38	33.14	5.24	12.66	38.93	2.04	1.63	79.90	4.92
武陟县	62.95	48.59	5.24	8.32	39.89	2.09	2.25	107.66	4.63
温　县	36.64	30.79	3.44	9.39	39.83	1.37	1.16	84.67	3.77
博爱县	34.32	32.02	5.18	15.09	105.98	5.49	6.80	123.86	21.24
修武县	37.02	21.81	5.70	15.40	99.65	5.68	5.72	100.70	26.23
鹤壁市	**137.87**	**71.49**	**14.84**	**10.76**	**59.70**	**8.86**	**9.37**	**105.76**	**13.11**
浚　县	104.02	52.39	8.32	8.00	77.04	6.41	5.19	80.97	9.91
淇　县	33.85	19.10	6.52	19.26	37.58	2.45	4.18	170.61	21.88
新乡市	**577.68**	**352.89**	**84.20**	**14.58**	**106.37**	**89.56**	**74.36**	**83.03**	**21.07**
新乡县	48.40	33.34	13.90	28.72	174.53	24.26	23.24	95.80	69.71
卫辉县	59.70	33.58	9.60	16.08	108.13	10.38	8.42	81.12	25.07
获嘉县	45.15	28.57	11.20	24.81	102.50	11.48	11.11	96.78	38.89
辉　县	90.83	59.32	8.10	8.92	56.05	4.54	2.99	65.86	5.04
原阳县	81.60	46.37	7.60	9.31	109.08	8.29	6.51	78.53	14.04
延津县	64.20	35.50	11.70	18.22	88.72	10.38	8.58	82.66	24.17
封丘县	96.10	55.36	14.90	15.50	95.77	14.27	10.23	71.69	18.48
长垣县	91.70	60.85	7.20	7.85	82.78	5.96	3.28	55.03	5.39
安阳市	**535.34**	**352.84**	**103.64**	**19.36**	**78.04**	**80.88**	**69.94**	**86.47**	**19.82**
安阳县	127.33	91.34	35.75	28.08	59.92	21.42	16.34	76.28	17.89
林　县	84.45	78.58	4.75	5.62	59.58	2.83	2.21	78.09	2.81
内黄县	94.08	55.07	24.01	25.52	101.83	24.45	23.40	95.71	42.49
滑　县	165.90	94.46	23.45	14.14	100.00	23.45	15.36	65.50	16.26
汤阴县	63.58	33.39	15.68	24.66	55.68	8.73	12.63	144.67	37.83
许昌市	**92.21**	**49.73**	**33.57**	**36.41**	**108.01**	**36.26**	**22.57**	**62.24**	**45.39**
鄢陵县	92.21	49.73	33.57	36.41	108.01	36.26	22.57	62.24	45.39

5－21－43 续表

县市名	耕地面积（万亩）	农业人口（万人）	棉田面积（万亩）	占耕地（%）	亩　产（市斤）	产　量（万担）	收购量（万担）	商品率（%）	人均交售（市斤）
濮阳市	**195.93**	**124.31**	**30.95**	**15.80**	**85.59**	**26.49**	**16.04**	**60.55**	**12.90**
濮阳县									
清丰县	86.24	51.14	15.00	17.39	79.67	11.95	7.78	65.10	15.21
南乐县	58.25	36.92	10.40	17.85	93.65	9.74	6.49	66.63	17.58
范　县	51.44	36.25	5.55	10.79	86.49	4.80	1.77	36.88	4.88
漯河市	**181.27**	**128.24**	**9.05**	**4.99**	**62.54**	**5.66**	**5.29**	**93.46**	**4.13**
临颍县	78.07	53.51	2.12	2.72	91.98	1.95	2.80	143.59	5.23
偃城县	103.20	74.73	6.93	6.72	53.54	3.71	2.49	67.12	3.33
南阳市	**1224.83**	**690.27**	**156.73**	**12.80**	**106.92**	**167.57**	**151.82**	**90.60**	**21.99**
宛城区	162.00	95.40	53.31	32.91	123.17	65.66	60.41	92.00	63.32
邓州市	240.96	123.94	22.90	9.50	118.78	27.20	27.20	100.00	21.95
新野县	102.50	59.90	23.70	23.12	105.02	24.89	25.36	101.89	42.34
唐河县	206.24	103.57	23.84	11.56	87.29	20.81	17.57	84.43	16.96
卧龙区	10.92	10.67	1.07	9.80	110.28	1.18	0.59	50.00	5.53
内乡县	74.26	53.11	3.38	4.55	76.92	2.60	2.58	99.23	4.86
方城县	157.93	81.46	9.72	6.15	72.02	7.00	5.33	76.14	6.54
社旗县	112.64	53.59	12.59	11.18	108.58	13.67	8.71	63.72	16.25
镇平县	109.31	76.54	5.20	4.76	78.85	4.10	3.25	79.27	4.25
桐柏县	48.07	32.09	1.02	2.12	45.10	0.46	0.82	178.26	2.56
商丘市	**949.35**	**569.64**	**173.19**	**18.24**	**81.44**	**141.05**	**181.10**	**128.39**	**31.79**
商丘县	150.76	83.66	32.42	21.50	90.01	29.18	28.25	96.81	33.77
永城县	162.18	97.98	20.40	12.58	75.88	15.48	13.38	86.43	13.66
民权县	102.02	60.64	26.86	26.33	80.53	21.63	17.52	81.00	28.89
睢　县	87.50	57.15	17.16	19.61	65.85	11.30	22.56	199.65	39.48
柘城县	105.40	67.30	19.80	18.79	103.23	20.44	42.59	208.37	63.28
宁陵县	68.59	42.98	5.47	7.97	69.29	3.79	6.74	177.84	15.68
虞城县	142.39	79.44	34.55	24.26	74.88	25.87	32.54	125.78	40.96
夏邑县	130.51	80.49	16.53	12.67	80.82	13.36	17.52	131.14	21.77
周口地区	**1172.68**	**769.92**	**307.63**	**26.23**	**93.61**	**287.96**	**174.49**	**60.60**	**22.66**
扶沟县	114.91	55.81	70.60	61.44	117.00	82.60	46.99	56.89	84.20
西华县	109.82	65.40	33.40	30.41	99.73	33.31	18.47	55.45	28.24
鹿邑县	127.90	87.60	28.79	22.51	106.95	30.79	15.22	49.43	17.37
郸城县	159.95	96.17	38.63	24.15	65.34	25.24	20.16	79.87	20.96
淮阳县	150.09	100.82	31.38	20.91	98.82	31.01	24.08	77.65	23.88
太康县	171.79	100.60	68.56	39.91	80.46	55.16	32.76	59.39	32.56
商水县	135.93	90.31	11.76	8.65	88.18	10.37	4.70	45.32	5.20
沈丘县	102.19	89.34	10.72	10.49	99.16	10.63	4.26	40.08	4.77
项城县	100.10	83.87	13.79	13.78	64.18	8.85	7.85	88.70	9.36
信阳地区	**738.49**	**491.28**	**17.50**	**2.37**	**85.60**	**14.98**	**8.51**	**56.81**	**1.73**
罗山县	84.65	55.26	2.00	2.36	65.50	1.31	0.95	72.52	1.72
信阳县	101.86	83.42	1.70	1.67	44.12	0.75	0.08	10.67	0.10
光山县	81.04	62.00	1.20	1.48	32.50	0.39			
息　县	146.49	67.30	6.90	4.71	99.13	6.84	4.90	71.64	7.28
淮滨县	81.37	46.85	4.60	5.65	115.65	5.32	2.46	46.24	5.25
潢川县	97.09	56.36	0.80	0.82	37.50	0.30	0.12	40.00	0.21
固始县	145.99	120.09	0.30	0.21	23.33	0.07			
驻马店地区	**1023.19**	**587.55**	**45.63**	**4.46**	**58.25**	**26.58**	**23.35**	**87.85**	**3.97**
上蔡县	157.94	106.52	10.29	6.52	47.62	4.90	7.23	147.55	6.79
正阳县	148.41	57.43	2.72	1.83	70.22	1.91	0.77	40.31	1.34
确山县	105.03	56.08	1.39	1.32	55.40	0.77	0.15	19.48	0.27
泌阳县	139.09	73.81	9.74	7.00	74.44	7.25	4.59	63.31	6.22
汝南县	127.04	67.70	3.24	2.55	7.41	0.24	1.00	*	1.48
平舆县	115.18	75.37	5.49	4.77	40.62	2.23	1.12	50.22	1.49
西平县	100.83	69.98	3.05	3.02	56.39	1.72	2.37	137.79	3.39
新蔡县	129.67	80.66	9.71	7.49	77.86	7.56	6.12	80.95	7.59

5－21－44 河南省1986年产棉县棉花生产收购明细

县市名	耕地面积（万亩）	农业人口（万人）	棉田面积（万亩）	占耕地（%）	亩产（市斤）	产量（万担）	收购量（万担）	商品率（%）	人均交售（市斤）
全省合计	**8636.29**	**5376.63**	**894.18**	**10.35**	**88.26**	**789.18**	**738.49**	**93.58**	**13.74**
郑州市	**225.20**	**166.20**	**4.15**	**1.84**	**85.54**	**3.55**	**9.57**	*	**5.76**
新郑市	73.80	48.40	0.12	0.16	58.33	0.07	1.30	*	2.69
巩义市	55.60	65.50	0.43	0.77	20.93	0.09	3.05	*	4.66
中牟县	95.80	52.30	3.60	3.76	94.17	3.39	5.22	153.98	9.98
开封市	**566.74**	**301.20**	**100.58**	**17.75**	**87.14**	**87.65**	**75.31**	**85.92**	**25.00**
开封县	118.17	54.73	6.99	5.92	61.52	4.30	4.19	97.44	7.66
杞　县	128.10	79.10	30.60	23.89	78.43	24.00	28.00	116.67	35.40
通许县	78.57	44.32	18.75	23.86	74.56	13.98	11.99	85.77	27.05
尉氏县	119.90	67.85	27.84	23.22	119.50	33.27	19.83	59.60	29.23
兰考县	122.00	55.20	16.40	13.44	73.78	12.10	11.30	93.39	20.47
洛阳市	**536.04**	**366.69**	**14.57**	**2.72**	**33.49**	**4.88**	**21.62**	*	**5.90**
偃师市	75.71	66.24	7.39	9.76	46.41	3.43	11.14	*	16.82
孟津县	59.68	36.80	0.83	1.39	38.55	0.32	0.78	*	2.12
新安县	61.65	42.63	0.26	0.42	19.23	0.05	0.02	40.00	0.05
宜阳县	90.27	51.80	2.06	2.28	20.39	0.42	1.95	*	3.76
伊川县	82.73	56.62	1.62	1.96	12.35	0.20	3.73	*	6.59
汝阳县	40.15	32.90	1.26	3.14	21.43	0.27	3.66	*	11.12
嵩　县	51.48	42.73	1.04	2.02	16.35	0.17	0.26	152.94	0.61
洛宁县	74.37	36.97	0.11	0.15	18.18	0.02	0.08	*	0.22
三门峡市	**155.36**	**81.43**	**9.01**	**5.80**	**43.95**	**3.96**	**4.51**	**113.89**	**5.54**
灵宝县	97.76	54.49	7.51	7.68	39.15	2.94	2.42	82.31	4.44
陕　县	57.60	26.94	1.50	2.60	68.00	1.02	2.09	*	7.76
平顶山市	**98.78**	**69.70**					**5.51**		**7.91**
汝州市	98.78	69.70					5.51		7.91
焦作市	**247.77**	**193.31**	**22.72**	**9.17**	**109.55**	**24.89**	**24.23**	**97.35**	**12.53**
孟州市	36.49	26.28	3.62	9.92	79.83	2.89	2.06	71.28	7.84
沁阳市	41.18	33.36	2.68	6.51	100.00	2.68	3.22	120.15	9.65
武陟县	62.52	48.69	4.19	6.70	109.31	4.58	5.36	117.03	11.01
温　县	36.53	30.96	1.62	4.43	100.00	1.62	1.13	69.75	3.65
博爱县	34.29	32.08	4.77	13.91	135.85	6.48	6.57	101.39	20.48
修武县	36.76	21.94	5.84	15.89	113.70	6.64	5.89	88.70	26.85
鹤壁市	**137.94**	**71.49**	**11.92**	**8.64**	**60.57**	**7.22**	**6.92**	**95.84**	**9.68**
浚　县	104.48	52.39	8.32	7.96	52.64	4.38	4.13	94.29	7.88
淇　县	33.46	19.10	3.60	10.76	78.89	2.84	2.79	98.24	14.61
新乡市	**573.43**	**354.60**	**65.36**	**11.40**	**106.90**	**69.87**	**61.92**	**88.62**	**17.46**
新乡县	48.12	33.40	14.24	29.59	166.01	23.64	21.82	92.30	65.33
卫辉县	59.00	33.80	6.90	11.69	109.57	7.56	6.70	88.62	19.82
获嘉县	44.67	28.60	8.60	19.25	125.35	10.78	9.23	85.62	32.27
辉　县	90.83	59.70	1.90	2.09	76.32	1.45	0.75	51.72	1.26
原阳县	81.66	46.60	5.72	7.00	95.80	5.48	4.97	90.69	10.67
延津县	63.45	35.70	9.80	15.45	73.27	7.18	8.05	112.12	22.55
封丘县	95.78	55.90	12.40	12.95	82.10	10.18	6.91	67.88	12.36
长垣县	89.92	60.90	5.80	6.45	62.07	3.60	3.49	96.94	5.73
安阳市	**531.98**	**359.87**	**69.53**	**13.07**	**94.61**	**65.78**	**60.62**	**92.16**	**16.84**
安阳县	127.31	92.73	22.04	17.31	71.82	15.83	13.39	84.59	14.44
林　县	82.09	81.48	4.63	5.64	60.26	2.79	4.23	151.61	5.19
内黄县	93.96	56.08	23.48	24.99	111.71	26.23	26.00	99.12	46.36
滑　县	165.85	96.05	19.37	11.68	108.00	20.92	17.00	81.26	17.70
汤阴县	62.77	33.53	0.01	0.02	100.00	0.01			
许昌市	**92.20**	**50.33**	**30.41**	**32.98**	**80.01**	**24.33**	**14.82**	**60.91**	**29.45**
鄢陵县	92.20	50.33	30.41	32.98	80.01	24.33	14.82	60.91	29.45

5－21－44 续表

县市名	耕地面积（万亩）	农业人口（万人）	棉田面积（万亩）	占耕地（%）	亩　产（市斤）	产　量（万担）	收购量（万担）	商品率（%）	人均交售（市斤）
濮阳市	**195.73**	**125.52**	**29.80**	**15.23**	**89.09**	**26.55**	**20.16**	**75.93**	**16.06**
濮阳县									
清丰县	86.23	51.51	15.32	17.77	82.11	12.58	8.96	71.22	17.39
南乐县	58.26	37.42	8.86	15.21	107.11	9.49	8.89	93.68	23.76
范　县	51.24	36.59	5.62	10.97	79.72	4.48	2.31	51.56	6.31
漯河市	**181.12**	**129.45**	**2.13**	**1.18**	**46.95**	**1.00**	**5.22**	*	**4.03**
临颍县	78.06	53.92	0.75	0.96	56.00	0.42	2.61	*	4.84
偃城县	103.06	75.53	1.38	1.34	42.03	0.58	2.61	*	3.46
南阳市	**1219.58**	**691.43**	**148.33**	**12.16**	**102.43**	**151.94**	**135.25**	**89.02**	**19.56**
宛城区	161.92	96.40	50.93	31.45	120.38	61.31	56.28	91.80	58.38
邓州市	240.57	123.66	20.20	8.40	104.21	21.05	19.59	93.06	15.84
新野县	102.10	60.40	26.30	25.76	93.99	24.72	23.67	95.75	39.19
唐河县	205.27	104.49	22.41	10.92	89.29	20.01	17.55	87.71	16.80
卧龙区	10.81	10.68	0.73	6.75	91.78	0.67	0.90	134.33	8.43
内乡县	74.21	53.25	2.96	3.99	77.03	2.28	2.04	89.47	3.83
方城县	156.82	81.84	9.36	5.97	66.35	6.21	3.80	61.19	4.64
社旗县	112.19	51.40	11.40	10.16	112.46	12.82	7.89	61.54	15.35
镇平县	107.67	77.08	3.28	3.05	77.74	2.55	2.82	110.59	3.66
桐柏县	48.02	32.23	0.76	1.58	42.11	0.32	0.71	*	2.20
商丘市	**948.90**	**578.45**	**129.48**	**13.65**	**87.24**	**112.96**	**110.52**	**97.84**	**19.11**
商丘县	151.37	85.15	25.05	16.55	81.16	20.33	23.17	113.97	27.21
永城县	161.75	98.66	14.20	8.78	91.55	13.00	8.86	68.15	8.98
民权县	102.15	61.71	17.28	16.92	55.61	9.61	10.45	108.74	16.93
睢　县	87.50	58.20	8.47	9.68	63.52	5.38	6.87	127.70	11.80
柘城县	104.90	68.59	17.40	16.59	78.33	13.63	23.07	169.26	33.63
宁陵县	68.36	43.64	4.13	6.04	81.36	3.36	3.14	93.45	7.20
虞城县	142.38	81.23	29.39	20.64	102.08	30.00	20.42	68.07	25.14
夏邑县	130.49	81.27	13.56	10.39	130.16	17.65	14.54	82.38	17.89
周口地区	**1169.61**	**772.66**	**209.85**	**17.94**	**85.43**	**179.27**	**150.04**	**83.69**	**19.42**
扶沟县	114.90	55.91	61.00	53.09	112.41	68.57	59.42	86.66	106.28
西华县	109.70	65.20	23.24	21.19	58.95	13.70	18.40	134.31	28.22
鹿邑县	127.90	87.60	17.52	13.70	121.58	21.30	12.80	60.09	14.61
郸城县	159.95	96.30	21.50	13.44	76.98	16.55	14.94	90.27	15.51
淮阳县	149.97	102.06	17.90	11.94	59.27	10.61	11.68	110.08	11.44
太康县	171.79	101.10	49.87	29.03	77.96	38.88	25.44	65.43	25.16
商水县	135.34	90.40	6.93	5.12	64.36	4.46	1.83	41.03	2.02
沈丘县	100.03	89.06	6.10	6.10	45.57	2.78	2.86	102.88	3.21
项城县	100.03	85.03	5.79	5.79	41.80	2.42	2.67	110.33	3.14
信阳地区	**735.11**	**492.72**	**14.50**	**1.97**	**72.21**	**10.47**	**7.48**	**71.44**	**1.52**
罗山县	84.05	55.95	1.90	2.26	60.00	1.14	1.16	101.75	2.07
信阳县	101.61	83.76	1.60	1.57	38.75	0.62	0.93	150.00	1.11
光山县	79.67	62.26	0.90	1.13	31.11	0.28	0.11	39.29	0.18
息　县	146.03	67.56	6.30	4.31	103.65	6.53	3.81	58.35	5.64
淮滨县	81.35	46.72	2.80	3.44	51.43	1.44	1.28	88.89	2.74
潢川县	96.81	56.21	0.80	0.83	48.75	0.39	0.13	33.33	0.23
固始县	145.59	120.26	0.20	0.14	35.00	0.07	0.06	85.71	0.05
驻马店地区	**1020.80**	**571.58**	**31.84**	**3.12**	**46.67**	**14.86**	**24.79**	**166.82**	**4.34**
上蔡县	157.29	107.97	6.96	4.42	18.39	1.28	6.05	*	5.60
正阳县	148.26	56.97	1.82	1.23	41.76	0.76	0.04	5.26	0.07
确山县	104.00	49.90	0.81	0.78	43.21	0.35			
泌阳县	138.89	74.88	8.59	6.18	51.92	4.46	4.87	109.19	6.50
汝南县	127.04	67.53	1.31	1.03	65.65	0.86	0.98	113.95	1.45
平舆县	115.17	76.01	3.49	3.03	39.26	1.37	1.89	137.96	2.49
西平县	100.60	56.97	1.43	1.42	30.77	0.44	3.15	*	5.53
新蔡县	129.55	81.35	7.43	5.74	71.87	5.34	7.81	146.25	9.60

5－21－45　河南省1987年产棉县棉花生产收购明细

县市名	耕地面积（万亩）	农业人口（万人）	棉田面积（万亩）	占耕地（%）	亩产（市斤）	产量（万担）	收购量（万担）	商品率（%）	人均交售（市斤）
全省合计	**8549.55**	**5412.63**	**1039.05**	**12.15**	**106.31**	**1104.65**	**977.37**	**88.48**	**18.06**
郑州市	**222.83**	**167.19**	**6.04**	**2.71**	**88.25**	**5.33**	**12.02**	**225.52**	**7.19**
新郑市	73.14	48.55	0.18	0.25	77.78	0.14	2.76	*	5.68
巩义市	54.70	66.46	0.50	0.91	44.00	0.22	3.07	*	4.62
中牟县	94.99	52.18	5.36	5.64	92.72	4.97	6.19	124.55	11.86
开封市	**565.74**	**307.83**	**125.56**	**22.19**	**114.71**	**144.03**	**119.39**	**82.89**	**38.78**
开封县	118.00	56.78	8.85	7.50	84.63	7.49	7.38	98.53	13.00
杞　县	127.50	80.60	39.30	30.82	127.23	50.00	44.00	88.00	54.59
通许县	78.54	45.04	21.88	27.86	106.35	23.27	19.10	82.08	42.41
尉氏县	119.70	69.41	32.43	27.09	122.33	39.67	26.41	66.57	38.05
兰考县	122.00	56.00	23.10	18.93	102.16	23.60	22.50	95.34	40.18
洛阳市	**532.41**	**367.95**	**12.59**	**2.36**	**56.81**	**7.15**	**12.46**	**174.19**	**3.39**
偃师市	74.99	67.04	6.11	8.15	73.32	4.48	3.71	82.81	5.53
孟津县	59.49	37.07	0.88	1.48	82.16	0.72	1.01	139.70	2.72
新安县	61.25	42.64	0.23	0.38	30.43	0.07	0.23	*	0.54
宜阳县	89.86	51.75	1.66	1.85	37.95	0.63	0.57	90.48	1.10
伊川县	82.29	58.30	1.15	1.40	32.17	0.37	6.23	*	10.69
汝阳县	40.00	33.59	1.63	4.08	38.65	0.63	0.40	63.49	1.19
嵩　县	51.33	40.07	0.84	1.64	26.19	0.22	0.19	86.36	0.47
洛宁县	73.20	37.49	0.09	0.12	33.33	0.03	0.12	*	0.32
三门峡市	**155.31**	**82.56**	**9.51**	**6.12**	**82.02**	**7.80**	**6.80**	**87.18**	**8.24**
灵宝县	97.74	55.34	8.03	8.22	78.70	6.32	5.11	80.85	9.23
陕　县	57.57	27.22	1.48	2.57	100.00	1.48	1.69	114.19	6.21
平顶山市	**98.27**	**71.09**	**2.08**	**2.12**	**120.19**	**2.50**	**1.28**	**51.20**	**1.80**
汝州市	98.27	71.09	2.08	2.12	120.19	2.50	1.28	51.20	1.80
焦作市	**246.97**	**195.36**	**24.10**	**9.76**	**124.19**	**29.93**			
孟州市	36.43	26.60	3.02	8.29	88.74	2.68			
沁阳市	41.02	33.35	3.74	9.12	110.70	4.14			
武陟县	62.40	49.00	4.40	7.05	115.23	5.07			
温　县	36.39	31.70	1.49	4.09	107.38	1.60			
博爱县	34.13	32.65	5.42	15.88	167.34	9.07			
修武县	36.60	22.06	6.03	16.48	122.22	7.37			
鹤壁市	**137.17**	**72.16**	**8.35**	**6.09**	**84.07**	**7.02**	**9.35**	**133.19**	**12.96**
浚　县	103.94	52.98	5.34	5.14	88.39	4.72	4.40	93.22	8.31
淇　县	33.23	19.18	3.01	9.06	76.41	2.30	4.95	*	25.81
新乡市	**570.90**	**361.50**	**82.97**	**14.53**	**118.77**	**98.54**	**96.93**	**98.37**	**26.81**
新乡县	48.00	33.90	15.80	32.92	193.67	30.60	30.04	98.17	88.61
卫辉县	58.80	34.40	8.67	14.74	143.14	12.41	10.56	85.09	30.70
获嘉县	44.60	28.80	9.90	22.20	138.79	13.74	11.68	85.01	40.56
辉　县	89.90	61.50	1.00	1.11	80.00	0.80	2.89	*	4.70
原阳县	81.50	47.80	6.80	8.34	85.29	5.80	9.38	161.72	19.62
延津县	63.20	36.00	19.90	31.49	75.63	15.05	16.23	107.84	45.08
封丘县	95.50	57.00	14.80	15.50	103.38	15.30	10.60	69.28	18.60
长垣县	89.40	62.10	6.10	6.82	79.34	4.84	5.55	114.67	8.94
安阳市	**467.78**	**330.10**	**91.18**	**19.49**	**97.73**	**89.11**	**87.38**	**98.06**	**26.47**
安阳县	127.21	93.53	27.38	21.52	72.02	19.72	17.10	86.71	18.28
林　县	81.26	81.61	5.01	6.17	72.06	3.61	4.38	121.33	5.37
内黄县	93.81	57.12	33.91	36.15	119.14	40.40	39.26	97.18	68.73
滑　县	165.50	97.84	24.88	15.03	102.01	25.38	26.64	104.96	27.23
汤阴县									
许昌市	**92.18**	**51.49**	**29.96**	**32.50**	**137.98**	**41.34**	**26.49**	**64.08**	**51.45**
鄢陵县	92.18	51.49	29.96	32.50	137.98	41.34	26.49	64.08	51.45

5－21－45 续表

县市名	耕地面积（万亩）	农业人口（万人）	棉田面积（万亩）	占耕地（%）	亩产（市斤）	产量（万担）	收购量（万担）	商品率（%）	人均交售（市斤）
濮阳市	**195.55**	**127.16**	**36.92**	**18.88**	**112.30**	**41.46**	**31.01**	**74.79**	**24.39**
濮阳县									
清丰县	86.18	52.66	15.06	17.48	108.23	16.30	12.59	77.24	23.91
南乐县	58.26	37.25	14.81	25.42	120.73	17.88	15.04	84.12	40.38
范　县	51.11	37.25	7.05	13.79	103.26	7.28	3.38	46.43	9.07
漯河市	**180.41**	**131.11**	**1.80**	**1.00**	**85.56**	**1.54**	**7.42**	*	**5.66**
临颍县	78.04	54.69	0.62	0.79	82.26	0.51	5.55	*	10.15
偃城县	102.37	76.42	1.18	1.15	87.29	1.03	1.87	181.55	2.45
南阳市	**1217.83**	**697.50**	**159.28**	**13.08**	**110.18**	**175.49**	**145.62**	**82.98**	**20.88**
宛城区	161.84	96.40	56.14	34.69	120.79	67.81	61.08	90.08	63.36
邓州市	239.95	124.83	22.00	9.17	115.91	25.50	20.91	82.00	16.75
新野县	102.00	60.80	25.90	25.39	113.98	29.52	27.17	92.04	44.69
唐河县	205.10	105.61	26.67	13.00	92.05	24.55	19.41	79.06	18.38
卧龙区	10.57	10.40	0.60	5.68	106.67	0.64	1.20	187.50	11.54
内乡县	74.19	53.95	3.03	4.08	89.77	2.72	1.65	60.48	3.05
方城县	156.61	82.47	9.11	5.82	84.63	7.71	3.87	50.19	4.69
社旗县	112.16	52.43	11.91	10.62	116.04	13.82	7.94	57.45	15.14
镇平县	107.46	77.85	3.03	2.82	89.77	2.72	1.65	60.66	2.12
桐柏县	47.95	32.76	0.89	1.86	56.18	0.50	0.74	148.00	2.26
商丘市	**946.79**	**576.96**	**151.83**	**16.04**	**102.03**	**154.91**	**160.43**	**103.56**	**27.81**
商丘县	151.37	86.37	28.19	18.62	102.63	28.93	24.76	85.59	28.67
永城县	161.55	99.53	16.00	9.90	82.94	13.27	10.27	77.39	10.32
民权县	101.09	63.50	15.98	15.81	86.36	13.80	15.43	111.81	24.30
睢　县	87.50	59.26	11.46	13.10	93.89	10.76	13.96	129.74	23.56
柘城县	104.80	59.52	25.00	23.85	117.72	29.43	38.92	132.25	65.39
宁陵县	68.38	44.19	5.19	7.59	83.43	4.33	4.81	111.09	10.88
虞城县	141.74	81.98	34.00	23.99	103.85	35.31	34.53	97.79	42.12
夏邑县	130.36	82.61	16.01	12.28	119.18	19.08	17.75	93.03	21.49
周口地区	**1168.07**	**781.93**	**250.41**	**21.44**	**107.04**	**268.04**	**236.30**	**88.16**	**30.22**
扶沟县	114.72	57.01	72.00	62.76	125.00	90.00	86.00	95.56	150.85
西华县	109.70	66.72	28.51	25.99	103.86	29.61	29.89	100.95	44.80
鹿邑县	127.90	87.60	30.50	23.85	111.02	33.86	24.00	70.88	27.40
郸城县	159.95	97.00	23.00	14.38	107.09	24.63	21.69	88.06	22.36
淮阳县	147.63	103.51	21.30	14.43	104.65	22.29	20.25	90.85	19.56
太康县	171.79	101.70	57.09	33.23	89.49	51.09	44.59	87.28	43.84
商水县	134.99	90.98	7.35	5.44	90.88	6.68	3.03	45.36	3.33
沈丘县	101.41	91.06	5.41	5.33	95.19	5.15	3.07	59.61	3.37
项城县	99.98	86.35	5.25	5.25	90.10	4.73	3.78	79.92	4.38
信阳地区	**731.21**	**499.17**	**13.10**	**1.79**	**75.42**	**9.88**	**5.31**	**53.74**	**1.06**
罗山县	83.73	58.38	1.90	2.27	51.58	0.98	0.30	30.61	0.51
信阳县	101.49	84.37	1.40	1.38	40.71	0.57	0.23	40.35	0.27
光山县	79.02	61.30	0.80	1.01	48.75	0.39			
息　县	144.88	69.56	5.30	3.66	89.06	4.72	3.58	75.85	5.15
淮滨县	80.99	47.80	3.00	3.70	95.67	2.87	1.15	40.07	2.41
潢川县	96.48	57.47	0.60	0.62	51.67	0.31	0.01	3.23	0.02
固始县	144.62	120.29	0.10	0.07	40.00	0.04	0.04	100.00	0.03
驻马店地区	**1020.13**	**591.57**	**33.37**	**3.27**	**61.67**	**20.58**	**19.18**	**93.20**	**3.24**
上蔡县	157.19	108.66	5.31	3.38	56.69	3.01	7.96	*	7.33
正阳县	148.21	58.00	1.89	1.28	1.59	0.03	0.18	*	0.31
确山县	104.02	50.84	0.63	0.61	49.21	0.31			
泌阳县	138.72	74.87	8.64	6.23	66.20	5.72	2.34	40.91	3.13
汝南县	126.88	68.36	1.13	0.89	72.57	0.82	0.13	15.85	0.19
平舆县	115.17	77.53	3.24	2.81	3.09	0.10	0.09	90.00	0.12
西平县	100.59	70.67	1.20	1.19	48.33	0.58	1.57	*	2.22
新蔡县	129.35	82.64	11.33	8.76	88.35	10.01	6.91	69.03	8.36

5-21-46　河南省1988年产棉县棉花生产收购明细

县市名	耕地面积（万亩）	农业人口（万人）	棉田面积（万亩）	占耕地（%）	亩　产（市斤）	产　量（万担）	收购量（万担）	商品率（%）	人均交售（市斤）
全省合计	8830.82	5618.43	1343.73	15.22	92.62	1244.58	993.23	79.80	17.68
郑州市	221.70	173.68	8.69	3.92	50.40	4.38	10.61	*	6.11
新郑市	72.70	51.28	0.86	1.18	84.88	0.73	2.26	*	4.41
巩义市	54.50	67.90	0.58	1.06	46.55	0.27	1.07	*	1.58
中牟县	94.50	54.50	7.25	7.67	46.62	3.38	7.28	*	13.36
开封市	565.00	314.88	160.26	28.36	105.60	169.23	114.23	67.50	36.28
开封县	118.00	55.40	14.03	11.89	87.46	12.27	7.24	59.01	13.07
杞　县	126.90	86.50	49.50	39.01	109.09	54.00	29.00	53.70	33.53
通许县	78.43	45.51	26.43	33.70	99.81	26.38	19.67	74.56	43.22
尉氏县	119.67	70.77	40.80	34.09	108.28	44.18	27.52	62.29	38.89
兰考县	122.00	56.70	29.50	24.18	109.83	32.40	30.80	95.06	54.32
洛阳市	541.31	400.50	11.00	2.03	57.18	6.29	5.59	88.87	1.40
偃师市	74.86	71.80	5.46	7.29	72.89	3.98	3.99	100.25	5.56
孟津县	59.45	39.90	0.89	1.50	60.67	0.54	0.29	53.70	0.73
新安县	61.05	46.80	0.22	0.36	27.27	0.06	0.09	150.00	0.19
宜阳县	89.73	57.40	1.41	1.57	43.26	0.61	0.13	21.31	0.23
伊川县	82.55	62.10	0.94	1.14	40.43	0.38	0.68	178.95	1.10
汝阳县	39.80	36.00	1.11	2.79	37.84	0.42	0.16	38.10	0.44
嵩　县	61.05	46.50	0.88	1.44	30.68	0.27	0.25	92.59	0.54
洛宁县	72.82	40.00	0.09	0.12	33.33	0.03			
三门峡市	164.30	82.40	11.18	6.80	83.18	9.30	5.41	58.17	6.57
灵宝县	83.50	55.10	8.76	10.49	79.79	6.99	4.08	58.37	7.40
陕　县	80.80	27.30	2.42	3.00	95.45	2.31	1.33	57.58	4.87
平顶山市	100.07	70.00	2.04	2.04	63.24	1.29	1.61	124.81	2.30
汝州市	100.07	70.00	2.04	2.04	63.24	1.29	1.61	124.81	2.30
焦作市	246.14	194.30	28.73	11.67	99.69	28.64	22.26	77.72	11.46
孟州市	36.38	26.80	3.09	8.49	89.32	2.76	1.75	63.41	6.53
沁阳市	40.70	33.60	4.56	11.20	90.79	4.14	4.38	105.80	13.04
武陟县	62.34	46.50	5.04	8.08	90.48	4.56	4.14	90.79	8.90
温　县	36.37	32.00	1.95	5.36	92.82	1.81	0.74	40.88	2.31
博爱县	34.07	33.10	6.85	20.11	132.41	9.07	6.87	75.74	20.76
修武县	36.28	22.30	7.24	19.96	87.02	6.30	4.38	69.52	19.64
鹤壁市	137.07	72.16	13.66	9.97	83.53	11.41	11.45	100.35	15.87
浚　县	103.87	52.98	9.05	8.71	86.63	7.84	7.59	96.81	14.33
淇　县	33.20	19.18	4.61	13.89	77.44	3.57	3.86	108.12	20.13
新乡市	563.86	363.79	103.29	18.32	119.00	122.91	102.93	83.74	28.29
新乡县	49.59	33.29	17.80	35.89	169.55	30.18	30.15	99.90	90.57
卫辉县	58.62	34.80	11.10	18.94	127.39	14.14	4.60	32.53	13.22
获嘉县	44.58	29.40	12.09	27.12	109.10	13.19	9.24	70.05	31.43
辉　县	89.61	63.20	1.40	1.56	77.86	1.09	2.90	*	4.59
原阳县	81.42	48.00	9.80	12.04	115.00	11.27	9.80	86.96	20.42
延津县	62.74	35.90	21.80	34.75	97.75	21.31	21.69	101.78	60.42
封丘县	95.10	56.90	21.20	22.29	106.04	22.48	16.33	72.64	28.70
长垣县	82.20	62.30	8.10	9.85	114.20	9.25	8.22	88.86	13.19
安阳市	529.40	366.14	131.94	24.92	95.32	125.77	101.93	81.04	27.84
安阳县	127.21	93.76	30.81	24.22	59.75	18.41	13.42	72.90	14.31
林　县	81.09	80.58	4.89	6.03	35.79	1.75	1.34	76.57	1.66
内黄县	93.80	57.92	42.21	45.00	114.12	48.17	46.18	95.87	79.73
滑　县	165.00	99.48	36.21	21.95	122.01	44.18	24.76	56.04	24.89
汤阴县	62.30	34.40	17.82	28.60	74.41	13.26	16.23	122.40	47.18
许昌市	92.18	50.75	33.60	36.45	151.99	51.07	29.82	58.39	58.76
鄢陵县	92.18	50.75	33.60	36.45	151.99	51.07	29.82	58.39	58.76

5－21－46 续表

县市名	耕地面积（万亩）	农业人口（万人）	棉田面积（万亩）	占耕地（%）	亩产（市斤）	产量（万担）	收购量（万担）	商品率（%）	人均交售（市斤）
濮阳市	**329.46**	**209.80**	**58.87**	**17.87**	**105.91**	**62.35**	**38.70**	**62.07**	**18.45**
濮阳县	134.90	83.10	11.36	8.42	98.42	11.18	7.21	64.49	8.68
清丰县	86.85	51.80	20.61	23.73	100.34	20.68	14.95	72.29	28.86
南乐县	59.26	37.90	17.97	30.32	122.87	22.08	13.94	63.13	36.78
范　县	48.45	37.00	8.93	18.43	94.18	8.41	2.60	30.92	7.03
漯河市	**178.69**	**131.50**	**2.48**	**1.39**	**113.31**	**2.81**	**5.48**	**195.02**	**4.17**
临颍县	76.69	55.10	1.06	1.38	143.40	1.52	3.46	*	6.28
偃城县	102.00	76.40	1.42	1.39	90.85	1.29	2.02	156.59	2.64
南阳市	**1215.69**	**703.73**	**188.86**	**15.54**	**67.33**	**127.16**	**131.14**	**103.13**	**18.63**
宛城区	161.62	98.04	58.66	36.30	83.33	48.88	65.08	133.14	66.38
邓州市	239.86	125.64	25.20	10.51	44.29	11.16	9.65	86.47	7.68
新野县	101.90	61.20	30.30	29.74	56.01	16.97	16.06	94.64	26.24
唐河县	205.03	106.45	39.80	19.41	55.10	21.93	22.53	102.74	21.16
卧龙区	10.31	10.50	0.70	6.79	70.00	0.49	0.95	193.88	9.05
内乡县	74.11	54.20	3.64	4.91	51.10	1.86	0.97	52.15	1.79
方城县	155.90	84.10	9.98	6.40	74.55	7.44	4.45	59.81	5.29
社旗县	112.38	52.10	15.33	13.64	99.87	15.31	9.62	62.83	18.46
镇平县	107.33	79.00	4.56	4.25	60.31	2.75	1.72	62.55	2.18
桐柏县	47.25	32.50	0.69	1.46	53.62	0.37	0.11	29.73	0.34
商丘市	**946.74**	**596.80**	**189.74**	**20.04**	**91.95**	**174.46**	**138.24**	**79.24**	**23.16**
商丘县	151.18	87.52	32.70	21.63	87.86	28.73	28.36	98.71	32.40
永城县	161.42	100.97	23.70	14.68	99.92	23.68	1.23	5.19	1.22
民权县	101.86	65.39	17.42	17.10	80.14	13.96	13.86	99.28	21.20
睢　县	87.45	60.25	13.70	15.67	90.88	12.45	11.17	89.72	18.54
柘城县	104.70	70.33	17.80	17.00	105.39	18.76	37.10	197.76	52.75
宁陵县	68.41	45.01	7.39	10.80	76.32	5.64	2.84	50.35	6.31
虞城县	141.44	83.30	49.19	34.78	81.32	40.00	24.25	60.63	29.11
夏邑县	130.28	84.03	27.84	21.37	112.21	31.24	19.43	62.20	23.12
周口地区	**1163.67**	**791.93**	**327.60**	**28.15**	**93.60**	**306.64**	**248.42**	**81.01**	**31.37**
扶沟县	114.00	57.30	79.10	69.39	107.33	84.90	80.80	95.17	141.01
西华县	110.13	67.96	36.20	32.87	105.39	38.15	32.83	86.06	48.31
鹿邑县	124.50	87.60	35.60	28.59	97.08	34.56	24.97	72.25	28.50
郸城县	159.95	98.62	38.50	24.07	79.61	30.65	26.21	85.51	26.58
淮阳县	147.27	104.75	31.45	21.36	100.32	31.55	20.88	66.18	19.93
太康县	171.45	104.00	64.81	37.80	88.92	57.63	46.44	80.58	44.65
商水县	135.00	91.00	26.42	19.57	59.92	15.83	5.42	34.24	5.96
沈丘县	101.40	93.00	8.09	7.98	78.37	6.34	4.33	68.30	4.66
项城县	99.97	87.70	7.43	7.43	94.62	7.03	6.54	93.03	7.46
信阳地区	**815.41**	**504.50**	**15.56**	**1.91**	**53.92**	**8.39**	**6.09**	**72.59**	**1.21**
罗山县	111.96	57.50	1.40	1.25	56.43	0.79	0.29	36.71	0.50
信阳县	135.26	86.50	1.10	0.81	48.18	0.53	0.01	1.89	0.01
光山县	104.91	62.10	1.20	1.14	37.50	0.45	0.04	8.89	0.06
息　县	142.80	69.00	7.60	5.32	55.53	4.22	4.04	95.73	5.86
淮滨县	80.00	47.60	3.60	4.50	60.83	2.19	1.71	78.08	3.59
潢川县	96.20	57.50	0.60	0.62	30.00	0.18			
固始县	144.28	124.30	0.06	0.04	50.00	0.03			
驻马店地区	**1020.13**	**591.57**	**56.23**	**5.51**	**57.76**	**32.48**	**19.32**	**59.48**	**3.27**
上蔡县	157.19	108.66	11.52	7.33	63.11	7.27	4.95	68.09	4.56
正阳县	148.21	58.00	3.35	2.26	68.06	2.28	0.23	10.09	0.40
确山县	104.02	50.84	0.78	0.75	74.36	0.58			
泌阳县	138.72	74.87	8.75	6.31	47.54	4.16	2.02	48.56	2.70
汝南县	126.88	68.36	4.26	3.36	71.36	3.04	0.63	20.72	0.92
平舆县	115.17	77.53	6.13	5.32	7.01	0.43	1.02	*	1.32
西平县	100.59	70.67	1.38	1.37	62.32	0.86	1.82	*	2.58
新蔡县	129.35	82.64	20.06	15.51	69.09	13.86	8.65	62.41	10.47

5－21－47　河南省1989年产棉县棉花生产收购明细

县市名	耕地面积（万亩）	农业人口（万人）	棉田面积（万亩）	占耕地（%）	亩产（市斤）	产量（万担）	收购量（万担）	商品率（%）	人均交售（市斤）
全省合计	**8709.68**	**5639.42**	**1256.26**	**14.42**	**84.90**	**1066.52**	**735.05**	**68.92**	**13.03**
郑州市	**218.89**	**180.13**	**6.73**	**3.07**	**97.47**	**6.56**	**4.79**	**73.02**	**2.66**
新郑市	70.82	53.82	0.62	0.88	59.68	0.37	0.36	97.30	0.67
巩义市	54.40	69.11	0.68	1.25	47.06	0.32	0.30	93.75	0.43
中牟县	93.67	57.20	5.43	5.80	108.10	5.87	4.13	70.36	7.22
开封市	**562.05**	**322.62**	**148.38**	**26.40**	**95.37**	**141.51**	**89.96**	**63.57**	**27.88**
开封县	115.81	58.73	14.09	12.17	92.05	12.97	4.84	37.32	8.24
杞　县	126.50	88.30	44.30	35.02	81.26	36.00	19.00	52.78	21.52
通许县	78.26	46.10	23.45	29.96	91.64	21.49	13.79	64.17	29.91
尉氏县	119.48	72.19	39.84	33.34	102.79	40.95	23.83	58.19	33.01
兰考县	122.00	57.30	26.70	21.89	112.73	30.10	28.50	94.68	49.74
洛阳市	**529.98**	**381.26**	**9.69**	**1.83**	**65.63**	**6.36**	**1.31**	**20.60**	**0.34**
偃师市	74.60	69.01	4.90	6.57	83.27	4.08	0.24	5.88	0.35
孟津县	59.28	37.61	0.58	0.98	74.14	0.43	0.16	37.21	0.43
新安县	60.89	43.55	0.27	0.44	51.85	0.14	0.25	178.57	0.57
宜阳县	89.49	52.61	1.27	1.42	48.03	0.61			
伊川县	82.54	60.33	0.85	1.03	41.18	0.35	0.32	91.43	0.53
汝阳县	39.69	34.39	0.92	2.32	53.26	0.49	0.01	2.04	0.03
嵩　县	51.04	45.45	0.80	1.57	28.75	0.23	0.32	139.13	0.70
洛宁县	72.45	38.31	0.10	0.14	30.00	0.03	0.01	33.33	0.03
三门峡市	**154.83**	**84.68**	**11.30**	**7.30**	**85.31**	**9.64**	**3.54**	**36.72**	**4.18**
灵宝县	97.71	57.01	9.00	9.21	83.67	7.53	2.60	34.53	4.56
陕　县	57.12	27.67	2.30	4.03	91.74	2.11	0.94	44.55	3.40
平顶山市	**97.77**	**72.92**	**1.96**	**2.00**	**67.86**	**1.33**	**0.55**	**41.35**	**0.75**
汝州市	97.77	72.92	1.96	2.00	67.86	1.33	0.55	41.35	0.75
焦作市	**246.09**	**198.25**	**21.40**	**8.70**	**104.11**	**22.28**	**21.21**	**95.20**	**10.70**
孟州市	36.35	26.97	3.38	9.30	96.45	3.26	1.74	53.37	6.45
沁阳市	40.92	33.83	3.43	8.38	119.83	4.11	2.61	63.50	7.72
武陟县	62.42	50.13					3.91		7.80
温　县	36.33	31.71	2.05	5.64	109.27	2.24	0.52	23.21	1.64
博爱县	33.86	33.41	6.31	18.64	82.09	5.18	6.62	127.80	19.81
修武县	36.21	22.20	6.23	17.21	120.22	7.49	5.81	77.57	26.17
鹤壁市	**136.96**	**74.32**	**12.04**	**8.79**	**88.54**	**10.66**	**12.17**	**114.17**	**16.38**
浚　县	103.80	54.71	8.09	7.79	91.59	7.41	8.53	115.11	15.59
淇　县	33.16	19.61	3.95	11.91	82.28	3.25	3.64	112.00	18.56
新乡市	**565.18**	**307.50**	**110.10**	**19.48**	**114.31**	**125.86**	**89.65**	**71.23**	**29.15**
新乡县	47.08	34.90	17.30	36.75	169.83	29.38	26.13	88.94	74.87
卫辉县	53.50	34.80	10.00	17.09	86.40	8.64	7.64	88.43	21.95
获嘉县	44.30	29.90	12.20	27.54	115.66	14.11	9.47	67.12	31.67
辉　县	89.30		10.80	12.09	135.37	14.62	1.60	10.94	
原阳县	81.20	48.80	9.50	11.70	106.53	10.12	7.63	75.40	15.64
延津县	63.10	36.80	22.10	35.02	86.15	19.04	17.66	92.75	47.99
封丘县	93.80	58.00	19.40	20.68	104.33	20.24	14.18	70.06	24.45
长垣县	87.90	64.30	8.80	10.01	110.34	9.71	5.34	54.99	8.30
安阳市	**528.64**	**375.40**	**117.08**	**22.15**	**108.63**	**127.18**	**110.67**	**87.02**	**29.48**
安阳县	127.17	96.34	24.90	19.58	78.23	19.48	17.60	90.35	18.27
林　县	80.53	83.66	4.98	6.18	64.86	3.23	1.84	56.97	2.20
内黄县	93.80	59.08	38.90	41.47	125.81	48.94	46.80	95.63	79.21
滑　县	164.80	101.26	32.58	19.77	126.00	41.05	27.60	67.24	27.26
汤阴县	62.34	35.06	15.72	25.22	92.11	14.48	16.83	116.23	48.00
许昌市	**92.16**	**54.53**	**35.83**	**38.88**	**109.99**	**39.41**	**19.77**	**50.16**	**36.26**
鄢陵县	92.16	54.53	35.83	38.88	109.99	39.41	19.77	50.16	36.26

5-21-47 续表

县市名	耕地面积（万亩）	农业人口（万人）	棉田面积（万亩）	占耕地（%）	亩产（市斤）	产量（万担）	收购量（万担）	商品率（%）	人均交售（市斤）
濮阳市	**330.06**	**215.92**	**55.77**	**16.90**	**113.13**	**63.09**	**36.88**	**58.46**	**17.08**
濮阳县	134.65	85.02	10.88	8.08	103.68	11.28	6.76	59.93	7.95
清丰县	86.19	53.70	18.01	20.90	116.10	20.91	13.37	63.94	24.90
南乐县	58.27	39.44	17.94	30.79	123.08	22.08	15.00	67.93	38.03
范　县	50.95	37.76	8.94	17.55	98.66	8.82	1.75	19.84	4.63
漯河市	**179.75**	**133.52**	**5.72**	**3.18**	**105.24**	**6.02**	**5.05**	**83.89**	**3.78**
临颍县	77.98	56.20	3.62	4.64	113.81	4.12	3.75	91.02	6.67
偃城县	101.77	77.32	2.10	2.06	90.48	1.90	1.30	68.42	1.68
南阳市	**1214.75**	**719.75**	**176.26**	**14.51**	**55.85**	**98.44**	**77.85**	**79.08**	**10.82**
宛城区	161.57	99.07	57.40	35.53	64.11	36.80	28.00	76.09	28.26
邓州市	239.67	127.89	24.40	10.18	39.18	9.56	8.19	85.67	6.40
新野县	101.70	61.90	29.80	29.30	62.01	18.48	18.83	101.89	30.42
唐河县	204.61	107.82	29.74	14.53	51.08	15.19	14.21	93.55	13.18
卧龙区	10.29	10.67	0.34	3.30	32.35	0.11	0.18	163.64	1.69
内乡县	74.08	55.50	3.78	5.10	41.01	1.55	0.88	56.77	1.59
方城县	155.40	89.51	10.82	6.96	42.05	4.55	1.57	34.51	1.75
社旗县	112.06	53.38	14.32	12.78	74.65	10.69	4.95	46.30	9.27
镇平县	107.29	80.25	5.18	4.83	23.94	1.24	1.04	83.87	1.30
桐柏县	48.08	33.76	0.48	1.00	56.25	0.27			
商丘市	**945.80**	**607.92**	**161.20**	**17.04**	**79.43**	**128.04**	**101.69**	**79.42**	**16.73**
商丘县	151.13	88.89	32.36	21.41	92.27	29.86	16.06	53.78	18.07
永城县	161.09	102.61	14.00	8.69	75.71	10.60	6.54	61.70	6.37
民权县	101.74	67.99	15.87	15.60	63.20	10.03	14.00	139.58	20.59
睢　县	87.45	61.43	13.34	15.25	92.95	12.40	8.25	66.53	13.43
柘城县	104.60	71.27	14.00	13.38	100.64	14.09	22.51	159.76	31.58
宁陵县	68.41	45.73	8.65	12.64	62.77	5.43	3.84	70.72	8.40
虞城县	141.15	84.60	32.52	23.04	69.46	22.59	18.63	82.47	22.02
夏邑县	130.23	85.40	30.46	23.39	75.64	23.04	11.86	51.48	13.89
周口地区	**1162.77**	**798.93**	**295.93**	**25.45**	**78.32**	**231.77**	**143.20**	**61.79**	**17.92**
扶沟县	113.42	57.32	73.70	64.98	93.73	69.08	51.00	73.83	88.97
西华县	110.12	65.98	34.20	31.06	93.10	31.84	20.38	64.01	30.89
鹿邑县	124.50	92.00	32.80	26.35	88.05	28.88	11.00	38.09	11.96
郸城县	159.95	99.10	32.80	20.51	49.39	16.20	15.00	92.59	15.14
淮阳县	147.15	105.80	20.49	13.92	73.99	15.16	11.03	72.76	10.43
太康县	171.44	104.95	75.02	43.76	66.69	50.03	30.54	61.04	29.10
商水县	134.93	91.84	11.29	8.37	68.02	7.68	2.27	29.56	2.47
沈丘县	101.30	93.44	7.70	7.60	76.36	5.88	0.88	14.97	0.94
项城县	99.96	88.50	7.93	7.93	88.52	7.02	1.10	15.67	1.24
信阳地区	**725.42**	**510.70**	**17.08**	**2.35**	**77.17**	**13.18**	**2.76**	**20.94**	**0.54**
罗山县	83.64	58.50	1.68	2.01	85.71	1.44	0.17	11.81	0.29
信阳县	101.44	87.90	1.00	0.99	61.00	0.61	0.03	4.92	0.03
光山县	78.43	62.10	1.40	1.79	47.14	0.66			
息　县	142.80	69.50	7.30	5.11	82.88	6.05	1.92	31.74	2.76
淮滨县	80.00	48.60	4.00	5.00	90.75	3.63	0.64	17.63	1.32
潢川县	95.24	58.30	1.60	1.68	44.38	0.71			
固始县	143.87	125.80	0.10	0.07	80.00	0.08			
驻马店地区	**1018.58**	**601.07**	**69.79**	**6.85**	**50.42**	**35.19**	**14.00**	**39.78**	**2.33**
上蔡县	157.18	110.65	9.11	5.80	47.20	4.30	5.52	128.37	4.99
正阳县	148.00	58.94	4.12	2.78	60.92	2.51	0.08	3.19	0.14
确山县	103.84	51.14	0.71	0.68	60.56	0.43			
泌阳县	138.55	76.93	9.04	6.52	32.74	2.96	0.20	6.76	0.26
汝南县	126.08	68.46	6.96	5.52	31.18	2.17	0.02	0.92	0.03
平舆县	115.17	79.16	12.30	10.68	34.96	4.30	0.12	2.79	0.15
西平县	100.53	70.99	1.90	1.89	52.11	0.99	1.31	132.32	1.85
新蔡县	129.23	84.80	25.65	19.85	68.34	17.53	6.75	38.51	7.96

5-21-48　河南省1990年产棉县棉花生产收购明细

县市名	耕地面积（万亩）	农业人口（万人）	棉田面积（万亩）	占耕地（%）	亩产（市斤）	产量（万担）	收购量（万担）	商品率（%）	人均交售（市斤）
全省合计	**8689.35**	**5894.92**	**1267.37**	**14.59**	**119.72**	**1517.30**	**1058.56**	**69.77**	**17.96**
郑州市	**208.25**	**169.38**	**6.40**	**3.07**	**119.69**	**7.66**	**7.95**	**103.79**	**4.69**
新郑市	64.25	50.34	0.59	0.92	52.54	0.31	1.52	*	3.02
巩义市	52.50	64.77	0.90	1.71	62.22	0.56	1.18	*	1.82
中牟县	91.50	54.27	4.91	5.37	138.29	6.79	5.25	77.32	9.67
开封市	**563.99**	**325.97**	**129.58**	**22.98**	**118.85**	**154.00**	**106.72**	**69.30**	**32.74**
开封县	115.66	57.77	14.01	12.11	107.57	15.07	6.51	43.20	11.27
杞县	125.80	88.20	34.00	27.03	123.53	42.00	28.00	66.67	31.75
通许县	78.17	48.68	23.80	30.45	110.46	26.29	19.72	75.01	40.51
尉氏县	119.36	73.42	31.27	26.20	122.29	38.24	21.09	55.15	28.73
兰考县	125.00	57.90	26.50	21.20	122.26	32.40	31.40	96.91	54.23
洛阳市	**529.59**	**421.99**	**11.02**	**2.08**	**75.23**	**8.29**	**2.27**	**27.38**	**0.54**
偃师市	74.55	70.48	4.65	6.24	106.02	4.93	0.56	11.36	0.79
孟津县	59.37	38.46	0.56	0.94	98.21	0.55	0.45	81.82	1.17
新安县	60.97	44.15	0.89	1.46	61.80	0.55	0.21	38.18	0.48
宜阳县	89.27	54.45	1.82	2.04	45.05	0.82	0.18	21.95	0.33
伊川县	82.41	61.36	0.81	0.98	48.15	0.39	0.25	64.10	0.41
汝阳县	39.66	44.15	1.00	2.52	70.00	0.70	0.34	48.57	0.77
嵩县	50.94	38.46	1.22	2.39	26.23	0.32	0.21	65.63	0.55
洛宁县	72.42	70.48	0.07	0.10	42.86	0.03	0.07	*	0.10
三门峡市	**154.72**	**85.98**	**16.62**	**10.74**	**48.07**	**7.99**	**2.49**	**31.16**	**2.90**
灵宝县	97.68	58.12	13.02	13.33	42.78	5.57	2.17	38.96	3.73
陕县	57.04	27.86	3.60	6.31	67.22	2.42	0.32	13.22	1.15
平顶山市	**97.50**	**76.65**	**2.24**	**2.30**	**84.38**	**1.89**	**2.00**	**105.82**	**2.61**
汝州市	97.50	76.65	2.24	2.30	84.38	1.89	2.00	105.82	2.61
焦作市	**245.54**	**205.36**	**27.91**	**11.37**	**137.59**	**38.40**	**21.51**	**56.02**	**10.47**
孟州市	36.33	27.45	4.45	12.25	111.69	4.97	3.66	73.64	13.33
沁阳市	40.89	37.36	4.47	10.93	138.70	6.20	3.61	58.23	9.66
武陟县	62.16	51.51	4.91	7.90	130.75	6.42	4.73	73.68	9.18
温县	36.25	32.45	2.31	6.37	119.48	2.76	0.86	31.16	2.65
博爱县	33.76	33.86	5.70	16.88	164.74	9.39	6.85	72.95	20.23
修武县	36.15	22.73	6.07	16.79	142.67	8.66	1.80	20.79	7.92
鹤壁市	**134.18**	**76.41**	**14.00**	**10.43**	**98.64**	**13.81**	**18.09**	**130.99**	**23.67**
浚县	101.13	56.26	8.87	8.77	95.49	8.47	10.68	126.09	18.98
淇县	33.05	20.15	5.13	15.52	104.09	5.34	7.41	138.76	36.77
新乡市	**565.20**	**379.65**	**109.60**	**19.39**	**127.93**	**140.21**	**112.17**	**80.00**	**29.55**
新乡县	47.10	35.90	17.80	37.79	184.21	32.79	32.99	100.61	91.89
卫辉县	58.50	35.70	12.10	20.68	133.64	16.17	8.89	54.98	24.90
获嘉县	44.30	31.30	12.60	28.44	131.75	16.60	11.32	68.19	36.17
辉县	89.30	65.90	2.10	2.35	100.95	2.12	2.37	111.79	3.60
原阳县	81.20	47.70	9.00	11.08	135.00	12.15	10.32	84.94	21.64
延津县	63.10	37.30	24.40	38.67	104.18	25.42	18.71	73.60	50.16
封丘县	93.80	58.98	21.80	23.24	111.15	24.23	20.54	84.77	34.83
长垣县	87.90	66.87	9.80	11.15	109.49	10.73	7.03	65.52	10.51
安阳市	**527.97**	**392.98**	**129.07**	**24.45**	**122.38**	**157.95**	**107.70**	**68.19**	**27.41**
安阳县	127.04	102.39	27.54	21.68	92.41	25.45	19.42	76.31	18.97
林县	80.43	88.66	5.06	6.29	74.51	3.77	2.06	54.64	2.32
内黄县	93.80	61.00	41.14	43.86	141.03	58.02	33.70	58.08	55.25
滑县	164.37	104.97	39.13	23.81	133.99	52.43	33.87	64.60	32.27
汤阴县	62.33	35.96	16.20	25.99	112.84	18.28	18.65	102.02	51.86
许昌市	**92.15**	**54.69**	**35.21**	**38.21**	**132.01**	**46.48**	**31.37**	**67.49**	**57.36**
鄢陵县	92.15	54.69	35.21	38.21	132.01	46.48	31.37	67.49	57.36

5－21－48 续表

县市名	耕地面积（万亩）	农业人口（万人）	棉田面积（万亩）	占耕地（%）	亩产（市斤）	产量（万担）	收购量（万担）	商品率（%）	人均交售（市斤）
濮阳市	**329.39**	**223.60**	**56.37**	**17.11**	**113.91**	**64.21**	**59.81**	**93.15**	**26.75**
濮阳县	134.08	89.69	11.78	8.79	113.92	13.42	9.15	68.18	10.20
清丰县	86.10	55.30	18.25	21.20	114.68	20.93	12.58	60.11	22.75
南乐县	58.27	40.41	18.01	30.91	122.77	22.11	15.07	68.16	37.29
范　县	50.94	38.20	8.33	16.35	93.04	7.75	23.01	*	60.24
漯河市	**179.55**	**96.31**	**8.54**	**4.76**	**120.96**	**10.33**	**11.12**	**107.65**	**11.55**
临颍县	77.97	57.70	6.00	7.70	131.50	7.89	8.10	102.66	14.04
偃城县	101.58	38.61	2.54	2.50	96.06	2.44	3.02	123.77	7.82
南阳市	**1209.61**	**743.76**	**169.10**	**13.98**	**108.77**	**183.93**	**163.13**	**88.69**	**21.93**
宛城区	161.37	103.20	56.26	34.86	111.00	62.45	56.81	90.97	55.05
邓州市	239.44	132.55	26.90	11.23	94.87	25.52	23.19	90.87	17.50
新野县	101.70	69.60	29.10	28.61	109.97	32.00	31.50	98.44	45.26
唐河县	204.51	111.99	26.08	12.75	131.83	34.38	28.13	81.82	25.12
卧龙区	10.23	11.16	0.32	3.13	103.13	0.33	0.55	166.67	4.93
内乡县	74.08	55.94	4.03	5.44	74.69	3.01	2.59	86.05	4.63
方城县	154.10	87.87	6.57	4.26	118.72	7.80	6.30	80.77	7.17
社旗县	112.03	54.98	13.94	12.44	100.43	14.00	10.87	77.64	19.77
镇平县	107.27	82.81	5.44	5.07	76.47	4.16	3.19	76.68	3.85
桐柏县	44.88	33.66	0.46	1.02	60.87	0.28			
商丘市	**945.02**	**651.56**	**178.29**	**18.87**	**137.15**	**244.52**	**138.39**	**56.60**	**21.24**
商丘县	151.19	96.75	33.30	22.03	113.87	37.92	16.81	44.33	17.37
永城县	161.09	109.42	20.40	12.66	93.63	19.10	17.00	89.01	15.54
民权县	100.94	68.33	21.09	20.89	86.96	18.34	13.50	73.61	19.76
睢　县	87.45	64.86	17.23	19.70	101.10	17.42	11.87	68.14	18.30
柘城县	104.56	78.61	25.00	23.91	107.00	26.75	28.94	108.19	36.81
宁陵县	68.41	49.68	6.89	10.07	106.82	7.36	4.60	62.50	9.26
虞城县	141.15	91.33	36.22	25.66	271.04	98.17	36.22	36.90	39.66
夏邑县	130.23	92.58	18.16	13.94	107.16	19.46	9.45	48.56	10.21
周口地区	**1162.49**	**844.94**	**306.53**	**26.37**	**125.87**	**385.83**	**234.95**	**60.89**	**27.81**
扶沟县	113.41	58.10	75.40	66.48	140.72	106.10	82.00	77.29	141.14
西华县	110.10	71.15	40.14	36.46	122.30	49.09	34.12	69.50	47.96
鹿邑县	124.50	100.10	33.90	27.23	131.15	44.46	22.20	49.93	22.18
郸城县	159.95	104.34	23.00	14.38	120.00	27.60	19.32	70.00	18.52
淮阳县	147.24	111.76	32.98	22.40	106.06	34.98	16.65	47.60	14.90
太康县	171.42	112.60	73.00	42.59	127.89	93.36	51.30	54.95	45.56
商水县	134.93	95.46	7.50	5.56	110.00	8.25	3.28	39.76	3.44
沈丘县	101.02	98.93	12.26	12.14	105.30	12.91	3.18	24.63	3.21
项城县	99.92	92.50	8.35	8.36	108.74	9.08	2.90	31.94	3.14
信阳地区	**725.59**	**529.02**	**20.60**	**2.84**	**84.51**	**17.41**	**9.70**	**55.72**	**1.83**
罗山县	83.58	59.51	2.87	3.43	87.46	2.51	1.13	45.02	1.90
信阳县	101.29	89.18	1.78	1.76	70.79	1.26	0.59	46.83	0.66
光山县	78.17	64.61	1.19	1.52	57.98	0.69			
息　县	143.20	73.46	8.52	5.95	84.51	7.20	5.49	76.25	7.47
淮滨县	80.95	51.34	4.61	5.69	105.86	4.88	1.88	38.52	3.66
潢川县	95.00	62.57	1.52	1.60	53.29	0.81	0.61	75.31	0.97
固始县	143.40	128.35	0.11	0.08	54.55	0.06			
驻马店地区	**1018.61**	**616.67**	**46.29**	**4.54**	**74.29**	**34.39**	**29.19**	**84.88**	**4.73**
上蔡县	157.21	113.10	7.17	4.56	77.27	5.54	5.59	100.90	4.94
正阳县	148.00	60.66	3.58	2.42	65.36	2.34			
确山县	103.84	51.70	0.41	0.39	82.93	0.34			
泌阳县	138.55	78.90	6.90	4.98	62.61	4.32	2.90	67.13	3.68
汝南县	126.08	70.86	4.73	3.75	67.02	3.17	4.30	135.65	6.07
平舆县	115.17	81.28	7.84	6.81	55.48	4.35	3.90	89.66	4.80
西平县	100.53	72.00	1.62	1.61	82.10	1.33	4.00	*	5.56
新蔡县	129.23	88.17	14.04	10.86	92.59	13.00	8.50	65.38	9.64

5－21－49　河南省1991年产棉县棉花生产收购明细

县市名	耕地面积（万亩）	农业人口（万人）	棉田面积（万亩）	占耕地（%）	亩产（市斤）	产量（万担）	收购量（万担）	商品率（%）	人均交售（市斤）
全省合计	**8674.33**	**5998.25**	**1705.04**	**19.66**	**113.54**	**1935.87**	**1543.77**	**79.75**	**25.74**
郑州市	**214.98**	**172.95**	**10.05**	**4.67**	**103.38**	**10.39**	**11.67**	**112.32**	**6.75**
新郑市	69.03	51.48	1.02	1.48	63.73	0.65	3.83	*	7.44
巩义市	53.88	66.06	1.57	2.91	35.03	0.55	2.23	*	3.38
中牟县	92.07	55.41	7.46	8.10	123.19	9.19	5.61	61.04	10.12
开封市	**563.27**	**329.77**	**161.77**	**28.72**	**134.94**	**218.29**	**156.06**	**71.49**	**47.32**
开封县	115.44	58.48	14.53	12.59	131.93	19.17	10.12	52.79	17.31
杞　县	125.50	90.00	50.00	39.84	148.00	74.00	50.00	67.57	55.56
通许县	78.17	49.23	28.00	35.82	126.64	35.46	25.27	71.26	51.33
尉氏县	119.16	73.56	40.64	34.11	127.85	51.96	34.87	67.11	47.40
兰考县	125.00	58.50	28.60	22.88	131.82	37.70	35.80	94.96	61.20
洛阳市	**527.35**	**396.86**	**15.84**	**3.00**	**61.36**	**9.72**	**19.23**	**197.84**	**4.85**
偃师市	74.00	76.16	6.92	9.35	75.72	5.24	2.37	45.23	3.11
孟津县	58.93	39.20	0.82	1.39	100.00	0.82	1.33	162.20	3.39
新安县	60.50	44.58	1.32	2.18	20.45	0.27	1.41	*	3.16
宜阳县	89.16	55.13	2.11	2.37	36.02	0.76	2.42	*	4.39
伊川县	82.21	61.90	1.56	1.90	41.03	0.64	6.84	*	11.05
汝阳县	39.62	35.82	1.73	4.37	50.87	0.88	3.90	*	10.89
嵩　县	50.87	45.55	1.28	2.52	27.34	0.35	0.80	*	1.76
洛宁县	72.06	38.52	0.10	0.14	760.00	0.76	0.16	21.05	0.42
三门峡市	**154.52**	**87.19**	**13.05**	**8.45**	**67.28**	**8.78**	**4.46**	**50.80**	**5.12**
灵宝县	97.63	58.92	10.85	11.11	62.30	6.76	2.62	38.76	4.45
陕　县	56.89	28.27	2.20	3.87	91.82	2.02	1.84	91.09	6.51
平顶山市	**96.50**	**80.51**	**4.12**	**4.27**	**90.05**	**3.71**	**5.84**	**157.41**	**7.25**
汝州市	96.50	80.51	4.12	4.27	90.05	3.71	5.84	157.41	7.25
焦作市	**245.27**	**208.73**	**23.85**	**9.72**	**164.40**	**39.21**	**39.74**	**101.35**	**19.04**
孟州市	36.30	28.05	5.05	13.91	145.54	7.35	5.51	74.97	19.64
沁阳市	40.86	37.72	1.49	3.65	151.68	2.26	6.50	*	17.23
武陟县	62.08	52.36	5.63	9.07	49.02	2.76	6.84	*	13.06
温　县	36.20	32.86	3.46	9.56	124.57	4.31	2.79	64.73	8.49
博爱县	33.70	34.69	6.20	18.40	165.97	10.29	9.25	89.89	26.66
修武县	36.13	23.05	2.02	5.59	605.94	12.24	8.85	72.30	38.39
鹤壁市	**134.45**	**78.39**	**21.35**	**15.88**	**123.75**	**26.42**	**30.98**	**117.26**	**39.52**
浚　县	101.59	57.78	19.35	19.05	117.93	22.82	14.33	62.80	24.80
淇　县	32.86	20.61	2.00	6.09	180.00	3.60	16.65	*	80.79
新乡市	**564.50**	**392.30**	**135.80**	**24.05**	**152.54**	**207.15**	**165.05**	**79.68**	**42.07**
新乡县	47.00	36.50	19.80	42.13	201.97	39.99	39.98	99.97	109.53
卫辉县	58.40	36.00	13.80	23.63	146.30	20.19	14.39	71.27	39.97
获嘉县	44.30	32.00	14.70	33.18	228.71	33.62	16.61	49.41	51.91
辉　县	89.30	68.60	7.00	7.84	123.57	8.65	12.99	150.17	18.94
原阳县	81.20	52.20	12.30	15.15	145.53	17.90	14.73	82.29	28.22
延津县	62.80	37.70	29.10	46.34	130.07	37.85	29.13	76.96	77.27
封丘县	93.70	60.60	26.90	28.71	122.45	32.94	26.28	79.78	43.37
长垣县	87.90	68.70	12.20	13.88	131.23	16.01	10.94	68.33	15.92
安阳市	**534.25**	**401.03**	**169.25**	**31.68**	**127.22**	**215.32**	**160.96**	**74.75**	**40.14**
安阳县	127.04	103.62	34.55	27.20	88.77	30.67	27.25	88.85	26.30
林　县	80.24	91.73	5.27	6.57	73.62	3.88	2.69	69.33	2.93
内黄县	93.80	61.86	52.53	56.00	148.98	78.26	46.20	59.03	74.68
滑　县	170.89	107.26	58.98	34.51	138.00	81.39	63.99	78.62	59.66
汤阴县	62.29	36.56	17.92	28.77	117.86	21.12	20.83	98.63	56.97
许昌市	**92.13**	**55.14**	**36.20**	**39.29**	**141.99**	**51.40**	**41.28**	**80.31**	**74.86**
鄢陵县	92.13	55.14	36.20	39.29	141.99	51.40	41.28	80.31	74.86

5－21－49 续表

县市名	耕地面积（万亩）	农业人口（万人）	棉田面积（万亩）	占耕地（%）	亩　产（市斤）	产　量（万担）	收购量（万担）	商品率（%）	人均交售（市斤）
濮阳市	**329.21**	**227.94**	**90.90**	**27.61**	**116.82**	**106.19**	**75.24**	**70.85**	**33.01**
濮阳县	133.94	92.29	31.91	23.82	119.62	38.17	23.74	62.20	25.72
清丰县	86.10	56.00	24.50	28.46	106.00	25.97	23.74	91.41	42.39
南乐县	58.29	41.15	25.31	43.42	127.89	32.37	22.80	70.44	55.41
范　县	50.88	38.50	9.18	18.04	105.45	9.68	4.96	51.24	12.88
漯河市	**179.20**	**139.17**	**20.52**	**11.45**	**121.35**	**24.90**	**17.55**	**70.48**	**12.61**
临颍县	77.96	58.86	11.01	14.12	133.33	14.68	11.51	78.41	19.55
偃城县	101.24	80.31	9.51	9.39	107.47	10.22	6.04	59.10	7.52
南阳市	**1208.35**	**759.37**	**201.66**	**16.69**	**105.00**	**211.74**	**184.38**	**87.08**	**24.28**
宛城区	161.25	104.24	60.40	37.46	109.07	65.88	62.92	95.51	60.36
邓州市	239.44	133.15	34.80	14.53	98.39	34.24	29.76	86.92	22.35
新野县	101.69	69.70	34.40	33.83	117.09	40.28	39.47	97.99	56.63
唐河县	204.51	112.45	32.60	15.94	105.55	34.41	25.90	75.27	23.03
卧龙区	10.03	11.55	0.34	3.39	117.65	0.40	1.48	*	12.81
内乡县	74.06	59.19	4.36	5.89	95.87	4.18	8.20	196.17	13.85
方城县	153.10	90.04	11.87	7.75	85.85	10.19	7.82	76.74	8.69
社旗县	112.09	58.97	16.37	14.60	94.50	15.47	1.25	8.08	2.12
镇平县	107.26	85.64	6.00	5.59	106.00	6.36	6.96	109.43	8.13
桐柏县	44.92	34.44	0.52	1.16	63.46	0.33	0.62	187.88	1.80
商丘市	**941.29**	**654.10**	**272.07**	**28.90**	**102.51**	**278.89**	**285.68**	**102.43**	**43.68**
商丘县	151.23	98.09	60.80	40.20	106.73	64.89	38.38	59.15	39.13
永城县	160.87	111.80	40.00	24.86	90.00	36.00	33.22	92.28	29.71
民权县	99.64	68.51	40.00	40.14	100.00	40.00	39.99	99.98	58.37
睢　县	87.43	65.39	35.00	40.03	80.00	28.00	25.16	89.86	38.48
柘城县	104.37	80.64	35.00	33.53	120.00	42.00	64.71	154.07	80.25
宁陵县	66.60	49.08	6.89	10.35	106.82	7.36	17.74	*	36.15
虞城县	141.00	91.43	36.22	25.69	113.58	41.14	36.22	88.04	39.62
夏邑县	130.15	89.16	18.16	13.95	107.38	19.50	30.26	155.18	33.94
周口地区	**1149.34**	**852.51**	**426.52**	**37.11**	**111.89**	**477.24**	**310.18**	**64.99**	**36.38**
扶沟县	113.40	58.10	79.00	69.66	150.56	118.94	107.12	90.06	184.37
西华县	110.00	69.78	60.31	54.83	120.01	72.38	45.15	62.38	64.70
鹿邑县	124.50	100.10	43.00	34.54	109.07	46.90	23.00	49.04	22.98
郸城县	148.86	107.90	52.50	35.27	99.52	52.25	16.69	31.94	15.47
淮阳县	147.22	112.74	55.82	37.92	95.20	53.14	29.37	55.27	26.05
太康县	171.42	112.69	90.00	52.50	108.91	98.02	71.01	72.44	63.01
商水县	134.90	96.83	13.00	9.64	80.15	10.42	6.54	62.76	6.75
沈丘县	100.01	100.23	20.53	20.53	73.50	15.09	6.24	41.35	6.23
项城县	99.03	94.14	12.36	12.48	81.72	10.10	5.06	50.10	5.37
信阳地区	**722.01**	**538.79**	**24.32**	**3.37**	**45.31**	**11.02**	**7.04**	**63.88**	**1.31**
罗山县	83.10	60.47	4.45	5.35	58.43	2.60	1.42	54.62	2.35
信阳县	100.98	90.06	2.79	2.76	37.28	1.04	0.30	28.85	0.33
光山县	77.85	65.78	0.25	0.32	188.00	0.47	0.02	4.26	0.03
息　县	142.26	76.13	7.70	5.41	48.05	3.70	3.28	88.65	4.31
淮滨县	80.02	51.91	5.12	6.40	43.75	2.24	1.51	67.41	2.91
潢川县	95.85	61.65	3.76	3.92	23.40	0.88	0.51	57.95	0.83
固始县	141.95	132.79	0.25	0.18	36.00	0.09			
驻马店地区	**1017.60**	**623.50**	**77.77**	**7.64**	**45.65**	**35.50**	**28.43**	**80.08**	**4.56**
上蔡县	157.20	115.35	10.00	6.36	54.60	5.46	4.31	78.94	3.74
正阳县	147.50	61.57	4.25	2.88	15.06	0.64			
确山县	103.76	52.03	0.64	0.62	28.13	0.18			
泌阳县	138.50	79.31	13.57	9.80	36.55	4.96	2.90	58.47	3.66
汝南县	125.90	71.36	12.11	9.62	43.27	5.24	4.31	82.25	6.04
平舆县	115.17	81.85	9.50	8.25	32.00	3.04	3.89	127.96	4.75
西平县	100.50	72.51	6.70	6.67	81.49	5.46	4.50	82.42	6.21
新蔡县	129.07	89.52	21.00	16.27	50.10	10.52	8.52	80.99	9.52

5-21-50 河南省1992年产棉县棉花生产收购明细

县市名	耕地面积（万亩）	农业人口（万人）	棉田面积（万亩）	占耕地（%）	亩产（市斤）	产量（万担）	收购量（万担）	商品率（%）	人均交售（市斤）
全省合计	**8651.59**	**6056.99**	**1843.93**	**21.31**	**75.12**	**1385.16**	**977.23**	**70.55**	**16.13**
郑州市	**211.50**	**171.00**	**9.43**	**4.46**	**100.85**	**9.51**	**13.58**	**142.80**	**7.94**
新郑市	66.90	52.20	0.28	0.42	232.14	0.65	3.64	*	6.97
巩义市	53.10	67.00	1.65	3.11	26.67	0.44	2.02	*	3.01
中牟县	91.50	51.80	7.50	8.20	112.27	8.42	7.92	94.06	15.29
开封市	**565.50**	**334.16**	**185.78**	**32.85**	**84.80**	**157.54**	**95.60**	**60.68**	**28.61**
开封县	115.05	59.10	16.50	14.34	62.00	10.23	3.10	30.30	5.25
杞县	125.30	91.30	62.00	49.48	90.32	56.00	24.00	42.86	26.29
通许县	78.15	49.87	29.54	37.80	78.61	23.22	12.30	52.97	24.66
尉氏县	119.00	74.69	42.74	35.92	84.21	35.99	25.10	69.74	33.61
兰考县	128.00	59.20	35.00	27.34	91.71	32.10	31.10	96.88	52.53
洛阳市	**527.40**	**396.10**	**20.25**	**3.84**	**41.10**	**8.32**	**24.60**	*	**6.21**
偃师市	74.10	72.20	7.50	10.12	53.73	4.03	7.01	173.95	9.71
孟津县	53.95	39.30	1.65	2.80	58.18	0.96	2.49	*	6.34
新安县	60.45	44.90	1.20	1.99	40.00	0.48	1.30	*	2.90
宜阳县	89.10	56.30	2.55	2.86	38.82	0.99	4.42	*	7.85
伊川县	82.20	62.50	2.40	2.92	23.75	0.57	3.94	*	6.30
汝阳县	39.60	36.10	1.95	4.92	32.82	0.64	3.85	*	10.66
嵩县	50.85	46.30	1.35	2.65	23.93	0.32	1.02	*	2.20
洛宁县	72.15	38.50	1.65	2.29	20.00	0.33	0.57	172.73	1.48
三门峡市	**153.45**	**88.40**	**12.00**	**7.82**	**54.92**	**6.59**	**6.29**	**95.45**	**7.12**
灵宝县	97.05	60.10	9.45	9.74	57.57	5.44	5.14	94.49	8.55
陕县	56.40	28.30	2.55	4.52	45.10	1.15	1.15	100.00	4.06
平顶山市	**95.10**	**81.00**	**6.90**	**7.26**	**73.77**	**5.09**	**7.73**	**151.87**	**9.54**
汝州市	95.10	81.00	6.90	7.26	73.77	5.09	7.73	151.87	9.54
焦作市	**244.35**	**209.70**	**31.25**	**12.79**	**95.81**	**29.94**	**22.16**	**74.01**	**10.57**
孟州市	36.15	28.20	4.95	13.69	127.88	6.33	5.04	79.62	17.87
沁阳市	40.30	38.10	1.85	4.53	75.14	1.39	5.32	*	13.96
武陟县	61.80	52.70	5.85	9.47	104.27	6.10	1.11	18.20	2.11
温县	36.00	33.40	4.05	11.25	111.36	4.51	4.47	99.11	13.38
博爱县	33.60	34.20	6.00	17.86	64.67	3.88	2.50	64.43	7.31
修武县	36.00	23.10	8.55	23.75	90.41	7.73	3.72	48.12	16.10
鹤壁市	**134.40**	**79.10**	**34.97**	**26.02**	**77.87**	**27.23**	**16.79**	**61.66**	**21.23**
浚县	101.55	58.30	22.22	21.88	82.63	18.36	10.22	55.66	17.53
淇县	32.85	20.80	12.75	38.81	69.57	8.87	6.57	74.07	31.59
新乡市	**562.95**	**395.90**	**145.35**	**25.82**	**56.71**	**82.43**	**45.71**	**55.45**	**11.55**
新乡县	47.10	36.90	19.95	42.36	94.04	18.76	10.84	57.78	29.38
卫辉县	58.50	36.70	15.75	26.92	35.11	5.53	0.97	17.54	2.64
获嘉县	44.25	32.10	16.35	36.95	56.64	9.26	6.80	73.43	21.18
辉县	89.10	67.60	6.45	7.24	58.76	3.79	9.25	*	13.68
原阳县	79.95	51.70	18.00	22.51	97.89	17.62	5.28	29.97	10.21
延津县	62.85	38.40	28.20	44.87	37.16	10.48	4.03	38.45	10.49
封丘县	93.30	60.90	27.60	29.58	43.55	12.02	7.61	63.31	12.50
长垣县	87.90	71.60	13.05	14.85	38.08	4.97	0.93	18.71	1.30
安阳市	**533.60**	**403.81**	**166.16**	**31.14**	**87.07**	**144.68**	**54.76**	**37.85**	**13.56**
安阳县	127.05	104.60	32.10	25.27	56.42	18.11	1.69	9.33	1.62
林县	80.10	91.10	5.15	6.43	66.21	3.41	2.12	62.17	2.33
内黄县	93.60	62.37	51.16	54.66	110.57	56.57	20.35	35.97	32.63
滑县	170.60	107.74	59.90	35.11	87.70	52.53	18.00	34.27	16.71
汤阴县	62.25	38.00	17.85	28.67	78.77	14.06	12.60	89.62	33.16
许昌市	**92.12**	**55.42**	**38.10**	**41.36**	**100.00**	**38.10**	**35.68**	**93.65**	**64.38**
鄢陵县	92.12	55.42	38.10	41.36	100.00	38.10	35.68	93.65	64.38

5－21－50续表

县市名	耕地面积（万亩）	农业人口（万人）	棉田面积（万亩）	占耕地（%）	亩产（市斤）	产量（万担）	收购量（万担）	商品率（%）	人均交售（市斤）
濮阳市	**328.65**	**233.90**	**88.05**	**26.79**	**52.66**	**46.37**	**22.61**	**48.76**	**9.67**
濮阳县	133.20	96.00	36.75	27.59	44.00	16.17	9.02	55.78	9.40
清丰县	86.10	56.50	26.10	30.31	63.98	16.70	7.46	44.67	13.20
南乐县	58.35	42.80	15.15	25.96	50.23	7.61	3.75	49.28	8.76
范　县	51.00	38.60	10.05	19.71	58.61	5.89	2.38	40.41	6.17
漯河市	**178.20**	**139.80**	**26.40**	**14.81**	**105.68**	**27.90**	**19.32**	**69.25**	**13.82**
临颍县	77.85	59.00	14.55	18.69	117.39	17.08	11.82	69.20	20.03
偃城县	100.35	80.80	11.85	11.81	91.31	10.82	7.50	69.32	9.28
南阳市	**1197.05**	**766.13**	**230.57**	**19.26**	**86.86**	**200.28**	**185.22**	**92.48**	**24.18**
宛城区	161.25	104.34	58.40	36.22	115.46	67.43	66.18	98.15	63.43
邓州市	238.20	131.99	47.17	19.80	66.82	31.52	26.51	84.11	20.08
新野县	97.90	71.80	35.00	35.75	113.23	39.63	36.13	91.17	50.32
唐河县	204.45	114.80	39.90	19.52	66.22	26.42	23.97	90.73	20.88
卧龙区	10.05	11.90	0.45	4.48	97.78	0.44	1.77	*	14.87
内乡县	71.25	62.80	6.00	8.42	86.83	5.21	4.50	86.37	7.17
方城县	151.20	90.30	11.40	7.54	77.46	8.83	7.13	80.75	7.90
社旗县	108.75	56.70	20.10	18.48	70.10	14.09	12.68	89.99	22.36
镇平县	107.20	86.70	11.55	10.77	54.81	6.33	5.50	86.89	6.34
桐柏县	46.80	34.80	0.60	1.28	63.33	0.38	0.85	*	2.44
商丘市	**941.48**	**669.10**	**254.42**	**27.02**	**71.09**	**180.86**	**188.88**	**104.43**	**28.23**
商丘县	151.19	99.83	37.00	24.47	77.86	28.81	24.28	84.28	24.32
永城县	160.65	112.60	25.05	15.59	87.82	22.00	28.27	128.50	25.11
民权县	100.09	69.56	40.00	39.96	76.00	30.40	16.46	54.14	23.66
睢　县	87.35	66.61	39.70	45.45	57.43	22.80	14.97	65.66	22.47
柘城县	104.70	81.80	28.00	26.74	98.00	27.44	52.84	192.57	64.60
宁陵县	68.40	50.50	20.52	30.00	83.72	17.18	18.57	108.09	36.77
虞城县	139.65	93.10	40.90	29.29	48.04	19.65	14.82	75.42	15.92
夏邑县	129.45	95.10	23.25	17.96	54.11	12.58	18.67	148.41	19.63
周口地区	**1150.34**	**858.77**	**412.00**	**35.82**	**78.00**	**321.37**	**181.61**	**56.51**	**21.15**
扶沟县	113.40	58.91	79.10	69.75	92.53	73.19	65.87	90.00	111.81
西华县	110.00	70.25	62.73	57.03	82.10	51.50	20.95	40.68	29.82
鹿邑县	124.00	103.00	40.00	32.26	76.30	30.52	16.00	52.42	15.53
郸城县	148.80	109.46	58.00	38.98	71.10	41.24	10.99	26.65	10.04
淮阳县	147.21	113.87	42.17	28.65	64.74	27.30	22.88	83.81	20.09
太康县	171.41	108.18	85.00	49.59	78.78	66.96	28.95	43.23	26.76
商水县	134.82	98.70	10.50	7.79	62.00	6.51	7.76	119.20	7.86
沈丘县	100.80	101.30	18.90	18.75	62.70	11.85	2.10	17.72	2.07
项城县	99.90	95.10	15.60	15.62	78.85	12.30	6.11	49.67	6.42
信阳地区	**719.25**	**545.00**	**51.30**	**7.13**	**66.28**	**34.00**	**18.38**	**54.06**	**3.37**
罗山县	82.50	61.00	6.00	7.27	79.17	4.75	2.66	56.00	4.36
信阳县	100.50	90.70	6.00	5.97	63.83	3.83	2.80	73.11	3.09
光山县	77.40	66.80	2.70	3.49	45.56	1.23	1.39	113.01	2.08
息　县	142.05	77.60	16.65	11.72	73.81	12.29	6.03	49.06	7.77
淮滨县	79.80	52.60	9.30	11.65	92.26	8.58	2.42	28.21	4.60
潢川县	96.00	61.80	4.50	4.69	46.44	2.09	0.43	20.57	0.70
固始县	141.00	134.50	6.15	4.36	20.00	1.23	2.65	*	1.97
驻马店地区	**1016.25**	**629.70**	**131.00**	**12.89**	**49.58**	**64.95**	**38.31**	**58.98**	**6.08**
上蔡县	157.20	116.80	19.95	12.69	47.82	9.54	6.12	64.15	5.24
正阳县	147.45	61.90	7.50	5.09	64.53	4.84	0.70	14.46	1.13
确山县	103.65	52.30	1.95	1.88	68.72	1.34	0.43	32.09	0.82
泌阳县	137.40	80.50	16.05	11.68	54.45	8.74	4.67	53.43	5.80
汝南县	125.85	71.80	28.05	22.29	37.01	10.38	6.26	60.31	8.72
平舆县	115.20	82.80	15.05	13.06	47.84	7.20	4.31	59.86	5.21
西平县	100.50	73.40	8.25	8.21	70.18	5.79	3.18	54.92	4.33
新蔡县	129.00	90.20	34.20	26.51	50.06	17.12	12.64	73.83	14.01

5－21－51　河南省1993年产棉县棉花生产收购明细

县市名	耕地面积（万亩）	农业人口（万人）	棉田面积（万亩）	占耕地（%）	亩产（市斤）	产量（万担）	收购量（万担）	商品率（%）	人均交售（市斤）
全省合计	**8684.22**	**6093.15**	**1407.27**	**16.20**	**92.57**	**1302.73**	**580.50**	**44.56**	**9.53**
郑州市	**210.88**	**176.00**	**5.99**	**2.84**	**133.89**	**8.02**	**9.90**	**123.44**	**5.63**
新郑市	64.50	52.00					3.00		5.77
巩义市	54.50	67.00	1.49	2.73	54.36	0.81	2.13	*	3.18
中牟县	91.88	57.00	4.50	4.90	160.22	7.21	4.77	66.16	8.37
开封市	**562.47**	**337.69**	**131.47**	**23.37**	**112.65**	**148.10**	**49.66**	**33.53**	**14.71**
开封县	112.50	60.00	12.00	10.67	108.50	13.02	1.28	9.83	2.13
杞　县	125.40	91.80	43.00	34.29	116.28	50.00	15.70	31.40	17.10
通许县	77.80	50.56	21.34	27.43	115.18	24.58	7.88	32.06	15.59
尉氏县	118.77	75.53	33.03	27.81	122.31	40.40	18.50	45.79	24.49
兰考县	128.00	59.80	22.10	17.27	90.95	20.10	6.30	31.34	10.54
洛阳市	**522.00**	**396.00**	**15.00**	**2.87**	**66.67**	**10.00**	**12.96**	**129.60**	**3.27**
偃师市	73.50	72.00	6.00	8.16	72.83	4.37	3.75	85.81	5.21
孟津县	57.00	39.00	1.50	2.63	84.67	1.27	0.71	55.91	1.82
新安县	60.00	45.00				0.48	0.72	150.00	1.60
宜阳县	88.50	55.00	3.00	3.39	36.00	1.08	2.61	*	4.75
伊川县	82.50	63.00	1.50	1.82	80.00	1.20	2.92	*	4.63
汝阳县	39.00	37.00	1.50	3.85	59.33	0.89	1.76	197.75	4.76
嵩　县	51.00	46.00	1.50	2.94	35.33	0.53	0.29	54.72	0.63
洛宁县	70.50	39.00				0.18	0.20	111.11	0.51
三门峡市	**153.00**	**88.00**	**9.00**	**5.88**	**58.67**	**5.28**	**3.69**	**69.89**	**4.19**
灵宝县	97.50	60.00	7.50	7.69	56.40	4.23	2.31	54.61	3.85
陕　县	55.50	28.00	1.50	2.70	70.00	1.05	1.38	131.43	4.93
平顶山市	**94.50**	**81.00**	**7.50**	**7.94**	**77.20**	**5.79**	**1.21**	**20.90**	**1.49**
汝州市	94.50	81.00	7.50	7.94	77.20	5.79	1.21	20.90	1.49
焦作市	**244.50**	**207.00**	**25.50**	**10.43**	**121.69**	**31.03**	**9.80**	**31.58**	**4.73**
孟州市	36.00	28.00	4.50	12.50	151.11	6.80	1.65	24.26	5.89
沁阳市	40.50	35.00	3.00	7.41	87.00	2.61	1.82	69.73	5.20
武陟县	61.50	53.00	4.50	7.32	157.78	7.10	3.58	50.42	6.75
温　县	36.00	34.00	3.00	8.33	147.67	4.43	0.17	3.84	0.50
博爱县	34.50	34.00	3.00	8.70	62.33	1.87	1.86	99.47	5.47
修武县	36.00	23.00	7.50	20.83	109.60	8.22	0.72	8.76	3.13
鹤壁市	**204.83**	**80.00**	**21.00**	**10.25**	**108.76**	**22.84**	**16.77**	**73.42**	**20.96**
浚　县	101.33	59.00	16.50	16.28	108.06	17.83	10.35	58.05	17.54
淇　县	103.50	21.00	4.50	4.35	111.33	5.01	6.42	128.14	30.57
新乡市	**562.50**	**391.00**	**111.00**	**19.73**	**114.61**	**127.22**	**43.73**	**34.37**	**11.18**
新乡县	48.00	35.00	18.00	37.50	129.78	23.36	11.21	47.99	32.03
卫辉县	58.50	37.00	10.50	17.95	92.67	9.73	6.01	61.77	16.24
获嘉县	45.00	32.00	9.00	20.00	125.33	11.28	6.13	54.34	19.16
辉　县	88.50	67.00	3.00	3.39	87.67	2.63	5.31	*	7.93
原阳县	79.50	49.00	13.50	16.98	136.89	18.48	5.32	28.79	10.86
延津县	63.00	38.00	22.50	35.71	110.22	24.80	3.80	15.32	10.00
封丘县	93.00	61.00	25.50	27.42	111.18	28.35	5.88	20.74	9.64
长垣县	87.00	72.00	9.00	10.34	95.44	8.59	0.07	0.81	0.10
安阳市	**534.25**	**410.15**	**129.75**	**24.29**	**106.62**	**138.34**	**27.56**	**19.92**	**6.72**
安阳县	127.50	105.00	27.00	21.18	75.70	20.44	1.45	7.09	1.38
林　县	81.00	98.00	4.50	5.56	90.44	4.07	1.28	31.45	1.31
内黄县	93.76	62.07	43.05	45.92	132.01	56.83	12.77	22.47	20.57
滑　县	170.49	107.08	38.95	22.85	102.00	39.73	6.00	15.10	5.60
汤阴县	61.50	38.00	16.25	26.42	106.28	17.27	6.06	35.09	15.95
许昌市	**92.10**	**55.55**	**36.89**	**40.05**	**138.00**	**50.91**	**26.64**	**52.33**	**47.96**
鄢陵县	92.10	55.55	36.89	40.05	138.00	50.91	26.64	52.33	47.96

5－21－51 续表

县市名	耕地面积（万亩）	农业人口（万人）	棉田面积（万亩）	占耕地（%）	亩产（市斤）	产量（万担）	收购量（万担）	商品率（%）	人均交售（市斤）
濮阳市	**330.00**	**232.00**	**63.55**	**19.26**	**55.12**	**35.03**	**6.96**	**19.87**	**3.00**
濮阳县	133.50	93.00	38.00	28.46	31.58	12.00	2.74	22.83	2.95
清丰县	87.00	57.00	15.00	17.24	90.13	13.52	2.82	20.86	4.95
南乐县	58.50	43.00	6.00	10.26	100.83	6.05	0.39	6.45	0.91
范　县	51.00	39.00	4.55	8.92	76.04	3.46	1.01	29.19	2.59
漯河市	**174.00**	**139.00**	**18.00**	**10.34**	**115.33**	**20.76**	**5.06**	**24.37**	**3.64**
临颍县	75.00	59.00	10.50	14.00	92.67	9.73	2.03	20.86	3.44
偃城县	99.00	80.00	7.50	7.58	147.07	11.03	3.03	27.47	3.79
南阳市	**1178.92**	**760.96**	**208.27**	**17.67**	**77.05**	**160.47**	**144.04**	**89.76**	**18.93**
宛城区	160.80	104.30	56.40	35.07	92.66	52.26	48.50	92.81	46.50
邓州市	224.72	133.72	31.97	14.23	62.75	20.06	19.56	97.51	14.63
新野县	97.90	71.90	34.00	34.73	89.15	30.31	29.09	95.97	40.46
唐河县	204.00	116.04	33.40	16.37	62.93	21.02	19.11	90.91	16.47
卧龙区	9.00	12.00				0.46	1.87	*	15.58
内乡县	70.50	57.00	7.50	10.64	66.00	4.95	3.69	74.55	6.47
方城县	150.00	91.00	13.50	9.00	85.19	11.50	7.68	66.78	8.44
社旗县	109.50	56.00	19.50	17.81	64.41	12.56	10.17	80.97	18.16
镇平县	106.50	84.00	10.50	9.86	69.24	7.27	4.18	57.50	4.98
桐柏县	46.00	35.00	1.50	3.26	5.33	0.08	0.19	*	0.54
商丘市	**940.16**	**674.63**	**200.58**	**21.33**	**86.07**	**172.63**	**81.20**	**47.04**	**12.04**
商丘县	150.90	100.50	38.40	25.45	56.88	21.84	19.66	90.02	19.56
永城县	161.10	113.30	28.50	17.69	90.53	25.80	6.60	25.58	5.83
民权县	100.82	70.09	25.00	24.80	110.04	27.51	8.00	29.08	11.41
睢　县	87.29	67.51	24.18	27.70	109.35	26.44	8.00	30.26	11.85
柘城县	104.70	82.00	26.00	24.83	100.00	26.00	19.01	73.12	23.18
宁陵县	66.60	51.60	22.50	33.78	103.33	23.25	6.94	29.85	13.45
虞城县	139.60	94.15	22.50	16.12	63.29	14.24	8.49	59.62	9.02
夏邑县	129.15	95.48	13.50	10.45	55.93	7.55	4.50	59.60	4.71
周口地区	**1149.11**	**882.17**	**291.77**	**25.39**	**92.34**	**269.41**	**115.54**	**42.89**	**13.10**
扶沟县	113.00	58.90	80.00	70.80	85.00	68.00	50.35	74.04	85.48
西华县	110.02	72.95	47.08	42.79	113.32	53.35	16.69	31.28	22.88
鹿邑县	124.00	106.00	19.40	15.65	102.01	19.79	8.70	43.96	8.21
郸城县	148.60	117.10	19.68	13.24	60.11	11.83	5.69	48.10	4.86
淮阳县	146.08	115.22	25.11	17.19	55.40	13.91	2.84	20.42	2.46
太康县	171.41	115.00	70.50	41.13	102.75	72.44	26.28	36.28	22.85
商水县	135.00	100.00	9.00	6.67	87.89	7.91	3.38	42.73	3.38
沈丘县	100.50	101.00	9.00	8.96	80.33	7.23	0.29	4.01	0.29
项城县	100.50	96.00	12.00	11.94	124.58	14.95	1.32	8.83	1.38
信阳地区	**715.50**	**547.00**	**45.00**	**6.29**	**77.73**	**34.98**	**10.30**	**29.45**	**1.88**
罗山县	82.50	61.00	6.00	7.27	75.33	4.52	1.30	28.76	2.13
信阳县	100.50	91.00	6.00	5.97	68.33	4.10	1.00	24.39	1.10
光山县	76.50	67.00	3.00	3.92	89.67	2.69	0.47	17.47	0.70
息　县	141.00	78.00	13.50	9.57	66.52	8.98	5.39	60.02	6.91
淮滨县	78.00	53.00	9.00	11.54	101.00	9.09	1.84	20.24	3.47
潢川县	96.00	62.00	3.00	3.13	49.67	1.49	0.22	14.77	0.35
固始县	141.00	135.00	4.50	3.19	91.33	4.11	0.08	1.95	0.06
驻马店地区	**1015.50**	**635.00**	**87.00**	**8.57**	**71.17**	**61.92**	**15.48**	**25.00**	**2.44**
上蔡县	157.50	118.00	13.50	8.57	80.59	10.88	1.88	17.28	1.59
正阳县	147.00	63.00	1.50	1.02	120.00	1.80	0.16	8.89	0.25
确山县	103.50	53.00	1.50	1.45	109.33	1.64	0.08	4.88	0.15
泌阳县	136.50	81.00	13.50	9.89	73.48	9.92	2.23	22.48	2.75
汝南县	126.00	72.00	12.00	9.52	72.67	8.72	1.58	18.12	2.19
平舆县	115.50	83.00	10.50	9.09	47.81	5.02	1.93	38.45	2.33
西平县	100.50	74.00	6.00	5.97	94.33	5.66	0.13	2.30	0.18
新蔡县	129.00	91.00	28.50	22.09	64.14	18.28	7.49	40.97	8.23

5－21－52　河南省1994年产棉县棉花生产收购明细

县市名	耕地面积（万亩）	农业人口（万人）	棉田面积（万亩）	占耕地（%）	亩产（市斤）	产量（万担）	收购量（万担）	商品率（%）	人均交售（市斤）
全省合计	**8570.18**	**6117.01**	**1457.06**	**17.00**	**84.38**	**1229.43**	**582.65**	**47.39**	**9.53**
郑州市	**205.59**	**177.33**	**9.86**	**4.80**	**85.80**	**8.46**	**8.00**	**94.56**	**4.51**
新郑市	51.91	52.70	0.39	0.63	79.49	0.31	2.58	*	4.90
巩义市	51.80	66.97	1.70	3.28	65.29	1.11	1.71	154.05	2.55
中牟县	91.88	57.66	7.77	8.46	90.60	7.04	3.71	52.70	6.43
开封市	**561.38**	**339.87**	**134.98**	**24.04**	**85.65**	**115.61**	**47.94**	**41.47**	**14.11**
开封县	112.68	60.82	11.52	10.22	94.70	10.91	2.50	22.91	4.11
杞　县	124.70	92.10	43.00	34.48	82.09	35.30	14.20	40.23	15.42
通许县	77.60	50.72	21.03	27.10	90.01	18.93	10.24	54.09	20.19
尉氏县	113.40	75.93	33.03	27.90	82.56	27.27	13.20	48.40	17.38
兰考县	128.00	60.30	26.40	20.63	87.88	23.20	7.80	33.62	12.94
洛阳市	**516.34**	**399.53**	**14.91**	**2.89**	**63.31**	**9.44**	**4.61**	**48.83**	**1.15**
偃师市	72.67	72.64	5.31	7.31	84.75	4.50	1.67	37.11	2.30
孟津县	56.68	39.35	0.80	1.41	127.50	1.02	0.38	37.25	0.97
新安县	59.03	45.40	0.72	1.22	36.11	0.26	0.41	157.69	0.90
宜阳县	87.76	55.49	1.89	2.15	46.03	0.87	0.72	82.76	1.30
伊川县	81.81	63.56	3.23	3.95	46.75	1.51	0.64	42.38	1.01
汝阳县	39.24	37.33	1.38	3.52	61.59	0.85	0.24	28.24	0.64
嵩　县	50.06	46.41	1.14	2.28	25.44	0.29	0.35	120.69	0.75
洛宁县	69.09	39.35	0.44	0.64	31.82	0.14	0.20	142.86	0.51
三门峡市	**149.12**	**88.76**	**9.49**	**6.36**	**39.62**	**3.76**	**3.72**	**98.94**	**4.19**
灵宝县	93.02	60.22	7.58	8.15	35.49	2.69	1.82	67.66	3.02
陕　县	56.10	28.54	1.91	3.40	56.02	1.07	1.90	177.57	6.66
平顶山市	**94.08**	**81.69**	**2.48**	**2.64**	**91.53**	**2.27**	**2.67**	**117.62**	**3.27**
汝州市	94.08	81.69	2.48	2.64	91.53	2.27	2.67	117.62	3.27
焦作市	**242.83**	**208.99**	**31.06**	**12.79**	**114.55**	**35.58**	**11.54**	**32.43**	**5.52**
孟州市	35.70	28.14	4.94	13.84	141.90	7.01	1.76	25.11	6.25
沁阳市	40.47	35.26	3.60	8.90	61.11	2.20	0.72	32.73	2.04
武陟县	61.50	53.54	5.66	9.20	79.68	4.51	2.78	61.64	5.19
温　县	35.73	33.97	3.90	10.90	134.36	5.24	0.73	13.93	2.15
博爱县	33.41	34.74	5.04	15.09	153.57	7.74	2.84	36.69	8.18
修武县	35.97	23.34	7.92	22.02	112.12	8.88	2.71	30.52	11.61
鹤壁市	**128.17**	**80.38**	**25.89**	**20.20**	**110.85**	**28.70**	**15.69**	**54.67**	**19.52**
浚　县	95.88	59.45	20.11	20.97	107.86	21.69	9.08	41.86	15.27
淇　县	32.29	20.93	5.78	17.90	121.28	7.01	6.61	94.29	31.58
新乡市	**562.76**	**395.00**	**102.90**	**18.28**	**101.90**	**104.86**	**45.07**	**42.98**	**11.41**
新乡县	48.00	36.80	19.05	39.69	125.14	23.84	14.64	61.41	39.78
卫辉县	58.50	36.80	11.10	18.97	110.00	12.21	4.61	37.76	12.53
获嘉县	45.00	32.40	12.45	27.67	100.24	12.48	4.21	33.73	12.99
辉　县	88.50	67.50	3.15	3.56	96.51	3.04	2.16	71.05	3.20
原阳县	79.76	49.00	10.20	12.79	118.82	12.12	6.44	53.14	13.14
延津县	63.00	38.70	16.35	25.95	100.61	16.45	7.05	42.86	18.22
封丘县	93.00	62.00	25.95	27.90	81.04	21.03	4.42	21.02	7.13
长垣县	87.00	71.80	4.65	5.34	79.35	3.69	1.54	41.73	2.14
安阳市	**532.93**	**406.05**	**128.81**	**24.17**	**116.30**	**149.81**	**44.75**	**29.87**	**11.02**
安阳县	126.93	105.75	30.00	23.64	100.47	30.14	9.99	33.15	9.45
林　县	79.67	91.86	4.98	6.25	101.00	5.03	2.03	40.36	2.21
内黄县	93.76	62.50	40.23	42.91	137.01	55.12	11.61	21.06	18.58
滑　县	170.35	107.93	40.50	23.77	118.10	47.83	14.00	29.27	12.97
汤阴县	62.22	38.01	13.10	21.05	89.24	11.69	7.12	60.91	18.73
许昌市	**92.04**	**55.76**	**45.00**	**48.89**	**101.00**	**45.45**	**19.63**	**43.19**	**35.20**
鄢陵县	92.04	55.76	45.00	48.89	101.00	45.45	19.63	43.19	35.20

5－21－52 续表

县市名	耕地面积（万亩）	农业人口（万人）	棉田面积（万亩）	占耕地（%）	亩产（市斤）	产量（万担）	收购量（万担）	商品率（%）	人均交售（市斤）
濮阳市	**327.48**	**231.93**	**54.32**	**16.59**	**93.15**	**50.60**	**17.42**	**34.43**	**7.51**
濮阳县	132.54	93.58	19.95	15.05	81.80	16.32	9.08	55.64	9.70
清丰县	86.36	56.73	15.15	17.54	102.57	15.54	3.38	21.75	5.96
南乐县	57.80	42.86	16.02	27.72	101.44	16.25	4.05	24.92	9.45
范　县	50.78	38.76	3.20	6.30	77.81	2.49	0.91	36.55	2.35
漯河市	**173.49**	**140.13**	**26.15**	**15.07**	**140.73**	**36.80**	**9.76**	**26.52**	**6.96**
临颍县	74.58	59.86	14.28	19.15	147.27	21.03	4.90	23.30	8.19
偃城县	98.91	80.27	11.87	12.00	132.86	15.77	4.86	30.82	6.05
南阳市	**1169.47**	**762.97**	**230.10**	**19.68**	**67.31**	**154.89**	**130.35**	**84.16**	**17.08**
宛城区	160.80	104.30	40.00	24.88	117.60	47.04	45.00	95.66	43.14
邓州市	223.10	132.54	35.00	15.69	71.43	25.00	23.00	92.00	17.35
新野县	97.90	71.90	46.00	46.99	65.22	30.00	25.60	85.33	35.61
唐河县	204.00	116.04	52.07	25.52	42.25	22.00	20.00	90.91	17.24
卧龙区	8.87	12.13	0.24	2.71	108.33	0.26	2.48	*	20.45
内乡县	71.02	57.54	6.57	9.25	69.25	4.55	2.88	63.30	5.01
方城县	149.79	91.86	15.17	10.13	43.38	6.58	2.75	41.79	2.99
社旗县	103.25	56.53	21.27	20.60	48.90	10.40	5.82	55.96	10.30
镇平县	105.60	84.80	10.86	10.28	64.00	6.95	2.73	39.28	3.22
桐柏县	45.14	35.33	2.92	6.47	72.26	2.11	0.09	4.27	0.25
商丘市	**937.60**	**677.67**	**227.08**	**24.22**	**77.62**	**176.26**	**76.66**	**43.49**	**11.31**
商丘县	150.70	100.85	38.00	25.22	102.00	38.76	18.51	47.76	18.35
永城县	161.00	114.00	35.50	22.05	74.31	26.38	6.70	25.40	5.88
民权县	99.53	70.63	25.80	25.92	80.00	20.64	10.60	51.36	15.01
睢　县	87.82	68.16	25.38	28.90	87.98	22.33	11.44	51.23	16.78
柘城县	104.30	82.40	27.00	25.89	100.00	27.00	18.90	70.00	22.94
宁陵县	66.60	52.00	22.15	33.26	56.43	12.50	7.29	58.32	14.02
虞城县	138.50	94.15	35.10	25.34	61.99	21.76	1.55	7.12	1.65
夏邑县	129.15	95.48	18.15	14.05	37.96	6.89	1.67	24.24	1.75
周口地区	**1147.37**	**881.52**	**301.02**	**26.24**	**79.63**	**239.71**	**116.51**	**48.60**	**13.22**
扶沟县	113.00	59.20	75.50	66.81	80.00	60.40	52.00	86.09	87.84
西华县	110.00	73.04	45.19	41.08	69.99	31.63	16.98	53.68	23.25
鹿邑县	124.00	106.00	26.00	20.97	133.00	34.58	8.01	23.16	7.56
郸城县	148.60	112.14	27.00	18.17	30.15	8.14	6.60	81.08	5.89
淮阳县	145.93	115.40	25.71	17.62	62.97	16.19	3.22	19.89	2.79
太康县	171.38	116.51	77.00	44.93	91.60	70.53	27.00	38.28	23.17
商水县	134.22	99.94	2.78	2.07	224.10	6.23	0.71	11.40	0.71
沈丘县	100.68	102.19	10.98	10.91	34.24	3.76	0.83	22.07	0.81
项城县	99.56	97.10	10.86	10.91	75.97	8.25	1.16	14.06	1.19
信阳地区	**714.03**	**551.67**	**52.29**	**7.32**	**60.41**	**31.59**	**14.95**	**47.32**	**2.71**
罗山县	83.42	61.82	6.26	7.50	73.16	4.58	1.58	34.50	2.56
信阳县	100.07	91.94	5.85	5.85	50.26	2.94	1.25	42.52	1.36
光山县	76.56	67.84	4.95	6.47	56.99	2.82	1.16	41.12	1.71
息　县	139.50	77.78	20.00	14.34	62.00	12.40	5.92	47.74	7.61
淮滨县	78.92	53.77	7.83	9.92	65.52	5.13	3.60	70.18	6.70
潢川县	95.04	62.57	1.52	1.60	53.29	0.81	0.24	29.63	0.38
固始县	140.52	135.95	5.88	4.18	49.49	2.91	1.20	41.24	0.88
驻马店地区	**1015.50**	**637.76**	**60.72**	**5.98**	**58.70**	**35.64**	**13.38**	**37.54**	**2.10**
上蔡县	157.50	119.46	7.53	4.78	48.61	3.66	1.62	44.26	1.36
正阳县	147.00	63.29	1.50	1.02	88.00	1.32	0.09	6.82	0.14
确山县	103.50	52.11	1.50	1.45	62.00	0.93			
泌阳县	136.50	81.20	7.64	5.60	93.06	7.11	1.57	22.08	1.93
汝南县	126.00	72.03	7.04	5.59	61.36	4.32	1.52	35.19	2.11
平舆县	115.50	83.85	4.50	3.90	47.56	2.14	1.05	49.07	1.25
西平县	100.50	73.82	1.20	1.19	105.00	1.26			
新蔡县	129.00	92.00	29.81	23.11	49.98	14.90	7.53	50.54	8.18

5－21－53　河南省1995年产棉县棉花生产收购明细

县市名	耕地面积（万亩）	农业人口（万人）	棉田面积（万亩）	占耕地（％）	亩产（市斤）	产量（万担）	收购量（万担）	商品率（％）	人均交售（市斤）
全省合计	8509.35	6132.49	1544.48	18.15	107.38	1658.44	766.29	46.21	12.50
郑州市	204.48	178.72	12.31	6.02	124.86	15.37	6.72	43.72	3.76
新郑市	51.28	52.92	1.34	2.19	88.06	1.18	0.87	73.73	1.64
巩义市	51.51	67.97	1.58	3.07	58.86	0.93	0.61	65.59	0.90
中牟县	91.69	57.83	9.39	10.24	141.21	13.26	5.24	39.52	9.06
开封市	527.84	338.85	134.14	25.41	99.78	133.85	59.98	44.81	17.70
开封县	112.23	61.99	12.02	10.71	102.83	12.36	3.43	27.75	5.53
杞　县	125.00	91.00	35.00	27.78	108.57	38.00	14.00	36.84	15.38
通许县	77.40	51.01	26.27	33.94	128.63	33.79	11.15	33.00	21.86
尉氏县	118.21	76.85	35.85	30.33	94.00	33.70	25.40	75.37	33.05
兰考县	94.00	58.00	25.00	26.60	64.00	16.00	6.00	37.50	10.34
洛阳市	509.66	402.30	10.78	2.12	54.92	5.92	8.11	136.99	2.02
偃师市	72.24	73.00	2.66	3.68	71.05	1.89	0.33	17.46	0.45
孟津县	55.95	39.70	1.39	2.48	56.83	0.79	0.73	92.41	1.84
新安县	58.39	45.65	0.45	0.77	33.33	0.15	0.30	*	0.66
宜阳县	87.48	56.06	1.61	1.84	41.61	0.67	0.99	147.76	1.77
伊川县	81.45	64.25	1.83	2.25	58.47	1.07	4.66	*	7.25
汝阳县	39.00	37.36	1.35	3.46	58.52	0.79	0.62	78.48	1.66
嵩　县	48.99	46.73	0.98	2.00	34.69	0.34	0.46	135.29	0.98
洛宁县	66.16	39.55	0.51	0.77	43.14	0.22	0.02	9.09	0.05
三门峡市	147.82	89.52	3.65	2.47	59.73	2.18	1.61	73.85	1.80
灵宝县	91.76	60.73	2.30	2.51	62.17	1.43	0.70	48.95	1.15
陕　县	56.06	28.79	1.35	2.41	55.56	0.75	0.91	121.33	3.16
平顶山市	93.87	82.09	5.22	5.56	80.84	4.22	1.40	33.18	1.71
汝州市	93.87	82.09	5.22	5.56	80.84	4.22	1.40	33.18	1.71
焦作市	241.85	209.84	20.03	8.28	139.69	27.98	3.21	11.47	1.53
孟州市	35.22	28.16	2.90	8.23	165.17	4.79	0.26	5.43	0.92
沁阳市	40.29	35.72	3.06	7.59	89.54	2.74	0.20	7.30	0.56
武陟县	61.46	53.84	5.06	8.23	142.09	7.19	1.18	16.41	2.19
温　县	35.64	33.97	1.36	3.82	210.29	2.86	0.63	22.03	1.85
博爱县	33.33	34.75	2.70	8.10	154.81	4.18	0.71	16.99	2.04
修武县	35.91	23.40	4.95	13.78	125.66	6.22	0.23	3.70	0.98
鹤壁市	126.12	76.91	18.84	14.94	91.88	17.31	6.27	36.22	8.15
浚　县	93.83	55.78	14.19	15.12	102.26	14.51	3.38	23.29	6.06
淇　县	32.29	21.13	4.65	14.40	60.22	2.80	2.89	103.21	13.68
新乡市	557.55	396.29	114.45	20.53	104.42	119.51	21.10	17.66	5.32
新乡县	46.80	37.20	18.45	39.42	130.30	24.04	8.40	34.94	22.58
卫辉县	57.60	36.80	11.70	20.31	129.32	15.13	2.44	16.13	6.63
获嘉县	43.80	32.50	13.50	30.82	97.04	13.10	3.32	25.34	10.22
辉　县	87.45	67.30	3.15	3.60	96.51	3.04	1.18	38.82	1.75
原阳县	79.65	49.20	11.85	14.88	106.08	12.57	1.21	9.63	2.46
延津县	62.55	38.90	20.25	32.37	100.89	20.43	0.59	2.89	1.52
封丘县	92.55	62.40	27.45	29.66	89.29	24.51	3.12	12.73	5.00
长垣县	87.15	71.99	8.10	9.29	82.59	6.69	0.84	12.56	1.17
安阳市	533.85	405.52	124.49	23.32	81.77	101.80	18.06	17.74	4.45
安阳县	126.93	105.97	22.64	17.84	62.72	14.20	1.93	13.59	1.82
林　县	79.67	92.24	5.51	6.92	86.39	4.76	2.04	42.86	2.21
内黄县	95.00	62.00	38.00	40.00	89.47	34.00	4.20	12.35	6.77
滑　县	170.20	107.68	43.08	25.31	84.01	36.19	5.86	16.19	5.44
汤阴县	62.05	37.63	15.26	24.59	82.90	12.65	4.03	31.86	10.71
许昌市	92.03	55.41	50.00	54.33	120.00	60.00	27.00	45.00	48.73
鄢陵县	92.03	55.41	50.00	54.33	120.00	60.00	27.00	45.00	48.73

5－21－53 续表

县市名	耕地面积（万亩）	农业人口（万人）	棉田面积（万亩）	占耕地（%）	亩 产（市斤）	产 量（万担）	收购量（万担）	商品率（%）	人均交售（市斤）
濮阳市	**326.37**	**235.39**	**65.26**	**20.00**	**97.79**	**63.82**	**16.82**	**26.36**	**7.15**
濮阳县	132.00	94.35	26.51	20.08	94.38	25.02	10.15	40.57	10.76
清丰县	85.91	57.83	18.20	21.18	104.01	18.93	3.93	20.76	6.80
南乐县	57.71	43.63	16.44	28.49	96.35	15.84	1.74	10.98	3.99
范 县	50.75	39.58	4.11	8.10	98.05	4.03	1.00	24.81	2.53
漯河市	**173.14**	**140.45**	**33.21**	**19.18**	**152.33**	**50.59**	**7.26**	**14.35**	**5.17**
临颍县	74.45	59.83	20.88	28.05	152.01	31.74	6.64	20.92	11.10
偃城县	98.69	80.62	12.33	12.49	152.88	18.85	0.62	3.29	0.77
南阳市	**1179.85**	**758.33**	**247.02**	**20.94**	**110.16**	**272.11**	**182.26**	**66.98**	**24.03**
宛城区	93.73	51.60	40.00	42.68	150.00	60.00	47.00	78.33	91.09
邓州市	233.70	137.00	42.00	17.97	85.00	35.70	26.50	74.23	19.34
新野县	95.56	66.60	42.00	43.95	134.00	56.28	38.87	69.07	58.36
唐河县	208.00	116.04	47.10	22.64	90.00	42.39	31.05	73.25	26.76
卧龙区	75.34	59.99	17.94	23.81	105.41	18.91	14.02	74.14	23.37
内乡县	70.99	57.58	6.78	9.55	102.95	6.98	3.77	54.01	6.55
方城县	149.49	92.09	14.39	9.63	87.56	12.60	5.66	44.92	6.15
社旗县	102.28	56.57	20.30	19.85	118.92	24.14	10.50	43.50	18.56
镇平县	105.57	85.53	13.99	13.25	90.06	12.60	3.67	29.13	4.29
桐柏县	45.19	35.33	2.52	5.58	99.60	2.51	1.22	48.61	3.45
商丘市	**928.70**	**680.13**	**230.18**	**24.79**	**113.85**	**262.07**	**175.73**	**67.05**	**25.84**
商丘县	151.00	101.00	45.00	29.80	120.00	54.00	46.00	85.19	45.54
永城县	160.00	124.00	30.20	18.88	80.00	24.16	19.25	79.68	15.52
民权县	90.00	65.00	23.00	25.56	100.00	23.00	22.00	95.65	33.85
睢 县	87.45	68.90	26.00	29.73	124.00	32.24	25.80	80.02	37.45
柘城县	105.00	80.00	35.00	33.33	120.00	42.00	30.00	71.43	37.50
宁陵县	66.60	51.60	19.15	28.75	123.39	23.63	9.94	42.07	19.26
虞城县	139.60	94.15	32.48	23.27	115.46	37.50	11.90	31.73	12.64
夏邑县	129.05	95.48	19.35	14.99	131.99	25.54	10.84	42.44	11.35
周口地区	**1139.58**	**883.96**	**338.47**	**29.70**	**117.10**	**396.34**	**174.03**	**43.91**	**19.69**
扶沟县	113.00	61.60	80.00	70.80	130.00	104.00	52.00	50.00	84.42
西华县	109.00	77.00	45.00	41.28	120.00	54.00	17.20	31.85	22.34
鹿邑县	124.00	98.00	47.00	37.90	100.64	47.30	28.38	60.00	28.96
郸城县	148.70	119.00	20.00	13.45	100.00	20.00	9.60	48.00	8.07
淮阳县	140.00	120.00	20.00	14.29	105.00	21.00	16.00	76.19	13.33
太康县	171.00	108.00	78.00	45.61	122.59	95.62	42.00	43.92	38.89
商水县	134.75	100.82	20.50	15.21	101.95	20.90	4.15	19.86	4.12
沈丘县	100.50	102.19	13.70	13.63	117.66	16.12	2.80	17.37	2.74
项城县	98.63	97.35	14.27	14.47	121.93	17.40	1.90	10.92	1.95
信阳地区	**714.28**	**555.15**	**63.38**	**8.87**	**83.75**	**53.08**	**22.14**	**41.71**	**3.99**
罗山县	83.25	62.22	5.55	6.67	84.86	4.71	2.80	59.45	4.50
信阳县	99.89	91.70	6.17	6.18	83.14	5.13	2.22	43.27	2.42
光山县	76.29	68.25	5.37	7.04	70.76	3.80	1.77	46.58	2.59
息 县	141.38	79.42	25.08	17.74	79.27	19.88	7.58	38.13	9.54
淮滨县	78.83	54.16	9.25	11.73	120.76	11.17	3.86	34.56	7.13
潢川县	94.70	62.85	4.70	4.96	66.81	3.14	1.86	59.24	2.96
固始县	139.94	136.55	7.26	5.19	72.31	5.25	2.05	39.05	1.50
驻马店地区	**1012.36**	**643.63**	**73.05**	**7.22**	**98.96**	**72.29**	**34.59**	**47.85**	**5.37**
上蔡县	157.01	121.42	10.44	6.65	81.51	8.51	4.99	58.64	4.11
正阳县	146.45	64.16	2.00	1.37	88.00	1.76	0.36	20.45	0.56
确山县	103.61	52.26	0.98	0.95	136.73	1.34	0.12	8.96	0.23
泌阳县	136.88	81.92	10.95	8.00	119.91	13.13	2.60	19.80	3.17
汝南县	125.72	72.63	10.00	7.95	78.40	7.84	5.18	66.07	7.13
平舆县	115.17	83.90	6.05	5.25	87.27	5.28	2.18	41.29	2.60
西平县	99.60	74.72	1.05	1.05	92.38	0.97	0.29	29.90	0.39
新蔡县	127.92	92.62	31.58	24.69	105.95	33.46	18.87	56.40	20.37

5-21-54 河南省1996年产棉县棉花生产收购明细

县市名	耕地面积（万亩）	农业人口（万人）	棉田面积（万亩）	占耕地（%）	亩产（市斤）	产量（万担）	收购量（万担）	商品率（%）	人均交售（市斤）
全省合计	**8480.37**	**6167.70**	**1431.06**	**16.87**	**112.01**	**1602.89**	**645.88**	**40.29**	**10.47**
郑州市	**203.81**	**179.31**	**5.09**	**2.50**	**286.05**	**14.56**	**10.73**	**73.70**	**5.98**
新郑市	61.02	53.12	0.74	1.21	197.30	1.46	1.85	126.71	3.48
巩义市	51.26	67.97	1.47	2.87	45.58	0.67	2.25	*	3.31
中牟县	91.53	58.22	2.88	3.15	431.60	12.43	6.63	53.34	11.39
开封市	**525.34**	**344.22**	**139.22**	**26.50**	**104.62**	**145.65**	**51.29**	**35.21**	**14.90**
开封县	112.05	62.55	10.64	9.50	126.60	13.47	4.05	30.07	6.47
杞县	126.00	91.00	42.00	33.33	119.05	50.00	12.00	24.00	13.19
通许县	77.30	51.28	27.18	35.16	112.33	30.53	11.14	36.49	21.72
尉氏县	117.99	77.39	37.40	31.70	97.99	36.65	18.70	51.02	24.16
兰考县	92.00	62.00	22.00	23.91	68.18	15.00	5.40	36.00	8.71
洛阳市	**506.67**	**404.73**	**10.00**	**1.97**	**67.90**	**6.79**	**15.92**	*	**3.93**
偃师市	72.00	73.37	2.66	3.69	82.33	2.19	0.97	44.29	1.32
孟津县	55.89	39.96	1.13	2.02	59.29	0.67	2.82	*	7.06
新安县	57.06	45.71	0.66	1.16	66.67	0.44	0.96	*	2.10
宜阳县	87.49	56.50	1.08	1.23	87.96	0.95	0.60	63.16	1.06
伊川县	81.09	64.79	1.74	2.15	68.97	1.20	7.96	*	12.29
汝阳县	38.91	37.62	1.09	2.80	55.96	0.61	2.15	*	5.72
嵩县	48.13	46.95	1.13	2.35	34.51	0.39	0.42	107.69	0.89
洛宁县	66.10	39.83	0.51	0.77	66.67	0.34	0.04	11.76	0.10
三门峡市	**136.13**	**90.09**	**4.75**	**3.49**	**80.00**	**3.80**	**1.17**	**30.79**	**1.30**
灵宝县	83.47	61.14	3.21	3.85	81.93	2.63	0.49	18.63	0.80
陕县	52.66	28.95	1.54	2.92	75.97	1.17	0.68	58.12	2.35
平顶山市	**93.98**	**82.49**	**5.37**	**5.71**	**77.09**	**4.14**	**3.49**	**84.30**	**4.23**
汝州市	93.98	82.49	5.37	5.71	77.09	4.14	3.49	84.30	4.23
焦作市	**240.56**	**210.41**	**15.51**	**6.45**	**128.43**	**19.92**	**2.05**	**10.29**	**0.97**
孟州市	34.94	28.22	3.20	9.16	163.75	5.24	0.11	2.10	0.39
沁阳市	40.19	35.72	0.69	1.72	89.86	0.62	0.15	24.19	0.42
武陟县	61.11	54.04	5.13	8.39	137.62	7.06	0.37	5.24	0.68
温县	35.37	34.25	1.97	5.57	115.23	2.27	0.72	31.72	2.10
博爱县	33.05	34.76	0.69	2.09	147.83	1.02	0.47	46.08	1.35
修武县	35.90	23.42	3.83	10.67	96.87	3.71	0.23	6.20	0.98
鹤壁市	**125.21**	**77.61**	**11.54**	**9.22**	**74.70**	**8.62**	**6.12**	**71.00**	**7.89**
浚县	93.51	56.31	10.89	11.65	74.10	8.07	5.45	67.53	9.68
淇县	31.70	21.30	0.65	2.05	84.62	0.55	0.67	121.82	3.15
新乡市	**555.12**	**397.11**	**73.69**	**13.27**	**91.59**	**67.49**	**9.73**	**14.42**	**2.45**
新乡县	46.25	37.23	8.99	19.44	93.33	8.39	1.14	13.59	3.06
卫辉县	57.14	36.90	10.11	17.69	103.07	10.42	1.06	10.17	2.87
获嘉县	43.83	32.60	6.15	14.03	52.85	3.25	0.15	4.62	0.46
辉县	86.85	66.99	0.59	0.68	49.15	0.29	1.57	*	2.34
原阳县	79.52	49.53	9.05	11.38	85.97	7.78	0.13	1.67	0.26
延津县	62.52	39.15	14.57	23.30	100.34	14.62	1.25	8.55	3.19
封丘县	92.16	62.71	17.90	19.42	92.96	16.64	3.51	21.09	5.60
长垣县	86.85	72.00	6.33	7.29	96.37	6.10	0.92	15.08	1.28
安阳市	**530.22**	**406.14**	**87.99**	**16.59**	**82.10**	**72.24**	**13.34**	**18.47**	**3.28**
安阳县	125.70	106.23	22.55	17.94	67.18	15.15	1.09	7.19	1.03
林县	77.46	92.76	5.54	7.15	47.11	2.61	1.37	52.49	1.48
内黄县	95.00	62.00	28.00	29.47	75.00	21.00	3.30	15.71	5.32
滑县	170.00	107.50	21.68	12.75	111.58	24.19	4.00	16.54	3.72
汤阴县	62.06	37.65	10.22	16.47	90.90	9.29	3.58	38.54	9.51
许昌市	**92.03**	**55.47**	**53.00**	**57.59**	**127.92**	**67.80**	**30.00**	**44.25**	**54.08**
鄢陵县	92.03	55.47	53.00	57.59	127.92	67.80	30.00	44.25	54.08

5－21－54 续表

县市名	耕地面积（万亩）	农业人口（万人）	棉田面积（万亩）	占耕地（%）	亩产（市斤）	产量（万担）	收购量（万担）	商品率（%）	人均交售（市斤）
濮阳市	**318.17**	**236.65**	**53.29**	**16.75**	**113.70**	**60.59**	**4.72**	**7.79**	**1.99**
濮阳县	131.96	94.82	20.13	15.25	117.34	23.62	4.02	17.02	4.24
清丰县	85.69	58.21	16.01	18.68	111.93	17.92	0.30	1.67	0.52
南乐县	49.85	43.84	15.48	31.05	115.50	17.88	0.18	1.01	0.41
范　县	50.67	39.78	1.67	3.30	70.06	1.17	0.22	18.80	0.55
漯河市	**172.72**	**141.40**	**30.63**	**17.73**	**153.67**	**47.07**	**5.89**	**12.51**	**4.17**
临颍县	74.39	60.42	18.72	25.16	153.95	28.82	3.93	13.64	6.50
偃城县	98.33	80.98	11.91	12.11	153.23	18.25	1.96	10.74	2.42
南阳市	**1187.51**	**762.97**	**257.27**	**21.66**	**103.91**	**267.32**	**137.48**	**51.43**	**18.02**
宛城区	93.73	51.60	42.00	44.81	134.29	56.40	42.00	74.47	81.40
邓州市	233.50	137.60	45.00	19.27	89.78	40.40	26.60	65.84	19.33
新野县	97.51	66.40	45.00	46.15	110.00	49.50	26.10	52.73	39.31
唐河县	207.80	116.04	45.00	21.66	106.84	48.08	19.73	41.04	17.00
卧龙区	75.11	60.64	18.68	24.87	93.52	17.47	8.98	51.40	14.81
内乡县	71.09	58.21	3.99	5.61	71.68	2.86	1.57	54.90	2.70
方城县	150.76	93.10	15.17	10.06	79.17	12.01	2.95	24.56	3.17
社旗县	107.28	57.19	22.76	21.22	105.62	24.04	6.94	28.87	12.13
镇平县	105.35	86.47	17.51	16.62	87.15	15.26	2.46	16.12	2.84
桐柏县	45.38	35.72	2.16	4.76	60.19	1.30	0.15	11.54	0.42
商丘市	**929.43**	**687.02**	**236.44**	**25.44**	**119.68**	**282.97**	**166.80**	**58.95**	**24.28**
商丘县	151.00	101.00	50.00	33.11	135.00	67.50	54.00	80.00	53.47
永城县	160.00	124.00	33.30	20.81	80.00	26.64	11.72	43.99	9.45
民权县	90.00	65.00	30.00	33.33	120.00	36.00	33.00	91.67	50.77
睢　县	87.45	69.70	25.00	28.59	131.76	32.94	26.36	80.02	37.82
柘城县	105.00	82.00	32.00	30.48	125.00	40.00	28.00	70.00	34.15
宁陵县	68.36	52.34	18.27	26.73	123.32	22.53	5.58	24.77	10.66
虞城县	138.32	95.62	25.76	18.62	116.69	30.06	6.01	19.99	6.29
夏邑县	129.30	97.36	22.11	17.10	123.47	27.30	2.13	7.80	2.19
周口地区	**1139.42**	**888.35**	**312.81**	**27.45**	**132.06**	**413.10**	**156.30**	**37.84**	**17.59**
扶沟县	113.00	61.60	75.00	66.37	130.00	97.50	42.00	43.08	68.18
西华县	109.00	78.00	48.00	44.04	133.33	64.00	18.70	29.22	23.97
鹿邑县	124.00	99.00	28.00	22.58	160.71	45.00	27.00	60.00	27.27
郸城县	148.70	120.00	15.00	10.09	100.00	15.00	7.35	49.00	6.13
淮阳县	140.00	120.00	25.00	17.86	120.00	30.00	20.00	66.67	16.67
太康县	171.00	108.00	80.50	47.08	140.80	113.34	38.00	33.53	35.19
商水县	134.72	101.39	16.42	12.19	113.82	18.69	2.11	11.29	2.08
沈丘县	100.40	102.37	13.17	13.12	105.32	13.87	0.38	2.74	0.37
项城县	98.60	97.99	11.72	11.89	133.96	15.70	0.76	4.84	0.78
信阳地区	**712.15**	**554.72**	**58.83**	**8.26**	**68.83**	**40.49**	**13.66**	**33.74**	**2.46**
罗山县	82.62	61.75	5.48	6.63	71.72	3.93	0.96	24.43	1.55
信阳县	99.60	91.77	7.76	7.79	63.66	4.94	2.44	49.39	2.66
光山县	76.04	68.25	5.50	7.23	51.09	2.81	1.50	53.38	2.20
息　县	141.12	78.46	17.61	12.48	77.23	13.60	4.78	35.15	6.09
淮滨县	78.81	54.70	9.89	12.55	97.27	9.62	2.09	21.73	3.82
潢川县	94.38	63.03	5.79	6.13	30.40	1.76	0.29	16.48	0.46
固始县	139.58	136.76	6.80	4.87	56.32	3.83	1.60	41.78	1.17
驻马店地区	**1011.90**	**649.01**	**75.63**	**7.47**	**106.23**	**80.34**	**17.19**	**21.40**	**2.65**
上蔡县	156.96	122.59	10.65	6.79	96.34	10.26	1.27	12.38	1.04
正阳县	146.45	64.61	2.00	1.37	90.00	1.80			
确山县	103.55	52.64	0.36	0.35	158.33	0.57			
泌阳县	136.88	83.37	12.08	8.83	127.65	15.42	2.42	15.69	2.90
汝南县	125.63	73.33	8.00	6.37	94.00	7.52	4.14	55.05	5.65
平舆县	115.11	84.20	6.54	5.68	79.97	5.23	0.64	12.24	0.76
西平县	99.44	75.00	1.00	1.01	99.00	0.99	0.78	78.79	1.04
新蔡县	127.88	93.27	35.00	27.37	110.14	38.55	7.94	20.60	8.51

5-21-55　河南省1997年产棉县棉花生产收购明细

县市名	耕地面积（万亩）	农业人口（万人）	棉田面积（万亩）	占耕地（%）	亩产（市斤）	产量（万担）	收购量（万担）	商品率（%）	人均交售（市斤）
全省合计	**8477.34**	**6145.42**	**1407.38**	**16.60**	**136.46**	**1920.53**	**601.48**	**31.32**	**9.79**
郑州市	**203.49**	**176.19**	**9.93**	**4.88**	**115.71**	**11.49**	**7.91**	**68.84**	**4.49**
新郑市	60.92	52.09	1.11	1.82	63.96	0.71	1.14	160.56	2.19
巩义市	51.11	66.21	1.68	3.29	26.79	0.45	0.07	15.56	0.11
中牟县	91.46	57.89	7.14	7.81	144.68	10.33	6.70	64.86	11.57
开封市	**524.14**	**338.19**	**152.95**	**29.18**	**154.38**	**236.12**	**47.99**	**20.32**	**14.19**
开封县	113.24	62.88	13.29	11.74	139.20	18.50	3.38	18.27	5.38
杞　县	124.68	89.67	45.60	36.57	163.84	74.71	17.70	23.69	19.74
通许县	74.17	51.81	31.71	42.75	162.66	51.58	9.26	17.95	17.87
尉氏县	117.77	72.31	40.78	34.63	145.59	59.37	15.23	25.65	21.06
兰考县	94.28	61.52	21.57	22.88	148.17	31.96	2.42	7.57	3.93
洛阳市	**503.28**	**399.04**	**7.97**	**1.58**	**29.74**	**2.37**	**19.10**	*	**4.79**
偃师市	71.83	73.56	2.13	2.97	55.87	1.19	9.67	*	13.15
孟津县	55.93	40.22	0.60	1.07	40.00	0.24	2.97	*	7.38
新安县	54.51	43.98	0.45	0.83	6.67	0.03	0.72	*	1.64
宜阳县	87.36	56.93	1.01	1.16	17.82	0.18	1.92	*	3.37
伊川县	80.89	65.21	1.53	1.89	16.99	0.26	3.00	*	4.60
汝阳县	38.81	37.89	1.11	2.86	23.42	0.26	0.61	*	1.61
嵩　县	47.70	42.26	0.75	1.57	5.33	0.04	0.21	*	0.50
洛宁县	66.25	38.99	0.39	0.59	43.59	0.17			
三门峡市	**134.13**	**90.51**	**4.26**	**3.18**	**55.87**	**2.38**	**1.35**	**56.72**	**1.49**
灵宝县	81.87	61.43	3.18	3.88	51.89	1.65	0.18	10.91	0.29
陕　县	52.26	29.08	1.08	2.07	67.59	0.73	1.17	160.27	4.02
平顶山市	**93.86**	**82.34**	**4.37**	**4.66**	**57.44**	**2.51**	**2.40**	**95.62**	**2.91**
汝州市	93.86	82.34	4.37	4.66	57.44	2.51	2.40	95.62	2.91
焦作市	**240.16**	**210.97**	**11.31**	**4.71**	**125.46**	**14.19**	**1.12**	**7.89**	**0.53**
孟州市	34.89	28.80	1.52	4.36	153.29	2.33	0.38	16.31	1.32
沁阳市	40.17	35.02	0.30	0.75	110.00	0.33	0.02	6.06	0.06
武陟县	60.99	54.31	4.89	8.02	114.31	5.59			
温　县	35.37	34.37	1.76	4.98	131.82	2.32	0.31	13.36	0.90
博爱县	32.90	34.93	0.60	1.82	158.33	0.95			
修武县	35.84	23.54	2.24	6.25	119.20	2.67	0.41	15.36	1.74
鹤壁市	**124.93**	**78.40**	**4.99**	**3.99**	**88.58**	**4.42**	**5.62**	**127.15**	**7.17**
浚　县	93.30	56.83	4.78	5.12	87.66	4.19	4.14	98.81	7.28
淇　县	31.63	21.57	0.21	0.66	109.52	0.23	1.48	*	6.86
新乡市	**555.00**	**398.20**	**54.28**	**9.78**	**120.78**	**65.56**	**20.48**	**31.24**	**5.14**
新乡县	46.20	37.40	2.85	6.17	120.00	3.42	9.54	*	25.51
卫辉县	57.15	36.90	6.75	11.81	138.37	9.34	2.29	24.52	6.21
获嘉县	43.80	32.70	1.22	2.79	95.08	1.16	1.18	101.72	3.61
辉　县	86.85	66.90	0.11	0.13	63.64	0.07	0.27	*	0.40
原阳县	79.50	53.10	6.15	7.74	113.17	6.96	0.42	6.03	0.79
延津县	62.55	39.40	15.60	24.94	115.32	17.99	2.70	15.01	6.85
封丘县	92.10	62.90	15.75	17.10	131.62	20.73	3.37	16.26	5.36
长垣县	86.85	68.90	5.85	6.74	100.68	5.89	0.71	12.05	1.03
安阳市	**530.31**	**409.34**	**84.01**	**15.84**	**117.30**	**98.54**	**14.77**	**14.99**	**3.61**
安阳县	126.39	106.16	20.70	16.38	69.76	14.44	5.80	40.17	5.46
林　县	77.01	92.99	5.52	7.17	20.47	1.13	0.62	54.87	0.67
内黄县	94.79	63.49	27.03	28.52	158.79	42.92	1.23	2.87	1.94
滑　县	170.06	109.00	21.80	12.82	135.55	29.55	5.68	19.22	5.21
汤阴县	62.06	37.70	8.96	14.44	117.19	10.50	1.44	13.71	3.82
许昌市	**92.00**	**60.70**	**50.39**	**54.77**	**145.86**	**73.50**	**20.11**	**27.36**	**33.13**
鄢陵县	92.00	60.70	50.39	54.77	145.86	73.50	20.11	27.36	33.13

5-21-55 续表

县市名	耕地面积（万亩）	农业人口（万人）	棉田面积（万亩）	占耕地（%）	亩产（市斤）	产量（万担）	收购量（万担）	商品率（%）	人均交售（市斤）
濮阳市	**317.68**	**233.96**	**47.50**	**14.95**	**107.68**	**51.15**	**6.31**	**12.34**	**2.70**
濮阳县	131.93	94.85	21.71	16.46	81.99	17.80	3.28	18.43	3.46
清丰县	85.32	56.57	13.83	16.21	124.01	17.15	1.49	8.69	2.63
南乐县	49.83	43.16	9.48	19.02	140.19	13.29	1.03	7.75	2.39
范　县	50.60	39.38	2.48	4.90	117.34	2.91	0.51	17.53	1.30
漯河市	**172.57**	**141.82**	**28.09**	**16.28**	**164.44**	**46.19**	**10.83**	**23.45**	**7.64**
临颍县	74.39	60.57	15.86	21.32	169.92	26.95	5.97	22.15	9.86
偃城县	98.18	81.25	12.23	12.46	157.32	19.24	4.86	25.26	5.98
南阳市	**1175.75**	**745.84**	**262.24**	**22.30**	**140.75**	**369.09**	**179.99**	**48.77**	**24.13**
宛城区	90.66	56.27	48.39	53.38	169.99	82.26	49.97	60.75	88.80
邓州市	233.30	133.61	51.00	21.86	136.80	69.77	42.10	60.34	31.51
新野县	97.40	66.48	43.06	44.21	159.41	68.64	25.60	37.30	38.51
唐河县	199.44	113.46	45.72	22.92	128.81	58.89	22.59	38.36	19.91
卧龙区	75.00	58.48	17.61	23.48	136.29	24.00	18.12	75.50	30.98
内乡县	71.15	55.26	5.75	8.08	120.17	6.91	3.54	51.23	6.41
方城县	150.74	88.79	13.00	8.62	113.46	14.75	5.83	39.53	6.57
社旗县	107.22	56.52	20.82	19.42	120.03	24.99	7.38	29.53	13.06
镇平县	105.48	83.12	15.00	14.22	111.93	16.79	4.40	26.21	5.29
桐柏县	45.36	33.85	1.89	4.17	110.58	2.09	0.46	22.01	1.36
商丘市	**938.55**	**701.19**	**242.66**	**25.85**	**139.72**	**339.05**	**107.02**	**31.56**	**15.26**
商丘县	151.43	110.02	54.08	35.71	146.01	78.96	42.00	53.19	38.17
永城县	159.83	117.84	27.17	17.00	127.35	34.60	6.00	17.34	5.09
民权县	102.17	71.57	34.74	34.00	139.58	48.49	14.00	28.87	19.56
睢　县	85.50	68.65	25.23	29.51	137.50	34.69	8.00	23.06	11.65
柘城县	103.77	85.60	34.17	32.93	165.12	56.42	18.00	31.90	21.03
宁陵县	68.34	52.66	17.57	25.71	128.34	22.55	6.31	27.98	11.98
虞城县	138.24	96.67	30.24	21.88	121.99	36.89	8.78	23.80	9.08
夏邑县	129.27	98.18	19.46	15.05	135.92	26.45	3.93	14.86	4.00
周口地区	**1145.54**	**884.61**	**316.05**	**27.59**	**151.74**	**479.57**	**124.50**	**25.96**	**14.07**
扶沟县	113.01	60.44	68.96	61.02	161.21	111.17	37.48	33.71	62.01
西华县	109.95	72.04	45.42	41.31	146.70	66.63	21.03	31.56	29.19
鹿邑县	124.04	102.74	27.63	22.28	171.05	47.26	10.96	23.19	10.67
郸城县	148.40	111.94	23.37	15.75	133.29	31.15	5.22	16.76	4.66
淮阳县	145.13	115.95	33.59	23.14	146.44	49.19	9.65	19.62	8.32
太康县	171.38	117.73	80.55	47.00	160.16	129.01	36.37	28.19	30.89
商水县	134.67	101.80	16.41	12.19	120.72	19.81	2.14	10.80	2.10
沈丘县	100.41	103.53	10.22	10.18	107.14	10.95	0.10	0.91	0.10
项城县	98.55	98.44	9.90	10.05	145.45	14.40	1.55	10.76	1.57
信阳地区	**710.40**	**553.32**	**50.94**	**7.17**	**100.10**	**50.99**	**15.23**	**29.87**	**2.75**
罗山县	82.02	61.40	5.03	6.13	66.60	3.35	1.54	45.97	2.51
信阳县	99.38	90.14	7.77	7.82	85.59	6.65	1.13	16.99	1.25
光山县	75.66	68.45	5.37	7.10	72.07	3.87	1.29	33.33	1.88
息　县	140.87	79.37	14.96	10.62	114.57	17.14	7.66	44.69	9.65
淮滨县	78.72	55.12	7.58	9.63	129.16	9.79	1.49	15.22	2.70
潢川县	94.34	63.30	5.13	5.44	76.02	3.90	0.50	12.82	0.79
固始县	139.41	135.54	5.10	3.66	123.33	6.29	1.62	25.76	1.20
驻马店地区	**1015.55**	**640.80**	**75.44**	**7.43**	**97.31**	**73.41**	**16.75**	**22.82**	**2.61**
上蔡县	156.38	123.18	10.22	6.54	79.26	8.10	1.07	13.21	0.87
正阳县	146.45	65.39	2.76	1.88	122.10	3.37			
确山县	103.53	52.55	0.62	0.60	54.84	0.34			
泌阳县	136.88	83.13	11.37	8.31	59.37	6.75	2.51	37.19	3.02
汝南县	126.21	73.39	8.10	6.42	93.95	7.61	3.99	52.43	5.44
平舆县	115.04	84.67	6.49	5.64	72.42	4.70	0.60	12.77	0.71
西平县	103.29	64.97	0.89	0.86	107.87	0.96	0.16	16.67	0.25
新蔡县	127.77	93.52	34.99	27.39	118.83	41.58	8.42	20.25	9.00

5－21－56　河南省1998年产棉县棉花生产收购明细

县市名	耕地面积（万亩）	农业人口（万人）	棉田面积（万亩）	占耕地（%）	亩　产（市斤）	产　量（万担）	收购量（万担）	商品率（%）	人均交售（市斤）
全省合计	**8539.29**	**6152.28**	**1252.67**	**14.67**	**142.56**	**1785.84**	**716.72**	**40.13**	**11.65**
郑州市	**202.95**	**177.20**	**6.03**	**2.97**	**139.97**	**8.44**	**13.18**	**156.16**	**7.44**
新郑市	60.78	52.42	0.56	0.92	116.07	0.65	2.08	*	3.97
巩义市	51.09	66.42	1.01	1.98	65.35	0.66	0.82	124.24	1.23
中牟县	91.08	58.36	4.46	4.90	159.87	7.13	10.28	144.18	17.61
开封市	**524.36**	**340.09**	**129.63**	**24.72**	**152.28**	**197.40**	**77.23**	**39.12**	**22.71**
开封县	113.10	63.05	13.44	11.88	158.78	21.34	5.29	24.79	8.39
杞　县	124.65	90.09	39.93	32.03	158.00	63.09	22.84	36.20	25.35
通许县	74.88	52.36	22.43	29.95	149.84	33.61	12.43	36.98	23.74
尉氏县	117.53	72.73	35.72	30.39	148.07	52.89	20.91	39.53	28.75
兰考县	94.20	61.86	18.11	19.23	146.16	26.47	15.76	59.54	25.48
洛阳市	**506.28**	**405.53**	**6.99**	**1.38**	**84.69**	**5.92**	**9.87**	**166.72**	**2.43**
偃师市	77.02	73.98	1.28	1.66	84.38	1.08	5.50	*	7.43
孟津县	55.02	40.52	0.30	0.55	63.33	0.19	1.03	*	2.54
新安县	54.25	43.83	0.44	0.81	84.09	0.37	0.39	105.41	0.89
宜阳县	87.24	56.85	1.44	1.65	68.75	0.99	0.64	64.65	1.13
伊川县	80.42	65.60	1.41	1.75	109.93	1.55	1.43	92.26	2.18
汝阳县	38.79	38.15	0.84	2.17	88.10	0.74	0.73	98.65	1.91
嵩　县	47.66	47.53	0.87	1.83	63.22	0.55	0.14	25.45	0.29
洛宁县	65.88	39.07	0.41	0.62	109.76	0.45	0.01	2.22	0.03
三门峡市	**132.54**	**90.91**	**4.31**	**3.25**	**77.96**	**3.36**	**2.75**	**81.85**	**3.02**
灵宝县	80.90	61.73	3.23	3.99	79.26	2.56			
陕　县	51.64	29.18	1.08	2.09	74.07	0.80	2.75	*	9.42
平顶山市	**93.78**	**82.58**	**2.76**	**2.94**	**78.26**	**2.16**	**2.40**	**111.11**	**2.91**
汝州市	93.78	82.58	2.76	2.94	78.26	2.16	2.40	111.11	2.91
焦作市	**238.41**	**211.93**	**4.99**	**2.09**	**142.28**	**7.10**	**5.73**	**80.70**	**2.70**
孟州市	33.71	28.45	0.95	2.82	150.53	1.43	0.41	28.67	1.44
沁阳市	40.02	35.26	0.15	0.37	86.67	0.13	1.92	*	5.45
武陟县	60.71	54.86	1.73	2.85	152.02	2.63	1.01	38.40	1.84
温　县	35.28	34.85	0.72	2.04	137.50	0.99	0.08	8.08	0.23
博爱县	32.84	34.94	0.24	0.73	154.17	0.37	0.23	62.16	0.66
修武县	35.85	23.57	1.20	3.35	129.17	1.55	2.08	134.19	8.82
鹤壁市	**124.99**	**79.06**	**2.87**	**2.30**	**96.86**	**2.78**	**8.77**	*	**11.09**
浚　县	93.41	57.35	2.57	2.75	98.44	2.53	7.01	*	12.22
淇　县	31.58	21.71	0.30	0.95	83.33	0.25	1.76	*	8.11
新乡市	**553.65**	**395.70**	**42.26**	**7.63**	**149.15**	**63.03**	**32.69**	**51.86**	**8.26**
新乡县	46.20	37.40	3.21	6.95	135.51	4.35	9.50	*	25.40
卫辉县	56.85	36.80	5.10	8.97	140.39	7.16	4.89	68.30	13.29
获嘉县	43.80	32.70	0.75	1.71	137.33	1.03	1.21	117.48	3.70
辉　县	86.70	66.90	0.20	0.23	80.00	0.16	0.73	*	1.09
原阳县	79.35	50.20	3.45	4.35	128.99	4.45	4.24	95.28	8.45
延津县	62.40	39.50	12.75	20.43	199.37	25.42	5.28	20.77	13.37
封丘县	91.65	63.20	13.20	14.40	121.44	16.03	5.34	33.31	8.45
长垣县	86.70	69.00	3.60	4.15	123.06	4.43	1.50	33.86	2.17
安阳市	**532.47**	**411.48**	**73.74**	**13.85**	**127.33**	**93.89**	**26.92**	**28.67**	**6.54**
安阳县	126.33	106.66	15.02	11.89	77.56	11.65	5.70	48.93	5.34
林　县	76.91	93.00	5.48	7.13	58.58	3.21	1.63	50.78	1.75
内黄县	95.85	63.98	27.26	28.44	163.65	44.61	5.08	11.39	7.94
滑　县	171.35	109.95	15.36	8.96	136.91	21.03	6.56	31.19	5.97
汤阴县	62.03	37.89	10.62	17.12	126.08	13.39	7.95	59.37	20.98
许昌市	**91.98**	**60.70**	**43.01**	**46.76**	**151.96**	**65.36**	**16.74**	**25.61**	**27.58**
鄢陵县	91.98	60.70	43.01	46.76	151.96	65.36	16.74	25.61	27.58

5－21－56续表

县市名	耕地面积（万亩）	农业人口（万人）	棉田面积（万亩）	占耕地（%）	亩产（市斤）	产量（万担）	收购量（万担）	商品率（%）	人均交售（市斤）
濮阳市	**317.45**	**234.56**	**29.74**	**9.37**	**117.75**	**35.02**	**16.78**	**47.92**	**7.15**
濮阳县	131.75	95.29	14.27	10.83	104.98	14.98	5.46	36.45	5.73
清丰县	85.32	56.57	8.43	9.88	131.91	11.12	7.22	64.93	12.76
南乐县	49.83	43.22	5.22	10.48	146.93	7.67	4.10	53.46	9.49
范　县	50.55	39.48	1.82	3.60	68.68	1.25			
漯河市	**172.54**	**142.64**	**25.72**	**14.91**	**149.42**	**38.43**	**12.21**	**31.77**	**8.56**
临颍县	74.39	61.02	17.07	22.95	146.05	24.93	4.32	17.33	7.08
偃城县	98.15	81.62	8.65	8.81	156.07	13.50	7.89	58.44	9.67
南阳市	**1177.23**	**744.00**	**246.20**	**20.91**	**143.66**	**353.68**	**150.87**	**42.66**	**20.28**
宛城区	90.57	55.88	45.71	50.47	165.30	75.56	29.71	39.32	53.17
邓州市	233.70	134.39	51.00	21.82	144.80	73.85	31.57	42.75	23.49
新野县	97.37	66.67	42.70	43.85	149.60	63.88	25.49	39.90	38.23
唐河县	199.40	113.71	45.59	22.86	133.78	60.99	19.80	32.46	17.41
卧龙区	74.84	55.88	15.65	20.91	120.70	18.89	22.04	116.68	39.44
内乡县	71.15	54.64	4.31	6.06	145.01	6.25	2.20	35.20	4.03
方城县	150.69	89.66	9.57	6.35	115.57	11.06	5.85	52.89	6.52
社旗县	107.88	56.58	18.06	16.74	146.29	26.42	8.94	33.84	15.80
镇平县	105.47	83.06	12.33	11.69	124.98	15.41	4.42	28.68	5.32
桐柏县	46.16	33.53	1.28	2.77	107.03	1.37	0.85	62.04	2.54
商丘市	**939.85**	**704.08**	**221.57**	**23.58**	**148.11**	**328.17**	**137.69**	**41.96**	**19.56**
商丘县	151.52	110.96	56.24	37.12	160.79	90.43	40.00	44.23	36.05
永城县	159.83	118.87	18.26	11.42	132.69	24.23	9.00	37.14	7.57
民权县	103.47	71.87	32.81	31.71	156.29	51.28	17.00	33.15	23.65
睢　县	85.46	67.47	21.70	25.39	130.46	28.31	10.00	35.32	14.82
柘城县	103.67	85.66	29.37	28.33	169.15	49.68	21.00	42.27	24.52
宁陵县	68.36	53.04	19.58	28.64	141.27	27.66	17.56	63.49	33.11
虞城县	138.25	97.29	23.04	16.67	134.07	30.89	13.00	42.08	13.36
夏邑县	129.29	98.92	20.57	15.91	124.89	25.69	10.13	39.43	10.24
周口地区	**1144.91**	**892.51**	**305.68**	**26.70**	**155.77**	**476.15**	**177.79**	**37.34**	**19.92**
扶沟县	112.88	60.59	70.17	62.16	154.61	108.49	49.39	45.52	81.52
西华县	109.92	72.62	44.76	40.72	163.99	73.40	23.06	31.42	31.75
鹿邑县	124.22	104.20	20.61	16.59	174.33	35.93	12.65	35.21	12.14
郸城县	148.26	112.98	23.67	15.97	179.55	42.50	10.20	24.00	9.03
淮阳县	144.78	117.20	31.80	21.96	136.98	43.56	13.24	30.39	11.30
太康县	171.39	118.40	83.88	48.94	162.85	136.60	55.46	40.60	46.84
商水县	134.45	104.62	15.69	11.67	112.11	17.59	9.56	54.35	9.14
沈丘县	100.55	102.73	7.97	7.93	81.81	6.52	0.83	12.73	0.81
项城县	98.46	99.17	7.13	7.24	162.13	11.56	3.40	29.41	3.43
信阳地区	**690.69**	**525.75**	**41.07**	**5.95**	**95.62**	**39.27**	**9.61**	**24.47**	**1.83**
罗山县	81.74	61.70	0.66	0.81	128.79	0.85	0.59	69.41	0.96
信阳县	78.44	60.34	6.36	8.11	58.18	3.70	0.27	7.30	0.45
光山县	77.53	68.85	5.19	6.69	69.94	3.63			
息　县	140.72	79.54	15.11	10.74	109.93	16.61	3.76	22.64	4.73
淮滨县	78.78	55.46	6.65	8.44	119.55	7.95	2.11	26.54	3.80
潢川县	94.23	63.72	1.23	1.31	130.08	1.60	0.06	3.75	0.09
固始县	139.25	136.14	5.87	4.22	83.99	4.93	2.82	57.20	2.07
驻马店地区	**1095.21**	**653.56**	**66.10**	**6.04**	**99.36**	**65.68**	**15.49**	**23.58**	**2.37**
上蔡县	155.87	123.81	8.93	5.73	97.87	8.74	1.66	18.99	1.34
正阳县	153.69	65.44	1.88	1.22	77.13	1.45	0.17	11.72	0.26
确山县	104.08	52.68	0.44	0.42	102.27	0.45			
泌阳县	144.53	83.33	10.25	7.09	103.32	10.59	4.86	45.89	5.83
汝南县	153.62	73.61	7.73	5.03	102.20	7.90	2.08	26.33	2.83
平舆县	119.60	85.03	7.00	5.85	75.29	5.27	1.49	28.27	1.75
西平县	115.29	75.65	1.34	1.16	105.97	1.42	1.33	93.66	1.76
新蔡县	148.53	94.01	28.53	19.21	104.66	29.86	3.90	13.06	4.15

5－21－57　河南省1999年产棉县棉花生产收购明细

县市名	耕地面积（万亩）	农业人口（万人）	棉田面积（万亩）	占耕地（%）	亩　产（市斤）	产　量（万担）	收购量（万担）	商品率（%）	人均交售（市斤）
全省合计	**8522.58**	**6230.17**	**1248.80**	**14.65**	**138.73**	**1732.42**	**649.98**	**37.52**	**10.43**
郑州市	**202.97**	**172.30**	**6.01**	**2.96**	**139.77**	**8.40**	**20.21**	*	**11.73**
新郑市	60.82	46.73	0.56	0.92	85.71	0.48	2.81	*	6.01
巩义市	51.09	65.85	1.01	1.98	73.27	0.74	1.64	*	2.49
中牟县	91.06	59.72	4.44	4.88	161.71	7.18	15.76	*	26.39
开封市	**522.69**	**356.50**	**122.26**	**23.39**	**152.94**	**186.98**	**42.19**	**22.56**	**11.83**
开封县	112.97	65.91	13.65	12.08	159.05	21.71	1.69	7.78	2.56
杞　县	123.36	96.57	38.15	30.93	155.99	59.51	12.60	21.17	13.05
通许县	74.88	53.04	21.09	28.17	143.95	30.36	8.15	26.84	15.37
尉氏县	117.28	76.93	35.72	30.46	150.31	53.69	14.06	26.19	18.28
兰考县	94.20	64.05	13.65	14.49	159.05	21.71	5.69	26.21	8.88
洛阳市	**503.99**	**397.57**	**7.11**	**1.41**	**90.30**	**6.42**	**10.51**	**163.71**	**2.64**
偃师市	77.04	72.90	1.28	1.66	114.06	1.46	3.26	*	4.47
孟津县	55.03	38.64	0.30	0.55	46.67	0.14	2.96	*	7.66
新安县	52.79	41.27	0.44	0.83	161.36	0.71			
宜阳县	87.21	56.46	1.44	1.65	72.92	1.05	0.53	50.48	0.94
伊川县	80.41	65.51	1.61	2.00	103.11	1.66	3.49	210.24	5.33
汝阳县	38.74	36.84	0.78	2.01	71.79	0.56	0.10	17.86	0.27
嵩　县	46.97	47.02	0.87	1.85	60.92	0.53	0.17	32.08	0.36
洛宁县	65.80	38.93	0.39	0.59	79.49	0.31			
三门峡市	**130.16**	**87.88**	**3.95**	**3.03**	**77.97**	**3.08**	**3.48**	**112.99**	**3.96**
灵宝县	78.89	59.72	2.94	3.73	81.97	2.41	0.80	33.20	1.34
陕　县	51.27	28.16	1.01	1.97	66.34	0.67	2.68	*	9.52
平顶山市	**93.66**	**82.05**	**2.73**	**2.91**	**77.66**	**2.12**	**1.56**	**73.58**	**1.90**
汝州市	93.66	82.05	2.73	2.91	77.66	2.12	1.56	73.58	1.90
焦作市	**237.82**	**206.68**	**8.00**	**3.36**	**95.63**	**7.65**	**5.14**	**67.19**	**2.49**
孟州市	33.62	24.86	0.96	2.86	163.54	1.57	0.09	5.73	0.36
沁阳市	39.97	36.21	0.17	0.43	147.06	0.25	2.42	*	6.68
武陟县	60.49	52.36	1.53	2.53	156.21	2.39	1.62	67.78	3.09
温　县	35.12	34.03	0.75	2.14	156.00	1.17	0.77	65.81	2.26
博爱县	32.78	35.37	0.24	0.73	179.17	0.43	0.07	16.28	0.20
修武县	35.84	23.85	4.35	12.14	42.30	1.84	0.17	9.24	0.71
鹤壁市	**124.86**	**77.01**	**2.36**	**1.89**	**99.15**	**2.34**	**16.72**	*	**21.71**
浚　县	93.39	57.13	2.09	2.24	102.87	2.15	15.85	*	27.74
淇　县	31.47	19.88	0.27	0.86	70.37	0.19	0.87	*	4.38
新乡市	**552.78**	**413.06**	**36.47**	**6.60**	**125.66**	**45.83**	**8.27**	**18.04**	**2.00**
新乡县	46.20	38.13	2.94	6.36	140.82	4.14	2.34	56.52	6.14
卫辉县	56.55	37.75	5.00	8.84	126.20	6.31	2.44	38.67	6.46
获嘉县	43.80	33.61	0.83	1.89	127.71	1.06	0.05	4.72	0.15
辉　县	86.66	67.11	0.03	0.03	100.00	0.03	0.90	*	1.34
原阳县	79.22	57.92	3.51	4.43	124.79	4.38	0.65	14.84	1.12
延津县	62.31	40.95	12.41	19.92	126.35	15.68	0.93	5.93	2.27
封丘县	91.34	67.20	8.70	9.52	125.63	10.93	0.90	8.23	1.34
长垣县	86.70	70.39	3.05	3.52	108.20	3.30	0.06	1.82	0.09
安阳市	**533.89**	**402.37**	**49.23**	**9.22**	**132.20**	**65.08**	**20.48**	**31.47**	**5.09**
安阳县	126.28	103.62	9.02	7.14	72.73	6.56	1.70	25.91	1.64
林　县	76.83	85.90	5.36	6.98	66.60	3.57	0.80	22.41	0.93
内黄县	96.41	63.91	18.47	19.16	169.95	31.39	7.90	25.17	12.36
滑　县	172.36	110.20	10.68	6.20	140.54	15.01	5.70	37.97	5.17
汤阴县	62.01	38.74	5.70	9.19	150.00	8.55	4.38	51.23	11.31
许昌市	**91.65**	**55.60**	**40.88**	**44.60**	**140.04**	**57.25**	**13.71**	**23.95**	**24.66**
鄢陵县	91.65	55.60	40.88	44.60	140.04	57.25	13.71	23.95	24.66

5-21-57 续表

县市名	耕地面积（万亩）	农业人口（万人）	棉田面积（万亩）	占耕地（%）	亩产（市斤）	产量（万担）	收购量（万担）	商品率（%）	人均交售（市斤）
濮阳市	**317.23**	**244.26**	**29.18**	**9.20**	**130.91**	**38.20**	**7.15**	**18.72**	**2.93**
濮阳县	131.58	96.06	12.72	9.67	125.94	16.02	0.98	6.12	1.02
清丰县	85.32	60.59	8.99	10.54	132.70	11.93	0.79	6.62	1.30
南乐县	49.83	45.21	5.58	11.20	145.34	8.11	3.76	46.36	8.32
范　县	50.50	42.40	1.89	3.74	113.23	2.14	1.62	75.70	3.82
漯河市	**172.49**	**141.90**	**42.09**	**24.40**	**97.15**	**40.89**	**8.91**	**21.79**	**6.28**
临颍县	74.38	59.97	18.36	24.68	149.95	27.53	4.37	15.87	7.29
偃城县	98.11	81.93	23.73	24.19	56.30	13.36	4.54	33.98	5.54
南阳市	**1177.17**	**740.76**	**241.85**	**20.55**	**125.23**	**302.87**	**138.02**	**45.57**	**18.63**
宛城区	90.53	55.50	43.11	47.62	123.57	53.27	19.95	37.45	35.95
邓州市	233.80	135.16	48.80	20.87	120.41	58.76	26.94	45.85	19.93
新野县	97.33	63.89	41.00	42.12	137.80	56.50	25.13	44.48	39.33
唐河县	199.41	116.70	44.25	22.19	116.99	51.77	17.10	33.03	14.65
卧龙区	74.62	54.71	15.45	20.70	111.07	17.16	23.42	136.48	42.81
内乡县	71.15	54.83	4.22	5.93	140.05	5.91	2.80	47.38	5.11
方城县	150.62	88.06	8.67	5.76	129.07	11.19	7.12	63.63	8.09
社旗县	108.20	56.08	20.96	19.37	135.78	28.46	7.64	26.84	13.62
镇平县	105.41	81.61	14.04	13.32	131.77	18.50	3.96	21.41	4.85
桐柏县	46.10	34.22	1.35	2.93	100.00	1.35	3.96	*	11.57
商丘市	**938.81**	**720.67**	**259.99**	**27.69**	**151.17**	**393.02**	**145.56**	**37.04**	**20.20**
商丘县	150.93	110.95	53.21	35.25	156.93	83.50	24.06	28.81	21.69
永城县	159.83	119.01	64.94	40.63	158.01	102.61	43.00	41.91	36.13
民权县	103.81	77.16	37.31	35.94	143.77	53.64	23.84	44.44	30.90
睢　县	85.21	71.50	20.16	23.66	143.65	28.96	10.01	34.56	14.00
柘城县	103.52	86.66	25.38	24.52	169.31	42.97	16.03	37.31	18.50
宁陵县	68.36	54.58	17.64	25.80	144.05	25.41	8.03	31.60	14.71
虞城县	138.22	100.18	22.58	16.34	139.99	31.61	16.05	50.78	16.02
夏邑县	128.93	100.63	18.77	14.56	129.57	24.32	4.54	18.67	4.51
周口地区	**1137.88**	**914.74**	**307.81**	**27.05**	**157.56**	**485.00**	**164.32**	**33.88**	**17.96**
扶沟县	113.04	63.77	64.94	57.45	158.01	102.61	43.00	41.91	67.43
西华县	108.27	76.72	44.36	40.97	155.75	69.09	23.43	33.91	30.54
鹿邑县	124.00	102.44	23.91	19.28	201.46	48.17	9.99	20.74	9.75
郸城县	148.65	117.48	30.50	20.52	177.02	53.99	9.69	17.95	8.25
淮阳县	140.00	119.87	31.55	22.54	158.99	50.16	7.27	14.49	6.06
太康县	170.67	120.89	83.91	49.17	150.85	126.58	65.59	51.82	54.26
商水县	134.27	106.28	14.48	10.78	119.48	17.30	1.50	8.67	1.41
沈丘县	100.61	106.93	7.38	7.34	109.49	8.08	0.56	6.93	0.52
项城县	98.37	100.36	6.78	6.89	133.04	9.02	3.29	36.47	3.28
信阳地区	**690.06**	**568.19**	**41.56**	**6.02**	**93.72**	**38.95**	**20.74**	**53.25**	**3.65**
罗山县	81.34	65.18	4.14	5.09	46.62	1.93	0.97	50.26	1.49
信阳县	78.67	90.84	5.27	6.70	59.58	3.14	1.80	57.32	1.98
光山县	77.42	68.79	5.54	7.16	81.59	4.52	1.66	36.73	2.41
息　县	140.61	83.14	12.81	9.11	139.03	17.81	10.61	59.57	12.76
淮滨县	78.77	56.72	5.96	7.57	104.87	6.25	2.70	43.20	4.76
潢川县	94.17	66.73	1.70	1.81	57.06	0.97	0.30	30.93	0.45
固始县	139.08	136.79	6.14	4.41	70.52	4.33	2.70	62.36	1.97
驻马店地区	**1094.47**	**648.63**	**47.32**	**4.32**	**102.16**	**48.34**	**23.01**	**47.60**	**3.55**
上蔡县	155.19	123.31	5.40	3.48	95.93	5.18	3.59	69.31	2.91
正阳县	154.31	66.29	1.67	1.08	104.79	1.75	0.25	14.29	0.38
确山县	104.03	53.37	0.36	0.35	88.89	0.32	0.12	37.50	0.22
泌阳县	144.10	85.38	11.07	7.68	80.04	8.86	7.73	87.25	9.05
汝南县	153.71	73.65	6.21	4.04	105.80	6.57	3.74	56.93	5.08
平舆县	117.80	86.77	6.30	5.35	88.57	5.58	2.20	39.43	2.54
西平县	116.70	67.86	1.31	1.12	110.69	1.45	1.33	91.72	1.96
新蔡县	148.63	92.00	15.00	10.09	124.20	18.63	4.05	21.74	4.40

5－21－58　河南省2000年产棉县棉花生产收购明细

县市名	耕地面积（万亩）	农业人口（万人）	棉田面积（万亩）	占耕地（%）	亩　产（市斤）	产　量（万担）	收购量（万担）	商品率（%）	人均交售（市斤）
全省合计	**8594.69**	**6262.04**	**1185.92**	**13.80**	**127.95**	**1517.36**	**442.65**	**29.17**	**7.07**
郑州市	**203.52**	**176.85**	**6.20**	**3.05**	**149.84**	**9.29**	**13.04**	**140.37**	**7.37**
新郑市	60.90	51.67	0.42	0.69	83.33	0.35	3.23	*	6.25
巩义市	50.79	66.54	1.05	2.07	71.43	0.75	1.11	148.00	1.67
中牟县	91.83	58.64	4.73	5.15	173.15	8.19	8.70	106.23	14.84
开封市	**526.34**	**348.18**	**113.01**	**21.47**	**145.71**	**164.67**	**26.00**	**15.79**	**7.47**
开封县	112.85	64.70	11.28	10.00	167.29	18.87	2.11	11.18	3.26
杞　县	124.83	94.37	39.65	31.76	153.34	60.80	6.80	11.18	7.21
通许县	75.93	53.27	15.39	20.27	146.00	22.47	5.45	24.25	10.23
尉氏县	119.70	72.95	30.62	25.58	144.38	44.21	9.46	21.40	12.97
兰考县	93.03	62.89	16.07	17.27	114.00	18.32	2.18	11.90	3.47
洛阳市	**538.29**	**403.94**	**7.53**	**1.40**	**137.05**	**10.32**	**8.90**	**86.24**	**2.20**
偃师市	78.35	73.66	1.26	1.61	110.32	1.39	1.74	125.18	2.36
孟津县	58.88	38.59	0.56	0.95	51.79	0.29	1.54	*	3.99
新安县	55.68	41.45	0.50	0.90	80.00	0.40			
宜阳县	94.38	59.22	1.50	1.59	80.67	1.21	0.57	47.11	0.96
伊川县	94.77	66.65	2.13	2.25	263.38	5.61	4.55	81.11	6.83
汝阳县	38.79	37.06	0.53	1.37	105.66	0.56	0.12	21.43	0.32
嵩　县	48.90	47.38	0.72	1.47	79.17	0.57	0.38	66.67	0.80
洛宁县	68.54	39.93	0.33	0.48	87.88	0.29			
三门峡市	**124.31**	**89.17**	**4.01**	**3.23**	**84.04**	**3.37**	**3.60**	**106.82**	**4.04**
灵宝县	78.51	60.92	3.15	4.01	87.94	2.77	0.40	14.44	0.66
陕　县	45.80	28.25	0.86	1.88	69.77	0.60	3.20	*	11.33
平顶山市	**91.14**	**84.11**	**3.26**	**3.58**	**86.81**	**2.83**	**0.19**	**6.71**	**0.23**
汝州市	91.14	84.11	3.26	3.58	86.81	2.83	0.19	6.71	0.23
焦作市	**244.39**	**215.00**	**6.93**	**2.84**	**157.86**	**10.94**	**3.14**	**28.70**	**1.46**
孟州市	38.33	30.00	1.35	3.52	163.70	2.21	0.06	2.71	0.20
沁阳市	40.02	36.00	0.44	1.10	229.55	1.01	1.12	110.89	3.11
武陟县	60.62	57.00	1.29	2.13	172.87	2.23	1.40	62.78	2.46
温　县	36.78	35.00	0.93	2.53	173.12	1.61	0.42	26.09	1.20
博爱县	32.82	35.00	0.41	1.25	165.85	0.68	0.03	4.41	0.09
修武县	35.82	22.00	2.51	7.01	127.49	3.20	0.11	3.44	0.50
鹤壁市	**125.01**	**80.42**	**1.90**	**1.52**	**98.42**	**1.87**	**14.78**	*	**18.38**
浚　县	93.42	58.35	1.70	1.82	99.41	1.69	14.40	*	24.68
淇　县	31.59	22.07	0.20	0.63	90.00	0.18	0.38	*	1.72
新乡市	**552.48**	**400.40**	**37.26**	**6.74**	**107.03**	**39.88**	**10.84**	**27.18**	**2.71**
新乡县	45.38	37.83	3.69	8.13	144.99	5.35	7.02	131.21	18.56
卫辉县	56.85	37.29	5.63	9.90	93.07	5.24	0.97	18.51	2.60
获嘉县	43.70	32.89	1.71	3.91	123.39	2.11	0.10	4.74	0.30
辉　县	86.12	66.90	0.48	0.56	81.25	0.39	2.05	*	3.06
原阳县	79.26	50.58	2.94	3.71	116.67	3.43	0.20	5.83	0.40
延津县	63.23	40.55	11.76	18.60	84.78	9.97	0.17	1.71	0.42
封丘县	91.31	64.25	8.96	9.81	118.97	10.66	0.30	2.81	0.47
长垣县	86.63	70.11	2.09	2.41	130.62	2.73	0.03	1.10	0.04
安阳市	**531.73**	**412.62**	**56.00**	**10.53**	**127.36**	**71.32**	**4.00**	**5.61**	**0.97**
安阳县	126.87	107.77	15.12	11.92	64.09	9.69	0.73	7.53	0.68
林　县	75.90	88.16	3.92	5.16	77.04	3.02	0.40	13.25	0.45
内黄县	95.75	64.91	10.74	11.22	179.98	19.33	0.30	1.55	0.46
滑　县	171.18	113.42	16.56	9.67	143.18	23.71	0.11	0.46	0.10
汤阴县	62.03	38.36	9.66	15.57	161.18	15.57	2.46	15.80	6.41
许昌市	**91.91**	**55.49**	**36.74**	**39.97**	**118.67**	**43.60**	**7.34**	**16.83**	**13.23**
鄢陵县	91.91	55.49	36.74	39.97	118.67	43.60	7.34	16.83	13.23

5－21－58 续表

县市名	耕地面积（万亩）	农业人口（万人）	棉田面积（万亩）	占耕地（%）	亩产（市斤）	产量（万担）	收购量（万担）	商品率（%）	人均交售（市斤）
濮阳市	**318.09**	**236.93**	**29.47**	**9.26**	**121.48**	**35.80**	**5.20**	**14.53**	**2.19**
濮阳县	131.57	96.54	12.50	9.50	96.48	12.06	1.93	16.00	2.00
清丰县	85.32	57.12	9.54	11.18	139.31	13.29	0.63	4.74	1.10
南乐县	50.72	43.55	5.90	11.63	141.53	8.35	2.47	29.58	5.67
范　县	50.48	39.72	1.53	3.03	137.25	2.10	0.17	8.10	0.43
漯河市	**172.77**	**142.94**	**24.34**	**14.09**	**144.86**	**35.26**	**12.60**	**35.73**	**8.81**
临颍县	74.88	61.36	15.68	20.94	141.96	22.26	3.73	16.76	6.08
偃城县	97.89	81.58	8.66	8.85	150.12	13.00	8.87	68.23	10.87
南阳市	**1175.71**	**746.95**	**216.93**	**18.45**	**109.11**	**236.69**	**77.82**	**32.88**	**10.42**
宛城区	91.51	56.11	41.85	45.73	117.95	49.36	14.78	29.94	26.34
邓州市	232.91	136.47	44.39	19.06	101.60	45.10	18.17	40.29	13.31
新野县	97.37	66.64	36.90	37.90	93.01	34.32	10.17	29.63	15.26
唐河县	199.26	112.84	38.67	19.41	117.38	45.39	8.98	19.78	7.96
卧龙区	74.51	56.13	11.28	15.14	98.85	11.15	8.00	71.75	14.25
内乡县	70.16	54.63	3.42	4.87	121.05	4.14	2.10	50.72	3.84
方城县	150.66	89.57	10.01	6.64	135.16	13.53	4.40	32.52	4.91
社旗县	107.76	56.84	18.09	16.79	101.00	18.27	6.10	33.39	10.73
镇平县	105.26	83.45	11.10	10.55	128.20	14.23	4.40	30.92	5.27
桐柏县	46.31	34.27	1.22	2.63	98.36	1.20	0.72	60.00	2.10
商丘市	**936.90**	**718.47**	**233.81**	**24.96**	**139.87**	**327.02**	**94.17**	**28.80**	**13.11**
商丘县	150.50	109.92	61.74	41.02	91.46	56.47	6.52	11.55	5.93
永城县	159.83	120.71	20.43	12.78	165.44	33.80	2.46	7.28	2.04
民权县	103.44	75.92	41.04	39.68	154.07	63.23	19.30	30.52	25.42
睢　县	85.46	71.03	20.37	23.84	147.52	30.05	22.26	74.08	31.34
柘城县	103.61	87.47	24.57	23.71	175.34	43.08	9.21	21.38	10.53
宁陵县	68.09	53.82	18.69	27.45	154.74	28.92	13.04	45.09	24.23
虞城县	137.48	98.67	30.05	21.86	153.94	46.26	18.37	39.71	18.62
夏邑县	128.49	100.93	16.92	13.17	149.00	25.21	3.01	11.94	2.98
周口地区	**1136.13**	**922.06**	**325.04**	**28.61**	**135.33**	**439.87**	**139.24**	**31.65**	**15.10**
扶沟县	112.74	61.63	62.72	55.63	111.02	69.63	37.60	54.00	61.01
西华县	103.70	76.59	46.08	44.44	120.72	55.63	20.15	36.22	26.31
鹿邑县	124.22	104.46	32.18	25.91	215.01	69.19	7.89	11.40	7.55
郸城县	148.26	118.18	35.94	24.24	198.78	71.44	7.23	10.12	6.12
淮阳县	144.68	121.22	33.48	23.14	143.01	47.88	6.75	14.10	5.57
太康县	171.39	120.53	81.18	47.37	99.61	80.86	56.70	70.12	47.04
商水县	132.48	107.24	14.03	10.59	133.64	18.75	0.80	4.27	0.75
沈丘县	100.20	108.50	11.15	11.13	128.07	14.28	0.23	1.61	0.21
项城县	98.46	103.71	8.28	8.41	147.46	12.21	1.89	15.48	1.82
信阳地区	**711.16**	**570.18**	**33.47**	**4.71**	**103.73**	**34.72**	**10.22**	**29.44**	**1.79**
罗山县	81.26	63.00	3.50	4.31	68.57	2.40	0.62	25.83	0.98
信阳县	102.80	96.14	2.99	2.91	91.64	2.74	0.70	25.55	0.73
光山县	75.50	69.66	4.94	6.54	99.80	4.93	0.80	16.23	1.15
息　县	139.80	81.05	10.55	7.55	114.69	12.10	5.60	46.28	6.91
淮滨县	79.82	56.57	5.45	6.83	132.84	7.24	1.20	16.57	2.12
潢川县	93.45	64.26	1.19	1.27	110.92	1.32	0.10	7.58	0.16
固始县	138.53	139.50	4.85	3.50	82.27	3.99	1.20	30.08	0.86
驻马店地区	**1114.81**	**658.33**	**50.02**	**4.49**	**99.78**	**49.91**	**11.57**	**23.18**	**1.76**
上蔡县	154.67	124.29	5.42	3.50	94.46	5.12	1.84	35.94	1.48
正阳县	159.47	66.33	1.80	1.13	101.11	1.82			
确山县	124.07	53.14	0.27	0.22	85.19	0.23			
泌阳县	144.44	84.37	10.94	7.57	78.52	8.59	4.77	55.53	5.65
汝南县	151.55	74.06	6.74	4.45	79.23	5.34	0.30	5.62	0.41
平舆县	118.96	85.54	1.85	1.56	60.54	1.12	0.60	53.57	0.70
西平县	114.62	75.92	0.84	0.73	48.81	0.41	1.71	*	2.25
新蔡县	147.03	94.68	22.16	15.07	123.10	27.28	2.35	8.61	2.48

5－22－1　河南省新郑市历年棉花生产收购

年　　度	耕地面积（万亩）	农业人口（万人）	棉田面积（万亩）	占耕地（%）	亩　产（市斤）	产　量（万担）	收购量（万担）	商品率（%）	人均交售（市斤）
52 年合计			**77.04**	**1.90**	**36.03**	**27.76**	**43.52**	**156.77**	**2.00**
11 年小计			**28.37**	**2.77**	**17.98**	**5.10**	**1.15**	**22.55**	**0.35**
占合计%			**36.83**			**18.37**	**2.64**		
1949	82.84	26.10	0.50	0.60	8.00	0.04			
1950	82.84	26.83	1.37	1.65	18.98	0.26			
1951	76.11	26.67	3.24	4.26	18.21	0.59			
1952	98.83	29.78	5.43	5.49	13.81	0.75			
1953	103.11	30.05	4.14	4.02	14.25	0.59	0.01	1.69	0.03
1954	102.91	31.04	4.23	4.11	18.20	0.77	0.29	37.66	0.93
1955	102.54	31.43	3.48	3.39	20.98	0.73	0.22	30.14	0.70
1956	101.10	32.18	2.22	2.20	19.82	0.44	0.14	31.82	0.44
1957	100.34	32.68	1.32	1.32	18.18	0.24	0.09	37.50	0.28
1958	89.08	33.13	1.28	1.44	26.56	0.34	0.20	58.82	0.60
1959	83.45	33.16	1.16	1.39	30.17	0.35	0.20	57.14	0.60
10 年小计			**12.11**	**1.50**	**31.21**	**3.78**	**1.00**	**26.46**	**0.29**
占合计%	**82.23**		**15.72**			**13.62**	**2.30**		
1960	82.23	32.15	0.80	0.97	11.25	0.09	0.07	77.78	0.22
1961	80.39	31.83	0.60	0.75	10.00	0.06			
1962	80.77	32.83	0.52	0.64	15.38	0.08	0.01	12.50	0.03
1963	80.50	32.70	1.49	1.85	8.72	0.13	0.03	23.08	0.09
1964	80.50	33.50	2.41	2.99	18.26	0.44	0.10	22.73	0.30
1965	81.10	34.40	1.88	2.32	30.32	0.57	0.14	24.56	0.41
1966	81.10	35.50	1.14	1.41	73.68	0.84	0.35	41.67	0.99
1967	80.60	37.20	0.96	1.19	75.00	0.72	0.15	20.83	0.40
1968	80.60	38.00	1.15	1.43	41.74	0.48	0.12	25.00	0.32
1969	80.30	39.40	1.16	1.44	31.90	0.37	0.03	8.11	0.08
10 年小计			**19.45**	**2.49**	**31.31**	**6.09**	**2.63**	**43.19**	**0.60**
占合计%			**25.25**			**21.94**	**6.04**		
1970	79.90	40.40	1.59	1.99	35.22	0.56	0.16	28.57	0.40
1971	80.30	41.20	1.32	1.64	47.73	0.63	0.08	12.70	0.19
1972	80.10	42.20	1.40	1.75	30.71	0.43	0.09	20.93	0.21
1973	79.90	43.20	2.29	2.87	46.72	1.07	0.69	64.49	1.60
1974	78.60	43.80	4.63	5.89	36.50	1.69	1.24	73.37	2.83
1975	77.19	44.40	2.37	3.07	25.74	0.61	0.27	44.26	0.61
1976	76.60	44.60	1.61	2.10	14.91	0.24	0.04	16.67	0.09
1977	75.90	45.00	1.19	1.57	16.81	0.20	0.01	5.00	0.02
1978	76.10	45.30	1.71	2.25	21.64	0.37	0.04	10.81	0.09
1979	76.10	45.40	1.34	1.76	21.64	0.29	0.01	3.45	0.02
10 年小计			**10.10**	**1.36**	**59.80**	**6.04**	**12.19**	*	**2.48**
占合计%			**13.11**			**21.76**	**28.01**		
1980	75.80	46.30	0.90	1.19	30.00	0.27	0.02	7.41	0.04
1981	75.29	47.92	0.56	0.74	37.50	0.21	0.04	19.05	0.08
1982	75.09	48.74	2.32	3.09	59.48	1.38	0.82	59.42	1.68
1983	75.00	48.53	1.81	2.41	64.09	1.16	0.71	61.21	1.46
1984	74.90	48.80	1.76	2.35	77.27	1.36	3.04	*	6.23
1985	74.50	48.72	0.97	1.30	36.08	0.35	0.88	*	1.81
1986	73.80	48.40	0.12	0.16	58.33	0.07	1.30	*	2.69
1987	73.14	48.55	0.18	0.25	77.78	0.14	2.76	*	5.68
1988	72.70	51.28	0.86	1.18	84.88	0.73	2.26	*	4.41
1989	70.82	53.82	0.62	0.88	59.68	0.37	0.36	97.30	0.67
11 年小计			**7.01**	**1.01**	**96.29**	**6.75**	**26.55**	*	**4.68**
占合计%			**9.10**			**24.32**	**61.01**		
1990	64.25	50.34	0.59	0.92	52.54	0.31	1.52	*	3.02
1991	69.03	51.48	1.02	1.48	63.73	0.65	3.83	*	7.44
1992	66.90	52.20	0.28	0.42	232.14	0.65	3.64	*	6.97
1993	64.50	52.00					3.00		5.77
1994	61.91	52.70	0.39	0.63	79.49	0.31	2.58	*	4.90
1995	61.28	52.92	1.34	2.19	88.06	1.18	0.87	73.73	1.64
1996	61.02	53.12	0.74	1.21	197.30	1.46	1.85	126.71	3.48
1997	60.92	52.09	1.11	1.82	63.96	0.71	1.14	160.56	2.19
1998	60.78	52.42	0.56	0.92	116.07	0.65	2.08	*	3.97
1999	60.82	46.73	0.56	0.92	85.71	0.48	2.81	*	6.01
2000	60.90	51.67	0.42	0.69	83.33	0.35	3.23	*	6.25

5－22－2　河南省巩义市历年棉花生产收购

年　　度	耕地面积（万亩）	农业人口（万人）	棉田面积（万亩）	占耕地（％）	亩　产（市斤）	产　量（万担）	收购量（万担）	商品率（％）	人均交售（市斤）
52 年合计			**262.56**	**8.43**	**38.74**	**101.73**	**89.67**	**88.15**	**3.19**
11 年小计			**137.01**	**4.40**	**36.74**	**50.34**	**32.38**	**64.32**	**7.18**
占合计％			**52.18**			**49.48**	**36.11**		
1949	59.10	37.10	8.49		66.08	5.61			
1950	62.81	42.27	8.83	14.94	16.31	1.44			
1951	68.89	42.62	11.38	18.12	29.96	3.41			
1952	74.31	40.80	13.15	19.09	20.15	2.65			
1953	73.56	39.03	12.18	16.39	31.94	3.89	3.01	77.38	7.71
1954	74.54	40.40	12.54	17.05	38.60	4.84	3.48	71.90	8.61
1955	74.88	40.95	13.83	18.55	38.25	5.29	3.50	66.16	8.55
1956	72.89	42.48	14.65	19.56	29.69	4.35	3.53	81.15	8.31
1957	70.64	42.64	14.62	20.06	38.58	5.64	5.27	93.44	12.36
1958	64.69	47.15	13.66	19.34	52.34	7.15	7.43	103.92	15.76
1959	63.90	35.71	13.68	21.15	44.37	6.07	6.16	101.48	17.25
10 年小计			**79.62**	**124.61**	**37.53**	**29.88**	**25.57**	**85.58**	**5.83**
占合计％			**30.33**			**29.37**	**28.52**		
1960	62.60	37.67	12.40		34.27	4.25	4.20	98.82	11.15
1961	62.00	35.55	7.27	11.62	20.48	1.49	1.12	75.17	3.15
1962	62.30	35.21	4.61	7.44	18.00	0.83	0.67	80.72	1.90
1963	62.50	43.50	7.45	11.96	24.97	1.86	1.59	85.48	3.66
1964	62.50	44.60	8.53	13.65	25.91	2.21	1.88	85.07	4.22
1965	61.90	45.80	8.39	13.42	41.60	3.49	2.76	79.08	6.03
1966	61.80	47.30	8.24	13.31	68.20	5.62	4.85	86.30	10.25
1967	61.50	48.50	8.31	13.45	63.66	5.29	4.62	87.33	9.53
1968	61.10	49.60	8.07	13.12	34.82	2.81	2.39	85.05	4.82
1969	60.90	51.00	6.35	10.39	31.97	2.03	1.49	73.40	2.92
10 年小计			**17.54**	**28.80**	**46.58**	**8.17**	**4.35**	**53.24**	**0.79**
占合计％			**6.68**			**8.03**	**4.85**		
1970	60.90	52.10	1.67		61.68	1.03	0.56	54.37	1.07
1971	61.00	53.00	2.54	4.17	46.85	1.19	0.72	60.50	1.36
1972	60.80	53.70	2.60	4.26	33.46	0.87	0.55	63.22	1.02
1973	60.50	54.50	2.44	4.01	73.36	1.79	1.42	79.33	2.61
1974	60.00	55.00	2.64	4.36	54.17	1.43	0.94	65.73	1.71
1975	59.58	55.40	0.61	1.02	45.90	0.28			
1976	59.20	55.80	1.27	2.13	40.16	0.51	0.08	15.69	0.14
1977	58.90	56.40	0.89	1.50	58.43	0.52	0.03	5.77	0.05
1978	58.80	56.80	1.35	2.29	18.52	0.25			
1979	58.80	56.90	1.53	2.60	19.61	0.30	0.05	16.67	0.09
10 年小计			**13.28**	**22.59**	**42.70**	**5.67**	**11.60**	*	**1.83**
占合计％			**5.06**			**5.57**	**12.94**		
1980	58.30	57.90	1.85		56.76	1.05	0.62	59.05	1.07
1981	58.10	59.80	1.92	3.29	30.73	0.59	0.30	50.85	0.50
1982	58.07	60.17	3.21	5.52	31.15	1.00	0.47	47.00	0.78
1983	57.90	61.50	2.02	3.48	50.50	1.02	0.46	45.10	0.75
1984	57.30	62.30	1.39	2.40	78.42	1.09	2.23	*	3.58
1985	56.60	64.10	0.70	1.22	2.86	0.02	0.03	150.00	0.05
1986	55.60	65.50	0.43	0.76	20.93	0.09	3.05	*	4.66
1987	54.70	66.46	0.50	0.90	44.00	0.22	3.07	*	4.62
1988	54.50	67.90	0.58	1.06	46.55	0.27	1.07	*	1.58
1989	54.40	69.11	0.68	1.25	47.06	0.32	0.30	93.75	0.43
11 年小计			**15.11**	**27.78**	**50.76**	**7.67**	**15.77**	*	**2.15**
占合计％			**5.75**			**7.54**	**17.59**		
1990	52.50	64.77	0.90		62.22	0.56	1.18	*	1.82
1991	53.88	66.06	1.57	2.99	35.03	0.55	2.23	*	3.38
1992	53.10	67.00	1.65	3.06	26.67	0.44	2.02	*	3.01
1993	54.50	67.00	1.49	2.81	54.36	0.81	2.13	*	3.18
1994	51.80	66.97	1.70	3.12	65.29	1.11	1.71	154.05	2.55
1995	51.51	67.97	1.58	3.05	58.86	0.93	0.61	65.59	0.90
1996	51.26	67.97	1.47	2.85	45.58	0.67	2.25	*	3.31
1997	51.11	66.21	1.68	3.28	26.79	0.45	0.07	15.56	0.11
1998	51.09	66.42	1.01	1.98	65.35	0.66	0.82	124.24	1.23
1999	51.09	65.85	1.01	1.98	73.27	0.74	1.64	*	2.49
2000	50.79	66.54	1.05	2.06	71.43	0.75	1.11	148.00	1.67

5－22－3 河南省中牟县历年棉花生产收购

年　　度	耕地面积（万亩）	农业人口（万人）	棉田面积（万亩）	占耕地（%）	亩产（市斤）	产　量（万担）	收购量（万担）	商品率（%）	人均交售（市斤）
52 年合计			**182.14**	**3.45**	**83.44**	**151.98**	**134.27**	**88.35**	**5.79**
11 年小计			**14.61**	**1.15**	**19.03**	**2.78**	**1.29**	**46.40**	**0.40**
占合计%			**8.02**			**1.83**	**0.96**		
1949	107.47	27.01	0.41	0.38	12.20	0.05			
1950	107.47	27.42	0.40	0.37	10.00	0.04			
1951	116.07	27.67	0.73	0.63	20.55	0.15			
1952	122.62	28.29	1.21	0.99	17.36	0.21			
1953	122.47	28.38	2.41	1.97	19.92	0.48			
1954	123.24	29.45	1.70	1.38	12.94	0.22	0.06	27.27	0.20
1955	124.10	29.96	1.62	1.31	21.60	0.35	0.09	25.71	0.30
1956	118.20	31.09	1.58	1.34	19.62	0.31	0.04	12.90	0.13
1957	115.60	31.67	1.31	1.13	16.79	0.22	0.07	31.82	0.22
1958	110.97	31.94	1.57	1.41	22.29	0.35	0.44	125.71	1.38
1959	107.47	31.87	1.67	1.55	23.95	0.40	0.59	147.50	1.85
10 年小计			**20.66**	**2.02**	**28.17**	**5.82**	**2.58**	**44.33**	**0.69**
占合计%			**11.34**			**3.83**	**1.92**		
1960	107.60	32.51	1.66	1.54	26.51	0.44	0.47	106.82	1.45
1961	96.61	32.69	0.87	0.90	22.99	0.20	0.05	25.00	0.15
1962	96.98	33.34	0.44	0.45	18.18	0.08	0.01	12.50	0.03
1963	100.67	36.23	1.50	1.49	8.67	0.13	0.03	23.08	0.08
1964	102.24	36.91	1.93	1.89	21.24	0.41	0.12	29.27	0.33
1965	104.61	37.73	2.08	1.99	34.62	0.72	0.25	34.72	0.66
1966	105.61	38.95	2.77	2.62	35.02	0.97	0.50	51.55	1.28
1967	104.05	38.96	3.49	3.35	33.24	1.16	0.44	37.93	1.13
1968	104.05	41.74	3.01	2.89	30.56	0.92	0.38	41.30	0.91
1969	102.78	42.36	2.91	2.83	27.15	0.79	0.33	41.77	0.78
10 年小计			**28.25**	**2.81**	**27.89**	**7.88**	**3.16**	**40.10**	**0.67**
占合计%			**15.51**			**5.18**	**2.35**		
1970	103.42	43.52	1.87	1.81	27.27	0.51	0.11	21.57	0.25
1971	101.98	44.59	2.11	2.07	22.27	0.47	0.12	25.53	0.27
1972	102.13	45.26	2.19	2.14	30.59	0.67	0.23	34.33	0.51
1973	100.67	46.56	2.65	2.63	43.77	1.16	0.68	58.62	1.46
1974	100.01	47.47	3.55	3.55	38.03	1.35	0.85	62.96	1.79
1975	99.82	47.92	2.62	2.62	34.73	0.91	0.51	56.04	1.06
1976	99.31	48.36	2.31	2.33	20.35	0.47	0.16	34.04	0.33
1977	98.99	48.62	1.72	1.74	19.77	0.34	0.07	20.59	0.14
1978	98.58	48.75	6.24	6.33	23.88	1.49	0.01	0.67	0.02
1979	98.86	48.82	2.99	3.02	17.06	0.51	0.42	82.35	0.86
10 年小计			**53.44**	**5.53**	**71.73**	**38.33**	**46.67**	**121.76**	**8.86**
占合计%			**29.34**			**25.22**	**34.76**		
1980	98.76	49.80	1.39	1.41	34.53	0.48	0.24	50.00	0.48
1981	98.38	51.20	2.00	2.03	50.50	1.01	0.67	66.34	1.31
1982	98.14	52.49	7.54	7.68	52.39	3.95	2.33	58.99	4.44
1983	97.90	52.30	6.50	6.64	68.31	4.44	5.22	117.57	9.98
1984	97.40	52.40	9.38	9.63	65.57	6.15	9.79	159.19	18.68
1985	96.60	52.50	4.99	5.17	93.99	4.69	5.60	119.40	10.67
1986	95.80	52.30	3.60	3.76	94.17	3.39	5.22	153.98	9.98
1987	94.99	52.18	5.36	5.64	92.72	4.97	6.19	124.55	11.86
1988	94.50	54.50	7.25	7.67	46.62	3.38	7.28	*	13.36
1989	93.67	57.20	5.43	5.80	108.10	5.87	4.13	70.36	7.22
11 年小计			**65.18**	**6.47**	**149.08**	**97.17**	**80.57**	**82.92**	**12.85**
占合计%			**35.79**			**63.94**	**60.01**		
1990	91.50	54.27	4.91	5.37	138.29	6.79	5.25	77.32	9.67
1991	92.07	55.41	7.46	8.10	123.19	9.19	5.61	61.04	10.12
1992	91.50	51.80	7.50	8.20	112.27	8.42	7.92	94.06	15.29
1993	91.88	57.00	4.50	4.90	160.22	7.21	4.77	66.16	8.37
1994	91.88	57.66	7.77	8.46	90.60	7.04	3.71	52.70	6.43
1995	91.69	57.83	9.39	10.24	141.21	13.26	5.24	39.52	9.06
1996	91.53	58.22	2.88	3.15	431.60	12.43	6.63	53.34	11.39
1997	91.46	57.89	7.14	7.81	144.68	10.33	6.70	64.86	11.57
1998	91.08	58.36	4.46	4.90	159.87	7.13	10.28	144.18	17.61
1999	91.06	59.72	4.44	4.88	161.71	7.18	15.76	*	26.39
2000	91.83	58.64	4.73	5.15	173.15	8.19	8.70	106.23	14.84

5－22－4　河南省开封县历年棉花生产收购

年　度	耕地面积（万亩）	农业人口（万人）	棉田面积（万亩）	占耕地（%）	亩　产（市斤）	产　量（万担）	收购量（万担）	商品率（%）	人均交售（市斤）
52年合计			**459.29**	**6.64**	**65.46**	**300.66**	**131.67**	**43.79**	**5.23**
11年小计			**124.62**	**6.40**	**24.50**	**30.53**	**20.81**	**68.16**	**5.13**
占合计%			**27.13**			**10.15**	**15.80**		
1949	184.52	32.00	4.00	2.17	22.50	0.90			
1950	184.93	35.12	4.14	2.24	22.71	0.94			
1951	185.45	35.86	6.90	3.72	20.58	1.42			
1952	186.21	35.96	8.81	4.73	22.70	2.00			
1953	185.45	36.30	11.08	5.97	21.21	2.35	0.33	14.04	0.91
1954	186.76	37.43	9.49	5.08	32.03	3.04	1.35	44.41	3.61
1955	180.11	38.22	12.39	6.88	33.58	4.16	3.56	85.58	9.31
1956	174.51	39.01	19.18	10.99	28.78	5.52	3.59	65.04	9.20
1957	173.55	39.68	19.01	10.95	17.57	3.34	3.11	93.11	7.84
1958	155.70	38.11	16.01	10.28	23.30	3.73	3.84	102.95	10.08
1959	148.54	37.69	13.61	9.16	23.00	3.13	5.03	160.70	13.35
10年小计			**50.17**	**3.89**	**19.15**	**9.61**	**7.18**	**74.71**	**1.80**
占合计%			**10.92**			**3.20**	**5.45**		
1960	138.37	36.87	11.92	8.61	18.96	2.26	2.58	114.16	7.00
1961	140.05	37.44	2.85	2.03	11.93	0.34	0.16	47.06	0.43
1962	142.84	38.30	1.58	1.11	5.06	0.08	0.04	50.00	0.10
1963	110.94	39.19	3.10	2.79	7.74	0.24	0.12	50.00	0.31
1964	112.05	39.03	5.41	4.83	14.42	0.78	0.56	71.79	1.43
1965	122.64	38.65	4.08	3.33	19.36	0.79	0.37	46.84	0.96
1966	132.89	40.58	6.21	4.67	33.49	2.08	1.56	75.00	3.84
1967	132.33	41.61	6.29	4.75	25.44	1.60	0.87	54.38	2.09
1968	132.41	42.93	4.89	3.69	25.36	1.24	0.63	50.81	1.47
1969	125.95	44.52	3.84	3.05	5.21	0.20	0.29	145.00	0.65
10年小计			**47.92**	**3.84**	**28.69**	**13.75**	**7.16**	**52.07**	**1.47**
占合计%			**10.43**			**4.57**	**5.44**		
1970	130.59	45.27	2.04	1.56	27.45	0.56	0.22	39.29	0.49
1971	126.50	45.40	2.28	1.80	15.79	0.36	0.02	5.56	0.04
1972	126.23	46.25	3.51	2.78	24.79	0.87	0.43	49.43	0.93
1973	128.24	47.98	3.41	2.66	37.54	1.28	0.82	64.06	1.71
1974	126.81	48.79	6.96	5.49	48.71	3.39	2.19	64.60	4.49
1975	124.81	49.49	6.66	5.34	42.64	2.84	2.31	81.34	4.67
1976	121.26	49.94	6.93	5.71	21.93	1.52			
1977	121.93	50.59	6.90	5.66	13.48	0.93	0.68	73.12	1.34
1978	120.85	51.08	6.24	5.16	23.88	1.49	0.17	11.41	0.33
1979	120.47	51.26	2.99	2.48	17.06	0.51	0.32	62.75	0.62
10年小计			**93.70**	**7.88**	**76.97**	**72.12**	**53.06**	**73.57**	**9.67**
占合计%			**20.40**			**23.99**	**40.30**		
1980	120.50	51.58	2.34	1.94	34.62	0.81	0.99	122.22	1.92
1981	120.59	52.32	2.99	2.48	43.48	1.30	1.05	80.77	2.01
1982	120.03	53.47	7.75	6.46	47.35	3.67	2.65	72.21	4.96
1983	119.93	56.14	8.75	7.30	68.11	5.96	7.94	133.22	14.14
1984	120.01	54.85	19.01	15.84	84.22	16.01	11.96	74.70	21.80
1985	118.37	54.52	8.90	7.52	82.47	7.34	4.82	65.67	8.84
1986	118.17	54.73	6.99	5.92	61.52	4.30	4.19	97.44	7.66
1987	118.00	56.78	8.85	7.50	84.63	7.49	7.38	98.53	13.00
1988	118.00	55.40	14.03	11.89	87.46	12.27	7.24	59.01	13.07
1989	115.81	58.73	14.09	12.17	92.05	12.97	4.84	37.32	8.24
11年小计			**142.88**	**11.45**	**122.24**	**174.65**	**43.46**	**24.88**	**6.42**
占合计%			**31.11**			**58.09**	**33.01**		
1990	115.66	57.77	14.01	12.11	107.57	15.07	6.51	43.20	11.27
1991	115.44	58.48	14.53	12.59	131.93	19.17	10.12	52.79	17.31
1992	115.05	59.10	16.50	14.34	62.00	10.23	3.10	30.30	5.25
1993	112.50	60.00	12.00	10.67	108.50	13.02	1.28	9.83	2.13
1994	112.68	60.82	11.52	10.22	94.70	10.91	2.50	22.91	4.11
1995	112.23	61.99	12.02	10.71	102.83	12.36	3.43	27.75	5.53
1996	112.05	62.55	10.64	9.50	126.60	13.47	4.05	30.07	6.47
1997	113.24	62.88	13.29	11.74	139.20	18.50	3.38	18.27	5.38
1998	113.10	63.05	13.44	11.88	158.78	21.34	5.29	24.79	8.39
1999	112.97	65.91	13.65	12.08	159.05	21.71	1.69	7.78	2.56
2000	112.85	64.70	11.28	10.00	167.29	18.87	2.11	11.18	3.26

5－22－5　河南省杞县历年棉花生产收购

年　度	耕地面积（万亩）	农业人口（万人）	棉田面积（万亩）	占耕地（%）	亩　产（市斤）	产　量（万担）	收购量（万担）	商品率（%）	人均交售（市斤）
52 年合计			**1231.83**	**14.36**	**89.49**	**1102.41**	**595.74**	**54.04**	**16.92**
11 年小计			**194.80**	**7.93**	**31.57**	**61.50**	**43.60**	**70.89**	**8.83**
占合计%			**15.81**		**35.28**	**5.58**	**7.32**		
1949									
1950	241.40	47.00	10.10	4.18	25.74	2.60	1.50	57.69	3.19
1951	254.20	47.00	14.40	5.66	30.56	4.40	2.00	45.45	4.26
1952	249.00	48.00	18.80	7.55	46.28	8.70	5.60	64.37	11.67
1953	262.90	48.00	14.40	5.48	20.14	2.90	3.30	113.79	6.88
1954	260.30	49.00	16.30	6.26	46.01	7.50	4.20	56.00	8.57
1955	254.40	50.00	22.60	8.88	44.69	10.10	7.50	74.26	15.00
1956	252.00	51.00	28.10	11.15	26.33	7.40	7.30	98.65	14.31
1957	259.20	52.00	28.10	10.84	13.88	3.90	2.90	74.36	5.58
1958	202.70	50.00	23.10	11.40	33.33	7.70	3.50	45.45	7.00
1959	221.10	52.00	18.90	8.55	33.33	6.30	5.80	92.06	11.15
10 年小计			**106.30**	**6.02**	**32.64**	**34.70**	**27.40**	**78.96**	**4.99**
占合计%			**8.63**			**3.15**	**4.60**		
1960	201.90	51.00	17.40	8.62	30.46	5.30	5.90	111.32	11.57
1961	209.60	51.00	9.70	4.63	14.43	1.40	0.80	57.14	1.57
1962	196.90	52.00	7.10	3.61	14.08	1.00	0.40	40.00	0.77
1963	143.00	53.70	6.60	4.62	7.58	0.50	0.20	40.00	0.37
1964	143.00	54.10	9.60	6.71	29.17	2.80	1.80	64.29	3.33
1965	137.70	54.80	9.90	7.19	31.31	3.10	1.70	54.84	3.10
1966	138.00	56.10	11.20	8.12	59.82	6.70	5.60	83.58	9.98
1967	203.00	56.80	12.60	6.21	57.94	7.30	5.80	79.45	10.21
1968	194.70	58.40	12.50	6.42	33.60	4.20	3.70	88.10	6.34
1969	198.70	60.70	9.70	4.88	24.74	2.40	1.50	62.50	2.47
10 年小计			**102.50**	**6.10**	**38.83**	**39.80**	**26.60**	**66.83**	**3.90**
占合计%			**8.32**			**3.61**	**4.47**		
1970	196.70	62.00	5.90	3.00	45.76	2.70	1.80	66.67	2.90
1971	194.20	63.40	7.50	3.86	32.00	2.40	1.60	66.67	2.52
1972	208.10	65.40	7.60	3.65	43.42	3.30	2.20	66.67	3.36
1973	207.40	67.10	8.10	3.91	53.09	4.30	3.10	72.09	4.62
1974	203.90	68.50	12.00	5.89	58.33	7.00	4.50	64.29	6.57
1975	134.80	69.50	7.60	5.64	51.32	3.90	2.70	69.23	3.88
1976	134.20	70.20	10.50	7.82	24.76	2.60	1.50	57.69	2.14
1977	133.60	71.10	13.30	9.96	27.82	3.70	1.90	51.35	2.67
1978	133.50	72.10	13.30	9.96	28.57	3.80	3.30	86.84	4.58
1979	133.20	72.60	16.70	12.54	36.53	6.10	4.00	65.57	5.51
10 年小计			**355.90**	**27.43**	**101.99**	**363.00**	**280.30**	**77.22**	**35.44**
占合计%			**28.89**			**32.93**	**47.05**		
1980	132.60	73.40	19.70	14.86	92.89	18.30	17.40	95.08	23.71
1981	132.10	74.90	20.60	15.59	76.70	15.80	12.70	80.38	16.96
1982	132.00	76.00	30.00	22.73	83.33	25.00	19.40	77.60	25.53
1983	131.50	77.00	34.20	26.01	128.65	44.00	39.70	90.23	51.56
1984	130.40	77.50	55.40	42.48	117.33	65.00	21.50	33.08	27.74
1985	129.90	77.60	32.30	24.87	95.67	30.90	49.60	160.52	63.92
1986	128.10	79.10	30.60	23.89	78.43	24.00	28.00	116.67	35.40
1987	127.50	80.60	39.30	30.82	127.23	50.00	44.00	88.00	54.59
1988	126.90	86.50	49.50	39.01	109.09	54.00	29.00	53.70	33.53
1989	126.50	88.30	44.30	35.02	81.26	36.00	19.00	52.78	21.52
11 年小计			**472.33**	**34.32**	**127.75**	**603.41**	**217.84**	**36.10**	**21.65**
占合计%			**38.34**			**54.74**	**36.57**		
1990	125.80	88.20	34.00	27.03	123.53	42.00	28.00	66.67	31.75
1991	125.50	90.00	50.00	39.84	148.00	74.00	50.00	67.57	55.56
1992	125.30	91.30	62.00	49.48	90.32	56.00	24.00	42.86	26.29
1993	125.40	91.80	43.00	34.29	116.28	50.00	15.70	31.40	17.10
1994	124.70	92.10	43.00	34.48	82.09	35.30	14.20	40.23	15.42
1995	126.00	91.00	35.00	27.78	108.57	38.00	14.00	36.84	15.38
1996	126.00	91.00	42.00	33.33	119.05	50.00	12.00	24.00	13.19
1997	124.68	89.67	45.60	36.57	163.84	74.71	17.70	23.69	19.74
1998	124.65	90.09	39.93	32.03	158.00	63.09	22.84	36.20	25.35
1999	123.36	96.57	38.15	30.93	155.99	59.51	12.60	21.17	13.05
2000	124.83	94.37	39.65	31.76	153.34	60.80	6.80	11.18	7.21

5－22－6　河南省通许县历年棉花生产收购

年　度	耕地面积（万亩）	农业人口（万人）	棉田面积（万亩）	占耕地（%）	亩　产（市斤）	产　量（万担）	收购量（万担）	商品率（%）	人均交售（市斤）
52年合计			**724.62**	**16.84**	**85.26**	**617.81**	**367.09**	**59.42**	**18.59**
11年小计			**105.57**	**10.48**	**26.65**	**28.13**	**18.24**	**64.84**	**6.38**
占合计%			**14.57**			**4.55**	**4.97**		
1949	87.05	23.92	4.91	5.64	20.37	1.00			
1950	87.05	24.62	4.84	5.56	23.14	1.12			
1951	88.88	24.79	6.42	7.22	28.82	1.85			
1952	90.99	25.10	7.40	8.13	35.14	2.60			
1953	95.84	25.41	8.20	8.56	19.02	1.56	1.03	66.03	4.05
1954	96.50	26.26	8.29	8.59	36.07	2.99	1.26	42.14	4.80
1955	96.36	26.56	10.47	10.87	33.81	3.54	4.21	118.93	15.85
1956	96.07	27.04	13.52	14.07	27.74	3.75	2.29	61.07	8.47
1957	94.75	27.50	14.03	14.81	11.97	1.68	1.52	90.48	5.53
1958	90.43	27.20	13.92	15.39	25.07	3.49	3.27	93.70	12.02
1959	83.77	27.47	13.57	16.20	33.53	4.55	4.66	102.42	16.96
10年小计			**70.53**	**8.39**	**29.80**	**21.02**	**16.21**	**77.12**	**5.26**
占合计%			**9.73**			**3.40**	**4.42**		
1960	83.57	27.93	12.23	14.63	30.01	3.67	3.59	97.82	12.85
1961	83.58	29.14	6.43	7.69	16.02	1.03	0.47	45.63	1.61
1962	84.12	29.74	3.46	4.11	9.25	0.32	0.13	40.63	0.44
1963	84.08	30.60	4.23	5.03	6.38	0.27	0.09	33.33	0.29
1964	84.08	30.35	6.15	7.31	18.70	1.15	0.86	74.78	2.83
1965	84.29	30.61	6.64	7.88	24.70	1.64	1.12	68.29	3.66
1966	85.27	31.21	7.36	8.63	49.86	3.67	3.25	88.56	10.41
1967	85.27	32.04	9.26	10.86	43.95	4.07	2.77	68.06	8.65
1968	83.20	32.68	8.79	10.56	37.54	3.30	2.63	79.70	8.05
1969	83.02	34.04	5.98	7.20	31.77	1.90	1.30	68.42	3.82
10年小计			**67.66**	**8.27**	**49.22**	**33.30**	**27.88**	**83.72**	**7.29**
占合计%			**9.34**			**5.39**	**7.59**		
1970	84.14	34.93	5.02	5.97	40.64	2.04	1.69	82.84	4.84
1971	84.34	35.84	4.54	5.38	36.34	1.65	1.11	67.27	3.10
1972	84.37	36.81	5.08	6.02	47.05	2.39	1.89	79.08	5.13
1973	84.18	37.76	6.19	7.35	71.57	4.43	3.83	86.46	10.14
1974	83.94	38.42	6.65	7.92	75.04	4.99	4.22	84.57	10.98
1975	79.55	39.08	6.59	8.28	74.20	4.89	4.19	85.69	10.72
1976	79.43	39.45	7.95	10.01	41.01	3.26	2.77	84.97	7.02
1977	78.83	39.83	9.17	11.63	35.22	3.23	2.76	85.45	6.93
1978	79.81	40.12	9.15	11.46	40.33	3.69	2.90	78.59	7.23
1979	79.72	40.37	7.32	9.18	37.30	2.73	2.52	92.31	6.24
10年小计			**213.08**	**26.93**	**95.99**	**204.54**	**171.77**	**83.98**	**39.44**
占合计%			**29.41**			**33.11**	**46.79**		
1980	79.72	40.80	9.95	12.48	109.85	10.93	10.34	94.60	25.34
1981	79.76	41.47	10.98	13.77	75.77	8.32	7.52	90.38	18.13
1982	79.81	42.34	17.73	22.22	72.02	12.77	12.74	99.77	30.09
1983	79.62	43.06	19.32	24.27	134.21	25.93	25.49	98.30	59.20
1984	79.52	43.31	43.09	54.19	98.00	42.23	36.01	85.27	83.14
1985	78.93	43.61	21.50	27.24	89.49	19.24	15.12	78.59	34.67
1986	78.57	44.32	18.75	23.86	74.56	13.98	11.99	85.77	27.05
1987	78.54	45.04	21.88	27.86	106.35	23.27	19.10	82.08	42.41
1988	78.43	45.51	26.43	33.70	99.81	26.38	19.67	74.56	43.22
1989	78.26	46.10	23.45	29.96	91.64	21.49	13.79	64.17	29.91
11年小计			**267.78**	**31.71**	**123.54**	**330.82**	**132.99**	**40.20**	**23.67**
占合计%			**36.95**			**53.55**	**36.23**		
1990	78.17	48.68	23.80	30.45	110.46	26.29	19.72	75.01	40.51
1991	78.17	49.23	28.00	35.82	126.64	35.46	25.27	71.26	51.33
1992	78.15	49.87	29.54	37.80	78.61	23.22	12.30	52.97	24.66
1993	77.80	50.56	21.34	27.43	115.18	24.58	7.88	32.06	15.59
1994	77.60	50.72	21.03	27.10	90.01	18.93	10.24	54.09	20.19
1995	77.40	51.01	26.27	33.94	128.63	33.79	11.15	33.00	21.86
1996	77.30	51.28	27.18	35.16	112.33	30.53	11.14	36.49	21.72
1997	74.17	51.81	31.71	42.75	162.66	51.58	9.26	17.95	17.87
1998	74.88	52.36	22.43	29.95	149.84	33.61	12.43	36.98	23.74
1999	74.88	53.04	21.09	28.17	143.95	30.36	8.15	26.84	15.37
2000	75.93	53.27	15.39	20.27	146.00	22.47	5.45	24.25	10.23

5-22-7 河南省尉氏县历年棉花生产收购

年 度	耕地面积（万亩）	农业人口（万人）	棉田面积（万亩）	占耕地（%）	亩 产（市斤）	产 量（万担）	收购量（万担）	商品率（%）	人均交售（市斤）
52 年合计			**953.09**	**14.45**	**95.11**	**906.52**	**528.19**	**58.27**	**17.69**
11 年小计			**77.60**	**5.13**	**22.90**	**17.77**	**6.87**	**38.66**	**1.59**
占合计%			**8.14**			**1.96**	**1.30**		
1949	124.50	36.55	3.69	2.96					
1950	124.82	36.91	3.84	3.08	23.44	0.90			
1951	136.79	36.30	5.50	4.02	19.64	1.08			
1952	138.33	38.03	6.77	4.89	27.47	1.86			
1953	141.14	38.80	6.55	4.64	20.00	1.31	0.27	20.61	0.70
1954	146.79	39.20	6.38	4.35	30.72	1.96	0.37	18.88	0.94
1955	145.54	40.19	6.12	4.21	23.86	1.46	0.48	32.88	1.19
1956	144.07	41.33	7.88	5.47	18.53	1.46	0.62	42.47	1.50
1957	143.51	41.92	10.57	7.37	19.58	2.07	0.95	45.89	2.27
1958	136.23	41.53	10.04	7.37	24.10	2.42	1.62	66.94	3.90
1959	131.11	41.43	10.26	7.83	31.68	3.25	2.56	78.77	6.18
10 年小计			**78.04**	**5.98**	**42.58**	**33.23**	**26.73**	**80.43**	**5.65**
占合计%			**8.19**			**3.67**	**5.06**		
1960	130.56	41.66	9.53	7.30	24.13	2.30	1.82	79.13	4.37
1961	127.98	43.15	5.13	4.01	15.79	0.81	0.42	51.85	0.97
1962	128.96	44.32	4.25	3.30	14.82	0.63	0.35	55.56	0.79
1963	129.05	45.67	6.41	4.97	11.54	0.74	0.49	66.22	1.07
1964	127.81	46.63	7.01	5.48	29.53	2.07	1.45	70.05	3.11
1965	130.68	47.51	7.16	5.48	29.51	2.11	1.67	79.03	3.52
1966	134.32	48.61	9.40	7.00	76.17	7.16	6.13	85.61	12.61
1967	133.40	50.13	10.65	7.98	60.09	6.40	5.21	81.41	10.39
1968	132.50	52.02	9.45	7.13	55.87	5.28	4.70	89.02	9.03
1969	130.43	53.57	9.05	6.94	63.31	5.73	4.49	78.36	8.38
10 年小计			**107.01**	**8.45**	**59.66**	**63.84**	**50.65**	**79.34**	**8.57**
占合计%			**11.23**			**7.04**	**9.59**		
1970	131.27	54.91	8.16	6.22	69.24	5.65	4.73	83.72	8.61
1971	131.53	56.06	9.35	7.11	65.13	6.09	1.34	22.00	2.39
1972	129.89	57.41	11.21	8.63	67.17	7.53	5.89	78.22	10.26
1973	127.88	58.63	11.28	8.82	84.31	9.51	8.68	91.27	14.80
1974	127.16	59.63	11.85	9.32	77.64	9.20	7.23	78.59	12.12
1975	124.52	60.16	8.09	6.50	72.81	5.89	5.20	88.29	8.64
1976	125.03	59.67	9.63	7.70	42.37	4.08	3.44	84.31	5.77
1977	123.08	61.17	12.92	10.50	39.94	5.16	3.95	76.55	6.46
1978	122.99	61.50	14.35	11.67	38.47	5.52	4.98	90.22	8.10
1979	122.36	62.00	10.17	8.31	51.23	5.21	5.21	100.00	8.40
10 年小计			**293.64**	**24.29**	**108.06**	**317.31**	**227.42**	**71.67**	**34.09**
占合计%			**30.81**			**35.00**	**43.06**		
1980	122.23	62.61	14.32	11.72	109.50	15.68	15.68	100.00	25.04
1981	122.23	63.30	15.32	12.53	84.86	13.00	11.58	89.08	18.29
1982	122.15	64.00	21.42	17.54	92.39	19.79	17.14	86.61	26.78
1983	121.83	64.86	24.20	19.86	119.71	28.97	26.14	90.23	40.30
1984	121.32	65.71	44.94	37.04	104.90	47.14	35.57	75.46	54.13
1985	120.53	66.51	32.53	26.99	106.55	34.66	23.72	68.44	35.66
1986	119.90	67.85	27.84	23.22	119.50	33.27	19.83	59.60	29.23
1987	119.70	69.41	32.43	27.09	122.33	39.67	26.41	66.57	38.05
1988	119.67	70.77	40.80	34.09	108.28	44.18	27.52	62.29	38.89
1989	119.48	72.19	39.84	33.34	102.79	40.95	23.83	58.19	33.01
11 年小计			**396.80**	**30.45**	**119.55**	**474.37**	**216.52**	**45.64**	**26.33**
占合计%			**41.63**			**52.33**	**40.99**		
1990	119.36	73.42	31.27	26.20	122.29	38.24	21.09	55.15	28.73
1991	119.16	73.56	40.64	34.11	127.85	51.96	34.87	67.11	47.40
1992	119.00	74.69	42.74	35.92	84.21	35.99	25.10	69.74	33.61
1993	118.77	75.53	33.03	27.81	122.31	40.40	18.50	45.79	24.49
1994	118.40	75.93	33.03	27.90	82.56	27.27	13.20	48.40	17.38
1995	118.21	76.85	35.85	30.33	94.00	33.70	25.40	75.37	33.05
1996	117.99	77.39	37.40	31.70	97.99	36.65	18.70	51.02	24.16
1997	117.77	72.31	40.78	34.63	145.59	59.37	15.23	25.65	21.06
1998	117.53	72.73	35.72	30.39	148.07	52.89	20.91	39.53	28.75
1999	117.28	76.93	35.72	30.46	150.31	53.69	14.06	26.19	18.28
2000	119.70	72.95	30.62	25.58	144.38	44.21	9.46	21.40	12.97

5－22－8　河南省兰考县历年棉花生产收购

年　度	耕地面积（万亩）	农业人口（万人）	棉田面积（万亩）	占耕地（%）	亩　产（市斤）	产　量（万担）	收购量（万担）	商品率（%）	人均交售（市斤）
52 年合计			**623.25**	**11.67**	**81.63**	**508.79**	**353.89**	**69.56**	**15.54**
11 年小计			**65.90**	**1.23**	**22.61**	**14.90**	**7.22**	**48.46**	**2.70**
占合计%			**10.57**			**2.93**	**2.04**		
1949	90.00	18.20	5.60		16.96	0.95	0.35	36.84	1.92
1950	90.00	20.30	4.40	4.89	22.27	0.98	0.36	36.73	1.77
1951	90.00	21.70	5.70	6.33	18.95	1.08	0.43	39.81	1.98
1952	90.00	22.10	5.80	6.44	17.24	1.00	0.39	39.00	1.76
1953	90.00	23.40	5.40	6.00	12.96	0.70	0.28	40.00	1.20
1954	90.00	24.50	4.60	5.11	23.70	1.09	0.51	46.79	2.08
1955	90.00	25.20	6.30	7.00	25.40	1.60	0.90	56.25	3.57
1956	90.00	26.10	8.50	9.44	23.65	2.01	1.10	54.73	4.21
1957	90.00	27.40	7.30	8.11	24.66	1.80	0.88	48.89	3.21
1958	90.00	28.70	6.40	7.11	28.13	1.80	0.82	45.56	2.86
1959	90.00	30.00	5.90	6.56	32.03	1.89	1.20	63.49	4.00
10 年小计			**45.65**	**50.72**	**28.02**	**12.79**	**8.72**	**68.18**	**2.47**
占合计%			**7.32**			**2.51**	**2.46**		
1960	90.00	31.30	6.10		21.31	1.30	0.73	56.15	2.33
1961	90.00	31.70	2.80	3.11	13.21	0.37	0.18	48.65	0.57
1962	90.00	32.00	0.60	0.67	5.00	0.03	0.01	33.33	0.03
1963	91.00	34.10	0.55	0.61	10.91	0.06	0.03	50.00	0.09
1964	96.00	35.20	4.20	4.62	17.86	0.75	0.32	42.67	0.91
1965	96.00	35.90	3.60	3.75	25.28	0.91	0.37	40.66	1.03
1966	97.00	37.10	4.90	5.10	42.86	2.10	1.60	76.19	4.31
1967	97.00	37.80	8.50	8.76	32.94	2.80	2.10	75.00	5.56
1968	97.00	39.00	7.80	8.04	35.90	2.80	2.30	82.14	5.90
1969	97.00	39.20	6.60	6.80	25.30	1.67	1.08	64.67	2.76
10 年小计			**58.80**	**60.62**	**31.70**	**18.64**	**13.63**	**73.12**	**3.03**
占合计%			**9.43**			**3.66**	**3.85**		
1970	99.00	40.50	3.40		26.47	0.90	0.49	54.44	1.21
1971	99.00	41.60	3.70	3.74	20.00	0.74	0.38	51.35	0.91
1972	102.00	42.40	4.30	4.34	27.91	1.20	0.84	70.00	1.98
1973	102.00	43.60	5.40	5.29	44.44	2.40	1.60	66.67	3.67
1974	105.00	44.80	7.10	6.96	50.70	3.60	2.84	78.89	6.34
1975	105.00	45.60	6.90	6.57	44.93	3.10	2.41	77.74	5.29
1976	105.00	46.40	8.30	7.90	22.89	1.90	1.37	72.11	2.95
1977	105.00	47.20	6.60	6.29	22.73	1.50	1.24	82.67	2.63
1978	110.00	48.00	7.70	7.33	25.97	2.00	1.49	74.50	3.10
1979	110.00	49.10	5.40	4.91	24.07	1.30	0.97	74.62	1.98
10 年小计			**197.90**	**179.91**	**94.74**	**187.50**	**174.47**	**93.05**	**32.28**
占合计%			**31.75**			**36.85**	**49.30**		
1980	110.00	50.00	3.60		55.56	2.00	1.76	88.00	3.52
1981	110.00	51.50	5.30	4.82	67.92	3.60	3.21	89.17	6.23
1982	110.00	52.20	16.30	14.82	66.26	10.80	9.10	84.29	17.44
1893	110.00	53.20	19.30	17.55	84.97	16.40	14.80	90.24	27.82
1984	120.00	53.90	39.60	36.00	101.01	40.00	37.80	94.50	70.13
1985	122.00	54.50	18.10	15.08	91.16	16.50	14.70	89.09	26.97
1986	122.00	55.20	16.40	13.44	73.78	12.10	11.30	93.39	20.47
1987	122.00	56.00	23.10	18.93	102.16	23.60	22.50	95.34	40.18
1988	122.00	56.70	29.50	24.18	109.83	32.40	30.80	95.06	54.32
1989	122.00	57.30	26.70	21.89	112.73	30.10	28.50	94.68	49.74
11 年小计			**255.00**	**209.02**	**107.83**	**274.96**	**149.85**	**54.50**	**22.50**
占合计%			**40.91**			**54.04**	**42.34**		
1990	125.00	57.90	26.50		122.26	32.40	31.40	96.91	54.23
1991	125.00	58.50	28.60	22.88	131.82	37.70	35.80	94.96	61.20
1992	128.00	59.20	35.00	28.00	91.71	32.10	31.10	96.88	52.53
1993	128.00	59.80	22.10	17.27	90.95	20.10	6.30	31.34	10.54
1994	128.00	60.30	26.40	20.63	87.88	23.20	7.80	33.62	12.94
1995	94.00	58.00	25.00	19.53	64.00	16.00	6.00	37.50	10.34
1996	92.00	62.00	22.00	23.40	68.18	15.00	5.40	36.00	8.71
1997	94.28	61.52	21.57	23.45	148.17	31.96	2.42	7.57	3.93
1998	94.20	61.86	18.11	19.21	146.16	26.47	15.76	59.54	25.48
1999	94.20	64.05	13.65	14.49	159.05	21.71	5.69	26.21	8.88
2000	93.03	62.89	16.07	17.06	114.00	18.32	2.18	11.90	3.47

5-22-9 河南省偃师市历年棉花生产收购

年　度	耕地面积（万亩）	农业人口（万人）	棉田面积（万亩）	占耕地（%）	亩　产（市斤）	产　量（万担）	收购量（万担）	商品率（%）	人均交售（市斤）
52 年合计			**577.64**	**14.14**	**51.76**	**298.98**	**273.88**	**91.60**	**9.13**
11 年小计			**175.37**	**19.69**	**34.95**	**61.30**	**45.23**	**73.78**	**10.41**
占合计%			**30.36**			**20.50**	**16.51**		
1949									
1950	85.80	42.90	15.33	17.87	32.68	5.01	1.80	35.93	4.20
1951	89.80	43.00	15.24	16.97	27.95	4.26	3.65	85.68	8.49
1952	92.10	42.90	15.93	17.30	29.25	4.66	2.26	48.50	5.27
1953	92.10	42.90	16.61	18.03	37.57	6.24	3.58	57.37	8.34
1954	91.60	43.60	16.72	18.25	34.93	5.84	3.66	62.67	8.39
1955	91.60	44.30	18.86	20.59	32.66	6.16	3.77	61.20	8.51
1956	90.00	43.10	19.68	21.87	29.37	5.78	4.25	73.53	9.86
1957	87.90	43.50	19.32	21.98	37.47	7.24	6.75	93.23	15.52
1958	86.20	44.40	18.67	21.66	47.94	8.95	8.41	93.97	18.94
1959	83.70	43.80	19.01	22.71	37.66	7.16	7.10	99.16	16.21
10 年小计			**125.59**	**15.40**	**40.27**	**50.58**	**43.47**	**85.94**	**8.94**
占合计%			**21.74**			**16.92**	**15.87**		
1960	82.70	42.90	17.23	20.83	24.43	4.21	4.08	96.91	9.51
1961	81.80	43.50	6.09	7.44	16.26	0.99	0.89	89.90	2.05
1962	81.80	45.10	5.48	6.70	17.70	0.97	0.78	80.41	1.73
1963	81.70	47.00	12.74	15.59	29.98	3.82	3.27	85.60	6.96
1964	81.70	47.80	13.23	16.19	39.91	5.28	4.65	88.07	9.73
1965	81.30	49.10	14.02	17.24	49.57	6.95	5.62	80.86	11.45
1966	81.20	50.60	14.18	17.46	64.10	9.09	7.40	81.41	14.62
1967	81.20	52.00	14.32	17.64	59.78	8.56	7.62	89.02	14.65
1968	81.20	53.50	14.20	17.49	42.04	5.97	5.19	86.93	9.70
1969	80.90	54.90	14.10	17.43	33.62	4.74	3.97	83.76	7.23
10 年小计			**134.83**	**16.95**	**61.60**	**83.06**	**73.01**	**87.90**	**12.02**
占合计%			**23.34**			**27.78**	**26.66**		
1970	80.60	56.20	13.86	17.20	61.33	8.50	7.33	86.24	13.04
1971	80.60	57.10	13.78	17.10	59.00	8.13	7.17	88.19	12.56
1972	80.30	58.10	13.76	17.14	42.73	5.88	4.99	84.86	8.59
1973	80.10	59.50	13.64	17.03	88.34	12.05	10.90	90.46	18.32
1974	79.80	60.70	13.67	17.13	59.62	8.15	6.96	85.40	11.47
1975	79.40	61.60	13.60	17.13	57.94	7.88	6.82	86.55	11.07
1976	79.00	62.70	13.34	16.89	52.47	7.00	6.07	86.71	9.68
1977	78.80	63.50	13.22	16.78	68.76	9.09	8.04	88.45	12.66
1978	78.60	63.90	13.25	16.86	56.08	7.43	6.37	85.73	9.97
1979	78.30	64.00	12.71	16.23	70.42	8.95	8.36	93.41	13.06
10 年小计			**100.20**	**13.09**	**71.63**	**71.77**	**75.34**	**104.97**	**11.29**
占合计%			**17.35**			**24.00**	**27.51**		
1980	78.20	63.94	13.07	16.71	96.40	12.60	12.10	96.03	18.92
1981	78.07	65.74	13.12	16.81	59.68	7.83	7.44	95.02	11.32
1982	77.87	65.74	10.92	14.02	38.00	4.15	4.13	99.52	6.28
1983	77.59	65.93	12.79	16.48	80.14	10.25	8.70	84.88	13.20
1984	77.32	66.10	15.86	20.51	83.54	13.25	9.11	68.75	13.78
1985	76.48	65.94	10.58	13.83	72.97	7.72	14.78	191.45	22.41
1986	75.71	66.24	7.39	9.76	46.41	3.43	11.14	*	16.82
1987	74.99	67.04	6.11	8.15	73.32	4.48	3.71	82.81	5.53
1988	74.86	71.80	5.46	7.29	72.89	3.98	3.99	100.25	5.56
1989	74.60	69.01	4.90	6.57	83.27	4.08	0.24	5.88	0.35
11 年小计			**41.65**	**5.10**	**77.48**	**32.27**	**36.83**	**114.13**	**4.58**
占合计%			**7.21**			**10.79**	**13.45**		
1990	74.55	70.48	4.65	6.24	106.02	4.93	0.56	11.36	0.79
1991	74.00	76.16	6.92	9.35	75.72	5.24	2.37	45.23	3.11
1992	74.10	72.20	7.50	10.12	53.73	4.03	7.01	173.95	9.71
1993	73.50	72.00	6.00	8.16	72.83	4.37	3.75	85.81	5.21
1994	72.67	72.64	5.31	7.31	84.75	4.50	1.67	37.11	2.30
1995	72.24	73.00	2.66	3.68	71.05	1.89	0.33	17.46	0.45
1996	72.00	73.37	2.66	3.69	82.33	2.19	0.97	44.29	1.32
1997	71.83	73.56	2.13	2.97	55.87	1.19	9.67	*	13.15
1998	77.02	73.98	1.28	1.66	84.38	1.08	5.50	*	7.43
1999	77.04	72.90	1.28	1.66	114.06	1.46	3.26	*	4.47
2000	78.35	73.66	1.26	1.61	110.32	1.39	1.74	125.18	2.36

5－22－10　河南省孟津县历年棉花生产收购

年　度	耕地面积（万亩）	农业人口（万人）	棉田面积（万亩）	占耕地（%）	亩　产（市斤）	产　量（万担）	收购量（万担）	商品率（%）	人均交售（市斤）
52 年合计			**292.57**	**8.92**	**40.11**	**117.34**	**104.37**	**88.94**	**6.06**
11 年小计			**115.47**	**15.16**	**33.13**	**38.26**	**21.09**	**55.12**	**7.42**
占合计%			**39.47**			**32.61**	**20.21**		
1949	69.49	25.00	7.60	10.94	18.82	1.43			
1950	68.66	25.40	8.12	11.83	22.29	1.81			
1951	68.79	25.70	8.46	12.30	25.65	2.17			
1952	69.94	26.00	8.81	12.60	28.60	2.52	0.44	17.46	1.69
1953	70.80	26.20	9.17	12.95	34.35	3.15	0.36	11.43	1.37
1954	70.76	26.40	9.55	13.50	34.76	3.32	0.46	13.86	1.74
1955	70.72	26.50	10.95	15.48	39.18	4.29	0.84	19.58	3.17
1956	69.74	26.00	12.95	18.57	26.25	3.40	2.72	80.00	10.46
1957	69.46	25.70	13.29	19.13	33.56	4.46	4.40	98.65	17.12
1958	66.87	25.90	13.27	19.84	46.50	6.17	6.21	100.65	23.98
1959	66.63	25.50	13.30	19.96	41.65	5.54	5.66	102.17	22.20
10 年小计			**74.69**	**11.28**	**36.74**	**27.44**	**24.60**	**89.65**	**8.68**
占合计%			**25.53**			**23.38**	**23.57**		
1960	66.67	24.90	12.62	18.93	24.72	3.12	3.01	96.47	12.09
1961	66.76	25.20	3.84	5.75	15.63	0.60	0.38	63.33	1.51
1962	66.75	26.40	4.75	7.12	9.05	0.43	0.29	67.44	1.10
1963	66.83	27.50	6.50	9.73	30.00	1.95	1.73	88.72	6.29
1964	66.83	27.90	7.68	11.49	42.97	3.30	2.95	89.39	10.57
1965	65.86	28.80	8.42	12.78	51.43	4.33	3.76	86.84	13.06
1966	65.76	29.60	8.32	12.65	54.45	4.53	4.06	89.62	13.72
1967	65.75	30.20	8.28	12.59	46.14	3.82	3.41	89.27	11.29
1968	65.70	31.00	7.12	10.84	45.22	3.22	3.04	94.41	9.81
1969	65.02	32.00	7.16	11.01	29.89	2.14	1.97	92.06	6.16
10 年小计			**66.67**	**10.57**	**47.70**	**31.80**	**27.05**	**85.06**	**7.75**
占合计%			**22.79**			**27.10**	**25.92**		
1970	65.03	32.60	7.21	11.09	71.43	5.15	4.72	91.65	14.48
1971	64.95	33.20	7.22	11.12	51.25	3.70	3.26	88.11	9.82
1972	64.19	33.80	7.10	11.06	35.49	2.52	2.23	88.49	6.60
1973	63.83	34.40	7.11	11.14	70.46	5.01	4.48	89.42	13.02
1974	63.42	34.90	7.10	11.20	44.93	3.19	2.70	84.64	7.74
1975	63.20	35.30	6.92	10.95	39.31	2.72	2.36	86.76	6.69
1976	63.03	35.70	6.11	9.69	29.95	1.83	0.15	8.20	0.42
1977	62.80	36.10	5.99	9.54	41.07	2.46	2.29	93.09	6.34
1978	60.23	36.60	5.98	9.93	38.46	2.30	2.08	90.43	5.68
1979	60.04	36.60	5.93	9.88	49.24	2.92	2.78	95.21	7.60
10 年小计			**26.13**	**4.37**	**49.38**	**12.90**	**14.22**	**110.21**	**3.81**
占合计%			**8.93**			**11.00**	**13.62**		
1980	59.97	36.50	5.96	9.94	55.54	3.31	3.02	91.24	8.27
1981	59.94	36.98	4.59	7.66	40.31	1.85	1.64	88.65	4.43
1982	60.29	36.98	4.10	6.80	23.66	0.97	1.26	129.90	3.41
1983	60.28	37.14	3.76	6.24	49.73	1.87	1.92	102.67	5.17
1984	60.22	37.14	2.97	4.93	66.33	1.97	2.37	120.30	6.38
1985	59.93	36.64	1.57	2.62	58.60	0.92	1.77	192.39	4.83
1986	59.68	36.80	0.83	1.39	38.55	0.32	0.78	*	2.12
1987	59.49	37.07	0.88	1.48	82.16	0.72	1.01	139.70	2.72
1988	59.45	39.90	0.89	1.50	60.67	0.54	0.29	53.70	0.73
1989	59.28	37.61	0.58	0.98	74.14	0.43	0.16	37.21	0.43
11 年小计			**9.61**	**1.53**	**72.22**	**6.94**	**17.41**	*	**4.02**
占合计%			**3.28**			**5.91**	**16.68**		
1990	59.37	38.46	0.56	0.94	98.21	0.55	0.45	81.82	1.17
1991	58.93	39.20	0.82	1.39	100.00	0.82	1.33	162.20	3.39
1992	58.95	39.30	1.65	2.80	58.18	0.96	2.49	*	6.34
1993	57.00	39.00	1.50	2.63	84.67	1.27	0.71	55.91	1.82
1994	56.68	39.35	0.80	1.41	127.50	1.02	0.38	37.25	0.97
1995	55.95	39.70	1.39	2.48	56.83	0.79	0.73	92.41	1.84
1996	55.89	39.96	1.13	2.02	59.29	0.67	2.82	*	7.06
1997	55.93	40.22	0.60	1.07	40.00	0.24	2.97	*	7.38
1998	55.02	40.52	0.30	0.55	63.33	0.19	1.03	*	2.54
1999	55.03	38.64	0.30	0.55	46.67	0.14	2.96	*	7.66
2000	58.88	38.59	0.56	0.95	51.79	0.29	1.54	*	3.99

5－22－11　河南省新安县历年棉花生产收购

年　　度	耕地面积（万亩）	农业人口（万人）	棉田面积（万亩）	占耕地（%）	亩　产（市斤）	产　量（万担）	收购量（万担）	商品率（%）	人均交售（市斤）
52 年合计			**163.33**	**4.81**	**28.77**	**46.99**	**32.28**	**68.70**	**1.72**
11 年小计			**72.20**	**8.82**	**18.82**	**13.59**	**5.82**	**42.83**	**2.15**
占合计%			**44.20**			**28.92**	**18.03**		
1949	75.00	22.20	3.95	5.27	15.70	0.62			
1950	75.00	23.50	5.07	6.76	17.55	0.89			
1951	75.00	24.00	8.02	10.69	17.33	1.39			
1952	75.00	23.80	7.49	9.86	19.63	1.47	0.57	38.78	2.39
1953	75.00	23.60	7.08	9.32	16.81	1.19	0.25	21.01	1.06
1954	76.00	24.00	6.13	8.07	18.11	1.11	0.36	32.43	1.50
1955	76.00	25.30	6.19	8.14	19.22	1.19	0.69	57.98	2.73
1956	75.00	25.60	7.33	9.77	18.83	1.38	0.22	15.94	0.86
1957	75.00	26.00	7.23	9.64	19.23	1.39	1.21	87.05	4.65
1958	70.00	26.10	7.44	10.63	18.68	1.39	1.08	77.70	4.14
1959	70.00	26.00	6.27	8.96	25.04	1.57	1.44	91.72	5.54
10 年小计			**33.30**	**4.94**	**19.43**	**6.47**	**2.62**	**40.49**	**0.86**
占合计%			**20.39**			**13.77**	**8.12**		
1960	70.00	27.40	6.14	8.77	16.29	1.00	0.87	87.00	3.18
1961	68.00	27.40	1.74	2.56	6.90	0.12	0.05	41.67	0.18
1962	68.00	27.40	0.77	1.13	7.79	0.06	0.01	16.67	0.04
1963	68.00	29.40	1.78	2.62	10.11	0.18	0.03	16.67	0.10
1964	68.00	30.00	4.74	6.97	7.59	0.36	0.14	38.89	0.47
1965	67.00	30.90	3.92	5.85	25.51	1.00	0.12	12.00	0.39
1966	67.00	31.70	3.49	5.21	32.66	1.14	0.20	17.54	0.63
1967	66.00	32.70	3.51	5.32	27.64	0.97	0.27	27.84	0.83
1968	66.00	33.60	3.93	5.95	20.87	0.82	0.48	58.54	1.43
1969	66.00	34.60	3.28	4.97	25.00	0.82	0.45	54.88	1.30
10 年小计			**35.47**	**5.49**	**48.35**	**17.15**	**12.93**	**75.39**	**3.35**
占合计%			**21.72**			**36.50**	**40.06**		
1970	66.00	35.40	3.54	5.36	50.85	1.80	1.38	76.67	3.90
1971	65.00	36.00	3.92	6.03	37.24	1.46	1.14	78.08	3.17
1972	65.00	36.80	3.77	5.80	19.10	0.72	0.33	45.83	0.90
1973	65.00	37.60	3.81	5.86	36.48	1.39	1.02	73.38	2.71
1974	65.00	38.60	3.48	5.35	48.85	1.70	1.29	75.88	3.34
1975	64.00	39.30	3.46	5.41	50.87	1.76	1.35	76.70	3.44
1976	64.00	39.80	3.43	5.36	50.73	1.74	1.13	64.94	2.84
1977	64.00	40.40	3.42	5.34	65.79	2.25	1.71	76.00	4.23
1978	64.00	40.70	3.41	5.33	63.34	2.16	1.63	75.46	4.00
1979	64.00	40.90	3.23	5.05	67.18	2.17	1.95	89.86	4.77
10 年小计			**15.29**	**2.45**	**36.89**	**5.64**	**4.49**	**79.61**	**1.05**
占合计%			**9.36**			**12.00**	**13.91**		
1980	63.67	41.05	3.43	5.39	57.14	1.96	1.69	86.22	4.12
1981	63.55	41.89	3.42	5.38	41.52	1.42	1.13	79.58	2.70
1982	63.41	41.89	3.14	4.95	18.15	0.57	0.44	77.19	1.05
1983	63.02	42.36	2.64	4.19	27.65	0.73	0.25	34.25	0.59
1984	62.70	42.19	1.17	1.87	42.74	0.50	0.25	50.00	0.59
1985	62.31	42.37	0.51	0.82	27.45	0.14	0.14	100.00	0.33
1986	61.65	42.63	0.26	0.42	19.23	0.05	0.02	40.00	0.05
1987	61.25	42.64	0.23	0.38	30.43	0.07	0.23	*	0.54
1988	61.05	46.80	0.22	0.36	27.27	0.06	0.09	150.00	0.19
1989	60.89	43.55	0.27	0.44	51.85	0.14	0.25	178.57	0.57
11 年小计			**7.07**	**1.12**	**58.56**	**4.14**	**6.42**	**155.07**	**1.32**
占合计%			**4.33**			**8.81**	**19.89**		
1990	60.97	44.15	0.89	1.46	61.80	0.55	0.21	38.18	0.48
1991	60.50	44.58	1.32	2.18	20.45	0.27	1.41	*	3.16
1992	60.45	44.90	1.20	1.99	40.00	0.48	1.30	*	2.90
1993	60.00	45.00				0.48	0.72	150.00	1.60
1994	59.03	45.40	0.72	1.22	36.11	0.26	0.41	157.69	0.90
1995	58.39	45.65	0.45	0.77	33.33	0.15	0.30	*	0.66
1996	57.06	45.71	0.66	1.16	66.67	0.44	0.96	*	2.10
1997	54.51	43.98	0.45	0.83	6.67	0.03	0.72	*	1.64
1998	54.25	43.83	0.44	0.81	84.09	0.37	0.39	105.41	0.89
1999	52.79	41.27	0.44	0.83	161.36	0.71			
2000	55.68	41.45	0.50	0.90	80.00	0.40			

5－22－12　河南省宜阳县历年棉花生产收购

年　度	耕地面积（万亩）	农业人口（万人）	棉田面积（万亩）	占耕地（％）	亩　产（市斤）	产　量（万担）	收购量（万担）	商品率（％）	人均交售（市斤）
52 年合计			**422.92**	**8.33**	**32.60**	**137.87**	**124.96**	**90.64**	**5.48**
11 年小计			**146.55**	**12.04**	**18.18**	**26.64**	**16.13**	**60.55**	**4.75**
占合计％			**34.65**			**19.32**	**12.91**		
1949	98.90	29.60	8.31	8.40	13.96	1.16			
1950	99.50	29.90	9.13	9.18	12.92	1.18			
1951	114.80	30.10	12.81	11.16	11.48	1.47			
1952	115.00	30.30	12.88	11.20	15.30	1.97	1.47	74.62	4.85
1953	115.00	30.40	12.58	10.94	17.57	2.21	1.29	58.37	4.24
1954	117.80	31.20	13.86	11.77	19.55	2.71	1.06	39.11	3.40
1955	118.10	31.40	15.59	13.20	22.19	3.46	1.53	44.22	4.87
1956	112.90	31.50	16.11	14.27	10.18	1.64	1.18	71.95	3.75
1957	114.10	31.50	15.45	13.54	15.02	2.32	1.92	82.76	6.10
1958	107.00	32.30	15.41	14.40	27.00	4.16	3.52	84.62	10.90
1959	103.70	31.40	14.42	13.91	30.24	4.36	4.16	95.41	13.25
10 年小计			**96.70**	**9.55**	**33.63**	**32.52**	**28.43**	**87.42**	**8.01**
占合计％			**22.86**			**23.59**	**22.75**		
1960	102.40	31.80	15.05	14.70	20.27	3.05	2.98	97.70	9.37
1961	100.30	32.50	7.13	7.11	7.99	0.57	0.27	47.37	0.83
1962	102.90	33.40	4.33	4.21	9.24	0.40	0.19	47.50	0.57
1963	102.70	34.40	7.14	6.95	11.76	0.84	0.60	71.43	1.74
1964	102.50	34.70	11.29	11.01	15.50	1.75	1.58	90.29	4.55
1965	102.00	35.50	9.51	9.32	41.85	3.98	3.47	87.19	9.77
1966	101.00	36.50	10.17	10.07	57.03	5.80	5.21	89.83	14.27
1967	100.20	37.50	10.95	10.93	55.43	6.07	5.50	90.61	14.67
1968	99.50	38.70	11.03	11.09	44.33	4.89	4.32	88.34	11.16
1969	98.70	40.00	10.10	10.23	51.19	5.17	4.31	83.37	10.78
10 年小计			**101.08**	**10.54**	**49.57**	**50.11**	**45.35**	**90.50**	**10.05**
占合计％			**23.90**			**36.35**	**36.29**		
1970	98.60	40.90	10.15	10.29	70.94	7.20	6.52	90.56	15.94
1971	98.30	41.80	10.12	10.30	60.47	6.12	5.44	88.89	13.01
1972	97.80	42.60	10.13	10.36	35.24	3.57	3.07	85.99	7.21
1973	97.40	43.80	10.08	10.35	65.48	6.60	5.95	90.15	13.58
1974	96.80	44.90	10.40	10.74	51.83	5.39	4.84	89.80	10.78
1975	95.20	45.90	10.22	10.74	40.22	4.11	3.76	91.48	8.19
1976	94.50	46.70	10.05	10.63	39.30	3.95	3.56	90.13	7.62
1977	94.00	47.50	10.10	10.74	46.34	4.68	4.24	90.60	8.93
1978	93.50	48.30	10.16	10.87	40.85	4.15	3.69	88.92	7.64
1979	93.10	48.70	9.67	10.39	44.88	4.34	4.28	98.62	8.79
10 年小计			**59.14**	**6.49**	**32.18**	**19.03**	**19.45**	**102.21**	**3.77**
占合计％			**13.98**			**13.80**	**15.56**		
1980	92.93	48.97	10.16	10.93	46.65	4.74	4.87	102.74	9.94
1981	92.72	50.07	10.07	10.86	32.57	3.28	3.28	100.00	6.55
1982	91.81	50.07	9.84	10.72	15.14	1.49	1.42	95.30	2.84
1983	91.83	50.71	9.45	10.29	25.29	2.39	2.34	97.91	4.61
1984	91.80	50.85	9.13	9.95	39.43	3.60	3.11	86.39	6.12
1985	90.99	51.22	4.09	4.49	30.81	1.26	1.78	141.27	3.48
1986	90.27	51.80	2.06	2.28	20.39	0.42	1.95	*	3.76
1987	89.86	51.75	1.66	1.85	37.95	0.63	0.57	90.48	1.10
1988	89.73	57.40	1.41	1.57	43.26	0.61	0.13	21.31	0.23
1989	89.49	52.61	1.27	1.42	48.03	0.61			
11 年小计			**19.45**	**1.99**	**49.20**	**9.57**	**15.60**	**163.01**	**2.52**
占合计％			**4.60**			**6.94**	**12.48**		
1990	89.27	54.45	1.82	2.04	45.05	0.82	0.18	21.95	0.33
1991	89.16	55.13	2.11	2.37	36.02	0.76	2.42	*	4.39
1992	89.10	56.30	2.55	2.86	38.82	0.99	4.42	*	7.85
1993	88.50	55.00	3.00	3.39	36.00	1.08	2.61	*	4.75
1994	87.76	55.49	1.89	2.15	46.03	0.87	0.72	82.76	1.30
1995	87.48	56.06	1.61	1.84	41.61	0.67	0.99	147.76	1.77
1996	87.49	56.50	1.08	1.23	87.96	0.95	0.60	63.16	1.06
1997	87.36	56.93	1.01	1.16	17.82	0.18	1.92	*	3.37
1998	87.24	56.85	1.44	1.65	68.75	0.99	0.64	64.65	1.13
1999	87.21	56.46	1.44	1.65	72.92	1.05	0.53	50.48	0.94
2000	94.38	59.22	1.50	1.59	80.67	1.21	0.57	47.11	0.96

5－22－13　河南省伊川县历年棉花生产收购

年　度	耕地面积（万亩）	农业人口（万人）	棉田面积（万亩）	占耕地（%）	亩　产（市斤）	产　量（万担）	收购量（万担）	商品率（%）	人均交售（市斤）
52 年合计			**569.88**	**12.48**	**29.23**	**166.58**	**180.65**	**108.45**	**7.27**
11 年小计			**257.16**	**24.52**	**20.73**	**53.32**	**42.84**	**80.35**	**12.06**
占合计%			**45.13**			**32.01**	**23.71**		
1949	87.60	30.80	14.01	15.99	6.00	0.84			
1950	87.60	31.00	17.15	19.58	25.19	4.32	2.71	62.73	8.74
1951	97.70	31.10	21.31	21.81	23.70	5.05	4.37	86.53	14.05
1952	98.50	31.10	23.75	24.11	21.73	5.16	4.70	91.09	15.11
1953	98.60	31.20	21.78	22.09	26.22	5.71	5.76	100.88	18.46
1954	98.60	32.50	24.31	24.66	16.99	4.13	2.58	62.47	7.94
1955	98.70	33.20	25.02	25.35	29.98	7.50	4.40	58.67	13.25
1956	98.10	33.50	27.66	28.20	10.56	2.92	2.53	86.64	7.55
1957	97.60	33.90	27.27	27.94	19.84	5.41	4.08	75.42	12.04
1958	94.50	33.40	27.46	29.06	24.98	6.86	5.75	83.82	17.22
1959	91.40	33.40	27.44	30.02	19.75	5.42	5.96	109.96	17.84
10 年小计			**140.59**	**15.62**	**25.91**	**36.43**	**32.21**	**88.42**	**8.51**
占合计%			**24.67**			**21.87**	**17.83**		
1960	90.60	33.70	25.68	28.34	14.99	3.85	4.08	105.97	12.11
1961	90.10	34.80	11.21	12.44	6.07	0.68	0.44	64.71	1.26
1962	90.10	35.50	17.32	19.22	3.46	0.60	0.32	53.33	0.90
1963	90.20	36.70	12.68	14.06	12.07	1.53	1.26	82.35	3.43
1964	90.20	37.10	14.32	15.88	19.62	2.81	2.23	79.36	6.01
1965	90.20	38.00	13.24	14.68	32.25	4.27	3.74	87.59	9.84
1966	90.00	38.90	12.13	13.48	50.45	6.12	5.59	91.34	14.37
1967	90.00	40.00	11.20	12.44	56.25	6.30	5.60	88.89	14.00
1968	90.00	41.30	11.50	12.78	43.48	5.00	4.47	89.40	10.82
1969	88.80	42.50	11.31	12.74	46.60	5.27	4.48	85.01	10.54
10 年小计			**99.73**	**11.46**	**42.86**	**42.74**	**36.70**	**85.87**	**7.61**
占合计%			**17.50**			**25.66**	**20.32**		
1970	88.50	43.40	10.74	12.14	58.01	6.23	5.04	80.90	11.61
1971	88.30	44.20	10.87	12.31	49.13	5.34	4.79	89.70	10.84
1972	88.20	45.20	10.68	12.11	27.62	2.95	2.43	82.37	5.38
1973	87.80	46.80	10.51	11.97	52.43	5.51	4.86	88.20	10.38
1974	87.40	47.80	10.49	12.00	42.14	4.42	3.69	83.48	7.72
1975	86.70	48.90	10.11	11.66	35.31	3.57	3.01	84.31	6.16
1976	86.30	50.30	10.01	11.60	38.36	3.84	3.36	87.50	6.68
1977	86.10	51.20	8.44	9.80	40.88	3.45	2.93	84.93	5.72
1978	85.70	51.90	8.78	10.25	34.05	2.99	2.43	81.27	4.68
1979	85.40	52.50	9.10	10.66	48.79	4.44	4.16	93.69	7.92
10 年小计			**52.65**	**6.29**	**35.00**	**18.43**	**29.22**	**158.55**	**5.16**
占合计%			**9.24**			**11.06**	**16.17**		
1980	85.16	52.82	10.37	12.18	49.86	5.17	4.76	92.07	9.01
1981	84.89	54.62	9.97	11.74	38.52	3.84	3.81	99.22	6.98
1982	84.54	54.62	9.34	11.05	14.45	1.35	1.20	88.89	2.20
1983	84.59	55.10	8.65	10.23	31.33	2.71	2.13	78.60	3.87
1984	84.44	55.48	6.70	7.93	46.27	3.10	3.59	115.81	6.47
1985	83.07	56.08	3.06	3.68	31.37	0.96	2.77	*	4.94
1986	82.73	56.62	1.62	1.96	12.35	0.20	3.73	*	6.59
1987	82.29	58.30	1.15	1.40	32.17	0.37	6.23	*	10.69
1988	82.55	62.10	0.94	1.14	40.43	0.38	0.68	178.95	1.10
1989	82.54	60.33	0.85	1.03	41.18	0.35	0.32	91.43	0.53
11 年小计			**19.75**	**2.17**	**79.29**	**15.66**	**39.68**	*	**5.63**
占合计%			**3.47**			**9.40**	**21.97**		
1990	82.41	61.36	0.81	0.98	48.15	0.39	0.25	64.10	0.41
1991	82.21	61.90	1.56	1.90	41.03	0.64	6.84	*	11.05
1992	82.20	62.50	2.40	2.92	23.75	0.57	3.94	*	6.30
1993	82.50	63.00	1.50	1.82	80.00	1.20	2.92	*	4.63
1994	81.81	63.56	3.23	3.95	46.75	1.51	0.64	42.38	1.01
1995	81.45	64.25	1.83	2.25	58.47	1.07	4.66	*	7.25
1996	81.09	64.79	1.74	2.15	68.97	1.20	7.96	*	12.29
1997	80.89	65.21	1.53	1.89	16.99	0.26	3.00	*	4.60
1998	80.42	65.60	1.41	1.75	109.93	1.55	1.43	92.26	2.18
1999	80.41	65.51	1.61	2.00	103.11	1.66	3.49	*	5.33
2000	94.77	66.65	2.13	2.25	263.38	5.61	4.55	81.11	6.83

5－22－14　河南省汝阳县历年棉花生产收购

年　度	耕地面积（万亩）	农业人口（万人）	棉田面积（万亩）	占耕地（%）	亩　产（市斤）	产　量（万担）	收购量（万担）	商品率（%）	人均交售（市斤）
52年合计			**215.99**	**9.45**	**34.16**	**73.79**	**77.23**	**104.66**	**5.16**
11年小计			**69.65**	**12.22**	**18.74**	**13.05**	**6.80**	**52.10**	**3.22**
占合计%			**32.25**			**17.69**	**8.80**		
1949	53.40	18.05	6.70	12.55	15.10	1.01			
1950	53.30	18.20	4.03	7.56	14.89	0.60			
1951	53.20	18.36	6.57	12.35	21.92	1.44			
1952	53.00	18.34	6.53	12.32	19.75	1.29	1.00	77.52	5.45
1953	52.80	18.64	6.16	11.67	20.94	1.29	0.82	63.57	4.40
1954	52.30	18.82	6.66	12.73	16.97	1.13	0.55	48.67	2.92
1955	52.70	19.48	6.32	11.99	22.94	1.45	0.67	46.21	3.44
1956	52.50	20.11	7.34	13.98	13.90	1.02	0.47	46.08	2.34
1957	52.40	20.36	6.37	12.16	16.17	1.03	0.79	76.70	3.88
1958	47.50	20.27	6.71	14.13	22.35	1.50	1.38	92.00	6.81
1959	46.70	20.58	6.26	13.40	20.61	1.29	1.12	86.82	5.44
10年小计			**47.58**	**10.47**	**34.83**	**16.57**	**16.39**	**98.91**	**6.80**
占合计%			**22.03**			**22.46**	**21.22**		
1960	46.40	21.63	5.86	12.63	20.99	1.23	1.09	88.62	5.04
1961	45.50	21.97	3.27	7.19	9.79	0.32	0.24	75.00	1.09
1962	45.60	22.43	2.95	6.47	15.25	0.45	0.22	48.89	0.98
1963	46.10	23.40	4.30	9.33	13.26	0.57	0.39	68.42	1.67
1964	46.10	23.74	4.55	9.87	14.07	0.64	0.42	65.63	1.77
1965	46.10	24.26	4.43	9.61	30.70	1.36	1.09	80.15	4.49
1966	45.30	24.96	5.29	11.68	47.07	2.49	2.25	90.36	9.01
1967	44.50	25.54	5.46	12.27	67.03	3.66	3.24	88.52	12.69
1968	44.60	26.23	5.58	12.51	54.48	3.04	3.58	117.76	13.65
1969	44.20	26.93	5.89	13.33	47.71	2.81	3.87	137.72	14.37
10年小计			**53.31**	**12.50**	**45.26**	**24.13**	**22.00**	**91.17**	**7.39**
占合计%			**24.68**			**32.70**	**28.49**		
1970	43.70	27.46	5.77	13.20	73.31	4.23	3.80	89.83	13.84
1971	43.60	27.88	5.92	13.58	50.17	2.97	2.61	87.88	9.36
1972	43.80	28.44	5.48	12.51	33.03	1.81	1.48	81.77	5.20
1973	43.50	29.05	5.31	12.21	49.91	2.65	2.31	87.17	7.95
1974	43.20	29.68	5.33	12.34	41.28	2.20	1.89	85.91	6.37
1975	42.10	30.26	5.13	12.19	29.24	1.50	1.50	100.00	4.96
1976	41.80	30.75	5.05	12.08	44.16	2.23	2.06	92.38	6.70
1977	41.60	31.13	5.20	12.50	42.69	2.22	2.05	92.34	6.59
1978	41.60	31.44	5.07	12.19	35.31	1.79	1.63	91.06	5.18
1979	41.50	31.64	5.05	12.17	50.10	2.53	2.67	105.53	8.44
10年小计			**32.19**	**7.94**	**39.02**	**12.56**	**17.62**	**140.29**	**5.31**
占合计%			**14.90**			**17.02**	**22.81**		
1980	41.51	31.86	5.27	12.70	57.69	3.04	3.27	107.57	10.26
1981	41.44	32.54	5.16	12.45	42.44	2.19	3.15	143.84	9.68
1982	40.88	32.54	4.92	12.04	21.14	1.04	1.01	97.12	3.10
1983	40.88	32.63	4.85	11.86	30.93	1.50	1.73	115.33	5.30
1984	40.77	32.75	5.07	12.44	46.15	2.34	3.47	148.29	10.60
1985	40.47	32.75	2.00	4.94	32.00	0.64	0.76	118.75	2.32
1986	40.15	32.90	1.26	3.14	21.43	0.27	3.66	*	11.12
1987	40.00	33.59	1.63	4.08	38.65	0.63	0.40	63.49	1.19
1988	39.80	36.00	1.11	2.79	37.84	0.42	0.16	38.10	0.44
1989	39.69	34.39	0.92	2.32	53.26	0.49	0.01	2.04	0.03
11年小计			**13.26**	**3.08**	**56.41**	**7.48**	**14.42**	**192.78**	**3.47**
占合计%			**6.14**			**10.14**	**18.67**		
1990	39.66	44.15	1.00	2.52	70.00	0.70	0.34	48.57	0.77
1991	39.62	35.82	1.73	4.37	50.87	0.88	3.90	*	10.89
1992	39.60	36.10	1.95	4.92	32.82	0.64	3.85	*	10.66
1993	39.00	37.00	1.50	3.85	59.33	0.89	1.76	197.75	4.76
1994	39.24	37.33	1.38	3.52	61.59	0.85	0.24	28.24	0.64
1995	39.00	37.36	1.35	3.46	58.52	0.79	0.62	78.48	1.66
1996	38.91	37.62	1.09	2.80	55.96	0.61	2.15	*	5.72
1997	38.81	37.89	1.11	2.86	23.42	0.26	0.61	*	1.61
1998	38.79	38.15	0.84	2.17	88.10	0.74	0.73	98.65	1.91
1999	38.74	36.84	0.78	2.01	71.79	0.56	0.10	17.86	0.27
2000	38.79	37.06	0.53	1.37	105.66	0.56	0.12	21.43	0.32

5－22－15　河南省嵩县历年棉花生产收购

年　度	耕地面积（万亩）	农业人口（万人）	棉田面积（万亩）	占耕地（%）	亩　产（市斤）	产　量（万担）	收购量（万担）	商品率（%）	人均交售（市斤）
52 年合计			**165.19**	**5.28**	**26.34**	**43.51**	**31.57**	**72.56**	**1.60**
11 年小计			**65.98**	**8.35**	**16.37**	**10.80**	**3.64**	**33.70**	**1.23**
占合计%			**39.94**			**24.82**	**11.53**		
1949	63.10	23.80	4.63	7.34	15.98	0.74			
1950	63.10	24.30	4.53	7.18	17.44	0.79			
1951	63.40	25.20	5.63	8.88	16.87	0.95			
1952	75.80	26.00	6.11	8.06	15.22	0.93	0.33	35.48	1.27
1953	75.40	26.10	6.05	7.92	16.53	1.00	0.23	23.00	0.88
1954	76.30	26.50	6.26	8.20	13.10	0.82	0.29	35.37	1.09
1955	76.30	27.70	6.70	8.78	17.01	1.14	0.34	29.82	1.23
1956	75.90	28.20	6.98	9.20	18.19	1.27	0.43	33.86	1.52
1957	76.20	29.20	6.63	8.70	14.63	0.97	0.82	84.54	2.81
1958	72.00	29.20	6.74	9.36	17.21	1.16	0.72	62.07	2.47
1959	72.00	29.40	5.72	7.94	18.01	1.03	0.48	46.60	1.63
10 年小计			**39.51**	**5.98**	**23.32**	**9.21**	**12.70**	**137.85**	**3.78**
占合计%			**23.92**			**21.18**	**40.23**		
1960	65.00	30.00	5.84	8.98	13.01	0.76	0.35	46.05	1.17
1961	66.90	30.30	3.25	4.86	9.23	0.30	0.20	66.67	0.66
1962	68.80	31.50	2.71	3.94	12.55	0.34	0.08	23.53	0.25
1963	66.90	32.50	3.64	5.44	8.79	0.32	0.06	18.75	0.18
1964	66.90	33.30	4.77	7.13	7.34	0.35	0.12	34.29	0.36
1965	67.50	33.70	4.14	6.13	23.19	0.96	0.41	42.71	1.22
1966	66.10	34.80	3.69	5.58	43.09	1.59	1.18	74.21	3.39
1967	64.70	35.70	3.86	5.97	43.78	1.69	1.22	72.19	3.42
1968	64.50	36.60	3.92	6.08	36.48	1.43	7.91	*	21.61
1969	63.70	37.70	3.69	5.79	39.92	1.47	1.17	79.43	3.10
10 年小计			**35.12**	**5.88**	**33.43**	**11.74**	**8.67**	**73.85**	**2.13**
占合计%			**21.26**			**26.98**	**27.46**		
1970	63.00	38.60	4.16	6.60	45.67	1.90	1.66	87.37	4.30
1971	63.40	39.20	4.00	6.31	36.75	1.47	1.14	77.55	2.91
1972	63.40	39.90	3.92	6.18	25.51	1.00	0.67	67.00	1.68
1973	62.90	40.90	3.98	6.33	35.93	1.43	1.07	74.83	2.62
1974	61.70	41.90	4.43	7.18	35.89	1.59	1.18	74.21	2.82
1975	57.00	42.20	4.01	7.04	26.93	1.08	0.81	75.00	1.92
1976	56.50	40.70	3.47	6.14	32.85	1.14	0.82	71.93	2.01
1977	56.30	41.00	3.45	6.13	33.62	1.16	0.84	72.41	2.05
1978	56.50	41.30	2.11	3.73	24.17	0.51	0.21	41.18	0.51
1979	56.70	41.70	1.59	2.80	28.93	0.46	0.27	58.70	0.65
10 年小计			**12.77**	**2.37**	**58.89**	**7.52**	**2.11**	**28.06**	**0.49**
占合计%			**7.73**			**17.28**	**6.68**		
1980	56.53	41.79	1.74	3.08	275.29	4.79	0.12	2.51	0.29
1981	56.29	42.94	1.69	3.00	28.99	0.49	0.15	30.61	0.35
1982	53.23	42.94	1.55	2.91	23.87	0.37	0.30	81.08	0.70
1983	52.97	42.21	1.61	3.04	24.22	0.39	0.25	64.10	0.59
1984	52.60	42.75	1.51	2.87	24.50	0.37	0.27	72.97	0.63
1985	51.90	42.57	1.11	2.14	19.82	0.22			
1986	51.48	42.73	1.04	2.02	16.35	0.17	0.26	152.94	0.61
1987	51.33	40.07	0.84	1.64	26.19	0.22	0.19	86.36	0.47
1988	61.05	46.50	0.88	1.44	30.68	0.27	0.25	92.59	0.54
1989	51.04	45.45	0.80	1.57	28.75	0.23	0.32	139.13	0.70
11 年小计			**11.81**	**2.18**	**35.84**	**4.23**	**4.45**	**105.13**	**0.89**
占合计%			**7.15**			**9.73**	**14.10**		
1990	50.94	38.46	1.22	2.39	26.23	0.32	0.21	65.63	0.55
1991	50.87	45.55	1.28	2.52	27.34	0.35	0.80	*	1.76
1992	50.85	46.30	1.35	2.65	23.93	0.32	1.02	*	2.20
1993	51.00	46.00	1.50	2.94	35.33	0.53	0.29	54.72	0.63
1994	50.06	46.41	1.14	2.28	25.44	0.29	0.35	120.69	0.75
1995	48.99	46.73	0.98	2.00	34.69	0.34	0.46	135.29	0.98
1996	48.13	46.95	1.13	2.35	34.51	0.39	0.42	107.69	0.89
1997	47.70	42.26	0.75	1.57	5.33	0.04	0.21	*	0.50
1998	47.66	47.53	0.87	1.83	63.22	0.55	0.14	25.45	0.29
1999	46.97	47.02	0.87	1.85	60.92	0.53	0.17	32.08	0.36
2000	48.90	47.38	0.72	1.47	79.17	0.57	0.38	66.67	0.80

5-22-16　河南省洛宁县历年棉花生产收购

年　度	耕地面积（万亩）	农业人口（万人）	棉田面积（万亩）	占耕地（%）	亩　产（市斤）	产　量（万担）	收购量（万担）	商品率（%）	人均交售（市斤）
52年合计			**187.65**	**4.42**	**21.24**	**39.86**	**27.58**	**69.19**	**1.62**
11年小计			**82.52**	**7.72**	**16.95**	**13.99**	**9.43**	**67.41**	**3.69**
占合计%			**43.98**			**35.10**	**34.19**		
1949	99.20	21.90	4.99	5.03	13.63	0.68			
1950	99.20	21.10	4.89	4.93	7.98	0.39			
1951	99.20	22.10	6.15	6.20	16.26	1.00	0.52	52.00	2.35
1952	99.50	22.80	7.54	7.58	12.07	0.91	1.08	118.68	4.74
1953	99.80	23.00	8.33	8.35	19.81	1.65	1.01	61.21	4.39
1954	99.90	24.00	8.75	8.76	19.31	1.69	0.59	34.91	2.46
1955	99.60	24.40	8.32	8.35	19.71	1.64	0.66	40.24	2.70
1956	94.70	23.90	8.92	9.42	17.04	1.52	0.75	49.34	3.14
1957	93.70	24.20	8.94	9.54	15.66	1.40	1.39	99.29	5.74
1958	91.60	24.10	7.93	8.66	18.66	1.48	1.38	93.24	5.73
1959	92.20	24.30	7.76	8.42	21.01	1.63	2.05	125.77	8.44
10年小计			**43.54**	**5.00**	**21.82**	**9.50**	**7.11**	**74.84**	**2.58**
占合计%			**23.20**			**23.83**	**25.78**		
1960	89.30	24.60	8.07	9.04	15.61	1.26	0.96	76.19	3.90
1961	90.60	24.90	2.78	3.07	9.71	0.27	0.22	81.48	0.88
1962	88.80	26.00	2.29	2.58	8.30	0.19	0.09	47.37	0.35
1963	88.70	27.00	3.79	4.27	8.97	0.34	0.19	55.88	0.70
1964	88.50	27.20	5.39	6.09	6.68	0.36	0.29	80.56	1.07
1965	86.50	27.80	3.04	3.51	25.33	0.77	0.52	67.53	1.87
1966	86.60	28.40	3.29	3.80	51.98	1.71	1.34	78.36	4.72
1967	84.30	29.10	4.84	5.74	41.53	2.01	1.52	75.62	5.22
1968	84.30	30.00	5.42	6.43	23.43	1.27	0.82	64.57	2.73
1969	83.10	30.50	4.63	5.57	28.51	1.32	1.16	87.88	3.80
10年小计			**45.09**	**5.68**	**25.28**	**11.40**	**8.81**	**77.28**	**2.60**
占合计%			**24.03**			**28.60**	**31.94**		
1970	81.20	31.10	5.03	6.19	37.38	1.88	1.62	86.17	5.21
1971	81.80	31.70	5.39	6.59	23.56	1.27	1.13	88.98	3.56
1972	81.40	32.30	4.98	6.12	17.47	0.87	0.62	71.26	1.92
1973	81.20	33.10	5.18	6.38	36.49	1.89	1.58	83.60	4.77
1974	80.40	33.90	5.21	6.48	27.83	1.45	1.07	73.79	3.16
1975	77.70	34.50	4.12	5.30	18.45	0.76	0.44	57.89	1.28
1976	77.50	35.00	4.21	5.43	21.38	0.90	0.55	61.11	1.57
1977	77.60	35.60	3.91	5.04	24.30	0.95	0.86	90.53	2.42
1978	77.60	36.00	3.42	4.41	20.18	0.69	0.39	56.52	1.08
1979	77.60	36.20	3.64	4.69	20.33	0.74	0.55	74.32	1.52
10年小计			**11.70**	**1.55**	**14.96**	**1.75**	**0.96**	**54.86**	**0.26**
占合计%			**6.24**			**4.39**	**3.48**		
1980	77.70	36.29	3.17	4.08	21.14	0.67	0.41	61.19	1.13
1981	77.87	36.86	2.98	3.83	0.34	0.01	0.23	*	0.62
1982	77.58	36.86	2.28	2.94	18.42	0.42	0.09	21.43	0.24
1983	77.24	36.64	1.79	2.32	18.99	0.34	0.02	5.88	0.05
1984	77.08	36.89	0.93	1.21	18.28	0.17			
1985	75.68	36.72	0.16	0.21	18.75	0.03			
1986	74.37	36.97	0.11	0.15	18.18	0.02	0.08	*	0.22
1987	73.20	37.49	0.09	0.12	33.33	0.03	0.12	*	0.32
1988	72.82	40.00	0.09	0.12	33.33	0.03			
1989	72.45	38.31	0.10	0.14	30.00	0.03	0.01	33.33	0.03
11年小计			**4.80**	**0.64**	**67.08**	**3.22**	**1.27**	**39.44**	**0.27**
占合计%			**2.56**			**8.08**	**4.60**		
1990	72.42	70.48	0.07	0.10	42.86	0.03	0.07	*	0.10
1991	72.06	38.52	0.10	0.14	760.00	0.76	0.16	21.05	0.42
1992	72.15	38.50	1.65	2.29	20.00	0.33	0.57	172.73	1.48
1993	70.50	39.00				0.18	0.20	111.11	0.51
1994	69.09	39.35	0.44	0.64	31.82	0.14	0.20	142.86	0.51
1995	66.16	39.55	0.51	0.77	43.14	0.22	0.02	9.09	0.05
1996	66.10	39.83	0.51	0.77	66.67	0.34	0.04	11.76	0.10
1997	66.25	38.99	0.39	0.59	43.59	0.17			
1998	65.88	39.07	0.41	0.62	109.76	0.45	0.01	2.22	0.03
1999	65.80	38.93	0.39	0.59	79.49	0.31			
2000	68.54	39.93	0.33	0.48	87.88	0.29			

5-22-17 河南省灵宝县历年棉花生产收购

年　　度	耕地面积（万亩）	农业人口（万人）	棉田面积（万亩）	占耕地（%）	亩　产（市斤）	产　量（万担）	收购量（万担）	商品率（%）	人均交售（市斤）
52年合计			**1256.33**	**22.53**	**44.86**	**563.60**	**495.20**	**87.86**	**20.05**
11年小计			**499.09**	**34.11**	**44.29**	**221.06**	**187.35**	**84.75**	**54.15**
占合计%			**39.73**			**39.22**	**37.83**		
1949	137.00	29.00	43.00	31.39	38.00	16.34			
1950	137.00	29.50	43.00	31.39	40.00	17.20	9.55	55.52	32.37
1951	137.00	29.80	43.00	31.39	40.00	17.20	16.69	97.03	56.01
1952	135.90	30.10	43.30	31.86	40.02	17.33	21.38	123.37	71.03
1953	136.60	30.60	43.43	31.79	37.65	16.35	16.56	101.28	54.12
1954	137.80	31.00	42.55	30.88	40.99	17.44	15.90	91.17	51.29
1955	137.40	31.80	47.28	34.41	40.40	19.10	14.15	74.08	44.50
1956	135.40	32.10	50.16	37.05	54.72	27.45	21.37	77.85	66.57
1957	131.20	33.90	49.70	37.88	37.48	18.63	19.28	103.49	56.87
1958	120.10	34.00	48.35	40.26	61.16	29.57	29.08	98.34	85.53
1959	117.90	34.20	45.32	38.44	53.95	24.45	23.39	95.66	68.39
10年小计			**307.30**	**26.89**	**35.63**	**109.48**	**106.09**	**96.90**	**26.29**
占合计%			**24.46**			**19.43**	**21.42**		
1960	119.90	34.90	45.77	38.17	34.54	15.81	15.88	100.44	45.50
1961	113.80	35.80	29.49	25.91	26.38	7.78	7.92	101.80	22.12
1962	114.30	38.30	30.84	26.98	22.21	6.85	6.31	92.12	16.48
1963	113.40	39.60	33.08	29.17	28.14	9.31	8.96	96.24	22.63
1964	113.40	39.60	33.91	29.90	30.85	10.46	9.82	93.88	24.80
1965	114.30	40.80	31.55	27.60	52.58	16.59	15.74	94.88	38.58
1966	113.70	41.90	28.16	24.77	54.47	15.34	14.56	94.92	34.75
1967	112.80	42.80	27.82	24.66	40.69	11.32	11.38	100.53	26.59
1968	112.80	44.30	24.72	21.91	31.51	7.79	7.93	101.80	17.90
1969	114.50	45.50	21.96	19.18	37.48	8.23	7.59	92.22	16.68
10年小计			**220.77**	**21.58**	**50.31**	**111.06**	**106.66**	**96.04**	**20.90**
占合计%			**17.57**			**19.71**	**21.54**		
1970	107.10	46.20	22.05	20.59	68.44	15.09	14.20	94.10	30.74
1971	107.00	47.30	21.15	19.77	39.20	8.29	7.72	93.12	16.32
1972	107.00	48.80	22.40	20.93	25.09	5.62	5.08	90.39	10.41
1973	107.50	50.10	22.12	20.58	58.09	12.85	12.04	93.70	24.03
1974	101.20	51.30	21.71	21.45	50.67	11.00	10.07	91.55	19.63
1975	98.70	52.40	22.07	22.36	39.96	8.82	9.89	112.13	18.87
1976	98.70	52.90	21.29	21.57	59.61	12.69	11.83	93.22	22.36
1977	98.70	53.40	21.97	22.26	52.89	11.62	10.99	94.57	20.58
1978	98.70	53.80	21.99	22.28	60.89	13.39	12.89	96.27	23.96
1979	98.60	54.10	24.02	24.36	48.67	11.69	11.95	102.22	22.09
10年小计			**162.76**	**16.80**	**51.52**	**83.86**	**78.47**	**93.57**	**14.36**
占合计%			**12.96**			**14.88**	**15.85**		
1980	98.59	53.87	24.25	24.60	70.76	17.16	17.53	102.16	32.54
1981	99.32	54.05	24.24	24.41	44.02	10.67	10.81	101.31	20.00
1982	99.29	54.10	24.00	24.17	64.04	15.37	15.20	98.89	28.10
1983	99.26	54.03	24.03	24.21	39.20	9.42	7.76	82.38	14.36
1984	97.89	53.98	21.64	22.11	5.87	1.27	9.62	*	17.82
1985	97.76	54.49	11.30	11.56	54.78	6.19	3.34	53.96	6.13
1986	97.76	54.49	7.51	7.68	39.15	2.94	2.42	82.31	4.44
1987	97.74	55.34	8.03	8.22	78.70	6.32	5.11	80.85	9.23
1988	83.50	55.10	8.76	10.49	79.79	6.99	4.08	58.37	7.40
1989	97.71	57.01	9.00	9.21	83.67	7.53	2.60	34.53	4.56
11年小计			**66.41**	**6.79**	**57.43**	**38.14**	**16.63**	**43.60**	**2.51**
占合计%			**5.29**			**6.77**	**3.36**		
1990	97.68	58.12	13.02	13.33	42.78	5.57	2.17	38.96	3.73
1991	97.63	58.92	10.85	11.11	62.30	6.76	2.62	38.76	4.45
1992	97.05	60.10	9.45	9.74	57.57	5.44	5.14	94.49	8.55
1993	97.50	60.00	7.50	7.69	56.40	4.23	2.31	54.61	3.85
1994	93.02	60.22	7.58	8.15	35.49	2.69	1.82	67.66	3.02
1995	91.76	60.73	2.30	2.51	62.17	1.43	0.70	48.95	1.15
1996	83.47	61.14	3.21	3.85	81.93	2.63	0.49	18.63	0.80
1997	81.87	61.43	3.18	3.88	51.89	1.65	0.18	10.91	0.29
1998	80.90	61.73	3.23	3.99	79.26	2.56			
1999	78.89	59.72	2.94	3.73	81.97	2.41	0.80	33.20	1.34
2000	78.51	60.92	3.15	4.01	87.94	2.77	0.40	14.44	0.66

5－22－18　河南省陕县历年棉花生产收购

年　度	耕地面积（万亩）	农业人口（万人）	棉田面积（万亩）	占耕地（%）	亩　产（市斤）	产　量（万担）	收购量（万担）	商品率（%）	人均交售（市斤）
52 年合计			**392.04**	**12.04**	**43.91**	**172.15**	**181.53**	**105.45**	**14.85**
11 年小计			**154.60**	**20.70**	**41.97**	**64.89**	**69.86**	**107.66**	**40.95**
占合计%			**39.43**			**37.69**	**38.48**		
1949									
1950	73.60	16.20	6.69	9.09	14.05	0.94	3.31	*	20.43
1951	77.20	16.70	9.74	12.62	28.34	2.76	6.08	*	36.41
1952	74.40	16.00	16.70	22.45	29.40	4.91	8.63	175.76	53.94
1953	77.30	16.30	14.01	18.12	58.32	8.17	7.03	86.05	43.13
1954	77.60	17.00	15.41	19.86	37.70	5.81	4.98	85.71	29.29
1955	78.10	17.50	16.71	21.40	39.20	6.55	5.30	80.92	30.29
1956	76.80	17.80	17.83	23.22	40.04	7.14	6.38	89.36	35.84
1957	75.80	17.80	17.01	22.44	40.86	6.95	6.84	98.42	38.43
1958	67.20	17.50	15.50	23.07	78.58	12.18	11.36	93.27	64.91
1959	68.70	17.80	25.00	36.39	37.92	9.48	9.95	104.96	55.90
10 年小计			**99.51**	**14.86**	**30.19**	**30.04**	**29.63**	**98.64**	**14.27**
占合计%			**25.38**			**17.45**	**16.32**		
1960	66.60	18.10	11.22	16.85	37.88	4.25	4.99	117.41	27.57
1961	66.67	18.50	7.85	11.77	24.20	1.90	1.91	100.53	10.32
1962	67.00	19.20	9.27	13.84	20.50	1.90	2.18	114.74	11.35
1963	67.70	20.30	11.67	17.24	19.88	2.32	2.26	97.41	11.13
1964	67.70	20.70	13.17	19.45	17.92	2.36	2.33	98.73	11.26
1965	67.30	21.00	10.53	15.65	47.48	5.00	4.78	95.60	22.76
1966	66.90	21.70	9.89	14.78	42.57	4.21	3.81	90.50	17.56
1967	66.80	22.00	9.89	14.81	39.94	3.95	3.68	93.16	16.73
1968	66.80	22.80	8.25	12.35	20.73	1.71	1.49	87.13	6.54
1969	66.30	23.40	7.77	11.72	31.40	2.44	2.20	90.16	9.40
10 年小计			**75.72**	**11.97**	**49.67**	**37.61**	**35.50**	**94.39**	**13.68**
占合计%			**19.31**			**21.85**	**19.56**		
1970	65.40	23.90	8.29	12.68	46.20	3.83	3.58	93.47	14.98
1971	65.40	24.50	8.04	12.29	39.68	3.19	2.93	91.85	11.96
1972	65.40	24.50	7.66	11.71	19.58	1.50	1.29	86.00	5.27
1973	65.30	25.40	7.98	12.22	62.41	4.98	4.58	91.97	18.03
1974	65.20	26.10	7.96	12.21	50.88	4.05	3.65	90.12	13.98
1975	61.20	26.60	7.20	11.76	42.22	3.04	2.97	97.70	11.17
1976	61.20	26.90	7.36	12.03	60.87	4.48	4.26	95.09	15.84
1977	61.20	27.20	6.86	11.21	67.49	4.63	4.41	95.25	16.21
1978	61.10	27.30	7.29	11.93	55.14	4.02	3.88	96.52	14.21
1979	61.10	27.10	7.08	11.59	54.94	3.89	3.95	101.54	14.58
10 年小计			**43.53**	**7.08**	**62.44**	**27.18**	**28.56**	**105.08**	**10.54**
占合计%			**11.10**			**15.79**	**15.73**		
1980	61.08	26.87	7.89	12.92	63.75	5.03	5.12	101.79	19.05
1981	60.97	26.87	5.91	9.69	4.23	0.25	2.61	*	9.71
1982	60.27	27.09	6.77	11.23	64.84	4.39	4.58	104.33	16.91
1983	60.26	27.12	6.46	10.72	65.33	4.22	3.12	73.93	11.50
1984	60.81	27.06	5.84	9.60	69.52	4.06	4.64	114.29	17.15
1985	58.78	26.94	2.96	5.04	78.04	2.31	2.44	105.63	9.06
1986	57.60	26.94	1.50	2.60	68.00	1.02	2.09	*	7.76
1987	57.57	27.22	1.48	2.57	100.00	1.48	1.69	114.19	6.21
1988	80.80	27.30	2.42	3.00	95.45	2.31	1.33	57.58	4.87
1989	57.12	27.67	2.30	4.03	91.74	2.11	0.94	44.55	3.40
11 年小计			**18.68**	**3.16**	**66.54**	**12.43**	**17.98**	**144.65**	**5.74**
占合计%			**4.76**			**7.22**	**9.90**		
1990	57.04	27.86	3.60	6.31	67.22	2.42	0.32	13.22	1.15
1991	56.89	28.27	2.20	3.87	91.82	2.02	1.84	91.09	6.51
1992	56.40	28.30	2.55	4.52	45.10	1.15	1.15	100.00	4.06
1993	55.50	28.00	1.50	2.70	70.00	1.05	1.38	131.43	4.93
1994	56.10	28.54	1.91	3.40	56.02	1.07	1.90	177.57	6.66
1995	56.06	28.79	1.35	2.41	55.56	0.75	0.91	121.33	3.16
1996	52.66	28.95	1.54	2.92	75.97	1.17	0.68	58.12	2.35
1997	52.26	29.08	1.08	2.07	67.59	0.73	1.17	160.27	4.02
1998	51.64	29.18	1.08	2.09	74.07	0.80	2.75	*	9.42
1999	51.27	28.16	1.01	1.97	66.34	0.67	2.68	*	9.52
2000	45.80	28.25	0.86	1.88	69.77	0.60	3.20	*	11.33

5－22－19　河南省汝州市历年棉花生产收购

年　度	耕地面积（万亩）	农业人口（万人）	棉田面积（万亩）	占耕地（%）	亩　产（市斤）	产　量（万担）	收购量（万担）	商品率（%）	人均交售（市斤）
52 年合计			**587.31**	**10.61**	**32.39**	**190.21**	**157.19**	**82.64**	**5.04**
11 年小计			**215.27**	**15.68**	**24.84**	**53.47**	**35.16**	**65.76**	**8.06**
占合计%			**36.65**			**28.11**	**22.37**		
1949	128.60	35.70	13.60	10.58	18.01	2.45			
1950	109.75	38.68	13.63	12.42	25.24	3.44	0.60	17.44	1.55
1951	128.09	39.41	20.00	15.61	22.50	4.50	4.63	102.89	11.75
1952	130.59	39.67	23.83	18.25	27.99	6.67	5.71	85.61	14.39
1953	130.43	39.82	22.67	17.38	30.30	6.87	2.45	35.66	6.15
1954	128.80	39.97	19.84	15.40	25.40	5.04	2.32	46.03	5.80
1955	128.90	39.88	21.22	16.46	26.01	5.52	2.66	48.19	6.67
1956	127.09	39.77	20.29	15.97	19.71	4.00	2.35	58.75	5.91
1957	125.00	40.78	21.20	16.96	22.78	4.83	4.29	88.82	10.52
1958	120.87	41.23	19.40	16.05	26.55	5.15	5.27	102.33	12.78
1959	114.77	41.46	19.59	17.07	25.52	5.00	4.88	97.60	11.77
10 年小计			**135.05**	**12.55**	**17.12**	**23.12**	**22.69**	**98.14**	**4.71**
占合计%			**22.99**			**12.15**	**14.43**		
1960	108.89	44.31	20.04	18.40	30.09	6.03	6.28	104.15	14.17
1961	107.56	43.05	8.69	8.08	12.54	1.09	0.67	61.47	1.56
1962	107.93	44.33	8.02	7.43	16.58	1.33	0.90	67.67	2.03
1963	107.90	46.10	12.67	11.74	4.50	0.57	0.39	68.42	0.85
1964	107.90	46.90	13.72	12.72	4.66	0.64	0.42	65.63	0.90
1965	107.60	48.40	14.30	13.29	9.51	1.36	1.09	80.15	2.25
1966	107.40	49.90	14.26	13.28	17.46	2.49	2.25	90.36	4.51
1967	107.40	51.40	14.35	13.36	25.44	3.65	3.24	88.77	6.30
1968	105.90	52.50	14.60	13.79	20.82	3.04	3.58	117.76	6.82
1969	107.30	54.70	14.40	13.42	20.28	2.92	3.87	132.53	7.07
10 年小计			**126.45**	**12.14**	**32.08**	**40.56**	**35.01**	**86.32**	**5.72**
占合计%			**21.53**			**21.32**	**22.27**		
1970	105.30	56.20	13.84	13.14	30.56	4.23	3.80	89.83	6.76
1971	105.20	56.20	14.08	13.38	21.09	2.97	2.61	87.88	4.64
1972	105.10	57.90	14.14	13.45	12.80	1.81	1.48	81.77	2.56
1973	104.50	59.40	13.99	13.39	18.94	2.65	2.31	87.17	3.89
1974	104.30	60.80	14.12	13.54	15.58	2.20	1.89	85.91	3.11
1975	103.90	62.00	13.04	12.55	11.96	1.56	1.50	96.15	2.42
1976	103.80	63.50	12.81	12.34	42.39	5.43	4.47	82.32	7.04
1977	103.50	64.50	10.06	9.72	66.70	6.71	5.51	82.12	8.54
1978	103.10	65.20	10.19	9.88	60.94	6.21	5.09	81.96	7.81
1979	103.00	66.10	10.18	9.88	66.70	6.79	6.35	93.52	9.61
10 年小计			**63.59**	**6.31**	**57.13**	**36.33**	**33.44**	**92.05**	**4.83**
占合计%			**10.83**			**19.10**	**21.27**		
1980	102.94	66.80	10.45	10.15	75.41	7.88	7.52	95.43	11.26
1981	102.89	67.08	10.44	10.15	50.77	5.30	5.42	102.26	8.08
1982	102.76	68.20	9.73	9.47	23.02	2.24	2.32	103.57	3.40
1983	102.21	68.75	9.40	9.20	38.09	3.58	3.58	100.00	5.21
1984	102.06	68.48	11.40	11.17	75.88	8.65	4.57	52.83	6.67
1985	100.07	69.10	6.09	6.09	58.46	3.56	1.08	30.34	1.56
1986	98.78	69.70					5.51		7.91
1987	98.27	71.09	2.08	2.12	120.19	2.50	1.28	51.20	1.80
1988	100.07	70.00	2.04	2.04	63.24	1.29	1.61	124.81	2.30
1989	97.77	72.92	1.96	2.00	67.86	1.33	0.55	41.35	0.75
11 年小计			**46.95**	**4.52**	**78.23**	**36.73**	**30.89**	**84.10**	**3.45**
占合计%			**7.99**			**19.31**	**19.65**		
1990	97.50	76.65	2.24	2.30	84.38	1.89	2.00	105.82	2.61
1991	96.50	80.51	4.12	4.27	90.05	3.71	5.84	157.41	7.25
1992	95.10	81.00	6.90	7.26	73.77	5.09	7.73	151.87	9.54
1993	94.50	81.00	7.50	7.94	77.20	5.79	1.21	20.90	1.49
1994	94.08	81.69	2.48	2.64	91.53	2.27	2.67	117.62	3.27
1995	93.87	82.09	5.22	5.56	80.84	4.22	1.40	33.18	1.71
1996	93.98	82.49	5.37	5.71	77.09	4.14	3.49	84.30	4.23
1997	93.86	82.34	4.37	4.66	57.44	2.51	2.40	95.62	2.91
1998	93.78	82.58	2.76	2.94	78.26	2.16	2.40	111.11	2.91
1999	93.66	82.05	2.73	2.91	77.66	2.12	1.56	73.58	1.90
2000	91.14	84.11	3.26	3.58	86.81	2.83	0.19	6.71	0.23

5－22－20　河南省孟州市历年棉花生产收购

年　度	耕地面积（万亩）	农业人口（万人）	棉田面积（万亩）	占耕地（%）	亩　产（市斤）	产　量（万担）	收购量（万担）	商品率（%）	人均交售（市斤）
52 年合计			**336.09**	**15.51**	**65.56**	**220.35**	**170.61**	**77.43**	**13.34**
11 年小计			**103.01**	**19.78**	**33.22**	**34.22**	**26.96**	**78.78**	**12.57**
占合计%			**30.65**			**15.53**	**15.80**		
1949	41.00	14.60	5.47	13.34	27.97	1.53			
1950	40.78	15.88	6.99	17.14	31.47	2.20	1.28	58.18	8.06
1951	47.28	19.33	6.07	12.84	43.33	2.63	1.86	70.72	9.62
1952	49.97	21.17	8.82	17.65	24.94	2.20	2.13	96.82	10.06
1953	50.08	20.29	8.51	16.99	25.85	2.20	1.67	75.91	8.23
1954	49.92	20.34	8.22	16.47	36.25	2.98	1.85	62.08	9.10
1955	49.97	20.72	8.49	16.99	36.51	3.10	1.59	51.29	7.67
1956	49.98	20.22	12.87	25.75	24.40	3.14	2.53	80.57	12.51
1957	49.25	20.23	14.29	29.02	30.86	4.41	4.30	97.51	21.26
1958	46.43	20.95	12.28	26.45	46.01	5.65	5.49	97.17	26.21
1959	46.18	20.78	11.00	23.82	38.00	4.18	4.26	101.91	20.50
10 年小计			**74.08**	**16.31**	**38.97**	**28.87**	**26.74**	**92.62**	**11.81**
占合计%			**22.04**			**13.10**	**15.67**		
1960	45.86	19.28	10.42	22.72	23.13	2.41	2.39	99.17	12.40
1961	45.24	19.97	5.87	12.98	19.59	1.15	0.94	81.74	4.71
1962	45.40	21.16	2.94	6.48	22.79	0.67	0.61	91.04	2.88
1963	45.40	22.10	7.62	16.78	23.10	1.76	1.77	100.57	8.01
1964	45.40	22.60	8.34	18.37	28.42	2.37	2.08	87.76	9.20
1965	45.40	23.20	8.23	18.13	46.78	3.85	3.49	90.65	15.04
1966	45.40	23.80	7.50	16.52	64.00	4.80	4.57	95.21	19.20
1967	45.40	24.20	7.68	16.92	55.99	4.30	3.92	91.16	16.20
1968	45.40	24.80	7.87	17.33	50.44	3.97	3.82	96.22	15.40
1969	45.40	25.30	7.61	16.76	47.17	3.59	3.15	87.74	12.45
10 年小计			**70.83**	**16.47**	**71.11**	**50.37**	**47.68**	**94.66**	**17.94**
占合计%			**21.07**			**22.86**	**27.95**		
1970	44.00	25.80	7.13	16.20	66.48	4.74	4.50	94.94	17.44
1971	44.00	26.20	7.31	16.61	67.58	4.94	4.61	93.32	17.60
1972	44.00	26.40	7.30	16.59	66.03	4.82	4.58	95.02	17.35
1973	44.00	26.60	7.30	16.59	102.60	7.49	7.09	94.66	26.65
1974	44.00	26.90	7.18	16.32	71.03	5.10	4.85	95.10	18.03
1975	44.00	27.10	7.06	16.05	66.29	4.68	4.49	95.94	16.57
1976	44.00	27.40	7.97	18.11	43.79	3.49	3.25	93.12	11.86
1977	44.00	27.80	7.06	16.05	78.05	5.51	5.25	95.28	18.88
1978	40.00	25.80	6.26	15.65	67.09	4.20	3.85	91.67	14.92
1979	38.00	25.80	6.26	16.47	86.26	5.40	5.21	96.48	20.19
10 年小计			**53.40**	**14.43**	**106.48**	**56.86**	**50.30**	**88.46**	**19.04**
占合计%			**15.89**			**25.80**	**29.48**		
1980	37.67	25.78	6.37	16.91	132.50	8.44	8.25	97.75	32.00
1981	37.70	25.83	6.67	17.69	99.10	6.61	6.59	99.70	25.51
1982	37.64	26.83	6.43	17.08	85.69	5.51	5.57	101.09	20.76
1983	37.71	26.93	6.71	17.79	144.86	9.72	10.36	106.58	38.47
1984	37.21	25.60	8.09	21.74	124.97	10.11	9.47	93.67	36.99
1985	36.56	26.61	6.02	16.47	81.06	4.88	4.51	92.42	16.95
1986	36.49	26.28	3.62	9.92	79.83	2.89	2.06	71.28	7.84
1987	36.43	26.60	3.02	8.29	88.74	2.68			
1988	36.38	26.80	3.09	8.49	89.32	2.76	1.75	63.41	6.53
1989	36.35	26.97	3.38	9.30	96.45	3.26	1.74	53.37	6.45
11 年小计			**34.77**	**8.89**	**143.89**	**50.03**	**18.93**	**37.84**	**6.14**
占合计%			**10.35**			**22.70**	**11.10**		
1990	36.33	27.45	4.45	12.25	111.69	4.97	3.66	73.64	13.33
1991	36.30	28.05	5.05	13.91	145.54	7.35	5.51	74.97	19.64
1992	36.15	28.20	4.95	13.69	127.88	6.33	5.04	79.62	17.87
1993	36.00	28.00	4.50	12.50	151.11	6.80	1.65	24.26	5.89
1994	35.70	28.14	4.94	13.84	141.90	7.01	1.76	25.11	6.25
1995	35.22	28.16	2.90	8.23	165.17	4.79	0.26	5.43	0.92
1996	34.94	28.22	3.20	9.16	163.75	5.24	0.11	2.10	0.39
1997	34.89	28.80	1.52	4.36	153.29	2.33	0.38	16.31	1.32
1998	33.71	28.45	0.95	2.82	150.53	1.43	0.41	28.67	1.44
1999	33.62	24.86	0.96	2.86	163.54	1.57	0.09	5.73	0.36
2000	38.33	30.00	1.35	3.52	163.70	2.21	0.06	2.71	0.20

5-22-21 河南省沁阳市历年棉花生产收购

年度	耕地面积（万亩）	农业人口（万人）	棉田面积（万亩）	占耕地（%）	亩产（市斤）	产量（万担）	收购量（万担）	商品率（%）	人均交售（市斤）
52 年合计			**193.12**	**8.50**	**64.85**	**125.24**	**109.82**	**87.69**	**7.38**
11 年小计			**44.22**	**8.29**	**28.34**	**12.53**	**8.58**	**68.48**	**4.08**
占合计%			**22.90**			**10.00**	**7.81**		
1949	44.00	16.80	1.37	3.11	20.44	0.28			
1950	47.01	18.06	2.28	4.85	21.93	0.50	0.11	22.00	0.61
1951	48.70	18.34	4.39	9.01	27.11	1.19	0.71	59.66	3.87
1952	55.32	19.49	5.14	9.29	40.08	2.06	0.74	35.92	3.80
1953	51.19	18.69	2.91	5.68	26.46	0.77	0.57	74.03	3.05
1954	51.65	18.47	3.89	7.53	17.74	0.69	0.48	69.57	2.60
1955	50.47	19.23	4.49	8.90	30.29	1.36	0.70	51.47	3.64
1956	50.47	19.45	4.78	9.47	16.95	0.81	0.33	40.74	1.70
1957	50.26	20.01	5.35	10.64	28.79	1.54	1.31	85.06	6.55
1958	39.00	20.91	4.21	10.79	34.20	1.44	1.19	82.64	5.69
1959	45.65	20.85	5.41	11.85	34.94	1.89	2.44	129.10	11.70
10 年小计			**37.49**	**8.41**	**38.57**	**14.46**	**10.31**	**71.30**	**4.13**
占合计%			**19.41**			**11.55**	**9.39**		
1960	45.80	22.00	4.07	8.89	32.43	1.32	1.45	109.85	6.59
1961	43.58	22.59	2.96	6.79	101.35	3.00	0.11	3.67	0.49
1962	43.61	23.69	1.44	3.30	21.53	0.31	0.19	61.29	0.80
1963	43.40	24.70	3.55	8.18	12.11	0.43	0.36	83.72	1.46
1964	44.50	24.50	4.20	9.44	20.00	0.84	0.70	83.33	2.86
1965	44.90	25.00	3.93	8.75	32.57	1.28	1.02	79.69	4.08
1966	45.10	25.60	4.18	9.27	36.84	1.54	1.31	85.06	5.12
1967	45.10	26.30	4.35	9.65	43.45	1.89	1.78	94.18	6.77
1968	45.00	26.90	4.47	9.93	37.81	1.69	1.45	85.80	5.39
1969	44.70	28.20	4.34	9.71	49.77	2.16	1.94	89.81	6.88
10 年小计			**43.92**	**10.14**	**78.98**	**34.69**	**30.21**	**87.09**	**10.05**
占合计%			**22.74**			**27.70**	**27.51**		
1970	44.40	28.30	4.01	9.03	56.61	2.27	1.97	86.78	6.96
1971	45.30	28.90	4.49	9.91	66.15	2.97	2.09	70.37	7.23
1972	44.40	29.30	4.63	10.43	69.98	3.24	2.86	88.27	9.76
1973	43.70	29.60	4.42	10.11	108.37	4.79	4.32	90.19	14.59
1974	43.40	30.00	4.49	10.35	84.63	3.80	3.57	93.95	11.90
1975	43.10	30.20	4.30	9.98	78.84	3.39	2.78	82.01	9.21
1976	42.50	30.50	4.41	10.38	59.41	2.62	2.20	83.97	7.21
1977	42.10	30.80	4.39	10.43	110.25	4.84	3.90	80.58	12.66
1978	42.20	31.30	4.42	10.47	70.59	3.12	2.90	92.95	9.27
1979	42.10	31.70	4.36	10.36	83.72	3.65	3.62	99.18	11.42
10 年小计			**48.27**	**11.64**	**90.78**	**43.82**	**36.92**	**84.25**	**11.17**
占合计%			**24.99**			**34.99**	**33.62**		
1980	42.11	31.95	4.44	10.54	121.40	5.39	5.42	100.56	16.96
1981	41.99	32.28	4.68	11.15	88.03	4.12	3.95	95.87	12.24
1982	41.77	33.04	5.33	12.76	68.29	3.64	3.85	105.77	11.65
1983	41.73	32.92	6.43	15.41	97.05	6.24	7.07	113.30	21.48
1984	41.72	33.06	7.74	18.55	94.57	7.32	4.79	65.44	14.49
1985	41.38	33.14	5.24	12.66	38.93	2.04	1.63	79.90	4.92
1986	41.18	33.36	2.68	6.51	100.00	2.68	3.22	120.15	9.65
1987	41.02	33.35	3.74	9.12	110.70	4.14			
1988	40.70	33.60	4.56	11.20	90.79	4.14	4.38	105.80	13.04
1989	40.92	33.83	3.43	8.38	119.83	4.11	2.61	63.50	7.72
11 年小计			**19.22**	**4.33**	**102.71**	**19.74**	**23.80**	**120.57**	**5.99**
占合计%			**9.95**			**15.76**	**21.67**		
1990	40.89	37.36	4.47	10.93	138.70	6.20	3.61	58.23	9.66
1991	40.86	37.72	1.49	3.65	151.68	2.26	6.50	*	17.23
1992	40.80	38.10	1.85	4.53	75.14	1.39	5.32	*	13.96
1993	40.50	35.00	3.00	7.41	87.00	2.61	1.82	69.73	5.20
1994	40.47	35.26	3.60	8.90	61.11	2.20	0.72	32.73	2.04
1995	40.29	35.72	3.06	7.59	89.54	2.74	0.20	7.30	0.56
1996	40.19	35.72	0.69	1.72	89.86	0.62	0.15	24.19	0.42
1997	40.17	35.02	0.30	0.75	110.00	0.33	0.02	6.06	0.06
1998	40.02	35.26	0.15	0.37	86.67	0.13	1.92	*	5.45
1999	39.97	36.21	0.17	0.43	147.06	0.25	2.42	*	6.68
2000	40.02	36.00	0.44	1.10	229.55	1.01	1.12	110.89	3.11

5-22-22　河南省武陵县历年棉花生产收购

年　度	耕地面积（万亩）	农业人口（万人）	棉田面积（万亩）	占耕地（%）	亩　产（市斤）	产　量（万担）	收购量（万担）	商品率（%）	人均交售（市斤）
52 年合计			**312.29**	**9.01**	**61.49**	**192.04**	**149.10**	**77.64**	**6.85**
11 年小计			**86.42**	**10.55**	**34.66**	**29.95**	**22.43**	**74.89**	**6.81**
占合计%			**27.67**			**15.60**	**15.04**		
1949	72.20	27.30	1.73	2.40	13.29	0.23			
1950	74.78	28.40	3.66	4.89	27.87	1.02	0.13	12.75	0.46
1951	77.91	29.44	5.68	7.29	27.99	1.59	0.82	51.57	2.79
1952	77.92	29.70	7.80	10.01	32.82	2.56	1.46	57.03	4.92
1953	80.34	29.40	7.79	9.70	22.85	1.78	1.26	70.79	4.29
1954	80.21	30.17	8.53	10.63	31.18	2.66	1.62	60.90	5.37
1955	78.36	30.68	10.96	13.99	33.03	3.62	2.32	64.09	7.56
1956	70.91	30.72	9.77	13.78	22.82	2.23	1.85	82.96	6.02
1957	73.08	31.32	11.12	15.22	31.65	3.52	3.17	90.06	10.12
1958	68.93	32.02	8.35	12.11	51.14	4.27	4.32	101.17	13.49
1959	64.83	30.19	11.03	17.01	58.66	6.47	5.48	84.70	18.15
10 年小计			**62.73**	**9.26**	**33.06**	**20.74**	**18.11**	**87.32**	**5.31**
占合计%			**20.09**			**10.80**	**12.15**		
1960	64.83	30.74	9.46	14.59	31.50	2.98	2.93	98.32	9.53
1961	66.06	30.64	5.31	8.04	14.12	0.75	0.56	74.67	1.83
1962	66.06	31.94	2.80	4.24	17.14	0.48	0.35	72.92	1.10
1963	66.11	32.90	5.78	8.74	10.03	0.58	0.43	74.14	1.31
1964	69.00	33.50	6.16	8.93	17.53	1.08	0.94	87.04	2.81
1965	70.60	34.20	6.43	9.11	32.50	2.09	1.78	85.17	5.20
1966	69.20	35.20	6.38	9.22	50.16	3.20	2.67	83.44	7.59
1967	68.50	36.10	7.00	10.22	51.71	3.62	3.28	90.61	9.09
1968	68.20	37.00	6.87	10.07	44.25	3.04	2.57	84.54	6.95
1969	68.70	38.70	6.54	9.52	44.65	2.92	2.60	89.04	6.72
10 年小计			**61.36**	**9.25**	**56.01**	**34.37**	**30.07**	**87.49**	**6.93**
占合计%			**19.65**			**17.90**	**20.17**		
1970	68.30	39.70	6.64	9.72	50.00	3.32	2.81	84.64	7.08
1971	68.10	40.70	6.58	9.66	46.05	3.03	2.56	84.49	6.29
1972	67.50	41.50	6.26	9.27	50.96	3.19	2.63	82.45	6.34
1973	67.00	42.60	5.80	8.66	80.00	4.64	4.05	87.28	9.51
1974	66.50	43.40	6.28	9.44	70.54	4.43	3.83	86.46	8.82
1975	65.70	44.00	5.91	9.00	62.94	3.72	3.29	88.44	7.48
1976	65.60	44.60	6.05	9.22	38.18	2.31	2.00	86.58	4.48
1977	65.30	45.20	5.87	8.99	43.95	2.58	2.28	88.37	5.04
1978	65.00	46.10	6.07	9.34	58.48	3.55	3.11	87.61	6.75
1979	64.70	46.30	5.90	9.12	61.02	3.60	3.51	97.50	7.58
10 年小计			**55.60**	**8.80**	**95.32**	**53.00**	**53.87**	**101.64**	**11.18**
占合计%			**17.80**			**27.60**	**36.13**		
1980	64.41	46.63	6.30	9.78	136.35	8.59	8.73	101.63	18.72
1981	63.90	47.28	7.86	12.30	77.86	6.12	6.81	111.27	14.40
1982	63.72	48.23	7.32	11.49	82.51	6.04	6.12	101.32	12.69
1983	63.63	48.28	7.41	11.65	102.70	7.61	8.07	106.04	16.71
1984	63.33	48.48	7.84	12.38	106.38	8.34	8.48	101.68	17.49
1985	62.95	48.59	5.24	8.32	39.89	2.09	2.25	107.66	4.63
1986	62.52	48.69	4.19	6.70	109.31	4.58	5.36	117.03	11.01
1987	62.40	49.00	4.40	7.05	115.23	5.07			
1988	62.34	46.50	5.04	8.08	90.48	4.56	4.14	90.79	8.90
1989	62.42	50.13					3.91		7.80
11 年小计			**46.18**	**6.85**	**116.89**	**53.98**	**24.62**	**45.61**	**4.18**
占合计%			**14.79**			**28.11**	**16.51**		
1990	62.16	51.51	4.91	7.90	130.75	6.42	4.73	73.68	9.18
1991	62.08	52.36	5.63	9.07	49.02	2.76	6.84	*	13.06
1992	61.80	52.70	5.85	9.47	104.27	6.10	1.11	18.20	2.11
1993	61.50	53.00	4.50	7.32	157.78	7.10	3.58	50.42	6.75
1994	61.50	53.54	5.66	9.20	79.68	4.51	2.78	61.64	5.19
1995	61.46	53.84	5.06	8.23	142.09	7.19	1.18	16.41	2.19
1996	61.11	54.04	5.13	8.39	137.62	7.06	0.37	5.24	0.68
1997	60.99	54.31	4.89	8.02	114.31	5.59			
1998	60.71	54.86	1.73	2.85	152.02	2.63	1.01	38.40	1.84
1999	60.49	52.36	1.53	2.53	156.21	2.39	1.62	67.78	3.09
2000	60.62	57.00	1.29	2.13	172.87	2.23	1.40	62.78	2.46

5-22-23 河南省温县历年棉花生产收购

年　　度	耕地面积（万亩）	农业人口（万人）	棉田面积（万亩）	占耕地（%）	亩　产（市斤）	产　量（万担）	收购量（万担）	商品率（%）	人均交售（市斤）
52 年合计			**190.39**	**9.12**	**64.40**	**122.62**	**83.96**	**68.47**	**5.92**
11 年小计			**49.85**	**10.17**	**26.26**	**13.09**	**7.51**	**57.37**	**3.66**
占合计%			**26.18**			**10.68**	**8.94**		
1949	42.80	15.80	3.19	7.45	24.45	0.78			
1950	45.89	14.72	3.47	7.56	24.21	0.84	0.30	35.71	2.04
1951	45.99	18.09	5.53	12.02	30.02	1.66	0.61	36.75	3.37
1952	46.23	19.05	4.94	10.69	26.72	1.32	0.76	57.58	3.99
1953	46.52	19.26	5.32	11.44	19.36	1.03	0.54	52.43	2.80
1954	46.02	19.36	5.32	11.56	18.05	0.96	0.55	57.29	2.84
1955	45.60	19.85	5.03	11.03	30.02	1.51	0.88	58.28	4.43
1956	44.80	19.38	4.51	10.07	21.06	0.95	0.45	47.37	2.32
1957	44.58	19.73	4.85	10.88	27.01	1.31	1.09	83.21	5.52
1958	41.16	20.10	3.35	8.14	34.93	1.17	1.15	98.29	5.72
1959	40.63	19.92	4.34	10.68	35.94	1.56	1.18	75.64	5.92
10 年小计			**40.73**	**9.18**	**34.27**	**13.96**	**10.42**	**74.64**	**4.18**
占合计%			**21.39**			**11.38**	**12.41**		
1960	86.27	40.14	5.81	6.73	21.34	1.24	0.55	44.35	1.37
1961	40.08	20.46	2.49	6.21	10.44	0.26	0.10	38.46	0.49
1962	40.08	21.44	1.88	4.69	23.94	0.45	0.30	66.67	1.40
1963	39.50	22.20	4.60	11.65	23.26	1.07	0.57	53.27	2.57
1964	39.50	22.70	4.80	12.15	28.13	1.35	0.90	66.67	3.96
1965	39.60	23.30	4.87	12.30	30.60	1.49	1.32	88.59	5.67
1966	39.60	23.80	3.83	9.67	49.87	1.91	1.41	73.82	5.92
1967	39.70	24.40	3.80	9.57	53.68	2.04	1.72	84.31	7.05
1968	39.70	24.90	4.24	10.68	46.46	1.97	1.56	79.19	6.27
1969	39.50	25.80	4.41	11.16	49.43	2.18	1.99	91.28	7.71
10 年小计			**42.33**	**10.89**	**78.79**	**33.35**	**29.42**	**88.22**	**10.44**
占合计%			**22.23**			**27.20**	**35.04**		
1970	39.40	26.50	4.24	10.76	72.17	3.06	2.71	88.56	10.23
1971	39.30	26.80	4.32	10.99	61.11	2.64	2.40	90.91	8.96
1972	39.30	27.00	4.36	11.09	68.58	2.99	2.64	88.29	9.78
1973	39.00	27.80	4.26	10.92	103.29	4.40	4.17	94.77	15.00
1974	39.00	28.20	4.24	10.87	90.57	3.84	3.26	84.90	11.56
1975	38.70	28.50	4.20	10.85	77.38	3.25	2.89	88.92	10.14
1976	38.50	28.80	4.17	10.83	54.68	2.28	1.91	83.77	6.63
1977	38.50	29.10	4.16	10.81	100.24	4.17	3.82	91.61	13.13
1978	38.50	29.40	4.21	10.94	70.31	2.96	2.52	85.14	8.57
1979	38.50	29.60	4.17	10.83	90.17	3.76	3.10	82.45	10.47
10 年小计			**33.27**	**8.95**	**89.42**	**29.75**	**24.66**	**82.89**	**7.98**
占合计%			**17.47**			**24.26**	**29.37**		
1980	38.36	29.87	4.18	10.90	110.05	4.60	4.69	101.96	15.70
1981	37.99	30.18	4.50	11.85	91.56	4.12	4.60	111.65	15.24
1982	37.91	30.45	4.66	12.29	62.23	2.90	3.37	116.21	11.07
1983	37.79	30.66	4.49	11.88	106.46	4.78	4.61	96.44	15.04
1984	37.60	30.84	4.89	13.01	96.32	4.71	3.84	81.53	12.45
1985	36.64	30.79	3.44	9.39	39.83	1.37	1.16	84.67	3.77
1986	36.53	30.96	1.62	4.43	100.00	1.62	1.13	69.75	3.65
1987	36.39	31.70	1.49	4.09	107.38	1.60			
1988	36.37	32.00	1.95	5.36	92.82	1.81	0.74	40.88	2.31
1989	36.33	31.71	2.05	5.64	109.27	2.24	0.52	23.21	1.64
11 年小计			**24.21**	**6.15**	**134.12**	**32.47**	**11.95**	**36.80**	**3.20**
占合计%			**12.72**			**26.48**	**14.23**		
1990	36.25	32.45	2.31	6.37	119.48	2.76	0.86	31.16	2.65
1991	36.20	32.86	3.46	9.56	124.57	4.31	2.79	64.73	8.49
1992	36.00	33.40	4.05	11.25	111.36	4.51	4.47	99.11	13.38
1993	36.00	34.00	3.00	8.33	147.67	4.43	0.17	3.84	0.50
1994	35.78	33.97	3.90	10.90	134.36	5.24	0.73	13.93	2.15
1995	35.64	33.97	1.36	3.82	210.29	2.86	0.63	22.03	1.85
1996	35.37	34.25	1.97	5.57	115.23	2.27	0.72	31.72	2.10
1997	35.37	34.37	1.76	4.98	131.82	2.32	0.31	13.36	0.90
1998	35.28	34.85	0.72	2.04	137.50	0.99	0.08	8.08	0.23
1999	35.12	34.03	0.75	2.14	156.00	1.17	0.77	65.81	2.26
2000	36.78	35.00	0.93	2.53	173.12	1.61	0.42	26.09	1.20

5－22－24 河南省博爱县历年棉花生产收购

年 度	耕地面积（万亩）	农业人口（万人）	棉田面积（万亩）	占耕地（%）	亩 产（市斤）	产 量（万担）	收购量（万担）	商品率（%）	人均交售（市斤）
52 年合计			**260.96**	**12.73**	**76.53**	**199.72**	**172.46**	**86.35**	**12.61**
11 年小计			**87.06**	**13.77**	**25.01**	**21.77**	**19.64**	**90.22**	**11.95**
占合计%			**33.36**			**10.90**	**11.39**		
1949	30.00	17.60	1.50	5.00	17.33	0.26			
1950	73.83	18.29	4.49	6.08	24.72	1.11	0.46	41.44	2.52
1951	79.69	19.04	8.08	10.14	25.99	2.10	1.80	85.71	9.45
1952	70.10	15.87	9.29	13.25	27.99	2.60	1.73	66.54	10.90
1953	64.61	14.96	8.92	13.81	17.94	1.60	1.50	93.75	10.03
1954	66.37	15.14	9.03	13.61	22.81	2.06	1.78	86.41	11.76
1955	65.46	15.01	10.76	16.44	22.68	2.44	2.22	90.98	14.79
1956	64.78	11.65	9.97	15.39	23.07	2.30	1.18	51.30	10.13
1957	47.27	12.08	9.61	20.33	29.14	2.80	2.94	105.00	24.34
1958	35.00	12.40	7.73	22.09	33.38	2.58	2.89	112.02	23.31
1959	35.00	12.31	7.68	21.94	25.00	1.92	3.14	163.54	25.51
10 年小计			**43.05**	**12.00**	**45.67**	**19.66**	**18.63**	**94.75**	**8.80**
占合计%			**16.50**			**9.85**	**10.80**		
1960	35.00	18.80	7.49	21.40	25.37	1.90	1.61	84.74	8.56
1961	38.53	13.14	4.85	12.59	13.40	0.65	0.63	96.92	4.79
1962	38.53	13.90	2.62	6.80	12.21	0.32	0.43	134.38	3.09
1963	35.20	22.10	2.74	7.78	17.88	0.49	0.51	104.08	2.31
1964	35.20	22.40	4.08	11.59	26.96	1.10	1.04	94.55	4.64
1965	35.20	22.90	3.79	10.77	43.01	1.63	1.50	92.02	6.55
1966	35.30	23.50	4.14	11.73	85.27	3.53	3.43	97.17	14.60
1967	35.30	24.10	4.40	12.46	67.11	2.95	2.86	96.85	11.87
1968	35.30	24.90	4.60	13.03	68.91	3.17	3.03	95.58	12.17
1969	35.30	25.90	4.34	12.29	90.32	3.92	3.59	91.58	13.86
10 年小计			**45.16**	**12.95**	**103.10**	**46.56**	**45.98**	**98.75**	**15.96**
占合计%			**17.31**			**23.31**	**26.66**		
1970	35.10	26.60	4.43	12.62	107.22	4.75	4.53	95.37	17.03
1971	34.90	27.20	4.43	12.69	121.22	5.37	5.18	96.46	19.04
1972	35.10	27.70	4.45	12.68	115.73	5.15	4.92	95.53	17.76
1973	35.10	28.20	4.40	12.54	143.86	6.33	6.11	96.52	21.67
1974	35.10	28.70	4.42	12.59	106.56	4.71	4.48	95.12	15.61
1975	35.00	29.00	4.41	12.60	86.39	3.81	3.63	95.28	12.52
1976	34.90	29.60	4.42	12.66	66.29	2.93	2.81	95.90	9.49
1977	34.50	30.10	5.40	15.65	76.30	4.12	5.26	127.67	17.48
1978	34.50	30.50	4.40	12.75	99.55	4.38	4.08	93.15	13.38
1979	34.50	30.50	4.40	12.75	113.86	5.01	4.98	99.40	16.33
10 年小计			**54.87**	**15.98**	**129.27**	**70.93**	**63.40**	**89.38**	**19.70**
占合计%			**21.03**			**35.51**	**36.76**		
1980	34.53	30.71	4.47	12.95	162.86	7.28	7.39	101.51	24.06
1981	34.53	31.69	4.76	13.79	130.04	6.19	6.19	100.00	19.53
1982	34.50	31.53	6.17	17.88	106.32	6.56	6.41	97.71	20.33
1983	34.51	32.68	5.19	15.04	144.51	7.50	7.78	103.73	23.81
1984	34.54	32.03	5.75	16.65	141.04	8.11	8.77	108.14	27.38
1985	34.32	32.02	5.18	15.09	105.98	5.49	6.80	123.86	21.24
1986	34.29	32.08	4.77	13.91	135.85	6.48	6.57	101.39	20.48
1987	34.13	32.65	5.42	15.88	167.34	9.07			
1988	34.07	33.10	6.85	20.11	132.41	9.07	6.87	75.74	20.76
1989	33.86	33.41	6.31	18.64	82.09	5.18	6.62	127.80	19.81
11 年小计			**30.82**	**8.40**	**132.38**	**40.80**	**24.81**	**60.81**	**6.51**
占合计%			**11.81**			**20.43**	**14.39**		
1990	33.76	33.86	5.70	16.88	164.74	9.39	6.85	72.95	20.23
1991	33.70	34.69	6.20	18.40	165.97	10.29	9.25	89.89	26.66
1992	33.60	34.20	6.00	17.86	64.67	3.88	2.50	64.43	7.31
1993	34.50	34.00	3.00	8.70	62.33	1.87	1.86	99.47	5.47
1994	33.41	34.74	5.04	15.09	153.57	7.74	2.84	36.69	8.18
1995	33.33	34.75	2.70	8.10	154.81	4.18	0.71	16.99	2.04
1996	33.05	34.76	0.69	2.09	147.83	1.02	0.47	46.08	1.35
1997	32.90	34.93	0.60	1.82	158.33	0.95			
1998	32.84	34.94	0.24	0.73	154.17	0.37	0.23	62.16	0.66
1999	32.78	35.37	0.24	0.73	179.17	0.43	0.07	16.28	0.20
2000	32.82	35.00	0.41	1.25	165.85	0.68	0.03	4.41	0.09

5-22-25 河南省修武县历年棉花生产收购

年 度	耕地面积（万亩）	农业人口（万人）	棉田面积（万亩）	占耕地（%）	亩 产（市斤）	产 量（万担）	收购量（万担）	商品率（%）	人均交售（市斤）
52 年合计			**333.57**	**15.14**	**68.63**	**228.93**	**171.27**	**74.81**	**17.65**
11 年小计			**87.98**	**13.48**	**24.77**	**21.79**	**19.64**	**90.13**	**12.49**
占合计%			**26.38**			**9.52**	**11.47**		
1949	38.00	10.50	2.42	6.37	11.57	0.28			
1950	73.83	18.29	4.49	6.08	24.72	1.11	0.46	41.44	2.52
1951	79.69	19.04	8.08	10.14	25.99	2.10	1.80	85.71	9.45
1952	70.10	15.87	9.29	13.25	27.99	2.60	1.73	66.54	10.90
1953	64.61	14.96	8.92	13.81	17.94	1.60	1.50	93.75	10.03
1954	65.37	15.14	9.03	13.61	22.81	2.06	1.78	86.41	11.76
1955	66.46	15.01	10.76	16.19	22.68	2.44	2.22	90.98	14.79
1956	64.78	11.65	9.97	15.39	23.07	2.30	1.18	51.30	10.13
1957	47.27	12.08	9.61	20.33	29.14	2.80	2.94	105.00	24.34
1958	41.80	12.40	7.73	18.49	33.38	2.58	2.89	112.02	23.31
1959	39.90	12.31	7.68	19.25	25.00	1.92	3.14	163.54	25.51
10 年小计			**62.44**	**15.94**	**34.10**	**21.29**	**20.96**	**98.45**	**14.08**
占合计%			**18.72**			**9.30**	**12.24**		
1960	38.40	12.50	7.49	19.51	25.37	1.90	1.61	84.74	12.88
1961	38.53	13.14	4.85	12.59	13.40	0.65	0.63	96.92	4.79
1962	38.53	13.90	2.62	6.80	12.21	0.32	0.43	134.38	3.09
1963	38.50	14.50	5.68	14.75	8.45	0.48	0.58	120.83	4.00
1964	38.50	14.70	6.97	18.10	23.10	1.61	1.35	83.85	9.18
1965	40.40	15.10	6.09	15.07	29.89	1.82	2.05	112.64	13.58
1966	40.40	15.50	6.31	15.62	50.55	3.19	3.13	98.12	20.19
1967	38.90	16.00	7.90	20.31	56.08	4.43	4.63	104.51	28.94
1968	38.80	16.50	7.69	19.82	42.78	3.29	3.20	97.26	19.39
1969	40.70	17.00	6.84	16.81	52.63	3.60	3.35	93.06	19.71
10 年小计			**65.51**	**16.82**	**71.71**	**46.98**	**44.31**	**94.32**	**23.08**
占合计%			**19.64**			**20.52**	**25.87**		
1970	40.00	17.50	6.45	16.13	71.01	4.58	4.47	97.60	25.54
1971	40.00	18.00	6.82	17.05	71.41	4.87	4.73	97.13	26.28
1972	39.00	18.20	6.80	17.44	59.56	4.05	3.74	92.35	20.55
1973	39.00	18.60	6.73	17.26	100.89	6.79	5.97	87.92	32.10
1974	39.00	19.00	6.50	16.67	82.15	5.34	5.08	95.13	26.74
1975	38.50	19.50	6.32	16.42	100.00	6.32	5.42	85.76	27.79
1976	38.50	19.80	6.50	16.88	43.69	2.84	2.77	97.54	13.99
1977	38.50	20.20	6.20	16.10	63.71	3.95	3.94	99.75	19.50
1978	38.50	20.50	6.58	17.09	61.40	4.04	3.90	96.53	19.02
1979	38.40	20.70	6.61	17.21	63.54	4.20	4.29	102.14	20.72
10 年小计			**66.50**	**17.77**	**111.20**	**73.95**	**65.33**	**88.34**	**30.09**
占合计%			**19.94**			**32.30**	**38.14**		
1980	38.39	20.75	6.58	17.14	157.60	10.37	10.56	101.83	50.89
1981	38.30	21.17	6.49	16.95	97.84	6.35	6.70	105.51	31.65
1982	38.52	21.56	7.18	18.64	76.88	5.52	6.27	113.59	29.08
1983	38.21	21.60	7.36	19.26	128.80	9.48	9.44	99.58	43.70
1984	37.93	21.69	7.85	20.70	111.46	8.75	10.56	120.69	48.69
1985	37.02	21.81	5.70	15.40	99.65	5.68	5.72	100.70	26.23
1986	36.76	21.94	5.84	15.89	113.70	6.64	5.89	88.70	26.85
1987	36.60	22.06	6.03	16.48	122.22	7.37			
1988	36.28	22.30	7.24	19.96	87.02	6.30	4.38	69.52	19.64
1989	36.21	22.20	6.23	17.21	120.22	7.49	5.81	77.57	26.17
11 年小计			**51.14**	**12.93**	**126.95**	**64.92**	**21.03**	**32.39**	**8.25**
占合计%			**15.33**			**28.36**	**12.28**		
1990	36.15	22.73	6.07	16.79	142.67	8.66	1.80	20.79	7.92
1991	36.13	23.05	2.02	5.59	605.94	12.24	8.85	72.30	38.39
1992	36.00	23.10	8.55	23.75	90.41	7.73	3.72	48.12	16.10
1993	36.00	23.00	7.50	20.83	109.60	8.22	0.72	8.76	3.13
1994	35.97	23.34	7.92	22.02	112.12	8.88	2.71	30.52	11.61
1995	35.91	23.40	4.95	13.78	125.66	6.22	0.23	3.70	0.98
1996	35.90	23.42	3.83	10.67	96.87	3.71	0.23	6.20	0.98
1997	35.84	23.54	2.24	6.25	119.20	2.67	0.41	15.36	1.74
1998	35.85	23.57	1.20	3.35	129.17	1.55	2.08	134.19	8.82
1999	35.84	23.85	4.35	12.14	42.30	1.84	0.17	9.24	0.71
2000	35.82	22.00	2.51	7.01	127.49	3.20	0.11	3.44	0.50

5－22－26　河南省浚县历年棉花生产收购

年　度	耕地面积（万亩）	农业人口（万人）	棉田面积（万亩）	占耕地（%）	亩　产（市斤）	产　量（万担）	收购量（万担）	商品率（%）	人均交售（市斤）
52 年合计			**520.78**	**9.20**	**91.59**	**476.99**	**422.15**	**88.50**	**17.89**
11 年小计			**134.51**	**9.46**	**25.69**	**34.55**	**26.52**	**76.76**	**7.13**
占合计%			**25.83**			**7.24**	**6.28**		
1949	100.00	32.74	3.07	3.07	17.92	0.55			
1950	127.00	32.74	3.71	2.92	18.06	0.67	0.01	1.49	0.03
1951	136.00	32.72	8.76	6.44	17.69	1.55	0.51	32.90	1.56
1952	137.00	33.03	9.52	6.95	23.84	2.27	1.08	47.58	3.27
1953	137.00	32.87	9.31	6.80	18.90	1.76	1.06	60.23	3.22
1954	136.00	32.95	10.80	7.94	26.02	2.81	1.97	70.11	5.98
1955	136.00	34.45	16.09	11.83	26.66	4.29	2.36	55.01	6.85
1956	135.00	34.80	18.77	13.90	19.13	3.59	2.88	80.22	8.28
1957	135.00	35.24	20.08	14.87	23.16	4.65	3.99	85.81	11.32
1958	131.00	35.69	16.00	12.21	26.94	4.31	5.03	116.71	14.09
1959	112.00	34.52	18.40	16.43	44.02	8.10	7.63	94.20	22.10
10 年小计			**84.53**	**7.76**	**257.51**	**217.67**	**193.12**	**88.72**	**53.24**
占合计%			**16.23**			**45.63**	**45.75**		
1960	108.00	32.99	17.40	16.11	17.53	3.05	3.03	99.34	9.18
1961	109.00	32.91	5.80	5.32	12.76	0.74	0.58	78.38	1.76
1962	110.00	33.91	3.62	3.29	10.50	0.38	0.27	71.05	0.80
1963	110.00	35.10	3.76	3.42	6.38	0.24	0.15	62.50	0.43
1964	110.00	35.00	9.02	8.20	251.22	22.66	19.94	88.00	56.97
1965	110.00	36.00	8.02	7.29	346.63	27.80	24.05	86.51	66.81
1966	110.00	37.20	9.07	8.25	490.63	44.50	38.20	85.84	102.69
1967	110.00	38.50	8.00	7.27	451.25	36.10	33.80	93.63	87.79
1968	106.10	39.80	10.56	9.95	462.12	48.80	43.00	88.11	108.04
1969	106.10	41.30	9.28	8.75	359.91	33.40	30.10	90.12	72.88
10 年小计			**89.50**	**8.58**	**42.15**	**37.72**	**32.05**	**84.97**	**6.82**
占合计%			**17.19**			**7.91**	**7.59**		
1970	104.49	42.30	8.85	8.47	47.23	4.18	3.60	86.12	8.51
1971	104.49	43.40	9.63	9.22	35.20	3.39	2.81	82.89	6.47
1972	104.49	44.60	8.70	8.33	35.63	3.10	2.51	80.97	5.63
1973	104.49	45.90	9.01	8.62	49.28	4.44	3.67	82.66	8.00
1974	104.49	47.00	9.01	8.62	47.28	4.26	3.86	90.61	8.21
1975	104.49	47.99	8.91	8.53	51.85	4.62	4.05	87.66	8.44
1976	104.00	48.50	8.93	8.59	39.08	3.49	2.94	84.24	6.06
1977	104.00	49.40	8.83	8.49	40.43	3.57	3.02	84.59	6.11
1978	104.00	50.20	8.33	8.01	44.18	3.68	2.89	78.53	5.76
1979	104.00	50.70	9.30	8.94	32.15	2.99	2.70	90.30	5.33
10 年小计			**88.97**	**8.54**	**72.77**	**64.74**	**65.57**	**101.28**	**12.54**
占合计%			**17.08**			**13.57**	**15.53**		
1980	104.43	50.91	9.57	9.16	66.56	6.37	6.49	101.88	12.75
1981	104.43	50.59	9.73	9.32	38.95	3.79	3.90	102.90	7.71
1982	104.25	51.64	10.32	9.90	41.47	4.28	4.31	100.70	8.35
1983	104.17	52.67	10.23	9.82	93.26	9.54	9.20	96.44	17.47
1984	104.12	51.78	10.00	9.60	100.00	10.00	11.83	118.30	22.85
1985	104.02	52.39	8.32	8.00	77.04	6.41	5.19	80.97	9.91
1986	104.48	52.39	8.32	7.96	52.64	4.38	4.13	94.29	7.88
1987	103.94	52.98	5.34	5.14	88.39	4.72	4.40	93.22	8.31
1988	103.87	52.98	9.05	8.71	86.63	7.84	7.59	96.81	14.33
1989	103.80	54.71	8.09	7.79	91.59	7.41	8.53	115.11	15.59
11 年小计			**123.27**	**11.60**	**99.22**	**122.31**	**104.89**	**85.76**	**16.58**
占合计%			**23.67**			**25.64**	**24.85**		
1990	101.13	56.26	8.87	8.77	95.49	8.47	10.68	126.09	18.98
1991	101.59	57.78	19.35	19.05	117.93	22.82	14.33	62.80	24.80
1992	101.55	58.30	22.22	21.88	82.63	18.36	10.22	55.66	17.53
1993	101.33	59.00	16.50	16.28	108.06	17.83	10.35	58.05	17.54
1994	95.88	59.45	20.11	20.97	107.86	21.69	9.08	41.86	15.27
1995	93.83	55.78	14.19	15.12	102.26	14.51	3.38	23.29	6.06
1996	93.51	56.31	10.89	11.65	74.10	8.07	5.45	67.53	9.68
1997	93.30	56.83	4.78	5.12	87.66	4.19	4.14	98.81	7.28
1998	93.41	57.35	2.57	2.75	98.44	2.53	7.01	*	12.22
1999	93.39	57.13	2.09	2.24	102.87	2.15	15.85	*	27.74
2000	93.42	58.35	1.70	1.82	99.41	1.69	14.40	*	24.68

5－22－27　河南省淇县历年棉花生产收购

年　　度	耕地面积（万亩）	农业人口（万人）	棉田面积（万亩）	占耕地（%）	亩　产（市斤）	产　量（万担）	收购量（万担）	商品率（%）	人均交售（市斤）
52 年合计			**309.75**	**15.99**	**62.52**	**193.67**	**169.94**	**87.75**	**20.39**
11 年小计			**76.43**	**16.76**	**28.81**	**22.02**			
占合计%			**24.67**			**11.37**			
1949	39.70	9.00	1.36	3.43	16.91	0.23			
1950	41.50	9.70	3.03	7.30	16.83	0.51			
1951	41.50	10.00	7.23	17.42	25.59	1.85			
1952	41.70	10.30	6.39	15.32	27.23	1.74			
1953	42.50	10.30	4.81	11.32	25.99	1.25			
1954	42.30	10.60	7.14	16.88	29.83	2.13			
1955	43.00	11.00	8.57	19.93	26.49	2.27			
1956	42.40	11.10	10.41	24.55	14.60	1.52			
1957	42.40	11.60	9.47	22.33	24.82	2.35			
1958	40.30	11.70	8.20	20.35	40.98	3.36			
1959	38.80	11.70	9.82	25.31	48.98	4.81			
10 年小计			**71.09**	**19.41**	**75.61**	**53.75**	**22.71**	**42.25**	**17.76**
占合计%			**22.95**			**27.75**	**13.36**		
1960	37.50	11.40	10.30	27.47	267.96	27.60			
1961	36.80	10.30	3.89	10.57	23.91	0.93			
1962	36.50	11.80	5.33	14.60	16.51	0.88			
1963	36.50	12.30	4.25	11.64	8.24	0.35	0.23	65.71	1.87
1964	36.50	12.60	6.89	18.88	24.09	1.66	1.50	90.36	11.90
1965	36.50	13.00	7.93	21.73	40.10	3.18	2.85	89.62	21.92
1966	36.50	13.40	8.25	22.60	62.55	5.16	4.90	94.96	36.57
1967	36.50	13.80	8.00	21.92	50.00	4.00	3.74	93.50	27.10
1968	36.50	14.40	8.25	22.60	64.85	5.35	5.18	96.82	35.97
1969	36.50	14.90	8.00	21.92	58.00	4.64	4.31	92.89	28.93
10 年小计			**72.66**	**20.69**	**62.57**	**45.46**	**43.01**	**94.61**	**25.06**
占合计%			**23.46**			**23.47**	**25.31**		
1970	35.22	15.40	8.06	22.88	79.65	6.42	6.15	95.79	39.94
1971	35.22	15.70	8.08	22.94	66.21	5.35	5.13	95.89	32.68
1972	35.22	16.20	7.89	22.40	54.88	4.33	4.03	93.07	24.88
1973	35.22	16.60	7.58	21.52	72.96	5.53	5.24	94.76	31.57
1974	35.22	17.20	7.47	21.21	63.45	4.74	4.37	92.19	25.41
1975	35.22	17.65	7.55	21.44	70.20	5.30	5.03	94.91	28.50
1976	35.20	17.90	7.08	20.11	51.41	3.64	3.47	95.33	19.39
1977	35.20	18.10	7.08	20.11	51.55	3.65	3.44	94.25	19.01
1978	34.80	18.40	5.72	16.44	58.74	3.36	3.09	91.96	16.79
1979	34.60	18.50	6.15	17.77	51.06	3.14	3.06	97.45	16.54
10 年小计			**53.13**	**15.68**	**72.29**	**38.41**	**52.51**	**136.71**	**28.29**
占合计%			**17.15**			**19.83**	**30.90**		
1980	34.27	18.64	6.70	19.55	101.64	6.81	6.68	98.09	35.84
1981	34.46	14.03	6.48	18.80	60.03	3.89	3.88	99.74	27.66
1982	34.39	19.11	6.16	17.91	53.41	3.29	3.70	112.46	19.36
1983	34.41	18.90	7.10	20.63	112.82	8.01	7.99	99.75	42.27
1984	34.36	18.74	5.00	14.55	40.00	2.00	10.84	*	57.84
1985	33.85	19.10	6.52	19.26	37.58	2.45	4.18	170.61	21.88
1986	33.46	19.10	3.60	10.76	78.89	2.84	2.79	98.24	14.61
1987	33.23	19.18	3.01	9.06	76.41	2.30	4.95	*	25.81
1988	33.20	19.18	4.61	13.89	77.44	3.57	3.86	108.12	20.13
1989	33.16	19.61	3.95	11.91	82.28	3.25	3.64	112.00	18.56
11 年小计			**36.44**	**8.58**	**93.39**	**34.03**	**51.71**	**151.95**	**22.37**
占合计%			**11.76**			**17.57**	**30.43**		
1990	33.05	20.15	5.13	15.52	104.09	5.34	7.41	138.76	36.77
1991	32.86	20.61	2.00	6.09	180.00	3.60	16.65	*	80.79
1992	32.85	20.80	12.75	38.81	69.57	8.87	6.57	74.07	31.59
1993	103.50	21.00	4.50	4.35	111.33	5.01	6.42	128.14	30.57
1994	32.29	20.93	5.78	17.90	121.28	7.01	6.61	94.29	31.58
1995	32.29	21.13	4.65	14.40	60.22	2.80	2.89	103.21	13.68
1996	31.70	21.30	0.65	2.05	84.62	0.55	0.67	121.82	3.15
1997	31.63	21.57	0.21	0.66	109.52	0.23	1.48	*	6.86
1998	31.58	21.71	0.30	0.95	83.33	0.25	1.76	*	8.11
1999	31.47	19.88	0.27	0.86	70.37	0.19	0.87	*	4.38
2000	31.59	22.07	0.20	0.63	90.00	0.18	0.38	*	1.72

5-22-28　河南省新乡县历年棉花生产收购

年　度	耕地面积（万亩）	农业人口（万人）	棉田面积（万亩）	占耕地（%）	亩　产（市斤）	产　量（万担）	收购量（万担）	商品率（%）	人均交售（市斤）
52 年合计			**750.25**	**28.13**	**103.00**	**772.73**	**712.51**	**92.21**	**48.13**
11 年小计			**232.19**	**34.23**	**41.34**	**95.98**	**95.10**	**99.08**	**45.05**
占合计%			**30.95**			**12.42**	**13.35**		
1949	65.50	19.70	12.70	19.39	25.28	3.21			
1950	65.40	18.50	15.69	23.99	25.43	3.99	4.40	110.28	23.78
1951	65.20	17.90	20.37	31.24	32.01	6.52	6.30	96.63	35.20
1952	65.10	17.90	21.41	32.89	34.98	7.49	8.60	114.82	48.04
1953	62.10	18.50	19.86	31.98	30.66	6.09	5.20	85.39	28.11
1954	61.90	18.70	21.21	34.26	35.55	7.54	8.60	114.06	45.99
1955	62.00	19.30	24.07	38.82	41.46	9.98	8.80	88.18	45.60
1956	60.90	19.50	28.28	46.44	25.35	7.17	7.10	99.02	36.41
1957	60.50	20.00	24.59	40.64	58.36	14.35	14.20	98.95	71.00
1958	54.80	20.30	21.83	39.84	69.13	15.09	17.70	117.30	87.19
1959	54.90	20.80	22.18	40.40	65.60	14.55	14.20	97.59	68.27
10 年小计			**127.74**	**25.59**	**68.57**	**87.59**	**85.34**	**97.43**	**36.58**
占合计%			**17.03**			**11.34**	**11.98**		
1960	51.50	20.30	20.06	38.95	77.02	15.45	15.90	102.91	78.33
1961	50.20	21.20	13.16	26.22	34.80	4.58	4.40	96.07	20.75
1962	49.80	21.60	8.54	17.15	30.21	2.58	2.70	104.65	12.50
1963	48.80	22.60	11.76	24.10	27.98	3.29	2.90	88.15	12.83
1964	49.20	23.00	13.20	26.83	53.56	7.07	6.60	93.35	28.70
1965	50.00	23.60	13.13	26.26	67.48	8.86	9.30	104.97	39.41
1966	50.10	24.20	12.52	24.99	93.69	11.73	10.80	92.07	44.63
1967	50.20	24.80	11.86	23.63	83.56	9.91	9.50	95.86	38.31
1968	49.70	25.60	11.85	23.84	89.28	10.58	10.07	95.18	39.34
1969	49.60	26.40	11.66	23.51	116.12	13.54	13.17	97.27	49.89
10 年小计			**114.55**	**23.33**	**115.29**	**132.07**	**125.16**	**94.77**	**42.27**
占合计%			**15.27**			**17.09**	**17.57**		
1970	49.30	27.10	11.52	23.37	138.02	15.90	15.66	98.49	57.79
1971	49.70	27.70	11.50	23.14	131.22	15.09	14.50	96.09	52.35
1972	49.40	28.20	11.50	23.28	120.09	13.81	12.90	93.41	45.74
1973	49.20	28.80	11.50	23.37	140.00	16.10	15.30	95.03	53.13
1974	49.20	29.50	11.50	23.37	105.04	12.08	11.10	91.89	37.63
1975	48.90	30.10	11.50	23.52	100.70	11.58	10.30	88.95	34.22
1976	48.80	30.50	11.50	23.57	73.04	8.40	7.78	92.62	25.51
1977	48.80	31.00	11.01	22.56	97.09	10.69	10.08	94.29	32.52
1978	48.80	31.40	11.51	23.59	121.89	14.03	13.30	94.80	42.36
1979	48.80	31.80	11.51	23.59	125.02	14.39	14.24	98.96	44.78
10 年小计			**141.04**	**29.09**	**190.48**	**268.66**	**259.31**	**96.52**	**77.71**
占合计%			**18.80**			**34.77**	**36.39**		
1980	48.77	31.64	11.50	23.58	256.52	29.50	29.24	99.12	92.41
1981	48.77	32.14	11.50	23.58	150.43	17.30	16.72	96.65	52.02
1982	48.70	33.00	13.00	26.69	153.85	20.00	18.07	90.35	54.76
1983	48.71	33.18	13.00	26.69	233.08	30.30	29.90	98.68	90.11
1984	48.71	34.91	13.00	26.69	257.69	33.50	34.00	101.49	97.39
1985	48.40	33.34	13.90	28.72	174.53	24.26	23.24	95.80	69.71
1986	48.12	33.40	14.24	29.59	166.01	23.64	21.82	92.30	65.33
1987	48.00	33.90	15.80	32.92	193.67	30.60	30.04	98.17	88.61
1988	49.59	33.29	17.80	35.89	169.55	30.18	30.15	99.90	90.57
1989	47.08	34.90	17.30	36.75	169.83	29.38	26.13	88.94	74.87
11 年小计			**134.73**	**26.20**	**139.86**	**188.43**	**147.60**	**78.33**	**36.33**
占合计%			**17.96**			**24.38**	**20.72**		
1990	47.10	35.90	17.80	37.79	184.21	32.79	32.99	100.61	91.89
1991	47.00	36.50	19.80	42.13	201.97	39.99	39.98	99.97	109.53
1992	47.10	36.90	19.95	42.36	94.04	18.76	10.84	57.78	29.38
1993	48.00	35.00	18.00	37.50	129.78	23.36	11.21	47.99	32.03
1994	48.00	36.80	19.05	39.69	125.14	23.84	14.64	61.41	39.78
1995	46.80	37.20	18.45	39.42	130.30	24.04	8.40	34.94	22.58
1996	46.25	37.23	8.99	19.44	93.33	8.39	1.14	13.59	3.06
1997	46.20	37.40	2.85	6.17	120.00	3.42	9.54	*	25.51
1998	46.20	37.40	3.21	6.95	135.51	4.35	9.50	*	25.40
1999	46.20	38.13	2.94	6.36	140.82	4.14	2.34	56.52	6.14
2000	45.38	37.83	3.69	8.13	144.99	5.35	7.02	131.21	18.56

5－22－29　河南省卫辉县历年棉花生产收购

年　　度	耕地面积（万亩）	农业人口（万人）	棉田面积（万亩）	占耕地（%）	亩　产（市斤）	产　量（万担）	收购量（万担）	商品率（%）	人均交售（市斤）
52 年合计			**391.54**	**12.04**	**73.34**	**287.16**	**189.41**	**65.96**	**12.81**
11 年小计			**65.45**	**8.42**	**31.05**	**20.32**	**15.04**	**74.02**	**7.48**
占合计%			**16.72**			**7.08**	**7.94**		
1949	74.00	16.98				0.17			
1950	74.00	17.32	2.60	3.51	9.23	0.24	0.10	41.67	0.58
1951	73.00	17.65	5.99	8.21	22.04	1.32	0.20	15.15	1.13
1952	73.00	17.80	5.67	7.77	27.34	1.55	0.30	19.35	1.69
1953	73.00	17.93	5.36	7.34	19.96	1.07	0.40	37.38	2.23
1954	73.00	18.04	6.21	8.51	22.54	1.40	1.04	74.29	5.76
1955	72.00	18.33	6.66	9.25	22.97	1.53	0.90	58.82	4.91
1956	71.00	19.03	6.70	9.44	24.03	1.61	1.20	74.53	6.31
1957	67.00	19.37	7.28	10.87	32.97	2.40	2.10	87.50	10.84
1958	64.00	19.12	8.94	13.97	42.51	3.80	3.60	94.74	18.83
1959	63.00	19.60	10.04	15.94	52.09	5.23	5.20	99.43	26.53
10 年小计			**60.36**	**9.57**	**33.48**	**20.21**	**17.30**	**85.60**	**7.51**
占合计%			**15.42**			**7.04**	**9.13**		
1960	63.00	19.80	10.02	15.90	27.25	2.73	2.00	73.26	10.10
1961	63.00	20.22	2.62	4.16	17.56	0.46	0.30	65.22	1.48
1962	64.00	21.12	2.92	4.56	17.81	0.52	0.40	76.92	1.89
1963	64.00	22.04	5.28	8.25	4.92	0.26	0.19	73.08	0.86
1964	63.00	22.57	6.29	9.98	20.99	1.32	1.06	80.30	4.70
1965	63.00	23.33	6.25	9.92	23.20	1.45	1.07	73.79	4.59
1966	63.00	24.05	6.01	9.54	36.94	2.22	1.87	84.23	7.78
1967	63.00	24.69	7.03	11.16	48.79	3.43	3.12	90.96	12.64
1968	63.00	25.63	6.88	10.92	53.49	3.68	3.49	94.84	13.62
1969	62.00	26.88	7.06	11.39	58.64	4.14	3.80	91.79	14.14
10 年小计			**67.24**	**10.95**	**51.41**	**34.57**	**31.22**	**90.31**	**10.41**
占合计%			**17.17**			**12.04**	**16.48**		
1970	62.00	27.41	6.91	11.15	70.62	4.88	4.40	90.16	16.05
1971	62.00	28.15	6.82	11.00	59.24	4.04	3.66	90.59	13.00
1972	62.00	28.61	6.76	10.90	50.59	3.42	3.03	88.60	10.59
1973	62.00	29.41	6.84	11.03	69.59	4.76	4.28	89.92	14.55
1974	61.00	29.99	6.98	11.44	40.97	2.86	2.42	84.62	8.07
1975	61.00	30.43	6.89	11.30	48.19	3.32	3.00	90.36	9.86
1976	61.00	30.79	7.01	11.49	33.38	2.34	2.08	88.89	6.76
1977	61.00	31.37	6.88	11.28	40.99	2.82	2.64	93.62	8.42
1978	61.00	31.84	6.60	10.82	49.39	3.26	2.94	90.18	9.23
1979	61.00	31.90	5.55	9.10	51.71	2.87	2.77	96.52	8.68
10 年小计			**90.95**	**15.31**	**104.05**	**94.63**	**76.89**	**81.25**	**22.48**
占合计%			**23.23**			**32.95**	**40.59**		
1980	60.12	32.11	6.50	10.81	109.23	7.10	7.22	101.69	22.49
1981	59.96	32.43	7.40	12.34	55.41	4.10	4.33	105.61	13.35
1982	59.80	33.10	8.50	14.21	55.29	4.70	4.52	96.17	13.66
1983	59.87	33.21	8.28	13.83	118.36	9.80	9.30	94.90	28.00
1984	59.87	39.82	14.00	23.38	112.86	15.80	13.60	86.08	34.15
1985	59.70	33.58	9.60	16.08	108.13	10.38	8.42	81.12	25.07
1986	59.00	33.80	6.90	11.69	109.57	7.56	6.70	88.62	19.82
1987	58.80	34.40	8.67	14.74	143.14	12.41	10.56	85.09	30.70
1988	58.62	34.80	11.10	18.94	127.39	14.14	4.60	32.53	13.22
1989	58.50	34.80	10.00	17.09	86.40	8.64	7.64	88.43	21.95
11 年小计			**107.54**	**16.95**	**109.20**	**117.43**	**48.96**	**41.69**	**12.10**
占合计%			**27.47**			**40.89**	**25.85**		
1990	58.50	35.70	12.10	20.68	133.64	16.17	8.89	54.98	24.90
1991	58.40	36.00	13.80	23.63	146.30	20.19	14.39	71.27	39.97
1992	58.50	36.70	15.75	26.92	35.11	5.53	0.97	17.54	2.64
1993	58.50	37.00	10.50	17.95	92.67	9.73	6.01	61.77	16.24
1994	58.50	36.80	11.10	18.97	110.00	12.21	4.61	37.76	12.53
1995	57.60	36.80	11.70	20.31	129.32	15.13	2.44	16.13	6.63
1996	57.14	36.90	10.11	17.69	103.07	10.42	1.06	10.17	2.87
1997	57.15	36.90	6.75	11.81	138.37	9.34	2.29	24.52	6.21
1998	56.85	36.80	5.10	8.97	140.39	7.16	4.89	68.30	13.29
1999	56.55	37.75	5.00	8.84	126.20	6.31	2.44	38.67	6.46
2000	56.85	37.29	5.63	9.90	93.07	5.24	0.97	18.51	2.60

5－22－30　河南省获嘉县历年棉花生产收购

年　度	耕地面积（万亩）	农业人口（万人）	棉田面积（万亩）	占耕地（%）	亩　产（市斤）	产　量（万担）	收购量（万担）	商品率（%）	人均交售（市斤）
52年合计			**596.13**	**24.33**	**73.15**	**436.08**	**362.49**	**83.12**	**28.00**
11年小计			**163.62**	**28.05**	**39.34**	**64.37**	**56.10**	**87.15**	**29.08**
占合计%			**27.45**			**14.76**	**15.48**		
1949	50.00	16.90	5.48	10.96	14.05	0.77			
1950	50.20	17.10	9.68	19.28	26.03	2.52	1.80	71.43	10.53
1951	50.40	17.20	11.06	21.94	32.01	3.54	2.10	59.32	12.21
1952	55.60	17.40	12.21	21.96	33.99	4.15	4.60	110.84	26.44
1953	56.40	17.10	12.99	23.03	29.02	3.77	3.30	87.53	19.30
1954	56.40	17.50	14.58	25.85	34.02	4.96	3.90	78.63	22.29
1955	55.90	17.80	17.51	31.32	37.58	6.58	5.60	85.11	31.46
1956	55.00	17.60	20.40	37.09	22.79	4.65	4.20	90.32	23.86
1957	54.40	18.00	21.44	39.41	37.78	8.10	9.40	116.05	52.22
1958	50.00	18.50	20.27	40.54	68.18	13.82	12.20	88.28	65.95
1959	49.10	17.80	18.00	36.66	63.94	11.51	9.00	78.19	50.56
10年小计			**119.70**	**25.57**	**48.36**	**57.89**	**55.30**	**95.53**	**27.59**
占合计%			**20.08**			**13.28**	**15.26**		
1960	49.20	17.20	17.02	34.59	55.05	9.37	9.40	100.32	54.65
1961	45.40	17.70	13.34	29.38	24.44	3.26	2.90	88.96	16.38
1962	45.40	18.50	5.94	13.08	13.30	0.79	0.80	101.27	4.32
1963	45.50	19.40	9.92	21.80	14.52	1.44	1.40	97.22	7.22
1964	45.50	19.50	12.30	27.03	39.02	4.80	4.40	91.67	22.56
1965	47.00	20.40	13.73	29.21	52.00	7.14	6.80	95.24	33.33
1966	47.30	20.90	13.15	27.80	68.67	9.03	9.10	100.78	43.54
1967	47.60	21.50	11.63	24.43	58.99	6.86	6.40	93.29	29.77
1968	47.60	22.30	11.82	24.83	55.41	6.55	6.10	93.13	27.35
1969	47.60	23.00	10.85	22.79	79.72	8.65	8.00	92.49	34.78
10年小计			**110.66**	**23.89**	**70.87**	**78.43**	**75.04**	**95.68**	**29.12**
占合计%			**18.56**			**17.99**	**20.70**		
1970	46.70	23.60	11.70	25.05	90.09	10.54	10.04	95.26	42.54
1971	46.90	24.00	11.06	23.58	82.37	9.11	8.80	96.60	36.67
1972	46.70	24.60	11.28	24.15	74.20	8.37	8.00	95.58	32.52
1973	46.70	25.10	11.07	23.70	94.40	10.45	10.06	96.27	40.08
1974	46.50	25.70	11.12	23.91	81.38	9.05	8.60	95.03	33.46
1975	46.30	26.20	10.98	23.71	70.40	7.73	7.10	91.85	27.10
1976	46.00	26.40	11.05	24.02	41.99	4.64	4.44	95.69	16.82
1977	45.90	26.90	10.38	22.61	36.99	3.84	3.68	95.83	13.68
1978	45.90	27.50	11.00	23.97	67.73	7.45	7.08	95.03	25.75
1979	45.70	27.70	11.02	24.11	65.79	7.25	7.24	99.86	26.14
10年小计			**112.89**	**25.11**	**115.55**	**130.44**	**124.97**	**95.81**	**43.59**
占合计%			**18.94**			**29.91**	**34.48**		
1980	45.54	27.78	11.00	24.15	170.00	18.70	18.70	100.00	67.31
1981	45.30	28.10	11.00	24.28	94.00	10.34	10.19	98.55	36.26
1982	45.20	28.50	12.10	26.77	67.77	8.20	8.75	106.71	30.70
1983	45.07	28.43	12.10	26.85	117.36	14.20	16.40	115.49	57.69
1984	45.15	28.61	12.70	28.13	123.62	15.70	20.20	128.66	70.60
1985	45.15	28.57	11.20	24.81	102.50	11.48	11.11	96.78	38.89
1986	44.67	28.60	8.60	19.25	125.35	10.78	9.23	85.62	32.27
1987	44.60	28.80	9.90	22.20	138.79	13.74	11.68	85.01	40.56
1988	44.58	29.40	12.09	27.12	109.10	13.19	9.24	70.05	31.43
1989	44.30	29.90	12.20	27.54	115.66	14.11	9.47	67.12	31.67
11年小计			**89.26**	**18.38**	**117.58**	**104.95**	**51.08**	**48.67**	**14.32**
占合计%			**14.97**			**24.07**	**14.09**		
1990	44.30	31.30	12.60	28.44	131.75	16.60	11.32	68.19	36.17
1991	44.30	32.00	14.70	33.18	228.71	33.62	16.61	49.41	51.91
1992	44.25	32.10	16.35	36.95	56.64	9.26	6.80	73.43	21.18
1993	45.00	32.00	9.00	20.00	125.33	11.28	6.13	54.34	19.16
1994	45.00	32.40	12.45	27.67	100.24	12.48	4.21	33.73	12.99
1995	43.80	32.50	13.50	30.82	97.04	13.10	3.32	25.34	10.22
1996	43.83	32.60	6.15	14.03	52.85	3.25	0.15	4.62	0.46
1997	43.80	32.70	1.22	2.79	95.08	1.16	1.18	101.72	3.61
1998	43.80	32.70	0.75	1.71	137.33	1.03	1.21	117.48	3.70
1999	43.80	33.61	0.83	1.89	127.71	1.06	0.05	4.72	0.15
2000	43.70	32.89	1.71	3.91	123.39	2.11	0.10	4.74	0.30

5－22－31　河南省辉县历年棉花生产收购

年　度	耕地面积（万亩）	农业人口（万人）	棉田面积（万亩）	占耕地（%）	亩　产（市斤）	产　量（万担）	收购量（万担）	商品率（%）	人均交售（市斤）
52 年合计			**439.17**	**8.79**	**46.96**	**206.25**	**194.79**	**94.44**	**7.36**
11 年小计			**145.13**	**12.13**	**25.96**	**37.68**	**29.10**	**77.23**	**7.58**
占合计%			**33.05**			**18.27**	**14.94**		
1949	111.50	30.70	10.24	9.18	12.01	1.23			
1950	111.50	31.90	10.58	9.49	13.99	1.48	0.60	40.54	1.88
1951	111.80	33.70	11.09	9.92	15.96	1.77	1.00	56.50	2.97
1952	112.70	33.90	10.99	9.75	23.02	2.53	1.20	47.43	3.54
1953	111.80	34.50	11.01	9.85	17.98	1.98	1.80	90.91	5.22
1954	112.00	35.10	11.87	10.60	20.98	2.49	0.70	28.11	1.99
1955	110.70	35.70	12.46	11.26	23.03	2.87	1.40	48.78	3.92
1956	109.30	36.00	12.84	11.75	23.99	3.08	1.70	55.19	4.72
1957	107.70	37.20	13.80	12.81	33.91	4.68	4.30	91.88	11.56
1958	100.60	37.60	19.49	19.37	34.33	6.69	6.80	101.64	18.09
1959	97.00	37.50	20.76	21.40	42.77	8.88	9.60	108.11	25.60
10 年小计			**102.26**	**10.63**	**32.83**	**33.57**	**28.57**	**85.11**	**6.41**
占合计%			**23.28**			**16.28**	**14.67**		
1960	96.20	38.20	18.86	19.60	26.56	5.01	5.30	105.79	13.87
1961	96.60	38.90	7.47	7.73	15.53	1.16	0.90	77.59	2.31
1962	96.80	41.20	6.32	6.53	16.46	1.04	0.90	86.54	2.18
1963	96.20	43.00	8.21	8.53	6.94	0.57	0.20	35.09	0.47
1964	96.20	44.00	11.19	11.63	23.32	2.61	2.20	84.29	5.00
1965	96.10	45.40	10.67	11.10	36.27	3.87	3.20	82.69	7.05
1966	96.40	46.70	9.24	9.59	57.25	5.29	4.80	90.74	10.28
1967	96.30	48.00	10.48	10.88	49.05	5.14	3.10	60.31	6.46
1968	96.20	49.40	9.93	10.32	44.81	4.45	4.00	89.89	8.10
1969	95.00	50.80	9.89	10.41	44.79	4.43	3.97	89.62	7.81
10 年小计			**92.62**	**9.77**	**51.99**	**48.15**	**44.49**	**92.40**	**8.15**
占合计%			**21.09**			**23.35**	**22.84**		
1970	95.30	51.90	9.09	9.54	61.17	5.56	5.01	90.11	9.65
1971	95.00	53.10	9.84	10.36	53.76	5.29	5.02	94.90	9.45
1972	95.20	53.60	9.64	10.13	37.14	3.58	3.10	86.59	5.78
1973	94.90	54.20	9.46	9.97	68.50	6.48	5.90	91.05	10.89
1974	95.00	54.70	9.04	9.52	52.77	4.77	4.20	88.05	7.68
1975	94.60	55.30	9.09	9.61	50.94	4.63	4.50	97.19	8.14
1976	94.70	55.40	9.11	9.62	39.41	3.59	3.30	91.92	5.96
1977	94.60	55.70	9.06	9.58	54.53	4.94	4.64	93.93	8.33
1978	94.50	56.10	9.09	9.62	61.39	5.58	5.32	95.34	9.48
1979	94.50	56.20	9.20	9.74	40.54	3.73	3.50	93.83	6.23
10 年小计			**72.90**	**7.91**	**85.93**	**62.64**	**53.85**	**85.97**	**10.10**
占合计%			**16.60**			**30.37**	**27.65**		
1980	94.53	56.60	9.20	9.73	110.87	10.20	10.21	100.10	18.04
1981	94.49	57.44	9.40	9.95	62.98	5.92	5.82	98.31	10.13
1982	94.00	58.30	10.30	10.96	47.57	4.90	5.29	107.96	9.07
1983	94.07	59.11	9.70	10.31	91.96	8.92	9.20	103.14	15.56
1984	94.08	58.14	11.10	11.80	91.89	10.20	12.20	119.61	20.98
1985	90.83	59.32	8.10	8.92	56.05	4.54	2.99	65.86	5.04
1986	90.83	59.70	1.90	2.09	76.32	1.45	0.75	51.72	1.26
1987	89.90	61.50	1.00	1.11	80.00	0.80	2.89	*	4.70
1988	89.61	63.20	1.40	1.56	77.86	1.09	2.90	*	4.59
1989	89.30		10.80	12.09	135.37	14.62	1.60	10.94	
11 年小计			**26.26**	**2.72**	**92.19**	**24.21**	**38.78**	**160.18**	**5.25**
占合计%			**5.98**			**11.74**	**19.91**		
1990	89.30	65.90	2.10	2.35	100.95	2.12	2.37	111.79	3.60
1991	89.30	68.60	7.00	7.84	123.57	8.65	12.99	150.17	18.94
1992	89.10	67.60	6.45	7.24	58.76	3.79	9.25	*	13.68
1993	88.50	67.00	3.00	3.39	87.67	2.63	5.31	*	7.93
1994	88.50	67.50	3.15	3.56	96.51	3.04	2.16	71.05	3.20
1995	87.45	67.30	3.15	3.60	96.51	3.04	1.18	38.82	1.75
1996	86.85	66.99	0.59	0.68	49.15	0.29	1.57	*	2.34
1997	86.85	66.90	0.11	0.13	63.64	0.07	0.27	*	0.40
1998	86.70	66.90	0.20	0.23	80.00	0.16	0.73	*	1.09
1999	86.66	67.11	0.03	0.03	100.00	0.03	0.90	*	1.34
2000	86.12	66.90	0.48	0.56	81.25	0.39	2.05	*	3.06

5－22－32　河南省原阳县历年棉花生产收购

年　度	耕地面积（万亩）	农业人口（万人）	棉田面积（万亩）	占耕地（%）	亩　产（市斤）	产　量（万担）	收购量（万担）	商品率（%）	人均交售（市斤）
52 年合计			**369.78**	**7.82**	**66.59**	**246.22**	**166.58**	**67.65**	**7.82**
11 年小计			**104.46**	**7.87**	**19.26**	**20.12**	**16.11**	**80.07**	**4.67**
占合计%			**28.25**			**8.17**	**9.67**		
1949	104.10	29.30	3.23	3.10	7.12	0.23			
1950	113.70	29.90	3.56	3.13	9.55	0.34	0.01	2.94	0.03
1951	125.60	30.40	6.26	4.98	21.09	1.32	0.80	60.61	2.63
1952	132.60	30.90	8.73	6.58	22.11	1.93	1.10	56.99	3.56
1953	132.60	30.50	10.42	7.86	18.04	1.88	1.50	79.79	4.92
1954	131.60	31.60	12.79	9.72	21.58	2.76	1.80	65.22	5.70
1955	131.10	32.30	12.95	9.88	23.94	3.10	1.90	61.29	5.88
1956	129.00	32.10	13.55	10.50	13.87	1.88	1.40	74.47	4.36
1957	127.90	32.80	13.37	10.45	17.58	2.35	2.20	93.62	6.71
1958	108.30	33.00	11.60	10.71	16.64	1.93	2.90	150.26	8.79
1959	90.50	31.90	8.00	8.84	30.00	2.40	2.50	104.17	7.84
10 年小计			**42.66**	**4.91**	**29.18**	**12.45**	**9.61**	**77.19**	**2.85**
占合计%			**11.54**			**5.06**	**5.77**		
1960	90.00	30.20	7.98	8.87	29.70	2.37	2.40	101.27	7.95
1961	87.70	30.40	3.17	3.61	18.93	0.60	0.30	50.00	0.99
1962	87.50	31.70	1.49	1.70	9.40	0.14	0.10	71.43	0.32
1963	86.30	32.50	2.20	2.55	9.09	0.20	0.20	100.00	0.62
1964	86.00	32.90	5.32	6.19	17.29	0.92	0.75	81.52	2.28
1965	87.40	34.00	4.51	5.16	28.38	1.28	0.70	54.69	2.06
1966	87.50	35.00	4.49	5.13	39.42	1.77	1.29	72.88	3.69
1967	88.50	35.70	5.10	5.76	37.45	1.91	1.45	75.92	4.06
1968	84.40	36.90	4.22	5.00	35.78	1.51	1.10	72.85	2.98
1969	84.40	38.00	4.18	4.95	41.87	1.75	1.32	75.43	3.47
10 年小计			**44.89**	**5.37**	**44.44**	**19.95**	**16.40**	**82.21**	**3.89**
占合计%			**12.14**			**8.10**	**9.85**		
1970	83.20	38.90	4.27	5.13	47.07	2.01	1.62	80.60	4.16
1971	84.90	39.90	4.01	4.72	36.41	1.46	1.13	77.40	2.83
1972	85.30	40.90	4.32	5.06	42.13	1.82	1.42	78.02	3.47
1973	85.20	41.90	3.91	4.59	55.24	2.16	1.71	79.17	4.08
1974	85.20	42.70	4.20	4.93	62.86	2.64	2.22	84.09	5.20
1975	83.90	43.00	5.50	6.56	45.09	2.48	2.08	83.87	4.84
1976	82.70	43.00	4.42	5.34	32.81	1.45	1.11	76.55	2.58
1977	81.50	43.30	4.60	5.64	28.91	1.33	1.01	75.94	2.33
1978	81.60	43.70	4.90	6.00	45.71	2.24	1.88	83.93	4.30
1979	81.70	44.40	4.76	5.83	49.58	2.36	2.22	94.07	5.00
10 年小计			**77.82**	**9.54**	**97.48**	**75.86**	**75.52**	**99.55**	**16.20**
占合计%			**21.04**			**30.81**	**45.34**		
1980	81.71	44.97	4.80	5.87	104.17	5.00	5.06	101.20	11.25
1981	81.71	45.15	6.10	7.47	72.13	4.40	4.73	107.50	10.48
1982	81.70	45.90	8.10	9.91	61.73	5.00	5.34	106.80	11.63
1983	81.66	46.23	8.00	9.80	110.00	8.80	9.60	109.09	20.77
1984	81.66	46.39	11.40	13.96	102.63	11.70	12.50	106.84	26.95
1985	81.60	46.37	7.60	9.31	109.08	8.29	6.51	78.53	14.04
1986	81.66	46.60	5.72	7.00	95.80	5.48	4.97	90.69	10.67
1987	81.50	47.80	6.80	8.34	85.29	5.80	9.38	161.72	19.62
1988	81.42	48.00	9.80	12.04	115.00	11.27	9.80	86.96	20.42
1989	81.20	48.80	9.50	11.70	106.53	10.12	7.63	75.40	15.64
11 年小计			**99.95**	**11.38**	**117.90**	**117.84**	**48.94**	**41.53**	**8.74**
占合计%			**27.03**			**47.86**	**29.38**		
1990	81.20	47.70	9.00	11.08	135.00	12.15	10.32	84.94	21.64
1991	81.20	52.20	12.30	15.15	145.53	17.90	14.73	82.29	28.22
1992	79.95	51.70	18.00	22.51	97.89	17.62	5.28	29.97	10.21
1993	79.50	49.00	13.50	16.98	136.89	18.48	5.32	28.79	10.86
1994	79.76	49.00	10.20	12.79	118.82	12.12	6.44	53.14	13.14
1995	79.65	49.20	11.85	14.88	106.08	12.57	1.21	9.63	2.46
1996	79.52	49.53	9.05	11.38	85.97	7.78	0.13	1.67	0.26
1997	79.50	53.10	6.15	7.74	113.17	6.96	0.42	6.03	0.79
1998	79.35	50.20	3.45	4.35	128.99	4.45	4.24	95.28	8.45
1999	79.22	57.92	3.51	4.43	124.79	4.38	0.65	14.84	1.12
2000	79.26	50.58	2.94	3.71	116.67	3.43	0.20	5.83	0.40

5－22－33　河南省延津县历年棉花生产收购

年　度	耕地面积（万亩）	农业人口（万人）	棉田面积（万亩）	占耕地（%）	亩　产（市斤）	产　量（万担）	收购量（万担）	商品率（%）	人均交售（市斤）
52 年合计			**497.90**	**13.64**	**75.13**	**374.05**	**218.29**	**58.36**	**12.24**
11 年小计			**70.14**	**7.03**	**18.63**	**13.07**	**10.18**	**77.89**	**2.26**
占合计%			**14.09**			**3.49**	**4.66**		
1949	84.70	21.10	6.00	7.08	13.67	0.82			
1950	90.40	221.40	6.10	6.75	15.08	0.92	0.03	3.26	0.01
1951	92.20	21.60	5.33	5.78	14.82	0.79	0.34	43.04	1.57
1952	93.90	21.90	5.53	5.89	20.80	1.15	0.36	31.30	1.64
1953	96.80	22.40	5.70	5.89	14.56	0.83	0.14	16.87	0.63
1954	97.10	23.10	6.55	6.75	13.59	0.89	0.50	56.18	2.16
1955	96.80	24.00	6.64	6.86	20.48	1.36	0.78	57.35	3.25
1956	96.10	24.40	8.37	8.71	21.98	1.84	1.37	74.46	5.61
1957	96.00	25.40	8.16	8.50	20.71	1.69	1.80	106.51	7.09
1958	77.50	23.10	6.45	8.32	24.96	1.61	2.36	146.58	10.22
1959	75.80	22.60	5.31	7.01	22.03	1.17	2.50	213.68	11.06
10 年小计			**35.44**	**5.33**	**25.51**	**9.04**	**6.91**	**76.44**	**2.86**
占合计%			**7.12**			**2.42**	**3.17**		
1960	74.30	22.60	5.82	7.83	19.59	1.14	0.95	83.33	4.20
1961	68.40	22.50	1.87	2.73	14.44	0.27	0.06	22.22	0.27
1962	65.20	23.10	0.75	1.15	9.33	0.07	0.02	28.57	0.09
1963	63.00	23.20	2.76	4.38	2.54	0.07	0.03	42.86	0.13
1964	64.10	23.20	3.91	6.10	12.53	0.49	0.26	53.06	1.12
1965	65.10	24.00	3.36	5.16	16.96	0.57	0.35	61.40	1.46
1966	65.50	24.70	3.00	4.58	44.00	1.32	0.96	72.73	3.89
1967	65.90	25.30	4.74	7.19	38.82	1.84	1.53	83.15	6.05
1968	65.90	26.10	4.45	6.75	34.38	1.53	1.33	86.93	5.10
1969	67.00	26.90	4.78	7.13	36.40	1.74	1.42	81.61	5.28
10 年小计			**40.43**	**6.15**	**34.55**	**13.97**	**11.28**	**80.74**	**3.67**
占合计%			**8.12**			**3.73**	**5.17**		
1970	66.30	27.60	5.05	7.62	39.80	2.01	1.55	77.11	5.62
1971	66.40	28.40	4.00	6.02	28.00	1.12	0.83	74.11	2.92
1972	66.30	29.00	3.68	5.55	37.77	1.39	1.07	76.98	3.69
1973	66.20	29.80	3.90	5.89	44.87	1.75	1.30	74.29	4.36
1974	66.20	30.50	4.12	6.22	33.74	1.39	1.16	83.45	3.80
1975	66.20	31.20	4.56	6.89	37.94	1.73	1.48	85.55	4.74
1976	65.40	31.80	4.57	6.99	26.70	1.22	0.95	77.87	2.99
1977	64.70	32.50	4.07	6.29	27.52	1.12	0.87	77.68	2.68
1978	64.80	33.10	3.41	5.26	36.66	1.25	0.95	76.00	2.87
1979	64.90	33.70	3.07	4.73	32.25	0.99	1.12	113.13	3.32
10 年小计			**144.00**	**22.51**	**82.54**	**118.86**	**116.28**	**97.83**	**32.72**
占合计%			**28.92**			**31.78**	**53.27**		
1980	64.67	35.03	4.00	6.19	75.00	3.00	2.95	98.33	8.42
1981	64.75	34.53	5.40	8.34	40.74	2.20	2.74	124.55	7.94
1982	64.90	35.20	13.90	21.42	46.76	6.50	5.98	92.00	16.99
1983	64.15	35.00	13.30	20.73	100.00	13.30	13.10	98.50	37.43
1984	64.55	35.69	22.10	34.24	94.57	20.90	19.30	92.34	54.08
1985	64.20	35.50	11.70	18.22	88.72	10.38	8.58	82.66	24.17
1986	63.45	35.70	9.80	15.45	73.27	7.18	8.05	112.12	22.55
1987	63.20	36.00	19.90	31.49	75.63	15.05	16.23	107.84	45.08
1988	62.74	35.90	21.80	34.75	97.75	21.31	21.69	101.78	60.42
1989	63.10	36.80	22.10	35.02	86.15	19.04	17.66	92.75	47.99
11 年小计			**207.89**	**30.12**	**105.40**	**219.11**	**73.64**	**33.61**	**17.18**
占合计%			**41.75**			**58.58**	**33.73**		
1990	63.10	37.30	24.40	38.67	104.18	25.42	18.71	73.60	50.16
1991	62.80	37.70	29.10	46.34	130.07	37.85	29.13	76.96	77.27
1992	62.85	38.40	28.20	44.87	37.16	10.48	4.03	38.45	10.49
1993	63.00	38.00	22.50	35.71	110.22	24.80	3.80	15.32	10.00
1994	63.00	38.70	16.35	25.95	100.61	16.45	7.05	42.86	18.22
1995	62.55	38.90	20.25	32.37	100.89	20.43	0.59	2.89	1.52
1996	62.52	39.15	14.57	23.30	100.34	14.62	1.25	8.55	3.19
1997	62.55	39.40	15.60	24.94	115.32	17.99	2.70	15.01	6.85
1998	62.40	39.50	12.75	20.43	199.37	25.42	5.28	20.77	13.37
1999	62.31	40.95	12.41	19.92	126.35	15.68	0.93	5.93	2.27
2000	63.23	40.55	11.76	18.60	84.78	9.97	0.17	1.71	0.42

5－22－34　河南省封丘县历年棉花生产收购

年　度	耕地面积（万亩）	农业人口（万人）	棉田面积（万亩）	占耕地（%）	亩　产（市斤）	产　量（万担）	收购量（万担）	商品率（%）	人均交售（市斤）
52 年合计			**526.09**	**10.19**	**75.44**	**396.90**	**206.93**	**52.14**	**8.32**
11 年小计			**56.91**	**4.66**	**18.96**	**10.79**	**5.80**	**53.75**	**1.53**
占合计%			**10.82**			**2.72**	**2.80**		
1949	93.00	32.40	1.91	2.05	5.24	0.10			
1950	97.00	33.10	2.35	2.42	13.62	0.32	0.20	62.50	0.60
1951	111.00	34.30	6.34	5.71	20.19	1.28	0.40	31.25	1.17
1952	111.00	35.00	4.84	4.36	16.53	0.80			
1953	123.00	33.80	4.74	3.85	12.45	0.59			
1954	123.00	34.70	4.92	4.00	18.09	0.89	0.40	44.94	1.15
1955	123.00	35.20	5.31	4.32	19.40	1.03	0.40	38.83	1.14
1956	119.00	35.30	8.15	6.85	16.07	1.31	0.60	45.80	1.70
1957	117.00	35.70	8.61	7.36	15.56	1.34	0.90	67.16	2.52
1958	103.00	36.10	4.84	4.70	24.79	1.20	1.20	100.00	3.32
1959	102.00	34.70	4.90	4.80	39.39	1.93	1.70	88.08	4.90
10 年小计			**39.07**	**3.97**	**26.87**	**10.50**	**5.61**	**53.43**	**1.48**
占合计%			**7.43**			**2.65**	**2.71**		
1960	99.00	33.30	4.56	4.61	15.13	0.69	0.60	86.96	1.80
1961	95.00	32.60	1.51	1.59	15.89	0.24	0.06	25.00	0.18
1962	97.00	34.50	0.98	1.01	5.10	0.05			
1963	96.00	35.20	2.51	2.61	3.98	0.10	0.01	10.00	0.03
1964	99.00	37.60	4.86	4.91	12.35	0.60	0.19	31.67	0.51
1965	103.00	38.80	3.74	3.63	18.18	0.68	0.37	54.41	0.95
1966	99.00	39.90	3.82	3.86	40.84	1.56	1.28	82.05	3.21
1967	99.00	40.70	5.96	6.02	46.14	2.75	1.48	53.82	3.64
1968	98.00	42.00	5.77	5.89	36.92	2.13	0.28	13.15	0.67
1969	98.00	43.40	5.36	5.47	31.72	1.70	1.34	78.82	3.09
10 年小计			**53.80**	**5.48**	**27.75**	**14.93**	**8.30**	**55.59**	**1.70**
占合计%			**10.23**			**3.76**	**4.01**		
1970	98.00	44.50	5.84	5.96	29.11	1.70	1.21	71.18	2.72
1971	99.00	45.40	5.04	5.09	23.21	1.17	0.78	66.67	1.72
1972	99.00	46.30	5.42	5.47	34.50	1.87	1.27	67.91	2.74
1973	98.00	47.60	6.20	6.33	41.94	2.60	1.97	75.77	4.14
1974	98.00	48.80	6.07	6.19	36.90	2.24	1.64	73.21	3.36
1975	98.00	49.60	5.55	5.66	35.14	1.95	1.43	73.33	2.88
1976	98.00	50.40	6.42	6.55	19.31	1.24			
1977	98.00	51.10	5.70	5.82	11.40	0.65			
1978	98.00	51.70	4.32	4.41	22.45	0.97			
1979	97.00	52.70	3.24	3.34	16.67	0.54			
10 年小计			**156.60**	**16.30**	**91.07**	**142.61**	**105.95**	**74.29**	**19.06**
占合计%			**29.77**			**35.93**	**51.20**		
1980	97.04	53.48	5.60	5.77	60.71	3.40	3.00	88.24	5.61
1981	96.88	54.09	7.90	8.15	58.23	4.60	4.00	86.96	7.40
1982	96.90	54.90	14.40	14.86	59.03	8.50	7.30	85.88	13.30
1983	96.73	54.76	15.70	16.23	98.98	15.54	12.90	83.01	23.56
1984	96.96	55.53	30.30	31.25	92.74	28.10	20.50	72.95	36.92
1985	96.10	55.36	14.90	15.50	95.77	14.27	10.23	71.69	18.48
1986	95.78	55.90	12.40	12.95	82.10	10.18	6.91	67.88	12.36
1987	95.50	57.00	14.80	15.50	103.38	15.30	10.60	69.28	18.60
1988	95.10	56.90	21.20	22.29	106.04	22.48	16.33	72.64	28.70
1989	93.80	58.00	19.40	20.68	104.33	20.24	14.18	70.06	24.45
11 年小计			**219.71**	**21.58**	**99.25**	**218.07**	**81.27**	**37.27**	**11.84**
占合计%			**41.76**			**54.94**	**39.27**		
1990	93.80	58.98	21.80	23.24	111.15	24.23	20.54	84.77	34.83
1991	93.70	60.60	26.90	28.71	122.45	32.94	26.28	79.78	43.37
1992	93.30	60.90	27.60	29.58	43.55	12.02	7.61	63.31	12.50
1993	93.00	61.00	25.50	27.42	111.18	28.35	5.88	20.74	9.64
1994	93.00	62.00	25.95	27.90	81.04	21.03	4.42	21.02	7.13
1995	92.55	62.40	27.45	29.66	89.29	24.51	3.12	12.73	5.00
1996	92.16	62.71	17.90	19.42	92.96	16.64	3.51	21.09	5.60
1997	92.10	62.90	15.75	17.10	131.62	20.73	3.37	16.26	5.36
1998	91.65	63.20	13.20	14.40	121.44	16.03	5.34	33.31	8.45
1999	91.34	67.20	8.70	9.52	125.63	10.93	0.90	8.23	1.34
2000	91.31	64.25	8.96	9.81	118.97	10.66	0.30	2.81	0.47

5-22-35 河南省长垣县历年棉花生产收购

年　　度	耕地面积（万亩）	农业人口（万人）	棉田面积（万亩）	占耕地（%）	亩　产（市斤）	产　量（万担）	收购量（万担）	商品率（%）	人均交售（市斤）
52年合计			**327.98**	**6.48**	**55.16**	**180.90**	**107.44**	**59.39**	**3.86**
11年小计			**61.79**	**4.84**	**19.36**	**11.96**	**7.41**	**61.96**	**1.63**
占合计%			**18.84**			**6.61**	**6.90**		
1949	115.00	40.70	4.99	4.34	12.22	0.61			
1950	116.00	40.80	4.99	4.30	12.22	0.61	0.01	1.64	0.02
1951	120.00	40.60	4.79	3.99	13.78	0.66	0.20	30.30	0.49
1952	121.00	41.10	5.18	4.28	8.88	0.46	0.20	43.48	0.49
1953	123.00	40.00	5.77	4.69	13.69	0.79	0.50	63.29	1.25
1954	123.00	40.90	5.55	4.51	14.23	0.79	0.50	63.29	1.22
1955	122.00	41.80	5.39	4.42	30.06	1.62	0.90	55.56	2.15
1956	120.00	42.60	5.84	4.87	28.94	1.69	0.80	47.34	1.88
1957	111.00	43.10	6.53	5.88	16.23	1.06	0.50	47.17	1.16
1958	103.00	43.00	6.44	6.25	30.28	1.95	1.80	92.31	4.19
1959	102.00	40.90	6.32	6.20	27.22	1.72	2.00	116.28	4.89
10年小计			**49.48**	**5.05**	**37.09**	**18.35**	**12.83**	**69.92**	**3.02**
占合计%			**15.09**			**10.14**	**11.94**		
1960	99.00	39.90	6.85	6.92	12.99	0.89	1.00	112.36	2.51
1961	101.00	41.00	2.73	2.70	15.38	0.42	0.10	23.81	0.24
1962	104.00	42.90	1.52	1.46	5.92	0.09			
1963	103.00	43.50	2.90	2.82	4.14	0.12	0.02	16.67	0.05
1964	97.00	40.30	4.97	5.12	24.55	1.22	0.66	54.10	1.64
1965	97.00	41.60	4.35	4.48	30.80	1.34	0.80	59.70	1.92
1966	97.00	42.40	4.83	4.98	54.87	2.65	1.54	58.11	3.63
1967	94.00	42.40	4.99	5.31	71.14	3.55	2.60	73.24	6.13
1968	94.00	44.50	8.98	9.55	53.56	4.81	3.66	76.09	8.22
1969	94.00	46.40	7.36	7.83	44.29	3.26	2.45	75.15	5.28
10年小计			**67.19**	**7.07**	**30.06**	**20.20**	**15.29**	**75.69**	**2.93**
占合计%			**20.49**			**11.17**	**14.23**		
1970	94.00	47.10	7.07	7.52	31.82	2.25	1.74	77.33	3.69
1971	96.00	48.10	6.60	6.88	22.88	1.51	0.98	64.90	2.04
1972	97.00	49.30	6.85	7.06	27.59	1.89	1.43	75.66	2.90
1973	96.00	50.70	7.53	7.84	30.68	2.31	1.92	83.12	3.79
1974	96.00	51.80	6.60	6.88	48.33	3.19	2.07	64.89	4.00
1975	95.00	53.00	6.48	6.82	45.68	2.96	2.27	76.69	4.28
1976	95.00	54.80	7.19	7.57	22.67	1.63	1.30	79.75	2.37
1977	95.00	54.70	7.33	7.72	29.33	2.15	1.81	84.19	3.31
1978	94.00	55.50	7.25	7.71	22.34	1.62	1.28	79.01	2.31
1979	92.00	56.20	4.29	4.66	16.08	0.69	0.49	71.01	0.87
10年小计			**71.80**	**7.98**	**79.75**	**57.26**	**47.34**	**82.68**	**7.82**
占合计%			**21.89**			**31.65**	**44.06**		
1980	91.75	56.93	5.30	5.78	45.28	2.40	2.21	92.08	3.88
1981	91.75	57.49	5.20	5.67	40.38	2.10	2.20	104.76	3.83
1982	91.70	58.30	7.20	7.85	36.11	2.60	2.55	98.08	4.37
1983	91.75	59.14	6.90	7.52	79.71	5.50	5.50	100.00	9.30
1984	91.75	62.84	11.20	12.21	100.89	11.30	9.00	79.65	14.32
1985	91.70	60.85	7.20	7.85	82.78	5.96	3.28	55.03	5.39
1986	89.92	60.90	5.80	6.45	62.07	3.60	3.49	96.94	5.73
1987	89.40	62.10	6.10	6.82	79.34	4.84	5.55	114.67	8.94
1988	82.20	62.30	8.10	9.85	114.20	9.25	8.22	88.86	13.19
1989	87.90	64.30	8.80	10.01	110.34	9.71	5.34	54.99	8.30
11年小计			**77.72**	**8.11**	**94.09**	**73.13**	**24.57**	**33.60**	**3.18**
占合计%			**23.70**			**40.43**	**22.87**		
1990	87.90	66.87	9.80	11.15	109.49	10.73	7.03	65.52	10.51
1991	87.90	68.70	12.20	13.88	131.23	16.01	10.94	68.33	15.92
1992	87.90	71.60	13.05	14.85	38.08	4.97	0.93	18.71	1.30
1993	87.00	72.00	9.00	10.34	95.44	8.59	0.07	0.81	0.10
1994	87.00	71.80	4.65	5.34	79.35	3.69	1.54	41.73	2.14
1995	87.15	71.99	8.10	9.29	82.59	6.69	0.84	12.56	1.17
1996	86.85	72.00	6.33	7.29	96.37	6.10	0.92	15.08	1.28
1997	86.85	68.90	5.85	6.74	100.68	5.89	0.71	12.05	1.03
1998	86.70	69.00	3.60	4.15	123.06	4.43	1.50	33.86	2.17
1999	86.70	70.39	3.05	3.52	108.20	3.30	0.06	1.82	0.09
2000	86.63	70.11	2.09	2.41	130.62	2.73	0.03	1.10	0.04

5－22－36　河南省安阳县历年棉花生产收购

年　度	耕地面积（万亩）	农业人口（万人）	棉田面积（万亩）	占耕地（%）	亩　产（市斤）	产　量（万担）	收购量（万担）	商品率（%）	人均交售（市斤）
52年合计			**1991.76**	**28.70**	**55.77**	**1110.83**	**871.47**	**78.45**	**21.22**
11年小计			**618.40**	**38.63**	**39.97**	**247.18**	**173.62**	**70.24**	**30.40**
占合计%			**31.05**			**22.25**	**19.92**		
1949	135.00	46.70	19.90	14.74	30.20	6.01			
1950	137.00	47.70	36.30	26.50	34.63	12.57	9.26	73.67	19.41
1951	142.00	48.60	55.00	38.73	23.93	13.16	16.13	122.57	33.19
1952	145.00	49.60	51.60	35.59	40.27	20.78	23.56	113.38	47.50
1953	153.00	51.20	51.90	33.92	39.77	20.64	17.38	84.21	33.95
1954	152.00	52.60	63.40	41.71	43.00	27.26	27.61	101.28	52.49
1955	153.00	53.40	66.60	43.53	41.08	27.36	24.12	88.16	45.17
1956	151.00	54.60	71.10	47.09	25.37	18.04	22.61	125.33	41.41
1957	149.00	56.30	67.80	45.50	39.60	26.85	32.95	122.72	58.53
1958	143.00	56.00	68.10	47.62	55.27	37.64			
1959	141.00	54.50	66.70	47.30	55.28	36.87			
10年小计			**449.20**	**33.18**	**47.66**	**214.08**	**202.49**	**94.59**	**32.14**
占合计%			**22.55**			**19.27**	**23.24**		
1960	136.00	54.90	66.00	48.53	42.61	28.12	30.44	108.25	55.45
1961	136.00	55.70	26.80	19.71	22.35	5.99			
1962	136.00	58.50	19.30	14.19	30.31	5.85	5.71	97.61	9.76
1963	135.00	60.70	44.10	32.67	18.25	8.05	7.65	95.03	12.60
1964	136.00	62.10	52.40	38.53	56.26	29.48	28.03	95.08	45.14
1965	136.00	64.00	52.00	38.24	62.19	32.34	30.88	95.49	48.25
1966	135.00	66.30	51.50	38.15	58.74	30.25	29.43	97.29	44.39
1967	135.00	67.80	50.40	37.33	51.71	26.06	24.67	94.67	36.39
1968	135.00	69.10	47.90	35.48	60.50	28.98	27.70	95.58	40.09
1969	134.00	71.00	38.80	28.96	48.87	18.96	17.98	94.83	25.32
10年小计			**351.40**	**26.66**	**61.56**	**216.33**	**204.43**	**94.50**	**25.06**
占合计%			**17.64**			**19.47**	**23.46**		
1970	133.00	73.40	36.40	27.37	69.59	25.33	24.50	96.72	33.38
1971	133.00	75.10	34.20	25.71	72.43	24.77	23.45	94.67	31.23
1972	132.00	76.80	35.90	27.20	58.13	20.87	19.48	93.34	25.36
1973	132.00	78.90	36.10	27.35	79.22	28.60	27.05	94.58	34.28
1974	132.00	80.90	35.80	27.12	73.07	26.16	24.68	94.34	30.51
1975	132.00	82.80	35.00	26.52	65.60	22.96	21.37	93.07	25.81
1976	132.00	84.60	35.30	26.74	43.29	15.28	14.37	94.04	16.99
1977	132.00	86.50	34.80	26.36	48.22	16.78	15.48	92.25	17.90
1978	132.00	88.10	33.30	25.23	56.22	18.72	17.29	92.36	19.63
1979	128.00	88.70	34.60	27.03	48.73	16.86	16.76	99.41	18.90
10年小计			**316.52**	**24.86**	**74.79**	**236.74**	**214.18**	**90.47**	**22.96**
占合计%			**15.89**			**21.31**	**24.58**		
1980	127.58	90.59	35.36	27.72	90.44	31.98	31.39	98.16	34.65
1981	127.38	91.46	26.60	20.88	71.84	19.11	18.81	98.43	20.57
1982	127.36	93.19	33.94	26.65	33.29	11.30	9.68	85.66	10.39
1983	127.35	93.75	36.64	28.77	90.75	33.25	31.57	94.95	33.67
1984	127.35	96.16	43.10	33.84	107.29	46.24	44.88	97.06	46.67
1985	127.33	91.34	35.75	28.08	59.92	21.42	16.34	76.28	17.89
1986	127.31	92.73	22.04	17.31	71.82	15.83	13.39	84.59	14.44
1987	127.21	93.53	27.38	21.52	72.02	19.72	17.10	86.71	18.28
1988	127.21	93.76	30.81	24.22	59.75	18.41	13.42	72.90	14.31
1989	127.17	96.34	24.90	19.58	78.23	19.48	17.60	90.35	18.27
11年小计			**256.24**	**18.38**	**76.69**	**196.50**	**76.75**	**39.06**	**6.63**
占合计%			**12.87**			**17.69**	**8.81**		
1990	127.04	102.39	27.54	21.68	92.41	25.45	19.42	76.31	18.97
1991	127.04	103.62	34.55	27.20	88.77	30.67	27.25	88.85	26.30
1992	127.05	104.60	32.10	25.27	56.42	18.11	1.69	9.33	1.62
1993	127.50	105.00	27.00	21.18	75.70	20.44	1.45	7.09	1.38
1994	126.93	105.75	30.00	23.64	100.47	30.14	9.99	33.15	9.45
1995	126.93	105.97	22.64	17.84	62.72	14.20	1.93	13.59	1.82
1996	125.70	106.23	22.55	17.94	67.18	15.15	1.09	7.19	1.03
1997	126.39	106.16	20.70	16.38	69.76	14.44	5.80	40.17	5.46
1998	126.33	106.66	15.02	11.89	77.56	11.65	5.70	48.93	5.34
1999	126.28	103.62	9.02	7.14	72.73	6.56	1.70	25.91	1.64
2000	126.87	107.77	15.12	11.92	64.09	9.69	0.73	7.53	0.68

5－22－37　河南省林县历年棉花生产收购

年　　度	耕地面积（万亩）	农业人口（万人）	棉田面积（万亩）	占耕地（%）	亩　产（市斤）	产　量（万担）	收购量（万担）	商品率（%）	人均交售（市斤）
52 年合计			**326.29**	**7.13**	**47.13**	**153.77**	**110.84**	**72.08**	**2.99**
11 年小计			**115.50**	**10.71**	**34.85**	**40.25**	**29.46**	**73.19**	**5.33**
占合计%			**35.40**			**26.18**	**26.58**		
1949	98.00	44.90	5.50	5.61	22.18	1.22			
1950	99.00	45.70	9.30	9.39	20.11	1.87	1.00	53.48	2.19
1951	99.00	47.50	9.50	9.60	28.42	2.70	1.02	37.78	2.15
1952	100.00	49.60	10.00	10.00	24.10	2.41	1.20	49.79	2.42
1953	100.00	50.70	7.60	7.60	29.21	2.22	0.87	39.19	1.72
1954	100.00	51.70	12.00	12.00	32.83	3.94	2.38	60.41	4.60
1955	100.00	50.90	12.90	12.90	30.54	3.94	2.57	65.23	5.05
1956	98.00	51.70	12.10	12.35	32.31	3.91	3.02	77.24	5.84
1957	98.00	52.90	11.40	11.63	33.07	3.77	3.34	88.59	6.31
1958	94.00	52.90	12.10	12.87	60.17	7.28	6.78	93.13	12.82
1959	92.00	54.10	13.10	14.24	53.36	6.99	7.28	104.15	13.46
10 年小计			**56.60**	**6.35**	**35.27**	**19.96**	**13.39**	**67.08**	**2.24**
占合计%			**17.35**			**12.98**	**12.08**		
1960	87.00	54.10	13.00	14.94	43.62	5.67	5.70	100.53	10.54
1961	87.00	54.20	8.40	9.66	20.83	1.75	1.10	62.86	2.03
1962	87.00	55.80	2.50	2.87	23.60	0.59	0.39	66.10	0.70
1963	87.00	57.70	5.70	6.55	26.84	1.53	0.69	45.10	1.20
1964	92.00	59.00	6.50	7.07	36.92	2.40	1.39	57.92	2.36
1965	92.00	60.50	6.00	6.52	40.50	2.43	1.31	53.91	2.17
1966	90.00	61.90	4.30	4.78	27.67	1.19	0.57	47.90	0.92
1967	90.00	63.00	1.30	1.44	41.54	0.54			
1968	90.00	64.30	3.60	4.00	43.06	1.55	0.72	46.45	1.12
1969	90.00	66.20	5.30	5.89	43.58	2.31	1.52	65.80	2.30
10 年小计			**49.00**	**5.51**	**66.06**	**32.37**	**28.84**	**89.09**	**3.89**
占合计%			**15.02**			**21.05**	**26.02**		
1970	89.00	68.80	4.90	5.51	72.24	3.54	3.54	100.00	5.15
1971	89.00	70.10	5.00	5.62	63.00	3.15	3.14	99.68	4.48
1972	89.00	71.80	5.00	5.62	52.40	2.62	2.61	99.62	3.64
1973	89.00	73.60	5.00	5.62	87.20	4.36	4.25	97.48	5.77
1974	89.00	75.00	4.90	5.51	81.84	4.01	4.01	100.00	5.35
1975	89.00	75.70	4.90	5.51	63.67	3.12	3.12	100.00	4.12
1976	89.00	75.80	5.00	5.62	49.20	2.46	1.72	69.92	2.27
1977	89.00	76.10	5.00	5.62	73.60	3.68	2.75	74.73	3.61
1978	89.00	76.70	5.00	5.62	58.60	2.93	2.13	72.70	2.78
1979	89.00	77.20	4.30	4.83	58.14	2.50	1.57	62.80	2.03
10 年小计			**48.90**	**5.75**	**46.48**	**22.73**	**22.11**	**97.27**	**2.75**
占合计%			**14.99**			**14.78**	**19.95**		
1980	88.22	78.10	5.16	5.85	7.56	0.39	2.62	*	3.35
1981	88.18	78.53	4.17	4.73	46.52	1.94	1.15	59.28	1.46
1982	88.05	79.52	5.25	5.96	9.71	0.51	0.07	13.73	0.09
1983	88.04	80.12	5.06	5.75	32.41	1.64	1.29	78.66	1.61
1984	88.04	82.87	5.00	5.68	80.80	4.04	2.98	73.76	3.60
1985	84.45	78.58	4.75	5.62	59.58	2.83	2.21	78.09	2.81
1986	82.09	81.48	4.63	5.64	60.26	2.79	4.23	151.61	5.19
1987	81.26	81.61	5.01	6.17	72.06	3.61	4.38	121.33	5.37
1988	81.09	80.58	4.89	6.03	35.79	1.75	1.34	76.57	1.66
1989	80.53	83.66	4.98	6.18	64.86	3.23	1.84	56.97	2.20
11 年小计			**56.29**	**6.51**	**68.32**	**38.46**	**17.04**	**44.31**	**1.69**
占合计%			**17.25**			**25.01**	**15.37**		
1990	80.43	88.66	5.06	6.29	74.51	3.77	2.06	54.64	2.32
1991	80.24	91.73	5.27	6.57	73.62	3.88	2.69	69.33	2.93
1992	80.10	91.10	5.15	6.43	66.21	3.41	2.12	62.17	2.33
1993	81.00	98.00	4.50	5.56	90.44	4.07	1.28	31.45	1.31
1994	79.67	91.86	4.98	6.25	101.00	5.03	2.03	40.36	2.21
1995	79.67	92.24	5.51	6.92	86.39	4.76	2.04	42.86	2.21
1996	77.46	92.76	5.54	7.15	47.11	2.61	1.37	52.49	1.48
1997	77.01	92.99	5.52	7.17	20.47	1.13	0.62	54.87	0.67
1998	76.91	93.00	5.48	7.13	58.58	3.21	1.63	50.78	1.75
1999	76.83	85.90	5.36	6.98	66.60	3.57	0.80	22.41	0.93
2000	75.90	88.16	3.92	5.16	77.04	3.02	0.40	13.25	0.45

5－22－38　河南省内黄县历年棉花生产收购

年　度	耕地面积（万亩）	农业人口（万人）	棉田面积（万亩）	占耕地（%）	亩　产（市斤）	产　量（万担）	收购量（万担）	商品率（%）	人均交售（市斤）
52 年合计			**684.73**	**23.14**	**116.55**	**798.07**	**391.28**	**49.03**	**22.66**
11 年小计									
占合计%									
1949									
1950									
1951									
1952									
1953									
1954									
1955									
1956									
1957									
1958									
1959									
10 年小计									
占合计%									
1960									
1961									
1962									
1963									
1964									
1965									
1966									
1967									
1968									
1969									
10 年小计			**63.58**	**6.50**	**42.64**	**27.11**			
占合计%			**9.29**			**3.40**			
1970	97.72	43.80	7.66	7.84	28.98	2.22			
1971	95.70	44.51	6.58	6.88	24.77	1.63			
1972	100.55	45.83	6.37	6.34	28.73	1.83			
1973	97.55	47.30	6.97	7.15	44.76	3.12			
1974	100.41	48.34	7.42	7.39	45.15	3.35			
1975	100.41	49.28	7.41	7.38	41.97	3.11			
1976	97.54	50.03	7.82	8.02	21.48	1.68			
1977	98.35	50.59	7.92	8.05	32.83	2.60			
1978	95.75	51.22	2.63	2.75	266.16	7.00			
1979	94.02	51.75	2.80	2.98	20.36	0.57			
10 年小计			**243.54**	**25.92**	**112.06**	**272.91**	**244.64**	**89.64**	**44.16**
占合计%			**35.57**			**34.20**	**62.52**		
1980	94.02	52.37	4.62	4.91	45.02	2.08			
1981	94.02	53.08	5.77	6.14	51.47	2.97			
1982	94.02	53.66	11.20	11.91	78.57	8.80			
1983	94.02	54.72	16.44	17.49	123.91	20.37	18.00	88.37	32.89
1984	94.13	54.84	43.00	45.68	117.44	50.50	45.00	89.11	82.06
1985	94.08	55.07	24.01	25.52	101.83	24.45	23.40	95.71	42.49
1986	93.96	56.08	23.48	24.99	111.71	26.23	26.00	99.12	46.36
1987	93.81	57.12	33.91	36.15	119.14	40.40	39.26	97.18	68.73
1988	93.80	57.92	42.21	45.00	114.12	48.17	46.18	95.87	79.73
1989	93.80	59.08	38.90	41.47	125.81	48.94	46.80	95.63	79.21
11 年小计			**377.61**	**36.26**	**131.90**	**498.05**	**146.64**	**29.44**	**21.25**
占合计%			**55.15**			**62.41**	**37.48**		
1990	93.80	61.00	41.14	43.86	141.03	58.02	33.70	58.08	55.25
1991	93.80	61.86	52.53	56.00	148.98	78.26	46.20	59.03	74.68
1992	93.60	62.37	51.16	54.66	110.57	56.57	20.35	35.97	32.63
1993	93.76	62.07	43.05	45.92	132.01	56.83	12.77	22.47	20.57
1994	93.76	62.50	40.23	42.91	137.01	55.12	11.61	21.06	18.58
1995	95.00	62.00	38.00	40.00	89.47	34.00	4.20	12.35	6.77
1996	95.00	62.00	28.00	29.47	75.00	21.00	3.30	15.71	5.32
1997	94.79	63.49	27.03	28.52	158.79	42.92	1.23	2.87	1.94
1998	95.85	63.98	27.26	28.44	163.65	44.61	5.08	11.39	7.94
1999	96.41	63.91	18.47	19.16	169.95	31.39	7.90	25.17	12.36
2000	95.75	64.91	10.74	11.22	179.98	19.33	0.30	1.55	0.46

5－22－39 河南省滑县历年棉花生产收购

年　度	耕地面积（万亩）	农业人口（万人）	棉田面积（万亩）	占耕地（%）	亩　产（市斤）	产　量（万担）	收购量（万担）	商品率（%）	人均交售（市斤）
52 年合计			**1104.65**	**11.96**	**76.68**	**847.07**	**497.76**	**58.76**	**11.63**
11 年小计			**187.15**	**8.41**	**25.62**	**47.95**	**28.77**	**60.00**	**4.12**
占合计%			**16.94**			**5.66**	**5.78**		
1949	184.80	57.64	15.38	8.32	15.15	2.33	0.02	0.86	0.03
1950	199.20	59.41	14.93	7.49	17.21	2.57	0.41	15.95	0.69
1951	199.21	62.15	16.49	8.28	16.56	2.73	0.52	19.05	0.84
1952	212.26	64.06	15.18	7.15	31.36	4.76	1.41	29.62	2.20
1953	212.28	61.81	15.23	7.17	21.54	3.28	0.49	14.94	0.79
1954	212.24	64.66	15.27	7.19	28.09	4.29	1.11	25.87	1.72
1955	212.51	65.55	15.12	7.11	30.49	4.61	2.31	50.11	3.52
1956	210.81	66.87	18.76	8.90	31.08	5.83	3.02	51.80	4.52
1957	208.82	67.21	20.80	9.96	18.99	3.95	3.51	88.86	5.22
1958	188.36	65.06	19.38	10.29	40.35	7.82	7.18	91.82	11.04
1959	183.97	64.65	20.61	11.20	28.04	5.78	8.79	152.08	13.60
10 年小计			**113.91**	**6.44**	**35.06**	**39.94**	**33.88**	**84.83**	**5.34**
占合计%			**10.31**			**4.72**	**6.81**		
1960	181.71	59.95	19.93	10.97	16.06	3.20	3.14	98.13	5.24
1961	176.69	60.03	8.39	4.75	10.73	0.90	0.62	68.89	1.03
1962	177.25	60.55	3.18	1.79	6.92	0.22	0.07	31.82	0.12
1963	177.50	61.28	4.92	2.77	3.25	0.16	0.05	31.25	0.08
1964	177.50	60.60	9.92	5.59	24.09	2.39	1.56	65.27	2.57
1965	177.50	62.57	10.04	5.66	28.88	2.90	2.06	71.03	3.29
1966	174.63	64.31	12.79	7.32	56.14	7.18	6.22	86.63	9.67
1967	176.35	65.79	14.01	7.94	57.10	8.00	6.97	87.13	10.59
1968	176.35	68.44	15.68	8.89	48.98	7.68	6.91	89.97	10.10
1969	174.61	70.59	15.05	8.62	48.57	7.31	6.28	85.91	8.90
10 年小计			**165.66**	**9.66**	**40.53**	**67.14**	**57.58**	**85.76**	**7.13**
占合计%			**15.00**			**7.93**	**11.57**		
1970	171.85	72.22	13.86	8.07	49.57	6.87	6.00	87.34	8.31
1971	171.77	74.37	15.67	9.12	33.38	5.23	4.20	80.31	5.65
1972	172.57	76.25	15.51	8.99	40.68	6.31	5.35	84.79	7.02
1973	172.57	78.61	15.75	9.13	54.98	8.66	7.34	84.76	9.34
1974	172.57	80.67	15.46	8.96	53.56	8.28	6.97	84.18	8.64
1975	172.57	82.24	15.60	9.04	51.35	8.01	6.85	85.52	8.33
1976	172.57	83.69	15.78	9.14	32.26	5.09	4.22	82.91	5.04
1977	169.54	85.27	15.78	9.31	36.88	5.82	4.92	84.54	5.77
1978	169.54	86.63	22.46	13.25	37.18	8.35	7.13	85.39	8.23
1979	169.54	87.79	19.79	11.67	22.84	4.52	4.60	101.77	5.24
10 年小计			**271.31**	**16.38**	**98.95**	**268.45**	**213.76**	**79.63**	**22.57**
占合计%			**24.56**			**31.69**	**42.94**		
1980	166.02	89.05	22.31	13.44	53.97	12.04	1.33	11.05	1.49
1981	165.95	90.42	22.47	13.54	34.98	7.86	8.58	109.16	9.49
1982	165.95	91.84	22.63	13.64	57.00	12.90	14.55	112.79	15.84
1983	165.95	92.92	24.26	14.62	111.01	26.93	32.00	118.83	34.44
1984	165.87	93.70	43.15	26.01	124.54	53.74	45.94	85.49	49.03
1985	165.90	94.46	23.45	14.14	100.00	23.45	15.36	65.50	16.26
1986	165.85	96.05	19.37	11.68	108.00	20.92	17.00	81.26	17.70
1987	165.50	97.84	24.88	15.03	102.01	25.38	26.64	104.96	27.23
1988	165.00	99.48	36.21	21.95	122.01	44.18	24.76	56.04	24.89
1989	164.80	101.26	32.58	19.77	126.00	41.05	27.60	67.24	27.26
11 年小计			**366.62**	**19.59**	**115.54**	**423.59**	**163.77**	**38.66**	**13.73**
占合计%			**33.19**			**50.01**	**32.90**		
1990	164.37	104.97	39.13	23.81	133.99	52.43	33.87	64.60	32.27
1991	170.89	107.26	58.98	34.51	138.00	81.39	63.99	78.62	59.66
1992	170.60	107.74	59.90	35.11	87.70	52.53	18.00	34.27	16.71
1993	170.49	107.08	38.95	22.85	102.00	39.73	6.00	15.10	5.60
1994	170.35	107.93	40.50	23.77	118.10	47.83	14.00	29.27	12.97
1995	170.20	107.68	43.08	25.31	84.01	36.19	5.86	16.19	5.44
1996	170.00	107.50	21.68	12.75	111.58	24.19	4.00	16.54	3.72
1997	170.06	109.00	21.80	12.82	135.55	29.55	5.68	19.22	5.21
1998	171.35	109.95	15.36	8.96	136.91	21.03	6.56	31.19	5.97
1999	172.36	110.20	10.68	6.20	140.54	15.01	5.70	37.97	5.17
2000	171.18	113.42	16.56	9.67	143.18	23.71	0.11	0.46	0.10

5-22-40　河南省汤阴县历年棉花生产收购

年　　度	耕地面积（万亩）	农业人口（万人）	棉田面积（万亩）	占耕地（%）	亩　产（市斤）	产　量（万担）	收购量（万担）	商品率（%）	人均交售（市斤）
52年合计			**953.20**	**24.05**	**55.10**	**525.17**	**449.12**	**85.52**	**27.80**
11年小计			**314.01**	**23.91**	**35.21**	**110.55**	**98.02**	**88.67**	**28.58**
占合计%			**32.94**			**21.05**	**21.82**		
1949	71.00	16.90	3.75	5.28	19.73	0.74	0.74	100.00	4.38
1950	103.99	26.85	15.73	15.13	27.02	4.25	2.06	48.47	7.67
1951	104.65	27.06	31.03	29.65	20.01	6.21	4.71	75.85	17.41
1952	107.14	26.52	25.94	24.21	38.32	9.94	6.93	69.72	26.13
1953	99.46	26.13	19.54	19.65	34.70	6.78	5.43	80.09	20.78
1954	149.01	38.98	38.34	25.73	37.40	14.34	10.60	73.92	27.19
1955	150.28	38.95	41.11	27.36	30.97	12.73	11.06	86.88	28.40
1956	150.72	33.60	39.88	26.46	21.39	8.53	6.41	75.15	19.08
1957	136.30	37.36	27.67	20.30	40.91	11.32	10.89	96.20	29.15
1958	123.24	35.45	33.91	27.52	45.95	15.58	17.12	109.88	48.29
1959	117.72	35.12	37.11	31.52	54.24	20.13	22.07	109.64	62.84
10年小计			**203.09**	**27.11**	**38.57**	**78.34**	**75.51**	**96.39**	**29.26**
占合计%			**21.31**			**14.92**	**16.81**		
1960	120.36	35.39	37.06	30.79	34.11	12.64	13.27	104.98	37.50
1961	103.11	32.27	11.36	11.02	16.37	1.86	1.69	90.86	5.24
1962	63.55	21.70	10.29	16.19	16.03	1.65	1.58	95.76	7.28
1963	66.01	22.50	17.17	26.01	4.89	0.84	0.69	82.14	3.07
1964	66.01	22.60	22.39	33.92	39.71	8.89	8.80	98.99	38.94
1965	66.01	23.30	22.14	33.54	48.15	10.66	9.71	91.09	41.67
1966	66.01	24.00	22.71	34.40	51.65	11.73	11.35	96.76	47.29
1967	66.01	24.40	22.76	34.48	44.95	10.23	9.49	92.77	38.89
1968	66.01	25.50	18.89	28.62	59.71	11.28	10.80	95.74	42.35
1969	66.01	26.40	18.32	27.75	46.72	8.56	8.13	94.98	30.80
10年小计			**166.91**	**25.72**	**50.63**	**84.51**	**80.69**	**95.48**	**26.93**
占合计%			**17.51**			**16.09**	**17.97**		
1970	66.00	27.20	18.13	27.47	48.81	8.85	8.50	96.05	31.25
1971	66.00	27.70	16.85	25.53	51.04	8.60	8.21	95.47	29.64
1972	66.00	28.30	17.40	26.36	39.54	6.88	6.37	92.59	22.51
1973	66.00	29.20	17.81	26.98	60.53	10.78	10.57	98.05	36.20
1974	65.00	29.90	16.69	25.68	58.12	9.70	9.09	93.71	30.40
1975	64.00	30.60	17.10	26.72	60.41	10.33	9.81	94.97	32.06
1976	64.00	31.00	15.59	24.36	46.38	7.23	7.25	100.28	23.39
1977	64.00	31.50	15.64	24.44	53.39	8.35	7.89	94.49	25.05
1978	64.00	32.00	16.27	25.42	47.76	7.77	7.28	93.69	22.75
1979	64.00	32.20	15.43	24.11	39.01	6.02	5.72	95.02	17.76
10年小计			**127.45**	**22.39**	**77.99**	**99.40**	**105.80**	**106.44**	**35.22**
占合计%			**13.37**			**18.93**	**23.56**		
1980	63.78	32.60	13.90	21.79	87.77	12.20	12.09	99.10	37.09
1981	63.68	32.60	14.03	22.03	56.09	7.87	7.77	98.73	23.83
1982	63.63	32.95	13.90	21.85	44.03	6.12	4.69	76.63	14.23
1983	63.62	32.94	14.04	22.07	100.21	14.07	13.71	97.44	41.62
1984	63.59	32.95	22.35	35.15	101.39	22.66	21.85	96.43	66.31
1985	63.58	33.39	15.68	24.66	55.68	8.73	12.63	144.67	37.83
1986	62.77	33.53	0.01	0.02	100.00	0.01			
1987									
1988	62.30	34.40	17.82	28.60	74.41	13.26	16.23	122.40	47.18
1989	62.34	35.06	15.72	25.22	92.11	14.48	16.83	116.23	48.00
11年小计			**141.74**	**20.76**	**107.50**	**152.37**	**89.10**	**58.48**	**21.50**
占合计%			**14.87**			**29.01**	**19.84**		
1990	62.33	35.96	16.20	25.99	112.84	18.28	18.65	102.02	51.86
1991	62.29	36.56	17.92	28.77	117.86	21.12	20.83	98.63	56.97
1992	62.25	38.00	17.85	28.67	78.77	14.06	12.60	89.62	33.16
1993	61.50	38.00	16.25	26.42	106.28	17.27	6.06	35.09	15.95
1994	62.22	38.01	13.10	21.05	89.24	11.69	7.12	60.91	18.73
1995	62.05	37.63	15.26	24.59	82.90	12.65	4.03	31.86	10.71
1996	62.06	37.65	10.22	16.47	90.90	9.29	3.58	38.54	9.51
1997	62.06	37.70	8.96	14.44	117.19	10.50	1.44	13.71	3.82
1998	62.03	37.89	10.62	17.12	126.08	13.39	7.95	59.37	20.98
1999	62.01	38.74	5.70	9.19	150.00	8.55	4.38	51.23	11.31
2000	62.03	38.36	9.66	15.57	161.18	15.57	2.46	15.80	6.41

5－22－41　河南省鄢陵县历年棉花生产收购

年　度	耕地面积（万亩）	农业人口（万人）	棉田面积（万亩）	占耕地（%）	亩　产（市斤）	产　量（万担）	收购量（万担）	商品率（%）	人均交售（市斤）
52 年合计			**818.45**	**28.32**	**119.78**	**980.36**	**540.18**	**55.10**	**34.75**
11 年小计									
占合计%									
1949									
1950									
1951									
1952									
1953									
1954									
1955									
1956									
1957									
1958									
1959									
10 年小计									
占合计%									
1960									
1961									
1962									
1963									
1964									
1965									
1966									
1967									
1968									
1969									
10 年小计			**88.71**	**9.30**	**82.10**	**72.83**	**61.36**	**84.25**	**14.12**
占合计%			**10.84**			**7.43**	**11.36**		
1970	96.77	39.46	9.00	9.30	103.00	9.27	8.42	90.83	21.34
1971	98.16	40.36	8.55	8.71	92.98	7.95	6.70	84.28	16.60
1972	97.70	41.47	9.01	9.22	87.01	7.84	7.07	90.18	17.05
1973	97.70	42.59	9.05	9.26	87.96	7.96	7.07	88.82	16.60
1974	96.73	43.40	9.02	9.32	68.96	6.22	5.47	87.94	12.60
1975	94.47	44.20	9.10	9.63	77.36	7.04	6.33	89.91	14.32
1976	94.21	44.77	8.72	9.26	71.44	6.23	4.83	77.53	10.79
1977	92.38	45.52	8.76	9.48	60.96	5.34	3.77	70.60	8.28
1978	92.94	46.16	8.14	8.76	84.03	6.84	5.49	80.26	11.89
1979	92.73	46.63	9.36	10.09	86.97	8.14	6.21	76.29	13.32
10 年小计			**264.32**	**28.61**	**116.40**	**307.68**	**209.32**	**68.03**	**41.88**
占合计%			**32.30**			**31.38**	**38.75**		
1980	92.73	47.31	13.40	14.45	157.01	21.04	18.59	88.36	39.29
1981	92.74	48.18	14.40	15.53	114.03	16.42	12.82	78.08	26.61
1982	92.70	48.83	13.90	14.99	108.99	15.15	12.88	85.02	26.38
1983	92.65	49.16	20.63	22.27	123.99	25.58	22.69	88.70	46.16
1984	92.26	49.50	38.62	41.86	96.01	37.08	28.87	77.86	58.32
1985	92.21	49.73	33.57	36.41	108.01	36.26	22.57	62.24	45.39
1986	92.20	50.33	30.41	32.98	80.01	24.33	14.82	60.91	29.45
1987	92.18	51.49	29.96	32.50	137.98	41.34	26.49	64.08	51.45
1988	92.18	50.75	33.60	36.45	151.99	51.07	29.82	58.39	58.76
1989	92.16	54.53	35.83	38.88	109.99	39.41	19.77	50.16	36.26
11 年小计			**465.42**	**45.98**	**128.88**	**599.85**	**269.50**	**44.93**	**43.47**
占合计%			**56.87**			**61.19**	**49.89**		
1990	92.15	54.69	35.21	38.21	132.01	46.48	31.37	67.49	57.36
1991	92.13	55.14	36.20	39.29	141.99	51.40	41.28	80.31	74.86
1992	92.12	55.42	38.10	41.36	100.00	38.10	35.68	93.65	64.38
1993	92.10	55.55	36.89	40.05	138.00	50.91	26.64	52.33	47.96
1994	92.04	55.76	45.00	48.89	101.00	45.45	19.63	43.19	35.20
1995	92.03	55.41	50.00	54.33	120.00	60.00	27.00	45.00	48.73
1996	92.03	55.47	53.00	57.59	127.92	67.80	30.00	44.25	54.08
1997	92.00	60.70	50.39	54.77	145.86	73.50	20.11	27.36	33.13
1998	91.98	60.70	43.01	46.76	151.96	65.36	16.74	25.61	27.58
1999	91.65	55.60	40.88	44.60	140.04	57.25	13.71	23.95	24.66
2000	91.91	55.49	36.74	39.97	118.67	43.60	7.34	16.83	13.23

5－22－42　河南省濮阳县历年棉花生产收购

年　度	耕地面积（万亩）	农业人口（万人）	棉田面积（万亩）	占耕地（%）	亩　产（市斤）	产　量（万担）	收购量（万担）	商品率（%）	人均交售（市斤）
52 年合计			**705.95**	**8.50**	**57.78**	**407.87**	**227.41**	**55.76**	**5.76**
11 年小计			**162.87**	**7.19**	**35.43**	**57.71**	**39.40**	**68.27**	**5.62**
占合计%			**23.07**			**14.15**	**17.33**		
1949	217.00	57.60	11.07	5.10	23.04	2.55			
1950	213.80	58.60	11.30	5.29	25.13	2.84	1.85	65.14	3.16
1951	219.50	58.80	14.10	6.42	29.72	4.19	1.38	32.94	2.35
1952	219.80	63.30	14.50	6.60	30.00	4.35	1.52	34.94	2.40
1953	214.10	62.70	10.80	5.04	17.04	1.84	1.23	66.85	1.96
1954	214.10	64.70	12.10	5.65	24.88	3.01	1.66	55.15	2.57
1955	210.90	66.10	14.50	6.88	30.07	4.36	2.12	48.62	3.21
1956	210.70	67.00	16.60	7.88	34.64	5.75	4.10	71.30	6.12
1957	208.80	68.30	18.00	8.62	42.44	7.64	5.82	76.18	8.52
1958	157.80	63.60	19.40	12.29	55.26	10.72	9.96	92.91	15.66
1959	180.00	69.90	20.50	11.39	51.02	10.46	9.76	93.31	13.96
10 年小计			**81.56**	**4.66**	**29.92**	**24.40**	**17.85**	**73.16**	**2.53**
占合计%			**11.55**			**5.98**	**7.85**		
1960	181.60	65.40	15.90	8.76	21.07	3.35	3.50	104.48	5.35
1961	176.00	66.20	3.00	1.70	17.00	0.51	0.24	47.06	0.36
1962	176.10	68.80	2.10	1.19	16.67	0.35	0.06	17.14	0.09
1963	176.00	69.50	6.96	3.95	3.74	0.26	0.06	23.08	0.09
1964	176.00	67.80	8.51	4.84	23.38	1.99	1.19	59.80	1.76
1965	173.00	70.30	6.32	3.65	28.64	1.81	0.96	53.04	1.37
1966	173.00	71.20	8.34	4.82	33.93	2.83	2.08	73.50	2.92
1967	172.00	72.80	8.00	4.65	43.63	3.49	2.77	79.37	3.80
1968	172.00	75.20	11.63	6.76	42.56	4.95	3.71	74.95	4.93
1969	173.00	78.10	10.80	6.24	45.00	4.86	3.28	67.49	4.20
10 年小计			**117.88**	**6.84**	**33.76**	**39.80**	**29.37**	**73.79**	**3.38**
占合计%			**16.70**			**9.76**	**12.91**		
1970	173.00	80.00	11.85	6.85	34.09	4.04	2.70	66.83	3.38
1971	172.00	80.50	16.06	9.34	22.35	3.59	2.55	71.03	3.17
1972	173.00	82.80	13.35	7.72	33.56	4.48	3.22	71.88	3.89
1973	173.00	85.20	13.47	7.79	35.49	4.78	3.60	75.31	4.23
1974	173.00	87.30	10.50	6.07	45.71	4.80	3.63	75.63	4.16
1975	172.58	88.75	12.00	6.95	38.00	4.56	3.67	80.48	4.14
1976	173.00	89.70	10.80	6.24	23.06	2.49	1.87	75.10	2.08
1977	173.00	90.90	11.41	6.60	38.83	4.43	3.59	81.04	3.95
1978	173.00	91.90	11.09	6.41	36.70	4.07	2.85	70.02	3.10
1979	168.00	92.30	7.35	4.38	34.83	2.56	1.69	66.02	1.83
10 年小计			**97.41**	**8.79**	**82.52**	**80.38**	**61.24**	**76.19**	**9.61**
占合计%			**13.80**			**19.71**	**26.93**		
1980	167.82	92.97	11.22	6.69	60.07	6.74	5.27	78.19	5.67
1981	167.82	91.93	11.64	6.94	53.18	6.19	4.82	77.87	5.24
1982	167.73	94.80	14.85	8.85	60.67	9.01	7.87	87.35	8.30
1983	167.73	94.80	15.09	9.00	90.59	13.67	11.41	83.47	12.04
1984	167.73	94.80	22.37	13.34	99.73	22.31	17.90	80.23	18.88
1985									
1986									
1987									
1988	134.90	83.10	11.36	8.42	98.42	11.18	7.21	64.49	8.68
1989	134.65	85.02	10.88	8.08	103.68	11.28	6.76	59.93	7.95
11 年小计			**246.23**	**16.89**	**83.49**	**205.58**	**79.55**	**38.70**	**7.68**
占合计%			**34.88**			**50.40**	**34.98**		
1990	134.08	89.69	11.78	8.79	113.92	13.42	9.15	68.18	10.20
1991	133.94	92.29	31.91	23.82	119.62	38.17	23.74	62.20	25.72
1992	133.20	96.00	36.75	27.59	44.00	16.17	9.02	55.78	9.40
1993	133.50	93.00	38.00	28.46	31.58	12.00	2.74	22.83	2.95
1994	132.54	93.58	19.95	15.05	81.80	16.32	9.08	55.64	9.70
1995	132.00	94.35	26.51	20.08	94.38	25.02	10.15	40.57	10.76
1996	131.96	94.82	20.13	15.25	117.34	23.62	4.02	17.02	4.24
1997	131.93	94.85	21.71	16.46	81.99	17.80	3.28	18.43	3.46
1998	131.75	95.29	14.27	10.83	104.98	14.98	5.46	36.45	5.73
1999	131.58	96.06	12.72	9.67	125.94	16.02	0.98	6.12	1.02
2000	131.57	96.54	12.50	9.50	96.48	12.06	1.93	16.00	2.00

5-22-43 河南省清丰县历年棉花生产收购

年　度	耕地面积（万亩）	农业人口（万人）	棉田面积（万亩）	占耕地（%）	亩　产（市斤）	产　量（万担）	收购量（万担）	商品率（%）	人均交售（市斤）
52 年合计			**718.86**	**15.68**	**69.43**	**499.08**	**320.08**	**64.13**	**13.56**
11 年小计			**144.78**	**13.99**	**50.86**	**73.64**	**55.50**	**75.37**	**15.13**
占合计%			**20.14**			**14.76**	**17.34**		
1949									
1950	108.00	34.60	11.40	10.56	29.56	3.37	1.71	50.74	4.94
1951	109.40	35.20	13.00	11.88	48.85	6.35	8.30	130.71	23.58
1952	109.30	35.60	13.60	12.44	39.34	5.35	1.75	32.71	4.92
1953	106.80	34.70	8.74	8.18	19.22	1.68	1.43	85.12	4.12
1954	106.80	36.10	10.69	10.01	33.49	3.58	1.30	36.31	3.60
1955	106.50	37.10	13.67	12.84	40.97	5.60	3.12	55.71	8.41
1956	107.10	37.60	16.74	15.63	43.01	7.20	6.49	90.14	17.26
1957	106.70	38.20	19.49	18.27	54.08	10.54	8.41	79.79	22.02
1958	87.00	39.20	17.45	20.06	102.98	17.97	12.89	71.73	32.88
1959	87.00	38.60	20.00	22.99	60.00	12.00	10.10	83.42	26.17
10 年小计			**148.08**	**17.00**	**30.35**	**44.94**	**31.63**	**70.38**	**8.11**
占合计%			**20.60**			**9.00**	**9.88**		
1960	87.00	37.23	16.60	19.08	38.92	6.46	6.06	93.81	16.28
1961	87.14	37.87	43.82	50.29	13.24	5.80	0.42	7.24	1.11
1962	87.18	38.72	23.27	26.69	16.03	3.73	0.19	5.09	0.49
1963	87.10	38.20	3.41	3.92	12.32	0.42	0.14	33.33	0.37
1964	87.10	37.50	8.25	9.47	40.48	3.34	2.27	67.96	6.05
1965	87.10	38.50	14.60	16.76	43.97	6.42	5.74	89.41	14.91
1966	87.10	39.10	12.13	13.93	41.30	5.01	4.72	94.21	12.07
1967	87.10	39.90	8.00	9.18	49.38	3.95	3.55	89.87	8.90
1968	87.10	41.00	9.00	10.33	58.00	5.22	4.73	90.61	11.54
1969	87.10	42.00	9.00	10.33	51.00	4.59	3.81	83.01	9.07
10 年小计			**90.65**	**10.41**	**48.22**	**43.71**	**37.59**	**86.00**	**8.12**
占合计%			**12.61**			**8.76**	**11.74**		
1970	87.10	42.90	9.04	10.38	51.99	4.70	4.10	87.23	9.56
1971	87.10	43.60	9.63	11.06	39.88	3.84	3.20	83.33	7.34
1972	87.10	44.30	8.98	10.31	49.67	4.46	3.75	84.08	8.47
1973	87.10	45.50	9.00	10.33	58.22	5.24	4.67	89.12	10.26
1974	87.10	46.30	9.00	10.33	58.78	5.29	4.57	86.39	9.87
1975	87.13	47.15	9.00	10.33	60.78	5.47	4.89	89.40	10.37
1976	87.10	47.50	9.00	10.33	34.56	3.11	2.58	82.96	5.43
1977	87.10	48.10	9.00	10.33	52.11	4.69	4.00	85.29	8.32
1978	87.10	48.70	9.00	10.33	42.22	3.80	3.05	80.26	6.26
1979	86.80	49.00	9.00	10.37	34.56	3.11	2.78	89.39	5.67
10 年小计			**161.35**	**18.67**	**95.31**	**153.79**	**131.02**	**85.19**	**25.61**
占合计%			**22.45**			**30.81**	**40.93**		
1980	86.65	49.36	10.12	11.68	86.66	8.77	8.57	97.72	17.36
1981	86.63	49.81	11.75	13.56	70.55	8.29	7.29	87.94	14.64
1982	86.48	50.50	15.52	17.95	0.77	0.12	11.03	*	21.84
1983	86.36	50.27	15.69	18.17	135.05	21.19	18.99	89.62	37.78
1984	86.33	50.81	24.27	28.11	135.97	33.00	27.49	83.30	54.10
1985	86.24	51.14	15.00	17.39	79.67	11.95	7.78	65.10	15.21
1986	86.23	51.51	15.32	17.77	82.11	12.58	8.96	71.22	17.39
1987	86.18	52.66	15.06	17.48	108.23	16.30	12.59	77.24	23.91
1988	86.85	51.80	20.61	23.73	100.34	20.68	14.95	72.29	28.86
1989	86.19	53.70	18.01	20.90	116.10	20.91	13.37	63.94	24.90
11 年小计			**174.00**	**18.42**	**105.17**	**183.00**	**64.34**	**35.16**	**10.24**
占合计%			**24.20**			**36.67**	**20.10**		
1990	86.10	55.30	18.25	21.20	114.68	20.93	12.58	60.11	22.75
1991	86.10	56.00	24.50	28.46	106.00	25.97	23.74	91.41	42.39
1992	86.10	56.50	26.10	30.31	63.98	16.70	7.46	44.67	13.20
1993	87.00	57.00	15.00	17.24	90.13	13.52	2.82	20.86	4.95
1994	86.36	56.73	15.15	17.54	102.57	15.54	3.38	21.75	5.96
1995	85.91	57.83	18.20	21.18	104.01	18.93	3.93	20.76	6.80
1996	85.69	58.21	16.01	18.68	111.93	17.92	0.30	1.67	0.52
1997	85.32	56.57	13.83	16.21	124.01	17.15	1.49	8.69	2.63
1998	85.32	56.57	8.43	9.88	131.91	11.12	7.22	64.93	12.76
1999	85.32	60.59	8.99	10.54	132.70	11.93	0.79	6.62	1.30
2000	85.32	57.12	9.54	11.18	139.31	13.29	0.63	0.63	1.10

5－22－44 河南省南乐县历年棉花生产收购

年　度	耕地面积（万亩）	农业人口（万人）	棉田面积（万亩）	占耕地（%）	亩　产（市斤）	产　量（万担）	收购量（万担）	商品率（%）	人均交售（市斤）
52 年合计			**403.35**	**12.68**	**85.21**	**343.70**	**208.97**	**60.80**	**12.53**
11 年小计			**61.90**	**8.24**	**37.64**	**23.30**	**15.40**	**66.09**	**6.43**
占合计%			**15.35**			**6.78**	**7.37**		
1949									
1950	72.90	22.40	5.40	7.41	18.52	1.00	0.20	20.00	0.89
1951	73.30	22.90	7.10	9.69	29.58	2.10	0.20	9.52	0.87
1952	73.30	24.70	3.60	4.91	30.56	1.10	0.40	36.36	1.62
1953	80.10	23.10	4.30	5.37	13.95	0.60	0.10	16.67	0.43
1954	80.10	23.70	3.50	4.37	25.71	0.90	0.20	22.22	0.84
1955	80.00	24.30	4.70	5.88	31.91	1.50	0.80	53.33	3.29
1956	79.50	24.30	7.40	9.31	27.03	2.00	1.30	65.00	5.35
1957	77.50	24.90	8.00	10.32	31.25	2.50	2.10	84.00	8.43
1958	70.50	23.90	7.20	10.21	68.06	4.90	4.30	87.76	17.99
1959	64.00	25.20	10.70	16.72	62.62	6.70	5.80	86.57	23.02
10 年小计			**27.34**	**4.27**	**32.59**	**8.91**	**6.22**	**69.81**	**2.34**
占合计%			**6.78**			**2.59**	**2.98**		
1960	64.00	24.60	9.90	15.47	40.40	4.00	3.90	97.50	15.85
1961	64.30	24.80	1.20	1.87	25.00	0.30	0.10	33.33	0.40
1962	64.30	25.20	0.70	1.09	14.29	0.10	0.05	50.00	0.20
1963	64.00	25.90	1.64	2.56	7.93	0.13	0.04	30.77	0.15
1964	64.00	26.02	3.02	4.72	16.89	0.51	0.24	47.06	0.92
1965	64.00	26.77	1.36	2.13	27.21	0.37	0.03	8.11	0.11
1966	64.00	27.32	1.07	1.67	33.64	0.36	0.03	8.33	0.11
1967	64.00	27.80	0.50	0.78	32.00	0.16	0.01	6.25	0.04
1968	64.00	28.52	3.16	4.94	41.46	1.31	0.85	64.89	2.98
1969	64.00	29.03	4.79	7.48	34.86	1.67	0.97	58.08	3.34
10 年小计			**58.30**	**9.62**	**43.16**	**25.16**	**20.05**	**79.69**	**6.21**
占合计%			**14.45**			**7.32**	**9.59**		
1970	62.00	29.80	5.10	8.23	40.98	2.09	1.36	65.07	4.56
1971	63.00	30.37	5.78	9.17	24.74	1.43	1.03	72.03	3.39
1972	63.00	30.93	6.00	9.52	46.00	2.76	1.98	71.74	6.40
1973	62.00	31.81	6.50	10.48	57.08	3.71	3.02	81.40	9.49
1974	60.00	32.53	6.00	10.00	63.33	3.80	3.21	84.47	9.87
1975	60.00	32.88	6.09	10.15	65.85	4.01	3.48	86.78	10.58
1976	60.00	33.11	6.00	10.00	23.83	1.43	1.21	84.62	3.65
1977	59.00	33.47	6.00	10.17	34.33	2.06	1.70	82.52	5.08
1978	59.00	33.90	6.42	10.88	41.90	2.69	2.12	78.81	6.25
1979	58.00	34.16	4.41	7.60	26.76	1.18	0.94	79.66	2.75
10 年小计			**117.22**	**20.09**	**111.59**	**130.80**	**107.96**	**82.54**	**29.44**
占合计%			**29.06**			**38.06**	**51.66**		
1980	58.25	34.48	4.92	8.45	76.42	3.76	4.35	115.69	12.62
1981	58.25	34.92	6.78	11.64	80.38	5.45	4.60	84.40	13.17
1982	58.27	35.80	10.68	18.33	76.59	8.18	7.40	90.46	20.67
1983	58.27	35.97	9.76	16.75	125.41	12.24	11.17	91.26	31.05
1984	58.26	36.57	15.10	25.92	131.79	19.90	21.08	105.93	57.64
1985	58.25	36.92	10.40	17.85	93.65	9.74	6.49	66.63	17.58
1986	58.26	37.42	8.86	15.21	107.11	9.49	8.89	93.68	23.76
1987	58.26	37.25	14.81	25.42	120.73	17.88	15.04	84.12	40.38
1988	59.26	37.90	17.97	30.32	122.87	22.08	13.94	63.13	36.78
1989	58.27	39.44	17.94	30.79	123.08	22.08	15.00	67.93	38.03
11 年小计			**138.59**	**23.14**	**112.22**	**155.53**	**59.34**	**38.15**	**12.55**
占合计%			**34.36**			**45.25**	**28.40**		
1990	58.27	40.41	18.01	30.91	122.77	22.11	15.07	68.16	37.29
1991	58.29	41.15	25.31	43.42	127.89	32.37	22.80	70.44	55.41
1992	58.35	42.80	15.15	25.96	50.23	7.61	3.75	49.28	8.76
1993	58.50	43.00	6.00	10.26	100.83	6.05	0.39	6.45	0.91
1994	57.80	42.86	16.02	27.72	101.44	16.25	4.05	24.92	9.45
1995	57.71	43.63	16.44	28.49	96.35	15.84	1.74	10.98	3.99
1996	49.85	43.84	15.48	31.05	115.50	17.88	0.18	1.01	0.41
1997	49.83	43.16	9.48	19.02	140.19	13.29	1.03	7.75	2.39
1998	49.83	43.22	5.22	10.48	146.93	7.67	4.10	4.10	9.49
1999	49.83	45.21	5.58	11.20	145.34	8.11	3.76	46.36	8.32
2000	50.72	43.55	5.90	11.63	141.53	8.35	2.47	29.58	5.67

5-22-45 河南省范县历年棉花生产收购

年　　度	耕地面积（万亩）	农业人口（万人）	棉田面积（万亩）	占耕地（%）	亩　产（市斤）	产　量（万担）	收购量（万担）	商品率（%）	人均交售（市斤）
52年合计	**2961.67**	**1613.20**	**180.96**	**6.11**	**60.46**	**109.40**	**64.30**	**58.78**	**3.99**
11年小计	**777.40**	**244.80**	**20.48**	**2.63**	**1.76**	**0.36**			
占合计%			**11.32**			**0.33**			
1949	71.60	19.30	1.38	1.93	26.09	0.36			
1950	74.80	20.80	1.91	2.55					
1951	75.00	21.00	2.88	3.84					
1952	75.60	21.30	2.03	2.69					
1953	73.00	22.10	1.43	1.96					
1954	73.90	23.00	1.51	2.04					
1955	73.40	23.50	1.89	2.57					
1956	72.60	23.60	2.32	3.20					
1957	69.30	23.60	2.12	3.06					
1958	61.00	23.30	1.31	2.15					
1959	57.20	23.30	1.70	2.97					
10年小计	**565.30**	**257.10**	**25.92**	**4.59**	**26.89**	**6.97**	**3.38**	**48.49**	**1.31**
占合计%			**14.32**			**6.37**	**5.26**		
1960	56.40	22.10	2.66	4.72					
1961	55.40	24.40	0.81	1.46					
1962	57.20	24.90	0.82	1.43					
1963	57.70	25.40	1.76	3.05	14.77	0.26			
1964	57.60	25.20	2.72	4.72	21.32	0.58	0.22	37.93	0.87
1965	57.70	25.80	1.94	3.36	34.02	0.66	0.13	19.70	0.50
1966	56.50	26.40	2.89	5.12	30.45	0.88	0.33	37.50	1.25
1967	56.30	26.90	3.60	6.39	40.00	1.44	1.10	76.39	4.09
1968	55.50	27.50	5.22	9.41	36.78	1.92	1.29	67.19	4.69
1969	55.00	28.50	3.50	6.36	35.14	1.23	0.31	25.20	1.09
10年小计	**543.98**	**314.50**	**25.27**	**4.65**	**16.98**	**4.29**	**1.48**	**34.50**	**0.47**
占合计%			**13.96**			**3.92**	**2.30**		
1970	55.70	22.70	4.21	7.56	23.04	0.97	0.50	51.55	2.20
1971	55.70	29.60	6.13	11.01	10.44	0.64	0.23	35.94	0.78
1972	55.70	30.30	3.56	6.39	17.70	0.63	0.18	28.57	0.59
1973	54.30	31.30	4.04	7.44	17.82	0.72	0.27	37.50	0.86
1974	54.00	32.10	2.33	4.31	27.90	0.65	0.16	24.62	0.50
1975	54.28	32.70	1.79	3.30	21.79	0.39	0.12	30.77	0.37
1976	53.90	33.20	1.27	2.36	7.87	0.10	0.02	20.00	0.06
1977	53.30	33.60	0.46	0.86	17.39	0.08			
1978	53.60	34.10	0.55	1.03	20.00	0.11			
1979	53.50	34.90	0.93	1.74					
10年小计	**516.84**	**363.40**	**60.48**	**11.70**	**90.79**	**54.91**	**23.65**	**43.07**	**6.51**
占合计%			**33.42**			**50.19**	**36.78**		
1980	52.99	36.96	0.94	1.77	35.11	0.33			
1981	53.01	35.11	1.52	2.87	47.37	0.72	0.67	93.06	1.91
1982	53.03	35.47	5.48	10.33	64.42	3.53	2.13	60.34	6.01
1983	52.84	35.51	6.77	12.81	96.16	6.51	4.13	63.44	11.63
1984	51.78	35.50	9.68	18.69	103.62	10.03	4.91	48.95	13.83
1985	51.44	36.25	5.55	10.79	86.49	4.80	1.77	36.88	4.88
1986	51.24	36.59	5.62	10.97	79.72	4.48	2.31	51.56	6.31
1987	51.11	37.25	7.05	13.79	103.26	7.28	3.38	46.43	9.07
1988	48.45	37.00	8.93	18.43	94.18	8.41	2.60	30.92	7.03
1989	50.95	37.76	8.94	17.55	98.66	8.82	1.75	19.84	4.63
11年小计	**558.15**	**433.40**	**48.81**	**8.74**	**87.83**	**42.87**	**35.79**	**83.48**	**8.26**
占合计%			**26.97**			**39.19**	**55.66**		
1990	50.94	38.20	8.33	16.35	93.04	7.75	23.01	*	60.24
1991	50.88	38.50	9.18	18.04	105.45	9.68	4.96	51.24	12.88
1992	51.00	38.60	10.05	19.71	58.61	5.89	2.38	40.41	6.17
1993	51.00	39.00	4.55	8.92	76.04	3.46	1.01	29.19	2.59
1994	50.78	38.76	3.20	6.30	77.81	2.49	0.91	36.55	2.35
1995	50.75	39.58	4.11	8.10	98.05	4.03	1.00	24.81	2.53
1996	50.67	39.78	1.67	3.30	70.06	1.17	0.22	18.80	0.55
1997	50.60	39.38	2.48	4.90	117.34	2.91	0.51	17.53	1.30
1998	50.55	39.48	1.82	3.60	68.68	1.25			
1999	50.50	42.40	1.89	3.74	113.23	2.14	1.62		3.82
2000	50.48	39.72	1.53	3.03	137.25	2.10	0.17	8.10	0.43

5-22-46 河南省临颍县历年棉花生产收购

年　度	耕地面积（万亩）	农业人口（万人）	棉田面积（万亩）	占耕地（%）	亩　产（市斤）	产　量（万担）	收购量（万担）	商品率（%）	人均交售（市斤）
52年合计	**4281.85**	**2416.22**	**237.46**	**5.55**	**110.86**	**263.25**	**137.47**	**52.22**	**5.69**
11年小计	**1030.00**	**370.60**	**29.20**	**2.83**	**19.21**	**5.61**	**1.37**	**24.42**	**0.37**
占合计%			**12.30**			**2.13**	**1.00**		
1949	96.20	31.90	3.60	3.74	17.22	0.62			
1950	96.50	33.00	2.90	3.01	21.72	0.63			
1951	96.50	33.10	2.50	2.59	33.20	0.83			
1952	96.50	33.20	3.60	3.73	27.22	0.98			
1953	96.50	33.30	2.50	2.59	28.00	0.70			
1954	96.60	33.50	2.40	2.48	5.83	0.14	0.05	35.71	0.15
1955	96.60	34.30	2.10	2.17	11.90	0.25	0.06	24.00	0.17
1956	93.60	34.00	2.50	2.67	2.40	0.06	0.02	33.33	0.06
1957	91.90	36.40	2.40	2.61	5.00	0.12	0.14	116.67	0.38
1958	84.80	33.10	2.30	2.71	28.26	0.65	0.54	83.08	1.63
1959	84.30	34.80	2.40	2.85	26.25	0.63	0.56	88.89	1.61
10年小计	**848.50**	**383.50**	**20.30**	**2.39**	**30.20**	**6.13**	**22.68**	**369.98**	**5.91**
占合计%			**8.55**			**2.33**	**16.50**		
1960	82.90	34.70	3.30	3.98	19.39	0.64	0.55	85.94	1.59
1961	83.90	34.70	1.00	1.19	14.00	0.14	0.55	*	1.59
1962	84.50	36.10	1.60	1.89	18.75	0.30	0.45	150.00	1.25
1963	84.60	37.60	2.10	2.48	3.81	0.08	0.03	37.50	0.08
1964	84.60	37.90	1.30	1.54	12.31	0.16	0.10	62.50	0.26
1965	85.80	38.60	1.20	1.40	6.67	0.08	0.05	62.50	0.13
1966	86.00	39.50	1.80	2.09	75.56	1.36	6.39	*	16.18
1967	85.40	40.30	2.10	2.46	64.76	1.36	6.85	*	17.00
1968	85.40	41.50	2.90	3.40	31.72	0.92	2.75	*	6.63
1969	85.40	42.60	3.00	3.51	36.33	1.09	4.96	*	11.64
10年小计	**793.60**	**471.50**	**14.56**	**1.83**	**46.84**	**6.82**	**19.43**	*	**4.12**
占合计%			**6.13**			**2.59**	**14.13**		
1970	80.70	43.70	3.10	3.84	33.87	1.05	4.47	*	10.23
1971	80.50	44.70	2.50	3.11	32.40	0.81	2.87	*	6.42
1972	80.60	45.40	2.50	3.10	49.20	1.23	5.17	*	11.39
1973	79.70	46.30	2.50	3.14	78.00	1.95	6.69	*	14.45
1974	79.40	47.10	1.05	1.32	50.48	0.53	0.14	26.42	0.30
1975	79.00	47.90	0.84	1.06	34.52	0.29			
1976	79.10	48.40	0.70	0.88	47.14	0.33			
1977	78.30	49.40	0.51	0.65	39.22	0.20			
1978	78.30	49.00	0.48	0.61	56.25	0.27	0.03	11.11	0.06
1979	78.00	49.60	0.38	0.49	42.11	0.16	0.06	37.50	0.12
10年小计	**779.51**	**533.03**	**10.49**	**1.35**	**114.87**	**12.05**	**26.67**	*	**5.00**
占合计%			**4.42**			**4.58**	**19.40**		
1980	78.25	50.45	0.13	0.17	53.85	0.07	0.98	*	1.94
1981	78.11	51.17	0.10	0.13	80.00	0.08	0.94	*	1.84
1982	78.11	52.26	0.06	0.08	66.67	0.04	0.81	*	1.55
1983	78.10	52.58	0.13	0.17	1230.77	1.60	0.02	1.25	0.04
1984	78.10	53.15	1.90	2.43	91.58	1.74	5.75	*	10.82
1985	78.07	53.51	2.12	2.72	91.98	1.95	2.80	143.59	5.23
1986	78.06	53.92	0.75	0.96	56.00	0.42	2.61	*	4.84
1987	78.04	54.69	0.62	0.79	82.26	0.51	5.55	*	10.15
1988	76.69	55.10	1.06	1.38	143.40	1.52	3.46	*	6.28
1989	77.98	56.20	3.62	4.64	113.81	4.12	3.75	91.02	6.67
11年小计	**830.24**	**657.59**	**162.91**	**19.62**	**142.80**	**232.64**	**67.32**	**28.94**	**10.24**
占合计%			**68.61**			**88.37**	**48.97**		
1990	77.97	57.70	6.00	7.70	131.50	7.89	8.10	102.66	14.04
1991	77.96	58.86	11.01	14.12	133.33	14.68	11.51	78.41	19.55
1992	77.85	59.00	14.55	18.69	117.39	17.08	11.82	69.20	20.03
1993	75.00	59.00	10.50	14.00	92.67	9.73	2.03	20.86	3.44
1994	74.58	59.86	14.28	19.15	147.27	21.03	4.90	23.30	8.19
1995	74.45	59.83	20.88	28.05	152.01	31.74	6.64	20.92	11.10
1996	74.39	60.42	18.72	25.16	153.95	28.82	3.93	13.64	6.50
1997	74.39	60.57	15.86	21.32	169.92	26.95	5.97	22.15	9.86
1998	74.39	61.02	17.07	22.95	146.05	24.93	4.32	17.33	7.08
1999	74.38	59.97	18.36	24.68	149.95	27.53	4.37	15.87	7.29
2000	74.88	61.36	15.68	20.94	141.96	22.26	3.73	16.76	6.08

5-22-47　河南省偃城县历年棉花生产收购

年　度	耕地面积（万亩）	农业人口（万人）	棉田面积（万亩）	占耕地（%）	亩　产（市斤）	产　量（万担）	收购量（万担）	商品率（%）	人均交售（市斤）
52 年合计	**5675.26**	**3375.33**	**258.70**	**4.56**	**79.45**	**205.55**	**94.40**	**45.93**	**2.80**
11 年小计	**1387.10**	**537.70**	**36.77**	**2.65**	**20.23**	**7.44**	**1.77**	**23.79**	**0.33**
占合计%			**14.21**			**3.62**	**1.88**		
1949	120.70	46.80	2.21	2.17	19.91	0.44			
1950	121.30	47.70	2.46	2.03	20.73	0.51			
1951	130.50	47.40	3.97	3.04	50.63	2.01			
1952	132.30	47.50	4.31	3.26	14.62	0.63			
1953	132.80	47.50	3.09	2.33	12.62	0.39			
1954	131.90	49.10	3.86	2.93	10.62	0.41			
1955	131.80	50.00	3.33	2.53	18.62	0.62	0.05	8.06	0.10
1956	127.60	50.40	3.57	2.80	11.20	0.40	0.03	7.50	0.06
1957	125.50	50.90	4.29	3.42	13.29	0.57	0.26	45.61	0.51
1958	118.90	49.90	2.37	1.99	28.27	0.67	0.51	76.12	1.02
1959	113.80	50.50	3.31	2.91	23.87	0.79	0.92	116.46	1.82
10 年小计	**1106.70**	**562.40**	**43.79**	**3.96**	**40.56**	**17.76**	**12.63**	**71.11**	**2.25**
占合计%			**16.93**			**8.64**	**13.38**		
1960	113.10	50.70	3.37	2.98	31.75	1.07	0.88	82.24	1.74
1961	112.40	51.30	2.43	2.16	20.58	0.50	0.09	18.00	0.18
1962	112.40	53.60	2.44	2.17	29.51	0.72	0.13	18.06	0.24
1963	110.70	55.20	3.53	3.19	10.48	0.37	0.07	18.92	0.13
1964	110.70	55.30	3.08	2.78	16.56	0.51	0.48	94.12	0.87
1965	109.80	56.40	2.12	1.93	8.96	0.19	0.18	94.74	0.32
1966	109.60	57.50	4.77	4.35	61.22	2.92	2.25	77.05	3.91
1967	109.60	58.30	6.60	6.02	53.33	3.52	2.46	69.89	4.22
1968	109.20	61.30	7.28	6.67	51.79	3.77	2.88	76.39	4.70
1969	109.20	62.80	8.17	7.48	51.29	4.19	3.21	76.61	5.11
10 年小计	**1057.20**	**676.90**	**32.10**	**3.04**	**59.81**	**19.20**	**11.91**	**62.03**	**1.76**
占合计%			**12.41**			**9.34**	**12.62**		
1970	109.00	63.70	7.52	6.90	69.95	5.26	4.02	76.43	6.31
1971	108.30	65.40	6.52	6.02	49.08	3.20	1.94	60.63	2.97
1972	106.00	65.30	6.42	6.06	70.72	4.54	2.41	53.08	3.69
1973	105.60	66.60	6.01	5.69	67.55	4.06	3.05	75.12	4.58
1974	105.50	67.60	2.39	2.27	46.86	1.12	0.46	41.07	0.68
1975	105.50	68.50	1.05	1.00	12.38	0.13	0.03	23.08	0.04
1976	104.10	68.50	0.66	0.63	34.85	0.23			
1977	104.40	69.10	0.59	0.57	45.76	0.27			
1978	104.60	70.50	0.53	0.51	45.28	0.24			
1979	104.20	71.70	0.41	0.39	36.59	0.15			
10 年小计	**1033.83**	**750.36**	**25.26**	**2.44**	**58.08**	**14.67**	**14.90**	**101.57**	**1.99**
占合计%			**9.76**			**7.14**	**15.78**		
1980	104.53	74.05	0.28	0.27	35.71	0.10			
1981	104.42	72.10	0.26	0.25	65.38	0.17			
1982	104.42	74.25	0.29	0.28	13.79	0.04	0.31	*	0.42
1983	104.03	74.78	1.54	1.48	65.58	1.01	0.51	50.50	0.68
1984	104.03	74.78	9.88	9.50	48.99	4.84	3.79	78.31	5.07
1985	103.20	74.73	6.93	6.72	53.54	3.71	2.49	67.12	3.33
1986	103.06	75.53	1.38	1.34	42.03	0.58	2.61	*	3.46
1987	102.37	76.42	1.18	1.15	87.29	1.03	1.87	181.55	2.45
1988	102.00	76.40	1.42	1.39	90.85	1.29	2.02	156.59	2.64
1989	101.77	77.32	2.10	2.06	90.48	1.90	1.30	68.42	1.68
11 年小计	**1090.43**	**847.97**	**120.78**	**11.08**	**121.28**	**146.48**	**53.19**	**36.31**	**6.27**
占合计%			**46.69**			**71.26**	**56.35**		
1990	101.58	38.61	2.54	2.50	96.06	2.44	3.02	123.77	7.82
1991	101.24	80.31	9.51	9.39	107.47	10.22	6.04	59.10	7.52
1992	100.35	80.80	11.85	11.81	91.31	10.82	7.50	69.32	9.28
1993	99.00	80.00	7.50	7.58	147.07	11.03	3.03	27.47	3.79
1994	98.91	80.27	11.87	12.00	132.86	15.77	4.86	30.82	6.05
1995	98.69	80.62	12.33	12.49	152.88	18.85	0.62	3.29	0.77
1996	98.33	80.98	11.91	12.11	153.23	18.25	1.96	10.74	2.42
1997	98.18	81.25	12.23	12.46	157.32	19.24	4.86	25.26	5.98
1998	98.15	81.62	8.65	8.81	156.07	13.50	7.89	58.44	9.67
1999	98.11	81.93	23.73	24.19	56.30	13.36	4.54	33.98	5.54
2000	97.89	81.58	8.66	8.85	150.12	13.00	8.87	68.23	10.87

5－22－48　河南省南阳市宛城区历年棉花生产收购

年　度	耕地面积（万亩）	农业人口（万人）	棉田面积（万亩）	占耕地（%）	亩　产（市斤）	产　量（万担）	收购量（万担）	商品率（%）	人均交售（市斤）
52年合计	**8265.99**	**3876.78**	**1625.73**	**19.67**	**97.29**	**1581.65**	**1352.17**	**85.49**	**34.88**
11年小计	**1919.95**	**598.11**	**89.89**	**4.68**	**30.94**	**27.81**	**24.05**	**86.48**	**4.02**
占合计%			**5.53**			**1.76**	**1.78**		
1949									
1950	193.77	57.09	4.65	2.40	13.33	0.62	0.01	1.61	0.02
1951	193.85	58.17	5.12	2.64	13.48	0.69	0.31	44.93	0.53
1952	194.95	58.29	7.76	3.98	7.86	0.61	0.17	27.87	0.29
1953	194.99	59.81	6.95	3.56	15.83	1.10	0.07	6.36	0.12
1954	195.35	60.88	7.40	3.79	14.05	1.04	0.56	53.85	0.92
1955	195.05	61.79	7.58	3.89	15.04	1.14	0.75	65.79	1.21
1956	194.95	62.42	8.70	4.46	29.66	2.58	1.35	52.33	2.16
1957	194.22	62.51	10.66	5.49	43.90	4.68	5.08	108.55	8.13
1958	187.04	55.69	13.71	7.33	57.99	7.95	8.61	108.30	15.46
1959	175.78	61.46	17.36	9.88	42.63	7.40	7.14	96.49	11.62
10年小计	**1714.81**	**650.30**	**161.68**	**9.43**	**52.26**	**84.49**	**74.57**	**88.26**	**11.47**
占合计%			**9.95**			**5.34**	**5.51**		
1960	176.79	59.68	18.76	10.61	42.16	7.91	7.55	95.45	12.65
1961	174.23	60.39	9.98	5.73	28.36	2.83	1.79	63.25	2.96
1962	175.28	62.37	10.18	5.81	20.24	2.06	1.42	68.93	2.28
1963	171.78	62.53	12.62	7.35	28.21	3.56	2.81	78.93	4.49
1964	171.96	62.66	13.50	7.85	34.30	4.63	3.81	82.29	6.08
1965	170.34	64.55	13.23	7.77	51.17	6.77	5.79	85.52	8.97
1966	169.20	66.72	19.47	11.51	63.38	12.34	11.47	92.95	17.19
1967	169.10	68.22	20.89	12.35	80.52	16.82	15.20	90.37	22.28
1968	168.65	70.37	21.54	12.77	58.91	12.69	10.87	85.66	15.45
1969	167.48	72.81	21.51	12.84	69.18	14.88	13.86	93.15	19.04
10年小计	**1653.09**	**825.14**	**294.29**	**17.80**	**84.45**	**248.52**	**235.00**	**94.56**	**28.48**
占合计%			**18.10**			**15.71**	**17.38**		
1970	166.20	74.65	19.47	11.71	94.20	18.34	16.87	91.98	22.60
1971	166.26	75.93	21.56	12.97	72.63	15.66	14.32	91.44	18.86
1972	166.36	77.68	21.07	12.67	61.18	12.89	11.64	90.30	14.98
1973	166.08	80.02	21.00	12.64	88.29	18.54	18.25	98.44	22.81
1974	165.63	82.03	20.53	12.40	86.90	17.84	16.22	90.92	19.77
1975	165.13	83.44	20.32	12.31	99.80	20.28	20.77	102.42	24.89
1976	165.19	85.01	30.14	18.25	89.88	27.09	25.38	93.69	29.86
1977	164.96	86.99	30.05	18.22	84.39	25.36	23.80	93.85	27.36
1978	163.72	88.22	55.03	33.61	89.42	49.21	46.83	95.16	53.08
1979	163.56	91.17	55.12	33.70	78.57	43.31	40.92	94.48	44.88
10年小计	**1621.94**	**955.89**	**547.35**	**33.75**	**100.29**	**548.92**	**535.73**	**97.60**	**56.05**
占合计%			**33.67**			**34.71**	**39.62**		
1980	163.00	92.00	55.00	33.74	90.95	50.02	47.82	95.60	51.98
1981	163.50	93.40	50.10	30.64	103.01	51.61	50.13	97.13	53.67
1982	162.20	94.10	54.77	33.77	47.00	25.74	24.91	96.78	26.47
1983	162.19	95.28	54.67	33.71	122.48	66.96	66.76	99.70	70.07
1984	162.10	95.80	56.37	34.77	131.51	74.13	75.26	101.52	78.56
1985	162.00	95.40	53.31	32.91	123.17	65.66	60.41	92.00	63.32
1986	161.92	96.40	50.93	31.45	120.38	61.31	56.28	91.80	58.38
1987	161.84	96.40	56.14	34.69	120.79	67.81	61.08	90.08	63.36
1988	161.62	98.04	58.66	36.30	83.33	48.88	65.08	133.14	66.38
1989	161.57	99.07	57.40	35.53	64.11	36.80	28.00	76.09	28.26
11年小计	**1356.20**	**847.34**	**532.52**	**39.27**	**126.18**	**671.91**	**482.82**	**71.86**	**56.98**
占合计%			**32.76**			**42.48**	**35.71**		
1990	161.37	103.20	56.26	34.86	111.00	62.45	56.81	90.97	55.05
1991	161.25	104.24	60.40	37.46	109.07	65.88	62.92	95.51	60.36
1992	161.25	104.34	58.40	36.22	115.46	67.43	66.18	98.15	63.43
1993	160.80	104.30	56.40	35.07	92.66	52.26	48.50	92.81	46.50
1994	160.80	104.30	40.00	24.88	117.60	47.04	45.00	95.66	43.14
1995	93.73	51.60	40.00	42.68	150.00	60.00	47.00	78.33	91.09
1996	93.73	51.60	42.00	44.81	134.29	56.40	42.00	74.47	81.40
1997	90.66	56.27	48.39	53.38	169.99	82.26	49.97	60.75	88.80
1998	90.57	55.88	45.71	50.47	165.30	75.56	29.71	39.32	53.17
1999	90.53	55.50	43.11	47.62	123.57	53.27	19.95	37.45	35.95
2000	91.51	56.11	41.85	45.73	117.95	49.36	14.78	29.94	26.34

5－22－49　河南省邓州市历年棉花生产收购

年　度	耕地面积（万亩）	农业人口（万人）	棉田面积（万亩）	占耕地（％）	亩　产（市斤）	产　量（万担）	收购量（万担）	商品率（％）	人均交售（市斤）
52 年合计	**12287.33**	**5367.67**	**1276.99**	**10.39**	**67.52**	**862.25**	**648.61**	**75.22**	**12.08**
11 年小计	**2067.63**	**600.14**	**210.23**	**10.17**	**24.05**	**50.55**	**39.77**	**78.67**	**6.63**
占合计%			**16.46**			**5.86**	**6.13**		
1949									
1950									
1951									
1952									
1953	296.78	80.95	30.64	10.32	17.00	5.21	2.99	57.39	3.69
1954	297.29	82.79	31.48	10.59	13.66	4.30	1.99	46.28	2.40
1955	295.73	84.45	28.54	9.62	13.91	3.97	1.67	42.07	1.98
1956	297.73	85.87	30.22	10.15	20.62	6.23	4.55	73.03	5.30
1957	293.62	87.32	28.84	9.66	41.99	12.11	11.35	93.72	13.00
1958	290.59	88.66	30.37	10.45	40.24	12.22	12.22	100.00	13.78
1959	289.89	90.10	30.14	10.40	21.60	6.51	5.00	76.80	5.55
10 年小计	**2705.17**	**946.03**	**203.82**	**7.53**	**28.65**	**58.39**	**49.46**	**84.71**	**5.23**
占合计%			**15.96**			**6.77**	**7.63**		
1960	288.40	86.72	23.70	8.22	26.12	6.19	6.19	100.00	7.14
1961	289.45	88.98	14.08	4.86	8.24	1.16	0.83	71.55	0.93
1962	284.32	92.44	8.98	3.16	8.80	0.79	0.61	77.22	0.66
1963	264.00	94.39	15.00	5.68	10.60	1.59	0.75	47.17	0.79
1964	264.00	94.60	24.52	9.29	22.15	5.43	4.34	79.93	4.59
1965	264.00	95.10	22.60	8.56	32.61	7.37	6.17	83.72	6.49
1966	264.00	96.40	28.90	10.95	33.01	9.54	9.12	95.60	9.46
1967	262.50	97.90	22.56	8.59	38.96	8.79	7.53	85.67	7.69
1968	262.50	99.20	21.25	8.10	45.88	9.75	7.55	77.44	7.61
1969	262.00	100.30	22.23	8.48	35.00	7.78	6.37	81.88	6.35
10 年小计	**2532.10**	**1107.10**	**185.46**	**7.32**	**54.45**	**100.99**	**85.43**	**84.59**	**7.72**
占合计%			**14.52**			**11.71**	**13.17**		
1970	261.00	102.00	21.15	8.10	43.31	9.16	8.14	88.86	7.98
1971	260.40	104.50	21.14	8.12	30.32	6.41	5.28	82.37	5.05
1972	259.50	105.70	18.51	7.13	25.99	4.81	4.30	89.40	4.07
1973	258.10	107.80	17.73	6.87	41.12	7.29	6.30	86.42	5.84
1974	254.00	109.10	18.30	7.20	58.47	10.70	9.50	88.79	8.71
1975	252.10	111.40	19.01	7.54	68.96	13.11	11.99	91.46	10.76
1976	250.20	113.60	18.93	7.57	50.18	9.50	8.26	86.95	7.27
1977	246.30	115.80	18.79	7.63	58.49	10.99	10.04	91.36	8.67
1978	245.50	118.20	16.40	6.68	75.55	12.39	11.18	90.23	9.46
1979	245.00	119.00	15.50	6.33	107.29	16.63	10.44	62.78	8.77
10 年小计	**2416.62**	**1236.22**	**219.45**	**9.08**	**87.67**	**192.40**	**180.05**	**93.58**	**14.56**
占合计%			**17.18**			**22.31**	**27.76**		
1980	244.52	120.00	17.80	7.28	74.55	13.27	13.00	97.97	10.83
1981	244.52	121.88	18.20	7.44	79.34	14.44	14.14	97.92	11.60
1982	242.60	121.85	18.60	7.67	45.22	8.41	7.76	92.27	6.37
1983	242.10	122.64	18.98	7.84	125.03	23.73	23.05	97.13	18.79
1984	241.87	123.89	31.17	12.89	122.17	38.08	36.56	96.01	29.51
1985	240.96	123.94	22.90	9.50	118.78	27.20	27.20	100.00	21.95
1986	240.57	123.66	20.20	8.40	104.21	21.05	19.59	93.06	15.84
1987	239.95	124.83	22.00	9.17	115.91	25.50	20.91	82.00	16.75
1988	239.86	125.64	25.20	10.51	44.29	11.16	9.65	86.47	7.68
1989	239.67	127.89	24.40	10.18	39.18	9.56	8.19	85.67	6.40
11 年小计	**2565.81**	**1478.18**	**458.03**	**17.85**	**100.41**	**459.92**	**293.90**	**63.90**	**19.88**
占合计%			**35.87**			**53.34**	**45.31**		
1990	239.44	132.55	26.90	11.23	94.87	25.52	23.19	90.87	17.50
1991	239.44	133.15	34.80	14.53	98.39	34.24	29.76	86.92	22.35
1992	238.20	131.99	47.17	19.80	66.82	31.52	26.51	84.11	20.08
1993	224.72	133.72	31.97	14.23	62.75	20.06	19.56	97.51	14.63
1994	223.10	132.54	35.00	15.69	71.43	25.00	23.00	92.00	17.35
1995	233.70	137.00	42.00	17.97	85.00	35.70	26.50	74.23	19.34
1996	233.50	137.60	45.00	19.27	89.78	40.40	26.60	65.84	19.33
1997	233.30	133.61	51.00	21.86	136.80	69.77	42.10	60.34	31.51
1998	233.70	134.39	51.00	21.82	144.80	73.85	31.57	42.75	23.49
1999	233.80	135.16	48.80	20.87	120.41	58.76	26.94	45.85	19.93
2000	232.91	136.47	44.39	19.06	101.60	45.10	18.17	40.29	13.31

5－22－50　河南省新野县历年棉花生产收购

年　度	耕地面积（万亩）	农业人口（万人）	棉田面积（万亩）	占耕地（%）	亩　产（市斤）	产　量（万担）	收购量（万担）	商品率（%）	人均交售（市斤）
52 年合计	**5463.05**	**2648.18**	**1093.90**	**20.02**	**89.74**	**981.67**	**766.01**	**78.03**	**28.93**
11 年小计	**1229.30**	**372.70**	**144.05**	**11.72**	**31.46**	**45.32**	**40.62**	**89.63**	**10.90**
占合计%			**13.17**			**4.62**	**5.30**		
1949									
1950	125.90	34.10	7.69	6.11	18.99	1.46	1.08	73.97	3.17
1951	125.80	35.10	12.15	9.66	13.00	1.58	0.88	55.70	2.51
1952	125.70	36.20	14.23	11.32	13.98	1.99	1.48	74.37	4.09
1953	125.90	36.30	13.41	10.65	19.02	2.55	1.57	61.57	4.33
1954	125.70	37.20	13.77	10.95	18.01	2.48	1.25	50.40	3.36
1955	125.70	37.90	15.06	11.98	14.01	2.11	1.31	62.09	3.46
1956	123.50	38.60	17.20	13.93	34.01	5.85	4.15	70.94	10.75
1957	122.00	38.90	12.74	10.44	51.02	6.50	8.87	136.46	22.80
1958	117.10	39.20	18.50	15.80	78.00	14.43	13.86	96.05	35.36
1959	112.00	39.20	19.30	17.23	33.01	6.37	6.17	96.86	15.74
10 年小计	**1089.52**	**404.80**	**121.16**	**11.12**	**52.11**	**63.14**	**57.32**	**90.78**	**14.16**
占合计%			**11.08**			**6.43**	**7.48**		
1960	110.00	36.60	19.40	17.64	40.98	7.95	7.94	99.87	21.69
1961	108.92	36.60	7.99	7.34	21.03	1.68	1.10	65.48	3.01
1962	109.00	38.50	7.09	6.50	19.89	1.41	0.98	69.50	2.55
1963	110.70	39.00	10.42	9.41	19.00	1.98	1.51	76.26	3.87
1964	110.70	39.30	10.91	9.86	38.04	4.15	3.28	79.04	8.35
1965	109.20	40.40	10.69	9.79	47.99	5.13	4.48	87.33	11.09
1966	108.40	41.80	13.63	12.57	71.97	9.81	9.04	92.15	21.63
1967	108.10	42.70	15.46	14.30	67.01	10.36	9.68	93.44	22.67
1968	108.10	44.40	12.93	11.96	64.04	8.28	7.81	94.32	17.59
1969	106.40	45.50	12.64	11.88	98.02	12.39	11.50	92.82	25.27
10 年小计	**1041.30**	**519.10**	**138.16**	**13.27**	**90.55**	**125.10**	**115.15**	**92.04**	**22.18**
占合计%			**12.63**			**12.74**	**15.03**		
1970	106.20	46.90	12.93	12.18	71.00	9.18	8.52	92.81	18.17
1971	106.10	47.90	13.07	12.32	65.03	8.50	7.58	89.18	15.82
1972	105.10	49.00	12.98	12.35	69.03	8.96	8.02	89.51	16.37
1973	104.50	50.30	12.84	12.29	99.98	12.84	11.92	92.83	23.70
1974	104.10	51.30	13.10	12.58	120.00	15.72	14.62	93.00	28.50
1975	103.50	52.40	13.04	12.60	114.03	14.87	13.81	92.87	26.35
1976	103.30	53.50	13.27	12.85	112.96	14.99	13.99	93.33	26.15
1977	102.90	54.90	13.28	12.91	90.99	12.08	11.29	93.44	20.56
1978	102.80	56.00	13.56	13.19	98.01	13.29	11.99	90.22	21.41
1979	102.80	56.90	20.09	19.54	73.02	14.67	13.41	91.41	23.57
10 年小计	**1023.30**	**600.00**	**261.37**	**25.54**	**94.41**	**246.77**	**239.77**	**97.16**	**39.96**
占合计%			**23.89**			**25.14**	**31.30**		
1980	102.80	57.60	25.10	24.42	96.10	24.12	22.80	94.52	39.58
1981	102.70	58.50	25.00	24.34	103.88	25.97	25.14	96.80	42.97
1982	102.60	59.60	25.10	24.46	55.26	13.87	12.49	90.05	20.96
1983	102.50	59.90	25.07	24.46	132.99	33.34	32.51	97.51	54.27
1984	102.50	60.20	25.10	24.49	139.00	34.89	35.74	102.44	59.37
1985	102.50	59.90	23.70	23.12	105.02	24.89	25.36	101.89	42.34
1986	102.10	60.40	26.30	25.76	93.99	24.72	23.67	95.75	39.19
1987	102.00	60.80	25.90	25.39	113.98	29.52	27.17	92.04	44.69
1988	101.90	61.20	30.30	29.74	56.01	16.97	16.06	94.64	26.24
1989	101.70	61.90	29.80	29.30	62.01	18.48	18.83	101.89	30.42
11 年小计	**1079.63**	**751.58**	**429.16**	**39.75**	**116.82**	**501.34**	**313.15**	**62.46**	**41.67**
占合计%			**39.23**			**51.07**	**40.88**		
1990	101.70	69.60	29.10	28.61	109.97	32.00	31.50	98.44	45.26
1991	101.69	69.70	34.40	33.83	117.09	40.28	39.47	97.99	56.63
1992	97.90	71.80	35.00	35.75	113.23	39.63	36.13	91.17	50.32
1993	97.90	71.90	34.00	34.73	89.15	30.31	29.09	95.97	40.46
1994	97.90	71.90	46.00	46.99	65.22	30.00	25.60	85.33	35.61
1995	95.56	66.60	42.00	43.95	134.00	56.28	38.87	69.07	58.36
1996	97.51	66.40	45.00	46.15	110.00	49.50	26.10	52.73	39.31
1997	97.40	66.48	43.06	44.21	159.41	68.64	25.60	37.30	38.51
1998	97.37	66.67	42.70	43.85	149.60	63.88	25.49	39.90	38.23
1999	97.33	63.89	41.00	42.12	137.80	56.50	25.13	44.48	39.33
2000	97.37	66.64	36.90	37.90	93.01	34.32	10.17	29.63	15.26

5－22－51　河南省唐河县历年棉花生产收购

年　　度	耕地面积（万亩）	农业人口（万人）	棉田面积（万亩）	占耕地（%）	亩　产（市斤）	产　量（万担）	收购量（万担）	商品率（%）	人均交售（市斤）
52 年合计	**11004.71**	**4574.19**	**1353.68**	**12.30**	**65.31**	**884.15**	**614.00**	**69.45**	**13.42**
11 年小计	**2343.10**	**702.43**	**213.88**	**9.13**	**20.21**	**43.23**	**29.52**	**68.29**	**4.20**
占合计%			**15.80**			**4.89**	**4.81**		
1949									
1950	206.26	65.79	9.07	4.40	6.39	0.58			
1951	241.02	67.22	19.28	8.00	12.03	2.32			
1952	241.16	69.15	21.69	8.99	13.14	2.85	1.86	65.26	2.69
1953	238.50	68.62	20.69	8.68	14.98	3.10	1.29	41.61	1.88
1954	238.37	69.61	22.31	9.36	18.29	4.08	1.55	37.99	2.23
1955	238.48	71.30	21.76	9.12	8.96	1.95	0.67	34.36	0.94
1956	237.22	72.08	23.18	9.77	16.91	3.92	2.04	52.04	2.83
1957	236.98	72.12	21.55	9.09	27.42	5.91	5.28	89.34	7.32
1958	232.81	72.29	25.84	11.10	51.74	13.37	11.48	85.86	15.88
1959	232.30	74.25	28.51	12.27	18.06	5.15	5.35	103.88	7.21
10 年小计	**2260.26**	**685.88**	**194.22**	**8.59**	**42.64**	**82.82**	**70.86**	**85.56**	**10.33**
占合计%			**14.35**			**9.37**	**11.54**		
1960	232.15	63.88	24.45	10.53	19.18	4.69	4.67	99.57	7.31
1961	230.53	62.62	13.43	5.83	21.74	2.92	1.67	57.19	2.67
1962	227.34	64.76	15.66	6.89	16.16	2.53	1.78	70.36	2.75
1963	227.10	66.34	17.38	7.65	18.76	3.26	2.54	77.91	3.83
1964	227.10	66.45	19.65	8.65	30.28	5.95	5.14	86.39	7.74
1965	223.21	68.44	14.38	6.44	29.69	4.27	3.52	82.44	5.14
1966	223.21	70.31	20.35	9.12	64.96	13.22	11.33	85.70	16.11
1967	223.21	72.20	22.25	9.97	83.37	18.55	16.32	87.98	22.60
1968	223.20	73.49	23.10	10.35	60.00	13.86	11.36	81.96	15.46
1969	223.21	77.39	23.57	10.56	57.57	13.57	12.53	92.34	16.19
10 年小计	**2107.47**	**886.86**	**229.25**	**10.88**	**50.89**	**116.66**	**104.07**	**89.21**	**11.73**
占合计%			**16.94**			**13.19**	**16.95**		
1970	213.70	79.88	22.85	10.69	57.90	13.23	11.89	89.87	14.88
1971	215.71	81.55	23.73	11.00	46.06	10.93	9.80	89.66	12.02
1972	214.28	83.66	23.41	10.92	42.97	10.06	8.70	86.48	10.40
1973	213.84	85.89	23.02	10.77	56.56	13.02	11.53	88.56	13.42
1974	212.56	87.75	24.10	11.34	63.90	15.40	13.90	90.26	15.84
1975	210.78	89.43	23.18	11.00	38.52	8.93	7.91	88.58	8.84
1976	206.60	91.10	22.60	10.94	63.36	14.32	12.95	90.43	14.22
1977	206.70	93.60	21.98	10.63	41.36	9.09	8.06	88.67	8.61
1978	206.70	96.20	23.58	11.41	48.98	11.55	10.35	89.61	10.76
1979	206.60	97.80	20.80	10.07	48.70	10.13	8.98	88.65	9.18
10 年小计	**2059.10**	**1038.91**	**265.95**	**12.92**	**73.59**	**195.70**	**173.19**	**88.50**	**16.67**
占合计%			**19.65**			**22.13**	**28.21**		
1980	206.71	99.60	22.80	11.03	61.49	14.02	12.90	92.01	12.95
1981	206.71	100.65	23.15	11.20	70.80	16.39	16.59	101.22	16.48
1982	206.54	102.80	24.47	11.85	38.70	9.47	9.51	100.42	9.25
1983	206.54	104.02	24.82	12.02	103.71	25.74	21.96	85.31	21.11
1984	206.35	103.90	28.25	13.69	97.66	27.59	20.96	75.97	20.17
1985	206.24	103.57	23.84	11.56	87.29	20.81	17.57	84.43	16.96
1986	205.27	104.49	22.41	10.92	89.29	20.01	17.55	87.71	16.80
1987	205.10	105.61	26.67	13.00	92.05	24.55	19.41	79.06	18.38
1988	205.03	106.45	39.80	19.41	55.10	21.93	22.53	102.74	21.16
1989	204.61	107.82	29.74	14.53	51.08	15.19	14.21	93.55	13.18
11 年小计	**2234.78**	**1260.11**	**450.38**	**20.15**	**98.97**	**445.74**	**236.36**	**53.03**	**18.76**
占合计%			**33.27**			**50.41**	**38.50**		
1990	204.51	111.99	26.08	12.75	131.83	34.38	28.13	81.82	25.12
1991	204.51	112.45	32.60	15.94	105.55	34.41	25.90	75.27	23.03
1992	204.45	114.80	39.90	19.52	66.22	26.42	23.97	90.73	20.88
1993	204.00	116.04	33.40	16.37	62.93	21.02	19.11	90.91	16.47
1994	204.00	116.04	52.07	25.52	42.25	22.00	20.00	90.91	17.24
1995	208.00	116.04	47.10	22.64	90.00	42.39	31.05	73.25	26.76
1996	207.80	116.04	45.00	21.66	106.84	48.08	19.73	41.04	17.00
1997	199.44	113.46	45.72	22.92	128.81	58.89	22.59	38.36	19.91
1998	199.40	113.71	45.59	22.86	133.78	60.99	19.80	32.46	17.41
1999	199.41	116.70	44.25	22.19	116.99	51.77	17.10	33.03	14.65
2000	199.26	112.84	38.67	19.41	117.38	45.39	8.98	19.78	7.96

5-22-52 河南省南阳市卧龙区历年棉花生产收购

年　度	耕地面积（万亩）	农业人口（万人）	棉田面积（万亩）	占耕地（%）	亩　产（市斤）	产　量（万担）	收购量（万担）	商品率（%）	人均交售（市斤）
52 年合计	**996.22**	**699.57**	**155.54**	**15.61**	**96.83**	**150.61**	**131.05**	**87.01**	**18.73**
11 年小计	**148.26**	**46.90**	**12.62**	**8.51**	**38.67**	**4.88**	**1.92**	**39.34**	**4.09**
占合计%			**8.11**			**3.24**	**1.47**		
1949									
1950	15.00	4.30	0.58	3.87	17.24	0.10			
1951	15.10	4.40	0.64	4.24	20.31	0.13			
1952	15.10	4.50	0.75	4.97	21.33	0.16			
1953	15.00	4.60	0.82	5.47	24.39	0.20			
1954	15.00	4.70	0.96	6.40	30.21	0.29			
1955	15.10	4.70	1.06	7.02	38.68	0.41			
1956	14.80	4.80	1.64	11.08	40.24	0.66			
1957	14.60	4.80	2.18	14.93	48.62	1.06			
1958	14.86	5.10	1.81	12.18	55.25	1.00	1.05	105.00	20.59
1959	13.70	5.00	2.18	15.91	39.91	0.87	0.87	100.00	17.40
10 年小计	**129.20**	**61.67**	**13.92**	**10.77**	**59.48**	**8.28**	**6.80**	**82.13**	**11.03**
占合计%			**8.95**			**5.50**	**5.19**		
1960	12.50	5.30	1.89	15.12	41.80	0.79			
1961	12.80	5.40	0.73	5.70	41.10	0.30	0.28	93.33	5.19
1962	13.20	5.87	0.75	5.68	33.33	0.25	0.26	104.00	4.43
1963	13.10	6.00	0.97	7.40	44.33	0.43	0.42	97.67	7.00
1964	13.10	6.20	1.15	8.78	55.65	0.64	0.57	89.06	9.19
1965	12.90	6.40	1.21	9.38	73.55	0.89	0.81	91.01	12.66
1966	12.90	6.60	1.65	12.79	69.70	1.15	1.04	90.43	15.76
1967	12.80	6.60	1.77	13.83	86.44	1.53	1.35	88.24	20.45
1968	13.00	6.20	1.94	14.92	64.95	1.26	1.13	89.68	18.23
1969	12.90	7.10	1.86	14.42	55.91	1.04	0.94	90.38	13.24
10 年小计	**113.60**	**83.10**	**13.76**	**12.11**	**79.43**	**10.93**	**9.98**	**91.31**	**12.01**
占合计%			**8.85**			**7.26**	**7.62**		
1970	12.00	7.30	1.65	13.75	89.09	1.47	1.34	91.16	18.36
1971	11.90	7.70	1.69	14.20	76.92	1.30	1.24	95.38	16.10
1972	11.70	7.80	1.61	13.76	61.49	0.99	0.86	86.87	11.03
1973	11.60	8.10	1.55	13.36	95.48	1.48	1.34	90.54	16.54
1974	11.40	8.30	1.50	13.16	56.67	0.85	0.75	88.24	9.04
1975	11.30	8.40	1.41	12.48	83.69	1.18	1.11	94.07	13.21
1976	11.20	8.60	1.45	12.95	86.90	1.26	1.15	91.27	13.37
1977	10.90	8.80	1.26	11.56	88.10	1.11	1.00	90.09	11.36
1978	10.80	9.00	1.11	10.28	80.18	0.89	0.83	93.26	9.22
1979	10.80	9.10	0.53	4.91	75.47	0.40	0.36	90.00	3.96
10 年小计	**107.56**	**103.33**	**17.28**	**16.07**	**98.67**	**17.05**	**9.62**	**56.42**	**9.31**
占合计%			**11.11**			**11.32**	**7.34**		
1980	10.49	9.30	8.58	81.79	8.28	0.71	0.69	97.18	7.42
1981	10.36	9.42	1.01	9.75	950.50	9.60	1.00	10.42	10.62
1982	11.44	10.55	1.44	12.59	38.89	0.56	1.03	183.93	9.76
1983	11.23	10.54	1.39	12.38	113.67	1.58	1.42	89.87	13.47
1984	11.14	10.60	1.42	12.75	106.34	1.51	1.66	109.93	15.66
1985	10.92	10.67	1.07	9.80	110.28	1.18	0.59	50.00	5.53
1986	10.81	10.68	0.73	6.75	91.78	0.67	0.90	134.33	8.43
1987	10.57	10.40	0.60	5.68	106.67	0.64	1.20	187.50	11.54
1988	10.31	10.50	0.70	6.79	70.00	0.49	0.95	193.88	9.05
1989	10.29	10.67	0.34	3.30	32.35	0.11	0.18	163.64	1.69
11 年小计	**497.60**	**404.57**	**97.96**	**19.69**	**111.75**	**109.47**	**102.73**	**93.84**	**25.39**
占合计%			**62.98**			**72.68**	**78.39**		
1990	10.23	11.16	0.32	3.13	103.13	0.33	0.55	166.67	4.93
1991	10.03	11.55	0.34	3.39	117.65	0.40	1.48	*	12.81
1992	10.05	11.90	0.45	4.48	97.78	0.44	1.77	*	14.87
1993	9.00	12.00				0.46	1.87	*	15.58
1994	8.87	12.13	0.24	2.71	108.33	0.26	2.48	*	20.45
1995	75.34	59.99	17.94	23.81	105.41	18.91	14.02	74.14	23.37
1996	75.11	60.64	18.68	24.87	93.52	17.47	8.98	51.40	14.81
1997	75.00	58.48	17.61	23.48	136.29	24.00	18.12	75.50	30.98
1998	74.84	55.88	15.65	20.91	120.70	18.89	22.04	116.68	39.44
1999	74.62	54.71	15.45	20.70	111.07	17.16	23.42	136.48	42.81
2000	74.51	56.13	11.28	15.14	98.85	11.15	8.00	71.75	14.25

5－22－53　河南省内乡县历年棉花生产收购

年　　度	耕地面积（万亩）	农业人口（万人）	棉田面积（万亩）	占耕地（%）	亩　产（市斤）	产　量（万担）	收购量（万担）	商品率（%）	人均交售（市斤）
52 年合计	**4047.40**	**2480.47**	**243.85**	**6.02**	**53.54**	**130.55**	**98.23**	**75.24**	**3.96**
11 年小计	**929.72**	**416.72**	**48.84**	**5.25**	**16.69**	**8.15**	**4.20**	**51.53**	**1.01**
占合计%			**20.03**			**6.24**	**4.28**		
1949	78.00	36.40	3.94	5.05	10.66	0.42			
1950	78.05	35.69	3.68	4.71	11.14	0.41			
1951	83.51	36.79	4.16	4.98	12.98	0.54	0.06	11.11	0.16
1952	85.11	35.99	3.67	4.31	9.81	0.36	0.15	41.67	0.42
1953	85.10	35.89	4.41	5.18	14.06	0.62			
1954	85.21	37.22	5.27	6.18	15.18	0.80	0.40	50.00	1.07
1955	89.32	39.14	5.05	5.65	10.89	0.55	0.20	36.36	0.51
1956	88.24	39.53	3.75	4.25	17.07	0.64	0.06	9.38	0.15
1957	87.69	39.93	4.25	4.85	24.47	1.04	0.73	70.19	1.83
1958	85.23	40.17	4.52	5.30	31.64	1.43	1.37	95.80	3.41
1959	84.26	39.97	6.14	7.29	21.82	1.34	1.23	91.79	3.08
10 年小计	**808.32**	**406.11**	**44.57**	**5.51**	**33.97**	**15.14**	**12.04**	**79.52**	**2.96**
占合计%			**18.28**			**11.60**	**12.26**		
1960	84.20	38.45	4.70	5.58	20.00	0.94	0.92	97.87	2.39
1961	81.75	37.06	2.70	3.30	12.96	0.35	0.19	54.29	0.51
1962	81.77	38.10	3.28	4.01	15.24	0.50	0.20	40.00	0.52
1963	81.00	39.00	4.67	5.77	14.78	0.69	0.23	33.33	0.59
1964	81.00	39.50	4.49	5.54	15.81	0.71	0.28	39.44	0.71
1965	81.00	40.50	3.81	4.70	22.31	0.85	0.41	48.24	1.01
1966	79.40	41.80	4.85	6.11	47.42	2.30	1.89	82.17	4.52
1967	79.40	42.80	4.99	6.28	66.33	3.31	2.91	87.92	6.80
1968	79.40	43.90	5.64	7.10	53.37	3.01	2.81	93.36	6.40
1969	79.40	45.00	5.44	6.85	45.59	2.48	2.20	88.71	4.89
10 年小计	**771.00**	**493.70**	**51.82**	**6.72**	**51.60**	**26.74**	**22.49**	**84.11**	**4.56**
占合计%			**21.25**			**20.48**	**22.90**		
1970	77.50	45.90	4.94	6.37	53.85	2.66	2.40	90.23	5.23
1971	77.30	46.60	4.92	6.36	40.04	1.97	1.65	83.76	3.54
1972	78.00	47.50	4.87	6.24	34.29	1.67	1.28	76.65	2.69
1973	77.30	48.50	4.93	6.38	53.75	2.65	2.06	77.74	4.25
1974	77.30	49.30	5.29	6.84	62.00	3.28	2.75	83.84	5.58
1975	77.00	50.00	5.23	6.79	61.76	3.23	2.83	87.62	5.66
1976	76.90	50.60	5.55	7.22	52.61	2.92	2.49	85.27	4.92
1977	76.70	51.30	5.29	6.90	56.71	3.00	2.49	83.00	4.85
1978	76.70	51.90	5.32	6.94	50.75	2.70	2.19	81.11	4.22
1979	76.30	52.10	5.48	7.18	48.54	2.66	2.35	88.35	4.51
10 年小计	**751.76**	**536.32**	**41.69**	**5.55**	**61.33**	**25.57**	**21.66**	**84.69**	**4.04**
占合计%			**17.10**			**19.59**	**22.05**		
1980	76.24	52.50	5.56	7.29	57.01	3.17	3.02	95.27	5.75
1981	76.18	53.06	5.68	7.46	50.70	2.88	2.73	94.79	5.15
1982	76.17	53.50	5.50	7.22	32.36	1.78	1.10	61.80	2.06
1983	76.16	53.83	3.90	5.12	82.82	3.23	2.92	90.40	5.42
1984	76.16	53.42	4.26	5.59	82.16	3.50	3.77	107.71	7.06
1985	74.26	53.11	3.38	4.55	76.92	2.60	2.58	99.23	4.86
1986	74.21	53.25	2.96	3.99	77.03	2.28	2.04	89.47	3.83
1987	74.19	53.95	3.03	4.08	89.77	2.72	1.65	60.48	3.05
1988	74.11	54.20	3.64	4.91	51.10	1.86	0.97	52.15	1.79
1989	74.08	55.50	3.78	5.10	41.01	1.55	0.88	56.77	1.59
11 年小计	**786.60**	**627.62**	**56.93**	**7.24**	**96.52**	**54.95**	**37.84**	**68.86**	**6.03**
占合计%			**23.35**			**42.09**	**38.52**		
1990	74.08	55.94	4.03	5.44	74.69	3.01	2.59	86.05	4.63
1991	74.06	59.19	4.36	5.89	95.87	4.18	8.20	196.17	13.85
1992	71.25	62.80	6.00	8.42	86.83	5.21	4.50	86.37	7.17
1993	70.50	57.00	7.50	10.64	66.00	4.95	3.69	74.55	6.47
1994	71.02	57.54	6.57	9.25	69.25	4.55	2.88	63.30	5.01
1995	70.99	57.58	6.78	9.55	102.95	6.98	3.77	54.01	6.55
1996	71.09	58.21	3.99	5.61	71.68	2.86	1.57	54.90	2.70
1997	71.15	55.26	5.75	8.08	120.17	6.91	3.54	51.23	6.41
1998	71.15	54.64	4.31	6.06	145.01	6.25	2.20	35.20	4.03
1999	71.15	54.83	4.22	5.93	140.05	5.91	2.80	47.38	5.11
2000	70.16	54.63	3.42	4.87	121.05	4.14	2.10	50.72	3.84

5-22-54 河南省方城县历年棉花生产收购

年　度	耕地面积（万亩）	农业人口（万人）	棉田面积（万亩）	占耕地（%）	亩　产（市斤）	产　量（万担）	收购量（万担）	商品率（%）	人均交售（市斤）
52年合计	**8910.72**	**3807.31**	**587.00**	**6.59**	**52.74**	**309.56**	**217.45**	**70.24**	**5.71**
11年小计	**2274.06**	**658.28**	**100.44**	**4.42**	**14.00**	**14.06**	**10.90**	**77.52**	**1.66**
占合计%			**17.11**			**4.54**	**5.01**		
1949	160.00	49.60	5.82	3.64	6.53	0.38			
1950	159.75	49.60	4.64	2.90	7.11	0.33			
1951	208.13	59.75	7.19	3.45	6.95	0.50	0.31	62.00	0.52
1952	214.52	58.00	9.11	4.25	10.10	0.92	0.36	39.13	0.62
1953	219.74	59.09	11.16	5.08	16.04	1.79	0.02	1.12	0.03
1954	220.17	61.69	11.13	5.06	15.27	1.70	0.58	34.12	0.94
1955	219.91	62.30	11.04	5.02	11.23	1.24	0.37	29.84	0.59
1956	220.47	63.04	8.73	3.96	12.03	1.05	0.38	36.19	0.60
1957	218.05	63.30	8.88	4.07	15.88	1.41	0.88	62.41	1.39
1958	218.63	65.35	10.43	4.77	23.01	2.40	3.59	149.58	5.49
1959	214.69	66.56	12.31	5.73	19.01	2.34	4.41	188.46	6.63
10年小计	**1818.77**	**613.61**	**112.07**	**6.16**	**29.73**	**33.32**	**29.20**	**87.64**	**4.76**
占合计%			**19.09**			**10.76**	**13.43**		
1960	211.92	62.92	13.12	6.19	19.97	2.62	3.63	138.55	5.77
1961	211.80	63.31	7.13	3.37	19.64	1.40	0.94	67.14	1.48
1962	212.35	66.28	7.74	3.64	15.25	1.18	0.68	57.63	1.03
1963	170.70	56.50	7.21	4.22	13.59	0.98	0.46	46.94	0.81
1964	170.70	57.00	8.14	4.77	20.27	1.65	0.98	59.39	1.72
1965	169.20	58.90	8.55	5.05	30.88	2.64	1.87	70.83	3.17
1966	167.70	60.20	11.99	7.15	67.22	8.06	7.06	87.59	11.73
1967	167.60	61.30	15.28	9.12	85.60	13.08	12.09	92.43	19.72
1968	169.20	63.00	16.51	9.76	5.51	0.91	0.75	82.42	1.19
1969	167.60	64.20	16.40	9.79	4.88	0.80	0.74	92.50	1.15
10年小计	**1582.80**	**722.50**	**136.81**	**8.64**	**52.79**	**72.22**	**63.40**	**87.79**	**8.78**
占合计%			**23.31**			**23.33**	**29.16**		
1970	154.00	65.90	14.60	9.48	57.40	8.38	7.62	90.93	11.56
1971	160.00	67.00	14.76	9.23	45.19	6.67	5.91	88.61	8.82
1972	160.00	68.50	14.17	8.86	46.51	6.59	5.76	87.41	8.41
1973	160.00	70.30	13.97	8.73	72.08	10.07	8.92	88.58	12.69
1974	158.80	71.80	14.83	9.34	51.99	7.71	6.45	83.66	8.98
1975	158.00	74.00	14.58	9.23	52.33	7.63	6.45	84.53	8.72
1976	158.00	74.00	12.97	8.21	56.44	7.32	6.44	87.98	8.70
1977	158.00	76.00	13.16	8.33	45.21	5.95	5.08	85.38	6.68
1978	158.00	77.00	11.87	7.51	53.58	6.36	5.56	87.42	7.22
1979	158.00	78.00	11.90	7.53	46.55	5.54	5.21	94.04	6.68
10年小计	**1573.94**	**820.58**	**108.36**	**6.88**	**64.53**	**69.92**	**50.46**	**72.17**	**6.15**
占合计%			**18.46**			**22.59**	**23.21**		
1980	158.37	78.80	11.74	7.41	61.24	7.19	6.95	96.66	8.82
1981	158.23	79.75	11.59	7.32	67.21	7.79	7.35	94.35	9.22
1982	158.24	80.20	12.58	7.95	18.76	2.36	1.95	82.63	2.43
1983	158.22	81.03	11.38	7.19	84.89	9.66	7.71	79.81	9.51
1984	158.22	81.42	12.08	7.63	82.86	10.01	7.48	74.73	9.19
1985	157.93	81.46	9.72	6.15	72.02	7.00	5.33	76.14	6.54
1986	156.82	81.84	9.36	5.97	66.35	6.21	3.80	61.19	4.64
1987	156.61	82.47	9.11	5.82	84.63	7.71	3.87	50.19	4.69
1988	155.90	84.10	9.98	6.40	74.55	7.44	4.45	59.81	5.29
1989	155.40	89.51	10.82	6.96	42.05	4.55	1.57	34.51	1.75
11年小计	**1661.15**	**992.34**	**129.32**	**7.78**	**92.82**	**120.04**	**63.49**	**52.89**	**6.40**
占合计%			**22.03**			**38.78**	**29.20**		
1990	154.10	87.87	6.57	4.26	118.72	7.80	6.30	80.77	7.17
1991	153.10	90.04	11.87	7.75	85.85	10.19	7.82	76.74	8.69
1992	151.20	90.30	11.40	7.54	77.46	8.83	7.13	80.75	7.90
1993	150.00	91.00	13.50	9.00	85.19	11.50	7.68	66.78	8.44
1994	149.79	91.86	15.17	10.13	43.38	6.58	2.75	41.79	2.99
1995	149.49	92.09	14.39	9.63	87.56	12.60	5.66	44.92	6.15
1996	150.76	93.10	15.17	10.06	79.17	12.01	2.95	24.56	3.17
1997	150.74	88.79	13.00	8.62	113.46	14.75	5.83	39.53	6.57
1998	150.69	89.66	9.57	6.35	115.57	11.06	5.85	52.89	6.52
1999	150.62	88.06	8.67	5.76	129.07	11.19	7.12	63.63	8.09
2000	150.66	89.57	10.01	6.64	135.16	13.53	4.40	32.52	4.91

5-22-55　河南省社旗县历年棉花生产收购

年　　度	耕地面积（万亩）	农业人口（万人）	棉田面积（万亩）	占耕地（%）	亩　产（市斤）	产　量（万担）	收购量（万担）	商品率（%）	人均交售（市斤）
52年合计	**4182.29**	**1801.45**	**537.48**	**12.85**	**81.74**	**439.36**	**271.41**	**61.77**	**15.07**
11年小计									
占合计%									
1949									
1950									
1951									
1952									
1953									
1954									
1955									
1956									
1957									
1958									
1959									
10年小计	**715.00**	**220.90**	**66.76**	**9.34**	**56.10**	**37.45**	**32.27**	**86.17**	**14.61**
占合计%			**12.42**			**8.52**	**11.89**		
1960									
1961									
1962									
1963									
1964	120.00	34.30	7.07	5.89	34.37	2.43	0.75	30.86	2.19
1965	119.00	34.50	7.05	5.92	36.60	2.58	2.08	80.62	6.03
1966	119.00	35.60	11.37	9.55	62.01	7.05	6.49	92.06	18.23
1967	119.00	37.90	13.41	11.27	82.03	11.00	10.20	92.73	26.91
1968	119.00	38.80	14.52	12.20	44.01	6.39	5.95	93.11	15.34
1969	119.00	39.80	13.34	11.21	59.97	8.00	6.80	85.00	17.09
10年小计	**1155.00**	**442.40**	**129.02**	**11.17**	**58.30**	**75.22**	**68.58**	**91.17**	**15.50**
占合计%			**24.00**			**17.12**	**25.27**		
1970	119.00	39.80	13.04	10.96	64.42	8.40	7.51	89.40	18.87
1971	118.00	40.60	12.97	10.99	50.50	6.55	5.93	90.53	14.61
1972	118.00	41.80	12.52	10.61	48.00	6.01	5.38	89.52	12.87
1973	118.00	43.00	12.80	10.85	73.59	9.42	8.73	92.68	20.30
1974	115.00	43.90	13.08	11.37	57.87	7.57	6.64	87.71	15.13
1975	114.00	44.90	12.92	11.33	56.81	7.34	6.53	88.96	14.54
1976	114.00	45.60	12.68	11.12	70.58	8.95	8.34	93.18	18.29
1977	113.00	46.70	13.13	11.62	52.32	6.87	6.29	91.56	13.47
1978	113.00	47.70	13.10	11.59	55.34	7.25	6.71	92.55	14.07
1979	113.00	48.40	12.78	11.31	53.68	6.86	6.52	95.04	13.47
10年小计	**1126.05**	**515.19**	**129.53**	**11.50**	**87.89**	**113.85**	**82.27**	**72.26**	**15.97**
占合计%			**24.10**			**25.91**	**30.31**		
1980	113.12	49.20	13.08	11.56	78.21	10.23	10.60	103.62	21.54
1981	113.02	50.06	13.18	11.66	68.89	9.08	9.16	100.88	18.30
1982	112.32	50.53	13.58	12.04	20.84	2.83	2.75	97.17	5.44
1983	112.79	51.20	12.00	10.64	103.75	12.45	9.84	79.04	19.22
1984	112.87	51.30	12.14	10.76	106.67	12.95	10.81	83.47	21.07
1985	112.64	53.59	12.59	11.18	108.58	13.67	8.71	63.72	16.25
1986	112.19	51.40	11.40	10.16	112.46	12.82	7.89	61.54	15.35
1987	112.16	52.43	11.91	10.62	116.04	13.82	7.94	57.45	15.14
1988	112.38	52.10	15.33	13.64	99.87	15.31	9.62	62.83	18.46
1989	112.06	53.38	14.32	12.78	74.65	10.69	4.95	46.30	9.27
11年小计	**1186.24**	**622.96**	**212.17**	**17.89**	**100.32**	**212.84**	**88.29**	**41.48**	**14.17**
占合计%			**39.47**			**48.44**	**32.53**		
1990	112.03	54.98	13.94	12.44	100.43	14.00	10.87	77.64	19.77
1991	112.09	58.97	16.37	14.60	94.50	15.47	1.25	8.08	2.12
1992	108.75	56.70	20.10	18.48	70.10	14.09	12.68	89.99	22.36
1993	109.50	56.00	19.50	17.81	64.41	12.56	10.17	80.97	18.16
1994	103.25	56.53	21.27	20.60	48.90	10.40	5.82	55.96	10.30
1995	102.28	56.57	20.30	19.85	118.92	24.14	10.50	43.50	18.56
1996	107.28	57.19	22.76	21.22	105.62	24.04	6.94	28.87	12.13
1997	107.22	56.52	20.82	19.42	120.03	24.99	7.38	29.53	13.06
1998	107.88	56.58	18.06	16.74	146.29	26.42	8.94	33.84	15.80
1999	108.20	56.08	20.96	19.37	135.78	28.46	7.64	26.84	13.62
2000	107.76	56.84	18.09	16.79	101.00	18.27	6.10	33.39	10.73

5－22－56　河南省镇平县历年棉花生产收购

年　度	耕地面积（万亩）	农业人口（万人）	棉田面积（万亩）	占耕地（%）	亩　产（市斤）	产　量（万担）	收购量（万担）	商品率（%）	人均交售（市斤）
52 年合计	**5699.99**	**3419.48**	**335.46**	**5.89**	**64.64**	**216.84**	**116.38**	**53.67**	**3.40**
11 年小计	**1211.97**	**504.59**	**32.81**	**2.71**	**26.97**	**8.85**	**5.50**	**62.15**	**1.09**
占合计%			**9.78**			**4.08**	**4.73**		
1949									
1950	111.73	48.36	1.53	1.37	13.73	0.21			
1951	121.87	49.92	2.62	2.15	14.12	0.37			
1952	123.32	49.50	3.18	2.58	8.49	0.27			
1953	125.21	48.99	3.36	2.68	16.07	0.54			
1954	125.20	48.73	3.72	2.97	13.98	0.52	0.15	28.85	0.31
1955	125.17	51.13	2.97	2.37	14.48	0.43	0.12	27.91	0.23
1956	125.20	51.72	2.73	2.18	32.60	0.89	0.08	8.99	0.15
1957	123.41	52.38	3.62	2.93	39.78	1.44	0.82	56.94	1.57
1958	117.51	51.97	4.03	3.43	52.85	2.13	2.55	119.72	4.91
1959	113.35	51.89	5.05	4.46	40.59	2.05	1.78	86.83	3.43
10 年小计	**1131.32**	**556.48**	**52.26**	**4.62**	**36.53**	**19.09**	**12.84**	**67.26**	**2.31**
占合计%			**15.58**			**8.80**	**11.03**		
1960	112.92	51.80	5.68	5.03	38.91	2.21	2.21	100.00	4.27
1961	116.55	52.56	3.10	2.66	15.48	0.48	0.25	52.08	0.48
1962	116.55	54.22	3.55	3.05	21.13	0.75	0.34	45.33	0.63
1963	113.40	54.90	4.35	3.84	22.07	0.96	0.36	37.50	0.66
1964	113.40	54.20	4.61	4.07	21.69	1.00	0.44	44.00	0.81
1965	113.40	55.20	3.94	3.47	30.20	1.19	0.67	56.30	1.21
1966	111.90	56.40	5.03	4.50	55.86	2.81	1.70	60.50	3.01
1967	111.90	57.60	7.39	6.60	41.14	3.04	2.09	68.75	3.63
1968	110.50	58.80	7.61	6.89	46.39	3.53	2.58	73.09	4.39
1969	110.80	60.80	7.00	6.32	44.57	3.12	2.20	70.51	3.62
10 年小计	**1103.00**	**668.10**	**71.68**	**6.50**	**51.90**	**37.20**	**30.23**	**81.26**	**4.52**
占合计%			**21.37**			**17.16**	**25.98**		
1970	110.80	62.20	6.75	6.09	53.04	3.58	2.74	76.54	4.41
1971	110.50	63.20	7.36	6.66	35.05	2.58	1.85	71.71	2.93
1972	110.30	64.10	7.20	6.53	33.61	2.42	1.71	70.66	2.67
1973	110.30	65.50	7.36	6.67	53.13	3.91	3.01	76.98	4.60
1974	110.50	66.70	7.49	6.78	49.27	3.69	2.92	79.13	4.38
1975	110.20	67.60	7.46	6.77	60.86	4.54	3.73	82.16	5.52
1976	110.20	68.60	7.22	6.55	55.26	3.99	4.05	101.50	5.90
1977	110.20	69.00	6.97	6.32	69.58	4.85	3.50	72.16	5.07
1978	110.20	70.00	7.05	6.40	58.01	4.09	3.31	80.93	4.73
1979	109.80	71.20	6.82	6.21	52.05	3.55	3.41	96.06	4.79
10 年小计	**1087.33**	**763.12**	**50.39**	**4.63**	**55.25**	**27.84**	**21.94**	**78.81**	**2.88**
占合计%			**15.02**			**12.84**	**18.85**		
1980	109.73	72.00	6.86	6.25	47.52	3.26	3.41	104.60	4.74
1981	109.71	73.42	6.93	6.32	51.95	3.60	3.28	91.11	4.47
1982	109.62	74.96	6.55	5.98	14.66	0.96	0.92	95.83	1.23
1983	109.58	75.90	4.54	4.14	69.60	3.16	2.45	77.53	3.23
1984	109.63	76.12	4.26	3.89	82.16	3.50	1.40	40.00	1.84
1985	109.31	76.54	5.20	4.76	78.85	4.10	3.25	79.27	4.25
1986	107.67	77.08	3.28	3.05	77.74	2.55	2.82	110.59	3.66
1987	107.46	77.85	3.03	2.82	89.77	2.72	1.65	60.66	2.12
1988	107.33	79.00	4.56	4.25	60.31	2.75	1.72	62.55	2.18
1989	107.29	80.25	5.18	4.83	23.94	1.24	1.04	83.87	1.30
11 年小计	**1166.37**	**927.19**	**128.32**	**11.00**	**96.52**	**123.86**	**45.87**	**37.03**	**4.95**
占合计%			**38.25**			**57.12**	**39.41**		
1990	107.27	82.81	5.44	5.07	76.47	4.16	3.19	76.68	3.85
1991	107.26	85.64	6.00	5.59	106.00	6.36	6.96	109.43	8.13
1992	107.20	86.70	11.55	10.77	54.81	6.33	5.50	86.89	6.34
1993	106.50	84.00	10.50	9.86	69.24	7.27	4.18	57.50	4.98
1994	105.60	84.80	10.86	10.28	64.00	6.95	2.73	39.28	3.22
1995	105.57	85.53	13.99	13.25	90.06	12.60	3.67	29.13	4.29
1996	105.35	86.47	17.51	16.62	87.15	15.26	2.46	16.12	2.84
1997	105.48	83.12	15.00	14.22	111.93	16.79	4.40	26.21	5.29
1998	105.47	83.06	12.33	11.69	124.98	15.41	4.42	28.68	5.32
1999	105.41	81.61	14.04	13.32	131.77	18.50	3.96	21.41	4.85
2000	105.26	83.45	11.10	10.55	128.20	14.23	4.40	30.92	5.27

5－22－57 河南省桐柏县历年棉花生产收购

年　度	耕地面积（万亩）	农业人口（万人）	棉田面积（万亩）	占耕地（%）	亩　产（市斤）	产　量（万担）	收购量（万担）	商品率（%）	人均交售（市斤）
52 年合计	**2639.52**	**1379.48**	**159.80**	**6.05**	**33.51**	**53.55**	**40.81**	**76.21**	**2.96**
11 年小计	**616.30**	**178.24**	**58.30**	**9.46**	**18.15**	**10.58**	**6.12**	**57.84**	**3.43**
占合计%			**36.48**			**19.76**	**15.00**		
1949	49.10	15.10	4.00	8.15	13.25	0.53			
1950	49.19	15.16	4.10	8.34	13.66	0.56	0.02	3.57	0.13
1951	56.36	15.16	7.91	14.03	19.60	1.55	0.84	54.19	5.54
1952	58.73	15.26	8.09	13.77	17.43	1.41	0.97	68.79	6.36
1953	58.95	15.41	6.29	10.67	14.94	0.94	0.31	32.98	2.01
1954	59.05	15.60	5.07	8.59	16.77	0.85	0.50	58.82	3.21
1955	58.37	16.38	5.80	9.94	13.28	0.77	0.36	46.75	2.20
1956	58.21	16.55	3.43	5.89	5.54	0.19	0.04	21.05	0.24
1957	57.43	17.08	4.08	7.10	26.47	1.08	1.04	96.30	6.09
1958	53.19	18.19	5.07	9.53	31.36	1.59	1.04	65.41	5.72
1959	57.72	18.35	4.46	7.73	24.89	1.11	1.00	90.09	5.45
10 年小计	**544.36**	**211.47**	**33.46**	**6.15**	**27.50**	**9.20**	**7.24**	**78.70**	**3.42**
占合计%			**20.94**			**17.18**	**17.74**		
1960	54.88	18.39	3.90	7.11	11.54	0.45	0.45	100.00	2.45
1961	54.74	18.75	2.38	4.35	24.79	0.59	0.51	86.44	2.72
1962	54.74	19.53	2.56	4.68	21.88	0.56	0.42	75.00	2.15
1963	54.90	19.70	2.84	5.17	7.75	0.22	0.19	86.36	0.96
1964	54.90	20.80	3.53	6.43	15.01	0.53	0.29	54.72	1.39
1965	54.10	21.40	2.31	4.27	11.69	0.27	0.13	48.15	0.61
1966	54.10	22.20	3.65	6.75	53.15	1.94	1.69	87.11	7.61
1967	54.10	22.80	4.54	8.39	44.49	2.02	1.45	71.78	6.36
1968	54.10	23.30	3.97	7.34	28.72	1.14	0.94	82.46	4.03
1969	53.80	24.60	3.78	7.03	39.15	1.48	1.17	79.05	4.76
10 年小计	**496.30**	**286.10**	**37.24**	**7.50**	**43.18**	**16.08**	**12.44**	**77.36**	**4.35**
占合计%			**23.30**			**30.03**	**30.48**		
1970	53.70	25.30	3.92	7.30	42.09	1.65	1.39	84.24	5.49
1971	49.60	26.10	3.98	8.02	36.43	1.45	1.14	78.62	4.37
1972	49.60	26.90	3.77	7.60	35.28	1.33	0.98	73.68	3.64
1973	49.60	27.60	3.70	7.46	44.59	1.65	1.34	81.21	4.86
1974	49.50	28.40	4.07	8.22	58.48	2.38	2.01	84.45	7.08
1975	49.40	29.20	4.06	8.22	32.76	1.33	0.97	72.93	3.32
1976	49.20	29.80	3.42	6.95	57.89	1.98	1.05	53.03	3.52
1977	48.60	30.40	3.53	7.26	40.23	1.42	1.12	78.87	3.68
1978	48.60	31.00	3.62	7.45	46.41	1.68	1.41	83.93	4.55
1979	48.50	31.40	3.17	6.54	38.17	1.21	1.03	85.12	3.28
10 年小计	**480.32**	**323.52**	**14.38**	**2.99**	**32.61**	**4.69**	**5.90**	**125.80**	**1.82**
占合计%			**9.00**			**8.76**	**14.46**		
1980	48.40	31.60	3.24	6.69	23.46	0.76	0.80	105.26	2.53
1981	48.27	31.57	1.69	3.50	40.24	0.68	0.37	54.41	1.17
1982	48.09	32.40	3.12	6.49	10.26	0.32	0.30	93.75	0.93
1983	48.09	32.12	1.25	2.60	39.20	0.49	0.47	95.92	1.46
1984	48.10	32.49	1.24	2.58	41.94	0.52	1.58	*	4.86
1985	48.07	32.09	1.02	2.12	45.10	0.46	0.82	178.26	2.56
1986	48.02	32.23	0.76	1.58	42.11	0.32	0.71	*	2.20
1987	47.95	32.76	0.89	1.86	56.18	0.50	0.74	148.00	2.26
1988	47.25	32.50	0.69	1.46	53.62	0.37	0.11	29.73	0.34
1989	48.08	33.76	0.48	1.00	56.25	0.27			
11 年小计	**502.24**	**380.15**	**16.42**	**3.27**	**79.17**	**13.00**	**9.11**	**70.08**	**2.40**
占合计%			**10.28**			**24.28**	**22.32**		
1990	44.88	33.66	0.46	1.02	60.87	0.28			
1991	44.92	34.44	0.52	1.16	63.46	0.33	0.62	187.88	1.80
1992	46.80	34.80	0.60	1.28	63.33	0.38	0.85	*	2.44
1993	46.00	35.00	1.50	3.26	5.33	0.08	0.19	*	0.54
1994	45.14	35.33	2.92	6.47	72.26	2.11	0.09	4.27	0.25
1995	45.19	35.33	2.52	5.58	99.60	2.51	1.22	48.61	3.45
1996	45.38	35.72	2.16	4.76	60.19	1.30	0.15	11.54	0.42
1997	45.36	33.85	1.89	4.17	110.58	2.09	0.46	22.01	1.36
1998	46.16	33.53	1.28	2.77	107.03	1.37	0.85	62.04	2.54
1999	46.10	34.22	1.35	2.93	100.00	1.35	3.96	*	11.57
2000	46.31	34.27	1.22	2.63	98.36	1.20	0.72	60.00	2.10

5-22-58 河南省商丘县历年棉花生产收购

年　度	耕地面积（万亩）	农业人口（万人）	棉田面积（万亩）	占耕地（%）	亩　产（市斤）	产　量（万担）	收购量（万担）	商品率（%）	人均交售（市斤）
52 年合计	**8132.61**	**3840.14**	**1270.01**	**15.62**	**83.98**	**1066.51**	**687.74**	**64.49**	**17.91**
11 年小计	**1841.34**	**555.67**	**195.60**	**10.62**	**22.85**	**44.69**	**21.30**	**47.66**	**3.83**
占合计%			**15.40**			**4.19**	**3.10**		
1949									
1950	189.23	49.24	16.50	8.72	18.91	3.12	0.15	4.81	0.30
1951	188.66	50.19	16.50	8.75	19.88	3.28	0.35	10.67	0.70
1952	186.82	52.97	16.70	8.94	22.51	3.76	0.58	15.43	1.09
1953	189.14	52.90	17.70	9.36	22.09	3.91	0.63	16.11	1.19
1954	187.38	53.71	16.30	8.70	27.12	4.42	1.61	36.43	3.00
1955	187.29	57.69	22.60	12.07	27.92	6.31	3.70	58.64	6.41
1956	187.29	61.62	23.90	12.76	24.06	5.75	2.36	41.04	3.83
1957	187.14	61.04	23.30	12.45	20.90	4.87	3.62	74.33	5.93
1958	175.00	59.05	21.60	12.34	22.13	4.78	4.13	86.40	6.99
1959	163.39	57.26	20.50	12.55	21.90	4.49	4.17	92.87	7.28
10 年小计	**1559.96**	**578.76**	**93.40**	**5.99**	**22.68**	**21.18**	**15.70**	**74.13**	**2.71**
占合计%			**7.35**			**1.99**	**2.28**		
1960	156.60	54.80	18.20	11.62	15.11	2.75	3.13	113.82	5.71
1961	155.25	54.15	8.20	5.28	6.59	0.54	0.41	75.93	0.76
1962	156.39	55.09	7.70	4.92	9.74	0.75	0.26	34.67	0.47
1963	155.96	55.80	8.60	5.51	3.26	0.28	0.11	39.29	0.20
1964	155.96	55.40	7.80	5.00	17.18	1.34	0.28	20.90	0.51
1965	155.96	57.03	7.10	4.55	9.01	0.64	0.18	28.13	0.32
1966	155.96	58.64	5.10	3.27	50.78	2.59	1.78	68.73	3.04
1967	155.96	58.97	10.60	6.80	40.28	4.27	3.36	78.69	5.70
1968	155.96	63.02	10.80	6.92	38.33	4.14	3.15	76.09	5.00
1969	155.96	65.86	9.30	5.96	41.72	3.88	3.04	78.35	4.62
10 年小计	**1556.87**	**724.12**	**171.36**	**11.01**	**55.81**	**95.63**	**82.50**	**86.27**	**11.39**
占合计%			**13.49**			**8.97**	**12.00**		
1970	155.96	67.84	14.10	9.04	60.14	8.48	6.79	80.07	10.01
1971	155.96	69.14	13.40	8.59	51.64	6.92	5.64	81.50	8.16
1972	158.26	71.19	15.20	9.60	56.38	8.57	7.27	84.83	10.21
1973	158.26	73.08	15.20	9.60	81.64	12.41	10.87	87.59	14.87
1974	155.76	54.64	20.90	13.42	68.52	14.32	12.67	88.48	23.19
1975	155.41	75.98	19.00	12.23	80.63	15.32	13.40	87.47	17.64
1976	155.26	76.76	19.54	12.59	50.51	9.87	8.50	86.12	11.07
1977	155.26	77.74	20.54	13.23	36.71	7.54	6.47	85.81	8.32
1978	155.26	78.70	19.45	12.53	40.00	7.78	6.98	89.72	8.87
1979	151.48	79.05	14.03	9.26	31.50	4.42	3.91	88.46	4.95
10 年小计	**1512.85**	**841.72**	**281.88**	**18.63**	**100.02**	**281.93**	**238.02**	**84.43**	**28.28**
占合计%			**22.20**			**26.43**	**34.61**		
1980	151.42	80.24	19.58	12.93	102.40	20.05	18.37	91.62	22.89
1981	151.41	81.40	18.73	12.37	90.66	16.98	16.18	95.29	19.88
1982	151.41	82.50	25.08	16.56	100.00	25.08	22.64	90.27	27.44
1983	151.40	82.93	26.18	17.29	124.90	32.70	32.70	100.00	39.43
1984	151.40	83.06	41.59	27.47	120.44	50.09	27.53	54.96	33.14
1985	150.76	83.66	32.42	21.50	90.01	29.18	28.25	96.81	33.77
1986	151.37	85.15	25.05	16.55	81.16	20.33	23.17	113.97	27.21
1987	151.37	86.37	28.19	18.62	102.63	28.93	24.76	85.59	28.67
1988	151.18	87.52	32.70	21.63	87.86	28.73	28.36	98.71	32.40
1989	151.13	88.89	32.36	21.41	92.27	29.86	16.06	53.78	18.07
11 年小计	**1661.59**	**1139.87**	**527.77**	**31.76**	**118.06**	**623.08**	**330.22**	**53.00**	**28.97**
占合计%			**41.56**			**58.42**	**48.02**		
1990	151.19	96.75	33.30	22.03	113.87	37.92	16.81	44.33	17.37
1991	151.23	98.09	60.80	40.20	106.73	64.89	38.38	59.15	39.13
1992	151.19	99.83	37.00	24.47	77.86	28.81	24.28	84.28	24.32
1993	150.90	100.50	38.40	25.45	56.88	21.84	19.66	90.02	19.56
1994	150.70	100.85	38.00	25.22	102.00	38.76	18.51	47.76	18.35
1995	151.00	101.00	45.00	29.80	120.00	54.00	46.00	85.19	45.54
1996	151.00	101.00	50.00	33.11	135.00	67.50	54.00	80.00	53.47
1997	151.43	110.02	54.08	35.71	146.01	78.96	42.00	53.19	38.17
1998	151.52	110.96	56.24	37.12	160.79	90.43	40.00	44.23	36.05
1999	150.93	110.95	53.21	35.25	156.93	83.50	24.06	28.81	21.69
2000	150.50	109.92	61.74	41.02	91.46	56.47	6.52	11.55	5.93

5-22-59 河南省永城市历年棉花生产收购

年　度	耕地面积（万亩）	农业人口（万人）	棉田面积（万亩）	占耕地（%）	亩　产（市斤）	产　量（万担）	收购量（万担）	商品率（%）	人均交售（市斤）
52年合计	**9241.41**	**4544.27**	**914.50**	**9.90**	**71.49**	**653.79**	**388.34**	**59.40**	**8.55**
11年小计	**2267.00**	**684.15**	**149.96**	**6.61**	**20.36**	**30.53**	**16.34**	**53.52**	**2.39**
占合计%			**16.40**			**4.67**	**4.21**		
1949									
1950	236.18	64.10	12.02	5.09	19.97	2.40	0.78	32.50	1.22
1951	235.53	65.05	12.28	5.21	22.23	2.73	1.54	56.41	2.37
1952	235.42	65.15	14.89	6.32	22.77	3.39	1.03	30.38	1.58
1953	236.25	65.42	15.21	6.44	24.00	3.65	1.48	40.55	2.26
1954	236.25	67.49	12.70	5.38	16.38	2.08	1.46	70.19	2.16
1955	233.42	69.31	16.85	7.22	25.99	4.38	1.95	44.52	2.81
1956	229.23	69.69	20.08	8.76	14.69	2.95	0.54	18.31	0.77
1957	223.84	73.72	13.93	6.22	20.60	2.87	2.01	70.03	2.73
1958	200.44	73.31	16.31	8.14	19.99	3.26	2.13	65.34	2.91
1959	200.44	70.91	15.69	7.83	17.97	2.82	3.42	121.28	4.82
10年小计	**1886.49**	**719.85**	**72.37**	**3.84**	**34.41**	**24.90**	**14.70**	**59.04**	**2.04**
占合计%			**7.91**			**3.81**	**3.79**		
1960	191.53	65.14	18.21	9.51	15.54	2.83	2.46	86.93	3.78
1961	191.64	65.84	8.48	4.42	16.51	1.40	0.34	24.29	0.52
1962	188.83	67.19	5.39	2.85	8.53	0.46	0.12	26.09	0.18
1963	189.07	84.99	0.90	0.48			0.01		0.01
1964	189.07	86.77	6.71	3.55	23.10	1.55	0.27	17.42	0.31
1965	180.07	66.00	4.83	2.68	4.97	0.24			
1966	189.07	67.88	3.68	1.95	59.24	2.18	1.29	59.17	1.90
1967	189.07	68.23	7.76	4.10	53.09	4.12	2.37	57.52	3.47
1968	189.07	71.86	7.91	4.18	66.12	5.23	3.32	63.48	4.62
1969	189.07	75.95	8.50	4.50	81.06	6.89	4.52	65.60	5.95
10年小计	**1692.19**	**870.45**	**165.37**	**9.77**	**55.90**	**92.45**	**77.32**	**83.63**	**8.88**
占合计%			**18.08**			**14.14**	**19.91**		
1970	189.07	78.49	10.03	5.30	89.43	8.97	7.07	78.82	9.01
1971	189.07	80.22	10.78	5.70	75.23	8.11	6.49	80.02	8.09
1972	175.61	82.63	13.55	7.72	87.23	11.82	8.84	74.79	10.70
1973	137.50	84.99	13.86	10.08	82.83	11.48	9.59	83.54	11.28
1974	172.47	86.77	19.20	11.13	63.02	12.10	9.99	82.56	11.51
1975	166.07	88.75	19.20	11.56	70.31	13.50	12.01	88.96	13.53
1976	166.07	90.39	23.30	14.03	39.31	9.16	8.29	90.50	9.17
1977	166.39	91.66	23.70	14.24	32.57	7.72	6.50	84.20	7.09
1978	165.24	92.45	20.25	12.25	32.99	6.68	5.81	86.98	6.28
1979	164.70	94.10	11.50	6.98	25.30	2.91	2.73	93.81	2.90
10年小计	**1631.70**	**984.27**	**183.05**	**11.22**	**71.34**	**130.59**	**96.76**	**74.09**	**9.83**
占合计%			**20.02**			**19.97**	**24.92**		
1980	165.20	95.20	18.80	11.38	56.91	10.70	11.24	105.05	11.81
1981	164.40	96.18	19.10	11.62	50.99	9.74	9.73	99.90	10.12
1982	164.90	97.25	22.10	13.40	20.45	4.52	8.50	188.05	8.74
1983	164.89	97.73	11.10	6.73	99.82	11.08	9.48	85.56	9.70
1984	164.32	98.16	23.65	14.39	78.31	18.52	17.53	94.65	17.86
1985	162.18	97.98	20.40	12.58	75.88	15.48	13.38	86.43	13.66
1986	161.75	98.66	14.20	8.78	91.55	13.00	8.86	68.15	8.98
1987	161.55	99.53	16.00	9.90	82.94	13.27	10.27	77.39	10.32
1988	161.42	100.97	23.70	14.68	99.92	23.68	1.23	5.19	1.22
1989	161.09	102.61	14.00	8.69	75.71	10.60	6.54	61.70	6.37
11年小计	**1764.03**	**1285.55**	**343.75**	**19.49**	**109.18**	**375.32**	**183.22**	**48.82**	**14.25**
占合计%			**37.59**			**57.41**	**47.18**		
1990	161.09	109.42	20.40	12.66	93.63	19.10	17.00	89.01	15.54
1991	160.87	111.80	40.00	24.86	90.00	36.00	33.22	92.28	29.71
1992	160.65	112.60	25.05	15.59	87.82	22.00	28.27	128.50	25.11
1993	161.10	113.30	28.50	17.69	90.53	25.80	6.60	25.58	5.83
1994	161.00	114.00	35.50	22.05	74.31	26.38	6.70	25.40	5.88
1995	160.00	124.00	30.20	18.88	80.00	24.16	19.25	79.68	15.52
1996	160.00	124.00	33.30	20.81	80.00	26.64	11.72	43.99	9.45
1997	159.83	117.84	27.17	17.00	127.35	34.60	6.00	17.34	5.09
1998	159.83	118.87	18.26	11.42	132.69	24.23	9.00	37.14	7.57
1999	159.83	119.01	64.94	40.63	158.01	102.61	43.00	41.91	36.13
2000	159.83	120.71	20.43	12.78	165.44	33.80	2.46	7.28	2.04

5－22－60 河南省民权县历年棉花生产收购

年　度	耕地面积（万亩）	农业人口（万人）	棉田面积（万亩）	占耕地（%）	亩产（市斤）	产量（万担）	收购量（万担）	商品率（%）	人均交售（市斤）
52年合计	**5484.74**	**2676.54**	**836.79**	**15.26**	**81.51**	**682.03**	**472.79**	**69.32**	**17.66**
11年小计	**1198.87**	**344.24**	**97.75**	**8.15**	**21.96**	**21.47**	**19.77**	**92.08**	**5.74**
占合计%			**11.68**			**3.15**	**4.18**		
1949	114.00	32.60	7.50	6.58	13.47	1.01			
1950	88.60	25.43	4.89	5.52	20.25	0.99	0.32	32.32	1.26
1951	97.48	26.07	8.63	8.85	20.97	1.81	1.18	65.19	4.53
1952	100.98	26.08	7.78	7.70	21.85	1.70	1.62	95.29	6.21
1953	102.74	26.75	6.97	6.78	19.37	1.35	1.51	111.85	5.64
1954	102.89	27.44	7.79	7.57	28.75	2.24	1.84	82.14	6.71
1955	98.99	27.67	8.57	8.66	27.19	2.33	3.00	128.76	10.84
1956	130.07	36.59	13.47	10.36	24.50	3.30	1.63	49.39	4.45
1957	127.28	37.41	10.95	8.60	12.97	1.42	2.35	165.49	6.28
1958	119.02	38.51	10.77	9.05	28.04	3.02	2.70	89.40	7.01
1959	116.82	39.69	10.43	8.93	22.05	2.30	3.62	157.39	9.12
10年小计	**1103.90**	**421.29**	**68.34**	**6.19**	**37.59**	**25.69**	**18.25**	**71.04**	**4.33**
占合计%			**8.17**			**3.77**	**3.86**		
1960	111.95	39.10	9.91	8.85	20.48	2.03	0.28	13.79	0.72
1961	108.51	38.78	5.53	5.10	13.20	0.73	0.35	47.95	0.90
1962	112.05	39.36	3.19	2.85	9.72	0.31	0.10	32.26	0.25
1963	110.84	40.11	2.33	2.10	11.59	0.27	0.12	44.44	0.30
1964	110.37	41.17	6.47	5.86	26.89	1.74	1.28	73.56	3.11
1965	109.92	42.12	4.76	4.33	25.42	1.21	0.72	59.50	1.71
1966	109.96	43.29	6.36	5.78	62.58	3.98	3.54	88.94	8.18
1967	109.97	44.02	9.75	8.87	64.00	6.24	4.39	70.35	9.97
1968	111.34	45.85	10.54	9.47	49.72	5.24	4.13	78.82	9.01
1969	108.99	47.49	9.50	8.72	41.47	3.94	3.34	84.77	7.03
10年小计	**1063.02**	**529.57**	**128.78**	**12.11**	**50.04**	**64.44**	**54.22**	**84.14**	**10.24**
占合计%			**15.39**			**9.45**	**11.47**		
1970	107.54	48.60	11.17	10.39	52.55	5.87	5.17	88.07	10.64
1971	108.91	49.64	10.63	9.76	47.04	5.00	3.81	76.20	7.68
1972	108.62	50.96	12.01	11.06	52.87	6.35	5.48	86.30	10.75
1973	108.60	52.48	13.03	12.00	66.62	8.68	7.89	90.90	15.03
1974	108.34	53.18	14.74	13.61	62.96	9.28	8.01	86.31	15.06
1975	105.48	53.89	14.94	14.16	63.59	9.50	7.73	81.37	14.34
1976	105.12	54.19	14.94	14.21	36.81	5.50	4.46	81.09	8.23
1977	104.01	54.76	14.09	13.55	40.81	5.75	4.46	77.57	8.14
1978	103.19	55.50	14.00	13.57	35.14	4.92	4.10	83.33	7.39
1979	103.21	56.37	9.23	8.94	38.89	3.59	3.11	86.63	5.52
10年小计	**1025.04**	**607.80**	**191.13**	**18.65**	**82.61**	**157.90**	**162.86**	**103.14**	**26.79**
占合计%			**22.84**			**23.15**	**34.45**		
1980	103.23	56.24	14.03	13.59	86.03	12.07	11.86	98.26	21.09
1981	103.20	56.30	15.48	15.00	60.66	9.39	8.42	89.67	14.96
1982	103.26	58.12	20.12	19.48	73.96	14.88	12.89	86.63	22.18
1983	103.28	58.57	19.62	19.00	113.91	22.35	21.40	95.75	36.54
1984	103.21	59.34	28.47	27.58	106.01	30.18	37.03	122.70	62.40
1985	102.02	60.64	26.86	26.33	80.53	21.63	17.52	81.00	28.89
1986	102.15	61.71	17.28	16.92	55.61	9.61	10.45	108.74	16.93
1987	101.09	63.50	15.98	15.81	86.36	13.80	15.43	111.81	24.30
1988	101.86	65.39	17.42	17.10	80.14	13.96	13.86	99.28	21.20
1989	101.74	67.99	15.87	15.60	63.20	10.03	14.00	139.58	20.59
11年小计	**1093.91**	**773.64**	**350.79**	**32.07**	**117.60**	**412.53**	**217.69**	**52.77**	**28.14**
占合计%			**41.92**			**60.49**	**46.04**		
1990	100.94	68.33	21.09	20.89	86.96	18.34	13.50	73.61	19.76
1991	99.64	68.51	40.00	40.14	100.00	40.00	39.99	99.98	58.37
1992	100.09	69.56	40.00	39.96	76.00	30.40	16.46	54.14	23.66
1993	100.82	70.09	25.00	24.80	110.04	27.51	8.00	29.08	11.41
1994	99.53	70.63	25.80	25.92	80.00	20.64	10.60	51.36	15.01
1995	90.00	65.00	23.00	25.56	100.00	23.00	22.00	95.65	33.85
1996	90.00	65.00	30.00	33.33	120.00	36.00	33.00	91.67	50.77
1997	102.17	71.57	34.74	34.00	139.58	48.49	14.00	28.87	19.56
1998	103.47	71.87	32.81	31.71	156.29	51.28	17.00	33.15	23.65
1999	103.81	77.16	37.31	35.94	143.77	53.64	23.84	44.44	30.90
2000	103.44	75.92	41.04	39.68	154.07	63.23	19.30	30.52	25.42

5-22-61 河南省睢县历年棉花生产收购

年度	耕地面积（万亩）	农业人口（万人）	棉田面积（万亩）	占耕地（%）	亩产（市斤）	产量（万担）	收购量（万担）	商品率（%）	人均交售（市斤）
52年合计	**4881.63**	**2641.84**	**776.03**	**15.90**	**72.41**	**561.90**	**416.63**	**74.15**	**15.77**
11年小计	**1219.16**	**377.44**	**168.17**	**13.79**	**27.13**	**45.62**	**33.93**	**74.38**	**8.99**
占合计%			**21.67**			**8.12**	**8.14**		
1949	104.79	31.09							
1950	114.86	31.74	9.43	8.21	27.47	2.59	1.44	55.60	4.54
1951	115.09	32.34	18.15	15.77	23.97	4.35	2.16	49.66	6.68
1952	115.11	32.38	14.92	12.96	30.50	4.55	3.15	69.23	9.73
1953	115.45	33.01	13.92	12.06	24.43	3.40	2.40	70.59	7.27
1954	115.33	34.22	15.74	13.65	30.50	4.80	2.32	48.33	6.78
1955	115.50	35.63	21.14	18.30	35.00	7.40	5.03	67.97	14.12
1956	114.27	36.23	21.80	19.08	26.97	5.88	4.12	70.07	11.37
1957	112.78	36.92	14.44	12.80	12.67	1.83	3.65	199.45	9.89
1958	102.38	36.90	19.45	19.00	29.00	5.64	4.87	86.35	13.20
1959	93.60	36.98	19.18	20.49	27.01	5.18	4.79	92.47	12.95
10年小计	**935.39**	**419.92**	**76.95**	**8.23**	**35.87**	**27.60**	**21.13**	**76.57**	**5.03**
占合计%			**9.92**			**4.91**	**5.07**		
1960	95.38	38.20	14.68	15.39	33.38	4.90	4.86	99.18	12.72
1961	95.18	38.45	6.19	6.50	21.32	1.32	0.36	27.27	0.94
1962	91.94	40.75	4.11	4.47	16.55	0.68	0.24	35.29	0.59
1963	93.22	40.68	5.17	5.55	12.77	0.66	0.31	46.97	0.76
1964	93.22	40.55	8.29	8.89	29.19	2.42	1.58	65.29	3.90
1965	93.29	41.65	6.07	6.51	27.84	1.69	1.04	61.54	2.50
1966	93.29	42.79	7.09	7.60	55.71	3.95	3.22	81.52	7.53
1967	93.29	44.19	8.82	9.45	52.27	4.61	3.41	73.97	7.72
1968	93.29	45.68	9.03	9.68	42.86	3.87	3.36	86.90	7.36
1969	93.29	46.98	7.50	8.04	46.67	3.50	2.75	78.57	5.85
10年小计	**898.58**	**517.93**	**110.14**	**12.26**	**56.18**	**61.88**	**52.51**	**84.86**	**10.14**
占合计%			**14.19**			**11.01**	**12.60**		
1970	93.29	47.91	10.11	10.84	63.20	6.39	5.59	87.48	11.67
1971	91.66	48.97	9.10	9.93	63.41	5.77	5.10	88.39	10.41
1972	91.60	49.97	10.36	11.31	64.77	6.71	5.46	81.37	10.93
1973	91.53	51.17	10.67	11.66	78.26	8.35	7.45	89.22	14.56
1974	90.85	52.05	12.01	13.22	68.78	8.26	6.93	83.90	13.31
1975	89.88	52.67	12.06	13.42	71.48	8.62	7.70	89.33	14.62
1976	88.50	53.02	11.78	13.31	37.61	4.43	3.73	84.20	7.04
1977	87.24	53.52	12.24	14.03	37.83	4.63	3.45	74.51	6.45
1978	87.16	54.12	12.71	14.58	37.92	4.82	3.95	81.95	7.30
1979	86.87	54.53	9.10	10.48	42.86	3.90	3.15	80.77	5.78
10年小计	**874.63**	**576.77**	**140.82**	**16.10**	**87.08**	**122.62**	**135.19**	**110.25**	**23.44**
占合计%			**18.15**			**21.82**	**32.45**		
1980	87.00	55.00	12.20	14.02	92.54	11.29	11.57	102.48	21.04
1981	87.30	55.63	12.40	14.20	70.56	8.75	9.36	106.97	16.83
1982	87.70	56.38	14.20	16.19	73.52	10.44	12.58	120.50	22.31
1983	87.66	56.67	14.90	17.00	118.05	17.59	21.01	119.44	37.07
1984	87.57	56.80	22.99	26.25	96.82	22.26	17.86	80.23	31.44
1985	87.50	57.15	17.16	19.61	65.85	11.30	22.56	199.65	39.48
1986	87.50	58.20	8.47	9.68	63.52	5.38	6.87	127.70	11.80
1987	87.50	59.26	11.46	13.10	93.89	10.76	13.96	129.74	23.56
1988	87.45	60.25	13.70	15.67	90.88	12.45	11.17	89.72	18.54
1989	87.45	61.43	13.34	15.25	92.95	12.40	8.25	66.53	13.43
11年小计	**953.87**	**749.78**	**279.95**	**29.35**	**108.66**	**304.18**	**173.87**	**57.16**	**23.19**
占合计%			**36.07**			**54.13**	**41.73**		
1990	87.45	64.86	17.23	19.70	101.10	17.42	11.87	68.14	18.30
1991	87.43	65.39	35.00	40.03	80.00	28.00	25.16	89.86	38.48
1992	87.35	66.61	39.70	45.45	57.43	22.80	14.97	65.66	22.47
1993	87.29	67.51	24.18	27.70	109.35	26.44	8.00	30.26	11.85
1994	87.82	68.16	25.38	28.90	87.98	22.33	11.44	51.23	16.78
1995	87.45	68.90	26.00	29.73	124.00	32.24	25.80	80.02	37.45
1996	87.45	69.70	25.00	28.59	131.76	32.94	26.36	80.02	37.82
1997	85.50	68.65	25.23	29.51	137.50	34.69	8.00	23.06	11.65
1998	85.46	67.47	21.70	25.39	130.46	28.31	10.00	35.32	14.82
1999	85.21	71.50	20.16	23.66	143.65	28.96	10.01	34.56	14.00
2000	85.46	71.03	20.37	23.84	147.52	30.05	22.26	74.08	31.34

5-22-62 河南省柘城县历年棉花生产收购

年　度	耕地面积（万亩）	农业人口（万人）	棉田面积（万亩）	占耕地（%）	亩　产（市斤）	产　量（万担）	收购量（万担）	商品率（%）	人均交售（市斤）
52 年合计	**5719.41**	**3108.48**	**813.87**	**14.23**	**95.83**	**779.91**	**762.10**	**97.72**	**24.52**
11 年小计	**1267.74**	**427.81**	**109.37**	**8.63**	**24.28**	**26.55**	**14.23**	**53.60**	**3.33**
占合计%			**13.44**			**3.40**	**1.87**		
1949									
1950	133.14	40.46	7.73	5.81	21.86	1.69	0.25	14.79	0.62
1951	124.09	41.22	9.29	7.49	17.98	1.67	0.32	19.16	0.78
1952	125.23	41.67	9.32	7.44	22.96	2.14	0.94	43.93	2.26
1953	126.36	42.28	9.13	7.23	23.00	2.10	0.49	23.33	1.16
1954	128.87	42.87	9.94	7.71	26.96	2.68	1.36	50.75	3.17
1955	129.14	43.75	12.48	9.66	35.02	4.37	2.28	52.17	5.21
1956	127.86	44.07	13.43	10.50	20.03	2.69	1.19	44.24	2.70
1957	127.86	44.45	10.96	8.57	18.52	2.03	1.82	89.66	4.09
1958	127.86	44.06	13.41	10.49	27.96	3.75	1.99	53.07	4.52
1959	117.33	42.98	13.68	11.66	25.07	3.43	3.59	104.66	8.35
10 年小计	**1132.37**	**498.28**	**60.54**	**5.35**	**32.66**	**19.77**	**12.66**	**64.04**	**2.54**
占合计%			**7.44**			**2.53**	**1.66**		
1960	113.15	42.54	11.76	10.39	19.98	2.35	2.35	100.00	5.52
1961	113.37	43.56	5.86	5.17	25.60	1.50	0.29	19.33	0.67
1962	108.97	44.79	4.92	4.52	12.80	0.63	0.17	26.98	0.38
1963	103.13	59.15	3.94	3.82	8.38	0.33	0.26	78.79	0.44
1964	112.06	60.35	5.12	4.57	17.38	0.89	0.18	20.22	0.30
1965	109.79	46.37	2.73	2.49	11.72	0.32	0.09	28.13	0.19
1966	118.93	47.92	2.93	2.46	58.70	1.72	1.05	61.05	2.19
1967	118.93	49.41	7.55	6.35	43.97	3.32	2.10	63.25	4.25
1968	118.93	51.01	7.17	6.03	49.79	3.57	2.81	78.71	5.51
1969	115.11	53.18	8.56	7.44	60.05	5.14	3.36	65.37	6.32
10 年小计	**1113.30**	**600.33**	**124.95**	**11.22**	**56.95**	**71.16**	**61.76**	**86.79**	**10.29**
占合计%			**15.35**			**9.12**	**8.10**		
1970	113.58	54.52	10.38	9.14	60.40	6.27	4.89	77.99	8.97
1971	113.57	55.71	10.30	9.07	59.03	6.08	4.55	74.84	8.17
1972	113.24	57.42	12.18	10.76	70.69	8.61	6.57	76.31	11.44
1973	113.13	59.15	11.78	10.41	85.65	10.09	9.30	92.17	15.72
1974	112.06	60.35	14.10	12.58	64.89	9.15	8.13	88.85	13.47
1975	111.22	61.31	14.74	13.25	70.56	10.40	9.28	89.23	15.14
1976	109.98	61.92	14.41	13.10	39.49	5.69	5.10	89.63	8.24
1977	109.75	62.47	14.83	13.51	31.69	4.70	4.00	85.11	6.40
1978	108.66	63.30	13.23	12.18	38.10	5.04	4.50	89.29	7.11
1979	108.11	64.18	9.00	8.32	57.00	5.13	5.44	106.04	8.48
10 年小计	**1058.80**	**669.22**	**197.52**	**18.66**	**121.05**	**239.09**	**366.81**	**153.42**	**54.81**
占合计%			**24.27**			**30.66**	**48.13**		
1980	107.60	64.90	13.40	12.45	121.94	16.34	16.35	100.06	25.19
1981	107.40	65.97	13.70	12.76	124.16	17.01	36.21	*	54.89
1982	106.90	66.79	17.00	15.90	145.00	24.65	25.96	105.31	38.87
1983	106.60	67.14	27.50	25.80	142.69	39.24	51.76	131.91	77.09
1984	105.90	67.41	31.92	30.14	142.54	45.50	72.34	158.99	107.31
1985	105.40	67.30	19.80	18.79	103.23	20.44	42.59	*	63.28
1986	104.90	68.59	17.40	16.59	78.33	13.63	23.07	169.26	33.63
1987	104.80	59.52	25.00	23.85	117.72	29.43	38.92	132.25	65.39
1988	104.70	70.33	17.80	17.00	105.39	18.76	37.10	197.76	52.75
1989	104.60	71.27	14.00	13.38	100.64	14.09	22.51	159.76	31.58
11 年小计	**1147.20**	**912.84**	**321.49**	**28.02**	**131.68**	**423.34**	**306.64**	**72.43**	**33.59**
占合计%			**39.50**			**54.28**	**40.24**		
1990	104.56	78.61	25.00	23.91	107.00	26.75	28.94	108.19	36.81
1991	104.37	80.64	35.00	33.53	120.00	42.00	64.71	154.07	80.25
1992	104.70	81.80	28.00	26.74	98.00	27.44	52.84	192.57	64.60
1993	104.70	82.00	26.00	24.83	100.00	26.00	19.01	73.12	23.18
1994	104.30	82.40	27.00	25.89	100.00	27.00	18.90	70.00	22.94
1995	105.00	80.00	35.00	33.33	120.00	42.00	30.00	71.43	37.50
1996	105.00	82.00	32.00	30.48	125.00	40.00	28.00	70.00	34.15
1997	103.77	85.60	34.17	32.93	165.12	56.42	18.00	31.90	21.03
1998	103.67	85.66	29.37	28.33	169.15	49.68	21.00	42.27	24.52
1999	103.52	86.66	25.38	24.52	169.31	42.97	16.03	37.31	18.50
2000	103.61	87.47	24.57	23.71	175.34	43.08	9.21	21.38	10.53

5－22－63　河南省宁陵县历年棉花生产收购

年　　度	耕地面积（万亩）	农业人口（万人）	棉田面积（万亩）	占耕地（%）	亩　产（市斤）	产　量（万担）	收购量（万担）	商品率（%）	人均交售（市斤）
52 年合计	**3706.91**	**1924.78**	**383.39**	**10.34**	**77.75**	**298.08**	**177.71**	**59.62**	**9.23**
11 年小计	**828.65**	**229.12**	**73.53**	**8.87**	**26.21**	**19.27**	**13.35**	**69.28**	**5.83**
占合计%			**19.18**			**6.46**	**7.51**		
1949									
1950	75.00	2.33	4.81	6.41	27.44	1.32	0.85	64.39	36.48
1951	75.00	23.71	6.33	8.44	21.96	1.39	0.94	67.63	3.96
1952	85.00	23.99	6.56	7.72	32.93	2.16	1.02	47.22	4.25
1953	88.00	24.22	7.06	8.02	21.39	1.51	1.14	75.50	4.71
1954	88.00	24.25	7.22	8.20	27.42	1.98	1.05	53.03	4.33
1955	86.00	25.40	8.94	10.40	29.98	2.68	1.55	57.84	6.10
1956	85.15	26.09	9.28	10.90	25.54	2.37	1.21	51.05	4.64
1957	85.50	26.33	7.72	9.03	13.47	1.04	0.89	85.58	3.38
1958	81.00	26.41	8.28	10.22	29.95	2.48	1.67	67.34	6.32
1959	80.00	26.39	7.33	9.16	31.92	2.34	3.03	129.49	11.48
10 年小计	**730.35**	**315.56**	**28.30**	**3.87**	**28.76**	**8.14**	**4.20**	**51.60**	**1.33**
占合计%			**7.38**			**2.73**	**2.36**		
1960	78.37	27.34	5.69	7.26	26.54	1.51	1.55	102.65	5.67
1961	73.96	27.26	2.00	2.70	18.50	0.37	0.12	32.43	0.44
1962	72.45	28.34	1.48	2.04	12.84	0.19	0.08	42.11	0.28
1963	71.66	36.92	2.11	2.94	9.00	0.19	0.03	15.79	0.08
1964	71.27	37.85	2.90	4.07	15.17	0.44	0.09	20.45	0.24
1965	72.39	29.83	1.84	2.54	14.13	0.26	0.01	3.85	0.03
1966	72.55	30.59	1.79	2.47	37.99	0.68	0.34	50.00	1.11
1967	72.56	31.39	3.69	5.09	59.62	2.20	0.62	28.18	1.98
1968	72.57	32.41	3.40	4.69	32.65	1.11	0.66	59.46	2.04
1969	72.57	33.63	3.40	4.69	35.00	1.19	0.70	58.82	2.08
10 年小计	**712.13**	**377.93**	**46.09**	**6.47**	**43.13**	**19.88**	**14.06**	**70.72**	**3.72**
占合计%			**12.02**			**6.67**	**7.91**		
1970	72.57	34.22	5.18	7.14	39.96	2.07	1.60	77.29	4.68
1971	71.68	34.99	3.94	5.50	37.56	1.48	0.84	56.76	2.40
1972	71.75	36.07	4.49	6.26	39.64	1.78	1.32	74.16	3.66
1973	71.66	36.92	4.67	6.52	51.82	2.42	1.82	75.21	4.93
1974	71.27	37.85	6.04	8.47	61.75	3.73	3.07	82.31	8.11
1975	71.16	38.47	6.00	8.43	54.33	3.26	2.73	83.74	7.10
1976	71 16	38.74	6.10	8.57	27.70	1.69	1.12	66.27	2.89
1977	70 60	39.63	6.00	8.50	25.17	1.51	1.12	74.17	2.83
1978	70.32	40.30	2.40	3.41	62.50	1.50	0.22	14.67	0.55
1979	69.96	40.74	1.27	1.82	34.65	0.44	0.22	50.00	0.54
10 年小计	**691.06**	**431.27**	**45.62**	**6.60**	**71.11**	**32.44**	**30.50**	**94.02**	**7.07**
占合计%			**11.90**			**10.88**	**17.16**		
1980	69.72	40.74	1.27	1.82	47.24	0.60	0.59	98.33	1.45
1981	70.11	41.62	1.50	2.14	52.67	0.79	0.41	51.90	0.99
1982	70.08	42.18	2.50	3.57	45.60	1.14	0.64	56.14	1.52
1983	69.50	42.44	3.33	4.79	76.88	2.56	2.66	103.91	6.27
1984	69.50	42.74	6.19	8.91	77.54	4.80	4.83	100.63	.11.30
1985	68.59	42.98	5.47	7.97	69.29	3.79	6.74	177.84	15.68
1986	68.36	43.64	4.13	6.04	81.36	3.36	3.14	93.45	7.20
1987	68.38	44.19	5.19	7.59	83.43	4.33	4.81	111.09	10.88
1988	68.41	45.01	7.39	10.80	76.32	5.64	2.84	50.35	6.31
1989	68.41	45.73	8.65	12.64	62.77	5.43	3.84	70.72	8.40
11 年小计	**744.72**	**570.90**	**189.85**	**25.49**	**115.01**	**218.35**	**115.60**	**52.94**	**20.25**
占合计%			**49.52**			**73.25**	**65.05**		
1990	68.41	49.68	6.89	10.07	106.82	7.36	4.60	62.50	9.26
1991	66.60	49.08	6.89	10.35	106.82	7.36	17.74	*	36.15
1992	68.40	50.50	20.52	30.00	83.72	17.18	18.57	108.09	36.77
1993	66.60	51.60	22.50	33.78	103.33	23.25	6.94	29.85	13.45
1994	66.60	52.00	22.15	33.26	56.43	12.50	7.29	58.32	14.02
1995	66.60	51.60	19.15	28.75	123.39	23.63	9.94	42.07	19.26
1996	68.36	52.34	18.27	26.73	123.32	22.53	5.58	24.77	10.66
1997	68.34	52.66	17.57	25.71	128.34	22.55	6.31	27.98	11.98
1998	68.36	53.04	19.58	28.64	141.27	27.66	17.56	63.49	33.11
1999	68.35	54.58	17.64	25.80	144.05	25.41	8.03	31.60	14.71
2000	68.09	53.82	18.69	27.45	154.74	28.92	13.04	45.09	24.23

5-22-64　河南省虞城县历年棉花生产收购

年　　度	耕地面积（万亩）	农业人口（万人）	棉田面积（万亩）	占耕地（%）	亩　产（市斤）	产　量（万担）	收购量（万担）	商品率（%）	人均交售（市斤）
52 年合计	**7617.41**	**3702.52**	**1032.19**	**13.55**	**76.41**	**788.72**	**492.00**	**62.38**	**13.29**
11 年小计	**1728.83**	**513.62**	**146.76**	**8.49**	**22.29**	**32.72**	**20.36**	**62.22**	**3.96**
占合计%			**14.22**			**4.15**	**4.14**		
1949									
1950	168.02	46.19	8.50	5.06	21.41	1.82	0.56	30.77	1.21
1951	171.03	47.14	12.51	7.31	16.63	2.08	1.29	62.02	2.74
1952	177.23	48.28	12.23	6.90	19.95	2.44	1.32	54.10	2.73
1953	177.71	49.55	14.10	7.93	18.79	2.65	1.47	55.47	2.97
1954	178.95	50.98	13.95	7.80	22.44	3.13	1.63	52.08	3.20
1955	179.46	52.37	16.87	9.40	24.18	4.08	2.52	61.76	4.81
1956	178.65	53.24	19.08	10.68	22.01	4.20	1.76	41.90	3.31
1957	176.55	54.33	14.92	8.45	17.90	2.67	1.99	74.53	3.66
1958	164.07	55.84	16.04	9.78	27.00	4.33	2.95	68.13	5.28
1959	157.16	55.70	18.56	11.81	28.66	5.32	4.87	91.54	8.74
10 年小计	**1491.10**	**610.84**	**83.86**	**5.62**	**22.56**	**18.92**	**10.96**	**57.93**	**1.79**
占合计%			**8.12**			**2.40**	**2.23**		
1960	153.13	53.48	15.27	9.97	12.77	1.95	2.09	107.18	3.91
1961	153.10	53.78	6.35	4.15	9.76	0.62	0.08	12.90	0.15
1962	153.10	55.26	5.04	3.29	14.48	0.73	0.21	28.77	0.38
1963	148.49	71.29	7.10	4.78	3.38	0.24	0.07	29.17	0.10
1964	148.49	72.56	9.39	6.32	11.71	1.10	0.23	20.91	0.32
1965	148.49	57.64	9.60	6.47	2.50	0.24	0.01	4.17	0.02
1966	146.64	58.97	4.11	2.80	45.01	1.85	0.79	42.70	1.34
1967	146.59	60.30	9.31	6.35	42.00	3.91	2.30	58.82	3.81
1968	148.42	62.78	8.63	5.81	50.17	4.33	2.49	57.51	3.97
1969	144.65	64.78	9.06	6.26	43.60	3.95	2.69	68.10	4.15
10 年小计	**1445.08**	**725.32**	**167.89**	**11.62**	**49.47**	**83.06**	**71.14**	**85.65**	**9.81**
占合计%			**16.27**			**10.53**	**14.46**		
1970	144.86	66.81	17.40	12.01	60.29	10.49	7.90	75.31	11.82
1971	146.30	67.84	13.22	9.04	51.89	6.86	4.86	70.85	7.16
1972	146.30	69.59	15.37	10.51	53.68	8.25	6.77	82.06	9.73
1973	146.25	71.29	16.00	10.94	70.38	11.26	10.13	89.96	14.21
1974	145.29	72.56	19.90	13.70	56.48	11.24	9.60	85.41	13.23
1975	143.96	73.97	19.00	13.20	68.21	12.96	11.88	91.67	16.06
1976	143.74	74.70	19.00	13.22	42.11	8.00	7.00	87.50	9.37
1977	143.08	75.46	19.00	13.28	31.58	6.00	6.00	100.00	7.95
1978	142.51	76.29	18.00	12.63	33.33	6.00	5.00	83.33	6.55
1979	142.79	76.81	11.00	7.70	18.18	2.00	2.00	100.00	2.60
10 年小计	**1422.39**	**806.00**	**298.59**	**20.99**	**82.34**	**245.85**	**218.13**	**88.72**	**27.06**
占合计%			**28.93**			**31.17**	**44.34**		
1980	142.69	76.81	16.55	11.60	66.47	11.00	11.00	100.00	14.32
1981	142.76	78.48	17.18	12.03	48.49	8.33	9.00	108.04	11.47
1982	142.76	80.00	20.83	14.59	67.21	14.00	19.00	135.71	23.75
1983	142.59	79.96	22.93	16.08	84.78	19.44	24.88	127.98	31.12
1984	142.49	80.20	41.45	29.09	94.84	39.31	23.88	60.75	29.78
1985	142.39	79.44	34.55	24.26	74.88	25.87	32.54	125.78	40.96
1986	142.38	81.23	29.39	20.64	102.08	30.00	20.42	68.07	25.14
1987	141.74	81.98	34.00	23.99	103.85	35.31	34.53	97.79	42.12
1988	141.44	83.30	49.19	34.78	81.32	40.00	24.25	60.63	29.11
1989	141.15	84.60	32.52	23.04	69.46	22.59	18.63	82.47	22.02
11 年小计	**1530.01**	**1046.74**	**335.09**	**21.90**	**121.81**	**408.17**	**171.41**	**41.99**	**16.38**
占合计%			**32.46**			**51.75**	**34.84**		
1990	141.15	91.33	36.22	25.66	271.04	98.17	36.22	36.90	39.66
1991	141.00	91.43	36.22	25.69	113.58	41.14	36.22	88.04	39.62
1992	139.65	93.10	40.90	29.29	48.04	19.65	14.82	75.42	15.92
1993	139.60	94.15	22.50	16.12	63.29	14.24	8.49	59.62	9.02
1994	138.50	94.15	35.10	25.34	61.99	21.76	1.55	7.12	1.65
1995	139.60	94.15	32.48	23.27	115.46	37.50	11.90	31.73	12.64
1996	138.32	95.62	25.76	18.62	116.69	30.06	6.01	19.99	6.29
1997	138.24	96.67	30.24	21.88	121.99	36.89	8.78	23.80	9.08
1998	138.25	97.29	23.04	16.67	134.07	30.89	13.00	42.08	13.36
1999	138.22	100.18	22.58	16.34	139.99	31.61	16.05	50.78	16.02
2000	137.48	98.67	30.05	21.86	153.94	46.26	18.37	39.71	18.62

5－22－65　河南省夏邑县历年棉花生产收购

年　　度	耕地面积（万亩）	农业人口（万人）	棉田面积（万亩）	占耕地（%）	亩　产（市斤）	产　量（万担）	收购量（万担）	商品率（%）	人均交售（市斤）
52年合计	**7083.64**	**3701.47**	**736.91**	**10.40**	**66.74**	**491.82**	**305.24**	**62.06**	**8.25**
11年小计	**1633.33**	**506.20**	**128.99**	**7.90**	**24.81**	**32.00**	**14.83**	**46.34**	**2.93**
占合计%			**17.50**			**6.51**	**4.86**		
1949									
1950	157.44	47.76	11.18	7.10	23.88	2.67			
1951	161.91	48.27	11.20	6.92	25.00	2.80	0.02	0.71	0.04
1952	165.74	48.77	9.30	5.61	20.54	1.91	0.48	25.13	0.98
1953	169.77	49.09	12.77	7.52	25.45	3.25	0.37	11.38	0.75
1954	170.32	50.27	11.66	6.85	25.81	3.01	0.92	30.56	1.83
1955	169.99	51.03	14.47	8.51	26.54	3.84	1.99	51.82	3.90
1956	167.35	52.05	15.95	9.53	16.55	2.64	0.87	32.95	1.67
1957	167.94	53.07	12.22	7.28	25.53	3.12	1.95	62.50	3.67
1958	154.36	53.09	15.03	9.74	29.94	4.50	3.13	69.56	5.90
1959	148.51	52.80	15.21	10.24	28.01	4.26	5.10	119.72	9.66
10年小计	**1385.85**	**604.13**	**64.09**	**4.62**	**26.71**	**17.12**	**9.58**	**55.96**	**1.59**
占合计%			**8.70**			**3.48**	**3.14**		
1960	147.47	51.55	11.02	7.47	16.42	1.81	1.99	109.94	3.86
1961	142.64	53.12	6.37	4.47	15.07	0.96	0.11	11.46	0.21
1962	138.46	54.41	6.01	4.34	12.81	0.77	0.25	32.47	0.46
1963	133.72	70.97	1.52	1.14	8.55	0.13	0.05	38.46	0.07
1964	133.71	72.50	7.84	5.86	14.67	1.15	0.25	21.74	0.34
1965	139.33	56.82	3.94	2.83	20.56	0.81	0.03	3.70	0.05
1966	137.63	58.51	4.11	2.99	45.01	1.85	0.94	50.81	1.61
1967	137.63	60.14	7.71	5.60	37.48	2.89	1.64	56.75	2.73
1968	137.63	61.97	7.55	5.49	46.09	3.48	2.08	59.77	3.36
1969	137.63	64.14	8.02	5.83	40.77	3.27	2.24	68.50	3.49
10年小计	**1332.59**	**722.78**	**146.67**	**11.01**	**41.04**	**60.19**	**49.76**	**82.67**	**6.88**
占合计%			**19.90**			**12.24**	**16.30**		
1970	137.63	66.31	11.84	8.60	47.30	5.60	4.14	73.93	6.24
1971	133.62	67.30	10.05	7.52	43.38	4.36	3.47	79.59	5.16
1972	133.47	69.26	13.65	10.23	52.01	7.10	5.79	81.55	8.36
1973	133.72	70.97	15.71	11.75	55.00	8.64	7.64	88.43	10.77
1974	133.71	72.50	17.69	13.23	49.58	8.77	7.47	85.18	10.30
1975	133.00	73.79	16.27	12.23	53.84	8.76	7.66	87.44	10.38
1976	132.56	74.54	18.01	13.59	34.70	6.25	5.03	80.48	6.75
1977	131.99	75.22	18.45	13.98	28.67	5.29	4.20	79.40	5.58
1978	131.63	76.01	14.00	10.64	21.93	3.07	2.53	82.41	3.33
1979	131.26	76.88	11.00	8.38	21.36	2.35	1.83	77.87	2.38
10年小计	**1309.41**	**809.06**	**188.76**	**14.42**	**85.83**	**162.02**	**131.94**	**81.43**	**16.31**
占合计%			**25.62**			**32.94**	**43.23**		
1980	134.15	77.47	15.44	11.51	56.67	8.75	7.85	89.71	10.13
1981	131.10	78.33	15.43	11.77	47.83	7.38	7.27	98.51	9.28
1982	131.02	79.33	18.17	13.87	45.29	8.23	7.78	94.53	9.81
1983	130.71	79.90	15.21	11.64	80.54	12.25	12.90	105.31	16.15
1984	130.56	80.23	20.11	15.40	104.62	21.04	15.04	71.48	18.75
1985	130.51	80.49	16.53	12.67	80.82	13.36	17.52	131.14	21.77
1986	130.49	81.27	13.56	10.39	130.16	17.65	14.54	82.38	17.89
1987	130.36	82.61	16.01	12.28	119.18	19.08	17.75	93.03	21.49
1988	130.28	84.03	27.84	21.37	112.21	31.24	19.43	62.20	23.12
1989	130.23	85.40	30.46	23.39	75.64	23.04	11.86	51.48	13.89
11年小计	**1422.46**	**1059.30**	**208.40**	**14.65**	**105.80**	**220.49**	**99.13**	**44.96**	**9.36**
占合计%			**28.28**			**44.83**	**32.48**		
1990	130.23	92.58	18.16	13.94	107.16	19.46	9.45	48.56	10.21
1991	130.15	89.16	18.16	13.95	107.38	19.50	30.26	155.18	33.94
1992	129.45	95.10	23.25	17.96	54.11	12.58	18.67	148.41	19.63
1993	129.15	95.48	13.50	10.45	55.93	7.55	4.50	59.60	4.71
1994	129.15	95.48	18.15	14.05	37.96	6.89	1.67	24.24	1.75
1995	129.05	95.48	19.35	14.99	131.99	25.54	10.84	42.44	11.35
1996	129.30	97.36	22.11	17.10	123.47	27.30	2.13	7.80	2.19
1997	129.27	98.18	19.46	15.05	135.92	26.45	3.93	14.86	4.00
1998	129.29	98.92	20.57	15.91	124.89	25.69	10.13	39.43	10.24
1999	128.93	100.63	18.77	14.56	129.57	24.32	4.54	18.67	4.51
2000	128.49	100.93	16.92	13.17	149.00	25.21	3.01	11.94	2.98

5-22-66　河南省扶沟县历年棉花生产收购

年　度	耕地面积（万亩）	农业人口（万人）	棉田面积（万亩）	占耕地（%）	亩　产（市斤）	产　量（万担）	收购量（万担）	商品率（%）	人均交售（市斤）
52年合计	**6286.59**	**2427.78**	**1757.86**	**27.96**	**108.36**	**1904.80**	**1390.08**	**72.98**	**57.26**
11年小计	**1451.61**	**361.54**	**117.94**	**8.12**	**26.79**	**31.60**	**25.60**	**81.01**	**7.08**
占合计%			**6.71**			**1.66**	**1.84**		
1949									
1950	156.12	29.12	8.02	5.14	21.95	1.76	1.19	67.61	4.09
1951	156.12	29.15	10.25	6.57	24.88	2.55	2.01	78.82	6.90
1952	156.00	35.19	9.84	6.31	31.10	3.06	2.58	84.31	7.33
1953	145.22	35.28	9.58	6.60	28.29	2.71	1.85	68.27	5.24
1954	145.81	37.12	10.92	7.49	26.47	2.89	2.15	74.39	5.79
1955	145.84	38.20	12.22	8.38	29.79	3.64	3.12	85.71	8.17
1956	141.75	40.28	14.30	10.09	20.14	2.88	1.53	53.13	3.80
1957	141.11	39.19	15.34	10.87	22.82	3.50	2.73	78.00	6.97
1958	134.41	38.58	13.69	10.19	29.51	4.04	4.01	99.26	10.39
1959	129.23	39.43	13.78	10.66	33.16	4.57	4.43	96.94	11.24
10年小计	**1233.01**	**387.91**	**119.23**	**9.67**	**42.00**	**50.08**	**44.81**	**89.48**	**11.55**
占合计%			**6.78**			**2.63**	**3.22**		
1960	124.42	35.17	14.57	11.71	37.41	5.45	5.28	96.88	15.01
1961	123.64	35.44	7.81	6.32	25.99	2.03	1.56	76.85	4.40
1962	123.17	38.58	7.52	6.11	27.39	2.06	1.55	75.24	4.02
1963	123.19	39.52	11.57	9.39	20.66	2.39	1.91	79.92	4.83
1964	123.19	39.42	14.39	11.68	39.75	5.72	5.63	98.43	14.28
1965	123.10	39.59	14.26	11.58	25.88	3.69	3.03	82.11	7.65
1966	123.10	39.98	10.87	8.83	62.37	6.78	6.77	99.85	16.93
1967	123.10	39.99	12.22	9.93	57.45	7.02	6.11	87.04	15.28
1968	123.10	40.01	12.75	10.36	54.12	6.90	6.57	95.22	16.42
1969	123.00	40.21	13.27	10.79	60.59	8.04	6.40	79.60	15.92
10年小计	**1210.59**	**460.61**	**134.57**	**11.12**	**65.97**	**88.78**	**72.48**	**81.64**	**15.74**
占合计%			**7.66**			**4.66**	**5.21**		
1970	122.94	40.21	11.60	9.44	72.76	8.44	7.65	90.64	19.03
1971	122.94	42.18	12.18	9.91	40.07	4.88	4.32	88.52	10.24
1972	122.53	43.56	11.81	9.64	47.67	5.63	4.97	88.28	11.41
1973	122.11	43.97	11.89	9.74	81.75	9.72	8.83	90.84	20.08
1974	122.05	45.14	12.34	10.11	85.90	10.60	9.40	88.68	20.82
1975	122.00	46.21	11.53	9.45	97.31	11.22	9.84	87.70	21.29
1976	121.59	47.54	12.40	10.20	57.74	7.16	5.94	82.96	12.49
1977	121.59	48.01	11.74	9.66	107.33	12.60	5.37	42.62	11.19
1978	116.84	51.20	12.35	10.57	53.77	6.64	5.89	88.70	11.50
1979	116.00	52.59	26.73	23.04	44.48	11.89	10.27	86.38	19.53
10年小计	**1147.50**	**554.88**	**575.33**	**50.14**	**124.16**	**714.31**	**628.38**	**87.97**	**113.25**
占合计%			**32.73**			**37.50**	**45.20**		
1980	115.30	53.70	27.90	24.20	146.95	41.00	39.74	96.93	74.00
1981	115.23	53.88	29.10	25.25	130.00	37.83	37.12	98.12	68.89
1982	115.10	54.33	36.50	31.71	126.30	46.10	45.22	98.09	83.23
1983	115.00	54.50	58.44	50.82	156.21	91.29	89.80	98.37	164.77
1984	114.92	55.12	66.99	58.29	153.66	102.94	92.29	89.65	167.43
1985	114.91	55.81	70.60	61.44	117.00	82.60	46.99	56.89	84.20
1986	114.90	55.91	61.00	53.09	112.41	68.57	59.42	86.66	106.28
1987	114.72	57.01	72.00	62.76	125.00	90.00	86.00	95.56	150.85
1988	114.00	57.30	79.10	69.39	107.33	84.90	80.80	95.17	141.01
1989	113.42	57.32	73.70	64.98	93.73	69.08	51.00	73.83	88.97
11年小计	**1243.88**	**662.84**	**810.79**	**65.18**	**125.81**	**1020.03**	**618.81**	**60.67**	**93.36**
占合计%			**46.12**			**53.55**	**44.52**		
1990	113.41	58.10	75.40	66.48	140.72	106.10	82.00	77.29	141.14
1991	113.40	58.10	79.00	69.66	150.56	118.94	107.12	90.06	184.37
1992	113.40	58.91	79.10	69.75	92.53	73.19	65.87	90.00	111.81
1993	113.00	58.90	80.00	70.80	85.00	68.00	50.35	74.04	85.48
1994	113.00	59.20	75.50	66.81	80.00	60.40	52.00	86.09	87.84
1995	113.00	61.60	80.00	70.80	130.00	104.00	52.00	50.00	84.42
1996	113.00	61.60	75.00	66.37	130.00	97.50	42.00	43.08	68.18
1997	113.01	60.44	68.96	61.02	161.21	111.17	37.48	33.71	62.01
1998	112.88	60.59	70.17	62.16	154.61	108.49	49.39	45.52	81.52
1999	113.04	63.77	64.94	57.45	158.01	102.61	43.00	41.91	67.43
2000	112.74	61.63	62.72	55.63	111.02	69.63	37.60	54.00	61.01

5-22-67 河南省西华县历年棉花生产收购

年度	耕地面积（万亩）	农业人口（万人）	棉田面积（万亩）	占耕地（%）	亩产（市斤）	产量（万担）	收购量（万担）	商品率（%）	人均交售（市斤）
52年合计	**6046.74**	**2829.61**	**1072.00**	**17.73**	**94.69**	**1015.07**	**581.36**	**57.27**	**20.55**
11年小计	**1432.11**	**364.23**	**86.19**	**6.02**	**25.95**	**22.37**	**12.02**	**53.73**	**3.30**
占合计%			**8.04**			**2.20**	**2.07**		
1949									
1950	120.93	32.96	4.67	3.86	24.41	1.14			
1951	148.14	32.42	7.85	5.30	19.11	1.50			
1952	153.42	34.24	9.82	6.40	32.48	3.19			
1953	154.87	35.24	9.66	6.24	19.46	1.88	1.10	58.51	3.12
1954	154.88	36.12	9.97	6.44	16.05	1.60	0.58	36.25	1.61
1955	152.80	37.52	10.44	6.83	27.30	2.85	0.54	18.95	1.44
1956	150.80	38.65	7.80	5.17	18.46	1.44	0.82	56.94	2.12
1957	148.84	39.85	1.13	0.76	203.54	2.30	2.30	100.00	5.77
1958	126.13	37.00	12.50	9.91	24.56	3.07	2.80	91.21	7.57
1959	121.30	40.23	12.35	10.18	27.53	3.40	3.88	114.12	9.64
10年小计	**1172.99**	**440.44**	**91.84**	**7.83**	**36.78**	**33.78**	**31.23**	**92.45**	**7.09**
占合计%			**8.57**			**3.33**	**5.37**		
1960	107.10	39.90	11.80	11.02	20.34	2.40	2.65	110.42	6.64
1961	107.43	39.00	4.48	4.17	15.18	0.68	0.57	83.82	1.46
1962	122.70	44.06	6.46	5.26	17.65	1.14	0.76	66.67	1.72
1963	121.14	43.22	9.80	8.09	11.22	1.10	0.76	69.09	1.76
1964	121.05	43.51	9.90	8.18	31.21	3.09	3.27	105.83	7.52
1965	119.11	45.00	8.95	7.51	16.76	1.50	1.50	100.00	3.33
1966	119.03	45.68	8.50	7.14	66.00	5.61	5.50	98.04	12.04
1967	118.12	46.03	10.60	8.97	54.91	5.82	5.54	95.19	12.04
1968	120.06	46.54	10.32	8.60	59.50	6.14	6.34	103.26	13.62
1969	117.25	47.50	11.03	9.41	57.12	6.30	4.34	68.89	9.14
10年小计	**1141.17**	**569.36**	**100.18**	**8.78**	**54.79**	**54.89**	**49.14**	**89.52**	**8.63**
占合计%			**9.35**			**5.41**	**8.45**		
1970	118.76	51.60	10.70	9.01	60.00	6.42	5.60	87.23	10.85
1971	117.44	52.35	10.30	8.77	48.16	4.96	4.80	96.77	9.17
1972	115.10	54.21	9.90	8.60	50.81	5.03	4.70	93.44	8.67
1973	115.03	56.55	10.42	9.06	74.38	7.75	7.00	90.32	12.38
1974	115.00	58.00	10.20	8.87	60.59	6.18	5.22	84.47	9.00
1975	114.69	58.86	8.04	7.01	72.26	5.81	5.30	91.22	9.00
1976	114.40	59.90	9.98	8.72	47.29	4.72	3.94	83.47	6.58
1977	110.20	58.50	10.00	9.07	56.70	5.67	4.88	86.07	8.34
1978	110.30	59.40	10.44	9.47	50.19	5.24	4.60	87.79	7.74
1979	110.25	59.99	10.20	9.25	30.49	3.11	3.10	99.68	5.17
10年小计	**1100.51**	**645.44**	**264.72**	**24.05**	**99.47**	**263.33**	**231.51**	**87.92**	**35.87**
占合计%			**24.69**			**25.94**	**39.82**		
1980	110.20	61.80	11.05	10.03	120.27	13.29	13.81	103.91	22.35
1981	110.27	61.96	13.40	12.15	111.42	14.93	14.50	97.12	23.40
1982	110.25	62.88	15.22	13.80	96.32	14.66	14.92	101.77	23.73
1983	110.22	62.20	25.20	22.86	144.17	36.33	32.90	90.56	52.89
1984	110.10	65.34	44.30	40.24	84.67	37.51	35.41	94.40	54.19
1985	109.82	65.40	33.40	30.41	99.73	33.31	18.47	55.45	28.24
1986	109.70	65.20	23.24	21.19	58.95	13.70	18.40	134.31	28.22
1987	109.70	66.72	28.51	25.99	103.86	29.61	29.89	100.95	44.80
1988	110.13	67.96	36.20	32.87	105.39	38.15	32.83	86.06	48.31
1989	110.12	65.98	34.20	31.06	93.10	31.84	20.38	64.01	30.89
11年小计	**1199.96**	**810.14**	**529.07**	**44.09**	**121.10**	**640.70**	**257.46**	**40.18**	**31.78**
占合计%			**49.35**			**63.12**	**44.29**		
1990	110.10	71.15	40.14	36.46	122.30	49.09	34.12	69.50	47.96
1991	110.00	69.78	60.31	54.83	120.01	72.38	45.15	62.38	64.70
1992	110.00	70.25	62.73	57.03	82.10	51.50	20.95	40.68	29.82
1993	110.02	72.95	47.08	42.79	113.32	53.35	16.69	31.28	22.88
1994	110.00	73.04	45.19	41.08	69.99	31.63	16.98	53.68	23.25
1995	109.00	77.00	45.00	41.28	120.00	54.00	17.20	31.85	22.34
1996	109.00	78.00	48.00	44.04	133.33	64.00	18.70	29.22	23.97
1997	109.95	72.04	45.42	41.31	146.70	66.63	21.03	31.56	29.19
1998	109.92	72.62	44.76	40.72	163.99	73.40	23.06	31.42	31.75
1999	108.27	76.72	44.36	40.97	155.75	69.09	23.43	33.91	30.54
2000	103.70	76.59	46.08	44.44	120.72	55.63	20.15	36.22	26.31

5－22－68　河南省鹿邑县历年棉花生产收购

年　　度	耕地面积（万亩）	农业人口（万人）	棉田面积（万亩）	占耕地（%）	亩　产（市斤）	产　量（万担）	收购量（万担）	商品率（%）	人均交售（市斤）
52年合计	**6898.76**	**3882.00**	**865.35**	**12.54**	**102.43**	**886.34**	**496.74**	**56.04**	**12.80**
11年小计	**1629.62**	**577.75**	**59.59**	**3.66**	**25.57**	**15.24**	**7.19**	**47.18**	**1.24**
占合计%			**6.89**			**1.72**	**1.45**		
1949	151.21	48.10	3.30	2.18	16.67	0.55			
1950	151.21	49.32	3.82	2.53	18.06	0.69			
1951	151.33	50.24	3.90	2.58	22.05	0.86			
1952	151.40	52.00	4.19	2.77	23.87	1.00			
1953	151.39	51.96	4.90	3.24	26.33	1.29	0.53	41.09	1.02
1954	151.43	52.91	5.26	3.47	15.21	0.80	0.10	12.50	0.19
1955	150.94	53.75	6.07	4.02	28.34	1.72	0.55	31.98	1.02
1956	150.54	54.20	6.31	4.19	23.93	1.51	0.42	27.81	0.77
1957	143.34	55.73	6.26	4.37	32.27	2.02	1.32	65.35	2.37
1958	142.41	55.78	7.36	5.17	33.97	2.50	2.27	90.80	4.07
1959	134.42	53.76	8.22	6.12	27.98	2.30	2.00	86.96	3.72
10年小计	**1327.47**	**569.95**	**54.75**	**4.12**	**44.04**	**24.11**	**15.56**	**64.54**	**2.73**
占合计%			**6.33**			**2.72**	**3.13**		
1960	132.52	51.15	8.90	6.72	28.09	2.50	2.22	88.80	4.34
1961	132.79	52.92	4.90	3.69	14.90	0.73	0.40	54.79	0.76
1962	132.89	50.47	3.40	2.56	17.65	0.60	0.24	40.00	0.48
1963	132.26	56.28	3.04	2.30	8.88	0.27	0.08	29.63	0.14
1964	132.80	55.23	4.10	3.09	18.05	0.74	0.30	40.54	0.54
1965	132.98	57.10	2.64	1.99	90.15	2.38	0.14	5.88	0.25
1966	132.93	59.10	4.32	3.25	55.79	2.41	1.55	64.32	2.62
1967	132.88	60.40	6.42	4.83	52.49	3.37	2.27	67.36	3.76
1968	132.93	62.17	5.88	4.42	57.14	3.36	2.75	81.85	4.42
1969	132.49	65.13	11.15	8.42	69.51	7.75	5.61	72.39	8.61
10年小计	**1303.43**	**742.12**	**140.58**	**10.79**	**55.74**	**78.36**	**67.28**	**85.86**	**9.07**
占合计%			**16.25**			**8.84**	**13.54**		
1970	132.31	66.92	11.94	9.02	69.43	8.29	5.55	66.95	8.29
1971	132.20	68.47	11.90	9.00	47.56	5.66	5.49	97.00	8.02
1972	132.14	70.76	13.90	10.52	60.43	8.40	6.93	82.50	9.79
1973	131.53	70.73	15.40	11.71	74.87	11.53	9.83	85.26	13.90
1974	131.05	73.99	14.70	11.22	55.65	8.18	7.10	86.80	9.60
1975	129.33	75.31	12.00	9.28	83.00	9.96	8.81	88.45	11.70
1976	129.33	76.61	15.00	11.60	51.00	7.65	6.35	83.01	8.29
1977	128.39	77.92	16.00	12.46	34.00	5.44	5.11	93.93	6.56
1978	128.69	79.72	14.76	11.47	35.09	5.18	4.71	90.93	5.91
1979	128.46	81.69	14.98	11.66	53.87	8.07	7.40	91.70	9.06
10年小计	**1272.76**	**866.14**	**268.80**	**21.12**	**111.43**	**299.53**	**231.93**	**77.43**	**26.78**
占合计%			**31.06**			**33.79**	**46.69**		
1980	128.46	83.35	18.40	14.32	157.23	28.93	27.66	95.61	33.19
1981	127.90	83.35	18.79	14.69	110.22	20.71	19.20	92.71	23.04
1982	127.90	85.04	19.85	15.52	59.04	11.72	12.28	104.78	14.44
1983	127.90	85.00	22.86	17.87	150.92	34.50	32.80	95.07	38.59
1984	127.90	87.00	43.69	34.16	124.24	54.28	52.00	95.80	59.77
1985	127.90	87.60	28.79	22.51	106.95	30.79	15.22	49.43	17.37
1986	127.90	87.60	17.52	13.70	121.58	21.30	12.80	60.09	14.61
1987	127.90	87.60	30.50	23.85	111.02	33.86	24.00	70.88	27.40
1988	124.50	87.60	35.60	28.59	97.08	34.56	24.97	72.25	28.50
1989	124.50	92.00	32.80	26.35	88.05	28.88	11.00	38.09	11.96
11年小计	**1365.48**	**1126.04**	**341.63**	**25.02**	**137.31**	**469.10**	**174.78**	**37.26**	**15.52**
占合计%			**39.48**			**52.93**	**35.19**		
1990	124.50	100.10	33.90	27.23	131.15	44.46	22.20	49.93	22.18
1991	124.50	100.10	43.00	34.54	109.07	46.90	23.00	49.04	22.98
1992	124.00	103.00	40.00	32.26	76.30	30.52	16.00	52.42	15.53
1993	124.00	106.00	19.40	15.65	102.01	19.79	8.70	43.96	8.21
1994	124.00	106.00	26.00	20.97	133.00	34.58	8.01	23.16	7.56
1995	124.00	98.00	47.00	37.90	100.64	47.30	28.38	60.00	28.96
1996	124.00	99.00	28.00	22.58	160.71	45.00	27.00	60.00	27.27
1997	124.04	102.74	27.63	22.28	171.05	47.26	10.96	23.19	10.67
1998	124.22	104.20	20.61	16.59	174.33	35.93	12.65	35.21	12.14
1999	124.00	102.44	23.91	19.28	201.46	48.17	9.99	20.74	9.75
2000	124.22	104.46	32.18	25.91	215.01	69.19	7.89	11.40	7.55

5－22－69　河南省郸城县历年棉花生产收购

年　度	耕地面积（万亩）	农业人口（万人）	棉田面积（万亩）	占耕地（%）	亩　产（市斤）	产　量（万担）	收购量（万担）	商品率（%）	人均交售（市斤）
52 年合计	**8186.79**	**4276.15**	**869.61**	**10.62**	**79.44**	**690.82**	**346.35**	**50.14**	**8.10**
11 年小计	**1789.34**	**566.82**	**83.39**	**4.66**	**18.84**	**15.71**	**9.47**	**60.28**	**1.67**
占合计%			**9.59**			**2.27**	**2.73**		
1949									
1950	176.29	51.35	5.78	3.28	24.91	1.44			
1951	178.46	52.16	7.90	4.43	19.24	1.52			
1952	181.73	52.90	8.19	4.51	19.66	1.61	0.02	1.24	0.04
1953	183.58	54.11	8.65	4.71	11.56	1.00	0.19	19.00	0.35
1954	184.54	56.48	7.90	4.28	4.43	0.35	0.08	22.86	0.14
1955	185.58	56.92	8.30	4.47	21.57	1.79	0.44	24.58	0.77
1956	187.04	58.62	9.00	4.81	17.33	1.56	0.19	12.18	0.32
1957	187.64	60.20	9.10	4.85	25.16	2.29	1.17	51.09	1.94
1958	157.61	62.83	8.40	5.33	23.93	2.01	2.91	144.78	4.63
1959	166.87	61.25	10.17	6.09	21.04	2.14	4.47	*	7.30
10 年小计	**1635.15**	**663.08**	**71.41**	**4.37**	**33.71**	**24.07**	**14.21**	**59.04**	**2.14**
占合计%			**8.21**			**3.48**	**4.10**		
1960	165.33	58.54	8.30	5.02	26.87	2.23	2.29	102.69	3.91
1961	164.96	61.28	6.57	3.98	15.07	0.99	0.46	46.46	0.75
1962	162.87	63.86	5.47	3.36	14.81	0.81	0.34	41.98	0.53
1963	164.89	64.10	6.40	3.88	4.69	0.30	0.03	10.00	0.05
1964	164.90	64.55	6.15	3.73	19.35	1.19	0.22	18.49	0.34
1965	164.48	65.83	5.83	3.54	10.29	0.60	0.12	20.00	0.18
1966	163.53	67.96	5.94	3.63	54.21	3.22	2.01	62.42	2.96
1967	163.53	68.64	8.30	5.08	43.01	3.57	1.76	49.30	2.56
1968	160.33	72.55	7.94	4.95	54.91	4.36	2.95	67.66	4.07
1969	160.33	75.77	10.51	6.56	64.70	6.80	4.03	59.26	5.32
10 年小计	**1550.22**	**834.49**	**131.68**	**8.49**	**66.56**	**87.64**	**58.67**	**66.94**	**7.03**
占合计%			**15.14**			**12.69**	**16.94**		
1970	162.05	77.09	12.00	7.41	75.50	9.06	7.10	78.37	9.21
1971	161.75	79.13	11.30	6.99	64.87	7.33	5.78	78.85	7.30
1972	161.42	80.89	13.00	8.05	44.31	5.76	4.39	76.22	5.43
1973	159.24	83.04	13.00	8.16	126.15	16.40	8.21	50.06	9.89
1974	157.94	84.44	14.12	8.94	59.84	8.45	6.92	81.89	8.20
1975	151.90	85.60	13.50	8.89	80.81	10.91	8.75	80.20	10.22
1976	149.04	86.62	14.00	9.39	57.14	8.00	6.47	80.88	7.47
1977	148.96	87.80	14.88	9.99	90.73	13.50	4.41	32.67	5.02
1978	148.96	89.25	14.15	9.50	31.87	4.51	3.80	84.26	4.26
1979	148.96	80.63	11.73	7.87	31.71	3.72	2.84	76.34	3.52
10 年小计	**1566.30**	**961.24**	**254.47**	**16.25**	**73.98**	**188.26**	**155.42**	**82.56**	**16.17**
占合计%			**29.26**			**27.25**	**44.87**		
1980	148.90	92.00	13.80	9.27	109.13	15.06	13.61	90.37	14.79
1981	148.90	94.21	15.94	10.71	74.91	11.94	9.22	77.22	9.79
1982	148.90	95.78	15.90	10.68	47.80	7.60			
1983	159.90	95.90	15.40	9.63	85.00	13.09	11.20	85.56	11.68
1984	159.95	96.16	39.00	24.38	70.00	27.30	23.39	85.68	24.32
1985	159.95	96.17	38.63	24.15	65.34	25.24	20.16	79.87	20.96
1986	159.95	96.30	21.50	13.44	76.98	16.55	14.94	90.27	15.51
1987	159.95	97.00	23.00	14.38	107.09	24.63	21.69	88.06	22.36
1988	159.95	98.62	38.50	24.07	79.61	30.65	26.21	85.51	26.58
1989	159.95	99.10	32.80	20.51	49.39	16.20	15.00	92.59	15.14
11 年小计	**1645.78**	**1250.52**	**328.66**	**19.97**	**114.14**	**375.14**	**108.58**	**28.94**	**8.68**
占合计%			**37.79**			**54.30**	**31.35**		
1990	159.95	104.34	23.00	14.38	120.00	27.60	19.32	70.00	18.52
1991	148.86	107.90	52.50	35.27	99.52	52.25	16.69	31.94	15.47
1992	148.80	109.46	58.00	38.98	71.10	41.24	10.99	26.65	10.04
1993	148.60	117.10	19.68	13.24	60.11	11.83	5.69	48.10	4.86
1994	148.60	112.14	27.00	18.17	30.15	8.14	6.60	81.08	5.89
1995	148.70	119.00	20.00	13.45	100.00	20.00	9.60	48.00	8.07
1996	148.70	120.00	15.00	10.09	100.00	15.00	7.35	49.00	6.13
1997	148.40	111.94	23.37	15.75	133.29	31.15	5.22	16.76	4.66
1998	148.26	112.98	23.67	15.97	179.55	42.50	10.20	24.00	9.03
1999	148.65	117.48	30.50	20.52	177.02	53.99	9.69	17.95	8.25
2000	148.26	118.18	35.94	24.24	198.78	71.44	7.23	10.12	6.12

5-22-70 河南省淮阳县历年棉花生产收购

年 度	耕地面积（万亩）	农业人口（万人）	棉田面积（万亩）	占耕地（%）	亩 产（市斤）	产 量（万担）	收购量（万担）	商品率（%）	人均交售（市斤）
52 年合计	**7912.84**	**4501.90**	**994.05**	**12.56**	**78.50**	**780.31**	**473.72**	**60.71**	**10.52**
11 年小计	**1765.32**	**612.47**	**148.09**	**8.39**	**23.49**	**34.78**	**19.63**	**56.44**	**3.21**
占合计%			**14.90**			**4.46**	**4.14**		
1949									
1950	176.25	55.71	10.39	5.90	13.86	1.44			
1951	185.44	55.95	15.48	8.35	23.64	3.66	0.71	19.40	1.27
1952	182.38	58.48	12.60	6.91	33.49	4.22	2.30	54.50	3.93
1953	187.91	59.03	12.26	6.52	29.77	3.65	1.57	43.01	2.66
1954	187.23	61.19	12.79	6.83	14.00	1.79	0.12	6.70	0.20
1955	186.23	62.25	15.99	8.59	28.02	4.48	1.56	34.82	2.51
1956	185.11	64.06	17.10	9.24	12.98	2.22	0.87	39.19	1.36
1957	184.09	65.82	16.98	9.22	25.74	4.37	3.14	71.85	4.77
1958	120.00	66.12	16.90	14.08	28.99	4.90	4.19	85.51	6.34
1959	170.68	63.86	17.60	10.31	23.01	4.05	5.17	127.65	8.10
10 年小计	**1574.06**	**701.91**	**91.70**	**5.83**	**29.66**	**27.20**	**23.72**	**87.21**	**3.38**
占合计%			**9.22**			**3.49**	**5.01**		
1960	160.70	63.33	18.02	11.21	23.03	4.15	4.09	98.55	6.46
1961	159.90	64.68	8.24	5.15	10.80	0.89	0.71	79.78	1.10
1962	159.90	67.39	5.32	3.33	15.04	0.80	2.30	*	3.41
1963	159.90	69.32	9.69	6.06	7.74	0.75	1.57	*	2.26
1964	160.10	67.83	7.65	4.78	23.53	1.80	0.12	6.67	0.18
1965	156.39	69.55	6.60	4.22	16.06	1.06	1.56	147.17	2.24
1966	154.83	71.65	8.68	5.61	55.07	4.78	0.87	18.20	1.21
1967	154.83	73.21	9.16	5.92	41.59	3.81	3.14	82.41	4.29
1968	154.04	75.20	8.64	5.61	55.44	4.79	4.19	87.47	5.57
1969	153.47	79.75	9.70	6.32	45.05	4.37	5.17	118.31	6.48
10 年小计	**1492.05**	**889.15**	**150.59**	**10.09**	**62.53**	**94.17**	**83.90**	**89.09**	**9.44**
占合计%			**15.15**			**12.07**	**17.71**		
1970	153.35	81.69	13.18	8.59	80.35	10.59	8.93	84.32	10.93
1971	153.56	83.30	12.81	8.34	75.57	9.68	8.36	86.36	10.04
1972	151.61	84.77	13.71	9.04	85.56	11.73	10.53	89.77	12.42
1973	150.58	86.91	14.28	9.48	102.31	14.61	13.45	92.06	15.48
1974	146.02	88.48	18.58	12.72	67.28	12.50	9.75	78.00	11.02
1975	145.53	89.93	15.61	10.73	77.83	12.15	11.23	92.43	12.49
1976	145.52	91.31	16.81	11.55	46.28	7.78	7.13	91.65	7.81
1977	145.32	92.73	16.03	11.03	40.24	6.45	6.06	93.95	6.54
1978	150.31	94.27	15.18	10.10	33.27	5.05	4.37	86.53	4.64
1979	150.25	95.76	14.40	9.58	25.21	3.63	4.09	112.67	4.27
10 年小计	**1493.14**	**1015.14**	**246.46**	**16.51**	**96.10**	**236.85**	**198.60**	**83.85**	**19.56**
占合计%			**24.79**			**30.35**	**41.92**		
1980	150.32	97.99	15.87	10.56	117.90	18.71	18.92	101.12	19.31
1981	150.20	98.58	18.17	12.10	107.71	19.57	19.15	97.85	19.43
1982	150.17	100.25	20.57	13.70	84.01	17.28	16.62	96.18	16.58
1983	150.19	100.64	25.21	16.79	136.81	34.49	33.43	96.93	33.22
1984	150.15	100.74	44.12	29.38	82.00	36.18	22.56	62.35	22.39
1985	150.09	100.82	31.38	20.91	98.82	31.01	24.08	77.65	23.88
1986	149.97	102.06	17.90	11.94	59.27	10.61	11.68	110.08	11.44
1987	147.63	103.51	21.30	14.43	104.65	22.29	20.25	90.85	19.56
1988	147.27	104.75	31.45	21.36	100.32	31.55	20.88	66.18	19.93
1989	147.15	105.80	20.49	13.92	73.99	15.16	11.03	72.76	10.43
11 年小计	**1588.27**	**1283.23**	**357.21**	**22.49**	**108.43**	**387.31**	**147.87**	**38.18**	**11.52**
占合计%			**35.93**			**49.64**	**31.21**		
1990	147.24	111.76	32.98	22.40	106.06	34.98	16.65	47.60	14.90
1991	147.22	112.74	55.82	37.92	95.20	53.14	29.37	55.27	26.05
1992	147.21	113.87	42.17	28.65	64.74	27.30	22.88	83.81	20.09
1993	146.08	115.22	25.11	17.19	55.40	13.91	2.84	20.42	2.46
1994	145.93	115.40	25.71	17.62	62.97	16.19	3.22	19.89	2.79
1995	140.00	120.00	20.00	14.29	105.00	21.00	16.00	76.19	13.33
1996	140.00	120.00	25.00	17.86	120.00	30.00	20.00	66.67	16.67
1997	145.13	115.95	33.59	23.14	146.44	49.19	9.65	19.62	8.32
1998	144.78	117.20	31.80	21.96	136.98	43.56	13.24	30.39	11.30
1999	140.00	119.87	31.55	22.54	158.99	50.16	7.27	14.49	6.06
2000	144.68	121.22	33.48	23.14	143.01	47.88	6.75	14.10	5.57

5-22-71 河南省太康县历年棉花生产收购

年　　度	耕地面积（万亩）	农业人口（万人）	棉田面积（万亩）	占耕地（%）	亩　产（市斤）	产　量（万担）	收购量（万担）	商品率（%）	人均交售（市斤）
52年合计	**9376.19**	**4412.21**	**2173.48**	**23.18**	**87.54**	**1902.61**	**1183.18**	**62.19**	**26.82**
11年小计	**2118.94**	**587.20**	**333.55**	**15.74**	**31.19**	**104.03**	**80.50**	**77.38**	**13.71**
占合计%			**15.35**			**5.47**	**6.80**		
1949									
1950	181.81	52.90	18.00	9.90	33.11	5.96	1.95	32.72	3.69
1951	214.46	53.60	29.83	13.91	31.71	9.46	4.06	42.92	7.57
1952	215.64	54.90	28.78	13.35	40.97	11.79	6.06	51.40	11.04
1953	220.64	55.90	27.68	12.55	47.87	13.25	11.09	83.70	19.84
1954	220.63	56.80	32.93	14.93	42.00	13.83	12.14	87.78	21.37
1955	221.67	60.20	42.80	19.31	43.32	18.54	17.07	92.07	28.36
1956	220.90	62.50	41.82	18.93	15.59	6.52	3.82	58.59	6.11
1957	218.43	64.30	35.51	16.26	19.35	6.87	6.06	88.21	9.42
1958	211.86	63.40	40.10	18.93	19.88	7.97	7.77	97.49	12.26
1959	192.90	62.70	36.10	18.71	27.26	9.84	10.48	106.50	16.71
10年小计	**1873.92**	**682.10**	**201.79**	**10.77**	**36.42**	**73.49**	**63.52**	**86.43**	**9.31**
占合计%			**9.28**			**3.86**	**5.37**		
1960	190.30	60.80	34.38	18.07	31.68	10.89	10.56	96.97	17.37
1961	188.72	63.10	17.38	9.21	18.87	3.28	2.36	71.95	3.74
1962	186.24	65.50	14.75	7.92	18.71	2.76	2.13	77.17	3.25
1963	186.86	67.40	19.62	10.50	13.81	2.71	1.97	72.69	2.92
1964	187.50	65.70	22.99	12.26	33.41	7.68	6.61	86.07	10.06
1965	186.86	67.50	15.88	8.50	23.55	3.74	3.28	87.70	4.86
1966	186.86	69.30	19.01	10.17	58.50	11.12	9.57	86.06	13.81
1967	186.86	71.40	19.92	10.66	57.03	11.36	8.61	75.79	12.06
1968	186.86	74.40	18.41	9.85	54.48	10.03	9.98	99.50	13.41
1969	186.86	77.00	19.45	10.41	51.00	9.92	8.45	85.18	10.97
10年小计	**1782.18**	**876.64**	**221.85**	**12.45**	**68.31**	**151.54**	**126.80**	**83.67**	**14.46**
占合计%			**10.21**			**7.96**	**10.72**		
1970	184.94	78.51	21.96	11.87	72.68	15.96	14.22	89.10	18.11
1971	184.94	80.53	21.90	11.84	55.48	12.15	10.93	89.96	13.57
1972	184.93	82.79	21.80	11.79	71.88	15.67	14.19	90.56	17.14
1973	179.18	85.55	22.00	12.28	97.00	21.34	20.26	94.94	23.68
1974	177.82	87.71	22.00	12.37	71.82	15.80	14.06	88.99	16.03
1975	177.22	89.13	21.89	12.35	88.49	19.37	17.46	90.14	19.59
1976	175.38	90.40	22.00	12.54	56.50	12.43	10.87	87.45	12.02
1977	173.22	92.14	22.00	12.70	100.00	22.00	8.87	40.32	9.63
1978	172.69	93.97	22.13	12.81	42.07	9.31	8.47	90.98	9.01
1979	171.86	95.91	24.17	14.06	31.07	7.51	7.47	99.47	7.79
10年小计	**1717.28**	**1007.74**	**532.77**	**31.02**	**92.02**	**490.23**	**413.70**	**84.39**	**41.05**
占合计%			**24.51**			**25.77**	**34.97**		
1980	171.84	97.30	24.99	14.54	129.33	32.32	31.66	97.96	32.54
1981	171.80	98.12	24.19	14.08	114.18	27.62	26.69	96.63	27.20
1982	171.80	99.91	37.66	21.92	71.91	27.08	29.15	107.64	29.18
1983	171.79	99.86	43.18	25.14	150.53	65.00	61.33	94.35	61.42
1984	171.79	100.20	87.40	50.88	97.73	85.42	85.10	99.63	84.93
1985	171.79	100.60	68.56	39.91	80.46	55.16	32.76	59.39	32.56
1986	171.79	101.10	49.87	29.03	77.96	38.88	25.44	65.43	25.16
1987	171.79	101.70	57.09	33.23	89.49	51.09	44.59	87.28	43.84
1988	171.45	104.00	64.81	37.80	88.92	57.63	46.44	80.58	44.65
1989	171.44	104.95	75.02	43.76	66.69	50.03	30.54	61.04	29.10
11年小计	**1883.87**	**1258.53**	**883.52**	**46.90**	**122.61**	**1083.32**	**498.66**	**46.03**	**39.62**
占合计%			**40.65**			**56.94**	**42.15**		
1990	171.42	112.60	73.00	42.59	127.89	93.36	51.30	54.95	45.56
1991	171.42	112.69	90.00	52.50	108.91	98.02	71.01	72.44	63.01
1992	171.41	108.18	85.00	49.59	78.78	66.96	28.95	43.23	26.76
1993	171.41	115.00	70.50	41.13	102.75	72.44	26.28	36.28	22.85
1994	171.38	116.51	77.00	44.93	91.60	70.53	27.00	38.28	23.17
1995	171.00	108.00	78.00	45.61	122.59	95.62	42.00	43.92	38.89
1996	171.00	108.00	80.50	47.08	140.80	113.34	38.00	33.53	35.19
1997	171.38	117.73	80.55	47.00	160.16	129.01	36.37	28.19	30.89
1998	171.39	118.40	83.88	48.94	162.85	136.60	55.46	40.60	46.84
1999	170.67	120.89	83.91	49.17	150.85	126.58	65.59	51.82	54.26
2000	171.39	120.53	81.18	47.37	99.61	80.86	56.70	70.12	47.04

5－22－72 河南省商水县历年棉花生产收购

年 度	耕地面积（万亩）	农业人口（万人）	棉田面积（万亩）	占耕地（%）	亩 产（市斤）	产 量（万担）	收购量（万担）	商品率（%）	人均交售（市斤）
52 年合计	**7578.47**	**4005.23**	**570.06**	**7.52**	**64.08**	**365.32**	**173.20**	**47.41**	**4.32**
11 年小计	**1833.60**	**590.00**	**100.93**	**5.50**	**16.34**	**16.49**			
占合计%			**17.71**			**4.51**			
1949	171.70	48.70	9.40	5.47	13.51	1.27			
1950	171.70	49.40	9.37	5.46	15.05	1.41			
1951	171.70	50.70	9.85	5.74	18.48	1.82			
1952	171.80	51.30	10.50	6.11	12.76	1.34			
1953	171.80	51.80	8.87	5.16	8.46	0.75			
1954	171.70	53.20	8.70	5.07	4.71	0.41			
1955	171.40	54.90	9.43	5.50	22.69	2.14			
1956	167.70	55.80	10.21	6.09	7.74	0.79			
1957	168.80	57.70	8.42	4.99	24.70	2.08			
1958	150.50	57.80	7.17	4.76	32.22	2.31			
1959	144.80	58.70	9.01	6.22	24.08	2.17			
10 年小计	**1484.40**	**656.80**	**78.01**	**5.26**	**33.46**	**26.10**	**16.38**	**62.76**	**2.49**
占合计%			**13.68**			**7.14**	**9.46**		
1960	144.60	61.20	8.82	6.10	23.47	2.07			
1961	145.40	61.40	5.26	3.62	19.39	1.02			
1962	148.30	62.70	5.80	3.91	18.10	1.05			
1963	148.20	65.10	8.60	5.80	13.14	1.13	0.49	43.36	0.75
1964	149.80	63.70	8.08	5.39	27.23	2.20	1.34	60.91	2.10
1965	149.70	65.20	7.04	4.70	9.80	0.69	0.28	40.58	0.43
1966	149.60	67.10	7.99	5.34	51.94	4.15	3.62	87.23	5.39
1967	149.60	68.10	8.63	5.77	48.44	4.18	3.10	74.16	4.55
1968	149.60	69.30	8.91	5.96	47.47	4.23	4.36	103.07	6.29
1969	149.60	73.00	8.88	5.94	60.59	5.38	3.19	59.29	4.37
10 年小计	**1423.20**	**813.40**	**104.30**	**7.33**	**60.73**	**63.34**	**52.29**	**82.55**	**6.43**
占合计%			**18.30**			**17.34**	**30.19**		
1970	147.90	75.40	9.20	6.22	100.87	9.28	8.70	93.75	11.54
1971	149.90	76.70	10.35	6.90	78.36	8.11	7.07	87.18	9.22
1972	143.40	77.30	9.73	6.79	54.68	5.32	4.17	78.38	5.39
1973	143.60	79.40	10.00	6.96	104.00	10.40	8.35	80.29	10.52
1974	142.60	81.10	10.00	7.01	76.60	7.66	6.29	82.11	7.76
1975	142.80	82.40	10.04	7.03	53.59	5.38	4.62	85.87	5.61
1976	140.70	83.40	11.48	8.16	39.11	4.49	3.50	77.95	4.20
1977	138.30	84.60	10.98	7.94	42.53	4.67	3.45	73.88	4.08
1978	137.00	86.10	12.30	8.98	35.53	4.37	3.30	75.51	3.83
1979	137.00	87.00	10.22	7.46	35.81	3.66	2.84	77.60	3.26
10 年小计	**1358.06**	**831.95**	**146.51**	**10.79**	**73.05**	**107.03**	**62.60**	**58.49**	**7.52**
占合计%			**25.70**			**29.30**	**36.14**		
1980	136.95	17.66	11.42	8.34	80.74	9.22	8.86	96.10	50.17
1981	136.64	88.52	15.16	11.09	72.76	11.03	10.37	94.02	11.71
1982	136.27	90.36	14.22	10.44	53.09	7.55	6.28	83.18	6.95
1983	136.01	90.37	15.30	11.25	97.39	14.90	8.83	59.26	9.77
1984	136.00	90.51	26.66	19.60	72.43	19.31	11.01	57.02	12.16
1985	135.93	90.31	11.76	8.65	88.18	10.37	4.70	45.32	5.20
1986	135.34	90.40	6.93	5.12	64.36	4.46	1.83	41.03	2.02
1987	134.99	90.98	7.35	5.44	90.88	6.68	3.03	45.36	3.33
1988	135.00	91.00	26.42	19.57	59.92	15.83	5.42	34.24	5.96
1989	134.93	91.84	11.29	8.37	68.02	7.68	2.27	29.56	2.47
11 年小计	**1479.21**	**1113.08**	**140.31**	**9.49**	**108.59**	**152.36**	**41.93**	**27.52**	**3.77**
占合计%			**24.61**			**41.71**	**24.21**		
1990	134.93	95.46	7.50	5.56	110.00	8.25	3.28	39.76	3.44
1991	134.90	96.83	13.00	9.64	80.15	10.42	6.54	62.76	6.75
1992	134.82	98.70	10.50	7.79	62.00	6.51	7.76	119.20	7.86
1993	135.00	100.00	9.00	6.67	87.89	7.91	3.38	42.73	3.38
1994	134.22	99.94	2.78	2.07	224.10	6.23	0.71	11.40	0.71
1995	134.75	100.82	20.50	15.21	101.95	20.90	4.15	19.86	4.12
1996	134.72	101.39	16.42	12.19	113.82	18.69	2.11	11.29	2.08
1997	134.67	101.80	16.41	12.19	120.72	19.81	2.14	10.80	2.10
1998	134.45	104.62	15.69	11.67	112.11	17.59	9.56	54.35	9.14
1999	134.27	106.28	14.48	10.78	119.48	17.30	1.50	8.67	1.41
2000	132.48	107.24	14.03	10.59	133.64	18.75	0.80	4.27	0.75

5－22－73　河南省沈丘县历年棉花生产收购

年　　度	耕地面积（万亩）	农业人口（万人）	棉田面积（万亩）	占耕地（%）	亩　产（市斤）	产　量（万担）	收购量（万担）	商品率（%）	人均交售（市斤）
52 年合计	**5595.14**	**3971.78**	**459.49**	**8.21**	**73.16**	**336.15**	**171.32**	**50.97**	**4.31**
11 年小计	**1235.10**	**540.20**	**53.62**	**4.17**	**24.43**	**13.10**	**4.61**	**35.19**	**0.85**
占合计%			**11.67**			**3.90**	**2.69**		
1949									
1950	133.00	50.40	5.58	4.20	18.28	1.02			
1951	133.00	51.10	6.60	4.96	17.27	1.14			
1952	133.00	51.90	6.13	4.61	29.53	1.81			
1953	132.00	52.00	4.20	3.18	25.00	1.05	0.09	8.57	0.17
1954	131.80	54.20	3.81	2.89	47.24	1.80	0.12	6.67	0.22
1955	130.30	55.10	6.27	4.81	17.70	1.11	0.29	26.13	0.53
1956	129.90	55.60	5.10	3.93	8.82	0.45	0.03	6.67	0.05
1957	127.10	57.20	5.58	4.39	22.58	1.26	0.38	30.16	0.66
1958	120.00	56.70	4.84	4.03	34.92	1.69	0.89	52.66	1.57
1959	115.00	56.00	5.51	4.79	32.12	1.77	2.81	158.76	5.02
10 年小计	**1117.20**	**625.40**	**51.10**	**4.57**	**43.09**	**22.02**	**14.23**	**64.62**	**2.28**
占合计%			**11.12**			**6.55**	**8.31**		
1960	115.40	57.40	6.11	5.29	22.91	1.40	1.38	98.57	2.40
1961	112.00	59.40	3.61	3.22	19.94	0.72	0.30	41.67	0.51
1962	113.00	61.40	4.19	3.71	16.47	0.69	0.27	39.13	0.44
1963	111.60	59.30	5.61	5.03	11.59	0.65	0.16	24.62	0.27
1964	111.60	59.90	4.79	4.29	24.43	1.17	0.30	25.64	0.50
1965	111.60	61.80	4.63	4.15	24.84	1.15	0.33	28.70	0.53
1966	111.00	63.80	4.70	4.23	62.98	2.96	1.71	57.77	2.68
1967	110.50	65.30	5.34	4.83	64.04	3.42	2.11	61.70	3.23
1968	110.50	67.30	5.17	4.68	74.85	3.87	2.72	70.28	4.04
1969	110.00	69.80	6.95	6.32	86.19	5.99	4.95	82.64	7.09
10 年小计	**1063.80**	**781.50**	**92.93**	**8.74**	**68.07**	**63.26**	**52.23**	**82.56**	**6.68**
占合计%			**20.22**			**18.82**	**30.49**		
1970	109.90	71.30	9.23	8.40	102.17	9.43	7.69	81.55	10.79
1971	108.50	72.70	10.14	9.35	64.10	6.50	5.13	78.92	7.06
1972	108.50	74.50	9.95	9.17	46.83	4.66	3.67	78.76	4.93
1973	108.50	76.60	9.54	8.79	95.70	9.13	7.59	83.13	9.91
1974	106.00	78.00	8.13	7.67	85.12	6.92	5.61	81.07	7.19
1975	105.40	79.10	9.52	9.03	71.53	6.81	6.10	89.57	7.71
1976	104.00	80.10	9.36	9.00	50.53	4.73	3.84	81.18	4.79
1977	104.50	81.50	10.15	9.71	50.54	5.13	4.28	83.43	5.25
1978	104.60	82.90	9.88	9.45	41.40	4.09	3.21	78.48	3.87
1979	103.90	84.80	7.03	6.77	83.36	5.86	5.11	87.20	6.03
10 年小计	**1023.36**	**894.78**	**126.58**	**12.37**	**92.52**	**117.11**	**82.71**	**70.63**	**9.24**
占合计%			**27.55**			**34.84**	**48.28**		
1980	103.86	85.95	10.25	9.87	145.85	14.95	13.37	89.43	15.56
1981	103.44	87.06	11.85	11.46	133.33	15.80	14.77	93.48	16.97
1982	103.31	88.39	23.90	23.13	52.30	12.50	9.68	77.44	10.95
1983	103.27	88.45	18.50	17.91	118.97	22.01	15.58	70.79	17.61
1984	103.15	89.03	24.06	23.33	87.57	21.07	13.91	66.02	15.62
1985	102.19	89.34	10.72	10.49	99.16	10.63	4.26	40.08	4.77
1986	100.03	89.06	6.10	6.10	45.57	2.78	2.86	102.88	3.21
1987	101.41	91.06	5.41	5.33	95.19	5.15	3.07	59.61	3.37
1988	101.40	93.00	8.09	7.98	78.37	6.34	4.33	68.30	4.66
1989	101.30	93.44	7.70	7.60	76.36	5.88	0.88	14.97	0.94
11 年小计	**1105.68**	**1129.90**	**135.26**	**12.23**	**89.21**	**120.66**	**17.54**	**14.54**	**1.55**
占合计%			**29.44**			**35.89**	**10.24**		
1990	101.02	98.93	12.26	12.14	105.30	12.91	3.18	24.63	3.21
1991	100.01	100.23	20.53	20.53	73.50	15.09	6.24	41.35	6.23
1992	100.80	101.30	18.90	18.75	62.70	11.85	2.10	17.72	2.07
1993	100.50	101.00	9.00	8.96	80.33	7.23	0.29	4.01	0.29
1994	100.68	102.19	10.98	10.91	34.24	3.76	0.83	22.07	0.81
1995	100.50	102.19	13.70	13.63	117.66	16.12	2.80	17.37	2.74
1996	100.40	102.37	13.17	13.12	105.32	13.87	0.38	2.74	0.37
1997	100.41	103.53	10.22	10.18	107.14	10.95	0.10	0.91	0.10
1998	100.55	102.73	7.97	7.93	81.81	6.52	0.83	12.73	0.81
1999	100.61	106.93	7.38	7.34	109.49	8.08	0.56	6.93	0.52
2000	100.20	108.50	11.15	11.13	128.07	14.28	0.23	1.61	0.21

5－22－74　河南省项城县历年棉花生产收购

年　　度	耕地面积（万亩）	农业人口（万人）	棉田面积（万亩）	占耕地（%）	亩　产（市斤）	产　量（万担）	收购量（万担）	商品率（%）	人均交售（市斤）
52 年合计	**5384.48**	**3718.67**	**414.37**	**7.70**	**67.08**	**277.95**	**141.17**	**50.79**	**3.80**
11 年小计	**1213.10**	**476.10**	**55.08**	**4.54**	**17.76**	**9.78**	**5.29**	**54.09**	**1.11**
占合计%			**13.29**			**3.52**	**3.75**		
1949									
1950	105.70	44.20	6.40	6.05	27.50	1.76			
1951	119.60	45.40	8.06	6.74	16.13	1.30			
1952	128.20	44.90	6.20	4.84	10.48	0.65			
1953	129.00	45.50	3.75	2.91	6.40	0.24			
1954	130.60	47.40	5.23	4.00	1.72	0.09	0.01	11.11	0.02
1955	129.80	48.10	5.85	4.51	16.07	0.94	0.08	8.51	0.17
1956	126.20	48.80	5.83	4.62	7.55	0.44	0.04	9.09	0.08
1957	125.90	50.20	4.51	3.58	19.51	0.88	1.20	136.36	2.39
1958	110.90	50.40	4.37	3.94	40.73	1.78	1.48	83.15	2.94
1959	107.20	51.20	4.88	4.55	34.84	1.70	2.48	145.88	4.84
10 年小计	**1057.20**	**587.50**	**42.65**	**4.03**	**35.10**	**14.97**	**5.08**	**33.93**	**0.86**
占合计%			**10.29**			**5.39**	**3.60**		
1960	106.40	50.60	6.36	5.98	36.01	2.29	0.92	40.17	1.82
1961	106.10	53.40	2.22	2.09	21.62	0.48	0.08	16.67	0.15
1962	106.20	56.30	3.02	2.84	20.53	0.62	0.13	20.97	0.23
1963	106.20	57.50	4.54	4.27	12.11	0.55	0.54	98.18	0.94
1964	106.20	57.30	3.90	3.67	25.38	0.99	0.07	7.07	0.12
1965	106.20	58.80	4.02	3.79	15.67	0.63	0.25	39.68	0.43
1966	105.20	60.70	3.25	3.09	43.69	1.42	0.22	15.49	0.36
1967	105.00	61.90	5.60	5.33	43.39	2.43	0.55	22.63	0.89
1968	105.20	64.40	4.41	4.19	45.58	2.01	1.21	60.20	1.88
1969	104.50	66.60	5.33	5.10	66.60	3.55	1.11	31.27	1.67
10 年小计	**1023.40**	**741.10**	**91.68**	**8.96**	**60.24**	**55.23**	**42.35**	**76.68**	**5.71**
占合计%			**22.13**			**19.87**	**30.00**		
1970	104.20	68.00	8.81	8.45	101.82	8.97	2.57	28.65	3.78
1971	104.10	69.40	11.08	10.64	68.23	7.56	7.35	97.22	10.59
1972	104.10	71.40	10.07	9.67	64.35	6.48	5.65	87.19	7.91
1973	103.40	73.20	9.90	9.57	90.00	8.91	5.02	56.34	6.86
1974	103.00	74.10	10.11	9.82	72.50	7.33	7.51	102.46	10.13
1975	102.10	74.70	10.27	10.06	39.82	4.09	5.64	137.90	7.55
1976	101.60	75.80	8.07	7.94	49.94	4.03	2.88	71.46	3.80
1977	100.40	77.10	10.01	9.97	34.37	3.44	2.80	81.40	3.63
1978	100.30	78.30	10.19	10.16	31.11	3.17	2.43	76.66	3.10
1979	100.20	79.10	3.17	3.16	39.43	1.25	0.50	40.00	0.63
10 年小计	**1000.80**	**842.11**	**107.71**	**10.76**	**58.49**	**63.00**	**59.11**	**93.83**	**7.02**
占合计%			**25.99**			**22.67**	**41.87**		
1980	100.17	79.34	5.43	5.42	69.06	3.75	3.14	83.73	3.96
1981	100.16	81.40	10.72	10.70	75.56	8.10	6.47	79.88	7.95
1982	100.16	83.14	11.20	11.18	71.61	8.02	5.44	67.83	6.54
1983	100.16	82.96	12.01	11.99	107.74	12.94	9.25	71.48	11.15
1984	100.11	83.82	28.16	28.13	0.50	0.14	12.87	*	15.35
1985	100.10	83.87	13.79	13.78	64.18	8.85	7.85	88.70	9.36
1986	100.03	85.03	5.79	5.79	41.80	2.42	2.67	110.33	3.14
1987	99.98	86.35	5.25	5.25	90.10	4.73	3.78	79.92	4.38
1988	99.97	87.70	7.43	7.43	94.62	7.03	6.54	93.03	7.46
1989	99.96	88.50	7.93	7.93	88.52	7.02	1.10	15.67	1.24
11 年小计	**1089.98**	**1071.86**	**117.25**	**10.76**	**115.11**	**134.97**	**29.34**	**21.74**	**2.74**
占合计%			**28.30**			**48.56**	**20.78**		
1990	99.92	92.50	8.35	8.36	108.74	9.08	2.90	31.94	3.14
1991	99.03	94.14	12.36	12.48	81.72	10.10	5.06	50.10	5.37
1992	99.90	95.10	15.60	15.62	78.85	12.30	6.11	49.67	6.42
1993	100.50	96.00	12.00	11.94	124.58	14.95	1.32	8.83	1.38
1994	99.56	97.10	10.86	10.91	75.97	8.25	1.16	14.06	1.19
1995	98.63	97.35	14.27	14.47	121.93	17.40	1.90	10.92	1.95
1996	98.60	97.99	11.72	11.89	133.96	15.70	0.76	4.84	0.78
1997	98.55	98.44	9.90	10.05	145.45	14.40	1.55	10.76	1.57
1998	98.46	99.17	7.13	7.24	162.13	11.56	3.40	29.41	3.43
1999	98.37	100.36	6.78	6.89	133.04	9.02	3.29	36.47	3.28
2000	98.46	103.71	8.28	8.41	147.46	12.21	1.89	15.48	1.82

5－22－75　河南省罗山县历年棉花生产收购

年　度	耕地面积（万亩）	农业人口（万人）	棉田面积（万亩）	占耕地（%）	亩　产（市斤）	产　量（万担）	收购量（万担）	商品率（%）	人均交售（市斤）
52 年合计	**4759.66**	**2469.49**	**200.02**	**4.20**	**42.20**	**84.41**	**48.19**	**57.09**	**1.95**
11 年小计	**1159.40**	**323.80**	**42.40**	**3.66**	**10.66**	**4.52**	**1.54**	**34.07**	**0.48**
占合计%			**21.20**			**5.35**	**3.20**		
1949	89.00	25.60	3.40	3.82	6.76	0.23			
1950	95.10	26.60	3.20	3.36	11.56	0.37			
1951	103.60	26.90	2.40	2.32	12.92	0.31			
1952	108.70	27.70	6.90	6.35	7.39	0.51			
1953	108.80	28.90	4.50	4.14	6.44	0.29			
1954	109.80	29.10	4.30	3.92	6.51	0.28			
1955	109.50	30.50	4.60	4.20	10.87	0.50	0.03	6.00	0.10
1956	112.20	31.80	4.40	3.92	4.09	0.18			
1957	113.80	33.20	3.70	3.25	19.19	0.71	0.33	46.48	0.99
1958	107.10	31.60	2.70	2.52	30.37	0.82	0.77	93.90	2.44
1959	101.80	31.90	2.30	2.26	13.91	0.32	0.41	128.13	1.29
10 年小计	**931.30**	**384.60**	**32.80**	**3.52**	**25.55**	**8.38**	**4.20**	**50.12**	**1.09**
占合计%			**16.40**			**9.93**	**8.72**		
1960	97.40	31.80	1.60	1.64	9.38	0.15	0.02	13.33	0.06
1961	96.30	35.20	1.60	1.66	15.00	0.24	0.07	29.17	0.20
1962	93.90	36.50	1.70	1.81	18.24	0.31	0.19	61.29	0.52
1963	93.80	36.60	2.40	2.56	12.92	0.31	0.19	61.29	0.52
1964	92.40	37.00	2.80	3.03	18.93	0.53	0.18	33.96	0.49
1965	92.50	38.70	2.60	2.81	35.38	0.92	0.15	16.30	0.39
1966	92.40	40.40	5.50	5.95	39.45	2.17	1.44	66.36	3.56
1967	91.10	41.00	5.90	6.48	32.03	1.89	1.27	67.20	3.10
1968	90.10	42.10	4.80	5.33	11.88	0.57	0.04	7.02	0.10
1969	91.40	45.30	3.90	4.27	33.08	1.29	0.65	50.39	1.43
10 年小计	**889.30**	**520.80**	**43.90**	**4.94**	**46.92**	**20.60**	**15.48**	**75.15**	**2.97**
占合计%			**21.95**			**24.40**	**32.12**		
1970	89.60	46.20	4.70	5.25	51.70	2.43	1.50	61.73	3.25
1971	88.40	47.50	4.20	4.75	43.33	1.82	0.82	45.05	1.73
1972	87.30	49.50	3.80	4.35	39.21	1.49	0.90	60.40	1.82
1973	89.00	51.10	3.50	3.93	54.29	1.90	1.17	61.58	2.29
1974	89.80	52.70	3.90	4.34	67.18	2.62	1.99	75.95	3.78
1975	89.50	53.70	3.90	4.36	46.67	1.82	1.52	83.52	2.83
1976	89.00	54.40	4.40	4.94	46.36	2.04	1.99	97.55	3.66
1977	88.90	55.00	4.80	5.40	58.33	2.80	2.40	85.71	4.36
1978	88.90	55.40	5.50	6.19	38.55	2.12	1.81	85.38	3.27
1979	88.90	55.30	5.20	5.85	30.00	1.56	1.38	88.46	2.50
10 年小计	**872.33**	**561.24**	**30.98**	**3.55**	**47.71**	**14.78**	**11.40**	**77.13**	**2.03**
占合计%			**15.49**			**17.51**	**23.66**		
1980	84.97	55.90	4.40	5.18	26.59	1.17	0.98	83.76	1.75
1981	84.89	54.57	4.30	5.07	50.47	2.17	2.11	97.24	3.87
1982	84.87	54.78	4.80	5.66	13.96	0.67	0.77	114.93	1.41
1983	84.86	55.18	4.40	5.19	62.05	2.73	2.48	90.84	4.49
1984	84.71	55.22	4.20	4.96	56.67	2.38	2.19	92.02	3.97
1985	84.65	55.26	2.00	2.36	65.50	1.31	0.95	72.52	1.72
1986	84.05	55.95	1.90	2.26	60.00	1.14	1.16	101.75	2.07
1987	83.73	58.38	1.90	2.27	51.58	0.98	0.30	30.61	0.51
1988	111.96	57.50	1.40	1.25	56.43	0.79	0.29	36.71	0.50
1989	83.64	58.50	1.68	2.01	85.71	1.44	0.17	11.81	0.29
11 年小计	**907.33**	**679.05**	**49.94**	**5.50**	**72.35**	**36.13**	**15.57**	**43.09**	**2.29**
占合计%			**24.97**			**42.80**	**32.31**		
1990	83.58	59.51	2.87	3.43	87.46	2.51	1.13	45.02	1.90
1991	83.10	60.47	4.45	5.35	58.43	2.60	1.42	54.62	2.35
1992	82.50	61.00	6.00	7.27	79.17	4.75	2.66	56.00	4.36
1993	82.50	61.00	6.00	7.27	75.33	4.52	1.30	28.76	2.13
1994	83.42	61.82	6.26	7.50	73.16	4.58	1.58	34.50	2.56
1995	83.25	62.22	5.55	6.67	84.86	4.71	2.80	59.45	4.50
1996	82.62	61.75	5.48	6.63	71.72	3.93	0.96	24.43	1.55
1997	82.02	61.40	5.03	6.13	66.60	3.35	1.54	45.97	2.51
1998	81.74	61.70	0.66	0.81	128.79	0.85	0.59	69.41	0.96
1999	81.34	65.18	4.14	5.09	46.62	1.93	0.97	50.26	1.49
2000	81.26	63.00	3.50	4.31	68.57	2.40	0.62	25.83	0.98

5－22－76 河南省信阳县历年棉花生产收购

年　　度	耕地面积（万亩）	农业人口（万人）	棉田面积（万亩）	占耕地（%）	亩　产（市斤）	产　量（万担）	收购量（万担）	商品率（%）	人均交售（市斤）
52 年合计	**5631.76**	**3615.64**	**229.44**	**4.07**	**38.27**	**87.80**	**43.57**	**49.62**	**1.21**
11 年小计	**1307.20**	**475.40**	**47.70**	**3.65**	**14.86**	**7.09**	**0.94**	**13.26**	**0.20**
占合计%			**20.79**			**8.08**	**2.16**		
1949									
1950	132.70	42.60	4.90	3.69	14.29	0.70			
1951	128.70	46.90	6.20	4.82	17.74	1.10			
1952	130.10	44.70	4.30	3.31	17.44	0.75			
1953	134.50	45.80	6.30	4.68	11.75	0.74			
1954	135.00	46.70	5.80	4.30	4.48	0.26			
1955	132.30	47.00	4.90	3.70	17.96	0.88	0.15	17.05	0.32
1956	132.20	48.30	3.70	2.80	3.78	0.14			
1957	132.00	50.00	4.40	3.33	25.23	1.11	0.79	71.17	1.58
1958	129.70	52.80	3.90	3.01	20.77	0.81			
1959	120.00	50.60	3.30	2.75	18.18	0.60			
10 年小计	**1159.00**	**578.90**	**41.20**	**3.55**	**25.95**	**10.69**	**5.04**	**47.15**	**0.87**
占合计%			**17.96**			**12.18**	**11.57**		
1960	117.90	50.20	2.80	2.37	8.57	0.24			
1961	114.60	51.50	2.30	2.01	21.30	0.49	0.15	30.61	0.29
1962	116.30	55.30	2.30	1.98	18.70	0.43	0.22	51.16	0.40
1963	116.90	56.40	3.30	2.82	8.18	0.27	0.18	66.67	0.32
1964	116.90	55.70	3.50	2.99	18.29	0.64	0.21	32.81	0.38
1965	117.30	57.80	2.60	2.22	25.77	0.67	0.09	13.43	0.16
1966	116.10	59.90	6.10	5.25	49.51	3.02	2.11	69.87	3.52
1967	116.10	61.60	8.40	7.24	33.10	2.78	1.56	56.12	2.53
1968	116.10	63.80	5.40	4.65	19.07	1.03	0.19	18.45	0.30
1969	110.80	66.70	4.50	4.06	24.89	1.12	0.33	29.46	0.49
10 年小计	**1050.80**	**751.70**	**57.60**	**5.48**	**38.75**	**22.32**	**17.05**	**76.39**	**2.27**
占合计%			**25.10**			**25.42**	**39.13**		
1970	109.10	68.40	5.90	5.41	41.86	2.47	1.64	66.40	2.40
1971	109.10	70.10	5.60	5.13	34.11	1.91	1.07	56.02	1.53
1972	106.20	72.70	5.80	5.46	31.03	1.80	1.25	69.44	1.72
1973	105.90	72.90	5.40	5.10	40.56	2.19	1.60	73.06	2.19
1974	105.40	75.10	5.60	5.31	58.93	3.30	2.54	76.97	3.38
1975	105.00	76.80	5.50	5.24	31.09	1.71	1.33	77.78	1.73
1976	103.10	77.60	5.90	5.72	48.14	2.84	2.37	83.45	3.05
1977	102.90	79.10	5.80	5.64	35.00	2.03	1.81	89.16	2.29
1978	103.00	79.90	6.40	6.21	41.56	2.66	2.26	84.96	2.83
1979	101.10	79.10	5.70	5.64	24.74	1.41	1.18	83.69	1.49
10 年小计	**1052.64**	**835.83**	**24.20**	**2.30**	**34.01**	**8.23**	**6.04**	**73.39**	**0.72**
占合计%			**10.55**			**9.37**	**13.86**		
1980	101.98	80.56	5.30	5.20	19.06	1.01	0.73	72.28	0.91
1981	102.62	81.29	2.20	2.14	35.45	0.78	0.48	61.54	0.59
1982	102.16	82.15	3.40	3.33	8.82	0.30	0.45	150.00	0.55
1983	102.14	82.78	3.70	3.62	47.03	1.74	1.46	83.91	1.76
1984	102.08	83.10	2.80	2.74	47.14	1.32	1.64	124.24	1.97
1985	101.86	83.42	1.70	1.67	44.12	0.75	0.08	10.67	0.10
1986	101.61	83.76	1.60	1.57	38.75	0.62	0.93	150.00	1.11
1987	101.49	84.37	1.40	1.38	40.71	0.57	0.23	40.35	0.27
1988	135.26	86.50	1.10	0.81	48.18	0.53	0.01	1.89	0.01
1989	101.44	87.90	1.00	0.99	61.00	0.61	0.03	4.92	0.03
11 年小计	**1062.12**	**973.81**	**58.74**	**5.53**	**67.19**	**39.47**	**14.50**	**36.74**	**1.49**
占合计%			**25.60**			**44.95**	**33.28**		
1990	101.29	89.18	1.78	1.76	70.79	1.26	0.59	46.83	0.66
1991	100.98	90.06	2.79	2.76	37.28	1.04	0.30	28.85	0.33
1992	100.50	90.70	6.00	5.97	63.83	3.83	2.80	73.11	3.09
1993	100.50	91.00	6.00	5.97	68.33	4.10	1.00	24.39	1.10
1994	100.07	91.94	5.85	5.85	50.26	2.94	1.25	42.52	1.36
1995	99.89	91.70	6.17	6.18	83.14	5.13	2.22	43.27	2.42
1996	99.60	91.77	7.76	7.79	63.66	4.94	2.44	49.39	2.66
1997	99.38	90.14	7.77	7.82	85.59	6.65	1.13	16.99	1.25
1998	78.44	60.34	6.36	8.11	58.18	3.70	0.27	7.30	0.45
1999	78.67	90.84	5.27	6.70	59.58	3.14	1.80	57.32	1.98
2000	102.80	96.14	2.99	2.91	91.64	2.74	0.70	25.55	0.73

5－22－77 河南省光山县历年棉花生产收购

年　度	耕地面积（万亩）	农业人口（万人）	棉田面积（万亩）	占耕地（%）	亩　产（市斤）	产　量（万担）	收购量（万担）	商品率（%）	人均交售（市斤）
52 年合计	**4569.23**	**2809.77**	**235.40**	**5.15**	**36.12**	**85.03**	**38.10**	**44.81**	**1.36**
11 年小计	**1072.00**	**446.10**	**65.10**	**6.07**	**13.13**	**8.55**	**2.59**	**30.29**	**0.58**
占合计%			**27.66**			**10.06**	**6.80**		
1949									
1950	95.00	40.90	4.60	4.84	15.87	0.73			
1951	99.00	42.00	4.80	4.85	19.58	0.94			
1952	108.00	43.80	10.00	9.26	15.50	1.55	0.05	3.23	0.11
1953	110.00	43.70	10.60	9.64	9.15	0.97			
1954	110.00	45.40	11.30	10.27	5.40	0.61			
1955	113.00	46.60	10.10	8.94	8.61	0.87	0.15	17.24	0.32
1956	112.00	46.50	3.10	2.77	4.84	0.15			
1957	110.00	47.70	4.30	3.91	28.37	1.22	0.64	52.46	1.34
1958	110.00	48.20	3.30	3.00	28.48	0.94	1.20	127.66	2.49
1959	105.00	41.30	3.00	2.86	19.00	0.57	0.55	96.49	1.33
10 年小计	**985.00**	**419.20**	**42.60**	**4.32**	**25.14**	**10.71**	**3.17**	**29.60**	**0.76**
占合计%			**18.10**			**12.60**	**8.32**		
1960	100.00	34.10	1.90	1.90	5.79	0.11			
1961	106.00	36.80	2.40	2.26	13.75	0.33			
1962	101.00	38.70	2.60	2.57	18.46	0.48	0.16	33.33	0.41
1963	101.00	38.00	3.60	3.56	15.83	0.57	0.10	17.54	0.26
1964	101.00	39.90	4.00	3.96	26.75	1.07	0.18	16.82	0.45
1965	101.00	41.60	4.60	4.55	34.78	1.60	0.21	13.13	0.50
1966	99.00	43.80	6.60	6.67	30.91	2.04	0.86	42.16	1.96
1967	98.00	46.20	7.30	7.45	29.73	2.17	1.11	51.15	2.40
1968	90.00	48.70	5.40	6.00	17.59	0.95	0.21	22.11	0.43
1969	88.00	51.40	4.20	4.77	33.10	1.39	0.34	24.46	0.66
10 年小计	**837.00**	**580.50**	**53.60**	**6.40**	**45.41**	**24.34**	**16.50**	**67.79**	**2.84**
占合计%			**22.77**			**28.62**	**43.31**		
1970	85.00	52.20	4.80	5.65	40.63	1.95	1.04	53.33	1.99
1971	85.00	53.40	4.50	5.29	35.56	1.60	0.61	38.13	1.14
1972	85.00	55.40	4.40	5.18	44.77	1.97	0.73	37.06	1.32
1973	84.00	57.60	4.30	5.12	51.40	2.21	1.19	53.85	2.07
1974	83.00	59.00	4.50	5.42	58.67	2.64	1.69	64.02	2.86
1975	83.00	59.70	5.90	7.11	57.97	3.42	2.98	87.13	4.99
1976	83.00	60.30	6.80	8.19	46.32	3.15	2.34	74.29	3.88
1977	83.00	60.60	6.70	8.07	55.82	3.74	3.12	83.42	5.15
1978	83.00	61.10	7.60	9.16	27.37	2.08	1.58	75.96	2.59
1979	83.00	61.20	4.10	4.94	38.54	1.58	1.22	77.22	1.99
10 年小计	**830.31**	**619.69**	**30.10**	**3.63**	**33.12**	**9.97**	**5.78**	**57.97**	**0.93**
占合计%			**12.79**			**11.73**	**15.17**		
1980	81.65	61.15	4.50	5.51	29.33	1.32	1.12	84.85	1.83
1981	81.52	62.40	4.60	5.64	41.09	1.89	1.62	85.71	2.60
1982	81.41	62.50	5.90	7.25	16.78	0.99	0.58	58.59	0.93
1983	81.41	61.92	5.90	7.25	32.20	1.90	1.59	83.68	2.57
1984	81.25	61.96	3.70	4.55	45.95	1.70	0.72	42.35	1.16
1985	81.04	62.00	1.20	1.48	32.50	0.39			
1986	79.67	62.26	0.90	1.13	31.11	0.28	0.11	39.29	0.18
1987	79.02	61.30	0.80	1.01	48.75	0.39			
1988	104.91	62.10	1.20	1.14	37.50	0.45	0.04	8.89	0.06
1989	78.43	62.10	1.40	1.79	47.14	0.66			
11 年小计	**844.92**	**744.28**	**44.00**	**5.21**	**71.50**	**31.46**	**10.06**	**31.98**	**1.35**
占合计%			**18.69**			**37.00**	**26.40**		
1990	78.17	64.61	1.19	1.52	57.98	0.69			
1991	77.85	65.78	0.25	0.32	188.00	0.47	0.02	4.26	0.03
1992	77.40	66.80	2.70	3.49	45.56	1.23	1.39	113.01	2.08
1993	76.50	67.00	3.00	3.92	89.67	2.69	0.47	17.47	0.70
1994	76.56	67.84	4.95	6.47	56.99	2.82	1.16	41.12	1.71
1995	76.29	68.25	5.37	7.04	70.76	3.80	1.77	46.58	2.59
1996	76.04	68.25	5.50	7.23	51.09	2.81	1.50	53.38	2.20
1997	75.66	68.45	5.37	7.10	72.07	3.87	1.29	33.33	1.88
1998	77.53	68.85	5.19	6.69	69.94	3.63			
1999	77.42	68.79	5.54	7.16	81.59	4.52	1.66	36.73	2.41
2000	75.50	69.66	4.94	6.54	99.80	4.93	0.80	16.23	1.15

5-22-78 河南省息县历年棉花生产收购

年　度	耕地面积（万亩）	农业人口（万人）	棉田面积（万亩）	占耕地（%）	亩　产（市斤）	产　量（万担）	收购量（万担）	商品率（%）	人均交售（市斤）
52年合计	**8013.55**	**3031.65**	**507.49**	**6.33**	**61.53**	**312.26**	**195.01**	**62.45**	**6.43**
11年小计	**1911.90**	**470.80**	**68.30**	**3.57**	**11.74**	**8.02**	**0.59**	**7.36**	**0.13**
占合计%			**13.46**			**2.57**	**0.30**		
1949	161.90	37.60	4.10	2.53	10.00	0.41			
1950	161.90	38.80	5.30	3.27	11.51	0.61			
1951	161.90	40.00	9.50	5.87	20.84	1.98			
1952	179.60	41.30	7.70	4.29	15.32	1.18	0.01	0.85	0.02
1953	179.60	42.60	5.70	3.17	5.96	0.34			
1954	179.60	44.80	7.90	4.40	2.03	0.16			
1955	179.60	45.50	7.40	4.12	14.32	1.06	0.27	25.47	0.59
1956	179.60	46.80	5.30	2.95	1.89	0.10			
1957	179.60	46.40	5.40	3.01	16.30	0.88	0.18	20.45	0.39
1958	179.60	47.40	5.00	2.78	16.00	0.80	0.08	10.00	0.17
1959	169.00	39.60	5.00	2.96	10.00	0.50	0.05	10.00	0.13
10年小计	**1599.80**	**426.70**	**56.30**	**3.52**	**44.05**	**24.80**	**15.09**	**60.85**	**3.54**
占合计%			**11.09**			**7.94**	**7.74**		
1960	162.40	36.40	2.40	1.48	5.42	0.13	0.05	38.46	0.14
1961	162.50	37.40	2.60	1.60	20.38	0.53	0.35	66.04	0.94
1962	162.70	38.80	3.50	2.15	12.29	0.43	0.26	60.47	0.67
1963	161.10	39.90	3.40	2.11	6.47	0.22	0.16	72.73	0.40
1964	161.10	41.00	5.00	3.10	18.40	0.92	0.34	36.96	0.83
1965	159.70	42.60	5.20	3.26	24.04	1.25	0.44	35.20	1.03
1966	157.30	44.40	8.00	5.09	105.50	8.44	5.30	62.80	11.94
1967	158.60	46.50	10.50	6.62	84.10	8.83	5.83	66.02	12.54
1968	158.70	48.70	7.10	4.47	22.39	1.59	0.96	60.38	1.97
1969	155.70	51.00	8.60	5.52	28.60	2.46	1.40	56.91	2.75
10年小计	**1492.50**	**593.80**	**127.90**	**8.57**	**48.15**	**61.58**	**53.21**	**86.41**	**8.96**
占合计%			**25.20**			**19.72**	**27.29**		
1970	155.60	52.30	11.90	7.65	73.19	8.71	7.73	88.75	14.78
1971	155.60	53.30	14.60	9.38	45.27	6.61	4.72	71.41	8.86
1972	154.70	55.40	14.90	9.63	42.28	6.30	5.46	86.67	9.86
1973	145.80	57.70	12.00	8.23	64.92	7.79	7.20	92.43	12.48
1974	145.80	59.20	12.30	8.44	71.38	8.78	7.64	87.02	12.91
1975	147.40	60.70	13.10	8.89	37.56	4.92	4.19	85.16	6.90
1976	148.50	62.00	12.90	8.69	35.58	4.59	3.88	84.53	6.26
1977	147.00	63.20	12.80	8.71	39.84	5.10	4.30	84.31	6.80
1978	146.20	64.90	13.40	9.17	43.96	5.89	5.61	95.25	8.64
1979	145.90	65.10	10.00	6.85	28.90	2.89	2.48	85.81	3.81
10年小计	**1456.84**	**676.40**	**92.50**	**6.35**	**82.32**	**76.15**	**60.02**	**78.82**	**8.87**
占合计%			**18.23**			**24.39**	**30.78**		
1980	145.44	66.04	10.40	7.15	43.27	4.50	4.22	93.78	6.39
1981	147.03	66.28	10.60	7.21	82.92	8.79	7.77	88.40	11.72
1982	147.30	66.72	11.70	7.94	51.54	6.03	5.56	92.21	8.33
1983	147.07	67.19	11.50	7.82	121.13	13.93	13.21	94.83	19.66
1984	147.00	67.25	14.90	10.14	97.58	14.54	11.01	75.72	16.37
1985	146.49	67.30	6.90	4.71	99.13	6.84	4.90	71.64	7.28
1986	146.03	67.56	6.30	4.31	103.65	6.53	3.81	58.35	5.64
1987	144.88	69.56	5.30	3.66	89.06	4.72	3.58	75.85	5.15
1988	142.80	69.00	7.60	5.32	55.53	4.22	4.04	95.73	5.86
1989	142.80	69.50	7.30	5.11	82.88	6.05	1.92	31.74	2.76
11年小计	**1552.51**	**863.95**	**162.49**	**10.47**	**87.21**	**141.71**	**66.10**	**46.64**	**7.65**
占合计%			**32.02**			**45.38**	**33.90**		
1990	143.20	73.46	8.52	5.95	84.51	7.20	5.49	76.25	7.47
1991	142.26	76.13	7.70	5.41	48.05	3.70	3.28	88.65	4.31
1992	142.05	77.60	16.65	11.72	73.81	12.29	6.03	49.06	7.77
1993	141.00	78.00	13.50	9.57	66.52	8.98	5.39	60.02	6.91
1994	139.50	77.78	20.00	14.34	62.00	12.40	5.92	47.74	7.61
1995	141.38	79.42	25.08	17.74	79.27	19.88	7.58	38.13	9.54
1996	141.12	78.46	17.61	12.48	77.23	13.60	4.78	35.15	6.09
1997	140.87	79.37	14.96	10.62	114.57	17.14	7.66	44.69	9.65
1998	140.72	79.54	15.11	10.74	109.93	16.61	3.76	22.64	4.73
1999	140.61	83.14	12.81	9.11	139.03	17.81	10.61	59.57	12.76
2000	139.80	81.05	10.55	7.55	114.69	12.10	5.60	46.28	6.91

5-22-79 河南省淮滨县历年棉花生产收购

年　度	耕地面积（万亩）	农业人口（万人）	棉田面积（万亩）	占耕地（%）	亩　产（市斤）	产　量（万担）	收购量（万担）	商品率（%）	人均交售（市斤）
52年合计	**4685.39**	**2136.30**	**262.34**	**5.60**	**60.91**	**159.80**	**81.33**	**50.89**	**3.81**
11年小计	**1251.00**	**357.10**	**36.20**	**2.89**	**7.18**	**2.60**	**1.32**	**50.77**	**0.37**
占合计%			**13.80**			**1.63**	**1.62**		
1949	114.00	29.30	2.50	2.19	2.80	0.07			
1950	114.00	29.70	2.80	2.46	2.86	0.08			
1951	114.00	31.10	3.00	2.63	4.00	0.12			
1952	114.00	31.20	4.00	3.51	5.25	0.21			
1953	117.00	32.00	7.80	6.67	6.67	0.52			
1954	117.00	33.30	3.00	2.56	11.33	0.34			
1955	118.00	33.40	4.20	3.56	10.24	0.43	0.13	30.23	0.39
1956	116.00	33.60	2.30	1.98	3.48	0.08			
1957	114.00	34.10	2.10	1.84	13.81	0.29	0.07	24.14	0.21
1958	107.00	33.80	2.00	1.87	19.50	0.39	0.66	169.23	1.95
1959	106.00	35.60	2.50	2.36	2.80	0.07	0.46	*	1.29
10年小计	**915.00**	**298.90**	**30.70**	**3.36**	**25.24**	**7.75**	**4.82**	**62.19**	**1.61**
占合计%			**11.70**			**4.85**	**5.93**		
1960	95.00	25.00	1.50	1.58	16.00	0.24			
1961	97.00	26.30	1.30	1.34	10.00	0.13			
1962	95.00	28.20	2.20	2.32	12.27	0.27	0.13	48.15	0.46
1963	93.00	28.70	1.90	2.04	10.53	0.20	0.11	55.00	0.38
1964	93.00	28.20	2.90	3.12	15.17	0.44	0.23	52.27	0.82
1965	90.00	29.70	2.90	3.22	26.21	0.76	0.27	35.53	0.91
1966	90.00	30.80	5.30	5.89	45.66	2.42	2.11	87.19	6.85
1967	90.00	32.60	6.40	7.11	37.81	2.42	1.72	71.07	5.28
1968	90.00	34.00	3.40	3.78	13.82	0.47	0.13	27.66	0.38
1969	82.00	35.40	2.90	3.54	13.79	0.40	0.12	30.00	0.34
10年小计	**836.00**	**417.50**	**67.70**	**8.10**	**45.26**	**30.64**	**24.26**	**79.18**	**5.81**
占合计%			**25.81**			**19.17**	**29.83**		
1970	82.00	36.60	5.80	7.07	69.14	4.01	2.80	69.83	7.65
1971	83.00	37.60	6.70	8.07	35.37	2.37	1.77	74.68	4.71
1972	86.00	39.40	6.90	8.02	44.93	3.10	2.41	77.74	6.12
1973	84.00	40.90	6.20	7.38	65.81	4.08	2.98	73.04	7.29
1974	86.00	42.10	7.20	8.37	72.64	5.23	4.33	82.79	10.29
1975	86.00	43.00	6.70	7.79	37.01	2.48	2.20	88.71	5.12
1976	83.00	43.50	7.00	8.43	29.29	2.05	1.19	58.05	2.74
1977	82.00	44.30	7.20	8.78	40.97	2.95	2.62	88.81	5.91
1978	82.00	44.80	7.10	8.66	33.52	2.38	2.16	90.76	4.82
1979	82.00	45.30	6.90	8.41	28.84	1.99	1.80	90.45	3.97
10年小计	**811.97**	**467.45**	**47.10**	**5.80**	**78.28**	**36.87**	**26.23**	**71.14**	**5.61**
占合计%			**17.95**			**23.07**	**32.25**		
1980	81.90	45.30	5.90	7.20	31.69	1.87	1.50	80.21	3.31
1981	81.81	45.64	6.00	7.33	63.50	3.81	3.99	104.72	8.74
1982	81.80	46.05	5.70	6.97	61.40	3.50	3.33	95.14	7.23
1983	81.50	46.32	5.60	6.87	106.07	5.94	4.98	83.84	10.75
1984	81.25	46.57	5.90	7.26	106.78	6.30	5.19	82.38	11.14
1985	81.37	46.85	4.60	5.65	115.65	5.32	2.46	46.24	5.25
1986	81.35	46.72	2.80	3.44	51.43	1.44	1.28	88.89	2.74
1987	80.99	47.80	3.00	3.70	95.67	2.87	1.15	40.07	2.41
1988	80.00	47.60	3.60	4.50	60.83	2.19	1.71	78.08	3.59
1989	80.00	48.60	4.00	5.00	90.75	3.63	0.64	17.63	1.32
11年小计	**871.42**	**595.35**	**80.64**	**9.25**	**101.61**	**81.94**	**24.70**	**30.14**	**4.15**
占合计%			**30.74**			**51.28**	**30.37**		
1990	80.95	51.34	4.61	5.69	105.86	4.88	1.88	38.52	3.66
1991	80.02	51.91	5.12	6.40	43.75	2.24	1.51	67.41	2.91
1992	79.80	52.60	9.30	11.65	92.26	8.58	2.42	28.21	4.60
1993	78.00	53.00	9.00	11.54	101.00	9.09	1.84	20.24	3.47
1994	78.92	53.77	7.83	9.92	65.52	5.13	3.60	70.18	6.70
1995	78.83	54.16	9.25	11.73	120.76	11.17	3.86	34.56	7.13
1996	78.81	54.70	9.89	12.55	97.27	9.62	2.09	21.73	3.82
1997	78.72	55.12	7.58	9.63	129.16	9.79	1.49	15.22	2.70
1998	78.78	55.46	6.65	8.44	119.55	7.95	2.11	26.54	3.80
1999	78.77	56.72	5.96	7.57	104.87	6.25	2.70	43.20	4.76
2000	79.82	56.57	5.45	6.83	132.84	7.24	1.20	16.57	2.12

5-22-80 河南省潢川县历年棉花生产收购

年 度	耕地面积（万亩）	农业人口（万人）	棉田面积（万亩）	占耕地（%）	亩 产（市斤）	产 量（万担）	收购量（万担）	商品率（%）	人均交售（市斤）
52 年合计	**5250.83**	**2526.53**	**252.94**	**4.82**	**34.99**	**88.50**	**60.11**	**67.92**	**2.38**
11 年小计	**1177.80**	**349.50**	**42.50**	**3.61**	**7.01**	**2.98**	**1.02**	**34.23**	**0.29**
占合计%			**16.80**			**3.37**	**1.70**		
1949									
1950	71.20	31.30	2.00	2.81	10.00	0.20			
1951	83.00	33.40	3.10	3.73	9.35	0.29			
1952	124.50	32.60	6.10	4.90	7.87	0.48	0.06	12.50	0.18
1953	129.70	33.40	9.60	7.40	6.35	0.61			
1954	130.60	33.70	4.40	3.37	1.82	0.08			
1955	131.90	35.00	5.40	4.09	6.30	0.34	0.03	8.82	0.09
1956	135.20	36.20	5.00	3.70	2.60	0.13			
1957	125.50	37.10	3.30	2.63	12.12	0.40	0.25	62.50	0.67
1958	129.60	39.10	2.40	1.85	12.92	0.31	0.47	151.61	1.20
1959	116.60	37.70	1.20	1.03	11.67	0.14	0.21	150.00	0.56
10 年小计	**1066.50**	**393.30**	**47.00**	**4.41**	**24.39**	**11.46**	**6.34**	**55.32**	**1.61**
占合计%			**18.58**			**12.95**	**10.55**		
1960	116.60	34.70	0.50	0.43	10.00	0.05			
1961	109.30	35.00	1.40	1.28	25.71	0.36	0.07	19.44	0.20
1962	106.00	37.60	1.90	1.79	31.58	0.60	0.21	35.00	0.56
1963	104.90	37.90	2.90	2.76	9.66	0.28	0.19	67.86	0.50
1964	104.90	37.10	3.10	2.96	20.03	0.62	0.28	45.09	0.75
1965	107.20	38.60	4.20	3.92	25.48	1.07	0.30	28.04	0.78
1966	106.80	40.50	8.20	7.68	23.54	1.93	1.96	101.55	4.84
1967	106.00	42.20	11.30	10.66	34.87	3.94	2.29	58.12	5.43
1968	103.80	43.90	6.10	5.88	17.54	1.07	0.21	19.63	0.48
1969	101.00	45.80	7.40	7.33	20.81	1.54	0.83	53.90	1.81
10 年小计	**995.90**	**523.90**	**87.20**	**8.76**	**45.70**	**39.85**	**35.11**	**88.11**	**6.70**
占合计%			**34.47**			**45.03**	**58.41**		
1970	102.60	46.60	7.70	7.50	31.04	2.39	1.49	62.34	3.20
1971	101.80	48.30	7.00	6.88	29.00	2.03	1.40	68.97	2.90
1972	102.10	50.00	6.90	6.76	36.09	2.49	2.05	82.33	4.10
1973	101.30	51.90	8.10	8.00	59.14	4.79	3.23	67.43	6.22
1974	100.30	53.00	9.40	9.37	57.34	5.39	4.90	90.91	9.25
1975	98.50	54.00	9.30	9.44	38.60	3.59	3.38	94.15	6.26
1976	97.60	54.40	9.80	10.04	54.80	5.37	5.26	97.95	9.67
1977	97.40	54.90	10.00	10.27	62.30	6.23	6.13	98.39	11.17
1978	97.30	55.30	9.90	10.17	49.70	4.92	4.75	96.54	8.59
1979	97.00	55.50	9.10	9.38	29.12	2.65	2.52	95.09	4.54
10 年小计	**967.47**	**565.35**	**42.20**	**4.36**	**36.59**	**15.44**	**12.52**	**81.09**	**2.21**
占合计%			**16.68**			**17.45**	**20.83**		
1980	97.18	56.02	8.40	8.64	32.98	2.77	2.75	99.28	4.91
1981	97.18	55.64	8.30	8.54	49.16	4.08	4.08	100.00	7.33
1982	97.09	55.62	8.70	8.96	15.86	1.38	1.01	73.19	1.82
1983	97.10	56.03	7.70	7.93	40.26	3.10	2.84	91.61	5.07
1984	97.10	56.20	4.70	4.84	47.23	2.22	1.58	71.17	2.81
1985	97.09	56.36	0.80	0.82	37.50	0.30	0.12	40.00	0.21
1986	96.81	56.21	0.80	0.83	48.75	0.39	0.13	33.33	0.23
1987	96.48	57.47	0.60	0.62	51.67	0.31	0.01	3.23	0.02
1988	96.20	57.50	0.60	0.62	30.00	0.18			
1989	95.24	58.30	1.60	1.68	44.38	0.71			
11 年小计	**1043.16**	**694.48**	**34.04**	**3.26**	**55.14**	**18.77**	**5.12**	**27.28**	**0.74**
占合计%			**13.46**			**21.21**	**8.52**		
1990	95.00	62.57	1.52	1.60	53.29	0.81	0.61	75.31	0.97
1991	95.85	61.65	3.76	3.92	23.40	0.88	0.51	57.95	0.83
1992	96.00	61.80	4.50	4.69	46.44	2.09	0.43	20.57	0.70
1993	96.00	62.00	3.00	3.13	49.67	1.49	0.22	14.77	0.35
1994	95.04	62.57	1.52	1.60	53.29	0.81	0.24	29.63	0.38
1995	94.70	62.85	4.70	4.96	66.81	3.14	1.86	59.24	2.96
1996	94.38	63.03	5.79	6.13	30.40	1.76	0.29	16.48	0.46
1997	94.34	63.30	5.13	5.44	76.02	3.90	0.50	12.82	0.79
1998	94.23	63.72	1.23	1.31	130.08	1.60	0.06	3.75	0.09
1999	94.17	66.73	1.70	1.81	57.06	0.97	0.30	30.93	0.45
2000	93.45	64.26	1.19	1.27	110.92	1.32	0.10	7.58	0.16

5-22-81 河南省固始县历年棉花生产收购

年度	耕地面积（万亩）	农业人口（万人）	棉田面积（万亩）	占耕地（%）	亩产（市斤）	产量（万担）	收购量（万担）	商品率（%）	人均交售（市斤）
52年合计	**8285.89**	**5320.02**	**302.57**	**3.65**	**34.45**	**104.25**	**61.23**	**58.73**	**1.15**
11年小计	**2124.30**	**767.00**	**75.40**	**3.55**	**13.17**	**9.93**	**1.46**	**14.70**	**0.19**
占合计%			**24.92**			**9.53**	**2.38**		
1949	175.70	67.80	9.00	5.12	9.78	0.88			
1950	178.60	66.80	9.40	5.26	11.49	1.08			
1951	179.70	67.00	7.70	4.28	16.49	1.27			
1952	198.90	67.10	7.10	3.57	15.77	1.12			
1953	203.20	68.60	10.60	5.22	10.57	1.12			
1954	202.40	70.30	5.00	2.47	16.20	0.81	0.16	19.75	0.23
1955	201.70	71.40	9.00	4.46	8.67	0.78			
1956	201.40	71.00	5.70	2.83	7.19	0.41	0.19	46.34	0.27
1957	204.70	73.00	5.30	2.59	20.00	1.06	0.69	65.09	0.95
1958	190.80	74.10	3.30	1.73	23.03	0.76	0.42	55.26	0.57
1959	187.20	69.90	3.30	1.76	19.39	0.64			
10年小计	**1654.90**	**782.50**	**69.10**	**4.18**	**23.91**	**16.52**	**11.26**	**68.16**	**1.44**
占合计%			**22.84**			**15.85**	**18.39**		
1960	183.40	63.80	1.70	0.93	13.53	0.23			
1961	163.60	67.10	2.10	1.28	13.81	0.29	0.08	27.59	0.12
1962	164.40	75.00	3.10	1.89	18.06	0.56	0.33	58.93	0.44
1963	166.20	75.70	5.00	3.01	13.00	0.65	0.46	70.77	0.61
1964	167.00	75.10	4.90	2.93	16.94	0.83	0.42	50.60	0.56
1965	165.20	78.30	5.70	3.45	44.04	2.51	0.91	36.25	1.16
1966	164.10	81.90	17.00	10.36	37.47	6.37	5.37	84.30	6.56
1967	162.70	84.40	12.80	7.87	23.67	3.03	3.18	104.95	3.77
1968	162.70	86.90	9.70	5.96	11.44	1.11	0.27	24.32	0.31
1969	155.60	94.30	7.10	4.56	13.24	0.94	0.24	25.53	0.25
10年小计	**1505.50**	**1084.40**	**73.60**	**4.89**	**41.25**	**30.36**	**24.03**	**79.15**	**2.22**
占合计%			**24.32**			**29.12**	**39.25**		
1970	153.80	96.20	9.30	6.05	30.11	2.80	1.26	45.00	1.31
1971	154.00	98.60	6.00	3.90	25.33	1.52	0.67	44.08	0.68
1972	154.20	102.60	7.10	4.60	31.41	2.23	1.68	75.34	1.64
1973	152.50	106.40	6.80	4.46	34.41	2.34	1.61	68.80	1.51
1974	151.20	109.30	6.80	4.50	54.26	3.69	2.81	76.15	2.57
1975	149.70	112.00	6.20	4.14	43.39	2.69	2.32	86.25	2.07
1976	148.10	113.30	7.10	4.79	59.01	4.19	3.75	89.50	3.31
1977	147.60	114.30	7.60	5.15	55.92	4.25	4.04	95.06	3.53
1978	147.20	115.40	8.70	5.91	51.49	4.48	3.96	88.39	3.43
1979	147.20	116.30	8.00	5.43	27.13	2.17	1.93	88.94	1.66
10年小计	**1457.53**	**1198.25**	**31.56**	**2.17**	**33.02**	**10.42**	**8.56**	**82.15**	**0.71**
占合计%			**10.43**			**10.00**	**13.98**		
1980	146.88	116.63	7.50	5.11	16.27	1.22	0.89	72.95	0.76
1981	146.79	116.53	6.90	4.70	50.29	3.47	3.45	99.42	2.96
1982	146.74	117.15	7.50	5.11	17.47	1.31	1.26	96.18	1.08
1983	146.67	118.10	7.00	4.77	38.43	2.69	2.65	98.51	2.24
1984	146.10	119.10	1.90	1.30	75.79	1.44	0.21	14.58	0.18
1985	145.99	120.09	0.30	0.21	23.33	0.07			
1986	145.59	120.26	0.20	0.14	35.00	0.07	0.06	85.71	0.05
1987	144.62	120.29	0.10	0.07	40.00	0.04	0.04	100.00	0.03
1988	144.28	124.30	0.06	0.04	50.00	0.03			
1989	143.87	125.80	0.10	0.07	80.00	0.08			
11年小计	**1543.66**	**1487.87**	**52.91**	**3.43**	**69.97**	**37.02**	**15.92**	**43.00**	**1.07**
占合计%			**17.49**			**35.51**	**26.00**		
1990	143.40	128.35	0.11	0.08	54.55	0.06			
1991	141.95	132.79	0.25	0.18	36.00	0.09			
1992	141.00	134.50	6.15	4.36	20.00	1.23	2.65	*	1.97
1993	141.00	135.00	4.50	3.19	91.33	4.11	0.08	1.95	0.06
1994	140.52	135.95	5.88	4.18	49.49	2.91	1.20	41.24	0.88
1995	139.94	136.55	7.26	5.19	72.31	5.25	2.05	39.05	1.50
1996	139.58	136.76	6.80	4.87	56.32	3.83	1.60	41.78	1.17
1997	139.41	135.54	5.10	3.66	123.33	6.29	1.62	25.76	1.20
1998	139.25	136.14	5.87	4.22	83.99	4.93	2.82	57.20	2.07
1999	139.08	136.79	6.14	4.41	70.52	4.33	2.70	62.36	1.97
2000	138.53	139.50	4.85	3.50	82.27	3.99	1.20	30.08	0.86

5－22－82　河南省上蔡县历年棉花生产收购

年　　度	耕地面积（万亩）	农业人口（万人）	棉田面积（万亩）	占耕地（%）	亩　产（市斤）	产　量（万担）	收购量（万担）	商品率（%）	人均交售（市斤）
52 年合计	**8525.79**	**4678.21**	**606.08**	**7.11**	**48.69**	**295.12**	**223.03**	**75.57**	**4.77**
11 年小计	**1917.00**	**652.90**	**104.36**	**5.44**	**21.37**	**22.30**	**12.58**	**56.41**	**1.93**
占合计%			**17.22**			**7.56**	**5.64**		
1949									
1950	186.00	60.80	7.64	4.11	24.48	1.87			
1951	196.00	61.40	10.41	5.31	16.81	1.75			
1952	197.00	61.60	9.43	4.79	15.06	1.42	0.30	21.13	0.49
1953	197.00	62.60	9.25	4.70	7.35	0.68			
1954	197.00	64.70	9.45	4.80	6.35	0.60			
1955	196.00	66.70	8.62	4.40	14.27	1.23	0.19	15.45	0.28
1956	195.00	67.30	12.90	6.62	12.02	1.55	0.30	19.35	0.45
1957	192.00	68.10	11.58	6.03	27.03	3.13	2.23	71.25	3.27
1958	183.00	68.40	11.04	6.03	50.54	5.58	5.32	95.34	7.78
1959	178.00	71.30	14.04	7.89	31.98	4.49	4.24	94.43	5.95
10 年小计	**1695.00**	**708.20**	**116.33**	**6.86**	**41.54**	**48.32**	**39.49**	**81.73**	**5.58**
占合计%			**19.19**			**16.37**	**17.71**		
1960	176.00	64.50	12.39	7.04	34.30	4.25	4.09	96.24	6.34
1961	173.00	65.60	6.16	3.56	27.11	1.67	1.06	63.47	1.62
1962	171.00	66.50	8.27	4.84	17.65	1.46	0.78	53.42	1.17
1963	170.00	66.70	11.83	6.96	8.54	1.01	0.62	61.39	0.93
1964	170.00	68.20	12.65	7.44	30.67	3.88	2.58	66.49	3.78
1965	169.00	70.20	10.55	6.24	11.09	1.17	0.71	60.68	1.01
1966	168.00	72.40	12.55	7.47	72.75	9.13	7.31	80.07	10.10
1967	167.00	74.50	13.73	8.22	65.91	9.05	7.99	88.29	10.72
1968	166.00	78.30	14.15	8.52	50.81	7.19	6.12	85.12	7.82
1969	165.00	81.30	14.05	8.52	67.69	9.51	8.23	86.54	10.12
10 年小计	**1613.00**	**930.20**	**155.08**	**9.61**	**56.41**	**87.48**	**75.14**	**85.89**	**8.08**
占合计%			**25.59**			**29.64**	**33.69**		
1970	166.00	83.30	14.44	8.70	84.21	12.16	10.71	88.08	12.86
1971	165.00	85.60	18.59	11.27	59.60	11.08	9.72	87.73	11.36
1972	163.00	88.10	17.58	10.79	67.92	11.94	10.33	86.52	11.73
1973	162.00	90.60	17.35	10.71	94.24	16.35	14.71	89.97	16.24
1974	161.00	92.70	19.91	12.37	52.39	10.43	8.84	84.76	9.54
1975	160.00	94.50	17.55	10.97	13.68	2.40	2.20	91.67	2.33
1976	159.00	96.00	10.62	6.68	55.18	5.86	4.29	73.21	4.47
1977	159.00	97.90	13.31	8.37	44.25	5.89	4.95	84.04	5.06
1978	159.00	99.80	13.50	8.49	43.04	5.81	4.54	78.14	4.55
1979	159.00	101.70	12.23	7.69	45.46	5.56	4.85	87.23	4.77
10 年小计	**1578.10**	**1065.60**	**121.10**	**7.67**	**46.27**	**56.03**	**61.88**	**110.44**	**5.81**
占合计%			**19.98**			**18.99**	**27.75**		
1980	158.35	103.10	16.33	10.31	55.91	9.13	8.39	91.89	8.14
1981	158.38	103.62	17.03	10.75	61.60	10.49	8.77	83.60	8.46
1982	158.41	104.13	15.55	9.82	13.25	2.06	1.78	86.41	1.71
1983	158.15	105.89	12.75	8.06	66.12	8.43	4.13	48.99	3.90
1984	158.02	106.40	16.25	10.28	31.75	5.16	7.10	137.60	6.67
1985	157.94	106.52	10.29	6.52	47.62	4.90	7.23	147.55	6.79
1986	157.29	107.97	6.96	4.42	18.39	1.28	6.05	*	5.60
1987	157.19	108.66	5.31	3.38	56.69	3.01	7.96	*	7.33
1988	157.19	108.66	11.52	7.33	63.11	7.27	4.95	68.09	4.56
1989	157.18	110.65	9.11	5.80	47.20	4.30	5.52	128.37	4.99
11 年小计	**1722.69**	**1321.31**	**109.21**	**6.34**	**74.16**	**80.99**	**33.94**	**41.91**	**2.57**
占合计%			**18.02**			**27.44**	**15.22**		
1990	157.21	113.10	7.17	4.56	77.27	5.54	5.59	100.90	4.94
1991	157.20	115.35	10.00	6.36	54.60	5.46	4.31	78.94	3.74
1992	157.20	116.80	19.95	12.69	47.82	9.54	6.12	64.15	5.24
1993	157.50	118.00	13.50	8.57	80.59	10.88	1.88	17.28	1.59
1994	157.50	119.46	7.53	4.78	48.61	3.66	1.62	44.26	1.36
1995	157.01	121.42	10.44	6.65	81.51	8.51	4.99	58.64	4.11
1996	156.96	122.59	10.65	6.79	96.34	10.26	1.27	12.38	1.04
1997	156.38	123.18	10.22	6.54	79.26	8.10	1.07	13.21	0.87
1998	155.87	123.81	8.93	5.73	97.87	8.74	1.66	18.99	1.34
1999	155.19	123.31	5.40	3.48	95.93	5.18	3.59	69.31	2.91
2000	154.67	124.29	5.42	3.50	94.46	5.12	1.84	35.94	1.48

5-22-83 河南省正阳县历年棉花生产收购

年度	耕地面积（万亩）	农业人口（万人）	棉田面积（万亩）	占耕地（%）	亩产（市斤）	产量（万担）	收购量（万担）	商品率（%）	人均交售（市斤）
52年合计	**8258.28**	**2555.51**	**231.29**	**2.80**	**34.56**	**79.93**	**30.52**	**38.18**	**1.19**
11年小计	**1965.40**	**399.00**	**69.73**	**3.55**	**14.56**	**10.15**	**3.77**	**37.14**	**0.94**
占合计%			**30.15**			**12.70**	**12.35**		
1949	151.80	32.90	5.89	3.88	18.51	1.09			
1950	150.80	33.50	5.77	3.83	15.60	0.90			
1951	180.40	34.10	7.39	4.10	18.27	1.35			
1952	182.10	34.70	6.54	3.59	7.34	0.48	0.07	14.58	0.20
1953	183.80	35.40	8.02	4.36	6.98	0.56	0.56	100.00	1.58
1954	186.60	36.70	6.71	3.60	5.37	0.36			
1955	186.70	37.50	6.53	3.50	22.36	1.46	0.40	27.40	1.07
1956	187.60	38.70	6.68	3.56	10.33	0.69			
1957	187.50	39.50	5.48	2.92	17.70	0.97	0.63	64.95	1.59
1958	184.00	38.30	5.67	3.08	23.99	1.36	1.13	83.09	2.95
1959	184.10	37.70	5.05	2.74	18.42	0.93	0.98	105.38	2.60
10年小计	**1655.30**	**377.40**	**44.45**	**2.69**	**22.95**	**10.20**	**6.32**	**61.96**	**1.67**
占合计%			**19.22**			**12.76**	**20.71**		
1960	170.10	33.60	2.97	1.75	20.54	0.61	0.05	8.20	0.15
1961	167.00	33.50	3.17	1.90	11.04	0.35	0.05	14.29	0.15
1962	168.20	35.90	3.31	1.97	19.03	0.63	0.28	44.44	0.78
1963	164.00	37.10	3.06	1.87	6.21	0.19	0.14	73.68	0.38
1964	167.90	36.30	4.43	2.64	14.90	0.66	0.70	106.06	1.93
1965	168.50	37.50	5.59	3.32	20.93	1.17	0.60	51.28	1.60
1966	167.20	39.30	6.67	3.99	47.83	3.19	2.05	64.26	5.22
1967	167.20	40.00	7.61	4.55	29.17	2.22	1.43	64.41	3.58
1968	167.20	40.80	5.03	3.01	13.32	0.67	0.37	55.22	0.91
1969	148.00	43.40	2.61	1.76	19.54	0.51	0.65	127.45	1.50
10年小计	**1508.90**	**505.90**	**58.87**	**3.90**	**38.95**	**22.93**	**14.53**	**63.37**	**2.87**
占合计%			**25.45**			**28.69**	**47.61**		
1970	149.20	44.60	4.55	3.05	57.80	2.63	1.64	62.36	3.68
1971	153.80	46.20	11.50	7.48	33.83	3.89	2.67	68.64	5.78
1972	151.50	47.60	8.13	5.37	27.80	2.26	1.45	64.16	3.05
1973	151.10	49.10	5.23	3.46	43.02	2.25	1.49	66.22	3.03
1974	151.40	50.60	6.87	4.54	55.02	3.78	2.88	76.19	5.69
1975	151.10	52.20	8.36	5.53	33.25	2.78	1.40	50.36	2.68
1976	151.10	53.00	6.53	4.32	40.28	2.63	1.62	61.60	3.06
1977	150.70	53.90	2.86	1.90	31.47	0.90	0.37	41.11	0.69
1978	150.80	54.80	2.87	1.90	40.42	1.16	0.51	43.97	0.93
1979	148.20	53.90	1.97	1.33	32.99	0.65	0.50	76.92	0.93
10年小计	**1484.91**	**570.57**	**27.80**	**1.87**	**49.50**	**13.76**	**4.17**	**30.31**	**0.73**
占合计%			**12.02**			**17.22**	**13.66**		
1980	148.88	54.83	1.96	1.32	37.76	0.74	0.66	89.19	1.20
1981	149.08	55.50	2.04	1.37	65.20	1.33	0.40	30.08	0.72
1982	148.63	56.08	1.45	0.98			0.52		0.93
1983	148.64	57.41	2.73	1.84	47.25	1.29	0.64	49.61	1.11
1984	148.59	57.41	5.72	3.85	50.87	2.91	0.65	22.34	1.13
1985	148.41	57.43	2.72	1.83	70.22	1.91	0.77	40.31	1.34
1986	148.26	56.97	1.82	1.23	41.76	0.76	0.04	5.26	0.07
1987	148.21	58.00	1.89	1.28	1.59	0.03	0.18	*	0.31
1988	148.21	58.00	3.35	2.26	68.06	2.28	0.23	10.09	0.40
1989	148.00	58.94	4.12	2.78	60.92	2.51	0.08	3.19	0.14
11年小计	**1643.77**	**702.64**	**30.44**	**1.85**	**75.20**	**22.89**	**1.73**	**7.56**	**0.25**
占合计%			**13.16**			**28.64**	**5.67**		
1990	148.00	60.66	3.58	2.42	65.36	2.34			
1991	147.50	61.57	4.25	2.88	15.06	0.64			
1992	147.45	61.90	7.50	5.09	64.53	4.84	0.70	14.46	1.13
1993	147.00	63.00	1.50	1.02	120.00	1.80	0.16	8.89	0.25
1994	147.00	63.29	1.50	1.02	88.00	1.32	0.09	6.82	0.14
1995	146.45	64.16	2.00	1.37	88.00	1.76	0.36	20.45	0.56
1996	146.45	64.61	2.00	1.37	90.00	1.80			
1997	146.45	65.39	2.76	1.88	122.10	3.37			
1998	153.69	65.44	1.88	1.22	77.13	1.45	0.17	11.72	0.26
1999	154.31	66.29	1.67	1.08	104.79	1.75	0.25	14.29	0.38
2000	159.47	66.33	1.80	1.13	101.11	1.82			

5－22－84　河南省确山县历年棉花生产收购

年　度	耕地面积（万亩）	农业人口（万人）	棉田面积（万亩）	占耕地（%）	亩　产（市斤）	产　量（万担）	收购量（万担）	商品率（%）	人均交售（市斤）
52 年合计	**5863.03**	**2208.96**	**135.99**	**2.32**	**29.02**	**39.46**	**20.66**	**52.36**	**0.94**
11 年小计	**1378.20**	**315.00**	**34.27**	**2.49**	**13.63**	**4.67**	**2.11**	**45.18**	**0.67**
占合计%			**25.20**			**11.83**	**10.21**		
1949	125.70	26.50	2.49	1.98	14.46	0.36			
1950	125.70	26.60	2.49	1.98	14.46	0.36			
1951	124.30	26.10	2.75	2.21	17.82	0.49			
1952	127.00	26.30	3.39	2.67	10.62	0.36	0.02	5.56	0.08
1953	127.90	27.10	2.88	2.25	13.54	0.39			
1954	128.50	28.10	2.44	1.90	3.28	0.08			
1955	128.10	29.60	3.27	2.55	17.43	0.57	0.09	15.79	0.30
1956	128.40	29.90	4.47	3.48	4.47	0.20			
1957	129.90	31.00	2.77	2.13	24.91	0.69	0.35	50.72	1.13
1958	118.40	32.90	3.05	2.58	26.89	0.82	0.64	78.05	1.95
1959	114.30	30.90	4.27	3.74	8.20	0.35	1.01	*	3.27
10 年小计	**1145.90**	**334.80**	**34.47**	**3.01**	**18.36**	**6.33**	**3.36**	**53.08**	**1.00**
占合计%			**25.35**			**16.04**	**16.26**		
1960	111.40	30.00	4.86	4.36	8.44	0.41	0.21	51.22	0.70
1961	117.10	29.20	2.46	2.10	15.04	0.37	0.13	35.14	0.45
1962	115.90	31.30	2.87	2.48	20.21	0.58	0.26	44.83	0.83
1963	114.50	32.10	2.67	2.33	2.62	0.07	0.07	100.00	0.22
1964	114.50	32.50	3.38	2.95	13.31	0.45	0.24	53.33	0.74
1965	114.50	33.70	3.20	2.79	7.50	0.24	0.12	50.00	0.36
1966	114.50	35.00	3.34	2.92	46.41	1.55	1.15	74.19	3.29
1967	114.50	35.00	4.42	3.86	32.35	1.43	0.27	18.88	0.77
1968	114.50	37.30	3.79	3.31	7.65	0.29	0.27	93.10	0.72
1969	114.50	38.70	3.48	3.04	27.01	0.94	0.64	68.09	1.65
10 年小计	**1069.50**	**446.20**	**46.62**	**4.36**	**34.15**	**15.92**	**12.01**	**75.44**	**2.69**
占合计%			**34.28**			**40.34**	**58.13**		
1970	108.40	39.70	4.54	4.19	52.86	2.40	2.00	83.33	5.04
1971	108.20	40.80	6.29	5.81	30.68	1.93	1.73	89.64	4.24
1972	107.70	42.10	5.83	5.41	28.99	1.69	1.25	73.96	2.97
1973	107.70	43.30	4.99	4.63	38.88	1.94	1.58	81.44	3.65
1974	106.00	44.50	6.86	6.47	48.10	3.30	2.63	79.70	5.91
1975	106.60	45.60	6.02	5.65	21.59	1.30	0.84	64.62	1.84
1976	106.50	46.40	5.59	5.25	36.85	2.06	1.47	71.36	3.17
1977	106.50	47.20	3.96	3.72	14.65	0.58	0.33	56.90	0.70
1978	106.70	48.00	1.10	1.03	38.18	0.42	0.05	11.90	0.10
1979	105.20	48.60	1.44	1.37	20.83	0.30	0.13	43.33	0.27
10 年小计	**1108.31**	**535.18**	**11.60**	**1.05**	**41.90**	**4.86**	**2.43**	**50.00**	**0.45**
占合计%			**8.53**			**12.32**	**11.76**		
1980	117.46	54.36	1.26	1.07	23.81	0.30			
1981	117.50	54.77	0.83	0.71	39.76	0.33			
1982	117.48	55.38	0.86	0.73	9.30	0.08	0.01	12.50	0.02
1983	117.48	55.94	1.09	0.93	41.28	0.45	0.07	15.56	0.13
1984	117.48	55.93	3.24	2.76	38.89	1.26	2.20	174.60	3.93
1985	105.03	56.08	1.39	1.32	55.40	0.77	0.15	19.48	0.27
1986	104.00	49.90	0.81	0.78	43.21	0.35			
1987	104.02	50.84	0.63	0.61	49.21	0.31			
1988	104.02	50.84	0.78	0.75	74.36	0.58			
1989	103.84	51.14	0.71	0.68	60.56	0.43			
11 年小计	**1161.12**	**577.78**	**9.03**	**0.78**	**85.05**	**7.68**	**0.75**	**9.77**	**0.13**
占合计%			**6.64**			**19.46**	**3.63**		
1990	103.84	51.70	0.41	0.39	82.93	0.34			
1991	103.76	52.03	0.64	0.62	28.13	0.18			
1992	103.65	52.30	1.95	1.88	68.72	1.34	0.43	32.09	0.82
1993	103.50	53.00	1.50	1.45	109.33	1.64	0.08	4.88	0.15
1994	103.50	52.11	1.50	1.45	62.00	0.93			
1995	103.61	52.26	0.98	0.95	136.73	1.34	0.12	8.96	0.23
1996	103.55	52.64	0.36	0.35	158.33	0.57			
1997	103.53	52.55	0.62	0.60	54.84	0.34			
1998	104.08	52.68	0.44	0.42	102.27	0.45			
1999	104.03	53.37	0.36	0.35	88.89	0.32	0.12	37.50	0.22
2000	124.07	53.14	0.27	0.22	85.19	0.23			

5-22-85 河南省泌阳县历年棉花生产收购

年　度	耕地面积（万亩）	农业人口（万人）	棉田面积（万亩）	占耕地（%）	亩　产（市斤）	产　量（万担）	收购量（万担）	商品率（%）	人均交售（市斤）
52 年合计	**7700.33**	**3256.57**	**501.94**	**6.52**	**54.17**	**271.88**	**181.63**	**66.81**	**5.58**
11 年小计	**1812.40**	**478.50**	**85.93**	**4.74**	**16.29**	**14.00**	**13.25**	**94.64**	**2.77**
占合计%			**17.12**			**5.15**	**7.30**		
1949	162.10	41.90	6.02	3.71	13.29	0.80			
1950	162.10	42.40	7.39	4.56	9.20	0.68	0.02	2.94	0.05
1951	162.10	42.40	9.18	5.66	12.53	1.15	0.58	50.43	1.37
1952	166.30	42.00	8.03	4.83	14.20	1.14	1.05	92.11	2.50
1953	168.40	42.30	8.19	4.86	7.33	0.60	0.24	40.00	0.57
1954	169.90	44.60	9.68	5.70	13.12	1.27	0.65	51.18	1.46
1955	168.90	45.00	8.71	5.16	10.91	0.95	0.46	48.42	1.02
1956	165.60	44.00	5.70	3.44	10.00	0.57	0.26	45.61	0.59
1957	165.50	43.70	7.03	4.25	25.75	1.81	1.84	101.66	4.21
1958	159.20	44.70	7.69	4.83	33.55	2.58	3.26	126.36	7.29
1959	162.30	45.50	8.31	5.12	29.48	2.45	4.89	199.59	10.75
10 年小计	**1541.20**	**503.00**	**84.35**	**5.47**	**45.71**	**38.56**	**32.77**	**84.98**	**6.51**
占合计%			**16.80**			**14.18**	**18.04**		
1960	153.90	45.20	8.88	5.77	22.64	2.01	2.86	142.29	6.33
1961	159.80	46.30	5.73	3.59	22.86	1.31	0.97	74.05	2.10
1962	159.40	47.60	5.81	3.64	19.28	1.12	0.92	82.14	1.93
1963	155.80	48.80	6.40	4.11	10.47	0.67	0.49	73.13	1.00
1964	155.80	49.40	7.29	4.68	15.78	1.15	0.90	78.26	1.82
1965	153.40	50.80	6.91	4.50	12.45	0.86	0.46	53.49	0.91
1966	152.60	52.10	7.72	5.06	75.00	5.79	5.08	87.74	9.75
1967	152.60	53.30	12.00	7.86	85.92	10.31	8.65	83.90	16.23
1968	150.00	54.30	12.90	8.60	56.51	7.29	5.33	73.11	9.82
1969	147.90	55.20	10.71	7.24	75.16	8.05	7.11	88.32	12.88
10 年小计	**1425.40**	**638.70**	**101.79**	**7.14**	**60.70**	**61.79**	**53.74**	**86.97**	**8.41**
占合计%			**20.28**			**22.73**	**29.59**		
1970	146.00	57.80	10.52	7.21	82.70	8.70	7.30	83.91	12.63
1971	145.40	59.20	11.36	7.81	62.50	7.10	6.27	88.31	10.59
1972	144.50	60.40	10.48	7.25	59.06	6.19	5.47	88.37	9.06
1973	144.20	62.00	10.87	7.54	82.80	9.00	8.05	89.44	12.98
1974	144.00	63.20	11.18	7.76	68.25	7.63	6.74	88.34	10.66
1975	143.20	64.40	9.65	6.74	43.63	4.21	3.79	90.02	5.89
1976	139.70	65.80	8.57	6.13	72.35	6.20	4.88	78.71	7.42
1977	139.40	67.20	9.22	6.61	41.11	3.79	3.25	85.75	4.84
1978	139.40	68.80	10.26	7.36	43.96	4.51	3.92	86.92	5.70
1979	139.60	69.90	9.68	6.93	46.07	4.46	4.07	91.26	5.82
10 年小计	**1390.17**	**733.96**	**105.55**	**7.59**	**56.03**	**59.14**	**42.71**	**72.22**	**5.82**
占合计%			**21.03**			**21.75**	**23.51**		
1980	139.41	69.95	11.32	8.12	49.82	5.64	5.23	92.73	7.48
1981	139.39	70.66	10.60	7.60	66.98	7.10	6.93	97.61	9.81
1982	139.18	72.84	11.08	7.96	20.58	2.28	1.96	85.96	2.69
1983	139.12	72.58	11.13	8.00	76.46	8.51	7.08	83.20	9.75
1984	139.10	72.57	16.66	11.98	66.39	11.06	7.49	67.72	10.32
1985	139.09	73.81	9.74	7.00	74.44	7.25	4.59	63.31	6.22
1986	138.89	74.88	8.59	6.18	51.92	4.46	4.87	109.19	6.50
1987	138.72	74.87	8.64	6.23	66.20	5.72	2.34	40.91	3.13
1988	138.72	74.87	8.75	6.31	47.54	4.16	2.02	48.56	2.70
1989	138.55	76.93	9.04	6.52	32.74	2.96	0.20	6.76	0.26
11 年小计	**1531.16**	**902.41**	**124.32**	**8.12**	**79.14**	**98.39**	**39.16**	**39.80**	**4.34**
占合计%			**24.77**			**36.19**	**21.56**		
1990	138.55	78.90	6.90	4.98	62.61	4.32	2.90	67.13	3.68
1991	138.50	79.31	13.57	9.80	36.55	4.96	2.90	58.47	3.66
1992	137.40	80.50	16.05	11.68	54.45	8.74	4.67	53.43	5.80
1993	136.50	81.00	13.50	9.89	73.48	9.92	2.23	22.48	2.75
1994	136.50	81.20	7.64	5.60	93.06	7.11	1.57	22.08	1.93
1995	136.88	81.92	10.95	8.00	119.91	13.13	2.60	19.80	3.17
1996	136.88	83.37	12.08	8.83	127.65	15.42	2.42	15.69	2.90
1997	136.88	83.13	11.37	8.31	59.37	6.75	2.51	37.19	3.02
1998	144.53	83.33	10.25	7.09	103.32	10.59	4.86	45.89	5.83
1999	144.10	85.38	11.07	7.68	80.04	8.86	7.73	87.25	9.05
2000	144.44	84.37	10.94	7.57	78.52	8.59	4.77	55.53	5.65

5-22-86 河南省汝南县历年棉花生产收购

年度	耕地面积（万亩）	农业人口（万人）	棉田面积（万亩）	占耕地（%）	亩产（市斤）	产量（万担）	收购量（万担）	商品率（%）	人均交售（市斤）
52 年合计	**7387.58**	**3015.55**	**393.05**	**5.32**	**45.23**	**177.79**	**105.63**	**59.41**	**3.50**
11 年小计	**1894.90**	**483.30**	**72.74**	**3.84**	**20.65**	**15.02**	**9.87**	**65.71**	**2.04**
占合计%			**18.51**			**8.45**	**9.34**		
1949	162.20	38.90	4.12	2.54	11.65	0.48			
1950	162.20	40.70	4.17	2.57	10.07	0.42			
1951	180.70	41.30	4.08	2.26	13.24	0.54			
1952	182.80	42.80	4.27	2.34	15.69	0.67			
1953	181.10	42.60	4.79	2.64	4.80	0.23			
1954	181.40	45.40	3.71	2.05	1.89	0.07			
1955	181.50	45.90	4.00	2.20	18.50	0.74	0.20	27.03	0.44
1956	181.90	46.40	14.75	8.11	5.36	0.79			
1957	177.60	47.10	6.96	3.92	32.18	2.24	1.86	83.04	3.95
1958	152.70	45.80	9.69	6.35	47.06	4.56	4.00	87.72	8.73
1959	150.80	46.40	12.20	8.09	35.08	4.28	3.81	89.02	8.21
10 年小计	**1424.10**	**458.80**	**75.81**	**5.32**	**41.82**	**31.70**	**15.51**	**48.93**	**3.38**
占合计%			**19.29**			**17.83**	**14.68**		
1960	142.40	42.10	7.76	5.45	24.87	1.93	0.93	48.19	2.21
1961	142.10	42.10	3.91	2.75	21.74	0.85	0.32	37.65	0.76
1962	141.60	44.30	4.69	3.31	14.29	0.67	0.34	50.75	0.77
1963	143.70	45.50	8.27	5.76	6.77	0.56	0.15	26.79	0.33
1964	142.30	43.90	8.22	5.78	19.10	1.57	1.05	66.88	2.39
1965	142.40	44.90	7.70	5.41	125.97	9.70	0.58	5.98	1.29
1966	142.40	46.50	7.34	5.15	58.58	4.30	3.83	89.07	8.24
1967	142.40	47.80	11.17	7.84	64.55	7.21	4.79	66.44	10.02
1968	142.40	50.10	9.98	7.01	22.85	2.28	1.36	59.65	2.71
1969	142.40	51.60	6.77	4.75	38.85	2.63	2.16	82.13	4.19
10 年小计	**1333.00**	**601.30**	**88.71**	**6.65**	**41.18**	**36.53**	**31.76**	**86.94**	**5.28**
占合计%			**22.57**			**20.55**	**30.07**		
1970	142.40	53.20	8.30	5.83	30.96	2.57	2.87	111.67	5.39
1971	142.40	55.20	11.15	7.83	33.27	3.71	3.12	84.10	5.65
1972	142.40	56.90	8.97	6.30	41.14	3.69	3.28	88.89	5.76
1973	141.60	58.70	9.56	6.75	68.93	6.59	5.48	83.16	9.34
1974	129.20	60.20	10.10	7.82	67.03	6.77	5.74	84.79	9.53
1975	128.00	61.40	11.88	9.28	22.31	2.65	2.58	97.36	4.20
1976	127.30	62.40	8.49	6.67	43.70	3.71	3.00	80.86	4.81
1977	126.60	63.50	9.13	7.21	35.49	3.24	2.56	79.01	4.03
1978	126.40	64.60	6.59	5.21	37.18	2.45	2.06	84.08	3.19
1979	126.70	65.20	4.54	3.58	25.33	1.15	1.07	93.04	1.64
10 年小计	**1269.31**	**673.43**	**45.08**	**3.55**	**44.21**	**19.93**	**11.09**	**55.64**	**1.65**
占合计%			**11.47**			**11.21**	**10.50**		
1980	126.93	65.67	5.37	4.23	31.84	1.71	1.16	67.84	1.77
1981	126.95	66.04	5.52	4.35	63.95	3.53	2.65	75.07	4.01
1982	127.18	66.48	5.62	4.42	12.99	0.73	0.54	73.97	0.81
1983	127.17	67.44	4.86	3.82	68.93	3.35	2.15	64.18	3.19
1984	127.16	67.39	6.81	5.36	51.10	3.48	1.83	52.59	2.72
1985	127.04	67.70	3.24	2.55	7.41	0.24	1.00	*	1.48
1986	127.04	67.53	1.31	1.03	65.65	0.86	0.98	113.95	1.45
1987	126.88	68.36	1.13	0.89	72.57	0.82	0.13	15.85	0.19
1988	126.88	68.36	4.26	3.36	71.36	3.04	0.63	20.72	0.92
1989	126.08	68.46	6.96	5.52	31.18	2.17	0.02	0.92	0.03
11 年小计	**1466.27**	**798.72**	**110.71**	**7.55**	**67.39**	**74.61**	**37.40**	**50.13**	**4.68**
占合计%			**28.17**			**41.97**	**35.41**		
1990	126.08	70.86	4.73	3.75	67.02	3.17	4.30	135.65	6.07
1991	125.90	71.36	12.11	9.62	43.27	5.24	4.31	82.25	6.04
1992	125.85	71.80	28.05	22.29	37.01	10.38	6.26	60.31	8.72
1993	126.00	72.00	12.00	9.52	72.67	8.72	1.58	18.12	2.19
1994	126.00	72.03	7.04	5.59	61.36	4.32	1.52	35.19	2.11
1995	125.72	72.63	10.00	7.95	78.40	7.84	5.18	66.07	7.13
1996	125.63	73.33	8.00	6.37	94.00	7.52	4.14	55.05	5.65
1997	126.21	73.39	8.10	6.42	93.95	7.61	3.99	52.43	5.44
1998	153.62	73.61	7.73	5.03	102.20	7.90	2.08	26.33	2.83
1999	153.71	73.65	6.21	4.04	105.80	6.57	3.74	56.93	5.08
2000	151.55	74.06	6.74	4.45	79.23	5.34	0.30	5.62	0.41

5－22－87　河南省平舆县历年棉花生产收购

年　度	耕地面积（万亩）	农业人口（万人）	棉田面积（万亩）	占耕地（%）	亩　产（市斤）	产　量（万担）	收购量（万担）	商品率（%）	人均交售（市斤）
52 年合计	**6460.63**	**3306.87**	**401.92**	**6.22**	**40.49**	**162.74**	**108.28**	**66.54**	**3.27**
11 年小计	**1583.00**	**494.50**	**75.38**	**4.76**	**12.60**	**9.50**	**3.74**	**39.37**	**0.76**
占合计%			**18.75**			**5.84**	**3.45**		
1949	132.60	43.30	5.55	4.19	10.99	0.61			
1950	132.60	44.10	5.13	3.87	9.75	0.50			
1951	148.10	43.00	4.54	3.07	21.15	0.96			
1952	149.50	43.70	7.80	5.22	14.87	1.16			
1953	148.50	43.70	7.98	5.37	9.52	0.76			
1954	148.90	45.50	7.25	4.87	2.48	0.18			
1955	148.90	46.30	6.83	4.59	18.30	1.25	0.23	18.40	0.50
1956	148.80	45.70	10.08	6.77	2.88	0.29			
1957	147.10	46.70	5.31	3.61	20.53	1.09	0.52	47.71	1.11
1958	140.60	47.30	7.06	5.02	19.97	1.41	1.65	117.02	3.49
1959	137.40	45.20	7.85	5.71	16.43	1.29	1.34	103.88	2.96
10 年小计	**1274.80**	**487.30**	**75.16**	**5.90**	**35.19**	**26.45**	**21.88**	**82.72**	**4.49**
占合计%			**18.70**			**16.25**	**20.21**		
1960	134.30	43.30	7.54	5.61	14.72	1.11	0.93	83.78	2.15
1961	128.30	44.30	4.38	3.41	16.21	0.71	0.32	45.07	0.72
1962	128.90	47.80	5.30	4.11	15.66	0.83	0.34	40.96	0.71
1963	127.90	49.10	6.75	5.28	4.89	0.33	0.11	33.33	0.22
1964	128.90	46.10	6.96	5.40	23.13	1.61	0.67	41.61	1.45
1965	128.90	47.80	7.14	5.54	18.77	1.34	0.78	58.21	1.63
1966	125.70	49.40	7.74	6.16	65.63	5.08	3.97	78.15	8.04
1967	124.70	50.90	10.73	8.60	62.26	6.68	7.96	119.16	15.64
1968	124.70	52.90	9.87	7.91	35.97	3.55	2.55	71.83	4.82
1969	122.50	55.70	8.75	7.14	59.54	5.21	4.25	81.57	7.63
10 年小计	**1172.70**	**646.50**	**93.72**	**7.99**	**55.07**	**51.61**	**42.16**	**81.69**	**6.52**
占合计%			**23.32**			**31.71**	**38.94**		
1970	121.90	57.20	9.00	7.38	74.56	6.71	5.62	83.76	9.83
1971	121.70	58.90	10.52	8.64	54.94	5.78	4.63	80.10	7.86
1972	121.50	60.50	10.88	8.95	68.01	7.40	6.26	84.59	10.35
1973	121.50	62.70	10.49	8.63	86.46	9.07	8.02	88.42	12.79
1974	114.10	64.10	10.50	9.20	81.62	8.57	7.30	85.18	11.39
1975	113.30	65.90	11.65	10.28	5.67	0.66	0.95	143.94	1.44
1976	112.60	67.10	7.24	6.43	54.42	3.94	2.75	69.80	4.10
1977	115.50	68.50	9.47	8.20	39.28	3.72	2.50	67.20	3.65
1978	115.30	70.40	9.56	8.29	42.36	4.05	2.98	73.58	4.23
1979	115.30	71.20	4.41	3.82	38.78	1.71	1.15	67.25	1.62
10 年小计	**1151.91**	**755.68**	**76.04**	**6.60**	**34.52**	**26.25**	**17.71**	**67.47**	**2.34**
占合计%			**18.92**			**16.13**	**16.36**		
1980	115.19	72.72	8.76	7.60	37.67	3.30	2.59	78.48	3.56
1981	115.24	73.34	8.70	7.55	69.31	6.03	3.87	64.18	5.28
1982	115.23	74.40	8.00	6.94	7.88	0.63	0.47	74.60	0.63
1983	115.21	74.61	8.72	7.57	64.22	5.60	2.53	45.18	3.39
1984	115.18	75.01	11.21	9.73	20.16	2.26	4.01	177.43	5.35
1985	115.18	75.37	5.49	4.77	40.62	2.23	1.12	50.22	1.49
1986	115.17	76.01	3.49	3.03	39.26	1.37	1.89	137.96	2.49
1987	115.17	77.53	3.24	2.81	3.09	0.10	0.09	90.00	0.12
1988	115.17	77.53	6.13	5.32	7.01	0.43	1.02	*	1.32
1989	115.17	79.16	12.30	10.68	34.96	4.30	0.12	2.79	0.15
11 年小计	**1278.22**	**922.89**	**81.62**	**6.39**	**59.95**	**48.93**	**22.79**	**46.58**	**2.47**
占合计%			**20.31**			**30.07**	**21.05**		
1990	115.17	81.28	7.84	6.81	55.48	4.35	3.90	89.66	4.80
1991	115.17	81.85	9.50	8.25	32.00	3.04	3.89	127.96	4.75
1992	115.20	82.80	15.05	13.06	47.84	7.20	4.31	59.86	5.21
1993	115.50	83.00	10.50	9.09	47.81	5.02	1.93	38.45	2.33
1994	115.50	83.85	4.50	3.90	47.56	2.14	1.05	49.07	1.25
1995	115.17	83.90	6.05	5.25	87.27	5.28	2.18	41.29	2.60
1996	115.11	84.20	6.54	5.68	79.97	5.23	0.64	12.24	0.76
1997	115.04	84.67	6.49	5.64	72.42	4.70	0.60	12.77	0.71
1998	119.60	85.03	7.00	5.85	75.29	5.27	1.49	28.27	1.75
1999	117.80	86.77	6.30	5.35	88.57	5.58	2.20	39.43	2.54
2000	118.96	85.54	1.85	1.56	60.54	1.12	0.60	53.57	0.70

5-22-88 河南省西平县历年棉花生产收购

年　度	耕地面积（万亩）	农业人口（万人）	棉田面积（万亩）	占耕地（%）	亩　产（市斤）	产　量（万担）	收购量（万担）	商品率（%）	人均交售（市斤）
52年合计	**5362.68**	**3091.77**	**237.61**	**4.43**	**49.25**	**117.03**	**104.72**	**89.48**	**3.39**
11年小计	**1125.70**	**448.80**	**39.99**	**3.55**	**22.46**	**8.98**	**3.89**	**43.32**	**0.87**
占合计%			**16.83**			**7.67**	**3.71**		
1949									
1950	94.80	39.40	3.21	3.39	16.82	0.54			
1951	105.30	40.50	3.86	3.67	13.47	0.52			
1952	107.80	41.00	4.16	3.86	22.84	0.95			
1953	121.70	44.70	3.75	3.08	16.53	0.62			
1954	123.10	45.90	4.42	3.59	8.37	0.37			
1955	121.10	48.10	3.90	3.22	13.33	0.52	0.05	9.62	0.10
1956	121.30	47.20	4.03	3.32	12.90	0.52			
1957	119.40	47.30	4.01	3.36	23.94	0.96	0.28	29.17	0.59
1958	112.00	48.10	3.64	3.25	34.89	1.27	1.27	100.00	2.64
1959	99.20	46.60	5.01	5.05	54.09	2.71	2.29	84.50	4.91
10年小计	**1047.00**	**514.30**	**56.79**	**5.42**	**44.25**	**25.13**	**19.73**	**78.51**	**3.84**
占合计%			**23.90**			**21.47**	**18.84**		
1960	100.00	45.00	6.01	6.01	45.42	2.73	2.53	92.67	5.62
1961	100.70	46.60	3.53	3.51	31.73	1.12	0.69	61.61	1.48
1962	106.00	49.60	3.84	3.62	25.26	0.97	0.62	63.92	1.25
1963	106.80	50.20	5.66	5.30	20.32	1.15	0.75	65.22	1.49
1964	107.40	50.90	6.60	6.15	25.45	1.68	1.26	75.00	2.48
1965	106.40	51.60	4.05	3.81	18.27	0.74	0.48	64.86	0.93
1966	105.00	52.90	5.33	5.08	75.80	4.04	3.00	74.26	5.67
1967	105.00	54.50	6.75	6.43	70.67	4.77	4.26	89.31	7.82
1968	105.00	55.70	7.32	6.97	43.99	3.22	2.38	73.91	4.27
1969	104.70	57.30	7.70	7.35	61.17	4.71	3.76	79.83	6.56
10年小计	**1028.10**	**641.90**	**75.63**	**7.36**	**54.04**	**40.87**	**45.54**	**111.43**	**7.09**
占合计%			**31.83**			**34.92**	**43.49**		
1970	103.70	59.40	7.36	7.10	65.76	4.84	4.07	84.09	6.85
1971	103.70	60.50	10.10	9.74	53.07	5.36	4.86	90.67	8.03
1972	104.80	61.70	9.83	9.38	66.73	6.56	5.58	85.06	9.04
1973	103.80	63.10	9.54	9.19	98.01	9.35	7.98	85.35	12.65
1974	103.60	64.10	9.83	9.49	48.52	4.77	3.91	81.97	6.10
1975	103.10	65.00	8.35	8.10	21.68	1.81	1.53	84.53	2.35
1976	101.70	65.80	4.99	4.91	43.29	2.16	4.89	*	7.43
1977	101.10	66.70	5.92	5.86	42.57	2.52	4.29	170.24	6.43
1978	101.30	67.50	5.70	5.63	38.25	2.18	5.14	*	7.61
1979	101.30	68.10	4.01	3.96	32.92	1.32	3.29	*	4.83
10年小计	**1010.41**	**686.92**	**35.00**	**3.46**	**46.71**	**16.35**	**18.15**	**111.01**	**2.64**
占合计%			**14.73**			**13.97**	**17.33**		
1980	101.58	68.67	5.38	5.30	39.78	2.14	1.91	89.25	2.78
1981	101.81	69.32	4.63	4.55	48.60	2.25	1.63	72.44	2.35
1982	101.49	69.44	4.09	4.03	7.33	0.30	0.20	66.67	0.29
1983	101.31	70.10	5.32	5.25	62.59	3.33	1.82	54.65	2.60
1984	101.08	70.11	6.62	6.55	56.50	3.74	2.37	63.37	3.38
1985	100.83	69.98	3.05	3.02	56.39	1.72	2.37	137.79	3.39
1986	100.60	56.97	1.43	1.42	30.77	0.44	3.15	*	5.53
1987	100.59	70.67	1.20	1.19	48.33	0.58	1.57	*	2.22
1988	100.59	70.67	1.38	1.37	62.32	0.86	1.82	*	2.58
1989	100.53	70.99	1.90	1.89	52.11	0.99	1.31	132.32	1.85
11年小计	**1151.47**	**799.85**	**30.20**	**2.62**	**85.10**	**25.70**	**17.41**	**67.74**	**2.18**
占合计%	**54.88**	**18.39**	**12.71**			**21.96**	**16.63**		
1990	100.53	72.00	1.62	1.61	82.10	1.33	4.00	*	5.56
1991	100.50	72.51	6.70	6.67	81.49	5.46	4.50	82.42	6.21
1992	100.50	73.40	8.25	8.21	70.18	5.79	3.18	54.92	4.33
1993	100.50	74.00	6.00	5.97	94.33	5.66	0.13	2.30	0.18
1994	100.50	73.82	1.20	1.19	105.00	1.26			
1995	99.60	74.72	1.05	1.05	92.38	0.97	0.29	29.90	0.39
1996	99.44	75.00	1.00	1.01	99.00	0.99	0.78	78.79	1.04
1997	103.29	64.97	0.89	0.86	107.87	0.96	0.16	16.67	0.25
1998	115.29	75.65	1.34	1.16	105.97	1.42	1.33	93.66	1.76
1999	116.70	67.86	1.31	1.12	110.69	1.45	1.33	91.72	1.96
2000	114.62	75.92	0.84	0.73	48.81	0.41	1.71	*	2.25

5－22－89　河南省新蔡县历年棉花生产收购

年　度	耕地面积（万亩）	农业人口（万人）	棉田面积（万亩）	占耕地（%）	亩　产（市斤）	产　量（万担）	收购量（万担）	商品率（%）	人均交售（市斤）
52 年合计	**7242.75**	**3572.21**	**766.88**	**10.59**	**64.03**	**491.04**	**260.93**	**53.14**	**7.30**
11 年小计	**1744.04**	**539.76**	**100.50**	**5.76**	**15.73**	**15.81**	**7.41**	**46.87**	**1.37**
占合计%			**13.11**			**3.22**	**2.84**		
1949	149.58	45.83	10.85	7.25	9.95	1.08			
1950	150.92	46.50	11.23	7.44	14.25	1.60			
1951	162.81	47.12	11.01	6.76	17.98	1.98			
1952	164.23	46.98	9.57	5.83	13.90	1.33	0.14	10.53	0.30
1953	163.38	47.83	7.60	4.65	15.39	1.17			
1954	163.31	49.94	8.39	5.14	4.17	0.35			
1955	163.30	49.78	8.23	5.04	18.10	1.49	0.52	34.90	1.04
1956	161.55	50.61	7.09	4.39	2.40	0.17			
1957	161.65	51.35	7.23	4.47	19.23	1.39	0.80	57.55	1.56
1958	153.19	52.57	9.39	6.13	41.21	3.87	4.17	107.75	7.93
1959	150.12	51.25	9.91	6.60	13.93	1.38	1.78	128.99	3.47
10 年小计	**1413.03**	**511.55**	**94.25**	**6.67**	**42.68**	**40.23**	**31.00**	**77.06**	**6.06**
占合计%			**12.29**			**8.19**	**11.88**		
1960	148.01	45.47	9.33	6.30	13.29	1.24	1.07	86.29	2.35
1961	147.76	46.20	5.00	3.38	18.00	0.90	0.44	48.89	0.95
1962	147.26	48.95	5.61	3.81	18.36	1.03	0.40	38.83	0.82
1963	147.26	49.85	8.36	5.68	8.85	0.74	0.33	44.59	0.66
1964	147.26	48.83	9.21	6.25	24.21	2.23	1.35	60.54	2.76
1965	138.89	50.49	9.28	6.68	47.63	4.42	2.31	52.26	4.58
1966	134.85	52.54	11.02	8.17	73.87	8.14	7.34	90.17	13.97
1967	134.85	53.94	12.94	9.60	73.42	9.50	7.96	83.79	14.76
1968	133.93	55.76	12.32	9.20	41.72	5.14	4.02	78.21	7.21
1969	132.96	59.52	11.18	8.41	61.63	6.89	5.78	83.89	9.71
10 年小计	**1316.32**	**701.69**	**126.60**	**9.62**	**59.92**	**75.86**	**63.07**	**83.14**	**8.99**
占合计%			**16.51**			**15.45**	**24.17**		
1970	132.96	61.61	11.52	8.66	86.46	9.96	8.71	87.45	14.14
1971	134.61	63.72	13.29	9.87	57.34	7.62	6.14	80.58	9.64
1972	132.46	65.98	11.82	8.92	67.34	7.96	6.74	84.67	10.22
1973	132.40	68.04	11.73	8.86	88.41	10.37	9.30	89.68	13.67
1974	131.43	70.10	14.09	10.72	81.19	11.44	9.93	86.80	14.17
1975	130.94	71.76	14.33	10.94	34.26	4.91	4.64	94.50	6.47
1976	130.77	72.87	12.16	9.30	49.92	6.07	4.89	80.56	6.71
1977	130.43	74.59	13.07	10.02	47.28	6.18	4.29	69.42	5.75
1978	130.97	75.98	13.44	10.26	48.44	6.51	5.14	78.96	6.76
1979	129.35	77.04	11.15	8.62	43.41	4.84	3.29	67.98	4.27
10 年小计	**1296.30**	**808.22**	**150.72**	**11.63**	**63.67**	**95.96**	**69.24**	**72.16**	**8.57**
占合计%			**19.65**			**19.54**	**26.54**		
1980	130.04	77.90	13.85	10.65	49.03	6.79	5.76	84.83	7.39
1981	129.93	78.55	13.15	10.12	64.79	8.52	6.66	78.17	8.48
1982	129.80	79.47	13.34	10.28	15.67	2.09	1.46	69.86	1.84
1983	129.81	79.89	13.98	10.77	70.46	9.85	6.86	69.64	8.59
1984	129.57	80.32	22.22	17.15	64.85	14.41	12.26	85.08	15.26
1985	129.67	80.66	9.71	7.49	77.86	7.56	6.12	80.95	7.59
1986	129.55	81.35	7.43	5.74	71.87	5.34	7.81	146.25	9.60
1987	129.35	82.64	11.33	8.76	88.35	10.01	6.91	69.03	8.36
1988	129.35	82.64	20.06	15.51	69.09	13.86	8.65	62.41	10.47
1989	129.23	84.80	25.65	19.85	68.34	17.53	6.75	38.51	7.96
11 年小计	**1473.06**	**1010.99**	**294.81**	**20.01**	**89.27**	**263.18**	**90.21**	**34.28**	**8.92**
占合计%			**38.44**			**53.60**	**34.57**		
1990	129.23	88.17	14.04	10.86	92.59	13.00	8.50	65.38	9.64
1991	129.07	89.52	21.00	16.27	50.10	10.52	8.52	80.99	9.52
1992	129.00	90.20	34.20	26.51	50.06	17.12	12.64	73.83	14.01
1993	129.00	91.00	28.50	22.09	64.14	18.28	7.49	40.97	8.23
1994	129.00	92.00	29.81	23.11	49.98	14.90	7.53	50.54	8.18
1995	127.92	92.62	31.58	24.69	105.95	33.46	18.87	56.40	20.37
1996	127.88	93.27	35.00	27.37	110.14	38.55	7.94	20.60	8.51
1997	127.77	93.52	34.99	27.39	118.83	41.58	8.42	20.25	9.00
1998	148.53	94.01	28.53	19.21	104.66	29.86	3.90	13.06	4.15
1999	148.63	92.00	15.00	10.09	124.20	18.63	4.05	21.74	4.40
2000	147.03	94.68	22.16	15.07	123.10	27.28	2.35	8.61	2.48

5－23－1　陕西省1949－2000年产棉县棉花生产收购明细

县市名	耕地面积（万亩）	农业人口（万人）	棉田面积（万亩）	占耕地（%）	亩产（市斤）	产量（万担）	收购量（万担）	商品率（%）	人均交售（市斤）
全省合计			**13875.51**	**14.87**	**51.35**	**7125.26**	**5726.46**	**80.37**	**15.38**
西安市			**2829.55**	**16.37**	**54.61**	**1545.34**	**1294.62**	**83.78**	**13.48**
高陵县			391.78	39.29	59.95	234.87	209.27	89.10	39.02
周至县			415.33	15.24	45.82	190.31	166.41	87.44	13.67
户　县			302.27	16.48	53.93	163.01	140.25	86.04	11.59
长安县			297.20	9.11	49.34	146.63	121.73	83.02	6.59
临潼区			1075.16	18.13	53.36	573.73	487.54	84.98	18.53
闫良区			46.74	13.62	87.91	41.09	15.95	38.82	7.91
市郊区			301.07	13.72	65.00	195.70	153.46	78.42	7.84
咸阳市			**3891.80**	**16.48**	**47.27**	**1839.54**	**1439.73**	**78.27**	**16.21**
秦都区			599.71	23.18	42.13	252.63	199.66	79.03	18.80
渭城区			23.80	6.38	53.36	12.70	5.44	42.87	2.04
泾阳县			1198.11	22.42	56.13	672.54	602.77	89.63	34.43
三原县			712.95	24.13	50.21	357.99	313.69	87.63	26.02
礼泉县			566.30	11.50	38.28	216.76	48.37	22.32	3.10
乾　县			417.81	7.48	37.86	158.19	116.14	73.42	5.88
兴平市			373.12	20.18	45.22	168.73	153.66	91.07	14.45
渭南市			**6729.06**	**14.19**	**52.00**	**3499.31**	**2816.31**	**80.48**	**16.89**
临渭区			1394.20	20.35	57.28	798.59	619.06	77.52	23.38
大荔县			1500.83	25.36	69.24	1039.12	816.07	78.53	36.01
华　县			362.27	15.56	57.25	207.39	152.37	73.47	12.85
华阴市			179.16	13.61	47.39	84.91	85.68	100.91	12.29
富平县			721.91	11.08	41.70	301.02	246.24	81.80	9.38
蒲城县			859.17	9.36	41.00	352.26	280.47	79.62	11.17
澄城县			198.55	3.51	41.18	81.76	68.78	84.12	5.05
合阳县			834.95	14.23	36.96	308.58	264.22	85.62	16.66
韩城市			484.01	17.78	50.24	243.15	213.20	87.68	16.34
潼关县			194.01	18.23	42.54	82.53	70.22	85.09	14.33
宝鸡市			**425.10**	**8.49**	**56.71**	**241.07**	**175.80**	**72.92**	**8.44**
眉　县			140.04	8.51	47.94	67.13	54.92	81.81	9.51
扶风县			139.58	7.68	63.58	88.75	55.49	62.52	7.38
武功县			145.48	9.40	58.56	85.19	65.39	76.76	8.69

5-23-2 陕西省1949-1959年产棉县棉花生产收购明细

县市名	耕地面积（万亩）	农业人口（万人）	棉田面积（万亩）	占耕地（%）	亩产（市斤）	产量（万担）	收购量（万担）	商品率（%）	人均交售（市斤）
全省合计			**3554.28**	**16.80**	**46.44**	**1650.73**	**1250.02**	**75.73**	**24.16**
西安市			**675.76**	**18.14**	**53.82**	**363.69**	**297.19**	**81.72**	**21.61**
高陵县			107.66	45.93	71.89	77.40	68.40	88.37	100.00
周至县			97.36	16.60	39.67	38.62	31.87	82.52	16.46
户　县			57.54	12.77	51.93	29.88	25.02	83.73	13.26
长安县			76.61	10.56	58.07	44.49	35.14	78.98	10.74
临潼区			271.17	18.70	48.91	132.64	103.80	78.26	28.13
闫良区									
市郊区			65.42	23.51	62.15	40.66	32.96	81.06	14.44
咸阳市			**1096.00**	**20.44**	**46.63**	**511.01**	**376.13**	**73.61**	**31.87**
秦都区			183.23	26.28	41.95	76.87	45.40	59.06	27.17
渭城区									
泾阳县			377.13	33.61	51.84	195.51	186.02	95.15	83.66
三原县			229.38	33.15	56.19	128.90	101.86	79.02	68.40
礼泉县			159.66	13.87	33.23	53.05	1.65	3.11	0.80
乾　县			71.15	5.58	36.50	25.97	10.50	40.43	4.00
兴平市			75.45	17.76	40.70	30.71	30.70	99.97	17.85
渭南市			**1687.64**	**15.47**	**43.58**	**735.47**	**550.38**	**74.83**	**24.76**
临渭区			325.02	20.32	44.64	145.10	111.97	77.17	30.42
大荔县			378.79	27.77	45.97	174.14	107.04	61.47	38.34
华　县			121.20	21.89	41.04	49.74	31.77	63.87	18.10
华阴市			85.41	18.65	43.62	37.26	40.85	109.63	28.17
富平县			152.07	10.92	48.73	74.11	51.52	69.52	15.36
蒲城县			161.26	7.87	37.67	60.74	44.52	73.30	15.02
澄城县			58.70	4.45	35.21	20.67	18.20	88.05	9.40
合阳县			193.23	15.11	39.32	75.98	60.50	79.63	28.64
韩城市			153.78	23.96	47.71	73.37	69.58	94.83	44.49
潼关县			58.18	23.24	41.87	24.36	14.43	59.24	23.36
宝鸡市			**94.88**	**8.16**	**42.75**	**40.56**	**26.32**	**64.89**	**6.65**
眉　县			30.93	8.25	32.94	10.19	6.86	67.33	7.04
扶风县			30.21	7.45	52.93	15.99	10.02	62.66	6.56
武功县			33.74	8.83	42.62	14.38	9.44	65.65	6.49

5-23-3 陕西省1960-1969年产棉县棉花生产收购明细

县市名	耕地面积（万亩）	农业人口（万人）	棉田面积（万亩）	占耕地（%）	亩产（市斤）	产量（万担）	收购量（万担）	商品率（%）	人均交售（市斤）
全省合计			**3435.85**	**16.77**	**43.37**	**1490.02**	**1340.40**	**89.96**	**18.74**
西安市			**767.16**	**17.62**	**50.52**	**387.58**	**355.45**	**91.71**	**15.72**
高陵县			129.07	42.48	55.36	71.45	58.83	82.34	45.93
周至县			121.00	15.58	48.34	58.49	53.34	91.20	15.57
户　县			98.40	16.63	53.83	52.97	45.87	86.60	13.13
长安县			92.49	9.71	38.86	35.94	31.14	86.65	5.69
临潼区			264.31	22.36	51.45	135.99	130.67	96.09	30.53
阎良区									
市郊区			61.89	11.31	52.90	32.74	35.60	108.74	7.63
咸阳市			**999.74**	**20.11**	**42.19**	**421.83**	**360.33**	**85.42**	**23.70**
秦都区			133.16	22.98	44.16	58.80	55.57	94.51	28.16
渭城区									
泾阳县			303.65	28.74	47.16	143.21	138.12	96.45	51.66
三原县			198.38	32.82	46.24	91.74	94.57	103.08	47.52
礼泉县			150.05	14.71	32.30	48.46	2.05	4.23	0.82
乾　县			102.92	8.96	26.64	27.42	22.55	82.24	7.38
兴平市			111.58	19.85	46.78	52.20	47.47	90.94	15.79
渭南市			**1534.23**	**16.03**	**40.78**	**625.68**	**584.54**	**93.42**	**21.53**
临渭区			320.56	23.36	39.19	125.63	119.64	95.23	26.73
大荔县			277.77	23.94	46.38	128.83	124.18	96.39	33.52
华　县			74.48	15.52	45.18	33.65	31.31	93.05	15.24
华阴市			29.82	12.63	39.40	11.75	12.43	105.79	11.51
富平县			189.19	14.62	41.66	78.81	73.27	92.97	17.45
蒲城县			211.04	11.39	35.74	75.42	71.47	94.76	17.26
澄城县			45.70	3.79	35.10	16.04	13.42	83.67	5.98
合阳县			217.28	17.99	32.89	71.46	62.80	87.88	23.80
韩城市			116.59	20.91	55.51	64.72	57.43	88.74	30.40
潼关县			51.80	25.03	37.39	19.37	18.59	95.97	25.68
宝鸡市			**134.72**	**8.51**	**40.77**	**54.93**	**40.08**	**72.97**	**6.10**
眉　县			43.49	8.71	29.41	12.79	11.11	86.86	6.38
扶风县			45.85	8.05	53.50	24.53	14.70	59.93	6.44
武功县			45.38	8.82	38.81	17.61	14.27	81.03	5.62

5－23－4　陕西省1970－1979年产棉县棉花生产收购明细

县市名	耕地面积（万亩）	农业人口（万人）	棉田面积（万亩）	占耕地（%）	亩产（市斤）	产量（万担）	收购量（万担）	商品率（%）	人均交售（市斤）
全省合计			**3460.63**	**17.48**	**52.25**	**1808.31**	**1592.41**	**88.06**	**18.53**
西安市			**770.44**	**18.30**	**61.07**	**470.52**	**430.84**	**91.57**	**16.90**
高陵县			105.78	37.90	61.85	65.42	62.83	96.04	37.56
周至县			131.12	17.16	53.66	70.36	62.13	88.31	16.87
户　县			102.10	19.01	65.23	66.60	59.84	89.85	14.09
长安县			84.73	9.04	59.98	50.82	44.10	86.78	7.77
临潼区			278.06	24.05	58.30	162.10	152.48	94.07	28.24
阎良区									
市郊区			68.65	12.79	80.44	55.22	49.46	89.57	10.25
咸阳市			**1000.48**	**20.73**	**49.74**	**497.61**	**398.92**	**80.17**	**21.00**
秦都区			130.91	23.23	47.74	62.49	58.54	93.68	23.07
渭城区									
泾阳县			267.24	24.94	56.03	149.74	135.88	90.74	39.32
三原县			183.76	31.54	50.70	93.16	88.16	94.63	34.44
礼泉县			152.02	15.80	44.95	68.33	3.17	4.64	1.02
乾　县			143.13	13.02	40.29	57.67	52.76	91.49	13.51
兴平市			123.42	22.61	53.65	66.22	60.41	91.23	17.61
渭南市			**1537.68**	**16.69**	**47.26**	**726.65**	**676.29**	**93.07**	**19.65**
临渭区			308.27	23.38	55.49	171.07	158.32	92.55	28.74
大荔县			267.88	24.17	64.31	172.28	167.30	97.11	36.33
华　县			60.30	13.23	75.36	45.44	41.52	91.37	17.22
华阴市			27.59	14.60	51.36	14.17	13.66	96.40	11.67
富平县			206.49	16.38	38.06	78.60	72.21	91.87	13.09
蒲城县			241.49	13.51	33.79	81.59	71.57	87.72	13.50
澄城县			40.79	3.42	48.44	19.76	17.13	86.69	5.75
合阳县			225.75	19.29	33.58	75.81	70.42	92.89	21.27
韩城市			110.63	21.13	42.11	46.59	43.99	94.42	16.37
潼关县			48.49	23.58	44.01	21.34	20.17	94.52	21.70
宝鸡市			**152.03**	**9.80**	**74.68**	**113.53**	**86.36**	**76.07**	**12.32**
眉　县			49.56	10.21	67.39	33.40	28.30	84.73	15.04
扶风县			50.28	8.94	75.22	37.82	24.16	63.88	9.94
武功县			52.19	10.38	81.07	42.31	33.90	80.12	12.58

5－23－5　陕西省 1980－1989 年产棉县棉花生产收购明细

县市名	耕地面积（万亩）	农业人口（万人）	棉田面积（万亩）	占耕地（%）	亩产（市斤）	产量（万担）	收购量（万担）	商品率（%）	人均交售（市斤）
全省合计			**2229.14**	**12.98**	**55.24**	**1231.44**	**1028.52**	**83.52**	**12.21**
西安市			**469.27**	**13.86**	**45.58**	**213.90**	**176.72**	**82.62**	**7.80**
高陵县			49.27	27.39	41.81	20.60	19.21	93.25	11.13
周至县			65.85	11.02	34.68	22.84	19.07	83.49	6.10
户　县			44.23	17.35	30.66	13.56	9.52	70.21	3.84
长安县			43.37	6.72	35.46	15.38	11.35	73.80	2.79
临潼区			194.12	17.17	51.99	100.92	88.95	88.14	14.67
闫良区			7.00	12.96	90.00	6.30	2.60	41.27	8.75
市郊区			65.43	12.52	52.42	34.30	26.02	75.86	5.33
咸阳市			**598.01**	**13.71**	**44.56**	**266.46**	**223.26**	**83.79**	**10.95**
秦都区			134.97	28.62	33.67	45.45	34.21	75.27	13.94
渭城区			2.83	3.37	73.85	2.09	1.47	70.33	2.60
泾阳县			160.73	15.58	66.82	107.40	95.06	88.51	23.43
三原县			81.59	14.88	36.08	29.44	23.65	80.33	8.33
礼泉县			82.61	9.38	43.59	36.01	31.23	86.73	8.81
乾　县			72.61	7.06	36.46	26.47	22.56	85.23	5.07
兴平市			62.67	19.83	31.27	19.60	15.08	76.94	6.08
渭南市			**1118.39**	**12.84**	**64.29**	**719.03**	**605.50**	**84.21**	**15.98**
临渭区			255.03	20.53	71.31	181.87	137.78	75.76	23.33
大荔县			307.49	28.23	97.60	300.10	268.58	89.50	50.07
华　县			67.60	15.69	64.38	43.52	31.01	71.25	12.17
华阴市			16.94	9.04	48.52	8.22	10.84	131.87	7.98
富平县			112.26	9.27	31.26	35.09	26.45	75.38	4.37
蒲城县			136.31	7.90	43.61	59.44	55.45	93.29	9.64
澄城县			20.65	1.97	43.24	8.93	7.58	84.88	2.42
合阳县			109.27	10.03	33.08	36.15	28.19	77.98	7.98
韩城市			68.93	14.02	51.86	35.75	27.04	75.64	8.79
潼关县			23.91	12.08	41.66	9.96	12.58	126.31	10.72
宝鸡市			**43.47**	**6.10**	**73.73**	**32.05**	**23.04**	**71.89**	**7.00**
眉　县			16.06	5.62	66.94	10.75	8.65	80.47	7.36
扶风县			13.24	4.75	78.63	10.41	6.61	63.50	5.16
武功县			14.17	9.55	76.85	10.89	7.78	71.44	9.35

5-23-6 陕西省1990-2000年产棉县棉花生产收购明细

县市名	耕地面积（万亩）	农业人口（万人）	棉田面积（万亩）	占耕地（%）	亩产（市斤）	产量（万担）	收购量（万担）	商品率（%）	人均交售（市斤）
全省合计			**1195.61**	**8.12**	**79.02**	**944.76**	**515.11**	**54.52**	**6.52**
西安市			**146.92**	**9.14**	**74.63**	**109.65**	**34.41**	**31.38**	**2.99**
高陵县									
周至县									
户县									
长安县									
临潼区			67.50	6.68	62.34	42.08	11.64	27.66	1.69
闫良区			39.74	13.74	87.54	34.79	13.35	38.38	7.76
市郊区			39.68	12.84	82.61	32.78	9.42	28.74	3.22
咸阳市			**197.57**	**4.82**	**72.20**	**142.64**	**81.09**	**56.85**	**3.61**
秦都区			17.44	6.34	51.72	9.02	5.94	65.85	2.99
渭城区			20.97	7.26	50.60	10.61	3.97	37.46	1.89
泾阳县			89.36	8.40	85.81	76.68	47.69	62.19	9.35
三原县			19.84	3.76	74.36	14.75	5.45	36.97	1.72
礼泉县			21.96	2.42	49.69	10.91	10.27	94.11	2.35
乾县			28.00	2.72	73.79	20.66	7.77	37.59	1.36
兴平市									
渭南市			**851.12**	**9.44**	**81.36**	**692.48**	**399.60**	**57.71**	**8.87**
临渭区			185.32	14.06	94.39	174.92	91.35	52.22	13.22
大荔县			268.90	22.47	98.09	263.77	148.97	56.48	24.03
华县			38.69	9.50	90.57	35.04	16.76	47.83	5.42
华阴市			19.40	7.87	69.64	13.51	7.90	58.48	4.13
富平县			61.90	4.56	55.59	34.41	22.79	66.23	3.20
蒲城县			109.07	6.17	68.83	75.07	37.46	49.90	5.39
澄城县			32.71	3.69	50.02	16.36	12.45	76.10	3.75
合阳县			89.42	7.98	55.00	49.18	42.31	86.03	9.93
韩城市			34.08	6.72	66.67	22.72	15.16	66.71	3.96
潼关县			11.63	5.72	64.45	7.50	4.45	59.41	3.06
宝鸡市									
眉县									
扶风县									
武功县									

5－23－7　陕西省1949年产棉县棉花生产收购明细

县市名	耕地面积（万亩）	农业人口（万人）	棉田面积（万亩）	占耕地（%）	亩产（市斤）	产量（万担）	收购量（万担）	商品率（%）	人均交售（市斤）
全省合计	**1502.65**	**284.39**	**198.78**	**13.23**	**29.32**	**58.28**	**27.06**	**46.43**	**9.52**
西安市	**134.80**	**30.00**	**18.24**	**13.53**	**30.04**	**5.48**	**3.26**	**59.49**	**10.87**
高陵县									
周至县									
户　县									
长安县									
临潼区	134.80	30.00	18.24	13.53	30.04	5.48	3.26	59.49	10.87
闫良区									
市郊区									
咸阳市	**440.38**	**77.12**	**80.23**	**18.22**	**30.50**	**24.47**	**13.03**	**53.25**	**16.90**
秦都区	65.46	13.28	15.13	23.11	26.97	4.08			
渭城区									
泾阳县	106.35	17.15	35.00	32.91	38.00	13.30	13.03	97.97	75.98
三原县	61.36	9.52	14.50	23.63	35.17	5.10			
礼泉县	104.08	15.10	9.88	9.49	13.56	1.34			
乾　县	103.13	22.07	5.72	5.55	11.36	0.65			
兴平市									
渭南市	**927.47**	**177.27**	**100.31**	**10.82**	**28.24**	**28.33**	**10.77**	**38.02**	**6.08**
临渭区	146.37	27.12	21.31	14.56	19.99	4.26			
大荔县	123.24	21.55	17.65	14.32	30.25	5.34			
华　县	46.64	14.22	10.40	22.30	15.00	1.56			
华阴市	40.80	12.12	3.63	8.90	17.91	0.65	2.89	*	23.84
富平县	113.11	26.63	8.14	7.20	34.03	2.77			
蒲城县	156.46	23.67	7.99	5.11	19.90	1.59	0.88	55.35	3.72
澄城县	122.85	16.72	3.90	3.17	20.00	0.78	0.77	98.72	4.61
合阳县	95.41	17.38	9.25	9.70	30.05	2.78			
韩城市	59.44	12.48	15.03	25.29	52.43	7.88	6.23	79.06	49.92
潼关县	23.15	5.38	3.01	13.00	23.92	0.72			
宝鸡市									
眉　县									
扶风县									
武功县									

5－23－8 陕西省1950年产棉县棉花生产收购明细

县市名	耕地面积（万亩）	农业人口（万人）	棉田面积（万亩）	占耕地（%）	亩产（市斤）	产量（万担）	收购量（万担）	商品率（%）	人均交售（市斤）
全省合计	**1535.75**	**292.60**	**212.47**	**13.83**	**29.55**	**62.78**	**26.28**	**41.86**	**8.98**
西安市	**134.70**	**30.00**	**18.29**	**13.58**	**27.99**	**5.12**	**2.87**	**56.05**	**9.57**
高陵县									
周至县									
户县									
长安县									
临潼区	134.70	30.00	18.29	13.58	27.99	5.12	2.87	56.05	9.57
闫良区									
市郊区									
咸阳市	**452.97**	**81.05**	**90.50**	**19.98**	**31.99**	**28.95**	**13.03**	**45.01**	**16.08**
秦都区	65.36	13.29	19.38	29.65	29.98	5.81			
渭城区									
泾阳县	106.41	17.80	35.12	33.00	40.12	14.09	13.03	92.48	73.20
三原县	61.55	10.88	17.80	28.92	31.91	5.68			
礼泉县	105.37	16.75	11.86	11.26	7.08	0.84			
乾县	114.28	22.33	6.34	5.55	39.91	2.53			
兴平市									
渭南市	**948.08**	**181.55**	**103.68**	**10.94**	**27.69**	**28.71**	**10.38**	**36.15**	**5.72**
临渭区	147.38	29.28	21.50	14.59	26.00	5.59			
大荔县	123.88	22.41	17.65	14.25	30.25	5.34			
华县	46.12	14.30	10.40	22.55	15.00	1.56			
华阴市	40.78	12.18	3.88	9.51	20.88	0.81	2.91	*	23.89
富平县	114.20	27.68	8.27	7.24	21.89	1.81			
蒲城县	169.61	24.12	9.99	5.89	19.92	1.99	0.98	49.25	4.06
澄城县	121.65	16.69	4.60	3.78	21.09	0.97	0.45	46.39	2.70
合阳县	101.42	17.02	9.31	9.18	25.03	2.33			
韩城市	59.34	12.49	14.81	24.96	50.64	7.50	6.04	80.53	48.36
潼关县	23.70	5.38	3.27	13.80	24.77	0.81			
宝鸡市									
眉县									
扶风县									
武功县									

5-23-9 陕西省1951年产棉县棉花生产收购明细

县市名	耕地面积（万亩）	农业人口（万人）	棉田面积（万亩）	占耕地（%）	亩产（市斤）	产量（万担）	收购量（万担）	商品率（%）	人均交售（市斤）
全省合计	**1567.81**	**300.58**	**231.39**	**14.76**	**46.25**	**107.02**	**34.33**	**32.08**	**11.42**
西安市	**134.56**	**30.00**	**20.71**	**15.39**	**50.99**	**10.56**	**6.94**	**65.72**	**23.13**
高陵县									
周至县									
户县									
长安县									
临潼区	134.56	30.00	20.71	15.39	50.99	10.56	6.94	65.72	23.13
闫良区									
市郊区									
咸阳市	**455.77**	**84.65**	**91.58**	**20.09**	**46.43**	**42.52**	**15.85**	**37.28**	**18.72**
秦都区	65.37	14.38	18.30	27.99	44.97	8.23			
渭城区									
泾阳县	105.11	18.10	35.57	33.84	48.97	17.42	15.85	90.99	87.57
三原县	61.62	11.75	19.27	31.27	48.78	9.40			
礼泉县	105.37	17.83	12.87	12.21	39.94	5.14			
乾县	118.30	22.59	5.57	4.71	41.83	2.33			
兴平市									
渭南市	**977.48**	**185.93**	**119.10**	**12.18**	**45.29**	**53.94**	**11.54**	**21.39**	**6.21**
临渭区	147.38	30.32	23.89	16.21	50.98	12.18			
大荔县	125.05	23.11	24.35	19.47	49.98	12.17			
华县	52.80	14.34	10.23	19.38	47.90	4.90			
华阴市	41.29	12.47	5.32	12.88	47.93	2.55	2.90	113.73	23.26
富平县	116.74	28.64	10.74	9.20	44.97	4.83			
蒲城县	182.76	24.57	9.24	5.06	34.96	3.23	1.37	42.41	5.58
澄城县	121.30	16.68	5.10	4.20	30.00	1.53	1.49	97.39	8.93
合阳县	107.92	17.22	11.31	10.48	43.06	4.87			
韩城市	59.12	13.18	14.43	24.41	40.82	5.89	5.78	98.13	43.85
潼关县	23.12	5.40	4.49	19.42	39.87	1.79			
宝鸡市									
眉县									
扶风县									
武功县									

5－23－10 陕西省1952年产棉县棉花生产收购明细

县市名	耕地面积（万亩）	农业人口（万人）	棉田面积（万亩）	占耕地（%）	亩产（市斤）	产量（万担）	收购量（万担）	商品率（%）	人均交售（市斤）
全省合计	**1589.05**	**308.30**	**271.08**	**17.06**	**36.00**	**97.59**	**34.90**	**35.76**	**11.32**
西安市	**134.38**	**31.00**	**27.00**	**20.09**	**33.48**	**9.04**	**4.72**	**52.21**	**15.23**
高陵县									
周至县									
户　县									
长安县									
临潼区	134.38	31.00	27.00	20.09	33.48	9.04	4.72	52.21	15.23
闫良区									
市郊区									
咸阳市	**456.91**	**86.97**	**97.76**	**21.40**	**32.60**	**31.87**	**11.82**	**37.09**	**13.59**
秦都区	65.76	14.72	17.52	26.64	34.99	6.13			
渭城区									
泾阳县	103.09	19.47	35.47	34.41	35.38	12.55	11.82	94.18	60.71
三原县	63.79	12.38	22.12	34.68	34.99	7.74			
礼泉县	105.37	18.24	16.24	15.41	23.71	3.85			
乾　县	118.90	22.16	6.41	5.39	24.96	1.60			
兴平市									
渭南市	**997.76**	**190.33**	**146.32**	**14.66**	**38.74**	**56.68**	**18.36**	**32.39**	**9.65**
临渭区	147.50	30.11	31.51	21.36	37.99	11.97			
大荔县	123.15	23.70	31.35	25.46	41.50	13.01			
华　县	52.67	14.38	12.18	23.13	30.95	3.77			
华阴市	42.59	13.52	9.15	21.48	29.95	2.74	3.10	113.14	22.93
富平县	118.41	29.10	13.86	11.71	35.43	4.91			
蒲城县	195.90	25.05	9.74	4.97	31.93	3.11	1.12	36.01	4.47
澄城县	120.87	16.73	5.80	4.80	25.00	1.45	1.40	96.55	8.37
合阳县	114.32	18.42	13.80	12.07	45.00	6.21	6.20	99.84	33.66
韩城市	58.71	13.63	13.34	22.72	52.47	7.00	6.54	93.43	47.98
潼关县	23.64	5.69	5.59	23.65	44.90	2.51			
宝鸡市									
眉　县									
扶风县									
武功县									

5－23－11　陕西省1953年产棉县棉花生产收购明细

县市名	耕地面积（万亩）	农业人口（万人）	棉田面积（万亩）	占耕地（%）	亩产（市斤）	产量（万担）	收购量（万担）	商品率（%）	人均交售（市斤）
全省合计	**2129.52**	**493.78**	**337.75**	**15.86**	**44.33**	**149.73**	**84.63**	**56.52**	**17.14**
西安市	**427.14**	**134.34**	**70.59**	**16.53**	**50.98**	**35.99**	**28.73**	**79.83**	**21.39**
高陵县	34.54	9.17	16.45	47.63	60.06	9.88	9.18	92.91	100.11
周至县	85.07	25.65	12.83	15.08	47.08	6.04	5.56	92.05	21.68
户　县	65.58	23.78	7.42	11.31	51.75	3.84	3.09	80.47	12.99
长安县	107.83	43.74	9.81	9.10	57.39	5.63	4.12	73.18	9.42
临潼区	134.12	32.00	24.08	17.95	44.02	10.60	6.78	63.96	21.19
闫良区									
市郊区									
咸阳市	**509.70**	**110.63**	**100.78**	**19.77**	**47.56**	**47.93**	**21.84**	**45.57**	**19.74**
秦都区	63.56	14.82	15.98	25.14	41.99	6.71			
渭城区									
泾阳县	97.69	19.78	34.89	35.72	55.09	19.22	18.50	96.25	93.53
三原县	63.35	13.12	20.11	31.74	57.98	11.66			
礼泉县	103.78	18.46	14.15	13.63	29.19	4.13			
乾　县	119.00	22.83	5.31	4.46	37.66	2.00			
兴平市	62.32	21.62	10.34	16.59	40.72	4.21	3.34	79.33	15.45
渭南市	**1022.41**	**195.27**	**154.45**	**15.11**	**39.54**	**61.07**	**31.86**	**52.17**	**16.32**
临渭区	146.69	30.38	30.01	20.46	43.99	13.20	12.47	94.47	41.05
大荔县	126.84	24.13	35.90	28.30	34.48	12.38			
华　县	52.85	15.65	11.52	21.80	37.93	4.37			
华阴市	41.60	13.58	7.92	19.04	28.03	2.22	3.40	153.15	25.04
富平县	136.08	29.31	14.31	10.52	42.98	6.15			
蒲城县	195.01	25.74	11.57	5.93	30.51	3.53	1.65	46.74	6.41
澄城县	120.64	17.85	5.70	4.72	34.04	1.94	1.81	93.30	10.14
合阳县	120.33	19.20	18.80	15.62	44.47	8.36	6.16	73.68	32.08
韩城市	58.98	13.73	13.03	22.09	51.34	6.69	6.37	95.22	46.39
潼关县	23.39	5.70	5.69	24.33	39.19	2.23			
宝鸡市	**170.27**	**53.54**	**11.93**	**7.01**	**39.73**	**4.74**	**2.20**	**46.41**	**4.11**
眉　县	55.15	12.43	3.81	6.91	29.92	1.14	0.56	49.12	4.51
扶风县	58.34	21.45	3.14	5.38	49.04	1.54	0.89	57.79	4.15
武功县	56.78	19.66	4.98	8.77	41.37	2.06	0.75	36.41	3.81

5－23－12　陕西省1954年产棉县棉花生产收购明细

县市名	耕地面积（万亩）	农业人口（万人）	棉田面积（万亩）	占耕地（%）	亩产（市斤）	产量（万担）	收购量（万担）	商品率（%）	人均交售（市斤）
全省合计	**2123.40**	**504.04**	**323.91**	**15.25**	**48.21**	**156.15**	**148.66**	**95.20**	**29.49**
西安市	**425.48**	**138.09**	**67.17**	**15.79**	**55.66**	**37.39**	**28.16**	**75.31**	**20.39**
高陵县	34.58	9.32	14.73	42.60	71.89	10.59	9.49	89.61	101.82
周至县	85.34	26.37	13.90	16.29	39.50	5.49	4.33	78.87	16.42
户　县	55.47	24.54	6.71	10.25	68.26	4.58	3.64	79.48	14.83
长安县	106.05	44.86	9.14	8.62	55.14	5.04	3.53	70.04	7.87
临潼区	134.04	33.00	22.69	16.93	51.52	11.69	7.17	61.33	21.73
阎良区									
市郊区									
咸阳市	**505.98**	**113.08**	**100.16**	**19.80**	**51.10**	**51.18**	**53.81**	**105.14**	**47.59**
秦都区	63 58	14.81	17.23	27.10	43.41	7.48	9.66	129.14	65.23
渭城区									
泾阳县	94.32	20.45	33.13	35.13	61.64	20.42	18.65	91.33	91.20
三原县	63.28	13.45	19.12	30.21	63.65	12.17	19.90	163.52	147.96
礼泉县	103.78	18.59	13.92	13.41	34.99	4.87	0.15	3.08	0.81
乾　县	119.32	23.61	6.19	5.19	31.99	1.98	0.75	37.88	3.18
兴平市	61.70	22.17	10.57	17.13	40.30	4.26	4.70	110.33	21.20
渭南市	**1023.12**	**198.79**	**144.55**	**14.13**	**43.31**	**62.61**	**62.99**	**100.61**	**31.69**
临渭区	147.89	30.55	27.35	18.49	48.99	13.40	18.26	136.27	59.77
大荔县	124.59	25.27	34.76	27.90	36.65	12.74	12.49	98.04	49.43
华　县	51.33	16.32	9.58	18.66	48.54	4.65	4.64	99.78	28.43
华阴市	41.78	13.60	8.12	19.44	40.39	3.28	3.44	104.88	25.29
富平县	134.72	30.19	12.22	9.07	46.48	5.68	6.01	105.81	19.91
蒲城县	194.12	26.45	11.41	5.88	37.34	4.26	0.88	20.66	3.33
澄城县	120.59	17.49	5.30	4.40	32.08	1.70	1.42	83.53	8.12
合阳县	125.93	18.91	17.90	14.21	42.46	7.60	7.15	94.08	37.81
韩城市	58.98	14.33	12.59	21.35	53.30	6.71	6.29	93.74	43.89
潼关县	23.19	5.68	5.32	22.94	48.68	2.59	2.41	93.05	42.43
宝鸡市	**168.82**	**54.08**	**12.03**	**7.13**	**41.31**	**4.97**	**3.70**	**74.45**	**6.84**
眉　县	55.12	12.97	3.89	7.06	41.13	1.60	1.15	71.88	8.87
扶风县	58.27	21.57	3.45	5.92	53.91	1.86	1.26	67.74	5.84
武功县	55.43	19.54	4.69	8.46	32.20	1.51	1.29	85.43	6.60

5-23-13 陕西省1955年产棉县棉花生产收购明细

县市名	耕地面积（万亩）	农业人口（万人）	棉田面积（万亩）	占耕地（%）	亩产（市斤）	产量（万担）	收购量（万担）	商品率（%）	人均交售（市斤）
全省合计	**2175.74**	**565.02**	**344.62**	**15.84**	**40.01**	**137.88**	**121.77**	**88.32**	**21.55**
西安市	**481.77**	**188.11**	**86.47**	**17.95**	**48.28**	**41.75**	**32.39**	**77.58**	**17.22**
高陵县	34.58	9.53	15.32	44.30	69.91	10.71	10.14	94.68	106.40
周至县	86.36	27.20	14.77	17.10	27.62	4.08	3.78	92.65	13.90
户县	65.70	25.32	7.49	11.40	51.13	3.83	2.92	76.24	11.53
长安县	105.89	45.46	11.26	10.63	54.80	6.17	5.40	87.52	11.88
临潼区	133.57	35.00	25.76	19.29	39.91	10.28	5.05	49.12	14.43
阎良区									
市郊区	55.67	45.60	11.87	21.32	56.28	6.68	5.10	76.35	11.18
咸阳市	**507.49**	**117.37**	**92.23**	**18.17**	**40.94**	**37.76**	**38.86**	**102.91**	**33.11**
秦都区	63.25	15.49	12.77	20.19	37.35	4.77	4.97	104.19	32.09
渭城区									
泾阳县	95.71	21.10	33.33	34.82	51.34	17.11	15.72	91.88	74.50
三原县	63.27	13.75	21.38	33.79	45.04	9.63	14.23	147.77	103.49
礼泉县	103.78	18.72	13.14	12.66	10.50	1.38	0.06	4.35	0.32
乾县	119.35	24.20	3.43	2.87	31.78	1.09	0.07	6.42	0.29
兴平市	62.13	24.11	8.18	13.17	46.21	3.78	3.81	100.79	15.80
渭南市	**1018.98**	**204.53**	**155.69**	**15.28**	**35.25**	**54.88**	**48.06**	**87.57**	**23.50**
临渭区	146.69	32.14	29.55	20.14	38.00	11.23	10.82	96.35	33.67
大荔县	125.28	25.93	38.71	30.90	37.02	14.33	11.49	80.18	44.31
华县	51.44	16.84	10.96	21.31	41.97	4.60	4.43	96.30	26.31
华阴市	41.87	13.54	8.02	19.15	38.65	3.10	3.70	119.35	27.33
富平县	134.01	31.21	6.71	5.01	43.37	2.91	2.55	87.63	8.17
蒲城县	193.23	27.16	14.78	7.65	14.28	2.11	0.18	8.53	0.66
澄城县	120.37	17.57	5.20	4.32	30.00	1.56	1.40	89.74	7.97
合阳县	124.83	19.80	21.50	17.22	34.42	7.40	6.43	86.89	32.47
韩城市	58.32	14.62	14.09	24.16	35.98	5.07	5.00	98.62	34.20
潼关县	22.94	5.72	6.17	26.90	41.65	2.57	2.06	80.16	36.01
宝鸡市	**167.50**	**55.01**	**10.23**	**6.11**	**34.12**	**3.49**	**2.46**	**70.49**	**4.47**
眉县	54.12	13.39	2.79	5.16	30.47	0.85	0.65	76.47	4.85
扶风县	58.15	21.64	3.69	6.35	39.84	1.47	0.97	65.99	4.48
武功县	55.23	19.98	3.75	6.79	31.20	1.17	0.84	71.79	4.20

5-23-14 陕西省1956年产棉县棉花生产收购明细

县市名	耕地面积（万亩）	农业人口（万人）	棉田面积（万亩）	占耕地（%）	亩产（市斤）	产量（万担）	收购量（万担）	商品率（%）	人均交售（市斤）
全省合计	**2167.12**	**600.34**	**392.66**	**18.12**	**48.87**	**191.90**	**161.29**	**84.05**	**26.87**
西安市	**476.37**	**193.32**	**90.47**	**18.99**	**55.93**	**50.60**	**41.34**	**81.70**	**21.38**
高陵县	34.58	9.70	15.32	44.30	70.10	10.74	9.82	91.43	101.24
周至县	35.72	27.93	14.68	17.13	28.34	4.16	2.81	67.55	10.06
户　县	63.97	27.64	7.81	12.21	53.14	4.15	3.06	73.73	11.07
长安县	104.12	46.62	12.58	12.08	73.13	9.20	5.60	60.87	12.01
临潼区	131.84	36.00	27.46	20.83	50.51	13.87	13.41	96.68	37.25
闫良区									
市郊区	56.14	45.43	12.62	22.48	67.19	8.48	6.64	78.30	14.62
咸阳市	**516.81**	**122.05**	**107.76**	**20.85**	**50.53**	**54.45**	**45.21**	**83.03**	**37.04**
秦都区	63.57	16.29	17.24	27.12	43.85	7.56	6.78	89.68	41.62
渭城区									
泾阳县	105.74	21.33	33.30	31.49	57.63	19.19	16.98	88.48	79.61
三原县	64.17	15.33	23.34	36.37	78.28	18.27	16.59	90.80	108.22
礼泉县	103.78	19.68	15.51	14.95	27.47	4.26	0.17	3.99	0.86
乾　县	118.60	24.79	6.65	5.61	26.32	1.75	0.51	29.14	2.06
兴平市	60.95	24.63	11.72	19.23	29.18	3.42	4.18	122.22	16.97
渭南市	**1008.87**	**228.29**	**179.64**	**17.81**	**45.74**	**82.17**	**72.51**	**88.24**	**31.76**
临渭区	144.08	53.17	34.89	24.22	45.00	15.70	14.05	89.49	26.42
大荔县	122.99	26.85	42.55	34.60	49.02	20.86	18.42	88.30	68.60
华　县	51.25	17.13	11.38	22.20	50.53	5.75	5.71	99.30	33.33
华阴市	41.85	13.58	9.56	22.84	59.73	5.71	4.69	82.14	34.54
富平县	133.09	31.05	17.56	13.19	59.97	10.53	9.06	86.04	29.18
蒲城县	192.34	27.87	15.32	7.97	41.19	6.31	5.37	85.10	19.27
澄城县	119.05	17.99	5.80	4.87	41.03	2.38	2.29	96.22	12.73
合阳县	123.72	20.24	21.98	17.77	29.57	6.50	5.04	77.54	24.90
韩城市	58.15	14.71	14.34	24.66	39.96	5.73	5.45	95.11	37.05
潼关县	22.35	5.70	6.26	28.01	43.13	2.70	2.43	90.00	42.63
宝鸡市	**165.07**	**56.68**	**14.79**	**8.96**	**31.64**	**4.68**	**2.23**	**47.66**	**3.93**
眉　县	52.58	13.97	5.21	9.91	17.06	0.89	0.30	33.75	2.15
扶风县	58.06	21.81	4.50	7.75	48.89	2.20	1.13	51.36	5.18
武功县	54.43	20.90	5.08	9.33	31.30	1.59	0.80	50.31	3.83

5－23－15　陕西省1957年产棉县棉花生产收购明细

县市名	耕地面积（万亩）	农业人口（万人）	棉田面积（万亩）	占耕地（%）	亩产（市斤）	产量（万担）	收购量（万担）	商品率（%）	人均交售（市斤）
全省合计	**2151.62**	**595.02**	**417.75**	**19.42**	**53.25**	**222.46**	**188.86**	**84.90**	**31.74**
西安市	**473.10**	**196.42**	**94.57**	**19.99**	**55.27**	**52.27**	**43.68**	**83.57**	**22.24**
高陵县	34.19	10.54	16.28	47.62	73.77	12.01	9.34	77.77	88.61
周至县	85.60	28.33	13.97	16.32	38.01	5.31	3.92	73.82	13.84
户　县	63.42	28.17	8.45	13.32	46.27	3.91	2.67	68.29	9.48
长安县	104.58	47.82	11.12	10.63	39.39	4.38	3.91	89.27	8.18
临潼区	129.55	36.00	29.58	22.83	58.79	17.39	17.49	100.58	48.58
闫良区									
市郊区	55.76	45.56	15.17	27.21	61.11	9.27	6.35	68.50	13.94
咸阳市	**509.22**	**126.50**	**115.27**	**22.64**	**58.64**	**67.60**	**56.00**	**82.84**	**44.27**
秦都区	62.50	16.51	17.85	28.56	51.82	9.25	9.17	99.14	55.54
渭城区									
泾阳县	99.93	22.04	35.27	35.29	64.98	22.92	21.54	93.98	97.73
三原县	64.09	15.91	25.12	39.19	72.01	18.09	16.89	93.37	106.16
礼泉县	105.37	20.76	18.04	17.12	49.00	8.84	0.42	4.75	2.02
乾　县	117.00	25.86	7.10	6.07	44.93	3.19	2.63	82.45	10.17
兴平市	60.33	25.42	11.89	19.71	44.66	5.31	5.35	100.75	21.05
渭南市	**1003.42**	**214.15**	**192.63**	**19.20**	**49.45**	**95.26**	**83.98**	**88.16**	**39.22**
临渭区	144.18	33.93	35.58	24.68	53.01	18.86	18.62	98.73	54.88
大荔县	124.06	27.56	44.52	35.89	54.81	24.40	13.41	54.96	48.66
华　县	49.64	17.26	11.81	23.79	47.33	5.59	5.47	97.85	31.69
华阴市	41.84	13.47	9.92	23.71	50.71	5.03	4.22	83.90	31.33
富平县	132.25	33.53	20.27	15.33	48.50	9.83	11.04	112.31	32.93
蒲城县	191.47	28.58	21.07	11.00	44.90	9.46	9.12	96.41	31.91
澄城县	117.09	18.30	5.90	5.04	44.07	2.60	2.24	86.15	12.24
合阳县	122.62	20.68	22.74	18.55	45.34	10.31	10.30	99.90	49.81
韩城市	57.52	15.15	14.55	25.30	45.50	6.62	7.16	108.16	47.26
潼关县	22.75	5.69	6.27	27.56	40.83	2.56	2.40	93.75	42.18
宝鸡市	**165.88**	**57.95**	**15.28**	**9.21**	**47.97**	**7.33**	**5.20**	**70.94**	**8.97**
眉　县	53.40	14.26	5.18	9.70	27.80	1.44	0.97	67.36	6.80
扶风县	57.89	21.98	5.32	9.19	64.85	3.45	2.15	62.32	9.78
武功县	54.59	21.71	4.78	8.76	51.05	2.44	2.08	85.25	9.58

5-23-16　陕西省1958年产棉县棉花生产收购明细

县市名	耕地面积（万亩）	农业人口（万人）	棉田面积（万亩）	占耕地（%）	亩产（市斤）	产量（万担）	收购量（万担）	商品率（%）	人均交售（市斤）
全省合计	**2128.72**	**608.02**	**412.56**	**19.38**	**61.86**	**255.20**	**228.40**	**89.50**	**37.56**
西安市	**458.47**	**199.59**	**92.31**	**20.13**	**68.32**	**63.07**	**57.44**	**91.07**	**28.78**
高陵县	31.41	10.02	14.82	47.18	69.50	10.30	10.55	102.43	105.29
周至县	81.11	28.66	13.69	16.88	50.04	6.85	5.83	85.11	20.34
户　县	64.54	29.08	10.30	15.96	51.94	5.35	4.52	84.49	15.54
长安县	99.41	49.05	11.26	11.33	69.98	7.88	7.06	89.59	14.39
临潼区	126.77	37.00	28.58	22.54	79.99	22.86	20.88	91.34	56.43
闫良区									
市郊区	55.23	45.78	13.66	24.73	71.96	9.83	8.60	87.49	18.79
咸阳市	**509.01**	**129.90**	**110.04**	**21.62**	**61.94**	**68.16**	**58.11**	**85.26**	**44.73**
秦都区	59.96	16.78	15.79	26.33	69.66	11.00	8.96	81.45	53.40
渭城区									
泾阳县	106.35	22.44	32.77	30.81	64.72	21.21	22.09	104.15	98.44
三原县	63.84	16.31	24.00	37.59	67.83	16.28	18.54	113.88	113.67
礼泉县	105.37	21.39	17.29	16.41	59.98	10.37	0.43	4.15	2.01
乾　县	113.80	26.28	8.16	7.17	45.47	3.71	3.31	89.22	12.60
兴平市	59.69	26.70	12.03	20.15	46.47	5.59	4.78	85.51	17.90
渭南市	**997.18**	**219.23**	**194.90**	**19.55**	**59.99**	**116.93**	**108.78**	**93.03**	**49.62**
临渭区	142.10	34.40	33.67	23.69	64.00	21.55	21.85	101.39	63.52
大荔县	123.68	28.38	46.45	37.56	71.00	32.98	29.56	89.63	104.16
华　县	49.88	17.71	11.82	23.70	61.00	7.21	6.67	92.51	37.66
华阴市	41.81	13.45	10.04	24.01	68.03	6.83	5.56	81.41	41.34
富平县	131.45	33.78	19.50	14.83	63.74	12.43	12.22	98.31	36.18
蒲城县	189.90	30.56	24.00	12.64	53.13	12.75	11.22	88.00	36.71
澄城县	116.21	18.37	5.80	4.99	52.07	3.02	2.57	85.10	13.99
合阳县	121.50	21.07	23.02	18.95	41.44	9.54	9.22	96.65	43.76
韩城市	58.74	15.80	14.26	24.28	51.61	7.36	6.95	94.43	43.99
潼关县	21.91	5.71	6.34	28.94	51.42	3.26	2.96	90.80	51.84
宝鸡市	**164.06**	**59.30**	**15.31**	**9.33**	**45.98**	**7.04**	**4.07**	**57.81**	**6.86**
眉　县	53.35	14.97	5.07	9.50	38.07	1.93	0.84	43.52	5.61
扶风县	57.51	22.06	5.24	9.11	54.58	2.86	1.64	57.34	7.43
武功县	53.20	22.27	5.00	9.40	45.00	2.25	1.59	70.67	7.14

5-23-17　陕西省1959年产棉县棉花生产收购明细

县市名	耕地面积（万亩）	农业人口（万人）	棉田面积（万亩）	占耕地（%）	亩产（市斤）	产量（万担）	收购量（万担）	商品率（%）	人均交售（市斤）
全省合计	**2085.97**	**621.63**	**411.31**	**19.72**	**51.48**	**211.74**	**193.84**	**91.55**	**31.18**
西安市	**444.81**	**204.40**	**89.94**	**20.22**	**58.28**	**52.42**	**47.66**	**90.92**	**23.32**
高陵县	30.53	10.12	14.74	48.28	89.35	13.17	9.88	75.02	97.63
周至县	77.34	29.52	13.52	17.48	49.48	6.69	5.64	84.30	19.11
户　县	61.98	30.14	9.36	15.10	45.09	4.22	5.12	121.33	16.99
长安县	97.72	49.70	11.44	11.71	54.11	6.19	5.52	89.18	11.11
临潼区	121.83	39.00	28.78	23.62	54.73	15.75	15.23	96.70	39.05
闫良区									
市郊区	55.41	45.92	12.10	21.84	52.89	6.40	6.27	97.97	13.65
咸阳市	**498.26**	**130.96**	**109.69**	**22.01**	**51.16**	**56.12**	**48.57**	**86.55**	**37.09**
秦都区	58.90	16.74	16.04	27.23	36.47	5.85	5.86	100.17	35.01
渭城区									
泾阳县	101.38	22.69	33.28	32.83	54.33	18.08	18.81	104.04	82.90
三原县	61.60	16.52	22.62	36.72	65.78	14.88	15.71	105.58	95.10
礼泉县	105.37	21.87	16.76	15.91	47.91	8.03	0.42	5.23	1.92
乾　县	113.36	25.84	10.27	9.06	50.05	5.14	3.23	62.84	12.50
兴平市	57.65	27.30	10.72	18.59	38.62	4.14	4.54	109.66	16.63
渭南市	**982.11**	**227.24**	**196.37**	**19.99**	**48.32**	**94.89**	**91.15**	**96.06**	**40.11**
临渭区	139.30	36.70	35.76	25.67	47.99	17.16	15.90	92.66	43.32
大荔县	121.14	30.29	44.90	37.06	45.86	20.59	21.67	105.25	71.54
华　县	48.94	17.39	10.92	22.31	52.93	5.78	4.85	83.91	27.89
华阴市	41.79	13.48	9.85	23.57	44.06	4.34	4.04	93.09	29.97
富平县	128.86	34.26	20.49	15.90	59.83	12.26	10.64	86.79	31.06
蒲城县	188.33	32.54	26.15	13.89	47.42	12.40	11.75	94.76	36.11
澄城县	118.57	19.29	5.60	4.72	48.93	2.74	2.36	86.13	12.23
合阳县	120.40	21.29	23.62	19.62	42.68	10.08	10.00	99.21	46.97
韩城市	54.60	16.27	13.31	24.38	51.99	6.92	7.77	112.28	47.76
潼关县	20.18	5.73	5.77	28.59	45.41	2.62	2.17	82.82	37.87
宝鸡市	**160.79**	**59.03**	**15.31**	**9.52**	**54.28**	**8.31**	**6.46**	**77.74**	**10.94**
眉　县	51.04	15.42	4.98	9.76	46.99	2.34	2.39	102.14	15.50
扶风县	57.23	22.22	4.87	8.51	53.59	2.61	1.98	75.86	8.91
武功县	52.52	21.39	5.46	10.40	61.54	3.36	2.09	62.20	9.77

5-23-18 陕西省1960年产棉县棉花生产收购明细

县市名	耕地面积（万亩）	农业人口（万人）	棉田面积（万亩）	占耕地（%）	亩产（市斤）	产量（万担）	收购量（万担）	商品率（%）	人均交售（市斤）
全省合计	**2073.36**	**636.84**	**371.31**	**17.91**	**37.20**	**138.12**	**126.01**	**91.23**	**19.79**
西安市	**439.57**	**204.76**	**82.04**	**18.66**	**44.32**	**36.36**	**36.14**	**99.39**	**17.65**
高陵县	30.38	10.32	13.89	45.72	48.16	6.69	5.23	78.18	50.68
周至县	77.34	30.35	12.98	16.78	49.08	6.37	5.90	92.62	19.44
户　县	61.85	31.28	10.60	17.14	45.94	4.87	5.13	105.34	16.40
长安县	95.93	50.78	11.84	12.34	39.78	4.71	4.00	84.93	7.88
临潼区	119.06	36.00	27.59	23.17	43.39	11.97	11.25	93.98	31.25
阎良区									
市郊区	55.01	46.03	5.14	9.34	34.05	1.75	4.63	*	10.06
咸阳市	**498.52**	**133.98**	**104.63**	**20.99**	**37.04**	**38.76**	**31.28**	**80.70**	**23.35**
秦都区	57.55	16.06	15.00	26.06	27.00	4.05	3.78	93.33	23.54
渭城区									
泾阳县	105.90	22.92	31.54	29.78	39.47	12.45	12.40	99.60	54.10
三原县	60.92	16.73	20.49	33.63	45.39	9.30	10.46	112.47	62.52
礼泉县	103.46	22.54	16.23	15.69	36.17	5.87	0.21	3.58	0.93
乾　县	113.48	27.34	11.09	9.77	30.84	3.42	1.63	47.66	5.96
兴平市	57.21	28.39	10.28	17.97	35.70	3.67	2.80	76.29	9.86
渭南市	**974.01**	**236.85**	**170.60**	**17.52**	**33.41**	**57.00**	**53.19**	**93.32**	**22.46**
临渭区	138 10	38.24	34.42	24.92	35.01	12.05	10.71	88.88	28.01
大荔县	119.50	31.87	32.17	26.92	33.66	10.83	11.42	105.45	35.83
华　县	46.36	17.69	9.34	20.15	35.12	3.28	3.27	99.70	18.49
华阴市	41.59	13.51	3.77	9.06	30.24	1.14	2.72	*	20.13
富平县	128.51	35.78	21.09	16.41	34.66	7.31	6.30	86.18	17.61
蒲城县	186.76	34.52	22.83	12.22	25.27	5.77	6.00	103.99	17.38
澄城县	120.95	19.57	5.10	4.22	27.06	1.38	1.17	84.78	5.98
合阳县	119.09	21.94	23.68	19.88	35.14	8.32	5.98	71.88	27.26
韩城市	53.13	17.83	12.81	24.11	40.91	5.24	4.17	79.58	23.39
潼关县	20.02	5.90	5.39	26.92	31.17	1.68	1.45	86.31	24.58
宝鸡市	**161.25**	**61.25**	**14.04**	**8.71**	**42.74**	**6.00**	**5.40**	**90.00**	**8.82**
眉　县	51.55	15.96	4.28	8.30	39.72	1.70	1.44	84.71	9.02
扶风县	57.55	22.34	4.46	7.75	56.50	2.52	1.85	73.41	8.28
武功县	52.16	22.95	5.30	10.16	33.58	1.78	2.11	118.54	9.19

5-23-19 陕西省1961年产棉县棉花生产收购明细

县市名	耕地面积（万亩）	农业人口（万人）	棉田面积（万亩）	占耕地（%）	亩产（市斤）	产量（万担）	收购量（万担）	商品率（%）	人均交售（市斤）
全省合计	**2059.95**	**659.34**	**337.00**	**16.36**	**28.52**	**96.12**	**82.29**	**85.61**	**12.48**
西安市	**436.99**	**211.95**	**72.35**	**16.56**	**30.89**	**22.35**	**18.84**	**84.30**	**8.89**
高陵县	29.38	10.64	11.30	38.46	38.67	4.37	3.98	91.08	37.41
周至县	76.97	32.73	12.56	16.32	29.14	3.66	3.17	86.61	9.69
户县	61.51	32.11	9.65	15.69	33.16	3.20	2.59	80.94	8.07
长安县	95.68	52.30	11.96	12.50	22.74	2.72	1.99	73.16	3.80
临潼区	118.24	38.00	23.29	19.70	30.87	7.19	6.30	87.62	16.58
闫良区									
市郊区	55.21	46.17	3.59	6.50	33.70	1.21	0.81	66.94	1.75
咸阳市	**491.60**	**137.89**	**96.68**	**19.67**	**28.08**	**27.15**	**21.83**	**80.41**	**15.83**
秦都区	57.12	17.33	13.24	23.18	29.98	3.97	3.28	82.62	18.93
渭城区									
泾阳县	100.81	23.49	28.21	27.98	31.02	8.75	8.42	96.23	35.85
三原县	60.30	17.86	18.90	31.34	36.30	6.86	6.56	95.63	36.73
礼泉县	102.78	23.16	15.05	14.64	18.87	2.84	0.12	4.23	0.52
乾县	113.80	27.42	11.73	10.31	16.79	1.97	1.35	68.53	4.92
兴平市	56.79	28.63	9.55	16.82	28.90	2.76	2.10	76.09	7.33
渭南市	**969.97**	**246.64**	**154.94**	**15.97**	**27.45**	**42.53**	**38.77**	**91.16**	**15.72**
临渭区	137.20	40.25	33.99	24.77	27.01	9.18	8.26	89.98	20.52
大荔县	118.98	32.96	26.20	22.02	30.50	7.99	7.51	93.99	22.79
华县	46.49	18.90	8.33	17.92	21.37	1.78	1.64	92.13	8.68
华阴市	40.50	13.54	3.59	8.86	24.79	0.89	0.77	86.52	5.69
富平县	127.76	36.91	18.29	14.32	26.90	4.92	4.37	88.82	11.84
蒲城县	185.19	36.50	20.10	10.85	26.37	5.30	4.73	89.25	12.96
澄城县	120.93	19.98	4.40	3.64	20.00	0.88	0.54	61.36	2.70
合阳县	119.79	23.33	22.78	19.02	21.99	5.01	4.79	95.61	20.53
韩城市	53.03	17.86	11.99	22.61	38.70	4.64	4.22	90.95	23.63
潼关县	20.10	6.41	5.27	26.22	36.81	1.94	1.94	100.00	30.27
宝鸡市	**161.39**	**62.86**	**13.03**	**8.07**	**31.39**	**4.09**	**2.85**	**69.68**	**4.53**
眉县	51.05	16.31	4.18	8.19	23.68	0.99	0.89	89.90	5.46
扶风县	57.58	22.36	4.09	7.10	40.10	1.64	1.02	62.20	4.56
武功县	52.76	24.19	4.76	9.02	30.67	1.46	0.94	64.38	3.89

5-23-20 陕西省1962年产棉县棉花生产收购明细

县市名	耕地面积（万亩）	农业人口（万人）	棉田面积（万亩）	占耕地（%）	亩产（市斤）	产量（万担）	收购量（万担）	商品率（%）	人均交售（市斤）
全省合计	**2033.11**	**680.89**	**264.29**	**13.00**	**32.88**	**86.89**	**75.90**	**87.35**	**11.15**
西安市	**439.00**	**220.84**	**56.46**	**12.86**	**41.89**	**23.65**	**21.56**	**91.16**	**9.76**
高陵县	29.35	10.97	9.16	31.21	56.00	5.13	4.91	95.71	44.76
周至县	78.33	34.53	9.24	11.80	40.15	3.71	3.30	88.95	9.56
户县	61.65	34.01	7.62	12.36	42.78	3.26	2.68	82.21	7.88
长安县	95.65	53.95	6.78	7.09	34.22	2.32	1.97	84.91	3.65
临潼区	118.78	41.00	19.82	16.69	38.60	7.65	7.20	94.12	17.56
閆良区									
市郊区	55.24	46.38	3.84	6.95	41.15	1.58	1.50	94.94	3.23
咸阳市	**487.34**	**142.75**	**74.76**	**15.34**	**33.69**	**25.19**	**20.45**	**81.18**	**14.33**
秦都区	56.88	17.66	9.54	16.77	29.35	2.80	2.63	93.93	14.89
渭城区									
泾阳县	98.24	24.92	22.68	23.09	42.33	9.60	9.06	94.38	36.36
三原县	60.63	18.80	12.44	20.52	42.44	5.28	4.69	88.83	24.95
礼泉县	101.19	23.40	15.05	14.87	20.27	3.05	0.14	4.59	0.60
乾县	113.80	28.82	7.00	6.15	24.71	1.73	1.50	86.71	5.20
兴平市	56.60	29.15	8.05	14.22	33.91	2.73	2.43	89.01	8.34
渭南市	**947.72**	**252.61**	**121.28**	**12.80**	**27.78**	**33.69**	**30.67**	**91.04**	**12.14**
临渭区	137.14	42.56	27.89	20.34	32.99	9.20	9.01	97.93	21.17
大荔县	117.44	34.41	23.99	20.43	32.51	7.80	7.21	92.44	20.95
华县	46.43	19.87	7.36	15.83	32.61	2.40	2.30	95.83	11.58
华阴市	16.89	9.53	3.08	18.24	22.73	0.70	0.61	87.14	6.40
富平县	128.51	38.29	12.01	9.35	23.31	2.80	2.42	86.43	6.32
蒲城县	183.62	38.47	14.30	7.79	21.68	3.10	2.70	87.10	7.02
澄城县	120.93	20.19	3.60	2.98	23.89	0.86	0.61	70.93	3.02
合阳县	120.49	24.72	14.69	12.19	18.92	2.78	1.93	69.42	7.81
韩城市	55.81	17.71	9.87	17.69	31.21	3.08	2.96	96.10	16.71
潼关县	20.41	6.86	4.49	22.00	21.60	0.97	0.92	94.85	13.41
宝鸡市	**159.05**	**64.69**	**11.79**	**7.41**	**36.98**	**4.36**	**3.22**	**73.85**	**4.98**
眉县	50.07	16.93	3.57	7.13	23.81	0.85	0.74	87.06	4.37
扶风县	57.34	22.48	4.18	7.29	47.37	1.98	1.23	62.12	5.47
武功县	51.64	25.28	4.04	7.82	37.87	1.53	1.25	81.70	4.94

5－23－21　陕西省1963年产棉县棉花生产收购明细

县市名	耕地面积（万亩）	农业人口（万人）	棉田面积（万亩）	占耕地（%）	亩产（市斤）	产量（万担）	收购量（万担）	商品率（%）	人均交售（市斤）
全省合计	**2041.63**	**701.06**	**329.30**	**16.13**	**37.84**	**124.60**	**112.27**	**90.10**	**16.01**
西安市	**440.59**	**224.67**	**75.18**	**17.06**	**42.76**	**32.15**	**28.97**	**90.11**	**12.89**
高陵县	31.16	12.16	13.92	44.67	46.05	6.41	5.44	84.87	44.74
周至县	78.23	34.53	11.67	14.92	43.53	5.08	4.45	87.60	12.89
户　县	61.51	34.20	9.30	15.12	41.51	3.86	3.40	88.08	9.94
长安县	95.59	55.19	8.38	8.77	31.38	2.63	2.22	84.41	4.02
临潼区	119.00	42.00	25.75	21.64	43.92	11.31	10.88	96.20	25.90
闫良区									
市郊区	55.10	46.59	6.16	11.18	46.43	2.86	2.58	90.21	5.54
咸阳市	**491.42**	**148.69**	**92.78**	**18.88**	**38.34**	**35.57**	**30.86**	**86.76**	**20.75**
秦都区	56.66	19.61	12.65	22.33	29.33	3.71	3.52	94.88	17.95
渭城区									
泾阳县	102.91	25.69	28.06	27.27	47.65	13.37	13.16	98.43	51.23
三原县	60.61	19.30	18.36	30.29	49.07	9.01	8.66	96.12	44.87
礼泉县	100.84	24.57	13.97	13.85	24.27	3.39	0.16	4.72	0.65
乾　县	113.80	29.72	9.16	8.05	25.00	2.29	1.93	84.28	6.49
兴平市	56.60	29.80	10.58	18.69	35.92	3.80	3.43	90.26	11.51
渭南市	**950.71**	**261.78**	**147.03**	**15.47**	**34.97**	**51.41**	**48.51**	**94.36**	**18.53**
临渭区	139.28	43.67	31.63	22.71	28.99	9.17	8.64	94.22	19.78
大荔县	115.74	36.03	26.65	23.03	45.03	12.00	11.42	95.17	31.70
华　县	46.68	20.18	8.16	17.48	33.09	2.70	2.51	92.96	12.44
华阴市	17.90	9.59	3.20	17.88	25.63	0.82	0.72	87.80	7.51
富平县	128.26	40.01	18.14	14.14	40.52	7.35	6.86	93.33	17.15
蒲城县	184.63	39.70	19.24	10.42	31.86	6.13	5.72	93.31	14.41
澄城县	120.81	21.90	4.10	3.39	30.00	1.23	1.20	97.56	5.48
合阳县	121.19	25.62	20.21	16.68	32.26	6.52	6.10	93.56	23.81
韩城市	55.66	18.01	10.62	19.08	38.89	4.13	4.03	97.58	22.38
潼关县	20.56	7.07	5.08	24.71	26.77	1.36	1.31	96.32	18.53
宝鸡市	**158.91**	**65.92**	**14.31**	**9.01**	**38.23**	**5.47**	**3.93**	**71.85**	**5.96**
眉　县	50.07	17.56	4.86	9.71	28.19	1.37	1.01	73.72	5.75
扶风县	57.34	22.69	4.57	7.97	44.86	2.05	1.39	67.80	6.13
武功县	51.50	25.67	4.88	9.48	42.01	2.05	1.53	74.63	5.96

5-23-22 陕西省1964年产棉县棉花生产收购明细

县市名	耕地面积（万亩）	农业人口（万人）	棉田面积（万亩）	占耕地（%）	亩产（市斤）	产量（万担）	收购量（万担）	商品率（%）	人均交售（市斤）
全省合计	**2062.00**	**713.05**	**362.42**	**17.58**	**35.37**	**128.18**	**113.81**	**88.79**	**15.96**
西安市	**439.04**	**227.77**	**81.77**	**18.62**	**39.23**	**32.08**	**26.07**	**81.27**	**11.45**
高陵县	30.73	12.95	13.93	45.33	51.26	7.14	2.64	36.97	20.39
周至县	78.10	34.76	12.25	15.69	25.14	3.08	2.64	85.71	7.59
户县	60.95	34.98	10.25	16.82	29.95	3.07	2.49	81.11	7.12
长安县	95.43	55.32	9.13	9.57	26.40	2.41	1.92	79.71	3.47
临潼区	118.85	43.00	29.42	24.75	47.55	13.99	13.35	95.43	31.05
闫良区									
市郊区	54.98	46.76	6.79	12.35	35.20	2.39	3.03	126.78	6.48
咸阳市	**499.94**	**151.48**	**106.30**	**21.26**	**32.87**	**34.94**	**32.20**	**92.16**	**21.26**
秦都区	58.40	19.90	13.67	23.41	29.41	4.02	3.75	93.28	18.84
渭城区									
泾阳县	107.07	26.46	33.39	31.19	39.08	13.05	12.40	95.02	46.86
三原县	60.99	19.83	21.73	35.63	39.99	8.69	9.38	107.94	47.30
礼泉县	100.84	24.88	15.04	14.91	20.81	3.13	0.14	4.47	0.56
乾县	116.30	30.36	10.23	8.80	12.90	1.32	1.00	75.76	3.29
兴平市	56.34	30.05	12.24	21.73	38.64	4.73	5.53	116.91	18.40
渭南市	**964.61**	**267.62**	**160.64**	**16.65**	**34.67**	**55.70**	**51.80**	**93.00**	**19.36**
临渭区	138.22	44.57	33.86	24.50	32.99	11.17	9.99	89.44	22.41
大荔县	118.22	36.76	28.15	23.81	46.18	13.00	12.39	95.31	33.71
华县	50.24	20.43	7.68	15.29	43.88	3.37	3.08	91.39	15.08
华阴市	18.98	9.78	3.13	16.49	32.91	1.03	0.94	91.26	9.61
富平县	131.14	41.18	20.76	15.83	39.07	8.11	7.78	95.93	18.89
蒲城县	185.64	40.93	21.87	11.78	28.26	6.18	5.77	93.37	14.10
澄城县	120.68	22.08	4.70	3.89	28.09	1.32	1.11	84.09	5.03
合阳县	121.89	26.25	22.95	18.83	18.34	4.21	3.72	88.36	14.17
韩城市	57.98	18.38	12.28	21.18	50.98	6.26	6.05	96.65	32.92
潼关县	21.62	7.26	5.26	24.33	19.96	1.05	0.97	92.38	13.36
宝鸡市	**158.41**	**66.18**	**13.71**	**8.65**	**39.82**	**5.46**	**3.74**	**68.50**	**5.65**
眉县	49.86	17.64	4.63	9.29	27.00	1.25	1.12	89.60	6.35
扶风县	57.12	22.75	4.76	8.33	49.79	2.37	1.28	54.01	5.63
武功县	51.43	25.79	4.32	8.40	42.59	1.84	1.34	72.83	5.20

5－23－23 陕西省1965年产棉县棉花生产收购明细

县市名	耕地面积（万亩）	农业人口（万人）	棉田面积（万亩）	占耕地（%）	亩产（市斤）	产量（万担）	收购量（万担）	商品率（%）	人均交售（市斤）
全省合计	**2062.40**	**724.53**	**356.95**	**17.31**	**58.86**	**210.11**	**201.28**	**95.80**	**27.78**
西安市	**438.76**	**229.24**	**80.45**	**18.34**	**59.78**	**48.09**	**47.01**	**97.75**	**20.51**
高陵县	32.34	13.24	13.95	43.14	74.98	10.46	8.35	79.83	63.07
周至县	77.85	34.87	12.42	15.95	55.48	6.89	6.22	90.28	17.84
户县	60.23	35.12	9.98	16.57	47.80	4.77	4.40	92.24	12.53
长安县	95.21	55.56	8.95	9.40	28.94	2.59	3.87	149.42	6.97
临潼区	118.36	44.00	28.27	23.88	66.89	18.91	19.51	103.17	44.34
闫良区									
市郊区	54.77	46.45	6.88	12.56	64.97	4.47	4.66	104.25	10.03
咸阳市	**504.62**	**153.84**	**104.95**	**20.80**	**59.22**	**62.15**	**54.18**	**87.18**	**35.22**
秦都区	58.59	20.22	13.80	23.55	56.81	7.84	7.55	96.30	37.34
渭城区									
泾阳县	108.69	27.18	32.40	29.81	64.35	20.85	20.63	98.94	75.90
三原县	61.01	20.17	21.60	35.40	60.60	13.09	14.15	108.10	70.15
礼泉县	103.78	25.21	14.88	14.34	55.71	8.29	0.39	4.70	1.55
乾县	116.40	30.83	10.00	8.59	51.20	5.12	4.92	96.09	15.96
兴平市	56.15	30.23	12.27	21.85	56.72	6.96	6.54	93.97	21.63
渭南市	**961.25**	**275.02**	**157.72**	**16.41**	**59.62**	**94.03**	**95.96**	**102.05**	**34.89**
临渭区	137.43	45.46	32.71	23.80	50.99	16.68	16.64	99.76	36.60
大荔县	114.62	37.70	28.21	24.61	67.14	18.94	19.15	101.11	50.80
华县	49.58	20.95	7.89	15.91	51.84	4.09	4.00	97.80	19.09
华阴市	20.36	9.81	2.82	13.85	61.70	1.74	1.71	98.28	17.43
富平县	131.01	42.69	19.78	15.10	66.99	13.25	13.03	98.34	30.52
蒲城县	186.64	42.17	21.00	11.25	63.67	13.37	13.22	98.88	31.35
澄城县	120.44	22.81	5.10	4.23	56.08	2.86	2.59	90.56	11.35
合阳县	122.59	27.11	22.79	18.59	54.67	12.46	9.90	79.45	36.52
韩城市	57.13	18.88	12.14	21.25	66.23	8.04	13.22	164.43	70.02
潼关县	21.45	7.44	5.28	24.62	49.24	2.60	2.50	96.15	33.60
宝鸡市	**157.77**	**66.43**	**13.83**	**8.77**	**42.23**	**5.84**	**4.13**	**70.72**	**6.22**
眉县	49.65	17.73	4.24	8.54	26.18	1.11	0.95	85.59	5.36
扶风县	56.87	22.87	4.83	8.49	54.45	2.63	1.56	59.32	6.82
武功县	51.25	25.83	4.76	9.29	44.12	2.10	1.62	77.14	6.27

5-23-24 陕西省1966年产棉县棉花生产收购明细

县市名	耕地面积（万亩）	农业人口（万人）	棉田面积（万亩）	占耕地（%）	亩产（市斤）	产量（万担）	收购量（万担）	商品率（%）	人均交售（市斤）
全省合计	**2058.56**	**738.70**	**354.39**	**17.22**	**58.46**	**207.18**	**189.48**	**91.46**	**25.65**
西安市	**436.12**	**231.29**	**80.99**	**18.57**	**72.69**	**58.87**	**55.12**	**93.63**	**23.83**
高陵县	31.47	13.93	13.76	43.72	74.27	10.22	9.21	90.12	66.12
周至县	77.98	34.94	12.34	15.82	75.53	9.32	8.80	94.42	25.19
户县	59.37	35.84	10.26	17.28	69.20	7.10	6.56	92.39	18.30
长安县	95.07	55.78	8.91	9.37	63.08	5.62	4.53	80.60	8.12
临潼区	117.78	44.00	28.22	23.96	75.55	21.32	20.92	98.12	47.55
闫良区									
市郊区	54.45	46.80	7.50	13.77	70.53	5.29	5.10	96.41	10.90
咸阳市	**504.91**	**158.59**	**104.80**	**20.76**	**55.43**	**58.09**	**50.38**	**86.73**	**31.77**
秦都区	58.97	20.65	13.88	23.54	69.16	9.60	9.23	96.15	44.70
渭城区									
泾阳县	110.96	28.84	31.81	28.67	56.43	17.95	17.41	96.99	60.37
三原县	60.42	20.72	21.71	35.93	52.79	11.46	11.85	103.40	57.19
礼泉县	102.59	25.97	15.01	14.63	44.90	6.74	0.33	4.90	1.27
乾县	116.10	31.65	10.30	8.87	41.65	4.29	4.00	93.24	12.64
兴平市	55.87	30.76	12.09	21.64	66.58	8.05	7.56	93.91	24.58
渭南市	**960.28**	**282.06**	**154.70**	**16.11**	**54.44**	**84.22**	**79.93**	**94.91**	**28.34**
临渭区	136.63	46.30	32.08	23.48	55.99	17.96	17.19	95.71	37.13
大荔县	114.37	38.77	27.62	24.15	63.76	17.61	17.55	99.66	45.27
华县	49.25	21.32	6.65	13.50	79.55	5.29	4.92	93.01	23.08
华阴市	20.25	9.98	2.00	9.88	98.00	1.96	1.70	86.73	17.03
富平县	130.14	43.96	20.38	15.66	52.89	10.78	10.52	97.59	23.93
蒲城县	186.14	43.49	21.80	11.71	40.14	8.75	8.70	99.43	20.00
澄城县	120.42	23.75	4.70	3.90	47.02	2.21	2.03	91.86	8.55
合阳县	122.11	27.69	22.14	18.13	34.96	7.74	7.25	93.67	26.18
韩城市	59.71	19.23	12.01	20.11	72.44	8.70	6.97	80.11	36.25
潼关县	21.26	7.57	5.32	25.02	60.53	3.22	3.10	96.27	40.95
宝鸡市	**157.25**	**66.76**	**13.90**	**8.84**	**43.17**	**6.00**	**4.05**	**67.50**	**6.07**
眉县	49.38	17.89	4.40	8.91	22.27	0.98	0.73	74.49	4.08
扶风县	56.76	22.93	4.92	8.67	61.99	3.05	1.71	56.07	7.46
武功县	51.11	25.94	4.58	8.96	43.01	1.97	1.61	81.73	6.21

5－23－25　陕西省1967年产棉县棉花生产收购明细

县市名	耕地面积（万亩）	农业人口（万人）	棉田面积（万亩）	占耕地（%）	亩　产（市斤）	产　量（万担）	收购量（万担）	商品率（%）	人均交售（市斤）
全省合计	**2037.25**	**750.35**	**360.41**	**17.69**	**52.22**	**188.20**	**168.77**	**89.68**	**22.49**
西安市	**427.24**	**233.76**	**81.29**	**19.03**	**62.84**	**51.08**	**48.33**	**94.62**	**20.68**
高陵县	30.58	14.15	13.52	44.21	63.02	8.52	7.43	87.21	52.51
周至县	77.54	35.10	12.52	16.15	62.46	7.82	8.22	105.12	23.42
户　县	52.52	36.65	10.28	19.57	74.32	7.64	7.16	93.72	19.54
长安县	94.84	55.89	8.91	9.39	63.97	5.70	4.73	82.98	8.46
临潼区	117.53	45.00	28.58	24.32	58.05	16.59	15.49	93.37	34.42
闫良区									
市郊区	54.23	46.97	7.48	13.79	64.30	4.81	5.30	110.19	11.28
咸阳市	**501.48**	**159.90**	**105.94**	**21.13**	**52.27**	**55.38**	**48.95**	**88.39**	**30.61**
秦都区	58.67	21.34	13.89	23.67	67.03	9.31	8.91	95.70	41.75
渭城区									
泾阳县	108.56	28.07	32.03	29.50	57.82	18.52	17.67	95.41	62.95
三原县	60.15	21.19	21.55	35.83	53.18	11.46	12.08	105.41	57.01
礼泉县	102.76	26.35	15.01	14.61	38.44	5.77	0.25	4.33	0.95
乾　县	115.60	32.01	11.20	9.69	31.25	3.50	3.22	92.00	10.06
兴平市	55.74	30.94	12.26	21.99	55.63	6.82	6.82	100.00	22.04
渭南市	**951.60**	**289.61**	**159.14**	**16.72**	**47.57**	**75.70**	**67.07**	**88.60**	**23.16**
临渭区	137.21	47.82	31.99	23.31	50.02	16.00	16.03	100.19	33.52
大荔县	112.79	39.66	28.46	25.23	45.54	12.96	12.00	92.59	30.26
华　县	48.00	21.57	6.80	14.17	62.21	4.23	3.72	87.94	17.25
华阴市	20.10	10.68	2.81	13.98	47.69	1.34	1.36	101.49	12.73
富平县	130.14	45.11	20.47	15.73	51.88	10.62	8.92	83.99	19.77
蒲城县	185.52	44.81	23.30	12.56	42.02	9.79	8.77	89.58	19.57
澄城县	120.11	24.10	4.60	3.83	43.04	1.98	1.57	79.29	6.51
合阳县	121.13	28.38	23.60	19.48	31.36	7.40	7.00	94.59	24.67
韩城市	55.45	19.73	11.82	21.32	74.20	8.77	5.04	57.47	25.54
潼关县	21.15	7.75	5.29	25.01	49.34	2.61	2.66	101.92	34.32
宝鸡市	**156.93**	**67.08**	**14.04**	**8.95**	**43.02**	**6.04**	**4.42**	**73.18**	**6.59**
眉　县	49.40	17.95	4.72	9.55	29.66	1.40	1.32	94.29	7.35
扶风县	56.51	23.14	4.85	8.58	58.97	2.86	1.65	57.69	7.13
武功县	51.02	25.99	4.47	8.76	39.82	1.78	1.45	81.46	5.58

5－23－26　陕西省 1968 年产棉县棉花生产收购明细

县市名	耕地面积（万亩）	农业人口（万人）	棉田面积（万亩）	占耕地（%）	亩产（市斤）	产量（万担）	收购量（万担）	商品率（%）	人均交售（市斤）
全省合计	**2028.66**	**765.60**	**354.43**	**17.47**	**37.55**	**133.09**	**116.80**	**87.76**	**15.26**
西安市	**429.10**	**237.24**	**80.43**	**18.74**	**45.29**	**36.43**	**32.70**	**89.76**	**13.78**
高陵县	29.10	14.76	13.16	45.22	40.20	5.29	5.01	94.71	33.94
周至县	77.27	35.24	12.56	16.25	52.47	6.59	4.76	72.23	13.51
户　县	56.36	37.10	10.25	18.19	54.24	5.56	5.09	91.55	13.72
长安县	94.68	55.93	8.90	9.40	34.94	3.11	2.75	88.42	4.92
临潼区	117.44	47.00	28.30	24.10	42.72	12.09	11.53	95.37	24.53
闫良区									
市郊区	54.25	47.21	7.26	13.38	52.20	3.79	3.56	93.93	7.54
咸阳市	**496.74**	**164.14**	**105.16**	**21.17**	**35.35**	**37.17**	**29.77**	**80.09**	**18.14**
秦都区	58.48	21.90	13.85	23.68	42.45	5.88	5.63	95.75	25.71
渭城区									
泾阳县	106.98	29.53	31.99	29.90	36.98	11.83	11.12	94.00	37.66
三原县	59.70	21.73	21.23	35.56	33.40	7.09	6.68	94.22	30.74
礼泉县	101.35	26.91	15.01	14.81	29.98	4.50	0.12	2.67	0.45
乾　县	115.00	32.90	11.01	9.57	16.62	1.83	1.43	78.14	4.35
兴平市	55.23	31.17	12.07	21.85	50.04	6.04	4.79	79.30	15.37
渭南市	**946.19**	**296.67**	**155.78**	**16.46**	**34.48**	**53.72**	**50.13**	**93.32**	**16.90**
临渭区	135.76	48.61	30.72	22.63	30.99	9.52	9.13	95.90	18.78
大荔县	113.72	40.36	28.47	25.04	40.36	11.49	11.10	96.61	27.50
华　县	47.93	21.82	6.32	13.19	41.46	2.62	2.40	91.60	11.00
华阴市	19.98	10.75	2.71	13.56	28.78	0.78	0.76	97.44	7.07
富平县	129.40	46.98	20.38	15.75	27.82	5.67	5.42	95.59	11.54
蒲城县	184.90	46.13	23.30	12.60	28.45	6.63	6.10	92.01	13.22
澄城县	120.03	24.91	4.90	4.08	30.00	1.47	1.07	72.79	4.30
合阳县	120.15	28.94	22.23	18.50	35.63	7.92	7.53	95.08	26.02
韩城市	54.85	20.25	11.53	21.02	52.91	6.10	5.15	84.43	25.43
潼关县	19.47	7.92	5.22	26.81	29.12	1.52	1.47	96.71	18.56
宝鸡市	**156.63**	**67.55**	**13.06**	**8.34**	**44.18**	**5.77**	**4.20**	**72.79**	**6.22**
眉　县	49.23	18.07	4.31	8.75	35.73	1.54	1.46	94.81	8.08
扶风县	56.43	23.30	4.54	8.05	61.45	2.79	1.47	52.69	6.31
武功县	50.97	26.18	4.21	8.26	34.20	1.44	1.27	88.19	4.85

5-23-27 陕西省1969年产棉县棉花生产收购明细

县市名	耕地面积（万亩）	农业人口（万人）	棉田面积（万亩）	占耕地（%）	亩产（市斤）	产量（万担）	收购量（万担）	商品率（%）	人均交售（市斤）
全省合计	**2027.33**	**782.93**	**345.35**	**17.03**	**51.41**	**177.53**	**153.79**	**86.63**	**19.64**
西安市	**428.03**	**239.59**	**76.20**	**17.80**	**61.05**	**46.52**	**40.71**	**87.51**	**16.99**
高陵县	29.34	14.98	12.48	42.54	57.85	7.22	6.63	91.83	44.26
周至县	77.25	35.47	12.46	16.13	47.91	5.97	5.88	98.49	16.58
户　县	55.58	37.96	10.21	18.37	94.42	9.64	6.37	66.08	16.78
长安县	94.47	56.14	8.73	9.24	47.31	4.13	3.16	76.51	5.63
临潼区	117.23	48.00	25.07	21.39	59.71	14.97	14.24	95.12	29.67
闫良区									
市郊区	54.16	47.04	7.25	13.39	63.31	4.59	4.43	96.51	9.42
咸阳市	**495.44**	**169.28**	**103.74**	**20.94**	**45.72**	**47.43**	**40.43**	**85.24**	**23.88**
秦都区	58.17	22.70	13.64	23.45	55.87	7.62	7.29	95.67	32.11
渭城区									
泾阳县	106.45	30.25	31.54	29.63	53.39	16.84	15.85	94.12	52.40
三原县	59.69	22.67	20.37	34.13	46.64	9.50	10.06	105.89	44.38
礼泉县	100.64	27.72	14.80	14.71	32.97	4.88	0.19	3.89	0.69
乾　县	114.95	34.51	11.20	9.74	17.41	1.95	1.57	80.51	4.55
兴平市	55.54	31.43	12.19	21.95	54.47	6.64	5.47	82.38	17.40
渭南市	**947.63**	**306.14**	**152.40**	**16.08**	**50.97**	**77.68**	**68.51**	**88.20**	**22.38**
临渭区	135.21	50.06	31.27	23.13	47.01	14.70	14.04	95.51	28.05
大荔县	115.11	41.93	27.85	24.19	58.20	16.21	14.43	89.02	34.41
华　县	48.92	22.65	5.95	12.16	65.38	3.89	3.47	89.20	15.32
华阴市	19.51	10.78	2.71	13.89	49.82	1.35	1.14	84.44	10.58
富平县	129.13	48.86	17.89	13.85	44.72	8.00	7.65	95.63	15.66
蒲城县	184.28	47.45	23.30	12.64	44.64	10.40	9.76	93.85	20.57
澄城县	120.01	25.27	4.50	3.75	41.11	1.85	1.53	82.70	6.05
合阳县	119.67	29.89	22.21	18.56	40.97	9.10	8.60	94.51	28.77
韩城市	54.86	21.03	11.52	21.00	84.72	9.76	5.62	57.58	26.72
潼关县	20.93	8.22	5.20	24.84	46.54	2.42	2.27	93.80	27.62
宝鸡市	**156.23**	**67.92**	**13.01**	**8.33**	**45.35**	**5.90**	**4.14**	**70.17**	**6.10**
眉　县	49.12	18.13	4.30	8.75	37.21	1.60	1.45	90.63	8.00
扶风县	56.26	23.47	4.65	8.27	56.77	2.64	1.54	58.33	6.56
武功县	50.85	26.32	4.06	7.98	40.89	1.66	1.15	69.28	4.37

5-23-28 陕西省1970年产棉县棉花生产收购明细

县市名	耕地面积（万亩）	农业人口（万人）	棉田面积（万亩）	占耕地（%）	亩产（市斤）	产量（万担）	收购量（万担）	商品率（%）	人均交售（市斤）
全省合计	**2016.99**	**797.79**	**352.65**	**17.48**	**47.28**	**166.75**	**148.13**	**88.83**	**18.57**
西安市	**426.26**	**241.30**	**79.45**	**18.64**	**51.25**	**40.72**	**36.44**	**89.49**	**15.10**
高陵县	28.67	15.14	12.65	44.12	42.21	5.34	5.22	97.75	34.48
周至县	77.13	35.68	12.52	16.23	52.80	6.61	5.91	89.41	16.56
户　县	55.10	38.36	10.31	18.71	55.09	5.68	5.06	89.08	13.19
长安县	94.25	56.02	8.78	9.32	62.53	5.49	4.31	78.51	7.69
临潼区	116.96	49.00	28.04	23.97	44.01	12.34	11.28	91.41	23.02
闫良区									
市郊区	54.15	47.10	7.15	13.20	73.57	5.26	4.66	88.59	9.89
咸阳市	**495.30**	**173.32**	**103.92**	**20.98**	**48.05**	**49.93**	**41.52**	**83.16**	**23.96**
秦都区	57.97	23.14	13.18	22.74	52.12	6.87	6.51	94.76	28.13
渭城区									
泾阳县	108.58	31.05	31.51	29.02	51.38	16.19	15.12	93.39	48.70
三原县	59.32	23.38	21.40	36.08	41.96	8.98	8.32	92.65	35.59
礼泉县	100.07	28.60	14.11	14.10	37.99	5.36	0.24	4.48	0.84
乾　县	113.50	35.30	11.50	10.13	49.13	5.65	4.95	87.61	14.02
兴平市	55.86	31.85	12.22	21.88	56.30	6.88	6.38	92.73	20.03
渭南市	**939.12**	**315.02**	**156.49**	**16.66**	**43.49**	**68.06**	**64.31**	**94.49**	**20.41**
临渭区	134.58	51.41	32.07	23.83	43.00	13.79	13.18	95.58	25.64
大荔县	112.68	42.95	28.29	25.11	44.40	12.56	12.11	96.42	28.20
华　县	46.64	22.97	6.02	12.91	68.27	4.11	3.74	91.00	16.28
华阴市	19.09	10.80	2.68	14.04	55.22	1.48	1.37	92.57	12.69
富平县	128.31	49.92	20.60	16.05	41.75	8.60	8.03	93.37	16.09
蒲城县	183.66	48.75	23.40	12.74	38.50	9.01	8.39	93.12	17.21
澄城县	119.84	25.80	4.18	3.49	48.09	2.01	1.87	93.03	7.25
合阳县	119.19	31.00	22.38	18.78	36.01	8.06	7.60	94.29	24.52
韩城市	54.22	22.95	11.65	21.49	47.12	5.49	5.21	94.90	22.70
潼关县	20.91	8.47	5.22	24.96	56.51	2.95	2.81	95.25	33.18
宝鸡市	**156.31**	**68.15**	**12.79**	**8.18**	**62.86**	**8.04**	**5.86**	**72.89**	**8.60**
眉　县	49.10	18.15	3.78	7.70	48.41	1.83	1.64	89.62	9.04
扶风县	56.38	23.54	4.86	8.62	63.99	3.11	1.76	56.59	7.48
武功县	50.83	26.46	4.15	8.16	74.70	3.10	2.46	79.35	9.30

5－23－29 陕西省1971年产棉县棉花生产收购明细

县市名	耕地面积（万亩）	农业人口（万人）	棉田面积（万亩）	占耕地（%）	亩产（市斤）	产量（万担）	收购量（万担）	商品率（%）	人均交售（市斤）
全省合计	**2010.97**	**810.50**	**352.87**	**17.55**	**56.92**	**200.87**	**169.45**	**84.36**	**20.91**
西安市	**423.86**	**244.05**	**78.39**	**18.49**	**73.86**	**57.90**	**52.76**	**91.12**	**21.62**
高陵县	28.19	15.77	12.28	43.56	64.98	7.98	7.64	95.74	48.45
周至县	77.08	35.93	12.52	16.24	71.96	9.01	7.98	88.57	22.21
户　县	53.40	38.97	10.00	18.73	80.00	8.00	7.21	90.13	18.50
长安县	94.11	56.26	8.50	9.03	70.24	5.97	4.96	83.08	8.82
临潼区	116.78	50.00	28.09	24.05	72.80	20.45	19.24	94.08	38.48
闫良区									
市郊区	54.30	47.12	7.00	12.89	92.71	6.49	5.73	88.29	12.16
咸阳市	**494.63**	**175.77**	**103.39**	**20.90**	**56.35**	**58.26**	**43.98**	**75.49**	**25.02**
秦都区	57.61	23.45	13.10	22.74	53.13	6.96	6.56	94.25	27.97
渭城区									
泾阳县	108.99	31.85	30.44	27.93	60.15	18.31	11.75	64.17	36.89
三原县	59.02	23.66	21.35	36.17	62.62	13.37	12.87	96.26	54.40
礼泉县	100.34	28.84	15.00	14.95	40.33	6.05	0.28	4.63	0.97
乾　县	112.70	36.23	11.30	10.03	51.68	5.84	5.38	92.12	14.85
兴平市	55.97	31.74	12.20	21.80	63.36	7.73	7.14	92.37	22.50
渭南市	**936.25**	**321.96**	**156.54**	**16.72**	**48.47**	**75.88**	**66.17**	**87.20**	**20.55**
临渭区	133.96	51.96	31.00	23.14	62.00	19.22	17.84	92.82	34.33
大荔县	112.02	43.25	27.52	24.57	55.70	15.33	14.86	96.93	34.36
华　县	47.15	23.32	6.00	12.73	80.50	4.83	4.31	89.23	18.48
华阴市	19.10	10.82	2.59	13.56	45.56	1.18	1.02	86.44	9.43
富平县	128.53	51.01	20.62	16.04	51.75	10.67	9.98	93.53	19.56
蒲城县	182.52	49.79	24.88	13.63	36.62	9.11	4.48	49.18	9.00
澄城县	119.71	26.91	4.24	3.54	51.89	2.20	1.70	77.27	6.32
合阳县	118.71	31.47	23.07	19.43	28.83	6.65	5.88	88.42	18.68
韩城市	53.70	24.76	11.50	21.42	39.91	4.59	4.12	89.76	16.64
潼关县	20.85	8.67	5.12	24.56	41.02	2.10	1.98	94.29	22.84
宝鸡市	**156.23**	**68.72**	**14.55**	**9.31**	**60.69**	**8.83**	**6.54**	**74.07**	**9.52**
眉　县	49.03	18.44	5.14	10.48	40.66	2.09	1.76	84.21	9.54
扶风县	56.45	23.79	5.17	9.16	67.12	3.47	2.23	64.27	9.37
武功县	50.75	26.49	4.24	8.35	77.12	3.27	2.55	77.98	9.63

5－23－30 陕西省1972年产棉县棉花生产收购明细

县市名	耕地面积（万亩）	农业人口（万人）	棉田面积（万亩）	占耕地（%）	亩产（市斤）	产量（万担）	收购量（万担）	商品率（%）	人均交售（市斤）
全省合计	**2003.29**	**826.83**	**348.02**	**17.37**	**41.24**	**143.51**	**124.98**	**87.09**	**15.12**
西安市	**422.12**	**248.81**	**76.23**	**18.06**	**53.88**	**41.07**	**37.29**	**90.80**	**14.99**
高陵县	28.06	15.95	10.21	36.39	48.87	4.99	4.76	95.39	29.84
周至县	76.79	36.21	13.02	16.96	55.68	7.25	6.64	91.59	18.34
户　县	52.66	40.20	10.00	18.99	63.70	6.37	5.78	90.74	14.38
长安县	94.02	56.47	8.29	8.82	59.71	4.95	4.19	84.65	7.42
临潼区	116.47	51.00	28.00	24.04	42.54	11.91	10.93	91.77	21.43
闫良区									
市郊区	54.12	48.98	6.71	12.40	83.46	5.60	4.99	89.11	10.19
咸阳市	**493.68**	**179.39**	**101.34**	**20.53**	**41.52**	**42.08**	**34.04**	**80.89**	**18.98**
秦都区	57.12	23.94	13.10	22.93	38.09	4.99	4.72	94.59	19.72
渭城区									
泾阳县	109.74	32.68	26.43	24.08	42.49	11.23	11.02	98.13	33.72
三原县	59.21	24.21	17.90	30.23	32.74	5.86	5.60	95.56	23.13
礼泉县	100.59	29.17	16.01	15.92	41.47	6.64	0.31	4.67	1.06
乾　县	112.00	37.13	15.70	14.02	43.69	6.86	6.44	93.88	17.34
兴平市	55.02	32.26	12.20	22.17	53.28	6.50	5.95	91.54	18.44
渭南市	**931.57**	**329.53**	**154.89**	**16.63**	**32.11**	**49.73**	**45.62**	**91.74**	**13.84**
临渭区	133.33	52.56	30.56	22.92	37.01	11.31	9.83	86.91	18.70
大荔县	111.49	44.35	27.13	24.33	40.66	11.03	10.94	99.18	24.67
华　县	46.73	23.50	6.16	13.18	61.69	3.80	3.44	90.53	14.64
华阴市	19.02	10.84	2.57	13.51	38.91	1.00	0.92	92.00	8.49
富平县	127.99	52.98	20.68	16.16	29.93	6.19	5.63	90.95	10.63
蒲城县	181.38	50.83	24.70	13.62	20.73	5.12	4.48	87.50	8.81
澄城县	119.60	27.81	4.16	3.48	37.98	1.58	1.41	89.24	5.07
合阳县	118.23	31.94	23.02	19.47	19.20	4.42	4.08	92.31	12.77
韩城市	53.06	25.91	10.89	20.52	34.16	3.72	3.41	91.67	13.16
潼关县	20.74	8.81	5.02	24.20	31.08	1.56	1.48	94.87	16.80
宝鸡市	**155.92**	**69.10**	**15.56**	**9.98**	**68.32**	**10.63**	**8.03**	**75.54**	**11.62**
眉　县	48.79	18.63	4.86	9.96	54.94	2.67	2.52	94.38	13.53
扶风县	56.66	23.84	5.33	9.41	81.80	4.36	2.51	57.57	10.53
武功县	50.47	26.63	5.37	10.64	67.04	3.60	3.00	83.33	11.27

5－23－31　陕西省1973年产棉县棉花生产收购明细

县市名	耕地面积（万亩）	农业人口（万人）	棉田面积（万亩）	占耕地（%）	亩　产（市斤）	产　量（万担）	收购量（万担）	商品率（%）	人均交售（市斤）
全省合计	**1999.76**	**844.08**	**348.49**	**17.43**	**70.38**	**245.27**	**220.73**	**89.99**	**26.15**
西安市	**423.71**	**252.61**	**75.99**	**17.93**	**92.03**	**69.93**	**65.42**	**93.55**	**25.90**
高陵县	28.32	16.23	10.18	35.95	83.40	8.49	8.38	98.70	51.63
周至县	76.74	36.45	12.72	16.58	81.21	10.33	9.50	91.97	26.06
户　县	54.23	41.50	10.01	18.46	102.50	10.26	9.54	92.98	22.99
长安县	94.24	56.69	8.20	8.70	92.56	7.59	6.92	91.17	12.21
临潼区	116.31	53.00	27.98	24.06	88.42	24.74	23.28	94.10	43.92
阎良区									
市郊区	53.87	48.74	6.90	12.81	123.48	8.52	7.80	91.55	16.00
咸阳市	**491.98**	**184.45**	**100.82**	**20.49**	**65.45**	**65.99**	**54.00**	**81.83**	**29.28**
秦都区	56.35	24.57	13.13	23.30	69.31	9.10	8.64	94.95	35.16
渭城区									
泾阳县	108.81	33.55	26.03	23.92	65.54	17.06	16.47	96.54	49.09
三原县	58.95	26.60	17.75	30.11	66.25	11.76	11.33	96.34	42.59
礼泉县	100.96	29.76	16.01	15.86	61.52	9.85	0.47	4.77	1.58
乾　县	112.00	37.88	15.71	14.03	50.22	7.89	7.40	93.79	19.54
兴平市	54.91	32.09	12.19	22.20	84.74	10.33	9.69	93.80	30.20
渭南市	**928.11**	**337.47**	**155.89**	**16.80**	**62.44**	**97.34**	**91.73**	**94.24**	**27.18**
临渭区	133.00	53.90	30.97	23.29	85.99	26.63	24.45	91.81	45.36
大荔县	111.29	45.24	27.04	24.30	90.94	24.59	24.47	99.51	54.09
华　县	46.47	23.84	6.00	12.91	110.00	6.60	6.06	91.82	25.42
华阴市	19.01	11.79	3.58	18.83	59.22	2.12	2.02	95.28	17.13
富平县	127.37	54.03	20.69	16.24	45.87	9.49	8.81	92.83	16.31
蒲城县	180.24	51.87	24.55	13.62	38.78	9.52	8.87	93.17	17.10
澄城县	119.57	28.60	4.10	3.43	63.90	2.62	2.30	87.79	8.04
合阳县	117.75	32.59	22.78	19.35	35.38	8.06	7.58	94.04	23.26
韩城市	52.75	26.62	11.18	21.19	38.10	4.26	3.91	91.78	14.69
潼关县	20.66	8.99	5.00	24.20	69.00	3.45	3.26	94.49	36.26
宝鸡市	**155.96**	**69.55**	**15.79**	**10.12**	**76.06**	**12.01**	**9.58**	**79.77**	**13.77**
眉　县	48.80	18.72	4.75	9.73	53.47	2.54	2.30	90.55	12.29
扶风县	56.72	24.05	5.35	9.43	91.40	4.89	3.37	68.92	14.01
武功县	50.44	26.78	5.69	11.28	80.49	4.58	3.91	85.37	14.60

5-23-32 陕西省1974年产棉县棉花生产收购明细

县市名	耕地面积（万亩）	农业人口（万人）	棉田面积（万亩）	占耕地（%）	亩产（市斤）	产量（万担）	收购量（万担）	商品率（%）	人均交售（市斤）
全省合计	**1981.83**	**856.27**	**344.23**	**17.37**	**51.64**	**177.75**	**156.13**	**87.84**	**18.23**
西安市	**420.14**	**255.05**	**76.75**	**18.27**	**57.11**	**43.83**	**40.28**	**91.90**	**15.79**
高陵县	28.54	16.66	10.20	35.74	71.27	7.27	7.01	96.42	42.08
周至县	76.51	36.74	13.06	17.07	47.55	6.21	5.67	91.30	15.43
户县	51.36	42.30	10.34	20.13	56.48	5.84	5.22	89.38	12.34
长安县	93.96	56.75	8.56	9.11	54.21	4.64	4.02	86.64	7.08
临潼区	116.12	54.00	27.70	23.85	51.59	14.29	13.51	94.54	25.02
阎良区									
市郊区	53.65	48.60	6.89	12.84	80.99	5.58	4.85	86.92	9.98
咸阳市	**481.14**	**187.81**	**99.37**	**20.65**	**48.06**	**47.76**	**38.37**	**80.34**	**20.43**
秦都区	56.20	25.42	13.10	23.31	47.94	6.28	5.95	94.75	23.41
渭城区									
泾阳县	106.92	34.48	25.85	24.18	57.99	14.99	13.93	92.93	40.40
三原县	58.71	25.33	17.75	30.23	50.37	8.94	8.47	94.74	33.44
礼泉县	94.23	30.68	15.63	16.59	45.04	7.04	0.33	4.69	1.08
乾县	110.30	38.73	14.83	13.45	31.02	4.60	4.24	92.17	10.95
兴平市	54.78	33.17	12.21	22.29	48.40	5.91	5.45	92.22	16.43
渭南市	**924.91**	**343.44**	**152.03**	**16.44**	**48.17**	**73.23**	**67.85**	**92.65**	**19.76**
临渭区	133.00	54.94	30.97	23.29	59.99	18.58	16.45	88.54	29.94
大荔县	110.93	46.03	24.87	22.42	58.87	14.64	14.22	97.13	30.89
华县	46.14	24.11	6.00	13.00	90.00	5.40	4.90	90.74	20.32
华阴市	18.98	11.80	2.67	14.07	62.55	1.67	1.58	94.61	13.39
富平县	126.85	55.14	20.60	16.24	36.65	7.55	6.91	91.52	12.53
蒲城县	179.10	52.91	24.07	13.44	34.19	8.23	7.80	94.78	14.74
澄城县	119.53	29.49	4.19	3.51	50.12	2.10	1.75	83.33	5.93
合阳县	117.27	33.07	22.55	19.23	35.92	8.10	7.66	94.57	23.16
韩城市	52.50	26.82	11.10	21.14	42.25	4.69	4.39	93.60	16.37
潼关县	20.51	9.13	5.01	24.31	45.31	2.27	2.19	96.48	23.99
宝鸡市	**155.64**	**69.97**	**16.08**	**10.33**	**80.41**	**12.93**	**9.63**	**74.48**	**13.76**
眉县	48.64	18.86	5.20	10.69	76.35	3.97	3.47	87.41	18.40
扶风县	56.74	24.17	5.42	9.55	83.58	4.53	2.78	61.37	11.50
武功县	50.26	26.94	5.46	10.86	81.14	4.43	3.38	76.30	12.55

5-23-33 陕西省1975年产棉县棉花生产收购明细

县市名	耕地面积（万亩）	农业人口（万人）	棉田面积（万亩）	占耕地（%）	亩产（市斤）	产量（万担）	收购量（万担）	商品率（%）	人均交售（市斤）
全省合计	**1977.38**	**869.83**	**347.62**	**17.58**	**46.16**	**160.47**	**139.08**	**86.67**	**15.99**
西安市	**420.33**	**257.98**	**76.53**	**18.21**	**46.73**	**35.76**	**32.67**	**91.36**	**12.66**
高陵县	27.93	16.96	10.20	36.52	66.08	6.74	6.39	94.81	37.68
周至县	76.33	36.97	13.00	17.03	25.31	3.29	2.82	85.71	7.63
户　县	52.71	43.62	10.30	19.54	37.67	3.88	3.34	86.08	7.66
长安县	93.78	56.84	8.42	8.98	34.80	2.93	2.51	85.67	4.42
临潼区	115.88	55.00	27.72	23.92	54.62	15.14	14.23	93.99	25.87
闫良区									
市郊区	53.70	48.59	6.89	12.83	54.86	3.78	3.38	89.42	6.96
咸阳市	**481.78**	**192.05**	**100.93**	**20.95**	**41.83**	**42.22**	**33.83**	**80.13**	**17.62**
秦都区	56.11	26.12	13.10	23.35	38.02	4.98	4.52	90.76	17.30
渭城区									
泾阳县	108.89	35.18	26.44	24.28	53.86	14.24	13.59	95.44	38.63
三原县	58.36	25.84	17.78	30.47	54.27	9.65	8.81	91.30	34.09
礼泉县	94.67	31.79	15.96	16.86	34.96	5.58	0.26	4.66	0.82
乾　县	109.50	39.56	15.45	14.11	22.85	3.53	3.05	86.40	7.71
兴平市	54.25	33.56	12.20	22.49	34.75	4.24	3.60	84.91	10.73
渭南市	**919.89**	**349.60**	**155.37**	**16.89**	**47.05**	**73.10**	**67.28**	**92.04**	**19.24**
临渭区	132.00	56.05	31.03	23.51	56.01	17.38	15.40	88.61	27.48
大荔县	110.60	46.87	26.80	24.23	63.99	17.15	17.07	99.53	36.42
华　县	45.09	24.35	6.07	13.46	65.57	3.98	3.67	92.21	15.07
华阴市	18.95	11.81	2.97	15.67	44.11	1.31	1.27	96.95	10.75
富平县	126.36	56.01	20.83	16.48	39.08	8.14	7.28	89.43	13.00
蒲城县	177.96	53.97	24.59	13.82	34.49	8.48	7.53	88.80	13.95
澄城县	119.52	30.31	4.37	3.66	40.05	1.75	1.41	80.57	4.65
合阳县	116.79	33.62	22.64	19.39	38.65	8.75	7.90	90.29	23.50
韩城市	52.10	27.33	11.08	21.27	40.25	4.46	4.22	94.62	15.44
潼关县	20.52	9.28	4.99	24.32	34.07	1.70	1.53	90.00	16.49
宝鸡市	**155.38**	**70.20**	**14.79**	**9.52**	**63.49**	**9.39**	**5.30**	**56.44**	**7.55**
眉　县	48.37	18.87	5.11	10.56	54.01	2.76	1.59	57.61	8.43
扶风县	56.83	24.36	4.78	8.41	65.27	3.12	1.59	50.96	6.53
武功县	50.18	26.97	4.90	9.76	71.63	3.51	2.12	60.40	7.86

5－23－34 陕西省1976年产棉县棉花生产收购明细

县市名	耕地面积（万亩）	农业人口（万人）	棉田面积（万亩）	占耕地（%）	亩产（市斤）	产量（万担）	收购量（万担）	商品率（%）	人均交售（市斤）
全省合计	**1964.14**	**881.99**	**347.25**	**17.68**	**38.60**	**134.04**	**119.27**	**88.98**	**13.52**
西安市	**419.03**	**260.18**	**76.71**	**18.31**	**36.98**	**28.37**	**25.45**	**89.71**	**9.78**
高陵县	27.71	17.81	10.17	36.70	42.18	4.29	4.03	93.94	22.63
周至县	76.12	37.26	13.46	17.68	20.58	2.77	2.18	78.70	5.85
户　县	53.48	43.84	10.29	19.24	37.71	3.88	3.17	81.70	7.23
长安县	93.54	56.91	8.47	9.05	24.68	2.09	1.65	78.95	2.90
临潼区	114.75	56.00	27.74	24.17	43.62	12.10	11.65	96.28	20.80
闫良区									
市郊区	53.43	48.36	6.58	12.32	49.24	3.24	2.77	85.49	5.73
咸阳市	**474.89**	**195.42**	**101.40**	**21.35**	**29.26**	**29.67**	**23.18**	**78.13**	**11.86**
秦都区	55.69	26.54	13.10	23.52	23.51	3.08	2.76	89.61	10.40
渭城区									
泾阳县	105.59	35.90	26.41	25.01	40.02	10.57	9.42	89.12	26.24
三原县	58.10	26.34	17.60	30.29	40.74	7.17	6.73	93.86	25.55
礼泉县	93.15	32.25	16.07	17.25	24.14	3.88	0.16	4.12	0.50
乾　县	108.30	40.55	15.66	14.46	12.20	1.91	1.51	79.06	3.72
兴平市	54.06	33.84	12.56	23.23	24.36	3.06	2.60	84.97	7.68
渭南市	**914.78**	**355.74**	**153.99**	**16.83**	**44.10**	**67.91**	**64.67**	**95.23**	**18.18**
临渭区	131.27	56.88	30.75	23.43	46.02	14.15	13.07	92.37	22.98
大荔县	110.01	47.52	26.77	24.33	62.83	16.82	16.43	97.68	34.57
华　县	44.64	24.56	6.00	13.44	63.83	3.83	3.56	92.95	14.50
华阴市	18.93	12.21	2.71	14.32	50.18	1.36	1.43	105.15	11.71
富平县	125.26	56.98	20.89	16.68	36.86	7.70	7.16	92.99	12.57
蒲城县	176.56	54.65	24.50	13.88	35.51	8.70	8.38	96.32	15.33
澄城县	119.40	31.70	4.18	3.50	34.93	1.46	1.40	95.89	4.42
合阳县	116.31	34.02	22.64	19.47	30.74	6.96	6.60	94.83	19.40
韩城市	51.89	27.81	11.06	21.31	44.48	4.92	4.72	95.93	16.97
潼关县	20.51	9.41	4.49	21.89	44.77	2.01	1.92	95.52	20.40
宝鸡市	**155.44**	**70.65**	**15.15**	**9.75**	**53.40**	**8.09**	**5.97**	**73.79**	**8.45**
眉　县	48.32	18.94	5.53	11.44	50.45	2.79	2.23	79.93	11.77
扶风县	56.97	24.56	4.90	8.60	54.29	2.66	1.89	71.05	7.70
武功县	50.15	27.15	4.72	9.41	55.93	2.64	1.85	70.08	6.81

5-23-35 陕西省1977年产棉县棉花生产收购明细

县市名	耕地面积（万亩）	农业人口（万人）	棉田面积（万亩）	占耕地（%）	亩产（市斤）	产量（万担）	收购量（万担）	商品率（%）	人均交售（市斤）
全省合计	**1956.23**	**891.13**	**344.24**	**17.60**	**55.34**	**190.49**	**169.06**	**88.75**	**18.97**
西安市	**419.21**	**261.33**	**76.58**	**18.27**	**62.30**	**47.71**	**43.95**	**92.13**	**16.82**
高陵县	27.44	17.40	10.06	36.66	54.77	5.51	5.21	94.56	29.94
周至县	76.00	37.32	13.67	17.99	50.77	6.94	6.12	88.23	16.41
户县	54.57	44.40	10.30	18.87	71.65	7.38	6.55	88.75	14.75
长安县	93.43	56.98	8.46	9.05	65.96	5.58	5.03	90.14	8.83
临潼区	114.56	57.00	27.42	23.94	60.18	16.50	15.76	95.52	27.65
闫良区									
市郊区	53.21	48.23	6.67	12.54	86.96	5.80	5.28	91.03	10.95
咸阳市	**473.58**	**198.19**	**98.08**	**20.71**	**47.81**	**46.89**	**37.15**	**79.23**	**18.74**
秦都区	55.70	26.80	13.08	23.48	44.72	5.85	5.43	92.82	20.26
渭城区									
泾阳县	104.49	36.56	25.76	24.65	54.11	13.94	12.87	92.32	35.20
三原县	57.94	26.75	17.67	30.50	52.12	9.21	8.71	94.57	32.56
礼泉县	93.78	32.83	15.00	15.99	46.73	7.01	0.33	4.71	1.01
乾县	107.70	41.26	13.99	12.99	33.17	4.64	4.21	90.73	10.20
兴平市	53.97	33.99	12.58	23.31	49.60	6.24	5.60	89.74	16.48
渭南市	**910.05**	**360.48**	**152.52**	**16.76**	**52.13**	**79.51**	**74.90**	**94.20**	**20.78**
临渭区	130.29	57.56	30.32	23.27	59.00	17.89	16.99	94.97	29.52
大荔县	109.48	47.96	26.86	24.53	74.50	20.01	19.15	95.70	39.93
华县	44.52	24.77	5.98	13.43	78.60	4.70	4.35	92.55	17.56
华阴市	18.84	12.24	2.67	14.17	62.17	1.66	1.66	100.00	13.56
富平县	123.71	57.69	20.53	16.60	36.29	7.45	6.91	92.75	11.98
蒲城县	175.90	55.33	23.94	13.61	35.34	8.46	7.88	93.14	14.24
澄城县	119.31	32.45	3.90	3.27	51.28	2.00	1.81	90.50	5.58
合阳县	115.83	34.29	22.37	19.31	41.66	9.32	8.59	92.17	25.05
韩城市	51.70	28.37	11.06	21.39	52.53	5.81	5.43	93.46	19.14
潼关县	20.47	9.82	4.89	23.89	45.19	2.21	2.13	96.38	21.69
宝鸡市	**153.39**	**71.13**	**17.06**	**11.12**	**96.01**	**16.38**	**13.06**	**79.73**	**18.36**
眉县	48.15	19.09	5.60	11.63	92.50	5.18	4.16	80.31	21.79
扶风县	55.18	24.78	5.68	10.29	94.19	5.35	4.03	75.33	16.26
武功县	50.06	27.26	5.78	11.55	101.21	5.85	4.87	83.25	17.87

5-23-36 陕西省1978年产棉县棉花生产收购明细

县市名	耕地面积（万亩）	农业人口（万人）	棉田面积（万亩）	占耕地（%）	亩产（市斤）	产量（万担）	收购量（万担）	商品率（%）	人均交售（市斤）
全省合计	**1948.27**	**903.61**	**337.89**	**17.34**	**58.46**	**197.53**	**174.92**	**88.55**	**19.36**
西安市	**419.42**	**262.43**	**77.32**	**18.43**	**71.22**	**55.07**	**50.32**	**91.37**	**19.17**
高陵县	27.16	17.15	10.18	37.48	83.50	8.50	8.17	96.12	47.64
周至县	75.88	37.76	13.70	18.05	65.26	8.94	7.35	82.21	19.47
户县	55.59	45.15	10.29	18.51	78.52	8.08	7.40	91.58	16.39
长安县	93.27	57.23	8.58	9.20	68.18	5.85	5.23	89.40	9.14
临潼区	114.34	57.00	27.69	24.22	64.28	17.80	16.77	94.21	29.42
闫良区									
市郊区	53.18	48.14	6.88	12.94	85.76	5.90	5.40	91.53	11.22
咸阳市	**470.42**	**205.87**	**95.25**	**20.25**	**60.46**	**57.59**	**46.91**	**81.46**	**22.79**
秦都区	55.45	26.83	13.07	23.57	58.91	7.70	7.19	93.38	26.80
渭城区									
泾阳县	105.16	37.00	24.30	23.11	69.30	16.84	16.02	95.13	43.30
三原县	56.58	26.92	17.17	30.35	51.66	8.87	8.44	95.15	31.35
礼泉县	92.60	33.28	13.78	14.88	58.71	8.09	0.38	4.70	1.14
乾县	107.00	41.68	14.39	13.45	55.11	7.93	7.39	93.19	17.73
兴平市	53.63	40.16	12.54	23.38	65.07	8.16	7.49	91.79	18.65
渭南市	**905.25**	**363.92**	**150.36**	**16.61**	**47.73**	**71.77**	**66.66**	**92.88**	**18.32**
临渭区	129.07	57.80	30.37	23.53	54.00	16.40	15.40	93.90	26.64
大荔县	109.20	48.22	26.20	23.99	75.65	19.82	18.90	95.36	39.20
华县	44.36	24.81	6.03	13.59	69.49	4.19	3.82	91.17	15.40
华阴市	18.55	12.28	2.51	13.53	47.81	1.20	1.20	100.00	9.77
富平县	123.38	58.87	20.17	16.35	29.65	5.98	5.37	89.80	9.12
蒲城县	175.00	56.01	23.56	13.46	34.13	8.04	7.53	93.66	13.44
澄城县	119.19	32.38	3.69	3.10	53.12	1.96	1.47	75.00	4.54
合阳县	115.35	34.51	22.24	19.28	33.23	7.39	6.63	89.72	19.21
韩城市	50.92	28.91	10.97	21.54	47.40	5.20	4.77	91.73	16.50
潼关县	20.23	10.13	4.62	22.84	34.42	1.59	1.57	98.74	15.50
宝鸡市	**153.18**	**71.39**	**14.96**	**9.77**	**87.57**	**13.10**	**11.03**	**84.20**	**15.45**
眉县	48.04	19.13	4.80	9.99	90.42	4.34	3.85	88.71	20.13
扶风县	55.25	24.93	4.93	8.92	73.63	3.63	2.84	78.24	11.39
武功县	49.89	27.33	5.23	10.48	98.09	5.13	4.34	84.60	15.88

5－23－37　陕西省1979年产棉县棉花生产收购明细

县市名	耕地面积（万亩）	农业人口（万人）	棉田面积（万亩）	占耕地（%）	亩产（市斤）	产量（万担）	收购量（万担）	商品率（%）	人均交售（市斤）
全省合计	**1940.43**	**910.89**	**337.37**	**17.39**	**56.80**	**191.63**	**170.66**	**89.06**	**18.74**
西安市	**417.00**	**266.37**	**76.49**	**18.34**	**65.58**	**50.16**	**46.26**	**92.22**	**17.37**
高陵县	27.08	18.23	9.65	35.64	65.39	6.31	6.02	95.40	33.02
周至县	75.67	37.93	13.45	17.77	66.99	9.01	7.96	88.35	20.99
户　县	53.88	46.25	10.26	19.04	70.47	7.23	6.57	90.87	14.21
长安县	93.16	57.45	8.47	9.09	67.65	5.73	5.28	92.15	9.19
临潼区	114.12	58.00	27.68	24.26	60.80	16.83	15.83	94.06	27.29
闫良区									
市郊区	53.09	48.51	6.98	13.15	72.35	5.05	4.60	91.09	9.48
咸阳市	**467.96**	**207.46**	**95.98**	**20.51**	**59.62**	**57.22**	**45.94**	**80.29**	**22.14**
秦都区	55.23	26.89	12.95	23.45	51.58	6.68	6.26	93.71	23.28
渭城区									
泾阳县	104.49	37.29	24.07	23.04	68.01	16.37	15.69	95.85	42.08
三原县	56.35	26.98	17.39	30.86	53.77	9.35	8.88	94.97	32.91
礼泉县	92.04	33.82	14.45	15.70	61.11	8.83	0.41	4.64	1.21
乾　县	106.50	42.13	14.60	13.71	60.41	8.82	8.19	92.86	19.44
兴平市	53.35	40.35	12.52	23.47	57.27	7.17	6.51	90.79	16.13
渭南市	**902.33**	**365.14**	**149.60**	**16.58**	**46.87**	**70.12**	**67.10**	**95.69**	**18.38**
临渭区	127.90	57.84	30.23	23.64	52.00	15.72	15.71	99.94	27.16
大荔县	110.61	48.17	26.40	23.87	77.01	20.33	19.15	94.20	39.76
华　县	44.20	24.85	6.04	13.67	66.23	4.00	3.67	91.75	14.77
华阴市	18.52	12.51	2.64	14.25	45.08	1.19	1.19	100.00	9.51
富平县	122.83	59.04	20.88	17.00	32.71	6.83	6.13	89.75	10.38
蒲城县	174.59	56.12	23.30	13.35	29.70	6.92	6.23	90.03	11.10
澄城县	118.03	32.50	3.78	3.20	55.03	2.08	2.01	96.63	6.18
合阳县	114.87	34.64	22.06	19.20	36.72	8.10	7.90	97.53	22.81
韩城市	50.64	29.21	10.14	20.02	34.02	3.45	3.81	110.43	13.04
潼关县	20.14	10.26	4.13	20.51	36.32	1.50	1.30	86.67	12.67
宝鸡市	**153.14**	**71.92**	**15.30**	**9.99**	**92.35**	**14.13**	**11.36**	**80.40**	**15.80**
眉　县	48.10	19.28	4.79	9.96	109.19	5.23	4.78	91.40	24.79
扶风县	55.33	25.10	3.86	6.98	69.95	2.70	1.16	42.96	4.62
武功县	49.71	27.54	6.65	13.38	93.23	6.20	5.42	87.42	19.68

5－23－38　陕西省1980年产棉县棉花生产收购明细

县市名	耕地面积（万亩）	农业人口（万人）	棉田面积（万亩）	占耕地（%）	亩　产（市斤）	产　量（万担）	收购量（万担）	商品率（%）	人均交售（市斤）
全省合计	**1927.74**	**920.75**	**325.75**	**16.90**	**47.86**	**155.91**	**144.91**	**92.94**	**15.74**
西安市	**412.61**	**268.48**	**77.65**	**18.82**	**48.95**	**38.01**	**34.70**	**91.29**	**12.92**
高陵县	26.83	18.75	10.16	37.87	58.27	5.92	5.70	96.28	30.40
周至县	75.41	38.27	13.70	18.17	29.12	3.99	3.16	79.20	8.26
户　县	50.76	47.34	10.26	20.21	37.62	3.86	3.25	84.20	6.87
长安县	92.82	57.58	8.42	9.07	36.10	3.04	2.64	86.84	4.58
临潼区	113.93	58.00	27.78	24.38	61.84	17.18	16.23	94.47	27.98
闫良区									
市郊区	52.86	48.54	7.33	13.87	54.84	4.02	3.72	92.54	7.66
咸阳市	**465.15**	**208.99**	**92.82**	**19.95**	**48.17**	**44.71**	**42.06**	**94.07**	**20.13**
秦都区	55.12	26.86	13.12	23.80	39.48	5.18	4.83	93.24	17.98
渭城区									
泾阳县	103.35	37.68	23.52	22.76	62.37	14.67	14.14	96.39	37.53
三原县	56.20	27.05	16.63	29.59	42.75	7.11	7.12	100.14	26.32
礼泉县	91.63	34.10	14.28	15.58	46.22	6.60	6.00	90.91	17.60
乾　县	105.00	42.54	12.73	12.12	51.06	6.50	5.95	91.54	13.99
兴平市	53.85	40.76	12.54	23.29	37.08	4.65	4.02	86.45	9.86
渭南市	**896.96**	**371.06**	**142.61**	**15.90**	**44.21**	**63.05**	**59.13**	**93.78**	**15.94**
临渭区	127.41	57.88	30.68	24.08	60.98	18.71	17.58	93.96	30.37
大荔县	109.20	53.10	26.95	24.68	70.13	18.90	18.23	96.46	34.33
华　县	44.07	24.85	6.15	13.96	76.10	4.68	4.45	95.09	17.91
华阴市	18.43	12.71	2.67	14.49	55.81	1.49	1.49	100.00	11.72
富平县	122.35	59.66	18.78	15.35	22.90	4.30	3.74	86.98	6.27
蒲城县	174.59	56.13	20.10	11.51	35.02	7.04	6.47	91.90	11.53
澄城县	117.08	32.00	3.54	3.02	44.92	1.59	1.47	92.45	4.59
合阳县	113.39	34.68	18.89	16.66	8.10	1.53	1.29	84.31	3.72
韩城市	50.37	29.60	10.48	20.81	31.01	3.25	2.90	89.23	9.80
潼关县	20.07	10.45	4.37	21.77	35.70	1.56	1.51	96.79	14.45
宝鸡市	**153.02**	**72.22**	**12.67**	**8.28**	**80.03**	**10.14**	**9.02**	**88.95**	**12.49**
眉　县	48.03	19.30	3.79	7.89	59.10	2.24	2.91	129.91	15.08
扶风县	55.41	25.23	4.04	7.29	90.35	3.65	2.94	80.55	11.65
武功县	49.58	27.69	4.84	9.76	87.81	4.25	3.17	74.59	11.45

5－23－39　陕西省1981年产棉县棉花生产收购明细

县市名	耕地面积（万亩）	农业人口（万人）	棉田面积（万亩）	占耕地（%）	亩产（市斤）	产量（万担）	收购量（万担）	商品率（%）	人均交售（市斤）
全省合计	**1918.59**	**926.89**	**366.59**	**19.11**	**32.08**	**117.62**	**105.17**	**89.42**	**11.35**
西安市	**411.93**	**270.54**	**89.47**	**21.72**	**29.71**	**26.58**	**23.04**	**86.68**	**8.52**
高陵县	26.19	19.21	10.14	38.72	31.26	3.17	2.55	80.44	13.27
周至县	75.24	38.44	13.70	18.21	17.08	2.34	1.87	79.91	4.86
户县	51.43	48.56	10.37	20.16	19.58	2.03	1.29	63.55	2.66
长安县	92.65	57.72	8.46	9.13	28.72	2.43	2.09	86.01	3.62
临潼区	113.69	58.00	35.02	30.80	34.64	12.13	11.22	92.50	19.34
闫良区									
市郊区	52.73	48.61	11.78	22.34	38.03	4.48	4.02	89.73	8.27
咸阳市	**461.35**	**211.19**	**105.13**	**22.79**	**29.10**	**30.59**	**28.46**	**93.04**	**13.48**
秦都区	54.94	27.15	22.10	40.23	31.31	6.92	6.63	95.81	24.42
渭城区									
泾阳县	101.36	38.44	24.18	23.86	34.33	8.30	7.90	95.18	20.55
三原县	55.91	27.22	15.58	27.87	28.56	4.45	4.51	101.35	16.57
礼泉县	91.20	34.35	15.89	17.42	27.88	4.43	3.80	85.78	11.06
乾县	105.00	43.05	14.80	14.10	27.23	4.03	3.60	89.33	8.36
兴平市	52.94	40.98	12.58	23.76	19.55	2.46	2.02	82.11	4.93
渭南市	**892.31**	**372.53**	**160.22**	**17.96**	**32.73**	**52.44**	**49.35**	**94.11**	**13.25**
临渭区	126.69	58.12	35.21	27.79	33.00	11.62	11.39	98.02	19.60
大荔县	109.20	53.10	35.42	32.44	50.62	17.93	17.09	95.32	32.18
华县	43.84	24.86	10.10	23.04	32.18	3.25	2.99	92.00	12.03
华阴市	18.41	12.98	2.64	14.34	31.82	0.84	0.84	100.00	6.47
富平县	121.75	59.98	19.02	15.62	23.13	4.40	3.66	83.18	6.10
蒲城县	174.01	56.18	20.81	11.96	27.29	5.68	5.37	94.54	9.56
澄城县	115.18	32.17	3.89	3.38	35.99	1.40	1.12	80.00	3.48
合阳县	112.79	34.78	18.51	16.41	14.42	2.67	2.40	89.89	6.90
韩城市	50.19	29.52	10.59	21.10	33.52	3.55	3.28	92.39	11.11
潼关县	20.25	10.84	4.03	19.90	27.30	1.10	1.21	110.00	11.16
宝鸡市	**153.00**	**72.63**	**11.77**	**7.69**	**68.05**	**8.01**	**4.32**	**53.93**	**5.95**
眉县	47.85	19.47	4.51	9.43	69.84	3.15	1.80	57.14	9.24
扶风县	55.69	25.45	3.20	5.75	88.13	2.82	1.38	48.94	5.42
武功县	49.46	27.71	4.06	8.21	50.25	2.04	1.14	55.88	4.11

5－23－40　陕西省1982年产棉县棉花生产收购明细

县市名	耕地面积（万亩）	农业人口（万人）	棉田面积（万亩）	占耕地（%）	亩产（市斤）	产量（万担）	收购量（万担）	商品率（%）	人均交售（市斤）
全省合计	**1910.64**	**935.40**	**360.36**	**18.86**	**68.93**	**248.41**	**225.52**	**90.79**	**24.11**
西安市	**411.74**	**274.12**	**88.32**	**21.45**	**63.52**	**56.10**	**48.78**	**86.95**	**17.80**
高陵县	25.64	20.34	10.10	39.39	53.07	5.36	4.94	92.16	24.29
周至县	75.07	38.63	13.30	17.72	52.03	6.92	5.62	81.21	14.55
户　县	52.85	49.47	10.22	19.34	48.83	4.99	4.25	85.17	8.59
长安县	92.34	57.96	8.45	9.15	56.80	4.80	4.78	99.58	8.25
临潼区	113.43	59.00	34.94	30.80	75.96	26.54	25.34	95.48	42.95
闫良区									
市郊区	52.41	48.72	11.31	21.58	66.22	7.49	3.85	51.40	7.90
咸阳市	**458.68**	**213.50**	**104.02**	**22.68**	**61.87**	**64.36**	**57.86**	**89.90**	**27.10**
秦都区	54.86	27.58	22.10	40.28	71.00	15.69	12.62	80.43	45.76
渭城区									
泾阳县	101.17	39.04	24.18	23.90	74.07	17.91	17.38	97.04	44.52
三原县	55.19	27.50	14.65	26.54	52.83	7.74	7.12	91.99	25.89
礼泉县	90.80	34.68	15.91	17.52	57.83	9.20	8.20	89.13	23.64
乾　县	104.00	43.53	14.63	14.07	46.75	6.84	6.27	91.67	14.40
兴平市	52.66	41.17	12.55	23.83	55.62	6.98	6.27	89.83	15.23
渭南市	**887.38**	**374.74**	**154.62**	**17.42**	**75.82**	**117.24**	**110.80**	**94.51**	**29.57**
临渭区	126.34	58.47	35.46	28.07	82.01	29.08	27.29	93.84	46.67
大荔县	109.20	53.20	35.27	32.30	108.17	38.15	36.96	96.88	69.47
华　县	43.62	25.05	10.08	23.11	63.49	6.40	6.24	97.50	24.91
华阴市	18.39	13.19	2.60	14.14	51.54	1.34	1.34	100.00	10.16
富平县	121.49	60.36	17.67	14.54	55.46	9.80	8.81	89.90	14.60
蒲城县	173.74	56.66	19.61	11.29	68.23	13.38	12.75	95.29	22.50
澄城县	112.70	31.90	3.37	2.99	59.05	1.99	1.61	80.90	5.05
合阳县	111.68	35.03	16.00	14.33	51.00	8.16	7.23	88.60	20.64
韩城市	50.06	29.76	10.50	20.97	63.90	6.71	6.26	93.29	21.03
潼关县	20.16	11.12	4.06	20.14	54.93	2.23	2.31	103.59	20.77
宝鸡市	**152.84**	**73.04**	**13.40**	**8.77**	**79.93**	**10.71**	**8.08**	**75.44**	**11.06**
眉　县	47.77	19.51	4.68	9.80	69.87	3.27	2.85	87.16	14.61
扶风县	55.72	25.69	3.45	6.19	82.32	2.84	1.76	61.97	6.85
武功县	49.35	27.84	5.27	10.68	87.29	4.60	3.47	75.43	12.46

5－23－41　陕西省1983年产棉县棉花生产收购明细

县市名	耕地面积（万亩）	农业人口（万人）	棉田面积（万亩）	占耕地（%）	亩产（市斤）	产量（万担）	收购量（万担）	商品率（%）	人均交售（市斤）
全省合计	**1849.82**	**913.89**	**348.70**	**18.85**	**21.69**	**75.64**	**61.11**	**80.79**	**6.69**
西安市	**407.28**	**278.34**	**85.51**	**21.00**	**19.31**	**16.51**	**13.52**	**81.89**	**4.86**
高陵县	24.56	21.70	10.18	41.45	17.09	1.74	1.40	80.46	6.45
周至县	74.77	38.85	13.20	17.65	10.45	1.38	0.90	65.22	2.32
户　县	50.16	50.68	9.03	18.00	15.17	1.37	0.59	43.07	1.16
长安县	92.17	58.14	8.04	8.72	17.16	1.38	0.97	70.29	1.67
临潼区	113.27	60.00	34.36	30.33	24.83	8.53	7.53	88.28	12.55
闫良区									
市郊区	52.35	48.97	10.70	20.44	19.72	2.11	2.13	100.95	4.35
咸阳市	**458.02**	**214.80**	**104.57**	**22.83**	**21.48**	**22.46**	**17.42**	**77.56**	**8.11**
秦都区	54.67	27.82	21.52	39.36	19.80	4.26	3.60	84.51	12.94
渭城区									
泾阳县	101.66	39.47	24.18	23.79	30.77	7.44	6.46	86.83	16.37
三原县	55.10	27.55	15.60	28.31	16.35	2.55	1.93	75.69	7.01
礼泉县	90.52	34.91	16.04	17.72	26.87	4.31	2.48	57.54	7.10
乾　县	103.70	43.73	14.67	14.15	16.09	2.36	2.02	85.59	4.62
兴平市	52.37	41.32	12.56	23.98	12.26	1.54	0.93	60.39	2.25
渭南市	**881.13**	**375.27**	**154.73**	**17.56**	**22.10**	**34.19**	**28.79**	**84.21**	**7.67**
临渭区	125.73	58.35	35.36	28.12	16.01	5.66	4.08	72.08	6.99
大荔县	109.20	53.30	35.12	32.16	33.51	11.77	10.25	87.09	19.23
华　县	43.51	25.14	10.01	23.01	13.59	1.36	1.18	86.76	4.69
华阴市	18.31	13.28	1.59	8.68	34.59	0.55	0.60	109.09	4.52
富平县	121.27	60.54	18.07	14.90	17.16	3.10	2.23	71.94	3.68
蒲城县	173.22	56.84	20.83	12.03	23.19	4.83	4.25	87.99	7.48
澄城县	109.29	31.45	3.47	3.18	19.88	0.69	0.45	65.22	1.43
合阳县	110.67	35.15	16.00	14.46	15.00	2.40	2.38	99.17	6.77
韩城市	49.95	29.86	10.24	20.50	27.15	2.78	2.31	83.09	7.74
潼关县	19.98	11.36	4.04	20.22	25.99	1.05	1.06	100.95	9.33
宝鸡市	**103.39**	**45.48**	**3.89**	**3.76**	**63.75**	**2.48**	**1.38**	**55.65**	**3.03**
眉　县	47.52	19.64	2.12	4.46	65.09	1.38	0.89	64.49	4.53
扶风县	55.87	25.84	1.77	3.17	62.15	1.10	0.49	44.55	1.90
武功县									

5-23-42　陕西省1984年产棉县棉花生产收购明细

县市名	耕地面积（万亩）	农业人口（万人）	棉田面积（万亩）	占耕地（%）	亩产（市斤）	产量（万担）	收购量（万担）	商品率（%）	人均交售（市斤）
全省合计	**1835.06**	**919.78**	**268.10**	**14.61**	**53.85**	**144.38**	**108.14**	**74.90**	**11.76**
西安市	**404.95**	**281.08**	**57.23**	**14.13**	**45.66**	**26.13**	**22.71**	**86.91**	**8.08**
高陵县	23.30	21.97	5.50	23.61	46.55	2.56	2.26	88.28	10.29
周至县	74.52	39.96	7.78	10.44	39.85	3.10	2.59	83.55	6.48
户　县	49.79	51.75	4.35	8.74	30.11	1.31	0.14	10.69	0.27
长安县	92.05	58.29	6.00	6.52	30.00	1.80	0.62	34.44	1.06
临潼区	113.15	60.00	22.72	20.08	53.57	12.17	11.17	91.78	18.62
闫良区									
市郊区	52.14	49.11	10.88	20.87	47.70	5.19	5.93	114.26	12.07
咸阳市	**452.16**	**216.13**	**80.48**	**17.80**	**47.89**	**38.54**	**27.65**	**71.74**	**12.79**
秦都区	54.67	27.11	18.40	33.66	38.37	7.06	4.47	63.31	16.49
渭城区									
泾阳县	99.04	40.16	18.40	18.58	75.22	13.84	13.74	99.28	34.21
三原县	54.89	27.86	12.40	22.59	33.79	4.19	1.83	43.68	6.57
礼泉县	88.33	35.01	11.66	13.20	55.57	6.48	3.80	58.64	10.85
乾　县	103.10	44.16	9.98	9.68	40.68	4.06	3.33	82.02	7.54
兴平市	52.13	41.83	9.64	18.49	30.19	2.91	0.48	16.49	1.15
渭南市	**874.58**	**376.74**	**128.65**	**14.71**	**61.41**	**79.00**	**57.55**	**72.85**	**15.28**
临渭区	124.49	58.83	31.43	25.25	65.99	20.74	11.93	57.52	20.28
大荔县	109.10	53.50	31.00	28.41	104.58	32.42	25.42	78.41	47.51
华　县	43.27	25.35	8.01	18.51	47.57	3.81	2.54	66.67	10.02
华阴市	18.29	13.31	2.01	10.99	38.31	0.77	0.89	115.58	6.69
富平县	120.78	59.61	14.45	11.96	29.34	4.24	2.64	62.26	4.43
蒲城县	172.63	57.46	17.14	9.93	31.45	5.39	3.63	67.35	6.32
澄城县	106.84	31.86	2.60	2.43	50.77	1.32	1.30	98.48	4.08
合阳县	109.57	35.10	10.57	9.65	42.29	4.47	3.00	67.11	8.55
韩城市	49.85	30.13	8.30	16.65	55.42	4.60	4.01	87.17	13.31
潼关县	19.76	11.59	3.14	15.89	39.49	1.24	2.19	176.61	18.90
宝鸡市	**103.37**	**45.83**	**1.74**	**1.68**	**40.80**	**0.71**	**0.23**	**32.39**	**0.50**
眉　县	47.41	19.85	0.96	2.02	73.96	0.71	0.19	26.76	0.96
扶风县	55.96	25.98	0.78	1.39			0.04		0.15
武功县									

5-23-43　陕西省1985年产棉县棉花生产收购明细

县市名	耕地面积（万亩）	农业人口（万人）	棉田面积（万亩）	占耕地（%）	亩产（市斤）	产量（万担）	收购量（万担）	商品率（%）	人均交售（市斤）
全省合计	**1717.67**	**846.71**	**146.31**	**8.52**	**57.90**	**84.72**	**79.36**	**93.67**	**9.37**
西安市	**350.47**	**230.46**	**20.60**	**5.88**	**45.15**	**9.30**	**9.00**	**96.77**	**3.91**
高陵县	19.10	22.63	2.00	10.47	40.00	0.80	1.51	188.75	6.67
周至县	74.36	39.27	2.40	3.23	22.92	0.55	1.08	196.36	2.75
户　县									
长安县	91.96	58.43	3.00	3.26	42.00	1.26	0.20	15.87	0.34
临潼区	112.89	61.00	10.60	9.39	53.58	5.68	4.68	82.39	7.67
闫良区									
市郊区	52.16	49.13	2.60	4.98	38.85	1.01	1.53	151.49	3.11
咸阳市	**453.31**	**219.40**	**41.40**	**9.13**	**45.87**	**18.99**	**19.75**	**104.00**	**9.00**
秦都区	54.12	28.55	13.80	25.50	23.26	3.21	1.19	37.07	4.17
渭城区									
泾阳县	103.48	40.72	13.80	13.34	71.74	9.90	12.18	123.03	29.91
三原县	54.68	28.20	3.10	5.67	28.71	0.89	0.24	26.97	0.85
礼泉县	86.54	35.24	3.90	4.51	53.85	2.10	3.60	171.43	10.22
乾　县	102.40	44.59	4.00	3.91	45.75	1.83	1.18	64.48	2.65
兴平市	52.09	42.10	2.80	5.38	37.86	1.06	1.36	128.30	3.23
渭南市	**866.53**	**377.07**	**84.31**	**9.73**	**66.93**	**56.43**	**50.60**	**89.67**	**13.42**
临渭区	123.13	58.81	19.40	15.76	72.01	13.97	12.45	89.12	21.17
大荔县	109.00	53.50	26.93	24.71	99.89	26.90	19.62	72.94	36.67
华　县	42.94	25.50	4.80	11.18	75.42	3.62	2.99	82.60	11.73
华阴市	18.03	13.33	1.10	6.10	42.73	0.47	1.20	*	9.00
富平县	120.22	59.96	7.00	5.82	26.57	1.86	2.84	152.69	4.74
蒲城县	172.23	57.21	8.30	4.82	39.88	3.31	5.21	157.40	9.11
澄城县	103.74	31.47	1.48	1.43	52.70	0.78	0.61	78.21	1.94
合阳县	108.46	35.09	8.40	7.74	25.24	2.12	2.02	95.28	5.76
韩城市	49.04	30.42	5.70	11.62	49.47	2.82	1.98	70.21	6.51
潼关县	19.74	11.78	1.20	6.08	48.33	0.58	1.68	*	14.26
宝鸡市	**47.36**	**19.78**					**0.01**		**0.05**
眉　县	47.36	19.78					0.01		0.05
扶风县									
武功县									

5-23-44 陕西省1986年产棉县棉花生产收购明细

县市名	耕地面积（万亩）	农业人口（万人）	棉田面积（万亩）	占耕地（%）	亩产（市斤）	产量（万担）	收购量（万担）	商品率（%）	人均交售（市斤）
全省合计	**1616.65**	**793.39**	**86.65**	**5.36**	**95.18**	**82.47**	**70.74**	**85.78**	**8.92**
西安市	**349.27**	**232.95**	**13.45**	**3.85**	**71.23**	**9.58**	**6.90**	**72.03**	**2.96**
高陵县	18.56	23.40	0.60	3.23	88.33	0.53	0.32	60.38	1.37
周至县	74.15	39.54	1.10	1.48	*	4.56	3.22	70.61	8.14
户县									
长安县	91.73	58.76	1.00	1.09	67.00	0.67	0.05	7.46	0.09
临潼区	112.74	62.00	9.95	8.83	32.96	3.28	2.85	86.89	4.60
闫良区									
市郊区	52.09	49.25	0.80	1.54	67.50	0.54	0.46	85.19	0.93
咸阳市	**407.98**	**180.52**	**15.90**	**3.90**	**72.58**	**11.54**	**11.67**	**101.13**	**6.46**
秦都区	61.10	29.37	6.70	10.97	16.42	1.10	0.40	36.36	1.36
渭城区									
泾阳县	104.81	41.32	6.70	6.39	127.46	8.54	8.27	96.84	20.01
三原县	54.41	28.87	0.80	1.47	67.50	0.54	0.25	46.30	0.87
礼泉县	85.66	35.96	1.20	1.40	93.33	1.12	2.60	*	7.23
乾县	102.00	45.00	0.50	0.49	48.00	0.24	0.15	62.50	0.33
兴平市									
渭南市	**859.40**	**379.92**	**57.30**	**6.67**	**107.07**	**61.35**	**52.17**	**85.04**	**13.73**
临渭区	122.69	59.68	13.00	10.60	120.00	15.60	12.48	80.00	20.91
大荔县	108.80	54.00	23.90	21.97	134.85	32.23	25.40	78.81	47.04
华县	42.48	25.61	3.10	7.30	127.74	3.96	2.40	60.61	9.37
华阴市	18.01	13.14	0.60	3.33	61.67	0.37	0.74	*	5.63
富平县	119.92	60.14	3.90	3.25	42.05	1.64	0.94	57.32	1.56
蒲城县	171.95	58.51	5.00	2.91	61.20	3.06	5.28	172.55	9.02
澄城县	100.05	31.00	0.60	0.60	63.33	0.38	0.34	89.47	1.10
合阳县	107.34	34.79	3.30	3.07	55.15	1.82	1.60	87.91	4.60
韩城市	48.53	30.72	3.50	7.21	61.14	2.14	1.28	59.81	4.17
潼关县	19.63	12.33	0.40	2.04	37.50	0.15	1.71	*	13.87
宝鸡市									
眉县									
扶风县									
武功县									

5－23－45　陕西省1987年产棉县棉花生产收购明细

县市名	耕地面积（万亩）	农业人口（万人）	棉田面积（万亩）	占耕地（%）	亩产（市斤）	产量（万担）	收购量（万担）	商品率（%）	人均交售（市斤）
全省合计	**1512.56**	**749.22**	**91.03**	**6.02**	**119.02**	**108.34**	**88.02**	**81.24**	**11.75**
西安市	**254.42**	**176.11**	**9.37**	**3.68**	**90.50**	**8.48**	**6.65**	**78.42**	**3.78**
高陵县	15.73	24.55	0.59	3.75	88.14	0.52	0.53	101.92	2.16
周至县	74.04	39.78	0.67	0.90			0.63		1.58
户　县									
长安县									
临潼区	112.57	62.50	5.64	5.01	89.89	5.07	3.58	70.61	5.73
闫良区									
市郊区	52.08	49.28	2.47	4.74	117.00	2.89	1.91	66.09	3.88
咸阳市	**404.19**	**189.77**	**17.88**	**4.42**	**72.65**	**12.99**	**9.34**	**71.90**	**4.92**
秦都区	27.60	17.61	7.53	27.28	7.44	0.56	0.32	57.14	1.82
渭城区	28.40	18.80	0.50	1.76	90.00	0.45	0.23	51.11	1.22
泾阳县	107.21	42.22	7.53	7.02	134.53	10.13	7.65	75.52	18.12
三原县	54.17	29.33	0.85	1.57	94.12	0.80	0.47	58.75	1.60
礼泉县	85.31	36.37	1.05	1.23	76.19	0.80	0.61	76.25	1.68
乾　县	101.50	45.44	0.42	0.41	59.52	0.25	0.06	24.00	0.13
兴平市									
渭南市	**853.95**	**383.34**	**63.78**	**7.47**	**136.20**	**86.87**	**72.03**	**82.92**	**18.79**
临渭区	122.14	59.63	15.44	12.64	150.00	23.16	15.06	65.03	25.26
大荔县	108.80	54.10	26.80	24.63	169.40	45.40	40.73	89.71	75.29
华　县	42.41	25.74	4.23	9.97	123.64	5.23	3.52	67.30	13.68
华阴市	17.92	13.27	0.54	3.01	61.11	0.33	0.92	*	6.93
富平县	119.57	60.47	3.06	2.56	51.63	1.58	0.94	59.49	1.55
蒲城县	171.74	58.72	5.88	3.42	73.81	4.34	5.40	124.42	9.20
澄城县	97.48	30.92	0.47	0.48	59.57	0.28	0.21	75.00	0.68
合阳县	106.22	36.06	3.60	3.39	84.17	3.03	3.01	99.34	8.35
韩城市	48.15	31.92	3.18	6.60	97.17	3.09	1.88	60.84	5.89
潼关县	19.52	12.51	0.58	2.97	74.14	0.43	0.36	83.72	2.88
宝鸡市									
眉　县									
扶风县									
武功县									

5-23-46　陕西省1988年产棉县棉花生产收购明细

县市名	耕地面积（万亩）	农业人口（万人）	棉田面积（万亩）	占耕地（%）	亩产（市斤）	产量（万担）	收购量（万担）	商品率（%）	人均交售（市斤）
全省合计	**1436.61**	**703.31**	**118.11**	**8.22**	**87.59**	**103.45**	**72.53**	**70.11**	**10.31**
西安市	**191.40**	**125.81**	**13.38**	**6.99**	**72.12**	**9.65**	**4.04**	**41.87**	**3.21**
高陵县									
周至县									
户　县									
长安县									
临潼区	112.46	62.75	6.77	6.02	66.77	4.52	1.49	32.96	2.37
闫良区	27.00	14.70	3.20	11.85	78.13	2.50	1.30	52.00	8.84
市郊区	51.94	48.36	3.41	6.57	77.13	2.63	1.25	47.53	2.58
咸阳市	**396.72**	**191.41**	**21.80**	**5.50**	**42.34**	**9.23**	**4.26**	**46.15**	**2.23**
秦都区	27.33	16.57	8.72	31.91	9.06	0.79	0.14	17.72	0.84
渭城区	27.93	18.84	1.27	4.55	67.72	0.86	0.68	79.07	3.61
泾阳县	100.80	42.99	8.72	8.65	70.99	6.19	3.28	52.99	7.63
三原县	53.89	29.99	1.13	2.10	55.75	0.63	0.11	17.46	0.37
礼泉县	85.67	35.79	1.39	1.62	40.29	0.56	0.05	8.93	0.14
乾　县	101.10	46.23	0.57	0.56	35.09	0.20			
兴平市									
渭南市	**848.49**	**386.09**	**82.93**	**9.77**	**101.98**	**84.57**	**64.23**	**75.95**	**16.64**
临渭区	122.60	59.51	19.45	15.86	120.00	23.34	13.17	56.43	22.13
大荔县	108.50	54.20	30.60	28.20	119.93	36.70	38.14	103.92	70.37
华　县	42.40	25.78	5.53	13.04	117.36	6.49	3.15	48.54	12.22
华阴市	17.88	14.36	0.91	5.09	68.13	0.62	1.32	*	9.19
富平县	119.17	61.85	6.10	5.12	42.46	2.59	0.45	17.37	0.73
蒲城县	171.31	58.58	9.19	5.36	65.18	5.99	3.44	57.43	5.87
澄城县	94.32	30.40	0.63	0.67	42.86	0.27	0.26	96.30	0.86
合阳县	105.10	36.23	6.31	6.00	70.21	4.43	2.36	53.27	6.51
韩城市	47.74	32.54	3.24	6.79	104.32	3.38	1.69	50.00	5.19
潼关县	19.47	12.64	0.97	4.98	78.35	0.76	0.25	32.89	1.98
宝鸡市									
眉　县									
扶风县									
武功县									

5－23－47　陕西省1989年产棉县棉花生产收购明细

县市名	耕地面积（万亩）	农业人口（万人）	棉田面积（万亩）	占耕地（%）	亩产（市斤）	产量（万担）	收购量（万担）	商品率（%）	人均交售（市斤）
全省合计	**1445.77**	**713.44**	**117.54**	**8.13**	**94.01**	**110.50**	**73.02**	**66.08**	**10.23**
西安市	**191.15**	**126.40**	**14.29**	**7.48**	**94.89**	**13.56**	**7.38**	**54.42**	**5.84**
高陵县									
周至县									
户　县									
长安县									
临潼区	112.38	63.00	6.34	5.64	91.80	5.82	4.86	83.51	7.71
闫良区	27.00	15.00	3.80	14.07	100.00	3.80	1.30	34.21	8.67
市郊区	51.77	48.40	4.15	8.02	94.94	3.94	1.22	30.96	2.52
咸阳市	**403.56**	**194.08**	**14.01**	**3.47**	**93.15**	**13.05**	**4.79**	**36.70**	**2.47**
秦都区	27.20	16.80	0.98	3.60	69.39	0.68	0.01	1.47	0.06
渭城区	27.62	18.96	1.06	3.84	73.58	0.78	0.56	71.79	2.95
泾阳县	108.56	43.74	9.52	8.77	110.08	10.48	4.06	38.74	9.28
三原县	53.73	30.35	0.85	1.58	63.53	0.54	0.07	12.96	0.23
礼泉县	85.45	37.18	1.29	1.51	31.78	0.41	0.09	21.95	0.24
乾　县	101.00	47.05	0.31	0.31	51.61	0.16			
兴平市									
渭南市	**851.06**	**392.96**	**89.24**	**10.49**	**94.00**	**83.89**	**60.85**	**72.54**	**15.49**
临渭区	121.16	61.27	19.60	16.18	101.99	19.99	12.35	61.78	20.16
大荔县	108.40	54.40	35.50	32.75	111.83	39.70	36.74	92.54	67.54
华　县	42.40	26.87	5.59	13.18	84.44	4.72	1.55	32.84	5.77
华阴市	23.66	16.32	2.28	9.64	63.16	1.44	1.50	104.17	9.19
富平县	124.59	62.34	4.21	3.38	37.53	1.58	0.20	12.66	0.32
蒲城县	169.51	59.11	9.45	5.57	67.94	6.42	3.65	56.85	6.17
澄城县	90.45	30.38	0.60	0.66	38.33	0.23	0.21	91.30	0.69
合阳县	103.90	36.41	7.69	7.40	71.78	5.52	2.90	52.54	7.96
韩城市	47.65	33.10	3.20	6.72	107.19	3.43	1.45	42.27	4.38
潼关县	19.34	12.76	1.12	5.79	76.79	0.86	0.30	34.88	2.35
宝鸡市									
眉　县									
扶风县									
武功县									

5-23-48　陕西省1990年产棉县棉花生产收购明细

县市名	耕地面积（万亩）	农业人口（万人）	棉田面积（万亩）	占耕地（%）	亩产（市斤）	产量（万担）	收购量（万担）	商品率（%）	人均交售（市斤）
全省合计	**1423.60**	**728.19**	**157.73**	**11.08**	**95.07**	**149.96**	**74.93**	**49.97**	**10.29**
西安市	**175.57**	**127.13**	**16.25**	**9.26**	**99.20**	**16.12**	**6.38**	**39.58**	**5.02**
高陵县									
周至县									
户县									
长安县									
临潼区	96.88	63.50	6.64	6.85	84.34	5.60	2.03	36.25	3.20
闫良区	27.00	15.20	4.50	16.67	113.33	5.10	2.20	43.14	14.47
市郊区	51.69	48.43	5.11	9.89	106.07	5.42	2.15	39.67	4.44
咸阳市	**401.59**	**200.43**	**25.50**	**6.35**	**91.02**	**23.21**	**13.78**	**59.37**	**6.88**
秦都区	26.53	17.50	3.67	13.83	57.77	2.12	0.76	35.85	4.34
渭城区	27.51	19.20	3.10	11.27	75.81	2.35	0.72	30.64	3.75
泾阳县	109.05	45.15	11.32	10.38	121.55	13.76	9.24	67.15	20.47
三原县	53.77	31.00	3.18	5.91	90.25	2.87	0.82	28.57	2.65
礼泉县	84.73	38.48	3.15	3.72	49.84	1.57	2.10	133.76	5.46
乾县	100.00	49.10	1.08	1.08	50.00	0.54	0.14	25.93	0.29
兴平市									
渭南市	**846.44**	**400.63**	**115.98**	**13.70**	**95.39**	**110.63**	**54.77**	**49.51**	**13.67**
临渭区	120.50	62.50	26.34	21.86	110.59	29.13	19.16	65.77	30.66
大荔县	108.00	54.50	40.03	37.06	122.01	48.84	15.10	30.92	27.71
华县	41.87	27.14	6.50	15.52	85.69	5.57	2.86	51.35	10.54
华阴市	23.41	16.82	2.52	10.76	87.30	2.20	1.70	77.27	10.11
富平县	124.43	64.15	9.41	7.56	48.03	4.52	3.19	70.58	4.97
蒲城县	168.26	61.05	13.80	8.20	63.04	8.70	5.28	60.69	8.65
澄城县	89.84	30.20	1.14	1.27	50.00	0.57	0.42	73.68	1.39
合阳县	103.50	37.23	10.90	10.53	57.34	6.25	4.50	72.00	12.09
韩城市	47.46	34.07	4.22	8.89	100.24	4.23	2.06	48.79	6.06
潼关县	19.17	12.97	1.12	5.84	55.36	0.62	0.50	80.65	3.86
宝鸡市									
眉县									
扶风县									
武功县									

5－23－49　陕西省1991年产棉县棉花生产收购明细

县市名	耕地面积（万亩）	农业人口（万人）	棉田面积（万亩）	占耕地（%）	亩产（市斤）	产量（万担）	收购量（万担）	商品率（%）	人均交售（市斤）
全省合计	**1418.02**	**733.20**	**195.92**	**13.82**	**90.42**	**177.16**	**130.98**	**73.93**	**17.86**
西安市	**174.51**	**127.75**	**23.14**	**13.26**	**94.64**	**21.90**	**9.22**	**42.10**	**7.22**
高陵县									
周至县									
户县									
长安县									
临潼区	96.07	63.70	10.04	10.45	69.02	6.93	3.11	44.88	4.88
闫良区	26.80	15.40	6.30	23.51	115.87	7.30	3.00	41.10	19.48
市郊区	51.64	48.65	6.80	13.17	112.79	7.67	3.11	40.55	6.39
咸阳市	**401.95**	**202.39**	**42.21**	**10.50**	**85.83**	**36.23**	**21.38**	**59.01**	**10.56**
秦都区	26.40	17.40	2.47	9.36	75.30	1.86	0.95	51.08	5.46
渭城区	27.20	19.63	3.40	12.50	60.00	2.04	0.71	34.80	3.62
泾阳县	111.37	45.67	20.20	18.14	104.01	21.01	13.75	65.45	30.11
三原县	53.67	31.27	6.41	11.94	88.30	5.66	1.70	30.04	5.44
礼泉县	84.91	38.63	4.79	5.64	45.93	2.20	2.60	118.18	6.73
乾县	98.40	49.79	4.94	5.02	70.04	3.46	1.67	48.27	3.35
兴平市									
渭南市	**841.56**	**403.06**	**130.57**	**15.52**	**91.16**	**119.03**	**100.38**	**84.33**	**24.91**
临渭区	119.98	63.40	29.16	24.30	104.60	30.50	24.30	79.67	38.33
大荔县	108.00	54.50	40.20	37.22	120.00	48.24	44.94	93.16	82.46
华县	41.74	27.21	7.35	17.61	91.97	6.76	4.63	68.49	17.02
华阴市	23.25	17.04	2.53	10.88	100.00	2.53	2.26	89.33	13.26
富平县	124.43	64.34	11.57	9.30	58.43	6.76	6.21	91.86	9.65
蒲城县	167.34	61.81	16.48	9.85	64.44	10.62	6.38	60.08	10.32
澄城县	87.36	29.38	4.86	5.56	69.96	3.40	3.00	88.24	10.21
合阳县	103.12	37.54	12.30	11.93	51.06	6.28	6.00	95.54	15.98
韩城市	47.29	34.71	5.12	10.83	66.60	3.41	2.17	63.64	6.25
潼关县	19.05	13.13	1.00	5.25	53.00	0.53	0.49	93.02	3.75
宝鸡市									
眉县									
扶风县									
武功县									

5－23－50　陕西省1992年产棉县棉花生产收购明细

县市名	耕地面积（万亩）	农业人口（万人）	棉田面积（万亩）	占耕地（%）	亩产（市斤）	产量（万担）	收购量（万担）	商品率（%）	人均交售（市斤）
全省合计	**1407.84**	**738.54**	**212.70**	**15.11**	**51.80**	**110.17**	**75.50**	**68.53**	**10.22**
西安市	**173.95**	**127.97**	**31.62**	**18.18**	**57.65**	**18.23**	**8.47**	**46.46**	**6.62**
高陵县									
周至县									
户　县									
长安县									
临潼区	95.73	63.80	14.99	15.66	47.30	7.09	2.84	40.06	4.45
闫良区	26.70	15.50	8.10	30.34	66.67	5.40	2.80	51.85	18.06
市郊区	51.52	48.67	8.53	16.56	67.29	5.74	2.83	49.30	5.81
咸阳市	**396.23**	**203.94**	**42.61**	**10.75**	**46.09**	**19.64**	**19.70**	**100.31**	**9.66**
秦都区	26.10	17.60	2.93	11.23	15.36	0.45	0.56	124.44	3.18
渭城区	27.14	19.65	3.74	13.78	51.60	1.93	0.68	35.23	3.46
泾阳县	108.75	46.07	20.12	18.50	42.99	8.65	10.53	121.73	22.86
三原县	53.42	31.34	6.00	11.23	50.00	3.00	2.52	84.00	8.04
礼泉县	83.32	38.97	4.10	4.92	41.95	1.72	2.75	159.88	7.06
乾　县	97.50	50.31	5.72	5.87	68.01	3.89	2.66	68.38	5.29
兴平市									
渭南市	**837.66**	**406.63**	**138.47**	**16.53**	**52.21**	**72.30**	**47.33**	**65.46**	**11.64**
临渭区	119.35	64.64	29.02	24.32	69.99	20.31	6.00	29.54	9.28
大荔县	108.00	54.10	44.86	41.54	54.61	24.50	18.28	74.61	33.79
华　县	41.65	27.24	7.31	17.55	39.95	2.92	2.18	74.66	8.00
华阴市	23.03	17.10	2.57	11.16	30.35	0.78	1.65	*	9.65
富平县	124.16	65.60	11.75	9.46	33.96	3.99	4.62	115.79	7.04
蒲城县	166.29	62.24	19.46	11.70	49.02	9.54	5.15	53.98	8.27
澄城县	86.47	29.61	4.96	5.74	21.98	1.09	0.90	82.57	3.04
合阳县	102.82	37.89	12.40	12.06	44.68	5.54	5.30	95.67	13.99
韩城市	46.89	34.96	5.04	10.75	53.57	2.70	2.31	85.56	6.61
潼关县	19.00	13.25	1.10	5.79	84.55	0.93	0.94	101.08	7.09
宝鸡市									
眉　县									
扶风县									
武功县									

5-23-51 陕西省1993年产棉县棉花生产收购明细

县市名	耕地面积（万亩）	农业人口（万人）	棉田面积（万亩）	占耕地（%）	亩产（市斤）	产量（万担）	收购量（万担）	商品率（%）	人均交售（市斤）
全省合计	**1392.71**	**741.34**	**135.62**	**9.74**	**74.69**	**101.30**	**27.35**	**27.00**	**3.69**
西安市	**173.38**	**128.41**	**22.69**	**13.09**	**81.14**	**18.41**	**1.37**	**7.44**	**1.07**
高陵县									
周至县									
户县									
长安县									
临潼区	95.44	64.00	9.44	9.89	56.04	5.29	0.19	3.59	0.30
闫良区	26.50	15.70	6.40	24.15	100.00	6.40	1.00	15.63	6.37
市郊区	51.44	48.71	6.85	13.32	98.10	6.72	0.18	2.68	0.37
咸阳市	**385.49**	**205.87**	**19.78**	**5.13**	**101.16**	**20.01**	**5.59**	**27.96**	**2.72**
秦都区	25.70	17.70	0.66	2.57	71.21	0.47	0.06	12.77	0.34
渭城区	26.73	19.81	1.94	7.26	77.32	1.50	0.07	4.93	0.37
泾阳县	100.38	46.76	11.31	11.27	112.02	12.67	5.30	41.83	11.33
三原县	52.93	31.60	2.07	3.91	63.77	1.32	0.13	9.85	0.41
礼泉县	83.75	39.12	0.50	0.60	190.00	0.95	0.01	1.05	0.03
乾县	96.00	50.88	3.30	3.44	93.94	3.10	0.02	0.65	0.04
兴平市									
渭南市	**833.84**	**407.06**	**93.15**	**11.17**	**67.50**	**62.88**	**20.39**	**32.43**	**5.01**
临渭区	118.34	64.63	21.77	18.40	96.00	20.90	5.10	24.40	7.89
大荔县	108.00	54.10	34.80	32.22	68.39	23.80	9.21	38.70	17.02
华县	41.36	27.35	3.77	9.12	92.57	3.49	0.86	24.64	3.14
华阴市	22.71	17.21	1.29	5.68	41.09	0.53	0.14	26.42	0.81
富平县	123.97	63.98	6.05	4.88	31.90	1.93	0.23	11.92	0.36
蒲城县	165.69	62.67	9.77	5.90	64.38	6.29	1.66	26.39	2.65
澄城县	85.54	29.83	3.06	3.58	29.74	0.91	0.71	78.02	2.38
合阳县	102.50	38.19	8.87	8.65	28.41	2.52	2.20	87.30	5.76
韩城市	46.89	35.54	2.61	5.57	58.24	1.52	0.19	12.50	0.53
潼关县	18.84	13.56	1.16	6.16	85.34	0.99	0.09	9.09	0.66
宝鸡市									
眉县									
扶风县									
武功县									

5-23-52　陕西省1994年产棉县棉花生产收购明细

县市名	耕地面积（万亩）	农业人口（万人）	棉田面积（万亩）	占耕地（%）	亩产（市斤）	产量（万担）	收购量（万担）	商品率（%）	人均交售（市斤）
全省合计	**1387.08**	**746.76**	**124.53**	**8.98**	**67.12**	**83.58**	**22.26**	**26.63**	**2.98**
西安市	**172.48**	**128.85**	**24.71**	**14.33**	**67.79**	**16.75**	**2.36**	**14.09**	**1.83**
高陵县									
周至县									
户　县									
长安县									
临潼区	94.62	64.10	10.97	11.59	67.37	7.39	0.58	7.85	0.90
闫良区	26.50	15.70	6.20	23.40	74.19	4.60	1.20	26.09	7.64
市郊区	51.36	49.05	7.54	14.68	63.13	4.76	0.58	12.18	1.18
咸阳市	**384.89**	**207.46**	**17.55**	**4.56**	**60.51**	**10.62**	**1.98**	**18.64**	**0.95**
秦都区	25.40	17.80	0.41	1.61	100.00	0.41	0.12	29.27	0.67
渭城区	26.85	19.96	1.88	7.00	6.38	0.12	0.18	150.00	0.90
泾阳县	104.97	47.11	10.72	10.21	68.00	7.29	1.58	21.67	3.35
三原县	52.49	31.89	0.85	1.62	109.41	0.93	0.03	3.23	0.09
礼泉县	82.18	39.35	1.75	2.13	29.71	0.52	0.01	1.92	0.03
乾　县	93.00	51.35	1.94	2.09	69.59	1.35	0.06	4.44	0.12
兴平市									
渭南市	**829.71**	**410.45**	**82.27**	**9.92**	**68.33**	**56.21**	**17.92**	**31.88**	**4.37**
临渭区	118.34	65.63	21.53	18.19	90.01	19.38	4.39	22.65	6.69
大荔县	108.00	54.20	26.70	24.72	67.72	18.08	5.03	27.82	9.28
华　县	40.81	27.93	3.39	8.31	99.71	3.38	0.78	23.08	2.79
华阴市	22.48	17.50	1.19	5.29	66.39	0.79	0.19	24.05	1.09
富平县	123.85	63.79	5.06	4.09	33.99	1.72	0.35	20.35	0.55
蒲城县	165.14	63.05	9.28	5.62	51.62	4.79	1.04	21.71	1.65
澄城县	84.13	30.25	2.66	3.16	42.11	1.12	1.00	89.29	3.31
合阳县	102.13	38.54	9.18	8.99	52.51	4.82	4.50	93.36	11.68
韩城市	46.07	35.82	2.17	4.71	77.42	1.68	0.45	26.79	1.26
潼关县	18.76	13.74	1.11	5.92	40.77	0.45	0.19	41.94	1.38
宝鸡市									
眉　县									
扶风县									
武功县									

5-23-53　陕西省1995年产棉县棉花生产收购明细

县市名	耕地面积（万亩）	农业人口（万人）	棉田面积（万亩）	占耕地（%）	亩产（市斤）	产量（万担）	收购量（万担）	商品率（%）	人均交售（市斤）
全省合计	**1368.76**	**746.02**	**106.55**	**7.78**	**73.83**	**78.67**	**47.98**	**60.99**	**6.43**
西安市	**171.77**	**129.24**	**14.66**	**8.53**	**50.75**	**7.44**	**1.74**	**23.39**	**1.35**
高陵县									
周至县									
户　县									
长安县									
临潼区	94.12	64.30	5.21	5.54	51.25	2.67	0.57	21.35	0.89
闫良区	26.30	15.80	4.60	17.49	50.00	2.30	0.60	26.09	3.80
市郊区	51.35	49.14	4.85	9.44	50.93	2.47	0.57	23.08	1.16
咸阳市	**368.22**	**209.58**	**17.98**	**4.88**	**66.70**	**11.99**	**6.65**	**55.45**	**3.17**
秦都区	24.51	18.00	1.56	6.36	70.51	1.10	1.00	90.91	5.56
渭城区	26.46	20.01	2.35	8.88	20.85	0.49	0.72	146.94	3.60
泾阳县	90.40	47.51	7.40	8.19	84.05	6.22	2.62	42.12	5.51
三原县	52.31	32.09	0.58	1.11	100.52	0.58	0.11	18.87	0.34
礼泉县	82.54	39.76	2.20	2.67	40.00	0.88	1.10	125.00	2.77
乾　县	92.00	52.21	3.89	4.23	69.92	2.72	1.10	40.44	2.11
兴平市									
渭南市	**828.77**	**407.20**	**73.91**	**8.92**	**80.14**	**59.23**	**39.59**	**66.84**	**9.72**
临渭区	121.00	60.00	19.70	16.28	74.11	14.60	10.00	68.49	16.67
大荔县	109.30	56.00	18.60	17.02	112.90	21.00	14.00	66.67	25.00
华　县	40.72	28.31	1.47	3.61	110.88	1.63	1.30	79.75	4.59
华阴市	22.42	17.30	1.14	5.08	73.68	0.84	0.31	36.90	1.79
富平县	123.43	64.13	5.20	4.21	72.69	3.78	2.03	53.70	3.17
蒲城县	164.73	63.50	9.31	5.65	79.91	7.44	3.20	43.01	5.04
澄城县	80.80	28.74	3.75	4.64	42.13	1.58	1.57	99.37	5.46
合阳县	101.83	38.88	10.32	10.13	61.72	6.37	6.00	94.19	15.43
韩城市	46.03	36.51	3.32	7.21	48.49	1.61	0.83	51.55	2.27
潼关县	18.51	13.83	1.10	5.94	34.82	0.38	0.35	91.38	2.53
宝鸡市									
眉　县									
扶风县									
武功县									

5-23-54　陕西省1996年产棉县棉花生产收购明细

县市名	耕地面积（万亩）	农业人口（万人）	棉田面积（万亩）	占耕地（%）	亩产（市斤）	产量（万担）	收购量（万担）	商品率（%）	人均交售（市斤）
全省合计	**1323.28**	**702.45**	**74.92**	**5.66**	**74.72**	**55.98**	**31.46**	**56.19**	**4.48**
西安市	**119.75**	**80.30**	**4.56**	**3.81**	**59.21**	**2.70**	**1.13**	**41.96**	**1.41**
高陵县									
周至县									
户　县									
长安县									
临潼区	93.75	64.50	3.46	3.69	49.13	1.70	0.23	13.53	0.36
闫良区	26.00	15.80	1.10	4.23	90.91	1.00	0.90	90.30	5.72
市郊区									
咸阳市	**379.25**	**211.15**	**10.73**	**2.83**	**59.02**	**6.33**	**3.26**	**51.54**	**1.55**
秦都区	24.34	18.05	1.92	7.89	31.25	0.60	1.00	166.67	5.54
渭城区	26.92	20.13	1.54	5.72	32.47	0.50	0.17	34.00	0.84
泾阳县	101.14	47.86	3.32	3.28	67.77	2.25	0.73	32.44	1.53
三原县	52.09	32.14	0.33	0.63	48.48	0.16	0.07	46.25	0.23
礼泉县	82.76	40.20	1.12	1.35	42.23	0.47	0.19	40.17	0.47
乾　县	92.00	52.77	2.50	2.72	94.00	2.35	1.10	46.81	2.08
兴平市									
渭南市	**824.28**	**411.00**	**59.63**	**7.23**	**78.74**	**46.95**	**27.06**	**57.64**	**6.58**
临渭区	121.00	60.00	12.20	10.08	84.43	10.30	5.60	54.37	9.33
大荔县	109.30	56.00	14.40	13.17	100.00	14.40	9.00	62.50	16.07
华　县	40.64	28.40	2.50	6.15	130.80	3.27	0.54	16.51	1.90
华阴市	21.95	17.35	2.09	9.52	42.58	0.89	0.50	56.18	2.88
富平县	123.19	64.66	4.66	3.78	73.61	3.43	2.11	61.52	3.26
蒲城县	164.35	63.87	8.53	5.19	86.17	7.35	2.45	33.33	3.84
澄城县	78.42	30.51	2.83	3.61	39.93	1.13	0.98	86.73	3.21
合阳县	101.51	39.23	7.75	7.63	49.81	3.86	3.70	95.85	9.43
韩城市	45.44	36.96	3.81	8.38	49.87	1.90	1.83	96.32	4.95
潼关县	18.48	14.02	0.86	4.65	48.84	0.42	0.35	83.33	2.50
宝鸡市									
眉　县									
扶风县									
武功县									

5-23-55 陕西省1997年产棉县棉花生产收购明细

县市名	耕地面积（万亩）	农业人口（万人）	棉田面积（万亩）	占耕地（%）	亩产（市斤）	产量（万担）	收购量（万担）	商品率（%）	人均交售（市斤）
全省合计	**1313.42**	**705.77**	**51.67**	**3.93**	**72.52**	**37.47**	**20.37**	**54.35**	**2.89**
西安市	**118.68**	**80.60**	**2.68**	**2.26**	**69.40**	**1.86**	**0.55**	**29.57**	**0.68**
高陵县									
周至县									
户县									
长安县									
临潼区	92.68	64.70	2.18	2.35	71.56	1.56	0.35	22.44	0.54
闫良区	26.00	15.90	0.50	1.92	60.00	0.30	0.20	66.67	1.26
市郊区									
咸阳市	**374.80**	**212.17**	**7.23**	**1.93**	**59.61**	**4.31**	**2.52**	**58.54**	**1.19**
秦都区	24.20	18.25	1.81	7.48	33.70	0.61	0.51	83.61	2.79
渭城区	25.70	20.36	1.10	4.28	42.73	0.47	0.12	25.53	0.59
泾阳县	99.49	47.95	1.78	1.79	92.13	1.64	1.74	106.10	3.63
三原县	52.20	32.14	0.18	0.34	50.00	0.09	0.03	33.33	0.09
礼泉县	81.21	40.25	1.00	1.23	50.00	0.50	0.06	12.00	0.15
乾县	92.00	53.22	1.36	1.48	73.53	1.00	0.06	6.30	0.12
兴平市									
渭南市	**819.94**	**413.00**	**41.76**	**5.09**	**74.95**	**31.30**	**17.29**	**55.25**	**4.19**
临渭区	120.00	60.00	9.70	8.08	76.29	7.40	2.50	33.78	4.17
大荔县	109.30	56.00	8.55	7.82	100.00	8.55	5.44	63.63	9.71
华县	40.53	28.73	1.50	3.70	77.33	1.16	0.33	28.45	1.15
华阴市	21.64	17.37	1.89	8.73	41.27	0.78	0.27	34.62	1.55
富平县	123.13	64.93	2.43	1.97	87.65	2.13	1.28	60.09	1.97
蒲城县	163.84	64.16	7.64	4.66	79.84	6.10	2.90	47.54	4.52
澄城县	76.77	30.68	2.27	2.96	54.19	1.23	1.02	82.93	3.32
合阳县	101.20	39.58	4.20	4.15	47.14	1.98	1.90	95.96	4.80
韩城市	45.29	37.40	2.83	6.25	56.54	1.60	1.44	90.19	3.86
潼关县	18.24	14.15	0.75	4.11	49.33	0.37	0.21	56.76	1.48
宝鸡市									
眉县									
扶风县									
武功县									

5－23－56　陕西省1998年产棉县棉花生产收购明细

县市名	耕地面积（万亩）	农业人口（万人）	棉田面积（万亩）	占耕地（%）	亩产（市斤）	产量（万担）	收购量（万担）	商品率（%）	人均交售（市斤）
全省合计	**1297.26**	**707.90**	**48.49**	**3.74**	**90.49**	**43.88**	**33.12**	**75.49**	**4.68**
西安市	**118.37**	**80.70**	**2.75**	**2.32**	**69.82**	**1.92**	**1.27**	**66.15**	**1.57**
高陵县									
周至县									
户　县									
长安县									
临潼区	92.47	64.80	1.85	2.00	60.54	1.12	0.37	33.04	0.57
闫良区	25.90	15.90	0.90	3.47	88.89	0.80	0.90	112.50	5.66
市郊区									
咸阳市	**377.59**	**212.89**	**6.51**	**1.72**	**77.27**	**5.03**	**3.89**	**77.40**	**1.83**
秦都区	24.05	18.40	1.01	4.20	59.41	0.60	0.44	73.33	2.39
渭城区	25.40	20.54	1.12	4.41	50.00	0.56	0.24	42.86	1.17
泾阳县	104.25	48.09	1.82	1.75	110.44	2.01	2.20	109.45	4.57
三原县	52.68	32.11	0.14	0.27	57.14	0.08	0.03	37.50	0.09
礼泉县	81.21	40.25	1.15	1.42	67.83	0.78	0.53	67.95	1.32
乾　县	90.00	53.50	1.27	1.41	78.74	1.00	0.45	45.30	0.85
兴平市									
渭南市	**801.30**	**414.31**	**39.23**	**4.90**	**94.14**	**36.93**	**27.96**	**75.71**	**6.75**
临渭区	120.00	60.00	6.30	5.25	101.59	6.40	6.06	94.69	10.10
大荔县	109.30	56.00	10.25	9.38	126.05	12.92	11.31	87.54	20.20
华　县	25.98	28.84	1.20	4.62	150.00	1.80	0.67	37.22	2.32
华阴市	21.51	17.55	1.78	8.28	45.51	0.81	0.36	44.44	2.05
富平县	122.67	65.14	2.05	1.67	96.59	1.98	1.01	51.01	1.55
蒲城县	163.43	64.47	8.00	4.90	91.00	7.28	3.80	52.20	5.89
澄城县	74.15	30.78	1.91	2.58	58.12	1.11	0.80	72.07	2.60
合阳县	100.82	39.93	4.20	4.17	63.33	2.66	2.20	82.71	5.51
韩城市	45.29	37.24	2.61	5.76	56.32	1.47	1.40	95.24	3.76
潼关县	18.15	14.36	0.93	5.12	53.76	0.50	0.35	70.00	2.44
宝鸡市									
眉　县									
扶风县									
武功县									

5－23－57　陕西省1999年产棉县棉花生产收购明细

县市名	耕地面积（万亩）	农业人口（万人）	棉田面积（万亩）	占耕地（%）	亩产（市斤）	产量（万担）	收购量（万担）	商品率（%）	人均交售（市斤）
全省合计	**1221.40**	**690.03**	**39.75**	**3.25**	**110.44**	**43.90**	**23.33**	**53.14**	**3.38**
西安市	**104.90**	**70.96**	**2.11**	**2.01**	**109.95**	**2.32**	**0.57**	**24.57**	**0.80**
高陵县									
周至县									
户　县									
长安县									
临潼区	79.10	54.96	1.55	1.96	96.77	1.50	0.57	38.00	1.04
闫良区	25.80	16.00	0.56	2.17	146.43	0.82			
市郊区									
咸阳市	**339.67**	**204.48**	**3.72**	**1.10**	**70.16**	**2.61**	**1.19**	**45.59**	**0.58**
秦都区	24.00	19.00	0.50	2.08	80.00	0.40	0.30	75.00	1.58
渭城区	25.00	15.00	0.50	2.00	90.00	0.45	0.36	80.00	2.40
泾阳县	66.96	43.88	0.62	0.93	80.65	0.50			
三原县	52.50	32.20	0.10	0.19	60.00	0.06	0.01	16.67	0.03
礼泉县	81.21	40.60	1.00	1.23	60.00	0.60	0.52	86.67	1.28
乾　县	90.00	53.80	1.00	1.11	60.00	0.60			
兴平市									
渭南市	**776.83**	**414.59**	**33.92**	**4.37**	**114.89**	**38.97**	**21.57**	**55.35**	**5.20**
临渭区	120.00	65.00	3.60	3.00	166.67	6.00	4.54	75.67	6.98
大荔县	110.00	62.00	12.85	11.68	126.85	16.30	8.01	49.14	12.92
华　县	25.97	28.91	2.20	8.47	127.73	2.81	0.81	28.83	2.80
华阴市	22.51	18.00	1.20	5.33	120.00	1.44	0.40	27.78	2.22
富平县	122.41	65.43	1.88	1.54	94.68	1.78	0.48	26.97	0.73
蒲城县	140.00	64.00	3.00	2.14	80.00	2.40	1.33	55.42	2.08
澄城县	72.00	31.00	2.67	3.71	80.15	2.14	0.49	22.90	1.58
合阳县	100.85	39.00	4.00	3.97	90.00	3.60	3.40	94.44	8.72
韩城市	45.29	30.00	1.52	3.36	111.84	1.70	1.67	98.24	5.57
潼关县	17.80	11.25	1.00	5.62	80.00	0.80	0.44	55.00	3.91
宝鸡市									
眉　县									
扶风县									
武功县									

5－23－58　陕西省2000年产棉县棉花生产收购明细

县市名	耕地面积（万亩）	农业人口（万人）	棉田面积（万亩）	占耕地（%）	亩　产（市斤）	产　量（万担）	收购量（万担）	商品率（%）	人均交售（市斤）
全省合计	**1164.52**	**661.03**	**47.73**	**4.10**	**131.34**	**62.69**	**27.82**	**44.38**	**4.21**
西安市	**104.53**	**70.87**	**1.75**	**1.67**	**114.29**	**2.00**	**1.35**	**67.50**	**1.90**
高陵县									
周至县									
户　县									
长安县									
临潼区	78.90	55.67	1.17	1.48	105.13	1.23	0.80	65.04	1.44
闫良区	25.63	15.20	0.58	2.26	132.76	0.77	0.55	71.43	3.62
市郊区									
咸阳市	**285.75**	**173.62**	**3.75**	**1.31**	**70.67**	**2.65**	**1.14**	**43.02**	**0.66**
秦都区	24.00	19.00	0.50	2.08	80.00	0.40	0.24	60.00	1.26
渭城区	23.96	16.14	0.30	1.25	66.67	0.20			
泾阳县	66.58	43.88	0.75	1.13	90.67	0.68			
三原县									
礼泉县	81.21	40.60	1.20	1.48	60.00	0.72	0.40	55.56	0.99
乾　县	90.00	54.00	1.00	1.11	65.00	0.65	0.50	76.92	0.93
兴平市									
渭南市	**774.24**	**416.54**	**42.23**	**5.45**	**137.44**	**58.04**	**25.33**	**43.64**	**6.08**
临渭区	120.00	65.00	6.00	5.00	166.67	10.00	3.70	37.00	5.69
大荔县	109.50	62.50	17.66	16.13	153.68	27.14	8.65	31.87	13.84
华　县	25.97	28.91	1.50	5.78	150.00	2.25	1.80	80.00	6.23
华阴市	21.51	18.00	1.20	5.58	160.00	1.92	0.12	6.25	0.67
富平县	121.91	65.93	1.84	1.51	129.89	2.39	1.28	53.56	1.94
蒲城县	140.00	64.00	3.80	2.71	120.00	4.56	4.27	93.64	6.67
澄城县	72.00	31.00	2.60	3.61	80.00	2.08	1.56	75.00	5.03
合阳县	100.85	39.90	5.30	5.26	100.00	5.30	2.61	49.25	6.54
韩城市	45.00	30.00	0.83	1.84	108.43	0.90	0.80	88.89	2.67
潼关县	17.50	11.30	1.50	8.57	100.00	1.50	0.54	36.00	4.78
宝鸡市									
眉　县									
扶风县									
武功县									

5-24-1 陕西省高陵县历年棉花生产收购

年　　度	耕地面积（万亩）	农业人口（万人）	棉田面积（万亩）	占耕地（%）	亩　产（市斤）	产　量（万担）	收购量（万担）	商品率（%）	人均交售（市斤）
52 年合计			**391.78**	**39.29**	**59.95**	**234.87**	**209.27**	**89.10**	**39.02**
11 年小计			**107.66**	**45.93**	**71.89**	**77.40**	**68.40**	**88.37**	**100.00**
占合计%			**27.48**			**32.95**	**32.69**		
1949									
1950									
1951									
1952									
1953	34.54	9.17	16.45	47.63	60.06	9.88	9.18	92.91	100.11
1954	34.58	9.32	14.73	42.60	71.89	10.59	9.49	89.61	101.82
1955	34.58	9.53	15.32	44.30	69.91	10.71	10.14	94.68	106.40
1956	34.58	9.70	15.32	44.30	70.10	10.74	9.82	91.43	101.24
1957	34.19	10.54	16.28	47.62	73.77	12.01	9.34	77.77	88.61
1958	31.41	10.02	14.82	47.18	69.50	10.30	10.55	102.43	105.29
1959	30.53	10.12	14.74	48.28	89.35	13.17	9.88	75.02	97.63
10 年小计			**129.07**	**42.48**	**55.36**	**71.45**	**58.83**	**82.34**	**45.93**
占合计%			**32.94**			**30.42**	**28.11**		
1960	30.38	10.32	13.89	45.72	48.16	6.69	5.23	78.18	50.68
1961	29.38	10.64	11.30	38.46	38.67	4.37	3.98	91.08	37.41
1962	29.35	10.97	9.16	31.21	56.00	5.13	4.91	95.71	44.76
1963	31.16	12.16	13.92	44.67	46.05	6.41	5.44	84.87	44.74
1964	30.73	12.95	13.93	45.33	51.26	7.14	2.64	36.97	20.39
1965	32.34	13.24	13.95	43.14	74.98	10.46	8.35	79.83	63.07
1966	31.47	13.93	13.76	43.72	74.27	10.22	9.21	90.12	66.12
1967	30.58	14.15	13.52	44.21	63.02	8.52	7.43	87.21	52.51
1968	29.10	14.76	13.16	45.22	40.20	5.29	5.01	94.71	33.94
1969	29.34	14.98	12.48	42.54	57.85	7.22	6.63	91.83	44.26
10 年小计			**105.78**	**37.90**	**61.85**	**65.42**	**62.83**	**96.04**	**37.56**
占合计%			**27.00**			**27.85**	**30.02**		
1970	28.67	15.14	12.65	44.12	42.21	5.34	5.22	97.75	34.48
1971	28.19	15.77	12.28	43.56	64.98	7.98	7.64	95.74	48.45
1972	28.06	15.95	10.21	36.39	48.87	4.99	4.76	95.39	29.84
1973	28.32	16.23	10.18	35.95	83.40	8.49	8.38	98.70	51.63
1974	28.54	16.66	10.20	35.74	71.27	7.27	7.01	96.42	42.08
1975	27.93	16.96	10.20	36.52	66.08	6.74	6.39	94.81	37.68
1976	27.71	17.81	10.17	36.70	42.18	4.29	4.03	93.94	22.63
1977	27.44	17.40	10.06	36.66	54.77	5.51	5.21	94.56	29.94
1978	27.16	17.15	10.18	37.48	83.50	8.50	8.17	96.12	47.64
1979	27.08	18.23	9.65	35.64	65.39	6.31	6.02	95.40	33.02
10 年小计			**49.27**	**27.39**	**41.81**	**20.60**	**19.21**	**93.25**	**11.13**
占合计%			**12.58**			**8.77**	**9.18**		
1980	26.83	18.75	10.16	37.87	58.27	5.92	5.70	96.28	30.40
1981	26.19	19.21	10.14	38.72	31.26	3.17	2.55	80.44	13.27
1982	25.64	20.34	10.10	39.39	53.07	5.36	4.94	92.16	24.29
1983	24.56	21.70	10.18	41.45	17.09	1.74	1.40	80.46	6.45
1984	23.30	21.97	5.50	23.61	46.55	2.56	2.26	88.28	10.29
1985	19.10	22.63	2.00	10.47	40.00	0.80	1.51	188.75	6.67
1986	18.56	23.40	0.60	3.23	88.33	0.53	0.32	60.38	1.37
1987	15.73	24.55	0.59	3.75	88.14	0.52	0.53	101.92	2.16
1988									
1989									
11 年小计									
占合计%									
1990									
1991									
1992									
1993									
1994									
1995									
1996									
1997									
1998									
1999									
2000									

5－24－2 陕西省周至县历年棉花生产收购

年　　度	耕地面积（万亩）	农业人口（万人）	棉田面积（万亩）	占耕地（%）	亩　产（市斤）	产　量（万担）	收购量（万担）	商品率（%）	人均交售（市斤）
52年合计			**415.33**	**15.24**	**45.82**	**190.31**	**166.41**	**87.44**	**13.67**
11年小计			**97.36**	**16.60**	**39.67**	**38.62**	**31.87**	**82.52**	**16.46**
占合计%			**23.44**			**20.29**	**19.15**		
1949									
1950									
1951									
1952									
1953	85.07	25.65	12.83	15.08	47.08	6.04	5.56	92.05	21.68
1954	85.34	26.37	13.90	16.29	39.50	5.49	4.33	78.87	16.42
1955	86.36	27.20	14.77	17.10	27.62	4.08	3.78	92.65	13.90
1956	85.72	27.93	14.68	17.13	28.34	4.16	2.81	67.55	10.06
1957	85.60	28.33	13.97	16.32	38.01	5.31	3.92	73.82	13.84
1958	81.11	28.66	13.69	16.88	50.04	6.85	5.83	85.11	20.34
1959	77.34	29.52	13.52	17.48	49.48	6.69	5.64	84.30	19.11
10年小计			**121.00**	**15.58**	**48.34**	**58.49**	**53.34**	**91.20**	**15.57**
占合计%			**29.13**			**30.73**	**32.05**		
1960	77.34	30.35	12.98	16.78	49.08	6.37	5.90	92.62	19.44
1961	76.97	32.73	12.56	16.32	29.14	3.66	3.17	86.61	9.69
1962	78.33	34.53	9.24	11.80	40.15	3.71	3.30	88.95	9.56
1963	78.23	34.53	11.67	14.92	43.53	5.08	4.45	87.60	12.89
1964	78.10	34.76	12.25	15.69	25.14	3.08	2.64	85.71	7.59
1965	77.85	34.87	12.42	15.95	55.48	6.89	6.22	90.28	17.84
1966	77.98	34.94	12.34	15.82	75.53	9.32	8.80	94.42	25.19
1967	77.54	35.10	12.52	16.15	62.46	7.82	8.22	105.12	23.42
1968	77.27	35.24	12.56	16.25	52.47	6.59	4.76	72.23	13.51
1969	77.25	35.47	12.46	16.13	47.91	5.97	5.88	98.49	16.58
10年小计			**131.12**	**17.16**	**53.66**	**70.36**	**62.13**	**88.31**	**16.87**
占合计%			**31.57**			**36.97**	**37.34**		
1970	77.13	35.68	12.52	16.23	52.80	6.61	5.91	89.41	16.56
1971	77.08	35.93	12.52	16.24	71.96	9.01	7.98	88.57	22.21
1972	76.79	36.21	13.02	16.96	55.68	7.25	6.64	91.59	18.34
1973	76.74	36.45	12.72	16.58	81.21	10.33	9.50	91.97	26.06
1974	76.51	36.74	13.06	17.07	47.55	6.21	5.67	91.30	15.43
1975	76.33	36.97	13.00	17.03	25.31	3.29	2.82	85.71	7.63
1976	76.12	37.26	13.46	17.68	20.58	2.77	2.18	78.70	5.85
1977	76.00	37.32	13.67	17.99	50.77	6.94	6.12	88.23	16.41
1978	75.88	37.76	13.70	18.05	65.26	8.94	7.35	82.21	19.47
1979	75.67	37.93	13.45	17.77	66.99	9.01	7.96	88.35	20.99
10年小计			**65.85**	**11.02**	**34.68**	**22.84**	**19.07**	**83.49**	**6.10**
占合计%			**15.85**			**12.00**	**11.46**		
1980	75.41	38.27	13.70	18.17	29.12	3.99	3.16	79.20	8.26
1981	75.24	38.44	13.70	18.21	17.08	2.34	1.87	79.91	4.86
1982	75.07	38.63	13.30	17.72	52.03	6.92	5.62	81.21	14.55
1983	74.77	38.85	13.20	17.65	10.45	1.38	0.90	65.22	2.32
1984	74.52	39.96	7.78	10.44	39.85	3.10	2.59	83.55	6.48
1985	74.36	39.27	2.40	3.23	22.92	0.55	1.08	196.36	2.75
1986	74.15	39.54	1.10	1.48	*	4.56	3.22	70.61	8.14
1987	74.04	39.78	0.67	0.90			0.63		1.58
1988									
1989									
11年小计									
占合计%									
1990									
1991									
1992									
1993									
1994									
1995									
1996									
1997									
1998									
1999									
2000									

5－24－3　陕西省户县历年棉花生产收购

年　　度	耕地面积（万亩）	农业人口（万人）	棉田面积（万亩）	占耕地（%）	亩　产（市斤）	产　量（万担）	收购量（万担）	商品率（%）	人均交售（市斤）
52 年合计			**302.27**	**16.48**	**53.93**	**163.01**	**140.25**	**86.04**	**11.59**
11 年小计			**57.54**	**12.77**	**51.93**	**29.88**	**25.02**	**83.73**	**13.26**
占合计%			**19.04**			**18.33**	**17.84**		
1949									
1950									
1951									
1952									
1953	65.58	23.78	7.42	11.31	51.75	3.84	3.09	80.47	12.99
1954	65.47	24.54	6.71	10.25	68.26	4.58	3.64	79.48	14.83
1955	65.70	25.32	7.49	11.40	51.13	3.83	2.92	76.24	11.53
1956	63.97	27.64	7.81	12.21	53.14	4.15	3.06	73.73	11.07
1957	63.42	28.17	8.45	13.32	46.27	3.91	2.67	68.29	9.48
1958	64.54	29.08	10.30	15.96	51.94	5.35	4.52	84.49	15.54
1959	61.98	30.14	9.36	15.10	45.09	4.22	5.12	121.33	16.99
10 年小计			**98.40**	**16.63**	**53.83**	**52.97**	**45.87**	**86.60**	**13.13**
占合计%			**32.55**			**32.49**	**32.71**		
1960	61.85	31.28	10.60	17.14	45.94	4.87	5.13	105.34	16.40
1961	61.51	32.11	9.65	15.69	33.16	3.20	2.59	80.94	8.07
1962	61.65	34.01	7.62	12.36	42.78	3.26	2.68	82.21	7.88
1963	61.51	34.20	9.30	15.12	41.51	3.86	3.40	88.08	9.94
1964	60.95	34.98	10.25	16.82	29.95	3.07	2.49	81.11	7.12
1965	60.23	35.12	9.98	16.57	47.80	4.77	4.40	92.24	12.53
1966	59.37	35.84	10.26	17.28	69.20	7.10	6.56	92.39	18.30
1967	52.52	36.65	10.28	19.57	74.32	7.64	7.16	93.72	19.54
1968	56.36	37.10	10.25	18.19	54.24	5.56	5.09	91.55	13.72
1969	55.58	37.96	10.21	18.37	94.42	9.64	6.37	66.08	16.78
10 年小计			**102.10**	**19.01**	**65.23**	**66.60**	**59.84**	**89.85**	**14.09**
占合计%			**33.78**			**40.86**	**42.67**		
1970	55.10	38.36	10.31	18.71	55.09	5.68	5.06	89.08	13.19
1971	53.40	38.97	10.00	18.73	80.00	8.00	7.21	90.13	18.50
1972	52.66	40.20	10.00	18.99	63.70	6.37	5.78	90.74	14.38
1973	54.23	41.50	10.01	18.46	102.50	10.26	9.54	92.98	22.99
1974	51.36	42.30	10.34	20.13	56.48	5.84	5.22	89.38	12.34
1975	52.71	43.62	10.30	19.54	37.67	3.88	3.34	86.08	7.66
1976	53.48	43.84	10.29	19.24	37.71	3.88	3.17	81.70	7.23
1977	54.57	44.40	10.30	18.87	71.65	7.38	6.55	88.75	14.75
1978	55.59	45.15	10.29	18.51	78.52	8.08	7.40	91.58	16.39
1979	53.88	46.25	10.26	19.04	70.47	7.23	6.57	90.87	14.21
10 年小计			**44.23**	**17.35**	**30.66**	**13.56**	**9.52**	**70.21**	**3.84**
占合计%			**14.63**			**8.32**	**6.79**		
1980	50.76	47.34	10.26	20.21	37.62	3.86	3.25	84.20	6.87
1981	51.43	48.56	10.37	20.16	19.58	2.03	1.29	63.55	2.66
1982	52.85	49.47	10.22	19.34	48.83	4.99	4.25	85.17	8.59
1983	50.16	50.68	9.03	18.00	15.17	1.37	0.59	43.07	1.16
1984	49.79	51.75	4.35	8.74	30.11	1.31	0.14	10.69	0.27
1985									
1986									
1987									
1988									
1989									
11 年小计									
占合计%									
1990									
1991									
1992									
1993									
1994									
1995									
1996									
1997									
1998									
1999									
2000									

5－24－4　陕西省长安县历年棉花生产收购

年　　度	耕地面积（万亩）	农业人口（万人）	棉田面积（万亩）	占耕地（%）	亩　产（市斤）	产　量（万担）	收购量（万担）	商品率（%）	人均交售（市斤）
52年合计			**297.20**	**9.11**	**49.34**	**146.63**	**121.73**	**83.02**	**6.59**
11年小计			**76.61**	**10.56**	**58.07**	**44.49**	**35.14**	**78.98**	**10.74**
占合计%			**25.78**			**30.34**	**28.87**		
1949									
1950									
1951									
1952									
1953	107.83	43.74	9.81	9.10	57.39	5.63	4.12	73.18	9.42
1954	106.05	44.86	9.14	8.62	55.14	5.04	3.53	70.04	7.87
1955	105.89	45.46	11.26	10.63	54.80	6.17	5.40	87.52	11.88
1956	104.12	46.62	12.58	12.08	73.13	9.20	5.60	60.87	12.01
1957	104.58	47.82	11.12	10.63	39.39	4.38	3.91	89.27	8.18
1958	99.41	49.05	11.26	11.33	69.98	7.88	7.06	89.59	14.39
1959	97.72	49.70	11.44	11.71	54.11	6.19	5.52	89.18	11.11
10年小计			**92.49**	**9.71**	**38.86**	**35.94**	**31.14**	**86.65**	**5.69**
占合计%			**31.12**			**24.51**	**25.58**		
1960	95.93	50.78	11.84	12.34	39.78	4.71	4.00	84.93	7.88
1961	95.68	52.30	11.96	12.50	22.74	2.72	1.99	73.16	3.80
1962	95.65	53.95	6.78	7.09	34.22	2.32	1.97	84.91	3.65
1963	95.59	55.19	8.38	8.77	31.38	2.63	2.22	84.41	4.02
1964	95.43	55.32	9.13	9.57	26.40	2.41	1.92	79.71	3.47
1965	95.21	55.56	8.95	9.40	28.94	2.59	3.87	149.42	6.97
1966	95.07	55.78	8.91	9.37	63.08	5.62	4.53	80.60	8.12
1967	94.84	55.89	8.91	9.39	63.97	5.70	4.73	82.98	8.46
1968	94.68	55.93	8.90	9.40	34.94	3.11	2.75	88.42	4.92
1969	94.47	56.14	8.73	9.24	47.31	4.13	3.16	76.51	5.63
10年小计			**84.73**	**9.04**	**59.98**	**50.82**	**44.10**	**86.78**	**7.77**
占合计%			**28.51**			**34.66**	**36.23**		
1970	94.25	56.02	8.78	9.32	62.53	5.49	4.31	78.51	7.69
1971	94.11	56.26	8.50	9.03	70.24	5.97	4.96	83.08	8.82
1972	94.02	56.47	8.29	8.82	59.71	4.95	4.19	84.65	7.42
1973	94.24	56.69	8.20	8.70	92.56	7.59	6.92	91.17	12.21
1974	93.96	56.75	8.56	9.11	54.21	4.64	4.02	86.64	7.08
1975	93.78	56.84	8.42	8.98	34.80	2.93	2.51	85.67	4.42
1976	93.54	56.91	8.47	9.05	24.68	2.09	1.65	78.95	2.90
1977	93.43	56.98	8.46	9.05	65.96	5.58	5.03	90.14	8.83
1978	93.27	57.23	8.58	9.20	68.18	5.85	5.23	89.40	9.14
1979	93.16	57.45	8.47	9.09	67.65	5.73	5.28	92.15	9.19
10年小计			**43.37**	**6.72**	**35.46**	**15.38**	**11.35**	**73.80**	**2.79**
占合计%			**14.59**			**10.49**	**9.32**		
1980	92.82	57.58	8.42	9.07	36.10	3.04	2.64	86.84	4.58
1981	92.65	57.72	8.46	9.13	28.72	2.43	2.09	86.01	3.62
1982	92.34	57.96	8.45	9.15	56.80	4.80	4.78	99.58	8.25
1983	92.17	58.14	8.04	8.72	17.16	1.38	0.97	70.29	1.67
1984	92.05	58.29	6.00	6.52	30.00	1.80	0.62	34.44	1.06
1985	91.96	58.43	3.00	3.26	42.00	1.26	0.20	15.87	0.34
1986	91.73	58.76	1.00	1.09	67.00	0.67	0.05	7.46	0.09
1987									
1988									
1989									
11年小计									
占合计%									
1990									
1991									
1992									
1993									
1994									
1995									
1996									
1997									
1998									
1999									
2000									

5－24－5　陕西省西安临潼区历年棉花生产收购

年　度	耕地面积（万亩）	农业人口（万人）	棉田面积（万亩）	占耕地（%）	亩　产（市斤）	产　量（万担）	收购量（万担）	商品率（%）	人均交售（市斤）
52 年合计			**1075.16**	**18.13**	**53.36**	**573.74**	**487.54**	**84.98**	**18.53**
11 年小计			**271.17**	**18.70**	**48.91**	**132.64**	**103.80**	**78.26**	**28.13**
占合计%			**25.22**			**23.12**	**21.29**		
1949	134.80	30.00	18.24	13.53	30.04	5.48	3.26	59.49	10.87
1950	134.70	30.00	18.29	13.58	27.99	5.12	2.87	56.05	9.57
1951	134.56	30.00	20.71	15.39	50.99	10.56	6.94	65.72	23.13
1952	134.38	31.00	27.00	20.09	33.48	9.04	4.72	52.21	15.23
1953	134.12	32.00	24.08	17.95	44.02	10.60	6.78	63.96	21.19
1954	134.04	33.00	22.69	16.93	51.52	11.69	7.17	61.33	21.73
1955	133.57	35.00	25.76	19.29	39.91	10.28	5.05	49.12	14.43
1956	131.84	36.00	27.46	20.83	50.51	13.87	13.41	96.68	37.25
1957	129.55	36.00	29.58	22.83	58.79	17.39	17.49	100.58	48.58
1958	126.77	37.00	28.58	22.54	79.99	22.86	20.88	91.34	56.43
1959	121.83	39.00	28.78	23.62	54.73	15.75	15.23	96.70	39.05
10 年小计			**264.31**	**22.36**	**51.45**	**135.99**	**130.67**	**96.09**	**30.53**
占合计%			**24.58**			**23.70**	**26.80**		
1960	119.06	36.00	27.59	23.17	43.39	11.97	11.25	93.98	31.25
1961	118.24	38.00	23.29	19.70	30.87	7.19	6.30	87.62	16.58
1962	118.78	41.00	19.82	16.69	38.60	7.65	7.20	94.12	17.56
1963	119.00	42.00	25.75	21.64	43.92	11.31	10.88	96.20	25.90
1964	118.85	43.00	29.42	24.75	47.55	13.99	13.35	95.43	31.05
1965	118.36	44.00	28.27	23.88	66.89	18.91	19.51	103.17	44.34
1966	117.78	44.00	28.22	23.96	75.55	21.32	20.92	98.12	47.55
1967	117.53	45.00	28.58	24.32	58.05	16.59	15.49	93.37	34.42
1968	117.44	47.00	28.30	24.10	42.72	12.09	11.53	95.37	24.53
1969	117.23	48.00	25.07	21.39	59.71	14.97	14.24	95.12	29.67
10 年小计			**278.06**	**24.05**	**58.30**	**162.10**	**152.48**	**94.07**	**28.24**
占合计%			**25.86**			**28.25**	**31.28**		
1970	116.96	49.00	28.04	23.97	44.01	12.34	11.28	91.41	23.02
1971	116.78	50.00	28.09	24.05	72.80	20.45	19.24	94.08	38.48
1972	116.47	51.00	28.00	24.04	42.54	11.91	10.93	91.77	21.43
1973	116.31	53.00	27.98	24.06	88.42	24.74	23.28	94.10	43.92
1974	116.12	54.00	27.70	23.85	51.59	14.29	13.51	94.54	25.02
1975	115.88	55.00	27.72	23.92	54.62	15.14	14.23	93.99	25.87
1976	114.75	56.00	27.74	24.17	43.62	12.10	11.65	96.28	20.80
1977	114.56	57.00	27.42	23.94	60.18	16.50	15.76	95.52	27.65
1978	114.34	57.00	27.69	24.22	64.28	17.80	16.77	94.21	29.42
1979	114.12	58.00	27.68	24.26	60.80	16.83	15.83	94.06	27.29
10 年小计			**194.12**	**17.17**	**51.99**	**100.93**	**88.95**	**88.13**	**14.67**
占合计%			**18.05**			**17.59**	**18.24**		
1980	113.93	58.00	27.78	24.38	61.88	17.19	16.23	94.42	27.98
1981	113.69	58.00	35.02	30.80	34.64	12.13	11.22	92.50	19.34
1982	113.43	59.00	34.94	30.80	75.96	26.54	25.34	95.48	42.95
1983	113.27	60.00	34.36	30.33	24.83	8.53	7.53	88.28	12.55
1984	113.15	60.00	22.72	20.08	53.57	12.17	11.17	91.78	18.62
1985	112.89	61.00	10.60	9.39	53.58	5.68	4.68	82.39	7.67
1986	112.74	62.00	9.95	8.83	32.96	3.28	2.85	86.89	4.60
1987	112.57	62.50	5.64	5.01	89.89	5.07	3.58	70.61	5.73
1988	112.46	62.75	6.77	6.02	66.77	4.52	1.49	32.96	2.37
1989	112.38	63.00	6.34	5.64	91.80	5.82	4.86	83.51	7.71
11 年小计			**67.50**	**6.68**	**62.34**	**42.08**	**11.64**	**27.66**	**1.69**
占合计%			**6.28**			**7.33**	**2.39**		
1990	96.88	63.50	6.64	6.85	84.34	5.60	2.03	36.25	3.20
1991	96.07	63.70	10.04	10.45	69.02	6.93	3.11	44.88	4.88
1992	95.73	63.80	14.99	15.66	47.30	7.09	2.84	40.06	4.45
1993	95.44	64.00	9.44	9.89	56.04	5.29	0.19	3.59	0.30
1994	94.62	64.10	10.97	11.59	67.37	7.39	0.58	7.85	0.90
1995	94.12	64.30	5.21	5.54	51.25	2.67	0.57	21.35	0.89
1996	93.75	64.50	3.46	3.69	49.13	1.70	0.23	13.53	0.36
1997	92.68	64.70	2.18	2.35	71.56	1.56	0.35	22.44	0.54
1998	92.47	64.80	1.85	2.00	60.54	1.12	0.37	33.04	0.57
1999	79.10	54.96	1.55	1.96	96.77	1.50	0.57	38.00	1.04
2000	78.90	55.67	1.17	1.48	105.13	1.23	0.80	65.04	1.44

5－24－6　陕西省西安市阎良区历年棉花生产收购

年　　度	耕地面积（万亩）	农业人口（万人）	棉田面积（万亩）	占耕地（%）	亩　产（市斤）	产　量（万担）	收购量（万担）	商品率（%）	人均交售（市斤）
52年合计			**46.74**	**13.62**	**87.91**	**41.09**	**15.95**	**38.82**	**7.91**
11年小计									
占合计%									
1949									
1950									
1951									
1952									
1953									
1954									
1955									
1956									
1957									
1958									
1959									
10年小计									
占合计%									
1960									
1961									
1962									
1963									
1964									
1965									
1966									
1967									
1968									
1969									
10年小计									
占合计%									
1970									
1971									
1972									
1973									
1974									
1975									
1976									
1977									
1978									
1979									
10年小计			**7.00**	**12.96**	**90.00**	**6.30**	**2.60**	**41.27**	**8.75**
占合计%			**14.98**			**15.33**	**16.30**		
1980									
1981									
1982									
1983									
1984									
1985									
1986									
1987									
1988	27.00	14.70	3.20	11.85	78.13	2.50	1.30	52.00	8.84
1989	27.00	15.00	3.80	14.07	100.00	3.80	1.30	34.21	8.67
11年小计			**39.74**	**13.74**	**87.54**	**34.79**	**13.35**	**38.38**	**7.76**
占合计%			**85.02**			**84.67**	**83.70**		
1990	27.00	15.20	4.50	16.67	113.33	5.10	2.20	43.14	14.47
1991	26.80	15.40	6.30	23.51	115.87	7.30	3.00	41.10	19.48
1992	26.70	15.50	8.10	30.34	66.67	5.40	2.80	51.85	18.06
1993	26.50	15.70	6.40	24.15	100.00	6.40	1.00	15.63	6.37
1994	26.50	15.70	6.20	23.40	74.19	4.60	1.20	26.09	7.64
1995	26.30	15.80	4.60	17.49	50.00	2.30	0.60	26.09	3.80
1996	26.00	15.80	1.10	4.23	90.91	1.00	0.90	90.30	5.72
1997	26.00	15.90	0.50	1.92	60.00	0.30	0.20	66.67	1.26
1998	25.90	15.90	0.90	3.47	88.89	0.80	0.90	112.50	5.66
1999	25.80	16.00	0.56	2.17	146.43	0.82			
2000	25.63	15.20	0.58	2.26	132.76	0.77	0.55	71.43	3.62

5－24－7　陕西省西安市郊区历年棉花生产收购

年　度	耕地面积（万亩）	农业人口（万人）	棉田面积（万亩）	占耕地（%）	亩　产（市斤）	产　量（万担）	收购量（万担）	商品率（%）	人均交售（市斤）
52年合计			**301.07**	**13.72**	**65.00**	**195.70**	**153.46**	**78.42**	**7.84**
11年小计			**65.42**	**23.51**	**62.15**	**40.66**	**32.96**	**81.06**	**14.44**
占合计%			**21.73**			**20.78**	**21.48**		
1949									
1950									
1951									
1952									
1953									
1954									
1955	55.67	45.60	11.87	21.32	56.28	6.68	5.10	76.35	11.18
1956	56.14	45.43	12.62	22.48	67.19	8.48	6.64	78.30	14.62
1957	55.76	45.56	15.17	27.21	61.11	9.27	6.35	68.50	13.94
1958	55.23	45.78	13.66	24.73	71.96	9.83	8.60	87.49	18.79
1959	55.41	45.92	12.10	21.84	52.89	6.40	6.27	97.97	13.65
10年小计			**61.89**	**11.31**	**52.90**	**32.74**	**35.60**	**108.74**	**7.63**
占合计%			**20.56**			**16.73**	**23.20**		
1960	55.01	46.03	5.14	9.34	34.05	1.75	4.63	*	10.06
1961	55.21	46.17	3.59	6.50	33.70	1.21	0.81	66.94	1.75
1962	55.24	46.38	3.84	6.95	41.15	1.58	1.50	94.94	3.23
1963	55.10	46.59	6.16	11.18	46.43	2.86	2.58	90.21	5.54
1964	54.98	46.76	6.79	12.35	35.20	2.39	3.03	126.78	6.48
1965	54.77	46.45	6.88	12.56	64.97	4.47	4.66	104.25	10.03
1966	54.45	46.80	7.50	13.77	70.53	5.29	5.10	96.41	10.90
1967	54.23	46.97	7.48	13.79	64.30	4.81	5.30	110.19	11.28
1968	54.25	47.21	7.26	13.38	52.20	3.79	3.56	93.93	7.54
1969	54.16	47.04	7.25	13.39	63.31	4.59	4.43	96.51	9.42
10年小计			**68.65**	**12.79**	**80.44**	**55.22**	**49.46**	**89.57**	**10.25**
占合计%			**22.80**			**28.22**	**32.23**		
1970	54.15	47.10	7.15	13.20	73.57	5.26	4.66	88.59	9.89
1971	54.30	47.12	7.00	12.89	92.71	6.49	5.73	88.29	12.16
1972	54.12	48.98	6.71	12.40	83.46	5.60	4.99	89.11	10.19
1973	53.87	48.74	6.90	12.81	123.48	8.52	7.80	91.55	16.00
1974	53.65	48.60	6.89	12.84	80.99	5.58	4.85	86.92	9.98
1975	53.70	48.59	6.89	12.83	54.86	3.78	3.38	89.42	6.96
1976	53.43	48.36	6.58	12.32	49.24	3.24	2.77	85.49	5.73
1977	53.21	48.23	6.67	12.54	86.96	5.80	5.28	91.03	10.95
1978	53.18	48.14	6.88	12.94	85.76	5.90	5.40	91.53	11.22
1979	53.09	48.51	6.98	13.15	72.35	5.05	4.60	91.09	9.48
10年小计			**65.43**	**12.52**	**52.42**	**34.30**	**26.02**	**75.86**	**5.33**
占合计%			**21.73**			**17.53**	**16.96**		
1980	52.86	48.54	7.33	13.87	54.84	4.02	3.72	92.54	7.66
1981	52.73	48.61	11.78	22.34	38.03	4.48	4.02	89.73	8.27
1982	52.41	48.72	11.31	21.58	66.22	7.49	3.85	51.40	7.90
1983	52.35	48.97	10.70	20.44	19.72	2.11	2.13	100.95	4.35
1984	52.14	49.11	10.88	20.87	47.70	5.19	5.93	114.26	12.07
1985	52.16	49.13	2.60	4.98	38.85	1.01	1.53	151.49	3.11
1986	52.09	49.25	0.80	1.54	67.50	0.54	0.46	85.19	0.93
1987	52.08	49.28	2.47	4.74	117.00	2.89	1.91	66.09	3.88
1988	51.94	48.36	3.41	6.57	77.13	2.63	1.25	47.53	2.58
1989	51.77	48.40	4.15	8.02	94.94	3.94	1.22	30.96	2.52
11年小计			**39.68**	**12.84**	**82.61**	**32.78**	**9.42**	**28.74**	**3.22**
占合计%			**13.18**			**16.75**	**6.14**		
1990	51.69	48.43	5.11	9.89	106.07	5.42	2.15	39.67	4.44
1991	51.64	48.65	6.80	13.17	112.79	7.67	3.11	40.55	6.39
1992	51.52	48.67	8.53	16.56	67.29	5.74	2.83	49.30	5.81
1993	51.44	48.71	6.85	13.32	98.10	6.72	0.18	2.68	0.37
1994	51.36	49.05	7.54	14.68	63.13	4.76	0.58	12.18	1.18
1995	51.35	49.14	4.85	9.44	50.93	2.47	0.57	23.08	1.16
1996									
1997									
1998									
1999									
2000									

5-24-8 陕西省咸阳秦都区历年棉花生产收购

年　度	耕地面积（万亩）	农业人口（万人）	棉田面积（万亩）	占耕地（%）	亩　产（市斤）	产　量（万担）	收购量（万担）	商品率（%）	人均交售（市斤）
52 年合计			**599.71**	**23.18**	**42.13**	**252.63**	**199.66**	**79.03**	**18.80**
11 年小计			**183.23**	**26.28**	**41.95**	**76.87**	**45.40**	**59.06**	**27.17**
占合计%			**30.55**			**30.43**	**22.74**		
1949	65.46	13.28	15.13	23.11	26.97	4.08			
1950	65.36	13.29	19.38	29.65	29.98	5.81			
1951	65.37	14.38	18.30	27.99	44.97	8.23			
1952	65.76	14.72	17.52	26.64	34.99	6.13			
1953	63.56	14.82	15.98	25.14	41.99	6.71			
1954	63.58	14.81	17.23	27.10	43.41	7.48	9.66	129.14	65.23
1955	63.25	15.49	12.77	20.19	37.35	4.77	4.97	104.19	32.09
1956	63.57	16.29	17.24	27.12	43.85	7.56	6.78	89.68	41.62
1957	62.50	16.51	17.85	28.56	51.82	9.25	9.17	99.14	55.54
1958	59.96	16.78	15.79	26.33	69.66	11.00	8.96	81.45	53.40
1959	58.90	16.74	16.04	27.23	36.47	5.85	5.86	100.17	35.01
10 年小计			**133.16**	**22.98**	**44.16**	**58.80**	**55.57**	**94.51**	**28.16**
占合计%			**22.20**			**23.28**	**27.83**		
1960	57.55	16.06	15.00	26.06	27.00	4.05	3.78	93.33	23.54
1961	57.12	17.33	13.24	23.18	29.98	3.97	3.28	82.62	18.93
1962	56.88	17.66	9.54	16.77	29.35	2.80	2.63	93.93	14.89
1963	56.66	19.61	12.65	22.33	29.33	3.71	3.52	94.88	17.95
1964	58.40	19.90	13.67	23.41	29.41	4.02	3.75	93.28	18.84
1965	58.59	20.22	13.80	23.55	56.81	7.84	7.55	96.30	37.34
1966	58.97	20.65	13.88	23.54	69.16	9.60	9.23	96.15	44.70
1967	58.67	21.34	13.89	23.67	67.03	9.31	8.91	95.70	41.75
1968	58.48	21.90	13.85	23.68	42.45	5.88	5.63	95.75	25.71
1969	58.17	22.70	13.64	23.45	55.87	7.62	7.29	95.67	32.11
10 年小计			**130.91**	**23.23**	**47.74**	**62.49**	**58.54**	**93.68**	**23.07**
占合计%			**21.83**			**24.74**	**29.32**		
1970	57.97	23.14	13.18	22.74	52.12	6.87	6.51	94.76	28.13
1971	57.61	23.45	13.10	22.74	53.13	6.96	6.56	94.25	27.97
1972	57.12	23.94	13.10	22.93	38.09	4.99	4.72	94.59	19.72
1973	56.35	24.57	13.13	23.30	69.31	9.10	8.64	94.95	35.16
1974	56.20	25.42	13.10	23.31	47.94	6.28	5.95	94.75	23.41
1975	56.11	26.12	13.10	23.35	38.02	4.98	4.52	90.76	17.30
1976	55.69	26.54	13.10	23.52	23.51	3.08	2.76	89.61	10.40
1977	55.70	26.80	13.08	23.48	44.72	5.85	5.43	92.82	20.26
1978	55.45	26.83	13.07	23.57	58.91	7.70	7.19	93.38	26.80
1979	55.23	26.89	12.95	23.45	51.58	6.68	6.26	93.71	23.28
10 年小计			**134.97**	**28.62**	**33.67**	**45.45**	**34.21**	**75.27**	**13.94**
占合计%			**22.51**			**17.99**	**17.13**		
1980	55.12	26.86	13.12	23.80	39.48	5.18	4.83	93.24	17.98
1981	54.94	27.15	22.10	40.23	31.31	6.92	6.63	95.81	24.42
1982	54.86	27.58	22.10	40.28	71.00	15.69	12.62	80.43	45.76
1983	54.67	27.82	21.52	39.36	19.80	4.26	3.60	84.51	12.94
1984	54.67	27.11	18.40	33.66	38.37	7.06	4.47	63.31	16.49
1985	54.12	28.55	13.80	25.50	23.26	3.21	1.19	37.07	4.17
1986	61.10	29.37	6.70	10.97	16.42	1.10	0.40	36.36	1.36
1987	27.60	17.61	7.53	27.28	7.44	0.56	0.32	57.14	1.82
1988	27.33	16.57	8.72	31.91	9.06	0.79	0.14	17.72	0.84
1989	27.20	16.80	0.98	3.60	69.39	0.68	0.01	1.47	0.06
11 年小计			**17.44**	**6.34**	**51.72**	**9.02**	**5.94**	**65.85**	**2.99**
占合计%			**2.91**			**3.57**	**2.98**		
1990	26.53	17.50	3.67	13.83	57.77	2.12	0.76	35.85	4.34
1991	26.40	17.40	2.47	9.36	75.30	1.86	0.95	51.08	5.46
1992	26.10	17.60	2.93	11.23	15.36	0.45	0.56	124.44	3.18
1993	25.70	17.70	0.66	2.57	71.21	0.47	0.06	12.77	0.34
1994	25.40	17.80	0.41	1.61	100.00	0.41	0.12	29.27	0.67
1995	24.51	18.00	1.56	6.36	70.51	1.10	1.00	90.91	5.56
1996	24.34	18.05	1.92	7.89	31.25	0.60	1.00	166.67	5.54
1997	24.20	18.25	1.81	7.48	33.70	0.61	0.51	83.61	2.79
1998	24.05	18.40	1.01	4.20	59.41	0.60	0.44	73.33	2.39
1999	24.00	19.00	0.50	2.08	80.00	0.40	0.30	75.00	1.58
2000	24.00	19.00	0.50	2.08	80.00	0.40	0.24	60.00	1.26

5－24－9 陕西省咸阳渭城区历年棉花生产收购

年　度	耕地面积（万亩）	农业人口（万人）	棉田面积（万亩）	占耕地（%）	亩　产（市斤）	产　量（万担）	收购量（万担）	商品率（%）	人均交售（市斤）
52 年合计			**23.80**	**6.38**	**53.36**	**12.70**	**5.44**	**42.87**	**2.04**
11 年小计									
占合计%									
1949									
1950									
1951									
1952									
1953									
1954									
1955									
1956									
1957									
1958									
1959									
10 年小计									
占合计%									
1960									
1961									
1962									
1963									
1964									
1965									
1966									
1967									
1968									
1969									
10 年小计									
占合计%									
1970									
1971									
1972									
1973									
1974									
1975									
1976									
1977									
1978									
1979									
10 年小计			**2.83**	**3.37**	**73.85**	**2.09**	**1.47**	**70.33**	**2.60**
占合计%			**11.89**			**16.46**	**27.00**		
1980									
1981									
1982									
1983									
1984									
1985									
1986									
1987	28.40	18.80	0.50	1.76	90.00	0.45	0.23	51.11	1.22
1988	27.93	18.84	1.27	4.55	67.72	0.86	0.68	79.07	3.61
1989	27.62	18.96	1.06	3.84	73.58	0.78	0.56	71.79	2.95
11 年小计			**20.97**	**7.26**	**50.60**	**10.61**	**3.97**	**37.46**	**1.89**
占合计%			**88.11**			**83.54**	**73.00**		
1990	27.51	19.20	3.10	11.27	75.81	2.35	0.72	30.64	3.75
1991	27.20	19.63	3.40	12.50	60.00	2.04	0.71	34.80	3.62
1992	27.14	19.65	3.74	13.78	51.60	1.93	0.68	35.23	3.46
1953	26.73	19.81	1.94	7.26	77.32	1.50	0.07	4.93	0.37
1994	26.85	19.96	1.88	7.00	6.38	0.12	0.18	150.00	0.90
1995	26.46	20.01	2.35	8.88	20.85	0.49	0.72	146.94	3.60
1996	26.92	20.13	1.54	5.72	32.47	0.50	0.17	34.00	0.84
1997	25.70	20.36	1.10	4.28	42.73	0.47	0.12	25.53	0.59
1998	25.40	20.54	1.12	4.41	50.00	0.56	0.24	42.86	1.17
1999	25.00	15.00	0.50	2.00	90.00	0.45	0.36	80.00	2.40
2000	23.96	16.14	0.30	1.25	66.67	0.20			

5-24-10　陕西省泾阳县历年棉花生产收购

年　度	耕地面积（万亩）	农业人口（万人）	棉田面积（万亩）	占耕地（%）	亩　产（市斤）	产　量（万担）	收购量（万担）	商品率（%）	人均交售（市斤）
52年合计			**1198.11**	**22.42**	**56.13**	**672.54**	**602.77**	**89.63**	**34.43**
11年小计			**377.13**	**33.61**	**51.84**	**195.51**	**186.02**	**95.15**	**83.66**
占合计%			**31.48**			**29.07**	**30.86**		
1949	106.35	17.15	35.00	32.91	38.00	13.30	13.03	97.97	75.98
1950	106.41	17.80	35.12	33.00	40.12	14.09	13.03	92.48	73.20
1951	105.11	18.10	35.57	33.84	48.97	17.42	15.85	90.99	87.57
1952	103.09	19.47	35.47	34.41	35.38	12.55	11.82	94.18	60.71
1953	97.69	19.78	34.89	35.72	55.09	19.22	18.50	96.25	93.53
1954	94.32	20.45	33.13	35.13	61.64	20.42	18.65	91.33	91.20
1955	95.71	21.10	33.33	34.82	51.34	17.11	15.72	91.88	74.50
1956	105.74	21.33	33.30	31.49	57.63	19.19	16.98	88.48	79.61
1957	99.93	22.04	35.27	35.29	64.98	22.92	21.54	93.98	97.73
1958	106.35	22.44	32.77	30.81	64.72	21.21	22.09	104.15	98.44
1959	101.38	22.69	33.28	32.83	54.33	18.08	18.81	104.04	82.90
10年小计			**303.65**	**28.74**	**47.16**	**143.21**	**138.12**	**96.45**	**51.66**
占合计%			**25.34**			**21.29**	**22.91**		
1960	105.90	22.92	31.54	29.78	39.47	12.45	12.40	99.60	54.10
1961	100.81	23.49	28.21	27.98	31.02	8.75	8.42	96.23	35.85
1962	98.24	24.92	22.68	23.09	42.33	9.60	9.06	94.38	36.36
1963	102.91	25.69	28.06	27.27	47.65	13.37	13.16	98.43	51.23
1964	107.07	26.46	33.39	31.19	39.08	13.05	12.40	95.02	46.86
1965	108.69	27.18	32.40	29.81	64.35	20.85	20.63	98.94	75.90
1966	110.96	28.84	31.81	28.67	56.43	17.95	17.41	96.99	60.37
1967	108.56	28.07	32.03	29.50	57.82	18.52	17.67	95.41	62.95
1968	106.98	29.53	31.99	29.90	36.98	11.83	11.12	94.00	37.66
1969	106.45	30.25	31.54	29.63	53.39	16.84	15.85	94.12	52.40
10年小计			**267.24**	**24.94**	**56.03**	**149.74**	**135.88**	**90.74**	**39.32**
占合计%			**22.31**			**22.26**	**22.54**		
1970	108.58	31.05	31.51	29.02	51.38	16.19	15.12	93.39	48.70
1971	108.99	31.85	30.44	27.93	60.15	18.31	11.75	64.17	36.89
1972	109.74	32.68	26.43	24.08	42.49	11.23	11.02	98.13	33.72
1973	108.81	33.55	26.03	23.92	65.54	17.06	16.47	96.54	49.09
1974	106.92	34.48	25.85	24.18	57.99	14.99	13.93	92.93	40.40
1975	108.89	35.18	26.44	24.28	53.86	14.24	13.59	95.44	38.63
1976	105.59	35.90	26.41	25.01	40.02	10.57	9.42	89.12	26.24
1977	104.49	36.56	25.76	24.65	54.11	13.94	12.87	92.32	35.20
1978	105.16	37.00	24.30	23.11	69.30	16.84	16.02	95.13	43.30
1979	104.49	37.29	24.07	23.04	68.01	16.37	15.69	95.85	42.08
10年小计			**160.73**	**15.58**	**66.82**	**107.40**	**95.06**	**88.51**	**23.43**
占合计%			**13.42**			**15.97**	**15.77**		
1980	103.35	37.68	23.52	22.76	62.37	14.67	14.14	96.39	37.53
1981	101.36	38.44	24.18	23.86	34.33	8.30	7.90	95.18	20.55
1982	101.17	39.04	24.18	23.90	74.07	17.91	17.38	97.04	44.52
1983	101.66	39.47	24.18	23.79	30.77	7.44	6.46	86.83	16.37
1984	99.04	40.16	18.40	18.58	75.22	13.84	13.74	99.28	34.21
1985	103.48	40.72	13.80	13.34	71.74	9.90	12.18	123.03	29.91
1986	104.81	41.32	6.70	6.39	127.46	8.54	8.27	96.84	20.01
1987	107.21	42.22	7.53	7.02	134.53	10.13	7.65	75.52	18.12
1988	100.80	42.99	8.72	8.65	70.99	6.19	3.28	52.99	7.63
1989	108.56	43.74	9.52	8.77	110.08	10.48	4.06	38.74	9.28
11年小计			**89.36**	**8.40**	**85.81**	**76.68**	**47.69**	**62.19**	**9.35**
占合计%			**7.46**			**11.40**	**7.91**		
1990	109.05	45.15	11.32	10.38	121.55	13.76	9.24	67.15	20.47
1991	111.37	45.67	20.20	18.14	104.01	21.01	13.75	65.45	30.11
1992	108.75	46.07	20.12	18.50	42.99	8.65	10.53	121.73	22.86
1993	100.38	46.76	11.31	11.27	112.02	12.67	5.30	41.83	11.33
1994	104.97	47.11	10.72	10.21	68.00	7.29	1.58	21.67	3.35
1995	90.40	47.51	7.40	8.19	84.05	6.22	2.62	42.12	5.51
1996	101.14	47.86	3.32	3.28	67.77	2.25	0.73	32.44	1.53
1997	99.49	47.95	1.78	1.79	92.13	1.64	1.74	106.10	3.63
1998	104.25	48.09	1.82	1.75	110.44	2.01	2.20	109.45	4.57
1999	66.96	43.88	0.62	0.93	80.65	0.50			
2000	66.58	43.88	0.75	1.13	90.67	0.68			

5－24－11　陕西省三原县历年棉花生产收购

年　度	耕地面积（万亩）	农业人口（万人）	棉田面积（万亩）	占耕地（%）	亩　产（市斤）	产　量（万担）	收购量（万担）	商品率（%）	人均交售（市斤）
52 年合计			**712.95**	**24.13**	**50.21**	**357.99**	**313.69**	**87.63**	**26.02**
11 年小计			**229.38**	**33.15**	**56.19**	**128.90**	**101.86**	**79.02**	**68.40**
占合计%			**32.17**			**36.01**	**32.47**		
1949	61.36	9.52	14.50	23.63	35.17	5.10			
1950	61.55	10.88	17.80	28.92	31.91	5.68			
1951	61.62	11.75	19.27	31.27	48.78	9.40			
1952	63.79	12.38	22.12	34.68	34.99	7.74			
1953	63.35	13.12	20.11	31.74	57.98	11.66			
1954	63.28	13.45	19.12	30.21	63.65	12.17	19.90	163.52	147.96
1955	63.27	13.75	21.38	33.79	45.04	9.63	14.23	147.77	103.49
1956	64.17	15.33	23.34	36.37	78.28	18.27	16.59	90.80	108.22
1957	64.09	15.91	25.12	39.19	72.01	18.09	16.89	93.37	106.16
1958	63.84	16.31	24.00	37.59	67.83	16.28	18.54	113.88	113.67
1959	61.60	16.52	22.62	36.72	65.78	14.88	15.71	105.58	95.10
10 年小计			**198.38**	**32.82**	**46.24**	**91.74**	**94.57**	**103.08**	**47.52**
占合计%			**27.83**			**25.63**	**30.15**		
1960	60.92	16.73	20.49	33.63	45.39	9.30	10.46	112.47	62.52
1961	60.30	17.86	18.90	31.34	36.30	6.86	6.56	95.63	36.73
1962	60.63	18.80	12.44	20.52	42.44	5.28	4.69	88.83	24.95
1963	60.61	19.30	18.36	30.29	49.07	9.01	8.66	96.12	44.87
1964	60.99	19.83	21.73	35.63	39.99	8.69	9.38	107.94	47.30
1965	61.01	20.17	21.60	35.40	60.60	13.09	14.15	108.10	70.15
1966	60.42	20.72	21.71	35.93	52.79	11.46	11.85	103.40	57.19
1967	60.15	21.19	21.55	35.83	53.18	11.46	12.08	105.41	57.01
1968	59.70	21.73	21.23	35.56	33.40	7.09	6.68	94.22	30.74
1969	59.69	22.67	20.37	34.13	46.64	9.50	10.06	105.89	44.38
10 年小计			**183.76**	**31.54**	**50.70**	**93.16**	**88.16**	**94.63**	**34.44**
占合计%			**25.77**			**26.02**	**28.10**		
1970	59.32	23.38	21.40	36.08	41.96	8.98	8.32	92.65	35.59
1971	59.02	23.66	21.35	36.17	62.62	13.37	12.87	96.26	54.40
1972	59.21	24.21	17.90	30.23	32.74	5.86	5.60	95.56	23.13
1973	58.95	26.60	17.75	30.11	66.25	11.76	11.33	96.34	42.59
1974	58.71	25.33	17.75	30.23	50.37	8.94	8.47	94.74	33.44
1975	58.36	25.84	17.78	30.47	54.27	9.65	8.81	91.30	34.09
1976	58.10	26.34	17.60	30.29	40.74	7.17	6.73	93.86	25.55
1977	57.94	26.75	17.67	30.50	52.12	9.21	8.71	94.57	32.56
1978	56.58	26.92	17.17	30.35	51.66	8.87	8.44	95.15	31.35
1979	56.35	26.98	17.39	30.86	53.77	9.35	8.88	94.97	32.91
10 年小计			**81.59**	**14.88**	**36.08**	**29.44**	**23.65**	**80.33**	**8.33**
占合计%			**11.44**			**8.22**	**7.54**		
1980	56.20	27.05	16.63	29.59	42.75	7.11	7.12	100.14	26.32
1981	55.91	27.22	15.58	27.87	28.56	4.45	4.51	101.35	16.57
1982	55.19	27.50	14.65	26.54	52.83	7.74	7.12	91.99	25.89
1983	55.10	27.55	15.60	28.31	16.35	2.55	1.93	75.69	7.01
1984	54.89	27.86	12.40	22.59	33.79	4.19	1.83	43.68	6.57
1985	54.68	28.20	3.10	5.67	28.71	0.89	0.24	26.97	0.85
1986	54.41	28.87	0.80	1.47	67.50	0.54	0.25	46.30	0.87
1987	54.17	29.33	0.85	1.57	94.12	0.80	0.47	58.75	1.60
1988	53.89	29.99	1.13	2.10	55.75	0.63	0.11	17.46	0.37
1989	53.73	30.35	0.85	1.58	63.53	0.54	0.07	12.96	0.23
11 年小计			**19.84**	**3.76**	**74.36**	**14.75**	**5.45**	**36.97**	**1.72**
占合计%			**2.78**			**4.12**	**1.74**		
1990	53.77	31.00	3.18	5.91	90.25	2.87	0.82	28.57	2.65
1991	53.67	31.27	6.41	11.94	88.30	5.66	1.70	30.04	5.44
1992	53.42	31.34	6.00	11.23	50.00	3.00	2.52	84.00	8.04
1993	52.93	31.60	2.07	3.91	63.77	1.32	0.13	9.85	0.41
1994	52.49	31.89	0.85	1.62	109.41	0.93	0.03	3.23	0.09
1995	52.31	32.09	0.58	1.11	100.52	0.58	0.11	18.87	0.34
1996	52.09	32.14	0.33	0.63	48.48	0.16	0.07	46.25	0.23
1997	52.20	32.14	0.18	0.34	50.00	0.09	0.03	33.33	0.09
1998	52.68	32.11	0.14	0.27	57.14	0.08	0.03	37.50	0.09
1999	52.50	32.20	0.10	0.19	60.00	0.06	0.01	16.67	0.03
2000									

5-24-12 陕西省礼泉县历年棉花生产收购

年　度	耕地面积（万亩）	农业人口（万人）	棉田面积（万亩）	占耕地（%）	亩　产（市斤）	产　量（万担）	收购量（万担）	商品率（%）	人均交售（市斤）
52年合计			**566.30**	**11.50**	**38.28**	**216.76**	**48.37**	**22.31**	**3.10**
11年小计			**159.66**	**13.87**	**33.23**	**53.05**	**1.65**	**3.11**	**0.80**
占合计%			**28.19**			**24.47**	**3.41**		
1949	104.08	15.10	9.88	9.49	13.56	1.34			
1950	105.37	16.75	11.86	11.26	7.08	0.84			
1951	105.37	17.83	12.87	12.21	39.94	5.14			
1952	105.37	18.24	16.24	15.41	23.71	3.85			
1953	103.78	18.46	14.15	13.63	29.19	4.13			
1954	103.78	18.59	13.92	13.41	34.99	4.87	0.15	3.08	0.81
1955	103.78	18.72	13.14	12.66	10.50	1.38	0.06	4.35	0.32
1956	103.78	19.68	15.51	14.95	27.47	4.26	0.17	3.99	0.86
1957	105.37	20.76	18.04	17.12	49.00	8.84	0.42	4.75	2.02
1958	105.37	21.39	17.29	16.41	59.98	10.37	0.43	4.15	2.01
1959	105.37	21.87	16.76	15.91	47.91	8.03	0.42	5.23	1.92
10年小计			**150.05**	**14.71**	**32.30**	**48.46**	**2.05**	**4.23**	**0.82**
占合计%			**26.50**			**22.36**	**4.24**		
1960	103.46	22.54	16.23	15.69	36.17	5.87	0.21	3.58	0.93
1961	102.78	23.16	15.05	14.64	18.87	2.84	0.12	4.23	0.52
1962	101.19	23.40	15.05	14.87	20.27	3.05	0.14	4.59	0.60
1963	100.84	24.57	13.97	13.85	24.27	3.39	0.16	4.72	0.65
1964	100.84	24.88	15.04	14.91	20.81	3.13	0.14	4.47	0.56
1965	103.78	25.21	14.88	14.34	55.71	8.29	0.39	4.70	1.55
1966	102.59	25.97	15.01	14.63	44.90	6.74	0.33	4.90	1.27
1967	102.76	26.35	15.01	14.61	38.44	5.77	0.25	4.33	0.95
1968	101.35	26.91	15.01	14.81	29.98	4.50	0.12	2.67	0.45
1969	100.64	27.72	14.80	14.71	32.97	4.88	0.19	3.89	0.69
10年小计			**152.02**	**15.80**	**44.95**	**68.33**	**3.17**	**4.64**	**1.02**
占合计%			**26.84**			**31.52**	**6.55**		
1970	100.07	28.60	14.11	14.10	37.99	5.36	0.24	4.48	0.84
1971	100.34	28.84	15.00	14.95	40.33	6.05	0.28	4.63	0.97
1972	100.59	29.17	16.01	15.92	41.47	6.64	0.31	4.67	1.06
1973	100.96	29.76	16.01	15.86	61.52	9.85	0.47	4.77	1.58
1974	94.23	30.68	15.63	16.59	45.04	7.04	0.33	4.69	1.08
1975	94.67	31.79	15.96	16.86	34.96	5.58	0.26	4.66	0.82
1976	93.15	32.25	16.07	17.25	24.14	3.88	0.16	4.12	0.50
1977	93.78	32.83	15.00	15.99	46.73	7.01	0.33	4.71	1.01
1978	92.60	33.28	13.78	14.88	58.71	8.09	0.38	4.70	1.14
1979	92.04	33.82	14.45	15.70	61.11	8.83	0.41	4.64	1.21
10年小计			**82.61**	**9.38**	**43.59**	**36.01**	**31.23**	**86.73**	**8.81**
占合计%			**14.59**			**16.61**	**64.56**		
1980	91.63	34.10	14.28	15.58	46.22	6.60	6.00	90.91	17.60
1981	91.20	34.35	15.89	17.42	27.88	4.43	3.80	85.78	11.06
1982	90.80	34.68	15.91	17.52	57.83	9.20	8.20	89.13	23.64
1983	90.52	34.91	16.04	17.72	26.87	4.31	2.48	57.54	7.10
1984	88.33	35.01	11.66	13.20	55.57	6.48	3.80	58.64	10.85
1985	86.54	35.24	3.90	4.51	53.85	2.10	3.60	171.43	10.22
1986	85.66	35.96	1.20	1.40	93.33	1.12	2.60	*	7.23
1987	85.31	36.37	1.05	1.23	76.19	0.80	0.61	76.25	1.68
1988	85.67	36.79	1.39	1.62	40.29	0.56	0.05	8.93	0.14
1989	85.45	37.18	1.29	1.51	31.78	0.41	0.09	21.95	0.24
11年小计			**21.96**	**2.42**	**49.69**	**10.91**	**10.27**	**94.11**	**2.35**
占合计%			**3.88**			**5.03**	**21.23**		
1990	84.73	38.48	3.15	3.72	49.84	1.57	2.10	133.76	5.46
1991	84.91	38.63	4.79	5.64	45.93	2.20	2.60	118.18	6.73
1992	83.32	38.97	4.10	4.92	41.95	1.72	2.75	159.88	7.06
1993	83.75	39.12	0.50	0.60	190.00	0.95	0.01	1.05	0.03
1994	82.18	39.35	1.75	2.13	29.71	0.52	0.01	1.92	0.03
1995	82.54	39.76	2.20	2.67	40.00	0.88	1.10	125.00	2.77
1996	82.76	40.20	1.12	1.35	42.23	0.47	0.19	40.17	0.47
1997	81.21	40.25	1.00	1.23	50.00	0.50	0.06	12.00	0.15
1998	81.21	40.25	1.15	1.42	67.83	0.78	0.53	67.95	1.32
1999	81.21	40.60	1.00	1.23	60.00	0.60	0.52	86.67	1.28
2000	81.21	40.60	1.20	1.48	60.00	0.72	0.40	55.56	0.99

5－24－13　陕西省乾县历年棉花生产收购

年　　度	耕地面积（万亩）	农业人口（万人）	棉田面积（万亩）	占耕地（%）	亩　产（市斤）	产　量（万担）	收购量（万担）	商品率（%）	人均交售（市斤）
52 年合计			**417.81**	**7.48**	**37.86**	**158.19**	**116.14**	**73.42**	**5.88**
11 年小计			**71.15**	**5.58**	**36.50**	**25.97**	**10.50**	**40.43**	**4.00**
占合计%			**17.03**			**16.42**	**9.04**		
1949	103.13	22.07	5.72	5.55	11.36	0.65			
1950	114.28	22.33	6.34	5.55	39.91	2.53			
1951	118.30	22.59	5.57	4.71	41.83	2.33			
1952	118.90	22.16	6.41	5.39	24.96	1.60			
1953	119.00	22.83	5.31	4.46	37.66	2.00			
1954	119.32	23.61	6.19	5.19	31.99	1.98	0.75	37.88	3.18
1955	119.35	24.20	3.43	2.87	31.78	1.09	0.07	6.42	0.29
1956	118.60	24.79	6.65	5.61	26.32	1.75	0.51	29.14	2.06
1957	117.00	25.86	7.10	6.07	44.93	3.19	2.63	82.45	10.17
1958	113.80	26.28	8.16	7.17	45.47	3.71	3.31	89.22	12.60
1959	113.36	25.84	10.27	9.06	50.05	5.14	3.23	62.84	12.50
10 年小计			**102.92**	**8.96**	**26.64**	**27.42**	**22.55**	**82.24**	**7.38**
占合计%			**24.63**			**17.33**	**19.42**		
1960	113.48	27.34	11.09	9.77	30.84	3.42	1.63	47.66	5.96
1961	113.80	27.42	11.73	10.31	16.79	1.97	1.35	68.53	4.92
1962	113.80	28.82	7.00	6.15	24.71	1.73	1.50	86.71	5.20
1963	113.80	29.72	9.16	8.05	25.00	2.29	1.93	84.28	6.49
1964	116.30	30.36	10.23	8.80	12.90	1.32	1.00	75.76	3.29
1965	116.40	30.83	10.00	8.59	51.20	5.12	4.92	96.09	15.96
1966	116.10	31.65	10.30	8.87	41.65	4.29	4.00	93.24	12.64
1967	115.60	32.01	11.20	9.69	31.25	3.50	3.22	92.00	10.06
1968	115.00	32.90	11.01	9.57	16.62	1.83	1.43	78.14	4.35
1969	114.95	34.51	11.20	9.74	17.41	1.95	1.57	80.51	4.55
10 年小计			**143.13**	**13.02**	**40.29**	**57.67**	**52.76**	**91.49**	**13.51**
占合计%			**34.26**			**36.46**	**45.43**		
1970	113.50	35.30	11.50	10.13	49.13	5.65	4.95	87.61	14.02
1971	112.70	36.23	11.30	10.03	51.68	5.84	5.38	92.12	14.85
1972	112.00	37.13	15.70	14.02	43.69	6.86	6.44	93.88	17.34
1973	112.00	37.88	15.71	14.03	50.22	7.89	7.40	93.79	19.54
1974	110.30	38.73	14.83	13.45	31.02	4.60	4.24	92.17	10.95
1975	109.50	39.56	15.45	14.11	22.85	3.53	3.05	86.40	7.71
1976	108.30	40.55	15.66	14.46	12.20	1.91	1.51	79.06	3.72
1977	107.70	41.26	13.99	12.99	33.17	4.64	4.21	90.73	10.20
1978	107.00	41.68	14.39	13.45	55.11	7.93	7.39	93.19	17.73
1979	106.50	42.13	14.60	13.71	60.41	8.82	8.19	92.86	19.44
10 年小计			**72.61**	**7.06**	**36.46**	**26.47**	**22.56**	**85.23**	**5.07**
占合计%			**17.38**			**16.73**	**19.43**		
1980	105.00	42.54	12.73	12.12	51.06	6.50	5.95	91.54	13.99
1981	105.00	43.05	14.80	14.10	27.23	4.03	3.60	89.33	8.36
1982	104.00	43.53	14.63	14.07	46.75	6.84	6.27	91.67	14.40
1983	103.70	43.73	14.67	14.15	16.09	2.36	2.02	85.59	4.62
1984	103.10	44.16	9.98	9.68	40.68	4.06	3.33	82.02	7.54
1985	102.40	44.59	4.00	3.91	45.75	1.83	1.18	64.48	2.65
1986	102.00	45.00	0.50	0.49	48.00	0.24	0.15	62.50	0.33
1987	101.50	45.44	0.42	0.41	59.52	0.25	0.06	24.00	0.13
1988	101.10	46.23	0.57	0.56	35.09	0.20			
1989	101.00	47.05	0.31	0.31	51.61	0.16			
11 年小计			**28.00**	**2.72**	**73.79**	**20.66**	**7.77**	**37.59**	**1.36**
占合计%			**6.70**			**13.06**	**6.69**		
1990	100.00	49.10	1.08	1.08	50.00	0.54	0.14	25.93	0.29
1991	98.40	49.79	4.94	5.02	70.04	3.46	1.67	48.27	3.35
1992	97.50	50.31	5.72	5.87	68.01	3.89	2.66	68.38	5.29
1993	96.00	50.88	3.30	3.44	93.94	3.10	0.02	0.65	0.04
1994	93.00	51.35	1.94	2.09	69.59	1.35	0.06	4.44	0.12
1995	92.00	52.21	3.89	4.23	69.92	2.72	1.10	40.44	2.11
1996	92.00	52.77	2.50	2.72	94.00	2.35	1.10	46.81	2.08
1997	92.00	53.22	1.36	1.48	73.53	1.00	0.06	6.30	0.12
1998	90.00	53.50	1.27	1.41	78.74	1.00	0.45	45.30	0.85
1999	90.00	53.80	1.00	1.11	60.00	0.60			
2000	90.00	54.00	1.00	1.11	65.00	0.65	0.50	76.92	0.93

5－24－14　陕西省兴平市历年棉花生产收购

年　度	耕地面积（万亩）	农业人口（万人）	棉田面积（万亩）	占耕地（%）	亩　产（市斤）	产　量（万担）	收购量（万担）	商品率（%）	人均交售（市斤）
52 年合计			**373.12**	**20.18**	**45.22**	**168.73**	**153.66**	**91.07**	**14.45**
11 年小计			**75.45**	**17.76**	**40.70**	**30.71**	**30.70**	**99.97**	**17.85**
占合计%			**20.22**			**18.20**	**19.98**		
1949									
1950									
1951									
1952									
1953	62.32	21.62	10.34	16.59	40.72	4.21	3.34	79.33	15.45
1954	61.70	22.17	10.57	17.13	40.30	4.26	4.70	110.33	21.20
1955	62.13	24.11	8.18	13.17	46.21	3.78	3.81	100.79	15.80
1956	60.95	24.63	11.72	19.23	29.18	3.42	4.18	122.22	16.97
1957	60.33	25.42	11.89	19.71	44.66	5.31	5.35	100.75	21.05
1958	59.69	26.70	12.03	20.15	46.47	5.59	4.78	85.51	17.90
1959	57.65	27.30	10.72	18.59	38.62	4.14	4.54	109.66	16.63
10 年小计			**111.58**	**19.85**	**46.78**	**52.20**	**47.47**	**90.94**	**15.79**
占合计%			**29.90**			**30.94**	**30.89**		
1960	57.21	28.39	10.28	17.97	35.70	3.67	2.80	76.29	9.86
1961	56.79	28.63	9.55	16.82	28.90	2.76	2.10	76.09	7.33
1962	56.60	29.15	8.05	14.22	33.91	2.73	2.43	89.01	8.34
1963	56.60	29.80	10.58	18.69	35.92	3.80	3.43	90.26	11.51
1964	56.34	30.05	12.24	21.73	38.64	4.73	5.53	116.91	18.40
1965	56.15	30.23	12.27	21.85	56.72	6.96	6.54	93.97	21.63
1966	55.87	30.76	12.09	21.64	66.58	8.05	7.56	93.91	24.58
1967	55.74	30.94	12.26	21.99	55.63	6.82	6.82	100.00	22.04
1968	55.23	31.17	12.07	21.85	50.04	6.04	4.79	79.30	15.37
1969	55.54	31.43	12.19	21.95	54.47	6.64	5.47	82.38	17.40
10 年小计			**123.42**	**22.61**	**53.65**	**66.22**	**60.41**	**91.23**	**17.61**
占合计%			**33.08**			**39.25**	**39.31**		
1970	55.86	31.85	12.22	21.88	56.30	6.88	6.38	92.73	20.03
1971	55.97	31.74	12.20	21.80	63.36	7.73	7.14	92.37	22.50
1972	55.02	32.26	12.20	22.17	53.28	6.50	5.95	91.54	18.44
1973	54.91	32.09	12.19	22.20	84.74	10.33	9.69	93.80	30.20
1974	54.78	33.17	12.21	22.29	48.40	5.91	5.45	92.22	16.43
1975	54.25	33.56	12.20	22.49	34.75	4.24	3.60	84.91	10.73
1976	54.06	33.84	12.56	23.23	24.36	3.06	2.60	84.97	7.68
1977	53.97	33.99	12.58	23.31	49.60	6.24	5.60	89.74	16.48
1978	53.63	40.16	12.54	23.38	65.07	8.16	7.49	91.79	18.65
1979	53.35	40.35	12.52	23.47	57.27	7.17	6.51	90.79	16.13
10 年小计			**62.67**	**19.83**	**31.27**	**19.60**	**15.08**	**76.94**	**6.08**
占合计%			**16.80**			**11.62**	**9.81**		
1980	53.85	40.76	12.54	23.29	37.08	4.65	4.02	86.45	9.86
1981	52.94	40.98	12.58	23.76	19.55	2.46	2.02	82.11	4.93
1982	52.66	41.17	12.55	23.83	55.62	6.98	6.27	89.83	15.23
1983	52.37	41.32	12.56	23.98	12.26	1.54	0.93	60.39	2.25
1984	52.13	41.83	9.64	18.49	30.19	2.91	0.48	16.49	1.15
1985	52.09	42.10	2.80	5.38	37.86	1.06	1.36	128.30	3.23
1986									
1987									
1988									
1989									
11 年小计									
占合计%									
1990									
1991									
1992									
1993									
1994									
1995									
1996									
1997									
1998									
1999									
2000									

5-24-15　陕西省渭南市临渭区历年棉花生产收购

年　度	耕地面积（万亩）	农业人口（万人）	棉田面积（万亩）	占耕地（%）	亩　产（市斤）	产　量（万担）	收购量（万担）	商品率（%）	人均交售（市斤）
52 年合计			**1394.20**	**20.35**	**57.28**	**798.59**	**619.06**	**77.52**	**23.38**
11 年小计			**325.02**	**20.32**	**44.64**	**145.10**	**111.97**	**77.17**	**30.42**
占合计%			**23.31**			**18.17**	**18.09**		
1949	146.37	27.12	21.31	14.56	19.99	4.26			
1950	147.38	29.28	21.50	14.59	26.00	5.59			
1951	147.38	30.32	23.89	16.21	50.98	12.18			
1952	147.50	30.11	31.51	21.36	37.99	11.97			
1953	146.69	30.38	30.01	20.46	43.99	13.20	12.47	94.47	41.05
1954	147.89	30.55	27.35	18.49	48.99	13.40	18.26	136.27	59.77
1955	146.69	32.14	29.55	20.14	38.00	11.23	10.82	96.35	33.67
1956	144.08	53.17	34.89	24.22	45.00	15.70	14.05	89.49	26.42
1957	144.18	33.93	35.58	24.68	53.01	18.86	18.62	98.73	54.88
1958	142.10	34.40	33.67	23.69	64.00	21.55	21.85	101.39	63.52
1959	139.30	36.70	35.76	25.67	47.99	17.16	15.90	92.66	43.32
10 年小计			**320.56**	**23.36**	**39.19**	**125.63**	**119.64**	**95.23**	**26.73**
占合计%			**22.99**			**15.73**	**19.33**		
1960	138.10	38.24	34.42	24.92	35.01	12.05	10.71	88.88	28.01
1961	137.20	40.25	33.99	24.77	27.01	9.18	8.26	89.98	20.52
1962	137.14	42.56	27.89	20.34	32.99	9.20	9.01	97.93	21.17
1963	139.28	43.67	31.63	22.71	28.99	9.17	8.64	94.22	19.78
1964	138.22	44.57	33.86	24.50	32.99	11.17	9.99	89.44	22.41
1965	137.43	45.46	32.71	23.80	50.99	16.68	16.64	99.76	36.60
1966	136.63	46.30	32.08	23.48	55.99	17.96	17.19	95.71	37.13
1967	137.21	47.82	31.99	23.31	50.02	16.00	16.03	100.19	33.52
1968	135.76	48.61	30.72	22.63	30.99	9.52	9.13	95.90	18.78
1969	135.21	50.06	31.27	23.13	47.01	14.70	14.04	95.51	28.05
10 年小计			**308.27**	**23.38**	**55.49**	**171.07**	**158.32**	**92.55**	**28.74**
占合计%			**22.11**			**21.42**	**25.57**		
1970	134.58	51.41	32.07	23.83	43.00	13.79	13.18	95.58	25.64
1971	133.96	51.96	31.00	23.14	62.00	19.22	17.84	92.82	34.33
1972	133.33	52.56	30.56	22.92	37.01	11.31	9.83	86.91	18.70
1973	133.00	53.90	30.97	23.29	85.99	26.63	24.45	91.81	45.36
1974	133.00	54.94	30.97	23.29	59.99	18.58	16.45	88.54	29.94
1975	132.00	56.05	31.03	23.51	56.01	17.38	15.40	88.61	27.48
1976	131.27	56.88	30.75	23.43	46.02	14.15	13.07	92.37	22.98
1977	130.29	57.56	30.32	23.27	59.00	17.89	16.99	94.97	29.52
1978	129.07	57.80	30.37	23.53	54.00	16.40	15.40	93.90	26.64
1979	127.90	57.84	30.23	23.64	52.00	15.72	15.71	99.94	27.16
10 年小计			**255.03**	**20.53**	**71.31**	**181.87**	**137.78**	**75.76**	**23.33**
占合计%			**18.29**			**22.77**	**22.26**		
1980	127.41	57.88	30.68	24.08	60.98	18.71	17.58	93.96	30.37
1981	126.69	58.12	35.21	27.79	33.00	11.62	11.39	98.02	19.60
1982	126.34	58.47	35.46	28.07	82.01	29.08	27.29	93.84	46.67
1983	125.73	58.35	35.36	28.12	16.01	5.66	4.08	72.08	6.99
1984	124.49	58.83	31.43	25.25	65.99	20.74	11.93	57.52	20.28
1985	123.13	58.81	19.40	15.76	72.01	13.97	12.45	89.12	21.17
1986	122.69	59.68	13.00	10.60	120.00	15.60	12.48	80.00	20.91
1987	122.14	59.63	15.44	12.64	150.00	23.16	15.06	65.03	25.26
1988	122.60	59.51	19.45	15.86	120.00	23.34	13.17	56.43	22.13
1989	121.16	61.27	19.60	16.18	101.99	19.99	12.35	61.78	20.16
11 年小计			**185.32**	**14.06**	**94.39**	**174.92**	**91.35**	**52.22**	**13.22**
占合计%			**13.29**			**21.90**	**14.76**		
1990	120.50	62.50	26.34	21.86	110.59	29.13	19.16	65.77	30.66
1991	119.98	63.40	29.16	24.30	104.60	30.50	24.30	79.67	38.33
1992	119.35	64.64	29.02	24.32	69.99	20.31	6.00	29.54	9.28
1993	118.34	64.63	21.77	18.40	96.00	20.90	5.10	24.40	7.89
1994	118.34	65.63	21.53	18.19	90.01	19.38	4.39	22.65	6.69
1995	121.00	60.00	19.70	16.28	74.11	14.60	10.00	68.49	16.67
1996	121.00	60.00	12.20	10.08	84.43	10.30	5.60	54.37	9.33
1997	120.00	60.00	9.70	8.08	76.29	7.40	2.50	33.78	4.17
1998	120.00	60.00	6.30	5.25	101.59	6.40	6.06	94.69	10.10
1999	120.00	65.00	3.60	3.00	166.67	6.00	4.54	75.67	6.98
2000	120.00	65.00	6.00	5.00	166.67	10.00	3.70	37.00	5.69

5-24-16 陕西省大荔县历年棉花生产收购

年度	耕地面积（万亩）	农业人口（万人）	棉田面积（万亩）	占耕地（%）	亩产（市斤）	产量（万担）	收购量（万担）	商品率（%）	人均交售（市斤）
52年合计			**1500.83**	**25.36**	**69.24**	**1039.12**	**816.07**	**78.53**	**36.01**
11年小计			**378.79**	**27.77**	**45.97**	**174.14**	**107.04**	**61.47**	**38.34**
占合计%			**25.24**			**16.76**	**13.12**		
1949	123.24	21.55	17.65	14.32	30.25	5.34			
1950	123.88	22.41	17.65	14.25	30.25	5.34			
1951	125.05	23.11	24.35	19.47	49.98	12.17			
1952	123.15	23.70	31.35	25.46	41.50	13.01			
1953	126.84	24.13	35.90	28.30	34.48	12.38			
1954	124.59	25.27	34.76	27.90	36.65	12.74	12.49	98.04	49.43
1955	125.28	25.93	38.71	30.90	37.02	14.33	11.49	80.18	44.31
1956	122.99	26.85	42.55	34.60	49.02	20.86	18.42	88.30	68.60
1957	124.06	27.56	44.52	35.89	54.81	24.40	13.41	54.96	48.66
1958	123.68	28.38	46.45	37.56	71.00	32.98	29.56	89.63	104.16
1959	121.14	30.29	44.90	37.06	45.86	20.59	21.67	105.25	71.54
10年小计			**277.77**	**23.94**	**46.38**	**128.83**	**124.18**	**96.39**	**33.52**
占合计%			**18.51**			**12.40**	**15.22**		
1960	119.50	31.87	32.17	26.92	33.66	10.83	11.42	105.45	35.83
1961	118.98	32.96	26.20	22.02	30.50	7.99	7.51	93.99	22.79
1962	117.44	34.41	23.99	20.43	32.51	7.80	7.21	92.44	20.95
1963	115.74	36.03	26.65	23.03	45.03	12.00	11.42	95.17	31.70
1964	118.22	36.76	28.15	23.81	46.18	13.00	12.39	95.31	33.71
1965	114.62	37.70	28.21	24.61	67.14	18.94	19.15	101.11	50.80
1966	114.37	38.77	27.62	24.15	63.76	17.61	17.55	99.66	45.27
1967	112.79	39.66	28.46	25.23	45.54	12.96	12.00	92.59	30.26
1968	113.72	40.36	28.47	25.04	40.36	11.49	11.10	96.61	27.50
1969	115.11	41.93	27.85	24.19	58.20	16.21	14.43	89.02	34.41
10年小计			**267.88**	**24.17**	**64.31**	**172.28**	**167.30**	**97.11**	**36.33**
占合计%			**17.85**			**16.58**	**20.50**		
1970	112.68	42.95	28.29	25.11	44.40	12.56	12.11	96.42	28.20
1971	112.02	43.25	27.52	24.57	55.70	15.33	14.86	96.93	34.36
1972	111.49	44.35	27.13	24.33	40.66	11.03	10.94	99.18	24.67
1973	111.29	45.24	27.04	24.30	90.94	24.59	24.47	99.51	54.09
1974	110.93	46.03	24.87	22.42	58.87	14.64	14.22	97.13	30.89
1975	110.60	46.87	26.80	24.23	63.99	17.15	17.07	99.53	36.42
1976	110.01	47.52	26.77	24.33	62.83	16.82	16.43	97.68	34.57
1977	109.48	47.96	26.86	24.53	74.50	20.01	19.15	95.70	39.93
1978	109.20	48.22	26.20	23.99	75.65	19.82	18.90	95.36	39.20
1979	110.61	48.17	26.40	23.87	77.01	20.33	19.15	94.20	39.76
10年小计			**307.49**	**28.23**	**97.60**	**300.10**	**268.58**	**89.50**	**50.07**
占合计%			**20.49**			**28.88**	**32.91**		
1980	109.20	53.10	26.95	24.68	70.13	18.90	18.23	96.46	34.33
1981	109.20	53.10	35.42	32.44	50.62	17.93	17.09	95.32	32.18
1982	109.20	53.20	35.27	32.30	108.17	38.15	36.96	96.88	69.47
1983	109.20	53.30	35.12	32.16	33.51	11.77	10.25	87.09	19.23
1984	109.10	53.50	31.00	28.41	104.58	32.42	25.42	78.41	47.51
1985	109.00	53.50	26.93	24.71	99.89	26.90	19.62	72.94	36.67
1986	108.80	54.00	23.90	21.97	134.85	32.23	25.40	78.81	47.04
1987	108.80	54.10	26.80	24.63	169.40	45.40	40.73	89.71	75.29
1988	108.50	54.20	30.60	28.20	119.93	36.70	38.14	103.92	70.37
1989	108.40	54.40	35.50	32.75	111.83	39.70	36.74	92.54	67.54
11年小计			**268.90**	**22.47**	**98.09**	**263.77**	**148.97**	**56.48**	**24.03**
占合计%			**17.92**			**25.38**	**18.25**		
1990	108.00	54.50	40.03	37.06	122.01	48.84	15.10	30.92	27.71
1991	108.00	54.50	40.20	37.22	120.00	48.24	44.94	93.16	82.46
1992	108.00	54.10	44.86	41.54	54.61	24.50	18.28	74.61	33.79
1993	108.00	54.10	34.80	32.22	68.39	23.80	9.21	38.70	17.02
1994	108.00	54.20	26.70	24.72	67.72	18.08	5.03	27.82	9.28
1995	109.30	56.00	18.60	17.02	112.90	21.00	14.00	66.67	25.00
1996	109.30	56.00	14.40	13.17	100.00	14.40	9.00	62.50	16.07
1997	109.30	56.00	8.55	7.82	100.00	8.55	5.44	63.63	9.71
1998	109.30	56.00	10.25	9.38	126.05	12.92	11.31	87.54	20.20
1999	110.00	62.00	12.85	11.68	126.85	16.30	8.01	49.14	12.92
2000	109.50	62.50	17.66	16.13	153.68	27.14	8.65	31.87	13.84

5－24－17　陕西省华县历年棉花生产收购

年　度	耕地面积（万亩）	农业人口（万人）	棉田面积（万亩）	占耕地（%）	亩　产（市斤）	产　量（万担）	收购量（万担）	商品率（%）	人均交售（市斤）
52 年合计			**362.27**	**15.56**	**57.25**	**207.39**	**152.37**	**73.47**	**12.85**
11 年小计			**121.20**	**21.89**	**41.04**	**49.74**	**31.77**	**63.87**	**18.10**
占合计%			**33.46**			**23.98**	**20.85**		
1949	46.64	14.22	10.40	22.30	15.00	1.56			
1950	46.12	14.30	10.40	22.55	15.00	1.56			
1951	52.80	14.34	10.23	19.38	47.90	4.90			
1952	52.67	14.38	12.18	23.13	30.95	3.77			
1953	52.85	15.65	11.52	21.80	37.93	4.37			
1954	51.33	16.32	9.58	18.66	48.54	4.65	4.64	99.78	28.43
1955	51.44	16.84	10.96	21.31	41.97	4.60	4.43	96.30	26.31
1956	51.25	17.13	11.38	22.20	50.53	5.75	5.71	99.30	33.33
1957	49.64	17.26	11.81	23.79	47.33	5.59	5.47	97.85	31.69
1958	49.88	17.71	11.82	23.70	61.00	7.21	6.67	92.51	37.66
1959	48.94	17.39	10.92	22.31	52.93	5.78	4.85	83.91	27.89
10 年小计			**74.48**	**15.52**	**45.18**	**33.65**	**31.31**	**93.05**	**15.24**
占合计%			**20.56**			**16.23**	**20.55**		
1960	46.36	17.69	9.34	20.15	35.12	3.28	3.27	99.70	18.49
1961	46.49	18.90	8.33	17.92	21.37	1.78	1.64	92.13	8.68
1962	46.48	19.87	7.36	15.83	32.61	2.40	2.30	95.83	11.58
1963	46.68	20.18	8.16	17.48	33.09	2.70	2.51	92.96	12.44
1964	50.24	20.43	7.68	15.29	43.88	3.37	3.08	91.39	15.08
1965	49.58	20.95	7.89	15.91	51.84	4.09	4.00	97.80	19.09
1966	49.25	21.32	6.65	13.50	79.55	5.29	4.92	93.01	23.08
1967	48.00	21.57	6.80	14.17	62.21	4.23	3.72	87.94	17.25
1968	47.93	21.82	6.32	13.19	41.46	2.62	2.40	91.60	11.00
1969	48.92	22.65	5.95	12.16	65.38	3.89	3.47	89.20	15.32
10 年小计			**60.30**	**13.23**	**75.36**	**45.44**	**41.52**	**91.37**	**17.22**
占合计%			**16.65**			**21.91**	**27.25**		
1970	46.64	22.97	6.02	12.91	68.27	4.11	3.74	91.00	16.28
1971	47.15	23.32	6.00	12.73	80.50	4.83	4.31	89.23	18.48
1972	46.73	23.50	6.16	13.18	61.69	3.80	3.44	90.53	14.64
1973	46.47	23.84	6.00	12.91	110.00	6.60	6.06	91.82	25.42
1974	46.14	24.11	6.00	13.00	90.00	5.40	4.90	90.74	20.32
1975	45.09	24.35	6.07	13.46	65.57	3.98	3.67	92.21	15.07
1976	44.64	24.56	6.00	13.44	63.83	3.83	3.56	92.95	14.50
1977	44.52	24.77	5.98	13.43	78.60	4.70	4.35	92.55	17.56
1978	44.36	24.81	6.03	13.59	69.49	4.19	3.82	91.17	15.40
1979	44.20	24.85	6.04	13.67	66.23	4.00	3.67	91.75	14.77
10 年小计			**67.60**	**15.69**	**64.38**	**43.52**	**31.01**	**71.25**	**12.17**
占合计%			**18.66**			**20.98**	**20.35**		
1980	44.07	24.85	6.15	13.96	76.10	4.68	4.45	95.09	17.91
1981	43.84	24.86	10.10	23.04	32.18	3.25	2.99	92.00	12.03
1982	43.62	25.05	10.08	23.11	63.49	6.40	6.24	97.50	24.91
1983	43.51	25.14	10.01	23.01	13.59	1.36	1.18	86.76	4.69
1984	43.27	25.35	8.01	18.51	47.57	3.81	2.54	66.67	10.02
1985	42.94	25.50	4.80	11.18	75.42	3.62	2.99	82.60	11.73
1986	42.48	25.61	3.10	7.30	127.74	3.96	2.40	60.61	9.37
1987	42.41	25.74	4.23	9.97	123.64	5.23	3.52	67.30	13.68
1988	42.40	25.78	5.53	13.04	117.36	6.49	3.15	48.54	12.22
1989	42.40	26.87	5.59	13.18	84.44	4.72	1.55	32.84	5.77
11 年小计			**38.69**	**9.50**	**90.57**	**35.04**	**16.76**	**47.83**	**5.42**
占合计%			**10.68**			**16.90**	**11.00**		
1990	41.87	27.14	6.50	15.52	85.69	5.57	2.86	51.35	10.54
1991	41.74	27.21	7.35	17.61	91.97	6.76	4.63	68.49	17.02
1992	41.65	27.24	7.31	17.55	39.95	2.92	2.18	74.66	8.00
1993	41.36	27.35	3.77	9.12	92.57	3.49	0.86	24.64	3.14
1994	40.81	27.93	3.39	8.31	99.71	3.38	0.78	23.08	2.79
1995	40.72	28.31	1.47	3.61	110.88	1.63	1.30	79.75	4.59
1996	40.64	28.40	2.50	6.15	130.80	3.27	0.54	16.51	1.90
1997	40.53	28.73	1.50	3.70	77.33	1.16	0.33	28.45	1.15
1998	25.98	28.84	1.20	4.62	150.00	1.80	0.67	37.22	2.32
1999	25.97	28.91	2.20	8.47	127.73	2.81	0.81	28.83	2.80
2000	25.97	28.91	1.50	5.78	150.00	2.25	1.80	80.00	6.23

5－24－18 陕西省华阴市历年棉花生产收购

年度	耕地面积（万亩）	农业人口（万人）	棉田面积（万亩）	占耕地（%）	亩产（市斤）	产量（万担）	收购量（万担）	商品率（%）	人均交售（市斤）
52年合计			**179.16**	**13.61**	**47.39**	**84.91**	**85.68**	**100.91**	**12.29**
11年小计			**85.41**	**18.65**	**43.62**	**37.26**	**40.85**	**109.63**	**28.17**
占合计%			**47.67**			**43.88**	**47.68**		
1949	40.80	12.12	3.63	8.90	17.91	0.65	2.89	*	23.84
1950	40.78	12.18	3.88	9.51	20.88	0.81	2.91	*	23.89
1951	41.29	12.47	5.32	12.88	47.93	2.55	2.90	113.73	23.26
1952	42.59	13.52	9.15	21.48	29.95	2.74	3.10	113.14	22.93
1953	41.60	13.58	7.92	19.04	28.03	2.22	3.40	153.15	25.04
1954	41.78	13.60	8.12	19.44	40.39	3.28	3.44	104.88	25.29
1955	41.87	13.54	8.02	19.15	38.65	3.10	3.70	119.35	27.33
1956	41.85	13.58	9.56	22.84	59.73	5.71	4.69	82.14	34.54
1957	41.84	13.47	9.92	23.71	50.71	5.03	4.22	83.90	31.33
1958	41.81	13.45	10.04	24.01	68.03	6.83	5.56	81.41	41.34
1959	41.79	13.48	9.85	23.57	44.06	4.34	4.04	93.09	29.97
10年小计			**29.82**	**12.63**	**39.40**	**11.75**	**12.43**	**105.79**	**11.51**
占合计%			**16.64**			**13.84**	**14.51**		
1960	41.59	13.51	3.77	9.06	30.24	1.14	2.72	*	20.13
1961	40.50	13.54	3.59	8.86	24.79	0.89	0.77	86.52	5.69
1962	16.89	9.53	3.08	18.24	22.73	0.70	0.61	87.14	6.40
1963	17.90	9.59	3.20	17.88	25.63	0.82	0.72	87.80	7.51
1964	18.98	9.78	3.13	16.49	32.91	1.03	0.94	91.26	9.61
1965	20.36	9.81	2.82	13.85	61.70	1.74	1.71	98.28	17.43
1966	20.25	9.98	2.00	9.88	98.00	1.96	1.70	86.73	17.03
1967	20.10	10.68	2.81	13.98	47.69	1.34	1.36	101.49	12.73
1968	19.98	10.75	2.71	13.56	28.78	0.78	0.76	97.44	7.07
1969	19.51	10.78	2.71	13.89	49.82	1.35	1.14	84.44	10.58
10年小计			**27.59**	**14.60**	**51.36**	**14.17**	**13.66**	**96.40**	**11.67**
占合计%			**15.40**			**16.69**	**15.94**		
1970	19.09	10.80	2.68	14.04	55.22	1.48	1.37	92.57	12.69
1971	19.10	10.82	2.59	13.56	45.56	1.18	1.02	86.44	9.43
1972	19.02	10.84	2.57	13.51	38.91	1.00	0.92	92.00	8.49
1973	19.01	11.79	3.58	18.83	59.22	2.12	2.02	95.28	17.13
1974	18.98	11.80	2.67	14.07	62.55	1.67	1.58	94.61	13.39
1975	18.95	11.81	2.97	15.67	44.11	1.31	1.27	96.95	10.75
1976	18.93	12.21	2.71	14.32	50.18	1.36	1.43	105.15	11.71
1977	18.84	12.24	2.67	14.17	62.17	1.66	1.66	100.00	13.56
1978	18.55	12.28	2.51	13.53	47.81	1.20	1.20	100.00	9.77
1979	18.52	12.51	2.64	14.25	45.08	1.19	1.19	100.00	9.51
10年小计			**16.94**	**9.04**	**48.52**	**8.22**	**10.84**	**131.87**	**7.98**
占合计%			**9.46**			**9.68**	**12.65**		
1980	18.43	12.71	2.67	14.49	55.81	1.49	1.49	100.00	11.72
1981	18.41	12.98	2.64	14.34	31.82	0.84	0.84	100.00	6.47
1982	18.39	13.19	2.60	14.14	51.54	1.34	1.34	100.00	10.16
1983	18.31	13.28	1.59	8.68	34.59	0.55	0.60	109.09	4.52
1984	18.29	13.31	2.01	10.99	38.31	0.77	0.89	115.58	6.69
1985	18.03	13.33	1.10	6.10	42.73	0.47	1.20	*	9.00
1986	18.01	13.14	0.60	3.33	61.67	0.37	0.74	*	5.63
1987	17.92	13.27	0.54	3.01	61.11	0.33	0.92	*	6.93
1988	17.88	14.36	0.91	5.09	68.13	0.62	1.32	*	9.19
1989	23.66	16.32	2.28	9.64	63.16	1.44	1.50	104.17	9.19
11年小计			**19.40**	**7.87**	**69.64**	**13.51**	**7.90**	**58.48**	**4.13**
占合计%			**10.83**			**15.91**	**9.22**		
1990	23.41	16.82	2.52	10.76	87.30	2.20	1.70	77.27	10.11
1991	23.25	17.04	2.53	10.88	100.00	2.53	2.26	89.33	13.26
1992	23.03	17.10	2.57	11.16	30.35	0.78	1.65	*	9.65
1993	22.71	17.21	1.29	5.68	41.09	0.53	0.14	26.42	0.81
1994	22.48	17.50	1.19	5.29	66.39	0.79	0.19	24.05	1.09
1995	22.42	17.30	1.14	5.08	73.68	0.84	0.31	36.90	1.79
1996	21.95	17.35	2.09	9.52	42.58	0.89	0.50	56.18	2.88
1997	21.64	17.37	1.89	8.73	41.27	0.78	0.27	34.62	1.55
1998	21.51	17.55	1.78	8.28	45.51	0.81	0.36	44.44	2.05
1999	22.51	18.00	1.20	5.33	120.00	1.44	0.40	27.78	2.22
2000	21.51	18.00	1.20	5.58	160.00	1.92	0.12	6.25	0.67

5－24－19 陕西省富平县历年棉花生产收购

年度	耕地面积（万亩）	农业人口（万人）	棉田面积（万亩）	占耕地（%）	亩产（市斤）	产量（万担）	收购量（万担）	商品率（%）	人均交售（市斤）
52年合计			**721.91**	**11.08**	**41.70**	**301.02**	**246.24**	**81.80**	**9.38**
11年小计			**152.07**	**10.92**	**48.73**	**74.11**	**51.52**	**69.52**	**15.36**
占合计%			**21.06**			**24.62**	**20.92**		
1949	113.11	26.63	8.14	7.20	34.03	2.77			
1950	114.20	27.68	8.27	7.24	21.89	1.81			
1951	116.74	28.64	10.74	9.20	44.97	4.83			
1952	118.41	29.10	13.86	11.71	35.43	4.91			
1953	136.08	29.31	14.31	10.52	42.98	6.15			
1954	134.72	30.19	12.22	9.07	46.48	5.68	6.01	105.81	19.91
1955	134.01	31.21	6.71	5.01	43.37	2.91	2.55	87.63	8.17
1956	133.09	31.05	17.56	13.19	59.97	10.53	9.06	86.04	29.18
1957	132.25	33.53	20.27	15.33	48.50	9.83	11.04	112.31	32.93
1958	131.45	33.78	19.50	14.83	63.74	12.43	12.22	98.31	36.18
1959	128.86	34.26	20.49	15.90	59.83	12.26	10.64	86.79	31.06
10年小计			**189.19**	**14.62**	**41.66**	**78.81**	**73.27**	**92.97**	**17.45**
占合计%			**26.21**			**26.18**	**29.76**		
1960	128.51	35.78	21.09	16.41	34.66	7.31	6.30	86.18	17.61
1961	127.76	36.91	18.29	14.32	26.90	4.92	4.37	88.82	11.84
1962	128.51	38.29	12.01	9.35	23.31	2.80	2.42	86.43	6.32
1963	128.26	40.01	18.14	14.14	40.52	7.35	6.86	93.33	17.15
1964	131.14	41.18	20.76	15.83	39.07	8.11	7.78	95.93	18.89
1965	131.01	42.69	19.78	15.10	66.99	13.25	13.03	98.34	30.52
1966	130.14	43.96	20.38	15.66	52.89	10.78	10.52	97.59	23.93
1967	130.14	45.11	20.47	15.73	51.88	10.62	8.92	83.99	19.77
1968	129.40	46.98	20.38	15.75	27.82	5.67	5.42	95.59	11.54
1969	129.13	48.86	17.89	13.85	44.72	8.00	7.65	95.63	15.66
10年小计			**206.49**	**16.38**	**38.06**	**78.60**	**72.21**	**91.87**	**13.09**
占合计%			**28.60**			**26.11**	**29.33**		
1970	128.31	49.92	20.60	16.05	41.75	8.60	8.03	93.37	16.09
1971	128.53	51.01	20.62	16.04	51.75	10.67	9.98	93.53	19.56
1972	127.99	52.98	20.68	16.16	29.93	6.19	5.63	90.95	10.63
1973	127.37	54.03	20.69	16.24	45.87	9.49	8.81	92.83	16.31
1974	126.85	55.14	20.60	16.24	36.65	7.55	6.91	91.52	12.53
1975	126.36	56.01	20.83	16.48	39.08	8.14	7.28	89.43	13.00
1976	125.26	56.98	20.89	16.68	36.86	7.70	7.16	92.99	12.57
1977	123.71	57.69	20.53	16.60	36.29	7.45	6.91	92.75	11.98
1978	123.38	58.87	20.17	16.35	29.65	5.98	5.37	89.80	9.12
1979	122.83	59.04	20.88	17.00	32.71	6.83	6.13	89.75	10.38
10年小计			**112.26**	**9.27**	**31.26**	**35.09**	**26.45**	**75.38**	**4.37**
占合计%			**15.55**			**11.66**	**10.74**		
1980	122.35	59.66	18.78	15.35	22.90	4.30	3.74	86.98	6.27
1981	121.75	59.98	19.02	15.62	23.13	4.40	3.66	83.18	6.10
1982	121.49	60.36	17.67	14.54	55.46	9.80	8.81	89.90	14.60
1983	121.27	60.54	18.07	14.90	17.16	3.10	2.23	71.94	3.68
1984	120.78	59.61	14.45	11.96	29.34	4.24	2.64	62.26	4.43
1985	120.22	59.96	7.00	5.82	26.57	1.86	2.84	152.69	4.74
1986	119.92	60.14	3.90	3.25	42.05	1.64	0.94	57.32	1.56
1987	119.57	60.47	3.06	2.56	51.63	1.58	0.94	59.49	1.55
1988	119.17	61.85	6.10	5.12	42.46	2.59	0.45	17.37	0.73
1989	124.59	62.34	4.21	3.38	37.53	1.58	0.20	12.66	0.32
11年小计			**61.90**	**4.56**	**55.59**	**34.41**	**22.79**	**66.23**	**3.20**
占合计%			**8.57**			**11.43**	**9.26**		
1990	124.43	64.15	9.41	7.56	48.03	4.52	3.19	70.58	4.97
1991	124.43	64.34	11.57	9.30	58.43	6.76	6.21	91.86	9.65
1992	124.16	65.60	11.75	9.46	33.96	3.99	4.62	115.79	7.04
1993	123.97	63.98	6.05	4.88	31.90	1.93	0.23	11.92	0.36
1994	123.85	63.79	5.06	4.09	33.99	1.72	0.35	20.35	0.55
1995	123.43	64.13	5.20	4.21	72.69	3.78	2.03	53.70	3.17
1996	123.19	64.66	4.66	3.78	73.61	3.43	2.11	61.52	3.26
1997	123.13	64.93	2.43	1.97	87.65	2.13	1.28	60.09	1.97
1998	122.67	65.14	2.05	1.67	96.59	1.98	1.01	51.01	1.55
1999	122.41	65.43	1.88	1.54	94.68	1.78	0.48	26.97	0.73
2000	121.91	65.93	1.84	1.51	129.89	2.39	1.28	53.56	1.94

5－24－20　陕西省蒲城县历年棉花生产收购

年　　度	耕地面积（万亩）	农业人口（万人）	棉田面积（万亩）	占耕地（%）	亩　产（市斤）	产　量（万担）	收购量（万担）	商品率（%）	人均交售（市斤）
52 年合计			**859.17**	**9.36**	**41.00**	**352.26**	**280.47**	**79.62**	**11.17**
11 年小计			**161.26**	**7.87**	**37.67**	**60.74**	**44.52**	**73.30**	**15.02**
占合计%			**18.77**			**17.24**	**15.87**		
1949	156.46	23.67	7.99	5.11	19.90	1.59	0.88	55.35	3.72
1950	169.61	24.12	9.99	5.89	19.92	1.99	0.98	49.25	4.06
1951	182.76	24.57	9.24	5.06	34.96	3.23	1.37	42.41	5.58
1952	195.90	25.05	9.74	4.97	31.93	3.11	1.12	36.01	4.47
1953	195.01	25.74	11.57	5.93	30.51	3.53	1.65	46.74	6.41
1954	194.12	26.45	11.41	5.88	37.34	4.26	0.88	20.66	3.33
1955	193.23	27.16	14.78	7.65	14.28	2.11	0.18	8.53	0.66
1956	192.34	27.87	15.32	7.97	41.19	6.31	5.37	85.10	19.27
1957	191.47	28.58	21.07	11.00	44.90	9.46	9.12	96.41	31.91
1958	189.90	30.56	24.00	12.64	53.13	12.75	11.22	88.00	36.71
1959	188.33	32.54	26.15	13.89	47.42	12.40	11.75	94.76	36.11
10 年小计			**211.04**	**11.39**	**35.74**	**75.42**	**71.47**	**94.76**	**17.26**
占合计%			**24.56**			**21.41**	**25.48**		
1960	186.76	34.52	22.83	12.22	25.27	5.77	6.00	103.99	17.38
1961	185.19	36.50	20.10	10.85	26.37	5.30	4.73	89.25	12.96
1962	183.62	38.47	14.30	7.79	21.68	3.10	2.70	87.10	7.02
1963	184.63	39.70	19.24	10.42	31.86	6.13	5.72	93.31	14.41
1964	185.64	40.93	21.87	11.78	28.26	6.18	5.77	93.37	14.10
1965	186.64	42.17	21.00	11.25	63.67	13.37	13.22	98.88	31.35
1966	186.14	43.49	21.80	11.71	40.14	8.75	8.70	99.43	20.00
1967	185.52	44.81	23.30	12.56	42.02	9.79	8.77	89.58	19.57
1968	184.90	46.13	23.30	12.60	28.45	6.63	6.10	92.01	13.22
1969	184.28	47.45	23.30	12.64	44.64	10.40	9.76	93.85	20.57
10 年小计			**241.49**	**13.51**	**33.79**	**81.59**	**71.57**	**87.72**	**13.50**
占合计%			**28.11**			**23.16**	**25.52**		
1970	183.66	48.75	23.40	12.74	38.50	9.01	8.39	93.12	17.21
1971	182.52	49.79	24.88	13.63	36.62	9.11	4.48	49.18	9.00
1972	181.38	50.83	24.70	13.62	20.73	5.12	4.48	87.50	8.81
1973	180.24	51.87	24.55	13.62	38.78	9.52	8.87	93.17	17.10
1974	179.10	52.91	24.07	13.44	34.19	8.23	7.80	94.78	14.74
1975	177.96	53.97	24.59	13.82	34.49	8.48	7.53	88.80	13.95
1976	176.56	54.65	24.50	13.88	35.51	8.70	8.38	96.32	15.33
1977	175.90	55.33	23.94	13.61	35.34	8.46	7.88	93.14	14.24
1978	175.00	56.01	23.56	13.46	34.13	8.04	7.53	93.66	13.44
1979	174.59	56.12	23.30	13.35	29.70	6.92	6.23	90.03	11.10
10 年小计			**136.31**	**7.90**	**43.61**	**59.44**	**55.45**	**93.29**	**9.64**
占合计%			**15.87**			**16.87**	**19.77**		
1980	174.59	56.13	20.10	11.51	35.02	7.04	6.47	91.90	11.53
1981	174.01	56.18	20.81	11.96	27.29	5.68	5.37	94.54	9.56
1982	173.74	56.66	19.61	11.29	68.23	13.38	12.75	95.29	22.50
1983	173.22	56.84	20.83	12.03	23.19	4.83	4.25	87.99	7.48
1984	172.63	57.46	17.14	9.93	31.45	5.39	3.63	67.35	6.32
1985	172.23	57.21	8.30	4.82	39.88	3.31	5.21	157.40	9.11
1986	171.95	58.51	5.00	2.91	61.20	3.06	5.28	172.55	9.02
1987	171.74	58.72	5.88	3.42	73.81	4.34	5.40	124.42	9.20
1988	171.31	58.58	9.19	5.36	65.18	5.99	3.44	57.43	5.87
1989	169.51	59.11	9.45	5.57	67.94	6.42	3.65	56.85	6.17
11 年小计			**109.07**	**6.17**	**68.83**	**75.07**	**37.46**	**49.90**	**5.39**
占合计%			**12.69**			**21.31**	**13.36**		
1990	168.26	61.05	13.80	8.20	63.04	8.70	5.28	60.69	8.65
1991	167.34	61.81	16.48	9.85	64.44	10.62	6.38	60.08	10.32
1992	166.29	62.24	19.46	11.70	49.02	9.54	5.15	53.98	8.27
1993	165.69	62.67	9.77	5.90	64.38	6.29	1.66	26.39	2.65
1994	165.14	63.05	9.28	5.62	51.62	4.79	1.04	21.71	1.65
1995	164.73	63.50	9.31	5.65	79.91	7.44	3.20	43.01	5.04
1996	164.35	63.87	8.53	5.19	86.17	7.35	2.45	33.33	3.84
1997	163.84	64.16	7.64	4.66	79.84	6.10	2.90	47.54	4.52
1998	163.43	64.47	8.00	4.90	91.00	7.28	3.80	52.20	5.89
1999	140.00	64.00	3.00	2.14	80.00	2.40	1.33	55.42	2.08
2000	140.00	64.00	3.80	2.71	120.00	4.56	4.27	93.64	6.67

5－24－21 陕西省澄城县历年棉花生产收购

年　度	耕地面积（万亩）	农业人口（万人）	棉田面积（万亩）	占耕地（%）	亩　产（市斤）	产　量（万担）	收购量（万担）	商品率（%）	人均交售（市斤）
52 年合计			**198.55**	**3.51**	**41.18**	**81.76**	**68.78**	**84.12**	**5.05**
11 年小计			**58.70**	**4.45**	**35.21**	**20.67**	**18.20**	**88.05**	**9.40**
占合计%			**29.56**			**25.28**	**26.46**		
1949	122.85	16.72	3.90	3.17	20.00	0.78	0.77	98.72	4.61
1950	121.65	16.69	4.60	3.78	21.09	0.97	0.45	46.39	2.70
1951	121.30	16.68	5.10	4.20	30.00	1.53	1.49	97.39	8.93
1952	120.87	16.73	5.80	4.80	25.00	1.45	1.40	96.55	8.37
1953	120.64	17.85	5.70	4.72	34.04	1.94	1.81	93.30	10.14
1954	120.59	17.49	5.30	4.40	32.08	1.70	1.42	83.53	8.12
1955	120.37	17.57	5.20	4.32	30.00	1.56	1.40	89.74	7.97
1956	119.05	17.99	5.80	4.87	41.03	2.38	2.29	96.22	12.73
1957	117.09	18.30	5.90	5.04	44.07	2.60	2.24	86.15	12.24
1958	116.21	18.37	5.80	4.99	52.07	3.02	2.57	85.10	13.99
1959	118.57	19.29	5.60	4.72	48.93	2.74	2.36	86.13	12.23
10 年小计			**45.70**	**3.79**	**35.10**	**16.04**	**13.42**	**83.67**	**5.98**
占合计%			**23.02**			**19.62**	**19.51**		
1960	120.95	19.57	5.10	4.22	27.06	1.38	1.17	84.78	5.98
1961	120.93	19.98	4.40	3.64	20.00	0.88	0.54	61.36	2.70
1962	120.93	20.19	3.60	2.98	23.89	0.86	0.61	70.93	3.02
1963	120.81	21.90	4.10	3.39	30.00	1.23	1.20	97.56	5.48
1964	120.68	22.08	4.70	3.89	28.09	1.32	1.11	84.09	5.03
1965	120.44	22.81	5.10	4.23	56.08	2.86	2.59	90.56	11.35
1966	120.42	23.75	4.70	3.90	47.02	2.21	2.03	91.86	8.55
1967	120.11	24.10	4.60	3.83	43.04	1.98	1.57	79.29	6.51
1968	120.03	24.91	4.90	4.08	30.00	1.47	1.07	72.79	4.30
1969	120.01	25.27	4.50	3.75	41.11	1.85	1.53	82.70	6.05
10 年小计			**40.79**	**3.42**	**48.44**	**19.76**	**17.13**	**86.69**	**5.75**
占合计%			**20.54**			**24.17**	**24.91**		
1970	119.84	25.80	4.18	3.49	48.09	2.01	1.87	93.03	7.25
1971	119.71	26.91	4.24	3.54	51.89	2.20	1.70	77.27	6.32
1972	119.60	27.81	4.16	3.48	37.98	1.58	1.41	89.24	5.07
1973	119.57	28.60	4.10	3.43	63.90	2.62	2.30	87.79	8.04
1974	119.53	29.49	4.19	3.51	50.12	2.10	1.75	83.33	5.93
1975	119.52	30.31	4.37	3.66	40.05	1.75	1.41	80.57	4.65
1976	119.40	31.70	4.18	3.50	34.93	1.46	1.40	95.89	4.42
1977	119.31	32.45	3.90	3.27	51.28	2.00	1.81	90.50	5.58
1978	119.19	32.38	3.69	3.10	53.12	1.96	1.47	75.00	4.54
1979	118.03	32.50	3.78	3.20	55.03	2.08	2.01	96.63	6.18
10 年小计			**20.65**	**1.97**	**43.24**	**8.93**	**7.58**	**84.88**	**2.42**
占合计%			**10.40**			**10.92**	**11.02**		
1980	117.08	32.00	3.54	3.02	44.92	1.59	1.47	92.45	4.59
1981	115.18	32.17	3.89	3.38	35.99	1.40	1.12	80.00	3.48
1982	112.70	31.90	3.37	2.99	59.05	1.99	1.61	80.90	5.05
1983	109.29	31.45	3.47	3.18	19.88	0.69	0.45	65.22	1.43
1984	106.84	31.86	2.60	2.43	50.77	1.32	1.30	98.48	4.08
1985	103.74	31.47	1.48	1.43	52.70	0.78	0.61	78.21	1.94
1986	100.05	31.00	0.60	0.60	63.33	0.38	0.34	89.47	1.10
1987	97.48	30.92	0.47	0.48	59.57	0.28	0.21	75.00	0.68
1988	94.32	30.40	0.63	0.67	42.86	0.27	0.26	96.30	0.86
1989	90.45	30.38	0.60	0.66	38.33	0.23	0.21	91.30	0.69
11 年小计			**32.71**	**3.69**	**50.02**	**16.36**	**12.45**	**76.10**	**3.75**
占合计%			**16.47**			**20.01**	**18.10**		
1990	89.84	30.20	1.14	1.27	50.00	0.57	0.42	73.68	1.39
1991	87.36	29.38	4.86	5.56	69.96	3.40	3.00	88.24	10.21
1992	86.47	29.61	4.96	5.74	21.98	1.09	0.90	82.57	3.04
1993	85.54	29.83	3.06	3.58	29.74	0.91	0.71	78.02	2.38
1994	84.13	30.25	2.66	3.16	42.11	1.12	1.00	89.29	3.31
1995	80.80	28.74	3.75	4.64	42.13	1.58	1.57	99.37	5.46
1996	78.42	30.51	2.83	3.61	39.93	1.13	0.98	86.73	3.21
1997	76.77	30.68	2.27	2.96	54.19	1.23	1.02	82.93	3.32
1998	74.15	30.78	1.91	2.58	58.12	1.11	0.80	72.07	2.60
1999	72.00	31.00	2.67	3.71	80.15	2.14	0.49	22.90	1.58
2000	72.00	31.00	2.60	3.61	80.00	2.08	1.56	75.00	5.03

5－24－22 陕西省合阳县历年棉花生产收购

年　度	耕地面积（万亩）	农业人口（万人）	棉田面积（万亩）	占耕地（％）	亩　产（市斤）	产　量（万担）	收购量（万担）	商品率（％）	人均交售（市斤）
52 年合计			**834.95**	**14.23**	**36.96**	**308.58**	**264.22**	**85.62**	**16.66**
11 年小计			**193.23**	**15.11**	**39.32**	**75.98**	**60.50**	**79.63**	**28.64**
占合计%			**23.14**			**24.62**	**22.90**		
1949	95.41	17.38	9.25	9.70	30.05	2.78			
1950	101.42	17.02	9.31	9.18	25.03	2.33			
1951	107.92	17.22	11.31	10.48	43.06	4.87			
1952	114.32	18.42	13.80	12.07	45.00	6.21	6.20	99.84	33.66
1953	120.33	19.20	18.80	15.62	44.47	8.36	6.16	73.68	32.08
1954	125.93	18.91	17.90	14.21	42.46	7.60	7.15	94.08	37.81
1955	124.83	19.80	21.50	17.22	34.42	7.40	6.43	86.89	32.47
1956	123.72	20.24	21.98	17.77	29.57	6.50	5.04	77.54	24.90
1957	122.62	20.68	22.74	18.55	45.34	10.31	10.30	99.90	49.81
1958	121.50	21.07	23.02	18.95	41.44	9.54	9.22	96.65	43.76
1959	120.40	21.29	23.62	19.62	42.68	10.08	10.00	99.21	46.97
10 年小计			**217.28**	**17.99**	**32.89**	**71.46**	**62.80**	**87.88**	**23.80**
占合计%			**26.02**			**23.16**	**23.77**		
1960	119.09	21.94	23.68	19.88	35.14	8.32	5.98	71.88	27.26
1961	119.79	23.33	22.78	19.02	21.99	5.01	4.79	95.61	20.53
1962	120.49	24.72	14.69	12.19	18.92	2.78	1.93	69.42	7.81
1963	121.19	25.62	20.21	16.68	32.26	6.52	6.10	93.56	23.81
1964	121.89	26.25	22.95	18.83	18.34	4.21	3.72	88.36	14.17
1965	122.59	27.11	22.79	18.59	54.67	12.46	9.90	79.45	36.52
1966	122.11	27.69	22.14	18.13	34.96	7.74	7.25	93.67	26.18
1967	121.13	28.38	23.60	19.48	31.36	7.40	7.00	94.59	24.67
1968	120.15	28.94	22.23	18.50	35.63	7.92	7.53	95.08	26.02
1969	119.67	29.89	22.21	18.56	40.97	9.10	8.60	94.51	28.77
10 年小计			**225.75**	**19.29**	**33.58**	**75.81**	**70.42**	**92.89**	**21.27**
占合计%			**27.04**			**24.57**	**26.65**		
1970	119.19	31.00	22.38	18.78	36.01	8.06	7.60	94.29	24.52
1971	118.71	31.47	23.07	19.43	28.83	6.65	5.88	88.42	18.68
1972	118.23	31.94	23.02	19.47	19.20	4.42	4.08	92.31	12.77
1973	117.75	32.59	22.78	19.35	35.38	8.06	7.58	94.04	23.26
1974	117.27	33.07	22.55	19.23	35.92	8.10	7.66	94.57	23.16
1975	116.79	33.62	22.64	19.39	38.65	8.75	7.90	90.29	23.50
1976	116.31	34.02	22.64	19.47	30.74	6.96	6.60	94.83	19.40
1977	115.83	34.29	22.37	19.31	41.66	9.32	8.59	92.17	25.05
1978	115.35	34.51	22.24	19.28	33.23	7.39	6.63	89.72	19.21
1979	114.87	34.64	22.06	19.20	36.72	8.10	7.90	97.53	22.81
10 年小计			**109.27**	**10.03**	**33.08**	**36.15**	**28.19**	**77.98**	**7.98**
占合计%			**13.09**			**11.71**	**10.67**		
1980	113.39	34.68	18.89	16.66	8.10	1.53	1.29	84.31	3.72
1981	112.79	34.78	18.51	16.41	14.42	2.67	2.40	89.89	6.90
1982	111.68	35.03	16.00	14.33	51.00	8.16	7.23	88.60	20.64
1983	110.67	35.15	16.00	14.46	15.00	2.40	2.38	99.17	6.77
1984	109.57	35.10	10.57	9.65	42.29	4.47	3.00	67.11	8.55
1985	108.46	35.09	8.40	7.74	25.24	2.12	2.02	95.28	5.76
1986	107.34	34.79	3.30	3.07	55.15	1.82	1.60	87.91	4.60
1987	106.22	36.06	3.60	3.39	84.17	3.03	3.01	99.34	8.35
1988	105.10	36.23	6.31	6.00	70.21	4.43	2.36	53.27	6.51
1989	103.90	36.41	7.69	7.40	71.78	5.52	2.90	52.54	7.96
11 年小计			**89.42**	**7.98**	**55.00**	**49.18**	**42.31**	**86.03**	**9.93**
占合计%			**10.71**			**15.94**	**16.01**		
1990	103.50	37.23	10.90	10.53	57.34	6.25	4.50	72.00	12.09
1991	103.12	37.54	12.30	11.93	51.06	6.28	6.00	95.54	15.98
1992	102.82	37.89	12.40	12.06	44.68	5.54	5.30	95.67	13.99
1993	102.50	38.19	8.87	8.65	28.41	2.52	2.20	87.30	5.76
1994	102.13	38.54	9.18	8.99	52.51	4.82	4.50	93.36	11.68
1995	101.83	38.88	10.32	10.13	61.72	6.37	6.00	94.19	15.43
1996	101.51	39.23	7.75	7.63	49.81	3.86	3.70	95.85	9.43
1997	101.20	39.58	4.20	4.15	47.14	1.98	1.90	95.96	4.80
1998	100.82	39.93	4.20	4.17	63.33	2.66	2.20	82.71	5.51
1999	100.85	39.00	4.00	3.97	90.00	3.60	3.40	94.44	8.72
2000	100.85	39.90	5.30	5.26	100.00	5.30	2.61	49.25	6.54

5-24-23 陕西省韩城市历年棉花生产收购

年 度	耕地面积（万亩）	农业人口（万人）	棉田面积（万亩）	占耕地（%）	亩 产（市斤）	产 量（万担）	收购量（万担）	商品率（%）	人均交售（市斤）
52 年合计			**484.01**	**17.78**	**50.24**	**243.15**	**213.20**	**87.68**	**16.34**
11 年小计			**153.78**	**23.96**	**47.71**	**73.37**	**69.58**	**94.83**	**44.49**
占合计%			**31.77**			**30.17**	**32.64**		
1949	59.44	12.48	15.03	25.29	52.43	7.88	6.23	79.06	49.92
1950	59.34	12.49	14.81	24.96	50.64	7.50	6.04	80.53	48.36
1951	59.12	13.18	14.43	24.41	40.82	5.89	5.78	98.13	43.85
1952	58.71	13.63	13.34	22.72	52.47	7.00	6.54	93.43	47.98
1953	58.98	13.73	13.03	22.09	51.34	6.69	6.37	95.22	46.39
1954	58.98	14.33	12.59	21.35	53.30	6.71	6.29	93.74	43.89
1955	58.32	14.62	14.09	24.16	35.98	5.07	5.00	98.62	34.20
1956	58.15	14.71	14.34	24.66	39.96	5.73	5.45	95.11	37.05
1957	57.52	15.15	14.55	25.30	45.50	6.62	7.16	108.16	47.26
1958	58.74	15.80	14.26	24.28	51.61	7.36	6.95	94.43	43.99
1959	54.60	16.27	13.31	24.38	51.99	6.92	7.77	112.28	47.76
10 年小计			**116.59**	**20.91**	**55.51**	**64.72**	**57.43**	**88.74**	**30.40**
占合计%			**24.09**			**26.62**	**26.94**		
1960	53.13	17.83	12.81	24.11	40.91	5.24	4.17	79.58	23.39
1961	53.03	17.86	11.99	22.61	38.70	4.64	4.22	90.95	23.63
1962	55.81	17.71	9.87	17.69	31.21	3.08	2.96	96.10	16.71
1963	55.66	18.01	10.62	19.08	38.89	4.13	4.03	97.58	22.38
1964	57.98	18.38	12.28	21.18	50.98	6.26	6.05	96.65	32.92
1965	57.13	18.88	12.14	21.25	66.23	8.04	13.22	164.43	70.02
1966	59.71	19.23	12.01	20.11	72.44	8.70	6.97	80.11	36.25
1967	55.45	19.73	11.82	21.32	74.20	8.77	5.04	57.47	25.54
1968	54.85	20.25	11.53	21.02	52.91	6.10	5.15	84.43	25.43
1969	54.86	21.03	11.52	21.00	84.72	9.76	5.62	57.58	26.72
10 年小计			**110.63**	**21.13**	**42.11**	**46.59**	**43.99**	**94.42**	**16.37**
占合计%			**22.86**			**19.16**	**20.63**		
1970	54.22	22.95	11.65	21.49	47.12	5.49	5.21	94.90	22.70
1971	53.70	24.76	11.50	21.42	39.91	4.59	4.12	89.76	16.64
1972	53.06	25.91	10.89	20.52	34.16	3.72	3.41	91.67	13.16
1973	52.75	26.62	11.18	21.19	38.10	4.26	3.91	91.78	14.69
1974	52.50	26.82	11.10	21.14	42.25	4.69	4.39	93.60	16.37
1975	52.10	27.33	11.08	21.27	40.25	4.46	4.22	94.62	15.44
1976	51.89	27.81	11.06	21.31	44.48	4.92	4.72	95.93	16.97
1977	51.70	28.37	11.06	21.39	52.53	5.81	5.43	93.46	19.14
1978	50.92	28.91	10.97	21.54	47.40	5.20	4.77	91.73	16.50
1979	50.64	29.21	10.14	20.02	34.02	3.45	3.81	110.43	13.04
10 年小计			**68.93**	**14.02**	**51.86**	**35.75**	**27.04**	**75.64**	**8.79**
占合计%			**14.24**			**14.70**	**12.68**		
1980	50.37	29.60	10.48	20.81	31.01	3.25	2.90	89.23	9.80
1981	50.19	29.52	10.59	21.10	33.52	3.55	3.28	92.39	11.11
1982	50.06	29.76	10.50	20.97	63.90	6.71	6.26	93.29	21.03
1983	49.95	29.86	10.24	20.50	27.15	2.78	2.31	83.09	7.74
1984	49.85	30.13	8.30	16.65	55.42	4.60	4.01	87.17	13.31
1985	49.04	30.42	5.70	11.62	49.47	2.82	1.98	70.21	6.51
1986	48.53	30.72	3.50	7.21	61.14	2.14	1.28	59.81	4.17
1987	48.15	31.92	3.18	6.60	97.17	3.09	1.88	60.84	5.89
1988	47.74	32.54	3.24	6.79	104.32	3.38	1.69	50.00	5.19
1989	47.65	33.10	3.20	6.72	107.19	3.43	1.45	42.27	4.38
11 年小计			**34.08**	**6.72**	**66.67**	**22.72**	**15.16**	**66.71**	**3.96**
占合计%			**7.04**			**9.34**	**7.11**		
1990	47.46	34.07	4.22	8.89	100.24	4.23	2.06	48.79	6.06
1991	47.29	34.71	5.12	10.83	66.60	3.41	2.17	63.64	6.25
1992	46.89	34.96	5.04	10.75	53.57	2.70	2.31	85.56	6.61
1993	46.89	35.54	2.61	5.57	58.24	1.52	0.19	12.50	0.53
1994	46.07	35.82	2.17	4.71	77.42	1.68	0.45	26.79	1.26
1995	46.03	36.51	3.32	7.21	48.49	1.61	0.83	51.55	2.27
1996	45.44	36.96	3.81	8.38	49.87	1.90	1.83	96.32	4.95
1997	45.29	37.40	2.83	6.25	56.54	1.60	1.44	90.19	3.86
1998	45.29	37.24	2.61	5.76	56.32	1.47	1.40	95.24	3.76
1999	45.29	30.00	1.52	3.36	111.84	1.70	1.67	98.24	5.57
2000	45.00	30.00	0.83	1.84	108.43	0.90	0.80	88.89	2.67

5-24-24 陕西省潼关县历年棉花生产收购

年 度	耕地面积（万亩）	农业人口（万人）	棉田面积（万亩）	占耕地（%）	亩 产（市斤）	产 量（万担）	收购量（万担）	商品率（%）	人均交售（市斤）
52年合计			**194.01**	**18.23**	**42.54**	**82.53**	**70.22**	**85.09**	**14.33**
11年小计			**58.18**	**23.24**	**41.87**	**24.36**	**14.43**	**59.24**	**23.36**
占合计%			**29.99**			**29.52**	**20.55**		
1949	23.15	5.38	3.01	13.00	23.92	0.72			
1950	23.70	5.38	3.27	13.80	24.77	0.81			
1951	23.12	5.40	4.49	19.42	39.87	1.79			
1952	23.64	5.69	5.59	23.65	44.90	2.51			
1953	23.39	5.70	5.69	24.33	39.19	2.23			
1954	23.19	5.68	5.32	22.94	48.68	2.59	2.41	93.05	42.43
1955	22.94	5.72	6.17	26.90	41.65	2.57	2.06	80.16	36.01
1956	22.35	5.70	6.26	28.01	43.13	2.70	2.43	90.00	42.63
1957	22.75	5.69	6.27	27.56	40.83	2.56	2.40	93.75	42.18
1958	21.91	5.71	6.34	28.94	51.42	3.26	2.96	90.80	51.84
1959	20.18	5.73	5.77	28.59	45.41	2.62	2.17	82.82	37.87
10年小计			**51.80**	**25.03**	**37.39**	**19.37**	**18.59**	**95.97**	**25.68**
占合计%			**26.70**			**23.47**	**26.47**		
1960	20.02	5.90	5.39	26.92	31.17	1.68	1.45	86.31	24.58
1961	20.10	6.41	5.27	26.22	36.81	1.94	1.94	100.00	30.27
1962	20.41	6.86	4.49	22.00	21.60	0.97	0.92	94.85	13.41
1963	20.56	7.07	5.08	24.71	26.77	1.36	1.31	96.32	18.53
1964	21.62	7.26	5.26	24.33	19.96	1.05	0.97	92.38	13.36
1965	21.45	7.44	5.28	24.62	49.24	2.60	2.50	96.15	33.60
1966	21.26	7.57	5.32	25.02	60.53	3.22	3.10	96.27	40.95
1967	21.15	7.75	5.29	25.01	49.34	2.61	2.66	101.92	34.32
1968	19.47	7.92	5.22	26.81	29.12	1.52	1.47	96.71	18.56
1969	20.93	8.22	5.20	24.84	46.54	2.42	2.27	93.80	27.62
10年小计			**48.49**	**23.58**	**44.01**	**21.34**	**20.17**	**94.52**	**21.70**
占合计%			**24.99**			**25.86**	**28.72**		
1970	20.91	8.47	5.22	24.96	56.51	2.95	2.81	95.25	33.18
1971	20.85	8.67	5.12	24.56	41.02	2.10	1.98	94.29	22.84
1972	20.74	8.81	5.02	24.20	31.08	1.56	1.48	94.87	16.80
1973	20.66	8.99	5.00	24.20	69.00	3.45	3.26	94.49	36.26
1974	20.61	9.13	5.01	24.31	45.31	2.27	2.19	96.48	23.99
1975	20.52	9.28	4.99	24.32	34.07	1.70	1.53	90.00	16.49
1976	20.51	9.41	4.49	21.89	44.77	2.01	1.92	95.52	20.40
1977	20.47	9.82	4.89	23.89	45.19	2.21	2.13	96.38	21.69
1978	20.23	10.13	4.62	22.84	34.42	1.59	1.57	98.74	15.50
1979	20.14	10.26	4.13	20.51	36.32	1.50	1.30	86.67	12.67
10年小计			**23.91**	**12.08**	**41.66**	**9.96**	**12.58**	**126.31**	**10.72**
占合计%			**12.32**			**12.07**	**17.91**		
1980	20.07	10.45	4.37	21.77	35.70	1.56	1.51	96.79	14.45
1981	20.25	10.84	4.03	19.90	27.30	1.10	1.21	110.00	11.16
1982	20.16	11.12	4.06	20.14	54.93	2.23	2.31	103.59	20.77
1983	19.98	11.36	4.04	20.22	25.99	1.05	1.06	100.95	9.33
1984	19.76	11.59	3.14	15.89	39.49	1.24	2.19	176.61	18.90
1985	19.74	11.78	1.20	6.08	48.33	0.58	1.68	*	14.26
1986	19.63	12.33	0.40	2.04	37.50	0.15	1.71	*	13.87
1987	19.52	12.51	0.58	2.97	74.14	0.43	0.36	83.72	2.88
1988	19.47	12.64	0.97	4.98	78.35	0.76	0.25	32.89	1.98
1989	19.34	12.76	1.12	5.79	76.79	0.86	0.30	34.88	2.35
11年小计			**11.63**	**5.72**	**64.45**	**7.50**	**4.45**	**59.41**	**3.06**
占合计%			**6.00**			**9.08**	**6.34**		
1990	19.17	12.97	1.12	5.84	55.36	0.62	0.50	80.65	3.86
1991	19.05	13.13	1.00	5.25	53.00	0.53	0.49	93.02	3.75
1992	19.00	13.25	1.10	5.79	84.55	0.93	0.94	101.08	7.09
1993	18.84	13.56	1.16	6.16	85.34	0.99	0.09	9.09	0.66
1994	18.76	13.74	1.11	5.92	40.77	0.45	0.19	41.94	1.38
1995	18.51	13.83	1.10	5.94	34.82	0.38	0.35	91.38	2.53
1996	18.48	14.02	0.86	4.65	48.84	0.42	0.35	83.33	2.50
1997	18.24	14.15	0.75	4.11	49.33	0.37	0.21	56.76	1.48
1998	18.15	14.36	0.93	5.12	53.76	0.50	0.35	70.00	2.44
1999	17.80	11.25	1.00	5.62	80.00	0.80	0.44	55.00	3.91
2000	17.50	11.30	1.50	8.57	100.00	1.50	0.54	36.00	4.78

5－24－25　陕西省眉县历年棉花生产收购

年　　度	耕地面积（万亩）	农业人口（万人）	棉田面积（万亩）	占耕地（%）	亩　产（市斤）	产　量（万担）	收购量（万担）	商品率（%）	人均交售（市斤）
52 年合计			**140.04**	**8.51**	**47.94**	**67.13**	**54.92**	**81.81**	**9.51**
11 年小计			**30.93**	**8.25**	**32.94**	**10.19**	**6.86**	**67.33**	**7.04**
占合计%			**22.09**			**15.18**	**12.49**		
1949									
1950									
1951									
1952									
1953	55.15	12.43	3.81	6.91	29.92	1.14	0.56	49.12	4.51
1954	55.12	12.97	3.89	7.06	41.13	1.60	1.15	71.88	8.87
1955	54.12	13.39	2.79	5.16	30.47	0.85	0.65	76.47	4.85
1956	52.58	13.97	5.21	9.91	17.06	0.89	0.30	33.75	2.15
1957	53.40	14.26	5.18	9.70	27.80	1.44	0.97	67.36	6.80
1958	53.35	14.97	5.07	9.50	38.07	1.93	0.84	43.52	5.61
1959	51.04	15.42	4.98	9.76	46.99	2.34	2.39	102.14	15.50
10 年小计			**43.49**	**8.71**	**29.41**	**12.79**	**11.11**	**86.86**	**6.38**
占合计%			**31.06**			**19.05**	**20.23**		
1960	51.55	15.96	4.28	8.30	39.72	1.70	1.44	84.71	9.02
1961	51.05	16.31	4.18	8.19	23.68	0.99	0.89	89.90	5.46
1962	50.07	16.93	3.57	7.13	23.81	0.85	0.74	87.06	4.37
1963	50.07	17.56	4.86	9.71	28.19	1.37	1.01	73.72	5.75
1964	49.86	17.64	4.63	9.29	27.00	1.25	1.12	89.60	6.35
1965	49.65	17.73	4.24	8.54	26.18	1.11	0.95	85.59	5.36
1966	49.38	17.89	4.40	8.91	22.27	0.98	0.73	74.49	4.08
1967	49.40	17.95	4.72	9.55	29.66	1.40	1.32	94.29	7.35
1968	49.23	18.07	4.31	8.75	35.73	1.54	1.46	94.81	8.08
1969	49.12	18.13	4.30	8.75	37.21	1.60	1.45	90.63	8.00
10 年小计			**49.56**	**10.21**	**67.39**	**33.40**	**28.30**	**84.73**	**15.04**
占合计%			**35.39**			**49.76**	**51.53**		
1970	49.10	18.15	3.78	7.70	48.41	1.83	1.64	89.62	9.04
1971	49.03	18.44	5.14	10.48	40.66	2.09	1.76	84.21	9.54
1972	48.79	18.63	4.86	9.96	54.94	2.67	2.52	94.38	13.53
1973	48.80	18.72	4.75	9.73	53.47	2.54	2.30	90.55	12.29
1974	48.64	18.86	5.20	10.69	76.35	3.97	3.47	87.41	18.40
1975	48.37	18.87	5.11	10.56	54.01	2.76	1.59	57.61	8.43
1976	48.32	18.94	5.53	11.44	50.45	2.79	2.23	79.93	11.77
1977	48.15	19.09	5.60	11.63	92.50	5.18	4.16	80.31	21.79
1978	48.04	19.13	4.80	9.99	90.42	4.34	3.85	88.71	20.13
1979	48.10	19.28	4.79	9.96	109.19	5.23	4.78	91.40	24.79
10 年小计			**16.06**	**5.62**	**66.94**	**10.75**	**8.65**	**80.47**	**7.36**
占合计%			**11.47**			**16.01**	**15.75**		
1980	48.03	19.30	3.79	7.89	59.10	2.24	2.91	129.91	15.08
1981	47.85	19.47	4.51	9.43	69.84	3.15	1.80	57.14	9.24
1982	47.77	19.51	4.68	9.80	69.87	3.27	2.85	87.16	14.61
1983	47.52	19.64	2.12	4.46	65.09	1.38	0.89	64.49	4.53
1984	47.41	19.85	0.96	2.02	73.96	0.71	0.19	26.76	0.96
1985	47.36	19.78					0.01		0.05
1986									
1987									
1988									
1989									
11 年小计									
占合计%									
1990									
1991									
1992									
1993									
1994									
1995									
1996									
1997									
1998									
1999									
2000									

5－24－26　陕西省扶风县历年棉花生产收购

年　　度	耕地面积（万亩）	农业人口（万人）	棉田面积（万亩）	占耕地（%）	亩　产（市斤）	产　量（万担）	收购量（万担）	商品率（%）	人均交售（市斤）
52 年合计			**139.58**	**7.68**	**63.58**	**88.75**	**55.49**	**62.52**	**7.38**
11 年小计			**30.21**	**7.45**	**52.93**	**15.99**	**10.02**	**62.66**	**6.56**
占合计%			**21.64**			**18.02**	**18.06**		
1949									
1950									
1951									
1952									
1953	58.34	21.45	3.14	5.38	49.04	1.54	0.89	57.79	4.15
1954	58.27	21.57	3.45	5.92	53.91	1.86	1.26	67.74	5.84
1955	58.15	21.64	3.69	6.35	39.84	1.47	0.97	65.99	4.48
1956	58.06	21.81	4.50	7.75	48.89	2.20	1.13	51.36	5.18
1957	57.89	21.98	5.32	9.19	64.85	3.45	2.15	62.32	9.78
1958	57.51	22.06	5.24	9.11	54.58	2.86	1.64	57.34	7.43
1959	57.23	22.22	4.87	8.51	53.59	2.61	1.98	75.86	8.91
10 年小计			**45.85**	**8.05**	**53.50**	**24.53**	**14.70**	**59.93**	**6.44**
占合计%			**32.85**			**27.64**	**26.49**		
1960	57.55	22.34	4.46	7.75	56.50	2.52	1.85	73.41	8.28
1961	57.58	22.36	4.09	7.10	40.10	1.64	1.02	62.20	4.56
1962	57.34	22.48	4.18	7.29	47.37	1.98	1.23	62.12	5.47
1963	57.34	22.69	4.57	7.97	44.86	2.05	1.39	67.80	6.13
1964	57.12	22.75	4.76	8.33	49.79	2.37	1.28	54.01	5.63
1965	56.87	22.87	4.83	8.49	54.45	2.63	1.56	59.32	6.82
1966	56.76	22.93	4.92	8.67	61.99	3.05	1.71	56.07	7.46
1967	56.51	23.14	4.85	8.58	58.97	2.86	1.65	57.69	7.13
1968	56.43	23.30	4.54	8.05	61.45	2.79	1.47	52.69	6.31
1969	56.26	23.47	4.65	8.27	56.77	2.64	1.54	58.33	6.56
10 年小计			**50.28**	**8.94**	**75.22**	**37.82**	**24.16**	**63.88**	**9.94**
占合计%			**36.02**			**42.61**	**43.54**		
1970	56.38	23.54	4.86	8.62	63.99	3.11	1.76	56.59	7.48
1971	56.45	23.79	5.17	9.16	67.12	3.47	2.23	64.27	9.37
1972	56.66	23.84	5.33	9.41	81.80	4.36	2.51	57.57	10.53
1973	56.72	24.05	5.35	9.43	91.40	4.89	3.37	68.92	14.01
1974	56.74	24.17	5.42	9.55	83.58	4.53	2.78	61.37	11.50
1975	56.83	24.36	4.78	8.41	65.27	3.12	1.59	50.96	6.53
1976	56.97	24.56	4.90	8.60	54.29	2.66	1.89	71.05	7.70
1977	55.18	24.78	5.68	10.29	94.19	5.35	4.03	75.33	16.26
1978	55.25	24.93	4.93	8.92	73.63	3.63	2.84	78.24	11.39
1979	55.33	25.10	3.86	6.98	69.95	2.70	1.16	42.96	4.62
10 年小计			**13.24**	**4.75**	**78.63**	**10.41**	**6.61**	**63.50**	**5.16**
占合计%			**9.49**			**11.73**	**11.91**		
1980	55.41	25.23	4.04	7.29	90.35	3.65	2.94	80.55	11.65
1981	55.69	25.45	3.20	5.75	88.13	2.82	1.38	48.94	5.42
1982	55.72	25.69	3.45	6.19	82.32	2.84	1.76	61.97	6.85
1983	55.87	25.84	1.77	3.17	62.15	1.10	0.49	44.55	1.90
1984	55.96	25.98	0.78	1.39			0.04		0.15
1985									
1986									
1987									
1988									
1989									
11 年小计									
占合计%									
1990									
1991									
1992									
1993									
1994									
1995									
1996									
1997									
1998									
1999									
2000									

5－24－27　陕西省武功县历年棉花生产收购

年　度	耕地面积（万亩）	农业人口（万人）	棉田面积（万亩）	占耕地（%）	亩　产（市斤）	产　量（万担）	收购量（万担）	商品率（%）	人均交售（市斤）
52 年合计			**145.48**	**9.40**	**58.56**	**85.19**	**65.39**	**76.76**	**8.69**
11 年小计			**33.74**	**8.83**	**42.62**	**14.38**	**9.44**	**65.65**	**6.49**
占合计%			**23.19**			**16.88**	**14.44**		
1949									
1950									
1951									
1952									
1953	56.78	19.66	4.98	8.77	41.37	2.06	0.75	36.41	3.81
1954	55.43	19.54	4.69	8.46	32.20	1.51	1.29	85.43	6.60
1955	55.23	19.98	3.75	6.79	31.20	1.17	0.84	71.79	4.20
1956	54.43	20.90	5.08	9.33	31.30	1.59	0.80	50.31	3.83
1957	54.59	21.71	4.78	8.76	51.05	2.44	2.08	85.25	9.58
1958	53.20	22.27	5.00	9.40	45.00	2.25	1.59	70.67	7.14
1959	52.52	21.39	5.46	10.40	61.54	3.36	2.09	62.20	9.77
10 年小计			**45.38**	**8.82**	**38.81**	**17.61**	**14.27**	**81.03**	**5.62**
占合计%			**31.19**			**20.67**	**21.82**		
1960	52.16	22.95	5.30	10.16	33.58	1.78	2.11	118.54	9.19
1961	52.76	24.19	4.76	9.02	30.67	1.46	0.94	64.38	3.89
1962	51.64	25.28	4.04	7.82	37.87	1.53	1.25	81.70	4.94
1963	51.50	25.67	4.88	9.48	42.01	2.05	1.53	74.63	5.96
1964	51.43	25.79	4.32	8.40	42.59	1.84	1.34	72.83	5.20
1965	51.25	25.83	4.76	9.29	44.12	2.10	1.62	77.14	6.27
1966	51.11	25.94	4.58	8.96	43.01	1.97	1.61	81.73	6.21
1967	51.02	25.99	4.47	8.76	39.82	1.78	1.45	81.46	5.58
1968	50.97	26.18	4.21	8.26	34.20	1.44	1.27	88.19	4.85
1969	50.85	26.32	4.06	7.98	40.89	1.66	1.15	69.28	4.37
10 年小计			**52.19**	**10.38**	**81.07**	**42.31**	**33.90**	**80.12**	**12.58**
占合计%			**35.87**			**49.67**	**51.84**		
1970	50.83	26.46	4.15	8.16	74.70	3.10	2.46	79.35	9.30
1971	50.75	26.49	4.24	8.35	77.12	3.27	2.55	77.98	9.63
1972	50.47	26.63	5.37	10.64	67.04	3.60	3.00	83.33	11.27
1973	50.44	26.78	5.69	11.28	80.49	4.58	3.91	85.37	14.60
1974	50.26	26.94	5.46	10.86	81.14	4.43	3.38	76.30	12.55
1975	50.18	26.97	4.90	9.76	71.63	3.51	2.12	60.40	7.86
1976	50.15	27.15	4.72	9.41	55.93	2.64	1.85	70.08	6.81
1977	50.06	27.26	5.78	11.55	101.21	5.85	4.87	83.25	17.87
1978	49.89	27.33	5.23	10.48	98.09	5.13	4.34	84.60	15.88
1979	49.71	27.54	6.65	13.38	93.23	6.20	5.42	87.42	19.68
10 年小计			**14.17**	**9.55**	**76.85**	**10.89**	**7.78**	**71.44**	**9.35**
占合计%			**9.74**			**12.78**	**11.90**		
1980	49.58	27.69	4.84	9.76	87.81	4.25	3.17	74.59	11.45
1981	49.46	27.71	4.06	8.21	50.25	2.04	1.14	55.88	4.11
1982	49.35	27.84	5.27	10.68	87.29	4.60	3.47	75.43	12.46
1983									
1984									
1985									
1986									
1987									
1988									
1989									
11 年小计									
占合计%									
1990									
1991									
1992									
1993									
1994									
1995									
1996									
1997									
1998									
1999									
2000									

5-25-1 山西省1949-2000年产棉县棉花生产收购明细

县市名	耕地面积（万亩）	农业人口（万人）	棉田面积（万亩）	占耕地（%）	亩产（市斤）	产量（万担）	收购量（万担）	商品率（%）	人均交售（市斤）
全省合计			**14972.34**	**13.38**	**53.28**	**7977.67**	**6350.45**	**79.60**	**15.85**
运城地区			**8415.27**	**17.01**	**58.56**	**4928.29**	**4049.90**	**82.18**	**25.99**
运城市			1091.74	21.20	60.08	655.96	549.65	83.79	35.68
永济市			936.07	22.23	82.47	771.95	577.82	74.85	43.41
芮城县			729.16	17.20	47.96	349.72	286.27	81.86	22.28
临猗县			1391.36	17.53	63.52	883.75	725.29	82.07	37.26
万荣县			898.96	17.01	45.03	404.79	359.43	88.79	23.41
新绛县			554.40	19.71	67.90	376.43	315.65	83.85	30.92
稷山县			558.97	17.98	62.87	351.40	288.00	81.96	26.27
河津市			386.49	19.24	54.76	211.66	185.65	87.71	18.14
闻喜县			511.57	11.76	40.42	206.77	174.80	84.54	13.95
夏县			473.15	14.99	72.30	342.08	282.98	82.72	23.60
绛县			339.18	13.75	42.89	145.49	123.92	85.17	14.45
平陆县			358.44	12.25	37.99	136.18	104.33	76.61	12.30
垣曲县			185.79	10.16	49.58	92.11	76.11	82.63	11.82
临汾地区			**3855.68**	**16.20**	**49.95**	**1925.87**	**1473.18**	**76.49**	**16.19**
临汾市			563.62	14.63	44.06	248.32	200.71	80.83	12.12
侯马市			222.01	24.67	65.22	144.79	55.05	38.02	13.75
霍州县			130.95	8.80	39.08	51.18	34.37	67.15	5.35
曲沃县			634.11	30.91	58.19	368.97	320.18	86.78	44.20
翼城县			426.58	14.53	43.87	187.13	145.86	77.95	13.68
襄汾县			915.16	18.67	59.60	545.45	437.01	80.12	26.53
洪洞县			763.68	15.57	41.35	315.79	240.15	76.05	10.60
浮山县			101.45	5.45	31.26	31.71	18.99	59.89	3.80
大宁县			98.12	10.84	33.15	32.53	20.86	64.13	10.44
晋中地区			**931.04**	**6.13**	**47.46**	**441.85**	**309.60**	**70.07**	**5.50**
榆次市			143.00	3.64	42.31	60.50	46.99	77.67	4.30
太谷县			149.41	6.28	40.72	60.84	48.76	80.14	5.61
祁县			164.96	7.04	37.53	61.91	55.94	90.36	6.46
平遥县			341.51	8.02	62.83	214.58	123.99	57.78	7.23
介休市			132.16	5.77	33.31	44.02	33.92	77.06	3.13
吕梁地区			**1129.51**	**10.03**	**37.31**	**421.38**	**352.22**	**83.59**	**8.10**
汾阳市			408.77	10.44	35.77	146.20	137.73	94.21	11.11
文水县			451.03	15.44	42.90	193.51	161.27	83.34	12.47
交城县			173.33	10.63	31.26	54.18	31.59	58.31	4.14
孝义市			96.38	3.46	28.52	27.49	21.63	78.68	2.06
晋城市			**566.46**	**5.78**	**40.53**	**229.56**	**154.07**	**67.12**	**3.50**
泽州县			124.51	3.17	33.85	42.15	18.52	43.94	0.94
沁水县			171.68	6.68	40.39	69.34	50.42	72.71	5.80
阳城县			270.27	8.16	43.69	118.07	85.13	72.10	5.45
太原市			**74.38**	**3.14**	**41.30**	**30.72**	**11.48**	**37.37**	**1.14**
清徐县			74.38	3.14	41.30	30.72	11.48	37.37	1.14

5－25－2　山西省1949－1959年产棉县棉花生产收购明细

县市名	耕地面积（万亩）	农业人口（万人）	棉田面积（万亩）	占耕地（%）	亩产（市斤）	产量（万担）	收购量（万担）	商品率（%）	人均交售（市斤）
全省合计			**3872.60**	**15.13**	**42.39**	**1641.41**	**1198.92**	**73.04**	**21.56**
运城地区			**2044.91**	**18.06**	**43.38**	**887.06**	**661.83**	**74.61**	**31.68**
运城市			284.60	24.27	46.47	132.25	94.94	71.79	48.15
永济市			223.36	23.45	49.86	111.36	77.36	69.47	43.71
芮城县			175.46	17.76	42.20	74.05	51.88	70.06	30.23
临猗县			296.28	16.29	39.75	117.78	97.06	82.41	36.37
万荣县			232.59	20.09	42.22	98.21	78.00	79.42	35.75
新绛县			127.25	20.14	47.26	60.14	50.79	84.45	37.96
稷山县			111.80	15.75	44.60	49.86	40.01	80.24	27.86
河津市			134.29	27.06	41.36	55.54	41.73	75.14	31.04
闻喜县			123.30	12.34	38.34	47.27	28.03	59.30	16.98
夏县			98.13	13.47	46.74	45.87	30.78	67.10	18.77
绛县			88.18	15.56	46.56	41.06	33.67	82.00	31.27
平陆县			101.81	14.87	38.44	39.14	29.26	74.76	24.47
垣曲县			47.86	11.51	30.36	14.53	8.32	57.26	9.26
临汾地区			**1135.16**	**20.84**	**47.74**	**541.91**	**389.49**	**71.87**	**32.31**
临汾市			153.80	17.05	43.15	66.37	61.24	92.27	26.91
侯马市			74.14	31.08	54.37	40.31			
霍州县			39.01	11.62	37.63	14.68	9.83	66.96	13.36
曲沃县			226.89	47.39	55.16	125.16	102.13	81.60	121.31
翼城县			111.57	16.33	52.02	58.04	44.38	76.46	27.82
襄汾县			227.10	20.54	48.87	110.97	82.03	73.92	38.58
洪洞县			240.39	22.13	44.35	106.61	76.91	72.14	26.14
浮山县			31.44	7.34	31.55	9.92	6.55	66.03	8.45
大宁县			30.82	16.37	31.96	9.85	6.42	65.18	25.67
晋中地区			**191.73**	**5.51**	**33.23**	**63.72**	**36.73**	**57.64**	**4.59**
榆次市			27.33	3.13	24.00	6.56	6.09	92.84	4.08
太谷县			34.92	6.24	28.58	9.98	9.97	99.90	8.35
祁县			35.88	6.53	24.25	8.70	6.70	77.01	5.29
平遥县			60.15	6.22	48.88	29.40	8.12	27.62	3.16
介休市			33.45	6.34	27.14	9.08	5.85	64.43	3.96
吕梁地区			**349.75**	**13.49**	**31.50**	**110.17**	**86.62**	**78.62**	**13.65**
汾阳市			131.30	15.15	30.55	40.11	37.86	94.39	22.40
文水县			130.78	21.48	30.95	40.48	34.88	86.17	20.27
交城县			56.38	13.42	32.87	18.53	5.85	31.57	4.76
孝义市			31.29	4.49	35.31	11.05	8.03	72.67	4.70
晋城市			**115.89**	**5.24**	**25.64**	**29.71**	**18.50**	**62.27**	**2.66**
泽州县			20.43	2.33	18.75	3.83	1.60	41.78	0.53
沁水县			37.25	6.18	30.50	11.36	8.10	71.30	5.53
阳城县			58.21	7.94	24.94	14.52	8.80	60.61	3.56
太原市			**35.16**	**6.51**	**25.14**	**8.84**	**5.75**	**65.05**	**4.25**
清徐县			35.16	6.51	25.14	8.84	5.75	65.05	4.25

5－25－3　山西省1960－1969年产棉县棉花生产收购明细

县市名	耕地面积（万亩）	农业人口（万人）	棉田面积（万亩）	占耕地（％）	亩产（市斤）	产量（万担）	收购量（万担）	商品率（％）	人均交售（市斤）
全省合计			**3486.08**	**16.00**	**42.75**	**1490.30**	**1353.55**	**90.82**	**20.70**
运城地区			**1927.32**	**20.06**	**46.52**	**896.57**	**856.50**	**95.53**	**33.88**
运城市			251.46	25.38	53.25	133.89	128.56	96.02	52.36
永济市			183.22	22.49	53.37	97.78	94.21	96.35	44.05
芮城县			169.24	20.37	36.86	62.38	60.12	96.38	29.64
临猗县			299.36	18.74	51.69	154.75	148.60	96.03	46.53
万荣县			212.86	20.30	46.42	98.82	94.36	95.49	37.23
新绛县			125.99	22.86	45.97	57.92	55.54	95.89	33.53
稷山县			136.00	22.80	45.08	61.31	57.12	93.17	32.78
河津市			104.86	27.17	44.73	46.90	43.97	93.75	25.99
闻喜县			129.96	15.60	40.04	52.04	48.27	92.76	23.35
夏　县			105.32	18.64	53.30	56.14	53.02	94.44	27.63
绛　县			88.67	18.43	40.22	35.66	35.64	99.94	25.40
平陆县			83.15	14.53	30.75	25.57	24.85	97.18	18.00
垣曲县			37.23	10.96	36.02	13.41	12.24	91.28	11.41
临汾地区			**974.50**	**20.90**	**41.74**	**406.78**	**345.46**	**84.93**	**23.44**
临汾市			147.96	19.25	37.08	54.87	47.90	87.30	18.16
侯马市			53.53	30.00	63.85	34.18			
霍州县			30.53	10.87	38.49	11.75	10.42	88.68	10.54
曲沃县			172.47	42.65	57.95	99.94	96.77	96.83	80.66
翼城县			106.83	18.60	41.42	44.25	41.73	94.31	23.00
襄汾县			217.90	22.44	39.04	85.07	81.18	95.43	30.94
洪洞县			197.35	20.76	33.51	66.14	58.40	88.30	16.07
浮山县			25.32	6.94	20.14	5.10	4.09	80.20	4.57
大宁县			22.61	13.31	24.24	5.48	4.97	90.70	14.82
晋中地区			**166.59**	**5.67**	**36.14**	**60.21**	**42.05**	**69.84**	**4.64**
榆次市			27.57	3.56	32.64	9.00	8.76	97.33	4.95
太谷县			33.10	7.22	30.51	10.10	8.83	87.42	6.36
祁　县			37.29	8.23	24.56	9.16	8.47	92.47	6.01
平遥县			39.77	4.88	61.15	24.32	10.36	42.60	3.70
介休市			28.86	6.58	26.44	7.63	5.63	73.79	3.31
吕梁地区			**286.24**	**12.99**	**27.93**	**79.95**	**72.04**	**90.11**	**10.28**
汾阳市			110.55	14.67	30.59	33.82	33.26	98.34	16.72
文水县			96.57	19.04	27.64	26.69	28.72	107.61	15.58
交城县			51.87	14.19	25.12	13.03	4.21	32.31	3.11
孝义市			27.25	4.72	23.52	6.41	5.85	91.26	3.21
晋城市			**119.19**	**6.25**	**36.58**	**43.60**	**35.59**	**81.63**	**4.64**
泽州县			23.94	3.16	29.62	7.09	5.16	72.78	1.56
沁水县			41.40	8.14	35.39	14.65	13.45	91.81	8.62
阳城县			53.85	8.37	40.59	21.86	16.98	77.68	6.08
太原市			**12.25**	**2.66**	**26.04**	**3.19**	**1.91**	**59.87**	**1.17**
清徐县			12.25	2.66	26.04	3.19	1.91	59.87	1.17

5-25-4 山西省1970-1979年棉花生产收购汇总表

县市名	耕地面积（万亩）	农业人口（万人）	棉田面积（万亩）	占耕地（%）	亩产（市斤）	产量（万担）	收购量（万担）	商品率（%）	人均交售（市斤）
全省合计			**3500.05**	**16.43**	**40.09**	**1403.24**	**1324.87**	**94.42**	**16.21**
运城地区			**1941.18**	**20.63**	**45.65**	**886.20**	**858.82**	**96.91**	**27.21**
运城市			238.50	24.52	48.56	115.81	113.49	98.00	35.87
永济市			184.47	22.97	56.93	105.02	100.95	96.12	37.32
芮城县			177.17	21.77	38.63	68.44	66.55	97.24	25.74
临猗县			337.29	21.90	47.62	160.63	152.48	94.93	38.28
万荣县			218.56	21.30	35.93	78.53	85.11	108.38	27.42
新绛县			125.67	23.64	51.59	64.83	62.34	96.16	30.28
稷山县			133.89	22.95	41.49	55.55	53.27	95.90	24.30
河津市			71.91	19.15	48.82	35.11	33.69	95.95	16.87
闻喜县			132.09	16.22	34.49	45.56	42.12	92.45	16.51
夏县			107.23	17.96	71.94	77.14	74.60	96.71	31.07
绛县			90.85	19.74	33.47	30.41	29.41	96.71	16.65
平陆县			79.94	14.40	36.14	28.89	25.88	89.58	15.07
垣曲县			43.61	13.01	46.50	20.28	18.93	93.34	14.20
临汾地区			**898.36**	**19.90**	**35.60**	**319.86**	**297.21**	**92.92**	**16.08**
临汾市			140.08	19.03	34.65	48.54	41.61	85.72	12.46
侯马市			49.30	29.56	60.45	29.80	25.31	84.93	31.16
霍州县			29.56	10.83	25.91	7.66	6.55	85.51	5.09
曲沃县			121.40	30.77	43.05	52.26	52.14	99.77	34.42
翼城县			109.12	19.59	25.00	27.28	25.93	95.05	11.71
襄汾县			223.47	23.55	40.78	91.14	87.47	95.97	26.29
洪洞县			186.63	20.16	30.06	56.10	52.20	93.05	11.50
浮山县			20.91	5.99	17.22	3.60	2.94	81.67	2.84
大宁县			17.89	10.95	19.45	3.48	3.06	87.93	7.35
晋中地区			**248.67**	**8.65**	**28.72**	**71.43**	**55.21**	**77.29**	**4.77**
榆次市			43.52	5.77	29.02	12.63	9.02	71.42	3.93
太谷县			44.47	10.09	32.27	14.35	12.40	86.41	6.91
祁县			45.14	10.21	26.96	12.17	10.61	87.18	6.01
平遥县			76.33	9.47	29.18	22.27	14.84	66.64	4.23
介休市			39.21	9.06	25.53	10.01	8.34	83.32	3.76
吕梁地区			**257.90**	**11.91**	**22.86**	**58.95**	**60.96**	**103.41**	**6.83**
汾阳市			92.89	12.35	24.29	22.56	26.62	118.00	10.37
文水县			88.65	16.98	21.32	18.90	19.32	102.22	7.88
交城县			48.17	14.18	23.92	11.52	9.93	86.20	6.01
孝义市			28.19	5.11	21.18	5.97	5.09	85.26	2.25
晋城市			**140.91**	**7.45**	**44.68**	**62.96**	**50.41**	**80.07**	**5.57**
泽州县			36.07	4.84	35.12	12.67	7.12	56.20	1.79
沁水县			44.21	8.75	38.29	16.93	14.84	87.66	8.17
阳城县			60.63	9.46	55.02	33.36	28.45	85.28	8.76
太原市			**13.03**	**2.90**	**29.47**	**3.84**	**2.26**	**58.85**	**1.07**
清徐县			13.03	2.90	29.47	3.84	2.26	58.85	1.07

5-25-5 山西省1980-1989年产棉县棉花生产收购明细

县市名	耕地面积（万亩）	农业人口（万人）	棉田面积（万亩）	占耕地（%）	亩产（市斤）	产量（万担）	收购量（万担）	商品率（%）	人均交售（市斤）
全省合计			**2466.50**	**11.84**	**71.72**	**1769.01**	**1553.82**	**87.84**	**17.40**
运城地区			**1520.24**	**16.43**	**74.28**	**1129.30**	**1026.68**	**90.91**	**29.63**
运城市			195.14	20.30	70.17	136.92	130.69	95.45	37.47
永济市			180.73	23.04	104.44	188.75	170.36	90.26	56.98
芮城县			131.50	16.63	61.77	81.23	73.57	90.57	25.36
临猗县			275.41	18.26	80.99	223.05	210.41	94.33	49.44
万荣县			169.54	16.57	54.74	92.80	81.89	88.24	24.57
新绛县			105.07	19.89	95.13	99.95	86.01	86.05	37.69
稷山县			112.29	19.40	83.11	93.32	84.36	90.40	34.67
河津市			51.70	14.29	94.51	48.86	46.18	94.51	20.35
闻喜县			74.89	9.35	37.56	28.13	24.57	87.34	8.77
夏县			88.46	14.94	86.37	76.40	67.22	87.98	25.50
绛县			45.42	10.10	44.89	20.39	16.30	79.94	8.40
平陆县			60.26	11.09	34.73	20.93	17.61	84.14	9.40
垣曲县			29.83	9.04	62.25	18.57	17.51	94.29	12.11
临汾地区			**541.20**	**12.42**	**70.61**	**382.15**	**315.84**	**82.65**	**15.44**
临汾市			79.85	11.48	56.63	45.22	37.10	82.04	9.96
侯马市			29.49	18.93	79.82	23.54	21.54	91.50	23.57
霍州县			17.12	6.39	47.55	8.14	6.12	75.18	4.06
曲沃县			75.32	19.62	75.03	56.51	49.45	87.51	30.10
翼城县			58.80	10.81	51.96	30.55	23.66	77.45	10.07
襄汾县			172.03	18.91	93.61	161.03	130.54	81.07	35.22
洪洞县			91.59	10.09	55.15	50.51	43.04	85.21	8.42
浮山县			8.90	2.66	37.87	3.37	1.67	49.55	1.56
大宁县			8.10	5.10	40.49	3.28	2.72	82.93	6.29
晋中地区			**157.72**	**5.61**	**69.31**	**109.31**	**94.37**	**86.33**	**7.46**
榆次市			21.43	2.93	63.14	13.53	10.91	80.64	4.39
太谷县			19.10	4.37	64.97	12.41	8.88	71.56	4.45
祁县			20.94	5.00	63.37	13.27	14.39	108.44	7.39
平遥县			77.43	9.71	77.88	60.30	50.80	84.25	13.51
介休市			18.82	4.40	52.07	9.80	9.39	95.82	3.82
吕梁地区			**140.38**	**6.55**	**68.86**	**96.67**	**84.93**	**87.86**	**8.67**
汾阳市			44.54	5.94	64.46	28.71	26.66	92.86	9.66
文水县			78.56	12.86	73.63	57.84	47.82	82.68	15.65
交城县			12.02	4.93	65.97	7.93	8.74	110.21	5.85
孝义市			5.26	0.97	41.63	2.19	1.71	78.08	0.69
晋城市			**103.31**	**5.64**	**48.05**	**49.64**	**32.00**	**64.46**	**3.37**
泽州县			23.85	3.26	39.96	9.53	2.45	25.71	0.57
沁水县			26.59	5.68	50.17	13.34	9.64	72.26	5.26
阳城县			52.87	8.36	50.63	26.77	19.91	74.37	5.99
太原市			**3.65**	**0.83**	**53.15**	**1.94**			
清徐县			3.65	0.83	53.15	1.94			

5-25-6　山西省1990-2000年产棉县棉花生产收购明细

县市名	耕地面积（万亩）	农业人口（万人）	棉田面积（万亩）	占耕地（%）	亩产（市斤）	产量（万担）	收购量（万担）	商品率（%）	人均交售（市斤）
全省合计			**1647.11**	**7.36**	**101.62**	**1673.71**	**919.29**	**54.93**	**8.46**
运城地区			**981.63**	**9.93**	**115.03**	**1129.16**	**646.07**	**57.22**	**14.88**
运城市			122.04	11.61	112.33	137.09	81.97	59.79	18.96
永济市			164.29	19.20	163.76	269.04	134.94	50.16	36.41
芮城县			75.79	9.30	83.94	63.62	34.15	53.68	9.44
临猗县			183.02	12.43	124.33	227.54	116.74	51.31	21.76
万荣县			65.41	6.35	55.69	36.43	20.07	55.09	4.78
新绛县			70.42	12.35	132.91	93.59	60.97	65.15	21.21
稷山县			64.99	10.16	140.58	91.36	53.24	58.27	16.85
河津市			23.73	6.10	106.41	25.25	20.08	79.52	6.84
闻喜县			51.33	5.70	65.79	33.77	31.81	94.20	9.19
夏　县			74.01	11.00	116.92	86.53	57.36	66.29	16.91
绛　县			26.06	5.12	68.96	17.97	8.90	49.53	3.72
平陆县			33.28	5.84	65.05	21.65	6.73	31.09	2.91
垣曲县			27.26	6.69	92.88	25.32	19.11	75.47	11.31
临汾地区			**306.46**	**6.36**	**89.79**	**275.17**	**125.18**	**45.49**	**4.95**
临汾市			41.93	5.60	79.47	33.32	12.86	38.60	2.81
侯马市			15.55	9.71	109.07	16.96	8.20	48.35	7.09
霍州县			14.73	4.46	60.76	8.95	1.45	16.20	0.76
曲沃县			38.03	9.76	92.30	35.10	19.69	56.10	9.63
翼城县			40.26	6.97	67.09	27.01	10.16	37.62	3.77
襄汾县			74.66	7.73	130.24	97.24	55.79	57.37	11.90
洪洞县			47.72	4.62	76.34	36.43	9.60	26.35	1.49
浮山县			14.88	3.85	65.32	9.72	3.74	38.48	3.07
大宁县			18.70	8.30	55.83	10.44	3.69	35.34	6.54
晋中地区			**166.33**	**5.38**	**82.47**	**137.18**	**81.24**	**59.22**	**5.43**
榆次市			23.15	2.92	81.12	18.78	12.21	65.02	4.24
太谷县			17.82	3.70	78.56	14.00	8.68	62.00	3.75
祁　县			25.71	5.35	72.38	18.61	15.77	84.74	6.93
平遥县			87.83	10.05	89.14	78.29	39.87	50.93	8.85
介休市			11.82	2.56	63.45	7.50	4.71	62.80	1.58
吕梁地区			**95.24**	**4.43**	**79.42**	**75.64**	**47.67**	**63.02**	**4.18**
汾阳市			29.49	3.71	71.21	21.00	13.33	63.48	3.94
文水县			56.47	8.39	87.83	49.60	30.53	61.55	7.91
交城县			4.89	1.87	64.83	3.17	2.86	90.22	1.50
孝义市			4.39	1.04	42.60	1.87	0.95	50.80	0.42
晋城市			**87.16**	**4.44**	**50.08**	**43.65**	**17.57**	**40.25**	**1.61**
泽州县			20.22	2.49	44.66	9.03	2.19	24.25	0.43
沁水县			22.23	4.58	58.75	13.06	4.39	33.61	2.17
阳城县			44.71	6.74	48.22	21.56	10.99	50.97	2.90
太原市			**10.29**	**2.15**	**125.46**	**12.91**	**1.56**	**12.08**	**0.56**
清徐县			10.29	2.15	125.46	12.91	1.56	12.08	0.56

5-25-7 山西省1949年产棉县棉花生产收购明细

县市名	耕地面积（万亩）	农业人口（万人）	棉田面积（万亩）	占耕地（%）	亩产（市斤）	产量（万担）	收购量（万担）	商品率（%）	人均交售（市斤）
全省合计	**2207.92**	**449.92**	**183.78**	**8.32**	**31.37**	**57.66**	**0.33**	**0.58**	**0.07**
运城地区	**974.58**	**170.53**	**98.67**	**10.12**	**30.44**	**30.04**			
运城市	106.83	16.08	15.87	14.86	29.68	4.71			
永济市	80.97	14.63	12.48	15.41	32.05	4.00			
芮城县	84.38	14.43	9.08	10.76	35.24	3.20			
临猗县	162.17	21.26	9.53	5.88	22.98	2.19			
万荣县	98.94	18.29	11.37	11.49	28.58	3.25			
新绛县	48.06	11.19	5.81	12.09	30.98	1.80			
稷山县	64.46	11.92	4.00	6.21	28.00	1.12			
河津市	45.69	11.01	9.76	21.36	34.94	3.41			
闻喜县	87.66	12.22	7.58	8.65	32.72	2.48			
夏　县	67.46	13.72	4.35	6.45	40.23	1.75			
绛　县	51.75	8.70	2.89	5.58	30.10	0.87			
平陆县	40.04	9.89	4.20	10.49	24.05	1.01			
垣曲县	36.20	7.19	1.75	4.83	14.29	0.25			
临汾地区	**470.05**	**96.25**	**52.75**	**11.22**	**35.43**	**18.69**			
临汾市	82.46	18.58	9.98	12.10	35.37	3.53			
侯马市	21.86	3.96	3.02	13.82	36.09	1.09			
霍州县	27.59	5.16	2.75	9.97	31.64	0.87			
曲沃县	42.44	6.09	9.67	22.79	35.99	3.48			
翼城县	62.78	13.55	4.91	7.82	45.01	2.21			
襄汾县	91.16	16.70	9.53	10.45	35.99	3.43			
洪洞县	87.44	23.38	8.15	9.32	32.02	2.61			
浮山县	39.33	6.66	2.44	6.20	36.89	0.90			
大宁县	15.02	2.17	2.30	15.32	24.78	0.57			
晋中地区	**292.59**	**65.53**	**9.06**	**3.10**	**28.70**	**2.60**	**0.28**	**10.77**	**0.43**
榆次市	70.28	12.41	0.54	0.77	14.81	0.08	0.28	*	2.26
太谷县	50.30	9.45	0.75	1.49	29.33	0.22			
祁　县	46.46	9.86	0.68	1.46	26.47	0.18			
平遥县	78.23	22.18	5.78	7.39	29.93	1.73			
介休市	47.34	11.63	1.31	2.77	29.77	0.39			
吕梁地区	**233.00**	**51.82**	**18.08**	**7.76**	**29.15**	**5.27**	**0.05**	**1.00**	**0.10**
汾阳市	78.92	13.64	5.72	7.25	24.30	1.39			
文水县	55.52	14.83	8.21	14.79	29.96	2.46			
交城县	37.62	10.32	2.78	7.39	33.81	0.94	0.05	5.63	0.51
孝义市	60.95	13.03	1.37	2.25	35.04	0.48			
晋城市	**191.28**	**56.03**	**4.26**	**2.23**	**18.78**	**0.80**			
泽州县	75.45	24.31	0.68	0.90	13.24	0.09			
沁水县	52.94	12.10	1.73	3.27	24.86	0.43			
阳城县	62.90	19.62	1.85	2.94	15.14	0.28			
太原市	**46.43**	**9.76**	**0.96**	**2.07**	**27.08**	**0.26**			
清徐县	46.43	9.76	0.96	2.07	27.08	0.26			

5－25－8　山西省1950年产棉县棉花生产收购明细

县市名	耕地面积（万亩）	农业人口（万人）	棉田面积（万亩）	占耕地（%）	亩产（市斤）	产量（万担）	收购量（万担）	商品率（%）	人均交售（市斤）
全省合计	**2263.72**	**463.40**	**209.31**	**9.25**	**32.88**	**68.82**	**0.36**	**0.52**	**0.08**
运城地区	**1001.79**	**173.84**	**111.83**	**11.16**	**30.51**	**34.12**			
运城市	107.09	16.39	19.33	18.05	34.56	6.68			
永济市	83.39	14.82	15.15	18.17	37.43	5.67			
芮城县	84.26	14.56	8.04	9.54	38.43	3.09			
临猗县	165.26	21.83	14.26	8.63	15.36	2.19			
万荣县	100.28	18.55	10.86	10.83	25.97	2.82			
新绛县	52.70	11.25	6.41	12.16	35.88	2.30			
稷山县	64.85	11.89	5.74	8.85	33.10	1.90			
河津市	46.19	11.37	7.37	15.96	24.56	1.81			
闻喜县	86.87	12.85	7.55	8.69	34.17	2.58			
夏　县	67.67	13.98	5.65	8.35	32.92	1.86			
绛　县	51.75	9.07	4.30	8.31	27.21	1.17			
平陆县	55.02	10.04	4.67	8.49	25.05	1.17			
垣曲县	36.51	7.24	2.50	6.85	35.20	0.88			
临汾地区	**481.81**	**99.34**	**60.07**	**12.47**	**38.85**	**23.34**			
临汾市	82.71	19.05	10.68	12.91	38.30	4.09			
侯马市	22.22	4.26	3.35	15.08	41.79	1.40			
霍州县	31.82	5.35	2.78	8.74	41.73	1.16			
曲沃县	43.13	6.73	10.69	24.79	42.00	4.49			
翼城县	62.87	13.84	5.43	8.64	46.96	2.55			
襄汾县	95.15	17.17	10.55	11.09	38.01	4.01			
洪洞县	88.73	24.00	12.00	13.52	35.00	4.20			
浮山县	39.47	6.73	2.35	5.95	39.15	0.92			
大宁县	15.74	2.21	2.24	14.24	23.21	0.52			
晋中地区	**306.63**	**69.20**	**10.69**	**3.49**	**31.99**	**3.42**	**0.23**	**6.73**	**0.33**
榆次市	73.20	13.34	0.65	0.89	24.62	0.16	0.23	143.75	1.72
太谷县	51.03	9.81	0.83	1.63	31.33	0.26			
祁　县	48.98	11.24	1.10	2.25	22.73	0.25			
平遥县	85.04	22.57	6.41	7.54	34.95	2.24			
介休市	48.39	12.24	1.70	3.51	30.00	0.51			
吕梁地区	**232.77**	**52.98**	**20.13**	**8.65**	**32.64**	**6.57**	**0.13**	**1.92**	**0.24**
汾阳市	79.16	13.98	6.65	8.40	32.33	2.15			
文水县	55.80	14.98	8.91	15.97	32.21	2.87			
交城县	37.50	10.56	3.08	8.21	31.17	0.96	0.13	13.13	1.19
孝义市	60.32	13.46	1.49	2.47	39.60	0.59			
晋城市	**194.10**	**57.40**	**5.33**	**2.75**	**20.08**	**1.07**			
泽州县	78.23	24.91	1.20	1.53	15.00	0.18			
沁水县	53.30	12.33	1.80	3.38	27.78	0.50			
阳城县	62.58	20.16	2.33	3.72	16.74	0.39			
太原市	**46.62**	**10.64**	**1.26**	**2.70**	**23.81**	**0.30**			
清徐县	46.62	10.64	1.26	2.70	23.81	0.30			

5－25－9　山西省1951年产棉县棉花生产收购明细

县市名	耕地面积（万亩）	农业人口（万人）	棉田面积（万亩）	占耕地（%）	亩产（市斤）	产量（万担）	收购量（万担）	商品率（%）	人均交售（市斤）
全省合计	**2320.61**	**473.94**	**270.15**	**11.64**	**38.97**	**105.29**	**0.82**	**0.77**	**0.17**
运城地区	**1028.49**	**177.49**	**145.69**	**14.17**	**40.13**	**58.47**			
运城市	107.73	16.58	22.79	21.15	39.89	9.09			
永济市	85.82	14.91	17.79	20.73	42.89	7.63			
芮城县	91.40	14.68	9.93	10.86	39.48	3.92			
临猗县	165.66	22.61	17.35	10.47	31.99	5.55			
万荣县	104.01	18.82	19.63	18.87	39.99	7.85			
新绛县	58.73	11.52	8.60	14.64	45.00	3.87			
稷山县	65.18	12.18	8.43	12.93	38.91	3.28			
河津市	46.61	11.54	10.43	22.38	41.04	4.28			
闻喜县	89.45	13.59	6.89	7.70	46.30	3.19			
夏　县	67.61	14.19	6.96	10.30	54.74	3.81			
绛　县	52.16	9.03	6.51	12.48	40.25	2.62			
平陆县	59.94	10.28	6.65	11.09	35.04	2.33			
垣曲县	34.23	7.56	3.73	10.90	28.15	1.05			
临汾地区	**487.19**	**101.16**	**77.02**	**15.81**	**42.30**	**32.58**			
临汾市	82.80	19.51	11.85	14.31	38.82	4.60			
侯马市	22.22	4.40	4.94	22.24	49.80	2.46			
霍州县	28.55	5.37	3.11	10.90	37.94	1.18			
曲沃县	43.13	7.05	15.76	36.54	49.94	7.87			
翼城县	62.79	13.96	7.80	12.42	46.67	3.64			
襄汾县	99.89	17.63	12.75	12.76	39.61	5.05			
洪洞县	91.44	24.24	15.60	17.06	42.24	6.59			
浮山县	39.45	6.78	2.49	6.31	19.28	0.48			
大宁县	16.94	2.22	2.72	16.06	26.10	0.71			
晋中地区	**317.69**	**70.50**	**15.84**	**4.99**	**33.21**	**5.26**	**0.50**	**9.51**	**0.71**
榆次市	77.72	13.49	0.81	1.04	23.46	0.19	0.50	*	3.71
太谷县	52.01	10.21	1.62	3.12	30.86	0.50			
祁　县	49.76	11.35	1.76	3.54	25.00	0.44			
平遥县	89.51	22.87	9.65	10.78	36.99	3.57			
介休市	48.71	12.58	2.00	4.11	28.00	0.56			
吕梁地区	**233.69**	**54.81**	**21.86**	**9.35**	**29.51**	**6.45**	**0.32**	**4.89**	**0.56**
汾阳市	79.28	14.35	7.49	9.45	28.17	2.11			
文水县	56.43	15.19	9.26	16.41	31.21	2.89			
交城县	38.00	10.72	3.38	8.90	28.40	0.96	0.32	32.88	2.94
孝义市	59.99	14.55	1.73	2.88	28.32	0.49			
晋城市	**205.53**	**58.81**	**7.05**	**3.43**	**24.54**	**1.73**			
泽州县	80.34	25.52	1.25	1.56	16.80	0.21			
沁水县	57.02	12.57	2.03	3.56	29.06	0.59			
阳城县	68.18	20.72	3.77	5.53	24.67	0.93			
太原市	**48.02**	**11.17**	**2.69**	**5.60**	**29.74**	**0.80**			
清徐县	48.02	11.17	2.69	5.60	29.74	0.80			

5－25－10　山西省1952年产棉县棉花生产收购明细

县市名	耕地面积（万亩）	农业人口（万人）	棉田面积（万亩）	占耕地（%）	亩　产（市斤）	产　量（万担）	收购量（万担）	商品率（%）	人均交售（市斤）
全省合计	**2363.00**	**486.52**	**343.45**	**14.53**	**48.16**	**165.42**	**109.18**	**66.00**	**22.44**
运城地区	**1047.66**	**181.73**	**203.81**	**19.45**	**49.76**	**101.42**	**65.37**	**64.45**	**35.97**
运城市	108.33	16.80	28.43	26.24	50.26	14.29	5.61	39.26	33.39
永济市	88.20	15.20	22.37	25.36	53.51	11.97	3.25	27.15	21.38
芮城县	92.21	14.96	18.55	20.12	49.92	9.26	4.62	49.89	30.88
临猗县	165.98	22.59	29.28	17.64	46.99	13.76	12.97	94.26	57.41
万荣县	107.12	19.10	27.29	25.48	45.00	12.28	10.22	83.22	53.51
新绛县	58.92	11.55	10.53	17.87	58.97	6.21	5.14	82.77	44.50
稷山县	65.28	12.52	11.32	17.34	42.05	4.76	4.00	84.03	31.95
河津市	46.59	11.68	14.96	32.11	36.03	5.39	5.61	104.08	48.03
闻喜县	93.41	15.43	10.70	11.46	55.98	5.99	2.54	42.40	16.46
夏　县	67.73	14.41	8.70	12.85	61.49	5.35	3.08	57.57	21.37
绛　县	52.13	9.05	7.00	13.43	55.00	3.85	3.86	100.26	42.65
平陆县	63.44	10.37	7.96	12.55	66.46	5.29	3.28	62.00	31.63
垣曲县	38.36	8.07	6.72	17.52	44.94	3.02	1.19	39.40	14.75
临汾地区	**495.53**	**103.91**	**96.99**	**19.57**	**50.84**	**49.31**	**33.15**	**67.23**	**31.90**
临汾市	81.90	19.88	12.56	15.34	40.68	5.11	3.98	77.89	20.02
侯马市	21.59	4.54	7.16	33.17	55.03	3.94			
霍州县	30.38	6.03	3.53	11.62	41.08	1.45	1.09	75.17	18.08
曲沃县	43.76	7.22	22.91	52.36	55.00	12.60	11.80	93.65	163.43
翼城县	62.91	14.06	9.00	14.31	50.00	4.50	2.71	60.22	19.27
襄汾县	103.17	18.10	16.84	16.32	47.98	8.08	3.44	42.57	19.01
洪洞县	94.94	24.84	19.37	20.40	60.25	11.67	8.29	71.04	33.37
浮山县	39.84	6.94	2.81	7.05	35.94	1.01	0.76	75.25	10.95
大宁县	17.06	2.30	2.81	16.48	33.81	0.95	1.08	113.68	46.96
晋中地区	**322.04**	**72.44**	**9.70**	**3.01**	**49.28**	**4.78**	**2.42**	**50.63**	**3.34**
榆次市	78.87	13.97	1.77	2.24	33.33	0.59	0.60	101.69	4.29
太谷县	51.93	10.70	1.52	2.93	35.53	0.54	0.48	88.89	4.49
祁　县	50.66	11.56	1.76	3.47	25.57	0.45	0.38	84.44	3.29
平遥县	90.74	23.27	2.37	2.61	108.86	2.58	0.50	19.38	2.15
介休市	49.85	12.94	2.28	4.57	27.19	0.62	0.46	74.19	3.55
吕梁地区	**239.79**	**56.21**	**23.08**	**9.63**	**31.89**	**7.36**	**7.37**	**100.14**	**13.11**
汾阳市	79.31	14.75	8.64	10.89	27.20	2.35	2.71	115.32	18.37
文水县	56.48	15.37	9.86	17.46	34.18	3.37	3.89	115.43	25.31
交城县	39.71	10.99	2.88	7.25	41.32	1.19	0.45	37.82	4.09
孝义市	64.31	15.10	1.70	2.64	26.47	0.45	0.32	71.11	2.12
晋城市	**208.07**	**60.25**	**8.61**	**4.14**	**24.27**	**2.09**	**0.86**	**41.15**	**1.43**
泽州县	81.11	26.15	1.88	2.32	17.02	0.32	0.07	21.88	0.27
沁水县	58.61	12.81	2.18	3.72	28.90	0.63	0.31	49.21	2.42
阳城县	68.36	21.29	4.55	6.66	25.05	1.14	0.48	42.11	2.25
太原市	**49.92**	**11.98**	**1.26**	**2.52**	**36.51**	**0.46**	**0.01**	**2.17**	**0.08**
清徐县	49.92	11.98	1.26	2.52	36.51	0.46	0.01	2.17	0.08

5-25-11 山西省1953年产棉县棉花生产收购明细

县市名	耕地面积（万亩）	农业人口（万人）	棉田面积（万亩）	占耕地（%）	亩产（市斤）	产量（万担）	收购量（万担）	商品率（%）	人均交售（市斤）
全省合计	**2391.32**	**496.58**	**304.96**	**12.75**	**47.02**	**143.38**	**113.28**	**79.01**	**22.81**
运城地区	**1061.54**	**185.03**	**170.74**	**16.08**	**47.99**	**81.94**	**66.06**	**80.62**	**35.70**
运城市	108.02	17.32	24.15	22.36	49.48	11.95	8.71	72.89	50.29
永济市	89.33	15.56	19.02	21.29	52.68	10.02	7.12	71.06	45.76
芮城县	92.60	15.16	16.23	17.53	44.42	7.21	5.32	73.79	35.09
临猗县	167.51	23.56	28.00	16.72	44.50	12.46	10.87	87.24	46.14
万荣县	107.16	19.49	20.11	18.77	45.30	9.11	8.50	93.30	43.61
新绛县	60.48	12.10	9.66	15.97	55.18	5.33	5.29	99.25	43.72
稷山县	65.94	12.58	7.46	11.31	48.53	3.62	3.04	83.98	24.17
河津市	46.41	11.86	11.33	24.41	44.92	5.09	4.58	89.98	38.62
闻喜县	93.32	14.99	7.30	7.82	49.04	3.58	2.32	64.80	15.48
夏　县	68.18	14.64	6.71	9.84	69.60	4.67	3.11	66.60	21.24
绛　县	52.25	9.07	6.38	12.21	55.02	3.51	3.20	91.17	35.28
平陆县	69.38	10.54	9.46	13.64	43.97	4.16	3.25	78.13	30.83
垣曲县	41.00	8.16	4.93	12.03	24.95	1.23	0.75	60.98	9.19
临汾地区	**503.45**	**107.49**	**89.83**	**17.84**	**50.83**	**45.66**	**36.39**	**79.70**	**33.85**
临汾市	82.68	20.25	13.47	16.29	41.50	5.59	4.84	86.58	23.90
侯马市	21.62	4.61	6.29	29.10	55.64	3.50			
霍州县	31.34	7.07	2.78	8.87	50.00	1.39	1.37	98.56	19.38
曲沃县	43.76	7.41	20.12	45.98	55.52	11.17	10.82	96.87	146.02
翼城县	62.87	14.25	8.19	13.03	54.09	4.43	3.76	84.88	26.39
襄汾县	103.34	18.59	15.05	14.56	52.82	7.95	4.62	58.11	24.85
洪洞县	101.24	26.12	19.34	19.10	51.50	9.96	9.46	94.98	36.22
浮山县	39.78	6.97	1.89	4.75	41.27	0.78	0.75	96.15	10.76
大宁县	16.85	2.22	2.70	16.03	32.96	0.89	0.77	86.52	34.68
晋中地区	**325.20**	**72.31**	**9.17**	**2.82**	**45.15**	**4.14**	**2.70**	**65.22**	**3.73**
榆次市	82.32	13.25	0.96	1.17	33.33	0.32	0.44	137.50	3.32
太谷县	51.93	10.91	1.09	2.10	51.38	0.56	0.49	87.50	4.49
祁　县	51.27	11.48	1.82	3.55	30.22	0.55	0.33	60.00	2.87
平遥县	91.70	23.26	2.69	2.93	73.61	1.98	0.71	35.86	3.05
介休市	47.99	13.41	2.61	5.44	27.97	0.73	0.73	100.00	5.44
吕梁地区	**242.09**	**57.74**	**25.93**	**10.71**	**34.32**	**8.90**	**7.05**	**79.21**	**12.21**
汾阳市	79.40	15.13	9.68	12.19	29.44	2.85	3.30	115.79	21.81
文水县	56.33	15.45	10.29	18.27	36.44	3.75	2.92	77.87	18.90
交城县	39.00	11.07	4.14	10.62	33.09	1.37	0.46	33.58	4.16
孝义市	67.37	16.09	1.82	2.70	51.10	0.93	0.37	39.78	2.30
晋城市	**208.26**	**61.74**	**8.57**	**4.12**	**28.47**	**2.44**	**0.85**	**34.84**	**1.38**
泽州县	81.29	26.80	1.89	2.33	24.34	0.46	0.15	32.61	0.56
沁水县	58.58	13.06	2.33	3.98	30.90	0.72	0.38	52.78	2.91
阳城县	68.40	21.88	4.35	6.36	28.97	1.26	0.32	25.40	1.46
太原市	**50.79**	**12.27**	**0.72**	**1.42**	**41.67**	**0.30**	**0.23**	**76.67**	**1.87**
清徐县	50.79	12.27	0.72	1.42	41.67	0.30	0.23	76.67	1.87

5－25－12　山西省1954年产棉县棉花生产收购明细

县市名	耕地面积（万亩）	农业人口（万人）	棉田面积（万亩）	占耕地（%）	亩产（市斤）	产量（万担）	收购量（万担）	商品率（%）	人均交售（市斤）
全省合计	**2397.63**	**505.04**	**356.97**	**14.89**	**50.27**	**179.45**	**135.76**	**75.66**	**26.88**
运城地区	**1062.15**	**188.28**	**183.83**	**17.31**	**52.42**	**96.37**	**73.64**	**76.41**	**39.11**
运城市	108.42	17.92	25.48	23.50	55.53	14.15	11.28	79.72	62.95
永济市	90.57	16.05	20.08	22.17	59.11	11.87	9.16	77.17	57.07
芮城县	92.91	15.49	16.61	17.88	48.95	8.13	5.36	65.93	34.60
临猗县	166.95	24.22	27.53	16.49	48.49	13.35	10.92	81.80	45.09
万荣县	107.28	19.57	21.26	19.82	55.41	11.78	9.46	80.31	48.34
新绛县	59.72	11.93	11.46	19.19	57.50	6.59	6.60	100.15	55.32
稷山县	65.33	12.68	8.88	13.59	44.37	3.94	3.25	82.49	25.63
河津市	46.61	12.13	12.98	27.85	42.84	5.56	3.64	65.47	30.01
闻喜县	95.18	15.15	9.59	10.08	55.79	5.35	2.59	48.41	17.10
夏　县	67.64	14.87	7.47	11.04	57.97	4.33	3.59	82.91	24.14
绛　县	52.28	9.09	7.91	15.13	60.43	4.78	3.45	72.18	37.95
平陆县	68.84	10.87	9.94	14.44	48.99	4.87	3.32	68.17	30.54
垣曲县	40.46	8.31	4.64	11.47	35.99	1.67	1.02	61.08	12.27
临汾地区	**510.62**	**109.33**	**113.62**	**22.25**	**57.01**	**64.78**	**50.60**	**78.11**	**46.28**
临汾市	82.65	20.67	13.85	16.76	44.77	6.20	8.74	140.97	42.28
侯马市	22.07	4.64	7.47	33.85	65.60	4.90			
霍州县	31.94	7.15	3.56	11.15	54.49	1.94	1.46	75.26	20.42
曲沃县	44.96	7.40	23.90	53.16	65.40	15.63	14.16	90.60	191.35
翼城县	62.88	14.41	10.94	17.40	57.95	6.34	5.20	82.02	36.09
襄汾县	103.35	19.14	22.00	21.29	61.23	13.47	10.99	81.59	57.42
洪洞县	104.76	26.61	25.55	24.39	53.74	13.73	9.06	65.99	34.05
浮山县	39.47	7.03	2.94	7.45	41.16	1.21	0.87	71.90	12.38
大宁县	18.56	2.28	3.41	18.38	39.88	1.36	0.12	8.82	5.26
晋中地区	**325.67**	**73.02**	**17.05**	**5.24**	**35.37**	**6.03**	**3.17**	**52.57**	**4.34**
榆次市	82.32	13.50	3.84	4.66	25.26	0.97	0.53	54.64	3.93
太谷县	51.96	10.93	4.09	7.87	25.18	1.03	0.82	79.61	7.50
祁　县	52.55	11.41	3.18	6.05	23.90	0.76	0.57	75.00	5.00
平遥县	90.71	23.52	3.04	3.35	81.58	2.48	0.56	22.58	2.38
介休市	48.14	13.66	2.90	6.02	27.24	0.79	0.69	87.34	5.05
吕梁地区	**242.01**	**58.44**	**28.52**	**11.78**	**29.42**	**8.39**	**6.65**	**79.32**	**11.39**
汾阳市	79.28	15.44	10.58	13.35	27.69	2.93	3.29	112.29	21.31
文水县	56.01	15.60	10.79	19.26	27.15	2.93	2.59	88.40	16.60
交城县	38.70	11.20	4.67	12.07	40.69	1.90	0.36	19.19	3.26
孝义市	68.03	16.20	2.48	3.65	25.40	0.63	0.41	65.08	2.53
晋城市	**206.18**	**63.25**	**11.08**	**5.37**	**28.43**	**3.15**	**1.27**	**40.32**	**2.01**
泽州县	81.17	27.46	2.42	2.98	21.90	0.53	0.15	28.30	0.55
沁水县	56.61	13.31	3.23	5.71	34.06	1.10	0.44	40.00	3.31
阳城县	68.40	22.48	5.43	7.94	27.99	1.52	0.68	44.74	3.02
太原市	**51.02**	**12.72**	**2.87**	**5.63**	**25.44**	**0.73**	**0.43**	**58.90**	**3.38**
清徐县	51.02	12.72	2.87	5.63	25.44	0.73	0.43	58.90	3.38

5－25－13　山西省1955年产棉县棉花生产收购明细

县市名	耕地面积（万亩）	农业人口（万人）	棉田面积（万亩）	占耕地（%）	亩产（市斤）	产量（万担）	收购量（万担）	商品率（%）	人均交售（市斤）
全省合计	**2394.41**	**518.49**	**410.97**	**17.16**	**40.03**	**164.53**	**136.16**	**82.76**	**26.26**
运城地区	**1060.05**	**194.27**	**217.77**	**20.54**	**39.64**	**86.32**	**75.68**	**87.67**	**38.96**
运城市	108.12	18.21	29.49	27.28	37.88	11.17	10.16	90.96	55.79
永济市	90.77	16.45	23.23	25.59	40.34	9.37	8.96	95.62	54.47
芮城县	93.14	15.58	18.01	19.34	31.93	5.75	5.45	94.78	34.98
临猗县	166.67	24.94	33.04	19.82	38.50	12.72	11.30	88.84	45.31
万荣县	107.45	20.21	23.99	22.33	40.18	9.64	8.93	92.63	44.19
新绛县	59.78	12.23	14.12	23.62	48.65	6.87	6.40	93.16	52.33
稷山县	65.64	13.18	11.36	17.31	43.40	4.93	4.00	81.14	30.35
河津市	46.19	12.49	14.76	31.96	42.48	6.27	4.84	77.19	38.75
闻喜县	94.97	16.12	13.15	13.85	36.65	4.82	3.27	67.84	20.29
夏　县	67.43	15.13	9.80	14.53	41.53	4.07	3.27	80.34	21.61
绛　县	52.22	10.21	10.67	20.43	47.05	5.02	4.22	84.06	41.33
平陆县	68.25	11.01	11.43	16.75	37.62	4.30	4.03	93.72	36.60
垣曲县	39.47	8.51	4.72	11.96	29.45	1.39	0.85	61.15	9.99
临汾地区	**513.25**	**112.23**	**126.51**	**24.65**	**45.55**	**57.62**	**44.29**	**76.87**	**39.46**
临汾市	82.73	21.09	14.99	18.12	43.23	6.48	6.47	99.85	30.68
侯马市	22.22	4.76	8.37	37.68	51.37	4.30			
霍州县	32.07	7.16	3.93	12.25	29.77	1.17	1.07	91.45	14.94
曲沃县	44.75	7.61	26.77	59.83	51.18	13.70	11.50	83.94	151.12
翼城县	62.72	14.61	13.34	21.27	45.58	6.08	5.89	96.88	40.31
襄汾县	103.49	19.83	26.85	25.94	45.59	12.24	9.22	75.33	46.50
洪洞县	106.67	27.71	25.76	24.15	44.99	11.59	8.44	72.82	30.46
浮山县	39.44	7.13	3.54	8.98	35.59	1.26	0.97	76.98	13.60
大宁县	19.19	2.33	2.96	15.43	27.03	0.80	0.73	91.25	31.33
晋中地区	**326.15**	**74.62**	**18.47**	**5.66**	**33.84**	**6.25**	**4.79**	**76.64**	**6.42**
榆次市	82.97	13.58	2.81	3.39	27.05	0.76	1.27	167.11	9.35
太谷县	51.68	11.32	3.92	7.59	25.00	0.98	1.04	106.12	9.19
祁　县	52.46	11.98	4.29	8.18	22.61	0.97	0.92	94.85	7.68
平遥县	90.71	23.83	4.21	4.64	62.47	2.63	0.78	29.66	3.27
介休市	48.35	13.91	3.24	6.70	28.09	0.91	0.78	85.71	5.61
吕梁地区	**238.97**	**59.51**	**31.38**	**13.13**	**32.41**	**10.17**	**8.37**	**82.32**	**14.07**
汾阳市	79.29	15.84	12.26	15.46	32.79	4.02	4.45	110.70	28.09
文水县	55.58	15.75	11.66	20.98	31.82	3.71	3.36	90.57	21.33
交城县	38.63	11.27	5.18	13.41	35.33	1.83	0.33	18.12	2.94
孝义市	65.48	16.65	2.28	3.48	26.75	0.61	0.23	37.70	1.38
晋城市	**205.73**	**64.79**	**12.71**	**6.18**	**24.55**	**3.12**	**2.04**	**65.38**	**3.15**
泽州县	81.17	28.13	2.46	3.03	23.17	0.57	0.23	40.35	0.82
沁水县	56.09	13.56	4.34	7.74	29.03	1.26	0.79	62.70	5.83
阳城县	68.48	23.10	5.91	8.63	21.83	1.29	1.02	79.07	4.42
太原市	**50.28**	**13.07**	**4.13**	**8.21**	**25.42**	**1.05**	**0.99**	**94.29**	**7.57**
清徐县	50.28	13.07	4.13	8.21	25.42	1.05	0.99	94.29	7.57

5－25－14　山西省1956年产棉县棉花生产收购明细

县市名	耕地面积（万亩）	农业人口（万人）	棉田面积（万亩）	占耕地（%）	亩产（市斤）	产量（万担）	收购量（万担）	商品率（%）	人均交售（市斤）
全省合计	**2384.81**	**527.42**	**485.35**	**20.35**	**31.35**	**152.17**	**133.27**	**87.58**	**25.27**
运城地区	**1052.31**	**198.73**	**240.79**	**22.88**	**28.68**	**69.06**	**62.95**	**91.15**	**31.68**
运城市	107.51	18.87	31.19	29.01	37.96	11.84	11.27	95.19	59.72
永济市	86.63	16.82	24.53	28.32	40.60	9.96	9.50	95.38	56.48
芮城县	92.67	16.22	20.43	22.05	34.17	6.98	5.24	75.07	32.31
临猗县	166.88	25.84	35.76	21.43	21.00	7.51	6.60	87.88	25.54
万荣县	107.09	20.63	25.62	23.92	21.27	5.45	5.27	96.70	25.55
新绛县	60.20	12.43	16.28	27.05	27.40	4.46	4.09	91.70	32.90
稷山县	65.46	13.58	13.19	20.15	25.93	3.42	3.24	94.74	23.86
河津市	44.36	12.60	16.68	37.61	26.08	4.35	4.27	98.16	33.89
闻喜县	95.30	15.75	16.03	16.82	19.90	3.19	3.07	96.24	19.49
夏　县	66.74	15.39	12.35	18.51	35.06	4.33	3.50	80.83	22.74
绛　县	52.13	10.45	11.47	22.00	26.68	3.06	3.02	98.69	28.90
平陆县	67.55	11.38	12.14	17.97	29.74	3.61	3.26	90.30	28.65
垣曲县	39.84	8.77	5.12	12.85	17.58	0.90	0.62	68.89	7.07
临汾地区	**512.34**	**115.00**	**137.38**	**26.81**	**40.41**	**55.51**	**45.04**	**81.14**	**39.17**
临汾市	82.55	21.60	15.81	19.15	45.79	7.24	7.94	109.67	36.76
侯马市	22.20	4.94	8.81	39.68	47.45	4.18			
霍州县	32.00	7.26	4.62	14.44	32.25	1.49	1.12	75.17	15.43
曲沃县	44.79	7.92	28.15	62.85	47.39	13.34	12.90	96.70	162.88
翼城县	62.03	14.88	14.27	23.01	37.91	5.41	4.70	86.88	31.59
襄汾县	103.65	20.62	28.85	27.83	35.99	10.38	8.95	86.22	43.40
洪洞县	106.01	28.36	30.92	29.17	40.01	12.37	8.59	69.44	30.29
浮山县	39.09	7.19	3.67	9.39	16.89	0.62	0.50	80.65	6.95
大宁县	20.04	2.23	2.28	11.38	21.05	0.48	0.34	70.83	15.25
晋中地区	**324.63**	**74.48**	**32.10**	**9.89**	**22.87**	**7.34**	**6.03**	**82.15**	**8.10**
榆次市	83.15	13.37	5.27	6.34	10.25	0.54	1.25	*	9.35
太谷县	51.02	11.19	6.56	12.86	19.82	1.30	1.30	100.00	11.62
祁　县	51.33	11.71	6.08	11.84	20.72	1.26	1.38	109.52	11.78
平遥县	90.17	23.98	9.21	10.21	35.61	3.28	1.32	40.24	5.50
介休市	48.98	14.23	4.98	10.17	19.28	0.96	0.78	81.25	5.48
吕梁地区	**240.35**	**59.69**	**50.06**	**20.83**	**29.56**	**14.80**	**15.30**	**103.39**	**25.64**
汾阳市	79.40	16.24	19.41	24.45	29.83	5.79	6.44	111.23	39.66
文水县	55.83	15.97	17.46	31.27	28.12	4.91	6.76	137.68	42.33
交城县	38.82	11.41	8.97	23.11	33.33	2.99	0.94	31.51	8.26
孝义市	66.30	16.07	4.22	6.37	26.30	1.11	1.16	104.50	7.22
晋城市	**204.50**	**66.38**	**16.48**	**8.06**	**23.54**	**3.88**	**2.66**	**68.56**	**4.01**
泽州县	81.27	28.83	2.72	3.35	15.81	0.43	0.11	25.58	0.38
沁水县	54.66	13.82	5.75	10.52	25.57	1.47	0.95	64.63	6.87
阳城县	68.57	23.73	8.01	11.68	24.72	1.98	1.60	80.81	6.74
太原市	**50.69**	**13.14**	**8.54**	**16.85**	**18.50**	**1.58**	**1.29**	**81.65**	**9.82**
清徐县	50.69	13.14	8.54	16.85	18.50	1.58	1.29	81.65	9.82

5－25－15 山西省1957年产棉县棉花生产收购明细

县市名	耕地面积（万亩）	农业人口（万人）	棉田面积（万亩）	占耕地（%）	亩产（市斤）	产量（万担）	收购量（万担）	商品率（%）	人均交售（市斤）
全省合计	**2369.28**	**541.39**	**469.02**	**19.80**	**41.36**	**193.97**	**179.90**	**92.74**	**33.23**
运城地区	**1049.37**	**204.23**	**243.10**	**23.17**	**43.30**	**105.26**	**100.35**	**95.34**	**49.14**
运城市	105.81	19.33	32.61	30.82	45.26	14.76	14.70	99.59	76.05
永济市	89.55	17.25	25.63	28.62	48.30	12.38	11.72	94.67	67.94
芮城县	92.28	16.92	20.41	22.12	42.33	8.64	8.02	92.82	47.40
临猗县	166.52	26.40	36.79	22.09	42.21	15.53	14.99	96.52	56.78
万荣县	106.80	20.90	25.91	24.26	43.96	11.39	11.24	98.68	53.78
新绛县	60.03	13.10	16.04	26.72	48.75	7.82	7.41	94.76	56.56
稷山县	65.40	14.07	13.97	21.36	48.10	6.72	6.38	94.94	45.34
河津市	43.59	12.97	13.80	31.66	50.29	6.94	6.74	97.12	51.97
闻喜县	94.73	16.07	16.14	17.04	29.86	4.82	3.73	77.39	23.21
夏县	65.94	15.59	13.20	20.02	44.85	5.92	4.66	78.72	29.89
绛县	51.74	10.88	11.52	22.27	45.83	5.28	6.12	115.91	56.25
平陆县	67.50	11.70	12.34	18.28	30.88	3.81	3.58	93.96	30.60
垣曲县	39.50	9.05	4.74	12.00	26.37	1.25	1.06	84.80	11.71
临汾地区	**508.04**	**118.21**	**137.25**	**27.02**	**45.82**	**62.89**	**57.94**	**92.13**	**49.01**
临汾市	81.90	21.90	16.67	20.35	44.33	7.39	8.85	119.76	40.41
侯马市	22.59	5.17	8.90	39.40	56.63	5.04			
霍州县	31.85	7.47	4.01	12.59	26.93	1.08	0.96	88.89	12.85
曲沃县	44.30	8.32	28.49	64.32	56.62	16.13	15.90	98.57	191.11
翼城县	62.06	15.19	13.98	22.53	46.71	6.53	6.33	96.94	41.67
襄汾县	103.23	21.13	28.56	27.67	43.70	12.48	12.27	98.32	58.07
洪洞县	105.68	29.52	30.38	28.75	40.36	12.26	11.69	95.35	39.60
浮山县	38.51	7.30	2.97	7.71	26.94	0.80	0.76	95.00	10.41
大宁县	17.94	2.21	3.29	18.34	35.87	1.18	1.18	100.00	53.39
晋中地区	**322.56**	**76.69**	**20.94**	**6.49**	**34.67**	**7.26**	**4.41**	**60.74**	**5.75**
榆次市	82.85	13.95	2.99	3.61	20.40	0.61	0.41	67.21	2.94
太谷县	51.17	11.92	3.56	6.96	29.49	1.05	0.86	81.90	7.21
祁县	50.06	12.08	4.70	9.39	25.74	1.21	0.98	80.99	8.11
平遥县	90.00	23.74	5.50	6.11	61.09	3.36	1.37	40.77	5.77
介休市	48.50	15.00	4.19	8.64	24.58	1.03	0.79	76.70	5.27
吕梁地区	**235.76**	**60.75**	**46.53**	**19.74**	**28.82**	**13.41**	**12.95**	**96.54**	**21.31**
汾阳市	79.14	16.45	18.20	23.00	30.16	5.49	6.13	111.66	37.26
文水县	55.61	16.34	16.25	29.22	24.68	4.01	4.69	116.96	28.70
交城县	37.55	11.67	7.65	20.38	25.23	1.93	0.68	35.02	5.79
孝义市	63.47	16.29	4.43	6.98	44.70	1.98	1.45	73.23	8.90
晋城市	**203.60**	**68.02**	**14.43**	**7.09**	**25.23**	**3.64**	**3.01**	**82.69**	**4.43**
泽州县	81.17	29.54	1.97	2.43	11.17	0.22	0.15	68.18	0.51
沁水县	54.24	14.09	4.64	8.55	29.96	1.39	1.33	95.68	9.44
阳城县	68.19	24.39	7.82	11.47	25.96	2.03	1.53	75.37	6.27
太原市	**49.97**	**13.49**	**6.77**	**13.55**	**22.30**	**1.51**	**1.24**	**82.12**	**9.19**
清徐县	49.97	13.49	6.77	13.55	22.30	1.51	1.24	82.12	9.19

5－25－16　山西省1958年产棉县棉花生产收购明细

县市名	耕地面积（万亩）	农业人口（万人）	棉田面积（万亩）	占耕地（%）	亩产（市斤）	产量（万担）	收购量（万担）	商品率（%）	人均交售（市斤）
全省合计	**2286.26**	**547.18**	**429.07**	**18.77**	**51.89**	**222.63**	**210.02**	**94.33**	**38.38**
运城地区	**1008.71**	**206.50**	**215.24**	**21.34**	**57.53**	**123.82**	**118.82**	**95.96**	**57.54**
运城市	103.04	19.59	28.51	27.67	74.25	21.17	20.81	98.30	106.23
永济市	84.29	17.58	21.70	25.75	79.45	17.24	16.74	97.10	95.22
芮城县	87.21	16.24	19.19	22.00	53.57	10.28	10.28	100.00	63.30
临猗县	164.46	26.76	31.31	19.04	60.01	18.79	16.43	87.44	61.40
万荣县	106.70	21.13	24.30	22.78	52.92	12.86	12.60	97.98	59.63
新绛县	57.65	13.18	13.73	23.82	52.80	7.25	7.71	106.34	58.50
稷山县	62.10	14.49	12.97	20.89	64.61	8.38	8.31	99.16	57.35
河津市	43.61	13.29	10.32	23.67	57.46	5.93	5.86	98.82	44.09
闻喜县	86.99	16.22	14.66	16.85	42.97	6.30	5.65	89.68	34.83
夏　县	62.54	15.86	11.18	17.88	44.10	4.93	4.72	95.74	29.76
绛　县	49.89	10.79	10.09	20.22	51.93	5.24	4.34	82.82	40.22
平陆县	64.71	11.88	12.34	19.07	32.58	4.02	4.00	99.50	33.67
垣曲县	35.55	9.49	4.94	13.90	28.95	1.43	1.37	95.80	14.44
临汾地区	**491.69**	**120.82**	**126.19**	**25.66**	**54.70**	**69.03**	**63.79**	**92.41**	**52.80**
临汾市	80.99	22.43	17.12	21.14	50.93	8.72	10.94	125.46	48.77
侯马市	20.99	5.12	8.43	40.17	59.79	5.04			
霍州县	29.99	7.71	3.98	13.27	36.68	1.46	1.30	89.04	16.86
曲沃县	42.89	9.08	21.93	51.14	62.93	13.80	12.95	93.84	142.62
翼城县	61.13	15.39	12.38	20.25	70.60	8.74	8.27	94.62	53.74
襄汾县	100.67	21.83	29.36	29.16	59.71	17.53	17.02	97.09	77.97
洪洞县	101.51	29.55	26.27	25.88	44.12	11.59	11.34	97.84	38.38
浮山县	37.56	7.35	3.18	8.47	28.93	0.92	0.92	100.00	12.52
大宁县	15.99	2.36	3.54	22.14	34.75	1.23	1.05	85.37	44.49
晋中地区	**312.08**	**75.62**	**24.76**	**7.93**	**35.34**	**8.75**	**6.39**	**73.03**	**8.45**
榆次市	80.21	14.29	3.56	4.44	33.15	1.18	0.47	39.83	3.29
太谷县	49.95	11.44	5.10	10.21	31.37	1.60	2.72	170.00	23.78
祁　县	48.90	12.05	5.60	11.45	24.64	1.38	0.97	70.29	8.05
平遥县	86.40	23.78	5.98	6.92	53.18	3.18	1.41	44.34	5.93
介休市	46.62	14.06	4.52	9.70	31.19	1.41	0.82	58.16	5.83
吕梁地区	**230.78**	**61.04**	**44.32**	**19.20**	**35.38**	**15.68**	**16.20**	**103.30**	**26.54**
汾阳市	77.45	16.59	17.64	22.78	33.84	5.97	6.21	104.02	37.43
文水县	54.29	16.26	14.60	26.90	36.10	5.27	6.45	122.39	39.67
交城县	37.79	11.77	7.44	19.69	36.96	2.75	1.39	50.46	11.79
孝义市	61.26	16.42	4.64	7.57	36.42	1.69	2.15	127.22	13.09
晋城市	**193.92**	**69.69**	**14.60**	**7.53**	**28.01**	**4.09**	**3.83**	**93.64**	**5.50**
泽州县	77.84	30.27	1.95	2.51	21.03	0.41	0.27	65.85	0.89
沁水县	51.06	14.36	4.76	9.32	34.24	1.63	1.77	108.59	12.33
阳城县	65.03	25.06	7.89	12.13	25.98	2.05	1.79	87.32	7.14
太原市	**49.10**	**13.51**	**3.96**	**8.07**	**31.82**	**1.26**	**0.99**	**78.57**	**7.33**
清徐县	49.10	13.51	3.96	8.07	31.82	1.26	0.99	78.57	7.33

5－25－17　山西省1959年产棉县棉花生产收购明细

县市名	耕地面积（万亩）	农业人口（万人）	棉田面积（万亩）	占耕地（%）	亩产（市斤）	产量（万担）	收购量（万担）	商品率（%）	人均交售（市斤）
全省合计	**2212.36**	**550.07**	**409.57**	**18.51**	**45.92**	**188.09**	**179.84**	**95.62**	**32.69**
运城地区	**976.59**	**208.19**	**213.44**	**21.86**	**46.96**	**100.24**	**98.96**	**98.72**	**47.53**
运城市	101.96	20.10	26.75	26.24	46.50	12.44	12.40	99.68	61.69
永济市	82.94	17.73	21.38	25.78	52.62	11.25	10.91	96.98	61.53
芮城县	85.08	17.36	18.98	22.31	39.99	7.59	7.59	100.00	43.72
临猗县	160.80	26.84	33.43	20.79	41.07	13.73	12.98	94.54	48.36
万荣县	105.17	21.49	22.25	21.16	52.94	11.78	11.78	100.00	54.82
新绛县	55.58	13.33	14.61	26.29	52.29	7.64	8.15	106.68	61.14
稷山县	60.17	14.50	14.48	24.07	53.80	7.79	7.79	100.00	53.72
河津市	40.44	13.49	11.90	29.43	54.71	6.51	6.19	95.08	45.89
闻喜县	81.45	16.64	13.71	16.83	36.25	4.97	4.86	97.79	29.21
夏　县	59.76	16.24	11.76	19.68	41.24	4.85	4.85	100.00	29.86
绛　县	48.54	11.35	9.44	19.45	59.96	5.66	5.46	96.47	48.11
平陆县	60.14	11.63	10.68	17.76	42.79	4.57	4.54	99.34	39.04
垣曲县	34.59	7.49	4.07	11.77	35.87	1.46	1.46	100.00	19.49
临汾地区	**473.02**	**121.67**	**117.55**	**24.85**	**53.17**	**62.50**	**58.29**	**93.26**	**47.91**
临汾市	78.84	22.61	16.82	21.33	44.11	7.42	9.48	127.76	41.93
侯马市	19.01	4.79	7.40	38.94	60.27	4.46			
霍州县	28.31	7.86	3.96	13.99	37.63	1.49	1.46	97.99	18.58
曲沃县	40.88	9.36	18.50	45.26	70.00	12.95	12.10	93.44	129.27
翼城县	58.13	15.38	11.33	19.49	67.17	7.61	7.52	98.82	48.89
襄汾县	98.69	21.91	26.76	27.12	61.10	16.35	15.52	94.92	70.84
洪洞县	97.86	29.84	27.05	27.64	37.12	10.04	10.04	100.00	33.65
浮山县	36.36	7.44	3.16	8.69	32.28	1.02	1.02	100.00	13.71
大宁县	14.96	2.48	2.57	17.18	45.14	1.16	1.15	99.14	46.37
晋中地区	**302.06**	**75.72**	**23.95**	**7.93**	**32.94**	**7.89**	**5.81**	**73.64**	**7.67**
榆次市	78.66	14.10	4.13	5.25	28.09	1.16	0.11	9.48	0.78
太谷县	47.04	11.58	5.88	12.50	32.99	1.94	2.26	116.49	19.52
祁　县	47.04	11.97	4.91	10.44	25.46	1.25	1.17	93.60	9.77
平遥县	84.30	24.05	5.31	6.30	44.63	2.37	1.47	62.03	6.11
介休市	45.02	14.02	3.72	8.26	31.45	1.17	0.80	68.38	5.71
吕梁地区	**223.61**	**61.64**	**39.86**	**17.83**	**33.04**	**13.17**	**12.23**	**92.89**	**19.85**
汾阳市	76.20	16.59	15.03	19.72	33.67	5.06	5.33	105.33	32.13
文水县	51.05	16.30	13.49	26.43	31.95	4.31	4.22	97.91	25.89
交城县	36.92	11.81	6.21	16.82	27.54	1.71	0.74	43.49	6.30
孝义市	59.45	16.94	5.13	8.63	40.74	2.09	1.94	92.82	11.45
晋城市	**189.65**	**69.22**	**12.77**	**6.73**	**28.97**	**3.70**	**3.98**	**107.57**	**5.75**
泽州县	76.40	29.61	2.01	2.63	20.40	0.41	0.47	114.63	1.59
沁水县	49.31	14.57	4.46	9.05	36.77	1.64	2.13	129.88	14.62
阳城县	63.95	25.04	6.30	9.85	26.19	1.65	1.38	83.64	5.51
太原市	**47.45**	**13.63**	**2.00**	**4.22**	**29.50**	**0.59**	**0.57**	**96.61**	**4.18**
清徐县	47.45	13.63	2.00	4.22	29.50	0.59	0.57	96.61	4.18

5-25-18　山西省1960年产棉县棉花生产收购明细

县市名	耕地面积（万亩）	农业人口（万人）	棉田面积（万亩）	占耕地（%）	亩产（市斤）	产量（万担）	收购量（万担）	商品率（%）	人均交售（市斤）
全省合计	**2184.04**	**566.92**	**389.08**	**17.81**	**24.06**	**93.62**	**85.85**	**91.70**	**15.14**
运城地区	**964.82**	**217.72**	**203.00**	**21.04**	**25.78**	**52.33**	**51.17**	**97.78**	**23.50**
运城市	100.20	20.53	25.79	25.74	29.97	7.73	6.92	89.52	33.71
永济市	80.42	18.29	20.01	24.88	30.68	6.14	6.05	98.53	33.08
芮城县	82.01	18.01	17.91	21.84	11.11	1.99	1.92	96.48	10.66
临猗县	158.87	27.65	30.76	19.36	27.99	8.61	8.11	94.19	29.33
万荣县	104.75	21.93	21.00	20.05	40.52	8.51	8.39	98.59	38.26
新绛县	56.31	13.96	12.89	22.89	20.48	2.64	3.63	137.50	26.00
稷山县	60.09	15.17	15.38	25.59	28.80	4.43	4.08	92.10	26.90
河津市	39.81	13.86	12.27	30.82	25.75	3.16	3.13	99.05	22.58
闻喜县	82.97	17.63	13.39	16.14	12.32	1.65	1.65	100.00	9.36
夏　县	60.20	16.84	10.79	17.93	25.21	2.72	2.72	100.00	16.15
绛　县	48.30	12.12	9.69	20.06	23.84	2.31	2.30	99.57	18.98
平陆县	57.65	12.24	9.23	16.01	19.93	1.84	1.77	96.20	14.46
垣曲县	33.27	9.49	3.89	11.69	15.43	0.60	0.50	83.33	5.27
临汾地区	**467.20**	**125.02**	**107.92**	**23.10**	**25.03**	**27.01**	**23.00**	**85.15**	**18.40**
临汾市	78.23	23.12	14.67	18.75	26.18	3.84	2.30	59.90	9.95
侯马市	17.99	4.35	5.90	32.81	30.00	1.77			
霍州县	27.71	8.21	3.92	14.15	20.66	0.81	0.82	101.23	9.99
曲沃县	40.43	9.92	18.06	44.68	31.12	5.62	5.60	99.64	56.45
翼城县	56.90	15.76	11.19	19.67	29.94	3.35	3.34	99.70	21.19
襄汾县	97.37	22.18	23.03	23.65	18.02	4.15	3.94	94.94	17.76
洪洞县	96.51	31.16	25.07	25.98	25.73	6.45	6.11	94.73	19.61
浮山县	36.23	7.65	3.51	9.69	13.11	0.46	0.38	82.61	4.97
大宁县	15.86	2.67	2.57	16.21	21.79	0.56	0.51	91.07	19.10
晋中地区	**296.94**	**77.46**	**25.08**	**8.45**	**15.63**	**3.92**	**2.57**	**65.56**	**3.32**
榆次市	77.67	14.87	3.78	4.87	14.55	0.55	0.15	27.27	1.01
太谷县	45.77	11.82	5.84	12.76	15.24	0.89	0.92	103.37	7.78
祁　县	46.34	12.42	4.65	10.04	12.26	0.57	0.57	100.00	4.59
平遥县	83.06	24.11	6.86	8.26	20.70	1.42	0.65	45.77	2.70
介休市	44.12	14.24	3.95	8.95	12.41	0.49	0.28	57.14	1.97
吕梁地区	**220.74**	**61.91**	**37.56**	**17.02**	**19.06**	**7.16**	**6.21**	**86.73**	**10.03**
汾阳市	75.59	16.87	14.21	18.80	22.17	3.15	2.82	89.52	16.72
文水县	50.88	16.16	12.39	24.35	14.53	1.80	1.98	110.00	12.25
交城县	36.39	11.96	6.35	17.45	17.80	1.13	0.43	38.05	3.60
孝义市	57.89	16.92	4.61	7.96	23.43	1.08	0.98	90.74	5.79
晋城市	**188.07**	**70.96**	**13.67**	**7.27**	**21.73**	**2.97**	**2.69**	**90.57**	**3.79**
泽州县	75.05	29.99	2.21	2.94	15.38	0.34	0.30	88.24	1.00
沁水县	49.32	15.00	4.50	9.12	34.00	1.53	1.35	88.24	9.00
阳城县	63.71	25.97	6.96	10.93	15.80	1.10	1.04	94.55	4.00
太原市	**46.28**	**13.85**	**1.85**	**4.00**	**12.43**	**0.23**	**0.21**	**91.30**	**1.52**
清徐县	46.28	13.85	1.85	4.00	12.43	0.23	0.21	91.30	1.52

5－25－19　山西省1961年产棉县棉花生产收购明细

县市名	耕地面积（万亩）	农业人口（万人）	棉田面积（万亩）	占耕地（%）	亩产（市斤）	产量（万担）	收购量（万担）	商品率（%）	人均交售（市斤）
全省合计	**2137.65**	**584.11**	**314.63**	**14.72**	**33.72**	**106.10**	**96.38**	**90.84**	**16.50**
运城地区	**919.05**	**224.46**	**170.38**	**18.54**	**35.84**	**61.07**	**58.34**	**95.53**	**25.99**
运城市	99.26	21.80	22.36	22.53	43.56	9.74	9.39	96.41	43.07
永济市	80.69	18.95	17.43	21.60	39.47	6.88	6.71	97.53	35.41
芮城县	82.59	18.16	14.34	17.36	31.03	4.45	4.20	94.38	23.13
临猗县	159.83	28.43	26.69	16.70	39.57	10.56	10.16	96.21	35.74
万荣县	104.90	22.87	18.29	17.44	39.91	7.30	7.12	97.53	31.13
新绛县	55.83	14.86	10.83	19.40	35.83	3.88	3.66	94.33	24.63
稷山县	59.93	15.46	12.70	21.19	36.69	4.66	4.41	94.64	28.53
河津市	39.18	14.23	10.09	25.75	34.59	3.49	3.37	96.56	23.68
闻喜县	82.19	18.84	8.75	10.65	20.46	1.79	1.70	94.97	9.02
夏　县	15.11	17.58	9.21	60.97	27.69	2.55	2.25	88.24	12.80
绛　县	48.30	12.57	8.46	17.52	41.96	3.55	3.54	99.72	28.16
平陆县	57.75	12.27	8.05	13.94	18.39	1.48	1.21	81.76	9.86
垣曲县	33.53	8.44	3.18	9.49	23.27	0.74	0.62	83.78	7.35
临汾地区	**468.23**	**132.22**	**86.41**	**18.45**	**34.95**	**30.20**	**26.23**	**86.85**	**19.84**
临汾市	77.76	23.87	12.92	16.62	29.49	3.81	2.72	71.39	11.40
侯马市	18.05	5.27	4.16	23.05	47.36	1.97			
霍州县	28.29	8.74	2.93	10.36	28.33	0.83	0.74	89.16	8.47
曲沃县	40.91	10.85	13.93	34.05	51.04	7.11	7.00	98.45	64.52
翼城县	57.14	16.43	9.54	16.70	46.86	4.47	4.36	97.54	26.54
襄汾县	97.41	23.41	18.89	19.39	30.92	5.84	5.67	97.09	24.22
洪洞县	95.27	32.44	19.71	20.69	25.82	5.09	4.78	93.91	14.73
浮山县	36.65	8.28	2.09	5.70	29.19	0.61	0.51	83.61	6.16
大宁县	16.77	2.93	2.24	13.36	20.98	0.47	0.45	95.74	15.36
晋中地区	**293.94**	**78.90**	**15.52**	**5.28**	**26.29**	**4.08**	**2.79**	**68.38**	**3.54**
榆次市	78.06	14.99	2.78	3.56	28.42	0.79	0.85	107.59	5.67
太谷县	45.62	12.16	2.63	5.77	21.29	0.56	0.41	73.21	3.37
祁　县	45.33	12.44	3.38	7.46	17.16	0.58	0.47	81.03	3.78
平遥县	81.33	24.36	4.04	4.97	38.61	1.56	0.63	40.38	2.59
介休市	43.61	14.95	2.69	6.17	21.93	0.59	0.43	72.88	2.88
吕梁地区	**220.97**	**63.12**	**29.64**	**13.41**	**24.06**	**7.13**	**6.10**	**85.55**	**9.66**
汾阳市	75.57	17.72	12.32	16.30	20.13	2.48	2.27	91.53	12.81
文水县	50.75	16.37	8.63	17.01	27.00	2.33	2.65	113.73	16.19
交城县	36.42	12.06	5.01	13.76	26.35	1.32	0.34	25.76	2.82
孝义市	58.23	16.97	3.68	6.32	27.17	1.00	0.84	84.00	4.95
晋城市	**188.73**	**71.26**	**11.18**	**5.92**	**30.23**	**3.38**	**2.76**	**81.66**	**3.87**
泽州县	75.00	30.67	1.56	2.08	20.51	0.32	0.13	40.63	0.42
沁水县	49.89	14.91	4.32	8.66	37.04	1.60	1.48	92.50	9.93
阳城县	63.84	25.68	5.30	8.30	27.55	1.46	1.15	78.77	4.48
太原市	**46.74**	**14.15**	**1.50**	**3.21**	**16.00**	**0.24**	**0.16**	**66.67**	**1.13**
清徐县	46.74	14.15	1.50	3.21	16.00	0.24	0.16	66.67	1.13

5－25－20　山西省1962年产棉县棉花生产收购明细

县市名	耕地面积（万亩）	农业人口（万人）	棉田面积（万亩）	占耕地（%）	亩　产（市斤）	产　量（万担）	收购量（万担）	商品率（%）	人均交售（市斤）
全省合计	**2188.81**	**618.19**	**268.08**	**12.25**	**31.25**	**83.78**	**77.64**	**92.67**	**12.56**
运城地区	**967.62**	**236.87**	**164.46**	**17.00**	**33.11**	**54.45**	**52.75**	**96.88**	**22.27**
运城市	99.41	22.96	21.24	21.37	40.02	8.50	8.30	97.65	36.15
永济市	80.27	20.09	16.23	20.22	39.56	6.42	6.27	97.66	31.21
芮城县	83.84	18.85	14.88	17.75	24.06	3.58	3.38	94.41	17.93
临猗县	160.23	29.94	26.44	16.50	41.30	10.92	10.27	94.05	34.30
万荣县	104.90	23.88	19.15	18.26	32.48	6.22	6.02	96.78	25.21
新绛县	55.16	15.80	10.29	18.66	32.36	3.33	3.12	93.69	19.75
稷山县	60.39	16.25	11.00	18.21	34.45	3.79	3.55	93.67	21.85
河津市	39.06	14.48	9.54	24.42	27.25	2.60	2.44	93.85	16.85
闻喜县	82.79	19.85	9.51	11.49	22.82	2.17	1.91	88.02	9.62
夏　县	61.92	18.15	8.69	14.03	28.77	2.50	2.18	87.20	12.01
绛　县	48.21	13.38	7.98	16.55	36.97	2.95	3.26	110.51	24.36
平陆县	57.59	12.80	7.80	13.55	15.38	1.20	1.83	152.50	14.30
垣曲县	33.89	10.44	1.71	5.05	15.79	0.27	0.22	81.48	2.11
临汾地区	**468.89**	**140.30**	**66.57**	**14.20**	**33.45**	**22.27**	**18.49**	**83.03**	**13.18**
临汾市	77.18	24.87	10.35	13.41	26.67	2.76	1.57	56.88	6.31
侯马市	17.99	5.76	3.38	18.79	42.60	1.44			
霍州县	28.28	9.38	1.53	5.41	18.30	0.28	0.19	67.86	2.03
曲沃县	40.76	11.30	13.48	33.08	49.78	6.71	6.44	95.98	56.99
翼城县	58.61	17.40	9.15	15.61	44.59	4.08	3.94	96.57	22.64
襄汾县	96.98	24.89	14.00	14.44	24.64	3.45	3.18	92.17	12.78
洪洞县	95.34	34.60	11.57	12.14	25.84	2.99	2.71	90.64	7.83
浮山县	36.69	8.83	2.19	5.97	17.81	0.39	0.31	79.49	3.51
大宁县	17.09	3.27	0.92	5.38	18.48	0.17	0.15	88.24	4.59
晋中地区	**293.85**	**85.52**	**9.81**	**3.34**	**17.74**	**1.74**	**2.40**	**137.93**	**2.81**
榆次市	77.90	16.59	1.35	1.73	12.59	0.17	1.18	*	7.11
太谷县	46.07	12.95	1.29	2.80	26.36	0.34	0.26	76.47	2.01
祁　县	45.05	13.50	2.66	5.91	15.04	0.40	0.39	97.50	2.89
平遥县	81.23	26.61	3.14	3.87	21.34	0.67	0.43	64.18	1.62
介休市	43.62	15.87	1.37	3.14	11.68	0.16	0.14	87.50	0.88
吕梁地区	**221.06**	**66.33**	**18.54**	**8.39**	**19.15**	**3.55**	**2.62**	**73.80**	**3.95**
汾阳市	75.42	18.78	5.57	7.39	17.95	1.00	0.74	74.00	3.94
文水县	50.66	17.40	7.91	15.62	19.34	1.53	1.63	106.54	9.37
交城县	36.65	12.77	4.34	11.84	21.89	0.95	0.21	22.11	1.64
孝义市	58.34	17.38	0.72	1.23	9.72	0.07	0.04	57.14	0.23
晋城市	**190.79**	**73.73**	**7.86**	**4.12**	**20.61**	**1.62**	**1.31**	**80.86**	**1.78**
泽州县	75.86	31.91	0.98	1.29	9.18	0.09	0.05	55.56	0.16
沁水县	50.39	15.15	2.63	5.22	23.19	0.61	0.53	86.89	3.50
阳城县	64.55	26.67	4.25	6.58	21.65	0.92	0.73	79.35	2.74
太原市	**46.61**	**15.44**	**0.84**	**1.80**	**17.86**	**0.15**	**0.07**	**46.67**	**0.45**
清徐县	46.61	15.44	0.84	1.80	17.86	0.15	0.07	46.67	0.45

5－25－21　山西省1963年产棉县棉花生产收购明细

县市名	耕地面积（万亩）	农业人口（万人）	棉田面积（万亩）	占耕地（%）	亩产（市斤）	产量（万担）	收购量（万担）	商品率（%）	人均交售（市斤）
全省合计	**2189.84**	**638.35**	**311.35**	**14.22**	**43.91**	**136.70**	**124.89**	**91.36**	**19.56**
运城地区	**968.16**	**247.06**	**177.83**	**18.37**	**47.03**	**83.64**	**79.07**	**94.54**	**32.00**
运城市	99.33	23.76	24.22	24.38	54.91	13.30	12.70	95.49	53.45
永济市	80.84	20.73	16.97	20.99	57.98	9.84	9.41	95.63	45.39
芮城县	83.87	19.62	15.63	18.64	38.20	5.97	5.68	95.14	28.95
临猗县	160.26	30.95	28.59	17.84	49.04	14.02	13.49	96.22	43.59
万荣县	105.11	24.86	19.58	18.63	44.94	8.80	8.32	94.55	33.47
新绛县	55.19	16.17	11.25	20.39	57.07	6.42	6.10	95.02	37.72
稷山县	60.15	16.87	11.72	19.48	43.94	5.15	4.78	92.82	28.33
河津市	38.84	17.16	9.58	24.67	42.38	4.06	3.74	92.12	21.79
闻喜县	83.18	20.37	11.44	13.75	50.96	5.83	5.43	93.14	26.66
夏　县	61.28	18.77	8.83	14.41	46.55	4.11	3.73	90.75	19.87
绛　县	48.30	13.77	8.13	16.83	41.70	3.39	3.26	96.17	23.67
平陆县	57.71	13.30	8.54	14.80	23.77	2.03	1.84	90.64	13.83
垣曲县	34.14	10.73	3.35	9.81	21.49	0.72	0.59	81.94	5.50
临汾地区	**469.00**	**144.41**	**95.24**	**20.31**	**47.88**	**45.60**	**39.32**	**86.23**	**27.23**
临汾市	77.43	25.63	14.24	18.39	33.36	4.75	4.12	86.74	16.07
侯马市	17.87	5.97	5.06	28.32	80.04	4.05			
霍州县	28.28	9.65	2.99	10.57	32.11	0.96	0.84	87.50	8.70
曲沃县	40.67	11.76	16.20	39.84	79.20	12.83	12.58	98.05	106.97
翼城县	57.42	17.94	10.28	17.90	57.98	5.96	5.82	97.65	32.44
襄汾县	96.98	25.55	21.14	21.80	42.76	9.04	8.61	95.24	33.70
洪洞县	95.48	35.59	20.07	21.02	34.78	6.98	6.45	92.41	18.12
浮山县	36.89	8.96	2.80	7.59	21.07	0.59	0.50	84.75	5.58
大宁县	18.00	3.36	2.46	13.67	17.89	0.44	0.40	90.91	11.90
晋中地区	**294.20**	**87.92**	**11.98**	**4.07**	**17.86**	**2.14**	**2.46**	**114.95**	**2.80**
榆次市	77.90	17.18	1.56	2.00	13.46	0.21	0.94	*	5.47
太谷县	45.92	13.37	2.48	5.40	22.18	0.55	0.49	89.09	3.66
祁　县	45.24	13.77	2.63	5.81	11.41	0.30	0.29	96.67	2.11
平遥县	81.30	27.23	3.54	4.35	23.73	0.84	0.53	63.10	1.95
介休市	43.85	16.37	1.77	4.04	13.56	0.24	0.21	87.50	1.28
吕梁地区	**221.34**	**67.73**	**17.22**	**7.78**	**13.30**	**2.29**	**2.02**	**88.21**	**2.98**
汾阳市	75.38	19.25	6.93	9.19	15.73	1.09	0.96	88.07	4.99
文水县	50.99	17.86	4.85	9.51	11.13	0.54	0.84	155.56	4.70
交城县	36.60	13.17	3.59	9.81	12.53	0.45	0.06	13.33	0.46
孝义市	58.38	17.45	1.85	3.17	11.35	0.21	0.16	76.19	0.92
晋城市	**190.80**	**75.29**	**8.67**	**4.54**	**28.60**	**2.48**	**1.97**	**79.44**	**2.62**
泽州县	75.92	32.72	1.07	1.41	12.15	0.13	0.07	53.85	0.21
沁水县	50.30	15.37	3.29	6.54	28.57	0.94	0.77	81.91	5.01
阳城县	64.59	27.20	4.31	6.67	32.71	1.41	1.13	80.14	4.15
太原市	**46.35**	**15.94**	**0.41**	**0.88**	**134.15**	**0.55**	**0.05**	**9.09**	**0.31**
清徐县	46.35	15.94	0.41	0.88	134.15	0.55	0.05	9.09	0.31

5-25-22 山西省1964年产棉县棉花生产收购明细

县市名	耕地面积（万亩）	农业人口（万人）	棉田面积（万亩）	占耕地（%）	亩产（市斤）	产量（万担）	收购量（万担）	商品率（%）	人均交售（市斤）
全省合计	**2192.42**	**648.31**	**365.32**	**16.66**	**48.86**	**178.49**	**162.44**	**91.01**	**25.06**
运城地区	**967.37**	**251.17**	**197.87**	**20.45**	**50.62**	**100.16**	**95.10**	**94.95**	**37.86**
运城市	99.11	24.23	26.52	26.76	62.59	16.60	16.13	97.17	66.57
永济市	81.06	21.15	18.80	23.19	55.27	10.39	9.99	96.15	47.23
芮城县	83.76	20.00	17.14	20.46	40.26	6.90	6.57	95.22	32.85
临猗县	160.43	31.54	30.66	19.11	56.52	17.33	16.59	95.73	52.60
万荣县	105.02	25.17	22.13	21.07	44.15	9.77	9.22	94.37	36.63
新绛县	55.29	16.37	12.78	23.11	61.03	7.80	7.43	95.26	45.39
稷山县	59.94	17.19	13.43	22.41	56.44	7.58	7.02	92.61	40.84
河津市	38.60	17.41	10.35	26.82	57.10	5.91	5.56	94.08	31.94
闻喜县	83.10	20.52	13.69	16.47	44.34	6.07	5.61	92.42	27.34
夏　县	61.14	19.07	10.63	17.39	52.40	5.57	5.12	91.92	26.85
绛　县	48.23	14.00	9.01	18.68	34.30	3.09	2.96	95.79	21.14
平陆县	57.50	13.60	8.73	15.18	20.16	1.76	1.65	93.75	12.13
垣曲县	34.22	10.92	4.00	11.69	34.75	1.39	1.25	89.93	11.45
临汾地区	**470.43**	**146.60**	**105.31**	**22.39**	**50.86**	**53.56**	**45.63**	**85.19**	**31.13**
临汾市	76.79	26.02	15.75	20.51	43.68	6.88	6.42	93.31	24.67
侯马市	17.75	6.21	5.96	33.59	91.28	5.44			
霍州县	28.31	9.99	3.15	11.13	54.60	1.72	1.55	90.12	15.52
曲沃县	40.64	11.98	18.30	45.04	80.00	14.64	14.03	95.83	117.11
翼城县	57.89	18.03	11.01	19.02	38.60	4.25	4.13	97.18	22.91
襄汾县	98.43	25.96	23.48	23.85	48.76	11.45	10.93	95.46	42.10
洪洞县	95.78	36.03	22.35	23.34	36.87	8.24	7.70	93.45	21.37
浮山县	36.87	9.02	2.82	7.65	11.35	0.32	0.25	78.13	2.77
大宁县	18.00	3.36	2.49	13.83	24.90	0.62	0.62	100.00	18.45
晋中地区	**294.53**	**90.06**	**17.21**	**5.84**	**43.23**	**7.44**	**5.74**	**77.15**	**6.37**
榆次市	77.73	17.76	2.69	3.46	39.41	1.06	1.29	121.70	7.26
太谷县	46.10	13.80	3.06	6.64	38.56	1.18	1.06	89.83	7.68
祁　县	45.29	14.00	3.87	8.55	25.84	1.00	0.93	93.00	6.64
平遥县	81.38	27.80	4.35	5.35	80.69	3.51	1.93	54.99	6.94
介休市	44.04	16.70	3.24	7.36	21.30	0.69	0.53	76.81	3.17
吕梁地区	**221.42**	**68.39**	**32.04**	**14.47**	**38.05**	**12.19**	**11.57**	**94.91**	**16.92**
汾阳市	75.44	19.58	12.72	16.86	44.03	5.60	5.81	103.75	29.67
文水县	51.08	17.98	10.74	21.03	37.52	4.03	4.49	111.41	24.97
交城县	36.60	13.23	5.61	15.33	34.05	1.91	0.70	36.65	5.29
孝义市	58.31	17.60	2.97	5.09	21.89	0.65	0.57	87.69	3.24
晋城市	**192.24**	**75.78**	**11.91**	**6.20**	**40.55**	**4.83**	**4.24**	**87.78**	**0.56**
泽州县	75.96	32.86	2.36	3.11	22.46	0.53	0.40	75.47	0.12
沁水县	51.62	15.35	4.37	8.47	38.44	1.68	1.62	96.43	1.06
阳城县	64.67	27.57	5.18	8.01	50.58	2.62	2.22	84.73	0.81
太原市	**46.44**	**16.31**	**0.98**	**2.11**	**31.63**	**0.31**	**0.16**	**51.61**	**0.01**
清徐县	46.44	16.31	0.98	2.11	31.63	0.31	0.16	51.61	0.01

5-25-23　山西省1965年产棉县棉花生产收购明细

县市名	耕地面积（万亩）	农业人口（万人）	棉田面积（万亩）	占耕地（%）	亩产（市斤）	产量（万担）	收购量（万担）	商品率（%）	人均交售（市斤）
全省合计	**2194.32**	**663.49**	**367.48**	**16.75**	**58.42**	**214.67**	**197.91**	**92.19**	**29.83**
运城地区	**968.58**	**257.26**	**199.46**	**20.59**	**65.40**	**130.44**	**125.62**	**96.30**	**48.83**
运城市	99.38	24.87	26.23	26.39	80.14	21.02	20.66	98.29	83.07
永济市	82.49	21.70	18.97	23.00	80.23	15.22	14.60	95.93	67.28
芮城县	83.54	20.26	17.49	20.94	65.01	11.37	11.25	98.94	55.53
临猗县	160.47	32.34	30.82	19.21	73.69	22.71	22.11	97.36	68.37
万荣县	104.91	25.75	21.76	20.74	59.88	13.03	12.36	94.86	48.00
新绛县	54.98	16.89	13.34	24.27	56.15	7.49	7.05	94.13	41.74
稷山县	59.84	17.73	14.13	23.61	60.23	8.51	7.98	93.77	45.01
河津市	38.27	17.88	10.41	27.21	58.41	6.08	5.67	93.26	31.71
闻喜县	83.87	20.96	14.17	16.90	55.54	7.87	7.55	95.93	36.02
夏　县	61.19	19.43	10.87	17.77	63.57	6.91	6.50	94.07	33.45
绛　县	48.26	14.23	9.05	18.75	47.85	4.33	4.27	98.61	30.01
平陆县	57.23	14.09	8.17	14.28	50.18	4.10	3.95	96.34	28.03
垣曲县	34.20	11.13	4.05	11.84	44.44	1.80	1.67	92.78	15.00
临汾地区	**469.32**	**149.73**	**101.98**	**21.73**	**53.82**	**54.89**	**47.84**	**87.16**	**31.95**
临汾市	76.89	26.68	16.22	21.10	50.25	8.15	7.65	93.87	28.67
侯马市	17.82	6.39	5.39	30.25	82.93	4.47			
霍州县	28.28	10.06	3.17	11.21	64.35	2.04	1.89	92.65	18.79
曲沃县	40.50	12.26	18.07	44.62	69.95	12.64	12.36	97.79	100.82
翼城县	57.87	18.36	11.31	19.54	50.04	5.66	5.21	92.05	28.38
襄汾县	98.46	26.67	23.57	23.94	50.57	11.92	11.34	95.13	42.52
洪洞县	95.45	36.78	19.82	20.77	44.55	8.83	8.33	94.34	22.65
浮山县	36.71	9.10	2.09	5.69	23.44	0.49	0.41	83.67	4.51
大宁县	17.36	3.43	2.34	13.48	29.49	0.69	0.65	94.20	18.95
晋中地区	**294.89**	**92.13**	**19.10**	**6.48**	**55.50**	**10.60**	**7.13**	**67.26**	**7.74**
榆次市	77.31	18.20	3.24	4.19	47.22	1.53	0.86	56.21	4.73
太谷县	46.32	14.16	3.06	6.61	43.14	1.32	1.18	89.39	8.33
祁　县	45.50	14.19	4.10	9.01	40.00	1.64	1.62	98.78	11.42
平遥县	81.65	28.35	5.43	6.65	87.11	4.73	2.35	49.68	8.29
介休市	44.12	17.23	3.27	7.41	42.20	1.38	1.12	81.16	6.50
吕梁地区	**222.54**	**70.60**	**32.69**	**14.69**	**39.06**	**12.77**	**12.13**	**94.99**	**17.18**
汾阳市	75.69	20.15	13.02	17.20	47.47	6.18	6.33	102.43	31.41
文水县	50.81	18.66	11.04	21.73	37.32	4.12	4.29	104.13	22.99
交城县	36.78	13.62	5.69	15.47	30.76	1.75	0.71	40.57	5.21
孝义市	59.27	18.17	2.94	4.96	24.49	0.72	0.80	111.11	4.40
晋城市	**192.39**	**77.04**	**12.82**	**6.66**	**43.21**	**5.54**	**4.80**	**86.64**	**6.23**
泽州县	75.99	33.42	2.97	3.91	31.65	0.94	0.80	85.11	2.39
沁水县	51.80	15.52	4.34	8.38	41.71	1.81	1.62	89.50	10.44
阳城县	64.61	28.10	5.51	8.53	50.64	2.79	2.38	85.30	8.47
太原市	**46.61**	**16.73**	**1.43**	**3.07**	**30.07**	**0.43**	**0.39**	**90.70**	**2.33**
清徐县	46.61	16.73	1.43	3.07	30.07	0.43	0.39	90.70	2.33

5－25－24　山西省1966年产棉县棉花生产收购明细

县市名	耕地面积（万亩）	农业人口（万人）	棉田面积（万亩）	占耕地（%）	亩　产（市斤）	产　量（万担）	收购量（万担）	商品率（%）	人均交售（市斤）
全省合计	**2185.37**	**676.32**	**362.30**	**16.58**	**46.82**	**169.62**	**155.14**	**91.46**	**22.94**
运城地区	**967.22**	**260.22**	**200.02**	**20.68**	**51.48**	**102.97**	**98.63**	**95.79**	**37.90**
运城市	98.87	25.65	26.04	26.34	54.53	14.20	13.55	95.42	52.83
永济市	82.70	22.14	17.80	21.52	55.06	9.80	9.37	95.61	42.32
芮城县	83.30	21.01	17.69	21.24	47.82	8.46	8.28	97.87	39.41
临猗县	160.49	33.03	30.66	19.10	50.07	15.35	14.85	96.74	44.96
万荣县	104.85	26.25	22.04	21.02	51.18	11.28	10.86	96.28	41.37
新绛县	54.75	17.22	13.64	24.91	45.45	6.20	5.75	92.74	33.39
稷山县	59.54	18.09	14.21	23.87	51.44	7.31	6.84	93.57	37.81
河津市	38.27	15.78	10.63	27.78	58.51	6.22	5.78	92.93	36.63
闻喜县	83.96	21.31	14.70	17.51	43.47	6.39	6.00	93.90	28.16
夏　县	61.17	19.78	11.17	18.26	74.75	8.35	7.98	95.57	40.34
绛　县	48.06	14.50	9.14	19.02	42.67	3.90	4.06	104.10	28.00
平陆县	57.05	14.33	8.12	14.23	44.58	3.62	3.55	98.07	24.77
垣曲县	34.25	11.13	4.18	12.21	45.22	1.89	1.76	93.12	15.81
临汾地区	**465.89**	**153.06**	**103.30**	**22.17**	**42.34**	**43.74**	**37.69**	**86.17**	**24.62**
临汾市	76.52	27.28	16.01	20.92	39.98	6.40	6.37	99.53	23.35
侯马市	17.73	6.54	5.99	33.78	65.94	3.95			
霍州县	28.16	10.29	3.26	11.58	38.96	1.27	1.26	99.21	12.24
曲沃县	40.28	12.53	18.62	46.23	56.44	10.51	10.12	96.29	80.77
翼城县	57.32	18.69	11.31	19.73	32.18	3.64	3.34	91.76	17.87
襄汾县	96.68	27.39	23.70	24.51	34.55	8.19	7.80	95.26	28.48
洪洞县	95.43	37.72	19.77	20.72	44.82	8.86	7.98	90.07	21.16
浮山县	36.50	9.15	2.19	6.00	21.00	0.46	0.36	78.26	3.93
大宁县	17.30	3.47	2.45	14.17	18.78	0.46	0.46	100.00	13.26
晋中地区	**294.54**	**95.31**	**16.12**	**5.47**	**50.50**	**8.14**	**5.64**	**69.29**	**5.92**
榆次市	77.46	18.68	2.37	3.06	46.41	1.10	0.67	60.91	3.59
太谷县	46.22	14.70	2.42	5.24	42.56	1.03	0.86	83.49	5.85
祁　县	45.44	14.65	3.39	7.46	27.73	0.94	0.89	94.68	6.08
平遥县	81.44	29.38	4.76	5.85	75.84	3.61	2.07	57.34	7.05
介休市	44.00	17.90	3.18	7.23	45.91	1.46	1.15	78.77	6.42
吕梁地区	**219.72**	**72.57**	**28.12**	**12.80**	**34.07**	**9.58**	**8.99**	**93.84**	**12.39**
汾阳市	75.39	20.71	10.10	13.40	33.96	3.43	3.56	103.79	17.19
文水县	50.87	19.13	10.64	20.92	34.77	3.70	4.29	115.95	22.43
交城县	36.53	14.08	5.61	15.36	34.58	1.94	0.51	26.29	3.62
孝义市	56.94	18.65	1.77	3.11	28.81	0.51	0.63	123.53	3.38
晋城市	**191.94**	**78.11**	**13.39**	**6.98**	**35.77**	**4.79**	**3.85**	**80.38**	**4.93**
泽州县	75.92	33.90	3.11	4.10	29.90	0.93	0.80	86.02	2.36
沁水县	51.59	15.66	4.65	9.01	30.75	1.43	1.27	88.81	8.11
阳城县	64.44	28.55	5.63	8.74	43.16	2.43	1.78	73.25	6.23
太原市	**46.07**	**17.05**	**1.35**	**2.93**	**29.63**	**0.40**	**0.34**	**85.00**	**1.99**
清徐县	46.07	17.05	1.35	2.93	29.63	0.40	0.34	85.00	1.99

5－25－25　山西省1967年产棉县棉花生产收购明细

县市名	耕地面积（万亩）	农业人口（万人）	棉田面积（万亩）	占耕地（%）	亩产（市斤）	产量（万担）	收购量（万担）	商品率（%）	人均交售（市斤）
全省合计	**2175.27**	**691.73**	**377.04**	**17.33**	**45.59**	**171.90**	**155.14**	**90.25**	**22.43**
运城地区	**963.48**	**268.30**	**205.50**	**21.33**	**47.28**	**97.17**	**92.93**	**95.64**	**34.64**
运城市	98.75	26.28	26.53	26.87	47.49	12.60	12.31	97.70	46.84
永济市	81.74	22.82	18.78	22.98	52.13	9.79	9.48	96.83	41.54
芮城县	83.01	21.47	17.76	21.40	35.98	6.39	6.17	96.56	28.74
临猗县	159.45	33.72	31.68	19.87	51.33	16.26	15.58	95.82	46.20
万荣县	104.79	26.67	23.14	22.08	44.21	10.23	9.59	93.74	35.96
新绛县	54.63	17.62	13.89	25.43	48.96	6.80	6.42	94.41	36.44
稷山县	59.13	18.46	14.74	24.93	46.27	6.82	6.36	93.26	34.45
河津市	38.06	18.73	10.70	28.12	49.53	5.30	4.94	93.21	26.37
闻喜县	83.82	21.71	14.89	17.76	44.66	6.65	6.19	93.08	28.51
夏　县	61.10	20.09	11.75	19.23	57.79	6.79	6.62	97.50	32.95
绛　县	48.02	14.75	9.13	19.01	43.59	3.98	3.96	99.50	26.85
平陆县	56.82	14.67	8.24	14.50	43.45	3.58	3.43	95.81	23.38
垣曲县	34.19	11.31	4.27	12.49	46.37	1.98	1.88	94.95	16.62
临汾地区	**462.60**	**156.11**	**105.74**	**22.86**	**44.59**	**47.15**	**41.25**	**87.48**	**26.42**
临汾市	76.19	27.93	16.35	21.46	45.87	7.50	7.25	96.67	25.96
侯马市	17.87	6.56	5.94	33.25	57.41	3.41			
霍州县	28.07	10.47	3.27	11.65	52.29	1.71	1.54	90.06	14.71
曲沃县	40.22	12.87	18.79	46.72	48.16	9.05	8.89	98.23	69.08
翼城县	57.29	19.03	11.33	19.78	38.31	4.34	3.96	91.24	20.81
襄汾县	96.30	27.98	23.91	24.83	44.55	10.65	10.30	96.70	36.81
洪洞县	93.77	38.50	21.11	22.51	41.69	8.80	7.83	88.98	20.34
浮山县	36.17	9.23	2.65	7.33	29.43	0.78	0.59	75.64	6.39
大宁县	16.76	3.54	2.39	14.26	38.08	0.91	0.89	97.85	25.15
晋中地区	**292.70**	**96.72**	**18.76**	**6.41**	**48.61**	**9.12**	**5.69**	**62.39**	**5.88**
榆次市	76.88	18.83	3.69	4.80	42.82	1.58	1.29	81.65	6.85
太谷县	45.39	14.97	4.35	9.58	41.15	1.79	1.59	88.83	10.62
祁　县	45.26	14.88	4.40	9.72	31.82	1.40	1.19	85.00	8.00
平遥县	81.32	29.80	2.76	3.39	114.13	3.15	0.81	25.71	2.72
介休市	43.86	18.24	3.56	8.12	33.71	1.20	0.81	67.50	4.44
吕梁地区	**219.17**	**74.09**	**32.58**	**14.87**	**32.78**	**10.68**	**10.07**	**94.29**	**13.59**
汾阳市	75.24	21.15	12.65	16.81	34.39	4.35	4.50	103.45	21.28
文水县	50.49	19.56	10.76	21.31	33.92	3.65	4.10	112.33	20.96
交城县	36.56	14.42	5.85	16.00	31.45	1.84	0.72	39.13	4.99
孝义市	56.88	18.96	3.32	5.84	25.30	0.84	0.75	89.29	3.96
晋城市	**191.60**	**79.17**	**13.03**	**6.80**	**56.64**	**7.38**	**4.93**	**66.80**	**6.23**
泽州县	75.89	34.27	3.06	4.03	49.02	1.50	1.05	70.00	3.06
沁水县	51.44	15.95	4.43	8.61	50.11	2.22	1.66	74.77	10.41
阳城县	64.28	28.95	5.54	8.62	66.06	3.66	2.22	60.66	7.67
太原市	**45.74**	**17.34**	**1.43**	**3.13**	**27.97**	**0.40**	**0.27**	**67.50**	**1.56**
清徐县	45.74	17.34	1.43	3.13	27.97	0.40	0.27	67.50	1.56

5-25-26 山西省1968年产棉县棉花生产收购明细

县市名	耕地面积（万亩）	农业人口（万人）	棉田面积（万亩）	占耕地（%）	亩产（市斤）	产量（万担）	收购量（万担）	商品率（%）	人均交售（市斤）
全省合计	**2170.82**	**714.55**	**369.55**	**17.02**	**40.15**	**148.37**	**131.14**	**88.39**	**18.35**
运城地区	**962.37**	**277.89**	**204.84**	**21.28**	**47.37**	**97.04**	**92.02**	**94.83**	**33.11**
运城市	98.63	27.20	26.59	26.96	47.91	12.74	12.23	96.00	44.96
永济市	81.96	23.55	18.86	23.01	58.48	11.03	10.55	95.65	44.80
芮城县	82.71	22.29	18.09	21.87	33.28	6.02	5.78	96.01	25.93
临猗县	159.47	35.20	31.52	19.77	59.01	18.60	17.88	96.13	50.80
万荣县	104.69	27.42	22.96	21.93	49.56	11.38	10.86	95.43	39.61
新绛县	54.59	18.10	13.74	25.17	41.41	5.69	5.26	92.44	29.06
稷山县	58.91	19.16	14.51	24.63	37.97	5.51	5.06	91.83	26.41
河津市	38.03	19.50	10.65	28.01	43.76	4.66	4.24	90.99	21.74
闻喜县	83.72	22.44	14.74	17.61	40.77	6.01	5.50	91.51	24.51
夏　县	61.14	20.75	11.64	19.04	63.23	7.36	6.95	94.43	33.49
绛　县	47.84	15.25	9.09	19.00	37.51	3.41	3.30	96.77	21.64
平陆县	56.63	15.24	8.15	14.39	34.23	2.79	2.70	96.78	17.72
垣曲县	34.10	11.79	4.30	12.61	42.79	1.84	1.71	92.93	14.50
临汾地区	**461.52**	**160.82**	**102.54**	**22.22**	**31.23**	**32.02**	**25.22**	**78.76**	**15.68**
临汾市	76.01	28.65	15.95	20.99	28.65	4.57	3.80	83.15	13.26
侯马市	17.79	6.82	5.96	33.50	53.69	3.20			
霍州县	28.04	10.82	3.23	11.52	30.65	0.99	0.71	71.72	6.56
曲沃县	40.10	13.28	18.67	46.56	41.94	7.83	7.47	95.40	56.25
翼城县	57.14	19.64	11.13	19.48	25.34	2.82	2.53	89.72	12.88
襄汾县	96.24	28.75	23.12	24.02	31.06	7.18	6.80	94.71	23.65
洪洞县	93.86	39.63	19.61	20.89	23.10	4.53	3.11	68.65	7.85
浮山县	36.02	9.55	2.48	6.89	14.52	0.36	0.32	88.89	3.35
大宁县	16.35	3.68	2.39	14.62	22.59	0.54	0.48	88.89	13.04
晋中地区	**291.89**	**99.71**	**17.16**	**5.88**	**36.89**	**6.33**	**3.59**	**56.71**	**3.60**
榆次市	76.76	19.49	3.20	4.17	35.00	1.12	0.86	76.79	4.41
太谷县	45.35	15.50	4.10	9.04	29.76	1.22	1.02	83.61	6.58
祁　县	44.78	15.31	4.20	9.38	23.81	1.00	0.95	95.00	6.21
平遥县	81.17	30.51	2.58	3.18	90.70	2.34	0.38	16.24	1.25
介休市	43.85	18.90	3.08	7.02	21.10	0.65	0.38	58.46	2.01
吕梁地区	**218.46**	**76.67**	**30.32**	**13.88**	**23.91**	**7.25**	**5.78**	**79.72**	**7.54**
汾阳市	74.96	21.94	11.91	15.89	25.36	3.02	2.80	92.72	12.76
文水县	50.30	20.26	10.29	20.46	25.46	2.62	2.31	88.17	11.40
交城县	36.53	14.80	5.24	14.35	20.23	1.06	0.26	24.53	1.76
孝义市	56.69	19.67	2.88	5.08	19.10	0.55	0.41	74.55	2.08
晋城市	**191.24**	**81.67**	**13.43**	**7.02**	**40.73**	**5.47**	**4.36**	**79.71**	**5.34**
泽州县	75.80	35.42	3.39	4.47	32.45	1.10	0.74	67.27	2.09
沁水县	51.17	16.36	4.47	8.74	33.78	1.51	1.20	79.47	7.33
阳城县	64.28	29.89	5.57	8.67	51.35	2.86	2.42	84.62	8.10
太原市	**45.35**	**17.79**	**1.26**	**2.78**	**20.63**	**0.26**	**0.17**	**65.38**	**0.96**
清徐县	45.35	17.79	1.26	2.78	20.63	0.26	0.17	65.38	0.96

5-25-27 山西省1969年产棉县棉花生产收购明细

县市名	耕地面积（万亩）	农业人口（万人）	棉田面积（万亩）	占耕地（%）	亩产（市斤）	产量（万担）	收购量（万担）	商品率（%）	人均交售（市斤）
全省合计	**2164.45**	**737.28**	**361.26**	**16.69**	**51.78**	**187.05**	**167.02**	**89.29**	**22.65**
运城地区	**958.77**	**287.37**	**203.96**	**21.27**	**57.51**	**117.30**	**110.87**	**94.52**	**38.58**
运城市	98.00	28.24	25.94	26.47	67.31	17.46	16.37	93.76	57.97
永济市	82.52	24.43	19.37	23.47	63.35	12.27	11.78	96.01	48.22
芮城县	82.43	23.13	18.31	22.21	39.60	7.25	6.89	95.03	29.79
临猗县	157.97	36.53	31.54	19.97	64.65	20.39	19.56	95.93	53.55
万荣县	104.67	28.68	22.81	21.79	53.92	12.30	11.62	94.47	40.52
新绛县	54.47	18.63	13.34	24.49	57.50	7.67	7.12	92.83	38.22
稷山县	58.70	19.86	14.18	24.16	53.24	7.55	7.04	93.25	35.45
河津市	37.83	20.17	10.64	28.13	50.94	5.42	5.10	94.10	25.29
闻喜县	83.40	23.08	14.68	17.60	51.84	7.61	6.73	88.44	29.16
夏县	60.78	21.43	11.74	19.32	79.05	9.28	8.97	96.66	41.86
绛县	47.66	15.74	8.99	18.86	52.84	4.75	4.73	99.58	30.05
平陆县	56.36	15.51	8.12	14.41	39.04	3.17	2.92	92.11	18.83
垣曲县	34.02	11.94	4.30	12.64	50.70	2.18	2.04	93.58	17.09
临汾地区	**459.80**	**165.38**	**99.49**	**21.64**	**50.60**	**50.34**	**40.79**	**81.03**	**24.66**
临汾市	75.84	29.65	15.50	20.44	40.06	6.21	5.70	91.79	19.22
侯马市	17.63	7.07	5.79	32.85	77.37	4.48			
霍州县	27.50	11.28	3.08	11.20	37.01	1.14	0.88	77.19	7.80
曲沃县	39.89	13.22	18.35	46.01	70.84	13.00	12.28	94.46	92.89
翼城县	56.75	20.17	10.58	18.64	53.69	5.68	5.10	89.79	25.29
襄汾县	96.08	29.57	23.06	24.00	57.24	13.20	12.61	95.53	42.64
洪洞县	93.86	40.86	18.27	19.47	29.39	5.37	3.40	63.31	8.32
浮山县	35.91	9.74	2.50	6.96	25.60	0.64	0.46	71.88	4.72
大宁县	16.37	3.82	2.36	14.42	26.27	0.62	0.36	58.06	9.42
晋中地区	**291.50**	**103.00**	**15.85**	**5.44**	**42.27**	**6.70**	**4.04**	**60.30**	**3.92**
榆次市	76.56	20.29	2.91	3.80	30.58	0.89	0.67	75.28	3.30
太谷县	45.44	15.45	3.87	8.52	31.52	1.22	1.04	85.25	6.73
祁县	44.78	15.87	4.01	8.96	33.17	1.33	1.17	87.97	7.37
平遥县	81.05	31.76	2.31	2.85	107.79	2.49	0.58	23.29	1.83
介休市	43.68	19.63	2.75	6.30	28.00	0.77	0.58	75.32	2.95
吕梁地区	**218.72**	**79.30**	**27.53**	**12.59**	**26.70**	**7.35**	**6.55**	**89.12**	**8.26**
汾阳市	75.09	22.79	11.12	14.81	31.65	3.52	3.47	98.58	15.23
文水县	50.36	20.95	9.32	18.51	25.43	2.37	2.14	90.30	10.21
交城县	36.42	15.36	4.58	12.58	14.85	0.68	0.27	39.71	1.76
孝义市	56.85	20.20	2.51	4.42	31.08	0.78	0.67	85.90	3.32
晋城市	**190.62**	**83.65**	**13.23**	**6.94**	**38.87**	**5.14**	**4.68**	**91.05**	**5.59**
泽州县	75.60	36.34	3.23	4.27	37.52	1.21	0.82	67.77	2.26
沁水县	50.81	16.73	4.40	8.66	30.00	1.32	1.95	147.73	11.66
阳城县	64.22	30.58	5.60	8.72	46.61	2.61	1.91	73.18	6.25
太原市	**45.05**	**18.58**	**1.20**	**2.66**	**18.33**	**0.22**	**0.09**	**40.91**	**0.48**
清徐县	45.05	18.58	1.20	2.66	18.33	0.22	0.09	40.91	0.48

5－25－28　山西省1970年产棉县棉花生产收购明细

县市名	耕地面积（万亩）	农业人口（万人）	棉田面积（万亩）	占耕地（%）	亩　产（市斤）	产　量（万担）	收购量（万担）	商品率（%）	人均交售（市斤）
全省合计	**2158.51**	**757.52**	**374.96**	**17.37**	**45.08**	**169.02**	**155.53**	**92.02**	**20.53**
运城地区	**956.54**	**294.64**	**204.71**	**21.40**	**47.61**	**97.47**	**92.38**	**94.78**	**31.35**
运城市	97.55	29.26	25.85	26.50	48.09	12.43	12.07	97.10	41.25
永济市	81.68	24.84	19.69	24.11	50.99	10.04	9.76	97.21	39.29
芮城县	82.34	23.77	18.65	22.65	47.56	8.87	8.66	97.63	36.43
临猗县	157.91	37.37	31.55	19.98	45.13	14.24	13.06	91.71	34.95
万荣县	104.63	29.31	22.75	21.74	37.89	8.62	8.00	92.81	27.29
新绛县	54.47	19.06	13.13	24.11	55.37	7.27	6.83	93.95	35.83
稷山县	58.61	20.44	14.27	24.35	46.67	6.66	6.31	94.74	30.87
河津市	37.80	20.72	10.57	27.96	43.42	4.59	4.25	92.59	20.51
闻喜县	82.91	23.09	14.71	17.74	40.04	5.89	5.41	91.85	23.43
夏　县	60.68	21.97	12.09	19.93	73.95	8.94	8.44	94.41	38.42
绛　县	47.57	16.52	8.98	18.88	40.31	3.62	3.64	100.55	22.03
平陆县	56.24	16.00	8.12	14.44	47.91	3.89	3.61	92.80	22.56
垣曲县	34.20	12.29	4.35	12.72	55.40	2.41	2.34	97.10	19.04
临汾地区	**457.97**	**170.33**	**100.99**	**22.05**	**43.79**	**44.22**	**39.18**	**88.60**	**23.00**
临汾市	75.65	30.47	16.01	21.16	33.60	5.38	5.63	104.65	18.48
侯马市	17.57	7.29	5.49	31.26	72.31	3.97			
霍州县	27.62	11.62	3.26	11.81	45.71	1.49	1.31	87.92	11.27
曲沃县	39.86	14.08	17.77	44.59	61.40	10.91	10.59	97.07	75.21
翼城县	56.52	20.72	10.59	18.74	25.87	2.74	2.61	95.26	12.60
襄汾县	95.84	30.60	23.28	24.29	52.19	12.15	11.86	97.61	38.76
洪洞县	93.08	41.74	19.76	21.23	31.48	6.22	5.77	92.77	13.82
浮山县	35.48	9.94	2.44	6.88	25.00	0.61	0.69	113.11	6.94
大宁县	16.38	3.87	2.39	14.59	31.38	0.75	0.72	96.00	18.60
晋中地区	**289.94**	**105.77**	**21.10**	**7.28**	**45.73**	**9.65**	**7.59**	**78.65**	**7.18**
榆次市	76.16	20.93	3.83	5.03	33.68	1.29	1.13	87.60	5.40
太谷县	44.96	16.34	4.35	9.68	47.36	2.06	1.86	90.29	11.38
祁　县	44.40	16.27	4.17	9.39	42.69	1.78	1.58	88.76	9.71
平遥县	80.96	31.93	5.13	6.34	60.23	3.09	1.97	63.75	6.17
介休市	43.47	20.30	3.62	8.33	39.50	1.43	1.05	73.43	5.17
吕梁地区	**218.33**	**81.86**	**33.67**	**15.42**	**29.85**	**10.05**	**10.20**	**101.49**	**12.46**
汾阳市	75.50	23.62	13.02	17.25	36.02	4.69	4.74	101.07	20.07
文水县	50.48	21.52	10.55	20.90	22.18	2.34	3.60	153.85	16.73
交城县	36.33	15.87	5.88	16.18	27.38	1.61	0.78	48.45	4.91
孝义市	56.03	20.85	4.22	7.53	33.41	1.41	1.08	76.60	5.18
晋城市	**190.38**	**85.55**	**13.05**	**6.85**	**55.71**	**7.27**	**5.93**	**81.57**	**6.93**
泽州县	75.56	37.49	3.17	4.20	39.75	1.26	0.62	49.21	1.65
沁水县	50.70	17.05	4.31	8.50	48.96	2.11	1.96	92.89	11.50
阳城县	64.13	31.01	5.57	8.69	70.02	3.90	3.35	85.90	10.80
太原市	**45.36**	**19.37**	**1.44**	**3.17**	**25.00**	**0.36**	**0.25**	**69.44**	**1.29**
清徐县	45.36	19.37	1.44	3.17	25.00	0.36	0.25	69.44	1.29

5-25-29　山西省1971年产棉县棉花生产收购明细

县市名	耕地面积（万亩）	农业人口（万人）	棉田面积（万亩）	占耕地（%）	亩产（市斤）	产量（万担）	收购量（万担）	商品率（%）	人均交售（市斤）
全省合计	**2144.14**	**771.08**	**346.44**	**16.16**	**38.85**	**134.58**	**130.53**	**96.99**	**16.93**
运城地区	**945.91**	**298.05**	**196.81**	**20.81**	**42.46**	**83.56**	**85.21**	**101.97**	**28.59**
运城市	97.34	29.76	26.02	26.73	43.12	11.22	10.79	96.17	36.26
永济市	81.50	25.39	17.13	21.02	41.91	7.18	6.89	95.96	27.14
芮城县	82.08	24.27	15.65	19.07	31.12	4.87	4.74	97.33	19.53
临猗县	155.42	38.18	35.21	22.66	43.03	15.15	13.37	88.25	35.02
万荣县	102.59	29.88	22.66	22.09	36.50	8.27	13.37	161.67	44.75
新绛县	52.97	19.40	12.72	24.02	50.86	6.47	6.15	95.05	31.70
稷山县	58.47	20.89	13.38	22.88	44.39	5.94	5.94	100.00	28.43
河津市	37.70	18.29	7.63	20.24	42.60	3.25	4.00	123.08	21.87
闻喜县	82.05	24.13	12.94	15.77	39.57	5.12	4.53	88.48	18.77
夏　县	59.76	22.47	10.96	18.34	65.88	7.22	7.24	100.28	32.22
绛　县	46.58	16.46	10.45	22.44	36.75	3.84	3.59	93.49	21.81
平陆县	55.82	16.37	7.75	13.89	39.48	3.06	2.78	90.85	16.98
垣曲县	33.66	12.56	4.31	12.80	45.71	1.97	1.82	92.39	14.49
临汾地区	**456.16**	**174.03**	**89.25**	**19.57**	**34.38**	**30.68**	**27.85**	**90.78**	**16.00**
临汾市	74.87	31.39	14.46	19.31	28.42	4.11	2.55	62.04	8.12
侯马市	17.27	7.48	5.24	30.35	66.41	3.48	3.40	97.70	45.45
霍州县	27.53	11.57	2.97	10.79	18.52	0.55	0.44	79.96	3.80
曲沃县	39.65	14.41	12.06	30.42	43.86	5.29	5.43	102.65	37.68
翼城县	56.01	21.17	10.98	19.60	26.50	2.91	2.66	91.42	12.57
襄汾县	95.84	31.33	23.12	24.12	40.22	9.30	9.06	97.42	28.92
洪洞县	93.32	42.67	17.24	18.48	25.64	4.42	3.86	87.33	9.05
浮山县	35.30	10.04	2.31	6.54	15.58	0.36	0.25	69.44	2.49
大宁县	16.40	3.97	0.87	5.31	29.89	0.26	0.20	76.92	5.04
晋中地区	**288.99**	**108.98**	**19.88**	**6.88**	**35.11**	**6.98**	**5.32**	**76.22**	**4.88**
榆次市	75.72	21.35	3.62	4.78	37.85	1.37	1.14	83.21	5.34
太谷县	44.72	16.85	4.10	9.17	36.83	1.51	1.35	89.42	8.01
祁　县	44.34	16.58	4.19	9.45	26.25	1.10	0.92	83.65	5.55
平遥县	80.85	33.35	4.71	5.83	45.86	2.16	1.29	59.72	3.87
介休市	43.37	20.85	3.26	7.52	25.77	0.84	0.62	73.81	2.97
吕梁地区	**218.03**	**83.65**	**26.58**	**12.19**	**23.33**	**6.20**	**6.46**	**104.19**	**7.72**
汾阳市	75.78	24.11	9.27	12.23	23.19	2.15	2.44	113.49	10.12
文水县	50.27	22.14	9.50	18.90	24.21	2.30	2.41	104.78	10.89
交城县	36.33	16.29	5.42	14.92	20.66	1.12	0.98	87.50	6.02
孝义市	55.65	21.11	2.39	4.29	26.36	0.63	0.63	100.00	2.98
晋城市	**190.05**	**86.61**	**12.70**	**6.68**	**53.55**	**6.80**	**5.50**	**80.88**	**6.35**
泽州县	75.18	37.55	2.99	3.98	51.19	1.53	1.16	75.82	3.09
沁水县	50.78	17.59	4.20	8.27	39.76	1.67	1.11	66.47	6.31
阳城县	64.10	31.47	5.51	8.60	65.34	3.60	3.23	89.72	10.26
太原市	**45.02**	**19.76**	**1.22**	**2.71**	**29.51**	**0.36**	**0.19**	**52.78**	**0.96**
清徐县	45.02	19.76	1.22	2.71	29.51	0.36	0.19	52.78	0.96

5－25－30　山西省1972年产棉县棉花生产收购明细

县市名	耕地面积（万亩）	农业人口（万人）	棉田面积（万亩）	占耕地（%）	亩产（市斤）	产量（万担）	收购量（万担）	商品率（%）	人均交售（市斤）
全省合计	**2139.04**	**786.31**	**336.29**	**15.72**	**28.05**	**94.32**	**89.40**	**94.78**	**11.37**
运城地区	**943.97**	**305.07**	**183.61**	**19.45**	**31.02**	**56.96**	**58.08**	**101.97**	**19.04**
运城市	97.28	30.37	22.26	22.88	31.76	7.07	7.04	99.58	23.18
永济市	80.93	26.05	17.32	21.40	31.06	5.38	5.09	94.61	19.54
芮城县	81.89	24.82	16.66	20.35	29.17	4.86	4.58	94.24	18.45
临猗县	155.39	38.90	33.01	21.24	29.23	9.65	8.93	92.54	22.96
万荣县	102.50	30.30	19.94	19.45	23.67	4.72	8.93	189.19	29.47
新绛县	53.10	19.85	11.82	22.26	44.25	5.23	4.87	93.12	24.53
稷山县	58.34	21.25	12.60	21.60	38.10	4.80	4.48	93.33	21.08
河津市	37.58	19.76	5.55	14.77	41.80	2.32	2.05	88.36	10.37
闻喜县	81.89	24.64	12.84	15.68	23.91	3.07	2.80	91.20	11.36
夏　县	59.75	22.93	10.37	17.36	45.32	4.70	4.50	95.74	19.62
绛　县	46.22	16.80	9.07	19.63	22.38	2.03	1.95	96.06	11.61
平陆县	55.62	16.59	7.87	14.15	24.90	1.96	1.83	93.37	11.03
垣曲县	33.53	12.81	4.30	12.83	27.21	1.17	1.03	88.03	8.04
临汾地区	**454.48**	**177.20**	**89.80**	**19.76**	**24.61**	**22.10**	**19.81**	**89.64**	**11.18**
临汾市	74.39	31.94	13.67	18.38	25.68	3.51	2.35	66.95	7.36
侯马市	16.95	7.67	4.49	26.49	53.67	2.41	2.35	97.51	30.64
霍州县	27.42	12.06	2.99	10.90	13.71	0.41	0.28	68.29	2.32
曲沃县	39.59	14.70	11.98	30.26	31.47	3.77	3.81	101.06	25.92
翼城县	55.85	21.52	10.11	18.10	16.62	1.68	1.53	91.07	7.11
襄汾县	95.63	31.83	23.12	24.18	26.51	6.13	5.90	96.25	18.54
洪洞县	93.11	43.36	19.79	21.26	18.65	3.69	3.23	87.53	7.45
浮山县	35.19	10.09	1.97	5.60	8.63	0.17	0.09	52.94	0.89
大宁县	16.37	4.03	1.68	10.27	19.64	0.33	0.27	81.82	6.70
晋中地区	**289.56**	**110.57**	**22.45**	**7.75**	**29.09**	**6.53**	**3.64**	**55.74**	**3.29**
榆次市	75.77	21.83	4.01	5.29	22.19	0.89	0.42	47.19	1.92
太谷县	44.63	17.06	5.00	11.20	34.00	1.70	1.48	87.06	8.68
祁　县	44.34	16.70	5.33	12.02	22.89	1.22	1.05	86.07	6.29
平遥县	81.56	33.73	4.91	6.02	38.90	1.91	0.12	6.28	0.36
介休市	43.28	21.25	3.20	7.39	25.31	0.81	0.57	70.37	2.68
吕梁地区	**216.87**	**85.68**	**25.54**	**11.78**	**17.58**	**4.49**	**4.45**	**99.11**	**5.19**
汾阳市	75.33	24.73	10.01	13.29	16.58	1.66	1.83	110.24	7.40
文水县	49.82	22.68	7.91	15.88	18.20	1.44	1.49	103.47	6.57
交城县	36.32	16.55	6.00	16.52	17.50	1.05	0.90	85.71	5.44
孝义市	55.41	21.72	1.62	2.92	20.99	0.34	0.23	67.65	1.06
晋城市	**189.24**	**87.72**	**13.51**	**7.14**	**29.02**	**3.92**	**3.27**	**83.42**	**3.73**
泽州县	74.66	38.19	3.54	4.74	31.36	1.11	0.83	74.77	2.17
沁水县	50.52	17.79	4.43	8.77	24.15	1.07	0.94	87.85	5.28
阳城县	64.07	31.74	5.54	8.65	31.41	1.74	1.50	86.21	4.73
太原市	**44.93**	**20.07**	**1.38**	**3.07**	**23.19**	**0.32**	**0.15**	**46.88**	**0.75**
清徐县	44.93	20.07	1.38	3.07	23.19	0.32	0.15	46.88	0.75

5-25-31　山西省1973年产棉县棉花生产收购明细

县市名	耕地面积（万亩）	农业人口（万人）	棉田面积（万亩）	占耕地（%）	亩产（市斤）	产量（万担）	收购量（万担）	商品率（%）	人均交售（市斤）
全省合计	**2134.31**	**801.40**	**325.17**	**15.24**	**52.87**	**171.92**	**159.80**	**92.95**	**19.94**
运城地区	**942.36**	**309.76**	**189.97**	**20.16**	**62.72**	**119.15**	**113.57**	**95.32**	**36.66**
运城市	97.29	31.01	23.50	24.15	72.89	17.13	16.50	96.32	53.21
永济市	80.78	26.56	18.36	22.73	77.94	14.31	13.85	96.79	52.15
芮城县	81.59	25.37	17.95	22.00	56.49	10.14	9.67	95.36	38.12
临猗县	155.37	39.41	33.90	21.82	68.82	23.33	22.18	95.07	56.28
万荣县	102.41	30.70	21.04	20.55	40.54	8.53	8.06	94.49	26.25
新绛县	53.06	20.21	11.99	22.60	61.72	7.40	7.03	95.00	34.78
稷山县	58.32	21.62	12.98	22.26	50.46	6.55	6.21	94.81	28.72
河津市	37.56	19.20	5.13	13.66	54.58	2.80	2.47	88.20	12.86
闻喜县	81.41	25.15	13.06	16.04	51.23	6.69	6.27	93.72	24.93
夏县	59.69	23.47	10.50	17.59	102.00	10.71	10.38	96.92	44.23
绛县	45.92	17.05	9.14	19.91	51.64	4.72	4.55	96.40	26.69
平陆县	55.49	16.85	8.11	14.62	47.84	3.88	3.63	93.55	21.54
垣曲县	33.51	13.16	4.31	12.86	68.68	2.96	2.77	93.58	21.05
临汾地区	**453.24**	**180.94**	**90.73**	**20.02**	**39.11**	**35.48**	**32.29**	**91.01**	**17.85**
临汾市	74.04	32.64	13.77	18.60	44.44	6.12	4.27	69.77	13.08
侯马市	16.89	7.92	4.50	26.64	77.11	3.47	3.32	95.68	41.92
霍州县	27.32	12.38	2.66	9.74	25.94	0.69	0.57	82.61	4.60
曲沃县	39.53	14.97	11.92	30.16	48.24	5.75	5.62	97.74	37.54
翼城县	55.76	21.85	11.04	19.80	29.35	3.24	3.00	92.59	13.73
襄汾县	95.49	32.55	22.88	23.96	37.19	8.51	8.28	97.30	25.44
洪洞县	92.78	44.32	20.66	22.27	33.88	7.00	6.63	94.71	14.96
浮山县	35.07	10.17	2.10	5.99	22.86	0.48	0.40	83.33	3.93
大宁县	16.38	4.14	1.20	7.33	18.33	0.22	0.20	90.91	4.83
晋中地区	**288.14**	**113.29**	**15.99**	**5.55**	**30.33**	**4.85**	**3.70**	**76.29**	**3.27**
榆次市	75.47	22.43	2.69	3.56	26.77	0.72	0.26	36.11	1.16
太谷县	43.98	17.48	3.80	8.64	30.00	1.14	0.97	85.09	5.55
祁县	44.31	17.18	3.99	9.00	26.07	1.04	0.91	87.50	5.30
平遥县	81.11	34.45	2.97	3.66	37.71	1.12	0.87	77.68	2.53
介休市	43.28	21.75	2.54	5.87	32.68	0.83	0.69	83.13	3.17
吕梁地区	**216.68**	**87.57**	**13.75**	**6.35**	**17.38**	**2.39**	**2.14**	**89.54**	**2.44**
汾阳市	75.23	25.21	2.88	3.83	24.31	0.70	0.76	108.57	3.01
文水县	49.79	23.15	4.59	9.22	16.34	0.75	0.65	86.67	2.81
交城县	36.32	16.91	4.34	11.95	10.37	0.45	0.34	75.56	2.01
孝义市	55.35	22.30	1.94	3.50	25.26	0.49	0.39	79.59	1.75
晋城市	**189.05**	**89.13**	**13.47**	**7.13**	**71.57**	**9.64**	**7.88**	**81.74**	**8.84**
泽州县	74.45	38.90	3.65	4.90	64.93	2.37	1.95	82.28	5.01
沁水县	50.54	18.01	4.22	8.35	64.69	2.73	2.40	87.91	13.33
阳城县	64.07	32.22	5.60	8.74	81.07	4.54	3.53	77.75	10.96
太原市	**44.85**	**20.71**	**1.26**	**2.81**	**32.54**	**0.41**	**0.22**	**53.66**	**1.06**
清徐县	44.85	20.71	1.26	2.81	32.54	0.41	0.22	53.66	1.06

5－25－32　山西省1974年产棉县棉花生产收购明细

县市名	耕地面积（万亩）	农业人口（万人）	棉田面积（万亩）	占耕地（%）	亩产（市斤）	产量（万担）	收购量（万担）	商品率（%）	人均交售（市斤）
全省合计	**2131.17**	**817.98**	**352.87**	**16.56**	**40.92**	**144.38**	**132.71**	**91.92**	**16.22**
运城地区	**941.30**	**315.27**	**188.84**	**20.06**	**48.13**	**90.88**	**85.17**	**93.72**	**27.02**
运城市	97.22	31.70	23.24	23.91	52.07	12.10	11.82	97.69	37.29
永济市	80.63	27.05	18.41	22.83	59.64	10.98	10.53	95.90	38.93
芮城县	81.20	25.85	17.75	21.86	40.68	7.22	6.82	94.46	26.38
临猗县	155.30	39.93	32.70	21.06	54.77	17.91	17.02	95.03	42.62
万荣县	102.44	31.17	20.91	20.41	41.46	8.67	8.08	93.19	25.92
新绛县	53.04	20.60	12.02	22.66	51.41	6.18	5.88	95.15	28.54
稷山县	58.31	21.95	13.02	22.33	42.09	5.48	5.15	93.98	23.46
河津市	37.52	19.57	6.03	16.07	40.30	2.43	2.18	89.71	11.14
闻喜县	81.29	25.65	12.80	15.75	31.88	4.08	3.70	90.69	14.42
夏　县	59.61	23.86	10.56	17.72	67.23	7.10	6.80	95.77	28.50
绛　县	45.90	17.34	9.11	19.85	30.74	2.80	2.55	91.09	14.71
平陆县	55.46	17.18	7.98	14.39	48.62	3.88	2.67	68.81	15.54
垣曲县	33.42	13.42	4.31	12.90	47.56	2.05	1.97	96.10	14.68
临汾地区	**452.28**	**185.10**	**93.75**	**20.73**	**31.53**	**29.56**	**26.88**	**90.93**	**14.52**
临汾市	73.70	33.42	13.85	18.79	36.75	5.09	3.57	70.14	10.68
侯马市	16.65	8.18	4.88	29.31	56.76	2.77	2.67	96.39	32.64
霍州县	27.27	12.85	3.20	11.73	30.94	0.99	0.87	87.88	6.77
曲沃县	39.48	15.20	12.00	30.40	31.67	3.80	3.79	99.74	24.93
翼城县	55.67	22.27	11.24	20.19	22.15	2.49	2.37	95.18	10.64
襄汾县	95.43	33.25	23.28	24.39	31.36	7.30	7.05	96.58	21.20
洪洞县	92.76	45.33	20.96	22.60	29.53	6.19	5.76	93.05	12.71
浮山县	35.00	10.40	2.24	6.40	22.77	0.51	0.43	84.31	4.13
大宁县	16.34	4.20	2.10	12.86	20.00	0.42	0.37	88.10	8.81
晋中地区	**287.63**	**115.97**	**28.56**	**9.93**	**34.66**	**9.90**	**7.00**	**70.71**	**6.04**
榆次市	75.32	23.04	4.73	6.28	34.04	1.61	0.59	36.65	2.56
太谷县	43.76	17.93	4.56	10.42	40.57	1.85	1.66	89.73	9.26
祁　县	44.40	17.59	4.88	10.99	36.68	1.79	1.62	90.52	9.21
平遥县	80.90	35.22	10.34	12.78	31.72	3.28	2.00	60.98	5.68
介休市	43.26	22.19	4.05	9.36	33.83	1.37	1.13	82.48	5.09
吕梁地区	**216.23**	**89.45**	**26.46**	**12.24**	**30.76**	**8.14**	**9.11**	**111.91**	**10.18**
汾阳市	75.02	25.77	9.20	12.26	32.72	3.01	4.20	139.53	16.30
文水县	49.76	23.63	8.93	17.95	30.57	2.73	2.76	101.10	11.68
交城县	36.30	17.26	5.31	14.63	32.39	1.72	1.54	89.52	8.92
孝义市	55.16	22.79	3.02	5.48	22.52	0.68	0.61	89.71	2.68
晋城市	**188.94**	**90.77**	**13.83**	**7.32**	**38.39**	**5.31**	**4.15**	**78.15**	**4.57**
泽州县	74.39	39.73	3.65	4.91	29.04	1.06	0.74	69.81	1.86
沁水县	50.49	18.32	4.55	9.01	35.60	1.62	1.22	75.31	6.66
阳城县	64.07	32.72	5.63	8.79	46.71	2.63	2.19	83.27	6.69
太原市	**44.81**	**21.42**	**1.43**	**3.19**	**41.26**	**0.59**	**0.40**	**67.78**	**1.87**
清徐县	44.81	21.42	1.43	3.19	41.26	0.59	0.40	67.78	1.87

5-25-33 山西省1975年产棉县棉花生产收购明细

县市名	耕地面积（万亩）	农业人口（万人）	棉田面积（万亩）	占耕地（%）	亩产（市斤）	产量（万担）	收购量（万担）	商品率（%）	人均交售（市斤）
全省合计	**2128.74**	**830.15**	**368.63**	**17.32**	**40.36**	**148.79**	**139.81**	**93.96**	**16.84**
运城地区	**941.12**	**319.15**	**196.92**	**20.92**	**45.34**	**89.29**	**84.38**	**94.50**	**26.44**
运城市	97.22	32.05	24.18	24.87	52.23	12.63	12.04	95.33	37.57
永济市	80.57	27.46	18.90	23.46	60.37	11.41	10.90	95.53	39.69
芮城县	81.18	26.22	18.47	22.75	35.90	6.63	6.36	95.93	24.26
临猗县	155.30	40.30	34.34	22.11	50.52	17.35	16.58	95.56	41.14
万荣县	102.44	31.41	22.67	22.13	36.26	8.22	7.67	93.31	24.42
新绛县	53.00	20.96	12.72	24.00	48.82	6.21	5.81	93.56	27.72
稷山县	58.31	22.19	13.35	22.90	35.21	4.70	4.38	93.19	19.74
河津市	37.52	19.91	7.04	18.77	46.31	3.26	2.97	91.10	14.92
闻喜县	81.27	25.99	13.19	16.23	34.50	4.55	4.17	91.65	16.04
夏　县	59.69	24.09	10.46	17.53	67.78	7.09	6.87	96.90	28.52
绛　县	45.83	17.54	9.03	19.71	28.68	2.59	2.33	89.96	13.28
平陆县	55.41	17.42	8.16	14.73	31.50	2.57	2.38	92.61	13.66
垣曲县	33.42	13.61	4.41	13.20	47.17	2.08	1.92	92.31	14.11
临汾地区	**451.08**	**187.97**	**94.11**	**20.86**	**34.47**	**32.44**	**30.49**	**93.99**	**16.22**
临汾市	73.29	33.98	14.66	20.00	35.68	5.23	4.93	94.26	14.51
侯马市	16.43	8.33	4.74	28.86	42.19	2.00	1.94	97.00	23.29
霍州县	27.15	13.14	3.23	11.90	27.86	0.90	0.77	85.56	5.86
曲沃县	39.47	15.54	12.00	30.41	38.00	4.56	4.34	95.18	27.93
翼城县	55.59	22.44	11.10	19.97	23.87	2.65	2.48	93.58	11.05
襄汾县	95.31	33.78	22.94	24.07	42.50	9.75	9.30	95.38	27.53
洪洞县	92.81	46.09	20.90	22.52	31.63	6.61	6.12	92.59	13.28
浮山县	34.73	10.46	2.30	6.62	13.48	0.31	0.25	80.65	2.39
大宁县	16.32	4.21	2.24	13.73	19.20	0.43	0.36	83.72	8.55
晋中地区	**286.71**	**118.27**	**31.26**	**10.90**	**34.55**	**10.80**	**8.72**	**80.74**	**7.37**
榆次市	75.26	23.49	5.40	7.18	35.19	1.90	1.64	86.32	6.98
太谷县	43.74	18.32	4.55	10.40	43.52	1.98	1.80	90.91	9.83
祁　县	44.36	17.96	5.36	12.08	35.26	1.89	1.75	92.59	9.74
平遥县	80.12	35.89	10.79	13.47	31.33	3.38	2.13	63.02	5.93
介休市	43.25	22.61	5.16	11.93	31.98	1.65	1.40	84.85	6.19
吕梁地区	**216.06**	**91.28**	**31.18**	**14.43**	**33.23**	**10.36**	**11.48**	**110.81**	**12.58**
汾阳市	75.06	26.25	11.75	15.65	34.04	4.00	5.26	131.50	20.04
文水县	49.73	24.11	9.75	19.61	34.26	3.34	3.40	101.80	14.10
交城县	36.30	17.64	5.87	16.17	35.95	2.11	1.97	93.36	11.17
孝义市	54.98	23.28	3.81	6.93	23.88	0.91	0.85	93.41	3.65
晋城市	**188.97**	**91.86**	**13.66**	**7.23**	**38.01**	**5.19**	**4.25**	**81.89**	**4.63**
泽州县	74.40	40.34	3.56	4.78	27.85	0.99	0.38	38.38	0.94
沁水县	50.51	18.50	4.50	8.91	34.67	1.56	1.81	116.03	9.78
阳城县	64.07	33.02	5.60	8.74	47.14	2.64	2.06	78.03	6.24
太原市	**44.81**	**21.62**	**1.50**	**3.35**	**47.33**	**0.71**	**0.49**	**69.01**	**2.27**
清徐县	44.81	21.62	1.50	3.35	47.33	0.71	0.49	69.01	2.27

5－25－34　山西省1976年产棉县棉花生产收购明细

县市名	耕地面积（万亩）	农业人口（万人）	棉田面积（万亩）	占耕地（%）	亩产（市斤）	产量（万担）	收购量（万担）	商品率（%）	人均交售（市斤）
全省合计	**2123.43**	**839.30**	**364.18**	**17.15**	**35.00**	**127.46**	**122.93**	**96.45**	**14.65**
运城地区	**936.41**	**322.86**	**194.47**	**20.77**	**45.18**	**87.86**	**83.97**	**95.57**	**26.01**
运城市	97.20	32.63	23.97	24.66	46.27	11.09	11.03	99.46	33.80
永济市	80.54	27.84	18.65	23.16	66.01	12.31	11.71	95.13	42.06
芮城县	81.11	26.63	18.42	22.71	46.96	8.65	8.42	97.34	31.62
临猗县	151.53	40.65	33.29	21.97	50.80	16.91	16.21	95.86	39.88
万荣县	102.26	31.66	22.16	21.67	32.99	7.31	7.16	97.95	22.62
新绛县	53.00	21.20	12.77	24.10	42.44	5.42	5.18	95.57	24.43
稷山县	58.28	22.42	13.31	22.83	33.75	4.49	4.17	92.87	18.60
河津市	37.52	20.16	7.16	19.09	52.37	3.75	3.52	93.87	17.46
闻喜县	81.02	26.28	13.13	16.21	28.03	3.68	3.31	89.95	12.60
夏　县	59.57	24.33	10.40	17.46	60.19	6.26	5.76	92.01	23.67
绛　县	45.65	17.76	8.63	18.91	36.73	3.17	3.03	95.58	17.06
平陆县	55.37	17.63	8.18	14.77	36.06	2.95	2.75	93.22	15.60
垣曲县	33.41	13.67	4.40	13.17	42.50	1.87	1.72	91.98	12.58
临汾地区	**449.93**	**190.09**	**94.08**	**20.91**	**27.42**	**25.80**	**26.69**	**103.45**	**14.04**
临汾市	73.11	34.26	14.28	19.53	25.63	3.66	3.33	90.98	9.72
侯马市	16.40	8.47	4.85	29.58	46.80	2.27	2.09	92.07	24.68
霍州县	27.17	13.47	3.26	12.00	22.09	0.72	0.65	90.28	4.83
曲沃县	39.35	15.46	11.96	30.40	36.62	4.38	4.09	93.38	26.46
翼城县	55.46	22.65	11.18	20.16	22.27	2.49	2.32	93.17	10.24
襄汾县	94.74	34.24	23.19	24.48	29.58	6.86	9.30	135.57	27.16
洪洞县	92.79	46.76	20.85	22.47	23.26	4.85	4.48	92.37	9.58
浮山县	34.61	10.53	2.27	6.56	12.78	0.29	0.17	58.62	1.61
大宁县	16.32	4.25	2.24	13.73	12.50	0.28	0.26	92.86	6.12
晋中地区	**287.46**	**119.60**	**30.05**	**10.45**	**15.44**	**4.64**	**3.30**	**71.12**	**2.76**
榆次市	75.20	23.69	5.27	7.01	18.41	0.97	0.76	78.35	3.21
太谷县	43.73	18.54	4.97	11.37	15.29	0.76	0.57	75.00	3.07
祁　县	44.36	18.19	5.15	11.61	14.95	0.77	0.63	81.82	3.46
平遥县	80.97	36.28	9.86	12.18	16.23	1.60	0.94	58.75	2.59
介休市	43.22	22.90	4.80	11.11	11.25	0.54	0.40	74.07	1.75
吕梁地区	**215.90**	**92.30**	**30.53**	**14.14**	**15.33**	**4.68**	**5.23**	**111.75**	**5.67**
汾阳市	75.05	26.52	11.66	15.54	14.58	1.70	2.29	134.71	8.63
文水县	49.73	24.31	9.56	19.23	16.74	1.60	1.67	104.38	6.87
交城县	36.30	17.90	5.57	15.34	17.59	0.98	0.91	92.86	5.08
孝义市	54.83	23.57	3.74	6.82	10.70	0.40	0.36	90.00	1.53
晋城市	**188.94**	**92.67**	**13.55**	**7.17**	**30.48**	**4.13**	**3.50**	**84.75**	**3.78**
泽州县	74.39	40.99	3.48	4.68	15.23	0.53	0.32	60.38	0.78
沁水县	50.49	18.58	4.47	8.85	29.08	1.30	1.19	91.54	6.40
阳城县	64.07	33.10	5.60	8.74	41.07	2.30	1.99	86.52	6.01
太原市	**44.81**	**21.78**	**1.50**	**3.35**	**23.33**	**0.35**	**0.24**	**68.57**	**1.10**
清徐县	44.81	21.78	1.50	3.35	23.33	0.35	0.24	68.57	1.10

5-25-35　山西省1977年产棉县棉花生产收购明细

县市名	耕地面积（万亩）	农业人口（万人）	棉田面积（万亩）	占耕地（%）	亩产（市斤）	产量（万担）	收购量（万担）	商品率（%）	人均交售（市斤）
全省合计	**2118.59**	**848.34**	**356.36**	**16.82**	**40.68**	**144.98**	**130.47**	**89.99**	**15.38**
运城地区	**934.37**	**326.32**	**192.52**	**20.60**	**47.93**	**92.27**	**87.76**	**95.11**	**26.89**
运城市	97.19	32.96	23.81	24.50	49.27	11.73	11.32	96.50	34.34
永济市	78.84	28.17	18.77	23.81	64.73	12.15	11.59	95.39	41.14
芮城县	81.09	26.91	17.31	21.35	36.74	6.36	6.33	99.53	23.52
临猗县	151.53	41.07	32.39	21.38	49.43	16.01	15.18	94.82	36.96
万荣县	102.26	31.91	22.28	21.79	38.64	8.61	8.17	94.89	25.60
新绛县	53.00	21.39	12.69	23.95	58.94	7.48	7.20	96.26	33.66
稷山县	58.28	22.66	13.50	23.17	43.19	5.83	5.55	95.20	24.49
河津市	37.52	20.43	7.22	19.25	60.94	4.40	4.09	92.95	20.02
闻喜县	80.97	26.67	13.11	16.19	37.15	4.87	4.48	91.99	16.80
夏县	59.42	24.50	10.01	16.85	75.02	7.51	7.09	94.41	28.94
绛县	45.59	17.98	9.00	19.74	34.11	3.07	2.90	94.46	16.13
平陆县	55.34	17.82	8.03	14.51	31.38	2.52	2.32	92.06	13.02
垣曲县	33.38	13.85	4.40	13.18	39.32	1.73	1.54	89.02	11.12
临汾地区	**448.76**	**192.10**	**93.73**	**20.89**	**40.73**	**38.18**	**31.35**	**82.11**	**16.32**
临汾市	72.99	34.64	14.84	20.33	38.68	5.74	5.43	94.60	15.68
侯马市	16.32	8.57	4.43	27.14	74.72	3.31	3.16	95.47	36.87
霍州县	27.17	13.71	2.96	10.90	22.97	0.68	0.61	89.71	4.45
曲沃县	39.33	15.60	11.99	30.49	50.04	6.00	5.99	99.83	38.40
翼城县	55.49	22.79	11.27	20.31	32.12	3.62	3.46	95.58	15.18
襄汾县	94.62	34.59	23.33	24.66	51.61	12.04	6.51	54.07	18.82
洪洞县	91.88	47.37	20.39	22.19	28.89	5.89	5.49	93.21	11.59
浮山县	34.64	10.53	2.30	6.64	23.04	0.53	0.37	69.81	3.51
大宁县	16.34	4.30	2.22	13.59	16.67	0.37	0.33	89.19	7.67
晋中地区	**285.84**	**121.10**	**27.97**	**9.79**	**14.19**	**3.97**	**2.98**	**75.06**	**2.46**
榆次市	75.17	24.07	4.83	6.43	17.18	0.83	0.62	74.70	2.58
太谷县	43.73	18.77	4.22	9.65	16.11	0.68	0.49	72.06	2.61
祁县	43.97	18.47	4.16	9.46	13.94	0.58	0.43	74.14	2.33
平遥县	79.79	36.62	10.14	12.71	12.82	1.30	0.99	76.15	2.70
介休市	43.20	23.17	4.62	10.69	12.55	0.58	0.45	77.59	1.94
吕梁地区	**215.90**	**93.34**	**27.20**	**12.60**	**10.59**	**2.88**	**2.80**	**97.22**	**3.00**
汾阳市	75.06	26.80	10.70	14.26	12.52	1.34	1.50	111.94	5.60
文水县	49.73	24.57	7.70	15.49	9.09	0.70	0.65	92.86	2.65
交城县	36.29	18.24	5.60	15.43	8.39	0.47	0.34	72.34	1.86
孝义市	54.83	23.73	3.20	5.84	11.56	0.37	0.31	83.78	1.31
晋城市	**188.93**	**93.45**	**13.60**	**7.20**	**55.07**	**7.49**	**5.49**	**73.30**	**5.87**
泽州县	74.39	41.63	3.51	4.72	35.33	1.24	0.15	12.10	0.36
沁水县	50.49	18.64	4.46	8.83	46.64	2.08	1.67	80.29	8.96
阳城县	64.05	33.18	5.63	8.79	74.07	4.17	3.67	88.01	11.06
太原市	**44.81**	**22.03**	**1.34**	**2.99**	**14.18**	**0.19**	**0.09**	**47.37**	**0.41**
清徐县	44.81	22.03	1.34	2.99	14.18	0.19	0.09	47.37	0.41

5-25-36　山西省1978年产棉县棉花生产收购明细

县市名	耕地面积（万亩）	农业人口（万人）	棉田面积（万亩）	占耕地（%）	亩产（市斤）	产量（万担）	收购量（万担）	商品率（%）	人均交售（市斤）
全省合计	**2115.89**	**858.21**	**347.19**	**16.41**	**39.88**	**138.45**	**133.36**	**96.32**	**15.54**
运城地区	**934.16**	**331.65**	**200.62**	**21.48**	**44.50**	**89.27**	**85.60**	**95.89**	**25.81**
运城市	97.14	33.23	25.31	26.06	46.38	11.74	11.52	98.13	34.67
永济市	78.83	28.63	18.74	23.77	61.31	11.49	10.80	93.99	37.72
芮城县	81.12	27.20	18.41	22.69	33.03	6.08	5.85	96.22	21.51
临猗县	151.52	41.22	35.36	23.34	46.63	16.49	15.89	96.36	38.55
万荣县	102.33	32.07	22.50	21.99	37.60	8.46	8.18	96.69	25.51
新绛县	52.95	21.56	13.07	24.68	47.82	6.25	6.04	96.64	28.01
稷山县	58.26	22.83	13.89	23.84	33.55	4.66	4.46	95.71	19.54
河津市	37.52	20.66	7.88	21.00	53.17	4.19	3.98	94.99	19.26
闻喜县	80.87	26.66	13.14	16.25	31.96	4.20	3.91	93.10	14.67
夏　县	59.43	24.67	10.64	17.90	89.94	9.57	9.28	96.97	37.62
绛　县	45.59	20.99	9.20	20.18	24.13	2.22	2.17	97.75	10.34
平陆县	55.29	17.91	8.07	14.60	27.51	2.22	2.00	90.09	11.17
垣曲县	33.33	14.02	4.41	13.23	38.55	1.70	1.52	89.41	10.84
临汾地区	**446.22**	**194.66**	**72.57**	**16.26**	**39.16**	**28.42**	**30.32**	**106.69**	**15.58**
临汾市	72.20	35.54	11.52	15.96	40.02	4.61	4.22	91.54	11.87
侯马市	16.31	8.66	5.49	33.67	59.56	3.27	3.28	100.31	37.88
霍州县	27.15	13.85	2.37	8.73	19.41	0.46	0.38	82.61	2.74
曲沃县	39.21	15.74	8.87	22.62	37.77	3.35	3.46	103.28	21.98
翼城县	55.37	23.01	10.79	19.49	20.39	2.20	2.08	94.55	9.04
襄汾县	93.39	35.06	18.65	19.97	47.51	8.86	11.56	130.47	32.97
洪洞县	91.82	47.80	11.90	12.96	44.54	5.30	5.07	95.66	10.61
浮山县	34.52	10.64	1.01	2.93	7.92	0.08	0.03	37.50	0.28
大宁县	16.28	4.36	1.97	12.10	14.72	0.29	0.24	82.76	5.50
晋中地区	**285.92**	**122.07**	**29.45**	**10.30**	**24.58**	**7.24**	**6.47**	**89.36**	**5.30**
榆次市	75.06	24.24	5.33	7.10	29.64	1.58	1.29	81.65	5.32
太谷县	43.80	19.08	5.12	11.69	27.34	1.40	1.16	82.86	6.08
祁　县	43.94	18.71	4.55	10.36	25.71	1.17	1.00	85.47	5.34
平遥县	79.94	36.70	9.87	12.35	22.80	2.25	2.20	97.78	5.99
介休市	43.19	23.34	4.58	10.61	18.34	0.84	0.82	97.62	3.51
吕梁地区	**215.88**	**94.03**	**25.30**	**11.72**	**23.56**	**5.96**	**5.06**	**84.90**	**5.38**
汾阳市	75.06	26.85	8.10	10.79	21.60	1.75	1.81	103.43	6.74
文水县	61.40	29.91	12.06	19.64	18.66	2.25	1.46	64.89	4.88
交城县	24.62	14.17	2.42	9.83	63.64	1.54	1.42	92.21	10.02
孝义市	54.81	23.10	2.72	4.96	15.44	0.42	0.37	88.10	1.60
晋城市	**188.91**	**93.68**	**17.88**	**9.46**	**39.99**	**7.15**	**5.69**	**79.58**	**6.07**
泽州县	74.39	41.94	4.85	6.52	27.63	1.34	0.48	35.82	1.14
沁水县	50.48	18.61	5.06	10.02	26.48	1.34	1.24	92.54	6.66
阳城县	64.05	33.13	7.97	12.44	56.09	4.47	3.97	88.81	11.98
太原市	**44.81**	**22.12**	**1.37**	**3.06**	**29.93**	**0.41**	**0.22**	**53.66**	**0.99**
清徐县	44.81	22.12	1.37	3.06	29.93	0.41	0.22	53.66	0.99

5-25-37　山西省1979年产棉县棉花生产收购明细

县市名	耕地面积（万亩）	农业人口（万人）	棉田面积（万亩）	占耕地（%）	亩产（市斤）	产量（万担）	收购量（万担）	商品率（%）	人均交售（市斤）
全省合计	**2111.87**	**861.13**	**327.97**	**15.53**	**39.44**	**129.34**	**130.33**	**100.77**	**15.13**
运城地区	**932.19**	**333.22**	**192.71**	**20.67**	**41.25**	**79.49**	**82.70**	**104.04**	**24.82**
运城市	97.08	33.41	20.36	20.97	42.58	8.67	9.36	107.96	28.02
永济市	78.78	28.52	18.50	23.48	52.81	9.77	9.83	100.61	34.47
芮城县	80.37	27.47	17.90	22.27	26.59	4.76	5.12	107.56	18.64
临猗县	150.92	41.31	35.54	23.55	38.24	13.59	14.06	103.46	34.04
万荣县	102.33	32.02	21.65	21.16	32.89	7.12	7.49	105.20	23.39
新绛县	52.94	21.67	12.74	24.07	54.32	6.92	7.35	106.21	33.92
稷山县	58.22	22.98	13.59	23.34	47.39	6.44	6.62	102.80	28.81
河津市	37.38	20.99	7.70	20.60	53.51	4.12	4.18	101.46	19.91
闻喜县	80.78	26.86	13.17	16.30	25.89	3.41	3.54	103.81	13.18
夏　县	59.42	27.83	11.24	18.92	71.53	8.04	8.24	102.49	29.61
绛　县	45.39	18.25	8.24	18.15	28.52	2.35	2.70	114.89	14.79
平陆县	55.22	18.00	7.67	13.89	25.55	1.96	1.91	97.45	10.61
垣曲县	33.39	13.91	4.41	13.21	53.06	2.34	2.30	98.29	16.53
临汾地区	**444.67**	**195.95**	**79.35**	**17.84**	**41.56**	**32.98**	**32.35**	**98.09**	**16.51**
临汾市	71.96	35.54	13.02	18.09	39.09	5.09	5.33	104.72	15.00
侯马市	16.04	8.65	5.19	32.37	54.91	2.85	3.10	108.77	35.84
霍州县	27.17	13.99	2.66	9.79	28.95	0.77	0.67	87.01	4.79
曲沃县	39.11	15.80	10.85	27.75	41.01	4.45	5.02	112.81	31.77
翼城县	55.38	23.11	10.82	19.54	30.13	3.26	3.42	104.91	14.80
襄汾县	92.78	35.48	19.68	21.21	52.03	10.24	8.65	84.47	24.38
洪洞县	91.58	48.38	14.18	15.48	41.82	5.93	5.79	97.64	11.97
浮山县	34.43	10.70	1.97	5.72	13.20	0.26	0.26	100.00	2.43
大宁县	16.25	4.30	0.98	6.03	13.27	0.13	0.11	84.62	2.56
晋中地区	**285.78**	**122.38**	**21.96**	**7.68**	**31.28**	**6.87**	**6.49**	**94.47**	**5.30**
榆次市	74.94	24.26	3.81	5.08	38.58	1.47	1.17	79.59	4.82
太谷县	43.79	19.18	3.80	8.68	33.42	1.27	1.06	83.46	5.53
祁　县	43.92	18.82	3.36	7.65	24.70	0.83	0.72	86.75	3.83
平遥县	80.00	36.66	7.61	9.51	28.65	2.18	2.33	106.88	6.36
介休市	43.14	23.46	3.38	7.83	33.14	1.12	1.21	108.04	5.16
吕梁地区	**215.84**	**94.00**	**17.69**	**8.20**	**21.48**	**3.80**	**4.03**	**106.05**	**4.29**
汾阳市	75.06	26.94	6.30	8.39	24.76	1.56	1.79	114.74	6.64
文水县	61.40	29.03	8.10	13.19	17.90	1.45	1.23	84.83	4.24
交城县	24.59	14.28	1.76	7.16	26.70	0.47	0.75	159.57	5.25
孝义市	54.80	23.75	1.53	2.79	20.92	0.32	0.26	81.25	1.09
晋城市	**188.79**	**93.67**	**15.67**	**8.30**	**38.67**	**6.06**	**4.75**	**78.38**	**5.07**
泽州县	74.30	41.99	3.68	4.95	33.70	1.24	0.49	39.52	1.17
沁水县	50.46	18.49	4.01	7.95	36.16	1.45	1.30	89.66	7.03
阳城县	64.04	33.19	7.98	12.46	42.23	3.37	2.96	87.83	8.92
太原市	**44.61**	**21.91**	**0.59**	**1.32**	**23.73**	**0.14**	**0.01**	**7.14**	**0.05**
清徐县	44.61	21.91	0.59	1.32	23.73	0.14	0.01	7.14	0.05

5-25-38 山西省1980年产棉县棉花生产收购明细

县市名	耕地面积（万亩）	农业人口（万人）	棉田面积（万亩）	占耕地（%）	亩产（市斤）	产量（万担）	收购量（万担）	商品率（%）	人均交售（市斤）
全省合计	**2107.90**	**862.05**	**334.58**	**15.87**	**41.67**	**139.42**	**150.39**	**107.87**	**17.45**
运城地区	**930.69**	**333.20**	**198.02**	**21.28**	**42.44**	**84.03**	**94.11**	**112.00**	**28.24**
运城市	96.66	33.82	25.37	26.25	32.01	8.12	9.48	116.75	28.03
永济市	78.78	28.72	19.44	24.68	58.64	11.40	11.91	104.47	41.47
芮城县	80.31	27.77	17.73	22.08	28.09	4.98	5.80	116.47	20.89
临猗县	150.92	41.41	34.82	23.07	39.49	13.75	14.61	106.25	35.28
万荣县	102.33	32.33	22.25	21.74	29.44	6.55	7.64	116.64	23.63
新绛县	52.94	21.76	12.47	23.56	63.83	7.96	9.08	114.07	41.73
稷山县	58.17	23.18	13.98	24.03	51.22	7.16	7.98	111.45	34.43
河津市	36.80	21.21	7.62	20.71	74.67	5.69	6.56	115.29	30.93
闻喜县	80.69	27.04	12.51	15.50	22.38	2.80	3.63	129.64	13.42
夏县	59.39	25.04	12.35	20.80	67.85	8.38	9.36	111.69	37.38
绛县	45.26	18.43	7.44	16.44	27.69	2.06	2.66	129.13	14.43
平陆县	55.10	18.09	7.82	14.19	30.56	2.39	2.50	104.60	13.82
垣曲县	33.38	14.40	4.22	12.64	66.11	2.79	2.90	103.94	20.14
临汾地区	**443.08**	**196.96**	**84.32**	**19.03**	**42.81**	**36.10**	**37.71**	**104.46**	**19.15**
临汾市	71.51	35.61	13.88	19.41	39.77	5.52	5.83	105.62	16.37
侯马市	15.89	8.64	5.00	31.48	59.60	2.98	3.13	105.03	36.23
霍州县	27.17	14.11	2.90	10.68	35.86	1.04	1.19	114.42	8.43
曲沃县	39.00	15.81	9.74	24.97	43.22	4.21	5.17	122.80	32.70
翼城县	55.26	23.17	11.07	20.03	28.55	3.16	3.45	109.18	14.89
襄汾县	92.39	35.86	21.96	23.77	53.64	11.78	10.82	91.85	30.17
洪洞县	91.31	48.71	16.46	18.03	41.13	6.77	7.45	110.04	15.29
浮山县	34.28	10.75	1.85	5.40	12.97	0.24	0.24	100.00	2.23
大宁县	16.29	4.30	1.46	8.96	27.40	0.40	0.43	107.50	10.00
晋中地区	**285.53**	**122.55**	**18.21**	**6.38**	**42.34**	**7.71**	**7.42**	**96.24**	**6.05**
榆次市	74.78	24.21	3.27	4.37	50.15	1.64	1.37	83.54	5.66
太谷县	43.79	19.25	3.08	7.03	49.35	1.52	1.33	87.50	6.91
祁县	43.91	18.90	2.45	5.58	41.22	1.01	0.90	89.11	4.76
平遥县	79.97	36.65	6.51	8.14	38.40	2.50	2.70	108.00	7.37
介休市	43.10	23.54	2.90	6.73	35.86	1.04	1.12	107.69	4.76
吕梁地区	**215.54**	**94.01**	**15.73**	**7.30**	**27.65**	**4.35**	**5.07**	**116.55**	**5.39**
汾阳市	75.05	26.84	5.37	7.16	26.26	1.41	1.73	122.70	6.45
文水县	61.38	29.11	6.99	11.39	29.47	2.06	1.85	89.81	6.36
交城县	24.47	14.32	1.94	7.93	30.41	0.59	1.22	*	8.52
孝义市	54.65	23.74	1.43	2.62	20.28	0.29	0.27	93.10	1.14
晋城市	**188.60**	**93.76**	**17.77**	**9.42**	**39.90**	**7.09**	**6.08**	**85.75**	**6.48**
泽州县	74.16	42.10	4.79	6.46	25.47	1.22	0.46	37.70	1.09
沁水县	50.42	18.44	4.97	9.86	37.83	1.88	1.87	99.47	10.14
阳城县	64.02	33.22	8.01	12.51	49.81	3.99	3.75	93.98	11.29
太原市	**44.48**	**21.57**	**0.53**	**1.19**	**26.42**	**0.14**			
清徐县	44.48	21.57	0.53	1.19	26.42	0.14			

5－25－39　山西省1981年产棉县棉花生产收购明细

县市名	耕地面积（万亩）	农业人口（万人）	棉田面积（万亩）	占耕地（%）	亩产（市斤）	产量（万担）	收购量（万担）	商品率（%）	人均交售（市斤）
全省合计	**2105.14**	**867.73**	**304.65**	**14.47**	**40.46**	**123.27**	**126.33**	**102.48**	**14.56**
运城地区	**929.71**	**335.56**	**202.21**	**21.75**	**43.15**	**87.26**	**87.25**	**99.99**	**26.00**
运城市	96.50	33.65	26.21	27.16	36.21	9.49	9.49	100.00	28.20
永济市	78.77	28.89	21.29	27.03	44.39	9.45	9.45	100.00	32.71
芮城县	80.00	28.02	17.34	21.68	20.99	3.64	3.64	100.00	12.99
临猗县	150.90	41.66	36.09	23.92	47.30	17.07	17.07	100.00	40.97
万荣县	102.33	32.60	23.24	22.71	41.48	9.64	9.64	100.00	29.57
新绛县	52.92	22.01	13.55	25.60	58.30	7.90	7.90	100.00	35.89
稷山县	58.17	23.36	14.09	24.22	47.55	6.70	6.70	100.00	28.68
河津市	36.68	21.51	7.88	21.49	74.62	5.88	5.88	100.00	27.34
闻喜县	80.54	27.31	12.23	15.19	31.32	3.83	3.83	100.00	14.02
夏　县	59.37	25.39	11.34	19.10	71.52	8.11	8.11	100.00	31.94
绛　县	45.23	18.64	7.02	15.52	30.77	2.16	2.16	100.00	11.59
平陆县	54.98	18.22	7.64	13.90	23.04	1.76	1.75	99.43	9.60
垣曲县	33.35	14.30	4.29	12.87	38.00	1.63	1.63	100.00	11.40
临汾地区	**441.44**	**198.70**	**64.68**	**14.65**	**36.05**	**23.32**	**25.69**	**110.16**	**12.93**
临汾市	70.94	35.93	9.98	14.07	32.67	3.26	3.53	108.28	9.82
侯马市	15.84	8.77	5.09	32.13	48.33	2.46	2.63	106.91	29.99
霍州县	27.14	14.27	1.86	6.85	23.12	0.43	0.45	104.65	3.15
曲沃县	38.96	15.92	10.19	26.16	36.31	3.70	4.05	109.46	25.44
翼城县	55.20	23.25	6.27	11.36	25.68	1.61	1.88	116.77	8.09
襄汾县	91.68	36.10	17.60	19.20	44.32	7.80	8.72	111.79	24.16
洪洞县	91.26	49.33	11.91	13.05	32.24	3.84	4.23	110.16	8.57
浮山县	34.16	10.74	1.04	3.04	9.62	0.10	0.03	30.00	0.28
大宁县	16.28	4.39	0.74	4.55	16.22	0.12	0.17	141.67	3.87
晋中地区	**285.35**	**122.97**	**16.67**	**5.84**	**43.01**	**7.17**	**7.11**	**99.16**	**5.78**
榆次市	74.63	24.34	3.06	4.10	51.63	1.58	1.31	82.91	5.38
太谷县	43.79	19.41	2.69	6.14	50.56	1.36	1.19	87.50	6.13
祁　县	43.91	18.93	2.81	6.40	37.37	1.05	0.96	91.43	5.07
平遥县	79.95	36.67	5.84	7.30	38.87	2.27	2.58	113.66	7.04
介休市	43.08	23.62	2.27	5.27	40.09	0.91	1.07	117.58	4.53
吕梁地区	**215.46**	**94.61**	**12.19**	**5.66**	**34.29**	**4.18**	**4.91**	**117.46**	**5.19**
汾阳市	75.02	26.88	3.14	4.19	28.66	0.90	1.10	122.22	4.09
文水县	61.38	29.34	6.60	10.75	35.45	2.34	2.45	104.70	8.35
交城县	24.45	14.45	1.76	7.20	44.32	0.78	1.22	156.41	8.44
孝义市	54.62	23.94	0.69	1.26	23.19	0.16	0.14	87.50	0.58
晋城市	**188.58**	**94.23**	**8.37**	**4.44**	**14.70**	**1.23**	**1.37**	**111.38**	**1.45**
泽州县	74.18	42.58	0.83	1.12	15.66	0.13	0.50	*	1.17
沁水县	50.39	18.41	2.51	4.98	13.94	0.35	0.32	91.43	1.74
阳城县	64.02	33.24	5.03	7.86	14.91	0.75	0.55	73.33	1.65
太原市	**44.61**	**21.66**	**0.53**	**1.19**	**20.75**	**0.11**			
清徐县	44.61	21.66	0.53	1.19	20.75	0.11			

5－25－40　山西省1982年产棉县棉花生产收购明细

县市名	耕地面积（万亩）	农业人口（万人）	棉田面积（万亩）	占耕地（%）	亩　产（市斤）	产　量（万担）	收购量（万担）	商品率（%）	人均交售（市斤）
全省合计	**2100.60**	**875.31**	**332.68**	**15.84**	**72.57**	**241.44**	**234.47**	**97.11**	**26.79**
运城地区	**928.59**	**338.62**	**201.95**	**21.75**	**84.47**	**170.58**	**166.14**	**97.40**	**49.06**
运城市	96.45	33.71	24.17	25.06	76.75	18.55	17.86	96.28	52.98
永济市	78.74	29.22	21.08	26.77	116.89	24.64	24.29	98.58	83.13
芮城县	79.83	28.44	17.21	21.56	60.89	10.48	10.52	100.38	36.99
临猗县	150.89	41.91	34.85	23.10	100.17	34.91	33.70	96.53	80.41
万荣县	102.32	32.88	23.21	22.68	74.88	17.38	17.21	99.02	52.34
新绛县	52.91	22.24	13.29	25.12	103.91	13.81	13.48	97.61	60.61
稷山县	57.89	23.69	16.34	28.23	73.32	11.98	11.89	99.25	50.19
河津市	36.59	21.76	7.41	20.25	119.84	8.88	8.06	90.77	37.04
闻喜县	80.36	27.55	12.86	16.00	52.72	6.78	6.83	100.74	24.79
夏　县	59.30	25.61	11.51	19.41	117.90	13.57	12.95	95.43	50.57
绛　县	45.21	18.87	7.89	17.45	52.22	4.12	4.06	98.54	21.52
平陆县	54.86	18.41	7.73	14.09	41.27	3.19	3.09	96.87	16.78
垣曲县	33.29	14.33	4.40	13.22	52.05	2.29	2.20	96.07	15.35
临汾地区	**440.88**	**200.15**	**79.40**	**18.01**	**60.03**	**47.66**	**47.01**	**98.64**	**23.49**
临汾市	70.64	36.28	12.83	18.16	47.16	6.05	5.92	97.85	16.32
侯马市	15.80	8.86	4.70	29.76	101.06	4.75	4.65	97.89	52.48
霍州县	27.06	14.48	2.45	9.05	35.51	0.87	0.80	91.95	5.52
曲沃县	38.96	15.98	10.25	26.31	73.07	7.49	7.08	94.53	44.31
翼城县	55.17	23.30	10.05	18.22	55.82	5.61	5.24	93.40	22.49
襄汾县	91.62	36.49	23.21	25.33	69.97	16.24	16.38	100.86	44.89
洪洞县	91.25	49.68	13.64	14.95	44.87	6.12	6.52	106.54	13.12
浮山县	34.10	10.64	1.19	3.49	19.33	0.23	0.17	73.91	1.60
大宁县	16.31	4.44	1.08	6.62	27.78	0.30	0.25	83.33	5.63
晋中地区	**285.23**	**123.88**	**18.89**	**6.62**	**51.40**	**9.71**	**9.43**	**97.12**	**7.61**
榆次市	74.54	24.06	3.00	4.02	48.00	1.44	1.25	86.81	5.20
太谷县	43.79	19.67	2.66	6.08	60.15	1.60	1.45	90.63	7.37
祁　县	43.88	19.18	2.78	6.34	52.52	1.46	1.33	91.10	6.93
平遥县	79.97	37.05	7.52	9.40	51.86	3.90	3.99	102.31	10.77
介休市	43.07	23.92	2.93	6.80	44.71	1.31	1.41	107.63	5.89
吕梁地区	**215.43**	**95.89**	**16.14**	**7.49**	**51.12**	**8.25**	**7.49**	**90.79**	**7.81**
汾阳市	75.00	27.12	4.58	6.11	43.67	2.00	2.10	105.00	7.74
文水县	61.38	29.75	9.17	14.94	53.65	4.92	3.98	80.89	13.38
交城县	24.45	14.67	1.74	7.12	64.94	1.13	1.20	106.19	8.18
孝义市	54.60	24.35	0.65	1.19	30.77	0.20	0.21	105.00	0.86
晋城市	**186.00**	**94.77**	**15.91**	**8.55**	**32.06**	**5.10**	**4.40**	**86.27**	**4.64**
泽州县	74.15	42.96	4.17	5.62	23.26	0.97	0.28	28.87	0.65
沁水县	47.88	18.46	3.71	7.75	27.76	1.03	0.99	96.12	5.36
阳城县	63.98	33.35	8.03	12.55	38.61	3.10	3.13	100.97	9.39
太原市	**44.48**	**22.00**	**0.39**	**0.88**	**35.90**	**0.14**			
清徐县	44.48	22.00	0.39	0.88	35.90	0.14			

5-25-41 山西省1983年产棉县棉花生产收购明细

县市名	耕地面积（万亩）	农业人口（万人）	棉田面积（万亩）	占耕地（%）	亩产（市斤）	产量（万担）	收购量（万担）	商品率（%）	人均交售（市斤）
全省合计	**2092.99**	**881.06**	**340.47**	**16.27**	**56.36**	**191.90**	**181.85**	**94.76**	**20.64**
运城地区	**928.44**	**340.94**	**201.98**	**21.75**	**45.53**	**91.96**	**87.51**	**95.16**	**25.67**
运城市	96.41	34.14	25.19	26.13	48.87	12.31	11.57	93.99	33.89
永济市	78.74	29.45	20.30	25.78	54.43	11.05	10.14	91.76	34.43
芮城县	79.83	28.73	18.14	22.72	36.00	6.53	6.26	95.87	21.79
临猗县	150.89	42.25	35.04	23.22	44.26	15.51	15.29	98.58	36.19
万荣县	102.30	32.21	23.13	22.61	26.11	6.04	6.17	102.15	19.16
新绛县	52.92	22.44	13.28	25.09	75.30	10.00	9.54	95.40	42.51
稷山县	57.89	23.87	14.81	25.59	50.98	7.55	6.95	92.05	29.12
河津市	36.59	22.12	7.53	20.58	58.70	4.42	4.17	94.34	18.85
闻喜县	80.36	27.77	12.50	15.56	26.96	3.37	2.77	82.20	9.97
夏县	59.30	25.86	11.52	19.43	52.95	6.10	6.07	99.51	23.47
绛县	45.17	19.17	8.46	18.73	35.58	3.01	2.73	90.70	14.24
平陆县	54.86	18.48	7.85	14.31	36.18	2.84	2.78	97.89	15.04
垣曲县	33.23	14.45	4.23	12.73	76.36	3.23	3.07	95.05	21.25
临汾地区	**440.24**	**201.59**	**79.48**	**18.05**	**66.75**	**53.05**	**49.14**	**92.63**	**24.38**
临汾市	70.32	36.37	12.62	17.95	66.40	8.38	7.60	90.69	20.90
侯马市	15.77	8.97	4.67	29.62	80.94	3.78	3.46	91.53	38.57
霍州县	27.06	14.72	2.54	9.39	62.20	1.58	1.48	93.67	10.05
曲沃县	38.96	16.12	10.37	26.62	75.41	7.82	6.90	88.24	42.80
翼城县	55.16	23.38	10.10	18.31	47.62	4.81	4.05	84.20	17.32
襄汾县	91.52	36.62	21.72	23.73	77.35	16.80	16.17	96.25	44.16
洪洞县	91.20	50.34	14.78	16.21	58.19	8.60	8.35	97.09	16.59
浮山县	34.07	10.70	1.40	4.11	45.00	0.63	0.47	74.60	4.39
大宁县	16.20	4.37	1.28	7.90	50.78	0.65	0.66	101.54	15.10
晋中地区	**278.96**	**125.32**	**22.13**	**7.93**	**79.89**	**17.68**	**18.31**	**103.56**	**14.61**
榆次市	74.37	24.67	2.91	3.91	66.32	1.93	1.77	91.71	7.17
太谷县	43.79	19.82	2.90	6.62	76.90	2.23	2.14	95.96	10.80
祁县	37.85	19.31	3.65	9.64	73.42	2.68	3.35	125.00	17.35
平遥县	79.94	37.34	9.41	11.77	92.24	8.68	8.69	100.12	23.27
介休市	43.02	24.18	3.26	7.58	66.26	2.16	2.36	109.26	9.76
吕梁地区	**215.18**	**97.09**	**20.35**	**9.46**	**85.80**	**17.46**	**17.99**	**103.04**	**18.53**
汾阳市	74.94	27.46	6.32	8.43	80.85	5.11	5.12	100.20	18.65
文水县	61.37	30.10	11.37	18.53	90.41	10.28	9.89	96.21	32.86
交城县	24.44	14.89	1.94	7.94	84.54	1.64	2.59	157.93	17.39
孝义市	54.44	24.64	0.72	1.32	59.72	0.43	0.39	90.70	1.58
晋城市	**185.88**	**93.86**	**15.93**	**8.57**	**71.12**	**11.33**	**8.90**	**78.55**	**9.48**
泽州县	74.06	42.18	3.89	5.25	54.76	2.13	0.38	17.84	0.90
沁水县	47.87	18.36	4.04	8.44	75.99	3.07	2.78	90.55	15.14
阳城县	63.96	33.32	8.00	12.51	76.63	6.13	5.74	93.64	17.23
太原市	**44.30**	**22.26**	**0.60**	**1.35**	**70.00**	**0.42**			
清徐县	44.30	22.26	0.60	1.35	70.00	0.42			

5－25－42　山西省1984年产棉县棉花生产收购明细

县市名	耕地面积（万亩）	农业人口（万人）	棉田面积（万亩）	占耕地（%）	亩产（市斤）	产量（万担）	收购量（万担）	商品率（%）	人均交售（市斤）
全省合计	**2096.34**	**888.85**	**326.44**	**15.57**	**81.23**	**265.18**	**189.97**	**71.64**	**21.37**
运城地区	**927.83**	**344.50**	**195.45**	**21.07**	**75.02**	**146.62**	**104.32**	**71.15**	**30.28**
运城市	96.39	34.42	24.47	25.39	75.85	18.56	12.67	68.27	36.81
永济市	78.47	29.65	19.85	25.30	101.76	20.20	15.61	77.28	52.65
芮城县	79.83	28.94	17.30	21.67	61.79	10.69	7.50	70.16	25.92
临猗县	150.89	42.41	34.85	23.10	84.79	29.55	22.24	75.26	52.44
万荣县	102.30	33.49	22.31	21.81	63.11	14.08	9.67	68.68	28.87
新绛县	52.88	22.68	12.62	23.87	95.56	12.06	9.22	76.45	40.65
稷山县	57.86	24.16	14.04	24.27	86.32	12.12	8.87	73.18	36.71
河津市	36.59	22.38	7.01	19.16	91.44	6.41	4.77	74.41	21.31
闻喜县	80.30	27.89	12.02	14.97	37.35	4.49	2.66	59.24	9.54
夏　县	59.30	26.14	11.64	19.63	76.55	8.91	5.45	61.17	20.85
绛　县	45.11	19.31	7.34	16.27	54.50	4.00	1.86	46.50	9.63
平陆县	54.83	18.56	7.74	14.12	41.09	3.18	1.64	51.57	8.84
垣曲县	33.12	14.47	4.26	12.86	55.63	2.37	2.16	91.14	14.93
临汾地区	**439.29**	**203.18**	**70.53**	**16.06**	**98.24**	**69.29**	**48.07**	**69.38**	**23.66**
临汾市	69.96	36.94	11.48	16.41	87.54	10.05	6.67	66.37	18.06
侯马市	15.75	9.07	3.95	25.08	99.49	3.93	2.75	69.97	30.32
霍州县	27.05	14.89	2.42	8.95	72.31	1.75	1.16	66.29	7.79
曲沃县	38.93	16.31	9.27	23.82	101.40	9.40	7.19	76.49	44.08
翼城县	55.10	23.43	7.62	13.83	72.83	5.55	3.00	54.05	12.80
襄汾县	91.50	36.82	19.73	21.56	133.05	26.25	18.09	68.91	49.13
洪洞县	91.19	50.85	13.64	14.96	78.59	10.72	8.12	75.75	15.97
浮山县	33.68	10.65	1.38	4.10	68.12	0.94	0.53	56.38	4.98
大宁县	16.16	4.22	1.04	6.44	67.31	0.70	0.56	80.00	13.27
晋中地区	**284.64**	**126.36**	**20.65**	**7.25**	**87.31**	**18.03**	**16.42**	**91.07**	**12.99**
榆次市	74.21	24.86	2.52	3.40	75.79	1.91	1.66	86.91	6.68
太谷县	43.77	19.96	2.18	4.98	90.37	1.97	1.19	60.41	5.96
祁　县	43.76	19.45	3.24	7.40	84.57	2.74	3.61	131.75	18.56
平遥县	79.94	37.63	10.13	12.67	100.20	10.15	8.67	85.42	23.04
介休市	42.98	24.46	2.58	6.00	48.84	1.26	1.29	102.38	5.27
吕梁地区	**215.06**	**97.29**	**25.32**	**11.77**	**83.41**	**21.12**	**17.67**	**83.66**	**18.16**
汾阳市	74.94	27.55	8.42	11.24	75.18	6.33	6.09	96.21	22.11
文水县	61.37	30.31	13.91	22.67	88.35	12.29	9.73	79.17	32.10
交城县	24.44	14.89	1.98	8.10	89.90	1.78	1.44	80.90	9.67
孝义市	54.32	24.54	1.01	1.86	71.29	0.72	0.41	56.94	1.67
晋城市	**185.70**	**95.07**	**13.78**	**7.42**	**69.67**	**9.60**	**3.49**	**36.35**	**3.67**
泽州县	73.95	43.39	3.33	4.50	70.27	2.34	0.75	32.05	1.73
沁水县	47.81	18.38	3.71	7.76	75.74	2.81	0.92	32.74	5.01
阳城县	63.95	33.30	6.74	10.54	66.02	4.45	1.82	40.90	5.47
太原市	**43.83**	**22.45**	**0.71**	**1.62**	**73.24**	**0.52**			
清徐县	43.83	22.45	0.71	1.62	73.24	0.52			

5-25-43 山西省1985年产棉县棉花生产收购明细

县市名	耕地面积（万亩）	农业人口（万人）	棉田面积（万亩）	占耕地（%）	亩产（市斤）	产量（万担）	收购量（万担）	商品率（%）	人均交售（市斤）
全省合计	**2080.96**	**894.18**	**180.90**	**8.69**	**81.00**	**146.52**	**102.50**	**69.96**	**11.46**
运城地区	**924.75**	**346.59**	**109.88**	**11.88**	**84.03**	**92.33**	**71.05**	**76.95**	**20.50**
运城市	96.03	34.80	14.30	14.89	84.83	12.13	8.78	72.38	25.23
永济市	78.30	29.77	15.09	19.27	119.68	18.06	14.14	78.29	47.50
芮城县	79.04	28.82	8.36	10.58	79.90	6.68	5.41	80.99	18.77
临猗县	150.89	42.50	23.60	15.64	84.32	19.90	17.07	85.78	40.16
万荣县	102.30	33.54	12.17	11.90	59.98	7.30	4.91	67.26	14.64
新绛县	52.83	22.88	8.12	15.37	95.32	7.74	6.26	80.88	27.36
稷山县	57.83	24.33	8.58	14.84	87.06	7.47	4.57	61.18	18.78
河津市	36.29	22.63	3.14	8.65	102.23	3.21	2.28	71.03	10.08
闻喜县	80.09	28.03	3.62	4.52	42.82	1.55	1.81	116.77	6.46
夏县	59.30	26.41	5.96	10.05	83.56	4.98	2.87	57.63	10.87
绛县	44.90	19.48	1.37	3.05	49.64	0.68	0.59	86.76	3.03
平陆县	54.23	18.64	3.56	6.57	39.89	1.42	1.55	109.15	8.32
垣曲县	32.76	14.76	2.01	6.14	60.20	1.21	0.81	66.94	5.49
临汾地区	**434.15**	**204.70**	**38.23**	**8.81**	**87.18**	**33.33**	**18.05**	**54.16**	**8.82**
临汾市	69.02	37.26	5.72	8.29	69.06	3.95	1.84	46.58	4.94
侯马市	15.62	9.15	1.83	11.72	82.51	1.51	0.94	62.25	10.27
霍州县	26.84	15.02	1.40	5.22	72.86	1.02	0.33	32.35	2.20
曲沃县	37.94	16.43	4.41	11.63	68.48	3.02	2.32	76.82	14.12
翼城县	53.96	23.50	3.26	6.04	64.72	2.11	0.93	44.08	3.96
襄汾县	91.07	37.10	14.84	16.30	114.15	16.94	9.30	54.90	25.07
洪洞县	90.96	51.29	5.81	6.39	72.81	4.23	2.12	50.12	4.13
浮山县	33.12	10.70	0.48	1.45	54.17	0.26	0.09	34.62	0.84
大宁县	15.65	4.25	0.48	3.07	60.42	0.29	0.18	62.07	4.24
晋中地区	**281.97**	**127.05**	**13.08**	**4.64**	**77.22**	**10.10**	**6.17**	**61.09**	**4.86**
榆次市	73.68	24.96	1.20	1.63	84.17	1.01	0.59	58.42	2.36
太谷县	43.71	20.05	1.53	3.50	66.67	1.02	0.30	29.41	1.50
祁县	42.14	19.50	1.76	4.18	77.84	1.37	0.87	63.50	4.46
平遥县	79.68	37.86	7.13	8.95	82.19	5.86	3.99	68.09	10.54
介休市	42.77	24.68	1.46	3.41	57.53	0.84	0.42	50.00	1.70
吕梁地区	**214.34**	**98.07**	**12.54**	**5.85**	**67.62**	**8.48**	**5.65**	**66.63**	**5.76**
汾阳市	74.90	27.66	4.32	5.77	64.12	2.77	2.32	83.75	8.39
文水县	61.05	30.63	7.31	11.97	69.22	5.06	3.00	59.29	9.79
交城县	24.39	14.96	0.68	2.79	77.94	0.53	0.31	58.49	2.07
孝义市	54.00	24.82	0.23	0.43	52.17	0.12	0.02	16.67	0.08
晋城市	**182.18**	**95.24**	**6.82**	**3.74**	**29.62**	**2.02**	**1.58**	**78.22**	**1.66**
泽州县	72.62	43.66	1.76	2.42	18.18	0.32	0.08	25.00	0.18
沁水县	46.58	18.35	1.64	3.52	43.90	0.72	0.58	80.56	3.16
阳城县	62.99	33.23	3.42	5.43	28.65	0.98	0.92	93.88	2.77
太原市	**43.58**	**22.53**	**0.35**	**0.80**	**74.29**	**0.26**			
清徐县	43.58	22.53	0.35	0.80	74.29	0.26			

5-25-44　山西省1986年产棉县棉花生产收购明细

县市名	耕地面积（万亩）	农业人口（万人）	棉田面积（万亩）	占耕地（%）	亩产（市斤）	产量（万担）	收购量（万担）	商品率（%）	人均交售（市斤）
全省合计	**2071.05**	**899.97**	**140.45**	**6.78**	**91.55**	**128.58**	**109.33**	**85.03**	**12.15**
运城地区	**922.95**	**350.55**	**90.30**	**9.78**	**91.71**	**82.81**	**74.17**	**89.57**	**21.16**
运城市	95.97	35.13	11.90	12.40	92.18	10.97	9.14	83.32	26.02
永济市	78.20	30.10	15.03	19.22	123.22	18.52	15.12	81.64	50.23
芮城县	78.26	29.31	7.49	9.57	73.56	5.51	5.05	91.65	17.23
临猗县	150.86	42.64	17.21	11.41	97.68	16.81	16.79	99.88	39.38
万荣县	102.29	33.70	10.17	9.94	61.16	6.22	5.57	89.55	16.53
新绛县	52.80	23.09	6.80	12.88	112.65	7.66	7.00	91.38	30.32
稷山县	57.78	24.51	6.56	11.35	98.48	6.46	6.45	99.85	26.32
河津市	36.14	24.51	2.60	7.20	118.46	3.08	2.78	90.26	11.34
闻喜县	79.91	28.16	2.15	2.69	41.86	0.90	0.47	52.22	1.67
夏　县	59.24	26.64	5.12	8.64	84.77	4.34	3.58	82.49	13.44
绛　县	44.82	19.65	0.84	1.87	59.52	0.50	0.40	80.00	2.04
平陆县	53.99	18.83	2.97	5.50	33.67	1.00	1.12	112.00	5.95
垣曲县	32.73	14.28	1.46	4.46	57.53	0.84	0.70	83.33	4.90
临汾地区	**432.69**	**206.05**	**26.77**	**6.19**	**101.64**	**27.21**	**21.41**	**78.68**	**10.39**
临汾市	68.69	37.79	3.02	4.40	58.28	1.76	1.48	84.09	3.92
侯马市	15.38	9.27	0.80	5.20	96.25	0.77	0.74	96.10	7.98
霍州县	26.63	15.24	0.78	2.93	46.15	0.36	0.32	88.89	2.10
曲沃县	37.91	16.53	4.40	11.61	103.86	4.57	3.59	78.56	21.72
翼城县	53.87	23.49	1.88	3.49	67.02	1.26	0.47	37.30	2.00
襄汾县	90.87	37.33	12.02	13.23	134.28	16.14	12.90	79.93	34.56
洪洞县	90.75	51.52	3.36	3.70	61.31	2.06	1.72	83.50	3.34
浮山县	32.99	10.67	0.21	0.64	57.14	0.12	0.05	41.67	0.47
大宁县	15.63	4.21	0.30	1.92	56.67	0.17	0.14	82.35	3.33
晋中地区	**278.76**	**127.18**	**10.31**	**3.70**	**81.28**	**8.38**	**6.05**	**72.20**	**4.76**
榆次市	71.72	25.04	1.14	1.59	68.42	0.78	0.69	88.46	2.76
太谷县	43.70	20.12	0.83	1.90	57.83	0.48	0.20	41.67	0.99
祁　县	41.07	19.53	0.83	2.02	66.27	0.55	0.22	40.00	1.13
平遥县	79.59	37.71	6.92	8.69	89.60	6.20	4.33	69.84	11.48
介休市	42.69	24.78	0.59	1.38	62.71	0.37	0.61	164.86	2.46
吕梁地区	**213.72**	**98.79**	**7.91**	**3.70**	**92.04**	**7.28**	**6.41**	**88.05**	**6.49**
汾阳市	74.88	27.76	2.72	3.63	91.18	2.48	2.24	90.32	8.07
文水县	60.87	30.97	4.58	7.52	94.98	4.35	3.91	89.89	12.63
交城县	24.32	15.01	0.56	2.30	76.79	0.43	0.18	41.86	1.20
孝义市	53.66	25.05	0.05	0.09	40.00	0.02	0.08	*	0.32
晋城市	**179.46**	**94.88**	**4.99**	**2.78**	**55.71**	**2.78**	**1.29**	**46.40**	**1.36**
泽州县	72.36	43.55	0.99	1.37	41.41	0.41			
沁水县	44.36	18.22	0.98	2.21	47.96	0.47	0.35	74.47	1.92
阳城县	62.75	33.11	3.02	4.81	62.91	1.90	0.94	49.47	2.84
太原市	**43.47**	**22.52**	**0.17**	**0.39**	**70.59**	**0.12**			
清徐县	43.47	22.52	0.17	0.39	70.59	0.12			

5-25-45　山西省1987年产棉县棉花生产收购明细

县市名	耕地面积（万亩）	农业人口（万人）	棉田面积（万亩）	占耕地（%）	亩　产（市斤）	产　量（万担）	收购量（万担）	商品率（%）	人均交售（市斤）
全省合计	**2065.72**	**907.63**	**154.01**	**7.46**	**101.02**	**155.58**	**145.95**	**93.81**	**16.08**
运城地区	**921.03**	**353.30**	**98.72**	**10.72**	**110.54**	**109.13**	**103.02**	**94.40**	**29.16**
运城市	95.81	35.74	12.35	12.89	101.05	12.48	13.11	105.05	36.68
永济市	78.20	30.67	15.63	19.99	150.10	23.46	23.37	99.62	76.20
芮城县	78.05	29.61	7.67	9.83	132.07	10.13	10.17	100.39	34.35
临猗县	150.83	43.18	16.91	11.21	123.24	20.84	22.89	109.84	53.01
万荣县	102.32	33.88	10.52	10.28	75.48	7.94	6.33	79.72	18.68
新绛县	52.76	23.36	7.46	14.14	137.80	10.28	5.00	48.64	21.40
稷山县	57.77	24.79	6.92	11.98	135.26	9.36	9.06	96.79	36.55
河津市	35.43	23.27	2.64	7.45	166.29	4.39	4.32	98.41	18.56
闻喜县	79.70	28.39	1.82	2.28	46.70	0.85	0.53	62.35	1.87
夏　县	59.21	27.07	5.15	8.70	112.23	5.78	5.13	88.75	18.95
绛　县	44.72	19.85	1.22	2.73	75.41	0.92	0.68	73.91	3.43
平陆县	53.57	19.12	9.00	16.80	17.44	1.57	1.27	80.89	6.64
垣曲县	32.72	14.37	1.43	4.37	79.02	1.13	1.16	102.65	8.07
临汾地区	**431.57**	**208.06**	**29.61**	**6.86**	**91.89**	**27.21**	**24.95**	**91.69**	**11.99**
临汾市	68.48	38.09	3.26	4.76	48.77	1.59	1.54	96.86	4.04
侯马市	15.33	9.34	0.98	6.39	107.14	1.05	1.06	100.95	11.35
霍州县	26.57	15.46	0.83	3.12	42.17	0.35	0.23	65.71	1.49
曲沃县	37.85	16.68	5.51	14.56	89.66	4.94	4.39	88.87	26.32
翼城县	53.70	23.60	2.10	3.91	58.57	1.23	0.92	74.80	3.90
襄汾县	90.74	37.71	12.62	13.91	125.52	15.84	15.03	94.89	39.86
洪洞县	90.42	52.22	3.60	3.98	53.06	1.91	1.62	84.82	3.10
浮山县	32.93	10.68	0.35	1.06	60.00	0.21	0.04	19.05	0.37
大宁县	15.57	4.28	0.36	2.31	25.00	0.09	0.12	133.33	2.80
晋中地区	**277.77**	**128.34**	**10.73**	**3.86**	**77.07**	**8.27**	**8.98**	**108.59**	**7.00**
榆次市	71.40	25.14	1.28	1.79	73.44	0.94	0.79	84.04	3.14
太谷县	43.58	20.27	1.05	2.41	62.86	0.66	0.25	37.88	1.23
祁　县	40.85	19.86	0.89	2.18	66.29	0.59	2.21	*	11.13
平遥县	79.46	37.98	6.80	8.56	82.35	5.60	5.53	98.75	14.56
介休市	42.50	25.09	0.71	1.67	67.61	0.48	0.20	41.67	0.80
吕梁地区	**213.51**	**100.02**	**8.76**	**4.10**	**86.76**	**7.60**	**6.96**	**91.58**	**6.96**
汾阳市	74.85	28.02	3.03	4.05	93.07	2.82	2.43	86.17	8.67
文水县	60.80	31.35	5.27	8.67	83.49	4.40	4.29	97.50	13.68
交城县	24.27	15.21	0.44	1.81	84.09	0.37	0.15	40.54	0.99
孝义市	53.60	25.44	0.02	0.04	50.00	0.01	0.09	*	0.35
晋城市	**178.65**	**95.07**	**6.08**	**3.40**	**53.95**	**3.28**	**2.04**	**62.20**	**2.15**
泽州县	72.29	43.74	1.02	1.41	47.06	0.48			
沁水县	44.15	18.19	1.50	3.40	54.67	0.82	0.67	81.71	3.68
阳城县	62.22	33.14	3.56	5.72	55.62	1.98	1.37	69.19	4.13
太原市	**43.19**	**22.84**	**0.11**	**0.25**	**81.82**	**0.09**			
清徐县	43.19	22.84	0.11	0.25	81.82	0.09			

5－25－46　山西省1988年产棉县棉花生产收购明细

县市名	耕地面积（万亩）	农业人口（万人）	棉田面积（万亩）	占耕地（%）	亩产（市斤）	产量（万担）	收购量（万担）	商品率（%）	人均交售（市斤）
全省合计	**2059.85**	**918.99**	**173.64**	**8.43**	**99.71**	**173.13**	**155.64**	**89.90**	**16.94**
运城地区	**919.85**	**357.93**	**109.20**	**11.87**	**116.84**	**127.59**	**127.57**	**99.98**	**35.64**
运城市	95.66	36.37	15.80	16.52	108.10	17.08	21.35	125.00	58.70
永济市	78.11	31.06	16.37	20.96	157.54	25.79	25.62	99.34	82.49
芮城县	77.81	29.85	10.10	12.98	111.78	11.29	10.44	92.47	34.97
临猗县	150.83	43.56	20.39	13.52	134.13	27.35	29.43	107.61	67.56
万荣县	102.32	34.17	11.21	10.96	77.43	8.68	8.10	93.32	23.71
新绛县	52.68	23.61	8.46	16.06	117.61	9.95	8.16	82.01	34.56
稷山县	57.77	25.36	7.97	13.80	132.37	10.55	10.01	94.88	39.47
河津市	35.40	23.58	2.88	8.14	100.00	2.88	3.61	125.35	15.31
闻喜县	79.49	28.82	2.28	2.87	69.30	1.58	0.89	56.33	3.09
夏　县	58.95	27.52	6.86	11.64	113.12	7.76	7.17	92.40	26.05
绛　县	44.67	20.16	2.10	4.70	75.71	1.59	0.55	34.59	2.73
平陆县	53.49	19.37	3.02	5.65	57.28	1.73	1.00	57.80	5.16
垣曲县	32.70	14.50	1.76	5.38	77.27	1.36	1.24	91.18	8.55
临汾地区	**427.98**	**211.90**	**33.77**	**7.89**	**79.54**	**26.86**	**17.56**	**65.38**	**8.29**
临汾市	68.24	38.89	3.50	5.13	50.29	1.76	0.91	51.70	2.34
侯马市	15.23	9.58	1.31	8.60	80.15	1.05	0.77	73.33	8.04
霍州县	26.27	16.05	0.96	3.66	32.29	0.31	0.06	19.35	0.37
曲沃县	37.82	17.07	5.93	15.68	94.10	5.58	3.90	69.89	22.85
翼城县	53.25	23.75	2.85	5.35	73.68	2.10	1.41	67.14	5.94
襄汾县	89.22	38.10	13.91	15.59	91.16	12.68	9.47	74.68	24.86
洪洞县	89.91	53.35	4.31	4.79	64.73	2.79	0.96	34.41	1.80
浮山县	32.60	10.76	0.53	1.63	62.26	0.33	0.02	6.06	0.19
大宁县	15.47	4.35	0.47	3.04	55.32	0.26	0.06	23.08	1.38
晋中地区	**277.40**	**129.71**	**12.91**	**4.65**	**65.07**	**8.40**	**4.67**	**55.60**	**3.60**
榆次市	71.27	25.36	1.55	2.17	70.32	1.09	0.67	61.47	2.64
太谷县	43.58	20.44	1.10	2.52	60.91	0.67	0.06	8.96	0.29
祁　县	40.79	19.94	1.13	2.77	61.06	0.69	0.21	30.43	1.05
平遥县	79.46	38.44	8.24	10.37	66.87	5.51	3.54	64.25	9.21
介休市	42.32	25.53	0.89	2.10	49.44	0.44	0.19	43.18	0.74
吕梁地区	**213.03**	**101.28**	**10.98**	**5.15**	**62.02**	**6.81**	**5.08**	**74.60**	**5.02**
汾阳市	74.85	28.25	3.44	4.60	45.93	1.58	1.17	74.05	4.14
文水县	60.77	31.86	7.04	11.59	70.45	4.96	3.69	74.40	11.58
交城县	24.27	15.42	0.45	1.85	53.33	0.24	0.17	70.83	1.10
孝义市	53.15	25.75	0.05	0.09	60.00	0.03	0.05	166.67	0.19
晋城市	**178.46**	**95.24**	**6.63**	**3.72**	**51.13**	**3.39**	**0.76**	**22.42**	**0.80**
泽州县	72.26	43.84	1.40	1.94	55.00	0.77			
沁水县	44.09	18.21	1.64	3.72	59.76	0.98	0.40	40.82	2.20
阳城县	62.12	33.19	3.59	5.78	45.68	1.64	0.36	21.95	1.08
太原市	**43.14**	**22.93**	**0.15**	**0.35**	**53.33**	**0.08**			
清徐县	43.14	22.93	0.15	0.35	53.33	0.08			

5-25-47 山西省1989年产棉县棉花生产收购明细

县市名	耕地面积（万亩）	农业人口（万人）	棉田面积（万亩）	占耕地（%）	亩产（市斤）	产量（万担）	收购量（万担）	商品率（%）	人均交售（市斤）
全省合计	**2058.05**	**931.68**	**178.68**	**8.68**	**114.16**	**203.99**	**157.39**	**77.16**	**16.89**
运城地区	**918.99**	**363.87**	**112.53**	**12.24**	**121.74**	**136.99**	**111.54**	**81.42**	**30.65**
运城市	95.60	37.02	15.38	16.09	112.03	17.23	17.24	100.06	46.57
永济市	78.05	31.46	16.65	21.33	157.24	26.18	20.71	79.11	65.83
芮城县	77.72	30.64	10.16	13.07	111.22	11.30	8.78	77.70	28.66
临猗县	150.81	44.06	21.65	14.36	126.37	27.36	21.32	77.92	48.39
万荣县	102.30	34.50	11.33	11.08	79.17	8.97	6.65	74.14	19.28
新绛县	52.59	24.11	9.02	17.15	139.58	12.59	10.37	82.37	43.01
稷山县	57.74	26.09	9.00	15.59	155.22	13.97	11.88	85.04	45.53
河津市	35.33	23.96	2.99	8.46	134.45	4.02	3.75	93.28	15.65
闻喜县	79.37	29.30	2.90	3.65	68.28	1.98	1.15	58.08	3.92
夏县	58.94	27.93	7.01	11.89	120.83	8.47	6.53	77.10	23.38
绛县	44.57	20.40	1.74	3.90	77.59	1.35	0.61	45.19	2.99
平陆县	53.33	19.65	2.93	5.49	63.14	1.85	0.91	49.19	4.63
垣曲县	32.69	14.75	1.77	5.42	97.18	1.72	1.64	95.35	11.12
临汾地区	**426.91**	**214.63**	**34.41**	**8.06**	**110.78**	**38.12**	**26.25**	**68.86**	**12.23**
临汾市	68.01	39.44	3.56	5.23	81.46	2.90	1.78	61.38	4.51
侯马市	15.20	9.74	1.16	7.63	108.62	1.26	1.41	111.90	14.48
霍州县	26.15	16.36	0.98	3.75	43.88	0.43	0.10	23.26	0.61
曲沃县	37.61	17.42	5.25	13.96	110.10	5.78	4.86	84.08	27.90
翼城县	53.21	24.06	3.60	6.77	86.39	3.11	2.31	74.28	9.60
襄汾县	89.30	38.52	14.42	16.15	142.58	20.56	13.66	66.44	35.46
洪洞县	89.58	53.79	4.08	4.55	85.05	3.47	1.95	56.20	3.63
浮山县	32.73	10.88	0.47	1.44	65.96	0.31	0.03	9.68	0.28
大宁县	15.14	4.42	0.89	5.88	33.71	0.30	0.15	50.00	3.39
晋中地区	**277.07**	**131.07**	**14.14**	**5.10**	**98.02**	**13.86**	**9.81**	**70.78**	**7.48**
榆次市	71.06	25.62	1.50	2.11	80.67	1.21	0.81	66.94	3.16
太谷县	43.58	20.65	1.08	2.48	83.33	0.90	0.77	85.56	3.73
祁县	40.67	20.11	1.40	3.44	80.71	1.13	0.73	64.60	3.63
平遥县	79.46	38.79	8.93	11.24	107.84	9.63	6.78	70.40	17.48
介休市	42.32	25.90	1.23	2.91	80.49	0.99	0.72	72.73	2.78
吕梁地区	**212.90**	**102.51**	**10.46**	**4.91**	**106.50**	**11.14**	**7.70**	**69.12**	**7.51**
汾阳市	74.84	28.58	3.20	4.28	103.44	3.31	2.36	71.30	8.26
文水县	60.75	32.13	6.32	10.40	113.61	7.18	5.03	70.06	15.66
交城县	24.27	15.65	0.53	2.18	83.02	0.44	0.26	59.09	1.66
孝义市	53.04	26.15	0.41	0.77	51.22	0.21	0.05	23.81	0.19
晋城市	**179.10**	**96.40**	**7.03**	**3.93**	**54.34**	**3.82**	**2.09**	**54.71**	**2.17**
泽州县	72.63	44.49	1.67	2.30	45.51	0.76			
沁水县	44.24	18.39	1.89	4.27	64.02	1.21	0.76	62.81	4.13
阳城县	62.24	33.52	3.47	5.58	53.31	1.85	1.33	71.89	3.97
太原市	**43.10**	**23.20**	**0.11**	**0.26**	**54.55**	**0.06**			
清徐县	43.10	23.20	0.11	0.26	54.55	0.06			

5-25-48　山西省1990年产棉县棉花生产收购明细

县市名	耕地面积（万亩）	农业人口（万人）	棉田面积（万亩）	占耕地（%）	亩产（市斤）	产量（万担）	收购量（万担）	商品率（%）	人均交售（市斤）
全省合计	**2052.79**	**957.66**	**194.84**	**9.49**	**114.20**	**222.50**	**173.33**	**77.90**	**18.10**
运城地区	**917.66**	**378.07**	**119.42**	**13.01**	**117.89**	**140.78**	**105.11**	**74.66**	**27.80**
运城市	95.57	38.38	16.31	17.07	113.43	18.50	15.50	83.78	40.39
永济市	78.02	32.31	17.37	22.26	159.30	27.67	17.43	62.99	53.95
芮城县	77.42	31.18	10.91	14.09	67.00	7.31	5.59	76.47	17.93
临猗县	150.81	45.64	22.13	14.67	125.26	27.72	20.35	73.41	44.59
万荣县	102.30	36.26	12.03	11.76	69.99	8.42	5.54	65.80	15.28
新绛县	52.46	24.79	9.45	18.02	140.95	13.32	11.13	83.56	44.90
稷山县	57.74	29.78	9.00	15.59	162.33	14.61	12.43	85.08	41.74
河津市	35.33	24.92	3.56	10.08	131.18	4.67	3.67	78.59	14.73
闻喜县	79.20	29.92	3.51	4.43	80.34	2.82	1.91	67.73	6.38
夏　县	58.79	29.08	7.07	12.03	123.90	8.76	6.50	74.20	22.35
绛　县	44.55	20.77	2.52	5.66	80.16	2.02	1.38	68.32	6.64
平陆县	52.91	20.01	3.38	6.39	76.63	2.59	1.10	42.47	5.50
垣曲县	32.60	15.03	2.18	6.69	108.72	2.37	2.58	108.86	17.17
临汾地区	**425.47**	**219.66**	**37.24**	**8.75**	**112.57**	**41.92**	**33.15**	**79.08**	**15.09**
临汾市	67.82	39.86	4.49	6.62	88.20	3.96	2.40	60.61	6.02
侯马市	15.17	10.09	1.70	11.21	117.06	1.99	2.06	103.52	20.42
霍州县	26.13	16.46	1.64	6.28	47.56	0.78	0.22	28.21	1.34
曲沃县	37.59	17.79	6.17	16.41	99.51	6.14	4.92	80.13	27.66
翼城县	52.88	23.95	4.80	9.08	83.33	4.00	3.22	80.50	13.44
襄汾县	89.15	40.11	11.99	13.45	163.64	19.62	17.06	86.95	42.53
洪洞县	89.48	55.61	4.46	4.98	92.60	4.13	2.25	54.48	4.05
浮山县	32.16	10.96	0.95	2.95	69.47	0.66	0.39	59.09	3.56
大宁县	15.11	4.83	1.04	6.89	61.54	0.64	0.63	98.44	13.04
晋中地区	**276.42**	**133.13**	**17.13**	**6.20**	**112.20**	**19.22**	**17.66**	**91.88**	**13.27**
榆次市	70.77	26.15	1.55	2.19	107.74	1.67	1.67	100.00	6.39
太谷县	43.25	20.91	1.49	3.45	99.33	1.48	1.24	83.78	5.93
祁　县	40.74	20.32	2.07	5.08	102.90	2.13	1.85	86.85	9.10
平遥县	79.37	39.68	10.41	13.12	120.75	12.57	11.62	92.44	29.28
介休市	42.30	26.07	1.61	3.81	85.09	1.37	1.28	93.43	4.91
吕梁地区	**211.88**	**105.67**	**12.98**	**6.13**	**123.27**	**16.00**	**13.79**	**86.19**	**13.05**
汾阳市	74.00	29.41	4.37	5.91	119.68	5.23	4.06	77.63	13.80
文水县	60.74	33.03	7.52	12.38	129.92	9.77	8.83	90.38	26.73
交城县	24.27	16.20	0.59	2.43	106.78	0.63	0.70	111.11	4.32
孝义市	52.88	27.03	0.50	0.95	74.00	0.37	0.20	54.05	0.74
晋城市	**178.20**	**97.19**	**7.89**	**4.43**	**55.64**	**4.39**	**3.62**	**82.46**	**3.72**
泽州县	72.11	44.90	1.94	2.69	48.45	0.94	0.38	40.43	0.85
沁水县	44.09	18.49	1.94	4.40	63.40	1.23	1.05	85.37	5.68
阳城县	62.01	33.80	4.01	6.47	55.36	2.22	2.19	98.65	6.48
太原市	**43.17**	**23.94**	**0.18**	**0.42**	**105.56**	**0.19**			
清徐县	43.17	23.94	0.18	0.42	105.56	0.19			

5－25－49　山西省1991年产棉县棉花生产收购明细

县市名	耕地面积（万亩）	农业人口（万人）	棉田面积（万亩）	占耕地（%）	亩产（市斤）	产量（万担）	收购量（万担）	商品率（%）	人均交售（市斤）
全省合计	**2049.50**	**966.90**	**217.85**	**10.63**	**102.18**	**222.60**	**181.42**	**81.50**	**18.76**
运城地区	**916.68**	**380.47**	**123.88**	**13.51**	**113.44**	**140.53**	**109.99**	**78.27**	**28.91**
运城市	95.40	38.69	17.19	18.02	99.59	17.12	13.20	77.10	34.12
永济市	77.99	32.69	17.36	22.26	162.62	28.23	21.14	74.88	64.67
芮城县	77.30	31.59	11.28	14.59	67.11	7.57	5.03	66.45	15.92
临猗县	150.80	46.28	22.29	14.78	124.59	27.77	20.00	72.02	43.22
万荣县	102.30	36.75	12.11	11.84	48.47	5.87	3.57	60.82	9.71
新绛县	52.31	25.04	9.48	18.12	158.02	14.98	13.84	92.39	55.27
稷山县	57.74	27.22	9.59	16.61	163.19	15.65	12.58	80.38	46.22
河津市	35.30	25.17	3.53	10.00	143.06	5.05	4.76	94.26	18.91
闻喜县	79.14	30.29	4.43	5.60	61.85	2.74	2.37	86.50	7.82
夏　县	58.74	29.99	7.55	12.85	121.59	9.18	8.28	90.20	27.61
绛　县	44.63	21.14	2.63	5.89	58.17	1.53	1.04	67.97	4.92
平陆县	52.61	20.28	3.75	7.13	51.47	1.93	1.13	58.55	5.57
垣曲县	32.46	15.34	2.69	8.29	108.18	2.91	3.05	104.81	19.88
临汾地区	**424.11**	**222.56**	**44.43**	**10.48**	**93.18**	**41.40**	**32.00**	**77.29**	**14.38**
临汾市	67.58	40.49	6.05	8.95	69.42	4.20	2.24	53.33	5.53
侯马市	15.05	10.18	1.91	12.70	105.24	2.01	2.15	106.97	21.12
霍州县	26.13	16.67	1.59	6.08	59.12	0.94	0.23	24.47	1.38
曲沃县	37.49	18.00	6.50	17.34	85.85	5.58	4.89	87.63	27.17
翼城县	52.76	24.09	5.70	10.80	39.30	2.24	1.78	79.46	7.39
襄汾县	88.86	40.75	13.10	14.74	158.24	20.73	17.76	85.67	43.58
洪洞县	89.34	56.35	6.84	7.66	60.67	4.15	1.89	45.54	3.35
浮山县	31.82	11.08	1.07	3.36	42.06	0.45	0.28	62.22	2.53
大宁县	15.11	4.95	1.67	11.06	65.87	1.10	0.78	70.91	15.76
晋中地区	**276.03**	**134.48**	**20.85**	**7.55**	**96.16**	**20.05**	**19.31**	**96.31**	**14.36**
榆次市	70.58	26.37	1.79	2.54	100.56	1.80	1.82	101.11	6.90
太谷县	43.25	21.10	1.82	4.21	88.46	1.61	1.63	101.24	7.73
祁　县	40.70	20.50	2.91	7.15	83.51	2.43	2.88	118.52	14.05
平遥县	79.31	40.08	12.66	15.96	101.42	12.84	11.35	88.40	28.32
介休市	42.21	26.43	1.67	3.96	82.04	1.37	1.63	118.98	6.17
吕梁地区	**211.70**	**107.00**	**19.50**	**9.21**	**91.74**	**17.89**	**17.90**	**100.06**	**16.73**
汾阳市	73.92	29.70	6.72	9.09	80.36	5.40	5.45	100.93	18.35
文水县	60.72	33.45	10.73	17.67	101.21	10.86	10.60	97.61	31.69
交城县	24.33	16.44	1.37	5.63	78.10	1.07	1.30	121.50	7.91
孝义市	52.73	27.41	0.68	1.29	82.35	0.56	0.55	98.21	2.01
晋城市	**177.87**	**98.18**	**8.48**	**4.77**	**24.53**	**2.08**	**1.92**	**92.31**	**1.96**
泽州县	72.08	45.46	1.94	2.69	30.93	0.60	0.17	28.33	0.37
沁水县	43.80	18.55	2.37	5.41	29.54	0.70	0.75	107.14	4.04
阳城县	62.00	34.17	4.17	6.73	18.71	0.78	1.00	128.21	2.93
太原市	**43.11**	**24.21**	**0.71**	**1.65**	**91.55**	**0.65**	**0.30**	**46.15**	**1.24**
清徐县	43.11	24.21	0.71	1.65	91.55	0.65	0.30	46.15	1.24

5-25-50 山西省1992年产棉县棉花生产收购明细

县市名	耕地面积（万亩）	农业人口（万人）	棉田面积（万亩）	占耕地（%）	亩产（市斤）	产量（万担）	收购量（万担）	商品率（%）	人均交售（市斤）
全省合计	**2044.40**	**978.59**	**220.45**	**10.78**	**84.83**	**187.00**	**95.28**	**50.95**	**9.74**
运城地区	**915.30**	**385.23**	**125.90**	**13.76**	**95.33**	**120.02**	**67.30**	**56.07**	**17.47**
运城市	95.25	39.34	16.85	17.69	86.88	14.64	6.88	46.99	17.49
永济市	77.39	33.13	17.46	22.56	128.47	22.43	13.20	58.85	39.84
芮城县	77.07	32.01	10.55	13.69	75.26	7.94	3.86	48.61	12.06
临猗县	150.80	47.04	22.53	14.94	106.13	23.91	12.01	50.23	25.53
万荣县	102.30	37.33	10.98	10.73	49.82	5.47	1.63	29.80	4.37
新绛县	52.20	25.42	9.66	18.51	113.66	10.98	7.73	70.40	30.41
稷山县	57.72	27.72	9.84	17.05	131.61	12.95	8.35	64.48	30.12
河津市	35.28	25.16	3.75	10.63	103.20	3.87	2.75	71.06	10.93
闻喜县	79.10	30.66	4.94	6.25	60.73	3.00	3.07	102.33	10.01
夏　县	58.70	29.94	9.06	15.44	90.18	8.17	5.32	65.12	17.77
绛　县	44.61	21.46	2.76	6.19	53.62	1.48	0.42	28.38	1.96
平陆县	52.46	20.59	4.07	7.76	55.77	2.27	0.50	22.03	2.43
垣曲县	32.45	15.43	3.45	10.63	84.35	2.91	1.58	54.30	10.24
临汾地区	**422.17**	**225.69**	**45.87**	**10.87**	**90.47**	**41.50**	**18.03**	**43.45**	**7.99**
临汾市	67.22	40.92	6.78	10.09	70.50	4.78	3.04	63.60	7.43
侯马市	14.91	10.30	1.94	13.01	112.89	2.19	1.40	63.93	13.59
霍州县	26.06	17.07	1.53	5.87	60.13	0.92	0.42	45.65	2.46
曲沃县	37.20	18.31	6.00	16.13	92.67	5.56	2.69	48.38	14.69
翼城县	52.56	24.22	5.33	10.14	70.73	3.77	1.20	31.83	4.95
襄汾县	88.46	41.51	12.09	13.67	129.45	15.65	7.33	46.84	17.66
洪洞县	89.24	57.15	8.07	9.04	72.61	5.86	1.23	20.99	2.15
浮山县	31.41	11.16	1.20	3.82	75.00	0.90	0.18	20.00	1.61
大宁县	15.12	5.05	2.93	19.38	63.82	1.87	0.54	28.88	10.69
晋中地区	**275.85**	**135.41**	**20.90**	**7.58**	**48.28**	**10.09**	**3.46**	**34.29**	**2.56**
榆次市	70.49	26.61	2.21	3.14	64.71	1.43	0.61	42.66	2.29
太谷县	43.25	21.09	2.10	4.86	57.62	1.21	0.45	37.19	2.13
祁　县	40.67	20.68	3.15	7.75	43.17	1.36	1.04	76.47	5.03
平遥县	79.23	40.29	11.88	14.99	46.38	5.51	1.22	22.14	3.03
介休市	42.23	26.74	1.56	3.69	37.18	0.58	0.14	24.14	0.52
吕梁地区	**210.78**	**108.35**	**17.50**	**8.30**	**51.94**	**9.09**	**3.70**	**40.70**	**3.41**
汾阳市	73.16	29.95	6.12	8.37	40.03	2.45	0.98	40.00	3.27
文水县	60.69	33.89	9.14	15.06	61.82	5.65	2.43	43.01	7.17
交城县	24.26	16.73	1.20	4.95	45.83	0.55	0.28	50.91	1.67
孝义市	52.68	27.78	1.04	1.97	42.31	0.44	0.01	2.27	0.04
晋城市	**177.45**	**99.25**	**8.79**	**4.95**	**59.50**	**5.23**	**2.37**	**45.32**	**2.39**
泽州县	72.02	46.13	1.95	2.71	57.44	1.12	0.26	23.21	0.56
沁水县	43.61	18.74	2.43	5.57	59.26	1.44	0.59	40.97	3.15
阳城县	61.83	34.38	4.41	7.13	60.54	2.67	1.52	56.93	4.42
太原市	**42.86**	**24.66**	**1.49**	**3.48**	**71.81**	**1.07**	**0.42**	**39.25**	**1.70**
清徐县	42.86	24.66	1.49	3.48	71.81	1.07	0.42	39.25	1.70

5－25－51　山西省1993年产棉县棉花生产收购明细

县市名	耕地面积（万亩）	农业人口（万人）	棉田面积（万亩）	占耕地（%）	亩产（市斤）	产量（万担）	收购量（万担）	商品率（%）	人均交售（市斤）
全省合计	**2038.01**	**987.02**	**176.83**	**8.68**	**101.81**	**180.02**	**51.57**	**28.65**	**5.22**
运城地区	**913.77**	**389.00**	**104.71**	**11.46**	**115.52**	**120.96**	**38.08**	**31.48**	**9.79**
运城市	94.76	39.44	14.82	15.64	101.21	15.00	4.70	31.33	11.92
永济市	77.13	32.79	15.66	20.30	156.32	24.48	7.87	32.15	24.00
芮城县	76.98	32.35	8.42	10.94	95.72	8.06	2.39	29.65	7.39
临猗县	150.78	47.71	18.08	11.99	132.63	23.98	4.12	17.18	8.64
万荣县	102.30	37.61	7.43	7.26	44.01	3.27	0.21	6.42	0.56
新绛县	52.20	25.81	8.57	16.41	142.91	12.24	6.53	53.35	25.30
稷山县	57.69	28.06	8.52	14.77	160.21	13.65	4.27	31.28	15.22
河津市	35.18	25.60	2.99	8.50	78.60	2.35	1.13	48.09	4.41
闻喜县	79.01	31.11	4.25	5.38	71.53	3.04	1.28	42.11	4.11
夏　县	58.53	30.29	7.08	12.10	111.02	7.86	3.78	48.09	12.48
绛　县	44.61	21.67	2.66	5.96	72.18	1.92	0.37	19.27	1.71
平陆县	52.17	20.91	3.54	6.79	64.41	2.28	0.25	10.96	1.20
垣曲县	32.45	15.65	2.69	8.29	105.20	2.83	1.18	41.70	7.54
临汾地区	**420.33**	**228.30**	**34.28**	**8.16**	**82.73**	**28.36**	**7.70**	**27.15**	**3.37**
临汾市	66.92	41.51	5.42	8.10	87.64	4.75	1.89	39.79	4.55
侯马市	14.90	10.38	1.80	12.08	89.44	1.61	0.43	26.71	4.14
霍州县	26.00	17.08	1.40	5.39	58.57	0.82	0.03	3.66	0.18
曲沃县	37.05	18.57	4.44	11.98	90.54	4.02	1.60	39.80	8.62
翼城县	51.96	24.31	4.56	8.78	73.25	3.34	0.48	14.37	1.97
襄汾县	88.14	42.25	8.21	9.31	86.36	7.09	2.64	37.24	6.25
洪洞县	89.07	57.78	5.82	6.53	86.43	5.03	0.37	7.36	0.64
浮山县	31.19	11.30	0.81	2.60	74.07	0.60	0.16	26.67	1.42
大宁县	15.12	5.12	1.82	12.04	60.44	1.10	0.10	9.09	1.95
晋中地区	**273.69**	**135.36**	**18.19**	**6.65**	**86.97**	**15.82**	**2.88**	**18.20**	**2.13**
榆次市	69.39	26.41	2.19	3.16	86.76	1.90	0.56	29.47	2.12
太谷县	43.04	20.96	2.03	4.72	79.80	1.62	0.21	12.96	1.00
祁　县	40.46	20.64	2.55	6.30	74.90	1.91	0.46	24.08	2.23
平遥县	78.99	40.56	10.14	12.84	94.67	9.60	1.35	14.06	3.33
介休市	41.82	26.79	1.28	3.06	61.72	0.79	0.30	37.97	1.12
吕梁地区	**210.32**	**109.53**	**10.83**	**5.15**	**85.78**	**9.29**	**1.55**	**16.68**	**1.42**
汾阳市	72.95	30.21	3.32	4.55	106.93	3.55	0.45	12.68	1.49
文水县	60.68	34.31	7.19	11.85	75.80	5.45	0.96	17.61	2.80
交城县	24.24	17.04	0.15	0.62	133.33	0.20	0.12	60.00	0.70
孝义市	52.46	27.97	0.17	0.32	52.94	0.09	0.02	22.22	0.07
晋城市	**177.36**	**99.96**	**8.17**	**4.61**	**58.26**	**4.76**	**1.24**	**26.05**	**1.24**
泽州县	71.97	46.74	2.00	2.78	55.50	1.11	0.16	14.41	0.34
沁水县	43.58	18.65	1.77	4.06	68.36	1.21	0.32	26.45	1.72
阳城县	61.82	34.57	4.40	7.12	55.45	2.44	0.76	31.15	2.20
太原市	**42.54**	**24.87**	**0.65**	**1.53**	**127.69**	**0.83**	**0.12**	**14.46**	**0.48**
清徐县	42.54	24.87	0.65	1.53	127.69	0.83	0.12	14.46	0.48

5-25-52　山西省1994年产棉县棉花生产收购明细

县市名	耕地面积（万亩）	农业人口（万人）	棉田面积（万亩）	占耕地（%）	亩产（市斤）	产量（万担）	收购量（万担）	商品率（%）	人均交售（市斤）
全省合计	**2029.56**	**993.25**	**188.66**	**9.30**	**89.66**	**169.15**	**82.11**	**48.54**	**8.27**
运城地区	**911.45**	**392.59**	**112.40**	**12.33**	**94.51**	**106.23**	**55.31**	**52.07**	**14.09**
运城市	94.67	38.98	15.08	15.93	105.90	15.97	6.71	42.02	17.21
永济市	76.55	33.56	15.11	19.74	136.86	20.68	11.01	53.24	32.81
芮城县	76.82	32.76	10.13	13.19	72.16	7.31	2.54	34.75	7.75
临猗县	150.78	48.28	19.31	12.81	92.96	17.95	8.54	47.58	17.69
万荣县	102.08	37.90	7.35	7.20	35.65	2.62	1.11	42.37	2.93
新绛县	51.81	25.94	9.21	17.78	134.42	12.38	6.26	50.57	24.13
稷山县	57.60	28.46	9.35	16.23	97.54	9.12	5.86	64.25	20.59
河津市	35.18	26.19	3.12	8.87	39.74	1.24	1.03	83.06	3.93
闻喜县	78.93	31.35	5.60	7.09	48.21	2.70	2.41	89.26	7.69
夏　县	58.49	30.63	8.66	14.81	110.51	9.57	5.82	60.82	19.00
绛　县	44.09	21.89	3.42	7.76	69.88	2.39	1.20	50.21	5.48
平陆县	52.07	21.16	3.00	5.76	58.67	1.76	0.84	47.73	3.97
垣曲县	32.42	15.49	3.06	9.44	83.01	2.54	1.98	77.95	12.78
临汾地区	**417.41**	**228.77**	**40.56**	**9.72**	**82.22**	**33.35**	**11.36**	**34.06**	**4.97**
临汾市	66.48	41.73	6.02	9.06	80.73	4.86	0.98	20.16	2.35
侯马市	14.69	10.33	1.98	13.48	102.53	2.03	0.49	24.14	4.74
霍州县	25.43	17.16	1.43	5.62	58.04	0.83	0.17	20.48	0.99
曲沃县	36.89	18.56	4.58	12.42	84.93	3.89	1.50	38.56	8.08
翼城县	51.54	24.24	4.05	7.86	55.06	2.23	1.01	45.29	4.17
襄汾县	87.54	42.86	11.94	13.64	106.20	12.68	5.34	42.11	12.46
洪洞县	88.67	57.41	6.72	7.58	68.01	4.57	1.07	23.41	1.86
浮山县	31.08	11.33	1.41	4.54	46.10	0.65	0.40	61.54	3.53
大宁县	15.11	5.15	2.43	16.09	66.26	1.61	0.40	24.84	7.77
晋中地区	**274.11**	**136.14**	**20.28**	**7.40**	**101.73**	**20.63**	**10.10**	**48.96**	**7.42**
榆次市	68.69	26.52	2.30	3.35	100.87	2.32	1.50	64.66	5.66
太谷县	43.04	21.00	2.01	4.67	90.55	1.82	1.29	70.88	6.14
祁　县	40.35	20.76	3.06	7.58	83.01	2.54	2.00	78.74	9.63
平遥县	78.92	40.86	11.42	14.47	112.96	12.90	4.84	37.52	11.85
介休市	43.13	27.00	1.49	3.46	70.47	1.05	0.47	44.76	1.74
吕梁地区	**206.88**	**110.71**	**6.14**	**2.97**	**78.99**	**4.85**	**3.85**	**79.38**	**3.48**
汾阳市	72.89	30.44	1.76	2.41	97.16	1.71	1.32	77.19	4.34
文水县	60.68	34.69	3.56	5.87	78.65	2.80	2.31	82.50	6.66
交城县	21.74	17.32	0.14	0.64	92.86	0.13	0.14	107.69	0.81
孝义市	51.59	28.26	0.68	1.32	30.88	0.21	0.08	38.10	0.28
晋城市	**177.27**	**100.06**	**8.65**	**4.88**	**38.84**	**3.36**	**1.49**	**44.35**	**1.49**
泽州县	71.94	46.59	2.03	2.82	34.98	0.71	0.25	35.21	0.54
沁水县	43.55	18.67	2.28	5.24	49.56	1.13	0.29	25.66	1.55
阳城县	61.79	34.80	4.34	7.02	35.02	1.52	0.95	62.50	2.73
太原市	**42.45**	**24.98**	**0.63**	**1.48**	**115.87**	**0.73**			
清徐县	42.45	24.98	0.63	1.48	115.87	0.73			

5－25－53　山西省1995年产棉县棉花生产收购明细

县市名	耕地面积（万亩）	农业人口（万人）	棉田面积（万亩）	占耕地（%）	亩产（市斤）	产量（万担）	收购量（万担）	商品率（%）	人均交售（市斤）
全省合计	**2020.72**	**1000.83**	**185.03**	**9.16**	**97.11**	**179.69**	**94.70**	**52.70**	**9.46**
运城地区	**903.39**	**395.62**	**103.63**	**11.47**	**117.50**	**121.77**	**71.06**	**58.36**	**17.96**
运城市	94.55	39.03	12.30	13.01	130.41	16.04	7.92	49.38	20.29
永济市	76.40	33.80	15.60	20.42	169.94	26.51	13.21	49.83	39.08
芮城县	74.04	33.10	5.76	7.78	106.60	6.14	3.70	60.26	11.18
临猗县	150.77	48.95	20.21	13.40	118.95	24.04	12.46	51.83	25.45
万荣县	101.10	38.22	7.11	7.03	64.98	4.62	2.70	58.44	7.06
新绛县	51.33	26.06	7.74	15.08	105.04	8.13	5.67	69.74	21.76
稷山县	57.24	28.70	7.85	13.71	156.18	12.26	5.51	44.94	19.20
河津市	35.07	26.87	2.10	5.99	113.33	2.38	2.51	105.46	9.34
闻喜县	78.89	31.43	5.99	7.59	63.94	3.83	4.40	114.88	14.00
夏　县	58.47	30.93	9.03	15.44	111.74	10.09	7.16	70.96	23.15
绛　县	43.91	21.92	3.59	8.18	78.83	2.83	2.00	70.67	9.12
平陆县	49.38	21.25	3.26	6.60	61.35	2.00	1.41	70.50	6.64
垣曲县	32.27	15.36	3.09	9.58	93.85	2.90	2.41	83.10	15.69
临汾地区	**415.22**	**230.65**	**35.30**	**8.50**	**89.07**	**31.44**	**11.68**	**37.15**	**5.06**
临汾市	66.02	41.79	4.11	6.23	79.08	3.25	1.36	41.85	3.25
侯马市	14.51	10.45	1.67	11.51	109.58	1.83	0.53	28.96	5.07
霍州县	25.43	17.24	1.43	5.62	69.93	1.00	0.27	27.00	1.57
曲沃县	36.18	18.64	4.55	12.58	78.68	3.58	2.15	60.06	11.53
翼城县	51.44	24.39	5.36	10.42	69.96	3.75	1.59	42.40	6.52
襄汾县	87.35	43.28	9.42	10.78	125.37	11.81	2.98	25.23	6.89
洪洞县	88.37	58.28	4.56	5.16	82.46	3.76	1.51	40.16	2.59
浮山县	30.86	11.39	2.07	6.71	68.60	1.42	0.81	57.04	7.11
大宁县	15.09	5.19	2.13	14.12	48.83	1.04	0.48	46.15	9.25
晋中地区	**276.20**	**136.92**	**22.37**	**8.10**	**64.01**	**14.32**	**7.43**	**51.89**	**5.43**
榆次市	67.97	26.59	2.66	3.91	64.66	1.72	1.34	77.91	5.04
太谷县	43.02	21.05	2.34	5.44	64.10	1.50	1.10	73.33	5.23
祁　县	44.84	20.84	3.65	8.14	48.77	1.78	1.33	74.72	6.38
平遥县	78.78	41.24	12.05	15.30	70.95	8.55	3.32	38.83	8.05
介休市	41.60	27.20	1.67	4.01	46.11	0.77	0.34	44.16	1.25
吕梁地区	**206.46**	**112.06**	**13.21**	**6.40**	**39.21**	**5.18**	**2.12**	**40.93**	**1.89**
汾阳市	72.80	30.70	4.37	6.00	13.96	0.61	0.50	81.97	1.63
文水县	60.66	35.14	7.35	12.12	59.59	4.38	1.48	33.79	4.21
交城县	21.77	17.58	0.63	2.89	17.46	0.11	0.11	100.00	0.63
孝义市	51.24	28.64	0.86	1.68	9.30	0.08	0.03	37.50	0.10
晋城市	**177.09**	**100.38**	**9.23**	**5.21**	**57.31**	**5.29**	**2.39**	**45.18**	**2.38**
泽州县	71.94	46.73	1.98	2.75	54.55	1.08	0.43	39.81	0.92
沁水县	43.52	18.70	2.57	5.91	65.37	1.68	0.63	37.50	3.37
阳城县	61.64	34.95	4.68	7.59	54.06	2.53	1.33	52.57	3.81
太原市	**42.36**	**25.20**	**1.29**	**3.05**	**131.01**	**1.69**	**0.02**	**1.18**	**0.08**
清徐县	42.36	25.20	1.29	3.05	131.01	1.69	0.02	1.18	0.08

5－25－54　山西省1996年产棉县棉花生产收购明细

县市名	耕地面积（万亩）	农业人口（万人）	棉田面积（万亩）	占耕地（%）	亩产（市斤）	产量（万担）	收购量（万担）	商品率（%）	人均交售（市斤）
全省合计	**2007.44**	**1011.45**	**132.55**	**6.60**	**107.45**	**142.42**	**50.00**	**35.11**	**4.94**
运城地区	**896.72**	**402.78**	**79.70**	**8.89**	**125.40**	**99.94**	**37.87**	**37.89**	**9.40**
运城市	94.47	39.57	7.11	7.53	137.69	9.79	4.32	44.13	10.92
永济市	76.29	34.30	15.02	19.69	177.90	26.72	8.47	31.70	24.69
芮城县	71.52	33.56	5.39	7.54	99.26	5.35	2.33	43.55	6.94
临猗县	150.77	50.29	18.00	11.94	133.44	24.02	6.85	28.52	13.62
万荣县	99.83	38.83	1.76	1.76	60.80	1.07	1.13	105.61	2.91
新绛县	51.06	26.53	5.30	10.38	122.26	6.48	1.58	24.38	5.96
稷山县	57.24	29.10	4.79	8.37	119.62	5.73	1.90	33.16	6.53
河津市	35.07	28.04	1.58	4.51	118.99	1.88	0.82	43.62	2.92
闻喜县	78.84	32.01	5.45	6.91	77.43	4.22	2.96	70.14	9.25
夏县	58.46	31.49	6.41	10.97	118.56	7.60	4.54	59.74	14.42
绛县	43.89	21.95	2.67	6.08	76.40	2.04	0.98	48.04	4.46
平陆县	48.68	21.65	3.44	7.07	72.67	2.50	0.77	30.80	3.56
垣曲县	30.62	15.46	2.78	9.08	91.37	2.54	1.22	48.03	7.89
临汾地区	**419.03**	**233.57**	**26.56**	**6.34**	**90.02**	**23.91**	**4.93**	**20.62**	**2.11**
临汾市	65.78	42.26	3.84	5.84	92.71	3.56	0.75	21.07	1.77
侯马市	14.51	10.56	1.05	7.24	109.52	1.15	0.20	17.39	1.89
霍州县	29.88	17.61	1.35	4.52	74.81	1.01	0.06	5.94	0.34
曲沃县	36.15	18.58	2.30	6.36	93.91	2.16	0.71	32.87	3.82
翼城县	51.21	24.58	4.07	7.95	80.59	3.28	0.59	17.99	2.40
襄汾县	87.33	43.61	5.06	5.79	118.97	6.02	0.71	11.79	1.63
洪洞县	88.32	59.66	4.64	5.25	88.36	4.10	0.79	19.27	1.32
浮山县	30.83	11.44	2.15	6.97	68.37	1.47	0.76	51.70	6.64
大宁县	15.03	5.27	2.10	13.97	55.24	1.16	0.36	31.03	6.83
晋中地区	**269.90**	**136.56**	**14.65**	**5.43**	**76.31**	**11.18**	**4.86**	**43.47**	**3.56**
榆次市	67.65	25.83	2.25	3.33	90.22	2.03	1.33	65.52	5.15
太谷县	43.01	21.03	2.18	5.07	75.23	1.64	0.99	60.37	4.71
祁县	40.34	20.71	2.54	6.30	72.83	1.85	1.02	55.14	4.93
平遥县	77.33	41.46	6.45	8.34	75.19	4.85	1.21	24.95	2.92
介休市	41.58	27.53	1.23	2.96	65.85	0.81	0.31	38.27	1.13
吕梁地区	**204.75**	**113.88**	**2.52**	**1.23**	**68.65**	**1.73**	**0.94**	**54.34**	**0.83**
汾阳市	72.48	31.39	0.48	0.66	75.00	0.36	0.45	125.00	1.43
文水县	60.66	35.99	1.49	2.46	81.88	1.22	0.39	31.97	1.08
交城县	21.77	17.80	0.11	0.51	36.36	0.04	0.04	100.00	0.22
孝义市	49.85	28.70	0.44	0.88	25.00	0.11	0.06	54.55	0.21
晋城市	**174.78**	**99.14**	**8.47**	**4.85**	**57.85**	**4.90**	**1.40**	**28.57**	**1.41**
泽州县	71.94	46.29	1.77	2.46	56.50	1.00	0.36	36.00	0.78
沁水县	43.23	18.22	2.33	5.39	77.25	1.80	0.37	20.56	2.03
阳城县	59.61	34.63	4.37	7.33	48.05	2.10	0.67	31.90	1.93
太原市	**42.27**	**25.52**	**0.65**	**1.54**	**116.92**	**0.76**			
清徐县	42.27	25.52	0.65	1.54	116.92	0.76			

5－25－55　山西省1997年产棉县棉花生产收购明细

县市名	耕地面积（万亩）	农业人口（万人）	棉田面积（万亩）	占耕地（%）	亩产（市斤）	产量（万担）	收购量（万担）	商品率（%）	人均交售（市斤）
全省合计	**2088.25**	**1011.73**	**97.45**	**4.67**	**89.54**	**87.26**	**35.11**	**40.24**	**3.47**
运城地区	**880.20**	**403.39**	**54.23**	**6.16**	**110.53**	**59.94**	**25.40**	**42.38**	**6.30**
运城市	97.01	39.60	5.96	6.14	115.27	6.87	3.41	49.64	8.61
永济市	79.47	34.40	10.25	12.90	178.83	18.33	7.90	43.10	22.97
芮城县	71.13	33.60	3.80	5.34	70.00	2.66	1.41	53.01	4.20
临猗县	104.09	50.35	12.00	11.53	116.83	14.02	4.33	30.88	8.60
万荣县	79.83	38.90	1.82	2.28	43.41	0.79	0.11	13.92	0.28
新绛县	52.46	26.60	1.52	2.90	138.82	2.11	0.63	29.86	2.37
稷山县	59.45	29.12	1.88	3.16	95.21	1.79	0.54	30.17	1.85
河津市	35.94	28.15	0.89	2.48	113.48	1.01	0.47	46.53	1.67
闻喜县	87.15	32.15	5.39	6.18	50.46	2.72	1.83	67.28	5.69
夏　县	65.81	31.50	4.61	7.01	125.81	5.80	3.54	61.03	11.24
绛　县	49.71	21.95	1.59	3.20	64.78	1.03	0.49	47.57	2.23
平陆县	52.40	21.64	2.55	4.87	69.41	1.77	0.12	6.78	0.55
垣曲县	45.78	15.43	1.97	4.30	52.79	1.04	0.62	59.62	4.02
临汾地区	**471.16**	**233.33**	**15.36**	**3.26**	**64.78**	**9.95**	**1.85**	**18.59**	**0.79**
临汾市	70.20	42.28	2.39	3.40	77.82	1.86	0.08	4.30	0.19
侯马市	14.70	10.60	0.84	5.71	86.90	0.73	0.11	15.07	1.04
霍州县	36.33	17.62	1.07	2.95	57.01	0.61	0.01	1.64	0.06
曲沃县	32.79	18.60	0.66	2.01	100.00	0.66	0.25	37.88	1.34
翼城县	54.02	24.58	3.02	5.59	56.29	1.70	0.19	11.18	0.77
襄汾县	87.74	43.60	0.54	0.62	112.96	0.61	0.19	31.15	0.44
洪洞县	103.76	59.80	2.93	2.82	63.48	1.86	0.30	16.13	0.50
浮山县	41.72	11.00	2.09	5.01	57.42	1.20	0.47	39.17	4.27
大宁县	29.91	5.25	1.82	6.08	39.56	0.72	0.25	34.72	4.76
晋中地区	**292.58**	**136.68**	**12.88**	**4.40**	**79.66**	**10.26**	**5.83**	**56.82**	**4.27**
榆次市	76.65	25.90	2.09	2.73	93.30	1.95	1.44	73.85	5.56
太谷县	45.23	21.04	1.38	3.05	91.30	1.26	1.16	92.06	5.51
祁　县	48.47	20.70	1.91	3.94	74.35	1.42	1.46	102.82	7.05
平遥县	80.40	41.50	6.72	8.36	77.83	5.23	1.60	30.59	3.86
介休市	41.84	27.54	0.78	1.86	51.28	0.40	0.17	42.50	0.62
吕梁地区	**218.66**	**113.81**	**5.82**	**2.66**	**81.62**	**4.75**	**1.41**	**29.68**	**1.24**
汾阳市	70.70	31.40	1.46	2.07	65.07	0.95	0.12	12.63	0.38
文水县	62.37	36.00	4.14	6.64	88.65	3.67	1.24	33.79	3.44
交城县	26.73	17.81	0.20	0.75	60.00	0.12	0.05	41.67	0.28
孝义市	58.86	28.60	0.02	0.03	50.00	0.01			
晋城市	**180.72**	**98.96**	**8.26**	**4.57**	**15.13**	**1.25**	**0.62**	**49.60**	**0.63**
泽州县	77.12	46.26	1.89	2.45	6.88	0.13	0.08	61.54	0.17
沁水县	44.99	18.20	2.27	5.05	28.63	0.65	0.11	16.92	0.60
阳城县	58.62	34.50	4.10	6.99	11.46	0.47	0.43	91.49	1.25
太原市	**44.94**	**25.56**	**0.90**	**2.00**	**123.33**	**1.11**			
清徐县	44.94	25.56	0.90	2.00	123.33	1.11			

5-25-56 山西省1998年产棉县棉花生产收购明细

县市名	耕地面积（万亩）	农业人口（万人）	棉田面积（万亩）	占耕地（%）	亩产（市斤）	产量（万担）	收购量（万担）	商品率（%）	人均交售（市斤）
全省合计	**2021.57**	**984.93**	**93.30**	**4.61**	**116.93**	**109.10**	**76.01**	**69.67**	**7.72**
运城地区	**877.29**	**404.23**	**59.77**	**6.81**	**131.97**	**78.88**	**61.77**	**78.31**	**15.28**
运城市	96.56	39.67	6.42	6.65	145.95	9.37	8.19	87.41	20.65
永济市	78.87	34.52	13.08	16.58	183.94	24.06	15.26	63.42	44.21
芮城县	70.83	33.81	3.44	4.86	126.16	4.34	4.32	99.54	12.78
临猗县	104.09	50.54	11.94	11.47	120.52	14.39	12.14	84.36	24.02
万荣县	79.83	39.11	2.33	2.92	104.29	2.43	1.34	55.14	3.43
新绛县	52.02	26.65	2.16	4.15	150.46	3.25	3.65	112.31	13.70
稷山县	59.15	29.17	1.68	2.84	158.33	2.66	1.37	51.50	4.70
河津市	35.69	28.25	0.77	2.16	129.87	1.00	1.42	142.00	5.03
闻喜县	87.02	32.25	5.01	5.76	73.05	3.66	4.50	122.95	13.95
夏　县	65.69	31.67	6.41	9.76	132.92	8.52	5.32	62.44	16.80
绛　县	49.52	21.96	1.62	3.27	65.43	1.06	0.68	64.15	3.10
平陆县	52.37	21.23	2.70	5.16	75.56	2.04	0.61	29.90	2.87
垣曲县	45.69	15.40	2.21	4.84	95.02	2.10	2.97	141.43	19.29
临汾地区	**468.10**	**233.76**	**12.96**	**2.77**	**85.57**	**11.09**	**3.27**	**29.49**	**1.40**
临汾市	70.22	42.38	1.61	2.29	67.08	1.08	0.12	11.11	0.28
侯马市	14.01	10.78	1.11	7.92	132.43	1.47	0.56	38.10	5.19
霍州县	36.32	17.66	1.13	3.11	59.29	0.67	0.04	5.97	0.23
曲沃县	32.66	18.87	0.92	2.82	118.48	1.09	0.87	79.82	4.61
翼城县	53.55	24.57	1.83	3.42	82.51	1.51	0.10	6.62	0.41
襄汾县	87.23	43.57	1.44	1.65	134.72	1.94	0.95	48.97	2.18
洪洞县	102.39	59.92	1.70	1.66	70.00	1.19	0.19	15.97	0.32
浮山县	41.82	10.81	1.82	4.35	76.92	1.40	0.29	20.71	2.68
大宁县	29.91	5.20	1.40	4.68	52.86	0.74	0.15	20.27	2.88
晋中地区	**292.26**	**136.90**	**8.52**	**2.92**	**99.77**	**8.50**	**5.91**	**69.53**	**4.32**
榆次市	76.71	25.98	1.98	2.58	108.59	2.15	1.86	86.51	7.16
太谷县	44.87	21.05	1.07	2.38	84.11	0.90	0.61	67.78	2.90
祁　县	48.44	20.68	1.91	3.94	87.43	1.67	2.02	120.96	9.77
平遥县	80.54	41.63	3.23	4.01	109.60	3.54	1.35	38.14	3.24
介休市	41.72	27.56	0.33	0.79	72.73	0.24	0.07	29.17	0.25
吕梁地区	**158.48**	**85.66**	**3.36**	**2.12**	**103.87**	**3.49**	**2.41**	**69.05**	**2.81**
汾阳市	70.32	31.57	0.57	0.81	96.49	0.55			
文水县	61.86	36.27	2.52	4.07	107.54	2.71	2.29	84.50	6.31
交城县	26.30	17.82	0.27	1.03	85.19	0.23	0.12	52.17	0.67
孝义市									
晋城市	**180.59**	**98.79**	**7.43**	**4.11**	**69.45**	**5.16**	**1.95**	**37.79**	**1.97**
泽州县	77.06	46.22	1.50	1.95	57.33	0.86	0.05	5.81	0.11
沁水县	45.02	18.16	1.92	4.27	81.77	1.57	0.28	17.83	1.54
阳城县	58.52	34.41	4.01	6.85	68.08	2.73	1.62	59.34	4.71
太原市	**44.87**	**25.59**	**1.26**	**2.81**	**157.14**	**1.98**	**0.70**	**35.35**	**2.74**
清徐县	44.87	25.59	1.26	2.81	157.14	1.98	0.70	35.35	2.74

5-25-57 山西省1999年产棉县棉花生产收购明细

县市名	耕地面积（万亩）	农业人口（万人）	棉田面积（万亩）	占耕地（%）	亩产（市斤）	产量（万担）	收购量（万担）	商品率（%）	人均交售（市斤）
全省合计	**2014.01**	**989.62**	**75.72**	**3.76**	**114.63**	**86.80**	**34.68**	**39.95**	**3.50**
运城地区	**874.87**	**405.66**	**51.67**	**5.91**	**130.58**	**67.47**	**32.41**	**48.04**	**7.99**
运城市	96.56	39.86	4.91	5.08	129.94	6.38	4.43	69.44	11.11
永济市	78.86	34.54	13.25	16.80	173.89	23.04	7.47	32.42	21.63
芮城县	70.80	33.98	3.12	4.41	105.77	3.30	1.54	46.67	4.53
临猗县	104.09	50.69	7.59	7.29	147.04	11.16	5.66	50.72	11.17
万荣县	78.93	39.38	1.32	1.67	74.24	0.98	1.25	127.55	3.17
新绛县	51.18	27.32	5.03	9.83	127.24	6.40	1.44	22.50	5.27
稷山县	59.01	29.28	1.28	2.17	113.28	1.45	0.43	29.66	1.47
河津市	35.61	27.52	0.78	2.19	119.23	0.93	0.88	94.62	3.20
闻喜县	86.88	32.43	4.07	4.68	75.68	3.08	4.06	131.82	12.52
夏　县	65.60	31.89	4.62	7.04	131.39	6.07	4.02	66.23	12.61
绛　县	49.50	22.11	1.49	3.01	65.10	0.97	0.34	35.05	1.54
平陆县	52.41	21.44	2.27	4.33	75.33	1.71			
垣曲县	45.44	15.22	1.94	4.27	103.09	2.00	0.89	44.50	5.85
临汾地区	**467.46**	**236.08**	**8.81**	**1.88**	**82.41**	**7.26**	**0.51**	**7.02**	**0.22**
临汾市	70.17	42.55	0.92	1.31	77.17	0.71			
侯马市	13.88	11.01	0.84	6.05	122.62	1.03	0.27	26.21	2.45
霍州县	36.30	17.80	1.08	2.98	63.89	0.69			
曲沃县	32.84	19.23	0.81	2.47	119.75	0.97	0.11	11.34	0.57
翼城县	52.82	25.13	1.14	2.16	75.44	0.86			
襄汾县	87.14	43.74	0.47	0.54	127.66	0.60	0.13	21.67	0.30
洪洞县	102.48	60.73	1.50	1.46	96.00	1.44			
浮山县	41.93	10.67	0.83	1.98	71.08	0.59			
大宁县	29.90	5.22	1.22	4.08	30.33	0.37			
晋中地区	**291.65**	**137.06**	**5.31**	**1.82**	**81.54**	**4.33**	**1.19**	**27.48**	**0.87**
榆次市	76.73	25.95	1.17	1.52	79.49	0.93	0.08	8.60	0.31
太谷县	44.87	21.01	0.81	1.81	69.14	0.56			
祁　县	47.88	20.80	1.25	2.61	76.80	0.96	0.13	13.54	0.63
平遥县	80.45	41.69	1.91	2.37	93.19	1.78	0.98	55.06	2.35
介休市	41.72	27.61	0.17	0.41	58.82	0.10			
吕梁地区	**155.12**	**86.35**	**2.06**	**1.33**	**91.26**	**1.88**			
汾阳市	70.32	31.87	0.26	0.37	69.23	0.18			
文水县	61.86	36.64	1.62	2.62	102.47	1.66			
交城县	22.94	17.84	0.18	0.78	22.22	0.04			
孝义市									
晋城市	**179.83**	**98.53**	**6.58**	**3.66**	**60.18**	**3.96**	**0.57**	**14.39**	**0.58**
泽州县	76.91	46.24	1.73	2.25	45.09	0.78	0.05	6.41	0.11
沁水县	44.99	17.98	1.35	3.00	68.15	0.92			
阳城县	57.93	34.31	3.50	6.04	64.57	2.26	0.52	23.01	1.52
太原市	**45.08**	**25.94**	**1.29**	**2.86**	**147.29**	**1.90**			
清徐县	45.08	25.94	1.29	2.86	147.29	1.90			

5-25-58 山西省2000年产棉县棉花生产收购明细

县市名	耕地面积（万亩）	农业人口（万人）	棉田面积（万亩）	占耕地（%）	亩产（市斤）	产量（万担）	收购量（万担）	商品率（%）	人均交售（市斤）
全省合计	**2014.01**	**989.62**	**64.43**	**3.20**	**135.29**	**87.17**	**45.08**	**51.72**	**4.56**
运城地区	**874.87**	**405.66**	**46.32**	**5.29**	**156.82**	**72.64**	**41.77**	**57.50**	**10.30**
运城市	96.56	39.86	5.09	5.27	145.58	7.41	6.71	90.55	16.83
永济市	78.86	34.54	14.13	17.92	190.30	26.89	11.98	44.55	34.68
芮城县	70.80	33.98	2.99	4.22	121.74	3.64	1.44	39.56	4.24
临猗县	104.09	50.69	8.94	8.59	207.83	18.58	10.28	55.33	20.28
万荣县	78.93	39.38	1.17	1.48	76.07	0.89	1.48	166.29	3.76
新绛县	51.18	27.32	2.30	4.49	144.35	3.32	2.51	75.60	9.19
稷山县	59.01	29.28	1.21	2.05	123.14	1.49			
河津市	35.61	27.52	0.66	1.85	131.82	0.87	0.64	73.56	2.33
闻喜县	86.88	32.43	2.69	3.10	72.86	1.96	3.02	154.08	9.31
夏　县	65.60	31.89	3.51	5.35	139.89	4.91	3.08	62.73	9.66
绛　县	49.50	22.11	1.11	2.24	63.06	0.70			
平陆县	52.41	21.44	1.32	2.52	60.61	0.80			
垣曲县	45.44	15.22	1.20	2.64	98.33	1.18	0.63	53.39	4.14
临汾地区	**467.46**	**236.08**	**5.09**	**1.09**	**98.04**	**4.99**	**0.70**	**14.03**	**0.30**
临汾市	70.17	42.55	0.30	0.43	103.33	0.31			
侯马市	13.88	11.01	0.71	5.12	129.58	0.92			
霍州县	36.30	17.80	1.08	2.98	62.96	0.68			
曲沃县	32.84	19.23	1.10	3.35	131.82	1.45			
翼城县	52.82	25.13	0.40	0.76	82.50	0.33			
襄汾县	87.14	43.74	0.40	0.46	122.50	0.49	0.70	142.86	1.60
洪洞县	102.48	60.73	0.48	0.47	70.83	0.34			
浮山县	41.93	10.67	0.48	1.14	79.17	0.38			
大宁县	29.90	5.22	0.14	0.47	64.29	0.09			
晋中地区	**291.65**	**137.06**	**5.25**	**1.80**	**52.95**	**2.78**	**2.61**	**93.88**	**1.90**
榆次市	76.73	25.95	2.96	3.86	29.73	0.88			
太谷县	44.87	21.01	0.59	1.31	67.80	0.40			
祁　县	47.88	20.80	0.71	1.48	78.87	0.56	1.58	*	7.60
平遥县	80.45	41.69	0.96	1.19	95.83	0.92	1.03	111.96	2.47
介休市	41.72	27.61	0.03	0.07	66.67	0.02			
吕梁地区	**155.12**	**86.35**	**1.32**	**0.85**	**112.88**	**1.49**			
汾阳市	70.32	31.87	0.06	0.09	16.67	0.01			
文水县	61.86	36.64	1.21	1.96	118.18	1.43			
交城县	22.94	17.84	0.05	0.22	100.00	0.05			
孝义市									
晋城市	**179.83**	**98.53**	**5.21**	**2.90**	**62.76**	**3.27**			
泽州县	76.91	46.24	1.49	1.94	46.98	0.70			
沁水县	44.99	17.98	1.00	2.22	73.00	0.73			
阳城县	57.93	34.31	2.72	4.70	67.65	1.84			
太原市	**45.08**	**25.94**	**1.24**	**2.75**	**161.29**	**2.00**			
清徐县	45.08	25.94	1.24	2.75	161.29	2.00			

5－26－1 山西省运城市历年棉花生产收购

年　度	耕地面积（万亩）	农业人口（万人）	棉田面积（万亩）	占耕地（%）	亩　产（市斤）	产　量（万担）	收购量（万担）	商品率（%）	人均交售（市斤）
52 年合计			**1091.74**	**21.20**	**60.08**	**655.96**	**549.65**	**83.79**	**35.68**
11 年小计			**284.60**	**24.27**	**46.47**	**132.25**	**94.94**	**71.79**	**48.15**
占合计%			**26.07**			**20.16**	**17.27**		
1949	106.83	16.08	15.87	14.86	29.68	4.71			
1950	107.09	16.39	19.33	18.05	34.56	6.68			
1951	107.73	16.58	22.79	21.15	39.89	9.09			
1952	108.33	16.80	28.43	26.24	50.26	14.29	5.61	39.26	33.39
1953	108.02	17.32	24.15	22.36	49.48	11.95	8.71	72.89	50.29
1954	108.42	17.92	25.48	23.50	55.53	14.15	11.28	79.72	62.95
1955	108.12	18.21	29.49	27.28	37.88	11.17	10.16	90.96	55.79
1956	107.51	18.87	31.19	29.01	37.96	11.84	11.27	95.19	59.72
1957	105.81	19.33	32.61	30.82	45.26	14.76	14.70	99.59	76.05
1958	103.04	19.59	28.51	27.67	74.25	21.17	20.81	98.30	106.23
1959	101.96	20.10	26.75	26.24	46.50	12.44	12.40	99.68	61.69
10 年小计			**251.46**	**25.38**	**53.25**	**133.89**	**128.56**	**96.02**	**52.36**
占合计%			**23.03**			**20.41**	**23.39**		
1960	100.20	20.53	25.79	25.74	29.97	7.73	6.92	89.52	33.71
1961	99.26	21.80	22.36	22.53	43.56	9.74	9.39	96.41	43.07
1962	99.41	22.96	21.24	21.37	40.02	8.50	8.30	97.65	36.15
1963	99.33	23.76	24.22	24.38	54.91	13.30	12.70	95.49	53.45
1964	99.11	24.23	26.52	26.76	62.59	16.60	16.13	97.17	66.57
1965	99.38	24.87	26.23	26.39	80.14	21.02	20.66	98.29	83.07
1966	98.87	25.65	26.04	26.34	54.53	14.20	13.55	95.42	52.83
1967	98.75	26.28	26.53	26.87	47.49	12.60	12.31	97.70	46.84
1968	98.63	27.20	26.59	26.96	47.91	12.74	12.23	96.00	44.96
1969	98.00	28.24	25.94	26.47	67.31	17.46	16.37	93.76	57.97
10 年小计			**238.50**	**24.52**	**48.56**	**115.81**	**113.49**	**98.00**	**35.87**
占合计%			**21.85**			**17.66**	**20.65**		
1970	97.55	29.26	25.85	26.50	48.09	12.43	12.07	97.10	41.25
1971	97.34	29.76	26.02	26.73	43.12	11.22	10.79	96.17	36.26
1972	97.28	30.37	22.26	22.88	31.76	7.07	7.04	99.58	23.18
1973	97.29	31.01	23.50	24.15	72.89	17.13	16.50	96.32	53.21
1974	97.22	31.70	23.24	23.91	52.07	12.10	11.82	97.69	37.29
1975	97.22	32.05	24.18	24.87	52.23	12.63	12.04	95.33	37.57
1976	97.20	32.63	23.97	24.66	46.27	11.09	11.03	99.46	33.80
1977	97.19	32.96	23.81	24.50	49.27	11.73	11.32	96.50	34.34
1978	97.14	33.23	25.31	26.06	46.38	11.74	11.52	98.13	34.67
1979	97.08	33.41	20.36	20.97	42.58	8.67	9.36	107.96	28.02
10 年小计			**195.14**	**20.30**	**70.17**	**136.92**	**130.69**	**95.45**	**37.47**
占合计%			**17.87**			**20.87**	**23.78**		
1980	96.66	33.82	25.37	26.25	32.01	8.12	9.48	116.75	28.03
1981	96.50	33.65	26.21	27.16	36.21	9.49	9.49	100.00	28.20
1982	96.45	33.71	24.17	25.06	76.75	18.55	17.86	96.28	52.98
1983	96.41	34.14	25.19	26.13	48.87	12.31	11.57	93.99	33.89
1984	96.39	34.42	24.47	25.39	75.85	18.56	12.67	68.27	36.81
1985	96.03	34.80	14.30	14.89	84.83	12.13	8.78	72.38	25.23
1986	95.97	35.13	11.90	12.40	92.18	10.97	9.14	83.32	26.02
1987	95.81	35.74	12.35	12.89	101.05	12.48	13.11	105.05	36.68
1988	95.66	36.37	15.80	16.52	108.10	17.08	21.35	125.00	58.70
1989	95.60	37.02	15.38	16.09	112.03	17.23	17.24	100.06	46.57
11 年小计			**122.04**	**11.61**	**112.33**	**137.09**	**81.97**	**59.79**	**18.96**
占合计%			**11.18**			**20.90**	**14.91**		
1990	95.57	38.38	16.31	17.07	113.43	18.50	15.50	83.78	40.39
1991	95.40	38.69	17.19	18.02	99.59	17.12	13.20	77.10	34.12
1992	95.25	39.34	16.85	17.69	86.88	14.64	6.88	46.99	17.49
1993	94.76	39.44	14.82	15.64	101.21	15.00	4.70	31.33	11.92
1994	94.67	38.98	15.08	15.93	105.90	15.97	6.71	42.02	17.21
1995	94.55	39.03	12.30	13.01	130.41	16.04	7.92	49.38	20.29
1996	94.47	39.57	7.11	7.53	137.69	9.79	4.32	44.13	10.92
1997	97.01	39.60	5.96	6.14	115.27	6.87	3.41	49.64	8.61
1998	96.56	39.67	6.42	6.65	145.95	9.37	8.19	87.41	20.65
1999	96.56	39.86	4.91	5.08	129.94	6.38	4.43	69.44	11.11
2000	96.56	39.86	5.09	5.27	145.58	7.41	6.71	90.55	16.83

5-26-2 山西省永济市历年棉花生产收购

年　度	耕地面积（万亩）	农业人口（万人）	棉田面积（万亩）	占耕地（%）	亩　产（市斤）	产　量（万担）	收购量（万担）	商品率（%）	人均交售（市斤）
52年合计			**936.07**	**22.23**	**82.47**	**771.95**	**577.82**	**74.85**	**43.41**
11年小计			**223.36**	**23.45**	**49.86**	**111.36**	**77.36**	**69.47**	**43.71**
占合计%			**23.86**			**14.43**	**13.39**		
1949	80.97	14.63	12.48	15.41	32.05	4.00			
1950	83.39	14.82	15.15	18.17	37.43	5.67			
1951	85.82	14.91	17.79	20.73	42.89	7.63			
1952	88.20	15.20	22.37	25.36	53.51	11.97	3.25	27.15	21.38
1953	89.33	15.56	19.02	21.29	52.68	10.02	7.12	71.06	45.76
1954	90.57	16.05	20.08	22.17	59.11	11.87	9.16	77.17	57.07
1955	90.77	16.45	23.23	25.59	40.34	9.37	8.96	95.62	54.47
1956	86.63	16.82	24.53	28.32	40.60	9.96	9.50	95.38	56.48
1957	89.55	17.25	25.63	28.62	48.30	12.38	11.72	94.67	67.94
1958	84.29	17.58	21.70	25.75	79.45	17.24	16.74	97.10	95.22
1959	82.94	17.73	21.38	25.78	52.62	11.25	10.91	96.98	61.53
10年小计			**183.22**	**22.49**	**53.37**	**97.78**	**94.21**	**96.35**	**44.05**
占合计%			**19.57**			**12.67**	**16.30**		
1960	80.42	18.29	20.01	24.88	30.68	6.14	6.05	98.53	33.08
1961	80.69	18.95	17.43	21.60	39.47	6.88	6.71	97.53	35.41
1962	80.27	20.09	16.23	20.22	39.56	6.42	6.27	97.66	31.21
1963	80.84	20.73	16.97	20.99	57.98	9.84	9.41	95.63	45.39
1964	81.06	21.15	18.80	23.19	55.27	10.39	9.99	96.15	47.23
1965	82.49	21.70	18.97	23.00	80.23	15.22	14.60	95.93	67.28
1966	82.70	22.14	17.80	21.52	55.06	9.80	9.37	95.61	42.32
1967	81.74	22.82	18.78	22.98	52.13	9.79	9.48	96.83	41.54
1968	81.96	23.55	18.86	23.01	58.48	11.03	10.55	95.65	44.80
1969	82.52	24.43	19.37	23.47	63.35	12.27	11.78	96.01	48.22
10年小计			**184.47**	**22.97**	**56.93**	**105.02**	**100.95**	**96.12**	**37.32**
占合计%			**19.71**			**13.60**	**17.47**		
1970	81.68	24.84	19.69	24.11	50.99	10.04	9.76	97.21	39.29
1971	81.50	25.39	17.13	21.02	41.91	7.18	6.89	95.96	27.14
1972	80.93	26.05	17.32	21.40	31.06	5.38	5.09	94.61	19.54
1973	80.78	26.56	18.36	22.73	77.94	14.31	13.85	96.79	52.15
1974	80.63	27.05	18.41	22.83	59.64	10.98	10.53	95.90	38.93
1975	80.57	27.46	18.90	23.46	60.37	11.41	10.90	95.53	39.69
1976	80.54	27.84	18.65	23.16	66.01	12.31	11.71	95.13	42.06
1977	78.84	28.17	18.77	23.81	64.73	12.15	11.59	95.39	41.14
1978	78.83	28.63	18.74	23.77	61.31	11.49	10.80	93.99	37.72
1979	78.78	28.52	18.50	23.48	52.81	9.77	9.83	100.61	34.47
10年小计			**180.73**	**23.04**	**104.44**	**188.75**	**170.36**	**90.26**	**56.98**
占合计%			**19.31**			**24.45**	**29.48**		
1980	78.78	28.72	19.44	24.68	58.64	11.40	11.91	104.47	41.47
1981	78.77	28.89	21.29	27.03	44.39	9.45	9.45	100.00	32.71
1982	78.74	29.22	21.08	26.77	116.89	24.64	24.29	98.58	83.13
1983	78.74	29.45	20.30	25.78	54.43	11.05	10.14	91.76	34.43
1984	78.47	29.65	19.85	25.30	101.76	20.20	15.61	77.28	52.65
1985	78.30	29.77	15.09	19.27	119.68	18.06	14.14	78.29	47.50
1986	78.20	30.10	15.03	19.22	123.22	18.52	15.12	81.64	50.23
1987	78.20	30.67	15.63	19.99	150.10	23.46	23.37	99.62	76.20
1988	78.11	31.06	16.37	20.96	157.54	25.79	25.62	99.34	82.49
1989	78.05	31.46	16.65	21.33	157.24	26.18	20.71	79.11	65.83
11年小计			**164.29**	**19.20**	**163.76**	**269.04**	**134.94**	**50.16**	**36.41**
占合计%			**17.55**			**34.85**	**23.35**		
1990	78.02	32.31	17.37	22.26	159.30	27.67	17.43	62.99	53.95
1991	77.99	32.69	17.36	22.26	162.62	28.23	21.14	74.88	64.67
1992	77.39	33.13	17.46	22.56	128.47	22.43	13.20	58.85	39.84
1993	77.13	32.79	15.66	20.30	156.32	24.48	7.87	32.15	24.00
1994	76.55	33.56	15.11	19.74	136.86	20.68	11.01	53.24	32.81
1995	76.40	33.80	15.60	20.42	169.94	26.51	13.21	49.83	39.08
1996	76.29	34.30	15.02	19.69	177.90	26.72	8.47	31.70	24.69
1997	79.47	34.40	10.25	12.90	178.83	18.33	7.90	43.10	22.97
1998	78.87	34.52	13.08	16.58	183.94	24.06	15.26	63.42	44.21
1999	78.86	34.54	13.25	16.80	173.89	23.04	7.47	32.42	21.63
2000	78.86	34.54	14.13	17.92	190.30	26.89	11.98	44.55	34.68

5－26－3　山西省芮城县历年棉花生产收购

年　度	耕地面积（万亩）	农业人口（万人）	棉田面积（万亩）	占耕地（%）	亩　产（市斤）	产　量（万担）	收购量（万担）	商品率（%）	人均交售（市斤）
52 年合计			**729.16**	**17.20**	**47.96**	**349.72**	**286.27**	**81.86**	**22.28**
11 年小计			**175.46**	**17.76**	**42.20**	**74.05**	**51.88**	**70.06**	**30.23**
占合计%			**24.06**			**21.17**	**18.12**		
1949	84.38	14.43	9.08	10.76	35.24	3.20			
1950	84.26	14.56	8.04	9.54	38.43	3.09			
1951	91.40	14.68	9.93	10.86	39.48	3.92			
1952	92.21	14.96	18.55	20.12	49.92	9.26	4.62	49.89	30.88
1953	92.60	15.16	16.23	17.53	44.42	7.21	5.32	73.79	35.09
1954	92.91	15.49	16.61	17.88	48.95	8.13	5.36	65.93	34.60
1955	93.14	15.58	18.01	19.34	31.93	5.75	5.45	94.78	34.98
1956	92.67	16.22	20.43	22.05	34.17	6.98	5.24	75.07	32.31
1957	92.28	16.92	20.41	22.12	42.33	8.64	8.02	92.82	47.40
1958	87.21	16.24	19.19	22.00	53.57	10.28	10.28	100.00	63.30
1959	85.08	17.36	18.98	22.31	39.99	7.59	7.59	100.00	43.72
10 年小计			**169.24**	**20.37**	**36.86**	**62.38**	**60.12**	**96.38**	**29.64**
占合计%			**23.21**			**17.84**	**21.00**		
1960	82.01	18.01	17.91	21.84	11.11	1.99	1.92	96.48	10.66
1961	82.59	18.16	14.34	17.36	31.03	4.45	4.20	94.38	23.13
1962	83.84	18.85	14.88	17.75	24.06	3.58	3.38	94.41	17.93
1963	83.87	19.62	15.63	18.64	38.20	5.97	5.68	95.14	28.95
1964	83.76	20.00	17.14	20.46	40.26	6.90	6.57	95.22	32.85
1965	83.54	20.26	17.49	20.94	65.01	11.37	11.25	98.94	55.53
1966	83.30	21.01	17.69	21.24	47.82	8.46	8.28	97.87	39.41
1967	83.01	21.47	17.76	21.40	35.98	6.39	6.17	96.56	28.74
1968	82.71	22.29	18.09	21.87	33.28	6.02	5.78	96.01	25.93
1969	82.43	23.13	18.31	22.21	39.60	7.25	6.89	95.03	29.79
10 年小计			**177.17**	**21.77**	**38.63**	**68.44**	**66.55**	**97.24**	**25.74**
占合计%			**24.30**			**19.57**	**23.25**		
1970	82.34	23.77	18.65	22.65	47.56	8.87	8.66	97.63	36.43
1971	82.08	24.27	15.65	19.07	31.12	4.87	4.74	97.33	19.53
1972	81.89	24.82	16.66	20.35	29.17	4.86	4.58	94.24	18.45
1973	81.59	25.37	17.95	22.00	56.49	10.14	9.67	95.36	38.12
1974	81.20	25.85	17.75	21.86	40.68	7.22	6.82	94.46	26.38
1975	81.18	26.22	18.47	22.75	35.90	6.63	6.36	95.93	24.26
1976	81.11	26.63	18.42	22.71	46.96	8.65	8.42	97.34	31.62
1977	81.09	26.91	17.31	21.35	36.74	6.36	6.33	99.53	23.52
1978	81.12	27.20	18.41	22.69	33.03	6.08	5.85	96.22	21.51
1979	80.37	27.47	17.90	22.27	26.59	4.76	5.12	107.56	18.64
10 年小计			**131.50**	**16.63**	**61.77**	**81.23**	**73.57**	**90.57**	**25.36**
占合计%			**18.03**			**23.23**	**25.70**		
1980	80.31	27.77	17.73	22.08	28.09	4.98	5.80	116.47	20.89
1981	80.00	28.02	17.34	21.68	20.99	3.64	3.64	100.00	12.99
1982	79.83	28.44	17.21	21.56	60.89	10.48	10.52	100.38	36.99
1983	79.83	28.73	18.14	22.72	36.00	6.53	6.26	95.87	21.79
1984	79.83	28.94	17.30	21.67	61.79	10.69	7.50	70.16	25.92
1985	79.04	28.82	8.36	10.58	79.90	6.68	5.41	80.99	18.77
1986	78.26	29.31	7.49	9.57	73.56	5.51	5.05	91.65	17.23
1987	78.05	29.61	7.67	9.83	132.07	10.13	10.17	100.39	34.35
1988	77.81	29.85	10.10	12.98	111.78	11.29	10.44	92.47	34.97
1989	77.72	30.64	10.16	13.07	111.22	11.30	8.78	77.70	28.66
11 年小计			**75.79**	**9.30**	**83.94**	**63.62**	**34.15**	**53.68**	**9.44**
占合计%			**10.39**			**18.19**	**11.93**		
1990	77.42	31.18	10.91	14.09	67.00	7.31	5.59	76.47	17.93
1991	77.30	31.59	11.28	14.59	67.11	7.57	5.03	66.45	15.92
1992	77.07	32.01	10.55	13.69	75.26	7.94	3.86	48.61	12.06
1993	76.98	32.35	8.42	10.94	95.72	8.06	2.39	29.65	7.39
1994	76.82	32.76	10.13	13.19	72.16	7.31	2.54	34.75	7.75
1995	74.04	33.10	5.76	7.78	106.60	6.14	3.70	60.26	11.18
1996	71.52	33.56	5.39	7.54	99.26	5.35	2.33	43.55	6.94
1997	71.13	33.60	3.80	5.34	70.00	2.66	1.41	53.01	4.20
1998	70.83	33.81	3.44	4.86	126.16	4.34	4.32	99.54	12.78
1999	70.80	33.98	3.12	4.41	105.77	3.30	1.54	46.67	4.53
2000	70.80	33.98	2.99	4.22	121.74	3.64	1.44	39.56	4.24

5－26－4　山西省临猗县历年棉花生产收购

年　度	耕地面积（万亩）	农业人口（万人）	棉田面积（万亩）	占耕地（%）	亩　产（市斤）	产　量（万担）	收购量（万担）	商品率（%）	人均交售（市斤）
52 年合计			**1391.36**	**17.53**	**63.52**	**883.75**	**725.29**	**82.07**	**37.26**
11 年小计			**296.28**	**16.29**	**39.75**	**117.78**	**97.06**	**82.41**	**36.37**
占合计%			**21.29**			**13.33**	**13.38**		
1949	162.17	21.26	9.53	5.88	22.98	2.19			
1950	165.26	21.83	14.26	8.63	15.36	2.19			
1951	165.66	22.61	17.35	10.47	31.99	5.55			
1952	165.98	22.59	29.28	17.64	46.99	13.76	12.97	94.26	57.41
1953	167.51	23.56	28.00	16.72	44.50	12.46	10.87	87.24	46.14
1954	166.95	24.22	27.53	16.49	48.49	13.35	10.92	81.80	45.09
1955	166.67	24.94	33.04	19.82	38.50	12.72	11.30	88.84	45.31
1956	166.88	25.84	35.76	21.43	21.00	7.51	6.60	87.88	25.54
1957	166.52	26.40	36.79	22.09	42.21	15.53	14.99	96.52	56.78
1958	164.46	26.76	31.31	19.04	60.01	18.79	16.43	87.44	61.40
1959	160.80	26.84	33.43	20.79	41.07	13.73	12.98	94.54	48.36
10 年小计			**299.36**	**18.74**	**51.69**	**154.75**	**148.60**	**96.03**	**46.53**
占合计%			**21.52**			**17.51**	**20.49**		
1960	158.87	27.65	30.76	19.36	27.99	8.61	8.11	94.19	29.33
1961	159.83	28.43	26.69	16.70	39.57	10.56	10.16	96.21	35.74
1962	160.23	29.94	26.44	16.50	41.30	10.92	10.27	94.05	34.30
1963	160.26	30.95	28.59	17.84	49.04	14.02	13.49	96.22	43.59
1964	160.43	31.54	30.66	19.11	56.52	17.33	16.59	95.73	52.60
1965	160.47	32.34	30.82	19.21	73.69	22.71	22.11	97.36	68.37
1966	160.49	33.03	30.66	19.10	50.07	15.35	14.85	96.74	44.96
1967	159.45	33.72	31.68	19.87	51.33	16.26	15.58	95.82	46.20
1968	159.47	35.20	31.52	19.77	59.01	18.60	17.88	96.13	50.80
1969	157.97	36.53	31.54	19.97	64.65	20.39	19.56	95.93	53.55
10 年小计			**337.29**	**21.90**	**47.62**	**160.63**	**152.48**	**94.93**	**38.28**
占合计%			**24.24**			**18.18**	**21.02**		
1970	157.91	37.37	31.55	19.98	45.13	14.24	13.06	91.71	34.95
1971	155.42	38.18	35.21	22.66	43.03	15.15	13.37	88.25	35.02
1972	155.39	38.90	33.01	21.24	29.23	9.65	8.93	92.54	22.96
1973	155.37	39.41	33.90	21.82	68.82	23.33	22.18	95.07	56.28
1974	155.30	39.93	32.70	21.06	54.77	17.91	17.02	95.03	42.62
1975	155.30	40.30	34.34	22.11	50.52	17.35	16.58	95.56	41.14
1976	151.53	40.65	33.29	21.97	50.80	16.91	16.21	95.86	39.88
1977	151.53	41.07	32.39	21.38	49.43	16.01	15.18	94.82	36.96
1978	151.52	41.22	35.36	23.34	46.63	16.49	15.89	96.36	38.55
1979	150.92	41.31	35.54	23.55	38.24	13.59	14.06	103.46	34.04
10 年小计			**275.41**	**18.26**	**80.99**	**223.05**	**210.41**	**94.33**	**49.44**
占合计%			**19.79**			**25.24**	**29.01**		
1980	150.92	41.41	34.82	23.07	39.49	13.75	14.61	106.25	35.28
1981	150.90	41.66	36.09	23.92	47.30	17.07	17.07	100.00	40.97
1982	150.89	41.91	34.85	23.10	100.17	34.91	33.70	96.53	80.41
1983	150.89	42.25	35.04	23.22	44.26	15.51	15.29	98.58	36.19
1984	150.89	42.41	34.85	23.10	84.79	29.55	22.24	75.26	52.44
1985	150.89	42.50	23.60	15.64	84.32	19.90	17.07	85.78	40.16
1986	150.86	42.64	17.21	11.41	97.68	16.81	16.79	99.88	39.38
1987	150.83	43.18	16.91	11.21	123.24	20.84	22.89	109.84	53.01
1988	150.83	43.56	20.39	13.52	134.13	27.35	29.43	107.61	67.56
1989	150.81	44.06	21.65	14.36	126.37	27.36	21.32	77.92	48.39
11 年小计			**183.02**	**12.43**	**124.33**	**227.54**	**116.74**	**51.31**	**21.76**
占合计%			**13.15**			**25.75**	**16.10**		
1990	150.81	45.64	22.13	14.67	125.26	27.72	20.35	73.41	44.59
1991	150.80	46.28	22.29	14.78	124.59	27.77	20.00	72.02	43.22
1992	150.80	47.04	22.53	14.94	106.13	23.91	12.01	50.23	25.53
1993	150.78	47.71	18.08	11.99	132.63	23.98	4.12	17.18	8.64
1994	150.78	48.28	19.31	12.81	92.96	17.95	8.54	47.58	17.69
1995	150.77	48.95	20.21	13.40	118.95	24.04	12.46	51.83	25.45
1996	150.77	50.29	18.00	11.94	133.44	24.02	6.85	28.52	13.62
1997	104.09	50.35	12.00	11.53	116.83	14.02	4.33	30.88	8.60
1998	104.09	50.54	11.94	11.47	120.52	14.39	12.14	84.36	24.02
1999	104.09	50.69	7.59	7.29	147.04	11.16	5.66	50.72	11.17
2000	104.09	50.69	8.94	8.59	207.83	18.58	10.28	55.33	20.28

5－26－5　山西省万荣县历年棉花生产收购

年　度	耕地面积（万亩）	农业人口（万人）	棉田面积（万亩）	占耕地（%）	亩　产（市斤）	产　量（万担）	收购量（万担）	商品率（%）	人均交售（市斤）
52 年合计			**898.96**	**17.01**	**45.03**	**404.79**	**359.43**	**88.79**	**23.41**
11 年小计			**232.59**	**20.09**	**42.22**	**98.21**	**78.00**	**79.42**	**35.75**
占合计%			**25.87**			**24.26**	**21.70**		
1949	98.94	18.29	11.37	11.49	28.58	3.25			
1950	100.28	18.55	10.86	10.83	25.97	2.82			
1951	104.01	18.82	19.63	18.87	39.99	7.85			
1952	107.12	19.10	27.29	25.48	45.00	12.28	10.22	83.22	53.51
1953	107.16	19.49	20.11	18.77	45.30	9.11	8.50	93.30	43.61
1954	107.28	19.57	21.26	19.82	55.41	11.78	9.46	80.31	48.34
1955	107.45	20.21	23.99	22.33	40.18	9.64	8.93	92.63	44.19
1956	107.09	20.63	25.62	23.92	21.27	5.45	5.27	96.70	25.55
1957	106.80	20.90	25.91	24.26	43.96	11.39	11.24	98.68	53.78
1958	106.70	21.13	24.30	22.78	52.92	12.86	12.60	97.98	59.63
1959	105.17	21.49	22.25	21.16	52.94	11.78	11.78	100.00	54.82
10 年小计			**212.86**	**20.30**	**46.42**	**98.82**	**94.36**	**95.49**	**37.23**
占合计%			**23.68**			**24.41**	**26.25**		
1960	104.75	21.93	21.00	20.05	40.52	8.51	8.39	98.59	38.26
1961	104.90	22.87	18.29	17.44	39.91	7.30	7.12	97.53	31.13
1962	104.90	23.88	19.15	18.26	32.48	6.22	6.02	96.78	25.21
1963	105.11	24.86	19.58	18.63	44.94	8.80	8.32	94.55	33.47
1964	105.02	25.17	22.13	21.07	44.15	9.77	9.22	94.37	36.63
1965	104.91	25.75	21.76	20.74	59.88	13.03	12.36	94.86	48.00
1966	104.85	26.25	22.04	21.02	51.18	11.28	10.86	96.28	41.37
1967	104.79	26.67	23.14	22.08	44.21	10.23	9.59	93.74	35.96
1968	104.69	27.42	22.96	21.93	49.56	11.38	10.86	95.43	39.61
1969	104.67	28.68	22.81	21.79	53.92	12.30	11.62	94.47	40.52
10 年小计			**218.56**	**21.30**	**35.93**	**78.53**	**85.11**	**108.38**	**27.42**
占合计%			**24.31**			**19.40**	**23.68**		
1970	104.63	29.31	22.75	21.74	37.89	8.62	8.00	92.81	27.29
1971	102.59	29.88	22.66	22.09	36.50	8.27	13.37	161.67	44.75
1972	102.50	30.30	19.94	19.45	23.67	4.72	8.93	189.19	29.47
1973	102.41	30.70	21.04	20.55	40.54	8.53	8.06	94.49	26.25
1974	102.44	31.17	20.91	20.41	41.46	8.67	8.08	93.19	25.92
1975	102.44	31.41	22.67	22.13	36.26	8.22	7.67	93.31	24.42
1976	102.26	31.66	22.16	21.67	32.99	7.31	7.16	97.95	22.62
1977	102.26	31.91	22.28	21.79	38.64	8.61	8.17	94.89	25.60
1978	102.33	32.07	22.50	21.99	37.60	8.46	8.18	96.69	25.51
1979	102.33	32.02	21.65	21.16	32.89	7.12	7.49	105.20	23.39
10 年小计			**169.54**	**16.57**	**54.74**	**92.80**	**81.89**	**88.24**	**24.57**
占合计%			**18.86**			**22.93**	**22.78**		
1980	102.33	32.33	22.25	21.74	29.44	6.55	7.64	116.64	23.63
1981	102.33	32.60	23.24	22.71	41.48	9.64	9.64	100.00	29.57
1982	102.32	32.88	23.21	22.68	74.88	17.38	17.21	99.02	52.34
1983	102.30	32.21	23.13	22.61	26.11	6.04	6.17	102.15	19.16
1984	102.30	33.49	22.31	21.81	63.11	14.08	9.67	68.68	28.87
1985	102.30	33.54	12.17	11.90	59.98	7.30	4.91	67.26	14.64
1986	102.29	33.70	10.17	9.94	61.16	6.22	5.57	89.55	16.53
1987	102.32	33.88	10.52	10.28	75.48	7.94	6.33	79.72	18.68
1988	102.32	34.17	11.21	10.96	77.43	8.68	8.10	93.32	23.71
1989	102.30	34.50	11.33	11.08	79.17	8.97	6.65	74.14	19.28
11 年小计			**65.41**	**6.35**	**55.69**	**36.43**	**20.07**	**55.09**	**4.78**
占合计%			**7.28**			**9.00**	**5.58**		
1990	102.30	36.26	12.03	11.76	69.99	8.42	5.54	65.80	15.28
1991	102.30	36.75	12.11	11.84	48.47	5.87	3.57	60.82	9.71
1992	102.30	37.33	10.98	10.73	49.82	5.47	1.63	29.80	4.37
1993	102.30	37.61	7.43	7.26	44.01	3.27	0.21	6.42	0.56
1994	102.08	37.90	7.35	7.20	35.65	2.62	1.11	42.37	2.93
1995	101.10	38.22	7.11	7.03	64.98	4.62	2.70	58.44	7.06
1996	99.83	38.83	1.76	1.76	60.80	1.07	1.13	105.61	2.91
1997	79.83	38.90	1.82	2.28	43.41	0.79	0.11	13.92	0.28
1998	79.83	39.11	2.33	2.92	104.29	2.43	1.34	55.14	3.43
1999	78.93	39.38	1.32	1.67	74.24	0.98	1.25	127.55	3.17
2000	78.93	39.38	1.17	1.48	76.07	0.89	1.48	166.29	3.76

5-26-6 山西省新绛县历年棉花生产收购

年度	耕地面积（万亩）	农业人口（万人）	棉田面积（万亩）	占耕地（%）	亩产（市斤）	产量（万担）	收购量（万担）	商品率（%）	人均交售（市斤）
52年合计			**554.40**	**19.71**	**67.90**	**376.43**	**315.65**	**83.85**	**30.92**
11年小计			**127.25**	**20.14**	**47.26**	**60.14**	**50.79**	**84.45**	**37.96**
占合计%			**22.95**			**15.98**	**16.09**		
1949	48.06	11.19	5.81	12.09	30.98	1.80			
1950	52.70	11.25	6.41	12.16	35.88	2.30			
1951	58.73	11.52	8.60	14.64	45.00	3.87			
1952	58.92	11.55	10.53	17.87	58.97	6.21	5.14	82.77	44.50
1953	60.48	12.10	9.66	15.97	55.18	5.33	5.29	99.25	43.72
1954	59.72	11.93	11.46	19.19	57.50	6.59	6.60	100.15	55.32
1955	59.78	12.23	14.12	23.62	48.65	6.87	6.40	93.16	52.33
1956	60.20	12.43	16.28	27.05	27.40	4.46	4.09	91.70	32.90
1957	60.03	13.10	16.04	26.72	48.75	7.82	7.41	94.76	56.56
1958	57.65	13.18	13.73	23.82	52.80	7.25	7.71	106.34	58.50
1959	55.58	13.33	14.61	26.29	52.29	7.64	8.15	106.68	61.14
10年小计			**125.99**	**22.86**	**45.97**	**57.92**	**55.54**	**95.89**	**33.53**
占合计%			**22.73**			**15.39**	**17.60**		
1960	56.31	13.96	12.89	22.89	20.48	2.64	3.63	137.50	26.00
1961	55.83	14.86	10.83	19.40	35.83	3.88	3.66	94.33	24.63
1962	55.16	15.80	10.29	18.66	32.36	3.33	3.12	93.69	19.75
1963	55.19	16.17	11.25	20.39	57.07	6.42	6.10	95.02	37.72
1964	55.29	16.37	12.78	23.11	61.03	7.80	7.43	95.26	45.39
1965	54.98	16.89	13.34	24.27	56.15	7.49	7.05	94.13	41.74
1966	54.75	17.22	13.64	24.91	45.45	6.20	5.75	92.74	33.39
1967	54.63	17.62	13.89	25.43	48.96	6.80	6.42	94.41	36.44
1968	54.59	18.10	13.74	25.17	41.41	5.69	5.26	92.44	29.06
1969	54.47	18.63	13.34	24.49	57.50	7.67	7.12	92.83	38.22
10年小计			**125.67**	**23.64**	**51.59**	**64.83**	**62.34**	**96.16**	**30.28**
占合计%			**22.67**			**17.22**	**19.75**		
1970	54.47	19.06	13.13	24.11	55.37	7.27	6.83	93.95	35.83
1971	52.97	19.40	12.72	24.02	50.86	6.47	6.15	95.05	31.70
1972	53.10	19.85	11.82	22.26	44.25	5.23	4.87	93.12	24.53
1973	53.06	20.21	11.99	22.60	61.72	7.40	7.03	95.00	34.78
1974	53.04	20.60	12.02	22.66	51.41	6.18	5.88	95.15	28.54
1975	53.00	20.96	12.72	24.00	48.82	6.21	5.81	93.56	27.72
1976	53.00	21.20	12.77	24.10	42.44	5.42	5.18	95.57	24.43
1977	53.00	21.39	12.69	23.95	58.94	7.48	7.20	96.26	33.66
1978	52.95	21.56	13.07	24.68	47.82	6.25	6.04	96.64	28.01
1979	52.94	21.67	12.74	24.07	54.32	6.92	7.35	106.21	33.92
10年小计			**105.07**	**19.89**	**95.13**	**99.95**	**86.01**	**86.05**	**37.69**
占合计%			**18.95**			**26.55**	**27.25**		
1980	52.94	21.76	12.47	23.56	63.83	7.96	9.08	114.07	41.73
1981	52.92	22.01	13.55	25.60	58.30	7.90	7.90	100.00	35.89
1982	52.91	22.24	13.29	25.12	103.91	13.81	13.48	97.61	60.61
1983	52.92	22.44	13.28	25.09	75.30	10.00	9.54	95.40	42.51
1984	52.88	22.68	12.62	23.87	95.56	12.06	9.22	76.45	40.65
1985	52.83	22.88	8.12	15.37	95.32	7.74	6.26	80.88	27.36
1986	52.80	23.09	6.80	12.88	112.65	7.66	7.00	91.38	30.32
1987	52.76	23.36	7.46	14.14	137.80	10.28	5.00	48.64	21.40
1988	52.68	23.61	8.46	16.06	117.61	9.95	8.16	82.01	34.56
1989	52.59	24.11	9.02	17.15	139.58	12.59	10.37	82.37	43.01
11年小计			**70.42**	**12.35**	**132.91**	**93.59**	**60.97**	**65.15**	**21.21**
占合计%			**12.70**			**24.86**	**19.32**		
1990	52.46	24.79	9.45	18.02	140.95	13.32	11.13	83.56	44.90
1991	52.31	25.04	9.48	18.12	158.02	14.98	13.84	92.39	55.27
1992	52.20	25.42	9.66	18.51	113.66	10.98	7.73	70.40	30.41
1993	52.20	25.81	8.57	16.41	142.91	12.24	6.53	53.35	25.30
1994	51.81	25.94	9.21	17.78	134.42	12.38	6.26	50.57	24.13
1995	51.33	26.06	7.74	15.08	105.04	8.13	5.67	69.74	21.76
1996	51.06	26.53	5.30	10.38	122.26	6.48	1.58	24.38	5.96
1997	52.46	26.60	1.52	2.90	138.82	2.11	0.63	29.86	2.37
1998	52.02	26.65	2.16	4.15	150.46	3.25	3.65	112.31	13.70
1999	51.18	27.32	5.03	9.83	127.24	6.40	1.44	22.50	5.27
2000	51.18	27.32	2.30	4.49	144.35	3.32	2.51	75.60	9.19

5-26-7 山西省稷山县历年棉花生产收购

年　　度	耕地面积（万亩）	农业人口（万人）	棉田面积（万亩）	占耕地（%）	亩　产（市斤）	产　量（万担）	收购量（万担）	商品率（%）	人均交售（市斤）
52年合计			**558.97**	**17.98**	**62.87**	**351.40**	**288.00**	**81.96**	**26.27**
11年小计			**111.80**	**15.75**	**44.60**	**49.86**	**40.01**	**80.24**	**27.86**
占合计%			**20.00**			**14.19**	**13.89**		
1949	64.46	11.92	4.00	6.21	28.00	1.12			
1950	64.85	11.89	5.74	8.85	33.10	1.90			
1951	65.18	12.18	8.43	12.93	38.91	3.28			
1952	65.28	12.52	11.32	17.34	42.05	4.76	4.00	84.03	31.95
1953	65.94	12.58	7.46	11.31	48.53	3.62	3.04	83.98	24.17
1954	65.33	12.68	8.88	13.59	44.37	3.94	3.25	82.49	25.63
1955	65.64	13.18	11.36	17.31	43.40	4.93	4.00	81.14	30.35
1956	65.46	13.58	13.19	20.15	25.93	3.42	3.24	94.74	23.86
1957	65.40	14.07	13.97	21.36	48.10	6.72	6.38	94.94	45.34
1958	62.10	14.49	12.97	20.89	64.61	8.38	8.31	99.16	57.35
1959	60.17	14.50	14.48	24.07	53.80	7.79	7.79	100.00	53.72
10年小计			**136.00**	**22.80**	**45.08**	**61.31**	**57.12**	**93.17**	**32.78**
占合计%			**24.33**			**17.45**	**19.83**		
1960	60.09	15.17	15.38	25.59	28.80	4.43	4.08	92.10	26.90
1961	59.93	15.46	12.70	21.19	36.69	4.66	4.41	94.64	28.53
1962	60.39	16.25	11.00	18.21	34.45	3.79	3.55	93.67	21.85
1963	60.15	16.87	11.72	19.48	43.94	5.15	4.78	92.82	28.33
1964	59.94	17.19	13.43	22.41	56.44	7.58	7.02	92.61	40.84
1965	59.84	17.73	14.13	23.61	60.23	8.51	7.98	93.77	45.01
1966	59.54	18.09	14.21	23.87	51.44	7.31	6.84	93.57	37.81
1967	59.13	18.46	14.74	24.93	46.27	6.82	6.36	93.26	34.45
1968	58.91	19.16	14.51	24.63	37.97	5.51	5.06	91.83	26.41
1969	58.70	19.86	14.18	24.16	53.24	7.55	7.04	93.25	35.45
10年小计			**133.89**	**22.95**	**41.49**	**55.55**	**53.27**	**95.90**	**24.30**
占合计%			**23.95**			**15.81**	**18.50**		
1970	58.61	20.44	14.27	24.35	46.67	6.66	6.31	94.74	30.87
1971	58.47	20.89	13.38	22.88	44.39	5.94	5.94	100.00	28.43
1972	58.34	21.25	12.60	21.60	38.10	4.80	4.48	93.33	21.08
1973	58.32	21.62	12.98	22.26	50.46	6.55	6.21	94.81	28.72
1974	58.31	21.95	13.02	22.33	42.09	5.48	5.15	93.98	23.46
1975	58.31	22.19	13.35	22.90	35.21	4.70	4.38	93.19	19.74
1976	58.28	22.42	13.31	22.83	33.75	4.49	4.17	92.87	18.60
1977	58.28	22.66	13.50	23.17	43.19	5.83	5.55	95.20	24.49
1978	58.26	22.83	13.89	23.84	33.55	4.66	4.46	95.71	19.54
1979	58.22	22.98	13.59	23.34	47.39	6.44	6.62	102.80	28.81
10年小计			**112.29**	**19.40**	**83.11**	**93.32**	**84.36**	**90.40**	**34.67**
占合计%			**20.09**			**26.56**	**29.29**		
1980	58.17	23.18	13.98	24.03	51.22	7.16	7.98	111.45	34.43
1981	58.17	23.36	14.09	24.22	47.55	6.70	6.70	100.00	28.68
1982	57.89	23.69	16.34	28.23	73.32	11.98	11.89	99.25	50.19
1983	57.89	23.87	14.81	25.59	50.98	7.55	6.95	92.05	29.12
1984	57.86	24.16	14.04	24.27	86.32	12.12	8.87	73.18	36.71
1985	57.83	24.33	8.58	14.84	87.06	7.47	4.57	61.18	18.78
1986	57.78	24.51	6.56	11.35	98.48	6.46	6.45	99.85	26.32
1987	57.77	24.79	6.92	11.98	135.26	9.36	9.06	96.79	36.55
1988	57.77	25.36	7.97	13.80	132.37	10.55	10.01	94.88	39.47
1989	57.74	26.09	9.00	15.59	155.22	13.97	11.88	85.04	45.53
11年小计			**64.99**	**10.16**	**140.58**	**91.36**	**53.24**	**58.27**	**16.85**
占合计%			**11.63**			**26.00**	**18.49**		
1990	57.74	29.78	9.00	15.59	162.33	14.61	12.43	85.08	41.74
1991	57.74	27.22	9.59	16.61	163.19	15.65	12.58	80.38	46.22
1992	57.72	27.72	9.84	17.05	131.61	12.95	8.35	64.48	30.12
1993	57.69	28.06	8.52	14.77	160.21	13.65	4.27	31.28	15.22
1994	57.60	28.46	9.35	16.23	97.54	9.12	5.86	64.25	20.59
1995	57.24	28.70	7.85	13.71	156.18	12.26	5.51	44.94	19.20
1996	57.24	29.10	4.79	8.37	119.62	5.73	1.90	33.16	6.53
1997	59.45	29.12	1.88	3.16	95.21	1.79	0.54	30.17	1.85
1998	59.15	29.17	1.68	2.84	158.33	2.66	1.37	51.50	4.70
1999	59.01	29.28	1.28	2.17	113.28	1.45	0.43	29.66	1.47
2000	59.01	29.28	1.21	2.05	123.14	1.49			

5－26－8 山西省河津县历年棉花生产收购

年 度	耕地面积（万亩）	农业人口（万人）	棉田面积（万亩）	占耕地（%）	亩 产（市斤）	产 量（万担）	收购量（万担）	商品率（%）	人均交售（市斤）
52 年合计			**386.49**	**19.24**	**54.76**	**211.66**	**185.65**	**87.71**	**18.14**
11 年小计			**134.29**	**27.06**	**41.36**	**55.54**	**41.73**	**75.14**	**31.04**
占合计%			**34.75**			**26.24**	**22.48**		
1949	45.69	11.01	9.76	21.36	34.94	3.41			
1950	46.19	11.37	7.37	15.96	24.56	1.81			
1951	46.61	11.54	10.43	22.38	41.04	4.28			
1952	46.59	11.68	14.96	32.11	36.03	5.39	5.61	104.08	48.03
1953	46.41	11.86	11.33	24.41	44.92	5.09	4.58	89.98	38.62
1954	46.61	12.13	12.98	27.85	42.84	5.56	3.64	65.47	30.01
1955	46.19	12.49	14.76	31.96	42.48	6.27	4.84	77.19	38.75
1956	44.36	12.60	16.68	37.61	26.08	4.35	4.27	98.16	33.89
1957	43.59	12.97	13.80	31.66	50.29	6.94	6.74	97.12	51.97
1958	43.61	13.29	10.32	23.67	57.46	5.93	5.86	98.82	44.09
1959	40.44	13.49	11.90	29.43	54.71	6.51	6.19	95.08	45.89
10 年小计			**104.86**	**27.17**	**44.73**	**46.90**	**43.97**	**93.75**	**25.99**
占合计%			**27.13**			**22.16**	**23.68**		
1960	39.81	13.86	12.27	30.82	25.75	3.16	3.13	99.05	22.58
1961	39.18	14.23	10.09	25.75	34.59	3.49	3.37	96.56	23.68
1962	39.06	14.48	9.54	24.42	27.25	2.60	2.44	93.85	16.85
1963	38.84	17.16	9.58	24.67	42.38	4.06	3.74	92.12	21.79
1964	38.60	17.41	10.35	26.82	57.10	5.91	5.56	94.08	31.94
1965	38.27	17.88	10.41	27.21	58.41	6.08	5.67	93.26	31.71
1966	38.27	15.78	10.63	27.78	58.51	6.22	5.78	92.93	36.63
1967	38.06	18.73	10.70	28.12	49.53	5.30	4.94	93.21	26.37
1968	38.03	19.50	10.65	28.01	43.76	4.66	4.24	90.99	21.74
1969	37.83	20.17	10.64	28.13	50.94	5.42	5.10	94.10	25.29
10 年小计			**71.91**	**19.15**	**48.82**	**35.11**	**33.69**	**95.95**	**16.87**
占合计%			**18.61**			**16.59**	**18.15**		
1970	37.80	20.72	10.57	27.96	43.42	4.59	4.25	92.59	20.51
1971	37.70	18.29	7.63	20.24	42.60	3.25	4.00	123.08	21.87
1972	37.58	19.76	5.55	14.77	41.80	2.32	2.05	88.36	10.37
1973	37.56	19.20	5.13	13.66	54.58	2.80	2.47	88.20	12.86
1974	37.52	19.57	6.03	16.07	40.30	2.43	2.18	89.71	11.14
1975	37.52	19.91	7.04	18.77	46.31	3.26	2.97	91.10	14.92
1976	37.52	20.16	7.16	19.09	52.37	3.75	3.52	93.87	17.46
1977	37.52	20.43	7.22	19.25	60.94	4.40	4.09	92.95	20.02
1978	37.52	20.66	7.88	21.00	53.17	4.19	3.98	94.99	19.26
1979	37.38	20.99	7.70	20.60	53.51	4.12	4.18	101.46	19.91
10 年小计			**51.70**	**14.29**	**94.51**	**48.86**	**46.18**	**94.51**	**20.35**
占合计%			**13.38**			**23.08**	**24.87**		
1980	36.80	21.21	7.62	20.71	74.67	5.69	6.56	115.29	30.93
1981	36.68	21.51	7.88	21.49	74.62	5.88	5.88	100.00	27.34
1982	36.59	21.76	7.41	20.25	119.84	8.88	8.06	90.77	37.04
1983	36.59	22.12	7.53	20.58	58.70	4.42	4.17	94.34	18.85
1984	36.59	22.38	7.01	19.16	91.44	6.41	4.77	74.41	21.31
1985	36.29	22.63	3.14	8.65	102.23	3.21	2.28	71.03	10.08
1986	36.14	24.51	2.60	7.20	118.46	3.08	2.78	90.26	11.34
1987	35.43	23.27	2.64	7.45	166.29	4.39	4.32	98.41	18.56
1988	35.40	23.58	2.88	8.14	100.00	2.88	3.61	125.35	15.31
1989	35.33	23.96	2.99	8.46	134.45	4.02	3.75	93.28	15.65
11 年小计			**23.73**	**6.10**	**106.41**	**25.25**	**20.08**	**79.52**	**6.84**
占合计%			**6.14**			**11.93**	**10.82**		
1990	35.33	24.92	3.56	10.08	131.18	4.67	3.67	78.59	14.73
1991	35.30	25.17	3.53	10.00	143.06	5.05	4.76	94.26	18.91
1992	35.28	25.16	3.75	10.63	103.20	3.87	2.75	71.06	10.93
1993	35.18	25.60	2.99	8.50	78.60	2.35	1.13	48.09	4.41
1994	35.18	26.19	3.12	8.87	39.74	1.24	1.03	83.06	3.93
1995	35.07	26.87	2.10	5.99	113.33	2.38	2.51	105.46	9.34
1996	35.07	28.04	1.58	4.51	118.99	1.88	0.82	43.62	2.92
1997	35.94	28.15	0.89	2.48	113.48	1.01	0.47	46.53	1.67
1998	35.69	28.25	0.77	2.16	129.87	1.00	1.42	142.00	5.03
1999	35.61	27.52	0.78	2.19	119.23	0.93	0.88	94.62	3.20
2000	35.61	27.52	0.66	1.85	131.82	0.87	0.64	73.56	2.33

5－26－9　山西省闻喜县历年棉花生产收购

年　度	耕地面积（万亩）	农业人口（万人）	棉田面积（万亩）	占耕地（%）	亩　产（市斤）	产　量（万担）	收购量（万担）	商品率（%）	人均交售（市斤）
52 年合计			**511.57**	**11.76**	**40.42**	**206.77**	**174.80**	**84.54**	**13.95**
11 年小计			**123.30**	**12.34**	**38.34**	**47.27**	**28.03**	**59.30**	**16.98**
占合计%			**24.10**			**22.86**	**16.04**		
1949	87.66	12.22	7.58	8.65	32.72	2.48			
1950	86.87	12.85	7.55	8.69	34.17	2.58			
1951	89.45	13.59	6.89	7.70	46.30	3.19			
1952	93.41	15.43	10.70	11.46	55.98	5.99	2.54	42.40	16.46
1953	93.32	14.99	7.30	7.82	49.04	3.58	2.32	64.80	15.48
1954	95.18	15.15	9.59	10.08	55.79	5.35	2.59	48.41	17.10
1955	94.97	16.12	13.15	13.85	36.65	4.82	3.27	67.84	20.29
1956	95.30	15.75	16.03	16.82	19.90	3.19	3.07	96.24	19.49
1957	94.73	16.07	16.14	17.04	29.86	4.82	3.73	77.39	23.21
1958	86.99	16.22	14.66	16.85	42.97	6.30	5.65	89.68	34.83
1959	81.45	16.64	13.71	16.83	36.25	4.97	4.86	97.79	29.21
10 年小计			**129.96**	**15.60**	**40.04**	**52.04**	**48.27**	**92.76**	**23.35**
占合计%			**25.40**			**25.17**	**27.61**		
1960	82.97	17.63	13.39	16.14	12.32	1.65	1.65	100.00	9.36
1961	82.19	18.84	8.75	10.65	20.46	1.79	1.70	94.97	9.02
1962	82.79	19.85	9.51	11.49	22.82	2.17	1.91	88.02	9.62
1963	83.18	20.37	11.44	13.75	50.96	5.83	5.43	93.14	26.66
1964	83.10	20.52	13.69	16.47	44.34	6.07	5.61	92.42	27.34
1965	83.87	20.96	14.17	16.90	55.54	7.87	7.55	95.93	36.02
1966	83.96	21.31	14.70	17.51	43.47	6.39	6.00	93.90	28.16
1967	83.82	21.71	14.89	17.76	44.66	6.65	6.19	93.08	28.51
1968	83.72	22.44	14.74	17.61	40.77	6.01	5.50	91.51	24.51
1969	83.40	23.08	14.68	17.60	51.84	7.61	6.73	88.44	29.16
10 年小计			**132.09**	**16.22**	**34.49**	**45.56**	**42.12**	**92.45**	**16.51**
占合计%			**25.82**			**22.03**	**24.10**		
1970	82.91	23.09	14.71	17.74	40.04	5.89	5.41	91.85	23.43
1971	82.05	24.13	12.94	15.77	39.57	5.12	4.53	88.48	18.77
1972	81.89	24.64	12.84	15.68	23.91	3.07	2.80	91.20	11.36
1973	81.41	25.15	13.06	16.04	51.23	6.69	6.27	93.72	24.93
1974	81.29	25.65	12.80	15.75	31.88	4.08	3.70	90.69	14.42
1975	81.27	25.99	13.19	16.23	34.50	4.55	4.17	91.65	16.04
1976	81.02	26.28	13.13	16.21	28.03	3.68	3.31	89.95	12.60
1977	80.97	26.67	13.11	16.19	37.15	4.87	4.48	91.99	16.80
1978	80.87	26.66	13.14	16.25	31.96	4.20	3.91	93.10	14.67
1979	80.78	26.86	13.17	16.30	25.89	3.41	3.54	103.81	13.18
10 年小计			**74.89**	**9.35**	**37.56**	**28.13**	**24.57**	**87.34**	**8.77**
占合计%			**14.64**			**13.60**	**14.06**		
1980	80.69	27.04	12.51	15.50	22.38	2.80	3.63	129.64	13.42
1981	80.54	27.31	12.23	15.19	31.32	3.83	3.83	100.00	14.02
1982	80.36	27.55	12.86	16.00	52.72	6.78	6.83	100.74	24.79
1983	80.36	27.77	12.50	15.56	26.96	3.37	2.77	82.20	9.97
1984	80.30	27.89	12.02	14.97	37.35	4.49	2.66	59.24	9.54
1985	80.09	28.03	3.62	4.52	42.82	1.55	1.81	116.77	6.46
1986	79.91	28.16	2.15	2.69	41.86	0.90	0.47	52.22	1.67
1987	79.70	28.39	1.82	2.28	46.70	0.85	0.53	62.35	1.87
1988	79.49	28.82	2.28	2.87	69.30	1.58	0.89	56.33	3.09
1989	79.37	29.30	2.90	3.65	68.28	1.98	1.15	58.08	3.92
11 年小计			**51.33**	**5.70**	**65.79**	**33.77**	**31.81**	**94.20**	**9.19**
占合计%			**10.03**			**16.33**	**18.20**		
1990	79.20	29.92	3.51	4.43	80.34	2.82	1.91	67.73	6.38
1991	79.14	30.29	4.43	5.60	61.85	2.74	2.37	86.50	7.82
1992	79.10	30.66	4.94	6.25	60.73	3.00	3.07	102.33	10.01
1993	79.01	31.11	4.25	5.38	71.53	3.04	1.28	42.11	4.11
1994	78.93	31.35	5.60	7.09	48.21	2.70	2.41	89.26	7.69
1995	78.89	31.43	5.99	7.59	63.94	3.83	4.40	114.88	14.00
1996	78.84	32.01	5.45	6.91	77.43	4.22	2.96	70.14	9.25
1997	87.15	32.15	5.39	6.18	50.46	2.72	1.83	67.28	5.69
1998	87.02	32.25	5.01	5.76	73.05	3.66	4.50	122.95	13.95
1999	86.88	32.43	4.07	4.68	75.68	3.08	4.06	131.82	12.52
2000	86.88	32.43	2.69	3.10	72.86	1.96	3.02	154.08	9.31

5－26－10　山西省夏县历年棉花生产收购

年　度	耕地面积（万亩）	农业人口（万人）	棉田面积（万亩）	占耕地（%）	亩　产（市斤）	产　量（万担）	收购量（万担）	商品率（%）	人均交售（市斤）
52 年合计			**473.15**	**14.99**	**72.30**	**342.08**	**282.98**	**82.72**	**23.60**
11 年小计			**98.13**	**13.47**	**46.74**	**45.87**	**30.78**	**67.10**	**18.77**
占合计%			**20.74**			**13.41**	**10.88**		
1949	67.46	13.72	4.35	6.45	40.23	1.75			
1950	67.67	13.98	5.65	8.35	32.92	1.86			
1951	67.61	14.19	6.96	10.30	54.74	3.81			
1952	67.73	14.41	8.70	12.85	61.49	5.35	3.08	57.57	21.37
1953	68.18	14.64	6.71	9.84	69.60	4.67	3.11	66.60	21.24
1954	67.64	14.87	7.47	11.04	57.97	4.33	3.59	82.91	24.14
1955	67.43	15.13	9.80	14.53	41.53	4.07	3.27	80.34	21.61
1956	66.74	15.39	12.35	18.51	35.06	4.33	3.50	80.83	22.74
1957	65.94	15.59	13.20	20.02	44.85	5.92	4.66	78.72	29.89
1958	62.54	15.86	11.18	17.88	44.10	4.93	4.72	95.74	29.76
1959	59.76	16.24	11.76	19.68	41.24	4.85	4.85	100.00	29.86
10 年小计			**105.32**	**18.64**	**53.30**	**56.14**	**53.02**	**94.44**	**27.63**
占合计%			**22.26**			**16.41**	**18.74**		
1960	60.20	16.84	10.79	17.93	25.21	2.72	2.72	100.00	16.15
1961	15.11	17.58	9.21	60.97	27.69	2.55	2.25	88.24	12.80
1962	61.92	18.15	8.69	14.03	28.77	2.50	2.18	87.20	12.01
1963	61.28	18.77	8.83	14.41	46.55	4.11	3.73	90.75	19.87
1964	61.14	19.07	10.63	17.39	52.40	5.57	5.12	91.92	26.85
1965	61.19	19.43	10.87	17.77	63.57	6.91	6.50	94.07	33.45
1966	61.17	19.78	11.17	18.26	74.75	8.35	7.98	95.57	40.34
1967	61.10	20.09	11.75	19.23	57.79	6.79	6.62	97.50	32.95
1968	61.14	20.75	11.64	19.04	63.23	7.36	6.95	94.43	33.49
1969	60.78	21.43	11.74	19.32	79.05	9.28	8.97	96.66	41.86
10 年小计			**107.23**	**17.96**	**71.94**	**77.14**	**74.60**	**96.71**	**31.07**
占合计%			**22.66**			**22.55**	**26.36**		
1970	60.68	21.97	12.09	19.93	73.95	8.94	8.44	94.41	38.42
1971	59.76	22.47	10.96	18.34	65.88	7.22	7.24	100.28	32.22
1972	59.75	22.93	10.37	17.36	45.32	4.70	4.50	95.74	19.62
1973	59.69	23.47	10.50	17.59	102.00	10.71	10.38	96.92	44.23
1974	59.61	23.86	10.56	17.72	67.23	7.10	6.80	95.77	28.50
1975	59.69	24.09	10.46	17.53	67.78	7.09	6.87	96.90	28.52
1976	59.57	24.33	10.40	17.46	60.19	6.26	5.76	92.01	23.67
1977	59.42	24.50	10.01	16.85	75.02	7.51	7.09	94.41	28.94
1978	59.43	24.67	10.64	17.90	89.94	9.57	9.28	96.97	37.62
1979	59.42	27.83	11.24	18.92	71.53	8.04	8.24	102.49	29.61
10 年小计			**88.46**	**14.94**	**86.37**	**76.40**	**67.22**	**87.98**	**25.50**
占合计%			**18.70**			**22.33**	**23.75**		
1980	59.39	25.04	12.35	20.80	67.85	8.38	9.36	111.69	37.38
1981	59.37	25.39	11.34	19.10	71.52	8.11	8.11	100.00	31.94
1982	59.30	25.61	11.51	19.41	117.90	13.57	12.95	95.43	50.57
1983	59.30	25.86	11.52	19.43	52.95	6.10	6.07	99.51	23.47
1984	59.30	26.14	11.64	19.63	76.55	8.91	5.45	61.17	20.85
1985	59.30	26.41	5.96	10.05	83.56	4.98	2.87	57.63	10.87
1986	59.24	26.64	5.12	8.64	84.77	4.34	3.58	82.49	13.44
1987	59.21	27.07	5.15	8.70	112.23	5.78	5.13	88.75	18.95
1988	58.95	27.52	6.86	11.64	113.12	7.76	7.17	92.40	26.05
1989	58.94	27.93	7.01	11.89	120.83	8.47	6.53	77.10	23.38
11 年小计			**74.01**	**11.00**	**116.92**	**86.53**	**57.36**	**66.29**	**16.91**
占合计%			**15.64**			**25.30**	**20.27**		
1990	58.79	29.08	7.07	12.03	123.90	8.76	6.50	74.20	22.35
1991	58.74	29.99	7.55	12.85	121.59	9.18	8.28	90.20	27.61
1992	58.70	29.94	9.06	15.44	90.18	8.17	5.32	65.12	17.77
1993	58.53	30.29	7.08	12.10	111.02	7.86	3.78	48.09	12.48
1994	58.49	30.63	8.66	14.81	110.51	9.57	5.82	60.82	19.00
1995	58.47	30.93	9.03	15.44	111.74	10.09	7.16	70.96	23.15
1996	58.46	31.49	6.41	10.97	118.56	7.60	4.54	59.74	14.42
1997	65.81	31.50	4.61	7.01	125.81	5.80	3.54	61.03	11.24
1998	65.69	31.67	6.41	9.76	132.92	8.52	5.32	62.44	16.80
1999	65.60	31.89	4.62	7.04	131.39	6.07	4.02	66.23	12.61
2000	65.60	31.89	3.51	5.35	139.89	4.91	3.08	62.73	9.66

5-26-11 山西省绛县历年棉花生产收购

年　度	耕地面积（万亩）	农业人口（万人）	棉田面积（万亩）	占耕地（%）	亩产（市斤）	产量（万担）	收购量（万担）	商品率（%）	人均交售（市斤）
52年合计			**339.18**	**13.75**	**42.89**	**145.49**	**123.92**	**85.17**	**14.45**
11年小计			**88.18**	**15.56**	**46.56**	**41.06**	**33.67**	**82.00**	**31.27**
占合计%			**26.00**			**28.22**	**27.17**		
1949	51.75	8.70	2.89	5.58	30.10	0.87			
1950	51.75	9.07	4.30	8.31	27.21	1.17			
1951	52.16	9.03	6.51	12.48	40.25	2.62			
1952	52.13	9.05	7.00	13.43	55.00	3.85	3.86	100.26	42.65
1953	52.25	9.07	6.38	12.21	55.02	3.51	3.20	91.17	35.28
1954	52.28	9.09	7.91	15.13	60.43	4.78	3.45	72.18	37.95
1955	52.22	10.21	10.67	20.43	47.05	5.02	4.22	84.06	41.33
1956	52.13	10.45	11.47	22.00	26.68	3.06	3.02	98.69	28.90
1957	51.74	10.88	11.52	22.27	45.83	5.28	6.12	115.91	56.25
1958	49.89	10.79	10.09	20.22	51.93	5.24	4.34	82.82	40.22
1959	48.54	11.35	9.44	19.45	59.96	5.66	5.46	96.47	48.11
10年小计			**88.67**	**18.43**	**40.22**	**35.66**	**35.64**	**99.94**	**25.40**
占合计%			**26.14**			**24.51**	**28.76**		
1960	48.30	12.12	9.69	20.06	23.84	2.31	2.30	99.57	18.98
1961	48.30	12.57	8.46	17.52	41.96	3.55	3.54	99.72	28.16
1962	48.21	13.38	7.98	16.55	36.97	2.95	3.26	110.51	24.36
1963	48.30	13.77	8.13	16.83	41.70	3.39	3.26	96.17	23.67
1964	48.23	14.00	9.01	18.68	34.30	3.09	2.96	95.79	21.14
1965	48.26	14.23	9.05	18.75	47.85	4.33	4.27	98.61	30.01
1966	48.06	14.50	9.14	19.02	42.67	3.90	4.06	104.10	28.00
1967	48.02	14.75	9.13	19.01	43.59	3.98	3.96	99.50	26.85
1968	47.84	15.25	9.09	19.00	37.51	3.41	3.30	96.77	21.64
1969	47.66	15.74	8.99	18.86	52.84	4.75	4.73	99.58	30.05
10年小计			**90.85**	**19.74**	**33.47**	**30.41**	**29.41**	**96.71**	**16.65**
占合计%			**26.79**			**20.90**	**23.73**		
1970	47.57	16.52	8.98	18.88	40.31	3.62	3.64	100.55	22.03
1971	46.58	16.46	10.45	22.44	36.75	3.84	3.59	93.49	21.81
1972	46.22	16.80	9.07	19.63	22.38	2.03	1.95	96.06	11.61
1973	45.92	17.05	9.14	19.91	51.64	4.72	4.55	96.40	26.69
1974	45.90	17.34	9.11	19.85	30.74	2.80	2.55	91.09	14.71
1975	45.83	17.54	9.03	19.71	28.68	2.59	2.33	89.96	13.28
1976	45.65	17.76	8.63	18.91	36.73	3.17	3.03	95.58	17.06
1977	45.59	17.98	9.00	19.74	34.11	3.07	2.90	94.46	16.13
1978	45.59	20.99	9.20	20.18	24.13	2.22	2.17	97.75	10.34
1979	45.39	18.25	8.24	18.15	28.52	2.35	2.70	114.89	14.79
10年小计			**45.42**	**10.10**	**44.89**	**20.39**	**16.30**	**79.94**	**8.40**
占合计%			**13.39**			**14.01**	**13.15**		
1980	45.26	18.43	7.44	16.44	27.69	2.06	2.66	129.13	14.43
1981	45.23	18.64	7.02	15.52	30.77	2.16	2.16	100.00	11.59
1982	45.21	18.87	7.89	17.45	52.22	4.12	4.06	98.54	21.52
1983	45.17	19.17	8.46	18.73	35.58	3.01	2.73	90.70	14.24
1984	45.11	19.31	7.34	16.27	54.50	4.00	1.86	46.50	9.63
1985	44.90	19.48	1.37	3.05	49.64	0.68	0.59	86.76	3.03
1986	44.82	19.65	0.84	1.87	59.52	0.50	0.40	80.00	2.04
1987	44.72	19.85	1.22	2.73	75.41	0.92	0.68	73.91	3.43
1988	44.67	20.16	2.10	4.70	75.71	1.59	0.55	34.59	2.73
1989	44.57	20.40	1.74	3.90	77.59	1.35	0.61	45.19	2.99
11年小计			**26.06**	**5.12**	**68.96**	**17.97**	**8.90**	**49.53**	**3.72**
占合计%			**7.68**			**12.35**	**7.18**		
1990	44.55	20.77	2.52	5.66	80.16	2.02	1.38	68.32	6.64
1991	44.63	21.14	2.63	5.89	58.17	1.53	1.04	67.97	4.92
1992	44.61	21.46	2.76	6.19	53.62	1.48	0.42	28.38	1.96
1993	44.61	21.67	2.66	5.96	72.18	1.92	0.37	19.27	1.71
1994	44.09	21.89	3.42	7.76	69.88	2.39	1.20	50.21	5.48
1995	43.91	21.92	3.59	8.18	78.83	2.83	2.00	70.67	9.12
1996	43.89	21.95	2.67	6.08	76.40	2.04	0.98	48.04	4.46
1997	49.71	21.95	1.59	3.20	64.78	1.03	0.49	47.57	2.23
1998	49.52	21.96	1.62	3.27	65.43	1.06	0.68	64.15	3.10
1999	49.50	22.11	1.49	3.01	65.10	0.97	0.34	35.05	1.54
2000	49.50	22.11	1.11	2.24	63.06	0.70			

5－26－12　山西省平陆县历年棉花生产收购

年　　度	耕地面积（万亩）	农业人口（万人）	棉田面积（万亩）	占耕地（%）	亩　产（市斤）	产　量（万担）	收购量（万担）	商品率（%）	人均交售（市斤）
52年合计			**358.44**	**12.25**	**37.99**	**136.18**	**104.33**	**76.61**	**12.30**
11年小计			**101.81**	**14.87**	**38.44**	**39.14**	**29.26**	**74.76**	**24.47**
占合计%			**28.40**			**28.74**	**28.05**		
1949	40.04	9.89	4.20	10.49	24.05	1.01			
1950	55.02	10.04	4.67	8.49	25.05	1.17			
1951	59.94	10.28	6.65	11.09	35.04	2.33			
1952	63.44	10.37	7.96	12.55	66.46	5.29	3.28	62.00	31.63
1953	69.38	10.54	9.46	13.64	43.97	4.16	3.25	78.13	30.83
1954	68.84	10.87	9.94	14.44	48.99	4.87	3.32	68.17	30.54
1955	68.25	11.01	11.43	16.75	37.62	4.30	4.03	93.72	36.60
1956	67.55	11.38	12.14	17.97	29.74	3.61	3.26	90.30	28.65
1957	67.50	11.70	12.34	18.28	30.88	3.81	3.58	93.96	30.60
1958	64.71	11.88	12.34	19.07	32.58	4.02	4.00	99.50	33.67
1959	60.14	11.63	10.68	17.76	42.79	4.57	4.54	99.34	39.04
10年小计			**83.15**	**14.53**	**30.75**	**25.57**	**24.85**	**97.18**	**18.00**
占合计%			**23.20**			**18.78**	**23.82**		
1960	57.65	12.24	9.23	16.01	19.93	1.84	1.77	96.20	14.46
1961	57.75	12.27	8.05	13.94	18.39	1.48	1.21	81.76	9.86
1962	57.59	12.80	7.80	13.55	15.38	1.20	1.83	152.50	14.30
1963	57.71	13.30	8.54	14.80	23.77	2.03	1.84	90.64	13.83
1964	57.50	13.60	8.73	15.18	20.16	1.76	1.65	93.75	12.13
1965	57.23	14.09	8.17	14.28	50.18	4.10	3.95	96.34	28.03
1966	57.05	14.33	8.12	14.23	44.58	3.62	3.55	98.07	24.77
1967	56.82	14.67	8.24	14.50	43.45	3.58	3.43	95.81	23.38
1968	56.63	15.24	8.15	14.39	34.23	2.79	2.70	96.78	17.72
1969	56.36	15.51	8.12	14.41	39.04	3.17	2.92	92.11	18.83
10年小计			**79.94**	**14.40**	**36.14**	**28.89**	**25.88**	**89.58**	**15.07**
占合计%			**22.30**			**21.21**	**24.81**		
1970	56.24	16.00	8.12	14.44	47.91	3.89	3.61	92.80	22.56
1971	55.82	16.37	7.75	13.89	39.48	3.06	2.78	90.85	16.98
1972	55.62	16.59	7.87	14.15	24.90	1.96	1.83	93.37	11.03
1973	55.49	16.85	8.11	14.62	47.84	3.88	3.63	93.55	21.54
1974	55.46	17.18	7.98	14.39	48.62	3.88	2.67	68.81	15.54
1975	55.41	17.42	8.16	14.73	31.50	2.57	2.38	92.61	13.66
1976	55.37	17.63	8.18	14.77	36.06	2.95	2.75	93.22	15.60
1977	55.34	17.82	8.03	14.51	31.38	2.52	2.32	92.06	13.02
1978	55.29	17.91	8.07	14.60	27.51	2.22	2.00	90.09	11.17
1979	55.22	18.00	7.67	13.89	25.55	1.96	1.91	97.45	10.61
10年小计			**60.26**	**11.09**	**34.73**	**20.93**	**17.61**	**84.14**	**9.40**
占合计%			**16.81**			**15.37**	**16.88**		
1980	55.10	18.09	7.82	14.19	30.56	2.39	2.50	104.60	13.82
1981	54.98	18.22	7.64	13.90	23.04	1.76	1.75	99.43	9.60
1982	54.86	18.41	7.73	14.09	41.27	3.19	3.09	96.87	16.78
1983	54.86	18.48	7.85	14.31	36.18	2.84	2.78	97.89	15.04
1984	54.83	18.56	7.74	14.12	41.09	3.18	1.64	51.57	8.84
1985	54.23	18.64	3.56	6.57	39.89	1.42	1.55	109.15	8.32
1986	53.99	18.83	2.97	5.50	33.67	1.00	1.12	112.00	5.95
1987	53.57	19.12	9.00	16.80	17.44	1.57	1.27	80.89	6.64
1988	53.49	19.37	3.02	5.65	57.28	1.73	1.00	57.80	5.16
1989	53.33	19.65	2.93	5.49	63.14	1.85	0.91	49.19	4.63
11年小计			**33.28**	**5.84**	**65.05**	**21.65**	**6.73**	**31.09**	**2.91**
占合计%			**9.28**			**15.90**	**6.45**		
1990	52.91	20.01	3.38	6.39	76.63	2.59	1.10	42.47	5.50
1991	52.61	20.28	3.75	7.13	51.47	1.93	1.13	58.55	5.57
1992	52.46	20.59	4.07	7.76	55.77	2.27	0.50	22.03	2.43
1993	52.17	20.91	3.54	6.79	64.41	2.28	0.25	10.96	1.20
1994	52.07	21.16	3.00	5.76	58.67	1.76	0.84	47.73	3.97
1995	49.38	21.25	3.26	6.60	61.35	2.00	1.41	70.50	6.64
1996	48.68	21.65	3.44	7.07	72.67	2.50	0.77	30.80	3.56
1997	52.40	21.64	2.55	4.87	69.41	1.77	0.12	6.78	0.55
1998	52.37	21.23	2.70	5.16	75.56	2.04	0.61	29.90	2.87
1999	52.41	21.44	2.27	4.33	75.33	1.71			
2000	52.41	21.44	1.32	2.52	60.61	0.80			

5-26-13　山西省垣曲县历年棉花生产收购

年　度	耕地面积（万亩）	农业人口（万人）	棉田面积（万亩）	占耕地（%）	亩　产（市斤）	产　量（万担）	收购量（万担）	商品率（%）	人均交售（市斤）
52 年合计			**185.79**	**10.16**	**49.58**	**92.11**	**76.11**	**82.63**	**11.82**
11 年小计			**47.86**	**11.51**	**30.36**	**14.53**	**8.32**	**57.26**	**9.26**
占合计%			**25.76**			**15.77**	**10.93**		
1949	36.20	7.19	1.75	4.83	14.29	0.25			
1950	36.51	7.24	2.50	6.85	35.20	0.88			
1951	34.23	7.56	3.73	10.90	28.15	1.05			
1952	38.36	8.07	6.72	17.52	44.94	3.02	1.19	39.40	14.75
1953	41.00	8.16	4.93	12.03	24.95	1.23	0.75	60.98	9.19
1954	40.46	8.31	4.64	11.47	35.99	1.67	1.02	61.08	12.27
1955	39.47	8.51	4.72	11.96	29.45	1.39	0.85	61.15	9.99
1956	39.84	8.77	5.12	12.85	17.58	0.90	0.62	68.89	7.07
1957	39.50	9.05	4.74	12.00	26.37	1.25	1.06	84.80	11.71
1958	35.55	9.49	4.94	13.90	28.95	1.43	1.37	95.80	14.44
1959	34.59	7.49	4.07	11.77	35.87	1.46	1.46	100.00	19.49
10 年小计			**37.23**	**10.96**	**36.02**	**13.41**	**12.24**	**91.28**	**11.41**
占合计%			**20.04**			**14.56**	**16.08**		
1960	33.27	9.49	3.89	11.69	15.43	0.60	0.50	83.33	5.27
1961	33.53	8.44	3.18	9.49	23.27	0.74	0.62	83.78	7.35
1962	33.89	10.44	1.71	5.05	15.79	0.27	0.22	81.48	2.11
1963	34.14	10.73	3.35	9.81	21.49	0.72	0.59	81.94	5.50
1964	34.22	10.92	4.00	11.69	34.75	1.39	1.25	89.93	11.45
1965	34.20	11.13	4.05	11.84	44.44	1.80	1.67	92.78	15.00
1966	34.25	11.13	4.18	12.21	45.22	1.89	1.76	93.12	15.81
1967	34.19	11.31	4.27	12.49	46.37	1.98	1.88	94.95	16.62
1968	34.10	11.79	4.30	12.61	42.79	1.84	1.71	92.93	14.50
1969	34.02	11.94	4.30	12.64	50.70	2.18	2.04	93.58	17.09
10 年小计			**43.61**	**13.01**	**46.50**	**20.28**	**18.93**	**93.34**	**14.20**
占合计%			**23.47**			**22.02**	**24.87**		
1970	34.20	12.29	4.35	12.72	55.40	2.41	2.34	97.10	19.04
1971	33.66	12.56	4.31	12.80	45.71	1.97	1.82	92.39	14.49
1972	33.53	12.81	4.30	12.83	27.21	1.17	1.03	88.03	8.04
1973	33.51	13.16	4.31	12.86	68.68	2.96	2.77	93.58	21.05
1974	33.42	13.42	4.31	12.90	47.56	2.05	1.97	96.10	14.68
1975	33.42	13.61	4.41	13.20	47.17	2.08	1.92	92.31	14.11
1976	33.41	13.67	4.40	13.17	42.50	1.87	1.72	91.98	12.58
1977	33.38	13.85	4.40	13.18	39.32	1.73	1.54	89.02	11.12
1978	33.33	14.02	4.41	13.23	38.55	1.70	1.52	89.41	10.84
1979	33.39	13.91	4.41	13.21	53.06	2.34	2.30	98.29	16.53
10 年小计			**29.83**	**9.04**	**62.25**	**18.57**	**17.51**	**94.29**	**12.11**
占合计%			**16.06**			**20.16**	**23.01**		
1980	33.38	14.40	4.22	12.64	66.11	2.79	2.90	103.94	20.14
1981	33.35	14.30	4.29	12.87	38.00	1.63	1.63	100.00	11.40
1982	33.29	14.33	4.40	13.22	52.05	2.29	2.20	96.07	15.35
1983	33.23	14.45	4.23	12.73	76.36	3.23	3.07	95.05	21.25
1984	33.12	14.47	4.26	12.86	55.63	2.37	2.16	91.14	14.93
1985	32.76	14.76	2.01	6.14	60.20	1.21	0.81	66.94	5.49
1986	32.73	14.28	1.46	4.46	57.53	0.84	0.70	83.33	4.90
1987	32.72	14.37	1.43	4.37	79.02	1.13	1.16	102.65	8.07
1988	32.70	14.50	1.76	5.38	77.27	1.36	1.24	91.18	8.55
1989	32.69	14.75	1.77	5.42	97.18	1.72	1.64	95.35	11.12
11 年小计			**27.26**	**6.69**	**92.88**	**25.32**	**19.11**	**75.47**	**11.31**
占合计%			**14.67**			**27.49**	**25.11**		
1990	32.60	15.03	2.18	6.69	108.72	2.37	2.58	108.86	17.17
1991	32.46	15.34	2.69	8.29	108.18	2.91	3.05	104.81	19.88
1992	32.45	15.43	3.45	10.63	84.35	2.91	1.58	54.30	10.24
1993	32.45	15.65	2.69	8.29	105.20	2.83	1.18	41.70	7.54
1994	32.42	15.49	3.06	9.44	83.01	2.54	1.98	77.95	12.78
1995	32.27	15.36	3.09	9.58	93.85	2.90	2.41	83.10	15.69
1996	30.62	15.46	2.78	9.08	91.37	2.54	1.22	48.03	7.89
1997	45.78	15.43	1.97	4.30	52.79	1.04	0.62	59.62	4.02
1998	45.69	15.40	2.21	4.84	95.02	2.10	2.97	141.43	19.29
1999	45.44	15.22	1.94	4.27	103.09	2.00	0.89	44.50	5.85
2000	45.44	15.22	1.20	2.64	98.33	1.18	0.63	53.39	4.14

5－26－14　山西省临汾市历年棉花生产收购

年　度	耕地面积（万亩）	农业人口（万人）	棉田面积（万亩）	占耕地（%）	亩　产（市斤）	产　量（万担）	收购量（万担）	商品率（%）	人均交售（市斤）
52 年合计			**563.62**	**14.63**	**44.06**	**248.32**	**200.71**	**80.83**	**12.12**
11 年小计			**153.80**	**17.05**	**43.15**	**66.37**	**61.24**	**92.27**	**26.91**
占合计%			**27.29**			**26.73**	**30.51**		
1949	82.46	18.58	9.98	12.10	35.37	3.53			
1950	82.71	19.05	10.68	12.91	38.30	4.09			
1951	82.80	19.51	11.85	14.31	38.82	4.60			
1952	81.90	19.88	12.56	15.34	40.68	5.11	3.98	77.89	20.02
1953	82.68	20.25	13.47	16.29	41.50	5.59	4.84	86.58	23.90
1954	82.65	20.67	13.85	16.76	44.77	6.20	8.74	140.97	42.28
1955	82.73	21.09	14.99	18.12	43.23	6.48	6.47	99.85	30.68
1956	82.55	21.60	15.81	19.15	45.79	7.24	7.94	109.67	36.76
1957	81.90	21.90	16.67	20.35	44.33	7.39	8.85	119.76	40.41
1958	80.99	22.43	17.12	21.14	50.93	8.72	10.94	125.46	48.77
1959	78.84	22.61	16.82	21.33	44.11	7.42	9.48	127.76	41.93
10 年小计			**147.96**	**19.25**	**37.08**	**54.87**	**47.90**	**87.30**	**18.16**
占合计%			**26.25**			**22.10**	**23.87**		
1960	78.23	23.12	14.67	18.75	26.18	3.84	2.30	59.90	9.95
1961	77.76	23.87	12.92	16.62	29.49	3.81	2.72	71.39	11.40
1962	77.18	24.87	10.35	13.41	26.67	2.76	1.57	56.88	6.31
1963	77.43	25.63	14.24	18.39	33.36	4.75	4.12	86.74	16.07
1964	76.79	26.02	15.75	20.51	43.68	6.88	6.42	93.31	24.67
1965	76.89	26.68	16.22	21.10	50.25	8.15	7.65	93.87	28.67
1966	76.52	27.28	16.01	20.92	39.98	6.40	6.37	99.53	23.35
1967	76.19	27.93	16.35	21.46	45.87	7.50	7.25	96.67	25.96
1968	76.01	28.65	15.95	20.99	28.65	4.57	3.80	83.15	13.26
1969	75.84	29.65	15.50	20.44	40.06	6.21	5.70	91.79	19.22
10 年小计			**140.08**	**19.03**	**34.65**	**48.54**	**41.61**	**85.72**	**12.46**
占合计%			**24.85**			**19.55**	**20.73**		
1970	75.65	30.47	16.01	21.16	33.60	5.38	5.63	104.65	18.48
1971	74.87	31.39	14.46	19.31	28.42	4.11	2.55	62.04	8.12
1972	74.39	31.94	13.67	18.38	25.68	3.51	2.35	66.95	7.36
1973	74.04	32.64	13.77	18.60	44.44	6.12	4.27	69.77	13.08
1974	73.70	33.42	13.85	18.79	36.75	5.09	3.57	70.14	10.68
1975	73.29	33.98	14.66	20.00	35.68	5.23	4.93	94.26	14.51
1976	73.11	34.26	14.28	19.53	25.63	3.66	3.33	90.98	9.72
1977	72.99	34.64	14.84	20.33	38.68	5.74	5.43	94.60	15.68
1978	72.20	35.54	11.52	15.96	40.02	4.61	4.22	91.54	11.87
1979	71.96	35.54	13.02	18.09	39.09	5.09	5.33	104.72	15.00
10 年小计			**79.85**	**11.48**	**56.63**	**45.22**	**37.10**	**82.04**	**9.96**
占合计%			**14.17**			**18.21**	**18.48**		
1980	71.51	35.61	13.88	19.41	39.77	5.52	5.83	105.62	16.37
1981	70.94	35.93	9.98	14.07	32.67	3.26	3.53	108.28	9.82
1982	70.64	36.28	12.83	18.16	47.16	6.05	5.92	97.85	16.32
1983	70.32	36.37	12.62	17.95	66.40	8.38	7.60	90.69	20.90
1984	69.96	36.94	11.48	16.41	87.54	10.05	6.67	66.37	18.06
1985	69.02	37.26	5.72	8.29	69.06	3.95	1.84	46.58	4.94
1986	68.69	37.79	3.02	4.40	58.28	1.76	1.48	84.09	3.92
1987	68.48	38.09	3.26	4.76	48.77	1.59	1.54	96.86	4.04
1988	68.24	38.89	3.50	5.13	50.29	1.76	0.91	51.70	2.34
1989	68.01	39.44	3.56	5.23	81.46	2.90	1.78	61.38	4.51
11 年小计			**41.93**	**5.60**	**79.47**	**33.32**	**12.86**	**38.60**	**2.81**
占合计%			**7.44**			**13.42**	**6.41**		
1990	67.82	39.86	4.49	6.62	88.20	3.96	2.40	60.61	6.02
1991	67.58	40.49	6.05	8.95	69.42	4.20	2.24	53.33	5.53
1992	67.22	40.92	6.78	10.09	70.50	4.78	3.04	63.60	7.43
1993	66.92	41.51	5.42	8.10	87.64	4.75	1.89	39.79	4.55
1994	66.48	41.73	6.02	9.06	80.73	4.86	0.98	20.16	2.35
1995	66.02	41.79	4.11	6.23	79.08	3.25	1.36	41.85	3.25
1996	65.78	42.26	3.84	5.84	92.71	3.56	0.75	21.07	1.77
1997	70.20	42.28	2.39	3.40	77.82	1.86	0.08	4.30	0.19
1998	70.22	42.38	1.61	2.29	67.08	1.08	0.12	11.11	0.28
1999	70.17	42.55	0.92	1.31	77.17	0.71			
2000	70.17	42.55	0.30	0.43	103.33	0.31			

5－26－15　山西省侯马市历年棉花生产收购

年　度	耕地面积（万亩）	农业人口（万人）	棉田面积（万亩）	占耕地（%）	亩　产（市斤）	产　量（万担）	收购量（万担）	商品率（%）	人均交售（市斤）
52 年合计			**222.01**	**24.67**	**65.22**	**144.79**	**55.05**	**38.02**	**13.75**
11 年小计			**74.14**	**31.08**	**54.37**	**40.31**			
占合计%			**33.39**			**27.84**			
1949	21.86	3.96	3.02	13.82	36.09	1.09			
1950	22.22	4.26	3.35	15.08	41.79	1.40			
1951	22.22	4.40	4.94	22.24	49.80	2.46			
1952	21.59	4.54	7.16	33.17	55.03	3.94			
1953	21.62	4.61	6.29	29.10	55.64	3.50			
1954	22.07	4.64	7.47	33.85	65.60	4.90			
1955	22.22	4.76	8.37	37.68	51.37	4.30			
1956	22.20	4.94	8.81	39.68	47.45	4.18			
1957	22.59	5.17	8.90	39.40	56.63	5.04			
1958	20.99	5.12	8.43	40.17	59.79	5.04			
1959	19.01	4.79	7.40	38.94	60.27	4.46			
10 年小计			**53.53**	**30.00**	**63.85**	**34.18**			
占合计%			**24.11**			**23.61**			
1960	17.99	4.35	5.90	32.81	30.00	1.77			
1961	18.05	5.27	4.16	23.05	47.36	1.97			
1962	17.99	5.76	3.38	18.79	42.60	1.44			
1963	17.87	5.97	5.06	28.32	80.04	4.05			
1964	17.75	6.21	5.96	33.59	91.28	5.44			
1965	17.82	6.39	5.39	30.25	82.93	4.47			
1966	17.73	6.54	5.99	33.78	65.94	3.95			
1967	17.87	6.56	5.94	33.25	57.41	3.41			
1968	17.79	6.82	5.96	33.50	53.69	3.20			
1969	17.63	7.07	5.79	32.85	77.37	4.48			
10 年小计			**49.30**	**29.56**	**60.45**	**29.80**	**25.31**	**84.93**	**31.16**
占合计%			**22.21**			**20.58**	**45.98**		
1970	17.57	7.29	5.49	31.26	72.31	3.97			
1971	17.27	7.48	5.24	30.35	66.41	3.48	3.40	97.70	45.45
1972	16.95	7.67	4.49	26.49	53.67	2.41	2.35	97.51	30.64
1973	16.89	7.92	4.50	26.64	77.11	3.47	3.32	95.68	41.92
1974	16.65	8.18	4.88	29.31	56.76	2.77	2.67	96.39	32.64
1975	16.43	8.33	4.74	28.86	42.19	2.00	1.94	97.00	23.29
1976	16.40	8.47	4.85	29.58	46.80	2.27	2.09	92.07	24.68
1977	16.32	8.57	4.43	27.14	74.72	3.31	3.16	95.47	36.87
1978	16.31	8.66	5.49	33.67	59.56	3.27	3.28	100.31	37.88
1979	16.04	8.65	5.19	32.37	54.91	2.85	3.10	108.77	35.84
10 年小计			**29.49**	**18.93**	**79.82**	**23.54**	**21.54**	**91.50**	**23.57**
占合计%			**13.28**			**16.26**	**39.13**		
1980	15.89	8.64	5.00	31.48	59.60	2.98	3.13	105.03	36.23
1981	15.84	8.77	5.09	32.13	48.33	2.46	2.63	106.91	29.99
1982	15.80	8.86	4.70	29.76	101.06	4.75	4.65	97.89	52.48
1983	15.77	8.97	4.67	29.62	80.94	3.78	3.46	91.53	38.57
1984	15.75	9.07	3.95	25.08	99.49	3.93	2.75	69.97	30.32
1985	15.62	9.15	1.83	11.72	82.51	1.51	0.94	62.25	10.27
1986	15.38	9.27	0.80	5.20	96.25	0.77	0.74	96.10	7.98
1987	15.33	9.34	0.98	6.39	107.14	1.05	1.06	100.95	11.35
1988	15.23	9.58	1.31	8.60	80.15	1.05	0.77	73.33	8.04
1989	15.20	9.74	1.16	7.63	108.62	1.26	1.41	111.90	14.48
11 年小计			**15.55**	**9.71**	**109.07**	**16.96**	**8.20**	**48.35**	**7.09**
占合计%			**7.00**			**11.71**	**14.90**		
1990	15.17	10.09	1.70	11.21	117.06	1.99	2.06	103.52	20.42
1991	15.05	10.18	1.91	12.70	105.24	2.01	2.15	106.97	21.12
1992	14.91	10.30	1.94	13.01	112.89	2.19	1.40	63.93	13.59
1993	14.90	10.38	1.80	12.08	89.44	1.61	0.43	26.71	4.14
1994	14.69	10.33	1.98	13.48	102.53	2.03	0.49	24.14	4.74
1995	14.51	10.45	1.67	11.51	109.58	1.83	0.53	28.96	5.07
1996	14.51	10.56	1.05	7.24	109.52	1.15	0.20	17.39	1.89
1997	14.70	10.60	0.84	5.71	86.90	0.73	0.11	15.07	1.04
1998	14.01	10.78	1.11	7.92	132.43	1.47	0.56	38.10	5.19
1999	13.88	11.01	0.84	6.05	122.62	1.03	0.27	26.21	2.45
2000	13.88	11.01	0.71	5.12	129.58	0.92			

5-26-16 山西省霍州县历年棉花生产收购

年　　度	耕地面积（万亩）	农业人口（万人）	棉田面积（万亩）	占耕地（%）	亩　产（市斤）	产　量（万担）	收购量（万担）	商品率（%）	人均交售（市斤）
52年合计			**130.95**	**8.80**	**39.08**	**51.18**	**34.37**	**67.15**	**5.35**
11年小计			**39.01**	**11.62**	**37.63**	**14.68**	**9.83**	**66.96**	**13.36**
占合计%			**29.79**			**28.68**	**28.60**		
1949	27.59	5.16	2.75	9.97	31.64	0.87			
1950	31.82	5.35	2.78	8.74	41.73	1.16			
1951	28.55	5.37	3.11	10.90	37.94	1.18			
1952	30.38	6.03	3.53	11.62	41.08	1.45	1.09	75.17	18.08
1953	31.34	7.07	2.78	8.87	50.00	1.39	1.37	98.56	19.38
1954	31.94	7.15	3.56	11.15	54.49	1.94	1.46	75.26	20.42
1955	32.07	7.16	3.93	12.25	29.77	1.17	1.07	91.45	14.94
1956	32.00	7.26	4.62	14.44	32.25	1.49	1.12	75.17	15.43
1957	31.85	7.47	4.01	12.59	26.93	1.08	0.96	88.89	12.85
1958	29.99	7.71	3.98	13.27	36.68	1.46	1.30	89.04	16.86
1959	28.31	7.86	3.96	13.99	37.63	1.49	1.46	97.99	18.58
10年小计			**30.53**	**10.87**	**38.49**	**11.75**	**10.42**	**88.68**	**10.54**
占合计%			**23.31**			**22.96**	**30.32**		
1960	27.71	8.21	3.92	14.15	20.66	0.81	0.82	101.23	9.99
1961	28.29	8.74	2.93	10.36	28.33	0.83	0.74	89.16	8.47
1962	28.28	9.38	1.53	5.41	18.30	0.28	0.19	67.86	2.03
1963	28.28	9.65	2.99	10.57	32.11	0.96	0.84	87.50	8.70
1964	28.31	9.99	3.15	11.13	54.60	1.72	1.55	90.12	15.52
1965	28.28	10.06	3.17	11.21	64.35	2.04	1.89	92.65	18.79
1966	28.16	10.29	3.26	11.58	38.96	1.27	1.26	99.21	12.24
1967	28.07	10.47	3.27	11.65	52.29	1.71	1.54	90.06	14.71
1968	28.04	10.82	3.23	11.52	30.65	0.99	0.71	71.72	6.56
1969	27.50	11.28	3.08	11.20	37.01	1.14	0.88	77.19	7.80
10年小计			**29.56**	**10.83**	**25.91**	**7.66**	**6.55**	**85.51**	**5.09**
占合计%			**22.57**			**14.97**	**19.06**		
1970	27.62	11.62	3.26	11.81	45.71	1.49	1.31	87.92	11.27
1971	27.53	11.57	2.97	10.79	18.52	0.55	0.44	79.96	3.80
1972	27.42	12.06	2.99	10.90	13.71	0.41	0.28	68.29	2.32
1973	27.32	12.38	2.66	9.74	25.94	0.69	0.57	82.61	4.60
1974	27.27	12.85	3.20	11.73	30.94	0.99	0.87	87.88	6.77
1975	27.15	13.14	3.23	11.90	27.86	0.90	0.77	85.56	5.86
1976	27.17	13.47	3.26	12.00	22.09	0.72	0.65	90.28	4.83
1977	27.17	13.71	2.96	10.90	22.97	0.68	0.61	89.71	4.45
1978	27.15	13.85	2.37	8.73	19.41	0.46	0.38	82.61	2.74
1979	27.17	13.99	2.66	9.79	28.95	0.77	0.67	87.01	4.79
10年小计			**17.12**	**6.39**	**47.55**	**8.14**	**6.12**	**75.18**	**4.06**
占合计%			**13.07**			**15.90**	**17.81**		
1980	27.17	14.11	2.90	10.68	35.86	1.04	1.19	114.42	8.43
1981	27.14	14.27	1.86	6.85	23.12	0.43	0.45	104.65	3.15
1982	27.06	14.48	2.45	9.05	35.51	0.87	0.80	91.95	5.52
1983	27.06	14.72	2.54	9.39	62.20	1.58	1.48	93.67	10.05
1984	27.05	14.89	2.42	8.95	72.31	1.75	1.16	66.29	7.79
1985	26.84	15.02	1.40	5.22	72.86	1.02	0.33	32.35	2.20
1986	26.63	15.24	0.78	2.93	46.15	0.36	0.32	88.89	2.10
1987	26.57	15.46	0.83	3.12	42.17	0.35	0.23	65.71	1.49
1988	26.27	16.05	0.96	3.66	32.29	0.31	0.06	19.35	0.37
1989	26.15	16.36	0.98	3.75	43.88	0.43	0.10	23.26	0.61
11年小计			**14.73**	**4.46**	**60.76**	**8.95**	**1.45**	**16.20**	**0.76**
占合计%			**11.25**			**17.49**	**4.22**		
1990	26.13	16.46	1.64	6.28	47.56	0.78	0.22	28.21	1.34
1991	26.13	16.67	1.59	6.08	59.12	0.94	0.23	24.47	1.38
1992	26.06	17.07	1.53	5.87	60.13	0.92	0.42	45.65	2.46
1993	26.00	17.08	1.40	5.39	58.57	0.82	0.03	3.66	0.18
1994	25.43	17.16	1.43	5.62	58.04	0.83	0.17	20.48	0.99
1995	25.43	17.24	1.43	5.62	69.93	1.00	0.27	27.00	1.57
1996	29.88	17.61	1.35	4.52	74.81	1.01	0.06	5.94	0.34
1997	36.33	17.62	1.07	2.95	57.01	0.61	0.01	1.64	0.06
1998	36.32	17.66	1.13	3.11	59.29	0.67	0.04	5.97	0.23
1999	36.30	17.80	1.08	2.98	63.89	0.69			
2000	36.30	17.80	1.08	2.98	62.96	0.68			

5-26-17　山西省曲沃县历年棉花生产收购

年　度	耕地面积（万亩）	农业人口（万人）	棉田面积（万亩）	占耕地（%）	亩　产（市斤）	产　量（万担）	收购量（万担）	商品率（%）	人均交售（市斤）
52年合计			**634.11**	**30.91**	**58.19**	**368.97**	**320.18**	**86.78**	**44.20**
11年小计			**226.89**	**47.39**	**55.16**	**125.16**	**102.13**	**81.60**	**121.31**
占合计%			**35.78**			**33.92**	**31.90**		
1949	42.44	6.09	9.67	22.79	35.99	3.48			
1950	43.13	6.73	10.69	24.79	42.00	4.49			
1951	43.13	7.05	15.76	36.54	49.94	7.87			
1952	43.76	7.22	22.91	52.36	55.00	12.60	11.80	93.65	163.43
1953	43.76	7.41	20.12	45.98	55.52	11.17	10.82	96.87	146.02
1954	44.96	7.40	23.90	53.16	65.40	15.63	14.16	90.60	191.35
1955	44.75	7.61	26.77	59.83	51.18	13.70	11.50	83.94	151.12
1956	44.79	7.92	28.15	62.85	47.39	13.34	12.90	96.70	162.88
1957	44.30	8.32	28.49	64.32	56.62	16.13	15.90	98.57	191.11
1958	42.89	9.08	21.93	51.14	62.93	13.80	12.95	93.84	142.62
1959	40.88	9.36	18.50	45.26	70.00	12.95	12.10	93.44	129.27
10年小计			**172.47**	**42.65**	**57.95**	**99.94**	**96.77**	**96.83**	**80.66**
占合计%			**27.20**			**27.09**	**30.22**		
1960	40.43	9.92	18.06	44.68	31.12	5.62	5.60	99.64	56.45
1961	40.91	10.85	13.93	34.05	51.04	7.11	7.00	98.45	64.52
1962	40.76	11.30	13.48	33.08	49.78	6.71	6.44	95.98	56.99
1963	40.67	11.76	16.20	39.84	79.20	12.83	12.58	98.05	106.97
1964	40.64	11.98	18.30	45.04	80.00	14.64	14.03	95.83	117.11
1965	40.50	12.26	18.07	44.62	69.95	12.64	12.36	97.79	100.82
1966	40.28	12.53	18.62	46.23	56.44	10.51	10.12	96.29	80.77
1967	40.22	12.87	18.79	46.72	48.16	9.05	8.89	98.23	69.08
1968	40.10	13.28	18.67	46.56	41.94	7.83	7.47	95.40	56.25
1969	39.89	13.22	18.35	46.01	70.84	13.00	12.28	94.46	92.89
10年小计			**121.40**	**30.77**	**43.05**	**52.26**	**52.14**	**99.77**	**34.42**
占合计%			**19.14**			**14.16**	**16.28**		
1970	39.86	14.08	17.77	44.59	61.40	10.91	10.59	97.07	75.21
1971	39.65	14.41	12.06	30.42	43.86	5.29	5.43	102.65	37.68
1972	39.59	14.70	11.98	30.26	31.47	3.77	3.81	101.06	25.92
1973	39.53	14.97	11.92	30.16	48.24	5.75	5.62	97.74	37.54
1974	39.48	15.20	12.00	30.40	31.67	3.80	3.79	99.74	24.93
1975	39.47	15.54	12.00	30.41	38.00	4.56	4.34	95.18	27.93
1976	39.35	15.46	11.96	30.40	36.62	4.38	4.09	93.38	26.46
1977	39.33	15.60	11.99	30.49	50.04	6.00	5.99	99.83	38.40
1978	39.21	15.74	8.87	22.62	37.77	3.35	3.46	103.28	21.98
1979	39.11	15.80	10.85	27.75	41.01	4.45	5.02	112.81	31.77
10年小计			**75.32**	**19.62**	**75.03**	**56.51**	**49.45**	**87.51**	**30.10**
占合计%			**11.88**			**15.32**	**15.44**		
1980	39.00	15.81	9.74	24.97	43.22	4.21	5.17	122.80	32.70
1981	38.96	15.92	10.19	26.16	36.31	3.70	4.05	109.46	25.44
1982	38.96	15.98	10.25	26.31	73.07	7.49	7.08	94.53	44.31
1983	38.96	16.12	10.37	26.62	75.41	7.82	6.90	88.24	42.80
1984	38.93	16.31	9.27	23.82	101.40	9.40	7.19	76.49	44.08
1985	37.94	16.43	4.41	11.63	68.48	3.02	2.32	76.82	14.12
1986	37.91	16.53	4.40	11.61	103.86	4.57	3.59	78.56	21.72
1987	37.85	16.68	5.51	14.56	89.66	4.94	4.39	88.87	26.32
1988	37.82	17.07	5.93	15.68	94.10	5.58	3.90	69.89	22.85
1989	37.61	17.42	5.25	13.96	110.10	5.78	4.86	84.08	27.90
11年小计			**38.03**	**9.76**	**92.30**	**35.10**	**19.69**	**56.10**	**9.63**
占合计%			**6.00**			**9.51**	**6.15**		
1990	37.59	17.79	6.17	16.41	99.51	6.14	4.92	80.13	27.66
1991	37.49	18.00	6.50	17.34	85.85	5.58	4.89	87.63	27.17
1992	37.20	18.31	6.00	16.13	92.67	5.56	2.69	48.38	14.69
1993	37.05	18.57	4.44	11.98	90.54	4.02	1.60	39.80	8.62
1994	36.89	18.56	4.58	12.42	84.93	3.89	1.50	38.56	8.08
1995	36.18	18.64	4.55	12.58	78.68	3.58	2.15	60.06	11.53
1996	36.15	18.58	2.30	6.36	93.91	2.16	0.71	32.87	3.82
1997	32.79	18.60	0.66	2.01	100.00	0.66	0.25	37.88	1.34
1998	32.66	18.87	0.92	2.82	118.48	1.09	0.87	79.82	4.61
1999	32.84	19.23	0.81	2.47	119.75	0.97	0.11	11.34	0.57
2000	32.84	19.23	1.10	3.35	131.82	1.45			

5－26－18　山西省翼城县历年棉花生产收购

年　度	耕地面积（万亩）	农业人口（万人）	棉田面积（万亩）	占耕地（%）	亩　产（市斤）	产　量（万担）	收购量（万担）	商品率（%）	人均交售（市斤）
52年合计			**426.58**	**14.53**	**43.87**	**187.13**	**145.86**	**77.95**	**13.68**
11年小计			**111.57**	**16.33**	**52.02**	**58.04**	**44.38**	**76.46**	**27.82**
占合计%			**26.15**			**31.02**	**30.43**		
1949	62.78	13.55	4.91	7.82	45.01	2.21			
1950	62.87	13.84	5.43	8.64	46.96	2.55			
1951	62.79	13.96	7.80	12.42	46.67	3.64			
1952	62.91	14.06	9.00	14.31	50.00	4.50	2.71	60.22	19.27
1953	62.87	14.25	8.19	13.03	54.09	4.43	3.76	84.88	26.39
1954	62.88	14.41	10.94	17.40	57.95	6.34	5.20	82.02	36.09
1955	62.72	14.61	13.34	21.27	45.58	6.08	5.89	96.88	40.31
1956	62.03	14.88	14.27	23.01	37.91	5.41	4.70	86.88	31.59
1957	62.06	15.19	13.98	22.53	46.71	6.53	6.33	96.94	41.67
1958	61.13	15.39	12.38	20.25	70.60	8.74	8.27	94.62	53.74
1959	58.13	15.38	11.33	19.49	67.17	7.61	7.52	98.82	48.89
10年小计			**106.83**	**18.60**	**41.42**	**44.25**	**41.73**	**94.31**	**23.00**
占合计%			**25.04**			**23.65**	**28.61**		
1960	56.90	15.76	11.19	19.67	29.94	3.35	3.34	99.70	21.19
1961	57.14	16.43	9.54	16.70	46.86	4.47	4.36	97.54	26.54
1962	58.61	17.40	9.15	15.61	44.59	4.08	3.94	96.57	22.64
1963	57.42	17.94	10.28	17.90	57.98	5.96	5.82	97.65	32.44
1964	57.89	18.03	11.01	19.02	38.60	4.25	4.13	97.18	22.91
1965	57.87	18.36	11.31	19.54	50.04	5.66	5.21	92.05	28.38
1966	57.32	18.69	11.31	19.73	32.18	3.64	3.34	91.76	17.87
1967	57.29	19.03	11.33	19.78	38.31	4.34	3.96	91.24	20.81
1968	57.14	19.64	11.13	19.48	25.34	2.82	2.53	89.72	12.88
1969	56.75	20.17	10.58	18.64	53.69	5.68	5.10	89.79	25.29
10年小计			**109.12**	**19.59**	**25.00**	**27.28**	**25.93**	**95.05**	**11.71**
占合计%			**25.58**			**14.58**	**17.78**		
1970	56.52	20.72	10.59	18.74	25.87	2.74	2.61	95.26	12.60
1971	56.01	21.17	10.98	19.60	26.50	2.91	2.66	91.42	12.57
1972	55.85	21.52	10.11	18.10	16.62	1.68	1.53	91.07	7.11
1973	55.76	21.85	11.04	19.80	29.35	3.24	3.00	92.59	13.73
1974	55.67	22.27	11.24	20.19	22.15	2.49	2.37	95.18	10.64
1975	55.59	22.44	11.10	19.97	23.87	2.65	2.48	93.58	11.05
1976	55.46	22.65	11.18	20.16	22.27	2.49	2.32	93.17	10.24
1977	55.49	22.79	11.27	20.31	32.12	3.62	3.46	95.58	15.18
1978	55.37	23.01	10.79	19.49	20.39	2.20	2.08	94.55	9.04
1979	55.38	23.11	10.82	19.54	30.13	3.26	3.42	104.91	14.80
10年小计			**58.80**	**10.81**	**51.96**	**30.55**	**23.66**	**77.45**	**10.07**
占合计%			**13.78**			**16.33**	**16.22**		
1980	55.26	23.17	11.07	20.03	28.55	3.16	3.45	109.18	14.89
1981	55.20	23.25	6.27	11.36	25.68	1.61	1.88	116.77	8.09
1982	55.17	23.30	10.05	18.22	55.82	5.61	5.24	93.40	22.49
1983	55.16	23.38	10.10	18.31	47.62	4.81	4.05	84.20	17.32
1984	55.10	23.43	7.62	13.83	72.83	5.55	3.00	54.05	12.80
1985	53.96	23.50	3.26	6.04	64.72	2.11	0.93	44.08	3.96
1986	53.87	23.49	1.88	3.49	67.02	1.26	0.47	37.30	2.00
1987	53.70	23.60	2.10	3.91	58.57	1.23	0.92	74.80	3.90
1988	53.25	23.75	2.85	5.35	73.68	2.10	1.41	67.14	5.94
1989	53.21	24.06	3.60	6.77	86.39	3.11	2.31	74.28	9.60
11年小计			**40.26**	**6.97**	**67.09**	**27.01**	**10.16**	**37.62**	**3.77**
占合计%			**9.44**			**14.43**	**6.97**		
1990	52.88	23.95	4.80	9.08	83.33	4.00	3.22	80.50	13.44
1991	52.76	24.09	5.70	10.80	39.30	2.24	1.78	79.46	7.39
1992	52.56	24.22	5.33	10.14	70.73	3.77	1.20	31.83	4.95
1993	51.96	24.31	4.56	8.78	73.25	3.34	0.48	14.37	1.97
1994	51.54	24.24	4.05	7.86	55.06	2.23	1.01	45.29	4.17
1995	51.44	24.39	5.36	10.42	69.96	3.75	1.59	42.40	6.52
1996	51.21	24.58	4.07	7.95	80.59	3.28	0.59	17.99	2.40
1997	54.02	24.58	3.02	5.59	56.29	1.70	0.19	11.18	0.77
1998	53.55	24.57	1.83	3.42	82.51	1.51	0.10	6.62	0.41
1999	52.82	25.13	1.14	2.16	75.44	0.86			
2000	52.82	25.13	0.40	0.76	82.50	0.33			

5－26－19　山西省襄汾县历年棉花生产收购

年　度	耕地面积（万亩）	农业人口（万人）	棉田面积（万亩）	占耕地（%）	亩　产（市斤）	产　量（万担）	收购量（万担）	商品率（%）	人均交售（市斤）
52 年合计			**915.16**	**18.67**	**59.60**	**545.45**	**437.01**	**80.12**	**26.53**
11 年小计			**227.10**	**20.54**	**48.87**	**110.97**	**82.03**	**73.92**	**38.58**
占合计%			**24.81**			**20.34**	**18.77**		
1949	91.16	16.70	9.53	10.45	35.99	3.43			
1950	95.15	17.17	10.55	11.09	38.01	4.01			
1951	99.89	17.63	12.75	12.76	39.61	5.05			
1952	103.17	18.10	16.84	16.32	47.98	8.08	3.44	42.57	19.01
1953	103.34	18.59	15.05	14.56	52.82	7.95	4.62	58.11	24.85
1954	103.35	19.14	22.00	21.29	61.23	13.47	10.99	81.59	57.42
1955	103.49	19.83	26.85	25.94	45.59	12.24	9.22	75.33	46.50
1956	103.65	20.62	28.85	27.83	35.99	10.38	8.95	86.22	43.40
1957	103.23	21.13	28.56	27.67	43.70	12.48	12.27	98.32	58.07
1958	100.67	21.83	29.36	29.16	59.71	17.53	17.02	97.09	77.97
1959	98.69	21.91	26.76	27.12	61.10	16.35	15.52	94.92	70.84
10 年小计			**217.90**	**22.44**	**39.04**	**85.07**	**81.18**	**95.43**	**30.94**
占合计%			**23.81**			**15.60**	**18.58**		
1960	97.37	22.18	23.03	23.65	18.02	4.15	3.94	94.94	17.76
1961	97.41	23.41	18.89	19.39	30.92	5.84	5.67	97.09	24.22
1962	96.98	24.89	14.00	14.44	24.64	3.45	3.18	92.17	12.78
1963	96.98	25.55	21.14	21.80	42.76	9.04	8.61	95.24	33.70
1964	98.43	25.96	23.48	23.85	48.76	11.45	10.93	95.46	42.10
1965	98.46	26.67	23.57	23.94	50.57	11.92	11.34	95.13	42.52
1966	96.68	27.39	23.70	24.51	34.55	8.19	7.80	95.26	28.48
1967	96.30	27.98	23.91	24.83	44.55	10.65	10.30	96.70	36.81
1968	96.24	28.75	23.12	24.02	31.06	7.18	6.80	94.71	23.65
1969	96.08	29.57	23.06	24.00	57.24	13.20	12.61	95.53	42.64
10 年小计			**223.47**	**23.55**	**40.78**	**91.14**	**87.47**	**95.97**	**26.29**
占合计%			**24.42**			**16.71**	**20.02**		
1970	95.84	30.60	23.28	24.29	52.19	12.15	11.86	97.61	38.76
1971	95.84	31.33	23.12	24.12	40.22	9.30	9.06	97.42	28.92
1972	95.63	31.83	23.12	24.18	26.51	6.13	5.90	96.25	18.54
1973	95.49	32.55	22.88	23.96	37.19	8.51	8.28	97.30	25.44
1974	95.43	33.25	23.28	24.39	31.36	7.30	7.05	96.58	21.20
1975	95.31	33.78	22.94	24.07	42.50	9.75	9.30	95.38	27.53
1976	94.74	34.24	23.19	24.48	29.58	6.86	9.30	135.57	27.16
1977	94.62	34.59	23.33	24.66	51.61	12.04	6.51	54.07	18.82
1978	93.39	35.06	18.65	19.97	47.51	8.86	11.56	130.47	32.97
1979	92.78	35.48	19.68	21.21	52.03	10.24	8.65	84.47	24.38
10 年小计			**172.03**	**18.91**	**93.61**	**161.03**	**130.54**	**81.07**	**35.22**
占合计%			**18.80**			**29.52**	**29.87**		
1980	92.39	35.86	21.96	23.77	53.64	11.78	10.82	91.85	30.17
1981	91.68	36.10	17.60	19.20	44.32	7.80	8.72	111.79	24.16
1982	91.62	36.49	23.21	25.33	69.97	16.24	16.38	100.86	44.89
1983	91.52	36.62	21.72	23.73	77.35	16.80	16.17	96.25	44.16
1984	91.50	36.82	19.73	21.56	133.05	26.25	18.09	68.91	49.13
1985	91.07	37.10	14.84	16.30	114.15	16.94	9.30	54.90	25.07
1986	90.87	37.33	12.02	13.23	134.28	16.14	12.90	79.93	34.56
1987	90.74	37.71	12.62	13.91	125.52	15.84	15.03	94.89	39.86
1988	89.22	38.10	13.91	15.59	91.16	12.68	9.47	74.68	24.86
1989	89.30	38.52	14.42	16.15	142.58	20.56	13.66	66.44	35.46
11 年小计			**74.66**	**7.73**	**130.24**	**97.24**	**55.79**	**57.37**	**11.90**
占合计%			**8.16**			**17.83**	**12.77**		
1990	89.15	40.11	11.99	13.45	163.64	19.62	17.06	86.95	42.53
1991	88.86	40.75	13.10	14.74	158.24	20.73	17.76	85.67	43.58
1992	88.46	41.51	12.09	13.67	129.45	15.65	7.33	46.84	17.66
1993	88.14	42.25	8.21	9.31	86.36	7.09	2.64	37.24	6.25
1994	87.54	42.86	11.94	13.64	106.20	12.68	5.34	42.11	12.46
1995	87.35	43.28	9.42	10.78	125.37	11.81	2.98	25.23	6.89
1996	87.33	43.61	5.06	5.79	118.97	6.02	0.71	11.79	1.63
1997	87.74	43.60	0.54	0.62	112.96	0.61	0.19	31.15	0.44
1998	87.23	43.57	1.44	1.65	134.72	1.94	0.95	48.97	2.18
1999	87.14	43.74	0.47	0.54	127.66	0.60	0.13	21.67	0.30
2000	87.14	43.74	0.40	0.46	122.50	0.49	0.70	142.86	1.60

5－26－20　山西省洪洞县历年棉花生产收购

年　度	耕地面积（万亩）	农业人口（万人）	棉田面积（万亩）	占耕地（%）	亩　产（市斤）	产　量（万担）	收购量（万担）	商品率（%）	人均交售（市斤）
52年合计			**763.68**	**15.57**	**41.35**	**315.79**	**240.15**	**76.05**	**10.60**
11年小计			**240.39**	**22.13**	**44.35**	**106.61**	**76.91**	**72.14**	**26.14**
占合计%			**31.48**			**33.76**	**32.03**		
1949	87.44	23.38	8.15	9.32	32.02	2.61			
1950	88.73	24.00	12.00	13.52	35.00	4.20			
1951	91.44	24.24	15.60	17.06	42.24	6.59			
1952	94.94	24.84	19.37	20.40	60.25	11.67	8.29	71.04	33.37
1953	101.24	26.12	19.34	19.10	51.50	9.96	9.46	94.98	36.22
1954	104.76	26.61	25.55	24.39	53.74	13.73	9.06	65.99	34.05
1955	106.67	27.71	25.76	24.15	44.99	11.59	8.44	72.82	30.46
1956	106.01	28.36	30.92	29.17	40.01	12.37	8.59	69.44	30.29
1957	105.68	29.52	30.38	28.75	40.36	12.26	11.69	95.35	39.60
1958	101.51	29.55	26.27	25.88	44.12	11.59	11.34	97.84	38.38
1959	97.86	29.84	27.05	27.64	37.12	10.04	10.04	100.00	33.65
10年小计			**197.35**	**20.76**	**33.51**	**66.14**	**58.40**	**88.30**	**16.07**
占合计%			**25.84**			**20.94**	**24.32**		
1960	96.51	31.16	25.07	25.98	25.73	6.45	6.11	94.73	19.61
1961	95.27	32.44	19.71	20.69	25.82	5.09	4.78	93.91	14.73
1962	95.34	34.60	11.57	12.14	25.84	2.99	2.71	90.64	7.83
1963	95.48	35.59	20.07	21.02	34.78	6.98	6.45	92.41	18.12
1964	95.78	36.03	22.35	23.34	36.87	8.24	7.70	93.45	21.37
1965	95.45	36.78	19.82	20.77	44.55	8.83	8.33	94.34	22.65
1966	95.43	37.72	19.77	20.72	44.82	8.86	7.98	90.07	21.16
1967	93.77	38.50	21.11	22.51	41.69	8.80	7.83	88.98	20.34
1968	93.86	39.63	19.61	20.89	23.10	4.53	3.11	68.65	7.85
1969	93.86	40.86	18.27	19.47	29.39	5.37	3.40	63.31	8.32
10年小计			**186.63**	**20.16**	**30.06**	**56.10**	**52.20**	**93.05**	**11.50**
占合计%			**24.44**			**17.76**	**21.74**		
1970	93.08	41.74	19.76	21.23	31.48	6.22	5.77	92.77	13.82
1971	93.32	42.67	17.24	18.48	25.64	4.42	3.86	87.33	9.05
1972	93.11	43.36	19.79	21.26	18.65	3.69	3.23	87.53	7.45
1973	92.78	44.32	20.66	22.27	33.88	7.00	6.63	94.71	14.96
1974	92.76	45.33	20.96	22.60	29.53	6.19	5.76	93.05	12.71
1975	92.81	46.09	20.90	22.52	31.63	6.61	6.12	92.59	13.28
1976	92.79	46.76	20.85	22.47	23.26	4.85	4.48	92.37	9.58
1977	91.88	47.37	20.39	22.19	28.89	5.89	5.49	93.21	11.59
1978	91.82	47.80	11.90	12.96	44.54	5.30	5.07	95.66	10.61
1979	91.58	48.38	14.18	15.48	41.82	5.93	5.79	97.64	11.97
10年小计			**91.59**	**10.09**	**55.15**	**50.51**	**43.04**	**85.21**	**8.42**
占合计%			**11.99**			**15.99**	**17.92**		
1980	91.31	48.71	16.46	18.03	41.13	6.77	7.45	110.04	15.29
1981	91.26	49.33	11.91	13.05	32.24	3.84	4.23	110.16	8.57
1982	91.25	49.68	13.64	14.95	44.87	6.12	6.52	106.54	13.12
1983	91.20	50.34	14.78	16.21	58.19	8.60	8.35	97.09	16.59
1984	91.19	50.85	13.64	14.96	78.59	10.72	8.12	75.75	15.97
1985	90.96	51.29	5.81	6.39	72.81	4.23	2.12	50.12	4.13
1986	90.75	51.52	3.36	3.70	61.31	2.06	1.72	83.50	3.34
1987	90.42	52.22	3.60	3.98	53.06	1.91	1.62	84.82	3.10
1988	89.91	53.35	4.31	4.79	64.73	2.79	0.96	34.41	1.80
1989	89.58	53.79	4.08	4.55	85.05	3.47	1.95	56.20	3.63
11年小计			**47.72**	**4.62**	**76.34**	**36.43**	**9.60**	**26.35**	**1.49**
占合计%			**6.25**			**11.54**	**4.00**		
1990	89.48	55.61	4.46	4.98	92.60	4.13	2.25	54.48	4.05
1991	89.34	56.35	6.84	7.66	60.67	4.15	1.89	45.54	3.35
1992	89.24	57.15	8.07	9.04	72.61	5.86	1.23	20.99	2.15
1993	89.07	57.78	5.82	6.53	86.43	5.03	0.37	7.36	0.64
1994	88.67	57.41	6.72	7.58	68.01	4.57	1.07	23.41	1.86
1995	88.37	58.28	4.56	5.16	82.46	3.76	1.51	40.16	2.59
1996	88.32	59.66	4.64	5.25	88.36	4.10	0.79	19.27	1.32
1997	103.76	59.80	2.93	2.82	63.48	1.86	0.30	16.13	0.50
1998	102.39	59.92	1.70	1.66	70.00	1.19	0.19	15.97	0.32
1999	102.48	60.73	1.50	1.46	96.00	1.44			
2000	102.48	60.73	0.48	0.47	70.83	0.34			

5-26-21　山西省浮山县历年棉花生产收购

年　度	耕地面积（万亩）	农业人口（万人）	棉田面积（万亩）	占耕地（%）	亩　产（市斤）	产　量（万担）	收购量（万担）	商品率（%）	人均交售（市斤）
52 年合计			**101.45**	**5.45**	**31.26**	**31.71**	**18.99**	**59.89**	**3.80**
11 年小计			**31.44**	**7.34**	**31.55**	**9.92**	**6.55**	**66.03**	**8.45**
占合计%			**30.99**			**31.28**	**34.49**		
1949	39.33	6.66	2.44	6.20	36.89	0.90			
1950	39.47	6.73	2.35	5.95	39.15	0.92			
1951	39.45	6.78	2.49	6.31	19.28	0.48			
1952	39.84	6.94	2.81	7.05	35.94	1.01	0.76	75.25	10.95
1953	39.78	6.97	1.89	4.75	41.27	0.78	0.75	96.15	10.76
1954	39.47	7.03	2.94	7.45	41.16	1.21	0.87	71.90	12.38
1955	39.44	7.13	3.54	8.98	35.59	1.26	0.97	76.98	13.60
1956	39.09	7.19	3.67	9.39	16.89	0.62	0.50	80.65	6.95
1957	38.51	7.30	2.97	7.71	26.94	0.80	0.76	95.00	10.41
1958	37.56	7.35	3.18	8.47	28.93	0.92	0.92	100.00	12.52
1959	36.36	7.44	3.16	8.69	32.28	1.02	1.02	100.00	13.71
10 年小计			**25.32**	**6.94**	**20.14**	**5.10**	**4.09**	**80.20**	**4.57**
占合计%			**24.96**			**16.08**	**21.54**		
1960	36.23	7.65	3.51	9.69	13.11	0.46	0.38	82.61	4.97
1961	36.65	8.28	2.09	5.70	29.19	0.61	0.51	83.61	6.16
1962	36.69	8.83	2.19	5.97	17.81	0.39	0.31	79.49	3.51
1963	36.89	8.96	2.80	7.59	21.07	0.59	0.50	84.75	5.58
1964	36.87	9.02	2.82	7.65	11.35	0.32	0.25	78.13	2.77
1965	36.71	9.10	2.09	5.69	23.44	0.49	0.41	83.67	4.51
1966	36.50	9.15	2.19	6.00	21.00	0.46	0.36	78.26	3.93
1967	36.17	9.23	2.65	7.33	29.43	0.78	0.59	75.64	6.39
1968	36.02	9.55	2.48	6.89	14.52	0.36	0.32	88.89	3.35
1969	35.91	9.74	2.50	6.96	25.60	0.64	0.46	71.88	4.72
10 年小计			**20.91**	**5.99**	**17.22**	**3.60**	**2.94**	**81.67**	**2.84**
占合计%			**20.61**			**11.35**	**15.48**		
1970	35.48	9.94	2.44	6.88	25.00	0.61	0.69	113.11	6.94
1971	35.30	10.04	2.31	6.54	15.58	0.36	0.25	69.44	2.49
1972	35.19	10.09	1.97	5.60	8.63	0.17	0.09	52.94	0.89
1973	35.07	10.17	2.10	5.99	22.86	0.48	0.40	83.33	3.93
1974	35.00	10.40	2.24	6.40	22.77	0.51	0.43	84.31	4.13
1975	34.73	10.46	2.30	6.62	13.48	0.31	0.25	80.65	2.39
1976	34.61	10.53	2.27	6.56	12.78	0.29	0.17	58.62	1.61
1977	34.64	10.53	2.30	6.64	23.04	0.53	0.37	69.81	3.51
1978	34.52	10.64	1.01	2.93	7.92	0.08	0.03	37.50	0.28
1979	34.43	10.70	1.97	5.72	13.20	0.26	0.26	100.00	2.43
10 年小计			**8.90**	**2.66**	**37.87**	**3.37**	**1.67**	**49.55**	**1.56**
占合计%			**8.77**			**10.63**	**8.79**		
1980	34.28	10.75	1.85	5.40	12.97	0.24	0.24	100.00	2.23
1981	34.16	10.74	1.04	3.04	9.62	0.10	0.03	30.00	0.28
1982	34.10	10.64	1.19	3.49	19.33	0.23	0.17	73.91	1.60
1983	34.07	10.70	1.40	4.11	45.00	0.63	0.47	74.60	4.39
1984	33.68	10.65	1.38	4.10	68.12	0.94	0.53	56.38	4.98
1985	33.12	10.70	0.48	1.45	54.17	0.26	0.09	34.62	0.84
1986	32.99	10.67	0.21	0.64	57.14	0.12	0.05	41.67	0.47
1987	32.93	10.68	0.35	1.06	60.00	0.21	0.04	19.05	0.37
1988	32.60	10.76	0.53	1.63	62.26	0.33	0.02	6.06	0.19
1989	32.73	10.88	0.47	1.44	65.96	0.31	0.03	9.68	0.28
11 年小计			**14.88**	**3.85**	**65.32**	**9.72**	**3.74**	**38.48**	**3.07**
占合计%			**14.67**			**30.65**	**19.69**		
1990	32.16	10.96	0.95	2.95	69.47	0.66	0.39	59.09	3.56
1991	31.82	11.08	1.07	3.36	42.06	0.45	0.28	62.22	2.53
1992	31.41	11.16	1.20	3.82	75.00	0.90	0.18	20.00	1.61
1993	31.19	11.30	0.81	2.60	74.07	0.60	0.16	26.67	1.42
1994	31.08	11.33	1.41	4.54	46.10	0.65	0.40	61.54	3.53
1995	30.86	11.39	2.07	6.71	68.60	1.42	0.81	57.04	7.11
1996	30.83	11.44	2.15	6.97	68.37	1.47	0.76	51.70	6.64
1997	41.72	11.00	2.09	5.01	57.42	1.20	0.47	39.17	4.27
1998	41.82	10.81	1.82	4.35	76.92	1.40	0.29	20.71	2.68
1999	41.93	10.67	0.83	1.98	71.08	0.59			
2000	41.93	10.67	0.48	1.14	79.17	0.38			

5－26－22　山西省大宁县历年棉花生产收购

年　　度	耕地面积（万亩）	农业人口（万人）	棉田面积（万亩）	占耕地（%）	亩　产（市斤）	产　量（万担）	收购量（万担）	商品率（%）	人均交售（市斤）
52年合计			**98.12**	**10.84**	**33.15**	**32.53**	**20.86**	**64.13**	**10.44**
11年小计			**30.82**	**16.37**	**31.96**	**9.85**	**6.42**	**65.18**	**25.67**
占合计%			**31.41**			**30.28**	**30.78**		
1949	15.02	2.17	2.30	15.32	24.78	0.57			
1950	15.74	2.21	2.24	14.24	23.21	0.52			
1951	16.94	2.22	2.72	16.06	26.10	0.71			
1952	17.06	2.30	2.81	16.48	33.81	0.95	1.08	113.68	46.96
1953	16.85	2.22	2.70	16.03	32.96	0.89	0.77	86.52	34.68
1954	18.56	2.28	3.41	18.38	39.88	1.36	0.12	8.82	5.26
1955	19.19	2.33	2.96	15.43	27.03	0.80	0.73	91.25	31.33
1956	20.04	2.23	2.28	11.38	21.05	0.48	0.34	70.83	15.25
1957	17.94	2.21	3.29	18.34	35.87	1.18	1.18	100.00	53.39
1958	15.99	2.36	3.54	22.14	34.75	1.23	1.05	85.37	44.49
1959	14.96	2.48	2.57	17.18	45.14	1.16	1.15	99.14	46.37
10年小计			**22.61**	**13.31**	**24.24**	**5.48**	**4.97**	**90.70**	**14.82**
占合计%			**23.04**			**16.85**	**23.83**		
1960	15.86	2.67	2.57	16.21	21.79	0.56	0.51	91.07	19.10
1961	16.77	2.93	2.24	13.36	20.98	0.47	0.45	95.74	15.36
1962	17.09	3.27	0.92	5.38	18.48	0.17	0.15	88.24	4.59
1963	18.00	3.36	2.46	13.67	17.89	0.44	0.40	90.91	11.90
1964	18.00	3.36	2.49	13.83	24.90	0.62	0.62	100.00	18.45
1965	17.36	3.43	2.34	13.48	29.49	0.69	0.65	94.20	18.95
1966	17.30	3.47	2.45	14.17	18.78	0.46	0.46	100.00	13.26
1967	16.76	3.54	2.39	14.26	38.08	0.91	0.89	97.85	25.15
1968	16.35	3.68	2.39	14.62	22.59	0.54	0.48	88.89	13.04
1969	16.37	3.82	2.36	14.42	26.27	0.62	0.36	58.06	9.42
10年小计			**17.89**	**10.95**	**19.45**	**3.48**	**3.06**	**87.93**	**7.35**
占合计%			**18.23**			**10.70**	**14.67**		
1970	16.38	3.87	2.39	14.59	31.38	0.75	0.72	96.00	18.60
1971	16.40	3.97	0.87	5.31	29.89	0.26	0.20	76.92	5.04
1972	16.37	4.03	1.68	10.27	19.64	0.33	0.27	81.82	6.70
1973	16.38	4.14	1.20	7.33	18.33	0.22	0.20	90.91	4.83
1974	16.34	4.20	2.10	12.86	20.00	0.42	0.37	88.10	8.81
1975	16.32	4.21	2.24	13.73	19.20	0.43	0.36	83.72	8.55
1976	16.32	4.25	2.24	13.73	12.50	0.28	0.26	92.86	6.12
1977	16.34	4.30	2.22	13.59	16.67	0.37	0.33	89.19	7.67
1978	16.28	4.36	1.97	12.10	14.72	0.29	0.24	82.76	5.50
1979	16.25	4.30	0.98	6.03	13.27	0.13	0.11	84.62	2.56
10年小计			**8.10**	**5.10**	**40.49**	**3.28**	**2.72**	**82.93**	**6.29**
占合计%			**8.26**			**10.08**	**13.04**		
1980	16.29	4.30	1.46	8.96	27.40	0.40	0.43	107.50	10.00
1981	16.28	4.39	0.74	4.55	16.22	0.12	0.17	141.67	3.87
1982	16.31	4.44	1.08	6.62	27.78	0.30	0.25	83.33	5.63
1983	16.20	4.37	1.28	7.90	50.78	0.65	0.66	101.54	15.10
1984	16.16	4.22	1.04	6.44	67.31	0.70	0.56	80.00	13.27
1985	15.65	4.25	0.48	3.07	60.42	0.29	0.18	62.07	4.24
1986	15.63	4.21	0.30	1.92	56.67	0.17	0.14	82.35	3.33
1987	15.57	4.28	0.36	2.31	25.00	0.09	0.12	133.33	2.80
1988	15.47	4.35	0.47	3.04	55.32	0.26	0.06	23.08	1.38
1989	15.14	4.42	0.89	5.88	33.71	0.30	0.15	50.00	3.39
11年小计			**18.70**	**8.30**	**55.83**	**10.44**	**3.69**	**35.34**	**6.54**
占合计%			**19.06**			**32.09**	**17.69**		
1990	15.11	4.83	1.04	6.89	61.54	0.64	0.63	98.44	13.04
1991	15.11	4.95	1.67	11.06	65.87	1.10	0.78	70.91	15.76
1992	15.12	5.05	2.93	19.38	63.82	1.87	0.54	28.88	10.69
1993	15.12	5.12	1.82	12.04	60.44	1.10	0.10	9.09	1.95
1994	15.11	5.15	2.43	16.09	66.26	1.61	0.40	24.84	7.77
1995	15.09	5.19	2.13	14.12	48.83	1.04	0.48	46.15	9.25
1996	15.03	5.27	2.10	13.97	55.24	1.16	0.36	31.03	6.83
1997	29.91	5.25	1.82	6.08	39.56	0.72	0.25	34.72	4.76
1998	29.91	5.20	1.40	4.68	52.86	0.74	0.15	20.27	2.88
1999	29.90	5.22	1.22	4.08	30.33	0.37			
2000	29.90	5.22	0.14	0.47	64.29	0.09			

5-26-23　山西省榆次市历年棉花生产收购

年　度	耕地面积（万亩）	农业人口（万人）	棉田面积（万亩）	占耕地（%）	亩　产（市斤）	产　量（万担）	收购量（万担）	商品率（%）	人均交售（市斤）
52 年合计			**143.00**	**3.64**	**42.31**	**60.50**	**46.99**	**77.67**	**4.30**
11 年小计			**27.33**	**3.13**	**24.00**	**6.56**	**6.09**	**92.84**	**4.08**
占合计%			**19.11**			**10.84**	**12.96**		
1949	70.28	12.41	0.54	0.77	14.81	0.08	0.28	*	2.26
1950	73.20	13.34	0.65	0.89	24.62	0.16	0.23	143.75	1.72
1951	77.72	13.49	0.81	1.04	23.46	0.19	0.50	*	3.71
1952	78.87	13.97	1.77	2.24	33.33	0.59	0.60	101.69	4.29
1953	82.32	13.25	0.96	1.17	33.33	0.32	0.44	137.50	3.32
1954	82.32	13.50	3.84	4.66	25.26	0.97	0.53	54.64	3.93
1955	82.97	13.58	2.81	3.39	27.05	0.76	1.27	167.11	9.35
1956	83.15	13.37	5.27	6.34	10.25	0.54	1.25	*	9.35
1957	82.85	13.95	2.99	3.61	20.40	0.61	0.41	67.21	2.94
1958	80.21	14.29	3.56	4.44	33.15	1.18	0.47	39.83	3.29
1959	78.66	14.10	4.13	5.25	28.09	1.16	0.11	9.48	0.78
10 年小计			**27.57**	**3.56**	**32.64**	**9.00**	**8.76**	**97.33**	**4.95**
占合计%			**19.28**			**14.88**	**18.64**		
1960	77.67	14.87	3.78	4.87	14.55	0.55	0.15	27.27	1.01
1961	78.06	14.99	2.78	3.56	28.42	0.79	0.85	107.59	5.67
1962	77.90	16.59	1.35	1.73	12.59	0.17	1.18	*	7.11
1963	77.90	17.18	1.56	2.00	13.46	0.21	0.94	*	5.47
1964	77.73	17.76	2.69	3.46	39.41	1.06	1.29	121.70	7.26
1965	77.31	18.20	3.24	4.19	47.22	1.53	0.86	56.21	4.73
1966	77.46	18.68	2.37	3.06	46.41	1.10	0.67	60.91	3.59
1967	76.88	18.83	3.69	4.80	42.82	1.58	1.29	81.65	6.85
1968	76.76	19.49	3.20	4.17	35.00	1.12	0.86	76.79	4.41
1969	76.56	20.29	2.91	3.80	30.58	0.89	0.67	75.28	3.30
10 年小计			**43.52**	**5.77**	**29.02**	**12.63**	**9.02**	**71.42**	**3.93**
占合计%			**30.43**			**20.88**	**19.20**		
1970	76.16	20.93	3.83	5.03	33.68	1.29	1.13	87.60	5.40
1971	75.72	21.35	3.62	4.78	37.85	1.37	1.14	83.21	5.34
1972	75.77	21.83	4.01	5.29	22.19	0.89	0.42	47.19	1.92
1973	75.47	22.43	2.69	3.56	26.77	0.72	0.26	36.11	1.16
1974	75.32	23.04	4.73	6.28	34.04	1.61	0.59	36.65	2.56
1975	75.26	23.49	5.40	7.18	35.19	1.90	1.64	86.32	6.98
1976	75.20	23.69	5.27	7.01	18.41	0.97	0.76	78.35	3.21
1977	75.17	24.07	4.83	6.43	17.18	0.83	0.62	74.70	2.58
1978	75.06	24.24	5.33	7.10	29.64	1.58	1.29	81.65	5.32
1979	74.94	24.26	3.81	5.08	38.58	1.47	1.17	79.59	4.82
10 年小计			**21.43**	**2.93**	**63.14**	**13.53**	**10.91**	**80.64**	**4.39**
占合计%			**14.99**			**22.36**	**23.22**		
1980	74.78	24.21	3.27	4.37	50.15	1.64	1.37	83.54	5.66
1981	74.63	24.34	3.06	4.10	51.63	1.58	1.31	82.91	5.38
1982	74.54	24.06	3.00	4.02	48.00	1.44	1.25	86.81	5.20
1983	74.37	24.67	2.91	3.91	66.32	1.93	1.77	91.71	7.17
1984	74.21	24.86	2.52	3.40	75.79	1.91	1.66	86.91	6.68
1985	73.68	24.96	1.20	1.63	84.17	1.01	0.59	58.42	2.36
1986	71.72	25.04	1.14	1.59	68.42	0.78	0.69	88.46	2.76
1987	71.40	25.14	1.28	1.79	73.44	0.94	0.79	84.04	3.14
1988	71.27	25.36	1.55	2.17	70.32	1.09	0.67	61.47	2.64
1989	71.06	25.62	1.50	2.11	80.67	1.21	0.81	66.94	3.16
11 年小计			**23.15**	**2.92**	**81.12**	**18.78**	**12.21**	**65.02**	**4.24**
占合计%			**16.19**			**31.04**	**25.98**		
1990	70.77	26.15	1.55	2.19	107.74	1.67	1.67	100.00	6.39
1991	70.58	26.37	1.79	2.54	100.56	1.80	1.82	101.11	6.90
1992	70.49	26.61	2.21	3.14	64.71	1.43	0.61	42.66	2.29
1993	69.39	26.41	2.19	3.16	86.76	1.90	0.56	29.47	2.12
1994	68.69	26.52	2.30	3.35	100.87	2.32	1.50	64.66	5.66
1995	67.97	26.59	2.66	3.91	64.66	1.72	1.34	77.91	5.04
1996	67.65	25.83	2.25	3.33	90.22	2.03	1.33	65.52	5.15
1997	76.65	25.90	2.09	2.73	93.30	1.95	1.44	73.85	5.56
1998	76.71	25.98	1.98	2.58	108.59	2.15	1.86	86.51	7.16
1999	76.73	25.95	1.17	1.52	79.49	0.93	0.08	8.60	0.31
2000	76.73	25.95	2.96	3.86	29.73	0.88			

5-26-24　山西省太谷县历年棉花生产收购

年　度	耕地面积（万亩）	农业人口（万人）	棉田面积（万亩）	占耕地（%）	亩　产（市斤）	产　量（万担）	收购量（万担）	商品率（%）	人均交售（市斤）
52 年合计			**149.41**	**6.28**	**40.72**	**60.84**	**48.76**	**80.14**	**5.61**
11 年小计			**34.92**	**6.24**	**28.58**	**9.98**	**9.97**	**99.90**	**8.35**
占合计%			**23.37**			**16.40**	**20.45**		
1949	50.30	9.45	0.75	1.49	29.33	0.22			
1950	51.03	9.81	0.83	1.63	31.33	0.26			
1951	52.01	10.21	1.62	3.12	30.86	0.50			
1952	51.93	10.70	1.52	2.93	35.53	0.54	0.48	88.89	4.49
1953	51.93	10.91	1.09	2.10	51.38	0.56	0.49	87.50	4.49
1954	51.96	10.93	4.09	7.87	25.18	1.03	0.82	79.61	7.50
1955	51.68	11.32	3.92	7.59	25.00	0.98	1.04	106.12	9.19
1956	51.02	11.19	6.56	12.86	19.82	1.30	1.30	100.00	11.62
1957	51.17	11.92	3.56	6.96	29.49	1.05	0.86	81.90	7.21
1958	49.95	11.44	5.10	10.21	31.37	1.60	2.72	170.00	23.78
1959	47.04	11.58	5.88	12.50	32.99	1.94	2.26	116.49	19.52
10 年小计			**33.10**	**7.22**	**30.51**	**10.10**	**8.83**	**87.42**	**6.36**
占合计%			**22.15**			**16.60**	**18.11**		
1960	45.77	11.82	5.84	12.76	15.24	0.89	0.92	103.37	7.78
1961	45.62	12.16	2.63	5.77	21.29	0.56	0.41	73.21	3.37
1962	46.07	12.95	1.29	2.80	26.36	0.34	0.26	76.47	2.01
1963	45.92	13.37	2.48	5.40	22.18	0.55	0.49	89.09	3.66
1964	46.10	13.80	3.06	6.64	38.56	1.18	1.06	89.83	7.68
1965	46.32	14.16	3.06	6.61	43.14	1.32	1.18	89.39	8.33
1966	46.22	14.70	2.42	5.24	42.56	1.03	0.86	83.49	5.85
1967	45.39	14.97	4.35	9.58	41.15	1.79	1.59	88.83	10.62
1968	45.35	15.50	4.10	9.04	29.76	1.22	1.02	83.61	6.58
1969	45.44	15.45	3.87	8.52	31.52	1.22	1.04	85.25	6.73
10 年小计			**44.47**	**10.09**	**32.27**	**14.35**	**12.40**	**86.41**	**6.91**
占合计%			**29.76**			**23.59**	**25.43**		
1970	44.96	16.34	4.35	9.68	47.36	2.06	1.86	90.29	11.38
1971	44.72	16.85	4.10	9.17	36.83	1.51	1.35	89.42	8.01
1972	44.63	17.06	5.00	11.20	34.00	1.70	1.48	87.06	8.68
1973	43.98	17.48	3.80	8.64	30.00	1.14	0.97	85.09	5.55
1974	43.76	17.93	4.56	10.42	40.57	1.85	1.66	89.73	9.26
1975	43.74	18.32	4.55	10.40	43.52	1.98	1.80	90.91	9.83
1976	43.73	18.54	4.97	11.37	15.29	0.76	0.57	75.00	3.07
1977	43.73	18.77	4.22	9.65	16.11	0.68	0.49	72.06	2.61
1978	43.80	19.08	5.12	11.69	27.34	1.40	1.16	82.86	6.08
1979	43.79	19.18	3.80	8.68	33.42	1.27	1.06	83.46	5.53
10 年小计			**19.10**	**4.37**	**64.97**	**12.41**	**8.88**	**71.56**	**4.45**
占合计%			**12.78**			**20.40**	**18.21**		
1980	43.79	19.25	3.08	7.03	49.35	1.52	1.33	87.50	6.91
1981	43.79	19.41	2.69	6.14	50.56	1.36	1.19	87.50	6.13
1982	43.79	19.67	2.66	6.08	60.15	1.60	1.45	90.63	7.37
1983	43.79	19.82	2.90	6.62	76.90	2.23	2.14	95.96	10.80
1984	43.77	19.96	2.18	4.98	90.37	1.97	1.19	60.41	5.96
1985	43.71	20.05	1.53	3.50	66.67	1.02	0.30	29.41	1.50
1986	43.70	20.12	0.83	1.90	57.83	0.48	0.20	41.67	0.99
1987	43.58	20.27	1.05	2.41	62.86	0.66	0.25	37.88	1.23
1988	43.58	20.44	1.10	2.52	60.91	0.67	0.06	8.96	0.29
1989	43.58	20.65	1.08	2.48	83.33	0.90	0.77	85.56	3.73
11 年小计			**17.82**	**3.70**	**78.56**	**14.00**	**8.68**	**62.00**	**3.75**
占合计%			**11.93**			**23.01**	**17.80**		
1990	43.25	20.91	1.49	3.45	99.33	1.48	1.24	83.78	5.93
1991	43.25	21.10	1.82	4.21	88.46	1.61	1.63	101.24	7.73
1992	43.25	21.09	2.10	4.86	57.62	1.21	0.45	37.19	2.13
1993	43.04	20.96	2.03	4.72	79.80	1.62	0.21	12.96	1.00
1994	43.04	21.00	2.01	4.67	90.55	1.82	1.29	70.88	6.14
1995	43.02	21.05	2.34	5.44	64.10	1.50	1.10	73.33	5.23
1996	43.01	21.03	2.18	5.07	75.23	1.64	0.99	60.37	4.71
1997	45.23	21.04	1.38	3.05	91.30	1.26	1.16	92.06	5.51
1998	44.87	21.05	1.07	2.38	84.11	0.90	0.61	67.78	2.90
1999	44.87	21.01	0.81	1.81	69.14	0.56			
2000	44.87	21.01	0.59	1.31	67.80	0.40			

5-26-25　山西省祁县历年棉花生产收购

年　度	耕地面积（万亩）	农业人口（万人）	棉田面积（万亩）	占耕地（%）	亩　产（市斤）	产　量（万担）	收购量（万担）	商品率（%）	人均交售（市斤）
52 年合计			**164.96**	**7.04**	**37.53**	**61.91**	**55.94**	**90.36**	**6.46**
11 年小计			**35.88**	**6.53**	**24.25**	**8.70**	**6.70**	**77.01**	**5.29**
占合计%			**21.75**			**14.05**	**11.98**		
1949	46.46	9.86	0.68	1.46	26.47	0.18			
1950	48.98	11.24	1.10	2.25	22.73	0.25			
1951	49.76	11.35	1.76	3.54	25.00	0.44			
1952	50.66	11.56	1.76	3.47	25.57	0.45	0.38	84.44	3.29
1953	51.27	11.48	1.82	3.55	30.22	0.55	0.33	60.00	2.87
1954	52.55	11.41	3.18	6.05	23.90	0.76	0.57	75.00	5.00
1955	52.46	11.98	4.29	8.18	22.61	0.97	0.92	94.85	7.68
1956	51.33	11.71	6.08	11.84	20.72	1.26	1.38	109.52	11.78
1957	50.06	12.08	4.70	9.39	25.74	1.21	0.98	80.99	8.11
1958	48.90	12.05	5.60	11.45	24.64	1.38	0.97	70.29	8.05
1959	47.04	11.97	4.91	10.44	25.46	1.25	1.17	93.60	9.77
10 年小计			**37.29**	**8.23**	**24.56**	**9.16**	**8.47**	**92.47**	**6.01**
占合计%			**22.61**			**14.80**	**15.14**		
1960	46.34	12.42	4.65	10.04	12.26	0.57	0.57	100.00	4.59
1961	45.33	12.44	3.38	7.46	17.16	0.58	0.47	81.03	3.78
1962	45.05	13.50	2.66	5.91	15.04	0.40	0.39	97.50	2.89
1963	45.24	13.77	2.63	5.81	11.41	0.30	0.29	96.67	2.11
1964	45.29	14.00	3.87	8.55	25.84	1.00	0.93	93.00	6.64
1965	45.50	14.19	4.10	9.01	40.00	1.64	1.62	98.78	11.42
1966	45.44	14.65	3.39	7.46	27.73	0.94	0.89	94.68	6.08
1967	45.26	14.88	4.40	9.72	31.82	1.40	1.19	85.00	8.00
1968	44.78	15.31	4.20	9.38	23.81	1.00	0.95	95.00	6.21
1969	44.78	15.87	4.01	8.96	33.17	1.33	1.17	87.97	7.37
10 年小计			**45.14**	**10.21**	**26.96**	**12.17**	**10.61**	**87.18**	**6.01**
占合计%			**27.36**			**19.66**	**18.97**		
1970	44.40	16.27	4.17	9.39	42.69	1.78	1.58	88.76	9.71
1971	44.34	16.58	4.19	9.45	26.25	1.10	0.92	83.65	5.55
1972	44.34	16.70	5.33	12.02	22.89	1.22	1.05	86.07	6.29
1973	44.31	17.18	3.99	9.00	26.07	1.04	0.91	87.50	5.30
1974	44.40	17.59	4.88	10.99	36.68	1.79	1.62	90.52	9.21
1975	44.36	17.96	5.36	12.08	35.26	1.89	1.75	92.59	9.74
1976	44.36	18.19	5.15	11.61	14.95	0.77	0.63	81.82	3.46
1977	43.97	18.47	4.16	9.46	13.94	0.58	0.43	74.14	2.33
1978	43.94	18.71	4.55	10.36	25.71	1.17	1.00	85.47	5.34
1979	43.92	18.82	3.36	7.65	24.70	0.83	0.72	86.75	3.83
10 年小计			**20.94**	**5.00**	**63.37**	**13.27**	**14.39**	**108.44**	**7.39**
占合计%			**12.69**			**21.43**	**25.72**		
1980	43.91	18.90	2.45	5.58	41.22	1.01	0.90	89.11	4.76
1981	43.91	18.93	2.81	6.40	37.37	1.05	0.96	91.43	5.07
1982	43.88	19.18	2.78	6.34	52.52	1.46	1.33	91.10	6.93
1983	37.85	19.31	3.65	9.64	73.42	2.68	3.35	125.00	17.35
1984	43.76	19.45	3.24	7.40	84.57	2.74	3.61	131.75	18.56
1985	42.14	19.50	1.76	4.18	77.84	1.37	0.87	63.50	4.46
1986	41.07	19.53	0.83	2.02	66.27	0.55	0.22	40.00	1.13
1987	40.85	19.86	0.89	2.18	66.29	0.59	2.21	*	11.13
1988	40.79	19.94	1.13	2.77	61.06	0.69	0.21	30.43	1.05
1989	40.67	20.11	1.40	3.44	80.71	1.13	0.73	64.60	3.63
11 年小计			**25.71**	**5.35**	**72.38**	**18.61**	**15.77**	**84.74**	**6.93**
占合计%			**15.59**			**30.06**	**28.19**		
1990	40.74	20.32	2.07	5.08	102.90	2.13	1.85	86.85	9.10
1991	40.70	20.50	2.91	7.15	83.51	2.43	2.88	118.52	14.05
1992	40.67	20.68	3.15	7.75	43.17	1.36	1.04	76.47	5.03
1993	40.46	20.64	2.55	6.30	74.90	1.91	0.46	24.08	2.23
1994	40.35	20.76	3.06	7.58	83.01	2.54	2.00	78.74	9.63
1995	44.84	20.84	3.65	8.14	48.77	1.78	1.33	74.72	6.38
1996	40.34	20.71	2.54	6.30	72.83	1.85	1.02	55.14	4.93
1997	48.47	20.70	1.91	3.94	74.35	1.42	1.46	102.82	7.05
1998	48.44	20.68	1.91	3.94	87.43	1.67	2.02	120.96	9.77
1999	47.88	20.80	1.25	2.61	76.80	0.96	0.13	13.54	0.63
2000	47.88	20.80	0.71	1.48	78.87	0.56	1.58	*	7.60

5－26－26　山西省平遥县历年棉花生产收购

年　　度	耕地面积（万亩）	农业人口（万人）	棉田面积（万亩）	占耕地（%）	亩　产（市斤）	产　量（万担）	收购量（万担）	商品率（%）	人均交售（市斤）
52 年合计			**341.51**	**8.02**	**62.83**	**214.58**	**123.99**	**57.78**	**7.23**
11 年小计			**60.15**	**6.22**	**48.88**	**29.40**	**8.12**	**27.62**	**3.16**
占合计%			**17.61**			**13.70**	**6.55**		
1949	78.23	22.18	5.78	7.39	29.93	1.73			
1950	85.04	22.57	6.41	7.54	34.95	2.24			
1951	89.51	22.87	9.65	10.78	36.99	3.57			
1952	90.74	23.27	2.37	2.61	108.86	2.58	0.50	19.38	2.15
1953	91.70	23.26	2.69	2.93	73.61	1.98	0.71	35.86	3.05
1954	90.71	23.52	3.04	3.35	81.58	2.48	0.56	22.58	2.38
1955	90.71	23.83	4.21	4.64	62.47	2.63	0.78	29.66	3.27
1956	90.17	23.98	9.21	10.21	35.61	3.28	1.32	40.24	5.50
1957	90.00	23.74	5.50	6.11	61.09	3.36	1.37	40.77	5.77
1958	86.40	23.78	5.98	6.92	53.18	3.18	1.41	44.34	5.93
1959	84.30	24.05	5.31	6.30	44.63	2.37	1.47	62.03	6.11
10 年小计			**39.77**	**4.88**	**61.15**	**24.32**	**10.36**	**42.60**	**3.70**
占合计%			**11.65**			**11.33**	**8.36**		
1960	83.06	24.11	6.86	8.26	20.70	1.42	0.65	45.77	2.70
1961	81.33	24.36	4.04	4.97	38.61	1.56	0.63	40.38	2.59
1962	81.23	26.61	3.14	3.87	21.34	0.67	0.43	64.18	1.62
1963	81.30	27.23	3.54	4.35	23.73	0.84	0.53	63.10	1.95
1964	81.38	27.80	4.35	5.35	80.69	3.51	1.93	54.99	6.94
1965	81.65	28.35	5.43	6.65	87.11	4.73	2.35	49.68	8.29
1966	81.44	29.38	4.76	5.85	75.84	3.61	2.07	57.34	7.05
1967	81.32	29.80	2.76	3.39	114.13	3.15	0.81	25.71	2.72
1968	81.17	30.51	2.58	3.18	90.70	2.34	0.38	16.24	1.25
1969	81.05	31.76	2.31	2.85	107.79	2.49	0.58	23.29	1.83
10 年小计			**76.33**	**9.47**	**29.18**	**22.27**	**14.84**	**66.64**	**4.23**
占合计%			**22.35**			**10.38**	**11.97**		
1970	80.96	31.93	5.13	6.34	60.23	3.09	1.97	63.75	6.17
1971	80.85	33.35	4.71	5.83	45.86	2.16	1.29	59.72	3.87
1972	81.56	33.73	4.91	6.02	38.90	1.91	0.12	6.28	0.36
1973	81.11	34.45	2.97	3.66	37.71	1.12	0.87	77.68	2.53
1974	80.90	35.22	10.34	12.78	31.72	3.28	2.00	60.98	5.68
1975	80.12	35.89	10.79	13.47	31.33	3.38	2.13	63.02	5.93
1976	80.97	36.28	9.86	12.18	16.23	1.60	0.94	58.75	2.59
1977	79.79	36.62	10.14	12.71	12.82	1.30	0.99	76.15	2.70
1978	79.94	36.70	9.87	12.35	22.80	2.25	2.20	97.78	5.99
1979	80.00	36.66	7.61	9.51	28.65	2.18	2.33	106.88	6.36
10 年小计			**77.43**	**9.71**	**77.88**	**60.30**	**50.80**	**84.25**	**13.51**
占合计%			**22.67**			**28.10**	**40.97**		
1980	79.97	36.65	6.51	8.14	38.40	2.50	2.70	108.00	7.37
1981	79.95	36.67	5.84	7.30	38.87	2.27	2.58	113.66	7.04
1982	79.97	37.05	7.52	9.40	51.86	3.90	3.99	102.31	10.77
1983	79.94	37.34	9.41	11.77	92.24	8.68	8.69	100.12	23.27
1984	79.94	37.63	10.13	12.67	100.20	10.15	8.67	85.42	23.04
1985	79.68	37.86	7.13	8.95	82.19	5.86	3.99	68.09	10.54
1986	79.59	37.71	6.92	8.69	89.60	6.20	4.33	69.84	11.48
1987	79.46	37.98	6.80	8.56	82.35	5.60	5.53	98.75	14.56
1988	79.46	38.44	8.24	10.37	66.87	5.51	3.54	64.25	9.21
1989	79.46	38.79	8.93	11.24	107.84	9.63	6.78	70.40	17.48
11 年小计			**87.83**	**10.05**	**89.14**	**78.29**	**39.87**	**50.93**	**8.85**
占合计%			**25.72**			**36.49**	**32.16**		
1990	79.37	39.68	10.41	13.12	120.75	12.57	11.62	92.44	29.28
1991	79.31	40.08	12.66	15.96	101.42	12.84	11.35	88.40	28.32
1992	79.23	40.29	11.88	14.99	46.38	5.51	1.22	22.14	3.03
1993	78.99	40.56	10.14	12.84	94.67	9.60	1.35	14.06	3.33
1994	78.92	40.86	11.42	14.47	112.96	12.90	4.84	37.52	11.85
1995	78.78	41.24	12.05	15.30	70.95	8.55	3.32	38.83	8.05
1996	77.33	41.46	6.45	8.34	75.19	4.85	1.21	24.95	2.92
1997	80.40	41.50	6.72	8.36	77.83	5.23	1.60	30.59	3.86
1998	80.54	41.63	3.23	4.01	109.60	3.54	1.35	38.14	3.24
1999	80.45	41.69	1.91	2.37	93.19	1.78	0.98	55.06	2.35
2000	80.45	41.69	0.96	1.19	95.83	0.92	1.03	111.96	2.47

5－26－27　山西省介休市历年棉花生产收购

年　度	耕地面积（万亩）	农业人口（万人）	棉田面积（万亩）	占耕地（%）	亩　产（市斤）	产　量（万担）	收购量（万担）	商品率（%）	人均交售（市斤）
52 年合计			**132.16**	**5.77**	**33.31**	**44.02**	**33.92**	**77.06**	**3.13**
11 年小计			**33.45**	**6.34**	**27.14**	**9.08**	**5.85**	**64.43**	**3.96**
占合计%			**25.31**			**20.63**	**17.25**		
1949	47.34	11.63	1.31	2.77	29.77	0.39			
1950	48.39	12.24	1.70	3.51	30.00	0.51			
1951	48.71	12.58	2.00	4.11	28.00	0.56			
1952	49.85	12.94	2.28	4.57	27.19	0.62	0.46	74.19	3.55
1953	47.99	13.41	2.61	5.44	27.97	0.73	0.73	100.00	5.44
1954	48.14	13.66	2.90	6.02	27.24	0.79	0.69	87.34	5:05
1955	48.35	13.91	3.24	6.70	28.09	0.91	0.78	85.71	5.61
1956	48.98	14.23	4.98	10.17	19.28	0.96	0.78	81.25	5.48
1957	48.50	15.00	4.19	8.64	24.58	1.03	0.79	76.70	5.27
1958	46.62	14.06	4.52	9.70	31.19	1.41	0.82	58.16	5.83
1959	45.02	14.02	3.72	8.26	31.45	1.17	0.80	68.38	5.71
10 年小计			**28.86**	**6.58**	**26.44**	**7.63**	**5.63**	**73.79**	**3.31**
占合计%			**21.84**			**17.33**	**16.60**		
1960	44.12	14.24	3.95	8.95	12.41	0.49	0.28	57.14	1.97
1961	43.61	14.95	2.69	6.17	21.93	0.59	0.43	72.88	2.88
1962	43.62	15.87	1.37	3.14	11.68	0.16	0.14	87.50	0.88
1963	43.85	16.37	1.77	4.04	13.56	0.24	0.21	87.50	1.28
1964	44.04	16.70	3.24	7.36	21.30	0.69	0.53	76.81	3.17
1965	44.12	17.23	3.27	7.41	42.20	1.38	1.12	81.16	6.50
1966	44.00	17.90	3.18	7.23	45.91	1.46	1.15	78.77	6.42
1967	43.86	18.24	3.56	8.12	33.71	1.20	0.81	67.50	4.44
1968	43.85	18.90	3.08	7.02	21.10	0.65	0.38	58.46	2.01
1969	43.68	19.63	2.75	6.30	28.00	0.77	0.58	75.32	2.95
10 年小计			**39.21**	**9.06**	**25.53**	**10.01**	**8.34**	**83.32**	**3.76**
占合计%			**29.67**			**22.74**	**24.59**		
1970	43.47	20.30	3.62	8.33	39.50	1.43	1.05	73.43	5.17
1971	43.37	20.85	3.26	7.52	25.77	0.84	0.62	73.81	2.97
1972	43.28	21.25	3.20	7.39	25.31	0.81	0.57	70.37	2.68
1973	43.28	21.75	2.54	5.87	32.68	0.83	0.69	83.13	3.17
1974	43.26	22.19	4.05	9.36	33.83	1.37	1.13	82.48	5.09
1975	43.25	22.61	5.16	11.93	31.98	1.65	1.40	84.85	6.19
1976	43.22	22.90	4.80	11.11	11.25	0.54	0.40	74.07	1.75
1977	43.20	23.17	4.62	10.69	12.55	0.58	0.45	77.59	1.94
1978	43.19	23.34	4.58	10.61	18.34	0.84	0.82	97.62	3.51
1979	43.14	23.46	3.38	7.83	33.14	1.12	1.21	108.04	5.16
10 年小计			**18.82**	**4.40**	**52.07**	**9.80**	**9.39**	**95.82**	**3.82**
占合计%			**14.24**			**22.26**	**27.68**		
1980	43.10	23.54	2.90	6.73	35.86	1.04	1.12	107.69	4.76
1981	43.08	23.62	2.27	5.27	40.09	0.91	1.07	117.58	4.53
1982	43.07	23.92	2.93	6.80	44.71	1.31	1.41	107.63	5.89
1983	43.02	24.18	3.26	7.58	66.26	2.16	2.36	109.26	9.76
1984	42.98	24.46	2.58	6.00	48.84	1.26	1.29	102.38	5.27
1985	42.77	24.68	1.46	3.41	57.53	0.84	0.42	50.00	1.70
1986	42.69	24.78	0.59	1.38	62.71	0.37	0.61	164.86	2.46
1987	42.50	25.09	0.71	1.67	67.61	0.48	0.20	41.67	0.80
1988	42.32	25.53	0.89	2.10	49.44	0.44	0.19	43.18	0.74
1989	42.32	25.90	1.23	2.91	80.49	0.99	0.72	72.73	2.78
11 年小计			**11.82**	**2.56**	**63.45**	**7.50**	**4.71**	**62.80**	**1.58**
占合计%			**8.94**			**17.04**	**13.89**		
1990	42.30	26.07	1.61	3.81	85.09	1.37	1.28	93.43	4.91
1991	42.21	26.43	1.67	3.96	82.04	1.37	1.63	118.98	6.17
1992	42.23	26.74	1.56	3.69	37.18	0.58	0.14	24.14	0.52
1993	41.82	26.79	1.28	3.06	61.72	0.79	0.30	37.97	1.12
1994	43.13	27.00	1.49	3.46	70.47	1.05	0.47	44.76	1.74
1995	41.60	27.20	1.67	4.01	46.11	0.77	0.34	44.16	1.25
1996	41.58	27.53	1.23	2.96	65.85	0.81	0.31	38.27	1.13
1997	41.84	27.54	0.78	1.86	51.28	0.40	0.17	42.50	0.62
1998	41.72	27.56	0.33	0.79	72.73	0.24	0.07	29.17	0.25
1999	41.72	27.61	0.17	0.41	58.82	0.10			
2000	41.72	27.61	0.03	0.07	66.67	0.02			

5－26－28　山西省汾阳县历年棉花生产收购

年　　度	耕地面积（万亩）	农业人口（万人）	棉田面积（万亩）	占耕地（%）	亩　产（市斤）	产　量（万担）	收购量（万担）	商品率（%）	人均交售（市斤）
52 年合计			**408.77**	**10.44**	**35.77**	**146.20**	**137.73**	**94.21**	**11.11**
11 年小计			**131.30**	**15.15**	**30.55**	**40.11**	**37.86**	**94.39**	**22.40**
占合计%			**32.12**			**27.44**	**27.49**		
1949	78.92	13.64	5.72	7.25	24.30	1.39			
1950	79.16	13.98	6.65	8.40	32.33	2.15			
1951	79.28	14.35	7.49	9.45	28.17	2.11			
1952	79.31	14.75	8.64	10.89	27.20	2.35	2.71	115.32	18.37
1953	79.40	15.13	9.68	12.19	29.44	2.85	3.30	115.79	21.81
1954	79.28	15.44	10.58	13.35	27.69	2.93	3.29	112.29	21.31
1955	79.29	15.84	12.26	15.46	32.79	4.02	4.45	110.70	28.09
1956	79.40	16.24	19.41	24.45	29.83	5.79	6.44	111.23	39.66
1957	79.14	16.45	18.20	23.00	30.16	5.49	6.13	111.66	37.26
1958	77.45	16.59	17.64	22.78	33.84	5.97	6.21	104.02	37.43
1959	76.20	16.59	15.03	19.72	33.67	5.06	5.33	105.33	32.13
10 年小计			**110.55**	**14.67**	**30.59**	**33.82**	**33.26**	**98.34**	**16.72**
占合计%			**27.04**			**23.13**	**24.15**		
1960	75.59	16.87	14.21	18.80	22.17	3.15	2.82	89.52	16.72
1961	75.57	17.72	12.32	16.30	20.13	2.48	2.27	91.53	12.81
1962	75.42	18.78	5.57	7.39	17.95	1.00	0.74	74.00	3.94
1963	75.38	19.25	6.93	9.19	15.73	1.09	0.96	88.07	4.99
1964	75.44	19.58	12.72	16.86	44.03	5.60	5.81	103.75	29.67
1965	75.69	20.15	13.02	17.20	47.47	6.18	6.33	102.43	31.41
1966	75.39	20.71	10.10	13.40	33.96	3.43	3.56	103.79	17.19
1967	75.24	21.15	12.65	16.81	34.39	4.35	4.50	103.45	21.28
1968	74.96	21.94	11.91	15.89	25.36	3.02	2.80	92.72	12.76
1969	75.09	22.79	11.12	14.81	31.65	3.52	3.47	98.58	15.23
10 年小计			**92.89**	**12.35**	**24.29**	**22.56**	**26.62**	**118.00**	**10.37**
占合计%			**22.72**			**15.43**	**19.33**		
1970	75.50	23.62	13.02	17.25	36.02	4.69	4.74	101.07	20.07
1971	75.78	24.11	9.27	12.23	23.19	2.15	2.44	113.49	10.12
1972	75.33	24.73	10.01	13.29	16.58	1.66	1.83	110.24	7.40
1973	75.23	25.21	2.88	3.83	24.31	0.70	0.76	108.57	3.01
1974	75.02	25.77	9.20	12.26	32.72	3.01	4.20	139.53	16.30
1975	75.06	26.25	11.75	15.65	34.04	4.00	5.26	131.50	20.04
1976	75.05	26.52	11.66	15.54	14.58	1.70	2.29	134.71	8.63
1977	75.06	26.80	10.70	14.26	12.52	1.34	1.50	111.94	5.60
1978	75.06	26.85	8.10	10.79	21.60	1.75	1.81	103.43	6.74
1979	75.06	26.94	6.30	8.39	24.76	1.56	1.79	114.74	6.64
10 年小计			**44.54**	**5.94**	**64.46**	**28.71**	**26.66**	**92.86**	**9.66**
占合计%			**10.90**			**19.64**	**19.36**		
1980	75.05	26.84	5.37	7.16	26.26	1.41	1.73	122.70	6.45
1981	75.02	26.88	3.14	4.19	28.66	0.90	1.10	122.22	4.09
1982	75.00	27.12	4.58	6.11	43.67	2.00	2.10	105.00	7.74
1983	74.94	27.46	6.32	8.43	80.85	5.11	5.12	100.20	18.65
1984	74.94	27.55	8.42	11.24	75.18	6.33	6.09	96.21	22.11
1985	74.90	27.66	4.32	5.77	64.12	2.77	2.32	83.75	8.39
1986	74.88	27.76	2.72	3.63	91.18	2.48	2.24	90.32	8.07
1987	74.85	28.02	3.03	4.05	93.07	2.82	2.43	86.17	8.67
1988	74.85	28.25	3.44	4.60	45.93	1.58	1.17	74.05	4.14
1989	74.84	28.58	3.20	4.28	103.44	3.31	2.36	71.30	8.26
11 年小计			**29.49**	**3.71**	**71.21**	**21.00**	**13.33**	**63.48**	**3.94**
占合计%			**7.21**			**14.36**	**9.68**		
1990	74.00	29.41	4.37	5.91	119.68	5.23	4.06	77.63	13.80
1991	73.92	29.70	6.72	9.09	80.36	5.40	5.45	100.93	18.35
1992	73.16	29.95	6.12	8.37	40.03	2.45	0.98	40.00	3.27
1993	72.95	30.21	3.32	4.55	106.93	3.55	0.45	12.68	1.49
1994	72.89	30.44	1.76	2.41	97.16	1.71	1.32	77.19	4.34
1995	72.80	30.70	4.37	6.00	13.96	0.61	0.50	81.97	1.63
1996	72.48	31.39	0.48	0.66	75.00	0.36	0.45	125.00	1.43
1997	70.70	31.40	1.46	2.07	65.07	0.95	0.12	12.63	0.38
1998	70.32	31.57	0.57	0.81	96.49	0.55			
1999	70.32	31.87	0.26	0.37	69.23	0.18			
2000	70.32	31.87	0.06	0.09	16.67	0.01			

5－26－29　山西省文水县历年棉花生产收购

年　度	耕地面积（万亩）	农业人口（万人）	棉田面积（万亩）	占耕地（%）	亩　产（市斤）	产　量（万担）	收购量（万担）	商品率（%）	人均交售（市斤）
52年合计			**451.03**	**15.44**	**42.90**	**193.51**	**161.27**	**83.34**	**12.47**
11年小计			**130.78**	**21.48**	**30.95**	**40.48**	**34.88**	**86.17**	**20.27**
占合计%			**29.00**			**20.92**	**21.63**		
1949	55.52	14.83	8.21	14.79	29.96	2.46			
1950	55.80	14.98	8.91	15.97	32.21	2.87			
1951	56.43	15.19	9.26	16.41	31.21	2.89			
1952	56.48	15.37	9.86	17.46	34.18	3.37	3.89	115.43	25.31
1953	56.33	15.45	10.29	18.27	36.44	3.75	2.92	77.87	18.90
1954	56.01	15.60	10.79	19.26	27.15	2.93	2.59	88.40	16.60
1955	55.58	15.75	11.66	20.98	31.82	3.71	3.36	90.57	21.33
1956	55.83	15.97	17.46	31.27	28.12	4.91	6.76	137.68	42.33
1957	55.61	16.34	16.25	29.22	24.68	4.01	4.69	116.96	28.70
1958	54.29	16.26	14.60	26.90	36.10	5.27	6.45	122.39	39.67
1959	51.05	16.30	13.49	26.43	31.95	4.31	4.22	97.91	25.89
10年小计			**96.57**	**19.04**	**27.64**	**26.69**	**28.72**	**107.61**	**15.58**
占合计%			**21.41**			**13.79**	**17.81**		
1960	50.88	16.16	12.39	24.35	14.53	1.80	1.98	110.00	12.25
1961	50.75	16.37	8.63	17.01	27.00	2.33	2.65	113.73	16.19
1962	50.66	17.40	7.91	15.62	19.34	1.53	1.63	106.54	9.37
1963	50.99	17.86	4.85	9.51	11.13	0.54	0.84	155.56	4.70
1964	51.08	17.98	10.74	21.03	37.52	4.03	4.49	111.41	24.97
1965	50.81	18.66	11.04	21.73	37.32	4.12	4.29	104.13	22.99
1966	50.87	19.13	10.64	20.92	34.77	3.70	4.29	115.95	22.43
1967	50.49	19.56	10.76	21.31	33.92	3.65	4.10	112.33	20.96
1968	50.30	20.26	10.29	20.46	25.46	2.62	2.31	88.17	11.40
1969	50.36	20.95	9.32	18.51	25.43	2.37	2.14	90.30	10.21
10年小计			**88.65**	**16.98**	**21.32**	**18.90**	**19.32**	**102.22**	**7.88**
占合计%			**19.66**			**9.77**	**11.98**		
1970	50.48	21.52	10.55	20.90	22.18	2.34	3.60	153.85	16.73
1971	50.27	22.14	9.50	18.90	24.21	2.30	2.41	104.78	10.89
1972	49.82	22.68	7.91	15.88	18.20	1.44	1.49	103.47	6.57
1973	49.79	23.15	4.59	9.22	16.34	0.75	0.65	86.67	2.81
1974	49.76	23.63	8.93	17.95	30.57	2.73	2.76	101.10	11.68
1975	49.73	24.11	9.75	19.61	34.26	3.34	3.40	101.80	14.10
1976	49.73	24.31	9.56	19.23	16.74	1.60	1.67	104.38	6.87
1977	49.73	24.57	7.70	15.49	9.09	0.70	0.65	92.86	2.65
1978	61.40	29.91	12.06	19.64	18.66	2.25	1.46	64.89	4.88
1979	61.40	29.03	8.10	13.19	17.90	1.45	1.23	84.83	4.24
10年小计			**78.56**	**12.86**	**73.63**	**57.84**	**47.82**	**82.68**	**15.65**
占合计%			**17.42**			**29.89**	**29.65**		
1980	61.38	29.11	6.99	11.39	29.47	2.06	1.85	89.81	6.36
1981	61.38	29.34	6.60	10.75	35.45	2.34	2.45	104.70	8.35
1982	61.38	29.75	9.17	14.94	53.65	4.92	3.98	80.89	13.38
1983	61.37	30.10	11.37	18.53	90.41	10.28	9.89	96.21	32.86
1984	61.37	30.31	13.91	22.67	88.35	12.29	9.73	79.17	32.10
1985	61.05	30.63	7.31	11.97	69.22	5.06	3.00	59.29	9.79
1986	60.87	30.97	4.58	7.52	94.98	4.35	3.91	89.89	12.63
1987	60.80	31.35	5.27	8.67	83.49	4.40	4.29	97.50	13.68
1988	60.77	31.86	7.04	11.59	70.45	4.96	3.69	74.40	11.58
1989	60.75	32.13	6.32	10.40	113.61	7.18	5.03	70.06	15.66
11年小计			**56.47**	**8.39**	**87.83**	**49.60**	**30.53**	**61.55**	**7.91**
占合计%			**12.52**			**25.63**	**18.93**		
1990	60.74	33.03	7.52	12.38	129.92	9.77	8.83	90.38	26.73
1991	60.72	33.45	10.73	17.67	101.21	10.86	10.60	97.61	31.69
1992	60.69	33.89	9.14	15.06	61.82	5.65	2.43	43.01	7.17
1993	60.68	34.31	7.19	11.85	75.80	5.45	0.96	17.61	2.80
1994	60.68	34.69	3.56	5.87	78.65	2.80	2.31	82.50	6.66
1995	60.66	35.14	7.35	12.12	59.59	4.38	1.48	33.79	4.21
1996	60.66	35.99	1.49	2.46	81.88	1.22	0.39	31.97	1.08
1997	62.37	36.00	4.14	6.64	88.65	3.67	1.24	33.79	3.44
1998	61.86	36.27	2.52	4.07	107.54	2.71	2.29	84.50	6.31
1999	61.86	36.64	1.62	2.62	102.47	1.66			
2000	61.86	36.64	1.21	1.96	118.18	1.43			

5－26－30　山西省交城县历年棉花生产收购

年　度	耕地面积（万亩）	农业人口（万人）	棉田面积（万亩）	占耕地（%）	亩　产（市斤）	产　量（万担）	收购量（万担）	商品率（%）	人均交售（市斤）
52 年合计			**173.33**	**10.63**	**31.26**	**54.18**	**31.59**	**58.31**	**4.14**
11 年小计			**56.38**	**13.42**	**32.87**	**18.53**	**5.85**	**31.57**	**4.76**
占合计%			**32.53**			**34.20**	**18.52**		
1949	37.62	10.32	2.78	7.39	33.81	0.94	0.05	5.63	0.51
1950	37.50	10.56	3.08	8.21	31.17	0.96	0.13	13.13	1.19
1951	38.00	10.72	3.38	8.90	28.40	0.96	0.32	32.88	2.94
1952	39.71	10.99	2.88	7.25	41.32	1.19	0.45	37.82	4.09
1953	39.00	11.07	4.14	10.62	33.09	1.37	0.46	33.58	4.16
1954	38.70	11.20	4.67	12.07	40.69	1.90	0.36	19.19	3.26
1955	38.63	11.27	5.18	13.41	35.33	1.83	0.33	18.12	2.94
1956	38.82	11.41	8.97	23.11	33.33	2.99	0.94	31.51	8.26
1957	37.55	11.67	7.65	20.38	25.23	1.93	0.68	35.02	5.79
1958	37.79	11.77	7.44	19.69	36.96	2.75	1.39	50.46	11.79
1959	36.92	11.81	6.21	16.82	27.54	1.71	0.74	43.49	6.30
10 年小计			**51.87**	**14.19**	**25.12**	**13.03**	**4.21**	**32.31**	**3.11**
占合计%			**29.93**			**24.05**	**13.33**		
1960	36.39	11.96	6.35	17.45	17.80	1.13	0.43	38.05	3.60
1961	36.42	12.06	5.01	13.76	26.35	1.32	0.34	25.76	2.82
1962	36.65	12.77	4.34	11.84	21.89	0.95	0.21	22.11	1.64
1963	36.60	13.17	3.59	9.81	12.53	0.45	0.06	13.33	0.46
1964	36.60	13.23	5.61	15.33	34.05	1.91	0.70	36.65	5.29
1965	36.78	13.62	5.69	15.47	30.76	1.75	0.71	40.57	5.21
1966	36.53	14.08	5.61	15.36	34.58	1.94	0.51	26.29	3.62
1967	36.56	14.42	5.85	16.00	31.45	1.84	0.72	39.13	4.99
1968	36.53	14.80	5.24	14.35	20.23	1.06	0.26	24.53	1.76
1969	36.42	15.36	4.58	12.58	14.85	0.68	0.27	39.71	1.76
10 年小计			**48.17**	**14.18**	**23.92**	**11.52**	**9.93**	**86.20**	**6.01**
占合计%			**27.79**			**21.26**	**31.43**		
1970	36.33	15.87	5.88	16.18	27.38	1.61	0.78	48.45	4.91
1971	36.33	16.29	5.42	14.92	20.66	1.12	0.98	87.50	6.02
1972	36.32	16.55	6.00	16.52	17.50	1.05	0.90	85.71	5.44
1973	36.32	16.91	4.34	11.95	10.37	0.45	0.34	75.56	2.01
1974	36.30	17.26	5.31	14.63	32.39	1.72	1.54	89.52	8.92
1975	36.30	17.64	5.87	16.17	35.95	2.11	1.97	93.36	11.17
1976	36.30	17.90	5.57	15.34	17.59	0.98	0.91	92.86	5.08
1977	36.29	18.24	5.60	15.43	8.39	0.47	0.34	72.34	1.86
1978	24.62	14.17	2.42	9.83	63.64	1.54	1.42	92.21	10.02
1979	24.59	14.28	1.76	7.16	26.70	0.47	0.75	159.57	5.25
10 年小计			**12.02**	**4.93**	**65.97**	**7.93**	**8.74**	**110.21**	**5.85**
占合计%			**6.93**			**14.64**	**27.67**		
1980	24.47	14.32	1.94	7.93	30.41	0.59	1.22	*	8.52
1981	24.45	14.45	1.76	7.20	44.32	0.78	1.22	156.41	8.44
1982	24.45	14.67	1.74	7.12	64.94	1.13	1.20	106.19	8.18
1983	24.44	14.89	1.94	7.94	84.54	1.64	2.59	157.93	17.39
1984	24.44	14.89	1.98	8.10	89.90	1.78	1.44	80.90	9.67
1985	24.39	14.96	0.68	2.79	77.94	0.53	0.31	58.49	2.07
1986	24.32	15.01	0.56	2.30	76.79	0.43	0.18	41.86	1.20
1987	24.27	15.21	0.44	1.81	84.09	0.37	0.15	40.54	0.99
1988	24.27	15.42	0.45	1.85	53.33	0.24	0.17	70.83	1.10
1989	24.27	15.65	0.53	2.18	83.02	0.44	0.26	59.09	1.66
11 年小计			**4.89**	**1.87**	**64.83**	**3.17**	**2.86**	**90.22**	**1.50**
占合计%			**2.82**			**5.85**	**9.05**		
1990	24.27	16.20	0.59	2.43	106.78	0.63	0.70	111.11	4.32
1991	24.33	16.44	1.37	5.63	78.10	1.07	1.30	121.50	7.91
1992	24.26	16.73	1.20	4.95	45.83	0.55	0.28	50.91	1.67
1993	24.24	17.04	0.15	0.62	133.33	0.20	0.12	60.00	0.70
1994	21.74	17.32	0.14	0.64	92.86	0.13	0.14	107.69	0.81
1995	21.77	17.58	0.63	2.89	17.46	0.11	0.11	100.00	0.63
1996	21.77	17.80	0.11	0.51	36.36	0.04	0.04	100.00	0.22
1997	26.73	17.81	0.20	0.75	60.00	0.12	0.05	41.67	0.28
1998	26.30	17.82	0.27	1.03	85.19	0.23	0.12	52.17	0.67
1999	22.94	17.84	0.18	0.78	22.22	0.04			
2000	22.94	17.84	0.05	0.22	100.00	0.05			

5－26－31　山西省孝义市历年棉花生产收购

年　度	耕地面积（万亩）	农业人口（万人）	棉田面积（万亩）	占耕地（%）	亩　产（市斤）	产　量（万担）	收购量（万担）	商品率（%）	人均交售（市斤）
52年合计			**96.38**	**3.46**	**28.52**	**27.49**	**21.63**	**78.68**	**2.06**
11年小计			**31.29**	**4.49**	**35.31**	**11.05**	**8.03**	**72.67**	**4.70**
占合计%			**32.47**			**40.20**	**37.12**		
1949	60.95	13.03	1.37	2.25	35.04	0.48			
1950	60.32	13.46	1.49	2.47	39.60	0.59			
1951	59.99	14.55	1.73	2.88	28.32	0.49			
1952	64.31	15.10	1.70	2.64	26.47	0.45	0.32	71.11	2.12
1953	67.37	16.09	1.82	2.70	51.10	0.93	0.37	39.78	2.30
1954	68.03	16.20	2.48	3.65	25.40	0.63	0.41	65.08	2.53
1955	65.48	16.65	2.28	3.48	26.75	0.61	0.23	37.70	1.38
1956	66.30	16.07	4.22	6.37	26.30	1.11	1.16	104.50	7.22
1957	63.47	16.29	4.43	6.98	44.70	1.98	1.45	73.23	8.90
1958	61.26	16.42	4.64	7.57	36.42	1.69	2.15	127.22	13.09
1959	59.45	16.94	5.13	8.63	40.74	2.09	1.94	92.82	11.45
10年小计			**27.25**	**4.72**	**23.52**	**6.41**	**5.85**	**91.26**	**3.21**
占合计%			**28.27**			**23.32**	**27.05**		
1960	57.89	16.92	4.61	7.96	23.43	1.08	0.98	90.74	5.79
1961	58.23	16.97	3.68	6.32	27.17	1.00	0.84	84.00	4.95
1962	58.34	17.38	0.72	1.23	9.72	0.07	0.04	57.14	0.23
1963	58.38	17.45	1.85	3.17	11.35	0.21	0.16	76.19	0.92
1964	58.31	17.60	2.97	5.09	21.89	0.65	0.57	87.69	3.24
1965	59.27	18.17	2.94	4.96	24.49	0.72	0.80	111.11	4.40
1966	56.94	18.65	1.77	3.11	28.81	0.51	0.63	123.53	3.38
1967	56.88	18.96	3.32	5.84	25.30	0.84	0.75	89.29	3.96
1968	56.69	19.67	2.88	5.08	19.10	0.55	0.41	74.55	2.08
1969	56.85	20.20	2.51	4.42	31.08	0.78	0.67	85.90	3.32
10年小计			**28.19**	**5.11**	**21.18**	**5.97**	**5.09**	**85.26**	**2.25**
占合计%			**29.25**			**21.72**	**23.53**		
1970	56.03	20.85	4.22	7.53	33.41	1.41	1.08	76.60	5.18
1971	55.65	21.11	2.39	4.29	26.36	0.63	0.63	100.00	2.98
1972	55.41	21.72	1.62	2.92	20.99	0.34	0.23	67.65	1.06
1973	55.35	22.30	1.94	3.50	25.26	0.49	0.39	79.59	1.75
1974	55.16	22.79	3.02	5.48	22.52	0.68	0.61	89.71	2.68
1975	54.98	23.28	3.81	6.93	23.88	0.91	0.85	93.41	3.65
1976	54.83	23.57	3.74	6.82	10.70	0.40	0.36	90.00	1.53
1977	54.83	23.73	3.20	5.84	11.56	0.37	0.31	83.78	1.31
1978	54.81	23.10	2.72	4.96	15.44	0.42	0.37	88.10	1.60
1979	54.80	23.75	1.53	2.79	20.92	0.32	0.26	81.25	1.09
10年小计			**5.26**	**0.97**	**41.63**	**2.19**	**1.71**	**78.08**	**0.69**
占合计%			**5.46**			**7.97**	**7.91**		
1980	54.65	23.74	1.43	2.62	20.28	0.29	0.27	93.10	1.14
1981	54.62	23.94	0.69	1.26	23.19	0.16	0.14	87.50	0.58
1982	54.60	24.35	0.65	1.19	30.77	0.20	0.21	105.00	0.86
1983	54.44	24.64	0.72	1.32	59.72	0.43	0.39	90.70	1.58
1984	54.32	24.54	1.01	1.86	71.29	0.72	0.41	56.94	1.67
1985	54.00	24.82	0.23	0.43	52.17	0.12	0.02	16.67	0.08
1986	53.66	25.05	0.05	0.09	40.00	0.02	0.08	*	0.32
1987	53.60	25.44	0.02	0.04	50.00	0.01	0.09	*	0.35
1988	53.15	25.75	0.05	0.09	60.00	0.03	0.05	166.67	0.19
1989	53.04	26.15	0.41	0.77	51.22	0.21	0.05	23.81	0.19
11年小计			**4.39**	**1.04**	**42.60**	**1.87**	**0.95**	**50.80**	**0.42**
占合计%			**4.55**			**6.80**	**4.39**		
1990	52.88	27.03	0.50	0.95	74.00	0.37	0.20	54.05	0.74
1991	52.73	27.41	0.68	1.29	82.35	0.56	0.55	98.21	2.01
1992	52.68	27.78	1.04	1.97	42.31	0.44	0.01	2.27	0.04
1993	52.46	27.97	0.17	0.32	52.94	0.09	0.02	22.22	0.07
1994	51.59	28.26	0.68	1.32	30.88	0.21	0.08	38.10	0.28
1995	51.24	28.64	0.86	1.68	9.30	0.08	0.03	37.50	0.10
1996	49.85	28.70	0.44	0.88	25.00	0.11	0.06	54.55	0.21
1997	58.86	28.60	0.02	0.03	50.00	0.01			
1998									
1999									
2000									

5-26-32 山西省泽州县历年棉花生产收购

年　度	耕地面积（万亩）	农业人口（万人）	棉田面积（万亩）	占耕地（%）	亩　产（市斤）	产　量（万担）	收购量（万担）	商品率（%）	人均交售（市斤）
52年合计			**124.51**	**3.17**	**33.85**	**42.15**	**18.52**	**43.94**	**0.94**
11年小计			**20.43**	**2.33**	**18.75**	**3.83**	**1.60**	**41.78**	**0.53**
占合计%			**16.41**			**9.09**	**8.64**		
1949	75.45	24.31	0.68	0.90	13.24	0.09			
1950	78.23	24.91	1.20	1.53	15.00	0.18			
1951	80.34	25.52	1.25	1.56	16.80	0.21			
1952	81.11	26.15	1.88	2.32	17.02	0.32	0.07	21.88	0.27
1953	81.29	26.80	1.89	2.33	24.34	0.46	0.15	32.61	0.56
1954	81.17	27.46	2.42	2.98	21.90	0.53	0.15	28.30	0.55
1955	81.17	28.13	2.46	3.03	23.17	0.57	0.23	40.35	0.82
1956	81.27	28.83	2.72	3.35	15.81	0.43	0.11	25.58	0.38
1957	81.17	29.54	1.97	2.43	11.17	0.22	0.15	68.18	0.51
1958	77.84	30.27	1.95	2.51	21.03	0.41	0.27	65.85	0.89
1959	76.40	29.61	2.01	2.63	20.40	0.41	0.47	114.63	1.59
10年小计			**23.94**	**3.16**	**29.62**	**7.09**	**5.16**	**72.78**	**1.56**
占合计%			**19.22**			**16.82**	**27.86**		
1960	75.05	29.99	2.21	2.94	15.38	0.34	0.30	88.24	1.00
1961	75.00	30.67	1.56	2.08	20.51	0.32	0.13	40.63	0.42
1962	75.86	31.91	0.98	1.29	9.18	0.09	0.05	55.56	0.16
1963	75.92	32.72	1.07	1.41	12.15	0.13	0.07	53.85	0.21
1964	75.96	32.86	2.36	3.11	22.46	0.53	0.40	75.47	1.22
1965	75.99	33.42	2.97	3.91	31.65	0.94	0.80	85.11	2.39
1966	75.92	33.90	3.11	4.10	29.90	0.93	0.80	86.02	2.36
1967	75.89	34.27	3.06	4.03	49.02	1.50	1.05	70.00	3.06
1968	75.80	35.42	3.39	4.47	32.45	1.10	0.74	67.27	2.09
1969	75.60	36.34	3.23	4.27	37.52	1.21	0.82	67.77	2.26
10年小计			**36.07**	**4.84**	**35.12**	**12.67**	**7.12**	**56.20**	**1.79**
占合计%			**28.97**			**30.06**	**38.44**		
1970	75.56	37.49	3.17	4.20	39.75	1.26	0.62	49.21	1.65
1971	75.18	37.55	2.99	3.98	51.19	1.53	1.16	75.82	3.09
1972	74.66	38.19	3.54	4.74	31.36	1.11	0.83	74.77	2.17
1973	74.45	38.90	3.65	4.90	64.93	2.37	1.95	82.28	5.01
1974	74.39	39.73	3.65	4.91	29.04	1.06	0.74	69.81	1.86
1975	74.40	40.34	3.56	4.78	27.85	0.99	0.38	38.38	0.94
1976	74.39	40.99	3.48	4.68	15.23	0.53	0.32	60.38	0.78
1977	74.39	41.63	3.51	4.72	35.33	1.24	0.15	12.10	0.36
1978	74.39	41.94	4.85	6.52	27.63	1.34	0.48	35.82	1.14
1979	74.30	41.99	3.68	4.95	33.70	1.24	0.49	39.52	1.17
10年小计			**23.85**	**3.26**	**39.96**	**9.53**	**2.45**	**25.71**	**0.57**
占合计%			**19.16**			**22.61**	**13.23**		
1980	74.16	42.10	4.79	6.46	25.47	1.22	0.46	37.70	1.09
1981	74.18	42.58	0.83	1.12	15.66	0.13	0.50	*	1.17
1982	74.15	42.96	4.17	5.62	23.26	0.97	0.28	28.87	0.65
1983	74.06	42.18	3.89	5.25	54.76	2.13	0.38	17.84	0.90
1984	73.95	43.39	3.33	4.50	70.27	2.34	0.75	32.05	1.73
1985	72.62	43.66	1.76	2.42	18.18	0.32	0.08	25.00	0.18
1986	72.36	43.55	0.99	1.37	41.41	0.41			
1987	72.29	43.74	1.02	1.41	47.06	0.48			
1988	72.26	43.84	1.40	1.94	55.00	0.77			
1989	72.63	44.49	1.67	2.30	45.51	0.76			
11年小计			**20.22**	**2.49**	**44.66**	**9.03**	**2.19**	**24.25**	**0.43**
占合计%			**16.24**			**21.42**	**11.83**		
1990	72.11	44.90	1.94	2.69	48.45	0.94	0.38	40.43	0.85
1991	72.08	45.46	1.94	2.69	30.93	0.60	0.17	28.33	0.37
1992	72.02	46.13	1.95	2.71	57.44	1.12	0.26	23.21	0.56
1993	71.97	46.74	2.00	2.78	55.50	1.11	0.16	14.41	0.34
1994	71.94	46.59	2.03	2.82	34.98	0.71	0.25	35.21	0.54
1995	71.94	46.73	1.98	2.75	54.55	1.08	0.43	39.81	0.92
1996	71.94	46.29	1.77	2.46	56.50	1.00	0.36	36.00	0.78
1997	77.12	46.26	1.89	2.45	6.88	0.13	0.08	61.54	0.17
1998	77.06	46.22	1.50	1.95	57.33	0.86	0.05	5.81	0.11
1999	76.91	46.24	1.73	2.25	45.09	0.78	0.05	6.41	0.11
2000	76.91	46.24	1.49	1.94	46.98	0.70			

5－26－33　山西省沁水县历年棉花生产收购

年　度	耕地面积（万亩）	农业人口（万人）	棉田面积（万亩）	占耕地（%）	亩　产（市斤）	产　量（万担）	收购量（万担）	商品率（%）	人均交售（市斤）
52年合计			**171.68**	**6.68**	**40.39**	**69.34**	**50.42**	**72.71**	**5.80**
11年小计			**37.25**	**6.18**	**30.50**	**11.36**	**8.10**	**71.30**	**5.53**
占合计%			**21.70**			**16.38**	**16.07**		
1949	52.94	12.10	1.73	3.27	24.86	0.43			
1950	53.30	12.33	1.80	3.38	27.78	0.50			
1951	57.02	12.57	2.03	3.56	29.06	0.59			
1952	58.61	12.81	2.18	3.72	28.90	0.63	0.31	49.21	2.42
1953	58.58	13.06	2.33	3.98	30.90	0.72	0.38	52.78	2.91
1954	56.61	13.31	3.23	5.71	34.06	1.10	0.44	40.00	3.31
1955	56.09	13.56	4.34	7.74	29.03	1.26	0.79	62.70	5.83
1956	54.66	13.82	5.75	10.52	25.57	1.47	0.95	64.63	6.87
1957	54.24	14.09	4.64	8.55	29.96	1.39	1.33	95.68	9.44
1958	51.06	14.36	4.76	9.32	34.24	1.63	1.77	108.59	12.33
1959	49.31	14.57	4.46	9.05	36.77	1.64	2.13	129.88	14.62
10年小计			**41.40**	**8.14**	**35.39**	**14.65**	**13.45**	**91.81**	**8.62**
占合计%			**24.11**			**21.13**	**26.68**		
1960	49.32	15.00	4.50	9.12	34.00	1.53	1.35	88.24	9.00
1961	49.89	14.91	4.32	8.66	37.04	1.60	1.48	92.50	9.93
1962	50.39	15.15	2.63	5.22	23.19	0.61	0.53	86.89	3.50
1963	50.30	15.37	3.29	6.54	28.57	0.94	0.77	81.91	5.01
1964	51.62	15.35	4.37	8.47	38.44	1.68	1.62	96.43	10.55
1965	51.80	15.52	4.34	8.38	41.71	1.81	1.62	89.50	10.44
1966	51.59	15.66	4.65	9.01	30.75	1.43	1.27	88.81	8.11
1967	51.44	15.95	4.43	8.61	50.11	2.22	1.66	74.77	10.41
1968	51.17	16.36	4.47	8.74	33.78	1.51	1.20	79.47	7.33
1969	50.81	16.73	4.40	8.66	30.00	1.32	1.95	147.73	11.66
10年小计			**44.21**	**8.75**	**38.29**	**16.93**	**14.84**	**87.66**	**8.17**
占合计%			**25.75**			**24.42**	**29.43**		
1970	50.70	17.05	4.31	8.50	48.96	2.11	1.96	92.89	11.50
1971	50.78	17.59	4.20	8.27	39.76	1.67	1.11	66.47	6.31
1972	50.52	17.79	4.43	8.77	24.15	1.07	0.94	87.85	5.28
1973	50.54	18.01	4.22	8.35	64.69	2.73	2.40	87.91	13.33
1974	50.49	18.32	4.55	9.01	35.60	1.62	1.22	75.31	6.66
1975	50.51	18.50	4.50	8.91	34.67	1.56	1.81	116.03	9.78
1976	50.49	18.58	4.47	8.85	29.08	1.30	1.19	91.54	6.40
1977	50.49	18.64	4.46	8.83	46.64	2.08	1.67	80.29	8.96
1978	50.48	18.61	5.06	10.02	26.48	1.34	1.24	92.54	6.66
1979	50.46	18.49	4.01	7.95	36.16	1.45	1.30	89.66	7.03
10年小计			**26.59**	**5.68**	**50.17**	**13.34**	**9.64**	**72.26**	**5.26**
占合计%			**15.49**			**19.24**	**19.12**		
1980	50.42	18.44	4.97	9.86	37.83	1.88	1.87	99.47	10.14
1981	50.39	18.41	2.51	4.98	13.94	0.35	0.32	91.43	1.74
1982	47.88	18.46	3.71	7.75	27.76	1.03	0.99	96.12	5.36
1983	47.87	18.36	4.04	8.44	75.99	3.07	2.78	90.55	15.14
1984	47.81	18.38	3.71	7.76	75.74	2.81	0.92	32.74	5.01
1985	46.58	18.35	1.64	3.52	43.90	0.72	0.58	80.56	3.16
1986	44.36	18.22	0.98	2.21	47.96	0.47	0.35	74.47	1.92
1987	44.15	18.19	1.50	3.40	54.67	0.82	0.67	81.71	3.68
1988	44.09	18.21	1.64	3.72	59.76	0.98	0.40	40.82	2.20
1989	44.24	18.39	1.89	4.27	64.02	1.21	0.76	62.81	4.13
11年小计			**22.23**	**4.58**	**58.75**	**13.06**	**4.39**	**33.61**	**2.17**
占合计%			**12.95**			**18.83**	**8.71**		
1990	44.09	18.49	1.94	4.40	63.40	1.23	1.05	85.37	5.68
1991	43.80	18.55	2.37	5.41	29.54	0.70	0.75	107.14	4.04
1992	43.61	18.74	2.43	5.57	59.26	1.44	0.59	40.97	3.15
1993	43.58	18.65	1.77	4.06	68.36	1.21	0.32	26.45	1.72
1994	43.55	18.67	2.28	5.24	49.56	1.13	0.29	25.66	1.55
1995	43.52	18.70	2.57	5.91	65.37	1.68	0.63	37.50	3.37
1996	43.23	18.22	2.33	5.39	77.25	1.80	0.37	20.56	2.03
1997	44.99	18.20	2.27	5.05	28.63	0.65	0.11	16.92	0.60
1998	45.02	18.16	1.92	4.27	81.77	1.57	0.28	17.83	1.54
1999	44.99	17.98	1.35	3.00	68.15	0.92			
2000	44.99	17.98	1.00	2.22	73.00	0.73			

5-26-34 山西省阳城县历年棉花生产收购

年度	耕地面积（万亩）	农业人口（万人）	棉田面积（万亩）	占耕地（%）	亩产（市斤）	产量（万担）	收购量（万担）	商品率（%）	人均交售（市斤）
52年合计			**270.27**	**8.16**	**43.69**	**118.07**	**85.13**	**72.10**	**5.45**
11年小计			**58.21**	**7.94**	**24.94**	**14.52**	**8.80**	**60.61**	**3.56**
占合计%			**21.54**			**12.30**	**10.34**		
1949	62.90	19.62	1.85	2.94	15.14	0.28			
1950	62.58	20.16	2.33	3.72	16.74	0.39			
1951	68.18	20.72	3.77	5.53	24.67	0.93			
1952	68.36	21.29	4.55	6.66	25.05	1.14	0.48	42.11	2.25
1953	68.40	21.88	4.35	6.36	28.97	1.26	0.32	25.40	1.46
1954	68.40	22.48	5.43	7.94	27.99	1.52	0.68	44.74	3.02
1955	68.48	23.10	5.91	8.63	21.83	1.29	1.02	79.07	4.42
1956	68.57	23.73	8.01	11.68	24.72	1.98	1.60	80.81	6.74
1957	68.19	24.39	7.82	11.47	25.96	2.03	1.53	75.37	6.27
1958	65.03	25.06	7.89	12.13	25.98	2.05	1.79	87.32	7.14
1959	63.95	25.04	6.30	9.85	26.19	1.65	1.38	83.64	5.51
10年小计			**53.85**	**8.37**	**40.59**	**21.86**	**16.98**	**77.68**	**6.08**
占合计%			**19.92**			**18.51**	**19.95**		
1960	63.71	25.97	6.96	10.93	15.80	1.10	1.04	94.55	4.00
1961	63.84	25.68	5.30	8.30	27.55	1.46	1.15	78.77	4.48
1962	64.55	26.67	4.25	6.58	21.65	0.92	0.73	79.35	2.74
1963	64.59	27.20	4.31	6.67	32.71	1.41	1.13	80.14	4.15
1964	64.67	27.57	5.18	8.01	50.58	2.62	2.22	84.73	8.05
1965	64.61	28.10	5.51	8.53	50.64	2.79	2.38	85.30	8.47
1966	64.44	28.55	5.63	8.74	43.16	2.43	1.78	73.25	6.23
1967	64.28	28.95	5.54	8.62	66.06	3.66	2.22	60.66	7.67
1968	64.28	29.89	5.57	8.67	51.35	2.86	2.42	84.62	8.10
1969	64.22	30.58	5.60	8.72	46.61	2.61	1.91	73.18	6.25
10年小计			**60.63**	**9.46**	**55.02**	**33.36**	**28.45**	**85.28**	**8.76**
占合计%			**22.43**			**28.25**	**33.42**		
1970	64.13	31.01	5.57	8.69	70.02	3.90	3.35	85.90	10.80
1971	64.10	31.47	5.51	8.60	65.34	3.60	3.23	89.72	10.26
1972	64.07	31.74	5.54	8.65	31.41	1.74	1.50	86.21	4.73
1973	64.07	32.22	5.60	8.74	81.07	4.54	3.53	77.75	10.96
1974	64.07	32.72	5.63	8.79	46.71	2.63	2.19	83.27	6.69
1975	64.07	33.02	5.60	8.74	47.14	2.64	2.06	78.03	6.24
1976	64.07	33.10	5.60	8.74	41.07	2.30	1.99	86.52	6.01
1977	64.05	33.18	5.63	8.79	74.07	4.17	3.67	88.01	11.06
1978	64.05	33.13	7.97	12.44	56.09	4.47	3.97	88.81	11.98
1979	64.04	33.19	7.98	12.46	42.23	3.37	2.96	87.83	8.92
10年小计			**52.87**	**8.36**	**50.63**	**26.77**	**19.91**	**74.37**	**5.99**
占合计%			**19.56**			**22.67**	**23.39**		
1980	64.02	33.22	8.01	12.51	49.81	3.99	3.75	93.98	11.29
1981	64.02	33.24	5.03	7.86	14.91	0.75	0.55	73.33	1.65
1982	63.98	33.35	8.03	12.55	38.61	3.10	3.13	100.97	9.39
1983	63.96	33.32	8.00	12.51	76.63	6.13	5.74	93.64	17.23
1984	63.95	33.30	6.74	10.54	66.02	4.45	1.82	40.90	5.47
1985	62.99	33.23	3.42	5.43	28.65	0.98	0.92	93.88	2.77
1986	62.75	33.11	3.02	4.81	62.91	1.90	0.94	49.47	2.84
1987	62.22	33.14	3.56	5.72	55.62	1.98	1.37	69.19	4.13
1988	62.12	33.19	3.59	5.78	45.68	1.64	0.36	21.95	1.08
1989	62.24	33.52	3.47	5.58	53.31	1.85	1.33	71.89	3.97
11年小计			**44.71**	**6.74**	**48.22**	**21.56**	**10.99**	**50.97**	**2.90**
占合计%			**16.54**			**18.26**	**12.91**		
1990	62.01	33.80	4.01	6.47	55.36	2.22	2.19	98.65	6.48
1991	62.00	34.17	4.17	6.73	18.71	0.78	1.00	128.21	2.93
1992	61.83	34.38	4.41	7.13	60.54	2.67	1.52	56.93	4.42
1993	61.82	34.57	4.40	7.12	55.45	2.44	0.76	31.15	2.20
1994	61.79	34.80	4.34	7.02	35.02	1.52	0.95	62.50	2.73
1995	61.64	34.95	4.68	7.59	54.06	2.53	1.33	52.57	3.81
1996	59.61	34.63	4.37	7.33	48.05	2.10	0.67	31.90	1.93
1997	58.62	34.50	4.10	6.99	11.46	0.47	0.43	91.49	1.25
1998	58.52	34.41	4.01	6.85	68.08	2.73	1.62	59.34	4.71
1999	57.93	34.31	3.50	6.04	64.57	2.26	0.52	23.01	1.52
2000	57.93	34.31	2.72	4.70	67.65	1.84			

5-26-35 山西省清徐县历年棉花生产收购

年度	耕地面积（万亩）	农业人口（万人）	棉田面积（万亩）	占耕地（%）	亩产（市斤）	产量（万担）	收购量（万担）	商品率（%）	人均交售（市斤）
52 年合计			**74.38**	**3.14**	**41.30**	**30.72**	**11.48**	**37.37**	**1.14**
11 年小计			**35.16**	**6.51**	**25.14**	**8.84**	**5.75**	**65.05**	**4.25**
占合计%			**47.27**			**28.78**	**50.09**		
1949	46.43	9.76	0.96	2.07	27.08	0.26			
1950	46.62	10.64	1.26	2.70	23.81	0.30			
1951	48.02	11.17	2.69	5.60	29.74	0.80			
1952	49.92	11.98	1.26	2.52	36.51	0.46	0.01	2.17	0.08
1953	50.79	12.27	0.72	1.42	41.67	0.30	0.23	76.67	1.87
1954	51.02	12.72	2.87	5.63	25.44	0.73	0.43	58.90	3.38
1955	50.28	13.07	4.13	8.21	25.42	1.05	0.99	94.29	7.57
1956	50.69	13.14	8.54	16.85	18.50	1.58	1.29	81.65	9.82
1957	49.97	13.49	6.77	13.55	22.30	1.51	1.24	82.12	9.19
1958	49.10	13.51	3.96	8.07	31.82	1.26	0.99	78.57	7.33
1959	47.45	13.63	2.00	4.22	29.50	0.59	0.57	96.61	4.18
10 年小计			**12.25**	**2.66**	**26.04**	**3.19**	**1.91**	**59.87**	**1.17**
占合计%			**16.47**			**10.38**	**16.64**		
1960	46.28	13.85	1.85	4.00	12.43	0.23	0.21	91.30	1.52
1961	46.74	14.15	1.50	3.21	16.00	0.24	0.16	66.67	1.13
1962	46.61	15.44	0.84	1.80	17.86	0.15	0.07	46.67	0.45
1963	46.35	15.94	0.41	0.88	134.15	0.55	0.05	9.09	0.31
1964	46.44	16.31	0.98	2.11	31.63	0.31	0.16	51.61	0.98
1965	46.61	16.73	1.43	3.07	30.07	0.43	0.39	90.70	2.33
1966	46.07	17.05	1.35	2.93	29.63	0.40	0.34	85.00	1.99
1967	45.74	17.34	1.43	3.13	27.97	0.40	0.27	67.50	1.56
1968	45.35	17.79	1.26	2.78	20.63	0.26	0.17	65.38	0.96
1969	45.05	18.58	1.20	2.66	18.33	0.22	0.09	40.91	0.48
10 年小计			**13.03**	**2.90**	**29.47**	**3.84**	**2.26**	**58.85**	**1.07**
占合计%			**17.52**			**12.50**	**19.69**		
1970	45.36	19.37	1.44	3.17	25.00	0.36	0.25	69.44	1.29
1971	45.02	19.76	1.22	2.71	29.51	0.36	0.19	52.78	0.96
1972	44.93	20.07	1.38	3.07	23.19	0.32	0.15	46.88	0.75
1973	44.85	20.71	1.26	2.81	32.54	0.41	0.22	53.66	1.06
1974	44.81	21.42	1.43	3.19	41.26	0.59	0.40	67.78	1.87
1975	44.81	21.62	1.50	3.35	47.33	0.71	0.49	69.01	2.27
1976	44.81	21.78	1.50	3.35	23.33	0.35	0.24	68.57	1.10
1977	44.81	22.03	1.34	2.99	14.18	0.19	0.09	47.37	0.41
1978	44.81	22.12	1.37	3.06	29.93	0.41	0.22	53.66	0.99
1979	44.61	21.91	0.59	1.32	23.73	0.14	0.01	7.14	0.05
10 年小计			**3.65**	**0.83**	**53.15**	**1.94**			
占合计%			**4.91**			**6.32**			
1980	44.48	21.57	0.53	1.19	26.42	0.14			
1981	44.61	21.66	0.53	1.19	20.75	0.11			
1982	44.48	22.00	0.39	0.88	35.90	0.14			
1983	44.30	22.26	0.60	1.35	70.00	0.42			
1984	43.83	22.45	0.71	1.62	73.24	0.52			
1985	43.58	22.53	0.35	0.80	74.29	0.26			
1986	43.47	22.52	0.17	0.39	70.59	0.12			
1987	43.19	22.84	0.11	0.25	81.82	0.09			
1988	43.14	22.93	0.15	0.35	53.33	0.08			
1989	43.10	23.20	0.11	0.26	54.55	0.06			
11 年小计			**10.29**	**2.15**	**125.46**	**12.91**	**1.56**	**12.08**	**0.56**
占合计%			**13.83**			**42.02**	**13.59**		
1990	43.17	23.94	0.18	0.42	105.56	0.19			
1991	43.11	24.21	0.71	1.65	91.55	0.65	0.30	46.15	1.24
1992	42.86	24.66	1.49	3.48	71.81	1.07	0.42	39.25	1.70
1993	42.54	24.87	0.65	1.53	127.69	0.83	0.12	14.46	0.48
1994	42.45	24.98	0.63	1.48	115.87	0.73			
1995	42.36	25.20	1.29	3.05	131.01	1.69	0.02	1.18	0.08
1996	42.27	25.52	0.65	1.54	116.92	0.76			
1997	44.94	25.56	0.90	2.00	123.33	1.11			
1998	44.87	25.59	1.26	2.81	157.14	1.98	0.70	35.35	2.74
1999	45.08	25.94	1.29	2.86	147.29	1.90			
2000	45.08	25.94	1.24	2.75	161.29	2.00			

5－27－1 新疆自治区 1949－2000 年产棉县棉花生产收购明细

县市名	耕地面积（万亩）	农业人口（万人）	棉田面积（万亩）	占耕地（%）	亩产（市斤）	产量（万担）	收购量（万担）	商品率（%）	人均交售（市斤）
全区合计			**15116.81**	**16.87**	**116.50**	**17610.98**	**17395.35**	**98.78**	**70.41**
克拉玛依市			**9.42**	**5.55**	**389.81**	**36.72**	**36.25**	**98.72**	**92.12**
克拉玛依市			9.42	5.55	389.81	36.72	36.25	98.72	92.12
石河子地区			**565.22**	**95.83**	**96.13**	**543.36**	**540.04**	**99.39**	*
石河子市			565.22	95.83	96.13	543.36	540.04	99.39	*
吐鲁番地区			**817.04**	**24.27**	**116.25**	**949.82**	**900.12**	**94.77**	**68.12**
吐鲁番市			339.51	23.66	110.97	376.76	347.84	92.32	61.04
托克逊县			180.81	23.30	144.71	261.64	250.57	95.77	96.67
鄯善县			296.72	25.67	104.95	311.42	301.71	96.88	61.28
哈密地区			**72.59**	**13.19**	**171.50**	**124.49**	**125.14**	**100.52**	**76.90**
哈密市			68.11	13.86	173.88	118.43	119.08	100.55	80.28
伊吾县			4.48	7.63	135.27	6.06	6.06	100.00	42.08
和田地区			**1347.76**	**11.39**	**88.72**	**1195.67**	**1127.65**	**94.31**	**24.91**
和田市			226.24	11.90	79.39	179.62	161.76	90.06	18.18
皮山县			163.11	7.14	82.37	134.36	128.98	96.00	20.05
墨玉县			335.37	12.35	99.24	332.83	309.78	93.07	23.69
洛甫县			275.34	14.71	86.74	238.83	230.21	96.39	32.85
策勒县			118.65	8.27	94.45	112.06	104.87	93.58	26.82
于田县			217.87	14.14	82.31	179.33	173.41	96.70	30.90
民丰县			11.18	12.52	166.73	18.64	18.64	100.00	57.64
阿克苏地区			**3207.74**	**15.42**	**122.28**	**3922.48**	**3830.05**	**97.64**	**78.61**
阿克苏市			471.20	17.76	133.82	630.55	627.57	99.53	64.35
阿瓦提县			564.69	22.79	147.23	831.41	826.87	99.45	151.60
莎雅县			572.49	22.67	135.47	775.54	756.58	97.55	135.63
库车县			778.52	18.45	101.96	793.79	773.06	97.39	74.45
温宿县			316.14	10.36	120.48	380.88	362.61	95.20	60.08
新和县			370.80	15.11	103.23	382.79	358.11	93.55	96.02
乌什县			103.59	4.35	91.27	94.55	90.66	95.89	17.58
拜城县			14.24	1.93	111.66	15.90	15.90	100.00	10.77
坷坪县			16.07	5.49	106.22	17.07	18.69	109.49	16.15
喀什地区			**6291.63**	**20.01**	**106.63**	**6708.98**	**6529.63**	**97.33**	**70.04**
喀什市			36.25	6.05	73.46	26.63	21.08	79.16	10.51
巴楚县			857.15	26.68	118.96	1019.65	1002.83	98.35	116.97

5－27－1续表

县市名	耕地面积（万亩）	农业人口（万人）	棉田面积（万亩）	占耕地（%）	亩产（市斤）	产量（万担）	收购量（万担）	商品率（%）	人均交售（市斤）
伽师县			549.59	17.25	103.01	566.16	549.32	97.03	55.03
岳普湖县			331.03	22.92	121.64	402.67	381.53	94.75	89.68
麦盖提县			725.07	32.69	126.72	918.81	899.29	97.88	172.07
莎车县			1340.55	20.57	107.91	1446.58	1421.74	98.28	72.89
泽普县			505.10	23.01	102.27	516.57	509.69	98.67	107.77
叶城县			652.24	16.36	86.45	563.87	541.61	96.05	51.48
疏勒县			560.37	19.14	103.94	582.47	557.05	95.64	59.86
疏附县			455.13	13.19	93.89	427.32	396.38	92.76	33.12
英吉沙县			279.15	16.34	85.35	238.25	249.11	104.56	34.81
克孜勒苏州			**155.79**	**8.42**	**96.71**	**150.67**	**146.57**	**97.28**	**20.15**
阿克陶县			127.18	8.60	84.22	107.11	103.52	96.65	20.52
阿图什市			28.61	7.70	152.25	43.56	43.05	98.83	19.31
巴音郭楞州			**753.39**	**19.07**	**141.43**	**1065.49**	**1063.00**	**99.77**	**100.80**
库尔勒市			290.45	28.42	126.35	366.97	372.77	101.58	134.61
尉犁县			193.05	32.56	176.54	340.81	342.16	100.40	196.67
轮台县			126.26	12.75	118.05	149.05	144.43	96.90	61.75
且末县			68.11	14.91	133.40	90.86	87.19	95.96	84.29
若羌县			22.38	13.70	154.60	34.60	33.58	97.05	85.40
和硕县			37.61	15.36	161.69	60.81	60.48	99.46	107.01
焉耆县			2.57	1.07	141.25	3.63	3.63	100.00	5.59
和静县			12.96	5.38	144.75	18.76	18.76	100.00	17.77
昌吉回族自治州			**526.21**	**11.69**	**172.36**	**906.96**	**902.90**	**99.55**	**104.11**
玛纳斯县			330.97	15.58	176.61	584.54	581.75	99.52	128.77
呼图壁县			123.51	13.55	172.12	212.58	211.45	99.47	145.24
昌吉市			58.31	4.99	155.75	90.82	90.68	99.85	45.94
阜康县			13.42	4.52	141.73	19.02	19.02	100.00	26.22
博尔塔拉州			**392.25**	**19.89**	**173.60**	**680.94**	**691.41**	**101.54**	**176.74**
博乐市			188.51	12.98	169.23	319.01	330.29	103.54	133.07
精河县			203.74	39.18	177.64	361.93	361.12	99.78	252.55
伊犁哈萨克州			**977.77**	**10.68**	**135.55**	**1325.40**	**1502.59**	**113.37**	**107.34**
奎屯市			111.11		80.98	89.98	257.38	*	
霍城县			24.53	0.80	94.90	23.28	22.30	95.79	3.86
乌苏市			380.38	15.80	148.30	564.11	603.39	106.96	155.67
沙湾县			461.75	12.51	140.34	648.03	619.52	95.60	142.40

5－27－2　新疆自治区 1949－1959 年产棉县棉花生产收购明细

县市名	耕地面积（万亩）	农业人口（万人）	棉田面积（万亩）	占耕地（%）	亩　产（市斤）	产　量（万担）	收购量（万担）	商品率（%）	人均交售（市斤）
全区合计			**1045.11**	**7.23**	**40.19**	**420.05**	**231.58**	**55.13**	**6.89**
克拉玛依市									
克拉玛依市									
石河子地区									
石河子市									
吐鲁番地区			**108.82**	**18.13**	**74.46**	**81.03**	**46.36**	**57.21**	**34.82**
吐鲁番市			53.78	20.44	81.55	43.86	14.66	33.42	32.72
托克逊县			12.95	9.74	41.39	5.36	1.50	27.99	4.77
鄯善县			42.09	20.60	75.58	31.81	30.20	94.94	53.08
哈密地区									
哈密市									
伊吾县									
和田地区			**123.85**	**5.48**	**35.49**	**43.95**	**18.61**	**42.34**	**2.47**
和田市			22.64	5.81	40.77	9.23	3.58	38.79	2.13
皮山县			16.10	3.32	26.40	4.25	0.60	14.12	0.53
墨玉县			40.13	9.17	42.91	17.22	9.50	55.17	5.03
洛甫县			20.37	5.31	35.25	7.18	3.56	49.58	2.79
策勒县			11.63	4.05	21.50	2.50	0.16	6.40	0.24
于田县			12.98	4.72	27.50	3.57	1.21	33.89	1.35
民丰县									
阿克苏地区			**221.26**	**6.33**	**30.16**	**66.74**	**26.59**	**39.84**	**3.96**
阿克苏市			25.31	5.29	32.83	8.31	3.78	45.49	2.93
阿瓦提县			25.30	7.50	26.32	6.66	2.85	42.79	4.44
莎雅县			28.22	8.94	34.12	9.63	2.10	21.81	2.96
库车县			73.83	9.52	34.42	25.41	17.19	67.65	11.38
温宿县			21.26	3.69	15.90	3.38			
新和县			38.27	7.98	27.72	10.61			
乌什县			7.85	1.62	30.06	2.36	0.29	12.29	0.32
拜城县									
柯坪县			1.22	2.51	31.15	0.38	0.38	100.00	2.17
喀什地区			**522.20**	**8.89**	**39.09**	**204.12**	**127.22**	**62.33**	**8.25**
喀什市			9.63	5.94	55.56	5.35	0.60	11.21	12.99
巴楚县			97.62	15.50	44.31	43.26	40.01	92.49	28.70

5－27－2 续表

县市名	耕地面积（万亩）	农业人口（万人）	棉田面积（万亩）	占耕地（%）	亩产（市斤）	产量（万担）	收购量（万担）	商品率（%）	人均交售（市斤）
伽师县			58.00	10.49	23.64	13.71	10.63	77.53	6.34
岳普湖县			33.15	13.94	57.07	18.92	3.58	18.92	5.42
麦盖提县			61.93	20.28	48.07	29.77	21.72	72.96	28.47
莎车县			93.83	7.18	35.29	33.11	29.72	89.76	8.70
泽普县			38.23	7.94	18.60	7.11	6.80	95.64	7.61
叶城县			43.57	5.49	42.41	18.48	8.79	47.56	5.39
疏勒县			39.71	7.93	40.12	15.93	2.63	16.51	1.59
疏附县			28.28	4.81	37.34	10.56	1.37	12.97	0.76
英吉沙县			18.25	5.85	43.40	7.92	1.37	17.30	0.93
克孜勒苏州			**8.15**	**3.57**	**25.64**	**2.09**	**1.45**	**69.38**	**2.56**
阿克陶县			8.15	3.57	25.64	2.09	1.45	69.38	2.56
阿图什市									
巴音郭楞州			**48.63**	**9.67**	**35.80**	**17.41**	**8.62**	**49.51**	**8.59**
库尔勒市			24.57	16.28	46.28	11.37	7.18	63.15	26.64
尉犁县			4.12	6.34	34.95	1.44	0.35	24.31	2.61
轮台县			10.54	5.70	12.05	1.27	0.46	36.22	1.17
且末县			7.22	9.94	35.60	2.57	0.47	18.29	2.99
若羌县			2.18	7.32	34.86	0.76	0.16	21.05	3.16
和硕县									
焉耆县									
和静县									
昌吉回族自治州			**1.77**	**0.62**	**39.55**	**0.70**	**0.61**	**87.14**	**1.83**
玛纳斯县			1.77	0.62	39.55	0.70	0.61	87.14	1.83
呼图壁县									
昌吉市									
阜康县									
博尔塔拉州			**1.82**	**1.07**	**19.23**	**0.35**			
博乐市			1.82	1.07	19.23	0.35			
精河县									
伊犁哈萨克州			**8.61**	**0.82**	**42.51**	**3.66**	**2.12**	**57.92**	**3.59**
奎屯市									
霍城县			0.90	0.18	22.22	0.20			
乌苏市			2.24	0.97	34.38	0.77	0.19	24.68	0.88
沙湾县			1.75	49.18	2.69	1.93	71.75		

5－27－3　新疆自治区1960－1969年产棉县棉花生产收购明细

县市名	耕地面积（万亩）	农业人口（万人）	棉田面积（万亩）	占耕地（%）	亩产（市斤）	产量（万担）	收购量（万担）	商品率（%）	人均交售（市斤）
全区合计			**1587.73**	**9.24**	**43.59**	**692.08**	**731.38**	**105.68**	**21.00**
克拉玛依市									
克拉玛依市									
石河子地区									
石河子市									
吐鲁番地区			**106.31**	**14.80**	**75.80**	**80.58**	**74.23**	**92.12**	**40.67**
吐鲁番市			50.04	15.43	77.30	38.68	35.40	91.52	41.40
托克逊县			11.42	8.77	73.56	8.40	7.43	88.45	25.98
鄯善县			44.85	17.01	74.69	33.50	31.40	93.73	45.91
哈密地区									
哈密市									
伊吾县									
和田地区			**218.99**	**9.23**	**42.59**	**93.26**	**82.25**	**88.19**	**11.66**
和田县			42.77	11.04	41.27	17.65	15.46	87.59	10.13
皮山县			18.36	3.92	33.50	6.15	4.58	74.47	4.48
墨玉县			73.14	12.13	57.40	41.98	38.32	91.28	20.08
洛甫县			44.73	11.99	29.26	13.09	11.81	90.22	10.16
策勒县			10.62	3.86	42.00	4.46	3.00	67.26	4.86
于田县			29.37	11.10	33.81	9.93	9.08	91.44	11.11
民丰县									
阿克苏地区			**325.12**	**7.87**	**36.68**	**119.27**	**96.74**	**81.11**	**13.05**
阿克苏市			41.18	7.80	23.48	9.67	11.36	117.48	7.10
阿瓦提县			42.54	8.17	33.52	14.26	13.53	94.85	15.20
莎雅县			55.24	11.29	36.28	20.04	15.22	75.94	18.35
库车县			103.05	11.59	52.70	54.31	49.71	91.53	31.43
温宿县			24.30	4.18	20.66	5.02	3.67	73.11	3.85
新和县			46.84	8.06	26.53	12.43	0.21	1.69	0.37
乌什县			11.28	2.33	29.08	3.28	2.78	84.76	3.38
拜城县									
坷坪县			0.69	1.25	37.68	0.26	0.26	100.00	1.46
喀什地区			**832.56**	**12.37**	**43.48**	**361.98**	**355.49**	**98.21**	**23.01**
喀什市			2.81	1.81	69.75	1.96	1.68	85.71	40.00
巴楚县			116.89	15.67	37.72	44.09	42.41	96.19	27.68

5－27－3 续表

县市名	耕地面积（万亩）	农业人口（万人）	棉田面积（万亩）	占耕地（%）	亩产（市斤）	产量（万担）	收购量（万担）	商品率（%）	人均交售（市斤）
伽师县			76.75	11.11	26.21	20.12	17.31	86.03	11.37
岳普湖县			56.67	17.90	44.96	25.48	24.37	95.64	34.43
麦盖提县			98.86	22.78	57.21	56.56	58.87	104.08	66.57
莎车县			153.72	11.54	55.69	85.60	88.34	103.20	26.78
泽普县			74.50	16.26	42.58	31.72	28.71	90.51	33.92
叶城县			95.17	11.70	41.90	39.88	38.18	95.74	22.13
疏勒县			61.56	9.83	38.01	23.40	21.37	91.32	13.78
疏附县			56.94	6.89	34.05	19.39	17.30	89.22	8.67
英吉沙县			38.69	11.70	35.62	13.78	16.95	123.00	12.60
克孜勒苏州			**10.45**	**3.20**	**24.02**	**2.51**	**1.72**	**68.53**	**2.35**
阿克陶县			10.45	3.20	24.02	2.51	1.72	68.53	2.35
阿图什市									
巴音郭楞州			**56.49**	**10.10**	**35.46**	**20.03**	**21.12**	**105.44**	**23.16**
库尔勒市			30.66	18.66	45.30	13.89	17.39	125.20	70.98
尉犁县			6.51	7.36	27.04	1.76	0.77	43.75	6.31
轮台县			11.08	5.44	22.56	2.50	1.82	72.80	5.11
且末县			6.23	8.80	23.27	1.45	0.78	53.79	5.45
若羌县			2.01	6.28	21.39	0.43	0.36	83.72	7.83
和硕县									
焉耆县									
和静县									
昌吉回族自治州			**10.34**	**3.50**	**29.21**	**3.02**	**1.36**	**45.03**	**3.67**
玛纳斯县			10.34	3.50	29.21	3.02	1.36	45.03	3.67
呼图壁县									
昌吉市									
阜康县									
博尔塔拉州			**2.12**	**0.74**	**37.74**	**0.80**			
博乐市			2.12	0.74	37.74	0.80			
精河县									
伊犁哈萨克州			**25.35**	**1.43**	**41.93**	**10.63**	**98.47**	*	**123.61**
奎屯市							70.03		
霍城县			0.92	0.17	45.65	0.42	0.25	59.52	0.67
乌苏市			7.00	1.53	38.00	2.66	21.99	*	52.18
沙湾县			17.43	2.30	43.32	7.55	6.20	82.12	

5-27-4　新疆自治区1970-1979年产棉县棉花生产收购明细

县市区	耕地面积（万亩）	农业人口（万人）	棉田面积（万亩）	占耕地（%）	亩　产（市斤）	产　量（万担）	收购量（万担）	商品率（%）	人均交售（市斤）
全区合计			**1754.98**	**10.21**	**46.41**	**814.47**	**911.04**	**111.86**	**20.75**
克拉玛依市									
克拉玛依市									
石河子地区			**112.65**		**51.97**	**58.54**	**64.57**	**110.30**	
石河子市			112.65		51.97	58.54	64.57	110.30	
吐鲁番地区			**127.15**	**18.17**	**81.56**	**103.70**	**99.61**	**96.06**	**37.41**
吐鲁番市			55.44	17.99	91.27	50.60	48.15	95.16	40.87
托克逊县			18.01	11.96	71.64	12.90	11.16	86.51	21.84
鄯善县			53.70	22.28	74.86	40.20	40.30	100.25	41.38
哈密地区									
哈密市									
伊吾县									
和田地区			**220.09**	**9.01**	**37.40**	**82.31**	**71.69**	**87.10**	**8.86**
和田市			38.41	9.51	36.27	13.93	10.72	76.96	6.51
皮山县			22.06	4.59	35.36	7.80	6.19	79.36	4.97
墨玉县			68.20	11.66	45.97	31.35	28.27	90.18	11.84
洛甫县			44.58	11.45	32.10	14.31	12.90	90.15	10.45
策勒县			14.92	5.13	38.07	5.68	4.90	86.27	7.32
于田县			31.92	10.84	28.95	9.24	8.71	94.26	9.61
民丰县									
阿克苏地区			**336.77**	**8.18**	**43.25**	**145.67**	**132.61**	**91.03**	**13.90**
阿克苏市			46.56	8.66	29.32	13.65	12.82	93.92	5.99
阿瓦提县			46.55	9.20	53.98	25.13	23.26	92.56	19.63
莎雅县			56.92	11.84	38.14	21.71	19.99	92.08	17.47
库车县			104.32	12.20	54.49	56.84	52.24	91.91	25.61
温宿县			25.56	3.93	22.57	5.77	3.74	64.82	2.92
新和县			44.06	8.06	42.71	18.82	18.08	96.07	28.75
乌什县			12.42	2.51	29.55	3.67	2.40	65.40	2.67
拜城县									
坷坪县			0.38	0.80	21.05	0.08	0.08	100.00	0.36
喀什地区			**802.20**	**12.70**	**44.93**	**360.44**	**362.98**	**100.70**	**20.82**
喀什市			11.42	18.66	52.28	5.97	5.35	89.61	18.55
巴楚县			78.55	13.96	33.65	26.43	24.26	91.79	14.04

5－27－4 续表

县市名	耕地面积（万亩）	农业人口（万人）	棉田面积（万亩）	占耕地（%）	亩产（市斤）	产量（万担）	收购量（万担）	商品率（%）	人均交售（市斤）
伽师县			64.27	9.79	27.93	17.95	16.51	91.98	9.04
岳普湖县			36.70	12.70	46.76	17.16	17.12	99.77	20.02
麦盖提县			97.66	20.26	52.55	51.32	50.00	97.43	46.31
莎车县			175.02	12.94	60.68	106.21	106.05	99.85	28.54
泽普县			78.44	17.97	43.96	34.48	33.92	98.38	37.87
叶城县			107.82	13.45	45.91	49.50	46.11	93.15	23.20
疏勒县			60.21	9.62	51.07	30.75	29.34	95.41	16.91
疏附县			54.31	7.65	38.06	20.67	18.42	89.11	9.28
英吉沙县			37.80	11.06			15.90		11.87
克孜勒苏州			**10.42**	**3.14**	**40.12**	**4.18**	**3.46**	**82.78**	**3.76**
阿克陶县			10.42	3.14	40.12	4.18	3.46	82.78	3.76
阿图什市									
巴音郭楞州			**54.45**	**9.44**	**27.46**	**14.95**	**21.51**	**143.88**	**17.17**
库尔勒市			32.57	18.42	31.29	10.19	17.52	171.93	48.61
尉犁县			5.55	5.99	16.58	0.92	0.94	102.17	3.18
轮台县			11.66	5.56	25.64	2.99	2.64	88.29	6.58
且末县			3.77	5.46	16.45	0.62	0.26	41.94	1.85
若羌县			0.90	3.11	25.56	0.23	0.15	65.22	2.75
和硕县									
焉耆县									
和静县									
昌吉回族自治州			**13.00**	**3.70**	**28.46**	**3.70**	**2.33**	**62.97**	**3.21**
玛纳斯县			13.00	3.70	28.46	3.70	2.33	62.97	3.21
呼图壁县									
昌吉市									
阜康县									
博尔塔拉州			**0.65**	**0.25**	**40.00**	**0.26**	**0.81**	*	**1.69**
博乐市			0.65	0.25	40.00	0.26	0.81	*	1.69
精河县									
伊犁哈萨克州			**77.60**	**3.71**	**52.47**	**40.72**	**151.47**	*	**54.26**
奎屯市			26.47		58.41	15.46	112.33	*	
霍城县			5.49	0.69	49.73	2.73	2.17	79.49	2.54
乌苏市			17.51	3.62	60.71	10.63	26.31	*	32.85
沙湾县			28.13	3.46	42.30	11.90	10.66	89.58	9.38

5－27－5　新疆自治区1980－1989年产棉县棉花生产收购明细

县市名	耕地面积（万亩）	农业人口（万人）	棉田面积（万亩）	占耕地（%）	亩产（市斤）	产量（万担）	收购量（万担）	商品率（%）	人均交售（市斤）
全区合计			**2986.86**	**16.63**	**87.13**	**2602.40**	**2508.58**	**96.39**	**45.18**
克拉玛依市			**0.58**	**0.79**	**81.03**	**0.47**			
克拉玛依市			0.58	0.79	81.03	0.47			
石河子地区			**452.57**		**97.76**	**442.41**	**433.06**	**97.89**	
石河子市			452.57		97.76	442.41	433.06	97.89	
吐鲁番地区			**184.54**	**28.78**	**111.87**	**206.44**	**205.98**	**99.78**	**63.48**
吐鲁番市			79.03	29.09	106.42	84.10	87.27	103.77	62.83
托克逊县			33.91	21.12	148.75	50.44	48.01	95.18	70.93
鄯善县			71.60	34.26	100.42	71.90	70.70	98.33	59.97
哈密地区			**0.10**	**0.06**	**230.00**	**0.23**	**0.88**	*	**7.10**
哈密市			0.10	0.06	230.00	0.23	0.88	*	7.10
伊吾县									
和田地区			**249.84**	**10.73**	**69.73**	**174.21**	**159.26**	**91.42**	**16.67**
和田市			36.91	9.66	71.17	26.27	19.46	74.08	10.86
皮山县			27.82	6.84	83.21	23.15	24.60	106.26	19.13
墨玉县			83.88	16.32	70.27	58.94	56.45	95.78	19.29
洛甫县			48.28	13.40	66.57	32.14	29.83	92.81	21.45
策勒县			21.55	7.23	77.03	16.60	13.99	84.28	16.95
于田县			31.08	9.20	55.05	17.11	14.93	87.26	12.12
民丰县			0.32	1.08					
阿克苏地区			**439.90**	**11.62**	**76.05**	**334.54**	**324.96**	**97.14**	**31.42**
阿克苏市			61.65	12.76	78.13	48.17	50.10	104.01	23.96
阿瓦提县			89.00	18.21	98.51	87.67	87.91	100.27	74.98
莎雅县			82.81	15.58	64.03	53.02	53.02	100.00	41.79
库车县			121.53	14.86	74.71	90.80	82.37	90.72	36.05
温宿县			29.51	4.99	66.66	19.67	17.51	89.02	13.20
新和县			50.43	13.67	65.32	32.94	31.83	96.63	37.50
乌什县			3.91	0.85	33.25	1.30	1.25	96.15	1.14
拜城县									
坷坪县			1.06	2.31	91.51	0.97	0.97	100.00	3.85
喀什地区			**1250.68**	**20.58**	**86.17**	**1077.75**	**1012.64**	**93.96**	**52.57**
喀什市			8.30	5.10	70.84	5.88	5.98	101.70	6.42
巴楚县			154.46	26.63	96.65	149.29	139.18	93.23	93.57

5－27－5 续表

县市名	耕地面积（万亩）	农业人口（万人）	棉田面积（万亩）	占耕地（%）	亩产（市斤）	产量（万担）	收购量（万担）	商品率（%）	人均交售（市斤）
伽师县			82.13	13.23	82.19	67.50	55.69	82.50	26.28
岳普湖县			65.34	23.11	104.47	68.26	65.93	96.59	74.70
麦盖提县			147.57	32.89	101.09	149.18	142.71	95.66	134.26
莎车县			271.35	22.29	88.10	239.06	223.04	93.30	56.58
泽普县			104.68	25.53	77.06	80.67	77.67	96.28	84.76
叶城县			139.78	18.08	77.73	108.65	99.77	91.83	45.64
疏勒县			117.82	20.04	82.12	96.75	90.82	93.87	47.88
疏附县			103.07	16.08	75.67	77.99	73.08	93.70	28.13
英吉沙县			56.18	15.92	61.45	34.52	38.77	112.31	31.27
克孜勒苏州			**26.83**	**5.99**	**93.40**	**25.06**	**22.77**	**90.86**	**11.22**
阿克陶县			21.96	7.77	85.15	18.70	16.92	90.48	14.31
阿图什市			4.87	2.95	130.60	6.36	5.85	91.98	6.91
巴音郭楞州			**60.68**	**8.66**	**78.16**	**47.43**	**44.66**	**94.16**	**18.76**
库尔勒市			28.56	14.43	72.72	20.77	19.93	95.96	26.08
尉犁县			12.06	13.18	98.51	11.88	13.84	116.50	26.35
轮台县			15.29	7.81	73.71	11.27	8.49	75.33	15.78
且末县			2.89	2.52	50.17	1.45	0.91	62.76	3.66
若羌县			1.39	4.30	123.74	1.72	1.48	86.05	13.45
和硕县			0.49	0.72	69.39	0.34	0.01	2.94	0.05
焉耆县									
和静县									
昌吉回族自治州			**28.12**	**2.38**	**71.37**	**20.07**	**20.11**	**100.20**	**7.07**
玛纳斯县			27.00	4.85	69.56	18.78	19.11	101.76	11.72
呼图壁县			0.35	0.11	120.00	0.42	0.27	64.29	0.45
昌吉市			0.77	0.25	112.99	0.87	0.73	83.91	1.19
阜康县									
博尔塔拉州			**58.55**	**11.73**	**127.29**	**74.53**	**78.73**	**105.64**	**64.84**
博乐市			39.79	12.55	117.49	46.75	51.96	111.14	75.62
精河县			18.76	10.29	148.08	27.78	26.77	96.36	50.79
伊犁哈萨克州			**234.47**	**11.42**	**84.98**	**199.26**	**205.53**	**103.15**	**46.78**
奎屯市			84.52		87.88	74.28	74.78	100.67	
霍城县			2.72	0.41	65.81	1.79	1.74	97.21	0.87
乌苏市			49.89	9.32	91.72	45.76	50.15	109.59	46.23
沙湾县			97.34	11.37	79.55	77.43	78.86	101.85	60.13

5－27－6　新疆自治区1990－2000年产棉县棉花生产收购明细

县市名	耕地面积（万亩）	农业人口（万人）	棉田面积（万亩）	占耕地（%）	亩产（市斤）	产量（万担）	收购量（万担）	商品率（%）	人均交售（市斤）
全区合计			**7742.13**	**33.96**	**168.97**	**13081.98**	**13012.77**	**99.47**	**164.39**
克拉玛依市			**8.84**	**9.19**	**410.07**	**36.25**	**36.25**	**100.00**	**143.22**
克拉玛依市			8.84	9.19	410.07	36.25	36.25	100.00	143.22
石河子地区						**42.41**	**42.41**	**100.00**	**221.69**
石河子市						42.41	42.41	100.00	221.69
吐鲁番地区			**290.22**	**41.04**	**164.73**	**478.07**	**473.94**	**99.14**	**114.21**
吐鲁番市			101.22	37.86	157.60	159.52	162.36	101.78	88.77
托克逊县			104.52	51.81	176.56	184.54	182.47	98.88	227.07
鄯善县			84.48	35.48	158.63	134.01	129.11	96.34	85.10
哈密地区			**72.49**	**19.00**	**171.42**	**124.26**	**124.26**	**100.00**	**82.65**
哈密市			68.01	21.06	173.80	118.20	118.20	100.00	86.95
伊吾县			4.48	7.63	135.27	6.06	6.06	100.00	42.08
和田地区			**534.99**	**21.96**	**149.90**	**801.94**	**795.84**	**99.24**	**61.11**
和田市			85.51	25.28	131.61	112.54	112.54	100.00	49.87
皮山县			78.77	17.72	118.08	93.01	93.01	100.00	53.07
墨玉县			70.02	12.16	261.84	183.34	177.24	96.67	44.66
洛甫县			117.38	32.18	146.63	172.11	172.11	100.00	88.55
策勒县			59.93	21.13	138.19	82.82	82.82	100.00	73.92
于田县			112.52	30.47	123.96	139.48	139.48	100.00	79.37
民丰县			10.86	18.17	171.64	18.64	18.64	100.00	83.33
阿克苏地区			**1884.69**	**35.78**	**172.77**	**3256.26**	**3249.15**	**99.78**	**220.98**
阿克苏市			296.50	47.38	185.75	550.75	549.51	99.77	208.71
阿瓦提县			361.30	57.77	193.11	697.69	699.32	100.23	447.08
莎雅县			349.30	49.27	192.14	671.14	666.25	99.27	409.82
库车县			375.79	42.55	150.73	566.43	571.55	100.90	192.73
温宿县			215.51	32.97	161.03	347.04	337.69	97.31	210.48
新和县			191.20	40.08	161.08	307.99	307.99	100.00	287.41
乌什县			68.13	14.86	123.21	83.94	83.94	100.00	58.55
拜城县			14.24	1.93	111.66	15.90	15.90	100.00	10.77
坷坪县			12.72	13.31	120.91	15.38	17.00	110.53	51.59
喀什地区			**2883.99**	**44.71**	**163.13**	**4704.69**	**4671.30**	**99.29**	**182.05**
喀什市			4.09	7.06	182.64	7.47	7.47	100.00	10.72
巴楚县			409.63	59.07	184.70	756.58	756.97	100.05	311.38

5－27－6 续表

县市名	耕地面积（万亩）	农业人口（万人）	棉田面积（万亩）	占耕地（%）	亩产（市斤）	产量（万担）	收购量（万担）	商品率（%）	人均交售（市斤）
伽师县			268.44	40.38	166.47	446.88	449.18	100.51	158.40
岳普湖县			139.17	43.78	196.06	272.85	270.53	99.15	235.55
麦盖提县			319.05	58.24	198.08	631.98	625.99	99.05	435.71
莎车县			646.63	49.37	151.96	982.60	974.59	99.18	189.87
泽普县			209.25	51.14	173.28	362.59	362.59	100.00	307.83
叶城县			265.90	33.02	130.64	347.36	348.76	100.40	116.57
疏勒县			281.07	47.85	147.88	415.64	412.89	99.34	166.99
疏附县			212.53	30.98	140.55	298.71	286.21	95.82	79.89
英吉沙县			128.23	34.57	141.96	182.03	176.12	96.75	100.52
克孜勒苏州			**99.94**	**19.37**	**116.90**	**116.83**	**117.17**	**100.29**	**38.70**
阿克陶县			76.20	24.61	104.50	79.63	79.97	100.43	48.61
阿图什市			23.74	11.50	156.70	37.20	37.20	100.00	26.91
巴音郭楞州			**533.14**	**33.10**	**181.13**	**965.67**	**967.09**	**100.15**	**193.51**
库尔勒市			174.09	52.44	178.50	310.75	310.75	100.00	274.93
尉犁县			164.81	64.55	197.08	324.81	326.26	100.45	492.25
轮台县			77.69	39.47	168.64	131.02	131.02	100.00	201.01
且末县			48.00	37.00	176.60	84.77	84.77	100.00	246.00
若羌县			15.90	39.45	197.86	31.46	31.43	99.90	237.93
和硕县			37.12	21.04	162.90	60.47	60.47	100.00	162.82
焉耆县			2.57	1.07	141.25	3.63	3.63	100.00	5.59
和静县			12.96	5.38	144.75	18.76	18.76	100.00	17.77
昌吉回族自治州			**472.98**	**19.80**	**185.94**	**879.47**	**878.49**	**99.89**	**199.82**
玛纳斯县			278.86	43.72	200.22	558.34	558.34	100.00	383.32
呼图壁县			123.16	20.86	172.26	212.16	211.18	99.54	247.34
昌吉市			57.54	6.66	156.33	89.95	89.95	100.00	66.12
阜康县			13.42	4.52	141.73	19.02	19.02	100.00	26.22
博尔塔拉州			**329.11**	**43.88**	**183.83**	**605.00**	**611.87**	**101.14**	**334.56**
博乐市			144.13	34.96	187.92	270.85	277.52	102.46	299.67
精河县			184.98	54.77	180.64	334.15	334.35	100.06	370.35
伊犁哈萨克州			**631.74**	**28.76**	**169.55**	**1071.13**	**1045.00**	**97.56**	**192.60**
奎屯市			0.12		200.00	0.24	0.24	100.00	
霍城县			14.50	2.66	125.10	18.14	18.14	100.00	8.36
乌苏市			303.74	43.41	166.03	504.29	504.75	100.09	372.94
沙湾县			313.38	32.90	175.01	548.46	521.87	95.15	274.29

5－27－7　新疆自治区1949年产棉县棉花生产收购明细

县市名	耕地面积（万亩）	农业人口（万人）	棉田面积（万亩）	占耕地（%）	亩产（市斤）	产量（万担）	收购量（万担）	商品率（%）	人均交售（市斤）
全区合计	**1013.07**	**284.18**	**50.18**	**4.95**	**20.19**	**10.13**	**2.36**	**23.30**	**0.83**
克拉玛依市									
克拉玛依市									
石河子地区									
石河子市									
吐鲁番地区	**46.71**	**7.76**	**3.31**	**7.09**	**34.44**	**1.14**	**0.46**	**40.35**	**5.93**
吐鲁番市	20.00		1.48	7.40	41.22	0.61			
托克逊县	11.31	2.86	0.39	3.45	17.95	0.07			
鄯善县	15.40	4.90	1.44	9.35	31.94	0.46	0.46	100.00	9.39
哈密地区									
哈密市									
伊吾县									
和田地区	**185.33**	**67.52**	**7.16**	**3.86**	**18.16**	**1.30**			
和田市	32.67	15.26	1.06	3.24	24.53	0.26			
皮山县	41.81	10.23	0.65	1.55	15.38	0.10			
墨玉县	29.27	16.07	2.26	7.72	22.12	0.50			
洛甫县	32.87	11.62	1.15	3.50	17.39	0.20			
策勒县	24.93	6.17	1.45	5.82	10.34	0.15			
于田县	23.78	8.17	0.59	2.48	15.25	0.09			
民丰县									
阿克苏地区	**263.33**	**59.02**	**10.48**	**3.98**	**12.40**	**1.30**	**0.01**	**0.77**	**0.02**
阿克苏市	33.74	11.18	0.84	2.49	13.10	0.11			
阿瓦提县	23.95	5.65	1.65	6.89	21.21	0.35			
莎雅县	19.62	5.90	1.29	6.57	7.75	0.10			
库车县	63.06	13.05	4.31	6.83	12.06	0.52			
温宿县	47.48	7.90	0.69	1.45	13.04	0.09			
新和县	31.49	5.62	1.55	4.92	7.74	0.12			
乌什县	40.49	8.22	0.06	0.15					
拜城县									
坷坪县	3.50	1.50	0.09	2.57	11.11	0.01	0.01	100.00	0.67
喀什地区	**438.88**	**134.12**	**27.21**	**6.20**	**22.38**	**6.09**	**1.89**	**31.03**	**1.41**
喀什市	14.09	0.42	0.78	5.54	39.74	0.31			
巴楚县	51.30	11.90	3.08	6.00	37.99	1.17			

5－27－7续表

地　　区	耕地面积（万亩）	农业人口（万人）	棉田面积（万亩）	占耕地（%）	亩　产（市斤）	产　量（万担）	收购量（万担）	商品率（%）	人均交售（市斤）
伽师县	33.20	15.68	3.31	9.97	12.08	0.40	0.36	90.00	2.30
岳普湖县	14.27	5.38	1.86	13.03	27.96	0.52			
麦盖提县	19.40	6.31	3.16	16.29	30.06	0.95			
莎车县	100.28	28.73	6.38	6.36	15.99	1.02	1.02	100.00	3.55
泽普县	42.80	7.88	3.31	7.73	16.01	0.53	0.51	96.23	6.47
叶城县	66.09	13.75	1.67	2.53	19.76	0.33			
疏勒县	29.02	15.01	1.97	6.79	26.40	0.52			
疏附县	43.98	15.61	1.03	2.34	20.39	0.21			
英吉沙县	24.45	13.45	0.66	2.70	19.70	0.13			
克孜勒苏州	**16.24**	**3.70**	**0.51**	**3.14**	**23.53**	**0.12**			
阿克陶县	16.24	3.70	0.51	3.14	23.53	0.12			
阿图什市									
巴音郭楞州	**37.24**	**9.12**	**1.36**	**3.65**	**12.50**	**0.17**			
库尔勒市	11.46	2.45	0.57	4.97	24.56	0.14			
尉犁县	3.45	1.22	0.05	1.45					
轮台县	13.82	3.56	0.57	4.12	1.75	0.01			
且末县	6.21	1.43	0.07	1.13	28.57	0.02			
若羌县	2.30	0.46	0.10	4.35					
和硕县									
焉耆县									
和静县									
昌吉回族自治州									
玛纳斯县									
呼图壁县									
昌吉市									
阜康县									
博尔塔拉州	**8.80**	**1.07**	**0.14**	**1.59**	**7.14**	**0.01**			
博乐市	8.80	1.07	0.14	1.59	7.14	0.01			
精河县									
伊犁哈萨克州	**16.54**	**1.87**	**0.01**	**0.06**					
奎屯市									
霍城县									
乌苏市	16.54	1.87	0.01	0.06					
沙湾县									

5－27－8　新疆自治区1950年产棉县棉花生产收购明细

县市名	耕地面积（万亩）	农业人口（万人）	棉田面积（万亩）	占耕地（%）	亩　产（市斤）	产　量（万担）	收购量（万担）	商品率（%）	人均交售（市斤）
全区合计	**1063.80**	**286.00**	**54.58**	**5.13**	**22.04**	**12.03**	**2.95**	**24.52**	**1.03**
克拉玛依市									
克拉玛依市									
石河子地区									
石河子市									
吐鲁番地区	**47.61**	**7.76**	**3.48**	**7.31**	**36.49**	**1.27**	**0.56**	**44.09**	**7.22**
吐鲁番市	20.70		1.51	7.29	42.38	0.64			
托克逊县	11.31	2.86	0.41	3.63	17.07	0.07			
鄯善县	15.60	4.90	1.56	10.00	35.90	0.56	0.56	100.00	11.43
哈密地区									
哈密市									
伊吾县									
和田地区	**189.22**	**67.73**	**7.56**	**4.00**	**19.84**	**1.50**			
和田市	32.67	15.26	1.36	4.16	25.74	0.35			
皮山县	41.81	10.23	0.66	1.58	18.18	0.12			
墨玉县	33.16	16.28	2.81	8.47	23.13	0.65			
洛甫县	32.87	11.62	1.02	3.10	22.55	0.23			
策勒县	24.93	6.17	1.04	4.17	6.73	0.07			
于田县	23.78	8.17	0.67	2.82	11.94	0.08			
民丰县									
阿克苏地区	**268.73**	**59.34**	**11.84**	**4.41**	**14.95**	**1.77**	**0.01**	**0.56**	**0.02**
阿克苏市	36.67	11.30	1.05	2.86	15.24	0.16			
阿瓦提县	25.36	5.60	1.72	6.78	22.09	0.38			
莎雅县	20.17	6.01	1.60	7.93	9.38	0.15			
库车县	63.77	13.19	4.58	7.18	16.59	0.76			
温宿县	47.48	7.90	1.00	2.11	15.00	0.15			
新和县	31.49	5.62	1.67	5.30	8.38	0.14			
乌什县	40.49	8.22	0.12	0.30	16.67	0.02			
拜城县									
坷坪县	3.30	1.50	0.10	3.03	10.00	0.01	0.01	100.00	0.67
喀什地区	**450.27**	**135.38**	**29.42**	**6.53**	**24.24**	**7.13**	**2.38**	**33.38**	**1.76**
喀什市	14.09	0.42	0.80	5.68	42.50	0.34			
巴楚县	53.37	12.05	3.28	6.15	36.28	1.19			

5－27－8 续表

县市名	耕地面积（万亩）	农业人口（万人）	棉田面积（万亩）	占耕地（%）	亩产（市斤）	产量（万担）	收购量（万担）	商品率（%）	人均交售（市斤）
伽师县	36.40	15.78	4.12	11.32	10.68	0.44	0.39	88.64	2.47
岳普湖县	14.43	5.43	1.40	9.70	40.00	0.56	0.06	10.71	1.10
麦盖提县	21.41	6.39	3.42	15.97	30.99	1.06			
莎车县	101.33	29.32	6.89	6.80	19.30	1.33	1.33	100.00	4.54
泽普县	42.83	7.97	3.14	7.33	19.43	0.61	0.60	98.36	7.53
叶城县	66.64	13.91	1.82	2.73	21.98	0.40			
疏勒县	31.26	15.01	2.35	7.52	31.91	0.75			
疏附县	44.06	15.65	1.03	2.34	21.36	0.22			
英吉沙县	24.45	13.45	1.17	4.79	19.66	0.23			
克孜勒苏州	**16.24**	**3.70**	**0.57**	**3.51**	**21.05**	**0.12**			
阿克陶县	16.24	3.70	0.57	3.51	21.05	0.12			
阿图什市									
巴音郭楞州	**37.24**	**9.12**	**1.48**	**3.97**	**14.86**	**0.22**			
库尔勒市	11.46	2.45	0.61	5.32	27.87	0.17			
尉犁县	3.45	1.22	0.05	1.45					
轮台县	13.82	3.56	0.57	4.12	3.51	0.02			
且末县	6.21	1.43	0.13	2.09	23.08	0.03			
若羌县	2.30	0.46	0.12	5.22					
和硕县									
焉耆县									
和静县									
昌吉回族自治州	**27.18**		**0.01**	**0.04**					
玛纳斯县	27.18		0.01	0.04					
呼图壁县									
昌吉市									
阜康县									
博尔塔拉州	**9.90**	**1.08**	**0.21**	**2.12**	**9.52**	**0.02**			
博乐市	9.90	1.08	0.21	2.12	9.52	0.02			
精河县									
伊犁哈萨克州	**17.41**	**1.89**	**0.01**	**0.06**					
奎屯市									
霍城县									
乌苏市	17.41	1.89	0.01	0.06					
沙湾县									

5-27-9 新疆自治区1951年产棉县棉花生产收购明细

县市名	耕地面积（万亩）	农业人口（万人）	棉田面积（万亩）	占耕地（%）	亩产（市斤）	产量（万担）	收购量（万担）	商品率（%）	人均交售（市斤）
全区合计	**1163.22**	**296.91**	**65.75**	**5.65**	**25.13**	**16.52**	**3.35**	**20.28**	**1.13**
克拉玛依市									
克拉玛依市									
石河子地区									
石河子市									
吐鲁番地区	**48.81**	**7.86**	**4.16**	**8.52**	**42.07**	**1.75**	**0.66**	**37.71**	**8.40**
吐鲁番市	21.00		2.07	9.86	48.31	1.00			
托克逊县	11.31	2.86	0.44	3.89	20.45	0.09			
鄯善县	16.50	5.00	1.65	10.00	40.00	0.66	0.66	100.00	13.20
哈密地区									
哈密市									
伊吾县									
和田地区	**191.09**	**67.97**	**10.26**	**5.37**	**25.24**	**2.59**			
和田市	32.67	15.26	1.59	4.87	28.93	0.46			
皮山县	41.81	10.23	1.68	4.02	20.24	0.34			
墨玉县	35.03	16.52	3.62	10.33	24.86	0.90			
洛甫县	32.87	11.62	1.65	5.02	26.67	0.44			
策勒县	24.93	6.17	0.84	3.37	25.00	0.21			
于田县	23.78	8.17	0.88	3.70	27.27	0.24			
民丰县									
阿克苏地区	**275.69**	**59.55**	**12.99**	**4.71**	**15.78**	**2.05**	**0.02**	**0.98**	**0.03**
阿克苏市	37.03	11.41	1.24	3.35	20.97	0.26			
阿瓦提县	26.46	5.63	1.78	6.73	24.72	0.44			
莎雅县	23.68	5.95	1.03	4.35	9.71	0.10			
库车县	65.36	13.32	4.65	7.11	14.41	0.67	0.01	1.49	0.08
温宿县	47.48	7.90	1.73	3.64	16.18	0.28			
新和县	31.49	5.62	2.34	7.43	11.11	0.26			
乌什县	40.49	8.22	0.13	0.32	23.08	0.03			
拜城县									
坷坪县	3.70	1.50	0.09	2.43	11.11	0.01	0.01	100.00	0.67
喀什地区	**475.20**	**136.66**	**35.22**	**7.41**	**27.03**	**9.52**	**2.67**	**28.05**	**1.95**
喀什市	14.09	0.42	0.93	6.60	45.16	0.42			
巴楚县	57.62	12.22	5.48	9.51	40.88	2.24			

5－27－9 续表

县市名	耕地面积（万亩）	农业人口（万人）	棉田面积（万亩）	占耕地（%）	亩产（市斤）	产量（万担）	收购量（万担）	商品率（%）	人均交售（市斤）
伽师县	41.80	15.90	4.11	9.83	13.38	0.55	0.51	92.73	3.21
岳普湖县	16.48	5.50	2.02	12.26	28.71	0.58	0.06	10.34	1.09
麦盖提县	25.37	6.49	5.35	21.09	31.59	1.69			
莎车县	106.11	29.62	7.16	6.75	22.07	1.58	1.58	100.00	5.33
泽普县	42.88	8.06	3.22	7.51	16.77	0.54	0.52	96.30	6.45
叶城县	68.22	14.11	1.99	2.92	25.13	0.50			
疏勒县	33.92	15.01	2.63	7.75	33.08	0.87			
疏附县	44.26	15.88	1.04	2.35	24.04	0.25			
英吉沙县	24.45	13.45	1.29	5.28	23.26	0.30			
克孜勒苏州	**16.24**	**3.70**	**0.60**	**3.69**	**21.67**	**0.13**			
阿克陶县	16.24	3.70	0.60	3.69	21.67	0.13			
阿图什市									
巴音郭楞州	**37.24**	**9.12**	**2.16**	**5.80**	**20.37**	**0.44**			
库尔勒市	11.46	2.45	1.16	10.12	27.59	0.32			
尉犁县	3.45	1.22	0.14	4.06	28.57	0.04			
轮台县	13.82	3.56	0.60	4.34	3.33	0.02			
且末县	6.21	1.43	0.16	2.58	25.00	0.04			
若羌县	2.30	0.46	0.10	4.35	20.00	0.02			
和硕县									
焉耆县									
和静县									
昌吉回族自治州	**27.18**	**3.71**	**0.02**	**0.07**					
玛纳斯县	27.18	3.71	0.02	0.07					
呼图壁县									
昌吉市									
阜康县									
博尔塔拉州	**11.39**	**1.08**	**0.25**	**2.19**	**12.00**	**0.03**			
博乐市	11.39	1.08	0.25	2.19	12.00	0.03			
精河县									
伊犁哈萨克州	**80.38**	**7.26**	**0.09**	**0.11**	**11.11**	**0.01**			
奎屯市									
霍城县	61.38	5.36	0.08	0.13	12.50	0.01			
乌苏市	19.00	1.90	0.01	0.05					
沙湾县									

5－27－10　新疆自治区1952年产棉县棉花生产收购明细

县市名	耕地面积（万亩）	农业人口（万人）	棉田面积（万亩）	占耕地（%）	亩产（市斤）	产量（万担）	收购量（万担）	商品率（%）	人均交售（市斤）
全区合计	**1205.15**	**298.75**	**75.05**	**6.23**	**26.04**	**19.54**	**3.60**	**18.42**	**1.21**
克拉玛依市									
克拉玛依市									
石河子地区									
石河子市									
吐鲁番地区	**50.11**	**7.86**	**3.97**	**7.92**	**49.62**	**1.97**	**0.73**	**37.06**	**9.29**
吐鲁番市	22.00		2.18	9.91	51.38	1.12			
托克逊县	11.31	2.86	0.46	4.07	26.09	0.12			
鄯善县	16.80	5.00	1.33	7.92	54.89	0.73	0.73	100.00	14.60
哈密地区									
哈密市									
伊吾县									
和田地区	**193.15**	**68.19**	**12.12**	**6.27**	**27.97**	**3.39**			
和田市	32.67	15.26	1.88	5.75	31.91	0.60			
皮山县	41.81	10.23	2.42	5.79	28.10	0.68			
墨玉县	37.09	16.74	3.68	9.92	26.09	0.96			
洛甫县	32.87	11.62	1.81	5.51	28.73	0.52			
策勒县	24.93	6.17	0.82	3.29	25.61	0.21			
于田县	23.78	8.17	1.51	6.35	27.81	0.42			
民丰县									
阿克苏地区	**278.73**	**60.11**	**13.56**	**4.86**	**17.70**	**2.40**	**0.22**	**9.17**	**0.37**
阿克苏市	39.00	11.53	1.69	4.33	27.81	0.47			
阿瓦提县	25.76	5.67	1.83	7.10	16.39	0.30			
莎雅县	23.41	6.22	1.27	5.43	12.60	0.16			
库车县	67.10	13.45	4.57	6.81	13.35	0.61	0.20	32.79	1.49
温宿县	47.48	7.90	1.82	3.83	18.68	0.34			
新和县	31.49	5.62	2.23	7.08	17.94	0.40			
乌什县	40.49	8.22	0.04	0.10	250.00	0.10			
拜城县									
坷坪县	4.00	1.50	0.11	2.75	18.18	0.02	0.02	100.00	1.33
喀什地区	**470.66**	**137.69**	**40.69**	**8.65**	**26.39**	**10.74**	**2.65**	**24.67**	**1.92**
喀什市	14.09	0.42	0.93	6.60	50.54	0.47			
巴楚县	30.13	12.44	9.82	32.59	26.48	2.60			

5－27－10 续表

县市名	耕地面积（万亩）	农业人口（万人）	棉田面积（万亩）	占耕地（%）	亩产（市斤）	产量（万担）	收购量（万担）	商品率（%）	人均交售（市斤）
伽师县	42.20	14.73	4.30	10.19	15.12	0.65	0.11	16.92	0.75
岳普湖县	18.42	5.60	2.24	12.16	25.00	0.56	0.09	16.07	1.61
麦盖提县	27.04	6.61	5.22	19.30	32.95	1.72			
莎车县	119.40	30.22	7.69	6.44	26.01	2.00	2.00	100.00	6.62
泽普县	43.08	8.10	3.21	7.45	14.64	0.47	0.45	95.74	5.56
叶城县	69.24	14.39	2.20	3.18	26.82	0.59			
疏勒县	36.43	15.01	2.73	7.49	36.26	0.99			
疏附县	46.18	16.72	1.01	2.19	29.70	0.30			
英吉沙县	24.45	13.45	1.34	5.48	29.10	0.39			
克孜勒苏州	**20.76**	**3.70**	**0.64**	**3.08**	**21.88**	**0.14**			
阿克陶县	20.76	3.70	0.64	3.08	21.88	0.14			
阿图什市									
巴音郭楞州	**37.24**	**9.12**	**3.13**	**8.40**	**22.36**	**0.70**			
库尔勒市	11.46	2.45	1.81	15.79	28.73	0.52			
尉犁县	3.45	1.22	0.33	9.57	18.18	0.06			
轮台县	13.82	3.56	0.66	4.78	4.55	0.03			
且末县	6.21	1.43	0.25	4.03	28.00	0.07			
若羌县	2.30	0.46	0.08	3.48	25.00	0.02			
和硕县									
焉耆县									
和静县									
昌吉回族自治州	**27.18**	**3.71**	**0.02**	**0.07**	**50.00**	**0.01**			
玛纳斯县	27.18	3.71	0.02	0.07	50.00	0.01			
呼图壁县									
昌吉市									
阜康县									
博尔塔拉州	**12.97**	**1.08**	**0.15**	**1.16**	**26.67**	**0.04**			
博乐市	12.97	1.08	0.15	1.16	26.67	0.04			
精河县									
伊犁哈萨克州	**114.35**	**7.29**	**0.77**	**0.67**	**19.48**	**0.15**			
奎屯市									
霍城县	61.38	5.36	0.49	0.80	6.12	0.03			
乌苏市	19.09	1.93	0.26	1.36	30.77	0.08			
沙湾县	33.88		0.02	0.06	#	0.04			

5-27-11　新疆自治区1953年产棉县棉花生产收购明细

县市名	耕地面积（万亩）	农业人口（万人）	棉田面积（万亩）	占耕地（%）	亩产（市斤）	产量（万担）	收购量（万担）	商品率（%）	人均交售（市斤）
全区合计	**1281.30**	**307.37**	**77.64**	**6.06**	**29.03**	**22.54**	**4.33**	**19.21**	**1.41**
克拉玛依市									
克拉玛依市									
石河子地区									
石河子市									
吐鲁番地区	**51.41**	**13.96**	**4.99**	**9.71**	**62.93**	**3.14**	**0.77**	**24.52**	**5.52**
吐鲁番市	22.60	6.00	2.74	12.12	79.93	2.19			
托克逊县	11.31	2.86	0.65	5.75	27.69	0.18			
鄯善县	17.50	5.10	1.60	9.14	48.13	0.77	0.77	100.00	15.10
哈密地区									
哈密市									
伊吾县									
和田地区	**197.75**	**68.56**	**10.67**	**5.40**	**30.46**	**3.25**	**0.05**	**1.54**	**0.07**
和田市	32.67	15.26	1.96	6.00	33.16	0.65			
皮山县	41.81	10.23	1.82	4.35	32.97	0.60			
墨玉县	41.69	17.11	3.19	7.65	27.90	0.89			
洛甫县	32.87	11.62	1.58	4.81	33.54	0.53	0.05	9.43	0.43
策勒县	24.93	6.17	1.17	4.69	26.50	0.31			
于田县	23.78	8.17	0.95	3.99	28.42	0.27			
民丰县									
阿克苏地区	**288.05**	**60.66**	**17.57**	**6.10**	**18.27**	**3.21**	**0.30**	**9.35**	**0.49**
阿克苏市	44.28	11.64	2.23	5.04	29.15	0.65			
阿瓦提县	27.87	5.71	2.17	7.79	18.89	0.41			
莎雅县	23.02	6.38	1.89	8.21	14.81	0.28			
库车县	69.32	13.59	5.01	7.23	12.38	0.62	0.28	45.16	2.06
温宿县	47.48	7.90	1.62	3.41	22.22	0.36			
新和县	31.49	5.62	3.52	11.18	21.59	0.76			
乌什县	40.49	8.22	1.00	2.47	11.00	0.11			
拜城县									
坷坪县	4.10	1.60	0.13	3.17	15.38	0.02	0.02	100.00	1.25
喀什地区	**530.82**	**139.21**	**40.77**	**7.68**	**29.65**	**12.09**	**3.21**	**26.55**	**2.31**
喀什市	14.09	0.42	0.92	6.53	53.26	0.49			
巴楚县	58.54	12.71	8.45	14.43	33.73	2.85			

5－27－11 续表

县市名	耕地面积（万亩）	农业人口（万人）	棉田面积（万亩）	占耕地（%）	亩产（市斤）	产量（万担）	收购量（万担）	商品率（%）	人均交售（市斤）
伽师县	46.00	15.08	4.45	9.67	13.48	0.60	0.13	21.67	0.86
岳普湖县	21.38	5.70	3.06	14.31	30.07	0.92	0.07	7.61	1.23
麦盖提县	28.52	6.76	4.16	14.59	38.70	1.61	0.21	13.04	3.11
莎车县	123.48	30.53	7.81	6.32	29.07	2.27	2.27	100.00	7.44
泽普县	43.18	8.10	3.29	7.62	16.72	0.55	0.53	96.36	6.54
叶城县	70.34	14.75	2.29	3.26	28.82	0.66			
疏勒县	48.24	15.01	3.00	6.22	36.33	1.09			
疏附县	52.60	16.70	1.94	3.69	29.90	0.58			
英吉沙县	24.45	13.45	1.40	5.73	33.57	0.47			
克孜勒苏州	**20.76**	**3.70**	**0.70**	**3.37**	**21.43**	**0.15**			
阿克陶县	20.76	3.70	0.70	3.37	21.43	0.15			
阿图什市									
巴音郭楞州	**37.24**	**9.12**	**2.55**	**6.85**	**22.35**	**0.57**			
库尔勒市	11.46	2.45	1.24	10.82	33.06	0.41			
尉犁县	3.45	1.22	0.26	7.54	15.38	0.04			
轮台县	13.82	3.56	0.69	4.99	4.35	0.03			
且末县	6.21	1.43	0.26	4.19	26.92	0.07			
若羌县	2.30	0.46	0.10	4.35	20.00	0.02			
和硕县									
焉耆县									
和静县									
昌吉回族自治州	**27.18**	**3.71**	**0.02**	**0.07**	**50.00**	**0.01**			
玛纳斯县	27.18	3.71	0.02	0.07	50.00	0.01			
呼图壁县									
昌吉市									
阜康县									
博尔塔拉州	**13.74**	**1.12**	**0.04**	**0.29**	**25.00**	**0.01**			
博乐市	13.74	1.12	0.04	0.29	25.00	0.01			
精河县									
伊犁哈萨克州	**114.35**	**7.33**	**0.33**	**0.29**	**33.33**	**0.11**			
奎屯市									
霍城县	61.38	5.36	0.04	0.07	25.00	0.01			
乌苏市	19.09	1.97	0.26	1.36	30.77	0.08			
沙湾县	33.88		0.03	0.09	66.67	0.02			

5-27-12　新疆自治区1954年产棉县棉花生产收购明细

县市名	耕地面积（万亩）	农业人口（万人）	棉田面积（万亩）	占耕地（%）	亩产（市斤）	产量（万担）	收购量（万担）	商品率（%）	人均交售（市斤）
全区合计	**1242.50**	**303.61**	**76.55**	**6.16**	**34.25**	**26.22**	**7.94**	**30.28**	**2.62**
克拉玛依市									
克拉玛依市									
石河子地区									
石河子市									
吐鲁番地区	**53.31**	**14.06**	**7.56**	**14.18**	**74.60**	**5.64**	**1.59**	**28.19**	**11.31**
吐鲁番市	23.20	6.00	4.10	17.67	92.93	3.81			
托克逊县	11.31	2.86	0.76	6.72	31.58	0.24			
鄯善县	18.80	5.20	2.70	14.36	58.89	1.59	1.59	100.00	30.58
哈密地区									
哈密市									
伊吾县									
和田地区	**198.37**	**68.84**	**10.04**	**5.06**	**34.56**	**3.47**	**0.07**	**2.02**	**0.10**
和田市	32.67	15.26	2.14	6.55	34.11	0.73			
皮山县	41.81	10.23	1.29	3.09	34.88	0.45			
墨玉县	42.31	17.39	2.72	6.43	40.07	1.09			
洛甫县	32.87	11.62	1.68	5.11	32.14	0.54	0.07	12.96	0.60
策勒县	24.93	6.17	1.05	4.21	28.57	0.30			
于田县	23.78	8.17	1.16	4.88	31.03	0.36			
民丰县									
阿克苏地区	**297.99**	**61.06**	**16.29**	**5.47**	**20.75**	**3.38**	**1.78**	**52.66**	**2.92**
阿克苏市	44.52	11.76	1.98	4.45	35.86	0.71			
阿瓦提县	28.85	5.72	2.65	9.19	25.66	0.68			
莎雅县	28.64	6.51	1.86	6.49	9.68	0.18			
库车县	71.92	13.73	4.51	6.27	18.40	0.83	1.75	210.84	12.75
温宿县	47.48	7.90	1.33	2.80	10.53	0.14			
新和县	31.49	5.62	2.83	8.99	24.38	0.69			
乌什县	40.49	8.22	0.98	2.42	12.24	0.12			
拜城县									
坷坪县	4.60	1.60	0.15	3.26	20.00	0.03	0.03	100.00	1.88
喀什地区	**536.31**	**140.06**	**38.65**	**7.21**	**32.73**	**12.65**	**4.50**	**35.57**	**3.21**
喀什市	14.09	0.42	0.88	6.25	55.68	0.49			
巴楚县	58.74	12.74	8.06	13.72	38.59	3.11			

5－27－12 续表

县 市 名	耕地面积（万亩）	农业人口（万人）	棉田面积（万亩）	占耕地（%）	亩　产（市斤）	产　量（万担）	收购量（万担）	商品率（%）	人均交售（市斤）
伽师县	49.90	15.07	4.47	8.96	13.42	0.60	0.18	30.00	1.19
岳普湖县	21.58	5.95	2.21	10.24	29.86	0.66	0.11	16.67	1.85
麦盖提县	26.60	6.76	3.70	13.91	41.89	1.55	1.24	80.00	18.34
莎车县	125.08	30.89	7.27	5.81	29.99	2.18	2.18	100.00	7.06
泽普县	43.30	8.11	3.59	8.29	22.01	0.79	0.79	100.00	9.74
叶城县	73.23	14.87	2.41	3.29	34.02	0.82			
疏勒县	49.75	15.01	3.12	6.27	37.50	1.17			
疏附县	49.59	16.79	1.49	3.00	33.56	0.50			
英吉沙县	24.45	13.45	1.45	5.93	53.79	0.78			
克孜勒苏州	**22.04**	**3.70**	**0.71**	**3.22**	**26.76**	**0.19**			
阿克陶县	22.04	3.70	0.71	3.22	26.76	0.19			
阿图什市									
巴音郭楞州	**37.24**	**9.12**	**3.07**	**8.24**	**25.73**	**0.79**			
库尔勒市	11.46	2.45	1.75	15.27	34.86	0.61			
尉犁县	3.45	1.22	0.25	7.25	16.00	0.04			
轮台县	13.82	3.56	0.75	5.43	6.67	0.05			
且末县	6.21	1.43	0.22	3.54	31.82	0.07			
若羌县	2.30	0.46	0.10	4.35	20.00	0.02			
和硕县									
焉耆县									
和静县									
昌吉回族自治州	**27.18**	**3.71**	**0.01**	**0.04**					
玛纳斯县	27.18	3.71	0.01	0.04					
呼图壁县									
昌吉市									
阜康县									
博尔塔拉州	**15.52**	**1.10**	**0.08**	**0.52**	**25.00**	**0.02**			
博乐市	15.52	1.10	0.08	0.52	25.00	0.02			
精河县									
伊犁哈萨克州	**54.54**	**1.96**	**0.14**	**0.26**	**57.14**	**0.08**			
奎屯市									
霍城县									
乌苏市	20.66	1.96	0.06	0.29	50.00	0.03			
沙湾县	33.88		0.08	0.24	62.50	0.05			

5-27-13　新疆自治区1955年产棉县棉花生产收购明细

县市名	耕地面积（万亩）	农业人口（万人）	棉田面积（万亩）	占耕地（%）	亩产（市斤）	产量（万担）	收购量（万担）	商品率（%）	人均交售（市斤）
全区合计	**1441.01**	**313.45**	**94.93**	**6.59**	**41.68**	**39.57**	**26.73**	**67.55**	**8.53**
克拉玛依市									
克拉玛依市									
石河子地区									
石河子市									
吐鲁番地区	**55.82**	**14.16**	**10.92**	**19.56**	**76.83**	**8.39**	**3.56**	**42.43**	**25.14**
吐鲁番市	24.30	6.00	4.93	20.29	86.41	4.26			
托克逊县	13.02	2.86	1.39	10.68	41.01	0.57			
鄯善县	18.50	5.30	4.60	24.86	77.39	3.56	3.56	100.00	67.17
哈密地区									
哈密市									
伊吾县									
和田地区	**218.96**	**69.02**	**11.66**	**5.33**	**38.16**	**4.45**	**0.07**	**1.57**	**0.10**
和田市	38.75	15.26	2.36	6.09	35.17	0.83			
皮山县	46.86	10.23	2.05	4.37	37.07	0.76			
墨玉县	42.10	17.57	3.16	7.51	51.90	1.64			
洛甫县	37.32	11.62	1.62	4.34	32.10	0.52	0.07	13.46	0.60
策勒县	27.48	6.17	1.19	4.33	25.21	0.30			
于田县	26.45	8.17	1.28	4.84	31.25	0.40			
民丰县									
阿克苏地区	**347.05**	**61.51**	**20.14**	**5.80**	**31.13**	**6.27**	**1.10**	**17.54**	**1.79**
阿克苏市	45.34	11.88	2.38	5.25	31.93	0.76			
阿瓦提县	29.18	5.77	2.25	7.71	31.56	0.71			
莎雅县	30.79	6.65	2.20	7.15	22.73	0.50			
库车县	72.31	13.87	6.37	8.81	39.87	2.54	1.05	41.34	7.57
温宿县	58.13	7.90	1.92	3.30	15.10	0.29			
新和县	58.13	5.62	3.64	6.26	28.85	1.05			
乌什县	48.47	8.22	1.21	2.50	30.58	0.37			
拜城县									
坷坪县	4.70	1.60	0.17	3.62	29.41	0.05	0.05	100.00	3.13
喀什地区	**560.06**	**140.83**	**46.22**	**8.25**	**39.81**	**18.40**	**21.86**	**118.80**	**15.52**
喀什市	15.54	0.42	0.93	5.98	59.14	0.55			
巴楚县	59.35	12.70	9.79	16.50	42.70	4.18	15.40	*	121.26

5－27－13 续表

县市名	耕地面积（万亩）	农业人口（万人）	棉田面积（万亩）	占耕地（%）	亩　产（市斤）	产　量（万担）	收购量（万担）	商品率（%）	人均交售（市斤）
伽师县	53.50	15.15	5.02	9.38	13.55	0.68	0.41	60.29	2.71
岳普湖县	21.12	6.02	2.72	12.88	41.18	1.12	0.28	25.00	4.65
麦盖提县	27.00	6.85	5.31	19.67	64.97	3.45	1.99	57.68	29.05
莎车县	125.15	31.23	8.17	6.53	31.58	2.58	3.03	117.44	9.70
泽普县	43.33	8.20	3.83	8.84	20.63	0.79	0.75	94.94	9.15
叶城县	73.75	14.87	2.45	3.32	39.18	0.96			
疏勒县	52.47	15.01	3.29	6.27	41.64	1.37			
疏附县	55.77	16.93	2.58	4.63	32.95	0.85			
英吉沙县	33.08	13.45	2.13	6.44	87.79	1.87			
克孜勒苏州	**22.04**	**6.70**	**0.86**	**3.90**	**20.93**	**0.18**			
阿克陶县	22.04	6.70	0.86	3.90	20.93	0.18			
阿图什市									
巴音郭楞州	**55.93**	**9.12**	**4.55**	**8.14**	**34.73**	**1.58**			
库尔勒市	16.43	2.45	2.40	14.61	37.08	0.89			
尉犁县	8.85	1.22	0.26	2.94	69.23	0.18			
轮台县	20.37	3.56	0.93	4.57	9.68	0.09			
且末县	7.08	1.43	0.85	12.01	42.35	0.36			
若羌县	3.20	0.46	0.11	3.44	54.55	0.06			
和硕县									
焉耆县									
和静县									
昌吉回族自治州	**29.55**	**3.71**	**0.14**	**0.47**	**78.57**	**0.11**			
玛纳斯县	29.55	3.71	0.14	0.47	78.57	0.11			
呼图壁县									
昌吉市									
阜康县									
博尔塔拉州	**16.95**	**1.10**	**0.15**	**0.88**	**13.33**	**0.02**			
博乐市	16.95	1.10	0.15	0.88	13.33	0.02			
精河县									
伊犁哈萨克州	**134.65**	**7.30**	**0.29**	**0.22**	**58.62**	**0.17**	**0.14**	**82.35**	**1.92**
奎屯市									
霍城县	79.34	5.36	0.01	0.01	100.00	0.01			
乌苏市	21.43	1.94	0.04	0.19	25.00	0.01	0.01	100.00	0.52
沙湾县	33.88		0.24	0.71	62.50	0.15	0.13	86.67	

5－27－14　新疆自治区1956年产棉县棉花生产收购明细

县市名	耕地面积（万亩）	农业人口（万人）	棉田面积（万亩）	占耕地（%）	亩　产（市斤）	产　量（万担）	收购量（万担）	商品率（%）	人均交售（市斤）
全区合计	**1459.02**	**316.11**	**143.47**	**9.83**	**47.86**	**68.67**	**29.53**	**43.00**	**9.34**
克拉玛依市									
克拉玛依市									
石河子地区									
石河子市									
吐鲁番地区	**57.72**	**14.26**	**20.88**	**36.17**	**62.40**	**13.03**	**5.54**	**42.52**	**38.85**
吐鲁番市	25.60	6.10	10.49	40.98	68.83	7.22			
托克逊县	13.02	2.86	2.89	22.20	9.34	0.27			
鄯善县	19.10	5.30	7.50	39.27	73.87	5.54	5.54	100.00	104.53
哈密地区									
哈密市									
伊吾县									
和田地区	**219.56**	**69.14**	**16.32**	**7.43**	**36.95**	**6.03**	**1.07**	**17.74**	**1.55**
和田市	38.75	15.26	3.08	7.95	50.00	1.54			
皮山县	46.86	10.23	2.03	4.33	18.72	0.38			
墨玉县	42.70	17.69	4.75	11.12	38.95	1.85			
洛甫县	37.32	11.62	3.10	8.31	42.90	1.33	0.96	72.18	8.26
策勒县	27.48	6.17	1.87	6.80	26.74	0.50			
于田县	26.45	8.17	1.49	5.63	28.86	0.43	0.11	25.58	1.35
民丰县									
阿克苏地区	**349.68**	**62.04**	**28.05**	**8.02**	**48.59**	**13.63**	**4.11**	**30.15**	**6.62**
阿克苏市	46.79	12.00	3.60	7.69	42.78	1.54			
阿瓦提县	29.65	5.90	2.45	8.26	39.18	0.96			
莎雅县	30.85	6.74	3.52	11.41	50.85	1.79			
库车县	72.76	14.06	9.60	13.19	63.54	6.10	4.05	66.39	28.81
温宿县	58.13	7.90	2.82	4.85	15.96	0.45			
新和县	58.13	5.62	4.65	8.00	48.39	2.25			
乌什县	48.47	8.22	1.34	2.76	35.82	0.48			
拜城县									
坷坪县	4.90	1.60	0.07	1.43	85.71	0.06	0.06	100.00	3.75
喀什地区	**572.36**	**142.49**	**68.69**	**12.00**	**46.08**	**31.65**	**18.09**	**57.16**	**12.70**
喀什市	15.54	0.42	0.96	6.18	93.75	0.90			
巴楚县	63.42	12.92	14.17	22.34	48.13	6.82	7.82	114.66	60.53

5－27－14 续表

县市名	耕地面积（万亩）	农业人口（万人）	棉田面积（万亩）	占耕地（%）	亩产（市斤）	产量（万担）	收购量（万担）	商品率（%）	人均交售（市斤）
伽师县	56.10	15.20	6.54	11.66	23.70	1.55	1.32	85.16	8.68
岳普湖县	23.81	6.33	3.78	15.88	75.40	2.85	0.38	13.33	6.00
麦盖提县	28.01	7.05	10.07	35.95	54.52	5.49	4.89	89.07	69.36
莎车县	125.34	31.66	11.02	8.79	32.85	3.62	2.78	76.80	8.78
泽普县	43.46	8.28	3.93	9.04	22.90	0.90	0.90	100.00	10.87
叶城县	74.88	14.97	6.33	8.45	60.03	3.80			
疏勒县	53.41	15.01	4.97	9.31	35.61	1.77			
疏附县	55.31	17.20	4.27	7.72	63.23	2.70			
英吉沙县	33.08	13.45	2.65	8.01	47.17	1.25			
克孜勒苏州	**22.04**	**7.00**	**0.81**	**3.68**	**29.63**	**0.24**	**0.39**	**162.50**	**5.57**
阿克陶县	22.04	7.00	0.81	3.68	29.63	0.24	0.39	162.50	5.57
阿图什市									
巴音郭楞州	**55.93**	**9.12**	**6.19**	**11.07**	**43.13**	**2.67**			
库尔勒市	16.43	2.45	3.22	19.60	51.24	1.65			
尉犁县	8.85	1.22	0.52	5.88	46.15	0.24			
轮台县	20.37	3.56	0.87	4.27	10.34	0.09			
且末县	7.08	1.43	1.28	18.08	39.84	0.51			
若羌县	3.20	0.46	0.30	9.38	60.00	0.18			
和硕县									
焉耆县									
和静县									
昌吉回族自治州	**29.55**	**3.71**	**0.44**	**1.49**	**54.55**	**0.24**	**0.06**	**25.00**	**1.62**
玛纳斯县	29.55	3.71	0.44	1.49	54.55	0.24	0.06	25.00	1.62
呼图壁县									
昌吉市									
阜康县									
博尔塔拉州	**17.42**	**1.01**	**0.15**	**0.86**	**20.00**	**0.03**			
博乐市	17.42	1.01	0.15	0.86	20.00	0.03			
精河县									
伊犁哈萨克州	**134.76**	**7.34**	**1.94**	**1.44**	**59.28**	**1.15**	**0.27**	**23.48**	**3.68**
奎屯市									
霍城县	79.34	5.36	0.18	0.23	61.11	0.11			
乌苏市	21.54	1.98	0.44	2.04	40.91	0.18	0.02	11.11	1.01
沙湾县	33.88		1.32	3.90	65.15	0.86	0.25	29.07	

5－27－15　新疆自治区1957年产棉县棉花生产收购明细

县市名	耕地面积（万亩）	农业人口（万人）	棉田面积（万亩）	占耕地（%）	亩　产（市斤）	产　量（万担）	收购量（万担）	商品率（%）	人均交售（市斤）
全区合计	**1502.75**	**317.52**	**124.56**	**8.29**	**39.70**	**49.45**	**36.87**	**74.56**	**11.61**
克拉玛依市									
克拉玛依市									
石河子地区									
石河子市									
吐鲁番地区	**58.72**	**14.66**	**15.96**	**27.18**	**78.51**	**12.53**	**11.26**	**89.86**	**76.81**
吐鲁番市	26.40	6.50	7.71	29.20	78.99	6.09	7.04	115.60	108.31
托克逊县	13.02	2.86	1.71	13.13	54.97	0.94			
鄯善县	19.30	5.30	6.54	33.89	84.10	5.50	4.22	76.73	79.62
哈密地区									
哈密市									
伊吾县									
和田地区	**219.01**	**69.13**	**11.95**	**5.46**	**26.69**	**3.19**	**2.13**	**66.77**	**3.08**
和田市	38.75	15.26	2.20	5.68	28.18	0.62	1.59	*	10.42
皮山县	46.86	10.23	1.52	3.24	14.47	0.22			
墨玉县	42.15	17.68	3.74	8.87	27.27	1.02			
洛甫县	37.32	11.62	2.11	5.65	35.55	0.75	0.44	58.67	3.79
策勒县	27.48	6.17	0.96	3.49	26.04	0.25			
于田县	26.45	8.17	1.42	5.37	23.24	0.33	0.10	30.30	1.22
民丰县									
阿克苏地区	**360.23**	**62.32**	**28.64**	**7.95**	**31.53**	**9.03**	**6.00**	**66.45**	**9.63**
阿克苏市	48.00	12.07	3.05	6.35	36.39	1.11	2.50	*	20.71
阿瓦提县	34.14	5.87	2.52	7.38	22.62	0.57	0.24	42.11	4.09
莎雅县	33.47	6.79	3.92	11.71	28.32	1.11			
库车县	74.49	14.15	10.33	13.87	39.40	4.07	3.21	78.87	22.69
温宿县	58.13	7.90	2.87	4.94	15.68	0.45			
新和县	58.13	5.62	4.54	7.81	27.09	1.23			
乌什县	48.47	8.22	1.31	2.70	33.59	0.44			
拜城县									
柯坪县	5.40	1.70	0.10	1.85	50.00	0.05	0.05	100.00	2.94
喀什地区	**585.68**	**143.13**	**57.86**	**9.88**	**36.21**	**20.95**	**13.53**	**64.58**	**9.45**
喀什市	15.54	0.42	0.74	4.76	40.54	0.30			
巴楚县	61.52	12.78	10.85	17.64	29.12	3.16	2.70	85.44	21.13

5－27－15续表

县市名	耕地面积（万亩）	农业人口（万人）	棉田面积（万亩）	占耕地（%）	亩　产（市斤）	产　量（万担）	收购量（万担）	商品率（%）	人均交售（市斤）
伽师县	60.20	15.28	5.92	9.83	25.68	1.52	1.24	81.58	8.12
岳普湖县	26.50	6.48	3.48	13.13	49.14	1.71	1.68	98.25	25.93
麦盖提县	29.19	7.36	6.26	21.45	41.85	2.62	2.81	107.25	38.18
莎车县	125.00	32.06	9.45	7.56	37.04	3.50	2.47	70.57	7.70
泽普县	43.49	8.28	3.45	7.93	23.48	0.81	0.80	98.77	9.66
叶城县	75.41	15.51	6.66	8.83	42.34	2.82	1.83	64.89	11.80
疏勒县	53.51	15.01	4.88	9.12	38.11	1.86			
疏附县	62.24	16.50	4.06	6.52	32.51	1.32			
英吉沙县	33.08	13.45	2.11	6.38	63.03	1.33			
克孜勒苏州	**24.00**	**7.00**	**0.75**	**3.13**	**26.67**	**0.20**	**0.16**	**80.00**	**2.29**
阿克陶县	24.00	7.00	0.75	3.13	26.67	0.20	0.16	80.00	2.29
阿图什市									
巴音郭楞州	**55.93**	**9.12**	**7.20**	**12.87**	**36.53**	**2.63**	**2.99**	**113.69**	**32.79**
库尔勒市	16.43	2.45	3.98	24.22	40.70	1.62	2.99	184.57	122.04
尉犁县	8.85	1.22	0.73	8.25	35.62	0.26			
轮台县	20.37	3.56	1.28	6.28	21.09	0.27			
且末县	7.08	1.43	0.90	12.71	42.22	0.38			
若羌县	3.20	0.46	0.31	9.69	32.26	0.10			
和硕县									
焉耆县									
和静县									
昌吉回族自治州	**29.55**	**3.71**	**0.37**	**1.25**	**40.54**	**0.15**	**0.09**	**60.00**	**2.43**
玛纳斯县	29.55	3.71	0.37	1.25	40.54	0.15	0.09	60.00	2.43
呼图壁县									
昌吉市									
阜康县									
博尔塔拉州	**18.98**	**1.05**	**0.18**	**0.95**	**22.22**	**0.04**			
博乐市	18.98	1.05	0.18	0.95	22.22	0.04			
精河县									
伊犁哈萨克州	**150.65**	**7.40**	**1.65**	**1.10**	**44.24**	**0.73**	**0.71**	**97.26**	**9.59**
奎屯市									
霍城县	79.34	5.36	0.06	0.08	16.67	0.01			
乌苏市	23.51	2.04	0.37	1.57	32.43	0.12	0.03	25.00	1.47
沙湾县	47.80		1.22	2.55	49.18	0.60	0.68	113.33	

5-27-16 新疆自治区1958年产棉县棉花生产收购明细

县市名	耕地面积（万亩）	农业人口（万人）	棉田面积（万亩）	占耕地（%）	亩产（市斤）	产量（万担）	收购量（万担）	商品率（%）	人均交售（市斤）
全区合计	**1553.01**	**320.96**	**130.13**	**8.38**	**52.41**	**68.20**	**39.54**	**57.98**	**12.32**
克拉玛依市									
克拉玛依市									
石河子地区									
石河子市									
吐鲁番地区	**61.12**	**15.26**	**17.51**	**28.65**	**94.35**	**16.52**	**6.35**	**38.44**	**41.61**
吐鲁番市	27.20	7.00	8.80	32.35	101.14	8.90			
托克逊县	13.02	2.86	1.87	14.36	66.31	1.24			
鄯善县	20.90	5.40	6.84	32.73	93.27	6.38	6.35	99.53	117.59
哈密地区									
哈密市									
伊吾县									
和田地区	**220.43**	**69.09**	**9.74**	**4.42**	**47.23**	**4.60**	**6.41**	**139.35**	**9.28**
和田市	38.75	15.26	1.90	4.90	52.63	1.00			
皮山县	46.86	10.23	0.62	1.32	27.42	0.17	0.12	70.59	1.17
墨玉县	43.57	17.64	4.06	9.32	58.37	2.37	5.60	*	31.75
洛甫县	37.32	11.62	1.70	4.56	47.65	0.81	0.53	65.43	4.56
策勒县	27.48	6.17	0.43	1.56	4.65	0.02			
于田县	26.45	8.17	1.03	3.89	22.33	0.23	0.16	69.57	1.96
民丰县									
阿克苏地区	**374.66**	**62.84**	**25.02**	**6.68**	**34.81**	**8.71**	**3.68**	**42.25**	**5.86**
阿克苏市	50.54	12.05	2.90	5.74	48.62	1.41	0.83	58.87	6.89
阿瓦提县	39.94	6.13	2.47	6.18	31.58	0.78	0.77	98.72	12.56
莎雅县	37.00	6.93	3.82	10.32	43.46	1.66			
库车县	77.45	14.29	8.38	10.82	34.96	2.93	2.04	69.62	14.28
温宿县	58.13	7.90	2.14	3.68	19.16	0.41			
新和县	58.13	5.62	4.42	7.60	24.66	1.09			
乌什县	48.47	8.22	0.83	1.71	46.99	0.39			
拜城县									
坷坪县	5.00	1.70	0.06	1.20	66.67	0.04	0.04	100.00	2.35
喀什地区	**613.56**	**145.53**	**67.05**	**10.93**	**50.74**	**34.02**	**22.30**	**65.55**	**15.32**
喀什市	15.54	0.42	0.74	4.76	55.41	0.41			
巴楚县	65.39	12.99	12.30	18.81	52.85	6.50	5.65	86.92	43.49

5－27－16续表

县市名	耕地面积（万亩）	农业人口（万人）	棉田面积（万亩）	占耕地（%）	亩产（市斤）	产量（万担）	收购量（万担）	商品率（%）	人均交售（市斤）
伽师县	62.70	14.94	7.15	11.40	36.64	2.62	2.00	76.34	13.39
岳普湖县	29.03	6.74	4.65	16.02	80.86	3.76	0.28	7.45	4.15
麦盖提县	35.28	7.72	7.89	22.36	53.61	4.23	4.23	100.00	54.79
莎车县	127.21	33.60	11.41	8.97	57.23	6.53	4.65	71.21	13.84
泽普县	47.43	8.34	3.95	8.33	13.67	0.54	0.51	94.44	6.12
叶城县	76.33	15.82	7.45	9.76	51.01	3.80	3.61	95.00	22.82
疏勒县	54.07	15.01	4.89	9.04	53.37	2.61			
疏附县	67.50	16.50	4.54	6.73	40.75	1.85			
英吉沙县	33.08	13.45	2.08	6.29	56.25	1.17	1.37	117.09	10.19
克孜勒苏州	**24.00**	**6.90**	**0.78**	**3.25**	**33.33**	**0.26**	**0.30**	**115.38**	**4.35**
阿克陶县	24.00	6.90	0.78	3.25	33.33	0.26	0.30	115.38	4.35
阿图什市									
巴音郭楞州	**55.93**	**9.12**	**7.81**	**13.96**	**43.79**	**3.42**			
库尔勒市	16.43	2.45	3.79	23.07	57.78	2.19			
尉犁县	8.85	1.22	0.80	9.04	38.75	0.31			
轮台县	20.37	3.56	1.73	8.49	13.29	0.23			
且末县	7.08	1.43	1.10	15.54	45.45	0.50			
若羌县	3.20	0.46	0.39	12.19	48.72	0.19			
和硕县									
焉耆县									
和静县									
昌吉回族自治州	**29.55**	**3.71**	**0.40**	**1.35**	**20.00**	**0.08**	**0.08**	**100.00**	**2.16**
玛纳斯县	29.55	3.71	0.40	1.35	20.00	0.08	0.08	100.00	2.16
呼图壁县									
昌吉市									
阜康县									
博尔塔拉州	**20.78**	**1.11**	**0.19**	**0.91**	**42.11**	**0.08**			
博乐市	20.78	1.11	0.19	0.91	42.11	0.08			
精河县									
伊犁哈萨克州	**152.98**	**7.40**	**1.63**	**1.07**	**31.29**	**0.51**	**0.42**	**82.35**	**5.68**
奎屯市									
霍城县	79.34	5.36	0.04	0.05	50.00	0.02			
乌苏市	25.84	2.04	0.36	1.39	36.11	0.13	0.06	46.15	2.94
沙湾县	47.80		1.23	2.57	29.27	0.36	0.36	100.00	

5－27－17　新疆自治区1959年产棉县棉花生产收购明细

县市名	耕地面积（万亩）	农业人口（万人）	棉田面积（万亩）	占耕地（%）	亩产（市斤）	产量（万担）	收购量（万担）	商品率（%）	人均交售（市斤）
全区合计	**1532.43**	**318.17**	**152.27**	**9.94**	**57.25**	**87.18**	**74.38**	**85.32**	**23.38**
克拉玛依市									
克拉玛依市									
石河子地区									
石河子市									
吐鲁番地区	**69.02**	**15.56**	**16.08**	**23.30**	**97.33**	**15.65**	**14.88**	**95.08**	**95.63**
吐鲁番市	30.10	7.20	7.77	25.81	103.22	8.02	7.62	95.01	105.83
托克逊县	13.02	2.86	1.98	15.21	79.29	1.57	1.50	95.54	52.45
鄯善县	25.90	5.50	6.33	24.44	95.73	6.06	5.76	95.05	104.73
哈密地区									
哈密市									
伊吾县									
和田地区	**225.36**	**69.48**	**16.37**	**7.26**	**62.19**	**10.18**	**8.81**	**86.54**	**12.68**
和田市	38.75	15.26	3.11	8.03	70.42	2.19	1.99	90.87	13.04
皮山县	46.86	10.23	1.36	2.90	31.62	0.43	0.48	111.63	4.69
墨玉县	48.50	18.03	6.14	12.66	87.13	5.35	3.90	72.90	21.63
洛甫县	37.32	11.62	2.95	7.90	44.41	1.31	1.44	109.92	12.39
策勒县	27.48	6.17	0.81	2.95	22.22	0.18	0.16	88.89	2.59
于田县	26.45	8.17	2.00	7.56	36.00	0.72	0.84	116.67	10.28
民丰县									
阿克苏地区	**391.82**	**63.43**	**36.68**	**9.36**	**40.87**	**14.99**	**9.36**	**62.44**	**14.76**
阿克苏市	52.58	12.06	4.35	8.27	25.98	1.13	0.45	39.82	3.73
阿瓦提县	46.07	6.59	3.81	8.27	28.35	1.08	1.84	170.37	27.92
莎雅县	44.89	6.94	5.82	12.97	61.86	3.60	2.10	58.33	30.26
库车县	78.15	14.40	11.52	14.74	50.00	5.76	4.60	79.86	31.94
温宿县	58.13	7.90	3.32	5.71	12.65	0.42			
新和县	58.13	5.62	6.88	11.84	38.08	2.62			
乌什县	48.47	8.22	0.83	1.71	36.14	0.30	0.29	96.67	3.53
拜城县									
坷坪县	5.40	1.70	0.15	2.78	53.33	0.08	0.08	100.00	4.71
喀什地区	**637.64**	**146.93**	**70.42**	**11.04**	**58.05**	**40.88**	**34.14**	**83.51**	**23.24**
喀什市	15.54	0.42	1.02	6.56	65.69	0.67	0.60	89.55	142.86
巴楚县	70.59	13.98	12.34	17.48	76.50	9.44	8.44	89.41	60.37

5－27－17 续表

县市名	耕地面积（万亩）	农业人口（万人）	棉田面积（万亩）	占耕地（%）	亩产（市斤）	产量（万担）	收购量（万担）	商品率（%）	人均交售（市斤）
伽师县	71.10	14.95	8.61	12.11	47.62	4.10	3.98	97.07	26.62
岳普湖县	30.77	6.89	5.73	18.62	99.13	5.68	0.57	10.04	8.27
麦盖提县	37.50	7.98	7.39	19.71	73.07	5.40	6.35	117.59	79.57
莎车县	128.93	33.70	10.58	8.21	61.44	6.50	6.41	98.62	19.02
泽普县	45.57	7.99	3.31	7.26	17.52	0.58	0.44	75.86	5.51
叶城县	79.64	16.06	8.30	10.42	45.78	3.80	3.35	88.16	20.86
疏勒县	58.53	15.01	5.88	10.05	49.83	2.93	2.63	89.76	17.52
疏附县	66.39	16.50	5.29	7.97	33.65	1.78	1.37	76.97	8.30
英吉沙县	33.08	13.45	1.97	5.96					
克孜勒苏州	**24.00**	**6.80**	**1.22**	**5.08**	**29.51**	**0.36**	**0.60**	**166.67**	**8.82**
阿克陶县	24.00	6.80	1.22	5.08	29.51	0.36	0.60	166.67	8.82
阿图什市									
巴音郭楞州	**55.93**	**9.12**	**9.13**	**16.32**	**46.22**	**4.22**	**5.63**	**133.41**	**61.73**
库尔勒市	16.43	2.45	4.04	24.59	70.54	2.85	4.19	147.02	171.02
尉犁县	8.85	1.22	0.73	8.25	36.99	0.27	0.35	129.63	28.69
轮台县	20.37	3.56	1.89	9.28	22.75	0.43	0.46	106.98	12.92
且末县	7.08	1.43	2.00	28.25	26.00	0.52	0.47	90.38	32.87
若羌县	3.20	0.46	0.47	14.69	31.91	0.15	0.16	106.67	34.78
和硕县									
焉耆县									
和静县									
昌吉回族自治州	**29.55**	**3.71**	**0.34**	**1.15**	**29.41**	**0.10**	**0.38**	*	**10.24**
玛纳斯县	29.55	3.71	0.34	1.15	29.41	0.10	0.38	*	10.24
呼图壁县									
昌吉市									
阜康县									
博尔塔拉州	**24.07**	**1.11**	**0.28**	**1.16**	**17.86**	**0.05**			
博乐市	24.07	1.11	0.28	1.16	17.86	0.05			
精河县									
伊犁哈萨克州	**75.04**	**2.03**	**1.75**	**2.33**	**42.86**	**0.75**	**0.58**	**77.33**	**28.57**
奎屯市									
霍城县									
乌苏市	27.24	2.03	0.42	1.54	33.33	0.14	0.07	50.00	3.45
沙湾县	47.80		1.33	2.78	45.86	0.61	0.51	83.61	

5－27－18　新疆自治区1960年产棉县棉花生产收购明细

县市名	耕地面积（万亩）	农业人口（万人）	棉田面积（万亩）	占耕地（%）	亩产（市斤）	产量（万担）	收购量（万担）	商品率（%）	人均交售（市斤）
全区合计	**1751.95**	**324.43**	**161.44**	**9.21**	**27.85**	**44.96**	**41.94**	**93.28**	**12.93**
克拉玛依市									
克拉玛依市									
石河子地区									
石河子市									
吐鲁番地区	**81.22**	**15.76**	**12.90**	**15.88**	**52.95**	**6.83**	**6.39**	**93.56**	**40.55**
吐鲁番市	37.50	7.40	7.09	18.91	50.92	3.61	3.45	95.57	46.62
托克逊县	13.02	2.86	0.61	4.69	101.64	0.62	0.54	87.10	18.88
鄯善县	30.70	5.50	5.20	16.94	50.00	2.60	2.40	92.31	43.64
哈密地区									
哈密市									
伊吾县									
和田地区	**238.87**	**69.53**	**22.96**	**9.61**	**34.23**	**7.86**	**7.81**	**99.36**	**11.23**
和田市	38.75	15.26	4.63	11.95	42.76	1.98	1.95	98.48	12.78
皮山县	46.86	10.23	1.85	3.95	18.92	0.35	0.32	91.43	3.13
墨玉县	62.01	18.08	7.43	11.98	53.30	3.96	3.87	97.73	21.40
洛甫县	37.32	11.62	4.62	12.38	23.81	1.10	1.18	107.27	10.15
策勒县	27.48	6.17	1.24	4.51	7.26	0.09	0.09	100.00	1.46
于田县	26.45	8.17	3.19	12.06	11.91	0.38	0.40	105.26	4.90
民丰县									
阿克苏地区	**422.56**	**62.75**	**38.94**	**9.22**	**11.50**	**4.48**	**2.25**	**50.22**	**3.59**
阿克苏市	53.08	12.06	4.34	8.18	8.29	0.36	0.17	47.22	1.41
阿瓦提县	52.93	6.71	4.95	9.35	10.51	0.52	0.41	78.85	6.11
莎雅县	58.64	6.73	6.20	10.57	16.77	1.04	0.33	31.73	4.90
库车县	86.98	13.91	11.49	13.21	17.06	1.96	0.96	48.98	6.90
温宿县	58.13	7.90	3.48	5.99	2.59	0.09			
新和县	58.13	5.62	7.46	12.83	4.83	0.36	0.21	58.33	3.74
乌什县	48.47	8.22	0.90	1.86	13.33	0.12	0.14	116.67	1.70
拜城县									
坷坪县	6.20	1.60	0.12	1.94	25.00	0.03	0.03	100.00	1.88
喀什地区	**676.95**	**147.72**	**74.88**	**11.06**	**31.00**	**23.21**	**23.02**	**99.18**	**15.58**
喀什市	15.54	0.42	0.29	1.87	48.28	0.14	0.16	114.29	38.10
巴楚县	78.55	14.37	13.68	17.42	25.22	3.45	2.86	82.90	19.90

5－27－18 续表

县 市 名	耕地面积（万亩）	农业人口（万人）	棉田面积（万亩）	占耕地（%）	亩 产（市斤）	产 量（万担）	收购量（万担）	商品率（%）	人均交售（市斤）
伽师县	75.90	14.98	8.67	11.42	13.26	1.15	1.01	87.83	6.74
岳普湖县	32.83	6.68	7.30	22.24	38.63	2.82	2.80	99.29	41.92
麦盖提县	39.91	8.36	8.82	22.10	53.74	4.74	4.57	96.41	54.67
莎车县	132.25	33.42	11.55	8.73	33.68	3.89	4.18	107.46	12.51
泽普县	46.53	8.09	4.88	10.49	20.70	1.01	1.13	111.88	13.97
叶城县	82.40	16.30	7.99	9.70	33.54	2.68	2.67	99.63	16.38
疏勒县	60.10	15.15	5.54	9.22	38.27	2.12	2.08	98.11	13.73
疏附县	79.86	16.50	3.55	4.45	23.66	0.84	0.97	115.48	5.88
英吉沙县	33.08	13.45	2.61	7.89	14.18	0.37	0.59	159.46	4.39
克孜勒苏州	**33.12**	**6.70**	**1.15**	**3.47**	**20.00**	**0.23**	**0.25**	**108.70**	**3.73**
阿克陶县	33.12	6.70	1.15	3.47	20.00	0.23	0.25	108.70	3.73
阿图什市									
巴音郭楞州	**55.93**	**9.12**	**8.39**	**15.00**	**23.12**	**1.94**	**1.92**	**98.97**	**21.05**
库尔勒市	16.43	2.45	3.65	22.22	38.08	1.39	1.57	112.95	64.08
尉犁县	8.85	1.22	0.95	10.73	11.58	0.11	0.09	81.82	7.38
轮台县	20.37	3.56	1.16	5.69	8.62	0.10	0.10	100.00	2.81
且末县	7.08	1.43	2.05	28.95	13.66	0.28	0.10	35.71	6.99
若羌县	3.20	0.46	0.58	18.13	10.34	0.06	0.06	100.00	13.04
和硕县									
焉耆县									
和静县									
昌吉回族自治州	**29.55**	**3.71**	**0.41**	**1.39**	**14.63**	**0.06**	**0.04**	**66.67**	**1.08**
玛纳斯县	29.55	3.71	0.41	1.39	14.63	0.06	0.04	66.67	1.08
呼图壁县									
昌吉市									
阜康县									
博尔塔拉州	**30.52**	**1.57**	**0.26**	**0.85**	**30.77**	**0.08**			
博乐市	30.52	1.57	0.26	0.85	30.77	0.08			
精河县									
伊犁哈萨克州	**183.23**	**7.57**	**1.55**	**0.85**	**17.42**	**0.27**	**0.26**	**96.30**	**3.43**
奎屯市									
霍城县	79.34	5.36	0.02						
乌苏市	35.19	2.21	0.37	1.05	13.51	0.05	0.06	120.00	2.71
沙湾县	68.70		1.16	1.69	18.97	0.22	0.20	90.91	

5-27-19　新疆自治区1961年产棉县棉花生产收购明细

县市名	耕地面积（万亩）	农业人口（万人）	棉田面积（万亩）	占耕地（%）	亩产（市斤）	产量（万担）	收购量（万担）	商品率（%）	人均交售（市斤）
全区合计	**1739.91**	**331.56**	**139.91**	**8.04**	**32.35**	**45.26**	**39.98**	**88.34**	**12.06**
克拉玛依市									
克拉玛依市									
石河子地区									
石河子市									
吐鲁番地区	**68.52**	**16.26**	**7.60**	**11.09**	**30.39**	**2.31**	**2.29**	**99.13**	**14.08**
吐鲁番市	29.90	7.60	4.15	13.88	17.83	0.74	0.81	109.46	10.66
托克逊县	13.02	2.86	0.46	3.53	15.22	0.07	0.08	114.29	2.80
鄯善县	25.60	5.80	2.99	11.68	50.17	1.50	1.40	93.33	24.14
哈密地区									
哈密市									
伊吾县									
和田地区	**237.91**	**69.69**	**19.37**	**8.14**	**32.27**	**6.25**	**5.73**	**91.68**	**8.22**
和田市	38.75	15.26	3.61	9.32	36.01	1.30	1.15	88.46	7.54
皮山县	46.86	10.23	1.65	3.52	14.55	0.24	0.15	62.50	1.47
墨玉县	61.05	18.24	7.13	11.68	47.55	3.39	3.22	94.99	17.65
洛甫县	37.32	11.62	3.84	10.29	21.35	0.82	0.75	91.46	6.45
策勒县	27.48	6.17	0.60	2.18	10.00	0.06	0.04	66.67	0.65
于田县	26.45	8.17	2.54	9.60	17.32	0.44	0.42	95.45	5.14
民丰县									
阿克苏地区	**415.31**	**64.38**	**32.51**	**7.83**	**20.15**	**6.55**	**3.86**	**58.98**	**6.00**
阿克苏市	52.94	12.15	4.51	8.52	13.53	0.61	0.22	36.07	1.81
阿瓦提县	50.76	7.06	4.26	8.39	11.03	0.47	0.42	90.00	5.99
莎雅县	52.53	7.44	5.63	10.72	20.07	1.13	0.63	55.75	8.47
库车县	88.55	14.29	8.96	10.12	31.25	2.80	2.56	91.43	17.91
温宿县	58.13	7.90	3.01	5.18	9.30	0.28			
新和县	58.13	5.62	5.28	9.08	19.13	1.01			
乌什县	48.47	8.22	0.76	1.57	28.95	0.22			
拜城县									
坷坪县	5.80	1.70	0.10	1.72	30.00	0.03	0.03	100.00	1.76
喀什地区	**678.57**	**150.09**	**73.10**	**10.77**	**38.89**	**28.43**	**26.54**	**93.35**	**17.68**
喀什市	15.54	0.42	0.20	1.29	75.00	0.15	0.16	106.67	38.10
巴楚县	81.74	15.89	11.07	13.54	37.58	4.16	3.62	87.02	22.78

5－27－19 续表

县市名	耕地面积（万亩）	农业人口（万人）	棉田面积（万亩）	占耕地（%）	亩产（市斤）	产量（万担）	收购量（万担）	商品率（%）	人均交售（市斤）
伽师县	73.90	15.01	7.92	10.72	21.97	1.74	1.24	71.26	8.26
岳普湖县	31.94	6.41	6.06	18.97	49.01	2.97	2.87	96.63	44.77
麦盖提县	41.08	8.76	8.94	21.76	48.21	4.31	4.73	109.74	54.00
莎车县	132.09	33.67	12.45	9.43	46.51	5.79	5.71	98.62	16.96
泽普县	46.95	8.29	5.63	11.99	23.62	1.33	1.23	92.48	14.84
叶城县	81.42	16.54	7.55	9.27	35.89	2.71	2.43	89.67	14.69
疏勒县	61.76	15.15	5.64	9.13	40.43	2.28	1.84	80.70	12.15
疏附县	79.07	16.50	4.69	5.93	30.92	1.45	1.16	80.00	7.03
英吉沙县	33.08	13.45	2.95	8.92	52.20	1.54	1.55	100.65	11.52
克孜勒苏州	**33.12**	**6.80**	**1.22**	**3.68**	**18.03**	**0.22**	**0.17**	**77.27**	**2.50**
阿克陶县	33.12	6.80	1.22	3.68	18.03	0.22	0.17	77.27	2.50
阿图什市									
巴音郭楞州	**55.93**	**9.12**	**4.39**	**7.85**	**28.47**	**1.25**	**1.12**	**89.60**	**12.28**
库尔勒市	16.43	2.45	2.41	14.67	39.83	0.96	1.05	109.38	42.86
尉犁县	8.85	1.22	0.67	7.57	5.97	0.04	0.03	75.00	2.46
轮台县	20.37	3.56	0.67	3.29	13.43	0.09	0.03	33.33	0.84
且末县	7.08	1.43	0.51	7.20	29.41	0.15			
若羌县	3.20	0.46	0.13	4.06	7.69	0.01	0.01	100.00	2.17
和硕县									
焉耆县									
和静县									
昌吉回族自治州	**29.55**	**3.71**	**0.13**	**0.44**	**23.08**	**0.03**	**0.03**	**100.00**	**0.81**
玛纳斯县	29.55	3.71	0.13	0.44	23.08	0.03	0.03	100.00	0.81
呼图壁县									
昌吉市									
阜康县									
博尔塔拉州	**32.73**	**2.43**	**0.33**	**1.01**	**21.21**	**0.07**			
博乐市	32.73	2.43	0.33	1.01	21.21	0.07			
精河县									
伊犁哈萨克州	**188.27**	**9.08**	**1.26**	**0.67**	**11.90**	**0.15**	**0.24**	**160.00**	**2.64**
奎屯市									
霍城县	79.34	5.36	0.01	0.01					
乌苏市	40.23	3.72	0.25	0.62	12.00	0.03	0.05	166.67	1.34
沙湾县	68.70		1.00	1.46	12.00	0.12	0.19	158.33	

5－27－20　新疆自治区1962年产棉县棉花生产收购明细

县市名	耕地面积（万亩）	农业人口（万人）	棉田面积（万亩）	占耕地（%）	亩产（市斤）	产量（万担）	收购量（万担）	商品率（%）	人均交售（市斤）
全区合计	**1626.55**	**326.95**	**125.11**	**7.69**	**30.25**	**37.84**	**34.27**	**90.57**	**10.48**
克拉玛依市									
克拉玛依市									
石河子地区									
石河子市									
吐鲁番地区	**69.02**	**16.96**	**6.75**	**9.78**	**39.85**	**2.69**	**2.61**	**97.03**	**15.39**
吐鲁番市	31.00	8.10	2.98	9.61	38.59	1.15	1.09	94.78	13.46
托克逊县	13.02	2.86	0.70	5.38	34.29	0.24	0.22	91.67	7.69
鄯善县	25.00	6.00	3.07	12.28	42.35	1.30	1.30	100.00	21.67
哈密地区									
哈密市									
伊吾县									
和田地区	**233.83**	**70.16**	**17.33**	**7.41**	**31.97**	**5.54**	**4.80**	**86.64**	**6.84**
和田市	38.75	15.26	3.51	9.06	30.20	1.06	1.06	100.00	6.95
皮山县	46.86	10.23	1.01	2.16	15.84	0.16	0.08	50.00	0.78
墨玉县	56.97	18.71	6.34	11.13	46.21	2.93	2.66	90.78	14.22
洛甫县	37.32	11.62	3.73	9.99	18.50	0.69	0.46	66.67	3.96
策勒县	27.48	6.17	0.58	2.11	25.86	0.15	0.10	66.67	1.62
于田县	26.45	8.17	2.16	8.17	25.46	0.55	0.44	80.00	5.39
民丰县									
阿克苏地区	**404.05**	**66.11**	**24.78**	**6.13**	**25.63**	**6.35**	**4.54**	**71.50**	**6.87**
阿克苏市	52.09	12.21	2.96	5.68	9.46	0.28	0.21	75.00	1.72
阿瓦提县	49.17	7.05	3.40	6.91	15.00	0.51	0.43	84.31	6.10
莎雅县	46.49	7.46	4.66	10.02	17.38	0.81	0.63	77.78	8.45
库车县	87.36	14.52	7.35	8.41	44.49	3.27	3.04	92.97	20.94
温宿县	57.04	9.33	1.68	2.95	7.74	0.13	0.05	38.46	0.54
新和县	58.13	5.62	3.75	6.45	29.33	1.10			
乌什县	48.47	8.22	0.88	1.82	23.86	0.21	0.14	66.67	1.70
拜城县									
坷坪县	5.30	1.70	0.10	1.89	40.00	0.04	0.04	100.00	2.35
喀什地区	**664.36**	**148.21**	**70.78**	**10.65**	**31.24**	**22.11**	**21.34**	**96.52**	**14.40**
喀什市	15.54	0.42	0.21	1.35	52.38	0.11	0.10	90.91	23.81
巴楚县	81.78	15.66	11.66	14.26	29.07	3.39	3.21	94.69	20.50

5－27－20续表

县市名	耕地面积（万亩）	农业人口（万人）	棉田面积（万亩）	占耕地（%）	亩产（市斤）	产量（万担）	收购量（万担）	商品率（%）	人均交售（市斤）
伽师县	68.60	14.92	6.88	10.03	11.48	0.79	0.51	64.56	3.42
岳普湖县	31.36	6.60	5.37	17.12	29.61	1.59	1.45	91.19	21.97
麦盖提县	40.96	8.77	8.57	20.92	41.19	3.53	4.35	123.23	49.60
莎车县	130.28	31.62	12.42	9.53	40.34	5.01	5.22	104.19	16.51
泽普县	47.20	8.41	5.41	11.46	33.83	1.83	1.52	83.06	18.07
叶城县	78.53	16.71	7.87	10.02	29.99	2.36	2.03	86.02	12.15
疏勒县	61.37	15.15	5.27	8.59	28.46	1.50	1.33	88.67	8.78
疏附县	75.66	16.50	4.45	5.88	21.12	0.94	0.77	81.91	4.67
英吉沙县	33.08	13.45	2.67	8.07	39.70	1.06	0.85	80.19	6.32
克孜勒苏州	**33.12**	**6.90**	**0.97**	**2.93**	**15.46**	**0.15**	**0.10**	**66.67**	**1.45**
阿克陶县	33.12	6.90	0.97	2.93	15.46	0.15	0.10	66.67	1.45
阿图什市									
巴音郭楞州	**55.93**	**9.12**	**3.04**	**5.44**	**20.72**	**0.63**	**0.70**	**111.11**	**7.68**
库尔勒市	16.43	2.45	1.79	10.89	25.14	0.45	0.62	137.78	25.31
尉犁县	8.85	1.22	0.31	3.50	3.23	0.01			
轮台县	20.37	3.56	0.72	3.53	13.89	0.10	0.08	80.00	2.25
且末县	7.08	1.43	0.15	2.12	40.00	0.06			
若羌县	3.20	0.46	0.07	2.19	14.29	0.01			
和硕县									
焉耆县									
和静县									
昌吉回族自治州	**29.55**	**3.71**	**0.12**	**0.41**	**33.33**	**0.04**	**0.03**	**75.00**	**0.81**
玛纳斯县	29.55	3.71	0.12	0.41	33.33	0.04	0.03	75.00	0.81
呼图壁县									
昌吉市									
阜康县									
博尔塔拉州	**25.91**	**2.33**	**0.22**	**0.85**	**18.18**	**0.04**			
博乐市	25.91	2.33	0.22	0.85	18.18	0.04			
精河县									
伊犁哈萨克州	**110.78**	**3.45**	**1.12**	**1.01**	**25.89**	**0.29**	**0.15**	**51.72**	**4.35**
奎屯市									
霍城县									
乌苏市	42.08	3.45	0.26	0.62	15.38	0.04	0.02	50.00	0.58
沙湾县	68.70		0.86	1.25	29.07	0.25	0.13	52.00	

5－27－21　新疆自治区1963年产棉县棉花生产收购明细

县市名	耕地面积（万亩）	农业人口（万人）	棉田面积（万亩）	占耕地（%）	亩产（市斤）	产量（万担）	收购量（万担）	商品率（%）	人均交售（市斤）
全区合计	**1632.38**	**331.00**	**137.88**	**8.45**	**33.99**	**46.87**	**46.88**	**100.03**	**14.16**
克拉玛依市									
克拉玛依市									
石河子地区									
石河子市									
吐鲁番地区	**70.92**	**17.26**	**7.77**	**10.96**	**69.37**	**5.39**	**5.18**	**96.10**	**30.01**
吐鲁番市	31.50	8.10	3.42	10.86	71.35	2.44	2.35	96.31	29.01
托克逊县	13.02	2.86	0.83	6.37	54.22	0.45	0.43	95.56	15.03
鄯善县	26.40	6.30	3.52	13.33	71.02	2.50	2.40	96.00	38.10
哈密地区									
哈密市									
伊吾县									
和田地区	**231.19**	**70.24**	**18.71**	**8.09**	**37.73**	**7.06**	**6.06**	**85.84**	**8.63**
和田市	38.75	15.26	3.84	9.91	35.94	1.38	1.17	84.78	7.67
皮山县	46.86	10.23	1.15	2.45	36.52	0.42	0.29	69.05	2.83
墨玉县	54.33	18.79	6.62	12.18	53.17	3.52	3.26	92.61	17.35
洛甫县	37.32	11.62	3.98	10.66	25.13	1.00	0.79	79.00	6.80
策勒县	27.48	6.17	0.72	2.62	27.78	0.20	0.11	55.00	1.78
于田县	26.45	8.17	2.40	9.07	22.50	0.54	0.44	81.48	5.39
民丰县									
阿克苏地区	**407.24**	**68.29**	**27.28**	**6.70**	**16.93**	**4.62**	**6.61**	**143.14**	**9.68**
阿克苏市	52.65	13.36	3.29	6.25	9.73	0.32	2.92	*	21.86
阿瓦提县	48.65	8.05	3.53	7.26	13.88	0.49	0.38	77.55	4.72
莎雅县	49.30	7.53	4.79	9.72	12.80	0.61	0.47	76.67	6.24
库车县	88.66	14.99	8.58	9.68	31.70	2.72	2.62	96.32	17.48
温宿县	56.48	8.82	2.26	4.00	7.52	0.17	0.06	35.29	0.68
新和县	58.13	5.62	3.75	6.45	2.00	0.08			
乌什县	48.47	8.22	1.05	2.17	20.95	0.22	0.15	68.18	1.82
拜城县									
坷坪县	4.90	1.70	0.03	0.61	33.33	0.01	0.01	100.00	0.59
喀什地区	**661.01**	**149.62**	**77.32**	**11.70**	**36.56**	**28.27**	**27.62**	**97.70**	**18.46**
喀什市	15.54	0.42	0.28	1.80	64.29	0.18	0.12	66.67	28.57
巴楚县	78.23	15.15	11.75	15.02	23.83	2.80	2.68	95.71	17.69

5－27－21 续表

县市名	耕地面积（万亩）	农业人口（万人）	棉田面积（万亩）	占耕地（%）	亩产（市斤）	产量（万担）	收购量（万担）	商品率（%）	人均交售（市斤）
伽师县	66.90	14.93	7.17	10.72	13.53	0.97	0.67	69.07	4.49
岳普湖县	32.03	6.91	5.45	17.02	37.80	2.06	2.01	97.57	29.09
麦盖提县	40.86	8.68	9.49	23.23	46.89	4.45	5.03	113.03	57.95
莎车县	130.55	33.46	14.11	10.81	46.99	6.63	6.81	102.71	20.35
泽普县	46.52	8.18	7.55	16.23	41.46	3.13	3.03	96.81	37.04
叶城县	80.02	17.09	8.55	10.68	38.01	3.25	3.18	97.85	18.61
疏勒县	61.43	15.15	5.27	8.58	31.12	1.64	1.44	87.80	9.50
疏附县	75.85	16.20	4.62	6.09	32.68	1.51	1.23	81.46	7.59
英吉沙县	33.08	13.45	3.08	9.31	53.57	1.65	1.42	86.06	10.56
克孜勒苏州	**32.64**	**7.00**	**1.18**	**3.62**	**20.34**	**0.24**	**0.13**	**54.17**	**1.86**
阿克陶县	32.64	7.00	1.18	3.62	20.34	0.24	0.13	54.17	1.86
阿图什市									
巴音郭楞州	**55.93**	**9.12**	**3.77**	**6.74**	**23.08**	**0.87**	**1.00**	**114.94**	**10.96**
库尔勒市	16.43	2.45	2.29	13.94	30.13	0.69	0.92	133.33	37.55
尉犁县	8.85	1.22	0.49	5.54	6.12	0.03	0.02	66.67	1.64
轮台县	20.37	3.56	0.71	3.49	14.08	0.10	0.04	40.00	1.12
且末县	7.08	1.43	0.18	2.54	11.11	0.02	0.01	50.00	0.70
若羌县	3.20	0.46	0.10	3.13	30.00	0.03	0.01	33.33	2.17
和硕县									
焉耆县									
和静县									
昌吉回族自治州	**29.55**	**3.71**	**0.13**	**0.44**	**46.15**	**0.06**	**0.03**	**50.00**	**0.81**
玛纳斯县	29.55	3.71	0.13	0.44	46.15	0.06	0.03	50.00	0.81
呼图壁县									
昌吉市									
阜康县									
博尔塔拉州	**26.85**	**2.24**	**0.19**	**0.71**	**31.58**	**0.06**			
博乐市	26.85	2.24	0.19	0.71	31.58	0.06			
精河县									
伊犁哈萨克州	**117.05**	**3.52**	**1.53**	**1.31**	**19.61**	**0.30**	**0.25**	**83.33**	**7.10**
奎屯市									
霍城县									
乌苏市	42.77	3.52	0.44	1.03	15.91	0.07	0.07	100.00	1.99
沙湾县	74.28		1.09	1.47	21.10	0.23	0.18	78.26	

5－27－22　新疆自治区1964年产棉县棉花生产收购明细

县市名	耕地面积（万亩）	农业人口（万人）	棉田面积（万亩）	占耕地（%）	亩产（市斤）	产量（万担）	收购量（万担）	商品率（%）	人均交售（市斤）
全区合计	**1645.22**	**339.12**	**152.14**	**9.25**	**36.60**	**55.68**	**51.31**	**92.15**	**15.13**
克拉玛依市									
克拉玛依市									
石河子地区									
石河子市									
吐鲁番地区	**71.92**	**17.66**	**9.66**	**13.43**	**81.06**	**7.83**	**7.58**	**96.81**	**42.92**
吐鲁番市	32.40	8.20	4.42	13.64	86.43	3.82	3.77	98.69	45.98
托克逊县	13.02	2.86	1.06	8.14	76.42	0.81	0.71	87.65	24.83
鄯善县	26.50	6.60	4.18	15.77	76.56	3.20	3.10	96.88	46.97
哈密地区									
哈密市									
伊吾县									
和田地区	**232.86**	**69.90**	**20.22**	**8.68**	**47.53**	**9.61**	**8.56**	**89.07**	**12.25**
和田市	38.75	15.26	3.97	10.25	39.80	1.58	1.38	87.34	9.04
皮山县	46.86	10.23	1.59	3.39	49.06	0.78	0.64	82.05	6.26
墨玉县	56.00	18.45	7.03	12.55	63.87	4.49	4.17	92.87	22.60
洛甫县	37.32	11.62	4.24	11.36	35.38	1.50	1.29	86.00	11.10
策勒县	27.48	6.17	0.76	2.77	46.05	0.35	0.30	85.71	4.86
于田县	26.45	8.17	2.63	9.94	34.60	0.91	0.78	85.71	9.55
民丰县									
阿克苏地区	**405.75**	**73.25**	**30.83**	**7.60**	**28.87**	**8.90**	**6.76**	**75.96**	**9.23**
阿克苏市	51.00	15.65	3.34	6.55	18.86	0.63	0.55	87.30	3.51
阿瓦提县	51.17	8.87	4.14	8.09	10.39	0.43	0.33	76.74	3.72
莎雅县	46.39	8.17	5.40	11.64	28.89	1.56	1.37	87.82	16.77
库车县	87.84	15.49	10.11	11.51	43.92	4.44	4.20	94.59	27.11
温宿县	57.05	9.43	2.37	4.15	9.28	0.22	0.15	68.18	1.59
新和县	58.13	5.62	4.25	7.31	31.29	1.33			
乌什县	48.47	8.22	1.18	2.43	23.73	0.28	0.15	53.57	1.82
拜城县									
坷坪县	5.70	1.80	0.04	0.70	25.00	0.01	0.01	100.00	0.56
喀什地区	**670.50**	**152.41**	**83.59**	**12.47**	**32.23**	**26.94**	**26.07**	**96.77**	**17.11**
喀什市	15.54	0.42	0.41	2.64	58.54	0.24	0.13	54.17	30.95
巴楚县	83.98	14.64	13.87	16.52	27.69	3.84	3.65	95.05	24.93

5－27－22 续表

县市名	耕地面积（万亩）	农业人口（万人）	棉田面积（万亩）	占耕地（%）	亩产（市斤）	产量（万担）	收购量（万担）	商品率（%）	人均交售（市斤）
伽师县	65.90	14.76	7.06	10.71	11.05	0.78	0.71	91.03	4.81
岳普湖县	32.85	6.98	5.37	16.35	26.82	1.44	1.30	90.28	18.62
麦盖提县	43.88	8.87	10.63	24.23	35.94	3.82	3.85	100.79	43.40
莎车县	131.01	31.72	14.15	10.80	43.89	6.21	6.62	106.60	20.87
泽普县	45.81	8.03	8.28	18.07	37.68	3.12	3.02	96.79	37.61
叶城县	80.36	16.99	9.30	11.57	42.90	3.99	3.83	95.99	22.54
疏勒县	61.79	15.01	5.77	9.34	19.76	1.14	0.99	86.84	6.60
疏附县	76.30	21.54	4.90	6.42	23.88	1.17	0.91	77.78	4.22
英吉沙县	33.08	13.45	3.85	11.64	30.91	1.19	1.06	89.08	7.88
克孜勒苏州	**32.36**	**7.10**	**0.86**	**2.66**	**11.63**	**0.10**	**0.04**	**40.00**	**0.56**
阿克陶县	32.36	7.10	0.86	2.66	11.63	0.10	0.04	40.00	0.56
阿图什市									
巴音郭楞州	**55.93**	**9.12**	**4.85**	**8.67**	**30.10**	**1.46**	**1.70**	**116.44**	**18.64**
库尔勒市	16.43	2.45	2.82	17.16	37.23	1.05	1.40	133.33	57.14
尉犁县	8.85	1.22	0.47	5.31	14.89	0.07	0.05	71.43	4.10
轮台县	20.37	3.56	1.06	5.20	22.64	0.24	0.17	70.83	4.78
且末县	7.08	1.43	0.31	4.38	19.35	0.06	0.04	66.67	2.80
若羌县	3.20	0.46	0.19	5.94	21.05	0.04	0.04	100.00	8.70
和硕县									
焉耆县									
和静县									
昌吉回族自治州	**29.55**	**3.71**	**0.22**	**0.74**	**22.73**	**0.05**	**0.04**	**80.00**	**1.08**
玛纳斯县	29.55	3.71	0.22	0.74	22.73	0.05	0.04	80.00	1.08
呼图壁县									
昌吉市									
阜康县									
博尔塔拉州	**27.93**	**2.37**	**0.12**	**0.43**	**41.67**	**0.05**			
博乐市	27.93	2.37	0.12	0.43	41.67	0.05			
精河县									
伊犁哈萨克州	**118.42**	**3.60**	**1.79**	**1.51**	**41.34**	**0.74**	**0.56**	**75.68**	**15.56**
奎屯市									
霍城县									
乌苏市	44.14	3.60	0.43	0.97	39.53	0.17	0.12	70.59	3.33
沙湾县	74.28		1.36	1.83	41.91	0.57	0.44	77.19	

5－27－23　新疆自治区1965年产棉县棉花生产收购明细

县市名	耕地面积（万亩）	农业人口（万人）	棉田面积（万亩）	占耕地（%）	亩　产（市斤）	产　量（万担）	收购量（万担）	商品率（%）	人均交售（市斤）
全区合计	**1742.48**	**349.38**	**171.04**	**9.82**	**55.58**	**95.07**	**98.30**	**103.40**	**28.14**
克拉玛依市									
克拉玛依市									
石河子地区									
石河子市									
吐鲁番地区	**72.72**	**18.16**	**11.05**	**15.20**	**94.75**	**10.47**	**9.40**	**89.78**	**51.76**
吐鲁番市	33.00	8.50	5.20	15.76	100.38	5.22	4.59	87.93	54.00
托克逊县	13.02	2.86	1.17	8.99	89.74	1.05	0.91	86.67	31.82
鄯善县	26.70	6.80	4.68	17.53	89.74	4.20	3.90	92.86	57.35
哈密地区									
哈密市									
伊吾县									
和田地区	**234.36**	**70.32**	**22.42**	**9.57**	**53.35**	**11.96**	**10.78**	**90.13**	**15.33**
和田市	38.75	15.26	4.40	11.35	50.45	2.22	1.93	86.94	12.65
皮山县	46.86	10.23	1.94	4.14	46.39	0.90	0.77	85.56	7.53
墨玉县	57.50	18.87	7.35	12.78	71.56	5.26	4.84	92.02	25.65
洛甫县	37.32	11.62	4.83	12.94	35.61	1.72	1.60	93.02	13.77
策勒县	27.48	6.17	1.03	3.75	56.31	0.58	0.49	84.48	7.94
于田县	26.45	8.17	2.87	10.85	44.60	1.28	1.15	89.84	14.08
民丰县									
阿克苏地区	**408.15**	**75.94**	**32.49**	**7.96**	**46.01**	**14.95**	**14.02**	**93.78**	**18.46**
阿克苏市	52.26	16.91	4.11	7.87	30.63	1.26	1.36	107.94	8.04
阿瓦提县	53.08	9.36	4.27	8.04	36.53	1.56	1.66	106.41	17.74
莎雅县	45.05	8.42	5.28	11.72	39.20	2.07	2.19	105.80	26.01
库车县	88.02	15.89	11.11	12.62	65.89	7.32	7.85	107.24	49.40
温宿县	57.64	9.72	2.25	3.90	24.44	0.55	0.54	98.18	5.56
新和县	58.13	5.62	4.25	7.31	42.35	1.80			
乌什县	48.47	8.22	1.17	2.41	31.62	0.37	0.40	108.11	4.87
拜城县									
坷坪县	5.50	1.80	0.05	0.91	40.00	0.02	0.02	100.00	1.11
喀什地区	**678.72**	**153.01**	**95.60**	**14.09**	**55.24**	**52.81**	**51.82**	**98.13**	**33.87**
喀什市	15.54	0.42	0.21	1.35	76.19	0.16	0.12	75.00	28.57
巴楚县	85.61	14.22	16.10	18.81	47.39	7.63	7.33	96.07	51.55

5－27－23 续表

县 市 名	耕地面积（万亩）	农业人口（万人）	棉田面积（万亩）	占耕地（%）	亩 产（市斤）	产 量（万担）	收购量（万担）	商品率（%）	人均交售（市斤）
伽师县	67.00	15.07	7.16	10.69	40.36	2.89	2.61	90.31	17.32
岳普湖县	31.08	7.06	6.24	20.08	55.13	3.44	3.31	96.22	46.88
麦盖提县	45.80	9.15	11.54	25.20	72.18	8.33	8.65	103.84	94.54
莎车县	132.53	31.68	16.82	12.69	72.29	12.16	12.30	101.15	38.83
泽普县	45.51	8.00	8.76	19.25	51.37	4.50	4.49	99.78	56.13
叶城县	80.04	17.10	10.38	12.97	53.18	5.52	5.35	96.92	31.29
疏勒县	61.88	15.00	7.16	11.57	37.29	2.67	2.60	97.38	17.33
疏附县	80.65	21.86	6.74	8.36	45.10	3.04	2.64	86.84	12.08
英吉沙县	33.08	13.45	4.49	13.57	55.01	2.47	2.42	97.98	17.99
克孜勒苏州	**32.36**	**7.30**	**0.99**	**3.06**	**32.32**	**0.32**	**0.21**	**65.63**	**2.88**
阿克陶县	32.36	7.30	0.99	3.06	32.32	0.32	0.21	65.63	2.88
阿图什市									
巴音郭楞州	**55.93**	**9.12**	**5.55**	**9.92**	**48.29**	**2.68**	**3.19**	**119.03**	**34.98**
库尔勒市	16.43	2.45	3.12	18.99	58.33	1.82	2.44	134.07	99.59
尉犁县	8.85	1.22	0.53	5.99	32.08	0.17	0.15	88.24	12.30
轮台县	20.37	3.56	1.23	6.04	39.84	0.49	0.42	85.71	11.80
且末县	7.08	1.43	0.44	6.21	25.00	0.11	0.08	72.73	5.59
若羌县	3.20	0.46	0.23	7.19	39.13	0.09	0.10	111.11	21.74
和硕县									
焉耆县									
和静县									
昌吉回族自治州	**29.55**	**3.71**	**0.51**	**1.73**	**49.02**	**0.25**	**0.08**	**32.00**	**2.16**
玛纳斯县	29.55	3.71	0.51	1.73	49.02	0.25	0.08	32.00	2.16
呼图壁县									
昌吉市									
阜康县									
博尔塔拉州	**28.17**	**2.49**	**0.16**	**0.57**	**62.50**	**0.10**			
博乐市	28.17	2.49	0.16	0.57	62.50	0.10			
精河县									
伊犁哈萨克州	**202.52**	**9.33**	**2.27**	**1.12**	**67.40**	**1.53**	**8.80**	*	**94.32**
奎屯市									
霍城县	79.34	5.36	0.01	0.01					
乌苏市	48.90	3.97	0.59	1.21	64.41	0.38	7.57	*	190.68
沙湾县	74.28		1.67	2.25	68.86	1.15	1.23	106.96	

5-27-24　新疆自治区1966年产棉县棉花生产收购明细

县市名	耕地面积（万亩）	农业人口（万人）	棉田面积（万亩）	占耕地（%）	亩产（市斤）	产量（万担）	收购量（万担）	商品率（%）	人均交售（市斤）
全区合计	**1758.04**	**356.87**	**177.43**	**10.09**	**58.83**	**104.39**	**124.88**	**119.63**	**34.99**
克拉玛依市									
克拉玛依市									
石河子地区									
石河子市									
吐鲁番地区	**71.12**	**19.06**	**12.41**	**17.45**	**97.82**	**12.14**	**11.48**	**94.56**	**60.23**
吐鲁番市	31.40	8.90	5.72	18.22	107.34	6.14	5.65	92.02	63.48
托克逊县	13.02	2.86	1.70	13.06	76.47	1.30	1.23	94.62	43.01
鄯善县	26.70	7.30	4.99	18.69	94.19	4.70	4.60	97.87	63.01
哈密地区									
哈密市									
伊吾县									
和田地区	**241.32**	**70.59**	**23.69**	**9.82**	**52.34**	**12.40**	**11.06**	**89.19**	**15.67**
和田市	38.75	15.26	4.73	12.21	48.84	2.31	2.01	87.01	13.17
皮山县	46.86	10.23	2.02	4.31	44.55	0.90	0.80	88.89	7.82
墨玉县	64.46	19.14	7.64	11.85	68.59	5.24	4.74	90.46	24.76
洛甫县	37.32	11.62	4.83	12.94	33.13	1.60	1.40	87.50	12.05
策勒县	27.48	6.17	1.22	4.44	62.30	0.76	0.64	84.21	10.37
于田县	26.45	8.17	3.25	12.29	48.92	1.59	1.47	92.45	17.99
民丰县									
阿克苏地区	**413.09**	**78.19**	**34.07**	**8.25**	**52.66**	**17.94**	**16.49**	**91.93**	**21.09**
阿克苏市	52.77	17.61	4.39	8.32	38.50	1.69	1.62	95.86	9.20
阿瓦提县	54.42	9.85	4.44	8.16	60.36	2.68	2.62	97.87	26.63
莎雅县	46.69	8.83	5.73	12.27	45.20	2.59	2.48	95.75	28.09
库车县	89.94	16.19	11.42	12.70	78.55	8.97	8.60	95.88	53.12
温宿县	57.07	10.07	2.28	4.00	39.91	0.91	0.81	89.01	8.04
新和县	58.13	5.62	4.58	7.88	14.85	0.68			
乌什县	48.47	8.22	1.18	2.43	33.90	0.40	0.34	85.00	4.14
拜城县									
坷坪县	5.60	1.80	0.05	0.89	40.00	0.02	0.02	100.00	1.11
喀什地区	**672.87**	**155.34**	**95.24**	**14.15**	**59.47**	**56.64**	**56.76**	**100.21**	**36.54**
喀什市	15.54	0.42	0.32	2.06	93.75	0.30	0.25	83.33	59.52
巴楚县	63.16	14.47	12.00	19.00	58.58	7.03	7.82	111.24	54.04

5－27－24续表

县市名	耕地面积（万亩）	农业人口（万人）	棉田面积（万亩）	占耕地（%）	亩产（市斤）	产量（万担）	收购量（万担）	商品率（%）	人均交售（市斤）
伽师县	69.80	15.31	8.97	12.85	41.69	3.74	3.61	96.52	23.58
岳普湖县	30.59	7.33	5.47	17.88	60.15	3.29	3.20	97.26	43.66
麦盖提县	43.45	8.42	11.00	25.32	89.18	9.81	9.49	96.74	112.71
莎车县	134.33	32.30	18.32	13.64	68.29	12.51	13.18	105.36	40.80
泽普县	45.15	8.59	8.51	18.85	54.99	4.68	4.63	98.93	53.90
叶城县	83.52	17.26	10.71	12.82	54.72	5.86	5.69	97.10	32.97
疏勒县	63.82	15.66	6.56	10.28	50.46	3.31	3.15	95.17	20.11
疏附县	90.43	22.13	8.47	9.37	37.78	3.20	3.02	94.38	13.65
英吉沙县	33.08	13.45	4.91	14.84	59.27	2.91	2.72	93.47	20.22
克孜勒苏州	**32.36**	**7.50**	**1.00**	**3.09**	**27.00**	**0.27**	**0.25**	**92.59**	**3.33**
阿克陶县	32.36	7.50	1.00	3.09	27.00	0.27	0.25	92.59	3.33
阿图什市									
巴音郭楞州	**55.93**	**9.12**	**6.22**	**11.12**	**42.93**	**2.67**	**2.66**	**99.63**	**29.17**
库尔勒市	16.43	2.45	3.37	20.51	52.23	1.76	1.86	105.68	75.92
尉犁县	8.85	1.22	0.70	7.91	24.29	0.17	0.13	76.47	10.66
轮台县	20.37	3.56	1.31	6.43	31.30	0.41	0.37	90.24	10.39
且末县	7.08	1.43	0.64	9.04	39.06	0.25	0.22	88.00	15.38
若羌县	3.20	0.46	0.20	6.25	40.00	0.08	0.08	100.00	17.39
和硕县									
焉耆县									
和静县									
昌吉回族自治州	**29.55**	**3.71**	**1.90**	**6.43**	**31.05**	**0.59**	**0.29**	**49.15**	**7.82**
玛纳斯县	29.55	3.71	1.90	6.43	31.05	0.59	0.29	49.15	7.82
呼图壁县									
昌吉市									
阜康县									
博尔塔拉州	**31.36**	**3.10**	**0.19**	**0.61**	**57.89**	**0.11**			
博乐市	31.36	3.10	0.19	0.61	57.89	0.11			
精河县									
伊犁哈萨克州	**210.44**	**10.26**	**2.71**	**1.29**	**60.15**	**1.63**	**25.89**	*	**252.34**
奎屯市							19.57		
霍城县	79.34	5.36	0.14	0.18	42.86	0.06			
乌苏市	51.08	4.90	0.67	1.31	53.73	0.36	5.51	*	112.45
沙湾县	80.02		1.90	2.37	63.68	1.21	0.81	66.94	

5-27-25　新疆自治区1967年产棉县棉花生产收购明细

县市名	耕地面积（万亩）	农业人口（万人）	棉田面积（万亩）	占耕地（%）	亩产（市斤）	产量（万担）	收购量（万担）	商品率（%）	人均交售（市斤）
全区合计	**1783.26**	**364.87**	**181.37**	**10.17**	**59.07**	**107.13**	**127.30**	**118.83**	**34.89**
克拉玛依市									
克拉玛依市									
石河子地区									
石河子市									
吐鲁番地区	**72.12**	**19.76**	**12.62**	**17.50**	**98.42**	**12.42**	**11.66**	**93.88**	**59.01**
吐鲁番市	33.20	9.20	5.74	17.29	102.44	5.88	5.32	90.48	57.83
托克逊县	13.02	2.86	1.48	11.37	104.05	1.54	1.34	87.01	46.85
鄯善县	25.90	7.70	5.40	20.85	92.59	5.00	5.00	100.00	64.94
哈密地区									
哈密市									
伊吾县									
和田地区	**241.59**	**71.03**	**25.02**	**10.36**	**50.12**	**12.54**	**11.19**	**89.23**	**15.75**
和田市	38.75	15.26	5.09	13.14	42.04	2.14	1.99	92.99	13.04
皮山县	46.86	10.23	2.31	4.93	42.42	0.98	0.83	84.69	8.11
墨玉县	64.73	19.58	7.86	12.14	63.23	4.97	4.62	92.96	23.60
洛甫县	37.32	11.62	4.95	13.26	35.56	1.76	1.59	90.34	13.68
策勒县	27.48	6.17	1.43	5.20	67.13	0.96	0.59	61.46	9.56
于田县	26.45	8.17	3.38	12.78	51.18	1.73	1.57	90.75	19.22
民丰县									
阿克苏地区	**421.61**	**80.13**	**37.16**	**8.81**	**60.52**	**22.49**	**18.92**	**84.13**	**23.61**
阿克苏市	53.91	18.03	4.91	9.11	39.92	1.96	1.83	93.37	10.15
阿瓦提县	54.18	10.26	4.66	8.60	63.73	2.97	2.87	96.63	27.97
莎雅县	51.17	9.01	6.82	13.33	52.79	3.60	3.31	91.94	36.74
库车县	89.95	16.74	12.23	13.60	78.17	9.56	9.26	96.86	55.32
温宿县	60.20	10.35	2.36	3.92	57.20	1.35	0.98	72.59	9.47
新和县	58.13	5.62	4.70	8.09	50.21	2.36			
乌什县	48.47	8.22	1.41	2.91	46.10	0.65	0.63	96.92	7.66
拜城县									
坷坪县	5.60	1.90	0.07	1.25	57.14	0.04	0.04	100.00	2.11
喀什地区	**682.59**	**159.19**	**92.14**	**13.50**	**57.13**	**52.64**	**52.79**	**100.28**	**33.16**
喀什市	15.54	0.42	0.35	2.25	80.00	0.28	0.29	103.57	69.05
巴楚县	67.08	15.80	9.59	14.30	54.64	5.24	5.71	108.97	36.14

5－27－25 续表

县市名	耕地面积（万亩）	农业人口（万人）	棉田面积（万亩）	占耕地（%）	亩产（市斤）	产量（万担）	收购量（万担）	商品率（%）	人均交售（市斤）
伽师县	69.50	15.46	8.68	12.49	39.98	3.47	3.35	96.54	21.67
岳普湖县	31.68	7.45	5.69	17.96	65.38	3.72	3.70	99.46	49.66
麦盖提县	46.27	8.79	11.27	24.36	70.36	7.93	8.53	107.57	97.04
莎车县	136.16	32.80	18.65	13.70	72.55	13.53	13.74	101.55	41.89
泽普县	45.12	8.93	8.65	19.17	51.56	4.46	4.26	95.52	47.70
叶城县	82.64	17.70	10.94	13.24	43.88	4.80	4.81	100.21	27.18
疏勒县	65.28	15.94	6.85	10.49	49.05	3.36	3.07	91.37	19.26
疏附县	90.24	22.45	6.51	7.21	50.08	3.26	2.83	86.81	12.61
英吉沙县	33.08	13.45	4.96	14.99	52.22	2.59	2.50	96.53	18.59
克孜勒苏州	**32.36**	**7.80**	**1.08**	**3.34**	**25.93**	**0.28**	**0.24**	**85.71**	**3.08**
阿克陶县	32.36	7.80	1.08	3.34	25.93	0.28	0.24	85.71	3.08
阿图什市									
巴音郭楞州	**55.93**	**9.12**	**7.03**	**12.57**	**50.36**	**3.54**	**4.48**	**126.55**	**49.12**
库尔勒市	16.43	2.45	3.85	23.43	64.68	2.49	3.63	145.78	148.16
尉犁县	8.85	1.22	0.80	9.04	28.75	0.23	0.22	95.65	18.03
轮台县	20.37	3.56	1.48	7.27	29.05	0.43	0.39	90.70	10.96
且末县	7.08	1.43	0.69	9.75	49.28	0.34	0.20	58.82	13.99
若羌县	3.20	0.46	0.21	6.56	23.81	0.05	0.04	80.00	8.70
和硕县									
焉耆县									
和静县									
昌吉回族自治州	**29.55**	**3.71**	**2.19**	**7.41**	**36.99**	**0.81**			
玛纳斯县	29.55	3.71	2.19	7.41	36.99	0.81			
呼图壁县									
昌吉市									
阜康县									
博尔塔拉州	**30.16**	**3.35**	**0.25**	**0.83**	**44.00**	**0.11**			
博乐市	30.16	3.35	0.25	0.83	44.00	0.11			
精河县									
伊犁哈萨克州	**217.35**	**10.78**	**3.88**	**1.79**	**59.28**	**2.30**	**28.02**	*	**259.93**
奎屯市							20.04		
霍城县	79.34	5.36	0.27	0.34	55.56	0.15			
乌苏市	55.69	5.42	1.25	2.24	53.60	0.67	6.35	*	117.16
沙湾县	82.32		2.36	2.87	62.71	1.48	1.63	110.14	

5－27－26　新疆自治区1968年产棉县棉花生产收购明细

县市名	耕地面积（万亩）	农业人口（万人）	棉田面积（万亩）	占耕地（%）	亩产（市斤）	产量（万担）	收购量（万担）	商品率（%）	人均交售（市斤）
全区合计	**1757.46**	**376.10**	**177.01**	**10.07**	**46.99**	**83.18**	**89.63**	**107.75**	**23.83**
克拉玛依市									
克拉玛依市									
石河子地区									
石河子市									
吐鲁番地区	**72.22**	**20.46**	**13.13**	**18.18**	**82.86**	**10.88**	**9.17**	**84.28**	**44.82**
吐鲁番市	34.30	9.60	5.84	17.03	87.16	5.09	4.20	82.51	43.75
托克逊县	13.02	2.86	1.75	13.44	68.00	1.19	1.07	89.92	37.41
鄯善县	24.90	8.00	5.54	22.25	83.03	4.60	3.90	84.78	48.75
哈密地区									
哈密市									
伊吾县									
和田地区	**239.70**	**71.58**	**25.72**	**10.73**	**45.65**	**11.74**	**9.01**	**76.75**	**12.59**
和田市	38.75	15.26	5.03	12.98	42.54	2.14	1.78	83.18	11.66
皮山县	46.86	10.23	2.63	5.61	34.22	0.90	0.31	34.44	3.03
墨玉县	62.84	20.13	8.14	12.95	58.48	4.76	4.02	84.45	19.97
洛甫县	37.32	11.62	4.90	13.13	33.06	1.62	1.59	98.15	13.68
策勒县	27.48	6.17	1.56	5.68	53.85	0.84			
于田县	26.45	8.17	3.46	13.08	42.77	1.48	1.31	88.51	16.03
民丰县									
阿克苏地区	**414.39**	**85.27**	**33.88**	**8.18**	**48.88**	**16.56**	**12.92**	**78.02**	**15.15**
阿克苏市	53.30	20.64	4.81	9.02	29.73	1.43	1.45	101.40	7.03
阿瓦提县	53.90	10.82	4.50	8.35	49.56	2.23	2.15	96.41	19.87
莎雅县	47.02	9.61	5.67	12.06	56.08	3.18	2.15	67.61	22.37
库车县	88.50	17.90	10.66	12.05	59.85	6.38	6.12	95.92	34.19
温宿县	59.57	10.56	2.35	3.94	32.34	0.76	0.60	78.95	5.68
新和县	58.13	5.62	4.41	7.59	48.30	2.13			
乌什县	48.47	8.22	1.41	2.91	30.50	0.43	0.43	100.00	5.23
拜城县									
坷坪县	5.50	1.90	0.07	1.27	28.57	0.02	0.02	100.00	1.05
喀什地区	**672.60**	**163.50**	**87.42**	**13.00**	**42.91**	**37.51**	**37.39**	**99.68**	**22.87**
喀什市	15.54	0.42	0.32	2.06	87.50	0.28	0.13	46.43	30.95
巴楚县	63.67	16.55	9.10	14.29	42.97	3.91	3.23	82.61	19.52

5－27－26 续表

县市名	耕地面积（万亩）	农业人口（万人）	棉田面积（万亩）	占耕地（%）	亩产（市斤）	产量（万担）	收购量（万担）	商品率（%）	人均交售（市斤）
伽师县	66.80	15.73	7.00	10.48	34.43	2.41	1.88	78.01	11.95
岳普湖县	31.63	7.66	5.20	16.44	40.96	2.13	1.71	80.28	22.32
麦盖提县	45.93	9.16	9.38	20.42	47.33	4.44	4.72	106.31	51.53
莎车县	136.16	34.36	18.46	13.56	61.16	11.29	11.77	104.25	34.25
泽普县	44.85	8.97	8.57	19.11	43.76	3.75	3.06	81.60	34.11
叶城县	82.28	18.25	11.07	13.45	39.39	4.36	4.13	94.72	22.63
疏勒县	63.85	16.26	6.96	10.90	42.82	2.98	2.76	92.62	16.97
疏附县	88.81	22.69	6.50	7.32	30.15	1.96	1.96	100.00	8.64
英吉沙县	33.08	13.45	4.86	14.69			2.04		15.17
克孜勒苏州	**32.36**	**7.90**	**1.00**	**3.09**	**30.00**	**0.30**	**0.11**	**36.67**	**1.39**
阿克陶县	32.36	7.90	1.00	3.09	30.00	0.30	0.11	36.67	1.39
阿图什市									
巴音郭楞州	**55.93**	**9.12**	**6.95**	**12.43**	**41.87**	**2.91**	**2.62**	**90.03**	**28.73**
库尔勒市	16.43	2.45	3.85	23.43	49.35	1.90	2.53	133.16	103.27
尉犁县	8.85	1.22	0.82	9.27	60.98	0.50			
轮台县	20.37	3.56	1.42	6.97	24.65	0.35			
且末县	7.08	1.43	0.66	9.32	18.18	0.12	0.09	75.00	6.29
若羌县	3.20	0.46	0.20	6.25	20.00	0.04			
和硕县									
焉耆县									
和静县									
昌吉回族自治州	**29.55**	**3.71**	**3.43**	**11.61**	**29.15**	**1.00**	**0.56**	**56.00**	**15.09**
玛纳斯县	29.55	3.71	3.43	11.61	29.15	1.00	0.56	56.00	15.09
呼图壁县									
昌吉市									
阜康县									
博尔塔拉州	**27.82**	**3.57**	**0.24**	**0.86**	**58.33**	**0.14**			
博乐市	27.82	3.57	0.24	0.86	58.33	0.14			
精河县									
伊犁哈萨克州	**212.89**	**10.99**	**5.24**	**2.46**	**40.84**	**2.14**	**17.85**	*	**162.42**
奎屯市							15.14		
霍城县	79.34	5.36	0.30	0.38	43.33	0.13	0.12	92.31	2.24
乌苏市	51.94	5.63	1.65	3.18	35.15	0.58	1.92	*	34.10
沙湾县	81.61		3.29	4.03	43.47	1.43	0.67	46.85	

5－27－27　新疆自治区1969年产棉县棉花生产收购明细

县市名	耕地面积（万亩）	农业人口（万人）	棉田面积（万亩）	占耕地（%）	亩产（市斤）	产量（万担）	收购量（万担）	商品率（%）	人均交售（市斤）
全区合计	**1748.90**	**382.25**	**164.40**	**9.40**	**43.62**	**71.71**	**76.88**	**107.21**	**20.11**
克拉玛依市									
克拉玛依市									
石河子地区									
石河子市									
吐鲁番地区	**68.32**	**21.16**	**12.42**	**18.18**	**77.46**	**9.62**	**8.47**	**88.05**	**40.03**
吐鲁番市	30.10	9.90	5.48	18.21	83.76	4.59	4.17	90.85	42.12
托克逊县	13.02	2.86	1.66	12.75	68.07	1.13	0.90	79.65	31.47
鄯善县	25.20	8.40	5.28	20.95	73.86	3.90	3.40	87.18	40.48
哈密地区									
哈密市									
伊吾县									
和田地区	**239.70**	**72.26**	**23.55**	**9.82**	**35.24**	**8.30**	**7.25**	**87.35**	**10.03**
和田市	38.75	15.26	3.96	10.22	38.89	1.54	1.04	67.53	6.82
皮山县	46.86	10.23	2.21	4.72	23.53	0.52	0.39	75.00	3.81
墨玉县	62.84	20.81	7.60	12.09	45.53	3.46	2.92	84.39	14.03
洛甫县	37.32	11.62	4.81	12.89	26.61	1.28	1.16	90.63	9.98
策勒县	27.48	6.17	1.48	5.39	31.76	0.47	0.64	136.17	10.37
于田县	26.45	8.17	3.49	13.19	29.51	1.03	1.10	106.80	13.46
民丰县									
阿克苏地区	**417.34**	**87.22**	**33.18**	**7.95**	**49.52**	**16.43**	**10.36**	**63.06**	**11.88**
阿克苏市	53.90	21.29	4.52	8.39	25.00	1.13	1.03	91.15	4.84
阿瓦提县	52.19	10.97	4.39	8.41	54.67	2.40	2.25	93.75	20.51
莎雅县	45.86	9.75	5.06	11.03	68.18	3.45	1.66	48.12	17.03
库车县	93.30	18.26	11.14	11.94	61.85	6.89	4.50	65.31	24.64
温宿县	60.39	11.21	2.26	3.74	24.78	0.56	0.48	85.71	4.28
新和县	58.13	5.62	4.41	7.59	35.83	1.58			
乌什县	48.47	8.22	1.34	2.76	28.36	0.38	0.40	105.26	4.87
拜城县									
坷坪县	5.10	1.90	0.06	1.18	66.67	0.04	0.04	100.00	2.11
喀什地区	**671.43**	**165.87**	**82.49**	**12.29**	**40.51**	**33.42**	**32.14**	**96.17**	**19.38**
喀什市	15.54	0.42	0.22	1.42	54.55	0.12	0.22	183.33	52.38
巴楚县	62.24	16.49	8.07	12.97	32.71	2.64	2.30	87.12	13.95

5-27-27 续表

县市名	耕地面积（万亩）	农业人口（万人）	棉田面积（万亩）	占耕地（%）	亩产（市斤）	产量（万担）	收购量（万担）	商品率（%）	人均交售（市斤）
伽师县	66.80	16.08	7.24	10.84	30.11	2.18	1.72	78.90	10.70
岳普湖县	30.66	7.70	4.52	14.74	44.69	2.02	2.02	100.00	26.23
麦盖提县	45.93	9.47	9.22	20.07	56.40	5.20	4.95	95.19	52.27
莎车县	136.35	34.81	16.79	12.31	51.10	8.58	8.81	102.68	25.31
泽普县	44.64	9.15	8.26	18.50	47.34	3.91	2.34	59.85	25.57
叶城县	82.05	18.57	10.81	13.17	40.24	4.35	4.06	93.33	21.86
疏勒县	64.89	16.59	6.54	10.08	36.70	2.40	2.11	87.92	12.72
疏附县	89.25	23.14	6.51	7.29	31.03	2.02	1.81	89.60	7.82
英吉沙县	33.08	13.45	4.31	13.03			1.80		13.38
克孜勒苏州	**32.36**	**8.10**	**1.00**	**3.09**	**40.00**	**0.40**	**0.22**	**55.00**	**2.72**
阿克陶县	32.36	8.10	1.00	3.09	40.00	0.40	0.22	55.00	2.72
阿图什市									
巴音郭楞州	**55.93**	**9.12**	**6.30**	**11.26**	**33.02**	**2.08**	**1.73**	**83.17**	**18.97**
库尔勒市	16.43	2.45	3.51	21.36	39.32	1.38	1.37	99.28	55.92
尉犁县	8.85	1.22	0.77	8.70	55.84	0.43	0.08	18.60	6.56
轮台县	20.37	3.56	1.32	6.48	14.39	0.19	0.22	115.79	6.18
且末县	7.08	1.43	0.60	8.47	10.00	0.06	0.04	66.67	2.80
若羌县	3.20	0.46	0.10	3.13	20.00	0.02	0.02	100.00	4.35
和硕县									
焉耆县									
和静县									
昌吉回族自治州	**29.55**	**3.71**	**1.30**	**4.40**	**10.77**	**0.14**	**0.26**	**185.71**	**7.01**
玛纳斯县	29.55	3.71	1.30	4.40	10.77	0.14	0.26	185.71	7.01
呼图壁县									
昌吉市									
阜康县									
博尔塔拉州	**26.09**	**3.73**	**0.16**	**0.61**	**25.00**	**0.04**			
博乐市	26.09	3.73	0.16	0.61	25.00	0.04			
精河县									
伊犁哈萨克州	**208.18**	**11.08**	**4.00**	**1.92**	**32.00**	**1.28**	**16.45**	*	**148.47**
奎屯市							15.28		
霍城县	79.34	5.36	0.17	0.21	47.06	0.08	0.13	162.50	2.43
乌苏市	45.46	5.72	1.09	2.40	28.44	0.31	0.32	103.23	5.59
沙湾县	83.38		2.74	3.29	32.48	0.89	0.72	80.90	

5－27－28　新疆自治区1970年产棉县棉花生产收购明细

县市名	耕地面积（万亩）	农业人口（万人）	棉田面积（万亩）	占耕地（%）	亩产（市斤）	产量（万担）	收购量（万担）	商品率（%）	人均交售（市斤）
全区合计	**1698.40**	**397.94**	**160.89**	**9.47**	**50.67**	**81.52**	**101.26**	**124.21**	**25.45**
克拉玛依市									
克拉玛依市									
石河子地区									
石河子市									
吐鲁番地区	**68.92**	**21.76**	**12.07**	**17.51**	**85.25**	**10.29**	**9.44**	**91.74**	**43.38**
吐鲁番市	30.60	10.40	5.30	17.32	88.87	4.71	4.64	98.51	44.62
托克逊县	13.02	2.86	1.57	12.06	113.38	1.78	1.10	61.80	38.46
鄯善县	25.30	8.50	5.20	20.55	73.08	3.80	3.70	97.37	43.53
哈密地区									
哈密市									
伊吾县									
和田地区	**237.10**	**72.62**	**23.35**	**9.85**	**44.67**	**10.43**	**9.49**	**90.99**	**13.07**
和田市	38.75	15.26	4.37	11.28	45.77	2.00	1.90	95.00	12.45
皮山县	46.86	10.23	2.39	5.10	39.75	0.95	0.85	89.47	8.31
墨玉县	60.24	21.17	7.00	11.62	54.29	3.80	3.24	85.26	15.30
洛甫县	37.32	11.62	4.55	12.19	36.04	1.64	1.56	95.12	13.43
策勒县	27.48	6.17	1.60	5.82	48.75	0.78	0.70	89.74	11.35
于田县	26.45	8.17	3.44	13.01	36.63	1.26	1.24	98.41	15.18
民丰县									
阿克苏地区	**415.82**	**88.81**	**32.91**	**7.91**	**56.24**	**18.51**	**15.64**	**84.49**	**17.61**
阿克苏市	54.41	20.18	4.55	8.36	32.53	1.48	1.44	97.30	7.14
阿瓦提县	52.70	11.52	4.20	7.97	70.24	2.95	2.76	93.56	23.96
莎雅县	42.14	10.78	5.15	12.22	68.74	3.54	2.26	63.84	20.96
库车县	89.37	18.73	10.59	11.85	64.02	6.78	5.83	85.99	31.13
温宿县	64.80	11.76	2.66	4.10	29.32	0.78	0.62	79.49	5.27
新和县	58.13	5.62	4.40	7.57	56.59	2.49	2.40	96.39	42.70
乌什县	48.47	8.22	1.34	2.76	35.82	0.48	0.32	66.67	3.89
拜城县									
坷坪县	5.80	2.00	0.02	0.34	50.00	0.01	0.01	100.00	0.50
喀什地区	**650.52**	**172.16**	**79.14**	**12.17**	**47.09**	**37.27**	**39.91**	**107.08**	**23.18**
喀什市			0.20		75.00	0.15	0.15	100.00	
巴楚县	60.10	19.27	7.70	12.81	35.71	2.75	2.77	100.73	14.37

5－27－28 续表

县市名	耕地面积（万亩）	农业人口（万人）	棉田面积（万亩）	占耕地（%）	亩产（市斤）	产量（万担）	收购量（万担）	商品率（%）	人均交售（市斤）
伽师县	66.80	16.53	6.73	10.07	29.42	1.98	1.72	86.87	10.41
岳普湖县	27.65	8.07	3.94	14.25	44.92	1.77	1.81	102.26	22.43
麦盖提县	46.00	9.91	8.93	19.41	61.93	5.53	5.75	103.98	58.02
莎车县	136.87	36.05	16.29	11.90	68.82	11.21	11.48	102.41	31.84
泽普县	44.60	9.29	7.70	17.26	40.26	3.10	4.03	130.00	43.38
叶城县	82.08	19.06	10.80	13.16	52.13	5.63	5.46	96.98	28.65
疏勒县	64.90	16.97	6.30	9.71	43.17	2.72	2.71	99.63	15.97
疏附县	88.44	23.56	6.50	7.35	37.38	2.43	2.21	90.95	9.38
英吉沙县	33.08	13.45	4.05	12.24			1.82		13.53
克孜勒苏州	**33.32**	**8.40**	**1.00**	**3.00**	**35.00**	**0.35**	**0.31**	**88.57**	**3.69**
阿克陶县	33.32	8.40	1.00	3.00	35.00	0.35	0.31	88.57	3.69
阿图什市									
巴音郭楞州	**55.93**	**9.12**	**5.93**	**10.60**	**25.13**	**1.49**	**1.50**	**100.67**	**16.45**
库尔勒市	16.43	2.45	3.40	20.69	31.47	1.07	1.12	104.67	45.71
尉犁县	8.85	1.22	0.70	7.91	11.43	0.08	0.07	87.50	5.74
轮台县	20.37	3.56	1.10	5.40	18.18	0.20	0.23	115.00	6.46
且末县	7.08	1.43	0.60	8.47	16.67	0.10	0.06	60.00	4.20
若羌县	3.20	0.46	0.13	4.06	30.77	0.04	0.02	50.00	4.35
和硕县									
焉耆县									
和静县									
昌吉回族自治州	**29.55**	**3.71**	**1.32**	**4.47**	**29.55**	**0.39**	**0.30**	**76.92**	**8.09**
玛纳斯县	29.55	3.71	1.32	4.47	29.55	0.39	0.30	76.92	8.09
呼图壁县									
昌吉市									
阜康县									
博尔塔拉州									
博乐市									
精河县									
伊犁哈萨克州	**207.24**	**21.36**	**5.17**	**2.49**	**53.97**	**2.79**	**24.67**	*	**115.50**
奎屯市							22.11		
霍城县	79.34	5.36	0.51	0.64	39.22	0.20	0.18	90.00	3.36
乌苏市	45.40	5.90	1.60	3.52	64.38	1.03	0.94	91.26	15.93
沙湾县	82.50	10.10	3.06	3.71	50.98	1.56	1.44	92.31	14.26

5－27－29　新疆自治区1971年产棉县棉花生产收购明细

县市名	耕地面积（万亩）	农业人口（万人）	棉田面积（万亩）	占耕地（%）	亩　产（市斤）	产　量（万担）	收购量（万担）	商品率（%）	人均交售（市斤）
全区合计	**1715.69**	**404.00**	**161.00**	**9.38**	**48.54**	**78.15**	**95.03**	**121.60**	**23.52**
克拉玛依市									
克拉玛依市									
石河子地区									
石河子市									
吐鲁番地区	**68.22**	**22.46**	**12.09**	**17.72**	**80.48**	**9.73**	**9.97**	**102.47**	**44.39**
吐鲁番市	31.40	11.00	5.38	17.13	88.66	4.77	4.69	98.32	42.64
托克逊县	13.02	2.86	1.61	12.37	72.05	1.16	1.08	93.10	37.76
鄯善县	23.80	8.60	5.10	21.43	74.51	3.80	4.20	110.53	48.84
哈密地区									
哈密市									
伊吾县									
和田地区	**235.89**	**73.28**	**22.65**	**9.60**	**40.88**	**9.26**	**8.18**	**88.34**	**11.16**
和田市	38.75	15.26	4.19	10.81	44.63	1.87	1.53	81.82	10.03
皮山县	46.86	10.23	2.13	4.55	42.72	0.91	0.78	85.71	7.62
墨玉县	59.03	21.83	6.99	11.84	48.78	3.41	3.07	90.03	14.06
洛甫县	37.32	11.62	4.48	12.00	33.04	1.48	1.32	89.19	11.36
策勒县	27.48	6.17	1.58	5.75	46.84	0.74	0.67	90.54	10.86
于田县	26.45	8.17	3.28	12.40	25.91	0.85	0.81	95.29	9.91
民丰县									
阿克苏地区	**416.79**	**88.86**	**34.12**	**8.19**	**39.19**	**13.37**	**12.01**	**89.83**	**13.52**
阿克苏市	54.40	20.01	4.63	8.51	31.10	1.44	1.23	85.42	6.15
阿瓦提县	48.50	11.87	4.22	8.70	43.60	1.84	1.56	84.78	13.14
莎雅县	45.90	10.41	6.82	14.86	24.34	1.66	1.60	96.39	15.37
库车县	89.37	18.87	10.12	11.32	54.94	5.56	5.18	93.17	27.45
温宿县	67.32	11.86	2.93	4.35	17.06	0.50	0.36	72.00	3.04
新和县	58.13	5.62	4.05	6.97	45.68	1.85	1.78	96.22	31.67
乌什县	48.47	8.22	1.31	2.70	38.93	0.51	0.29	56.86	3.53
拜城县									
坷坪县	4.70	2.00	0.04	0.85	25.00	0.01	0.01	100.00	0.50
喀什地区	**639.59**	**171.97**	**77.81**	**12.17**	**51.84**	**40.34**	**41.57**	**103.05**	**24.17**
喀什市			0.18		77.78	0.14	0.20	142.86	
巴楚县	53.97	18.86	6.93	12.84	47.04	3.26	3.16	96.93	16.76

5－27－29 续表

县市名	耕地面积（万亩）	农业人口（万人）	棉田面积（万亩）	占耕地（%）	亩　产（市斤）	产　量（万担）	收购量（万担）	商品率（%）	人均交售（市斤）
伽师县	65.97	16.93	6.40	9.70	35.94	2.30	2.04	88.70	12.05
岳普湖县	26.83	8.31	3.78	14.09	50.79	1.92	1.96	102.08	23.59
麦盖提县	45.96	10.10	8.96	19.50	58.48	5.24	5.34	101.91	52.87
莎车县	136.15	35.72	16.94	12.44	68.71	11.64	11.69	100.43	32.73
泽普县	44.29	8.92	7.89	17.81	51.84	4.09	3.87	94.62	43.39
叶城县	81.53	18.91	10.64	13.05	53.76	5.72	5.44	95.10	28.77
疏勒县	63.37	16.94	6.08	9.59	54.11	3.29	3.06	93.01	18.06
疏附县	88.44	23.83	6.09	6.89	44.99	2.74	2.58	94.16	10.83
英吉沙县	33.08	13.45	3.92	11.85			2.23		16.58
克孜勒苏州	**33.32**	**8.50**	**0.95**	**2.85**	**45.26**	**0.43**	**0.36**	**83.72**	**4.24**
阿克陶县	33.32	8.50	0.95	2.85	45.26	0.43	0.36	83.72	4.24
阿图什市									
巴音郭楞州	**55.93**	**9.12**	**5.92**	**10.58**	**29.56**	**1.75**	**1.66**	**94.86**	**18.20**
库尔勒市	16.43	2.45	3.51	21.36	36.47	1.28	1.27	99.22	51.84
尉犁县	8.85	1.22	0.71	8.02	15.49	0.11	0.09	81.82	7.38
轮台县	20.37	3.56	1.16	5.69	18.97	0.22	0.22	100.00	6.18
且末县	7.08	1.43	0.43	6.07	27.91	0.12	0.08	66.67	5.59
若羌县	3.20	0.46	0.11	3.44	18.18	0.02			
和硕县									
焉耆县									
和静县									
昌吉回族自治州	**29.55**	**3.71**	**1.56**	**5.28**	**17.31**	**0.27**	**0.20**	**74.07**	**5.39**
玛纳斯县	29.55	3.71	1.56	5.28	17.31	0.27	0.20	74.07	5.39
呼图壁县									
昌吉市									
阜康县									
博尔塔拉州	**28.21**	**4.07**	**0.16**	**0.57**	**37.50**	**0.06**			
博乐市	28.21	4.07	0.16	0.57	37.50	0.06			
精河县									
伊犁哈萨克州	**208.19**	**22.03**	**5.74**	**2.76**	**51.22**	**2.94**	**21.08**	*	**95.69**
奎屯市							18.73		
霍城县	79.34	5.36	0.89	1.12	46.07	0.41	0.39	95.12	7.28
乌苏市	47.50	6.29	2.10	4.42	60.48	1.27	0.94	74.02	14.94
沙湾县	81.35	10.38	2.75	3.38	45.82	1.26	1.02	80.95	9.83

5－27－30　新疆自治区1972年产棉县棉花生产收购明细

县市名	耕地面积（万亩）	农业人口（万人）	棉田面积（万亩）	占耕地（%）	亩　产（市斤）	产　量（万担）	收购量（万担）	商品率（%）	人均交售（市斤）
全区合计	**1701.00**	**411.26**	**162.25**	**9.54**	**35.74**	**57.99**	**78.03**	**134.56**	**18.97**
克拉玛依市									
克拉玛依市									
石河子地区									
石河子市									
吐鲁番地区	**68.62**	**23.26**	**12.54**	**18.27**	**79.67**	**9.99**	**9.24**	**92.49**	**39.72**
吐鲁番市	32.00	11.30	5.57	17.41	90.66	5.05	4.48	88.71	39.65
托克逊县	13.02	2.86	1.67	12.83	68.26	1.14	1.06	92.98	37.06
鄯善县	23.60	9.10	5.30	22.46	71.70	3.80	3.70	97.37	40.66
哈密地区									
哈密市									
伊吾县									
和田地区	**235.07**	**73.86**	**23.19**	**9.87**	**25.27**	**5.86**	**4.89**	**83.45**	**6.62**
和田市	38.75	15.26	4.26	10.99	26.53	1.13	0.88	77.88	5.77
皮山县	46.86	10.23	2.38	5.08	21.01	0.50	0.35	70.00	3.42
墨玉县	58.21	22.41	7.24	12.44	28.59	2.07	1.85	89.37	8.26
洛甫县	37.32	11.62	4.45	11.92	23.60	1.05	0.81	77.14	6.97
策勒县	27.48	6.17	1.62	5.90	34.57	0.56	0.48	85.71	7.78
于田县	26.45	8.17	3.24	12.25	16.98	0.55	0.52	94.55	6.36
民丰县									
阿克苏地区	**409.22**	**91.96**	**34.81**	**8.51**	**29.76**	**10.36**	**9.21**	**88.90**	**10.02**
阿克苏市	52.26	22.64	4.59	8.78	19.39	0.89	0.77	86.52	3.40
阿瓦提县	49.40	10.77	4.41	8.93	32.65	1.44	1.32	91.67	12.26
莎雅县	46.85	11.14	7.24	15.45	16.16	1.17	1.03	88.03	9.25
库车县	84.19	19.43	10.14	12.04	48.03	4.87	4.36	89.53	22.44
温宿县	65.12	12.04	2.75	4.22	12.36	0.34	0.23	67.65	1.91
新和县	58.13	5.62	4.27	7.35	31.85	1.36	1.31	96.32	23.31
乌什县	48.47	8.22	1.34	2.76	20.90	0.28	0.18	64.29	2.19
拜城县									
坷坪县	4.80	2.10	0.07	1.46	14.29	0.01	0.01	100.00	0.48
喀什地区	**633.90**	**173.63**	**78.29**	**12.35**	**34.36**	**26.90**	**27.14**	**100.89**	**15.63**
喀什市			0.19		63.16	0.12	0.14	116.67	
巴楚县	52.06	19.06	7.24	13.91	20.03	1.45	1.21	83.45	6.35

5－27－30 续表

县市名	耕地面积（万亩）	农业人口（万人）	棉田面积（万亩）	占耕地（%）	亩产（市斤）	产量（万担）	收购量（万担）	商品率（%）	人均交售（市斤）
伽师县	66.74	17.38	5.85	8.77	17.78	1.04	0.91	87.50	5.24
岳普湖县	27.29	8.35	3.59	13.16	41.23	1.48	1.51	102.03	18.08
麦盖提县	45.96	10.20	8.91	19.39	26.71	2.38	2.44	102.52	23.92
莎车县	136.25	36.34	17.32	12.71	51.73	8.96	8.89	99.22	24.46
泽普县	43.43	8.77	7.87	18.12	32.91	2.59	2.45	94.59	27.94
叶城县	79.85	18.80	10.59	13.26	38.15	4.04	3.68	91.09	19.57
疏勒县	61.97	16.62	6.28	10.13	41.24	2.59	2.54	98.07	15.28
疏附县	87.27	24.66	6.30	7.22	35.71	2.25	1.92	85.33	7.79
英吉沙县	33.08	13.45	4.15	12.55			1.45		10.78
克孜勒苏州	**33.32**	**8.80**	**1.05**	**3.15**	**31.43**	**0.33**	**0.27**	**81.82**	**3.07**
阿克陶县	33.32	8.80	1.05	3.15	31.43	0.33	0.27	81.82	3.07
阿图什市									
巴音郭楞州	**55.93**	**9.12**	**5.56**	**9.94**	**28.96**	**1.61**	**1.50**	**93.17**	**16.45**
库尔勒市	16.43	2.45	3.18	19.35	35.22	1.12	1.09	97.32	44.49
尉犁县	8.85	1.22	0.73	8.25	12.33	0.09	0.07	77.78	5.74
轮台县	20.37	3.56	1.13	5.55	24.78	0.28	0.23	82.14	6.46
且末县	7.08	1.43	0.42	5.93	21.43	0.09	0.07	77.78	4.90
若羌县	3.20	0.46	0.10	3.13	30.00	0.03	0.04	133.33	8.70
和硕县									
焉耆县									
和静县									
昌吉回族自治州	**29.55**	**3.71**	**1.43**	**4.84**	**29.37**	**0.42**	**0.25**	**59.52**	**6.74**
玛纳斯县	29.55	3.71	1.43	4.84	29.37	0.42	0.25	59.52	6.74
呼图壁县									
昌吉市									
阜康县									
博尔塔拉州	**29.38**	**4.36**	**0.10**	**0.34**	**10.00**	**0.01**			
博乐市	29.38	4.36	0.10	0.34	10.00	0.01			
精河县									
伊犁哈萨克州	**206.01**	**22.56**	**5.28**	**2.56**	**47.54**	**2.51**	**25.53**	*	**113.16**
奎屯市							23.42		
霍城县	79.34	5.36	0.71	0.89	35.21	0.25	0.16	64.00	2.99
乌苏市	45.33	6.64	1.76	3.88	60.80	1.07	1.22	114.02	18.37
沙湾县	81.34	10.56	2.81	3.45	42.35	1.19	0.73	61.34	6.91

5－27－31　新疆自治区1973年产棉县棉花生产收购明细

县市名	耕地面积（万亩）	农业人口（万人）	棉田面积（万亩）	占耕地（%）	亩产（市斤）	产量（万担）	收购量（万担）	商品率（%）	人均交售（市斤）
全区合计	**1697.28**	**416.03**	**162.04**	**9.55**	**55.91**	**90.60**	**108.73**	**120.01**	**26.14**
克拉玛依市									
克拉玛依市									
石河子地区									
石河子市									
吐鲁番地区	**68.22**	**23.76**	**12.83**	**18.81**	**85.89**	**11.02**	**10.20**	**92.56**	**42.93**
吐鲁番市	31.00	11.50	5.62	18.13	95.02	5.34	4.92	92.13	42.78
托克逊县	13.02	2.86	1.81	13.90	70.72	1.28	1.08	84.38	37.76
鄯善县	24.20	9.40	5.40	22.31	81.48	4.40	4.20	95.45	44.68
哈密地区									
哈密市									
伊吾县									
和田地区	**235.22**	**74.62**	**22.41**	**9.53**	**40.16**	**9.00**	**7.59**	**84.33**	**10.17**
和田市	38.75	15.26	4.00	10.32	38.75	1.55	1.10	70.97	7.21
皮山县	46.86	10.23	2.31	4.93	37.23	0.86	0.62	72.09	6.06
墨玉县	58.36	23.17	6.96	11.93	48.85	3.40	2.81	82.65	12.13
洛甫县	37.32	11.62	4.32	11.58	37.50	1.62	1.45	89.51	12.48
策勒县	27.48	6.17	1.59	5.79	44.65	0.71	0.61	85.92	9.89
于田县	26.45	8.17	3.23	12.21	26.63	0.86	1.00	116.28	12.24
民丰县									
阿克苏地区	**411.79**	**91.78**	**32.76**	**7.96**	**56.47**	**18.50**	**17.58**	**95.03**	**19.15**
阿克苏市	51.89	20.43	4.54	8.75	39.87	1.81	1.82	100.55	8.91
阿瓦提县	50.14	12.42	4.35	8.68	71.03	3.09	3.01	97.41	24.24
莎雅县	47.46	10.67	5.25	11.06	52.19	2.74	2.69	98.18	25.21
库车县	83.11	19.92	10.42	12.54	68.23	7.11	6.65	93.53	33.38
温宿县	67.59	12.30	2.47	3.65	26.32	0.65	0.56	86.15	4.55
新和县	58.13	5.62	4.47	7.69	57.94	2.59	2.46	94.98	43.77
乌什县	48.47	8.22	1.21	2.50	41.32	0.50	0.38	76.00	4.62
拜城县									
坷坪县	5.00	2.20	0.05	1.00	20.00	0.01	0.01	100.00	0.45
喀什地区	**631.80**	**176.05**	**80.46**	**12.74**	**58.09**	**46.74**	**48.20**	**103.12**	**27.38**
喀什市			0.20		80.00	0.16	0.16	100.00	
巴楚县	54.15	19.59	7.29	13.46	46.91	3.42	3.30	96.49	16.85

5-27-31 续表

县市名	耕地面积（万亩）	农业人口（万人）	棉田面积（万亩）	占耕地（%）	亩产（市斤）	产量（万担）	收购量（万担）	商品率（%）	人均交售（市斤）
伽师县	65.20	17.69	7.00	10.74	36.86	2.58	2.41	93.41	13.62
岳普湖县	27.80	8.34	3.44	12.37	60.17	2.07	2.08	100.48	24.94
麦盖提县	46.17	10.36	8.96	19.41	70.09	6.28	6.25	99.52	60.33
莎车县	135.76	36.83	18.04	13.29	76.72	13.84	14.25	102.96	38.69
泽普县	43.63	9.13	7.91	18.13	62.45	4.94	4.86	98.38	53.23
叶城县	79.92	19.34	10.55	13.20	59.62	6.29	5.99	95.23	30.97
疏勒县	60.73	16.11	6.24	10.27	59.62	3.72	3.52	94.62	21.85
疏附县	85.36	25.21	6.89	8.07	49.93	3.44	3.12	90.70	12.38
英吉沙县	33.08	13.45	3.94	11.91			2.26		16.80
克孜勒苏州	**33.32**	**9.00**	**1.05**	**3.15**	**54.29**	**0.57**	**0.48**	**84.21**	**5.33**
阿克陶县	33.32	9.00	1.05	3.15	54.29	0.57	0.48	84.21	5.33
阿图什市									
巴音郭楞州	**55.93**	**9.12**	**5.26**	**9.40**	**29.66**	**1.56**	**1.46**	**93.59**	**16.01**
库尔勒市	16.43	2.45	3.06	18.62	33.99	1.04	0.99	95.19	40.41
尉犁县	8.85	1.22	0.64	7.23	18.75	0.12	0.17	141.67	13.93
轮台县	20.37	3.56	1.15	5.65	28.70	0.33	0.27	81.82	7.58
且末县	7.08	1.43	0.31	4.38	12.90	0.04			
若羌县	3.20	0.46	0.10	3.13	30.00	0.03	0.03	100.00	6.52
和硕县									
焉耆县									
和静县									
昌吉回族自治州	**29.55**	**3.71**	**1.93**	**6.53**	**27.98**	**0.54**	**0.32**	**59.26**	**8.63**
玛纳斯县	29.55	3.71	1.93	6.53	27.98	0.54	0.32	59.26	8.63
呼图壁县									
昌吉市									
阜康县									
博尔塔拉州	**29.81**	**4.68**	**0.05**	**0.17**	**100.00**	**0.05**			
博乐市	29.81	4.68	0.05	0.17	100.00	0.05			
精河县									
伊犁哈萨克州	**201.64**	**23.31**	**5.29**	**2.62**	**49.53**	**2.62**	**22.90**	*	**98.24**
奎屯市							20.22		
霍城县	79.34	5.36	0.66	0.83	46.97	0.31	0.14	45.16	2.61
乌苏市	47.30	7.17	1.87	3.95	68.45	1.28	1.31	102.34	18.27
沙湾县	75.00	10.78	2.76	3.68	37.32	1.03	1.23	119.42	11.41

5－27－32　新疆自治区1974年产棉县棉花生产收购明细

县市名	耕地面积（万亩）	农业人口（万人）	棉田面积（万亩）	占耕地（%）	亩产（市斤）	产量（万担）	收购量（万担）	商品率（%）	人均交售（市斤）
全区合计	**1702.44**	**421.48**	**163.93**	**9.63**	**50.96**	**83.54**	**91.01**	**108.94**	**21.59**
克拉玛依市									
克拉玛依市									
石河子地区									
石河子市									
吐鲁番地区	**67.72**	**24.26**	**12.42**	**18.34**	**85.02**	**10.56**	**9.43**	**89.30**	**38.87**
吐鲁番市	31.00	11.80	5.50	17.74	97.64	5.37	4.76	88.64	40.34
托克逊县	13.02	2.86	1.62	12.44	67.28	1.09	0.87	79.82	30.42
鄯善县	23.70	9.60	5.30	22.36	77.36	4.10	3.80	92.68	39.58
哈密地区									
哈密市									
伊吾县									
和田地区	**234.80**	**75.24**	**21.97**	**9.36**	**44.24**	**9.72**	**8.32**	**85.60**	**11.06**
和田市	38.75	15.26	3.86	9.96	39.38	1.52	1.04	68.42	6.82
皮山县	46.86	10.23	2.19	4.67	47.03	1.03	0.82	79.61	8.02
墨玉县	57.94	23.79	6.88	11.87	54.22	3.73	3.36	90.08	14.12
洛甫县	37.32	11.62	4.40	11.79	39.32	1.73	1.60	92.49	13.77
策勒县	27.48	6.17	1.51	5.49	41.72	0.63	0.54	85.71	8.75
于田县	26.45	8.17	3.13	11.83	34.50	1.08	0.96	88.89	11.75
民丰县									
阿克苏地区	**405.39**	**92.02**	**32.99**	**8.14**	**50.34**	**16.61**	**15.54**	**93.56**	**16.89**
阿克苏市	51.89	18.91	4.68	9.02	28.63	1.34	1.29	96.27	6.82
阿瓦提县	50.26	12.74	4.70	9.35	52.34	2.46	2.35	95.53	18.45
莎雅县	46.79	11.21	5.10	10.91	55.46	2.83	2.74	96.82	24.44
库车县	82.94	20.22	10.38	12.52	64.74	6.72	6.35	94.49	31.40
温宿县	61.91	12.80	2.52	4.07	27.38	0.69	0.37	53.62	2.89
新和县	58.13	5.62	4.25	7.31	51.06	2.17	2.16	99.54	38.43
乌什县	48.47	8.22	1.30	2.68	30.00	0.39	0.27	69.23	3.28
拜城县									
柯坪县	5.00	2.30	0.06	1.20	16.67	0.01	0.01	100.00	0.43
喀什地区	**637.99**	**178.70**	**82.83**	**12.98**	**49.29**	**40.83**	**40.02**	**98.02**	**22.40**
喀什市			0.18		72.22	0.13	0.12	92.31	
巴楚县	56.44	18.99	8.45	14.97	46.51	3.93	2.77	70.48	14.59

5－27－32 续表

县市名	耕地面积（万亩）	农业人口（万人）	棉田面积（万亩）	占耕地（%）	亩产（市斤）	产量（万担）	收购量（万担）	商品率（%）	人均交售（市斤）
伽师县	65.34	18.19	6.88	10.53	28.05	1.93	1.84	95.34	10.12
岳普湖县	28.69	8.60	3.67	12.79	44.69	1.64	1.64	100.00	19.07
麦盖提县	48.95	10.57	9.88	20.18	55.87	5.52	5.04	91.30	47.68
莎车县	135.57	37.08	17.89	13.20	67.08	12.00	12.30	102.50	33.17
泽普县	43.68	9.04	7.90	18.09	47.22	3.73	3.54	94.91	39.16
叶城县	79.82	19.72	10.71	13.42	53.59	5.74	5.35	93.21	27.13
疏勒县	61.38	17.88	6.39	10.41	53.99	3.45	3.24	93.91	18.12
疏附县	85.04	25.18	6.84	8.04	40.35	2.76	2.40	86.96	9.53
英吉沙县	33.08	13.45	4.04	12.21			1.78		13.23
克孜勒苏州	**33.89**	**9.30**	**1.08**	**3.19**	**41.67**	**0.45**	**0.35**	**77.78**	**3.76**
阿克陶县	33.89	9.30	1.08	3.19	41.67	0.45	0.35	77.78	3.76
阿图什市									
巴音郭楞州	**55.93**	**9.12**	**5.70**	**10.19**	**34.91**	**1.99**	**1.80**	**90.45**	**19.74**
库尔勒市	16.43	2.45	3.33	20.27	39.64	1.32	1.27	96.21	51.84
尉犁县	8.85	1.22	0.66	7.46	16.67	0.11	0.10	90.91	8.20
轮台县	20.37	3.56	1.24	6.09	37.90	0.47	0.42	89.36	11.80
且末县	7.08	1.43	0.37	5.23	18.92	0.07	0.01	14.29	0.70
若羌县	3.20	0.46	0.10	3.13	20.00	0.02			
和硕县									
焉耆县									
和静县									
昌吉回族自治州	**29.55**	**3.71**	**1.68**	**5.69**	**30.36**	**0.51**	**0.30**	**58.82**	**8.09**
玛纳斯县	29.55	3.71	1.68	5.69	30.36	0.51	0.30	58.82	8.09
呼图壁县									
昌吉市									
阜康县									
博尔塔拉州	**29.74**	**5.04**	**0.10**	**0.34**	**50.00**	**0.05**			
博乐市	29.74	5.04	0.10	0.34	50.00	0.05			
精河县									
伊犁哈萨克州	**207.43**	**24.09**	**5.16**	**2.49**	**54.65**	**2.82**	**15.25**	*	**63.30**
奎屯市							12.64		
霍城县	79.34	5.36	0.50	0.63	72.00	0.36	0.30	83.33	5.60
乌苏市	47.10	7.84	1.87	3.97	70.59	1.32	1.31	99.24	16.71
沙湾县	80.99	10.89	2.79	3.44	40.86	1.14	1.00	87.72	9.18

5－27－33　新疆自治区 1975 年产棉县棉花生产收购明细

县市名	耕地面积（万亩）	农业人口（万人）	棉田面积（万亩）	占耕地（%）	亩产（市斤）	产量（万担）	收购量（万担）	商品率（%）	人均交售（市斤）
全区合计	**1684.17**	**422.88**	**184.84**	**10.98**	**43.49**	**80.39**	**83.70**	**104.12**	**19.79**
克拉玛依市									
克拉玛依市									
石河子地区			**20.89**		**43.47**	**9.08**	**8.72**	**96.04**	
石河子市			20.89		43.47	9.08	8.72	96.04	
吐鲁番地区	**72.50**	**29.46**	**12.27**	**16.92**	**74.33**	**9.12**	**9.03**	**99.01**	**30.65**
吐鲁番市	31.00	12.10	5.54	17.87	86.82	4.81	4.51	93.76	37.27
托克逊县	17.10	7.36	1.63	9.53	55.83	0.91	0.82	90.11	11.14
鄯善县	24.40	10.00	5.10	20.90	66.67	3.40	3.70	108.82	37.00
哈密地区									
哈密市									
伊吾县									
和田地区	**235.16**	**75.65**	**22.68**	**9.64**	**36.55**	**8.29**	**7.46**	**89.99**	**9.86**
和田市	38.75	15.26	3.93	10.14	33.33	1.31	0.96	73.28	6.29
皮山县	46.86	10.23	2.33	4.97	40.34	0.94	0.76	80.85	7.43
墨玉县	58.30	24.20	7.00	12.01	44.57	3.12	2.93	93.91	12.11
洛甫县	37.32	11.62	4.56	12.22	31.36	1.43	1.47	102.80	12.65
策勒县	27.48	6.17	1.60	5.82	36.25	0.58	0.52	89.66	8.43
于田县	26.45	8.17	3.26	12.33	27.91	0.91	0.82	90.11	10.04
民丰县									
阿克苏地区	**412.70**	**94.85**	**33.54**	**8.13**	**44.45**	**14.91**	**13.07**	**87.66**	**13.78**
阿克苏市	54.21	22.01	4.80	8.85	26.46	1.27	1.26	99.21	5.72
阿瓦提县	51.92	11.49	4.79	9.23	55.74	2.67	2.46	92.13	21.41
莎雅县	45.88	11.52	5.08	11.07	44.49	2.26	2.21	97.79	19.18
库车县	84.92	20.85	10.68	12.58	49.25	5.26	4.72	89.73	22.64
温宿县	64.47	12.94	2.49	3.86	32.93	0.82	0.29	35.37	2.24
新和县	58.13	5.62	4.25	7.31	51.06	2.17	1.82	83.87	32.38
乌什县	48.47	8.22	1.43	2.95	32.17	0.46	0.31	67.39	3.77
拜城县									
坷坪县	4.70	2.20	0.02	0.43					
喀什地区	**606.16**	**170.08**	**82.07**	**13.54**	**42.07**	**34.53**	**34.05**	**98.61**	**20.02**
喀什市			2.45		45.71	1.12	0.90	80.36	
巴楚县	54.96	19.31	8.54	15.54	27.75	2.37	2.16	91.14	11.19

5－27－33 续表

县市名	耕地面积（万亩）	农业人口（万人）	棉田面积（万亩）	占耕地（%）	亩产（市斤）	产量（万担）	收购量（万担）	商品率（%）	人均交售（市斤）
伽师县	64.13	18.56	6.86	10.70	25.80	1.77	1.63	92.09	8.78
岳普湖县	28.07	8.73	2.91	10.37	30.58	0.89	0.79	88.76	9.05
麦盖提县	48.80	10.83	9.88	20.25	51.32	5.07	5.09	100.39	47.00
莎车县	135.34	37.14	17.58	12.99	55.23	9.71	9.49	97.73	25.55
泽普县	43.72	9.29	7.96	18.21	43.59	3.47	3.47	100.00	37.35
叶城县	80.08	20.00	11.22	14.01	49.02	5.50	5.20	94.55	26.00
疏勒县	62.47	18.07	6.16	9.86	50.32	3.10	2.91	93.87	16.10
疏附县	55.51	14.70	4.46	8.03	34.30	1.53	1.12	73.20	7.62
英吉沙县	33.08	13.45	4.05	12.24			1.29		9.59
克孜勒苏州	**33.80**	**9.50**	**1.05**	**3.11**	**40.00**	**0.42**	**0.33**	**78.57**	**3.47**
阿克陶县	33.80	9.50	1.05	3.11	40.00	0.42	0.33	78.57	3.47
阿图什市									
巴音郭楞州	**55.93**	**9.12**	**6.09**	**10.89**	**23.81**	**1.45**	**3.37**	*	**36.95**
库尔勒市	16.43	2.45	3.58	21.79	27.09	0.97	3.03	*	123.67
尉犁县	8.85	1.22	0.61	6.89	16.39	0.10	0.10	100.00	8.20
轮台县	20.37	3.56	1.29	6.33	20.93	0.27	0.22	81.48	6.18
且末县	7.08	1.43	0.50	7.06	18.00	0.09	0.02	22.22	1.40
若羌县	3.20	0.46	0.11	3.44	18.18	0.02			
和硕县									
焉耆县									
和静县									
昌吉回族自治州	**29.55**	**3.71**	**0.92**	**3.11**	**22.83**	**0.21**	**0.19**	**90.48**	**5.12**
玛纳斯县	29.55	3.71	0.92	3.11	22.83	0.21	0.19	90.48	5.12
呼图壁县									
昌吉市									
阜康县									
博尔塔拉州	**29.29**	**5.30**	**0.02**	**0.07**			**0.17**		**3.21**
博乐市	29.29	5.30	0.02	0.07			0.17		3.21
精河县									
伊犁哈萨克州	**209.08**	**25.21**	**5.31**	**2.54**	**44.82**	**2.38**	**7.31**	*	**29.00**
奎屯市			0.05		60.00	0.03	0.08	*	
霍城县	79.34	5.36	0.53	0.67	50.94	0.27	0.27	100.00	5.04
乌苏市	48.50	8.16	1.95	4.02	50.26	0.98	6.26	*	76.72
沙湾县	81.24	11.69	2.78	3.42	39.57	1.10	0.70	63.64	5.99

5－27－34　新疆自治区1976年产棉县棉花生产收购明细

县市名	耕地面积（万亩）	农业人口（万人）	棉田面积（万亩）	占耕地（%）	亩产（市斤）	产量（万担）	收购量（万担）	商品率（%）	人均交售（市斤）
全区合计	**1692.50**	**423.09**	**180.07**	**10.64**	**48.08**	**86.57**	**93.48**	**107.98**	**22.09**
克拉玛依市									
克拉玛依市									
石河子地区			**21.61**		**52.52**	**11.35**	**12.47**	**109.87**	
石河子市			21.61		52.52	11.35	12.47	109.87	
吐鲁番地区	**71.30**	**28.86**	**12.70**	**17.81**	**84.72**	**10.76**	**10.76**	**100.00**	**37.28**
吐鲁番市	29.90	11.30	5.47	18.29	95.25	5.21	5.23	100.38	46.28
托克逊县	17.10	7.36	1.83	10.70	73.77	1.35	1.33	98.52	18.07
鄯善县	24.30	10.20	5.40	22.22	77.78	4.20	4.20	100.00	41.18
哈密地区									
哈密市									
伊吾县									
和田地区	**234.40**	**76.49**	**22.41**	**9.56**	**39.22**	**8.79**	**7.74**	**88.05**	**10.12**
和田市	38.75	15.26	3.91	10.09	37.08	1.45	1.06	73.10	6.95
皮山县	46.86	10.23	2.44	5.21	37.30	0.91	0.69	75.82	6.74
墨玉县	57.54	25.04	6.71	11.66	49.33	3.31	3.13	94.56	12.50
洛甫县	37.32	11.62	4.56	12.22	34.43	1.57	1.48	94.27	12.74
策勒县	27.48	6.17	1.61	5.86	36.02	0.58	0.52	89.66	8.43
于田县	26.45	8.17	3.18	12.02	30.50	0.97	0.86	88.66	10.53
民丰县									
阿克苏地区	**412.79**	**96.34**	**33.25**	**8.05**	**40.18**	**13.36**	**12.16**	**91.02**	**12.62**
阿克苏市	53.82	22.04	4.72	8.77	25.64	1.21	1.11	91.74	5.04
阿瓦提县	52.28	11.78	4.90	9.37	51.84	2.54	2.43	95.67	20.63
莎雅县	47.08	11.82	5.09	10.81	35.76	1.82	1.77	97.25	14.97
库车县	85.31	21.10	10.54	12.35	55.03	5.80	5.38	92.76	25.50
温宿县	63.20	13.46	2.40	3.80	26.67	0.64	0.27	42.19	2.01
新和县	58.13	5.62	4.24	7.29	25.24	1.07	0.98	91.59	17.44
乌什县	48.47	8.22	1.30	2.68	20.00	0.26	0.20	76.92	2.43
拜城县									
坷坪县	4.50	2.30	0.06	1.33	33.33	0.02	0.02	100.00	0.87
喀什地区	**613.22**	**166.55**	**78.04**	**12.73**	**49.01**	**38.25**	**39.16**	**102.38**	**23.51**
喀什市			2.22		54.50	1.21	1.15	95.04	
巴楚县	56.57	14.88	7.63	13.49	37.09	2.83	3.08	108.83	20.70

5－27－34 续表

县市名	耕地面积（万亩）	农业人口（万人）	棉田面积（万亩）	占耕地（%）	亩产（市斤）	产量（万担）	收购量（万担）	商品率（%）	人均交售（市斤）
伽师县	65.68	18.53	5.57	8.48	31.42	1.75	1.48	84.57	7.99
岳普湖县	30.47	8.71	3.68	12.08	52.99	1.95	1.91	97.95	21.93
麦盖提县	50.20	11.34	10.26	20.44	57.12	5.86	5.84	99.66	51.50
莎车县	135.66	37.87	16.18	11.93	63.41	10.26	10.50	102.34	27.73
泽普县	43.56	8.81	7.94	18.23	50.38	4.00	3.83	95.75	43.47
叶城县	80.43	20.39	10.99	13.66	51.05	5.61	5.31	94.65	26.04
疏勒县	62.62	17.65	5.74	9.17	58.89	3.38	3.25	96.15	18.41
疏附县	54.95	14.92	4.33	7.88	32.33	1.40	1.21	86.43	8.11
英吉沙县	33.08	13.45	3.50	10.58			1.60		11.90
克孜勒苏州	**33.80**	**9.70**	**1.05**	**3.11**	**42.86**	**0.45**	**0.33**	**73.33**	**3.40**
阿克陶县	33.80	9.70	1.05	3.11	42.86	0.45	0.33	73.33	3.40
阿图什市									
巴音郭楞州	**55.93**	**9.12**	**5.46**	**9.76**	**21.79**	**1.19**	**3.46**	*	**37.94**
库尔勒市	16.43	2.45	3.26	19.84	22.70	0.74	3.08	*	125.71
尉犁县	8.85	1.22	0.52	5.88	19.23	0.10	0.09	90.00	7.38
轮台县	20.37	3.56	1.20	5.89	23.33	0.28	0.25	89.29	7.02
且末县	7.08	1.43	0.39	5.51	10.26	0.04	0.02	50.00	1.40
若羌县	3.20	0.46	0.09	2.81	33.33	0.03	0.02	66.67	4.35
和硕县									
焉耆县									
和静县									
昌吉回族自治州	**29.55**	**3.71**	**0.75**	**2.54**	**28.00**	**0.21**	**0.23**	**109.52**	**6.20**
玛纳斯县	29.55	3.71	0.75	2.54	28.00	0.21	0.23	109.52	6.20
呼图壁县									
昌吉市									
阜康县									
博尔塔拉州	**29.46**	**5.64**	**0.03**	**0.10**	**33.33**	**0.01**	**0.18**	*	**3.19**
博乐市	29.46	5.64	0.03	0.10	33.33	0.01	0.18	*	3.19
精河县									
伊犁哈萨克州	**212.05**	**26.68**	**4.77**	**2.25**	**46.12**	**2.20**	**6.99**	*	**26.20**
奎屯市			0.05		40.00	0.02			
霍城县	79.34	5.36	0.51	0.64	52.94	0.27	0.20	74.07	3.73
乌苏市	50.20	9.25	1.64	3.27	52.44	0.86	5.77		62.38
沙湾县	82.51	12.07	2.57	3.11	40.86	1.05	1.02	97.14	8.45

5-27-35 新疆自治区1977年产棉县棉花生产收购明细

县市名	耕地面积（万亩）	农业人口（万人）	棉田面积（万亩）	占耕地（%）	亩产（市斤）	产量（万担）	收购量（万担）	商品率（%）	人均交售（市斤）
全区合计	**1694.91**	**427.48**	**179.34**	**10.58**	**44.95**	**80.62**	**86.36**	**107.12**	**20.20**
克拉玛依市									
克拉玛依市									
石河子地区			**21.13**		**49.60**	**10.48**	**11.21**	**106.97**	
石河子市			21.13		49.60	10.48	11.21	106.97	
吐鲁番地区	**71.00**	**30.26**	**12.70**	**17.88**	**80.96**	**10.28**	**9.31**	**90.56**	**30.77**
吐鲁番市	30.00	12.50	5.50	18.33	87.45	4.81	4.41	91.68	35.28
托克逊县	17.10	7.36	1.70	9.92	86.62	1.47	1.20	81.63	16.30
鄯善县	23.90	10.40	5.50	23.01	72.73	4.00	3.70	92.50	35.58
哈密地区									
哈密市									
伊吾县									
和田地区	**235.46**	**76.98**	**21.26**	**9.03**	**37.39**	**7.95**	**7.00**	**88.05**	**9.09**
和田市	38.75	15.26	3.55	9.16	33.80	1.20	0.91	75.83	5.96
皮山县	46.86	10.23	2.08	4.44	34.62	0.72	0.52	72.22	5.08
墨玉县	58.60	25.53	6.84	11.67	47.81	3.27	3.16	96.64	12.38
洛甫县	37.32	11.62	4.44	11.90	30.86	1.37	1.19	86.86	10.24
策勒县	27.48	6.17	1.27	4.62	37.01	0.47	0.40	85.11	6.48
于田县	26.45	8.17	3.08	11.64	29.87	0.92	0.82	89.13	10.04
民丰县									
阿克苏地区	**416.76**	**97.32**	**33.69**	**8.08**	**37.22**	**12.54**	**11.76**	**93.78**	**12.08**
阿克苏市	55.17	22.20	4.59	8.32	27.89	1.28	1.11	86.72	5.00
阿瓦提县	50.07	11.89	4.93	9.85	49.70	2.45	2.15	87.76	18.08
莎雅县	48.59	12.12	5.40	11.11	32.41	1.75	1.75	100.00	14.44
库车县	87.23	21.36	10.29	11.80	47.42	4.88	4.62	94.67	21.63
温宿县	64.80	13.51	2.43	3.75	17.28	0.42	0.23	54.76	1.70
新和县	58.13	5.62	4.50	7.74	33.33	1.50	1.57	104.67	27.94
乌什县	48.47	8.22	1.53	3.16	16.99	0.26	0.33	126.92	4.01
拜城县									
坷坪县	4.30	2.40	0.02	0.47					
喀什地区	**612.87**	**167.77**	**78.78**	**12.85**	**44.88**	**35.36**	**34.54**	**97.68**	**20.59**
喀什市			1.86		52.69	0.98	0.87	88.78	
巴楚县	58.57	14.21	8.02	13.69	30.30	2.43	1.91	78.60	13.44

5－27－35 续表

县市名	耕地面积（万亩）	农业人口（万人）	棉田面积（万亩）	占耕地（%）	亩产（市斤）	产量（万担）	收购量（万担）	商品率（%）	人均交售（市斤）
伽师县	65.10	18.88	5.80	8.91	24.31	1.41	1.41	100.00	7.47
岳普湖县	30.77	8.79	3.36	10.92	47.62	1.60	1.49	93.13	16.95
麦盖提县	50.41	11.43	10.14	20.12	50.10	5.08	4.61	90.75	40.33
莎车县	134.71	38.18	17.92	13.30	58.48	10.48	10.90	104.01	28.55
泽普县	43.38	8.67	7.75	17.87	50.58	3.92	3.65	93.11	42.10
叶城县	79.41	20.82	10.88	13.70	45.77	4.98	4.50	90.36	21.61
疏勒县	62.84	17.62	5.52	8.78	54.35	3.00	2.69	89.67	15.27
疏附县	54.60	15.72	4.31	7.89	34.34	1.48	1.31	88.51	8.33
英吉沙县	33.08	13.45	3.22	9.73			1.20		8.92
克孜勒苏州	**33.80**	**9.30**	**1.06**	**3.14**	**40.57**	**0.43**	**0.37**	**86.05**	**3.98**
阿克陶县	33.80	9.30	1.06	3.14	40.57	0.43	0.37	86.05	3.98
阿图什市									
巴音郭楞州	**55.93**	**9.12**	**5.22**	**9.33**	**24.71**	**1.29**	**4.29**	*	**47.04**
库尔勒市	16.43	2.45	3.10	18.87	25.48	0.79	3.88	*	158.37
尉犁县	8.85	1.22	0.52	5.88	17.31	0.09	0.07	77.78	5.74
轮台县	20.37	3.56	1.16	5.69	29.31	0.34	0.32	94.12	8.99
且末县	7.08	1.43	0.36	5.08	13.89	0.05			
若羌县	3.20	0.46	0.08	2.50	25.00	0.02	0.02	100.00	4.35
和硕县									
焉耆县									
和静县									
昌吉回族自治州	**29.55**	**3.71**	**0.96**	**3.25**	**36.46**	**0.35**	**0.19**	**54.29**	**5.12**
玛纳斯县	29.55	3.71	0.96	3.25	36.46	0.35	0.19	54.29	5.12
呼图壁县									
昌吉市									
阜康县									
博尔塔拉州	**29.26**	**6.03**	**0.02**	**0.07**	**50.00**	**0.01**	**0.12**	*	**1.99**
博乐市	29.26	6.03	0.02	0.07	50.00	0.01	0.12	*	1.99
精河县									
伊犁哈萨克州	**210.28**	**26.99**	**4.52**	**2.15**	**42.70**	**1.93**	**7.57**	*	**28.05**
奎屯市			0.06		50.00	0.03			
霍城县	79.34	5.36	0.31	0.39	58.06	0.18	0.12	66.67	2.24
乌苏市	50.13	9.32	1.48	2.95	56.08	0.83	6.62	*	71.03
沙湾县	80.81	12.31	2.67	3.30	33.33	0.89	0.83	93.26	6.74

5－27－36　新疆自治区1978年产棉县棉花生产收购明细

县市名	耕地面积（万亩）	农业人口（万人）	棉田面积（万亩）	占耕地（%）	亩产（市斤）	产量（万担）	收购量（万担）	商品率（%）	人均交售（市斤）
全区合计	**1813.80**	**534.18**	**195.62**	**10.79**	**47.71**	**93.33**	**88.85**	**95.20**	**16.63**
克拉玛依市									
克拉玛依市									
石河子地区			**22.46**		**74.98**	**16.84**	**16.17**	**96.02**	
石河子市			22.46		74.98	16.84	16.17	96.02	
吐鲁番地区	**72.10**	**30.96**	**13.28**	**18.42**	**82.15**	**10.91**	**10.46**	**95.88**	**33.79**
吐鲁番市	31.00	12.90	5.57	17.97	91.92	5.12	4.93	96.29	38.22
托克逊县	17.10	7.36	2.11	12.34	61.14	1.29	1.23	95.35	16.71
鄯善县	24.00	10.70	5.60	23.33	80.36	4.50	4.30	95.56	40.19
哈密地区									
哈密市									
伊吾县									
和田地区	**280.58**	**105.15**	**20.61**	**7.35**	**35.18**	**7.25**	**6.12**	**84.41**	**5.82**
和田市	46.91	21.32	3.37	7.18	34.12	1.15	0.86	74.78	4.03
皮山县	52.80	21.32	2.27	4.30	29.07	0.66	0.48	72.73	2.25
墨玉县	58.55	25.86	6.24	10.66	42.15	2.63	2.36	89.73	9.13
洛甫县	45.41	15.24	4.40	9.69	30.68	1.35	1.16	85.93	7.61
策勒县	35.51	8.77	1.34	3.77	29.10	0.39	0.28	71.79	3.19
于田县	41.40	12.64	2.99	7.22	35.79	1.07	0.98	91.59	7.75
民丰县									
阿克苏地区	**407.28**	**106.03**	**33.93**	**8.33**	**43.38**	**14.72**	**13.65**	**92.73**	**12.87**
阿克苏市	55.94	22.74	4.54	8.12	34.80	1.58	1.52	96.20	6.68
阿瓦提县	50.34	12.07	4.98	9.89	60.04	2.99	2.81	93.98	23.28
莎雅县	52.99	12.37	5.50	10.38	32.18	1.77	1.77	100.00	14.31
库车县	84.22	21.64	10.69	12.69	50.89	5.44	5.07	93.20	23.43
温宿县	65.40	13.77	2.49	3.81	22.09	0.55	0.48	87.27	3.49
新和县	40.69	8.96	4.70	11.55	42.98	2.02	1.90	94.06	21.21
乌什县	53.30	12.08	1.01	1.89	35.64	0.36	0.09	25.00	0.75
拜城县									
坷坪县	4.40	2.40	0.02	0.45	50.00	0.01	0.01	100.00	0.42
喀什地区	**648.31**	**183.18**	**81.71**	**12.60**	**38.18**	**31.20**	**30.57**	**97.98**	**16.69**
喀什市	30.60	14.42	1.96		51.02	1.00	0.85	85.00	5.89
巴楚县	57.23	14.35	8.45	14.76	21.18	1.79	1.52	84.92	10.59

5－27－36 续表

县市名	耕地面积（万亩）	农业人口（万人）	棉田面积（万亩）	占耕地（%）	亩产（市斤）	产量（万担）	收购量（万担）	商品率（%）	人均交售（市斤）
伽师县	65.23	19.98	6.92	10.61	28.18	1.95	1.85	94.87	9.26
岳普湖县	31.29	8.77	4.17	13.33	50.12	2.09	2.01	96.17	22.92
麦盖提县	50.23	11.54	10.51	20.92	50.52	5.31	4.84	91.15	41.94
莎车县	134.27	38.26	17.42	12.97	53.39	9.30	9.17	98.60	23.97
泽普县	43.32	8.84	7.71	17.80	30.09	2.32	2.07	89.22	23.42
叶城县	79.12	20.86	10.82	13.68	25.32	2.74	2.35	85.77	11.27
疏勒县	62.52	17.74	5.68	9.09	56.16	3.19	3.05	95.61	17.19
疏附县	55.99	15.22	4.36	7.79	34.63	1.51	1.55	102.65	10.18
英吉沙县	38.51	13.20	3.71	9.63			1.31		9.92
克孜勒苏州	**31.65**	**9.60**	**1.07**	**3.38**	**38.32**	**0.41**	**0.35**	**85.37**	**3.65**
阿克陶县	31.65	9.60	1.07	3.38	38.32	0.41	0.35	85.37	3.65
阿图什市									
巴音郭楞州	**72.62**	**28.34**	**5.13**	**7.06**	**28.85**	**1.48**	**1.41**	**95.27**	**4.98**
库尔勒市	22.70	8.22	3.03	13.35	33.00	1.00	0.98	98.00	11.92
尉犁县	10.91	9.90	0.46	4.22	26.09	0.12	0.11	91.67	1.11
轮台县	23.30	5.83	1.17	5.02	27.35	0.32	0.30	93.75	5.15
且末县	12.41	2.62	0.39	3.14	5.13	0.02			
若羌县	3.30	1.77	0.08	2.42	25.00	0.02	0.02	100.00	1.13
和硕县									
焉耆县									
和静县									
昌吉回族自治州	**57.30**	**21.47**	**0.99**	**1.73**	**43.43**	**0.43**			
玛纳斯县	57.30	21.47	0.99	1.73	43.43	0.43			
呼图壁县									
昌吉市									
阜康县									
博尔塔拉州	**29.66**	**6.27**	**0.07**	**0.24**	**42.86**	**0.03**	**0.31**	*	**4.94**
博乐市	29.66	6.27	0.07	0.24	42.86	0.03	0.31	*	4.94
精河县									
伊犁哈萨克州	**214.30**	**43.18**	**16.37**	**7.64**	**61.45**	**10.06**	**9.81**	**97.51**	**22.72**
奎屯市			12.34		61.83	7.63	7.13	93.45	
霍城县	79.34	21.28	0.42	0.53	59.52	0.25	0.27	108.00	1.27
乌苏市	51.10	9.64	1.46	2.86	66.44	0.97	1.05	108.25	10.89
沙湾县	83.86	12.26	2.15	2.56	56.28	1.21	1.36	112.40	11.09

5－27－37　新疆自治区1979年产棉县棉花生产收购明细

县市名	耕地面积（万亩）	农业人口（万人）	棉田面积（万亩）	占耕地（%）	亩产（市斤）	产量（万担）	收购量（万担）	商品率（%）	人均交售（市斤）
全区合计	**1795.37**	**531.57**	**205.00**	**11.42**	**39.88**	**81.76**	**84.59**	**103.46**	**15.91**
克拉玛依市									
克拉玛依市									
石河子地区			**26.56**		**40.63**	**10.79**	**16.00**	**148.29**	
石河子市			26.56		40.63	10.79	16.00	148.29	
吐鲁番地区	**71.20**	**31.26**	**14.25**	**20.01**	**77.47**	**11.04**	**11.77**	**106.61**	**37.65**
吐鲁番市	30.30	13.00	5.99	19.77	90.32	5.41	5.58	103.14	42.92
托克逊县	17.10	7.36	2.46	14.39	58.13	1.43	1.39	97.20	18.89
鄯善县	23.80	10.90	5.80	24.37	72.41	4.20	4.80	114.29	44.04
哈密地区									
哈密市									
伊吾县									
和田地区	**279.97**	**105.00**	**19.56**	**6.99**	**29.45**	**5.76**	**4.90**	**85.07**	**4.67**
和田市	46.91	21.32	2.97	6.33	25.25	0.75	0.48	64.00	2.25
皮山县	52.80	21.32	1.54	2.92	20.78	0.32	0.32	100.00	1.50
墨玉县	57.94	25.71	6.34	10.94	41.17	2.61	2.36	90.42	9.18
洛甫县	45.41	15.24	4.42	9.73	24.21	1.07	0.86	80.37	5.64
策勒县	35.51	8.77	1.20	3.38	20.00	0.24	0.18	75.00	2.05
于田县	41.40	12.64	3.09	7.46	24.92	0.77	0.70	90.91	5.54
民丰县									
阿克苏地区	**408.91**	**106.34**	**34.77**	**8.50**	**36.78**	**12.79**	**11.99**	**93.75**	**11.28**
阿克苏市	53.41	22.90	4.92	9.21	27.44	1.35	1.27	94.07	5.55
阿瓦提县	50.45	11.97	5.07	10.05	53.25	2.70	2.41	89.26	20.13
莎雅县	57.04	12.35	6.29	11.03	34.50	2.17	2.17	100.00	17.57
库车县	84.22	21.89	10.47	12.43	42.22	4.42	4.08	92.31	18.64
温宿县	65.40	13.79	2.42	3.70	15.70	0.38	0.33	86.84	2.39
新和县	40.69	8.96	4.93	12.12	32.45	1.60	1.70	106.25	18.97
乌什县	53.30	12.08	0.65	1.22	26.15	0.17	0.03	17.65	0.25
拜城县									
坷坪县	4.40	2.40	0.02	0.45					
喀什地区	**644.54**	**183.48**	**83.07**	**12.89**	**34.93**	**29.02**	**27.82**	**95.86**	**15.16**
喀什市	30.60	14.42	1.98		48.48	0.96	0.81	84.38	5.62
巴楚县	58.66	14.32	8.30	14.15	26.51	2.20	2.38	108.18	16.62

5-27-37 续表

县市名	耕地面积（万亩）	农业人口（万人）	棉田面积（万亩）	占耕地（%）	亩产（市斤）	产量（万担）	收购量（万担）	商品率（%）	人均交售（市斤）
伽师县	66.13	20.03	6.26	9.47	19.81	1.24	1.22	98.39	6.09
岳普湖县	30.01	8.84	4.16	13.86	42.07	1.75	1.92	109.71	21.72
麦盖提县	49.39	11.68	11.23	22.74	44.97	5.05	4.80	95.05	41.10
莎车县	131.56	38.11	19.44	14.78	45.32	8.81	7.38	83.77	19.36
泽普县	43.00	8.80	7.81	18.16	29.71	2.32	2.15	92.67	24.43
叶城县	79.16	20.81	10.62	13.42	30.60	3.25	2.83	87.08	13.60
疏勒县	62.93	17.87	5.82	9.25	39.69	2.31	2.37	102.60	13.26
疏附县	54.59	15.40	4.23	7.75	26.71	1.13	1.00	88.50	6.49
英吉沙县	38.51	13.20	3.22	8.36			0.96		7.27
克孜勒苏州	**31.65**	**9.90**	**1.06**	**3.35**	**32.08**	**0.34**	**0.31**	**91.18**	**3.13**
阿克陶县	31.65	9.90	1.06	3.35	32.08	0.34	0.31	91.18	3.13
阿图什市									
巴音郭楞州	**56.91**	**23.95**	**4.18**	**7.34**	**27.27**	**1.14**	**1.06**	**92.98**	**4.43**
库尔勒市	22.70	8.22	3.12	13.74	27.56	0.86	0.81	94.19	9.85
尉犁县	10.91	9.90					0.07		0.71
轮台县	23.30	5.83	1.06	4.55	26.42	0.28	0.18	64.29	3.09
且末县									
若羌县									
和硕县									
焉耆县									
和静县									
昌吉回族自治州	**57.30**	**21.47**	**1.46**	**2.55**	**25.34**	**0.37**	**0.35**	**94.59**	**1.63**
玛纳斯县	57.30	21.47	1.46	2.55	25.34	0.37	0.35	94.59	1.63
呼图壁县									
昌吉市									
阜康县									
博尔塔拉州	**30.07**	**6.41**	**0.10**	**0.33**	**40.00**	**0.04**	**0.03**	**75.00**	**0.47**
博乐市	30.07	6.41	0.10	0.33	40.00	0.04	0.03	75.00	0.47
精河县									
伊犁哈萨克州	**214.82**	**43.76**	**19.99**	**9.31**	**52.38**	**10.47**	**10.36**	**98.95**	**23.67**
奎屯市			13.97		55.48	7.75	8.00	103.23	
霍城县	79.34	21.28	0.45	0.57	51.11	0.23	0.14	60.87	0.66
乌苏市	51.20	9.89	1.78	3.48	57.30	1.02	0.89	87.25	9.00
沙湾县	84.28	12.59	3.79	4.50	38.79	1.47	1.33	90.48	10.56

5－27－38　新疆自治区1980年产棉县棉花生产收购明细

县市名	耕地面积（万亩）	农业人口（万人）	棉田面积（万亩）	占耕地（%）	亩产（市斤）	产量（万担）	收购量（万担）	商品率（%）	人均交售（市斤）
全区合计	**1789.02**	**526.51**	**227.22**	**12.70**	**58.27**	**132.40**	**134.12**	**101.30**	**25.47**
克拉玛依市									
克拉玛依市									
石河子地区			**36.13**		**81.35**	**29.39**	**28.47**	**96.87**	
石河子市			36.13		81.35	29.39	28.47	96.87	
吐鲁番地区	**68.35**	**31.67**	**15.95**	**23.34**	**87.96**	**14.03**	**14.65**	**104.42**	**46.26**
吐鲁番市	29.30	13.10	6.72	22.94	92.11	6.19	6.77	109.37	51.68
托克逊县	17.05	7.47	2.83	16.60	65.02	1.84	1.78	96.74	23.83
鄯善县	22.00	11.10	6.40	29.09	93.75	6.00	6.10	101.67	54.95
哈密地区									
哈密市									
伊吾县									
和田地区	**269.31**	**98.88**	**20.14**	**7.48**	**39.18**	**7.89**	**8.48**	**107.48**	**8.58**
和田市	44.81	21.59	3.38	7.54	34.32	1.16	1.05	90.52	4.86
皮山县	47.51	14.13	1.76	3.70	2.27	0.04	0.69	*	4.88
墨玉县	55.57	26.36	6.74	12.13	47.77	3.22	3.45	107.14	13.09
洛甫县	44.40	14.97	4.03	9.08	40.45	1.63	1.49	91.41	9.95
策勒县	35.51	8.90	1.32	3.72	49.24	0.65	0.65	100.00	7.30
于田县	41.51	12.93	2.91	7.01	40.89	1.19	1.15	96.64	8.89
民丰县									
阿克苏地区	**403.20**	**106.16**	**36.18**	**8.97**	**44.80**	**16.21**	**16.80**	**103.64**	**15.83**
阿克苏市	52.70	22.78	5.03	9.54	36.78	1.85	2.23	120.54	9.79
阿瓦提县	50.09	11.94	5.65	11.28	59.65	3.37	3.45	102.37	28.89
莎雅县	55.05	12.38	6.23	11.32	41.25	2.57	2.57	100.00	20.76
库车县	83.86	21.92	11.42	13.62	50.00	5.71	5.82	101.93	26.55
温宿县	62.81	13.61	2.53	4.03	24.51	0.62	0.59	95.16	4.34
新和县	40.69	9.03	4.99	12.26	40.08	2.00	2.09	104.50	23.15
乌什县	52.80	12.10	0.31	0.59	29.03	0.09	0.05	55.56	0.41
拜城县									
坷坪县	5.20	2.40	0.02	0.38					
喀什地区	**639.73**	**184.22**	**86.17**	**13.47**	**50.21**	**43.27**	**43.68**	**100.95**	**23.71**
喀什市	30.50	14.89	2.02	6.62	52.97	1.07	1.05	98.13	7.05
巴楚县	59.61	14.30	9.55	16.02	43.98	4.20	4.03	95.95	28.18

5－27－38 续表

县市名	耕地面积（万亩）	农业人口（万人）	棉田面积（万亩）	占耕地（%）	亩产（市斤）	产量（万担）	收购量（万担）	商品率（%）	人均交售（市斤）
伽师县	65.24	20.30	6.06	9.29	22.44	1.36	1.26	92.65	6.21
岳普湖县	30.00	8.47	4.81	16.03	56.55	2.72	2.95	108.46	34.83
麦盖提县	48.31	11.66	12.00	24.84	59.75	7.17	7.25	101.12	62.18
莎车县	130.35	38.44	19.33	14.83	61.61	11.91	11.87	99.66	30.88
泽普县	42.98	8.70	7.75	18.03	44.00	3.41	3.35	98.24	38.51
叶城县	78.63	20.68	10.57	13.44	54.40	5.75	5.58	97.04	26.98
疏勒县	63.27	17.98	6.25	9.88	45.60	2.85	3.20	112.28	17.80
疏附县	52.33	15.47	4.55	8.69	31.87	1.45	1.66	114.48	10.73
英吉沙县	38.51	13.33	3.28	8.52	42.07	1.38	1.48	107.25	11.10
克孜勒苏州	**31.06**	**10.60**	**1.17**	**3.77**	**38.46**	**0.45**	**0.66**	**146.67**	**6.23**
阿克陶县	31.06	10.60	1.17	3.77	38.46	0.45	0.66	146.67	6.23
阿图什市									
巴音郭楞州	**71.04**	**24.16**	**4.18**	**5.88**	**34.93**	**1.46**	**1.81**	**123.97**	**7.49**
库尔勒市	22.00	8.61	2.29	10.41	36.24	0.83	1.36	163.86	15.80
尉犁县	9.90	5.80	0.55	5.56	27.27	0.15	0.12	80.00	2.07
轮台县	22.91	5.88	1.05	4.58	40.95	0.43	0.33	76.74	5.61
且末县	13.00	2.77	0.22	1.69	13.64	0.03			
若羌县	3.23	1.10	0.07	2.17	28.57	0.02			
和硕县									
焉耆县									
和静县									
昌吉回族自治州	**62.50**	**18.82**	**1.34**	**2.14**	**44.03**	**0.59**	**0.49**	**83.05**	**2.60**
玛纳斯县	62.50	18.82	1.34	2.14	44.03	0.59	0.49	83.05	2.60
呼图壁县									
昌吉市									
阜康县									
博尔塔拉州	**30.16**	**6.43**	**0.16**	**0.53**	**50.00**	**0.08**	**0.19**	*	**2.95**
博乐市	30.16	6.43	0.16	0.53	50.00	0.08	0.19	*	2.95
精河县									
伊犁哈萨克州	**213.67**	**45.57**	**25.80**	**12.07**	**73.76**	**19.03**	**18.89**	**99.26**	**41.45**
奎屯市			19.57		80.38	15.73	15.73		
霍城县	77.81	22.38	0.03	0.04	*	0.20	0.17	85.00	0.76
乌苏市	52.57	10.20	1.90	3.61	56.32	1.07	0.94	87.85	9.22
沙湾县	83.29	12.99	4.30	5.16	47.21	2.03	2.05	100.99	15.78

5-27-39 新疆自治区1981年产棉县棉花生产收购明细

县市名	耕地面积（万亩）	农业人口（万人）	棉田面积（万亩）	占耕地（%）	亩产（市斤）	产量（万担）	收购量（万担）	商品率（%）	人均交售（市斤）
全区合计	**1849.42**	**555.31**	**287.28**	**15.53**	**67.70**	**194.49**	**199.85**	**102.76**	**35.99**
克拉玛依市									
克拉玛依市									
石河子地区			**46.02**		**99.48**	**45.78**	**47.85**	**104.52**	
石河子市			46.02		99.48	45.78	47.85	104.52	
吐鲁番地区	**68.25**	**32.07**	**19.30**	**28.28**	**96.37**	**18.60**	**19.76**	**106.24**	**61.62**
吐鲁番市	29.30	13.30	8.11	27.68	101.11	8.20	9.13	111.34	68.65
托克逊县	17.05	7.47	3.09	18.12	90.61	2.80	3.03	108.21	40.56
鄯善县	21.90	11.30	8.10	36.99	93.83	7.60	7.60	100.00	67.26
哈密地区	**22.00**		**0.01**	**0.05**					
哈密市	22.00		0.01	0.05					
伊吾县									
和田地区	**264.09**	**99.51**	**24.17**	**9.15**	**48.20**	**11.65**	**10.64**	**91.33**	**10.69**
和田市	43.72	21.59	4.67	10.68	50.75	2.37	1.75	73.84	8.11
皮山县	47.51	14.13	2.10	4.42	32.38	0.68	0.72	105.88	5.10
墨玉县	54.23	26.99	8.00	14.75	56.38	4.51	4.33	96.01	16.04
洛甫县	42.87	14.97	4.29	10.01	43.82	1.88	1.68	89.36	11.22
策勒县	35.00	8.90	1.95	5.57	44.10	0.86	0.81	94.19	9.10
于田县	40.76	12.93	3.16	7.75	42.72	1.35	1.35	100.00	10.44
民丰县									
阿克苏地区	**402.83**	**106.50**	**39.99**	**9.93**	**48.26**	**19.30**	**20.43**	**105.85**	**19.18**
阿克苏市	51.47	22.65	5.70	11.07	38.60	2.20	2.56	116.36	11.30
阿瓦提县	49.95	11.95	5.88	11.77	62.07	3.65	3.89	106.58	32.55
莎雅县	52.34	12.46	7.15	13.66	54.69	3.91	3.91	100.00	31.38
库车县	88.42	22.22	11.84	13.39	55.41	6.56	6.97	106.25	31.37
温宿县	63.08	13.59	3.13	4.96	18.21	0.57	0.51	89.47	3.75
新和县	40.40	9.03	5.74	14.21	40.07	2.30	2.58	112.17	28.57
乌什县	52.47	12.10	0.51	0.97	19.61	0.10			
拜城县									
坷坪县	4.70	2.50	0.04	0.85	25.00	0.01	0.01	100.00	0.40
喀什地区	**634.63**	**192.27**	**109.69**	**17.28**	**55.75**	**61.15**	**61.16**	**100.02**	**31.81**
喀什市	28.22	14.89	3.30	11.69	59.39	1.96	2.02	103.06	13.57
巴楚县	58.20	14.16	11.55	19.85	56.28	6.50	6.26	96.31	44.21

5-27-39 续表

县市名	耕地面积（万亩）	农业人口（万人）	棉田面积（万亩）	占耕地（%）	亩产（市斤）	产量（万担）	收购量（万担）	商品率（%）	人均交售（市斤）
伽师县	65.39	19.48	7.75	11.85	38.58	2.99	2.94	98.33	15.09
岳普湖县	29.74	8.47	6.69	22.49	67.26	4.50	4.81	106.89	56.79
麦盖提县	49.23	9.66	14.09	28.62	56.85	8.01	8.48	105.87	87.78
莎车县	129.50	38.33	23.27	17.97	66.74	15.53	15.08	97.10	39.34
泽普县	42.90	8.81	9.20	21.45	43.59	4.01	4.07	101.50	46.20
叶城县	78.78	20.81	11.01	13.98	51.23	5.64	5.59	99.11	26.86
疏勒县	63.31	18.34	10.13	16.00	54.29	5.50	5.47	99.45	29.83
疏附县	49.96	25.99	6.90	13.81	50.87	3.51	3.41	97.15	13.12
英吉沙县	39.40	13.33	5.80	14.72	51.72	3.00	3.03	101.00	22.73
克孜勒苏州	**54.65**	**22.80**	**1.69**	**3.09**	**60.36**	**1.02**	**1.50**	**147.06**	**6.58**
阿克陶县	31.06	10.70	1.66	5.34	60.84	1.01	1.50	148.51	14.02
阿图什市	23.59	12.10	0.03	0.13	33.33	0.01			
巴音郭楞州	**70.81**	**24.16**	**5.23**	**7.39**	**39.39**	**2.06**	**2.54**	**123.30**	**10.51**
库尔勒市	22.00	8.61	2.83	12.86	38.16	1.08	1.72	159.26	19.98
尉犁县	9.90	5.80	0.74	7.47	43.24	0.32	0.31	96.88	5.34
轮台县	22.88	5.88	1.30	5.68	41.54	0.54	0.51	94.44	8.67
且末县	12.75	2.77	0.28	2.20	32.14	0.09			
若羌县	3.28	1.10	0.08	2.44	37.50	0.03			
和硕县									
焉耆县									
和静县									
昌吉回族自治州	**62.71**	**18.82**	**2.30**	**3.67**	**48.26**	**1.11**	**1.24**	**111.71**	**6.59**
玛纳斯县	62.71	18.82	2.30	3.67	48.26	1.11	1.24	111.71	6.59
呼图壁县									
昌吉市									
阜康县									
博尔塔拉州	**54.29**	**14.06**	**0.53**	**0.98**	**66.04**	**0.35**	**0.38**	**108.57**	**2.70**
博乐市	31.48	6.44	0.52	1.65	65.38	0.34	0.38	111.76	5.90
精河县	22.81	7.62	0.01	0.04	100.00	0.01			
伊犁哈萨克州	**215.16**	**45.12**	**38.35**	**17.82**	**87.28**	**33.47**	**34.35**	**102.63**	**76.13**
奎屯市			27.70		98.95	27.41	28.19	102.85	
霍城县	77.79	22.38	0.60	0.77	75.00	0.45	0.36	80.00	1.61
乌苏市	53.83	10.28	2.97	5.52	67.34	2.00	1.80	90.00	17.51
沙湾县	83.54	12.46	7.08	8.47	50.99	3.61	4.00	110.80	32.10

5－27－40　新疆自治区1982年产棉县棉花生产收购明细

县市名	耕地面积（万亩）	农业人口（万人）	棉田面积（万亩）	占耕地（%）	亩产（市斤）	产量（万担）	收购量（万担）	商品率（%）	人均交售（市斤）
全区合计	**1795.50**	**539.99**	**335.24**	**18.67**	**69.44**	**232.80**	**224.75**	**96.54**	**41.62**
克拉玛依市									
克拉玛依市									
石河子地区			**59.91**		**89.13**	**53.40**	**52.17**	**97.70**	
石河子市			59.91		89.13	53.40	52.17	97.70	
吐鲁番地区	**67.65**	**31.97**	**20.78**	**30.72**	**103.61**	**21.53**	**21.44**	**99.58**	**67.06**
吐鲁番市	29.10	13.30	9.09	31.24	106.27	9.66	9.64	99.79	72.48
托克逊县	17.05	7.47	3.79	22.23	104.75	3.97	4.10	103.27	54.89
鄯善县	21.50	11.20	7.90	36.74	100.00	7.90	7.70	97.47	68.75
哈密地区									
哈密市									
伊吾县									
和田地区	**264.24**	**100.23**	**30.94**	**11.71**	**55.04**	**17.03**	**15.02**	**88.20**	**14.99**
和田市	43.72	21.59	5.98	13.68	61.71	3.69	2.58	69.92	11.95
皮山县	47.51	14.13	2.78	5.85	52.16	1.45	1.50	103.45	10.62
墨玉县	54.38	27.71	10.12	18.61	59.98	6.07	5.76	94.89	20.79
洛甫县	42.87	14.97	5.75	13.41	51.65	2.97	2.42	81.48	16.17
策勒县	35.00	8.90	2.24	6.40	44.64	1.00	0.98	98.00	11.01
于田县	40.76	12.93	4.07	9.99	45.45	1.85	1.78	96.22	13.77
民丰县									
阿克苏地区	**396.81**	**105.53**	**42.93**	**10.82**	**52.39**	**22.49**	**22.48**	**99.96**	**21.30**
阿克苏市	50.86	21.40	5.96	11.72	42.11	2.51	2.68	106.77	12.52
阿瓦提县	50.06	11.91	6.83	13.64	56.81	3.88	4.20	108.25	35.26
莎雅县	52.27	13.00	7.59	14.52	50.72	3.85	3.85	100.00	29.62
库车县	84.10	22.11	12.97	15.42	65.46	8.49	7.62	89.75	34.46
温宿县	62.15	13.58	2.88	4.63	17.71	0.51	0.57	111.76	4.20
新和县	40.40	9.03	5.95	14.73	52.61	3.13	3.47	110.86	38.43
乌什县	52.47	12.10	0.70	1.33	17.14	0.12	0.09	75.00	0.74
拜城县									
坷坪县	4.50	2.40	0.05	1.11					
喀什地区	**651.25**	**196.20**	**115.51**	**17.74**	**62.89**	**72.64**	**67.87**	**93.43**	**34.59**
喀什市	28.22	14.89	0.61	0.22	80.33	0.49	0.38	77.55	2.55
巴楚县	58.35	14.70	12.50	21.42	66.56	8.32	8.13	97.72	55.31

5－27－40 续表

县市名	耕地面积（万亩）	农业人口（万人）	棉田面积（万亩）	占耕地（%）	亩　产（市斤）	产　量（万担）	收购量（万担）	商品率（%）	人均交售（市斤）
伽师县	64.66	20.01	7.50	11.60	44.67	3.35	3.30	98.51	16.49
岳普湖县	29.71	8.68	6.25	21.04	75.36	4.71	4.85	102.97	55.88
麦盖提县	47.46	10.31	13.79	29.06	68.02	9.38	9.20	98.08	89.23
莎车县	128.60	39.69	25.95	20.18	68.21	17.70	13.73	77.57	34.59
泽普县	42.86	9.22	10.31	24.06	47.43	4.89	4.72	96.52	51.19
叶城县	78.37	20.68	12.24	15.62	55.80	6.83	6.82	99.85	32.98
疏勒县	63.17	18.59	10.19	16.13	68.69	7.00	7.06	100.86	37.98
疏附县	70.45	26.10	10.21	14.49	63.37	6.47	6.13	94.74	23.49
英吉沙县	39.40	13.33	5.96	15.13	58.72	3.50	3.55	101.43	26.63
克孜勒苏州	**31.06**	**10.90**	**1.98**	**6.37**	**56.06**	**1.11**	**1.19**	**107.21**	**10.92**
阿克陶县	31.06	10.90	1.98	6.37	56.06	1.11	1.19	107.21	10.92
阿图什市									
巴音郭楞州	**70.86**	**24.16**	**5.22**	**7.37**	**44.64**	**2.33**	**2.03**	**87.12**	**8.40**
库尔勒市	22.00	8.61	2.27	10.32	46.70	1.06	0.93	87.74	10.80
尉犁县	9.90	5.80	0.96	9.70	51.04	0.49	0.49	100.00	8.45
轮台县	22.88	5.88	1.48	6.47	43.24	0.64	0.53	82.81	9.01
且末县	12.75	2.77	0.43	3.37	23.26	0.10	0.06	60.00	2.17
若羌县	3.33	1.10	0.08	2.40	50.00	0.04	0.02	50.00	1.82
和硕县									
焉耆县									
和静县									
昌吉回族自治州	**62.71**	**18.82**	**3.64**	**5.80**	**48.90**	**1.78**	**1.82**	**102.25**	**9.67**
玛纳斯县	62.71	18.82	3.64	5.80	48.90	1.78	1.82	102.25	9.67
呼图壁县									
昌吉市									
阜康县									
博尔塔拉州	**32.12**	**6.63**	**1.67**	**5.20**	**50.30**	**0.84**	**0.99**	**117.86**	**14.93**
博乐市	32.12	6.63	1.67	5.20	50.30	0.84	0.99	117.86	14.93
精河县									
伊犁哈萨克州	**218.80**	**45.55**	**52.66**	**24.07**	75.29	**39.65**	**39.74**	**100.23**	**87.24**
奎屯市			37.25		83.60	31.14	30.86	99.10	
霍城县	77.79	22.38	0.61	0.78	70.49	0.43	0.48	111.63	2.14
乌苏市	53.42	10.41	4.42	8.27	66.74	2.95	2.70	91.53	25.94
沙湾县	87.59	12.76	10.38	11.85	49.42	5.13	5.70	111.11	44.67

5－27－41　新疆自治区1983年产棉县棉花生产收购明细

县市名	耕地面积（万亩）	农业人口（万人）	棉田面积（万亩）	占耕地（%）	亩产（市斤）	产量（万担）	收购量（万担）	商品率（%）	人均交售（市斤）
全区合计	**1996.73**	**592.33**	**296.20**	**14.83**	**71.79**	**212.65**	**211.15**	**99.30**	**35.65**
克拉玛依市	**12.45**	**2.34**	**0.07**	**0.56**	**57.14**	**0.04**			
克拉玛依市	12.45	2.34	0.07	0.56	57.14	0.04			
石河子地区			**58.07**		**90.51**	**52.56**	**51.60**	**98.17**	
石河子市			58.07		90.51	52.56	51.60	98.17	
吐鲁番地区	**67.05**	**32.87**	**18.93**	**28.23**	**107.45**	**20.34**	**22.58**	**111.01**	**68.69**
吐鲁番市	28.90	13.50	7.84	27.13	109.57	8.59	9.81	114.20	72.67
托克逊县	17.05	7.47	3.59	21.06	121.17	4.35	4.67	107.36	62.52
鄯善县	21.10	11.90	7.50	35.55	98.67	7.40	8.10	109.46	68.07
哈密地区	**22.00**		**0.01**	**0.05**	**100.00**	**0.01**			
哈密市	22.00		0.01	0.05	100.00	0.01			
伊吾县									
和田地区	**268.98**	**102.49**	**30.12**	**11.20**	**59.86**	**18.03**	**15.76**	**87.41**	**15.38**
和田市	43.72	21.59	5.47	12.51	70.20	3.84	2.65	69.01	12.27
皮山县	47.51	14.13	2.92	6.15	70.55	2.06	2.21	107.28	15.64
墨玉县	53.22	28.06	9.59	18.02	58.60	5.62	5.18	92.17	18.46
洛甫县	42.87	14.97	6.12	14.28	58.99	3.61	3.22	89.20	21.51
策勒县	35.00	8.90	2.09	5.97	55.02	1.15	1.09	94.78	12.25
于田县	40.76	12.93	3.85	9.45	45.45	1.75	1.41	80.57	10.90
民丰县	5.90	1.91	0.08	1.36					
阿克苏地区	**396.32**	**105.43**	**40.42**	**10.20**	**62.42**	**25.23**	**24.92**	**98.77**	**23.64**
阿克苏市	50.56	21.70	5.29	10.46	59.17	3.13	3.52	112.46	16.22
阿瓦提县	50.07	11.90	7.00	13.98	77.57	5.43	5.92	109.02	49.75
莎雅县	52.56	12.76	6.98	13.28	58.88	4.11	4.11	100.00	32.21
库车县	83.78	22.24	12.58	15.02	67.49	8.49	7.36	86.69	33.09
温宿县	62.18	13.30	2.35	3.78	30.21	0.71	0.70	98.59	5.26
新和县	40.40	9.03	5.48	13.56	58.39	3.20	3.20	100.00	35.44
乌什县	52.47	12.10	0.70	1.33	22.86	0.16	0.11	68.75	0.91
拜城县									
坷坪县	4.30	2.40	0.04	0.93					
喀什地区	**645.75**	**196.78**	**116.34**	**18.02**	**66.47**	**77.33**	**76.75**	**99.25**	**39.00**
喀什市	28.22	14.89	0.45	0.02	82.22	0.37	0.27	72.97	1.81
巴楚县	59.70	14.76	13.43	22.50	78.18	10.50	10.89	103.71	73.78

5-27-41 续表

县市名	耕地面积（万亩）	农业人口（万人）	棉田面积（万亩）	占耕地（%）	亩产（市斤）	产量（万担）	收购量（万担）	商品率（%）	人均交售（市斤）
伽师县	64.01	20.17	8.80	13.75	37.05	3.26	3.25	99.69	16.11
岳普湖县	29.74	8.85	5.93	19.94	75.38	4.47	4.50	100.67	50.85
麦盖提县	45.22	10.03	13.07	28.90	80.34	10.50	10.50	100.00	104.69
莎车县	127.06	38.80	26.55	20.90	73.45	19.50	19.87	101.90	51.21
泽普县	42.82	8.91	10.94	25.55	54.57	5.97	5.87	98.38	65.91
叶城县	78.24	21.61	11.66	14.90	60.46	7.05	6.54	92.77	30.26
疏勒县	62.59	18.96	9.79	15.64	64.15	6.28	6.18	98.41	32.59
疏附县	68.75	26.47	10.22	14.87	60.18	6.15	5.86	95.28	22.14
英吉沙县	39.40	13.33	5.50	13.96	59.64	3.28	3.02	92.07	22.66
克孜勒苏州	**54.65**	**23.50**	**1.92**	**3.51**	**65.10**	**1.25**	**1.26**	**100.80**	**5.36**
阿克陶县	31.06	11.40	1.80	5.80	67.22	1.21	1.20	99.17	10.53
阿图什市	23.59	12.10	0.12	0.51	33.33	0.04	0.06	150.00	0.50
巴音郭楞州	**80.48**	**27.27**	**6.46**	**8.03**	**51.55**	**3.33**	**2.89**	**86.79**	**10.60**
库尔勒市	22.00	8.61	3.56	16.18	56.18	2.00	1.76	88.00	20.44
尉犁县	9.90	5.80	1.18	11.92	53.39	0.63	0.63	100.00	10.86
轮台县	22.88	5.88	1.12	4.90	39.29	0.44	0.32	72.73	5.44
且末县	12.75	2.77	0.46	3.61	39.13	0.18	0.14	77.78	5.05
若羌县	3.35	1.10	0.09	2.69	55.56	0.05	0.04	80.00	3.64
和硕县	9.60	3.11	0.05	0.52	60.00	0.03			
焉耆县									
和静县									
昌吉回族自治州	**178.61**	**42.84**	**4.15**	**2.32**	**62.89**	**2.61**	**2.34**	**89.66**	**5.46**
玛纳斯县	62.71	18.82	3.88	6.19	58.76	2.28	2.16	94.74	11.48
呼图壁县	55.10	11.81	0.01	0.02	100.00	0.01	0.01	100.00	0.08
昌吉市	60.80	12.21	0.26	0.43	123.08	0.32	0.17	53.13	1.39
阜康县									
博尔塔拉州	**53.97**	**12.82**	**3.27**	**6.06**	**56.88**	**1.86**	**2.03**	**109.14**	**15.83**
博乐市	31.43	6.74	2.94	9.35	61.90	1.82	2.00	109.89	29.67
精河县	22.54	6.08	0.33	1.46	12.12	0.04	0.03	75.00	0.49
伊犁哈萨克州	**216.47**	**45.99**	**16.44**	**7.59**	**61.19**	**10.06**	**11.02**	**109.54**	**23.96**
奎屯市									
霍城县	77.79	22.38	0.35	0.45	65.71	0.23	0.13	56.52	0.58
乌苏市	53.14	10.46	4.27	8.04	72.37	3.09	2.99	96.76	28.59
沙湾县	85.54	13.15	11.82	13.82	57.02	6.74	7.90	117.21	60.08

5－27－42　新疆自治区1984年产棉县棉花生产收购明细

县市名	耕地面积（万亩）	农业人口（万人）	棉田面积（万亩）	占耕地（%）	亩产（市斤）	产量（万担）	收购量（万担）	商品率（%）	人均交售（市斤）
全区合计	**1976.64**	**593.58**	**292.17**	**14.78**	**87.00**	**254.18**	**256.33**	**100.85**	**43.18**
克拉玛依市	**12.45**	**2.34**	**0.10**	**0.80**	**70.00**	**0.07**			
克拉玛依市	12.45	2.34	0.10	0.80	70.00	0.07			
石河子地区			**53.49**		**99.68**	**53.32**	**54.21**	**101.67**	
石河子市			53.49		99.68	53.32	54.21	101.67	
吐鲁番地区	**67.05**	**32.67**	**21.39**	**31.90**	**107.34**	**22.96**	**22.99**	**100.13**	**70.37**
吐鲁番市	28.90	13.70	8.67	30.00	111.88	9.70	9.73	100.31	71.02
托克逊县	17.05	7.47	4.72	27.68	107.20	5.06	5.36	105.93	71.75
鄯善县	21.10	11.50	8.00	37.91	102.50	8.20	7.90	96.34	68.70
哈密地区	**22.00**		**0.01**	**0.05**	**100.00**	**0.01**			
哈密市	22.00		0.01	0.05	100.00	0.01			
伊吾县									
和田地区	**268.04**	**103.23**	**27.81**	**10.38**	**64.22**	**17.86**	**18.39**	**102.97**	**17.81**
和田市	43.72	21.59	4.04	9.24	68.07	2.75	2.72	98.91	12.60
皮山县	47.51	14.13	2.87	6.04	80.49	2.31	2.82	122.08	19.96
墨玉县	52.28	28.80	9.32	17.83	56.22	5.24	5.72	109.16	19.86
洛甫县	42.87	14.97	5.65	13.18	69.03	3.90	3.75	96.15	25.05
策勒县	35.00	8.90	2.15	6.14	86.51	1.86	1.85	99.46	20.79
于田县	40.76	12.93	3.70	9.08	48.65	1.80	1.53	85.00	11.83
民丰县	5.90	1.91	0.08	1.36					
阿克苏地区	**392.07**	**104.42**	**39.30**	**10.02**	**78.50**	**30.85**	**31.78**	**103.01**	**30.43**
阿克苏市	49.18	20.63	5.03	10.23	74.75	3.76	4.43	117.82	21.47
阿瓦提县	50.00	11.68	7.16	14.32	105.31	7.54	7.66	101.59	65.58
莎雅县	49.05	12.66	7.25	14.78	55.45	4.02	4.02	100.00	31.75
库车县	84.10	22.36	11.81	14.04	89.75	10.60	9.72	91.70	43.47
温宿县	61.97	13.46	2.15	3.47	46.98	1.01	1.56	154.46	11.59
新和县	40.40	9.03	5.14	12.72	69.26	3.56	4.04	113.48	44.74
乌什县	52.47	12.10	0.71	1.35	43.66	0.31	0.30	96.77	2.48
拜城县									
坷坪县	4.90	2.50	0.05	1.02	100.00	0.05	0.05	100.00	2.00
喀什地区	**634.14**	**197.67**	**116.13**	**18.31**	**87.99**	**102.18**	**99.75**	**97.62**	**50.46**
喀什市	28.22	14.89	0.44	0.02	86.36	0.38	0.54	142.11	3.63
巴楚县	59.72	14.89	13.00	21.77	123.08	16.00	15.46	96.63	103.83

5-27-42 续表

县市名	耕地面积（万亩）	农业人口（万人）	棉田面积（万亩）	占耕地（%）	亩产（市斤）	产量（万担）	收购量（万担）	商品率（%）	人均交售（市斤）
伽师县	62.85	20.63	9.19	14.62	53.75	4.94	4.20	85.02	20.36
岳普湖县	28.74	8.66	5.85	20.35	128.03	7.49	7.27	97.06	83.95
麦盖提县	43.19	10.21	13.20	30.56	101.59	13.41	13.35	99.55	130.75
莎车县	125.13	38.74	26.77	21.39	82.26	22.02	21.64	98.27	55.86
泽普县	42.28	9.04	10.00	23.65	80.00	8.00	8.00	100.00	88.50
叶城县	78.18	21.67	11.28	14.43	88.65	10.00	9.65	96.50	44.53
疏勒县	58.08	18.93	10.46	18.01	84.42	8.83	8.58	97.17	45.32
疏附县	68.35	26.68	10.29	15.05	70.26	7.23	7.08	97.93	26.54
英吉沙县	39.40	13.33	5.65	14.34	68.67	3.88	3.98	102.58	29.86
克孜勒苏州	**50.54**	**23.70**	**1.96**	**3.88**	**79.08**	**1.55**	**1.41**	**90.97**	**5.95**
阿克陶县	26.95	11.60	1.71	6.35	85.38	1.46	1.08	73.97	9.31
阿图什市	23.59	12.10	0.25	1.06	36.00	0.09	0.33	*	2.73
巴音郭楞州	**80.41**	**27.27**	**6.52**	**8.11**	**70.55**	**4.60**	**4.45**	**96.74**	**16.32**
库尔勒市	22.00	8.61	3.45	15.68	70.43	2.43	2.43	100.00	28.22
尉犁县	9.90	5.80	1.17	11.82	93.16	1.09	1.23	112.84	21.21
轮台县	22.88	5.88	1.28	5.59	59.38	0.76	0.67	88.16	11.39
且末县	12.75	2.77	0.39	3.06	38.46	0.15	0.07	46.67	2.53
若羌县	3.28	1.10	0.08	2.44	62.50	0.05	0.04	80.00	3.64
和硕县	9.60	3.11	0.15	1.56	80.00	0.12	0.01	8.33	0.32
焉耆县									
和静县									
昌吉回族自治州	**178.61**	**42.84**	**3.44**	**1.93**	**71.22**	**2.45**	**2.32**	**94.69**	**5.42**
玛纳斯县	62.71	18.82	3.23	5.15	67.49	2.18	2.20	100.92	11.69
呼图壁县	55.10	11.81	0.02	0.04	150.00	0.03	0.06	200.00	0.51
昌吉市	60.80	12.21	0.19	0.31	126.32	0.24	0.06	25.00	0.49
阜康县									
博尔塔拉州	**54.22**	**13.17**	**4.96**	**9.15**	**108.87**	**5.40**	**6.30**	**116.67**	**47.84**
博乐市	31.65	6.83	3.90	12.32	101.79	3.97	5.00	125.94	73.21
精河县	22.57	6.34	1.06	4.70	134.91	1.43	1.30	90.91	20.50
伊犁哈萨克州	**217.11**	**46.27**	**17.06**	**7.86**	**75.79**	**12.93**	**14.73**	**113.92**	**31.83**
奎屯市									
霍城县	77.79	22.38	0.77	0.99	46.75	0.36	0.53	147.22	2.37
乌苏市	53.05	10.79	5.23	9.86	79.73	4.17	4.53	108.63	41.98
沙湾县	86.27	13.10	11.06	12.82	75.95	8.40	9.67	115.12	73.82

5-27-43　新疆自治区1985年产棉县棉花生产收购明细

县市名	耕地面积（万亩）	农业人口（万人）	棉田面积（万亩）	占耕地（%）	亩　产（市斤）	产　量（万担）	收购量（万担）	商品率（%）	人均交售（市斤）
全区合计	**1831.41**	**574.55**	**254.05**	**13.87**	**97.22**	**246.99**	**227.26**	**92.01**	**39.55**
克拉玛依市	**12.45**	**2.34**	**0.10**	**0.80**	**80.00**	**0.08**			
克拉玛依市	12.45	2.34	0.10	0.80	80.00	0.08			
石河子地区			**41.31**		**99.35**	**41.04**	**35.81**	**87.26**	
石河子市			41.31		99.35	41.04	35.81	87.26	
吐鲁番地区	**64.40**	**33.78**	**19.24**	**29.88**	**96.26**	**18.52**	**17.34**	**93.63**	**51.33**
吐鲁番市	27.00	14.40	8.06	29.85	93.18	7.51	7.38	98.27	51.25
托克逊县	17.10	7.58	4.18	24.44	117.46	4.91	4.46	90.84	58.84
鄯善县	20.30	11.80	7.00	34.48	87.14	6.10	5.50	90.16	46.61
哈密地区	**22.00**		**0.02**	**0.09**	**150.00**	**0.03**			
哈密市	22.00		0.02	0.09	150.00	0.03			
伊吾县									
和田地区	**241.47**	**103.61**	**24.07**	**9.97**	**73.66**	**17.73**	**16.30**	**91.93**	**15.73**
和田市	43.72	17.73	3.10	7.09	89.03	2.76	1.68	60.87	9.48
皮山县	41.81	14.69	2.56	6.12	100.00	2.56	2.85	111.33	19.40
墨玉县	48.93	29.37	8.08	16.51	62.00	5.01	5.22	104.19	17.77
洛甫县	36.60	15.87	4.99	13.63	76.55	3.82	3.50	91.62	22.05
策勒县	30.71	9.48	2.19	7.13	87.21	1.91	1.73	90.58	18.25
于田县	33.80	14.42	3.10	9.17	53.87	1.67	1.32	79.04	9.15
民丰县	5.90	2.05	0.05	0.85					
阿克苏地区	**382.27**	**103.93**	**32.19**	**8.42**	**99.10**	**31.90**	**29.67**	**93.01**	**28.55**
阿克苏市	46.42	19.69	4.65	10.02	82.15	3.82	3.78	98.95	19.20
阿瓦提县	49.01	11.46	6.80	13.87	120.29	8.18	8.71	106.48	76.00
莎雅县	49.27	12.50	6.07	12.32	66.89	4.06	4.06	100.00	32.48
库车县	84.05	22.75	8.01	9.53	122.35	9.80	7.66	78.16	33.67
温宿县	57.90	13.09	1.49	2.57	69.80	1.04	1.22	117.31	9.32
新和县	41.21	9.61	4.71	11.43	99.58	4.69	4.05	86.35	42.14
乌什县	49.91	12.33	0.34	0.68	58.82	0.20	0.08	40.00	0.65
拜城县									
坷坪县	4.50	2.50	0.12	2.67	91.67	0.11	0.11	100.00	4.40
喀什地区	**594.87**	**190.19**	**108.75**	**18.28**	**103.37**	**112.41**	**105.17**	**93.56**	**55.30**
喀什市	4.91	4.81	0.35	0.71	94.29	0.33	0.44	133.33	9.15
巴楚县	57.34	15.10	15.16	26.44	118.73	18.00	16.14	89.67	106.89

5－27－43续表

县市名	耕地面积（万亩）	农业人口（万人）	棉田面积（万亩）	占耕地（%）	亩产（市斤）	产量（万担）	收购量（万担）	商品率（%）	人均交售（市斤）
伽师县	60.73	20.96	5.82	9.58	103.95	6.05	5.16	85.29	24.62
岳普湖县	27.52	8.74	5.45	19.80	146.79	8.00	6.86	85.75	78.49
麦盖提县	43.19	10.38	11.92	27.60	115.77	13.80	12.85	93.12	123.80
莎车县	119.17	38.79	23.32	19.57	98.76	23.03	21.24	92.23	54.76
泽普县	40.84	9.00	8.60	21.06	93.37	8.03	7.03	87.55	78.11
叶城县	77.32	22.01	13.20	17.07	118.56	15.65	13.10	83.71	59.52
疏勒县	56.75	19.31	9.03	15.91	108.42	9.79	9.21	94.08	47.70
疏附县	67.70	26.68	10.54	15.57	83.49	8.80	8.44	95.91	31.63
英吉沙县	39.40	14.41	5.36	13.60	17.35	0.93	4.70	*	32.62
克孜勒苏州	**49.92**	**24.10**	**2.28**	**4.57**	**102.63**	**2.34**	**2.05**	**87.61**	**8.51**
阿克陶县	26.33	12.00	1.70	6.46	98.24	1.67	1.30	77.84	10.83
阿图什市	23.59	12.10	0.58	2.46	115.52	0.67	0.75	111.94	6.20
巴音郭楞州	**80.82**	**27.97**	**7.16**	**8.86**	**90.64**	**6.49**	**5.39**	**83.05**	**19.27**
库尔勒市	21.80	8.82	3.19	14.63	90.60	2.89	2.54	87.89	28.80
尉犁县	10.40	5.88	1.49	14.33	100.00	1.49	1.46	97.99	24.83
轮台县	20.51	6.10	2.15	10.48	85.12	1.83	1.22	66.67	20.00
且末县	12.80	2.78	0.21	1.64	90.48	0.19	0.13	68.42	4.68
若羌县	3.20	1.10	0.06	1.88	100.00	0.06	0.04	66.67	3.64
和硕县	12.11	3.29	0.06	0.50	50.00	0.03			
焉耆县									
和静县									
昌吉回族自治州	**121.60**	**29.53**	**2.08**	**1.71**	**74.04**	**1.54**	**1.68**	**109.09**	**5.69**
玛纳斯县	60.80	17.23	1.99	3.27	73.37	1.46	1.63	111.64	9.46
呼图壁县									
昌吉市	60.80	12.30	0.09	0.15	88.89	0.08	0.05	62.50	0.41
阜康县									
博尔塔拉州	**54.00**	**13.25**	**4.61**	**8.54**	**115.84**	**5.34**	**5.10**	**95.51**	**38.49**
博乐市	31.42	6.90	3.90	12.41	106.15	4.14	4.00	96.62	57.97
精河县	22.58	6.35	0.71	3.14	169.01	1.20	1.10	91.67	17.32
伊犁哈萨克州	**207.61**	**45.85**	**12.24**	**5.90**	**78.19**	**9.57**	**8.75**	**91.43**	**19.08**
奎屯市									
霍城县	68.40	21.96	0.20	0.29	20.00	0.04	0.06	150.00	0.27
乌苏市	53.20	10.71	3.84	7.22	87.76	3.37	3.05	90.50	28.48
沙湾县	86.01	13.18	8.20	9.53	75.12	6.16	5.64	91.56	42.79

5-27-44　新疆自治区1986年产棉县棉花生产收购明细

县市名	耕地面积（万亩）	农业人口（万人）	棉田面积（万亩）	占耕地（%）	亩产（市斤）	产量（万担）	收购量（万担）	商品率（%）	人均交售（市斤）
全区合计	**1862.70**	**589.81**	**279.17**	**14.99**	**102.69**	**286.67**	**264.78**	**92.36**	**44.89**
克拉玛依市	**12.00**	**2.34**	**0.10**	**0.83**	**100.00**	**0.10**			
克拉玛依市	12.00	2.34	0.10	0.83	100.00	0.10			
石河子地区			**49.83**		**114.63**	**57.12**	**57.94**	**101.44**	
石河子市			49.83		114.63	57.12	57.94	101.44	
吐鲁番地区	**63.30**	**33.48**	**20.43**	**32.27**	**96.04**	**19.62**	**17.58**	**89.60**	**52.51**
吐鲁番市	26.00	14.00	8.46	32.54	85.46	7.23	6.85	94.74	48.93
托克逊县	17.10	7.58	4.87	28.48	135.32	6.59	5.53	83.92	72.96
鄯善县	20.20	11.90	7.10	35.15	81.69	5.80	5.20	89.66	43.70
哈密地区	**22.00**		**0.01**	**0.05**	**100.00**	**0.01**			
哈密市	22.00		0.01	0.05	100.00	0.01			
伊吾县									
和田地区	**234.64**	**102.59**	**15.00**	**6.39**	**86.80**	**13.02**	**9.96**	**76.50**	**9.71**
和田市	43.72	17.73	2.52	5.76	101.59	2.56	1.04	40.63	5.87
皮山县	41.81	14.69	2.51	6.00	117.13	2.94	3.12	106.12	21.24
墨玉县	48.00	30.40	1.92	4.00	73.96	1.42	1.98	139.44	6.51
洛甫县	36.60	15.87	3.17	8.66	75.39	2.39	2.40	100.42	15.12
策勒县	30.71	9.48	2.40	7.82	90.83	2.18	0.27	12.39	2.85
于田县	33.80	14.42	2.48	7.34	61.69	1.53	1.15	75.16	7.98
民丰县									
阿克苏地区	**375.00**	**104.88**	**34.42**	**9.18**	**92.33**	**31.78**	**29.17**	**91.79**	**27.81**
阿克苏市	45.70	19.99	4.88	10.68	82.38	4.02	3.51	87.31	17.56
阿瓦提县	48.18	11.69	8.00	16.60	116.38	9.31	8.90	95.60	76.13
莎雅县	51.62	12.49	6.03	11.68	77.94	4.70	4.70	100.00	37.63
库车县	78.22	23.00	8.87	11.34	87.71	7.78	7.32	94.09	31.83
温宿县	55.76	13.17	1.46	2.62	73.29	1.07	0.78	72.90	5.92
新和县	41.21	9.61	4.93	11.96	95.94	4.73	3.83	80.97	39.85
乌什县	49.91	12.33	0.10	0.20	40.00	0.04			
拜城县									
坷坪县	4.40	2.60	0.15	3.41	86.67	0.13	0.13	100.00	5.00
喀什地区	**586.19**	**193.38**	**124.44**	**21.23**	**102.14**	**127.10**	**111.86**	**88.01**	**57.84**
喀什市	4.91	4.81	0.34	0.69	105.88	0.36	0.32	88.89	6.65
巴楚县	57.19	14.80	16.12	28.19	108.50	17.49	13.87	79.30	93.72

5－27－44 续表

县 市 名	耕地面积（万亩）	农业人口（万人）	棉田面积（万亩）	占耕地（%）	亩 产（市斤）	产 量（万担）	收购量（万担）	商品率（%）	人均交售（市斤）
伽师县	60.23	21.96	5.76	9.56	105.38	6.07	4.78	78.75	21.77
岳普湖县	26.58	8.75	6.31	23.74	121.87	7.69	6.60	85.83	75.43
麦盖提县	40.03	10.60	13.70	34.22	131.39	18.00	16.09	89.39	151.79
莎车县	118.67	39.10	28.10	23.68	96.65	27.16	23.13	85.16	59.16
泽普县	40.24	9.66	10.70	26.59	96.07	10.28	10.28	100.00	106.42
叶城县	76.67	22.43	14.82	19.33	99.73	14.78	14.45	97.77	64.42
疏勒县	55.69	19.30	11.61	20.85	96.73	11.23	9.24	82.28	47.88
疏附县	66.58	27.56	10.22	15.35	87.48	8.94	7.47	83.56	27.10
英吉沙县	39.40	14.41	6.76	17.16	75.44	5.10	5.63	110.39	39.07
克孜勒苏州	**49.92**	**24.30**	**2.39**	**4.79**	**119.25**	**2.85**	**2.16**	**75.79**	**8.89**
阿克陶县	26.33	12.20	1.59	6.04	110.69	1.76	1.14	64.77	9.34
阿图什市	23.59	12.10	0.80	3.39	136.25	1.09	1.02	93.58	8.43
巴音郭楞州	**80.69**	**27.97**	**6.90**	**8.55**	**94.49**	**6.52**	**5.80**	**88.96**	**20.74**
库尔勒市	21.80	8.82	3.40	15.60	92.94	3.16	2.64	83.54	29.93
尉犁县	10.40	5.88	1.66	15.96	103.01	1.71	2.05	119.88	34.86
轮台县	20.51	6.10	1.53	7.46	93.46	1.43	0.94	65.73	15.41
且末县	12.80	2.78	0.17	1.33	64.71	0.11	0.11	100.00	3.96
若羌县	3.07	1.10	0.06	1.95	100.00	0.06	0.06	100.00	5.45
和硕县	12.11	3.29	0.08	0.66	62.50	0.05			
焉耆县									
和静县									
昌吉回族自治州	**176.70**	**41.04**	**2.90**	**1.64**	**81.72**	**2.37**	**2.69**	**113.50**	**6.55**
玛纳斯县	60.80	17.23	2.86	4.70	82.52	2.36	2.59	109.75	15.03
呼图壁县	55.10	11.51	0.01	0.02	100.00	0.01	0.07	*	0.61
昌吉市	60.80	12.30	0.03	0.05			0.03		0.24
阜康县									
博尔塔拉州	**54.33**	**13.49**	**8.49**	**15.63**	**140.16**	**11.90**	**12.50**	**105.04**	**92.66**
博乐市	31.74	7.02	5.54	17.45	137.18	7.60	8.40	110.53	119.66
精河县	22.59	6.47	2.95	13.06	145.76	4.30	4.10	95.35	63.37
伊犁哈萨克州	**207.93**	**46.34**	**14.26**	**6.86**	**100.14**	**14.28**	**15.12**	**105.88**	**32.63**
奎屯市									
霍城县	68.40	21.96	0.09	0.13	22.22	0.02	0.01	50.00	0.05
乌苏市	53.40	11.05	4.77	8.93	108.18	5.16	6.10	118.22	55.20
沙湾县	86.13	13.33	9.40	10.91	96.81	9.10	9.01	99.01	67.59

5－27－45 新疆自治区1987年产棉县棉花生产收购明细

县市名	耕地面积（万亩）	农业人口（万人）	棉田面积（万亩）	占耕地（%）	亩产（市斤）	产量（万担）	收购量（万担）	商品率（%）	人均交售（市斤）
全区合计	**1865.03**	**596.40**	**372.66**	**19.98**	**101.92**	**379.83**	**349.31**	**91.96**	**58.57**
克拉玛依市	**12.00**	**2.34**	**0.13**	**1.08**	**76.92**	**0.10**			
克拉玛依市	12.00	2.34	0.13	1.08	76.92	0.10			
石河子地区			**60.18**		**111.53**	**67.12**	**63.74**	**94.96**	
石河子市			60.18		111.53	67.12	63.74	94.96	
吐鲁番地区	**62.00**	**34.08**	**21.41**	**34.53**	**119.90**	**25.67**	**23.76**	**92.56**	**69.72**
吐鲁番市	24.70	14.30	7.77	31.46	111.84	8.69	8.51	97.93	59.51
托克逊县	17.10	7.58	6.84	40.00	144.44	9.88	8.85	89.57	116.75
鄯善县	20.20	12.20	6.80	33.66	104.41	7.10	6.40	90.14	52.46
哈密地区	**22.00**		**0.04**	**0.18**	**125.00**	**0.05**	**0.58**	*	
哈密市	22.00		0.04	0.18	125.00	0.05	0.58	*	
伊吾县									
和田地区	**240.94**	**105.33**	**32.85**	**13.63**	**83.99**	**27.59**	**25.15**	**91.16**	**23.88**
和田市	43.72	17.73	3.77	8.62	84.62	3.19	2.72	85.27	15.34
皮山县	41.81	14.69	5.06	12.10	109.49	5.54	5.42	97.83	36.90
墨玉县	48.40	31.09	9.77	20.19	80.86	7.90	6.75	85.44	21.71
洛甫县	36.60	15.87	6.84	18.69	75.73	5.18	5.20	100.39	32.77
策勒县	30.71	9.48	3.55	11.56	88.73	3.15	2.91	92.38	30.70
于田县	33.80	14.42	3.81	11.27	69.03	2.63	2.15	81.75	14.91
民丰县	5.90	2.05	0.05	0.85					
阿克苏地区	**376.70**	**105.20**	**48.41**	**12.85**	**93.76**	**45.39**	**44.78**	**98.66**	**42.57**
阿克苏市	45.20	20.04	6.60	14.60	101.06	6.67	6.87	103.00	34.28
阿瓦提县	47.97	11.88	11.54	24.06	117.24	13.53	14.02	103.62	118.01
莎雅县	55.44	12.67	9.40	16.96	79.76	7.50	7.50	100.00	59.19
库车县	78.27	23.33	11.27	14.40	86.87	9.79	9.09	92.85	38.96
温宿县	54.50	12.74	3.16	5.80	88.61	2.80	2.56	91.43	20.09
新和县	41.21	9.61	5.98	14.51	79.93	4.78	4.50	94.14	46.83
乌什县	49.91	12.33	0.28	0.56	53.57	0.15	0.07	46.67	0.57
拜城县									
坷坪县	4.20	2.60	0.18	4.29	94.44	0.17	0.17	100.00	6.54
喀什地区	**580.08**	**195.43**	**157.25**	**27.11**	**98.20**	**154.42**	**134.50**	**87.10**	**68.82**
喀什市	4.91	4.81	0.43	0.88	109.30	0.47	0.19	40.43	3.95
巴楚县	56.20	15.13	20.40	36.30	98.04	20.00	17.26	86.30	114.08

5-27-45 续表

县市名	耕地面积（万亩）	农业人口（万人）	棉田面积（万亩）	占耕地（%）	亩产（市斤）	产量（万担）	收购量（万担）	商品率（%）	人均交售（市斤）
伽师县	59.32	22.22	9.06	15.27	117.00	10.60	8.80	83.02	39.60
岳普湖县	26.55	9.04	7.54	28.40	111.54	8.41	8.07	95.96	89.27
麦盖提县	43.00	10.78	18.18	42.28	118.54	21.55	18.87	87.56	175.05
莎车县	114.00	40.23	33.08	29.02	105.59	34.93	30.40	87.03	75.57
泽普县	38.84	9.76	12.17	31.33	90.96	11.07	9.11	82.29	93.34
叶城县	76.36	22.56	19.00	24.88	87.37	16.60	13.21	79.58	58.55
疏勒县	55.24	19.24	15.79	28.58	89.42	14.12	13.23	93.70	68.76
疏附县	66.26	27.25	12.77	19.27	83.16	10.62	9.18	86.44	33.69
英吉沙县	39.40	14.41	8.83	22.41	68.52	6.05	6.18	102.15	42.89
克孜勒苏州	**49.92**	**24.70**	**3.58**	**7.17**	**118.44**	**4.24**	**3.85**	**90.80**	**15.59**
阿克陶县	26.33	12.60	2.31	8.77	104.33	2.41	2.07	85.89	16.43
阿图什市	23.59	12.10	1.27	5.38	144.09	1.83	1.78	97.27	14.71
巴音郭楞州	**80.79**	**27.97**	**9.71**	**12.02**	**95.47**	**9.27**	**8.25**	**89.00**	**29.50**
库尔勒市	21.80	8.82	4.66	21.38	74.68	3.48	2.78	79.89	31.52
尉犁县	10.40	5.88	2.05	19.71	136.59	2.80	3.37	120.36	57.31
轮台县	20.51	6.10	2.54	12.38	99.61	2.53	1.81	71.54	29.67
且末县	12.80	2.78	0.25	1.95	80.00	0.20	0.10	50.00	3.60
若羌县	3.17	1.10	0.11	3.47	163.64	0.18	0.19	105.56	17.27
和硕县	12.11	3.29	0.10	0.83	80.00	0.08			
焉耆县									
和静县									
昌吉回族自治州	**176.70**	**41.04**	**4.56**	**2.58**	**93.86**	**4.28**	**4.67**	**109.11**	**11.38**
玛纳斯县	60.80	17.23	4.28	7.04	91.59	3.92	4.18	106.63	24.26
呼图壁县	55.10	11.51	0.08	0.15	162.50	0.13	0.07	53.85	0.61
昌吉市	60.80	12.30	0.20	0.33	115.00	0.23	0.42	182.61	3.41
阜康县									
博尔塔拉州	**54.82**	**13.67**	**13.48**	**24.59**	**144.07**	**19.42**	**19.20**	**98.87**	**140.45**
博乐市	32.23	7.15	7.43	23.05	136.20	10.12	11.10	109.68	155.24
精河县	22.59	6.52	6.05	26.78	153.72	9.30	8.10	87.10	124.23
伊犁哈萨克州	**209.08**	**46.64**	**21.06**	**10.07**	**105.79**	**22.28**	**20.83**	**93.49**	**44.66**
奎屯市									
霍城县	68.40	21.96	0.06	0.09	83.33	0.05			
乌苏市	54.23	11.42	7.00	12.91	109.29	7.65	9.30	121.57	81.44
沙湾县	86.45	13.26	14.00	16.19	104.14	14.58	11.53	79.08	86.95

5-27-46 新疆自治区1988年产棉县棉花生产收购明细

县市名	耕地面积（万亩）	农业人口（万人）	棉田面积（万亩）	占耕地（%）	亩产（市斤）	产量（万担）	收购量（万担）	商品率（%）	人均交售（市斤）
全区合计	**1804.04**	**595.88**	**368.19**	**20.41**	**103.96**	**382.76**	**371.90**	**97.16**	**62.41**
克拉玛依市	**12.00**	**2.34**	**0.08**	**0.67**	**100.00**	**0.08**			
克拉玛依市	12.00	2.34	0.08	0.67	100.00	0.08			
石河子地区			**47.63**		**89.61**	**42.68**	**41.27**	**96.70**	
石河子市			47.63		89.61	42.68	41.27	96.70	
吐鲁番地区	**68.50**	**34.50**	**13.81**	**20.16**	**201.81**	**27.87**	**27.88**	**100.04**	**80.81**
吐鲁番市	24.20	14.50	7.31	30.21	126.27	9.23	9.65	104.55	66.55
托克逊县	24.00	7.60				11.04	10.23	92.66	134.61
鄯善县	20.30	12.40	6.50	32.02	116.92	7.60	8.00	105.26	64.52
哈密地区	**36.55**	**12.40**				**0.12**	**0.30**	*	**2.42**
哈密市	36.55	12.40				0.12	0.30	*	2.42
伊吾县									
和田地区	**227.16**	**107.09**	**34.24**	**15.07**	**97.28**	**33.31**	**31.06**	**93.25**	**29.00**
和田市	31.13	18.00	3.98	12.79	99.25	3.95	3.27	82.78	18.17
皮山县	43.73	13.90	5.26	12.03	105.89	5.57	5.27	94.61	37.91
墨玉县	49.30	31.64	9.84	19.96	100.10	9.85	9.56	97.06	30.21
洛甫县	34.73	16.60	7.44	21.42	90.86	6.76	6.17	91.27	37.17
策勒县	30.60	9.60	3.66	11.96	104.92	3.84	3.70	96.35	38.54
于田县	31.77	15.30	4.00	12.59	83.50	3.34	3.09	92.51	20.20
民丰县	5.90	2.05	0.06	1.02					
阿克苏地区	**378.19**	**107.39**	**63.70**	**16.84**	**84.71**	**53.96**	**52.29**	**96.91**	**48.69**
阿克苏市	45.43	20.17	8.51	18.73	110.46	9.40	9.74	103.62	48.29
阿瓦提县	48.99	12.04	14.74	30.09	113.84	16.78	15.94	94.99	132.39
莎雅县	55.88	12.89	13.10	23.45	64.87	8.50	8.50	100.00	65.94
库车县	77.50	23.50	14.77	19.06	62.97	9.30	8.64	92.90	36.77
温宿县	55.31	12.99	4.63	8.37	109.72	5.08	4.63	91.14	35.64
新和县	43.00	10.90	7.51	17.47	60.59	4.55	4.07	89.45	37.34
乌什县	47.48	12.30	0.26	0.55	50.00	0.13	0.55	*	4.47
拜城县									
坷坪县	4.60	2.60	0.18	3.91	122.22	0.22	0.22	100.00	8.46
喀什地区	**574.85**	**196.79**	**162.93**	**28.34**	**105.55**	**171.97**	**165.32**	**96.13**	**84.01**
喀什市	4.57	4.30	0.36	0.79	125.00	0.45	0.77	171.11	17.91
巴楚县	55.80	15.43	21.56	38.64	105.98	22.85	23.04	100.83	149.32

5－27－46 续表

县市名	耕地面积（万亩）	农业人口（万人）	棉田面积（万亩）	占耕地（%）	亩产（市斤）	产量（万担）	收购量（万担）	商品率（%）	人均交售（市斤）
伽师县	58.60	22.87	10.40	17.75	143.27	14.90	12.20	81.88	53.34
岳普湖县	27.27	9.30	8.12	29.78	127.71	10.37	10.27	99.04	110.43
麦盖提县	44.07	11.26	18.32	41.57	117.69	21.56	21.06	97.68	187.03
莎车县	112.11	40.22	33.58	29.95	112.75	37.86	37.58	99.26	93.44
泽普县	38.12	8.98	12.50	32.79	102.32	12.79	12.79	100.00	142.43
叶城县	75.50	22.66	18.20	24.11	68.13	12.40	10.88	87.74	48.01
疏勒县	54.88	19.32	17.27	31.47	101.74	17.57	16.68	94.93	86.34
疏附县	65.34	28.35	13.58	20.78	101.77	13.82	12.85	92.98	45.33
英吉沙县	38.59	14.10	9.04	23.43	81.86	7.40	7.20	97.30	51.06
克孜勒苏州	**49.70**	**25.00**	**5.92**	**11.91**	**119.59**	**7.08**	**5.93**	**83.76**	**23.72**
阿克陶县	26.33	12.90	4.10	15.57	108.54	4.45	4.02	90.34	31.16
阿图什市	23.37	12.10	1.82	7.79	144.51	2.63	1.91	72.62	15.79
巴音郭楞州	**81.54**	**25.97**	**8.79**	**10.78**	**119.91**	**10.54**	**10.80**	**102.47**	**41.59**
库尔勒市	22.50	6.90	2.91	12.93	131.96	3.84	3.77	98.18	54.64
尉犁县	10.83	5.88	2.26	20.87	141.59	3.20	4.18	130.63	71.09
轮台县	19.76	6.10	2.84	14.37	94.01	2.67	2.16	80.90	35.41
且末县	12.30	2.70	0.48	3.90	83.33	0.40	0.30	75.00	11.11
若羌县	3.23	1.10	0.25	7.74	160.00	0.40	0.39	97.50	35.45
和硕县	12.92	3.29	0.05	0.39	60.00	0.03			
焉耆县									
和静县									
昌吉回族自治州	**111.29**	**23.96**	**3.61**	**3.24**	**90.86**	**3.28**	**2.86**	**87.20**	**11.94**
玛纳斯县	60.80	17.23	3.48	5.72	89.08	3.10	2.80	90.32	16.25
呼图壁县	50.49	6.73	0.13	0.26	138.46	0.18	0.06	33.33	0.89
昌吉市									
阜康县									
博尔塔拉州	**55.01**	**13.89**	**9.57**	**17.40**	**144.10**	**13.79**	**15.40**	**111.68**	**110.87**
博乐市	32.41	7.24	6.72	20.73	139.73	9.39	10.40	110.76	143.65
精河县	22.60	6.65	2.85	12.61	154.39	4.40	5.00	113.64	75.19
伊犁哈萨克州	**209.25**	**46.55**	**17.91**	**8.56**	**100.95**	**18.08**	**18.79**	**103.93**	**40.36**
奎屯市									
霍城县	68.40	21.96	0.01	0.01	100.00	0.01			
乌苏市	54.66	11.31	6.80	12.44	102.50	6.97	7.69	110.33	67.97
沙湾县	86.19	13.28	11.10	12.88	100.00	11.10	11.10	100.00	83.58

5－27－47　新疆自治区1989年产棉县棉花生产收购明细

县市名	耕地面积（万亩）	农业人口（万人）	棉田面积（万亩）	占耕地（%）	亩产（市斤）	产量（万担）	收购量（万担）	商品率（%）	人均交售（市斤）
全区合计	**1188.17**	**388.52**	**274.67**	**23.12**	**101.81**	**279.63**	**269.13**	**96.25**	**69.27**
克拉玛依市									
克拉玛依市									
石河子地区									
石河子市									
吐鲁番地区	**44.70**	**27.40**	**13.30**	**29.75**	**130.08**	**17.30**	**18.00**	**104.05**	**65.69**
吐鲁番市	24.30	14.80	7.00	28.81	130.00	9.10	9.80	107.69	66.22
托克逊县									
鄯善县	20.40	12.60	6.30	30.88	130.16	8.20	8.20	100.00	65.08
哈密地区									
哈密市									
伊吾县									
和田地区	**49.61**	**32.22**	**10.50**	**21.17**	**96.19**	**10.10**	**8.50**	**84.16**	**26.38**
和田市									
皮山县									
墨玉县	49.61	32.22	10.50	21.17	96.19	10.10	8.50	84.16	26.38
洛甫县									
策勒县									
于田县									
民丰县									
阿克苏地区	**283.34**	**84.79**	**62.35**	**22.01**	**92.11**	**57.43**	**52.64**	**91.66**	**62.08**
阿克苏市	45.79	20.04	10.00	21.84	108.10	10.81	10.78	99.72	53.79
阿瓦提县	44.40	10.80	15.40	34.68	103.90	16.00	15.22	95.13	140.93
莎雅县	57.84	13.07	13.00	22.48	75.38	9.80	9.80	100.00	74.98
库车县	75.28	25.06	17.99	23.90	79.38	14.28	12.17	85.22	48.56
温宿县	55.43	13.12	5.73	10.34	109.25	6.26	4.39	70.13	33.46
新和县									
乌什县									
拜城县									
坷坪县	4.60	2.70	0.23	5.00	121.74	0.28	0.28	100.00	10.37
喀什地区	**535.62**	**183.36**	**153.47**	**28.65**	**101.18**	**155.28**	**146.58**	**94.40**	**79.94**
喀什市									
巴楚县	57.83	15.47	21.19	36.64	120.01	25.43	24.10	94.77	155.79

5－27－47 续表

县市名	耕地面积（万亩）	农业人口（万人）	棉田面积（万亩）	占耕地（%）	亩产（市斤）	产量（万担）	收购量（万担）	商品率（%）	人均交售（市斤）
伽师县	59.82	23.29	11.79	19.71	118.58	13.98	9.80	70.10	42.08
岳普湖县	26.89	9.30	8.39	31.20	118.00	9.90	9.75	98.48	104.84
麦盖提县	45.00	11.40	19.30	42.89	133.68	25.80	25.06	97.13	219.82
莎车县	112.74	41.88	31.40	27.85	93.69	29.42	28.50	96.87	68.05
泽普县	38.12	9.56	12.51	32.82	97.68	12.22	12.45	101.88	130.23
叶城县	75.03	23.47	17.80	23.72	78.37	13.95	13.95	100.00	59.44
疏勒县	54.99	19.72	17.30	31.46	78.50	13.58	11.97	88.14	60.70
疏附县	65.20	29.27	13.79	21.15	79.77	11.00	11.00	100.00	37.58
英吉沙县									
克孜勒苏州	**26.17**	**13.30**	**3.94**	**15.06**	**80.46**	**3.17**	**2.76**	**87.07**	**20.75**
阿克陶县	26.17	13.30	3.94	15.06	80.46	3.17	2.76	87.07	20.75
阿图什市									
巴音郭楞州	**3.21**	**1.10**	**0.51**	**15.89**	**162.75**	**0.83**	**0.70**	**84.34**	**63.64**
库尔勒市									
尉犁县									
轮台县									
且末县									
若羌县	3.21	1.10	0.51	15.89	162.75	0.83	0.70	84.34	63.64
和硕县									
焉耆县									
和静县									
昌吉回族自治州	**50.18**	**6.84**	**0.10**	**0.20**	**60.00**	**0.06**			
玛纳斯县									
呼图壁县	50.18	6.84	0.10	0.20	60.00	0.06			
昌吉市									
阜康县									
博尔塔拉州	**56.38**	**14.01**	**11.81**	**20.95**	**131.67**	**15.55**	**16.64**	**107.01**	**118.77**
博乐市	32.35	7.33	7.01	21.67	120.54	8.45	9.50	112.43	129.60
精河县	24.03	6.68	4.80	19.98	147.92	7.10	7.14	100.56	106.89
伊犁哈萨克州	**138.96**	**25.50**	**18.69**	**13.45**	**106.53**	**19.91**	**23.31**	**117.08**	**91.41**
奎屯市									
霍城县									
乌苏市	53.92	11.85	8.69	16.12	107.36	9.33	11.05	118.44	93.25
沙湾县	85.04	13.65	10.00	11.76	105.80	10.58	12.26	115.88	89.82

5－27－48　新疆自治区1990年产棉县棉花生产收购明细

县市名	耕地面积（万亩）	农业人口（万人）	棉田面积（万亩）	占耕地（%）	亩产（市斤）	产量（万担）	收购量（万担）	商品率（%）	人均交售（市斤）
全区合计	**1190.75**	**403.78**	**309.27**	**25.97**	**143.91**	**445.08**	**470.37**	**105.68**	**116.49**
克拉玛依市									
克拉玛依市									
石河子地区									
石河子市									
吐鲁番地区	**45.30**	**27.86**	**15.30**	**33.77**	**130.07**	**19.90**	**23.90**	**120.10**	**85.79**
吐鲁番市	24.30	15.06	8.20	33.74	115.85	9.50	13.40	141.05	88.98
托克逊县									
鄯善县	21.00	12.80	7.10	33.81	146.48	10.40	10.50	100.96	82.03
哈密地区									
哈密市									
伊吾县									
和田地区	**49.61**	**33.18**	**4.96**	**10.00**	**322.58**	**16.00**	**14.00**	**87.50**	**42.19**
和田市									
皮山县									
墨玉县	49.61	33.18	4.96	10.00	322.58	16.00	14.00	87.50	42.19
洛甫县									
策勒县									
于田县									
民丰县									
阿克苏地区	**285.40**	**90.72**	**73.80**	**25.86**	**109.34**	**80.69**	**86.49**	**107.19**	**95.34**
阿克苏市	45.62	21.72	11.40	24.99	134.56	15.34	18.50	120.60	85.17
阿瓦提县	44.04	11.61	19.20	43.60	109.43	21.01	20.81	99.05	179.24
莎雅县	60.38	16.37	17.00	28.16	101.53	17.26	17.26	100.00	105.44
库车县	74.81	24.47	20.19	26.99	99.06	20.00	23.04	115.20	94.16
温宿县	56.15	13.65	5.75	10.24	118.96	6.84	6.54	95.61	47.91
新和县									
乌什县									
拜城县									
坷坪县	4.40	2.90	0.26	5.91	92.31	0.24	0.34	141.67	11.72
喀什地区	**535.06**	**189.19**	**166.91**	**31.19**	**156.00**	**260.38**	**258.10**	**99.12**	**136.42**
喀什市									
巴楚县	56.89	16.73	23.30	40.96	178.54	41.60	41.10	98.80	245.67

5-27-48 续表

县市名	耕地面积（万亩）	农业人口（万人）	棉田面积（万亩）	占耕地（%）	亩产（市斤）	产量（万担）	收购量（万担）	商品率（%）	人均交售（市斤）
伽师县	60.60	23.96	13.75	22.69	142.69	19.62	19.41	98.93	81.01
岳普湖县	26.46	9.83	8.72	32.96	176.38	15.38	15.59	101.37	158.60
麦盖提县	45.00	11.48	19.45	43.22	208.33	40.52	40.00	98.72	348.43
莎车县	113.22	42.61	38.05	33.61	159.45	60.67	60.01	98.91	140.84
泽普县	38.27	9.37	13.14	34.33	167.43	22.00	22.00	100.00	234.79
叶城县	75.19	23.99	17.80	23.67	125.79	22.39	22.39	100.00	93.33
疏勒县	54.43	20.61	17.80	32.70	123.65	22.01	21.41	97.27	103.88
疏附县	65.00	30.61	14.90	22.92	108.66	16.19	16.19	100.00	52.89
英吉沙县									
克孜勒苏州	**26.21**	**13.80**	**4.12**	**15.72**	**116.75**	**4.81**	**5.43**	**112.89**	**39.35**
阿克陶县	26.21	13.80	4.12	15.72	116.75	4.81	5.43	112.89	39.35
阿图什市									
巴音郭楞州	**3.40**	**1.20**	**0.70**	**20.59**	**200.00**	**1.40**	**1.40**	**100.00**	**116.67**
库尔勒市									
尉犁县									
轮台县									
且末县									
若羌县	3.40	1.20	0.70	20.59	200.00	1.40	1.40	100.00	116.67
和硕县									
焉耆县									
和静县									
昌吉回族自治州	**48.90**	**6.84**	**0.21**	**0.43**	**157.14**	**0.33**			
玛纳斯县									
呼图壁县	48.90	6.84	0.21	0.43	157.14	0.33			
昌吉市									
阜康县									
博尔塔拉州	**58.23**	**14.99**	**16.75**	**28.77**	**168.06**	**28.15**	**41.05**	**145.83**	**273.85**
博乐市	32.72	7.44	7.94	24.27	146.73	11.65	19.85	170.39	266.80
精河县	25.51	7.55	8.81	34.54	187.29	16.50	21.20	128.48	280.79
伊犁哈萨克州	**138.64**	**26.00**	**26.52**	**19.13**	**126.02**	**33.42**	**40.00**	**119.69**	**153.85**
奎屯市									
霍城县									
乌苏市	53.72	12.15	11.42	21.26	125.66	14.35	21.10	147.04	173.66
沙湾县	84.92	13.85	15.10	17.78	126.29	19.07	18.90	99.11	136.46

5－27－49　新疆自治区1991年产棉县棉花生产收购明细

县 市 名	耕地面积（万亩）	农业人口（万人）	棉田面积（万亩）	占耕地（%）	亩　产（市斤）	产　量（万担）	收购量（万担）	商品率（%）	人均交售（市斤）
全区合计	**2099.66**	**719.93**	**489.73**	**23.32**	**167.55**	**820.52**	**833.26**	**101.55**	**115.74**
克拉玛依市	**11.85**	**1.86**	**0.26**	**2.19**	*	**3.10**	**3.10**	**100.00**	**166.67**
克拉玛依市	11.85	1.86	0.26	2.19	*	3.10	3.10	100.00	166.67
石河子地区		**3.85**				**11.01**	**11.01**	**100.00**	**285.97**
石河子市		3.85				11.01	11.01	100.00	285.97
吐鲁番地区	**66.90**	**37.15**	**26.40**	**39.46**	**159.05**	**41.99**	**40.60**	**96.69**	**109.29**
吐鲁番市	27.20	16.18	9.81	36.07	150.66	14.78	15.50	104.87	95.80
托克逊县	18.60	7.87	9.29	49.95	173.41	16.11	13.70	85.04	174.08
鄯善县	21.10	13.10	7.30	34.60	152.05	11.10	11.40	102.70	87.02
哈密地区	**44.62**	**14.23**	**2.69**	**6.03**	**156.13**	**4.20**	**4.20**	**100.00**	**29.52**
哈密市	38.51	12.92	2.58	6.70	156.20	4.03	4.03	100.00	31.19
伊吾县	6.11	1.31	0.11	1.80	154.55	0.17	0.17	100.00	12.98
和田地区	**230.74**	**118.99**	**39.45**	**17.10**	**171.74**	**67.75**	**68.75**	**101.48**	**57.78**
和田市	31.61	20.88	5.55	17.56	171.89	9.54	9.54	100.00	45.69
皮山县	43.80	16.77	7.35	16.78	131.84	9.69	9.69	100.00	57.78
墨玉县	51.01	33.46	5.10	10.00	333.33	17.00	18.00	105.88	53.80
洛甫县	34.31	18.37	10.02	29.20	143.71	14.40	14.40	100.00	78.39
策勒县	29.30	10.75	4.55	15.53	149.67	6.81	6.81	100.00	63.35
于田县	34.00	16.69	6.55	19.26	150.69	9.87	9.87	100.00	59.14
民丰县	6.71	2.07	0.33	4.92	133.33	0.44	0.44	100.00	21.26
阿克苏地区	**469.87**	**130.62**	**111.14**	**23.65**	**152.22**	**169.18**	**170.68**	**100.89**	**130.67**
阿克苏市	51.71	22.91	16.12	31.17	181.14	29.20	28.97	99.21	126.45
阿瓦提县	50.60	13.62	21.21	41.92	151.53	32.14	33.74	104.98	247.72
莎雅县	56.40	13.74	20.99	37.22	175.80	36.90	35.50	96.21	258.37
库车县	80.00	25.82	25.80	32.25	145.27	37.48	37.94	101.23	146.94
温宿县	56.49	13.83	10.43	18.46	118.79	12.39	13.03	105.17	94.22
新和县	42.80	10.18	12.00	28.04	138.58	16.63	16.63	100.00	163.36
乌什县	46.70	13.74	3.95	8.46	89.87	3.55	3.55	100.00	25.84
拜城县	75.50	14.08	0.12	0.16	75.00	0.09	0.09	100.00	0.64
坷坪县	9.67	2.70	0.52	5.38	153.85	0.80	1.23	153.75	45.56
喀什地区	**584.67**	**215.12**	**203.07**	**34.73**	**179.81**	**365.14**	**354.44**	**97.07**	**164.76**
喀什市	4.40	5.16	0.44	10.00	159.09	0.70	0.70	100.00	13.57
巴楚县	60.13	16.97	30.10	50.06	193.92	58.37	58.74	100.63	346.14

5－27－49 续表

县市名	耕地面积（万亩）	农业人口（万人）	棉田面积（万亩）	占耕地（%）	亩产（市斤）	产量（万担）	收购量（万担）	商品率（%）	人均交售（市斤）
伽师县	59.66	25.05	15.53	26.03	206.70	32.10	32.68	101.81	130.46
岳普湖县	26.94	10.02	8.97	33.30	245.26	22.00	21.11	95.95	210.68
麦盖提县	48.01	11.56	22.00	45.82	227.55	50.06	44.34	88.57	383.56
莎车县	117.66	42.87	42.72	36.31	166.08	70.95	70.66	99.59	164.82
泽普县	37.59	9.94	15.19	40.41	172.55	26.21	26.21	100.00	263.68
叶城县	74.90	24.20	21.70	28.97	140.23	30.43	30.98	101.81	128.02
疏勒县	52.98	21.82	19.90	37.56	152.11	30.27	30.27	100.00	138.73
疏附县	65.60	31.23	16.10	24.54	174.22	28.05	28.05	100.00	89.82
英吉沙县	36.80	16.30	10.42	28.32	153.55	16.00	10.70	66.88	65.64
克孜勒苏州	**46.51**	**27.27**	**7.46**	**16.04**	**138.74**	**10.35**	**11.65**	**112.56**	**42.72**
阿克陶县	27.20	14.10	5.30	19.49	132.08	7.00	8.30	118.57	58.87
阿图什市	19.31	13.17	2.16	11.19	155.09	3.35	3.35	100.00	25.44
巴音郭楞州	**143.65**	**47.94**	**19.13**	**13.32**	**151.07**	**28.90**	**31.37**	**108.55**	**65.44**
库尔勒市	25.10	9.58	8.82	35.14	159.98	14.11	14.11	100.00	147.29
尉犁县	12.90	6.36	3.71	28.76	170.62	6.33	8.80	139.02	138.36
轮台县	20.51	6.38	3.59	17.50	106.41	3.82	3.82	100.00	59.87
且末县	12.61	3.12	1.62	12.85	130.86	2.12	2.12	100.00	67.95
若羌县	3.43	1.20	0.95	27.70	210.53	2.00	2.00	100.00	166.67
和硕县	18.00	3.41	0.30	1.67	110.00	0.33	0.33	100.00	9.68
焉耆县	27.80	7.03	0.03	0.11	166.67	0.05	0.05	100.00	0.71
和静县	23.30	10.86	0.11	0.47	127.27	0.14	0.14	100.00	1.29
昌吉回族自治州	**244.21**	**44.20**	**14.38**	**5.89**	**140.82**	**20.25**	**23.98**	**118.42**	**54.25**
玛纳斯县	59.90	16.90	11.44	19.10	146.77	16.79	16.79	100.00	99.35
呼图壁县	49.15	6.88	2.28	4.64	111.84	2.55	6.28	*	91.28
昌吉市	105.86	13.11	0.59	0.56	144.07	0.85	0.85	100.00	6.48
阜康县	29.30	7.31	0.07	0.24	85.71	0.06	0.06	100.00	0.82
博尔塔拉州	**60.85**	**15.41**	**22.64**	**37.21**	**163.16**	**36.94**	**44.91**	**121.58**	**291.43**
博乐市	35.00	7.56	11.22	32.06	149.20	16.74	20.71	123.72	273.94
精河县	25.85	7.85	11.42	44.18	176.88	20.20	24.20	119.80	308.28
伊犁哈萨克州	**195.79**	**63.29**	**43.11**	**22.02**	**143.15**	**61.71**	**68.57**	**111.12**	**108.34**
奎屯市									
霍城县	54.80	24.34	1.51	2.76	112.58	1.70	1.70	100.00	6.98
乌苏市	54.06	12.48	17.60	32.56	142.05	25.00	29.72	118.88	238.14
沙湾县	86.93	26.47	24.00	27.61	145.88	35.01	37.15	106.11	140.35

5－27－50　新疆自治区1992年产棉县棉花生产收购明细

县市名	耕地面积（万亩）	农业人口（万人）	棉田面积（万亩）	占耕地（%）	亩　产（市斤）	产　量（万担）	收购量（万担）	商品率（%）	人均交售（市斤）
全区合计	**2117.67**	**728.42**	**607.95**	**28.71**	**141.73**	**861.62**	**859.00**	**99.70**	**117.93**
克拉玛依市	**11.10**	**1.93**	**0.18**	**1.62**	*	**2.08**	**2.08**	**100.00**	**107.77**
克拉玛依市	11.10	1.93	0.18	1.62	*	2.08	2.08	100.00	107.77
石河子地区		**3.85**				**4.50**	**4.50**	**100.00**	**116.88**
石河子市		3.85				4.50	4.50	100.00	116.88
吐鲁番地区	**67.24**	**37.56**	**26.50**	**39.41**	**157.51**	**41.74**	**41.10**	**98.47**	**109.42**
吐鲁番市	27.30	16.32	9.51	34.84	159.62	15.18	14.80	97.50	90.69
托克逊县	18.74	7.94	9.69	51.71	162.64	15.76	16.10	102.16	202.77
鄯善县	21.20	13.30	7.30	34.43	147.95	10.80	10.20	94.44	76.69
哈密地区	**47.77**	**16.10**	**4.61**	**9.65**	**148.59**	**6.85**	**6.85**	**100.00**	**42.55**
哈密市	41.57	13.10	4.14	9.96	149.52	6.19	6.19	100.00	47.25
伊吾县	6.20	3.00	0.47	7.58	140.43	0.66	0.66	100.00	22.00
和田地区	**237.61**	**120.35**	**49.42**	**20.80**	**156.80**	**77.49**	**75.59**	**97.55**	**62.81**
和田市	31.37	21.27	7.08	22.57	142.80	10.11	10.11	100.00	47.53
皮山县	43.71	17.28	9.32	21.32	131.87	12.29	12.29	100.00	71.12
墨玉县	57.08	33.68	5.07	8.88	353.06	17.90	16.00	89.39	47.51
洛甫县	33.98	18.30	11.01	32.40	135.33	14.90	14.90	100.00	81.42
策勒县	29.18	10.92	5.75	19.71	142.09	8.17	8.17	100.00	74.82
于田县	35.69	16.76	10.41	29.17	123.05	12.81	12.81	100.00	76.43
民丰县	6.60	2.14	0.78	11.82	167.95	1.31	1.31	100.00	61.21
阿克苏地区	**471.30**	**133.12**	**141.53**	**30.03**	**125.26**	**177.28**	**166.25**	**93.78**	**124.89**
阿克苏市	54.20	23.84	20.70	38.19	155.56	32.20	28.84	89.57	120.97
阿瓦提县	50.39	13.79	24.00	47.63	175.88	42.21	42.21	100.00	306.09
莎雅县	57.35	13.92	23.76	41.43	148.15	35.20	34.00	96.59	244.25
库车县	79.22	25.97	32.00	40.39	93.88	30.04	31.39	104.49	120.87
温宿县	56.66	14.28	14.70	25.94	110.00	16.17	8.41	52.01	58.89
新和县	42.63	10.35	14.70	34.48	82.86	12.18	12.18	100.00	117.68
乌什县	46.55	13.89	9.83	21.12	76.20	7.49	7.49	100.00	53.92
拜城县	74.63	14.28	0.84	1.13	53.57	0.45	0.45	100.00	3.15
坷坪县	9.67	2.80	1.00	10.34	134.00	1.34	1.28	95.52	45.71
喀什地区	**584.22**	**213.08**	**258.80**	**44.30**	**152.19**	**393.86**	**394.52**	**100.17**	**185.15**
喀什市	4.35	5.00	0.40	9.20	177.50	0.71	0.71	100.00	14.20
巴楚县	57.86	16.07	40.09	69.29	143.45	57.51	58.71	102.09	365.34

5－27－50 续表

县市名	耕地面积（万亩）	农业人口（万人）	棉田面积（万亩）	占耕地（%）	亩产（市斤）	产量（万担）	收购量（万担）	商品率（%）	人均交售（市斤）
伽师县	59.86	24.47	20.65	34.50	178.93	36.95	37.71	102.06	154.11
岳普湖县	28.97	9.95	10.88	37.56	220.59	24.00	24.96	104.00	250.85
麦盖提县	49.00	11.53	26.50	54.08	216.98	57.50	57.50	100.00	498.70
莎车县	117.03	42.47	56.96	48.67	138.55	78.92	77.64	98.38	182.81
泽普县	37.31	9.97	18.69	50.09	143.12	26.75	26.75	100.00	268.30
叶城县	74.39	24.52	27.62	37.13	100.76	27.83	29.35	105.46	119.70
疏勒县	52.89	21.19	22.38	42.31	153.98	34.46	32.57	94.52	153.70
疏附县	65.34	31.52	20.00	30.61	158.10	31.62	31.62	100.00	100.32
英吉沙县	37.22	16.39	14.63	39.31	120.37	17.61	17.00	96.54	103.72
克孜勒苏州	**47.90**	**27.93**	**9.18**	**19.16**	**125.16**	**11.49**	**11.51**	**100.17**	**41.21**
阿克陶县	28.40	14.60	6.30	22.18	113.49	7.15	7.17	100.28	49.11
阿图什市	19.50	13.33	2.88	14.77	150.69	4.34	4.34	100.00	32.56
巴音郭楞州	**145.42**	**50.22**	**27.69**	**19.04**	**151.57**	**41.97**	**40.95**	**97.57**	**81.54**
库尔勒市	24.32	10.54	10.26	42.19	167.74	17.21	17.21	100.00	163.28
尉犁县	15.62	6.80	6.92	44.30	180.92	12.52	11.50	91.85	169.12
轮台县	19.50	6.59	4.20	21.54	112.62	4.73	4.73	100.00	71.78
且末县	12.60	3.24	2.91	23.10	112.03	3.26	3.26	100.00	100.62
若羌县	3.41	1.20	1.01	29.62	207.92	2.10	2.10	100.00	175.00
和硕县	18.50	3.77	1.24	6.70	72.58	0.90	0.90	100.00	23.87
焉耆县	27.89	7.23	0.17	0.61	182.35	0.31	0.31	100.00	4.29
和静县	23.58	10.85	0.98	4.16	95.92	0.94	0.94	100.00	8.66
昌吉回族自治州	**244.81**	**44.72**	**24.20**	**9.89**	**104.88**	**25.38**	**30.08**	**118.52**	**67.26**
玛纳斯县	60.96	16.98	15.23	24.98	119.04	18.13	18.13	100.00	106.77
呼图壁县	50.24	6.99	4.93	9.81	62.88	3.10	7.80	*	111.59
昌吉市	104.70	13.42	3.35	3.20	97.01	3.25	3.25	100.00	24.22
阜康县	28.91	7.33	0.69	2.39	130.43	0.90	0.90	100.00	12.28
博尔塔拉州	**62.11**	**15.65**	**21.81**	**35.12**	**141.49**	**30.86**	**35.41**	**114.74**	**226.26**
博乐市	35.18	7.71	10.95	31.13	131.14	14.36	16.61	115.67	215.43
精河县	26.93	7.94	10.86	40.33	151.93	16.50	18.80	113.94	236.78
伊犁哈萨克州	**198.19**	**63.91**	**44.03**	**22.22**	**109.29**	**48.12**	**50.16**	**104.24**	**78.49**
奎屯市									
霍城县	54.50	24.57	3.75	6.88	94.93	3.56	3.56	100.00	14.49
乌苏市	58.28	12.72	18.00	30.89	112.39	20.23	22.55	111.47	177.28
沙湾县	85.41	26.62	22.28	26.09	109.20	24.33	24.05	98.85	90.35

5-27-51　新疆自治区1993年产棉县棉花生产收购明细

县市名	耕地面积（万亩）	农业人口（万人）	棉田面积（万亩）	占耕地（%）	亩产（市斤）	产量（万担）	收购量（万担）	商品率（%）	人均交售（市斤）
全区合计	**2083.56**	**733.14**	**578.40**	**27.76**	**140.34**	**811.70**	**791.93**	**97.56**	**108.02**
克拉玛依市	**11.10**	**2.02**	**0.29**	**2.61**	*	**8.65**	**8.65**	**100.00**	**428.22**
克拉玛依市	11.10	2.02	0.29	2.61	*	8.65	8.65	100.00	428.22
石河子地区		**3.68**				**5.36**	**5.36**	**100.00**	**145.65**
石河子市		3.68				5.36	5.36	100.00	145.65
吐鲁番地区	**67.29**	**38.23**	**25.56**	**37.98**	**166.82**	**42.64**	**41.18**	**96.58**	**107.72**
吐鲁番市	27.21	16.80	8.23	30.25	172.05	14.16	12.60	88.98	75.00
托克逊县	18.78	8.03	10.13	53.94	179.47	18.18	18.18	100.00	226.40
鄯善县	21.30	13.40	7.20	33.80	143.06	10.30	10.40	100.97	77.61
哈密地区	**47.84**	**14.69**	**4.79**	**10.01**	**149.27**	**7.15**	**7.15**	**100.00**	**48.67**
哈密市	41.55	13.36	4.11	9.89	154.26	6.34	6.34	100.00	47.46
伊吾县	6.29	1.33	0.68	10.81	119.12	0.81	0.81	100.00	60.90
和田地区	**229.27**	**123.39**	**48.69**	**21.24**	**122.06**	**59.43**	**56.93**	**95.79**	**46.14**
和田市	31.35	21.54	5.90	18.82	118.64	7.00	7.00	100.00	32.50
皮山县	43.61	17.49	8.06	18.48	91.69	7.39	7.39	100.00	42.25
墨玉县	50.91	35.98	5.09	10.00	308.45	15.70	13.20	84.08	36.69
洛甫县	34.02	18.34	11.30	33.22	108.14	12.22	12.22	100.00	66.63
策勒县	28.25	10.99	5.99	21.20	103.01	6.17	6.17	100.00	56.14
于田县	35.73	16.90	11.40	31.91	88.95	10.14	10.14	100.00	60.00
民丰县	5.40	2.15	0.95	17.59	85.26	0.81	0.81	100.00	37.67
阿克苏地区	**474.92**	**135.10**	**130.26**	**27.43**	**134.37**	**175.03**	**170.87**	**97.62**	**126.48**
阿克苏市	55.50	24.13	22.00	39.64	147.77	32.51	31.21	96.00	129.34
阿瓦提县	52.16	14.11	24.00	46.01	175.00	42.00	42.33	100.79	300.00
莎雅县	56.06	14.09	21.80	38.89	169.54	36.96	35.00	94.70	248.40
库车县	79.26	26.50	29.30	36.97	100.20	29.36	26.99	91.93	101.85
温宿县	56.66	14.31	13.37	23.60	98.20	13.13	13.70	104.34	95.74
新和县	45.00	10.45	12.00	26.67	116.67	14.00	14.00	100.00	133.97
乌什县	46.44	14.07	6.38	13.74	86.36	5.51	5.51	100.00	39.16
拜城县	74.12	14.54	0.21	0.28	57.14	0.12	0.12	100.00	0.83
坷坪县	9.72	2.90	1.20	12.35	120.00	1.44	2.01	139.58	69.31
喀什地区	**581.60**	**218.84**	**240.98**	**41.43**	**136.09**	**327.96**	**323.52**	**98.65**	**147.83**
喀什市	4.31	4.97	0.35	8.12	174.29	0.61	0.61	100.00	12.27
巴楚县	56.69	18.25	34.60	61.03	145.00	50.17	49.97	99.60	273.81

5－27－51 续表

县市名	耕地面积（万亩）	农业人口（万人）	棉田面积（万亩）	占耕地（%）	亩产（市斤）	产量（万担）	收购量（万担）	商品率（%）	人均交售（市斤）
伽师县	59.88	24.62	19.41	32.41	144.26	28.00	28.13	100.46	114.26
岳普湖县	29.28	9.87	10.41	35.55	201.73	21.00	20.87	99.38	211.45
麦盖提县	49.00	11.50	27.00	55.10	182.26	49.21	49.20	99.98	427.83
莎车县	117.00	42.60	53.76	45.95	128.18	68.91	66.78	96.91	156.76
泽普县	37.17	10.15	16.96	45.63	145.64	24.70	24.70	100.00	243.35
叶城县	74.19	26.46	25.00	33.70	68.60	17.15	17.03	99.30	64.36
疏勒县	52.55	21.30	21.53	40.97	137.76	29.66	27.68	93.32	129.95
疏附县	64.45	32.45	20.00	31.03	127.75	25.55	25.55	100.00	78.74
英吉沙县	37.08	16.67	11.96	32.25	108.70	13.00	13.00	100.00	77.98
克孜勒苏州	**47.95**	**28.27**	**8.36**	**17.43**	**118.06**	**9.87**	**8.64**	**87.54**	**30.56**
阿克陶县	28.37	14.80	6.20	21.85	102.10	6.33	5.10	80.57	34.46
阿图什市	19.58	13.47	2.16	11.03	163.89	3.54	3.54	100.00	26.28
巴音郭楞州	**119.23**	**43.98**	**31.62**	**26.52**	**159.91**	**50.56**	**50.56**	**99.99**	**114.96**
库尔勒市	24.80	11.66	11.70	47.18	172.65	20.20	20.20	100.00	173.24
尉犁县	17.46	6.56	10.84	62.08	176.60	19.14	19.14	99.98	291.77
轮台县	18.99	6.48	4.43	23.33	112.42	4.98	4.98	100.00	76.85
且末县	12.60	3.27	2.85	22.62	119.65	3.41	3.41	100.00	104.28
若羌县	3.38	1.20	1.19	35.21	171.43	2.04	2.04	100.00	170.00
和硕县	17.76	3.86	0.44	2.48	131.82	0.58	0.58	100.00	15.03
焉耆县									
和静县	24.24	10.95	0.17	0.70	123.53	0.21	0.21	100.00	1.92
昌吉回族自治州	**245.37**	**45.30**	**21.28**	**8.67**	**133.36**	**28.38**	**28.88**	**101.76**	**63.75**
玛纳斯县	60.66	16.86	16.50	27.20	140.48	23.18	23.18	100.00	137.49
呼图壁县	50.31	6.97	3.98	7.91	107.29	4.27	4.77	111.71	68.44
昌吉市	105.30	13.87	0.65	0.62	118.46	0.77	0.77	100.00	5.55
阜康县	29.10	7.60	0.15	0.52	106.67	0.16	0.16	100.00	2.11
博尔塔拉州	**62.40**	**15.99**	**25.39**	**40.69**	**147.22**	**37.38**	**37.41**	**100.08**	**233.96**
博乐市	35.43	7.83	11.82	33.36	138.58	16.38	16.61	101.40	212.13
精河县	26.97	8.16	13.57	50.32	154.75	21.00	20.80	99.05	254.90
伊犁哈萨克州	**196.59**	**63.65**	**41.18**	**20.95**	**143.98**	**59.29**	**52.78**	**89.02**	**82.92**
奎屯市									
霍城县	53.97	24.59	0.21	0.39	80.95	0.17	0.17	100.00	0.69
乌苏市	57.26	12.37	19.16	33.46	153.97	29.50	23.67	80.24	191.35
沙湾县	85.36	26.69	21.81	25.55	135.81	29.62	28.94	97.70	108.43

5－27－52　新疆自治区1994年产棉县棉花生产收购明细

县市名	耕地面积（万亩）	农业人口（万人）	棉田面积（万亩）	占耕地（%）	亩　产（市斤）	产　量（万担）	收购量（万担）	商品率（%）	人均交售（市斤）
全区合计	**2130.08**	**752.52**	**701.69**	**32.94**	**159.52**	**1119.37**	**1091.36**	**97.50**	**145.03**
克拉玛依市	**11.70**	**2.49**	**0.38**	**3.25**	*	**4.66**	**4.66**	**100.00**	**187.15**
克拉玛依市	11.70	2.49	0.38	3.25	*	4.66	4.66	100.00	187.15
石河子地区		**3.83**				**9.09**	**9.09**	**100.00**	**237.34**
石河子市		3.83				9.09	9.09	100.00	237.34
吐鲁番地区	**72.05**	**38.26**	**30.59**	**42.46**	**175.19**	**53.59**	**51.63**	**96.34**	**134.95**
吐鲁番市	27.32	16.79	9.89	36.20	170.48	16.86	15.60	92.53	92.91
托克逊县	23.33	8.07	11.40	48.86	195.88	22.33	22.33	100.00	276.70
鄯善县	21.40	13.40	9.30	43.46	154.84	14.40	13.70	95.14	102.24
哈密地区	**47.68**	**14.87**	**6.70**	**14.05**	**163.13**	**10.93**	**10.93**	**100.00**	**73.50**
哈密市	41.30	13.53	6.05	14.65	168.10	10.17	10.17	100.00	75.17
伊吾县	6.38	1.34	0.65	10.19	116.92	0.76	0.76	100.00	56.72
和田地区	**228.03**	**125.50**	**54.33**	**23.83**	**135.10**	**73.40**	**72.90**	**99.32**	**58.09**
和田市	30.96	21.80	8.49	27.42	111.07	9.43	9.43	100.00	43.26
皮山县	43.65	17.58	8.75	20.05	97.26	8.51	8.51	100.00	48.41
墨玉县	50.42	36.51	5.04	10.00	*	16.00	15.50	96.88	42.45
洛甫县	34.28	19.22	12.65	36.90	133.12	16.84	16.84	100.00	87.62
策勒县	28.08	11.08	6.53	23.25	123.43	8.06	8.06	100.00	72.74
于田县	35.27	17.11	11.91	33.77	110.08	13.11	13.11	100.00	76.62
民丰县	5.37	2.20	0.96	17.88	151.04	1.45	1.45	100.00	65.91
阿克苏地区	**479.30**	**136.65**	**166.39**	**34.72**	**177.41**	**295.20**	**295.32**	**100.04**	**216.11**
阿克苏市	55.92	24.07	28.00	50.07	195.93	54.86	54.67	99.65	227.13
阿瓦提县	52.83	14.25	30.00	56.79	224.67	67.40	67.30	99.85	472.28
莎雅县	59.94	14.25	29.00	48.38	221.10	64.12	64.12	100.00	449.96
库车县	77.82	26.91	34.00	43.69	147.62	50.19	50.23	100.08	186.66
温宿县	56.51	14.68	18.03	31.91	139.10	25.08	25.02	99.76	170.44
新和县	46.23	10.58	18.00	38.94	131.17	23.61	23.61	100.00	223.16
乌什县	46.32	14.15	7.46	16.11	111.80	8.34	8.34	100.00	58.94
拜城县	73.98	14.80							
坷坪县	9.75	2.96	1.90	19.49	84.21	1.60	2.03	126.88	68.58
喀什地区	**580.92**	**225.33**	**267.40**	**46.03**	**157.01**	**419.85**	**418.65**	**99.71**	**185.79**
喀什市	4.28	5.23	0.30	7.01	176.67	0.53	0.53	100.00	10.13
巴楚县	57.80	16.80	36.20	62.63	160.99	58.28	58.20	99.86	346.43

5－27－52 续表

县市名	耕地面积（万亩）	农业人口（万人）	棉田面积（万亩）	占耕地（%）	亩产（市斤）	产量（万担）	收购量（万担）	商品率（%）	人均交售（市斤）
伽师县	60.04	24.97	24.00	39.97	171.21	41.09	41.79	101.70	167.36
岳普湖县	27.00	10.22	11.46	42.44	200.70	23.00	22.53	97.96	220.45
麦盖提县	49.97	11.66	28.00	56.03	214.36	60.02	60.78	101.27	521.27
莎车县	117.14	44.36	61.08	52.14	153.91	94.01	94.05	100.04	212.02
泽普县	37.05	10.89	19.62	52.96	154.79	30.37	30.37	100.00	278.88
叶城县	74.07	26.77	23.00	31.05	137.74	31.68	31.51	99.46	117.71
疏勒县	52.53	21.62	25.29	48.14	137.76	34.84	32.86	94.32	151.99
疏附县	63.96	32.97	24.00	37.52	125.13	30.03	30.03	100.00	91.08
英吉沙县	37.08	19.84	14.45	38.97	110.73	16.00	16.00	100.00	80.65
克孜勒苏州	**47.99**	**28.63**	**11.12**	**23.17**	**119.60**	**13.30**	**11.88**	**89.32**	**41.49**
阿克陶县	28.41	15.00	8.19	28.83	101.34	8.30	6.88	82.89	45.87
阿图什市	19.58	13.63	2.93	14.96	170.65	5.00	5.00	100.00	36.68
巴音郭楞州	**143.95**	**51.31**	**44.63**	**31.00**	**159.27**	**71.08**	**71.08**	**100.00**	**138.53**
库尔勒市	25.28	11.77	15.17	60.01	161.31	24.47	24.47	100.00	207.90
尉犁县	19.17	6.82	13.70	71.47	182.55	25.01	25.01	100.00	366.72
轮台县	17.97	6.29	6.92	38.51	127.60	8.83	8.83	100.00	140.38
且末县	12.60	3.47	4.59	36.43	131.15	6.02	6.02	100.00	173.49
若羌县	3.39	1.20	1.47	43.36	194.56	2.86	2.86	100.00	238.33
和硕县	14.55	3.74	2.31	15.88	142.42	3.29	3.29	100.00	87.97
焉耆县	27.02	7.21	0.05	0.19	120.00	0.06	0.06	100.00	0.83
和静县	23.97	10.81	0.42	1.75	128.57	0.54	0.54	100.00	5.00
昌吉回族自治州	**248.56**	**45.16**	**34.27**	**13.79**	**134.81**	**46.20**	**44.00**	**95.24**	**97.43**
玛纳斯县	61.92	17.12	24.53	39.62	142.32	34.91	34.91	100.00	203.91
呼图壁县	51.14	6.93	8.11	15.86	113.81	9.23	7.03	76.16	101.44
昌吉市	106.05	13.85	1.34	1.26	116.42	1.56	1.56	100.00	11.26
阜康县	29.45	7.26	0.29	0.98	172.41	0.50	0.50	100.00	6.89
博尔塔拉州	**68.08**	**16.55**	**32.10**	**47.15**	**148.26**	**47.59**	**45.07**	**94.70**	**272.33**
博乐市	35.98	8.07	12.53	34.82	164.33	20.59	18.97	92.13	235.07
精河县	32.10	8.48	19.57	60.97	137.97	27.00	26.10	96.67	307.78
伊犁哈萨克州	**201.82**	**63.94**	**53.78**	**26.65**	**138.49**	**74.48**	**56.15**	**75.39**	**87.82**
奎屯市									
霍城县	53.45	24.79	0.14	0.26	107.14	0.15	0.15	100.00	0.61
乌苏市	62.85	12.45	26.10	41.53	133.75	34.91	29.11	83.39	233.82
沙湾县	85.52	26.70	27.54	32.20	143.14	39.42	26.89	68.21	100.71

5－27－53　新疆自治区1995年产棉县棉花生产收购明细

县市名	耕地面积（万亩）	农业人口（万人）	棉田面积（万亩）	占耕地（%）	亩产（市斤）	产量（万担）	收购量（万担）	商品率（%）	人均交售（市斤）
全区合计	**2151.85**	**777.36**	**713.88**	**33.18**	**172.68**	**1232.75**	**1228.76**	**99.68**	**158.07**
克拉玛依市	**11.70**	**2.85**	**0.44**	**3.76**	*	**5.08**	**5.08**	**100.00**	**178.25**
克拉玛依市	11.70	2.85	0.44	3.76	*	5.08	5.08	100.00	178.25
石河子地区		**3.92**				**12.45**	**12.45**	**100.00**	**317.60**
石河子市		3.92				12.45	12.45	100.00	317.60
吐鲁番地区	**65.04**	**38.54**	**28.86**	**44.37**	**195.98**	**56.56**	**57.35**	**101.40**	**148.81**
吐鲁番市	25.07	16.97	9.86	39.33	181.64	17.91	19.00	106.09	111.96
托克逊县	18.47	8.07	11.40	61.72	211.84	24.15	24.15	100.00	299.26
鄯善县	21.50	13.50	7.60	35.35	190.79	14.50	14.20	97.93	105.19
哈密地区	**47.90**	**15.82**	**7.76**	**16.20**	**174.48**	**13.54**	**13.54**	**100.00**	**85.59**
哈密市	41.60	14.48	7.11	17.09	178.34	12.68	12.68	100.00	87.57
伊吾县	6.30	1.34	0.65	10.32	132.31	0.86	0.86	100.00	64.18
和田地区	**229.70**	**127.60**	**51.56**	**22.45**	**154.79**	**79.81**	**78.71**	**98.62**	**61.68**
和田市	30.93	22.21	8.33	26.93	134.45	11.20	11.20	100.00	50.43
皮山县	43.79	18.25	8.30	18.95	102.65	8.52	8.52	100.00	46.68
墨玉县	50.31	37.01	5.03	10.00	349.90	17.60	16.50	93.75	44.58
洛甫县	35.94	19.48	12.00	33.39	148.33	17.80	17.80	100.00	91.38
策勒县	27.62	11.15	6.21	22.48	132.69	8.24	8.24	100.00	73.90
于田县	35.75	17.27	10.59	29.62	135.69	14.37	14.37	100.00	83.21
民丰县	5.36	2.23	1.10	20.52	189.09	2.08	2.08	100.00	93.27
阿克苏地区	**489.58**	**138.71**	**171.23**	**34.97**	**192.87**	**330.25**	**331.39**	**100.35**	**238.91**
阿克苏市	57.64	24.25	28.50	49.44	210.60	60.02	60.93	101.52	251.26
阿瓦提县	55.34	14.61	31.00	56.02	254.23	78.81	78.81	100.00	539.43
莎雅县	63.87	14.50	32.00	50.10	219.78	70.33	70.00	99.53	482.76
库车县	78.30	27.17	35.00	44.70	163.14	57.10	57.60	100.88	212.00
温宿县	56.34	15.16	18.40	32.66	152.23	28.01	28.06	100.18	185.09
新和县	48.35	10.71	18.50	38.26	135.19	25.01	25.01	100.00	233.52
乌什县	46.16	14.29	6.50	14.08	147.85	9.61	9.61	100.00	67.25
拜城县	73.82	15.02	0.03	0.04	66.67	0.02	0.02	100.00	0.13
坷坪县	9.76	3.00	1.30	13.32	103.08	1.34	1.35	100.75	45.00
喀什地区	**585.44**	**243.05**	**264.75**	**45.22**	**168.15**	**445.19**	**447.48**	**100.51**	**184.11**
喀什市	4.25	5.56	0.27	6.35	188.89	0.51	0.51	100.00	9.17
巴楚县	61.37	26.64	34.99	57.01	212.06	74.20	72.50	97.71	272.15

5－27－53 续表

县市名	耕地面积（万亩）	农业人口（万人）	棉田面积（万亩）	占耕地（%）	亩产（市斤）	产量（万担）	收购量（万担）	商品率（%）	人均交售（市斤）
伽师县	61.38	25.48	24.00	39.10	183.33	44.00	44.34	100.77	174.02
岳普湖县	28.23	10.71	12.00	42.51	204.17	24.50	24.50	100.00	228.76
麦盖提县	50.36	14.39	28.00	55.60	225.00	63.00	62.50	99.21	434.33
莎车县	117.53	47.90	60.00	51.05	144.28	86.57	85.60	98.88	178.71
泽普县	37.05	11.15	19.25	51.96	177.71	34.21	34.21	100.00	306.82
叶城县	71.70	27.53	25.40	35.43	119.61	30.38	30.00	98.75	108.97
疏勒县	52.71	22.69	23.50	44.58	151.06	35.50	40.80	114.93	179.81
疏附县	63.78	33.88	23.34	36.59	132.82	31.00	31.20	100.65	92.09
英吉沙县	37.08	17.12	14.00	37.76	152.29	21.32	21.32	100.00	124.53
克孜勒苏州	**47.98**	**28.96**	**11.30**	**23.55**	**124.96**	**14.12**	**12.70**	**89.94**	**43.85**
阿克陶县	28.40	15.20	8.61	30.32	112.08	9.65	8.23	85.28	54.14
阿图什市	19.58	13.76	2.69	13.74	166.17	4.47	4.47	100.00	32.49
巴音郭楞州	**151.03**	**50.96**	**43.40**	**28.74**	**178.53**	**77.48**	**77.48**	**100.00**	**152.04**
库尔勒市	28.56	11.26	15.36	53.78	185.42	28.48	28.48	100.00	252.93
尉犁县	23.33	6.90	13.25	56.79	200.98	26.63	26.63	100.00	385.94
轮台县	17.73	6.40	6.31	35.59	140.89	8.89	8.89	100.00	138.91
且末县	12.60	3.45	4.02	31.90	156.72	6.30	6.30	100.00	182.61
若羌县	3.35	1.20	1.00	29.85	200.00	2.00	2.00	100.00	166.67
和硕县	15.00	3.74	2.87	19.13	151.22	4.34	4.34	100.00	116.04
焉耆县	26.43	7.15	0.14	0.53	150.00	0.21	0.21	100.00	2.94
和静县	24.03	10.86	0.45	1.87	140.00	0.63	0.63	100.00	5.80
昌吉回族自治州	**252.14**	**46.14**	**41.49**	**16.46**	**159.27**	**66.08**	**64.62**	**97.79**	**140.05**
玛纳斯县	62.40	17.30	29.01	46.49	171.18	49.66	49.66	100.00	287.05
呼图壁县	55.33	7.72	9.76	17.64	130.12	12.70	11.24	88.50	145.60
昌吉市	105.32	13.76	2.31	2.19	141.56	3.27	3.27	100.00	23.76
阜康县	29.09	7.36	0.41	1.41	109.76	0.45	0.45	100.00	6.11
博尔塔拉州	**68.14**	**16.61**	**29.75**	**43.66**	**164.97**	**49.08**	**51.36**	**104.65**	**309.21**
博乐市	36.02	8.20	12.15	33.73	168.56	20.48	22.36	109.18	272.68
精河县	32.12	8.41	17.60	54.79	162.50	28.60	29.00	101.40	344.83
伊犁哈萨克州	**203.20**	**64.20**	**63.34**	**31.17**	**131.21**	**83.11**	**76.60**	**92.17**	**119.31**
奎屯市									
霍城县	53.16	24.83	0.14	0.26	142.86	0.20	0.20	100.00	0.81
乌苏市	64.55	12.22	38.00	58.87	110.53	42.00	40.50	96.43	331.42
沙湾县	85.49	27.15	25.20	29.48	162.34	40.91	35.90	87.75	132.23

5－27－54　新疆自治区1996年产棉县棉花生产收购明细

县市名	耕地面积（万亩）	农业人口（万人）	棉田面积（万亩）	占耕地（%）	亩产（市斤）	产量（万担）	收购量（万担）	商品率（%）	人均交售（市斤）
全区合计	**2118.51**	**765.50**	**758.30**	**35.79**	**153.93**	**1167.23**	**1130.63**	**96.86**	**147.70**
克拉玛依市	**4.49**	**2.89**	**0.50**	**11.14**	**146.00**	**0.73**	**0.73**	**100.00**	**25.26**
克拉玛依市	4.49	2.89	0.50	11.14	146.00	0.73	0.73	100.00	25.26
石河子地区									
石河子市									
吐鲁番地区	**63.66**	**38.68**	**30.43**	**47.80**	**140.75**	**42.83**	**42.06**	**98.20**	**108.74**
吐鲁番市	23.94	16.99	10.71	44.74	129.51	13.87	14.20	102.38	83.58
托克逊县	18.12	8.09	10.92	60.26	156.23	17.06	17.06	100.00	210.88
鄯善县	21.60	13.60	8.80	40.74	135.23	11.90	10.80	90.76	79.41
哈密地区	**27.32**	**15.87**	**7.77**	**28.44**	**173.87**	**13.51**	**13.51**	**100.00**	**85.13**
哈密市	21.45	14.50	7.02	32.73	182.19	12.79	12.79	100.00	88.21
伊吾县	5.87	1.37	0.75	12.78	96.00	0.72	0.72	100.00	52.55
和田地区	**232.68**	**128.64**	**52.54**	**22.58**	**133.82**	**70.31**	**71.21**	**101.28**	**55.36**
和田市	30.96	22.85	8.39	27.10	133.85	11.23	11.23	100.00	49.15
皮山县	43.73	17.85	8.00	18.29	90.75	7.26	7.26	100.00	40.67
墨玉县	51.20	37.31	5.12	10.00	253.91	13.00	13.90	106.92	37.26
洛甫县	37.25	19.62	12.53	33.64	137.27	17.20	17.20	100.00	87.67
策勒县	27.66	11.24	6.50	23.50	117.85	7.66	7.66	100.00	68.15
于田县	36.60	17.47	11.00	30.05	109.27	12.02	12.02	100.00	68.80
民丰县	5.28	2.30	1.00	18.94	194.00	1.94	1.94	100.00	84.35
阿克苏地区	**499.27**	**141.50**	**186.78**	**37.41**	**152.61**	**285.04**	**284.56**	**99.83**	**201.10**
阿克苏市	58.79	25.49	30.08	51.17	125.57	37.77	37.54	99.39	147.27
阿瓦提县	56.87	14.54	35.00	61.54	151.43	53.00	53.00	100.00	364.51
莎雅县	64.83	14.79	33.00	50.90	172.73	57.00	57.00	100.00	385.40
库车县	78.53	27.69	37.00	47.12	131.08	48.50	50.60	104.33	182.74
温宿县	56.73	15.62	20.00	35.25	125.00	25.00	22.51	90.04	144.11
新和县	51.14	10.63	20.50	40.09	258.54	53.00	53.00	100.00	498.59
乌什县	46.04	14.44	7.00	15.20	100.00	7.00	7.00	100.00	48.48
拜城县	73.68	15.20	2.90	3.94	94.14	2.73	2.73	100.00	17.96
坷坪县	12.66	3.10	1.30	10.27	80.00	1.04	1.18	113.46	38.06
喀什地区	**591.03**	**248.90**	**281.42**	**47.62**	**151.15**	**425.36**	**409.02**	**96.16**	**164.33**
喀什市	4.22	5.94	0.24	5.69	175.00	0.42	0.42	100.00	7.07
巴楚县	64.00	27.23	36.49	57.02	178.13	65.00	66.30	102.00	243.48

5－27－54 续表

县市名	耕地面积（万亩）	农业人口（万人）	棉田面积（万亩）	占耕地（%）	亩产（市斤）	产量（万担）	收购量（万担）	商品率（%）	人均交售（市斤）
伽师县	61.35	26.41	26.50	43.19	162.26	43.00	43.00	100.00	162.82
岳普湖县	29.45	10.78	13.80	46.86	173.91	24.00	22.00	91.67	204.08
麦盖提县	50.69	14.62	30.00	59.18	183.33	55.00	55.00	100.00	376.20
莎车县	119.61	49.46	65.00	54.34	135.29	87.94	86.60	98.48	175.09
泽普县	37.05	11.39	20.50	55.33	151.22	31.00	31.00	100.00	272.17
叶城县	70.89	28.30	25.40	35.83	118.11	30.00	30.00	100.00	106.01
疏勒县	53.13	23.03	27.50	51.76	127.27	35.00	33.40	95.43	145.03
疏附县	63.56	34.18	21.99	34.60	154.62	34.00	21.30	62.65	62.32
英吉沙县	37.08	17.56	14.00	37.76	142.86	20.00	20.00	100.00	113.90
克孜勒苏州	**48.91**	**29.42**	**10.93**	**22.35**	**76.58**	**8.37**	**10.84**	**129.51**	**36.85**
阿克陶县	28.55	15.50	8.36	29.28	60.41	5.05	7.52	148.91	48.52
阿图什市	20.36	13.92	2.57	12.62	129.18	3.32	3.32	100.00	23.85
巴音郭楞州	**162.43**	**53.01**	**49.82**	**30.67**	**183.24**	**91.29**	**91.26**	**99.97**	**172.16**
库尔勒市	32.55	12.24	15.93	48.94	190.02	30.27	30.27	100.00	247.30
尉犁县	29.94	7.24	16.02	53.51	193.20	30.95	30.95	100.00	427.49
轮台县	18.12	6.67	7.00	38.63	157.14	11.00	11.00	100.00	164.92
且末县	12.60	3.45	4.79	38.02	181.00	8.67	8.67	100.00	251.30
若羌县	3.38	1.20	1.46	43.20	191.78	2.80	2.77	98.93	230.83
和硕县	14.94	4.03	3.44	23.03	170.06	5.85	5.85	100.00	145.16
焉耆县	26.52	7.20	0.32	1.21	150.00	0.48	0.48	100.00	6.67
和静县	24.38	10.98	0.86	3.53	147.67	1.27	1.27	100.00	11.57
昌吉回族自治州	**215.66**	**44.16**	**47.58**	**22.06**	**185.33**	**88.18**	**82.26**	**93.29**	**186.28**
玛纳斯县	64.46	14.92	30.41	47.18	202.01	61.43	61.43	100.00	411.73
呼图壁县	55.76	7.69	12.19	21.86	156.85	19.12	13.20	69.04	171.65
昌吉市	66.02	14.26	3.88	5.88	165.46	6.42	6.42	100.00	45.02
阜康县	29.42	7.29	1.10	3.74	110.00	1.21	1.21	100.00	16.60
博尔塔拉州	**70.38**	**17.23**	**32.06**	**45.55**	**175.45**	**56.25**	**50.08**	**89.03**	**290.66**
博乐市	37.58	8.27	13.46	35.82	183.88	24.75	23.38	94.46	282.71
精河县	32.80	8.96	18.60	56.71	169.35	31.50	26.70	84.76	297.99
伊犁哈萨克州	**202.68**	**45.20**	**58.47**	**28.85**	**145.99**	**85.36**	**75.10**	**87.98**	**166.13**
奎屯市									
霍城县	53.21	25.28	0.47	0.88	106.38	0.50	0.50	100.00	1.98
乌苏市	64.85	12.44	30.00	46.26	123.33	37.00	36.80	99.46	295.71
沙湾县	84.62	7.48	28.00	33.09	170.93	47.86	37.80	78.98	505.35

5－27－55　新疆自治区1997年产棉县棉花生产收购明细

县市名	耕地面积（万亩）	农业人口（万人）	棉田面积（万亩）	占耕地（%）	亩产（市斤）	产量（万担）	收购量（万担）	商品率（%）	人均交售（市斤）
全区合计	**2165.05**	**779.73**	**840.24**	**38.81**	**175.84**	**1477.51**	**1469.87**	**99.48**	**188.51**
克拉玛依市	**4.54**	**3.11**	**0.59**	**13.00**	**159.32**	**0.94**	**0.94**	**100.00**	**30.21**
克拉玛依市	4.54	3.11	0.59	13.00	159.32	0.94	0.94	100.00	30.21
石河子地区									
石河子市									
吐鲁番地区	**62.67**	**39.33**	**30.12**	**48.06**	**187.68**	**56.53**	**56.03**	**99.12**	**142.46**
吐鲁番市	22.14	17.36	10.52	47.52	169.58	17.84	17.84	100.00	102.76
托克逊县	18.93	8.07	12.30	64.98	201.54	24.79	24.79	100.00	307.19
鄯善县	21.60	13.90	7.30	33.80	190.41	13.90	13.40	96.40	96.40
哈密地区	**28.55**	**15.93**	**9.50**	**33.27**	**193.68**	**18.40**	**18.40**	**100.00**	**115.51**
哈密市	22.68	14.60	9.00	39.68	192.67	17.34	17.34	100.00	118.77
伊吾县	5.87	1.33	0.50	8.52	212.00	1.06	1.06	100.00	79.70
和田地区	**239.90**	**130.42**	**54.45**	**22.70**	**145.82**	**79.40**	**79.40**	**100.00**	**60.88**
和田市	34.00	23.21	9.36	27.53	112.29	10.51	10.51	100.00	45.28
皮山县	45.09	18.04	7.50	16.63	102.53	7.69	7.69	100.00	42.63
墨玉县	51.72	37.81	5.17	10.00	413.93	21.40	21.40	100.00	56.60
洛甫县	37.29	19.73	12.35	33.12	133.60	16.50	16.50	100.00	83.63
策勒县	29.06	11.37	6.50	22.37	115.54	7.51	7.51	100.00	66.05
于田县	37.44	17.91	12.32	32.91	112.82	13.90	13.90	100.00	77.61
民丰县	5.30	2.35	1.25	23.58	151.20	1.89	1.89	100.00	80.43
阿克苏地区	**515.39**	**144.74**	**217.14**	**42.13**	**173.86**	**377.51**	**377.51**	**100.00**	**260.82**
阿克苏市	60.78	26.82	35.63	58.62	176.68	62.95	62.95	100.00	234.71
阿瓦提县	60.53	15.37	42.50	70.21	200.07	85.03	85.03	100.00	553.22
莎雅县	69.06	14.98	42.70	61.83	187.38	80.01	80.01	100.00	534.11
库车县	79.04	27.94	40.00	50.61	152.55	61.02	61.02	100.00	218.40
温宿县	59.09	15.57	23.00	38.92	173.91	40.00	40.00	100.00	256.90
新和县	54.80	10.91	22.50	41.06	151.11	34.00	34.00	100.00	311.64
乌什县	46.02	14.62	7.00	15.21	145.71	10.20	10.20	100.00	69.77
拜城县	73.40	15.43	2.61	3.56	91.95	2.40	2.40	100.00	15.55
坷坪县	12.67	3.10	1.20	9.47	158.33	1.90	1.90	100.00	61.29
喀什地区	**595.30**	**254.29**	**294.79**	**49.52**	**168.16**	**495.72**	**494.34**	**99.72**	**194.40**
喀什市	4.28	6.33	0.14	3.27	228.57	0.32	0.32	100.00	5.06
巴楚县	66.00	27.84	40.35	61.14	210.09	84.77	84.77	100.00	304.49

5－27－55 续表

县市名	耕地面积（万亩）	农业人口（万人）	棉田面积（万亩）	占耕地（%）	亩产（市斤）	产量（万担）	收购量（万担）	商品率（%）	人均交售（市斤）
伽师县	60.00	26.65	28.20	47.00	182.48	51.46	51.46	100.00	193.10
岳普湖县	28.37	10.80	13.83	48.75	185.76	25.69	25.69	100.00	237.87
麦盖提县	51.12	14.66	33.00	64.55	194.39	64.15	64.15	100.00	437.59
莎车县	122.64	50.19	68.42	55.79	146.42	100.18	98.80	98.62	196.85
泽普县	37.00	11.67	21.54	58.22	174.74	37.64	37.64	100.00	322.54
叶城县	71.64	29.26	23.90	33.36	139.00	33.22	33.22	100.00	113.53
疏勒县	54.03	23.48	29.91	55.36	155.83	46.61	46.61	100.00	198.51
疏附县	63.14	35.53	21.00	33.26	140.81	29.57	29.57	100.00	83.23
英吉沙县	37.08	17.88	14.50	39.10	152.48	22.11	22.11	100.00	123.66
克孜勒苏州	**50.99**	**29.75**	**11.04**	**21.65**	**117.93**	**13.02**	**13.02**	**100.00**	**43.76**
阿克陶县	29.33	15.70	8.04	27.41	106.34	8.55	8.55	100.00	54.46
阿图什市	21.66	14.05	3.00	13.85	149.00	4.47	4.47	100.00	31.81
巴音郭楞州	**171.71**	**54.28**	**65.00**	**37.86**	**188.98**	**122.84**	**122.84**	**100.00**	**226.31**
库尔勒市	37.73	12.84	21.48	56.93	180.63	38.80	38.80	100.00	302.18
尉犁县	32.25	7.14	21.42	66.42	202.15	43.30	43.30	100.00	606.44
轮台县	18.59	6.67	8.00	43.04	175.00	14.00	14.00	100.00	209.90
且末县	12.60	3.62	5.46	43.33	202.20	11.04	11.04	100.00	304.97
若羌县	3.62	1.20	1.58	43.65	223.42	3.53	3.53	100.00	294.17
和硕县	15.56	4.18	5.01	32.20	172.06	8.62	8.62	100.00	206.22
焉耆县	26.55	7.52	0.35	1.32	140.00	0.49	0.49	100.00	6.52
和静县	24.81	11.11	1.70	6.85	180.00	3.06	3.06	100.00	27.54
昌吉回族自治州	**215.61**	**44.55**	**56.96**	**26.42**	**199.56**	**113.67**	**113.67**	**100.00**	**255.15**
玛纳斯县	63.77	14.96	34.07	53.43	217.55	74.12	74.12	100.00	495.45
呼图壁县	55.43	7.79	15.64	28.22	184.91	28.92	28.92	100.00	371.25
昌吉市	66.99	14.49	5.58	8.33	154.12	8.60	8.60	100.00	59.35
阜康县	29.42	7.31	1.67	5.68	121.56	2.03	2.03	100.00	27.77
博尔塔拉州	**72.08**	**17.22**	**35.17**	**48.79**	**193.01**	**67.88**	**62.12**	**91.51**	**360.74**
博乐市	38.88	8.38	15.17	39.02	200.92	30.48	29.12	95.54	347.49
精河县	33.20	8.84	20.00	60.24	187.00	37.40	33.00	88.24	373.30
伊犁哈萨克州	**208.31**	**46.11**	**65.48**	**31.43**	**200.98**	**131.60**	**131.60**	**100.00**	**285.40**
奎屯市									
霍城县	52.98	25.77	1.14	2.15	114.91	1.31	1.31	100.00	5.08
乌苏市	69.42	13.22	32.27	46.49	200.50	64.70	64.70	100.00	489.41
沙湾县	85.91	7.12	32.07	37.33	204.52	65.59	65.59	100.00	921.21

5-27-56 新疆自治区1998年产棉县棉花生产收购明细

县市名	耕地面积（万亩）	农业人口（万人）	棉田面积（万亩）	占耕地（%）	亩产（市斤）	产量（万担）	收购量（万担）	商品率（%）	人均交售（市斤）
全区合计	**2214.58**	**776.38**	**940.46**	**42.47**	**194.32**	**1827.54**	**1829.16**	**100.09**	**235.60**
克拉玛依市	**4.74**	**3.78**	**0.90**	**18.99**	**166.67**	**1.50**	**1.50**	**100.00**	**39.68**
克拉玛依市	4.74	3.78	0.90	18.99	166.67	1.50	1.50	100.00	39.68
石河子地区									
石河子市									
吐鲁番地区	**63.01**	**39.34**	**35.82**	**56.85**	**154.97**	**55.51**	**53.31**	**96.04**	**135.51**
吐鲁番市	21.48	17.17	10.98	51.12	163.39	17.94	17.94	100.00	104.48
托克逊县	19.43	8.07	12.54	64.54	152.07	19.07	19.07	100.00	236.31
鄯善县	22.10	14.10	12.30	55.66	150.41	18.50	16.30	88.11	115.60
哈密地区	**29.86**	**16.09**	**10.66**	**35.70**	**198.03**	**21.11**	**21.11**	**100.00**	**131.20**
哈密市	23.99	14.76	10.10	42.10	200.50	20.25	20.25	100.00	137.20
伊吾县	5.87	1.33	0.56	9.54	153.57	0.86	0.86	100.00	64.66
和田地区	**253.13**	**131.91**	**59.34**	**23.44**	**180.64**	**107.19**	**107.19**	**100.00**	**81.26**
和田市	39.02	23.61	11.24	28.81	159.34	17.91	17.91	100.00	75.86
皮山县	45.72	18.14	8.00	17.50	154.50	12.36	12.36	100.00	68.14
墨玉县	54.41	37.72	5.44	10.00	*	21.70	21.70	100.00	57.53
洛甫县	38.88	20.06	13.00	33.44	169.23	22.00	22.00	100.00	109.67
策勒县	30.26	11.54	6.50	21.48	171.54	11.15	11.15	100.00	96.62
于田县	39.18	18.46	13.73	35.04	141.08	19.37	19.37	100.00	104.93
民丰县	5.66	2.38	1.43	25.27	188.81	2.70	2.70	100.00	113.45
阿克苏地区	**522.04**	**147.92**	**237.10**	**45.42**	**212.74**	**504.40**	**504.40**	**100.00**	**341.00**
阿克苏市	62.42	27.85	37.59	60.22	221.02	83.08	83.08	100.00	298.31
阿瓦提县	65.55	15.56	46.50	70.94	230.00	106.95	106.95	100.00	687.34
莎雅县	73.05	15.24	44.00	60.23	236.27	103.96	103.96	100.00	682.15
库车县	84.05	28.19	42.50	50.57	199.20	84.66	84.66	100.00	300.32
温宿县	62.04	15.86	28.00	45.13	210.00	58.80	58.80	100.00	370.74
新和县	49.85	11.62	25.00	50.15	180.12	45.03	45.03	100.00	387.52
乌什县	46.00	14.84	8.00	17.39	179.13	14.33	14.33	100.00	96.56
拜城县	73.38	15.62	4.01	5.46	126.68	5.08	5.08	100.00	32.52
坷坪县	5.70	3.14	1.50	26.32	167.33	2.51	2.51	100.00	79.94
喀什地区	**602.48**	**260.42**	**311.63**	**51.72**	**183.81**	**572.82**	**572.82**	**100.00**	**219.96**
喀什市	9.35	10.61	1.20	12.83	181.67	2.18	2.18	100.00	20.55
巴楚县	69.42	28.77	46.50	66.98	232.86	108.28	108.28	100.00	376.36

5－27－56 续表

县市名	耕地面积（万亩）	农业人口（万人）	棉田面积（万亩）	占耕地（%）	亩产（市斤）	产量（万担）	收购量（万担）	商品率（%）	人均交售（市斤）
伽师县	60.00	26.96	29.00	48.33	193.10	56.00	56.00	100.00	207.72
岳普湖县	31.31	11.09	15.60	49.82	212.05	33.08	33.08	100.00	298.29
麦盖提县	51.33	15.04	35.00	68.19	206.91	72.42	72.42	100.00	481.52
莎车县	122.70	51.56	68.57	55.88	154.66	106.05	106.05	100.00	205.68
泽普县	37.00	11.89	22.50	60.81	211.42	47.57	47.57	100.00	400.08
叶城县	73.00	30.35	26.97	36.95	148.54	40.06	40.06	100.00	131.99
疏勒县	54.02	23.83	32.00	59.24	179.09	57.31	57.31	100.00	240.50
疏附县	57.15	32.14	19.80	34.65	141.82	28.08	28.08	100.00	87.37
英吉沙县	37.20	18.18	14.49	38.95	150.38	21.79	21.79	100.00	119.86
克孜勒苏州	**50.50**	**30.29**	**10.16**	**20.12**	**132.87**	**13.50**	**13.50**	**100.00**	**44.57**
阿克陶县	28.31	16.10	8.10	28.61	123.33	9.99	9.99	100.00	62.05
阿图什市	22.19	14.19	2.06	9.28	170.39	3.51	3.51	100.00	24.74
巴音郭楞州	**183.45**	**55.23**	**86.22**	**47.00**	**192.18**	**165.70**	**165.70**	**100.00**	**300.02**
库尔勒市	41.06	13.16	26.84	65.37	180.89	48.55	48.55	100.00	368.92
尉犁县	34.37	7.37	25.13	73.12	215.72	54.21	54.21	100.00	735.55
轮台县	19.50	6.77	11.00	56.41	200.00	22.00	22.00	100.00	324.96
且末县	13.20	3.69	6.95	52.65	210.36	14.62	14.62	100.00	396.21
若羌县	3.65	1.20	2.49	68.22	196.79	4.90	4.90	100.00	408.33
和硕县	20.18	4.25	8.36	41.43	161.24	13.48	13.48	100.00	317.18
焉耆县	26.63	7.69	0.92	3.45	140.22	1.29	1.29	100.00	16.78
和静县	24.86	11.10	4.53	18.22	146.80	6.65	6.65	100.00	59.91
昌吉回族自治州	**221.48**	**41.45**	**74.31**	**33.55**	**202.62**	**150.57**	**150.57**	**100.00**	**363.26**
玛纳斯县	66.71	11.01	37.77	56.62	227.38	85.88	85.88	100.00	780.02
呼图壁县	55.93	8.32	20.60	36.83	190.00	39.14	39.14	100.00	470.43
昌吉市	68.73	14.67	12.41	18.06	163.90	20.34	20.34	100.00	138.65
阜康县	30.11	7.45	3.53	11.72	147.59	5.21	5.21	100.00	69.93
博尔塔拉州	**74.90**	**17.43**	**38.64**	**51.59**	**203.36**	**78.58**	**82.40**	**104.86**	**472.75**
博乐市	41.10	8.45	17.64	42.92	201.13	35.48	40.20	113.30	475.74
精河县	33.80	8.98	21.00	62.13	205.24	43.10	42.20	97.91	469.93
伊犁哈萨克州	**208.99**	**32.52**	**75.68**	**36.21**	**207.00**	**156.66**	**156.66**	**100.00**	**481.73**
奎屯市									
霍城县	52.71	12.44	2.04	3.87	150.00	3.06	3.06	100.00	24.60
乌苏市	69.35	12.67	35.00	50.47	209.14	73.20	73.20	100.00	577.74
沙湾县	86.93	7.41	38.64	44.45	208.07	80.40	80.40	100.00	1085.02

5－27－57　新疆自治区 1999 年产棉县棉花生产收购明细

县市名	耕地面积（万亩）	农业人口（万人）	棉田面积（万亩）	占耕地（%）	亩产（市斤）	产量（万担）	收购量（万担）	商品率（%）	人均交售（市斤）
全区合计	**2267.78**	**799.86**	**915.46**	**40.37**	**172.82**	**1582.08**	**1571.85**	**99.35**	**196.52**
克拉玛依市	**1.80**	**4.14**	**0.75**	**41.67**	**189.33**	**1.42**	**1.42**	**100.00**	**34.30**
克拉玛依市	1.80	4.14	0.75	41.67	189.33	1.42	1.42	100.00	34.30
石河子地区									
石河子市									
吐鲁番地区	**74.83**	**41.65**	**21.17**	**28.29**	**155.83**	**32.99**	**32.99**	**100.00**	**79.21**
吐鲁番市	22.11	17.09	7.37	33.33	136.91	10.09	10.09	100.00	59.04
托克逊县	27.29	8.07	8.70	31.88	160.00	13.92	13.92	100.00	172.49
鄯善县	25.43	16.49	5.10	20.06	176.08	8.98	8.98	100.00	54.46
哈密地区	**31.03**	**16.47**	**9.41**	**30.33**	**158.55**	**14.92**	**14.92**	**100.00**	**90.59**
哈密市	27.08	15.11	9.36	34.56	158.76	14.86	14.86	100.00	98.35
伊吾县	3.95	1.36	0.05	1.27	120.00	0.06	0.06	100.00	4.41
和田地区	**253.90**	**132.90**	**64.42**	**25.37**	**142.11**	**91.55**	**91.55**	**100.00**	**68.89**
和田市	39.11	24.12	11.97	30.61	117.54	14.07	14.07	100.00	58.33
皮山县	45.89	18.33	7.01	15.28	145.51	10.20	10.20	100.00	55.65
墨玉县	54.06	37.02	12.00	22.20	132.00	15.84	15.84	100.00	42.79
洛甫县	39.38	20.71	12.51	31.77	169.06	21.15	21.15	100.00	102.12
策勒县	29.30	11.59	6.12	20.89	164.71	10.08	10.08	100.00	86.97
于田县	39.38	18.71	13.31	33.80	130.58	17.38	17.38	100.00	92.89
民丰县	6.78	2.42	1.50	22.12	188.67	2.83	2.83	100.00	116.94
阿克苏地区	**528.98**	**151.26**	**231.08**	**43.68**	**173.16**	**400.14**	**400.14**	**100.00**	**264.54**
阿克苏市	61.71	29.59	34.92	56.59	195.59	68.30	68.30	100.00	230.82
阿瓦提县	68.42	15.80	43.50	63.58	182.39	79.34	79.34	100.00	502.15
莎雅县	73.44	15.88	45.00	61.27	178.22	80.20	80.20	100.00	505.04
库车县	86.28	28.78	42.00	48.68	166.00	69.72	69.72	100.00	242.25
温宿县	67.11	16.04	32.13	47.88	160.66	51.62	51.62	100.00	321.82
新和县	48.08	11.21	25.00	52.00	160.12	40.03	40.03	100.00	357.09
乌什县	44.97	15.01	7.01	15.59	128.25	8.99	8.99	100.00	59.89
拜城县	73.19	15.78	0.02	0.03	*	0.60	0.60	100.00	3.80
坷坪县	5.78	3.17	1.50	25.95	89.33	1.34	1.34	100.00	42.27
喀什地区	**604.69**	**265.14**	**304.40**	**50.34**	**159.10**	**484.31**	**484.31**	**100.00**	**182.66**
喀什市	9.41	10.96	0.39	4.14	192.31	0.75	0.75	100.00	6.84
巴楚县	71.19	29.34	41.00	57.59	200.00	82.00	82.00	100.00	279.48

5－27－57 续表

县市名	耕地面积（万亩）	农业人口（万人）	棉田面积（万亩）	占耕地（%）	亩产（市斤）	产量（万担）	收购量（万担）	商品率（%）	人均交售（市斤）
伽师县	60.90	27.62	35.40	58.13	127.12	45.00	45.00	100.00	162.93
岳普湖县	30.93	11.26	17.00	54.96	177.65	30.20	30.20	100.00	268.21
麦盖提县	51.50	15.39	33.39	64.83	165.02	55.10	55.10	100.00	358.02
莎车县	122.73	52.26	68.21	55.58	158.72	108.26	108.26	100.00	207.16
泽普县	37.00	12.11	21.80	58.92	183.76	40.06	40.06	100.00	330.80
叶城县	72.65	31.22	25.00	34.41	166.96	41.74	41.74	100.00	133.70
疏勒县	54.14	24.21	32.76	60.51	133.03	43.58	43.58	100.00	180.01
疏附县	57.05	32.34	17.00	29.80	109.53	18.62	18.62	100.00	57.58
英吉沙县	37.19	18.43	12.45	33.48	152.61	19.00	19.00	100.00	103.09
克孜勒苏州	**50.72**	**30.94**	**9.31**	**18.36**	**87.97**	**8.19**	**8.19**	**100.00**	**26.47**
阿克陶县	28.20	16.60	7.43	26.35	73.49	5.46	5.46	100.00	32.89
阿图什市	22.52	14.34	1.88	8.35	145.21	2.73	2.73	100.00	19.04
巴音郭楞州	**191.65**	**56.28**	**80.96**	**42.24**	**182.84**	**148.03**	**148.03**	**100.00**	**263.02**
库尔勒市	46.76	13.51	22.86	48.89	167.10	38.20	38.20	100.00	282.75
尉犁县	33.72	7.60	27.09	80.34	188.74	51.13	51.13	100.00	672.76
轮台县	22.73	6.84	13.04	57.37	200.15	26.10	26.10	100.00	381.58
且末县	14.16	3.78	7.59	53.60	201.98	15.33	15.33	100.00	405.56
若羌县	3.80	1.20	2.13	56.05	170.42	3.63	3.63	100.00	302.50
和硕县	21.41	4.16	6.17	28.82	179.58	11.08	11.08	100.00	266.35
焉耆县	25.20	7.90	0.26	1.03	119.23	0.31	0.31	100.00	3.92
和静县	23.87	11.29	1.82	7.62	123.63	2.25	2.25	100.00	19.93
昌吉回族自治州	**224.41**	**46.17**	**76.92**	**34.28**	**209.79**	**161.37**	**161.37**	**100.00**	**349.51**
玛纳斯县	68.90	11.15	39.50	57.33	236.05	93.24	93.24	100.00	836.23
呼图壁县	58.61	12.22	22.22	37.91	199.55	44.34	44.34	100.00	362.85
昌吉市	65.25	15.16	12.41	19.02	158.50	19.67	19.67	100.00	129.75
阜康县	31.65	7.64	2.79	8.82	147.67	4.12	4.12	100.00	53.93
博尔塔拉州	**76.49**	**22.14**	**39.98**	**52.27**	**205.03**	**81.97**	**71.74**	**87.52**	**324.03**
博乐市	42.59	13.08	18.26	42.87	204.98	37.43	27.20	72.67	207.95
精河县	33.90	9.06	21.72	64.07	205.06	44.54	44.54	100.00	491.61
伊犁哈萨克州	**229.28**	**32.77**	**77.06**	**33.61**	**203.98**	**157.19**	**157.19**	**100.00**	**479.68**
奎屯市									
霍城县	62.64	12.53	2.46	3.93	143.50	3.53	3.53	100.00	28.17
乌苏市	75.96	12.75	35.33	46.51	210.39	74.33	74.33	100.00	582.98
沙湾县	90.68	7.49	39.27	43.31	202.01	79.33	79.33	100.00	1059.15

5－27－58　新疆自治区2000年产棉县棉花生产收购明细

县市名	耕地面积（万亩）	农业人口（万人）	棉田面积（万亩）	占耕地（%）	亩产（市斤）	产量（万担）	收购量（万担）	商品率（%）	人均交售（市斤）
全区合计	**2261.64**	**679.23**	**886.75**	**39.21**	**195.84**	**1736.58**	**1736.58**	**100.00**	**255.67**
克拉玛依市	**23.22**	**0.24**	**4.55**	**19.60**	**177.80**	**8.09**	**8.09**	**100.00**	**3370.83**
克拉玛依市	23.22	0.24	4.55	19.60	177.80	8.09	8.09	100.00	3370.83
石河子地区									
石河子市									
吐鲁番地区	**59.20**	**38.37**	**19.47**	**32.89**	**173.55**	**33.79**	**33.79**	**100.00**	**88.06**
吐鲁番市	19.31	16.17	6.14	31.80	185.50	11.39	11.39	100.00	70.44
托克逊县	20.04	8.08	8.15	40.67	161.60	13.17	13.17	100.00	163.00
鄯善县	19.85	14.12	5.18	26.10	178.19	9.23	9.23	100.00	65.37
哈密地区	**29.05**	**10.27**	**8.60**	**29.60**	**158.72**	**13.65**	**13.65**	**100.00**	**132.91**
哈密市	23.18	9.58	8.54	36.84	158.67	13.55	13.55	100.00	141.44
伊吾县	5.87	0.69	0.06	1.02	166.67	0.10	0.10	100.00	14.49
和田地区	**251.63**	**129.41**	**55.83**	**22.19**	**142.59**	**79.61**	**79.61**	**100.00**	**61.52**
和田市	38.88	24.19	9.20	23.66	125.43	11.54	11.54	100.00	47.71
皮山县	45.63	15.54	6.48	14.20	140.43	9.10	9.10	100.00	58.56
墨玉县	55.28	37.15	12.00	21.71	93.33	11.20	11.20	100.00	30.15
洛甫县	39.42	20.53	10.01	25.39	190.81	19.10	19.10	100.00	93.03
策勒县	24.89	11.41	5.28	21.21	169.89	8.97	8.97	100.00	78.62
于田县	40.22	18.46	11.30	28.10	146.11	16.51	16.51	100.00	89.44
民丰县	7.31	2.13	1.56	21.34	204.49	3.19	3.19	100.00	149.77
阿克苏地区	**530.87**	**120.01**	**218.24**	**41.11**	**211.48**	**461.54**	**461.54**	**100.00**	**384.58**
阿克苏市	61.49	12.62	31.56	51.33	236.12	74.52	74.52	100.00	590.49
阿瓦提县	68.73	13.16	44.39	64.59	202.30	89.80	89.80	100.00	682.37
莎雅县	74.64	14.81	40.05	53.66	222.72	89.20	89.20	100.00	602.30
库车县	85.85	27.11	38.00	44.26	206.21	78.36	78.36	100.00	289.04
温宿县	69.87	11.44	31.70	45.37	220.82	70.00	70.00	100.00	611.89
新和县	48.18	10.52	23.00	47.74	193.48	44.50	44.50	100.00	423.00
乌什县	43.32	14.31	5.00	11.54	178.40	8.92	8.92	100.00	62.33
拜城县	73.01	12.86	3.50	4.79	126.00	4.41	4.41	100.00	34.29
坷坪县	5.78	3.18	1.04	17.99	175.96	1.83	1.83	100.00	57.55
喀什地区	**605.09**	**232.52**	**289.84**	**47.90**	**177.37**	**514.10**	**514.10**	**100.00**	**221.10**
喀什市	9.09	9.95	0.36	3.96	205.56	0.74	0.74	100.00	7.44
巴楚县	72.17	18.46	46.01	63.75	166.05	76.40	76.40	100.00	413.87

5－27－58 续表

县市名	耕地面积（万亩）	农业人口（万人）	棉田面积（万亩）	占耕地（%）	亩产（市斤）	产量（万担）	收购量（万担）	商品率（%）	人均交售（市斤）
伽师县	61.05	27.39	32.00	52.42	155.19	49.66	49.66	100.00	181.31
岳普湖县	30.98	10.32	16.50	53.26	181.82	30.00	30.00	100.00	290.70
麦盖提县	51.80	11.84	36.71	70.87	177.06	65.00	65.00	100.00	548.99
莎车县	122.54	47.00	63.86	52.11	188.13	120.14	120.14	100.00	255.62
泽普县	36.71	9.26	20.06	54.64	209.77	42.08	42.08	100.00	454.43
叶城县	72.63	26.58	24.11	33.20	176.19	42.48	42.48	100.00	159.82
疏勒县	53.93	23.47	28.50	52.85	162.81	46.40	46.40	100.00	197.70
疏附县	57.03	31.41	14.40	25.25	180.56	26.00	26.00	100.00	82.78
英吉沙县	37.16	16.84	7.33	19.73	207.37	15.20	15.20	100.00	90.26
克孜勒苏州	**50.35**	**27.48**	**6.96**	**13.82**	**140.95**	**9.81**	**9.81**	**100.00**	**35.70**
阿克陶县	28.22	13.12	5.55	19.67	132.25	7.34	7.34	100.00	55.95
阿图什市	22.13	14.36	1.41	6.37	175.18	2.47	2.47	100.00	17.20
巴音郭楞州	**194.89**	**35.35**	**83.97**	**43.09**	**198.19**	**166.42**	**166.42**	**100.00**	**470.78**
库尔勒市	45.84	6.47	25.67	56.00	196.57	50.46	50.46	100.00	779.91
尉犁县	36.57	3.49	26.73	73.09	207.97	55.59	55.59	100.00	1592.84
轮台县	23.19	6.09	13.20	56.92	202.05	26.67	26.67	100.00	437.93
且末县	14.15	3.37	7.22	51.02	193.91	14.00	14.00	100.00	415.43
若羌县	5.49	1.21	1.92	34.97	218.75	4.20	4.20	100.00	347.11
和硕县	20.49	2.00	6.98	34.07	171.92	12.00	12.00	100.00	600.00
焉耆县	25.25	5.96	0.33	1.31	130.30	0.43	0.43	100.00	7.21
和静县	23.91	6.76	1.92	8.03	159.90	3.07	3.07	100.00	45.41
昌吉回族自治州	**228.04**	**30.94**	**81.38**	**35.69**	**220.03**	**179.06**	**179.06**	**100.00**	**578.73**
玛纳斯县	68.19	8.46	40.40	59.25	250.00	101.00	101.00	100.00	1193.85
呼图壁县	59.57	7.03	23.24	39.01	208.52	48.46	48.46	100.00	689.33
昌吉市	70.02	9.46	15.02	21.45	167.91	25.22	25.22	100.00	266.60
阜康县	30.26	5.99	2.72	8.99	161.03	4.38	4.38	100.00	73.12
博尔塔拉州	**76.42**	**13.67**	**34.82**	**45.56**	**259.39**	**90.32**	**90.32**	**100.00**	**660.72**
博乐市	41.84	7.62	12.99	31.05	327.25	42.51	42.51	100.00	557.87
精河县	34.58	6.05	21.83	63.13	219.01	47.81	47.81	100.00	790.25
伊犁哈萨克州	**212.88**	**40.97**	**83.09**	**39.03**	**216.86**	**180.19**	**180.19**	**100.00**	**439.81**
奎屯市			0.12		200.00	0.24	0.24	100.00	
霍城县	52.86	17.82	2.64	4.99	150.00	3.96	3.96	100.00	22.22
乌苏市	69.33	9.87	40.86	58.94	217.99	89.07	89.07	100.00	902.43
沙湾县	90.69	13.28	39.47	43.52	220.22	86.92	86.92	100.00	654.52

5-28-1　新疆自治区克拉玛依市历年棉花生产收购

年　度	耕地面积（万亩）	农业人口（万人）	棉田面积（万亩）	占耕地（%）	亩　产（市斤）	产　量（万担）	收购量（万担）	商品率（%）	人均交售（市斤）
52 年合计			**9.42**	**5.55**	**389.81**	**36.72**	**36.25**	**98.72**	**92.12**
11 年小计									
占合计%									
1949									
1950									
1951									
1952									
1953									
1954									
1955									
1956									
1957									
1958									
1959									
10 年小计									
占合计%									
1960									
1961									
1962									
1963									
1964									
1965									
1966									
1967									
1968									
1969									
10 年小计									
占合计%									
1970									
1971									
1972									
1973									
1974									
1975									
1976									
1977									
1978									
1979									
10 年小计			**0.58**	**0.79**	**81.03**	**0.47**			
占合计%			**6.16**			**1.28**			
1980									
1981									
1982									
1983	12.45	2.34	0.07	0.56	57.14	0.04			
1984	12.45	2.34	0.10	0.80	70.00	0.07			
1985	12.45	2.34	0.10	0.80	80.00	0.08			
1986	12.00	2.34	0.10	0.83	100.00	0.10			
1987	12.00	2.34	0.13	1.08	76.92	0.10			
1988	12.00	2.34	0.08	0.67	100.00	0.08			
1989									
11 年小计			**8.84**	**9.19**	**410.07**	**36.25**	**36.25**	**100.00**	**143.22**
占合计%			**93.84**			**98.72**	**100.00**		
1990									
1991	11.85	1.86	0.26	2.19	*	3.10	3.10	100.00	166.67
1992	11.10	1.93	0.18	1.62	*	2.08	2.08	100.00	107.77
1993	11.10	2.02	0.29	2.61	*	8.65	8.65	100.00	428.22
1994	11.70	2.49	0.38	3.25	*	4.66	4.66	100.00	187.15
1995	11.70	2.85	0.44	3.76	*	5.08	5.08	100.00	178.25
1996	4.49	2.89	0.50	11.14	146.00	0.73	0.73	100.00	25.26
1997	4.54	3.11	0.59	13.00	159.32	0.94	0.94	100.00	30.21
1998	4.74	3.78	0.90	18.99	166.67	1.50	1.50	100.00	39.68
1999	1.80	4.14	0.75	41.67	189.33	1.42	1.42	100.00	34.30
2000	23.22	0.24	4.55	19.60	177.80	8.09	8.09	100.00	

5－28－2　新疆自治区石河子市历年棉花生产收购

年　度	耕地面积（万亩）	农业人口（万人）	棉田面积（万亩）	占耕地（%）	亩　产（市斤）	产　量（万担）	收购量（万担）	商品率（%）	人均交售（市斤）
52 年合计			**565.22**		**96.13**	**543.36**	**540.04**	**99.39**	*
11 年小计									
占合计%									
1949									
1950									
1951									
1952									
1953									
1954									
1955									
1956									
1957									
1958									
1959									
10 年小计									
占合计%									
1960									
1961									
1962									
1963									
1964									
1965									
1966									
1967									
1968									
1969									
10 年小计			**112.65**		**51.97**	**58.54**	**64.57**	**110.30**	
占合计%			**19.93**			**10.77**	**11.96**		
1970									
1971									
1972									
1973									
1974									
1975			20.89		43.47	9.08	8.72	96.04	
1976			21.61		52.52	11.35	12.47	109.87	
1977			21.13		49.60	10.48	11.21	106.97	
1978			22.46		74.98	16.84	16.17	96.02	
1979			26.56		40.63	10.79	16.00	148.29	
10 年小计			**452.57**		**97.76**	**442.41**	**433.06**	**97.89**	
占合计%			**80.07**			**81.42**	**80.19**		
1980			36.13		81.35	29.39	28.47	96.87	
1981			46.02		99.48	45.78	47.85	104.52	
1982			59.91		89.13	53.40	52.17	97.70	
1983			58.07		90.51	52.56	51.60	98.17	
1984			53.49		99.68	53.32	54.21	101.67	
1985			41.31		99.35	41.04	35.81	87.26	
1986			49.83		114.63	57.12	57.94	101.44	
1987			60.18		111.53	67.12	63.74	94.96	
1988			47.63		89.61	42.68	41.27	96.70	
1989									
11 年小计						**42.41**	**42.41**	**100.00**	**221.69**
占合计%						**7.81**	**7.85**		
1990									
1991						11.01	11.01	100.00	285.97
1992						4.50	4.50	100.00	116.88
1993						5.36	5.36	100.00	145.65
1994						9.09	9.09	100.00	237.34
1995						12.45	12.45	100.00	317.60
1996									
1997									
1998									
1999									
2000									

5－28－3 新疆自治区吐鲁番市历年棉花生产收购

年 度	耕地面积（万亩）	农业人口（万人）	棉田面积（万亩）	占耕地（%）	亩 产（市斤）	产 量（万担）	收购量（万担）	商品率（%）	人均交售（市斤）
52 年合计			**339.51**	**23.66**	**110.97**	**376.76**	**347.84**	**92.32**	**61.04**
11 年小计			**53.78**	**20.44**	**81.55**	**43.86**	**14.66**	**33.42**	**32.72**
占合计%			**15.84**			**11.64**	**4.21**		
1949	20.00		1.48	7.40	41.22	0.61			
1950	20.70		1.51	7.29	42.38	0.64			
1951	21.00		2.07	9.86	48.31	1.00			
1952	22.00		2.18	9.91	51.38	1.12			
1953	22.60	6.00	2.74	12.12	79.93	2.19			
1954	23.20	6.00	4.10	17.67	92.93	3.81			
1955	24.30	6.00	4.93	20.29	86.41	4.26			
1956	25.60	6.10	10.49	40.98	68.83	7.22			
1957	26.40	6.50	7.71	29.20	78.99	6.09	7.04	115.60	108.31
1958	27.20	7.00	8.80	32.35	101.14	8.90			
1959	30.10	7.20	7.77	25.81	103.22	8.02	7.62	95.01	105.83
10 年小计			**50.04**	**15.43**	**77.30**	**38.68**	**35.40**	**91.52**	**41.40**
占合计%			**14.74**			**10.27**	**10.18**		
1960	37.50	7.40	7.09	18.91	50.92	3.61	3.45	95.57	46.62
1961	29.90	7.60	4.15	13.88	17.83	0.74	0.81	109.46	10.66
1962	31.00	8.10	2.98	9.61	38.59	1.15	1.09	94.78	13.46
1963	31.50	8.10	3.42	10.86	71.35	2.44	2.35	96.31	29.01
1964	32.40	8.20	4.42	13.64	86.43	3.82	3.77	98.69	45.98
1965	33.00	8.50	5.20	15.76	100.38	5.22	4.59	87.93	54.00
1966	31.40	8.90	5.72	18.22	107.34	6.14	5.65	92.02	63.48
1967	33.20	9.20	5.74	17.29	102.44	5.88	5.32	90.48	57.83
1968	34.30	9.60	5.84	17.03	87.16	5.09	4.20	82.51	43.75
1969	30.10	9.90	5.48	18.21	83.76	4.59	4.17	90.85	42.12
10 年小计			**117.80**	**17.99**	**91.27**	**50.60**	**48.15**	**95.16**	**40.87**
占合计%			**16.33**			**13.43**	**13.84**		
1970	30.60	10.40	5.30	17.32	88.87	4.71	4.64	98.51	44.62
1971	31.40	11.00	5.38	17.13	88.66	4.77	4.69	98.32	42.64
1972	32.00	11.30	5.57	17.41	90.66	5.05	4.48	88.71	39.65
1973	31.00	11.50	5.62	18.13	95.02	5.34	4.92	92.13	42.78
1974	31.00	11.80	5.50	17.74	97.64	5.37	4.76	88.64	40.34
1975	31.00	12.10	5.54	17.87	86.82	4.81	4.51	93.76	37.27
1976	29.90	11.30	5.47	18.29	95.25	5.21	5.23	100.38	46.28
1977	30.00	12.50	5.50	18.33	87.45	4.81	4.41	91.68	35.28
1978	31.00	12.90	5.57	17.97	91.92	5.12	4.93	96.29	42.92
1979	30.30	13.00	5.99	19.77	90.32	5.41	5.58	103.14	1.07
10 年小计			**79.03**	**29.09**	**106.42**	**84.10**	**87.27**	**103.77**	**62.83**
占合计%			**23.28**			**22.32**	**25.09**		
1980	29.30	13.10	6.72	22.94	92.11	6.19	6.77	109.37	51.68
1981	29.30	13.30	8.11	27.68	101.11	8.20	9.13	111.34	68.65
1982	29.10	13.30	9.09	31.24	106.27	9.66	9.64	99.79	72.48
1983	28.90	13.50	7.84	27.13	109.57	8.59	9.81	114.20	72.67
1984	28.90	13.70	8.67	30.00	111.88	9.70	9.73	100.31	71.02
1985	27.00	14.40	8.06	29.85	93.18	7.51	7.38	98.27	51.25
1986	26.00	14.00	8.46	32.54	85.46	7.23	6.85	94.74	48.93
1987	24.70	14.30	7.77	31.46	111.84	8.69	8.51	97.93	59.51
1988	24.20	14.50	7.31	30.21	126.27	9.23	9.65	104.55	66.55
1989	24.30	14.80	7.00	28.81	130.00	9.10	9.80	107.69	66.22
11 年小计			**101.22**	**37.86**	**157.60**	**159.52**	**162.36**	**101.78**	**88.77**
占合计%			**29.81**			**42.34**	**46.68**		
1990	24.30	15.06	8.20	33.74	115.85	9.50	13.40	141.05	88.98
1991	27.20	16.18	9.81	36.07	150.66	14.78	15.50	104.87	95.80
1992	27.30	16.32	9.51	34.84	159.62	15.18	14.80	97.50	90.69
1993	27.21	16.80	8.23	30.25	172.05	14.16	12.60	88.98	75.00
1994	27.32	16.79	9.89	36.20	170.48	16.86	15.60	92.53	92.91
1995	25.07	16.97	9.86	39.33	181.64	17.91	19.00	106.09	111.96
1996	23.94	16.99	10.71	44.74	129.51	13.87	14.20	102.38	83.58
1997	22.14	17.36	10.52	47.52	169.58	17.84	17.84	100.00	102.76
1998	21.48	17.17	10.98	51.12	163.39	17.94	17.94	100.00	104.48
1999	22.11	17.09	7.37	33.33	136.91	10.09	10.09	100.00	59.04
2000	19.31	16.17	6.14	31.80	185.50	11.39	11.39	100.00	70.44

5－28－4　新疆自治区托克逊县历年棉花生产收购

年　度	耕地面积（万亩）	农业人口（万人）	棉田面积（万亩）	占耕地（%）	亩　产（市斤）	产　量（万担）	收购量（万担）	商品率（%）	人均交售（市斤）
52年合计			**180.81**	**23.30**	**144.71**	**261.64**	**250.57**	**95.77**	**96.67**
11年小计			**12.95**	**9.74**	**41.39**	**5.36**	**1.50**	**27.99**	**4.77**
占合计%			**7.16**			**2.05**	**0.60**		
1949	11.31	2.86	0.39	3.45	17.95	0.07			
1950	11.31	2.86	0.41	3.63	17.07	0.07			
1951	11.31	2.86	0.44	3.89	20.45	0.09			
1952	11.31	2.86	0.46	4.07	26.09	0.12			
1953	11.31	2.86	0.65	5.75	27.69	0.18			
1954	11.31	2.86	0.76	6.72	31.58	0.24			
1955	13.02	2.86	1.39	10.68	41.01	0.57			
1956	13.02	2.86	2.89	22.20	9.34	0.27			
1957	13.02	2.86	1.71	13.13	54.97	0.94			
1958	13.02	2.86	1.87	14.36	66.31	1.24			
1959	13.02	2.86	1.98	15.21	79.29	1.57	1.50	95.54	52.45
10年小计			**11.42**	**8.77**	**73.56**	**8.40**	**7.43**	**88.45**	**25.98**
占合计%			**6.32**			**3.21**	**2.97**		
1960	13.02	2.86	0.61	4.69	101.64	0.62	0.54	87.10	18.88
1961	13.02	2.86	0.46	3.53	15.22	0.07	0.08	114.29	2.80
1962	13.02	2.86	0.70	5.38	34.29	0.24	0.22	91.67	7.69
1963	13.02	2.86	0.83	6.37	54.22	0.45	0.43	95.56	15.03
1964	13.02	2.86	1.06	8.14	76.42	0.81	0.71	87.65	24.83
1965	13.02	2.86	1.17	8.99	89.74	1.05	0.91	86.67	31.82
1966	13.02	2.86	1.70	13.06	76.47	1.30	1.23	94.62	43.01
1967	13.02	2.86	1.48	11.37	104.05	1.54	1.34	87.01	46.85
1968	13.02	2.86	1.75	13.44	68.00	1.19	1.07	89.92	37.41
1969	13.02	2.86	1.66	12.75	68.07	1.13	0.90	79.65	31.47
10年小计			**18.01**	**11.96**	**71.64**	**12.90**	**11.16**	**86.51**	**21.84**
占合计%			**9.96**			**4.93**	**4.45**		
1970	13.02	2.86	1.57	12.06	113.38	1.78	1.10	61.80	38.46
1971	13.02	2.86	1.61	12.37	72.05	1.16	1.08	93.10	37.76
1972	13.02	2.86	1.67	12.83	68.26	1.14	1.06	92.98	37.06
1973	13.02	2.86	1.81	13.90	70.72	1.28	1.08	84.38	37.76
1974	13.02	2.86	1.62	12.44	67.28	1.09	0.87	79.82	30.42
1975	17.10	7.36	1.63	9.53	55.83	0.91	0.82	90.11	11.14
1976	17.10	7.36	1.83	10.70	73.77	1.35	1.33	98.52	18.07
1977	17.10	7.36	1.70	9.92	86.62	1.47	1.20	81.63	16.30
1978	17.10	7.36	2.11	12.34	61.14	1.29	1.23	95.35	16.71
1979	17.10	7.36	2.46	14.39	58.13	1.43	1.39	97.20	18.89
10年小计			**33.91**	**21.12**	**148.75**	**50.44**	**48.01**	**95.18**	**70.93**
占合计%			**18.75**			**19.28**	**19.16**		
1980	17.05	7.47	2.83	16.60	65.02	1.84	1.78	96.74	23.83
1981	17.05	7.47	3.09	18.12	90.61	2.80	3.03	108.21	40.56
1982	17.05	7.47	3.79	22.23	104.75	3.97	4.10	103.27	54.89
1983	17.05	7.47	3.59	21.06	121.17	4.35	4.67	107.36	62.52
1984	17.05	7.47	4.72	27.68	107.20	5.06	5.36	105.93	71.75
1985	17.10	7.58	4.18	24.44	117.46	4.91	4.46	90.84	58.84
1986	17.10	7.58	4.87	28.48	135.32	6.59	5.53	83.92	72.96
1987	17.10	7.58	6.84	40.00	144.44	9.88	8.85	89.57	116.75
1988	24.00	7.60				11.04	10.23	92.66	134.61
1989									
11年小计			**104.52**	**51.81**	**176.56**	**184.54**	**182.47**	**98.88**	**227.07**
占合计%			**57.81**			**70.53**	**72.82**		
1990									
1991	18.60	7.87	9.29	49.95	173.41	16.11	13.70	85.04	174.08
1992	18.74	7.94	9.69	51.71	162.64	15.76	16.10	102.16	202.77
1993	18.78	8.03	10.13	53.94	179.47	18.18	18.18	100.00	226.40
1994	23.33	8.07	11.40	48.86	195.88	22.33	22.33	100.00	276.70
1995	18.47	8.07	11.40	61.72	211.84	24.15	24.15	100.00	299.26
1996	18.12	8.09	10.92	60.26	156.23	17.06	17.06	100.00	210.88
1997	18.93	8.07	12.30	64.98	201.54	24.79	24.79	100.00	307.19
1998	19.43	8.07	12.54	64.54	152.07	19.07	19.07	100.00	236.31
1999	27.29	8.07	8.70	31.88	160.00	13.92	13.92	100.00	172.49
2000	20.04	8.08	8.15	40.67	161.60	13.17	13.17	100.00	163.00

5－28－5　新疆自治区鄯善县历年棉花生产收购

年　度	耕地面积（万亩）	农业人口（万人）	棉田面积（万亩）	占耕地（%）	亩　产（市斤）	产　量（万担）	收购量（万担）	商品率（%）	人均交售（市斤）
52 年合计			**296.72**	**25.67**	**104.95**	**311.42**	**301.71**	**96.88**	**61.28**
11 年小计			**42.09**	**20.60**	**75.58**	**31.81**	**30.20**	**94.94**	**53.08**
占合计%			**14.19**			**10.21**	**10.01**		
1949	15.40	4.90	1.44	9.35	31.94	0.46	0.46	100.00	9.39
1950	15.60	4.90	1.56	10.00	35.90	0.56	0.56	100.00	11.43
1951	16.50	5.00	1.65	10.00	40.00	0.66	0.66	100.00	13.20
1952	16.80	5.00	1.33	7.92	54.89	0.73	0.73	100.00	14.60
1953	17.50	5.10	1.60	9.14	48.13	0.77	0.77	100.00	15.10
1954	18.80	5.20	2.70	14.36	58.89	1.59	1.59	100.00	30.58
1955	18.50	5.30	4.60	24.86	77.39	3.56	3.56	100.00	67.17
1956	19.10	5.30	7.50	39.27	73.87	5.54	5.54	100.00	104.53
1957	19.30	5.30	6.54	33.89	84.10	5.50	4.22	76.73	79.62
1958	20.90	5.40	6.84	32.73	93.27	6.38	6.35	99.53	117.59
1959	25.90	5.50	6.33	24.44	95.73	6.06	5.76	95.05	104.73
10 年小计			**44.85**	**17.01**	**74.69**	**33.50**	**31.40**	**93.73**	**45.91**
占合计%			**15.12**			**10.76**	**10.41**		
1960	30.70	5.50	5.20	16.94	50.00	2.60	2.40	92.31	43.64
1961	25.60	5.80	2.99	11.68	50.17	1.50	1.40	93.33	24.14
1962	25.00	6.00	3.07	12.28	42.35	1.30	1.30	100.00	21.67
1963	26.40	6.30	3.52	13.33	71.02	2.50	2.40	96.00	38.10
1964	26.50	6.60	4.18	15.77	76.56	3.20	3.10	96.88	46.97
1965	26.70	6.80	4.68	17.53	89.74	4.20	3.90	92.86	57.35
1966	26.70	7.30	4.99	18.69	94.19	4.70	4.60	97.87	63.01
1967	25.90	7.70	5.40	20.85	92.59	5.00	5.00	100.00	64.94
1968	24.90	8.00	5.54	22.25	83.03	4.60	3.90	84.78	48.75
1969	25.20	8.40	5.28	20.95	73.86	3.90	3.40	87.18	40.48
10 年小计			**53.70**	**23.28**	**74.86**	**40.20**	**40.30**	**100.25**	**41.38**
占合计%			**18.10**			**12.91**	**13.36**		
1970	25.30	8.50	5.20	20.55	73.08	3.80	3.70	97.37	43.53
1971	23.80	8.60	5.10	21.43	74.51	3.80	4.20	110.53	48.84
1972	23.60	9.10	5.30	22.46	71.70	3.80	3.70	97.37	40.66
1973	24.20	9.40	5.40	22.31	81.48	4.40	4.20	95.45	44.68
1974	23.70	9.60	5.30	22.36	77.36	4.10	3.80	92.68	39.58
1975	24.40	10.00	5.10	20.90	66.67	3.40	3.70	108.82	37.00
1976	24.30	10.20	5.40	22.22	77.78	4.20	4.20	100.00	41.18
1977	23.90	10.40	5.50	23.01	72.73	4.00	3.70	92.50	35.58
1978	24.00	10.70	5.60	23.33	80.36	4.50	4.30	95.56	40.19
1979	23.80	10.90	5.80	24.37	72.41	4.20	4.80	114.29	44.04
10 年小计			**71.60**	**34.26**	**100.42**	**71.90**	**70.70**	**98.33**	**59.97**
占合计%			**24.13**			**23.09**	**23.43**		
1980	22.00	11.10	6.40	29.09	93.75	6.00	6.10	101.67	54.95
1981	21.90	11.30	8.10	36.99	93.83	7.60	7.60	100.00	67.26
1982	21.50	11.20	7.90	36.74	100.00	7.90	7.70	97.47	68.75
1983	21.10	11.90	7.50	35.55	98.67	7.40	8.10	109.46	68.07
1984	21.10	11.50	8.00	37.91	102.50	8.20	7.90	96.34	68.70
1985	20.30	11.80	7.00	34.48	87.14	6.10	5.50	90.16	46.61
1986	20.20	11.90	7.10	35.15	81.69	5.80	5.20	89.66	43.70
1987	20.20	12.20	6.80	33.66	104.41	7.10	6.40	90.14	52.46
1988	20.30	12.40	6.50	32.02	116.92	7.60	8.00	105.26	64.52
1989	20.40	12.60	6.30	30.88	130.16	8.20	8.20	100.00	65.08
11 年小计			**84.48**	**35.48**	**158.63**	**134.01**	**129.11**	**96.34**	**85.10**
占合计%			**28.47**			**43.03**	**42.79**		
1990	21.00	12.80	7.10	33.81	146.48	10.40	10.50	100.96	82.03
1991	21.10	13.10	7.30	34.60	152.05	11.10	11.40	102.70	87.02
1992	21.20	13.30	7.30	34.43	147.95	10.80	10.20	94.44	76.69
1993	21.30	13.40	7.20	33.80	143.06	10.30	10.40	100.97	77.61
1994	21.40	13.40	9.30	43.46	154.84	14.40	13.70	95.14	102.24
1995	21.50	13.50	7.60	35.35	190.79	14.50	14.20	97.93	105.19
1996	21.60	13.60	8.80	40.74	135.23	11.90	10.80	90.76	79.41
1997	21.60	13.90	7.30	33.80	190.41	13.90	13.40	96.40	96.40
1998	22.10	14.10	12.30	55.66	150.41	18.50	16.30	88.11	115.60
1999	25.43	16.49	5.10	20.06	176.08	8.98	8.98	100.00	54.46
2000	19.85	14.12	5.18	26.10	178.19	9.23	9.23	100.00	65.37

5－28－6　新疆自治区哈密市历年棉花生产收购

年　度	耕地面积（万亩）	农业人口（万人）	棉田面积（万亩）	占耕地（%）	亩　产（市斤）	产　量（万担）	收购量（万担）	商品率（%）	人均交售（市斤）
52 年合计			**68.11**	**13.86**	**173.88**	**118.43**	**119.08**	**100.55**	**80.28**
11 年小计									
占合计%									
1949									
1950									
1951									
1952									
1953									
1954									
1955									
1956									
1957									
1958									
1959									
10 年小计									
占合计%									
1960									
1961									
1962									
1963									
1964									
1965									
1966									
1967									
1968									
1969									
10 年小计									
占合计%									
1970									
1971									
1972									
1973									
1974									
1975									
1976									
1977									
1978									
1979									
10 年小计			**0.10**	**0.06**	**230.00**	**0.23**	**0.88**	*	**7.10**
占合计%			**0.15**			**0.19**	**0.74**		
1980									
1981	22.00		0.01	0.05					
1982									
1983	22.00		0.01	0.05	100.00	0.01			
1984	22.00		0.01	0.05	100.00	0.01			
1985	22.00		0.02	0.09	150.00	0.03			
1986	22.00		0.01	0.05	100.00	0.01			
1987	22.00		0.04	0.18	125.00	0.05	0.58	*	
1988	36.55	12.40				0.12	0.30	*	2.42
1989									
11 年小计			**68.01**	**21.06**	**173.80**	**118.20**	**118.20**	**100.00**	**86.95**
占合计%			**99.85**			**99.81**	**99.26**		
1990									
1991	38.51	12.92	2.58	6.70	156.20	4.03	4.03	100.00	31.19
1992	41.57	13.10	4.14	9.96	149.52	6.19	6.19	100.00	47.25
1993	41.55	13.36	4.11	9.89	154.26	6.34	6.34	100.00	47.46
1994	41.30	13.53	6.05	14.65	168.10	10.17	10.17	100.00	75.17
1995	41.60	14.48	7.11	17.09	178.34	12.68	12.68	100.00	87.57
1996	21.45	14.50	7.02	32.73	182.19	12.79	12.79	100.00	88.21
1997	22.68	14.60	9.00	39.68	192.67	17.34	17.34	100.00	118.77
1998	23.99	14.76	10.10	42.10	200.50	20.25	20.25	100.00	137.20
1999	27.08	15.11	9.36	34.56	158.76	14.86	14.86	100.00	98.35
2000	23.18	9.58	8.54	36.84	158.67	13.55	13.55	100.00	141.44

5－28－7　新疆自治区伊吾县历年棉花生产收购

年　度	耕地面积（万亩）	农业人口（万人）	棉田面积（万亩）	占耕地（%）	亩　产（市斤）	产　量（万担）	收购量（万担）	商品率（%）	人均交售（市斤）
52 年合计			**4.48**	**7.63**	**135.27**	**6.06**	**6.06**	**100.00**	**42.08**
11 年小计									
占合计%									
1949									
1950									
1951									
1952									
1953									
1954									
1955									
1956									
1957									
1958									
1959									
10 年小计									
占合计%									
1960									
1961									
1962									
1963									
1964									
1965									
1966									
1967									
1968									
1969									
10 年小计									
占合计%									
1970									
1971									
1972									
1973									
1974									
1975									
1976									
1977									
1978									
1979									
10 年小计									
占合计%									
1980									
1981									
1982									
1983									
1984									
1985									
1986									
1987									
1988									
1989									
11 年小计			**4.48**	**7.63**	**135.27**	**6.06**	**6.06**	**100.00**	**42.08**
占合计%			**100.00**			**100.00**	**100.00**		
1990									
1991	6.11	1.31	0.11	1.80	154.55	0.17	0.17	100.00	12.98
1992	6.20	3.00	0.47	7.58	140.43	0.66	0.66	100.00	22.00
1993	6.29	1.33	0.68	10.81	119.12	0.81	0.81	100.00	60.90
1994	6.38	1.34	0.65	10.19	116.92	0.76	0.76	100.00	56.72
1995	6.30	1.34	0.65	10.32	132.31	0.86	0.86	100.00	64.18
1996	5.87	1.37	0.75	12.78	96.00	0.72	0.72	100.00	52.55
1997	5.87	1.33	0.50	8.52	212.00	1.06	1.06	100.00	79.70
1998	5.87	1.33	0.56	9.54	153.57	0.86	0.86	100.00	64.66
1999	3.95	1.36	0.05	1.27	120.00	0.06	0.06	100.00	4.41
2000	5.87	0.69	0.06	1.02	166.67	0.10	0.10	100.00	14.49

5－28－8　新疆自治区和田县历年棉花生产收购

年　度	耕地面积（万亩）	农业人口（万人）	棉田面积（万亩）	占耕地（%）	亩　产（市斤）	产　量（万担）	收购量（万担）	商品率（%）	人均交售（市斤）
52 年合计			**226.24**	**11.90**	**79.39**	**179.62**	**161.76**	**90.06**	**18.18**
11 年小计			**22.64**	**5.81**	**40.77**	**9.23**	**3.58**	**38.79**	**2.13**
占合计%			**10.01**			**5.14**	**2.21**		
1949	32.67	15.26	1.06	3.24	24.53	0.26			
1950	32.67	15.26	1.36	4.16	25.74	0.35			
1951	32.67	15.26	1.59	4.87	28.93	0.46			
1952	32.67	15.26	1.88	5.75	31.91	0.60			
1953	32.67	15.26	1.96	6.00	33.16	0.65			
1954	32.67	15.26	2.14	6.55	34.11	0.73			
1955	38.75	15.26	2.36	6.09	35.17	0.83			
1956	38.75	15.26	3.08	7.95	50.00	1.54			
1957	38.75	15.26	2.20	5.68	28.18	0.62	1.59	*	10.42
1958	38.75	15.26	1.90	4.90	52.63	1.00			
1959	38.75	15.26	3.11	8.03	70.42	2.19	1.99	90.87	13.04
10 年小计			**42.77**	**11.04**	**41.27**	**17.65**	**15.46**	**87.59**	**10.13**
占合计%			**18.90**			**9.83**	**9.56**		
1960	38.75	15.26	4.63	11.95	42.76	1.98	1.95	98.48	12.78
1961	38.75	15.26	3.61	9.32	36.01	1.30	1.15	88.46	7.54
1962	38.75	15.26	3.51	9.06	30.20	1.06	1.06	100.00	6.95
1963	38.75	15.26	3.84	9.91	35.94	1.38	1.17	84.78	7.67
1964	38.75	15.26	3.97	10.25	39.80	1.58	1.38	87.34	9.04
1965	38.75	15.26	4.40	11.35	50.45	2.22	1.93	86.94	12.65
1966	38.75	15.26	4.73	12.21	48.84	2.31	2.01	87.01	13.17
1967	38.75	15.26	5.09	13.14	42.04	2.14	1.99	92.99	13.04
1968	38.75	15.26	5.03	12.98	42.54	2.14	1.78	83.18	11.66
1969	38.75	15.26	3.96	10.22	38.89	1.54	1.04	67.53	6.82
10 年小计			**38.41**	**9.51**	**36.27**	**13.93**	**10.72**	**76.96**	**6.51**
占合计%			**16.98**			**7.76**	**6.63**		
1970	38.75	15.26	4.37	11.28	45.77	2.00	1.90	95.00	12.45
1971	38.75	15.26	4.19	10.81	44.63	1.87	1.53	81.82	10.03
1972	38.75	15.26	4.26	10.99	26.53	1.13	0.88	77.88	5.77
1973	38.75	15.26	4.00	10.32	38.75	1.55	1.10	70.97	7.21
1974	38.75	15.26	3.86	9.96	39.38	1.52	1.04	68.42	6.82
1975	38.75	15.26	3.93	10.14	33.33	1.31	0.96	73.28	6.29
1976	38.75	15.26	3.91	10.09	37.08	1.45	1.06	73.10	6.95
1977	38.75	15.26	3.55	9.16	33.80	1.20	0.91	75.83	5.96
1978	46.91	21.32	3.37	7.18	34.12	1.15	0.86	74.78	4.03
1979	46.91	21.32	2.97	6.33	25.25	0.75	0.48	64.00	2.25
10 年小计			**36.91**	**9.66**	**71.17**	**26.27**	**19.46**	**74.08**	**10.86**
占合计%			**16.31**			**14.63**	**12.03**		
1980	44.81	21.59	3.38	7.54	34.32	1.16	1.05	90.52	4.86
1981	43.72	21.59	4.67	10.68	50.75	2.37	1.75	73.84	8.11
1982	43.72	21.59	5.98	13.68	61.71	3.69	2.58	69.92	11.95
1983	43.72	21.59	5.47	12.51	70.20	3.84	2.65	69.01	12.27
1984	43.72	21.59	4.04	9.24	68.07	2.75	2.72	98.91	12.60
1985	43.72	17.73	3.10	7.09	89.03	2.76	1.68	60.87	9.48
1986	43.72	17.73	2.52	5.76	101.59	2.56	1.04	40.63	5.87
1987	43.72	17.73	3.77	8.62	84.62	3.19	2.72	85.27	15.34
1988	31.13	18.00	3.98	12.79	99.25	3.95	3.27	82.78	18.17
1989									
11 年小计			**85.51**	**25.28**	**131.61**	**112.54**	**112.54**	**100.00**	**49.87**
占合计%			**37.80**			**62.65**	**69.57**		
1990									
1991	31.61	20.88	5.55	17.56	171.89	9.54	9.54	100.00	45.69
1992	31.37	21.27	7.08	22.57	142.80	10.11	10.11	100.00	47.53
1993	31.35	21.54	5.90	18.82	118.64	7.00	7.00	100.00	32.50
1994	30.96	21.80	8.49	27.42	111.07	9.43	9.43	100.00	43.26
1995	30.93	22.21	8.33	26.93	134.45	11.20	11.20	100.00	50.43
1996	30.96	22.85	8.39	27.10	133.85	11.23	11.23	100.00	49.15
1997	34.00	23.21	9.36	27.53	112.29	10.51	10.51	100.00	45.28
1998	39.02	23.61	11.24	28.81	159.34	17.91	17.91	100.00	75.86
1999	39.11	24.12	11.97	30.61	117.54	14.07	14.07	100.00	58.33
2000	38.88	24.19	9.20	23.66	125.43	11.54	11.54	100.00	47.71

5－28－9 新疆自治区皮山县历年棉花生产收购

年　度	耕地面积（万亩）	农业人口（万人）	棉田面积（万亩）	占耕地（%）	亩　产（市斤）	产　量（万担）	收购量（万担）	商品率（%）	人均交售（市斤）
52 年合计			**163.11**	**7.14**	**82.37**	**134.36**	**128.98**	**96.00**	**11.28**
11 年小计			**16.10**	**3.32**	**26.40**	**4.25**	**0.60**	**14.12**	**0.53**
占合计%			**9.87**			**3.16**	**0.47**		
1949	41.81	10.23	0.65	1.55	15.38	0.10			
1950	41.81	10.23	0.66	1.58	18.18	0.12			
1951	41.81	10.23	1.68	4.02	20.24	0.34			
1952	41.81	10.23	2.42	5.79	28.10	0.68			
1953	41.81	10.23	1.82	4.35	32.97	0.60			
1954	41.81	10.23	1.29	3.09	34.88	0.45			
1955	46.86	10.23	2.05	4.37	37.07	0.76			
1956	46.86	10.23	2.03	4.33	18.72	0.38			
1957	46.86	10.23	1.52	3.24	14.47	0.22			
1958	46.86	10.23	0.62	1.32	27.42	0.17	0.12	70.59	1.17
1959	46.86	10.23	1.36	2.90	31.62	0.43	0.48	111.63	4.69
10 年小计			**18.36**	**3.92**	**33.50**	**6.15**	**4.58**	**74.47**	**4.48**
占合计%			**11.26**			**4.58**	**3.55**		
1960	46.86	10.23	1.85	3.95	18.92	0.35	0.32	91.43	3.13
1961	46.86	10.23	1.65	3.52	14.55	0.24	0.15	62.50	1.47
1962	46.86	10.23	1.01	2.16	15.84	0.16	0.08	50.00	0.78
1963	46.86	10.23	1.15	2.45	36.52	0.42	0.29	69.05	2.83
1964	46.86	10.23	1.59	3.39	49.06	0.78	0.64	82.05	6.26
1965	46.86	10.23	1.94	4.14	46.39	0.90	0.77	85.56	7.53
1966	46.86	10.23	2.02	4.31	44.55	0.90	0.80	88.89	7.82
1967	46.86	10.23	2.31	4.93	42.42	0.98	0.83	84.69	8.11
1968	46.86	10.23	2.63	5.61	34.22	0.90	0.31	34.44	3.03
1969	46.86	10.23	2.21	4.72	23.53	0.52	0.39	75.00	3.81
10 年小计			**22.06**	**4.59**	**35.36**	**7.80**	**6.19**	**79.36**	**4.97**
占合计%			**13.52**			**5.81**	**4.80**		
1970	46.86	10.23	2.39	5.10	39.75	0.95	0.85	89.47	8.31
1971	46.86	10.23	2.13	4.55	42.72	0.91	0.78	85.71	7.62
1972	46.86	10.23	2.38	5.08	21.01	0.50	0.35	70.00	3.42
1973	46.86	10.23	2.31	4.93	37.23	0.86	0.62	72.09	6.06
1974	46.86	10.23	2.19	4.67	47.03	1.03	0.82	79.61	8.02
1975	46.86	10.23	2.33	4.97	40.34	0.94	0.76	80.85	7.43
1976	46.86	10.23	2.44	5.21	37.30	0.91	0.69	75.82	6.74
1977	46.86	10.23	2.08	4.44	34.62	0.72	0.52	72.22	5.08
1978	52.80	21.32	2.27	4.30	29.07	0.66	0.48	72.73	2.25
1979	52.80	21.32	1.54	2.92	20.78	0.32	0.32	100.00	1.50
10 年小计			**27.82**	**6.84**	**83.21**	**23.15**	**24.60**	**106.26**	**19.13**
占合计%			**17.06**			**17.23**	**19.07**		
1980	47.51	14.13	1.76	3.70	2.27	0.04	0.69	*	4.88
1981	47.51	14.13	2.10	4.42	32.38	0.68	0.72	105.88	5.10
1982	47.51	14.13	2.78	5.85	52.16	1.45	1.50	103.45	10.62
1983	47.51	14.13	2.92	6.15	70.55	2.06	2.21	107.28	15.64
1984	47.51	14.13	2.87	6.04	80.49	2.31	2.82	122.08	19.96
1985	41.81	14.69	2.56	6.12	100.00	2.56	2.85	111.33	19.40
1986	41.81	14.69	2.51	6.00	117.13	2.94	3.12	106.12	21.24
1987	41.81	14.69	5.06	12.10	109.49	5.54	5.42	97.83	36.90
1988	43.73	13.90	5.26	12.03	105.89	5.57	5.27	94.61	37.91
1989									
11 年小计			**78.77**	**17.72**	**118.08**	**93.01**	**93.01**	**100.00**	**53.07**
占合计%			**48.29**			**69.22**	**72.11**		
1990									
1991	43.80	16.77	7.35	16.78	131.84	9.69	9.69	100.00	57.78
1992	43.71	17.28	9.32	21.32	131.87	12.29	12.29	100.00	71.12
1993	43.61	17.49	8.06	18.48	91.69	7.39	7.39	100.00	42.25
1994	43.65	17.58	8.75	20.05	97.26	8.51	8.51	100.00	48.41
1995	43.79	18.25	8.30	18.95	102.65	8.52	8.52	100.00	46.68
1996	43.73	17.85	8.00	18.29	90.75	7.26	7.26	100.00	40.67
1997	45.09	18.04	7.50	16.63	102.53	7.69	7.69	100.00	42.63
1998	45.72	18.14	8.00	17.50	154.50	12.36	12.36	100.00	68.14
1999	45.89	18.33	7.01	15.28	145.51	10.20	10.20	100.00	55.65
2000	45.63	15.54	6.48	14.20	140.43	9.10	9.10	100.00	58.56

5-28-10 新疆自治区墨玉县历年棉花生产收购

年　　度	耕地面积（万亩）	农业人口（万人）	棉田面积（万亩）	占耕地（%）	亩　产（市斤）	产　量（万担）	收购量（万担）	商品率（%）	人均交售（市斤）
52年合计			**335.37**	**12.35**	**99.24**	**332.83**	**309.78**	**93.07**	**23.69**
11年小计			**40.13**	**9.17**	**42.91**	**17.22**	**9.50**	**55.17**	**5.03**
占合计%			**11.97**			**5.17**	**3.07**		
1949	29.27	16.07	2.26	7.72	22.12	0.50			
1950	33.16	16.28	2.81	8.47	23.13	0.65			
1951	35.03	16.52	3.62	10.33	24.86	0.90			
1952	37.09	16.74	3.68	9.92	26.09	0.96			
1953	41.69	17.11	3.19	7.65	27.90	0.89			
1954	42.31	17.39	2.72	6.43	40.07	1.09			
1955	42.10	17.57	3.16	7.51	51.90	1.64			
1956	42.70	17.69	4.75	11.12	38.95	1.85			
1957	42.15	17.68	3.74	8.87	27.27	1.02			
1958	43.57	17.64	4.06	9.32	58.37	2.37	5.60	*	31.75
1959	48.50	18.03	6.14	12.66	87.13	5.35	3.90	72.90	21.63
10年小计			**73.14**	**12.13**	**57.40**	**41.98**	**38.32**	**91.28**	**20.08**
占合计%			**21.81**			**12.61**	**12.37**		
1960	62.01	18.08	7.43	11.98	53.30	3.96	3.87	97.73	21.40
1961	61.05	18.24	7.13	11.68	47.55	3.39	3.22	94.99	17.65
1962	56.97	18.71	6.34	11.13	46.21	2.93	2.66	90.78	14.22
1963	54.33	18.79	6.62	12.18	53.17	3.52	3.26	92.61	17.35
1964	56.00	18.45	7.03	12.55	63.87	4.49	4.17	92.87	22.60
1965	57.50	18.87	7.35	12.78	71.56	5.26	4.84	92.02	25.65
1966	64.46	19.14	7.64	11.85	68.59	5.24	4.74	90.46	24.76
1967	64.73	19.58	7.86	12.14	63.23	4.97	4.62	92.96	23.60
1968	62.84	20.13	8.14	12.95	58.48	4.76	4.02	84.45	19.97
1969	62.84	20.81	7.60	12.09	45.53	3.46	2.92	84.39	14.03
10年小计			**68.20**	**11.66**	**45.97**	**31.35**	**28.27**	**90.18**	**11.84**
占合计%			**20.34**			**9.42**	**9.13**		
1970	60.24	21.17	7.00	11.62	54.29	3.80	3.24	85.26	15.30
1971	59.03	21.83	6.99	11.84	48.78	3.41	3.07	90.03	14.06
1972	58.21	22.41	7.24	12.44	28.59	2.07	1.85	89.37	8.26
1973	58.36	23.17	6.96	11.93	48.85	3.40	2.81	82.65	12.13
1974	57.94	23.79	6.88	11.87	54.22	3.73	3.36	90.08	14.12
1975	58.30	24.20	7.00	12.01	44.57	3.12	2.93	93.91	12.11
1976	57.54	25.04	6.71	11.66	49.33	3.31	3.13	94.56	12.50
1977	58.60	25.53	6.84	11.67	47.81	3.27	3.16	96.64	12.38
1978	58.55	25.86	6.24	10.66	42.15	2.63	2.36	89.73	9.13
1979	57.94	25.71	6.34	10.94	41.17	2.61	2.36	90.42	9.18
10年小计			**83.88**	**16.32**	**70.27**	**58.94**	**56.45**	**95.78**	**19.29**
占合计%			**25.01**			**17.71**	**18.22**		
1980	55.57	26.36	6.74	12.13	47.77	3.22	3.45	107.14	13.09
1981	54.23	26.99	8.00	14.75	56.38	4.51	4.33	96.01	16.04
1982	54.38	27.71	10.12	18.61	59.98	6.07	5.76	94.89	20.79
1983	53.22	28.06	9.59	18.02	58.60	5.62	5.18	92.17	18.46
1984	52.28	28.80	9.32	17.83	56.22	5.24	5.72	109.16	19.86
1985	48.93	29.37	8.08	16.51	62.00	5.01	5.22	104.19	17.77
1986	48.00	30.40	1.92	4.00	73.96	1.42	1.98	139.44	6.51
1987	48.40	31.09	9.77	20.19	80.86	7.90	6.75	85.44	21.71
1988	49.30	31.64	9.84	19.96	100.10	9.85	9.56	97.06	30.21
1989	49.61	32.22	10.50	21.17	96.19	10.10	8.50	84.16	26.38
11年小计			**70.02**	**12.16**	**261.84**	**183.34**	**177.24**	**96.67**	**44.66**
占合计%			**20.88**			**55.09**	**57.21**		
1990	49.61	33.18	4.96	10.00	322.58	16.00	14.00	87.50	42.19
1991	51.01	33.46	5.10	10.00	333.33	17.00	18.00	105.88	53.80
1992	57.08	33.68	5.07	8.88	353.06	17.90	16.00	89.39	47.51
1993	50.91	35.98	5.09	10.00	308.45	15.70	13.20	84.08	36.69
1994	50.42	36.51	5.04	10.00	317.46	16.00	15.50	96.88	42.45
1995	50.31	37.01	5.03	10.00	349.90	17.60	16.50	93.75	44.58
1996	51.20	37.31	5.12	10.00	253.91	13.00	13.90	106.92	37.26
1997	51.72	37.81	5.17	10.00	413.93	21.40	21.40	100.00	56.60
1998	54.41	37.72	5.44	10.00	398.90	21.70	21.70	100.00	57.53
1999	54.06	37.02	12.00	22.20	132.00	15.84	15.84	100.00	42.79
2000	55.28	37.15	12.00	21.71	93.33	11.20	11.20	100.00	30.15

5－28－11　新疆自治区洛甫县历年棉花生产收购

年　　度	耕地面积（万亩）	农业人口（万人）	棉田面积（万亩）	占耕地（%）	亩　产（市斤）	产　量（万担）	收购量（万担）	商品率（%）	人均交售（市斤）
52 年合计			**275.34**	**14.71**	**86.74**	**238.83**	**230.21**	**96.39**	**32.85**
11 年小计			**20.37**	**5.31**	**35.25**	**7.18**	**3.56**	**49.58**	**2.79**
占合计%			**7.40**			**3.01**	**1.55**		
1949	32.87	11.62	1.15	3.50	17.39	0.20			
1950	32.87	11.62	1.02	3.10	22.55	0.23			
1951	32.87	11.62	1.65	5.02	26.67	0.44			
1952	32.87	11.62	1.81	5.51	28.73	0.52			
1953	32.87	11.62	1.58	4.81	33.54	0.53	0.05	9.43	0.43
1954	32.87	11.62	1.68	5.11	32.14	0.54	0.07	12.96	0.60
1955	37.32	11.62	1.62	4.34	32.10	0.52	0.07	13.46	0.60
1956	37.32	11.62	3.10	8.31	42.90	1.33	0.96	72.18	8.26
1957	37.32	11.62	2.11	5.65	35.55	0.75	0.44	58.67	3.79
1958	37.32	11.62	1.70	4.56	47.65	0.81	0.53	65.43	4.56
1959	37.32	11.62	2.95	7.90	44.41	1.31	1.44	109.92	12.39
10 年小计			**44.73**	**11.99**	**29.26**	**13.09**	**11.81**	**90.22**	**10.16**
占合计%			**16.25**			**5.48**	**5.13**		
1960	37.32	11.62	4.62	12.38	23.81	1.10	1.18	107.27	10.15
1961	37.32	11.62	3.84	10.29	21.35	0.82	0.75	91.46	6.45
1962	37.32	11.62	3.73	9.99	18.50	0.69	0.46	66.67	3.96
1963	37.32	11.62	3.98	10.66	25.13	1.00	0.79	79.00	6.80
1964	37.32	11.62	4.24	11.36	35.38	1.50	1.29	86.00	11.10
1965	37.32	11.62	4.83	12.94	35.61	1.72	1.60	93.02	13.77
1966	37.32	11.62	4.83	12.94	33.13	1.60	1.40	87.50	12.05
1967	37.32	11.62	4.95	13.26	35.56	1.76	1.59	90.34	13.68
1968	37.32	11.62	4.90	13.13	33.06	1.62	1.59	98.15	13.68
1969	37.32	11.62	4.81	12.89	26.61	1.28	1.16	90.63	9.98
10 年小计			**44.58**	**11.45**	**32.10**	**14.31**	**12.90**	**90.15**	**10.45**
占合计%			**16.19**			**5.99**	**5.60**		
1970	37.32	11.62	4.55	12.19	36.04	1.64	1.56	95.12	13.43
1971	37.32	11.62	4.48	12.00	33.04	1.48	1.32	89.19	11.36
1972	37.32	11.62	4.45	11.92	23.60	1.05	0.81	77.14	6.97
1973	37.32	11.62	4.32	11.58	37.50	1.62	1.45	89.51	12.48
1974	37.32	11.62	4.40	11.79	39.32	1.73	1.60	92.49	13.77
1975	37.32	11.62	4.56	12.22	31.36	1.43	1.47	102.80	12.65
1976	37.32	11.62	4.56	12.22	34.43	1.57	1.48	94.27	12.74
1977	37.32	11.62	4.44	11.90	30.86	1.37	1.19	86.86	10.24
1978	45.41	15.24	4.40	9.69	30.68	1.35	1.16	85.93	7.61
1979	45.41	15.24	4.42	9.73	24.21	1.07	0.86	80.37	5.64
10 年小计			**48.28**	**13.40**	**66.57**	**32.14**	**29.83**	**92.81**	**21.45**
占合计%			**17.53**			**13.46**	**12.96**		
1980	44.40	14.97	4.03	9.08	40.45	1.63	1.49	91.41	9.95
1981	42.87	14.97	4.29	10.01	43.82	1.88	1.68	89.36	11.22
1982	42.87	14.97	5.75	13.41	51.65	2.97	2.42	81.48	16.17
1983	42.87	14.97	6.12	14.28	58.99	3.61	3.22	89.20	21.51
1984	42.87	14.97	5.65	13.18	69.03	3.90	3.75	96.15	25.05
1985	36.60	15.87	4.99	13.63	76.55	3.82	3.50	91.62	22.05
1986	36.60	15.87	3.17	8.66	75.39	2.39	2.40	100.42	15.12
1987	36.60	15.87	6.84	18.69	75.73	5.18	5.20	100.39	32.77
1988	34.73	16.60	7.44	21.42	90.86	6.76	6.17	91.27	37.17
1989									
11 年小计			**117.38**	**32.18**	**146.63**	**172.11**	**172.11**	**100.00**	**88.55**
占合计%			**42.63**			**72.06**	**74.76**		
1990									
1991	34.31	18.37	10.02	29.20	143.71	14.40	14.40	100.00	78.39
1992	33.98	18.30	11.01	32.40	135.33	14.90	14.90	100.00	81.42
1993	34.02	18.34	11.30	33.22	108.14	12.22	12.22	100.00	66.63
1994	34.28	19.22	12.65	36.90	133.12	16.84	16.84	100.00	87.62
1995	35.94	19.48	12.00	33.39	148.33	17.80	17.80	100.00	91.38
1996	37.25	19.62	12.53	33.64	137.27	17.20	17.20	100.00	87.67
1997	37.29	19.73	12.35	33.12	133.60	16.50	16.50	100.00	83.63
1998	38.88	20.06	13.00	33.44	169.23	22.00	22.00	100.00	109.67
1999	39.38	20.71	12.51	31.77	169.06	21.15	21.15	100.00	102.12
2000	39.42	20.53	10.01	25.39	190.81	19.10	19.10	100.00	93.03

5－28－12　新疆自治区策勒县历年棉花生产收购

年　　度	耕地面积（万亩）	农业人口（万人）	棉田面积（万亩）	占耕地（%）	亩　产（市斤）	产　量（万担）	收购量（万担）	商品率（%）	人均交售（市斤）
52 年合计			**118.65**	**8.27**	**94.45**	**112.06**	**104.87**	**93.58**	**26.82**
11 年小计			**11.63**	**4.05**	**21.50**	**2.50**	**0.16**	**6.40**	**0.24**
占合计%			**9.80**			**2.23**	**0.15**		
1949	24.93	6.17	1.45	5.82	10.34	0.15			
1950	24.93	6.17	1.04	4.17	6.73	0.07			
1951	24.93	6.17	0.84	3.37	25.00	0.21			
1952	24.93	6.17	0.82	3.29	25.61	0.21			
1953	24.93	6.17	1.17	4.69	26.50	0.31			
1954	24.93	6.17	1.05	4.21	28.57	0.30			
1955	27.48	6.17	1.19	4.33	25.21	0.30			
1956	27.48	6.17	1.87	6.80	26.74	0.50			
1957	27.48	6.17	0.96	3.49	26.04	0.25			
1958	27.48	6.17	0.43	1.56	4.65	0.02			
1959	27.48	6.17	0.81	2.95	22.22	0.18	0.16	88.89	2.59
10 年小计			**10.62**	**3.86**	**42.00**	**4.46**	**3.00**	**67.26**	**4.86**
占合计%			**8.95**			**3.98**	**2.86**		
1960	27.48	6.17	1.24	4.51	7.26	0.09	0.09	100.00	1.46
1961	27.48	6.17	0.60	2.18	10.00	0.06	0.04	66.67	0.65
1962	27.48	6.17	0.58	2.11	25.86	0.15	0.10	66.67	1.62
1963	27.48	6.17	0.72	2.62	27.78	0.20	0.11	55.00	1.78
1964	27.48	6.17	0.76	2.77	46.05	0.35	0.30	85.71	4.86
1965	27.48	6.17	1.03	3.75	56.31	0.58	0.49	84.48	7.94
1966	27.48	6.17	1.22	4.44	62.30	0.76	0.64	84.21	10.37
1967	27.48	6.17	1.43	5.20	67.13	0.96	0.59	61.46	9.56
1968	27.48	6.17	1.56	5.68	53.85	0.84			
1969	27.48	6.17	1.48	5.39	31.76	0.47	0.64	136.17	10.37
10 年小计			**14.92**	**5.13**	**38.07**	**5.68**	**4.90**	**86.27**	**7.32**
占合计%			**12.57**			**5.07**	**4.67**		
1970	27.48	6.17	1.60	5.82	48.75	0.78	0.70	89.74	11.35
1971	27.48	6.17	1.58	5.75	46.84	0.74	0.67	90.54	10.86
1972	27.48	6.17	1.62	5.90	34.57	0.56	0.48	85.71	7.78
1973	27.48	6.17	1.59	5.79	44.65	0.71	0.61	85.92	9.89
1974	27.48	6.17	1.51	5.49	41.72	0.63	0.54	85.71	8.75
1975	27.48	6.17	1.60	5.82	36.25	0.58	0.52	89.66	8.43
1976	27.48	6.17	1.61	5.86	36.02	0.58	0.52	89.66	8.43
1977	27.48	6.17	1.27	4.62	37.01	0.47	0.40	85.11	6.48
1978	35.51	8.77	1.34	3.77	29.10	0.39	0.28	71.79	3.19
1979	35.51	8.77	1.20	3.38	20.00	0.24	0.18	75.00	2.05
10 年小计			**21.55**	**7.23**	**77.03**	**16.60**	**13.99**	**84.28**	**16.95**
占合计%			**18.16**			**14.81**	**13.34**		
1980	35.51	8.90	1.32	3.72	49.24	0.65	0.65	100.00	7.30
1981	35.00	8.90	1.95	5.57	44.10	0.86	0.81	94.19	9.10
1982	35.00	8.90	2.24	6.40	44.64	1.00	0.98	98.00	11.01
1983	35.00	8.90	2.09	5.97	55.02	1.15	1.09	94.78	12.25
1984	35.00	8.90	2.15	6.14	86.51	1.86	1.85	99.46	20.79
1985	30.71	9.48	2.19	7.13	87.21	1.91	1.73	90.58	18.25
1986	30.71	9.48	2.40	7.82	90.83	2.18	0.27	12.39	2.85
1987	30.71	9.48	3.55	11.56	88.73	3.15	2.91	92.38	30.70
1988	30.60	9.60	3.66	11.96	104.92	3.84	3.70	96.35	38.54
1989									
11 年小计			**59.93**	**21.13**	**138.19**	**82.82**	**82.82**	**100.00**	**73.92**
占合计%			**50.51**			**73.91**	**78.97**		
1990									
1991	29.30	10.75	4.55	15.53	149.67	6.81	6.81	100.00	63.35
1992	29.18	10.92	5.75	19.71	142.09	8.17	8.17	100.00	74.82
1993	28.25	10.99	5.99	21.20	103.01	6.17	6.17	100.00	56.14
1994	28.08	11.08	6.53	23.25	123.43	8.06	8.06	100.00	72.74
1995	27.62	11.15	6.21	22.48	132.69	8.24	8.24	100.00	73.90
1996	27.66	11.24	6.50	23.50	117.85	7.66	7.66	100.00	68.15
1997	29.06	11.37	6.50	22.37	115.54	7.51	7.51	100.00	66.05
1998	30.26	11.54	6.50	21.48	171.54	11.15	11.15	100.00	96.62
1999	29.30	11.59	6.12	20.89	164.71	10.08	10.08	100.00	86.97
2000	24.89	11.41	5.28	21.21	169.89	8.97	8.97	100.00	78.62

5-28-13 新疆自治区于田县历年棉花生产收购

年度	耕地面积（万亩）	农业人口（万人）	棉田面积（万亩）	占耕地（%）	亩产（市斤）	产量（万担）	收购量（万担）	商品率（%）	人均交售（市斤）
52年合计			**217.87**	**14.14**	**82.31**	**179.33**	**173.41**	**96.70**	**30.90**
11年小计			**12.98**	**4.72**	**27.50**	**3.57**	**1.21**	**33.89**	**1.35**
占合计%			**5.96**			**1.99**	**0.70**		
1949	23.78	8.17	0.59	2.48	15.25	0.09			
1950	23.78	8.17	0.67	2.82	11.94	0.08			
1951	23.78	8.17	0.88	3.70	27.27	0.24			
1952	23.78	8.17	1.51	6.35	27.81	0.42			
1953	23.78	8.17	0.95	3.99	28.42	0.27			
1954	23.78	8.17	1.16	4.88	31.03	0.36			
1955	26.45	8.17	1.28	4.84	31.25	0.40			
1956	26.45	8.17	1.49	5.63	28.86	0.43	0.11	25.58	1.35
1957	26.45	8.17	1.42	5.37	23.24	0.33	0.10	30.30	1.22
1958	26.45	8.17	1.03	3.89	22.33	0.23	0.16	69.57	1.96
1959	26.45	8.17	2.00	7.56	36.00	0.72	0.84	116.67	10.28
10年小计			**29.37**	**11.10**	**33.81**	**9.93**	**9.08**	**91.44**	**11.11**
占合计%			**13.48**			**5.54**	**5.24**		
1960	26.45	8.17	3.19	12.06	11.91	0.38	0.40	105.26	4.90
1961	26.45	8.17	2.54	9.60	17.32	0.44	0.42	95.45	5.14
1962	26.45	8.17	2.16	8.17	25.46	0.55	0.44	80.00	5.39
1963	26.45	8.17	2.40	9.07	22.50	0.54	0.44	81.48	5.39
1964	26.45	8.17	2.63	9.94	34.60	0.91	0.78	85.71	9.55
1965	26.45	8.17	2.87	10.85	44.60	1.28	1.15	89.84	14.08
1966	26.45	8.17	3.25	12.29	48.92	1.59	1.47	92.45	17.99
1967	26.45	8.17	3.38	12.78	51.18	1.73	1.57	90.75	19.22
1968	26.45	8.17	3.46	13.08	42.77	1.48	1.31	88.51	16.03
1969	26.45	8.17	3.49	13.19	29.51	1.03	1.10	106.80	13.46
10年小计			**31.92**	**10.84**	**28.95**	**9.24**	**8.71**	**94.26**	**9.61**
占合计%			**14.65**			**5.15**	**5.02**		
1970	26.45	8.17	3.44	13.01	36.63	1.26	1.24	98.41	15.18
1971	26.45	8.17	3.28	12.40	25.91	0.85	0.81	95.29	9.91
1972	26.45	8.17	3.24	12.25	16.98	0.55	0.52	94.55	6.36
1973	26.45	8.17	3.23	12.21	26.63	0.86	1.00	116.28	12.24
1974	26.45	8.17	3.13	11.83	34.50	1.08	0.96	88.89	11.75
1975	26.45	8.17	3.26	12.33	27.91	0.91	0.82	90.11	10.04
1976	26.45	8.17	3.18	12.02	30.50	0.97	0.86	88.66	10.53
1977	26.45	8.17	3.08	11.64	29.87	0.92	0.82	89.13	10.04
1978	41.40	12.64	2.99	7.22	35.79	1.07	0.98	91.59	7.75
1979	41.40	12.64	3.09	7.46	24.92	0.77	0.70	90.91	5.54
10年小计			**31.08**	**9.20**	**55.05**	**17.11**	**14.93**	**87.26**	**12.12**
占合计%			**14.27**			**9.54**	**8.61**		
1980	41.51	12.93	2.91	7.01	40.89	1.19	1.15	96.64	8.89
1981	40.76	12.93	3.16	7.75	42.72	1.35	1.35	100.00	10.44
1982	40.76	12.93	4.07	9.99	45.45	1.85	1.78	96.22	13.77
1983	40.76	12.93	3.85	9.45	45.45	1.75	1.41	80.57	10.90
1984	40.76	12.93	3.70	9.08	48.65	1.80	1.53	85.00	11.83
1985	33.80	14.42	3.10	9.17	53.87	1.67	1.32	79.04	9.15
1986	33.80	14.42	2.48	7.34	61.69	1.53	1.15	75.16	7.98
1987	33.80	14.42	3.81	11.27	69.03	2.63	2.15	81.75	14.91
1988	31.77	15.30	4.00	12.59	83.50	3.34	3.09	92.51	20.20
1989									
11年小计			**112.52**	**30.47**	**123.96**	**139.48**	**139.48**	**100.00**	**79.37**
占合计%			**51.65**			**77.78**	**80.43**		
1990									
1991	34.00	16.69	6.55	19.26	150.69	9.87	9.87	100.00	59.14
1992	35.69	16.76	10.41	29.17	123.05	12.81	12.81	100.00	76.43
1993	35.73	16.90	11.40	31.91	88.95	10.14	10.14	100.00	60.00
1994	35.27	17.11	11.91	33.77	110.08	13.11	13.11	100.00	76.62
1995	35.75	17.27	10.59	29.62	135.69	14.37	14.37	100.00	83.21
1996	36.60	17.47	11.00	30.05	109.27	12.02	12.02	100.00	68.80
1997	37.44	17.91	12.32	32.91	112.82	13.90	13.90	100.00	77.61
1998	39.18	18.46	13.73	35.04	141.08	19.37	19.37	100.00	104.93
1999	39.38	18.71	13.31	33.80	130.58	17.38	17.38	100.00	92.89
2000	40.22	18.46	11.30	28.10	146.11	16.51	16.51	100.00	89.44

5－28－14　新疆自治区民丰县历年棉花生产收购

年　度	耕地面积（万亩）	农业人口（万人）	棉田面积（万亩）	占耕地（%）	亩　产（市斤）	产　量（万担）	收购量（万担）	商品率（%）	人均交售（市斤）
52 年合计			**11.18**	**12.52**	**166.73**	**18.64**	**18.64**	**100.00**	**57.64**
11 年小计									
占合计%									
1949									
1950									
1951									
1952									
1953									
1954									
1955									
1956									
1957									
1958									
1959									
10 年小计									
占合计%									
1960									
1961									
1962									
1963									
1964									
1965									
1966									
1967									
1968									
1969									
10 年小计									
占合计%									
1970									
1971									
1972									
1973									
1974									
1975									
1976									
1977									
1978									
1979									
10 年小计			**0.32**	**1.08**					
占合计%			**2.86**						
1980									
1981									
1982									
1983	5.90	1.91	0.08	1.36					
1984	5.90	1.91	0.08	1.36					
1985	5.90	2.05	0.05	0.85					
1986									
1987	5.90	2.05	0.05	0.85					
1988	5.90	2.05	0.06	1.02					
1989									
11 年小计			**10.86**	**18.17**	**171.64**	**18.64**	**18.64**	**100.00**	**83.33**
占合计%			**97.14**			**100.00**	**100.00**		
1990									
1991	6.71	2.07	0.33	4.92	133.33	0.44	0.44	100.00	21.26
1992	6.60	2.14	0.78	11.82	167.95	1.31	1.31	100.00	61.21
1993	5.40	2.15	0.95	17.59	85.26	0.81	0.81	100.00	37.67
1994	5.37	2.20	0.96	17.88	151.04	1.45	1.45	100.00	65.91
1995	5.36	2.23	1.10	20.52	189.09	2.08	2.08	100.00	93.27
1996	5.28	2.30	1.00	18.94	194.00	1.94	1.94	100.00	84.35
1997	5.30	2.35	1.25	23.58	151.20	1.89	1.89	100.00	80.43
1998	5.66	2.38	1.43	25.27	188.81	2.70	2.70	100.00	113.45
1999	6.78	2.42	1.50	22.12	188.67	2.83	2.83	100.00	116.94
2000	7.31	2.13	1.56	21.34	204.49	3.19	3.19	100.00	149.77

5－28－15　新疆自治区阿克苏市历年棉花生产收购

年　度	耕地面积（万亩）	农业人口（万人）	棉田面积（万亩）	占耕地（%）	亩　产（市斤）	产　量（万担）	收购量（万担）	商品率（%）	人均交售（市斤）
52年合计			**471.20**	**17.76**	**133.82**	**630.55**	**627.57**	**99.53**	**64.35**
11年小计			**25.31**	**5.29**	**32.83**	**8.31**	**3.78**	**45.49**	**2.93**
占合计%			**5.37**			**1.32**	**0.60**		
1949	33.74	11.18	0.84	2.49	13.10	0.11			
1950	36.67	11.30	1.05	2.86	15.24	0.16			
1951	37.03	11.41	1.24	3.35	20.97	0.26			
1952	39.00	11.53	1.69	4.33	27.81	0.47			
1953	44.28	11.64	2.23	5.04	29.15	0.65			
1954	44.52	11.76	1.98	4.45	35.86	0.71			
1955	45.34	11.88	2.38	5.25	31.93	0.76			
1956	46.79	12.00	3.60	7.69	42.78	1.54			
1957	48.00	12.07	3.05	6.35	36.39	1.11	2.50	*	20.71
1958	50.54	12.05	2.90	5.74	48.62	1.41	0.83	58.87	6.89
1959	52.58	12.06	4.35	8.27	25.98	1.13	0.45	39.82	3.73
10年小计			**41.18**	**7.80**	**23.48**	**9.67**	**11.36**	**117.48**	**7.10**
占合计%			**8.74**			**1.53**	**1.81**		
1960	53.08	12.06	4.34	8.18	8.29	0.36	0.17	47.22	1.41
1961	52.94	12.15	4.51	8.52	13.53	0.61	0.22	36.07	1.81
1962	52.09	12.21	2.96	5.68	9.46	0.28	0.21	75.00	1.72
1963	52.65	13.36	3.29	6.25	9.73	0.32	2.92	*	21.86
1964	51.00	15.65	3.34	6.55	18.86	0.63	0.55	87.30	3.51
1965	52.26	16.91	4.11	7.87	30.63	1.26	1.36	107.94	8.04
1966	52.77	17.61	4.39	8.32	38.50	1.69	1.62	95.86	9.20
1967	53.91	18.03	4.91	9.11	39.92	1.96	1.83	93.37	10.15
1968	53.30	20.64	4.81	9.02	29.73	1.43	1.45	101.40	7.03
1969	53.90	21.29	4.52	8.39	25.00	1.13	1.03	91.15	4.84
10年小计			**46.56**	**8.66**	**29.32**	**13.65**	**12.82**	**93.92**	**5.99**
占合计%			**9.88**			**2.16**	**2.04**		
1970	54.41	20.18	4.55	8.36	32.53	1.48	1.44	97.30	7.14
1971	54.40	20.01	4.63	8.51	31.10	1.44	1.23	85.42	6.15
1972	52.26	22.64	4.59	8.78	19.39	0.89	0.77	86.52	3.40
1973	51.89	20.43	4.54	8.75	39.87	1.81	1.82	100.55	8.91
1974	51.89	18.91	4.68	9.02	28.63	1.34	1.29	96.27	6.82
1975	54.21	22.01	4.80	8.85	26.46	1.27	1.26	99.21	5.72
1976	53.82	22.04	4.72	8.77	25.64	1.21	1.11	91.74	5.04
1977	55.17	22.20	4.59	8.32	27.89	1.28	1.11	86.72	5.00
1978	55.94	22.74	4.54	8.12	34.80	1.58	1.52	96.20	6.68
1979	53.41	22.90	4.92	9.21	27.44	1.35	1.27	94.07	5.55
10年小计			**61.65**	**12.76**	**78.13**	**48.17**	**50.10**	**104.01**	**23.96**
占合计%			**13.08**			**7.64**	**7.98**		
1980	52.70	22.78	5.03	9.54	36.78	1.85	2.23	120.54	9.79
1981	51.47	22.65	5.70	11.07	38.60	2.20	2.56	116.36	11.30
1982	50.86	21.40	5.96	11.72	42.11	2.51	2.68	106.77	12.52
1983	50.56	21.70	5.29	10.46	59.17	3.13	3.52	112.46	16.22
1984	49.18	20.63	5.03	10.23	74.75	3.76	4.43	117.82	21.47
1985	46.42	19.69	4.65	10.02	82.15	3.82	3.78	98.95	19.20
1986	45.70	19.99	4.88	10.68	82.38	4.02	3.51	87.31	17.56
1987	45.20	20.04	6.60	14.60	101.06	6.67	6.87	103.00	34.28
1988	45.43	20.17	8.51	18.73	110.46	9.40	9.74	103.62	48.29
1989	45.79	20.04	10.00	21.84	108.10	10.81	10.78	99.72	53.79
11年小计			**296.50**	**47.38**	**185.75**	**550.75**	**549.51**	**99.77**	**208.71**
占合计%			**62.92**			**87.34**	**87.56**		
1990	45.62	21.72	11.40	24.99	134.56	15.34	18.50	120.60	85.17
1991	51.71	22.91	16.12	31.17	181.14	29.20	28.97	99.21	126.45
1992	54.20	23.84	20.70	38.19	155.56	32.20	28.84	89.57	120.97
1993	55.50	24.13	22.00	39.64	147.77	32.51	31.21	96.00	129.34
1994	55.92	24.07	28.00	50.07	195.93	54.86	54.67	99.65	227.13
1995	57.64	24.25	28.50	49.44	210.60	60.02	60.93	101.52	251.26
1996	58.79	25.49	30.08	51.17	125.57	37.77	37.54	99.39	147.27
1997	60.78	26.82	35.63	58.62	176.68	62.95	62.95	100.00	234.71
1998	62.42	27.85	37.59	60.22	221.02	83.08	83.08	100.00	298.31
1999	61.71	29.59	34.92	56.59	195.59	68.30	68.30	100.00	230.82
2000	61.49	12.62	31.56	51.33	236.12	74.52	74.52	100.00	590.49

5－28－16　新疆自治区阿瓦提县历年棉花生产收购

年　度	耕地面积（万亩）	农业人口（万人）	棉田面积（万亩）	占耕地（%）	亩　产（市斤）	产　量（万担）	收购量（万担）	商品率（%）	人均交售（市斤）
52 年合计			**564.69**	**22.79**	**147.23**	**831.41**	**826.87**	**99.45**	**151.60**
11 年小计			**25.30**	**7.50**	**26.32**	**6.66**	**2.85**	**42.79**	**4.44**
占合计%			**4.48**			**0.80**	**0.34**		
1949	23.95	5.65	1.65	6.89	21.21	0.35			
1950	25.36	5.60	1.72	6.78	22.09	0.38			
1951	26.46	5.63	1.78	6.73	24.72	0.44			
1952	25.76	5.67	1.83	7.10	16.39	0.30			
1953	27.87	5.71	2.17	7.79	18.89	0.41			
1954	28.85	5.72	2.65	9.19	25.66	0.68			
1955	29.18	5.77	2.25	7.71	31.56	0.71			
1956	29.65	5.90	2.45	8.26	39.18	0.96			
1957	34.14	5.87	2.52	7.38	22.62	0.57	0.24	42.11	4.09
1958	39.94	6.13	2.47	6.18	31.58	0.78	0.77	98.72	12.56
1959	46.07	6.59	3.81	8.27	28.35	1.08	1.84	170.37	27.92
10 年小计			**42.54**	**8.17**	**33.52**	**14.26**	**13.53**	**94.85**	**15.20**
占合计%			**7.53**			**1.72**	**1.64**		
1960	52.93	6.71	4.95	9.35	10.51	0.52	0.41	78.85	6.11
1961	50.76	7.06	4.26	8.39	11.03	0.47	0.42	90.00	5.99
1962	49.17	7.05	3.40	6.91	15.00	0.51	0.43	84.31	6.10
1963	48.65	8.05	3.53	7.26	13.88	0.49	0.38	77.55	4.72
1964	51.17	8.87	4.14	8.09	10.39	0.43	0.33	76.74	3.72
1965	53.08	9.36	4.27	8.04	36.53	1.56	1.66	106.41	17.74
1966	54.42	9.85	4.44	8.16	60.36	2.68	2.62	97.87	26.63
1967	54.18	10.26	4.66	8.60	63.73	2.97	2.87	96.63	27.97
1968	53.90	10.82	4.50	8.35	49.56	2.23	2.15	96.41	19.87
1969	52.19	10.97	4.39	8.41	54.67	2.40	2.25	93.75	20.51
10 年小计			**46.55**	**9.20**	**53.98**	**25.13**	**23.26**	**92.56**	**19.63**
占合计%			**8.24**			**3.02**	**2.81**		
1970	52.70	11.52	4.20	7.97	70.24	2.95	2.76	93.56	23.96
1971	48.50	11.87	4.22	8.70	43.60	1.84	1.56	84.78	13.14
1972	49.40	10.77	4.41	8.93	32.65	1.44	1.32	91.67	12.26
1973	50.14	12.42	4.35	8.68	71.03	3.09	3.01	97.41	24.24
1974	50.26	12.74	4.70	9.35	52.34	2.46	2.35	95.53	18.45
1975	51.92	11.49	4.79	9.23	55.74	2.67	2.46	92.13	21.41
1976	52.28	11.78	4.90	9.37	51.84	2.54	2.43	95.67	20.63
1977	50.07	11.89	4.93	9.85	49.70	2.45	2.15	87.76	18.08
1978	50.34	12.07	4.98	9.89	60.04	2.99	2.81	93.98	23.28
1979	50.45	11.97	5.07	10.05	53.25	2.70	2.41	89.26	20.13
10 年小计			**89.00**	**18.21**	**98.51**	**87.67**	**87.91**	**100.27**	**74.98**
占合计%			**15.76**			**10.54**	**10.63**		
1980	50.09	11.94	5.65	11.28	59.65	3.37	3.45	102.37	28.89
1981	49.95	11.95	5.88	11.77	62.07	3.65	3.89	106.58	32.55
1982	50.06	11.91	6.83	13.64	56.81	3.88	4.20	108.25	35.26
1983	50.07	11.90	7.00	13.98	77.57	5.43	5.92	109.02	49.75
1984	50.00	11.68	7.16	14.32	105.31	7.54	7.66	101.59	65.58
1985	49.01	11.46	6.80	13.87	120.29	8.18	8.71	106.48	76.00
1986	48.18	11.69	8.00	16.60	116.38	9.31	8.90	95.60	76.13
1987	47.97	11.88	11.54	24.06	117.24	13.53	14.02	103.62	118.01
1988	48.99	12.04	14.74	30.09	113.84	16.78	15.94	94.99	132.39
1989	44.40	10.80	15.40	34.68	103.90	16.00	15.22	95.13	140.93
11 年小计			**361.30**	**57.77**	**193.11**	**697.69**	**699.32**	**100.23**	**447.08**
占合计%			**63.98**			**83.92**	**84.57**		
1990	44.04	11.61	19.20	43.60	109.43	21.01	20.81	99.05	179.24
1991	50.60	13.62	21.21	41.92	151.53	32.14	33.74	104.98	247.72
1992	50.39	13.79	24.00	47.63	175.88	42.21	42.21	100.00	306.09
1993	52.16	14.11	24.00	46.01	175.00	42.00	42.33	100.79	300.00
1994	52.83	14.25	30.00	56.79	224.67	67.40	67.30	99.85	472.28
1995	55.34	14.61	31.00	56.02	254.23	78.81	78.81	100.00	539.43
1996	56.87	14.54	35.00	61.54	151.43	53.00	53.00	100.00	364.51
1997	60.53	15.37	42.50	70.21	200.07	85.03	85.03	100.00	553.22
1998	65.55	15.56	46.50	70.94	230.00	106.95	106.95	100.00	687.34
1999	68.42	15.80	43.50	63.58	182.39	79.34	79.34	100.00	502.15
2000	68.73	13.16	44.39	64.59	202.30	89.80	89.80	100.00	682.37

5－28－17　新疆自治区沙雅县历年棉花生产收购

年　度	耕地面积（万亩）	农业人口（万人）	棉田面积（万亩）	占耕地（%）	亩　产（市斤）	产　量（万担）	收购量（万担）	商品率（%）	人均交售（市斤）
52 年合计			**572.49**	**22.67**	**135.47**	**775.54**	**756.58**	**97.55**	**135.63**
11 年小计			**28.22**	**8.94**	**34.12**	**9.63**	**2.10**	**21.81**	**2.96**
占合计%			**4.93**			**1.24**	**0.28**		
1949	19.62	5.90	1.29	6.57	7.75	0.10			
1950	20.17	6.01	1.60	7.93	9.38	0.15			
1951	23.68	5.95	1.03	4.35	9.71	0.10			
1952	23.41	6.22	1.27	5.43	12.60	0.16			
1953	23.02	6.38	1.89	8.21	14.81	0.28			
1954	28.64	6.51	1.86	6.49	9.68	0.18			
1955	30.79	6.65	2.20	7.15	22.73	0.50			
1956	30.85	6.74	3.52	11.41	50.85	1.79			
1957	33.47	6.79	3.92	11.71	28.32	1.11			
1958	37.00	6.93	3.82	10.32	43.46	1.66			
1959	44.89	6.94	5.82	12.97	61.86	3.60	2.10	58.33	30.26
10 年小计			**55.24**	**11.29**	**36.28**	**20.04**	**15.22**	**75.94**	**18.35**
占合计%			**9.65**			**2.58**	**2.01**		
1960	58.64	6.73	6.20	10.57	16.77	1.04	0.33	31.73	4.90
1961	52.53	7.44	5.63	10.72	20.07	1.13	0.63	55.75	8.47
1962	46.49	7.46	4.66	10.02	17.38	0.81	0.63	77.78	8.45
1963	49.30	7.53	4.79	9.72	12.80	0.61	0.47	76.67	6.24
1964	46.39	8.17	5.40	11.64	28.89	1.56	1.37	87.82	16.77
1965	45.05	8.42	5.28	11.72	39.20	2.07	2.19	105.80	26.01
1966	46.69	8.83	5.73	12.27	45.20	2.59	2.48	95.75	28.09
1967	51.17	9.01	6.82	13.33	52.79	3.60	3.31	91.94	36.74
1968	47.02	9.61	5.67	12.06	56.08	3.18	2.15	67.61	22.37
1969	45.86	9.75	5.06	11.03	68.18	3.45	1.66	48.12	17.03
10 年小计			**56.92**	**11.84**	**38.14**	**21.71**	**19.99**	**92.08**	**17.47**
占合计%			**9.94**			**2.80**	**2.64**		
1970	42.14	10.78	5.15	12.22	68.74	3.54	2.26	63.84	20.96
1971	45.90	10.41	6.82	14.86	24.34	1.66	1.60	96.39	15.37
1972	46.85	11.14	7.24	15.45	16.16	1.17	1.03	88.03	9.25
1973	47.46	10.67	5.25	11.06	52.19	2.74	2.69	98.18	25.21
1974	46.79	11.21	5.10	10.91	55.46	2.83	2.74	96.82	24.44
1975	45.88	11.52	5.08	11.07	44.49	2.26	2.21	97.79	19.18
1976	47.08	11.82	5.09	10.81	35.76	1.82	1.77	97.25	14.97
1977	48.59	12.12	5.40	11.11	32.41	1.75	1.75	100.00	14.44
1978	52.99	12.37	5.50	10.38	32.18	1.77	1.77	100.00	14.31
1979	57.04	12.35	6.29	11.03	34.50	2.17	2.17	100.00	17.57
10 年小计			**82.81**	**15.58**	**64.03**	**53.02**	**53.02**	**100.00**	**41.79**
占合计%			**14.46**			**6.84**	**7.01**		
1980	55.05	12.38	6.23	11.32	41.25	2.57	2.57	100.00	20.76
1981	52.34	12.46	7.15	13.66	54.69	3.91	3.91	100.00	31.38
1982	52.27	13.00	7.59	14.52	50.72	3.85	3.85	100.00	29.62
1983	52.56	12.76	6.98	13.28	58.88	4.11	4.11	100.00	32.21
1984	49.05	12.66	7.25	14.78	55.45	4.02	4.02	100.00	31.75
1985	49.27	12.50	6.07	12.32	66.89	4.06	4.06	100.00	32.48
1986	51.62	12.49	6.03	11.68	77.94	4.70	4.70	100.00	37.63
1987	55.44	12.67	9.40	16.96	79.76	7.50	7.50	100.00	59.19
1988	55.88	12.89	13.10	23.45	64.87	8.50	8.50	100.00	65.94
1989	57.84	13.07	13.00	22.48	75.38	9.80	9.80	100.00	74.98
11 年小计			**349.30**	**49.27**	**192.14**	**671.14**	**666.25**	**99.27**	**409.82**
占合计%			**61.01**			**86.54**	**88.06**		
1990	60.38	16.37	17.00	28.16	101.53	17.26	17.26	100.00	105.44
1991	56.40	13.74	20.99	37.22	175.80	36.90	35.50	96.21	258.37
1992	57.35	13.92	23.76	41.43	148.15	35.20	34.00	96.59	244.25
1993	56.06	14.09	21.80	38.89	169.54	36.96	35.00	94.70	248.40
1994	59.94	14.25	29.00	48.38	221.10	64.12	64.12	100.00	449.96
1995	63.87	14.50	32.00	50.10	219.78	70.33	70.00	99.53	482.76
1996	64.83	14.79	33.00	50.90	172.73	57.00	57.00	100.00	385.40
1997	69.06	14.98	42.70	61.83	187.38	80.01	80.01	100.00	534.11
1998	73.05	15.24	44.00	60.23	236.27	103.96	103.96	100.00	682.15
1999	73.44	15.88	45.00	61.27	178.22	80.20	80.20	100.00	505.04
2000	74.64	14.81	40.05	53.66	222.72	89.20	89.20	100.00	602.30

5－28－18　新疆自治区库车县历年棉花生产收购

年　　度	耕地面积（万亩）	农业人口（万人）	棉田面积（万亩）	占耕地（%）	亩　产（市斤）	产　量（万担）	收购量（万担）	商品率（%）	人均交售（市斤）
52 年合计			**778.52**	**18.45**	**101.96**	**793.79**	**773.06**	**97.39**	**74.45**
11 年小计			**73.83**	**9.52**	**34.42**	**25.41**	**17.19**	**67.65**	**11.38**
占合计%			**9.48**			**3.20**	**2.22**		
1949	63.06	13.05	4.31	6.83	12.06	0.52			
1950	63.77	13.19	4.58	7.18	16.59	0.76			
1951	65.36	13.32	4.65	7.11	14.41	0.67	0.01	1.49	0.08
1952	67.10	13.45	4.57	6.81	13.35	0.61	0.20	32.79	1.49
1953	69.32	13.59	5.01	7.23	12.38	0.62	0.28	45.16	2.06
1954	71.92	13.73	4.51	6.27	18.40	0.83	1.75	*	12.75
1955	72.31	13.87	6.37	8.81	39.87	2.54	1.05	41.34	7.57
1956	72.76	14.06	9.60	13.19	63.54	6.10	4.05	66.39	28.81
1957	74.49	14.15	10.33	13.87	39.40	4.07	3.21	78.87	22.69
1958	77.45	14.29	8.38	10.82	34.96	2.93	2.04	69.62	14.28
1959	78.15	14.40	11.52	14.74	50.00	5.76	4.60	79.86	31.94
10 年小计			**103.05**	**11.59**	**52.70**	**54.31**	**49.71**	**91.53**	**31.43**
占合计%			**13.24**			**6.84**	**6.43**		
1960	86.98	13.91	11.49	13.21	17.06	1.96	0.96	48.98	6.90
1961	88.55	14.29	8.96	10.12	31.25	2.80	2.56	91.43	17.91
1962	87.36	14.52	7.35	8.41	44.49	3.27	3.04	92.97	20.94
1963	88.66	14.99	8.58	9.68	31.70	2.72	2.62	96.32	17.48
1964	87.84	15.49	10.11	11.51	43.92	4.44	4.20	94.59	27.11
1965	88.02	15.89	11.11	12.62	65.89	7.32	7.85	107.24	49.40
1966	89.94	16.19	11.42	12.70	78.55	8.97	8.60	95.88	53.12
1967	89.95	16.74	12.23	13.60	78.17	9.56	9.26	96.86	55.32
1968	88.50	17.90	10.66	12.05	59.85	6.38	6.12	95.92	34.19
1969	93.30	18.26	11.14	11.94	61.85	6.89	4.50	65.31	24.64
10 年小计			**104.32**	**12.20**	**54.49**	**56.84**	**52.24**	**91.91**	**25.61**
占合计%			**13.40**			**7.16**	**6.76**		
1970	89.37	18.73	10.59	11.85	64.02	6.78	5.83	85.99	31.13
1971	89.37	18.87	10.12	11.32	54.94	5.56	5.18	93.17	27.45
1972	84.19	19.43	10.14	12.04	48.03	4.87	4.36	89.53	22.44
1973	83.11	19.92	10.42	12.54	68.23	7.11	6.65	93.53	33.38
1974	82.94	20.22	10.38	12.52	64.74	6.72	6.35	94.49	31.40
1975	84.92	20.85	10.68	12.58	49.25	5.26	4.72	89.73	22.64
1976	85.31	21.10	10.54	12.35	55.03	5.80	5.38	92.76	25.50
1977	87.23	21.36	10.29	11.80	47.42	4.88	4.62	94.67	21.63
1978	84.22	21.64	10.69	12.69	50.89	5.44	5.07	93.20	23.43
1979	84.22	21.89	10.47	12.43	42.22	4.42	4.08	92.31	18.64
10 年小计			**121.53**	**14.86**	**74.71**	**90.80**	**82.37**	**90.72**	**36.05**
占合计%			**15.61**			**11.44**	**10.66**		
1980	83.86	21.92	11.42	13.62	50.00	5.71	5.82	101.93	26.55
1981	88.42	22.22	11.84	13.39	55.41	6.56	6.97	106.25	31.37
1982	84.10	22.11	12.97	15.42	65.46	8.49	7.62	89.75	34.46
1983	83.78	22.24	12.58	15.02	67.49	8.49	7.36	86.69	33.09
1984	84.10	22.36	11.81	14.04	89.75	10.60	9.72	91.70	43.47
1985	84.05	22.75	8.01	9.53	122.35	9.80	7.66	78.16	33.67
1986	78.22	23.00	8.87	11.34	87.71	7.78	7.32	94.09	31.83
1987	78.27	23.33	11.27	14.40	86.87	9.79	9.09	92.85	38.96
1988	77.50	23.50	14.77	19.06	62.97	9.30	8.64	92.90	36.77
1989	75.28	25.06	17.99	23.90	79.38	14.28	12.17	85.22	48.56
11 年小计			**375.79**	**42.55**	**150.73**	**566.43**	**571.55**	**100.90**	**192.73**
占合计%			**48.27**			**71.36**	**73.93**		
1990	74.81	24.47	20.19	26.99	99.06	20.00	23.04	115.20	94.16
1991	80.00	25.82	25.80	32.25	145.27	37.48	37.94	101.23	146.94
1992	79.22	25.97	32.00	40.39	93.88	30.04	31.39	104.49	120.87
1993	79.26	26.50	29.30	36.97	100.20	29.36	26.99	91.93	101.85
1994	77.82	26.91	34.00	43.69	147.62	50.19	50.23	100.08	186.66
1995	78.30	27.17	35.00	44.70	163.14	57.10	57.60	100.88	212.00
1996	78.53	27.69	37.00	47.12	131.08	48.50	50.60	104.33	182.74
1997	79.04	27.94	40.00	50.61	152.55	61.02	61.02	100.00	218.40
1998	84.05	28.19	42.50	50.57	199.20	84.66	84.66	100.00	300.32
1999	86.28	28.78	42.00	48.68	166.00	69.72	69.72	100.00	242.25
2000	85.85	27.11	38.00	44.26	206.21	78.36	78.36	100.00	289.04

5－28－19　新疆自治区温宿县历年棉花生产收购

年　度	耕地面积（万亩）	农业人口（万人）	棉田面积（万亩）	占耕地（%）	亩　产（市斤）	产　量（万担）	收购量（万担）	商品率（%）	人均交售（市斤）
52年合计			**316.14**	**10.36**	**120.48**	**380.88**	**362.61**	**95.20**	**60.08**
11年小计			**21.26**	**3.69**	**15.90**	**3.38**			
占合计%			**6.72**			**0.89**			
1949	47.48	7.90	0.69	1.45	13.04	0.09			
1950	47.48	7.90	1.00	2.11	15.00	0.15			
1951	47.48	7.90	1.73	3.64	16.18	0.28			
1952	47.48	7.90	1.82	3.83	18.68	0.34			
1953	47.48	7.90	1.62	3.41	22.22	0.36			
1954	47.48	7.90	1.33	2.80	10.53	0.14			
1955	58.13	7.90	1.92	3.30	15.10	0.29			
1956	58.13	7.90	2.82	4.85	15.96	0.45			
1957	58.13	7.90	2.87	4.94	15.68	0.45			
1958	58.13	7.90	2.14	3.68	19.16	0.41			
1959	58.13	7.90	3.32	5.71	12.65	0.42			
10年小计			**24.30**	**4.18**	**20.66**	**5.02**	**3.67**	**73.11**	**3.85**
占合计%			**7.69**			**1.32**	**1.01**		
1960	58.13	7.90	3.48	5.99	2.59	0.09			
1961	58.13	7.90	3.01	5.18	9.30	0.28			
1962	57.04	9.33	1.68	2.95	7.74	0.13	0.05	38.46	0.54
1963	56.48	8.82	2.26	4.00	7.52	0.17	0.06	35.29	0.68
1964	57.05	9.43	2.37	4.15	9.28	0.22	0.15	68.18	1.59
1965	57.64	9.72	2.25	3.90	24.44	0.55	0.54	98.18	5.56
1966	57.07	10.07	2.28	4.00	39.91	0.91	0.81	89.01	8.04
1967	60.20	10.35	2.36	3.92	57.20	1.35	0.98	72.59	9.47
1968	59.57	10.56	2.35	3.94	32.34	0.76	0.60	78.95	5.68
1969	60.39	11.21	2.26	3.74	24.78	0.56	0.48	85.71	4.28
10年小计			**25.56**	**3.93**	**22.57**	**5.77**	**3.74**	**64.82**	**2.92**
占合计%			**8.09**			**1.51**	**1.03**		
1970	64.80	11.76	2.66	4.10	29.32	0.78	0.62	79.49	5.27
1971	67.32	11.86	2.93	4.35	17.06	0.50	0.36	72.00	3.04
1972	65.12	12.04	2.75	4.22	12.36	0.34	0.23	67.65	1.91
1973	67.59	12.30	2.47	3.65	26.32	0.65	0.56	86.15	4.55
1974	61.91	12.80	2.52	4.07	27.38	0.69	0.37	53.62	2.89
1975	64.47	12.94	2.49	3.86	32.93	0.82	0.29	35.37	2.24
1976	63.20	13.46	2.40	3.80	26.67	0.64	0.27	42.19	2.01
1977	64.80	13.51	2.43	3.75	17.28	0.42	0.23	54.76	1.70
1978	65.40	13.77	2.49	3.81	22.09	0.55	0.48	87.27	3.49
1979	65.40	13.79	2.42	3.70	15.70	0.38	0.33	86.84	2.39
10年小计			**29.51**	**4.99**	**66.66**	**19.67**	**17.51**	**89.02**	**13.20**
占合计%			**9.33**			**5.16**	**4.83**		
1980	62.81	13.61	2.53	4.03	24.51	0.62	0.59	95.16	4.34
1981	63.08	13.59	3.13	4.96	18.21	0.57	0.51	89.47	3.75
1982	62.15	13.58	2.88	4.63	17.71	0.51	0.57	111.76	4.20
1983	62.18	13.30	2.35	3.78	30.21	0.71	0.70	98.59	5.26
1984	61.97	13.46	2.15	3.47	46.98	1.01	1.56	154.46	11.59
1985	57.90	13.09	1.49	2.57	69.80	1.04	1.22	117.31	9.32
1986	55.76	13.17	1.46	2.62	73.29	1.07	0.78	72.90	5.92
1987	54.50	12.74	3.16	5.80	88.61	2.80	2.56	91.43	20.09
1988	55.31	12.99	4.63	8.37	109.72	5.08	4.63	91.14	35.64
1989	55.43	13.12	5.73	10.34	109.25	6.26	4.39	70.13	33.46
11年小计			**215.51**	**32.97**	**161.03**	**347.04**	**337.69**	**97.31**	**210.48**
占合计%			**68.17**			**91.12**	**93.13**		
1990	56.15	13.65	5.75	10.24	118.96	6.84	6.54	95.61	47.91
1991	56.49	13.83	10.43	18.46	118.79	12.39	13.03	105.17	94.22
1992	56.66	14.28	14.70	25.94	110.00	16.17	8.41	52.01	58.89
1993	56.66	14.31	13.37	23.60	98.20	13.13	13.70	104.34	95.74
1994	56.51	14.68	18.03	31.91	139.10	25.08	25.02	99.76	170.44
1995	56.34	15.16	18.40	32.66	152.23	28.01	28.06	100.18	185.09
1996	56.73	15.62	20.00	35.25	125.00	25.00	22.51	90.04	144.11
1997	59.09	15.57	23.00	38.92	173.91	40.00	40.00	100.00	256.90
1998	62.04	15.86	28.00	45.13	210.00	58.80	58.80	100.00	370.74
1999	67.11	16.04	32.13	47.88	160.66	51.62	51.62	100.00	321.82
2000	69.87	11.44	31.70	45.37	220.82	70.00	70.00	100.00	611.89

5－28－20　新疆自治区新和县历年棉花生产收购

年　度	耕地面积（万亩）	农业人口（万人）	棉田面积（万亩）	占耕地（%）	亩　产（市斤）	产　量（万担）	收购量（万担）	商品率（%）	人均交售（市斤）
52 年合计			**370.80**	**15.11**	**103.23**	**382.79**	**358.11**	**93.55**	**96.02**
11 年小计			**38.27**	**7.98**	**27.72**	**10.61**			
占合计%			**10.32**			**2.77**			
1949	31.49	5.62	1.55	4.92	7.74	0.12			
1950	31.49	5.62	1.67	5.30	8.38	0.14			
1951	31.49	5.62	2.34	7.43	11.11	0.26			
1952	31.49	5.62	2.23	7.08	17.94	0.40			
1953	31.49	5.62	3.52	11.18	21.59	0.76			
1954	31.49	5.62	2.83	8.99	24.38	0.69			
1955	58.13	5.62	3.64	6.26	28.85	1.05			
1956	58.13	5.62	4.65	8.00	48.39	2.25			
1957	58.13	5.62	4.54	7.81	27.09	1.23			
1958	58.13	5.62	4.42	7.60	24.66	1.09			
1959	58.13	5.62	6.88	11.84	38.08	2.62			
10 年小计			**46.84**	**8.06**	**26.53**	**12.43**	**0.21**	**1.69**	**0.37**
占合计%			**12.63**			**3.25**	**0.06**		
1960	58.13	5.62	7.46	12.83	4.83	0.36	0.21	58.33	3.74
1961	58.13	5.62	5.28	9.08	19.13	1.01			
1962	58.13	5.62	3.75	6.45	29.33	1.10			
1963	58.13	5.62	3.75	6.45	2.00	0.08			
1964	58.13	5.62	4.25	7.31	31.29	1.33			
1965	58.13	5.62	4.25	7.31	42.35	1.80			
1966	58.13	5.62	4.58	7.88	14.85	0.68			
1967	58.13	5.62	4.70	8.09	50.21	2.36			
1968	58.13	5.62	4.41	7.59	48.30	2.13			
1969	58.13	5.62	4.41	7.59	35.83	1.58			
10 年小计			**44.06**	**8.06**	**42.71**	**18.82**	**18.08**	**96.07**	**28.75**
占合计%			**11.88**			**4.92**	**5.05**		
1970	58.13	5.62	4.40	7.57	56.59	2.49	2.40	96.39	42.70
1971	58.13	5.62	4.05	6.97	45.68	1.85	1.78	96.22	31.67
1972	58.13	5.62	4.27	7.35	31.85	1.36	1.31	96.32	23.31
1973	58.13	5.62	4.47	7.69	57.94	2.59	2.46	94.98	43.77
1974	58.13	5.62	4.25	7.31	51.06	2.17	2.16	99.54	38.43
1975	58.13	5.62	4.25	7.31	51.06	2.17	1.82	83.87	32.38
1976	58.13	5.62	4.24	7.29	25.24	1.07	0.98	91.59	17.44
1977	58.13	5.62	4.50	7.74	33.33	1.50	1.57	104.67	27.94
1978	40.69	8.96	4.70	11.55	42.98	2.02	1.90	94.06	21.21
1979	40.69	8.96	4.93	12.12	32.45	1.60	1.70	106.25	18.97
10 年小计			**50.43**	**13.67**	**65.32**	**32.94**	**31.83**	**96.63**	**37.50**
占合计%			**13.60**			**8.61**	**8.89**		
1980	40.69	9.03	4.99	12.26	40.08	2.00	2.09	104.50	23.15
1981	40.40	9.03	5.74	14.21	40.07	2.30	2.58	112.17	28.57
1982	40.40	9.03	5.95	14.73	52.61	3.13	3.47	110.86	38.43
1983	40.40	9.03	5.48	13.56	58.39	3.20	3.20	100.00	35.44
1984	40.40	9.03	5.14	12.72	69.26	3.56	4.04	113.48	44.74
1985	41.21	9.61	4.71	11.43	99.58	4.69	4.05	86.35	42.14
1986	41.21	9.61	4.93	11.96	95.94	4.73	3.83	80.97	39.85
1987	41.21	9.61	5.98	14.51	79.93	4.78	4.50	94.14	46.83
1988	43.00	10.90	7.51	17.47	60.59	4.55	4.07	89.45	37.34
1989									
11 年小计			**191.20**	**40.08**	**161.08**	**307.99**	**307.99**	**100.00**	**287.41**
占合计%			**51.56**			**80.46**	**86.00**		
1990									
1991	42.80	10.18	12.00	28.04	138.58	16.63	16.63	100.00	163.36
1992	42.63	10.35	14.70	34.48	82.86	12.18	12.18	100.00	117.68
1993	45.00	10.45	12.00	26.67	116.67	14.00	14.00	100.00	133.97
1994	46.23	10.58	18.00	38.94	131.17	23.61	23.61	100.00	223.16
1995	48.35	10.71	18.50	38.26	135.19	25.01	25.01	100.00	233.52
1996	51.14	10.63	20.50	40.09	258.54	53.00	53.00	100.00	498.59
1997	54.80	10.91	22.50	41.06	151.11	34.00	34.00	100.00	311.64
1998	49.85	11.62	25.00	50.15	180.12	45.03	45.03	100.00	387.52
1999	48.08	11.21	25.00	52.00	160.12	40.03	40.03	100.00	357.09
2000	48.18	10.52	23.00	47.74	193.48	44.50	44.50	100.00	423.00

5－28－21　新疆自治区乌什县历年棉花生产收购

年　　度	耕地面积（万亩）	农业人口（万人）	棉田面积（万亩）	占耕地（％）	亩　产（市斤）	产　量（万担）	收购量（万担）	商品率（％）	人均交售（市斤）
52 年合计			**103.59**	**4.35**	**91.27**	**94.55**	**90.66**	**95.89**	**17.58**
11 年小计			**7.85**	**1.62**	**30.06**	**2.36**	**0.29**	**12.29**	**0.32**
占合计％			**7.58**			**2.50**	**0.32**		
1949	40.49	8.22	0.06	0.15					
1950	40.49	8.22	0.12	0.30	16.67	0.02			
1951	40.49	8.22	0.13	0.32	23.08	0.03			
1952	40.49	8.22	0.04	0.10	250.00	0.10			
1953	40.49	8.22	1.00	2.47	11.00	0.11			
1954	40.49	8.22	0.98	2.42	12.24	0.12			
1955	48.47	8.22	1.21	2.50	30.58	0.37			
1956	48.47	8.22	1.34	2.76	35.82	0.48			
1957	48.47	8.22	1.31	2.70	33.59	0.44			
1958	48.47	8.22	0.83	1.71	46.99	0.39			
1959	48.47	8.22	0.83	1.71	36.14	0.30	0.29	96.67	3.53
10 年小计			**11.28**	**2.33**	**29.08**	**3.28**	**2.78**	**84.76**	**3.38**
占合计％			**10.89**			**3.47**	**3.07**		
1960	48.47	8.22	0.90	1.86	13.33	0.12	0.14	116.67	1.70
1961	48.47	8.22	0.76	1.57	28.95	0.22			
1962	48.47	8.22	0.88	1.82	23.86	0.21	0.14	66.67	1.70
1963	48.47	8.22	1.05	2.17	20.95	0.22	0.15	68.18	1.82
1964	48.47	8.22	1.18	2.43	23.73	0.28	0.15	53.57	1.82
1965	48.47	8.22	1.17	2.41	31.62	0.37	0.40	108.11	4.87
1966	48.47	8.22	1.18	2.43	33.90	0.40	0.34	85.00	4.14
1967	48.47	8.22	1.41	2.91	46.10	0.65	0.63	96.92	7.66
1968	48.47	8.22	1.41	2.91	30.50	0.43	0.43	100.00	5.23
1969	48.47	8.22	1.34	2.76	28.36	0.38	0.40	105.26	4.87
10 年小计			**12.42**	**2.51**	**29.55**	**3.67**	**2.40**	**65.40**	**2.67**
占合计％			**11.99**			**3.88**	**2.65**		
1970	48.47	8.22	1.34	2.76	35.82	0.48	0.32	66.67	3.89
1971	48.47	8.22	1.31	2.70	38.93	0.51	0.29	56.86	3.53
1972	48.47	8.22	1.34	2.76	20.90	0.28	0.18	64.29	2.19
1973	48.47	8.22	1.21	2.50	41.32	0.50	0.38	76.00	4.62
1974	48.47	8.22	1.30	2.68	30.00	0.39	0.27	69.23	3.28
1975	48.47	8.22	1.43	2.95	32.17	0.46	0.31	67.39	3.77
1976	48.47	8.22	1.30	2.68	20.00	0.26	0.20	76.92	2.43
1977	48.47	8.22	1.53	3.16	16.99	0.26	0.33	126.92	4.01
1978	53.30	12.08	1.01	1.89	35.64	0.36	0.09	25.00	0.75
1979	53.30	12.08	0.65	1.22	26.15	0.17	0.03	17.65	0.25
10 年小计			**3.91**	**0.85**	**33.25**	**1.30**	**1.25**	**96.15**	**1.14**
占合计％			**3.77**			**1.37**	**1.38**		
1980	52.80	12.10	0.31	0.59	29.03	0.09	0.05	55.56	0.41
1981	52.47	12.10	0.51	0.97	19.61	0.10			
1982	52.47	12.10	0.70	1.33	17.14	0.12	0.09	75.00	0.74
1983	52.47	12.10	0.70	1.33	22.86	0.16	0.11	68.75	0.91
1984	52.47	12.10	0.71	1.35	43.66	0.31	0.30	96.77	2.48
1985	49.91	12.33	0.34	0.68	58.82	0.20	0.08	40.00	0.65
1986	49.91	12.33	0.10	0.20	40.00	0.04			
1987	49.91	12.33	0.28	0.56	53.57	0.15	0.07	46.67	0.57
1988	47.48	12.30	0.26	0.55	50.00	0.13	0.55	*	4.47
1989									
11 年小计			**68.13**	**14.86**	**123.21**	**83.94**	**83.94**	**100.00**	**58.55**
占合计％			**65.77**			**88.78**	**92.59**		
1990									
1991	46.70	13.74	3.95	8.46	89.87	3.55	3.55	100.00	25.84
1992	46.55	13.89	9.83	21.12	76.20	7.49	7.49	100.00	53.92
1993	46.44	14.07	6.38	13.74	86.36	5.51	5.51	100.00	39.16
1994	46.32	14.15	7.46	16.11	111.80	8.34	8.34	100.00	58.94
1995	46.16	14.29	6.50	14.08	147.85	9.61	9.61	100.00	67.25
1996	46.04	14.44	7.00	15.20	100.00	7.00	7.00	100.00	48.48
1997	46.02	14.62	7.00	15.21	145.71	10.20	10.20	100.00	69.77
1998	46.00	14.84	8.00	17.39	179.13	14.33	14.33	100.00	96.56
1999	44.97	15.01	7.01	15.59	128.25	8.99	8.99	100.00	59.89
2000	43.32	14.31	5.00	11.54	178.40	8.92	8.92	100.00	62.33

5－28－22　新疆自治区拜城县历年棉花生产收购

年　度	耕地面积（万亩）	农业人口（万人）	棉田面积（万亩）	占耕地（%）	亩　产（市斤）	产　量（万担）	收购量（万担）	商品率（%）	人均交售（市斤）
52 年合计			**14.24**	**1.93**	**111.66**	**15.90**	**15.90**	**100.00**	**10.77**
11 年小计									
占合计%									
1949									
1950									
1951									
1952									
1953									
1954									
1955									
1956									
1957									
1958									
1959									
10 年小计									
占合计%									
1960									
1961									
1962									
1963									
1964									
1965									
1966									
1967									
1968									
1969									
10 年小计									
占合计%									
1970									
1971									
1972									
1973									
1974									
1975									
1976									
19877									
1978									
1979									
10 年小计									
占合计%									
1980									
1981									
1982									
1983									
1984									
1985									
1986									
1987									
1988									
1989									
11 年小计			**14.24**	**1.93**	**111.66**	**15.90**	**15.90**	**100.00**	**10.77**
占合计%			**100.00**			**100.00**	**100.00**		
1990									
1991	75.50	14.08	0.12	0.16	75.00	0.09	0.09	100.00	0.64
1992	74.63	14.28	0.84	1.13	53.57	0.45	0.45	100.00	3.15
1993	74.12	14.54	0.21	0.28	57.14	0.12	0.12	100.00	0.83
1994	73.98	14.80							
1995	73.82	15.02	0.03	0.04	66.67	0.02	0.02	100.00	0.13
1996	73.68	15.20	2.90	3.94	94.14	2.73	2.73	100.00	17.96
1997	73.40	15.43	2.61	3.56	91.95	2.40	2.40	100.00	15.55
1998	73.38	15.62	4.01	5.46	126.68	5.08	5.08	100.00	32.52
1999	73.19	15.78	0.02	0.03	*	0.60	0.60	100.00	3.80
2000	73.01	12.86	3.50	4.79	126.00	4.41	4.41	100.00	34.29

5－28－23　新疆自治区柯坪县历年棉花生产收购

年　度	耕地面积（万亩）	农业人口（万人）	棉田面积（万亩）	占耕地（%）	亩　产（市斤）	产　量（万担）	收购量（万担）	商品率（%）	人均交售（市斤）
52年合计			**16.07**	**5.49**	**106.22**	**17.07**	**18.69**	**109.49**	**16.15**
11年小计			**1.22**	**2.51**	**31.15**	**0.38**	**0.38**	**100.00**	.
占合计%			**7.59**			**2.23**	**2.03**		
1949	3.50	1.50	0.09	2.57	11.11	0.01	0.01	100.00	0.67
1950	3.30	1.50	0.10	3.03	10.00	0.01	0.01	100.00	0.67
1951	3.70	1.50	0.09	2.43	11.11	0.01	0.01	100.00	0.67
1952	4.00	1.50	0.11	2.75	18.18	0.02	0.02	100.00	1.33
1953	4.10	1.60	0.13	3.17	15.38	0.02	0.02	100.00	1.25
1954	4.60	1.60	0.15	3.26	20.00	0.03	0.03	100.00	1.88
1955	4.70	1.60	0.17	3.62	29.41	0.05	0.05	100.00	3.13
1956	4.90	1.60	0.07	1.43	85.71	0.06	0.06	100.00	3.75
1957	5.40	1.70	0.10	1.85	50.00	0.05	0.05	100.00	2.94
1958	5.00	1.70	0.06	1.20	66.67	0.04	0.04	100.00	2.35
1959	5.40	1.70	0.15	2.78	53.33	0.08	0.08	100.00	4.71
10年小计			**0.69**	**1.25**	**37.68**	**0.26**	**0.26**	**100.00**	**1.46**
占合计%			**4.29**			**1.52**	**1.39**		
1960	6.20	1.60	0.12	1.94	25.00	0.03	0.03	100.00	1.88
1961	5.80	1.70	0.10	1.72	30.00	0.03	0.03	100.00	1.76
1962	5.30	1.70	0.10	1.89	40.00	0.04	0.04	100.00	2.35
1963	4.90	1.70	0.03	0.61	33.33	0.01	0.01	100.00	0.59
1964	5.70	1.80	0.04	0.70	25.00	0.01	0.01	100.00	0.56
1965	5.50	1.80	0.05	0.91	40.00	0.02	0.02	100.00	1.11
1966	5.60	1.80	0.05	0.89	40.00	0.02	0.02	100.00	1.11
1967	5.60	1.90	0.07	1.25	57.14	0.04	0.04	100.00	2.11
1968	5.50	1.90	0.07	1.27	28.57	0.02	0.02	100.00	1.05
1969	5.10	1.90	0.06	1.18	66.67	0.04	0.04	100.00	2.11
10年小计			**0.38**	**0.80**	**21.05**	**0.08**	**0.08**	**100.00**	**0.36**
占合计%			**2.36**			**0.47**	**0.43**		
1970	5.80	2.00	0.02	0.34	50.00	0.01	0.01	100.00	0.50
1971	4.70	2.00	0.04	0.85	25.00	0.01	0.01	100.00	0.50
1972	4.80	2.10	0.07	1.46	14.29	0.01	0.01	100.00	0.48
1973	5.00	2.20	0.05	1.00	20.00	0.01	0.01	100.00	0.45
1974	5.00	2.30	0.06	1.20	16.67	0.01	0.01	100.00	0.43
1975	4.70	2.20	0.02	0.43					
1976	4.50	2.30	0.06	1.33	33.33	0.02	0.02	100.00	0.87
1977	4.30	2.40	0.02	0.47					
1978	4.40	2.40	0.02	0.45	50.00	0.01	0.01	100.00	0.42
1979	4.40	2.40	0.02	0.45					
10年小计			**1.06**	**2.31**	**91.51**	**0.97**	**0.97**	**100.00**	**3.85**
占合计%			**6.60**			**5.68**	**5.19**		
1980	5.20	2.40	0.02	0.38					
1981	4.70	2.50	0.04	0.85	25.00	0.01	0.01	100.00	0.40
1982	4.50	2.40	0.05	1.11					
1983	4.30	2.40	0.04	0.93					
1984	4.90	2.50	0.05	1.02	100.00	0.05	0.05	100.00	2.00
1985	4.50	2.50	0.12	2.67	91.67	0.11	0.11	100.00	4.40
1986	4.40	2.60	0.15	3.41	86.67	0.13	0.13	100.00	5.00
1987	4.20	2.60	0.18	4.29	94.44	0.17	0.17	100.00	6.54
1988	4.60	2.60	0.18	3.91	122.22	0.22	0.22	100.00	8.46
1989	4.60	2.70	0.23	5.00	121.74	0.28	0.28	100.00	10.37
11年小计			**12.72**	**13.31**	**120.91**	**15.38**	**17.00**	**110.53**	**51.59**
占合计%			**79.15**			**90.10**	**90.96**		
1990	4.40	2.90	0.26	5.91	92.31	0.24	0.34	141.67	11.72
1991	9.67	2.70	0.52	5.38	153.85	0.80	1.23	153.75	45.56
1992	9.67	2.80	1.00	10.34	134.00	1.34	1.28	95.52	45.71
1993	9.72	2.90	1.20	12.35	120.00	1.44	2.01	139.58	69.31
1994	9.75	2.96	1.90	19.49	84.21	1.60	2.03	126.88	68.58
1995	9.76	3.00	1.30	13.32	103.08	1.34	1.35	100.75	45.00
1996	12.66	3.10	1.30	10.27	80.00	1.04	1.18	113.46	38.06
1997	12.67	3.10	1.20	9.47	158.33	1.90	1.90	100.00	61.29
1998	5.70	3.14	1.50	26.32	167.33	2.51	2.51	100.00	79.94
1999	5.78	3.17	1.50	25.95	89.33	1.34	1.34	100.00	42.27
2000	5.78	3.18	1.04	17.99	175.96	1.83	1.83	100.00	57.55

5－28－24　新疆自治区喀什市历年棉花生产收购

年　度	耕地面积（万亩）	农业人口（万人）	棉田面积（万亩）	占耕地（%）	亩　产（市斤）	产　量（万担）	收购量（万担）	商品率（%）	人均交售（市斤）
52年合计			**36.25**	**6.05**	**73.46**	**26.63**	**21.08**	**79.16**	**10.51**
11年小计			**9.63**	**5.94**	**55.56**	**5.35**	**0.60**	**11.21**	**12.99**
占合计%			**26.57**			**20.09**	**2.85**		
1949	14.09	0.42	0.78	5.54	39.74	0.31			
1950	14.09	0.42	0.80	5.68	42.50	0.34			
1951	14.09	0.42	0.93	6.60	45.16	0.42			
1952	14.09	0.42	0.93	6.60	50.54	0.47			
1953	14.09	0.42	0.92	6.53	53.26	0.49			
1954	14.09	0.42	0.88	6.25	55.68	0.49			
1955	15.54	0.42	0.93	5.98	59.14	0.55			
1956	15.54	0.42	0.96	6.18	93.75	0.90			
1957	15.54	0.42	0.74	4.76	40.54	0.30			
1958	15.54	0.42	0.74	4.76	55.41	0.41			
1959	15.54	0.42	1.02	6.56	65.69	0.67	0.60	89.55	142.86
10年小计			**2.81**	**1.81**	**69.75**	**1.96**	**1.68**	**85.71**	**40.00**
占合计%			**7.75**			**7.36**	**7.97**		
1960	15.54	0.42	0.29	1.87	48.28	0.14	0.16	114.29	38.10
1961	15.54	0.42	0.20	1.29	75.00	0.15	0.16	106.67	38.10
1962	15.54	0.42	0.21	1.35	52.38	0.11	0.10	90.91	23.81
1963	15.54	0.42	0.28	1.80	64.29	0.18	0.12	66.67	28.57
1964	15.54	0.42	0.41	2.64	58.54	0.24	0.13	54.17	30.95
1965	15.54	0.42	0.21	1.35	76.19	0.16	0.12	75.00	28.57
1966	15.54	0.42	0.32	2.06	93.75	0.30	0.25	83.33	59.52
1967	15.54	0.42	0.35	2.25	80.00	0.28	0.29	103.57	69.05
1968	15.54	0.42	0.32	2.06	87.50	0.28	0.13	46.43	30.95
1969	15.54	0.42	0.22	1.42	54.55	0.12	0.22	183.33	52.38
10年小计			**11.42**	**18.66**	**52.28**	**5.97**	**5.35**	**89.61**	**18.55**
占合计%			**31.50**			**22.42**	**25.38**		
1970			0.20		75.00	0.15	0.15	100.00	
1971			0.18		77.78	0.14	0.20	142.86	
1972			0.19		63.16	0.12	0.14	116.67	
1973			0.20		80.00	0.16	0.16	100.00	
1974			0.18		72.22	0.13	0.12	92.31	
1975			2.45		45.71	1.12	0.90	80.36	
1976			2.22		54.50	1.21	1.15	95.04	
1977			1.86		52.69	0.98	0.87	88.78	
1978	30.60	14.42	1.96	6.41	51.02	1.00	0.85	85.00	5.89
1979	30.60	14.42	1.98	6.47	48.48	0.96	0.81	84.38	5.62
10年小计			**8.30**	**5.10**	**70.84**	**5.88**	**5.98**	**101.70**	**6.42**
占合计%			**22.90**			**22.08**	**28.37**		
1980	30.50	14.89	2.02	6.62	52.97	1.07	1.05	98.13	7.05
1981	28.22	14.89	3.30	11.69	59.39	1.96	2.02	103.06	13.57
1982	28.22	14.89	0.61	2.16	80.33	0.49	0.38	77.55	2.55
1983	28.22	14.89	0.45	1.59	82.22	0.37	0.27	72.97	1.81
1984	28.22	14.89	0.44	1.56	86.36	0.38	0.54	142.11	3.63
1985	4.91	4.81	0.35	7.13	94.29	0.33	0.44	133.33	9.15
1986	4.91	4.81	0.34	6.92	105.88	0.36	0.32	88.89	6.65
1987	4.91	4.81	0.43	8.76	109.30	0.47	0.19	40.43	3.95
1988	4.57	4.30	0.36	7.88	125.00	0.45	0.77	171.11	17.91
1989									
11年小计			**4.09**	**7.06**	**182.64**	**7.47**	**7.47**	**100.00**	**10.72**
占合计%			**11.28**			**28.05**	**35.44**		
1990									
1991	4.40	5.16	0.44	10.00	159.09	0.70	0.70	100.00	13.57
1992	4.35	5.00	0.40	9.20	177.50	0.71	0.71	100.00	14.20
1993	4.31	4.97	0.35	8.12	174.29	0.61	0.61	100.00	12.27
1994	4.28	5.23	0.30	7.01	176.67	0.53	0.53	100.00	10.13
1995	4.25	5.56	0.27	6.35	188.89	0.51	0.51	100.00	9.17
1996	4.22	5.94	0.24	5.69	175.00	0.42	0.42	100.00	7.07
1997	4.28	6.33	0.14	3.27	228.57	0.32	0.32	100.00	5.06
1998	9.35	10.61	1.20	12.83	181.67	2.18	2.18	100.00	20.55
1999	9.41	10.96	0.39	4.14	192.31	0.75	0.75	100.00	6.84
2000	9.09	9.95	0.36	3.96	205.56	0.74	0.74	100.00	7.44

5－28－25　新疆自治区巴楚县历年棉花生产收购

年　度	耕地面积（万亩）	农业人口（万人）	棉田面积（万亩）	占耕地（%）	亩　产（市斤）	产　量（万担）	收购量（万担）	商品率（%）	人均交售（市斤）
52年合计			**857.15**	**26.68**	**118.96**	**1019.65**	**1002.83**	**98.35**	**116.97**
11年小计			**97.62**	**15.50**	**44.31**	**43.26**	**40.01**	**92.49**	**28.70**
占合计%			**11.39**			**4.24**	**3.99**		
1949	51.30	11.90	3.08	6.00	37.99	1.17			
1950	53.37	12.05	3.28	6.15	36.28	1.19			
1951	57.62	12.22	5.48	9.51	40.88	2.24			
1952	30.13	12.44	9.82	32.59	26.48	2.60			
1953	58.54	12.71	8.45	14.43	33.73	2.85			
1954	58.74	12.74	8.06	13.72	38.59	3.11			
1955	59.35	12.70	9.79	16.50	42.70	4.18	15.40	*	121.26
1956	63.42	12.92	14.17	22.34	48.13	6.82	7.82	114.66	60.53
1957	61.52	12.78	10.85	17.64	29.12	3.16	2.70	85.44	21.13
1958	65.39	12.99	12.30	18.81	52.85	6.50	5.65	86.92	43.49
1959	70.59	13.98	12.34	17.48	76.50	9.44	8.44	89.41	60.37
10年小计			**116.89**	**15.67**	**37.72**	**44.09**	**42.41**	**96.19**	**27.68**
占合计%			**13.64**			**4.32**	**4.23**		
1960	78.55	14.37	13.68	17.42	25.22	3.45	2.86	82.90	19.90
1961	81.74	15.89	11.07	13.54	37.58	4.16	3.62	87.02	22.78
1962	81.78	15.66	11.66	14.26	29.07	3.39	3.21	94.69	20.50
1963	78.23	15.15	11.75	15.02	23.83	2.80	2.68	95.71	17.69
1964	83.98	14.64	13.87	16.52	27.69	3.84	3.65	95.05	24.93
1965	85.61	14.22	16.10	18.81	47.39	7.63	7.33	96.07	51.55
1966	63.16	14.47	12.00	19.00	58.58	7.03	7.82	111.24	54.04
1967	67.08	15.80	9.59	14.30	54.64	5.24	5.71	108.97	36.14
1968	63.67	16.55	9.10	14.29	42.97	3.91	3.23	82.61	19.52
1969	62.24	16.49	8.07	12.97	32.71	2.64	2.30	87.12	13.95
10年小计			**78.55**	**13.96**	**33.65**	**26.43**	**24.26**	**91.79**	**14.04**
占合计%			**9.16**			**2.59**	**2.42**		
1970	60.10	19.27	7.70	12.81	35.71	2.75	2.77	100.73	14.37
1971	53.97	18.86	6.93	12.84	47.04	3.26	3.16	96.93	16.76
1972	52.06	19.06	7.24	13.91	20.03	1.45	1.21	83.45	6.35
1973	54.15	19.59	7.29	13.46	46.91	3.42	3.30	96.49	16.85
1974	56.44	18.99	8.45	14.97	46.51	3.93	2.77	70.48	14.59
1975	54.96	19.31	8.54	15.54	27.75	2.37	2.16	91.14	11.19
1976	56.57	14.88	7.63	13.49	37.09	2.83	3.08	108.83	20.70
1977	58.57	14.21	8.02	13.69	30.30	2.43	1.91	78.60	13.44
1978	57.23	14.35	8.45	14.76	21.18	1.79	1.52	84.92	10.59
1979	58.66	14.32	8.30	14.15	26.51	2.20	2.38	108.18	16.62
10年小计			**154.46**	**26.63**	**96.65**	**149.29**	**139.18**	**93.23**	**93.57**
占合计%			**18.02**			**14.64**	**13.88**		
1980	59.61	14.30	9.55	16.02	43.98	4.20	4.03	95.95	28.18
1981	58.20	14.16	11.55	19.85	56.28	6.50	6.26	96.31	44.21
1982	58.35	14.70	12.50	21.42	66.56	8.32	8.13	97.72	55.31
1983	59.70	14.76	13.43	22.50	78.18	10.50	10.89	103.71	73.78
1984	59.72	14.89	13.00	21.77	123.08	16.00	15.46	96.63	103.83
1985	57.34	15.10	15.16	26.44	118.73	18.00	16.14	89.67	106.89
1986	57.19	14.80	16.12	28.19	108.50	17.49	13.87	79.30	93.72
1987	56.20	15.13	20.40	36.30	98.04	20.00	17.26	86.30	114.08
1988	55.80	15.43	21.56	38.64	105.98	22.85	23.04	100.83	149.32
1989	57.83	15.47	21.19	36.64	120.01	25.43	24.10	94.77	155.79
11年小计			**409.63**	**59.07**	**184.70**	**756.58**	**756.97**	**100.05**	**311.38**
占合计%			**47.79**			**74.20**	**75.48**		
1990	56.89	16.73	23.30	40.96	178.54	41.60	41.10	98.80	245.67
1991	60.13	16.97	30.10	50.06	193.92	58.37	58.74	100.63	346.14
1992	57.86	16.07	40.09	69.29	143.45	57.51	58.71	102.09	365.34
1993	56.69	18.25	34.60	61.03	145.00	50.17	49.97	99.60	273.81
1994	57.80	16.80	36.20	62.63	160.99	58.28	58.20	99.86	346.43
1995	61.37	26.64	34.99	57.01	212.06	74.20	72.50	97.71	272.15
1996	64.00	27.23	36.49	57.02	178.13	65.00	66.30	102.00	243.48
1997	66.00	27.84	40.35	61.14	210.09	84.77	84.77	100.00	304.49
1998	69.42	28.77	46.50	66.98	232.86	108.28	108.28	100.00	376.36
1999	71.19	29.34	41.00	57.59	200.00	82.00	82.00	100.00	279.48
2000	72.17	18.46	46.01	63.75	166.05	76.40	76.40	100.00	413.87

5-28-26 新疆自治区伽师县历年棉花生产收购

年 度	耕地面积（万亩）	农业人口（万人）	棉田面积（万亩）	占耕地（%）	亩 产（市斤）	产 量（万担）	收购量（万担）	商品率（%）	人均交售（市斤）
52 年合计			**549.59**	**17.25**	**103.01**	**566.16**	**549.32**	**97.03**	**55.03**
11 年小计			**58.00**	**10.49**	**23.64**	**13.71**	**10.63**	**77.53**	**6.34**
占合计%			**10.55**			**2.42**	**1.94**		
1949	33.20	15.68	3.31	9.97	12.08	0.40	0.36	90.00	2.30
1950	36.40	15.78	4.12	11.32	10.68	0.44	0.39	88.64	2.47
1951	41.80	15.90	4.11	9.83	13.38	0.55	0.51	92.73	3.21
1952	42.20	14.73	4.30	10.19	15.12	0.65	0.11	16.92	0.75
1953	46.00	15.08	4.45	9.67	13.48	0.60	0.13	21.67	0.86
1954	49.90	15.07	4.47	8.96	13.42	0.60	0.18	30.00	1.19
1955	53.50	15.15	5.02	9.38	13.55	0.68	0.41	60.29	2.71
1956	56.10	15.20	6.54	11.66	23.70	1.55	1.32	85.16	8.68
1957	60.20	15.28	5.92	9.83	25.68	1.52	1.24	81.58	8.12
1958	62.70	14.94	7.15	11.40	36.64	2.62	2.00	76.34	13.39
1959	71.10	14.95	8.61	12.11	47.62	4.10	3.98	97.07	26.62
10 年小计			**76.75**	**11.11**	**26.21**	**20.12**	**17.31**	**86.03**	**11.37**
占合计%			**13.96**			**3.55**	**3.15**		
1960	75.90	14.98	8.67	11.42	13.26	1.15	1.01	87.83	6.74
1961	73.90	15.01	7.92	10.72	21.97	1.74	1.24	71.26	8.26
1962	68.60	14.92	6.88	10.03	11.48	0.79	0.51	64.56	3.42
1963	66.90	14.93	7.17	10.72	13.53	0.97	0.67	69.07	4.49
1964	65.90	14.76	7.06	10.71	11.05	0.78	0.71	91.03	4.81
1965	67.00	15.07	7.16	10.69	40.36	2.89	2.61	90.31	17.32
1966	69.80	15.31	8.97	12.85	41.69	3.74	3.61	96.52	23.58
1967	69.50	15.46	8.68	12.49	39.98	3.47	3.35	96.54	21.67
1968	66.80	15.73	7.00	10.48	34.43	2.41	1.88	78.01	11.95
1969	66.80	16.08	7.24	10.84	30.11	2.18	1.72	78.90	10.70
10 年小计			**64.27**	**9.79**	**27.93**	**17.95**	**16.51**	**91.98**	**9.04**
占合计%			**11.69**			**3.17**	**3.01**		
1970	66.80	16.53	6.73	10.07	29.42	1.98	1.72	86.87	10.41
1971	65.97	16.93	6.40	9.70	35.94	2.30	2.04	88.70	12.05
1972	66.74	17.38	5.85	8.77	17.78	1.04	0.91	87.50	5.24
1973	65.20	17.69	7.00	10.74	36.86	2.58	2.41	93.41	13.62
1974	65.34	18.19	6.88	10.53	28.05	1.93	1.84	95.34	10.12
1975	64.13	18.56	6.86	10.70	25.80	1.77	1.63	92.09	8.78
1976	65.68	18.53	5.57	8.48	31.42	1.75	1.48	84.57	7.99
1977	65.10	18.88	5.80	8.91	24.31	1.41	1.41	100.00	7.47
1978	65.23	19.98	6.92	10.61	28.18	1.95	1.85	94.87	9.26
1979	66.13	20.03	6.26	9.47	19.81	1.24	1.22	98.39	6.09
10 年小计			**82.13**	**13.23**	**82.19**	**67.50**	**55.69**	**82.50**	**26.28**
占合计%			**14.94**			**11.92**	**10.14**		
1980	65.24	20.30	6.06	9.29	22.44	1.36	1.26	92.65	6.21
1981	65.39	19.48	7.75	11.85	38.58	2.99	2.94	98.33	15.09
1982	64.66	20.01	7.50	11.60	44.67	3.35	3.30	98.51	16.49
1983	64.01	20.17	8.80	13.75	37.05	3.26	3.25	99.69	16.11
1984	62.85	20.63	9.19	14.62	53.75	4.94	4.20	85.02	20.36
1985	60.73	20.96	5.82	9.58	103.95	6.05	5.16	85.29	24.62
1986	60.23	21.96	5.76	9.56	105.38	6.07	4.78	78.75	21.77
1987	59.32	22.22	9.06	15.27	117.00	10.60	8.80	83.02	39.60
1988	58.60	22.87	10.40	17.75	143.27	14.90	12.20	81.88	53.34
1989	59.82	23.29	11.79	19.71	118.58	13.98	9.80	70.10	42.08
11 年小计			**268.44**	**40.38**	**166.47**	**446.88**	**449.18**	**100.51**	**158.40**
占合计%			**48.84**			**78.93**	**81.77**		
1990	60.60	23.96	13.75	22.69	142.69	19.62	19.41	98.93	81.01
1991	59.66	25.05	15.53	26.03	206.70	32.10	32.68	101.81	130.46
1992	59.86	24.47	20.65	34.50	178.93	36.95	37.71	102.06	154.11
1993	59.88	24.62	19.41	32.41	144.26	28.00	28.13	100.46	114.26
1994	60.04	24.97	24.00	39.97	171.21	41.09	41.79	101.70	167.36
1995	61.38	25.48	24.00	39.10	183.33	44.00	44.34	100.77	174.02
1996	61.35	26.41	26.50	43.19	162.26	43.00	43.00	100.00	162.82
1997	60.00	26.65	28.20	47.00	182.48	51.46	51.46	100.00	193.10
1998	60.00	26.96	29.00	48.33	193.10	56.00	56.00	100.00	207.72
1999	60.90	27.62	35.40	58.13	127.12	45.00	45.00	100.00	162.93
2000	61.05	27.39	32.00	52.42	155.19	49.66	49.66	100.00	181.31

5－28－27　新疆自治区岳普湖县历年棉花生产收购

年　度	耕地面积（万亩）	农业人口（万人）	棉田面积（万亩）	占耕地（%）	亩　产（市斤）	产　量（万担）	收购量（万担）	商品率（%）	人均交售（市斤）
52 年合计			**331.03**	**22.92**	**121.64**	**402.67**	**381.53**	**94.75**	**89.68**
11 年小计			**33.15**	**13.94**	**57.07**	**18.92**	**3.58**	**18.92**	**5.42**
占合计%			**10.01**			**4.70**	**0.94**		
1949	14.27	5.38	1.86	13.03	27.96	0.52			
1950	14.43	5.43	1.40	9.70	40.00	0.56	0.06	10.71	1.10
1951	16.48	5.50	2.02	12.26	28.71	0.58	0.06	10.34	1.09
1952	18.42	5.60	2.24	12.16	25.00	0.56	0.09	16.07	1.61
1953	21.38	5.70	3.06	14.31	30.07	0.92	0.07	7.61	1.23
1954	21.58	5.95	2.21	10.24	29.86	0.66	0.11	16.67	1.85
1955	21.12	6.02	2.72	12.88	41.18	1.12	0.28	25.00	4.65
1956	23.81	6.33	3.78	15.88	75.40	2.85	0.38	13.33	6.00
1957	26.50	6.48	3.48	13.13	49.14	1.71	1.68	98.25	25.93
1958	29.03	6.74	4.65	16.02	80.86	3.76	0.28	7.45	4.15
1959	30.77	6.89	5.73	18.62	99.13	5.68	0.57	10.04	8.27
10 年小计			**56.67**	**17.90**	**44.96**	**25.48**	**24.37**	**95.64**	**34.43**
占合计%			**17.12**			**6.33**	**6.39**		
1960	32.83	6.68	7.30	22.24	38.63	2.82	2.80	99.29	41.92
1961	31.94	6.41	6.06	18.97	49.01	2.97	2.87	96.63	44.77
1962	31.36	6.60	5.37	17.12	29.61	1.59	1.45	91.19	21.97
1963	32.03	6.91	5.45	17.02	37.80	2.06	2.01	97.57	29.09
1964	32.85	6.98	5.37	16.35	26.82	1.44	1.30	90.28	18.62
1965	31.08	7.06	6.24	20.08	55.13	3.44	3.31	96.22	46.88
1966	30.59	7.33	5.47	17.88	60.15	3.29	3.20	97.26	43.66
1967	31.68	7.45	5.69	17.96	65.38	3.72	3.70	99.46	49.66
1968	31.63	7.66	5.20	16.44	40.96	2.13	1.71	80.28	22.32
1969	30.66	7.70	4.52	14.74	44.69	2.02	2.02	100.00	26.23
10 年小计			**36.70**	**12.70**	**46.76**	**17.16**	**17.12**	**99.77**	**20.02**
占合计%			**11.09**			**4.26**	**4.49**		
1970	27.65	8.07	3.94	14.25	44.92	1.77	1.81	102.26	22.43
1971	26.83	8.31	3.78	14.09	50.79	1.92	1.96	102.08	23.59
1972	27.29	8.35	3.59	13.16	41.23	1.48	1.51	102.03	18.08
1973	27.80	8.34	3.44	12.37	60.17	2.07	2.08	100.48	24.94
1974	28.69	8.60	3.67	12.79	44.69	1.64	1.64	100.00	19.07
1975	28.07	8.73	2.91	10.37	30.58	0.89	0.79	88.76	9.05
1976	30.47	8.71	3.68	12.08	52.99	1.95	1.91	97.95	21.93
1977	30.77	8.79	3.36	10.92	47.62	1.60	1.49	93.13	16.95
1978	31.29	8.77	4.17	13.33	50.12	2.09	2.01	96.17	22.92
1979	30.01	8.84	4.16	13.86	42.07	1.75	1.92	109.71	21.72
10 年小计			**65.34**	**23.11**	**104.47**	**68.26**	**65.93**	**96.59**	**74.70**
占合计%			**19.74**			**16.95**	**17.28**		
1980	30.00	8.47	4.81	16.03	56.55	2.72	2.95	108.46	34.83
1981	29.74	8.47	6.69	22.49	67.26	4.50	4.81	106.89	56.79
1982	29.71	8.68	6.25	21.04	75.36	4.71	4.85	102.97	55.88
1983	29.74	8.85	5.93	19.94	75.38	4.47	4.50	100.67	50.85
1984	28.74	8.66	5.85	20.35	128.03	7.49	7.27	97.06	83.95
1985	27.52	8.74	5.45	19.80	146.79	8.00	6.86	85.75	78.49
1986	26.58	8.75	6.31	23.74	121.87	7.69	6.60	85.83	75.43
1987	26.55	9.04	7.54	28.40	111.54	8.41	8.07	95.96	89.27
1988	27.27	9.30	8.12	29.78	127.71	10.37	10.27	99.04	110.43
1989	26.89	9.30	8.39	31.20	118.00	9.90	9.75	98.48	104.84
11 年小计			**139.17**	**43.78**	**196.06**	**272.85**	**270.53**	**99.15**	**235.55**
占合计%			**42.04**			**67.76**	**70.91**		
1990	26.46	9.83	8.72	32.96	176.38	15.38	15.59	101.37	158.60
1991	26.94	10.02	8.97	33.30	245.26	22.00	21.11	95.95	210.68
1992	28.97	9.95	10.88	37.56	220.59	24.00	24.96	104.00	250.85
1993	29.28	9.87	10.41	35.55	201.73	21.00	20.87	99.38	211.45
1994	27.00	10.22	11.46	42.44	200.70	23.00	22.53	97.96	220.45
1995	28.23	10.71	12.00	42.51	204.17	24.50	24.50	100.00	228.76
1996	29.45	10.78	13.80	46.86	173.91	24.00	22.00	91.67	204.08
1997	28.37	10.80	13.83	48.75	185.76	25.69	25.69	100.00	237.87
1998	31.31	11.09	15.60	49.82	212.05	33.08	33.08	100.00	298.29
1999	30.93	11.26	17.00	54.96	177.65	30.20	30.20	100.00	268.21
2000	30.98	10.32	16.50	53.26	181.82	30.00	30.00	100.00	290.70

5－28－28　新疆自治区麦盖提县历年棉花生产收购

年　度	耕地面积（万亩）	农业人口（万人）	棉田面积（万亩）	占耕地（%）	亩　产（市斤）	产　量（万担）	收购量（万担）	商品率（%）	人均交售（市斤）
52年合计			**725.07**	**32.69**	**126.72**	**918.81**	**899.29**	**97.88**	**172.07**
11年小计			**61.93**	**20.28**	**48.07**	**29.77**	**21.72**	**72.96**	**28.47**
占合计%			**8.54**			**3.24**	**2.42**		
1949	19.40	6.31	3.16	16.29	30.06	0.95			
1950	21.41	6.39	3.42	15.97	30.99	1.06			
1951	25.37	6.49	5.35	21.09	31.59	1.69			
1952	27.04	6.61	5.22	19.30	32.95	1.72			
1953	28.52	6.76	4.16	14.59	38.70	1.61	0.21	13.04	3.11
1954	26.60	6.76	3.70	13.91	41.89	1.55	1.24	80.00	18.34
1955	27.00	6.85	5.31	19.67	64.97	3.45	1.99	57.68	29.05
1956	28.01	7.05	10.07	35.95	54.52	5.49	4.89	89.07	69.36
1957	29.19	7.36	6.26	21.45	41.85	2.62	2.81	107.25	38.18
1958	35.28	7.72	7.89	22.36	53.61	4.23	4.23	100.00	54.79
1959	37.50	7.98	7.39	19.71	73.07	5.40	6.35	117.59	79.57
10年小计			**98.86**	**22.78**	**57.21**	**56.56**	**58.87**	**104.08**	**66.57**
占合计%			**13.63**			**6.16**	**6.55**		
1960	39.91	8.36	8.82	22.10	53.74	4.74	4.57	96.41	54.67
1961	41.08	8.76	8.94	21.76	48.21	4.31	4.73	109.74	54.00
1962	40.96	8.77	8.57	20.92	41.19	3.53	4.35	123.23	49.60
1963	40.86	8.68	9.49	23.23	46.89	4.45	5.03	113.03	57.95
1964	43.88	8.87	10.63	24.23	35.94	3.82	3.85	100.79	43.40
1965	45.80	9.15	11.54	25.20	72.18	8.33	8.65	103.84	94.54
1966	43.45	8.42	11.00	25.32	89.18	9.81	9.49	96.74	112.71
1967	46.27	8.79	11.27	24.36	70.36	7.93	8.53	107.57	97.04
1968	45.93	9.16	9.38	20.42	47.33	4.44	4.72	106.31	51.53
1969	45.93	9.47	9.22	20.07	56.40	5.20	4.95	95.19	52.27
10年小计			**97.66**	**20.26**	**52.55**	**51.32**	**50.00**	**97.43**	**46.31**
占合计%			**13.47**			**5.59**	**5.56**		
1970	46.00	9.91	8.93	19.41	61.93	5.53	5.75	103.98	58.02
1971	45.96	10.10	8.96	19.50	58.48	5.24	5.34	101.91	52.87
1972	45.96	10.20	8.91	19.39	26.71	2.38	2.44	102.52	23.92
1973	46.17	10.36	8.96	19.41	70.09	6.28	6.25	99.52	60.33
1974	48.95	10.57	9.88	20.18	55.87	5.52	5.04	91.30	47.68
1975	48.80	10.83	9.88	20.25	51.32	5.07	5.09	100.39	47.00
1976	50.20	11.34	10.26	20.44	57.12	5.86	5.84	99.66	51.50
1977	50.41	11.43	10.14	20.12	50.10	5.08	4.61	90.75	40.33
1978	50.23	11.54	10.51	20.92	50.52	5.31	4.84	91.15	41.94
1979	49.39	11.68	11.23	22.74	44.97	5.05	4.80	95.05	41.10
10年小计			**147.57**	**32.89**	**101.09**	**149.18**	**142.71**	**95.66**	**134.26**
占合计%			**20.35**			**16.24**	**15.87**		
1980	48.31	11.66	12.00	24.84	59.75	7.17	7.25	101.12	62.18
1981	49.23	9.66	14.09	28.62	56.85	8.01	8.48	105.87	87.78
1982	47.46	10.31	13.79	29.06	68.02	9.38	9.20	98.08	89.23
1983	45.22	10.03	13.07	28.90	80.34	10.50	10.50	100.00	104.69
1984	43.19	10.21	13.20	30.56	101.59	13.41	13.35	99.55	130.75
1985	43.19	10.38	11.92	27.60	115.77	13.80	12.85	93.12	123.80
1986	40.03	10.60	13.70	34.22	131.39	18.00	16.09	89.39	151.79
1987	43.00	10.78	18.18	42.28	118.54	21.55	18.87	87.56	175.05
1988	44.07	11.26	18.32	41.57	117.69	21.56	21.06	97.68	187.03
1989	45.00	11.40	19.30	42.89	133.68	25.80	25.06	97.13	219.82
11年小计			**319.05**	**58.24**	**198.08**	**631.98**	**625.99**	**99.05**	**435.71**
占合计%			**44.00**			**68.78**	**69.61**		
1990	45.00	11.48	19.45	43.22	208.33	40.52	40.00	98.72	348.43
1991	48.01	11.56	22.00	45.82	227.55	50.06	44.34	88.57	383.56
1992	49.00	11.53	26.50	54.08	216.98	57.50	57.50	100.00	498.70
1993	49.00	11.50	27.00	55.10	182.26	49.21	49.20	99.98	427.83
1994	49.97	11.66	28.00	56.03	214.36	60.02	60.78	101.27	521.27
1995	50.36	14.39	28.00	55.60	225.00	63.00	62.50	99.21	434.33
1996	50.69	14.62	30.00	59.18	183.33	55.00	55.00	100.00	376.20
1997	51.12	14.66	33.00	64.55	194.39	64.15	64.15	100.00	437.59
1998	51.33	15.04	35.00	68.19	206.91	72.42	72.42	100.00	481.52
1999	51.50	15.39	33.39	64.83	165.02	55.10	55.10	100.00	358.02
2000	51.80	11.84	36.71	70.87	177.06	65.00	65.00	100.00	548.99

5－28－29　新疆自治区莎车县历年棉花生产收购

年　度	耕地面积（万亩）	农业人口（万人）	棉田面积（万亩）	占耕地（%）	亩　产（市斤）	产　量（万担）	收购量（万担）	商品率（%）	人均交售（市斤）
52年合计			**1340.55**	**20.57**	**107.91**	**1446.58**	**1421.74**	**98.28**	**72.89**
11年小计			**93.83**	**7.18**	**35.29**	**33.11**	**29.72**	**89.76**	**8.70**
占合计%			**7.00**			**2.29**	**2.09**		
1949	100.28	28.73	6.38	6.36	15.99	1.02	1.02	100.00	3.55
1950	101.33	29.32	6.89	6.80	19.30	1.33	1.33	100.00	4.54
1951	106.11	29.62	7.16	6.75	22.07	1.58	1.58	100.00	5.33
1952	119.40	30.22	7.69	6.44	26.01	2.00	2.00	100.00	6.62
1953	123.48	30.53	7.81	6.32	29.07	2.27	2.27	100.00	7.44
1954	125.08	30.89	7.27	5.81	29.99	2.18	2.18	100.00	7.06
1955	125.15	31.23	8.17	6.53	31.58	2.58	3.03	117.44	9.70
1956	125.34	31.66	11.02	8.79	32.85	3.62	2.78	76.80	8.78
1957	125.00	32.06	9.45	7.56	37.04	3.50	2.47	70.57	7.70
1958	127.21	33.60	11.41	8.97	57.23	6.53	4.65	71.21	13.84
1959	128.93	33.70	10.58	8.21	61.44	6.50	6.41	98.62	19.02
10年小计			**153.72**	**11.54**	**55.69**	**85.60**	**88.34**	**103.20**	**26.78**
占合计%			**11.47**			**5.92**	**6.21**		
1960	132.25	33.42	11.55	8.73	33.68	3.89	4.18	107.46	12.51
1961	132.09	33.67	12.45	9.43	46.51	5.79	5.71	98.62	16.96
1962	130.28	31.62	12.42	9.53	40.34	5.01	5.22	104.19	16.51
1963	130.55	33.46	14.11	10.81	46.99	6.63	6.81	102.71	20.35
1964	131.01	31.72	14.15	10.80	43.89	6.21	6.62	106.60	20.87
1965	132.53	31.68	16.82	12.69	72.29	12.16	12.30	101.15	38.83
1966	134.33	32.30	18.32	13.64	68.29	12.51	13.18	105.36	40.80
1967	136.16	32.80	18.65	13.70	72.55	13.53	13.74	101.55	41.89
1968	136.16	34.36	18.46	13.56	61.16	11.29	11.77	104.25	34.25
1969	136.35	34.81	16.79	12.31	51.10	8.58	8.81	102.68	25.31
10年小计			**175.02**	**12.94**	**60.68**	**106.21**	**106.05**	**99.85**	**28.54**
占合计%			**13.06**			**7.34**	**7.46**		
1970	136.87	36.05	16.29	11.90	68.82	11.21	11.48	102.41	31.84
1971	136.15	35.72	16.94	12.44	68.71	11.64	11.69	100.43	32.73
1972	136.25	36.34	17.32	12.71	51.73	8.96	8.89	99.22	24.46
1973	135.76	36.83	18.04	13.29	76.72	13.84	14.25	102.96	38.69
1974	135.57	37.08	17.89	13.20	67.08	12.00	12.30	102.50	33.17
1975	135.34	37.14	17.58	12.99	55.23	9.71	9.49	97.73	25.55
1976	135.66	37.87	16.18	11.93	63.41	10.26	10.50	102.34	27.73
1977	134.71	38.18	17.92	13.30	58.48	10.48	10.90	104.01	28.55
1978	134.27	38.26	17.42	12.97	53.39	9.30	9.17	98.60	23.97
1979	131.56	38.11	19.44	14.78	45.32	8.81	7.38	83.77	19.36
10年小计			**271.35**	**22.29**	**88.10**	**239.06**	**223.04**	**93.30**	**56.58**
占合计%			**20.24**			**16.53**	**15.69**		
1980	130.35	38.44	19.33	14.83	61.61	11.91	11.87	99.66	30.88
1981	129.50	38.33	23.27	17.97	66.74	15.53	15.08	97.10	39.34
1982	128.60	39.69	25.95	20.18	68.21	17.70	13.73	77.57	34.59
1983	127.06	38.80	26.55	20.90	73.45	19.50	19.87	101.90	51.21
1984	125.13	38.74	26.77	21.39	82.26	22.02	21.64	98.27	55.86
1985	119.17	38.79	23.32	19.57	98.76	23.03	21.24	92.23	54.76
1986	118.67	39.10	28.10	23.68	96.65	27.16	23.13	85.16	59.16
1987	114.00	40.23	33.08	29.02	105.59	34.93	30.40	87.03	75.57
1988	112.11	40.22	33.58	29.95	112.75	37.86	37.58	99.26	93.44
1989	112.74	41.88	31.40	27.85	93.69	29.42	28.50	96.87	68.05
11年小计			**646.63**	**49.37**	**151.96**	**982.60**	**974.59**	**99.18**	**189.87**
占合计%			**48.24**			**67.93**	**68.55**		
1990	113.22	42.61	38.05	33.61	159.45	60.67	60.01	98.91	140.84
1991	117.66	42.87	42.72	36.31	166.08	70.95	70.66	99.59	164.82
1992	117.03	42.47	56.96	48.67	138.55	78.92	77.64	98.38	182.81
1993	117.00	42.60	53.76	45.95	128.18	68.91	66.78	96.91	156.76
1994	117.14	44.36	61.08	52.14	153.91	94.01	94.05	100.04	212.02
1995	117.53	47.90	60.00	51.05	144.28	86.57	85.60	98.88	178.71
1996	119.61	49.46	65.00	54.34	135.29	87.94	86.60	98.48	175.09
1997	122.64	50.19	68.42	55.79	146.42	100.18	98.80	98.62	196.85
1998	122.70	51.56	68.57	55.88	154.66	106.05	106.05	100.00	205.68
1999	122.73	52.26	68.21	55.58	158.72	108.26	108.26	100.00	207.16
2000	122.54	47.00	63.86	52.11	188.13	120.14	120.14	100.00	255.62

5－28－30　新疆自治区泽普县历年棉花生产收购

年　度	耕地面积（万亩）	农业人口（万人）	棉田面积（万亩）	占耕地（%）	亩　产（市斤）	产　量（万担）	收购量（万担）	商品率（%）	人均交售（市斤）
52 年合计			**505.10**	**23.01**	**102.27**	**516.57**	**509.69**	**98.67**	**107.77**
11 年小计			**38.23**	**7.94**	**18.60**	**7.11**	**6.80**	**95.64**	**7.61**
占合计%			**7.57**			**1.38**	**1.33**		
1949	42.80	7.88	3.31	7.73	16.01	0.53	0.51	96.23	6.47
1950	42.83	7.97	3.14	7.33	19.43	0.61	0.60	98.36	7.53
1951	42.88	8.06	3.22	7.51	16.77	0.54	0.52	96.30	6.45
1952	43.08	8.10	3.21	7.45	14.64	0.47	0.45	95.74	5.56
1953	43.18	8.10	3.29	7.62	16.72	0.55	0.53	96.36	6.54
1954	43.30	8.11	3.59	8.29	22.01	0.79	0.79	100.00	9.74
1955	43.33	8.20	3.83	8.84	20.63	0.79	0.75	94.94	9.15
1956	43.46	8.28	3.93	9.04	22.90	0.90	0.90	100.00	10.87
1957	43.49	8.28	3.45	7.93	23.48	0.81	0.80	98.77	9.66
1958	47.43	8.34	3.95	8.33	13.67	0.54	0.51	94.44	6.12
1959	45.57	7.99	3.31	7.26	17.52	0.58	0.44	75.86	5.51
10 年小计			**74.50**	**16.26**	**42.58**	**31.72**	**28.71**	**90.51**	**33.92**
占合计%			**14.75**			**6.14**	**5.63**		
1960	46.53	8.09	4.88	10.49	20.70	1.01	1.13	111.88	13.97
1961	46.95	8.29	5.63	11.99	23.62	1.33	1.23	92.48	14.84
1962	47.20	8.41	5.41	11.46	33.83	1.83	1.52	83.06	18.07
1963	46.52	8.18	7.55	16.23	41.46	3.13	3.03	96.81	37.04
1964	45.81	8.03	8.28	18.07	37.68	3.12	3.02	96.79	37.61
1965	45.51	8.00	8.76	19.25	51.37	4.50	4.49	99.78	56.13
1966	45.15	8.59	8.51	18.85	54.99	4.68	4.63	98.93	53.90
1967	45.12	8.93	8.65	19.17	51.56	4.46	4.26	95.52	47.70
1968	44.85	8.97	8.57	19.11	43.76	3.75	3.06	81.60	34.11
1969	44.64	9.15	8.26	18.50	47.34	3.91	2.34	59.85	25.57
10 年小计			**78.44**	**17.97**	**43.96**	**34.48**	**33.92**	**98.38**	**37.87**
占合计%			**15.53**			**6.67**	**6.65**		
1970	44.60	9.29	7.70	17.26	40.26	3.10	4.03	130.00	43.38
1971	44.29	8.92	7.89	17.81	51.84	4.09	3.87	94.62	43.39
1972	43.43	8.77	7.87	18.12	32.91	2.59	2.45	94.59	27.94
1973	43.63	9.13	7.91	18.13	62.45	4.94	4.86	98.38	53.23
1974	43.68	9.04	7.90	18.09	47.22	3.73	3.54	94.91	39.16
1975	43.72	9.29	7.96	18.21	43.59	3.47	3.47	100.00	37.35
1976	43.56	8.81	7.94	18.23	50.38	4.00	3.83	95.75	43.47
1977	43.38	8.67	7.75	17.87	50.58	3.92	3.65	93.11	42.10
1978	43.32	8.84	7.71	17.80	30.09	2.32	2.07	89.22	23.42
1979	43.00	8.80	7.81	18.16	29.71	2.32	2.15	92.67	24.43
10 年小计			**104.68**	**25.53**	**77.06**	**80.67**	**77.67**	**96.28**	**84.76**
占合计%			**20.72**			**15.62**	**15.24**		
1980	42.98	8.70	7.75	18.03	44.00	3.41	3.35	98.24	38.51
1981	42.90	8.81	9.20	21.45	43.59	4.01	4.07	101.50	46.20
1982	42.86	9.22	10.31	24.06	47.43	4.89	4.72	96.52	51.19
1983	42.82	8.91	10.94	25.55	54.57	5.97	5.87	98.38	65.91
1984	42.28	9.04	10.00	23.65	80.00	8.00	8.00	100.00	88.50
1985	40.84	9.00	8.60	21.06	93.37	8.03	7.03	87.55	78.11
1986	40.24	9.66	10.70	26.59	96.07	10.28	10.28	100.00	106.42
1987	38.84	9.76	12.17	31.33	90.96	11.07	9.11	82.29	93.34
1988	38.12	8.98	12.50	32.79	102.32	12.79	12.79	100.00	142.43
1989	38.12	9.56	12.51	32.82	97.68	12.22	12.45	101.88	130.23
11 年小计			**209.25**	**51.14**	**173.28**	**362.59**	**362.59**	**100.00**	**307.83**
占合计%			**41.43**			**70.19**	**71.14**		
1990	38.27	9.37	13.14	34.33	167.43	22.00	22.00	100.00	234.79
1991	37.59	9.94	15.19	40.41	172.55	26.21	26.21	100.00	263.68
1992	37.31	9.97	18.69	50.09	143.12	26.75	26.75	100.00	268.30
1993	37.17	10.15	16.96	45.63	145.64	24.70	24.70	100.00	243.35
1994	37.05	10.89	19.62	52.96	154.79	30.37	30.37	100.00	278.88
1995	37.05	11.15	19.25	51.96	177.71	34.21	34.21	100.00	306.82
1996	37.05	11.39	20.50	55.33	151.22	31.00	31.00	100.00	272.17
1997	37.00	11.67	21.54	58.22	174.74	37.64	37.64	100.00	322.54
1998	37.00	11.89	22.50	60.81	211.42	47.57	47.57	100.00	400.08
1999	37.00	12.11	21.80	58.92	183.76	40.06	40.06	100.00	330.80
2000	36.71	9.26	20.06	54.64	209.77	42.08	42.08	100.00	454.43

5－28－31　新疆自治区叶城县历年棉花生产收购

年　度	耕地面积（万亩）	农业人口（万人）	棉田面积（万亩）	占耕地（%）	亩　产（市斤）	产　量（万担）	收购量（万担）	商品率（%）	人均交售（市斤）
52年合计			**652.24**	**16.36**	**86.45**	**563.87**	**541.61**	**96.05**	**51.48**
11年小计			**43.57**	**5.49**	**42.41**	**18.48**	**8.79**	**47.56**	**5.39**
占合计%			**6.68**			**3.28**	**1.62**		
1949	66.09	13.75	1.67	2.53	19.76	0.33			
1950	66.64	13.91	1.82	2.73	21.98	0.40			
1951	68.22	14.11	1.99	2.92	25.13	0.50			
1952	69.24	14.39	2.20	3.18	26.82	0.59			
1953	70.34	14.75	2.29	3.26	28.82	0.66			
1954	73.23	14.87	2.41	3.29	34.02	0.82			
1955	73.75	14.87	2.45	3.32	39.18	0.96			
1956	74.88	14.97	6.33	8.45	60.03	3.80			
1957	75.41	15.51	6.66	8.83	42.34	2.82	1.83	64.89	11.80
1958	76.33	15.82	7.45	9.76	51.01	3.80	3.61	95.00	22.82
1959	79.64	16.06	8.30	10.42	45.78	3.80	3.35	88.16	20.86
10年小计			**95.17**	**11.70**	**41.90**	**39.88**	**38.18**	**95.74**	**22.13**
占合计%			**14.59**			**7.07**	**7.05**		
1960	82.40	16.30	7.99	9.70	33.54	2.68	2.67	99.63	16.38
1961	81.42	16.54	7.55	9.27	35.89	2.71	2.43	89.67	14.69
1962	78.53	16.71	7.87	10.02	29.99	2.36	2.03	86.02	12.15
1963	80.02	17.09	8.55	10.68	38.01	3.25	3.18	97.85	18.61
1964	80.36	16.99	9.30	11.57	42.90	3.99	3.83	95.99	22.54
1965	80.04	17.10	10.38	12.97	53.18	5.52	5.35	96.92	31.29
1966	83.52	17.26	10.71	12.82	54.72	5.86	5.69	97.10	32.97
1967	82.64	17.70	10.94	13.24	43.88	4.80	4.81	100.21	27.18
1968	82.28	18.25	11.07	13.45	39.39	4.36	4.13	94.72	22.63
1969	82.05	18.57	10.81	13.17	40.24	4.35	4.06	93.33	21.86
10年小计			**107.82**	**13.45**	**45.91**	**49.50**	**46.11**	**93.15**	**23.20**
占合计%			**16.53**			**8.78**	**8.51**		
1970	82.08	19.06	10.80	13.16	52.13	5.63	5.46	96.98	28.65
1971	81.53	18.91	10.64	13.05	53.76	5.72	5.44	95.10	28.77
1972	79.85	18.80	10.59	13.26	38.15	4.04	3.68	91.09	19.57
1973	79.92	19.34	10.55	13.20	59.62	6.29	5.99	95.23	30.97
1974	79.82	19.72	10.71	13.42	53.59	5.74	5.35	93.21	27.13
1975	80.08	20.00	11.22	14.01	49.02	5.50	5.20	94.55	26.00
1976	80.43	20.39	10.99	13.66	51.05	5.61	5.31	94.65	26.04
1977	79.41	20.82	10.88	13.70	45.77	4.98	4.50	90.36	21.61
1978	79.12	20.86	10.82	13.68	25.32	2.74	2.35	85.77	11.27
1979	79.16	20.81	10.62	13.42	30.60	3.25	2.83	87.08	13.60
10年小计			**139.78**	**18.08**	**77.73**	**108.65**	**99.77**	**91.83**	**45.64**
占合计%			**21.43**			**19.27**	**18.42**		
1980	78.63	20.68	10.57	13.44	54.40	5.75	5.58	97.04	26.98
1981	78.78	20.81	11.01	13.98	51.23	5.64	5.59	99.11	26.86
1982	78.37	20.68	12.24	15.62	55.80	6.83	6.82	99.85	32.98
1983	78.24	21.61	11.66	14.90	60.46	7.05	6.54	92.77	30.26
1984	78.18	21.67	11.28	14.43	88.65	10.00	9.65	96.50	44.53
1985	77.32	22.01	13.20	17.07	118.56	15.65	13.10	83.71	59.52
1986	76.67	22.43	14.82	19.33	99.73	14.78	14.45	97.77	64.42
1987	76.36	22.56	19.00	24.88	87.37	16.60	13.21	79.58	58.55
1988	75.50	22.66	18.20	24.11	68.13	12.40	10.88	87.74	48.01
1989	75.03	23.47	17.80	23.72	78.37	13.95	13.95	100.00	59.44
11年小计			**265.90**	**33.02**	**130.64**	**347.36**	**348.76**	**100.40**	**116.57**
占合计%			**40.77**			**61.60**	**64.39**		
1990	75.19	23.99	17.80	23.67	125.79	22.39	22.39	100.00	93.33
1991	74.90	24.20	21.70	28.97	140.23	30.43	30.98	101.81	128.02
1992	74.39	24.52	27.62	37.13	100.76	27.83	29.35	105.46	119.70
1993	74.19	26.46	25.00	33.70	68.60	17.15	17.03	99.30	64.36
1994	74.07	26.77	23.00	31.05	137.74	31.68	31.51	99.46	117.71
1995	71.70	27.53	25.40	35.43	119.61	30.38	30.00	98.75	108.97
1996	70.89	28.30	25.40	35.83	118.11	30.00	30.00	100.00	106.01
1997	71.64	29.26	23.90	33.36	139.00	33.22	33.22	100.00	113.53
1998	73.00	30.35	26.97	36.95	148.54	40.06	40.06	100.00	131.99
1999	72.65	31.22	25.00	34.41	166.96	41.74	41.74	100.00	133.70
2000	72.63	26.58	24.11	33.20	176.19	42.48	42.48	100.00	159.82

5－28－32　新疆自治区疏勒县历年棉花生产收购

年　　度	耕地面积（万亩）	农业人口（万人）	棉田面积（万亩）	占耕地（%）	亩　产（市斤）	产　量（万担）	收购量（万担）	商品率（%）	人均交售（市斤）
52 年合计			**560.37**	**19.14**	**103.94**	**582.47**	**557.05**	**95.64**	**59.86**
11 年小计			**39.71**	**7.93**	**40.12**	**15.93**	**2.63**	**16.51**	**1.59**
占合计%			**7.09**			**2.73**	**0.47**		
1949	29.02	15.01	1.97	6.79	26.40	0.52			
1950	31.26	15.01	2.35	7.52	31.91	0.75			
1951	33.92	15.01	2.63	7.75	33.08	0.87			
1952	36.43	15.01	2.73	7.49	36.26	0.99			
1953	48.24	15.01	3.00	6.22	36.33	1.09			
1954	49.75	15.01	3.12	6.27	37.50	1.17			
1955	52.47	15.01	3.29	6.27	41.64	1.37			
1956	53.41	15.01	4.97	9.31	35.61	1.77			
1957	53.51	15.01	4.88	9.12	38.11	1.86			
1958	54.07	15.01	4.89	9.04	53.37	2.61			
1959	58.53	15.01	5.88	10.05	49.83	2.93	2.63	89.76	17.52
10 年小计			**61.56**	**9.83**	**38.01**	**23.40**	**21.37**	**91.32**	**13.78**
占合计%			**10.99**			**4.02**	**3.84**		
1960	60.10	15.15	5.54	9.22	38.27	2.12	2.08	98.11	13.73
1961	61.76	15.15	5.64	9.13	40.43	2.28	1.84	80.70	12.15
1962	61.37	15.15	5.27	8.59	28.46	1.50	1.33	88.67	8.78
1963	61.43	15.15	5.27	8.58	31.12	1.64	1.44	87.80	9.50
1964	61.79	15.01	5.77	9.34	19.76	1.14	0.99	86.84	6.60
1965	61.88	15.00	7.16	11.57	37.29	2.67	2.60	97.38	17.33
1966	63.82	15.66	6.56	10.28	50.46	3.31	3.15	95.17	20.11
1967	65.28	15.94	6.85	10.49	49.05	3.36	3.07	91.37	19.26
1968	63.85	16.26	6.96	10.90	42.82	2.98	2.76	92.62	16.97
1969	64.89	16.59	6.54	10.08	36.70	2.40	2.11	87.92	12.72
10 年小计			**60.21**	**9.62**	**51.07**	**30.75**	**29.34**	**95.41**	**16.91**
占合计%			**10.74**			**5.28**	**5.27**		
1970	64.90	16.97	6.30	9.71	43.17	2.72	2.71	99.63	15.97
1971	63.37	16.94	6.08	9.59	54.11	3.29	3.06	93.01	18.06
1972	61.97	16.62	6.28	10.13	41.24	2.59	2.54	98.07	15.28
1973	60.73	16.11	6.24	10.27	59.62	3.72	3.52	94.62	21.85
1974	61.38	17.88	6.39	10.41	53.99	3.45	3.24	93.91	18.12
1975	62.47	18.07	6.16	9.86	50.32	3.10	2.91	93.87	16.10
1976	62.62	17.65	5.74	9.17	58.89	3.38	3.25	96.15	18.41
1977	62.84	17.62	5.52	8.78	54.35	3.00	2.69	89.67	15.27
1978	62.52	17.74	5.68	9.09	56.16	3.19	3.05	95.61	17.19
1979	62.93	17.87	5.82	9.25	39.69	2.31	2.37	102.60	13.26
10 年小计			**117.82**	**20.04**	**82.12**	**96.75**	**90.82**	**93.87**	**47.88**
占合计%			**21.03**			**16.61**	**16.30**		
1980	63.27	17.98	6.25	9.88	45.60	2.85	3.20	112.28	17.80
1981	63.31	18.34	10.13	16.00	54.29	5.50	5.47	99.45	29.83
1982	63.17	18.59	10.19	16.13	68.69	7.00	7.06	100.86	37.98
1983	62.59	18.96	9.79	15.64	64.15	6.28	6.18	98.41	32.59
1984	58.08	18.93	10.46	18.01	84.42	8.83	8.58	97.17	45.32
1985	56.75	19.31	9.03	15.91	108.42	9.79	9.21	94.08	47.70
1986	55.69	19.30	11.61	20.85	96.73	11.23	9.24	82.28	47.88
1987	55.24	19.24	15.79	28.58	89.42	14.12	13.23	93.70	68.76
1988	54.88	19.32	17.27	31.47	101.74	17.57	16.68	94.93	86.34
1989	54.99	19.72	17.30	31.46	78.50	13.58	11.97	88.14	60.70
11 年小计			**281.07**	**47.85**	**147.88**	**415.64**	**412.89**	**99.34**	**166.99**
占合计%			**50.16**			**71.36**	**74.12**		
1990	54.43	20.61	17.80	32.70	123.65	22.01	21.41	97.27	103.88
1991	52.98	21.82	19.90	37.56	152.11	30.27	30.27	100.00	138.73
1992	52.89	21.19	22.38	42.31	153.98	34.46	32.57	94.52	153.70
1993	52.55	21.30	21.53	40.97	137.76	29.66	27.68	93.32	129.95
1994	52.53	21.62	25.29	48.14	137.76	34.84	32.86	94.32	151.99
1995	52.71	22.69	23.50	44.58	151.06	35.50	40.80	114.93	179.81
1996	53.13	23.03	27.50	51.76	127.27	35.00	33.40	95.43	145.03
1997	54.03	23.48	29.91	55.36	155.83	46.61	46.61	100.00	198.51
1998	54.02	23.83	32.00	59.24	179.09	57.31	57.31	100.00	240.50
1999	54.14	24.21	32.76	60.51	133.03	43.58	43.58	100.00	180.01
2000	53.93	23.47	28.50	52.85	162.81	46.40	46.40	100.00	197.70

5－28－33　新疆自治区疏附县历年棉花生产收购

年　度	耕地面积（万亩）	农业人口（万人）	棉田面积（万亩）	占耕地（%）	亩　产（市斤）	产　量（万担）	收购量（万担）	商品率（%）	人均交售（市斤）
52年合计			**455.13**	**13.19**	**93.89**	**427.32**	**396.38**	**92.76**	**33.12**
11年小计			**28.28**	**4.81**	**37.34**	**10.56**	**1.37**	**12.97**	**0.76**
占合计%			**6.21**			**2.47**	**0.35**		
1949	43.98	15.61	1.03	2.34	20.39	0.21			
1950	44.06	15.65	1.03	2.34	21.36	0.22			
1951	44.26	15.88	1.04	2.35	24.04	0.25			
1952	46.18	16.72	1.01	2.19	29.70	0.30			
1953	52.60	16.70	1.94	3.69	29.90	0.58			
1954	49.59	16.79	1.49	3.00	33.56	0.50			
1955	55.77	16.93	2.58	4.63	32.95	0.85			
1956	55.31	17.20	4.27	7.72	63.23	2.70			
1957	62.24	16.50	4.06	6.52	32.51	1.32			
1958	67.50	16.50	4.54	6.73	40.75	1.85			
1959	66.39	16.50	5.29	7.97	33.65	1.78	1.37	76.97	8.30
10年小计			**56.94**	**6.89**	**34.05**	**19.39**	**17.30**	**89.22**	**8.67**
占合计%			**12.51**			**4.54**	**4.36**		
1960	79.86	16.50	3.55	4.45	23.66	0.84	0.97	115.48	5.88
1961	79.07	16.50	4.69	5.93	30.92	1.45	1.16	80.00	7.03
1962	75.66	16.50	4.45	5.88	21.12	0.94	0.77	81.91	4.67
1963	75.85	16.20	4.62	6.09	32.68	1.51	1.23	81.46	7.59
1964	76.30	21.54	4.90	6.42	23.88	1.17	0.91	77.78	4.22
1965	80.65	21.86	6.74	8.36	45.10	3.04	2.64	86.84	12.08
1966	90.43	22.13	8.47	9.37	37.78	3.20	3.02	94.38	13.65
1967	90.24	22.45	6.51	7.21	50.08	3.26	2.83	86.81	12.61
1968	88.81	22.69	6.50	7.32	30.15	1.96	1.96	100.00	8.64
1969	89.25	23.14	6.51	7.29	31.03	2.02	1.81	89.60	7.82
10年小计			**54.31**	**7.65**	**38.06**	**20.67**	**18.42**	**89.11**	**9.28**
占合计%			**11.93**			**4.84**	**4.65**		
1970	88.44	23.56	6.50	7.35	37.38	2.43	2.21	90.95	9.38
1971	88.44	23.83	6.09	6.89	44.99	2.74	2.58	94.16	10.83
1972	87.27	24.66	6.30	7.22	35.71	2.25	1.92	85.33	7.79
1973	85.36	25.21	6.89	8.07	49.93	3.44	3.12	90.70	12.38
1974	85.04	25.18	6.84	8.04	40.35	2.76	2.40	86.96	9.53
1975	55.51	14.70	4.46	8.03	34.30	1.53	1.12	73.20	7.62
1976	54.95	14.92	4.33	7.88	32.33	1.40	1.21	86.43	8.11
1977	54.60	15.72	4.31	7.89	34.34	1.48	1.31	88.51	8.33
1978	55.99	15.22	4.36	7.79	34.63	1.51	1.55	102.65	10.18
1979	54.59	15.40	4.23	7.75	26.71	1.13	1.00	88.50	6.49
10年小计			**103.07**	**16.08**	**75.67**	**77.99**	**73.08**	**93.70**	**28.13**
占合计%			**22.65**			**18.25**	**18.44**		
1980	52.33	15.47	4.55	8.69	31.87	1.45	1.66	114.48	10.73
1981	49.96	25.99	6.90	13.81	50.87	3.51	3.41	97.15	13.12
1982	70.45	26.10	10.21	14.49	63.37	6.47	6.13	94.74	23.49
1983	68.75	26.47	10.22	14.87	60.18	6.15	5.86	95.28	22.14
1984	68.35	26.68	10.29	15.05	70.26	7.23	7.08	97.93	26.54
1985	67.70	26.68	10.54	15.57	83.49	8.80	8.44	95.91	31.63
1986	66.58	27.56	10.22	15.35	87.48	8.94	7.47	83.56	27.10
1987	66.26	27.25	12.77	19.27	83.16	10.62	9.18	86.44	33.69
1988	65.34	28.35	13.58	20.78	101.77	13.82	12.85	92.98	45.33
1989	65.20	29.27	13.79	21.15	79.77	11.00	11.00	100.00	37.58
11年小计			**212.53**	**30.98**	**140.55**	**298.71**	**286.21**	**95.82**	**79.89**
占合计%			**46.70**			**69.90**	**72.21**		
1990	65.00	30.61	14.90	22.92	108.66	16.19	16.19	100.00	52.89
1991	65.60	31.23	16.10	24.54	174.22	28.05	28.05	100.00	89.82
1992	65.34	31.52	20.00	30.61	158.10	31.62	31.62	100.00	100.32
1993	64.45	32.45	20.00	31.03	127.75	25.55	25.55	100.00	78.74
1994	63.96	32.97	24.00	37.52	125.13	30.03	30.03	100.00	91.08
1995	63.78	33.88	23.34	36.59	132.82	31.00	31.20	100.65	92.09
1996	63.56	34.18	21.99	34.60	154.62	34.00	21.30	62.65	62.32
1997	63.14	35.53	21.00	33.26	140.81	29.57	29.57	100.00	83.23
1998	57.15	32.14	19.80	34.65	141.82	28.08	28.08	100.00	87.37
1999	57.05	32.34	17.00	29.80	109.53	18.62	18.62	100.00	57.58
2000	57.03	31.41	14.40	25.25	180.56	26.00	26.00	100.00	82.78

5－28－34　新疆自治区英吉沙县历年棉花生产收购

年　度	耕地面积（万亩）	农业人口（万人）	棉田面积（万亩）	占耕地（%）	亩　产（市斤）	产　量（万担）	收购量（万担）	商品率（%）	人均交售（市斤）
52 年合计			**279.15**	**16.34**	**85.35**	**238.25**	**249.11**	**104.56**	**34.81**
11 年小计			**18.25**	**5.85**	**43.40**	**7.92**	**1.37**	**17.30**	**0.93**
占合计%			**6.54**			**3.32**	**0.55**		
1949	24.45	13.45	0.66	2.70	19.70	0.13			
1950	24.45	13.45	1.17	4.79	19.66	0.23			
1951	24.45	13.45	1.29	5.28	23.26	0.30			
1952	24.45	13.45	1.34	5.48	29.10	0.39			
1953	24.45	13.45	1.40	5.73	33.57	0.47			
1954	24.45	13.45	1.45	5.93	53.79	0.78			
1955	33.08	13.45	2.13	6.44	87.79	1.87			
1956	33.08	13.45	2.65	8.01	47.17	1.25			
1957	33.08	13.45	2.11	6.38	63.03	1.33			
1958	33.08	13.45	2.08	6.29	56.25	1.17	1.37	117.09	10.19
1959	33.08	13.45	1.97	5.96					
10 年小计			**38.69**	**11.70**	**35.62**	**13.78**	**16.95**	**123.00**	**12.60**
占合计%			**13.86**			**5.78**	**6.80**		
1960	33.08	13.45	2.61	7.89	14.18	0.37	0.59	159.46	4.39
1961	33.08	13.45	2.95	8.92	52.20	1.54	1.55	100.65	11.52
1962	33.08	13.45	2.67	8.07	39.70	1.06	0.85	80.19	6.32
1963	33.08	13.45	3.08	9.31	53.57	1.65	1.42	86.06	10.56
1964	33.08	13.45	3.85	11.64	30.91	1.19	1.06	89.08	7.88
1965	33.08	13.45	4.49	13.57	55.01	2.47	2.42	97.98	17.99
1966	33.08	13.45	4.91	14.84	59.27	2.91	2.72	93.47	20.22
1967	33.08	13.45	4.96	14.99	52.22	2.59	2.50	96.53	18.59
1968	33.08	13.45	4.86	14.69			2.04		15.17
1969	33.08	13.45	4.31	13.03			1.80		13.38
10 年小计			**37.80**	**11.06**			**15.90**		**11.87**
占合计%			**13.54**				**6.38**		
1970	33.08	13.45	4.05	12.24			1.82		13.53
1971	33.08	13.45	3.92	11.85			2.23		16.58
1972	33.08	13.45	4.15	12.55			1.45		10.78
1973	33.08	13.45	3.94	11.91			2.26		16.80
1974	33.08	13.45	4.04	12.21			1.78		13.23
1975	33.08	13.45	4.05	12.24			1.29		9.59
1976	33.08	13.45	3.50	10.58			1.60		11.90
1977	33.08	13.45	3.22	9.73			1.20		8.92
1978	38.51	13.20	3.71	9.63			1.31		9.92
1979	38.51	13.20	3.22	8.36			0.96		7.27
10 年小计			**56.18**	**15.92**	**61.45**	**34.52**	**38.77**	**112.31**	**31.27**
占合计%			**20.13**			**14.49**	**15.56**		
1980	38.51	13.33	3.28	8.52	42.07	1.38	1.48	107.25	11.10
1981	39.40	13.33	5.80	14.72	51.72	3.00	3.03	101.00	22.73
1982	39.40	13.33	5.96	15.13	58.72	3.50	3.55	101.43	26.63
1983	39.40	13.33	5.50	13.96	59.64	3.28	3.02	92.07	22.66
1984	39.40	13.33	5.65	14.34	68.67	3.88	3.98	102.58	29.86
1985	39.40	14.41	5.36	13.60	17.35	0.93	4.70	*	32.62
1986	39.40	14.41	6.76	17.16	75.44	5.10	5.63	110.39	39.07
1987	39.40	14.41	8.83	22.41	68.52	6.05	6.18	102.15	42.89
1988	38.59	14.10	9.04	23.43	81.86	7.40	7.20	97.30	51.06
1989									
11 年小计			**128.23**	**34.57**	**141.96**	**182.03**	**176.12**	**96.75**	**100.52**
占合计%			**45.94**			**76.40**	**70.70**		
1990									
1991	36.80	16.30	10.42	28.32	153.55	16.00	10.70	66.88	65.64
1992	37.22	16.39	14.63	39.31	120.37	17.61	17.00	96.54	103.72
1993	37.08	16.67	11.96	32.25	108.70	13.00	13.00	100.00	77.98
1994	37.08	19.84	14.45	38.97	110.73	16.00	16.00	100.00	80.65
1995	37.08	17.12	14.00	37.76	152.29	21.32	21.32	100.00	124.53
1996	37.08	17.56	14.00	37.76	142.86	20.00	20.00	100.00	113.90
1997	37.08	17.88	14.50	39.10	152.48	22.11	22.11	100.00	123.66
1998	37.20	18.18	14.49	38.95	150.38	21.79	21.79	100.00	119.86
1999	37.19	18.43	12.45	33.48	152.61	19.00	19.00	100.00	103.09
2000	37.16	16.84	7.33	19.73	207.37	15.20	15.20	100.00	90.26

5－28－35　新疆自治区阿克陶县历年棉花生产收购

年　度	耕地面积（万亩）	农业人口（万人）	棉田面积（万亩）	占耕地（%）	亩　产（市斤）	产　量（万担）	收购量（万担）	商品率（%）	人均交售（市斤）
52年合计			**127.18**	**8.60**	**84.22**	**107.11**	**103.52**	**96.65**	**20.52**
11年小计			**8.15**	**3.57**	**25.64**	**2.09**	**1.45**	**69.38**	**2.56**
占合计%			**6.41**			**1.95**	**1.40**		
1949	16.24	3.70	0.51	3.14	23.53	0.12			
1950	16.24	3.70	0.57	3.51	21.05	0.12			
1951	16.24	3.70	0.60	3.69	21.67	0.13			
1952	20.76	3.70	0.64	3.08	21.88	0.14			
1953	20.76	3.70	0.70	3.37	21.43	0.15			
1954	22.04	3.70	0.71	3.22	26.76	0.19			
1955	22.04	6.70	0.86	3.90	20.93	0.18			
1956	22.04	7.00	0.81	3.68	29.63	0.24	0.39	162.50	5.57
1957	24.00	7.00	0.75	3.13	26.67	0.20	0.16	80.00	2.29
1958	24.00	6.90	0.78	3.25	33.33	0.26	0.30	115.38	4.35
1959	24.00	6.80	1.22	5.08	29.51	0.36	0.60	166.67	8.82
10年小计			**10.45**	**3.20**	**24.02**	**2.51**	**1.72**	**68.53**	**2.35**
占合计%			**8.22**			**2.34**	**1.66**		
1960	33.12	6.70	1.15	3.47	20.00	0.23	0.25	108.70	3.73
1961	33.12	6.80	1.22	3.68	18.03	0.22	0.17	77.27	2.50
1962	33.12	6.90	0.97	2.93	15.46	0.15	0.10	66.67	1.45
1963	32.64	7.00	1.18	3.62	20.34	0.24	0.13	54.17	1.86
1964	32.36	7.10	0.86	2.66	11.63	0.10	0.04	40.00	0.56
1965	32.36	7.30	0.99	3.06	32.32	0.32	0.21	65.63	2.88
1966	32.36	7.50	1.00	3.09	27.00	0.27	0.25	92.59	3.33
1967	32.36	7.80	1.08	3.34	25.93	0.28	0.24	85.71	3.08
1968	32.36	7.90	1.00	3.09	30.00	0.30	0.11	36.67	1.39
1969	32.36	8.10	1.00	3.09	40.00	0.40	0.22	55.00	2.72
10年小计			**10.42**	**3.14**	**40.12**	**4.18**	**3.46**	**82.78**	**3.76**
占合计%			**8.19**			**3.90**	**3.34**		
1970	33.32	8.40	1.00	3.00	35.00	0.35	0.31	88.57	3.69
1971	33.32	8.50	0.95	2.85	45.26	0.43	0.36	83.72	4.24
1972	33.32	8.80	1.05	3.15	31.43	0.33	0.27	81.82	3.07
1973	33.32	9.00	1.05	3.15	54.29	0.57	0.48	84.21	5.33
1974	33.89	9.30	1.08	3.19	41.67	0.45	0.35	77.78	3.76
1975	33.80	9.50	1.05	3.11	40.00	0.42	0.33	78.57	3.47
1976	33.80	9.70	1.05	3.11	42.86	0.45	0.33	73.33	3.40
1977	33.80	9.30	1.06	3.14	40.57	0.43	0.37	86.05	3.98
1978	31.65	9.60	1.07	3.38	38.32	0.41	0.35	85.37	3.65
1979	31.65	9.90	1.06	3.35	32.08	0.34	0.31	91.18	3.13
10年小计			**21.96**	**7.77**	**85.15**	**18.70**	**16.92**	**90.48**	**14.31**
占合计%			**17.27**			**17.46**	**16.34**		
1980	31.06	10.60	1.17	3.77	38.46	0.45	0.66	146.67	6.23
1981	31.06	10.70	1.66	5.34	60.84	1.01	1.50	148.51	14.02
1982	31.06	10.90	1.98	6.37	56.06	1.11	1.19	107.21	10.92
1983	31.06	11.40	1.80	5.80	67.22	1.21	1.20	99.17	10.53
1984	26.95	11.60	1.71	6.35	85.38	1.46	1.08	73.97	9.31
1985	26.33	12.00	1.70	6.46	98.24	1.67	1.30	77.84	10.83
1986	26.33	12.20	1.59	6.04	110.69	1.76	1.14	64.77	9.34
1987	26.33	12.60	2.31	8.77	104.33	2.41	2.07	85.89	16.43
1988	26.33	12.90	4.10	15.57	108.54	4.45	4.02	90.34	31.16
1989	26.17	13.30	3.94	15.06	80.46	3.17	2.76	87.07	20.75
11年小计			**76.20**	**24.61**	**104.50**	**79.63**	**79.97**	**100.43**	**48.61**
占合计%			**59.92**			**74.34**	**77.25**		
1990	26.21	13.80	4.12	15.72	116.75	4.81	5.43	112.89	39.35
1991	27.20	14.10	5.30	19.49	132.08	7.00	8.30	118.57	58.87
1992	28.40	14.60	6.30	22.18	113.49	7.15	7.17	100.28	49.11
1993	28.37	14.80	6.20	21.85	102.10	6.33	5.10	80.57	34.46
1994	28.41	15.00	8.19	28.83	101.34	8.30	6.88	82.89	45.87
1995	28.40	15.20	8.61	30.32	112.08	9.65	8.23	85.28	54.14
1996	28.55	15.50	8.36	29.28	60.41	5.05	7.52	148.91	48.52
1997	29.33	15.70	8.04	27.41	106.34	8.55	8.55	100.00	54.46
1998	28.31	16.10	8.10	28.61	123.33	9.99	9.99	100.00	62.05
1999	28.20	16.60	7.43	26.35	73.49	5.46	5.46	100.00	32.89
2000	28.22	13.12	5.55	19.67	132.25	7.34	7.34	100.00	55.95

5－28－36 新疆自治区阿图什县历年棉花生产收购

年　度	耕地面积（万亩）	农业人口（万人）	棉田面积（万亩）	占耕地（%）	亩　产（市斤）	产　量（万担）	收购量（万担）	商品率（%）	人均交售（市斤）
52 年合计			**28.61**	**7.70**	**152.25**	**43.56**	**43.05**	**98.83**	**19.31**
11 年小计									
占合计%									
1949									
1950									
1951									
1952									
1953									
1954									
1955									
1956									
1957									
1958									
1959									
10 年小计									
占合计%									
1960									
1961									
1962									
1963									
1964									
1965									
1966									
1967									
1968									
1969									
10 年小计									
占合计%									
1970									
1971									
1972									
1973									
1974									
1975									
1976									
1977									
1978									
1979									
10 年小计			**4.87**	**2.95**	**130.60**	**6.36**	**5.85**	**91.98**	**6.91**
占合计%			**17.02**			**14.60**	**13.59**		
1980									
1981	23.59	12.10	0.03	0.13	33.33	0.01			
1982									
1983	23.59	12.10	0.12	0.51	33.33	0.04	0.06	150.00	0.50
1984	23.59	12.10	0.25	1.06	36.00	0.09	0.33	*	2.73
1985	23.59	12.10	0.58	2.46	115.52	0.67	0.75	111.94	6.20
1986	23.59	12.10	0.80	3.39	136.25	1.09	1.02	93.58	8.43
1987	23.59	12.10	1.27	5.38	144.09	1.83	1.78	97.27	14.71
1988	23.37	12.10	1.82	7.79	144.51	2.63	1.91	72.62	15.79
1989									
11 年小计			**23.74**	**11.50**	**156.70**	**37.20**	**37.20**	**100.00**	**26.91**
占合计%			**82.98**			**85.40**	**86.41**		
1990									
1991	19.31	13.17	2.16	11.19	155.09	3.35	3.35	100.00	25.44
1992	19.50	13.33	2.88	14.77	150.69	4.34	4.34	100.00	32.56
1993	19.58	13.47	2.16	11.03	163.89	3.54	3.54	100.00	26.28
1994	19.58	13.63	2.93	14.96	170.65	5.00	5.00	100.00	36.68
1995	19.58	13.76	2.69	13.74	166.17	4.47	4.47	100.00	32.49
1996	20.36	13.92	2.57	12.62	129.18	3.32	3.32	100.00	23.85
1997	21.66	14.05	3.00	13.85	149.00	4.47	4.47	100.00	31.81
1998	22.19	14.19	2.06	9.28	170.39	3.51	3.51	100.00	24.74
1999	22.52	14.34	1.88	8.35	145.21	2.73	2.73	100.00	19.04
2000	22.13	14.36	1.41	6.37	175.18	2.47	2.47	100.00	17.20

5-28-37 新疆自治区库尔勒市历年棉花生产收购

年　　度	耕地面积（万亩）	农业人口（万人）	棉田面积（万亩）	占耕地（%）	亩　产（市斤）	产　量（万担）	收购量（万担）	商品率（%）	人均交售（市斤）
52年合计			**290.45**	**28.42**	**126.35**	**366.97**	**372.77**	**101.58**	**134.61**
11年小计			**24.57**	**16.28**	**46.28**	**11.37**	**7.18**	**63.15**	**26.64**
占合计%			**8.46**			**3.10**	**1.93**		
1949	11.46	2.45	0.57	4.97	24.56	0.14			
1950	11.46	2.45	0.61	5.32	27.87	0.17			
1951	11.46	2.45	1.16	10.12	27.59	0.32			
1952	11.46	2.45	1.81	15.79	28.73	0.52			
1953	11.46	2.45	1.24	10.82	33.06	0.41			
1954	11.46	2.45	1.75	15.27	34.86	0.61			
1955	16.43	2.45	2.40	14.61	37.08	0.89			
1956	16.43	2.45	3.22	19.60	51.24	1.65			
1957	16.43	2.45	3.98	24.22	40.70	1.62	2.99	184.57	122.04
1958	16.43	2.45	3.79	23.07	57.78	2.19			
1959	16.43	2.45	4.04	24.59	70.54	2.85	4.19	147.02	171.02
10年小计			**30.66**	**18.66**	**45.30**	**13.89**	**17.39**	**125.20**	**70.98**
占合计%			**10.56**			**3.79**	**4.67**		
1960	16.43	2.45	3.65	22.22	38.08	1.39	1.57	112.95	64.08
1961	16.43	2.45	2.41	14.67	39.83	0.96	1.05	109.38	42.86
1962	16.43	2.45	1.79	10.89	25.14	0.45	0.62	137.78	25.31
1963	16.43	2.45	2.29	13.94	30.13	0.69	0.92	133.33	37.55
1964	16.43	2.45	2.82	17.16	37.23	1.05	1.40	133.33	57.14
1965	16.43	2.45	3.12	18.99	58.33	1.82	2.44	134.07	99.59
1966	16.43	2.45	3.37	20.51	52.23	1.76	1.86	105.68	75.92
1967	16.43	2.45	3.85	23.43	64.68	2.49	3.63	145.78	148.16
1968	16.43	2.45	3.85	23.43	49.35	1.90	2.53	133.16	103.27
1969	16.43	2.45	3.51	21.36	39.32	1.38	1.37	99.28	55.92
10年小计			**32.57**	**18.42**	**31.29**	**10.19**	**17.52**	**171.93**	**48.61**
占合计%			**11.21**			**2.78**	**4.70**		
1970	16.43	2.45	3.40	20.69	31.47	1.07	1.12	104.67	45.71
1971	16.43	2.45	3.51	21.36	36.47	1.28	1.27	99.22	51.84
1972	16.43	2.45	3.18	19.35	35.22	1.12	1.09	97.32	44.49
1973	16.43	2.45	3.06	18.62	33.99	1.04	0.99	95.19	40.41
1974	16.43	2.45	3.33	20.27	39.64	1.32	1.27	96.21	51.84
1975	16.43	2.45	3.58	21.79	27.09	0.97	3.03	*	123.67
1976	16.43	2.45	3.26	19.84	22.70	0.74	3.08	*	125.71
1977	16.43	2.45	3.10	18.87	25.48	0.79	3.88	*	158.37
1978	22.70	8.22	3.03	13.35	33.00	1.00	0.98	98.00	11.92
1979	22.70	8.22	3.12	13.74	27.56	0.86	0.81	94.19	9.85
10年小计			**28.56**	**14.43**	**72.72**	**20.77**	**19.93**	**95.96**	**26.08**
占合计%			**9.83**			**5.66**	**5.35**		
1980	22.00	8.61	2.29	10.41	36.24	0.83	1.36	163.86	15.80
1981	22.00	8.61	2.83	12.86	38.16	1.08	1.72	159.26	19.98
1982	22.00	8.61	2.27	10.32	46.70	1.06	0.93	87.74	10.80
1983	22.00	8.61	3.56	16.18	56.18	2.00	1.76	88.00	20.44
1984	22.00	8.61	3.45	15.68	70.43	2.43	2.43	100.00	28.22
1985	21.80	8.82	3.19	14.63	90.60	2.89	2.54	87.89	28.80
1986	21.80	8.82	3.40	15.60	92.94	3.16	2.64	83.54	29.93
1987	21.80	8.82	4.66	21.38	74.68	3.48	2.78	79.89	31.52
1988	22.50	6.90	2.91	12.93	131.96	3.84	3.77	98.18	54.64
1989									
11年小计			**174.09**	**52.44**	**178.50**	**310.75**	**310.75**	**100.00**	**274.93**
占合计%			**59.94**			**84.68**	**83.36**		
1990									
1991	25.10	9.58	8.82	35.14	159.98	14.11	14.11	100.00	147.29
1992	24.32	10.54	10.26	42.19	167.74	17.21	17.21	100.00	163.28
1993	24.80	11.66	11.70	47.18	172.65	20.20	20.20	100.00	173.24
1994	25.28	11.77	15.17	60.01	161.31	24.47	24.47	100.00	207.90
1995	28.56	11.26	15.36	53.78	185.42	28.48	28.48	100.00	252.93
1996	32.55	12.24	15.93	48.94	190.02	30.27	30.27	100.00	247.30
1997	37.73	12.84	21.48	56.93	180.63	38.80	38.80	100.00	302.18
1998	41.06	13.16	26.84	65.37	180.89	48.55	48.55	100.00	368.92
1999	46.76	13.51	22.86	48.89	167.10	38.20	38.20	100.00	282.75
2000	45.84	6.47	25.67	56.00	196.57	50.46	50.46	100.00	779.91

5-28-38　新疆自治区尉犁县历年棉花生产收购

年　　度	耕地面积（万亩）	农业人口（万人）	棉田面积（万亩）	占耕地（%）	亩　产（市斤）	产　量（万担）	收购量（万担）	商品率（%）	人均交售（市斤）
52 年合计			**193.05**	**32.56**	**176.54**	**340.81**	**342.16**	**100.40**	**196.67**
11 年小计			**4.12**	**6.34**	**34.95**	**1.44**	**0.35**	**24.31**	**2.61**
占合计%			**2.13**			**0.42**	**0.10**		
1949	3.45	1.22	0.05	1.45					
1950	3.45	1.22	0.05	1.45					
1951	3.45	1.22	0.14	4.06	28.57	0.04			
1952	3.45	1.22	0.33	9.57	18.18	0.06			
1953	3.45	1.22	0.26	7.54	15.38	0.04			
1954	3.45	1.22	0.25	7.25	16.00	0.04			
1955	8.85	1.22	0.26	2.94	69.23	0.18			
1956	8.85	1.22	0.52	5.88	46.15	0.24			
1957	8.85	1.22	0.73	8.25	35.62	0.26			
1958	8.85	1.22	0.80	9.04	38.75	0.31			
1959	8.85	1.22	0.73	8.25	36.99	0.27	0.35	129.63	28.69
10 年小计			**6.51**	**7.36**	**27.04**	**1.76**	**0.77**	**43.75**	**6.31**
占合计%			**3.37**			**0.52**	**0.23**		
1960	8.85	1.22	0.95	10.73	11.58	0.11	0.09	81.82	7.38
1961	8.85	1.22	0.67	7.57	5.97	0.04	0.03	75.00	2.46
1962	8.85	1.22	0.31	3.50	3.23	0.01			
1963	8.85	1.22	0.49	5.54	6.12	0.03	0.02	66.67	1.64
1964	8.85	1.22	0.47	5.31	14.89	0.07	0.05	71.43	4.10
1965	8.85	1.22	0.53	5.99	32.08	0.17	0.15	88.24	12.30
1966	8.85	1.22	0.70	7.91	24.29	0.17	0.13	76.47	10.66
1967	8.85	1.22	0.80	9.04	28.75	0.23	0.22	95.65	18.03
1968	8.85	1.22	0.82	9.27	60.98	0.50			
1969	8.85	1.22	0.77	8.70	55.84	0.43	0.08	18.60	6.56
10 年小计			**5.55**	**5.99**	**16.58**	**0.92**	**0.94**	**102.17**	**3.18**
占合计%			**2.87**			**0.27**	**0.27**		
1970	8.85	1.22	0.70	7.91	11.43	0.08	0.07	87.50	5.74
1971	8.85	1.22	0.71	8.02	15.49	0.11	0.09	81.82	7.38
1972	8.85	1.22	0.73	8.25	12.33	0.09	0.07	77.78	5.74
1973	8.85	1.22	0.64	7.23	18.75	0.12	0.17	141.67	13.93
1974	8.85	1.22	0.66	7.46	16.67	0.11	0.10	90.91	8.20
1975	8.85	1.22	0.61	6.89	16.39	0.10	0.10	100.00	8.20
1976	8.85	1.22	0.52	5.88	19.23	0.10	0.09	90.00	7.38
1977	8.85	1.22	0.52	5.88	17.31	0.09	0.07	77.78	5.74
1978	10.91	9.90	0.46	4.22	26.09	0.12	0.11	91.67	1.11
1979	10.91	9.90					0.07		0.71
10 年小计			**12.06**	**13.18**	**98.51**	**11.88**	**13.84**	**116.50**	**26.35**
占合计%			**6.25**			**3.49**	**4.04**		
1980	9.90	5.80	0.55	5.56	27.27	0.15	0.12	80.00	2.07
1981	9.90	5.80	0.74	7.47	43.24	0.32	0.31	96.88	5.34
1982	9.90	5.80	0.96	9.70	51.04	0.49	0.49	100.00	8.45
1983	9.90	5.80	1.18	11.92	53.39	0.63	0.63	100.00	10.86
1984	9.90	5.80	1.17	11.82	93.16	1.09	1.23	112.84	21.21
1985	10.40	5.88	1.49	14.33	100.00	1.49	1.46	97.99	24.83
1986	10.40	5.88	1.66	15.96	103.01	1.71	2.05	119.88	34.86
1987	10.40	5.88	2.05	19.71	136.59	2.80	3.37	120.36	57.31
1988	10.83	5.88	2.26	20.87	141.59	3.20	4.18	130.63	71.09
1989									
11 年小计			**164.81**	**64.55**	**197.08**	**324.81**	**326.26**	**100.45**	**492.25**
占合计%			**85.37**			**95.31**	**95.35**		
1990									
1991	12.90	6.36	3.71	28.76	170.62	6.33	8.80	139.02	138.36
1992	15.62	6.80	6.92	44.30	180.92	12.52	11.50	91.85	169.12
1993	17.46	6.56	10.84	62.08	176.60	19.14	19.14	99.98	291.77
1994	19.17	6.82	13.70	71.47	182.55	25.01	25.01	100.00	366.72
1995	23.33	6.90	13.25	56.79	200.98	26.63	26.63	100.00	385.94
1996	29.94	7.24	16.02	53.51	193.20	30.95	30.95	100.00	427.49
1997	32.25	7.14	21.42	66.42	202.15	43.30	43.30	100.00	606.44
1998	34.37	7.37	25.13	73.12	215.72	54.21	54.21	100.00	735.55
1999	33.72	7.60	27.09	80.34	188.74	51.13	51.13	100.00	672.76
2000	36.57	3.49	26.73	73.09	207.97	55.59	55.59	100.00	1592.84

5-28-39　新疆自治区轮台县历年棉花生产收购

年　　度	耕地面积（万亩）	农业人口（万人）	棉田面积（万亩）	占耕地（%）	亩　产（市斤）	产　量（万担）	收购量（万担）	商品率（%）	人均交售（市斤）
52 年合计			**126.26**	**12.75**	**118.05**	**149.05**	**144.43**	**96.90**	**61.75**
11 年小计			**10.54**	**5.70**	**12.05**	**1.27**	**0.46**	**36.22**	**1.17**
占合计%			**8.35**			**0.85**	**0.32**		
1949	13.82	3.56	0.57	4.12	1.75	0.01			
1950	13.82	3.56	0.57	4.12	3.51	0.02			
1951	13.82	3.56	0.60	4.34	3.33	0.02			
1952	13.82	3.56	0.66	4.78	4.55	0.03			
1953	13.82	3.56	0.69	4.99	4.35	0.03			
1954	13.82	3.56	0.75	5.43	6.67	0.05			
1955	20.37	3.56	0.93	4.57	9.68	0.09			
1956	20.37	3.56	0.87	4.27	10.34	0.09			
1957	20.37	3.56	1.28	6.28	21.09	0.27			
1958	20.37	3.56	1.73	8.49	13.29	0.23			
1959	20.37	3.56	1.89	9.28	22.75	0.43	0.46	106.98	12.92
10 年小计			**11.08**	**5.44**	**22.56**	**2.50**	**1.82**	**72.80**	**5.11**
占合计%			**8.78**			**1.68**	**1.26**		
1960	20.37	3.56	1.16	5.69	8.62	0.10	0.10	100.00	2.81
1961	20.37	3.56	0.67	3.29	13.43	0.09	0.03	33.33	0.84
1962	20.37	3.56	0.72	3.53	13.89	0.10	0.08	80.00	2.25
1963	20.37	3.56	0.71	3.49	14.08	0.10	0.04	40.00	1.12
1964	20.37	3.56	1.06	5.20	22.64	0.24	0.17	70.83	4.78
1965	20.37	3.56	1.23	6.04	39.84	0.49	0.42	85.71	11.80
1966	20.37	3.56	1.31	6.43	31.30	0.41	0.37	90.24	10.39
1967	20.37	3.56	1.48	7.27	29.05	0.43	0.39	90.70	10.96
1968	20.37	3.56	1.42	6.97	24.65	0.35			
1969	20.37	3.56	1.32	6.48	14.39	0.19	0.22	115.79	6.18
10 年小计			**11.66**	**5.56**	**25.64**	**2.99**	**2.64**	**88.29**	**6.58**
占合计%			**9.23**			**2.01**	**1.83**		
1970	20.37	3.56	1.10	5.40	18.18	0.20	0.23	115.00	6.46
1971	20.37	3.56	1.16	5.69	18.97	0.22	0.22	100.00	6.18
1972	20.37	3.56	1.13	5.55	24.78	0.28	0.23	82.14	6.46
1973	20.37	3.56	1.15	5.65	28.70	0.33	0.27	81.82	7.58
1974	20.37	3.56	1.24	6.09	37.90	0.47	0.42	89.36	11.80
1975	20.37	3.56	1.29	6.33	20.93	0.27	0.22	81.48	6.18
1976	20.37	3.56	1.20	5.89	23.33	0.28	0.25	89.29	7.02
1977	20.37	3.56	1.16	5.69	29.31	0.34	0.32	94.12	8.99
1978	23.30	5.83	1.17	5.02	27.35	0.32	0.30	93.75	5.15
1979	23.30	5.83	1.06	4.55	26.42	0.28	0.18	64.29	3.09
10 年小计			**15.29**	**7.81**	**73.71**	**11.27**	**8.49**	**75.33**	**15.78**
占合计%			**12.11**			**7.56**	**5.88**		
1980	22.91	5.88	1.05	4.58	40.95	0.43	0.33	76.74	5.61
1981	22.88	5.88	1.30	5.68	41.54	0.54	0.51	94.44	8.67
1982	22.88	5.88	1.48	6.47	43.24	0.64	0.53	82.81	9.01
1983	22.88	5.88	1.12	4.90	39.29	0.44	0.32	72.73	5.44
1984	22.88	5.88	1.28	5.59	59.38	0.76	0.67	88.16	11.39
1985	20.51	6.10	2.15	10.48	85.12	1.83	1.22	66.67	20.00
1986	20.51	6.10	1.53	7.46	93.46	1.43	0.94	65.73	15.41
1987	20.51	6.10	2.54	12.38	99.61	2.53	1.81	71.54	29.67
1988	19.76	6.10	2.84	14.37	94.01	2.67	2.16	80.90	35.41
1989									
11 年小计			**77.69**	**39.47**	**168.64**	**131.02**	**131.02**	**100.00**	**201.01**
占合计%			**61.53**			**87.90**	**90.72**		
1990									
1991	20.51	6.38	3.59	17.50	106.41	3.82	3.82	100.00	59.87
1992	19.50	6.59	4.20	21.54	112.62	4.73	4.73	100.00	71.78
1993	18.99	6.48	4.43	23.33	112.42	4.98	4.98	100.00	76.85
1994	17.97	6.29	6.92	38.51	127.60	8.83	8.83	100.00	140.38
1995	17.73	6.40	6.31	35.59	140.89	8.89	8.89	100.00	138.91
1996	18.12	6.67	7.00	38.63	157.14	11.00	11.00	100.00	164.92
1997	18.59	6.67	8.00	43.04	175.00	14.00	14.00	100.00	209.90
1998	19.50	6.77	11.00	56.41	200.00	22.00	22.00	100.00	324.96
1999	22.73	6.84	13.04	57.37	200.15	26.10	26.10	100.00	381.58
2000	23.19	6.09	13.20	56.92	202.05	26.67	26.67	100.00	437.93

5－28－40 新疆自治区且末县历年棉花生产收购

年　度	耕地面积（万亩）	农业人口（万人）	棉田面积（万亩）	占耕地（%）	亩　产（市斤）	产　量（万担）	收购量（万担）	商品率（%）	人均交售（市斤）
52 年合计			**68.11**	**14.91**	**133.40**	**90.86**	**87.19**	**95.96**	**84.29**
11 年小计			**7.22**	**9.94**	**35.60**	**2.57**	**0.47**	**18.29**	**2.99**
占合计%			**10.60**			**2.83**	**0.54**		
1949	6.21	1.43	0.07	1.13	28.57	0.02			
1950	6.21	1.43	0.13	2.09	23.08	0.03			
1951	6.21	1.43	0.16	2.58	25.00	0.04			
1952	6.21	1.43	0.25	4.03	28.00	0.07			
1953	6.21	1.43	0.26	4.19	26.92	0.07			
1954	6.21	1.43	0.22	3.54	31.82	0.07			
1955	7.08	1.43	0.85	12.01	42.35	0.36			
1956	7.08	1.43	1.28	18.08	39.84	0.51			
1957	7.08	1.43	0.90	12.71	42.22	0.38			
1958	7.08	1.43	1.10	15.54	45.45	0.50			
1959	7.08	1.43	2.00	28.25	26.00	0.52	0.47	90.38	32.87
10 年小计			**6.23**	**8.80**	**23.27**	**1.45**	**0.78**	**53.79**	**5.45**
占合计%			**9.15**			**1.60**	**0.89**		
1960	7.08	1.43	2.05	28.95	13.66	0.28	0.10	35.71	6.99
1961	7.08	1.43	0.51	7.20	29.41	0.15			
1962	7.08	1.43	0.15	2.12	40.00	0.06			
1963	7.08	1.43	0.18	2.54	11.11	0.02	0.01	50.00	0.70
1964	7.08	1.43	0.31	4.38	19.35	0.06	0.04	66.67	2.80
1965	7.08	1.43	0.44	6.21	25.00	0.11	0.08	72.73	5.59
1966	7.08	1.43	0.64	9.04	39.06	0.25	0.22	88.00	15.38
1967	7.08	1.43	0.69	9.75	49.28	0.34	0.20	58.82	13.99
1968	7.08	1.43	0.66	9.32	18.18	0.12	0.09	75.00	6.29
1969	7.08	1.43	0.60	8.47	10.00	0.06	0.04	66.67	2.80
10 年小计			**3.77**	**5.46**	**16.45**	**0.62**	**0.26**	**41.94**	**1.85**
占合计%			**5.54**			**0.68**	**0.30**		
1970	7.08	1.43	0.60	8.47	16.67	0.10	0.06	60.00	4.20
1971	7.08	1.43	0.43	6.07	27.91	0.12	0.08	66.67	5.59
1972	7.08	1.43	0.42	5.93	21.43	0.09	0.07	77.78	4.90
1973	7.08	1.43	0.31	4.38	12.90	0.04			
1974	7.08	1.43	0.37	5.23	18.92	0.07	0.01	14.29	0.70
1975	7.08	1.43	0.50	7.06	18.00	0.09	0.02	22.22	1.40
1976	7.08	1.43	0.39	5.51	10.26	0.04	0.02	50.00	1.40
1977	7.08	1.43	0.36	5.08	13.89	0.05			
1978	12.41	2.62	0.39	3.14	5.13	0.02			
1979									
10 年小计			**2.89**	**2.52**	**50.17**	**1.45**	**0.91**	**62.76**	**3.66**
占合计%			**4.24**			**1.60**	**1.04**		
1980	13.00	2.77	0.22	1.69	13.64	0.03			
1981	12.75	2.77	0.28	2.20	32.14	0.09			
1982	12.75	2.77	0.43	3.37	23.26	0.10	0.06	60.00	2.17
1983	12.75	2.77	0.46	3.61	39.13	0.18	0.14	77.78	5.05
1984	12.75	2.77	0.39	3.06	38.46	0.15	0.07	46.67	2.53
1985	12.80	2.78	0.21	1.64	90.48	0.19	0.13	68.42	4.68
1986	12.80	2.78	0.17	1.33	64.71	0.11	0.11	100.00	3.96
1987	12.80	2.78	0.25	1.95	80.00	0.20	0.10	50.00	3.60
1988	12.30	2.70	0.48	3.90	83.33	0.40	0.30	75.00	11.11
1989									
11 年小计			**48.00**	**37.00**	**176.60**	**84.77**	**84.77**	**100.00**	**246.00**
占合计%			**70.47**			**93.30**	**97.22**		
1990									
1991	12.61	3.12	1.62	12.85	130.86	2.12	2.12	100.00	67.95
1992	12.60	3.24	2.91	23.10	112.03	3.26	3.26	100.00	100.62
1993	12.60	3.27	2.85	22.62	119.65	3.41	3.41	100.00	104.28
1994	12.60	3.47	4.59	36.43	131.15	6.02	6.02	100.00	173.49
1995	12.60	3.45	4.02	31.90	156.72	6.30	6.30	100.00	182.61
1996	12.60	3.45	4.79	38.02	181.00	8.67	8.67	100.00	251.30
1997	12.60	3.62	5.46	43.33	202.20	11.04	11.04	100.00	304.97
1998	13.20	3.69	6.95	52.65	210.36	14.62	14.62	100.00	396.21
1999	14.16	3.78	7.59	53.60	201.98	15.33	15.33	100.00	405.56
2000	14.15	3.37	7.22	51.02	193.91	14.00	14.00	100.00	415.43

5－28－41　新疆自治区若羌县历年棉花生产收购

年　度	耕地面积（万亩）	农业人口（万人）	棉田面积（万亩）	占耕地（%）	亩　产（市斤）	产　量（万担）	收购量（万担）	商品率（%）	人均交售（市斤）
52 年合计			**22.38**	**13.70**	**154.60**	**34.60**	**33.58**	**97.05**	**85.40**
11 年小计			**2.18**	**7.32**	**34.86**	**0.76**	**0.16**	**21.05**	**3.16**
占合计%			**9.74**			**2.20**	**0.48**		
1949	2.30	0.46	0.10	4.35					
1950	2.30	0.46	0.12	5.22					
1951	2.30	0.46	0.10	4.35	20.00	0.02			
1952	2.30	0.46	0.08	3.48	25.00	0.02			
1953	2.30	0.46	0.10	4.35	20.00	0.02			
1954	2.30	0.46	0.10	4.35	20.00	0.02			
1955	3.20	0.46	0.11	3.44	54.55	0.06			
1956	3.20	0.46	0.30	9.38	60.00	0.18			
1957	3.20	0.46	0.31	9.69	32.26	0.10			
1958	3.20	0.46	0.39	12.19	48.72	0.19			
1959	3.20	0.46	0.47	14.69	31.91	0.15	0.16	106.67	34.78
10 年小计			**2.01**	**6.28**	**21.39**	**0.43**	**0.36**	**83.72**	**7.83**
占合计%			**8.98**			**1.24**	**1.07**		
1960	3.20	0.46	0.58	18.13	10.34	0.06	0.06	100.00	13.04
1961	3.20	0.46	0.13	4.06	7.69	0.01	0.01	100.00	2.17
1962	3.20	0.46	0.07	2.19	14.29	0.01			
1963	3.20	0.46	0.10	3.13	30.00	0.03	0.01	33.33	2.17
1964	3.20	0.46	0.19	5.94	21.05	0.04	0.04	100.00	8.70
1965	3.20	0.46	0.23	7.19	39.13	0.09	0.10	111.11	21.74
1966	3.20	0.46	0.20	6.25	40.00	0.08	0.08	100.00	17.39
1967	3.20	0.46	0.21	6.56	23.81	0.05	0.04	80.00	8.70
1968	3.20	0.46	0.20	6.25	20.00	0.04			
1969	3.20	0.46	0.10	3.13	20.00	0.02	0.02	100.00	4.35
10 年小计			**0.90**	**3.11**	**25.56**	**0.23**	**0.15**	**65.22**	**2.75**
占合计%			**4.02**			**0.66**	**0.45**		
1970	3.20	0.46	0.13	4.06	30.77	0.04	0.02	50.00	4.35
1971	3.20	0.46	0.11	3.44	18.18	0.02			
1972	3.20	0.46	0.10	3.13	30.00	0.03	0.04	133.33	8.70
1973	3.20	0.46	0.10	3.13	30.00	0.03	0.03	100.00	6.52
1974	3.20	0.46	0.10	3.13	20.00	0.02			
1975	3.20	0.46	0.11	3.44	18.18	0.02			
1976	3.20	0.46	0.09	2.81	33.33	0.03	0.02	66.67	4.35
1977	3.20	0.46	0.08	2.50	25.00	0.02	0.02	100.00	4.35
1978	3.30	1.77	0.08	2.42	25.00	0.02	0.02	100.00	1.13
1979									
10 年小计			**1.39**	**4.30**	**123.74**	**1.72**	**1.48**	**86.05**	**13.45**
占合计%			**6.21**			**4.97**	**4.41**		
1980	3.23	1.10	0.07	2.17	28.57	0.02			
1981	3.28	1.10	0.08	2.44	37.50	0.03			
1982	3.33	1.10	0.08	2.40	50.00	0.04	0.02	50.00	1.82
1983	3.35	1.10	0.09	2.69	55.56	0.05	0.04	80.00	3.64
1984	3.28	1.10	0.08	2.44	62.50	0.05	0.04	80.00	3.64
1985	3.20	1.10	0.06	1.88	100.00	0.06	0.04	66.67	3.64
1986	3.07	1.10	0.06	1.95	100.00	0.06	0.06	100.00	5.45
1987	3.17	1.10	0.11	3.47	163.64	0.18	0.19	105.56	17.27
1988	3.23	1.10	0.25	7.74	160.00	0.40	0.39	97.50	35.45
1989	3.21	1.10	0.51	15.89	162.75	0.83	0.70	84.34	63.64
11 年小计			**15.90**	**39.45**	**197.86**	**31.46**	**31.43**	**99.90**	**237.93**
占合计%			**71.05**			**90.92**	**93.60**		
1990	3.40	1.20	0.70	20.59	200.00	1.40	1.40	100.00	116.67
1991	3.43	1.20	0.95	27.70	210.53	2.00	2.00	100.00	166.67
1992	3.41	1.20	1.01	29.62	207.92	2.10	2.10	100.00	175.00
1993	3.38	1.20	1.19	35.21	171.43	2.04	2.04	100.00	170.00
1994	3.39	1.20	1.47	43.36	194.56	2.86	2.86	100.00	238.33
1995	3.35	1.20	1.00	29.85	200.00	2.00	2.00	100.00	166.67
1996	3.38	1.20	1.46	43.20	191.78	2.80	2.77	98.93	230.83
1997	3.62	1.20	1.58	43.65	223.42	3.53	3.53	100.00	294.17
1998	3.65	1.20	2.49	68.22	196.79	4.90	4.90	100.00	408.33
1999	3.80	1.20	2.13	56.05	170.42	3.63	3.63	100.00	302.50
2000	5.49	1.21	1.92	34.97	218.75	4.20	4.20	100.00	347.11

5－28－42　新疆自治区和硕县历年棉花生产收购

年　度	耕地面积（万亩）	农业人口（万人）	棉田面积（万亩）	占耕地（%）	亩　产（市斤）	产　量（万担）	收购量（万担）	商品率（%）	人均交售（市斤）
52年合计			**37.61**	**15.36**	**161.69**	**60.81**	**60.48**	**99.46**	**107.01**
11年小计									
占合计%									
1949									
1950									
1951									
1952									
1953									
1954									
1955									
1956									
1957									
1958									
1959									
10年小计									
占合计%									
1960									
1961									
1962									
1963									
1964									
1965									
1966									
1967									
1968									
1969									
10年小计									
占合计%									
1970									
1971									
1972									
1973									
1974									
1975									
1976									
1977									
1978									
1979									
10年小计			**0.49**	**0.72**	**69.39**	**0.34**	**0.01**	**2.94**	**0.05**
占合计%			**1.30**			**0.56**	**0.02**		
1980									
1981									
1982									
1983	9.60	3.11	0.05	0.52	60.00	0.03			
1984	9.60	3.11	0.15	1.56	80.00	0.12	0.01	8.33	0.32
1985	12.11	3.29	0.06	0.50	50.00	0.03			
1986	12.11	3.29	0.08	0.66	62.50	0.05			
1987	12.11	3.29	0.10	0.83	80.00	0.08			
1988	12.92	3.29	0.05	0.39	60.00	0.03			
1989									
11年小计			**37.12**	**21.04**	**162.90**	**60.47**	**60.47**	**100.00**	**162.82**
占合计%			**98.70**			**99.44**	**99.98**		
1990									
1991	18.00	3.41	0.30	1.67	110.00	0.33	0.33	100.00	9.68
1992	18.50	3.77	1.24	6.70	72.58	0.90	0.90	100.00	23.87
1993	17.76	3.86	0.44	2.48	131.82	0.58	0.58	100.00	15.03
1994	14.55	3.74	2.31	15.88	142.42	3.29	3.29	100.00	87.97
1995	15.00	3.74	2.87	19.13	151.22	4.34	4.34	100.00	116.04
1996	14.94	4.03	3.44	23.03	170.06	5.85	5.85	100.00	145.16
1997	15.56	4.18	5.01	32.20	172.06	8.62	8.62	100.00	206.22
1998	20.18	4.25	8.36	41.43	161.24	13.48	13.48	100.00	317.18
1999	21.41	4.16	6.17	28.82	179.58	11.08	11.08	100.00	266.35
2000	20.49	2.00	6.98	34.07	171.92	12.00	12.00	100.00	600.00

5－28－43　新疆自治区焉耆县历年棉花生产收购

年　　度	耕地面积（万亩）	农业人口（万人）	棉田面积（万亩）	占耕地（%）	亩　产（市斤）	产　量（万担）	收购量（万担）	商品率（%）	人均交售（市斤）
52 年合计			**2.57**	**1.07**	**141.25**	**3.63**	**3.63**	**100.00**	**5.59**
11 年小计									
占合计%									
1949									
1950									
1951									
1952									
1953									
1954									
1955									
1956									
1957									
1958									
1959									
10 年小计									
占合计%									
1960									
1961									
1962									
1963									
1964									
1965									
1966									
1967									
1968									
1969									
10 年小计									
占合计%									
1970									
1971									
1972									
1973									
1974									
1975									
1976									
1977									
1978									
1979									
10 年小计									
占合计%									
1980									
1981									
1982									
1983									
1984									
1985									
1986									
1987									
1988									
1989									
11 年小计			**2.57**	**1.07**	**141.25**	**3.63**	**3.63**	**100.00**	**5.59**
占合计%			**100.00**			**100.00**	**100.00**		
1990									
1991	27.80	7.03	0.03	0.11	166.67	0.05	0.05	100.00	0.71
1992	27.89	7.23	0.17	0.61	182.35	0.31	0.31	100.00	4.29
1993									
1994	27.02	7.21	0.05	0.19	120.00	0.06	0.06	100.00	0.83
1995	26.43	7.15	0.14	0.53	150.00	0.21	0.21	100.00	2.94
1996	26.52	7.20	0.32	1.21	150.00	0.48	0.48	100.00	6.67
1997	26.55	7.52	0.35	1.32	140.00	0.49	0.49	100.00	6.52
1998	26.63	7.69	0.92	3.45	140.22	1.29	1.29	100.00	16.78
1999	25.20	7.90	0.26	1.03	119.23	0.31	0.31	100.00	3.92
2000	25.25	5.96	0.33	1.31	130.30	0.43	0.43	100.00	7.21

5－28－44　新疆自治区和静县历年棉花生产收购

年　度	耕地面积（万亩）	农业人口（万人）	棉田面积（万亩）	占耕地（%）	亩产（市斤）	产量（万担）	收购量（万担）	商品率（%）	人均交售（市斤）
52年合计			**12.96**	**5.38**	**144.75**	**18.76**	**18.76**	**100.00**	**17.77**
11年小计									
占合计%									
1949									
1950									
1951									
1952									
1953									
1954									
1955									
1956									
1957									
1958									
1959									
10年小计									
占合计%									
1960									
1961									
1962									
1963									
1964									
1965									
1966									
1967									
1968									
1969									
10年小计									
占合计%									
1970									
1971									
1972									
1973									
1974									
1975									
1976									
19877									
1978									
1979									
10年小计									
占合计%									
1980									
1981									
1982									
1983									
1984									
1985									
1986									
1987									
1988									
1989									
11年小计			**12.96**	**5.38**	**144.75**	**18.76**	**18.76**	**100.00**	**17.77**
占合计%			**100.00**			**100.00**	**100.00**		
1990									
1991	23.30	10.86	0.11	0.47	127.27	0.14	0.14	100.00	1.29
1992	23.58	10.85	0.98	4.16	95.92	0.94	0.94	100.00	8.66
1993	24.24	10.95	0.17	0.70	123.53	0.21	0.21	100.00	1.92
1994	23.97	10.81	0.42	1.75	128.57	0.54	0.54	100.00	5.00
1995	24.03	10.86	0.45	1.87	140.00	0.63	0.63	100.00	5.80
1996	24.38	10.98	0.86	3.53	147.67	1.27	1.27	100.00	11.57
1997	24.81	11.11	1.70	6.85	180.00	3.06	3.06	100.00	27.54
1998	24.86	11.10	4.53	18.22	146.80	6.65	6.65	100.00	59.91
1999	23.87	11.29	1.82	7.62	123.63	2.25	2.25	100.00	19.93
2000	23.91	6.76	1.92	8.03	159.90	3.07	3.07	100.00	45.41

5－28－45　新疆自治区玛纳斯县历年棉花生产收购

年　度	耕地面积（万亩）	农业人口（万人）	棉田面积（万亩）	占耕地（%）	亩　产（市斤）	产　量（万担）	收购量（万担）	商品率（%）	人均交售（市斤）
52 年合计			**330.97**	**15.58**	**176.61**	**584.54**	**581.75**	**99.52**	**128.77**
11 年小计	**283.65**	**33.39**	**1.77**	**0.62**	**39.55**	**0.70**	**0.61**	**87.14**	**1.83**
占合计%			**0.53**			**0.12**	**0.10**		
1949									
1950	27.18		0.01	0.04					
1951	27.18	3.71	0.02	0.07					
1952	27.18	3.71	0.02	0.07	50.00	0.01			
1953	27.18	3.71	0.02	0.07	50.00	0.01			
1954	27.18	3.71	0.01	0.04					
1955	29.55	3.71	0.14	0.47	78.57	0.11			
1956	29.55	3.71	0.44	1.49	54.55	0.24	0.06	25.00	1.62
1957	29.55	3.71	0.37	1.25	40.54	0.15	0.09	60.00	2.43
1958	29.55	3.71	0.40	1.35	20.00	0.08	0.08	100.00	2.16
1959	29.55	3.71	0.34	1.15	29.41	0.10	0.38	*	10.24
10 年小计			**10.34**	**3.50**	**29.21**	**3.02**	**1.36**	**45.03**	**3.67**
占合计%			**3.12**			**0.52**	**0.23**		
1960	29.55	3.71	0.41	1.39	14.63	0.06	0.04	66.67	1.08
1961	29.55	3.71	0.13	0.44	23.08	0.03	0.03	100.00	0.81
1962	29.55	3.71	0.12	0.41	33.33	0.04	0.03	75.00	0.81
1963	29.55	3.71	0.13	0.44	46.15	0.06	0.03	50.00	0.81
1964	29.55	3.71	0.22	0.74	22.73	0.05	0.04	80.00	1.08
1965	29.55	3.71	0.51	1.73	49.02	0.25	0.08	32.00	2.16
1966	29.55	3.71	1.90	6.43	31.05	0.59	0.29	49.15	7.82
1967	29.55	3.71	2.19	7.41	36.99	0.81			
1968	29.55	3.71	3.43	11.61	28.86	0.99	0.56	56.57	15.09
1969	29.55	3.71	1.30	4.40	10.77	0.14	0.26	185.71	7.01
10 年小计			**13.00**	**3.70**	**28.46**	**3.70**	**2.33**	**62.97**	**3.21**
占合计%			**3.93**			**0.63**	**0.40**		
1970	29.55	3.71	1.32	4.47	29.55	0.39	0.30	76.92	8.09
1971	29.55	3.71	1.56	5.28	17.31	0.27	0.20	74.07	5.39
1972	29.55	3.71	1.43	4.84	29.37	0.42	0.25	59.52	6.74
1973	29.55	3.71	1.93	6.53	27.98	0.54	0.32	59.26	8.63
1974	29.55	3.71	1.68	5.69	30.36	0.51	0.30	58.82	8.09
1975	29.55	3.71	0.92	3.11	22.83	0.21	0.19	90.48	5.12
1976	29.55	3.71	0.75	2.54	28.00	0.21	0.23	109.52	6.20
1977	29.55	3.71	0.96	3.25	36.46	0.35	0.19	54.29	5.12
1978	57.30	21.47	0.99	1.73	43.43	0.43			
1979	57.30	21.47	1.46	2.55	25.34	0.37	0.35	94.59	1.63
10 年小计			**27.00**	**4.85**	**69.56**	**18.78**	**19.11**	**101.76**	**11.72**
占合计%			**8.16**			**3.21**	**3.28**		
1980	62.50	18.82	1.34	2.14	44.03	0.59	0.49	83.05	2.60
1981	62.71	18.82	2.30	3.67	48.26	1.11	1.24	111.71	6.59
1982	62.71	18.82	3.64	5.80	48.90	1.78	1.82	102.25	9.67
1983	62.71	18.82	3.88	6.19	58.76	2.28	2.16	94.74	11.48
1984	62.71	18.82	3.23	5.15	67.49	2.18	2.20	100.92	11.69
1985	60.80	17.23	1.99	3.27	73.37	1.46	1.63	111.64	9.46
1986	60.80	17.23	2.86	4.70	82.52	2.36	2.59	109.75	15.03
1987	60.80	17.23	4.28	7.04	91.59	3.92	4.18	106.63	24.26
1988	60.80	17.23	3.48	5.72	89.08	3.10	2.80	90.32	16.25
1989									
11 年小计			**278.86**	**43.72**	**200.22**	**558.34**	**558.34**	**100.00**	**383.32**
占合计%			**84.26**			**95.52**	**95.98**		
1990									
1991	59.90	16.90	11.44	19.10	146.77	16.79	16.79	100.00	99.35
1992	60.96	16.98	15.23	24.98	119.04	18.13	18.13	100.00	106.77
1993	60.66	16.86	16.50	27.20	140.48	23.18	23.18	100.00	137.49
1994	61.92	17.12	24.53	39.62	142.32	34.91	34.91	100.00	203.91
1995	62.40	17.30	29.01	46.49	171.18	49.66	49.66	100.00	287.05
1996	64.46	14.92	30.41	47.18	202.01	61.43	61.43	100.00	411.73
1997	63.77	14.96	34.07	53.43	217.55	74.12	74.12	100.00	495.45
1998	66.71	11.01	37.77	56.62	227.38	85.88	85.88	100.00	780.02
1999	68.90	11.15	39.50	57.33	236.05	93.24	93.24	100.00	836.23
2000	68.19	8.46	40.40	59.25	250.00	101.00	101.00	100.00	1193.85

5－28－46　新疆自治区呼图壁县历年棉花生产收购

年　度	耕地面积（万亩）	农业人口（万人）	棉田面积（万亩）	占耕地（%）	亩　产（市斤）	产　量（万担）	收购量（万担）	商品率（%）	人均交售（市斤）
52 年合计			**123.51**	**13.55**	**172.12**	**212.58**	**211.45**	**99.47**	**145.24**
11 年小计									
占合计%									
1949									
1950									
1951									
1952									
1953									
1954									
1955									
1956									
1957									
1958									
1959									
10 年小计									
占合计%									
1960									
1961									
1962									
1963									
1964									
1965									
1966									
1967									
1968									
1969									
10 年小计									
占合计%									
1970									
1971									
1972									
1973									
1974									
1975									
1976									
1977									
1978									
1979									
10 年小计			**0.35**	**0.11**	**120.00**	**0.42**	**0.27**	**64.29**	**0.45**
占合计%			**0.28**			**0.20**	**0.13**		
1980									
1981									
1982									
1983	55.10	11.81	0.01	0.02	100.00	0.01	0.01	100.00	0.08
1984	55.10	11.81	0.02	0.04	150.00	0.03	0.06	*	0.51
1985									
1986	55.10	11.51	0.01	0.02	100.00	0.01	0.07	*	0.61
1987	55.10	11.51	0.08	0.15	162.50	0.13	0.07	53.85	0.61
1988	50.49	6.73	0.13	0.26	138.46	0.18	0.06	33.33	0.89
1989	50.18	6.84	0.10	0.20	60.00	0.06			
11 年小计			**123.16**	**20.86**	**172.26**	**212.16**	**211.18**	**99.54**	**247.34**
占合计%			**99.72**			**99.80**	**99.87**		
1990	48.90	6.84	0.21	0.43	157.14	0.33			
1991	49.15	6.88	2.28	4.64	111.84	2.55	6.28	*	91.28
1992	50.24	6.99	4.93	9.81	62.88	3.10	7.80	*	111.59
1993	50.31	6.97	3.98	7.91	107.29	4.27	4.77	111.71	68.44
1994	51.14	6.93	8.11	15.86	113.81	9.23	7.03	76.16	101.44
1995	55.33	7.72	9.76	17.64	130.12	12.70	11.24	88.50	145.60
1996	55.76	7.69	12.19	21.86	156.85	19.12	13.20	69.04	171.65
1997	55.43	7.79	15.64	28.22	184.91	28.92	28.92	100.00	371.25
1998	55.93	8.32	20.60	36.83	190.00	39.14	39.14	100.00	470.43
1999	58.61	12.22	22.22	37.91	199.55	44.34	44.34	100.00	362.85
2000	59.57	7.03	23.24	39.01	208.52	48.46	48.46	100.00	689.33

5－28－47　新疆自治区昌吉市历年棉花生产收购

年　度	耕地面积（万亩）	农业人口（万人）	棉田面积（万亩）	占耕地（%）	亩　产（市斤）	产　量（万担）	收购量（万担）	商品率（%）	人均交售（市斤）
52 年合计			**58.31**	**4.99**	**155.75**	**90.82**	**90.68**	**99.85**	**45.94**
11 年小计									
占合计%									
1949									
1950									
1951									
1952									
1953									
1954									
1955									
1956									
1957									
1958									
1959									
10 年小计									
占合计%									
1960									
1961									
1962									
1963									
1964									
1965									
1966									
1967									
1968									
1969									
10 年小计									
占合计%									
1970									
1971									
1972									
1973									
1974									
1975									
1976									
1977									
1978									
1979									
10 年小计			**0.77**	**0.25**	**112.99**	**0.87**	**0.73**	**83.91**	**1.19**
占合计%			**1.32**			**0.96**	**0.81**		
1980									
1981									
1982									
1983	60.80	12.21	0.26	0.43	123.08	0.32	0.17	53.13	1.39
1984	60.80	12.21	0.19	0.31	126.32	0.24	0.06	25.00	0.49
1985	60.80	12.30	0.09	0.15	88.89	0.08	0.05	62.50	0.41
1986	60.80	12.30	0.03	0.05			0.03		0.24
1987	60.80	12.30	0.20	0.33	115.00	0.23	0.42	182.61	3.41
1988									
1989									
11 年小计			**57.54**	**6.66**	**156.33**	**89.95**	**89.95**	**100.00**	**66.12**
占合计%			**98.68**			**99.04**	**99.19**		
1990									
1991	105.86	13.11	0.59	0.56	144.07	0.85	0.85	100.00	6.48
1992	104.70	13.42	3.35	3.20	97.01	3.25	3.25	100.00	24.22
1993	105.30	13.87	0.65	0.62	118.46	0.77	0.77	100.00	5.55
1994	106.05	13.85	1.34	1.26	116.42	1.56	1.56	100.00	11.26
1995	105.32	13.76	2.31	2.19	141.56	3.27	3.27	100.00	23.76
1996	66.02	14.26	3.88	5.88	165.46	6.42	6.42	100.00	45.02
1997	66.99	14.49	5.58	8.33	154.12	8.60	8.60	100.00	59.35
1998	68.73	14.67	12.41	18.06	163.90	20.34	20.34	100.00	138.65
1999	65.25	15.16	12.41	19.02	158.50	19.67	19.67	100.00	129.75
2000	70.02	9.46	15.02	21.45	167.91	25.22	25.22	100.00	266.60

5－28－48　新疆自治区阜康县历年棉花生产收购

年　度	耕地面积（万亩）	农业人口（万人）	棉田面积（万亩）	占耕地（%）	亩　产（市斤）	产　量（万担）	收购量（万担）	商品率（%）	人均交售（市斤）
52 年合计			**13.42**	**4.52**	**141.73**	**19.02**	**19.02**	**100.00**	**26.22**
11 年小计									
占合计%									
1949									
1950									
1951									
1952									
1953									
1954									
1955									
1956									
1957									
1958									
1959									
10 年小计									
占合计%									
1960									
1961									
1962									
1963									
1964									
1965									
1966									
1967									
1968									
1969									
10 年小计									
占合计%									
1970									
1971									
1972									
1973									
1974									
1975									
1976									
1977									
1978									
1979									
10 年小计									
占合计%									
1980									
1981									
1982									
1983									
1984									
1985									
1986									
1987									
1988									
1989									
11 年小计			**13.42**	**4.52**	**141.73**	**19.02**	**19.02**	**100.00**	**26.22**
占合计%			**100.00**			**100.00**	**100.00**		
1990									
1991	29.30	7.31	0.07	0.24	85.71	0.06	0.06	100.00	0.82
1992	28.91	7.33	0.69	2.39	130.43	0.90	0.90	100.00	12.28
1993	29.10	7.60	0.15	0.52	106.67	0.16	0.16	100.00	2.11
1994	29.45	7.26	0.29	0.98	172.41	0.50	0.50	100.00	6.89
1995	29.09	7.36	0.41	1.41	109.76	0.45	0.45	100.00	6.11
1996	29.42	7.29	1.10	3.74	110.00	1.21	1.21	100.00	16.60
1997	29.42	7.31	1.67	5.68	121.56	2.03	2.03	100.00	27.77
1998	30.11	7.45	3.53	11.72	147.59	5.21	5.21	100.00	69.93
1999	31.65	7.64	2.79	8.82	147.67	4.12	4.12	100.00	53.93
2000	30.26	5.99	2.72	8.99	161.03	4.38	4.38	100.00	73.12

5－28－49　新疆自治区博乐市历年棉花生产收购

年　　度	耕地面积（万亩）	农业人口（万人）	棉田面积（万亩）	占耕地（%）	亩　产（市斤）	产　量（万担）	收购量（万担）	商品率（%）	人均交售（市斤）
52 年合计			**188.51**	**12.98**	**169.23**	**319.01**	**330.29**	**103.54**	**133.07**
11 年小计			**1.82**	**1.07**	**19.23**	**0.35**			
占合计%			**0.97**			**0.11**			
1949	8.80	1.07	0.14	1.59	7.14	0.01			
1950	9.90	1.08	0.21	2.12	9.52	0.02			
1951	11.39	1.08	0.25	2.19	12.00	0.03			
1952	12.97	1.08	0.15	1.16	26.67	0.04			
1953	13.74	1.12	0.04	0.29	25.00	0.01			
1954	15.52	1.10	0.08	0.52	25.00	0.02			
1955	16.95	1.10	0.15	0.88	13.33	0.02			
1956	17.42	1.01	0.15	0.86	20.00	0.03			
1957	18.98	1.05	0.18	0.95	22.22	0.04			
1958	20.78	1.11	0.19	0.91	42.11	0.08			
1959	24.07	1.11	0.28	1.16	17.86	0.05			
10 年小计			**2.12**	**0.74**	**37.74**	**0.80**			
占合计%			**1.12**			**0.25**			
1960	30.52	1.57	0.26	0.85	30.77	0.08			
1961	32.73	2.43	0.33	1.01	21.21	0.07			
1962	25.91	2.33	0.22	0.85	18.18	0.04			
1963	26.85	2.24	0.19	0.71	31.58	0.06			
1964	27.93	2.37	0.12	0.43	41.67	0.05			
1965	28.17	2.49	0.16	0.57	62.50	0.10			
1966	31.36	3.10	0.19	0.61	57.89	0.11			
1967	30.16	3.35	0.25	0.83	44.00	0.11			
1968	27.82	3.57	0.24	0.86	58.33	0.14			
1969	26.09	3.73	0.16	0.61	25.00	0.04			
10 年小计			**0.65**	**0.25**	**40.00**	**0.26**	**0.81**	*	**1.69**
占合计%			**0.34**			**0.08**	**0.25**		
1970									
1971	28.21	4.07	0.16	0.57	37.50	0.06			
1972	29.38	4.36	0.10	0.34	10.00	0.01			
1973	29.81	4.68	0.05	0.17	100.00	0.05			
1974	29.74	5.04	0.10	0.34	50.00	0.05			
1975	29.29	5.30	0.02	0.07			0.17		3.21
1976	29.46	5.64	0.03	0.10	33.33	0.01	0.18	*	3.19
1977	29.26	6.03	0.02	0.07	50.00	0.01	0.12	*	1.99
1978	29.66	6.27	0.07	0.24	42.86	0.03	0.31	*	4.94
1979	30.07	6.41	0.10	0.33	40.00	0.04	0.03	75.00	0.47
10 年小计			**39.79**	**12.55**	**117.49**	**46.75**	**51.96**	**111.14**	**75.62**
占合计%			**21.11**			**14.65**	**15.73**		
1980	30.16	6.43	0.16	0.53	50.00	0.08	0.19	*	2.95
1981	31.48	6.44	0.52	1.65	65.38	0.34	0.38	111.76	5.90
1982	32.12	6.63	1.67	5.20	50.30	0.84	0.99	117.86	14.93
1983	31.43	6.74	2.94	9.35	61.90	1.82	2.00	109.89	29.67
1984	31.65	6.83	3.90	12.32	101.79	3.97	5.00	125.94	73.21
1985	31.42	6.90	3.90	12.41	106.15	4.14	4.00	96.62	57.97
1986	31.74	7.02	5.54	17.45	137.18	7.60	8.40	110.53	119.66
1987	32.23	7.15	7.43	23.05	136.20	10.12	11.10	109.68	155.24
1988	32.41	7.24	6.72	20.73	139.73	9.39	10.40	110.76	143.65
1989	32.35	7.33	7.01	21.67	120.54	8.45	9.50	112.43	129.60
11 年小计			**144.13**	**34.96**	**187.92**	**270.85**	**277.52**	**102.46**	**299.67**
占合计%			**76.46**			**84.90**	**84.02**		
1990	32.72	7.44	7.94	24.27	146.73	11.65	19.85	170.39	266.80
1991	35.00	7.56	11.22	32.06	149.20	16.74	20.71	123.72	273.94
1992	35.18	7.71	10.95	31.13	131.14	14.36	16.61	115.67	215.43
1993	35.43	7.83	11.82	33.36	138.58	16.38	16.61	101.40	212.13
1994	35.98	8.07	12.53	34.82	164.33	20.59	18.97	92.13	235.07
1995	36.02	8.20	12.15	33.73	168.56	20.48	22.36	109.18	272.68
1996	37.58	8.27	13.46	35.82	183.88	24.75	23.38	94.46	282.71
1997	38.88	8.38	15.17	39.02	200.92	30.48	29.12	95.54	347.49
1998	41.10	8.45	17.64	42.92	201.13	35.48	40.20	113.30	475.74
1999	42.59	13.08	18.26	42.87	204.98	37.43	27.20	72.67	207.95
2000	41.84	7.62	12.99	31.05	327.25	42.51	42.51	100.00	557.87

5-28-50　新疆自治区精河县历年棉花生产收购

年　度	耕地面积（万亩）	农业人口（万人）	棉田面积（万亩）	占耕地（%）	亩　产（市斤）	产　量（万担）	收购量（万担）	商品率（%）	人均交售（市斤）
52 年合计			**203.74**	**39.18**	**177.64**	**361.93**	**361.12**	**99.78**	**252.55**
11 年小计									
占合计%									
1949									
1950									
1951									
1952									
1953									
1954									
1955									
1956									
1957									
1958									
1959									
10 年小计									
占合计%									
1960									
1961									
1962									
1963									
1964									
1965									
1966									
1967									
1968									
1969									
10 年小计									
占合计%									
1970									
1971									
1972									
1973									
1974									
1975									
1976									
1977									
1978									
1979									
10 年小计			**18.76**	**10.29**	**148.08**	**27.78**	**26.77**	**96.36**	**50.79**
占合计%			**9.21**			**7.68**	**7.41**		
1980									
1981	22.81	7.62	0.01	0.04	100.00	0.01			
1982									
1983	22.54	6.08	0.33	1.46	12.12	0.04	0.03	75.00	0.49
1984	22.57	6.34	1.06	4.70	134.91	1.43	1.30	90.91	20.50
1985	22.58	6.35	0.71	3.14	169.01	1.20	1.10	91.67	17.32
1986	22.59	6.47	2.95	13.06	145.76	4.30	4.10	95.35	63.37
1987	22.59	6.52	6.05	26.78	153.72	9.30	8.10	87.10	124.23
1988	22.60	6.65	2.85	12.61	154.39	4.40	5.00	113.64	75.19
1989	24.03	6.68	4.80	19.98	147.92	7.10	7.14	100.56	106.89
11 年小计			**184.98**	**54.77**	**180.64**	**334.15**	**334.35**	**100.06**	**370.35**
占合计%			**90.79**			**92.32**	**92.59**		
1990	25.51	7.55	8.81	34.54	187.29	16.50	21.20	128.48	280.79
1991	25.85	7.85	11.42	44.18	176.88	20.20	24.20	119.80	308.28
1992	26.93	7.94	10.86	40.33	151.93	16.50	18.80	113.94	236.78
1993	26.97	8.16	13.57	50.32	154.75	21.00	20.80	99.05	254.90
1994	32.10	8.48	19.57	60.97	137.97	27.00	26.10	96.67	307.78
1995	32.12	8.41	17.60	54.79	162.50	28.60	29.00	101.40	344.83
1996	32.80	8.96	18.60	56.71	169.35	31.50	26.70	84.76	297.99
1997	33.20	8.84	20.00	60.24	187.00	37.40	33.00	88.24	373.30
1998	33.80	8.98	21.00	62.13	205.24	43.10	42.20	97.91	469.93
1999	33.90	9.06	21.72	64.07	205.06	44.54	44.54	100.00	491.61
2000	34.58	6.05	21.83	63.13	219.01	47.81	47.81	100.00	790.25

5－28－51　新疆自治区奎屯市历年棉花生产收购

年　　度	耕地面积（万亩）	农业人口（万人）	棉田面积（万亩）	占耕地（%）	亩　产（市斤）	产　量（万担）	收购量（万担）	商品率（%）	人均交售（市斤）
52 年合计			**111.11**		**80.98**	**89.98**	**257.38**	**286.04**	
11 年小计									
占合计%									
1949									
1950									
1951									
1952									
1953									
1954									
1955									
1956									
1957									
1958									
1959									
10 年小计							**70.03**		
占合计%							**27.21**		
1960									
1961									
1962									
1963									
1964									
1965									
1966							19.57		
1967							20.04		
1968							15.14		
1969							15.28		
10 年小计			**26.47**		**58.41**	**15.46**	**112.33**	*	
占合计%			**23.82**			**17.18**	**43.64**		
1970							22.11		
1971							18.73		
1972							23.42		
1973							20.22		
1974							12.64		
1975			0.05		60.00	0.03	0.08	*	
1976			0.05		40.00	0.02			
1977			0.06		50.00	0.03			
1978			12.34		61.83	7.63	7.13	93.45	
1979			13.97		55.48	7.75	8.00	103.23	
10 年小计			**84.52**		**87.88**	**74.28**	**74.78**	**100.67**	
占合计%			**76.07**			**82.55**	**29.05**		
1980			19.57		80.38	15.73	15.73	100.00	
1981			27.70		98.95	27.41	28.19	102.85	
1982			37.25		83.60	31.14	30.86	99.10	
1983									
1984									
1985									
1986									
1987									
1988									
1989									
11 年小计			**0.12**		**200.00**	**0.24**	**0.24**	**100.00**	
占合计%			**0.11**			**0.27**	**0.09**		
1990									
1991									
1992									
1993									
1994									
1995									
1996									
1997									
1998									
1999									
2000			0.12		200.00	0.24	0.24	100.00	

5-28-52　新疆自治区霍城县历年棉花生产收购

年　度	耕地面积（万亩）	农业人口（万人）	棉田面积（万亩）	占耕地（%）	亩　产（市斤）	产　量（万担）	收购量（万担）	商品率（%）	人均交售（市斤）
52 年合计			**24.53**	**0.80**	**94.90**	**23.28**	**22.30**	**95.79**	**3.86**
10 年小计			**0.90**	**0.18**	**22.22**	**0.20**			
占合计%			**3.67**			**0.86**			
1949									
1950									
1951	61.38	5.36	0.08	0.13	12.50	0.01			
1952	61.38	5.36	0.49	0.80	6.12	0.03			
1953	61.38	5.36	0.04	0.07	25.00	0.01			
1954									
1955	79.34	5.36	0.01	0.01	100.00	0.01			
1956	79.34	5.36	0.18	0.23	61.11	0.11			
1957	79.34	5.36	0.06	0.08	16.67	0.01			
1958	79.34	5.36	0.04	0.05	50.00	0.02			
1959									
10 年小计			**0.92**	**0.17**	**45.65**	**0.42**	**0.25**	**59.52**	**0.67**
占合计%			**3.75**			**1.80**	**1.12**		
1960	79.34	5.36	0.02	0.03					
1961	79.34	5.36	0.01	0.01					
1962									
1963									
1964									
1965	79.34	5.36	0.01	0.01					
1966	79.34	5.36	0.14	0.18	42.86	0.06			
1967	79.34	5.36	0.27	0.34	55.56	0.15			
1968	79.34	5.36	0.30	0.38	43.33	0.13	0.12	92.31	2.24
1969	79.34	5.36	0.17	0.21	47.06	0.08	0.13	162.50	2.43
10 年小计			**5.49**	**0.69**	**49.73**	**2.73**	**2.17**	**79.49**	**2.54**
占合计%			**22.38**			**11.73**	**9.73**		
1970	79.34	5.36	0.51	0.64	39.22	0.20	0.18	90.00	3.36
1971	79.34	5.36	0.89	1.12	46.07	0.41	0.39	95.12	7.28
1972	79.34	5.36	0.71	0.89	35.21	0.25	0.16	64.00	2.99
1973	79.34	5.36	0.66	0.83	46.97	0.31	0.14	45.16	2.61
1974	79.34	5.36	0.50	0.63	72.00	0.36	0.30	83.33	5.60
1975	79.34	5.36	0.53	0.67	50.94	0.27	0.27	100.00	5.04
1976	79.34	5.36	0.51	0.64	52.94	0.27	0.20	74.07	3.73
1977	79.34	5.36	0.31	0.39	58.06	0.18	0.12	66.67	2.24
1978	79.34	21.28	0.42	0.53	59.52	0.25	0.27	108.00	1.27
1979	79.34	21.28	0.45	0.57	51.11	0.23	0.14	60.87	0.66
10 年小计			**2.72**	**0.41**	**65.81**	**1.79**	**1.74**	**97.21**	**0.87**
占合计%			**11.09**			**7.69**	**7.80**		
1980	77.81	22.38	0.03	0.04	*	0.20	0.17	85.00	0.76
1981	77.79	22.38	0.60	0.77	75.00	0.45	0.36	80.00	1.61
1982	77.79	22.38	0.61	0.78	70.49	0.43	0.48	111.63	2.14
1983	77.79	22.38	0.35	0.45	65.71	0.23	0.13	56.52	0.58
1984	77.79	22.38	0.77	0.99	46.75	0.36	0.53	147.22	2.37
1985	68.40	21.96	0.20	0.29	20.00	0.04	0.06	150.00	0.27
1986	68.40	21.96	0.09	0.13	22.22	0.02	0.01	50.00	0.05
1987	68.40	21.96	0.06	0.09	83.33	0.05			
1988	68.40	21.96	0.01	0.01	100.00	0.01			
1989									
11 年小计			**14.50**	**2.66**	**125.10**	**18.14**	**18.14**	**100.00**	**8.36**
占合计%			**59.11**			**77.92**	**81.35**		
1990									
1991	54.80	24.34	1.51	2.76	112.58	1.70	1.70	100.00	6.98
1992	54.50	24.57	3.75	6.88	94.93	3.56	3.56	100.00	14.49
1993	53.97	24.59	0.21	0.39	80.95	0.17	0.17	100.00	0.69
1994	53.45	24.79	0.14	0.26	107.14	0.15	0.15	100.00	0.61
1995	53.16	24.83	0.14	0.26	142.86	0.20	0.20	100.00	0.81
1996	53.21	25.28	0.47	0.88	106.38	0.50	0.50	100.00	1.98
1997	52.98	25.77	1.14	2.15	114.91	1.31	1.31	100.00	5.08
1998	52.71	12.44	2.04	3.87	150.00	3.06	3.06	100.00	24.60
1999	62.64	12.53	2.46	3.93	143.50	3.53	3.53	100.00	28.17
2000	52.86	17.82	2.64	4.99	150.00	3.96	3.96	100.00	22.22

5－28－53　新疆自治区乌苏市历年棉花生产收购

年　度	耕地面积（万亩）	农业人口（万人）	棉田面积（万亩）	占耕地（%）	亩　产（市斤）	产　量（万担）	收购量（万担）	商品率（%）	人均交售（市斤）
52 年合计			**380.38**	**15.80**	**148.30**	**564.11**	**603.39**	**106.96**	**155.67**
10 年小计			**2.24**	**0.97**	**34.38**	**0.77**	**0.19**	**24.68**	**0.88**
占合计%			**0.59**			**0.14**	**0.03**		
1949	16.54	1.87	0.01	0.06					
1950	17.41	1.89	0.01	0.06					
1951	19.00	1.90	0.01	0.05					
1952	19.09	1.93	0.26	1.36	30.77	0.08			
1953	19.09	1.97	0.26	1.36	30.77	0.08			
1954	20.66	1.96	0.06	0.29	50.00	0.03			
1955	21.43	1.94	0.04	0.19	25.00	0.01	0.01	100.00	0.52
1956	21.54	1.98	0.44	2.04	40.91	0.18	0.02	11.11	1.01
1957	23.51	2.04	0.37	1.57	32.43	0.12	0.03	25.00	1.47
1958	25.84	2.04	0.36	1.39	36.11	0.13	0.06	46.15	2.94
1959	27.24	2.03	0.42	1.54	33.33	0.14	0.07	50.00	3.45
10 年小计			**7.00**	**1.53**	**38.00**	**2.66**	**21.99**	*	**52.18**
占合计%			**1.84**			**0.47**	**3.64**		
1960	35.19	2.21	0.37	1.05	13.51	0.05	0.06	120.00	2.71
1961	40.23	3.72	0.25	0.62	12.00	0.03	0.05	166.67	1.34
1962	42.08	3.45	0.26	0.62	15.38	0.04	0.02	50.00	0.58
1963	42.77	3.52	0.44	1.03	15.91	0.07	0.07	100.00	1.99
1964	44.14	3.60	0.43	0.97	39.53	0.17	0.12	70.59	3.33
1965	48.90	3.97	0.59	1.21	64.41	0.38	7.57	*	190.68
1966	51.08	4.90	0.67	1.31	53.73	0.36	5.51	*	112.45
1967	55.69	5.42	1.25	2.24	53.60	0.67	6.35	*	117.16
1968	51.94	5.63	1.65	3.18	35.15	0.58	1.92	*	34.10
1969	45.46	5.72	1.09	2.40	28.44	0.31	0.32	103.23	5.59
10 年小计			**17.51**	**3.62**	**60.71**	**10.63**	**26.31**	*	**32.85**
占合计%			**4.60**			**1.88**	**4.36**		
1970	45.40	5.90	1.60	3.52	64.38	1.03	0.94	91.26	15.93
1971	47.50	6.29	2.10	4.42	60.48	1.27	0.94	74.02	14.94
1972	45.33	6.64	1.76	3.88	60.80	1.07	1.22	114.02	18.37
1973	47.30	7.17	1.87	3.95	68.45	1.28	1.31	102.34	18.27
1974	47.10	7.84	1.87	3.97	70.59	1.32	1.31	99.24	16.71
1975	48.50	8.16	1.95	4.02	50.26	0.98	6.26	*	76.72
1976	50.20	9.25	1.64	3.27	52.44	0.86	5.77	*	62.38
1977	50.13	9.32	1.48	2.95	56.08	0.83	6.62	*	71.03
1978	51.10	9.64	1.46	2.86	66.44	0.97	1.05	108.25	10.89
1979	51.20	9.89	1.78	3.48	57.30	1.02	0.89	87.25	9.00
10 年小计			**49.89**	**9.32**	**91.72**	**45.76**	**50.15**	**109.59**	**46.23**
占合计%			**13.12**			**8.11**	**8.31**		
1980	52.57	10.20	1.90	3.61	56.32	1.07	0.94	87.85	9.22
1981	53.83	10.28	2.97	5.52	67.34	2.00	1.80	90.00	17.51
1982	53.42	10.41	4.42	8.27	66.74	2.95	2.70	91.53	25.94
1983	53.14	10.46	4.27	8.04	72.37	3.09	2.99	96.76	28.59
1984	53.05	10.79	5.23	9.86	79.73	4.17	4.53	108.63	41.98
1985	53.20	10.71	3.84	7.22	87.76	3.37	3.05	90.50	28.48
1986	53.40	11.05	4.77	8.93	108.18	5.16	6.10	118.22	55.20
1987	54.23	11.42	7.00	12.91	109.29	7.65	9.30	121.57	81.44
1988	54.66	11.31	6.80	12.44	102.50	6.97	7.69	110.33	67.97
1989	53.92	11.85	8.69	16.12	107.36	9.33	11.05	118.44	93.25
11 年小计			**303.74**	**43.41**	**166.03**	**504.29**	**504.75**	**100.09**	**372.94**
占合计%			**79.85**			**89.40**	**83.65**		
1990	53.72	12.15	11.42	21.26	125.66	14.35	21.10	147.04	173.66
1991	54.06	12.48	17.60	32.56	142.05	25.00	29.72	118.88	238.14
1992	58.28	12.72	18.00	30.89	112.39	20.23	22.55	111.47	177.28
1993	57.26	12.37	19.16	33.46	153.97	29.50	23.67	80.24	191.35
1994	62.85	12.45	26.10	41.53	133.75	34.91	29.11	83.39	233.82
1995	64.55	12.22	38.00	58.87	110.53	42.00	40.50	96.43	331.42
1996	64.85	12.44	30.00	46.26	123.33	37.00	36.80	99.46	295.71
1997	69.42	13.22	32.27	46.49	200.50	64.70	64.70	100.00	489.41
1998	69.35	12.67	35.00	50.47	209.14	73.20	73.20	100.00	577.74
1999	75.96	12.75	35.33	46.51	210.39	74.33	74.33	100.00	582.98
2000	69.33	9.87	40.86	58.94	217.99	89.07	89.07	100.00	902.43

5-28-54 新疆自治区沙湾县历年棉花生产收购

年　　度	耕地面积（万亩）	农业人口（万人）	棉田面积（万亩）	占耕地（%）	亩　产（市斤）	产　量（万担）	收购量（万担）	商品率（%）	人均交售（市斤）
52年合计			**461.75**	**12.51**	**140.34**	**648.03**	**619.52**	**95.60**	**142.40**
10年小计			**5.47**	**1.75**	**49.18**	**2.69**	**1.93**	**71.75**	
占合计%			**1.18**			**0.42**	**0.31**		
1949									
1950									
1951									
1952	33.88		0.02	0.06	*	0.04			
1953	33.88		0.03	0.09	66.67	0.02			
1954	33.88		0.08	0.24	62.50	0.05			
1955	33.88		0.24	0.71	62.50	0.15	0.13	86.67	
1956	33.88		1.32	3.90	65.15	0.86	0.25	29.07	
1957	47.80		1.22	2.55	49.18	0.60	0.68	113.33	
1958	47.80		1.23	2.57	29.27	0.36	0.36	100.00	
1959	47.80		1.33	2.78	45.86	0.61	0.51	83.61	
10年小计			**17.43**	**2.30**	**43.32**	**7.55**	**6.20**	**82.12**	
占合计%			**3.77**			**1.17**	**1.00**		
1960	68.70		1.16	1.69	18.97	0.22	0.20	90.91	
1961	68.70		1.00	1.46	12.00	0.12	0.19	158.33	
1962	68.70		0.86	1.25	29.07	0.25	0.13	52.00	
1963	74.28		1.09	1.47	21.10	0.23	0.18	78.26	
1964	74.28		1.36	1.83	41.91	0.57	0.44	77.19	
1965	74.28		1.67	2.25	68.86	1.15	1.23	106.96	
1966	80.02		1.90	2.37	63.68	1.21	0.81	66.94	
1967	82.32		2.36	2.87	62.71	1.48	1.63	110.14	
1968	81.61		3.29	4.03	43.47	1.43	0.67	46.85	
1969	83.38		2.74	3.29	32.48	0.89	0.72	80.90	
10年小计			**28.13**	**3.46**	**42.30**	**11.90**	**10.66**	**89.58**	**9.38**
占合计%			**6.09**			**1.84**	**1.72**		
1970	82.50	10.10	3.06	3.71	50.98	1.56	1.44	92.31	14.26
1971	81.35	10.38	2.75	3.38	45.82	1.26	1.02	80.95	9.83
1972	81.34	10.56	2.81	3.45	42.35	1.19	0.73	61.34	6.91
1973	75.00	10.78	2.76	3.68	37.32	1.03	1.23	119.42	11.41
1974	80.99	10.89	2.79	3.44	40.86	1.14	1.00	87.72	9.18
1975	81.24	11.69	2.78	3.42	39.57	1.10	0.70	63.64	5.99
1976	82.51	12.07	2.57	3.11	40.86	1.05	1.02	97.14	8.45
1977	80.81	12.31	2.67	3.30	33.33	0.89	0.83	93.26	6.74
1978	83.86	12.26	2.15	2.56	56.28	1.21	1.36	112.40	11.09
1979	84.28	12.59	3.79	4.50	38.79	1.47	1.33	90.48	10.56
10年小计			**97.34**	**11.37**	**79.55**	**77.43**	**78.86**	**101.85**	**60.13**
占合计%			**21.08**			**11.95**	**12.73**		
1980	83.29	12.99	4.30	5.16	47.21	2.03	2.05	100.99	15.78
1981	83.54	12.46	7.08	8.47	50.99	3.61	4.00	110.80	32.10
1982	87.59	12.76	10.38	11.85	49.42	5.13	5.70	111.11	44.67
1983	85.54	13.15	11.82	13.82	57.02	6.74	7.90	117.21	60.08
1984	86.27	13.10	11.06	12.82	75.95	8.40	9.67	115.12	73.82
1985	86.01	13.18	8.20	9.53	75.12	6.16	5.64	91.56	42.79
1986	86.13	13.33	9.40	10.91	96.81	9.10	9.01	99.01	67.59
1987	86.45	13.26	14.00	16.19	104.14	14.58	11.53	79.08	86.95
1988	86.19	13.28	11.10	12.88	100.00	11.10	11.10	100.00	83.58
1989	85.04	13.65	10.00	11.76	105.80	10.58	12.26	115.88	89.82
11年小计			**313.38**	**32.90**	**175.01**	**548.46**	**521.87**	**95.15**	**274.29**
占合计%			**67.87**			**84.63**	**84.24**		
1990	84.92	13.85	15.10	17.78	126.29	19.07	18.90	99.11	136.46
1991	86.93	26.47	24.00	27.61	145.88	35.01	37.15	106.11	140.35
1992	85.41	26.62	22.28	26.09	109.20	24.33	24.05	98.85	90.35
1993	85.36	26.69	21.81	25.55	135.81	29.62	28.94	97.70	108.43
1994	85.52	26.70	27.54	32.20	143.14	39.42	26.89	68.21	100.71
1995	85.49	27.15	25.20	29.48	162.34	40.91	35.90	87.75	132.23
1996	84.62	7.48	28.00	33.09	170.93	47.86	37.80	78.98	505.35
1997	85.91	7.12	32.07	37.33	204.52	65.59	65.59	100.00	921.21
1998	86.93	7.41	38.64	44.45	208.07	80.40	80.40	100.00	1085.02
1999	90.68	7.49	39.27	43.31	202.01	79.33	79.33	100.00	1059.15
2000	90.69	13.28	39.47	43.52	220.22	86.92	86.92	100.00	654.52

5－29－1　新疆兵团1949－2000年产棉师团棉花生产收购明细

师 团 名	耕地面积（万亩）	农业人口（万人）	棉田面积（万亩）	占耕地（%）	亩 产（市斤）	产 量（万担）	收购量（万担）	商品率（%）	人均交售（市斤）
兵团合计			**7742.21**	**17.31**	**143.99**	**11147.98**	**9531.10**	**85.50**	**522.22**
农一师			1623.63	28.03	159.29	2586.28	2251.25	87.05	1003.01
农二师			705.48	17.24	127.93	902.51	782.71	86.73	441.41
农三师			701.96	29.80	144.82	1016.59	957.20	94.16	465.95
农四师			123.14	1.91	80.14	98.69	60.57	61.37	27.11
农五师			409.36	20.62	166.56	681.81	598.33	87.76	651.92
农六师			592.13	9.58	155.80	922.56	765.34	82.96	297.36
农七师			1407.18	20.12	137.34	1932.64	1684.07	87.14	948.66
农八师			2051.78	19.57	135.51	2780.35	2255.25	81.11	567.53
哈管局			80.60	30.37	191.61	154.44	123.86	80.20	273.93
和管局			24.58	37.01	127.46	31.33	26.72	85.29	131.24
工一师			22.37	44.60	182.30	40.78	25.80	63.27	534.16

5－29－2　新疆兵团1949－1959年产棉师团棉花生产收购明细

师 团 名	耕地面积（万亩）	农业人口（万人）	棉田面积（万亩）	占耕地（%）	亩 产（市斤）	产 量（万担）	收购量（万担）	商品率（%）	人均交售（市斤）
兵团合计			**237.24**	**10.92**	**50.43**	**119.65**			
农一师			50.37	13.22	42.92	21.62			
农二师			32.05	9.23	41.53	13.31			
农三师									
农四师			4.41	1.75	29.25	1.29			
农五师			1.47	3.03	76.87	1.13			
农六师			6.59	3.74	37.03	2.44			
农七师			81.81	16.11	58.01	47.46			
农八师			60.54	13.13	53.52	32.40			
哈管局									
和管局									
工一师									

5－29－3　新疆兵团1960－1969年产棉师团棉花生产收购明细

师 团 名	耕地面积（万亩）	农业人口（万人）	棉田面积（万亩）	占耕地（%）	亩 产（市斤）	产 量（万担）	收购量（万担）	商品率（%）	人均交售（市斤）
兵团合计			**562.54**	**5.57**	**56.35**	**316.97**	**141.75**	**44.72**	
农一师			98.15	7.99	39.06	38.34	9.33	24.33	
农二师			50.00	5.23	25.20	12.60	3.80	30.16	
农三师			9.73	9.01	41.42	4.03			
农四师			14.45	0.98	27.75	4.01			
农五师			12.19	2.97	32.32	3.94			
农六师			4.10	0.42	34.15	1.40			
农七师			200.24	7.41	63.28	126.72			
农八师			173.68	7.71	72.51	125.93	128.62	102.14	
哈管局									
和管局									
工一师									

5-29-4　新疆兵团1970-1979年产棉师团棉花生产收购明细

师团名	耕地面积（万亩）	农业人口（万人）	棉田面积（万亩）	占耕地（%）	亩产（市斤）	产量（万担）	收购量（万担）	商品率（%）	人均交售（市斤）
兵团合计			**612.58**	**6.40**	**55.32**	**338.85**	**273.19**	**80.62**	
农一师			96.74	7.95	37.99	36.75	25.18	68.52	
农二师			69.62	7.79	39.31	27.37	19.92	72.78	
农三师			46.19	7.58	34.79	16.07	9.46	58.87	
农四师			13.43	0.87	33.13	4.45	0.09	2.02	
农五师			10.47	2.81	36.39	3.81	0.34	8.92	
农六师			28.50	2.61	11.19	3.19	0.65	20.38	
农七师			141.87	10.81	81.93	116.24	116.94	100.60	
农八师			205.76	8.17	63.65	130.97	100.61	76.82	
哈管局									
和管局									
工一师									

5-29-5　新疆兵团1980-1989年产棉师团棉花生产收购明细

师团名	耕地面积（万亩）	农业人口（万人）	棉田面积（万亩）	占耕地（%）	亩产（市斤）	产量（万担）	收购量（万担）	商品率（%）	人均交售（市斤）
兵团合计			**1693.38**	**15.31**	**99.59**	**1686.41**	**1525.65**	**90.47**	**258.58**
农一师			325.63	25.86	93.96	305.95	275.92	90.18	398.90
农二师			196.82	22.34	102.70	202.14	180.49	89.29	286.72
农三师			158.41	20.18	96.91	153.51	140.70	91.66	229.08
农四师			28.12	1.85	57.40	16.14	12.96	80.30	16.41
农五师			79.82	17.29	132.13	105.47	97.81	92.74	352.09
农六师			78.33	3.67	82.79	64.85	54.22	83.61	60.30
农七师			320.31	25.48	107.05	342.88	323.70	94.41	524.04
农八师			505.94	18.33	97.93	495.47	439.85	88.77	318.66
哈管局									
和管局									
工一师									

5-29-6　新疆兵团1990-2000年产棉师团棉花生产收购明细

师团名	耕地面积（万亩）	农业人口（万人）	棉田面积（万亩）	占耕地（%）	亩产（市斤）	产量（万担）	收购量（万担）	商品率（%）	人均交售（市斤）
兵团合计			**4636.47**	**39.22**	**187.34**	**8686.10**	**7590.51**	**87.39**	**614.57**
农一师			1052.74	61.64	207.42	2183.62	1940.82	88.88	1249.88
农二师			356.99	35.19	181.26	647.09	578.50	89.40	505.81
农三师			487.63	57.15	172.87	842.98	807.04	95.74	560.41
农四师			62.73	3.76	116.05	72.80	47.52	65.27	32.89
农五师			305.41	44.13	185.80	567.46	500.18	88.14	781.53
农六师			474.61	26.44	179.24	850.68	710.47	83.52	424.26
农七师			662.95	54.57	195.99	1299.34	1243.43	95.70	1074.24
农八师			1105.86	44.33	180.46	1995.58	1586.17	79.48	611.59
哈管局			80.60	30.37	191.61	154.44	123.86	80.20	273.93
和管局			24.58	37.01	127.46	31.33	26.72	85.29	131.24
工一师			22.37	44.60	182.30	40.78	25.80	63.27	534.16

5－29－7　新疆兵团1950年产棉师团棉花生产收购明细

师团名	耕地面积（万亩）	农业人口（万人）	棉田面积（万亩）	占耕地（%）	亩产（市斤）	产量（万担）	收购量（万担）	商品率（%）	人均交售（市斤）
兵团合计			**3.66**		**20.77**	**0.76**			
农一师			2.69		23.42	0.63			
农二师			0.45		13.33	0.06			
农三师									
农四师			0.15		13.33	0.02			
农五师									
农六师			0.18		11.11	0.02			
农七师			0.15		13.33	0.02			
农八师			0.04		25.00	0.01			
哈管局									
和管局									
工一师									

5－29－8　新疆兵团1951年产棉师团棉花生产收购明细

师团名	耕地面积（万亩）	农业人口（万人）	棉田面积（万亩）	占耕地（%）	亩产（市斤）	产量（万担）	收购量（万担）	商品率（%）	人均交售（市斤）
兵团合计			**6.64**		**41.11**	**2.73**			
农一师			3.33		16.82	0.56			
农二师			1.05		169.52	1.78			
农三师									
农四师			0.07		14.29	0.01			
农五师									
农六师			0.38		23.68	0.09			
农七师			1.24		14.52	0.18			
农八师			0.57		19.30	0.11			
哈管局									
和管局									
工一师									

5－29－9　新疆兵团1952年产棉师团棉花生产收购明细

师团名	耕地面积（万亩）	农业人口（万人）	棉田面积（万亩）	占耕地（%）	亩产（市斤）	产量（万担）	收购量（万担）	商品率（%）	人均交售（市斤）
兵团合计			**20.13**		**31.59**	**6.36**			
农一师			11.30		26.11	2.95			
农二师			3.75		34.67	1.30			
农三师									
农四师			0.01						
农五师									
农六师			0.01						
农七师			4.49		30.96	1.39			
农八师			0.57		126.32	0.72			
哈管局									
和管局									
工一师									

5-29-10 新疆兵团1953年产棉师团棉花生产收购明细

师团名	耕地面积（万亩）	农业人口（万人）	棉田面积（万亩）	占耕地（%）	亩产（市斤）	产量（万担）	收购量（万担）	商品率（%）	人均交售（市斤）
兵团合计			**5.77**		**75.22**	**4.34**			
农一师			1.12		46.43	0.52			
农二师			1.61		38.51	0.62			
农三师									
农四师									
农五师									
农六师			0.25		28.00	0.07			
农七师			1.34		108.21	1.45			
农八师			1.45		115.86	1.68			
哈管局									
和管局									
工一师									

5-29-11 新疆兵团1954年产棉师团棉花生产收购明细

师团名	耕地面积（万亩）	农业人口（万人）	棉田面积（万亩）	占耕地（%）	亩产（市斤）	产量（万担）	收购量（万担）	商品率（%）	人均交售（市斤）
兵团合计	**89.25**		**6.60**	**7.39**	**55.00**	**3.63**			
农一师	11.63		1.82	15.65	54.40	0.99			
农二师	19.72		1.24	6.29	29.84	0.37			
农三师									
农四师									
农五师	3.08		0.02	0.65	100.00	0.02			
农六师	15.71		0.13	0.83	46.15	0.06			
农七师	21.16		1.73	8.18	65.32	1.13			
农八师	17.95		1.66	9.25	63.86	1.06			
哈管局									
和管局									
工一师									

5-29-12 新疆兵团1955年产棉师团棉花生产收购明细

师团名	耕地面积（万亩）	农业人口（万人）	棉田面积（万亩）	占耕地（%）	亩产（市斤）	产量（万担）	收购量（万担）	商品率（%）	人均交售（市斤）
兵团合计	**156.53**		**13.78**	**8.80**		**11.00**			
农一师	16.45		2.48	15.08	49.60	1.23			
农二师	23.26		2.33	10.02	46.78	1.09			
农三师									
农四师	26.19		0.01	0.04					
农五师	4.32		0.20	4.63	90.00	0.18			
农六师	20.74		1.29	6.22	46.51	0.60			
农七师	37.95		4.68	12.33	100.85	4.72			
农八师	27.62		2.79	10.10	113.98	3.18			
哈管局									
和管局									
工一师									

5－29－13　新疆兵团1956年产棉师团棉花生产收购明细

师团名	耕地面积（万亩）	农业人口（万人）	棉田面积（万亩）	占耕地（%）	亩产（市斤）	产量（万担）	收购量（万担）	商品率（%）	人均交售（市斤）
兵团合计	**217.48**		**34.00**	**15.63**	**58.15**	**19.77**			
农一师	31.37		4.01	12.78	55.36	2.22			
农二师	27.95		5.12	18.32	54.30	2.78			
农三师									
农四师	29.73		0.58	1.95	53.45	0.31			
农五师	5.32		0.50	9.40	72.00	0.36			
农六师	22.94		2.29	9.98	34.93	0.80			
农七师	51.97		12.28	23.63	61.07	7.50			
农八师	48.20		9.22	19.13	62.91	5.80			
哈管局									
和管局									
工一师									

5－29－14　新疆兵团1957年产棉师团棉花生产收购明细

师团名	耕地面积（万亩）	农业人口（万人）	棉田面积（万亩）	占耕地（%）	亩产（市斤）	产量（万担）	收购量（万担）	商品率（%）	人均交售（市斤）
兵团合计	**313.23**		**39.04**	**12.46**	**51.90**	**20.26**			
农一师	64.43		5.94	9.22	45.62	2.71			
农二师	47.53		2.93	6.16	46.08	1.35			
农三师									
农四师	34.68		1.13	3.26	46.02	0.52			
农五师	5.65		0.21	3.72	61.90	0.13			
农六师	26.95		0.53	1.97	56.60	0.30			
农七师	76.49		16.34	21.36	59.55	9.73			
农八师	57.50		11.96	20.80	46.15	5.52			
哈管局									
和管局									
工一师									

5－29－15　新疆兵团1958年产棉师团棉花生产收购明细

师团名	耕地面积（万亩）	农业人口（万人）	棉田面积（万亩）	占耕地（%）	亩产（市斤）	产量（万担）	收购量（万担）	商品率（%）	人均交售（市斤）
兵团合计	**613.14**		**52.45**	**8.55**	**46.31**	**24.29**			
农一师	132.99		8.64	6.50	51.16	4.42			
农二师	107.34		5.32	4.96	33.65	1.79			
农三师									
农四师	66.84		2.02	3.02	10.40	0.21			
农五师	9.07		0.40	4.41	75.00	0.30			
农六师	35.09		1.04	2.96	29.81	0.31			
农七师	132.44		18.52	13.98	53.40	9.89			
农八师	129.37		16.51	12.76	44.64	7.37			
哈管局									
和管局									
工一师									

5－29－16　新疆兵团1959年产棉师团棉花生产收购明细

师团名	耕地面积（万亩）	农业人口（万人）	棉田面积（万亩）	占耕地（%）	亩产（市斤）	产量（万担）	收购量（万担）	商品率（%）	人均交售（市斤）
兵团合计	**783.57**		**55.17**	**7.04**	**48.05**	**26.51**			
农一师	124.03		9.04	7.29	59.62	5.39			
农二师	121.28		8.25	6.80	26.30	2.17			
农三师									
农四师	94.30		0.44	0.47	50.00	0.22			
农五师	21.14		0.14	0.66	100.00	0.14			
农六师	54.83		0.49	0.89	38.78	0.19			
农七师	187.68		21.04	11.21	54.42	11.45			
农八师	180.31		15.77	8.75	44.07	6.95			
哈管局									
和管局									
工一师									

5－29－17　新疆兵团1960年产棉师团棉花生产收购明细

师团名	耕地面积（万亩）	农业人口（万人）	棉田面积（万亩）	占耕地（%）	亩产（市斤）	产量（万担）	收购量（万担）	商品率（%）	人均交售（市斤）
兵团合计	**975.25**		**74.16**	**7.60**	**23.62**	**17.52**			
农一师	124.10		9.60	7.74	32.40	3.11			
农二师	99.55		12.62	12.68	9.67	1.22			
农三师									
农四师	137.29		0.35	0.25	11.43	0.04			
农五师	51.70		0.23	0.44	17.39	0.04			
农六师	99.19		0.62	0.63	8.06	0.05			
农七师	247.05		27.74	11.23	24.87	6.90			
农八师	216.37		23.00	10.63	26.78	6.16			
哈管局									
和管局									
工一师									

5－29－18　新疆兵团1961年产棉师团棉花生产收购明细

师团名	耕地面积（万亩）	农业人口（万人）	棉田面积（万亩）	占耕地（%）	亩产（市斤）	产量（万担）	收购量（万担）	商品率（%）	人均交售（市斤）
兵团合计	**944.27**		**53.39**	**5.65**	**30.85**	**16.47**	**8.97**	**54.46**	
农一师	122.29		10.56	8.64	42.14	4.45			
农二师	108.57		3.06	2.82	34.31	1.05			
农三师									
农四师	122.09		1.65	1.35	12.73	0.21			
农五师	25.63		0.53	2.07	20.75	0.11			
农六师	94.51		0.46	0.49	6.52	0.03			
农七师	245.80		21.37	8.69	23.35	4.99			
农八师	225.38		15.76	6.99	35.72	5.63	8.97	159.33	
哈管局									
和管局									
工一师									

5－29－19　新疆兵团 1962 年产棉师团棉花生产收购明细

师团名	耕地面积（万亩）	农业人口（万人）	棉田面积（万亩）	占耕地（%）	亩产（市斤）	产量（万担）	收购量（万担）	商品率（%）	人均交售（市斤）
兵团合计	**942.79**		**29.69**	**3.15**	**40.32**	**11.97**	**7.59**	**63.41**	
农一师	122.88		7.26	5.91	42.42	3.08			
农二师	91.56		2.86	3.12	22.38	0.64			
农三师									
农四师	129.80		0.30	0.23	16.67	0.05			
农五师	25.73		0.15	0.58	40.00	0.06			
农六师	95.73		0.33	0.34	12.12	0.04			
农七师	248.42		9.84	3.96	25.00	2.46			
农八师	228.67		8.95	3.91	63.02	5.64	7.59	134.57	
哈管局									
和管局									
工一师									

5－29－20　新疆兵团 1963 年产棉师团棉花生产收购明细

师团名	耕地面积（万亩）	农业人口（万人）	棉田面积（万亩）	占耕地（%）	亩产（市斤）	产量（万担）	收购量（万担）	商品率（%）	人均交售（市斤）
兵团合计	**1000.04**		**38.80**	**3.88**	**51.49**	**19.98**	**12.16**	**60.86**	
农一师	127.92		9.49	7.42	45.63	4.33	0.52	12.01	
农二师	92.03		2.73	2.97	34.07	0.93	0.46	49.46	
农三师									
农四师	140.24		0.53	0.38	24.53	0.13			
农五师	39.85		0.19	0.48	42.11	0.08			
农六师	97.46		0.21	0.22	14.29	0.03			
农七师	274.06		14.76	5.39	44.78	6.61			
农八师	228.48		10.89	4.77	72.27	7.87	11.18	142.06	
哈管局									
和管局									
工一师									

5－29－21　新疆兵团 1964 年产棉师团棉花生产收购明细

师团名	耕地面积（万亩）	农业人口（万人）	棉田面积（万亩）	占耕地（%）	亩产（市斤）	产量（万担）	收购量（万担）	商品率（%）	人均交售（市斤）
兵团合计	**1020.08**		**48.76**	**4.78**	**66.12**	**32.24**	**26.74**	**82.94**	
农一师	122.09		11.20	9.17	38.66	4.33	1.27	29.33	
农二师	90.35		2.82	3.12	43.62	1.23	0.60	48.78	
农三师									
农四师	146.07		0.42	0.29	23.81	0.10			
农五师	42.69		0.57	1.34	31.58	0.18			
农六师	99.01		0.25	0.25	32.00	0.08			
农七师	292.14		16.59	5.68	77.76	12.90			
农八师	227.73		16.91	7.43	79.36	13.42	24.87	185.32	
哈管局									
和管局									
工一师									

5－29－22　新疆兵团1965年产棉师团棉花生产收购明细

师团名	耕地面积（万亩）	农业人口（万人）	棉田面积（万亩）	占耕地（%）	亩产（市斤）	产量（万担）	收购量（万担）	商品率（%）	人均交售（市斤）
兵团合计	**1037.40**		**65.28**	**6.29**	**86.00**	**56.14**	**22.01**	**39.21**	
农一师	122.48		20.02	16.35	40.21	8.05	2.30	28.57	
农二师	93.07		3.63	3.90	45.45	1.65	0.90	54.55	
农三师									
农四师	155.78		0.78	0.50	43.59	0.34			
农五师	49.57		1.24	2.50	55.65	0.69			
农六师	97.56		0.43	0.44	60.47	0.26			
农七师	291.85		21.19	7.26	117.23	24.84			
农八师	227.09		17.99	7.92	112.90	20.31	18.81	92.61	
哈管局									
和管局									
工一师									

5－29－23　新疆兵团1966年产棉师团棉花生产收购明细

师团名	耕地面积（万亩）	农业人口（万人）	棉田面积（万亩）	占耕地（%）	亩产（市斤）	产量（万担）	收购量（万担）	商品率（%）	人均交售（市斤）
兵团合计	**1084.09**		**63.71**	**5.88**	**78.01**	**49.70**	**17.43**	**35.07**	
农一师	119.63		10.12	8.46	48.02	4.86	1.97	40.53	
农二师	103.80		5.29	5.10	34.22	1.81	0.50	27.62	
农三师	18.60		2.53	13.60	54.94	1.39			
农四师	162.13		2.55	1.57	44.31	1.13			
农五师	50.51		2.78	5.50	47.12	1.31			
农六师	98.14		0.57	0.58	56.14	0.32			
农七师	299.63		21.09	7.04	95.92	20.23			
农八师	231.65		18.78	8.11	99.31	18.65	14.96	80.21	
哈管局									
和管局									
工一师									

5－29－24　新疆兵团1967年产棉师团棉花生产收购明细

师团名	耕地面积（万亩）	农业人口（万人）	棉田面积（万亩）	占耕地（%）	亩产（市斤）	产量（万担）	收购量（万担）	商品率（%）	人均交售（市斤）
兵团合计	**1095.79**		**65.81**	**6.01**	**73.00**	**48.04**	**19.81**	**41.24**	
农一师	122.37		8.42	6.88	36.46	3.07	1.81	58.96	
农二师	100.52		5.71	5.68	29.42	1.68	0.12	7.14	
农三师	20.47		1.48	7.23	52.03	0.77			
农四师	160.22		3.66	2.28	29.78	1.09			
农五师	50.32		2.92	5.80	32.19	0.94			
农六师	99.00		0.53	0.54	54.72	0.29			
农七师	308.04		22.58	7.33	89.59	20.23			
农八师	234.85		20.51	8.73	97.37	19.97	17.88	89.53	
哈管局									
和管局									
工一师									

5-29-25　新疆兵团1968年产棉师团棉花生产收购明细

师团名	耕地面积（万亩）	农业人口（万人）	棉田面积（万亩）	占耕地（%）	亩产（市斤）	产量（万担）	收购量（万担）	商品率（%）	人均交售（市斤）
兵团合计	**1037.46**		**60.95**	**5.87**	**55.37**	**33.75**	**12.40**	**36.74**	
农一师	124.15		6.43	5.18	22.86	1.47	0.18	12.24	
农二师	94.83		5.46	5.76	18.86	1.03	0.18	17.48	
农三师	21.29		1.58	7.42	61.39	0.97			
农四师	149.20		2.05	1.37	28.29	0.58			
农五师	40.83		1.73	4.24	18.50	0.32			
农六师	99.00		0.37	0.37	48.65	0.18			
农七师	293.48		22.74	7.75	62.23	14.15			
农八师	214.68		20.59	9.59	73.09	15.05	12.04	80.00	
哈管局									
和管局									
工一师									

5-29-26　新疆兵团1969年产棉师团棉花生产收购明细

师团名	耕地面积（万亩）	农业人口（万人）	棉田面积（万亩）	占耕地（%）	亩产（市斤）	产量（万担）	收购量（万担）	商品率（%）	人均交售（市斤）
兵团合计	**965.02**		**61.99**	**6.42**	**50.27**	**31.16**	**14.64**	**46.98**	
农一师	120.23		5.05	4.20	31.49	1.59	1.28	80.50	
农二师	81.50		5.82	7.14	23.37	1.36	1.04	76.47	
农三师	47.66		4.14	8.69	21.74	0.90			
农四师	164.41		2.16	1.31	15.74	0.34			
农五师	33.30		1.85	5.56	11.35	0.21			
农六师	98.60		0.33	0.33	36.36	0.12			
农七师	201.66		22.34	11.08	60.03	13.41			
农八师	217.66		20.30	9.33	65.17	13.23	12.32	93.12	
哈管局									
和管局									
工一师									

5-29-27　新疆兵团1970年产棉师团棉花生产收购明细

师团名	耕地面积（万亩）	农业人口（万人）	棉田面积（万亩）	占耕地（%）	亩产（市斤）	产量（万担）	收购量（万担）	商品率（%）	人均交售（市斤）
兵团合计	**929.55**		**66.72**	**7.18**	**66.70**	**44.50**	**39.19**	**88.07**	
农一师	111.96		7.41	6.62	32.93	2.44	2.20	90.16	
农二师	87.30		6.91	7.92	15.05	1.04	0.93	89.42	
农三师	56.58		3.90	6.89	33.08	1.29	1.20	93.02	
农四师	158.08		2.43	1.54	22.63	0.55			
农五师	38.40		1.56	4.06	38.46	0.60			
农六师	68.28		0.30	0.44	40.00	0.12			
农七师	201.00		25.10	12.49	97.17	24.39	22.30	91.43	
农八师	207.95		19.11	9.19	73.63	14.07	12.56	89.27	
哈管局									
和管局									
工一师									

5-29-28 新疆兵团1971年产棉师团棉花生产收购明细

师团名	耕地面积（万亩）	农业人口（万人）	棉田面积（万亩）	占耕地（%）	亩产（市斤）	产量（万担）	收购量（万担）	商品率（%）	人均交售（市斤）
兵团合计	**944.02**		**62.46**	**6.62**	**69.68**	**43.52**	**41.41**	**95.15**	
农一师	125.81		10.68	8.49	23.22	2.48	2.07	83.47	
农二师	88.44		7.44	8.41	24.60	1.83	1.71	93.44	
农三师	62.25		6.97	11.20	36.73	2.56	2.33	91.02	
农四师	155.04		2.37	1.53	36.29	0.86			
农五师	37.33		1.48	3.96	37.16	0.55			
农六师	68.28		0.66	0.97	75.76	0.50			
农七师	208.32		14.30	6.86	148.60	21.25	21.44	100.89	
农八师	198.55		18.56	9.35	72.68	13.49	13.86	102.74	
哈管局									
和管局									
工一师									

5-29-29 新疆兵团1972年产棉师团棉花生产收购明细

师团名	耕地面积（万亩）	农业人口（万人）	棉田面积（万亩）	占耕地（%）	亩产（市斤）	产量（万担）	收购量（万担）	商品率（%）	人均交售（市斤）
兵团合计	**964.79**		**76.01**	**7.88**	**60.82**	**46.23**	**44.40**	**96.04**	
农一师	127.23		11.24	8.83	21.62	2.43	2.43	100.00	
农二师	90.87		6.96	7.66	27.16	1.89	1.85	97.88	
农三师	66.87		6.79	10.15	21.35	1.45	1.39	95.86	
农四师	155.40		2.67	1.72	41.57	1.11			
农五师	37.67		1.85	4.91	30.27	0.56			
农六师	70.28		0.62	0.88	83.87	0.52			
农七师	218.05		26.83	12.30	83.60	22.43	23.41	104.37	
农八师	198.42		19.05	9.60	83.15	15.84	15.32	96.72	
哈管局									
和管局									
工一师									

5-29-30 新疆兵团1973年产棉师团棉花生产收购明细

师团名	耕地面积（万亩）	农业人口（万人）	棉田面积（万亩）	占耕地（%）	亩产（市斤）	产量（万担）	收购量（万担）	商品率（%）	人均交售（市斤）
兵团合计	**944.57**		**63.20**	**6.69**	**64.29**	**40.63**	**38.17**	**93.95**	
农一师	118.52		7.26	6.13	47.11	3.42	3.34	97.66	
农二师	90.42		7.09	7.84	35.83	2.54	2.26	88.98	
农三师	59.08		1.50	2.54	54.00	0.81	0.72	88.89	
农四师	152.63		1.48	0.97	30.41	0.45			
农五师	37.49		1.21	3.23	35.54	0.43			
农六师	72.05		0.44	0.61	50.00	0.22			
农七师	215.71		25.17	11.67	80.33	20.22	20.21	99.95	
农八师	198.67		19.05	9.59	65.83	12.54	11.64	92.82	
哈管局									
和管局									
工一师									

5－29－31　新疆兵团 1974 年产棉师团棉花生产收购明细

师团名	耕地面积（万亩）	农业人口（万人）	棉田面积（万亩）	占耕地（%）	亩产（市斤）	产量（万担）	收购量（万担）	商品率（%）	人均交售（市斤）
兵团合计	**932.82**		**62.33**	**6.68**	**48.56**	**30.27**	**30.72**	**101.49**	
农一师	119.08		8.02	6.73	33.67	2.70	2.61	96.67	
农二师	91.07		7.10	7.80	35.07	2.49	2.25	90.36	
农三师	59.53		3.39	5.69	41.00	1.39	0.62	44.60	
农四师	151.27		1.34	0.89	38.06	0.51			
农五师	38.07		0.81	2.13	43.21	0.35			
农六师	71.02		0.15	0.21	20.00	0.03			
农七师	215.46		24.14	11.20	52.11	12.58	15.18	120.67	
农八师	187.32		17.38	9.28	58.80	10.22	10.06	98.43	
哈管局									
和管局									
工一师									

5－29－32　新疆兵团 1975 年产棉师团棉花生产收购明细

师团名	耕地面积（万亩）	农业人口（万人）	棉田面积（万亩）	占耕地（%）	亩产（市斤）	产量（万担）	收购量（万担）	商品率（%）	人均交售（市斤）
兵团合计	**891.80**		**41.34**	**4.64**	**37.64**	**15.56**	**11.48**	**73.78**	
农一师	121.65		7.47	6.14	38.29	2.86	1.61	56.29	
农二师	85.59		6.89	8.05	32.51	2.24	1.78	79.46	
农三师	60.22		4.15	6.89	20.72	0.86			
农四师	157.65		0.87	0.55	25.29	0.22	0.09	40.91	
农五师	37.70		0.97	2.57	26.80	0.26			
农六师	108.78		0.05	0.05	20.00	0.01			
农七师	5.33		0.05	0.94	60.00	0.03			
农八师	314.88		20.89	6.63	43.47	9.08	8.00	88.11	
哈管局									
和管局									
工一师									

5－29－33　新疆兵团 1976 年产棉师团棉花生产收购明细

师团名	耕地面积（万亩）	农业人口（万人）	棉田面积（万亩）	占耕地（%）	亩产（市斤）	产量（万担）	收购量（万担）	商品率（%）	人均交售（市斤）
兵团合计	**886.14**		**40.07**	**4.52**	**47.27**	**18.94**			
农一师	118.36		8.30	7.01	36.51	3.03			
农二师	87.99		4.93	5.60	50.51	2.49			
农三师	54.69		3.77	6.89	40.58	1.53			
农四师	158.92		0.67	0.42	17.91	0.12			
农五师	32.70		0.69	2.11	31.88	0.22			
农六师	110.38		0.05	0.05	360.00	0.18			
农七师	5.67		0.05	0.88	40.00	0.02			
农八师	317.43		21.61	6.81	52.52	11.35			
哈管局									
和管局									
工一师									

5－29－34　新疆兵团1977年产棉师团棉花生产收购明细

师团名	耕地面积（万亩）	农业人口（万人）	棉田面积（万亩）	占耕地（%）	亩产（市斤）	产量（万担）	收购量（万担）	商品率（%）	人均交售（市斤）
兵团合计	**874.54**		**41.59**	**4.76**	**47.37**	**19.70**			
农一师	121.82		9.51	7.81	41.01	3.90			
农二师	90.51		5.71	6.31	55.87	3.19			
农三师	58.49		4.04	6.91	37.38	1.51			
农四师	143.93		0.49	0.34	51.02	0.25			
农五师	33.62		0.62	1.84	27.42	0.17			
农六师	114.84		0.06	0.05	333.33	0.20			
农七师	4.86		0.06	1.23	50.00	0.03			
农八师	306.47		21.10	6.88	49.53	10.45			
哈管局									
和管局									
工一师									

5－29－35　新疆兵团1978年产棉师团棉花生产收购明细

师团名	耕地面积（万亩）	农业人口（万人）	棉田面积（万亩）	占耕地（%）	亩产（市斤）	产量（万担）	收购量（万担）	商品率（%）	人均交售（市斤）
兵团合计	**1090.92**		**72.63**	**6.66**	**53.42**	**38.80**	**32.53**	**83.84**	
农一师	124.28		11.90	9.58	54.12	6.44	4.58	71.12	
农二师	91.45		7.09	7.75	59.94	4.25	4.04	95.06	
农三师	65.13		5.55	8.52	42.52	2.36	1.70	72.03	
农四师	157.30		0.67	0.43	41.79	0.28			
农五师	39.97		0.56	1.40	64.29	0.36	0.15	41.67	
农六师	204.15		12.20	5.98	5.98	0.73	0.27	36.99	
农七师	115.49		12.20	10.56	61.80	7.54	7.13	94.56	
农八师	293.15		22.46	7.66	74.98	16.84	14.66	87.05	
哈管局									
和管局									
工一师									

5－29－36　新疆兵团1979年产棉师团棉花生产收购明细

师团名	耕地面积（万亩）	农业人口（万人）	棉田面积（万亩）	占耕地（%）	亩产（市斤）	产量（万担）	收购量（万担）	商品率（%）	人均交售（市斤）
兵团合计	**1105.81**		**86.23**	**7.80**	**47.20**	**40.70**	**35.29**	**86.71**	
农一师	127.50		14.95	11.73	47.16	7.05	6.34	89.93	
农二师	90.58		9.50	10.49	56.95	5.41	5.10	94.27	
农三师	66.27		6.13	9.25	37.68	2.31	1.50	64.94	
农四师	157.91		0.44	0.28	22.73	0.10			
农五师	40.06		0.72	1.80	43.06	0.31	0.19	61.29	
农六师	205.36		13.97	6.80	4.87	0.68	0.38	55.88	
农七师	122.28		13.97	11.42	55.48	7.75	7.27	93.81	
农八师	295.85		26.55	8.97	64.37	17.09	14.51	84.90	
哈管局									
和管局									
工一师									

5－29－37　新疆兵团1980年产棉师团棉花生产收购明细

师团名	耕地面积（万亩）	农业人口（万人）	棉田面积（万亩）	占耕地（%）	亩产（市斤）	产量（万担）	收购量（万担）	商品率（%）	人均交售（市斤）
兵团合计	**1100.62**		**97.11**	**8.82**	**71.37**	**69.31**	**64.57**	**93.16**	
农一师	127.16		15.62	12.28	57.49	8.98	7.08	78.84	
农二师	90.30		13.42	14.86	70.64	9.48	10.00	105.49	
农三师	75.79		8.41	11.10	34.48	2.90	2.35	81.03	
农四师	157.52		0.57	0.36	49.12	0.28	0.07	25.00	
农五师	41.12		1.56	3.79	66.03	1.03	0.37	35.92	
农六师	207.93		1.83	0.88	66.12	1.21	1.00	82.64	
农七师	122.70		19.57	15.95	81.96	16.04	15.96	99.50	
农八师	278.10		36.13	12.99	81.35	29.39	27.74	94.39	
哈管局									
和管局									
工一师									

5－29－38　新疆兵团1981年产棉师团棉花生产收购明细

师团名	耕地面积（万亩）	农业人口（万人）	棉田面积（万亩）	占耕地（%）	亩产（市斤）	产量（万担）	收购量（万担）	商品率（%）	人均交售（市斤）
兵团合计	**1097.53**		**121.97**	**11.11**	**85.49**	**104.27**	**86.54**	**83.00**	
农一师	125.00		19.84	15.87	45.26	8.98	7.75	86.30	
农二师	89.67		14.94	16.66	69.01	10.31	8.29	80.41	
农三师	74.30		5.63	7.58	54.35	3.06	2.83	92.48	
农四师	156.83		1.90	1.21	81.05	1.54	0.77	50.00	
农五师	41.41		3.02	7.29	76.16	2.30	1.59	69.13	
农六师	207.70		6.30	3.03	76.67	4.83	2.27	47.00	
农七师	125.05		25.48	20.38	107.81	27.47	23.82	86.71	
农八师	277.57		44.86	16.16	102.05	45.78	39.22	85.67	
哈管局									
和管局									
工一师									

5－29－39　新疆兵团1982年产棉师团棉花生产收购明细

师团名	耕地面积（万亩）	农业人口（万人）	棉田面积（万亩）	占耕地（%）	亩产（市斤）	产量（万担）	收购量（万担）	商品率（%）	人均交售（市斤）
兵团合计	**1106.66**		**172.53**	**15.59**	**82.12**	**141.69**	**104.96**	**74.08**	
农一师	126.56		24.68	19.50	68.68	16.95	12.25	72.27	
农二师	89.55		18.98	21.19	84.93	16.12	11.02	68.36	
农三师	73.34		9.85	13.43	73.50	7.24	6.57	90.75	
农四师	157.10		8.37	5.33	57.71	4.83	3.37	69.77	
农五师	42.39		5.92	13.97	69.43	4.11	3.08	74.94	
农六师	212.64		12.00	5.64	64.17	7.70	5.09	66.10	
农七师	127.42		35.06	27.52	88.82	31.14	26.94	86.51	
农八师	277.66		57.67	20.77	92.94	53.60	36.64	68.36	
哈管局									
和管局									
工一师									

5－29－40　新疆兵团1983年产棉师团棉花生产收购明细

师团名	耕地面积（万亩）	农业人口（万人）	棉田面积（万亩）	占耕地（%）	亩产（市斤）	产量（万担）	收购量（万担）	商品率（%）	人均交售（市斤）
兵团合计	**1113.93**		**170.74**	**15.33**	**87.84**	**149.98**	**129.60**	**86.41**	
农一师	122.98		25.88	21.04	92.50	23.94	15.23	63.62	
农二师	90.44		19.88	21.98	99.35	19.75	18.75	94.94	
农三师	78.88		12.95	16.42	74.05	9.59	8.71	90.82	
农四师	156.41		5.93	3.79	49.07	2.91	3.12	107.22	
农五师	44.85		7.25	16.16	83.17	6.03	5.86	97.18	
农六师	215.73		10.95	5.08	62.83	6.88	5.76	83.72	
农七师	128.69		29.84	23.19	94.97	28.34	25.13	88.67	
农八师	275.95		58.06	21.04	90.49	52.54	47.04	89.53	
哈管局									
和管局									
工一师									

5－29－41　新疆兵团1984年产棉师团棉花生产收购明细

师团名	耕地面积（万亩）	农业人口（万人）	棉田面积（万亩）	占耕地（%）	亩产（市斤）	产量（万担）	收购量（万担）	商品率（%）	人均交售（市斤）
兵团合计	**1119.09**	**106.30**	**176.39**	**15.76**	**100.66**	**177.55**	**151.33**	**85.23**	**142.36**
农一师	127.80	13.47	31.38	24.55	106.82	33.52	29.36	87.59	217.97
农二师	92.07	11.40	20.35	22.10	108.35	22.05	16.47	74.69	144.47
农三师	79.73	9.28	14.39	18.05	95.27	13.71	12.43	90.66	133.94
农四师	153.71	14.48	6.26	4.07	56.87	3.56	3.25	91.29	22.44
农五师	47.62	4.91	7.97	16.74	112.92	9.00	7.58	84.22	154.38
农六师	214.13	15.62	9.35	4.37	65.13	6.09	5.14	84.40	32.91
农七师	127.82	11.96	33.20	25.97	109.34	36.30	29.44	81.10	246.15
农八师	276.21	25.18	53.49	19.37	99.68	53.32	47.66	89.38	189.28
哈管局									
和管局									
工一师									

5－29－42　新疆兵团1985年产棉师团棉花生产收购明细

师团名	耕地面积（万亩）	农业人口（万人）	棉田面积（万亩）	占耕地（%）	亩产（市斤）	产量（万担）	收购量（万担）	商品率（%）	人均交售（市斤）
兵团合计	**1098.96**	**101.08**	**162.40**	**14.78**	**100.42**	**163.09**	**164.10**	**100.62**	**162.35**
农一师	124.79	12.57	36.02	28.86	111.05	40.00	40.46	101.15	321.88
农二师	86.98	10.83	20.02	23.02	100.75	20.17	19.51	96.73	180.15
农三师	80.81	9.33	17.01	21.05	100.94	17.17	15.35	89.40	164.52
农四师	149.64	13.35	2.50	1.67	50.00	1.25	1.18	94.40	8.84
农五师	44.06	4.78	8.24	18.70	121.24	9.99	11.41	114.21	238.70
农六师	212.83	15.19	5.14	2.42	74.71	3.84	3.41	88.80	22.45
农七师	124.98	11.16	29.54	23.64	100.30	29.63	34.41	116.13	308.33
农八师	274.87	23.87	43.93	15.98	93.42	41.04	38.37	93.49	160.75
哈管局									
和管局									
工一师									

5－29－43　新疆兵团1986年产棉师团棉花生产收购明细

师团名	耕地面积（万亩）	农业人口（万人）	棉田面积（万亩）	占耕地（%）	亩产（市斤）	产量（万担）	收购量（万担）	商品率（%）	人均交售（市斤）
兵团合计	**1096.72**	**96.39**	**180.96**	**16.50**	**109.63**	**198.38**	**180.06**	**90.77**	**186.80**
农一师	124.09	11.24	37.56	30.27	94.52	35.50	33.30	93.80	296.26
农二师	86.38	10.78	22.36	25.89	94.90	21.22	18.62	87.75	172.73
农三师	81.59	9.61	17.98	22.04	86.48	15.55	13.63	87.65	141.83
农四师	147.79	12.44	1.70	1.15	62.94	1.07	0.59	55.14	4.74
农五师	44.40	4.55	9.75	21.96	156.00	15.21	14.12	92.83	310.33
农六师	213.39	14.92	6.11	2.86	109.33	6.68	6.37	95.36	42.69
农七师	124.95	10.36	34.09	27.28	135.02	46.03	42.31	91.92	408.40
农八师	274.13	22.49	51.41	18.75	111.11	57.12	51.12	89.50	227.30
哈管局									
和管局									
工一师									

5－29－44　新疆兵团1987年产棉师团棉花生产收购明细

师团名	耕地面积（万亩）	农业人口（万人）	棉田面积（万亩）	占耕地（%）	亩产（市斤）	产量（万担）	收购量（万担）	商品率（%）	人均交售（市斤）
兵团合计	**1102.67**	**96.41**	**210.57**	**19.10**	**113.18**	**238.32**	**217.37**	**91.21**	**225.46**
农一师	124.73	11.14	44.37	35.57	102.23	45.36	40.12	88.45	360.14
农二师	86.63	9.95	22.15	25.57	105.60	23.39	22.98	98.25	230.95
农三师	84.90	10.10	22.69	26.73	102.34	23.22	21.70	93.45	214.85
农四师	146.82	12.85	0.76	0.52	77.63	0.59	0.50	84.75	3.89
农五师	47.14	4.81	10.42	22.10	186.37	19.42	16.73	86.15	347.82
农六师	213.06	14.83	10.23	4.80	101.17	10.35	9.18	88.70	61.90
农七师	124.65	10.13	39.77	31.91	122.88	48.87	45.76	93.64	451.73
农八师	274.74	22.60	60.18	21.90	111.53	67.12	60.40	89.99	267.26
哈管局									
和管局									
工一师									

5－29－45　新疆兵团1988年产棉师团棉花生产收购明细

师团名	耕地面积（万亩）	农业人口（万人）	棉田面积（万亩）	占耕地（%）	亩产（市斤）	产量（万担）	收购量（万担）	商品率（%）	人均交售（市斤）
兵团合计	**1107.37**	**93.62**	**197.62**	**17.85**	**105.47**	**208.43**	**197.79**	**94.90**	**211.27**
农一师	126.90	10.37	44.77	35.28	96.34	43.13	42.89	99.44	413.60
农二师	85.89	10.38	22.94	26.71	127.86	29.33	24.61	83.91	237.09
农三师	76.26	10.94	25.72	33.73	115.05	29.59	27.33	92.36	249.82
农四师	146.11	12.76	0.11	0.08	90.91	0.10	0.10	100.00	0.78
农五师	54.10	4.39	12.51	23.12	150.76	18.86	18.10	95.97	412.30
农六师	216.12	14.86	7.56	3.50	105.03	7.94	7.21	90.81	48.52
农七师	126.77	7.90	36.38	28.70	101.15	36.80	38.37	104.27	485.70
农八师	275.22	22.02	47.63	17.31	89.61	42.68	39.18	91.80	177.93
哈管局									
和管局									
工一师									

5-29-46 新疆兵团1989年产棉师团棉花生产收购明细

师团名	耕地面积（万亩）	农业人口（万人）	棉田面积（万亩）	占耕地（%）	亩产（市斤）	产量（万担）	收购量（万担）	商品率（%）	人均交售（市斤）
兵团合计	**1116.24**	**96.22**	**203.09**	**18.19**	**115.90**	**235.39**	**229.33**	**97.43**	**238.34**
农一师	129.01	10.38	45.51	35.28	108.97	49.59	47.48	95.75	457.42
农二师	83.16	9.61	21.78	26.19	139.21	30.32	30.24	99.74	314.67
农三师	79.50	12.16	23.78	29.91	132.38	31.48	29.80	94.66	245.07
农四师	147.81	13.10	0.02	0.01	50.00	0.01	0.01	100.00	0.08
农五师	54.58	4.34	13.18	24.15	148.10	19.52	18.97	97.18	437.10
农六师	222.92	14.50	8.86	3.97	105.30	9.33	8.79	94.21	60.62
农七师	124.14	10.26	37.38	30.11	113.06	42.26	41.56	98.34	405.07
农八师	275.12	21.87	52.58	19.11	100.57	52.88	52.48	99.24	239.96
哈管局									
和管局									
工一师									

5-29-47 新疆兵团1990年产棉师团棉花生产收购明细

师团名	耕地面积（万亩）	农业人口（万人）	棉田面积（万亩）	占耕地（%）	亩产（市斤）	产量（万担）	收购量（万担）	商品率（%）	人均交售（市斤）
兵团合计	**1129.40**	**95.77**	**249.30**	**22.07**	**152.92**	**381.24**	**466.77**	**122.43**	**487.39**
农一师	132.80	10.45	53.60	40.36	132.18	70.85	80.33	113.38	768.71
农二师	82.90	9.64	23.40	28.23	148.25	34.69	38.42	110.75	398.55
农三师	82.80	12.21	21.70	26.21	164.19	35.63	38.63	108.42	316.38
农四师	148.40	12.97	2.30	1.55	110.43	2.54	3.10	122.05	23.90
农五师	55.10	4.50	16.30	29.58	191.84	31.27	33.43	106.91	742.89
农六师	225.00	14.33	17.00	7.56	146.82	24.96	27.87	111.66	194.49
农七师	125.80	10.00	46.00	36.57	165.98	76.35	105.75	138.51	1057.50
农八师	276.60	21.67	69.00	24.95	152.10	104.95	139.24	132.67	642.55
哈管局									
和管局									
工一师									

5-29-48 新疆兵团1991年产棉师团棉花生产收购明细

师团名	耕地面积（万亩）	农业人口（万人）	棉田面积（万亩）	占耕地（%）	亩产（市斤）	产量（万担）	收购量（万担）	商品率（%）	人均交售（市斤）
兵团合计	**1025.00**	**104.89**	**315.75**	**30.80**	**147.17**	**464.70**	**472.25**	**101.62**	**450.23**
农一师	133.20	11.71	67.35	50.56	145.97	98.31	93.50	95.11	798.46
农二师	92.10	9.68	26.70	28.99	161.84	43.21	41.31	95.60	426.76
农三师	67.65	12.23	28.80	42.57	173.13	49.86	49.42	99.12	404.09
农四师	155.10	13.23	7.05	4.55	103.83	7.32	7.31	99.86	55.25
农五师	55.05	4.83	19.65	35.69	149.11	29.30	29.26	99.86	605.80
农六师	150.30	14.32	24.15	16.07	135.90	32.82	32.50	99.02	226.96
农七师	101.55	10.73	50.55	49.78	156.04	78.88	96.00	121.70	894.69
农八师	235.35	21.56	83.85	35.63	135.78	113.85	111.99	98.37	519.43
哈管局	24.30	4.12	4.35	17.90	148.97	6.48	6.48	100.00	157.28
和管局	6.15	1.95	1.80	29.27	145.56	2.62	2.43	92.75	124.62
工一师	4.25	0.53	1.50	35.29	136.67	2.05	2.05	100.00	386.79

5－29－49　新疆兵团1992年产棉师团棉花生产收购明细

师团名	耕地面积（万亩）	农业人口（万人）	棉田面积（万亩）	占耕地（%）	亩产（市斤）	产量（万担）	收购量（万担）	商品率（%）	人均交售（市斤）
兵团合计	**1025.81**	**105.81**	**340.05**	**33.15**	**138.23**	**470.05**	**459.16**	**97.68**	**433.95**
农一师	141.45	11.91	74.40	52.60	203.25	151.22	147.16	97.32	1235.60
农二师	94.50	9.67	28.35	30.00	174.29	49.41	48.93	99.03	506.00
农三师	56.66	12.41	41.10	72.54	135.69	55.77	55.77	100.00	449.40
农四师	153.45	12.96	5.85	3.81	68.03	3.98	3.91	98.24	30.17
农五师	59.85	5.03	20.25	33.83	120.10	24.32	24.59	101.11	488.87
农六师	153.90	14.83	32.10	20.86	96.39	30.94	30.54	98.71	205.93
农七师	105.75	10.07	53.70	50.78	129.26	69.41	66.69	96.08	662.26
农八师	224.25	22.28	75.15	33.51	98.80	74.25	70.99	95.61	318.63
哈管局	25.50	4.06	5.55	21.76	116.22	6.45	6.45	100.00	158.87
和管局	6.15	2.02	2.10	34.15	118.10	2.48	2.31	93.15	114.36
工一师	4.35	0.57	1.50	34.48	121.33	1.82	1.82	100.00	319.30

5－29－50　新疆兵团1993年产棉师团棉花生产收购明细

师团名	耕地面积（万亩）	农业人口（万人）	棉田面积（万亩）	占耕地（%）	亩产（市斤）	产量（万担）	收购量（万担）	商品率（%）	人均交售（市斤）
兵团合计	**991.40**	**103.15**	**320.65**	**32.34**	**152.71**	**489.66**	**425.06**	**86.81**	**412.08**
农一师	141.42	12.38	80.88	57.19	182.75	147.81	122.55	82.91	989.90
农二师	89.87	9.69	25.64	28.53	195.28	50.07	36.74	73.38	379.15
农三师	60.53	12.02	33.84	55.91	178.37	60.36	54.69	90.61	454.99
农四师	144.47	13.15	3.44	2.38	62.21	2.14	0.78	36.45	5.93
农五师	60.72	5.43	22.14	36.46	118.65	26.27	27.86	106.05	513.08
农六师	144.77	13.92	25.25	17.44	109.35	27.61	27.65	100.14	198.64
农七师	96.00	8.71	49.44	51.50	157.75	77.99	70.79	90.77	812.74
农八师	219.03	20.96	72.48	33.09	120.68	87.47	78.69	89.96	375.43
哈管局	23.88	4.26	4.43	18.55	144.47	6.40	2.42	37.81	56.81
和管局	6.72	2.06	1.85	27.53	93.51	1.73	1.53	88.44	74.27
工一师	3.99	0.57	1.26	31.58	143.65	1.81	1.36	75.14	238.60

5－29－51　新疆兵团1994年产棉师团棉花生产收购明细

师团名	耕地面积（万亩）	农业人口（万人）	棉田面积（万亩）	占耕地（%）	亩产（市斤）	产量（万担）	收购量（万担）	商品率（%）	人均交售（市斤）
兵团合计	**947.83**	**107.28**	**402.79**	**42.50**	**164.61**	**663.04**	**638.89**	**96.36**	**595.54**
农一师	145.92	13.18	95.58	65.50	218.91	209.23	200.06	95.62	1517.91
农二师	86.96	9.91	30.90	35.53	194.01	59.95	65.75	109.67	663.47
农三师	56.90	12.52	38.90	68.37	195.24	75.95	76.15	100.26	608.23
农四师	144.48	12.63	4.50	3.11	79.11	3.56	1.91	53.65	15.12
农五师	57.71	5.84	26.15	45.31	139.43	36.46	39.15	107.38	670.38
农六师	148.62	13.73	36.90	24.83	144.07	53.16	46.85	88.13	341.22
农七师	100.35	10.20	54.20	54.01	166.05	90.00	86.19	95.77	845.00
农八师	172.44	22.41	104.25	60.46	112.45	117.23	106.30	90.68	474.34
哈管局	24.56	4.34	7.11	28.95	171.59	12.20	11.06	90.66	254.84
和管局	5.81	2.08	2.57	44.23	114.01	2.93	2.94	100.34	141.35
工一师	4.08	0.44	1.73	42.40	136.99	2.37	2.53	106.75	575.00

5－29－52　新疆兵团1995年产棉师团棉花生产收购明细

师团名	耕地面积（万亩）	农业人口（万人）	棉田面积（万亩）	占耕地（%）	亩产（市斤）	产量（万担）	收购量（万担）	商品率（%）	人均交售（市斤）
兵团合计	**1030.99**	**112.21**	**396.77**	**38.48**	**191.57**	**760.09**	**686.51**	**90.32**	**611.79**
农一师	148.32	14.59	95.15	64.15	229.40	218.27	202.54	92.79	1388.21
农二师	90.87	10.45	30.47	33.53	205.22	62.53	52.19	83.46	499.43
农三师	77.46	13.27	44.76	57.78	210.55	94.24	95.90	101.76	722.68
农四师	147.06	12.68	2.30	1.56	136.96	3.15	3.15	100.00	24.84
农五师	58.40	6.12	27.03	46.28	181.13	48.96	43.15	88.13	705.07
农六师	149.88	14.08	37.44	24.98	168.83	63.21	54.42	86.09	386.51
农七师	104.18	10.37	57.44	55.14	177.89	102.18	88.80	86.91	856.32
农八师	220.04	23.85	90.17	40.98	161.15	145.31	128.72	88.58	539.71
哈管局	24.32	4.42	7.58	31.17	196.97	14.93	11.78	78.90	266.34
和管局	6.44	1.94	2.72	42.24	131.99	3.59	3.57	99.44	184.02
工一师	4.02	0.44	1.71	42.54	217.54	3.72	2.29	61.56	520.45

5－29－53　新疆兵团1996年产棉师团棉花生产收购明细

师团名	耕地面积（万亩）	农业人口（万人）	棉田面积（万亩）	占耕地（%）	亩产（市斤）	产量（万担）	收购量（万担）	商品率（%）	人均交售（市斤）
兵团合计	**1061.41**	**117.46**	**423.95**	**39.94**	**173.24**	**734.45**	**512.76**	**69.82**	**436.53**
农一师	152.64	15.19	99.44	65.15	178.53	177.53	157.49	88.71	1036.80
农二师	93.33	10.47	33.21	35.58	210.81	70.01	25.77	36.81	246.13
农三师	80.16	13.83	50.73	63.29	138.34	70.18	63.51	90.50	459.22
农四师	149.90	13.22	5.22	3.48	105.56	5.51	2.86	51.91	21.63
农五师	63.32	6.28	28.85	45.56	179.93	51.91	30.20	58.18	480.89
农六师	154.77	15.59	44.21	28.56	156.57	69.22	35.59	51.42	228.29
农七师	107.57	11.02	56.94	52.93	181.82	103.53	92.77	89.61	841.83
农八师	223.50	24.95	92.39	41.34	177.57	164.06	92.02	56.09	368.82
哈管局	25.02	4.58	8.12	32.45	203.82	16.55	8.45	51.06	184.38
和管局	6.62	1.88	2.96	44.71	98.65	2.92	2.89	98.97	153.72
工一师	4.58	0.45	1.88	41.05	161.17	3.03	1.21	39.93	268.89

5－29－54　新疆兵团1997年产棉师团棉花生产收购明细

师团名	耕地面积（万亩）	农业人口（万人）	棉田面积（万亩）	占耕地（%）	亩产（市斤）	产量（万担）	收购量（万担）	商品率（%）	人均交售（市斤）
兵团合计	**1098.47**	**117.06**	**470.33**	**42.82**	**200.29**	**942.01**	**833.13**	**88.44**	**711.71**
农一师	165.95	13.75	108.45	65.35	205.65	223.03	210.68	94.46	1532.22
农二师	96.62	11.05	37.02	38.32	155.48	57.56	46.71	81.15	422.71
农三师	83.31	13.48	55.25	66.32	133.30	73.65	72.81	98.86	540.13
农四师	154.74	12.99	6.87	4.44	142.36	9.78	8.83	90.29	67.98
农五师	66.14	6.30	29.64	44.81	213.63	63.32	49.96	78.90	793.02
农六师	160.85	15.53	50.63	31.48	198.06	100.28	100.30	100.02	645.85
农七师	107.24	10.98	62.46	58.24	232.37	145.14	130.25	89.74	1186.25
农八师	224.67	25.87	105.59	47.00	226.41	239.07	189.58	79.30	732.82
哈管局	27.02	4.65	9.00	33.30	235.33	21.18	17.49	82.58	376.13
和管局	6.95	2.00	3.00	43.17	142.33	4.27	4.16	97.42	208.00
工一师	4.98	0.46	2.42	48.59	195.45	4.73	2.36	49.89	513.04

5－29－55　新疆兵团1998年产棉师团棉花生产收购明细

师团名	耕地面积（万亩）	农业人口（万人）	棉田面积（万亩）	占耕地（%）	亩　产（市斤）	产　量（万担）	收购量（万担）	商品率（%）	人均交售（市斤）
兵团合计	**1146.54**	**119.15**	**538.99**	**47.01**	**219.82**	**1184.83**	**1155.04**	**97.49**	**969.40**
农一师	176.75	17.17	120.95	68.43	233.37	282.26	278.41	98.64	1621.49
农二师	94.82	11.27	41.93	44.22	184.81	77.49	68.72	88.68	609.76
农三师	92.87	13.45	58.91	63.43	179.51	105.75	105.76	100.01	786.32
农四师	155.01	11.74	11.15	7.19	149.06	16.62	13.63	82.01	116.10
农五师	68.75	6.53	34.07	49.56	237.19	80.81	85.54	105.85	1309.95
农六师	165.84	16.44	60.54	36.51	212.26	128.50	125.07	97.33	760.77
农七师	118.11	9.97	72.03	60.99	236.97	170.69	170.34	99.79	1708.53
农八师	232.31	25.14	121.11	52.13	233.18	282.40	266.07	94.22	1058.35
哈管局	29.45	5.05	12.15	41.26	238.52	28.98	34.63	119.50	685.74
和管局	7.02	1.93	3.00	42.74	170.67	5.12	5.25	102.54	272.02
工一师	5.61	0.46	3.15	56.15	197.14	6.21	1.62	26.09	352.17

5－29－56　新疆兵团1999年产棉师团棉花生产收购明细

师团名	耕地面积（万亩）	农业人口（万人）	棉田面积（万亩）	占耕地（%）	亩　产（市斤）	产　量（万担）	收购量（万担）	商品率（%）	人均交售（市斤）
兵团合计	**1177.08**	**125.40**	**566.38**	**48.12**	**214.75**	**1216.30**	**959.81**	**78.91**	**765.40**
农一师	182.12	17.29	125.51	68.92	220.81	277.14	224.05	80.84	1295.84
农二师	96.63	11.30	40.98	42.41	171.25	70.18	75.22	107.18	665.66
农三师	97.85	14.72	57.87	59.14	179.38	103.81	90.60	87.27	615.49
农四师	155.87	14.76	9.83	6.31	119.23	11.72	1.02	8.70	6.91
农五师	73.02	6.80	39.57	54.19	207.86	82.25	66.47	80.81	977.50
农六师	172.64	17.06	69.86	40.47	217.51	151.95	114.84	75.58	673.15
农七师	123.21	11.39	74.07	60.12	246.38	182.49	167.81	91.96	1473.31
农八师	231.83	25.09	132.24	57.04	233.12	308.28	201.15	65.25	801.71
哈管局	30.42	4.31	10.64	34.98	174.81	18.60	12.55	67.47	291.18
和管局	7.26	2.25	2.36	32.51	121.19	2.86	0.82	28.67	36.44
工一师	6.23	0.43	3.45	55.38	203.48	7.02	5.28	75.21	1227.91

5－29－57　新疆兵团2000年产棉师团棉花生产收购明细

师团名	耕地面积（万亩）	农业人口（万人）	棉田面积（万亩）	占耕地（%）	亩　产（市斤）	产　量（万担）	收购量（万担）	商品率（%）	人均交售（市斤）
兵团合计	**1187.55**	**126.91**	**611.51**	**51.49**	**225.63**	**1379.73**	**981.13**	**71.11**	**773.09**
农一师	187.23	17.66	131.43	70.20	249.54	327.97	224.05	68.31	1268.69
农二师	95.81	11.24	38.39	40.07	187.52	71.99	78.74	109.38	700.53
农三师	97.02	13.87	55.77	57.48	211.19	117.78	103.80	88.13	748.38
农四师	158.88	14.14	4.22	2.66	153.55	6.48	1.02	15.74	7.21
农五师	73.98	6.34	41.76	56.45	221.72	92.59	70.57	76.22	1113.09
农六师	168.54	17.63	76.53	45.41	219.56	168.03	114.84	68.34	651.39
农七师	125.09	12.31	86.12	68.85	235.35	202.68	168.04	82.91	1365.07
农八师	234.75	25.57	159.63	68.00	224.71	358.71	201.42	56.15	787.72
哈管局	30.89	5.42	11.67	37.78	194.26	22.67	12.55	55.36	231.55
和管局	7.29	2.25	2.22	30.45	126.58	2.81	0.82	29.18	36.44
工一师	8.07	0.48	3.77	46.72	212.73	8.02	5.28	65.84	1100.00

5－30－1 新疆兵团农一师历年棉花生产收购

年 度	耕地面积（万亩）	农业人口（万人）	棉田面积（万亩）	占耕地（%）	亩 产（市斤）	产 量（万担）	收购量（万担）	商品率（%）	人均交售（市斤）
52 年合计			**1623.63**	**28.03**	**159.29**	**2586.28**	**2251.25**	**87.05**	**1003.01**
11 年小计			**50.37**	**13.22**	**42.92**	**21.62**			
占合计%			**3.10**			**0.84**			
1949									
1950			2.69		23.42	0.63			
1951			3.33		16.82	0.56			
1952			11.30		26.11	2.95			
1953			1.12		46.43	0.52			
1954	11.63		1.82	15.65	54.40	0.99			
1955	16.45		2.48	15.08	49.60	1.23			
1956	31.37		4.01	12.78	55.36	2.22			
1957	64.43		5.94	9.22	45.62	2.71			
1958	132.99		8.64	6.50	51.16	4.42			
1959	124.03		9.04	7.29	59.62	5.39			
10 年小计			**98.15**	**7.99**	**39.06**	**38.34**	**9.33**	**24.33**	
占合计%			**6.05**			**1.48**	**0.41**		
1960	124.10		9.60	7.74	32.40	3.11			
1961	122.29		10.56	8.64	42.14	4.45			
1962	122.88		7.26	5.91	42.42	3.08			
1963	127.92		9.49	7.42	45.63	4.33	0.52	12.01	
1964	122.09		11.20	9.17	38.66	4.33	1.27	29.33	
1965	122.48		20.02	16.35	40.21	8.05	2.30	28.57	
1966	119.63		10.12	8.46	48.02	4.86	1.97	40.53	
1967	122.37		8.42	6.88	36.46	3.07	1.81	58.96	
1968	124.15		6.43	5.18	22.86	1.47	0.18	12.24	
1969	120.23		5.05	4.20	31.49	1.59	1.28	80.50	
10 年小计			**96.74**	**7.95**	**37.99**	**36.75**	**25.18**	**68.52**	
占合计%			**5.96**			**1.42**	**1.12**		
1970	111.96		7.41	6.62	32.93	2.44	2.20	90.16	
1971	125.81		10.68	8.49	23.22	2.48	2.07	83.47	
1972	127.23		11.24	8.83	21.62	2.43	2.43	100.00	
1973	118.52		7.26	6.13	47.11	3.42	3.34	97.66	
1974	119.08		8.02	6.73	33.67	2.70	2.61	96.67	
1975	121.65		7.47	6.14	38.29	2.86	1.61	56.29	
1976	118.36		8.30	7.01	36.51	3.03			
1977	121.82		9.51	7.81	41.01	3.90			
1978	124.28		11.90	9.58	54.12	6.44	4.58	71.12	
1979	127.50		14.95	11.73	47.16	7.05	6.34	89.93	
10 年小计			**325.63**	**25.86**	**93.96**	**305.95**	**275.92**	**90.18**	**398.90**
占合计%			**20.06**			**11.83**	**12.26**		
1980	127.16		15.62	12.28	57.49	8.98	7.08	78.84	
1981	125.00		19.84	15.87	45.26	8.98	7.75	86.30	
1982	126.56		24.68	19.50	68.68	16.95	12.25	72.27	
1983	122.98		25.88	21.04	92.50	23.94	15.23	63.62	
1984	127.80	13.47	31.38	24.55	106.82	33.52	29.36	87.59	217.97
1985	124.79	12.57	36.02	28.86	111.05	40.00	40.46	101.15	321.88
1986	124.09	11.24	37.56	30.27	94.52	35.50	33.30	93.80	296.26
1987	124.73	11.14	44.37	35.57	102.23	45.36	40.12	88.45	360.14
1988	126.90	10.37	44.77	35.28	96.34	43.13	42.89	99.44	413.60
1989	129.01	10.38	45.51	35.28	108.97	49.59	47.48	95.75	457.42
11 年小计			**1052.74**	**61.64**	**207.42**	**2183.62**	**1940.82**	**1008.09**	**1249.88**
占合计%			**64.84**			**84.43**	**86.21**		
1990	132.80	10.45	53.60	40.36	132.18	70.85	80.33	113.38	768.71
1991	133.20	11.71	67.35	50.56	145.97	98.31	93.50	95.11	798.46
1992	141.45	11.91	74.40	52.60	203.20	151.22	147.16	97.32	1235.60
1993	141.42	12.38	80.88	57.19	182.75	147.81	122.55	82.91	989.90
1994	145.92	13.18	95.58	65.50	218.91	209.23	200.06	95.62	1517.91
1995	148.32	14.59	95.15	64.15	229.40	218.27	202.54	92.79	1388.21
1996	152.64	15.19	99.44	65.15	178.53	177.53	157.49	88.71	1036.80
1997	165.95	13.75	108.45	65.35	205.65	223.03	210.68	94.46	1532.22
1998	176.75	17.17	120.95	68.43	233.37	282.26	278.41	98.64	1621.49
1999	182.12	17.29	125.51	68.92	220.81	277.14	224.05	80.84	1295.84
2000	187.23	17.66	131.43	70.20	249.54	327.97	224.05	68.31	1268.69

注：人均交售偏高不够准确，主要是因为 1950－1983 年无农业人口数字。

5－30－2　新疆兵团农二师历年棉花生产收购

年　　度	耕地面积（万亩）	农业人口（万人）	棉田面积（万亩）	占耕地（%）	亩　产（市斤）	产　量（万担）	收购量（万担）	商品率（%）	人均交售（市斤）
52 年合计			**705.48**	**17.24**	**127.93**	**902.51**	**782.71**	**86.73**	**441.41**
11 年小计			**32.05**	**9.23**	**41.53**	**13.31**			
占合计%			**4.54**			**1.47**			
1949									
1950			0.45		13.33	0.06			
1951			1.05		169.52	1.78			
1952			3.75		34.67	1.30			
1953			1.61		38.51	0.62			
1954	19.72		1.24	6.29	29.84	0.37			
1955	23.26		2.33	10.02	46.78	1.09			
1956	27.95		5.12	18.32	54.30	2.78			
1957	47.53		2.93	6.16	46.08	1.35			
1958	107.34		5.32	4.96	33.65	1.79			
1959	121.28		8.25	6.80	26.30	2.17			
10 年小计			**50.00**	**5.23**	**25.20**	**12.60**	**3.80**	**30.16**	
占合计%			**7.09**			**1.40**	**0.49**		
1960	99.55		12.62	12.68	9.67	1.22			
1961	108.57		3.06	2.82	34.31	1.05			
1962	91.56		2.86	3.12	22.38	0.64			
1963	92.03		2.73	2.97	34.07	0.93	0.46	49.46	
1964	90.35		2.82	3.12	43.62	1.23	0.60	48.78	
1965	93.07		3.63	3.90	45.45	1.65	0.90	54.55	
1966	103.80		5.29	5.10	34.22	1.81	0.50	27.62	
1967	100.52		5.71	5.68	29.42	1.68	0.12	7.14	
1968	94.83		5.46	5.76	18.86	1.03	0.18	17.48	
1969	81.50		5.82	7.14	23.37	1.36	1.04	76.47	
10 年小计			**69.62**	**7.79**	**39.31**	**27.37**	**19.92**	**72.78**	
占合计%			**9.87**			**3.03**	**2.55**		
1970	87.30		6.91	7.92	15.05	1.04	0.93	89.42	
1971	88.44		7.44	8.41	24.60	1.83	1.71	93.44	
1972	90.87		6.96	7.66	27.16	1.89	1.85	97.88	
1973	90.42		7.09	7.84	35.83	2.54	2.26	88.98	
1974	91.07		7.10	7.80	35.07	2.49	2.25	90.36	
1975	85.59		6.89	8.05	32.51	2.24	1.78	79.46	
1976	87.99		4.93	5.60	50.51	2.49			
1977	90.51		5.71	6.31	55.87	3.19			
1978	91.45		7.09	7.75	59.94	4.25	4.04	95.06	
1979	90.58		9.50	10.49	56.95	5.41	5.10	94.27	
10 年小计			**196.82**	**22.34**	**102.70**	**202.14**	**180.49**	**89.29**	**286.72**
占合计%			**27.90**			**22.40**	**23.06**		
1980	90.30		13.42	14.86	70.64	9.48	10.00	105.49	
1981	89.67		14.94	16.66	69.01	10.31	8.29	80.41	
1982	89.55		18.98	21.19	84.93	16.12	11.02	68.36	
1983	90.44		19.88	21.98	99.35	19.75	18.75	94.94	
1984	92.07	11.40	20.35	22.10	108.35	22.05	16.47	74.69	144.47
1985	86.98	10.83	20.02	23.02	100.75	20.17	19.51	96.73	180.15
1986	86.38	10.78	22.36	25.89	94.90	21.22	18.62	87.75	172.73
1987	86.63	9.95	22.15	25.57	105.60	23.39	22.98	98.25	230.95
1988	85.89	10.38	22.94	26.71	127.86	29.33	24.61	83.91	237.09
1989	83.16	9.61	21.78	26.19	139.21	30.32	30.24	99.74	314.67
11 年小计			**356.99**	**35.19**	**181.26**	**647.09**	**578.50**	**89.40**	**505.81**
占合计%			**50.60**			**71.70**	**73.91**		
1990	82.90	9.64	23.40	28.23	148.25	34.69	38.42	110.75	398.55
1991	92.10	9.68	26.70	28.99	161.84	43.21	41.31	95.60	426.76
1992	94.50	9.67	28.35	30.00	174.29	49.41	48.93	99.03	506.00
1993	89.87	9.69	25.64	28.53	195.28	50.07	36.74	73.38	379.15
1994	86.96	9.91	30.90	35.53	194.01	59.95	65.75	109.67	663.47
1995	90.87	10.45	30.47	33.53	205.22	62.53	52.19	83.46	499.43
1996	93.33	10.47	33.21	35.58	210.81	70.01	25.77	36.81	246.13
1997	96.62	11.05	37.02	38.32	155.48	57.56	46.71	81.15	422.71
1998	94.82	11.27	41.93	44.22	184.81	77.49	68.72	88.68	609.76
1999	96.63	11.30	40.98	42.41	171.25	70.18	75.22	107.18	665.66
2000	95.81	11.24	38.39	40.07	187.52	71.99	78.74	109.38	700.53

5-30-3 新疆兵团农三师历年棉花生产收购

年　度	耕地面积（万亩）	农业人口（万人）	棉田面积（万亩）	占耕地（%）	亩　产（市斤）	产　量（万担）	收购量（万担）	商品率（%）	人均交售（市斤）
52 年合计			**701.96**	**29.80**	**144.82**	**1016.59**	**957.20**	**94.16**	**465.95**
11 年小计									
占合计%									
1949									
1950									
1951									
1952									
1953									
1954									
1955									
1956									
1957									
1958									
1959									
10 年小计			**9.73**	**9.01**	**41.42**	**4.03**			
占合计%			**1.39**			**0.40**			
1960									
1961									
1962									
1963									
1964									
1965									
1966	18.60		2.53	13.60	54.94	1.39			
1967	20.47		1.48	7.23	52.03	0.77			
1968	21.29		1.58	7.42	61.39	0.97			
1969	47.66		4.14	8.69	21.74	0.90			
10 年小计			**46.19**	**7.58**	**34.79**	**16.07**	**9.46**	**58.87**	
占合计%			**6.58**			**1.58**	**0.99**		
1970	56.58		3.90	6.89	33.08	1.29	1.20	93.02	
1971	62.25		6.97	11.20	36.73	2.56	2.33	91.02	
1972	66.87		6.79	10.15	21.35	1.45	1.39	95.86	
1973	59.08		1.50	2.54	54.00	0.81	0.72	88.89	
1974	59.53		3.39	5.69	41.00	1.39	0.62	44.60	
1975	60.22		4.15	6.89	20.72	0.86			
1976	54.69		3.77	6.89	40.58	1.53			
1977	58.49		4.04	6.91	37.38	1.51			
1978	65.13		5.55	8.52	42.52	2.36	1.70	72.03	
1979	66.27		6.13	9.25	37.68	2.31	1.50	64.94	
10 年小计			**158.41**	**20.18**	**96.91**	**153.51**	**140.70**	**91.66**	**229.08**
占合计%			**22.57**			**15.10**	**14.70**		
1980	75.79		8.41	11.10	34.48	2.90	2.35	81.03	
1981	74.30		5.63	7.58	54.35	3.06	2.83	92.48	
1982	73.34		9.85	13.43	73.50	7.24	6.57	90.75	
1983	78.88		12.95	16.42	74.05	9.59	8.71	90.82	
1984	79.73	9.28	14.39	18.05	95.27	13.71	12.43	90.66	133.94
1985	80.81	9.33	17.01	21.05	100.94	17.17	15.35	89.40	164.52
1986	81.59	9.61	17.98	22.04	86.48	15.55	13.63	87.65	141.83
1987	84.90	10.10	22.69	26.73	102.34	23.22	21.70	93.45	214.85
1988	76.26	10.94	25.72	33.73	115.05	29.59	27.33	92.36	249.82
1989	79.50	12.16	23.78	29.91	132.38	31.48	29.80	94.66	245.07
11 年小计			**487.63**	**57.15**	**172.87**	**842.98**	**807.04**	**95.74**	**560.41**
占合计%			**69.47**			**82.92**	**84.31**		
1990	82.80	12.21	21.70	26.21	164.19	35.63	38.63	108.42	316.38
1991	67.65	12.23	28.80	42.57	173.13	49.86	49.42	99.12	404.09
1992	56.66	12.41	41.10	72.54	135.69	55.77	55.77	100.00	449.40
1993	60.53	12.02	33.84	55.91	178.37	60.36	54.69	90.61	454.99
1994	56.90	12.52	38.90	68.37	195.24	75.95	76.15	100.26	608.23
1995	77.46	13.27	44.76	57.78	210.55	94.24	95.90	101.76	722.68
1996	80.16	13.83	50.73	63.29	138.34	70.18	63.51	90.50	459.22
1997	83.31	13.48	55.25	66.32	133.30	73.65	72.81	98.86	540.13
1998	92.87	13.45	58.91	63.43	179.51	105.75	105.76	100.01	786.32
1999	97.85	14.72	57.87	59.14	179.38	103.81	90.60	87.27	615.49
2000	97.02	13.87	55.77	57.48	211.19	117.78	103.80	88.13	748.38

5－30－4　新疆兵团农四师历年棉花生产收购

年　　度	耕地面积（万亩）	农业人口（万人）	棉田面积（万亩）	占耕地（%）	亩　产（市斤）	产　量（万担）	收购量（万担）	商品率（%）	人均交售（市斤）
52 年合计			**123.14**	**1.91**	**80.14**	**98.69**	**60.57**	**61.37**	**27.11**
11 年小计			**4.41**	**1.75**	**29.25**	**1.29**			
占合计%			**3.58**			**1.31**			
1949									
1950			0.15		13.33	0.02			
1951			0.07		14.29	0.01			
1952			0.01						
1953									
1954									
1955	26.19		0.01	0.04					
1956	29.73		0.58	1.95	53.45	0.31			
1957	34.68		1.13	3.26	46.02	0.52			
1958	66.84		2.02	3.02	10.40	0.21			
1959	94.30		0.44	0.47	50.00	0.22			
10 年小计			**14.45**	**0.98**	**27.75**	**4.01**			
占合计%			**11.73**			**4.06**			
1960	137.29		0.35	0.25	11.43	0.04			
1961	122.09		1.65	1.35	12.73	0.21			
1962	129.80		0.30	0.23	16.67	0.05			
1963	140.24		0.53	0.38	24.53	0.13			
1964	146.07		0.42	0.29	23.81	0.10			
1965	155.78		0.78	0.50	43.59	0.34			
1966	162.13		2.55	1.57	44.31	1.13			
1967	160.22		3.66	2.28	29.78	1.09			
1968	149.20		2.05	1.37	28.29	0.58			
1969	164.41		2.16	1.31	15.74	0.34			
10 年小计			**13.43**	**0.87**	**33.13**	**4.45**	**0.09**	**2.02**	
占合计%			**10.91**			**4.51**	**0.15**		
1970	158.08		2.43	1.54	22.63	0.55			
1971	155.04		2.37	1.53	36.29	0.86			
1972	155.40		2.67	1.72	41.57	1.11			
1973	152.63		1.48	0.97	30.41	0.45			
1974	151.27		1.34	0.89	38.06	0.51			
1975	157.65		0.87	0.55	25.29	0.22	0.09	40.91	
1976	158.92		0.67	0.42	17.91	0.12			
1977	143.93		0.49	0.34	51.02	0.25			
1978	157.30		0.67	0.43	41.79	0.28			
1979	157.91		0.44	0.28	22.73	0.10			
10 年小计			**28.12**	**1.85**	**57.40**	**16.14**	**12.96**	**80.30**	**16.41**
占合计%			**22.84**			**16.35**	**21.40**		
1980	157.52		0.57	0.36	49.12	0.28	0.07	25.00	
1981	156.83		1.90	1.21	81.05	1.54	0.77	50.00	
1982	157.10		8.37	5.33	57.71	4.83	3.37	69.77	
1983	156.41		5.93	3.79	49.07	2.91	3.12	107.22	
1984	153.71	14.48	6.26	4.07	56.87	3.56	3.25	91.29	22.44
1985	149.64	13.35	2.50	1.67	50.00	1.25	1.18	94.40	8.84
1986	147.79	12.44	1.70	1.15	62.94	1.07	0.59	55.14	4.74
1987	146.82	12.85	0.76	0.52	77.63	0.59	0.50	84.75	3.89
1988	146.11	12.76	0.11	0.08	90.91	0.10	0.10	100.00	0.78
1989	147.81	13.10	0.02	0.01	50.00	0.01	0.01	100.00	0.08
11 年小计			**62.73**	**3.76**	**116.05**	**72.80**	**47.52**	**65.27**	**32.89**
占合计%			**50.94**			**73.77**	**78.45**		
1990	148.40	12.97	2.30	1.55	110.43	2.54	3.10	122.05	23.90
1991	155.10	13.23	7.05	4.55	103.83	7.32	7.31	99.86	55.25
1992	153.45	12.96	5.85	3.81	68.03	3.98	3.91	98.24	30.17
1993	144.47	13.15	3.44	2.38	62.21	2.14	0.78	36.45	5.93
1994	144.48	12.63	4.50	3.11	79.11	3.56	1.91	53.65	15.12
1995	147.06	12.68	2.30	1.56	136.96	3.15	3.15	100.00	24.84
1996	149.90	13.22	5.22	3.48	105.56	5.51	2.86	51.91	21.63
1997	154.74	12.99	6.87	4.44	142.36	9.78	8.83	90.29	67.98
1998	155.01	11.74	11.15	7.19	149.06	16.62	13.63	82.01	116.10
1999	155.87	14.76	9.83	6.31	119.23	11.72	1.02	8.70	6.91
2000	158.88	14.14	4.22	2.66	153.55	6.48	1.02	15.74	7.21

5-30-5　新疆兵团农五师历年棉花生产收购

年　　度	耕地面积（万亩）	农业人口（万人）	棉田面积（万亩）	占耕地（%）	亩　产（市斤）	产　量（万担）	收购量（万担）	商品率（%）	人均交售（市斤）
52 年合计			**409.36**	**20.62**	**166.56**	**681.81**	**598.33**	**87.76**	**651.92**
11 年小计			**1.47**	**3.03**	**76.87**	**1.13**			
占合计%			**0.36**			**0.17**			
1949									
1950									
1951									
1952									
1953									
1954	3.08		0.02	0.65	100.00	0.02			
1955	4.32		0.20	4.63	90.00	0.18			
1956	5.32		0.50	9.40	72.00	0.36			
1957	5.65		0.21	3.72	61.90	0.13			
1958	9.07		0.40	4.41	75.00	0.30			
1959	21.14		0.14	0.66	100.00	0.14			
10 年小计			**12.19**	**2.97**	**32.32**	**3.94**			
占合计%			**2.98**			**0.58**			
1960	51.70		0.23	0.44	17.39	0.04			
1961	25.63		0.53	2.07	20.75	0.11			
1962	25.73		0.15	0.58	40.00	0.06			
1963	39.85		0.19	0.48	42.11	0.08			
1964	42.69		0.57	1.34	31.58	0.18			
1965	49.57		1.24	2.50	55.65	0.69			
1966	50.51		2.78	5.50	47.12	1.31			
1967	50.32		2.92	5.80	32.19	0.94			
1968	40.83		1.73	4.24	18.50	0.32			
1969	33.30		1.85	5.56	11.35	0.21			
10 年小计			**10.47**	**2.81**	**36.39**	**3.81**	**0.34**	**8.92**	
占合计%			**2.56**			**0.56**	**0.06**		
1970	38.40		1.56	4.06	38.46	0.60			
1971	37.33		1.48	3.96	37.16	0.55			
1972	37.67		1.85	4.91	30.27	0.56			
1973	37.49		1.21	3.23	35.54	0.43			
1974	38.07		0.81	2.13	43.21	0.35			
1975	37.70		0.97	2.57	26.80	0.26			
1976	32.70		0.69	2.11	31.88	0.22			
1977	33.62		0.62	1.84	27.42	0.17			
1978	39.97		0.56	1.40	64.29	0.36	0.15	41.67	
1979	40.06		0.72	1.80	43.06	0.31	0.19	61.29	
10 年小计			**79.82**	**17.29**	**132.13**	**105.47**	**97.81**	**92.74**	**352.09**
占合计%			**19.50**			**15.47**	**16.35**		
1980	41.12		1.56	3.79	66.03	1.03	0.37	35.92	
1981	41.41		3.02	7.29	76.16	2.30	1.59	69.13	
1982	42.39		5.92	13.97	69.43	4.11	3.08	74.94	
1983	44.85		7.25	16.16	83.17	6.03	5.86	97.18	
1984	47.62	4.91	7.97	16.74	112.92	9.00	7.58	84.22	154.38
1985	44.06	4.78	8.24	18.70	121.24	9.99	11.41	114.21	238.70
1986	44.40	4.55	9.75	21.96	156.00	15.21	14.12	92.83	310.33
1987	47.14	4.81	10.42	22.10	186.37	19.42	16.73	86.15	347.82
1988	54.10	4.39	12.51	23.12	150.76	18.86	18.10	95.97	412.30
1989	54.58	4.34	13.18	24.15	148.10	19.52	18.97	97.18	437.10
11 年小计			**305.41**	**44.13**	**185.80**	**567.46**	**500.18**	**88.14**	**781.53**
占合计%			**74.61**			**83.23**	**83.60**		
1990	55.10	4.50	16.30	29.58	191.84	31.27	33.43	106.91	742.89
1991	55.05	4.83	19.65	35.69	149.11	29.30	29.26	99.86	605.80
1992	59.85	5.03	20.25	33.83	120.10	24.32	24.59	101.11	488.87
1993	60.72	5.43	22.14	36.46	118.65	26.27	27.86	106.05	513.08
1994	57.71	5.84	26.15	45.31	139.43	36.46	39.15	107.38	670.38
1995	58.40	6.12	27.03	46.28	181.13	48.96	43.15	88.13	705.07
1996	63.32	6.28	28.85	45.56	179.93	51.91	30.20	58.18	480.89
1997	66.14	6.30	29.64	44.81	213.63	63.32	49.96	78.90	793.02
1998	68.75	6.53	34.07	49.56	237.19	80.81	85.54	105.85	1309.95
1999	73.02	6.80	39.57	54.19	207.86	82.25	66.47	80.81	977.50
2000	73.98	6.34	41.76	56.45	221.72	92.59	70.57	76.22	1113.09

5-30-6 新疆兵团农六师历年棉花生产收购

年　度	耕地面积（万亩）	农业人口（万人）	棉田面积（万亩）	占耕地（%）	亩　产（市斤）	产　量（万担）	收购量（万担）	商品率（%）	人均交售（市斤）
52年合计			**592.13**	**9.58**	**155.80**	**922.56**	**765.34**	**82.96**	**297.36**
11年小计			**6.59**	**3.74**	**37.03**	**2.44**			
占合计%			**1.11**			**0.26**			
1949									
1950			0.18		11.11	0.02			
1951			0.38		23.68	0.09			
1952			0.01						
1953			0.25		28.00	0.07			
1954	15.71		0.13	0.83	46.15	0.06			
1955	20.74		1.29	6.22	46.51	0.60			
1956	22.94		2.29	9.98	34.93	0.80			
1957	26.95		0.53	1.97	56.60	0.30			
1958	35.09		1.04	2.96	29.81	0.31			
1959	54.83		0.49	0.89	38.78	0.19			
10年小计			**4.10**	**0.42**	**34.15**	**1.40**			
占合计%			**0.69**			**0.15**			
1960	99.19		0.62	0.63	8.06	0.05			
1961	94.51		0.46	0.49	6.52	0.03			
1962	95.73		0.33	0.34	12.12	0.04			
1963	97.46		0.21	0.22	14.29	0.03			
1964	99.01		0.25	0.25	32.00	0.08			
1965	97.56		0.43	0.44	60.47	0.26			
1966	98.14		0.57	0.58	56.14	0.32			
1967	99.00		0.53	0.54	54.72	0.29			
1968	99.00		0.37	0.37	48.65	0.18			
1969	98.60		0.33	0.33	36.36	0.12			
10年小计			**28.50**	**2.61**	**11.19**	**3.19**	**0.65**	**20.38**	
占合计%			**4.81**			**0.35**	**0.08**		
1970	68.28		0.30	0.44	40.00	0.12			
1971	68.28		0.66	0.97	75.76	0.50			
1972	70.28		0.62	0.88	83.87	0.52			
1973	72.05		0.44	0.61	50.00	0.22			
1974	71.02		0.15	0.21	20.00	0.03			
1975	108.78		0.05	0.05	20.00	0.01			
1976	110.38		0.05	0.05	*	0.18			
1977	114.84		0.06	0.05	*	0.20			
1978	204.15		12.20	5.98	5.98	0.73	0.27	36.99	
1979	205.36		13.97	6.80	4.87	0.68	0.38	55.88	
10年小计			**78.33**	**3.67**	**82.79**	**64.85**	**54.22**	**83.61**	**60.30**
占合计%			**13.23**			**7.03**	**7.08**		
1980	207.93		1.83	0.88	66.12	1.21	1.00	82.64	
1981	207.70		6.30	3.03	76.67	4.83	2.27	47.00	
1982	212.64		12.00	5.64	64.17	7.70	5.09	66.10	
1983	215.73		10.95	5.08	62.83	6.88	5.76	83.72	
1984	214.13	15.62	9.35	4.37	65.13	6.09	5.14	84.40	32.91
1985	212.83	15.19	5.14	2.42	74.71	3.84	3.41	88.80	22.45
1986	213.39	14.92	6.11	2.86	109.33	6.68	6.37	95.36	42.69
1987	213.06	14.83	10.23	4.80	101.17	10.35	9.18	88.70	61.90
1988	216.12	14.86	7.56	3.50	105.03	7.94	7.21	90.81	48.52
1989	222.92	14.50	8.86	3.97	105.30	9.33	8.79	94.21	60.62
11年小计			**474.61**	**26.44**	**179.24**	**850.68**	**710.47**	**83.52**	**424.26**
占合计%			**80.15**			**92.21**	**92.83**		
1990	225.00	14.33	17.00	7.56	146.82	24.96	27.87	111.66	194.49
1991	150.30	14.32	24.15	16.07	135.90	32.82	32.50	99.02	226.96
1992	153.90	14.83	32.10	20.86	96.39	30.94	30.54	98.71	205.93
1993	144.77	13.92	25.25	17.44	109.35	27.61	27.65	100.14	198.64
1994	148.62	13.73	36.90	24.83	144.07	53.16	46.85	88.13	341.22
1995	149.88	14.08	37.44	24.98	168.83	63.21	54.42	86.09	386.51
1996	154.77	15.59	44.21	28.56	156.57	69.22	35.59	51.42	228.29
1997	160.85	15.53	50.63	31.48	198.06	100.28	100.30	100.02	645.85
1998	165.84	16.44	60.54	36.51	212.26	128.50	125.07	97.33	760.77
1999	172.64	17.06	69.86	40.47	217.51	151.95	114.84	75.58	673.15
2000	168.54	17.63	76.53	45.41	219.56	168.03	114.84	68.34	651.39

5-30-7 新疆兵团农七师历年棉花生产收购

年度	耕地面积（万亩）	农业人口（万人）	棉田面积（万亩）	占耕地（%）	亩产（市斤）	产量（万担）	收购量（万担）	商品率（%）	人均交售（市斤）
52年合计			**1407.18**	**20.12**	**137.34**	**1932.64**	**1684.07**	**87.14**	**948.66**
11年小计			**81.81**	**16.11**	**58.01**	**47.46**			
占合计%			**5.81**			**2.46**			
1949									
1950			0.15		13.33	0.02			
1951			1.24		14.52	0.18			
1952			4.49		30.96	1.39			
1953			1.34		108.21	1.45			
1954	21.16		1.73	8.18	65.32	1.13			
1955	37.95		4.68	12.33	100.85	4.72			
1956	51.97		12.28	23.63	61.07	7.50			
1957	76.49		16.34	21.36	59.55	9.73			
1958	132.44		18.52	13.98	53.40	9.89			
1959	187.68		21.04	11.21	54.42	11.45			
10年小计			**200.24**	**7.41**	**63.28**	**126.72**			
占合计%			**14.23**			**6.56**			
1960	247.05		27.74	11.23	24.87	6.90			
1961	245.80		21.37	8.69	23.35	4.99			
1962	248.42		9.84	3.96	25.00	2.46			
1963	274.06		14.76	5.39	44.78	6.61			
1964	292.14		16.59	5.68	77.76	12.90			
1965	291.85		21.19	7.26	117.23	24.84			
1966	299.63		21.09	7.04	95.92	20.23			
1967	308.04		22.58	7.33	89.59	20.23			
1968	293.48		22.74	7.75	62.23	14.15			
1969	201.66		22.34	11.08	60.03	13.41			
10年小计			**141.87**	**10.81**	**81.93**	**116.24**	**116.94**	**100.60**	
占合计%			**10.08**			**6.01**	**6.94**		
1970	201.00		25.10	12.49	97.17	24.39	22.30	91.43	
1971	208.32		14.30	6.86	148.60	21.25	21.44	100.89	
1972	218.05		26.83	12.30	83.60	22.43	23.41	104.37	
1973	215.71		25.17	11.67	80.33	20.22	20.21	99.95	
1974	215.46		24.14	11.20	52.11	12.58	15.18	120.67	
1975	5.33		0.05	0.94	60.00	0.03			
1976	5.67		0.05	0.88	40.00	0.02			
1977	4.86		0.06	1.23	50.00	0.03			
1978	115.49		12.20	10.56	61.80	7.54	7.13	94.56	
1979	122.28		13.97	11.42	55.48	7.75	7.27	93.81	
10年小计			**320.31**	**25.48**	**107.05**	**342.88**	**323.70**	**94.41**	**524.04**
占合计%			**22.76**			**17.74**	**19.22**		
1980	122.70		19.57	15.95	81.96	16.04	15.96	99.50	
1981	125.05		25.48	20.38	107.81	27.47	23.82	86.71	
1982	127.42		35.06	27.52	88.82	31.14	26.94	86.51	
1983	128.69		29.84	23.19	94.97	28.34	25.13	88.67	
1984	127.82	11.96	33.20	25.97	109.34	36.30	29.44	81.10	246.15
1985	124.98	11.16	29.54	23.64	100.30	29.63	34.41	116.13	308.33
1986	124.95	10.36	34.09	27.28	135.02	46.03	42.31	91.92	408.40
1987	124.65	10.13	39.77	31.91	122.88	48.87	45.76	93.64	451.73
1988	126.77	7.90	36.38	28.70	101.15	36.80	38.37	104.27	485.70
1989	124.14	10.26	37.38	30.11	113.06	42.26	41.56	98.34	405.07
11年小计			**662.95**	**54.57**	**195.99**	**1299.34**	**1243.43**	**95.70**	**1074.24**
占合计%			**47.11**			**67.23**	**73.83**		
1990	125.80	10.00	46.00	36.57	165.98	76.35	105.75	138.51	1057.50
1991	101.55	10.73	50.55	49.78	156.04	78.88	96.00	121.70	894.69
1992	105.75	10.07	53.70	50.78	129.26	69.41	66.69	96.08	662.26
1993	96.00	8.71	49.44	51.50	157.75	77.99	70.79	90.77	812.74
1994	100.35	10.20	54.20	54.01	166.05	90.00	86.19	95.77	845.00
1995	104.18	10.37	57.44	55.14	177.89	102.18	88.80	86.91	856.32
1996	107.57	11.02	56.94	52.93	181.82	103.53	92.77	89.61	841.83
1997	107.24	10.98	62.46	58.24	232.37	145.14	130.25	89.74	1186.25
1998	118.11	9.97	72.03	60.99	236.97	170.69	170.34	99.79	1708.53
1999	123.21	11.39	74.07	60.12	246.38	182.49	167.81	91.96	1473.31
2000	125.09	12.31	86.12	68.85	235.35	202.68	168.04	82.91	1365.07

5－30－8　新疆兵团农八师历年棉花生产收购

年　　度	耕地面积（万亩）	农业人口（万人）	棉田面积（万亩）	占耕地（％）	亩　产（市斤）	产　量（万担）	收购量（万担）	商品率（％）	人均交售（市斤）
52 年合计			**2051.78**	**19.57**	**135.51**	**2780.35**	**2255.25**	**81.11**	**567.53**
11 年小计			**60.54**	**13.13**	**53.52**	**32.40**			
占合计％			**2.95**			**1.17**			
1949									
1950			0.04		25.00	0.01			
1951			0.57		19.30	0.11			
1952			0.57		126.32	0.72			
1953			1.45		115.86	1.68			
1954	17.95		1.66	9.25	63.86	1.06			
1955	27.62		2.79	10.10	113.98	3.18			
1956	48.20		9.22	19.13	62.91	5.80			
1957	57.50		11.96	20.80	46.15	5.52			
1958	129.37		16.51	12.76	44.64	7.37			
1959	180.31		15.77	8.75	44.07	6.95			
10 年小计			**173.68**	**7.71**	**72.51**	**125.93**	**128.62**	**102.14**	
占合计％			**8.46**			**4.53**	**5.70**		
1960	216.37		23.00	10.63	26.78	6.16			
1961	225.38		15.76	6.99	35.72	5.63	8.97	159.33	
1962	228.67		8.95	3.91	63.02	5.64	7.59	134.57	
1963	228.48		10.89	4.77	72.27	7.87	11.18	142.06	
1964	227.73		16.91	7.43	79.36	13.42	24.87	185.32	
1965	227.09		17.99	7.92	112.90	20.31	18.81	92.61	
1966	231.65		18.78	8.11	99.31	18.65	14.96	80.21	
1967	234.85		20.51	8.73	97.37	19.97	17.88	89.53	
1968	214.68		20.59	9.59	73.09	15.05	12.04	80.00	
1969	217.66		20.30	9.33	65.17	13.23	12.32	93.12	
10 年小计			**205.76**	**8.17**	**63.65**	**130.97**	**100.61**	**76.82**	
占合计％			**10.03**			**4.71**	**4.46**		
1970	207.95		19.11	9.19	73.63	14.07	12.56	89.27	
1971	198.55		18.56	9.35	72.68	13.49	13.86	102.74	
1972	198.42		19.05	9.60	83.15	15.84	15.32	96.72	
1973	198.67		19.05	9.59	65.83	12.54	11.64	92.82	
1974	187.32		17.38	9.28	58.80	10.22	10.06	98.43	
1975	314.88		20.89	6.63	43.47	9.08	8.00	88.11	
1976	317.43		21.61	6.81	52.52	11.35			
1977	306.47		21.10	6.88	49.53	10.45			
1978	293.15		22.46	7.66	74.98	16.84	14.66	87.05	
1979	295.85		26.55	8.97	64.37	17.09	14.51	84.90	
10 年小计			**505.94**	**18.33**	**97.93**	**495.47**	**439.85**	**88.77**	**318.66**
占合计％			**24.66**			**17.82**	**19.50**		
1980	278.10		36.13	12.99	81.35	29.39	27.74	94.39	
1981	277.57		44.86	16.16	102.05	45.78	39.22	85.67	
1982	277.66		57.67	20.77	92.94	53.60	36.64	68.36	
1983	275.95		58.06	21.04	90.49	52.54	47.04	89.53	
1984	276.21	25.18	53.49	19.37	99.68	53.32	47.66	89.38	189.28
1985	274.87	23.87	43.93	15.98	93.42	41.04	38.37	93.49	160.75
1986	274.13	22.49	51.41	18.75	111.11	57.12	51.12	89.50	227.30
1987	274.74	22.60	60.18	21.90	111.53	67.12	60.40	89.99	267.26
1988	275.22	22.02	47.63	17.31	89.61	42.68	39.18	91.80	177.93
1989	275.12	21.87	52.58	19.11	100.57	52.88	52.48	99.24	239.96
11 年小计			**1105.86**	**44.33**	**180.46**	**1995.58**	**1586.17**	**79.48**	**611.59**
占合计％			**53.90**			**71.77**	**70.33**		
1990	276.60	21.67	69.00	24.95	152.10	104.95	139.24	132.67	642.55
1991	235.35	21.56	83.85	35.63	135.78	113.85	111.99	98.37	519.43
1992	224.25	22.28	75.15	33.51	98.80	74.25	70.99	95.61	318.63
1993	219.03	20.96	72.48	33.09	120.68	87.47	78.69	89.96	375.43
1994	172.44	22.41	104.25	60.46	112.45	117.23	106.30	90.68	474.34
1995	220.04	23.85	90.17	40.98	161.15	145.31	128.72	88.58	539.71
1996	223.50	24.95	92.39	41.34	177.57	164.06	92.02	56.09	368.82
1997	224.67	25.87	105.59	47.00	226.41	239.07	189.58	79.30	732.82
1998	232.31	25.14	121.11	52.13	233.18	282.40	266.07	94.22	1058.35
1999	231.83	25.09	132.24	57.04	233.12	308.28	201.15	65.25	801.71
2000	234.75	25.57	159.63	68.00	224.71	358.71	201.42	56.15	787.72

5－30－9　新疆兵团哈管局历年棉花生产收购

年　　度	耕地面积（万亩）	农业人口（万人）	棉田面积（万亩）	占耕地（%）	亩　产（市斤）	产　量（万担）	收购量（万担）	商品率（%）	人均交售（市斤）
52 年合计			**80.60**	**30.37**	**191.61**	**154.44**	**123.86**	**80.20**	**273.93**
11 年小计									
占合计%									
1949									
1950									
1951									
1952									
1953									
1954									
1955									
1956									
1957									
1958									
1959									
10 年小计									
占合计%									
1960									
1961									
1962									
1963									
1964									
1965									
1966									
1967									
1968									
1969									
10 年小计									
占合计%									
1970									
1971									
1972									
1973									
1974									
1975									
1976									
1977									
1978									
1979									
10 年小计									
占合计%									
1980									
1981									
1982									
1983									
1984									
1985									
1986									
1987									
1988									
1989									
11 年小计			**80.60**	**30.37**	**191.61**	**154.44**	**123.86**	**80.20**	**273.93**
占合计%			**100.00**			**100.00**	**100.00**		
1990									
1991	24.30	4.12	4.35	17.90	148.97	6.48	6.48	100.00	157.28
1992	25.50	4.06	5.55	21.76	116.22	6.45	6.45	100.00	158.87
1993	23.88	4.26	4.43	18.55	144.47	6.40	2.42	37.81	56.81
1994	24.56	4.34	7.11	28.95	171.59	12.20	11.06	90.66	254.84
1995	24.32	4.42	7.58	31.17	196.97	14.93	11.78	78.90	266.34
1996	25.02	4.58	8.12	32.45	203.82	16.55	8.45	51.06	184.38
1997	27.02	4.65	9.00	33.30	235.33	21.18	17.49	82.58	376.13
1998	29.45	5.05	12.15	41.26	238.52	28.98	34.63	119.50	685.74
1999	30.42	4.31	10.64	34.98	174.81	18.60	12.55	67.47	291.18
2000	30.89	5.42	11.67	37.78	194.26	22.67	12.55	55.36	231.55

5－30－10　新疆兵团和管局历年棉花生产收购

年　　度	耕地面积（万亩）	农业人口（万人）	棉田面积（万亩）	占耕地（%）	亩　产（市斤）	产　量（万担）	收购量（万担）	商品率（%）	人均交售（市斤）
52 年合计			**24.58**	**37.01**	**127.46**	**31.33**	**26.72**	**85.29**	**131.24**
11 年小计									
占合计%									
1949									
1950									
1951									
1952									
1953									
1954									
1955									
1956									
1957									
1958									
1959									
10 年小计									
占合计%									
1960									
1961									
1962									
1963									
1964									
1965									
1966									
1967									
1968									
1969									
10 年小计									
占合计%									
1970									
1971									
1972									
1973									
1974									
1975									
1976									
1977									
1978									
1979									
10 年小计									
占合计%									
1980									
1981									
1982									
1983									
1984									
1985									
1986									
1987									
1988									
1989									
11 年小计			**24.58**	**37.01**	**127.46**	**31.33**	**26.72**	**85.29**	**131.24**
占合计%			**100.00**			**100.00**	**100.00**		
1990									
1991	6.15	1.95	1.80	29.27	145.56	2.62	2.43	92.75	124.62
1992	6.15	2.02	2.10	34.15	118.10	2.48	2.31	93.15	114.36
1993	6.72	2.06	1.85	27.53	93.51	1.73	1.53	88.44	74.27
1994	5.81	2.08	2.57	44.23	114.01	2.93	2.94	100.34	141.35
1995	6.44	1.94	2.72	42.24	131.99	3.59	3.57	99.44	184.02
1996	6.62	1.88	2.96	44.71	98.65	2.92	2.89	98.97	153.72
1997	6.95	2.00	3.00	43.17	142.33	4.27	4.16	97.42	208.00
1998	7.02	1.93	3.00	42.74	170.67	5.12	5.25	102.54	272.02
1999	7.26	2.25	2.36	32.51	121.19	2.86	0.82	28.67	36.44
2000	7.29	2.25	2.22	30.45	126.58	2.81	0.82	29.18	36.44

5－30－11 新疆兵团工一师历年棉花生产收购

年　度	耕地面积（万亩）	农业人口（万人）	棉田面积（万亩）	占耕地（%）	亩　产（市斤）	产　量（万担）	收购量（万担）	商品率（%）	人均交售（市斤）
52 年合计			**22.37**	**44.60**	**182.30**	**40.78**	**25.80**	**63.27**	**534.16**
11 年小计									
占合计%									
1949									
1950									
1951									
1952									
1953									
1954									
1955									
1956									
1957									
1958									
1959									
10 年小计									
占合计%									
1960									
1961									
1962									
1963									
1964									
1965									
1966									
1967									
1968									
1969									
10 年小计									
占合计%									
1970									
1971									
1972									
1973									
1974									
1975									
1976									
1977									
1978									
1979									
10 年小计									
占合计%									
1980									
1981									
1982									
1983									
1984									
1985									
1986									
1987									
1988									
1989									
11 年小计			**22.37**	**44.60**	**182.30**	**40.78**	**25.80**	**63.27**	**534.16**
占合计%			**100.00**			**100.00**	**100.00**		
1990									
1991	4.25	0.53	1.50	35.29	136.67	2.05	2.05	100.00	386.79
1992	4.35	0.57	1.50	34.48	121.33	1.82	1.82	100.00	319.30
1993	3.99	0.57	1.26	31.58	143.65	1.81	1.36	75.14	238.60
1994	4.08	0.44	1.73	42.40	136.99	2.37	2.53	106.75	575.00
1995	4.02	0.44	1.71	42.54	217.54	3.72	2.29	61.56	520.45
1996	4.58	0.45	1.88	41.05	161.17	3.03	1.21	39.93	268.89
1997	4.98	0.46	2.42	48.59	195.45	4.73	2.36	49.89	513.04
1998	5.61	0.46	3.15	56.15	197.14	6.21	1.62	26.09	352.17
1999	6.23	0.43	3.45	55.38	203.48	7.02	5.28	75.21	1227.91
2000	8.07	0.48	3.77	46.72	212.73	8.02	5.28	65.84	1100.00

5－31－1　辽宁省 1949－2000 年产棉县棉花生产收购明细

县 市 名	耕地面积（万亩）	农业人口（万人）	棉田面积（万亩）	占耕地（%）	亩 产（市斤）	产 量（万担）	收购量（万担）	商品率（%）	人均交售（市斤）
全省合计			**2980.92**	**6.32**	**46.98**	**1400.48**	**1126.43**	**80.43**	**7.39**
沈阳市			**22.37**		**11.27**	**2.52**	**2.02**	**80.16**	
新民县			22.37		11.27	2.52	2.02	80.16	
鞍山市			**22.86**	**2.71**	**43.35**	**9.91**	**8.23**	**83.05**	**1.77**
海城市			22.86	2.71	43.35	9.91	8.23	83.05	1.77
锦州市			**1053.09**	**9.70**	**43.04**	**453.26**	**401.18**	**88.51**	**13.94**
黑山县			896.25	9.27	41.80	374.59	327.98	87.56	13.42
义 县			111.53	9.39	52.71	58.79	54.98	93.52	12.65
北镇县			45.31		43.88	19.88	18.22	91.65	
朝阳市			**1253.31**	**7.26**	**51.76**	**648.77**	**498.22**	**76.79**	**9.49**
朝阳县			887.30	10.24	52.90	469.40	357.17	76.09	11.31
北票县			366.01	4.25	49.01	179.37	141.05	78.64	6.74
葫芦岛市			**277.58**	**5.56**	**46.84**	**130.02**	**77.79**	**59.83**	**3.72**
兴城市			19.93		47.06	9.38	8.51	90.72	
绥中县			25.25		48.24	12.18	11.14	91.46	
建昌县			232.40	4.65	46.67	108.46	58.14	53.61	2.78
辽阳市			**337.34**	**2.56**	**45.17**	**152.38**	**135.92**	**89.20**	**2.98**
灯塔市			37.69	1.12	56.22	21.19	18.14	85.61	1.65
辽阳县			299.65	3.05	43.78	131.19	117.78	89.78	3.41
阜新市			**14.37**		**25.19**	**3.62**	**3.07**	**84.81**	
彰武县			14.37		25.19	3.62	3.07	84.81	

5－31－2　辽宁省 1949－1959 年产棉县棉花生产收购明细

县 市 名	耕地面积（万亩）	农业人口（万人）	棉田面积（万亩）	占耕地（%）	亩 产（市斤）	产 量（万担）	收购量（万担）	商品率（%）	人均交售（市斤）
全省合计	**11871.55**	**2565.19**	**1167.39**	**9.83**	**32.76**	**382.42**	**278.11**	**72.72**	**10.84**
沈阳市									
新民县									
鞍山市									
海城市									
锦州市	**2402.31**	**463.48**	**391.41**	**16.29**	**33.44**	**130.89**	**107.11**	**81.83**	**23.11**
黑山县	2402.31	463.48	391.41	16.29	33.44	130.89	107.11	81.83	23.11
义 县									
北镇县									
朝阳市	**4620.54**	**949.70**	**497.01**	**10.76**	**34.40**	**170.98**	**120.43**	**70.44**	**12.68**
朝阳县	2176.00	579.00	350.00	16.08	34.57	121.00	74.61	61.66	12.89
北票县	2444.54	370.70	147.01	6.01	34.00	49.98	45.82	91.68	12.36
葫芦岛市	**1339.04**	**342.91**	**107.67**	**8.04**	**31.88**	**34.32**	**10.96**	**31.93**	**3.20**
兴城市									
绥中县									
建昌县	1339.04	342.91	107.67	8.04	31.88	34.32	10.96	31.93	3.20
辽阳市	**3509.66**	**809.10**	**171.30**	**4.88**	**26.99**	**46.23**	**39.61**	**85.68**	**4.90**
灯塔市									
辽阳县	3509.66	809.10	171.30	4.88	26.99	46.23	39.61	85.68	4.90
阜新市									
彰武县									

5－31－3　辽宁省1960－1969年产棉县棉花生产收购明细

县市名	耕地面积（万亩）	农业人口（万人）	棉田面积（万亩）	占耕地（%）	亩产（市斤）	产量（万担）	收购量（万担）	商品率（%）	人均交售（市斤）
全省合计			**512.73**	**5.65**	**45.77**	**234.70**	**198.48**	**84.57**	**7.88**
沈阳市									
新民县									
鞍山市									
海城市									
锦州市			**182.31**	**10.01**	**33.12**	**60.38**	**54.71**	**90.61**	**13.00**
黑山县			182.31	10.01	33.12	60.38	54.71	90.61	13.00
义　县									
北镇县									
朝阳市			**223.05**	**6.24**	**55.84**	**124.56**	**113.75**	**91.32**	**11.80**
朝阳县			161.00	8.70	57.33	92.30	86.61	93.84	14.65
北票县			62.05	3.59	51.99	32.26	27.14	84.13	7.27
葫芦岛市			**42.58**	**4.44**	**42.51**	**18.10**			
兴城市									
绥中县									
建昌县			42.58	4.44	42.51	18.10			
辽阳市			**64.79**	**2.39**	**48.87**	**31.66**	**30.02**	**94.82**	**3.78**
灯塔市			2.28	43.82	5.99	5.42	90.48		
辽阳县			51.12	2.42	50.22	25.67	24.60	95.83	3.10
阜新市									
彰武县									

5－31－4　辽宁省1970－1979年产棉县棉花生产收购明细

县市名	耕地面积（万亩）	农业人口（万人）	棉田面积（万亩）	占耕地（%）	亩产（市斤）	产量（万担）	收购量（万担）	商品率（%）	人均交售（市斤）
全省合计			**697.35**	**7.01**	**36.85**	**256.98**	**227.75**	**88.63**	**5.94**
沈阳市			**22.37**		**11.27**	**2.52**	**2.02**	**80.16**	
新民县			22.37		11.27	2.52	2.02	80.16	
鞍山市			**22.86**	**2.71**	**43.35**	**9.91**	**8.23**	**83.05**	**1.77**
海城市			22.86	2.71	43.35	9.91	8.23	83.05	1.77
锦州市			**269.38**	**11.23**	**35.63**	**95.98**	**86.65**	**90.28**	**11.66**
黑山县			171.46	9.80	39.18	67.18	61.59	91.68	12.16
义　县			68.04	10.50	30.31	20.62	17.98	87.20	7.59
北镇县			29.88		27.38	8.18	7.08	86.55	
朝阳市			**232.11**	**7.07**	**35.35**	**82.06**	**72.17**	**87.95**	**6.21**
朝阳县			175.00	10.29	36.57	64.00	57.96	90.56	8.11
北票县			57.11	3.60	31.62	18.06	14.21	78.68	3.18
葫芦岛市			**66.64**	**6.90**	**32.22**	**21.47**	**16.80**	**78.25**	**3.74**
兴城市			10.35		18.16	1.88	1.42	75.53	
绥中县			16.00		24.19	3.87	3.14	81.14	
建昌县			40.29	4.17	39.02	15.72	12.24	77.86	2.73
辽阳市			**73.97**	**3.02**	**59.00**	**43.64**	**40.87**	**93.65**	**4.04**
灯塔市			18.64	2.52	50.11	9.34	8.51	91.11	3.16
辽阳县			55.33	3.23	61.99	34.30	32.36	94.34	4.35
阜新市			**10.02**		**13.97**	**1.40**	**1.01**	**72.14**	
彰武县			10.02		13.97	1.40	1.01	72.14	

5-31-5 辽宁省1980-1989年产棉县棉花生产收购明细

县市名	耕地面积（万亩）	农业人口（万人）	棉田面积（万亩）	占耕地（%）	亩产（市斤）	产量（万担）	收购量（万担）	商品率（%）	人均交售（市斤）
全省合计			**333.04**	**4.14**	**92.39**	**307.69**	**278.72**	**90.58**	**8.78**
沈阳市									
新民县									
鞍山市									
海城市									
锦州市			**142.27**	**6.46**	**83.30**	**118.51**	**113.55**	**95.81**	**16.27**
黑山县			83.35	5.02	82.35	68.64	65.41	95.29	13.07
义县			43.49	8.05	87.77	38.17	37.00	96.93	18.73
北镇县			15.43		75.83	11.70	11.14	95.21	
朝阳市			**125.09**	**4.41**	**99.14**	**124.02**	**105.55**	**85.11**	**10.02**
朝阳县			89.50	6.28	100.34	89.80	78.35	87.25	12.64
北票县			35.59	2.52	96.15	34.22	27.20	79.49	6.28
葫芦岛市			**44.94**	**5.44**	**95.08**	**42.73**	**39.52**	**92.49**	**8.61**
兴城市			9.58		78.29	7.50	7.09	94.53	
绥中县			9.25		89.84	8.31	8.00	96.27	
建昌县			26.11	3.16	103.10	26.92	24.43	90.75	5.33
辽阳市			**16.39**	**0.75**	**123.31**	**20.21**	**18.04**	**89.26**	**1.87**
灯塔市			2.42	0.24	97.52	2.36	2.17	91.95	0.52
辽阳县			13.97	1.18	127.77	17.85	15.87	88.91	2.90
阜新市			**4.35**		**51.03**	**2.22**	**2.06**	**92.79**	
彰武县			4.35		51.03	2.22	2.06	92.79	

5-31-6 辽宁省1990-2000年产棉县棉花生产收购明细

县市名	耕地面积（万亩）	农业人口（万人）	棉田面积（万亩）	占耕地（%）	亩产（市斤）	产量（万担）	收购量（万担）	商品率（%）	人均交售（市斤）
全省合计			**270.41**	**3.29**	**80.87**	**218.69**	**143.37**	**65.56**	**4.55**
沈阳市									
新民县									
鞍山市									
海城市									
锦州市			**67.72**	**3.33**	**70.14**	**47.50**	**39.16**	**82.44**	**7.09**
黑山县			67.72	3.33	70.14	47.50	39.16	82.44	7.09
义县									
北镇县									
朝阳市			**176.05**	**5.96**	**83.58**	**147.15**	**86.32**	**58.66**	**7.69**
朝阳县			111.80	7.40	91.50	102.30	59.64	58.30	9.13
北票县			64.25	4.45	69.81	44.85	26.68	59.49	5.68
葫芦岛市			**15.75**	**1.74**	**85.08**	**13.40**	**10.51**	**78.43**	**2.11**
兴城市									
绥中县									
建昌县			15.75	1.74	85.08	13.40	10.51	78.43	2.11
辽阳市			**10.89**	**0.47**	**97.70**	**10.64**	**7.38**	**69.36**	**0.76**
灯塔市			2.96	0.29	118.24	3.50	2.04	58.29	0.49
辽阳县			7.93	0.61	90.04	7.14	5.34	74.79	0.95
阜新市									
彰武县									

5－31－7　辽宁省1949年产棉县棉花生产收购明细

县市名	耕地面积（万亩）	农业人口（万人）	棉田面积（万亩）	占耕地（%）	亩产（市斤）	产量（万担）	收购量（万担）	商品率（%）	人均交售（市斤）
全省合计	**995.22**	**220.28**	**55.06**	**5.53**	**23.21**	**12.78**	**5.28**	**41.31**	**2.40**
沈阳市									
新民县									
鞍山市									
海城市									
锦州市	**197.60**	**41.11**	**11.32**	**5.73**	**27.47**	**3.11**	**1.85**	**59.49**	**4.50**
黑山县	197.60	41.11	11.32	5.73	27.47	3.11	1.85	59.49	4.50
义县									
北镇县									
朝阳市	**410.19**	**79.89**	**21.90**	**5.34**	**20.87**	**4.57**	**1.69**	**36.98**	**2.12**
朝阳县	187.00	48.00	16.00	8.56	23.75	3.80	1.08	28.42	2.25
北票县	223.19	31.89	5.90	2.64	13.05	0.77	0.61	79.22	1.91
葫芦岛市	**100.05**	**32.28**	**5.33**	**5.33**	**15.57**	**0.83**			
兴城市									
绥中县									
建昌县	100.05	32.28	5.33	5.33	15.57	0.83			
辽阳市	**287.38**	**67.00**	**16.51**	**5.75**	**25.86**	**4.27**	**1.74**	**40.75**	**2.60**
灯塔市									
辽阳县	287.38	67.00	16.51	5.75	25.86	4.27	1.74	40.75	2.60
阜新市									
彰武县									

5－31－8　辽宁省1950年产棉县棉花生产收购明细

县市名	耕地面积（万亩）	农业人口（万人）	棉田面积（万亩）	占耕地（%）	亩产（市斤）	产量（万担）	收购量（万担）	商品率（%）	人均交售（市斤）
全省合计	**1031.11**	**226.44**	**93.76**	**9.09**	**25.13**	**23.56**	**14.72**	**62.48**	**6.50**
沈阳市									
新民县									
鞍山市									
海城市									
锦州市	**221.00**	**44.04**	**19.95**	**9.03**	**40.65**	**8.11**	**6.44**	**79.41**	**14.62**
黑山县	221.00	44.04	19.95	9.03	40.65	8.11	6.44	79.41	14.62
义县									
北镇县									
朝阳市	**407.29**	**81.62**	**44.09**	**10.83**	**16.87**	**7.44**	**2.41**	**32.39**	**2.95**
朝阳县	188.00	48.00	29.00	15.43	24.83	7.20	2.21	30.69	4.60
北票县	219.29	33.62	15.09	6.88	1.59	0.24	0.20	83.33	0.59
葫芦岛市	**96.53**	**32.78**	**7.80**	**8.08**	**25.38**	**1.98**			
兴城市									
绥中县									
建昌县	96.53	32.78	7.80	8.08	25.38	1.98			
辽阳市	**306.29**	**68.00**	**21.92**	**7.16**	**27.51**	**6.03**	**5.87**	**97.35**	**8.63**
灯塔市									
辽阳县	306.29	68.00	21.92	7.16	27.51	6.03	5.87	97.35	8.63
阜新市									
彰武县									

5－31－9　辽宁省1951年产棉县棉花生产收购明细

县市名	耕地面积（万亩）	农业人口（万人）	棉田面积（万亩）	占耕地（%）	亩产（市斤）	产量（万担）	收购量（万担）	商品率（%）	人均交售（市斤）
全省合计	**1054.28**	**224.22**	**172.72**	**16.38**	**24.78**	**42.80**	**24.42**	**57.06**	**10.89**
沈阳市									
新民县									
鞍山市									
海城市									
锦州市	**222.25**	**43.59**	**48.14**	**21.66**	**28.08**	**13.52**	**11.85**	**87.65**	**27.19**
黑山县	222.25	43.59	48.14	21.66	28.08	13.52	11.85	87.65	27.19
义　县									
北镇县									
朝阳市	**410.53**	**82.95**	**72.64**	**17.69**	**27.68**	**20.11**	**8.14**	**40.48**	**9.81**
朝阳县	184.00	51.00	50.00	27.17	29.80	14.90	3.37	22.62	6.61
北票县	226.53	31.95	22.64	9.99	23.01	5.21	4.77	91.55	14.93
葫芦岛市	**96.15**	**28.68**	**15.38**	**16.00**	**24.45**	**3.76**			
兴城市									
绥中县									
建昌县	96.15	28.68	15.38	16.00	24.45	3.76			
辽阳市	**325.35**	**69.00**	**36.56**	**11.24**	**14.80**	**5.41**	**4.43**	**81.89**	**6.42**
灯塔市									
辽阳县	325.35	69.00	36.56	11.24	14.80	5.41	4.43	81.89	6.42
阜新市									
彰武县									

5－31－10　辽宁省1952年产棉县棉花生产收购明细

县市名	耕地面积（万亩）	农业人口（万人）	棉田面积（万亩）	占耕地（%）	亩产（市斤）	产量（万担）	收购量（万担）	商品率（%）	人均交售（市斤）
全省合计	**1203.09**	**225.90**	**175.05**	**14.55**	**33.58**	**58.78**	**45.10**	**76.73**	**19.96**
沈阳市									
新民县									
鞍山市									
海城市									
锦州市	**226.04**	**40.76**	**41.91**	**18.54**	**32.36**	**13.56**	**12.58**	**92.77**	**30.86**
黑山县	226.04	40.76	41.91	18.54	32.36	13.56	12.58	92.77	30.86
义　县									
北镇县									
朝阳市	**411.97**	**82.57**	**76.27**	**18.51**	**38.60**	**29.44**	**18.65**	**63.35**	**22.59**
朝阳县	186.00	50.00	51.00	27.42	43.14	22.00	12.37	56.23	24.74
北票县	225.97	32.57	25.27	11.18	29.44	7.44	6.28	84.41	19.28
葫芦岛市	**225.97**	**32.57**	**25.27**	**11.18**	**29.44**	**7.44**	**6.28**	**84.41**	**19.28**
兴城市									
绥中县									
建昌县	225.97	32.57	25.27	11.18	29.44	7.44	6.28	84.41	19.28
辽阳市	**339.11**	**70.00**	**31.60**	**9.32**	**26.39**	**8.34**	**7.59**	**91.01**	**10.84**
灯塔市									
辽阳县	339.11	70.00	31.60	9.32	26.39	8.34	7.59	91.01	10.84
阜新市									
彰武县									

5-31-11　辽宁省1953年产棉县棉花生产收购明细

县 市 名	耕地面积（万亩）	农业人口（万人）	棉田面积（万亩）	占耕地（%）	亩 产（市斤）	产 量（万担）	收购量（万担）	商品率（%）	人均交售（市斤）
全省合计	**1201.46**	**228.73**	**108.70**	**9.05**	**38.21**	**41.53**	**33.23**	**80.01**	**14.53**
沈阳市									
新民县									
鞍山市									
海城市									
锦州市	**226.15**	**40.23**	**41.21**	**18.22**	**34.14**	**14.07**	**12.00**	**85.29**	**29.83**
黑山县	226.15	40.23	41.21	18.22	34.14	14.07	12.00	85.29	29.83
义　县									
北镇县									
朝阳市	**416.54**	**84.85**	**42.17**	**10.12**	**42.09**	**17.75**	**11.86**	**66.82**	**13.98**
朝阳县	191.00	52.00	30.00	15.71	43.33	13.00	7.18	55.23	13.81
北票县	225.54	32.85	12.17	5.40	39.03	4.75	4.68	98.53	14.25
葫芦岛市	**225.54**	**32.85**	**12.17**	**5.40**	**39.03**	**4.75**	**4.68**	**98.53**	**14.25**
兴城市									
绥中县									
建昌县	225.54	32.85	12.17	5.40	39.03	4.75	4.68	98.53	14.25
辽阳市	**333.23**	**70.80**	**13.15**	**3.95**	**37.72**	**4.96**	**4.69**	**94.56**	**6.62**
灯塔市									
辽阳县	333.23	70.80	13.15	3.95	37.72	4.96	4.69	94.56	6.62
阜新市									
彰武县									

5-31-12　辽宁省1954年产棉县棉花生产收购明细

县 市 名	耕地面积（万亩）	农业人口（万人）	棉田面积（万亩）	占耕地（%）	亩 产（市斤）	产 量（万担）	收购量（万担）	商品率（%）	人均交售（市斤）
全省合计	**1093.34**	**233.36**	**111.96**	**10.24**	**20.11**	**22.51**	**17.79**	**79.03**	**7.62**
沈阳市									
新民县									
鞍山市									
海城市									
锦州市	**236.26**	**42.85**	**50.21**	**21.25**	**24.00**	**12.05**	**9.79**	**81.24**	**22.85**
黑山县	236.26	42.85	50.21	21.25	24.00	12.05	9.79	81.24	22.85
义　县									
北镇县									
朝阳市	**417.52**	**87.80**	**43.98**	**10.53**	**19.01**	**8.36**	**7.33**	**87.68**	**8.35**
朝阳县	193.00	54.00	30.00	15.54	16.67	5.00	4.28	85.60	7.93
北票县	224.52	33.80	13.98	6.23	24.03	3.36	3.05	90.77	9.02
葫芦岛市	**98.30**	**30.31**	**7.65**	**7.78**	**15.82**	**1.21**			
兴城市									
绥中县									
建昌县	98.30	30.31	7.65	7.78	15.82	1.21			
辽阳市	**341.26**	**72.40**	**10.12**	**2.97**	**8.79**	**0.89**	**0.67**	**75.28**	**0.93**
灯塔市									
辽阳县	341.26	72.40	10.12	2.97	8.79	0.89	0.67	75.28	0.93
阜新市									
彰武县									

5-31-13 辽宁省1955年产棉县棉花生产收购明细

县市名	耕地面积（万亩）	农业人口（万人）	棉田面积（万亩）	占耕地（%）	亩产（市斤）	产量（万担）	收购量（万担）	商品率（%）	人均交售（市斤）
全省合计	**1072.47**	**238.09**	**71.91**	**6.71**	**27.56**	**19.82**	**13.24**	**66.80**	**5.56**
沈阳市									
新民县									
鞍山市									
海城市									
锦州市	**230.89**	**42.94**	**34.21**	**14.82**	**27.51**	**9.41**	**7.86**	**83.53**	**18.30**
黑山县	230.89	42.94	34.21	14.82	27.51	9.41	7.86	83.53	18.30
义县									
北镇县									
朝阳市	**418.39**	**89.20**	**24.78**	**5.92**	**25.30**	**6.27**	**3.48**	**55.50**	**3.90**
朝阳县	194.00	55.00	19.00	9.79	30.53	5.80	3.04	52.41	5.53
北票县	224.39	34.20	5.78	2.58	8.13	0.47	0.44	93.62	1.29
葫芦岛市	**96.52**	**31.15**	**4.41**	**4.57**	**39.91**	**1.76**			
兴城市									
绥中县									
建昌县	96.52	31.15	4.41	4.57	39.91	1.76			
辽阳市	**326.67**	**74.80**	**8.51**	**2.61**	**27.97**	**2.38**	**1.90**	**79.83**	**2.54**
灯塔市									
辽阳县	326.67	74.80	8.51	2.61	27.97	2.38	1.90	79.83	2.54
阜新市									
彰武县									

5-31-14 辽宁省1956年产棉县棉花生产收购明细

县市名	耕地面积（万亩）	农业人口（万人）	棉田面积（万亩）	占耕地（%）	亩产（市斤）	产量（万担）	收购量（万担）	商品率（%）	人均交售（市斤）
全省合计	**1097.16**	**251.60**	**99.65**	**9.08**	**40.80**	**40.66**	**28.91**	**71.10**	**11.49**
沈阳市									
新民县									
鞍山市									
海城市									
锦州市	**241.94**	**43.89**	**38.74**	**16.01**	**43.44**	**16.83**	**13.04**	**77.48**	**29.71**
黑山县	241.94	43.89	38.74	16.01	43.44	16.83	13.04	77.48	29.71
义县									
北镇县									
朝阳市	**436.00**	**90.66**	**43.33**	**9.94**	**35.66**	**15.45**	**12.00**	**77.67**	**13.24**
朝阳县	211.00	55.00	31.00	14.69	44.84	13.90	10.77	77.48	19.58
北票县	225.00	35.66	12.33	5.48	12.57	1.55	1.23	79.35	3.45
葫芦岛市	**99.58**	**31.85**	**7.76**	**7.79**	**52.96**	**4.11**			
兴城市									
绥中县									
建昌县	99.58	31.85	7.76	7.79	52.96	4.11			
辽阳市	**319.64**	**85.20**	**9.82**	**3.07**	**43.48**	**4.27**	**3.87**	**90.63**	**4.54**
灯塔市									
辽阳县	319.64	85.20	9.82	3.07	43.48	4.27	3.87	90.63	4.54
阜新市									
彰武县									

5－31－15　辽宁省1957年产棉县棉花生产收购明细

县市名	耕地面积（万亩）	农业人口（万人）	棉田面积（万亩）	占耕地（%）	亩产（市斤）	产量（万担）	收购量（万担）	商品率（%）	人均交售（市斤）
全省合计	**1073.91**	**239.96**	**93.62**	**8.72**	**32.13**	**30.08**	**24.86**	**82.65**	**10.36**
沈阳市									
新民县									
鞍山市									
海城市									
锦州市	**205.47**	**41.37**	**37.04**	**18.03**	**21.92**	**8.12**	**6.45**	**79.43**	**15.59**
黑山县	205.47	41.37	37.04	18.03	21.92	8.12	6.45	79.43	15.59
义县									
北镇县									
朝阳市	**446.41**	**91.51**	**42.74**	**9.57**	**40.20**	**17.18**	**16.52**	**96.16**	**18.05**
朝阳县	216.00	56.00	31.00	14.35	28.71	8.90	8.84	99.33	15.79
北票县	230.41	35.51	11.74	5.10	70.53	8.28	7.68	92.75	21.63
葫芦岛市	**102.39**	**30.98**	**6.86**	**6.70**	**37.76**	**2.59**			
兴城市									
绥中县									
建昌县	102.39	30.98	6.86	6.70	37.76	2.59			
辽阳市	**319.64**	**76.10**	**6.98**	**2.18**	**31.38**	**2.19**	**1.89**	**86.30**	**2.48**
灯塔市									
辽阳县	319.64	76.10	6.98	2.18	31.38	2.19	1.89	86.30	2.48
阜新市									
彰武县									

5－31－16　辽宁省1958年产棉县棉花生产收购明细

县市名	耕地面积（万亩）	农业人口（万人）	棉田面积（万亩）	占耕地（%）	亩产（市斤）	产量（万担）	收购量（万担）	商品率（%）	人均交售（市斤）
全省合计	**1065.03**	**244.12**	**95.63**	**8.98**	**52.84**	**50.53**	**40.73**	**80.61**	**16.68**
沈阳市									
新民县									
鞍山市									
海城市									
锦州市	**203.82**	**42.84**	**34.79**	**17.07**	**51.60**	**17.95**	**13.71**	**76.38**	**32.00**
黑山县	203.82	42.84	34.79	17.07	51.60	17.95	13.71	76.38	32.00
义县									
北镇县									
朝阳市	**447.59**	**92.25**	**45.16**	**10.09**	**57.24**	**25.85**	**23.80**	**92.07**	**25.80**
朝阳县	218.00	56.00	33.00	15.14	48.48	16.00	14.57	91.06	26.02
北票县	229.59	36.25	12.16	5.30	81.00	9.85	9.23	93.71	25.46
葫芦岛市	**101.41**	**31.43**	**7.58**	**7.47**	**42.74**	**3.24**			
兴城市									
绥中县									
建昌县	101.41	31.43	7.58	7.47	42.74	3.24			
辽阳市	**312.21**	**77.60**	**8.10**	**2.59**	**43.09**	**3.49**	**3.22**	**92.26**	**4.15**
灯塔市									
辽阳县	312.21	77.60	8.10	2.59	43.09	3.49	3.22	92.26	4.15
阜新市									
彰武县									

5－31－17　辽宁省1959年产棉县棉花生产收购明细

县市名	耕地面积（万亩）	农业人口（万人）	棉田面积（万亩）	占耕地（%）	亩产（市斤）	产量（万担）	收购量（万担）	商品率（%）	人均交售（市斤）
全省合计	**984.48**	**232.49**	**89.33**	**9.07**	**44.07**	**39.37**	**29.83**	**75.77**	**12.83**
沈阳市									
新民县									
鞍山市									
海城市									
锦州市	**190.89**	**39.86**	**33.89**	**17.75**	**41.78**	**14.16**	**11.54**	**81.50**	**28.95**
黑山县	190.89	39.86	33.89	17.75	41.78	14.16	11.54	81.50	28.95
义　县									
北镇县									
朝阳市	**398.11**	**86.40**	**39.95**	**10.03**	**46.46**	**18.56**	**14.55**	**78.39**	**16.84**
朝阳县	208.00	54.00	30.00	14.42	35.00	10.50	6.90	65.71	12.78
北票县	190.11	32.40	9.95	5.23	81.01	8.06	7.65	94.91	23.61
葫芦岛市	**96.60**	**28.03**	**7.46**	**7.72**	**35.52**	**2.65**			
兴城市									
绥中县									
建昌县	96.60	28.03	7.46	7.72	35.52	2.65			
辽阳市	**298.88**	**78.20**	**8.03**	**2.69**	**49.81**	**4.00**	**3.74**	**93.50**	**4.78**
灯塔市									
辽阳县	298.88	78.20	8.03	2.69	49.81	4.00	3.74	93.50	4.78
阜新市									
彰武县									

5－31－18　辽宁省1960年产棉县棉花生产收购明细

县市名	耕地面积（万亩）	农业人口（万人）	棉田面积（万亩）	占耕地（%）	亩产（市斤）	产量（万担）	收购量（万担）	商品率（%）	人均交售（市斤）
全省合计	**975.53**	**229.62**	**75.72**	**7.76**	**22.05**	**16.70**	**12.13**	**72.63**	**5.28**
沈阳市									
新民县									
鞍山市									
海城市									
锦州市	**191.46**	**37.47**	**35.08**	**18.32**	**9.49**	**3.33**	**2.12**	**63.66**	**5.66**
黑山县	191.46	37.47	35.08	18.32	9.49	3.33	2.12	63.66	5.66
义　县									
北镇县									
朝阳市	**386.88**	**85.78**	**30.10**	**7.78**	**36.05**	**10.85**	**9.65**	**88.94**	**11.25**
朝阳县	201.00	54.00	22.00	10.95	29.55	6.50	5.98	92.00	11.07
北票县	185.88	31.78	8.10	4.36	53.70	4.35	3.67	84.37	11.55
葫芦岛市	**99.39**	**27.67**	**6.05**	**6.09**	**33.06**	**2.00**			
兴城市									
绥中县									
建昌县	99.39	27.67	6.05	6.09	33.06	2.00			
辽阳市	**297.80**	**78.70**	**4.49**	**1.51**	**11.58**	**0.52**	**0.36**	**69.23**	**0.46**
灯塔市									
辽阳县	297.80	78.70	4.49	1.51	11.58	0.52	0.36	69.23	0.46
阜新市									
彰武县									

5－31－19　辽宁省1961年产棉县棉花生产收购明细

县市名	耕地面积（万亩）	农业人口（万人）	棉田面积（万亩）	占耕地（%）	亩产（市斤）	产量（万担）	收购量（万担）	商品率（%）	人均交售（市斤）
全省合计	**933.91**	**232.15**	**46.58**	**4.99**	**14.90**	**6.94**	**5.16**	**74.35**	**2.22**
沈阳市									
新民县									
鞍山市									
海城市									
锦州市	**182.33**	**37.54**	**20.44**	**11.21**	**10.52**	**2.15**	**2.02**	**93.95**	**5.38**
黑山县	182.33	37.54	20.44	11.21	10.52	2.15	2.02	93.95	5.38
义　县									
北镇县									
朝阳市	**381.88**	**86.33**	**17.31**	**4.53**	**18.78**	**3.25**	**2.33**	**71.69**	**2.70**
朝阳县	196.00	54.00	11.00	5.61	16.36	1.80	1.10	61.11	2.04
北票县	185.88	32.33	6.31	3.39	22.98	1.45	1.23	84.83	3.80
葫芦岛市	**97.30**	**29.18**	**4.42**	**4.54**	**12.67**	**0.56**			
兴城市									
绥中县									
建昌县	97.30	29.18	4.42	4.54	12.67	0.56			
辽阳市	**272.40**	**79.10**	**4.41**	**1.62**	**22.22**	**0.98**	**0.81**	**82.65**	**1.02**
灯塔市	67.94		0.85	1.25	27.06	0.23	0.16	69.57	
辽阳县	204.46	79.10	3.56	1.74	21.07	0.75	0.65	86.67	0.82
阜新市									
彰武县									

5－31－20　辽宁省1962年产棉县棉花生产收购明细

县市名	耕地面积（万亩）	农业人口（万人）	棉田面积（万亩）	占耕地（%）	亩产（市斤）	产量（万担）	收购量（万担）	商品率（%）	人均交售（市斤）
全省合计	**922.27**	**235.05**	**34.21**	**3.71**	**19.64**	**6.72**	**4.35**	**64.73**	**1.85**
沈阳市									
新民县									
鞍山市									
海城市									
锦州市	**185.81**	**39.51**	**10.60**	**5.70**	**11.51**	**1.22**	**0.97**	**79.51**	**2.46**
黑山县	185.81	39.51	10.60	5.70	11.51	1.22	0.97	79.51	2.46
义　县									
北镇县									
朝阳市	**365.08**	**89.24**	**15.67**	**4.29**	**22.65**	**3.55**	**1.81**	**50.99**	**2.03**
朝阳县	189.00	55.00	11.00	5.82	20.00	2.20	1.54	70.00	2.80
北票县	176.08	34.24	4.67	2.65	28.91	1.35	0.27	20.00	0.79
葫芦岛市	**95.85**	**31.99**	**3.43**	**3.58**	**14.29**	**0.49**			
兴城市									
绥中县									
建昌县	95.85	31.99	3.43	3.58	14.29	0.49			
辽阳市	**275.53**	**74.31**	**4.51**	**1.64**	**32.37**	**1.46**	**1.57**	**107.53**	**2.11**
灯塔市	68.44		0.89	1.30	22.47	0.20	0.21	105.00	
辽阳县	207.09	74.31	3.62	1.75	34.81	1.26	1.36	107.94	1.83
阜新市									
彰武县									

5－31－21　辽宁省1963年产棉县棉花生产收购明细

县市名	耕地面积（万亩）	农业人口（万人）	棉田面积（万亩）	占耕地（%）	亩产（市斤）	产量（万担）	收购量（万担）	商品率（%）	人均交售（市斤）
全省合计	**909.52**	**253.10**	**41.83**	**4.60**	**30.93**	**12.94**	**10.18**	**78.67**	**4.02**
沈阳市									
新民县									
鞍山市									
海城市									
锦州市	**182.84**	**40.31**	**11.61**	**6.35**	**23.43**	**2.72**	**2.02**	**74.26**	**5.01**
黑山县	182.84	40.31	11.61	6.35	23.43	2.72	2.02	74.26	5.01
义　县									
北镇县									
朝阳市	**358.08**	**91.70**	**19.77**	**5.52**	**28.58**	**5.65**	**4.73**	**83.72**	**5.16**
朝阳县	182.00	56.00	15.00	8.24	24.00	3.60	2.85	79.17	5.09
北票县	176.08	35.70	4.77	2.71	42.98	2.05	1.88	91.71	5.27
葫芦岛市	**94.80**	**32.89**	**2.82**	**2.97**	**26.24**	**0.74**			
兴城市									
绥中县									
建昌县	94.80	32.89	2.82	2.97	26.24	0.74			
辽阳市	**273.80**	**88.20**	**7.63**	**2.79**	**50.20**	**3.83**	**3.43**	**89.56**	**3.89**
灯塔市	67.84		1.84	2.71	42.93	0.79	0.67	84.81	
辽阳县	205.96	88.20	5.79	2.81	52.50	3.04	2.76	90.79	3.13
阜新市									
彰武县									

5－31－22　辽宁省1964年产棉县棉花生产收购明细

县市名	耕地面积（万亩）	农业人口（万人）	棉田面积（万亩）	占耕地（%）	亩产（市斤）	产量（万担）	收购量（万担）	商品率（%）	人均交售（市斤）
全省合计	**910.13**	**248.85**	**49.89**	**5.48**	**47.34**	**23.62**	**20.98**	**88.82**	**8.43**
沈阳市									
新民县									
鞍山市									
海城市									
锦州市	**183.04**	**41.51**	**16.13**	**8.81**	**30.94**	**4.99**	**4.46**	**89.38**	**10.74**
黑山县	183.04	41.51	16.13	8.81	30.94	4.99	4.46	89.38	10.74
义　县									
北镇县									
朝阳市	**358.08**	**93.96**	**22.34**	**6.24**	**61.10**	**13.65**	**13.01**	**95.31**	**13.85**
朝阳县	182.00	57.00	16.00	8.79	55.63	8.90	8.85	99.44	15.53
北票县	176.08	36.96	6.34	3.60	74.92	4.75	4.16	87.58	11.26
葫芦岛市	**96.61**	**34.33**	**3.66**	**3.79**	**36.07**	**1.32**			
兴城市									
绥中县									
建昌县	96.61	34.33	3.66	3.79	36.07	1.32			
辽阳市	**272.40**	**79.05**	**7.76**	**2.85**	**47.16**	**3.66**	**3.51**	**95.90**	**4.44**
灯塔市	67.00		1.86	2.78	39.78	0.74	0.64	86.49	
辽阳县	205.40	79.05	5.90	2.87	49.49	2.92	2.87	98.29	3.63
阜新市									
彰武县									

5－31－23　辽宁省1965年产棉县棉花生产收购明细

县市名	耕地面积（万亩）	农业人口（万人）	棉田面积（万亩）	占耕地（%）	亩产（市斤）	产量（万担）	收购量（万担）	商品率（%）	人均交售（市斤）
全省合计	**895.13**	**245.14**	**54.58**	**6.10**	**64.07**	**34.97**	**31.35**	**89.64**	**12.79**
沈阳市									
新民县									
鞍山市									
海城市									
锦州市	**181.55**	**42.39**	**17.28**	**9.52**	**44.17**	**7.63**	**7.03**	**92.11**	**16.58**
黑山县	181.55	42.39	17.28	9.52	44.17	7.63	7.03	92.11	16.58
义　县									
北镇县									
朝阳市	**347.28**	**98.19**	**25.78**	**7.42**	**80.22**	**20.68**	**20.24**	**97.87**	**20.61**
朝阳县	182.00	60.00	19.00	10.44	88.42	16.80	16.73	99.58	27.88
北票县	165.28	38.19	6.78	4.10	57.23	3.88	3.51	90.46	9.19
葫芦岛市	**95.90**	**25.51**	**3.94**	**4.11**	**61.93**	**2.44**			
兴城市									
绥中县									
建昌县	95.90	25.51	3.94	4.11	61.93	2.44			
辽阳市	**270.40**	**79.05**	**7.58**	**2.80**	**55.67**	**4.22**	**4.08**	**96.68**	**5.16**
灯塔市	66.77		1.80	2.70	47.22	0.85	0.78	91.76	
辽阳县	203.63	79.05	5.78	2.84	58.30	3.37	3.30	97.92	4.17
阜新市									
彰武县									

5－31－24　辽宁省1966年产棉县棉花生产收购明细

县市名	耕地面积（万亩）	农业人口（万人）	棉田面积（万亩）	占耕地（%）	亩产（市斤）	产量（万担）	收购量（万担）	商品率（%）	人均交售（市斤）
全省合计	**886.36**	**259.65**	**54.48**	**6.15**	**70.15**	**38.22**	**33.09**	**86.58**	**12.74**
沈阳市									
新民县									
鞍山市									
海城市									
锦州市	**179.51**	**43.59**	**17.55**	**9.78**	**44.50**	**7.81**	**7.50**	**96.03**	**17.21**
黑山县	179.51	43.59	17.55	9.78	44.50	7.81	7.50	96.03	17.21
义　县									
北镇县									
朝阳市	**345.28**	**101.30**	**24.71**	**7.16**	**89.68**	**22.16**	**21.03**	**94.90**	**20.76**
朝阳县	180.00	62.00	18.00	10.00	94.44	17.00	16.21	95.35	26.15
北票县	165.28	39.30	6.71	4.06	76.90	5.16	4.82	93.41	12.26
葫芦岛市	**95.53**	**35.71**	**4.60**	**4.82**	**75.22**	**3.46**			
兴城市									
绥中县									
建昌县	95.53	35.71	4.60	4.82	75.22	3.46			
辽阳市	**266.04**	**79.05**	**7.62**	**2.86**	**62.86**	**4.79**	**4.56**	**95.20**	**5.77**
灯塔市	66.36		1.80	2.71	51.11	0.92	0.83	90.22	
辽阳县	199.68	79.05	5.82	2.91	66.49	3.87	3.73	96.38	4.72
阜新市									
彰武县									

5－31－25　辽宁省1967年产棉县棉花生产收购明细

县 市 名	耕地面积（万亩）	农业人口（万人）	棉田面积（万亩）	占耕地（%）	亩　产（市斤）	产　量（万担）	收购量（万担）	商品率（%）	人均交售（市斤）
全省合计	**880.96**	**268.31**	**53.93**	**6.12**	**68.03**	**36.69**	**31.49**	**85.83**	**11.74**
沈阳市									
新民县									
鞍山市									
海城市									
锦州市	**178.81**	**44.78**	**17.70**	**9.90**	**63.05**	**11.16**	**10.40**	**93.19**	**23.22**
黑山县	178.81	44.78	17.70	9.90	63.05	11.16	10.40	93.19	23.22
义　县									
北镇县									
朝阳市	**344.28**	**102.04**	**24.39**	**7.08**	**78.27**	**19.09**	**17.55**	**91.93**	**17.20**
朝阳县	179.00	62.00	18.00	10.06	83.33	15.00	13.92	92.80	22.45
北票县	165.28	40.04	6.39	3.87	64.01	4.09	3.63	88.75	9.07
葫芦岛市	**94.82**	**42.44**	**4.96**	**5.23**	**55.04**	**2.73**			
兴城市									
绥中县									
建昌县	94.82	42.44	4.96	5.23	55.04	2.73			
辽阳市	**263.05**	**79.05**	**6.88**	**2.62**	**53.92**	**3.71**	**3.54**	**95.42**	**4.48**
灯塔市	65.63		1.55	2.36	39.35	0.61	0.56	91.80	
辽阳县	197.42	79.05	5.33	2.70	58.16	3.10	2.98	96.13	3.77
阜新市									
彰武县									

5－31－26　辽宁省1968年产棉县棉花生产收购明细

县 市 名	耕地面积（万亩）	农业人口（万人）	棉田面积（万亩）	占耕地（%）	亩　产（市斤）	产　量（万担）	收购量（万担）	商品率（%）	人均交售（市斤）
全省合计	**879.51**	**267.86**	**53.16**	**6.04**	**62.77**	**33.37**	**29.01**	**86.93**	**10.83**
沈阳市									
新民县									
鞍山市									
海城市									
锦州市	**178.15**	**45.28**	**18.08**	**10.15**	**59.96**	**10.84**	**10.34**	**95.39**	**22.84**
黑山县	178.15	45.28	18.08	10.15	59.96	10.84	10.34	95.39	22.84
义　县									
北镇县									
朝阳市	**345.28**	**104.98**	**23.70**	**6.86**	**64.47**	**15.28**	**13.95**	**91.30**	**13.29**
朝阳县	180.00	64.00	17.00	9.44	70.59	12.00	11.32	94.33	17.69
北票县	165.28	40.98	6.70	4.05	48.96	3.28	2.63	80.18	6.42
葫芦岛市	**94.54**	**38.55**	**4.36**	**4.61**	**53.21**	**2.32**			
兴城市									
绥中县									
建昌县	94.54	38.55	4.36	4.61	53.21	2.32			
辽阳市	**261.54**	**79.05**	**7.02**	**2.68**	**70.23**	**4.93**	**4.72**	**95.74**	**5.97**
灯塔市	65.43		1.54	2.35	63.64	0.98	0.89	90.82	
辽阳县	196.11	79.05	5.48	2.79	72.08	3.95	3.83	96.96	4.85
阜新市									
彰武县									

5－31－27　辽宁省1969年产棉县棉花生产收购明细

县市名	耕地面积（万亩）	农业人口（万人）	棉田面积（万亩）	占耕地（%）	亩产（市斤）	产量（万担）	收购量（万担）	商品率（%）	人均交售（市斤）
全省合计	**874.12**	**279.20**	**48.35**	**5.53**	**50.73**	**24.53**	**20.74**	**84.55**	**7.43**
沈阳市									
新民县									
鞍山市									
海城市									
锦州市	**178.59**	**48.40**	**17.84**	**9.99**	**47.81**	**8.53**	**7.85**	**92.03**	**16.22**
黑山县	178.59	48.40	17.84	9.99	47.81	8.53	7.85	92.03	16.22
义　县									
北镇县									
朝阳市	**344.28**	**110.54**	**19.28**	**5.60**	**53.94**	**10.40**	**9.45**	**90.87**	**8.55**
朝阳县	179.00	67.00	14.00	7.82	60.71	8.50	8.11	95.41	12.10
北票县	165.28	43.54	5.28	3.19	35.98	1.90	1.34	70.53	3.08
葫芦岛市	**93.65**	**41.21**	**4.34**	**4.63**	**47.00**	**2.04**			
兴城市									
绥中县									
建昌县	93.65	41.21	4.34	4.63	47.00	2.04			
辽阳市	**257.60**	**79.05**	**6.89**	**2.67**	**51.67**	**3.56**	**3.44**	**96.63**	**4.35**
灯塔市	65.30		1.54	2.36	43.51	0.67	0.68	101.49	
辽阳县	192.30	79.05	5.35	2.78	54.02	2.89	2.76	95.50	3.49
阜新市									
彰武县									

5－31－28　辽宁省1970年产棉县棉花生产收购明细

县市名	耕地面积（万亩）	农业人口（万人）	棉田面积（万亩）	占耕地（%）	亩产（市斤）	产量（万担）	收购量（万担）	商品率（%）	人均交售（市斤）
全省合计	**866.52**	**283.99**	**50.15**	**5.79**	**62.59**	**31.39**	**26.31**	**83.82**	**9.26**
沈阳市									
新民县									
鞍山市									
海城市									
锦州市	**178.89**	**49.94**	**18.56**	**10.38**	**52.26**	**9.70**	**9.00**	**92.78**	**18.02**
黑山县	178.89	49.94	18.56	10.38	52.26	9.70	9.00	92.78	18.02
义　县									
北镇县									
朝阳市	**337.09**	**114.44**	**20.51**	**6.08**	**66.80**	**13.70**	**10.07**	**73.50**	**8.80**
朝阳县	177.00	69.00	15.00	8.47	73.33	11.00	9.76	88.73	14.14
北票县	160.09	45.44	5.51	3.44	49.00	2.70	0.31	11.48	0.68
葫芦岛市	**93.19**	**43.72**	**4.10**	**4.40**	**57.32**	**2.35**	**1.85**	**78.72**	**4.23**
兴城市									
绥中县									
建昌县	93.19	43.72	4.10	4.40	57.32	2.35	1.85	78.72	4.23
辽阳市	**257.35**	**75.89**	**6.98**	**2.71**	**80.80**	**5.64**	**5.39**	**95.57**	**7.10**
灯塔市	65.26		1.54	2.36	75.97	1.17	1.04	88.89	
辽阳县	192.09	75.89	5.44	2.83	82.17	4.47	4.35	97.32	5.73
阜新市									
彰武县									

5-31-29 辽宁省1971年产棉县棉花生产收购明细

县市名	耕地面积（万亩）	农业人口（万人）	棉田面积（万亩）	占耕地（%）	亩产（市斤）	产量（万担）	收购量（万担）	商品率（%）	人均交售（市斤）
全省合计	**863.51**	**309.50**	**52.97**	**6.13**	**57.01**	**30.20**	**26.88**	**89.01**	**8.68**
沈阳市									
新民县									
鞍山市									
海城市									
锦州市	**178.80**	**50.39**	**17.31**	**9.68**	**43.96**	**7.61**	**6.90**	**90.67**	**13.69**
黑山县	178.80	50.39	17.31	9.68	43.96	7.61	6.90	90.67	13.69
义　县									
北镇县									
朝阳市	**336.62**	**116.22**	**24.32**	**7.22**	**56.17**	**13.66**	**11.98**	**87.70**	**10.31**
朝阳县	176.00	71.00	18.00	10.23	61.11	11.00	9.60	87.27	13.52
北票县	160.62	45.22	6.32	3.93	42.09	2.66	2.38	89.47	5.26
葫芦岛市	**92.41**	**43.75**	**4.33**	**4.69**	**53.58**	**2.32**	**1.70**	**73.28**	**3.89**
兴城市									
绥中县									
建昌县	92.41	43.75	4.33	4.69	53.58	2.32	1.70	73.28	3.89
辽阳市	**255.68**	**99.14**	**7.01**	**2.74**	**94.29**	**6.61**	**6.30**	**95.31**	**6.35**
灯塔市	64.95	23.25	1.55	2.39	92.90	1.44	1.27	88.19	5.46
辽阳县	190.73	75.89	5.46	2.86	94.69	5.17	5.03	97.29	6.63
阜新市									
彰武县									

5-31-30 辽宁省1972年产棉县棉花生产收购明细

县市名	耕地面积（万亩）	农业人口（万人）	棉田面积（万亩）	占耕地（%）	亩产（市斤）	产量（万担）	收购量（万担）	商品率（%）	人均交售（市斤）
全省合计	**855.39**	**308.63**	**54.19**	**6.34**	**35.12**	**19.03**	**18.04**	**94.80**	**5.85**
沈阳市									
新民县									
鞍山市									
海城市									
锦州市	**178.14**	**49.77**	**18.47**	**10.37**	**36.00**	**6.65**	**6.14**	**92.33**	**12.34**
黑山县	178.14	49.77	18.47	10.37	36.00	6.65	6.14	92.33	12.34
义　县									
北镇县									
朝阳市	**335.33**	**116.36**	**23.43**	**6.99**	**28.94**	**6.78**	**6.99**	**103.10**	**6.01**
朝阳县	174.00	71.00	17.00	9.77	31.18	5.30	4.78	90.19	6.73
北票县	161.33	45.36	6.43	3.99	23.02	1.48	2.21	149.32	4.87
葫芦岛市	**90.03**	**43.36**	**4.29**	**4.77**	**35.66**	**1.53**	**1.11**	**72.55**	**2.56**
兴城市									
绥中县									
建昌县	90.03	43.36	4.29	4.77	35.66	1.53	1.11	72.55	2.56
辽阳市	**251.89**	**99.14**	**8.00**	**3.18**	**50.88**	**4.07**	**3.80**	**93.37**	**3.83**
灯塔市	63.91	23.25	2.01	3.15	47.26	0.95	0.88	92.63	3.78
辽阳县	187.98	75.89	5.99	3.19	52.09	3.12	2.92	93.59	3.85
阜新市									
彰武县									

5－31－31　辽宁省1973年产棉县棉花生产收购明细

县市名	耕地面积（万亩）	农业人口（万人）	棉田面积（万亩）	占耕地（%）	亩产（市斤）	产量（万担）	收购量（万担）	商品率（%）	人均交售（市斤）
全省合计	**1125.95**	**441.86**	**76.64**	**6.81**	**45.19**	**34.63**	**32.14**	**92.81**	**7.27**
沈阳市									
新民县									
鞍山市	**169.00**	**93.20**	**5.26**	**3.11**	**65.78**	**3.46**	**3.05**	**88.15**	**3.27**
海城市	169.00	93.20	5.26	3.11	65.78	3.46	3.05	88.15	3.27
锦州市	**285.41**	**89.88**	**31.95**	**11.19**	**37.46**	**11.97**	**10.95**	**91.48**	**12.18**
黑山县	177.41	50.38	19.25	10.85	44.00	8.47	7.85	92.68	15.58
义　县	108.00	39.50	12.70	11.76	27.56	3.50	3.10	88.57	7.85
北镇县									
朝阳市	**331.71**	**115.70**	**26.17**	**7.89**	**44.06**	**11.53**	**11.19**	**97.05**	**9.67**
朝阳县	172.00	71.00	19.00	11.05	46.32	8.80	8.85	100.57	12.46
北票县	159.71	44.70	7.17	4.49	38.08	2.73	2.34	85.71	5.23
葫芦岛市	**89.78**	**43.94**	**4.25**	**4.73**	**30.59**	**1.30**	**0.93**	**71.54**	**2.12**
兴城市									
绥中县									
建昌县	89.78	43.94	4.25	4.73	30.59	1.30	0.93	71.54	2.12
辽阳市	**250.05**	**99.14**	**9.01**	**3.60**	**70.70**	**6.37**	**6.02**	**94.51**	**6.07**
灯塔市	63.50	23.25	2.38	3.75	68.07	1.62	1.52	93.83	6.54
辽阳县	186.55	75.89	6.63	3.55	71.64	4.75	4.50	94.74	5.93
阜新市									
彰武县									

5－31－32　辽宁省1974年产棉县棉花生产收购明细

县市名	耕地面积（万亩）	农业人口（万人）	棉田面积（万亩）	占耕地（%）	亩产（市斤）	产量（万担）	收购量（万担）	商品率（%）	人均交售（市斤）
全省合计	**1121.49**	**446.58**	**82.00**	**7.31**	**43.20**	**35.42**	**31.72**	**89.55**	**7.10**
沈阳市									
新民县									
鞍山市	**169.00**	**93.20**	**5.00**	**2.96**	**57.20**	**2.86**	**2.42**	**84.62**	**2.60**
海城市	169.00	93.20	5.00	2.96	57.20	2.86	2.42	84.62	2.60
锦州市	**284.23**	**90.08**	**35.88**	**12.62**	**43.67**	**15.67**	**14.47**	**92.34**	**16.06**
黑山县	176.23	50.58	19.88	11.28	46.13	9.17	8.57	93.46	16.94
义　县	108.00	39.50	16.00	14.81	40.63	6.50	5.90	90.77	14.94
北镇县									
朝阳市	**331.11**	**116.08**	**27.72**	**8.37**	**38.35**	**10.63**	**9.26**	**87.11**	**7.98**
朝阳县	172.00	72.00	20.00	11.63	39.00	7.80	6.89	88.33	9.57
北票县	159.11	44.08	7.72	4.85	36.66	2.83	2.37	83.75	5.38
葫芦岛市	**89.46**	**44.92**	**4.35**	**4.86**	**31.49**	**1.37**	**1.01**	**73.72**	**2.25**
兴城市									
绥中县									
建昌县	89.46	44.92	4.35	4.86	31.49	1.37	1.01	73.72	2.25
辽阳市	**247.69**	**102.30**	**9.05**	**3.65**	**54.03**	**4.89**	**4.56**	**93.25**	**4.46**
灯塔市	62.63	23.25	2.39	3.82	46.44	1.11	1.02	91.89	4.39
辽阳县	185.06	79.05	6.66	3.60	56.76	3.78	3.54	93.65	4.48
阜新市									
彰武县									

5－31－33　辽宁省1975年产棉县棉花生产收购明细

县市名	耕地面积（万亩）	农业人口（万人）	棉田面积（万亩）	占耕地（%）	亩产（市斤）	产量（万担）	收购量（万担）	商品率（%）	人均交售（市斤）
全省合计	**833.16**	**314.21**	**53.83**	**6.46**	**46.00**	**24.76**	**22.94**	**92.65**	**7.30**
沈阳市									
新民县									
鞍山市									
海城市									
锦州市	**175.53**	**50.61**	**18.59**	**10.59**	**50.24**	**9.34**	**8.69**	**93.04**	**17.17**
黑山县	175.53	50.61	18.59	10.59	50.24	9.34	8.69	93.04	17.17
义　县									
北镇县									
朝阳市	**325.96**	**116.04**	**22.13**	**6.79**	**38.91**	**8.61**	**8.11**	**94.19**	**6.99**
朝阳县	168.00	72.00	16.00	9.52	41.25	6.60	6.08	92.12	8.44
北票县	157.96	44.04	6.13	3.88	32.79	2.01	2.03	101.00	4.61
葫芦岛市	**88.91**	**45.26**	**4.44**	**4.99**	**47.75**	**2.12**	**1.76**	**83.02**	**3.89**
兴城市									
绥中县									
建昌县	88.91	45.26	4.44	4.99	47.75	2.12	1.76	83.02	3.89
辽阳市	**242.76**	**102.30**	**8.67**	**3.57**	**54.09**	**4.69**	**4.38**	**93.39**	**4.28**
灯塔市	61.58	23.25	2.40	3.90	42.50	1.02	1.05	102.94	4.52
辽阳县	181.18	79.05	6.27	3.46	58.53	3.67	3.33	90.74	4.21
阜新市									
彰武县									

5－31－34　辽宁省1976年产棉县棉花生产收购明细

县市名	耕地面积（万亩）	农业人口（万人）	棉田面积（万亩）	占耕地（%）	亩产（市斤）	产量（万担）	收购量（万担）	商品率（%）	人均交售（市斤）
全省合计	**1104.68**	**458.32**	**107.47**	**9.73**	**13.61**	**14.63**	**12.06**	**82.43**	**2.63**
沈阳市			**8.07**		**7.43**	**0.60**	**0.39**	**65.00**	
新民县			8.07		7.43	0.60	0.39	65.00	
鞍山市	**169.00**	**93.20**	**5.30**	**3.14**	**13.40**	**0.71**	**0.53**	**74.65**	**0.57**
海城市	169.00	93.20	5.30	3.14	13.40	0.71	0.53	74.65	0.57
锦州市	**283.24**	**90.54**	**44.94**	**15.87**	**13.51**	**6.07**	**5.21**	**85.83**	**5.75**
黑山县	175.24	51.04	19.93	11.37	15.35	3.06	2.71	88.56	5.31
义　县	108.00	39.50	16.00	14.81	12.38	1.98	1.71	86.36	4.33
北镇县			9.01		11.43	1.03	0.79	76.70	
朝阳市	**324.14**	**115.42**	**28.57**	**8.81**	**11.13**	**3.18**	**2.47**	**77.67**	**2.14**
朝阳县	167.00	71.00	21.00	12.57	11.43	2.40	2.16	90.00	3.04
北票县	157.14	44.42	7.57	4.82	10.30	0.78	0.31	39.74	0.70
葫芦岛市	**89.34**	**45.90**	**12.78**	**14.30**	**16.82**	**2.15**	**1.77**	**82.33**	**3.86**
兴城市			3.60		9.72	0.35	0.25	71.43	
绥中县			4.75		20.42	0.97	0.74	76.29	
建昌县	89.34	45.90	4.43	4.96	18.74	0.83	0.78	93.98	1.70
辽阳市	**238.96**	**113.26**	**7.81**	**3.27**	**24.58**	**1.92**	**1.69**	**88.02**	**1.49**
灯塔市	60.99	27.82	1.96	3.21	16.84	0.33	0.27	81.82	0.97
辽阳县	177.97	85.44	5.85	3.29	27.18	1.59	1.42	89.31	1.66
阜新市									
彰武县									

5-31-35 辽宁省1977年产棉县棉花生产收购明细

县市名	耕地面积（万亩）	农业人口（万人）	棉田面积（万亩）	占耕地（%）	亩产（市斤）	产量（万担）	收购量（万担）	商品率（%）	人均交售（市斤）
全省合计	**1119.83**	**462.00**	**77.61**	**6.93**	**27.07**	**21.01**	**17.78**	**84.63**	**3.85**
沈阳市			**7.22**		**12.74**	**0.92**	**0.80**	**86.96**	
新民县			7.22		12.74	0.92	0.80	86.96	
鞍山市	**169.00**	**93.20**	**2.20**	**1.30**	**40.91**	**0.90**	**0.63**	**70.00**	**0.68**
海城市	169.00	93.20	2.20	1.30	40.91	0.90	0.63	70.00	0.68
锦州市	**282.82**	**91.04**	**28.88**	**10.21**	**29.78**	**8.60**	**7.55**	**87.79**	**8.29**
黑山县	174.82	51.54	13.22	7.56	27.53	3.64	3.23	88.74	6.27
义县	108.00	39.50	7.31	6.77	31.87	2.33	2.02	86.70	5.11
北镇县			8.35		31.50	2.63	2.30	87.45	
朝阳市	**322.06**	**116.79**	**15.83**	**4.92**	**26.15**	**4.14**	**3.42**	**82.61**	**2.93**
朝阳县	165.00	72.00	11.00	6.67	27.27	3.00	2.43	81.00	3.38
北票县	157.06	44.79	4.83	3.08	23.60	1.14	0.99	86.84	2.21
葫芦岛市	**88.85**	**46.62**	**11.27**	**12.68**	**22.45**	**2.53**	**1.97**	**77.87**	**4.23**
兴城市			3.19		19.12	0.61	0.45	73.77	
绥中县			4.18		17.94	0.75	0.61	81.33	
建昌县	88.85	46.62	3.90	4.39	30.00	1.17	0.91	77.78	1.95
辽阳市	**257.10**	**114.35**	**7.14**	**2.78**	**45.38**	**3.24**	**2.88**	**88.89**	**2.52**
灯塔市	94.56	40.35	1.94	2.05	32.47	0.63	0.54	85.71	1.34
辽阳县	162.54	74.00	5.20	3.20	50.19	2.61	2.34	89.66	3.16
阜新市			**5.07**		**13.41**	**0.68**	**0.53**	**77.94**	
彰武县			5.07		13.41	0.68	0.53	77.94	

5-31-36 辽宁省1978年产棉县棉花生产收购明细

县市名	耕地面积（万亩）	农业人口（万人）	棉田面积（万亩）	占耕地（%）	亩产（市斤）	产量（万担）	收购量（万担）	商品率（%）	人均交售（市斤）
全省合计	**1080.31**	**452.60**	**95.67**	**8.86**	**29.77**	**28.48**	**24.23**	**85.08**	**5.35**
沈阳市			**7.08**		**14.12**	**1.00**	**0.83**	**83.00**	
新民县			7.08		14.12	1.00	0.83	83.00	
鞍山市	**169.00**	**93.20**	**5.10**	**3.02**	**38.82**	**1.98**	**1.60**	**80.81**	**1.72**
海城市	169.00	93.20	5.10	3.02	38.82	1.98	1.60	80.81	1.72
锦州市	**276.89**	**90.89**	**37.46**	**13.53**	**31.90**	**11.95**	**10.18**	**85.19**	**11.20**
黑山县	168.89	51.39	18.06	10.69	31.40	5.67	5.11	90.12	9.94
义县	108.00	39.50	10.82	10.02	33.46	3.62	2.77	76.52	7.01
北镇县			8.58		31.00	2.66	2.30	86.47	
朝阳市	**320.94**	**117.91**	**20.56**	**6.41**	**24.90**	**5.12**	**4.28**	**83.59**	**3.63**
朝阳县	165.00	73.00	17.00	10.30	25.29	4.30	3.63	84.42	4.97
北票县	155.94	44.91	3.56	2.28	23.03	0.82	0.65	79.27	1.45
葫芦岛市	**88.85**	**46.84**	**13.11**	**14.76**	**30.74**	**4.03**	**3.33**	**82.63**	**7.11**
兴城市			3.56		25.84	0.92	0.72	78.26	
绥中县			5.22		24.71	1.29	1.04	80.62	
建昌县	88.85	46.84	4.33	4.87	42.03	1.82	1.57	86.26	3.35
辽阳市	**224.63**	**103.76**	**7.41**	**3.30**	**49.66**	**3.68**	**3.53**	**95.92**	**3.40**
灯塔市	100.63	42.56	1.97	1.96	38.07	0.75	0.65	86.67	1.53
辽阳县	124.00	61.20	5.44	4.39	53.86	2.93	2.88	98.29	4.71
阜新市			**4.95**		**14.55**	**0.72**	**0.48**	**66.67**	
彰武县			4.95		14.55	0.72	0.48	66.67	

5－31－37　辽宁省1979年产棉县棉花生产收购明细

县市名	耕地面积（万亩）	农业人口（万人）	棉田面积（万亩）	占耕地（%）	亩产（市斤）	产量（万担）	收购量（万担）	商品率（%）	人均交售（市斤）
全省合计	**972.46**	**355.80**	**46.82**	**4.81**	**37.23**	**17.43**	**15.65**	**89.79**	**4.40**
沈阳市									
新民县									
鞍山市									
海城市									
锦州市	**273.94**	**90.29**	**17.34**	**6.33**	**48.56**	**8.42**	**7.56**	**89.79**	**8.37**
黑山县	165.94	50.79	8.19	4.94	47.25	3.87	3.39	87.60	6.67
义　县	108.00	39.50	5.21	4.82	51.63	2.69	2.48	92.19	6.28
北镇县			3.94		47.21	1.86	1.69	90.86	
朝阳市	**319.49**	**117.47**	**22.87**	**7.16**	**20.59**	**4.71**	**4.40**	**93.42**	**3.75**
朝阳县	164.00	73.00	21.00	12.80	18.10	3.80	3.78	99.47	5.18
北票县	155.49	44.47	1.87	1.20	48.66	0.91	0.62	68.13	1.39
葫芦岛市	**155.49**	**44.47**	**3.72**	**2.39**	**47.58**	**1.77**	**1.37**	**77.40**	**3.08**
兴城市									
绥中县			1.85		46.49	0.86	0.75	87.21	
建昌县	155.49	44.47	1.87	1.20	48.66	0.91	0.62	68.13	1.39
辽阳市	**223.54**	**103.57**	**2.89**	**1.29**	**87.54**	**2.53**	**2.32**	**91.70**	**2.24**
灯塔市	100.54	42.64	0.50	0.50	64.00	0.32	0.27	84.38	0.63
辽阳县	123.00	60.93	2.39	1.94	92.47	2.21	2.05	92.76	3.36
阜新市									
彰武县									

5－31－38　辽宁省1980年产棉县棉花生产收购明细

县市名	耕地面积（万亩）	农业人口（万人）	棉田面积（万亩）	占耕地（%）	亩产（市斤）	产量（万担）	收购量（万担）	商品率（%）	人均交售（市斤）
全省合计	**890.67**	**345.53**	**37.25**	**4.18**	**70.07**	**26.10**	**22.66**	**86.82**	**6.56**
沈阳市									
新民县									
鞍山市									
海城市									
锦州市	**273.74**	**89.88**	**17.81**	**6.51**	**64.01**	**11.40**	**10.32**	**90.53**	**11.48**
黑山县	165.74	50.38	9.23	5.57	59.05	5.45	4.81	88.26	9.55
义　县	108.00	39.50	5.59	5.18	71.56	4.00	3.72	93.00	9.42
北镇县			2.99		65.22	1.95	1.79	91.79	
朝阳市	**307.54**	**110.22**	**10.67**	**3.47**	**61.67**	**6.58**	**5.03**	**76.44**	**4.56**
朝阳县	156.00	66.00	9.00	5.77	62.22	5.60	4.19	74.82	6.35
北票县	151.54	44.22	1.67	1.10	58.68	0.98	0.84	85.71	1.90
葫芦岛市	**83.18**	**45.75**	**5.86**	**7.04**	**90.27**	**5.29**	**4.75**	**89.79**	**10.38**
兴城市			1.71		70.18	1.20	1.11	92.50	
绥中县			1.43		91.61	1.31	1.18	90.08	
建昌县	83.18	45.75	2.72	3.27	102.21	2.78	2.46	88.49	5.38
辽阳市	**226.21**	**99.68**	**2.56**	**1.13**	**108.20**	**2.77**	**2.55**	**92.06**	**2.56**
灯塔市	101.32	42.14	0.50	0.49	66.00	0.33	0.28	84.85	0.66
辽阳县	124.89	57.54	2.06	1.65	118.45	2.44	2.27	93.03	3.95
阜新市			**0.35**		**17.14**	**0.06**	**0.01**	**16.67**	
彰武县			0.35		17.14	0.06	0.01	16.67	

5－31－39　辽宁省1981年产棉县棉花生产收购明细

县市名	耕地面积（万亩）	农业人口（万人）	棉田面积（万亩）	占耕地（%）	亩产（市斤）	产量（万担）	收购量（万担）	商品率（%）	人均交售（市斤）
全省合计	**887.46**	**345.95**	**39.92**	**4.50**	**70.27**	**28.05**	**26.61**	**94.87**	**7.69**
沈阳市									
新民县									
鞍山市									
海城市									
锦州市	**273.53**	**89.82**	**18.19**	**6.65**	**70.59**	**12.84**	**12.25**	**95.40**	**13.64**
黑山县	165.53	50.32	9.42	5.69	73.14	6.89	6.26	90.86	12.44
义县	108.00	39.50	5.66	5.24	74.73	4.23	4.28	101.18	10.84
北镇县			3.11		55.31	1.72	1.71	99.42	
朝阳市	**305.38**	**110.14**	**11.38**	**3.73**	**54.57**	**6.21**	**5.98**	**96.30**	**5.43**
朝阳县	155.00	66.00	9.00	5.81	57.78	5.20	5.13	98.65	7.77
北票县	150.38	44.14	2.38	1.58	42.44	1.01	0.85	84.16	1.93
葫芦岛市	**82.99**	**45.67**	**7.62**	**9.18**	**72.18**	**5.50**	**5.07**	**92.18**	**11.10**
兴城市			2.25		60.89	1.37	1.29	94.16	
绥中县			1.99		62.81	1.25	1.15	92.00	
建昌县	82.99	45.67	3.38	4.07	85.21	2.88	2.63	91.32	5.76
辽阳市	**225.56**	**100.32**	**2.73**	**1.21**	**128.21**	**3.50**	**3.31**	**94.57**	**3.30**
灯塔市	100.56	42.46	0.35	0.35	120.00	0.42	0.37	88.10	0.87
辽阳县	125.00	57.86	2.38	1.90	129.41	3.08	2.94	95.45	5.08
阜新市									
彰武县									

5－31－40　辽宁省1982年产棉县棉花生产收购明细

县市名	耕地面积（万亩）	农业人口（万人）	棉田面积（万亩）	占耕地（%）	亩产（市斤）	产量（万担）	收购量（万担）	商品率（%）	人均交售（市斤）
全省合计	**881.96**	**344.85**	**48.34**	**5.48**	**66.14**	**31.97**	**31.07**	**97.18**	**9.01**
沈阳市									
新民县									
鞍山市									
海城市									
锦州市	**273.46**	**89.68**	**23.15**	**8.47**	**62.72**	**14.52**	**13.94**	**96.01**	**15.54**
黑山县	165.46	50.18	11.61	7.02	72.01	8.36	7.75	92.70	15.44
义县	108.00	39.50	8.59	7.95	56.00	4.81	4.82	100.21	12.20
北镇县			2.95		45.76	1.35	1.37	101.48	
朝阳市	**301.27**	**110.18**	**15.38**	**5.11**	**63.33**	**9.74**	**9.55**	**98.05**	**8.67**
朝阳县	155.00	66.00	12.00	7.74	66.67	8.00	7.99	99.88	12.11
北票县	146.27	44.18	3.38	2.31	51.48	1.74	1.56	89.66	3.53
葫芦岛市	**82.91**	**45.71**	**6.40**	**7.72**	**64.69**	**4.14**	**4.22**	**101.93**	**9.23**
兴城市			1.46		63.01	0.92	0.89	96.74	
绥中县			1.69		43.79	0.74	0.89	120.27	
建昌县	82.91	45.71	3.25	3.92	76.31	2.48	2.44	98.39	5.34
辽阳市	**224.32**	**99.28**	**2.90**	**1.29**	**117.59**	**3.41**	**3.20**	**93.84**	**3.22**
灯塔市	101.32	42.28	0.40	0.39	87.50	0.35	0.31	88.57	0.73
辽阳县	123.00	57.00	2.50	2.03	122.40	3.06	2.89	94.44	5.07
阜新市			**0.51**		**31.37**	**0.16**	**0.16**	**100.00**	
彰武县			0.51		31.37	0.16	0.16	100.00	

5－31－41 辽宁省1983年产棉县棉花生产收购明细

县市名	耕地面积（万亩）	农业人口（万人）	棉田面积（万亩）	占耕地（%）	亩产（市斤）	产量（万担）	收购量（万担）	商品率（%）	人均交售（市斤）
全省合计	**878.48**	**345.93**	**56.01**	**6.38**	**124.39**	**69.67**	**67.12**	**96.34**	**19.40**
沈阳市									
新民县									
鞍山市									
海城市									
锦州市	**273.42**	**89.69**	**29.42**	**10.76**	**120.53**	**35.46**	**34.28**	**96.67**	**38.22**
黑山县	165.42	50.19	15.40	9.31	122.99	18.94	18.76	99.05	37.38
义　县	108.00	39.50	10.21	9.45	123.41	12.60	11.94	94.76	30.23
北镇县			3.81		102.89	3.92	3.58	91.33	
朝阳市	**300.93**	**111.14**	**15.01**	**4.99**	**138.97**	**20.86**	**20.48**	**98.18**	**18.43**
朝阳县	155.00	67.00	11.00	7.10	145.45	16.00	15.76	98.50	23.52
北票县	145.93	44.14	4.01	2.75	121.20	4.86	4.72	97.12	10.69
葫芦岛市	**82.84**	**46.04**	**7.59**	**9.16**	**117.00**	**8.88**	**8.34**	**93.92**	**18.11**
兴城市			1.65		98.79	1.63	1.47	90.18	
绥中县			1.59		120.75	1.92	1.80	93.75	
建昌县	82.84	46.04	4.35	5.25	122.53	5.33	5.07	95.12	11.01
辽阳市	**221.29**	**99.06**	**2.72**	**1.23**	**134.93**	**3.67**	**3.26**	**88.83**	**3.29**
灯塔市	101.53	42.07	0.34	0.33	114.71	0.39	0.38	97.44	0.90
辽阳县	119.76	56.99	2.38	1.99	137.82	3.28	2.88	87.80	5.05
阜新市			**1.27**		**62.99**	**0.80**	**0.76**	**95.00**	
彰武县			1.27		62.99	0.80	0.76	95.00	

5－31－42 辽宁省1984年产棉县棉花生产收购明细

县市名	耕地面积（万亩）	农业人口（万人）	棉田面积（万亩）	占耕地（%）	亩产（市斤）	产量（万担）	收购量（万担）	商品率（%）	人均交售（市斤）
全省合计	**857.41**	**331.60**	**71.68**	**8.36**	**117.02**	**83.88**	**80.97**	**96.53**	**24.42**
沈阳市									
新民县									
鞍山市									
海城市									
锦州市	**273.37**	**89.79**	**31.01**	**11.34**	**91.87**	**28.49**	**28.08**	**98.56**	**31.27**
黑山县	165.37	50.29	15.00	9.07	88.00	13.20	13.15	99.62	26.15
义　县	108.00	39.50	13.44	12.44	93.23	12.53	12.24	97.69	30.99
北镇县			2.57		107.39	2.76	2.69	97.46	
朝阳市	**280.70**	**102.31**	**23.88**	**8.51**	**148.62**	**35.49**	**34.07**	**96.00**	**33.30**
朝阳县	137.00	59.00	15.00	10.95	160.00	24.00	23.18	96.58	39.29
北票县	143.70	43.31	8.88	6.18	129.39	11.49	10.89	94.78	25.14
葫芦岛市	**82.85**	**46.03**	**11.94**	**14.41**	**118.93**	**14.20**	**13.73**	**96.69**	**29.83**
兴城市			2.51		94.82	2.38	2.33	97.90	
绥中县			2.55		121.18	3.09	2.98	96.44	
建昌县	82.85	46.03	6.88	8.30	126.89	8.73	8.42	96.45	18.29
辽阳市	**220.49**	**93.47**	**2.63**	**1.19**	**171.10**	**4.50**	**3.96**	**88.00**	**4.24**
灯塔市	102.85	40.86	0.47	0.46	138.30	0.65	0.61	93.85	1.49
辽阳县	117.64	52.61	2.16	1.84	178.24	3.85	3.35	87.01	6.37
阜新市			**2.22**		**54.05**	**1.20**	**1.13**	**94.17**	
彰武县			2.22		54.05	1.20	1.13	94.17	

5-31-43　辽宁省1985年产棉县棉花生产收购明细

县市名	耕地面积（万亩）	农业人口（万人）	棉田面积（万亩）	占耕地（%）	亩产（市斤）	产量（万担）	收购量（万担）	商品率（%）	人均交售（市斤）
全省合计	**749.26**	**288.50**	**28.44**	**3.80**	**90.26**	**25.67**	**21.50**	**83.76**	**7.45**
沈阳市									
新民县									
鞍山市									
海城市									
锦州市	**165.86**	**49.61**	**13.00**	**7.84**	**78.15**	**10.16**	**9.57**	**94.19**	**19.29**
黑山县	165.86	49.61	13.00	7.84	78.15	10.16	9.57	94.19	19.29
义县									
北镇县									
朝阳市	**280.70**	**100.28**	**10.94**	**3.90**	**105.58**	**11.55**	**8.59**	**74.37**	**8.57**
朝阳县	137.00	58.00	6.50	4.74	100.00	6.50	5.81	89.38	10.02
北票县	143.70	42.28	4.44	3.09	113.74	5.05	2.78	55.05	6.58
葫芦岛市	**82.75**	**45.52**	**2.70**	**3.26**	**87.04**	**2.35**	**1.97**	**83.83**	**4.33**
兴城市									
绥中县									
建昌县	82.75	45.52	2.70	3.26	87.04	2.35	1.97	83.83	4.33
辽阳市	**219.95**	**93.09**	**1.80**	**0.82**	**89.44**	**1.61**	**1.37**	**85.09**	**1.47**
灯塔市	102.62	40.68	0.27	0.26	77.78	0.21	0.21	100.00	0.52
辽阳县	117.33	52.41	1.53	1.30	91.50	1.40	1.16	82.86	2.21
阜新市									
彰武县									

5-31-44　辽宁省1986年产棉县棉花生产收购明细

县市名	耕地面积（万亩）	农业人口（万人）	棉田面积（万亩）	占耕地（%）	亩产（市斤）	产量（万担）	收购量（万担）	商品率（%）	人均交售（市斤）
全省合计	**733.36**	**290.64**	**17.14**	**2.34**	**91.66**	**15.71**	**8.89**	**56.59**	**3.06**
沈阳市									
新民县									
鞍山市									
海城市									
锦州市	**161.63**	**49.39**	**3.40**	**2.10**	**54.12**	**1.84**	**1.67**	**90.76**	**3.38**
黑山县	161.63	49.39	3.40	2.10	54.12	1.84	1.67	90.76	3.38
义县									
北镇县									
朝阳市	**273.42**	**101.43**	**11.80**	**4.32**	**103.31**	**12.19**	**6.20**	**50.86**	**6.11**
朝阳县	135.00	59.00	9.00	6.67	100.00	9.00	5.18	57.56	8.78
北票县	138.42	42.43	2.80	2.02	113.93	3.19	1.02	31.97	2.40
葫芦岛市	**82.18**	**45.38**	**1.50**	**1.83**	**90.00**	**1.35**	**0.83**	**61.48**	**1.83**
兴城市									
绥中县									
建昌县	82.18	45.38	1.50	1.83	90.00	1.35	0.83	61.48	1.83
辽阳市	**216.13**	**94.44**	**0.44**	**0.20**	**75.00**	**0.33**	**0.19**	**57.58**	**0.20**
灯塔市	101.26	41.45	0.02	0.02	50.00	0.01	0.01	100.00	0.02
辽阳县	114.87	52.99	0.42	0.37	76.19	0.32	0.18	56.25	0.34
阜新市									
彰武县									

5－31－45　辽宁省1987年产棉县棉花生产收购明细

县市名	耕地面积（万亩）	农业人口（万人）	棉田面积（万亩）	占耕地（%）	亩产（市斤）	产量（万担）	收购量（万担）	商品率（%）	人均交售（市斤）
全省合计	**724.73**	**291.89**	**5.08**	**0.70**	**114.76**	**5.83**	**3.96**	**67.92**	**1.36**
沈阳市									
新民县									
鞍山市									
海城市									
锦州市	**164.52**	**49.61**	**0.77**	**0.47**	**102.60**	**0.79**	**0.75**	**94.94**	**1.51**
黑山县	164.52	49.61	0.77	0.47	102.60	0.79	0.75	94.94	1.51
义　县									
北镇县									
朝阳市	**265.80**	**101.63**	**3.98**	**1.50**	**119.35**	**4.75**	**3.09**	**65.05**	**3.04**
朝阳县	133.00	59.00	2.00	1.50	140.00	2.80	2.25	80.36	3.81
北票县	132.80	42.63	1.98	1.49	98.48	1.95	0.84	43.08	1.97
葫芦岛市	**82.06**	**45.74**	**0.33**	**0.40**	**87.88**	**0.29**	**0.12**	**41.38**	**0.26**
兴城市									
绥中县									
建昌县	82.06	45.74	0.33	0.40	87.88	0.29	0.12	41.38	0.26
辽阳市	**212.35**	**94.91**							
灯塔市	99.33	41.63							
辽阳县	113.02	53.28							
阜新市									
彰武县									

5－31－46　辽宁省1988年产棉县棉花生产收购明细

县市名	耕地面积（万亩）	农业人口（万人）	棉田面积（万亩）	占耕地（%）	亩产（市斤）	产量（万担）	收购量（万担）	商品率（%）	人均交售（市斤）
全省合计	**718.27**	**293.71**	**11.92**	**1.66**	**82.55**	**9.84**	**7.04**	**71.54**	**2.40**
沈阳市									
新民县									
鞍山市									
海城市									
锦州市	**164.44**	**50.00**	**1.43**	**0.87**	**85.31**	**1.22**	**1.15**	**94.26**	**2.30**
黑山县	164.44	50.00	1.43	0.87	85.31	1.22	1.15	94.26	2.30
义　县									
北镇县									
朝阳市	**260.49**	**102.96**	**9.94**	**3.82**	**82.19**	**8.17**	**5.65**	**69.16**	**5.49**
朝阳县	131.00	60.00	7.00	5.34	88.57	6.20	3.55	57.26	5.92
北票县	129.49	42.96	2.94	2.27	67.01	1.97	2.10	106.60	4.89
葫芦岛市	**81.96**	**46.13**	**0.47**	**0.57**	**85.11**	**0.40**	**0.24**	**60.00**	**0.52**
兴城市									
绥中县									
建昌县	81.96	46.13	0.47	0.57	85.11	0.40	0.24	60.00	0.52
辽阳市	**211.38**	**94.62**	**0.08**	**0.04**	**62.50**	**0.05**			
灯塔市	98.52	41.65							
辽阳县	112.86	52.97	0.08	0.07	62.50	0.05			
阜新市									
彰武县									

5－31－47　辽宁省1989年产棉县棉花生产收购明细

县市名	耕地面积（万亩）	农业人口（万人）	棉田面积（万亩）	占耕地（%）	亩产（市斤）	产量（万担）	收购量（万担）	商品率（%）	人均交售（市斤）
全省合计	**729.96**	**295.08**	**17.26**	**2.36**	**63.56**	**10.97**	**8.90**	**81.13**	**3.02**
沈阳市									
新民县									
鞍山市									
海城市									
锦州市	**177.22**	**50.63**	**4.09**	**2.31**	**43.77**	**1.79**	**1.54**	**86.03**	**3.04**
黑山县	177.22	50.63	4.09	2.31	43.77	1.79	1.54	86.03	3.04
义　县									
北镇县									
朝阳市	**259.04**	**103.09**	**12.11**	**4.67**	**70.02**	**8.48**	**6.91**	**81.49**	**6.70**
朝阳县	131.00	60.00	9.00	6.87	72.22	6.50	5.31	81.69	8.85
北票县	128.04	43.09	3.11	2.43	63.67	1.98	1.60	80.81	3.71
葫芦岛市	**81.81**	**46.78**	**0.53**	**0.65**	**62.26**	**0.33**	**0.25**	**75.76**	**0.53**
兴城市									
绥中县									
建昌县	81.81	46.78	0.53	0.65	62.26	0.33	0.25	75.76	0.53
辽阳市	**211.89**	**94.58**	**0.53**	**0.25**	**69.81**	**0.37**	**0.20**	**54.05**	**0.21**
灯塔市	100.27	41.72	0.07	0.07					
辽阳县	111.62	52.86	0.46	0.41	80.43	0.37	0.20	54.05	0.38
阜新市									
彰武县									

5－31－48　辽宁省1990年产棉县棉花生产收购明细

县市名	耕地面积（万亩）	农业人口（万人）	棉田面积（万亩）	占耕地（%）	亩产（市斤）	产量（万担）	收购量（万担）	商品率（%）	人均交售（市斤）
全省合计	**716.46**	**292.09**	**20.05**	**2.80**	**91.07**	**18.26**	**17.09**	**93.59**	**5.85**
沈阳市									
新民县									
鞍山市									
海城市									
锦州市	**164.18**	**47.20**	**6.49**	**3.95**	**84.59**	**5.49**	**4.62**	**84.15**	**9.79**
黑山县	164.18	47.20	6.49	3.95	84.59	5.49	4.62	84.15	9.79
义　县									
北镇县									
朝阳市	**258.78**	**103.09**	**11.40**	**4.41**	**93.25**	**10.63**	**10.54**	**99.15**	**10.22**
朝阳县	131.00	60.00	7.00	5.34	107.14	7.50	6.90	92.00	11.50
北票县	127.78	43.09	4.40	3.44	71.14	3.13	3.64	116.29	8.45
葫芦岛市	**81.68**	**46.94**	**0.83**	**1.02**	**90.36**	**0.75**	**0.71**	**94.67**	**1.51**
兴城市									
绥中县									
建昌县	81.68	46.94	0.83	1.02	90.36	0.75	0.71	94.67	1.51
辽阳市	**211.82**	**94.86**	**1.33**	**0.63**	**104.51**	**1.39**	**1.22**	**87.77**	**1.29**
灯塔市	100.36	41.96	0.29	0.29	86.21	0.25	0.25	100.00	0.60
辽阳县	111.46	52.90	1.04	0.93	109.62	1.14	0.97	85.09	1.83
阜新市									
彰武县									

5-31-49　辽宁省1991年产棉县棉花生产收购明细

县市名	耕地面积（万亩）	农业人口（万人）	棉田面积（万亩）	占耕地（%）	亩产（市斤）	产量（万担）	收购量（万担）	商品率（%）	人均交售（市斤）
全省合计	**727.68**	**295.90**	**48.92**	**6.72**	**93.89**	**45.93**	**34.50**	**75.11**	**11.66**
沈阳市									
新民县									
鞍山市									
海城市									
锦州市	**176.95**	**51.00**	**14.92**	**8.43**	**74.66**	**11.14**	**10.04**	**90.13**	**19.69**
黑山县	176.95	51.00	14.92	8.43	74.66	11.14	10.04	90.13	19.69
义县									
北镇县									
朝阳市	**265.72**	**103.14**	**27.80**	**10.46**	**102.48**	**28.49**	**19.17**	**67.29**	**18.59**
朝阳县	131.00	60.00	18.00	13.74	104.44	18.80	10.91	58.03	18.18
北票县	134.72	43.14	9.80	7.27	98.88	9.69	8.26	85.24	19.15
葫芦岛市	**81.53**	**47.04**	**2.44**	**2.99**	**97.54**	**2.38**	**1.91**	**80.25**	**4.06**
兴城市									
绥中县									
建昌县	81.53	47.04	2.44	2.99	97.54	2.38	1.91	80.25	4.06
辽阳市	**203.48**	**94.72**	**3.76**	**1.85**	**104.26**	**3.92**	**3.38**	**86.22**	**3.57**
灯塔市	96.01	41.98	1.22	1.27	106.56	1.30	1.10	84.62	2.62
辽阳县	107.47	52.74	2.54	2.36	103.15	2.62	2.28	87.02	4.32
阜新市									
彰武县									

5-31-50　辽宁省1992年产棉县棉花生产收购明细

县市名	耕地面积（万亩）	农业人口（万人）	棉田面积（万亩）	占耕地（%）	亩产（市斤）	产量（万担）	收购量（万担）	商品率（%）	人均交售（市斤）
全省合计	**717.75**	**294.18**	**57.12**	**7.96**	**56.95**	**32.53**	**23.94**	**73.59**	**8.14**
沈阳市									
新民县									
鞍山市									
海城市									
锦州市	**176.88**	**50.58**	**13.10**	**7.41**	**53.74**	**7.04**	**6.43**	**91.34**	**12.71**
黑山县	176.88	50.58	13.10	7.41	53.74	7.04	6.43	91.34	12.71
义县									
北镇县									
朝阳市	**256.51**	**103.02**	**38.39**	**14.97**	**54.91**	**21.08**	**14.58**	**69.17**	**14.15**
朝阳县	131.00	60.00	26.00	19.85	63.08	16.40	12.70	77.44	21.17
北票县	125.51	43.02	12.39	9.87	37.77	4.68	1.88	40.17	4.37
葫芦岛市	**81.33**	**46.70**	**3.20**	**3.93**	**61.25**	**1.96**	**1.30**	**66.33**	**2.78**
兴城市									
绥中县									
建昌县	81.33	46.70	3.20	3.93	61.25	1.96	1.30	66.33	2.78
辽阳市	**203.03**	**93.88**	**2.43**	**1.20**	**100.82**	**2.45**	**1.63**	**66.53**	**1.74**
灯塔市	95.89	41.84	0.12	0.13	*	0.70	0.44	62.86	1.05
辽阳县	107.14	52.04	2.31	2.16	75.76	1.75	1.19	68.00	2.29
阜新市									
彰武县									

5－31－51　辽宁省1993年产棉县棉花生产收购明细

县市名	耕地面积（万亩）	农业人口（万人）	棉田面积（万亩）	占耕地（%）	亩产（市斤）	产量（万担）	收购量（万担）	商品率（%）	人均交售（市斤）
全省合计	**712.70**	**290.18**	**25.87**	**3.63**	**86.66**	**22.42**	**10.73**	**47.86**	**3.70**
沈阳市									
新民县									
鞍山市									
海城市									
锦州市	**176.86**	**50.81**	**1.31**	**0.74**	**99.24**	**1.30**	**1.15**	**88.46**	**2.26**
黑山县	176.86	50.81	1.31	0.74	99.24	1.30	1.15	88.46	2.26
义　县									
北镇县									
朝阳市	**253.43**	**101.99**	**21.51**	**8.49**	**87.17**	**18.75**	**7.94**	**42.35**	**7.79**
朝阳县	129.00	59.00	14.00	10.85	92.86	13.00	6.02	46.31	10.20
北票县	124.43	42.99	7.51	6.04	76.56	5.75	1.92	33.39	4.47
葫芦岛市	**80.88**	**45.64**	**2.12**	**2.62**	**74.06**	**1.57**	**1.26**	**80.25**	**2.76**
兴城市									
绥中县									
建昌县	80.88	45.64	2.12	2.62	74.06	1.57	1.26	80.25	2.76
辽阳市	**201.53**	**91.74**	**0.93**	**0.46**	**86.02**	**0.80**	**0.38**	**47.50**	**0.41**
灯塔市	95.25	40.38	0.42	0.44	95.24	0.40	0.15	37.50	0.37
辽阳县	106.28	51.36	0.51	0.48	78.43	0.40	0.23	57.50	0.45
阜新市									
彰武县									

5－31－52　辽宁省1994年产棉县棉花生产收购明细

县市名	耕地面积（万亩）	农业人口（万人）	棉田面积（万亩）	占耕地（%）	亩产（市斤）	产量（万担）	收购量（万担）	商品率（%）	人均交售（市斤）
全省合计	**706.91**	**289.64**	**23.81**	**3.37**	**70.89**	**16.88**	**6.96**	**41.23**	**2.40**
沈阳市									
新民县									
鞍山市									
海城市									
锦州市	**173.71**	**50.70**	**2.01**	**1.16**	**64.18**	**1.29**	**0.75**	**58.14**	**1.48**
黑山县	173.71	50.70	2.01	1.16	64.18	1.29	0.75	58.14	1.48
义　县									
北镇县									
朝阳市	**252.82**	**101.97**	**20.42**	**8.08**	**69.88**	**14.27**	**5.94**	**41.63**	**5.83**
朝阳县	128.00	59.00	13.00	10.16	96.92	12.60	5.10	40.48	8.64
北票县	124.82	42.97	7.42	5.94	22.51	1.67	0.84	50.30	1.95
葫芦岛市	**80.71**	**45.15**	**0.81**	**1.00**	**106.17**	**0.86**	**0.14**	**16.28**	**0.31**
兴城市									
绥中县									
建昌县	80.71	45.15	0.81	1.00	106.17	0.86	0.14	16.28	0.31
辽阳市	**199.67**	**91.82**	**0.57**	**0.29**	**80.70**	**0.46**	**0.13**	**28.26**	**0.14**
灯塔市	94.59	41.34	0.27	0.29	85.19	0.23	0.02	8.70	0.05
辽阳县	105.08	50.48	0.30	0.29	76.67	0.23	0.11	47.83	0.22
阜新市									
彰武县									

5－31－53　辽宁省1995年产棉县棉花生产收购明细

县市名	耕地面积（万亩）	农业人口（万人）	棉田面积（万亩）	占耕地（%）	亩产（市斤）	产量（万担）	收购量（万担）	商品率（%）	人均交售（市斤）
全省合计	**701.97**	**289.26**	**27.56**	**3.93**	**84.98**	**23.42**	**11.23**	**47.95**	**3.88**
沈阳市									
新民县									
鞍山市									
海城市									
锦州市	**171.69**	**50.56**	**7.58**	**4.41**	**65.30**	**4.95**	**3.20**	**64.65**	**6.33**
黑山县	171.69	50.56	7.58	4.41	65.30	4.95	3.20	64.65	6.33
义　县									
北镇县									
朝阳市	**252.39**	**101.93**	**18.77**	**7.44**	**93.82**	**17.61**	**7.62**	**43.27**	**7.48**
朝阳县	128.00	59.00	12.00	9.38	100.00	12.00	5.61	46.75	9.51
北票县	124.39	42.93	6.77	5.44	82.87	5.61	2.01	35.83	4.68
葫芦岛市	**80.56**	**45.31**	**0.40**	**0.50**	**80.00**	**0.32**	**0.25**	**78.13**	**0.55**
兴城市									
绥中县									
建昌县	80.56	45.31	0.40	0.50	80.00	0.32	0.25	78.13	0.55
辽阳市	**197.33**	**91.46**	**0.81**	**0.41**	**66.67**	**0.54**	**0.16**	**29.63**	**0.17**
灯塔市	93.58	41.33	0.31	0.33	87.10	0.27	0.04	14.81	0.10
辽阳县	103.75	50.13	0.50	0.48	54.00	0.27	0.12	44.44	0.24
阜新市									
彰武县									

5－31－54　辽宁省1996年产棉县棉花生产收购明细

县市名	耕地面积（万亩）	农业人口（万人）	棉田面积（万亩）	占耕地（%）	亩产（市斤）	产量（万担）	收购量（万担）	商品率（%）	人均交售（市斤）
全省合计	**749.38**	**288.87**	**12.66**	**1.69**	**83.18**	**10.53**	**4.63**	**43.97**	**1.60**
沈阳市									
新民县									
鞍山市									
海城市									
锦州市	**171.67**	**50.42**	**4.72**	**2.75**	**72.46**	**3.42**	**2.29**	**66.96**	**4.54**
黑山县	171.67	50.42	4.72	2.75	72.46	3.42	2.29	66.96	4.54
义　县									
北镇县									
朝阳市	**252.26**	**101.82**	**7.31**	**2.90**	**92.48**	**6.76**	**2.14**	**31.66**	**2.10**
朝阳县	128.00	59.00	4.00	3.13	100.00	4.00	1.24	31.00	2.10
北票县	124.26	42.82	3.31	2.66	83.38	2.76	0.90	32.61	2.10
葫芦岛市	**77.68**	**45.39**	**0.25**	**0.32**	**76.00**	**0.19**	**0.16**	**84.21**	**0.35**
兴城市									
绥中县									
建昌县	77.68	45.39	0.25	0.32	76.00	0.19	0.16	84.21	0.35
辽阳市	**247.77**	**91.24**	**0.38**	**0.15**	**42.11**	**0.16**	**0.04**	**25.00**	**0.04**
灯塔市	109.23	41.29	0.29	0.27	27.59	0.08	0.01	12.50	0.02
辽阳县	138.54	49.95	0.09	0.06	88.89	0.08	0.03	37.50	0.06
阜新市									
彰武县									

5－31－55　辽宁省1997年产棉县棉花生产收购明细

县市名	耕地面积（万亩）	农业人口（万人）	棉田面积（万亩）	占耕地（%）	亩产（市斤）	产量（万担）	收购量（万担）	商品率（%）	人均交售（市斤）
全省合计	**758.32**	**288.66**	**18.26**	**2.41**	**79.13**	**14.45**	**8.63**	**59.72**	**2.99**
沈阳市									
新民县									
鞍山市									
海城市									
锦州市	**171.66**	**50.77**	**7.28**	**4.24**	**69.23**	**5.04**	**4.09**	**81.15**	**8.06**
黑山县	171.66	50.77	7.28	4.24	69.23	5.04	4.09	81.15	8.06
义　县									
北镇县									
朝阳市	**259.99**	**101.62**	**9.96**	**3.83**	**84.54**	**8.42**	**3.85**	**45.72**	**3.79**
朝阳县	128.00	59.00	5.60	4.38	98.21	5.50	2.68	48.73	4.54
北票县	131.99	42.62	4.36	3.30	66.97	2.92	1.17	40.07	2.75
葫芦岛市	**77.63**	**45.17**	**0.65**	**0.84**	**96.92**	**0.63**	**0.59**	**93.65**	**1.31**
兴城市									
绥中县									
建昌县	77.63	45.17	0.65	0.84	96.92	0.63	0.59	93.65	1.31
辽阳市	**249.04**	**91.10**	**0.37**	**0.15**	**97.30**	**0.36**	**0.10**	**27.78**	**0.11**
灯塔市	109.98	41.10	0.02	0.02	*	0.18	0.01	5.56	0.02
辽阳县	139.06	50.00	0.35	0.25	51.43	0.18	0.09	50.00	0.18
阜新市									
彰武县									

5－31－56　辽宁省1998年产棉县棉花生产收购明细

县市名	耕地面积（万亩）	农业人口（万人）	棉田面积（万亩）	占耕地（%）	亩产（市斤）	产量（万担）	收购量（万担）	商品率（%）	人均交售（市斤）
全省合计	**832.87**	**287.72**	**18.14**	**2.18**	**88.75**	**16.10**	**11.66**	**72.42**	**4.05**
沈阳市									
新民县									
鞍山市									
海城市									
锦州市	**217.71**	**50.30**	**5.91**	**2.71**	**73.60**	**4.35**	**3.58**	**82.30**	**7.12**
黑山县	217.71	50.30	5.91	2.71	73.60	4.35	3.58	82.30	7.12
义　县									
北镇县									
朝阳市	**289.05**	**101.17**	**11.49**	**3.98**	**95.47**	**10.97**	**7.51**	**68.46**	**7.42**
朝阳县	159.00	59.00	6.80	4.28	107.35	7.30	4.47	61.23	7.58
北票县	130.05	42.17	4.69	3.61	78.25	3.67	3.04	82.83	7.21
葫芦岛市	**77.11**	**44.94**	**0.63**	**0.82**	**95.24**	**0.60**	**0.49**	**81.67**	**1.09**
兴城市									
绥中县									
建昌县	77.11	44.94	0.63	0.82	95.24	0.60	0.49	81.67	1.09
辽阳市	**249.00**	**91.31**	**0.11**	**0.04**	**163.64**	**0.18**	**0.08**	**44.44**	**0.09**
灯塔市	109.96	41.18	0.02	0.02	*	0.09	0.02	22.22	0.05
辽阳县	139.04	50.13	0.09	0.06	100.00	0.09	0.06	66.67	0.12
阜新市									
彰武县									

5－31－57　辽宁省1999年产棉县棉花生产收购明细

县市名	耕地面积（万亩）	农业人口（万人）	棉田面积（万亩）	占耕地（%）	亩产（市斤）	产量（万担）	收购量（万担）	商品率（%）	人均交售（市斤）
全省合计	**829.87**	**286.68**	**6.51**	**0.78**	**107.53**	**7.00**	**5.22**	**74.57**	**1.82**
沈阳市									
新民县									
鞍山市									
海城市									
锦州市	**217.91**	**50.20**	**1.87**	**0.86**	**87.17**	**1.63**	**1.57**	**96.32**	**3.13**
黑山县	217.91	50.20	1.87	0.86	87.17	1.63	1.57	96.32	3.13
义县									
北镇县									
朝阳市	**287.01**	**100.60**	**4.04**	**1.41**	**118.81**	**4.80**	**3.20**	**66.67**	**3.18**
朝阳县	157.00	59.00	2.20	1.40	109.09	2.40	1.81	75.42	3.07
北票县	130.01	41.60	1.84	1.42	130.43	2.40	1.39	57.92	3.34
葫芦岛市	**76.00**	**44.50**	**0.60**	**0.79**	**95.00**	**0.57**	**0.45**	**78.95**	**1.01**
兴城市									
绥中县									
建昌县	76.00	44.50	0.60	0.79	95.00	0.57	0.45	78.95	1.01
辽阳市	**248.95**	**91.38**							
灯塔市	109.94	41.23							
辽阳县	139.01	50.15							
阜新市									
彰武县									

5－31－58　辽宁省2000年产棉县棉花生产收购明细

县市名	耕地面积（万亩）	农业人口（万人）	棉田面积（万亩）	占耕地（%）	亩产（市斤）	产量（万担）	收购量（万担）	商品率（%）	人均交售（市斤）
全省合计	**762.26**	**245.07**	**11.51**	**1.51**	**97.05**	**11.17**	**8.78**	**78.60**	**3.58**
沈阳市									
新民县									
鞍山市									
海城市									
锦州市	**217.00**	**50.00**	**2.53**	**1.17**	**73.12**	**1.85**	**1.44**	**77.84**	**2.88**
黑山县	217.00	50.00	2.53	1.17	73.12	1.85	1.44	77.84	2.88
义县									
北镇县									
朝阳市	**325.00**	**102.00**	**4.96**	**1.53**	**108.27**	**5.37**	**3.83**	**71.32**	**3.75**
朝阳县	160.00	60.00	3.20	2.00	87.50	2.80	2.20	78.57	3.67
北票县	165.00	42.00	1.76	1.07	146.02	2.57	1.63	63.42	3.88
葫芦岛市	**110.00**	**42.00**	**3.82**	**3.47**	**93.46**	**3.57**	**3.25**	**91.04**	**7.74**
兴城市									
绥中县									
建昌县	110.00	42.00	3.82	3.47	93.46	3.57	3.25	91.04	7.74
辽阳市	**110.26**	**51.07**	**0.20**	**0.18**	**190.00**	**0.38**	**0.26**	**68.42**	**0.51**
灯塔市									
辽阳县	110.26	51.07	0.20	0.18	190.00	0.38	0.26	68.42	0.51
阜新市									
彰武县									

5－32－1　辽宁省新民县历年棉花生产收购

年　　度	耕地面积（万亩）	农业人口（万人）	棉田面积（万亩）	占耕地（%）	亩　产（市斤）	产　量（万担）	收购量（万担）	商品率（%）	人均交售（市斤）
52 年合计			**22.37**		**11.27**	**2.52**	**2.02**	**80.16**	
11 年小计									
占合计%									
1949									
1950									
1951									
1952									
1953									
1954									
1955									
1956									
1957									
1958									
1959									
10 年小计									
占合计%									
1960									
1961									
1962									
1963									
1964									
1965									
1966									
1967									
1968									
1969									
10 年小计			**22.37**		**11.27**	**2.52**	**2.02**	**80.16**	
占合计%			**100.00**			**100.00**	**100.00**		
1970									
1971									
1972									
1973									
1974									
1975									
1976			8.07		7.43	0.60	0.39	65.00	
1977			7.22		12.74	0.92	0.80	86.96	
1978			7.08		14.12	1.00	0.83	83.00	
1979									
10 年小计									
占合计%									
1980									
1981									
1982									
1983									
1984									
1985									
1986									
1987									
1988									
1989									
11 年小计									
占合计%									
1990									
1991									
1992									
1993									
1994									
1995									
1996									
1997									
1998									
1999									
2000									

5－32－2 辽宁省海城县历年棉花生产收购

年　度	耕地面积（万亩）	农业人口（万人）	棉田面积（万亩）	占耕地（%）	亩　产（市斤）	产　量（万担）	收购量（万担）	商品率（%）	人均交售（市斤）
52年合计			**22.86**	**2.71**	**43.35**	**9.91**	**8.23**	**83.05**	**1.77**
11年小计									
占合计%									
1949									
1950									
1951									
1952									
1953									
1954									
1955									
1956									
1957									
1958									
1959									
10年小计									
占合计%									
1960									
1961									
1962									
1963									
1964									
1965									
1966									
1967									
1968									
1969									
10年小计			**22.86**	**2.71**	**43.35**	**9.91**	**8.23**	**83.05**	**1.77**
占合计%			**100.00**			**100.00**	**100.00**		
1970									
1971									
1972									
1973	169.00	93.20	5.26	3.11	65.78	3.46	3.05	88.15	3.27
1974	169.00	93.20	5.00	2.96	57.20	2.86	2.42	84.62	2.60
1975									
1976	169.00	93.20	5.30	3.14	13.40	0.71	0.53	74.65	0.57
1977	169.00	93.20	2.20	1.30	40.91	0.90	0.63	70.00	0.68
1978	169.00	93.20	5.10	3.02	38.82	1.98	1.60	80.81	1.72
1979									
10年小计									
占合计%									
1980									
1981									
1982									
1983									
1984									
1985									
1986									
1987									
1988									
1989									
11年小计									
占合计%									
1990									
1991									
1992									
1993									
1994									
1995									
1996									
1997									
1998									
1999									
2000									

5－32－3 辽宁省黑山县历年棉花生产收购

年　　度	耕地面积（万亩）	农业人口（万人）	棉田面积（万亩）	占耕地（%）	亩　产（市斤）	产　量（万担）	收购量（万担）	商品率（%）	人均交售（市斤）
52 年合计			**896.25**	**9.27**	**41.80**	**374.59**	**327.98**	**87.56**	**13.42**
11 年小计			**391.41**	**16.29**	**33.44**	**130.89**	**107.11**	**81.83**	**23.11**
占合计%			**43.67**			**34.94**	**32.66**		
1949	197.60	41.11	11.32	5.73	27.47	3.11	1.85	59.49	4.50
1950	221.00	44.04	19.95	9.03	40.65	8.11	6.44	79.41	14.62
1951	222.25	43.59	48.14	21.66	28.08	13.52	11.85	87.65	27.19
1952	226.04	40.76	41.91	18.54	32.36	13.56	12.58	92.77	30.86
1953	226.15	40.23	41.21	18.22	34.14	14.07	12.00	85.29	29.83
1954	236.26	42.85	50.21	21.25	24.00	12.05	9.79	81.24	22.85
1955	230.89	42.94	34.21	14.82	27.51	9.41	7.86	83.53	18.30
1956	241.94	43.89	38.74	16.01	43.44	16.83	13.04	77.48	29.71
1957	205.47	41.37	37.04	18.03	21.92	8.12	6.45	79.43	15.59
1958	203.82	42.84	34.79	17.07	51.60	17.95	13.71	76.38	32.00
1959	190.89	39.86	33.89	17.75	41.78	14.16	11.54	81.50	28.95
10 年小计			**182.31**	**10.01**	**33.12**	**60.38**	**54.71**	**90.61**	**13.00**
占合计%			**20.34**			**16.12**	**16.68**		
1960	191.46	37.47	35.08	18.32	9.49	3.33	2.12	63.66	5.66
1961	182.33	37.54	20.44	11.21	10.52	2.15	2.02	93.95	5.38
1962	185.81	39.51	10.60	5.70	11.51	1.22	0.97	79.51	2.46
1963	182.84	40.31	11.61	6.35	23.43	2.72	2.02	74.26	5.01
1964	183.04	41.51	16.13	8.81	30.94	4.99	4.46	89.38	10.74
1965	181.55	42.39	17.28	9.52	44.17	7.63	7.03	92.11	16.58
1966	179.51	43.59	17.55	9.78	44.50	7.81	7.50	96.03	17.21
1967	178.81	44.78	17.70	9.90	63.05	11.16	10.40	93.19	23.22
1968	178.15	45.28	18.08	10.15	59.96	10.84	10.34	95.39	22.84
1969	178.59	48.40	17.84	9.99	47.81	8.53	7.85	92.03	16.22
10 年小计			**171.46**	**9.80**	**39.18**	**67.18**	**61.59**	**91.68**	**12.16**
占合计%			**19.13**			**17.93**	**18.78**		
1970	178.89	49.94	18.56	10.38	52.26	9.70	9.00	92.78	18.02
1971	178.80	50.39	17.31	9.68	43.96	7.61	6.90	90.67	13.69
1972	178.14	49.77	18.47	10.37	36.00	6.65	6.14	92.33	12.34
1973	177.41	50.38	19.25	10.85	44.00	8.47	7.85	92.68	15.58
1974	176.23	50.58	19.88	11.28	46.13	9.17	8.57	93.46	16.94
1975	175.53	50.61	18.59	10.59	50.24	9.34	8.69	93.04	17.17
1976	175.24	51.04	19.93	11.37	15.35	3.06	2.71	88.56	5.31
1977	174.82	51.54	13.22	7.56	27.53	3.64	3.23	88.74	6.27
1978	168.89	51.39	18.06	10.69	31.40	5.67	5.11	90.12	9.94
1979	165.94	50.79	8.19	4.94	47.25	3.87	3.39	87.60	6.67
10 年小计			**83.35**	**5.02**	**82.35**	**68.64**	**65.41**	**95.29**	**13.07**
占合计%			**9.30**			**18.32**	**19.94**		
1980	165.74	50.38	9.23	5.57	59.05	5.45	4.81	88.26	9.55
1981	165.53	50.32	9.42	5.69	73.14	6.89	6.26	90.86	12.44
1982	165.46	50.18	11.61	7.02	72.01	8.36	7.75	92.70	15.44
1983	165.42	50.19	15.40	9.31	122.99	18.94	18.76	99.05	37.38
1984	165.37	50.29	15.00	9.07	88.00	13.20	13.15	99.62	26.15
1985	165.86	49.61	13.00	7.84	78.15	10.16	9.57	94.19	19.29
1986	161.63	49.39	3.40	2.10	54.12	1.84	1.67	90.76	3.38
1987	164.52	49.61	0.77	0.47	102.60	0.79	0.75	94.94	1.51
1988	164.44	50.00	1.43	0.87	85.31	1.22	1.15	94.26	2.30
1989	177.22	50.63	4.09	2.31	43.77	1.79	1.54	86.03	3.04
11 年小计			**67.72**	**3.33**	**70.14**	**47.50**	**39.16**	**82.44**	**7.09**
占合计%			**7.56**			**12.68**	**11.94**		
1990	164.18	47.20	6.49	3.95	84.59	5.49	4.62	84.15	9.79
1991	176.95	51.00	14.92	8.43	74.66	11.14	10.04	90.13	19.69
1992	176.88	50.58	13.10	7.41	53.74	7.04	6.43	91.34	12.71
1993	176.86	50.81	1.31	0.74	99.24	1.30	1.15	88.46	2.26
1994	173.71	50.70	2.01	1.16	64.18	1.29	0.75	58.14	1.48
1995	171.69	50.56	7.58	4.41	65.30	4.95	3.20	64.65	6.33
1996	171.67	50.42	4.72	2.75	72.46	3.42	2.29	66.96	4.54
1997	171.66	50.77	7.28	4.24	69.23	5.04	4.09	81.15	8.06
1998	217.71	50.30	5.91	2.71	73.60	4.35	3.58	82.30	7.12
1999	217.91	50.20	1.87	0.86	87.17	1.63	1.57	96.32	3.13
2000	217.00	50.00	2.53	1.17	73.12	1.85	1.44	77.84	2.88

5－32－4　辽宁省义县历年棉花生产收购

年　度	耕地面积（万亩）	农业人口（万人）	棉田面积（万亩）	占耕地（%）	亩　产（市斤）	产　量（万担）	收购量（万担）	商品率（%）	人均交售（市斤）
52 年合计			**111.53**	**9.39**	**52.71**	**58.79**	**54.98**	**93.52**	**12.65**
11 年小计									
占合计%									
1949									
1950									
1951									
1952									
1953									
1954									
1955									
1956									
1957									
1958									
1959									
10 年小计									
占合计%									
1960									
1961									
1962									
1963									
1964									
1965									
1966									
1967									
1968									
1969									
10 年小计			**68.04**	**10.50**	**30.31**	**20.62**	**17.98**	**87.20**	**7.59**
占合计%			**61.01**			**35.07**	**32.70**		
1970									
1971									
1972									
1973	108.00	39.50	12.70	11.76	27.56	3.50	3.10	88.57	7.85
1974	108.00	39.50	16.00	14.81	40.63	6.50	5.90	90.77	14.94
1975									
1976	108.00	39.50	16.00	14.81	12.38	1.98	1.71	86.36	4.33
1977	108.00	39.50	7.31	6.77	31.87	2.33	2.02	86.70	5.11
1978	108.00	39.50	10.82	10.02	33.46	3.62	2.77	76.52	7.01
1979	108.00	39.50	5.21	4.82	51.63	2.69	2.48	92.19	6.28
10 年小计			**43.49**	**8.05**	**87.77**	**38.17**	**37.00**	**96.93**	**18.73**
占合计%			**38.99**			**64.93**	**67.30**		
1980	108.00	39.50	5.59	5.18	71.56	4.00	3.72	93.00	9.42
1981	108.00	39.50	5.66	5.24	74.73	4.23	4.28	101.18	10.84
1982	108.00	39.50	8.59	7.95	56.00	4.81	4.82	100.21	12.20
1983	108.00	39.50	10.21	9.45	123.41	12.60	11.94	94.76	30.23
1984	108.00	39.50	13.44	12.44	93.23	12.53	12.24	97.69	30.99
1985									
1986									
1987									
1988									
1989									
11 年小计									
占合计%									
1990									
1991									
1992									
1993									
1994									
1995									
1996									
1997									
1998									
1999									
2000									

5－32－5　辽宁省北镇县历年棉花生产收购

年　度	耕地面积（万亩）	农业人口（万人）	棉田面积（万亩）	占耕地（%）	亩　产（市斤）	产　量（万担）	收购量（万担）	商品率（%）	人均交售（市斤）
52 年合计			**45.31**		**43.88**	**19.88**	**18.22**	**91.65**	
11 年小计									
占合计%									
1949									
1950									
1951									
1952									
1953									
1954									
1955									
1956									
1957									
1958									
1959									
10 年小计									
占合计%									
1960									
1961									
1962									
1963									
1964									
1965									
1966									
1967									
1968									
1969									
10 年小计			**29.88**		**27.38**	**8.18**	**7.08**	**86.55**	
占合计%			**65.95**			**41.15**	**38.86**		
1970									
1971									
1972									
1973									
1974									
1975									
1976			9.01		11.43	1.03	0.79	76.70	
1977			8.35		31.50	2.63	2.30	87.45	
1978			8.58		31.00	2.66	2.30	86.47	
1979			3.94		47.21	1.86	1.69	90.86	
10 年小计			**15.43**		**75.83**	**11.70**	**11.14**	**95.21**	
占合计%			**34.05**			**58.85**	**61.14**		
1980			2.99		65.22	1.95	1.79	91.79	
1981			3.11		55.31	1.72	1.71	99.42	
1982			2.95		45.76	1.35	1.37	101.48	
1983			3.81		102.89	3.92	3.58	91.33	
1984			2.57		107.39	2.76	2.69	97.46	
1985									
1986									
1987									
1988									
1989									
11 年小计									
占合计%									
1990									
1991									
1992									
1993									
1994									
1995									
1996									
1997									
1998									
1999									
2000									

5－32－6　辽宁省朝阳县历年棉花生产收购

年　度	耕地面积（万亩）	农业人口（万人）	棉田面积（万亩）	占耕地（%）	亩　产（市斤）	产　量（万担）	收购量（万担）	商品率（%）	人均交售（市斤）
52 年合计			**887.30**	**10.24**	**52.90**	**469.40**	**357.17**	**76.09**	**11.31**
11 年小计			**350.00**	**16.08**	**34.57**	**121.00**	**74.61**	**61.66**	**12.89**
占合计%			**39.45**			**25.78**	**20.89**		
1949	187.00	48.00	16.00	8.56	23.75	3.80	1.08	28.42	2.25
1950	188.00	48.00	29.00	15.43	24.83	7.20	2.21	30.69	4.60
1951	184.00	51.00	50.00	27.17	29.80	14.90	3.37	22.62	6.61
1952	186.00	50.00	51.00	27.42	43.14	22.00	12.37	56.23	24.74
1953	191.00	52.00	30.00	15.71	43.33	13.00	7.18	55.23	13.81
1954	193.00	54.00	30.00	15.54	16.67	5.00	4.28	85.60	7.93
1955	194.00	55.00	19.00	9.79	30.53	5.80	3.04	52.41	5.53
1956	211.00	55.00	31.00	14.69	44.84	13.90	10.77	77.48	19.58
1957	216.00	56.00	31.00	14.35	28.71	8.90	8.84	99.33	15.79
1958	218.00	56.00	33.00	15.14	48.48	16.00	14.57	91.06	26.02
1959	208.00	54.00	30.00	14.42	35.00	10.50	6.90	65.71	12.78
10 年小计			**161.00**	**8.70**	**57.33**	**92.30**	**86.61**	**93.84**	**14.65**
占合计%			**18.14**			**19.66**	**24.25**		
1960	201.00	54.00	22.00	10.95	29.55	6.50	5.98	92.00	11.07
1961	196.00	54.00	11.00	5.61	16.36	1.80	1.10	61.11	2.04
1962	189.00	55.00	11.00	5.82	20.00	2.20	1.54	70.00	2.80
1963	182.00	56.00	15.00	8.24	24.00	3.60	2.85	79.17	5.09
1964	182.00	57.00	16.00	8.79	55.63	8.90	8.85	99.44	15.53
1965	182.00	60.00	19.00	10.44	88.42	16.80	16.73	99.58	27.88
1966	180.00	62.00	18.00	10.00	94.44	17.00	16.21	95.35	26.15
1967	179.00	62.00	18.00	10.06	83.33	15.00	13.92	92.80	22.45
1968	180.00	64.00	17.00	9.44	70.59	12.00	11.32	94.33	17.69
1969	179.00	67.00	14.00	7.82	60.71	8.50	8.11	95.41	12.10
10 年小计			**175.00**	**10.29**	**36.57**	**64.00**	**57.96**	**90.56**	**8.11**
占合计%			**19.72**			**13.63**	**16.23**		
1970	177.00	69.00	15.00	8.47	73.33	11.00	9.76	88.73	14.14
1971	176.00	71.00	18.00	10.23	61.11	11.00	9.60	87.27	13.52
1972	174.00	71.00	17.00	9.77	31.18	5.30	4.78	90.19	6.73
1973	172.00	71.00	19.00	11.05	46.32	8.80	8.85	100.57	12.46
1974	172.00	72.00	20.00	11.63	39.00	7.80	6.89	88.33	9.57
1975	168.00	72.00	16.00	9.52	41.25	6.60	6.08	92.12	8.44
1976	167.00	71.00	21.00	12.57	11.43	2.40	2.16	90.00	3.04
1977	165.00	72.00	11.00	6.67	27.27	3.00	2.43	81.00	3.38
1978	165.00	73.00	17.00	10.30	25.29	4.30	3.63	84.42	4.97
1979	164.00	73.00	21.00	12.80	18.10	3.80	3.78	99.47	5.18
10 年小计			**89.50**	**6.28**	**100.34**	**89.80**	**78.35**	**87.25**	**12.64**
占合计%			**10.09**			**19.13**	**21.94**		
1980	156.00	66.00	9.00	5.77	62.22	5.60	4.19	74.82	6.35
1981	155.00	66.00	9.00	5.81	57.78	5.20	5.13	98.65	7.77
1982	155.00	66.00	12.00	7.74	66.67	8.00	7.99	99.88	12.11
1983	155.00	67.00	11.00	7.10	145.45	16.00	15.76	98.50	23.52
1984	137.00	59.00	15.00	10.95	160.00	24.00	23.18	96.58	39.29
1985	137.00	58.00	6.50	4.74	100.00	6.50	5.81	89.38	10.02
1986	135.00	59.00	9.00	6.67	100.00	9.00	5.18	57.56	8.78
1987	133.00	59.00	2.00	1.50	140.00	2.80	2.25	80.36	3.81
1988	131.00	60.00	7.00	5.34	88.57	6.20	3.55	57.26	5.92
1989	131.00	60.00	9.00	6.87	72.22	6.50	5.31	81.69	8.85
11 年小计			**111.80**	**7.40**	**91.50**	**102.30**	**59.64**	**58.30**	**9.13**
占合计%			**12.60**			**21.79**	**16.70**		
1990	131.00	60.00	7.00	5.34	107.14	7.50	6.90	92.00	11.50
1991	131.00	60.00	18.00	13.74	104.44	18.80	10.91	58.03	18.18
1992	131.00	60.00	26.00	19.85	63.08	16.40	12.70	77.44	21.17
1993	129.00	59.00	14.00	10.85	92.86	13.00	6.02	46.31	10.20
1994	128.00	59.00	13.00	10.16	96.92	12.60	5.10	40.48	8.64
1995	128.00	59.00	12.00	9.38	100.00	12.00	5.61	46.75	9.51
1996	128.00	59.00	4.00	3.13	100.00	4.00	1.24	31.00	2.10
1997	128.00	59.00	5.60	4.38	98.21	5.50	2.68	48.73	4.54
1998	159.00	59.00	6.80	4.28	107.35	7.30	4.47	61.23	7.58
1999	157.00	59.00	2.20	1.40	109.09	2.40	1.81	75.42	3.07
2000	160.00	60.00	3.20	2.00	87.50	2.80	2.20	78.57	3.67

5-32-7 辽宁省北票县历年棉花生产收购

年　　度	耕地面积（万亩）	农业人口（万人）	棉田面积（万亩）	占耕地（%）	亩　产（市斤）	产　量（万担）	收购量（万担）	商品率（%）	人均交售（市斤）
52 年合计			**366.01**	**4.25**	**49.01**	**179.37**	**141.05**	**78.64**	**6.74**
11 年小计			**147.01**	**6.01**	**34.00**	**49.98**	**45.82**	**91.68**	**12.36**
占合计%			**40.17**			**27.86**	**32.48**		
1949	223.19	31.89	5.90	2.64	13.05	0.77	0.61	79.22	1.91
1950	219.29	33.62	15.09	6.88	1.59	0.24	0.20	83.33	0.59
1951	226.53	31.95	22.64	9.99	23.01	5.21	4.77	91.55	14.93
1952	225.97	32.57	25.27	11.18	29.44	7.44	6.28	84.41	19.28
1953	225.54	32.85	12.17	5.40	39.03	4.75	4.68	98.53	14.25
1954	224.52	33.80	13.98	6.23	24.03	3.36	3.05	90.77	9.02
1955	224.39	34.20	5.78	2.58	8.13	0.47	0.44	93.62	1.29
1956	225.00	35.66	12.33	5.48	12.57	1.55	1.23	79.35	3.45
1957	230.41	35.51	11.74	5.10	70.53	8.28	7.68	92.75	21.63
1958	229.59	36.25	12.16	5.30	81.00	9.85	9.23	93.71	25.46
1959	190.11	32.40	9.95	5.23	81.01	8.06	7.65	94.91	23.61
10 年小计			**62.05**	**3.59**	**51.99**	**32.26**	**27.14**	**84.13**	**7.27**
占合计%			**16.95**			**17.99**	**19.24**		
1960	185.88	31.78	8.10	4.36	53.70	4.35	3.67	84.37	11.55
1961	185.88	32.33	6.31	3.39	22.98	1.45	1.23	84.83	3.80
1962	176.08	34.24	4.67	2.65	28.91	1.35	0.27	20.00	0.79
1963	176.08	35.70	4.77	2.71	42.98	2.05	1.88	91.71	5.27
1964	176.08	36.96	6.34	3.60	74.92	4.75	4.16	87.58	11.26
1965	165.28	38.19	6.78	4.10	57.23	3.88	3.51	90.46	9.19
1966	165.28	39.30	6.71	4.06	76.90	5.16	4.82	93.41	12.26
1967	165.28	40.04	6.39	3.87	64.01	4.09	3.63	88.75	9.07
1968	165.28	40.98	6.70	4.05	48.96	3.28	2.63	80.18	6.42
1969	165.28	43.54	5.28	3.19	35.98	1.90	1.34	70.53	3.08
10 年小计			**57.11**	**3.60**	**31.62**	**18.06**	**14.21**	**78.68**	**3.18**
占合计%			**15.60**			**10.07**	**10.07**		
1970	160.09	45.44	5.51	3.44	49.00	2.70	0.31	11.48	0.68
1971	160.62	45.22	6.32	3.93	42.09	2.66	2.38	89.47	5.26
1972	161.33	45.36	6.43	3.99	23.02	1.48	2.21	149.32	4.87
1973	159.71	44.70	7.17	4.49	38.08	2.73	2.34	85.71	5.23
1974	159.11	44.08	7.72	4.85	36.66	2.83	2.37	83.75	5.38
1975	157.96	44.04	6.13	3.88	32.79	2.01	2.03	101.00	4.61
1976	157.14	44.42	7.57	4.82	10.30	0.78	0.31	39.74	0.70
1977	157.06	44.79	4.83	3.08	23.60	1.14	0.99	86.84	2.21
1978	155.94	44.91	3.56	2.28	23.03	0.82	0.65	79.27	1.45
1979	155.49	44.47	1.87	1.20	48.66	0.91	0.62	68.13	1.39
10 年小计			**35.59**	**2.52**	**96.15**	**34.22**	**27.20**	**79.49**	**6.28**
占合计%			**9.72**			**19.08**	**19.28**		
1980	151.54	44.22	1.67	1.10	58.68	0.98	0.84	85.71	1.90
1981	150.38	44.14	2.38	1.58	42.44	1.01	0.85	84.16	1.93
1982	146.27	44.18	3.38	2.31	51.48	1.74	1.56	89.66	3.53
1983	145.93	44.14	4.01	2.75	121.20	4.86	4.72	97.12	10.69
1984	143.70	43.31	8.88	6.18	129.39	11.49	10.89	94.78	25.14
1985	143.70	42.28	4.44	3.09	113.74	5.05	2.78	55.05	6.58
1986	138.42	42.43	2.80	2.02	113.93	3.19	1.02	31.97	2.40
1987	132.80	42.63	1.98	1.49	98.48	1.95	0.84	43.08	1.97
1988	129.49	42.96	2.94	2.27	67.01	1.97	2.10	106.60	4.89
1989	128.04	43.09	3.11	2.43	63.67	1.98	1.60	80.81	3.71
11 年小计			**64.25**	**4.45**	**69.81**	**44.85**	**26.68**	**59.49**	**5.68**
占合计%			**17.55**			**25.00**	**18.92**		
1990	127.78	43.09	4.40	3.44	71.14	3.13	3.64	116.29	8.45
1991	134.72	43.14	9.80	7.27	98.88	9.69	8.26	85.24	19.15
1992	125.51	43.02	12.39	9.87	37.77	4.68	1.88	40.17	4.37
1993	124.43	42.99	7.51	6.04	76.56	5.75	1.92	33.39	4.47
1994	124.82	42.97	7.42	5.94	22.51	1.67	0.84	50.30	1.95
1995	124.39	42.93	6.77	5.44	82.87	5.61	2.01	35.83	4.68
1996	124.26	42.82	3.31	2.66	83.38	2.76	0.90	32.61	2.10
1997	131.99	42.62	4.36	3.30	66.97	2.92	1.17	40.07	2.75
1998	130.05	42.17	4.69	3.61	78.25	3.67	3.04	82.83	7.21
1999	130.01	41.60	1.84	1.42	130.43	2.40	1.39	57.92	3.34
2000	165.00	42.00	1.76	1.07	146.02	2.57	1.63	63.42	3.88

5-32-8 辽宁省兴城县历年棉花生产收购

年度	耕地面积（万亩）	农业人口（万人）	棉田面积（万亩）	占耕地（%）	亩产（市斤）	产量（万担）	收购量（万担）	商品率（%）	人均交售（市斤）
52年合计			**19.93**		**47.06**	**9.38**	**8.51**	**90.72**	
11年小计									
占合计%									
1949									
1950									
1951									
1952									
1953									
1954									
1955									
1956									
1957									
1958									
1959									
10年小计									
占合计%									
1960									
1961									
1962									
1963									
1964									
1965									
1966									
1967									
1968									
1969									
10年小计			**10.35**		**18.16**	**1.88**	**1.42**	**75.53**	
占合计%			**51.93**			**20.04**	**16.69**		
1970									
1971									
1972									
1973									
1974									
1975									
1976			3.60		9.72	0.35	0.25	71.43	
1977			3.19		19.12	0.61	0.45	73.77	
1978			3.56		25.84	0.92	0.72	78.26	
1979									
10年小计			**9.58**		**78.29**	**7.50**	**7.09**	**94.53**	
占合计%			**48.07**			**79.96**	**83.31**		
1980			1.71		70.18	1.20	1.11	92.50	
1981			2.25		60.89	1.37	1.29	94.16	
1982			1.46		63.01	0.92	0.89	96.74	
1983			1.65		98.79	1.63	1.47	90.18	
1984			2.51		94.82	2.38	2.33	97.90	
1985									
1986									
1987									
1988									
1989									
11年小计									
占合计%									
1990									
1991									
1992									
1993									
1994									
1995									
1996									
1997									
1998									
1999									
2000									

5-32-9　辽宁省绥中县历年棉花生产收购

年　度	耕地面积（万亩）	农业人口（万人）	棉田面积（万亩）	占耕地（%）	亩　产（市斤）	产　量（万担）	收购量（万担）	商品率（%）	人均交售（市斤）
52 年合计			**25.25**		**48.24**	**12.18**	**11.14**	**91..46**	
11 年小计									
占合计%									
1949									
1950									
1951									
1952									
1953									
1954									
1955									
1956									
1957									
1958									
1959									
10 年小计									
占合计%									
1960									
1961									
1962									
1963									
1964									
1965									
1966									
1967									
1968									
1969									
10 年小计			**16.00**		**24.19**	**3.87**	**3.14**	**81.14**	
占合计%			**63.37**			**31.77**	**28.19**		
1970									
1971									
1972									
1973									
1974									
1975									
1976			4.75		20.42	0.97	0.74	76.29	
1977			4.18		17.94	0.75	0.61	81.33	
1978			5.22		24.71	1.29	1.04	80.62	
1979			1.85		46.49	0.86	0.75	87.21	
10 年小计			**9.25**		**89.84**	**8.31**	**8.00**	**96.27**	
占合计%			**36.63**			**68.23**	**71.81**		
1980			1.43		91.61	1.31	1.18	90.08	
1981			1.99		62.81	1.25	1.15	92.00	
1982			1.69		43.79	0.74	0.89	120.27	
1983			1.59		120.75	1.92	1.80	93.75	
1984			2.55		121.18	3.09	2.98	96.44	
1985									
1986									
1987									
1988									
1989									
11 年小计									
占合计%									
1990									
1991									
1992									
1993									
1994									
1995									
1996									
1997									
1998									
1999									
2000									

5－32－10　辽宁省建昌县历年棉花生产收购

年　度	耕地面积（万亩）	农业人口（万人）	棉田面积（万亩）	占耕地（%）	亩　产（市斤）	产　量（万担）	收购量（万担）	商品率（%）	人均交售（市斤）
52年合计			**232.40**	**4.65**	**46.67**	**108.46**	**58.14**	**53.61**	**2.78**
11年小计			**107.67**	**8.04**	**31.88**	**34.32**	**10.96**	**31.93**	**3.20**
占合计%			**46.33**			**31.64**	**18.85**		
1949	100.05	32.28	5.33	5.33	15.57	0.83			
1950	96.53	32.78	7.80	8.08	25.38	1.98			
1951	96.15	28.68	15.38	16.00	24.45	3.76			
1952	225.97	32.57	25.27	11.18	29.44	7.44	6.28	84.41	19.28
1953	225.54	32.85	12.17	5.40	39.03	4.75	4.68	98.53	14.25
1954	98.30	30.31	7.65	7.78	15.82	1.21			
1955	96.52	31.15	4.41	4.57	39.91	1.76			
1956	99.58	31.85	7.76	7.79	52.96	4.11			
1957	102.39	30.98	6.86	6.70	37.76	2.59			
1958	101.41	31.43	7.58	7.47	42.74	3.24			
1959	96.60	28.03	7.46	7.72	35.52	2.65			
10年小计			**42.58**	**4.44**	**42.51**	**18.10**			
占合计%			**18.32**			**16.69**			
1960	99.39	27.67	6.05	6.09	33.06	2.00			
1961	97.30	29.18	4.42	4.54	12.67	0.56			
1962	95.85	31.99	3.43	3.58	14.29	0.49			
1963	94.80	32.89	2.82	2.97	26.24	0.74			
1964	96.61	34.33	3.66	3.79	36.07	1.32			
1965	95.90	25.51	3.94	4.11	61.93	2.44			
1966	95.53	35.71	4.60	4.82	75.22	3.46			
1967	94.82	42.44	4.96	5.23	55.04	2.73			
1968	94.54	38.55	4.36	4.61	53.21	2.32			
1969	93.65	41.21	4.34	4.63	47.00	2.04			
10年小计			**40.29**	**4.17**	**39.02**	**15.72**	**12.24**	**77.86**	**2.73**
占合计%			**17.34**			**14.49**	**21.05**		
1970	93.19	43.72	4.10	4.40	57.32	2.35	1.85	78.72	4.23
1971	92.41	43.75	4.33	4.69	53.58	2.32	1.70	73.28	3.89
1972	90.03	43.36	4.29	4.77	35.66	1.53	1.11	72.55	2.56
1973	89.78	43.94	4.25	4.73	30.59	1.30	0.93	71.54	2.12
1974	89.46	44.92	4.35	4.86	31.49	1.37	1.01	73.72	2.25
1975	88.91	45.26	4.44	4.99	47.75	2.12	1.76	83.02	3.89
1976	89.34	45.90	4.43	4.96	18.74	0.83	0.78	93.98	1.70
1977	88.85	46.62	3.90	4.39	30.00	1.17	0.91	77.78	1.95
1978	88.85	46.84	4.33	4.87	42.03	1.82	1.57	86.26	3.35
1979	155.49	44.47	1.87	1.20	48.66	0.91	0.62	68.13	1.39
10年小计			**26.11**	**3.16**	**103.10**	**26.92**	**24.43**	**90.75**	**5.33**
占合计%			**11.23**			**24.82**	**42.02**		
1980	83.18	45.75	2.72	3.27	102.21	2.78	2.46	88.49	5.38
1981	82.99	45.67	3.38	4.07	85.21	2.88	2.63	91.32	5.76
1982	82.91	45.71	3.25	3.92	76.31	2.48	2.44	98.39	5.34
1983	82.84	46.04	4.35	5.25	122.53	5.33	5.07	95.12	11.01
1984	82.85	46.03	6.88	8.30	126.89	8.73	8.42	96.45	18.29
1985	82.75	45.52	2.70	3.26	87.04	2.35	1.97	83.83	4.33
1986	82.18	45.38	1.50	1.83	90.00	1.35	0.83	61.48	1.83
1987	82.06	45.74	0.33	0.40	87.88	0.29	0.12	41.38	0.26
1988	81.96	46.13	0.47	0.57	85.11	0.40	0.24	60.00	0.52
1989	81.81	46.78	0.53	0.65	62.26	0.33	0.25	75.76	0.53
11年小计			**15.75**	**1.74**	**85.08**	**13.40**	**10.51**	**78.43**	**2.11**
占合计%			**6.78**			**12.35**	**18.08**		
1990	81.68	46.94	0.83	1.02	90.36	0.75	0.71	94.67	1.51
1991	81.53	47.04	2.44	2.99	97.54	2.38	1.91	80.25	4.06
1992	81.33	46.70	3.20	3.93	61.25	1.96	1.30	66.33	2.78
1993	80.88	45.64	2.12	2.62	74.06	1.57	1.26	80.25	2.76
1994	80.71	45.15	0.81	1.00	106.17	0.86	0.14	16.28	0.31
1995	80.56	45.31	0.40	0.50	80.00	0.32	0.25	78.13	0.55
1996	77.68	45.39	0.25	0.32	76.00	0.19	0.16	84.21	0.35
1997	77.63	45.17	0.65	0.84	96.92	0.63	0.59	93.65	1.31
1998	77.11	44.94	0.63	0.82	95.24	0.60	0.49	81.67	1.09
1999	76.00	44.50	0.60	0.79	95.00	0.57	0.45	78.95	1.01
2000	110.00	42.00	3.82	3.47	93.46	3.57	3.25	91.04	7.74

5-32-11　辽宁省灯塔市历年棉花生产收购

年　　度	耕地面积（万亩）	农业人口（万人）	棉田面积（万亩）	占耕地（%）	亩　产（市斤）	产　量（万担）	收购量（万担）	商品率（%）	人均交售（市斤）
52年合计			**37.69**	**1.12**	**56.22**	**21.19**	**18.14**	**85.61**	**1.65**
11年小计									
占合计%									
1949									
1950									
1951									
1952									
1953									
1954									
1955									
1956									
1957									
1958									
1959									
10年小计			**13.67**	**2.28**	**43.82**	**5.99**	**5.42**	**90.48**	
占合计%			**36.27**			**28.27**	**29.88**		
1960									
1961	67.94		0.85	1.25	27.06	0.23	0.16	69.57	
1962	68.44		0.89	1.30	22.47	0.20	0.21	105.00	
1963	67.84		1.84	2.71	42.93	0.79	0.67	84.81	
1964	67.00		1.86	2.78	39.78	0.74	0.64	86.49	
1965	66.77		1.80	2.70	47.22	0.85	0.78	91.76	
1966	66.36		1.80	2.71	51.11	0.92	0.83	90.22	
1967	65.63		1.55	2.36	39.35	0.61	0.56	91.80	
1968	65.43		1.54	2.35	63.64	0.98	0.89	90.82	
1969	65.30		1.54	2.36	43.51	0.67	0.68	101.49	
10年小计			**18.64**	**2.52**	**50.11**	**9.34**	**8.51**	**91.11**	**3.16**
占合计%			**49.46**			**44.08**	**46.91**		
1970	65.26		1.54	2.36	75.97	1.17	1.04	88.89	
1971	64.95	23.25	1.55	2.39	92.90	1.44	1.27	88.19	5.46
1972	63.91	23.25	2.01	3.15	47.26	0.95	0.88	92.63	3.78
1973	63.50	23.25	2.38	3.75	68.07	1.62	1.52	93.83	6.54
1974	62.63	23.25	2.39	3.82	46.44	1.11	1.02	91.89	4.39
1975	61.58	23.25	2.40	3.90	42.50	1.02	1.05	102.94	4.52
1976	60.99	27.82	1.96	3.21	16.84	0.33	0.27	81.82	0.97
1977	94.56	40.35	1.94	2.05	32.47	0.63	0.54	85.71	1.34
1978	100.63	42.56	1.97	1.96	38.07	0.75	0.65	86.67	1.53
1979	100.54	42.64	0.50	0.50	64.00	0.32	0.27	84.38	0.63
10年小计			**2.42**	**0.24**	**97.52**	**2.36**	**2.17**	**91.95**	**0.52**
占合计%			**6.42**			**11.14**	**11.96**		
1980	101.32	42.14	0.50	0.49	66.00	0.33	0.28	84.85	0.66
1981	100.56	42.46	0.35	0.35	120.00	0.42	0.37	88.10	0.87
1982	101.32	42.28	0.40	0.39	87.50	0.35	0.31	88.57	0.73
1983	101.53	42.07	0.34	0.33	114.71	0.39	0.38	97.44	0.90
1984	102.85	40.86	0.47	0.46	138.30	0.65	0.61	93.85	1.49
1985	102.62	40.68	0.27	0.26	77.78	0.21	0.21	100.00	0.52
1986	101.26	41.45	0.02	0.02	50.00	0.01	0.01	100.00	0.02
1987	99.33	41.63							
1988	98.52	41.65							
1989	100.27	41.72	0.07	0.07					
11年小计			**2.96**	**0.29**	**118.24**	**3.50**	**2.04**	**58.29**	**0.49**
占合计%			**7.85**			**16.52**	**11.25**		
1990	100.36	41.96	0.29	0.29	86.21	0.25	0.25	100.00	0.60
1991	96.01	41.98	1.22	1.27	106.56	1.30	1.10	84.62	2.62
1992	95.89	41.84	0.12	0.13	583.33	0.70	0.44	62.86	1.05
1993	95.25	40.38	0.42	0.44	95.24	0.40	0.15	37.50	0.37
1994	94.59	41.34	0.27	0.29	85.19	0.23	0.02	8.70	0.05
1995	93.58	41.33	0.31	0.33	87.10	0.27	0.04	14.81	0.10
1996	109.23	41.29	0.29	0.27	27.59	0.08	0.01	12.50	0.02
1997	109.98	41.10	0.02	0.02	900.00	0.18	0.01	5.56	0.02
1998	109.96	41.18	0.02	0.02	450.00	0.09	0.02	22.22	0.05
1999	109.94	41.23							
2000									

5－32－12　辽宁省辽阳县历年棉花生产收购

年　度	耕地面积（万亩）	农业人口（万人）	棉田面积（万亩）	占耕地（%）	亩　产（市斤）	产　量（万担）	收购量（万担）	商品率（%）	人均交售（市斤）
52 年合计			**299.65**	**3.05**	**43.78**	**131.19**	**117.78**	**89.78**	**3.41**
11 年小计			**171.30**	**4.88**	**26.99**	**46.23**	**39.61**	**85.68**	**4.90**
占合计%			**57.17**			**35.24**	**33.63**		
1949	287.38	67.00	16.51	5.75	25.86	4.27	1.74	40.75	2.60
1950	306.29	68.00	21.92	7.16	27.51	6.03	5.87	97.35	8.63
1951	325.35	69.00	36.56	11.24	14.80	5.41	4.43	81.89	6.42
1952	339.11	70.00	31.60	9.32	26.39	8.34	7.59	91.01	10.84
1953	333.23	70.80	13.15	3.95	37.72	4.96	4.69	94.56	6.62
1954	341.26	72.40	10.12	2.97	8.79	0.89	0.67	75.28	0.93
1955	326.67	74.80	8.51	2.61	27.97	2.38	1.90	79.83	2.54
1956	319.64	85.20	9.82	3.07	43.48	4.27	3.87	90.63	4.54
1957	319.64	76.10	6.98	2.18	31.38	2.19	1.89	86.30	2.48
1958	312.21	77.60	8.10	2.59	43.09	3.49	3.22	92.26	4.15
1959	298.88	78.20	8.03	2.69	49.81	4.00	3.74	93.50	4.78
10 年小计			**51.12**	**2.42**	**50.22**	**25.67**	**24.60**	**95.83**	**3.10**
占合计%			**17.06**			**19.57**	**20.89**		
1960	297.80	78.70	4.49	1.51	11.58	0.52	0.36	69.23	0.46
1961	204.46	79.10	3.56	1.74	21.07	0.75	0.65	86.67	0.82
1962	207.09	74.31	3.62	1.75	34.81	1.26	1.36	107.94	1.83
1963	205.96	88.20	5.79	2.81	52.50	3.04	2.76	90.79	3.13
1964	205.40	79.05	5.90	2.87	49.49	2.92	2.87	98.29	3.63
1965	203.63	79.05	5.78	2.84	58.30	3.37	3.30	97.92	4.17
1966	199.68	79.05	5.82	2.91	66.49	3.87	3.73	96.38	4.72
1967	197.42	79.05	5.33	2.70	58.16	3.10	2.98	96.13	3.77
1968	196.11	79.05	5.48	2.79	72.08	3.95	3.83	96.96	4.85
1969	192.30	79.05	5.35	2.78	54.02	2.89	2.76	95.50	3.49
10 年小计			**55.33**	**3.23**	**61.99**	**34.30**	**32.36**	**94.34**	**4.35**
占合计%			**18.46**			**26.15**	**27.47**		
1970	192.09	75.89	5.44	2.83	82.17	4.47	4.35	97.32	5.73
1971	190.73	75.89	5.46	2.86	94.69	5.17	5.03	97.29	6.63
1972	187.98	75.89	5.99	3.19	52.09	3.12	2.92	93.59	3.85
1973	186.55	75.89	6.63	3.55	71.64	4.75	4.50	94.74	5.93
1974	185.06	79.05	6.66	3.60	56.76	3.78	3.54	93.65	4.48
1975	181.18	79.05	6.27	3.46	58.53	3.67	3.33	90.74	4.21
1976	177.97	85.44	5.85	3.29	27.18	1.59	1.42	89.31	1.66
1977	162.54	74.00	5.20	3.20	50.19	2.61	2.34	89.66	3.16
1978	124.00	61.20	5.44	4.39	53.86	2.93	2.88	98.29	4.71
1979	123.00	60.93	2.39	1.94	92.47	2.21	2.05	92.76	3.36
10 年小计			**13.97**	**1.18**	**127.77**	**17.85**	**15.87**	**88.91**	**2.90**
占合计%			**4.66**			**13.61**	**13.47**		
1980	124.89	57.54	2.06	1.65	118.45	2.44	2.27	93.03	3.95
1981	125.00	57.86	2.38	1.90	129.41	3.08	2.94	95.45	5.08
1982	123.00	57.00	2.50	2.03	122.40	3.06	2.89	94.44	5.07
1983	119.76	56.99	2.38	1.99	137.82	3.28	2.88	87.80	5.05
1984	117.64	52.61	2.16	1.84	178.24	3.85	3.35	87.01	6.37
1985	117.33	52.41	1.53	1.30	91.50	1.40	1.16	82.86	2.21
1986	114.87	52.99	0.42	0.37	76.19	0.32	0.18	56.25	0.34
1987	113.02	53.28							
1988	112.86	52.97	0.08	0.07	62.50	0.05			
1989	111.62	52.86	0.46	0.41	80.43	0.37	0.20	54.05	0.38
11 年小计			**7.93**	**0.61**	**90.04**	**7.14**	**5.34**	**74.79**	**0.95**
占合计%			**2.65**			**5.44**	**4.53**		
1990	111.46	52.90	1.04	0.93	109.62	1.14	0.97	85.09	1.83
1991	107.47	52.74	2.54	2.36	103.15	2.62	2.28	87.02	4.32
1992	107.14	52.04	2.31	2.16	75.76	1.75	1.19	68.00	2.29
1993	106.28	51.36	0.51	0.48	78.43	0.40	0.23	57.50	0.45
1994	105.08	50.48	0.30	0.29	76.67	0.23	0.11	47.83	0.22
1995	103.75	50.13	0.50	0.48	54.00	0.27	0.12	44.44	0.24
1996	138.54	49.95	0.09	0.06	88.89	0.08	0.03	37.50	0.06
1997	139.06	50.00	0.35	0.25	51.43	0.18	0.09	50.00	0.18
1998	139.04	50.13	0.09	0.06	100.00	0.09	0.06	66.67	0.12
1999	139.01	50.15							
2000	110.26	51.07	0.20	0.18	190.00	0.38	0.26	68.42	0.51

5－32－13　辽宁省彰武县历年棉花生产收购

年　度	耕地面积（万亩）	农业人口（万人）	棉田面积（万亩）	占耕地（%）	亩　产（市斤）	产　量（万担）	收购量（万担）	商品率（%）	人均交售（市斤）
52 年合计			**14.37**		**25.19**	**3.62**	**3.07**	**84.81**	
11 年小计									
占合计%									
1949									
1950									
1951									
1952									
1953									
1954									
1955									
1956									
1957									
1958									
1959									
10 年小计									
占合计%									
1960									
1961									
1962									
1963									
1964									
1965									
1966									
1967									
1968									
1969									
10 年小计			**10.02**		**13.97**	**1.40**	**1.01**	**72.14**	
占合计%			**69.73**			**38.67**	**32.90**		
1970									
1971									
1972									
1973									
1974									
1975									
1976									
1977			5.07		13.41	0.68	0.53	77.94	
1978			4.95		14.55	0.72	0.48	66.67	
1979									
10 年小计			**4.35**		**51.03**	**2.22**	**2.06**	**92.79**	
占合计%			**30.27**			**61.33**	**67.10**		
1980			0.35		17.14	0.06	0.01	16.67	
1981									
1982			0.51		31.37	0.16	0.16	100.00	
1983			1.27		62.99	0.80	0.76	95.00	
1984			2.22		54.05	1.20	1.13	94.17	
1985									
1986									
1987									
1988									
1989									
11 年小计									
占合计%									
1990									
1991									
1992									
1993									
1994									
1995									
1996									
1997									
1998									
1999									
2000									

5-33-1 甘肃省1949-2000年产棉县棉花生产收购明细

县市名	耕地面积（万亩）	农业人口（万人）	棉田面积（万亩）	占耕地（%）	亩产（市斤）	产量（万担）	收购量（万担）	商品率（%）	人均交售（市斤）
全省合计			**767.73**	**8.29**	**102.53**	**787.16**	**645.80**	**82.04**	**24.34**
酒泉地区			**614.70**	**15.84**	**115.39**	**709.31**	**593.70**	**83.70**	**47.13**
敦煌市			330.15	34.00	112.90	372.75	332.35	89.16	95.40
安西县			113.20	11.31	123.78	140.12	95.79	68.36	38.74
金塔县			159.26	11.40	111.79	178.03	142.69	80.15	29.05
玉门市			6.58	2.54	151.82	9.99	9.99	100.00	11.75
酒泉市			5.51	2.17	152.81	8.42	12.88	152.97	14.66
武威地区			**132.63**	**2.72**	**43.36**	**57.51**	**31.76**	**55.23**	**2.74**
民勤县			132.63	2.72	43.36	57.51	31.76	55.23	2.74
张掖地区			**20.40**	**4.07**	**99.71**	**20.34**	**20.34**	**100.00**	**8.71**
高台县			8.69	3.03	121.29	10.54	10.54	100.00	8.80
临泽县			11.71	5.48	83.69	9.80	9.80	100.00	8.61

5-33-2 甘肃省1949-1959年产棉县棉花生产收购明细

县市名	耕地面积（万亩）	农业人口（万人）	棉田面积（万亩）	占耕地（%）	亩产（市斤）	产量（万担）	收购量（万担）	商品率（%）	人均交售（市斤）
全省合计			**143.87**	**8.20**	**30.03**	**43.21**	**39.53**	**91.48**	**9.73**
酒泉地区			**83.24**	**12.50**	**41.81**	**34.80**	**33.08**	**95.06**	**19.42**
敦煌市			48.39	25.18	50.80	24.58	24.58	100.00	47.94
安西县			9.24	5.37	36.26	3.35	2.48	74.03	7.25
金塔县			25.61	8.49	26.83	6.87	6.02	87.63	7.09
玉门市									
酒泉市									
武威地区			**60.63**	**5.57**	**13.87**	**8.41**	**6.45**	**76.69**	**2.74**
民勤县			60.63	5.57	13.87	8.41	6.45	76.69	2.74
张掖地区									
高台县									
临泽县									

5－33－3 甘肃省1960－1969年产棉县棉花生产收购明细

县市名	耕地面积（万亩）	农业人口（万人）	棉田面积（万亩）	占耕地（%）	亩产（市斤）	产量（万担）	收购量（万担）	商品率（%）	人均交售（市斤）
全省合计			**101.37**	**6.84**	**29.06**	**29.46**	**27.52**	**93.41**	**7.65**
酒泉地区			**75.31**	**13.38**	**36.69**	**27.63**	**26.33**	**95.29**	**14.89**
敦煌市			45.16	32.62	41.56	18.77	18.77	100.00	31.87
安西县			7.01	3.96	38.23	2.68	2.54	94.78	6.58
金塔县			23.14	9.34	26.71	6.18	5.02	81.23	6.32
玉门市									
酒泉市									
武威地区			**26.06**	**2.83**	**7.02**	**1.83**	**1.19**	**65.03**	**0.65**
民勤县			26.06	2.83	7.02	1.83	1.19	65.03	0.65
张掖地区									
高台县									
临泽县									

5－33－4 甘肃省1970－1979年产棉县棉花生产收购明细

县市名	耕地面积（万亩）	农业人口（万人）	棉田面积（万亩）	占耕地（%）	亩产（市斤）	产量（万担）	收购量（万担）	商品率（%）	人均交售（市斤）
全省合计			**106.72**	**6.97**	**52.08**	**55.58**	**56.79**	**102.18**	**12.74**
酒泉地区			**91.63**	**14.63**	**58.93**	**54.00**	**56.50**	**104.63**	**25.74**
敦煌市			57.60	29.63	72.92	42.00	46.50	110.71	71.21
安西县			10.73	6.25	34.30	3.68	3.58	97.28	6.36
金塔县			23.30	8.95	35.71	8.32	6.42	77.16	6.56
玉门市									
酒泉市									
武威地区			**15.09**	**1.67**	**10.47**	**1.58**	**0.29**	**18.35**	**0.13**
民勤县			15.09	1.67	10.47	1.58	0.29	18.35	0.13
张掖地区									
高台县									
临泽县									

5－33－5 甘肃省1980－1989年产棉县棉花生产收购明细

县市名	耕地面积（万亩）	农业人口（万人）	棉田面积（万亩）	占耕地（%）	亩产（市斤）	产量（万担）	收购量（万担）	商品率（%）	人均交售（市斤）
全省合计			**85.17**	**5.25**	**118.57**	**100.99**	**86.12**	**85.28**	**18.36**
酒泉地区			**85.05**	**12.17**	**118.73**	**100.98**	**86.12**	**85.28**	**36.82**
敦煌市			55.70	27.36	134.47	74.90	64.20	85.71	84.92
安西县			12.68	5.76	100.63	12.76	10.67	83.62	19.60
金塔县			16.67	6.06	79.90	13.32	11.25	84.46	10.83
玉门市									
酒泉市									
武威地区			**0.12**	**0.01**	**8.33**	**0.01**			
民勤县			0.12	0.01	8.33	0.01			
张掖地区									
高台县									
临泽县									

5－33－6 甘肃省1990－2000年产棉县棉花生产收购明细

县市名	耕地面积（万亩）	农业人口（万人）	棉田面积（万亩）	占耕地（%）	亩产（市斤）	产量（万担）	收购量（万担）	商品率（%）	人均交售（市斤）
全省合计			**330.60**	**11.54**	**168.76**	**557.92**	**435.84**	**78.12**	**44.78**
酒泉地区			**279.47**	**21.07**	**176.01**	**491.90**	**391.67**	**79.62**	**85.33**
敦煌市			123.30	50.87	172.34	212.50	178.30	83.91	183.25
安西县			73.54	28.29	159.98	117.65	76.52	65.04	120.11
金塔县			70.54	22.62	203.20	143.34	113.98	79.52	91.10
玉门市			6.58	2.54	151.82	9.99	9.99	100.00	11.75
酒泉市			5.51	2.17	152.81	8.42	12.88	152.97	14.66
武威地区			**30.73**	**2.96**	**148.65**	**45.68**	**23.83**	**52.17**	**8.49**
民勤县			30.73	2.96	148.65	45.68	23.83	52.17	8.49
张掖地区			**20.40**	**4.07**	**99.71**	**20.34**	**20.34**	**100.00**	**8.71**
高台县			8.69	3.03	121.29	10.54	10.54	100.00	8.80
临泽县			11.71	5.48	83.69	9.80	9.80	100.00	8.61

5－33－7　甘肃省 1949 年产棉县棉花生产收购明细

县市名	耕地面积（万亩）	农业人口（万人）	棉田面积（万亩）	占耕地（%）	亩产（市斤）	产量（万担）	收购量（万担）	商品率（%）	人均交售（市斤）
全省合计	**147.69**	**30.76**	**4.98**	**3.37**	**17.87**	**0.89**	**0.64**	**71.91**	**2.08**
酒泉地区	**49.26**	**11.44**	**3.13**	**6.35**	**23.64**	**0.74**	**0.64**	**86.49**	**5.59**
敦煌市	17.44	3.20	1.38	7.91	29.71	0.41	0.41	100.00	12.81
安西县	8.32	2.45	0.20	2.40	25.00	0.05	0.01	20.00	0.41
金塔县	23.50	5.79	1.55	6.60	18.06	0.28	0.22	78.57	3.80
玉门市									
酒泉市									
武威地区	**98.43**	**19.32**	**1.85**	**1.88**	**8.11**	**0.15**			
民勤县	98.43	19.32	1.85	1.88	8.11	0.15			
张掖地区									
高台县									
临泽县									

5－33－8　甘肃省 1950 年产棉县棉花生产收购明细

县市名	耕地面积（万亩）	农业人口（万人）	棉田面积（万亩）	占耕地（%）	亩产（市斤）	产量（万担）	收购量（万担）	商品率（%）	人均交售（市斤）
全省合计	**147.07**	**33.18**	**6.14**	**4.17**	**18.89**	**1.16**	**0.77**	**66.38**	**2.32**
酒泉地区	**52.24**	**13.07**	**3.24**	**6.20**	**26.54**	**0.86**	**0.77**	**89.53**	**5.89**
敦煌市	18.92	3.30	1.45	7.66	35.86	0.52	0.52	100.00	15.76
安西县	8.32	2.57	0.20	2.40	25.00	0.05	0.03	60.00	1.17
金塔县	25.00	7.20	1.59	6.36	18.24	0.29	0.22	75.86	3.06
玉门市									
酒泉市									
武威地区	**94.83**	**20.11**	**2.90**	**3.06**	**10.34**	**0.30**			
民勤县	94.83	20.11	2.90	3.06	10.34	0.30			
张掖地区									
高台县									
临泽县									

5－33－9　甘肃省1951年产棉县棉花生产收购明细

县市名	耕地面积（万亩）	农业人口（万人）	棉田面积（万亩）	占耕地（%）	亩产（市斤）	产量（万担）	收购量（万担）	商品率（%）	人均交售（市斤）
全省合计	**159.00**	**34.01**	**6.65**	**4.18**	**20.60**	**1.37**	**1.01**	**73.72**	**2.97**
酒泉地区	**62.75**	**13.37**	**4.05**	**6.45**	**28.64**	**1.16**	**1.01**	**87.07**	**7.55**
敦煌市	24.17	3.45	1.76	7.28	40.34	0.71	0.71	100.00	20.58
安西县	13.08	2.62	0.38	2.91	28.95	0.11	0.03	27.27	1.15
金塔县	25.50	7.30	1.91	7.49	17.80	0.34	0.27	79.41	3.70
玉门市									
酒泉市									
武威地区	**96.25**	**20.64**	**2.60**	**2.70**	**8.08**	**0.21**			
民勤县	96.25	20.64	2.60	2.70	8.08	0.21			
张掖地区									
高台县									
临泽县									

5－33－10　甘肃省1952年产棉县棉花生产收购明细

县市名	耕地面积（万亩）	农业人口（万人）	棉田面积（万亩）	占耕地（%）	亩产（市斤）	产量（万担）	收购量（万担）	商品率（%）	人均交售（市斤）
全省合计	**155.40**	**35.43**	**4.93**	**3.17**	**24.34**	**1.20**	**0.69**	**57.50**	**1.95**
酒泉地区	**57.24**	**14.40**	**2.56**	**4.47**	**33.20**	**0.85**	**0.69**	**81.18**	**4.79**
敦煌市	14.04	3.92	1.02	7.26	45.10	0.46	0.46	100.00	11.73
安西县	15.70	2.67	0.25	1.59	44.00	0.11	0.03	27.27	1.12
金塔县	27.50	7.81	1.29	4.69	21.71	0.28	0.20	71.43	2.56
玉门市									
酒泉市									
武威地区	**98.16**	**21.03**	**2.37**	**2.41**	**14.77**	**0.35**			
民勤县	98.16	21.03	2.37	2.41	14.77	0.35			
张掖地区									
高台县									
临泽县									

5-33-11 甘肃省1953年产棉县棉花生产收购明细

县市名	耕地面积（万亩）	农业人口（万人）	棉田面积（万亩）	占耕地（%）	亩产（市斤）	产量（万担）	收购量（万担）	商品率（%）	人均交售（市斤）
全省合计	**157.21**	**36.34**	**4.95**	**3.15**	**21.62**	**1.07**	**0.66**	**61.68**	**1.82**
酒泉地区	**58.30**	**14.61**	**2.05**	**3.52**	**37.56**	**0.77**	**0.66**	**85.71**	**4.52**
敦煌市	14.41	4.07	1.17	8.12	45.30	0.53	0.53	100.00	13.02
安西县	15.89	2.64	0.18	1.13	38.89	0.07	0.04	57.14	1.52
金塔县	28.00	7.90	0.70	2.50	24.29	0.17	0.09	52.94	1.14
玉门市									
酒泉市									
武威地区	**98.91**	**21.73**	**2.90**	**2.93**	**10.34**	**0.30**			
民勤县	98.91	21.73	2.90	2.93	10.34	0.30			
张掖地区									
高台县									
临泽县									

5-33-12 甘肃省1954年产棉县棉花生产收购明细

县市名	耕地面积（万亩）	农业人口（万人）	棉田面积（万亩）	占耕地（%）	亩产（市斤）	产量（万担）	收购量（万担）	商品率（%）	人均交售（市斤）
全省合计	**156.69**	**36.77**	**4.83**	**3.08**	**24.84**	**1.20**	**0.96**	**80.00**	**2.61**
酒泉地区	**56.18**	**14.59**	**2.83**	**5.04**	**38.16**	**1.08**	**0.96**	**88.89**	**6.58**
敦煌市	12.21	4.11	1.72	14.09	48.26	0.83	0.83	100.00	20.19
安西县	15.97	2.71	0.29	1.82	31.03	0.09	0.05	55.56	1.85
金塔县	28.00	7.77	0.82	2.93	19.51	0.16	0.08	50.00	1.03
玉门市									
酒泉市									
武威地区	**100.51**	**22.18**	**2.00**	**1.99**	**6.00**	**0.12**			
民勤县	100.51	22.18	2.00	1.99	6.00	0.12			
张掖地区									
高台县									
临泽县									

5－33－13　甘肃省1955年产棉县棉花生产收购明细

县市名	耕地面积（万亩）	农业人口（万人）	棉田面积（万亩）	占耕地（%）	亩产（市斤）	产量（万担）	收购量（万担）	商品率（%）	人均交售（市斤）
全省合计	**156.95**	**37.50**	**8.17**	**5.21**	**39.90**	**3.26**	**2.97**	**91.10**	**7.92**
酒泉地区	**59.80**	**14.88**	**6.40**	**10.70**	**47.97**	**3.07**	**2.97**	**96.74**	**19.96**
敦煌市	15.83	4.25	5.84	36.89	48.46	2.83	2.83	100.00	66.59
安西县	15.97	2.72	0.29	1.82	51.72	0.15	0.13	86.67	4.78
金塔县	28.00	7.91	0.27	0.96	33.33	0.09	0.01	11.11	0.13
玉门市									
酒泉市									
武威地区	**97.15**	**22.62**	**1.77**	**1.82**	**10.73**	**0.19**			
民勤县	97.15	22.62	1.77	1.82	10.73	0.19			
张掖地区									
高台县									
临泽县									

5－33－14　甘肃省1956年产棉县棉花生产收购明细

县市名	耕地面积（万亩）	农业人口（万人）	棉田面积（万亩）	占耕地（%）	亩产（市斤）	产量（万担）	收购量（万担）	商品率（%）	人均交售（市斤）
全省合计	**168.13**	**40.08**	**22.38**	**13.31**	**31.01**	**6.94**	**6.75**	**97.26**	**16.84**
酒泉地区	**64.85**	**16.87**	**12.48**	**19.24**	**35.74**	**4.46**	**4.37**	**97.98**	**25.90**
敦煌市	18.13	5.43	7.60	41.92	38.03	2.89	2.89	100.00	53.22
安西县	18.71	3.20	0.87	4.65	31.03	0.27	0.26	96.30	8.13
金塔县	28.01	8.24	4.01	14.32	32.42	1.30	1.22	93.85	14.81
玉门市									
酒泉市									
武威地区	**103.28**	**23.21**	**9.90**	**9.59**	**25.05**	**2.48**	**2.38**	**95.97**	**10.25**
民勤县	103.28	23.21	9.90	9.59	25.05	2.48	2.38	95.97	10.25
张掖地区									
高台县									
临泽县									

5-33-15 甘肃省1957年产棉县棉花生产收购明细

县市名	耕地面积（万亩）	农业人口（万人）	棉田面积（万亩）	占耕地（%）	亩产（市斤）	产量（万担）	收购量（万担）	商品率（%）	人均交售（市斤）
全省合计	**168.00**	**40.55**	**19.22**	**11.44**	**38.45**	**7.39**	**7.23**	**97.83**	**17.83**
酒泉地区	**65.20**	**17.41**	**12.39**	**19.00**	**51.41**	**6.37**	**6.29**	**98.74**	**36.13**
敦煌市	17.89	5.73	7.75	43.32	61.55	4.77	4.77	100.00	83.25
安西县	17.35	3.30	0.94	5.42	31.91	0.30	0.30	100.00	9.09
金塔县	29.96	8.38	3.70	12.35	35.14	1.30	1.22	93.85	14.56
玉门市									
酒泉市									
武威地区	**102.80**	**23.14**	**6.83**	**6.64**	**14.93**	**1.02**	**0.94**	**92.16**	**4.06**
民勤县	102.80	23.14	6.83	6.64	14.93	1.02	0.94	92.16	4.06
张掖地区									
高台县									
临泽县									

5-33-16 甘肃省1958年产棉县棉花生产收购明细

县市名	耕地面积（万亩）	农业人口（万人）	棉田面积（万亩）	占耕地（%）	亩产（市斤）	产量（万担）	收购量（万担）	商品率（%）	人均交售（市斤）
全省合计	**170.17**	**41.66**	**29.51**	**17.34**	**36.19**	**10.68**	**10.13**	**94.85**	**24.32**
酒泉地区	**70.28**	**20.21**	**14.90**	**21.20**	**58.93**	**8.78**	**8.36**	**95.22**	**41.37**
敦煌市	19.07	6.61	8.94	46.88	71.92	6.43	6.43	100.00	97.28
安西县	21.14	5.10	2.46	11.64	45.93	1.13	0.80	70.80	15.69
金塔县	30.07	8.50	3.50	11.64	34.86	1.22	1.13	92.62	13.29
玉门市									
酒泉市									
武威地区	**99.89**	**21.45**	**14.61**	**14.63**	**13.00**	**1.90**	**1.77**	**93.16**	**8.25**
民勤县	99.89	21.45	14.61	14.63	13.00	1.90	1.77	93.16	8.25
张掖地区									
高台县									
临泽县									

5－33－17　甘肃省1959年产棉县棉花生产收购明细

县市名	耕地面积（万亩）	农业人口（万人）	棉田面积（万亩）	占耕地（%）	亩产（市斤）	产量（万担）	收购量（万担）	商品率（%）	人均交售（市斤）
全省合计	**168.63**	**39.82**	**32.11**	**19.04**	**25.07**	**8.05**	**7.72**	**95.90**	**19.39**
酒泉地区	**69.87**	**19.51**	**19.21**	**27.49**	**34.67**	**6.66**	**6.36**	**95.50**	**32.60**
敦煌市	20.04	7.20	9.76	48.70	43.03	4.20	4.20	100.00	58.33
安西县	21.72	4.21	3.18	14.64	32.08	1.02	0.80	78.43	19.00
金塔县	28.11	8.10	6.27	22.31	22.97	1.44	1.36	94.44	16.79
玉门市									
酒泉市									
武威地区	**98.76**	**20.31**	**12.90**	**13.06**	**10.78**	**1.39**	**1.36**	**97.84**	**6.70**
民勤县	98.76	20.31	12.90	13.06	10.78	1.39	1.36	97.84	6.70
张掖地区									
高台县									
临泽县									

5－33－18　甘肃省1960年产棉县棉花生产收购明细

县市名	耕地面积（万亩）	农业人口（万人）	棉田面积（万亩）	占耕地（%）	亩产（市斤）	产量（万担）	收购量（万担）	商品率（%）	人均交售（市斤）
全省合计	**156.62**	**35.83**	**41.79**	**26.68**	**12.13**	**5.07**	**4.84**	**95.46**	**13.51**
酒泉地区	**61.24**	**17.73**	**25.29**	**41.30**	**16.88**	**4.27**	**4.12**	**96.49**	**23.24**
敦煌市	12.15	5.39	11.86	97.61	20.99	2.49	2.49	100.00	46.20
安西县	22.76	4.54	2.43	10.68	9.88	0.24	0.24	100.00	5.29
金塔县	26.33	7.80	11.00	41.78	14.00	1.54	1.39	90.26	17.82
玉门市									
酒泉市									
武威地区	**95.38**	**18.10**	**16.50**	**17.30**	**4.85**	**0.80**	**0.72**	**90.00**	**3.98**
民勤县	95.38	18.10	16.50	17.30	4.85	0.80	0.72	90.00	3.98
张掖地区									
高台县									
临泽县									

5-33-19 甘肃省1961年产棉县棉花生产收购明细

县市名	耕地面积（万亩）	农业人口（万人）	棉田面积（万亩）	占耕地（%）	亩产（市斤）	产量（万担）	收购量（万担）	商品率（%）	人均交售（市斤）
全省合计	**152.10**	**32.49**	**7.06**	**4.64**	**11.19**	**0.79**	**0.69**	**87.34**	**2.12**
酒泉地区	**59.54**	**15.58**	**6.06**	**10.18**	**12.54**	**0.76**	**0.67**	**88.16**	**4.30**
敦煌市	14.33	5.04	4.00	27.91	15.25	0.61	0.61	100.00	12.10
安西县	20.87	3.02	0.53	2.54	5.66	0.03	0.02	66.67	0.66
金塔县	24.34	7.52	1.53	6.29	7.84	0.12	0.04	33.33	0.53
玉门市									
酒泉市									
武威地区	**92.56**	**16.91**	**1.00**	**1.08**	**3.00**	**0.03**	**0.02**	**66.67**	**0.12**
民勤县	92.56	16.91	1.00	1.08	3.00	0.03	0.02	66.67	0.12
张掖地区									
高台县									
临泽县									

5-33-20 甘肃省1962年产棉县棉花生产收购明细

县市名	耕地面积（万亩）	农业人口（万人）	棉田面积（万亩）	占耕地（%）	亩产（市斤）	产量（万担）	收购量（万担）	商品率（%）	人均交售（市斤）
全省合计	**147.05**	**33.85**	**6.44**	**4.38**	**3.57**	**0.23**	**0.17**	**73.91**	**0.50**
酒泉地区	**55.29**	**16.12**	**5.33**	**9.64**	**3.75**	**0.20**	**0.15**	**75.00**	**0.93**
敦煌市	13.53	5.36	3.25	24.02	2.77	0.09	0.09	100.00	1.68
安西县	17.86	3.37	0.36	2.02	11.11	0.04	0.04	100.00	1.19
金塔县	23.90	7.39	1.72	7.20	4.07	0.07	0.02	28.57	0.27
玉门市									
酒泉市									
武威地区	**91.76**	**17.73**	**1.11**	**1.21**	**2.70**	**0.03**	**0.02**	**66.67**	**0.11**
民勤县	91.76	17.73	1.11	1.21	2.70	0.03	0.02	66.67	0.11
张掖地区									
高台县									
临泽县									

5－33－21　甘肃省1963年产棉县棉花生产收购明细

县 市 名	耕地面积（万亩）	农业人口（万人）	棉田面积（万亩）	占耕地（%）	亩　产（市斤）	产　量（万担）	收购量（万担）	商品率（%）	人均交售（市斤）
全省合计	**148.85**	**33.39**	**5.89**	**3.96**	**27.83**	**1.64**	**1.52**	**92.68**	**4.55**
酒泉地区	**56.89**	**16.40**	**5.01**	**8.81**	**31.32**	**1.57**	**1.48**	**94.27**	**9.02**
敦煌市	13.83	5.41	3.49	25.23	33.52	1.17	1.17	100.00	21.63
安西县	18.62	3.64	0.38	2.04	28.95	0.11	0.10	90.91	2.75
金塔县	24.44	7.35	1.14	4.68	25.37	0.29	0.21	72.41	2.86
玉门市									
酒泉市									
武威地区	**91.96**	**16.99**	**0.88**	**0.96**	**7.95**	**0.07**	**0.04**	**57.14**	**0.24**
民勤县	91.96	16.99	0.88	0.96	7.95	0.07	0.04	57.14	0.24
张掖地区									
高台县									
临泽县									

5－33－22　甘肃省1964年产棉县棉花生产收购明细

县 市 名	耕地面积（万亩）	农业人口（万人）	棉田面积（万亩）	占耕地（%）	亩　产（市斤）	产　量（万担）	收购量（万担）	商品率（%）	人均交售（市斤）
全省合计	**147.34**	**34.99**	**6.45**	**4.38**	**37.98**	**2.45**	**2.24**	**91.43**	**6.40**
酒泉地区	**55.59**	**17.35**	**5.36**	**9.64**	**42.54**	**2.28**	**2.19**	**96.05**	**12.62**
敦煌市	14.00	5.71	3.63	25.93	43.53	1.58	1.58	100.00	27.67
安西县	17.09	4.05	0.51	2.98	41.18	0.21	0.20	95.24	4.94
金塔县	24.50	7.59	1.22	4.98	40.16	0.49	0.41	83.67	5.40
玉门市									
酒泉市									
武威地区	**91.75**	**17.64**	**1.09**	**1.19**	**15.60**	**0.17**	**0.05**	**29.41**	**0.28**
民勤县	91.75	17.64	1.09	1.19	15.60	0.17	0.05	29.41	0.28
张掖地区									
高台县									
临泽县									

5－33－23 甘肃省1965年产棉县棉花生产收购明细

县市名	耕地面积（万亩）	农业人口（万人）	棉田面积（万亩）	占耕地（%）	亩产（市斤）	产量（万担）	收购量（万担）	商品率（%）	人均交售（市斤）
全省合计	**148.04**	**35.79**	**6.65**	**4.49**	**50.53**	**3.36**	**3.13**	**93.15**	**8.75**
酒泉地区	**56.56**	**17.57**	**5.34**	**9.44**	**59.93**	**3.20**	**3.10**	**96.88**	**17.64**
敦煌市	13.92	5.98	3.57	25.65	62.46	2.23	2.23	100.00	37.29
安西县	17.84	3.80	0.53	2.97	69.81	0.37	0.35	94.59	9.21
金塔县	24.80	7.79	1.24	5.00	48.39	0.60	0.52	86.67	6.68
玉门市									
酒泉市									
武威地区	**91.48**	**18.22**	**1.31**	**1.43**	**12.21**	**0.16**	**0.03**	**18.75**	**0.16**
民勤县	91.48	18.22	1.31	1.43	12.21	0.16	0.03	18.75	0.16
张掖地区									
高台县									
临泽县									

5－33－24 甘肃省1966年产棉县棉花生产收购明细

县市名	耕地面积（万亩）	农业人口（万人）	棉田面积（万亩）	占耕地（%）	亩产（市斤）	产量（万担）	收购量（万担）	商品率（%）	人均交售（市斤）
全省合计	**146.98**	**36.55**	**6.29**	**4.28**	**72.18**	**4.54**	**4.31**	**94.93**	**11.79**
酒泉地区	**54.96**	**17.94**	**5.54**	**10.08**	**79.78**	**4.42**	**4.25**	**96.15**	**23.69**
敦煌市	14.05	6.06	3.74	26.62	82.35	3.08	3.08	100.00	50.83
安西县	16.04	3.81	0.51	3.18	88.24	0.45	0.44	97.78	11.55
金塔县	24.87	8.07	1.29	5.19	68.99	0.89	0.73	82.02	9.05
玉门市									
酒泉市									
武威地区	**92.02**	**18.61**	**0.75**	**0.82**	**16.00**	**0.12**	**0.06**	**50.00**	**0.32**
民勤县	92.02	18.61	0.75	0.82	16.00	0.12	0.06	50.00	0.32
张掖地区									
高台县									
临泽县									

5－33－25　甘肃省1967年产棉县棉花生产收购明细

县市名	耕地面积（万亩）	农业人口（万人）	棉田面积（万亩）	占耕地（%）	亩产（市斤）	产量（万担）	收购量（万担）	商品率（%）	人均交售（市斤）
全省合计	**146.28**	**37.26**	**6.88**	**4.70**	**61.77**	**4.25**	**4.00**	**94.12**	**10.74**
酒泉地区	**54.60**	**18.49**	**5.71**	**10.46**	**71.10**	**4.06**	**3.89**	**95.81**	**21.04**
敦煌市	14.19	6.28	3.87	27.27	68.22	2.64	2.64	100.00	42.04
安西县	15.54	3.90	0.56	3.60	82.14	0.46	0.45	97.83	11.54
金塔县	24.87	8.31	1.28	5.15	75.00	0.96	0.80	83.33	9.63
玉门市									
酒泉市									
武威地区	**91.68**	**18.77**	**1.17**	**1.28**	**16.24**	**0.19**	**0.11**	**57.89**	**0.59**
民勤县	91.68	18.77	1.17	1.28	16.24	0.19	0.11	57.89	0.59
张掖地区									
高台县									
临泽县									

5－33－26　甘肃省1968年产棉县棉花生产收购明细

县市名	耕地面积（万亩）	农业人口（万人）	棉田面积（万亩）	占耕地（%）	亩产（市斤）	产量（万担）	收购量（万担）	商品率（%）	人均交售（市斤）
全省合计	**143.97**	**38.91**	**6.86**	**4.76**	**51.02**	**3.50**	**3.28**	**93.71**	**8.43**
酒泉地区	**53.65**	**19.47**	**5.74**	**10.70**	**59.41**	**3.41**	**3.21**	**94.13**	**16.49**
敦煌市	14.20	6.66	3.88	27.32	65.98	2.56	2.56	100.00	38.44
安西县	14.82	4.16	0.59	3.98	67.80	0.40	0.35	87.50	8.41
金塔县	24.63	8.65	1.27	5.16	35.43	0.45	0.30	66.67	3.47
玉门市									
酒泉市									
武威地区	**90.32**	**19.44**	**1.12**	**1.24**	**8.04**	**0.09**	**0.07**	**77.78**	**0.36**
民勤县	90.32	19.44	1.12	1.24	8.04	0.09	0.07	77.78	0.36
张掖地区									
高台县									
临泽县									

5－33－27　甘肃省1969年产棉县棉花生产收购明细

县市名	耕地面积（万亩）	农业人口（万人）	棉田面积（万亩）	占耕地（%）	亩产（市斤）	产量（万担）	收购量（万担）	商品率（%）	人均交售（市斤）
全省合计	**145.12**	**40.57**	**7.06**	**4.86**	**51.42**	**3.63**	**3.34**	**92.01**	**8.23**
酒泉地区	**54.62**	**20.23**	**5.93**	**10.86**	**58.35**	**3.46**	**3.27**	**94.51**	**16.16**
敦煌市	14.25	7.00	3.87	27.16	59.95	2.32	2.32	100.00	33.14
安西县	15.38	4.32	0.61	3.97	60.66	0.37	0.35	94.59	8.10
金塔县	24.99	8.91	1.45	5.80	53.10	0.77	0.60	77.92	6.73
玉门市									
酒泉市									
武威地区	**90.50**	**20.34**	**1.13**	**1.25**	**15.04**	**0.17**	**0.07**	**41.18**	**0.34**
民勤县	90.50	20.34	1.13	1.25	15.04	0.17	0.07	41.18	0.34
张掖地区									
高台县									
临泽县									

5－33－28　甘肃省1970年产棉县棉花生产收购明细

县市名	耕地面积（万亩）	农业人口（万人）	棉田面积（万亩）	占耕地（%）	亩产（市斤）	产量（万担）	收购量（万担）	商品率（%）	人均交售（市斤）
全省合计	**149.75**	**42.18**	**11.38**	**7.60**	**47.72**	**5.43**	**4.47**	**82.32**	**10.60**
酒泉地区	**60.19**	**21.09**	**8.90**	**14.79**	**57.19**	**5.09**	**4.40**	**86.44**	**20.86**
敦煌市	19.00	6.50	5.80	30.53	67.24	3.90	3.40	87.18	52.31
安西县	15.77	5.47	0.96	6.09	38.54	0.37	0.36	97.30	6.58
金塔县	25.42	9.12	2.14	8.42	38.32	0.82	0.64	78.05	7.02
玉门市									
酒泉市									
武威地区	**89.56**	**21.09**	**2.48**	**2.77**	**13.71**	**0.34**	**0.07**	**20.59**	**0.33**
民勤县	89.56	21.09	2.48	2.77	13.71	0.34	0.07	20.59	0.33
张掖地区									
高台县									
临泽县									

5－33－29　甘肃省1971年产棉县棉花生产收购明细

县市名	耕地面积（万亩）	农业人口（万人）	棉田面积（万亩）	占耕地（%）	亩产（市斤）	产量（万担）	收购量（万担）	商品率（%）	人均交售（市斤）
全省合计	**150.16**	**42.78**	**10.04**	**6.69**	**48.61**	**4.88**	**4.77**	**97.75**	**11.15**
酒泉地区	**60.44**	**21.14**	**8.52**	**14.10**	**55.52**	**4.73**	**4.75**	**100.42**	**22.47**
敦煌市	19.00	6.50	5.60	29.47	60.71	3.40	3.60	105.88	55.38
安西县	16.00	5.42	1.07	6.69	42.06	0.45	0.45	100.00	8.30
金塔县	25.44	9.22	1.85	7.27	47.57	0.88	0.70	79.55	7.59
玉门市									
酒泉市									
武威地区	**89.72**	**21.64**	**1.52**	**1.69**	**9.87**	**0.15**	**0.02**	**13.33**	**0.09**
民勤县	89.72	21.64	1.52	1.69	9.87	0.15	0.02	13.33	0.09
张掖地区									
高台县									
临泽县									

5－33－30　甘肃省1972年产棉县棉花生产收购明细

县市名	耕地面积（万亩）	农业人口（万人）	棉田面积（万亩）	占耕地（%）	亩产（市斤）	产量（万担）	收购量（万担）	商品率（%）	人均交售（市斤）
全省合计	**150.69**	**43.25**	**11.77**	**7.81**	**49.19**	**5.79**	**4.89**	**84.46**	**11.31**
酒泉地区	**60.70**	**21.20**	**8.64**	**14.23**	**64.12**	**5.54**	**4.86**	**87.73**	**22.92**
敦煌市	19.10	6.30	5.50	28.80	76.36	4.20	3.70	88.10	58.73
安西县	16.17	5.52	1.03	6.37	44.66	0.46	0.46	100.00	8.33
金塔县	25.43	9.38	2.11	8.30	41.71	0.88	0.70	79.55	7.46
玉门市									
酒泉市									
武威地区	**89.99**	**22.05**	**3.13**	**3.48**	**7.99**	**0.25**	**0.03**	**12.00**	**0.14**
民勤县	89.99	22.05	3.13	3.48	7.99	0.25	0.03	12.00	0.14
张掖地区									
高台县									
临泽县									

5－33－31 甘肃省1973年产棉县棉花生产收购明细

县市名	耕地面积（万亩）	农业人口（万人）	棉田面积（万亩）	占耕地（%）	亩产（市斤）	产量（万担）	收购量（万担）	商品率（%）	人均交售（市斤）
全省合计	**150.87**	**43.89**	**9.74**	**6.46**	**59.63**	**5.81**	**4.81**	**82.79**	**10.96**
酒泉地区	**60.90**	**21.27**	**8.65**	**14.21**	**65.87**	**5.70**	**4.80**	**84.21**	**22.57**
敦煌市	19.30	6.10	5.60	29.03	80.31	4.50	3.80	84.44	62.30
安西县	16.17	5.56	1.15	7.11	45.22	0.52	0.50	96.15	8.99
金塔县	25.43	9.61	1.90	7.47	35.79	0.68	0.50	73.53	5.20
玉门市									
酒泉市									
武威地区	**89.97**	**22.62**	**1.09**	**1.21**	**10.09**	**0.11**	**0.01**	**9.09**	**0.04**
民勤县	89.97	22.62	1.09	1.21	10.09	0.11	0.01	9.09	0.04
张掖地区									
高台县									
临泽县									

5－33－32 甘肃省1974年产棉县棉花生产收购明细

县市名	耕地面积（万亩）	农业人口（万人）	棉田面积（万亩）	占耕地（%）	亩产（市斤）	产量（万担）	收购量（万担）	商品率（%）	人均交售（市斤）
全省合计	**152.30**	**44.54**	**10.89**	**7.15**	**58.31**	**6.35**	**4.95**	**77.95**	**11.11**
酒泉地区	**62.27**	**21.65**	**9.17**	**14.73**	**66.63**	**6.11**	**4.92**	**80.52**	**22.73**
敦煌市	19.50	6.20	5.80	29.74	86.21	5.00	4.00	80.00	64.52
安西县	16.54	5.65	1.18	7.13	21.19	0.25	0.24	96.00	4.25
金塔县	26.23	9.80	2.19	8.35	39.27	0.86	0.68	79.07	6.94
玉门市									
酒泉市									
武威地区	**90.03**	**22.89**	**1.72**	**1.91**	**13.95**	**0.24**	**0.03**	**12.50**	**0.13**
民勤县	90.03	22.89	1.72	1.91	13.95	0.24	0.03	12.50	0.13
张掖地区									
高台县									
临泽县									

5－33－33　甘肃省1975年产棉县棉花生产收购明细

县市名	耕地面积（万亩）	农业人口（万人）	棉田面积（万亩）	占耕地（%）	亩　产（市斤）	产　量（万担）	收购量（万担）	商品率（%）	人均交售（市斤）
全省合计	**152.56**	**45.29**	**10.81**	**7.09**	**45.61**	**4.93**	**6.95**	**140.97**	**15.35**
酒泉地区	**62.43**	**22.21**	**9.69**	**15.52**	**49.95**	**4.84**	**6.94**	**143.39**	**31.25**
敦煌市	19.40	6.60	5.80	29.90	63.79	3.70	6.00	162.16	90.91
安西县	16.75	5.60	1.15	6.87	19.13	0.22	0.22	100.00	3.93
金塔县	26.28	10.01	2.74	10.43	33.58	0.92	0.72	78.26	7.19
玉门市									
酒泉市									
武威地区	**90.13**	**23.08**	**1.12**	**1.24**	**8.04**	**0.09**	**0.01**	**11.11**	**0.04**
民勤县	90.13	23.08	1.12	1.24	8.04	0.09	0.01	11.11	0.04
张掖地区									
高台县									
临泽县									

5－33－34　甘肃省1976年产棉县棉花生产收购明细

县市名	耕地面积（万亩）	农业人口（万人）	棉田面积（万亩）	占耕地（%）	亩　产（市斤）	产　量（万担）	收购量（万担）	商品率（%）	人均交售（市斤）
全省合计	**153.47**	**45.68**	**11.87**	**7.73**	**51.73**	**6.14**	**6.27**	**102.12**	**13.73**
酒泉地区	**63.01**	**22.53**	**9.98**	**15.84**	**59.72**	**5.96**	**6.23**	**104.53**	**27.65**
敦煌市	19.70	6.70	5.90	29.95	76.27	4.50	5.00	111.11	74.63
安西县	16.97	5.70	1.18	6.95	32.20	0.38	0.35	92.11	6.14
金塔县	26.34	10.13	2.90	11.01	37.24	1.08	0.88	81.48	8.69
玉门市									
酒泉市									
武威地区	**90.46**	**23.15**	**1.89**	**2.09**	**9.52**	**0.18**	**0.04**	**22.22**	**0.17**
民勤县	90.46	23.15	1.89	2.09	9.52	0.18	0.04	22.22	0.17
张掖地区									
高台县									
临泽县									

5－33－35　甘肃省1977年产棉县棉花生产收购明细

县市名	耕地面积（万亩）	农业人口（万人）	棉田面积（万亩）	占耕地（%）	亩产（市斤）	产量（万担）	收购量（万担）	商品率（%）	人均交售（市斤）
全省合计	**155.49**	**45.81**	**10.31**	**6.63**	**60.72**	**6.26**	**5.90**	**94.25**	**12.88**
酒泉地区	**64.59**	**22.54**	**9.42**	**14.58**	**65.61**	**6.18**	**5.87**	**94.98**	**26.04**
敦煌市	19.60	6.50	5.80	29.59	87.93	5.10	5.00	98.04	76.92
安西县	18.58	5.81	1.09	5.87	33.03	0.36	0.35	97.22	6.02
金塔县	26.41	10.23	2.53	9.58	28.46	0.72	0.52	72.22	5.08
玉门市									
酒泉市									
武威地区	**90.90**	**23.27**	**0.89**	**0.98**	**8.99**	**0.08**	**0.03**	**37.50**	**0.13**
民勤县	90.90	23.27	0.89	0.98	8.99	0.08	0.03	37.50	0.13
张掖地区									
高台县									
临泽县									

5－33－36　甘肃省1978年产棉县棉花生产收购明细

县市名	耕地面积（万亩）	农业人口（万人）	棉田面积（万亩）	占耕地（%）	亩产（市斤）	产量（万担）	收购量（万担）	商品率（%）	人均交售（市斤）
全省合计	**156.96**	**46.23**	**10.87**	**6.93**	**55.47**	**6.03**	**8.24**	**136.65**	**17.82**
酒泉地区	**65.42**	**23.07**	**9.82**	**15.01**	**60.08**	**5.90**	**8.19**	**138.81**	**35.50**
敦煌市	19.80	6.90	5.90	29.80	76.27	4.50	7.00	155.56	101.45
安西县	19.21	5.93	1.04	5.41	39.42	0.41	0.40	97.56	6.75
金塔县	26.41	10.24	2.88	10.90	34.38	0.99	0.79	79.80	7.71
玉门市									
酒泉市									
武威地区	**91.54**	**23.16**	**1.05**	**1.15**	**12.38**	**0.13**	**0.05**	**38.46**	**0.22**
民勤县	91.54	23.16	1.05	1.15	12.38	0.13	0.05	38.46	0.22
张掖地区									
高台县									
临泽县									

5－33－37　甘肃省1979年产棉县棉花生产收购明细

县市名	耕地面积（万亩）	农业人口（万人）	棉田面积（万亩）	占耕地（%）	亩产（市斤）	产量（万担）	收购量（万担）	商品率（%）	人均交售（市斤）
全省合计	**158.59**	**46.00**	**9.04**	**5.70**	**43.81**	**3.96**	**5.54**	**139.90**	**12.04**
酒泉地区	**66.28**	**22.82**	**8.84**	**13.34**	**44.68**	**3.95**	**5.54**	**140.25**	**24.28**
敦煌市	20.00	7.00	5.90	29.50	54.24	3.20	5.00	156.25	71.43
安西县	19.42	5.65	0.88	4.53	29.55	0.26	0.25	96.15	4.42
金塔县	26.86	10.17	2.06	7.67	23.79	0.49	0.29	59.18	2.85
玉门市									
酒泉市									
武威地区	**92.31**	**23.18**	**0.20**	**0.22**	**5.00**	**0.01**			
民勤县	92.31	23.18	0.20	0.22	5.00	0.01			
张掖地区									
高台县									
临泽县									

5－33－38　甘肃省1980年产棉县棉花生产收购明细

县市名	耕地面积（万亩）	农业人口（万人）	棉田面积（万亩）	占耕地（%）	亩产（市斤）	产量（万担）	收购量（万担）	商品率（%）	人均交售（市斤）
全省合计	**158.94**	**46.34**	**7.82**	**4.92**	**68.29**	**5.34**	**5.10**	**95.51**	**11.01**
酒泉地区	**66.91**	**23.20**	**7.72**	**11.54**	**69.04**	**5.33**	**5.10**	**95.68**	**21.98**
敦煌市	20.00	7.30	5.00	25.00	82.00	4.10	4.10	100.00	56.16
安西县	19.74	5.75	0.76	3.85	47.37	0.36	0.33	91.67	5.74
金塔县	27.17	10.15	1.96	7.21	44.39	0.87	0.67	77.01	6.60
玉门市									
酒泉市									
武威地区	**92.03**	**23.14**	**0.10**	**0.11**	**10.00**	**0.01**			
民勤县	92.03	23.14	0.10	0.11	10.00	0.01			
张掖地区									
高台县									
临泽县									

5-33-39 甘肃省1981年产棉县棉花生产收购明细

县市名	耕地面积（万亩）	农业人口（万人）	棉田面积（万亩）	占耕地（%）	亩产（市斤）	产量（万担）	收购量（万担）	商品率（%）	人均交售（市斤）
全省合计	**159.59**	**46.14**	**8.03**	**5.03**	**99.00**	**7.95**	**7.81**	**98.24**	**16.93**
酒泉地区	**67.88**	**22.94**	**8.01**	**11.80**	**99.25**	**7.95**	**7.81**	**98.24**	**34.05**
敦煌市	19.90	7.00	5.10	25.63	107.84	5.50	5.60	101.82	80.00
安西县	20.76	5.72	0.89	4.29	77.53	0.69	0.65	94.20	11.36
金塔县	27.22	10.22	2.02	7.42	87.13	1.76	1.56	88.64	15.26
玉门市									
酒泉市									
武威地区	**91.71**	**23.20**	**0.02**	**0.02**					
民勤县	91.71	23.20	0.02	0.02					
张掖地区									
高台县									
临泽县									

5-33-40 甘肃省1982年产棉县棉花生产收购明细

县市名	耕地面积（万亩）	农业人口（万人）	棉田面积（万亩）	占耕地（%）	亩产（市斤）	产量（万担）	收购量（万担）	商品率（%）	人均交售（市斤）
全省合计	**160.39**	**46.68**	**9.10**	**5.67**	**101.87**	**9.27**	**8.78**	**94.71**	**18.81**
酒泉地区	**69.01**	**23.39**	**9.10**	**13.19**	**101.87**	**9.27**	**8.78**	**94.71**	**37.54**
敦煌市	20.20	7.40	5.40	26.73	124.07	6.70	6.50	97.01	87.84
安西县	21.59	5.68	1.45	6.72	82.07	1.19	1.10	92.44	19.37
金塔县	27.22	10.31	2.25	8.27	61.33	1.38	1.18	85.51	11.45
玉门市									
酒泉市									
武威地区	**91.38**	**23.29**							
民勤县	91.38	23.29							
张掖地区									
高台县									
临泽县									

5－33－41　甘肃省1983年产棉县棉花生产收购明细

县市名	耕地面积（万亩）	农业人口（万人）	棉田面积（万亩）	占耕地（%）	亩产（市斤）	产量（万担）	收购量（万担）	商品率（%）	人均交售（市斤）
全省合计	**162.28**	**46.47**	**10.46**	**6.45**	**123.71**	**12.94**	**12.66**	**97.84**	**27.24**
酒泉地区	**70.42**	**23.23**	**10.46**	**14.85**	**123.71**	**12.94**	**12.66**	**97.84**	**54.50**
敦煌市	20.10	7.20	6.50	32.34	143.08	9.30	9.30	100.00	129.17
安西县	23.10	5.64	1.65	7.14	113.94	1.88	1.81	96.28	32.09
金塔县	27.22	10.39	2.31	8.49	76.19	1.76	1.55	88.07	14.92
玉门市									
酒泉市									
武威地区	**91.86**	**23.24**							
民勤县	91.86	23.24							
张掖地区									
高台县									
临泽县									

5－33－42　甘肃省1984年产棉县棉花生产收购明细

县市名	耕地面积（万亩）	农业人口（万人）	棉田面积（万亩）	占耕地（%）	亩产（市斤）	产量（万担）	收购量（万担）	商品率（%）	人均交售（市斤）
全省合计	**161.75**	**46.96**	**11.12**	**6.87**	**135.43**	**15.06**	**13.76**	**91.37**	**29.30**
酒泉地区	**70.70**	**23.53**	**11.12**	**15.73**	**135.43**	**15.06**	**13.76**	**91.37**	**58.48**
敦煌市	20.30	7.60	6.80	33.50	155.88	10.60	9.80	92.45	128.95
安西县	22.74	5.59	1.66	7.30	116.87	1.94	1.65	85.05	29.52
金塔县	27.66	10.34	2.66	9.62	94.74	2.52	2.31	91.67	22.34
玉门市									
酒泉市									
武威地区	**91.05**	**23.43**							
民勤县	91.05	23.43							
张掖地区									
高台县									
临泽县									

5-33-43　甘肃省1985年产棉县棉花生产收购明细

县市名	耕地面积（万亩）	农业人口（万人）	棉田面积（万亩）	占耕地（%）	亩产（市斤）	产量（万担）	收购量（万担）	商品率（%）	人均交售（市斤）
全省合计	**164.10**	**46.62**	**8.29**	**5.05**	**115.92**	**9.61**	**8.25**	**85.85**	**17.70**
酒泉地区	**71.73**	**23.23**	**8.29**	**11.56**	**115.92**	**9.61**	**8.25**	**85.85**	**35.51**
敦煌市	20.40	7.50	5.40	26.47	122.22	6.60	6.20	93.94	82.67
安西县	23.64	5.44	1.58	6.68	115.82	1.83	1.08	59.02	19.85
金塔县	27.69	10.29	1.31	4.73	90.08	1.18	0.97	82.20	9.43
玉门市									
酒泉市									
武威地区	**92.37**	**23.39**							
民勤县	92.37	23.39							
张掖地区									
高台县									
临泽县									

5-33-44　甘肃省1986年产棉县棉花生产收购明细

县市名	耕地面积（万亩）	农业人口（万人）	棉田面积（万亩）	占耕地（%）	亩产（市斤）	产量（万担）	收购量（万担）	商品率（%）	人均交售（市斤）
全省合计	**163.12**	**46.70**	**7.60**	**4.66**	**91.71**	**6.97**	**6.20**	**88.95**	**13.28**
酒泉地区	**70.70**	**23.21**	**7.60**	**10.75**	**91.71**	**6.97**	**6.20**	**88.95**	**26.71**
敦煌市	20.70	7.80	5.20	25.12	100.00	5.20	4.80	92.31	61.54
安西县	22.33	5.10	1.19	5.33	66.39	0.79	0.63	79.75	12.35
金塔县	27.67	10.31	1.21	4.37	80.99	0.98	0.77	78.57	7.47
玉门市									
酒泉市									
武威地区	**92.42**	**23.49**							
民勤县	92.42	23.49							
张掖地区									
高台县									
临泽县									

5－33－45　甘肃省1987年产棉县棉花生产收购明细

县市名	耕地面积（万亩）	农业人口（万人）	棉田面积（万亩）	占耕地（%）	亩产（市斤）	产量（万担）	收购量（万担）	商品率（%）	人均交售（市斤）
全省合计	**164.10**	**47.31**	**8.10**	**4.94**	**135.93**	**11.01**	**7.95**	**72.21**	**16.80**
酒泉地区	**70.86**	**23.59**	**8.10**	**11.43**	**135.93**	**11.01**	**7.95**	**72.21**	**33.70**
敦煌市	20.80	8.00	5.70	27.40	149.12	8.50	5.90	69.41	73.75
安西县	22.34	5.06	1.27	5.68	103.94	1.32	1.07	81.06	21.15
金塔县	27.72	10.53	1.13	4.08	105.31	1.19	0.98	82.35	9.31
玉门市									
酒泉市									
武威地区	**93.24**	**23.72**							
民勤县	93.24	23.72							
张掖地区									
高台县									
临泽县									

5－33－46　甘肃省1988年产棉县棉花生产收购明细

县市名	耕地面积（万亩）	农业人口（万人）	棉田面积（万亩）	占耕地（%）	亩产（市斤）	产量（万担）	收购量（万担）	商品率（%）	人均交售（市斤）
全省合计	**163.90**	**47.67**	**7.62**	**4.65**	**154.20**	**11.75**	**7.94**	**67.57**	**16.66**
酒泉地区	**70.50**	**23.66**	**7.62**	**10.81**	**154.20**	**11.75**	**7.94**	**67.57**	**33.56**
敦煌市	20.60	7.90	5.40	26.21	174.07	9.40	6.10	64.89	77.22
安西县	22.17	5.15	1.18	5.32	118.64	1.40	1.10	78.57	21.36
金塔县	27.73	10.61	1.04	3.75	91.35	0.95	0.74	77.89	6.97
玉门市									
酒泉市									
武威地区	**93.40**	**24.01**							
民勤县	93.40	24.01							
张掖地区									
高台县									
临泽县									

5－33－47　甘肃省1989年产棉县棉花生产收购明细

县市名	耕地面积（万亩）	农业人口（万人）	棉田面积（万亩）	占耕地（%）	亩产（市斤）	产量（万担）	收购量（万担）	商品率（%）	人均交售（市斤）
全省合计	**163.90**	**48.18**	**7.03**	**4.29**	**157.75**	**11.09**	**7.67**	**69.16**	**15.92**
酒泉地区	**70.36**	**23.89**	**7.03**	**9.99**	**157.75**	**11.09**	**7.67**	**69.16**	**32.11**
敦煌市	20.60	7.90	5.20	25.24	173.08	9.00	5.90	65.56	74.68
安西县	21.90	5.30	1.05	4.79	129.52	1.36	1.25	91.91	23.58
金塔县	27.86	10.69	0.78	2.80	93.59	0.73	0.52	71.23	4.86
玉门市									
酒泉市									
武威地区	**93.54**	**24.29**							
民勤县	93.54	24.29							
张掖地区									
高台县									
临泽县									

5－33－48　甘肃省1990年产棉县棉花生产收购明细

县市名	耕地面积（万亩）	农业人口（万人）	棉田面积（万亩）	占耕地（%）	亩产（市斤）	产量（万担）	收购量（万担）	商品率（%）	人均交售（市斤）
全省合计	**164.75**	**49.03**	**8.29**	**5.03**	**166.22**	**13.78**	**14.71**	**106.75**	**30.00**
酒泉地区	**71.34**	**24.50**	**8.27**	**11.59**	**166.26**	**13.75**	**14.70**	**106.91**	**60.00**
敦煌市	21.20	7.90	5.10	24.06	178.43	9.10	10.20	112.09	129.11
安西县	21.94	5.40	1.84	8.39	153.80	2.83	2.81	99.29	52.04
金塔县	28.20	11.20	1.33	4.72	136.84	1.82	1.69	92.86	15.09
玉门市									
酒泉市									
武威地区	**93.41**	**24.53**	**0.02**	**0.02**	**150.00**	**0.03**	**0.01**	**33.33**	**0.04**
民勤县	93.41	24.53	0.02	0.02	150.00	0.03	0.01	33.33	0.04
张掖地区									
高台县									
临泽县									

5－33－49　甘肃省1991年产棉县棉花生产收购明细

县市名	耕地面积（万亩）	农业人口（万人）	棉田面积（万亩）	占耕地（%）	亩产（市斤）	产量（万担）	收购量（万担）	商品率（%）	人均交售（市斤）
全省合计	**191.38**	**58.36**	**11.87**	**6.20**	**177.00**	**21.01**	**22.15**	**105.43**	**37.95**
酒泉地区	**97.81**	**33.39**	**11.19**	**11.44**	**180.16**	**20.16**	**21.91**	**108.68**	**65.62**
敦煌市	21.60	7.80	6.40	29.63	181.25	11.60	13.60	117.24	174.36
安西县	23.02	5.60	2.76	11.99	161.96	4.47	4.22	94.41	75.36
金塔县	28.19	11.49	1.73	6.14	212.14	3.67	3.67	100.00	31.94
玉门市	25.00	8.50	0.30	1.20	140.00	0.42	0.42	100.00	4.94
酒泉市									
武威地区	**93.57**	**24.97**	**0.68**	**0.73**	**125.00**	**0.85**	**0.24**	**28.24**	**0.96**
民勤县	93.57	24.97	0.68	0.73	125.00	0.85	0.24	28.24	0.96
张掖地区									
高台县									
临泽县									

5－33－50　甘肃省1992年产棉县棉花生产收购明细

县市名	耕地面积（万亩）	农业人口（万人）	棉田面积（万亩）	占耕地（%）	亩产（市斤）	产量（万担）	收购量（万担）	商品率（%）	人均交售（市斤）
全省合计	**246.11**	**84.29**	**19.10**	**7.76**	**163.46**	**31.22**	**30.65**	**98.17**	**36.36**
酒泉地区	**96.82**	**33.82**	**14.81**	**15.30**	**175.83**	**26.04**	**27.83**	**106.87**	**82.29**
敦煌市	21.20	8.10	8.00	37.74	155.00	12.40	15.00	120.97	185.19
安西县	22.19	5.70	3.69	16.63	157.99	5.83	5.19	89.02	91.05
金塔县	28.43	11.52	2.72	9.57	266.54	7.25	7.08	97.66	61.46
玉门市	25.00	8.50	0.40	1.60	140.00	0.56	0.56	100.00	6.59
酒泉市									
武威地区	**93.69**	**25.02**	**2.00**	**2.13**	**153.50**	**3.07**	**0.71**	**23.13**	**2.84**
民勤县	93.69	25.02	2.00	2.13	153.50	3.07	0.71	23.13	2.84
张掖地区	**55.60**	**25.45**	**2.29**	**4.12**	**92.14**	**2.11**	**2.11**	**100.00**	**8.29**
高台县	31.90	13.45	0.74	2.32	109.46	0.81	0.81	100.00	6.02
临泽县	23.70	12.00	1.55	6.54	83.87	1.30	1.30	100.00	10.83

5－33－51　甘肃省1993年产棉县棉花生产收购明细

县市名	耕地面积（万亩）	农业人口（万人）	棉田面积（万亩）	占耕地（%）	亩产（市斤）	产量（万担）	收购量（万担）	商品率（%）	人均交售（市斤）
全省合计	**246.47**	**85.18**	**19.42**	**7.88**	**148.51**	**28.84**	**22.00**	**76.28**	**25.83**
酒泉地区	**97.08**	**34.01**	**17.47**	**18.00**	**156.95**	**27.42**	**20.93**	**76.33**	**61.54**
敦煌市	20.50	8.30	10.00	48.78	150.00	15.00	10.60	70.67	127.71
安西县	22.25	5.80	3.50	15.73	162.00	5.67	4.15	73.19	71.55
金塔县	28.33	11.41	3.47	12.25	172.91	6.00	5.43	90.50	47.59
玉门市	26.00	8.50	0.50	1.92	150.00	0.75	0.75	100.00	8.82
酒泉市									
武威地区	**93.79**	**25.12**	**0.41**	**0.44**	**107.32**	**0.44**	**0.09**	**20.45**	**0.36**
民勤县	93.79	25.12	0.41	0.44	107.32	0.44	0.09	20.45	0.36
张掖地区	**55.60**	**26.05**	**1.54**	**2.77**	**63.64**	**0.98**	**0.98**	**100.00**	**3.76**
高台县	31.90	13.35	0.44	1.38	109.09	0.48	0.48	100.00	3.60
临泽县	23.70	12.70	1.10	4.64	45.45	0.50	0.50	100.00	3.94

5－33－52　甘肃省1994年产棉县棉花生产收购明细

县市名	耕地面积（万亩）	农业人口（万人）	棉田面积（万亩）	占耕地（%）	亩产（市斤）	产量（万担）	收购量（万担）	商品率（%）	人均交售（市斤）
全省合计	**246.52**	**85.64**	**22.00**	**8.92**	**153.00**	**33.66**	**31.13**	**92.48**	**36.35**
酒泉地区	**97.27**	**34.33**	**18.38**	**18.90**	**165.72**	**30.46**	**28.39**	**93.20**	**82.70**
敦煌市	21.00	8.50	9.20	43.81	179.35	16.50	14.80	89.70	174.12
安西县	22.01	6.00	4.14	18.81	148.07	6.13	6.00	97.88	100.00
金塔县	28.26	11.33	4.49	15.89	155.90	7.00	6.76	96.57	59.66
玉门市	26.00	8.50	0.55	2.12	150.91	0.83	0.83	100.00	9.76
酒泉市									
武威地区	**93.65**	**25.40**	**2.90**	**3.10**	**87.24**	**2.53**	**2.07**	**81.82**	**8.15**
民勤县	93.65	25.40	2.90	3.10	87.24	2.53	2.07	81.82	8.15
张掖地区	**55.60**	**25.91**	**0.72**	**1.29**	**93.06**	**0.67**	**0.67**	**100.00**	**2.59**
高台县	31.90	13.31	0.32	1.00	115.63	0.37	0.37	100.00	2.78
临泽县	23.70	12.60	0.40	1.69	75.00	0.30	0.30	100.00	2.38

5－33－53　甘肃省1995年产棉县棉花生产收购明细

县市名	耕地面积（万亩）	农业人口（万人）	棉田面积（万亩）	占耕地（%）	亩产（市斤）	产量（万担）	收购量（万担）	商品率（%）	人均交售（市斤）
全省合计	**247.32**	**86.17**	**26.97**	**10.90**	**169.86**	**45.81**	**41.85**	**91.36**	**48.57**
酒泉地区	**98.06**	**34.54**	**21.83**	**22.26**	**180.90**	**39.49**	**36.98**	**93.64**	**107.06**
敦煌市	21.60	8.70	10.20	47.22	181.37	18.50	18.30	98.92	210.34
安西县	22.08	6.10	5.28	23.91	175.95	9.29	8.08	86.98	132.46
金塔县	28.38	11.24	5.75	20.26	187.83	10.80	9.70	89.81	86.30
玉门市	26.00	8.50	0.60	2.31	150.00	0.90	0.90	100.00	10.59
酒泉市									
武威地区	**93.66**	**25.53**	**3.30**	**3.52**	**141.52**	**4.67**	**3.22**	**68.95**	**12.61**
民勤县	93.66	25.53	3.30	3.52	141.52	4.67	3.22	68.95	12.61
张掖地区	**55.60**	**26.10**	**1.84**	**3.31**	**89.67**	**1.65**	**1.65**	**100.00**	**6.32**
高台县	31.90	13.30	0.68	2.13	125.00	0.85	0.85	100.00	6.39
临泽县	23.70	12.80	1.16	4.89	68.97	0.80	0.80	100.00	6.25

5－33－54　甘肃省1996年产棉县棉花生产收购明细

县市名	耕地面积（万亩）	农业人口（万人）	棉田面积（万亩）	占耕地（%）	亩产（市斤）	产量（万担）	收购量（万担）	商品率（%）	人均交售（市斤）
全省合计	**248.43**	**86.53**	**31.49**	**12.68**	**156.75**	**49.36**	**42.52**	**86.14**	**49.14**
酒泉地区	**98.88**	**34.62**	**23.93**	**24.20**	**168.24**	**40.26**	**37.69**	**93.62**	**108.87**
敦煌市	21.30	8.90	10.80	50.70	175.00	18.90	21.10	111.64	237.08
安西县	23.10	5.90	6.44	27.88	161.96	10.43	6.06	58.10	102.71
金塔县	28.48	11.32	6.04	21.21	165.56	10.00	9.60	96.00	84.81
玉门市	26.00	8.50	0.65	2.50	143.08	0.93	0.93	100.00	10.94
酒泉市									
武威地区	**93.95**	**25.91**	**5.36**	**5.71**	**129.85**	**6.96**	**2.69**	**38.65**	**10.38**
民勤县	93.95	25.91	5.36	5.71	129.85	6.96	2.69	38.65	10.38
张掖地区	**55.60**	**26.00**	**2.20**	**3.96**	**97.27**	**2.14**	**2.14**	**100.00**	**8.23**
高台县	31.90	13.30	0.60	1.88	123.33	0.74	0.74	100.00	5.56
临泽县	23.70	12.70	1.60	6.75	87.50	1.40	1.40	100.00	11.02

5－33－55　甘肃省1997年产棉县棉花生产收购明细

县市名	耕地面积（万亩）	农业人口（万人）	棉田面积（万亩）	占耕地（%）	亩　产（市斤）	产　量（万担）	收购量（万担）	商品率（%）	人均交售（市斤）
全省合计	**313.56**	**109.07**	**36.10**	**11.51**	**172.33**	**62.21**	**56.80**	**91.30**	**52.08**
酒泉地区	**163.59**	**57.07**	**29.17**	**17.83**	**187.11**	**54.58**	**50.17**	**91.92**	**87.91**
敦煌市	22.30	9.50	13.20	59.19	185.61	24.50	24.60	100.41	258.95
安西县	24.30	5.80	7.85	32.30	170.96	13.42	8.51	63.41	146.72
金塔县	28.45	11.33	6.15	21.62	224.39	13.80	13.80	100.00	121.80
玉门市	26.00	8.50	0.93	3.58	150.54	1.40	1.40	100.00	16.47
酒泉市	62.54	21.94	1.04	1.66	140.38	1.46	1.86	127.40	8.48
武威地区	**94.32**	**26.00**	**3.62**	**3.84**	**124.86**	**4.52**	**3.52**	**77.88**	**13.54**
民勤县	94.32	26.00	3.62	3.84	124.86	4.52	3.52	77.88	13.54
张掖地区	**55.65**	**26.00**	**3.31**	**5.95**	**93.96**	**3.11**	**3.11**	**100.00**	**11.96**
高台县	31.95	13.30	1.31	4.10	115.27	1.51	1.51	100.00	11.35
临泽县	23.70	12.70	2.00	8.44	80.00	1.60	1.60	100.00	12.60

5－33－56　甘肃省1998年产棉县棉花生产收购明细

县市名	耕地面积（万亩）	农业人口（万人）	棉田面积（万亩）	占耕地（%）	亩　产（市斤）	产　量（万担）	收购量（万担）	商品率（%）	人均交售（市斤）
全省合计	**316.80**	**109.29**	**50.42**	**15.92**	**189.94**	**95.77**	**77.66**	**81.09**	**71.06**
酒泉地区	**165.37**	**57.35**	**40.23**	**24.33**	**194.36**	**78.19**	**68.52**	**87.63**	**119.48**
敦煌市	22.40	9.60	17.20	76.79	180.23	31.00	26.60	85.81	277.08
安西县	25.30	5.90	9.89	39.09	165.02	16.32	8.70	53.31	147.46
金塔县	28.45	11.39	9.39	33.01	266.24	25.00	24.25	97.00	212.91
玉门市	26.00	8.50	1.33	5.12	150.38	2.00	2.00	100.00	23.53
酒泉市	63.22	21.96	2.42	3.83	159.92	3.87	6.97	180.10	31.74
武威地区	**95.79**	**26.04**	**5.79**	**6.04**	**224.53**	**13.00**	**4.56**	**35.08**	**17.51**
民勤县	95.79	26.04	5.79	6.04	224.53	13.00	4.56	35.08	17.51
张掖地区	**55.64**	**25.90**	**4.40**	**7.91**	**104.09**	**4.58**	**4.58**	**100.00**	**17.68**
高台县	31.94	13.20	2.10	6.57	122.86	2.58	2.58	100.00	19.55
临泽县	23.70	12.70	2.30	9.70	86.96	2.00	2.00	100.00	15.75

5-33-57　甘肃省1999年产棉县棉花生产收购明细

县市名	耕地面积（万亩）	农业人口（万人）	棉田面积（万亩）	占耕地（%）	亩产（市斤）	产量（万担）	收购量（万担）	商品率（%）	人均交售（市斤）
全省合计	**320.81**	**109.54**	**42.67**	**13.30**	**165.36**	**70.56**	**48.77**	**69.12**	**44.52**
酒泉地区	**169.01**	**57.56**	**38.12**	**22.55**	**170.12**	**64.85**	**44.55**	**68.70**	**77.40**
敦煌市	24.50	10.00	16.20	66.12	154.32	25.00	11.50	46.00	115.00
安西县	26.40	5.70	10.90	41.29	140.00	15.26	9.80	64.22	171.93
金塔县	28.33	11.39	9.47	33.43	232.31	22.00	20.00	90.91	175.59
玉门市	26.00	8.50	0.50	1.92	160.00	0.80	0.80	100.00	9.41
酒泉市	63.78	21.97	1.05	1.65	170.48	1.79	2.45	136.87	11.15
武威地区	**96.16**	**26.08**	**3.15**	**3.28**	**133.65**	**4.21**	**2.72**	**64.61**	**10.43**
民勤县	96.16	26.08	3.15	3.28	133.65	4.21	2.72	64.61	10.43
张掖地区	**55.64**	**25.90**	**1.40**	**2.52**	**107.14**	**1.50**	**1.50**	**100.00**	**5.79**
高台县	31.94	13.20	1.00	3.13	120.00	1.20	1.20	100.00	9.09
临泽县	23.70	12.70	0.40	1.69	75.00	0.30	0.30	100.00	2.36

5-33-58　甘肃省2000年产棉县棉花生产收购明细

县市名	耕地面积（万亩）	农业人口（万人）	棉田面积（万亩）	占耕地（%）	亩产（市斤）	产量（万担）	收购量（万担）	商品率（%）	人均交售（市斤）
全省合计	**323.45**	**110.09**	**62.27**	**19.25**	**169.74**	**105.70**	**47.60**	**45.03**	**43.24**
酒泉地区	**171.45**	**57.81**	**56.07**	**32.70**	**172.46**	**96.70**	**40.00**	**41.37**	**69.19**
敦煌市	24.80	10.00	17.00	68.55	176.47	30.00	12.00	40.00	120.00
安西县	27.35	5.81	17.25	63.07	162.32	28.00	13.00	46.43	223.75
金塔县	28.30	11.50	20.00	70.67	180.00	36.00	12.00	33.33	104.35
玉门市	27.00	8.50	0.82	3.04	170.73	1.40	1.40	100.00	16.47
酒泉市	64.00	22.00	1.00	1.56	130.00	1.30	1.60	123.08	7.27
武威地区	**96.20**	**26.08**	**3.50**	**3.64**	**154.29**	**5.40**	**4.00**	**74.07**	**15.34**
民勤县	96.20	26.08	3.50	3.64	154.29	5.40	4.00	74.07	15.34
张掖地区	**55.80**	**26.20**	**2.70**	**4.84**	**133.33**	**3.60**	**3.60**	**100.00**	**13.74**
高台县	31.80	13.30	1.50	4.72	133.33	2.00	2.00	100.00	15.04
临泽县	24.00	12.90	1.20	5.00	133.33	1.60	1.60	100.00	12.40

5-34-1 甘肃省敦煌市历年棉花生产收购

年　　度	耕地面积（万亩）	农业人口（万人）	棉田面积（万亩）	占耕地（%）	亩　产（市斤）	产　量（万担）	收购量（万担）	商品率（%）	人均交售（市斤）
52年合计			**330.15**	**34.00**	**112.90**	**372.75**	**332.35**	**89.16**	**95.40**
11年小计			**48.39**	**25.18**	**50.80**	**24.58**	**24.58**	**100.00**	**47.94**
占合计%			**14.66**			**6.59**	**7.40**		
1949	17.44	3.20	1.38	7.91	29.71	0.41	0.41	100.00	12.81
1950	18.92	3.30	1.45	7.66	35.86	0.52	0.52	100.00	15.76
1951	24.17	3.45	1.76	7.28	40.34	0.71	0.71	100.00	20.58
1952	14.04	3.92	1.02	7.26	45.10	0.46	0.46	100.00	11.73
1953	14.41	4.07	1.17	8.12	45.30	0.53	0.53	100.00	13.02
1954	12.21	4.11	1.72	14.09	48.26	0.83	0.83	100.00	20.19
1955	15.83	4.25	5.84	36.89	48.46	2.83	2.83	100.00	66.59
1956	18.13	5.43	7.60	41.92	38.03	2.89	2.89	100.00	53.22
1957	17.89	5.73	7.75	43.32	61.55	4.77	4.77	100.00	83.25
1958	19.07	6.61	8.94	46.88	71.92	6.43	6.43	100.00	97.28
1959	20.04	7.20	9.76	48.70	43.03	4.20	4.20	100.00	58.33
10年小计			**45.16**	**32.62**	**41.56**	**18.77**	**18.77**	**100.00**	**31.87**
占合计%			**13.68**			**5.04**	**5.65**		
1960	12.15	5.39	11.86	97.61	20.99	2.49	2.49	100.00	46.20
1961	14.33	5.04	4.00	27.91	15.25	0.61	0.61	100.00	12.10
1962	13.53	5.36	3.25	24.02	2.77	0.09	0.09	100.00	1.68
1963	13.83	5.41	3.49	25.23	33.52	1.17	1.17	100.00	21.63
1964	14.00	5.71	3.63	25.93	43.53	1.58	1.58	100.00	27.67
1965	13.92	5.98	3.57	25.65	62.46	2.23	2.23	100.00	37.29
1966	14.05	6.06	3.74	26.62	82.35	3.08	3.08	100.00	50.83
1967	14.19	6.28	3.87	27.27	68.22	2.64	2.64	100.00	42.04
1968	14.20	6.66	3.88	27.32	65.98	2.56	2.56	100.00	38.44
1969	14.25	7.00	3.87	27.16	59.95	2.32	2.32	100.00	33.14
10年小计			**57.60**	**29.63**	**72.91**	**42.00**	**46.50**	**110.71**	**71.21**
占合计%			**17.45**			**11.27**	**13.99**		
1970	19.00	6.50	5.80	30.53	67.24	3.90	3.40	87.18	52.31
1971	19.00	6.50	5.60	29.47	60.71	3.40	3.60	105.88	55.38
1972	19.10	6.30	5.50	28.80	76.36	4.20	3.70	88.10	58.73
1973	19.30	6.10	5.60	29.03	80.31	4.50	3.80	84.44	62.30
1974	19.50	6.20	5.80	29.74	86.21	5.00	4.00	80.00	64.52
1975	19.40	6.60	5.80	29.90	63.79	3.70	6.00	162.16	90.91
1976	19.70	6.70	5.90	29.95	76.27	4.50	5.00	111.11	74.63
1977	19.60	6.50	5.80	29.59	87.93	5.10	5.00	98.04	76.92
1978	19.80	6.90	5.90	29.80	76.27	4.50	7.00	155.56	101.45
1979	20.00	7.00	5.90	29.50	54.24	3.20	5.00	156.25	71.43
10年小计			**55.70**	**27.36**	**134.47**	**74.90**	**64.20**	**85.71**	**84.92**
占合计%			**16.87**			**20.09**	**19.32**		
1980	20.00	7.30	5.00	25.00	82.00	4.10	4.10	100.00	56.16
1981	19.90	7.00	5.10	25.63	107.84	5.50	5.60	101.82	80.00
1982	20.20	7.40	5.40	26.73	124.07	6.70	6.50	97.01	87.84
1983	20.10	7.20	6.50	32.34	143.08	9.30	9.30	100.00	129.17
1984	20.30	7.60	6.80	33.50	155.88	10.60	9.80	92.45	128.95
1985	20.40	7.50	5.40	26.47	122.22	6.60	6.20	93.94	82.67
1986	20.70	7.80	5.20	25.12	100.00	5.20	4.80	92.31	61.54
1987	20.80	8.00	5.70	27.40	149.12	8.50	5.90	69.41	73.75
1988	20.60	7.90	5.40	26.21	174.07	9.40	6.10	64.89	77.22
1989	20.60	7.90	5.20	25.24	173.08	9.00	5.90	65.56	74.68
11年小计			**123.30**	**50.87**	**172.34**	**212.50**	**178.30**	**83.91**	**183.25**
占合计%			**37.35**			**57.01**	**53.65**		
1990	21.20	7.90	5.10	24.06	178.43	9.10	10.20	112.09	129.11
1991	21.60	7.80	6.40	29.63	181.25	11.60	13.60	117.24	174.36
1992	21.20	8.10	8.00	37.74	155.00	12.40	15.00	120.97	185.19
1993	20.50	8.30	10.00	48.78	150.00	15.00	10.60	70.67	127.71
1994	21.00	8.50	9.20	43.81	179.35	16.50	14.80	89.70	174.12
1995	21.60	8.70	10.20	47.22	181.37	18.50	18.30	98.92	210.34
1996	21.30	8.90	10.80	50.70	175.00	18.90	21.10	111.64	237.08
1997	22.30	9.50	13.20	59.19	185.61	24.50	24.60	100.41	258.95
1998	22.40	9.60	17.20	76.79	180.23	31.00	26.60	85.81	277.08
1999	24.50	10.00	16.20	66.12	154.32	25.00	11.50	46.00	115.00
2000	24.80	10.00	17.00	68.55	176.47	30.00	12.00	40.00	120.00

5－34－2 甘肃省安西县历年棉花生产收购

年　度	耕地面积（万亩）	农业人口（万人）	棉田面积（万亩）	占耕地（%）	亩　产（市斤）	产　量（万担）	收购量（万担）	商品率（%）	人均交售（市斤）
52 年合计			**113.20**	**11.31**	**123.78**	**140.12**	**95.79**	**68.36**	**38.74**
11 年小计			**9.24**	**5.37**	**36.26**	**3.35**	**2.48**	**74.03**	**7.25**
占合计%			**8.16**			**2.39**	**2.59**		
1949	8.32	2.45	0.20	2.40	25.00	0.05	0.01	20.00	0.41
1950	8.32	2.57	0.20	2.40	25.00	0.05	0.03	60.00	1.17
1951	13.08	2.62	0.38	2.91	28.95	0.11	0.03	27.27	1.15
1952	15.70	2.67	0.25	1.59	44.00	0.11	0.03	27.27	1.12
1953	15.89	2.64	0.18	1.13	38.89	0.07	0.04	57.14	1.52
1954	15.97	2.71	0.29	1.82	31.03	0.09	0.05	55.56	1.85
1955	15.97	2.72	0.29	1.82	51.72	0.15	0.13	86.67	4.78
1956	18.71	3.20	0.87	4.65	31.03	0.27	0.26	96.30	8.13
1957	17.35	3.30	0.94	5.42	31.91	0.30	0.30	100.00	9.09
1958	21.14	5.10	2.46	11.64	45.93	1.13	0.80	70.80	15.69
1959	21.72	4.21	3.18	14.64	32.08	1.02	0.80	78.43	19.00
10 年小计			**7.01**	**3.96**	**38.23**	**2.68**	**2.54**	**94.78**	**6.58**
占合计%			**6.19**			**1.91**	**2.65**		
1960	22.76	4.54	2.43	10.68	9.88	0.24	0.24	100.00	5.29
1961	20.87	3.02	0.53	2.54	5.66	0.03	0.02	66.67	0.66
1962	17.86	3.37	0.36	2.02	11.11	0.04	0.04	100.00	1.19
1963	18.62	3.64	0.38	2.04	28.95	0.11	0.10	90.91	2.75
1964	17.09	4.05	0.51	2.98	41.18	0.21	0.20	95.24	4.94
1965	17.84	3.80	0.53	2.97	69.81	0.37	0.35	94.59	9.21
1966	16.04	3.81	0.51	3.18	88.24	0.45	0.44	97.78	11.55
1967	15.54	3.90	0.56	3.60	82.14	0.46	0.45	97.83	11.54
1968	14.82	4.16	0.59	3.98	67.80	0.40	0.35	87.50	8.41
1969	15.38	4.32	0.61	3.97	60.66	0.37	0.35	94.59	8.10
10 年小计			**10.73**	**6.25**	**34.30**	**3.68**	**3.58**	**97.28**	**6.36**
占合计%			**9.48**			**2.63**	**3.74**		
1970	15.77	5.47	0.96	6.09	38.54	0.37	0.36	97.30	6.58
1971	16.00	5.42	1.07	6.69	42.06	0.45	0.45	100.00	8.30
1972	16.17	5.52	1.03	6.37	44.66	0.46	0.46	100.00	8.33
1973	16.17	5.56	1.15	7.11	45.22	0.52	0.50	96.15	8.99
1974	16.54	5.65	1.18	7.13	21.19	0.25	0.24	96.00	4.25
1975	16.75	5.60	1.15	6.87	19.13	0.22	0.22	100.00	3.93
1976	16.97	5.70	1.18	6.95	32.20	0.38	0.35	92.11	6.14
1977	18.58	5.81	1.09	5.87	33.03	0.36	0.35	97.22	6.02
1978	19.21	5.93	1.04	5.41	39.42	0.41	0.40	97.56	6.75
1979	19.42	5.65	0.88	4.53	29.55	0.26	0.25	96.15	4.42
10 年小计			**12.68**	**5.76**	**100.63**	**12.76**	**10.67**	**83.62**	**19.60**
占合计%			**11.20**			**9.11**	**11.14**		
1980	19.74	5.75	0.76	3.85	47.37	0.36	0.33	91.67	5.74
1981	20.76	5.72	0.89	4.29	77.53	0.69	0.65	94.20	11.36
1982	21.59	5.68	1.45	6.72	82.07	1.19	1.10	92.44	19.37
1983	23.10	5.64	1.65	7.14	113.94	1.88	1.81	96.28	32.09
1984	22.74	5.59	1.66	7.30	116.87	1.94	1.65	85.05	29.52
1985	23.64	5.44	1.58	6.68	115.82	1.83	1.08	59.02	19.85
1986	22.33	5.10	1.19	5.33	66.39	0.79	0.63	79.75	12.35
1987	22.34	5.06	1.27	5.68	103.94	1.32	1.07	81.06	21.15
1988	22.17	5.15	1.18	5.32	118.64	1.40	1.10	78.57	21.36
1989	21.90	5.30	1.05	4.79	129.52	1.36	1.25	91.91	23.58
11 年小计			**73.54**	**28.29**	**159.98**	**117.65**	**76.52**	**65.04**	**120.11**
占合计%			**64.96**			**83.96**	**79.88**		
1990	21.94	5.40	1.84	8.39	153.80	2.83	2.81	99.29	52.04
1991	23.02	5.60	2.76	11.99	161.96	4.47	4.22	94.41	75.36
1992	22.19	5.70	3.69	16.63	157.99	5.83	5.19	89.02	91.05
1993	22.25	5.80	3.50	15.73	162.00	5.67	4.15	73.19	71.55
1994	22.01	6.00	4.14	18.81	148.07	6.13	6.00	97.88	100.00
1995	22.08	6.10	5.28	23.91	175.95	9.29	8.08	86.98	132.46
1996	23.10	5.90	6.44	27.88	161.96	10.43	6.06	58.10	102.71
1997	24.30	5.80	7.85	32.30	170.96	13.42	8.51	63.41	146.72
1998	25.30	5.90	9.89	39.09	165.02	16.32	8.70	53.31	147.46
1999	26.40	5.70	10.90	41.29	140.00	15.26	9.80	64.22	171.93
2000	27.35	5.81	17.25	63.07	162.32	28.00	13.00	46.43	223.75

5－34－3　甘肃省金塔县历年棉花生产收购

年　度	耕地面积（万亩）	农业人口（万人）	棉田面积（万亩）	占耕地（%）	亩　产（市斤）	产　量（万担）	收购量（万担）	商品率（%）	人均交售（市斤）
52 年合计			**159.26**	**11.40**	**111.78**	**178.03**	**142.69**	**80.15**	**29.05**
11 年小计			**25.61**	**8.49**	**26.83**	**6.87**	**6.02**	**87.63**	**7.09**
占合计%			**16.08**			**3.86**	**4.22**		
1949	23.50	5.79	1.55	6.60	18.06	0.28	0.22	78.57	3.80
1950	25.00	7.20	1.59	6.36	18.24	0.29	0.22	75.86	3.06
1951	25.50	7.30	1.91	7.49	17.80	0.34	0.27	79.41	3.70
1952	27.50	7.81	1.29	4.69	21.71	0.28	0.20	71.43	2.56
1953	28.00	7.90	0.70	2.50	24.29	0.17	0.09	52.94	1.14
1954	28.00	7.77	0.82	2.93	19.51	0.16	0.08	50.00	1.03
1955	28.00	7.91	0.27	0.96	33.33	0.09	0.01	11.11	0.13
1956	28.01	8.24	4.01	14.32	32.42	1.30	1.22	93.85	14.81
1957	29.96	8.38	3.70	12.35	35.14	1.30	1.22	93.85	14.56
1958	30.07	8.50	3.50	11.64	34.86	1.22	1.13	92.62	13.29
1959	28.11	8.10	6.27	22.31	22.97	1.44	1.36	94.44	16.79
10 年小计			**23.14**	**9.34**	**26.70**	**6.18**	**5.02**	**81.23**	**6.32**
占合计%			**14.53**			**3.47**	**3.52**		
1960	26.33	7.80	11.00	41.78	14.00	1.54	1.39	90.26	17.82
1961	24.34	7.52	1.53	6.29	7.84	0.12	0.04	33.33	0.53
1962	23.90	7.39	1.72	7.20	4.07	0.07	0.02	28.57	0.27
1963	24.44	7.35	1.14	4.68	25.37	0.29	0.21	72.41	2.86
1964	24.50	7.59	1.22	4.98	40.16	0.49	0.41	83.67	5.40
1965	24.80	7.79	1.24	5.00	48.39	0.60	0.52	86.67	6.68
1966	24.87	8.07	1.29	5.19	68.99	0.89	0.73	82.02	9.05
1967	24.87	8.31	1.28	5.15	75.00	0.96	0.80	83.33	9.63
1968	24.63	8.65	1.27	5.16	35.43	0.45	0.30	66.67	3.47
1969	24.99	8.91	1.45	5.80	53.10	0.77	0.60	77.92	6.73
10 年小计			**23.30**	**8.95**	**35.71**	**8.32**	**6.42**	**77.16**	**6.56**
占合计%			**14.63**			**4.67**	**4.50**		
1970	25.42	9.12	2.14	8.42	38.32	0.82	0.64	78.05	7.02
1971	25.44	9.22	1.85	7.27	47.57	0.88	0.70	79.55	7.59
1972	25.43	9.38	2.11	8.30	41.71	0.88	0.70	79.55	7.46
1973	25.43	9.61	1.90	7.47	35.79	0.68	0.50	73.53	5.20
1974	26.23	9.80	2.19	8.35	39.27	0.86	0.68	79.07	6.94
1975	26.28	10.01	2.74	10.43	33.58	0.92	0.72	78.26	7.19
1976	26.34	10.13	2.90	11.01	37.24	1.08	0.88	81.48	8.69
1977	26.41	10.23	2.53	9.58	28.46	0.72	0.52	72.22	5.08
1978	26.41	10.24	2.88	10.90	34.38	0.99	0.79	79.80	7.71
1979	26.86	10.17	2.06	7.67	23.79	0.49	0.29	59.18	2.85
10 年小计			**16.67**	**6.06**	**79.90**	**13.32**	**11.25**	**84.46**	**10.83**
占合计%			**10.47**			**7.48**	**7.88**		
1980	27.17	10.15	1.96	7.21	44.39	0.87	0.67	77.01	6.60
1981	27.22	10.22	2.02	7.42	87.13	1.76	1.56	88.64	15.26
1982	27.22	10.31	2.25	8.27	61.33	1.38	1.18	85.51	11.45
1983	27.22	10.39	2.31	8.49	76.19	1.76	1.55	88.07	14.92
1984	27.66	10.34	2.66	9.62	94.74	2.52	2.31	91.67	22.34
1985	27.69	10.29	1.31	4.73	90.08	1.18	0.97	82.20	9.43
1986	27.67	10.31	1.21	4.37	80.99	0.98	0.77	78.57	7.47
1987	27.72	10.53	1.13	4.08	105.31	1.19	0.98	82.35	9.31
1988	27.73	10.61	1.04	3.75	91.35	0.95	0.74	77.89	6.97
1989	27.86	10.69	0.78	2.80	93.59	0.73	0.52	71.23	4.86
11 年小计			**70.54**	**22.62**	**203.20**	**143.34**	**113.98**	**79.52**	**91.10**
占合计%			**44.29**			**80.51**	**79.88**		
1990	28.20	11.20	1.33	4.72	136.84	1.82	1.69	92.86	15.09
1991	28.19	11.49	1.73	6.14	212.14	3.67	3.67	100.00	31.94
1992	28.43	11.52	2.72	9.57	266.54	7.25	7.08	97.66	61.46
1993	28.33	11.41	3.47	12.25	172.91	6.00	5.43	90.50	47.59
1994	28.26	11.33	4.49	15.89	155.90	7.00	6.76	96.57	59.66
1995	28.38	11.24	5.75	20.26	187.83	10.80	9.70	89.81	86.30
1996	28.48	11.32	6.04	21.21	165.56	10.00	9.60	96.00	84.81
1997	28.45	11.33	6.15	21.62	224.39	13.80	13.80	100.00	121.80
1998	28.45	11.39	9.39	33.01	266.24	25.00	24.25	97.00	212.91
1999	28.33	11.39	9.47	33.43	232.31	22.00	20.00	90.91	175.59
2000	28.30	11.50	20.00	70.67	180.00	36.00	12.00	33.33	104.35

5－34－4　甘肃省玉门市历年棉花生产收购

年　度	耕地面积（万亩）	农业人口（万人）	棉田面积（万亩）	占耕地（%）	亩　产（市斤）	产　量（万担）	收购量（万担）	商品率（%）	人均交售（市斤）
52 年合计			**6.58**	**2.54**	**151.82**	**9.99**	**9.99**	**100.00**	**11.75**
11 年小计									
占合计%									
1949									
1950									
1951									
1952									
1953									
1954									
1955									
1956									
1957									
1958									
1959									
10 年小计									
占合计%									
1960									
1961									
1962									
1963									
1964									
1965									
1966									
1967									
1968									
1969									
10 年小计									
占合计%									
1970									
1971									
1972									
1973									
1974									
1975									
1976									
1977									
1978									
1979									
10 年小计									
占合计%									
1980									
1981									
1982									
1983									
1984									
1985									
1986									
1987									
1988									
1989									
11 年小计			**6.58**	**2.54**	**151.82**	**9.99**	**9.99**	**100.00**	**11.75**
占合计%			**100.00**			**100.00**	**100.00**		
1990									
1991	25.00	8.50	0.30	1.20	140.00	0.42	0.42	100.00	4.94
1992	25.00	8.50	0.40	1.60	140.00	0.56	0.56	100.00	6.59
1993	26.00	8.50	0.50	1.92	150.00	0.75	0.75	100.00	8.82
1994	26.00	8.50	0.55	2.12	150.91	0.83	0.83	100.00	9.76
1995	26.00	8.50	0.60	2.31	150.00	0.90	0.90	100.00	10.59
1996	26.00	8.50	0.65	2.50	143.08	0.93	0.93	100.00	10.94
1997	26.00	8.50	0.93	3.58	150.54	1.40	1.40	100.00	16.47
1998	26.00	8.50	1.33	5.12	150.38	2.00	2.00	100.00	23.53
1999	26.00	8.50	0.50	1.92	160.00	0.80	0.80	100.00	9.41
2000	27.00	8.50	0.82	3.04	170.73	1.40	1.40	100.00	16.47

5-34-5 甘肃省酒泉市历年棉花生产收购

年 度	耕地面积（万亩）	农业人口（万人）	棉田面积（万亩）	占耕地（%）	亩 产（市斤）	产 量（万担）	收购量（万担）	商品率（%）	人均交售（市斤）
52 年合计			**5.51**	**2.17**	**152.81**	**8.42**	**12.88**	**152.97**	**14.66**
11 年小计									
占合计%									
1949									
1950									
1951									
1952									
1953									
1954									
1955									
1956									
1957									
1958									
1959									
10 年小计									
占合计%									
1960									
1961									
1962									
1963									
1964									
1965									
1966									
1967									
1968									
1969									
10 年小计									
占合计%									
1970									
1971									
1972									
1973									
1974									
1975									
1976									
1977									
1978									
1979									
10 年小计									
占合计%									
1980									
1981									
1982									
1983									
1984									
1985									
1986									
1987									
1988									
1989									
11 年小计			**5.51**	**2.17**	**152.81**	**8.42**	**12.88**	**152.97**	**14.66**
占合计%			**100.00**			**100.00**	**100.00**		
1990									
1991									
1992									
1993									
1994									
1995									
1996									
1997	62.54	21.94	1.04	1.66	140.38	1.46	1.86	127.40	8.48
1998	63.22	21.96	2.42	3.83	159.92	3.87	6.97	180.10	31.74
1999	63.78	21.97	1.05	1.65	170.48	1.79	2.45	136.87	11.15
2000	64.00	22.00	1.00	1.56	130.00	1.30	1.60	123.08	7.27

5－34－6　甘肃省民勤县历年棉花生产收购

年　度	耕地面积（万亩）	农业人口（万人）	棉田面积（万亩）	占耕地（%）	亩　产（市斤）	产　量（万担）	收购量（万担）	商品率（%）	人均交售（市斤）
52年合计			**132.63**	**2.72**	**43.36**	**57.51**	**31.76**	**55.23**	**2.74**
11年小计			**60.63**	**5.57**	**13.87**	**8.41**	**6.45**	**76.69**	**2.74**
占合计%			**45.71**			**14.62**	**20.31**		
1949	98.43	19.32	1.85	1.88	8.11	0.15			
1950	94.83	20.11	2.90	3.06	10.34	0.30			
1951	96.25	20.64	2.60	2.70	8.08	0.21			
1952	98.16	21.03	2.37	2.41	14.77	0.35			
1953	98.91	21.73	2.90	2.93	10.34	0.30			
1954	100.51	22.18	2.00	1.99	6.00	0.12			
1955	97.15	22.62	1.77	1.82	10.73	0.19			
1956	103.28	23.21	9.90	9.59	25.05	2.48	2.38	95.97	10.25
1957	102.80	23.14	6.83	6.64	14.93	1.02	0.94	92.16	4.06
1958	99.89	21.45	14.61	14.63	13.00	1.90	1.77	93.16	8.25
1959	98.76	20.31	12.90	13.06	10.78	1.39	1.36	97.84	6.70
10年小计			**26.06**	**2.83**	**7.02**	**1.83**	**1.19**	**65.03**	**0.65**
占合计%			**19.65**			**3.18**	**3.75**		
1960	95.38	18.10	16.50	17.30	4.85	0.80	0.72	90.00	3.98
1961	92.56	16.91	1.00	1.08	3.00	0.03	0.02	66.67	0.12
1962	91.76	17.73	1.11	1.21	2.70	0.03	0.02	66.67	0.11
1963	91.96	16.99	0.88	0.96	7.95	0.07	0.04	57.14	0.24
1964	91.75	17.64	1.09	1.19	15.60	0.17	0.05	29.41	0.28
1965	91.48	18.22	1.31	1.43	12.21	0.16	0.03	18.75	0.16
1966	92.02	18.61	0.75	0.82	16.00	0.12	0.06	50.00	0.32
1967	91.68	18.77	1.17	1.28	16.24	0.19	0.11	57.89	0.59
1968	90.32	19.44	1.12	1.24	8.04	0.09	0.07	77.78	0.36
1969	90.50	20.34	1.13	1.25	15.04	0.17	0.07	41.18	0.34
10年小计			**15.09**	**1.67**	**10.47**	**1.58**	**0.29**	**18.35**	**0.13**
占合计%			**11.38**			**2.75**	**0.91**		
1970	89.56	21.09	2.48	2.77	13.71	0.34	0.07	20.59	0.33
1971	89.72	21.64	1.52	1.69	9.87	0.15	0.02	13.33	0.09
1972	89.99	22.05	3.13	3.48	7.99	0.25	0.03	12.00	0.14
1973	89.97	22.62	1.09	1.21	10.09	0.11	0.01	9.09	0.04
1974	90.03	22.89	1.72	1.91	13.95	0.24	0.03	12.50	0.13
1975	90.13	23.08	1.12	1.24	8.04	0.09	0.01	11.11	0.04
1976	90.46	23.15	1.89	2.09	9.52	0.18	0.04	22.22	0.17
1977	90.90	23.27	0.89	0.98	8.99	0.08	0.03	37.50	0.13
1978	91.54	23.16	1.05	1.15	12.38	0.13	0.05	38.46	0.22
1979	92.31	23.18	0.20	0.22	5.00	0.01			
10年小计			**0.12**	**0.01**	**8.33**	**0.01**			
占合计%			**0.09**			**0.02**			
1980	92.03	23.14	0.10	0.11	10.00	0.01			
1981	91.71	23.20	0.02	0.02					
1982	91.38	23.29							
1983	91.86	23.24							
1984	91.05	23.43							
1985	92.37	23.39							
1986	92.42	23.49							
1987	93.24	23.72							
1988	93.40	24.01							
1989	93.54	24.29							
11年小计			**30.73**	**2.96**	**148.65**	**45.68**	**23.83**	**52.17**	**8.49**
占合计%			**23.17**			**79.43**	**75.03**		
1990	93.41	24.53	0.02	0.02	150.00	0.03	0.01	33.33	0.04
1991	93.57	24.97	0.68	0.73	125.00	0.85	0.24	28.24	0.96
1992	93.69	25.02	2.00	2.13	153.50	3.07	0.71	23.13	2.84
1993	93.79	25.12	0.41	0.44	107.32	0.44	0.09	20.45	0.36
1994	93.65	25.40	2.90	3.10	87.24	2.53	2.07	81.82	8.15
1995	93.66	25.53	3.30	3.52	141.52	4.67	3.22	68.95	12.61
1996	93.95	25.91	5.36	5.71	129.85	6.96	2.69	38.65	10.38
1997	94.32	26.00	3.62	3.84	124.86	4.52	3.52	77.88	13.54
1998	95.79	26.04	5.79	6.04	224.53	13.00	4.56	35.08	17.51
1999	96.16	26.08	3.15	3.28	133.65	4.21	2.72	64.61	10.43
2000	96.20	26.08	3.50	3.64	154.29	5.40	4.00	74.07	15.34

5－34－7 甘肃省高台县历年棉花生产收购

年　度	耕地面积（万亩）	农业人口（万人）	棉田面积（万亩）	占耕地（%）	亩　产（市斤）	产　量（万担）	收购量（万担）	商品率（%）	人均交售（市斤）
52 年合计			**8.69**	**3.03**	**121.29**	**10.54**	**10.54**	**100.00**	**8.80**
11 年小计									
占合计%									
1949									
1950									
1951									
1952									
1953									
1954									
1955									
1956									
1957									
1958									
1959									
10 年小计									
占合计%									
1960									
1961									
1962									
1963									
1964									
1965									
1966									
1967									
1968									
1969									
10 年小计									
占合计%									
1970									
1971									
1972									
1973									
1974									
1975									
1976									
1977									
1978									
1979									
10 年小计									
占合计%									
1980									
1981									
1982									
1983									
1984									
1985									
1986									
1987									
1988									
1989									
11 年小计			**8.69**	**3.03**	**121.29**	**10.54**	**10.54**	**100.00**	**8.80**
占合计%			**100.00**			**100.00**	**100.00**		
1990									
1991									
1992	31.90	13.45	0.74	2.32	109.46	0.81	0.81	100.00	6.02
1993	31.90	13.35	0.44	1.38	109.09	0.48	0.48	100.00	3.60
1994	31.90	13.31	0.32	1.00	115.63	0.37	0.37	100.00	2.78
1995	31.90	13.30	0.68	2.13	125.00	0.85	0.85	100.00	6.39
1996	31.90	13.30	0.60	1.88	123.33	0.74	0.74	100.00	5.56
1997	31.95	13.30	1.31	4.10	115.27	1.51	1.51	100.00	11.35
1998	31.94	13.20	2.10	6.57	122.86	2.58	2.58	100.00	19.55
1999	31.94	13.20	1.00	3.13	120.00	1.20	1.20	100.00	9.09
2000	31.80	13.30	1.50	4.72	133.33	2.00	2.00	100.00	15.04

5－34－8　甘肃省临泽县历年棉花生产收购

年　度	耕地面积（万亩）	农业人口（万人）	棉田面积（万亩）	占耕地（%）	亩　产（市斤）	产　量（万担）	收购量（万担）	商品率（%）	人均交售（市斤）
52 年合计			**11.71**	**5.48**	**83.69**	**9.80**	**9.80**	**100.00**	**8.61**
11 年小计									
占合计%									
1949									
1950									
1951									
1952									
1953									
1954									
1955									
1956									
1957									
1958									
1959									
10 年小计									
占合计%									
1960									
1961									
1962									
1963									
1964									
1965									
1966									
1967									
1968									
1969									
10 年小计									
占合计%									
1970									
1971									
1972									
1973									
1974									
1975									
1976									
1977									
1978									
1979									
10 年小计									
占合计%									
1980									
1981									
1982									
1983									
1984									
1985									
1986									
1987									
1988									
1989									
11 年小计			**11.71**	**5.48**	**83.69**	**9.80**	**9.80**	**100.00**	**8.61**
占合计%			**100.00**			**100.00**	**100.00**		
1990									
1991									
1992	23.70	12.00	1.55	6.54	83.87	1.30	1.30	100.00	10.83
1993	23.70	12.70	1.10	4.64	45.45	0.50	0.50	100.00	3.94
1994	23.70	12.60	0.40	1.69	75.00	0.30	0.30	100.00	2.38
1995	23.70	12.80	1.16	4.89	68.97	0.80	0.80	100.00	6.25
1996	23.70	12.70	1.60	6.75	87.50	1.40	1.40	100.00	11.02
1997	23.70	12.70	2.00	8.44	80.00	1.60	1.60	100.00	12.60
1998	23.70	12.70	2.30	9.70	86.96	2.00	2.00	100.00	15.75
1999	23.70	12.70	0.40	1.69	75.00	0.30	0.30	100.00	2.36
2000	24.00	12.90	1.20	5.00	133.33	1.60	1.60	100.00	12.40

5-35-1 天津市1949-2000年产棉县棉花生产收购明细

县市名	耕地面积（万亩）	农业人口（万人）	棉田面积（万亩）	占耕地（%）	亩产（市斤）	产量（万担）	收购量（万担）	商品率（%）	人均交售（市斤）
全市合计			**1210.20**	**4.28**	**54.66**	**661.49**	**460.86**	**69.67**	**4.05**
静海县			85.65	1.51	29.96	25.66	29.13	113.52	1.61
宁河县			159.86	5.13	90.28	144.32	124.35	86.16	10.46
武清县			591.00	7.29	53.22	314.55	209.18	66.50	6.63
蓟　县			163.96	3.41	38.50	63.13	38.22	60.54	1.33
宝坻县			209.73	3.19	54.27	113.83	59.98	52.69	2.54

5-35-2 天津市1949-1959年产棉县棉花生产收购明细

县市名	耕地面积（万亩）	农业人口（万人）	棉田面积（万亩）	占耕地（%）	亩产（市斤）	产量（万担）	收购量（万担）	商品率（%）	人均交售（市斤）
全市合计			**274.13**	**4.06**	**21.12**	**57.90**	**45.37**	**78.36**	**2.63**
静海县			30.22	2.20	21.34	6.45	3.05	47.29	1.08
宁河县			9.27	1.69	33.76	3.13	4.98	159.11	3.09
武清县			157.38	7.79	19.27	30.32	22.25	73.38	4.52
蓟　县			50.21	3.87	25.49	12.80	10.16	79.38	2.33
宝坻县			27.05	1.79	19.22	5.20	4.93	94.81	1.40

5-35-3 天津市1960-1969年产棉县棉花生产收购明细

县市名	耕地面积（万亩）	农业人口（万人）	棉田面积（万亩）	占耕地（%）	亩产（市斤）	产量（万担）	收购量（万担）	商品率（%）	人均交售（市斤）
全市合计			**180.43**	**3.32**	**33.79**	**60.97**	**52.81**	**86.62**	**2.75**
静海县			7.01	0.70	13.69	0.96	0.37	38.54	0.13
宁河县			7.42	1.14	35.71	2.65	4.39	165.66	2.15
武清县			93.41	5.87	33.72	31.50	27.34	86.79	4.98
蓟　县			43.76	4.87	35.19	15.40	12.63	82.01	2.62
宝坻县			28.83	2.25	36.28	10.46	8.08	77.25	2.03

5-35-4 天津市1970-1979年产棉县棉花生产收购明细

县市名	耕地面积（万亩）	农业人口（万人）	棉田面积（万亩）	占耕地（%）	亩产（市斤）	产量（万担）	收购量（万担）	商品率（%）	人均交售（市斤）
全市合计			**244.80**	**4.47**	**28.00**	**68.54**	**51.82**	**75.61**	**2.22**
静海县			29.24	2.66	17.72	5.18	3.13	60.42	0.83
宁河县			15.23	2.31	24.36	3.71	3.28	88.41	1.31
武清县			112.56	7.26	28.61	32.20	27.62	85.78	4.24
蓟　县			41.30	4.82	39.49	16.31	10.74	65.85	1.87
宝坻县			46.47	3.53	23.97	11.14	7.05	63.29	1.45

5-35-5　天津市1980-1989年产棉县棉花生产收购明细

县市名	耕地面积（万亩）	农业人口（万人）	棉田面积（万亩）	占耕地（%）	亩产（市斤）	产量（万担）	收购量（万担）	商品率（%）	人均交售（市斤）
全市合计			**260.01**	**5.08**	**92.98**	**241.77**	**162.90**	**67.38**	**6.63**
静海县			7.74	0.73	54.39	4.21	4.23	100.48	1.06
宁河县			55.33	9.16	96.29	53.28	48.37	90.78	18.51
武清县			137.06	9.61	102.82	140.93	94.79	67.26	14.01
蓟　县			14.87	1.74	48.29	7.18	1.01	14.07	0.16
宝坻县			45.01	3.81	80.36	36.17	14.50	40.09	2.85

5-35-6　天津市1990-2000年产棉县棉花生产收购明细

县市名	耕地面积（万亩）	农业人口（万人）	棉田面积（万亩）	占耕地（%）	亩产（市斤）	产量（万担）	收购量（万担）	商品率（%）	人均交售（市斤）
全市合计			**250.83**	**4.56**	**92.62**	**232.31**	**147.96**	**63.69**	**5.04**
静海县			11.44	1.00	77.45	8.86	18.35	*	3.96
宁河县			72.61	11.12	112.31	81.55	63.33	77.66	20.25
武清县			90.59	5.96	87.87	79.60	37.18	46.71	4.73
蓟　县			13.82	1.53	82.78	11.44	3.68	32.17	0.48
宝坻县			62.37	4.87	81.55	50.86	25.42	49.98	4.15

5-35-7　天津市1949年产棉县棉花生产收购明细

县市名	耕地面积（万亩）	农业人口（万人）	棉田面积（万亩）	占耕地（%）	亩产（市斤）	产量（万担）	收购量（万担）	商品率（%）	人均交售（市斤）
全市合计	**568.40**	**132.55**	**22.84**	**4.02**	**11.08**	**2.53**			
静海县	122.60	23.03	2.61	2.13	11.88	0.31			
宁河县									
武清县	189.80	41.62	15.43	8.13	10.24	1.58			
蓟　县	112.30	35.66	1.79	1.59	25.14	0.45			
宝坻县	143.70	32.24	3.01	2.09	6.31	0.19			

5-35-8　天津市1950年产棉县棉花生产收购明细

县市名	耕地面积（万亩）	农业人口（万人）	棉田面积（万亩）	占耕地（%）	亩产（市斤）	产量（万担）	收购量（万担）	商品率（%）	人均交售（市斤）
全市合计	**619.00**	**148.29**	**22.44**	**3.63**	**18.05**	**4.05**			
静海县	113.20	23.84	2.27	2.01	20.70	0.47			
宁河县	49.00	15.70	0.61	1.24	4.92	0.03			
武清县	191.30	42.07	15.27	7.98	17.09	2.61			
蓟　县	121.80	37.78	2.79	2.29	21.15	0.59			
宝坻县	143.70	28.90	1.50	1.04	23.33	0.35			

5－35－9 天津市1951年产棉县棉花生产收购明细

县市名	耕地面积（万亩）	农业人口（万人）	棉田面积（万亩）	占耕地（%）	亩产（市斤）	产量（万担）	收购量（万担）	商品率（%）	人均交售（市斤）
全市合计	**643.00**	**149.91**	**25.29**	**3.93**	**21.67**	**5.48**	**3.82**	**69.71**	**2.55**
静海县	135.6	24.14	4.29	3.16	28.67	1.23	0.7	56.91	2.90
宁河县	51.9	15.76	0.84	1.62	17.86	0.15	0.03	20.00	0.19
武清县	189.9	42.52	15.05	7.93	18.14	2.73	2.45	89.74	5.76
蓟　县	121.9	37.97	3.41	2.80	26.69	0.91			
宝坻县	143.7	29.52	1.7	1.18	27.06	0.46	0.64	139.13	2.17

5－35－10　天津市1952年产棉县棉花生产收购明细

县市名	耕地面积（万亩）	农业人口（万人）	棉田面积（万亩）	占耕地（%）	亩产（市斤）	产量（万担）	收购量（万担）	商品率（%）	人均交售（市斤）
全市合计	**646.60**	**154.12**	**24.53**	**3.79**	**30.78**	**7.55**	**7.08**	**93.77**	**4.59**
静海县	136.10	24.70	3.56	2.62	43.82	1.56	0.52	33.33	2.11
宁河县	53.40	15.80	1.09	2.04	14.68	0.16	0.72	*	4.56
武清县	188.70	43.48	14.53	7.70	31.04	4.51	3.74	82.93	8.60
蓟　县	124.70	39.05	3.45	2.77	21.45	0.74	1.47	198.65	3.76
宝坻县	143.70	31.09	1.90	1.32	30.53	0.58	0.63	108.62	2.03

5－35－11　天津市1953年产棉县棉花生产收购明细

县市名	耕地面积（万亩）	农业人口（万人）	棉田面积（万亩）	占耕地（%）	亩产（市斤）	产量（万担）	收购量（万担）	商品率（%）	人均交售（市斤）
全市合计	**653.70**	**157.40**	**25.11**	**3.84**	**22.66**	**5.69**	**5.72**	**100.53**	**3.63**
静海县	141.10	25.46	2.72	1.93	24.26	0.66	0.58	87.88	2.28
宁河县	55.00	15.90	0.87	1.58	31.03	0.27	0.62	*	3.90
武清县	188.60	44.10	16.55	8.78	22.24	3.68	3.29	89.40	7.46
蓟　县	121.70	39.54	2.33	1.91	29.18	0.68	0.66	97.06	1.67
宝坻县	147.30	32.40	2.64	1.79	15.15	0.40	0.57	142.50	1.76

5－35－12　天津市1954年产棉县棉花生产收购明细

县市名	耕地面积（万亩）	农业人口（万人）	棉田面积（万亩）	占耕地（%）	亩产（市斤）	产量（万担）	收购量（万担）	商品率（%）	人均交售（市斤）
全市合计	**658.30**	**155.13**	**33.46**	**5.08**	**10.79**	**3.61**	**4.33**	**119.94**	**2.79**
静海县	139.30	25.21	4.41	3.17	2.72	0.12	0.26	*	1.03
宁河县	56.40	15.94	1.17	2.07	22.22	0.26	0.83	*	5.21
武清县	190.50	45.23	17.70	9.29	10.06	1.78	1.68	94.38	3.71
蓟　县	121.70	39.33	5.88	4.83	11.56	0.68	0.74	108.82	1.88
宝坻县	150.40	29.42	4.30	2.86	17.91	0.77	0.82	106.49	

5－35－13　天津市1955年产棉县棉花生产收购明细

县市名	耕地面积（万亩）	农业人口（万人）	棉田面积（万亩）	占耕地（%）	亩产（市斤）	产量（万担）	收购量（万担）	商品率（%）	人均交售（市斤）
全市合计	**642.60**	**163.53**	**27.39**	**4.26**	**24.94**	**6.83**	**6.35**	**92.97**	**3.88**
静海县	131.40	27.33	1.91	1.45	27.75	0.53	0.26	49.06	0.95
宁河县	56.70	16.11	0.95	1.68	13.68	0.13	0.91	*	5.65
武清县	190.40	46.06	14.74	7.74	19.06	2.81	2.37	84.34	5.15
蓟　县	121.20	40.55	7.15	5.90	38.04	2.72	2.08	76.47	5.13
宝坻县	142.90	33.48	2.64	1.85	24.24	0.64	0.73	114.06	2.18

5－35－14　天津市1956年产棉县棉花生产收购明细

县市名	耕地面积（万亩）	农业人口（万人）	棉田面积（万亩）	占耕地（%）	亩产（市斤）	产量（万担）	收购量（万担）	商品率（%）	人均交售（市斤）
全市合计	**609.20**	**165.68**	**31.62**	**5.19**	**21.35**	**6.75**	**5.46**	**80.89**	**3.30**
静海县	123.30	27.23	2.65	2.15	25.28	0.67	0.30	44.78	1.10
宁河县	57.00	16.26	0.86	1.51	46.51	0.40	0.83	*	5.10
武清县	181.60	46.46	16.67	9.18	20.64	3.44	2.44	70.93	5.25
蓟　县	119.80	41.67	8.51	7.10	17.51	1.49	1.24	83.22	2.98
宝坻县	127.50	34.06	2.93	2.30	25.60	0.75	0.65	86.67	1.91

5－35－15　天津市1957年产棉县棉花生产收购明细

县市名	耕地面积（万亩）	农业人口（万人）	棉田面积（万亩）	占耕地（%）	亩产（市斤）	产量（万担）	收购量（万担）	商品率（%）	人均交售（市斤）
全市合计	**605.60**	**166.24**	**22.04**	**3.64**	**28.27**	**6.23**	**4.42**	**70.95**	**2.66**
静海县	124.80	26.99	2.21	1.77	23.98	0.53	0.16	30.19	0.59
宁河县	57.00	16.33	0.91	1.60	95.60	0.87	0.53	60.92	3.25
武清县	176.60	46.84	10.88	6.16	29.04	3.16	2.58	81.65	5.51
蓟　县	118.30	41.60	6.30	5.33	20.63	1.30	0.87	66.92	2.09
宝坻县	128.90	34.48	1.74	1.35	21.26	0.37	0.28	75.68	0.81

5－35－16　天津市1958年产棉县棉花生产收购明细

县市名	耕地面积（万亩）	农业人口（万人）	棉田面积（万亩）	占耕地（%）	亩产（市斤）	产量（万担）	收购量（万担）	商品率（%）	人均交售（市斤）
全市合计	**572.20**	**166.67**	**21.29**	**3.72**	**27.52**	**5.86**	**3.97**	**67.75**	**2.38**
静海县	111.80	27.49	2.19	1.96	10.96	0.24	0.16	66.67	0.58
宁河县	56.20	16.64	1.05	1.87	48.57	0.51	0.21	41.18	1.26
武清县	169.60	47.06	10.32	6.08	26.84	2.77	2.11	76.17	4.48
蓟　县	109.90	41.22	4.93	4.49	41.99	2.07	1.29	62.32	3.13
宝坻县	124.70	34.26	2.80	2.25	9.64	0.27	0.20	74.07	0.58

5－35－17　天津市1959年产棉县棉花生产收购明细

县市名	耕地面积（万亩）	农业人口（万人）	棉田面积（万亩）	占耕地（%）	亩产（市斤）	产量（万担）	收购量（万担）	商品率（%）	人均交售（市斤）
全市合计	**529.30**	**166.03**	**18.12**	**3.42**	**18.32**	**3.32**	**4.22**	**127.11**	**2.54**
静海县	95.70	27.61	1.40	1.46	9.29	0.13	0.11	84.62	0.40
宁河县	56.00	16.80	0.92	1.64	38.04	0.35	0.30	85.71	1.79
武清县	163.10	47.23	10.24	6.28	12.21	1.25	1.59	127.20	3.37
蓟　县	103.60	40.87	3.67	3.54	31.88	1.17	1.81	154.70	4.43
宝坻县	110.90	33.52	1.89	1.70	22.22	0.42	0.41	97.62	1.22

5－35－18　天津市1960年产棉县棉花生产收购明细

县市名	耕地面积（万亩）	农业人口（万人）	棉田面积（万亩）	占耕地（%）	亩产（市斤）	产量（万担）	收购量（万担）	商品率（%）	人均交售（市斤）
全市合计	**515.10**	**168.44**	**19.25**	**3.74**	**19.38**	**3.73**	**3.73**	**100.00**	**2.21**
静海县	93.50	28.03	0.59	0.63	8.47	0.05	0.03	60.00	0.11
宁河县	57.00	17.18	0.36	0.63	30.56	0.11	0.37	*	2.15
武清县	155.20	47.68	9.78	6.30	17.38	1.70	1.56	91.76	3.27
蓟　县	95.90	41.67	6.70	6.99	20.30	1.36	1.12	82.35	2.69
宝坻县	113.50	33.88	1.82	1.60	28.02	0.51	0.65	127.45	1.92

5－35－19　天津市1961年产棉县棉花生产收购明细

县市名	耕地面积（万亩）	农业人口（万人）	棉田面积（万亩）	占耕地（%）	亩产（市斤）	产量（万担）	收购量（万担）	商品率（%）	人均交售（市斤）
全市合计	**500.00**	**170.71**	**14.19**	**2.84**	**20.79**	**2.95**	**1.68**	**56.95**	**0.98**
静海县	90.60	26.81	0.76	0.84	7.89	0.06	0.01	16.67	0.04
宁河县	56.50	17.47	0.42	0.74	19.05	0.08	0.15	187.50	0.86
武清县	151.30	48.88	7.47	4.94	17.00	1.27	0.83	65.35	1.70
蓟　县	89.40	42.63	3.70	4.14	25.68	0.95	0.49	51.58	1.15
宝坻县	112.20	34.92	1.84	1.64	32.07	0.59	0.20	33.90	0.57

5－35－20　天津市1962年产棉县棉花生产收购明细

县市名	耕地面积（万亩）	农业人口（万人）	棉田面积（万亩）	占耕地（%）	亩产（市斤）	产量（万担）	收购量（万担）	商品率（%）	人均交售（市斤）
全市合计	**510.70**	**179.99**	**15.90**	**3.11**	**13.08**	**2.08**	**1.29**	**62.02**	**0.72**
静海县	94.60	26.41	0.58	0.61	6.90	0.04	0.01	25.00	0.04
宁河县	56.80	18.56	0.23	0.40	8.70	0.02	0.06	*	0.32
武清县	152.70	52.04	8.25	5.40	11.27	0.93	0.58	62.37	1.11
蓟　县	89.30	45.42	4.51	5.05	15.96	0.72	0.52	72.22	1.14
宝坻县	117.30	37.56	2.33	1.99	15.88	0.37	0.12	32.43	0.32

5－35－21　天津市1963年产棉县棉花生产收购明细

县市名	耕地面积（万亩）	农业人口（万人）	棉田面积（万亩）	占耕地（%）	亩产（市斤）	产量（万担）	收购量（万担）	商品率（%）	人均交售（市斤）
全市合计	**525.00**	**185.48**	**17.56**	**3.34**	**27.90**	**4.90**	**3.35**	**68.37**	**1.81**
静海县	95.60	27.10	0.91	0.95			0.01		0.04
宁河县	61.00	19.52	0.79	1.30	27.85	0.22	0.02	9.09	0.10
武清县	155.20	53.73	8.02	5.17	30.55	2.45	2.10	85.71	3.91
蓟　县	89.30	46.77	4.95	5.54	26.67	1.32	0.77	58.33	1.65
宝坻县	123.90	38.36	2.89	2.33	31.49	0.91	0.45	49.45	1.17

5－35－22　天津市1964年产棉县棉花生产收购明细

县市名	耕地面积（万亩）	农业人口（万人）	棉田面积（万亩）	占耕地（%）	亩产（市斤）	产量（万担）	收购量（万担）	商品率（%）	人均交售（市斤）
全市合计	**531.30**	**190.75**	**19.30**	**3.63**	**33.78**	**6.52**	**5.55**	**85.12**	**2.91**
静海县	97.40	27.87	0.28	0.29	3.57	0.01			
宁河县	62.00	20.32	1.48	2.39	33.11	0.49	0.48	97.96	2.36
武清县	157.70	55.02	9.56	6.06	33.26	3.18	2.61	82.08	4.74
蓟　县	89.50	47.94	4.71	5.26	38.43	1.81	1.53	84.53	3.19
宝坻县	124.70	39.60	3.27	2.62	31.50	1.03	0.93	90.29	2.35

5－35－23　天津市1965年产棉县棉花生产收购明细

县市名	耕地面积（万亩）	农业人口（万人）	棉田面积（万亩）	占耕地（%）	亩产（市斤）	产量（万担）	收购量（万担）	商品率（%）	人均交售（市斤）
全市合计	**542.60**	**195.05**	**17.29**	**3.19**	**44.94**	**7.77**	**7.91**	**101.80**	**4.06**
静海县	98.10	28.57	0.39	0.40	17.95	0.07	0.02	28.57	0.07
宁河县	69.20	20.89	0.28	0.40	35.71	0.10	0.71	*	3.40
武清县	161.00	56.09	9.76	6.06	47.95	4.68	4.47	95.51	7.97
蓟　县	89.40	48.99	3.68	4.12	41.30	1.52	1.65	108.55	3.37
宝坻县	124.90	40.51	3.18	2.55	44.03	1.40	1.06	75.71	2.62

5－35－24　天津市1966年产棉县棉花生产收购明细

县市名	耕地面积（万亩）	农业人口（万人）	棉田面积（万亩）	占耕地（%）	亩产（市斤）	产量（万担）	收购量（万担）	商品率（%）	人均交售（市斤）
全市合计	**564.00**	**201.68**	**19.05**	**3.38**	**38.90**	**7.41**	**6.13**	**82.73**	**3.04**
静海县	98.20	29.98	0.72	0.73	15.28	0.11	0.09	81.82	0.30
宁河县	72.40	21.79	1.40	1.93	45.71	0.64	0.45	70.31	2.07
武清县	163.70	57.63	9.95	6.08	38.69	3.85	3.08	80.00	5.34
蓟　县	89.20	50.52	3.79	4.25	45.91	1.74	1.51	86.78	2.99
宝坻县	140.50	41.76	3.19	2.27	33.54	1.07	1.00	93.46	2.39

5－35－25　天津市1967年产棉县棉花生产收购明细

县市名	耕地面积（万亩）	农业人口（万人）	棉田面积（万亩）	占耕地（%）	亩产（市斤）	产量（万担）	收购量（万担）	商品率（%）	人均交售（市斤）
全市合计	**579.10**	**204.60**	**19.51**	**3.37**	**40.65**	**7.93**	**7.18**	**90.54**	**3.51**
静海县	112.80	30.71	0.92	0.82	19.57	0.18	0.06	33.33	0.20
宁河县	72.10	22.08	0.76	1.05	42.11	0.32	0.74	*	3.35
武清县	164.30	58.14	10.54	6.42	40.32	4.25	3.87	91.06	6.66
蓟　县	89.20	51.18	3.85	4.32	51.69	1.99	1.64	82.41	3.20
宝坻县	140.70	42.49	3.44	2.44	34.59	1.19	0.87	73.11	2.05

5－35－26　天津市1968年产棉县棉花生产收购明细

县市名	耕地面积（万亩）	农业人口（万人）	棉田面积（万亩）	占耕地（%）	亩产（市斤）	产量（万担）	收购量（万担）	商品率（%）	人均交售（市斤）
全市合计	**580.30**	**209.88**	**18.71**	**3.22**	**59.54**	**11.14**	**10.29**	**92.37**	**4.90**
静海县	112.80	31.85	0.91	0.81	36.26	0.33	0.12	36.36	0.38
宁河县	72.40	22.68	0.73	1.01	60.27	0.44	0.99	*	4.37
武清县	164.30	59.39	9.74	5.93	63.14	6.15	5.51	89.59	9.28
蓟　县	89.10	52.36	3.90	4.38	58.46	2.28	2.15	94.30	4.11
宝坻县	141.70	43.60	3.43	2.42	56.56	1.94	1.52	78.35	3.49

5－35－27　天津市1969年产棉县棉花生产收购明细

县市名	耕地面积（万亩）	农业人口（万人）	棉田面积（万亩）	占耕地（%）	亩产（市斤）	产量（万担）	收购量（万担）	商品率（%）	人均交售（市斤）
全市合计	**582.40**	**216.52**	**19.67**	**3.38**	**33.25**	**6.54**	**5.70**	**87.16**	**2.63**
静海县	113.10	33.09	0.95	0.84	11.58	0.11	0.02	18.18	0.06
宁河县	72.20	23.63	0.97	1.34	23.71	0.23	0.42	182.61	1.78
武清县	165.30	60.84	10.34	6.26	29.40	3.04	2.73	89.80	4.49
蓟　县	88.90	54.08	3.97	4.47	43.07	1.71	1.25	73.10	2.31
宝坻县	142.90	44.88	3.44	2.41	42.15	1.45	1.28	88.28	2.85

5－35－28　天津市1970年产棉县棉花生产收购明细

县市名	耕地面积（万亩）	农业人口（万人）	棉田面积（万亩）	占耕地（%）	亩产（市斤）	产量（万担）	收购量（万担）	商品率（%）	人均交售（市斤）
全市合计	**579.50**	**222.30**	**20.09**	**3.47**	**48.33**	**9.71**	**8.42**	**86.71**	**3.79**
静海县	114.70	34.60	1.20	1.05	24.17	0.29	0.04	13.79	0.12
宁河县	71.30	24.00	0.87	1.22	35.63	0.31	0.61	196.77	2.54
武清县	162.10	62.11	10.49	6.47	47.09	4.94	4.42	89.47	7.12
蓟　县	88.50	55.20	3.95	4.46	61.01	2.41	2.01	83.40	3.64
宝坻县	142.90	46.39	3.58	2.51	49.16	1.76	1.34	76.14	2.89

5-35-29 天津市1971年产棉县棉花生产收购明细

县市名	耕地面积（万亩）	农业人口（万人）	棉田面积（万亩）	占耕地（%）	亩产（市斤）	产量（万担）	收购量（万担）	商品率（%）	人均交售（市斤）
全市合计	**561.50**	**225.81**	**21.04**	**3.75**	**53.85**	**11.33**	**8.43**	**74.40**	**3.73**
静海县	112.70	35.30	2.20	1.95	28.18	0.62	0.28	45.16	0.79
宁河县	68.60	24.40	0.92	1.34	31.52	0.29	0.54	186.21	2.21
武清县	159.80	63.08	10.50	6.57	49.43	5.19	4.63	89.21	7.34
蓟县	86.50	56.16	3.90	4.51	94.62	3.69	1.99	53.93	3.54
宝坻县	133.90	46.87	3.52	2.63	43.75	1.54	0.99	64.29	2.11

5-35-30 天津市1972年产棉县棉花生产收购明细

县市名	耕地面积（万亩）	农业人口（万人）	棉田面积（万亩）	占耕地（%）	亩产（市斤）	产量（万担）	收购量（万担）	商品率（%）	人均交售（市斤）
全市合计	**556.30**	**227.82**	**22.63**	**4.07**	**27.97**	**6.33**	**4.94**	**78.04**	**2.17**
静海县	110.60	35.84	2.36	2.13	24.15	0.57	0.52	91.23	1.45
宁河县	67.10	24.52	1.77	2.64	16.38	0.29	0.33	113.79	1.35
武清县	159.40	63.42	10.10	6.34	37.82	3.82	2.97	77.75	4.68
蓟县	86.40	56.69	3.81	4.41	19.69	0.75	0.59	78.67	1.04
宝坻县	132.80	47.35	4.59	3.46	19.61	0.90	0.53	58.89	1.12

5-35-31 天津市1973年产棉县棉花生产收购明细

县市名	耕地面积（万亩）	农业人口（万人）	棉田面积（万亩）	占耕地（%）	亩产（市斤）	产量（万担）	收购量（万担）	商品率（%）	人均交售（市斤）
全市合计	**551.82**	**231.99**	**25.63**	**4.64**	**29.85**	**7.65**	**6.18**	**80.78**	**2.66**
静海县	110.12	36.95	3.72	3.38	18.55	0.69	0.47	68.12	1.27
宁河县	66.70	25.10	1.94	2.91	24.23	0.47	0.37	78.72	1.47
武清县	157.30	64.28	10.34	6.57	30.08	3.11	2.91	93.57	4.53
蓟县	85.70	57.44	4.11	4.80	51.34	2.11	1.61	76.30	2.80
宝坻县	132.00	48.22	5.52	4.18	23.01	1.27	0.82	64.57	1.70

5-35-32 天津市1974年产棉县棉花生产收购明细

县市名	耕地面积（万亩）	农业人口（万人）	棉田面积（万亩）	占耕地（%）	亩产（市斤）	产量（万担）	收购量（万担）	商品率（%）	人均交售（市斤）
全市合计	**546.90**	**236.25**	**25.66**	**4.69**	**37.69**	**9.67**	**7.99**	**82.63**	**3.38**
静海县	109.10	38.18	3.59	3.29	31.75	1.14	0.93	81.58	2.44
宁河县	66.00	25.71	1.62	2.45	24.69	0.40	0.32	80.00	1.24
武清县	156.20	65.23	11.69	7.48	37.55	4.39	3.93	89.52	6.02
蓟县	84.90	57.89	3.57	4.20	61.06	2.18	1.73	79.36	2.99
宝坻县	130.70	49.24	5.19	3.97	30.06	1.56	1.08	69.23	2.19

5－35－33　天津市1975年产棉县棉花生产收购明细

县市名	耕地面积（万亩）	农业人口（万人）	棉田面积（万亩）	占耕地（%）	亩产（市斤）	产量（万担）	收购量（万担）	商品率（%）	人均交售（市斤）
全市合计	**544.80**	**237.61**	**29.22**	**5.36**	**35.35**	**10.33**	**8.31**	**80.45**	**3.50**
静海县	109.00	38.59	3.94	3.61	21.07	0.83	0.52	62.65	1.35
宁河县	65.40	25.97	1.85	2.83	38.38	0.71	0.52	73.24	2.00
武清县	155.10	65.81	13.78	8.88	33.74	4.65	4.16	89.46	6.32
蓟　县	84.90	57.94	4.42	5.21	47.51	2.10	1.60	76.19	2.76
宝坻县	130.40	49.30	5.23	4.01	39.01	2.04	1.51	74.02	3.06

5－35－34　天津市1976年产棉县棉花生产收购明细

县市名	耕地面积（万亩）	农业人口（万人）	棉田面积（万亩）	占耕地（%）	亩产（市斤）	产量（万担）	收购量（万担）	商品率（%）	人均交售（市斤）
全市合计	**543.40**	**237.86**	**28.24**	**5.20**	**13.46**	**3.80**	**2.40**	**63.16**	**1.01**
静海县	109.80	39.09	3.73	3.40	7.77	0.29	0.16	55.17	0.41
宁河县	65.10	24.71	1.86	2.86	15.59	0.29	0.17	58.62	0.69
武清县	153.70	66.30	13.24	8.61	14.27	1.89	1.43	75.66	2.16
蓟　县	84.70	58.15	4.12	4.86	14.81	0.61	0.28	45.90	0.48
宝坻县	130.10	49.61	5.29	4.07	13.61	0.72	0.36	50.00	0.73

5－35－35　天津市1977年产棉县棉花生产收购明细

县市名	耕地面积（万亩）	农业人口（万人）	棉田面积（万亩）	占耕地（%）	亩产（市斤）	产量（万担）	收购量（万担）	商品率（%）	人均交售（市斤）
全市合计	**536.30**	**240.24**	**27.66**	**5.16**	**12.04**	**3.33**	**1.70**	**51.05**	**0.71**
静海县	109.60	39.43	3.32	3.03	8.43	0.28	0.04	14.29	0.10
宁河县	63.90	24.91	1.71	2.68	16.37	0.28	0.15	53.57	0.60
武清县	150.60	67.28	13.21	8.77	7.95	1.05	0.74	70.48	1.10
蓟　县	84.30	58.40	4.15	4.92	30.60	1.27	0.62	48.82	1.06
宝坻县	127.90	50.22	5.27	4.12	8.54	0.45	0.15	33.33	0.30

5－35－36　天津市1978年产棉县棉花生产收购明细

县市名	耕地面积（万亩）	农业人口（万人）	棉田面积（万亩）	占耕地（%）	亩产（市斤）	产量（万担）	收购量（万担）	商品率（%）	人均交售（市斤）
全市合计	**530.00**	**240.94**	**27.25**	**5.14**	**15.08**	**4.11**	**2.57**	**62.53**	**1.07**
静海县	106.50	39.54	3.53	3.31	7.65	0.27	0.16	59.26	0.40
宁河县	63.50	25.12	1.66	2.61	28.31	0.47	0.19	40.43	0.76
武清县	149.50	67.41	12.25	8.19	17.88	2.19	1.68	76.71	2.49
蓟　县	83.10	58.41	4.53	5.45	13.69	0.62	0.30	48.39	0.51
宝坻县	127.40	50.46	5.28	4.14	10.61	0.56	0.24	42.86	0.48

5－35－37　天津市1979年产棉县棉花生产收购明细

县市名	耕地面积（万亩）	农业人口（万人）	棉田面积（万亩）	占耕地（%）	亩产（市斤）	产量（万担）	收购量（万担）	商品率（%）	人均交售（市斤）
全市合计	**530.35**	**238.51**	**17.38**	**3.28**	**13.12**	**2.28**	**0.88**	**38.60**	**0.37**
静海县	106.26	39.09	1.65	1.55	12.12	0.20	0.01	5.00	0.03
宁河县	62.16	25.08	1.03	1.66	19.42	0.20	0.08	40.00	0.32
武清县	147.38	66.62	6.96	4.72	13.94	0.97	0.75	77.32	1.13
蓟　县	87.87	57.93	4.74	5.39	12.03	0.57	0.01	1.75	0.02
宝坻县	126.68	49.79	3.00	2.37	11.33	0.34	0.03	8.82	0.06

5－35－38　天津市1980年产棉县棉花生产收购明细

县市名	耕地面积（万亩）	农业人口（万人）	棉田面积（万亩）	占耕地（%）	亩产（市斤）	产量（万担）	收购量（万担）	商品率（%）	人均交售（市斤）
全市合计	**521.06**	**238.09**	**12.04**	**2.31**	**24.58**	**2.96**	**1.62**	**54.73**	**0.68**
静海县	105.87	38.91	1.40	1.32	23.57	0.33			
宁河县	61.37	25.11	1.20	1.96	38.33	0.46	0.33	71.74	1.31
武清县	145.20	66.13	6.34	4.37	22.08	1.40	1.26	90.00	1.91
蓟　县	87.56	58.22	1.24	1.42	23.39	0.29	0.02	6.90	0.03
宝坻县	121.06	49.72	1.86	1.54	25.81	0.48	0.01	2.08	0.02

5－35－39　天津市1981年产棉县棉花生产收购明细

县市名	耕地面积（万亩）	农业人口（万人）	棉田面积（万亩）	占耕地（%）	亩产（市斤）	产量（万担）	收购量（万担）	商品率（%）	人均交售（市斤）
全市合计	**517.56**	**240.53**	**12.25**	**2.37**	**36.65**	**4.49**	**2.60**	**57.91**	**1.08**
静海县	105.71	39.41	0.61	0.58	13.11	0.08			
宁河县	61.42	25.48	2.74	4.46	43.43	1.19	0.58	48.74	2.28
武清县	142.27	66.73	6.54	4.60	33.94	2.22	1.95	87.84	2.92
蓟　县	87.34	58.89	1.50	1.72	20.67	0.31	0.06	19.35	0.10
宝坻县	120.82	50.02	0.86	0.71	80.23	0.69	0.01	1.45	0.02

5－35－40　天津市1982年产棉县棉花生产收购明细

县市名	耕地面积（万亩）	农业人口（万人）	棉田面积（万亩）	占耕地（%）	亩产（市斤）	产量（万担）	收购量（万担）	商品率（%）	人均交售（市斤）
全市合计	**514.26**	**243.75**	**14.23**	**2.77**	**72.10**	**10.26**	**7.22**	**70.37**	**2.96**
静海县	105.60	39.96	0.68	0.64	32.35	0.22			
宁河县	61.40	25.98	2.55	4.15	78.04	1.99	1.44	72.36	5.54
武清县	141.98	67.27	6.40	4.51	101.56	6.50	5.33	82.00	7.92
蓟　县	87.36	59.77	2.85	3.26	15.44	0.44	0.05	11.36	0.08
宝坻县	117.92	50.77	1.75	1.48	63.43	1.11	0.40	36.04	0.79

5－35－41　天津市1983年产棉县棉花生产收购明细

县市名	耕地面积（万亩）	农业人口（万人）	棉田面积（万亩）	占耕地（%）	亩产（市斤）	产量（万担）	收购量（万担）	商品率（%）	人均交售（市斤）
全市合计	**512.58**	**244.85**	**25.97**	**5.07**	**82.90**	**21.53**	**20.37**	**94.61**	**8.32**
静海县	105.35	40.21	0.83	0.79	45.78	0.38	0.21	55.26	0.52
宁河县	61.05	26.18	5.18	8.48	71.43	3.70	2.76	74.59	10.54
武清县	141.80	67.53	15.35	10.83	94.98	14.58	15.57	106.79	23.06
蓟县	86.71	60.07	1.47	1.70	38.10	0.56	0.07	12.50	0.12
宝坻县	117.67	50.86	3.14	2.67	73.57	2.31	1.76	76.19	3.46

5－35－42　天津市1984年产棉县棉花生产收购明细

县市名	耕地面积（万亩）	农业人口（万人）	棉田面积（万亩）	占耕地（%）	亩产（市斤）	产量（万担）	收购量（万担）	商品率（%）	人均交售（市斤）
全市合计	**514.34**	**240.67**	**53.97**	**10.49**	**115.60**	**62.39**	**54.32**	**87.07**	**22.57**
静海县	105.42	38.91	2.07	1.96	82.61	1.71	1.30	76.02	3.34
宁河县	60.54	25.21	11.28	18.63	108.69	12.26	13.74	112.07	54.50
武清县	144.10	66.31	30.10	20.89	126.01	37.93	31.81	83.87	47.97
蓟县	86.65	60.43	1.76	2.03	71.02	1.25	0.81	64.80	1.34
宝坻县	117.63	49.81	8.76	7.45	105.48	9.24	6.66	72.08	13.37

5－35－43　天津市1985年产棉县棉花生产收购明细

县市名	耕地面积（万亩）	农业人口（万人）	棉田面积（万亩）	占耕地（%）	亩产（市斤）	产量（万担）	收购量（万担）	商品率（%）	人均交售（市斤）
全市合计	**512.01**	**241.65**	**41.50**	**8.11**	**111.28**	**46.18**	**21.61**	**46.80**	**8.94**
静海县	105.33	38.69	1.04	0.99	75.96	0.79	0.81	102.53	2.09
宁河县	60.06	26.40	10.46	17.42	108.89	11.39	4.16	36.52	15.76
武清县	143.61	66.24	21.58	15.03	125.76	27.14	14.07	51.84	21.24
蓟县	85.62	60.59	1.57	1.83	57.96	0.91			
宝坻县	117.39	49.73	6.85	5.84	86.86	5.95	2.57	43.19	5.17

5－35－44　天津市1986年产棉县棉花生产收购明细

县市名	耕地面积（万亩）	农业人口（万人）	棉田面积（万亩）	占耕地（%）	亩产（市斤）	产量（万担）	收购量（万担）	商品率（%）	人均交售（市斤）
全市合计	**508.13**	**246.85**	**29.39**	**5.78**	**90.23**	**26.52**	**16.42**	**61.92**	**6.65**
静海县	105.29	40.10	0.41	0.39	60.98	0.25	0.17	68.00	0.42
宁河县	59.63	26.54	6.95	11.66	93.24	6.48	5.64	87.04	21.25
武清县	142.71	67.89	15.32	10.74	102.61	15.72	9.56	60.81	14.08
蓟县	83.14	61.33	1.19	1.43	52.10	0.62			
宝坻县	117.36	50.99	5.52	4.70	62.50	3.45	1.05	30.43	2.06

5－35－45　天津市1987年产棉县棉花生产收购明细

县市名	耕地面积（万亩）	农业人口（万人）	棉田面积（万亩）	占耕地（%）	亩产（市斤）	产量（万担）	收购量（万担）	商品率（%）	人均交售（市斤）
全市合计	**507.73**	**251.62**	**23.92**	**4.71**	**106.69**	**25.52**	**16.13**	**63.21**	**6.41**
静海县	105.18	40.37	0.27	0.26	62.96	0.17	0.45	*	1.11
宁河县	59.59	26.83	4.81	8.07	77.55	3.73	6.05	162.20	22.55
武清县	142.71	69.21	13.05	9.14	133.64	17.44	8.74	50.11	12.63
蓟　县	82.92	63.63	0.99	1.19	68.69	0.68			
宝坻县	117.33	51.58	4.80	4.09	72.92	3.50	0.89	25.43	1.73

5－35－46　天津市1988年产棉县棉花生产收购明细

县市名	耕地面积（万亩）	农业人口（万人）	棉田面积（万亩）	占耕地（%）	亩产（市斤）	产量（万担）	收购量（万担）	商品率（%）	人均交售（市斤）
全市合计	**506.14**	**252.07**	**24.54**	**4.85**	**81.66**	**20.04**	**11.32**	**56.49**	**4.49**
静海县	105.30	40.22	0.23	0.22	69.57	0.16	0.32	*	0.80
宁河县	59.55	26.61	5.76	9.67	113.02	6.51	8.13	124.88	30.55
武清县	141.30	69.21	11.58	8.20	69.08	8.00	2.32	29.00	3.35
蓟　县	82.70	64.18	1.10	1.33	78.18	0.86			
宝坻县	117.29	51.85	5.87	5.00	76.83	4.51	0.55	12.20	1.06

5－35－47　天津市1989年产棉县棉花生产收购明细

县市名	耕地面积（万亩）	农业人口（万人）	棉田面积（万亩）	占耕地（%）	亩产（市斤）	产量（万担）	收购量（万担）	商品率（%）	人均交售（市斤）
全市合计	**504.90**	**256.50**	**22.20**	**4.40**	**98.56**	**21.88**	**11.29**	**51.60**	**4.40**
静海县	105.00	40.48	0.20	0.19	60.00	0.12	0.97	*	2.40
宁河县	59.50	26.92	4.40	7.39	126.59	5.57	5.54	99.46	20.58
武清县	140.60	69.94	10.80	7.68	92.59	10.00	4.18	41.80	5.98
蓟　县	82.60	66.09	1.20	1.45	105.00	1.26			
宝坻县	117.20	53.07	5.60	4.78	88.04	4.93	0.60	12.17	1.13

5－35－48　天津市1990年产棉县棉花生产收购明细

县市名	耕地面积（万亩）	农业人口（万人）	棉田面积（万亩）	占耕地（%）	亩产（市斤）	产量（万担）	收购量（万担）	商品率（%）	人均交售（市斤）
全市合计	**504.49**	**261.73**	**26.61**	**5.27**	**113.90**	**30.31**	**25.12**	**82.88**	**9.60**
静海县	104.92	40.82	0.22	0.21	86.36	0.19	1.26	*	3.09
宁河县	59.72	27.86	6.65	11.14	147.82	9.83	9.31	94.71	33.42
武清县	140.36	70.62	11.50	8.19	120.00	13.80	10.03	72.68	14.20
蓟　县	82.32	67.81	1.26	1.53	66.67	0.84	0.25	29.76	0.37
宝坻县	117.17	54.62	6.98	5.96	80.95	5.65	4.27	75.58	7.82

5－35－49　天津市1991年产棉县棉花生产收购明细

县市名	耕地面积（万亩）	农业人口（万人）	棉田面积（万亩）	占耕地（%）	亩产（市斤）	产量（万担）	收购量（万担）	商品率（%）	人均交售（市斤）
全市合计	**504.30**	**263.20**	**45.30**	**8.98**	**84.46**	**38.26**	**40.49**	**105.83**	**15.38**
静海县	104.85	41.33	1.55	1.48	76.77	1.19	2.74	*	6.63
宁河县	59.70	28.17	11.92	19.97	118.71	14.15	13.11	92.65	46.54
武清县	140.25	70.74	17.43	12.43	65.86	11.48	14.11	122.91	19.95
蓟　县	82.35	68.09	4.61	5.60	78.52	3.62	2.38	65.75	3.50
宝坻县	117.15	54.87	9.79	8.36	79.88	7.82	8.15	104.22	14.85

5－35－50　天津市1992年产棉县棉花生产收购明细

县市名	耕地面积（万亩）	农业人口（万人）	棉田面积（万亩）	占耕地（%）	亩产（市斤）	产量（万担）	收购量（万担）	商品率（%）	人均交售（市斤）
全市合计	**502.65**	**264.58**	**43.05**	**8.56**	**75.26**	**32.40**	**15.20**	**46.91**	**5.74**
静海县	104.55	41.50	1.89	1.81	74.07	1.40	2.85	*	6.87
宁河县	59.40	28.51	11.35	19.11	59.91	6.80	4.57	67.21	16.03
武清县	139.35	70.87	17.17	12.32	93.19	16.00	4.74	29.63	6.69
蓟　县	82.35	68.44	3.80	4.61	84.21	3.20	0.89	27.81	1.30
宝坻县	117.00	55.26	8.84	7.56	56.56	5.00	2.15	43.00	3.89

5－35－51　天津市1993年产棉县棉花生产收购明细

县市名	耕地面积（万亩）	农业人口（万人）	棉田面积（万亩）	占耕地（%）	亩产（市斤）	产量（万担）	收购量（万担）	商品率（%）	人均交售（市斤）
全市合计	**502.20**	**266.01**	**23.83**	**4.75**	**71.34**	**17.00**	**8.30**	**48.82**	**3.12**
静海县	104.40	41.77	1.20	1.15	83.33	1.00	0.42	42.00	1.01
宁河县	59.40	28.73	7.70	12.96	57.14	4.40	4.87	110.68	16.95
武清县	139.35	71.03	8.70	6.24	68.97	6.00	0.95	15.83	1.34
蓟　县	82.20	68.81	1.10	1.34	72.73	0.80			
宝坻县	116.85	55.67	5.13	4.39	93.57	4.80	2.06	42.92	3.70

5－35－52　天津市1994年产棉县棉花生产收购明细

县市名	耕地面积（万亩）	农业人口（万人）	棉田面积（万亩）	占耕地（%）	亩产（市斤）	产量（万担）	收购量（万担）	商品率（%）	人均交售（市斤）
全市合计	**500.51**	**266.83**	**33.79**	**6.75**	**53.71**	**18.15**	**14.25**	**78.51**	**5.34**
静海县	104.33	42.00	2.34	2.24	77.78	1.82	1.26	69.23	3.00
宁河县	59.43	28.73	12.10	20.36	86.20	10.43	7.88	75.55	27.43
武清县	137.94	70.99	9.10	6.60	23.52	2.14	1.87	87.38	2.63
蓟　县	82.11	69.11	0.97	1.18	81.44	0.79	0.16	20.25	0.23
宝坻县	116.70	56.00	9.28	7.95	32.00	2.97	3.08	103.70	5.50

5－35－53　天津市1995年产棉县棉花生产收购明细

县市名	耕地面积（万亩）	农业人口（万人）	棉田面积（万亩）	占耕地（%）	亩产（市斤）	产量（万担）	收购量（万担）	商品率（%）	人均交售（市斤）
全市合计	**499.50**	**276.42**	**25.36**	**5.08**	**87.50**	**22.19**	**4.42**	**19.92**	**1.60**
静海县	104.16	42.46	2.54	2.44	55.12	1.40	0.19	13.57	0.45
宁河县	59.32	28.59	7.42	12.51	112.67	8.36	3.12	37.32	10.91
武清县	137.64	79.92	7.00	5.09	80.00	5.60	0.97	17.32	1.21
蓟　县	81.98	69.23	0.38	0.46	155.26	0.59			
宝坻县	116.40	56.22	8.02	6.89	77.81	6.24	0.14	2.24	0.25

5－35－54　天津市1996年产棉县棉花生产收购明细

县市名	耕地面积（万亩）	农业人口（万人）	棉田面积（万亩）	占耕地（%）	亩产（市斤）	产量（万担）	收购量（万担）	商品率（%）	人均交售（市斤）
全市合计	**499.03**	**267.54**	**9.69**	**1.94**	**103.20**	**10.00**	**3.11**	**31.10**	**1.16**
静海县	104.03	42.62	0.51	0.49	92.16	0.47	0.03	6.38	0.07
宁河县	59.32	28.60	1.92	3.24	131.77	2.53	2.22	87.75	7.76
武清县	137.60	70.88	3.25	2.36	118.15	3.84	0.17	4.43	0.24
蓟　县	81.77	69.58	0.26	0.32	65.38	0.17			
宝坻县	116.31	55.86	3.75	3.22	79.73	2.99	0.69	23.08	1.24

5－35－55　天津市1997年产棉县棉花生产收购明细

县市名	耕地面积（万亩）	农业人口（万人）	棉田面积（万亩）	占耕地（%）	亩产（市斤）	产量（万担）	收购量（万担）	商品率（%）	人均交售（市斤）
全市合计	**498.21**	**267.61**	**7.32**	**1.47**	**105.33**	**7.71**	**1.50**	**19.46**	**0.56**
静海县	104.00	42.57	0.19	0.18	26.32	0.05	0.02	40.00	0.05
宁河县	59.32	28.59	1.80	3.03	82.22	1.48	0.94	63.51	3.29
武清县	137.34	70.76	3.01	2.19	127.91	3.85	0.42	10.91	0.59
蓟　县	81.70	69.59	0.34	0.42	94.12	0.32			
宝坻县	115.85	56.10	1.98	1.71	101.52	2.01	0.12	5.97	0.21

5－35－56　天津市1998年产棉县棉花生产收购明细

县市名	耕地面积（万亩）	农业人口（万人）	棉田面积（万亩）	占耕地（%）	亩产（市斤）	产量（万担）	收购量（万担）	商品率（%）	人均交售（市斤）
全市合计	**497.89**	**267.78**	**5.15**	**1.03**	**243.88**	**12.56**	**9.99**	**79.54**	**3.73**
静海县	103.98	42.64	0.04	0.04	*	0.13	1.30	*	3.05
宁河县	59.21	28.34	0.87	1.47	*	4.92	5.45	110.77	19.23
武清县	137.19	70.51	2.76	2.01	169.57	4.68	1.04	22.22	1.47
蓟县	81.66	69.99	0.19	0.23	152.63	0.29			
宝坻县	115.85	56.30	1.29	1.11	196.90	2.54	2.20	86.61	3.91

5－35－57　天津市1999年产棉县棉花生产收购明细

县市名	耕地面积（万亩）	农业人口（万人）	棉田面积（万亩）	占耕地（%）	亩产（市斤）	产量（万担）	收购量（万担）	商品率（%）	人均交售（市斤）
全市合计	**497.75**	**267.37**	**8.85**	**1.78**	**127.68**	**11.30**	**6.60**	**58.41**	**2.47**
静海县	103.97	42.64	0.20	0.19	95.00	0.19	3.56	*	8.35
宁河县	59.20	28.39	2.48	4.19	182.26	4.52	1.90	42.04	6.69
武清县	137.16	70.21	3.72	2.71	105.11	3.91	0.58	14.83	0.83
蓟县	81.61	69.89	0.33	0.40	75.76	0.25			
宝坻县	115.81	56.24	2.12	1.83	114.62	2.43	0.56	23.05	1.00

5－35－58　天津市2000年产棉县棉花生产收购明细

县市名	耕地面积（万亩）	农业人口（万人）	棉田面积（万亩）	占耕地（%）	亩产（市斤）	产量（万担）	收购量（万担）	商品率（%）	人均交售（市斤）
全市合计	**497.48**	**266.57**	**21.88**	**4.40**	**148.22**	**32.43**	**18.98**	**58.53**	**7.12**
静海县	103.97	42.64	0.76	0.73	134.21	1.02	4.72	*	11.07
宁河县	59.20	28.30	8.40	14.19	168.21	14.13	9.96	70.49	35.19
武清县	136.97	70.11	6.95	5.07	119.42	8.30	2.30	27.71	3.28
蓟县	81.57	69.65	0.58	0.71	98.28	0.57			
宝坻县	115.77	55.87	5.19	4.48	162.04	8.41	2.00	23.78	3.58

5-36-1 天津市静海县历年棉花生产收购

年　度	耕地面积（万亩）	农业人口（万人）	棉田面积（万亩）	占耕地（%）	亩　产（市斤）	产　量（万担）	收购量（万担）	商品率（%）	人均交售（市斤）
52 年合计			**85.65**	**1.51**	**29.96**	**25.66**	**29.13**	**113.52**	**1.61**
11 年小计			**30.22**	**2.20**	**21.34**	**6.45**	**3.05**	**47.29**	**1.08**
占合计%			**35.28**			**25.14**	**10.47**		
1949	122.60	23.03	2.61	2.13	11.88	0.31			
1950	113.20	23.84	2.27	2.01	20.70	0.47			
1951	135.60	24.14	4.29	3.16	28.67	1.23	0.70	56.91	2.90
1952	136.10	24.70	3.56	2.62	43.82	1.56	0.52	33.33	2.11
1953	141.10	25.46	2.72	1.93	24.26	0.66	0.58	87.88	2.28
1954	139.30	25.21	4.41	3.17	2.72	0.12	0.26	*	1.03
1955	131.40	27.33	1.91	1.45	27.75	0.53	0.26	49.06	0.95
1956	123.30	27.23	2.65	2.15	25.28	0.67	0.30	44.78	1.10
1957	124.80	26.99	2.21	1.77	23.98	0.53	0.16	30.19	0.59
1958	111.80	27.49	2.19	1.96	10.96	0.24	0.16	66.67	0.58
1959	95.70	27.61	1.40	1.46	9.29	0.13	0.11	84.62	0.40
10 年小计			**7.01**	**0.70**	**13.69**	**0.96**	**0.37**	**38.54**	**0.13**
占合计%			**8.18**			**3.74**	**1.27**		
1960	93.50	28.03	0.59	0.63	8.47	0.05	0.03	60.00	0.11
1961	90.60	26.81	0.76	0.84	7.89	0.06	0.01	16.67	0.04
1962	94.60	26.41	0.58	0.61	6.90	0.04	0.01	25.00	0.04
1963	95.60	27.10	0.91	0.95			0.01		0.04
1964	97.40	27.87	0.28	0.29	3.57	0.01			
1965	98.10	28.57	0.39	0.40	17.95	0.07	0.02	28.57	0.07
1966	98.20	29.98	0.72	0.73	15.28	0.11	0.09	81.82	0.30
1967	112.80	30.71	0.92	0.82	19.57	0.18	0.06	33.33	0.20
1968	112.80	31.85	0.91	0.81	36.26	0.33	0.12	36.36	0.38
1969	113.10	33.09	0.95	0.84	11.58	0.11	0.02	18.18	0.06
10 年小计			**29.24**	**2.66**	**17.72**	**5.18**	**3.13**	**60.42**	**0.83**
占合计%			**34.14**			**20.19**	**10.74**		
1970	114.70	34.60	1.20	1.05	24.17	0.29	0.04	13.79	0.12
1971	112.70	35.30	2.20	1.95	28.18	0.62	0.28	45.16	0.79
1972	110.60	35.84	2.36	2.13	24.15	0.57	0.52	91.23	1.45
1973	110.12	36.95	3.72	3.38	18.55	0.69	0.47	68.12	1.27
1974	109.10	38.18	3.59	3.29	31.75	1.14	0.93	81.58	2.44
1975	109.00	38.59	3.94	3.61	21.07	0.83	0.52	62.65	1.35
1976	109.80	39.09	3.73	3.40	7.77	0.29	0.16	55.17	0.41
1977	109.60	39.43	3.32	3.03	8.43	0.28	0.04	14.29	0.10
1978	106.50	39.54	3.53	3.31	7.65	0.27	0.16	59.26	0.40
1979	106.26	39.09	1.65	1.55	12.12	0.20	0.01	5.00	0.03
10 年小计			**7.74**	**0.73**	**54.39**	**4.21**	**4.23**	**100.48**	**1.06**
占合计%			**9.04**			**16.41**	**14.52**		
1980	105.87	38.91	1.40	1.32	23.57	0.33			
1981	105.71	39.41	0.61	0.58	13.11	0.08			
1982	105.60	39.96	0.68	0.64	32.35	0.22			
1983	105.35	40.21	0.83	0.79	45.78	0.38	0.21	55.26	0.52
1984	105.42	38.91	2.07	1.96	82.61	1.71	1.30	76.02	3.34
1985	105.33	38.69	1.04	0.99	75.96	0.79	0.81	102.53	2.09
1986	105.29	40.10	0.41	0.39	60.98	0.25	0.17	68.00	0.42
1987	105.18	40.37	0.27	0.26	62.96	0.17	0.45	*	1.11
1988	105.30	40.22	0.23	0.22	69.57	0.16	0.32	*	0.80
1989	105.00	40.48	0.20	0.19	60.00	0.12	0.97	*	2.40
11 年小计			**11.44**	**1.00**	**77.45**	**8.86**	**18.35**	*	**3.96**
占合计%			**13.36**			**34.53**	**62.99**		
1990	104.92	40.82	0.22	0.21	86.36	0.19	1.26	*	3.09
1991	104.85	41.33	1.55	1.48	76.77	1.19	2.74	*	6.63
1992	104.55	41.50	1.89	1.81	74.07	1.40	2.85	*	6.87
1993	104.40	41.77	1.20	1.15	83.33	1.00	0.42	42.00	1.01
1994	104.33	42.00	2.34	2.24	77.78	1.82	1.26	69.23	3.00
1995	104.16	42.46	2.54	2.44	55.12	1.40	0.19	13.57	0.45
1996	104.03	42.62	0.51	0.49	92.16	0.47	0.03	6.38	0.07
1997	104.00	42.57	0.19	0.18	26.32	0.05	0.02	40.00	0.05
1998	103.98	42.64	0.04	0.04	*	0.13	1.30	*	3.05
1999	103.97	42.64	0.20	0.19	95.00	0.19	3.56	*	8.35
2000	103.97	42.64	0.76	0.73	134.21	1.02	4.72	*	11.07

5-36-2 天津市宁河县历年棉花生产收购

年　　度	耕地面积（万亩）	农业人口（万人）	棉田面积（万亩）	占耕地（%）	亩　产（市斤）	产　量（万担）	收购量（万担）	商品率（%）	人均交售（市斤）
52 年合计			**159.86**	**5.13**	**90.28**	**144.32**	**124.35**	**86.16**	**10.46**
11 年小计			**9.27**	**1.69**	**33.76**	**3.13**	**4.98**	**159.11**	**3.09**
占合计%			**5.80**			**2.17**	**4.00**		
1949									
1950	49.00	15.70	0.61	1.24	4.92	0.03			
1951	51.90	15.76	0.84	1.62	17.86	0.15	0.03	20.00	0.19
1952	53.40	15.80	1.09	2.04	14.68	0.16	0.72	*	4.56
1953	55.00	15.90	0.87	1.58	31.03	0.27	0.62	*	3.90
1954	56.40	15.94	1.17	2.07	22.22	0.26	0.83	*	5.21
1955	56.70	16.11	0.95	1.68	13.68	0.13	0.91	*	5.65
1956	57.00	16.26	0.86	1.51	46.51	0.40	0.83	*	5.10
1957	57.00	16.33	0.91	1.60	95.60	0.87	0.53	60.92	3.25
1958	56.20	16.64	1.05	1.87	48.57	0.51	0.21	41.18	1.26
1959	56.00	16.80	0.92	1.64	38.04	0.35	0.30	85.71	1.79
10 年小计			**7.42**	**1.14**	**35.71**	**2.65**	**4.39**	**165.66**	**2.15**
占合计%			**4.64**			**1.84**	**3.53**		
1960	57.00	17.18	0.36	0.63	30.56	0.11	0.37	*	2.15
1961	56.50	17.47	0.42	0.74	19.05	0.08	0.15	187.50	0.86
1962	56.80	18.56	0.23	0.40	8.70	0.02	0.06	*	0.32
1963	61.00	19.52	0.79	1.30	27.85	0.22	0.02	9.09	0.10
1964	62.00	20.32	1.48	2.39	33.11	0.49	0.48	97.96	2.36
1965	69.20	20.89	0.28	0.40	35.71	0.10	0.71	*	3.40
1966	72.40	21.79	1.40	1.93	45.71	0.64	0.45	70.31	2.07
1967	72.10	22.08	0.76	1.05	42.11	0.32	0.74	*	3.35
1968	72.40	22.68	0.73	1.01	60.27	0.44	0.99	*	4.37
1969	72.20	23.63	0.97	1.34	23.71	0.23	0.42	182.61	1.78
10 年小计			**15.23**	**2.31**	**24.36**	**3.71**	**3.28**	**88.41**	**1.31**
占合计%			**9.53**			**2.57**	**2.64**		
1970	71.30	24.00	0.87	1.22	35.63	0.31	0.61	196.77	2.54
1971	68.60	24.40	0.92	1.34	31.52	0.29	0.54	186.21	2.21
1972	67.10	24.52	1.77	2.64	16.38	0.29	0.33	113.79	1.35
1973	66.70	25.10	1.94	2.91	24.23	0.47	0.37	78.72	1.47
1974	66.00	25.71	1.62	2.45	24.69	0.40	0.32	80.00	1.24
1975	65.40	25.97	1.85	2.83	38.38	0.71	0.52	73.24	2.00
1976	65.10	24.71	1.86	2.86	15.59	0.29	0.17	58.62	0.69
1977	63.90	24.91	1.71	2.68	16.37	0.28	0.15	53.57	0.60
1978	63.50	25.12	1.66	2.61	28.31	0.47	0.19	40.43	0.76
1979	62.16	25.08	1.03	1.66	19.42	0.20	0.08	40.00	0.32
10 年小计			**55.33**	**9.16**	**96.29**	**53.28**	**48.37**	**90.78**	**18.51**
占合计%			**34.61**			**36.92**	**38.90**		
1980	61.37	25.11	1.20	1.96	38.33	0.46	0.33	71.74	1.31
1981	61.42	25.48	2.74	4.46	43.43	1.19	0.58	48.74	2.28
1982	61.40	25.98	2.55	4.15	78.04	1.99	1.44	72.36	5.54
1983	61.05	26.18	5.18	8.48	71.43	3.70	2.76	74.59	10.54
1984	60.54	25.21	11.28	18.63	108.69	12.26	13.74	112.07	54.50
1985	60.06	26.40	10.46	17.42	108.89	11.39	4.16	36.52	15.76
1986	59.63	26.54	6.95	11.66	93.24	6.48	5.64	87.04	21.25
1987	59.59	26.83	4.81	8.07	77.55	3.73	6.05	162.20	22.55
1988	59.55	26.61	5.76	9.67	113.02	6.51	8.13	124.88	30.55
1989	59.50	26.92	4.40	7.39	126.59	5.57	5.54	99.46	20.58
11 年小计			**72.61**	**11.12**	**112.31**	**81.55**	**63.33**	**77.66**	**20.25**
占合计%			**45.42**			**56.51**	**50.93**		
1990	59.72	27.86	6.65	11.14	147.82	9.83	9.31	94.71	33.42
1991	59.70	28.17	11.92	19.97	118.71	14.15	13.11	92.65	46.54
1992	59.40	28.51	11.35	19.11	59.91	6.80	4.57	67.21	16.03
1993	59.40	28.73	7.70	12.96	57.14	4.40	4.87	110.68	16.95
1994	59.43	28.73	12.10	20.36	86.20	10.43	7.88	75.55	27.43
1995	59.32	28.59	7.42	12.51	112.67	8.36	3.12	37.32	10.91
1996	59.32	28.60	1.92	3.24	131.77	2.53	2.22	87.75	7.76
1997	59.32	28.59	1.80	3.03	82.22	1.48	0.94	63.51	3.29
1998	59.21	28.34	0.87	1.47	*	4.92	5.45	110.77	19.23
1999	59.20	28.39	2.48	4.19	182.26	4.52	1.90	42.04	6.69
2000	59.20	28.30	8.40	14.19	168.21	14.13	9.96	70.49	35.19

5－36－3 天津市武清县历年棉花生产收购

年　度	耕地面积（万亩）	农业人口（万人）	棉田面积（万亩）	占耕地（%）	亩　产（市斤）	产　量（万担）	收购量（万担）	商品率（%）	人均交售（市斤）
52 年合计			**591.00**	**7.29**	**53.22**	**314.55**	**209.18**	**66.50**	**6.63**
11 年小计			**157.38**	**7.79**	**19.27**	**30.32**	**22.25**	**73.38**	**4.52**
占合计%			**26.63**			**9.64**	**10.64**		
1949	189.80	41.62	15.43	8.13	10.24	1.58			
1950	191.30	42.07	15.27	7.98	17.09	2.61			
1951	189.90	42.52	15.05	7.93	18.14	2.73	2.45	89.74	5.76
1952	188.70	43.48	14.53	7.70	31.04	4.51	3.74	82.93	8.60
1953	188.60	44.10	16.55	8.78	22.24	3.68	3.29	89.40	7.46
1954	190.50	45.23	17.70	9.29	10.06	1.78	1.68	94.38	3.71
1955	190.40	46.06	14.74	7.74	19.06	2.81	2.37	84.34	5.15
1956	181.60	46.46	16.67	9.18	20.64	3.44	2.44	70.93	5.25
1957	176.60	46.84	10.88	6.16	29.04	3.16	2.58	81.65	5.51
1958	169.60	47.06	10.32	6.08	26.84	2.77	2.11	76.17	4.48
1959	163.10	47.23	10.24	6.28	12.21	1.25	1.59	127.20	3.37
10 年小计			**93.41**	**5.87**	**33.72**	**31.50**	**27.34**	**86.79**	**4.98**
占合计%			**15.81**			**10.01**	**13.07**		
1960	155.20	47.68	9.78	6.30	17.38	1.70	1.56	91.76	3.27
1961	151.30	48.88	7.47	4.94	17.00	1.27	0.83	65.35	1.70
1962	152.70	52.04	8.25	5.40	11.27	0.93	0.58	62.37	1.11
1963	155.20	53.73	8.02	5.17	30.55	2.45	2.10	85.71	3.91
1964	157.70	55.02	9.56	6.06	33.26	3.18	2.61	82.08	4.74
1965	161.00	56.09	9.76	6.06	47.95	4.68	4.47	95.51	7.97
1966	163.70	57.63	9.95	6.08	38.69	3.85	3.08	80.00	5.34
1967	164.30	58.14	10.54	6.42	40.32	4.25	3.87	91.06	6.66
1968	164.30	59.39	9.74	5.93	63.14	6.15	5.51	89.59	9.28
1969	165.30	60.84	10.34	6.26	29.40	3.04	2.73	89.80	4.49
10 年小计			**112.56**	**7.26**	**28.61**	**32.20**	**27.62**	**85.78**	**4.24**
占合计%			**19.05**			**10.24**	**13.20**		
1970	162.10	62.11	10.49	6.47	47.09	4.94	4.42	89.47	7.12
1971	159.80	63.08	10.50	6.57	49.43	5.19	4.63	89.21	7.34
1972	159.40	63.42	10.10	6.34	37.82	3.82	2.97	77.75	4.68
1973	157.30	64.28	10.34	6.57	30.08	3.11	2.91	93.57	4.53
1974	156.20	65.23	11.69	7.48	37.55	4.39	3.93	89.52	6.02
1975	155.10	65.81	13.78	8.88	33.74	4.65	4.16	89.46	6.32
1976	153.70	66.30	13.24	8.61	14.27	1.89	1.43	75.66	2.16
1977	150.60	67.28	13.21	8.77	7.95	1.05	0.74	70.48	1.10
1978	149.50	67.41	12.25	8.19	17.88	2.19	1.68	76.71	2.49
1979	147.38	66.62	6.96	4.72	13.94	0.97	0.75	77.32	1.13
10 年小计			**137.06**	**9.61**	**102.82**	**140.93**	**94.79**	**67.26**	**14.01**
占合计%			**23.19**			**44.80**	**45.32**		
1980	145.20	66.13	6.34	4.37	22.08	1.40	1.26	90.00	1.91
1981	142.27	66.73	6.54	4.60	33.94	2.22	1.95	87.84	2.92
1982	141.98	67.27	6.40	4.51	101.56	6.50	5.33	82.00	7.92
1983	141.80	67.53	15.35	10.83	94.98	14.58	15.57	106.79	23.06
1984	144.10	66.31	30.10	20.89	126.01	37.93	31.81	83.87	47.97
1985	143.61	66.24	21.58	15.03	125.76	27.14	14.07	51.84	21.24
1986	142.71	67.89	15.32	10.74	102.61	15.72	9.56	60.81	14.08
1987	142.71	69.21	13.05	9.14	133.64	17.44	8.74	50.11	12.63
1988	141.30	69.21	11.58	8.20	69.08	8.00	2.32	29.00	3.35
1989	140.60	69.94	10.80	7.68	92.59	10.00	4.18	41.80	5.98
11 年小计			**90.59**	**5.96**	**87.87**	**79.60**	**37.18**	**46.71**	**4.73**
占合计%			**15.33**			**25.31**	**17.77**		
1990	140.36	70.62	11.50	8.19	120.00	13.80	10.03	72.68	14.20
1991	140.25	70.74	17.43	12.43	65.86	11.48	14.11	122.91	19.95
1992	139.35	70.87	17.17	12.32	93.19	16.00	4.74	29.63	6.69
1993	139.35	71.03	8.70	6.24	68.97	6.00	0.95	15.83	1.34
1994	137.94	70.99	9.10	6.60	23.52	2.14	1.87	87.38	2.63
1995	137.64	79.92	7.00	5.09	80.00	5.60	0.97	17.32	1.21
1996	137.60	70.88	3.25	2.36	118.15	3.84	0.17	4.43	0.24
1997	137.34	70.76	3.01	2.19	127.91	3.85	0.42	10.91	0.59
1998	137.19	70.51	2.76	2.01	169.57	4.68	1.04	22.22	1.47
1999	137.16	70.21	3.72	2.71	105.11	3.91	0.58	14.83	0.83
2000	136.97	70.11	6.95	5.07	119.42	8.30	2.30	27.71	3.28

5-36-4 天津市蓟县历年棉花生产收购

年　度	耕地面积（万亩）	农业人口（万人）	棉田面积（万亩）	占耕地（%）	亩　产（市斤）	产　量（万担）	收购量（万担）	商品率（%）	人均交售（市斤）
52年合计			**163.96**	**3.41**	**38.50**	**63.13**	**38.22**	**60.54**	**1.33**
11年小计			**50.21**	**3.87**	**25.49**	**12.80**	**10.16**	**79.38**	**2.33**
占合计%			**30.62**			**20.28**	**26.58**		
1949	112.30	35.66	1.79	1.59	25.14	0.45			
1950	121.80	37.78	2.79	2.29	21.15	0.59			
1951	121.90	37.97	3.41	2.80	26.69	0.91			
1952	124.70	39.05	3.45	2.77	21.45	0.74	1.47	198.65	3.76
1953	121.70	39.54	2.33	1.91	29.18	0.68	0.66	97.06	1.67
1954	121.70	39.33	5.88	4.83	11.56	0.68	0.74	108.82	1.88
1955	121.20	40.55	7.15	5.90	38.04	2.72	2.08	76.47	5.13
1956	119.80	41.67	8.51	7.10	17.51	1.49	1.24	83.22	2.98
1957	118.30	41.60	6.30	5.33	20.63	1.30	0.87	66.92	2.09
1958	109.90	41.22	4.93	4.49	41.99	2.07	1.29	62.32	3.13
1959	103.60	40.87	3.67	3.54	31.88	1.17	1.81	154.70	4.43
10年小计			**43.76**	**4.87**	**35.19**	**15.40**	**12.63**	**82.01**	**2.62**
占合计%			**26.69**			**24.39**	**33.05**		
1960	95.90	41.67	6.70	6.99	20.30	1.36	1.12	82.35	2.69
1961	89.40	42.63	3.70	4.14	25.68	0.95	0.49	51.58	1.15
1962	89.30	45.42	4.51	5.05	15.96	0.72	0.52	72.22	1.14
1963	89.30	46.77	4.95	5.54	26.67	1.32	0.77	58.33	1.65
1964	89.50	47.94	4.71	5.26	38.43	1.81	1.53	84.53	3.19
1965	89.40	48.99	3.68	4.12	41.30	1.52	1.65	108.55	3.37
1966	89.20	50.52	3.79	4.25	45.91	1.74	1.51	86.78	2.99
1967	89.20	51.18	3.85	4.32	51.69	1.99	1.64	82.41	3.20
1968	89.10	52.36	3.90	4.38	58.46	2.28	2.15	94.30	4.11
1969	88.90	54.08	3.97	4.47	43.07	1.71	1.25	73.10	2.31
10年小计			**41.30**	**4.82**	**39.49**	**16.31**	**10.74**	**65.85**	**1.87**
占合计%			**25.19**			**25.84**	**28.10**		
1970	88.50	55.20	3.95	4.46	61.01	2.41	2.01	83.40	3.64
1971	86.50	56.16	3.90	4.51	94.62	3.69	1.99	53.93	3.54
1972	86.40	56.69	3.81	4.41	19.69	0.75	0.59	78.67	1.04
1973	85.70	57.44	4.11	4.80	51.34	2.11	1.61	76.30	2.80
1974	84.90	57.89	3.57	4.20	61.06	2.18	1.73	79.36	2.99
1975	84.90	57.94	4.42	5.21	47.51	2.10	1.60	76.19	2.76
1976	84.70	58.15	4.12	4.86	14.81	0.61	0.28	45.90	0.48
1977	84.30	58.40	4.15	4.92	30.60	1.27	0.62	48.82	1.06
1978	83.10	58.41	4.53	5.45	13.69	0.62	0.30	48.39	0.51
1979	87.87	57.93	4.74	5.39	12.03	0.57	0.01	1.75	0.02
10年小计			**14.87**	**1.74**	**48.29**	**7.18**	**1.01**	**14.07**	**0.16**
占合计%			**9.07**			**11.37**	**2.64**		
1980	87.56	58.22	1.24	1.42	23.39	0.29	0.02	6.90	0.03
1981	87.34	58.89	1.50	1.72	20.67	0.31	0.06	19.35	0.10
1982	87.36	59.77	2.85	3.26	15.44	0.44	0.05	11.36	0.08
1983	86.71	60.07	1.47	1.70	38.10	0.56	0.07	12.50	0.12
1984	86.65	60.43	1.76	2.03	71.02	1.25	0.81	64.80	1.34
1985	85.62	60.59	1.57	1.83	57.96	0.91			
1986	83.14	61.33	1.19	1.43	52.10	0.62			
1987	82.92	63.63	0.99	1.19	68.69	0.68			
1988	82.70	64.18	1.10	1.33	78.18	0.86			
1989	82.60	66.09	1.20	1.45	105.00	1.26			
11年小计			**13.82**	**1.53**	**82.78**	**11.44**	**3.68**	**32.17**	**0.48**
占合计%			**8.43**			**18.12**	**9.63**		
1990	82.32	67.81	1.26	1.53	66.67	0.84	0.25	29.76	0.37
1991	82.35	68.09	4.61	5.60	78.52	3.62	2.38	65.75	3.50
1992	82.35	68.44	3.80	4.61	84.21	3.20	0.89	27.81	1.30
1993	82.20	68.81	1.10	1.34	72.73	0.80			
1994	82.11	69.11	0.97	1.18	81.44	0.79	0.16	20.25	0.23
1995	81.98	69.23	0.38	0.46	155.26	0.59			
1996	81.77	69.58	0.26	0.32	65.38	0.17			
1997	81.70	69.59	0.34	0.42	94.12	0.32			
1998	81.66	69.99	0.19	0.23	152.63	0.29			
1999	81.61	69.89	0.33	0.40	75.76	0.25			
2000	81.57	69.65	0.58	0.71	98.28	0.57			

5－36－5　天津市宝坻县历年棉花生产收购

年　度	耕地面积（万亩）	农业人口（万人）	棉田面积（万亩）	占耕地（%）	亩　产（市斤）	产　量（万担）	收购量（万担）	商品率（%）	人均交售（市斤）
52 年合计			**209.73**	**3.19**	**54.27**	**113.83**	**59.98**	**52.69**	**2.54**
11 年小计			**27.05**	**1.79**	**19.22**	**5.20**	**4.93**	**94.81**	**1.40**
占合计%			**12.90**			**4.57**	**8.22**		
1949	143.70	32.24	3.01	2.09	6.31	0.19			
1950	143.70	28.90	1.50	1.04	23.33	0.35			
1951	143.70	29.52	1.70	1.18	27.06	0.46	0.64	139.13	2.17
1952	143.70	31.09	1.90	1.32	30.53	0.58	0.63	108.62	2.03
1953	147.30	32.40	2.64	1.79	15.15	0.40	0.57	142.50	1.76
1954	150.40	29.42	4.30	2.86	17.91	0.77	0.82	106.49	2.79
1955	142.90	33.48	2.64	1.85	24.24	0.64	0.73	114.06	2.18
1956	127.50	34.06	2.93	2.30	25.60	0.75	0.65	86.67	1.91
1957	128.90	34.48	1.74	1.35	21.26	0.37	0.28	75.68	0.81
1958	124.70	34.26	2.80	2.25	9.64	0.27	0.20	74.07	0.58
1959	110.90	33.52	1.89	1.70	22.22	0.42	0.41	97.62	1.22
10 年小计			**28.83**	**2.25**	**36.28**	**10.46**	**8.08**	**77.25**	**2.03**
占合计%			**13.75**			**9.19**	**13.47**		
1960	113.50	33.88	1.82	1.60	28.02	0.51	0.65	127.45	1.92
1961	112.20	34.92	1.84	1.64	32.07	0.59	0.20	33.90	0.57
1962	117.30	37.56	2.33	1.99	15.88	0.37	0.12	32.43	0.32
1963	123.90	38.36	2.89	2.33	31.49	0.91	0.45	49.45	1.17
1964	124.70	39.60	3.27	2.62	31.50	1.03	0.93	90.29	2.35
1965	124.90	40.51	3.18	2.55	44.03	1.40	1.06	75.71	2.62
1966	140.50	41.76	3.19	2.27	33.54	1.07	1.00	93.46	2.39
1967	140.70	42.49	3.44	2.44	34.59	1.19	0.87	73.11	2.05
1968	141.70	43.60	3.43	2.42	56.56	1.94	1.52	78.35	3.49
1969	142.90	44.88	3.44	2.41	42.15	1.45	1.28	88.28	2.85
10 年小计			**46.47**	**3.53**	**23.97**	**11.14**	**7.05**	**63.29**	**1.45**
占合计%			**22.16**			**9.79**	**11.75**		
1970	142.90	46.39	3.58	2.51	49.16	1.76	1.34	76.14	2.89
1971	133.90	46.87	3.52	2.63	43.75	1.54	0.99	64.29	2.11
1972	132.80	47.35	4.59	3.46	19.61	0.90	0.53	58.89	1.12
1973	132.00	48.22	5.52	4.18	23.01	1.27	0.82	64.57	1.70
1974	130.70	49.24	5.19	3.97	30.06	1.56	1.08	69.23	2.19
1975	130.40	49.30	5.23	4.01	39.01	2.04	1.51	74.02	3.06
1976	130.10	49.61	5.29	4.07	13.61	0.72	0.36	50.00	0.73
1977	127.90	50.22	5.27	4.12	8.54	0.45	0.15	33.33	0.30
1978	127.40	50.46	5.28	4.14	10.61	0.56	0.24	42.86	0.48
1979	126.68	49.79	3.00	2.37	11.33	0.34	0.03	8.82	0.06
10 年小计			**45.01**	**3.81**	**80.36**	**36.17**	**14.50**	**40.09**	**2.85**
占合计%			**21.46**			**31.78**	**24.17**		
1980	121.06	49.72	1.86	1.54	25.81	0.48	0.01	2.08	0.02
1981	120.82	50.02	0.86	0.71	80.23	0.69	0.01	1.45	0.02
1982	117.92	50.77	1.75	1.48	63.43	1.11	0.40	36.04	0.79
1983	117.67	50.86	3.14	2.67	73.57	2.31	1.76	76.19	3.46
1984	117.63	49.81	8.76	7.45	105.48	9.24	6.66	72.08	13.37
1985	117.39	49.73	6.85	5.84	86.86	5.95	2.57	43.19	5.17
1986	117.36	50.99	5.52	4.70	62.50	3.45	1.05	30.43	2.06
1987	117.33	51.58	4.80	4.09	72.92	3.50	0.89	25.43	1.73
1988	117.29	51.85	5.87	5.00	76.83	4.51	0.55	12.20	1.06
1989	117.20	53.07	5.60	4.78	88.04	4.93	0.60	12.17	1.13
11 年小计			**62.37**	**4.87**	**81.55**	**50.86**	**25.42**	**49.98**	**4.15**
占合计%			**29.74**			**44.68**	**42.38**		
1990	117.17	54.62	6.98	5.96	80.95	5.65	4.27	75.58	7.82
1991	117.15	54.87	9.79	8.36	79.88	7.82	8.15	104.22	14.85
1992	117.00	55.26	8.84	7.56	56.56	5.00	2.15	43.00	3.89
1993	116.85	55.67	5.13	4.39	93.57	4.80	2.06	42.92	3.70
1994	116.70	56.00	9.28	7.95	32.00	2.97	3.08	103.70	5.50
1995	116.40	56.22	8.02	6.89	77.81	6.24	0.14	2.24	0.25
1996	116.31	55.86	3.75	3.22	79.73	2.99	0.69	23.08	1.24
1997	115.85	56.10	1.98	1.71	101.52	2.01	0.12	5.97	0.21
1998	115.85	56.30	1.29	1.11	196.90	2.54	2.20	86.61	3.91
1999	115.81	56.24	2.12	1.83	114.62	2.43	0.56	23.05	1.00
2000	115.77	55.87	5.19	4.48	162.04	8.41	2.00	23.78	3.58

5-37-1 北京市1949-2000年产棉县棉花生产收购明细

县市名	耕地面积（万亩）	农业人口（万人）	棉田面积（万亩）	占耕地（%）	亩产（市斤）	产量（万担）	收购量（万担）	商品率（%）	人均交售（市斤）
全市合计			**994.74**	**4.94**	**45.89**	**456.53**	**379.05**	**83.03**	**3.99**
通州区			302.53	6.19	55.51	167.93	141.67	84.36	6.87
大兴县			252.00	5.08	22.43	56.53	44.18	78.15	2.61
平谷县			188.90	8.44	56.38	106.50	92.60	86.95	7.13
顺义县			129.40	3.14	49.32	63.82	51.50	80.69	2.55
房山县			63.00	2.75	57.51	36.23	29.20	80.60	1.83
昌平县			58.90	3.64	43.33	25.52	19.90	77.98	2.37

5-37-2 北京市1949-1959年产棉县棉花生产收购明细

县市名	耕地面积（万亩）	农业人口（万人）	棉田面积（万亩）	占耕地（%）	亩产（市斤）	产量（万担）	收购量（万担）	商品率（%）	人均交售（市斤）
全市合计			**382.34**	**7.68**	**26.89**	**102.80**	**86.61**	**84.25**	**4.44**
通州区			124.34	10.54	30.42	37.82	32.10	84.88	8.88
大兴县			118.00	9.34	12.51	14.76	11.11	75.27	4.36
平谷县			64.10	13.53	40.09	25.70	23.20	90.27	10.82
顺义县			39.60	4.48	30.45	12.06	10.40	86.24	2.51
房山县			18.10	2.74	38.78	7.02	5.70	81.20	1.27
昌平县			18.20	3.52	29.89	5.44	4.10	75.37	1.60

5-37-3 北京市1960-1969年产棉县棉花生产收购明细

县市名	耕地面积（万亩）	农业人口（万人）	棉田面积（万亩）	占耕地（%）	亩产（市斤）	产量（万担）	收购量（万担）	商品率（%）	人均交售（市斤）
全市合计			**275.22**	**6.19**	**49.26**	**135.57**	**117.00**	**86.30**	**5.82**
通州区			67.12	7.01	46.53	31.23	26.80	85.81	7.41
大兴县			60.90	6.50	18.70	11.39	8.70	76.38	2.99
平谷县			61.70	13.28	68.40	42.20	37.70	89.34	18.35
顺义县			42.50	4.77	57.41	24.40	21.30	87.30	5.05
房山县			22.30	3.36	72.24	16.11	13.50	83.80	2.96
昌平县			20.70	3.90	49.47	10.24	9.00	87.89	3.29

5-37-4 北京市1970-1979年产棉县棉花生产收购明细

县市名	耕地面积（万亩）	农业人口（万人）	棉田面积（万亩）	占耕地（%）	亩产（市斤）	产量（万担）	收购量（万担）	商品率（%）	人均交售（市斤）
全市合计			**238.09**	**5.44**	**54.56**	**129.90**	**106.70**	**82.14**	**4.91**
通州区			60.79	6.60	62.61	38.06	33.15	87.10	7.79
大兴县			45.40	4.90	25.86	11.74	8.95	76.24	2.50
平谷县			49.80	10.92	65.66	32.70	28.10	85.93	13.63
顺义县			40.90	4.63	60.55	24.76	19.80	79.96	4.60
房山县			21.30	3.20	60.09	12.80	9.90	77.34	2.11
昌平县			19.90	3.82	49.45	9.84	6.80	69.11	2.40

5－37－5　北京市1980－1989年产棉县棉花生产收购明细

县市名	耕地面积（万亩）	农业人口（万人）	棉田面积（万亩）	占耕地（%）	亩产（市斤）	产量（万担）	收购量（万担）	商品率（%）	人均交售（市斤）
全市合计			**49.41**	**1.42**	**72.88**	**36.01**	**28.03**	**77.84**	**1.56**
通州区			20.51	2.26	1.61	22.73	19.01	83.63	4.38
大兴县			16.60	1.82	55.60	9.23	7.82	84.73	2.15
平谷县			6.30	1.42	33.33	2.10	1.10	52.38	0.35
顺义县			4.60	0.53	35.87	1.65			
房山县			1.30	0.43	23.08	0.30	0.10	33.33	0.05
昌平县			0.10	0.20					

5－37－6　北京市1990－2000年产棉县棉花生产收购明细

县市名	耕地面积（万亩）	农业人口（万人）	棉田面积（万亩）	占耕地（%）	亩产（市斤）	产量（万担）	收购量（万担）	商品率（%）	人均交售（市斤）
全市合计			**49.67**	**1.75**	**105.19**	**52.25**	**40.71**	**77.91**	**2.59**
通州区			29.77	3.24	127.95	38.09	30.61	80.36	6.41
大兴县			11.10	1.20	84.77	9.41	7.60	80.77	1.80
平谷县			7.00	1.75	54.29	3.80	2.50	65.79	0.70
顺义县			1.80	0.30	52.78	0.95			
房山县									
昌平县									

5－37－7　北京市1949年产棉县棉花生产收购明细

县市名	耕地面积（万亩）	农业人口（万人）	棉田面积（万亩）	占耕地（%）	亩产（市斤）	产量（万担）	收购量（万担）	商品率（%）	人均交售（市斤）
全市合计	**232.15**	**51.81**	**10.75**	**4.63**	**16.37**	**1.76**	**1.50**	**85.23**	**2.90**
通州区	113.15	30.81	3.95	3.49	27.34	1.08	1.00	92.59	3.25
大兴县	119.00	21.00	6.80	5.71	10.00	0.68	0.50	73.53	2.38
平谷县									
顺义县									
房山县									
昌平县									

5－37－8　北京市1950年产棉县棉花生产收购明细

县市名	耕地面积（万亩）	农业人口（万人）	棉田面积（万亩）	占耕地（%）	亩产（市斤）	产量（万担）	收购量（万担）	商品率（%）	人均交售（市斤）
全市合计	**485.25**	**187.27**	**27.26**	**5.62**	**27.37**	**7.46**	**6.31**	**84.58**	**3.37**
通州区	113.05	34.87	7.16	6.33	31.84	2.28	2.10	92.11	6.02
大兴县	119.20	21.00	6.60	5.54	8.79	0.58	0.41	70.69	1.95
平谷县	48.00	21.90	6.60	13.75	37.88	2.50	2.10	84.00	9.59
顺义县	88.10	40.70	3.60	4.09	26.94	0.97	0.80	82.47	1.97
房山县	65.90	44.50	1.60	2.43	38.75	0.62	0.50	80.65	1.12
昌平县	51.00	24.30	1.70	3.33	30.00	0.51	0.40	78.43	1.65

5－37－9　北京市1951年产棉县棉花生产收购明细

县市名	耕地面积（万亩）	农业人口（万人）	棉田面积（万亩）	占耕地（%）	亩产（市斤）	产量（万担）	收购量（万担）	商品率（%）	人均交售（市斤）
全市合计	**485.31**	**187.11**	**31.08**	**6.40**	**27.60**	**8.58**	**7.50**	**87.41**	**4.01**
通州区	113.41	33.81	8.48	7.48	38.90	3.30	3.00	90.91	8.87
大兴县	119.30	21.20	9.30	7.80	15.27	1.42	1.10	77.46	5.19
平谷县	47.70	22.00	6.30	13.21	31.75	2.00	1.80	90.00	8.18
顺义县	88.10	41.00	3.70	4.20	22.97	0.85	0.80	94.12	1.95
房山县	65.80	44.60	1.60	2.43	31.25	0.50	0.40	80.00	0.90
昌平县	51.00	24.50	1.70	3.33	30.00	0.51	0.40	78.43	1.63

5－37－10　北京市1952年产棉县棉花生产收购明细

县市名	耕地面积（万亩）	农业人口（万人）	棉田面积（万亩）	占耕地（%）	亩产（市斤）	产量（万担）	收购量（万担）	商品率（%）	人均交售（市斤）
全市合计	**483.26**	**188.61**	**36.83**	**7.62**	**30.55**	**11.25**	**10.00**	**88.89**	**5.30**
通州区	111.26	33.81	10.03	9.01	48.55	4.87	4.70	96.51	13.90
大兴县	119.40	21.90	13.00	10.89	18.62	2.42	1.70	70.25	7.76
平谷县	47.60	22.00	6.30	13.24	31.75	2.00	1.80	90.00	8.18
顺义县	88.10	41.20	4.00	4.54	25.00	1.00	0.90	90.00	2.18
房山县	65.90	44.70	1.70	2.58	30.00	0.51	0.50	98.04	1.12
昌平县	51.00	25.00	1.80	3.53	25.00	0.45	0.40	88.89	1.60

5－37－11　北京市1953年产棉县棉花生产收购明细

县市名	耕地面积（万亩）	农业人口（万人）	棉田面积（万亩）	占耕地（%）	亩产（市斤）	产量（万担）	收购量（万担）	商品率（%）	人均交售（市斤）
全市合计	**482.07**	**190.57**	**30.60**	**6.35**	**32.42**	**9.92**	**8.40**	**84.68**	**4.41**
通州区	109.67	34.77	7.00	6.38	52.57	3.68	3.30	89.67	9.49
大兴县	119.40	22.10	9.50	7.96	18.84	1.79	1.30	72.63	5.88
平谷县	47.50	22.00	6.50	13.68	35.38	2.30	2.00	86.96	9.09
顺义县	88.40	41.30	4.00	4.52	30.00	1.20	1.00	83.33	2.42
房山县	65.90	44.80	1.80	2.73	30.00	0.54	0.50	92.59	1.12
昌平县	51.20	25.60	1.80	3.52	22.78	0.41	0.30	73.17	1.17

5－37－12　北京市1954年产棉县棉花生产收购明细

县市名	耕地面积（万亩）	农业人口（万人）	棉田面积（万亩）	占耕地（%）	亩产（市斤）	产量（万担）	收购量（万担）	商品率（%）	人均交售（市斤）
全市合计	**482.56**	**187.55**	**47.87**	**9.92**	**17.61**	**8.43**	**6.70**	**79.48**	**3.57**
通州区	110.26	31.55	16.67	15.12	18.12	3.02	2.20	72.85	6.97
大兴县	119.00	22.80	17.00	14.29	5.18	0.88	0.70	79.55	3.07
平谷县	47.50	21.00	6.50	13.68	35.38	2.30	2.00	86.96	9.52
顺义县	88.30	41.50	4.00	4.53	30.00	1.20	1.00	83.33	2.41
房山县	65.90	45.00	1.80	2.73	32.78	0.59	0.50	84.75	1.11
昌平县	51.60	25.70	1.90	3.68	23.16	0.44	0.30	68.18	1.17

5－37－13　北京市1955年产棉县棉花生产收购明细

县市名	耕地面积（万亩）	农业人口（万人）	棉田面积（万亩）	占耕地（%）	亩产（市斤）	产量（万担）	收购量（万担）	商品率（%）	人均交售（市斤）
全市合计	**481.38**	**189.20**	**47.42**	**9.85**	**28.47**	**13.50**	**10.70**	**79.26**	**5.66**
通州区	109.18	31.70	18.92	17.33	34.41	6.51	5.10	78.34	16.09
大兴县	119.00	24.10	14.30	12.02	16.36	2.34	1.80	76.92	7.47
平谷县	47.30	21.30	6.50	13.74	35.38	2.30	2.00	86.96	9.39
顺义县	88.20	41.10	4.00	4.54	30.00	1.20	1.00	83.33	2.43
房山县	66.00	45.10	1.80	2.73	32.22	0.58	0.50	86.21	1.11
昌平县	51.70	25.90	1.90	3.68	30.00	0.57	0.30	52.63	1.16

5－37－14　北京市1956年产棉县棉花生产收购明细

县市名	耕地面积（万亩）	农业人口（万人）	棉田面积（万亩）	占耕地（%）	亩产（市斤）	产量（万担）	收购量（万担）	商品率（%）	人均交售（市斤）
全市合计	**480.47**	**192.17**	**47.16**	**9.82**	**22.24**	**10.49**	**8.10**	**77.22**	**4.22**
通州区	107.57	32.67	18.96	17.63	21.10	4.00	2.70	67.50	8.26
大兴县	119.20	25.30	14.30	12.00	7.13	1.02	1.00	98.04	3.95
平谷县	47.10	21.20	6.30	13.38	47.62	3.00	2.50	83.33	11.79
顺义县	88.80	41.80	4.00	4.50	30.00	1.20	1.00	83.33	2.39
房山县	66.00	45.10	1.80	2.73	37.78	0.68	0.50	73.53	1.11
昌平县	51.80	26.10	1.80	3.47	32.78	0.59	0.40	67.80	1.53

5－37－15　北京市1957年产棉县棉花生产收购明细

县市名	耕地面积（万亩）	农业人口（万人）	棉田面积（万亩）	占耕地（%）	亩产（市斤）	产量（万担）	收购量（万担）	商品率（%）	人均交售（市斤）
全市合计	**469.65**	**192.48**	**38.63**	**8.23**	**31.40**	**12.13**	**10.00**	**82.44**	**5.20**
通州区	101.25	32.88	13.33	13.17	33.38	4.45	3.70	83.15	11.25
大兴县	114.10	24.80	11.10	9.73	14.32	1.59	1.10	69.18	4.44
平谷县	47.10	21.10	6.30	13.38	49.21	3.10	3.00	96.77	14.22
顺义县	88.80	41.80	4.10	4.62	35.12	1.44	1.30	90.28	3.11
房山县	66.00	45.80	2.00	3.03	47.00	0.94	0.50	53.19	1.09
昌平县	52.40	26.10	1.80	3.44	33.89	0.61	0.40	65.57	1.53

5－37－16　北京市1958年产棉县棉花生产收购明细

县市名	耕地面积（万亩）	农业人口（万人）	棉田面积（万亩）	占耕地（%）	亩产（市斤）	产量（万担）	收购量（万担）	商品率（%）	人均交售（市斤）
全市合计	**455.33**	**192.25**	**36.73**	**8.07**	**30.19**	**11.09**	**9.90**	**89.27**	**5.15**
通州区	97.03	32.65	12.43	12.81	26.39	3.28	3.00	91.46	9.19
大兴县	103.30	25.60	10.00	9.68	16.00	1.60	1.20	75.00	4.69
平谷县	47.10	21.00	6.30	13.38	49.21	3.10	3.00	96.77	14.29
顺义县	88.90	41.80	4.10	4.61	35.12	1.44	1.30	90.28	3.11
房山县	66.00	45.00	2.00	3.03	50.00	1.00	0.80	80.00	1.78
昌平县	53.00	26.20	1.90	3.58	35.26	0.67	0.60	89.55	2.29

5－37－17　北京市1959年产棉县棉花生产收购明细

县市名	耕地面积（万亩）	农业人口（万人）	棉田面积（万亩）	占耕地（%）	亩产（市斤）	产量（万担）	收购量（万担）	商品率（%）	人均交售（市斤）
全市合计	**440.58**	**191.91**	**28.01**	**6.36**	**29.24**	**8.19**	**7.50**	**91.58**	**3.91**
通州区	93.58	32.01	7.41	7.92	18.22	1.35	1.30	96.30	4.06
大兴县	92.00	24.80	6.10	6.63	7.21	0.44	0.30	68.18	1.21
平谷县	47.00	21.00	6.50	13.83	47.69	3.10	3.00	96.77	14.29
顺义县	88.90	41.90	4.10	4.61	38.05	1.56	1.30	83.33	3.10
房山县	66.10	45.20	2.00	3.03	53.00	1.06	1.00	94.34	2.21
昌平县	53.00	27.00	1.90	3.58	35.79	0.68	0.60	88.24	2.22

5－37－18　北京市1960年产棉县棉花生产收购明细

县市名	耕地面积（万亩）	农业人口（万人）	棉田面积（万亩）	占耕地（%）	亩产（市斤）	产量（万担）	收购量（万担）	商品率（%）	人均交售（市斤）
全市合计	**438.85**	**191.33**	**25.21**	**5.74**	**35.78**	**9.02**	**8.10**	**89.80**	**4.23**
通州区	93.45	31.73	5.91	6.32	25.04	1.48	1.40	94.59	4.41
大兴县	90.90	24.30	4.70	5.17	8.09	0.38	0.30	78.95	1.23
平谷县	46.90	20.90	6.30	13.43	52.38	3.30	3.00	90.91	14.35
顺义县	89.00	42.00	4.20	4.72	41.90	1.76	1.50	85.23	3.57
房山县	66.10	45.30	2.20	3.33	60.00	1.32	1.20	90.91	2.65
昌平县	52.50	27.10	1.90	3.62	41.05	0.78	0.70	89.74	2.58

5－37－19　北京市1961年产棉县棉花生产收购明细

县市名	耕地面积（万亩）	农业人口（万人）	棉田面积（万亩）	占耕地（%）	亩产（市斤）	产量（万担）	收购量（万担）	商品率（%）	人均交售（市斤）
全市合计	**443.76**	**193.04**	**25.11**	**5.66**	**38.55**	**9.68**	**8.20**	**84.71**	**4.25**
通州区	95.46	32.14	6.61	6.92	24.51	1.62	1.50	92.59	4.67
大兴县	93.70	25.70	3.80	4.06	9.74	0.37	0.30	81.08	1.17
平谷县	46.80	20.70	6.30	13.46	57.14	3.60	3.00	83.33	14.49
顺义县	89.00	42.00	4.20	4.72	46.90	1.97	1.50	76.14	3.57
房山县	66.10	45.40	2.20	3.33	60.00	1.32	1.20	90.91	2.64
昌平县	52.70	27.10	2.00	3.80	40.00	0.80	0.70	87.50	2.58

5－37－20　北京市1962年产棉县棉花生产收购明细

县市名	耕地面积（万亩）	农业人口（万人）	棉田面积（万亩）	占耕地（%）	亩产（市斤）	产量（万担）	收购量（万担）	商品率（%）	人均交售（市斤）
全市合计	**445.56**	**196.15**	**24.20**	**5.43**	**41.07**	**9.94**	**8.30**	**83.50**	**4.23**
通州区	96.86	33.85	5.60	5.78	29.46	1.65	1.30	78.79	3.84
大兴县	93.90	27.00	4.00	4.26	11.25	0.45	0.40	88.89	1.48
平谷县	46.80	20.70	6.20	13.25	59.68	3.70	3.00	81.08	14.49
顺义县	89.10	42.00	4.20	4.71	48.10	2.02	1.80	89.11	4.29
房山县	66.10	45.40	2.20	3.33	60.91	1.34	1.10	82.09	2.42
昌平县	52.80	27.20	2.00	3.79	39.00	0.78	0.70	89.74	2.57

5－37－21　北京市1963年产棉县棉花生产收购明细

县市名	耕地面积（万亩）	农业人口（万人）	棉田面积（万亩）	占耕地（%）	亩产（市斤）	产量（万担）	收购量（万担）	商品率（%）	人均交售（市斤）
全市合计	**446.53**	**198.45**	**26.74**	**5.99**	**50.75**	**13.57**	**11.70**	**86.22**	**5.90**
通州区	96.93	34.95	6.64	6.85	52.26	3.47	3.00	86.46	8.58
大兴县	94.80	28.30	5.50	5.80	24.00	1.32	1.00	75.76	3.53
平谷县	46.60	20.60	6.10	13.09	65.57	4.00	3.50	87.50	16.99
顺义县	89.00	42.00	4.20	4.72	53.10	2.23	2.00	89.69	4.76
房山县	66.20	45.40	2.20	3.32	70.00	1.54	1.30	84.42	2.86
昌平县	53.00	27.20	2.10	3.96	48.10	1.01	0.90	89.11	3.31

5－37－22　北京市1964年产棉县棉花生产收购明细

县市名	耕地面积（万亩）	农业人口（万人）	棉田面积（万亩）	占耕地（%）	亩产（市斤）	产量（万担）	收购量（万担）	商品率（%）	人均交售（市斤）
全市合计	**446.03**	**200.53**	**22.32**	**5.00**	**66.44**	**14.83**	**12.70**	**85.64**	**6.33**
通州区	96.93	36.03	0.72	0.74	548.61	3.95	3.30	83.54	9.16
大兴县	94.30	29.20	6.80	7.21	22.06	1.50	1.00	66.67	3.42
平谷县	46.50	20.50	6.20	13.33	70.97	4.40	4.00	90.91	19.51
顺义县	89.00	42.10	4.20	4.72	53.10	2.23	2.00	89.69	4.75
房山县	66.30	45.40	2.20	3.32	75.00	1.65	1.40	84.85	3.08
昌平县	53.00	27.30	2.20	4.15	50.00	1.10	1.00	90.91	3.66

5－37－23　北京市1965年产棉县棉花生产收购明细

县市名	耕地面积（万亩）	农业人口（万人）	棉田面积（万亩）	占耕地（%）	亩产（市斤）	产量（万担）	收购量（万担）	商品率（%）	人均交售（市斤）
全市合计	**446.05**	**202.19**	**30.32**	**6.80**	**56.40**	**17.10**	**14.60**	**85.38**	**7.22**
通州区	96.75	36.69	8.42	8.70	62.47	5.26	4.60	87.45	12.54
大兴县	94.30	29.80	7.20	7.64	29.17	2.10	1.20	57.14	4.03
平谷县	46.50	20.50	6.10	13.12	72.13	4.40	4.00	90.91	19.51
顺义县	89.00	42.20	4.30	4.83	60.00	2.58	2.30	89.15	5.45
房山县	66.30	45.60	2.20	3.32	76.82	1.69	1.50	88.76	3.29
昌平县	53.20	27.40	2.10	3.95	50.95	1.07	1.00	93.46	3.65

5－37－24　北京市1966年产棉县棉花生产收购明细

县市名	耕地面积（万亩）	农业人口（万人）	棉田面积（万亩）	占耕地（%）	亩产（市斤）	产量（万担）	收购量（万担）	商品率（%）	人均交售（市斤）
全市合计	**444.70**	**204.30**	**31.65**	**7.12**	**47.20**	**14.94**	**13.20**	**88.35**	**6.46**
通州区	95.60	37.90	8.75	9.15	41.94	3.67	3.10	84.47	8.18
大兴县	94.10	30.50	8.10	8.61	18.64	1.51	1.30	86.09	4.26
平谷县	46.30	20.50	6.20	13.39	70.97	4.40	4.00	90.91	19.51
顺义县	89.20	42.30	4.30	4.82	60.00	2.58	2.30	89.15	5.44
房山县	66.40	45.60	2.20	3.31	76.82	1.69	1.50	88.76	3.29
昌平县	53.10	27.50	2.10	3.95	51.90	1.09	1.00	91.74	3.64

5－37－25　北京市1967年产棉县棉花生产收购明细

县市名	耕地面积（万亩）	农业人口（万人）	棉田面积（万亩）	占耕地（%）	亩产（市斤）	产量（万担）	收购量（万担）	商品率（%）	人均交售（市斤）
全市合计	**444.16**	**205.63**	**30.19**	**6.80**	**49.29**	**14.88**	**13.20**	**88.71**	**6.42**
通州区	95.46	38.33	7.99	8.37	38.92	3.11	3.00	96.46	7.83
大兴县	93.80	31.20	7.40	7.89	17.43	1.29	1.10	85.27	3.53
平谷县	46.10	20.40	6.10	13.23	78.69	4.80	4.40	91.67	21.57
顺义县	89.20	42.40	4.30	4.82	63.95	2.75	2.40	87.27	5.66
房山县	66.40	45.70	2.30	3.46	80.00	1.84	1.50	81.52	3.28
昌平县	53.20	27.60	2.10	3.95	51.90	1.09	0.80	73.39	2.90

5－37－26　北京市1968年产棉县棉花生产收购明细

县市名	耕地面积（万亩）	农业人口（万人）	棉田面积（万亩）	占耕地（%）	亩产（市斤）	产量（万担）	收购量（万担）	商品率（%）	人均交售（市斤）
全市合计	**444.19**	**207.76**	**29.02**	**6.53**	**60.89**	**17.67**	**14.80**	**83.76**	**7.12**
通州区	95.39	39.36	7.92	8.30	66.29	5.25	4.10	78.10	10.42
大兴县	93.80	32.10	6.30	6.72	23.33	1.47	1.30	88.44	4.05
平谷县	46.10	20.30	6.10	13.23	78.69	4.80	4.40	91.67	21.67
顺义县	89.20	42.50	4.30	4.82	70.93	3.05	2.50	81.97	5.88
房山县	66.50	45.80	2.30	3.46	80.87	1.86	1.40	75.27	3.06
昌平县	53.20	27.70	2.10	3.95	59.05	1.24	1.10	88.71	3.97

5－37－27　北京市1969年产棉县棉花生产收购明细

县市名	耕地面积（万亩）	农业人口（万人）	棉田面积（万亩）	占耕地（%）	亩产（市斤）	产量（万担）	收购量（万担）	商品率（%）	人均交售（市斤）
全市合计	**444.06**	**210.70**	**30.46**	**6.86**	**45.76**	**13.94**	**12.20**	**87.52**	**5.79**
通州区	94.96	40.80	8.56	9.01	20.68	1.77	1.50	84.75	3.68
大兴县	93.80	33.30	7.10	7.57	14.08	1.00	0.80	80.00	2.40
平谷县	46.10	20.30	6.10	13.23	78.69	4.80	4.40	91.67	21.67
顺义县	89.20	42.60	4.30	4.82	75.12	3.23	3.00	92.88	7.04
房山县	66.50	45.90	2.30	3.46	80.87	1.86	1.40	75.27	3.05
昌平县	53.50	27.80	2.10	3.93	60.95	1.28	1.10	85.94	3.96

5－37－28　北京市1970年产棉县棉花生产收购明细

县市名	耕地面积（万亩）	农业人口（万人）	棉田面积（万亩）	占耕地（%）	亩产（市斤）	产量（万担）	收购量（万担）	商品率（%）	人均交售（市斤）
全市合计	**442.01**	**212.05**	**29.08**	**6.58**	**68.54**	**19.93**	**16.20**	**81.28**	**7.64**
通州区	94.01	41.35	8.08	8.59	68.44	5.53	5.00	90.42	12.09
大兴县	92.60	33.90	5.90	6.37	33.39	1.97	1.50	76.14	4.42
平谷县	46.20	20.30	6.30	13.64	88.89	5.60	5.00	89.29	24.63
顺义县	89.20	42.60	4.30	4.82	79.07	3.40	2.00	58.82	4.69
房山县	66.50	46.00	2.30	3.46	83.04	1.91	1.70	89.01	3.70
昌平县	53.50	27.90	2.20	4.11	69.09	1.52	1.00	65.79	3.58

5－37－29　北京市1971年产棉县棉花生产收购明细

县市名	耕地面积（万亩）	农业人口（万人）	棉田面积（万亩）	占耕地（%）	亩产（市斤）	产量（万担）	收购量（万担）	商品率（%）	人均交售（市斤）
全市合计	**440.85**	**213.38**	**27.39**	**6.21**	**65.06**	**17.82**	**15.00**	**84.18**	**7.03**
通州区	93.25	41.78	6.99	7.50	68.38	4.78	4.20	87.87	10.05
大兴县	92.80	34.40	5.30	5.71	40.19	2.13	2.00	93.90	5.81
平谷县	46.00	20.40	6.30	13.70	76.19	4.80	4.00	83.33	19.61
顺义县	89.20	42.80	4.30	4.82	66.98	2.88	2.30	79.86	5.37
房山县	66.20	46.00	2.30	3.47	80.00	1.84	1.50	81.52	3.26
昌平县	53.40	28.00	2.20	4.12	63.18	1.39	1.00	71.94	3.57

5－37－30　北京市1972年产棉县棉花生产收购明细

县市名	耕地面积（万亩）	农业人口（万人）	棉田面积（万亩）	占耕地（%）	亩产（市斤）	产量（万担）	收购量（万担）	商品率（%）	人均交售（市斤）
全市合计	**440.11**	**214.49**	**27.11**	**6.16**	**58.98**	**15.99**	**12.70**	**79.42**	**5.92**
通州区	92.91	41.59	7.01	7.54	56.21	3.94	3.10	78.68	7.45
大兴县	92.90	34.80	5.60	6.03	26.07	1.46	1.00	68.49	2.87
平谷县	45.90	20.70	6.00	13.07	75.00	4.50	4.00	88.89	19.32
顺义县	89.20	43.00	4.40	4.93	72.95	3.21	2.50	77.88	5.81
房山县	65.90	46.20	2.10	3.19	78.10	1.64	1.10	67.07	2.38
昌平县	53.30	28.20	2.00	3.75	62.00	1.24	1.00	80.65	3.55

5－37－31　北京市1973年产棉县棉花生产收购明细

县市名	耕地面积（万亩）	农业人口（万人）	棉田面积（万亩）	占耕地（%）	亩产（市斤）	产量（万担）	收购量（万担）	商品率（%）	人均交售（市斤）
全市合计	**439.14**	**217.04**	**27.32**	**6.22**	**65.48**	**17.89**	**14.70**	**82.17**	**6.77**
通州区	92.54	42.64	7.02	7.59	70.51	4.95	4.30	86.87	10.08
大兴县	93.00	35.70	5.30	5.70	29.43	1.56	1.20	76.92	3.36
平谷县	45.80	20.80	6.20	13.54	77.42	4.80	4.10	85.42	19.71
顺义县	89.00	43.10	4.50	5.06	78.00	3.51	3.00	85.47	6.96
房山县	65.80	46.40	2.10	3.19	76.19	1.60	1.10	68.75	2.37
昌平县	53.00	28.40	2.20	4.15	66.82	1.47	1.00	68.03	3.52

5－37－32　北京市1974年产棉县棉花生产收购明细

县市名	耕地面积（万亩）	农业人口（万人）	棉田面积（万亩）	占耕地（%）	亩产（市斤）	产量（万担）	收购量（万担）	商品率（%）	人均交售（市斤）
全市合计	**440.88**	**219.11**	**27.11**	**6.15**	**62.60**	**16.97**	**14.20**	**83.68**	**6.48**
通州区	92.18	43.01	7.01	7.60	82.74	5.80	5.20	89.66	12.09
大兴县	93.00	36.30	5.00	5.38	36.00	1.80	1.20	66.67	3.31
平谷县	45.60	20.90	6.20	13.60	58.06	3.60	3.00	83.33	14.35
顺义县	88.80	43.50	4.50	5.07	69.11	3.11	2.80	90.03	6.44
房山县	69.30	46.80	2.10	3.03	60.95	1.28	1.00	78.13	2.14
昌平县	52.00	28.60	2.30	4.42	60.00	1.38	1.00	72.46	3.50

5－37－33　北京市1975年产棉县棉花生产收购明细

县市名	耕地面积（万亩）	农业人口（万人）	棉田面积（万亩）	占耕地（%）	亩产（市斤）	产量（万担）	收购量（万担）	商品率（%）	人均交售（市斤）
全市合计	**437.56**	**219.94**	**28.46**	**6.50**	**58.40**	**16.62**	**14.80**	**89.05**	**6.73**
通州区	91.86	43.04	6.96	7.58	77.59	5.40	5.00	92.59	11.62
大兴县	93.00	36.30	5.10	5.48	25.29	1.29	1.00	77.52	2.75
平谷县	45.50	20.90	6.10	13.41	57.38	3.50	3.00	85.71	14.35
顺义县	88.30	43.70	4.90	5.55	63.06	3.09	2.80	90.61	6.41
房山县	66.80	47.30	3.00	4.49	69.00	2.07	2.00	96.62	4.23
昌平县	52.10	28.70	2.40	4.61	52.92	1.27	1.00	78.74	3.48

5－37－34　北京市1976年产棉县棉花生产收购明细

县市名	耕地面积（万亩）	农业人口（万人）	棉田面积（万亩）	占耕地（%）	亩产（市斤）	产量（万担）	收购量（万担）	商品率（%）	人均交售（市斤）
全市合计	**436.28**	**220.85**	**28.19**	**6.46**	**24.12**	**6.80**	**5.31**	**78.09**	**2.40**
通州区	91.78	43.35	6.89	7.51	28.30	1.95	1.21	62.05	2.79
大兴县	92.80	36.30	4.90	5.28	10.20	0.50	0.40	80.00	1.10
平谷县	45.40	20.80	6.10	13.44	36.07	2.20	2.00	90.91	9.62
顺义县	87.90	43.80	4.90	5.57	22.04	1.08	1.00	92.59	2.28
房山县	66.50	47.60	3.00	4.51	26.00	0.78	0.50	64.10	1.05
昌平县	51.90	29.00	2.40	4.62	12.08	0.29	0.20	68.97	0.69

5－37－35　北京市1977年产棉县棉花生产收购明细

县市名	耕地面积（万亩）	农业人口（万人）	棉田面积（万亩）	占耕地（%）	亩产（市斤）	产量（万担）	收购量（万担）	商品率（%）	人均交售（市斤）
全市合计	**435.11**	**221.78**	**19.71**	**4.53**	**51.75**	**10.20**	**8.14**	**79.80**	**3.67**
通州区	91.71	43.68	5.01	5.46	66.27	3.32	2.94	88.55	6.73
大兴县	92.30	37.00	3.60	3.90	12.78	0.46	0.30	65.22	0.81
平谷县	45.40	20.70	3.10	6.83	70.97	2.20	2.00	90.91	9.66
顺义县	87.80	44.00	4.00	4.56	64.00	2.56	2.10	82.03	4.77
房山县	66.30	48.00	2.00	3.02	50.00	1.00	0.50	50.00	1.04
昌平县	51.60	28.40	2.00	3.88	33.00	0.66	0.30	45.45	1.06

5－37－36　北京市1978年产棉县棉花生产收购明细

县市名	耕地面积（万亩）	农业人口（万人）	棉田面积（万亩）	占耕地（%）	亩产（市斤）	产量（万担）	收购量（万担）	商品率（%）	人均交售（市斤）
全市合计	**431.52**	**220.81**	**20.05**	**4.65**	**32.12**	**6.44**	**5.00**	**77.64**	**2.26**
通州区	90.82	43.31	4.95	5.45	41.62	2.06	2.00	97.09	4.62
大兴县	92.00	37.00	3.90	4.24	12.56	0.49	0.30	61.22	0.81
平谷县	45.20	20.50	2.90	6.42	41.38	1.20	0.90	75.00	4.39
顺义县	87.30	43.40	4.30	4.93	37.91	1.63	1.10	67.48	2.53
房山县	65.80	48.30	2.00	3.04	25.00	0.50	0.40	80.00	0.83
昌平县	50.40	28.30	2.00	3.97	28.00	0.56	0.30	53.57	1.06

5－37－37 北京市1979年产棉县棉花生产收购明细

县市名	耕地面积（万亩）	农业人口（万人）	棉田面积（万亩）	占耕地（%）	亩产（市斤）	产量（万担）	收购量（万担）	商品率（%）	人均交售（市斤）
全市合计	**429.81**	**213.37**	**3.67**	**0.85**	**33.87**	**1.24**	**0.65**	**52.29**	**0.30**
通州区	90.61	41.97	0.87	0.96	37.93	0.33	0.20	60.61	0.48
大兴县	91.90	35.60	0.80	0.87	10.00	0.08	0.05	62.50	0.14
平谷县	44.90	20.20	0.60	1.34	50.00	0.30	0.10	33.33	0.50
顺义县	87.00	40.50	0.80	0.92	36.63	0.29	0.20	68.26	0.49
房山县	65.50	47.60	0.40	0.61	45.00	0.18	0.10	55.56	0.21
昌平县	49.90	27.50	0.20	0.40	30.00	0.06			

5－37－38 北京市1980年产棉县棉花生产收购明细

县市名	耕地面积（万亩）	农业人口（万人）	棉田面积（万亩）	占耕地（%）	亩产（市斤）	产量（万担）	收购量（万担）	商品率（%）	人均交售（市斤）
全市合计	**424.31**	**218.97**	**3.31**	**0.78**	**36.56**	**1.21**	**0.60**	**49.59**	**0.27**
通州区	90.31	41.97	0.91	1.01	62.64	0.57	0.30	52.63	0.71
大兴县	91.60	35.00	0.50	0.55	24.00	0.12	0.10	83.33	0.29
平谷县	44.80	30.00	0.60	1.34	33.33	0.20	0.10	50.00	0.33
顺义县	86.90	42.30	0.80	0.92	27.50	0.22			
房山县	61.00	42.40	0.40	0.66	25.00	0.10	0.10	100.00	0.24
昌平县	49.70	27.30	0.10	0.20					

5－37－39 北京市1981年产棉县棉花生产收购明细

县市名	耕地面积（万亩）	农业人口（万人）	棉田面积（万亩）	占耕地（%）	亩产（市斤）	产量（万担）	收购量（万担）	商品率（%）	人均交售（市斤）
全市合计	**373.82**	**193.57**	**3.16**	**0.85**	**31.96**	**1.01**	**0.44**	**43.66**	**0.23**
通州区	90.22	42.37	1.06	1.17	47.17	0.50	0.30	60.00	0.71
大兴县	91.40	35.30	0.30	0.33	16.67	0.05	0.04	82.00	0.12
平谷县	44.60	30.40	0.60	1.35	33.33	0.20	0.10	50.00	0.33
顺义县	86.60	42.50	0.80	0.92	23.75	0.19			
房山县	61.00	43.00	0.40	0.66	17.50	0.07			
昌平县									

5－37－40 北京市1982年产棉县棉花生产收购明细

县市名	耕地面积（万亩）	农业人口（万人）	棉田面积（万亩）	占耕地（%）	亩产（市斤）	产量（万担）	收购量（万担）	商品率（%）	人均交售（市斤）
全市合计	**373.61**	**196.41**	**3.10**	**0.83**	**50.00**	**1.55**	**0.78**	**50.32**	**0.40**
通州区	90.01	43.01	1.20	1.33	79.17	0.95	0.60	63.16	1.40
大兴县	91.30	36.00	0.30	0.33	33.33	0.10	0.08	80.00	0.22
平谷县	44.60	30.90	0.60	1.35	33.33	0.20	0.10	50.00	0.32
顺义县	86.80	42.80	0.70	0.81	34.29	0.24			
房山县	60.90	43.70	0.30	0.49	20.00	0.06			
昌平县									

5－37－41　北京市1983年产棉县棉花生产收购明细

县市名	耕地面积（万亩）	农业人口（万人）	棉田面积（万亩）	占耕地（%）	亩产（市斤）	产量（万担）	收购量（万担）	商品率（%）	人均交售（市斤）
全市合计	**373.21**	**197.43**	**5.03**	**1.35**	**57.26**	**2.88**	**1.81**	**62.85**	**0.92**
通州区	90.01	43.33	2.03	2.26	82.27	1.67	1.11	66.47	2.56
大兴县	91.20	36.10	1.50	1.64	48.67	0.73	0.60	82.19	1.66
平谷县	44.50	31.20	0.70	1.57	28.57	0.20	0.10	50.00	0.32
顺义县	86.70	42.90	0.70	0.81	35.71	0.25			
房山县	60.80	43.90	0.10	0.16	30.00	0.03			
昌平县									

5－37－42　北京市1984年产棉县棉花生产收购明细

县市名	耕地面积（万亩）	农业人口（万人）	棉田面积（万亩）	占耕地（%）	亩产（市斤）	产量（万担）	收购量（万担）	商品率（%）	人均交售（市斤）
全市合计	**381.92**	**198.77**	**9.50**	**2.49**	**88.53**	**8.41**	**7.10**	**84.42**	**3.57**
通州区	98.92	43.77	4.20	4.25	131.90	5.54	5.00	90.25	11.42
大兴县	91.10	36.30	3.70	4.06	62.97	2.33	2.00	85.84	5.51
平谷县	44.40	31.50	0.80	1.80	25.00	0.20	0.10	50.00	0.32
顺义县	86.70	42.90	0.70	0.81	42.86	0.30			
房山县	60.80	44.30	0.10	0.16	40.00	0.04			
昌平县									

5－37－43　北京市1985年产棉县棉花生产收购明细

县市名	耕地面积（万亩）	农业人口（万人）	棉田面积（万亩）	占耕地（%）	亩产（市斤）	产量（万担）	收购量（万担）	商品率（%）	人均交售（市斤）
全市合计	**312.05**	**155.10**	**7.58**	**2.43**	**79.68**	**6.04**	**5.30**	**87.75**	**3.42**
通州区	89.85	43.70	3.38	3.76	120.41	4.07	4.00	98.28	9.15
大兴县	91.10	36.40	3.00	3.29	53.00	1.59	1.20	75.47	3.30
平谷县	44.40	31.80	0.80	1.80	25.00	0.20	0.10	50.00	0.31
顺义县	86.70	43.20	0.40	0.46	45.00	0.18			
房山县									
昌平县									

5－37－44　北京市1986年产棉县棉花生产收购明细

县市名	耕地面积（万亩）	农业人口（万人）	棉田面积（万亩）	占耕地（%）	亩产（市斤）	产量（万担）	收购量（万担）	商品率（%）	人均交售（市斤）
全市合计	**311.61**	**155.97**	**4.29**	**1.38**	**70.40**	**3.02**	**2.30**	**76.16**	**1.47**
通州区	89.71	43.67	1.69	1.88	107.10	1.81	1.40	77.35	3.21
大兴县	90.90	36.30	1.80	1.98	51.11	0.92	0.80	86.96	2.20
平谷县	44.30	32.20	0.60	1.35	33.33	0.20	0.10	50.00	0.31
顺义县	86.70	43.80	0.20	0.23	45.00	0.09			
房山县									
昌平县									

5-37-45　北京市1987年产棉县棉花生产收购明细

县市名	耕地面积（万亩）	农业人口（万人）	棉田面积（万亩）	占耕地（%）	亩产（市斤）	产量（万担）	收购量（万担）	商品率（%）	人均交售（市斤）
全市合计	**311.45**	**157.92**	**4.32**	**1.39**	**89.12**	**3.85**	**3.10**	**80.52**	**1.96**
通州区	89.65	43.92	1.82	2.03	131.87	2.40	2.00	83.33	4.55
大兴县	90.80	37.10	1.90	2.09	62.63	1.19	1.00	84.03	2.70
平谷县	44.30	33.00	0.50	1.13	40.00	0.20	0.10	50.00	0.30
顺义县	86.70	43.90	0.10	0.12	60.00	0.06			
房山县									
昌平县									

5-37-46　北京市1988年产棉县棉花生产收购明细

县市名	耕地面积（万亩）	农业人口（万人）	棉田面积（万亩）	占耕地（%）	亩产（市斤）	产量（万担）	收购量（万担）	商品率（%）	人均交售（市斤）
全市合计	**310.89**	**158.84**	**5.03**	**1.62**	**82.70**	**4.16**	**3.40**	**81.73**	**2.14**
通州区	89.49	43.94	2.33	2.60	118.88	2.77	2.30	83.03	5.23
大兴县	90.80	37.50	2.10	2.31	54.29	1.14	1.00	87.72	2.67
平谷县	44.10	33.30	0.50	1.13	40.00	0.20	0.10	50.00	0.30
顺义县	86.50	44.10	0.10	0.12	50.00	0.05			
房山县									
昌平县									

5-37-47　北京市1989年产棉县棉花生产收购明细

县市名	耕地面积（万亩）	农业人口（万人）	棉田面积（万亩）	占耕地（%）	亩产（市斤）	产量（万担）	收购量（万担）	商品率（%）	人均交售（市斤）
全市合计	**310.34**	**161.66**	**4.09**	**1.32**	**94.87**	**3.88**	**3.20**	**82.47**	**1.98**
通州区	89.34	44.46	1.89	2.12	129.63	2.45	2.00	81.63	4.50
大兴县	90.60	38.10	1.50	1.66	70.67	1.06	1.00	94.34	2.62
平谷县	44.00	33.70	0.60	1.36	50.00	0.30	0.20	66.67	0.59
顺义县	86.40	45.40	0.10	0.12	70.00	0.07			
房山县									
昌平县									

5-37-48　北京市1990年产棉县棉花生产收购明细

县市名	耕地面积（万亩）	农业人口（万人）	棉田面积（万亩）	占耕地（%）	亩产（市斤）	产量（万担）	收购量（万担）	商品率（%）	人均交售（市斤）
全市合计	**309.18**	**162.02**	**5.29**	**1.71**	**107.18**	**5.67**	**5.30**	**93.47**	**3.27**
通州区	88.88	44.82	2.69	3.03	150.93	4.06	4.00	98.52	8.92
大兴县	90.60	38.50	1.60	1.77	66.25	1.06	1.00	94.34	2.60
平谷县	43.70	33.10	0.70	1.60	57.14	0.40	0.30	75.00	0.91
顺义县	86.00	45.60	0.30	0.35	50.00	0.15			
房山县									
昌平县									

5－37－49　北京市1991年产棉县棉花生产收购明细

县市名	耕地面积（万亩）	农业人口（万人）	棉田面积（万亩）	占耕地（%）	亩产（市斤）	产量（万担）	收购量（万担）	商品率（%）	人均交售（市斤）
全市合计	**308.15**	**164.22**	**5.07**	**1.65**	**95.27**	**4.83**	**3.51**	**72.67**	**2.14**
通州区	88.55	44.82	2.57	2.90	107.78	2.77	2.11	76.17	4.71
大兴县	90.40	39.40	1.50	1.66	100.67	1.51	1.10	72.85	2.79
平谷县	43.10	34.10	0.70	1.62	57.14	0.40	0.30	75.00	0.88
顺义县	86.10	45.90	0.30	0.35	50.00	0.15			
房山县									
昌平县									

5－37－50　北京市1992年产棉县棉花生产收购明细

县市名	耕地面积（万亩）	农业人口（万人）	棉田面积（万亩）	占耕地（%）	亩产（市斤）	产量（万担）	收购量（万担）	商品率（%）	人均交售（市斤）
全市合计	**308.45**	**163.32**	**6.09**	**1.97**	**121.18**	**7.38**	**6.10**	**82.66**	**3.73**
通州区	88.35	44.72	3.49	3.95	146.70	5.12	4.50	87.89	10.06
大兴县	90.30	38.60	1.40	1.55	115.71	1.62	1.20	74.07	3.11
平谷县	43.60	34.00	0.90	2.06	55.56	0.50	0.40	80.00	1.18
顺义县	86.20	46.00	0.30	0.35	46.67	0.14			
房山县									
昌平县									

5－37－51　北京市1993年产棉县棉花生产收购明细

县市名	耕地面积（万亩）	农业人口（万人）	棉田面积（万亩）	占耕地（%）	亩产（市斤）	产量（万担）	收购量（万担）	商品率（%）	人均交售（市斤）
全市合计	**307.58**	**162.56**	**6.12**	**1.99**	**116.18**	**7.11**	**5.90**	**82.98**	**3.63**
通州区	87.98	44.46	3.52	4.00	145.45	5.12	4.50	87.89	10.12
大兴县	90.10	39.10	1.40	1.55	93.57	1.31	1.10	83.97	2.81
平谷县	43.50	33.40	0.90	2.07	55.56	0.50	0.30	60.00	0.90
顺义县	86.00	45.60	0.30	0.35	60.00	0.18			
房山县									
昌平县									

5－37－52　北京市1994年产棉县棉花生产收购明细

县市名	耕地面积（万亩）	农业人口（万人）	棉田面积（万亩）	占耕地（%）	亩产（市斤）	产量（万担）	收购量（万担）	商品率（%）	人均交售（市斤）
全市合计	**305.44**	**161.06**	**6.10**	**2.00**	**97.05**	**5.92**	**4.30**	**72.64**	**2.67**
通州区	87.34	44.26	3.50	4.01	117.43	4.11	3.00	72.99	6.78
大兴县	89.60	39.00	1.50	1.67	84.67	1.27	1.00	78.74	2.56
平谷县	43.20	32.20	0.80	1.85	50.00	0.40	0.30	75.00	0.93
顺义县	85.30	45.60	0.30	0.35	46.67	0.14			
房山县									
昌平县									

5－37－53　北京市1995年产棉县棉花生产收购明细

县市名	耕地面积（万亩）	农业人口（万人）	棉田面积（万亩）	占耕地（%）	亩产（市斤）	产量（万担）	收购量（万担）	商品率（%）	人均交售（市斤）
全市合计	**290.80**	**158.94**	**5.34**	**1.84**	**84.83**	**4.53**	**3.20**	**70.64**	**2.01**
通州区	87.10	43.84	2.94	3.38	95.24	2.80	2.00	71.43	4.56
大兴县	78.70	38.90	1.50	1.91	80.00	1.20	1.00	83.33	2.57
平谷县	40.10	31.60	0.70	1.75	57.14	0.40	0.20	50.00	0.63
顺义县	84.90	44.60	0.20	0.24	65.00	0.13			
房山县									
昌平县									

5－37－54　北京市1996年产棉县棉花生产收购明细

县市名	耕地面积（万亩）	农业人口（万人）	棉田面积（万亩）	占耕地（%）	亩产（市斤）	产量（万担）	收购量（万担）	商品率（%）	人均交售（市斤）
全市合计	**279.44**	**158.11**	**4.11**	**1.47**	**85.40**	**3.51**	**2.60**	**74.07**	**1.64**
通州区	87.04	43.51	2.61	3.00	100.77	2.63	2.00	76.05	4.60
大兴县	79.20	38.70	0.90	1.14	57.78	0.52	0.40	76.92	1.03
平谷县	28.70	31.40	0.50	1.74	60.00	0.30	0.20	66.67	0.64
顺义县	84.50	44.50	0.10	0.12	60.00	0.06			
房山县									
昌平县									

5－37－55　北京市1997年产棉县棉花生产收购明细

县市名	耕地面积（万亩）	农业人口（万人）	棉田面积（万亩）	占耕地（%）	亩产（市斤）	产量（万担）	收购量（万担）	商品率（%）	人均交售（市斤）
全市合计	**184.40**	**112.16**	**3.18**	**1.72**	**122.64**	**3.90**	**2.20**	**56.41**	**1.96**
通州区	76.50	42.96	2.28	2.98	145.61	3.32	1.80	54.22	4.19
大兴县	79.20	38.20	0.40	0.51	70.00	0.28	0.20	71.43	0.52
平谷县	28.70	31.00	0.50	1.74	60.00	0.30	0.20	66.67	0.65
顺义县									
房山县									
昌平县									

5－37－56　北京市1998年产棉县棉花生产收购明细

县市名	耕地面积（万亩）	农业人口（万人）	棉田面积（万亩）	占耕地（%）	亩产（市斤）	产量（万担）	收购量（万担）	商品率（%）	人均交售（市斤）
全市合计	**183.76**	**110.69**	**3.03**	**1.65**	**101.65**	**3.08**	**2.40**	**77.92**	**2.17**
通州区	76.36	41.99	2.33	3.05	113.73	2.65	2.10	79.25	5.00
大兴县	78.70	37.70	0.30	0.38	76.67	0.23	0.20	86.96	0.53
平谷县	28.70	31.00	0.40	1.39	50.00	0.20	0.10	50.00	0.32
顺义县									
房山县									
昌平县									

5－37－57　北京市1999年产棉县棉花生产收购明细

县市名	耕地面积（万亩）	农业人口（万人）	棉田面积（万亩）	占耕地（%）	亩产（市斤）	产量（万担）	收购量（万担）	商品率（%）	人均交售（市斤）
全市合计	**181.95**	**110.12**	**2.74**	**1.51**	**119.34**	**3.27**	**2.50**	**76.45**	**2.27**
通州区	74.85	41.22	1.94	2.59	147.42	2.86	2.20	76.92	5.34
大兴县	78.50	37.50	0.30	0.38	70.00	0.21	0.20	95.24	0.53
平谷县	28.60	31.40	0.50	1.75	40.00	0.20	0.10	50.00	0.32
顺义县									
房山县									
昌平县									

5－37－58　北京市2000年产棉县棉花生产收购明细

县市名	耕地面积（万亩）	农业人口（万人）	棉田面积（万亩）	占耕地（%）	亩产（市斤）	产量（万担）	收购量（万担）	商品率（%）	人均交售（市斤）
全市合计	**181.50**	**110.20**	**2.60**	**1.43**	**117.31**	**3.05**	**2.70**	**88.52**	**2.45**
通州区	74.80	41.20	1.90	2.54	139.47	2.65	2.40	90.57	5.83
大兴县	78.10	37.50	0.30	0.38	66.67	0.20	0.20	100.00	0.53
平谷县	28.60	31.50	0.40	1.40	50.00	0.20	0.10	50.00	0.32
顺义县									
房山县									
昌平县									

5-38-1 北京市通州区历年棉花生产收购

年 度	耕地面积（万亩）	农业人口（万人）	棉田面积（万亩）	占耕地（%）	亩 产（市斤）	产 量（万担）	收购量（万担）	商品率（%）	人均交售（市斤）
52 年合计			**302.53**	**6.19**	**55.51**	**167.93**	**141.67**	**84.36**	**6.87**
11 年小计			**124.34**	**10.54**	**30.42**	**37.82**	**32.10**	**84.88**	**8.88**
占合计%			**41.10**			**22.52**	**22.66**		
1949	113.15	30.81	3.95	3.49	27.34	1.08	1.00	92.59	3.25
1950	113.05	34.87	7.16	6.33	31.84	2.28	2.10	92.11	6.02
1951	113.41	33.81	8.48	7.48	38.90	3.30	3.00	90.91	8.87
1952	111.26	33.81	10.03	9.01	48.55	4.87	4.70	96.51	13.90
1953	109.67	34.77	7.00	6.38	52.57	3.68	3.30	89.67	9.49
1954	110.26	31.55	16.67	15.12	18.12	3.02	2.20	72.85	6.97
1955	109.18	31.70	18.92	17.33	34.41	6.51	5.10	78.34	16.09
1956	107.57	32.67	18.96	17.63	21.10	4.00	2.70	67.50	8.26
1957	101.25	32.88	13.33	13.17	33.38	4.45	3.70	83.15	11.25
1958	97.03	32.65	12.43	12.81	26.39	3.28	3.00	91.46	9.19
1959	93.58	32.01	7.41	7.92	18.22	1.35	1.30	96.30	4.06
10 年小计			**67.12**	**7.01**	**46.53**	**31.23**	**26.80**	**85.81**	**7.41**
占合计%			**22.19**			**18.60**	**18.92**		
1960	93.45	31.73	5.91	6.32	25.04	1.48	1.40	94.59	4.41
1961	95.46	32.14	6.61	6.92	24.51	1.62	1.50	92.59	4.67
1962	96.86	33.85	5.60	5.78	29.46	1.65	1.30	78.79	3.84
1963	96.93	34.95	6.64	6.85	52.26	3.47	3.00	86.46	8.58
1964	96.93	36.03	0.72	0.74	548.61	3.95	3.30	83.54	9.16
1965	96.75	36.69	8.42	8.70	62.47	5.26	4.60	87.45	12.54
1966	95.60	37.90	8.75	9.15	41.94	3.67	3.10	84.47	8.18
1967	95.46	38.33	7.99	8.37	38.92	3.11	3.00	96.46	7.83
1968	95.39	39.36	7.92	8.30	66.29	5.25	4.10	78.10	10.42
1969	94.96	40.80	8.56	9.01	20.68	1.77	1.50	84.75	3.68
10 年小计			**60.79**	**6.60**	**62.61**	**38.06**	**33.15**	**87.10**	**7.79**
占合计%			**20.09**			**22.66**	**23.40**		
1970	94.01	41.35	8.08	8.59	68.44	5.53	5.00	90.42	12.09
1971	93.25	41.78	6.99	7.50	68.38	4.78	4.20	87.87	10.05
1972	92.91	41.59	7.01	7.54	56.21	3.94	3.10	78.68	7.45
1973	92.54	42.64	7.02	7.59	70.51	4.95	4.30	86.87	10.08
1974	92.18	43.01	7.01	7.60	82.74	5.80	5.20	89.66	12.09
1975	91.86	43.04	6.96	7.58	77.59	5.40	5.00	92.59	11.62
1976	91.78	43.35	6.89	7.51	28.30	1.95	1.21	62.05	2.79
1977	91.71	43.68	5.01	5.46	66.27	3.32	2.94	88.55	6.73
1978	90.82	43.31	4.95	5.45	41.62	2.06	2.00	97.09	4.62
1979	90.61	41.97	0.87	0.96	37.93	0.33	0.20	60.61	0.48
10 年小计			**20.51**	**2.26**	**1.61**	**22.73**	**19.01**	**83.63**	**4.38**
占合计%			**6.78**			**13.54**	**13.42**		
1980	90.31	41.97	0.91	1.01	62.64	0.57	0.30	52.63	0.71
1981	90.22	42.37	1.06	1.17	47.17	0.50	0.30	60.00	0.71
1982	90.01	43.01	1.20	1.33	79.17	0.95	0.60	63.16	1.40
1983	90.01	43.33	2.03	2.26	82.27	1.67	1.11	66.47	2.56
1984	98.92	43.77	4.20	4.25	131.90	5.54	5.00	90.25	11.42
1985	89.85	43.70	3.38	3.76	120.41	4.07	4.00	98.28	9.15
1986	89.71	43.67	1.69	1.88	107.10	1.81	1.40	77.35	3.21
1987	89.65	43.92	1.82	2.03	131.87	2.40	2.00	83.33	4.55
1988	89.49	43.94	2.33	2.60	118.88	2.77	2.30	83.03	5.23
1989	89.34	44.46	1.89	2.12	129.63	2.45	2.00	81.63	4.50
11 年小计			**29.77**	**3.24**	**127.95**	**38.09**	**30.61**	**80.36**	**6.41**
占合计%			**9.84**			**22.68**	**21.61**		
1990	88.88	44.82	2.69	3.03	150.93	4.06	4.00	98.52	8.92
1991	88.55	44.82	2.57	2.90	107.78	2.77	2.11	76.17	4.71
1992	88.35	44.72	3.49	3.95	146.70	5.12	4.50	87.89	10.06
1993	87.98	44.46	3.52	4.00	145.45	5.12	4.50	87.89	10.12
1994	87.34	44.26	3.50	4.01	117.43	4.11	3.00	72.99	6.78
1995	87.10	43.84	2.94	3.38	95.24	2.80	2.00	71.43	4.56
1996	87.04	43.51	2.61	3.00	100.77	2.63	2.00	76.05	4.60
1997	76.50	42.96	2.28	2.98	145.61	3.32	1.80	54.22	4.19
1998	76.36	41.99	2.33	3.05	113.73	2.65	2.10	79.25	5.00
1999	74.85	41.22	1.94	2.59	147.42	2.86	2.20	76.92	5.34
2000	74.80	41.20	1.90	2.54	139.47	2.65	2.40	90.57	5.83

5－38－2　北京市大兴县历年棉花生产收购

年　度	耕地面积（万亩）	农业人口（万人）	棉田面积（万亩）	占耕地（%）	亩　产（市斤）	产　量（万担）	收购量（万担）	商品率（%）	人均交售（市斤）
52 年合计			**252.00**	**5.08**	**22.43**	**56.53**	**44.18**	**78.15**	**2.61**
11 年小计			**118.00**	**9.34**	**12.51**	**14.76**	**11.11**	**75.27**	**4.36**
占合计%			**46.83**			**26.11**	**25.15**		
1949	119.00	21.00	6.80	5.71	10.00	0.68	0.50	73.53	2.38
1950	119.20	21.00	6.60	5.54	8.79	0.58	0.41	70.69	1.95
1951	119.30	21.20	9.30	7.80	15.27	1.42	1.10	77.46	5.19
1952	119.40	21.90	13.00	10.89	18.62	2.42	1.70	70.25	7.76
1953	119.40	22.10	9.50	7.96	18.84	1.79	1.30	72.63	5.88
1954	119.00	22.80	17.00	14.29	5.18	0.88	0.70	79.55	3.07
1955	119.00	24.10	14.30	12.02	16.36	2.34	1.80	76.92	7.47
1956	119.20	25.30	14.30	12.00	7.13	1.02	1.00	98.04	3.95
1957	114.10	24.80	11.10	9.73	14.32	1.59	1.10	69.18	4.44
1958	103.30	25.60	10.00	9.68	16.00	1.60	1.20	75.00	4.69
1959	92.00	24.80	6.10	6.63	7.21	0.44	0.30	68.18	1.21
10 年小计			**60.90**	**6.50**	**18.70**	**11.39**	**8.70**	**76.38**	**2.99**
占合计%			**24.17**			**20.15**	**19.69**		
1960	90.90	24.30	4.70	5.17	8.09	0.38	0.30	78.95	1.23
1961	93.70	25.70	3.80	4.06	9.74	0.37	0.30	81.08	1.17
1962	93.90	27.00	4.00	4.26	11.25	0.45	0.40	88.89	1.48
1963	94.80	28.30	5.50	5.80	24.00	1.32	1.00	75.76	3.53
1964	94.30	29.20	6.80	7.21	22.06	1.50	1.00	66.67	3.42
1965	94.30	29.80	7.20	7.64	29.17	2.10	1.20	57.14	4.03
1966	94.10	30.50	8.10	8.61	18.64	1.51	1.30	86.09	4.26
1967	93.80	31.20	7.40	7.89	17.43	1.29	1.10	85.27	3.53
1968	93.80	32.10	6.30	6.72	23.33	1.47	1.30	88.44	4.05
1969	93.80	33.30	7.10	7.57	14.08	1.00	0.80	80.00	2.40
10 年小计			**45.40**	**4.90**	**25.86**	**11.74**	**8.95**	**76.24**	**2.50**
占合计%			**18.02**			**20.77**	**20.26**		
1970	92.60	33.90	5.90	6.37	33.39	1.97	1.50	76.14	4.42
1971	92.80	34.40	5.30	5.71	40.19	2.13	2.00	93.90	5.81
1972	92.90	34.80	5.60	6.03	26.07	1.46	1.00	68.49	2.87
1973	93.00	35.70	5.30	5.70	29.43	1.56	1.20	76.92	3.36
1974	93.00	36.30	5.00	5.38	36.00	1.80	1.20	66.67	3.31
1975	93.00	36.30	5.10	5.48	25.29	1.29	1.00	77.52	2.75
1976	92.80	36.30	4.90	5.28	10.20	0.50	0.40	80.00	1.10
1977	92.30	37.00	3.60	3.90	12.78	0.46	0.30	65.22	0.81
1978	92.00	37.00	3.90	4.24	12.56	0.49	0.30	61.22	0.81
1979	91.90	35.60	0.80	0.87	10.00	0.08	0.05	62.50	0.14
10 年小计			**16.60**	**1.82**	**55.60**	**9.23**	**7.82**	**84.73**	**2.15**
占合计%			**6.59**			**16.33**	**17.70**		
1980	91.60	35.00	0.50	0.55	24.00	0.12	0.10	83.33	0.29
1981	91.40	35.30	0.30	0.33	16.67	0.05	0.04	82.00	0.12
1982	91.30	36.00	0.30	0.33	33.33	0.10	0.08	80.00	0.22
1983	91.20	36.10	1.50	1.64	48.67	0.73	0.60	82.19	1.66
1984	91.10	36.30	3.70	4.06	62.97	2.33	2.00	85.84	5.51
1985	91.10	36.40	3.00	3.29	53.00	1.59	1.20	75.47	3.30
1986	90.90	36.30	1.80	1.98	51.11	0.92	0.80	86.96	2.20
1987	90.80	37.10	1.90	2.09	62.63	1.19	1.00	84.03	2.70
1988	90.80	37.50	2.10	2.31	54.29	1.14	1.00	87.72	2.67
1989	90.60	38.10	1.50	1.66	70.67	1.06	1.00	94.34	2.62
11 年小计			**11.10**	**1.20**	**84.77**	**9.41**	**7.60**	**80.77**	**1.80**
占合计%			**4.40**			**16.65**	**17.20**		
1990	90.60	38.50	1.60	1.77	66.25	1.06	1.00	94.34	2.60
1991	90.40	39.40	1.50	1.66	100.67	1.51	1.10	72.85	2.79
1992	90.30	38.60	1.40	1.55	115.71	1.62	1.20	74.07	3.11
1993	90.10	39.10	1.40	1.55	93.57	1.31	1.10	83.97	2.81
1994	89.60	39.00	1.50	1.67	84.67	1.27	1.00	78.74	2.56
1995	78.70	38.90	1.50	1.91	80.00	1.20	1.00	83.33	2.57
1996	79.20	38.70	0.90	1.14	57.78	0.52	0.40	76.92	1.03
1997	79.20	38.20	0.40	0.51	70.00	0.28	0.20	71.43	0.52
1998	78.70	37.70	0.30	0.38	76.67	0.23	0.20	86.96	0.53
1999	78.50	37.50	0.30	0.38	70.00	0.21	0.20	95.24	0.53
2000	78.10	37.50	0.30	0.38	66.67	0.20	0.20	100.00	0.53

5－38－3　北京市平谷县历年棉花生产收购

年　度	耕地面积（万亩）	农业人口（万人）	棉田面积（万亩）	占耕地（%）	亩　产（市斤）	产　量（万担）	收购量（万担）	商品率（%）	人均交售（市斤）
52年合计			**188.90**	**8.44**	**56.38**	**106.50**	**92.60**	**86.95**	**7.13**
11年小计			**64.10**	**13.53**	**40.09**	**25.70**	**23.20**	**90.27**	**10.82**
占合计%			**33.93**			**24.13**	**25.05**		
1949									
1950	48.00	21.90	6.60	13.75	37.88	2.50	2.10	84.00	9.59
1951	47.70	22.00	6.30	13.21	31.75	2.00	1.80	90.00	8.18
1952	47.60	22.00	6.30	13.24	31.75	2.00	1.80	90.00	8.18
1953	47.50	22.00	6.50	13.68	35.38	2.30	2.00	86.96	9.09
1954	47.50	21.00	6.50	13.68	35.38	2.30	2.00	86.96	9.52
1955	47.30	21.30	6.50	13.74	35.38	2.30	2.00	86.96	9.39
1956	47.10	21.20	6.30	13.38	47.62	3.00	2.50	83.33	11.79
1957	47.10	21.10	6.30	13.38	49.21	3.10	3.00	96.77	14.22
1958	47.10	21.00	6.30	13.38	49.21	3.10	3.00	96.77	14.29
1959	47.00	21.00	6.50	13.83	47.69	3.10	3.00	96.77	14.29
10年小计			**61.70**	**13.28**	**68.40**	**42.20**	**37.70**	**89.34**	**18.35**
占合计%			**32.66**			**39.62**	**40.71**		
1960	46.90	20.90	6.30	13.43	52.38	3.30	3.00	90.91	14.35
1961	46.80	20.70	6.30	13.46	57.14	3.60	3.00	83.33	14.49
1962	46.80	20.70	6.20	13.25	59.68	3.70	3.00	81.08	14.49
1963	46.60	20.60	6.10	13.09	65.57	4.00	3.50	87.50	16.99
1964	46.50	20.50	6.20	13.33	70.97	4.40	4.00	90.91	19.51
1965	46.50	20.50	6.10	13.12	72.13	4.40	4.00	90.91	19.51
1966	46.30	20.50	6.20	13.39	70.97	4.40	4.00	90.91	19.51
1967	46.10	20.40	6.10	13.23	78.69	4.80	4.40	91.67	21.57
1968	46.10	20.30	6.10	13.23	78.69	4.80	4.40	91.67	21.67
1969	46.10	20.30	6.10	13.23	78.69	4.80	4.40	91.67	21.67
10年小计			**49.80**	**10.92**	**65.66**	**32.70**	**28.10**	**85.93**	**13.63**
占合计%			**26.36**			**30.70**	**30.35**		
1970	46.20	20.30	6.30	13.64	88.89	5.60	5.00	89.29	24.63
1971	46.00	20.40	6.30	13.70	76.19	4.80	4.00	83.33	19.61
1972	45.90	20.70	6.00	13.07	75.00	4.50	4.00	88.89	19.32
1973	45.80	20.80	6.20	13.54	77.42	4.80	4.10	85.42	19.71
1974	45.60	20.90	6.20	13.60	58.06	3.60	3.00	83.33	14.35
1975	45.50	20.90	6.10	13.41	57.38	3.50	3.00	85.71	14.35
1976	45.40	20.80	6.10	13.44	36.07	2.20	2.00	90.91	9.62
1977	45.40	20.70	3.10	6.83	70.97	2.20	2.00	90.91	9.66
1978	45.20	20.50	2.90	6.42	41.38	1.20	0.90	75.00	4.39
1979	44.90	20.20	0.60	1.34	50.00	0.30	0.10	33.33	0.50
10年小计			**6.30**	**1.42**	**33.33**	**2.10**	**1.10**	**52.38**	**0.35**
占合计%			**3.34**			**1.97**	**1.19**		
1980	44.80	30.00	0.60	1.34	33.33	0.20	0.10	50.00	0.33
1981	44.60	30.40	0.60	1.35	33.33	0.20	0.10	50.00	0.33
1982	44.60	30.90	0.60	1.35	33.33	0.20	0.10	50.00	0.32
1983	44.50	31.20	0.70	1.57	28.57	0.20	0.10	50.00	0.32
1984	44.40	31.50	0.80	1.80	25.00	0.20	0.10	50.00	0.32
1985	44.40	31.80	0.80	1.80	25.00	0.20	0.10	50.00	0.31
1986	44.30	32.20	0.60	1.35	33.33	0.20	0.10	50.00	0.31
1987	44.30	33.00	0.50	1.13	40.00	0.20	0.10	50.00	0.30
1988	44.10	33.30	0.50	1.13	40.00	0.20	0.10	50.00	0.30
1989	44.00	33.70	0.60	1.36	50.00	0.30	0.20	66.67	0.59
11年小计			**7.00**	**1.75**	**54.29**	**3.80**	**2.50**	**65.79**	**0.70**
占合计%			**3.71**			**3.57**	**2.70**		
1990	43.70	33.10	0.70	1.60	57.14	0.40	0.30	75.00	0.91
1991	43.10	34.10	0.70	1.62	57.14	0.40	0.30	75.00	0.88
1992	43.60	34.00	0.90	2.06	55.56	0.50	0.40	80.00	1.18
1993	43.50	33.40	0.90	2.07	55.56	0.50	0.30	60.00	0.90
1994	43.20	32.20	0.80	1.85	50.00	0.40	0.30	75.00	0.93
1995	40.10	31.60	0.70	1.75	57.14	0.40	0.20	50.00	0.63
1996	28.70	31.40	0.50	1.74	60.00	0.30	0.20	66.67	0.64
1997	28.70	31.00	0.50	1.74	60.00	0.30	0.20	66.67	0.65
1998	28.70	31.00	0.40	1.39	50.00	0.20	0.10	50.00	0.32
1999	28.60	31.40	0.50	1.75	40.00	0.20	0.10	50.00	0.32
2000	28.60	31.50	0.40	1.40	50.00	0.20	0.10	50.00	0.32

5－38－4 北京市顺义县历年棉花生产收购

年度	耕地面积（万亩）	农业人口（万人）	棉田面积（万亩）	占耕地（%）	亩产（市斤）	产量（万担）	收购量（万担）	商品率（%）	人均交售（市斤）
52年合计			**129.40**	**3.14**	**49.32**	**63.82**	**51.50**	**80.69**	**2.55**
11年小计			**39.60**	**4.48**	**30.45**	**12.06**	**10.40**	**86.24**	**2.51**
占合计%			**30.60**			**18.90**	**20.19**		
1949									
1950	88.10	40.70	3.60	4.09	26.94	0.97	0.80	82.47	1.97
1951	88.10	41.00	3.70	4.20	22.97	0.85	0.80	94.12	1.95
1952	88.10	41.20	4.00	4.54	25.00	1.00	0.90	90.00	2.18
1953	88.40	41.30	4.00	4.52	30.00	1.20	1.00	83.33	2.42
1954	88.30	41.50	4.00	4.53	30.00	1.20	1.00	83.33	2.41
1955	88.20	41.10	4.00	4.54	30.00	1.20	1.00	83.33	2.43
1956	88.80	41.80	4.00	4.50	30.00	1.20	1.00	83.33	2.39
1957	88.80	41.80	4.10	4.62	35.12	1.44	1.30	90.28	3.11
1958	88.90	41.80	4.10	4.61	35.12	1.44	1.30	90.28	3.11
1959	88.90	41.90	4.10	4.61	38.05	1.56	1.30	83.33	3.10
10年小计			**42.50**	**4.77**	**57.41**	**24.40**	**21.30**	**87.30**	**5.05**
占合计%			**32.84**			**38.23**	**41.36**		
1960	89.00	42.00	4.20	4.72	41.90	1.76	1.50	85.23	3.57
1961	89.00	42.00	4.20	4.72	46.90	1.97	1.50	76.14	3.57
1962	89.10	42.00	4.20	4.71	48.10	2.02	1.80	89.11	4.29
1963	89.00	42.00	4.20	4.72	53.10	2.23	2.00	89.69	4.76
1964	89.00	42.10	4.20	4.72	53.10	2.23	2.00	89.69	4.75
1965	89.00	42.20	4.30	4.83	60.00	2.58	2.30	89.15	5.45
1966	89.20	42.30	4.30	4.82	60.00	2.58	2.30	89.15	5.44
1967	89.20	42.40	4.30	4.82	63.95	2.75	2.40	87.27	5.66
1968	89.20	42.50	4.30	4.82	70.93	3.05	2.50	81.97	5.88
1969	89.20	42.60	4.30	4.82	75.12	3.23	3.00	92.88	7.04
10年小计			**40.90**	**4.63**	**60.55**	**24.76**	**19.80**	**79.96**	**4.60**
占合计%			**31.61**			**38.80**	**38.45**		
1970	89.20	42.60	4.30	4.82	79.07	3.40	2.00	58.82	4.69
1971	89.20	42.80	4.30	4.82	66.98	2.88	2.30	79.86	5.37
1972	89.20	43.00	4.40	4.93	72.95	3.21	2.50	77.88	5.81
1973	89.00	43.10	4.50	5.06	78.00	3.51	3.00	85.47	6.96
1974	88.80	43.50	4.50	5.07	69.11	3.11	2.80	90.03	6.44
1975	88.30	43.70	4.90	5.55	63.06	3.09	2.80	90.61	6.41
1976	87.90	43.80	4.90	5.57	22.04	1.08	1.00	92.59	2.28
1977	87.80	44.00	4.00	4.56	64.00	2.56	2.10	82.03	4.77
1978	87.30	43.40	4.30	4.93	37.91	1.63	1.10	67.48	2.53
1979	87.00	40.50	0.80	0.92	36.63	0.29	0.20	68.26	0.49
10年小计			**4.60**	**0.53**	**35.87**	**1.65**			
占合计%			**3.55**			**2.59**			
1980	86.90	42.30	0.80	0.92	27.50	0.22			
1981	86.60	42.50	0.80	0.92	23.75	0.19			
1982	86.80	42.80	0.70	0.81	34.29	0.24			
1983	86.70	42.90	0.70	0.81	35.71	0.25			
1984	86.70	42.90	0.70	0.81	42.86	0.30			
1985	86.70	43.20	0.40	0.46	45.00	0.18			
1986	86.70	43.80	0.20	0.23	45.00	0.09			
1987	86.70	43.90	0.10	0.12	60.00	0.06			
1988	86.50	44.10	0.10	0.12	50.00	0.05			
1989	86.40	45.40	0.10	0.12	70.00	0.07			
11年小计			**1.80**	**0.30**	**52.78**	**0.95**			
占合计%			**1.39**			**1.49**			
1990	86.00	45.60	0.30	0.35	50.00	0.15			
1991	86.10	45.90	0.30	0.35	50.00	0.15			
1992	86.20	46.00	0.30	0.35	46.67	0.14			
1993	86.00	45.60	0.30	0.35	60.00	0.18			
1994	85.30	45.60	0.30	0.35	46.67	0.14			
1995	84.90	44.60	0.20	0.24	65.00	0.13			
1996	84.50	44.50	0.10	0.12	60.00	0.06			
1997									
1998									
1999									
2000									

5－38－5　北京市房山县历年棉花生产收购

年　度	耕地面积（万亩）	农业人口（万人）	棉田面积（万亩）	占耕地（%）	亩　产（市斤）	产　量（万担）	收购量（万担）	商品率（%）	人均交售（市斤）
52 年合计			**63.00**	**2.75**	**57.51**	**36.23**	**29.20**	**80.60**	**1.83**
11 年小计			**18.10**	**2.74**	**38.78**	**7.02**	**5.70**	**81.20**	**1.27**
占合计%			**28.73**			**19.38**	**19.52**		
1949									
1950	65.90	44.50	1.60	2.43	38.75	0.62	0.50	80.65	1.12
1951	65.80	44.60	1.60	2.43	31.25	0.50	0.40	80.00	0.90
1952	65.90	44.70	1.70	2.58	30.00	0.51	0.50	98.04	1.12
1953	65.90	44.80	1.80	2.73	30.00	0.54	0.50	92.59	1.12
1954	65.90	45.00	1.80	2.73	32.78	0.59	0.50	84.75	1.11
1955	66.00	45.10	1.80	2.73	32.22	0.58	0.50	86.21	1.11
1956	66.00	45.10	1.80	2.73	37.78	0.68	0.50	73.53	1.11
1957	66.00	45.80	2.00	3.03	47.00	0.94	0.50	53.19	1.09
1958	66.00	45.00	2.00	3.03	50.00	1.00	0.80	80.00	1.78
1959	66.10	45.20	2.00	3.03	53.00	1.06	1.00	94.34	2.21
10 年小计			**22.30**	**3.36**	**72.24**	**16.11**	**13.50**	**83.80**	**2.96**
占合计%			**35.40**			**44.47**	**46.23**		
1960	66.10	45.30	2.20	3.33	60.00	1.32	1.20	90.91	2.65
1961	66.10	45.40	2.20	3.33	60.00	1.32	1.20	90.91	2.64
1962	66.10	45.40	2.20	3.33	60.91	1.34	1.10	82.09	2.42
1963	66.20	45.40	2.20	3.32	70.00	1.54	1.30	84.42	2.86
1964	66.30	45.40	2.20	3.32	75.00	1.65	1.40	84.85	3.08
1965	66.30	45.60	2.20	3.32	76.82	1.69	1.50	88.76	3.29
1966	66.40	45.60	2.20	3.31	76.82	1.69	1.50	88.76	3.29
1967	66.40	45.70	2.30	3.46	80.00	1.84	1.50	81.52	3.28
1968	66.50	45.80	2.30	3.46	80.87	1.86	1.40	75.27	3.06
1969	66.50	45.90	2.30	3.46	80.87	1.86	1.40	75.27	3.05
10 年小计			**21.30**	**3.20**	**60.09**	**12.80**	**9.90**	**77.34**	**2.11**
占合计%			**33.81**			**35.33**	**33.90**		
1970	66.50	46.00	2.30	3.46	83.04	1.91	1.70	89.01	3.70
1971	66.20	46.00	2.30	3.47	80.00	1.84	1.50	81.52	3.26
1972	65.90	46.20	2.10	3.19	78.10	1.64	1.10	67.07	2.38
1973	65.80	46.40	2.10	3.19	76.19	1.60	1.10	68.75	2.37
1974	69.30	46.80	2.10	3.03	60.95	1.28	1.00	78.13	2.14
1975	66.80	47.30	3.00	4.49	69.00	2.07	2.00	96.62	4.23
1976	66.50	47.60	3.00	4.51	26.00	0.78	0.50	64.10	1.05
1977	66.30	48.00	2.00	3.02	50.00	1.00	0.50	50.00	1.04
1978	65.80	48.30	2.00	3.04	25.00	0.50	0.40	80.00	0.83
1979	65.50	47.60	0.40	0.61	45.00	0.18	0.10	55.56	0.21
10 年小计			**1.30**	**0.43**	**23.08**	**0.30**	**0.10**	**33.33**	**0.05**
占合计%			**2.06**			**0.83**	**0.34**		
1980	61.00	42.40	0.40	0.66	25.00	0.10	0.10	100.00	0.24
1981	61.00	43.00	0.40	0.66	17.50	0.07			
1982	60.90	43.70	0.30	0.49	20.00	0.06			
1983	60.80	43.90	0.10	0.16	30.00	0.03			
1984	60.80	44.30	0.10	0.16	40.00	0.04			
1985									
1986									
1987									
1988									
1989									
11 年小计									
占合计%									
1990									
1991									
1992									
1993									
1994									
1995									
1996									
1997									
1998									
1999									
2000									

5－38－6 北京市昌平县历年棉花生产收购

年　　度	耕地面积（万亩）	农业人口（万人）	棉田面积（万亩）	占耕地（%）	亩　产（市斤）	产　量（万担）	收购量（万担）	商品率（%）	人均交售（市斤）
52 年合计			**58.90**	**3.64**	**43.33**	**25.52**	**19.90**	**77.98**	**2.37**
11 年小计			**18.20**	**3.52**	**29.89**	**5.44**	**4.10**	**75.37**	**1.60**
占合计%			**30.90**			**21.32**	**20.60**		
1949									
1950	51.00	24.30	1.70	3.33	30.00	0.51	0.40	78.43	1.65
1951	51.00	24.50	1.70	3.33	30.00	0.51	0.40	78.43	1.63
1952	51.00	25.00	1.80	3.53	25.00	0.45	0.40	88.89	1.60
1953	51.20	25.60	1.80	3.52	22.78	0.41	0.30	73.17	1.17
1954	51.60	25.70	1.90	3.68	23.16	0.44	0.30	68.18	1.17
1955	51.70	25.90	1.90	3.68	30.00	0.57	0.30	52.63	1.16
1956	51.80	26.10	1.80	3.47	32.78	0.59	0.40	67.80	1.53
1957	52.40	26.10	1.80	3.44	33.89	0.61	0.40	65.57	1.53
1958	53.00	26.20	1.90	3.58	35.26	0.67	0.60	89.55	2.29
1959	53.00	27.00	1.90	3.58	35.79	0.68	0.60	88.24	2.22
10 年小计			**20.70**	**3.90**	**49.47**	**10.24**	**9.00**	**87.89**	**3.29**
占合计%			**35.14**			**40.13**	**45.23**		
1960	52.50	27.10	1.90	3.62	41.05	0.78	0.70	89.74	2.58
1961	52.70	27.10	2.00	3.80	40.00	0.80	0.70	87.50	2.58
1962	52.80	27.20	2.00	3.79	39.00	0.78	0.70	89.74	2.57
1963	53.00	27.20	2.10	3.96	48.10	1.01	0.90	89.11	3.31
1964	53.00	27.30	2.20	4.15	50.00	1.10	1.00	90.91	3.66
1965	53.20	27.40	2.10	3.95	50.95	1.07	1.00	93.46	3.65
1966	53.10	27.50	2.10	3.95	51.90	1.09	1.00	91.74	3.64
1967	53.20	27.60	2.10	3.95	51.90	1.09	0.80	73.39	2.90
1968	53.20	27.70	2.10	3.95	59.05	1.24	1.10	88.71	3.97
1969	53.50	27.80	2.10	3.93	60.95	1.28	1.10	85.94	3.96
10 年小计			**19.90**	**3.82**	**49.45**	**9.84**	**6.80**	**69.11**	**2.40**
占合计%			**33.79**			**38.56**	**34.17**		
1970	53.50	27.90	2.20	4.11	69.09	1.52	1.00	65.79	3.58
1971	53.40	28.00	2.20	4.12	63.18	1.39	1.00	71.94	3.57
1972	53.30	28.20	2.00	3.75	62.00	1.24	1.00	80.65	3.55
1973	53.00	28.40	2.20	4.15	66.82	1.47	1.00	68.03	3.52
1974	52.00	28.60	2.30	4.42	60.00	1.38	1.00	72.46	3.50
1975	52.10	28.70	2.40	4.61	52.92	1.27	1.00	78.74	3.48
1976	51.90	29.00	2.40	4.62	12.08	0.29	0.20	68.97	0.69
1977	51.60	28.40	2.00	3.88	33.00	0.66	0.30	45.45	1.06
1978	50.40	28.30	2.00	3.97	28.00	0.56	0.30	53.57	1.06
1979	49.90	27.50	0.20	0.40	30.00	0.06			
10 年小计			**0.10**	**0.20**					
占合计%			**0.17**						
1980	49.70	27.30	0.10	0.20					
1981									
1982									
1983									
1984									
1985									
1986									
1987									
1988									
1989									
11 年小计									
占合计%									
1990									
1991									
1992									
1993									
1994									
1995									
1996									
1997									
1998									
1999									
2000									

5－39－1　云南省1949－2000年产棉县棉花生产收购明细

县市名	耕地面积（万亩）	农业人口（万人）	棉田面积（万亩）	占耕地（%）	亩产（市斤）	产量（万担）	收购量（万担）	商品率（%）	人均交售（市斤）
全省合计			**433.38**	**6.78**	**37.39**	**162.05**	**151.77**	**93.66**	**3.95**
元谋县			24.48	3.78	27.70	6.78	2.78	41.00	0.94
宾川县			157.09	16.52	49.72	78.10	73.71	94.38	15.10
昌宁县			51.39	4.89	36.68	18.85	17.17	91.09	3.07
永胜县			55.35	5.00	35.54	19.67	17.86	90.80	3.04
弥渡县			64.42	10.61	24.76	15.95	19.55	122.57	4.12
保山县			80.65	3.97	28.15	22.70	20.70	91.19	1.44

5－39－2　云南省1949－1959年产棉县棉花生产收购明细

县市名	耕地面积（万亩）	农业人口（万人）	棉田面积（万亩）	占耕地（%）	亩产（市斤）	产量（万担）	收购量（万担）	商品率（%）	人均交售（市斤）
全省合计			**128.49**	**6.87**	**31.19**	**40.08**	**35.11**	**87.60**	**3.84**
元谋县			5.29	2.90	37.62	1.99			
宾川县			48.46	19.17	45.71	22.15	19.86	89.66	19.69
昌宁县			16.29	5.81	19.15	3.12	1.50	48.08	1.17
永胜县			13.22	4.68	32.45	4.29	3.12	72.73	2.58
弥渡县			20.40	10.67	10.98	2.24	5.26	*	4.57
保山县			24.83	3.65	25.33	6.29	5.37	85.37	1.36

5－39－3　云南省1960－1969年产棉县棉花生产收购明细

县市名	耕地面积（万亩）	农业人口（万人）	棉田面积（万亩）	占耕地（%）	亩产（市斤）	产量（万担）	收购量（万担）	商品率（%）	人均交售（市斤）
全省合计			**175.00**	**7.70**	**44.16**	**77.28**	**74.81**	**96.80**	**5.81**
元谋县			6.79	2.89	21.80	1.48			
宾川县			60.28	17.73	60.42	36.42	35.16	96.54	21.51
昌宁县			20.53	5.28	41.79	8.58	8.68	101.17	4.64
永胜县			25.39	6.17	38.32	9.73	9.65	99.18	4.95
弥渡县			30.42	13.87	36.65	11.15	11.97	107.35	7.41
保山县			31.59	4.65	31.40	9.92	9.35	94.25	1.95

5－39－4　云南省1970－1979年产棉县棉花生产收购明细

县市名	耕地面积（万亩）	农业人口（万人）	棉田面积（万亩）	占耕地（%）	亩产（市斤）	产量（万担）	收购量（万担）	商品率（%）	人均交售（市斤）
全省合计			**129.89**	**5.77**	**34.41**	**44.69**	**41.85**	**93.65**	**2.55**
元谋县			12.40	5.40	26.69	3.31	2.78	83.99	1.97
宾川县			48.35	13.51	40.39	19.53	18.69	95.70	8.34
昌宁县			14.57	3.82	49.07	7.15	6.99	97.76	2.87
永胜县			16.74	4.06	33.75	5.65	5.09	90.09	1.87
弥渡县			13.60	6.92	18.82	2.56	2.32	90.63	1.17
保山县			24.23	3.60	26.78	6.49	5.98	92.14	1.06

5－39－5　云南省1952年产棉县棉花生产收购明细

县市名	耕地面积（万亩）	农业人口（万人）	棉田面积（万亩）	占耕地（%）	亩产（市斤）	产量（万担）	收购量（万担）	商品率（%）	人均交售（市斤）
全省合计	**222.07**	**106.14**	**8.63**	**3.89**	**22.36**	**1.93**	**0.68**	**35.23**	**0.64**
元谋县	20.30	4.95	0.17	0.84	41.18	0.07			
宾川县	27.92	11.85	3.78	13.54	20.63	0.78	0.46	58.97	3.88
昌宁县	28.57	13.53	0.80	2.80	16.25	0.13			
永胜县	33.49	13.95	0.71	2.12	29.58	0.21			
弥渡县	22.59	14.28	1.53	6.77	20.26	0.31	0.04	12.90	0.28
保山县	89.20	47.58	1.64	1.84	26.22	0.43	0.18	41.86	0.38

5－39－6　云南省1953年产棉县棉花生产收购明细

县市名	耕地面积（万亩）	农业人口（万人）	棉田面积（万亩）	占耕地（%）	亩产（市斤）	产量（万担）	收购量（万担）	商品率（%）	人均交售（市斤）
全省合计	**204.83**	**109.67**	**8.35**	**4.08**	**21.08**	**1.76**	**0.92**	**52.27**	**0.84**
元谋县	20.30	5.30	0.18	0.89	33.33	0.06			
宾川县	29.79	12.92	4.09	13.73	22.49	0.92	0.65	70.65	5.03
昌宁县	26.99	13.42	1.00	3.71	20.00	0.20			
永胜县	34.87	14.95	0.73	2.09	24.66	0.18	0.13	72.22	0.87
弥渡县	23.50	14.29	1.34	5.70	8.96	0.12	0.04	33.33	0.28
保山县	69.38	48.79	1.01	1.46	27.72	0.28	0.10	35.71	0.20

5－39－7　云南省1954年产棉县棉花生产收购明细

县市名	耕地面积（万亩）	农业人口（万人）	棉田面积（万亩）	占耕地（%）	亩产（市斤）	产量（万担）	收购量（万担）	商品率（%）	人均交售（市斤）
全省合计	**231.85**	**107.99**	**7.43**	**3.20**	**2.97**	**1.88**	**1.84**	**97.87**	**1.70**
元谋县	20.70	5.32	0.19	0.92	21.05	0.04			
宾川县	29.65	12.21	3.46	11.67	28.90	1.00	1.07	107.00	8.76
昌宁县	28.70	13.92	1.06	3.69	14.15	0.15			
永胜县	34.33	15.52	0.56	1.63	51.79	0.29	0.30	103.45	1.93
弥渡县	23.36	13.86	0.69	2.95	5.80	0.04	0.05	125.00	0.36
保山县	95.11	47.16	1.47	1.55	24.49	0.36	0.42	116.67	0.89

5－39－8　云南省1955年产棉县棉花生产收购明细

县市名	耕地面积（万亩）	农业人口（万人）	棉田面积（万亩）	占耕地（%）	亩产（市斤）	产量（万担）	收购量（万担）	商品率（%）	人均交售（市斤）
全省合计	**233.96**	**113.30**	**11.94**	**5.10**	**23.20**	**2.77**	**2.41**	**87.00**	**2.13**
元谋县	20.79	5.41	0.22	1.06	22.73	0.05			
宾川县	30.13	12.72	6.00	19.91	26.67	1.60	1.41	88.13	11.08
昌宁县	29.94	14.04	1.64	5.48	15.24	0.25			
永胜县	33.34	15.76	1.07	3.21	28.97	0.31	0.31	100.00	1.97
弥渡县	23.65	14.26	1.03	4.36	4.85	0.05	0.29	*	2.03
保山县	96.11	51.11	1.98	2.06	25.76	0.51	0.40	78.43	0.78

5－39－9　云南省1956年产棉县棉花生产收购明细

县市名	耕地面积（万亩）	农业人口（万人）	棉田面积（万亩）	占耕地（%）	亩产（市斤）	产量（万担）	收购量（万担）	商品率（%）	人均交售（市斤）
全省合计	**245.18**	**110.95**	**15.95**	**6.51**	**38.18**	**6.09**	**3.55**	**58.29**	**3.20**
元谋县	25.05	7.84	0.31	1.24	19.35	0.06			
宾川县	30.80	12.52	6.08	19.74	59.38	3.61	2.32	64.27	18.53
昌宁县	36.54	16.08	2.53	6.92	18.58	0.47			
永胜县	36.72	16.67	1.20	3.27	53.33	0.64	0.06	9.38	0.36
弥渡县	24.79	14.72	1.87	7.54	15.51	0.29	0.27	93.10	1.83
保山县	91.28	43.12	3.96	4.34	25.76	1.02	0.90	88.24	2.09

5－39－10　云南省1957年产棉县棉花生产收购明细

县市名	耕地面积（万亩）	农业人口（万人）	棉田面积（万亩）	占耕地（%）	亩产（市斤）	产量（万担）	收购量（万担）	商品率（%）	人均交售（市斤）
全省合计	**255.58**	**124.21**	**14.94**	**5.85**	**22.96**	**3.43**	**4.49**	**130.90**	**3.61**
元谋县	25.91	8.00	0.25	0.96	12.00	0.03			
宾川县	33.60	12.88	6.04	17.98	30.46	1.84	3.03	164.67	23.52
昌宁县	38.47	18.35	2.42	6.29	17.77	0.43			
永胜县	36.79	16.56	1.08	2.94	24.07	0.26	0.26	100.00	1.57
弥渡县	25.21	15.21	2.44	9.68	11.07	0.27	0.63	*	4.14
保山县	95.60	53.21	2.71	2.83	22.14	0.60	0.57	95.00	1.07

5－39－11　云南省1958年产棉县棉花生产收购明细

县市名	耕地面积（万亩）	农业人口（万人）	棉田面积（万亩）	占耕地（%）	亩产（市斤）	产量（万担）	收购量（万担）	商品率（%）	人均交售（市斤）
全省合计	**239.55**	**122.98**	**21.26**	**8.87**	**44.87**	**9.54**	**6.21**	**65.09**	**5.05**
元谋县	25.20	8.10	0.61	2.42	37.70	0.23			
宾川县	35.04	12.88	7.33	20.92	82.26	6.03	3.64	60.36	28.26
昌宁县	46.42	19.80	3.48	7.50	20.98	0.73	0.62	84.93	3.13
永胜县	36.04	15.80	1.31	3.63	46.56	0.61	0.36	59.02	2.28
弥渡县	24.66	14.20	3.77	15.29	16.71	0.63	0.53	84.13	3.73
保山县	72.19	52.20	4.76	6.59	27.52	1.31	1.06	80.92	2.03

5－39－12　云南省1959年产棉县棉花生产收购明细

县市名	耕地面积（万亩）	农业人口（万人）	棉田面积（万亩）	占耕地（%）	亩产（市斤）	产量（万担）	收购量（万担）	商品率（%）	人均交售（市斤）
全省合计	**236.04**	**119.11**	**39.99**	**16.94**	**31.71**	**12.68**	**15.01**	**118.38**	**12.60**
元谋县	24.16	8.20	3.36	13.91	43.15	1.45			
宾川县	35.85	12.88	11.68	32.58	54.54	6.37	7.28	114.29	56.52
昌宁县	44.85	19.33	3.36	7.49	22.62	0.76	0.88	115.79	4.55
永胜县	37.00	11.60	6.56	17.73	27.29	1.79	1.70	94.97	14.66
弥渡县	23.45	14.20	7.73	32.96	6.86	0.53	3.41	*	24.01
保山县	70.73	52.90	7.30	10.32	24.38	1.78	1.74	97.75	3.29

5－39－13　云南省1960年产棉县棉花生产收购明细

县市名	耕地面积（万亩）	农业人口（万人）	棉田面积（万亩）	占耕地（%）	亩产（市斤）	产量（万担）	收购量（万担）	商品率（%）	人均交售（市斤）
全省合计	**238.07**	**122.78**	**35.40**	**14.87**	**25.17**	**8.91**	**8.60**	**96.52**	**7.00**
元谋县	23.62	8.40	3.89	16.47	14.91	0.58			
宾川县	36.69	15.08	11.67	31.81	35.05	4.09	3.74	91.44	24.80
昌宁县	44.57	19.90	2.72	6.10	31.62	0.86	0.76	88.37	3.82
永胜县	40.01	11.20	5.72	14.30	15.21	0.87	0.88	101.15	7.86
弥渡县	23.15	14.20	6.10	26.35	24.43	1.49	2.25	151.01	15.85
保山县	70.03	54.00	5.30	7.57	19.25	1.02	0.97	95.10	1.80

5－39－14　云南省1961年产棉县棉花生产收购明细

县市名	耕地面积（万亩）	农业人口（万人）	棉田面积（万亩）	占耕地（%）	亩产（市斤）	产量（万担）	收购量（万担）	商品率（%）	人均交售（市斤）
全省合计	**220.61**	**125.61**	**18.61**	**8.44**	**23.32**	**4.34**	**4.38**	**100.92**	**3.49**
元谋县	22.73	8.12	0.01	0.04	100.00	0.01			
宾川县	33.75	14.36	5.34	15.82	33.71	1.80	1.87	103.89	13.02
昌宁县	35.83	16.21	2.48	6.92	29.84	0.74	0.74	100.00	4.57
永胜县	38.00	17.92	3.50	9.21	11.43	0.40	0.37	92.50	2.06
弥渡县	22.28	14.20	2.94	13.20	15.99	0.47	0.52	110.64	3.66
保山县	68.02	54.80	4.34	6.38	21.20	0.92	0.88	95.65	1.61

5－39－15　云南省1962年产棉县棉花生产收购明细

县市名	耕地面积（万亩）	农业人口（万人）	棉田面积（万亩）	占耕地（%）	亩产（市斤）	产量（万担）	收购量（万担）	商品率（%）	人均交售（市斤）
全省合计	**228.83**	**130.34**	**16.16**	**7.06**	**38.12**	**6.16**	**5.84**	**94.81**	**4.48**
元谋县	22.73	8.76	0.22	0.97	22.73	0.05			
宾川县	34.24	15.08	5.65	16.50	56.64	3.20	3.14	98.13	20.82
昌宁县	39.53	16.87	2.03	5.14	23.65	0.48	0.46	95.83	2.73
永胜县	42.54	18.63	1.96	4.61	30.61	0.60	0.61	101.67	3.27
弥渡县	21.85	13.60	3.21	14.69	38.01	1.22	1.21	99.18	8.90
保山县	67.94	57.40	3.09	4.55	19.74	0.61	0.42	68.85	0.73

5－39－16　云南省1963年产棉县棉花生产收购明细

县市名	耕地面积（万亩）	农业人口（万人）	棉田面积（万亩）	占耕地（%）	亩产（市斤）	产量（万担）	收购量（万担）	商品率（%）	人均交售（市斤）
全省合计	**228.22**	**117.78**	**15.96**	**6.99**	**45.43**	**7.25**	**6.96**	**96.00**	**5.91**
元谋县	23.24	9.02	0.32	1.38	31.25	0.10			
宾川县	34.09	15.48	5.66	16.60	58.48	3.31	3.31	100.00	21.38
昌宁县	40.00	17.45	1.98	4.95	40.40	0.80	0.78	97.50	4.47
永胜县	41.61	19.24	1.97	4.73	48.22	0.95	0.94	98.95	4.89
弥渡县	21.92	15.59	3.14	14.32	37.90	1.19	1.13	94.96	7.25
保山县	67.36	41.00	2.89	4.29	31.14	0.90	0.80	88.89	1.95

5－39－17　云南省 1964 年产棉县棉花生产收购明细

县市名	耕地面积（万亩）	农业人口（万人）	棉田面积（万亩）	占耕地（%）	亩产（市斤）	产量（万担）	收购量（万担）	商品率（%）	人均交售（市斤）
全省合计	**230.91**	**121.53**	**14.65**	**6.34**	**67.10**	**9.83**	**9.73**	**98.98**	**8.01**
元谋县	23.47	9.33	0.37	1.58	45.95	0.17			
宾川县	34.54	16.17	4.97	14.39	84.31	4.19	4.23	100.95	26.16
昌宁县	39.81	17.98	2.01	5.05	58.21	1.17	1.14	97.44	6.34
永胜县	43.41	19.87	1.99	4.58	73.87	1.47	1.47	100.00	7.40
弥渡县	22.14	16.07	2.55	11.52	59.22	1.51	1.57	103.97	9.77
保山县	67.54	42.11	2.76	4.09	47.83	1.32	1.32	100.00	3.13

5－39－18　云南省 1965 年产棉县棉花生产收购明细

县市名	耕地面积（万亩）	农业人口（万人）	棉田面积（万亩）	占耕地（%）	亩产（市斤）	产量（万担）	收购量（万担）	商品率（%）	人均交售（市斤）
全省合计	**227.08**	**124.73**	**14.44**	**6.36**	**62.12**	**8.97**	**8.75**	**97.55**	**7.02**
元谋县	23.45	9.51	0.26	1.11	42.31	0.11			
宾川县	34.74	16.58	5.08	14.62	75.59	3.84	3.83	99.74	23.10
昌宁县	38.50	18.61	1.95	5.06	67.18	1.31	1.30	99.24	6.99
永胜县	40.94	20.28	2.04	4.98	65.69	1.34	1.31	97.76	6.46
弥渡县	21.90	16.47	2.51	11.46	47.41	1.19	1.17	98.32	7.10
保山县	67.55	43.28	2.60	3.85	45.38	1.18	1.14	96.61	2.63

5－39－19　云南省 1966 年产棉县棉花生产收购明细

县市名	耕地面积（万亩）	农业人口（万人）	棉田面积（万亩）	占耕地（%）	亩产（市斤）	产量（万担）	收购量（万担）	商品率（%）	人均交售（市斤）
全省合计	**227.47**	**129.91**	**14.94**	**6.57**	**57.23**	**8.55**	**8.53**	**99.77**	**6.57**
元谋县	23.84	11.31	0.46	1.93	30.43	0.14			
宾川县	34.69	17.02	5.50	15.85	72.73	4.00	4.07	101.75	23.91
昌宁县	37.78	19.20	1.85	4.90	61.62	1.14	1.11	97.37	5.78
永胜县	40.94	20.78	2.11	5.15	56.87	1.20	1.18	98.33	5.68
弥渡县	21.72	16.98	2.46	11.33	35.77	0.88	0.98	111.36	5.77
保山县	68.50	44.62	2.56	3.74	46.48	1.19	1.19	100.00	2.67

5－39－20　云南省 1967 年产棉县棉花生产收购明细

县市名	耕地面积（万亩）	农业人口（万人）	棉田面积（万亩）	占耕地（%）	亩产（市斤）	产量（万担）	收购量（万担）	商品率（%）	人均交售（市斤）
全省合计	**224.87**	**130.50**	**15.15**	**6.74**	**57.16**	**8.66**	**8.60**	**99.31**	**6.59**
元谋县	23.92	11.31	0.54	2.26	20.37	0.11			
宾川县	32.70	17.02	5.49	16.79	77.60	4.26	4.02	94.37	23.62
昌宁县	37.89	19.79	1.82	4.80	46.15	0.84	1.18	140.48	5.96
永胜县	41.21	20.78	2.08	5.05	54.81	1.14	1.13	99.12	5.44
弥渡县	21.39	16.98	2.52	11.78	43.25	1.09	1.08	99.08	6.36
保山县	67.76	44.62	2.70	3.98	45.19	1.22	1.19	97.54	2.67

5－39－21　云南省1968年产棉县棉花生产收购明细

县市名	耕地面积（万亩）	农业人口（万人）	棉田面积（万亩）	占耕地（%）	亩产（市斤）	产量（万担）	收购量（万担）	商品率（%）	人均交售（市斤）
全省合计	**225.15**	**141.15**	**14.11**	**6.27**	**45.43**	**6.41**	**6.23**	**97.19**	**4.41**
元谋县	24.79	12.45	0.23	0.93	26.09	0.06			
宾川县	32.81	17.65	5.07	15.45	65.68	3.33	3.11	93.39	17.62
昌宁县	37.70	20.29	1.82	4.83	31.32	0.57	0.58	101.75	2.86
永胜县	41.49	23.17	1.88	4.53	41.49	0.78	0.76	97.44	3.28
弥渡县	21.34	18.75	2.46	11.53	38.21	0.94	1.13	120.21	6.03
保山县	67.02	48.84	2.65	3.95	27.55	0.73	0.65	89.04	1.33

5－39－22　云南省1969年产棉县棉花生产收购明细

县市名	耕地面积（万亩）	农业人口（万人）	棉田面积（万亩）	占耕地（%）	亩产（市斤）	产量（万担）	收购量（万担）	商品率（%）	人均交售（市斤）
全省合计	**222.72**	**143.12**	**15.58**	**7.00**	**52.63**	**8.20**	**7.19**	**87.68**	**5.02**
元谋县	23.56	12.45	0.49	2.08	30.61	0.15			
宾川县	31.74	18.99	5.85	18.43	75.21	4.40	3.84	87.27	20.22
昌宁县	37.55	20.92	1.87	4.98	35.83	0.67	0.63	94.03	3.01
永胜县	41.33	23.17	2.14	5.18	45.79	0.98	1.00	102.04	4.32
弥渡县	21.58	18.75	2.53	11.72	46.25	1.17	0.93	79.49	4.96
保山县	66.96	48.84	2.70	4.03	30.74	0.83	0.79	95.18	1.62

5－39－23　云南省1970年产棉县棉花生产收购明细

县市名	耕地面积（万亩）	农业人口（万人）	棉田面积（万亩）	占耕地（%）	亩产（市斤）	产量（万担）	收购量（万担）	商品率（%）	人均交售（市斤）
全省合计	**227.24**	**149.00**	**19.13**	**8.42**	**48.82**	**9.34**	**8.23**	**88.12**	**5.52**
元谋县	23.66	12.61	1.14	4.82	34.21	0.39			
宾川县	35.37	19.37	7.05	19.93	68.65	4.84	4.53	93.60	23.39
昌宁县	38.25	22.00	2.19	5.73	42.01	0.92	0.81	88.04	3.68
永胜县	40.99	24.17	2.15	5.25	48.84	1.05	0.91	86.67	3.76
弥渡县	21.90	19.82	3.19	14.57	30.72	0.98	0.91	92.86	4.59
保山县	67.07	51.03	3.41	5.08	34.02	1.16	1.07	92.24	2.10

5－39－24　云南省1971年产棉县棉花生产收购明细

县市名	耕地面积（万亩）	农业人口（万人）	棉田面积（万亩）	占耕地（%）	亩产（市斤）	产量（万担）	收购量（万担）	商品率（%）	人均交售（市斤）
全省合计	**228.11**	**152.88**	**22.14**	**9.71**	**31.75**	**7.03**	**6.89**	**98.01**	**4.51**
元谋县	23.13	12.97	2.82	12.19	21.99	0.62	0.71	114.52	5.47
宾川县	36.16	19.95	7.12	19.69	43.82	3.12	3.03	97.12	15.19
昌宁县	37.73	22.58	2.51	6.65	36.25	0.91	0.94	103.30	4.16
永胜县	40.96	24.79	2.34	5.71	32.91	0.77	0.74	96.10	2.99
弥渡县	21.77	20.37	3.13	14.38	14.38	0.45	0.41	91.11	2.01
保山县	68.36	52.22	4.22	6.17	27.49	1.16	1.06	91.38	2.03

5－39－25　云南省1972年产棉县棉花生产收购明细

县 市 名	耕地面积（万亩）	农业人口（万人）	棉田面积（万亩）	占耕地（%）	亩　产（市斤）	产　量（万担）	收购量（万担）	商品率（%）	人均交售（市斤）
全省合计	**227.92**	**156.05**	**20.90**	**9.17**	**24.50**	**5.12**	**4.74**	**92.58**	**3.04**
元谋县	23.47	13.36	2.71	11.55	21.40	0.58	0.51	87.93	3.82
宾川县	36.18	20.95	6.91	19.10	33.86	2.34	2.16	92.31	10.31
昌宁县	38.14	23.05	2.25	5.90	31.56	0.71	0.67	94.37	2.91
永胜县	41.18	25.32	2.39	5.80	27.20	0.65	0.62	95.38	2.45
弥渡县	21.77	20.89	2.58	11.85	13.95	0.36	0.33	91.67	1.58
保山县	67.18	52.48	4.06	6.04	11.82	0.48	0.45	93.75	0.86

5－39－26　云南省1973年产棉县棉花生产收购明细

县 市 名	耕地面积（万亩）	农业人口（万人）	棉田面积（万亩）	占耕地（%）	亩　产（市斤）	产　量（万担）	收购量（万担）	商品率（%）	人均交售（市斤）
全省合计	**227.68**	**161.60**	**16.99**	**7.46**	**29.49**	**5.01**	**4.58**	**91.42**	**2.83**
元谋县	23.43	13.75	2.01	8.58	22.89	0.46	0.42	91.30	3.05
宾川县	36.00	21.61	5.89	16.36	35.31	2.08	2.00	96.15	9.25
昌宁县	37.87	23.58	2.10	5.55	40.95	0.86	0.84	97.67	3.56
永胜县	41.23	26.28	1.93	4.68	32.12	0.62	0.40	64.52	1.52
弥渡县	21.85	21.54	1.60	7.32	16.88	0.27	0.25	92.59	1.16
保山县	67.30	54.84	3.46	5.14	20.81	0.72	0.67	93.06	1.22

5－39－27　云南省1974年产棉县棉花生产收购明细

县 市 名	耕地面积（万亩）	农业人口（万人）	棉田面积（万亩）	占耕地（%）	亩　产（市斤）	产　量（万担）	收购量（万担）	商品率（%）	人均交售（市斤）
全省合计	**227.26**	**165.28**	**16.66**	**7.33**	**26.11**	**4.35**	**4.14**	**95.17**	**2.50**
元谋县	22.98	14.18	1.91	8.31	26.70	0.51	0.46	90.20	3.24
宾川县	35.93	21.77	6.10	16.98	19.51	1.19	1.18	99.16	5.42
昌宁县	37.91	24.23	1.71	4.51	57.31	0.98	0.93	94.90	3.84
永胜县	41.36	26.90	1.96	4.74	26.02	0.51	0.49	96.08	1.82
弥渡县	21.82	22.11	1.97	9.03	14.72	0.29	0.26	89.66	1.18
保山县	67.26	56.09	3.01	4.48	28.90	0.87	0.82	94.25	1.46

5－39－28　云南省1975年产棉县棉花生产收购明细

县 市 名	耕地面积（万亩）	农业人口（万人）	棉田面积（万亩）	占耕地（%）	亩　产（市斤）	产　量（万担）	收购量（万担）	商品率（%）	人均交售（市斤）
全省合计	**226.57**	**169.46**	**9.51**	**4.20**	**33.02**	**3.14**	**2.98**	**94.90**	**1.76**
元谋县	22.59	14.41	0.68	3.01	35.29	0.24	0.21	87.50	1.46
宾川县	35.58	22.78	4.42	12.42	30.54	1.35	1.26	93.33	5.53
昌宁县	38.06	24.88	0.82	2.15	68.29	0.56	0.59	105.36	2.37
永胜县	41.44	27.55	1.76	4.25	25.00	0.44	0.42	95.45	1.52
弥渡县	21.81	22.60	0.50	2.29	20.00	0.10	0.08	80.00	0.35
保山县	67.09	57.24	1.33	1.98	33.83	0.45	0.42	93.33	0.73

5－39－29　云南省1976年产棉县棉花生产收购明细

县市名	耕地面积（万亩）	农业人口（万人）	棉田面积（万亩）	占耕地（%）	亩产（市斤）	产量（万担）	收购量（万担）	商品率（%）	人均交售（市斤）
全省合计	**225.82**	**172.89**	**8.26**	**3.66**	**34.99**	**2.89**	**2.86**	**98.96**	**1.65**
元谋县	22.50	14.63	0.37	1.64	40.54	0.15	0.15	100.00	1.03
宾川县	35.29	23.35	4.04	11.45	33.66	1.36	1.40	102.94	6.00
昌宁县	38.05	25.31	0.80	2.10	60.00	0.48	0.49	102.08	1.94
永胜县	41.41	28.17	1.45	3.50	29.66	0.43	0.39	90.70	1.38
弥渡县	21.82	23.15	0.30	1.37	16.67	0.05	0.04	80.00	0.17
保山县	66.75	58.28	1.30	1.95	32.31	0.42	0.39	92.86	0.67

5－39－30　云南省1977年产棉县棉花生产收购明细

县市名	耕地面积（万亩）	农业人口（万人）	棉田面积（万亩）	占耕地（%）	亩产（市斤）	产量（万担）	收购量（万担）	商品率（%）	人均交售（市斤）
全省合计	**226.85**	**176.84**	**6.02**	**2.65**	**36.05**	**2.17**	**1.92**	**88.48**	**1.09**
元谋县	22.64	14.96	0.31	1.37	38.71	0.12	0.11	91.67	0.74
宾川县	35.75	24.13	2.09	5.85	29.19	0.61	0.54	88.52	2.24
昌宁县	38.06	25.71	0.80	2.10	73.75	0.59	0.58	98.31	2.26
永胜县	41.51	28.80	1.32	3.18	25.76	0.34	0.31	91.18	1.08
弥渡县	21.85	23.77	0.24	1.10	20.83	0.05	0.04	80.00	0.17
保山县	67.04	59.47	1.26	1.88	36.51	0.46	0.34	73.91	0.57

5－39－31　云南省1978年产棉县棉花生产收购明细

县市名	耕地面积（万亩）	农业人口（万人）	棉田面积（万亩）	占耕地（%）	亩产（市斤）	产量（万担）	收购量（万担）	商品率（%）	人均交售（市斤）
全省合计	**227.03**	**180.28**	**5.46**	**2.40**	**53.11**	**2.90**	**2.82**	**97.24**	**1.56**
元谋县	22.59	15.16	0.35	1.55	51.43	0.18	0.15	83.33	0.99
宾川县	35.83	24.86	2.11	5.89	56.87	1.20	1.17	97.50	4.71
昌宁县	38.38	25.99	0.70	1.82	85.71	0.60	0.60	100.00	2.31
永胜县	41.33	29.92	0.97	2.35	52.58	0.51	0.50	98.04	1.67
弥渡县	21.84	24.22	0.09	0.41	11.11	0.01			
保山县	67.06	60.13	1.24	1.85	32.26	0.40	0.40	100.00	0.67

5－39－32　云南省1979年产棉县棉花生产收购明细

县市名	耕地面积（万亩）	农业人口（万人）	棉田面积（万亩）	占耕地（%）	亩产（市斤）	产量（万担）	收购量（万担）	商品率（%）	人均交售（市斤）
全省合计	**206.08**	**156.66**	**4.82**	**2.34**	**56.85**	**2.74**	**2.69**	**98.18**	**1.72**
元谋县	22.72	15.30	0.10	0.44	60.00	0.06	0.06	100.00	0.39
宾川县	35.83	25.23	2.62	7.31	54.96	1.44	1.42	98.61	5.63
昌宁县	39.35	26.24	0.69	1.75	78.26	0.54	0.54	100.00	2.06
永胜县	41.12	29.67	0.47	1.14	70.21	0.33	0.31	93.94	1.04
弥渡县									
保山县	67.06	60.22	0.94	1.40	39.36	0.37	0.36	97.30	0.60

5－40－1　云南省元谋县历年棉花生产收购

年　度	耕地面积（万亩）	农业人口（万人）	棉田面积（万亩）	占耕地（%）	亩　产（市斤）	产　量（万担）	收购量（万担）	商品率（%）	人均交售（市斤）
31 年合计			**24.48**	**3.78**	**27.70**	**6.78**	**2.78**	**41.00**	**0.94**
11 年小计			**5.29**	**2.90**	**37.62**	**1.99**			
占合计%			**21.61**			**29.35**			
1949									
1950									
1951									
1952	20.30	4.95	0.17	0.84	41.18	0.07			
1953	20.30	5.30	0.18	0.89	33.33	0.06			
1954	20.70	5.32	0.19	0.92	21.05	0.04			
1955	20.79	5.41	0.22	1.06	22.73	0.05			
1956	25.05	7.84	0.31	1.24	19.35	0.06			
1957	25.91	8.00	0.25	0.96	12.00	0.03			
1958	25.20	8.10	0.61	2.42	37.70	0.23			
1959	24.16	8.20	3.36	13.91	43.15	1.45			
10 年小计			**6.79**	**2.89**	**21.80**	**1.48**			
占合计%			**27.74**			**21.83**			
1960	23.62	8.40	3.89	16.47	14.91	0.58			
1961	22.73	8.12	0.01	0.04	100.00	0.01			
1962	22.73	8.76	0.22	0.97	22.73	0.05			
1963	23.24	9.02	0.32	1.38	31.25	0.10			
1964	23.47	9.33	0.37	1.58	45.95	0.17			
1965	23.45	9.51	0.26	1.11	42.31	0.11			
1966	23.84	11.31	0.46	1.93	30.43	0.14			
1967	23.92	11.31	0.54	2.26	20.37	0.11			
1968	24.79	12.45	0.23	0.93	26.09	0.06			
1969	23.56	12.45	0.49	2.08	30.61	0.15			
10 年小计			**12.40**	**5.40**	**26.69**	**3.31**	**2.78**	**83.99**	**1.97**
占合计%			**50.65**			**48.82**	**100.00**		
1970	23.66	12.61	1.14	4.82	34.21	0.39			
1971	23.13	12.97	2.82	12.19	21.99	0.62	0.71	114.52	5.47
1972	23.47	13.36	2.71	11.55	21.40	0.58	0.51	87.93	3.82
1973	23.43	13.75	2.01	8.58	22.89	0.46	0.42	91.30	3.05
1974	22.98	14.18	1.91	8.31	26.70	0.51	0.46	90.20	3.24
1975	22.59	14.41	0.68	3.01	35.29	0.24	0.21	87.50	1.46
1976	22.50	14.63	0.37	1.64	40.54	0.15	0.15	100.00	1.03
1977	22.64	14.96	0.31	1.37	38.71	0.12	0.11	91.67	0.74
1978	22.59	15.16	0.35	1.55	51.43	0.18	0.15	83.33	0.99
1979	22.72	15.30	0.10	0.44	60.00	0.06	0.06	100.00	0.39

5-40-2 云南省宾川县历年棉花生产收购

年　度	耕地面积（万亩）	农业人口（万人）	棉田面积（万亩）	占耕地（%）	亩　产（市斤）	产　量（万担）	收购量（万担）	商品率（%）	人均交售（市斤）
31 年合计			**157.09**	**16.52**	**146.52**	**78.10**	**73.71**	**94.38**	**15.10**
11 年小计			**48.46**	**19.17**	**45.71**	**22.15**	**19.86**	**89.66**	**19.69**
占合计%			**30.85**			**28.36**	**26.94**		
1949									
1950									
1951									
1952	27.92	11.85	3.78	13.54	20.63	0.78	0.46	58.97	3.88
1953	29.79	12.92	4.09	13.73	22.49	0.92	0.65	70.65	5.03
1954	29.65	12.21	3.46	11.67	28.90	1.00	1.07	107.00	8.76
1955	30.13	12.72	6.00	19.91	26.67	1.60	1.41	88.13	11.08
1956	30.80	12.52	6.08	19.74	59.38	3.61	2.32	64.27	18.53
1957	33.60	12.88	6.04	17.98	30.46	1.84	3.03	164.67	23.52
1958	35.04	12.88	7.33	20.92	82.26	6.03	3.64	60.36	28.26
1959	35.85	12.88	11.68	32.58	54.54	6.37	7.28	114.29	56.52
10 年小计			**60.28**	**17.73**	**60.42**	**36.42**	**35.16**	**96.54**	**21.51**
占合计%			**38.37**			**46.63**	**47.70**		
1960	36.69	15.08	11.67	31.81	35.05	4.09	3.74	91.44	24.80
1961	33.75	14.36	5.34	15.82	33.71	1.80	1.87	103.89	13.02
1962	34.24	15.08	5.65	16.50	56.64	3.20	3.14	98.13	20.82
1963	34.09	15.48	5.66	16.60	58.48	3.31	3.31	100.00	21.38
1964	34.54	16.17	4.97	14.39	84.31	4.19	4.23	100.95	26.16
1965	34.74	16.58	5.08	14.62	75.59	3.84	3.83	99.74	23.10
1966	34.69	17.02	5.50	15.85	72.73	4.00	4.07	101.75	23.91
1967	32.70	17.02	5.49	16.79	77.60	4.26	4.02	94.37	23.62
1968	32.81	17.65	5.07	15.45	65.68	3.33	3.11	93.39	17.62
1969	31.74	18.99	5.85	18.43	75.21	4.40	3.84	87.27	20.22
10 年小计			**48.35**	**13.51**	**40.39**	**19.53**	**18.69**	**95.70**	**8.34**
占合计%			**30.78**			**25.01**	**25.36**		
1970	35.37	19.37	7.05	19.93	68.65	4.84	4.53	93.60	23.39
1971	36.16	19.95	7.12	19.69	43.82	3.12	3.03	97.12	15.19
1972	36.18	20.95	6.91	19.10	33.86	2.34	2.16	92.31	10.31
1973	36.00	21.61	5.89	16.36	35.31	2.08	2.00	96.15	9.25
1974	35.93	21.77	6.10	16.98	19.51	1.19	1.18	99.16	5.42
1975	35.58	22.78	4.42	12.42	30.54	1.35	1.26	93.33	5.53
1976	35.29	23.35	4.04	11.45	33.66	1.36	1.40	102.94	6.00
1977	35.75	24.13	2.09	5.85	29.19	0.61	0.54	88.52	2.24
1978	35.83	24.86	2.11	5.89	56.87	1.20	1.17	97.50	4.71
1979	35.83	25.23	2.62	7.31	54.96	1.44	1.42	98.61	5.63

5－40－3　云南省昌宁县历年棉花生产收购

年　　度	耕地面积（万亩）	农业人口（万人）	棉田面积（万亩）	占耕地（%）	亩　产（市斤）	产　量（万担）	收购量（万担）	商品率（%）	人均交售（市斤）
31年合计			**51.39**	**4.89**	**36.68**	**18.85**	**17.17**	**91.09**	**3.07**
11年小计			**16.29**	**5.81**	**19.15**	**3.12**	**1.50**	**48.08**	**1.17**
占合计%			**31.70**			**16.55**	**8.74**		
1949									
1950									
1951									
1952	28.57	13.53	0.80	2.80	16.25	0.13			
1953	26.99	13.42	1.00	3.71	20.00	0.20			
1954	28.70	13.92	1.06	3.69	14.15	0.15			
1955	29.94	14.04	1.64	5.48	15.24	0.25			
1956	36.54	16.08	2.53	6.92	18.58	0.47			
1957	38.47	18.35	2.42	6.29	17.77	0.43			
1958	46.42	19.80	3.48	7.50	20.98	0.73	0.62	84.93	3.13
1959	44.85	19.33	3.36	7.49	22.62	0.76	0.88	115.79	4.55
10年小计			**20.53**	**5.28**	**41.79**	**8.58**	**8.68**	**101.17**	**4.64**
占合计%			**39.95**			**45.52**	**50.55**		
1960	44.57	19.90	2.72	6.10	31.62	0.86	0.76	88.37	3.82
1961	35.83	16.21	2.48	6.92	29.84	0.74	0.74	100.00	4.57
1962	39.53	16.87	2.03	5.14	23.65	0.48	0.46	95.83	2.73
1963	40.00	17.45	1.98	4.95	40.40	0.80	0.78	97.50	4.47
1964	39.81	17.98	2.01	5.05	58.21	1.17	1.14	97.44	6.34
1965	38.50	18.61	1.95	5.06	67.18	1.31	1.30	99.24	6.99
1966	37.78	19.20	1.85	4.90	61.62	1.14	1.11	97.37	5.78
1967	37.89	19.79	1.82	4.80	46.15	0.84	1.18	140.48	5.96
1968	37.70	20.29	1.82	4.83	31.32	0.57	0.58	101.75	2.86
1969	37.55	20.92	1.87	4.98	35.83	0.67	0.63	94.03	3.01
10年小计			**14.57**	**3.82**	**49.07**	**7.15**	**6.99**	**97.76**	**2.87**
占合计%			**28.35**			**37.93**	**40.71**		
1970	38.25	22.00	2.19	5.73	42.01	0.92	0.81	88.04	3.68
1971	37.73	22.58	2.51	6.65	36.25	0.91	0.94	103.30	4.16
1972	38.14	23.05	2.25	5.90	31.56	0.71	0.67	94.37	2.91
1973	37.87	23.58	2.10	5.55	40.95	0.86	0.84	97.67	3.56
1974	37.91	24.23	1.71	4.51	57.31	0.98	0.93	94.90	3.84
1975	38.06	24.88	0.82	2.15	68.29	0.56	0.59	105.36	2.37
1976	38.05	25.31	0.80	2.10	60.00	0.48	0.49	102.08	1.94
1977	38.06	25.71	0.80	2.10	73.75	0.59	0.58	98.31	2.26
1978	38.38	25.99	0.70	1.82	85.71	0.60	0.60	100.00	2.31
1979	39.35	26.24	0.69	1.75	78.26	0.54	0.54	100.00	2.06

5－40－4　云南省永胜县历年棉花生产收购

年　度	耕地面积（万亩）	农业人口（万人）	棉田面积（万亩）	占耕地（%）	亩　产（市斤）	产　量（万担）	收购量（万担）	商品率（%）	人均交售（市斤）
31年合计			**55.35**	**5.00**	**35.54**	**19.67**	**17.86**	**90.80**	**3.04**
10年小计			**13.22**	**4.68**	**32.45**	**4.29**	**3.12**	**72.73**	**2.58**
占合计%			**23.88**			**21.81**	**17.47**		
1949									
1950									
1951									
1952	33.49	13.95	0.71	2.12	29.58	0.21			
1953	34.87	14.95	0.73	2.09	24.66	0.18	0.13	72.22	0.87
1954	34.33	15.52	0.56	1.63	51.79	0.29	0.30	103.45	1.93
1955	33.34	15.76	1.07	3.21	28.97	0.31	0.31	100.00	1.97
1956	36.72	16.67	1.20	3.27	53.33	0.64	0.06	9.38	0.36
1957	36.79	16.56	1.08	2.94	24.07	0.26	0.26	100.00	1.57
1958	36.04	15.80	1.31	3.63	46.56	0.61	0.36	59.02	2.28
1959	37.00	11.60	6.56	17.73	27.29	1.79	1.70	94.97	14.66
10年小计			**25.39**	**6.17**	**38.32**	**9.73**	**9.65**	**99.18**	**4.95**
占合计%			**45.87**			**49.47**	**54.03**		
1960	40.01	11.20	5.72	14.30	15.21	0.87	0.88	101.15	7.86
1961	38.00	17.92	3.50	9.21	11.43	0.40	0.37	92.50	2.06
1962	42.54	18.63	1.96	4.61	30.61	0.60	0.61	101.67	3.27
1963	41.61	19.24	1.97	4.73	48.22	0.95	0.94	98.95	4.89
1964	43.41	19.87	1.99	4.58	73.87	1.47	1.47	100.00	7.40
1965	40.94	20.28	2.04	4.98	65.69	1.34	1.31	97.76	6.46
1966	40.94	20.78	2.11	5.15	56.87	1.20	1.18	98.33	5.68
1967	41.21	20.78	2.08	5.05	54.81	1.14	1.13	99.12	5.44
1968	41.49	23.17	1.88	4.53	41.49	0.78	0.76	97.44	3.28
1969	41.33	23.17	2.14	5.18	45.79	0.98	1.00	102.04	4.32
10年小计			**16.74**	**4.06**	**33.75**	**5.65**	**5.09**	**90.09**	**1.87**
占合计%			**30.24**			**28.72**	**28.50**		
1970	40.99	24.17	2.15	5.25	48.84	1.05	0.91	86.67	3.76
1971	40.96	24.79	2.34	5.71	32.91	0.77	0.74	96.10	2.99
1972	41.18	25.32	2.39	5.80	27.20	0.65	0.62	95.38	2.45
1973	41.23	26.28	1.93	4.68	32.12	0.62	0.40	64.52	1.52
1974	41.36	26.90	1.96	4.74	26.02	0.51	0.49	96.08	1.82
1975	41.44	27.55	1.76	4.25	25.00	0.44	0.42	95.45	1.52
1976	41.41	28.17	1.45	3.50	29.66	0.43	0.39	90.70	1.38
1977	41.51	28.80	1.32	3.18	25.76	0.34	0.31	91.18	1.08
1978	41.33	29.92	0.97	2.35	52.58	0.51	0.50	98.04	1.67
1979	41.12	29.67	0.47	1.14	70.21	0.33	0.31	93.94	1.04

5－40－5 云南省弥渡县历年棉花生产收购

年　　度	耕地面积（万亩）	农业人口（万人）	棉田面积（万亩）	占耕地（%）	亩　产（市斤）	产　量（万担）	收购量（万担）	商品率（%）	人均交售（市斤）
31 年合计			**64.42**	**10.61**	**24.76**	**15.95**	**19.55**	**122.57**	**4.12**
11 年小计			**20.40**	**10.67**	**10.98**	**2.24**	**5.26**	*	**4.57**
占合计%			**31.67**			**14.04**	**26.91**		
1949									
1950									
1951									
1952	22.59	14.28	1.53	6.77	20.26	0.31	0.04	12.90	0.28
1953	23.50	14.29	1.34	5.70	8.96	0.12	0.04	33.33	0.28
1954	23.36	13.86	0.69	2.95	5.80	0.04	0.05	125.00	0.36
1955	23.65	14.26	1.03	4.36	4.85	0.05	0.29	*	2.03
1956	24.79	14.72	1.87	7.54	15.51	0.29	0.27	93.10	1.83
1957	25.21	15.21	2.44	9.68	11.07	0.27	0.63	*	4.14
1958	24.66	14.20	3.77	15.29	16.71	0.63	0.53	84.13	3.73
1959	23.45	14.20	7.73	32.96	6.86	0.53	3.41	*	24.01
10 年小计			**30.42**	**13.87**	**36.65**	**11.15**	**11.97**	**107.35**	**7.41**
占合计%			**47.22**			**69.91**	**61.23**		
1960	23.15	14.20	6.10	26.35	24.43	1.49	2.25	151.01	15.85
1961	22.28	14.20	2.94	13.20	15.99	0.47	0.52	110.64	3.66
1962	21.85	13.60	3.21	14.69	38.01	1.22	1.21	99.18	8.90
1963	21.92	15.59	3.14	14.32	37.90	1.19	1.13	94.96	7.25
1964	22.14	16.07	2.55	11.52	59.22	1.51	1.57	103.97	9.77
1965	21.90	16.47	2.51	11.46	47.41	1.19	1.17	98.32	7.10
1966	21.72	16.98	2.46	11.33	35.77	0.88	0.98	111.36	5.77
1967	21.39	16.98	2.52	11.78	43.25	1.09	1.08	99.08	6.36
1968	21.34	18.75	2.46	11.53	38.21	0.94	1.13	120.21	6.03
1969	21.58	18.75	2.53	11.72	46.25	1.17	0.93	79.49	4.96
10 年小计			**13.60**	**6.92**	**18.82**	**2.56**	**2.32**	**90.63**	**1.17**
占合计%			**21.11**			**16.05**	**11.87**		
1970	21.90	19.82	3.19	14.57	30.72	0.98	0.91	92.86	4.59
1971	21.77	20.37	3.13	14.38	14.38	0.45	0.41	91.11	2.01
1972	21.77	20.89	2.58	11.85	13.95	0.36	0.33	91.67	1.58
1973	21.85	21.54	1.60	7.32	16.88	0.27	0.25	92.59	1.16
1974	21.82	22.11	1.97	9.03	14.72	0.29	0.26	89.66	1.18
1975	21.81	22.60	0.50	2.29	20.00	0.10	0.08	80.00	0.35
1976	21.82	23.15	0.30	1.37	16.67	0.05	0.04	80.00	0.17
1977	21.85	23.77	0.24	1.10	20.83	0.05	0.04	80.00	0.17
1978	21.84	24.22	0.09	0.41	11.11	0.01			
1979									

5-40-6 云南省保山县历年棉花生产收购

年　度	耕地面积（万亩）	农业人口（万人）	棉田面积（万亩）	占耕地（%）	亩　产（市斤）	产　量（万担）	收购量（万担）	商品率（%）	人均交售（市斤）
31年合计			**80.65**	**3.97**	**28.15**	**22.70**	**20.70**	**91.19**	**1.44**
11年小计			**24.83**	**3.65**	**25.33**	**6.29**	**5.37**	**85.37**	**1.36**
占合计%			**30.79**			**27.71**	**25.94**		
1949									
1950									
1951									
1952	89.20	47.58	1.64	1.84	26.22	0.43	0.18	41.86	0.38
1953	69.38	48.79	1.01	1.46	27.72	0.28	0.10	35.71	0.20
1954	95.11	47.16	1.47	1.55	24.49	0.36	0.42	116.67	0.89
1955	96.11	51.11	1.98	2.06	25.76	0.51	0.40	78.43	0.78
1956	91.28	43.12	3.96	4.34	25.76	1.02	0.90	88.24	2.09
1957	95.60	53.21	2.71	2.83	22.14	0.60	0.57	95.00	1.07
1958	72.19	52.20	4.76	6.59	27.52	1.31	1.06	80.92	2.03
1959	70.73	52.90	7.30	10.32	24.38	1.78	1.74	97.75	3.29
10年小计			**31.59**	**4.65**	**31.40**	**9.92**	**9.35**	**94.25**	**1.95**
占合计%			**39.17**			**43.70**	**45.17**		
1960	70.03	54.00	5.30	7.57	19.25	1.02	0.97	95.10	1.80
1961	68.02	54.80	4.34	6.38	21.20	0.92	0.88	95.65	1.61
1962	67.94	57.40	3.09	4.55	19.74	0.61	0.42	68.85	0.73
1963	67.36	41.00	2.89	4.29	31.14	0.90	0.80	88.89	1.95
1964	67.54	42.11	2.76	4.09	47.83	1.32	1.32	100.00	3.13
1965	67.55	43.28	2.60	3.85	45.38	1.18	1.14	96.61	2.63
1966	68.50	44.62	2.56	3.74	46.48	1.19	1.19	100.00	2.67
1967	67.76	44.62	2.70	3.98	45.19	1.22	1.19	97.54	2.67
1968	67.02	48.84	2.65	3.95	27.55	0.73	0.65	89.04	1.33
1969	66.96	48.84	2.70	4.03	30.74	0.83	0.79	95.18	1.62
10年小计			**24.23**	**3.60**	**26.78**	**6.49**	**5.98**	**92.14**	**1.06**
占合计%			**30.04**			**28.59**	**28.89**		
1970	67.07	51.03	3.41	5.08	34.02	1.16	1.07	92.24	2.10
1971	68.36	52.22	4.22	6.17	27.49	1.16	1.06	91.38	2.03
1972	67.18	52.48	4.06	6.04	11.82	0.48	0.45	93.75	0.86
1973	67.30	54.84	3.46	5.14	20.81	0.72	0.67	93.06	1.22
1974	67.26	56.09	3.01	4.48	28.90	0.87	0.82	94.25	1.46
1975	67.09	57.24	1.33	1.98	33.83	0.45	0.42	93.33	0.73
1976	66.75	58.28	1.30	1.95	32.31	0.42	0.39	92.86	0.67
1977	67.04	59.47	1.26	1.88	36.51	0.46	0.34	73.91	0.57
1978	67.06	60.13	1.24	1.85	32.26	0.40	0.40	100.00	0.67
1979	67.06	60.22	0.94	1.40	39.36	0.37	0.36	97.30	0.60